Taschenbuch
für
Chemiker und Physiker

Herausgegeben von

Dr.-Ing. **Jean D'Ans** und Dr. phil. **Ellen Lax**

Professor an der Technischen Universität Berlin-Charlottenburg

Physikerin in Berlin

Mit 350 Abbildungen
und graphischen Darstellungen

Zweite, berichtigte Auflage

AF738576

Springer-Verlag Berlin Heidelberg GmbH 1949

ISBN 978-3-662-22462-5 ISBN 978-3-662-22461-8 (eBook)

DOI 10.1007/978-3-662-22461-8

Alle Rechte, insbesondere das der Übersetzung
in fremde Sprachen vorbehalten.

Gopyright 1943 by Springer-Verlag Berlin Heidelberg

Ursprünglich erschienen bei Springer-Verlag OHG. in Berlin, Göttingen and Heidelberg 194

Softcover reprint of the hardcover 2nd edition 1943

Druckfehlerberichtigungen.

S. 23, Tabelle 1421 lies „isomorpher" statt „isomophormer".

S. 31, Zeile 14 von unten lies „Isotopenkerngewicht" statt „Isotopengewicht".

S. 469, die Formeln 1 und 2 sind wie folgt zu berichtigen:

$$\begin{array}{l} CH \cdot CH{:}CH \cdot (CH_2)_3 \cdot CH_3 \\ \ddot{C}H \cdot CH{:}CH \cdot (CH_2)_7 \cdot CO_2H \end{array}$$

dementsprechend die MG 278,42 statt 280,43.

S. 507, 7 Methan: Kp —116,7° statt —164°.

In S. 1224 und den folgenden ist in den Formeln und Dimensionsangaben noch ein Faktor F zuzuschreiben. Der numerische Wert dieses Faktors ist $F = 96\,490$.

S. 1224, Zeile 4 von oben $= F\,(l_A + l_K)$ statt $(l_A + l_K)$.

S. 1235, 392132d Zeile 1 in $F \cdot cm^2 \cdot V^{-1} \cdot s^{-1}$ statt in $cm^2 \cdot V^{-1} \cdot s^{-1}$.

S. 1236, 392133a desgleichen.

S. 1237, 392133b desgleichen.
392133c desgleichen.

S. 1241, 392138 desgleichen.

Vorwort.

Die Entwicklung der Wissenschaften berücksichtigend und der gegenseitigen Durchdringung von Chemie und Physik Rechnung tragend, legen Herausgeber und Verlag dieses „Taschenbuch für Chemiker und Physiker“ den weiten Kreisen der Benutzer in Forschung und Technik vor.

Dies Taschenbuch ist bestimmt, den bekannten „Chemiker-Kalender“, in den letzten Jahren als „Chemiker-Taschenbuch“ erschienen, zu ersetzen.

Die Gesamtanordnung ergibt sich aus dem Inhaltsverzeichnis.

Speziell auf dem Gebiete der Chemie sind die bewährten Tabellen des alten „Chemiker-Taschenbuches“ als Grundlage benutzt. — Erläuternde Einleitungen haben sich häufig als zweckmäßig erwiesen. Soweit notwendig, wurden Hinweise auf das wichtigste Schrifttum gegeben, im übrigen sei auf die großen Sammelwerke verwiesen.

Im Sachverzeichnis sind die in den Tabellen angeführten Stoffe nicht genannt da die Anordnung ohnehin ein schnelles Auffinden gewährleistet. Dagegen finden sich dort Hinweise auf die Stoffe[1], die in Sondertabellen oder in ganzen Abschnitten behandelt sind. Die aufgeführten physikalischen und chemischen Größen sind sämtlich angegeben.

Gewisse Unzulänglichkeiten der Anordnung und der Einheitlichkeit sind teils unvermeidlich gewesen, teils durch die äußeren Umstände bedingt worden. Vorschläge für Verbesserung und Ergänzung des Inhaltes nehmen Herausgeber und Verlag stets dankbar entgegen.

Wir schulden besonderen Dank den Herren Professor Dr. A. Eucken, Professor Dr. W. A. Roth und Professor Dr.-Ing. Ernst Schmidt für wertvolle Ratschläge und dafür, daß sie es uns ermöglichten, Gliederung und Zahlenmaterial der „Physikalischen, Chemischen und Technischen Zahlenwerte“ des Werkes, das bestimmt ist, an Stelle des alten „Landolt-Börnstein“ zu treten, zu benutzen.

Wir haben ferner unsern Mitarbeitern sehr zu danken. — Herr Dr. Karl Birus ist im Herbst 1942 an der Ostfront gefallen, wir betrauern seinen Verlust. — An wissenschaftlichen Hilfskräften unterstützten uns bei der Bearbeitung der Tabellen Frau Dr. Gertrud Bräuer, geb. Decker, Fräulein Dr. Eva Grund, Frau Ingeborg Heybey, geb. Hamel, Frau Dagmar Kutzner, geb. Zietlow, und Fräulein Dr. Irmberta Leitner. Wir danken Ihnen für ihre Hilfe.

Berlin, im Mai 1943.

Die Herausgeber.

---

[1] Bei Stoffen, die mit Warenzeichennamen benannt sind, beziehen sich die angegebenen Daten auf die Originalpräparate. — Die Warenzeichennamen sind also nicht als Gattungsbezeichnungen gebraucht.

Inhaltsverzeichnis.

1 Maßsysteme und Stoffanordnung.

11 Kurzzeichen.

111 Kurzzeichen der Vorsätze zur Bezeichnung von Vielfachen und Teilen der Einheiten.

T	Tera-	$= 10^{12}$	=	1000000000000
G	Giga-	$= 10^{9}$	=	1000000000
M	Mega-	$= 10^{6}$	=	1000000
k	Kilo-	$= 10^{3}$	=	1000
h	Hekto-	$= 10^{2}$	=	100
D	Deka-	$= 10^{1}$	=	10
d	Dezi-	$= 10^{-1}$	=	0,1
c	Zenti-	$= 10^{-2}$	=	0,01
m	Milli-	$= 10^{-3}$	=	0,001
μ	Mikro-	$= 10^{-6}$	=	0,000001
n	Nano-	$= 10^{-9}$	=	0,000000001
p	Pico-	$= 10^{-12}$	=	0,000000000001

[Beispiel: 1 nm (Nanometer) = 10^{-9} m.]

112 Kurzzeichen der metrischen, elektrischen und chemischen Maßeinheiten.

Kurzzeichen	Name	Aufgeführt in
A	Ampere	1302
A_{int} . . .	Internationales Ampere	1302
Å (ÅE) . .	Angströmeinheit	12101
a	Ar	12102
a	Jahr	12105
asb . . .	Apostilb	385
at	Technische Atmosphäre	12116
Atm . . .	Physikalische Atmosphäre	12116
b.	Bar	12116
C	Coulomb	1301
c	Karat	12104
^{c}	Neugradminute	12106, 1222
°C	Grad Celsius	12107
cal	Kalorie	12117
cbm . . .	Kubikmeter(m^3)	12103
^{cc}	Neugradsekunde	12106
ccm . . .	Kubikzentimeter (cm^3)	12103
cdm . . .	Kubikdezimeter (dm^3)	12103
cg	Zentigramm	12104
$(cgs)_m$ . .	Einheit des absoluten elektromagnetischen Maßsystems, auch emE abgekürzt	13
$(cgs)_s$ . . .	Einheit des absoluten elektrostatischen Maßsystems, auch estE abgekürzt	13
cl	Zentiliter	12103
Cl	Clausius	12118
cm	Zentimeter	12101
cmm . . .	Kubikmillimeter (mm^3)	12103
cP	Zentipoise	12121
cSt . . .	Zentistok	12122
d.	Tag	12105
db	Dezibel	3541
dg	Dezigramm	12104
° DIN. . .	Grad DIN	6453
dl	Deziliter	12103
dm	Dezimeter	12101
dyn. . . .	Dyn	12115
e	Basis des natürlichen Logarithmus	
e	Feuchtigkeit	
emE . . .	Einheit im absoluten elektromagnetischen Maßsystem	13
erg	Erg	12117
estE . . .	Einheit im absoluten elektrostatischen Maßsystem	13
eV	Elektronenvolt	12117
F.	Farad	1307
g	Gramm	12104
$g_{(gew.)}$ . .	Grammgewicht	12115
^{g}	Neugrad	12106, 1222
Gal. . . .	Galilei	12110
g-atom . .	Grammatomgewicht	141
G	Gauß	1313
Gilbert . .	Gilbert	1318
g-mol . .	Grammolekulargewicht	141

112 (Fortsetzung).

Kurzzeichen	Name	Aufgeführt in
grad	Temperaturgrad	12107
γ	Gamma	12104
h	Stunde	12105
H	Henry	1314
ha	Hektar	12102
hl	Hektoliter	12103
HK	Hefnerkerze	385
Hz	Hertz	12109
J	Joule	12117 u.
J_{int}	Internationales Joule	1305
°K	Grad Kelvin	12107
kcal	Kilocalorie	12117 u. 1226
$kcal_{IT}$	Kilocalorie (Internationale Dampftafel)	
kg	Kilogramm	12104
$kg_{(gew.)_n}$	Kilogrammgewicht bei dem Normwert der Fallbeschleunigung	12115
km	Kilometer	12101
kmol	Kilomol	141
kVA	Kilovoltampere	13
kW	Kilowatt	12119
l	Liter	12103
lm	Lumen	385
ln	natürlicher Logarithmus	
log	Briggscher Logarithmus	
lx	Lux	385
M	Maxwell	1317
m	Meter	12101
m (min)	Minute (′ Winkelminute)	12105
m	Molarität	142
mA	Milliampere	1302
mb	Millibar	12116
mg	Milligramm	12104
mGal	Milligal	12110
min.	Minute	12105
ml	Milliliter	12103
mm	Millimeter	12101
mμ	Millimikron	12101
mol od. gmol	Grammolekulargewicht	141
MΩ	Megohm	
mP	Millipoise	12121
mSt	Millistok	12122
mval	Millival	141
μ	Mikron	12101
μb	Mikrobar	12116
μF	Mikrofarad	1307
μl	Mikroliter	12103

Kurzzeichen	Name	Aufgeführt in
μP	Mikropoise	12121
μSt	Mikrostok	12122
n	Normalität	142
nm	Nanometer	12101
nm^3	Normkubikmeter	12103
nx	Nox	385
Oe	Oersted	1312
Ω	Ohm	1304
Ω_{int}	internationales Ohm	1304
P	Poise	12121
PS	Pferdestärke	12119
phon	Phon	3541
ph	Phot	385
qcm	Quadratzentimeter (cm^2)	12102
qdm	Quadratdezimeter (dm^2)	12102
qm	Quadratmeter (m^2)	12102
qmm	Quadratmillimeter (mm^2)	12102
r	Röntgen (internationales)	387
°R	Grad Reaumur	12107
Rad	Radiant	12106
Ry	Rydberg	12117
s	Sekunde (″ Winkelsekunde)	12105
S	Siemens	1304
sk	Skot	385
St	Stok	12122
t	Tonne	12104
Torr	Torr	12116
U	Umdrehung	12111, 12112
V	Volt	1303
V_{int}	Internationales Volt	1303
val	Val (Grammäquivalentgewicht)	141
W	Watt	12119 1306
W_{int}	Internationales Watt	
X	X-Einheit	12101
ZT	Zimmertemperatur	—
°	Grad (Altgrad) und Temperaturgrad	
′	Winkelminute	
″	Winkelsekunde	
″	Zoll	

12 Mechanische und thermische Einheiten.

121 Einheiten und Umrechnungsfaktoren.

In den Überschriften sind neben der Größe die Dimension in eckigen Klammern angegeben. Im metrischen System unterscheidet man das physikalische (absolute) und das technische Maßsystem. Im physikalischen Maßsystem werden alle Einheiten auf die Grundeinheiten Masse [m], Länge [l] und Zeit [t] zurückgeführt. Die Fundamentaleinheiten des technischen Maßsystems sind: Kraft [K], Länge [l] und Zeit [t]. Außer den metrischen Einheiten sind die in Großbritannien (britische) und in den Vereinigten Staaten von Amerika (USA.) gebräuchlichen Einheiten angegeben.

Das metrische System gilt in:

Belgien	Deutschland	Irak	Niederlande	Rußland	Türkei
Bulgarien	Finnland	Italien	Norwegen	Schweden	Ungarn
China	Frankreich	Japan	Portugal	Schweiz	
Dänemark	Griechenland	Luxemburg	Rumänien	Spanien	

und den süd- und zentralamerikanischen Republiken.

Übersicht.

12101 Längenmaße [l].

Name	Abkürzung	Umrechnung in cm	Name	Abkürzung	Umrechnung in cm
		Metrische Einheiten[1].			
Elektronenradius		$2,81 \cdot 10^{-13}$	Millimeter	mm	10^{-1}
X-Einheit[2]	X	$\sim 0,998 \cdot 10^{-11}$	Zentimeter	cm	1
Radius der Grundbahn im Bohrschen Wasserstoffmodell	$\frac{h^2}{4\pi^2 m e^2}$	$5,284 \cdot 10^{-9}$	(Zoll bei 20° C [Stahlmaß])	(″)	(2,540095)
Ångström	Å	10^{-8}	Dezimeter	dm	10
Millimikron, Nanometer	mμ, nm	10^{-7}	Meter (techn. Einheit)	m	10^2
Mikron	μ	10^{-4}	Kilometer	km	10^5
			Lichtjahr		$9,4627 \cdot 10^{17}$
			Parsec (= 3,26 Lichtjahre)		$3,084 \cdot 10^{18}$
		Britische und USA.-Einheiten.			
mil (Brit.)		$2,539998 \cdot 10^{-3}$	yard (Brit.)	yd	91,43992
mil (USA.)		$2,540005 \cdot 10^{-3}$	yard (USA.)	yd	91,44018
inch (Brit.)	in	2,539998	perch		$5,0292 \cdot 10^2$
inch (USA.)	in	2,540005	pole		$5,0292 \cdot 10^2$
foot (Brit.)	ft	30,47997	rod		$5,0292 \cdot 10^2$
foot (USA.)	ft	30,48006	mile (statute)		$1,6093426 \cdot 10^5$

12102 Flächenmaße $[l^2]$.

Name	Abkürzung	Umrechnung in cm²	Name	Abkürzung	Umrechnung in cm²
		Metrische Einheiten.			
Quadratmillimeter	mm² (qmm)*	10^{-2}	Quadratmeter (techn. Einheit)	m² (qm)	10^4
Quadratzentimeter	cm² (qcm)	1	Ar	a	10^6
Quadratdezimeter	dm² (qdm)	10^2	Hektar	ha	10^8
		Britische und USA.-Einheiten.			
square inch (Brit.)	sqin (in²)	6,4515898	square yard (USA.)	sqyd (yd²)	$8,3613071 \cdot 10^3$
square inch (USA.)	sqin (in²)	6,4516254	acre (Brit.)	A	$4,046849 \cdot 10^7$
square foot (Brit.)	sqft (ft²)	$9,290289 \cdot 10^2$	acre (USA.)	A	$4,046873 \cdot 10^7$
square foot USA.)	sqft (ft²)	$9,290341 \cdot 10^2$	section (USA.)		$2,5899 \cdot 10^{10}$
square yard (Brit.)	sqyd (yd²)	$8,361259 \cdot 10^3$			

[1] A Längennormal wird die rote Cd-Linie, die bei 15° C und 760° Torr in trockner Luft (Kohlensäure 0,03 Vol.-%) eine Wellenlänge $\lambda_{\mathrm{Cd}\,(15^\circ,\,760\,\mathrm{Torr},\,e=0)} = 6438,4696$ Å hat, verwandt, 1 cm = 15531,6413 λ_{Cd}.

[2] Die X-Einheit ist definiert durch den Wert der Gitterkonstanten des Kalkspates: $d_{18^\circ} = 3029,45$ X.

* Nach DIN 1301 ist mm², cm² usw. zu wählen, qmm, qcm usw. ist zulässig.

12103 Raum- und Hohlmaße [l^3].

Name	Abkürzung	Umrechnung in cm^3	Name	Abkürzung	Umrechnung in cm^3
		Metrische Einheiten.			
Kubikmillimeter .	mm^3	10^{-3}	Hektoliter . . .	hl	$1,000027 \cdot 10^5$
Mikroliter	µl	$1,000027 \cdot 10^{-3}$	Kubikmeter . . .	m^3 (cbm)	10^6
Kubikzentimeter	cm^3 (ccm)	1	Normkubikmeter (benutzt bei Volumenangaben v. Gasen unter Normbedingungen): 0° C, 760 Torr .	Nm^3	10^6
Milliliter	ml	1,000027			
Zentiliter	cl	10,00027			
Deziliter	dl	$1,000027 \cdot 10^2$			
Kubikdezimeter .	dm^3 (cdm)	10^3			
Liter[1]	l	$1,000027 \cdot 10^3$			
		Britische und USA.-Einheiten.			
Minim (USA.)**	min. (m)	$6,1611712 \cdot 10^{-2}$	barrel (USA.)* .		$1,192414 \cdot 10^5$
cubic inch (Brit.)°	cuin (in^3)	16,387025	barrel (Petrol USA.)** . . .		$1,58762 \cdot 10^5$
cubic inch (USA.)°	cuin (in^3)	16,387162	barrel (Petrol USA.)** . . .		$1,635 \cdot 10^5$
pint, liqu. (USA.)*	pt	$4,73178 \cdot 10^2$	barrel (Brit.)* .		$1,63656 \cdot 10^5$
pint, liqu. (Brit.)**	pt	$5,682607 \cdot 10^2$	quarter (USA.)*		$2,421 \cdot 10^5$
quart, liqu. (USA.)* . . .	qt	$9,46358 \cdot 10^2$	quarter (Brit.)* .		$2,9094949 \cdot 10^5$
quart, liqu. (Brit.)** . . .	qt	$1,1365215 \cdot 10^3$	cubicyard ($yard^3$) (Brit.)°	cuyd (yd^3)	$7,6455285 \cdot 10^5$
pottle (Brit.)** .		$2,2730429 \cdot 10^3$	cubicyard ($yard^3$) (USA.)°	cuyd (yd^3)	$7,6455945 \cdot 10^5$
gallon (USA.)**	gal	$3,785434 \cdot 10^3$	shipping ton (USA.)°		$1,13268 \cdot 10^6$
gallon (USA.)* .	gal	$4,41 \cdot 10^3$	register ton (Brit.)°		$2,831677 \cdot 10^6$
gallon (Brit.)** .	gal	$4,5460858 \cdot 10^3$	register ton (USA.)°		$2,83170 \cdot 10^6$
cubic foot = $foot^3$ (Brit.)°	cuft	$2,831677 \cdot 10^4$	rod (Brit.)° . . .		$2,831677 \cdot 10^7$
cubic foot = $foot^3$ (USA.)°	cuft	$2,83170 \cdot 10^4$			
bushel (USA.)* .	bu	$3,5239270 \cdot 10^4$			
bushel (Brit.)* .	bu	$3,6368686 \cdot 10^4$			

Bei den britischen und USA.-Einheiten unterscheidet man Volumenmaße, die hier durch ein ° gekennzeichnet sind, Hohlmaße für Trockensubstanzen (*) und Hohlmaße für Flüssigkeiten (**).

12104 Masse (physik. Maßsystem [m], techn. Maßsystem [$K l^{-1} t^2$]).

Name	Abkürzung	Umrechnung in g	Name	Abkürzung	Umrechnung in g
		Metrische Einheiten.			
Ruhemasse des Elektrons . . .	m_0	$9,108 \cdot 10^{-28}$	Ruhemasse des Protons	m_p	$1,6727 \cdot 10^{-24}$
$^1/_{1000}$ Einheit des Atomgewichtes in der Kernphysik	TME	$1,6604 \cdot 10^{-27}$	Gamma	γ	10^{-6}
Atomgewichtseinheit in der Kernphysik ($^{16}O = 16$)		$1,6604 \cdot 10^{-24}$	Milligramm . . .	mg	10^{-3}
Einheit des praktischen Atomgewichtes (natürl. Sauerstoff = 16)		$1,6608 \cdot 10^{-24}$	Zentigramm . .	cg	10^{-2}
			Dezigramm . . .	dg	0,1
			Karat	c	0,2
			Gramm	g	1
			Kilogramm (masse)[1] . . .	kg	10^3
			Tonne	t	10^6
		Britische und USA.-Einheiten[2].			
grain	gr	$6,4799 \cdot 10^{-2}$	hundredweight shois (cental) .	cwt sh	$4,535924 \cdot 10^4$
carat (metric) . .		0,2000	hundredweight long	cwt h; tnsh	$5,080235 \cdot 10^4$
pennyweight . .	dwt	1,5552	short ton (net ton) (2000 lb) (av) .	shtn	$9,07185 \cdot 10^5$
dram (av) . . .	dm (av)	1,77184	long ton (2240 lb) (av)	ltn; tnl	$1,016047 \cdot 10^6$
ounce (av) . . .	oz (av)	28,35			
ounce (ap und t)	oz (ap, t)	31,103			
pound (ap) . . .	lb (ap)	$3,732417 \cdot 10^2$			
pound (av) . . .	lb (av)	$4,535924 \cdot 10^2$			

[1] Das Kilogramm sollte ursprünglich die Masse von 1 dm^3 Wasser bei 4° und 760 Torr sein. Es hat sich jedoch herausgestellt, daß diese Wassermasse 0,999973 kg ist. Da das Liter als der Raum, den 1 kg Wasser unter den oben angegebenen Bedingungen einnimmt, definiert ist, entspricht 1 l = 1,000027 dm^3.

[2] Den britischen und USA.-Einheiten liegen drei Systeme zugrunde: avoirdupois (av), troy (t), apothecary (ap). av für allgemeinen Gebrauch, t für Edelmetalle und ap für Drogen.

12105 Zeit [t].

Name	Abkürzung	Umrechnungen in Sekunden	Umrechnungen in Stunden	Name	Abkürzung	Umrechnungen in Sekunden	Umrechnungen in Stunden
Sekunde (Sternsekunde) . . .	s	0,9972696	$2{,}77019 \cdot 10^{-4}$	Tag (Sterntag) .	d	$8{,}6164 \cdot 10^{4}$	$23{,}93\dot{4}$
Sekunde (mittlere Sonnenzeit) . .	s	1	$2{,}\dot{7} \cdot 10^{-4}$	Tag (mittlerer Sonnentag) . .	d	$8{,}64 \cdot 10^{4}$	24
Minute (mittlere Sonnenzeit) . .	m	60	$1{,}\dot{6} \cdot 10^{-2}$	Jahr (mittlere Sonnenzeit, tropisches Jahr) .	a	$3{,}15569 \cdot 10^{7}$	$8{,}7658 \cdot 10^{3}$
Stunde	h	$3{,}6 \cdot 10^{3}$	1	Jahr (siderisches)	a	$3{,}1558149 \cdot 10^{7}$	$8{,}76615 \cdot 10^{3}$

12106 Winkel.

Name	Abkürzung	Umrechnungen: Grade der 400-Teilung	Umrechnungen: Grade der 360-Teilung
Sekunde	″	$0{,}00025^{g}$	$0{,}0002\dot{7}^{\circ}$
Minute	′	$0{,}015^{g}$	$0{,}01\dot{6}^{\circ}$
Grad (Neugrad)[1] . . .	g	1^{g}	$1{,}\dot{1}^{\circ}$
Grad (Altgrad)	°	$0{,}9^{g}$	1°
Radiant[2]	Rad	$\frac{2 \cdot 100}{\pi} = 63{,}6619\dot{7}^{g}$	$\frac{2 \cdot 90}{\pi} = 57{,}29578^{\circ}$

Umrechnungszahlen für Dezimalangabe in Minuten und Sekunden 1221; für Neugrad in Altgrad 1222. für Bogenmaß in Gradmaß 8122.

12107 Temperatur [grad].

Name	Abkürzung	Umrechnungen in °C	Umrechnungen in °F
Grad Fahrenheit . . .	°F	$x^{\circ}\,F = \frac{5}{9}(x-32)\,^{\circ}C$	1
Grad Rankine	°Rank.	$x^{\circ}\,Rank. = \frac{5}{9}(x-491{,}7)^{\circ}C$	$= (x-459{,}7)^{\circ}F$
Grad Celsius	°C	1	$x^{\circ}\,C = \left(\frac{9}{5}\,x + 32\right)^{\circ}F$
Grad Kelvin	°K	$x^{\circ}\,K = (x-273{,}16)^{\circ}C$	$= \left[\frac{9}{5}\,(x-273{,}16) + 32\right]^{\circ}F$
Grad Réaumur	°R	$x^{\circ}\,R = \frac{5}{4}\,x^{\circ}C$	$= \left(\frac{9}{4}\,x + 32\right)^{\circ}F$

Für Umrechnung von °C in °F siehe die Skalen 1223.

12108 Geschwindigkeit [$l t^{-1}$].

Name	Abkürzung	Umrechnungen in $cm \cdot s^{-1}$	Umrechnungen in $km \cdot h^{-1}$	Name	Abkürzung	Umrechnungen in $cm \cdot s^{-1}$	Umrechnungen in $km \cdot h^{-1}$
Metrische Einheiten.							
Zentimeter/Sekunde	$cm \cdot s^{-1}$	1	$3{,}6 \cdot 10^{-2}$	Meter/Sekunde	$m \cdot s^{-1}$	10^{2}	3,6
Kilometer/Stunde	$km \cdot h^{-1}$	27,7	1				
Britische und USA.-Einheiten.							
foot/minute	$ft \cdot min^{-1}$	0,5080	$1{,}8288 \cdot 10^{-2}$	mile/hour		44,7041	1,6093
foot/second	$ft \cdot s^{-1}$	30,4801	1,0973	mile/minute		$2{,}6822 \cdot 10^{3}$	96,559

[1] Der Altgrad (1°) ist der 90. Teil, der Neugrad (1^{g}) der 100. Teil, der Radiant der $\pi/2$-te Teil des rechten Winkels (1∟). Der Neugrad wird dezimal in Neuminuten (^{c}) und Neusekunden (^{cc}) $1^{g} = 100^{c}$; $1^{c} = 100^{cc}$ geteilt.

[2] Im engl.-sprach. Schrifttum als Radian bezeichnet.

12109 Frequenz $[t^{-1}]$.

Name	Abkürzung
Hertz, $\frac{\text{Schwingungen}}{\text{Sekunde}}$	Hz

12110 Beschleunigung $[lt^{-2}]$.

Name	Abkürzung	Umrechnung in $cm \cdot s^{-2}$	Name	Abkürzung	Umrechnung in $cm \cdot s^{-2}$
Metrische Einheiten.			*Britische und USA.-Einheiten.*		
Milligal	mGal	10^{-3}	foot/second²	$ft \cdot s^{-2}$	30,480
Gal, $\frac{cm}{s^2}$	Gal	1	mile/(hour · second)		44,704
Meter/(Sekunde)²	$m \cdot s^{-2}$	10^2			

Fallbeschleunigung siehe 4281.

12111 Winkelgeschwindigkeit bzw. Umdrehzahl $[t^{-1}]$.

Name	Umrechnungen in	
	Radiant · s^{-1}	Umdrehungen · min^{-1}
Umdrehung/Tag	$7,2722 \cdot 10^{-5}$	$6,944 \cdot 10^{-4}$
Grad (Neugrad)/Sekunde	$1,5708 \cdot 10^{-2}$	0,150
Grad (Altgrad)/Sekunde	$1,7453 \cdot 10^{-2}$	0,16665
Umdrehung/Minute	0,10472	1
Radiant/Sekunde	1	9,5493
Umdrehung/Sekunde	6,2832	60

12112 Winkelbeschleunigung $[t^{-2}]$.

Name	Abkürzung	Umrechnung in Radiant · s^{-2}
Umdrehung/(Minute)²	$U \cdot min^{-2}$	$1,7453 \cdot 10^{-3}$
Grad (Neugrad)/(Sekunde)²		$1,5708 \cdot 10^{-2}$
Grad (Altgrad)/(Sekunde)²		$1,7453 \cdot 10^{-2}$
Umdrehung/(Minute · Sekunde)	$U \cdot min^{-1} \cdot s^{-1}$	0,1042
Radiant/(Sekunde)²		1
Umdrehung/(Sekunde)²	$U \cdot s^{-2}$	6,2832

12113 Drillung (Verdrehungswinkel je Längeneinheit für Stäbe) $[l^{-1}]$.

Name	Umrechnung in Radiant · cm^{-1}	Name	Umrechnung in Radiant · cm^{-1}
Metrische Einheiten.		*Britische und USA.-Einheiten.*	
Grad (Neugrad)/Zentimeter	$1,57079 \cdot 10^{-2}$	Grad (Altgrad)/foot	$5,7261 \cdot 10^{-4}$
Grad (Altgrad)/Zentimeter	$1,7453 \cdot 10^{-2}$	Grad (Altgrad)/inch	$6,8714 \cdot 10^{-3}$

12114 Dichte (physik. Maßsystem $[l^{-3}m]$, techn. Maßsystem $[l^{-4}Kt^2]$).

Name	Abkürzung	Umrechnung in $g \cdot cm^{-3}$
Metrische Einheiten.		
Gramm/Milliliter	$g \cdot ml^{-1}$	0,999973
Gramm/Zentimeter³	$g \cdot cm^{-3}$	1
Britische und USA.-Einheiten.		
pound/foot³	$lb \cdot ft^{-3}$	$1,6018 \cdot 10^{-2}$
pound/gallon (Brit.)	$lb \cdot gal^{-1}$ (Brit.)	$9,9776 \cdot 10^{-2}$
pound/gallon (USA.)	$lb \cdot gal^{-1}$ (USA.)	0,119826
pound/inch³	$lb \cdot in^{-3}$	27,680

Als Wichte, im physikalischen Maßsystem $l^{-2}mt^{-2}$, im technischen Maßsystem [Kl^{-3}] (Zahlenangaben in g/cm^3) bezeichnet man das Verhältnis von Gewicht zu Volumen eines Körpers. Das spezifische Gewicht (Dichtezahl) ist eine dimensionslose Zahl und gibt das Verhältnis des Gewichtes der Raumeinheit des Stoffes zu dem Gewicht der Raumeinheit der Normsubstanz, meist Wasser von 4° C, an. Zahlenmäßig unterscheiden sich Dichte und spezifisches Gewicht (bei Wasser als Normsubstanz) um 2,7‱, das Volumen von 1 g Wasser bei 4° C ist 1,000027 cm^3.

12115 Kraft (physik. Maßsystem [lmt^{-2}], techn. Maßsystem [K]).

Name	Abkürzung	Umrechnungen[1] in dyn	Umrechnungen[1] in $kg_{(gew.)_n}$
Metrische Einheiten.			
Dyn	dyn	1	$1{,}0197 \cdot 10^{-6}$
$Gramm_{(gewicht)_n}$	$g_{(gew.)_n}$	$9{,}80665 \cdot 10^{2}$	10^{-3}
$Kilogramm_{(gewicht)_n}$	$kg_{(gew.)_n}$	$9{,}80665 \cdot 10^{5}$	1
Britische und USA.-Einheiten.			
grain weight	gr (wt)	63,546	$6{,}4799 \cdot 10^{-5}$
poundal[2]	—	$1{,}3825 \cdot 10^{4}$	$1{,}4097 \cdot 10^{-2}$
poundweight (av)	lb	$4{,}4482 \cdot 10^{5}$	0,45359
ton weight (2000 lb) (short ton oder net ton)	shtn	$8{,}8964 \cdot 10^{8}$	$9{,}07185 \cdot 10^{2}$
ton weight (2240 lb) (long ton)	ltn	$9{,}9640 \cdot 10^{8}$	$1{,}0160 \cdot 10^{3}$

12116 Druck (Dehnungsmodul, Schubmodul) (physik. Maßsystem [$l^{-1}mt^{-2}$] techn. Maßsystem [$l^{-2}K$]).

Name	Abkürzung	Umrechnungen in Torr***	Umrechnungen in at†
Metrische Einheiten.*			
Mikrobar (dyn/cm^2)	μb	$7{,}5006 \cdot 10^{-4}$	$1{,}01972 \cdot 10^{-6}$
Druck von 1 mm Wassersäule **	—	$7{,}3554 \cdot 10^{-2}$	$9{,}99973 \cdot 10^{-5}$
Millibar	mb	0,75006	$1{,}01972 \cdot 10^{-3}$
Torr*** 1 mm Quecksilbersäule	Torr	1	$1{,}35951 \cdot 10^{-3}$
Technische Atmosphäre† $kg_{(gew.)}$/Zentimeter[2]	at	$7{,}3556 \cdot 10^{2}$	1
Bar (10^6 dyn/cm^2) ††	b	$7{,}5006 \cdot 10^{2}$	1,01972
Internationale Normalatmosphäre, Bodendruck †††	—	$7{,}5998 \cdot 10^{2}$	1,0332
Physikalische Atmosphäre (760 Torr)	Atm	$7{,}60 \cdot 10^{2}$	1,03323
Deutsche Normalatmosphäre, Bodendruck †††	—	$7{,}6226 \cdot 10^{2}$	1,0363
Britische und USA.-Einheiten.			
pound (weight)/foot[2]	$lb \cdot ft^{-2}$	0,3591287	$4{,}8824 \cdot 10^{-4}$
pound (weight)/inch[2]	$lb \cdot in^{-2}$	51,71439	$7{,}0306 \cdot 10^{-2}$
ton (weight)/foot[2] (2000 lb)	$shtn \cdot ft^{-2}$	$7{,}18257 \cdot 10^{2}$	0,97648
ton (weight)/foot[2] (2240 lb)	$ltn \cdot ft^{-2}$	$8{,}04447 \cdot 10^{2}$	1,09365
ton (weight)/inch[2] (2000 lb)	$shtn \cdot in^{-2}$	$1{,}034257 \cdot 10^{4}$	$1{,}4061 \cdot 10^{2}$
ton (weight)/inch[2] (2240 lb)	$ltn \cdot in^{-2}$	$1{,}157393 \cdot 10^{4}$	$1{,}5748 \cdot 10^{2}$

[1] Diese Umrechnungen gelten nur für das Normgewicht. [Mit Normgewicht bezeichnet man das Gewicht eines Körpers an einem Orte mit dem Normwert der Fallbeschleunigung, $g_n = 980{,}665\ cm \cdot s^{-2}$ (DIN 1305).]

[2] 1 poundal ist die Kraft, die einem englischen Pfund die Beschleunigung 1 engl. Fuß in der Sekunde erteilt.

* Für Druckeinheiten ist außerdem die Umrechnungstabelle 1224 gegeben.

** Druck von 1 mm H_2O im normalen Schwerefeld (normale Fallbeschleunigung) auf 1 cm^2; H_2O bei seiner höchsten Dichte (1 cm^3 = 0,999973 $g_{(masse)}$ bei 4° C und 1 Atm).

*** Druck von 1 mm Hg im normalen Schwerefeld auf 1 cm^2 für Hg, das je cm^3 3,5951 $g_{(masse)}$ hat (Dichte des Hg bei 0° C und 1 Atm).

† Druck von 1 $kg_{(gewicht)}$ bei normaler Fallbeschleunigung auf 1 cm^2. Mit atü werden Überdrucke über 1 at bezeichnet.

†† Früher wurde 1 $dyn \cdot cm^{-2}$, also das jetzige Mikrobar, als Bar bezeichnet.

††† Siehe auch 4273.

12117 Energie[1], Arbeit, Wärmemenge, Drehmoment, Moment einer Kraft (physik. Maßsystem $[l^2 m t^{-2}]$, techn. Maßsystem $[l \cdot K]$).

Name	Abkürzung	Umrechnungen in erg	Umrechnungen in mkg[2]
Metrische Einheiten.			
Elektronen-Volt	eV	$1{,}602 \cdot 10^{-12}$	$1{,}6336 \cdot 10^{-20}$
Rydberg = Ionisationsarbeit des Wasserstoffatoms = 13,53 eV	Ry	$2{,}168 \cdot 10^{-11}$	$2{,}209 \cdot 10^{-19}$
Erg (dyn · cm)	erg	1	$1{,}01972 \cdot 10^{-8}$
Kubikzentimeter · physikalische Atmosphäre	$cm^3 \cdot Atm$	$1{,}01325 \cdot 10^{6}$	$1{,}03323 \cdot 10^{-2}$
Abs. Joule (Watt · Sekunde)	J	10^{7}	0,101972
Intern. Joule (Watt · Sekunde)	J_{int}	$1{,}0003 \cdot 10^{7}$	0,102003
Kalorie (15°)	cal	$4{,}1853 \cdot 10^{7}$	0,42678
Gaskonstante · Grad C	R · grad	$8{,}3149 \cdot 10^{7}$	0,84779
$Kilogramm_{(gewicht)}$ · Meter[2]	mkg	$9{,}80665 \cdot 10^{7}$	1
Liter · technische Atmosphäre	l · at	$9{,}80692 \cdot 10^{8}$	10,00027
Kilokalorie (15°)	kcal	$4{,}1853 \cdot 10^{10}$	$4{,}2678 \cdot 10^{2}$
Kilokalorie, Int. Dampftafel	$kcal_{IT}$	$4{,}1873 \cdot 10^{10}$	$4{,}2699 \cdot 10^{2}$
Intern. Kilowattsekunde	kWs_{int}	$1{,}00030 \cdot 10^{10}$	$1{,}02002 \cdot 10^{2}$
Pferdestärke · Stunde	PS · h	$2{,}64780 \cdot 10^{13}$	$2{,}7000 \cdot 10^{5}$
Intern. Kilowattstunde	kWh_{int}	$3{,}60108 \cdot 10^{13}$	$3{,}67208 \cdot 10^{5}$
Energieäquivalent ($E = mc^2$) von 1 g		$8{,}987 \cdot 10^{20}$	
Britische und USA.-Einheiten.			
foot pound	ft · lb	$1{,}35582 \cdot 10^{7}$	0,13826
British thermal unit (60° F)	Btu	$1{,}0546 \cdot 10^{10}$	$1{,}0756 \cdot 10^{2}$
British thermal unit mean	—	$1{,}0548 \cdot 10^{10}$	$1{,}0758 \cdot 10^{2}$
British thermal unit (39° F)	Btu	$1{,}0604 \cdot 10^{10}$	$1{,}0815 \cdot 10^{2}$
Centigrad thermal unit	ctu; chu	$1{,}8983 \cdot 10^{10}$	$1{,}9357 \cdot 10^{2}$
horsepower-hour	HP · h	$2{,}6856 \cdot 10^{13}$	$2{,}7374 \cdot 10^{5}$

12118 Entropie (physik. Maßsystem $[l^2 m t^{-2} grad^{-1}]$, techn. Maßsystem $[l \cdot K \cdot grad^{-1}]$).

Metrische Einheit	Abkürzung
Clausius ($cal \cdot grad^{-1}$)	Cl

12119 Leistung (physik. Maßsystem $[l^2 m t^{-3}]$, techn. Maßsystem $[l K t^{-1}]$).

Name	Abkürzung	Umrechnungen in $erg \cdot s^{-1}$	Umrechnungen in $mkg \cdot s^{-1}$
Metrische Einheiten.			
Watt, absolut	W	10^{7}	0,101972
Watt, international	W_{int}	$1{,}0003 \cdot 10^{7}$	0,102003
Meterkilogramm[2]/Sekunde	$mkg \cdot s^{-1}$	$9{,}80665 \cdot 10^{7}$	1
Pferdestärke	PS	$7{,}355 \cdot 10^{9}$	75
Kilowatt, absolut	kW	$1 \cdot 10^{10}$	$1{,}01972 \cdot 10^{2}$
Kilowatt, international	kW_{int}	$1{,}0003 \cdot 10^{10}$	$1{,}02002 \cdot 10^{2}$
Kilokalorie/Sekunde	$kcal \cdot s^{-1}$	$4{,}1853 \cdot 10^{10}$	$4{,}2678 \cdot 10^{2}$
Britische und USA.-Einheiten.			
foot pound (av)/second	ftlb (av) $\cdot s^{-1}$	$1{,}35582 \cdot 10^{7}$	0,13826
horsepower	HP	$7{,}457 \cdot 10^{9}$	76,04
horse-power, electrical (Brit. = USA.)	HP	$7{,}4600 \cdot 10^{9}$	76,071
British thermal unit/second	$Btu \cdot s^{-1}$	$1{,}0546 \cdot 10^{10}$	$1{,}0756 \cdot 10^{2}$

[1] Außerdem Umrechnungstabelle 1225 und 1226.

[2] Vgl. Anm. 1 in 12115.

12120 Wirkung = Energie mal Zeit (physik. Maßsystem $[l^2 m t^{-1}]$, techn. Maßsystem $[l K t]$).

Name	Abkürzung	Umrechnung in erg · s
Plancksches Wirkungsquantum	h	$6{,}623 \cdot 10^{-27}$
Elektronenvolt · Sekunde	eV · s	$1{,}602 \cdot 10^{-12}$
Abs. Joule · Sekunde	J · s	10^{7}
Intern. Joule · Sekunde	$J_{int} \cdot s$	$1{,}0003 \cdot 10^{7}$
Kalorie (15°) · Sekunde	cal · s	$4{,}1853 \cdot 10^{7}$

12121 Dynamische Zähigkeit (physik. Maßsystem $[l^{-1} m t^{-1}]$, techn. Maßsystem $[K l^{-2} t]$).

Name	Abkürzung	Umrechnungen in	
		Poise	technische Einheit: kg · h · m^{-2}
Metrische Einheiten[1].			
Mikropoise	µP	10^{-6}	$2{,}833 \cdot 10^{-14}$
Millipoise	mP	10^{-3}	$2{,}833 \cdot 10^{-11}$
Zentipoise	cP	10^{-2}	$2{,}833 \cdot 10^{-8}$
Poise = $\frac{g_{(\text{masse})}}{\text{Zentimeter Sekunde}}$	P	1	$2{,}833 \cdot 10^{-6}$
$\frac{\text{Kilogramm}_{(\text{gew.})}\ \text{Sekunde}}{\text{Meter}^2}$	$\frac{kg_{(gew.)}\ s}{m^2}$	98,1	$2{,}77710 \cdot 10^{-4}$
$\frac{\text{Kilogramm}_{(\text{gew.})}\ \text{Stunde}}{\text{Meter}^2}$	$\frac{kg_{(gew.)}\ h}{m^2}$	$3{,}5316 \cdot 10^{5}$	1

Umrechnungsschema mit Britischen und USA.-Einheiten unter 1227.

[1] Vgl. Anm. 1 in 12115.

12122 Kinematische Zähigkeit $[l^2 t^{-1}]$.

Name	Abkürzung	Umrechnungen in	
		Stok	$m^2 \cdot h^{-1}$
Metrische Einheiten.			
Mikrostok . .	µSt	10^{-6}	$3{,}6 \cdot 10^{-7}$
Millistok . .	mSt	10^{-3}	$3{,}6 \cdot 10^{-4}$
Zentistok . .	cSt	10^{-2}	$3{,}6 \cdot 10^{-3}$
Stok $\left(\frac{cm^2}{s}\right)$	St	1	0,36
$\left(\frac{\text{Meter}^2}{\text{Stunde}}\right)$.	$m^2 \cdot h^{-1}$	2,77	1
$\left(\frac{\text{Meter}^2}{\text{Sekunde}}\right)$	$m^2 \cdot s^{-1}$	$1 \cdot 10^{4}$	$3{,}6 \cdot 10^{3}$

Umrechnungsschema mit Britischen und USA.-Einheiten unter 1227.

12123 Oberflächenspannung (physik. Maßsystem $[m t^{-2}]$, techn. Maßsystem $[l^{-1} K]$).

Name	Abkürzung	Umrechnungen* in	
		dyn · cm^{-1}	mg · mm^{-1}
Metrische Einheiten.			
Milligramm/Millimeter	mg · mm^{-1}	{ 0,01 g 9,80665	1
Dyn/Zentimeter (Erg/Zentimet.[2])	dyn · cm^{-1}	1	0,101972
Erg/Millimeter[2]	erg · mm^{-2}	10^{2}	10,1972
Britische und USA.-Einheiten.			
Milligramm/inch	mg · in^{-1}	0,38609	$3{,}93696 \cdot 10^{-2}$

* Vgl. Anm. 1 in 12115.

12124 Wärmeleitzahl (physik. Maßsystem $[m l t^{-3} grad^{-1}]$, techn. Maßsystem $[K t^{-1} grad^{-1}]$).

Name	Abkürzungen	Umrechnungen in	
		$cal \cdot cm^{-1} \cdot s^{-1} \cdot grad^{-1}$	$kcal \cdot m^{-1} \cdot h^{-1} \cdot grad^{-1}$
Metrische Einheiten.			
$\frac{\text{Gramm-Kalorie} \cdot \text{Zentimeter}}{\text{Zentimeter}^2 \cdot \text{Sekunde} \cdot \text{Grad}}$ . .	$cal \cdot cm^{-1} \cdot s^{-1} \cdot grad^{-1}$	1	$3{,}6 \cdot 10^2$
$\frac{\text{Watt}_{int} \cdot \text{Zentimeter}}{\text{Zentimeter}^2 \cdot \text{Grad}}$	$W \cdot cm^{-1} \cdot grad^{-1}$	0,23899	$8{,}604 \cdot 10^2$
$\frac{\text{Kilo-Kalorie} \cdot \text{Meter}}{\text{Meter}^2 \cdot \text{Stunde} \cdot \text{Grad}}$	$kcal \cdot m^{-1} \cdot h^{-1} \cdot grad^{-1}$	$2{,}77 \cdot 10^{-3}$	1
Britische und USA.-Einheiten.			
$\frac{\text{British thermal unit (mean) foot}}{\text{foot}^2 \cdot \text{hour} \cdot \text{degree F}}$	$Btu \cdot ft^{-1} \cdot h^{-1} \cdot (^0F)^{-1}$	$4{,}134 \cdot 10^{-3}$	1,488
$\frac{\text{British thermal unit (mean) inch}}{\text{inch}^2 \cdot \text{hour . degree F}}$	$Btu \cdot in^{-1} \cdot h^{-1} \cdot (^0F)^{-1}$	$4{,}964 \cdot 10^{-2}$	17,87
$\frac{\text{British thermal unit (mean) inch}}{\text{foot}^2 \cdot \text{second . degree F}}$	$Btu \cdot in \cdot ft^{-2} \cdot s^{-1} \cdot (^0F)^{-1}$	1,240	$4{,}465 \cdot 10^2$
$\frac{\text{British thermal unit (mean) foot}}{\text{foot}^2 \cdot \text{second} \cdot \text{degree F}}$	$Btu \cdot ft^{-1} \cdot s^{-1} \cdot (^0F)^{-1}$	14,88	$5{,}359 \cdot 10^3$

12125 Wärmeübergangszahl und Wärmedurchgangszahl (physik. Maßsystem $[m t^{-3} grad^{-1}]$, techn. Maßsystem $[K l^{-1} t^{-1} grad^{-1}]$).

Name	Abkürzungen	Umrechnungen in	
		$cal \cdot s^{-1} \cdot cm^{-2} \cdot grad^{-1}$	$kcal \cdot h^{-1} \cdot m^{-2} \cdot grad^{-1}$
$\frac{\text{Kilo-Kalorie}_{15}}{\text{Stunde} \cdot \text{Meter}^2 \cdot \text{Grad}}$	$kcal \cdot h^{-1} \cdot m^{-2} \cdot grad^{-1}$	$27{,}70 \cdot 10^{-6}$	1
$\frac{\text{Kilowatt}_{int}}{\text{Meter}^2 \cdot \text{Grad}}$	$kW \cdot m^{-2} \cdot grad^{-1}$	0,0239	860
$\frac{\text{Watt}_{int}}{\text{Zentimeter}^2 \cdot \text{Grad}}$	$W \cdot cm^{-2} \cdot grad^{-1}$	0,239	8604
$\frac{\text{Kalorie}_{15}}{\text{Sekunde} \cdot \text{Zentimeter}^2 \cdot \text{Grad}}$ . .	$cal \cdot s^{-1} \cdot cm^{-2} \cdot grad^{-1}$	1	36000

122 Umrechnungstabellen und -tafeln.

1221 Umrechnungstafel für die Dezimaleinheiten des Stunden- und Winkelmaßes auf Minuten und Sekunden.

Zehntelstunden \ Hundertstelstunden	0,00	0,01	0,02	0,03	0,04	0,05	0,06	0,07	0,08	0,09
0,0	0'00"	0'36"	1'12"	1'48"	2'24"	3'00"	3'36"	4'12"	4'48"	5'24"
0,1	6'00"	6'36"	7'12"	7'48"	8'24"	9'00"	9'36"	10'12"	10'48"	11'24"
0,2	12'00"	12'36"	13'12"	13'48"	14'24"	15'00"	15'36"	16'12"	16'48"	17'24"
0,3	18'00"	18'36"	19'12"	19'48"	20'24"	21'00"	21'36"	22'12"	22'48"	23'24"
0,4	24'00"	24'36"	25'12"	25'48"	26'24"	27'00"	27'36"	28'12"	28'48"	29'24"
0,5	30'00"	30'36"	31'12"	31'48"	32'24"	33'00"	33'36"	34'12"	34'48"	35'24"
0,6	36'00"	36'36"	37'12"	37'48"	38'24"	39'00"	39'36"	40'12"	40'48"	41'24"
0,7	42'00"	42'36"	43'12"	43'48"	44'24"	45'00"	45'36"	46'12"	46'48"	47'24"
0,8	48'00"	48'36"	49'12"	49'48"	50'24"	51'00"	51'36"	52'12"	52'48"	53'24'
0,9	54'00"	54'36"	55'12"	55'48"	56'24"	57'00"	57'36"	58'12"	58'48"	59'24"

Beispiel: $0{,}63^h = 37'48''$.

1222 Umrechnung der 360°-Teilung in die 400^g-Teilung und umgekehrt.

Die unendlichen Brüche sind so abgekürzt, daß die Periode, gekennzeichnet durch Punkte über den Zahlen, einmal voll ausgeschrieben ist, bei den Graden hat sie 1 Stelle, bei den Minuten 1 oder 3, bei den Sekunden 1 oder 3 oder 9 Stellen.

^{g} (hochgestellt) = Grad der 400^g-Teilung,
^{c} (hochgestellt) = Zentigrad der 400^g-Teilung,
^{cc} (hochgestellt) = Zehntausendstelgrad der 400^g-Teilung.

10° = 11,$\dot{1}^g$	1° = 1,$\dot{1}^g$	1′ = 0,0$\dot{1}\dot{8}\dot{5}^g$	1″ = 0,000$\dot{3}\dot{0}\dot{8}\dot{6}\dot{4}\dot{1}\dot{9}\dot{7}\dot{5}^g$
20° = 22,$\dot{2}^g$	2° = 2,$\dot{2}^g$	2′ = 0,$\dot{0}\dot{3}\dot{7}^g$	2″ = 0,00$\dot{0}\dot{6}\dot{1}\dot{7}\dot{2}\dot{8}\dot{3}\dot{9}\dot{5}^g$
30° = 33,$\dot{3}^g$	3° = 3,$\dot{3}^g$	3′ = 0,0$\dot{5}^g$	3″ = 0,000$\dot{9}\dot{2}\dot{5}^g$
40° = 44,$\dot{4}^g$	4° = 4,$\dot{4}^g$	4′ = 0,$\dot{0}\dot{7}\dot{4}^g$	4″ = 0,0$\dot{0}\dot{1}\dot{2}\dot{3}\dot{4}\dot{5}\dot{6}\dot{7}\dot{9}^g$
50° = 55,$\dot{5}^g$	5° = 5,$\dot{5}^g$	5′ = 0,0$\dot{9}\dot{2}\dot{5}^g$	5″ = 0,001$\dot{5}\dot{4}\dot{3}\dot{2}\dot{0}\dot{9}\dot{8}\dot{7}\dot{6}^g$
60° = 66,$\dot{6}^g$	6° = 6,$\dot{6}^g$	6′ = 0,$\dot{1}^g$	6″ = 0,00$\dot{1}\dot{8}\dot{5}^g$
70° = 77,$\dot{7}^g$	7° = 7,$\dot{7}^g$	7′ = 0,1$\dot{2}\dot{9}\dot{6}^g$	7″ = 0,002$\dot{1}\dot{6}\dot{0}\dot{4}\dot{9}\dot{3}\dot{8}\dot{2}\dot{7}^g$
80° = 88,$\dot{8}^g$	8° = 8,$\dot{8}^g$	8′ = 0,$\dot{1}\dot{4}\dot{8}^g$	8″ = 0,0$\dot{0}\dot{2}\dot{4}\dot{6}\dot{9}\dot{1}\dot{3}\dot{5}\dot{8}^g$
90° = 100,$\dot{0}^g$	9° = 10,$\dot{0}^g$	9′ = 0,1$\dot{6}^g$	9″ = 0,002$\dot{7}^g$

10^g = 9°	1^g = 0°54′	0^g,1 = 5′24″	1^c = 0′32″,4	0^c,1 = 3″,24
20^g = 18°	2^g = 1°48′	0^g,2 = 10′48″	2^c = 1′4″,8	0^c,2 = 6″,48
30^g = 27°	3^g = 2°42′	0^g,3 = 16′12″	3^c = 1′37″,2	0^c,3 = 9″,72
40^g = 36°	4^g = 3°36′	0^g,4 = 21′36″	4^c = 2′9″,6	0^c,4 = 12″,96
50^g = 45°	5^g = 4°30′	0^g,5 = 27′00″	5^c = 2′42″,0	0^c,5 = 16″,20
60^g = 54°	6^g = 5°24′	0^g,6 = 32′24″	6^c = 3′14″,4	0^c,6 = 19″,44
70^g = 63°	7^g = 6°18′	0^g,7 = 37′48″	7^c = 3′46″,8	0^c,7 = 22″,68
80^g = 72°	8^g = 7°12′	0^g,8 = 43′12″	8^c = 4′19″,2	0^c,8 = 25″,92
90^g = 81°	9^g = 8°6′	0^g,9 = 48′36″	9^c = 4′51″,6	0^c,9 = 29″,16
100^g = 90°				

Rechenbeispiel: 20°16′19″ in Dezimaleinheiten.

20° =	22^g,22222
10′ =	0,18518
6′ =	0,11111
10″ =	0,003086
9″ =	0,002777
	22^g,52437

1223 folgt auf S. 12.

1224 Umrechnungen von Druckeinheiten[1] ineinander.

Gesucht / Gegeben	Bar	kg/m²	Torr	Atm (760 Torr)	kg/cm² (at)
1 Bar (b) = 10^6 dyn/cm²	1	$1{,}01972 \cdot 10^4$	750,06	0,98692	1,01972
1 Millibar (mb) = 10^3 dyn/cm²	10^{-3}	10,1972	0,75006	$0{,}98692 \cdot 10^{-3}$	$1{,}01972 \cdot 10^{-3}$
1 Mikrobar (μb) = 1 dyn/cm²	10^{-6}	$1{,}01972 \cdot 10^{-2}$	$0{,}75006 \cdot 10^{-3}$	$0{,}98692 \cdot 10^{-6}$	$1{,}01972 \cdot 10^{-6}$
1 kg/m² ≈ 1 mm Wassersäule	$0{,}980665 \cdot 10^{-4}$	1	$0{,}73556 \cdot 10^{-1}$	$0{,}96784 \cdot 10^{-4}$	10^{-4}
1 Torr = 1 mm Quecksilbersäule	$1{,}33322 \cdot 10^{-3}$	13,5951	1	$1{,}31579 \cdot 10^{-3}$	$1{,}35951 \cdot 10^{-3}$
1 Atm = 760 Torr	1,01325	$1{,}03323 \cdot 10^4$	760	1	1,03323
1 kg/cm² = 1 at	0,980665	10^4	735,56	0,96784	1

[1] Vgl. die Anmerkungen in 12116.

1223 Umrechnung von Grad Celsius (C) in Grad Fahrenheit (F).

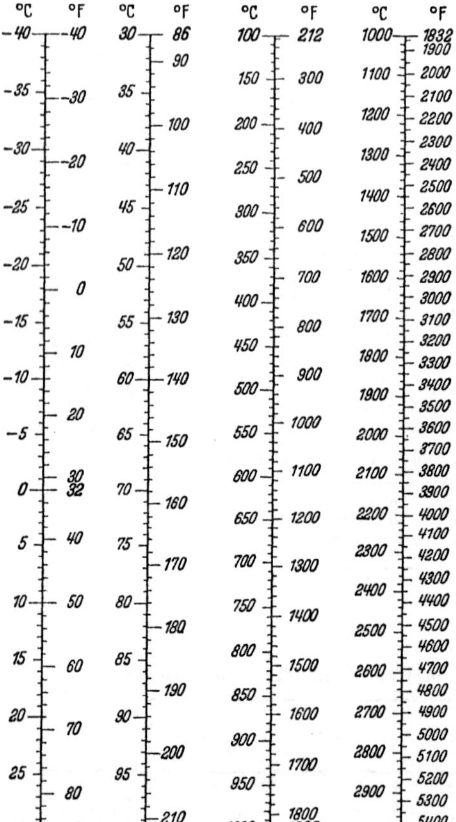

1225 Umrechnungszahlen für Energieeinheiten. (Weitere Einheiten in 1226.)

Gesucht / Gegeben	Erg.	$Watt_{int} \cdot$ Sek. $= Joule_{int}$	Kilo-$watt_{int} \cdot$ Std.	15° Kilocal.*	cm³ phys. Atm.	l · techn. Atm.	kg (Gew.) · m	Pferdest. · Std.	Gaskonst. R** · Grad
	erg	J_{int}	$kW_{int} \cdot h$	$kcal_{15}$	$cm^3 \cdot Atm$	l · at	mkg	PS · h	R · grad
erg	1	$9{,}99700 \cdot 10^{-8}$	$2{,}77694 \cdot 10^{-14}$	$2{,}3893\ 10^{-11}$	$9{,}86923 \cdot 10^{-7}$	$1{,}01969 \cdot 10^{-9}$	$1{,}01972 \cdot 10^{-8}$	$3{,}77673 \cdot 10^{-14}$	$1{,}20266 \cdot 10^{-8}$
J_{int}	$1{,}0003 \cdot 10^{7}$	1	$2{,}77778 \cdot 10^{-7}$	$2{,}3900 \cdot 10^{-4}$	9,87219	$1{,}01999 \cdot 10^{-2}$	0,102003	$3{,}77786 \cdot 10^{-7}$	0,120321
$kW_{int} \cdot h$	$3{,}60108 \cdot 10^{13}$	$3{,}6000 \cdot 10^{6}$	1	$8{,}6041 \cdot 10^{2}$	$2{,}55399 \cdot 10^{7}$	$3{,}67197 \cdot 10^{4}$	$3{,}67208 \cdot 10^{5}$	1,36003	$4{,}33088 \cdot 10^{5}$
$kcal_{15}$	$4{,}1853 \cdot 10^{10}$	$4{,}1840 \cdot 10^{3}$	$1{,}16223 \cdot 10^{-3}$	1	$4{,}13057 \cdot 10^{4}$	42,6770	$4{,}26782 \cdot 10^{2}$	$1{,}58067 \cdot 10^{-3}$	$5{,}03352 \cdot 10^{2}$
$cm^3 \cdot Atm$	$1{,}013250 \cdot 10^{6}$	0,101295	$2{,}81374 \cdot 10^{-8}$	$2{,}42097 \cdot 10^{-5}$	1	$1{,}03320 \cdot 10^{-3}$	$1{,}03323 \cdot 10^{-2}$	$3{,}82677 \cdot 10^{-8}$	$1{,}21859 \cdot 10^{-2}$
l · at	$9{,}80692 \cdot 10^{8}$	98,0399	$2{,}72333 \cdot 10^{-5}$	$2{,}34318 \cdot 10^{-2}$	$9{,}67869 \cdot 10^{2}$	1	10,00027	$3{,}70381 \cdot 10^{-5}$	11,7943
mkg	$9{,}80665 \cdot 10^{7}$	9,80371	$2{,}72325 \cdot 10^{-6}$	$2{,}34312 \cdot 10^{-3}$	96,7841	$9{,}99971 \cdot 10^{-2}$	1	$3{,}70370 \cdot 10^{-6}$	1,17941
PS · h	$2{,}64780 \cdot 10^{13}$	$2{,}64700 \cdot 10^{6}$	$7{,}35278 \cdot 10^{-1}$	$6{,}32642 \cdot 10^{2}$	$2{,}61317 \cdot 10^{7}$	$2{,}69992\ 10^{4}$	$2{,}70000 \cdot 10^{5}$	1	$3{,}18441 \cdot 10^{5}$
R · grad	$8{,}3149 \cdot 10^{7}$	8,3124	$2{,}30890 \cdot 10^{-6}$	$1{,}9867 \cdot 10^{-3}$	82,0617	$8{,}47868 \cdot 10^{-2}$	0,84788	$3{,}1403 \cdot 10^{-6}$	1

* In der Technik wird die int. Tafelkalorie ($kcal_{IT}$) benutzt, diese Einheit ist um 0,048% größer als die $kcal_{15}$; $kcal_{IT} = 1{,}00048\ kcal_{15}$.

** R hat die Dimension Energie/(grad · mol).

1226 Energieäquivalente.

Durch das Grundgesetz der Quantentheorie $\Delta E = E_1 - E_2 = h \cdot \nu$, bzw. durch die Lichtquantenvorstellung, ist jeder Strahlungswellenlänge λ bzw. der entsprechenden

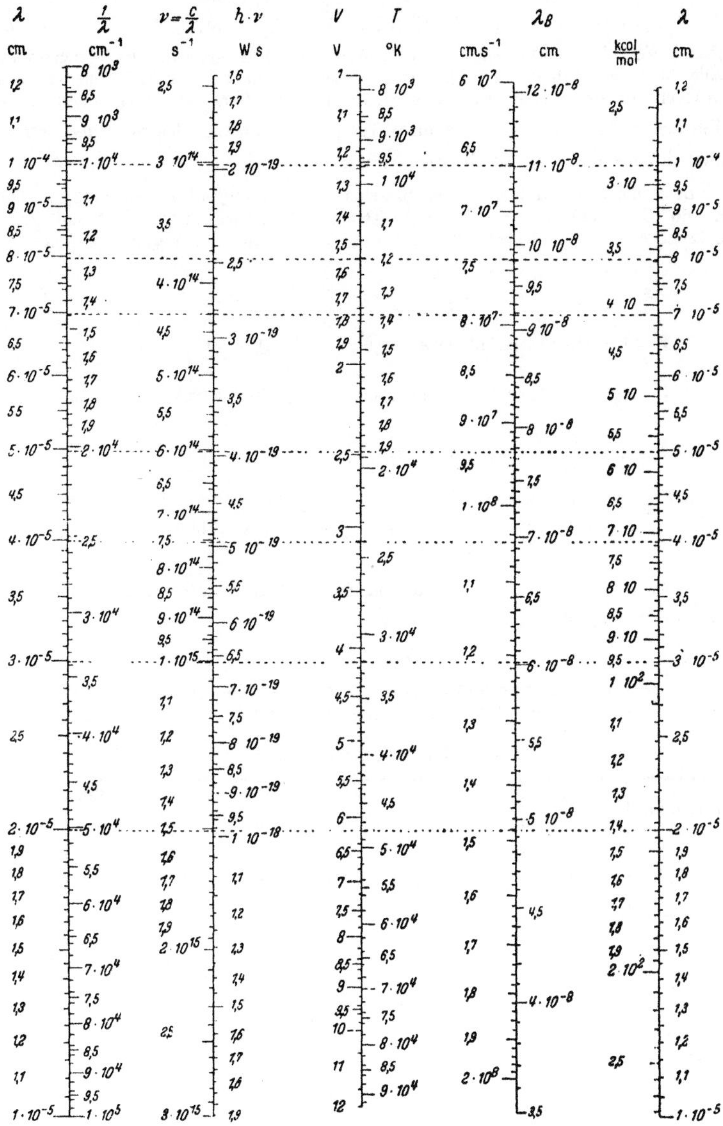

Schwingungszahl $\nu = c/\lambda$ und Wellenzahl $\nu^* = 1/\lambda$ ein Energiebetrag (ein Energiequantum) $E = h \cdot \nu$ zugeordnet, den man häufig allein durch Angabe von λ, ν oder ν^*

kennzeichnet. Die kinetische Energie $\frac{m\,v^2}{2}$ eines Materieteilchens bekannter Masse m kann auch durch seine Geschwindigkeit v angegeben werden (in der Skala für Elektronen), bei Elektronen außerdem durch die Spannung (Volt), mit der ein ruhendes Elektron beschleunigt werden muß, um die Geschwindigkeit v zu erhalten. Nach de Broglie ist ferner durch die Gleichung $\lambda_B = \frac{h}{m_0 \cdot v}$ (m_0 = Masse des Elektrons) jedem Wert der Elektronenenergie eine Materiewelle der Wellenlänge λ_B zugeordnet. Alle diese quantenhaften Energiebeträge lassen sich auch durch die Temperatur ausdrücken, auf der sich ein Gas befindet, wenn die mittlere kinetische Energie seiner Teilchen $= \frac{m\,v^2}{2}$ (in der Skala diese Temperatur für ein Elektronengas) beträgt, oder durch die auf ein Mol bezogene Energie (in kcal).

Zwischen den einzelnen Skalen bestehen also die folgenden Beziehungen, wobei h und E in praktischen elektromagnetischen Einheiten ausgedrückt sind ($h = 6{,}62 \cdot 10^{-34}$ W · s²) und auch alle Zahlenfaktoren für dieses Maßsystem gelten:

$$\lambda = \frac{h \cdot c}{E}; \quad \nu^* = \frac{1}{\lambda} = \frac{E}{h \cdot c}; \quad \nu = \frac{E}{h}; \quad h \cdot \nu = E;$$

$$V = E/e \text{ (Elementarladung } e = 1{,}602 \cdot 10^{-19}\,\text{C}),$$

$$T = \frac{2\,E}{3\,k} \text{ [Boltzmann-Konstante (k)} = 1{,}3807 \cdot 10^{-23}\,\text{W} \cdot \text{s}\,(^0\text{K})^{-1}],$$

$$v = \sqrt{\frac{2\,E \cdot 10^7}{m_0}} \text{ (Masse des Elektrons } m_0 = 9{,}108 \cdot 10^{-28}\,\text{g}),$$

$$\lambda_B = \frac{h}{\sqrt{2\,m_0\,E \cdot 10^7}} = \frac{h}{\sqrt{2\,m_0 \frac{m_0 v^2}{2} \cdot 10^7}} = \frac{h}{m_0\,v \cdot \sqrt{10^7}},$$

$$\frac{\text{kcal}}{\text{mol}} = f \cdot E \cdot L \text{ (L = Loschmidtsche Zahl} = 6{,}0227 \cdot 10^{23}\,\text{mol}^{-1},\; f = 2{,}39 \cdot 10^{-4}$$
= Umrechnungsfaktor von W · s auf kcal).

1227 Umrechnungsfaktoren für Zähigkeiten im metrischen und britischen und USA., physikalischen und technischen Maßsystem.

1. Dynamische Zähigkeit.

Maßsystem	Physikal. CGS	Metrisch-technisch		Britische und USA.-Einheiten		
				physikalisch	technisch	
von \ in	Poise (P) $\frac{g_{(masse)}}{cm \cdot s}$	$\frac{kg_{(gew.)} \cdot s}{m^2}$	$\frac{kg_{(gew.)} \cdot h}{m^2}$	$\frac{lb_{(mass)}}{ft \cdot s}$	$\frac{lb_{(force)} \cdot s}{ft^2}$	$\frac{lb_{(force)} \cdot h}{ft^2}$
$\frac{g_{(masse)}}{cm \cdot s}$	1	0,0102	$2{,}833 \cdot 10^{-6}$	0,06721	0,002088	$0{,}580 \cdot 10^{-6}$
$\frac{kg_{(gew.)} \cdot s}{m^2}$	98,1	1	$277{,}7 \cdot 10^{-6}$	6,5919	0,2048	$56{,}89 \cdot 10^{-6}$
$\frac{kg_{(gew.)} \cdot h}{m^2}$	$0{,}35316 \cdot 10^6$	3600	1	23730	737,28	0,2048
$\frac{lb_{(mass)}}{ft \cdot s}$	14,882	0,1517	$42{,}139 \cdot 10^{-6}$	1	0,03107	$8{,}631 \cdot 10^{-6}$
$\frac{lb_{(force)} \cdot s}{ft^2}$	478,8	4,881	$1{,}3558 \cdot 10^{-3}$	32,185	1	$277{,}7 \cdot 10^{-6}$
$\frac{lb_{(force)} \cdot h}{ft^2}$	$1{,}7240 \cdot 10^6$	17578	4,882	115870	3600	1

2. Kinematische Zähigkeit.

Maßsystem	Physikal. CGS	Metrisch-technisch		Britische und USA.-Einheiten	
von \ in	Stok (St) $\frac{cm^2}{s}$	$\frac{m^2}{s}$	$\frac{m^2}{h}$	$\frac{sqft}{s}$	$\frac{sqft}{h}$
$\frac{cm^2}{s}$	1	$1 \cdot 10^{-4}$	0,36	0,0010764	3,875
$\frac{m^2}{s}$	$1 \cdot 10^4$	1	3600	10,7639	$3{,}875 \cdot 10^4$
$\frac{m^2}{h}$	2,777...	$277{,}7\ldots 10^{-6}$	1	$29{,}9 \cdot 10^{-4}$	10,7639
$\frac{sqft}{s}$	929,03	0,092903	334,45	1	3600
$\frac{sqft}{h}$	0,25806	$25{,}806 \cdot 10^{-6}$	0,092903	$277{,}7\ldots 10^{-6}$	1

123 Umrechnungsfaktoren für britische und USA.-Einheiten in metrische und umgekehrt.

Benutzte Abkürzungen für britische und USA.-Einheiten.

av = avoirdupois
A = acre
Btu = mean Brit. thermal unit
bu = bushel
cuft = cubic foot
cuin = cubic inch
cuyd = cubic yard
ctu (chu) = centigrad thermal unit (centigrade heat unit)
cwt = hundredweight
dm = dram
dwt = penny weight
°F = degree Fahrenheit
ft = foot
gal = gallon
gr = grain
gr(wt) = grain(weight)
HP = horsepower
in = inch
lb = pound, wenn nicht anders vermerkt lb (av)
ltn = long ton
oz = ounze
pt = pint
qt = quart
°Rank = °Rankine
shtn = short ton
sqft = square foot
sqin = square inch
sqyd = square yard
t = troy
yd = yard

1231 Umrechnungen von britischen und USA.-Einheiten in metrische.

Umzurechnen von	Umzurechnen in	Zu multiplizieren mit
acre (Brit.)	m²	4046,85
acre (USA.) . . .	m²	4046,87
barrel (Brit.) . . .	m³	0,163656
barrel (USA.) . . .	m³	0,1192414
barrel Petroleum (USA.)	m³	0,1635
Btu	kcal	0,25202
Btu	kWh	0,0002929
Btu	mkg	107,58
Btu/(cuft · h) . . .	kcal/(m³ · h)	8,9
Btu/(cuft · °F) . .	kcal/(m³ · °C)	16,017
Btu/cuft (60° F, 30 in, dry) . . .	kcal/Nm³	9,372
Btu/cuft (60° F, 30 in, moist) . .	kcal/Nm³	9,57
Btu/(ft · h · °F) . .	kcal/(m · h · °C)	1,488
Btu/(ft · s · °F) . .	kcal/(m · h · °C)	5359

Umzurechnen von	Umzurechnen in	Zu multiplizieren mit
Btu/(in · h · °F) . .	cal/(cm · s · °C)	0,04964
Btu/(in · h · °F) . .	kcal/(m · h · °C)	17,87
Btu · in/(sqft · h · °F)	kcal/(m · h · °C)	0,124
Btu · in/(sqft · s · °F)	cal/(cm · s · °C)	1,240
Btu · in/(sqft · s · °F)	kcal/(m · h · °C)	446,5
Btu/lb	kcal/kg	0,556
Btu/(lb · °F) . . .	kcal/(kg · °C)	1,00
Btu/ltn	kcal/t	0,248
Btu/s	mkg/s	107,58
Btu/s	PS	1,434
Btu/shtn	kcal/t	0,2778
Btu/sqft	kcal/m²	2,713
Btu/sqft · h	kcal/(m² · h)	2,713
Btu/(sqft · h . °F) .	kcal/(m² · h · °C)	4,88
Btu/sqin	kcal/cm²	0,039075

1231 (Fortsetzung).

Umzurechnen von	in	Zu multiplizieren mit
Btu/sqin	kcal/m^2	390,75
bu (Brit.)	l	36,3677
bu (USA.)	l	35,238
carat (metric)	g	0,200
chu s. ctu		
cuft (Brit.)	cm^3	28316,77
cuft (USA.)	cm^3	28317,0
cuft (60° F, 30 in, dry)	Nm^3	0,02687
cuft (60° F, 30 in, moist)	Nm^3	0,02635
cuin (Brit.)	cm^3	16,387025
cuin (USA.)	cm^3	16,38716
cuyd (Brit.)	m^3	0,76455285
cuyd (USA.)	m^3	0,76455945
cwt (long Brit.)	kg	50,80235
cwt (short USA.)	kg	45,35924
ctu (15° C)	kcal (15° C)	0,25197
dm (av)	g	1,77184
dwt	g	1,5552
°F	°C	(°F−32)·0,5555
ft (Brit.)	cm	30,47997
ft (USA.)	cm	30,48006
ft · lb	mkg	0,13826
ft · lb	$Watt_{(int)}$ · s	1,3554
ft · lb/s	$Watt_{(int)}$	1,35541
ft · lb/s	PS	0,00184
ft · lb/s	mkg/s	0,13826
ft · ltn	mkg	307,5
ft/min	km/h	0,018288
ft/min	m/s	0,00508
ft/s	km/h	1,0973
ft/s^2	m/s^2	0,3048
ft · shtn	mkg	276,5
gal (Brit.)	l	4,54596
gal (USA.)	l	3,785332
gal (Petroleum) (USA.)	l	3,77994
gal (Brit.)/cuft	l/l	0,16
gal (USA.)/cuft	l/l	0,134
gal (Brit.)/ltn	l/t	4,472
gal (Brit.)/mile	l/km	2,818
gal (USA.)/mile	l/km	2,36
gal (USA.)/shtn	l/t	4,173
gal (Brit.)/sqyd	l/m^2	5,44
gal (USA.)/sqyd	l/m^2	4,57
gr (av und t)	g	0,0648
gr (wt)	dyn	0,63546
gr	g	0,064799
gr/cuft	g/m^3	2,299
gr/cuft (60° F, 30 in, dry)	g/Nm^3	2,413
gr/gal (Brit.)	g/l	0,01426
gr/gal (USA.)	g/l	0,01712
HP	$kW_{(int)}$	0,7458
HP	mkg/s	76,04
HP	PS	1,0139
in (Brit.)	cm	2,539998
in (USA.)	cm	2,540005
in Hg	at	0,03455
in Hg	Atm	0,0334
in of water	at	0,002539
in of water	Atm	0,0024582
in · lb	cm · kg	1,152

Umzurechnen von	in	Zu multiplizieren mit
lb	kg	0,45359
$lb_{(mass)}$/(ft · s)	g/(cm · s)	14,882
$lb_{(mass)}$/(ft · s)	$kg_{(gew.)}$ · s/m^2	0,1517
$lb_{(mass)}$/(ft · s)	$kg_{(gew.)}$ · h/m^2	$4{,}2139 \cdot 10^{-5}$
lb/gal (USA.)	kg/m^3	119,8
$lb_{(force)}$ · h/ft^2	g/(cm · s)	$1{,}724 \cdot 10^{-6}$
$lb_{(force)}$ · h/ft^2	$kg_{(gew.)}$ · s/m^2	17578
$lb_{(force)}$ · h/ft^2	$kg_{(gew.)}$ · h/m^2	4,882
$lb_{(force)}$ · s/ft^2	g/(cm · s)	478,8
$lb_{(force)}$ · s/ft^2	$kg_{(gew.)}$ · s/m^2	4,881
$lb_{(force)}$ · s/ft^2	$kg_{(gew.}$ · h/m^2	0,0013552
lb/sqft	at	0,0004882
lb/sqin	at	0,070306
lb/sqin	Atm	0,0681
lb/sqin	in Hg	2,042
lb/sqin	Torr	51,71
lb/sqin	g/mm^2	0,7031
lb/sqyd	kg/m^2	0,5425
lb/yd	kg/m	0,496
ltn	kg	1016,047
ltn/cuft	kg/m^3	35885
ltn/cuft	t/m^3	35,881
ltn/sqft	at	1,09366
ltn/sqin	at	157,5
ltn/sqin	Atm	152,4
mg/in	mg/mm	0,03937
mil	cm	0,00254
mile (statute)	km	1,6093426
mile/h	km/h	1,6093
mile/h · s	m/s^2	0,44704
mile/min	km/h	96,56
mile/min	m/s	26,82
Minium (USA.)	cm^3	0,061612
oz (av)	g	28,35
oz (t)	g	31,1
oz/sqyd	g/m^2	33,8
perch	m	5,0292
pole	m	5,0292
pound s. lb		
pt (Brit.)	l	0,5683
pt (USA.)	l	0,473
pottle (Brit.)	l	2,273
poundal	kg	0,014097
qt (Brit.)	l	1,1364907
qt (USA.)	l	0,9463330
quarter (Brit.)	l	290,94
quarter (USA.)	l	242,1
°Rank	°K	5/9
register tn	m^3	2,8317
rod	m	5,0291
section (USA.)	km^2	2,5899
shipping tn (USA.)	m^3	1,13268
shtn	kg	907,185
shtn/sqft	at	0,97648
shtn/sqin	at	140,6
sqft (Brit.)	m^2	0,0929029

1231 (Fortsetzung).

Umzurechnen von	Umzurechnen in	Zu multiplizieren mit	Umzurechnen von	Umzurechnen in	Zu multiplizieren mit
sqft (USA.)	m^2	0,0929034	sqpole	m^2	25,293
sqft/h	cm^2/s	0,25806	sqrod	m^2	25,293
sqft/h	m^2/s	0,0000258064	sqyd (Brit.)	m^2	0,8361259
sqft/h	m^2/h	0,092903	sqyd (USA.)	m^2	0,8361307
sqft/s	cm^2/s	929,03			
sqft/s	m^2/s	0,092903	Thu s. ctu		
sqft/s	m^2/h	334,45	tnl s. ltn		
sqin (Brit.)	cm^2	6,45159	tnsh s. shtn		
sqin (USA.)	cm^2	6,45163			
sqmile	km^2	2,58994	yd	m	0,9144
sqperch	m^2	25,293	yd · lb	mkg	0,415

1232 Umrechnungen von metrischen Einheiten in britische und USA.-Einheiten.

Umzurechnen von	Umzurechnen in	Zu multiplizieren mit
a.	acres	0,0247
at	in of Hg	28,94
at	in of water	393,8
at	lb/sqft	2048
at	lb/sqin	14,224
at	ltn/sqft	0,9144
at	ltn/sqin	0,00635
at	shtn/sqft	1,2408
at	shtn/sqin	0,007112
Atm	in of Hg	29,94
Atm	in of water	406,8
Atm	lb/sqin	14,696
Atm	ltn/sqin	0,00656
°C	°F	32 + (1,8 · °C)
cal/(cm · s · °C)	Btu/in · h ·°F)	20,14
cal/(cm · s · °C)	Btu in/sqft · s · °F)	0,8064
cm	ft (Brit.)	0,0328084
cm	ft (USA.)	0,0328080
cm	in (Brit.)	0,393701
cm	in (USA.)	0,393700
cm	mil	393,7
cm^2	sqft	0,001076
cm^2/s	sqft/s	0,0010764
cm^2/s	sqft/h	3,875
cm^3	cuft	0,000035314
cm^3	cuin	0,061023
cm^3	min (USA.)	16,23
cm · kg	in · lb	0,869
dyn	gr (wt)	1,57366
g	carat (metric)	5,0
g	dm (av)	0,564385
g	dwt	0,643
g	gr (av, t)	15,4323
g	lb	0,0022046
g	oz (av)	0,03527
g	oz (t)	0,0322
g/l	gr/gal/(Brit.)	70,1
g/l	gr/gal(USA.)	58,4
$g_{(masse)}$/cm · s	$lb_{(mass)}$/ft · s	0,06721
$g_{(masse)}$/cm · s	$lb_{(force)}$ · s/ft^2	0,002088
$g_{(masse)}$/cm · s	$lb_{(force)}$ · h/ft^2	$5,8 \cdot 10^{-7}$
g/m^2	oz/sqyd	0,03
g/m^3	gr/cuft	0,437
g/mm^2	lb/sqin	1,423
g/Nm^3	gr/cuft (60° F, 30 in, dry)	0,4146

Umzurechnen von	Umzurechnen in	Zu multiplizieren mit
°K	°Rank	$^9/_5$
kcal(15° C)	Btu	3,9687
$kcal/cm^2$	Btu/sqin	25,59
kcal/kg	Btu/lb	1,8001
$kcal/Nm^3$	Btu/cuft (60° F, 30 in, dry)	0,1067
$kcal/Nm^3$	Btu/cuft (60° F, 30 in, moist)	0,1046
$kcal/m^2$	Btu/sqft	0,3685
$kcal/m^2$	Btu/sqin	0,002559
kcal/t	Btu/ltn	4,032
kcal/t	Btu/shtn	3,5997
kcal/kg · °C)	Btu/(lb · °F)	1,00
$kcal/(m^2 \cdot h)$	Btu/(sqft · h)	0,3685
$kcal/(m^3 \cdot °C)$	Btu/(cuft · °F)	0,0624
$kcal/(m^3 \cdot h)$	Btu/(cuft · h)	0,112
kcal/(m · h · °C)	Btu/(ft · h · °F)	0,672
kcal/(m · h · °C)	Btu/(ft · s · °F)	0,0001867
kcal/(m · h · °C)	Btu/(in · h · °F)	0,0560
kcal/(m · h · °C)	Btu in/(sqft · h · °F)	8,06
kcal/(m · h · °C)	Btu in/(sqft · s · °F)	0,00224
$kcal/m^2 \cdot h \cdot °C)$	Btu/(sq ft · h · °F)	0,204
kg	cwt long	0,01968
kg	cwt short	0,02205
kg	gr	15432
kg	shtn	0,0011023
kg	ltn	0,000984
kg	lb	2,205
$kg_{(gew.)}$	poundal	70,937
kg/cm^2	ltn/sqin	0,00635
$kg_{(gew.)} \cdot h/m^2$	$lb_{(mass)}$/ft · s	23730
$kg_{(gew.)} \cdot h/m^2$	$lb_{(force)}$ · s/ft^2	737,28
$kg_{(gew.)} \cdot h/m^2$	$lb_{(force)}$ · h/ft^2	0,2048
kg/m	lb/yd	2,0159
kg/m^2	lb/sqyd	1,843
kg/m^3	lb/gal (USA.)	0,008347
kg/m^3	ltn/cuft	0,0000278
$kg_{(gew.)} \cdot s/m^2$	$lb_{(mass)}$/(ft · s)	6,5919
$kg_{(gew.)} \cdot s/m^2$	$lb_{(force)}$ · s/ft^2	0,2048
$kg_{(gew.)} \cdot s/m^2$	$lb_{(force)}$ · h/ft^2	$5,689 \cdot 10^{-5}$
km	miles (statute)	0,62138
km^2	sections (USA.)	0,3861
km^2	sqmiles	0,3861
km/h	ft/min	54,681
km/h	ft/s	0,911327
km/h	mile/h	0,621388
km/h	mile/min	0,010356

1232 (Fortsetzung).

Umzurechnen von	Umzurechnen in	Zu multiplizieren mit
$kW_{(int)}$ . .	HP	1,341
kWh . . .	Btu	3414
l	bu (Brit.)	0,02749
l	bu (USA.)	0,028378
l	gal (Brit.)	0,2201
l	gal (USA.)	0,264178
l	gal (Petroleum, USA.)	0,2647
l	pottle (Brit.)	0,4399
l	pt (Brit.)	1,76
l	pt (USA.)	2,113
l	quarter (Brit.)	0,003437
l	quarter (USA.)	0,00413
l	qt (Brit.)	0,8799
l	qt (USA.)	1,0567
l/km	gal (Brit.)/mile	0,355
l/km	gal (USA.)/mile	0,424
l/l	gal (Brit.)/cuft	6,25
l/l	gal (USA.)/cuft	7,45
l/m^2	gal (Brit.)/sqyd	0,184
l/m^2	gal (USA.)/sqyd	0,221
l/t	gal (Brit.)/ltn	0,2237
l/t	gal (USA.)/shtn	0,2397
m	rods, poles, perches	0,1988
m	yd	1,0936
m^2	A (Brit.)	0,000247106
m^2	A (USA.)	0,000247105
m^2	rods (poles, perches)	0,0395
m^2	sqft (Brit.)	10,76392
m^2	sqft (USA.)	10,76386
m^2	sqin (Brit.)	1550,005
m^2	sqin (USA.)	1549,996
m^2	sqyd (Brit.)	1,195992
m^2	sqyd (USA.)	1,195985
m^3	barrel (Brit.)	6,1104
m^3	barrel (USA.)	8,3863
m^3	barrel (Petroleum, USA.)	6,1162
m^3	cuyd (Brit.)	1,30795
m^3	cuyd (USA.)	1,30794
m^3	register tn	0,3531
m^3	shipping tn (USA.)	0,88286
mg/mm . .	mg/in	25,400
m^2/h	sqft/s	0,000299
m^2/h	sqft/h	10,7639
mkg	Btu	0,009295
mkg	ft · lb	7,233
mkg	ft · ltn	0,00325
mkg	ft · shtn	0,00362
mkg	yd · lb	2,409
mkg/s . . .	Btu/s	0,009295
mkg/s . . .	ft · lb/s	7,233
mkg/s . . .	ft	0,013146
m/s.	ft/min	196,85
m/s.	ft/s	3,2808
m/s.	mile/min	0,03728
m/s^2	mile/h · s	2,23696
m^2/s	sqft/s	10,7639
m^2/s	sqft/h	$3{,}875 \cdot 10^4$
Nm^3	cuft (60° F, 30 in, moist)	37,97
Nm^3	cuft (60° F, 30 in, dry)	37,22
P s. g/(cm · s)		
PS	Btu/s	0,6972
PS	ft · lb/s	542,5
PS	HP	0,9863
St s. cm^2/s		
t/m^3	ltn/cuft	0,02787
Torr	lb/sqin	0,019337
$Watt_{(int)}$ . .	ft · lb/s	0,738
$Watt_{(int)} \cdot s$.	ft · lb	0,738

13 Elektrische und magnetische Größen in den verschiedenen Maßsystemen.

		Praktisches Elektromagnetisches / Internationales Elektromagnetisches — Grundeinheiten: Ampere, Volt, Länge, Zeit	Absolutes Elektromagnetisches $(cgs)_m$ oder emE	Elektrostatisches $(cgs)_s$ oder estE
1301 Elektrizitätsmenge	Dimension	$I \cdot t$	$l^{1/2} m^{1/2}$	$l^{3/2} m^{1/2} t^{-1}$
	Einheit	Amperesekunde, $A \cdot s$ = Coulomb, C	$cm^{1/2} g^{1/2}$	$cm^{3/2} g^{1/2} s^{-1}$
	Umrechnung	$C = \frac{1}{q} C_{int}$	$(cgs)_m = 10\,C$	$(cgs)_s = \frac{10}{c}\,C$
		$\frac{1}{q} = 1{,}00007$		$\frac{10}{c} = 3{,}3359 \cdot 10^{-10}$
1302 Stromstärke	Dimension	I	$l^{1/2} m^{1/2} t^{-1}$	$l^{3/2} m^{1/2} t^{-2}$
	Einheit	Ampere, A	$cm^{1/2} g^{1/2} s^{-1}$	$cm^{3/2} g^{1/2} s^{-2}$
	Umrechnung	$A = \frac{1}{q} A_{int}$	$(cgs)_m = 10\,A$	$(cgs)_s = \frac{10}{c}\,A$
		$\frac{1}{q} = 1{,}00007$		$\frac{10}{c} = 3{,}3359 \cdot 10^{-10}$
1303 Spannung	Dimension	U	$l^{3/2} m^{1/2} t^{-2}$	$l^{1/2} m^{1/2} t^{-1}$
	Einheit	Volt, V	$cm^{3/2} g^{1/2} s^{-2}$	$cm^{1/2} g^{1/2} s^{-1}$
	Umrechnung	$V = \frac{1}{p \cdot q} V_{int}$	$(cgs)_m = 10^{-8}\,V$	$(cgs)_s = c \cdot 10^{-8}\,V$
		$\frac{1}{p \cdot q} = 0{,}9996$		$c \cdot 10^{-8} = 2{,}9978 \cdot 10^{2}$
1304 Widerstand $\left(\frac{\text{Spannung}}{\text{Stromstärke}}\right)$	Dimension	$I^{-1} \cdot V$	$l^{1} t^{-1}$	$l^{-1} t$
	Einheit	Ohm, Ω*	$cm\,s^{-1}$	$cm^{-1} \cdot s$
	Umrechnung	$\Omega = \frac{1}{p} \cdot \Omega_{int}$	$(cgs)_m = 10^{-9}\,\Omega$	$(cgs)_{s-\Omega} = c^2 \cdot 10^{-9}\,\Omega$
		$\frac{1}{p} = 0{,}9995$		$c^2 \cdot 10^{-9} = 8{,}9868 \cdot 10^{11}$

* Der Leitwert 1/Ω wird als 1 Siemens bezeichnet.

13 (Fortsetzung).

Nr.	Größe		Praktisches Elektromagnetisches | Internationales Elektromagnetisches Grundeinheiten: Ampere, Volt, Länge, Zeit	Absolutes Elektromagnetisches $(cgs)_m$ oder emE	Elektrostatisches $(cgs)_s$ oder estE
1305	Stromarbeit Spannung · Stromzeit	Dimension	$I \cdot U \cdot t$	$l^2\, m\, t^{-2}$	$l^2\, m\, t^{-2}$
		Einheit	Wattsekunde, $W \cdot s$ = Joule, J	$cm^2\, g \cdot s^{-2}$	$cm^2 \cdot g \cdot s^{-2}$
		Umrechnung	$J = \frac{1}{p \cdot q^2} J_{int}$ $\frac{1}{p \cdot q^2} = 0{,}99969$	$(cgs)_m = 10^{-7}$ J	$(cgs)_s = 10^{-7}$ J
1306	Stromleistung Spannung · Strom	Dimension	$I \cdot U$	$l^2\, m\, t^{-3}$	$l^2\, m\, t^{-3}$
		Einheit	Watt, W	$cm^2\, g\, s^{-3}$	$cm^2\, g\, s^{-3}$
		Umrechnung	$W = \frac{1}{p \cdot q^2} W_{int}$ $\frac{1}{p \cdot q^2} = 0{,}99969$	$(cgs)_m = 10^{-7}$ W	$(cgs)_s = 10^{-7}$ W
1307	Kapazität $\left(\frac{\text{Elektrizitätsmenge}}{\text{Spannung}}\right)$	Dimension	$I\, U^{-1}\, t$	$l^{-1}\, t^2$	l
		Einheit	Amperesekunde/Volt = Farad, F; 10^{-6} F = μF (Mikrofarad)	$cm^{-1}\, s^2$	cm
		Umrechnung	$F = p\, F_{int}$ $p = 1{,}00046$	$(cgs)_m = 10^9$ F	$(cgs)_s = \frac{10^9}{c^2}$ F $\frac{10^9}{c^2} = 1{,}1127 \cdot 10^{-12}$
1308	Elektrische Feldstärke $\left(\frac{\text{Spannung}}{\text{Länge}}\right)$	Dimension	$U \cdot l^{-1}$	$l^{1/2}\, m^{1/2}\, t^{-2}$	$l^{-1/2}\, m^{1/2}\, t^{-1}$
		Einheit	Volt/Meter	$cm^{1/2}\, g^{1/2}\, s^{-2}$	$cm^{-1/2}\, g^{1/2}\, s^{-1}$
		Umrechnung	$V \cdot m^{-1} = \frac{1}{p\, q} V_{int} \cdot m^{-1}$ $\frac{1}{p\, q} = 0{,}9996$	$(cgs)_m = 10^{-6}\, V \cdot m^{-1}$	$(cgs)_s = c \cdot 10^{-6}\, V \cdot m^{-1}$ $c \cdot 10^{-6} = 2{,}997 \cdot 10^4\, cm \cdot s^{-1}$
1309	Elektrische Verschiebungsdichte $\left(\frac{\text{Elektrizitätsmenge}}{\text{Fläche}}\right)$	Dimension	$I\, l^{-2}\, t$	$l^{-3/2}\, m^{1/2}$	$l^{-1/2}\, m^{1/2}\, t^{-1}$
		Einheit	Coulomb/Meter²	$cm^{-3/2}\, g^{1/2}$	$cm^{-1/2}\, g^{1/2}\, s^{-1}$
		Umrechnung	$A \cdot s \cdot m^{-2} = C\, m^{-2} = \frac{1}{q} C_{int} \cdot m^{-2}$ $\frac{1}{q} = 1{,}00007$	$(cgs)_m = \frac{10^5}{4\pi} C \cdot m^{-2}$ $\frac{10^5}{4\pi} = 7{,}962 \cdot 10^3$	$(cgs)_s = \frac{10^5}{4\pi \cdot c} C \cdot m^{-2}$ $\frac{10^5}{4\pi\, c} = 2{,}6557 \cdot 10^{-7}$

1310 Influenzkonstante (ε_0 Infl. des Vakuums)	Dimension	$I \cdot U^{-1} l^{-1} \cdot t$	$l^{-2} t^2$	$\varepsilon_0 = 1$
	Einheit	$A \cdot s \cdot V^{-1} m^{-1}$	$cm^{-2} \cdot s^2$	
	Umrechnung	$\varepsilon_0 = \frac{10^{11}}{4\pi c^2} A \cdot s V^{-1} m^{-1} = \frac{10^{11} p}{4\pi c^3} A_{int} \cdot s V_{int}^{-1} m^{-1}$ $\frac{10^{11}}{4\pi c^2} = 8,855 \cdot 10^{-12}$; $\frac{10^{11} p}{4\pi c^2} = 8,859 \cdot 10^{-12}$	$\varepsilon_0 = \frac{1}{c^2} cm^{-2} \cdot s^2$ $\cdot \frac{1}{c^2} = 1,1127 \cdot 10^{-21}$	
1311 Elektrisches Moment (Elektrizitäts-menge · Länge)	Dimension	$I \cdot l \cdot s$	$l^{3/2} m^{1/2}$	$l^{5/2} m^{1/2} t^{-1}$
	Einheit	Coulomb · Meter	$cm^{3/2} g^{1/2}$	$cm^{5/2} g^{1/2} s^{-1}$
	Umrechnung	$C \cdot m = \frac{1}{q} C_{int} m$ $\frac{1}{q} = 1,00007$	$(cgs)_m = \frac{1}{10} C \cdot m$	$(cgs)_s = \frac{1}{10 \cdot c} C \cdot m$ $\frac{1}{10 \cdot c} = 3,3359 \cdot 10^{-12}$
1312 Magnetische Feldstärke $\left(\frac{\text{Stromwindungszahl}}{\text{Länge}}\right)$	Dimension	$I l^{-1}$	$l^{-1/2} m^{1/2} t^{-1}$	$l^{1/2} m^{1/2} t^{-2}$
	Einheit	Ampere/Meter	$(cm^{-1/2} g^{1/2} s^{-1})$ = Oersted	$cm^{1/2} g^{1/2} s^{-2}$
	Umrechnung	$A m^{-1} = \frac{1}{q} A_{int} m^{-1}$ $\frac{1}{q} = 1,0001$	$Oe = \frac{10^3}{4\pi} A \cdot m^{-1}$ $\frac{10^3}{4\pi} = 79,62$	$(cgs)_s = \frac{10^3}{4\pi c} A \cdot m^{-1}$ $\frac{10^3}{4\pi c} = 2,6557 \cdot 10^{-9}$
1313 Kraftflußdichte = magnetische Induktion $\left(\frac{\text{Spannungsstoß}}{\text{Windungsfläche}}\right)$	Dimension	$U \cdot l^{-2} \cdot t$	$l^{-1/2} m^{1/2} t^{-1}$	$l^{-3/2} m^{1/2}$
	Einheit	Voltsekunde/Meter²	$(cm^{-1/2} g^{1/2} s^{-1})$ = Gauß	$cm^{-3/2} g^{1/2}$
	Umrechnung	$V \cdot s \cdot m^{-2} = \frac{1}{p \cdot q} V_{int} \cdot s \cdot m^{-2}$ $\frac{1}{pq} = 0,9996$	Gauß $= 10^{-4} V \cdot s \cdot m^{-2}$	$(cgs)_s = c \cdot 10^{-4} V \cdot s \cdot m^{-2}$ $c \cdot 10^{-4} = 2,9978 \cdot 10^6$
1314 Selbstinduktions-koeffizient $\left(\frac{\text{Spannungsstoß}}{\text{Stromstärke}}\right)$	Dimension	$I^{-1} \cdot U \cdot t$	l	$l^{-1} t^2$
	Einheit	Voltsekunde/Ampere = Henry, H	cm	$cm^{-1} s^2$
	Umrechnung	$H = \frac{1}{p} H_{int}$ $\frac{1}{p} = 0,9995$	$(cgs)_m = 10^{-9} H$	$(cgs)_s = c^2 \cdot 10^{-9} cm$ $c^2 \cdot 10^{-9} = 8,9868 \cdot 10^{11}$
1315 Kraftfluß (magnetische Polstärke)	Dimension	$U \cdot t$	$l^{3/2} m^{1/2} t^{-1}$	$l^{1/2} m^{1/2}$
	Einheit	Voltsekunde	$cm^{3/2} g^{1/2} s^{-1}$	$cm^{1/2} g^{1/2}$
	Umrechnung	$Vs = \frac{1}{pq} V_{int} \cdot s$ $\frac{1}{pq} = 0,9996$	$(cgs)_m = 4\pi \cdot 10^{-8} V \cdot s$ $4\pi \cdot 10^{-8} = 1,256 \cdot 10^{-7}$	$(cgs)_s = 4\pi \cdot c \cdot 10^{-8} V \cdot s$ $4\pi \cdot c \cdot 10^{-8} = 3,7654 \cdot 10^3$

13 (Fortsetzung).

			Praktisches Elektromagnetisches / Internationales Elektromagnetisches Grundeinheiten: Ampere, Volt, Länge, Zeit	Absolutes Elektromagnetisches $(cgs)_m$ oder emE	Elektrostatisches $(cgs)_s$ oder estE
1316	Magnetisches Moment (Polstärke · Länge)	Dimension Einheit Umrechnung	$U \cdot l \cdot t$ Voltsekunden · Meter $V \cdot s \cdot m = \frac{1}{p\,q} \cdot V_{int} \cdot s \cdot m$ $\frac{1}{p\,q} = 0{,}9996$	$l^{5/2} m^{1/2} t^{-1}$ $cm^{5/2} \cdot g^{1/2} s^{-1}$ $1\,(cgs)_m = 4\pi \cdot 10^{-10}\,V \cdot s \cdot m$	$l^{3/2} m^{1/2}$ $cm^{3/2} g^{1/2}$ $1\,(cgs)_s = 4\pi \cdot c \cdot 10^{-10}\,V \cdot s \cdot m$ $4\pi c \cdot 10^{-10} = 37{,}654$
1317	Magnetischer Induktionsfluß Magnetische Induktion · Fläche	Dimension Einheit Umrechnung	$U \cdot t$ Voltsekunde $V \cdot s = \frac{1}{p\,q} V_{int} \cdot s$ $\frac{1}{p\,q} = 0{,}9996$	$l^{3/2} m^{1/2} t^{-1}$ $cm^{3/2} g^{1/2} s^{-1}$ = Maxwell, M $M = 10^{-8}\,V \cdot s$	$l^{1/2} m^{1/2}$ $cm^{1/2} g^{1/2}$ $(cgs)_s = c \cdot 10^{-8}$ Volt $c \cdot 10^{-8} = 2{,}9978 \cdot 10^{2}$
1318	Magnetische Spannung Amperewindungen	Dimension Einheit Umrechnung	I Ampere $A = \frac{1}{q} A_{int}$ $\frac{1}{q} = 1{,}00007$	$l^{1/2} m^{1/2} t^{-1}$ $cm^{1/2} g^{1/2} s^{-1}$ = Gilbert Gilbert $= \frac{10}{4\pi}$ A $\frac{10}{4\pi} = 0{,}7962$	$l^{-1/2} m^{1/2}$ $cm^{-1/2} g^{1/2}$ $(cgs)_s = \frac{10}{c \cdot 4\pi}$ A $\frac{10}{c \cdot 40} = 2{,}6557 \cdot 10^{-11}$
1319	Induktionskonstante (μ_0 = Indukt. des Vakuums)	Dimension Einheit Umrechnung	$I^{-1} \cdot U \cdot l^{-1} \cdot t$ $4\pi \cdot 10^{-7}$ Voltsekunden/Ampere · Meter $4\pi \cdot 10^{-7}\,V \cdot s\,A^{-1} m^{-1} = \frac{4\pi \cdot 10^{-7}}{p} V_{int} \cdot s \cdot A_{int}^{-1}\,m^{-1}$ $4\pi \cdot 10^{-7} = 1{,}255 \cdot 10^{-6}$; $\frac{4\pi \cdot 10^{-7}}{p} = 1{,}256 \cdot 10^{-6}$	1	$l^{-2} t^{2}$ $cm^{-2} s^{2}$ $\mu_0)_s = \frac{1}{c^2} \cdot cm^{-2} s^{2}$ $\frac{1}{c^2} = 1{,}1128 \cdot 10^{-21}$

14 Chemische Bezugseinheiten.

141 Masseeinheiten.

Bezeichnung	Abkürzung	Erklärung
Grammatom	g-atom	Soviel Gramm eines Elementes wie sein Atomgewicht angibt
Mol	mol	Soviel Gramm eines Stoffes wie sein Molekulargewicht angibt
Grammol	gmol	(Soviel Gramm eines Stoffes wie sein Molekulargewicht angibt)
Kilomol	kmol	1000 Mol
Millimol	mmol	$^1/_{1000}$ Mol
Val (Äquivalent)	val	Soviel Gramm eines Stoffes wie sein Äquivalentgewicht angibt: $\frac{\text{Mol}}{\text{Wertigkeit}}$ bzw. $\frac{\text{Grammatom}}{\text{Wertigkeit}}$
Millival	mval	$^1/_{1000}$ Val

142 Konzentrationsangaben.

Bezeichnung	Abkürzung	Erklärung
	1421 Feste Stoffe.	
Masseprozente	% (Gew.-%)	Gramm des Stoffes in 100 g Gesamtmasse
Molprozent	Mol-%	Mol in 100 Mol der Mischung. Vor allem bei Angaben isomophormer Mischungen, Schmelzen usw.
	1422 Lösungen.	
	14221 auf Masseeinheit bezogen.	
Masseprozent[1]	% (Gew.-%)	Gramm des gelösten Stoffes in 100 g Lösung
	g/100 g Lm.	Gramm des gelösten Stoffes in 100 g Lösungsmittel
	g-atom/100 g Lös.	Grammatom bzw. Grammol, bzw. Grammval auf 100 g Lösung
	mol/100 g Lös.	(Grammatom bzw. Grammol, bzw. Grammval auf 100 g Lösung)
	val/100 g Lös.	(Grammatom bzw. Grammol, bzw. Grammval auf 100 g Lösung)
	g-atom/100 g Lm.	Grammatom bzw. Grammol, bzw. Grammval auf 100 g Lösungsmittel; (gleiche Angaben auch auf 1 g Lösungsmittel bezogen)
	mol/100 g Lm.	(Grammatom bzw. Grammol, bzw. Grammval auf 100 g Lösungsmittel; (gleiche Angaben auch auf 1 g Lösungsmittel bezogen))
	val/100 g Lm.	(Grammatom bzw. Grammol, bzw. Grammval auf 100 g Lösungsmittel; (gleiche Angaben auch auf 1 g Lösungsmittel bezogen))
Molverhältnis	mol/100 mol Lm.	Mole des gelösten Stoffes auf 100 bzw. 1000 Mol Lösungsmittel
	mol/1000 mol Lm.	(Mole des gelösten Stoffes auf 100 bzw. 1000 Mol Lösungsmittel)
	mol-%	Mole gelöster Stoffe auf 100 bzw. 1000 Mol Lösung
	mol-‰	(Mole gelöster Stoffe auf 100 bzw. 1000 Mol Lösung)
Verdünnung	g Lm./1 g gel.	Gramm Lösungsmittel auf 1 g gelösten Stoff
	mol Lm./1 mol gel.	Mole Lösungsmittel auf 1 Mol gelösten Stoff
	14222 auf Volumeneinheit bezogen.	
	g/100 cm³ Lös.	Gramm gelösten Stoffes in 100 cm³ Lösung
	g/l Lös.	Gramm gelösten Stoffes in 1 Liter der Lösung
	g/100 cm³ Lm.	Gramm gelösten Stoffes in 100 cm³ Lösungsmittel
	Vol.-%	cm³ des gelösten Stoffes in 100 cm³ Lösung
Molar	mol/l	Grammol in 1 Liter der Lösung
	g-atom/l	Grammatom in 1 Liter der Lösung
Normal[2]	val/l	Grammäquivalent in 1 Liter der Lösung
	n	1 n = 1 val/l
	0,1 n	0,1 val/l
	1423 Gase.	
	Gew.-%	Gewicht des genannten Gases in 100 g der Gasmischung
	Vol.-%	cm³ des genannten Gases in 100 cm³ der Gasmischung
	mol-%	Mol des genannten Gases in 100 Molen aller Komponenten

[1] Bei Löslichkeitsangaben zu bevorzugen.
[2] Einheiten der Maßanalyse.

143 Umrechnungen bei Konzentrationsangaben.

Mit $\varrho_{Lös.}$ sei die Dichte der Lösung, mit $\varrho_{Lm.}$ die Dichte des Lösungsmittel mit $\varrho_{gel.}$ die Dichte, mit $M_{gel.}$ das Molekulargewicht des gelösten Stoffes bezeichnet.

Gegeben: a	Zu berechnen: x	
Gew.-%	g/100 g Lösung	$x = \frac{a}{100 - a} \cdot 100$
Vol.-%	Gew.-%	$x = \frac{a \cdot \varrho_{gel.}}{\varrho_{Lös.}}$
g/l Lösung . . .	Gew.-%	$x = \frac{a}{10 \cdot \varrho_{Lös.}}$
g/100 g Lösung .	Mol/1000 Mol H_2O	$x = a \cdot 10 \cdot \frac{18{,}016}{M_{gel.}}$

Im Schrifttum findet sich eine noch sehr viel größere Zahl von Einheiten für Konzentrationsangaben.

15 Stoffanordnung in den Tabellen.

Die Anordnung der Elemente, der anorganischen und organischen Verbindungen ist in den Tabellen, in denen nicht die alphabetische, sondern eine systematische Folge vorgezogen wurde, nach den folgenden Grundsätzen durchgeführt worden.

151 Elemente und anorganische Verbindungen.

1. Elemente sind nach dem periodischen System, wie es dem Schema 1511 zugrunde liegt, geordnet, beginnend links mit dem Wasserstoff.

2. Elemente, wenn diese in den gleichen Tabellen mit Verbindungen behandelt sind, haben eine Folge, die sich aus dem Laufschema ergibt: Zuerst die Edelgase, dann der Wasserstoff und Sauerstoff, dann die übrigen nichtmetallischen Elemente von rechts nach links gehend und endigend mit dem Bor; diesem folgen die metallischen Elemente mit dem Lithium beginnend von links nach rechts.

3. Die Verbindungen folgen den Elementen sinngemäß nach dem gleichen Schema geordnet.

a) Bei Verbindungen nichtmetallischer Elemente ist die Stellung bestimmt durch das Element, das vom Beginn der Reihe (Helium) am weitesten weg liegt.

b) Bei Verbindungen von Metallen untereinander oder von Metallen mit Nichtmetallen wird die Stellung von dem metallischen Element der Verbindung bestimmt, das von links gerechnet in der Tabelle am spätesten vorkommt.

c) Sind in Tabellen von Verbindungen mit metallischen Elementen auch die freien Säuren zu behandeln, so gilt für die Ordnung, daß der Wasserstoff als das erste metallische Element anzusehen ist.

d) Das Ammonium folgt den Alkalimetallen.

4. Die weitere Folge wird bestimmt:

a) Durch die Wertigkeiten des stellungbestimmenden Elementes

b) oder durch den Index, den das stellungbestimmende Element in komplexen Ionen trägt.

c) Die Hydrate folgen den wasserfreien Verbindungen, gemäß der Zahl der gebundenen H_2O-Moleküle.

d) Dann folgen die Doppelsalze und ihre Hydrate, und

e) die anderen Additionsverbindungen und die Komplexverbindungen; auch bei diesen Verbindungen ergeben die vorangehenden Regeln die eingehaltene Folge.

Beispiele:

I. 3 a) H_2O, H_2O_2...HCl, HBr, BrCl...H_2S...NH_3, NO...B_2O_3.
b) LiH, Li_2O, LiCl...K_2SO_4...$TiCl_4$...K_2CrO_4...K_2PtCl_6...$ZnCl_2$...Tl_2PtCl_6...$PbCl_2$.

4 a) H_2S, SO_2, SO_3...$FeCl_2$, $FeCl_3$. Bei C-Verbindungen ist die Folge: Carbide, Carbonyle, Carbonate, Peroxycarbonate, Cyanide, Rhodanide.
b) HPO_3, H_3PO_4, $H_4P_2O_7$...
c) $MgCl_2 \cdot H_2O$, $2\,H_2O$, $4\,H_2O$, $6\,H_2O$...
d) $MgSO_4 \cdot 7\,H_2O$, $MgSO_4 \cdot Na_2SO_4 \cdot 4\,H_2O$.
e) $FeSO_4 \cdot 7\,H_2O$, $FeSO_4NO$, $K_3Fe(CN)_6$.

1511 Laufschema für die Anordnung der anorganischen Verbindungen.

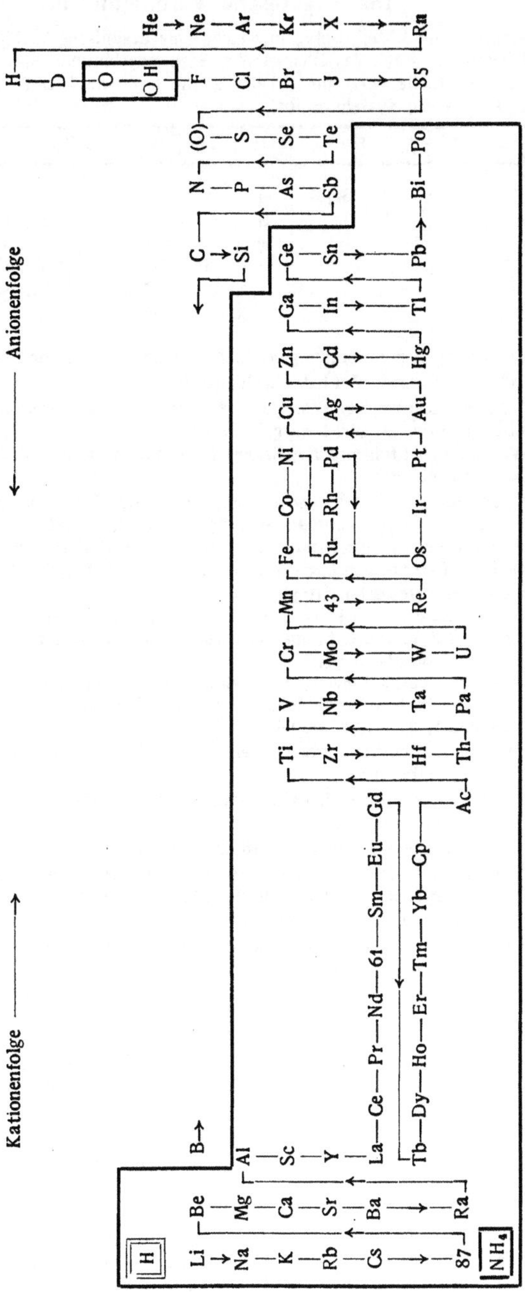

152 Organische Verbindungen.

Die Gruppe und Untergruppe, in welche eine organische Verbindung eingereiht ist, wird bestimmt durch das Element der Stammverbindung, das am spätesten in der folgenden Tabelle vorkommt. Die Tabelle hat eine Elementenfolge, die sich aus dem periodischen System ergibt.

		I	II	III	IV	V	VI	VII
a	C	H	F, Cl, Br, J	O	N	Si	B	Metalle:
b		D		S	P	Ti		Tl, In, Ga, Hg, Cd
c				Se	As	Zr		. . . .
d				Te	Sb	Sn		Mg, Ca, Sr, Ba
e					Bi	Pb		Li, Na, K, Rb, Cs
						Ge		

Die Anordnung der Verbindungen einer Gruppe wird bestimmt:

1. durch die steigende Zahl der Kohlenstoffatome,

2. bei gleicher Anzahl Kohlenstoffatomen durch die Zahl verschiedener Elementarten, wobei H (bzw. D) nicht mitgezählt wird.

a) D-Verbindungen folgen den gleichen H-Verbindungen oder sind am Ende jeder Gruppe zusammengefaßt.

3. Bei den Halogenen sind zwei Ausnahmen der Regel 2 zu beachten:

a) Die Halogene werden nur als eine Elementart gewertet.

b) Die Halogensubstitutionsprodukte folgen unmittelbar jeder Untergruppe, zum Beispiel den C-H-O-, den C-H-S-, den C-H-N-, den C-H-O-N-Verbindungen usw.

4. Die weitere Folge ist bestimmt

a) durch die Zahl der gleichen Atome dritter Elementarten,

b) bei gleicher Zahl von C-Atomen und von Atomen dritter Elementarten, durch die fallende Zahl von H-Atomen,

c) bei isomeren Verbindungen ist die einfacher oder symmetrischer gebaute vorangestellt. Bei cyclischen Verbindungen ist die Reihenfolge o-, m-, p-; α-, β-, γ- oder die Zählung 1, 2, 3 usw. eingehalten.

5. Salze von Alkoholen, Carbonsäuren, Sulfonsäuren, von organischen Basen folgen der Stammverbindung.

6. Krystall-Wasser, -Alkohol, -Äther und andere Additionsverbindungen folgen ebenfalls der Stammverbindung.

7. Einfache Polymere folgen der Stammverbindung.

8. Auch wenn eine Unterteilung in Gruppen analoger Verbindungen erfolgt ist, z. B. aliphatische, cyclische, heterocyclische Verbindungen gelten obige Regeln für die Anordnung innerhalb der einzelnen Gruppen.

9. Von C-haltigen Verbindungen sind als *an*organisch behandelt: Carbide, CO und die Metallcarbonyle, CO_2 und die Carbonate, Bicarbonate und Peroxycarbonate, CS_2, CSe_2, CTe_2, COS; HCN, die Cyanide und Doppelcyanide und die Rhodanide.

Beispiele.

I. Kohlenwasserstoffe.

CH_4, CH_3D, C_2H_6, C_2H_4, C_2H_2, C_3H_8...

für: 2a 4b

II. Halogenderivate.

CH_3F, CH_3Cl, CH_3Br... CH_2F_2,

für: 3a

CH_2Cl_2...CH_2J_2, CH_2FJ...

für: 3a

III. Sauerstoffverbindungen usw.

C_2H_6O, Äthylalkohol
C_2H_4O, Acetaldehyd
für 4b

$C_2H_4O_2$, Essigsäure und Salze
$C_2H_4O_2$, Ameisensäuremethylester
:
:
C_3H_8O, Propanol, Isopropanol
$C_3H_6O_2$, Propionsäure und Salze
$C_3H_6O_2$, Ameisensäureäthylester
$C_3H_6O_2$, Essigsäuremethylester
für 4c

Halogenderivate.

C_2H_3ClO, Acetylchlorid
$C_2H_2Cl_2O$, Chloracetylchlorid
⋮ für 4a
$C_2H_3ClO_2$, Monochloressigsäure
$C_2H_2Cl_2O_2$, Dichloressigsäure
⋮

IV. Stickstoffverbindungen usw.
⋮
C_6H_7N, Anilin und Salze
⋮
C_6H_8ON, Aminophenol
⋮

C_6H_5ON, Nitrosobenzol
⋮
$C_6H_5O_2N$, Nitrobenzol
⋮
$C_6H_5O_3N$, Nitrophenol für 4a
⋮
$C_6H_4O_4N_2$, Dinitrobenzol
⋮

Halogenderivate.

$C_6H_4ClO_2N$, Chlornitrobenzol, o-, m-, p- für 4c
⋮
$C_6H_3Cl_2O_2N$, Di-chlor-nitro-benzole für 4a
⋮

16 Längen-Größenordnungen.

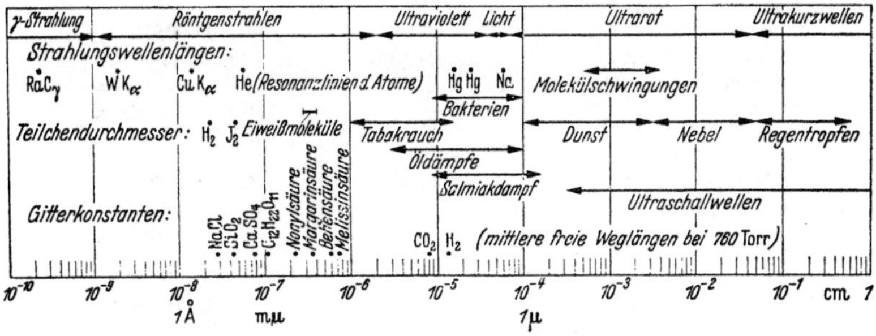

2 Allgemeine Konstanten und Angaben über Atome und Moleküle.

20 Universelle Konstanten und häufig gebrauchte Zahlenwerte.

	Kurzzeichen oder Definitionsgleichung	Zahlenwerte
Basis des nat. Log.	e	2,718282
Kreisumfang/Durchmesser. . . .	π	3,141593
α-Teilchen (zweifach geladen):		
Atomgewicht		4,0028
Ruhmasse		$6{,}645 \cdot 10^{-24}$ g
Spez. Ladung		$4{,}823 \cdot 10^{4}\ C_{int}\ g^{-1}$
Bohrsches Magneton	$\mu_B = \frac{e \cdot h}{4\pi m_e}$	$9{,}274 \cdot 10^{-21}\ (cgs)_m$ [Oersted cm³]
für ein Grammatom		$5585\ (cgs)_m \cdot mol^{-1}$
Boltzmannsche Konstante . .	$k = \frac{R}{L}$	$1{,}3807 \cdot 10^{-16}$ erg · grad^{-1}
de Brogliesche Wellenlänge .	λ_B	
für das Elektron bei 1 V Beschleunigung		12,204 Å
für das Proton bei 1 V Beschleunigung		0,28464 Å
für das Neutron bei einer Geschwindigkeit von 10^9 cm · s^{-1}		$3{,}94 \cdot 10^{-4}$ Å

20 (Fortsetzung).

	Kurzzeichen oder Definitionsgleichung	Zahlenwerte
für das α-Teilchen bei 1 V Beschleunigung		0,10098 Å
Cadmiumlinie, Wellenlänge der roten bei 15° C und 760 Torr in trockener Luft (Kohlensäure 0,03 Vol.-%).		6438,4696 Å
Compton-Wellenlänge.	$\lambda_c = \frac{h}{m_e \cdot c}$	0,024 Å
Elektrisches Elementarquantum .	e	$1{,}602 \cdot 10^{-19}$ C $4{,}803 \cdot 10^{-10}$ $(cgs)_{st}$
Elektrochemisches Äquivalent des Silbers		1,118 mg C_{int}^{-1}
Elektron:		
Atomgewicht		0,000551
Ruhmasse	m_e oder m_0	$9{,}108 \cdot 10^{-28}$ g
Spezifische Ladung des ruhenden Elektrons	$\frac{e}{m_0}$	$5{,}273 \cdot 10^{17}$ $(cgs)_{st}$ g^{-1} $1{,}7590 \cdot 10^{8}$ $C_{int} \cdot g^{-1}$
Geschwindigkeit nach Beschleunigung durch 1 V . .		$5{,}93 \cdot 10^{7}$ cm · s^{-1}
Energie-Äquivalent für die Masse 1g		$8{,}987 \cdot 10^{20}$ erg · g^{-1} $5{,}61 \cdot 10^{26}$ MeV · g^{-1}
Erde:		
Masse		$6{,}01 \cdot 10^{27}$ g
Mittlere Dichte		5,52 g cm^{-3}
Mittlerer Meridianumfang . .		40008 km
Äquatorumfang		40076 km
Fallbeschleunigung, normale . .	g_n	980,665 cm · s^{-2}
bei 45° Breite und Meeresspiegelhöhe	g	980,616 cm · s^{-2}
Faradaysche Konstante. . . .	$F = L \cdot e$	$2{,}8926 \cdot 10^{14}$ $(cgs)_{st}$ val^{-1}
für 1 Grammval		96490 C_{int} val^{-1}
Gasmoleküle, Zahl der im cm^3 bei 0° C und 760 Torr	N	$2{,}69 \cdot 10^{19}$ cm^{-3}
Gaskonstante	R	$8{,}3149 \cdot 10^{7}$ erg · $grad^{-1}$ mol^{-1} 1,9867 cal_{15} $grad^{-1}$ mol^{-1}
Gravitationskonstante	f	$6{,}664 \cdot 10^{-8}$ cm^3 g^{-1} s^{-2}
Jahr, bürgerliches		365 d 5 h 48,8 min
Kernmagneton	$\mu_k = \frac{\mu_B}{1837{,}6} = \frac{e \cdot h}{4\pi\, m_H\, c}$	$5{,}04710^{-24}$ $(cgs)_m$, (Oersted cm^3)
Lichtgeschwindigkeit im leeren Raum	c	$2{,}99774 \cdot 10^{10}$ cm · s^{-1}
Loschmidtsche Zahl (Zahl der Moleküle im Mol)	L	$(6{,}0227 \pm 0{,}011) \cdot 10^{23}$ mol^{-1}
Masse eines Atoms vom Atomgewicht 1 für $^{16}_{8}O = 16$ . . .		$1{,}6604 \cdot 10^{-24}$ g
für O = 16		$1{,}6608 \cdot 10^{-24}$ g
Massenäquivalent der Energie		
für 1 erg		$1{,}1127 \cdot 10^{-21}$ g · erg^{-1}
für 1 eV		$1{,}78 \cdot 10^{-27}$ g · $(MeV)^{-1}$
Mechanisches Wärmeäquivalent (s. a. 1225) 1 cal		426,9 m · kg

20 (Fortsetzung).

	Kurzzeichen oder Definitionsgleichung	Zahlenwerte
Mesotron (Meson) Masse		$240 \pm 22\, m_0$
Molvolumen idealer Gase, Normalvolumen bei 0° C und 1 Atm		$22{,}416 \cdot 10^3\, cm^3 \cdot mol^{-1}$
Neutron, Atomgewicht	n	1,00895
Ruhmasse		$1{,}675 \cdot 10^{-24}$ g
Wellenlänge nach de Broglie, bei Geschwindigkeit von $10^9\, cm \cdot s^{-1}$		$3{,}94 \cdot 10^{-4}$ Å
Plancksches Strahlungsgesetz: Konstante c_1	$c_1 = c^2 h$	$5{,}955 \cdot 10^{-6}\, erg \cdot cm^2\, s^{-1}$
$2\pi c_1$		$3{,}741 \cdot 10^{-5}\, erg \cdot cm^2\, s^{-1}$
Konstante c_2 gesetzl. festgel.	$c_2 = \frac{c\,h}{k}$	1,432 cm · grad
bester Wert		1,438 cm · grad
Plancksches Wirkungsquantum	h	$6{,}626 \cdot 10^{-27}$ erg · s
Proton: Atomgewicht ($^{16}O = 16$)		1,00758
Masse	m_P	$1{,}6727 \cdot 10^{-24}$ g
Spez. Ladung	$\frac{e}{m_P}$	$2{,}871 \cdot 10^{14}\, (cgs)_{st}\, g^{-1}$
		$9{,}5738 \cdot 10^4\, C_{int}\, g^{-1}$
Quecksilber, Normaldichte		$13{,}5951\, g\, cm^{-3}$
Rydberg-Konstante für unendliche große Kernmasse	$\frac{2\pi^2 m_e e^4}{c \cdot h^3}$	$109737{,}1\, cm^{-1}$
für Wasserstoff	$\overset{*}{Ry} = \frac{2\pi^2 m_e e^4}{c h^3 \left(1 + \frac{m_e}{m_H}\right)}$	$109677{,}7 \cdot cm^{-1}$
Sauerstoff: Normdichte (0° C 1 Atm)		$0{,}00142891\, g\, cm^{-3}$
Normlitergewicht		$1{,}42895\, g\, l^{-1}$
Stefan-Boltzmannsche Konstante theor.	$\sigma = \frac{2\pi^5 k^4}{15\, c^2 \cdot h^3}$	$5{,}68 \cdot 10^{-5}\, erg \cdot cm^{-2} \cdot grad^{-4} \cdot s^{-1}$
exper.		$5{,}775 \cdot 10^{-5} \cdot erg \cdot cm^{-2} \cdot grad^{-4} \cdot s^{-1}$
Vakuumkonstanten: Dielektrizitätskonstante	ε_0	$8{,}8548 \cdot 10^{-14}\, F_{int} \cdot cm^{-1}$
Permeabilität	μ_0	$1{,}25606 \cdot 10^{-8}\, H_{int} \cdot cm^{-1}$
Wellenwiderstand	$\sqrt{\mu_0/\varepsilon_0}$	$376{,}63\, \Omega_{int}$
Wasser: Dichte bei 4° C und 760 Torr		$0{,}999973\, g \cdot cm^{-3}$
Wasserstoffatom Atomgewicht $^{16}O = 16$		1,008131
Masse	m_H	$(1{,}6736 \pm 0{,}003) \cdot 10^{-24}$ g
Verhältnis m_H zur Ruhmasse des Elektrons	$\frac{m_H}{m_e}$	1837,6
Weißsches Magneton	μ_W	$1{,}85 \cdot 10^{-21}\, (cgs)_m$ (Oersted · cm^3)
Weston-Normalelement Spannung bei 20° C		$1{,}0183\, V_{int}$
Wiensches Verschiebungsgesetz exper.	$\lambda_{max} \cdot T$	0,2892 cm · grad
theor.		0,2896 cm · grad

21 Atomgewichte und Kerneigenschaften.

211 Atomgewichte.

Die Atomgewichte sind bezogen auf den natürlich vorkommenden Sauerstoff [99,76% ^{16}O + 0,04% ^{17}O + 0,2% ^{18}O], dessen Atomgewicht = 16 gesetzt wird.

Symbol	Element	Ordnungszahl	Atomgewicht	Symbol	Element	Ordnungszahl	Atomgewicht
Ag	Silber	47	107,880	Hg	Quecksilber	80	200,61
Al	Aluminium	13	26,97	Ho	Holmium	67	164,94
Am	Americium	95	241	Il?	Illinium?	61	147
An	Aktinon			In	Indium	49	114,76
	(Aktinium			Ir	Iridium	77	193,1
	Emanation)	86		J	Jod	53	126,92
Ar	Argon	18	39,944	K	Kalium	19	39,096
As	Arsen	33	74,91	Kr	Krypton	36	83,7
At	Astatin	85	1	La	Lanthan	57	138,92
Au	Gold	79	197,2	Li	Lithium	3	6,940
B	Bor	5	10,82	Lu	Lutecium s. Cp		
Ba	Barium	56	137,36	Mg	Magnesium	12	24,32
Be	Beryllium			Mn	Mangan	25	54,93
	(Glucinium)	4	9,02	Mo	Molybdän	42	95,95
Bi	Wismut	83	209,00	N	Stickstoff	7	14,008
Br	Brom	35	79,916	Na	Natrium	11	22,997
C	Kohlenstoff	6	12,010	Nb	Niob		
Ca	Calcium	20	40,08		(Columbium)	41	92,91
Cb	Columbium			Nd	Neodym	60	144,27
	s. Nb			Ne	Neon	10	20,183
Cd	Cadmium	48	112,41	Ni	Nickel	28	58,69
Ce	Cer	58	140,13	Np	Neptunium	93	237
Cl	Chlor	17	35,457	O	Sauerstoff	8	16,0000
Cm	Curium	96	242	Os	Osmium	76	190,2
Co	Kobalt	27	58,94	P	Phosphor	15	30,98
Cp	Cassiopeium			Pa	Protaktinium	91	231
	(Lutecium)	71	174,99	Pb	Blei	82	207,21
Cr	Chrom	24	52,01	Pd	Palladium	46	106,7
Cs	Caesium	55	132,91	Pr	Praseodym	59	140,92
Ct	Celtium s. Hf			Pt	Platin	78	195,23
Cu	Kupfer	29	63,57	Pu	Plutonium	94	239
D	Deuterium	1	2,0147	Ra	Radium	88	226,05
Dy	Dysprosium	66	162,46	Rb	Rubidium	37	85,48
Em	Emanation			Re	Rhenium	75	186,31
	s. Rn			Rh	Rhodium	45	102,91
Er	Erbium	68	167,2	Rn	Radon (Radium		
Eu	Europium	63	152,0		Emanation)	86	222
F	Fluor	9	19,00	Ru	Ruthenium	44	101,7
Fe	Eisen	26	55,85	S	Schwefel	16	32,06
Fr	Francium	87	223	Sb	Antimon	51	121,76
Ga	Gallium	31	69,72	Sc	Scandium	21	45,10
Gd	Gadolinium	64	156,9	Se	Selen	34	78,96
Ge	Germanium	32	72,60	Si	Silicium	14	28,06
Gl	Glucinium s. Be			Sm	Samarium	62	150,43
H	Wasserstoff	1	1,0080	Sn	Zinn	50	118,70
He	Helium	2	4,003	Sr	Strontium	38	87,63
Hf	Hafnium			Ta	Tantal	73	180,88
	(Celtium)	72	178,6	Tb	Terbium	65	159,2

211 (Fortsetzung).

Symbol	Element	Ordnungszahl	Atomgewicht	Symbol	Element	Ordnungszahl	Atomgewicht
Tc	Technitium	43	99	V	Vanadium	23	50,95
Te	Tellur	52	127,61	W	Wolfram (Tungsten)	74	183,92
Th	Thorium	90	232,12	X	Xenon	54	131,3
Ti	Titan	22	47,90	Y	Yttrium	39	88,92
Tl	Thallium	81	204,39	Yb	Ytterbium (Aldebaranium)	70	173,04
Tm	Thulium	69	169,4	Zn	Zink	30	65,38
Tn	Thoron (Thorium Emanation)	86		Zr	Zirkonium	40	91,22
U	Uran	92	238,07				

212 Isotopengewichte und Kerneigenschaften.

Spalten 1...13 nach O. Hahn, S. Flügge und J. Mattauch: Ber. dtsch. chem. Ges. **73**, 20 (1940). — J. Mattauch und S. Flügge: Kernphysikalische Tabellen Berlin 1942.

Spalte 1: Ordnungszahl Z: Zahl der im Kern vorhandenen Protonen.

Spalte 2: Chemisches Symbol.

Spalte 3: Massenzahl A der einzelnen Atome, d. h. Zahl der Protonen und Neutronen im Kern.

Spalte 4: Radioaktivität.

Spalte 5: Zahl der Neutronen = A—Z.

Spalte 6: Häufigkeit der Isotope im natürlich vorkommenden Element.

Spalte 7: Isotopengewichte in ME, bezogen auf $^{16}O = 16$. Die Masseneinheit ME hat die Größe $1{,}6604 \cdot 10^{-24}$ g.

Spalte 8: Packungsanteil f. Diese von Aston eingeführte Größe ist gleich dem Isotopengewicht abzüglich der Massenzahl, dividiert durch die Massenzahl.

Spalte 9 und 10: Der Massendefekt ΔM in 10^{-3} ME (TME) und in 10^6 eV (MeV) ist die Differenz zwischen der Summe der Einzelgewichte aller im Isotop vorhandenen Wasserstoffatome und Neutronen und dem Isotopengewicht. Die Bindungsenergie E des Kernes ist, wenn ΔM in TME ausgedrückt wird, gleich

$$E = \Delta M \cdot 1{,}66 \cdot 10^{-27}\, c^2 \text{ erg} = \Delta M \cdot 1{,}494 \cdot 10^{-6} \text{ erg} = \Delta M \cdot 0{,}9332 \text{ MeV}.$$

Spalte 11: Mittlere Massenzahl bzw. Isotopengewicht. Mittleres Isotopengewicht bis Zn, von Ga an mittlere Massenzahl berechnet aus der Häufigkeit der Isotope.

Spalte 12 und 13: Chemisches Atomgewicht, berechnet bzw. analytisch gefunden. Der Unterschied gegenüber dem mittleren Isotopengewicht ist durch die verschiedenen Standardwerte bedingt. Für Kerneigenschaften wird 16 = dem Gewicht von ^{16}O; bei den chemischen Atomgewichten wird das Atomgewicht des natürlich vorkommenden Sauerstoffes $0{,}9976 \cdot {}^{16}O + 0{,}0004 \cdot {}^{17}O + 0{,}002 \cdot {}^{18}O = 16$ gesetzt. Man muß also das mittlere Isotopengewicht mit $\frac{16}{16{,}0044}$ multiplizieren, um das chemische Atomgewicht zu erhalten.

Spalte 14: Spin in $\frac{h}{2\pi}$ (h = Plancksches Wirkungsquantum).

Spalte 15: Magnetisches Moment μ_K in Kernmagnetonen

$$\frac{1}{1837{,}6} \cdot \frac{h}{2\pi} \cdot \frac{e}{2 m_0 c} = 5{,}047 \cdot 10^{-24} \text{ emE}$$

(m_0 Ruhemasse, e Ladung des Elektrons).

212 (Fortsetzung).

1	2	3	4	5	6	7	8	9	10	11	12	13	14	15
Ordnungszahl Z	Element	Massenzahl A	Aktivität	Neutronenzahl A—Z	Häufigkeit in %	Isotopengewicht in ME $^{16}O = 16$	Packungsanteil $f\ 10^4$ in ME	Massendefekt TME	Massendefekt MeV	Mittleres Isotopengewicht *	Chemisches Atomgewicht für O = 16: berechnet aus Isotopenzusammensetzung	Chemisches Atomgewicht für O = 16: int. Tabelle 1940	Spin in $\frac{h}{2\pi}$	Magnetisches Moment μ_K in Kernmagnetonen
0	n	1		1	—	1,00895	89,5	—	—				1/2	—1,9
1	H	1		0	99,986	1,008131	81,31	—	—	1,0083	1,0080	1,0080	1/2	2,78
	(D)	2		1	0,014	2,014725	73,63	2,35	2,19				1	0,85
2	He	3		1	10^{-5}	3,017004	56,66	8,2	7,6	4,0038	4,0027	4,003	—	—
		4		2	~100	4,00386	9,65	30,3	28,2				0	0
3	Li	6		3	7,9	6,01692	28,2	34,3	31,9	6,939	6,937	6,940	1	0,82
		7		4	92,1	7,01816	25,9	42,0	39,1				3/2	3,27
4	Be	9		5	100	9,01496	16,62	62,3	58,0	9,0150	9,0126	9,02	1/2	
5	B	10		5	19,8	10,01617	16,17	69,2	64,4	10,814	10,81	10,82	(1)	0,597
		11		6	80,2	11,01290	11,73	81,4	75,8				(3/2)	1,79
6	C	12		6	98,9	12,003880	3,233	98,6	91,8	12,015	12,012	12,010	0	0
		13		7	1,1	13,00756	5,82	103,8	96,7				3/2	
7	N	14		7	99,62	14,007530	5,368	112,0	104,3	14,011	14,007	14,008	1	0,4
		15		8	0,38	15,004870	3,29	123,5	115,0				1/2	
8	O	16		8	99,76	16,—	0	136,6	127,2	16,0044	16,0000	16,0000	0	0
		17		9	0,04	17,00450	2,65	141,1	131,4					
		18		10	0,20	18,00485	2,72	149,7	139,3					
9	F	19		10	100	19,00447	2,39	158,1	147,2	19,0045	18,9993	19,00	1/2	2,62

10	Ne	20		10	90,00	19,998895	—0,537	171,9	160,0	20,196	20,191	20,183	0	
		21		11	0,27	20,99980	0,01	179,7	167,2					
		22		12	9,73	21,99862	—0,65	190,1	177,0				0	
11	Na	23		12	100	22,99644	—1,55	200,3	186,5	22,996	22,990	22,997	$^3/_2$	2,2
12	Mg	24		12	77,4	23,9930	—2,92	211,9	197,3	24,330	24,323	24,32		
		25		13	11,5	24,9946	—2,15	219,2	204,1					
		26		14	11,1	25,99012	—3,80	232,7	216,6					
13	Al	27		14	100	26,9907	—3,45	240,2	223,7	26,991	26,983	26,97	$^5/_2$	3,682
14	Si	28		14	89,6	27,9870	—4,56	251,8	234,5	28,133	28,125	28,06		
		29		15	6,2	28,9865	—4,65	261,5	243,5					
		30		16	4,2	29,9839	—5,34	273,0	254,1					
15	P	31		16	100	30,9844	—5,03	280,7	261,3	30,985	30,977	30,98	$^1/_2$	
16	S	32		16	95,04	31,9825	—5,46	290,7	270,6	32,074	32,065	32,06	0	
		33		17	0,74	32,9819								
		34		18	4,2	33,9798	—5,94	311,3	289,8					
		36		20	0,016									
17	Cl	35		18	75,4	34,97884	—6,05	320,4	298,3	35,470	35,462	35,457	$^5/_2$	1,365
		37		20	24,6	36,9777	—6,03	339,4	316,0				$^5/_2$	1,14
18	Ar	36		18	0,31	35,97728	—6,31	330,1	307,3	39,962	39,926	39,944		
		38		20	0,06	37,97463	—6,68	350,6	326,4					
		40		22	99,63	39,97549	—6,127	367,7	342,3					
19	K	39		20	93,44	38,976	—6,1	357	333	39,131	39,097	39,096	$^3/_2$	0,39
		40	β	21	0,012									
		41		22	6,55		—6,58 od. —622	378,3 od. 376,8	352,2 od. 350,8				$^3/_2$	0,22

* Bis Zn sind die mittleren Isotopengewichte, von Ga an die mittleren Massenzahlen angegeben.

212 (Fortsetzung).

1	2	3	4	5	6	7	8	9	10	11	12	13	14	15
Ordnungszahl Z	Element	Massenzahl A	Aktivität	Neutronenzahl A—Z	Häufigkeit in %	Isotopengewicht in ME $^{16}O = 16$	Packungsanteil $f \cdot 10^4$ in ME	Massendefekt		Mittleres Isotopengewicht	Chemisches Atomgewicht für O = 16		Spin in $\frac{h}{2\pi}$	Magnetisches Moment μ_K in Kernmagnetonen
								TME	MeV		berechnet aus Isotopenzusammensetzung	int. Tabelle 1940		
20	Ca	40		20	96,96									
		42		22	0,64									
		43		23	0,15									
		44		24	2,07		(—6,2)			40,115	40,08	40,08		
		46		26	0,003									
		48		28	0,185									
21	Sc	45		24	100	44,96977	—6,72	415,7	387,0	45	44,96	45,10	7/2	4,8
22	Ti	46		24	7,95									
		47		25	7,75									
		48		26	73,45	47,966	—7,13	445,7	414,9	47,925	47,88	47,90		
		49		27	5,51	48,964	—7,35	457	425					
		50		28	5,34	49,963	—7,4	466	434					
23	V	51		28	100		—7,78	477,1	444,2	51	50,95	50,95	7/2	> 0
24	Cr	50		26	4,49									
		52		28	83,78	51,959	—7,9	487	453	52,051	52,00	52,01		
		53		29	9,43									
		54		30	2,30									
25	Mn	55		30	100		(—7,3)			55	54,94	54,93	5/2	3
26	Fe	54		28	5,84	53,959	—7,3	501	466					
		56		30	91,68	55,9571	—7,7	523	487	55,911	55,85	55,85		
		57		31	2,17									
		58		32	0,31									

27	Co	59		32	100		(—7,0)			59	58,94	58,94	$^7/_2$	2...3
28	Ni	58		30	67,4	57,9597	(—7,1)	536,3	499,3	58,720	58,71	58,69		
		60		32	26,7	59,949	—6,8	564,1	525,2					
		61		33	1,2	60,9540		568,8	529,6					
		62		34	3,8	61,9496		582,2	542,1					
		64		36	0,88	63,9474		602,2	560,7					
29	Cu	63		34	68	62,957	—6,9	583	543	63,64	63,58	63,57	$^3/_2$	2,5
		65		36	32	64,955	—6,9	603	561				$^3/_2$	2,6
										Mittl. M.Z.*				
30	Zn	64		34	50,9	63,957	—6,7	591	550	65,389	65,33	65,38	0	
		66		36	27,3	65,953	—7,2	613	571					
		67		37	3,9								$^5/_2$	0,9
		68		38	17,4	67,955	—6,6	629	586					
		70		40	0,5	69,954	—6,6	648	603					
31	Ga	69		38	61,5	68,956	—6,4	636	592	69,770	69,70	69,72	$^3/_2$	2,0
		71		40	38,5	70,954	—6,5	656	611				$^3/_2$	2,7
32	Ge	70		38	21,2		(—6,7)			72,657	72,59	72,60		
		72		40	27,3									
		73		41	7,9									
		74		42	37,1									
		76		44	6,5									
33	As	75		42	100		(—6,9)			75	74,93	74,91	$^3/_2$	1,5
34	Se	74		40	0,9		(—7,2)			79,023	78,94	78,96		
		76		42	9,5									
		77		43	8,3									
		78		44	24,0								0	
		80		46	48,0								0	
		82		48	9,3									
35	Br	79		44	50,6		(—7,3)			79,988	79,91	79,916	$^3/_2$	2,6
		81		46	49,4								$^3/_2$	2,6

* Von hier an mittlere Massenzahl.

212 (Fortsetzung).

1	2	3	4	5	6	7	8	9	10	11	12	13	14	15
Ordnungszahl Z	Element	Massenzahl A	Aktivität	Neutronenzahl A—Z	Häufigkeit in %	Isotopengewicht in ME $^{16}O = 16$	Packungsanteil $f \cdot 10^4$ in ME	Massendefekt TME	Massendefekt MeV	Mittlere Massenzahl	Chemisches Atomgewicht für O = 16: berechnet aus Isotopenzusammensetzung	Chemisches Atomgewicht für O = 16: int. Tabelle 1940	Spin in $\frac{h}{2\pi}$	Magnetisches Moment μ_K in Kernmagnetonen
36	Kr	78		42	0,35	77,945	—7,0	724	674				0	
		80		44	2,01									
		82		46	11,52	81,938	—7,5	765	712	83,902	83,82	83,7	0	
		83		47	11,52								9/2	—1,0
		84		48	57,13	83,939	—7,3	783	729					
		86		50	17,47	85,939	—7,1	801	746					
37	Rb	85		48	72,8		(—7,2)			85,544	85,46	85,48	5/2	1,345
		87	β	50	27,2								3/2	2,741
38	Sr	84		46	0,56									
		86		48	9,86		(—6,9)			87,710	87,63	87,63		
		87		49	7,02								9/2	—0,9
		88		50	82,56								0	
39	Y	89		50	100		(—6,7)			89	88,92	88,92		
40	Zr	90		50	48									
		91		51	11,5									
		92		52	22		(—6,4)			91,325	91,24	91,22		
		94		54	17									
		96		56	1,5									
41	Nb	93		52	100		(—6,2)			93	92,92	92,91	9/2	3,7

42	Mo	92		50	14,9									
		94		52	9,4	93,945	—5,8	862	803				¹/₂	
		95		53	16,1	94,945	—5,8	871	811					
		96		54	16,6	95,946	—5,6	879	818	96,004	95,92	95,95		
		97		55	9,65	96,945	—5,7	889	828					
		98		56	24,1	97,944	—5,7	899	837					
		100		58	9,25	99,939	—6,1	922	858				0	
44	Ru	96		52	(5)	95,945	—5,7	878	817					
		98		54	—									
		99		55	(12)	98,944	—5,7	906	843					
		100		56	(14)					101,180	101,10	101,7		
		101		57	(22)									
		102		58	(30)									
		104		60	(17)									
45	Rh	103		58	100	102,949	—5,0	936	871	103	102,92	102,91		
46	Pd	102		56	0,8									
		104		58	9,3									
		105		59	22,6					106,631	106,55	106,7		
		106		60	27,2	105,946	—5,1	965	898					
		108		62	26,8									
		110		64	13,5	109,944	—5,1	1003	934					
47	Ag	107		60	52,5	106,950	—4,7	969	902	107,950	107,87	107,880	¹/₂	—0,1
		109		62	47,5	108,949	—4,7	988	920				¹/₂	—0,2
48	Cd	106		58	1,4									
		108		60	1,0									
		110		62	12,8								0	
		111		63	13,0		(—5,0)			112,465	112,38	112,41	¹/₂	—0,65
		112		64	24,2									
		113		65	12,3								¹/₂	—0,65
		114		66	28,0									
		116		68	7,3								0	

212 (Fortsetzung).

1	2	3	4	5	6	7	8	9	10	11	12	13	14	15
Ordnungszahl Z	Element	Massenzahl A	Aktivität	Neutronenzahl A—Z	Häufigkeit in %	Isotopengewicht in ME $^{16}O = 16$	Packungsanteil $f\ 10^4$ in ME	Massendefekt		Mittlere Massenzahl	Chemisches Atomgewicht für O = 16		Spin in $\frac{h}{2\pi}$	Magnetisches Moment μ_K in Kernmagnetonen
								TME	MeV		berechnet aus Isotopenzusammensetzung	int. Tabelle 1940		
49	In	113		64	4,5		(—4,9)			114,910	114,82	114,76	9/2	5,3
		115		66	95,5								9/2	6,4
50	Sn	112		62	1,1									
		114		64	0,8									
		115		65	0,4								1/2	0,9
		116		66	15,5	115,943	—4,9	1054	981					
		117		67	9,1					118,785	118,70	118,70	1/2	—0,9
		118		68	22,5	117,940	—5,1	1075	1001					
		119		69	9,8	118,938	—5,2	1086	1011				1/2	—0,95
		120		70	28,5									
		122		72	5,5	121,946	—4,4	1105	1029					
		124		74	6,8	123,945	—4,4	1124	1046					
51	Sb	121		70	56		(—4,7)			121,880	121,79	121,76	5/2	3,7
		123		72	44								7/2	2,8
52	Te	122		70	2,9									
		123		71	1,6									
		124		72	4,5									
		125		73	6,0		(—4,4)			127,668	127,58	127,61		
		126		74	19,0									
		128		76	32,8								0	
		130		78	33,1								0	

53	J	127		74	100		(—4,4)			127	126,91	126,92	$^5/_2$	2,8
54	X	124		70	0,094									
		126		72	0,088									
		128		74	1,91									
		129		75	26,23	128,946	—4,2	1164	1084				$^1/_2$	—0,8
		130		76	4,06					131,400	131,31	131,3		
		131		77	21,18								$^3/_2$	0,7
		132		78	26,98	131,946	—4,1	1191	1109					
		134		80	10,55								0	
		136		82	8,95								0	
55	Cs	133		78	100		(—4,0)			133	132,91	132,91	$^7/_2$	2,5
56	Ba	130		74	0,101									
		132		76	0,097									
		134		78	2,42								$^7/_2$	2,9
		135		79	6,6		(—3,7)			137,422	137,33	137,36	$^3/_2$	0,9
		136		80	7,8								$^3/_2$	0,9
		137		81	11,3									
		138		82	71,7									
57	La	139		82	100	138,955	—3,2	1241	1155	139	138,92	138,92	$^7/_2$	2,8
58	Ce	136		78	selten									
		138		80	selten									
		140		82	89		(—3,5)			140,22	140,13	140,13		
		142		84	11									
59	Pr	141		82	100		(—3,4)			141	140,91	140,92	$^5/_2$	> 0
60	Nd	142		82	25,95									
		143		83	13,0									
		144		84	22,6									
		145		85	9,2					144,402	144,32	144,27		
		146		86	16,5	145,964	—2,5	1294	1204					
		148		88	6,8	147,964	—2,4	1311	1220					
		150		90	5,95	149,970	—2,0	1323	1232					

212 (Fortsetzung).

1	2	3	4	5	6	7	8	9	10	11	12	13	14	15
Ordnungszahl Z	Element	Massenzahl A	Aktivität	Neutronenzahl A—Z	Häufigkeit in %	Isotopengewicht in ME $^{16}O = 16$	Packungsanteil $f \cdot 10^4$ in ME	Massendefekt TME	Massendefekt MeV	Mittlere Massenzahl	Chemisches Atomgewicht für O = 16, berechnet aus Isotopenzusammensetzung	Chemisches Atomgewicht für O = 16, int. Tabelle 1940	Spin in $\frac{h}{2\pi}$	Magnetisches Moment μ_K in Kernmagnetonen
62	Sm	144		82	3									
		147		85	17									
		148	α	86	14									
		149		87	15		(—2,4)			150,200	150,12	150,43		
		150		88	5									
		152		90	26									
		154		92	20									
63	Eu	151		88	49		(—2,2)			152,020	151,94	152,0	$^5/_2$	3,4
		153		90	51								$^5/_2$	1,5
64	Gd	152		88	0,2									
		154		90	1,5									
		155		91	21	154,977	—1,5	1358	1264					
		156		92	22	155,977	—1,5	1367	1273	157,005	156,94	156,9		
		157		93	17	156,976	—1,5	1376	1281					
		158		94	22	157,976	—1,5	1386	1290					
		160		96	16	159,976	—1,5	1404	1307					
65	Tb	159		94	100		(—1,4)			159	158,93	159,2	$^3/_2$	> 0
66	Dy	158		92	0,1									
		160		94	1,5									
		161		95	22		(—1,0)			162,548	162,49	162,46		
		162		96	24									
		163		97	24									
		164		98	28									

67	Ho	165		98	100		(—0,8)			165	164,94	163,5	$^{7}/_{2}$	> 0
68	Er	162		94	0,25									
		164		96	2									
		166		98	(35)		(—0,6)			167,167	167,11	167,2		
		167		99	(24)									
		168		100	(29)									
		170		102	(10)									
69	Tm	169		100	100		(—0,4)			169	168,95	169,4	$^{1}/_{2}$	> 0
70	Yb	168		98	0,06									
		170		100	4,21									
		171		101	14,26								$^{1}/_{2}$	0,45
		172		102	21,49		(—0,0)			173,068	173,02	173,04		
		173		103	17,02								$^{5}/_{2}$	—0 65
		174		104	29,58									
		176		106	13,38									
71	Cp	175		104	97,5		(+0,2)			175,025	174,98	174,99	$^{7}/_{2}$	2,6
		176	β	105	2,5									3,8
72	Hf	174		102	(0,3)									
		176		104	(5)									
		177		105	(19)		(+0,5)			178,477	178,44	178,6		
		178		106	(28)									
		179		107	(18)									
		180		108	(30)									
73	Ta	181		108	100		(+0,8)			181	180,96	180,88	$^{7}/_{2}$	>0
74	W	180		106	0,2									
		182		108	22,6									
		183		109	17,3		(+1,0)			183,963	183,93	183,92		
		184		110	30,1									
		186		112	29,8								0	

212 (Fortsetzung).

1 Ord-nungs-zahl Z	2 Element	3 Massen-zahl A	4 Aktivität	5 Neutronenzahl A—Z	6 Häufigkeit in %	7 Isotopengewicht in ME $^{16}O = 16$	8 Packungsanteil $f \cdot 10^4$ in ME	9 Massendefekt TME	10 Massendefekt MeV	11 Mittlere Massenzahl	12 Chemisches Atomgewicht für O = 16 berechnet aus Isotopenzusammensetzung	13 Chemisches Atomgewicht für O = 16 int. Tabelle 1940	14 Spin in $\frac{h}{2\pi}$	15 Magnetisches Moment μ_K in Kernmagnetonen
75	Re	185		110	38,2		(+1,2)			186,236	186,21	186,31	5/2	3,3
		187		112	61,8								5/2	3,3
76	Os	184		108	0,018									
		186		110	1,59									
		187		111	1,64									
		188		112	13,3		(—1,6)			190,276	190,25	190,2		
		189		113	16,2									
		190		114	26,4	190,038	+2,0	1600	1490					
		192		116	40,9	192,038	+2,0	1618	1506					
77	Ir	191		114	38,5	191,038	+2,0	1608	1497	192,230	192,22	193,1	1/2	
		193		116	61,5	193,039	+2,0	1625	1513				3/2	
78	Pt	192		114	0,8		(+2,7)	(1605)	(1494)					
		194		116	30,2	194,039	+2,0	1633	1520					
		195		117	35,3	195,039	+2,0	1642	1529	195,156	195,14	195,23	1/2	0,6
		196		118	26,6	196,039	+2,0	1651	1537					
		198		120	7,2	198,044	+2,2	1664	1549					
79	Au	197		118	100	197,039	+2,0	1659	1545	197	196,99	197,2	3/2	0,3
80	Hg	196		116	0,15									
		198		118	10,12									
		199		119	17,04								1/2	0,5
		200		120	23,25		(+2,4)			200,613	200,61	200,61	0	
		201		121	13,18								3/2	—0,6
		202		122	29,54									
		204		124	6,72									

81	Tl	203		122	29,1	203,059	+2,9	1692	1575	204,413	204,42	204,39	$^1/_2$	1,5
		205		124	70,9	205,059	+2,9	1710	1592				$^1/_2$	1,5
82	Pb	204		122	1,5	204,058	+3,0	1698	1581					
		206		124	23,6					207,242	207,24	207,21	$^1/_2$	0,6
		207		125	22,6									
		208		126	52,3	208,057	+2,9	1734	1614					
83	Bi	209		126	100	209,055	+2,7	1747	1626	209	209,00	209,00	$^9/_2$	3,6
84	Po	210	α	126			+2,90	1750	1629		210,00			
	AcC′	211	α	127			+3,18	1752	1633					
	ThC′	212	α	128			+3,25	1759	1638					
	RaC′	214	α	130			+3,55	1770	1649					
	AcA	215	α	131			+3,77	1774	1653					
	ThA	216	α	132			+3,94	1779	1658					
	RaA	218	α	134			+4,27	1789	1667					
86	An	219	α	133			+4,25	1796	1673					
	Tn	220	α	134			+4,32	1803	1679					
	Rn	222	α	136			+4,59	1813	1688		222,04	222		
88	AcX	223	α	135			+4,62	1820	1694					
	ThX	224	α	136			+4,73	1825	1699					
	Ra	226	α	138			+4,96	1838	1711		226,05	226,05		
89	Ac	227	β	138			+5,02	1845	1718	227	227,05			
90	RdAc	227	α	137			+4,98	1845	1718					
	RdTh	228	α	138	(10^{-8})		+5,09	1850	1723					
	Jo	230	α	140			+5,35	1862	1734					
	Th	232	α	142	100		+5,60	1873	1744		232,06	232,12		
91	Pa	231	α	140			+5,45	1868	1739	231	231,06	231	$^3/_2$	> 0
92	UII	234	α	142	0,006		+5,60	1886	1756					
	AcU	235	α	143	0,720		+5,79	1891	1762	237,978	238,06	238,07		
	UI	238	α	146	99,274		+6,18	1908	1776					

213 Ausschließungsgrenzen von wahrscheinlich nicht vorhandenen Isotopen.

Nach O. Hahn, S. Flügge und J. Mattauch: Ber. dtsch. chem. Ges. **73**, 20 (1940)].

Ordnungszahl Z	Element	Massenzahl A	max. Häufigkeit %
1	H	3	10^{-10}
2	He	5	0,0001
3	Li	5	0,001
4	Be	8	0,001
10	Ne	23	0,001
11	Na	20, 21 22, 24 25	0,002
16	S	30, 35	0,002
		31	0,005
		37, 38	0,0005
17	Cl	39	0,004
18	Ar	37	0,005
		39, 41	0,01
		42	0,0003
19	K	42, 43	0,0006
20	Ca	38	0,0017
		39	0,0025
		41	0,0007
		45, 47 49, 50	0,0005
22	Ti	42, 51 52, 53	0,0007
		43	0,007
		44, 45	0,0014
		54	0,003
24	Cr	49, 51 56	0,001
		55	0,006
25	Mn	53, 57	0,007
26	Fe	52, 53	0,002
		55	0,005
		59	0,013
		60	0,003
27	Co	57	0,17
30	Zn	63	0,0013
		65	0,0025
		69	0,0017
33	As	71, 72 73, 77 78, 79	0,001
33	As	74	0,005
		76	0,002
35	Br	73, 87	0,004
		74, 86	0,008
		75, 84 85	0,013
		76	0,017
		77, 83	0,03
		78, 82	0,25
		80	0,05
36	Kr	76, 77, 79 81, 88	0,0012
		87	0,0023
37	Rb	80, 81 89, 90	0,0007
		83	0,0012
		84	0,0060
		86	0,0056
		88	0,0033
38	Sr	80, 81 82	0,0004
		83, 89	0,0008
		85	0,0017
		90, 91 92	0,0003
39	Y	91	0,05
41	Nb	91, 95	0,25
42	Mo	88...91 93, 99 102...105	0,02
		101	0,03
45	Rh	101	0,08
		105	0,10
48	Cd	107, 109	0,043
		115	0,125
		118	0,0068
49	In	110, 111	0,01
		112, 116 117	0,02
		114	0,5
		118	0,012
		119	0,003
53	J	123, 124 125	0,002

213 (Fortsetzung).

Ordnungszahl Z	Element	Massenzahl A	max. Häufigkeit %
53	J	126	0,004
		128	0,007
		129	0,0025
		130	0,0008
		131	0,0004
54	X	122, 123 125	0,00045
		127	0,0009
		133, 135	0,0018
		137, 138	
55	Cs	129, 130 136, 137	0,001
		131	0,005
		132	0,025
		134	0,017
		135	0,002
56	Ba	128, 129 131, 133 140, 141	0,0007
		139	0,002
		142	0,0004
71	Cp	177	0,1
73	Ta	179	0,1
76	Os	182, 183 185	0,003
76	Os	191	0,011
		193	0,007
		194	0,004
79	Au	199	0,01
80	Hg	194, 195	0,0015
		197	0,0037
		203	0,0006
		205, 206	0,0016
81	Tl	199...201 206...209	0,002
		202, 204	0,003
82	Pb	203	0,002
		205	0,01
		209	0,0009
		210	0,009
83	Bi	205...207 211...213	0,001
		208, 210	0,002
92	U	231...233 236	0,003
		237, 239	0,0083
		240...242	0,0016

22 Periodisches System und Nullpunktsvolumen der Atome.

221 Periodisches System.

2211 Periodisches System der Elemente.

	a I b	a II b	a III b	a IV b	a V b	a VI b	a VII b	VIII	O
	$M^{I}Cl$, $M_2^{I}O$	$M^{II}Cl_2$, $M^{II}O$	$M^{III}Cl_3$, $M_2^{III}O_3$	$M^{IV}H_4$, $M^{IV}O_2$	$M^{III}H_3$, $M_2^{V}O_5$	$M^{II}H_2$, $M^{VI}O_3$	$M^{I}H$, $M_2^{VII}O_7$	$M^{VIII}O_4$	
1	**1 H** 1,0080								**2 He** 4,003
2	**3 Li** 6,940	**4 Be** 9,02	**5 B** 10,82	**6 C** 12,010	**7 N** 14,008	**8 O** 16,0000	**9 F** 19,000		**10 Ne** 20,183
3	**11 Na** 22,997	**12 Mg** 24,32	**13 Al** 26,97	**14 Si** 28,06	**15 P** 30,98	**16 S** 32,06	**17 Cl** 35,457		**18 Ar** 39,944
4 a	**19 K** 39,096	**20 Ca** 40,08	**21 Sc** 45,10	**22 Ti** 47,90	**23 V** 50,95	**24 Cr** 52,01	**25 Mn** 54,93	**26 Fe** 55,85 **27 Co** 58,94 **28 Ni** 58,69	
b	**29 Cu** 63,57	**30 Zn** 65,38	**31 Ga** 69,72	**32 Ge** 72,60	**33 As** 74,91	**34 Se** 78,96	**35 Br** 79,916		**36 Kr** 83,7
5 a	**37 Rb** 85,48	**38 Sr** 87,63	**39 Y** 88,92	**40 Zr** 91,22	**41 Nb** 92,91	**42 Mo** 95,95	**43 Tc** 99	**44 Ru** 101,7 **45 Rh** 102,91 **46 Pd** 106,7	
b	**47 Ag** 107,88	**48 Cd** 112,41	**49 In** 114,76	**50 Sn** 118,70	**51 Sb** 121,76	**52 Te** 127,61	**53 J** 126,92		**54 X** 131,3
6 a_1	**55 Cs** 132,91	**56 Ba** 137,36	**57 La** 138,92	**58 Ce** 140,13					
a_2			**59 . . . 70*** **71 Cp** 174,99	**72 H** 178,6	**73 Ta** 180,88	**74 W** 183,92	**75 Re** 186,31	**76 Os** 190,2 **77 Ir** 193,1 **78 Pt** 195,23	
b	**79 Au** 197,2	**80 Hg** 200,61	**81 Tl** 204,39	**82 Pb** 207,21	**83 Bi** 209,00	**84 Po**	**85 At** 211		**86 Rn** 222
7 a	**87 Fr** 223	**88 Ra** 226,05	**89 Ac**	**90 Th** 232,12	**91 Pa** 231	**92 U **** 238,07			

* **59 Pr** 140,92	**60 Nd** 144,27	**61 Il?** 147	**62 Sm** 150,43	**63 Eu** 152,0	**64 Gd** 156,9	**65 Tb** 159,2	**66 Dy** 162,46	**67 Ho** 163,5	**68 Er** 167,2	**69 Tm** 169,4	**70 Yb** 173,04
** **93 Np** 237	**94 Pu** 239	**95 Am** 241	**96 Cm** 242								

2212 Periodisches System der Elemente nach J. Thomson und N. Bohr.

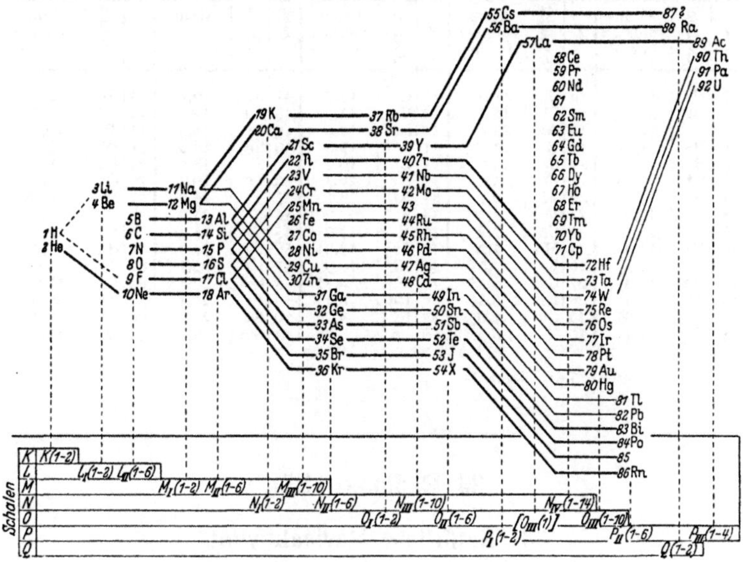

222 Nullpunktsvolumen der Atome in cm³.

Unter Nullpunktsatomvolumen versteht man den Quotienten aus Atomgewicht und der auf den absoluten Nullpunkt extrapolierten Dichte, d. h. es gibt die Anzahl der cm³ an, die das Grammatom im festen Zustand bei T = 0° K einnimmt.

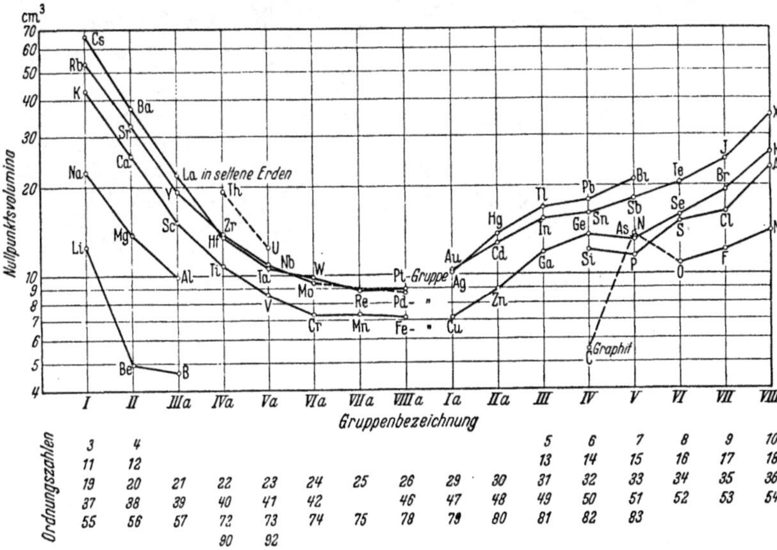

Nullpunktsvolumen der Atome in cm³ in Abhängigkeit von der Ordnungszahl nach Gruppen aufgetragen.

222 (Fortsetzung). Zahlenwerte.

Z	Symbol	Atomvolumen in cm^3	Z	Symbol	Atomvolumen in cm^3	Z	Symbol	Atomvolumen in cm^3	Z	Symbol	Atomvolumen in cm^3	Z	Symbol	Atomvolumen in cm^3
1	H	11,4	16	S	15,0	31	Ga	11,7	47	Ag	10,13	68	Er	22,1
2	He	27	17	Cl	16,3	32	Ge	13,5	48	Cd	12,7	72	Hf	13,39
3	Li	$12{,}5_8$	18	Ar	23,4	33	As	13,0	49	In	15,3	73	Ta	10,7
4	Be	4,87	19	K	$43{,}_4$	34	Se	15,8	50	Sn	16,0	74	W	9,49
5	B	4,6	20	Ca	25,6	35	Br	19,2	51	Sb	18,1	75	Re	8,82
6	C*	5,38	21	Sc	(15)	36	Kr	26,3	52	Te	20,2	76	Os	8,40
7	N	13,7	22	Ti	10,7	37	Rb	$53{,}_1$	53	J	24,5	77	Ir	8,48
8	O	10,9	23	V	8,5	38	Sr	33,2	54	X	34,9	78	Pt	8,99
9	F	(12)	24	Cr	7,2	39	Y	19,2	55	Cs	$65{,}_9$	79	Au	10,12
10	Ne	14,0	25	Mn	7,26	40	Zr	13,94	56	Ba	37,3	80	Hg	$13{,}7_5$
11	Na	$22{,}_8$	26	Fe	7,05	41	Nb	10,9	57	La	22,1	81	Tl	16,9
12	Mg	13,8	27	Co	6,58	42	Mo	9,37	58	Ce	20,4	82	Pb	17,9
13	Al	9,9	28	Ni	6,55	44	Ru	8,14	59	Pr	21,1	83	Bi	21,0
14	Si	12,03	29	Cu	7,05	45	Rh	8,28	60	Nd	20,1	90	Th	19,7
15	P	11,4	30	Zn	8,97	46	Pd	8,78	62	Sm	$19{,}_2$	92	U	12,6

* 5,38 Graphit, 3,41 Diamant.

23 Radioaktivität.

231 Natürliche Radioaktivität.

2311 Zerfallsreihen.

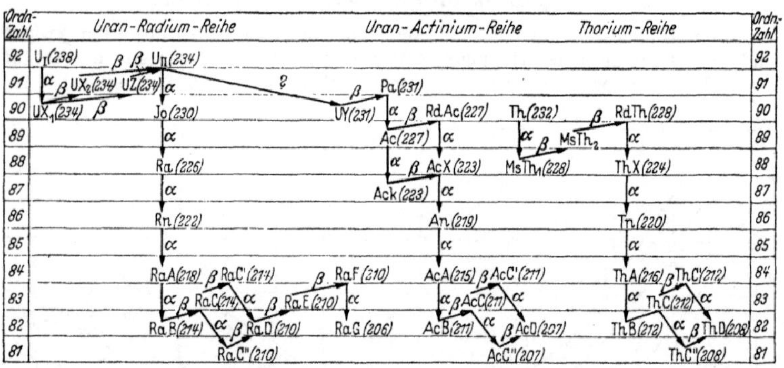

Die eingeklammerten Zahlen geben die Massenzahlen an.

Zerfallsreihen.

Uran-Radiumreihe				Uran-Aktiniumreihe				Thoriumreihe			
Bezeichnung	Halbwertszeit[1]	Strahlung	Geschwindigkeit cm/s	Bezeichnung	Halbwertszeit	Strahlung	Geschwindigkeit cm/s	Bezeichnung	Halbwertszeit	Strahlung	Geschwindigkeit cm/s
UI	$4{,}5 \cdot 10^9$ a	α	$1{,}40 \cdot 10^9$	(UII)	—	?	—	Th	$1{,}8 \cdot 10^{10}$ a	α	$1{,}40 \cdot 10^9$
UX_1	24,5 d	β (99,65%)	(1,44…	UY	24,6 h	β	—	$MsTh_1$	6,7 a	β	
		β (0,35%)	$1{,}77) \cdot 10^{10}$								
UX_2	1,14 m	β	(2,46…	Pa	$3{,}2 \cdot 10^4$ a	α	$1{,}55 \cdot 10^9$	$MsTh_2$	6,13 h	β	(1,09…
			$2{,}88) \cdot 10^{10}$								$2{,}90) \cdot 10^{10}$
UZ	6,7 h	β		Ac	13,5 a	β(99%)	—	RdTh	1,90 a	α	$1{,}60 \cdot 10^9$
UII	$2 \cdot 10^6$ a	α	$1{,}46 \cdot 10^9$			α(1%)	$1{,}5 \cdot 10^9$	ThX	3,64 d	α	$1{,}65 \cdot 10^9$
Jo	$9 \cdot 10^4$ a	α	$1{,}48 \cdot 10^9$	RdAc	18,9 d	α	$1{,}68 \cdot 10^9$	Tn(ThEm)	54,5 s	α	$1{,}73 \cdot 10^9$
Ra	1580 a	α	$1{,}51 \cdot 10^9$	AcK	21 m	β	—	ThA	0,14 s	α	$1{,}80 \cdot 10^9$
Rn(RaEm)	3,85 d	α	$1{,}61 \cdot 10^9$	AcX	11,2 d	α	$1{,}65 \cdot 10^9$	ThB	10,6 h	β	(1,88…
RaA	3,05 m	α	$1{,}69 \cdot 10^9$	An(AcEm)	3,92 s	α	$1{,}81 \cdot 10^9$				$2{,}99) \cdot 10^{10}$
RaB	26,8 m	β	(1,08…	AcA	$2 \cdot 10^{-8}$ s	α	$1{,}89 \cdot 10^9$	ThC	60,5 m	β (65%)	(0,91…
			$2{,}22) \cdot 10^{10}$								$2{,}87) \cdot 10^{10}$
RaC	19,5 m	β (99,96%)	(2,40…	AcB	36,0 m	β	$1{,}49 \cdot 10^{10}$			α (35%)	$1{,}70 \cdot 10^9$
			$2{,}94) \cdot 10^{10}$					ThC′	$3 \cdot 10^{-7}$ s	α	$2{,}05 \cdot 10^9$
		α (0,04%)	$(1{,}57 \cdot 10^9)$								
RaC′	$1{,}5 \cdot 10^{-4}$ s	α	$1{,}922 \cdot 10^9$	AcC	2,16 m	β (0,32%)	(2,25…				
RaC″	1,32 m	β					$2{,}56) \cdot 10^{10}$				
RaD	16,0 a	β	$9{,}9 \cdot 10^9$;			α (99,68%)	(1,74…	ThC″	3,1 m	β	—
			$1{,}17 \cdot 10^{10}$				$1{,}78) \cdot 10^9$	ThD	—	—	—
RaE	4,85 d	β	etwa	AcC′	etwa $5 \cdot 10^{-8}$ s	α	$1{,}90 \cdot 10^9$				
			$2{,}31 \cdot 10^{10}$	AcC″	4,76 m	β	—				
RaF(Po)	136,5 d	α	$1{,}59 \cdot 10^9$	AcD	—	—	—				
RaG	stabil	—	—								

[1] Halbwertszeit T ist die Zeit, in der die Hälfte der Atome zerfällt. Die Gleichung für den radioaktiven Zerfall lautet: $N_t = N_0 \, e^{-\lambda t}$ (N_0 = Zahl der Atome zur Zeit t = 0, N_t nach der Zeit t, λ = Zerfallskonstante). Zwischen der Zerfallskonstante λ und der Halbwertszeit T besteht demnach die Beziehung $T = \frac{\ln 2}{\lambda}$.

232 Künstliche Radioaktivität.

Von **Josef Mattauch,** Berlin-Dahlem.

In der Tabelle „Künstliche Radioaktivität" ist jedem Atomkern (Isotop) eine Zeile gewidmet. Die ersten vier Spalten enthalten die Ordnungszahl Z des Elementes (identisch mit der Protonenzahl im Kern), das chemische Symbol, die Anzahl N der Neutronen im Kern und die Massenzahl $A = N + Z$. Die in der Natur vorkommenden Kerne sind durch besonderen Druck der Spalten N und A — und zwar die stabilen durch Fettdruck, die natürlich radioaktiven durch kursiven Druck — hervorgehoben. Für beide Gruppen enthält die nächste Spalte die prozentuelle Häufigkeit, mit der sie in dem vorliegenden Element vorkommen. Für die künstlich erzeugten (N und A in gewöhnlichem Druck) sowie für die natürlichen radioaktiven Kerne ist in den beiden folgenden Spalten die Halbwertszeit ihres radioaktiven Zerfalls in Jahren (a), Monaten (mo), Tagen (d), Stunden (h), Minuten (m) oder Sekunden (s) und die Art des Zerfalls (β^-, β^+, K, γ) angegeben.

Beim β-Zerfall verläßt ein Elektron (β^-) oder Positron (β^+) den Kern, beim K-Einfang (K) wird ein Elektron aus der Hülle (aus der K-Schale, da diese dem Kern am nächsten steht) eingefangen. In allen drei Fällen entsteht ein Isobar (Kern vom gleichen A) des benachbarten Elementes; und zwar vermehrt sich Z beim β^--Zerfall um 1, während es beim β^+-Zerfall, sowie beim K-Einfang um 1 verringert wird. Auch dualer Zerfall (z. B. β^- *und* β^+) ist unter Umständen möglich. γ-Strahlung entsteht beim Übergang eines angeregten Zustandes (Lebensdauer unbeobachtbar klein, von der Größenordnung 10^{-14} s) zu einem Zustand geringerer Energie oder zum Grundzustand desselben Kerns. In seltenen Fällen kann durch Übergangsverbote der angeregte Zustand so langlebig (metastabil) werden, daß seine Halbwertszeit beobachtbar wird. Kerne, die solche Zustände besitzen, bezeichnet man als isomer (in den Spalten N und A steht beim metastabilen Zustand das Wort „isomer"). Der Übergang kann entweder durch Ausstrahlung eines γ-Quants zum Grundzustand desselben Kerns (γ-Zerfall) oder durch β-Zerfall (oder K-Einfang) direkt zum Folgekern (benachbarten Isobar) erfolgen.

Man bezeichnet jeden Kern durch das chemische Symbol, wobei man links oben die Massenzahl A, links unten die Kernladungszahl Z hinzufügt; langlebige angeregte Zustände (bei isomeren Kernen) werden durch einen Stern rechts oben gekennzeichnet.

Wie bekannt, können die Atomkerne durch Beschießung mit energiereichen Teilchen oder γ-Quanten, die man durch den Zerfall natürlich radioaktiver Kerne, durch Beschleunigung von Ionen im Cyclotron oder in Hochspannungsanlagen, oder schließlich als Sekundärteilchen bei Kernreaktionen selbst erhält, umgewandelt werden. Die nächsten Spalten geben nun an, durch welche Kernreaktionen ein bestimmter künstlich radioaktiver Kern bisher aus den in der Natur vorkommenden Isotopen erzeugt werden konnte und welche künstlich radioaktiven Kerne durch Beschießung eines bestimmten in der Natur vorkommenden Isotops erhalten wurden. Die Art des Kernprozesses ist dabei in üblicher Weise mit (x, y) gekennzeichnet; dabei ist x das Teilchen mit dem das Ausgangsprodukt beschossen wird; es bildet sich ein Zwischenkern, der in unmeßbar kurzer Zeit unter Abgabe eines zweiten Teilchens y in das Endprodukt übergeht. Als x und y kommen die folgenden Teilchen in Betracht: α (α-Teilchen, ^{4}He-Kern), ^{3}He (Kern von ^{3}He), p (Proton, Kern des leichten Wasserstoffs ^{1}H), d (Deuteron, Kern des schweren Wasserstoffs ^{2}H), ^{3}H (Triton, Kern des Wasserstoffisotops von der Massenzahl 3), n (Neutron) und γ (energiereiches γ-Quant). Zum Beispiel $^{14}_{7}\mathbf{N}$ (p, α) $^{11}_{6}$C bedeutet, daß die Beschießung des stabilen Stickstoffisotops von der Massenzahl 14 mit Protonen einen hochangeregten Zwischenkern ($^{14}_{7}N + ^{1}_{1}H = ^{15}_{8}O$) liefert, der sofort weiter zerfällt, um unter

Aussendung eines α-Teilchens ein radioaktives Kohlenstoffisotop von der Massenzahl 11 zu bilden; dieses ist an seiner charakteristischen Halbwertszeit von 21 m, mit der es unter β^+-Zerfall in das stabile Bor-Isotop ^{11}B übergeht, zu erkennen. Es können bei einer Kernreaktion auch mehrere Teilchen den Zwischenkern verlassen, z. B. können bei Beschießung mit energiereichen Neutronen, 2 Neutronen: (n, 2n) oder gar ein Proton und 2 Neutronen: (n, p 2n) ausgeschleudert werden.

Die Anordnung der Tabelle ist nun so getroffen, daß in jeder der den Kernreaktionen gewidmeten Spalten das fettgedruckte Isotop das Ausgangsprodukt des im Kopf der Spalte stehenden Kernprozesses angibt, durch den der künstlich radioaktive Kern der betreffenden Zeile gebildet wird; umgekehrt gibt ein Isotop im gewöhnlichen Druck den künstlichen radioaktiven Kern an, der als Endprodukt der am Spaltenkopf angegebenen Reaktion aus dem stabilen Isotop der Zeile entsteht. Da nur solche Prozesse aufgenommen sind, die zu künstlich radioaktiven Kernen führen, stehen in jeder Zeile, in der N und A in gewöhnlichem Druck erscheinen (das betreffende Isotop also radioaktiv ist), nur fettgedruckte Isotope, und umgekehrt in jeder Zeile, in der N und A fettgedruckt sind (das betreffende Isotop also stabil ist), nur Isotope in gewöhnlichem Druck.

Die Kerne der schwersten Elemente können ferner durch Neutronenbeschuß in mittelschwere Bruchstücke spalten, wodurch ebenfalls eine Reihe künstlich radioaktiver Kerne gebildet wird. *Sind künstliche radioaktive Kerne als Spaltprodukte bei Spaltungsreaktionen erhalten worden, so ist in den Kolonnen mit dem Kopf „Spaltung von" das Ausgangsprodukt (***U, Th** *evtl.* **Pa***) vermerkt.*

Schließlich können künstlich radioaktive Kerne auch als Tochtersubstanzen aus anderen radioaktiven Isotopen entstehen oder sie können selbst wieder radioaktive Folgeprodukte haben. *Diesen Fällen ist die Spalte „radioaktiver Zerfall" gewidmet, in der die Muttersubstanz (Ausgangsprodukt) in fettem, die Tochtersubstanz (Endprodukt) in gewöhnlichem Druck erscheint.* Selbstverständlich sind diese nur dann aufgenommen, wenn die Übergänge beobachtet wurden; dazu ist notwendig, daß sowohl Mutter- wie Tochtersubstanz radioaktiv sind. Es kann sich dabei sowohl um β-Zerfall, z. B. $^{127}_{51}\mathbf{Sb} \xrightarrow{\beta^-} {}^{127}_{52}Te$, als auch (bei isomeren Kernen) um γ-Zerfall, z. B. $^{127}_{52}\mathbf{Te}^* \xrightarrow{\gamma} {}^{127}_{52}Te$ handeln.

Etwa von den seltenen Erden angefangen, wird die Anzahl der Prozesse, durch die mit den heutigen Mitteln künstlich radioaktive Isotope hergestellt werden können, bedeutend kleiner; die Prozesse beschränken sich hier hauptsächlich auf Neutronenanlagerung und -abspaltung, d. h. also (d, p), (n, γ) und (n, 2n). Nur vereinzelt kommen auch (d, n) und (d, α) Reaktionen vor. Um die Tabelle nicht zu umfangreich werden zu lassen, *sind daher vom Neodym angefangen nur die künstlich radioaktiven Isotope mit ihren Halbwertszeiten und der Art ihres Zerfalls aufgenommen worden.*

Unsichere Angaben sind in runde Klammern gesetzt.

Literatur.

Mattauch, J. u. S. Flügge: Kernphysikalische Tabellen. Berlin 1942.

232 Künstliche

Z	Symbol	N	A	Häufigkeit in %	Halbwertszeit	Zerfallsart	(α, p)	(α, n)	(α, d) oder (α, p n)	p, α)
0	**n**	1	1	—	—	—	—	—	—	—
1	**H**	0	1	$99{,}98_5$	—	—	—	—	—	—
	D	1	2	$0{,}01_5$	—	—	—	—	—	—
	T	2	3	—	31 a	β^-	—	—	—	—
2	**He**	1	3	10^{-5}	—	—	—	—	—	—
		2	4	~100	—	—	—	—	—	—
		4	6	—	0,8 s	β^-	—	—	—	—
3	**Li**	3	6	7,9	—	—	—	—	—	—
		4	7	92,1	—	—	—	—	—	—
		5	8	—	0,9 s	β^-	—	—	—	—
4	**Be**	3	7	—	53 d	K	—	—	—	$^{10}_{5}\mathbf{B}$
		5	9	100	—	—	—	—	—	—
		6	10	—	~10^6 a	β^-	—	—	—	—
5	**B**	5	10	20	—	—	—	$^{13}_{7}N$	—	$^{7}_{4}Be$
		6	11	80	—	—	$^{14}_{6}C$	—	—	—
		7	12	—	0,022 s	β^-	—	—	—	—
6	**C**	4	10	—	8,8 s	β^+	—	—	—	—
		5	11	—	21 m	β^+	—	—	—	$^{14}_{7}\mathbf{N}$
		6	12	98,9	—	—	—	$^{15}_{8}O$	—	—
		7	13	1,1	—	—	—	—	—	—
		8	14	—	$10^3 \ldots 10^5$ a	β^-	$^{11}_{5}\mathbf{B}$	—	—	—
7	**N**	6	13	—	9,93 m	β^+	—	$^{10}_{5}\mathbf{B}$	—	—
		7	14	99,62	—	—	—	$^{17}_{9}F$	—	$^{11}_{6}C$
		8	15	0,38	—	—	—	—	—	—
		9	16	—	8,4 s	β^-	—	—	—	—
8	**O**	7	15	—	125 s	β^+	—	$^{12}_{6}\mathbf{C}$	—	—
		8	16	99,76	—	—	—	—	—	—
		9	17	0,04	—	—	—	—	—	—
		10	18	0,20	—	—	—	—	—	—
		11	19	—	31 s	β^-	—	—	—	—
9	**F**	8	17	—	1,23 m	β^+	—	$^{14}_{7}\mathbf{N}$	—	—
		9	18	—	107 m	β^+	—	—	—	—
		10	19	100	—	—	—	$^{22}_{11}Na$	—	—
		11	20	—	12 s	β^-	—	—	—	—
10	**Ne**	9	19	—	20,3 s	β^+	—	—	—	—
		10	20	90,00	—	—	—	—	—	—
		11	21	0,27	—	—	—	—	—	—
		12	22	9,73	—	—	—	—	—	—
		13	23	—	43 s	β^-	—	—	—	—
11	**Na**	10	21	—	23 s	—	—	—	—	—
		11	22	—	3,0 a	β^+	—	$^{19}_{9}\mathbf{F}$	—	—
		12	23	100	—	—	—	$^{26}_{13}Al$	—	—
		13	24	—	14,8 h	β^-	—	—	—	—

Radioaktivität.

(p, n)	(p, γ)	(d, n)	(d, α)	(d, $^{3}_{1}$H)	(d, p)	(n, γ)	(n, α)	(n, p)	(n, 2 n)	(γ, n)	
—	—	—	—	—	—	—	—	—	—	—	$^{1}\mathrm{n}$
—	—	—	—	—	—	—	—	—	—	—	$^{1}\mathrm{H}$
—	—	—	—	—	$^{3}_{1}\mathrm{H}$	—	—	—	—	—	$^{2}\mathrm{H}$
—	—	—	—	—	$^{2}_{1}\mathbf{H}$	—	$^{6}_{3}\mathbf{Li}$	—	—	—	$^{3}\mathrm{H}$
—	—	—	—	—	—	—	—	—	—	—	$^{3}\mathrm{He}$
—	—	—	—	—	—	—	—	—	—	—	$^{4}\mathrm{He}$
—	—	—	—	—	—	—	$^{9}_{4}\mathbf{Be}$	($^{6}_{3}\mathbf{Li}$)	—	—	$^{6}\mathrm{He}$
—	—	$^{7}_{4}\mathrm{Be}$	—	—	—	—	$^{3}_{1}\mathrm{H}$	($^{6}_{2}\mathrm{He}$)	—	—	$^{6}\mathrm{Li}$
$^{7}_{4}\mathrm{Be}$	—	—	—	—	$^{8}_{3}\mathrm{Li}$	($^{8}_{3}\mathrm{Li}$)	—	—	—	—	$^{7}\mathrm{Li}$
—	—	—	—	—	$^{7}_{3}\mathbf{Li}$	($^{7}_{3}\mathbf{Li}$)	$^{11}_{5}\mathbf{B}$	—	—	—	$^{8}\mathrm{Li}$
$^{7}_{3}\mathbf{Li}$	—	$^{6}_{3}\mathbf{Li}$	—	—	—	—	—	—	—	—	$^{7}\mathrm{Be}$
—	—	—	—	—	$^{10}_{4}\mathrm{Be}$	—	$^{6}_{2}\mathrm{He}$	—	—	—	$^{9}\mathrm{Be}$
—	—	—	—	—	$^{9}_{4}\mathbf{Be}$	—	—	($^{10}_{5}\mathbf{B}$)	—	—	$^{10}\mathrm{Be}$
$^{10}_{6}\mathrm{C}$	($^{11}_{6}\mathrm{C}$)	$^{11}_{6}\mathrm{C}$	—	—	—	—	—	($^{10}_{4}\mathrm{Be}$)	—	—	$^{10}\mathrm{B}$
$^{11}_{6}\mathrm{C}$	—	—	—	—	$^{12}_{5}\mathrm{B}$	—	$^{8}_{3}\mathrm{Li}$	—	—	—	$^{11}\mathrm{B}$
—	—	—	—	—	$^{11}_{5}\mathbf{B}$	—	—	—	—	—	$^{12}\mathrm{B}$
$^{10}_{5}\mathbf{B}$	—	—	—	—	—	—	—	—	—	—	$^{10}\mathrm{C}$
$^{11}_{5}\mathbf{B}$	($^{10}_{5}\mathbf{B}$)	$^{10}_{5}\mathbf{B}$	—	—	—	—	—	—	$^{12}_{6}\mathbf{C}$	—	$^{11}\mathrm{C}$
—	$^{13}_{7}\mathrm{N}$	$^{13}_{7}\mathrm{N}$	—	—	—	—	—	—	$^{11}_{6}\mathrm{C}$	—	$^{12}\mathrm{C}$
$^{13}_{7}\mathrm{N}$	—	—	—	—	$^{14}_{6}\mathrm{C}$	—	—	—	—	—	$^{13}\mathrm{C}$
—	—	—	—	—	$^{13}_{6}\mathbf{C}$	—	—	$^{14}_{7}\mathbf{N}$	—	—	$^{14}\mathrm{C}$
$^{13}_{6}\mathbf{C}$	$^{12}_{6}\mathbf{C}$	$^{12}_{6}\mathbf{C}$	—	$^{14}_{7}\mathbf{N}$	—	—	—	—	$^{14}_{7}\mathbf{N}$	—	$^{13}\mathrm{N}$
—	$^{15}_{8}\mathrm{O}$	$^{15}_{8}\mathrm{O}$	—	$^{13}_{7}\mathrm{N}$	—	—	—	$^{14}_{6}\mathrm{C}$	$^{13}_{7}\mathrm{N}$	—	$^{14}\mathrm{N}$
($^{15}_{8}\mathrm{O}$)	—	—	—	—	$^{16}_{7}\mathrm{N}$	—	—	—	—	—	$^{15}\mathrm{N}$
—	—	—	—	—	$^{15}_{7}\mathbf{N}$	—	$^{19}_{9}\mathbf{F}$	$^{16}_{8}\mathbf{O}$	—	—	$^{16}\mathrm{N}$
($^{15}_{7}\mathbf{N}$)	$^{14}_{7}\mathbf{N}$	$^{14}_{7}\mathbf{N}$	—	—	—	—	—	—	$^{16}_{8}\mathbf{O}$	$^{16}_{8}\mathbf{O}$	$^{15}\mathrm{O}$
—	$^{17}_{9}\mathrm{F}$	$^{17}_{9}\mathrm{F}$	—	—	—	—	—	$^{16}_{7}\mathrm{N}$	$^{15}_{8}\mathrm{O}$	$^{15}_{8}\mathrm{O}$	$^{16}\mathrm{O}$
—	—	$^{18}_{9}\mathrm{F}$	—	—	—	—	—	—	—	—	$^{17}\mathrm{O}$
$^{18}_{9}\mathrm{F}$	—	—	—	—	—	—	—	—	—	—	$^{18}\mathrm{O}$
—	—	—	—	—	—	—	—	$^{19}_{9}\mathbf{F}$	—	—	$^{19}\mathrm{O}$
—	$^{16}_{8}\mathbf{O}$	$^{16}_{8}\mathbf{O}$	—	—	—	—	—	—	—	—	$^{17}\mathrm{F}$
$^{18}_{8}\mathbf{O}$	—	$^{17}_{8}\mathbf{O}$	$^{20}_{10}\mathbf{Ne}$	—	—	—	—	—	$^{19}_{9}\mathbf{F}$	—	$^{18}\mathrm{F}$
$^{19}_{10}\mathrm{Ne}$	—	—	—	—	$^{20}_{9}\mathrm{F}$	$^{20}_{9}\mathrm{F}$	$^{16}_{7}\mathrm{N}$	$^{19}_{8}\mathrm{O}$	$^{18}_{9}\mathrm{F}$	—	$^{19}\mathrm{F}$
—	—	—	—	—	$^{19}_{9}\mathbf{F}$	$^{19}_{9}\mathbf{F}$	$^{23}_{11}\mathbf{Na}$	—	—	—	$^{20}\mathrm{F}$
$^{19}_{9}\mathbf{F}$	—	—	—	—	—	—	—	—	—	—	$^{19}\mathrm{Ne}$
—	—	$^{21}_{11}\mathrm{Na}$	$^{18}_{9}\mathrm{F}$	—	—	—	—	—	—	—	$^{20}\mathrm{Ne}$
$^{21}_{11}\mathrm{Na}$	—	($^{22}_{11}\mathrm{Na}$)	—	—	—	—	—	—	—	—	$^{21}\mathrm{Ne}$
—	—	—	—	—	$^{23}_{10}\mathrm{Ne}$	—	—	—	—	—	$^{22}\mathrm{Ne}$
—	—	—	—	—	$^{22}_{10}\mathbf{Ne}$	—	$^{26}_{12}\mathbf{Mg}$	$^{23}_{11}\mathbf{Na}$	—	—	$^{23}\mathrm{Ne}$
$^{21}_{10}\mathbf{Ne}$	—	$^{20}_{10}\mathbf{Ne}$	—	—	—	—	—	—	—	—	$^{21}\mathrm{Na}$
—	—	($^{21}_{10}\mathbf{Ne}$)	$^{24}_{12}\mathbf{Mg}$	—	—	—	—	—	—	—	$^{22}\mathrm{Na}$
$^{23}_{12}\mathrm{Mg}$	—	—	—	—	$^{24}_{11}\mathrm{Na}$	$^{24}_{11}\mathrm{Na}$	$^{20}_{9}\mathrm{F}$	$^{23}_{10}\mathrm{Ne}$	—	—	$^{23}\mathrm{Na}$
—	—	—	$^{26}_{12}\mathbf{Mg}$	—	$^{23}_{11}\mathbf{Na}$	$^{23}_{11}\mathbf{Na}$	$^{27}_{13}\mathbf{Al}$	$^{24}_{12}\mathbf{Mg}$	—	—	$^{24}\mathrm{Na}$

232

Z	Symbol	N	A	Häufigkeit in %	Halbwertszeit	Zerfallsart	(α, p)	(α, n)	(α, d) oder (α, pn)	($^3_2$He, p)
12	**Mg**	11	23	—	11,6 s	β^+	—	—	—	—
		12	**24**	77,4	—	—	—	$^{27}_{14}$Si	—	—
		13	**25**	11,5	—	—	$^{28}_{13}$Al	—	—	—
		14	**26**	11,1	—	—	$^{29}_{13}$Al	—	—	—
		15	27	—	10,0 m	β^-	—	—	—	—
13	**Al**	13	26	—	7,0 s	β^+	—	$^{23}_{11}\mathbf{Na}$	—	—
		14	**27**	100	—	—	—	$^{30}_{15}$P	—	—
		15	28	—	2,3 m	β^-	$^{5}_{12}\mathbf{Mg}$	—	—	—
		16	29	—	6,7 s	β^-	$^{26}_{12}\mathbf{Mg}$	—	—	—
14	**Si**	13	27	—	4,92 s	β^+	—	$^{24}_{12}\mathbf{Mg}$	—	—
		14	**28**	89,6	—	—	—	$^{31}_{16}$S	—	$^{30}_{15}$P
		15	**29**	6,2	—	—	$^{32}_{15}$P	—	—	—
		16	**30**	4,2	—	—	—	—	—	—
		17	31	—	157,3 m	β^-	—	—	—	—
15	**P**	14	29	—	4,6 s	β^+	—	—	—	—
		15	30	—	130,6 s	β^+	—	$^{27}_{13}\mathbf{Al}$	—	$^{28}_{14}\mathbf{Si}$
		16	**31**	100	—	—	—	$^{34}_{17}$Cl	—	—
		17	32	—	14,295 d	β^-	$^{29}_{14}\mathbf{Si}$	—	—	—
		>16	>31	—	12,7 s	β^-	—	—	—	—
16	**S**	15	31	—	3,18 s	β^+	—	$^{28}_{14}\mathbf{Si}$	—	—
		16	**32**	95,1	—	—	—	$^{35}_{18}$A	$^{34}_{17}$Cl	—
		17	**33**	0,74	—	—	—	—	—	—
		18	**34**	4,2	—	—	—	—	—	—
		19	35	—	—	—	—	—	—	—
		20	**36**	0,016	—	— oder	—	—	—	—
		21	37	—	88 d	β^-	—	—	—	—
17	**Cl**	16	33	—	2,4 s	β^+	—	—	—	—
		17	34	—	32 m	β^+	—	$^{31}_{15}\mathbf{P}$	$^{32}_{16}\mathbf{S}$	—
		18	**35**	75,4	—	—	—	$^{38}_{19}$K	—	—
		20	**37**	24,6	—	—	—	—	—	—
		21	38	—	37,5 m	β^-	—	—	—	—
18	**Ar**	17	35	—	1,88 s	β^+	—	$^{32}_{16}\mathbf{S}$	—	—
		18	**36**	0,31	—	—	—	—	—	—
		20	**38**	0,06	—	—	—	—	—	—
		22	**40**	99,63	—	—	—	—	—	—
		23	41	—	110 m	β^-	—	—	—	—
19	**K**	19	38	—	7,65 m	β^+	—	$^{35}_{17}\mathbf{Cl}$	—	—
		20	**39**	93,44	—	—	—	$^{42}_{21}$Sc	—	—
		21	*40*	0,012	14,2 · 10^8 a	β^-	—	—	—	—
		22	**41**	6,55	—	—	—	$^{44}_{21}$Sc	—	—
		23	42	—	12,4 h	β^-	—	—	—	—
		24	43	—	18 m	β^- oder	—	—	—	—
		25	44	—	—	—	—	—	—	—
20	**Ca**	(19)	(39)	—	4,5 m	β^+	—	—	—	—
		20	**40**	96,96	—	—	$^{43}_{21}$Sc	—	—	—
		21	41	—	8,5 d	K	—	—	—	—
		22	**42**	0,64	—	—	—	—	—	—
		23	**43**	0,15	—	—	$^{46}_{21}$Sc	—	—	—
		24	**44**	2,07	—	—	$^{47}_{21}$Sc	—	—	—

(Fortsetzung).

(p, n)	(p, γ)	(n, p 2n)	(d, n)	(d, α)	(d, p)	(n, γ)	(n, α)	(n, p)	(n, 2n)	(γ, n)	
$^{23}_{11}\mathbf{Na}$	—	—	—	—	—	—	—	—	—	—	^{23}Mg
—	—	—	—	$^{22}_{11}$Na	—	—	—	$^{24}_{11}$Na	—	—	^{24}Mg
—	$^{26}_{13}$Al	—	—	—	—	—	—	—	—	—	^{25}Mg
$^{26}_{13}$Al	—	—	—	$^{24}_{11}$Na	$^{27}_{12}$Mg	$^{27}_{12}$Mg	$^{23}_{10}$Ne	—	—	—	^{26}Mg
—	—	—	—	—	$^{26}_{12}\mathbf{Mg}$	$^{26}_{12}\mathbf{Mg}$	—	$^{27}_{13}\mathbf{Al}$	—	—	^{27}Mg
$^{26}_{12}\mathbf{Mg}$	$^{25}_{12}\mathbf{Mg}$	—	—	—	—	—	—	—	—	—	^{26}Al
$^{27}_{14}$Si	—	—	—	—	$^{28}_{13}$Al	$^{28}_{13}$Al	$^{24}_{11}$Na	$^{27}_{12}$Mg	—	—	^{27}Al
—	—	—	—	—	$^{27}_{13}\mathbf{Al}$	$^{27}_{13}\mathbf{Al}$	$^{31}_{15}\mathbf{P}$	$^{28}_{14}\mathbf{Si}$	—	—	^{28}Al
—	—	—	—	—	—	—	—	($^{29}_{14}\mathbf{Si}$)	—	—	^{29}Al
$^{27}_{13}\mathbf{Al}$	—	—	—	—	—	—	—	—	—	—	^{27}Si
—	—	—	—	—	—	—	—	$^{28}_{13}$Al	—	—	^{28}Si
$^{29}_{15}$P	—	—	—	—	—	—	—	($^{29}_{13}$Al)	—	—	^{29}Si
$^{30}_{15}$P	—	—	—	—	$^{31}_{14}$Si	$^{31}_{14}$Si	—	—	—	—	^{30}Si
—	—	—	—	—	$^{30}_{14}\mathbf{Si}$	$^{30}_{14}\mathbf{Si}$	$^{34}_{16}\mathbf{S}$	$^{31}_{15}\mathbf{P}$	—	—	^{31}Si
$^{29}_{14}\mathbf{Si}$	—	—	—	—	—	—	—	—	—	—	^{29}P
$^{30}_{14}\mathbf{Si}$	—	$^{32}_{16}\mathbf{S}$	—	$^{32}_{16}\mathbf{S}$	—	—	—	—	$^{31}_{15}\mathbf{P}$	$^{31}_{15}\mathbf{P}$	^{30}P
$^{31}_{16}$S	—	—	—	—	$^{32}_{15}$P	$^{32}_{15}$P	$^{28}_{13}$Al	$^{31}_{14}$Si	$^{30}_{15}$P	$^{30}_{15}$P	^{31}P
—	—	—	—	$^{34}_{16}\mathbf{S}$	$^{31}_{15}\mathbf{P}$	$^{31}_{15}\mathbf{P}$	$^{35}_{17}\mathbf{Cl}$	$^{32}_{16}\mathbf{S}$	—	—	^{32}P
—	—	—	—	—	—	—	—	$^{?}_{16}\mathbf{S}$	—	—	>^{31}P
$^{31}_{15}\mathbf{P}$	—	—	—	—	—	—	—	—	—	—	^{31}S
—	—	$^{30}_{15}$P	$^{33}_{17}$Cl	$^{30}_{15}$P	—	—	—	$^{32}_{15}$P	—	—	^{32}S
$^{33}_{17}$Cl	—	—	$^{34}_{17}$Cl	—	—	—	—	—	—	—	^{33}S
—	—	—	—	$^{32}_{15}$P	$^{35}_{16}$S	┐	$^{31}_{14}$Si	—	—	—	^{34}S
—	—	—	—	—	┌ $^{34}_{16}\mathbf{S}$	oder	—	┌ $^{35}_{17}\mathbf{Cl}$	—	—	^{35}S
—	—	—	—	—	oder $^{37}_{16}$S	┘	—	oder —	—	—	^{36}S
—	—	—	—	—	└ $^{36}_{16}\mathbf{S}$	—	—	└ $^{37}_{17}\mathbf{Cl}$	—	—	^{37}S
$^{33}_{16}\mathbf{S}$	—	—	$^{32}_{16}\mathbf{S}$	—	—	—	—	—	—	—	^{33}Cl
—	—	—	$^{33}_{16}\mathbf{S}$	—	—	—	—	—	$^{35}_{17}\mathbf{Cl}$	$^{35}_{17}\mathbf{Cl}$	^{34}Cl
$^{35}_{18}$Ar	—	—	—	—	—	—	$^{32}_{15}$P	$^{35}_{16}$S ┐ oder	$^{34}_{17}$Cl	$^{34}_{17}$Cl	^{35}Cl
—	—	—	—	—	$^{38}_{17}$Cl	$^{38}_{17}$Cl	—	$^{37}_{16}$S ┘	—	—	^{37}Cl
—	—	—	—	$^{40}_{18}\mathbf{Ar}$	$^{37}_{17}\mathbf{Cl}$	$^{37}_{17}\mathbf{Cl}$	$^{41}_{19}\mathbf{K}$	—	—	—	^{38}Cl
$^{35}_{17}\mathbf{Cl}$	—	—	—	—	—	—	—	—	—	—	^{35}Ar
—	—	—	—	—	—	—	—	—	—	—	^{36}Ar
—	—	—	—	—	—	—	—	—	—	—	^{38}Ar
—	—	—	—	$^{38}_{17}$Cl	$^{41}_{18}$Ar	$^{41}_{18}$Ar	—	—	—	—	^{40}Ar
—	—	—	—	—	$^{40}_{18}\mathbf{Ar}$	$^{40}_{18}\mathbf{Ar}$	—	$^{41}_{19}\mathbf{K}$	—	—	^{41}Ar
—	—	—	—	$^{40}_{20}\mathbf{Ca}$	—	—	—	—	$^{39}_{19}\mathbf{K}$	—	^{38}K
—	—	—	—	—	—	—	—	—	$^{38}_{19}$K	—	^{39}K
—	—	—	—	—	—	—	—	—	—	—	^{40}K
—	—	—	—	—	$^{42}_{19}$K	$^{42}_{19}$K	$^{38}_{17}$Cl	$^{41}_{18}$Ar	—	—	^{41}K
—	—	—	—	—	$^{41}_{19}\mathbf{K}$	$^{41}_{19}\mathbf{K}$	$^{45}_{21}\mathbf{Sc}$	$^{42}_{20}\mathbf{Ca}$	—	—	^{42}K
—	—	—	—	—	—	—	—	┌ $^{43}_{20}\mathbf{Ca}$ oder	—	—	^{43}K
—	—	(d, 2n)	—	—	—	—	—	└ $^{44}_{20}\mathbf{Ca}$	—	—	^{44}K
—	—	—	—	—	—	—	—	—	($^{40}_{20}\mathbf{Ca}$)	—	(^{39})Ca
—	—	—	$^{41}_{21}$Sc	$^{38}_{19}$K	$^{41}_{20}$Ca	—	—	—	($^{39}_{20}$Ca)	—	^{40}Ca
—	—	—	—	—	$^{40}_{20}\mathbf{Ca}$	—	—	—	$^{42}_{20}\mathbf{Ca}$	—	^{41}Ca
—	—	—	┌ $^{43}_{21}$Sc oder	—	—	—	—	$^{42}_{19}$K	$^{41}_{20}$Ca	—	^{42}Ca
—	—	—	└ $^{44}_{21}$Sc	—	—	—	—	┌ $^{43}_{19}$K oder	—	—	^{43}Ca
$^{44}_{21}$Sc	—	$^{44}_{21}$Sc	—	—	$^{45}_{20}$Ca	$^{45}_{20}$Ca	—	└ $^{44}_{19}$K	—	—	^{44}Ca

232

Z	Symbol	N	A	Häufigkeit in %	Halbwertszeit	Zerfallsart	Radioaktiver Zerfall		(α, p)	(α, n)
20	Ca	25	45	—	180 d	β^-	—	—	—	—
		26	**46**	0,003	—	—	—	—	—	—
		28	**48**	0,185	—	—	—	—	—	—
		29	49	—	2,5 h	β^-	—	$^{49}_{21}\mathrm{Sc}$	—	—
		(isomer)		—	30 m	β^-	—	—	—	—
21	**Sc**	20	41	—	0,87 s	β^+	—	—	—	—
		21	42	—	13,4 d	β^+	—	—	—	$^{39}_{19}\mathbf{K}$
		22	43	—	4,0 h	β^+	—	—	$^{40}_{20}\mathbf{Ca}$	—
		23	44	—	4,1 h	β^+	$^{44}_{21}\mathbf{Sc}^*$	—	—	$^{41}_{19}\mathbf{K}$
		isomer		—	52 h	γ	—	$^{44}_{21}\mathrm{Sc}$	—	$^{41}_{19}\mathbf{K}$
		24	**45**	100	—	—	—	—	—	$^{48}_{23}\mathrm{V}$
		25	46	—	85 d	β^-, K	—	—	$^{43}_{20}\mathbf{Ca}$	—
		26	47	—	63 h	β^-	—	—	$^{44}_{20}\mathbf{Ca}$	—
		27	48	—	44 h	β^-	—	—	—	—
		28	49	—	57 m	β^-	$^{49}_{20}\mathbf{Ca}$	—	—	—
22	**Ti**	**24**	**46**	7,95	—	—	—	—	$^{49}_{23}\mathrm{V}$	—
		25	**47**	7,75	—	—	—	—	$^{50}_{23}\mathrm{V}$	—
		26	**48**	73,45	—	—	—	—	—	$^{51}_{24}\mathrm{Cr}$
		27	**49**	5,51	—	—	—	—	—	—
		28	**50**	5,34	—	—	—	—	—	—
		29	51	—	72 d	} β^-	—	—	—	—
		isomer		—	2,9 m		—	—	—	—
23	**V**	(24)	(47)	—	—	—	—	—	—	—
		25	48	—	16,0 d	β^+, K oder	—	—	—	$^{45}_{21}\mathbf{Sc}$
		26	49	—	600 d	K	—	—	—	—
		isomer		—	33 m	β^+	—	—	$^{46}_{22}\mathbf{Ti}$	—
		27	50	—	3,7 h	—	—	—	$^{47}_{22}\mathbf{Ti}$	—
		28	**51**	100	—	—	—	—	—	$^{54}_{25}\mathrm{Mn}$
		29	52	—	3,9 m	β^-	—	—	—	—
24	**Cr**	**26**	**50**	4,49	—	—	—	—	—	$^{53}_{26}\mathrm{Fe}$
		27	51	—	26,5 d	K, (β^+)	—	—	—	$^{48}_{22}\mathbf{Ti}$
		28	**52**	83,78	—	—	—	—	—	—
		29	**53**	9,43	—	—	—	—	$^{56}_{25}\mathrm{Mn}$	—
		30	**54**	2,30	—	—	—	—	—	—
		31	55	—	1,7 h	β^-	—	—	—	—
25	**Mn**	26	51	—	46 m	β^+	—	—	—	—
		27	52	—	6,5 d	K, β^+	—	—	—	—
		isomer		—	21 m	β^+	—	—	—	—
		29	54	—	310 d	K	—	—	—	$^{51}_{23}\mathbf{V}$
		30	**55**	100	—	—	—	—	—	$^{58}_{27}\mathrm{Co}$
		31	56	—	2,59 h	β^-	—	—	$^{53}_{24}\mathbf{Cr}$	—
26	**Fe**	27	53	—	8,9 m	β^+	—	—	—	$^{50}_{24}\mathbf{Cr}$
		28	**54**	5,84	—	—	—	—	—	$^{57}_{28}\mathrm{Ni}$
		29	55	—	~4 a	(K, β^+)	—	—	—	—
		30	**56**	91,68	—	—	—	—	—	$^{(59)}_{28}\mathrm{Ni}$
		31	**57**	2,17	—	—	—	—	—	—
		32	**58**	0,31	—	—	—	—	—	—
		33	59	—	57 d	β^-	—	—	—	—

(Fortsetzung).

(p, γ)	(p, n)	(d, 2n)	(d, n)	(d, α)	(d, p)	(n, γ)	(n, α)	(n, p)	(n, 2n)	(γ, n)	
—	—	—	—	—	$^{44}_{20}\mathbf{Ca}$	$^{44}_{20}\mathbf{Ca}$	—	$^{45}_{21}\mathbf{Sc}$	—	—	^{45}Ca
—	—	—	—	—	—	—	—	—	—	—	^{46}Ca
($^{49}_{21}$Sc)	—	$^{48}_{21}$Sc	$^{49}_{21}$Sc	—	$^{9}_{20}$Ca	$^{49}_{20}$Ca	—	—	—	—	^{48}Ca
—	—	—	—	—	$^{48}_{20}\mathbf{Ca}$	$^{48}_{20}\mathbf{Ca}$	—	—	—	—	^{49}Ca
—	—	—	—	—	$^{48}_{20}\mathbf{Ca}$	$^{48}_{20}\mathbf{Ca}$	—	—	—	—	^{49}Ca*
—	—	—	$^{40}_{20}\mathbf{Ca}$	—	—	—	—	—	—	—	^{41}Sc
—	—	—	—	—	—	—	—	—	—	—	^{42}Sc
—	—	—	┌ $^{42}_{20}\mathbf{Ca}$	—	—	—	—	—	—	—	^{43}Sc
—	$^{44}_{20}\mathbf{Ca}$	$^{44}_{20}\mathbf{Ca}$	od. └ $^{43}_{20}\mathbf{Ca}$	—	—	—	—	—	$^{45}_{21}\mathbf{Sc}$	$^{45}_{21}\mathbf{Sc}$	^{44}Sc
—	$^{44}_{20}\mathbf{Ca}$	$^{44}_{20}\mathbf{Ca}$	$^{43}_{20}\mathbf{Ca}$	($^{46}_{22}\mathbf{Ti}$)	—	—	—	—	$^{45}_{21}\mathbf{Sc}$	—	^{44}Sc*
—	—	—	—	—	$^{46}_{21}$Sc	$^{46}_{21}$Sc	$^{42}_{19}$K	$^{45}_{20}$Ca	$^{44}_{21}$Sc	$^{44}_{21}$Sc	^{45}Sc
—	—	—	—	($^{48}_{22}\mathbf{Ti}$)	$^{45}_{21}\mathbf{Sc}$	$^{45}_{21}\mathbf{Sc}$	—	($^{46}_{22}\mathbf{Ti}$)	—	—	^{46}Sc
—	—	—	—	—	—	—	—	($^{47}_{22}\mathbf{Ti}$)	—	—	^{47}Sc
—	—	$^{48}_{20}\mathbf{Ca}$	—	—	—	—	$^{51}_{23}\mathbf{V}$	$^{48}_{22}\mathbf{Ti}$	—	—	^{48}Sc
($^{48}_{20}\mathbf{Ca}$)	—	—	$^{48}_{20}\mathbf{Ca}$	—	—	—	—	$^{49}_{22}\mathbf{Ti}$	—	—	^{49}Sc
—	—	—	┌ $^{(47)}_{23}$V	($^{44}_{21}$Sc)	—	—	—	($^{46}_{21}$Sc)	—	—	^{46}Ti
—	—	—	od. $^{48}_{23}$V	—	—	—	—	($^{47}_{21}$Sc)	—	—	^{47}Ti
—	$^{8}_{3}$V	—	└ $^{49}_{23}$V	($^{46}_{21}$Sc)	—	—	—	$^{48}_{21}$Sc	—	—	^{48}Ti
—	$^{9}_{3}$V	—	$^{50}_{23}$V	—	—	—	—	$^{49}_{21}$Sc	—	—	^{49}Ti
—	—	—	—	—	Ti	$^{51}_{22}$Ti	—	—	—	—	^{49}Ti
—	—	—	—	—	$^{50}_{22}\mathbf{Ti}$	$^{50}_{22}\mathbf{Ti}$	—	—	—	—	^{51}Ti
—	—	—	—	—	$^{50}_{22}\mathbf{Ti}$	$^{50}_{22}\mathbf{Ti}$	—	—	—	—	^{51}Ti*
—	—	—	┌ $^{(46)}_{22}\mathbf{Ti}$	—	—	—	—	—	—	—	$^{(47)}$V
—	$^{48}_{22}\mathbf{Ti}$	—	od. $^{47}_{22}\mathbf{Ti}$	$^{50}_{24}\mathbf{Cr}$	—	—	—	—	—	—	^{48}V
—	—	—	└ $^{48}_{22}\mathbf{Ti}$	—	—	—	—	—	—	—	^{49}V
—	$^{49}_{22}\mathbf{Ti}$	—	$^{48}_{22}\mathbf{Ti}$	—	—	—	—	—	—	—	^{49}V*
—	—	—	$^{49}_{22}\mathbf{Ti}$	—	—	—	—	($^{50}_{24}\mathbf{Cr}$)	$^{51}_{23}\mathbf{V}$	—	^{50}V
—	—	—	—	—	$^{52}_{23}$V	$^{52}_{23}$V	$^{48}_{21}$Sc	—	$^{50}_{23}$V	—	^{51}V
—	—	—	—	—	$^{51}_{23}\mathbf{V}$	$^{51}_{23}\mathbf{V}$	$^{55}_{25}\mathbf{Mn}$	$^{52}_{24}\mathbf{Cr}$	—	—	^{52}V
$^{51}_{25}$Mn	—	—	$^{51}_{25}$Mn	$^{48}_{23}$V	$^{51}_{24}$Cr	^{1}Cr	—	($^{50}_{23}$V)	—	—	^{50}Cr
—	—	—	—	—	$^{50}_{24}\mathbf{Cr}$	$^{50}_{24}\mathbf{Cr}$	—	—	($^{52}_{24}\mathbf{Cr}$)	—	^{51}Cr
—	$^{52}_{25}$Mn	—	—	—	—	—	—	$^{52}_{23}$V	($^{51}_{24}$Cr)	—	^{52}Cr
—	—	—	$^{54}_{25}$Mn	—	—	—	—	—	—	—	^{53}Cr
—	$^{54}_{25}$Mn	—	—	—	$^{55}_{24}$Cr	$^{55}_{24}$Cr	—	—	—	—	^{54}Cr
—	—	—	—	—	$^{54}_{24}\mathbf{Cr}$	$^{54}_{24}\mathbf{Cr}$	—	—	—	—	^{55}Cr
$^{50}_{24}\mathbf{Cr}$	—	—	$^{50}_{24}\mathbf{Cr}$	—	—	—	—	—	—	—	^{51}Mn
—	$^{52}_{24}\mathbf{Cr}$	—	—	$^{54}_{26}\mathbf{Fe}$	—	—	—	—	—	—	^{52}Mn
—	$^{52}_{24}\mathbf{Cr}$	—	—	$^{54}_{26}\mathbf{Fe}$	—	—	—	—	—	—	^{52}Mn*
—	$^{54}_{24}\mathbf{Cr}$	—	$^{53}_{24}\mathbf{Cr}$	$^{56}_{26}\mathbf{Fe}$	—	—	—	—	—	—	^{54}Mn
—	$^{55}_{26}$Fe	—	—	—	$^{56}_{25}$Mn	$^{56}_{25}$Mn	$^{52}_{28}$V	—	—	—	^{55}Mn
—	—	—	—	$^{58}_{26}\mathbf{Fe}$	$^{55}_{25}\mathbf{Mn}$	$^{55}_{25}\mathbf{Mn}$	$^{59}_{27}\mathbf{Co}$	$^{56}_{26}\mathbf{Fe}$	—	—	^{56}Mn
—	—	—	—	—	—	—	—	—	$^{54}_{26}\mathbf{Fe}$	—	^{53}Fe
—	—	—	—	Mn	$^{55}_{26}$Fe	—	—	—	$^{53}_{26}$Fe	—	^{54}Fe
—	$^{55}_{25}\mathbf{Mn}$	—	—	—	$^{54}_{26}\mathbf{Fe}$	—	—	—	—	—	^{55}Fe
$^{57}_{27}$Co	Co	$^{56}_{27}$Co	$^{57}_{27}$Co	$^{54}_{25}$Mn	—	—	—	$^{56}_{25}$Mn	—	—	^{56}Fe
$^{58}_{27}$Co	—	—	$^{58}_{27}$Co	—	—	—	—	—	—	—	^{57}Fe
└ oder —	$^{58}_{27}$Co	—	—	$^{56}_{25}$Mn	$^{59}_{26}$Fe	—	—	—	—	—	^{58}Fe
—	—	—	—	—	$^{58}_{26}\mathbf{Fe}$	—	—	$^{59}_{27}\mathbf{Co}$	—	—	^{59}Fe

232

Z	Symbol	N	A	Häufigkeit in %	Halbwertszeit	Zerfallsart	Radioaktiver Zerfall		(α, p)	(α, n)
27	**Co**	29	56	—	270 d	K, (β^+)	—	—	—	—
		30	57	—	18,2 h	β^+	—	—	—	—
		31	58	—	70 d	β^+	—	—	—	**$^{55}_{25}$Mn**
		32	**59**	100	—	—	—	—	—	$^{62}_{29}$Cu
		33	60	—	7 a	β^-	—	—	—	—
		(isomer)		—	11 m	β^-	—	—	—	—
28	**Ni**	29	57	—	36 h	β^+	—	—	—	**$^{54}_{26}$Fe**
		30	**58**	67,4	—	—	—	—	$^{61}_{29}$Cu	—
		(31)	(59)	—	?	—	—	—	—	**$^{(56)}_{26}$Fe**
		32	**60**	26,7	—	—	—	—	—	$^{63}_{30}$Zn
		33	**61**	1,2	—	—	—	—	—	—
		34	**62**	3,8	—	—	—	—	—	—
		35	63	—	2,6 h	β^-	—	—	—	—
		36	**64**	0,88	—	—	—	—	—	—
29	**Cu**	29	58	—	81 s	β^+ ┐ oder	—	—	—	—
		31	60	—	7,9 m	β^+ ┘	—	—	—	—
		32	61	—	3,4 h	β^+, K	—	—	**$^{58}_{28}$Ni**	—
		33	62	—	9,92 m	β^+	—	—	—	**$^{59}_{27}$Co**
		34	**63**	68	—	—	—	—	—	$^{66}_{31}$Ga
		35	64	—	12,8 h	β^-, β^+, K	—	—	—	—
		36	**65**	32	—	—	—	—	—	$^{68}_{31}$Ga
		37	66	—	5 m	β^-	—	—	—	—
30	**Zn**	33	63	—	38,3 m	β^+	—	—	—	**$^{60}_{28}$Ni**
		34	**64**	50,9	—	—	—	—	$^{67}_{31}$Ga	—
		35	65	—	250 d	K, β^+	**$^{65}_{31}$Ga**	—	—	—
		36	**66**	27,3	—	—	—	—	—	$^{(69)}_{32}$Ge
		37	**67**	3,9	—	—	—	—	$^{70}_{31}$Ga	—
		38	**68**	17,4	—	—	—	—	—	$^{71}_{32}$Ge
		39	69	—	57 m	β^-	**$^{69}_{30}$Zn***	—	—	—
		isomer		—	13,8 h	γ	—	$^{69}_{30}$Zn	—	—
		40	**70**	0,5	—	—	—	—	—	—
31	**Ga**	33	64	—	48 m	β^+	—	—	—	—
		34	65	—	15 m	K	—	—	—	—
		35	66	—	9,2 h	β^+	—	—	—	**$^{63}_{29}$Cu**
		36	67	—	79 h	K	—	—	**$^{64}_{40}$Zn**	—
		37	68	—	1,10 h	β^+	—	—	—	**$^{65}_{29}$Cu**
		38	**69**	61,2	—	—	—	—	—	—
		39	70	—	19,8 m	β^-, K	—	—	**$^{67}_{30}$Zn**	—
		40	**71**	38,8	—	—	—	—	—	—
		41	72	—	14,1 h	β^-	—	—	—	—
		(43)	(74)	—	∼9 d	β^- ┐	—	—	—	—
32	**Ge**	(37)	(69)	—	195 d	— │	—	—	—	**$^{(66)}_{30}$Zn**
		38	**70**	21,2	—	— oder	—	—	—	—
		39	71	—	37 h	β^+ │	—	—	—	**$^{68}_{30}$Zn**
		(isomer)		—	11 d	(K) ┘	—	—	—	—
		40	**72**	27,3	—	—	—	—	—	—
		41	**73**	7,9	—	—	—	—	—	—
		42	**74**	37,1	—	—	—	—	—	—

(Fortsetzung).

(p, γ)	(p, n)	(d, 2 n)	(d, n)	(d, α)	(d, p)	(n, γ)	(n, α)	(n, p)	(n, 2 n)	(γ, n)	
—	$^{56}_{26}\mathbf{Fe}$	$^{56}_{26}\mathbf{Fe}$	—	$^{58}_{28}\mathbf{Ni}$	—	—	—	—	—	—	^{56}Co
$^{56}_{26}\mathbf{Fe}$	—	—	$^{56}_{26}\mathbf{Fe}$	—	—	—	—	—	—	—	^{57}Co
$^{57}_{26}\mathbf{Fe}$	$^{58}_{26}\mathbf{Fe}$	—	$^{57}_{26}\mathbf{Fe}$	$^{60}_{28}\mathbf{Ni}$	—	—	—	$^{58}_{28}\mathbf{Ni}$	—	—	^{58}Co
└──oder	──┘	—	—	—	$^{60}_{27}$Co	$^{60}_{27}$Co	$^{56}_{25}$Mn	$^{59}_{26}$Fe	—	—	^{59}Co
—	—	—	—	—	$^{59}_{27}\mathbf{Co}$	$^{59}_{27}\mathbf{Co}$	—	$^{60}_{28}\mathbf{Ni}$	—	—	^{60}Co
—	—	—	—	—	—	$^{59}_{27}\mathbf{Co}$	—	$^{(60)}_{28}\mathbf{Ni}$	—	—	$^{(60)}$Co*
—	—	—	—	—	—	—	—	—	($^{58}_{28}\mathbf{Ni}$)	—	^{57}Ni
—	$^{58}_{29}$Cu	—	—	$^{56}_{27}$Co	—	—	—	$^{58}_{27}$Co	($^{57}_{28}$Ni)	—	^{58}Ni
—	—	—	—	—	—	—	—	—	—	—	$^{(59)}$Ni
$^{61}_{29}$Cu	$^{60}_{29}$Cu	—	$^{61}_{29}$Cu	$^{58}_{27}$Co	—	—	—	$^{60}_{27}$Co	—	—	^{60}Ni
$^{62}_{29}$Cu	$^{61}_{29}$Cu	—	—	—	—	—	—	—	—	—	^{61}Ni
—	$^{62}_{29}$Cu	—	—	—	$^{63}_{28}$Ni	$^{63}_{28}$Ni	—	—	—	—	^{62}Ni
—	—	—	—	—	$^{62}_{28}\mathbf{Ni}$	$^{62}_{28}\mathbf{Ni}$	$^{66}_{30}\mathbf{Zn}$	$^{63}_{29}\mathbf{Cu}$	$^{64}_{28}\mathbf{Ni}$	—	^{63}Ni
—	$^{64}_{29}$Cu	—	—	—	—	—	—	—	$^{63}_{28}$Ni	—	^{64}Ni
—	$^{58}_{28}\mathbf{Ni}$	—	—	—	—	—	(d, $^{3}_{1}$H)	—	—	—	^{58}Cu
—	$^{60}_{28}\mathbf{Ni}$	—	—	—	—	—	—	—	—	—	^{60}Cu
$^{60}_{28}\mathbf{Ni}$	$^{61}_{28}\mathbf{Ni}$	—	$^{60}_{28}\mathbf{Ni}$	—	—	—	—	—	—	—	^{61}Cu
$^{61}_{28}\mathbf{Ni}$	$^{62}_{28}\mathbf{Ni}$	—	—	—	—	—	$^{63}_{29}\mathbf{Cu}$	—	$^{63}_{29}\mathbf{Cu}$	$^{63}_{29}\mathbf{Cu}$	^{62}Cu
—	$^{63}_{30}$Zn	$^{63}_{30}$Zn	—	—	$^{64}_{29}$Cu	$^{64}_{29}$Cu	$^{62}_{29}$Cu	$^{63}_{28}$Ni	$^{62}_{29}$Cu	$^{62}_{29}$Cu	^{63}Cu
—	$^{64}_{28}\mathbf{Ni}$	—	—	($^{66}_{30}\mathbf{Zn}$)	$^{63}_{29}\mathbf{Cu}$	$^{63}_{29}\mathbf{Cu}$		$^{64}_{30}\mathbf{Zn}$	$^{65}_{29}\mathbf{Cu}$	—	^{64}Cu
—	$^{65}_{30}$Zn	$^{65}_{30}$Zn	—	—	$^{66}_{29}$Cu	$^{66}_{29}$Cu	—	—	$^{64}_{29}$Cu	—	^{65}Cu
—	—	—	—	—	$^{65}_{29}\mathbf{Cu}$	$^{65}_{29}\mathbf{Cu}$	$^{69}_{31}\mathbf{Ga}$	$^{66}_{30}\mathbf{Zn}$	—	—	^{66}Cu
—	$^{63}_{29}\mathbf{Cu}$	$^{63}_{29}\mathbf{Cu}$	—	—	—	—	—	—	$^{64}_{30}\mathbf{Zn}$	$^{64}_{30}\mathbf{Zn}$	^{63}Zn
$^{65}_{31}$Ga	Ga	—	$^{65}_{31}$Ga	—	$^{65}_{30}$Zn	$^{65}_{30}$Zn	—	$^{64}_{29}$Cu	$^{63}_{30}$Zn	$^{63}_{30}$Zn	^{64}Zn
—	$^{65}_{29}\mathbf{Cu}$	$^{65}_{29}\mathbf{Cu}$	—	—	$^{64}_{30}\mathbf{Zn}$	$^{64}_{30}\mathbf{Zn}$	—	—	—	—	^{65}Zn
—	$^{66}_{31}$Ga	—	$^{67}_{31}$Ga	($^{64}_{29}$Cu)	—	—	$^{63}_{28}$Ni	$^{66}_{29}$Cu	—	—	^{66}Zn
($^{68}_{31}$Ga)	$^{67}_{31}$Ga	—	$^{68}_{31}$Ga	—	—	—	—	—	—	—	^{67}Zn
—	$^{68}_{31}$Ga	—	—	—	$^{69}_{30}$Zn	$^{69}_{30}$Zn	—	—	—	—	^{68}Zn
—	—	—	—	$^{71}_{31}\mathbf{Ga}$	$^{68}_{30}\mathbf{Zn}$	$^{68}_{30}\mathbf{Zn}$	—	$^{69}_{31}\mathbf{Ga}$	—	—	^{69}Zn
—	—	—	—	$^{71}_{31}\mathbf{Ga}$	$^{68}_{30}\mathbf{Zn}$	$^{68}_{30}\mathbf{Zn}$	—	$^{69}_{31}\mathbf{Ga}$	—	—	^{69}Zn*
—	$^{70}_{31}$Ga	—	—	—	—	—	—	—	—	—	^{70}Zn
—	$^{64}_{30}\mathbf{Zn}$	—	—	—	—	—	—	—	—	—	^{64}Ga
$^{64}_{30}\mathbf{Zn}$	—	—	$^{64}_{30}\mathbf{Zn}$	—	—	—	—	—	—	—	^{65}Ga
—	**Zn**	—	—	—	—	—	—	—	—	—	^{66}Ga
—	**Zn**	—	$^{66}_{30}\mathbf{Zn}$	—	—	—	—	—	—	—	^{67}Ga
($^{67}_{30}\mathbf{Zn}$)	**Zn**	—	$^{67}_{30}\mathbf{Zn}$	$^{70}_{32}\mathbf{Ge}$	—	—	—	—	$^{69}_{31}\mathbf{Ga}$	$^{69}_{31}\mathbf{Ga}$	^{68}Ga
—	—	—	—	—	$^{70}_{31}$Ga	$^{70}_{31}$Ga	$^{66}_{29}$Cu	$^{69}_{30}$Zn	$^{68}_{31}$Ga	$^{68}_{31}$Ga	^{69}Ga
—	$^{70}_{30}\mathbf{Zn}$	—	—	$^{72}_{32}\mathbf{Ge}$	$^{69}_{31}\mathbf{Ga}$	$^{69}_{31}\mathbf{Ga}$	—	$^{70}_{32}\mathbf{Ge}$	$^{71}_{31}\mathbf{Ga}$	$^{71}_{31}\mathbf{Ga}$	^{70}Ga
—	—	$^{71}_{32}$Ge	—	$^{69}_{30}$Zn	$^{72}_{31}$Ga	$^{72}_{31}$Ga	—	—	$^{70}_{31}$Ga	$^{70}_{31}$Ga	^{71}Ga
—	—	—	—	$^{74}_{32}\mathbf{Ge}$	$^{71}_{31}\mathbf{Ga}$	$^{71}_{31}\mathbf{Ga}$	—	—	$^{72}_{32}\mathbf{Ge}$	—	^{72}Ga
—	—	—	—	┌ $^{(76)}_{32}\mathbf{Ge}$	—	—	—	($^{74}_{32}\mathbf{Ge}$)	—	—	$^{(74)}$Ga
—	—	—	—	—	—	—	—	—	—	—	$^{(69)}$Ge
—	—	—	—	$^{68}_{31}$Ga	$^{71}_{32}$Ge	$^{71}_{32}$Ge	—	$^{70}_{31}$Ga	—	—	^{70}Ge
—	—	$^{71}_{31}\mathbf{Ga}$	—	—	$^{70}_{32}\mathbf{Ge}$	$^{70}_{32}\mathbf{Ge}$	$^{74}_{34}\mathbf{Se}$	—	$^{72}_{32}\mathbf{Ge}$	—	^{71}Ge
—	—	$^{(71)}_{31}\mathbf{Ga}$	—	└─oder─	$^{(70)}_{32}\mathbf{Ge}$	—	—	—	—	—	$^{(71)}$Ge*
—	$^{(72)}_{33}$As	—	$^{73}_{33}$As	$^{70}_{31}$Ga	—	—	—	$^{72}_{31}$Ga	$^{71}_{32}$Ge	—	^{72}Ge
—	—	—	$^{74}_{33}$As	—	—	—	—	—	—	—	^{73}Ge
—	$^{74}_{33}$As	—	—	$^{72}_{31}$Ga	$^{75}_{32}$Ge	$^{75}_{32}$Ge	—	($^{74}_{31}$Ga)	—	—	^{74}Ge

232

Z	Symbol	N	A	Häufigkeit in %	Halbwertszeit	Zerfallsart	Radioaktiver Zerfall		Spaltung von	
32	Ge	43	75	—	82 m	β^-	—	—	—	—
		44	**76**	6,5	—	—	—	—	—	—
		45	77	—	8...12 h	—	—	—	—	—
33	**As**	(39)	(72)	—	26 h	β^+	—	—	—	—
		(40)	(73)	—	50 h	β^+	—	—	—	—
		41	74	—	16 d	β^+, β^-	—	—	—	—
		42	**75**	100	—	—	—	—	—	—
		43	76	—	26,75 h	β^+, β^-, K	—	—	—	—
		44	77	—	90 d	β^-	—	—	—	—
		45	78	—	65 m	β^-	—	—	—	—
34	**Se**	**40**	**74**	0,9	—	—	—	—	—	—
		41	75	—	48 d	—	—	—	—	—
		42	**76**	9,5	—	—	—	—	—	—
		43	**77**	8,3	—	—	—	—	—	—
		44	**78**	24,0	—	—	—	—	—	—
		45	79	—	—	—	$^{79}_{34}\mathbf{Se}^*$		—	—
		isomer		—	—	—	—	$^{79}_{34}$Se	—	—
		46	**80**	48,0	—	— oder	—	oder	—	—
		47	81	—	19 m	β^-	$^{81}_{34}\mathbf{Se}^*$		—	—
		isomer		—	57 m	γ	—	$^{81}_{34}$Se	—	—
		48	**82**	9,3	—	—	—	—	—	—
		49	83	—	~30 m	β^-	—	$^{83}_{35}$Br	—	—
35	**Br**	43	78	—	6,4 m	β^+	—	—	—	(p, γ)
		44	**79**	50,6	—	—	—	—	—	($^{?}_{36}$Kr)
		45	80	—	18,5 m	β^-	$^{80}_{35}\mathbf{Br}^*$	—	—	—
		isomer		—	4,54 h	γ	—	$^{80}_{35}$Br	—	—
		46	**81**	49,4	—	—	—	—	—	($^{?}_{36}$Kr)
		47	82	—	33,9 h	β^-	—	—	—	—
		48	83	—	140 m	β^-	$^{83}_{34}\mathbf{Se}$	$^{83}_{35}$Kr*	$^{235}_{92}\mathbf{U}$	$^{232}_{90}\mathbf{Th}$
	1	>47	>82	—	35 m	—	—	—	$^{235}_{92}\mathbf{U}$	$^{232}_{90}\mathbf{Th}$
	2	>47	>82	—	3,0 m	β^-	—	—	$^{235}_{92}\mathbf{U}$	—
	3	>47	>82	—	50 s	β^-	—	—	$^{235}_{92}\mathbf{U}$	—
36	**Kr**	**42**	**78**	0,35	—	—	—	—	—	—
		(43)	(79)	—	—	—	—	—	—	—
		44	**80**	2,01	—	— oder	—	—	—	—
		45	81	—	34,5 h	β^+	—	—	—	—
		46	**82**	11,52	—	—	—	—	—	—
		47	**83**	11,52	—	—	—	—	—	—
		isomer		—	113 m	γ	$^{83}_{35}\mathbf{Br}$	$^{83}_{36}$Kr	$^{235}_{92}\mathbf{U}$	$^{232}_{90}\mathbf{Th}$
		48	**84**	57,13	—	—	—	—	—	—
		(49)	(85)	—	1...2 m	—	—	—	—	—
		50	**86**	17,47	—	—	—	—	—	—
		51	87	—	4,0 h	β^-	—	—	—	—
		52	88	—	175 m	β^-	—	$^{88}_{37}$Rb	$^{235}_{92}\mathbf{U}$	$^{232}_{90}\mathbf{Th}$
		53	89	—	2,5...3 m	β^-	—	$^{(89)}_{37}$Rb	$^{235}_{92}\mathbf{U}$	—
		(55)	(91)	—	sehr kurz	β^-	—	$^{(91)}_{37}$Rb	$^{235}_{92}\mathbf{U}$	$^{232}_{90}\mathbf{Th}$
		>55	>91	—	?	β^-	—	$^{>91}_{37}$Rb	$^{235}_{92}\mathbf{U}$	—
	1	?	?	—	55 s	(γ)	—	—	—	—
	2	?	?	—	13 s	(γ)	—	—	—	—

(Fortsetzung).

(α, n)	(p, n)	(d, 2n)	(d, n)	(d, α)	(d, p)	(n, γ)	(n, α)	(n, p)	(n, 2n)	(γ, n)	
—	—	—	—	—	$^{74}_{32}$**Ge**	$^{74}_{32}$**Ge**	$^{78}_{34}$**Ge**	$^{75}_{33}$**As**	$^{76}_{32}$**Ge**	—	^{75}Ge
—	$^{76}_{33}$As	—	$^{77}_{33}$As	$^{(74)}_{31}$Ga	$^{77}_{32}$Ge	$^{77}_{32}$Ge	—	—	$^{75}_{32}$Ge	—	^{76}Ge
—	—	—	—	—	$^{76}_{32}$**Ge**	$^{76}_{32}$**Ge**	$^{80}_{34}$**Se**	—	—	—	^{77}Ge
—	$^{(72)}_{32}$**Ge**	—	—	—	—	—	—	—	—	—	$(^{72})$As
—	—	—	$^{72}_{32}$**Ge**	—	—	—	—	—	—	—	$(^{73})$As
—	$^{74}_{32}$**Ge**	—	$^{73}_{32}$**Ge**	$^{76}_{34}$**Se**	—	—	—	—	$^{75}_{33}$**As**	—	^{74}As
$^{78}_{35}$Br	$^{75}_{34}$Se	—	—	—	$^{76}_{33}$As	$^{76}_{33}$As	—	$^{75}_{32}$Ge	$^{74}_{33}$As	—	^{75}As
—	$^{76}_{32}$**Ge**	—	—	$^{78}_{34}$**Se**	$^{75}_{33}$**As**	$^{75}_{33}$**As**	$^{79}_{35}$**Br**	$^{76}_{34}$**Se**	—	—	^{76}As
—	—	—	$^{76}_{32}$**Ge**	—	—	—	—	—	—	—	^{77}As
—	—	—	—	—	—	—	$^{81}_{35}$**Br**	$^{78}_{34}$**Se**	—	—	^{78}As
—	—	—	—	—	—	—	$^{71}_{32}$Ge	—	—	—	^{74}Se
—	$^{75}_{33}$**As**	—	—	—	—	—	—	—	—	—	^{75}Se
┌ $^{(79)}_{36}$Kr	—	—	—	$^{74}_{33}$As	—	—	—	$^{76}_{33}$As	—	—	^{76}Se
oder	—	—	$^{78}_{35}$Br	—	—	—	—	—	—	—	^{77}Se
└ $^{81}_{36}$Kr	$^{78}_{35}$Br	—	—	$^{76}_{33}$As	$^{79}_{34}$Se	$^{79}_{34}$Se		$^{78}_{33}$As	—	—	^{78}Se
—	—	—	—		$^{78}_{34}$**Se** ┐ oder	$^{78}_{34}$**Se** ┐ oder	┐ ┌	$^{79}_{35}$**Br**	—	$^{80}_{34}$**Se**	^{79}Se
—	—	—	—	(α, p)	$^{78}_{34}$**Se** ┘	$^{78}_{34}$**Se** ┘	┘ └	$^{79}_{35}$**Br**	$^{80}_{34}$**Se**	$^{80}_{34}$**Se** ─┐	^{79}Se*
$^{3}_{36}$Kr*	$^{80}_{35}$Br	—	—	$(^{83}_{35}$Br)	$^{81}_{34}$Se	$^{81}_{34}$Se	$^{77}_{32}$Ge	—	| $^{79}_{34}$Se*	$^{79}_{34}$Se |	od. ^{80}Se
—	—	—	—	—	$^{80}_{34}$**Se** ──	$^{80}_{34}$**Se**	┐ od. ┌	$^{81}_{35}$**Br**	oder |	$^{82}_{34}$**Se** ─┘	^{81}Se
—	—	—	—	—	$^{80}_{34}$**Se** ──	$^{80}_{34}$**Se**	┘ └	$^{81}_{35}$**Br**	$^{82}_{34}$**Se** oder |	$^{82}_{34}$**Se** oder |	^{81}Se*
$(^{85}_{36}$Kr)	$^{82}_{35}$Br	$^{82}_{35}$Br	$^{83}_{35}$Br	—	Se	$^{83}_{34}$Se	—	—	$_{3}$ Se*	Se	^{82}Se
—	—	—	—	—	$^{82}_{34}$**Se**	$^{82}_{34}$**Se**	—	—	—	—	^{83}Se
$^{75}_{33}$**As**	$^{78}_{34}$**Se**	—	$^{77}_{34}$**Se**	—	—	—	—	—	$^{79}_{35}$**Br**	$^{79}_{35}$**Br**	^{78}Br
$^{82}_{37}$Rb	$^{(79)}_{36}$Kr	—	—	—	$^{80}_{35}$Br	$^{80}_{35}$Br	$^{76}_{33}$As	Se	$^{78}_{35}$Br	$^{78}_{35}$Br	^{79}Br
—	$^{80}_{34}$**Se** |	—	—	—	$^{79}_{35}$**Br**	$^{79}_{35}$**Br**	—	|	$^{81}_{35}$**Br**	$^{81}_{35}$**Br**	^{80}Br
—	$^{80}_{34}$**Se** oder	—	—	—	$^{79}_{35}$**Br**	$^{79}_{35}$**Br**	—	oder	$^{81}_{35}$**Br**	$^{81}_{35}$**Br**	^{80}Br*
$^{84}_{37}$Rb	| $^{81}_{36}$Kr	—	—	—	Br	$^{82}_{35}$Br	$^{78}_{33}$As	| $^{81}_{34}$Se	$^{80}_{35}$Br	$^{80}_{35}$Br	^{81}Br
—	$^{82}_{34}$**Se**	$^{82}_{34}$**Se**	—	—	$^{81}_{35}$**Br**	$^{81}_{35}$**Br**	$^{85}_{37}$**Rb**	—	—	—	^{82}Br
—	—	—	$^{82}_{34}$**Se**	$(^{80}_{34}$**Se**)	—	—	—	—	—	—	^{83}Br
—	—	—	—	—	—	—	—	—	—	—	>^{82}Br[1]
—	—	—	—	—	—	—	—	—	—	—	>^{82}Br[2]
—	—	—	—	—	—	—	—	—	—	—	>^{82}Br[3]
—	—	(p, γ)	—	(d, d)	$^{(79)}_{36}$Kr ─┐		—	—	—	—	^{78}Kr
┌ $^{(76)}_{34}$**Se**	$^{(79)}_{35}$**Br** ┐	—	—	┌	$^{(78)}_{36}$**Kr**	oder	—	—	—	—	$(^{79})$Kr
oder	oder	—	—	oder	$^{81}_{36}$Kr ─┘		—	—	—	—	^{80}Kr
└ $^{78}_{34}$**Se**	$^{81}_{35}$**Br** ┘	—	—	└	$^{80}_{36}$**Kr**	—	—	—	—	—	^{81}Kr
—	—	—	—	—	$^{83}_{36}$Kr* ─┐		—	—	—	—	^{82}Kr
—	—	—	$^{84}_{37}$Rb	$^{83}_{36}$Kr*		oder ┘	—	—	—	—	^{83}Kr
$^{80}_{34}$**Se**	—	—	—	$^{83}_{36}$**Kr**	$^{82}_{36}$**Kr**	—	—	—	—	—	^{83}Kr*
—	—	—	—	└ oder	┘	—	—	—	—	—	^{84}Kr
$(^{82}_{34}$**Se**)	—	—	—	—	—	—	—	—	—	—	$(^{85})$Kr
—	—	—	—	—	$^{87}_{36}$Kr	—	—	—	—	—	^{86}Kr
—	—	—	—	—	$^{86}_{36}$**Kr**	—	—	—	—	—	^{87}Kr
—	—	—	—	—	—	—	—	—	—	—	^{88}Kr
—	—	—	—	—	—	—	—	—	—	—	^{89}Kr
—	—	—	—	—	—	—	—	—	—	—	$(^{91})$Kr
—	—	—	—	—	—	—	—	—	—	—	> ^{91}Kr
—	$^{79,81}_{35}$**Br** oder	$^{79,81}_{35}$**Br**	—	—	—	—	—	—	—	—	?Kr[1]
—	$^{79,81}_{35}$**Br** oder	$^{79,81}_{35}$**Br**	—	—	—	—	—	—	—	—	?Kr[2]

232

Z	Symbol	N	A	Häufigkeit in %	Halbwertszeit	Zerfallsart	Radioaktiver Zerfall		Spaltung von	
37	**Rb**	45	82	—	20 m? 1,5 m?	(β^+) ⎤ oder	—	—	—	—
		47	84	—	6,5 h? 9,8 m?	(β^+) ⎦	—	—	—	—
		48	**85**	72,8	—	—	—	—	—	—
		49	86	—	18 d	β^-	—	—	—	—
		50	87	27,2	$6{,}3 \times 10^{10}$ a	β^-	—	$^{87}_{38}$Sr	—	—
		51	88	—	17,8 m	β^-	$^{88}_{36}\mathbf{Kr}$	—	$^{235}_{92}\mathbf{U}$, $^{231}_{91}\mathbf{Pa}$,	$^{232}_{90}\mathbf{Th}$
		52	89	—	15,4 m	β^-	$^{89}_{36}\mathbf{Kr}$	$^{89}_{38}$Sr	$^{235}_{92}\mathbf{U}$	—
		(54)	(91)	—	80 s	β^-	$^{(91)}_{36}\mathbf{Kr}$	$(^{(91)}_{38}$Sr$)$	$^{23}_{92}\mathbf{U}$	$^{232}_{90}\mathbf{Th}$
		>54	>91	—	?	β^-	$>^{91}_{36}\mathbf{Kr}$	$>^{91}_{38}$Sr	$^{235}_{92}\mathbf{U}$	—
38	**Sr**	**46**	**84**	0,56	—	—	—	—	—	—
		47	85	—	66 d	K	—	—	—	—
		isomer		—	70 m	γ	—	—	—	—
		48	**86**	9,86	—	—	—	—	—	—
		49	**87**	7,02	—	—	$^{87}_{37}\mathbf{Rb}$	—	—	—
		isomer		—	2,75 h	γ	$^{87}_{39}\mathbf{Y}$	—	—	—
		50	**88**	82,56	—	—	—	—	—	—
		51	89	—	55 d	β^-	$^{89}_{37}\mathbf{Rb}$	—	$^{235}_{92}\mathbf{U}$	—
		52	90	—	einige a	β^-	—	$^{90}_{39}$Y	$^{235}_{92}\mathbf{U}$	—
		(53)	(91)	—	2,7 h	β^-	$(^{(91)}_{37}\mathbf{Rb})$	$^{(91)}_{39}$Y	$^{235}_{92}\mathbf{U}$	—
		>53	>91	—	8,5 h	β^-	$>^{91}_{37}\mathbf{Rb}$	$>^{91}_{39}$Y	$^{235}_{92}\mathbf{U}$	$^{232}_{90}\mathbf{Th}$
		?	?	—	7 m	β^-	—	—	$^{235}_{92}\mathbf{U}$	—
39	**Y**	47	86	—	—	— ⎤	—	—	—	—
		48	87	—	80 h	K oder	—	$^{87}_{38}$Sr*	—	—
		isomer		—	14 h	γ	—	—	—	—
	[1]	49	88	—	105 d	K ⎦	—	—	—	—
	[2]	49	88	—	2,0 h	β^+	—	—	—	—
		50	**89**	100	—	—	—	—	—	—
		51	90	—	60,5 h	β^-	$^{90}_{38}\mathbf{Sr}$	—	$^{235}_{92}\mathbf{U}$	—
		(52)	(91)	—	3,5 h	β^-	$^{(91)}_{38}\mathbf{Sr}$	—	$^{235}_{92}\mathbf{U}$	$^{232}_{90}\mathbf{Th}$
		>52	>91	—	50 m ⎫	β^-	$>^{91}_{38}\mathbf{Sr}$	—	$^{235}_{92}\mathbf{U}$	—
		isomer		—	57 d ⎭		$>^{91}_{38}\mathbf{Sr}$	—	$^{235}_{92}\mathbf{U}$	—
40	**Zr**	49	89	—	78 h	β^+	—	—	—	—
		isomer		—	4,5 m	γ	—	—	—	—
		50	**90**	48	—	—	—	—	—	—
		51	**91**	11,5	—	—	—	—	—	—
		52	**92**	22	—	—	—	—	—	—
		53	93	—	63 d	β^-	—	$^{93}_{41}$Nb*	—	—
		54	**94**	17	—	—	—	—	—	—
		55	95	—	17,0 h	β^-	—	$^{95}_{41}$Nb	$^{235}_{92}\mathbf{U}$	$^{232}_{90}\mathbf{Th}$
		56	**96**	1,5	—	—	—	—	—	—
		(57)	(97)	—	6 m	β^-	—	—	—	—
		?	?	—	26 d	β^-	—	—	$^{235}_{92}\mathbf{U}$	$(^{232}_{90}\mathbf{Th})$
41	**Nb**	51	92	—	11 d	β^-	—	—	—	—
		52	**93**	100	—	—	—	—	—	—
		isomer		—	55 d	γ	$^{93}_{40}\mathbf{Zr}$	—	—	—
		53	94	—	6,6 m	β^-	—	—	—	—
		54	95	—	75 m	β^-	$^{95}_{40}\mathbf{Zr}$	—	$^{235}_{92}\mathbf{U}$	$^{233}_{90}\mathbf{Th}$
42	**Mo**	49	91	—	17 m	β^+ ⎤	—	—	—	—
		50	**92**	14,9	—	— oder	—	—	—	—
		51	93	—	—	— ⎦	—	—	—	—
		52	**94**	9,40	—	—	—	—	—	—
		53	**95**	16,1	—	—	—	—	—	—
		54	**96**	16,6	—	—	—	—	—	—

(Fortsetzung).

(α, n)	(p, n	(d, 2n)	(d, n)	(d, α)	(d, p)	(n, γ)	(n, α)	(n, p)	(n, 2n)	(γ, n)	
$^{79}_{35}\mathbf{Br}$	—	—	—	—	—	—	—	—	—	—	^{83}Rb
$^{81}_{35}\mathbf{Br}$	—	—	$^{83}_{36}\mathbf{Kr}$	—	—	—	—	—	—	—	^{84}Rb
—	$^{85}_{38}$Sr	—	—	—	—	$^{86}_{37}$Rb	$^{82}_{35}$Br	—	—	—	^{85}Rb
—	—	—	—	$^{88}_{38}\mathbf{Sr}$	—	$^{85}_{37}\mathbf{Rb}$	—	—	—	—	^{86}Rb
—	$^{87}_{38}$Sr	—	—	—	—	$^{88}_{37}$Rb	—	—	—	—	^{87}Rb
—	—	—	—	—	—	$^{87}_{37}\mathbf{Rb}$	—	$^{88}_{38}\mathbf{Sr}$	—	—	^{88}Rb
—	—	—	—	—	—	—	—	—	—	—	^{89}Rb
—	—	—	—	—	—	—	—	—	—	—	$(^{91})$Rb
—	—	—	—	—	—	—	—	—	—	—	$>^{91}$Rb
—	—	—	—	—	—	—	—	—	—	—	^{84}Sr
—	$^{85}_{37}\mathbf{Rb}$	—	—	—	—	—	—	—	—	—	^{85}Sr
	$^{85}_{37}\mathbf{Rb}$	—	—	—	—	—	—	—		—	^{85}Sr*
(p, p)	$^{86}_{39}$Y	$^{86}_{39}$Y	$^{87}_{39}$Y	—	$^{87}_{38}$Sr*	$^{87}_{38}$Sr*	—	—	(n, n)	—	^{86}Sr
$(^{87}_{38}$Sr*)	$^{87}_{39}$Y	— oder	$^{88}_{39}$Y²	—	—	—	—	—	$^{87}_{38}$Sr*	—	^{87}Sr
$(^{87}_{38}\mathbf{Sr})$	$^{87}_{37}\mathbf{Rb}$	—	—	—	$^{86}_{38}\mathbf{Sr}$	$^{86}_{38}\mathbf{Sr}$	$^{90}_{40}\mathbf{Zr}$	—	$^{87}_{38}\mathbf{Sr}$	—	^{87}Sr*
	$^{88}_{39}$Y², $^{88}_{39}$Y¹	$^{88}_{39}$Y¹	—	$^{86}_{37}$Rb	$^{89}_{38}$Sr	$^{89}_{38}$Sr	—	$^{88}_{37}$Rb		—	^{88}Sr
—	—	—	—	—	$^{88}_{38}\mathbf{Sr}$	$^{88}_{38}\mathbf{Sr}$	$(^{92}_{40}\mathbf{Zr})$	$^{89}_{39}\mathbf{Y}$	—	—	^{89}Sr
—	—	—	—	—	—	—	—	—	—	—	^{90}Sr
—	—	—	—	—	—	—	—	—	—	—	$(^{91})$Sr
—	—	—	—	—	—	—	—	—	—	—	$>^{91}$Sr
—	—	—	—	—	—	—	—	—	—	—	$^{?}$Sr
—	$^{86}_{38}\mathbf{Sr}$	$^{86}_{38}\mathbf{Sr}$	—	—	—	—	—	—	—	—	^{86}Y
—	$^{87}_{38}\mathbf{Sr}$	—	$^{86}_{38}\mathbf{Sr}$	—	—	—	—	—	—	—	^{87}Y
—	oder, $^{87}_{38}\mathbf{Sr}$	—	$^{86}_{38}\mathbf{Sr}$	—	—	—	—	—	—	—	^{87}Y*
—	$^{88}_{38}\mathbf{Sr}$	$^{88}_{38}\mathbf{Sr}$	—	—	—	—	—	—	—	—	^{88}Y¹
—	$^{88}_{38}\mathbf{Sr}$	—	$^{87}_{38}\mathbf{Sr}$	—	—	—	—	—	$^{89}_{39}\mathbf{Y}$	—	^{88}Y²
—	$^{89}_{40}$Zr	—	—	—	$^{90}_{39}$Y	$^{90}_{39}$Y	—	$^{89}_{38}$Sr	$^{88}_{39}$Y²	—	^{89}Y
—	—	—	—	$^{92}_{40}\mathbf{Zr}$	$^{89}_{39}\mathbf{Y}$	$^{89}_{39}\mathbf{Y}$	$^{93}_{41}\mathbf{Nb}$	$^{90}_{40}\mathbf{Zr}$	—	—	^{90}Y
—	—	—	—	—	—	—	—	$^{(91)}_{40}\mathbf{Zr}$	—	—	$(^{91})$Y
—	—	—	—	—	—	—	—	—	—	—	$>^{91}$Y
—	—	—	—	—	—	—	—	—	—	—	$>^{91}$Y*
—	$^{89}_{39}\mathbf{Y}$	—	—	—	—	—	$^{92}_{42}\mathbf{Mo}$	—	$^{90}_{40}\mathbf{Zr}$	—	^{89}Zr
—	$^{89}_{39}\mathbf{Y}$	—	—	—	—	—	—	—	—	—	^{89}Zr*
—	—	—	—	—	—	—	$^{87}_{38}$Sr*	$^{9}_{3}$Y	$^{89}_{40}$Zr	—	^{90}Zr
—	—	—	—	—	—	—	—	$^{(9\ )}_{39}$Y	—	—	^{91}Zr
—	—	—	$(^{93}_{41}$Nb*)	$^{90}_{39}$Y	$^{93}_{40}$Zr	$^{93}_{40}$Zr	$(^{89}_{38}$Sr)	—	—	—	^{92}Zr
—	—	—	—	—	$^{92}_{40}\mathbf{Zr}$	$^{92}_{40}\mathbf{Zr}$	$(^{96}_{42}\mathbf{Mo})$	—	$^{94}_{40}\mathbf{Zr}$	—	^{93}Zr
—	—	—	—	—	—	$^{95}_{40}$Zr	—	—	$^{93}_{40}$Zr	—	^{94}Zr
—	—	—	—	—	—	$^{94}_{40}\mathbf{Zr}$	$^{98}_{42}\mathbf{Mo}$	—	—	—	^{95}Zr
—	—	—	—	—	—	$^{(97)}_{40}$Zr	—	—	—	—	^{96}Zr
—	—	—	—	—	—	$^{(96)}_{40}\mathbf{Zr}$	—	—	—	—	$(^{97})$Zr
—	—	—	—	—	—	—	—	—	—	—	$^{?}$Zr
—	—	—	—	—	—	—	—	$^{92}_{42}\mathbf{Mo}$	$^{93}_{41}\mathbf{Nb}$	—	^{92}Nb
$^{96}43$	—	—	—	—	—	$^{94}_{41}$Nb	$^{90}_{39}$Y	—	$^{92}_{41}$Nb	—	^{93}Nb
—	—	—	$(^{92}_{40}\mathbf{Zr})$	—	—	—	—	—	—	—	^{93}Nb*
—	—	—	—	—	—	$^{93}_{41}\mathbf{Nb}$	—	—	—	—	^{94}Nb
—	—	—	—	—	—	—	—	$^{95}_{42}\mathbf{Mo}$	—	—	^{95}Nb
—	—	—	—	—	—	—	—	—	$^{92}_{42}\mathbf{Mo}$	$^{92}_{42}\mathbf{Mo}$	^{91}Mo
—	—	—	—	—	—	—	$^{89}_{40}$Zr	$^{9?}_{41}$Nb od.	$^{91}_{42}$Mo	$^{91}_{42}$Mo od.	^{92}Mo
—	—	—	—	—	—	—	—	—	$^{94}_{42}\mathbf{Mo}$	$^{94}_{42}\mathbf{Mo}$	^{93}Mo
—	—	—	—	—	—	—	—	—	$^{93}_{42}$Mo	$^{93}_{42}$Mo	^{94}Mo
—	—	—	$^{96}43$	—	—	—	—	$^{95}_{41}$Nb	—	—	^{95}Mo
—	$^{96}43$	—	—	—	—	—	$(^{93}_{40}$Zr)	—	—	—	^{96}Mo

Z	Symbol	N	A	Häufigkeit in %	Halbwertszeit	Zerfallsart	Radioaktiver Zerfall		Spaltung von	
42	Mo	**55**	**97**	9,65	—	—	—	—	—	—
		56	**98**	24,1	—	—	—	—	—	—
		57	99	—	67 h	β^-	—	$^{99}43^*$	$^{235}_{92}$**U**	$^{232}_{90}$**Th**
		58	**100**	9,25	—	—	—	—	—	—
		59	101	—	14,6 m	β^-	—	$^{101}43$	$^{235}_{92}$**U**	—
		>59	>101	—	12 m	β^-	—	(>$^{101}43$)	$^{235}_{92}$**U**	—
43	**Tc**	53	96	—	2,7 h	(β^+)	—	—	—	—
		56	99	—	>40 a	—	—	—	—	—
		isomer		—	6,6 h	γ	$^{99}_{42}$**Mo**	—	$^{235}_{92}$**U**	$^{232}_{90}$**Th**
		58	101	—	14,0 m	β^-	$^{101}_{42}$**Mo**	—	$^{235}_{92}$**U**	—
		< 58	< 101	—	110 h	(K, β^-)	—	—	—	—
	[1]	< 59	< 102	—	90 d	(K)	—	—	—	—
	[2]	< 59	< 102	—	62 d	(K)	—	—	—	—
	[3]	< 59	< 102	—	~2 d	K	—	—	—	—
		>58	>101	—	sehr kurz?	—	(>$^{101}_{42}$**Mo**)	—	($^{235}_{92}$**U**)	—
44	**Ru**	(51)	(95)	—	20 m	—	—	—	—	—
		52	**96**	(5)	—	—	—	—	—	—
		54	**98**	?	—	—	—	—	—	—
		55	**99**	(12)	—	—	—	—	—	—
		56	**100**	(14)	—	—	—	—	—	—
		57	**101**	(22)	—	—	—	—	—	—
		58	**102**	(30)	—	—	—	—	—	—
		59	103	—	4 h	β^-	—	—	—	—
		60	**104**	(17)	—	—	—	—	—	—
		61	105	—	20 h	β^-	—	$^{105}_{45}$Rh	—	—
		>61	>105	—	4 h	β^-	—	>$^{105}_{45}$Rh	$^{238}_{92}$**U**	$^{232}_{90}$**Th**
45	**Rh**	**58**	**103**	100	—	—	—	—	—	—
		59	104	—	41,8 s	β^-	—	—	—	—
		isomer		—	4,34 m	γ	—	—	—	—
		60	105	—	45 d	β^-	$^{105}_{44}$**Ru**	—	—	—
		>60	>105	—	34 h	β^-	>$^{105}_{44}$**Ru**	—	$^{238}_{92}$**U**	—
46	**Pd**	**56**	**102**	0,8	—	—	—	—	—	—
		58	**104**	9,3	—	—	—	—	—	—
		59	**105**	22,6	—	—	—	—	—	—
		60	**106**	27,2	—	—	—	—	—	—
		61	107	—	—	—	—	$^{107}_{47}$Ag*	—	—
		62	**108**	26,8	—	— oder	— oder	—	—	—
		63	109	—	13 h	β^-	—	$^{109}_{47}$Ag*	—	—
		64	**110**	13,5	—	—	—	—	—	—
		65	.111	—	26 m	β^-	—	$^{111}_{47}$Ag	$^{238}_{92}$**U**	—
		66	112	—	17 h	β^-	—	$^{112}_{47}$Ag	$^{238}_{92}$**U**	$^{232}_{90}$**Th**
47	**Ag**	(55)	(102)	—	73 m	—	—	—	—	—
		(57)	(104)	—	16,3 m	—	—	—	—	—
		(58)	(105)	—	45 d	K	—	—	—	—
		59	106	—	25,0 m	β^+	—	—		—
		isomer		—	8,2 d	K	—	—	(γ, —)	—
		60	**107**	52,5	—	—	—	—	$^{107}_{47}$Ag*	—
		isomer		—	40 s	γ	$^{107}_{48}$**Cd**[1,2];	^{107}**Pd**	$^{107}_{47}$**Ag**	—
		61	108	—	2,44 m	β^- oder			oder	
		(isomer)		—	225 d	β^-	oder	oder	oder	(α, 2n)
		62	**109**	47,5	—	—			$^{109}_{47}$Ag*	$^{111}_{49}$In
		isomer		—	—	—	$^{109}_{48}$**Cd**[1,2];	$^{109}_{46}$**Pd**	$^{109}_{47}$**Ag**	
		63	110	—	24,17 s	β^- oder	—	—		—
		(isomer)		—	—	—	—	—	—	—

(Fortsetzung).

(α, n)	(p, n)	(d, 2 n)	(d, n)	(d, α)	(d, p)	(n, γ)	(n, α)	(n, p)	(n, 2 n)	(γ, n)	
—	—	—	—	—	—	—	—	—	—	—	^{97}Mo
—	—	—	—	—	$^{99}_{42}$Mo	$^{99}_{42}$Mo	$^{95}_{40}$Zr	—	—	—	^{98}Mo
—	—	—	—	—	**$^{98}_{42}$Mo**	**$^{98}_{42}$Mo**	—	—	**$^{100}_{42}$Mo**	—	^{99}Mo
—	—	—	—	—	—	$^{101}_{42}$Mo	—	—	$^{99}_{42}$Mo	—	^{100}Mo
—	—	—	—	—	—	**$^{100}_{42}$Mo**	—	—	—	—	^{101}Mo
—	—	—	—	—	—	—	—	—	—	—	$>^{101}$Mo
$^{93}_{41}$Nb	**$^{6}_{42}$Mo**	—	**$^{95}_{42}$Mo**	—	—	—	—	—	—	—	^{96}43
—	—	—	—	—	—	—	—	—	—	—	^{99}43
—	—	—	—	—	—	—	—	—	—	—	^{99}43*
—	—	—	—	—	—	—	—	—	—	—	^{101}43
—	**$^{?}_{42}$Mo**	—	—	—	—	—	—	—	—	—	$<^{101}$43
—	—	—	**$^{?}_{42}$Mo**	—	—	—	—	—	—	—	$<^{102}$43[1]
—	—	—	**$^{?}_{42}$Mo**	—	—	—	—	—	—	—	$<^{102}$43[2]
—	—	—	**$^{?}_{42}$Mo**	—	—	—	—	—	—	—	$<^{102}$43[3]
—	—	—	—	—	—	—	—	—	—	—	$>^{101}$43
—	—	—	—	—	—	—	—	—	**$^{(96)}_{44}$Ru**	—	(^{95})Ru
—	—	—	—	—	—	—	—	—	$^{(95)}_{44}$Ru	—	^{96}Ru
—	—	—	—	—	—	—	—	—	—	—	^{98}Ru
—	—	—	—	—	—	—	—	—	—	—	^{99}Ru
—	—	—	—	—	—	—	—	—	—	—	^{100}Ru
—	—	—	—	—	—	—	—	—	—	—	^{101}Ru
—	—	—	—	—	$^{103}_{44}$Ru	$^{103}_{44}$Ru	—	—	—	—	^{102}Ru
—	—	—	—	—	**$^{102}_{44}$Ru**	**$^{102}_{44}$Ru**	—	—	**$^{104}_{44}$Ru**	—	^{103}Ru
—	$^{104}_{45}$Rh	—	($^{105}_{45}$Rh)	—	—	$^{105}_{44}$Ru	—	—	$^{103}_{44}$Ru	—	^{104}Ru
—	—	—	—	—	—	**$^{104}_{44}$Ru**	—	—	—	—	^{105}Ru
—	—	—	—	—	—	—	—	—	—	—	$>^{105}$Ru
$^{106}_{47}$Ag	—	—	—	—	—	$^{104}_{45}$Rh	—	—	—	—	^{103}Rh
—	**$^{104}_{44}$Ru**	—	—	—	—	**$^{103}_{45}$Rh**	—	—	—	—	^{104}Rh
—	**$^{104}_{44}$Ru**	—	—	—	—	**$^{103}_{45}$Rh**	—	—	—	—	^{104}Rh*
—	—	—	(**$^{104}_{44}$Ru**)	—	—	—	—	—	—	—	^{105}Rh
—	—	—	—	—	—	—	—	—	—	—	$>^{105}$Rh
—	($^{102}_{47}$Ag)	(p, γ)	—	—	—	—	—	—	—	—	^{102}Pd
—	$^{(104)}_{47}$Ag	—	—	—	—	—	—	—	—	—	^{104}Pd
—	$^{(105)}_{47}$Ag	($^{106}_{47}$Ag)	$^{106}_{47}$Ag	—	—	—	—	—	—	—	^{105}Pd
	$^{106}_{47}$Ag	—	—	—	$^{107}_{46}$Pd —	— $^{107}_{46}$Pd	┐	—	—	—	^{106}Pd
(α, p)	—	—	—	┌	**$^{106}_{46}$Pd** —	— **$^{106}_{46}$Pd**	oder	**$^{107}_{47}$Ag** —	— (**$^{108}_{46}$Pd**)	—	^{107}Pd
$^{111}_{47}$Ag	$^{108}_{47}$Ag	—	—	oder	$^{109}_{46}$Pd —	— $^{109}_{46}$Pd	┘ oder	—	($^{107}_{46}$Pd)	┐ —	^{108}Pd
	—	—	—	└	**$^{108}_{46}$Pd** —	— **$^{108}_{46}$Pd**	└	**$^{109}_{47}$Ag** —	— (**$^{110}_{46}$Pd**)	oder —	^{109}Pd
—	—	—	$^{111}_{47}$Ag	—	$^{111}_{46}$Pd	$^{111}_{46}$Pd	—	—	($^{109}_{46}$Pd)	┘ —	^{110}Pd
—	—	—	—	—	**$^{110}_{46}$Pd**	**$^{110}_{46}$Pd**	—	—	—	—	^{111}Pd
—	—	—	—	—	—	—	—	—	—	—	^{112}Pd
—	(**$^{102}_{46}$Pd**)	—	—	(d, $^{3}_{1}$H)	—	—	—	—	—	—	(^{102})Ag
—	**$^{(104)}_{46}$Pd**	—	—	—	—	—	—	—	—	—	(^{104})Ag
—	**$^{(105)}_{46}$Pd**	—	—	—	—	—	—	—	—	—	(^{105})Ag
$^{103}_{45}$Rh	**$^{106}_{46}$Pd**	(**$^{105}_{46}$Pd**)	**$^{105}_{46}$Pd**	**$^{107}_{47}$Ag**	—	—		**$^{106}_{48}$Cd**	**$^{107}_{47}$Ag**	**$^{107}_{47}$Ag**	^{106}Ag
$^{103}_{45}$Rh	**$^{106}_{46}$Pd**		**$^{105}_{46}$Pd**	—	—	—	(n, n)	**$^{106}_{48}$Cd**	**$^{107}_{47}$Ag**	—	^{106}Ag*
$^{110}_{49}$In	$^{107}_{48}$Cd[1] —	— $^{107}_{48}$Cd[1,2]	—	$^{106}_{47}$Ag	$^{108}_{47}$Ag	$^{108}_{47}$Ag	$^{107}_{47}$Ag*	$^{107}_{46}$Pd	$^{106}_{47}$Ag	$^{106}_{47}$Ag	^{107}Ag
—	—	│ —	—	—	—	—	**$^{107}_{47}$Ag** │	— │	—	—	^{107}Ag*
—	**$^{108}_{46}$Pd**	│ —	—		**$^{107}_{47}$Ag**	**$^{107}_{47}$Ag**	│ cder	**$^{108}_{48}$Cd** od.	**$^{109}_{47}$Ag**	**$^{109}_{47}$Ag**	^{108}Ag
—	—	oder	—	┌	**$^{107}_{47}$Ag** —	— **$^{107}_{47}$Ag**	oder │	│	—	—	^{108}Ag*
^{112}In	$^{109}_{48}$Cd[1] —	— $^{109}_{48}$Cd[1,2]	—	│	—	$^{110}_{47}$Ag	│ $^{109}_{47}$Ag*	$^{109}_{46}$Pd	$^{108}_{47}$Ag	$^{108}_{47}$Ag	^{109}Ag
—	—	—	—	oder	—	—	**$^{109}_{47}$Ag**	—	—	—	^{109}Ag*
—	—	—	—	│	—	**$^{109}_{47}$Ag**		**$^{110}_{48}$Cd**	—	—	^{110}Ag
—	—	—	—	└	**$^{109}_{47}$Ag** —	— **$^{109}_{47}$Ag**	—	—	—	—	^{110}Ag*

Z	Symbol	N	A	Häufigkeit in %	Halbwertszeit	Zerfallsart	Radioaktiver Zerfall		Spaltung von	
47	**Ag**	64	111	—	7,5 d	β^-	$^{111}_{46}$**Pd**	—	$^{238}_{92}$**U**	$^{232}_{90}$**Th**
		65	112	—	3,2 h	β^-	$^{112}_{46}$**Pd**	—	$^{238}_{92}$**U**	$^{232}_{90}$**Th**
48	**Cd**	**58**	**106**	1,4	—	—	—	—	—	—
	[1]	59	107	—	6,7 h	K (oder)	—	$^{107}_{47}$Ag* (oder)	—	—
	[2]	59	107	—	~90 d	K (oder)	$^{107}_{47}$Ag* (oder)		—	—
		60	**108**	1,0	—	—			—	—
	[1]	61	109	—	—	— (oder)		$^{109}_{47}$Ag* (oder)	—	—
	[2]	61	109	—	—	— (oder)	$^{109}_{47}$Ag* (oder)		—	—
		(61)	(109)	—	33 m	β^+	—	—	—	—
		62	**110**	12,8	—	—	—	—	—	—
		63	**111**	13,0	—	—	—	—	—	—
		64	**112**	24,2	—	—	—	—	—	—
		65	**113**	12,3	—	—	—	—	—	—
		66	**114**	28,0	—	—	—	$^{115}_{49}$In*	—	—
		67	115	—	56 h	β^-	—	—	$^{238}_{92}$**U**	—
		(67)	(115)	—	40 d	— (oder)	—	—	—	—
		68	**116**	7,3	—	—	—	$^{117}_{49}$In	—	—
		69	117	—	170	β^-	—	—	$^{238}_{92}$**U**	—
		(69)	(117)	—	—	— (oder)	—	—	—	—
	*	?	?	—	50 m	γ	—	—	$^{238}_{92}$**U**	—
49	In	61	110	—	66 m	β^+	—	—	—	(α, 2n) $^{109}_{47}$**Ag**
		62	111	—	23,0 m	β^+	—	—	—	
		63	112	—	65 h	K	—	—	—	
		64	**113**	4,5	—	—	—	—	—	—
		isomer		—	104 m	γ	$^{113}_{50}$**Sn**	—	—	—
		65	114	—	72 s	β^-	—	—	—	
		isomer		—	48,5 d	γ	—	—	—	(α, α)
		66	**115**	95,5	—	—	—	—	—	$^{115}_{49}$In*
		isomer		—	272 m	γ	$^{115}_{48}$**Cd**	—	$^{238}_{92}$**U**	$^{115}_{49}$**In**
		67	116	—	13 s	β^-	—	—	—	
		isomer		—	56,8 m	β^-	—	—	—	—
		68	117	—	117 m	β^-	$^{117}_{48}$**Cd**	—	$^{238}_{92}$**U**	—
50	**Sn**	**62**	**112**	1,1	—	—	—	—	—	—
		63	113	—	105 d	K	—	$^{113}_{49}$In*	—	—
		64	**114**	0,8	—	—	—	—	—	—
		65	**115**	0,4	—	—	—	—	—	—
		66	**116**	15,5	—	—	—	—	—	—
		67	**117**	9,1	—	—	—	—	—	—
		68	**118**	22,5	—	—	—	—	—	—
		69	**119**	9,8	—	—	—	—	—	—
		70	**120**	28,5	—	—	—	—	—	—
		(71)	(121)	—	26 h	β^-	—	—	—	—
		72	**122**	5,5	—	—	—	—	—	—
		(73)	(123)	—	40 m	β^-	—	—	—	—
		74	**124**	6,8	—	—	—	—	—	—
		75	125	—	11,8 m	β^-	—	—	—	—
	[1]	< 76	< 126	—	10 d	β^-	—	—	—	—
	[2]	< 76	< 126	—	~400 d	β^-	—	—	—	—
51	**Sb**	67	118	—	3,6 m	β^+	—	—	—	—
		69	120	—	15 m	β^+	—	—	—	—
		70	**121**	56	—	—	—	—	—	—
		71	122	—	63 h	β^-	—	—	—	—
		72	**123**	44	—	—	—	—	—	—

(Fortsetzung).

(α, n)	(p, n)	(d, 2n)	(d, n)	(d, α)	(d, p)	(n, γ)	(n, α)	(n, p)	(n, 2n)	(γ, n)	
(α, p) **$^{108}_{46}$Pd**	—	—	**$^{110}_{46}$Pd**	—	—	—	—	**$^{111}_{48}$Cd**	—	—	^{111}Ag
—	—	—	—	—	—	—	**$^{115}_{49}$In**	**$^{112}_{48}$Cd**	—	—	^{112}Ag
—	—	—	—	—	—	—	—	$^{106}_{47}$Ag	—	—	^{106}Cd
—	**$^{107}_{47}$Ag**	**$^{107}_{47}$Ag**	—	—	—	—	—	—	—	—	^{107}Cd^1
—	oder	**$^{107}_{47}$Ag**		—	—	—	—	—	—	—	^{107}Cd^2
—		oder	oder	—	—	—	—	$^{108}_{47}$Ag	—	—	^{108}Cd
—	**$^{109}_{47}$Ag**	**$^{109}_{47}$Ag**		—	—	—	—	—	—	—	^{109}Cd^1
—	—	**$^{109}_{47}$Ag**		—	—	—	—	—	—	—	^{109}Cd^2
—	—	—	—	—	—	—	—	—	**$^{(110)}_{48}$Cd**	—	(^{109})Cd
$^{113}_{50}$Sn	$^{110}_{49}$In	$^{110}_{49}$In	$^{111}_{49}$In	—	—	—	—	$^{110}_{47}$Ag	$^{(109)}_{48}$Cd	—	^{110}Cd
—	$^{111}_{49}$In	—	$^{112}_{49}$In	—	—	—	—	$^{111}_{47}$Ag	—	—	^{111}Cd
—	$^{112}_{49}$In	—	$^{113}_{49}$In*	—	—	—	—	$^{112}_{47}$Ag	—	—	^{112}Cd
—	$^{113}_{49}$In*	—	$^{114}_{49}$In*	—	—	—	—	—	—	—	^{113}Cd
—	$^{114}_{49}$In	—	$^{115}_{49}$In*	—	$^{115}_{48}$Cd	$^{115}_{48}$Cd	—	—	—	—	^{114}Cd
—	—	—	—	—	$^{(114)}_{48}$Cd	**$^{114}_{48}$Cd**	—	—	**$^{116}_{48}$Cd**	—	^{115}Cd
—	—	—	—		**$^{114}_{48}$Cd**	—	—	—	—	—	^{115}Cd
—	$^{116}_{49}$In	—	$^{117}_{49}$In	oder	$^{117}_{48}$Cd	$^{117}_{48}$Cd	—	—	$^{115}_{48}$Cd	—	(^{116})Cd
—	—	—	—		**$^{116}_{48}$Cd**	**$^{116}_{48}$Cd**		—	—		^{116}Cd
—	—	—	—		**$^{(116)}_{48}$Cd**	—	(n, n)	—	—	(γ, —)	(^{117})Cd
—	—	—	—	—	—	—	**$^{?}_{48}$Cd**	—	—	$^{?}_{48}$Cd	$^{?}$Cd*
$^{107}_{47}$Ag	**$^{110}_{48}$Cd**	**$^{110}_{48}$Cd**	—	—	—	—	—	—	—	—	^{110}In
—	**$^{111}_{48}$Cd**	—	**$^{110}_{48}$Cd**	—	—	—	—	—	—	—	^{111}In
$^{109}_{47}$Ag	**$^{112}_{48}$Cd**	—	**$^{111}_{48}$Cd**	—	—	—	—	—	**$^{113}_{49}$In**	—	^{112}In
—	$^{113}_{50}$Sn	—	—	—	($^{114}_{49}$In*)	$^{114}_{49}$In*	—	—	$^{112}_{49}$In	—	^{113}In
—	**$^{113}_{48}$Cd**	—	**$^{112}_{48}$Cd**	—	—	—	—	—	—	—	^{113}In*
—	**$^{114}_{48}$Cd**		**($^{113}_{48}$Cd)**		—	—	—		**$^{115}_{49}$In**	**$^{115}_{49}$In**	^{114}In
—	**$^{114}_{48}$Cd**	(p, p)	**$^{113}_{48}$Cd**	(γ, —)	**($^{113}_{49}$In)**	**$^{113}_{49}$In**	—	(n, n)	**$^{115}_{49}$In**	—	^{114}In*
$^{118}_{51}$Sb	—	$^{115}_{49}$In*	—	$^{115}_{49}$In*	$^{116}_{49}$In	$^{116}_{49}$In	$^{112}_{47}$Ag	$^{115}_{49}$In*	$^{114}_{49}$In	$^{114}_{49}$In	^{115}In
—	—	**$^{115}_{49}$In**	**$^{114}_{48}$Cd**	**$^{115}_{49}$In***	—	—	—	**$^{115}_{49}$In***	—	—	^{115}In*
—	**$^{116}_{48}$Cd**		—		**($^{115}_{49}$In)**	**$^{115}_{49}$In**	—		—	—	^{116}In
—	**$^{116}_{48}$Cd**	—	—	—	**$^{115}_{49}$In**	**$^{115}_{49}$In**	—	—	—	—	^{116}In*
—	—	—	**$^{116}_{48}$Cd**	—	—	—	—	—	—	—	^{117}In
—	—	—	—	—	$^{113}_{50}$Sn	$^{113}_{50}$Sn	—	—	—	—	^{112}Sn
$^{110}_{48}$Cd	**$^{113}_{49}$In**	—	—	—	**$^{112}_{50}$Sn**	**$^{112}_{50}$Sn**	—	—	—	—	^{113}Sn
—	—	—	—	—	—	—	—	—	—	—	^{114}Sn
—	—	—	—	—	—	—	—	—	—	—	^{115}Sn
—	—	—	—	—	—	—	—	—	—	—	^{116}Sn
—	—	—	—	—	—	—	—	—	—	—	^{117}Sn
$^{121}_{52}$Te	($^{118}_{51}$Sb)	—	—	—	—	—	—	—	—	—	^{118}Sn
—	—	—	$^{120}_{51}$Sb	—	—	—	—	—	—	—	^{119}Sn
—	$^{120}_{51}$Sb	—	—	—	$^{(121)}_{50}$Sn	$^{(121)}_{50}$Sn	—	—	—	—	^{120}Sn
—	—	—	—	**($^{123}_{51}$Sb)**	**$^{(120)}_{50}$Sn**	**$^{(120)}_{50}$Sn**	—	—	—	—	(^{121})Sn
—	$^{122}_{51}$Sb	$^{122}_{51}$Sb	—	—	$^{(123)}_{50}$Sn	$^{(123)}_{50}$Sn	—	—	—	—	^{122}Sn
—	—	—	—	—	**$^{(122)}_{50}$Sn**	**$^{(122)}_{50}$Sn**	—	—	—	—	(^{123})Sn
—	—	—	—	—	$^{125}_{50}$Sn	$^{125}_{50}$Sn	—	—	$^{(123)}_{50}$Sn	—	^{124}Sn
—	—	—	—	—	**$^{125}_{50}$Sn**	**$^{125}_{50}$Sn**	—	—	—	—	^{125}Sn
—	—	—	—	—	**$^{?}_{50}$Sn**	**$^{?}_{50}$Sn**	—	—	—	—	<^{126}Sn^1
—	—	—	—	—	**$^{?}_{50}$Sn**	—	—	—	—	—	<^{126}Sn^2
$^{115}_{49}$In	**($^{118}_{50}$Sn)**	—	—	—	—	—	—	—	—	—	^{118}Sb
—	**$^{120}_{50}$Sn**	—	**$^{119}_{50}$Sn**	—	—	—	—	—	**$^{121}_{51}$Sb**	**$^{121}_{51}$Sb**	^{120}Sb
$^{124}_{53}$J	$^{121}_{52}$Te	$^{121}_{52}$Te	—	—	$^{122}_{51}$Sb	$^{122}_{51}$Sb	—	—	$^{120}_{51}$Sb	$^{120}_{51}$Sb	^{121}Sb
—	**$^{122}_{50}$Sn**	**$^{122}_{50}$Sn**	—	—	**$^{121}_{51}$Sb**	**$^{121}_{51}$Sb**	—	—	—	—	^{122}Sb
$^{126}_{53}$J	—	—	—	($^{121}_{50}$Sn)	$^{124}_{51}$Sb	$^{124}_{51}$Sb	—	—	—	—	^{123}Sb

232

Z	Symbol	N	A	Häufigkeit in %	Halbwertszeit	Zerfallsart	Radioaktiver Zerfall		Spaltung von	
51	Sb	73	124	—	60 d	β^-, K	—	—	—	—
	1	< 75	< 126	—	3 h	β^-	—	—	—	—
	2	< 75	< 126	—	~45 d	—	—	—	—	—
	3	< 75	< 126	—	~2 a	—	—	—	—	—
		76	127	—	80 h	β^-	—	$^{127}_{52}$Te	$^{235}_{92}\mathbf{U}$	—
		78	129	—	4,2 h	β^-	—	$^{129}_{52}$Te	$^{235}_{92}\mathbf{U}$	—
		(82)	(133)	—	(10 m)	β^-	—	($^{133}_{52}$Te)	($^{235}_{92}\mathbf{U}$)	($^{232}_{90}\mathbf{Th}$)
		> 80	> 131	—	(5 m)	β^-	—	> $^{131}_{52}$Te[1]	$^{235}_{92}\mathbf{U}$	—
52	**Te**	**68**	**120**	selten	—	—	—	—	—	—
		69	121	—	125 d	(K, β^+)	—	—	—	—
		70	**122**	2,9	—	—	—	—	—	—
		71	**123**	1,6	—	—	—	—	—	—
		72	**124**	4,5	—	—	—	—	—	—
		73	**125**	6,0	—	—	—	—	—	—
		74	**126**	19,0	—	—	—	—	—	—
		75	127	—	9,3 h	β^-	$^{127}_{51}\mathbf{Sb}$	$^{127}_{52}\mathbf{Te}^*$	$^{235}_{92}\mathbf{U}$	—
		isomer		—	90 d	γ	—	$^{127}_{52}$Te	—	—
		76	**128**	32,8	—	—	—	—	—	—
		77	129	—	72 m	β^-	$^{129}_{51}\mathbf{Sb}$	$^{129}_{52}\mathbf{Te}^*$	$^{235}_{92}\mathbf{U}$	—
		isomer		—	32 d	γ	—	$^{129}_{52}$Te	—	—
		78	**130**	33,1	—	—	—	—	—	—
		79	131	—	25 m	β^-	$^{131}_{52}\mathbf{Te}^*$	$^{131}_{53}$J	$^{235}_{92}\mathbf{U}$	—
		isomer		—	1,2 d	γ	—	$^{131}_{52}$Te	$^{235}_{92}\mathbf{U}$	—
		81	133	—	60 m	β^-	($^{133}_{51}\mathbf{Sb}$)	$^{133}_{53}$J	$^{235}_{92}\mathbf{U}$	$^{232}_{90}\mathbf{Th}$
		83	135	—	~15 m	β^-	—	$^{135}_{53}$J	$^{235}_{92}\mathbf{U}$	$^{232}_{90}\mathbf{Th}$
	1	> 79	> 131	—	77 h	β^-	> $^{131}_{51}\mathbf{Sb}$	> $^{131}_{53}$J[1]	$^{235}_{92}\mathbf{U}$	$^{232}_{90}\mathbf{Th}$
	2	> 79	> 131	—	43 m	β^-	—	> $^{131}_{53}$J[2]	$^{235}_{92}\mathbf{U}$	$^{232}_{90}\mathbf{Th}$
53	**J**	71	124	—	4,0 d	β^+	—	—	—	—
		73	126	—	13,3 d	β^-	—	—	—	—
		74	**127**	100	—	—	—	—	—	—
		75	128	—	25 m	β^-	—	—	—	—
		77	130	—	12,5 h	β^-	—	—	—	—
		78	131	—	8,0 d	β^-	$^{131}_{52}\mathbf{Te}$	—	$^{235}_{92}\mathbf{U}$	—
		80	133	—	18,5 h	β^-	$^{133}_{52}\mathbf{Te}$	$^{133}_{54}$X	$^{235}_{92}\mathbf{U}$	$^{232}_{90}\mathbf{Th}$
		82	135	—	6,6 h	β^-	$^{135}_{52}\mathbf{Te}$	$^{135}_{54}$X; $^{135}_{54}$X*	$^{235}_{92}\mathbf{U}$	$^{232}_{90}\mathbf{Th}$
	1	> 78	> 131	—	2,4 h	β^-	> $^{131}_{52}\mathbf{Te}$[1]	—	$^{235}_{92}\mathbf{U}$	$^{232}_{90}\mathbf{Th}$
	2	> 78	> 131	—	54 m	β^-	> $^{131}_{52}\mathbf{Te}$[2]	—	$^{235}_{92}\mathbf{U}$	$^{232}_{90}\mathbf{Th}$
	3	> 78	> 131	—	1,8 m	β^-	—	—	$^{235}_{92}\mathbf{U}$	—
	4	> 78	> 131	—	30 s	β^-	—	—	$^{235}_{92}\mathbf{U}$	—
54	**X**	**70**	**124**	0,094	—	—	—	—	—	—
		72	**126**	0,088	—	—	—	—	—	—
		(73)	(127)	—	34 d	β^- ┐	—	—	—	—
		74	**128**	1,91	—	— oder	—	—	—	—
		(74)	(128)	—	75 s	(γ) ┘	—	—	—	—
		75	**129**	26,23	—	—	—	—	—	—
		76	**130**	4,06	—	—	—	—	—	—
		77	**131**	21,18	—	—	—	—	—	—
		78	**132**	26,98	—	—	—	—	—	—
		79	133	—	4,3 d	γ	$^{133}_{53}\mathbf{J}$	—	$^{235}_{92}\mathbf{U}$	$^{232}_{90}\mathbf{Th}$
		80	**134**	10,55	—	—	—	—	—	—
		81	135	—	10 m	—	$^{135}_{53}\mathbf{J}$	—	$^{235}_{92}\mathbf{U}$	—
		isomer		—	9,5 h	—	$^{135}_{53}\mathbf{J}$	—	$^{235}_{92}\mathbf{U}$	$^{232}_{90}\mathbf{Th}$

(Fortsetzung).

(α, n)	(p, n)	(d, 2 n)	(d, n)	(d, α)	(d, p)	(n, γ)	(n, α)	(n, p)	(n, 2 n)	(γ, n)	
—	—	—	—	$^{126}_{52}\mathbf{Te}$	$^{123}_{51}\mathbf{Sb}$	$^{123}_{51}\mathbf{Sb}$	$^{127}_{53}\mathbf{J}$	—	—	—	$^{124}\mathrm{Sb}$
—	—	—	$^{?}_{50}\mathbf{Sn}$	—	—	—	—	—	—	—	$<{}^{126}\mathrm{Sb}^{1}$
—	—	—	$^{?}_{50}\mathbf{Sn}$	—	—	—	—	—	—	—	$<{}^{126}\mathrm{Sb}^{2}$
—	—	—	$^{?}_{50}\mathbf{Sn}$	—	—	—	—	—	—	—	$<{}^{126}\mathrm{Sb}^{3}$
—	—	—	—	—	—	—	—	—	—	—	$^{127}\mathrm{Sb}$
—	—	—	—	—	—	—	—	—	—	—	$^{129}\mathrm{Sb}$
—	—	—	—	—	—	—	—	—	—	—	$^{(133)}\mathrm{Sb}$
—	—	—	—	—	—	—	—	—	—	—	$>{}^{131}\mathrm{Sb}$
—	—	—	—	—	—	—	—	—	—	—	$^{120}\mathrm{Te}$
$^{118}_{50}\mathbf{Sn}$	$^{121}_{51}\mathbf{Sb}$	$^{121}_{51}\mathbf{Sb}$	—	—	—	—	—	—	—	—	$^{121}\mathrm{Te}$
—	—	—	—	—	—	—	—	—	—	—	$^{122}\mathrm{Te}$
—	—	—	—	—	—	—	—	—	—	—	$^{123}\mathrm{Te}$
—	$^{124}_{53}\mathrm{J}$	—	—	—	—	—	—	—	—	—	$^{124}\mathrm{Te}$
—	—	—	$^{126}_{53}\mathrm{J}$	—	—	—	—	—	—	—	$^{125}\mathrm{Te}$
—	$^{126}_{53}\mathrm{J}$	—	—	$^{124}_{51}\mathrm{Sb}$	$^{127}_{52}\mathrm{Te}$	$^{127}_{52}\mathrm{Te}$	—	—	—	—	$^{126}\mathrm{Te}$
—	—	—	—	—	$^{126}_{52}\mathbf{Te}$	$^{126}_{52}\mathbf{Te}$	—	$^{127}_{53}\mathbf{J}$	$^{128}_{52}\mathbf{Te}$	—	$^{127}\mathrm{Te}$
—	—	—	—	—	$^{126}_{52}\mathbf{Te}$	$^{126}_{52}\mathbf{Te}$	—	$^{127}_{53}\mathbf{J}$	—	—	$^{127}\mathrm{Te}^{*}$
—	$^{128}_{53}\mathrm{J}$	$^{128}_{53}\mathrm{J}$	—	—	$^{129}_{52}\mathrm{Te}$	$^{129}_{52}\mathrm{Te}$	—	—	$^{127}_{52}\mathrm{Te}$	—	$^{128}\mathrm{Te}$
—	—	—	—	—	$^{128}_{52}\mathbf{Te}$	$^{128}_{52}\mathbf{Te}$	—	—	$^{130}_{52}\mathbf{Te}$	$^{130}_{52}\mathbf{Te}$	$^{129}\mathrm{Te}$
—	—	—	—	—	$^{128}_{52}\mathbf{Te}$	—	—	—	$^{130}_{52}\mathbf{Te}$	$^{130}_{52}\mathbf{Te}$	$^{129}\mathrm{Te}^{*}$
$^{133}_{54}\mathrm{X}$	$^{130}_{53}\mathrm{J}$	$^{130}_{53}\mathrm{J}$	$^{131}_{53}\mathrm{J}$	—	$^{131}_{52}\mathrm{Te}$	$^{131}_{52}\mathrm{Te}$	—	—	$^{129}_{52}\mathrm{Te}$	$^{129}_{52}\mathrm{Te}$	$^{130}\mathrm{Te}$
—	—	—	—	—	$^{130}_{52}\mathbf{Te}$	$^{130}_{52}\mathbf{Te}$	—	—	—	—	$^{131}\mathrm{Te}$
—	—	—	—	—	$^{130}_{52}\mathbf{Te}$	$^{130}_{52}\mathbf{Te}$	—	—	—	—	$^{131}\mathrm{Te}^{*}$
—	—	—	—	—	—	—	—	—	—	—	$^{133}\mathrm{Te}$
—	—	—	—	—	—	—	—	—	—	—	$^{135}\mathrm{Te}$
—	—	—	—	—	—	—	—	—	—	—	$>{}^{131}\mathrm{Te}^{1}$
—	—	—	—	—	—	—	—	—	—	—	$>{}^{131}\mathrm{Te}^{2}$
$^{121}_{51}\mathbf{Sb}$	$^{124}_{52}\mathbf{Te}$	—	—	(p, γ)	—	—	—	—	—	—	$^{124}\mathrm{J}$
$^{123}_{51}\mathbf{Sb}$	$^{126}_{52}\mathbf{Te}$	—	$^{125}_{52}\mathbf{Te}$	—	—	—	—	—	$^{127}_{53}\mathbf{J}$	—	$^{126}\mathrm{J}$
—	$^{127}_{54}\mathbf{X}$ —	oder	—	$^{128}_{54}\mathbf{X}$	—	$^{128}_{53}\mathrm{J}$	$^{124}_{51}\mathrm{Sb}$	$^{127}_{52}\mathrm{Te}$	$^{126}_{53}\mathrm{J}$	—	$^{127}\mathrm{J}$
—	$^{128}_{52}\mathbf{Te}$	$^{128}_{52}\mathbf{Te}$	—	—	—	$^{127}_{53}\mathbf{J}$	—	—	—	—	$^{128}\mathrm{J}$
—	$^{130}_{52}\mathbf{Te}$	$^{130}_{52}\mathbf{Te}$	—	—	—	—	$^{133}_{55}\mathbf{Cs}$	—	—	—	$^{130}\mathrm{J}$
—	—	—	$^{130}_{52}\mathbf{Te}$	—	—	—	—	—	—	—	$^{131}\mathrm{J}$
—	—	—	—	—	—	—	—	—	—	—	$^{133}\mathrm{J}$
—	—	—	—	—	—	—	—	—	—	—	$^{135}\mathrm{J}$
—	—	—	—	—	—	—	—	—	—	—	$>{}^{131}\mathrm{J}^{1}$
—	—	—	—	—	—	—	—	—	—	—	$>{}^{131}\mathrm{J}^{2}$
—	—	—	—	—	—	—	—	—	—	—	$>{}^{131}\mathrm{J}^{3}$
—	—	—	—	—	—	—	—	—	—	—	$>{}^{131}\mathrm{J}^{4}$
—	—	—	—	—	—	—	—	—	—	—	$^{124}\mathrm{X}$
—	—	—	—	—	—	—	—	—	—	—	$^{126}\mathrm{X}$
—	$^{127}_{53}\mathbf{J}$	—	—	—	—	—	—	—	—	—	$^{(127)}\mathrm{X}$
—	oder	—	—	—	—	—	—	—	—	—	$^{128}\mathrm{X}$
—				$^{127}_{53}\mathbf{J}$	—	—	—	—	—	—	$^{(128)}\mathrm{X}$
—	—	—	—	—	—	—	—	—	—	—	$^{129}\mathrm{X}$
—	—	—	—	—	—	—	—	—	—	—	$^{130}\mathrm{X}$
—	—	—	—	—	—	—	—	—	—	—	$^{131}\mathrm{X}$
—	—	—	—	—	$^{133}_{54}\mathrm{X}$	—	—	—	—	—	$^{132}\mathrm{X}$
$^{130}_{52}\mathbf{Te}$	—	—	—	—	$^{132}_{54}\mathbf{X}$	—	$^{136}_{56}\mathbf{Ba}$	$^{133}_{55}\mathbf{Cs}$	—	—	$^{133}\mathrm{X}$
—	—	—	—	—	$^{135}_{54}\mathrm{X}^{*}$	—	—	—	—	—	$^{134}\mathrm{X}$
—	—	—	—	—	—	—	—	—	—	—	$^{135}\mathrm{X}$
—	—	—	—	—	$^{134}_{54}\mathbf{X}$	—	$^{138}_{56}\mathbf{Ba}$	—	—	—	$^{135}\mathrm{X}^{*}$.

Z	Symbol	N	A	Häufigkeit in %	Halbwertszeit	Zerfallsart	Radioaktiver Zerfall		Spaltung von	
54	X	**82**	**136**	8,95	—	—	—	—	—	—
		(83)	(137)	—	68 m	—	—	—	—	—
		>81	>136	—	17 m	β^-	—	$>{}^{136}_{55}Cs$	${}^{235}_{92}$**U**	${}^{232}_{90}$**Th**
		85	139	—	45 s	β^-	—	${}^{139}_{55}Cs$	${}^{235}_{92}$**U**	${}^{232}_{90}$**Th**
		(86)	(140)	—	sehr kurz	β^-	—	${}^{(140)}_{55}Cs$	${}^{235}_{92}$**U**	${}^{232}_{90}$**Th**
55	**Cs**	**78**	**133**	100	—	—	—	—	—	—
		79	134	—	3 h	β^-	—	—	—	—
		(isomer)		—	20 mo	β^-	—	—	—	—
		>81	>136	—	32 m	β^-	$>{}^{136}_{54}$**X**	—	${}^{235}_{92}$**U** ${}^{231}_{91}$**Pa**	${}^{232}_{90}$**Th**
		84	139	—	7 m	β^-	${}^{139}_{54}$**X**	${}^{139}_{56}Ba$	${}^{235}_{92}$**U**	${}^{232}_{90}$**Th**
		(85)	(140)	—	40 s	β^-	${}^{(140)}_{54}$**X**	$({}^{140}_{56}Ba)$	${}^{235}_{92}$**U**	${}^{232}_{90}$**Th**
56	Ba	**74**	**130**	0,101	—	—	—	—	—	—
		76	**132**	0,097	—	—	—	—	—	—
		77	133	—	30 m	—	—	—	—	—
	1	(77)	(133)	—	2,5 m	—	—	—	—	—
	2	(77)	(133)	—	340 h	—	—	—	—	—
		78	**134**	2,42	—	—	—	—	—	—
		(isomer)		—	39,5 h	(γ)	—	—	—	—
		79	**135**	6,6	—	—	—	—	—	—
		80	**136**	7,8	—	—	—	—	—	—
		81	**137**	11,3	—	—	—	—	—	—
		82	**138**	71,7	—	—	—	—	—	—
		83	139	—	87 m	β^-	${}^{139}_{55}$**Cs**	—	${}^{235}_{92}$**U**	${}^{232}_{90}$**Th**
		84	140	—	~300 h	β^-	(${}^{(140)}_{55}$**Cs**)	${}^{140}_{57}La$	${}^{235}_{92}$**U**	${}^{232}_{90}$**Th**
		>84	>140	—	14 m	β^-	—	$>{}^{140}_{57}La$	${}^{235}_{92}$**U**	${}^{232}_{90}$**Th**
57	**La**	(81)	(138)	—	31 h	β^-	—	—	—	—
		82	**139**	100	—	—	—	—	—	—
		83	140	—	44 h	β^-	${}^{140}_{56}$**Ba**	—	${}^{235}_{92}$**U**	${}^{232}_{90}$**Th**
		>84	>140	—	2,5 h	β^-	$>{}^{140}_{56}$**Ba**	—	${}^{235}_{92}$**U**	${}^{232}_{90}$**Th**
58	**Ce**	**78**	**136**	selten	—	—	—	—	—	—
		80	**138**	selten	—	—	—	—	—	—
		81	139	—	2,1 m	β^+	—	—	—	—
		82	**140**	89	—	—	—	—	—	—
		83	141	—	15 d	β^- ┐	—	—	(${}^{235}_{92}$**U**) ┐	—
		84	**142**	11	—	— oder	—	—	oder	—
		85	143	—	—	— ┘	—	—	(${}^{235}_{92}$**U**) ┘	—
		?	?	—	~200 d	—	—	—	(${}^{235}_{92}$**U**)	—
59	**Pr**	81	140	—	3,5 m	β^-	—	—	—	—
		82	**141**	100	—	—	—	—	—	—
		83	142	—	18,7 h	β^-	—	—	—	—
60	**Nd**	87	147	—	(kurz ?)	β^- ┐ oder	—	—	—	—
		89	149	—	—	— ┘	—	—	—	—
		(91)	(151)	—	?	(β^-)	—	—	—	—
61	**Il ?**	(83)	(144)	—	108 d	—	—	—	—	—
		(86)	(147)	—	2,3 h	— ┐ oder	—	—	—	—
		(88)	(149)	—	—	— ┘	—	—	—	—
		(90)	(151)	—	?	(β^-)	—	—	—	—
62	**Sm**	89	151	—	47 h	β^- ┐ oder	—	—	—	—
		91	153	—	21 m	β^- ┘	—	—	—	—

(Fortsetzung).

(α, n)	(p, n)	(d, 2 n)	(d, n)	(d, $^{3}_{1}$H)	(d, p)	(n, γ)	(n, α)	(n, p)	(n, 2 n)	(γ, n)	
—	—	—	—	—	$^{(137)}_{54}$X	—	—	—	—	—	^{136}X
—	—	—	—	—	**$^{(136)}_{54}$X**	—	—	—	—	—	$^{(137)}$X
—	—	—	—	—	—	—	—	—	—	—	>^{136}X
—	—	—	—	—	—	—	—	—	—	—	^{139}X
—	—	—	—	—	—	—	—	—	—	—	(^{140})X
—	$^{133}_{56}$Ba	($^{(133)}_{56}$Ba[2])	**($^{(134)}_{56}$Ba*)**	—	$^{134}_{55}$Cs	$^{134}_{55}$Cs	$^{130}_{53}$J	$^{133}_{54}$X	—	—	^{133}Cs
—	—	—	—	—	**$^{133}_{55}$Cs**	**$^{133}_{55}$Cs**	—	—	—	—	^{134}Cs
—	—	—	—	—	**$^{133}_{55}$Cs**	**$^{133}_{55}$Cs**	—	—	—	—	$^{(134)}$Cs*
—	—	—	—	—	—	—	—	—	—	—	>^{136}Cs
—	—	—	—	—	—	—	—	—	—	—	^{139}Cs
—	—	—	—	—	—	—	—	—	—	—	(^{140})Cs
—	—	—	—	—	—	—	—	—	—	—	^{130}Ba
—	—	—	—	—	—	—	—	—	—	—	^{132}Ba
—	**$^{133}_{55}$Cs**	—	—	—	—	—	—	—	**$^{134}_{56}$Ba**	—	^{133}Ba
—	—	—	—	—	—	—	—	—	**$^{134}_{56}$Ba**	—	(^{133})Ba [1]
—	—	**($^{133}_{55}$Cs)**	—	—	—	—	—	—	—	—	(^{133})Ba [2]
—	—	—	—	—	—	—	—	—	$^{133}_{56}$Ba	—	^{134}Ba
—	—	—	**($^{133}_{54}$Cs)**	—	—	—	—	—	—	—	$^{(134)}$Ba*
—	—	—	—	—	—	—	—	—	—	—	^{135}Ba
—	—	—	—	—	—	—	$^{133}_{54}$X	—	—	—	^{136}Ba
—	—	—	—	—	—	—	—	—	—	—	^{137}Ba
—	—	—	—	—	$^{139}_{56}$Ba	$^{139}_{56}$Ba	$^{135}_{54}$X*	—	—	—	^{138}Ba
—	—	—	—	—	**$^{138}_{56}$Ba**	**$^{138}_{56}$Ba**	—	**$^{139}_{57}$La**	—	—	^{139}Ba
—	—	—	—	—	—	—	—	—	—	—	^{140}Ba
—	—	—	—	—	—	—	—	—	—	—	>^{140}Ba
—	—	—	—	**($^{139}_{57}$La)**	—	—	—	—	**($^{139}_{57}$La)**	—	(^{138})La
—	—	—	—	($^{138}_{57}$La)	—	—	$^{140}_{57}$La	$^{139}_{56}$Ba	($^{138}_{57}$La)	—	^{139}La
—	—	—	—	—	—	—	**$^{139}_{57}$La**	—	—	—	^{140}La
—	—	—	—	—	—	—	—	—	—	—	>^{140}La
—	—	—	—	—	—	—	—	—	—	—	^{136}Ce
—	—	—	—	—	—	—	—	—	—	—	^{138}Ce
—	—	—	—	—	—	—	—	—	**$^{140}_{58}$Ce**	—	^{139}Ce
—	—	—	—	—	—	$^{141}_{58}$Ce		—	$^{139}_{58}$Ce	—	^{140}Ce
—	—	—	—	—		**$^{140}_{58}$Ce**	oder	—	—	—	^{141}Ce
—	—	—	—	—	oder	$^{143}_{58}$Ce		—	—	—	^{142}Ce
—	—	—	—	—		**$^{142}_{58}$Ce**	—	—	—	—	^{143}Ce
—	—	—	—	—	—	—	—	—	—	—	$^{?}$Ce
—	—	—	—	—	—	—	—	—	**$^{141}_{59}$Pr**	—	^{140}Pr
($^{(144)}$61)	—	—	—	—	—	$^{142}_{59}$Pr	—	—	$^{140}_{59}$Pr	—	^{141}Pr
—	—	—	—	—	—	**$^{140}_{59}$Pr**	—	**$^{142}_{60}$Nd**	—	—	^{142}Pr
—	—	—	—	—	—	—	—	—	—	—	^{147}Nd
—	—	—	—	—	—	—	—	—	—	—	^{149}Nd
—	—	—	—	—	—	—	—	—	—	—	$^{(151)}$Nd
—	—	—	—	—	—	—	—	—	—	—	$^{(144)}$61
—	—	—	—	—	—	—	—	—	—	—	$^{(147)}$61
—	—	—	—	—	—	—	—	—	—	—	$^{(149)}$61
—	—	—	—	—	—	—	—	—	—	—	$^{(151)}$61
—	—	—	—	—	—	—	—	—	—	—	^{151}Sm
—	—	—	—	—	—	—	—	—	—	—	^{153}Sm

232 (Fortsetzung).

Z	Symbol	N	A	Häufigkeit in %	Halbwertszeit	Zerfallsart	
63	**Eu**	87	150	—	27 h	β^+	^{150}Eu
		89	152	—	9,4 h	β^-, K	^{152}Eu
		(isomer)		—	105 m	— ┐	^{152}Eu*
		91	154	—	~1,2 a	β^-, (K) oder	^{154}Eu
		(isomer)		—	12 m	— ┘	^{154}Eu*
64	**Gd**	95	159	—	17 h	} β^-	^{159}Gd
		(isomer)		—	3,5 m		^{159}Gd*
65	**Tb**	93	158	—	3,6 m	β^+	^{158}Tb
		95	160	—	3,3 h	β^-	^{160}Tb
66	**Dy**	93	159	—	2,2 m	β^+	^{159}Dy
		99	165	—	156 m	β^-	^{165}Dy
67	**Ho**	67	164	—	47 m	β^-	^{164}Ho
		99	166	—	30 h	β^-	^{166}Ho
68	**Er**	97	165	—	1,1 m	β^+	^{165}Er
		101	169	—	12 h	β^-	^{169}Er
		103	171	—	5,1 h	β^-	^{171}Er
69	**Tm**	101	170	—	4 mo	—	^{170}Tm
70	**Yb**	105	175	—	2,1 h	} β^-	^{175}Yb
		(isomer)		—	41 h		$^{(175)}$Yb*
71	**Cp**	(105)	(176)	—	4 h	— ┐ oder	$^{(176)}$Cp
		(106)	(177)	—	6...7 d	— ┘	$^{(177)}$Cp
72	**Hf**	109	181	—	55 d	β^-	^{181}Hf
73	**Ta**	107	180	—	8,2 h	K, (β^-)	^{180}Ta
		109	182	—	99 d	β^-	^{182}Ta
74	**W**	111	185	—	74,5 d	β^-	^{185}W
		113	187	—	24,1 h	β^-	^{187}W
75	**Re**	109	184	—	54 d	(β^-, K)	^{184}Re
		111	186	—	90 h	β^-	^{186}Re
		113	188	—	16 h	β^-	^{188}Re
76	**Os**	115	191	—	32 h	β^- ┐ oder	^{191}Os
		117	193	—	17 d	β^- ┘	^{193}Os
77	**Ir**	(115)	(192)	—	68 d	β^-	$^{(192)}$Ir
	1	(117)	(194)	—	1,5 m	β^-	$^{(194)}$Ir^1
	2	(117)	(194)	—	19,5 h	β^-	$^{(194)}$Ir^2
78	**Pt**	(115)	(193)	—	49 m	β^+	^{193}Pt
		119	197	—	19 h	} β^-	^{197}Pt
		(isomer)		—	3,3 d		^{197}Pt*
		121	199	—	27 m	β^-	^{199}Pt
		?	?	—	85 m	—	$^?$Pt
79	**Au**	116	195	—	37 m	β^+	^{195}Au
		(isomer)		—	54 h	(γ) ┐	^{195}Au*
		(117)	(196)	—	13 h	β^- oder ┘	$^{(196)}$Au
		(isomer)		—	—	— ┐	$^{(196)}$Au*
		(118*)	**(197*)**	—	5,6 d	γ oder ┘	$^{(197)}$Au*

232 (Fortsetzung).

Z	Symbol	N	A	Häufigkeit in %	Halbwertszeit	Zerfallsart	
79	Au	119	198	—	2,72 d	β^-, (K)	^{198}Au
		120	199	—	3,3 d	β^-	^{199}Au
		(120)	(199)	—	164 d	β^-	(^{199})Au
		?	?	—	48 m	—	$^{?}$Au
80	**Hg**	117	197	—	43 m	K	^{197}Hg
		123	203	—	25 h	— ┐ oder	^{203}Hg
		125	205	—	—	— ┘	^{205}Hg
		?	?	—	>30 d	—	$^{?}$Hg
81	**Tl**	123	204	—	4,23 m	β^-	^{204}Tl
		125	206	—	1...2 a	—	^{206}Tl
82	**Pb**	**(122*)**	**(204*)**	—	52 h	— ┐	(^{204})Pb*
		(123)	(205)	—	80 m	— oder	(^{205})Pb
		(124*)	**(206*)**	—	—	— ┘	(^{206})Pb*
		127	209	—	3,3 h	β^-	^{209}Pb
	*	?	?	—	1,6 m	γ	$^{?}$Pb*
90	**Th**	143	233	—	23,0 m	β^-	^{233}Th
91	**Pa**	142	233	—	27,4 d	β^-	^{233}Pa
92	**U**	145	237	—	7,0 d	β^-	^{237}U
		147	239	—	23,5 m	β^-	^{239}U
93	—	146	239	—	2,3 d	β^-	^{239}93

24 Spektren der Atome und Moleküle.

241 Röntgenspektrum.

Die Linien des charakteristischen Röntgenspektrums eines Elementes bilden 1...5 voneinander getrennte Serien. Die kurzwelligste Serie wird mit K, die folgenden mit L, M, N, P bezeichnet. Innerhalb der Serien werden die einzelnen Gruppen von Linien durch Buchstaben gekennzeichnet und zwar nach Siegbahn bei der K-Serie nach fallender Wellenlänge mit α und β, bei der L-Serie mit l, α, η, β, γ. Innerhalb der einzelnen Gruppen sind die Linien nach der Intensität numeriert. K_{α_1} gibt also die stärkste Linie der K_α-Gruppe an. Die weiteren Bezeichnungen der Linien nach Siegbahn und Sommerfeld sind aus dem Niveauschema 2411 zu ersehen. Die Termdarstellung[1] der Linien z. B. für K_α : $1\,s^2S_{1/2} \rightarrow 2\,p^2P_{3/2}$ ist weniger gebräuchlich.

Je größer die Ordnungszahl eines Elementes ist, desto härter ist die charakteristische Strahlung. Nach dem annähernd gültigen Moseleyschen Gesetz ist die Wurzel aus der Frequenz einer bestimmten Linie eine lineare Funktion der Ordnungszahl Z. In Tabelle 2412 sind die stärksten Röntgenlinien der K-, L-, M-Serie der Elemente angegeben. Tabelle 2413 gibt die Röntgenlinien der Elemente nach steigender Wellenlänge geordnet an.

Die Schwächung der Röntgenstrahlen beim Durchgang durch Materie wird durch den Schwächungskoeffizienten μ angegeben. Für ein paralleles monochromatisches Strahlenbündel von der Intensität I_0 ist die Intensität I nach Durchgang durch eine

[1] Vgl. 242.

Schicht von der Dicke x cm: $I = I_0 \cdot e^{-\mu x}$. Anstatt des Schwächungskoeffizienten μ wird meist der Massenschwächungskoeffizient μ/ϱ (ϱ = Dichte) oder der atomare oder molekulare Schwächungskoeffizient $\mu/\varrho \cdot M/N$ (M = Atom- bzw. Molekulargewicht; N = Loschmidtsche Zahl) angegeben. Für die Abhängigkeit des Schwächungskoeffizienten eines bestimmten Stoffes von der Wellenlänge λ gilt: Er steigt mit λ bis zu der für diesen Stoff kritischen Wellenlänge an (λ_K, λ_{L_1} und λ_{L_2} usw.). Beim Überschreiten dieser Wellenlängen ändert er sich unstetig, er fällt auf kleinere Werte ab. Abb. 24141 zeigt dies für den Massenschwächungskoeffizienten des Platins. Diese kritischen Wellenlängen $\lambda_{krit.}$ sind die Absorptionsgrenzen; es sind die Seriengrenzen der Emissionslinien. Die Energie $\frac{h \cdot c}{\lambda_{krit.}}$ genügt, um ein Elektron aus dem betreffenden Niveau aus dem Atom zu entfernen. Bei Einstrahlung dieser Energie wird die ganze Serie des Niveaus angeregt (Beispiele für $\lambda_{krit.}$ 2416). Die Wellenlänge der K-Absorptionsgrenzen der Elemente läßt sich annähernd nach der Formel

$$\lambda_K = \frac{880}{(Z-4)^2}$$

berechnen. Der atomare Massenschwächungskoeffizient für eine bestimmte Wellenlänge steigt mit wachsender Ordnungszahl Z an und erleidet einen unstetigen Abfall bei dem Element, das bei dieser Wellenlänge eine kritische Wellenlänge hat. Abb. 24142 zeigt den Verlauf des atomaren Massenschwächungskoeffizienten für die Wellenlänge 1 Å an.

Tabelle 24151 gibt die Massenschwächungskoeffizienten der Elemente für einige Wellenlängen an, Tabelle 24152 die einiger gasförmiger Verbindungen. Die Massenschwächungskoeffizienten von Verbindungen lassen sich additiv aus denen der Elemente berechnen.

Der Schwächungsvorgang beruht auf wahrer Absorption und auf Streuung der Röntgenstrahlen. Dementsprechend kann man den Schwächungskoeffizienten in zwei Bestandteile zerlegen: Den Absorptionskoeffizienten τ und den Streuungskoeffizienten σ. Entsprechend μ/ϱ werden σ und τ auch meist als spezifische Koeffizienten, also σ/ϱ und τ/ϱ angegeben.

In Tabelle 2417 sind die spezifischen Streukoeffizienten einiger Elemente für einige Wellenlängen angegeben. Die wahren Absorptionskoeffizienten werden aus der Differenz von μ und σ erhalten. Annähernd ist $\tau \sim \varrho \lambda^3 Z^3$. Genauere Werte ergeben die Formeln nach

Walter:

$$\frac{\tau}{\varrho} = 1{,}60 \cdot 10^{-2}\, \lambda^3 \frac{Z^{3,94}}{A} \quad \text{für} \quad 0{,}1\,\text{Å} < \lambda < \lambda_K$$

$$\frac{\tau}{\varrho} = 5{,}22 \cdot 10^{-4}\, \lambda^3 \frac{Z^{4,3}}{A} \quad \text{für} \quad \lambda_K < \lambda < 1{,}0\,\text{Å}$$

Küstner und Trübestein:

$$\frac{\tau}{\varrho} = 21{,}0 \cdot 10^{-4}\, Z^{3,46}\, \lambda^{3,205}$$

für $0{,}1\,\text{Å} \leqq \lambda \leqq 2\,\text{Å}$ (nur für Elemente mit kleinem Atomgewicht).

2411 Niveauschema für die Einordnung der Röntgenspektrallinien.

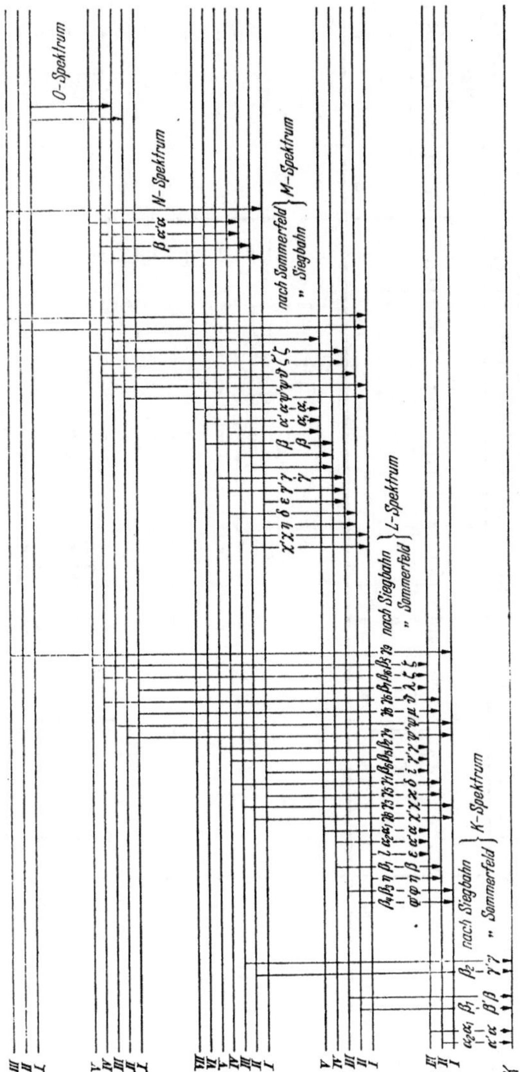

2412 Röntgenspektren der Elemente

nach M. Siegbahn: Spektroskopie der Röntgenstrahlen, Berlin 1931. Wellenlänge in 10^3 X. Als Bezeichnung der Röntgenlinien der einzelnen Serien sind in der ersten Zeile des Kopfes die Niveauübergänge, in der zweiten die Bezeichnung nach Sommerfeld und in der dritten die nach Siegbahn angegeben. Den Messungen liegt für die Gitterkonstante des Kalkspats der Wert $d_{18^\circ C} = 3029{,}45$ X zugrunde.

Ordnungszahl Z	Element	K-Serie				L-Serie									M-Serie			
		KL_{II}	KL_{III}	KM_{III}	KN_{III}	$L_{III}M_{IV}$	$L_{III}M_{IV}$	$L_{III}M_{V}$	$L_{II}M_{I}$	$L_{II}M_{IV}$	$L_{I}M_{II}$	$L_{I}M_{III}$	$L_{III}N_{V}$	$L_{II}N_{IV}$	$M_{V}N_{VI}$	$M_{V}N_{VII}$	$M_{IV}N_{VI}$	$M_{III}N_{V}$
		α'	α	β	γ	ε	α'	α	η	β	φ'	φ	γ	δ	α'	α	β	γ
		α_2	α_1	β_1	β_2	l	α_2	α_1	η	β_1	β_4	β_3	β_2	γ_1	α_2	α_1	β	γ
11	Na	11,885		11,594	—	—	—		—	—	—		—	—	—	—	—	—
12	Mg	9,8690		9,539	—	—	—		—	—	—		—	—	—	—	—	—
13	Al	8,3205		7,965	—	—	—		—	—	—		—	—	—	—	—	—
14	Si	7,1111		6,7545	—	—	—		—	—	—		—	—	—	—	—	—
15	P	6,1444	6,1417	5,7921	—	—	—		—	—	—		—	—	—	—	—	—
16	S	5,3638	5,3613	5,0211	—	—	—		—	—	—		—	—	—	—	—	—
17	Cl	4,7214	4,7182	4,3946	—	—	—		—	—	—		—	—	—	—	—	—
18	Ar	—	—	—	—	—	—		—	—	—		—	—	—	—	—	—
19	K	3,7371	3,7337	3,4468	—	—	—		—	—	—		—	—	—	—	—	—
20	Ca	3,3549	3,3517	3,0834	—	—	—		—	—	—		—	—	—	—	—	—
21	Sc	3,0284	3,0250	2,7739	—	—	—		—	—	—		—	—	—	—	—	—
22	Ti	2,7468	2,7432	2,5090	2,4935	—	—		—	—	—		—	—	—	—	—	—
23	V	2,5021	2,4984	2,2797	2,2659	—	24,2		—	—	—		—	—	—	—	—	—
24	Cr	2,2889	2,2840	2,0806	—	—	21,53		—	21,28	—		—	—	—	—	—	—
25	Mn	2,1015	2,0975	1,9062	—	—	19,39		—	19,12	—		—	—	—	—	—	—
26	Fe	1,9360	1,9311	1,7530	—	20,16	17,58		19,65	17,28	15,61		—	—	—	—	—	—
27	Co	1,7892	1,7853	1,6174	—	18,32	15,94		17,77	15,69	—		—	—	—	—	—	—
28	Ni	1,6584	1,6545	1,4971	1,4856	16,66	14,53		16,27	14,26	13,14		—	—	—	—	—	—
29	Cu	1,5412	1,5367	1,3894	1,3782	15,27	13,306		14,91	13,05	12,10		—	—	—	—	—	—
30	Zn	1,4360	1,4322	1,2926	1,2811	14,04	12,23		13,67	11,97	11,16		—	—	—	—	—	—
31	Ga	1,3409	1,3372	1,2052	1,1938	12,89	11,27		12,56	11,01	—		—	—	—	—	—	—
32	Ge	1,2552	1,2513	1,1267	1,1146	11,922	10,415		11,587	10,153	—		—	—	—	—	—	—
33	As	1,1774	1,1734	1,0551	1,0428	11,048	9,652		10,711	9,395	8,912		—	—	—	—	—	—
34	Se	1,1065	1,1025	0,99013	0,97791	10,272	8,972		9,939	8,718	—	—	—	—	—	—	—	—
35	Br	1,0417	1,0376	0,93087	0,91853	9,564	8,358		9,235	8,109	—	—	—	—	—	—	—	—
37	Rb	0,9278	0,9236	0,82696	0,81476	—	—		—	—	6,801	6,769	—	—	—	—	—	—
38	Sr	0,8776	0,8735	0,78130	0,76921	7,822	6,849		7,506	6,610	6,392	6,358	—	—	—	—	—	—
39	Y	0,8313	0,8271	0,73919	0,72713	—	6,436		7,031	6,204	6,008	5,974	—	—	—	—	—	—
40	Zr	0,7885	0,7843	0,70028	0,68850	6,899	6,057		6,594	5,824	5,652	5,619	5,5742	5,374	—	—	—	—

41	Nb	0,7489	0,7445	0,66438	0,65280	6,510	5,718	5,712	6,196	5,480	5,330	5,297	5,2260	5,0248	—	—	—	—
42	Mo	0,71210	0,70752	0,63098	0,61970	—	5,403	5,395	5,836	5,166	5,041	5,005	4,9100	—	—	—	—	—
44	Ru	0,64606	0,64174	0,57131	0,56051	5,4864	4,844	4,836	—	4,611	4,513	4,476	4,362	4,173	—	—	—	—
45	Rh	0,61637	0,61202	0,54449	0,53396	5,2070	4,5956	4,5878	4,9112	4,3640	4,2802	4,2447	4,1221	3,9357	—	—	—	—
46	Pd	0,58863	0,58427	0,51947	0,50918	4,9396	4,3666	4,3585	4,6502	4,1373	4,0623	4,0257	3,9007	3,7164	—	—	—	—
47	Ag	0,56267	0,55801	0,49601	0,48603	4,6976	4,1456	4,1458	4,4101	3,9265	3,8611	3,8245	3,6956	3,5149	—	—	—	—
48	Cd	0,53832	0,53390	0,47408	0,46420	4,4713	3,9564	3,9478	4,1875	3,7301	3,6743	3,6364	3,5064	3,3280	—	—	—	—
49	In	0,51548	0,51106	0,45358	0,44408	4,2593	3,7724	3,7637	3,9761	3,5478	3,4990	3,4619	3,3312	3,1553	—	—	—	—
50	Sn	0,49402	0,48957	0,43430	0,42499	4,0633	3,6011	3,5922	3,7818	3,3779	3,3363	3,2989	3,1679	2,9949	—	—	—	—
51	Sb	0,47387	0,46931	0,41630	0,40710	3,8803	3,4408	3,4318	3,5996	3,2184	3,1843	3,1451	3,0166	2,8451	—	—	—	—
52	Te	0,45491	0,45037	0,39928	0,39037	3,7101	3,2910	3,2820	—	3,0700	3,0400	3,0013	2,8761	2,7065	—	—	—	—
53	J	0,43698	0,43246	0,38315	0,37471	3,5497	3,1509	3,1417	—	2,9309	2,9059	2,8682	2,7461	2,5775	—	—	—	—
54	X	0,41512	0,41958	0,36772	0,35916	—	—	—	—	—	—	—	—	—	—	—	—	—
55	Cs	0,40411	0,39959	0,35362	0,34516	3,2596	2,8956	2,8861	2,9833	2,6778	2,6605	2,6229	2,5064	2,3425	—	—	—	—
56	Ba	0,38899	0,38443	0,34022	0,33222	3,1287	2,7790	2,7696	2,8571	2,5622	2,5498	2,5110	2,3993	2,2366	—	—	—	—
57	La	0,37466	0,37004	0,32726	0,31966	3,0000	2,6688	2,6597	2,7340	2,4533	2,4438	2,4053	2,2980	2,1372	—	—	—	—
58	Ce	0,36110	0,35647	0,31501	0,30770	2,8857	2,5651	2,5560	2,6147	2,3510	2,3442	2,3059	2,2041	2,0443	—	14,030	13,755	11,511
59	Pr	0,34805	0,34340	0,30360	0,29625	2,7781	2,4676	2,4577	2,5070	2,2539	2,2501	2,2124	2,1148	1,9568	—	—	—	10,975
60	Nd	0,33595	0,33125	0,29275	0,28573	2,6703	2,3756	2,3653	2,4042	2,1622	2,1622	2,1222	2,0314	1,8738	—	12,650	12,375	10,483
62	Sm	0,31302	0,30833	0,27250	0,26575	2,4770	2,2057	2,1950	2,2140	1,9936	1,9964	1,9580	1,8781	1,7231	11,405	11,406	11,238	9,580
63	Eu	0,30265	0,29790	0,26307	0,25645	2,3903	2,1273	2,1163	—	1,9163	1,9221	1,8827	1,8082	1,6543	10,88	10,932	10,723	9,192
64	Gd	0,29261	0,28782	0,25394	0,24762	2,3071	2,0526	2,0419	—	1,8425	1,8493	1,8109	1,7419	1,5886	10,392	10,394	10,234	8,826
65	Tb	0,28286	0,27820	0,24551	0,23912	2,2290	1,9823	1,9715	—	1,7727	1,7814	1,7425	1,6790	1,5266	9,948	9,917	9,772	8,468
66	Dy	0,27375	0,26903	0,23710	0,23128	2,1540	1,9156	1,9046	1,8922	1,7066	1,7167	1,6777	1,6198	1,4697	9,548	9,520	9,345	8,127
67	Ho	0,26499	0,26030	—	—	2,0821	1,8521	1,8410	1,8220	1,6435	1,6553	1,6160	1,5637	1,4142	9,1863	9,142	8,947	7,849
68	Er	0,25664	0,25197	0,22215	0,21671	2,0151	1,7914	1,7804	1,7548	1,5834	1,5964	1,5579	1,5106	1,3623	8,813	8,781	8,576	7,530
69	Tm	0,24861	0,24387	0,21487	—	1,9511	1,7339	1,7228	1,6923	1,5268	1,5412	1,5023	1,4602	1,3127	—	—	—	—
70	Yb	0,24098	0,23628	0,20834	0,20322	1,8900	1,6789	1,6678	1,6310	1,4725	1,4882	1,4494	1,4128	1,2648	8,140	8,124	7,892	7,009
71	Cp	0,23358	0,22882	0,20171	0,19649	1,8318	1,6264	1,6155	1,5738	1,4207	1,4372	1,3982	1,3672	1,2203	—	7,823	7,586	6,748
72	Hf	0,22653	0,22173	0,19515	0,19042	1,7774	1,5770	1,5661	1,5197	1,3711	1,3893	1,3497	1,3235	1,1765	7,531	7,523	7,289	6,530
73	Ta	0,21973	0,21488	0,18911	0,18452	1,7249	1,5298	1,5189	1,4679	1,3242	1,3431	1,3041	1,2819	1,1356	7,244	7,235	7,006	6,299
74	W	0,21341	0,20860	0,18397	0,17898	1,6750	1,4844	1,4734	1,4181	1,2792	1,2988	1,2599	1,2420	1,0963	7,974	6,967	7,741	6,076
75	Re	—	—	—	—	1,6273	1,4410	1,4300	1,3706	1,2360	1,2563	1,2176	1,2041	1,0587	—	6,715	6,491	5,875
76	Os	0,20131	0,19645	0,17361	0,16875	—	1,3987	1,3886	—	1,1949	—	—	1,1688	1,02296	—	6,477	6,254	5,670
77	Ir	0,19550	0,19065	0,16850	0,16376	—	1,3598	1,3485	1,2817	1,1554	1,1771	1,1385	1,1330	0,98876	6,258	6,248	6,024	5,490
78	Pt	0,19004	0,18223	0,16340	0,15887	1,4964	1,3216	1,3103	1,2403	1,1176	1,1399	1,1017	1,0997	0,95599	6,044	6,033	5,815	5,309
79	Au	0,18483	0,17996	0,15902	0,15426	1,4569	1,2850	1,2738	1,2003	1,0813	1,1042	1,0655	1,0680	0,9246	5,837	5,828	5,611	5,135
80	Hg	—	—	—	—	1,4184	1,2495	1,2386	1,1616	1,0465	1,0692	1,0305	1,0377	0,8946	—	—	—	—
81	Tl	0,17466	0,16980	0,15011	0,14539	1,3819	1,2163	1,2049	1,1254	1,0130	1,0370	0,9985	1,0082	0,8657	5,453	5,443	5,238	4,815
82	Pb	0,17004	0,16516	0,14606	0,14125	1,3474	1,1841	1,1726	1,0900	0,9808	1,0056	0,9672	0,9808	0,8380	5,285	5,273	5,064	4,665
83	Bi	0,16525	0,16041	0,14205	0,13621	1,3137	1,1530	1,1415	1,0565	0,9500	0,9750	0,9367	0,9532	0,8114	5,118	5,107	4,899	4,522
90	Th	0,1368	0,1323	0,1169	0,1134	1,1128	0,9659	0,9540	0,8528	0,7636	0,7919	0,7532	0,7919	0,6518	4,142	4,129	3,933	3,672
91	Pa	—	—	—	—	1,0885	0,9428	0,9309	0,8278	0,7409	—	—	0,7721	—	—	—	—	—
92	U	0,13095	0,12640	0,1119	0,1084	1,0649	0,9206	0,9087	0,8035	0,7185	0,7464	0,7088	0,7531	0,6136	3,915	3,901	3,708	3,473

2413 Röntgenlinien nach steigender Wellenlänge geordnet.
Nach M. Siegbahn: Spektroskopie der Röntgenstrahlen, Berlin 1931.

λ in 10^3X	Element	λ in 10^3X	Element	λ in 10^3X	Element	λ in 10^3X	Element	λ in 10^3X	Element
0,112	U	0,519	Pd	0,811	Bi	0,986	Pt	1,127	Ge
0,126	U	0,534	Cd	0,813	Pb	0,988	Tl	1,130	W
0,159	Pt	0,534	Rh	0,815	Rb	0,989	Ir	1,133	Ir
0,164	Pt	0,538	Cd	0,819	Pb	0,990	Se	1,136	Ta
0,169	Ir	0,544	Rh	0,826	Th	0,991	Bi	1,138	Ir
0,179	W	0,558	Ag	0,827	Rb	0,999	Tl	1,140	Pt
0,184	W	0,561	Ru	0,827	Y	1,006	Pb	1,141	Cp
0,185	Pt	0,563	Ag	0,831	Y	1,007	Hg	1,142	Bi
0,190	Pt	0,571	Ru	0,836	Hg	1,008	Tl	1,153	Bi
0,196	Ir	0,584	Pd	0,838	Pb	1,013	Tl	1,155	Ir
0,209	W	0,589	Pd	0,838	Bi	1,019	Pb	1,162	Hg
0,213	W	0,593	U	0,839	Tl	1,019	Au	1,169	Os
0,293	Nd	0,597	U	0,842	Tl	1,023	Os	1,171	Ta
0,304	Pr	0,604	U	0,846	Tl	1,026	Au	1,173	Pb
0,315	Ce	0,612	Rh	0,865	Pb	1,026	W	1,173	As
0,327	La	0,614	U	0,866	Tl	1,030	Hg	1,175	Ir
0,331	Nd	0,616	Rh	0,866	Au	1,037	Tl	1,177	Ir
0,336	Nd	0,620	Mo	0,872	Hg	1,038	Hg	1,177	Hf
0,340	Ba	0,631	Th	0,873	Sr	1,038	Br	1,177	As
0,343	Pr	0,631	Mo	0,878	Sr	1,038	Au	1,178	Cp
0,348	Pr	0,642	Ru	0,893	Tl	1,042	Br	1,182	Yb
0,354	Cs	0,646	Ru	0,895	Hg	1,043	As	1,183	Cp
0,356	Ce	0,652	Th	0,895	Pt	1,047	Hg	1,184	Pb
0,361	Ce	0,653	Nb	0,896	Bi	1,047	Tl	1,195	Os
0,370	La	0,664	Nb	0,896	Au	1,050	Au	1,200	Au
0,374	J	0,689	Zr	0,902	Au	1,052	Pt	1,202	W
0,375	La	0,700	Zr	0,909	U	1,055	As	1,205	Tl
0,383	J	0,708	Mo	0,919	Br	1,057	Bi	1,205	Ga
0,384	Ba	0,709	U	0,921	U	1,060	W	1,210	W
0,389	Ba	0,712	Mo	0,923	Hg	1,063	Ta	1,213	W
0,390	Te	0,719	U	0,924	Bi	1,065	U	1,216	Tl
0,399	Te	0,725	U	0,924	Rb	1,066	W	1,220	Yb
0,400	Cs	0,727	Y	0,925	Pb	1,068	Au	1,220	Cp
0,404	Cs	0,735	U	0,925	Au	1,069	Hg	1,222	W
0,407	Sb	0,739	Y	0,926	Pt	1,070	Pt	1,226	Yb
0,416	Sb	0,745	Nb	0,928	Rb	1,072	W	1,239	Hg
0,425	Sn	0,746	U	0,931	Br	1,077	Hg	1,240	Pt
0,434	Sn	0,749	Nb	0,932	Pt	1,079	Pt	1,242	W
0,437	J	0,753	Th	0,937	Bi	1,081	Au	1,244	Ta
0,444	In	0,753	U	0,950	Bi	1,090	Pb	1,250	Hg
0,450	Te	0,761	Bi	0,951	Pb	1,096	W	1,251	Ge
0,454	In	0,764	Th	0,953	Bi	1,097	Ta	1,253	Ta
0,455	Te	0,769	Sr	0,954	Th	1,100	Pt	1,255	Ge
0,464	Cd	0,781	Sr	0,954	Au	1,103	Ta	1,256	Cp
0,469	Sb	0,784	Pb	0,956	Pt	1,103	Se	1,260	W
0,474	Sb	0,784	Zr	0,957	Ir	1,104	Ir	1,261	Ta
0,474	Cd	0,787	U	0,960	Pb	1,104	Au	1,265	Yb
0,486	Ag	0,789	Bi	0,963	Ir	1,107	Se	1,273	Er
0,490	Sn	0,789	Zr	0,966	Th	1,109	Au	1,274	Au
0,494	Sn	0,792	Th	0,967	Pb	1,112	Ta	1,279	W
0,496	Ag	0,792	Th	0,975	Bi	1,113	Th	1,281	Zn
0,509	Pd	0,794	Bi	0,978	Se	1,115	Ge	1,282	Ta
0,511	In	0,804	U	0,978	Tl	1,118	Pt	1,285	Au
0,515	In	0,810	Tl	0,981	Pb	1,125	Tl	1,287	W

2413 (Fortsetzung).

λ in 10³X	Element	λ in 10³X	Element	λ in 10³X	Element	λ in 10³X	Element	λ in 10³X	Element
1,293	Zn	1,473	Yb	1,658	Ni	1,893	Mn	2,169	Cs
1,299	W	1,473	W	1,664	Tb	1,895	Ce	2,176	Ce
1,303	Yb	1,474	Tb	1,668	Yb	1,905	Dy	2,184	Ce
1,304	Ta	1,482	Gd	1,675	W	1,906	Mn	2,186	Pr
1,310	Pt	1,482	Er	1,678	Dy	1,911	Mn	2,192	Ce
1,312	Er	1,484	W	1,679	Yb	1,916	Dy	2,195	Sm
1,314	Bi	1,486	Ni	1,679	Tb	1,916	Eu	2,201	La
1,318	Er	1,488	Yb	1,705	Eu	1,922	Eu	2,204	Ce
1,320	Ho	1,489	Er	1,707	Dy	1,923	Fe	2,206	Sm
1,322	Pt	1,496	Pt	1,717	Dy	1,931	Nd	2,212	Pr
1,324	Ta	1,497	Ni	1,720	Gd	1,931	Fe	2,214	Sm
1,324	Hf	1,499	Ni	1,723	Sm	1,936	Fe	2,227	Cs
1,328	Ta	1,511	Er	1,725	Ta	1,942	Sm	2,229	Tb
1,333	Cp	1,515	Dy	1,728	Gd	1,951	Ce	2,232	Cs
1,337	Ga	1,519	Ta	1,738	Tb	1,956	Ce	2,237	Ba
1,340	Cp	1,526	Gd	1,741	Fe	1,957	Pr	2,250	Pr
1,341	Ga	1,527	Tb	1,741	Nd	1,958	Sm	2,254	Pr
1,343	Ta	1,530	Ta	1,742	Gd	1,972	Tb	2,266	V
1,346	Cp	1,531	Cu	1,743	Tb	1,979	La	2,270	La
1,347	Pb	1,531	Gd	1,753	Fe	1,982	Tb	2,273	Cr
1,348	Ir	1,537	Cu	1,755	Er	1,994	Sm	2,277	Ce
1,350	Hf	1,541	Cu	1,756	Fe	1,996	Sm	2,277	La
1,360	Ir	1,558	Er	1,773	Tb	2,004	Nd	2,280	V
1,361	Ho	1,564	Er	1,775	Sm	2,012	Nd	2,284	Cr
1,362	Er	1,564	Ho	1,777	Co	2,015	Er	2,285	La
1,367	Cp	1,566	Hf	1,780	Er	2,016	Pr	2,288	V
1,368	Ho	1,574	Cp	1,781	Tb	2,019	Ce	2,289	Cr
1,371	Hf	1,574	Tb	1,784	Eu	2,019	Nd	2,298	La
1,371	Dy	1,577	Hf	1,785	Co	2,031	Nd	2,302	Ba
1,378	Cu	1,583	Er	1,788	Eu	2,037	La	2,306	Ce
1,389	Os	1,588	Eu	1,789	Co	2,042	La	2,307	Gd
1,389	Cu	1,589	Gd	1,791	Er	2,042	Gd	2,343	Cs
1,398	Cp	1,594	Eu	1,793	Nd	2,044	Ce	2,344	Ce
1,399	Os	1,596	Dy	1,796	Eu	2,053	Gd	2,351	Ce
1,403	Er	1,596	Er	1,797	Nd	2,067	Cr	2,365	Nd
1,413	Yb	1,603	Sm	1,803	Gd	2,072	Ba	2,371	Ba
1,414	Dy	1,605	Co	1,808	Eu	2,081	Cr	2,374	La
1,414	Ho	1,616	Cp	1,811	Gd	2,082	Ho	2,376	Ba
1,414	Cp	1,616	Ho	1,815	Pr	2,086	Cr	2,376	Nd
1,418	W	1,617	Co	1,822	Ho	2,087	Pr	2,390	Eu
1,418	Hg	1,619	Ho	1,832	Cp	2,088	Mn	2,399	Ba
1,420	Dy	1,620	Co	1,841	Ho	2,096	Pr	2,404	Nd
1,421	Cp	1,620	Dy	1,843	Gd	2,098	Mn	2,405	La
1,424	Tb	1,626	Cp	1,849	Gd	2,099	Nd	2,411	Cs
1,429	Zn	1,629	Eu	1,852	Ho	2,103	Pr	2,440	U
1,432	Zn	1,631	Yb	1,852	Sm	2,106	Ce	2,444	La
1,436	Zn	1,638	Gd	1,866	Sm	2,115	Pr	2,453	La
1,437	Cp	1,644	Ho	1,870	Pr	2,116	Eu	2,458	Pr
1,449	Yb	1,648	Ni	1,871	Eu	2,122	Nd	2,468	Pr
1,457	Au	1,652	Sm	1,874	Nd	2,127	Eu	2,473	Cs
1,459	Ho	1,654	Eu	1,875	Pr	2,130	Ba	2,477	Sm
1,463	Yb	1,655	Ni	1,878	Sm	2,134	Ba	2,477	Ba
1,468	Ta	1,655	Ho	1,883	Eu	2,137	La	2,480	Cs
1,468	Tb	1,656	Tb	1,890	Yb	2,154	Dy	2,485	V
1,470	Dy	1,656	Sm	1,892	Dy	2,162	Nd	2,494	Ti

2413 (Fortsetzung).

λ in 10^3X	Element	λ in 10^3X	Element	λ in 10^3X	Element	λ in 10^3X	Element	λ in 10^3X	Element
2,498	V	2,966	Sb	3,441	Sb	3,924	Th	4,522	Bi
2,502	V	2,973	Sb	3,443	K	3,926	Bi	4,554	Th
2,506	Te	2,974	In	3,447	K	3,927	Ag	4,560	Bi
2,506	Cs	2,983	Cs	3,462	In	3,934	Th	4,576	Rh
2,507	Pr	2,995	Sn	3,463	U	3,936	Rh	4,588	Rh
2,509	Ti	3,000	La	3,473	U	3,938	Cd	4,590	Pt
2,511	Ba	3,001	Te	3,481	Pd	3,948	Cd	4,596	Rh
2,517	Ti	3,006	Th	3,499	In	3,956	Cd	4,611	Ru
2,550	Ba	3,006	Sc	3,506	Cd	3,964	Pb	4,615	U
2,556	Ce	3,017	Sb	3,514	U	3,976	In	4,647	Nb
2,562	Ba	3,025	Sc	3,515	Ag	4,005	Tl	4,650	Pd
2,565	Te	3,028	Sc	3,548	In	4,007	Pd	4,650	Pb
2,565	Ce	3,040	Te	3,570	U	4,026	Pd	4,665	Pb
2,578	J	3,068	Ca	3,592	Sn	4,035	Rh	4,682	Pt
2,588	Cs	3,070	Te	3,600	Sb	4,062	Pd	4,684	Cl
2,613	Th	3,077	Sn	3,601	Sn	4,063	Sn	4,688	Cl
2,615	Ce	3,080	Ca	3,607	Cd	4,063	Pb	4,693	Au
2,623	Cs	3,083	Ca	3,607	Ag	4,096	Bi	4,698	Ag
2,634	Sb	3,091	Ca	3,620	Ag	4,110	Tl	4,703	Cl
2,660	La	3,108	Sb	3,630	Ag	4,112	Th	4,705	Pb
2,661	Cs	3,108	Sn	3,636	Cd	4,122	Rh	4,712	Mo
2,669	La	3,114	U	3,661	Th	4,130	Th	4,718	Cl
2,670	Nd	3,114	Sn	3,672	Th	4,135	Ag	4,721	Cl
2,678	Cs	3,124	Th	3,674	Cd	4,137	Pd	4,770	Ir
2,695	Sb	3,129	Ba	3,682	Rh	4,143	Th	4,800	Tl
2,707	Te	3,132	Cd	3,694	Ag	4,146	Ag	4,813	Bi
2,727	Ti	3,142	J	3,698	U	4,154	Ag	4,815	Tl
2,734	La	3,145	Sb	3,708	U	4,173	Ru	4,823	Ru
2,743	Ti	3,149	Sn	3,709	K	4,188	Cd	4,831	Mo
2,745	U	3,151	J	3,710	Th	4,207	Tl	4,836	Ru
2,746	J	3,155	In	3,710	Te	4,233	Rh	4,844	Ru
2,747	Ti	3,168	Sn	3,711	K	4,235	Pb	4,855	Tl
2,758	Sc	3,184	Sb	3,716	Pd	4,245	Rh	4,859	Ir
2,770	Ba	3,218	Sb	3,719	K	4,259	In	4,866	Pt
2,771	Sn	3,242	In	3,730	Cd	4,277	Ru	4,881	Bi
2,774	Sc	3,260	In	3,732	Bi	4,280	Rh	4,899	Bi
2,778	Pr	3,262	Sn	3,734	K	4,291	Au	4,901	Th
2,779	Ba	3,266	In	3,737	K	4,322	U	4,910	Mo
2,783	Te	3,282	Te	3,750	In	4,347	Pd	4,911	Rh
2,799	Sc	3,291	Te	3,764	In	4,359	Pd	4,937	U
2,813	U	3,299	Sn	3,772	In	4,362	Ru	4,940	Pd
2,830	Sn	3,300	Ag	3,782	Sn	4,364	Rh	4,941	Zr
2,845	Sb	3,322	U	3,799	Ag	4,367	Pd	5,005	Mo
2,857	Ba	3,328	Cd	3,804	Th	4,370	Mo	5,013	S
2,868	J	3,330	Ca	3,812	Pd	4,391	Cl	5,021	S
2,876	Te	3,331	In	3,825	Ag	4,395	Cl	5,025	Nb
2,886	Cs	3,332	Ca	3,829	Bi	4,406	Cl	5,040	U
2,896	Cs	3,336	Sn	3,861	Ag	4,410	Ag	5,041	Mo
2,906	J	3,352	Ca	3,864	Pb	4,424	Au	5,045	S
2,919	In	3,355	Ca	3,880	Sb	4,451	Pt	5,045	Pb
2,926	Sb	3,378	Sn	3,886	U	4,471	Cd	5,065	Pb
2,931	J	3,418	Cd	3,888	Ru	4,476	Ru	5.087	Bi
2,938	Th	3,428	In	3,901	Pd	4,506	Bi	5,108	Bi
2,941	U	3,432	Sb	3,902	U	4,513	Ru	5,119	Bi
2,964	Te	3,435	K	3,916	U	4,514	Au	5,135	Au

2413 (Fortsetzung).

λ in 10³X	Element	λ in 10³X	Element	λ in 10³X	Element	λ in 10³X	Element	λ in 10³X	Element
5,156	Pb	5,792	P	6,508	Sr	7,596	Ta	9,395	As
5,163	W	5,794	Au	6,510	Nb	7,629	Ir	9,520	Dy
5,167	Mo	5,796	Pt	6,530	Hf	7,722	Pt	9,539	Mg
5,175	Au	5,810	Au	6,571	Bi	7,774	Pt	9,548	Dy
5,207	Rh	5,816	Pt	6,594	Zr	7,790	Cp	9,580	Sm
5,220	Tl	5,820	P	6,610	Sr	7,822	Sr	9,580	Dy
5,226	Nb	5,824	Zr	6,653	Ir	7,849	Ho	9,611	Dy
5,229	Th	5,828	Au	6,715	Re	7,863	Yb	9,617	As
5,239	Tl	5,836	Mo	6,718	W	7,871	Hf	9,648	Mg
5,239	Pb	5,842	Au	6,726	Pb	7,944	Al	9,652	As
5,256	Pb	5,870	Tl	6,739	Si	8,002	Ir	9,706	Mg
5,274	Pb	5,875	Re	6,743	W	8,043	Al	9,731	Mg
5,282	S	5,919	Re	6,748	Cp	8,048	Ir	9,778	Tb
5,288	Pb	5,974	Y	6,769	Rb	8,094	Yb	9,786	Mg
5,297	Nb	5,975	Pt	6,788	Pb	8,109	Br	9,801	Mg
5,309	Pt	5,997	Pt	6,794	W	8,124	Yb	9,827	Mg
5,323	S	6,008	Y	6,794	Si	8,127	Dy	9,869	Mg
5,329	S	6,009	Ir	6,801	Rb	8,137	Yb	9,948	Tb
5,329	Th	6,011	Pt	6,819	Sr	8,190	Al	9,997	Tb
5,331	Nb	6,025	Ir	6,849	Sr	8,210	Al	10,152	Gd
5,341	S	6,034	Pt	6,899	Zr	8,222	Re	10,233	Gd
5,342	W	6,036	Rb	6,932	W	8,251	Al	10,394	Gd
5,346	Pt	6,040	Zr	6,948	W	8,267	Al	10,415	Ge
5,347	Nb	6,045	Pt	6,960	Tl	8,286	Al	10,428	Gd
5,361	S	6,057	Zr	6,968	Rb	8,293	Os	10,458	Yb
5,364	S	6,076	W	6,969	W	8,321	Al	10,483	Nd
5,374	Zr	6,096	P	7,004	Si	8,327	Br	10,508	Gd
5,380	Mo	6,103	P	7,008	Ta	8,342	Os	10,652	Eu
5,395	Mo	6,121	W	7,009	Yb	8,358	Br	10,723	Eu
5,401	Mo	6,144	P	7,015	Si	8,468	Tb	10,883	Eu
5,416	Tl	6,149	Bi	7,017	Tl	8,537	Er	10,932	Eu
5,433	Tl	6,196	Nb	7,055	Si	8,559	W	10,975	Pr
5,450	Tl	6,204	Y	7,065	Si	8,576	Er	11,008	Eu
5,461	Tl	6,215	Ir	7,083	Ta	8,611	Re	11,147	Sm
5,480	Nb	6,231	Ir	7,084	Si	8,646	Re	11,241	Sm
5,482	Zr	6,233	Os	7,086	Au	8,718	Se	11,265	Sm
5,490	Ir	6,241	Au	7,111	Si	8,781	Er	11,348	Er
5,526	Bi	6,249	Ir	7,201	Ta	8,813	Er	11,405	Sm
5,529	Ir	6,254	Os	7,237	Ta	8,826	Gd	11,469	Sm
5,558	Ta	6,262	Ir	7,262	Hf	8,832	Er	11,511	Ce
5,574	Zr	6,280	Sr	7,274	Rb	8,907	Ho	11,533	Sm
5,595	Au	6,299	Ta	7,289	Hf	8,940	Se	11,594	Na
5,612	Au	6,340	Ta	7,304	Rb	8,943	W	11,787	Na
5,619	Zr	6,358	Sr	7,346	W	8,948	Ho	11,805	Na
5,620	W	6,371	Pb	7,356	Pt	8,972	Se	11,838	Na
5,637	Sr	6,392	Sr	7,451	Au	8,977	W	11,839	Ho
5,652	Zr	6,416	Y	7,486	Hf	9,142	Ho	11,885	Na
5,670	Os	6,436	Y	7,504	Hf	9,186	Ho	12,375	Nd
5,693	Zr	6,440	Os	7,506	Sr	9,192	Eu	12,401	Dy
5,696	Nb	6,442	Pt	7,507	Au	9,211	Ho	12,441	Nd
5,712	Nb	6,459	Os	7,524	Hf	9,297	Ta	12,650	Nd
5,712	Os	6,477	Os	7,530	Er	9,307	Dy	12,949	Tb
5,718	Nb	6,491	Re	7,555	Cp	9,311	Ta	13,541	Gd
5,754	Au	6,508	Bi	7,586	Cp	9,345	Dy	14,191	Eu

2414 Atomarer Schwächungskoeffizient.

24141 Atomarer Schwächungskoeffizient μ_a und Massenschwächungskoeffizient μ/ϱ für Platin.

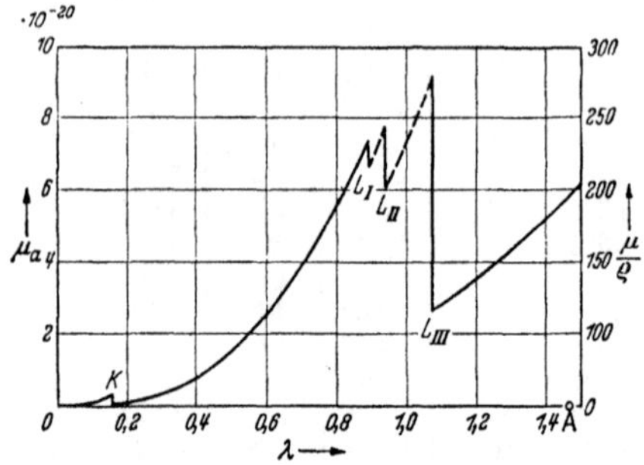

24142 Atomarer Schwächungskoeffizient μ_a in Abhängigkeit von der Ordnungszahl Z für $\lambda = 1$ Å.

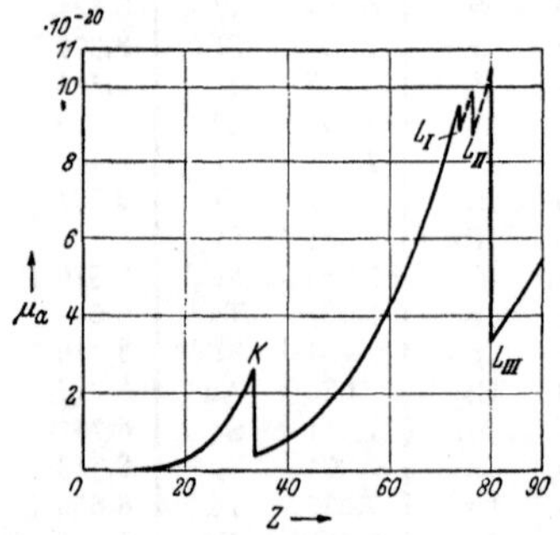

2415 Massenschwächungskoeffizient.

24151 Massenschwächungskoeffizient μ/ϱ der Elemente in $g^{-1}\,cm^2$.

Wellenlänge in 10^8 X	H_2	He	Li	Be	B	C	N_2	O_2	Ne
0,005	0,078					0,0385			
0,010	0,117					0,059			
0,024	0,165					0,080			
0,040	0,205					0,105			
0,050						0,114	0,120		
0,064	0,245		0,110		0,126	0,130		0,130	
0,072	0,250		0,118		0,132	0,136		0,137	
0,080	0,255					0,137			
0,098	0,280		0,125		0,138	0,142		0,144	
0,113	0,310					0,147		0,153	
0,118						0,151			
0,126									
0,130	0,320		0,132		0,149	0,152		0,157	
0,140						0,152			
0,142	0,330					0,153			
0,146	0,340					0,155		0,162	
0,158						0,160			
0,175	0,360		0,144	0,150	0,155	0,163	0,166	0,169	0,185
0,200	0,375		0,151	0,160	0,165	0,175	0,180	0,183	0,210
0,260	0,385		0,156	0,166	0,175	0,185	0,200	0,210	0,270
0,280									
0,300						0,190			
0,340						0,210			
0,417	0,390		0,180	0,185	0,198	0,256	0,310	0,372	0,580
0,497	0,435		0,198	0,210	0,220	0,315	0,400	0,520	0,930
0,565						0,46			
0,631	0,435		0,225	0,255	0,305	0,467	0,610	0,900	1,80
0,710	0,435		0,260	0,315	0,365	0,598	0,870	1,22	2,50
0,880	0,440		0,350	0,425	0,580	0,990	1,50	2,20	4,55
1,000	0,45		0,43	0,55	0,76	1,36	2,10	3,13	6,5
1,235	0,46		0,67	0,95	1,35	2,42	3,95	5,7	12,4
1,389	0,47		0,86	1,25	1,87	3,35	5,50	8,1	17,0
1,539	0,48		1,10	1,60	2,45	4,52	7,45	11,1	24,0
1,930	0,50		2,10	3,05	4,7	8,75	14,0	21,7	49,0
2,50	0,52		4,0	6,1	9,1	17,8		44,5	100
3,35						43,0			
4,36						97,8	166	258	478
5,39						185	312	476	865
6,97						390	645	976	1727
8,32						656	1109	1585	2750
9,87							1796	2540	4310
11,88									6850
44,6		3600				2170	3850	5765	13100
68,0	2980						10900	16250	

24151 (Fortsetzung).

Wellenlänge in 10^3 X	Na	Mg	Al	P	S	Cl	Ar	K	Ca
0,005			0,038						
0,010			0,058						
0,024			0,079						
0,040			0,105						
0,050			0,113					0,115	
0,064	0,130	0,130	0,130		0,139	0,142			0,155
0,072	0,139	0,140	0,143		0,150	0,158			0,180
0,080			0,146			0,164		0,162	
0,081			0,145		0,155				
0,090			0,160					0,180	
0,098	0,150	0,152	0,156		0,166	0,176			0,200
0,102			0,169		0,192				
0,113	0,155	0,160	0,166		0,189	0,195			0,230
0,118			0,172		0,196				
0,126									
0,130	0,160	0,168	0,186		0,220	0,230		0,256	0,290
0,140					0,250			0,297	
0,142			0,191						
0,146	0,170	0,176	0,195			0,280			
0,158			0,208						
0,160			0,212		0,295			0,366	
0,170			0,222						
0,173					0,330				
0,175	0,195	0,205	0,228		0,335	0,341	0,400		0,460
0,185			0,249		0,360				
0.200	0,225	0,250	0,270		0,400	0,445	0,500		0,52
0,240		0,293	0,365		0,580				
0,260	0,305	0,343	0,402		0,650	0,750	0,850		1,10
0,280		0,375	0,475		0,800				
0,300		0,430	0,545		0,930				
0,340		0,570	0,730		1,23				
0,417	0,750	0,940	1,170		2,10	2,47	2,95		3,97
0,497	1,18	1,52	1,90		3,50	4,20	5,0		6,60
0,565		2,73	2,73						
0,586	2,09		3,17	4,8	5,9	6,9		9,1	10,9
0,631	2.30	3,0	3,73		6,90	8,40	9,80		13,3
0,710	3,30	4,30	5,22	8,281	9,90	11,6	13,0	16,21	18,6
0,880	6,10	8,34	9,75		18,2	20,7	24,0		34,8
1,000	8,8	11,8	14,12		26,7	29,7	34.5		49
1,235	17,1	21,4	26,3		49,5	55.5	62,5		90
1.389	23,4	31,5	36,8		68,5	76,7	85,7		125
1.539	32,1	40,8	49,0		91	103	114		163
1,930	61,3	77,2	93,5		173	198	,235		306
2,50	128	161	193		355	400	475		620
3,35			417		780	870	1015		
4,36			815		1570	1800	202		
5.39			1450		249	310	360		
6,97			2800		500	610	748		
8,32			330		794	962	1160		
9,87			500		1320	1570	1860		
11,88			850						
44,6							45700		

24151 (Fortsetzung).

Wellenlänge in 10^3 X	Cr	Mn	Fe	Co	Ni	Cu	Zn	Br	Kr	Sr
0,005						0,038				
0,010			0,058			0,057				
0,024			0,080			0,081				
0,040			0,118			0,126				
0,050			0,140		0,126	0,155				
0,064			0,178			0,198				
0,072			0,202			0,232				
0,080			0,235		0,264	0,268	0,308			
0,081					0,265	0,270	0,270			
0,090			0,250		0,290	0,295	0,350			
0,098			0,265			0,325				
0,102			0,280		0,337	0,335	0,390			
0,113			0,337			0,422				
0,118			0,360			0,440	0,520			
0,126			0,410		0,480	0,510				
0,130			0,424			0,551				
0,135			0,460			0,600	0,690			
0,140			0,500			0,65				
0,142			0,515		0,630	0,670	0,780			
0,146			0,520			0,680				
0,151			0,595		0,69	0,78				
0,158			0,640		0,815	0,862	0,990			
0,160			0,660			0,90	1,02			
0,170						0,992				
0,173			0,780		1,00	1,09	1,24			
0,175			0,800		1,05	1,12	1,26	1,90		2,24
0,185			0,90		1,18	1,30	1,47			
0,200			1,10		1,45	1,55	1,78	2,4		3,32
0,240			1,75		2,28	2,50	2,80			
0,260			2,28		2,89	3,16	3,58	5,30		6,50
0,280			2,75		3,38	3,70	4,30			
0,300			3,30		4,10	4,50	5,10			
0,340			4,65		5,75	6,38	7,30			
0,417			8,45		10,5	11,45	12,3	19,0		24,0
0,497			13,9		17,9	18,4	21,0	32,0		40,5
0,565			20,7		25,35	27	30,5			
0,586	18,1	19,2	22,2	22,6	25,1	28,8	34,1	45,3		57,7
0,631			27,0		34	36,2	41,0	56,8		72,5
0,710	29,98	34,74	38,5	38,11	48,1	51,0	59,0	80		106
0,880			69,5		82	91,2	103			
1,000			100		121	130	145			
1,235			135		155	175	250			
1,389			252		275	38,5	45,2			
1,539			325		48,0	50,9	58,6	89		
1,930			71,2		89,5	96,2	110			
2,50			147		180	197	228			
3,35			312		375	404	480			
4,36			610		715	760	910			
5,39					1250	1290				
6,97					2000	2130				
8,32					3140	3450				
9,87					4540	5030				
11,88					6900	7550				
44,6									31800	

24151 (Fortsetzung).

Wellen-länge in 10^3 X	Y	Mo	Rh	Pd	Ag	Cd	Sn	J	X	Ba
0,005							0,0385			
0,010							0,06			
0,024							0,10			
0,040							0,21			
0,050		0,177			0,229		0,32			
0,064							0,49			
0,072							0,614			
0,080		0,412			0,544		0,79			
0,081				0,73			0,80			
0,090		0,535		0,86	0,90		0,95			
0,098							1,17			
0,102				1,11	1,17		1,20			
0,113							1,52			
0,118					1,57		1,77			1,95
0,126					1,68		2,05			
0,130		1,243								
0,135							2,40			
0,140		1,513			2,40		2,62			2,80
0,142										
0,146										
0,151					2,65		3,15			3,40
0,158										
0,160		2,108					3,60			4,00
0,170					3,62					
0,173					3,75		4,32			4,90
0.175		2,95						5,10		5,70
0,185					4,40		5,05			5,80
0,200		4,30			5,48		6,20	7,0		8,0
0,240					9,60		10,80			11,7
0,260		8,20			11,4		12,8	14,2		16,1
0,280					14,8		15,5			17,2
0,300				16,2	17,9		19,3			
0,340					24,5					6,0
0,417		30,0			41		45	9,2		10,5
0,497		50,2			10,5		11,8	15,6		17,8
0,565				13,8	14,5		18,4			
0,586	60,3	71,6	15,1		16,4	17,5	20,6	22,8		26,3
0,631		15,0			19,6		23,0	26,4		31,1
0,710		19,9			27,5	30,28	34,0	38,5		42,0
0,880		36,0			50		60			
1,000		52			73,0		86,0			
1,235					125		140			
1,389					174		209			
1,539					217		247	290		
1,930					405		470			
2,50					710		850			
3,35					1310					
4,36					535		640			
5,39					845					
6,97					1300					
8,32					1800					
9,87					2700					
44,6									6740	

24151 (Fortsetzung).

Wellenlänge in 10^3 X	Ta	W	Pt	Au	Hg	Pb	Bi	Th	U
0,005						0,0425			0,042
0,010						0,071			0,082
0,024						0,21			
0,040						0,62			
0,050			0,86	0,88		1,00			
0,064	1,35		1,52	1,55	0,465	1,64			1,80
0,072	1,75		2,00	2,05	0,584	2,10			2,25
0,080		2,30	2,40	2,42	0,73	2,50			2,70
0,081		2,40	2,50	2,44		2,53	2,50		
0,090		2,80	2,95	2,85		3,00	3,00		
0,098	2,80		3,15	3,21	1,05	3,50			3,90
0,102		3,50	3,80	3,76		3,90	3,90	4,00	
0,113	3,80	4,30	4,50	4,48	1,47	4,70	4,70		1,78
0,118		4,75	5,00	4,90		5,13	4,90		
0,126		5,35	5,70	5,50		5,23		1,86	1,90
0,130	5,10		6,30	6,40	1,97	6,55			2,20
0,135		6,25	6,55					2,10	
0,140	6,75	6,75	7,08	6,90				2,25	2,56
0,142		6,75	7,20	7,33	2,31				
0,146			7,60	7,85	2,48	2,35			2,70
0,151		8,00				2,45	2,48	2,72	3,78
0,158		8,6	2,45	2,43	3,00	2,60			
0,160		8,90				2,70	2,90	3,10	
0,170		9,36							
0,173			2,90	3,02		3,25	3,50	3,75	
0,175	10,0	10,5	2,97	3,13	3,96	3,48			3,95
0,185			3,48	3,55		3,85	4,14	4,45	
0,200	3,4	3,50	4,25	4,40		4,90	5,1		5,40
0,240		5,10	6,65	6,95		7,40	8,30	8,60	
0,260	6,7	6,85	8,0	8,3		10,0	11,0		
0,280		7,20	9,60			11,5	12,5		
0,300		8,60	11,50			13,6	14,8		
0,340	12,0	15,8				19,7	21,0		
0,417	21,5	22,5	27,4	28,4		32,0			
0,497	36	38	47	48,5		52,8			
0,565			64,9	61,4					
0,586		56,8		64,8		74,5	76,8		
0,631	72	75	84,5	87		98	124		
0,710	100	104	115	120		136			
0,880			195	170		135			
1,000			165	174		75			
1,235		95	115	122		137			
1,389			155	166		185			
1,539		176	202	213		230			
1,93		300	358	385		428	443		470
2,50			596						560[1]
3,35			1120						580[2]
4,36									
5,39			1645						
6,97			1190						
8,32			1560						
9,87			2440						
11,88									
44,6				12500					

[1] Gilt für $\lambda = 2,49$. [2] Für $\lambda = 3,37$.

24152 Massenschwächungskoeffizienten μ/ϱ in $g^{-1}\,cm^2$ für gasförmige Verbindungen.

Wellenlänge in 10^3 X	Luft	H_2S	SO_2	CO_2	$CHCl_3$	CCl_4	CH_3J	C_2H_4	C_2H_5Cl	C_2H_5Br	C_5H_{12}
0,496			1,92								
0,558			2,50							29,25	
0,631			3,60								
0,708			5,53							56,6	
0,710			5,55								
0,885			10,47							105,3	
1,081			18,89							25,6	
1,389			38,5								
1,537	9,52		51,1							68,3	
1,539	9,44	82,7	51,8	9,15	92,4	96,9	259,8	4,32	60,0	66,2	3,58
1,932	18,9		99,4							125	
1,935	18,81			18,27					107,5		7,36
2,284	29,3										
2,288			162,2								
4,145	168										
6,973	747										
44,6				47,80							

24153 Massenschwächungskoeffizient μ/ϱ in $g^{-1}\cdot cm^2$ für verschiedene Stoffe.

Stoff	Formel (λ in Å)
Luft	$= 2{,}33 \cdot \lambda^{3,13} + \dfrac{0{,}235}{1 + \dfrac{0{,}0484}{\lambda}}$
Wasser	$\dfrac{\mu}{\varrho} = 2{,}5\ \lambda^{3,2} + \dfrac{0{,}22}{1 + \dfrac{0{,}0484}{\lambda}}$
Papier	$= 1{,}47\ \lambda^3 + 0{,}18$
Fettgewebe . . .	$= 1{,}6\ \lambda^3 + 0{,}18$
Muskeln	$= 2{,}2\ \lambda^3 + 0{,}18$
Blut	$= 2{,}5\ \lambda^3 + 0{,}18$
Knochen	$= 11{,}0\ \lambda^3 + 0{,}18$

2416 Absorptionskante.

24161 K-Absorptionskante in 10^3 X und Verhältnis der Absorptionskoeffizienten (Absorptionssprung) δ_K an der K-Kante für einige Elemente.

Element	K-Absorptionskante in 10^3 X	δ_K	Element	K-Absorptionskante in 10^3 X	δ_K	Element	K-Absorptionskante in 10^3 X	δ_K
Al	7,936	12,8	Ni	1,484	8,5	Ta	0,1836	6,1
S	5,009	11,0	Cu	1,377	8,2	W	0,1782	6,0
Cl	4,384	10,4	Zn	1,281	7,7	Pt	0,1577	5,3
A	3,866	9,98	Zr	0,6872	—	Au	0,1532	5,0
V	2,262	—	Mo	0,6185	7,0	Pb	0,1405	4,5
Cr	2,062	—	Pd	0,508	6,7	Bi	0,1368	4,1
M	1,889	—	Ag	0,4845	6,65			
Fe	1,739	8,8	Sn	0,4239	6,3			

24162 Verhältnis der Absorptionskoeffizienten δ an den L-Kanten ($\delta_L = \delta_{L_I} + \delta_{L_{II}} + \delta_{L_{III}}$).

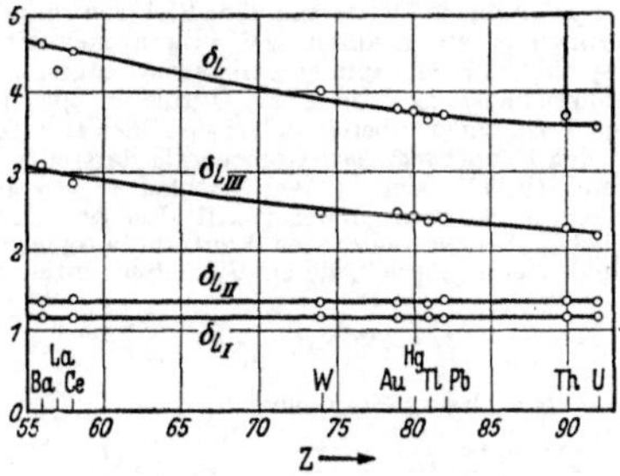

2417 Spezifischer Streukoeffizient $\frac{\sigma}{\varrho}$.

Element	Wellenlänge oder Wellenlängenbereich in 10^8 X								
	0,0199	0,0504	0,064	0,098	0,12	0,200	0,417	0,16... 0,8	0,1... 1,0
H . . .	—	—	0,246	0,276	—	0,372	0,385	—	—
Cl . . .	—	—	0,125	0,145	—	0,192	0,198	—	—
O . . .	—	—	0,127	0,139	—	0,158	0,164	—	—
S . . .	—	—	0,127	0,139	0,15	0,182	0,182	—	—
C . . .	0,080	0,113	0,127	0,139	0,145	0,167	0,173	—	0,145
B . . .	—	—	0,123	0,134	—	0,160	0,165	—	—
Li . . .	—	—	0,107	0,12	—	0,149	0,162	—	—
Na . . .	—	—	0,125	0,142	—	0,164	0,160	—	—
Be . . .	—	—	—	—	—	0,156	0,161	—	—
Mg . .	—	—	0,123	0,141	0,144	0,162	0,162	—	—
Al . . .	0,077	0,109	0,123	0,143	0,144	0,155	0,161	0,13	0,147
Mo . .	—	—	—	—	0,28	—	—	—	0,56
W . . .	—	—	—	—	0,50	—	—	—	0,65
Fe . .	—	—	0,127	0,162	0,16	0,254	0,282	—	0,17
Ni . . .	—	—	—	—	0,17	—	—	—	—
Pd . .	—	—	—	—	0,32	—	—	—	—
Pt . . .	—	—	—	—	0,58	—	—	—	0,58
Cu . . .	—	—	0,13	0,193	0,18	0,386	0,414	0,29	0,19
Ag . .	—	—	—	—	0,35	—	—	0,47	0,68
Au . . .	—	—	—	—	0,60	—	—	—	0,73
Zn . . .	—	—	—	—	0,20	—	—	0,30	—
Sn . . .	—	—	0,332	0,612	0,40	1,275	1,405	0,50	0,70
Pb . .	—	—	0,84	1,08	0,67	—	—	0,82	0,69
Bi . . .	—	—	—	—	0,70	—	—	—	—

242 Die Spektren der Atome.

Von **Karl Birus**, Berlin.

Beim Übergang eines oder mehrerer Elektronen eines Atoms aus einem bestimmten Energieniveau in ein anderes, tiefer gelegenes, wird eine für das betreffende Atom charakteristische Strahlung bestimmter Wellenlänge (Spektrallinie) ausgesandt (Spektralanalyse, s. 721). Die Frequenz ν bzw. die Wellenlänge λ, dieser Strahlung ergibt sich aus der Gleichung

$$\nu = \frac{\Delta E}{h} \quad \text{bzw.} \quad \lambda = \frac{h \cdot c}{\Delta E}$$

(Δ E die Energiedifferenz zwischen Anfangs- und Endzustand, h = Plancksches Wirkungsquantum, c = Lichtgeschwindigkeit).

Die Energieniveaus eines Atoms werden als „Terme" in einem „Termschema" (s. 2421) dargestellt. Dem tiefsten „optischen" Term, dem Grundzustand, ordnet man den Termwert 0 zu. Die Energiewerte der weiteren Terme rechnet man vom Grundzustand aus. Als Energiemaß wird meist die Spannung in Volt, die ein Elektron durchlaufen müßte, um eine entsprechende Energiezunahme zu erfahren (eV = Elektronenvolt), benutzt. Die Terme werden durch ein Termsymbol, z. B. $^3P_2$, und eine diesem vorangesetzte ganze Zahl (1, 2, ...), die sog. Laufzahl, gekennzeichnet, also z. B. 2 $^3P_2$. Terme mit gleichem Symbol aber verschiedener Laufzahl stehen im Termschema übereinander; sie bilden eine Termreihe und konvergieren gegen eine Grenze, die den Höchstwert der Atomenergie darstellt; häufig wird als Termwert auch der Energieabstand (in eV oder in Wellenzahlen $\nu^* = 1/\lambda$) von diesem Grenzwert angegeben. Beim Überschreiten des Grenzwertes tritt Ionisation ein. — Übergänge, die von Termen gleichen Symbols, aber verschiedener Laufzahl ausgehen und auf dem gleichen unteren Term enden, bilden eine „Serie", deren Einzelfrequenzen sich aus der Serienformel

$$\nu = Z^2 \cdot Ry \left(\frac{1}{m^2} - \frac{1}{n^2}\right)$$

ergeben. Ry ist die sog. Rydberg-Frequenz:

$$Ry = \frac{2\pi^2 m_0 \cdot e^4}{c h^3} \left(\frac{M}{M + m_0}\right) = 3{,}29 \cdot 10^{15} \left(\frac{M}{M + m_0}\right) s^{-1};$$

(Z Ordnungszahl, m_0 Masse der Elektrons, e Ladung des Elektrons = Elementarquantum, h Plancksches Wirkungsquantum).

Wenn man statt der Frequenzen ν (s^{-1}) die Wellenzahlen $\nu^* = 1/\lambda$ (cm^{-1}) einführt, wird

$$\nu^* = Z^2 \cdot Ry^* \left(\frac{1}{m^2} - \frac{1}{n^2}\right) \qquad (m = 1, 2, 3, 4 \ldots;\ n = m + 1, m + 2, \ldots).$$

mit der Rydberg-Konstante

$$Ry^* = 109737 \cdot \left(\frac{M}{M + m_0}\right) cm^{-1}; \qquad (M \text{ Atommasse})$$

Für Wasserstoff gilt

$$Ry^*_H = 109678\ cm^{-1},$$

für Helium

$$Ry^*_{He} = 109722\ cm^{-1}.$$

(Der Faktor $\frac{M}{M + m_0}$ berücksichtigt die Rückwirkung der Elektronenbewegung auf den Atomkern mit der Masse M.[1])

Ein bestimmter Wert von m ist für eine Serie charakteristisch; die Serien werden teilweise nach ihren Entdeckern benannt, z. B. wird bei Wasserstoff die Serie mit

m =	1	2	3
als	Lyman-	Balmer-	Paschen-Serie

bezeichnet. n, die „Laufzahl", durchläuft alle ganzzahligen Werte $\geqq m + 1$, wodurch das typische Bild der Spektrallinien-Serie entsteht.

Die Spektren der Alkaliatome sind dem des Wasserstoffs sehr ähnlich; die Formeln der einzelnen Serien lauten jedoch (für Natrium):

$$\text{H.-S.:}\ \nu = Ry \left(\frac{1}{(1+s)^2} - \frac{1}{(n+p)^2}\right) \quad s = 0{,}629,\ p = 0{,}144,\ n = 2, 3, 4 \ldots$$

(für Kalium: s = 0,77, p = 0,233)

$$\text{I. N.-S.:}\ \nu = Ry \left(\frac{1}{(2+p)^2} - \frac{1}{(n+d)^2}\right) \quad p = 0{,}144,\ d = 0{,}070,\ n = 3, 4, 5 \ldots$$

$$\text{II. N.-S.:}\ \nu = Ry \left(\frac{1}{(2+p)^2} - \frac{1}{(n+s)^2}\right) \quad p = 0{,}144,\ s = 0{,}629,\ n = 2, 3, 4 \ldots$$

$$\text{B.-S.:}\ \nu = Ry \left(\frac{1}{(3+d)^2} - \frac{1}{(n+f)^2}\right) \quad d = 0{,}070,\ f = 0{,}20,\ n = 4, 5, 6 \ldots$$

---

[1] Bohr faßte die Atome als „Planetensysteme" der Elektronen auf, mit den positiv geladenen Atomkernen als Zentren, um die die Elektronen auf ellipsenförmigen Bahnen kreisen, ohne dabei — wie nach der klassischen Elektrodynamik eigentlich zu erwarten wäre — durch Ausstrahlung allmählich ihre Energie zu verlieren. Es sind nur einzelne stabile Bahnen, denen ganz bestimmte Energiewerte entsprechen, möglich (Quantenbedingungen).

Der Übergang zwischen zwei solchen Bahnen oder „Quantenzuständen" erfolgt durch Absorption oder Emission von elektromagnetischer Strahlung. Später wurde gefunden, daß die Quantenzustände — Zustände bestimmter, durch das Plancksche „Wirkungsquantum" h festgelegter Energiewerte — gar nicht einzelnen Bahnen der Elektronen entsprechen, und daß der Aufenthaltsort eines Elektrons von bestimmter Energie prinzipiell nicht genau angebbar ist (Heisenbergs Ungenauigkeitsrelation). Die formale Beschreibung der Atomspektren wird aber dadurch nicht grundsätzlich geändert; deshalb soll hier die alte, anschauliche Auffassungsweise beibehalten werden.

Sie werden der Reihe nach als Hauptserie, I. (diffuse) und II. (scharfe) Nebenserie[1] und Bergmann-Serie bezeichnet. Die Größen s, p, d und f sind die sog. Rydberg-Korrektionen (die m und n zu sog. „effektiven Quantenzahlen" ergänzen, s. unten); sie sind für die verschiedenen Termreihen — die bei Wasserstoff sämtlich identisch sind — charakteristisch und werden daher mit den Buchstaben der entsprechenden Termsymbole bezeichnet.

Die Linien, die durch Übergänge zum Grundterm entstehen, treten bei Zimmertemperatur sowohl in Emission als in Absorption auf. An die Häufungsstelle $n \to \infty$ (Seriengrenze), schließt sich bei allen Serien ein Kontinuum an („Grenzkontinuum"), das z. B. in Absorption dadurch entsteht, daß ein Elektron das Atom vom Grundterm aus mit bestimmter kinetischer Energie verläßt (Photoionisation), also in einen „Term" übergeht, der im Termschema oberhalb des Grenzwertes liegen würde. Der Energieunterschied zwischen dem tiefsten Term (Grundterm) und der (für alle Termreihen gemeinsamen) Konvergenzstelle der Terme ist gleich der Ionisierungsenergie bzw. Ionisierungsspannung des Atoms.

Der Übergang zwischen dem tiefsten und dem nächsthöheren Term entspricht der Resonanzlinie des betreffenden Atoms, die bei niedrigem Gasdruck in Emission und Absorption die stärkste Linie ist. Angaben über Resonanzlinien in 2423.

Die Spektrallinien des (einfachen) Ions bilden Serien, die denen des Atoms mit um 1 kleinerer Ordnungszahl ähnlich, deren Frequenzen aber um den Faktor $(Z - Y)^2 \sim 4$ größer sind. Z = Ordnungszahl (Kernladungszahl), Y = Abschirmungszahl des Atomrumpfes $\sim$ Zahl der Rumpfelektronen. Zweifache Ionen haben dementsprechend Spektren, die denen des um 2 in der Ordnungszahl kleineren Atomes ähnlich, deren Frequenzen jedoch um den Faktor $(Z - Y')^2 \sim 9$ größer sind usw. (spektroskopischer Verschiebungssatz). Vielfach ionisierte Atome (bzw. auch Atome, denen ein sehr fest gebundenes Elektron fehlt) emittieren daher sehr kurzwellige Spektrallinien; s. u. Röntgenspektren.

Das Termsymbol und die Laufzahl kennzeichnen zusammen den Quantenzustand des Elektrons. Die Laufzahl n ist die „Hauptquantenzahl", die bei wasserstoffartigen „Bahnen des Leuchtelektrons" — in der Sprache der alten Bohrschen Theorie — ein Maß für die große Halbachse der Bahn ist und die Stellung innerhalb einer Reihe von Termen mit gleichem Termsymbol angibt. Der Drehimpuls der Elektronenbewegung, Bahndrehimpuls, der ebenfalls nur bestimmte Werte $\left(\text{ganzzahlige Vielfache von } \frac{h}{2\pi}\right)$ haben kann, wird durch die „Nebenquantenzahl" $l = 0, 1 \ldots (n-1)$ angegeben; ihr Wert ist charakteristisch für die Termreihe und wird in folgender Weise durch den Buchstaben des Termsymbols zum Ausdruck gebracht (beim Einelektronensystem kleine Buchstaben):

l = 0	1	2	3	4	5
s	p	d	f	g	h

Die Elektronen führen außerdem noch eine Kreiselbewegung aus, deren Drehimpuls nur die beiden Werte $\pm \frac{1}{2} \cdot \frac{h}{2\pi}$ annimmt („Spin"). Der Drehimpuls der Bahnbewegung $\mathfrak{l}$ ($|\mathfrak{l}| = l = 0, 1, 2 \ldots$) und der Kreisel-Drehimpuls oder „Spinimpuls" $\mathfrak{s}$ ($|\mathfrak{s}| = s = \pm \frac{1}{2}$) setzen sich vektoriell zum „Gesamtdrehimpuls" $\mathfrak{j}$ $\left(\text{sämtlich in Einheiten } \frac{h}{2\pi}\right)$ zusammen, dessen Wert durch eine kleine Ziffer rechts unten im Termsymbol zum Ausdruck kommt:

$$1\,s_{1/2}, \qquad 2\,s_{1/2}, \qquad 2\,p_{3/2}.$$

Wenn nur ein Elektron vorhanden ist (Wasserstoffatom), oder wenn alle Elektronen, außer dem Leuchtelektron, abgeschlossene Schalen (s. w. u. und 2422) bilden, gibt es nur zwei Möglichkeiten der Vektorzusammensetzung von s und l ($j = l \pm \frac{1}{2}$) und dementsprechend zwei meist nahe benachbarte Energieniveaus. Die Linien einer Serie, die den Übergängen zwischen einer Reihe von solchen „Dublett-Termen" und einem gemeinsamen, tieferliegenden Endterm entsprechen, sind daher ebenfalls sämtlich „Dubletts".

Wenn eine Vorzugsrichtung gegeben ist, z. B. durch ein (praktisch immer vorhandenes) äußeres Feld, kann der Drehimpulsvektor der Elektronenbewegung außerdem nur in ganz bestimmter Weise in bezug auf die Richtung dieses Feldes orientiert sein. Die Projektion von $\mathfrak{l}$ auf diese Richtung, die Orientierungs- oder magnetische Quantenzahl m, kann daher ebenfalls nur ganzzahlige, und zwar insgesamt $2\,l + 1$ verschiedene Werte haben (Richtungsquantelung).

Bei Atomen mit mehreren Außenelektronen setzen sich die Impulsvektoren der einzelnen Elektronen zu Resultierenden zusammen, die durch die entsprechenden großen deutschen Buchstaben bezeichnet werden. Die Art der Zusammensetzung hängt von der Kopplung zwischen den Bahndrehimpulsen $\mathfrak{l}$ und den Spinimpulsen $\mathfrak{s}$ ab. Bei den optischen Spektren bilden meist die $\mathfrak{l}$ bzw. die $\mathfrak{s}$ die Resultanten $\mathfrak{L}$ bzw. $\mathfrak{S}$, und diese setzen sich vektoriell zum Gesamtdrehimpuls $\mathfrak{J}$ zusammen (Russel-Saunders-Kopplung).

$|\mathfrak{L}|$ ist stets ganzzahlig, $|\mathfrak{S}|$ und daher auch $|\mathfrak{J}|$ bei gerader Elektronenzahl ganzzahlig ($0, \pm 1, \pm 2$), bei ungerader halbzahlig $\left(\pm \frac{1}{2}, \pm \frac{3}{2}\right)$. Die Termsymbole der Mehrelektronensysteme richten sich nach dem Betrage von $\mathfrak{L}$:

$\lvert\mathfrak{L}\rvert$ = 0	1	2	3	4	5...
S	P	D	F	G	H

[1] Von diesen Namen sind die Termsymbole abgeleitet, P = principal Hauptserie usw.

Für die Vektorzusammensetzung von $\mathfrak{L}$ und $\mathfrak{S}$ gibt es, entsprechend den $2\,|\,\mathfrak{S}\,|+1$ zwischen $|\,\mathfrak{L}\,|-|\,\mathfrak{S}\,|$ und $|\,\mathfrak{L}\,|+|\,\mathfrak{S}\,|$ liegenden ganzzahligen Werten, $2\,|\,\mathfrak{S}\,|+1$ Möglichkeiten, denen — bei bestimmtem $\mathfrak{L}$ und $\mathfrak{S}$ — ebenso viele nahe beieinander liegende Terme mit verschiedenem $\mathfrak{J}$ entsprechen. Daher sind die Linien der entsprechenden Serie „Multipletts" von je $2\,|\,\mathfrak{S}\,|+1$ Einzellinien. Die „Multiplizität" eines Termes wird im Termsymbol durch eine links oben

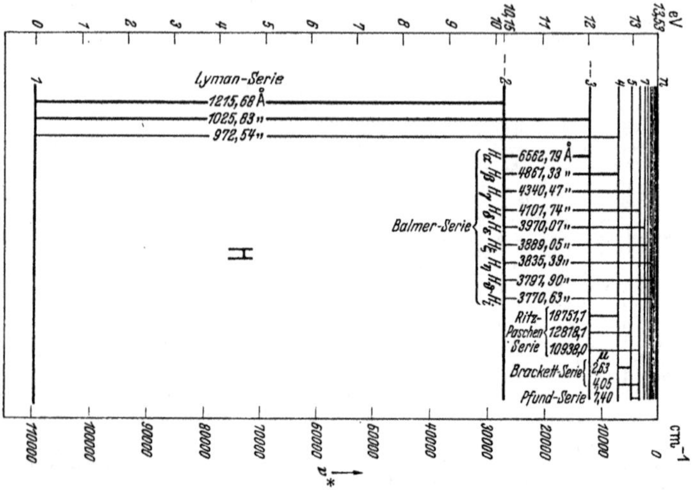

24211 Termschema des Wasserstoffs.

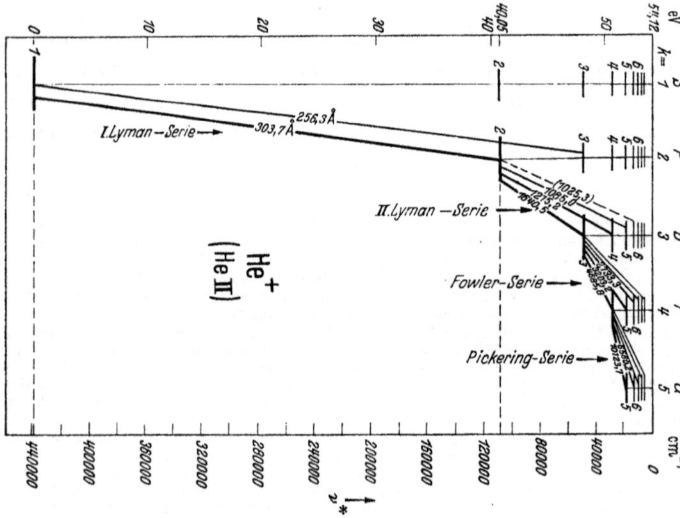

24212 Termschema des ionisierten Heliums.

stehende Ziffer angegeben; den Betrag von $\mathfrak{J}$ bringt wie bei den Einelektronentermen eine links unten angehängte Ziffer zum Ausdruck.

Außerdem werden die Terme noch in zwei Gruppen eingeteilt, in gerade bzw. ungerade, je nachdem die arithmetische Summe der $|\,\mathfrak{l}\,|$ gerade oder ungerade ist. Ungerade Terme bezeichnet man durch ein rechts oben angehängtes o (odd), gerade Terme erhalten keine Kennzeichnung.

$^3P_1^0$ heißt z. B.: Ungerader Triplett-Term ($\mathfrak{S}=1$) mit $\mathfrak{L}=1$ und $\mathfrak{J}=1$.
$^2D_{3/2}$ heißt z. B.: Gerader Dublett-Term ($\mathfrak{S}={}^1/_2$) mit $\mathfrak{L}=2$ und $\mathfrak{J}={}^3/_2$.

Zur vollständigen Kennzeichnung schreibt man vor das Termsymbol die Symbole der einzelnen Elektronenbahnen, die zur Bildung des Terms beitragen. Dabei wird die Anzahl der Elektronen jeder Art durch eine Zahl rechts oben angegeben (Exponent). Die Term symbole der abgeschlossenen Schalen werden meist fortgelassen.

Als Beispiel sei der Grundterm des Al-Atoms angegeben:

$$1s^2\,2s^2\,2p^6\,3s^2\,3p\;{}^2P_{1/2} \quad \text{oder kurz:} \quad 3s^2\,3p\;{}^2P_{1/2}.$$

24213 Termschema des Heliums.

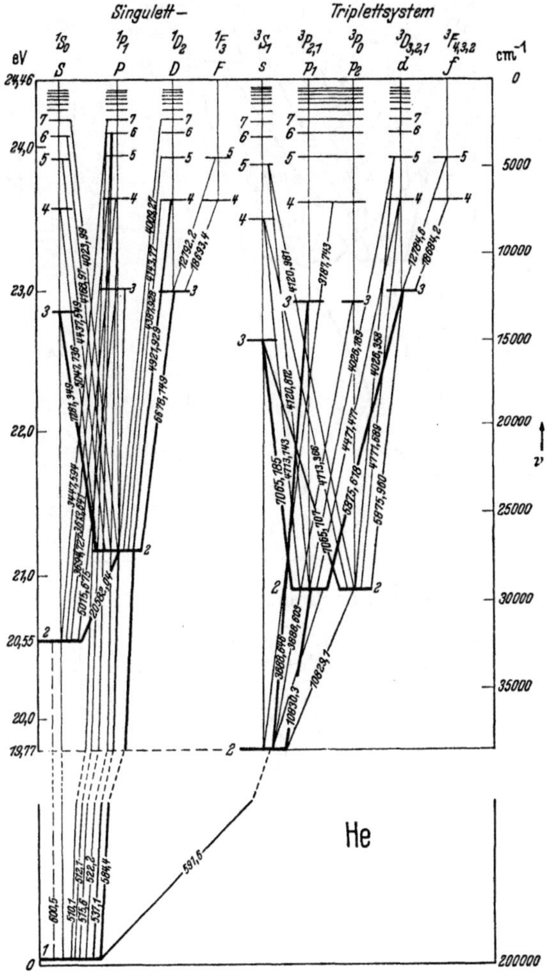

Bei Atomen mit mehreren Elektronen gilt das Pauli-Prinzip: Jeder Quantenzustand (oder Term) kann nur von einem Elektron „besetzt“ sein bzw. — wenn zwei Energiezustände, die sich nur in der räumlichen Orientierung des Spins unterscheiden, als identisch betrachtet werden — von zwei Elektronen mit entgegengesetzt gerichtetem Spin.

Es kann daher in einem Atom stets nur eine bestimmte Höchstzahl von Elektronen mit der gleichen Hauptquantenzahl geben, die je eine „abgeschlossene Schale“ bilden. Je zwei

24214 Termschema des Natriums.

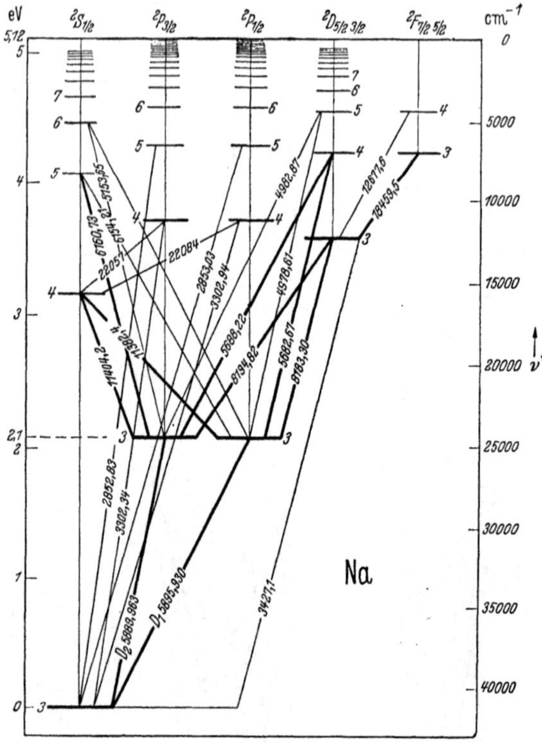

24215 Termschema des Kaliums.

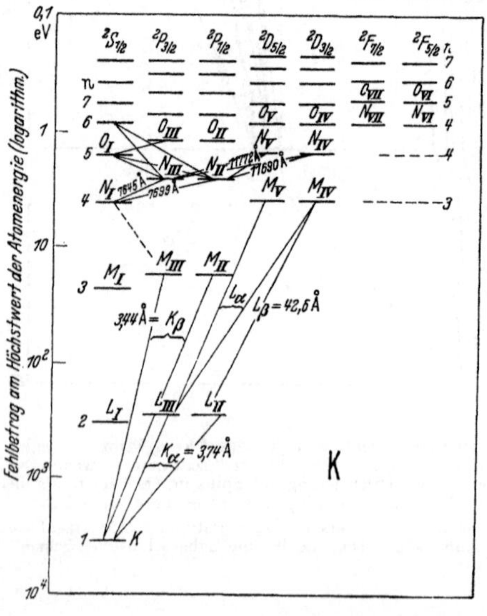

Elektronen haben einander entgegengesetzten („antiparallelen“) Spin (Elektronenpaar). In jeder Schale gibt es daher 2 Elektronen mit $l = 0$ (s-Elektronen), entsprechend den drei Orientierungsmöglichkeiten des Bahndrehimpulses 6 p-Elektronen ($l = 1$), 10 d-Elektronen

24216 Termschema des Quecksilbers.

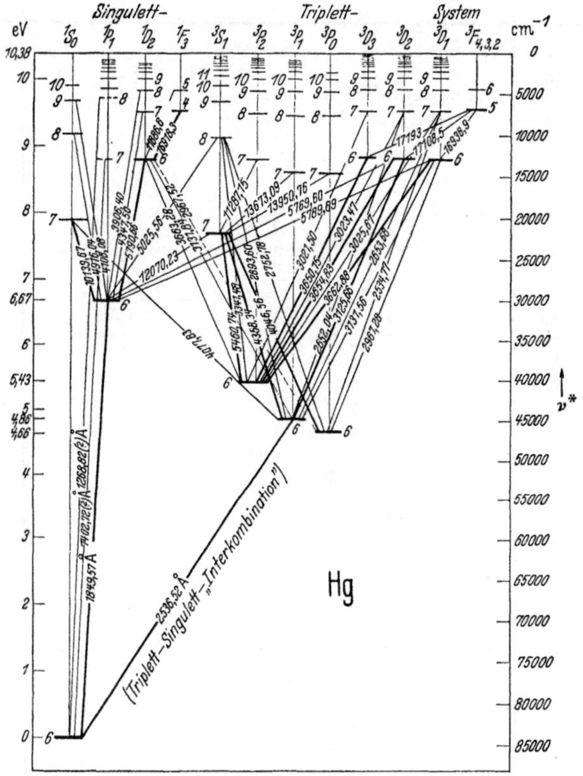

($l = 2$) usw. Da stets $|l| \leq n - 1$ ist, befindet sich, wie die folgende Aufstellung zeigt, in einer Schale mit der Hauptquantenzahl n höchstens die angegebene Zahl von Elektronen mit den Quantenzahlen l und j.

Hauptquantenzahl n	1	2			3					4						
Höchstzahl der Elektronen	2	8			18					32						
Nebenquantenzahl l	0	0	1	1	0	1	1	2	2	0	1	1	2	2	3	3
Innere Quantenzahl j	$\frac{1}{2}$	$\frac{1}{2}$	$\frac{1}{2}$	$\frac{3}{2}$	$\frac{1}{2}$	$\frac{1}{2}$	$\frac{3}{2}$	$\frac{3}{2}$	$\frac{5}{2}$	$\frac{1}{2}$	$\frac{1}{2}$	$\frac{3}{2}$	$\frac{3}{2}$	$\frac{5}{2}$	$\frac{5}{2}$	$\frac{7}{2}$
Zahl der Elektronen	2	2	2	4	2	2	4	4	6	2	2	4	4	6	6	8
Schalenbezeichnung	K	L_I	L_{II}	L_{III}	M_I	M_{II}	M_{III}	M_{IV}	M_V	N_I	N_{II}	N_{III}	N_{IV}	N_V	N_{VI}	N_{VII}

Diese Schalenstruktur der Elektronenhülle bestimmt den Aufbau des periodischen Systems der Elemente (s. 2422).

Die Wellenlängen der Spektrallinien von Elementen sind in 641 gebracht.

2422 Elektronenkonfiguration und Termart der Grundzustände der Elemente.

Z	A	K	L		M			N				O					Grundterm
		1s	2s	2p	3s	3p	3d	4s	4p	4d	4f	5s	5p	5d	5f	5g	
1	H	1															$^2S_{1/2}$
2	He	2															$^1S_0$
3	Li	2	1														$^2S_{1/2}$
4	Be	2	2														$^1S_0$
5	B	2	2	1													$^2P_{1/2}$
6	C	2	2	2													$^3P_0$
7	N	2	2	3													$^4S_{3/2}$
8	O	2	2	4													$^3P_2$
9	F	2	2	5													$^2P_{3/2}$
10	Ne	2	2	6													$^1S_0$
11	Na	2	2	6	1												$^2S_{1/2}$
12	Mg	2	2	6	2												$^1S_0$
13	Al	2	2	6	2	1											$^2P_{1/2}$
14	Si	2	2	6	2	2											$^2P_0$
15	P	2	2	6	2	3											$^4S_{3/2}$
16	S	2	2	6	2	4											$^3P_2$
17	Cl	2	2	6	2	5											$^2P_{3/2}$
18	Ar	2	2	6	2	6											$^1S_0$
19	K	2	2	6	2	6		1									$^2S_{1/2}$
20	Ca	2	2	6	2	6		2									$^1S_0$
21	Sc	2	2	6	2	6	1	2									$^2D_{3/2}$
22	Ti	2	2	6	2	6	2	2									$^3F_2$
23	V	2	2	6	2	6	3	2									$^4F_{3/2}$
24	Cr	2	2	6	2	6	5	1									$^7S_3$
25	Mn	2	2	6	2	6	5	2									$^6S_{5/2}$
26	Fe	2	2	6	2	6	6	2									$^5D_4$
27	Co	2	2	6	3	6	7	2									$^4F_{9/2}$
28	Ni	2	2	6	2	6	8	2									$^3F_4$
29	Cu	2	2	6	2	6	10	1									$^2S_{1/2}$
30	Zn	2	2	6	2	6	10	2									$^1S_0$
31	Ga	2	2	6	2	6	10	2	1								$^2P_{1/2}$
32	Ge	2	2	6	2	6	10	2	2								$^3P_0$
33	As	2	2	6	2	6	10	2	3								$^4S_{3/2}$
34	Se	2	2	6	2	6	10	2	4								$^3P_2$
35	Br	2	2	6	2	6	10	2	5								$^2P_{3/2}$
36	Kr	2	2	6	2	6	10	2	6								$^1S_0$
37	Rb	2	2	6	2	6	10	2	6			1					$^2S_{1/2}$
38	Sr	2	2	6	2	6	10	2	6			2					$^1S_0$
39	Y	2	2	6	2	6	10	2	6	1		2					$^2D_{3/2}$
40	Zr	2	2	6	2	6	10	2	6	2		2					$^3F_2$
41	Nb	2	2	6	2	6	10	2	6	4		1					$^6D_{1/2}$
42	Mo	2	2	6	2	6	10	2	6	5		1					$^7S_3$
43	Tc	2	2	6	2	6	10	2	6	(5)		(2)					$(^6S_{5/2})$
44	Ru	2	2	6	2	6	10	2	6	7		1					$^5F_5$
45	Rh	2	2	6	2	6	10	2	6	8		1					$^4F_{9/2}$
46	Pd	2	2	6	2	6	10	2	6	10							$^1S_0$

2422 (Fortsetzung).

Z	A	K	L	M	N 4s 4p 4d 4f	O 5s 5p 5d 5f 5g	P 6s 6p 6d 6f 6g 6h	Q 7s..	Grundterm
47	Ag	2	8	18	2 6 10	1			$^2S_{1/2}$
48	Cd	2	8	18	2 6 10	2			$^1S_0$
49	In	2	8	18	2 6 10	2 1			$^2P_{1/2}$
50	Sn	2	8	18	2 6 10	2 2			$^3P_0$
51	Sb	2	8	18	2 6 10	2 3			$^4S_{3/2}$
52	Te	2	8	18	2 6 10	2 4			$^3P_2$
53	J	2	8	18	2 6 10	2 5			$^2P_{3/2}$
54	X	2	8	18	2 6 10	2 6			$^1S_0$
55	Cs	2	8	18	2 6 10	2 6	1		$^2S_{1/2}$
56	Ba	2	8	18	2 6 10	2 6	2		$^1S_0$
57	La	2	8	18	2 6 10	2 6 1	2		$^2D_{3/2}$
58	Ce	2	8	18	2 6 10 (1)	2 6 (1)	(2)		$(^3H_4)$
59	Pr	2	8	18	2 6 10 (2)	2 6 (1)	(2)		—
60	Nd	2	8	18	2 6 10 (3)	2 6 (1)	(2)		—
61	Il?	2	8	18	2 6 10 (4)	2 6 (1)	(2)		—
62	Sm	2	8	18	2 6 10 6	2 6	2		$^7F_0$
63	Eu	2	8	18	2 6 10 7	2 6	2		$^8S_{7/2}$
64	Gd	2	8	18	2 6 10 7	2 6 1	2		^9D
65	Tb	2	8	18	2 6 10 (8)	2 6 (1)	(2)		—
66	Dy	2	8	18	2 6 10 (9)	2 6 (1)	(2)		—
67	Ho	2	8	18	2 6 10 (10)	2 6 (1)	(2)		—
68	Er	2	8	18	2 6 10 (11)	2 6 (1)	(2)		—
69	Tm	2	8	18	2 6 10 13	2 6	2		$^2F_{7/2}$
70	Yb	2	8	18	2 6 10 14	2 6	2		$^1S_0$
71	Cp	2	8	18	2 6 10 14	2 6 1	2		$^2D_{3/2}$
72	Hf	2	8	18	2 6 10 14	2 6 2	2		$^3F_2$
73	Ta	2	8	18	2 6 10 14	2 6 3	2		$^4F_{3/2}$
74	W	2	8	18	2 6 10 14	2 6 4	2		$^5D_0$
75	Re	2	8	18	2 6 10 14	2 6 5	2		$^6S_{5/2}$
76	Os	2	8	18	2 6 10 14	2 6 6	2		$^5D_4$
77	Ir	2	8	18	2 6 10 14	2 6 7	2		^4F
78	Pt	2	8	18	2 6 10 14	2 6 9	1		$^3D_3$
79	Au	2	8	18	2 6 10 14	2 6 10	1		$^2S_{1/2}$
80	Hg	2	8	18	2 6 10 14	2 6 10	2		$^1S_0$
81	Tl	2	8	18	2 6 10 14	2 6 10	2 1		$^2P_{1/2}$
82	Pb	2	8	18	2 6 10 14	2 6 10	2 2		$^3P_0$
83	Bi	2	8	18	2 6 10 14	2 6 10	2 3		$^4S_{3/2}$
84	Po	2	8	18	2 6 10 14	2 6 10	2 4		$^3P_2$
85	At	2	8	18	2 6 10 14	2 6 10	2 5		$^2P_{3/2}$
86	Rn	2	8	18	2 6 10 14	2 6 10	2 6		$^1S_0$
87	Fr	2	8	18	2 6 10 14	2 6 10	2 6	1	$^2S_{1/2}$
88	Ra	2	8	18	2 6 10 14	2 6 10	2 6	2	$^1S_0$
89	Ac	2	8	18	2 6 10 14	2 6 10	2 6 (1)	(2)	$(^2D_{3/2})$
90	Th	2	8	18	2 6 10 14	2 6 10	2 6 (2)	(2)	$(^3F_2)$
91	Pa	2	8	18	2 6 10 14	2 6 10	2 6 (3)	(2)	$(^1F_{3/2})$
92	U	2	8	18	2 6 10 14	2 6 10	2 6 (4)	(2)	$(^5D_0)$

Eingeklammerte Zahlen und Termsymbole sind unsicher.

2423 Resonanzlinien.

Element	Übergang	Spannung in V	Linie in A	Element	Übergang	Spannung in V	Linie in A
He	$1s\,^1S_0 - 2s\,^1S_0$	20,55	600,5	Cu	$4s\,^2S_{1/2} - 4p\,^2P_{1/2}$	—	3274
	$- 1p\,^3P_{2,1}$	—	591,6		$- 4p\,^2P_{3/2}$	3,8	3248
	$- 1p\,^1P_1$	—	584,4	Ag	$5s\,^2S_{1/2} - 5p\,^2P_{1/2}$	—	3382,9
H	$1s\,^2S_{1/2} - 1p\,^2P_{1/2}$	10,15	1215,7		$- 5p\,^2P_{3/2}$	3,7	3280,7
Li	$2s\,^2S_{1/2} - 2p\,^2P_{1/2,\,3/2}$	1,84	6707,9	Au	$6s\,^2S_{1/2} - 6p\,^2P_{1/2}$	4,6	2676
Na	$3s\,^2S_{1/2} - 3p\,^2P_{1/2}$	2,093	5896,0		$- 6p\,^2P_{3/2}$	5,1	2428
	$- 3p\,^2P_{3/2}$	2,095	5889,9	Zn	$4s\,^1S_0 - 4p\,^3P_1$	4,02	3076,9
K	$4s\,^2S_{1/2} - 4p\,^2P_{1/2}$	1,603	7699,1		$- 4p\,^1P_1$	5,77	2139,3
	$- 4p\,^2P_{3/2}$	1,610	7664,9	Cd	$5s\,^1S_0 - 5p\,^3P_1$	3,95	3261,2
Rb	$5s\,^2S_{1/2} - 5p\,^2P_{1/2}$	1,553	7947,6		$- 5p\,^1P_1$	5,35	2288,8
	$- 5p\,^2P_{3/2}$	1,582	7800,2	Hg	$6s\,^1S_0 - 6p\,^3P_1$	4,86	2536,5
Cs	$6s\,^2S_{1/2} - 6p\,^2P_{1/2}$	1,380	8943,6		$- 6p\,^1P_1$	6,67	1849,5
	$- 6p\,^2P_{3/2}$	1,448	8521,2	Ga	$4p\,^2P_{3/2} - 5s\,^2S_{1/2}$	2,96	4172
Be	$2s\,^1S_0 - 2p\,^1P_1$	—	2348,7		$4p\,^2P_{1/2} - 5s\,^2S_{1/2}$	3,06	4033
Mg	$3s\,^1S_0 - 3p\,^3P_{012}$	2,70	4571	Sn	$5p\,^2P_{1/2} - 5p\,^2P_{3/2}$	0,272	—
	$- 4p\,^1P_1$	4,33	2852		$5p\,^2P_{3/2} - 6s\,^2S_{1/2}$	2,74	4511
Ca	$4s\,^1S_0 - 4p\,^3P_{012}$	1,88	6572,76		$5p\,^2P_{1/2} - 6s\,^2S_{1/2}$	3,01	4101
	$- 4p\,^1P_1$	2,92	4226,73	Tl	$6p\,^2P_{1/2} - 6p\,^2P_{3/2}$	0,96	—
Sr	$5s\,^1S_0 - 6p\,^3P_1$	1,8	6892,6		$6p\,^2P_{1/2} - 7s\,^2S_{1/2}$	3,27	3775
Ba	$6s\,^1S_0 - 6p\,^3P_1$	1,56	7911,31		$6p\,^2P_{3/2} - 7s\,^2S_{1/2}$	—	5350
Al	$3p\,^2P_{3/2} - 4s\,^2S_{1/2}$	—	3961,5	As	$4p\,^4S_{3/2} - 5s\,^4P_{1/2}$	6,1	—
	$3p\,^2P_{1/2} - 4s\,^2S_{1/2}$	—	3944,0				

2424 Ausstrahlung der Atome (Oszillatorenstärke).

Durch Energiezufuhr gelangt ein Atom aus dem Grundzustand mit der Energie E_1 in einen angeregten Zustand der Energie E_2. Aus diesem kehrt es nach einer bestimmten Verweilzeit unter Aussendung elektromagnetischer Strahlung der Frequenz $\nu_{21} = \frac{E_2 - E_1}{h}$ spontan in den Grundzustand zurück (h = Plancksches Wirkungsquantum). Sind N_2 Atome im Zustand E_2, und finden je Sekunde N_{21} Übergänge nach E_1 statt, so ist die abgestrahlte Leistung gegeben durch $I_{21} \sim N_{21} h \nu_{21}$. Bezeichnen wir die zugehörige Übergangs-Wahrscheinlichkeit mit A_{21}, so ist $N_{21} = A_{21}\, N_2 = \frac{dN_2}{dt}$.

Die Zahl der Atome im angeregten Zustand (E_2) N_2 nimmt infolge der Ausstrahlung der Atome exponentiell mit der Zeit ab:

$$N_{2,t} = N_{2,0} \cdot e^{-A_{21} t} = N_{2,0} \cdot e^{-\frac{t}{\tau_{21}}}.$$

$\frac{1}{A_{21}} = \tau_{21}$ bezeichnet man als „mittlere Lebensdauer“ des Zustandes E_2. Terme mit hoher Lebensdauer (über etwa 10^{-3} s) heißen „metastabil“. Sind von einem Term E_n aus mehrere Übergänge nach verschiedenen unteren Zuständen 1, 2, 3, ... möglich, so gilt für die Lebensdauer τ dieses Terms

$$\frac{1}{\tau} = A_{1n} + A_{2n} + A_{3n} \cdots.$$

Nach der klassischen Elektrodynamik nimmt die Strahlungsintensität eines linearen Elektronen-Oszillators infolge des Energieverlustes (durch Abstrahlung) mit der Zeit ab nach dem Gesetz:

$$J_t = J_0\, e^{-\frac{8\pi^2 e^2 \nu^2 t}{3 m_0 c^3}};$$

ν = Eigenfrequenz des Elektrons, c = Lichtgeschwindigkeit, e = Elementarladung m_0 = Ruhmasse des Elektrons.

In Analogie hierzu setzt man für die Ausstrahlung einer Gesamtheit von angeregten Atomen:

$$A_{21} = \frac{3 \cdot 8 \pi^2 e^2}{3 m_0 c^3} \nu_{21}^2 \cdot f_{21} \cdot \frac{g_2}{g_1}.$$

Der Faktor 3 bedeutet, daß das Atom einem dreidimensionalen Oszillator entspricht. g_2/g_1 = das Verhältnis der (quantenmechanischen) statistischen Gewichte der Zustände 1 und 2, f_{21} = die „Linienstärke" oder „Oszillatorenstärke" des Überganges 1...2, d.h. der Bruchteil der Leuchtelektronen je Atom, der, ein klassisches Analogon als linearer Oszillator schwingend, die gleiche Strahlungsintensität emittiert.

Der Zusammenhang zwischen der Stärke einer Linie und der Absorption dieser Linie ist gegeben durch: $B_{12} = \frac{c^3 A_{12}}{8 \pi h \cdot \nu^3}$, wobei B_{12} die analog zu A_{12} definierte Absorptionswahrscheinlichkeit ist.

2424 Oszillatorenstärke.
(Unter Benutzung von A. Unsöld, Physik der Sternatmosphären. Berlin 1938.)

Element	Übergang	n	λ_1 in Å	λ_2 in Å	f_1/f_2	$f_{berechn.}$	$f_{beob.}$	τ in s
He	1^1S—n^1P	2	584,4	—	—	0,349	—	—
		3	537,1	—	—	0,0928	—	—
		4	522,2	—	—	0,0357	—	—
		5	515,6	—	—	0,0177	—	—
		6	512,1	—	—	0,0105	—	—
		7	510,1	—	—	0,0063	—	—
Ne	1^1S_0—2^1S_1		736	—	—	0,2 ± 0,1	—	$(0,8 \pm 0,4) \cdot 10^{-9}$
	2^1P—2^3P_2		6402	—	—	0,8 ± 0,2	—	
Ar	Resonanzli.		—	—	—	0,025	—	—
H	Lyman-Serie $1S$—nP	2	1215,68	—	—	0,416	—	$1,2 \cdot 10^{-8}$
		3	1025,83	—	—	0,0791	—	—
		4	972,54	—	—	0,0290	—	—
	Kontinuum		—	—	—	0,436	—	—
	Balmer-Serie $2P$—$n0$, $2P$—nS	3	6562,793	—	—	0,637	—	—
		4	4861,327	—	—	0,119	—	—
		5	4340,466	—	—	0,0443	—	—
		6	4101,738	—	—	0,0212	—	—
		7	3970,075	—	—	0,0122	—	—
		8	3889,05	—	—	0,0080	—	—
	Kontinuum		—	—	—	0,238	—	—
	Paschen-Serie $3^2D_{3/2}$—$n^2F_{1/2}$	4	18751,05	—	—	0,841	—	—
		5	12818,1	—	—	0,150	—	—
		6	10938	—	—	0,0554	—	—
		7	10049,8	—	—	0,0269	—	—
		8	9546,2	—	—	0,0161	—	—
	Kontinuum		—	—	—	0,161	—	—
Li	2^2S—n^2P	2	6708	—	—	0,750	0,750	—
		3	3233	—	—	0,0055	0,0055	—
		4	2741	—	—	0,0052	0,0048	—
		5	2563	—	—	0,0025	0,0032	—
	Kontinuum		≦ 2297	—	—	0,14	—	—
	Kontinuum		≦ 5000	—	—	0,77	—	—
Na	3^2S—n^2P	3	5893	—	—	0,975	1,00	$1,6 \cdot 10^{-8}$
		4	3303	—	—	0,0144	0,0144	—
		5	2853	—	—	0,00241	0,00211	—
		6	2680	—	—	0,00098	0,00065	—
	Kontinuum		< 2410	—	—	0,0021	—	—
	3^2P—3^2D		8190	—	—	0,832	—	—
	3^2P—4^2D		5685	—	—	0,108	—	—
	3^2P—4^2S		11393	—	—	0,163	—	—
	4^2S—4^2P		22070	—	—	1,35	—	—

2424 (Fortsetzung).

Element	Übergang	n	λ_1 in Å	λ_2 in Å	f_1/f_2	$f_{berechn.}$	$f_{beob.}$	τ in s
K	$4^2S—n^2P$	4	7699	—	} 2	—	1	$2,7 \cdot 10^{-8}$
			7665	—		—	0,0101	—
		5	4047	—	} 2	—	0,0090	—
			4044	—			0,00897	
		6	3447,5	—	—	—	0,000879	—
			3446,5	—	—	—	—	—
		7	3217,8	—	—	—	0,000210	—
			3217,3	—	—	—	—	—
Cs	$6^2S—n^2P_{1/2,3/2}$	6	8943,6	—	$2,1 \pm 0,2$	—	0,33	$3,8 \cdot 10^{-8}$
			8521,2	—	$f_1 + f_2$ 0,98	—	0,67	$3,8 \cdot 10^{-8}$
		7	4593,3	—	$4,27 \pm 0,12$	—	0,003	—
			4555,4	—	$f_1 + f_2$ $0,014_2$	—	—	—
	$1^2S—2^2P_{3/2}$		3521,1	—	—	0,66	—	—
Mg	$1^1S_0—2^1P_1$		2852,1	—	—	—	1,19	$3,1 \cdot 10^{-9}$
	$1^1S_0—2^3P_1$		4571,2	—	—	—	—	$5,3 \cdot 10^{-3}$
Ca	$n^1S_0—n^1P_1$	4	4226,73	—	f_1/f_2 33000	—	—	$6,8 \cdot 10^{-9}$
	$n^1S_0—n^3P_1$	4	—	6572,76		—	—	$5,2 \cdot 10^{-4}$
Ca+	$4^2S—4^2P$		3933, 3968	—	—	1,68	—	—
	$3^2D—4^2P$		8498, 8542	—	—	—	—	—
			8662	—	—	0,09	—	—
Sr	$n^1S_0—n^1P_1$	5	4607,52	—	f_1/f_2 1600	—	—	$8 \cdot 10^{-9}$
	$n^1S_0—n^3P_1$	5	—	6892,86		—	—	$3 \cdot 10^{-5}$
Ba	$n^1S_0—n^1P_1$	6	5535,53	—	f_1/f_2 146	—	—	$1,2 \cdot 10^{-8}$
	$n^1S_0—n^3P_1$	6	—	7911,00		—	—	$3,5 \cdot 10^{-6}$
Zn	$n^1S_0—n^1P_1$	4	2139,33	—	f_1/f_2 7200	—	—	$1,7 \cdot 10^{-9}$
	$n^1S_0—n^3P_1$	4	—	3075,99		—	—	$3,2 \cdot 10^{-5}$
Cd	$n^1S_0—n^1P_1$	5	2288,79	—	f_1/f_2 680	f_1 $1,20 \pm 0,05$	—	$2,0 \cdot 10^{-9}$
	$n^1S_0—n^3P_1$	5	—	3261,17		—	—	$2,4 \cdot 10^{-6}$
Hg	$n^1S_0—n^1P_1$	6	1849,50	—	f_1/f_2 46,8	—	—	$1,3 \cdot 10^{-9}$
	$n^1S_0—n^3P_1$	6	—	2536,52		f_1 $1,19 \pm 0,02$	—	$1 \cdot 10^{-7}$
	$1^1S_0—2^3P_2$		2275	—	—	—	—	$\geqq 1/22$
	$1^1S_0—2^3P_0$		2650	—	—	—	—	$\geqq 1/77$
	1^1S_0—Kont.		—	—	—	—	—	—
Tl	$6^2P_{3/2}—7^2S_{1/2}$		5350	—	—	—	0,076	—
	$6^2P_{1/2}—7^2S_{1/2}$		3776	—	—	—	0,08	—
	$6^2P_{1/2}—6^2D_{3/2}$		2768	—	—	—	0,20	—

243 Molekülspektren.

Von **Karl Birus**, Berlin.

Moleküle enthalten, wenn von der Translationsenergie abgesehen wird, drei Arten innerer Energie, die den drei inneren Bewegungsformen (Rotation-, Schwingungs- und Elektronenbewegung) entsprechen; diese können, da sie von unterschiedlicher Größenordnung sind, getrennt behandelt werden. Wenn ein Molekül beim Übergang von einem Quantenzustand in einen anderen eine Spektrallinie aussendet, ändern sich alle drei Energiearten gleichzeitig. Die Spektren der Moleküle sind daher sehr viel linienreicher als die Atomspektren, sie bestehen aus „Banden" von nahe benachbarten Einzellinien, die bei einem bestimmten Quantensprung der Schwingungsenergie durch Übergänge zwischen den zahlreichen Termen der Rotationsenergie entstehen; die den verschiedenen Schwingungsübergängen entsprechenden Einzelbanden ordnen sich zu Bandenzügen bzw. -sequenzen und zu Bandensystemen, von denen jedes zu *einem* bestimmten Quantensprung der Elektronenenergie des Moleküls gehört (2431). Einfache Gesetzmäßigkeiten gelten nur bei den zweiatomigen Molekülen, auf die sich das Folgende daher bezieht.

Innerhalb eines Moleküls setzen sich wie beim Atom die Drehimpulsvektoren der einzelnen Elektronen zu Resultanten für die gemeinsame Elektronenhülle zusammen, bei zweiatomigen Molekülen z. B. meist die Komponenten $\vec{\lambda}$ der Drehimpulsvektoren $\mathfrak{l}$ in Richtung der Molekülachse (Kernverbindungslinie), die den Orientierungsquantenzahlen m der Atom-Elektronen in einem äußeren elektrischen oder magnetischen Felde entsprechen, zur Resultierenden $\vec{\Lambda}$. Entsprechend wie bei den Atomen heißen Terme mit

$$\begin{array}{ccccc} \Lambda = 0 & 1 & 2 & 3\ldots & \\ \Sigma & \Pi & \Delta & \Phi & = \text{Terme.} \end{array}$$

Bei zweiatomigen Molekülen bestimmt der Betrag von $\vec{\Lambda}$ (= Λ) den Termcharakter. Der Gesamtdrehimpulsvektor $\mathfrak{L}$ der Molekül-Elektronenhülle, der eine Präzissionsbewegung um die Molekülachse ausführt, ist demgegenüber ohne Bedeutung. Die Energieunterschiede zwischen Termen mit verschiedenem Λ sind im Molekül sehr groß (weil das elektrische Feld in Richtung der Molekülachse sehr stark ist), beispielsweise beträgt der Unterschied zwischen dem untersten Σ-Term und dem untersten Π-Term des CO-Moleküls $\sim$ 6 V (s. 2435). Terme, die sich nur im Vorzeichen von Λ unterscheiden, fallen zusammen (wie im elektrischen Feld auch bei den Atomen); außer für $\Lambda = 0$ (Σ-Terme) fallen daher stets zwei Terme mit um 180° verschiedener Richtung des Vektors $\vec{\Lambda}$ aufeinander; durch Wechselwirkung mit der Rotationsbewegung des Gesamtmoleküls spalten diese ein wenig auf (Λ-Verdopplung c, d; $\sim$1 bis 100 cm^{-1}).

2431 Termschema und Energieübergänge (Spektrum) eines zweiatomigen Moleküls.

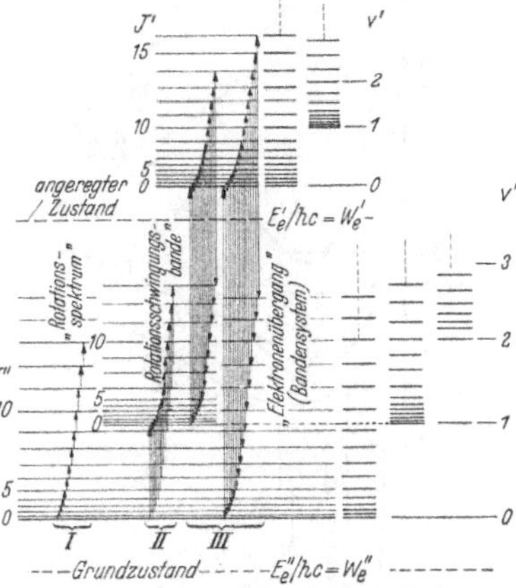

I Rotationsspektrum *II* Rotationsschwingungsspektrum, *III* Elektronenbanden.

$\vec{\Lambda}$ bildet meist mit der Molekülachsenkomponente des Spinmomentes $\vec{\Sigma}$ das Gesamtmoment $\vec{\Omega}$, dessen Betrag wie das $\mathfrak{J}$ der Atome, im Termsymbol als kleine Ziffer rechts unten angegeben wird. Den verschiedenen Einstellmöglichkeiten des Spinmomentes $\mathfrak{S}$ entspricht die Multiplizität (2S + 1), die ebenfalls wie beim Atom im Termsymbol (linker oberer Index) zum Ausdruck kommt: z. B. $^2\Pi_{1/2}$. Zur Unterscheidung werden den Termsymbolen der Moleküle, da die Hauptquantenzahl fehlt, große oder kleine Buchstaben vorangesetzt, und zwar der Reihe nach vom Grundterm aus: X, A, B, C... bzw. a, b, c. Ferner wird öfters die Elektronenkonfiguration vor dem Termsymbol angegeben, wobei der Betrag λ durch einen kleinen griechischen Buchstaben zum Ausdruck kommt. Zum Beispiel 1 p π^2 sind zwei p-Elektronen (l = 1) mit n = 1 und $\lambda = 1$. Wie bei den Atomen, gibt es Singulett- (S = 0, $\Omega = \Lambda$), Dublett- (S = $^1/_2$, $\Omega = \Lambda \pm {}^1/_2$) und Triplett- (S = 1, $\Omega = \Lambda$, $\Lambda \pm 1$) Terme. Die Multiplettaufspaltung ist um so größer, je mehr Elektronen das Molekül enthält.

Der Betrag der Multiplettaufspaltung wächst mit der Anzahl der Elektronen im Molekül.

Bei Termen mit $\Lambda = 0$ (Σ = Termen) oder $\Omega = 0$ unterscheidet man, je nachdem ob die den Bewegungszustand der Elektronenhülle im einzelnen beschreibende „Eigenfunktion" (auf die hier nicht näher eingegangen wird) bei Spiegelung an einer die Kernverbindungslinie enthaltenden Ebene ungeändert bleibt oder ihr Vorzeichen wechselt, Σ^+- und Σ^-- (bzw. 0^+- und 0^--) Terme. Terme von Molekülen mit zwei gleichen Kernen (symmetrischen Molekülen), die ja darüber hinaus ein Symmetriezentrum besitzen, werden ferner je nach dem Zentralsymmetrieverhalten ihrer Eigenfunktion als gerade (z. B. Π_g) oder ungerade (z. B. Σ_u) bezeichnet. Ein Elektronenterm ist gerade (ungerade), wenn die algebraische Summe der λ aller Elektronen des Moleküls eine gerade (ungerade) Zahl ist. Übergänge (Quantensprünge der Elektronen) sind nur möglich zwischen einem geraden und einem ungeraden Term (nicht zwischen zwei geraden usw.) und zwischen Σ^+ und Σ^+ bzw. Σ^- und Σ^- (nicht zwischen Σ^+ und Σ^-)[1]. Λ darf sich dabei höchstens um eine Einheit ändern: $\Delta\Lambda = 0$ oder ± 1. Ferner kombinieren meist Singulett- nur mit Singulett-Termen usw. Singulett-Triplettübergänge (Interkombinationen) treten nur mit geringer Intensität auf.

Die Elektronenenergie ist vom gegenseitigen Abstand der Kerne abhängig. Für einen bestimmten Elektronenzustand wird diese Abhängigkeit bei zweiatomigen Molekülen durch eine Potentialkurve dargestellt (Elektronenenergie U über Kernabstand r, 2432 und 2433). Einem stabilen Molekülzustand entspricht stets eine Potentialkurve (a) mit einem Minimum an der Stelle des Gleichgewichtsabstandes der beiden Atome r_e ($\sim r_0$). Monoton verlaufende

[1] Übergänge zwischen Σ^+- und Σ^-- oder geraden und ungeraden Termen werden jedoch — obwohl „verboten" — ebenfalls beobachtet, wenn z. B. die absorbierende Schicht dick genug ist. Ein Beispiel sind die als Fraunhofersche Linien beobachtbaren atmosphärischen Sauerstoffbanden $^3\Sigma_g^- \rightarrow {}^1\Sigma_g^+$ (Schichtdicke = Atmosphärenhöhe).

Potentialkurven bedeuten, daß die entsprechenden Molekülzustände nicht stabil sind, sondern zur Dissoziation führen (b in 2432). Im Falle der Potentialkurve (a) kann die Gesamtenergie des Moleküls — wenn man von der Translations- und Rotationsbewegung absieht — nur einzelne bestimmte Werte E_V zwischen der Mindestenergie E_0 und der Dissoziationsgrenze E_D des betreffenden Elektronenzustandes annehmen (vgl. a in 2432).

Es findet ein dauernder Austausch zwischen kinetischer und potentieller Energie statt, wobei letztere zwischen den Werten E_V und E_0 schwankt, während der Atomabstand sich periodisch ändert: Die Kerne der beiden Atome schwingen um ihre Gleichgewichtslagen. Die Frequenz ν (s^{-1}) bzw. die Wellenzahl ω (cm^{-1}) dieser Schwingung ist für verschiedene Elektronenzustände bzw. Potentialkurven (mit verschiedenem r_0) verschieden; ihr Quadrat ist proportional dem Quotienten aus Kraftkonstante und reduzierter Masse.

2432 Potentialkurven des H_2-Moleküls und des Molekülions H_2^+.

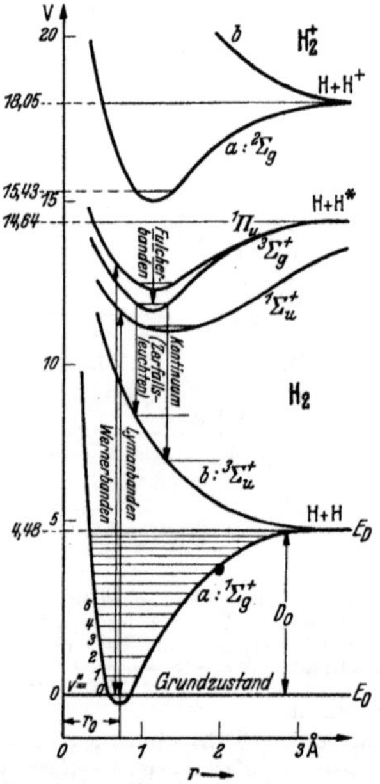

Im Grundzustand $^1\Sigma_g^+$ sind alle 14 Schwingungsniveaus angegeben. Zwischen $H_2^1\,\Pi_u$ und $H_2^+\,^2\Sigma_g$ liegen sehr viele andere Elektronenterme; siehe 24391.

2433 Potentialkurvenschema des Sauerstoffmoleküls und -molekülions.

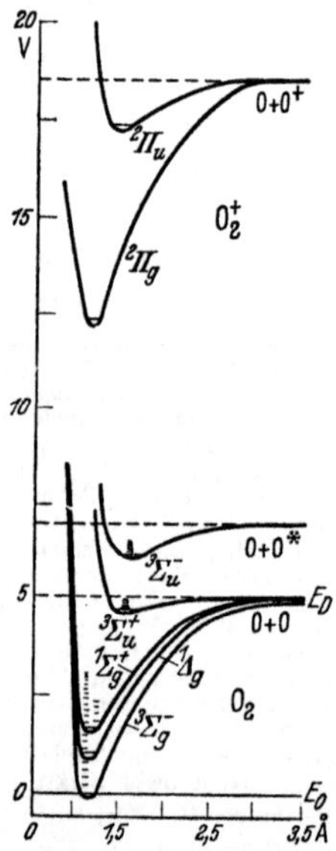

Bei O_2 sind die beobachteten Schwingungsterme angedeutet. Übergänge: siehe Tabelle der Elektronenterme.

Ist die Potentialkurve eine Parabel (in der Nähe des Minimums), so sind die Energiewertdifferenzen der einzelnen Schwingungszustände „halbzahlige" Vielfache von $h\nu$:

$$E(v) = h\nu\left(v + \frac{1}{2}\right), \qquad v = 0, 1, 2, \ldots \tag{1}$$

Der Grundzustand v = 0 ist nicht schwingungslos; seine Energie beträgt ein halbes Schwingungsquant $\left(\frac{h\nu}{2}\right)$. Die „Termwerte", die vom Grundzustand v = 0 aus gezählt werden und für die wichtigsten Elektronenterme in den Termschemen 2434 und 2435 mit angegeben sind, betragen also:

$$\frac{E(v)}{hc} = W(v) = \omega\left(v + \frac{1}{2}\right), \qquad v = 0, 1, 2, \ldots$$

Ein System mit parabolischer Potentialkurve heißt „harmonischer Oszillator". Im allgemeinen enthält die Gleichung der Potentialkurve aber auch höhere Potenzen der Entfernung aus der Gleichgewichtslage $[(r - r_0)^3,\ (r - r_0)^4$ usw.]: „Anharmonischer Oszillator". Die Energie- bzw. Termwerte sind dann:

$$W(v) = \omega_e \left(v + \frac{1}{2}\right) - \omega_e\, x_e \left(v + \frac{1}{2}\right)^2 + \ldots \quad \text{mit } v = 0, 1, 2, \ldots \qquad (2)^{1)}$$

$$\left(W(0) = \frac{\omega_e}{2} - \frac{\omega_e x_e}{4} + \ldots\right)$$

[oder in älterer Schreibweise:

$$W_0(v) = \omega_0 v - \omega_0 x_0 v^2 + \ldots \qquad \text{mit } \omega_0 = \omega_e - \omega_e x_e + \ldots, \quad \omega_0 x_0 = \omega_e x_e - \ldots] \quad (2a)^{1)}$$

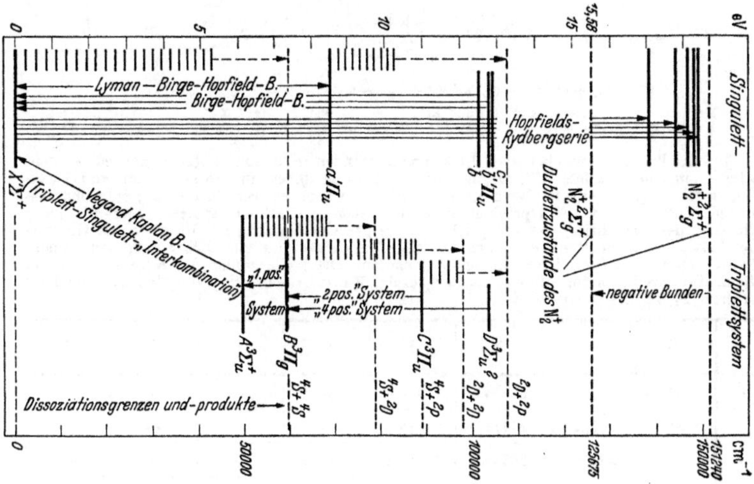

2434 Termschema des N_2 Moleküls.

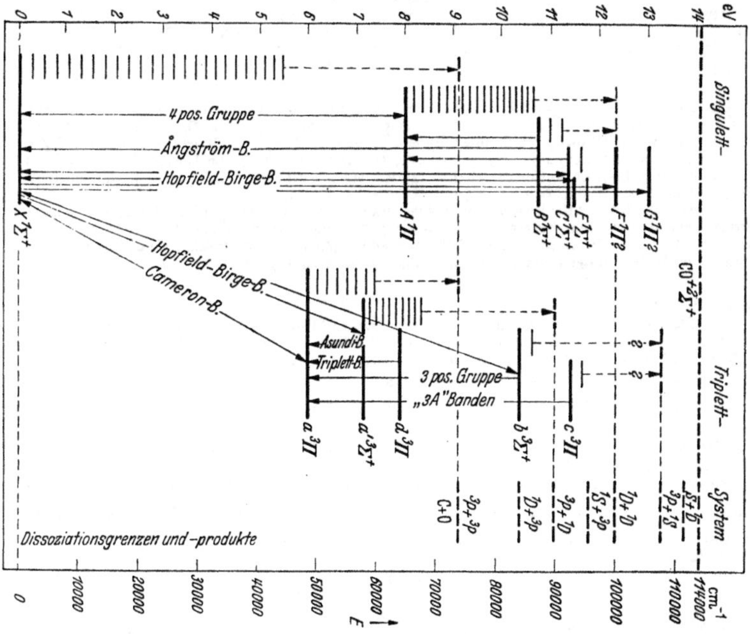

2435 Termschema des CO-Moleküls.

---

[1]) Der Index 0 bezieht sich stets auf den wirklichen Grundzustand (v = 0) einschließlich Nullpunktsenergie $\frac{h\nu}{2}$, der Index e auf das Minimum der Potentialkurve.

Bei einem Übergang zwischen zwei Quantenzuständen des Moleküls ändert sich im allgemeinen auch dessen Schwingungsenergie (s. 2436 und 2437). Wenn der Wellenzahlabstand der beiden Potentialkurvenminima ν_e beträgt und die „Schwingungsquantenzahl" im oberen Zustand mit v', im unteren mit v'' bezeichnet wird, sind die Wellenzahlen der bei dem Quantensprung emittierten oder absorbierten Spektrallinien:

$$\left.\begin{aligned} \nu^* = \nu_e + \omega_e'\left(v'+\frac{1}{2}\right) - \omega_e' x_e'\left(v'+\frac{1}{2}\right)^2 + \dots \\ -\omega_e''\left(v''+\frac{1}{2}\right) + \omega_e'' x_e''\left(v''+\frac{1}{2}\right)^2 - \dots \\ \text{mit } v', v'' = 0, 1, 2, \dots \end{aligned}\right\} \quad (3)$$

[oder

$$\nu^* = \nu_{00} + \omega_0' v' - \omega_0' x_0' v'^2 + \dots - \omega_0'' v'' + \omega_0'' x_0'' v''^2 - \dots$$

$$\text{mit } \nu_{00} = \nu_e + \frac{\omega_e'}{2} - \frac{\omega_e' x_e'}{4} + \dots - \frac{\omega_e''}{2} + \frac{\omega_e'' x_e''}{4} - \dots]. \quad (3a)^{1)}$$

Jedem Übergang zwischen zwei Elektronenzuständen (d. h. zwei Potentialkurven) — dem beim Atom eine einzelne Spektrallinie entspricht — ist daher ein ganzes System von Termdifferenzen zugeordnet, die beim gleichen Elektronensprung verschiedenen „Schwingungsübergängen" $v' \rightleftarrows v''$ entsprechen und zusammen ein „Bandensystem" bilden. Jeder einzelnen der Termdifferenzen entspricht, infolge der Überlagerung der Rotation des Gesamtmoleküls, eine „Bande" von einzelnen Rotationsübergängen, d. i. eine dichte Folge von Linien, die sich an einer „Kante" (= Bandenkopf) häufen. Die Wellenzahlen der Kanten werden in einem Kantenschema angeordnet; als Beispiel das Kantenschema der „violetten Cyanbanden" (s. dazu 24392, CN $^2\Sigma \rightarrow {}^2\Sigma$):

v' \ v''	0	1	2	3	4	5	6	7
0	25743,4	23712,3	21704,0	—	—	—	—	—
1	27844,0	25822,9	23818,9	21837,5	—	—	—	—
2	—	27879,0	25887,0	23911,1	21956,8	—	—	—
3	—	—	27894,4	25934,8	23986,9	22059,7	—	—
4	—	—	—	—	—	24042,9	22143,3	—
5	—	—	—	—	—	—	24075,6	22205,2

Die Horizontal- bzw. Vertikalreihen, die Übergängen mit gleichem oberen bzw. unteren Schwingungszustand entsprechen, stellen v'- bzw. v''-„Bandenzüge" dar [2]), deren Einzelbanden nahezu gleichen Abstand voneinander haben (s. 2436, „Negative Sauerstoffbanden", O_2^+). Wenn, wie in obigem Schema (CN) und in 2437 (C_2, Swan-Banden), die Diagonalreihen nahezu gleiche Wellenzahlen enthalten, sind die Banden eines Systems in „Sequenzen" angeordnet, die je einem bestimmten Wert von $|v' - v''|$ entsprechen.

Die Intensitätsverhältnisse verschiedener Banden zueinander werden durch die gegenseitige Lage der zu dem betreffenden System gehörenden beiden Potentialkurven bestimmt (Franck-Condon-Prinzip). Für die Intensitäten von Absorptionsbanden sind die Besetzungszahlen der Schwingungsniveaus des Ausgangs- (d. h. Grund-)Zustandes maßgebend („Boltzmann-Faktor" $e^{-\frac{h\nu}{kT}}$).

Die Struktur der Einzelbanden ist durch die Rotationsbewegung des Gesamtmoleküls bedingt. Zweiatomige Moleküle haben zwei verschiedene Trägheitsmomente, entsprechend der Rotation der Elektronen um die Kernverbindungslinie (I_A) und der der beiden Kerne um eine zur Molekülachse senkrechte Richtung (I_B). I_A ist sehr klein; I_B ist gleich „reduzierte Masse" $\left(\mu = \frac{m_1 \cdot m_2}{m_1 + m_2}\right)$ mal Quadrat des Kernabstandes: $I_B = \mu \cdot r^2$. Der Drehimpulsvektor der Kernrotation setzt sich mit $\vec{\Lambda}$ bzw. $\vec{\Omega}$ („Hundsche Kopplungsfälle" a und c) oder mit $\vec{\Lambda}$ zu $\mathfrak{K}$ und dann (oder, z. B. wenn $\Lambda = 0$ ist, d. h. bei Σ-Termen, direkt) mit $\mathfrak{S}$ (Kopplungsfall b) zur Resultierenden $\mathfrak{J}$ zusammen, deren Betrag J (bzw. K) wieder nur ganzzahlige Werte (in Einheiten $\frac{h}{2\pi}$) besitzen kann, also „gequantelt" ist. Den verschiedenen Werten der „Rotationsquantenzahl" J (oder K) entsprechen folgende Termwerte der Rotationsbewegung (symmetrischer Kreisel):

$$\left.\begin{aligned} \frac{E(J)}{hc} = W(J) = B_v J(J+1) + (A - B_v)\Lambda^2 \\ \text{mit } A = \frac{h}{8\pi^2 c I_B} \quad \text{und} \quad B_v = \frac{h}{8\pi^2 c I_B} = \frac{27{,}66 \cdot 10^{-40}}{\mu \cdot r^2}; \quad J = \Lambda, \Lambda+1, \Lambda+2, \dots \end{aligned}\right\} \quad (4)$$

1) ν_{00} ist der Abstand der Zustände v = 0 der Potentialkurven, in Wellenzahlen (cm^{-1}).
2) Auch Progressionen genannt.

2436 Schwingungsterme und -übergänge (Bandenfolgen) für O_2^+, ultraviolette negative Banden.

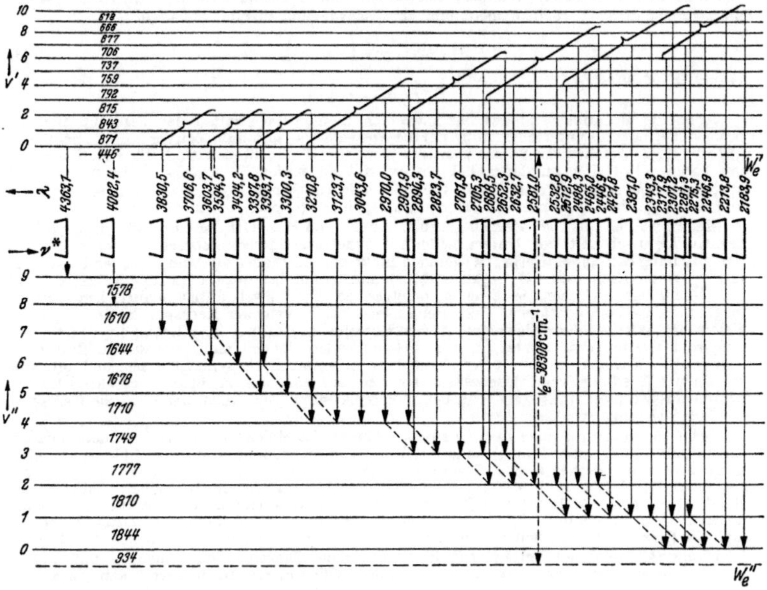

v'-Bandenzüge sind durch Klammern verbunden. Der Wellenzahlabstand zwischen den beiden Schwingungstermfolgen ist um ~16000 cm⁻¹ verkürzt. Die Bandenköpfe sind schematisch (auf einer Wellenzahlskala) dargestellt, jedoch von je zwei ~200 cm⁻¹ liegenden (Dublex) immer nur der kürzerwellige. ◁ Bandenkante, nach rot abschattiert. (Nach Jevons.)

2437 Schwingungsterme und -übergänge, Swan-Banden des C_2.

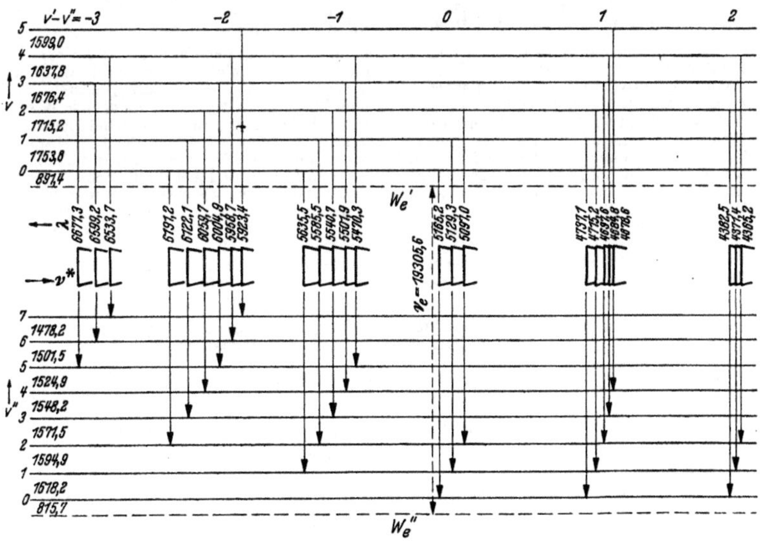

Zwischen den einzelnen Sequenzen sind verschieden große Stücke der horizontalen (Wellenzahl-) Skala ausgelassen. ▷ Bandenkante, nach violett abschattiert. (Nach Jevons.)

Das Glied $(A - B_v)\,\Lambda^2$ ist für alle Rotationsübergänge einer Bande gleich und daher ohne Einfluß auf deren Struktur. Die Abstände der Terme untereinander (und daher die Linienabstände in den Banden) sind proportional zur Rotationskonstante B_v. B_v ist umgekehrt proportional dem Trägheitsmoment und vom Schwingungszustand abhängig:

$$B_v = B_e - \alpha\left(v + \frac{1}{2}\right) \tag{4}$$

[ältere Schreibweise:

$$B_v = B_0 - \alpha \cdot v]\ ^{1)}. \tag{4a}$$

Auch die Rotationsterme werden nach den Symmetrieverhalten der Eigenfunktion als positiv oder negativ unterschieden, wobei die Auswahlregel gilt, daß positive nur mit negativen „kombinieren", nicht positive mit positiven usw. Bei Σ^+-Zuständen sind alle Rotationsterme mit gerader Rotationsquantenzahl J positiv, mit ungeradem J negativ; bei Σ^--Zuständen umgekehrt, bei $\Lambda \neq 0$ (Π-, Δ-Terme) gehören zu jedem J zwei Rotationsterme, ein positiver und ein negativer, die unter Umständen „aufspalten" (s. oben, Λ-Entartung).

Bei Molekülen mit zwei Kernen gleicher Ladung und Masse ist die Unterscheidung positiv-negativ identisch mit der Unterscheidung symmetrisch-antisymmetrisch in bezug auf die Vertauschung der beiden Kerne; bei geraden Elektronenzuständen sind die positiven Rotationsterme symmetrisch und die negativen antisymmetrisch, bei ungeraden umgekehrt; es sind nur Übergänge zwischen je zwei symmetrischen oder zwei antisymmetrischen Termen möglich; „Interkombinationen" sind streng „verboten". Wenn der Kernspin der beiden Atome gleich 0 ist, existieren nur die symmetrischen Rotationsterme; in Σ-Zuständen ($\Lambda = 0$) ist daher nur jeder zweite Term besetzt, in den entsprechenden Banden fehlt jede zweite Rotationslinie (z. B. bei He_2, C_2, O_2). Ist der Kernspin $\neq 0$, so haben die symmetrischen und antisymmetrischen Zustände verschiedenes statistisches Gewicht, was zu einem charakteristischen „Intensitätswechsel" führt (aus dem bei „homonuklearen" Molekülen der Wert die Kernspins bestimmt werden kann).

Beim Übergang zwischen zwei Quantenzuständen des Moleküls (Absorption oder Emission einer Spektrallinie bzw. Bande) ändert sich die Rotationsquantenzahl um $\Delta J = \pm 1$; außer beim Übergang zwischen zwei Σ-Zuständen auch um $\Delta I = 0$ (keine Änderung des Rotationszustandes)[2]; $J = 0 \rightarrow J = 0$ (verboten). Die Wellenzahlen der einzelnen Linien einer Bande ergeben sich daher, wenn J' bzw. B' die Rotationsquantenzahl bzw. die „Rotationskonstante" im oberen und J'' bzw. B'' die entsprechenden Größen im unteren Zustand sind, da man die Elektronen- und Schwingungstermdifferenzen [einschließlich des Gliedes $(A - B_v)\,\Lambda^2$, Gleichung (4)] — deren Beträge auf die Struktur der Einzelbanden keinen Einfluß haben, nur ihre Lage bestimmen — in einem konstanten Glied ν_0 zusammen fassen kann, aus:

$$\nu^* = \nu_0 + B_v' J'(J'+1) - B_v'' J''(J''+1) \tag{5}$$

mit:

$$J' = \begin{cases} J''+1 \\ J'' \text{ (außer bei } \Sigma \rightarrow \Sigma \text{ oder } J''=0). \\ J''-1 \end{cases}$$

Daraus mit $J'' = J$ und $B_v = B$:

$$\left.\begin{array}{lll} \nu^* = \nu_0 + 2B' + (3B' - B'')\,J + (B' - B'')\,J^2 & \text{„R-Zweig"} & (J' = J''+1) \\ \nu^* = \nu_0 + (B' - B'')\,J + (B' - B'')\,J^2 & \text{„Q-Zweig"} & (J' = J'') \\ \nu^* = \nu_0 - (B' + B'')\,J + (B' - B'')\,J^2 & \text{„P-Zweig"} & (J' = J''-1) \end{array}\right\} \tag{6}$$

Der Zusammenhang zwischen ν^* und J wird durch eine Parabel dargestellt („Fortrat-Parabel") (2438). Der „P-Zweig" erstreckt sich von der „Nullinie" zunächst nach kleineren Frequenzen bzw. größeren Wellenlängen (nach „Rot"), der „R-Zweig" nach „Violett". Ist $B' > B''$, also der Kernabstand r_e im oberen Zustand kleiner, so bildet der P-Zweig eine Kante und „kehrt" mit wachsendem J bei einer bestimmten Wellenlänge „um": Die Bande ist nach Violett abschattiert (in den Tabellen mit „V" bezeichnet). Ist $B'' > B'$, also der Kernabstand im unteren Zustand kleiner, so bildet der R-Zweig die Kante; die Bande ist nach Rot abschattiert („R"). Nur wenn der Kernabstand in Anfangs- und Endzustand gleich oder nahezu gleich ist, wird keine Kante beobachtet (Linienabstand konstant). Der Q-Zweig liegt stets in der Mitte; für $B' = B''$, schrumpft er zu einer Linie zusammen; bei Σ—Σ-Übergängen fehlt er ganz. Der (von J abhängige) Linienabstand innerhalb der Banden ist proportional zu B, also bei schweren Kernen klein, bei Hydriden groß, bei H_2 am größten.

Die Intensitätsverhältnisse der Linien einer Bande spiegeln die „Besetzung" der einzelnen Rotationsniveaus im Ausgangszustand. Sie werden durch das Boltzmannsche Energieverteilungsgesetz („Boltzmann-Faktor" $e^{-\frac{h\nu}{kT}}$) unter Berücksichtigung der statistischen Gewichte $(2J+1)$ wiedergegeben, sind also temperaturabhängig.

---

[1]) Dementsprechend unterscheidet man auch zwei Werte von I_B: $I_e = \frac{h}{8\pi^2 c B_e}$ bezieht sich auf das Minimum der Potentialkurve, $I_0 = \frac{h}{8\pi^2 c B_0}$ auf den Grundzustand mit Nullpunktsschwingung. Aus I_e berechnet man r_e, aus I_0 r_0 als Gleichgewichtsabstand. Die Unterschiede sind minimal.

[2]) Da z. B. Σ^+- nur mit Σ^+-Termen kombinieren, sind bei $\Sigma - \Sigma$-Übergängen die Rotationsniveaus mit geradzahligem J sämtlich positiv oder sämtlich negativ, und Übergänge daher nur zwischen geradzahligem und ungeradzahligem J möglich, d. h. $\Delta J = \pm 1$, $\neq 0$.

Die **Bandenspektren mehratomiger Moleküle** sind wesentlich verwickelter gebaut und bisher nur unvollkommen bekannt. Der Analyse zugänglich sind nur die (auch bei zweiatomigen Molekülen, z. B. HCl, bekannten) im Rot und Ultrarot gelegenen Rotationsschwingungs- und Rotationsspektren (s. 2431), die Sprüngen der Schwingungs- und Rotationsbzw. nur der Rotationsenergie im Elektronen-Grundzustand entsprechen. Die Rotationsspektren bilden nahezu äquidistante Folgen von im fernen Ultrarot gelegenen Linien, die bei nichtlinearen Molekülen mehrere Serien bilden (bei H_2O z. B. 3 Serien zwischen $\sim 100\,\mu$ und $10\,\mu$). Die einzelnen Rotationslinien der im nahen, z. T. im photographierbaren Ultrarot und Rot liegenden, in Absorption beobachteten Rotationsschwingungsbanden bilden im allgemeinen ebenfalls keine Kante, sind aber trotzdem nicht äquidistant:

$$\left.\begin{aligned} \nu^* &= \omega + 2B_v' + (3B_v' - B_v'')\,J + (B_v' - B_v'')J^2, \quad J = 0, 1, \ldots \quad \text{R-Zweig} \\ \nu^* &= \omega - (B_v' + B_v'')\,J + (B_v' - B_v'')\,J^2, \quad J = 1, 2, \ldots \quad \text{P-Zweig} \end{aligned}\right\} \quad (7)$$

ω ist die Wellenzahl des reinen Schwingungsübergangs, der im allgemeinen zwischen Grundzustand ($v'' = 0$) und erstem angeregtem Schwingungszustand ($v' = 1$) stattfindet; B'' und B' sind die nur wenig verschiedenen Rotationskonstanten in diesen beiden Zuständen. Mit geringerer Intensität werden auch „Oberschwingungen" ($v = 0 \rightarrow v = 2, 3, 4, \ldots$) beobachtet. Die „Nullinie" (ω) fällt stets aus (Nullücke), es tritt kein Q-Zweig auf.

Bei linearen mehratomigen Molekülen sind zwei Arten von Schwingungen zu unterscheiden: Valenzschwingungen (v) in Richtung der Molekülachse und Deformationsschwingungen (δ) senkrecht dazu. Den Valenzschwingungen entsprechen „$\parallel$-Banden", die völlig gleich gebaut sind wie die Rotationsschwingungsbanden zweiatomiger Moleküle, den Deformationsschwingungen „$\perp$-Banden" mit Q-Zweig ($\Delta J = \pm 1, 0$); das elektrische Moment des Moleküls wird durch diese Schwingungen parallel bzw. senkrecht zur Molekülachse geändert.

Nichtlineare Moleküle, bei denen jedoch mindestens zwei der drei Trägheitsmomente (A, B, $C = B$) einander gleich sind (symmetrische Kreisel), haben ebenfalls $\parallel$-Schwingungen parallel zur Kreiselachse, und entsprechende Banden mit Q-Zweig und Linienabstand $\Delta\nu = \dfrac{h}{4\pi I_B} = 2\,B$, und $\perp$-Schwingungen senkrecht zur Kreiselachse, für die aber die Rotationsenergiegleichung

$$\left.\begin{aligned} W(J) &= B\,J\,(J+1) + (A - B)\,K^2 \\ \Delta K &= \pm 1 \quad \text{und} \quad \Delta J = 0, \pm 1 \end{aligned}\right\} \quad (8)$$

lautet; diesen Schwingungen entsprechen „$\perp$-Banden" bei denen aus einem Gewirr von Rotationslinien die intensiven Q-Zweige $\Delta J = 0$, im Abstand $\Delta\nu = \dfrac{h}{4\pi^2}\left(\dfrac{1}{I_A} - \dfrac{1}{I_B}\right)$ voneinander, hervorragen.

2438 Zur Struktur der Einzelbande (Rotationsstruktur).

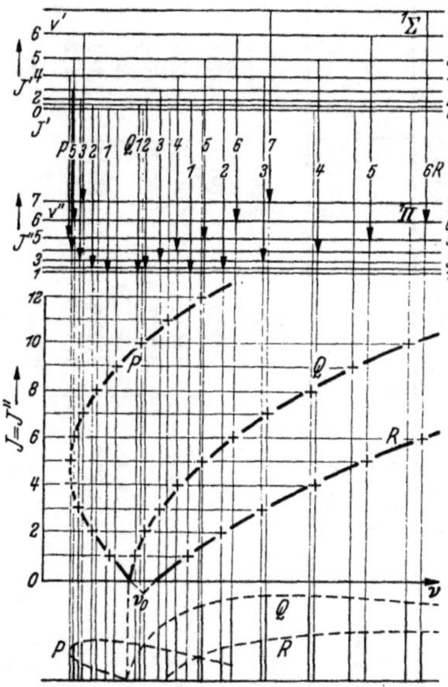

Rotationstermschema, Fortratparabeln und Linienschema mit Intensitätskurven (— —) für eine Bande mit *P*-, *Q*- und *R*-Zweig ($\Sigma \rightarrow \Pi$ = Übergang, $J' = 0, 1, 2, \ldots$, $J'' = 1, 2, 3, \ldots$). *P*-Zweig nach violett abschattiert ($B' > B''$); Kante bei $J = 5$ (CO = Ångström-Bande).

Unsymmetrische Kreiselmoleküle (z. B. H_2O) zeigen komplizierteres, noch nicht völlig geklärtes Verhalten (z. B. — bei CH_4 — Abhängigkeit der Schwingungsrichtung entarteter, d. h. mehrfacher, Eigenschwingungen vom Rotationszustand).

Ein n-atomiges Molekül hat $(3n - 6)$ Eigenschwingungen, lineare M. $(3n - 5)$, die auch im Raman-Effekt, d. h. als Wellenzahldifferenzen im Spektrum des Streulichts bei monochromatischer Einstrahlung beobachtet werden, wenn sie zu einer Änderung der Polarisierbarkeit führen („ramanaktiv"). Während jedoch in den Bandenspektren (besonders zweiatomiger Moleküle) viele im stabilen Zustande nicht bekannte Moleküle und Radikale, vorübergehende Reaktionsprodukte usw. auftreten, sind natürlich Ultrarot- (Absorptions-) und Raman-Streu-) Spektren nur von bei Beobachtungstemperatur stabilen Molekülen bekannt.

2439 Elektronenterme von zweiatomigen Molekülen.

Molekül	Termsymbole und Übergänge bzw. Wellenlängen (Å) (R = „nach Rot abschattiert“, V = „nach Violett abschattiert“)		Termhöhe $\nu_e + W'(0) - W''(0)$ (ν_{00})* cm⁻¹	ω_e cm⁻¹	$\omega_e x_e$ cm⁻¹	B_e cm⁻¹	α cm⁻¹	r_e Å	D_e V
$^9Be^{16}O$	$D\,^1\Pi$	$\lambda = 3134, 3248, 3368$, R**	42101	1006	10	< 1,35	—	>1,47	—
	$C\,^1\Sigma^+$	$\lambda = 4427, 4709, 5054$, R	21197,0	1370,8	7,76	1,577	,016	1,358	(7,5)
	$B\,^1\Pi$	$\lambda = 6796, 6995, 7326$, R	10364,1	1127,8	8,40	1,350	,016	1,468	(4,7)
	$A\,^1\Sigma^+$		0	1486,9	11,70	1,651	,019	1,331	(5,8)
$^{12}C_2$	$d\,^1\Pi_g$	$\lambda = 4102 \ldots 3398$ (0,0 = 3853) V	(25969,2)	1832,5	34,01	1,786	,026	1,251	—
	$b\,^1\Sigma_u$	Deslandres-d'Azambuja-Banden		1608,3	12,10	1,617	0,17	1,315	3,4
	$C\,^3\Pi_u$	$\lambda = 7852 \ldots 3419$ Hochdruckb., V.	29212	—	—	—	—	—	—
	$B\,^3\Pi_g$	$\lambda = 6700 \ldots 4370$, s. 2437	19379,2	1792,6	19,35	1,758	,017	1,261	3,1
	$A\,^3\Pi_u$	Swan-Banden V	0	1641,7	11,71	1,632	,017	1,312	3,6
$^{12}C^1H$	$C\,^2\Sigma^+$	$\lambda = 3157, 3143$ Fortrat-Banden, R	31810	(2906)	—	14,62	—	1,11	—
	$B\,^2\Sigma^-$	$\lambda \sim 3900$ (auch 4120…4025, 3628), R	25715	—	—	12,62	—	1,20	B_0 bzw.
	$A\,^2\Delta$	$\lambda \sim 4300$ V	23163	(2800)	—	14,57	—	1,11	r_0!
	$X\,^2\Pi$	Dublettaufspaltung ~ 28,5 cm⁻¹	0	2824	46	14,453	,528	1,120	3,47
$^{12}C^{14}N$	$B\,^2\Sigma^+$	$\lambda = 4606, 4216, 3882, 3590$ V (R) ***	25797,8	2164,2	20,25	1,970	,022	1,148	—
	$A\,^2\Pi_v$ †	$\lambda = 5239, 5354, 5473, 5607, 5730, 5858, 5992, 6133, 6332, 6472, 6632$, R	10929,3† / 10877,1	1788,7	12,88	1,699	,017	1,236	—
	$X\,^2\Sigma^+$		0	2068,7	13,14	1,899	,017	1,172	(5,96)
$^{12}C^{16}O^+$	$B\,^2\Sigma^+$	$\lambda = 2113, 2190, 2299, \ldots$, 1. negative Banden, R	45651,5	1719,8	24,25	1,778	,032	1,168	(3,7)
	$A\,^2\Pi_v$ †	$\lambda = 4231, 3973, 3725, \ldots$, Kombinationsbanden, V	20471,6† / 20346,1	1564,5	14,07	1,659 / 1,621	0,18	1,212 / 1,225	(4,8)
	$X\,^2\Sigma^+$	$\lambda = 4000, 4251, \ldots$, Kometschwanzbanden, R	0	2211,1	15,12	1,978	,021	1,115	(6,5)
$^{12}C^{16}O$	$G\,^1\Pi$?	$\lambda \sim 950$ Hopfield-Birge-Banden	105266	—	—	—	—	—	—
	$F\,^1\Pi$?	$\lambda \sim 1000$ R Hopfield-Birge-Banden	99730	2112	198	—	—	—	—
	$E\,^1\Sigma^+$	$\lambda \sim 1080$ Hopfield-Birge-Banden	92923	(2134)	—	—	—	—	—
	$C\,^1\Sigma^+$	$\lambda \sim 1100$ Hopfield-Birge-Banden	91923	(2133)	—	—	—	—	—
	$b\,^3\Sigma$	$\lambda \sim 1190$ V; $\lambda = 2833, 2977, \ldots$, 3. pos. Gruppe, V	83828	2200	—	1,89	—	1,14	B_0 bzw. r_0!
	$a'\,^3\Sigma$	$\lambda \sim 1730$ R; $\lambda = 8592, 7833, \ldots$, Asundi-Banden, R	57763	1182	9	—	—	—	—

	b'?	λ = 2665, 2793, 2930, 3080, ..., „5 B", V	86038	Außerdem sind Übergänge $C^1\Sigma \to a'^3\Sigma$ (Knauß-Banden, λ = 3254...2925 V) und $C^1\Sigma \to A^1\Pi$ (Herzberg-Banden, λ = 3680, 3893, 4125, 4380, 4511, V) beobachtet					
	$c^3\Pi$?	λ = 2295, 2389, 2489, 2596, ..., „3 A", V	92093						
	$d^3\Pi$	λ = 6400, 5981, 5622 ..., Triplett-banden, R	(63903)						
	$a^3\Pi$	λ = 2258...2369, 2491, ..., Cameron-Banden, R	48438	1739,3	14,5	1,686	—	1,205	B_0, r_0!
	$B^1\Sigma$	λ = 4511, 4835, 5198, ..., Ångström-Banden, V	86920	2182	50	1,956	,028	1,12	
	$A^1\Pi$	λ = 1200...2800, 4. pos. Gruppe, R	64756,3	1514,7	17,18	1,612	,023	1,232	—
	$X^1\Sigma^+$		0	2168,2	13,04	1,931	,017	1,128	(9,144)
$^{12}C^{32}S$	$A^1\Pi$	λ = 2576 (0,0), 2663 (0,1), 2755 (0,2). usw., R	38804,9	1072,3	10,3	0,791	,010	1,559	(3,5)
	$X^1\Sigma$		0	1285,1	6,5	0,819	,005	1,536	(7,8)
$^{16}O_2^+$	$b\,^4\Sigma_g^-$	λ = 6856, 6419, 6026, 5632, 5295	16592,2	1198,1	17,8				(2,5)
	$a\,^4\Pi_u$	1. negative Gruppe, V		1037,2	11,1				(2,6)
	$A\,^2\Pi_u$	λ = 4363...2184, R, s. 2436	38308 (ν_e)	898,9	13,7	1,055	,014	1,41	1,4
	$X\,^2\Pi_g$	2. negative Gruppe (ultraviolette)	198 0 (Dublett)	1876,4	16,53	1,672	,020	1,123	6,48
$^{16}O_2$	F	λ = 1000...600, starke Absorptionsbanden (Hopfield), vielleicht auch Flüssigkeitsabsorption	105527	913	17	—	—	—	—
	E		100676	1127					
	D		98880	1056					
	$B\,^3\Sigma_u^-$	λ = 1971††, 1947, 1925, Schumann-Runge, R	49357,6	706,6	10,71	0,820	,014	1,599	0,95
	$C\,^3\Sigma_u^+$	λ = 2595...2429 + Kontinuum, R, Herzberg	37500	—	—	0,840		1,58	0,4
	$A\,^1\Sigma_g^+$	λ = 7596, 6869, 6278, 5790, 5380, R (sehr schwach, atmosphärische O-Abs., verbotener Übergang)	13121	1432,6	13,92	1,401	,019	1,223	3,5
	$a\,^1\Delta_g$	λ = 12750...12500, R, Flüssigkeitsabsorption	7881,6	(1500)	—	1,415	—	1,22	—
	$X\,^3\Sigma_g^-$		0	1580,3	12,07	1,446	0,16	1,208	5,082
	(Außerdem:) c	λ = 2031, V, Hopfields Emmisionsbande	49225	1121	17	—	—	—	—
	b								
$^{16}O^1H$	$B\,^2\Sigma^+$	λ = 3064 (0,0), 2811, (1,0), 2608 (2,0), R	32465,0	3184,1	97,7	17,383	,860	1,009	2,4
	$A\,^2\Pi_v$	Grundterm: verkehrtes Dublett †	139,1 0	3734,9	82,6	19,025	,724	0,964	4,4

* Wellenzahlenabstand des Niveaus v' = 0 vom Grundzustand v'' = 0 (mit Nullpunktsschwingung) falls nicht absolut bekannt: gegenseitiger Abstand höherer Elektronenterme, zwischen denen Übergänge stattfinden. ** Die Bezeichnung „Gruppe" steht für „Bandensystem", „1. bis 4. positive Gruppe" nannte Deslandres die in der positiven Säule einer luftgefüllten Geißler-Röhre (N_2), „negative Banden" dagegen die im negativen Glimmlicht auftretenden Bandensysteme. Andere Systeme (z. B. Swan-Banden von C_2, Schumann-Runge-Banden von O_2) sind nach ihren Entdeckern benannt. *** „Violette" bzw. „rote Cyanbanden". † $^2\Pi_v$ („verkehrt") bedeutet: Der Term $^2\Pi_{1/2}$ liegt höher als $^2\Pi_{3/2}$ usw. †† Beginn der ultravioletten Luftabsorption.

2439 (Fortsetzung).

Molekül	Termsymbole und Übergänge bzw. Wellenlängen (Å) (R = „nach Rot abschattiert", V = „nach Violett abschattiert")		Termhöhe $\nu_e + W'(0) - W''(0)$ (ν_{00})* cm^{-1}	ω_e cm^{-1}	$\omega_e x_e$ cm^{-1}	B_e cm^{-1}	α cm^{-1}	r_e Å	D_0 V
$^{14}N_2^+$	C	λ = 2060...1720, R	54008	2173,2	10,43				
	$B\,^2\Sigma_u^+$	λ = 4709 (0,2), 4278 (0,1), 3914 (0,0)...	25565,9	2417,7	20,95	2,086	,025	1,071	(3,2)
	$X\,^2\Sigma_g^+$	Negative Stickstoffbanden**	0	2207,2	16,14	1,931	,02	1,117	6,35
$^{14}N_2$	Σ	λ = 2800...2000, V	47331	(1827)		1,72		1,180	
	Σ			(1516,2)	11,55	1,47		1,275	
	$D\,^3\Sigma_u$?	λ = 2904...2256, V, 4. positive Gruppe**	103511						
	c $^1\Pi_u$	λ = 1310,3...1075,1 Birge-Hopfield-Banden, R	104394,6						
			104318,7			1,159		1,43	r_0 bzw. B_0 !
	b^1 $^1\Pi_u$	λ = 1644,1...1057,7	103677,7						
	b $^1\Pi_u$	λ = 1438,0...1008,6	101469,2			1,147		1,44	
	$C\,^3\Pi_u$	λ = 5438...2692, V, 2. positive Gruppe (B.-R.)	88998,6	2046,4	26,40	1,831	,019	1,144	2,29
	$a\,^1\Pi_u$	λ = 1805...1205, R, Lyman-Banden	68956,6	1692,3	13,32	1,642	,021	1,207	
	$B\,^3\Pi_g$	λ = 14700...5029, V, 1. positive Gruppe	59328	1732,8	14,44	1,643	,018	1,207	4,76
	$A\,^3\Sigma_u^+$	λ = 3400...2300, R, Vegard-Kaplan-Banden	49774	1460,4	13,93	1,440	,013	1,290	3,56
	$X\,^1\Sigma_g^+$		0	2359,6	14,45	2,007	,018	1,095	7,384
$^{14}NH^1$	$b\,^1\Pi$	λ = 2530, R, Hori-Bande	39528	(2270)		14,147		1,123	B_0 bzw. r_0!
	$a\,^1\Delta$	λ ~ 3240, R, Pearse-Bande	8773	(3060)		16,460		1,041	
	$B\,^3\Pi$	λ = 3370, 3360, R, starke Bande	29750			15,30		1,08	
	$A\,^3\Sigma^-$		0	(3300)		16,65		1,038	
$^{14}NO^{16}$	D	λ = 1877, 1799, 1730, 1667, V, „ε"-Banden	53271	2351	27	—	—	—	(4,2) —
	$C\,^2\Sigma^+$	λ = 2320, 2229, 2142, 2062, ..., V, „δ"-Banden	52225,8 / 52346,7	(2347)	—	—	—	—	—
	$B\,^2\Pi$	λ = 5270...2185, R, „β"-Banden	45384,6 / 45486,1	1038,3 / 1036,9	7,46	1,177 / 1,076	,019 / ,012	1,413	—
	$A\,^2\Sigma^+$	λ = 3458...1667, V, „γ"-Banden	44078,2 / 44199,1	2374,3	16,30	2,00	,016	1,06	—
	$X\,^2\Pi$		120,5 / 0	1906,5	14,50	1,709	,018	1,150	5,29
$^{2}S^{16}O$	$B\,^3\Sigma^-$	λ = 3941...2442, R	39108,9	628,7	5,65	0,502	,006	1,769	—
	$X\,^3\Sigma^-$		0	1123,7	6,12	0,709	,006	1,494	4,00

$^{1}H^{35}Cl^{+}$	$B\,^{2}\Sigma$	↓ $\lambda = 3966\ldots2830$, R	28416	1603	38	7,37	,25	1,528	--
	$A\,^{2}\Pi_{v}$	↓	644 / 0	2675,4	53,5	9,946	,318	1,315	4,5
$^{35}Cl^{2}$	BO_{u}^{+}	↑ $\lambda = 5760\ldots4800$, R	17710,7	261,1	5,42	0,163	,003	2,42	5,42
	$X\,^{1}\Sigma_{g}^{+}$		0	564,9	4,0	0,244	,002	1,989	2,481
$^{127}J_{2}$	D	↑ $\lambda = 1764\ldots1738$	57517	(213)	—	—	—	—	—
	C	↑ $\lambda = 2511\ldots1765$, R	(41670)	(100)	—	—	—	—	—
	BO_{u}^{+}	↑ λ 8656…4300, R, „Grün-Ultrarot“	15598,3	128,0	0,83	$0{,}029_{2}$	$,000_{8}$	3,010	0,85
	Al_{u}	↑ λ =9300…8375, R, Ultrarot	11803	44,0	1,0	—	—	(3,2)	0,08
	$X\,^{1}\Sigma_{g}^{+}$	↓ ↓	0	214,4	0,59	$0{,}037_{4}$	$,00_{1}$	2,667	1,542
$^{39}K_{2}$	$D\,^{1}\Sigma_{u}^{+}$	↑ $\lambda = 4613\ldots4243$, R	22954,4	61,3	0,24	—	—	—	(0,5)
	$C\,^{1}\Pi_{u}$	↑ $\lambda = 6925\ldots6280$, R	15368,8	75,0	0,39	$0{,}048_{2}$	$,000_{2}$	4,22	0,22
	$B\,^{1}\Sigma_{u}^{+}$	↑ $\lambda = 8850\ldots7728$, R	11671,9	69,1	0,15	—	—	—	0,68
	$A\,^{1}\Sigma_{g}^{+}$	↓ ↓ ↓	0	92,6	0,35	$0{,}056_{2}$	$,000_{2}$	3,923	0,514
$^{39}K^{1}H$	$A\,^{1}\Sigma^{+}$	$\lambda = 5100\ldots4100$, R	19175,5	240,2	—7,01	1,311	,053	3,61	1,15
	$X\,^{1}\Sigma^{+}$	↓ Ein v′-Bandenzug	0	983,3	14,40	3,407	,067	2,244	1,91
$^{27}Al^{1}H^{+}$	$A\,^{2}\Pi$	$\lambda \sim 3600$, V	27668	(1750)	—	6,851	,248	1,58	—
	$X\,^{2}\Sigma^{+}$	↓	0	(1610)	—	6,763	,398	1,602	—
$^{27}Al^{1}H$	$D\,^{1}\Sigma^{+}$	$\lambda = 2033$, V	49288	—	—	6,55	—	1,62	—
	$b\,^{3}\Sigma$	↓ $\lambda \sim 3800$, V	~26100	(1683)	—	6,759	—	1,60	0,5
	$a\,^{3}\Pi_{v}$			(1688)	—	6,712	—	1,60	—
	$C\,^{1}\Sigma^{+}$		44597,1	1325,4	—	6,643	,5	1,61	—
	$B\,^{1}\Pi$	↑	—	1083,1	—	6,395	,743	1,643	0,26
	$A\,^{1}\Sigma^{+}$	↓ ↓ ↓	—	1682,6	29,15	6,396	,188	1,646	3,07
$^{63}Cu^{1}H$	$CuH^{+2}\Sigma$	$\lambda = 2900\ldots2200$	—	1874	—	3,30	—	2,26	—
	$B\,^{1}\Sigma$	$\lambda = 2240$, R, Stücklen-Bande	26276	1794,5	115,9	6,65	,43	1,610	0,8
	$A\,^{1}\Sigma$	$\lambda = 4650$ (0,1), 4328 (1,1).	23308	1701,7	45,15	6,879	,271	1,569	1,8
	$X\,^{1}\Sigma^{+}$	↓ ↓ λ 4280 (0,0), 4006 (1,0), R	0	1940,4	37,20	7,938	,249	1,463	(3,0)

Weitere Zahlenwerte z. B. bei Sponer: Molekülspektren I. Berlin 1935. — Spektren in Eder-Valenta: Atlas typischer Spektren 1928.

* Wellenzahlenabstand des Niveaus v′ = 0 vom Grundzustand v″ = 0 (mit Nullpunktsschwingung) falls nicht absolut bekannt: gegenseitiger Abstand höherer Elektronenterme, zwischen denen Übergänge stattfinden. ** Die Bezeichnung „Gruppe“ steht für „Bandensystem“, „1. bis 4. positive Gruppe“ nannte Deslandres die in der positiven Säule einer luftgefüllten Geißler-Röhre (N_2), „negative Banden“ dagegen die im negativen Glimmlicht auftretenden Bandensysteme. Andere Systeme (z. B. Swan-Banden von C_2, Schumann-Runge-Banden von O_2) sind nach ihren Entdeckern benannt. *** „Violette“ bzw. „rote Cyanbanden“. † $^{2}\Pi_{v}$ („verkehrt“) bedeutet: Der Term $^{2}\Pi_{1/2}$ liegt höher als $^{2}\Pi_{3/2}$ usw. †† Beginn der ultravioletten Luftabsorption.

Anmerkung. Die senkrechten Pfeile deuten beobachtete Übergänge zwischen verschiedenen Elektronentermen an (Elektronenbanden-System). Rechts neben dem Pfeilende (bei mehrfachen Pfeilen Querstrich) stehen Wellenläufe und Name des betreffenden Bandensystems.

2439 (Fortsetzung). Elektronenterme des Wasserstoffmoleküls H_2 ($\mu = 0{,}837 \cdot 10^{-24}$ g).

Beobachtete Übergänge und ungefähre Wellenlängen der $v' = 0 \rightleftarrows v'' = 0$-Banden in Å	Elektronenkonfiguration und Termsymbol	Termwert ($v' = 0$, $J' = 0$) über dem Grundzustand ($v'' = 0$, $J'' = 0$) in cm^{-1}	Konstanten der Schwingungsbewegung ω_0 cm^{-1}	$x_0\omega_0$ cm^{-1}	Dissoziationsspannung D_0 V	Rotationskonstanten und Gleichgewichtsabstand B_0 cm^{-1}	α cm^{-1}	r_0 Å
H_2^+	$1s\sigma\ ^2\Sigma_g$	124429 (15,427 V)	2297	62	(21364 cm^{-1}) 2,649	29,8	1,4	1,06
				H_2-Triplett-System:				
	$1s\sigma\ 7p\pi\ ^3\Pi_u$	~122150			2,63			
	$1s\sigma\ 6p\pi\ ^3\Pi_u$	121311	2236	57	2,64	29,28		1,067
	$1s\sigma\ 5p\pi\ ^3\Pi_u$	119933	2258,7	62,9	2,66	29,31		1,066
	$1s\sigma\ 4d\sigma\ ^3\Sigma_g^+$	117522			2,63			
	$1s\sigma\ 4d\pi\ ^3\Pi_g{}^*$ {d {c	117656 117609	~2170		2,61			
	$1s\sigma\ 4d\delta\ ^3\Delta_g{}^*$ {c {d	~117640 117560	~2170		2,63			
	$1s\sigma\ 4p\pi\ ^3\Pi_u$	117355	2276,5	60	2,66	29,35		1,065
	$1s\sigma\ 4p\sigma\ ^3\Sigma_u^+$	115759	2141		2,86	28,52	2,18	1,081
	$1s\sigma\ 3d\pi\ ^3\Pi_g{}^*$ {d {c	112099 112092	2193	75	2,63			
	$1s\sigma\ 3d\delta\ ^3\Delta_g{}^*$ {c {d	112305 112272	2265	62	2,61			
	$1s\sigma\ 3s\sigma\ ^3\Sigma_g^+$	111914	2331	64	2,76	30,0		1,06
	$1s\sigma\ 4s\sigma\ ^4\Sigma_g^+$	?						
	$1s\sigma\ 3d\sigma\ ^3\Sigma_g^+$	111860	2176,5	89	2,67			
	$1s\sigma\ 3p\pi\ ^3\Pi_u$	111704	2305,3	66,3	2,69	29,59	1,55	1,059
	$1s\sigma\ 3p\sigma\ ^3\Sigma_u^+$	106836	2130	67		26,54	1,41	1,120
	$1s\sigma\ 2p\pi\ ^3\Pi_u$	94837	2404,0	61,4	2,88	30,36	1,43	1,047
	$1s\sigma\ 2s\sigma\ ^3\Sigma_g^+$	95085	2593,2	71,6	2,85	33,38	1,67	0,999
	$1s\sigma\ 2p\sigma\ ^3\Sigma_u^+$	Unstabiler Abstoßungszustand (Endzustand des ultravioletten „Wasserstoffkontinuums" λ ~4500...1600 Å).						
				H_2-Singulett-System:				
	$1s\sigma\ 4d\delta\ ^1\Delta_g$	~117800			2,60			
	$1s\sigma\ 4d\pi\ ^1\Pi_g{}^*$ {d {c	117574 117564	~2150		2,63	(30)		(1,05)
	$1s\sigma\ 4d\sigma\ ^1\Sigma_g^+$	117404	~2300		2,65	(30)		(1,05)
	$1s\sigma\ 4s\sigma\ ^1\Sigma_g^+$	117654			2,62	(30)		(1,05)
	$(3\ ^1N)\ ^1\Sigma_g$	115100	~2000			17,5		1,38
	$1s\sigma\ 3d\delta\ ^1\Delta_g{}^*$ {c {d	114634 114539	~2300		2,33	29		1,08
	$(3\ ^1M)\ ^1\Sigma_g$	113396	2193	16	(2,48)	13		1,6
	$(3\ ^1L)\ ^1\Sigma_g$	113261	~1830		(2,50)	9,7		1,85
	$1s\sigma\ 3p\pi\ ^1\Pi_u$	113032	2316	60,75	2,53			
	$1s\sigma\ 3s\sigma\ ^1\Sigma_g^+$	112955	2414	124	2,54	29,5		1,06
	$2p\sigma\ 2p\pi\ ^1\Pi_g$	112119				37,5		0,94
	$1s\sigma\ 3d\pi\ ^1\Pi_g{}^*$ {d {c	112053 112023	2175 2143	77,8 40,3	2,65 2,68	28,3	1,9	1,09
	$1s\sigma\ 3d\sigma\ ^1\Sigma_g^+$	111810	2316	88,8		28,4		1,08
	$2p\sigma\ 2p\sigma\ ^1\Sigma_g$	111631	2263	30		10,9		1,75
	$1s\sigma\ 2p\pi\ ^1\Pi_u$	99094	2379,0	66,5	2,35	29,4	1,1	1,06
	$1s\sigma\ 2p\sigma\ ^1\Sigma_u^+$	90196,1	1337,7	19,5	3,45	19,457	0,97	1,308
	$1s\sigma^2\ ^1\Sigma_g^+$	0	4405,3	125,325	4,478	60,872	3,07	0,7414

„Viellinienspektrum" (Å)

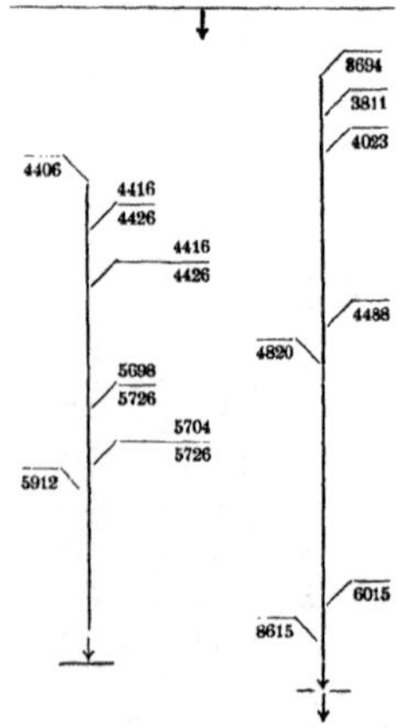

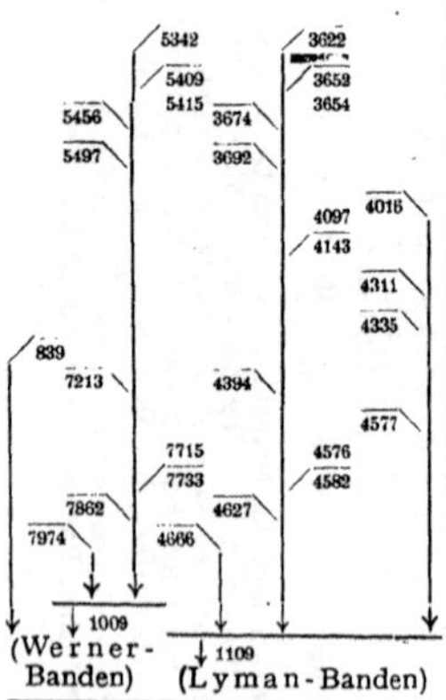

* Durch Λ-Verdopplung aufgespaltene Terme.

244 Ionisierungsspannung und Elektronenaffinität.

2441 Ionisierungsspannung in Volt von neutralen und ionisierten Atomen[1].

Bei Angabe der Ablösearbeit eines Elektrons von einem Atom oder Ion in Volt V wird als Energiemaß die kinetische Energie eines insgesamt die Spannung V durchlaufenden Elektrons benutzt. Es gilt:

$$\frac{m}{2} v^2 = e\,V; \quad 1\,e\,V = 1{,}602 \cdot 10^{-19}\,W \cdot s = 3{,}83 \cdot 10^{-20}\,cal.$$

Es bedeutet:

I → II = Ionisierungsspannung des neutralen, nicht angeregten Atoms A I,
II → III = Ionisierungsspannung des einfach ionisierten, nicht angeregten Atoms A II usw.

Eckig eingeklammert sind unsichere Werte.

Ionisierungsspannung in Volt.

Elemente: Ordnungszahl	Elemente: Symbol	I → II	II → III	III → IV	IV → V	V → VI	VI → VII	VII → VIII	VIII → IX
1	H	13,54	—	—	—	—	—	—	—
2	He	24,48	54,16	—	—	—	—	—	—
3	Li	5,37	75,3	121,9	—	—	—	—	—
4	Be	9,30	18,12	153,1	216,6	—	—	—	—
5	B	8,28	24,99	37,70	258,0	338,5	—	—	—
6	C	11,24	24,28	47,55	64,1	390,1	487,4	—	—
7	N	14,51	29,41	47,36	77,0	97,3	549	663	—
8	O	13,57	34,75	54,8	77,5	113,3	137,3	735	867
9	F	17,46	34,71	62,3	87,3	114,8	156,5	184,2	949
10	Ne	21,47	40,67	63,2	97,1	127,0	159,1	206,6	237,9
11	Na	5,09	46,65	71,3	99,0	139,1	173,9	210,5	263,6
12	Mg	7,63	15,10	79,4	109,4	142,2	188,5	227,9	269,0
13	Al	5,94	18,85	28,35	119,6	154,9	192,7	245,1	289,2
14	Si	8,14	16,29	33,35	44,84	167,4	207,9	250,5	309,1
15	P	10,43	19,75	30,08	51,1	64,6	222,8	268,3	315,7
16	S	10,42	23,25	34,89	47,32	72,2	87,5	285,7	336,2
17	Cl	13,01	23,85	39,67	53,5	68,0	96,5	113,8	356,1
18	Ar	15,68	27,64	40,94	59,7	75,7	92,1	124,1	143,2
19	K	4,32	31,45	46,00	61,7	83,3	101,4	119,7	155,0
20	Ca	6,25	11,87	51,1	68,1	86,1	110,5	130,6	150,7
21	Sc	6,7	12,8	26,19	74,5	93,9	114,2	141,3	163,4
22	Ti	6,81	13,6	28,39	45,40	101,7	123,5	145,9	175,7
23	V	6,74	15,13	30,31	48,35	68,7	132,8	156,9	181,3
24	Cr	6,7	16,41	32,12	50,9	72,4	96,0	167,6	193,9
25	Mn	7,41	14,5	33,97	53,4	75,8	100,7	127,4	206,3
26	Fe	7,83	15,9	31,69	55,9	79,0	104,9	133,1	162,8
27	Co	7,8	17,47	33,77	53,2	82,2	108,9	138,2	169,6
28	Ni	7,6	18,88	35,92	56,0	79,1	112,9	143,1	175,7
29	Cu	7,67	20,33	37,93	58,9	82,7	109,3	148,0	181,5

[1] Nach E. Lisitzen: Soc. Sci. fenn., Comment. physico-math. **10**, H. 4 (1938). — Es sind die errechneten Werte wiedergegeben, soweit sie für stabile Elektronenkonfigurationen angegeben sind, wo dies nicht der Fall ist, sind die in der Literatur angegebenen experimentellen Werte genommen.

2441 (Fortsetzung).

Elemente Ordnungs-zahl	Symbol	I → II	II → III	III → IV	IV → V	V → VI	VI → VII	VII → VIII	VIII → IX
30	Zn	9,37	18,04	40,00	61,6	86,3	113,7	148,8	187,5
31	Ga	5,97	20,39	30,66	64,3	89,8	118,3	149,2	182,7
32	Ge	8,10	15,95	33,68	45,51	93,3	122,6	154,7	189,1
33	As	10,05	18,88	28,30	49,25	62,6	127,0	159,9	195,7
34	Se	9,75	21,57	32,11	43,03	67,1	81,9	165,3	201,9
35	Br	11,82	21,47	35,60	47,77	60,1	87,2	103,5	208,2
36	Kr	13,94	24,28	35,71	52,1	65,9	79,6	109,6	127,3
37	Rb	4,19	27,14	39,32	52,5	71,1	86,4	101,5	134,3
38	Sr	5,68	10,86	42,98	56,9	71,7	92,7	109,4	125,8
39	Y	6,6	12,3	20,46	61,5	77,1	93,5	116,7	134,8
40	Zr	6,92	13,97	22,64	34,83	82,6	99,9	117,9	143,2
41	Nb	—	13,48	24,7	37,7	51,9	106,3	125,3	144,7
42	Mo	7,2	[15,17]	27,00	40,53	55,6	71,7	132,7	153,2
44	Ru	7,5	16,37	28,62	46,52	62,9	80,6	99,6	119,3
45	Rh	7,7	18,07	31,03	45,63	66,7	85,2	105,0	125,8
46	Pd	8,30	19,85	33,36	48,77	65,6	89,9	110,5	132,2
47	Ag	7,58	21,50	35,79	51,8	69,6	88,7	116,2	138,7
48	Cd	8,94	16,80	38,00	55,0	73,4	93,5	114,7	145,5
49	In	5,76	18,76	27,85	57,8	77,4	98,2	120,5	143,7
50	Sn	7,54	14,56	30,45	40,72	80,9	103,1	126,1	150,5
51	Sb	8,35	17,01	25,22	44,02	55,4	107,3	132,0	157,2
52	Te	8,89	19,33	28,39	37,73	59,5	71,9	137,0	164,1
53	J	10,43	19,11	31,40	41,70	52,1	76,8	90,2	170,0
54	X	12,08	21,18	31,33	45,46	56,9	68,3	96,0	110,4
55	Cs	3,86	23,37	33,97	45,55	61,5	74,1	86,4	117,1
56	Ba	5,21	9,96	36,75	48,80	61,8	79,5	93,1	106,4
57	La	5,59	11,38	19,1	52,2	65,7	80,0	99,5	114,1
58	Ce	6,54	—	—	33,3	69,7	84,6	100,2	121,5
59	Pr	5,76	—	—	—	—	89,3	105,5	122,4
60	Nd	6,31	—	—	—	—	—	111,0	128,5
62	Sm	6,55	—	—	—	—	—	—	—
63	Eu	5,64	—	—	—	—	—	—	—
64	Gd	6,65	—	—	—	—	—	—	—
65	Tb	6,74	—	—	—	—	—	—	—
66	Dy	6,82	—	—	—	—	—	—	—
70	Yb	7,06	—	—	—	—	—	—	—
73	Ta	—	—	22,27	33,08	—	—	—	—
74	W	—	—	24,08	35,36	—	—	—	—
75	Re	7,8	13,17	25,96	37,71	50,6	64,5	79,0	—
78	Pt	8,8	17,37	28,55	41,13	54,8	75,3	91,9	109,3
79	Au	9,20	18,84	30,46	43,52	57,8	73,1	96,4	114,4
80	Hg	10,41	18,55	32,43	45,98	60,8	76,9	93,7	119,7
81	Tl	6,08	20,29	29,63	48,50	63,9	80,5	98,2	116,5
82	Pb	7,37	14,91	31,97	42,46	67,1	84,3	102,6	121,8
83	Bi	7,25	16,72	25,41	45,46	57,0	88,1	107,0	127,0
86	Rn	10,69	20,02	29,78	43,78	55,1	66,8	96,7	111,2
88	Ra	5,21	10,19	34,26	46,41	58,5	76,0	89,3	102,8

2442 Ionisierungsspannung von Molekülen in V.

Bei Aufprall von Elektronen ausreichender Energie werden Moleküle ionisiert; häufig zerfallen sie dabei in mehrere, geladene und neutrale Bestandteile.

Stoff	Gemessene Mindestspannung in V	Wahrscheinlicher Vorgang	Für den angegebenen Vorgang berechnete Mindestenergie in V	Stoff	Gemessene Mindestspannung in V	Wahrscheinlicher Vorgang	Für den angegebenen Vorgang berechnete Mindestenergie in V
H_2	15,8	$H_2 \rightarrow H_2^+$	15,4	C	—	$C \rightarrow C^+$	11,2
	18,0	$H_2 \rightarrow H^+ + H$	17,9	CH_4	14,5	$CH_4 \rightarrow CH_4^+$	—
O_2	12,5	$O_2 \rightarrow O_2^+$	+ 11,7		15,5	$CH_4 \rightarrow CH_3 + H$	—
	20	$O_2 \rightarrow O^+ + O$	18,7	C_2H_6	12,8	—	—
H_2O	13,0	$H_2O \rightarrow H_2O^+$	—	C_2H_4	12,2	—	—
	17,3	$H_2O \rightarrow OH^+ + H$	—	C_2H_2	12,3	—	—
	19,2	$H_2O \rightarrow OH + H^+$	18,4	C_6H_6	9,6	—	—
Cl_2	13	—	—	C_7H_8	8,5	—	—
HCl	13,8	$HCl \rightarrow HCl^+$	—	C_8H_{10}	10,0	—	—
Br_2	12	—	—	CO	14,1	$CO \rightarrow CO^+$	12,9
HBr	13,2	—	—		22	$CO \rightarrow C^+ + O$	21,0
J_2	9,7	$J_2 \rightarrow J_2^+$	—		24	$CO \rightarrow C + O^+$	23,7
	9,7	$J_2 \rightarrow J^+ + J$	—		44	$CO \rightarrow CO^{2+}$	44
HJ	12,8	—	—	CO_2	14,4	$CO_2 \rightarrow CO_2^+$	—
H_2S	10,4	$H_2S \rightarrow H_2S^+$	—		19,6	$CO_2 \rightarrow CO + O^+$	19,0
	16,9	—	—		20,4	$CO_2 \rightarrow CO^+ + O$	19,7
	15,8	—	—		28,3	$CO_2 \rightarrow C^+ + O + O$	26,7
N_2	15,8	$N_2 \rightarrow N_2^+$	15,8	$C_4H_{10}O$	13,6	—	—
	24,5	$N_2 \rightarrow N^+ + N$	22,7	$CHCl_3$	11,5	—	—
NH_3	11,2	$NH_3 \rightarrow NH_3^+$	—	C_2N_2	13,5	$C_2N_2 \rightarrow C_2N_2^+$	—
	12,0	$NH_3 \rightarrow NH_2 + H$	—		18	$C_2N_2 \rightarrow CN + CN^+$	—
	11,2	—	—		17	$C_2N_2 \rightarrow C_2^+ + N_2$	—
NO	9,5	$NO \rightarrow NO^+$	9,4		22,5	$C_2N_2 \rightarrow C^+ + C + N_2$	20,4
	21	$NO \rightarrow N + O^+$	19,3	HCN	15	$HCN \rightarrow HCN^+$	—
	22	$NO \rightarrow N^+ + O$	20,2	$ZnCl_2$	12,9	—	—
NO_2	11	$NO \rightarrow NO_2^+$	—	$Zn(C_2H_5)_2$	12	—	—
	—	$NO \rightarrow NO^+ + O$	12,7	$HgCl_2$	12,1	—	—
	17,7	$NO_2 \rightarrow NO + O^+$	16,9				
	—	$NO_2 \rightarrow N + O_2^+$	17,4				
	20,8	$NO_2 \rightarrow N^+ + O_2$	18,4				

2443 Elektronen-Affinitäten.

Von **Karl Birus**, Berlin.

Ebenso wie die meisten Atome, insbesondere die Metallatome, durch Abgabe eines oder mehrerer Elektronen in einen Zustand kleinerer Energie gelangen, also stabile positive Ionen bilden können, entstehen aus manchen neutralen Atomen, insbesondere solchen mit nahezu vollständigen Elektronenschalen, durch Anlagerung von Elektronen stabile negative Ionen. In Analogie zu den positiven Ionen gibt es dabei außer „Atomionen" auch „Molekülionen". Im Gegensatz dazu sind aber — im Gaszustande, d. h. als isolierte Einzelteilchen — nie andere als einfach geladene negative Ionen beobachtet worden; in Krystallen bzw. Lösungen kennt man natürlich auch mehrwertige negative Ionen in großer Zahl, wie z. B. in Ionenkrystallen mit zweiwertigem Anion, etwa Sulfiden. Negative Ionen sind nur dann stabil, wenn ihr Energieinhalt kleiner ist als der des neutralen Atoms. Den Energieunterschied zwischen den Grundzuständen von Atom und Ion bezeichnet man als Elektronen-Affinität (EA.). Ist die EA. negativ, so ist das betreffende Ion nicht stabil.

Man bestimmt die EA. der verschiedenen Atome

1. durch Extrapolation der (bekannten bzw. leicht meßbaren) Ionisierungsspannungen positiver Ionen mit gleicher Elektronenzahl aber verschiedenem Kern.

2. Durch Ermittlung der chemischen Konstante für die Reaktion $A + e \rightarrow A^-$ im Gaszustande ($A =$ Atom, $e =$ Elektron). Dies ist bisher jedoch nur für Br und J gelungen.

3. Indirekt aus einem „Kreisprozeß“, indem man sich ein Molekül einmal direkt aus den neutralen Atomen, das andere Mal durch Vereinigung je eines (vorher aus dem entsprechenden Atom gebildeten) negativen und positiven Ions entstanden denkt und für die Dissoziationsarbeiten und die positive Ionisierungsspannung die auf anderem Wege bzw. direkt bestimmten Werte einsetzt.

4. In den einfachsten Fällen (H und Li) unmittelbar durch quantenmechanische Berechnung, wobei man gleichzeitig auch die Ladungsverteilung von Atom und Ion ermitteln kann (24431).

Die Tabelle gibt eine Anzahl nach diesen 4 Methoden bestimmten Elektronen-Affinitäten in Volt.

24431 Ladungsverteilung des H^-- bzw. Cl^--Ions und der Atome.

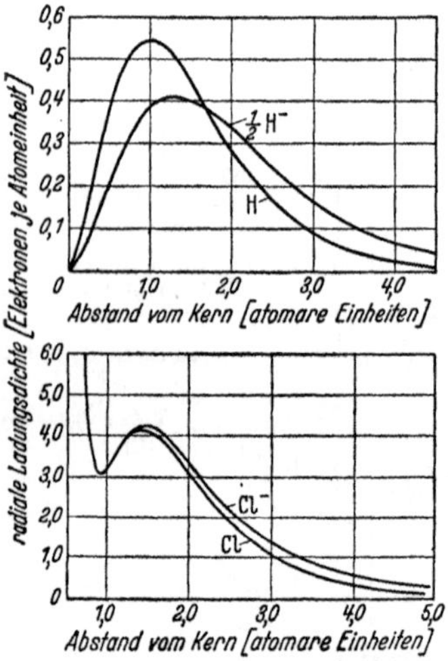

24432 Elektronen-Affinitäten in Volt nach Bestimmungsmethoden.

Stoff	1	2	3	4
H	0,76	—	—	0,70
(He)	−0,53	—	—	—
(Ne)	−1,20	—	—	—
Li	0,34	—	—	0,54
Na	0,08	—	—	—
Hg	1,79	—	—	—
C	1,37	—	—	—
Si	0,60	—	—	—
N	0,04	—	—	—
P	0,15	—	—	—
O	3,80	—	—	—
S	2,06	—	—	—
F	3,94	—	4,13	—
Cl	3,70	—	3,79	—
Br	—	3,82	3,60	—
J	—	3,20	3,19	—

In Übereinstimmung mit diesen Zahlen werten sind nie negative Gasionen von Stickstoff oder Edelgasen beobachtet worden.

25 Molekülkonstanten.

251 Abmessungen und Grundschwingungen.

Von **Fritz Rogowski**, Berlin.

2511 Kernabstände in Molekülen.

Absolute Berechnungen von Form und Größe der Moleküle werden im wesentlichen durch die Ergebnisse der Ultrarotspektroskopie (USp), der Bandenspektroskopie (BSp), der Interferenzen von Röntgen- und Kathodenstrahlen an Gasen und Krystallen ermöglicht. Die meisten Werte haben bisher die Kathodenstrahluntersuchungen der Gase geliefert, sie bilden den Hauptteil der folgenden Aufzählung und sind darin nicht besonders gekennzeichnet. Dagegen sind alle, auf anderem Wege gefundenen Werte durch die obigen Abkürzungen bezeichnet. Die an erster Stelle stehende Tabelle der zweiatomigen Moleküle enthält Werte, die nach verschiedenen Methoden gewonnen sind.

Eine Zusammenstellung der Literatur über Kathodenstrahluntersuchungen bis zum Jahre 1936 findet sich bei Brockway[1]; sie ist im folgenden weitgehend berücksichtigt. Die übrigen Angaben sind der Originalliteratur bis Ende 1939 entnommen. Nicht aufgenommen sind dagegen die Abstandswerte, die aus Röntgen- und Elektroneninterferenzen an Krystallen berechnet wurden. Hier sei auf den Abschnitt 27 sowie auf die Strukturberichte der Z. Krystallographie verwiesen.

Die Kernabstände sind in Å angegeben. Bei abweichenden Werten mehrerer Autoren sind die älteren in runde Klammern geschlossen. Werte, die geschätzt wurden oder als Ausgangswerte bei der Berechnung der Intensitätsverteilungskurven dienten, sind in eckige Klammern gesetzt.

Die Wirkungssphäre kann durch drei verschiedene Angaben charakterisiert werden (d Durchmesser in Å):

d_T ist der temperaturabhängige, gaskinetische Stoßdurchmesser.

d_0 ist der Abstand, bis auf den sich zwei Moleküle infolge ihrer Anziehungs- und Abstoßungskräfte nähern können.

d_{min} ist der Abstand, für den die potentielle Energie der Moleküle ein Minimum ist. (Es sei bemerkt, daß d_T immer kleiner als d_0 sein muß. Dies rührt daher, daß die Moleküle noch durch ihre kinetische Energie gegen das Abstoßungspotential des Stoßpartners bewegt werden. Die Temperaturabhängigkeit von d_T ist daher um so geringer, je steiler die Kurve des Abstoßungspotentials verläuft.)

2511 Kernabstände r in Å, Trägheitsmomente J in $g \cdot cm^2$ und Durchmesser der Wirkungssphären d in Å von einfachen zweiatomigen Molekülen.

Molekül	Kernabstand r in Å	Trägheitsmoment $J \cdot 10^{40}$ in $cm^2 \cdot g$	Durchmesser der Wirkungssphäre d in Å		
			d_T	d_0	d_{min}
Wasserstoff	0,74	0,467	2,47	2,84	3,24
Stickstoff	1,10	13,8	3,18	3,5	3,8
Sauerstoff	1,20	19,2	2,98	3,2	3,5
Fluor	1,26	25,3	—	3,4	—
Chlor	1,98	113,7	3,7	~4,0	—
Brom	2,28	340	3,04	~4,15	—
Jod	2,66	742	4,46	—	—
Kohlenoxyd	1,15	15,0	3,2	—	—
Stickoxyd	1,15	16,3	3,0	—	—
Fluorwasserstoff	0,92	1,34	—	—	—
Chlorwasserstoff	1,28	2,61	3,0	—	3,89
Bromwasserstoff	1,4096	3,263	3,12	—	4,17
Jodwasserstoff	1,6	4,25	(3,4)	—	4,5
Schwefel	1,60	67,8	—	—	—

2512 Grundschwingungen und Kernabstände zwei- und mehratomiger Moleküle.

Die Bezeichnung der Molekülterme sind aus 243 zu ersehen.

Bei einigen Molekülen sind normale (Index r) und verkehrte (Index i) Terme angegeben. Die normalen liegen in derselben Reihenfolge wie die Multiplettkomponenten $\Omega = |\Lambda + \Sigma|$, die verkehrten in der umgekehrten Reihenfolge.

Die Grundschwingungen der mehratomigen Moleküle tragen die Meckeschen Bezeichnungen: ν sind Valenz-, δ sind Deformationsschwingungen, s und a sind symmetrische und antisymmetrische Schwingungen. In Molekülen, die eine Symmetrieachse besitzen, liegen π-Schwingungen vor, wenn das mit der Schwingung verbundene elektrische Moment parallel, und σ-Schwingungen, wenn es senkrecht zur Symmetrieachse schwingt.

[1] Brockway: Rev. Mod. Phys. 8, 231 (1936).

25121 Grundschwingungswellenzahl $\omega_e = \frac{1}{\lambda}$ in cm^{-1} und Kernabstand r_e in Å von zweiatomigen Molekülen[1].

Molekül	Grundzustand	ω_e in cm^{-1}	r_e in Å
$^{109}Ag^{81}Br$	$(^1\Sigma)$	247,72	—
$^{107}Ag^{35}Cl$	$(^1\Sigma)$	343,2	—
AgH	$^1\Sigma^+$	1760,0	1,618
$^{107}Ag^{127}J$	$(^1\Sigma)$	206,18	—
$Ag^{16}O$	$^2\Sigma^-$	493,2	—
AlBr	$^1\Sigma$	379,21	—
$^{27}Al^{35}Cl$	$^1\Sigma$	481,3	2,14
$^{27}Al^1H$	$^1\Sigma^+$	1682,57	1,6461
$^{27}Al^2H$	$^1\Sigma^+$	1212,02	1,6458
$^{27}Al^{127}J$	$^1\Sigma$	316,1	—
$^{27}Al^{16}O$	$^2\Sigma$	977	1,618
$^{75}As_2$	$^1\Sigma_g^+$	429,44	—
$^{75}As^{14}N$	$^1\Sigma^+$	1067,96	—
$^{75}As^{16}O$	$^2\Pi$	966,6	—
$^{197}Au^{35}Cl$	$(^1\Sigma)$	382,8	—
$^{197}Au^1H$	$^1\Sigma^+$	2306,5	1,523
$^{197}Au^2H$	$^1\Sigma^+$	1634,0	1,524
$^{138}Ba^{35}Cl$	$^2\Sigma^+$	279,2	—
$Ba^{19}F$	$^2\Sigma^+$	468,9	—
Ba^1H	$^2\Sigma^+$	1172	2.232
$Ba^{16}O$	$(^1\Sigma)$	671,48	1,797
$^{11}B^{79}Br$	$^1\Sigma$	686,3	—
$^{11}B^{35}Cl$	$^1\Sigma$	830,0	—
$^9Be^{35}Cl$	$^2\Sigma^+$	846,58	—
$^9Be^{19}F$	$^2\Sigma^+$	1265,62	1,3616
$^9B^1H$	$^2\Sigma^+$	2058,5	1,343
$^9B^{16}O$	$^1\Sigma^+$	1486,87	1,3308
$^{11}B^{19}F$	$^3\Pi$	1323,64	—
$^{11}B^1H$	$^1\Sigma^+$	(2366)	1,2326
$^{11}B^2H$	$^1\Sigma^+$	(1780)	1,231
$^{11}Bi^{16}O$	$^2\Sigma^+$	1885,44	1,2050
$^{209}Bi_2$	$(^1\Sigma)$	173,7	—
$^{209}Bi^{79}Br$	—	209,34	—
$^{209}Bi^{35}Cl$	—	307,66	—
$^{209}Bi^{19}F$	—	510,7	—
$^{209}Bi^1H$	$^1\Sigma$	1698,9	1,809
$^{209}Bi^2H$	$^1\Sigma$	1205,5	1,806
$^{209}Bi^{127}J$	—	163,9	—
$^{209}Bi^{16}O$	—	493,39	—
$^{79}Br^{81}Br$	$^1\Sigma_g^+$	323,2	2,284
$^{12}C_2$	$^3\Pi_u$	1641,70	1,3121
$Ca^{35}Cl$	$(^2\Sigma)$	364,5	—
$^{(40)}Ca^{19}F$	$^1\Sigma$	587,3	—
$^{(40)}Ca^1H$	$^2\Sigma^+$	1299	2,002
$Ca^{127}J$	$(^2\Sigma)$	242,0	—
$^{(40)}Ca^{16}O$	$^1\Sigma$	843	—
CdBr	—	230,0	—
$Cd^{35}Cl$	$^2\Sigma$	330,5	—
Cd^1H	$^2\Sigma^+$	1430,7	1,762
$Cd^{127}J$	$(^2\Sigma)$	178,5	—
$Cl^{16}O$	—	865,0	—
$^{12}C^1H$	$^2\Pi_r$	2824	1,1201
$^{12}C^2H$	$^2\Pi_r$	2073	1,119
$^{35}Cl_2$	$^1\Sigma_g^+$	564,9	1,989
$^{12}C^{14}N$	$^2\Sigma^+$	2068,705	1,1721
$^{12}C^{16}O$	$^1\Sigma^+$	2168,2	1,1284
$^{12}C^{31}P$	$^2\Sigma^+$	1239,67	1,5622
$Cp^{16}O$	—	841,66	—
$^{133}Cs_2$	$^1\Sigma_g^+$	41,990	—
$^{12}C^{32}S$	$^1\Sigma^+$	1285,1	1,536
^{12}CSe	$^1\Sigma^+$	1053	—
$^{133}Cs^1H$	$^1\Sigma^+$	890,7	2,494
$^{63}Cu^{79}Br$	—	314,13	—
$^{63}Cu^{35}Cl$	—	417,02	—
$^{63}Cu^{19}F$	—	619,5	—
$^{63}Cu^1H$	$^1\Sigma^+$	1940,4	1,463
$^{63}Cu^2H$	$^1\Sigma^+$	1384,38	1,4627
$^{63}Cu^{127}J$	—	264,83	—
$^{69}Ga^{81}Br$	$^1\Sigma$	263,0	—
$^{69}Ga^{35}Cl$	$^1\Sigma$	365,0	—
$^{69}Ga^{127}J$	$^1\Sigma$	216,4	—
$Ga^{16}O$	$(^2\Sigma)$	767,69	—
$Gd^{16}O$	—	836	—
GeBr	$^2\Pi$	296,6	—
$^{74}Ge^{35}Cl$	$^2\Pi$	408,4	—
$^{74}Ge^{16}O$	$(^1\Sigma)$	985,7	—
$^{74}Ge^{32}S$	$(^1\Sigma)$	575,8	—
$^1H_2$	$^1\Sigma_g^+$	4405,3	0,7414
$^1H^2H$	$^1\Sigma_g^+$	3817,1	0,7413
$^2H_2$	$^1\Sigma_g^+$	3118,8	0,7417
^1HBr	$^1\Sigma^+$	2649,67	1,414
$^1H^{35}Cl$	$^1\Sigma^+$	2988,95	1,2747
$^2H^{35}Cl$	$^1\Sigma^+$	[2090,78]	1,275
$^4He_2$	$^3\Sigma_u^+$	[1732]	1,046
$^1H^{19}F$	$^1\Sigma^+$	4141,305	0,9166
Hg_2	$^1\Sigma_g^+$	(36)	3,3
HgBr	$(^2\Sigma)$	186,25	—
$Hg^{35}Cl$	$(^2\Sigma)$	293,78	—
Hg^1H	$^2\Sigma^+$	1387,09	1,741
Hg^2H	$^2\Sigma^+$	995,15	1,738
$^1H^{127}J$	$^1\Sigma^+$	2309,53	1,604
$^{115}In^{81}Br$	$^1\Sigma$	221,0	—
$^{115}In^{35}Cl$	$^1\Sigma$	316,8	—
$^{115}In^{127}J$	$^1\Sigma$	177,1	—
$In^{16}O$	$^2\Sigma$	703,09	—
$^{127}J_2$	$^1\Sigma_g^+$	214,36	2,667
$^{39}K_2$	$^1\Sigma_g^+$	92,64	3,923
KBr	$^1\Sigma^+$	231	—
KCl	$^1\Sigma^+$	280	—
$^{(39)}K^1H$	$^1\Sigma^+$	983,3	2,244
$K^{127}J$	$^1\Sigma^+$	212	—
$^{139}La^{16}O$	$^2\Sigma$	811,6	—
$^7Li_2$	$^1\Sigma_g^+$	351,346	2,6723
$^7Li^1H$	$^1\Sigma^+$	1405,65	1,5956
$^7Li^2H$	$^1\Sigma^+$	1055,12	1,5951
$^{24}MgBr$	$(^2\Sigma)$	373,2	—
$^{24}Mg^{35}Cl$	$(^2\Sigma)$	466,0	—
$^{(24)}Mg^{19}F$	$^2\Sigma$	690,75	—
$^{(24)}Mg^1H$	$^2\Sigma^+$	1494,9	1,731
$^{(24)}Mg^2H$	$^2\Sigma^+$	1077,76	1,7302
$Mg^{127}J$	$(^2\Sigma)$	[312]	—
$Mg^{16}O$	$^1\Sigma)$	665,74	—
Mn^1H	—	[1580]	—
$Mn^{16}O$	—	840,70	—
$^{14}N_2$	$^1\Sigma_g^+$	2359,61	1,095
$^{23}Na_2$	$^1\Sigma_g^+$	159,23	3,079
$^{23}NaBr$	$^1\Sigma^+$	315	—
$^{23}NaCl$	$^1\Sigma^+$	380	—
$^{23}Na^1H$	$^1\Sigma^+$	1170,8	1,8875
$^{23}Na^{127}J$	$^1\Sigma^+$	286	—
NiCl	$^2\Pi$	418,1	—
$^{14}N^{16}O$	$^2\Pi_r$	1906,72	1,150
$^{16}O_2$	$^3\Sigma_g^-$	1580,36	1,2076
$^{16}O^1H$	$^2\Pi_i$	3727,95	0,9710
$^{16}O^2H$	$^2\Pi_i$	—	0,969
$^{31}P_2$	$^1\Sigma_g^+$	780,43	1,887
Pb_2	—	256,2	—
$Pb^{79}Br$	—	207,5	—
$Pb^{35}Cl$	—	303,9	—
$Pb^{19}F$	$^2\Pi$	507,2	—
Pb^1H	$^2\Sigma$	1565,2	1,839
$^{206}Pb^{16}O$	$^1\Sigma$	721,8	1,923
$^{208}Pb^{32}S$	$^1\Sigma$	428,14	2,395
$^{31}P^{14}N$	$^1\Sigma^+$	1337,24	1,491
$^{31}P^{16}O$	$^2\Pi_r$	1230,64	1,447
$^{141}Pr^{16}O$	—	818,9	—
$^{32}S_2$	$^3\Sigma_g^-$	725,8	1,89
Sb_2	$(^1\Sigma)$	270,0	—
SbCl	—	488	—
$Sb^{19}F$	—	616,9	—
SbO	—	824,3	—
$^{45}Sc^{16}O$	$^2\Sigma$	971,55	—
$^{80}Se_2$	$(^1\Sigma_g^+)$	392,5	2,16
$Se^{16}O$	—	908,9	—
SiBr	$^2\Pi$	425,4	—
$^{28}Si^{35}Cl$	$^2\Pi$	535,4	—
$^{(28)}Si^{19}F$	$^2\Pi$	856,7	—
$^{28}Si^{14}N$	$^2\Sigma^+$	1151,680	1,572
$^{28}Si^{16}O$	$^1\Sigma^+$	1242,03	1,510
SiS	$^1\Sigma^+$	749,6	—
SnBr	$^2\Pi$	247,7	—
$Sn^{35}Cl$	$^2\Pi$	352,4	—
$Sn^{19}F$	$^2\Pi$	585,3	—
$Sn^{16}O$	$^1\Sigma$	821,9	1,838
$Sn^{32}S$	$(^1\Sigma)$	488,25	—
$^{32}S^{16}O$	$^3\Sigma^-$	1123,73	1,4935
SrCl	$^2\Sigma$	301,1	—
$Sr^{19}F$	$(^2\Sigma)$	500,1	—
Sr^1H	$^2\Sigma^+$	1206,2	2,1457
$Sr^{127}J$	—	173,9	—
$Sr^{16}O$	$^1\Sigma$	633,14	1,826
Te_2	$^3\Sigma$	251,5	—
$Te^{16}O$	—	796,1	—
$^{48}Ti^{35}Cl$	—	456,4	—
$^{(48)}Ti^{16}O$	$^3\Pi_u$	1008,12	1,620
$Tl^{81}Br$	$(^1\Sigma)$	192,5	—
$Tl^{35}Cl$	$^1\Sigma$	287,47	—
$Tl^{19}F$	$^1\Sigma$	475,00	—
Tl^1H	$(^1\Sigma^+)$	1390,7	1,870
$^{51}V^{16}O$	$(^2\Delta)$	1012,7	1,890
$^{89}Y^{16}O$	$(^2\Sigma)$	855,1	—
$Zn^{35}Cl$	$^2\Sigma$	390,5	—
Zn^1H	$^2\Sigma^+$	1607,60	1,5947
$^{90}Zr^{16}O$	$^3\Pi$	936,6	1,416

[1] Berechnet aus den Spektren. Moleküle sind teilweise nur spektroskopisch bekannt. Nach G. Herzberg: Molekülspektren und Molekülstruktur. Dresden u. Leipzig 1939.

25122 Grundschwingungswellenzahl $\omega = \frac{1}{\lambda}$ in cm^{-1} und charakteristische Temperatur Θ in °K von mehratomigen Molekülen $\left(\Theta = \frac{h\nu}{k}\right)$.

Molekül	Schwing-typ	ω in cm^{-1}	Θ in °K
$HgCl_2$	δ	71?	102?
	ν(s)?	355	507
	ν(a)?	413	591
$HgBr_2$	δ	64?	91?
	ν(s)?	220	314
	ν(a)?	297	424
HgJ_2	δ	50?	71?
	ν(s)?	153	219
	ν(a)?	233	333
CO_2	δ	667	954
	ν(s)	1340	1920
	ν(a)	2350	3360
CS_2	δ	397	568
	ν(s)	655	937
	ν(a)	1523	2080
COS	δ	522	746
	ν_1	859	1230
	ν_2	~2051	~2930
N_2O	δ	589	842
	ν_1	1285	1840
	ν_2	2224	3190
C_2H_2	δ(s)	618	884
	δ(a)	729	1042
	ν_1(s)	1974	2820
	ν(a)	3288	4700
	ν_2(s)	3374	4830
$(CN)_2$	δ(a)	230?	329?
	δ(s)	510?	730?
	ν_1(s)	756?	1080?
	ν(a)	2150	3080
	ν_2(s)	2336	3340
NH_3	$\delta(\pi)$	950	1360
	$\delta(\sigma)$	1630	2330
	$\nu(\pi)$	3334	4770
	$\nu(\sigma)$	3470?	4960?
PH_3	$\delta(\pi)$	992	1420
	$\delta(\sigma)$	1121	1610
	$\nu(\pi)$	2327	3330
	$\nu(\sigma)$	2340?	3350?
PCl_3	$\delta(\sigma)$	190	272
	$\delta(\pi)$	257	367
	$\nu(\sigma)$	480	686
	$\nu(\pi)$	510	728
$AsCl_3$	$\delta(\sigma)$	159	227
	$\delta(\pi)$	193	276
	$\nu(\sigma)$	370	528
	$\nu(\pi)$	410	586
$SbCl_3$	$\delta(\sigma)$	134?	192?
	$\delta(\pi)$	165?	236?
	$\nu(\sigma)$	320?	458?
	$\nu(\pi)$	382	546
CH_4	δ(a)	1305	1870
	δ(s)	1520	2180
	ν(s)	2915	4170
	ν(a)	3020	4320

Molekül	Schwing-typ	ω in cm^{-1}	Θ in °K
HCN	δ	712	1020
	ν_1	2089	2990
	ν_2	3290	4710
DCN	δ	570	815
	ν_1	1897?	2710?
	ν_2	2630	3620
ClCN	δ	397	568
	ν_1	729	1040
	ν_2	2201	3150
BrCN	δ	368	526
	ν_1	580	830
	ν_2	2187	3130
JCN	δ	321	459
	ν_1	470	672
	ν_2	2158	3080
O_3	$\nu(\sigma)$	709?	1014?
	$\nu_1(\pi)$	1042?	1490?
	$\nu_2(\pi)$	2105?	3010?
H_2O	δ	1595	2280
	$\nu(\pi)$	3600	5150
	$\nu(\sigma)$	3756	5360
SiH_4	δ(a)	910	1300
	δ(s)	978	1400
	ν(s)	2187	3130
	ν(a)	2183	3120
CCl_4	δ(s)	218	312
	δ(a)	314	449
	ν(s)	461	660
	ν(a)	776	1110
$SiCl_4$	δ(s)	150	214
	δ(a)	220	314
	ν(s)	425	608
	ν(a)	608	870
$SnCl_4$	δ(s)	105	150
	δ(a)	130	186
	ν(s)	370	530
	ν(a)	403	576
CH_3Cl	$\delta_1(\sigma)$	732	1050
	$\nu_1(\pi)$	1020	1460
	$\delta_2(\pi)$	1355	1940
	$\delta_2(\sigma)$	1460	2090
	$\nu_2(\pi)$	2880	4120
	$\nu_2(\sigma)$	3047	4360
$CHCl_3$	$\delta_2(\sigma)$	260	372
	$\delta_2(\pi)$	366	523
	$\nu_2(\sigma)$	760	1090
	$\nu_2(\pi)$	667	950
	$\delta_1(\pi)$	1216	1740
	$\nu_1(\pi)$	3018	4310
$SiHCl_3$	$\delta_2(\sigma)$	154	220
	$\delta_2(\pi)$	222	318
	$\nu_2(\sigma)$	654	935
	$\nu_2(\pi)$	539	771
	$\delta_1(\sigma)$	1144	1640
	$\nu_1(\pi)$	3021	4320

Molekül	Schwing-typ	ω in cm^{-1}	Θ in °K
HDO	δ	1402	2000
	$\nu(\pi)$	2718	3880
	$\nu(\sigma)$	3720?	5320?
D_2O	δ	1179	1690
	$\nu(\pi)$	2666	3820
	$\nu(\sigma)$	2784	3980
H_2S	δ	1260	1800
	$\nu(\pi)$	2615	3740
	$\nu(\sigma)$	2630	3760
SO_2	δ	524	749
	$\nu(\pi)$	1152	1650
	$\nu(\sigma)$	1361	1950
NO_2	δ	641	916
	?	1373	1960
	?	1615	2310
NOCl	—	633?	907?
	—	923?	1320?
	—	1832?	2620?
ClO_2	δ	529?	757?
	$\nu(\pi)$	954	1365
	$\nu(\sigma)$	1104	1580
$POCl_3$	$\delta_2(\sigma)$	193	276
	$\delta_2(\pi)$	267	382
	$\nu_2(\sigma)$	581	831
	$\nu_2(\pi)$	486	695
	$\delta_1(\sigma)$	337	482
	$\nu_1(\pi)$	1290	1840
C_2H_4	$\delta(\sigma,s)$?	970	1390
	$\delta'(\sigma,s)$?	940	1354
	$\delta(\sigma,a)$?	1100	1570
	$\delta'(\sigma,a)$?	950	1360
	$\delta(\pi,s)$	1342	1920
	$\delta(\pi,a)$	1444	2065
	$\nu_1(\pi,s)$	1623	2320
	$\nu_2(\pi,s)$	3019	4320
	$\nu(\pi,a)$	2988	4275
	$\nu(\sigma,a)$	3107?	4440
	$\nu(\sigma,s)$	3240	4630?
	Drill.	800	1145
C_2H_6	$\delta_1(\sigma,s)$	ca. 826	ca. 1180
	$\delta_1(\sigma,a)$	826	1180
	$\nu_2(\pi,s)$	990	1420
	$\delta_2(\sigma,s)$	1495	2140
	$\delta_2(\sigma,a)$	1465	2090
	$\delta(\pi,s)$	ca. 1365	ca. 1950
	$\delta(\pi,a)$	ca. 1365	ca. 1950
	ν	ca. 3000	ca. 4300
SF_6	δ_1(a)	363	519
	δ_2(a)	617	882
	δ(s)	525	751
	ν_1(s)	645	922
	ν_2(s)	775	1110
	ν(a)	965	1380

25123 Kernabstände r in Å und Valenzwinkel in Grad mehratomiger Moleküle.

Moleküle		Modell	Kernabstände r in Å und Winkel in Gra			
		Anorganische Stoffe.				
Aluminiumhalogenide	$(AlHal_3)_2$		(Die Atome Al_1, Al_2, X_5 und X_8 der Mole küle liegen in der Papierebene, X_4 und X davor, X_3 und X_7 dahinter.)			
				Al_2Cl_6	Al_2Br_6	Al_2J_6
			Al_1—Al_2	3,41±0,20	3,39±0,10	3,24±0,1
			Al_2—X_3	2,06±0,04	2,21±0,04	2,53±0,0
			Al_2—X_8	2,21±0,04	2,33±0,04	2,58±0,0
			Al_2—X_6	4,77±0,15	4,93±0,10	5,22±0,1
			X_3—X_4	3,53±0,04	3,72±0,03	4,20±0,0
			X_3—X_8	3,56±0,02	3,78±0,03	4,24±0,0
			X_5—X_8	2,83±0.10	3,20±0,10	2,90±0,1
			X_3—X_7	5,49±0,05	5,76±0,10	6,24±0,1
			X_3—X_6	6,52±0,05	6,86±0,10	7,54±0,1
Antimontribromid	$SbBr_3$	Pyramide	Sb—Br	2,52±0,02	<BrSbBr 96°±2°	
Antimontrichlorid	$SbCl_3$	Pyramide	Sb—Cl	2,37±0,02	<ClSbCl 104°±2°	
Antimontrijodid	SbJ_3	Pyramide	Sb—J	2,75±0,02	<JSbJ 98°±2°	
Arsen(dampf)	As_4	Tetraeder	As—As	2,44±0,03		
Arsentribromid	$AsBr_3$	Pyramide	As—Br	2,36±0,02	<BrAsBr 100°±2°	
Arsentrichlorid	$AsCl_3$	Pyramide	As—Cl	2,16±0,02	<ClAsCl 103°±3°	
Arsentrifluorid	AsF_3	Pyramide	As—F	1,72±0,02		
Arsentrijodid	AsJ_3	Pyramide	As—J	2,58±0,01	<JAsJ 100°±2°	
Arsentrioxyd	As_4O_6	[1]	As—O	1,80±0,02	<OAsO 100°±1,5° <AsOAs 126°±3°	
Arsentrimethyl	$As(CH_3)_3$	Pyramide mit As an der Spitze	As—C	1,98±0,02	<bei As 96°±5°	
Bleitetramethyl	$Pb(CH_3)_4$	Tetraeder	Pb—C	2,30±0,05		
Borbromid	BBr_3	eben	B—Br	1,87±0,02	Br—Br 3,25±0,03	
Borcarbonyl	H_3BCO	BCO linear	H—B	1,20±0,03	B—C 1,57±0,03 C—O 1,13±0,0	
Borchlorid	BCl_3	eben	(B—Cl	1,73±0,02	Cl—Cl 2,99±0,03) B—Cl 1,76±0,02	
Borfluorid	BF_3	eben	(B—F	1,30±0,02	F—F 2,25±0,03) B—F 1,3	
Borwasserstoff	B_2H_6	—	B—B	1,86±0,04	B—H 1,27±0,03	
Brom	Br_2	—	Br—Br	2,28±0,02		
Cadmiumjodid	CdJ	linear	Cd—J	2,60		
Caesiumbromid	CsBr	in Dampfzustand	Cs—Br	3,14±0,03		
Caesiumchlorid	CsCl	in Dampfzustand	Cs—Cl	3,06±0,03		
Caesiumjodid	CsJ	in Dampfzustand	Cs—J	3,41±0,03		
Chlor	Cl_2	—	Cl—Cl	2,01±0,03		
Chloroxyd	Cl_2O	gewinkelt	Cl—O	1,68±0,03	<ClOCl 115°± 4°	
Chlordioxyd	ClO_2	gewinkelt	Cl—O	1,53±0,02	<OClO 137°±15°	
Chromhexacarbonyl	$Cr(CO)_6$	Oktaeder	Cr—O	3,08±0,05	Cr—C 1,92±0,04 C—O 1,16±0,05	
Chromylchlorid	CrO_2Cl_2	—	Cr—O	1,57±0,03	Cr—Cl 2,12±0,02 Cl—O 3,03±0,03	
			Cl—Cl	3,54±0,05	O—O 2,49±0,10	
			<OCrO	105° 6′±4°	<ClCrCl 113°16′±3° <ClCrO 109°34′±3°	
Eisennitrosocarbonyl	$Fe(NO)_2(CO)_2$		Fe—C	1,84±0,82	C—O 1,15±0,03	
			Fe—N	1,77±0,02	N—O 1,12±0,03	
Fluor	F_2	—	F—F	1,45±0,05		
Fluoroxyd	F_2O	gewinkelt	F—O	1,41±0,05	<FOF 100°±3°	
Germaniumbromid	$GeBr_4$	Tetraeder	Ge—Br	2,34±0,04	Br—Br 3,82±0,06	
Germaniumchlorid	$GeCl_4$	Tetraeder	Ge—Cl	2,08±0,03		
Germaniumjodid	GeJ_4	Tetraeder	Ge—J	2,48		
Germaniumwasserstoffe	Ge_2H_6, Ge_3H_8	—	Ge—Ge	2,41±0,02		
Jod	J_2	—	J—J	2,65±0,10		
Jodmonochlorid	JCl	—	J—Cl	2,30±0,03		
Jodpentafluorid	JF_5	—	J—F	2,57		
Kaliumbromid	KBr	im Dampfzustand	K—Br	2,94±0,03		
Kaliumchlorid	KCl	im Dampfzustand	K—Cl	2,79±0,02		
Kaliumjodid	KJ	im Dampfzustand	K—J	3,23±0,04		

[1] O-Atome bilden ein Oktaeder, die As-Atome liegen über 4 Oktaederflächen.

25123 (Fortsetzung).

Moleküle		Modell	Kernabstände r in Å und Winkel in Grad
Kobaltnitrosocarbonyl	$Co(NO)(CO)_3$	—	Co—C 1,83±0,02 C—O 1,14±0,03 Co—N 1,76±0,03 N—O 1,10±0,04
Molybdänhexcarbonyl	$Mo(CO_6)$	Oktaeder	Mo—C 2,08±0,04 Mo—O 3,23±0,05 C—O 1,15±0,05
Molybdän-5-chlorid	$MoCl_5$	dreiseitige Doppelpyramide	Mo—Cl 2,27±0,02
Natriumbromid	$NaBr$	im Dampfzustand	Na—Br 2,64±0,01
Natriumchlorid	$NaCl$	im Dampfzustand	Na—Cl 2,51±0,03
Natriumjodid	NaJ	im Dampfzustand	Na—J 2,90±0,02
Nickelcarbonyl	$Ni(CO)_4$	Tetraeder	Ni—C 1,82±0,03 C—O 1,15±0,02
Osmium-8-fluorid	OsF_8	—	Os—F 2,52±0,10
Osmium-8-oxyd	OsO_4	—	Os—O 1,66±0,05
Phosphor	P_4	Tetraeder	P—P 2,21±0,02
Phosphortribromid	PBr_3	Pyramide	P—Br 2,23±0,01 <BrPBr 100±2°
Phosphortrichlorid	PCl_3	Pyramide	P—Cl 2,00±0,03 <ClPCl 101°±4°
Phosphorfluoriddichlorid	$PFCl_2$	—	P—F 1,55±0,05 P—Cl 2,02±0,03 <ClPCl 102°±3°
Phosphorpentachlorid	PCl_5	dreiseitige Doppelpyramide	$P—Cl_{Basis}$ 2,10 $P—Cl_{Spitze}$ 2,25 Cl—Cl 3,08
Phosphortrioxyd	P_4O_6	wie As_4O_6	P—O 1,65±0,02 <OPO 99°±1° <POP 127,5°±1°
Phosphoroxychlorid	$POCl_3$	—	P—Cl 2,02±0,03 P—O 1,56±0,03 <ClPCl 106°±1°
Phosphoroxyfluordichlorid	$POFCl_2$	—	P—F 1,50±0,03 P—Cl 1,99±0,04 P—O 1,55±0,03 <ClPCl 106°±3°
Phosphoroxydifluorchlorid	POF_2Cl	—	P—F 1,51±0,03 P—Cl 2,01±0,04 <FPF 106°±3°
Phosphoroxyfluorid	POF_3	—	P—F 1,52±0,02 <FPF 107°±2°
Phosphorpentoxyd	P_4O_{10}	wie P_4O_6, an jedem P ein weiteres herausragendes O'	P—O 1,62±0,02 P—O' 1,39±0,02 <OPO 101,5°±1° <POP 123,5°±1° <OPO' 116,5°±1°
Phosphorsulfoxyd	$P_4O_6S_4$	Struktur wahrscheinlich wie P_4O_{10} oder As_4O_{10}, die O' sind durch S ersetzt	P—O 1,61±0,02 P—S 1,85±0,02 P—P 2,85±0,03 <OPO 101,5±1° <POP 123,5°±1° <OPS 116,5±1°
Phosphortrifluorid	PF_3	Pyramide	P—F 1,52±0,04 <FPF 104°±4°
Phosphorpentafluorid	PF_5	—	(P—F 1,57±0,03) P—F 1,54
Phosphortrifluordichlorid	PF_3Cl_2	—	P—F 1,59±0,03 P—Cl 2,05±0,03
Phosphortrijodid	PJ_3	Pyramide	P—J 2,52±0,01 <JPJ 98°±4°
Phosphorsulfochlorid	$PSCl^3$	—	P—C 2,01±0,02 P—S 1,94±0,03 <ClPCl 107°±3°
Quecksilber-1-chlorid	$HgCl$	bei 450°	HgCl 2,21±0,04
Quecksilber-2-bromid	$HgBr_2$	linear	Hg—Br 2,44±0,01 (2,38±0,05)
Quecksilber-2-chlorid	$HgCl_2$	linear	Hg—Cl 2,34±0,01 (2,28±0,05)
Quecksilber-2-jodid	HgJ_2	linear	Hg—J 2,61±0,01 (2,55±0,05)
Rubidiumbromid	$RbBr$	im Dampfzustand	Rb—Br 3,06±0,02
Rubidiumchlorid	$RbCl$	im Dampfzustand	Rb—Cl 2,89±0,01
Rubidiumjodid	RbJ	im Dampfzustand	Rb—J 3,26±0,02
Schwefel	S_2	bei 850°	S—S 1,94±0,03
Schwefelchlorid	SCl_2	gewinkelt	(S—Cl 2,00±0,02 <ClSCl 103°±3°) S—Cl 1,99±0,03 Cl—Cl 3,08±0,04 <ClSCl 101°±4°
Schwefelchlorür	S_2Cl_2	gewinkelt	S—Cl 1,99±0,03 S—S 2,05±0,03 <ClSS 103°±2°
Schwefelhexafluorid	SF_6	Oktaeder	S—F 1,57±0,03
Thionylchlorid	$SOCl_2$	—	S—Cl 2,07±0,03 S—O 1,45±0,02 Cl—O 2,84±0,03 Cl—Cl 3,47±0,03 <ClSCl 114°±2° <ClSO 106°±1°
Sulfurylchlorid	SO_2Cl_2	—	S—O 1,43±0,02 S—Cl 1,99±0,02 Cl—O 2,76±0,03 Cl—Cl 3,28±0,10 O—O 2,48±0,10 <OSO 119°48'±5° <ClSCl 111° 12'±2° <ClSO 106°28'±2°
Schwefeldioxyd	SO_2	gewinkelt	S—O 1,45±0,02 <OSO 124°±15°
Schwefeltrioxyd	SO_3	eben	S—O 1,43±0,02 O—O 2,48±0,03 <OSO 120°±2°
Schwefelwasserstoff	H_2S		S—S 2,05±0,02

25123 (Fortsetzung).

Moleküle		Modell	Kernabstände r in Å und Winkel in Grad
Selen	Se_2	bei 900°	Se—Se 2,21±0,03
Selendioxyd	SeO_2	gewinkelt	Se—O 1,61±0,03
Selenhexafluorid	SeF_6	Oktaeder	Se—F 1,68±0,03
Silicobromoform	$SiHBr_3$	—	Si—Br 2,19±0,05 <BrSiBr 110°±25°
Silicochloroform	$SiHCl_3$	—	Si—Cl 2,01±0,03 Cl—Cl 3,29±0,03 <ClSiCl 110°±1°
Dichlorsilan	SiH_2Cl_2	—	Si—Cl 2,02±0,03 Cl—Cl 3,31±0,04 <ClSiCl 110°±1°
Monochlorsilan	SiH_3Cl	—	Si—Cl 2,06±0,05
Siliciumtetrachlorid	$SiCl_4$	Tetraeder	Si—Cl 2,00±0,02
Siliciumtetrafluorid	SiF_4	Tetraeder	Si—F 1,54±0,02
Ammoniak	NH_3	Pyramide	URSp.: N—H 1,02 bis 1,06, H—H 1,68 bis 1,83 BdSp.: N—H 1,01 H—H 1,61 <HNH 109°
Stickoxydul	N_2O	linear	N—O (Endatome) 2,38±0,05
Nitrosylbromid	NOBr	gewinkelt	N—O 1,15±0,04 Br—N 2,14±0,02 <BrNO 117°±3°
Nitrosylchlorid	NOCl	gewinkelt	N—O 1,14±0,02 Cl—N 1,95±0,01 <ClNO 116°±2°
Tellur	Te_2	—	Te—Te 2,59 oder 2,61
Tellurbromid	$TeBr_2$	—	Te—Br 2,49±0,03
Tellurchlorid	$TeCl_2$	—	Te—Cl 2,36±0,03
Tellurhexafluorid	TeF_6	Oktaeder	Te—F 1,83±0,03
Thalliumbromid	TlBr	} im Dampfzustand	Tl—Br 2,68±0,03
Thalliumchlorid	TlCl		Tl—Cl 2,55±0,03
Thalliumjodid	TlJ		Tl—J 2,87±0,03
Titantetrachlorid	$TiCl_4$	im Dampfzustand	Ti—Cl 2,21±0,05 Tetraeder
Vanadiumoxychlorid	$VOCl_3$	—	V—O 1,56±0,04 V—Cl 2,12±0,03 Cl—O 3,00±0,04 Cl—Cl 3,50±0,03 <ClVCl 111°17′±2° ClVO 108°12′±2°
Wasser	H_2O	gewinkelt	URSp.: O—H 1,013 H—H 1,53 <HOH 104° bis 106°
Wolframhexacarbonyl	$W(CO)_6$	—	W—C 2,06±0,04 W—O 3,19±0,05, C—O 1,13±0,
Wolframhexachlorid	WCl_6	—	W—Cl 2,26±0,02
Zinntetrachlorid	$SnCl_4$	Tetraeder	Sn—Cl 2,30±0,03
Zinntetrajodid	SnJ_4	Tetraeder	Sn—J 2,64
Zinkjodid	ZnJ_2	im Dampfzustand	Zn—J 2,42 linear

Organische Stoffe.

Acetaldehyd	$CH_3 \cdot CHO$	—	(C—C 1,51±0,05 C—O 1,20±0,05 <CCO 122°±0,05) C—C 1,50±0,02 C—O 1,22±0,01 C′—O 2,38±0,01 <CCO 121°±2°
Aceton	$CH_3 \cdot CO \cdot CH_3$	—	C—C 1,57±0,04
Acetylbromid	$CH_3 \cdot COBr$	—	C—C 1,54 [(C—O 1,14±0,05 C—Br 1,82±0,10)]
Acetylchlorid	$CH_3 \cdot COCl$	—	C—C 1,54 [(C—O 1,14±0,05 C—Cl 1,82±0,10)]
Acetylen	C_2H_2	—	C—C 1,22±0,1
Äthan	C_2H_6	—	(C—C 1,52±0,1) C—C 1,55±0,03 [C—H 1,09±0,03]
Äthylbromid	C_2H_5Br	—	([C—Br 2,02±0,07]) C—Br 1,91±0,02 C′—Br 2,81±0,02 <CCBr 109°±2° [C—C 1,54] [C—H 1,09]
Äthylchlorid	C_2H_5Cl	—	(C—Cl 1,81±0,01) C—Cl 1,76±0,02 C′—Cl 2,74±0,02 <CCCl 111,5°±2° [C—C 1,54] [C—H 1,09]
Äthylen	$CH_2 = CH_2$	—	(C—C 1,33±0,01) C—C 1,34±0,02 [C—H 1,06±0,03]
Äthylidenbromid	$CH_3 \cdot CHBr_2$	—	Br—Br 3,56±0,15
Äthylidenchlorid	$CH_3 \cdot CHCl_2$		Cl—Cl 2,9 ±0,3
Äthyljodid	C_2H_5J	—	[C—J 2,32±0,05]
Äthylenoxyd	$(CH_2)_2O$	—	(C—C 1,49±0,1 C—O 1,49±0,1) C—C 1,56±0,05 [C—O 1,45±0,05]
Allen	C_3H_4	—	(C—C 1,31±0,05) C—C 1,34±0,02
Ameisensäure	$(HCOOH)_2$	eben	C—O 1,29±0,02 <OCO 125°±5°
Azomethan	CH_3NNCH_3	eben	C—N 1,47±0,06 N—N 1,24±0,05

25123 (Fortsetzung).

Moleküle		Modell	Kernabstände r in Å und Winkel in Grad
enzol	C_6H_6	eben	C—C 1,390±0,005
orazol	$B_3N_3H_6$	regelmäß. Sechseck	B—N 1,47±0,07
ortrimethyl	$B(CH_3)_3$	—	B—N 1,56±0,02 C—C 2,70±0,03
ortrimethylamin	$H_3BN(CH_3)_3$	—	B—N 1,62±0,15 N—C 1,53±0,06
romacetylen	$HC{\equiv}CBr$	linear	C—Br 1,80±0,03 C—C 1,20±0,04
romcyan	BrCN	linear	C—Br 1,79±0,02 C—N 1,13±0,04
romoform	$CHBr_3$	—	[C—Br 1,91] Br—Br 3,15±0,03 <BrCBr 111°±2°
utadien	C_4H_6	eben, trans-Konfiguration	(C—C 1,52±0,08) C=C 1,35±0,02 C—C 1,46±0,03 <CCC 124°±2°
utan	C_4H_{10}	—	C—C 1,51±0,05
utan, iso	C_4H_{10}	—	C—C 1,54±0,02 <CCC 111,5°±2° oder 113,5°±2°
utylbromid, tert.	C_4H_9Br	Tetraederkonfiguration	(C—C 1,55±0,05 [C—Br 2,06±0,05]) C—C 1,54±0,02 C—Br 1,92±0,03 <CCBr 111,5°±2°
utylchlorid, tert.	C_4H_9Cl	Tetraederkonfiguration	C—C 1,54±0,02 C—Cl 1,78±0,03 <CCCl 111,5°±2°
utylenchlorid, iso (im Original „Isocrotylchlorid" genannt)	$(CH_3)_2C{=}CHCl$	—	C—Cl 1,72±0,02 <CCC 123°±2° <CCCl 111°±3° [C—C 1,54] [C=C 1,34]
utylenoxyd, cis	C_4H_8O	—	C—C 1,53±0,02 C—O 1,42±0,02
utylenoxyd, trans	C_4H_8O	—	C—C 1,54±0,02 C—O 1,42±0,02
utyljodid, tert.	C_4H_9J	Tetraederkonfiguration	C—C 1,54±0,02 [C—J 2,28±0,05]
utylen α,	C_4H_8	—	C—C 1,54±0,02 (C=C 1,34)
utylen β, cis	C_4H_8	—	C—C 1,54±0,02
utylen β, trans	C_4H_8	—	C—C 1,53±0,02
loracetylen	$HC{\equiv}CCl$	linear	C—Cl 1,68±0,04 C≡C 1,21±0,04
lorbenzol	C_6H_5Cl	—	C—C 1,39 C—Cl 1,69
lorcyan	ClCN	linear	C—Cl 1,67±0,02 C—N 1,13±0,03
loroform	$CHCl_3$	—	(C—Cl 1,77±0,02 <ClCCl 112°±2°
clohexan	C_6H_{12}	—	C—C 1,51±0,05) C—C 1,53±0,03
clopentadien	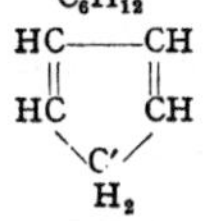	—	C—C' 153 C—C 1,46 C=C 1,35 <CC'C 101°
clopentan	C_5H_{10}	—	C—C 1,52±0,02
clopropan	C_3H_6	—	C—C 1,53±0,02
iazomethan	CH_2N_2	—	C—N 1,34±0,05 N—N 1,13±0,04
iäthyläther	$(C_2H_5)_2O$	—	[C—O 1,33±0,08]
iacetylen	C_4H_2	linear	C—C (Mitte) 1,43±0,03 C—C (Enden) 1,21±0,02
ibrom-1,2-äthan	$CH_2Br{-}CH_2Br$	—	Br—Br 4,75±0,15
ibromäthylen, sym.	$CHBr{=}CHBr$	—	trans (C—Br 1,91±0,05) C—Br 1,85±0,04 Br—Br 4,56±0,02 <CCBr 121°±3
ibromäthylen, sym.	$CHBr{=}CHBr$	—	cis [C—C 1,32±0,08, C—Br 2,05]
ibromacetylen	C_2Br_2	—	C—C 1,20±0,03 C—Br 1,80±0,03
Dibrombenzol	$C_6H_4Br_2$	—	C—C 1,41 C—Br 1,88±0,02
3-Dibrombutan	$CH_3{\cdot}CHBr{\cdot}CHBr{\cdot}CH_3$	—	Sowohl das Razemat wie die meso-Form haben in bezug auf die Br-Atome trans-Konfiguration Br—Br 4,60±0,03 C—Br 2,83±0,02 <CCBr 109,5° [C—Br 1,91] [C—C 1,54]
ichlor-1,2-äthan	$CH_2Cl{\cdot}CH_2Cl$	—	Keine freie Drehbarkeit, sondern Schwingungen um die trans-Lage C—C 1,5 Cl—Cl 4,4
ichloräthylen asymmetrisch	$H_2C{=}CCl_2$	—	C—C 1,38 C—Cl 1,69±0,02 <CCCl 122°±1°
ichloräthylen, cis symmetrisch	$HClC{=}CClH$	—	cis C—C 1,38 C—Cl 1,67±0,03 <CCCl 123,5°±1°
ichloräthylen, trans symmetrisch		—	trans C—C 1,38 C—Cl 1,69±0,02 <CCCl 122,5°±1°
ichlorbenzol, ortho	$C_6H_4Cl_2$	—	C—C 1,40 C—Cl 1,71
„ meta	—	—	C—C 1,40 C—Cl 169, Cl—Cl 5,35
„ para	—	—	C—C 1,39 C—Cl 1,69 Cl—Cl 6,18
ichlordifluormethan	CCl_2F_2	—	C—F 1,36±0,02 C—Cl 1,75±0,03

25123 (Fortsetzung).

Moleküle		Modell	Kernabstände r in Å und Winkel in Grad
Dichlorfluormethan	CCl_2HF	—	C—F 1,36±0,02 C—Cl 1,74±0,03
1,3-Dichlorpropan	$CH_2Cl\cdot CH_2\cdot CH_2Cl$	—	Gewinkelte Kette, die Cl-Atome bevorzugen die trans-Lage, C—C 1,5 C—Cl 1,8 <CCC=<CCCl 109,5°
1,2-Dichlorpropan	$CH_2Cl\cdot CHCl\cdot CH_3$	—	Keine freie Drehbarkeit, sondern Schwingungen um die trans-Lage C—C 1,5 C—Cl 1,8 <CCC 109,5° CCCl 109,5°
Dicyan	$(CN)_2$	linear	C—C 1,43±0,03 C—N 1,16±0,02
Dijodacetylen	$CJ\equiv CJ$	—	C—C 1,18 C—J 2,03±0,05
Dijodäthylen	$CHJ=CHJ$	—	(C—J 2,10±0,05) trans: C—J 2,03±0,04 J—J 4,90±0,02 <JCC 122°±2° cis: C—J 2,03±0,04 J—J 3,69±0,02 <JCC 125°±2° [C=C 1,34]
Dijodbenzol, ortho	$C_6H_4J_2$	—	C—C 1,42 C—J 2,00±0,10
„ meta	—	—	C—C 1,42 C—J 2,00±0,10
„ para	—	—	C—C 1,42 C—J 2,02±0,03
p,p'-Dijoddiphenyl-äther	$(JC_6H_4)_2O$	—	C—C 1,42 C—J 2,00 C—O 1,42 <COC 118°±3°
Dimethylacetylen	$CH_3\cdot C\equiv C\cdot CH_3$	—	C—C 1,47±0,02 C⋮C 1,20±0,02
Dimethyldiacetylen	$CH_3\cdot C\equiv C\cdot C\equiv C\cdot CH_3$	—	C≡C 1,19±0,03 C—C 1,47±0,02 C—C (Mitte) 1,38±0,03
Dimethylsulfid	$(CH_3)_2S$	gewinkelt	C—S 1,82±0,03
—	$(CH_3)_2S_2$	—	S—S 2,03 C—S 1,77 [H—C 1,09] <CSS 107°±3°
Dioxan	$C_4H_8O_2$	—	C—C 1,54 C—O 1,46±0,04 <COC 110°±5°
Formaldehyd	HCOH	eben	(C—O 1,15±0,05) C—O 1,213±0,008
Furan	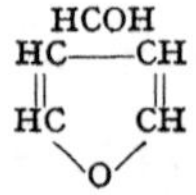	—	C—O 1,41±0,02 <COC 107°±4° <C=CO 109±3° <C=CC 107°±2° [C—C 1,46] [C=C 1,35]
Germaniumtetra-methyl	$Ge(CH_3)_4$	Tetraeder	Ge—C 1,98±0,03
Hexabrombenzol	C_6Br_6	—	C—C 1,41 C—Br 1,88±0,02
Hexachlorbenzol	C_6Cl_6	—	C—C 1,41 C—Cl 1,69±0,02
Hexamethylbenzol	$C_6(CH_3)_6$	—	(C—C 1,40±0,01 C—CH_3 1,50±0,01) C—CH_3 1,54±0,04
Hexan	C_6H_{14}	—	C—C 1,54±0,05
Hexamethylentetra-min	$N_4(CH_2)_6$	Struktur wie As_4O_6	C—N 1,47±0,02 <CNC=<NCN=109,5°
Jodoform	CHJ_3	—	C—J 2,12±0,03
Keten	$H_2C=C=O$	—	C—C 1,35±0,02 C—O 1,17±0,02
Kohlendioxyd	CO_2	linear	C—O 1,13±0,04
Kohlenstoffoxybro-bromid	$COBr_2$	—	[C—O 1,13] C—Br 2,05±0,04
Kohlenoxysulfid	COS	linear	C—O 1,16±0,03 C—S 1,56±0,05
Kohlensuboxyd	C_3O_2	linear	C—C 1,29±0,03 C—O 1,20±0,02
Mesitylen	$(C_6H_3)(CH_3)_3$	—	C—CH_3 1,54±0,01 (C—C 1,40±0,01, C—CH_3 1,50±0,01)
Methan	CH_4	—	RSp.: C—H 1,08
Methylacetylen	$CH_3\cdot C\equiv CH$	—	C—C 1,46±0,02 C≡C 1,20±0,03
Methyläther	$(CH_3)_2O$	—	C—O 1,42±0,03, <0,03, <COC 111°±4°
Methylazid	CH_3N_3	—	C—N_1 1,47±0,02, N_1—N_2 1,26±0,02 N_2—N_3 1,10±0,02, <CN_1N_2 120°±5
Methylbromid	CH_3Br	—	(C—Br 2,06±0,05) C—Br 1,91±0,06
Methylenbromid	CH_2Br_2	—	C—Br 1,91±0,02, Br—Br 3,17±0,03 <BrCBr 112°±2
Methylenchlorid	CH_2Cl_2	—	C—Cl 1,77±0,02 <ClCCl 112°±2°
Methylcyanid	CH_3CN	—	C—C 1,49±0,02, C—N 1,16±0,02
Methylcyanid, iso	CH_3NC	—	H_3C—N 1,48±0,03 N—C 1,17±0,02
Methylenjodid	CH_2J_2	—	[C—J 2,28±0,05]
α-Methylhydroxyl-amin	CH_3ONH_2	—	C—O 1,44±0,02 N—O 1,37±0,02 <CON 111°±3
Methyljodid	CH_3J	—	[C—J 2,28±0,05]
Nitromethan	CH_3NO_2	—	C—N 1,34±0,05 N—O 1,15±0,02 (C—N 1,46±0,02 N—O 1,21±0,02 <ONO 127°±3°

25123 (Fortsetzung).

Moleküle		Modelle	Kernabstände r in Å und Winkel in Grad
raldehyd	$(CH_3CHO)_3$	gewelltes Sechseck	C—C 1,54±0,02 C—O 1,43±0,02
ntan	C_5H_{12}	—	C—C 1,53±0,05
osgen	$COCl_2$	eben	CO 1,28±0,02 C—Cl 1,68±0,02 <ClCCl 117°±2°
osphortrimethyl	$P(CH_3)_3$	Pyramide mit P an der Spitze	P—C 1,87±0,02 Winkel P (<CPC) 100°±4°
opan	C_3H_8	—	C—C 1,54±0,02 <CCC 111°30′±3°
opylbromid, iso	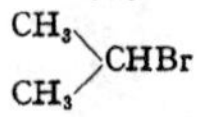	—	C—Br 1,91±0,03 C′Br 2,81±0,03 <CCBr 109,5°±3° <CCC 109,5° [C—C 1,54] [C—H 1,09]
opylchlorid, iso	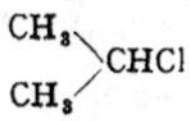		C—Cl 1,75±0,03 C′—Cl 2,66±0,03 <CCCl 109°±3° <CCC 110°±3° [C—C 1,54] [C—H 1,09]
yrazin	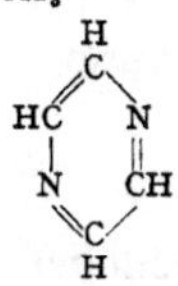	—	[C—C 1,39] C—N 1,35±0,02
Pyridin	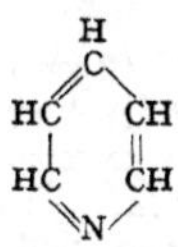	—	C—C 1,39—0,03 C—N 1,37±0,03 [C—H 1,08] [<CNC 119°] [CCC 121°]
Pyrrol	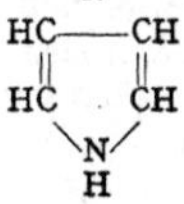	—	C—N 1,42±0,02 [C—C 1,44] [C=C 1,35] <CNC 105°±4°, <C=CN 110°±3° <C=CC 108°±2°:
Quecksilberdimethyl	$Hg(CH_3)_2$	—	Hg—C 2,23±0,04
Schwefelkohlenstoff	CS_2	linear	C—S 1,54±0,03
Siliciumtetramethyl	$Si(CH_3)_4$	—	Si—C 1,93±0,03
Spiropentan	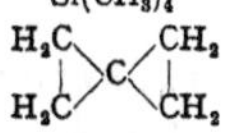	Zwei um 90° gegeneinander gedrehte Dreiringe	C—C 1,54, <CCC 60°
Tetranitromethan	$C(NO_2)_4$	—	C—N 1,47±0,02 N—O 1,22±0,02 <ONO 127°
Thiophen	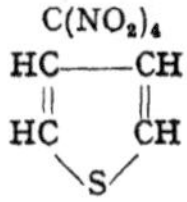	—	C—S 1,74—0,03 [C—C 1,44] [C=C 1,35] <CSC 91°±4° <C=CC 113°±3° <C=CS 112°±3°
Tribromäthylen	C_2HBr_3	—	[C—C 1,32±0,08 C—Br 2,05±0,08]
Tribrombenzol 1,3,5	$C_6H_3Br_3$	—	C—C 1,41 C—Br 1,88±0,02
Tribromfluormethan	$CFBr_3$	—	C—Br 1,91±0,04 C—F 1,44±0,06 Br—Br 3,20±0,03 Br—F 2,70±0,02
1,1,1-Trichloräthan	$Cl_3\cdot C\cdot CH_3$	—	C—Cl 1,76±0,02 Cl—Cl 2,89±0,03 <ClCCl 110°±2°
Trichloräthylen	C_2HCl_3	—	C—C 1,38 C—Cl 1,71±0,03 <CCCl 123°±2°
Trichlorbenzol 1,3,5	$C_6H_3Cl_3$	—	C—C 1,41 C—Cl 1,69 Cl—Cl 5,38
Trichlorfluormethan	$CFCl_3$	—	C—F 1,44±0,04 C—Cl 1,76±0,02 Cl—Cl 2,94±0,03 Cl—F 2,56±0,04
Trijodbenzol 1, 3, 5	$C_6H_3J_3$	—	C—C 1,41 C—J 2,05±0,03
Trimethylamin	$(CH_3)_3N$	—	C—N 1,47±0,02
Tetrabromäthylen	C_2Br_4	—	C—Br 1,91±0,05
Tetrabromkohlenstoff	CBr_4	—	C—Br 1,91—0,02 Br—Br 3,12±0,03
Tetrachloräthylen	C_2Cl_4	—	C—C 1,38 C—Cl 1,73±0,02 <CCCl 123°45′±1°
Tetrachlorbenzol 1, 2, 4, 5	$C_6H_2Cl_4$	—	C—C 1,40, C—Cl 1,72, o-Cl—Cl 3,20, m-Cl—Cl 5,37, p-Cl—Cl 6,25
Tetrachlorkohlenstoff	CCl	—	C—Cl 1,775±0,005

25123 (Fortsetzung).

Moleküle		Modelle	Kernabstände r in Å und Winkel in Grad
Tetrafluorkohlenstoff	CF_4	—	C—F 1,36±0,02
Tetrajodkohlenstoff	CJ_4	—	C—J 2,12±0,02
Tetramethyläthylen	$(H_3C)_2C{=}C(CH_3)_2$	—	C—C 1,54±0,02 <CCC 111,5°±2° [C=C 1,34] [C—H 1,09
Tetramethylmethan	$C(CH_3)_4$	—	C—C 1,54±0,02
Thiophosgen	$CSCl_2$	eben	C—S 1,63, C—Cl 1,70±0,02 <ClCCl 116°
Vinylbromid	$CH_2{=}CHBr$	—	[C—C 1,32±0,08 C—Br 2,05±0,08] C—Br 1,86±0,04 <CCBr 121°±3° [C=C 1,33
Vinylchlorid	$CH_2{=}CHCl$	—	C—C 1,38 C—Cl 1,69±0,02 <CCCl 122°±
Vinyljodid	$H_2C{=}CHJ$	—	C—J 2,03±0,04 <JCC 122°±2° [C=C 1,3
p-Xylol	$C_6H_4(CH_3)_2$	—	C—C 1,40±0,01 C—CH_3 1,50±0,01
Zinntetramethyl	$Sn(CH_3)_3$	—	Sn—C 2,18±0,03

252 Wirkungsquerschnitt von Gasen gegenüber Elektronen.

Für die Richtungsänderung von Elektronenstrahlen in Gasen infolge Zusammenstößen zwischen den Elektronen und den Gasmolekülen ist der Wirkungsquerschnitt Q der Moleküle maßgebend. Q wird meist als wirksame Querschnittssumme aller in 1 cm^3 bei 1 Torr und 0 °C enthaltenen Moleküle angegeben. Q ist vom Radius der Moleküle und von den elektrischen Kräften zwischen Elektron und Molekül abhängig. Diese sind eine Funktion der Geschwindigkeit der Elektronen. Beispiel für die Wirkungsquerschnitte in Abhängigkeit von der Geschwindigkeit der Elektronen geben 2521, 2522, 2523 und 2524[1]. Als Maß für die Geschwindigkeit der Elektronen ist $\sqrt{\text{Volt}}$ genommen. (Zusammenhang mit der Geschwindigkeit v: $\frac{m \cdot v^2}{2} = e \cdot V$ [m = Masse des Elektrons, e = Ladung des Elektrons].)

2521 Wirkungsquerschnittkurven der Edelgasen.

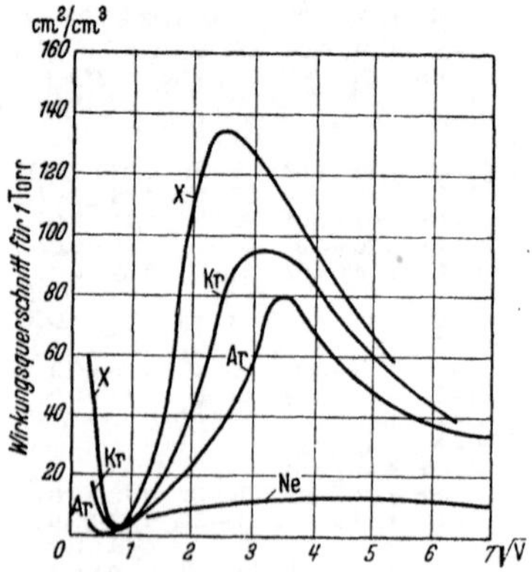

2522 Wirkungsquerschnittkurven von Sauerstoff, Wasserdampf, Ammoniak und Äthylen für 1 Torr.

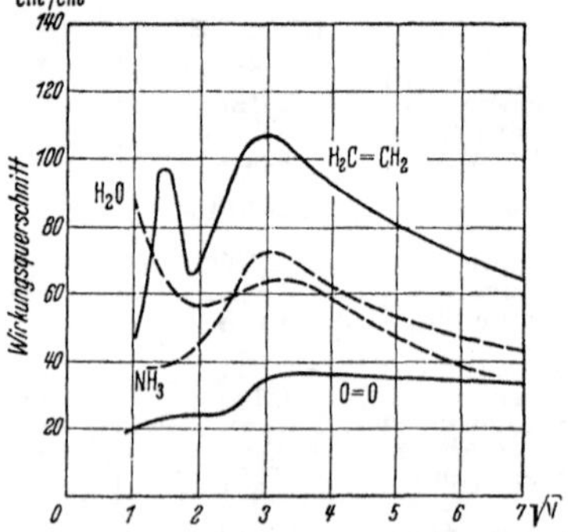

[1] Weitere Beispiele z. B. in H. A. Stuart: Molekülstruktur. Berlin 1939.

2523 Wirkungsquerschnitt-kurven von Stickstoff, Acetylen und Cyanwasserstoff.

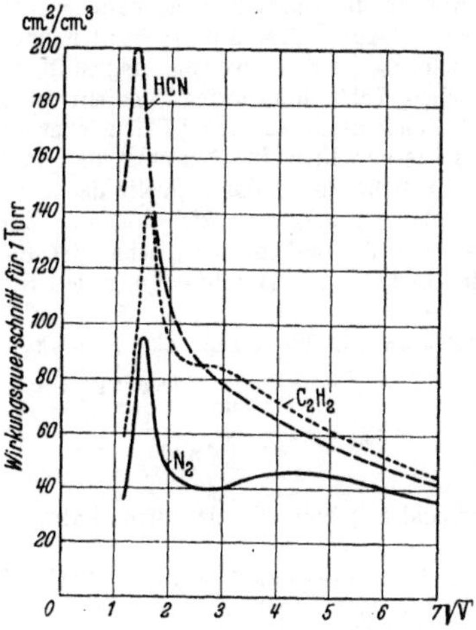

2524 Wirkungsquerschnitt-kurven von normalen Kohlenwasserstoffen.

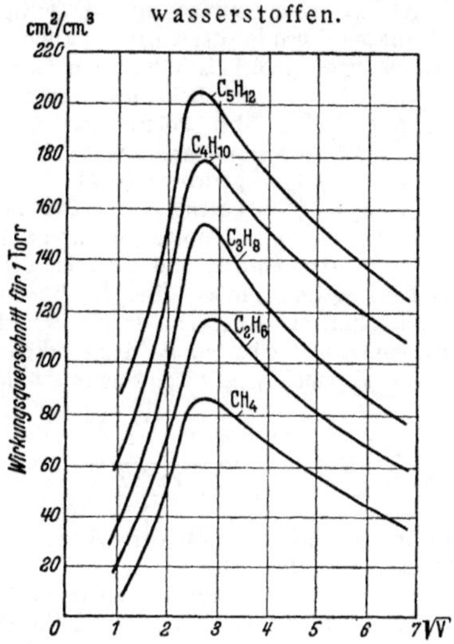

253 Polarisierbarkeit und Relaxationszeit.

2531 Polarisierbarkeit und elektrisches Moment der Moleküle.

Von **Friedrich Möglich,** Berlin.

Die Polarisierbarkeit ist folgendermaßen definiert: Es sei E ein äußeres elektrisches Feld, das in einem Molekül ein elektrisches Moment μ^* induziert, dann ist μ^* proportional zur Feldstärke E: $\mu^* = \gamma \cdot E$ (estE; γ [cm³]; μ [dyn$^{1/2}\cdot$cm²]).

γ nennt man die Polarisierbarkeit des betreffenden Moleküls. γ kann eine skalare Größe sein, im allgemeinen aber ist es ein Tensor. Die Hauptachsen dieses Tensors werden „Hauptpolarisierbarkeiten" des Moleküls genannt und mit $\gamma_1 \geq \gamma_2 \geq \gamma_3$ bezeichnet. Sind die drei Hauptpolarisierbarkeiten voneinander verschieden, so sendet die Substanz auch bei Einstrahlung von polarisiertem Licht teilweise depolarisiertes Streulicht aus. Der „Depolarisationsgrad" ist ein Maß für die Anisotropie der Polarisierbarkeit und daher für die Struktur des Moleküls charakteristisch (s. w. u.) [1].

Die Polarisierbarkeit eines (dipollosen) Einzelmoleküls erhält man aus der Molekularrefraktion R (s. Tabelle 3125) durch Division durch $\frac{4\pi}{3}$ L (L = Loschmidtsche Zahl = 6,0227 · 10²³). Nach Lorentz ist

$$\gamma = \frac{3R}{4\pi L} = \frac{3}{4\pi}\,\frac{\varepsilon-1}{\varepsilon+2}\,\frac{M}{L\varrho} = \frac{3}{4\pi}\,\frac{n^2-1}{n^2+2}\cdot\frac{M}{L\cdot\varrho} \qquad (1)$$

M = Molekulargewicht, ε = Dielektrizitätskonstante,
ϱ = Dichte der Substanz, $\varepsilon = n^2$, n = Brechungsindex.

Im allgemeinen setzt sich die Polarisierbarkeit eines (dipollosen) Moleküls näherungsweise nach folgender Summenformel aus den Polarisierbarkeiten der Einzelatome additiv zusammen.

$$\gamma = s_1\gamma_1 + s_2\gamma_2 + s_3\gamma_3 \cdots.$$

Dabei bedeutet γ_k die Polarisierbarkeit des k-ten Bestandteils, s_k die Zahl der Bestandteile der k-ten Sorte. Dasselbe gilt natürlich für die Molekularrefraktion.

[1] Für nähere Einzelheiten vgl. z. B. P. Debye: H. Sack, Handbuch der Radiologie, Bd. 6, 2, S. 69, 116.

(Die Atomrefraktionen und Bindungsinkremente sind in den Tabellen 39114, die Molrefraktionen von organischen Stoffen in Tabelle 3125, zusammengestellt.) Diese Regel hat jedoch nur angenähert Gültigkeit. Genauere Werte liefert die Silbersteinsche Theorie[1] der atomaren Dipole, die auch den Einfluß der in den einzelnen Atome eines Moleküls induzierten Momente auf die Nachbaratome berücksichtigt.

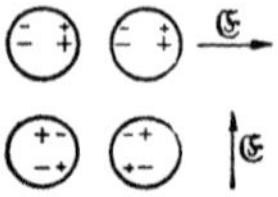

Bei einem 2-atomigen Molekül z. B. sind diese Zusatzmomente bei Polarisation in Richtung der Kernverbindungslinie dem primären, vom elektrischen Felde induzierten Moment gleichgerichtet (s. Abb.), bei Polarisation senkrecht dazu aber entgegengesetzt. Die Polarisierbarkeiten in Richtung der beiden Hauptachsen unterscheiden sich also um das doppelte der Summe dieser Zusatzmomente, und zwar ist die Polarisierbarkeit in Richtung der Kernverbindungslinie größer. Bei H_2 ist das, wie die wellenmechanische Rechnung gezeigt hat, nicht der Fall (s. u.), was durch die starke Durchdringung der Elektronenhüllen der beiden H-Atome erklärt wird.

Im allgemeinen gilt bei 2-atomigen Molekülen für die Hauptpolarisierbarkeiten

$$\gamma_1 = \frac{\gamma_A + \gamma_B + \frac{4\gamma_A \cdot \gamma_B}{r^3}}{1 - 4 \cdot \frac{\gamma_A \cdot \gamma_B}{r^6}}, \qquad \gamma_2 = \gamma_3 = \frac{\gamma_A + \gamma_B - \frac{2\gamma_A \cdot \gamma_B}{r^3}}{1 - \frac{\gamma_A \cdot \gamma_B}{r^6}},$$

γ_A und γ_B sind die Polarisierbarkeiten der beiden Atome, die als isotrop betrachtet werden, r Abstand der Atome.

Entsprechende Formeln gelten auch für mehratomige Moleküle. Werte der Hauptpolarisierbarkeiten einiger Moleküle sind in 25311 gegeben. Da bei der Messung der Polarisierbarkeit stets ein Gemisch aus Molekülen aller möglichen Raumrichtungen vorliegt, mißt man gewöhnlich nur den Mittelwert $\gamma = \frac{\gamma_1 + \gamma_2 + \gamma_3}{3}$.

25311 Hauptpolarisierbarkeiten verschiedener Moleküle berechnet aus der Kerrkonstante und dem Depolarisationsgrad (nach Stuart).

Molekül	$\gamma_1 \cdot 10^{24}$ in cm^3	$\gamma_2 \cdot 10^{24}$ in cm^3	$\gamma_3 \cdot 10^{24}$ in cm^3
Chlor	6,6	3,62	3,62
Chlorwasserstoff	3,13	2,39	2,39
Schwefelwasserstoff	4,21	3,21	3,93
Schwefeldioxyd, $\gamma_2 \perp$ Ebene OSO	5,49	2,72	3,49
Ammoniak	2,42	2,18	2,18
Stickoxyd	5,32	1,83	1,83
Kohlendioxyd	4,10	1,93	1,93
Schwefelkohlenstoff	15,14	5,54	5,54
Cyanwasserstoff	3,92	1,92	1,92
Cyan	7,76	3,64	3,64
Acetylen	5,12	2,43	2,43
Benzol	6,67	12,77	12,77
Methylchlorid	6,00	4,55	4,55
Methylbromid	6,83	4,91	4,91
Chloroform	6,68	9,48	9,48
Tetrachlorkohlenstoff	10,5	10,5	10,5
Äthylchlorid	6,99	5,26	7,95
Methylalkohol, $\gamma_2 \perp$ Ebene COH	4,00	2,56	3,14
Dimethyläther	6,46	4,14	4,87
Aceton	7,00	4,77	6,96
Methyläthylketon, $\gamma_2 \perp$ Ebene COC	9,87	6,06	8,57
Diäthyläther, $\gamma_2 \perp$ Ebene COC	11,26	7,07	7,87

[1] Phil. Mag. **1927**, 33, 92, 215, 521.

25312 Depolarisationsgrad Δ für natürliches Licht.

Stoff	100 · Δ	Stoff	100 · Δ
Wasserstoff	1,7	Schwefelkohlenstoff	11,5
Sauerstoff	6,4	Äthan	1,3
Wasserdampf	1,99	Äthylen	2,9
Wasser	8,5	Acetylen	4,5
Chlor (gasförmig)	4,33	Isopentan	1,3
Chlor, flüssig	24,00	Isoamylen	2,4
Chlorwasserstoff	0,7	Cyclohexan	1,6
Schwefelwasserstoff	1,0	Cyclohexen	2,2
Schwefeldioxyd (Gas)	4,5	Benzol	4,2
Schwefeldioxyd, flüssig	22,0	Toluol	4,6
Stickstoff	3,6	Butylalkohol	1,7
Luft	4,15	Isobutylalkohol	0,8
Ammoniak	1,31	Tertiärbutylalkohol	0,7
Stickoxydul	12,5	Amylalkohol	1,3
Kohlenoxyd	2,1	Isoamylalkohol	1,1
Kohlendioxyd	9,8		

Nur im Kerreffekt und in der Depolarisation des Streulichtes kommt die Verschiedenheit der Hauptpolarisierbarkeiten voneinander zum Ausdruck.

Fällt z. B. natürliches, unpolarisiertes Licht auf eine optisch anisotrope Substanz, so ist das unter 90° ausgesandte Streulicht teilweise polarisiert. Der Depolarisationsgrad Δ ist definiert als das Intensitätsverhältnis der parallel bzw. senkrecht zur Einfallsrichtung polarisierten Komponenten (Werte für Δ in 2242).

Die Theorie von Gans liefert für Gase und Dämpfe einen einfachen Zusammenhang zwischen den 3 Hauptpolarisierbarkeiten γ_1, γ_2, γ_3 und dem Depolarisationsgrad Δ:

$$\frac{10\,\Delta}{6-7\,\Delta}=\frac{(\gamma_1-\gamma_2)^2+(\gamma_2-\gamma_3)^2+(\gamma_3-\gamma_1)^2}{(\gamma_1+\gamma_2+\gamma_3)^2}.$$

Sind die Hauptpolarisierbarkeiten einander gleich, so ist $\Delta = 0$*.

Die quantenmechanisch berechneten Polarisierbarkeiten einer Anzahl Atome und Ionen sind in 25313 wiedergegeben.

Die Polarisierbarkeit des Wasserstoffatoms berechnen Wentzel und Waller zu

$$\gamma = 0{,}563 \cdot 10^{-24}\ \text{cm}^3.$$

Für die Polarisierbarkeit (für Lichtwellen) des Wasserstoffmoleküls erhält

Mrowka in Richtung der Molekülachse den Wert . . . . $\gamma_x = 6{,}13 \cdot 10^{-25}\ \text{cm}^3$,
senkrecht dazu . . . . . $\gamma_2 = 8{,}48 \cdot 10^{-25}\ \text{cm}^3$,
und daher als
Mittelwert $\frac{1}{3}(\gamma_x + 2\,\gamma_2) = \bar{\gamma} = 8{,}03 \cdot 10^{-25}\ \text{cm}^3$.

25313 Polarisierbarkeiten in 10^{-24} cm³ von Atomen und Ionen berechnet von Pauling und von Fajans und Joos.

	Pauling	Fajans-Joos
He	0,204	...
Li^+	0,025	0,079
Ce^{++}	0,007	0,039
B^{+++}	0,0033	0,...
B^{++++}	0,0015	...
Ne	0,396	...
Na^+	0,170	0,197
Mg^{++}	0,10	0,11
Al^{+++}	0,53	...
Ar	1,645	...
K^+	0,80	0,879
Ca^{++}	0,54	0,447
Kr	2,49	...
Rb^+	1,42	1,485
Sr^{++}	0,87	0,883
Xe	4,05	...
Cs^+	2,35	2,57

* Die bei den sicherlich isotropen Atomen der Edelgase früher gefundenen endlichen Werte des Depolarisationsgrades sind wahrscheinlich auf bisher nicht beachtete systematische experimentelle Fehler zurückzuführen. Neuere Untersuchungen haben z. B. auch für CH_4, dem ein Depolarisationsgrad $\Delta = 0{,}01$ zugeschrieben worden war, den Wert 0 ergeben. [H. Volkmann: Ann. Phys., Lpz. (5) **24**, 457 (1933).]

Experimentell wird $\bar{\gamma} = 7{,}95 \cdot 10^{-25}$ cm³ gefunden. Die Polarisierbarkeit in Richtung der Kernverbindungslinie ist also — im Gegensatz zur Silbersteinschen Theorie (s. d.) — kleiner als senkrecht dazu. Nach Mrowka ist $\gamma_z - \gamma_x = 2{,}47 \cdot 10^{-25}$ cm³. Die Polarisierbarkeit des Heliumatoms berechnen Slater und Kirkwood zu $\gamma = 2{,}10 \cdot 10^{-25}$ cm³, experimentell findet man $\gamma = 2{,}05 \cdot 10^{-25}$ cm³.

Die Polarisierbarkeit hat zwei Ursachen: den Verschiebungseffekt, d. h. die Verschiebung der Ladungen im elektrischen Feld, und den Richtungseffekt, d. h. — bei Vorhandensein eines molekularen elektrischen Eigenmomentes (Dipolmomentes) — eine Ausrichtung des Moleküls im Feld. Der Richtungseffekt ist temperaturabhängig, der Verschiebungseffekt dagegen nicht; nur bei Dipolmolekülen ist daher die Polarisierbarkeit mit der Temperatur veränderlich, und Gleichung (1) ist durch ein entsprechendes Glied zu ergänzen:

$$\frac{3}{4\pi}\frac{\varepsilon-1}{\varepsilon+2}\frac{M}{L\varrho} = \gamma' + \frac{\mu^2}{3kT\,4\pi\varepsilon_0}; \qquad (2)$$

μ = elektrisches Dipolmoment $[l^{5/2} m^{1/2} \cdot t^{-1}]$, γ' = Verschiebungspolarisierbarkeit, k = Boltzmann-Konstante.

Die Berücksichtigung der Quanteneffekte bei zweiatomigen Molekülen führt zu dem Ausdruck:

$$\frac{3}{4\pi}\frac{\varepsilon-1}{\varepsilon+2}\frac{M}{L\varrho} = \gamma' + \frac{\mu^2}{4\pi\varepsilon_0 3kT}\left\{\xi\sum_{n=0}^{\infty}(2n+e)1^{-n(n+1)\xi}\right\}^{-1}; \qquad \xi = \frac{h^2}{8\pi^2 JkT}$$

(J = Trägheitsmoment, h = Plancksches Wirkungsquantum),

die unter Benutzung der Abkürzung $T_k = \frac{h^2}{8\pi^2 J}$ näherungsweise in:

$$\frac{3}{4\pi}\cdot\frac{\varepsilon-1}{\varepsilon+2}\cdot\frac{M}{L\varrho} = \gamma' + \frac{\mu^2}{3kT\,4\pi\varepsilon_0} - \frac{\mu^2 T_k}{9kT^2\,4\pi\varepsilon_0}.$$

Die „kritische Temperatur" T_k ist z. B. bei HCl 15° K. Bei dieser Substanz machen die Quanteneffekte bei Zimmertemperatur etwa 1,6% aus. Erst bei tiefen Temperaturen werden sie wesentlich.

Für mehratomige Moleküle ergibt die Quantentheorie:

$$\frac{3}{4\pi}\frac{\varepsilon-1}{\varepsilon+2}\cdot\frac{M}{L\varrho} = \gamma' + \frac{\mu^2}{3kT} - \frac{2}{3k}\sum_{n'\neq n}\frac{[M(n,n')]^2}{\nu(n,n')},$$

(n, n') sind die Eigenfrequenzen des Moleküls und $[M(n, n')]^2$ die diesen Frequenzen (Quantenübergängen) entsprechenden Dipolmomente (Ersatzoszillatoren).

25314 Molekularrefraktion R in cm³ in Abhängigkeit von der Temperatur.

Methan und Perchloräthylen haben kein Dipolmoment, Methylchlorid hat ein Dipolmoment von $1{,}3 \cdot 10^{-18}$ dyn$^{1/2}\cdot$cm² und Benzol ein Dipolmoment $0{,}08 \cdot 10^{-18}$ dyn$^{1/2}\cdot$cm².

Methan		Perchloräthylen		Methylchlorid		Benzol	
T (° K)	R in cm³	T (° K)	R in cm³	T (° K)	R in cm³	T (° K)	R in cm³
291	7,09	298	32,261	291	66,1	278	26,3
343	7,09	318	32,271	343	57,3	308	26,5
367	7,29	343	32,275	367	53,1	333	26,6
388	7,18	363	32,276	388	49,9	353	26,7
415	7,19			415	46,7		

Wie aus der Gleichung (2) hervorgeht, ist die Polarisierbarkeit von Substanzen, deren Moleküle elektrische Dipole sind (Dipolmoleküle), temperaturabhängig (vgl.

die Tabelle 25314). Aus der Temperaturabhängigkeit kann der Wert des elektrischen Momentes berechnet werden.

Viele dipollose oder unpolare organische Molekülen werden dadurch zu Dipolmolekülen, daß eines der Wasserstoffatome durch eine sog. aktive Gruppe substituiert wird, die dann meist auch den Wert des Gesamtmomentes bestimmt. Beispiele für aktive Gruppen, die entweder an C_2H_5 oder C_6H_5 gebunden sind, sind der in Tabelle 25316 zusammengestellt.

25315 Dipolmomente.

253151 Dipolmomente μ in $dyn^{1/2} \cdot cm^2$ von anorganischen Stoffen.

Formel	Name	$\mu \cdot 10^{18}$ in $dyn^{1/2} \cdot cm^2$	Formel	Name	$\mu \cdot 10^{18}$ in $dyn^{1/2} \cdot cm^2$
He	Helium	< 0,015	$AsCl_3$	Arsentrichlorid	2,1
Ne	Neon	< 0,015	$AsBr_3$	Arsentribromid	1,6
Ar	Argon	< 0,03	AsJ_3	Arsentrijodid	1,0
Kr	Krypton	< 0,05	$SbCl_3$	Antimontrichlorid	3,2
Xe	Xenon	< 0,05	$SbCl_5$	Antimonpentachlorid	< 1
H_2	Wasserstoff	< 0,015	$SbBr_3$	Antimontribromid	~2,9
O_2	Sauerstoff	0	SbJ_3	Antimontrijodid	1,5
O_3	Ozon	0,49	CO	Kohlenoxyd	0,1
H_2O	Wasser	1,84	CO_2	Kohlendioxyd	0
D_2O	Schweres Wasser	1,84	CS_2	Schwefelkohlenstoff	0
H_2O_2	Wasserstoffperoxyd	2,1	COS	Kohlenstoffoxysulfid	0,65
Cl_2	Chlor	0			
HCl	Chlorwasserstoff	1,03	HCN	Blausäure	2,8
Br_2	Brom	0	C_2N_2	Dicyan	< 0,3
HBr	Bromwasserstoff	0,79	SiH_4	Monosilan	0
J_2	Jod	0	Si_2H_6	Disilan	0
HJ	Jodwasserstoff	0,38	SiF_4	Siliciumtetrafluorid	0
S	Schwefel	0	$SiCl_4$	Siliciumtetrachlorid	0
H_2S	Schwefelwasserstoff	0,93	$SiHBr_3$	Siliciumbromoform	0,79
SO_2	Schwefeldioxyd	1,60	BCl_3	Bortrichlorid	< 0,2
SF_6	Schwefelhexafluorid	0	$LiClO_4$	Lithiumperchlorat	7,84
SCl_2	Schwefeldichlorid	0,6	Na	Natrium	0
$SOCl_2$	Thionylchlorid	1,58	NaJ	Natriumjodid	4,9
$SO_2(NH_2)_2$	Sulfonamid	3,9	K	Kalium	0
SO_2Cl_2	Sulfurylchlorid	1,86	KCl	Kaliumchlorid	6,3
N_2	Stickstoff	0	KBr	Kaliumbromid	9
NH_3	Ammoniak	1,46	KJ	Kaliumjodid	9,2
N_2H_4	Hydrazin	1,84	$AlBr_3$	Aluminiumbromid	5,2
NF_3	Stickstofftrifluorid	0,24	CsJ	Caesiumjodid	10,2
N_2O	Stickoxydul	0,14	$AlBr_3 \cdot H_2S$	Aluminiumbromid-Schwefelwasserstoff	5,1
NO_2	Stickstoffdioxyd	0,4			
NO	Stickoxyd	0,13	AlJ_3	Aluminiumjodid	2,5
N_2O_4	Stickstofftetroxyd	< 0,4	$TiCl_4$	Titantetrachlorid	0
N_2O_5	Stickstoffpentoxyd	1,39	$TaCl_5$	Tantalpentachlorid	1,2
$H_2N \cdot NO_2$	Nitramin	3,7	$Fe(CO)_5$	Eisenpentacarbonyl	0,7
P	Phosphor	0	$Ni(CO)_4$	Nickeltetracarbonyl	0
PH_3	Phosphorwasserstoff	0,55	OsO_4	Osmiumtetroxyd	0
PCl_3	Phosphortrichlorid	1,1	$AgClO_4$	Silberperchlorat	4,7
PCl_5	Phosphorpentachlorid	0,8	$HgCl_2$	Quecksilberchlorid	0
			$HgBr_2$	Quecksilberbromid	0
PBr_3	Phosphortribromid	0,6	HgJ_2	Quecksilberjodid	0
PJ_3	Phosphortrijodid	0	$SnCl_4$	Zinntetrachlorid	0
AsH_3	Arsenwasserstoff	0,15	$SnBr_4$	Zinntetrabromid	0
As_2O_3	Arsentrioxyd	0,14	SnJ_4	Zinntetrajodid	0
AsF_3	Arsentrifluorid	2,6	GeH_2Cl_2	Dichlormonogerman	2,21

253152 Dipolmomente μ in $dyn^{1/2} \cdot cm^2$ von organischen Stoffen.

Formel	Name	$\mu \cdot 10^{18}$ in $dyn^{1/2} \cdot cm^2$
	C-H-Verbindungen.	
CH_4	Methan	0
C_2H_6	Äthan	0
C_2H_4	Äthylen	0
C_2H_2	Acetylen	0
C_3H_8	Propan	0
C_3H_6	Propylen	0,35
C_4H_{10}	Butan	0
C_4H_{10}	iso-Butan	0
C_4H_8	α-Butylen	0,4
C_4H_8	β-Butylen	0
C_4H_8	iso-Butylen	0,49
C_5H_{12}	Pentan	0
C_5H_{12}	1,1-Dimethylpropan	0
C_5H_{10}	Trimethyläthylen	0,47
C_5H_8	α-Methylbutadien	0,5
C_5H_8	β-Methylbutadien	0
C_5H_8	Cyclopentan	0,97
C_6H_{14}	n-Hexan	0
C_6H_{12}	Cyclohexan	0
C_6H_{10}	1-Dimethylbutadien	0,5
C_6H_{10}	1,2-Dimethylbutadien	0,5
C_6H_{10}	1,3-Dimethylbutadien	0,6
C_6H_{10}	2,4-Dimethylbutadien	0
C_6H_6	Benzol	0,08
C_7H_{16}	n-Heptan	0
C_7H_{16}	2-Methylhexan	0
C_7H_{16}	3-Methylhexan	0
C_7H_{16}	2,2-Dimethylpentan	0
C_7H_{16}	2,3-Dimethylpentan	0
C_7H_{16}	2,4-Dimethylpentan	0
C_7H_{16}	3,3-Dimethylpentan	0
C_7H_{16}	2,2,3-Trimethylbutan	0
C_7H_8	Toluol	0,37
C_8H_{18}	n-Oktan	0
C_8H_{10}	o-Xylol	0,52
C_8H_{10}	m-Xylol	0,36
C_8H_{10}	p-Xylol	0
C_8H_8	Styrol	0
C_9H_{20}	n-Nonan	0
C_9H_{12}	Mesitylen	0
$C_{10}H_{22}$	n-Dekan	0
$C_{10}H_{18}$	cis-Dekalin	0
$C_{10}H_{18}$	trans-Dekalin	0
$C_{10}H_{16}$	Limonen	< 0,5
$C_{10}H_{14}$	p-Cymol	0
$C_{10}H_{12}$	Tetralin	0,41
$C_{10}H_8$	Naphthalin	0
$C_{11}H_{24}$	n-Undekan	0
$C_{12}H_{26}$	n Dodekan	0
$C_{12}H_{10}$	Diphenyl	0
$C_{13}H_{10}$	Fluoren	~0,5
$C_{14}H_{10}$	Tolan	1,1
$C_{19}H_{16}$	Triphenylmethan	< 0,6
$C_5H_8)$	Kautschuk	27...33
	C-H-Hal.-Verbindungen.	
CH_3F	Methylfluorid	1,81
CH_3Cl	Methylchlorid	1,86
CH_3Br	Methylbromid	1,79
CH_3J	Methyljodid	1,60
CH_2Cl_2	Methylenchlorid	1,57
CH_2Br_2	Methylenbromid	1,7
CH_2J_2	Methylenjodid	1,10
$CHCl_3$	Chloroform	1,10
$CHBr_3$	Bromoform	1,1
CHJ_3	Jodoform	0,92
CHF_2Cl	Difluormonochlormethan	1,40
$CHFCl_2$	Monofluordichlormethan	1,29
CF_4	Tetrafluorkohlenstoff	0
CCl_4	Tetrachlorkohlenstoff	0
CF_2Cl_2	Difluordichlormethan	0,51
$CFCl_3$	Monofluortrichlormethan	0,45
$CFBr_3$	Monofluortribrommethan	0
CCl_3Br	Trichlormonobrommethan	0
C_2H_5F	Äthylfluorid	1,92
C_2H_5Cl	Äthylchlorid	2,02
C_2H_3Cl	Vinylchlorid	1,66
C_2H_5Br	Äthylbromid	2,00
C_2H_3Br	Vinylbromid	1,48
C_2H_5J	Äthyljodid	1,87
$C_2H_4Cl_2$	1,1-Dichloräthan	1,99
$C_2H_4Cl_2$	1,2-Dichloräthan	1,40
$C_2H_2Cl_2$	1,1-Dichloräthylen	1,18
$C_2H_2Cl_2$	1,2-cis-Dichloräthylen	1,82
$C_2H_2Cl_2$	1,2-trans-Dichloräthylen	0
$C_2H_4Br_2$	1,1-Dibromäthan	2,12
$C_2H_4Br_2$	1,2-Dibromäthan	1,03
$C_2H_2Br_2$	1,2-cis-Dibromäthylen	1,35
$C_2H_2Br_2$	1,2-trans-Dibromäthylen	0
C_2H_4ClBr	1-Chlor-2-bromäthan	1,03
C_2H_2ClBr	1,2-cis-Chlorbromäthylen	1,55
C_2H_2ClBr	1,2-trans-Chlorbromäthylen	0
$C_2H_4J_2$	1,1-Dijodäthan	2,30
$C_2H_4J_2$	1,2-Dijodäthan	1,3
$C_2H_2J_2$	1,2-cis-Dijodäthylen	0,75
$C_2H_2J_2$	1,2-trans-Dijodäthylen	0
C_2H_2ClJ	1,2-cis-Chlorjodäthylen	1,27
C_2H_2ClJ	1,2-trans-Chlorjodäthylen	0,6
$C_2H_3Cl_3$	1,1,1-Trichloräthan	1,5
$C_2H_3Cl_3$	1,1,2-Trichloräthan	1,55
C_2HCl_3	Trichloräthylen	0,94
$C_2H_2Cl_4$	1,1,1,2-Tetrachloräthan	1,2
$C_2H_2Cl_4$	1,1,2,2-Tetrachloräthan	1,90
C_2Cl_4	Perchloräthylen	0
C_2HCl_5	Pentachloräthan	1,0
C_2Cl_6	Hexachloräthan	0
C_3H_7Cl	n-Propylchlorid	2,03
C_3H_7Cl	iso-Propylchlorid	2,1
C_3H_5Cl	Allylchlorid	1,99
C_3H_7Br	n-Propylbromid	2,03
C_3H_7Br	iso-Propylbromid	2,11
C_3H_5Br	Allylbromid	1,87
$C_3H_6Cl_2$	1,1-Dichlorpropan	2,06
$C_3H_6Cl_2$	1,2-Dichlorpropan	1,85
$C_3H_6Cl_2$	1,3-Dichlorpropan	2,16
$C_3H_6Cl_2$	2,2-Dichlorpropan	2,18
$C_3H_6Br_2$	1,3-Dibrompropan	2,08
C_6H_5F	Fluorbenzol	1,50
C_6H_5Cl	Chlorbenzol	1,69

253152 (Fortsetzung).

Formel	Name	$\mu \cdot 10^{18}$ in $dyn^{1/2} \cdot cm^2$
C_6H_5Br	Brombenzol	1,52
C_6H_5J	Jodbenzol	1,31
$C_6H_4F_2$	o-Difluorbenzol	2,38
$C_6H_4Cl_2$	o-Dichlorbenzol	2,26
$C_6H_4Cl_2$	m-Dichlorbenzol	1,48
$C_6H_4Cl_2$	p-Dichlorbenzol	0
$C_6H_4Br_2$	o-Dibrombenzol	2,00
$C_6H_4Br_2$	m-Dibrombenzol	1,50
$C_6H_4Br_2$	p-Dibrombenzol	0
$C_6H_4J_2$	o-Dijodbenzol	1,69
$C_6H_4J_2$	m-Dijodbenzol	1,27
$C_6H_4J_2$	p-Dijodbenzol	0
$C_6H_3Cl_3$	1,2,4-Trichlorbenzol	1,25
$C_6H_3Cl_3$	1,3,5-Trichlorbenzol	0
$C_6H_3Br_3$	1,3,5-Tribrombenzol	0
$C_6H_3J_3$	1,3,5-Trijodbenzol	0
$C_6H_2Cl_4$	1,2,4,6-Tetrachlorbenzol	0,65
$C_6H_2Br_4$	1,2,4,6-Tetrabrombenzol	0,7
C_6Cl_6	Hexachlorbenzol	0
C_7H_7Cl	o-Chlortoluol	1,35
C_7H_7Cl	m-Chlortoluol	1,78
C_7H_7Cl	p-Chlortoluol	1,90
C_7H_7Cl	Benzylchlorid	1,85
$C_7H_6Cl_2$	Benzalchlorid	2,04
$C_7H_5Cl_3$	Benzotrichlorid	2,11
$C_{10}H_7F$	1-Fluornaphthalin	1,42
$C_{10}H_7Cl$	1-Chlornaphthalin	1,54
$C_{10}H_7Cl$	2-Chlornaphthalin	1,65
$C_{10}H_6Cl_2$	1,2-Dichlornaphthalin	2,47
$C_{10}H_6Cl_2$	1,3-Dichlornaphthalin	1,80
$C_{10}H_6Cl_2$	1,4-Dichlornaphthalin	0
$C_{10}H_6Cl_2$	1,5-Dichlornaphthalin	0
$C_{10}H_6Cl_2$	1,6-Dichlornaphthalin	1,42
$C_{10}H_6Cl_2$	1,7-Dichlornaphthalin	2,55
$C_{10}H_6Cl_2$	1,8-Dichlornaphthalin	2,80
$C_{10}H_6Cl_2$	2,6-Dichlornaphthalin	0
$C_{10}H_6Cl_2$	2,7-Dichlornaphthalin	1,53
$C_{13}H_9Cl$	Chlorfluoren	1,76

C-H-O-Verbindungen.

Formel	Name	$\mu \cdot 10^{18}$ in $dyn^{1/2} \cdot cm$
CH_4O	Methylalkohol	1,68
CH_2O_2	Ameisensäure	1,5...2,1
C_2H_6O	Äthylalkohol	1,70
C_2H_6O	Dimethyläther	1,30
C_2H_4O	Acetaldehyd	2.55
C_2H_4O	Äthylenoxyd	1,88
$C_2H_6O_2$	1,2-Äthylenglykol	1,6.. 2,2
$C_2H_4O_2$	Essigsäure	1,73
C_3H_8O	n-Propylalkohol	1,66
C_3H_8O	iso-Propylalkohol	1,64
C_3H_6O	Propionaldehyd	2,1
C_3H_6O	Aceton	2,80
C_3H_6O	Propylenoxyd	1,88
C_3H_6O	Trimethylenoxyd	2,01
$C_3H_6O_2$	Propionsäure	1,69
$C_3H_6O_2$	Ameisensäure-Äthylester	1,92
$C_3H_6O_2$	Essigsäure-Methylester	1,47
$C_4H_{10}O$	n-Butylalkohol	1,72
$C_4H_{10}O$	iso-Butylalkohol	1,58
$C_4H_{10}O$	3-Butylalkohol	1,67
$C_4H_{10}O$	Crotonaldehyd	3,54
$C_4H_{10}O$	Diäthyläther	1,15
C_4H_4O	Furan	0.7
$C_4H_8O_2$	Buttersäure	0,93
$C_4H_8O_2$	Ameisensäure-n-Propylester	1,89
$C_4H_8O_2$	Essigsäure-Äthylester	1,81
$C_4H_8O_2$	Propionsäure-Methylester	1,72
$C_4H_8O_2$	1,4-Dioxan	0
$C_4H_6O_3$	Essigsäureanhydrid	2,8
$C_5H_{12}O$	1-Amylalkohol	1,63
$C_5H_{12}O$	2-Amylalkohol	1,66
$C_5H_{12}O$	3-Amylalkohol	1,64
$C_5H_{12}O$	iso-Amylalkohol	1,85
$C_5H_{12}O$	Dimethyläthyl-Carbinol	1,66
C_5H_8O	Cyclopentanon	3,00
$C_5H_{10}O_2$	Isovaleriansäure	0,89
$C_5H_{10}O_2$	Ameisensäure-Butylester	1,8
$C_5H_{10}O_2$	Ameisensäure-iso-Butylester	1,88
$C_5H_{10}O_2$	Essigsäure-n-Propylester	1,78
$C_5H_{10}O_2$	Essigsäure-iso-Propylester	1,85
$C_5H_{10}O_2$	Propionsäure-Äthylester	1,74
$C_5H_{10}O_2$	Buttersäure-Methylester	1,71
$C_5H_8O_2$	Acetylaceton	2,9
$C_5H_4O_2$	Furfurol	3,57
$C_5H_{12}O_4$	Pentaerythrit	~2
$C_5H_{12}O_4$	Orthokohlensäure-tetramethylester	< 0,4
$C_6H_{14}O$	n-Hexylalkohol	1,69
$C_6H_{12}O$	Methyl-n-butylketon	2,70
$C_6H_{12}O$	Methyl-tertiär-butylketon	2,79
$C_6H_{12}O$	Cyclohexanol	1,9
$C_6H_{10}O$	Cyclohexanon	2,9
$C_6H_{10}O$	Mesityloxyd	2,80
C_6H_6O	Phenol	1,56
$C_6H_{12}O_2$	Ameisensäure-n-Amylester	1,96
$C_6H_{12}O_2$	Essigsäure-n-Butylester	1,87
$C_6H_{12}O_2$	Essigsäure-iso-Butylester	1,86
$C_6H_{12}O_2$	Essigsäure-tertiär-Butylester	1,91
$C_6H_{12}O_2$	Propionsäure-Propylester	1,80
$C_6H_{12}O_2$	n-Buttersäure-Äthylester	1,74
$C_6H_{12}O_2$	Valeriansäure-Methylester	1,61
$C_6H_6O_2$	Brenzkatechin	2,16
$C_6H_6O_2$	Hydrochinon	2,47
$C_6H_4O_2$	Chinon	0
$C_6H_{12}O_3$	Paraldehyd	2,02
$C_6H_{10}O_3$	Acetessigsäure-Äthylester	2,93
$C_6H_{10}O_4$	Oxalsäurediäthylester	2,51
$C_7H_{14}O$	2-Methylcyclohexanol	1,95
$C_7H_{14}O$	3-Methylcyclohexanol	1,9
$C_7H_{14}O$	4-Methylcyclohexanol	1,87
$C_7H_{12}O$	Cycloheptanon	2,98
C_7H_8O	o-Kresol	1,41
C_7H_8O	m-Kresol	1,54
C_7H_8O	p-Kresol	1,57
C_7H_8O	Benzylalkohol	1,68
C_7H_8O	Anisol	1,23

253152 (Fortsetzung).

Formel	Name	$\mu \cdot 10^{18}$ in $dyn^{1/2} \cdot cm^2$
C_7H_6O	Benzaldehyd	2,75
$C_7H_6O_2$	Benzoesäure	0,6...1,0
C_8H_8O	Acetophenon	2,90
$C_8H_{10}O_2$	Resorcin-Dimethyläther	1,59
$C_8H_{10}O_2$	Hydrochinon-Dimethyläther	1,71
$C_8H_{14}O_4$	Bernsteinsäure-Diäthylester	2,14
$C_8H_{12}O_4$	Maleinsäure-Diäthylester	2,55
$C_8H_{12}O_4$	Fumarsäure-Diäthylester	2,39
$C_8H_{14}O_6$	d,l-Weinsäure-Diäthylester, rac.	3,12
$C_8H_{14}O_6$	Meso-Weinsäure-Diäthylester	2,90
$C_9H_{14}O$	Phoron	2,38
C_9H_8O	Zimtaldehyd	3,63
$C_9H_{10}O_2$	Benzoesäure-äthylester	1,83
$C_9H_{10}O_2$	Essigsäure-o-Kresylester	1,72
$C_9H_{10}O_2$	Essigsäure-m-Kresylester	1,64
$C_9H_{10}O_2$	Essigsäure-p-Kresylester	1,57
$C_9H_{10}O_2$	Essigsäure-benzylester	1,80
$C_9H_8O_2$	Zimtsäure	1,78
$C_9H_{20}O_4$	Orthokohlensäure-Tetraäthylester	1,1
$C_{10}H_{20}O$	l-Menthol	1,62
$C_{10}H_{18}O$	Menthon	2,85
$C_{10}H_{18}O$	l-Borneol	1,56
$C_{10}H_{16}O$	Campher	2,95
$C_{10}H_{16}O$	Fen hon	2,92
$C_{10}H_{16}O$	Pulegon	2,95
$C_{10}H_8O$	α-Naphthol	1,0
$C_{10}H_8O$	β-Naphthol	1,3
$C_{10}H_{14}O_2$	Brenzkatechin-diäthyläther	1,37
$C_{10}H_{14}O_2$	Resorcin-diäthyläther	1,70
$C_{10}H_{14}O_2$	Hydrochinon-diäthyläther	1,73
$C_{10}H_{10}O_4$	o-Phthalsäure-Dimethylester	2,5
$C_{10}H_{10}O_4$	p-Phthalsäure-Dimethylester	2,2
$C_{12}H_{10}O$	Diphenyläther	1,14
$C_{12}H_8O$	Diphenylenoxyd	0,88
$C_{12}H_{22}O_2$	Essigsäure-Menthylester	1,83
$C_{12}H_{14}O_4$	o-Phthalsäure-Diäthylester	2,6
$C_{12}H_{14}O_4$	p-Phthalsäure-Diäthylester	2,3
$C_{12}H_{22}O_{11}$	Saccharose	3,1
$C_{13}H_{10}O$	Benzophenon	2,99
$C_{13}H_8O$	Fluoranon	3,3
$C_{13}H_{10}O_3$	Phenylsalicylat (Salol)	3,15
$C_{14}H_{14}O$	Dibenzyläther	1,38
$C_{14}H_{12}O$	Stilbenoxyd	1,73
$C_{14}H_{28}O_2$	Myristinsäure	0,76
$C_{14}H_{12}O_2$	Benzoin	3,50
$C_{14}H_{10}O_2$	Benzil	3,2...3,7
$C_{15}H_{14}O$	Dibenzylketon	2,65
$C_{15}H_{14}O_3$	pp'-Dianisylketon	3,89
$C_{18}H_{36}O_2$	Stearinsäure	1,74

C-H-Hal.-O-Verbindungen.

Formel	Name	$\mu \cdot 10^{18}$ in $dyn^{1/2} \cdot cm^2$
CCl_2O	Phosgen	1,18
C_2H_5ClO	Äthylenchlorhydrin	1,88
C_2H_5ClO	Chlormethyläther	1,82...1,85
C_2H_3ClO	Acetylchlorid	2,68
C_2H_3BrO	Acetylbromid	2,43
C_3H_5ClO	Chloraceton	2,15
C_3H_5ClO	Epichlorhydrin	1,8
C_3H_5BrO	Bromaceton	2,38
C_6H_5ClO	o-Chlorphenol	1,3
C_6H_5ClO	m-Chlorphenol	2,10
C_6H_5ClO	p-Chlorphenol	2,22
C_6H_5BrO	o-Bromphenol	1,36
C_6H_5BrO	p-Bromphenol	2,12
$C_6H_3Cl_3O$	2,4,6-Trichlorphenol	1,62
$C_6H_3Br_3O$	2,4,6-Tribromphenol	1,56
C_7H_5ClO	Benzoylchlorid	3,33
C_7H_5BrO	Benzoylbromid	3,37

C-H-N-Verbindungen.

Formel	Name	$\mu \cdot 10^{18}$ in $dyn^{1/2} \cdot cm^2$
CH_5N	Methylamin	1,28
CH_6N_2	Methylhydrazin	1,68
CH_2N_2	Cyanamid	3,8
C_2H_7N	Äthylamin	1,2
C_2H_7N	Dimethylamin	1,04
C_2H_3N	Acetonitril	3,4
$C_2H_8N_2$	Äthylendiamin	1,94
C_3H_9N	Trimethylamin	0,61
C_3H_5N	Propionitril	3,6
C_4H_5N	Pyrrol	1,80
C_5H_7N	N-Methylpyrrol	1,94
C_5H_5N	Pyridin	2,23
$C_6H_{13}N$	N-Methylpiperidin	0,91
C_6H_7N	Anilin	1,53
C_6H_7N	α-Methylpyridin	1,72
C_6H_7N	β-Methylpyridin	2,30
$C_6H_8N_2$	o-Diaminobenzol	1,44
$C_6H_8N_2$	m-Diaminobenzol	1,79
$C_6H_8N_2$	p-Diaminobenzol	1,55
$C_6H_8N_2$	Phenylhydrazin	1,7
C_7H_9N	o-Toluidin	1,57
C_7H_9N	m-Toluidin	1,43
C_7H_9N	p-Toluidin	1,27
C_7H_9N	Methylanilin	1,64
C_7H_5N	Benzonitril	4,10
$C_8H_{11}N$	Äthylanilin	1,68
$C_8H_{11}N$	Dimethylanilin	1,58
$C_8H_{11}N$	Collidin	1,93
C_8H_7N	Indol	2,05
C_8H_7N	Benzylcyanid	3,50
C_9H_7N	Chinolin	2,16
C_9H_7N	Isochinolin	2,55
$C_{12}H_{12}N_2$	Hydrazobenzol	1,6
$C_{12}H_{12}N_2$	N, N'-Diphenyl-hydrazin	1,87
$C_{12}H_{11}N$	Diphenylamin	1,3
$C_{12}H_{10}N_2$	Azobenzol	0
$C_{13}H_9N$	Acridin	1,95
$C_{18}H_{15}N$	Triphenylamin	0,26

C-H-Hal.-N-Verbindungen.

Formel	Name	$\mu \cdot 10^{18}$ in $dyn^{1/2} \cdot cm^2$
C_6H_6ClN	o-Chloranilin	1,80
C_6H_6ClN	m-Chloranilin	2,79
C_6H_6ClN	p-Chloranilin	2,97
$C_6H_5Cl_2N$	p-Dichloranilin	1,68
$C_8H_{10}ClN$	p-Chlordimethylanilin	3,29
$C_8H_{10}BrN$	p-Bromdimethylanilin	3,37

253152 (Fortsetzung).

Formel	Name	$\mu \cdot 10^{18}$ in dyn$^{1/2}\cdot$cm^2
	C-H-O-N-Verbindungen.	
CH_3ON	Formamid	3,22
CH_3O_2N	Nitromethan	3,54
CH_3O_3N	Methylnitrat	2,85
CO_8N_4	Tetranitromethan	< 0,2
C_2H_5ON	Acetamid	3,6
$C_2H_5O_2N$	Nitroäthan	3,2
$C_2H_5O_2N$	Äthylnitrit	2,29
$C_2H_5O_3N$	Äthylnitrat	2,97
$C_3H_7O_2N$	n-Propylnitrit	2,28
$C_3H_7O_3N$	n-Propylnitrat	2,98
$C_4H_6O_2N_2$	Äthyldiazoessigester	2,03
$C_5H_{11}O_2N$	n-Amylnitrit	2,27
$C_5H_8O_{12}N_4$	Pentaerythrit-tetranitrat	2
C_7H_9ON	o-Anisidin	1,48
C_7H_9ON	p-Anisidin	1,85
C_6H_7ON	m-Aminophenol	1,83
$C_6H_5O_2N$	Nitrobenzol	3,95
$C_6H_5O_3N$	o-Nitrophenol	3,10
$C_6H_5O_3N$	m-Nitrophenol	3,90
$C_6H_5O_3N$	p-Nitrophenol	5,02
$C_6H_6O_2N_2$	o-Nitroanilin	4,35
$C_6H_6O_2N_2$	m-Nitroanilin	4,85
$C_6H_6O_2N_2$	p-Nitroanilin	6,2
$C_6H_4O_4N_2$	o-Dinitrobenzol	6,00
$C_6H_4O_4N_2$	m-Dinitrobenzol	3,77
$C_6H_4O_4N_2$	p-Dinitrobenzol	0
$C_6H_3O_6N_3$	1,3,5-Trinitrobenzol	< 0,9
C_7H_7ON	Benzamid	3,6
C_7H_5ON	Phenylisocyanat	2,28
$C_7H_7O_2N$	o-Nitrotoluol	3,66
$C_7H_7O_2N$	m-Nitrotoluol	4,17
$C_7H_7O_2N$	p-Nitrotoluol	4,44
$C_7H_7O_3N$	o-Nitranisol	4,82
$C_7H_7O_3N$	m-Nitranisol	3,86
$C_7H_7O_3N$	p-Nitranisol	4,75
$C_7H_5O_3N$	m-Nitrobenzaldehyd	3,28
$C_7H_5O_3N$	p-Nitrobenzaldehyd	2,4
$C_7H_5O_4N$	p-Nitrobenzoesäure	3,5
$C_8H_{10}ON_2$	p-Nitrodimethyl-anilin	6,90
$C_{10}H_7O_2N$	1-Nitronaphthalin	3,7
$C_{10}H_7O_2N$	1-Nitroso-β-naphthol	4,39
$C_{12}H_9O_2N$	o-Nitrodiphenyl	3,79
$C_{12}H_9O_2N$	m-Nitrodiphenyl	3,90
$C_{12}H_9O_2N$	p-Nitrodiphenyl	4,28
$C_{12}H_{10}ON_2$	Nitrosodiphenylamin	3,39
$C_{12}H_{10}ON_2$	Azoxybenzol cis (iso)	4,68
$C_{12}H_{10}ON_2$	Azoxybenzol trans	1,71
$C_{13}H_{12}ON_2$	s-Diphenylharnstoff	4,6
$C_{14}H_{14}ON_2$	o, o'-Azoxytoluol cis (iso)	4,37
$C_{14}H_{14}ON_2$	o, o'-Azoxytoluol trans	1,73
$C_{14}H_{14}ON_2$	p, p'-Azoxytoluol cis (iso)	5,06
$C_{14}H_{14}ON_2$	p, p'-Azoxytoluol trans	1,74
	C-H-Hal.-O-N-Verbindungen.	
CCl_3O_2N	Mononitrotri-chlormethan	1,88
$C_6H_4FO_2N$	p-Fluornitrobenzol	2,63
$C_6H_4ClO_2N$	o-Chlornitrobenzol	4,33
$C_6H_4ClO_2N$	p-Chlornitrobenzol	2,57
$C_6H_4ClO_2N$	m-Chlornitrobenzol	3,40
$C_6H_4BrO_2N$	o-Bromnitrobenzol	4,20
$C_6H_4BrO_2N$	m-Bromnitrobenzol	3,41
$C_6H_4BrO_2N$	p-Bromnitrobenzol	2,65
$C_6H_4JO_2N$	o-Jodnitrobenzol	3,92
$C_6H_4JO_2N$	m-Jodnitrobenzol	3,43
$C_6H_4JO_2N$	p-Jodnitrobenzol	3,05
	Schwefelverbindungen.	
C_2H_6S	Äthylmercaptan	1,39
$C_4H_{10}S$	Äthylsulfid	1,58
C_4H_4S	Thiophen	0,63
C_6H_6S	Thiophenol	1,33
$C_{12}H_{10}S$	Diphenylsulfid	1,51
$C_{12}H_{10}S_2$	Diphenyldisulfid	1,81
C_2H_3SN	Methylthiocyanat	3,56
C_2H_3SN	Methylisothiocyanat	3,18
C_3H_5SN	Äthylthiocyanat	3,64
C_3H_5SN	Äthylisothiocyanat	3,31
$C_5H_{12}SN_2$	o-Diäthylthioharn-stoff	4,9
C_7H_5SN	Phenylsenföl	3,00
$C_{13}H_{12}SN_2$	o-Diphenylthio-harnstoff	4,85
	Weitere Verbindungen.	
$C_{12}H_{10}Se$	Diphenylselenid	1,38
$C_{12}H_{10}Te$	Diphenyltellurid	1,13
$C_{18}H_{15}As$	Triphenylarsin	1,07
$C_4H_{10}OCl_3B$	$BCl_3 \cdot (C_2H_5)_2O$	6,04
$C_4H_{10}OCl_3Al$	$AlCl_3 \cdot (C_2H_5)_2O$	6,68
$C_4H_{10}OBr_3Al$	$AlBr_3 \cdot (C_2H_5)_2O$	6,59
$C_{12}H_{10}Hg$	Diphenylquecksilber	0
$C_8H_{20}Sn$	Zinntetraäthyl	< 0,3
$C_4H_{10}OCl_4Sn$	$SnCl_4 \cdot (C_2H_5)_2O$	3,60
$C_{16}H_{16}O_2Cl_4Sn$	$SnCl_4 \cdot 2CH_3COC_6H_5$	8,7

25316 Dipolmomente aktiver Gruppen.

Formel	Stoff	$\mu \cdot 10^{18}$ in dyn$^{1/2}\cdot$cm^2
C_2H_5Cl	Äthylchlorid	2,02
C_2H_5Br	Äthylbromid	2,00
C_2H_5J	Äthyljodid	1,87
C_2H_5OH	Äthylalkohol	1,7
CH_3CO	Acetaldehyd	2,55
C_2H_5COOH	Propionsäure	1,69
C_2H_5CO	Methyläthylketon	2,79
$HCOOC_2H_5$	Ameisensäure-äthylester	1,93
$H_3COOC_2H_5$	Essigsäure-äthylester	1,81
C_6H_5OH	Phenol	1,56
C_6H_5CHO	Benzaldehyd	2,75
C_6H_5COOH	Benzoesäure	0,6
C_6H_5CO	Acetophenon	2,90
$C_6H_5COOCH_3$	Benzoesäure-methylester	1,8
C_2H_5SH	Mercaptan	1,39
$(C_2H_5)_2S$	Äthylsulfid	1,6
$C_2H_5NH_2$	Äthylamin	1,2
$C_6H_5NH_2$	Anilin	1,5
$C_2H_5NO_2$	Nitroäthan	3,2
$C_6H_5NO_2$	Nitrobenzol	3,95

2532 Relaxationszeit von Dipolmolekülen in Flüssigkeiten.

Von **Karl Birus**, Berlin.

Auch ein vollkommen frei drehbares Dipolmolekül könnte sich nur bei der Temperatur $T = 0^0$ K beliebig schnell und genau in die Richtung eines äußeren elektrischen Feldes einstellen bzw. den Schwingungen dieses Feldes bei beliebiger Frequenz ungehindert folgen. Bei höherer Temperatur ist es dem Einfluß der Wärmebewegung, d. h. den Stößen der Nachbarmoleküle, ausgesetzt, durch die es mit gleicher Wahrscheinlichkeit in jeden beliebigen Raumwinkel gedreht wird; die Feldrichtung ist dann nur noch die Vorzugsrichtung für die Orientierung der Dipolachse. Die Orientierungspolarisation ($\sim 1/T$) mißt den Mittelwert dieser bevorzugten Einstellung in die Feldrichtung; sie behält jedoch nur bei genügend kleiner Frequenz der Feldschwingungen den für statische Felder charakteristischen Wert; raschen Feldwechseln vermag die Orientierung der Dipolachsen nicht mehr trägheitsfrei zu folgen, so daß bei hohen Frequenzen „anomale Dispersion" der Polarisation und Dielektrizitätskonstanten und Absorptionserscheinungen auftreten (Debye). Die absorbierte Energie wird dabei dem äußeren elektrischen Wechselfeld entzogen und in Reibungswärme umgesetzt. Die ganze Erscheinung läßt sich durch eine Absorptionsfrequenz kennzeichnen bzw. durch Einführung einer Relaxationszeit τ beschreiben, die — nach der einfachen Debyeschen Theorie — der mittleren Reibungskraft der umgebenden Flüssigkeitsmoleküle (Zähigkeit η) und dem Volumen des schematisch als Kugel vom Radius a betrachteten Dipolmoleküls direkt und der Temperatur umgekehrt proportional ist:

$$\tau = 4\pi \frac{\eta a^3}{kT}. \tag{1}$$

Die Relaxationszeit ist zugleich diejenige Zeit, innerhalb der die z. B. von einem statischen Feld herrührende Ordnung der Dipolmoleküle nach Abschalten dieses Feldes auf den e-ten Teil abgedämpft ist.

Die mittlere Polarisierbarkeit bei der Frequenz ω des äußeren Feldes ist:

$$\gamma = \gamma' + \frac{1}{1 + i\omega\tau} \frac{\mu^2}{3kT\, 4\pi\varepsilon_0} \tag{2}$$

(γ' = Anteil der Deformations-Polarisation, μ = Dipolmoment).

Darin, daß dieser Wert komplex ist, kommt zum Ausdruck, daß außer Dispersion auch Absorption auftritt, da man nun an Stelle eines reellen Brechungsindexes $n = \sqrt{\varepsilon}$ die komplexe Größe $n \equiv n'(1 - i\varkappa)$ mit dem „Absorptionskonstante" $\varkappa$ einführen muß (Abb. 25321).

Definieren wir, indem wir an der Clausius-Mossottischen Form des inneren Feldes festhalten, an Stelle von ε außer der „statischen Dielektrizitätskonstante" ε_0, — für Frequenzen des äußeren elektrischen (Wechsel-) Feldes, denen die molekularen Dipole in ihrer Einstellung nicht mehr zu folgen vermögen, bei denen sich aber doch noch keine ultraroten oder optischen Eigenschwingungen der Moleküle bemerkbar machen — eine „Hochfrequenz-Dielektrizitätskonstante" ε_∞, so ergibt sich für die Frequenzabhängigkeit der Molekularpolarisation folgender Ausdruck:

$$\left.\begin{aligned} P &= \frac{4\pi}{3} N\gamma = \frac{4}{3}\pi N \left(\gamma' + \frac{1}{1 + i\omega\tau} \frac{\mu^2}{3kT}\right) = \frac{M}{\varrho} \frac{\varepsilon - 1}{\varepsilon + 2} \\ &= \frac{M}{\varrho}\left[\frac{\varepsilon_\infty - 1}{\varepsilon_\infty + 2} + \frac{1}{1 + i\omega\tau}\left(\frac{\varepsilon_0 - 1}{\varepsilon_0 + 2} - \frac{\varepsilon_\infty - 1}{\varepsilon_\infty + 2}\right)\right] = \frac{M}{\varrho} \frac{n^2 - 1}{n^2 + 2} \end{aligned}\right\} \tag{3}$$

(M = Molekulargewicht; N = Loschmidtsche Zahl; ϱ = Dichte).

25321 stellt den hieraus für $\varepsilon_0 = 57$ und $\varepsilon_\infty = 2$ berechneten Verlauf von $n' = \sqrt{\varepsilon}/(1 - i\varkappa)$, $n'\varkappa$ und $\varkappa$ dar. $\varkappa$ erreicht bei der Frequenz

$$\omega_{\max} = \frac{\varepsilon_\infty + 2}{\varepsilon_0 + 2} \sqrt{\frac{\varepsilon_0}{\varepsilon_\infty}} \cdot \frac{1}{\tau} \tag{4}$$

ein Maximum vom Betrage

$$\varkappa_{\max} = \frac{\sqrt{\varepsilon_0} - \sqrt{\varepsilon_\infty}}{\sqrt{\varepsilon_0} + \sqrt{\varepsilon_\infty}}. \tag{5}$$

An dieser Stelle der Frequenzskala hat der Realteil des Brechungsindex n den Wert

$$n' = \sqrt{\frac{1}{2}\,\frac{\sqrt{\varepsilon_0\cdot\varepsilon_\infty}}{\varepsilon_0+\varepsilon_\infty}\left(\sqrt{\varepsilon_0}+\sqrt{\varepsilon_\infty}\right)^2}\,. \tag{6}$$

25321 Anomale Dispersion und Absorption in einer Dipolflüssigkeit (Relaxationszeit τ); theoretischer Verlauf.

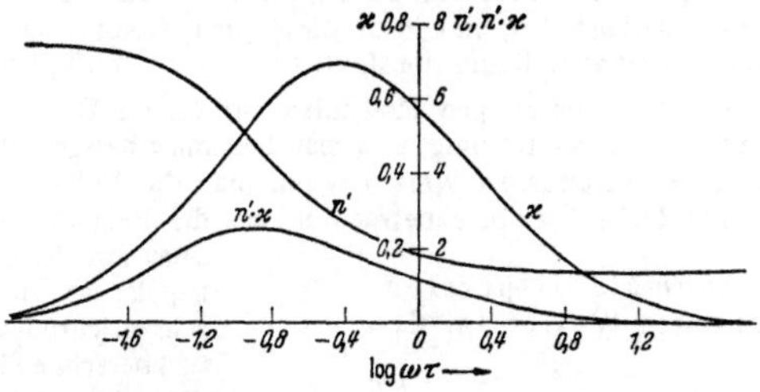

Man kann jedoch, statt einen komplexen Brechungsindex einzuführen, auch die komplexe Dielektrizitätskonstante ε in Real- und Imaginärteil zerlegen:

$$\varepsilon \equiv \varepsilon' + i\,\varepsilon''. \tag{7}$$

ε' ist dann die eigentliche, experimentell beobachtbare Dielektrizitätskonstante:

$$\varepsilon' = n'^2\,(1-\varkappa^2). \tag{8}$$

25322 Anomale Dispersion von Propylalkohol bei -40 bis $+20^0$ C (D.K. in Abhängigkeit von der Frequenz gemessen).

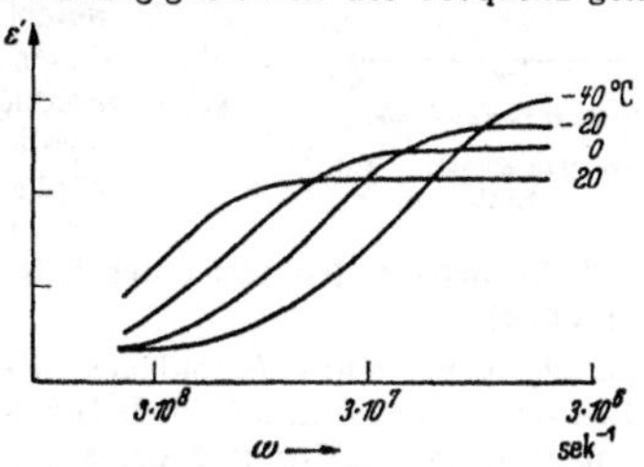

Die „Absorption" in einem äußeren elektrischen Wechselfelde mißt man durch den Phasenwinkel zwischen Spannungs- und Strommaximum der elektrischen Schwingungen (Verlustwinkel) $\operatorname{tg}\varphi = \frac{\varepsilon''}{\varepsilon'}$.

25323 Temperaturabhängigkeit von Dielektrizitätskonstante (ε') und Absorption elektrischer Wellen ($\varkappa$) bei bestimmter Frequenz (Iso-Propylalkohol).

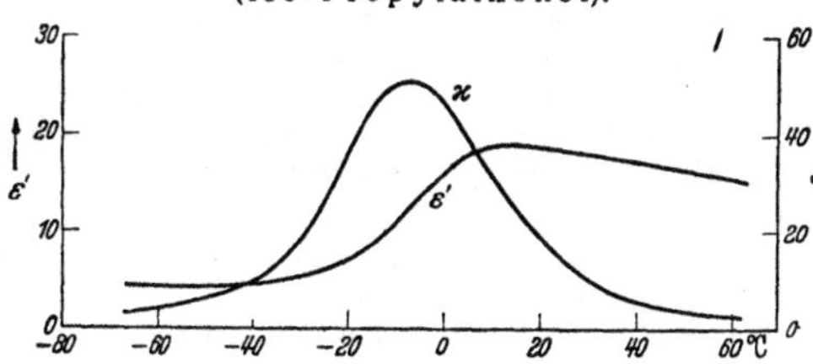

Wie aus (1) hervorgeht, ist die Relaxationszeit der Zähigkeit proportional. Mit zunehmender Temperatur, d. h. abnehmender Zähigkeit, verschiebt sich daher die Absorptionsstelle ($\sim 1/\tau$) nach höheren Frequenzen (25322). 25323 zeigt hierzu die Ergebnisse einer Messung von Dispersion und Absorption in Abhängigkeit von der Temperatur bei konstanter Frequenz.

Man bestimmt die Relaxationszeit von Dipolmolekülen gewöhnlich durch Absorption elektrischer Wellen von merklich kleinerer Frequenz, als der Absorptionsstelle $1/\tau$ entspricht, an verdünnten Lösungen dieser Moleküle in unpolaren Lösungsmitteln, und findet dabei im allgemeinen Werte, die der normalen Zähigkeit des Lösungsmittels proportional sind; um die Absolutwerte der Relaxationszeit durch Formel (1) richtig darzustellen, hat man diese „makroskopische Zähigkeit" mit einem angenähert konstanten Reduktionsfaktor ($\sim 1/2$) zu multiplizieren.

Die Annahme von kugelförmigen Molekülen mit festem Dipol ist aber im allgemeinen eine zu grobe Vereinfachung, und man bekommt bessere Übereinstimmung mit den experimentell gefundenen Werten, wenn man die Moleküle stattdessen als Ellipsoide mit Hauptachsen a, b, c betrachtet und die Relaxationszeit, mit Hilfe eines aus der Orientierung der Dipolachse zu diesen Hauptachsenrichtungen theoretisch zu berechnenden Faktors f (Perrin), zu

$$\tau = \frac{4\pi\eta' \cdot f \cdot a\,b\,c}{k\,T} \qquad (9)$$

annimmt. Streng genommen hätte man dann zwar mit drei verschiedenen, den 3 Komponenten des Dipolmomentes entsprechenden Relaxationszeiten zu rechnen, jedoch spielt dieser Effekt bei ausreichendem Frequenzabstand von der Absorptionsstelle keine Rolle mehr. 25325 gibt einen Vergleich der in diesem Frequenzgebiet gemessenen und der nach (6) berechneten Werte der Relaxationszeit verschiedener Dipolmoleküle (nach Fischer).

25324 Anomale Dispersion elektrischer Wellen im Eis.

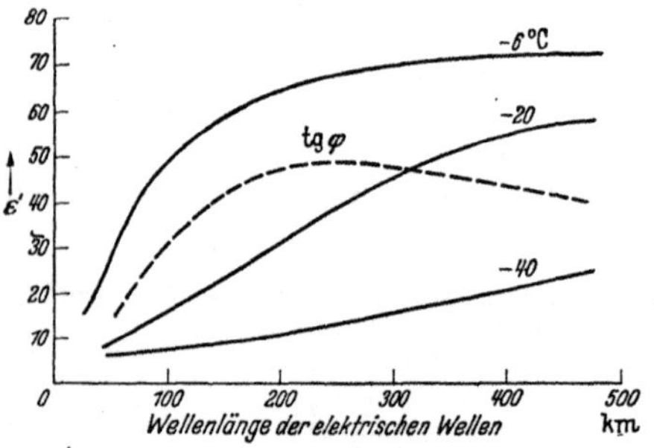

--- Verlustwinkel (tg φ) bei —40° C in willkürlichen Einheiten.

In konzentrierten Lösungen und reinen Dipolflüssigkeiten wird die Relaxationszeit ebenso wie die Orientierungspolarisation durch Dipol-Dipol-Wechselwirkungen und andere durch die quasikrystalline Struktur der Flüssigkeiten bedingte Richtkräfte (Debyesche Rotationsbehinderung) beträchtlich herabgesetzt.

Auch in festen Körpern sind Dipolrotationen und dementsprechend kritische Frequenzen bzw. Relaxationseffekte beobachtet worden, so z. B. an festen Lösungen polarer Kettenmoleküle in Paraffinwachs und vor allem an Eis (25324). Für Eis ergab sich die Relaxationszeit zu $\tau \sim 2 \cdot 10^{-6}$ s bei -2^0 C. Besonders interessante Erscheinungen beobachtet man an Seignettesalzkrystallen ($NaKC_4H_4O_6 + 4\,H_2O$), deren in Richtung der Krystallachse ungewöhnliche hohe Dielektrizitätskonstante ($\varepsilon \sim 1000$) sich wie die Permeabilität von ferromagnetischen Stoffen verhält, indem sie schon bei einigen 100 V/cm dielektrische Sättigung und Remanenz (Hysteresisschleife) zeigen und bei 24^0 C einen Curie-Punkt haben. An Mischkrystallen mit K-Tartrat sind bei -190^0 C Relaxationszeiten der Größenordnung 1 min beobachtet worden („Umklappen", entsprechend den Barkhausen-Sprüngen beim Ferromagnetismus).

Relaxationserscheinungen spielen außerdem unter anderem bei der magnetischen Hysteresis, bei Nachladungserscheinungen von festen Dielektriken und bei der Leitfähigkeit starker Elektrolyte („Relaxationseffekt" in der Neubildung einer entgegengesetzt geladenen Ionenatmosphäre um ein in Feldrichtung wanderndes Ion) eine Rolle.

25325 Relaxationszeit.

	$\mu \cdot 10^{18}$ in dyn½ cm²	$\tau \cdot 10^{11}$ gemessen	$\tau \cdot 10^{11}$ berechnet nach (1) und auf o-Dichlorbenzol bezogen	
Monochlorbenzol	1,69	1,26	1,78	
o-Dichlorbenzol	2,26	1,65	1,65	
Nitrochlorbenzol	3,95	1,20	1,57	
1-Chlornaphthalin	1,65	2,60	2,56	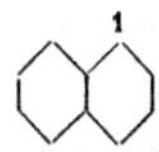
1-Chloranthrachinon	1,53	3,04	3,64	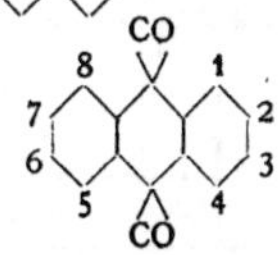
2-Chloranthrachinon	1,70	3,98	4,90	
2,3-Dichloranthrachinon	2,82	7,59	5,32	
1,8-Dichloranthrachinon	2,52	5,20	3,64	
p-Chlordiphenyl	1,53	9,00		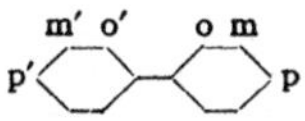
m-Chlordiphenyl	1,72	3,96		
o-Chlordiphenyl	1,34	4,25		
mm'-Dichlordiphenyl	1,68	3,94		
oo'-Dichlordiphenyl	1,75	4,68		
Aceton	2,8	0,52	0,62	CH_3COCH_3
Diäthylketon	2,74	0,74	0,88	$CH_3CH_2COCH_2CH_3$
Di-n-Propylketon		0,99	1,29	$CH_3(CH_2)_2CO(CH_2)_2CH_3$
Di-n-Butylketon		1,27	1,61	$CH_3(CH_2)_3CO(CH_2)_3CH_3$
n-Propylchlorid	1,85...2,05	0,86	0,91	$CH_3CH_2CH_2Cl$
n-Oktylchlorid		3,70	2,90	$CH_3(CH_2)_6CH_2Cl$
n-Decylchlorid		4,66	4,25	$CH_3(CH_2)_8CH_2Cl$
Laurylchlorid		5,89	5,48	$CH_3(CH_2)_{10}CH_2Cl$
Cetylchlorid		6,95	10,5	$CH_3(CH_2)_{14}CH_2Cl$
n-Propylbromid		1,12	1,08	$CH_3CH_2CH_2Br$
n-Heptylbromid		3,83	2,60	$CH_3(CH_2)_5CH_2Br$
Cetylbromid		8,84	11,7	$CH_3(CH_2)_{14}CH_2Br$
Methylalkohol	1,64...1,69	0,21	0,30	
Äthylalkohol		0,25	0,49	
n-Propylalkohol		0,29	0,60	
n-Hexylalkohol		0,48	1,09	
n-Oktylalkohol		0,73	1,41	
Cetylalkohol		1,64	2,71	

26 Fluorescenz und Photochemie.

261 Fluorescenz von Molekülen.

Von **Michael Schön**, Berlin.

2611 Fluorescenz von zweiatomigen Molekülen.

Die Erscheinungen der Fluorescenz sind bei den Dämpfen der zweiatomigen Moleküle nicht mehr so einfach, wie bei den Dämpfen einatomiger Gase. Sie lassen sich jedoch mühelos aus dem Termschema der Molekülspektren verstehen. Man muß unterscheiden zwischen der *Resonanzfluorescenz*, die bei sehr niedrigen Drucken und bei Anregung durch eine sehr schmale Linie auftritt und der *normalen Fluorescenz*, die bei höheren Drucken oder bei Anregung durch eine breite Linie beobachtet wird. Unter mittleren Bedingungen können Übergangsformen zwischen beiden Fluorescenzarten erscheinen.

26111 Zur Erläuterung der Resonanzfluorescenz.

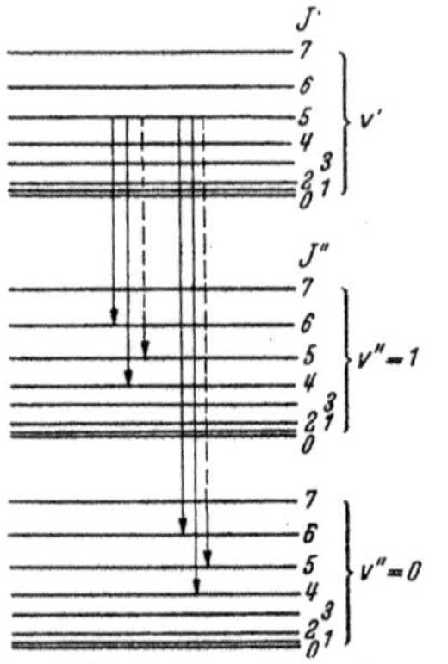

Durch Einstrahlung einer schmalen Linie sei der 5. Rotationsterm des v'-ten Schwingungsniveaus des oberen Elektronenzustandes angeregt. Dann können in Fluorescenz beim Übergang nach dem Schwingungsniveau v'' des unteren Elektronenzustandes nur die Linien mit J'' = 6 und J'' = 4, u. U. auch, wenn die Banden einen Q-Zweig besitzen, mit J'' = 5 emittiert werden.

Das Spektrum der Resonanzfluorescenz besteht im allgemeinen aus einer Folge von Linienpaaren und hat zunächst keine Ähnlichkeit mit den bekannten Molekülspektren. Das normale Fluorescenzspektrum besteht dagegen aus einer Folge der für die Molekülspektren typischen Teilbanden. Die Analyse ergibt, daß im Resonanzspektrum aus jeder Teilbande im allgemeinen nur zwei Linien ausgewählt sind.

Zum Verständnis der Erscheinungen der Fluorescenz müssen wir vom Termschema der Moleküle z.B. 2431 ausgehen. Die anregende Strahlung kann nur solche Übergänge bewirken, deren untere Terme bei den Versuchsbedingungen besetzt sind, das sind Terme, deren Energiedifferenz zum tiefsten Energiezustand nicht viel größer ist als kT. Da die höheren Elektronenzustände und meist auch die höheren Schwingungsterme einen größeren energetischen Abstand haben, ist der untere Zustand des anregenden Übergangs der Elektronengrundzustand mit dem Schwingungsterm v = 0. Die Energiedifferenzen der Rotationszustände sind dagegen von der Größenordnung kT, so daß im tiefsten Schwingungsterm des Elektronengrundzustandes die Rotationsterme besetzt sind.

Strahlt man nun eine passende Spektrallinie ein, so wird in einem höheren Elektronenzustand ein bestimmter Schwingungsterm v' und in diesem ein bestimmter Rotationszustand J' angeregt. Bei der nun folgenden Fluorescenzemission kehrt das Molekül in einen tieferen, meist den Elektronengrundzustand

26112 Das Resonanzspektrum des Jods bei Erregung mit der grünen Hg-Linie 5462,23 Å.

Ordnungszahl n	Wellenlänge Å λ	Ordnungszahl n	Wellenlänge Å λ	Ordnungszahl n	Wellenlänge Å λ
0	5462,23 / 5463,74	9	fehlt	18	6818,63 / 6820,01
1	5526,55 / 5528,10	10	6160,63 / 6162,48	19	?
2	fehlt	11	6237,68 / 6239,56	20	6998,96 / 7001,39
3	5658,71 / 5660,38	12	6316,16 / 6318,14	21	fehlt
4	5726,59 / 5728,25	13	6396,08 / 6398,05	22	7186,23 / 7188,68
5	5795,79 / 5797,51	14	fehlt	23	7282,39 / 7284,92
6	5866,14 / 5867,85	15	6560,56 / 6562,68	24	fehlt
7	fehlt	16	6645,0 / 6647,0	25	7480,4 / 7482,9
8	6010,66 / 6012,50	17	6731,2 / 6733,25	26	fehlt
				27	7685,7 / 7688,5

zurück. Da für die Schwingungsquantenzahlen v außer dem für die Intensität praktisch maßgebenden Franck-Condon-Prinzip keine Auswahlregeln bestehen, kann es in einen beliebigen Schwingungsterm des unteren Elektronenzustands übergehen ($v' \rightarrow v'' = 0, 1, 2\ldots$). Für die Rotationsquantenzahl J besteht jedoch eine Auswahlregel: J darf sich nur um ± 1 ändern (gelegentlich ist auch, wenn die Banden einen Q-Zweig besitzen, $\Delta J = 0$ erlaubt). Das Molekül kann daher nur auf zwei bestimmte Rotationszustände übergehen. Dementsprechend besteht das Spektrum aus Folgen ($v' \rightarrow v'' = 0, 1, 2\ldots$) von je zwei Linien, die den beiden erlaubten Rotationsübergängen entsprechen (s. 26112).

Wenn dagegen bei der Absorption infolge einer größeren spektralen Breite der Strahlung sehr viele Rotationszustände im oberen Zustand angeregt werden, oder wenn bei größeren Gasdrucken durch Stöße während der Lebensdauer des angeregten Zustands auch die übrigen oberen Rotationszustände besetzt werden, dann füllt sich das Spektrum zum gewöhnlichen Molekülspektrum auf (normale Fluorescenz).

2612 Fluorescenz mehratomiger anorganischer Moleküle.

Über die Fluorescenz der mehratomigen anorganischen Moleküle im gasförmigen Zustand ist nur wenig bekannt. Im allgemeinen beruht die beobachtete Fluorescenz auf dem Leuchten von zweiatomigen Photodissoziationsprodukten.

In kondensierten Phasen leuchten nur wenige anorganische Moleküle. In wässeriger Lösung zeigen Halogenkomplexe von Thallium, Blei und Zinn, sowie Uranylsalze und Plato-Komplexe Fluorescenz.

26121 Emissions- und Absorptionsspektrum der Uranylsalze (UO_2-Schwingung).

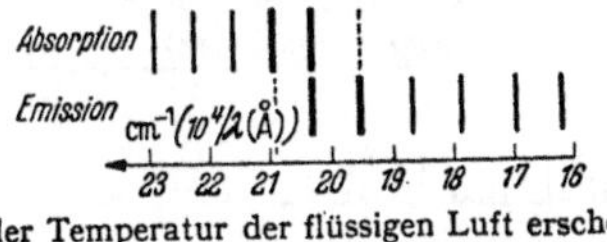

Bei der Temperatur der flüssigen Luft erscheinen die gestrichelten Linien nicht.

26122 Termschema des UO_2^{++}-Ions (Uranylfluorescenz).

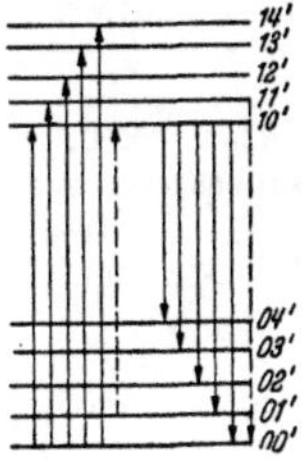

Links: Absorption. Rechts: Emission.

In festem Zustand ist die Fluorescenz der beiden letzten genauer untersucht worden, während die der ersteren in den Alkalihalogenidphosphoren beobachtet wird (siehe 3842/43).

Die in Abb. 26121 und 26122 dargestellten Banden spalten bei tiefer Temperatur in zahlreiche Linien auf. Diese Aufspaltungen hängen von den Anionen und vom Krystallwasser ab und ändern sich infolgedessen mit der Zusammensetzung der Salze.

26123 Fluorescenzspektrum von Barium- und Magnesium-Platin-II-cyanid in wässeriger Lösung.

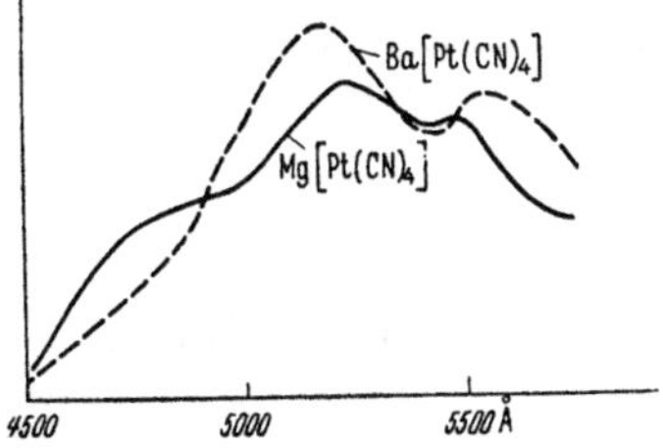

2613 Fluorescenz organischer Moleküle.

Im Gegensatz zu den Atomen und den zweiatomigen Molekülen tritt bei den organischen Molekülen im *Gaszustand* Luminescenz nicht allgemein auf. Der Grund hierfür liegt darin, daß in vielen Fällen (Absorption im kontinuierlichen Teil des Absorptionsspektrums) photochemische Dissoziation eintritt, in anderen Fällen (Absorption im kurzwelligen Teil des diskreten Absorptionsspektrums) Prädissoziation beobachtet wird. Schließlich findet häufig, insbesondere bei den hochatomigen Molekülen, eine Gleichverteilung der Energie auf die zahlreichen Schwingungsfreiheitsgrade des Moleküls und damit eine Umwandlung der Anregungsenergie in Wärme statt.

26131 Schema der Absorption, Fluorescenz und Resonanzfluorescenz des Benzoldampfes. (Nach Ingold und Wilson.)

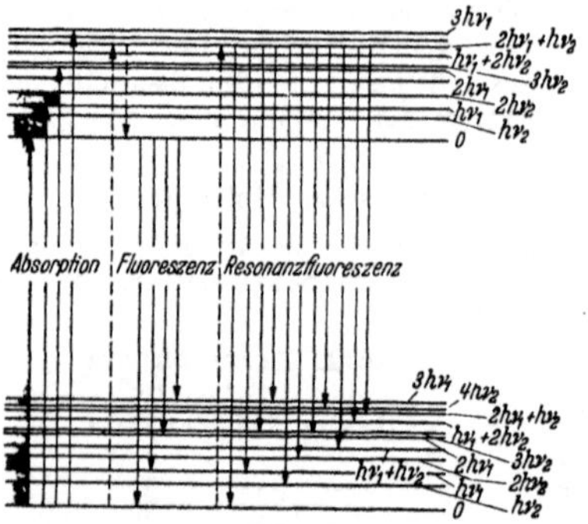

Die Leuchtfähigkeit der organischen Moleküle ist an bestimmte Atomgruppierungen gebunden, von denen die der konjugierten Kohlenstoffbindung die wichtigste ist. Daher findet man bei den aromatischen Verbindungen sehr häufig Luminescenzfähigkeit. Am genauesten ist die Fluorescenz des Benzols untersucht worden (s. 26131).

In kondensierten Phasen, also im flüssigen und im festen Zustand, in flüssiger und fester Lösung, bei Adsorption an Grenzflächen und beim Einbau in anorganisches Grundmaterial (Organophosphore) ist die Luminescenz organischer Stoffe ebenfalls eine reine Molekülluminescenz, die

26132 Fluorescenz des Benzols bei Erregung mit weißem Licht.

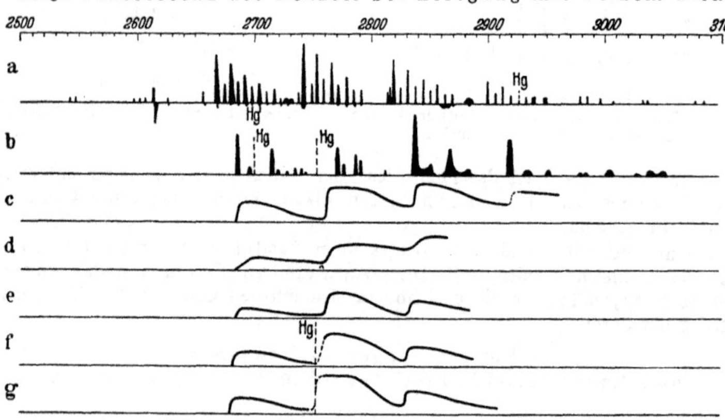

a Dampf (nach unten: die bei Erregung mit 2537 Å im Dampf von geringem Druck auftretenden Banden), b fest bei —180°, c fest bei 0°, d flüssig bei 0° C, e 30%ige Lösung in Alkohol, f 12%ige Lösung in Alkohol, g 4%ige Lösung in Alkohol.

durch die Wechselwirkung mit den Molekülen der Umgebung mittelbar und unmittelbar beeinflußt wird. Die unmittelbare Beeinflussung besteht in einer geringen Verschiebung und Veränderung der Absorptions- und Emissionsspektren, die mittelbare beruht auf den depolarisierenden und den auslöschenden Stößen, sowie auf Assoziationsvorgängen. Diese Prozesse sind in Lösungen und an Adsorbaten besonders eingehend untersucht worden. Die Auslöschung kann durch den Lösungen zugesetzte Fremdmoleküle (Fremdauslöschung, die häufig zur photosensibilisierten Aktivierung führt) und durch eigene Moleküle erfolgen (Konzentrationsauslöschung). Bei der Auslöschung spielt die Zähigkeit des Lösungsmittels eine maßgebende Rolle. Zwischen Fluorescenzhelligkeit, Ausbeute, Polarisationsgrad, Abklingdauer, Zähigkeit des Lösungsmittels und Konzentration bestehen funktionelle Zusammenhänge, die verschiedentlich in recht befriedigender Weise formelmäßig dargestellt worden sind[1].

26133 Abhängigkeit der spektralen Absorption von Rhodamin B vom Lösungsmittel.

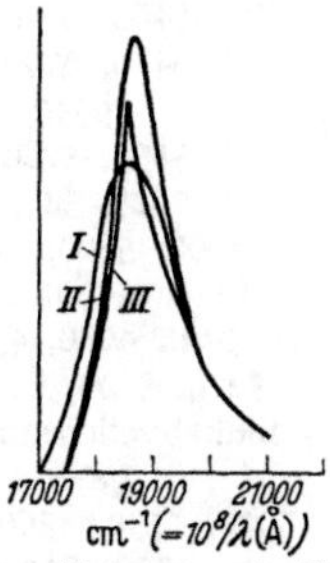

I Wasser, *II* Aceton mit Wasser, *III* Alkohol. (Nach G. Braun.)

26134 Fluorescenzspektrum von Rhodamin B (*I*) und Rhodamin 6G (*II*). (Nach Schlegel.)

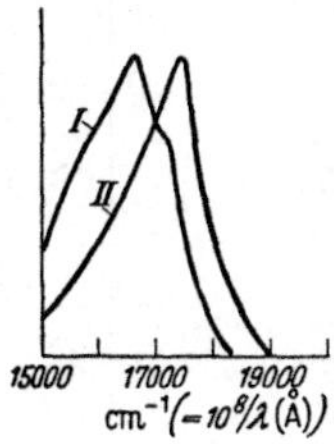

Bei organischen Molekülen im adsorbierten Zustand und in fester Lösung kann bei tiefen Temperaturen der Schutz gegen auslöschende Stöße so gut sein, daß Übergänge von metastabilen Termen mit Lebensdauern von der Größenordnung einer Sekunde nach dem Grundzustand möglich sind (rotverschobene Tieftemperaturbanden).

26135 Eosin in Alkohol. (Nach Nichols und Merrit.)

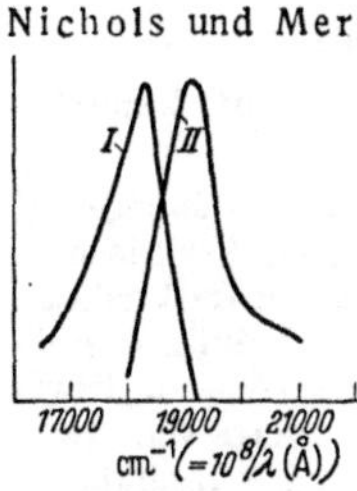

I Fluorescenzspektrum, *II* Absorptionsspektrum.

26136 Fluorescenzspektren von Rhodamin 2G (*I*), Diaminofluoran (*II*), Fluorescein (*III*), Pyronin B (*IV*). (Nach Schlegel.)

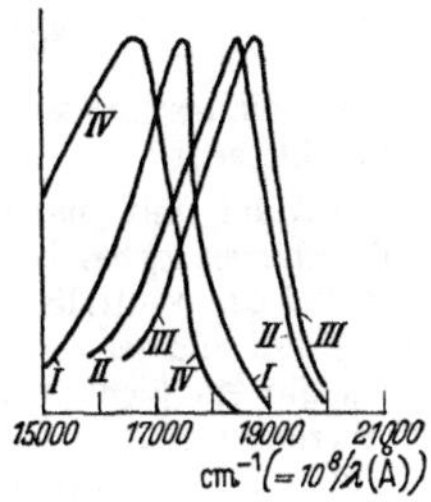

In Tabelle 26137 (s. S. 144) wird aus den nicht sehr zahlreichen Untersuchungen über die Spektren organischer Stoffe eine Auswahl gebracht.

Kurz hingewiesen sei noch auf die Fluorescenz der Pseudoisocyanine (Scheibe und Mitarbeiter). Die Pseudoisocyanine polymerisieren eindimensional zu langen, geldrollenähnlich aufgebauten Ketten mit bis zu 10^6 Molekülen. Mit der Polymerisation treten je eine neue schmale Absorptions- und Emissionsbande auf, die beide der Kette zuzuordnen sind. Die Abklingzeit der Fluorescenz in der Kette ist mit $< 10^{-9}$ s die kleinste bisher gefundene. Die Anregungsenergie wandert mit sehr großer Geschwindigkeit durch die Kette. Zur Auslöschung der Fluorescenz genügt ein auslöschendes Fremdmolekül auf etwa 10^6 Moleküle des Pseudoisocyanins.

[1] Siehe z. B. Francis Perrin: Acta Physic. Polon. 5, 335/346 (1936).

26137 Lage der Maxima der Fluorescenzbanden einiger organischer Stoffe.

Stoff	Zustand	λ in Å
Äsculin	feste Lösung	4430, 4900, 5400, 6000
Anthracen	kryst.	4025, 4220, 4450, 4575, 5090
Benzoflavin	in Glycerin + H_2O	5360
Chlorophyll a	in Aceton + O_2	6470, 6790
Chlorophyll a	in Aceton + CO_2	6460, 6770
Chlorophyll a	in Aceton + N_2	6480, 6790
Chlorophyll b	in Aceton	6540
Eosin	feste Lösung	5500, 5780
Eosin	in Glycerin + H_2O	5625, 5845
Erythrosin	feste Lösung	5040, 5400, 5800, 6400, 6700
Euchrysin 3R	in Glycerin + H_2O	5420
Fluoren	kryst.	3710, 3900, 4080, 4330, 4650
Fluorescein	feste Lösung	5270, 5700, 6400
Hydrochinon	rein	dunkel-veilchenblau
Isochinolinrot	rein	5900
Phenanthren	kryst.	3920, 4130, 4360, 4600
Rheonin A	in Glycerin + H_2O	4920, 5440
Rhodamin	in Glycerin + H_2O	5900
Rhodulin	feste Lösung	5360, 5800, 6400, 7200
Rhodulingelb	kryst.	5930
Rhodulingelb	in H_2O	4875
Salicyls. Barium	rein	4580
Trypaflavin	in Glycerin	5000, 5350, 5400
Trypaflavin	kryst.	5880
Uranin	in Glycerin + H_2O	5520

2614 Chemiluminescenz.

Unter Chemiluminescenz versteht man die beim Ablauf chemischer Reaktionen angeregte Luminescenz.

Bei Beobachtung mit hinreichend empfindlichen Anordnungen (Lichtzählern) kann ein Reaktionsleuchten bei zahlreichen chemischen Reaktionen nachgewiesen werden, z. B. bei der Neutralisation starker Säuren durch starke Basen, bei Oxydationsprozessen und anderen. Die Ausbeuten sind jedoch außerordentlich klein und betragen ungefähr ein Lichtquant auf $10^{14}...10^{16}$ Umsetzungen. Etwas größer sind sie bei der thermischen Zersetzung der Acide, wo sie Werte von etwa einem Lichtquant auf $10^{10}...10^{11}$ Umsetzungen annehmen. Auch die Hydratation und Dehydratation des Chininsulfats ist mit einer Lichtemission verbunden, deren energetische, auf die Hydratationswärme bezogene Ausbeute $10^{-14}...10^{-13}$ beträgt.

Chemiluminescenzen mit wesentlich größeren Ausbeuten werden in verdünnten Flammen beobachtet, bei der CO+O-Flamme z. B. von etwa 10%. Hierzu gehören u. a. die Reaktionen von Natriumdampf mit Halogenen und mit Polyhaliden, die kalten Flammen von P_4+O, P_2O_3+O, die Quecksilber-Halogenreaktionen, die Schwefeldampf-Sauerstoffreaktion und viele andere.

Auch in den gewöhnlichen Flammen beruht das Leuchten außer auf der vorwiegenden thermischen Anregung teilweise auf Chemiluminescenz.

In kondensierten Phasen sind am bekanntesten und am eingehendsten untersucht die Leuchterscheinungen, die mit der Oxydation des 3-Aminophthalhydrazids (Luminol) und der Salze des Dimethyldiacridiniums und verwandter Verbindungen in alkalischer Lösung verbunden sind. Auch hier sind die Ausbeuten klein und liegen unter dem Wert von einem Lichtquant auf 100 Umsetzungen.

Den biologischen Leuchterscheinungen liegt, wahrscheinlich allgemein, die Oxydation des Luciferins, katalysiert durch das Enzym Luciferase, zugrunde. Die Ausbeute der Reaktion der reinen Stoffe beträgt etwa ein Lichtquant auf 50 Umsetzungen, während sie z. B. in den Leuchtbakterien um eine Größenordnung kleiner ist. Auf dem durch die Cypridina ausgeschiedenen Luciferin und der Luciferase beruht das Meeresleuchten.

262 Quantenausbeute bei photochemischen Reaktionen.

Regt man eine Reaktion durch Lichteinstrahlung an, so bezeichnet man das Verhältnis der Anzahl der an der Reaktion teilnehmenden Moleküle zu der Anzahl der absorbierten Lichtquanten als Quantenausbeute. Die Quantenausbeute ist bei Gasreaktionen von Temperatur und Druck abhängig, in vielen Fällen wird sie wesentlich durch geringe Beimengungen fremder Gase beeinflußt. Zur Einleitung mancher Reaktion ist das Hinzufügen eines Gases, das die Strahlung absorbiert und die aufgenommene Energie an die reagierenden Gase überträgt, selbst jedoch nach der Reaktion unverändert ist, nötig („sensibilisierte Reaktion").

Absorbierendes Molekül	Zustand	Reaktion	Wellenlängen in Å	Temperatur in °C	Quantenausbeute
O_2	Gas	Ozonbildung $O_2 \rightarrow O_3$	< 2070...2537	—	0,9...3,1
O_3	Gas	Zersetzung $O_3 \rightarrow O_2$	2080...3130	0...60	1,8...6,2
H_2O_2	gelöst in H_2O	Zersetzung $> H_2O$; O_2	2750...3660	2...26	20...500
Cl_2	Gas	Chlorierung von $H_2 \rightarrow HCl$	3036...5000	20...30	$10^4...10^6$
Cl_2	Gas	Chlorierung von $SO_2 \rightarrow SO_2Cl_2$	4200	—	~1
Cl_2	Gas	Chlorierung von Methan $\rightarrow CH_xCl_{4-x}$	4360	—	$\sim 10^5$
Cl_2	Gas	Chlorierung von Chloroform $\rightarrow CCl_4 + HCl$	4358	60	~300
Cl_2	Gas	Chlorierung von Pentan $\rightarrow C_5H_{11}Cl$	3660	25	~200
Cl_2	Gas	Chlorierung von Benzol $\rightarrow C_6H_6Cl_6$	3130 u. 3660	25	12...46
Cl_2	flüssig	Chlorierung von Toluol $\rightarrow C_6H_5CH_2Cl$	4050	—80	~27
Cl_2	Gas	Chlorierung von Ameisensäure $\rightarrow$ HCl und CO_2	3660	20...30	2000
HClO . . .	gelöst in H_2O	Zersetzung $\rightarrow HCl$; $HClO_3$; O_2	3660 u. 4360	—	~2
Cl_2O	Gas	Zersetzung $\rightarrow Cl_2$; O_2	2350...4300	10...20	2...4,5
ClO_2	Gas	Zersetzung $\rightarrow Cl_2$; O_2	3660	18	3,1
Br_2	Gas	Bromierung von $H_2 \rightarrow HBr$	5000...5780	—	0...2
Br_2	Gas	Bromierung von Acetylen $\rightarrow C_2H_2Br_2$	4358...5791	150	500
Br_2	Flüssigkeit	Bromierung von Tetrachloräthylen $\rightarrow C_2Cl_4Br_2$	4360	25...135	0,1...24
Br_2	Flüssigkeit	Bromierung von Benzol $\rightarrow H_6C_6Br_6$	3000 u. 2537	—	2
HBr	Gas	Zersetzung $\rightarrow H_2$; Br_2	2070 u. 2537	—	2
J_2	gelöst in CCl_4	Umsetzung mit Diazoessigester $\rightarrow N_2$; $J_2CHCOOC_2H_5$	5466...5780	18	< 2
HJ	Gas	Zersetzung $\rightarrow H_2$; J_2	2070...2820	27	2
H_2S	Gas	Zersetzung $\rightarrow H_2$; S	2050	—	2
SO_2	Gas	Oxydation $\rightarrow SO_3$	1800	—	3,1
NH_3	Gas	Zersetzung $\rightarrow N_2$; H_2	2099...2194	20	0,14
				400	0,6
N_2H_2 . . .	Gas	Zersetzung $\rightarrow NH_3$; N_2; H_2	1990	25	1...1,7
N_3H	Gas	Zersetzung $\rightarrow NH_3$; N_2	1990	22...27	1,7...3,9
NO	Gas	Zersetzung $\rightarrow N_2$; O_2	1990	~40	0,75
NO_2	Gas	Zersetzung $\rightarrow NO$; O_2	3130...4050	0	0,5...1,93
N_2O	Gas	Zersetzung $\rightarrow N_2$; O_2; NO	Al-Funken	—	~1
NOCl . . .	Gas	Zersetzung $\rightarrow NO$; Cl_2	3650...6300	22	2
CH_4	Gas	Zersetzung $\rightarrow H_2$; C_nH_{2n+2}	1400...1600	25	~1
C_2H_2 . . .	Gas	Polymerisation	2150	25	9,2
CH_3J . . .	Gas	Zersetzung $\rightarrow CH_4$; C_2H_6; J_2	2026	25	~0,01
CHJ_3 . . .	gelöst in C_6H_6	Zersetzung	3130 u. 3660	16...25	26...64
CH_3OH . .	Gas	Zersetzung $\rightarrow H_2$; H_2CO	1800...2000	—	~1
HCHO . .	Gas	Zersetzung $\rightarrow H_2$; CO	3030...3130	—	1,1
CH_3CHO . .	Gas	Zersetzung $\rightarrow CH_4$; CO	2537	30	0,9
			2804	30	0,5
			3130	30	0,2

262 (Fortsetzung).

Absorbierendes Molekül	Zustand	Reaktion	Wellenlängen in Å	Temperatur in °C	Quantenausbeute
CH_3COOH .	gelöst in H_2O	Zersetzung → CH_4; CO	1850...2300		0,5
$(CH_3)_2CO$ . .	Gas	Zersetzung → C_2H_6; CO	2200...3300	60...100	0,2...1
$COCl_2$ . . .	Gas	Oxydation des Phosgen → CO_2; Cl	Hg-Bogen	—	1,8
$COBr_2$ . . .	Gas	Zersetzung → CO; Br_2	< 3200	10...40	1
$Hg(CH_3)_2$ . .	Gas	Zersetzung → Hg; C_2H_6; CH_4	2537	20	1
				180	2,2
		Sensibilisierte Reaktionen			
Hg	Gas	Zersetzung von Stickstoffwasserstoffsäure → N_2; H_2	2537	20...23	2,86
Hg	Gas	Oxydation von Wasserstoff → H_2O_2; H_2O	2537	20	1,2

Bei der Kohlensäureassimilation ist die Quantenausbeute ~0,25.

Zus. Ber. d. Com. of Photochemistry: J. physic. Chem. **42** (1938) S. 713.

27 Krystallographie und Krystallchemie.

Von **Fritz Laves**, Göttingen.

271 Krystallographie.

Das Kennzeichnende eines Krystalls ist die regelmäßige Anordnung von Teilchenschwerpunkten. Die Teilchen können Ionen, Atome oder Ionen- bzw. Atomgruppen sein. Die Regelmäßigkeit der Anordnung richtet sich nach Symmetriegesetzen, die am besten durch Symmetrieelemente veranschaulicht werden. Man kann die Symmetrieelemente in zwei Gruppen teilen. Die erste Gruppe (27101) umfaßt diejenigen, welche man zur Beschreibung der makroskopischen Symmetrie, Krystallform usw. benötigt, sowie zur Beschreibung solcher physikalischer Eigenschaften, die von der makroskopischen Symmetrie abhängen (Wärmeleitung, Optik, Härte usw.). Sie werden Punktsymmetrieelemente genannt, weil durch die Symmetrieoperation mindestens *ein* Punkt in sich selbst übergeführt wird. Die zweite Gruppe (27102) umfaßt diejenigen Symmetrieelemente, die man zusätzlich benötigt, um die Mannigfaltigkeit (bezüglich Symmetrie) des strukturellen Aufbaus zu überblicken. Es sind Punktsymmetrieelemente mit Translations- (Gleit-, Schraubungs-) Komponenten. Die Gleitkomponenten der Gleitspiegelebenen können entweder den Hauptachsen parallel oder diagonal zu ihnen verlaufen.

Die verschiedenen geometrisch möglichen Kombinationen der in 27101 zusammengestellten Symmetrieelemente ergeben die 32 Krystallklassen, der in 27101 *und* 27102 genannten die 230 Raumgruppen.

Vor der Tabelle der Krystallklassen seien die Krystallsysteme besprochen (27103). Die Einteilung der 32 Krystallklassen in Krystallsysteme ist zum Teil lediglich eine Zweckmäßigkeits- und Definitionsfrage (dies erkennt man z. B. an dem Übereinandergreifen der Systematik bei den rhomboedrischen und trigonalen Krystallklassen). Die Krystallsysteme unterscheiden sich (mit Ausnahme des hexagonalen und trigonalen) durch verschiedene Symmetrie der Achsenkreuze (Koordinatensysteme). Für makroskopische Zwecke interessiert außer den Winkeln, die die Achsen miteinander bilden, nur das Achsen*verhältnis*. Es kann daher eine Achsenlänge = 1 gesetzt werden. Konventionell wird b = 1 gesetzt.

Eine Übersicht über die 32 Krystallklassen gibt 27104. Die erste Kolonne gibt das Schoenflies-Symbol. Die zweite und dritte Kolonne geben die Symbole nach Hermann-Mauguin, aus welchen man in ähnlicher Weise die Symmetrieelemente ablesen kann wie aus den Raumgruppensymbolen (s. S. 155). Bezüglich der Benennung der Krystallklassen herrscht eine große Mannigfaltigkeit. Nicht nur, daß die Bezeichnungen in den verschiedenen Ländern verschieden sind, auch im deutschen Sprachgebiet ist die Fülle der Bezeichnungsweisen außerordentlich groß. Das liegt im wesentlichen daran, daß man die Aufteilung der 32 Krystallklassen auf einzelne

Gruppen nach wesentlich verschiedenen Gesichtspunkten vornehmen kann. Zum Beispiel gibt Schoenflies 1891 in seinem Buche in zwei Tabellen (deren eine sich wesentlich der Liebischschen Bezeichnungsweise anschließt) zwei verschiedene Bezeichnungsweisen, benutzt aber im Text gelegentlich eine von beiden abweichende. Um Mißverständnissen zu entgehen, bürgert sich heute immer mehr ein, das Schoenfliessche Symbol bzw. das Hermann-Mauguinsche Symbol bzw. beide Symbole nebeneinander anzugeben. Zu den Benennungen sei noch folgendes gesagt: *Holoedrie* = jeweils höchste Symmetrie eines Krystallsystems mit einer allgemeinsten Form von x Flächen; *Hemiedrie* mit einer allgemeinsten Form von x/2 Flächen, *Tetartoedrie* von x/4, *Ogdoedrie* von x/8 Flächen. *Hemimorphie* verlangt polare Achsen, *Enantiomorphie* das Fehlen von Symmetrieebenen, es können sich also rechte und linke Krystalle ausbilden.

27105 gibt eine anschauliche Deutung der Symmetrieeigenschaften der 32 Klassen durch Darstellung der „allgemeinsten" Form einer jeden Klasse (von dieser allgemeinsten Form leitet sich die Grothsche Bezeichnungsweise ab). Außerdem wurde die zu jeder gezeichneten Form gehörende stereographische Projektion mit eingezeichneten Symmetrieelementen schematisch wiedergegeben. Unter *allgemeinsten* Formen versteht man solche, deren Flächen nicht spezielle Lagen zu den Achsen und Symmetrieelementen einnehmen. *Spezielle* Formen sind solche, deren Flächen spezielle Lagen zu Achsen und Symmetrieelementen haben. Die möglichen speziellen Formen gibt 27106. *Einfache* Formen sind solche, deren Flächen alle *gleichwertig* sind, d. h. deren Lage zu den Symmetrieelementen und Achsen gleich oder spiegelbildlich gleich ist (das sind also alle allgemeinsten und speziellen Formen). Die meisten Krystalle zeigen als Begrenzung *Kombinationen*, d. h. sie sind nicht von nur einer, sondern von mehreren einfachen Formen begrenzt. Je nach der mengenmäßigen Beteiligung der einzelnen Formen, kann der äußerliche Eindruck der gleichen Kombination sehr verschieden sein. Siehe in 27106 die zwei verschiedenen Ausführungen der gleichen Kombination vom Würfel (100), Oktaeder (111) und Rhombendodekaeder (110). Überhaupt spielt für die Beurteilung einer Krystallform weniger die absolute und relative Größe der Krystallflächen eine Rolle, als die gegenseitige Lage (also die Winkel, welche von den Flächennormalen gebildet werden). Weichen die Größenverhältnisse der Flächen stark von einer bezüglich Symmetrie idealen Verteilung ab, so spricht man von *verzerrten* Formen (s. in 27106 zwei verzerrte Oktaeder).

Für die Verwertung einer Krystallform zur Symmetriebestimmung ist zu beachten, daß nur relativ wenige Krystallformen für eine bestimmte Krystallklasse charakteristisch sind, sehr viele Formen sind vieldeutig. Zum Beispiel kann der Würfel in allen fünf kubischen Klassen vorkommen. In solchen Fällen muß eventuell die *Flächensymmetrie* berücksichtigt werden, die z. B. durch Ätzen oft ermittelt werden kann. In 27106 ist für die fünf kubischen Klassen die Würfel-Flächensymmetrie durch eingezeichnete schematische Ätzfiguren bildlich dargestellt worden. Über die Vieldeutigkeit kubischer Formen orientiert 27107.

Nicht nur die Krystallformen, sondern auch eine Reihe anderer physikalischer Eigenschaften wird durch die Krystallklasse bestimmt. 27108 gibt hierüber einen Überblick. Sie ist folgendermaßen zu verstehen: Bei den Krystallklassen, die sich bezüglich der betrachteten Eigenschaften gleich verhalten, ist dieselbe Ziffer geschrieben worden. Ist bei einer Krystallklasse die betreffende Eigenschaft nicht beobachtbar, so wurde ein Strich gemacht.

Krystalle werden im allgemeinen aufgebaut von einem oder mehreren gleichen, parallel ineinander gestellten Translationsgittern, deren Gitterpunkte mit Atom- oder Teilchenschwerpunkten zusammenfallen, und zwar ist es meist so, daß die Punkte desselben Gitters vorwiegend von Atomen der gleichen Sorte besetzt werden. Es gibt 14 bezüglich Symmetrie verschiedene Translationsgitter, die sog. Bravaisgitter. Sie sind in 27109 zusammengestellt.

Die 230 Raumgruppen erhält man dadurch, daß in den 32 Krystallklassen die Symmetrieelemente der in 27101 zusammengestellten Art durch Scharen von Symmetrieelementen der in 27101 *und* 27102 zusammengestellten Art zu ersetzen sind. Dadurch daß eine n-zählige Drehachse [bzw. eine Symmetrieebene] eines endlich begrenzten Krystalls durch eine Schar — zu einer Schar gehören wegen der bei atomistischer Betrachtung des Krystalls unbegrenzt gedachten Ausdehnung des Krystalls beliebig viele in periodischen Abständen parallel liegende Symmetrieelemente — von Drehachsen oder (bzw. und) Schraubenachsen [bzw. eine Schar von Spiegelebenen oder (bzw. und) Gleitspiegelebenen] ersetzt werden kann, erklärt sich die große Mannigfaltigkeit der geometrisch möglichen Symmetriekombinationen (Raumgruppen oder Raumsysteme). Die erste Benennung erfolgte durch Schoenflies, der die von ihm abgeleiteten Raumgruppen einer Krystallklasse willkürlich

Symmetrieelemente.

27101 Punktsymmetrieelemente.

(Verschiedene Bezeichnungsweisen, Symbole, entsprechende Krystallformen mit zugehöriger stereographischer Projektion.)

Symmetrie- bzw. Spiegelebene	Drehungsachsen				Drehspiegelachsen		
	2-zählig, Digyre	3-zählig, Trigyre	4-zählig, Tetragyre	6-zählig, Hexagyre	2-zählig, Symmetriezentrum, Inversionszentrum	4-zählig, Tetragyroide	6-zählig, Hexagyroide

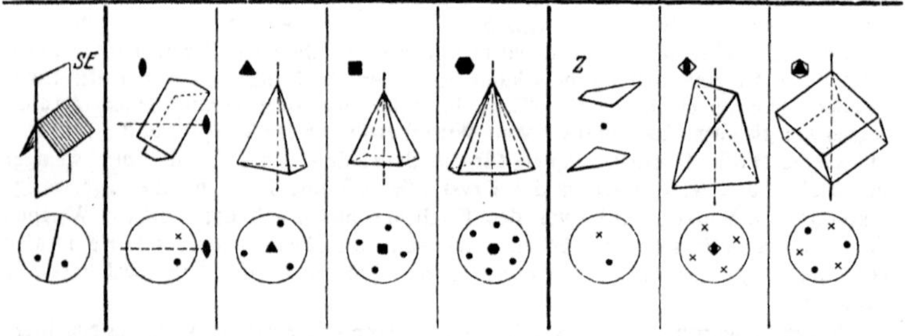

Für manche Zwecke (insbesondere zwecks sinnvoller Symbolisierung von Krystallklassen und Raumgruppen) ist die Verwendung von Drehinversionsachsen vorteilhaft. Der Unterschied zwischen Drehspiegel- und Drehinversionsachsen ist folgendermaßen: Einer *n-zähligen Drehspiegelachse* entspricht folgende Symmetrieoperation: Ein Körper wird mit sich selbst zur Deckung gebracht, wenn man ihn nach Drehung um 360°/n an einer durch den Schwerpunkt ⊥ zur Drehachse verlaufenden Spiegelebene spiegelt. Einer *n-zähligen Drehinversionsachse* entspricht folgende Symmetrieoperation: Ein Körper wird mit sich selbst zur Deckung gebracht, wenn man auf ihn nach Drehung um 360°/n den Schwerpunkt als Inversionszentrum (= Symmetriezentrum = 2-zählige Drehspiegelachse) einwirken läßt, oder anders ausgedrückt, wenn man ihn nach Drehung um 360°/n + 180° an einer durch den Schwerpunkt ⊥ zur Drehachse verlaufenden Spiegelebene spiegelt. Für Krystalle gibt es die folgenden

Drehinversionsachsen.

Zähligkeit	Symbol (nach Ewald)	Andere Deutung der gleichen Symmetrieoperation	Andere Symbolisierung (vgl. oben in dieser Tabelle und S. 150)
1	$\bar{1}$	= 2-zählige Drehspiegelachse (Symmetrie- bzw. Inversionszentrum)	Z oder C_i
2	$\bar{2}$	= Symmetrieebene ⊥ zur Achse	SE oder C_s
3	$\bar{3}$	= 6-zählige Drehspiegelachse	oder S_6, C_{3i}
4	$\bar{4}$	= 4-zählige Drehspiegelachse	oder S_4
6	$\bar{6}$	= 3-zählige Drehachse mit ⊥ darauf stehender Spiegelebene	C_{3h}

27102 Symmetrieelemente mit Translations- (Gleit- und Schraubungs-) Komponenten.

271021 Bildliche Darstellung einiger Vertreter.

Zum Vergleich wurden die zugehörigen Punktsymmetrieelemente — Spiegelebene und 4-zählige Drehachse — mit eingezeichnet.

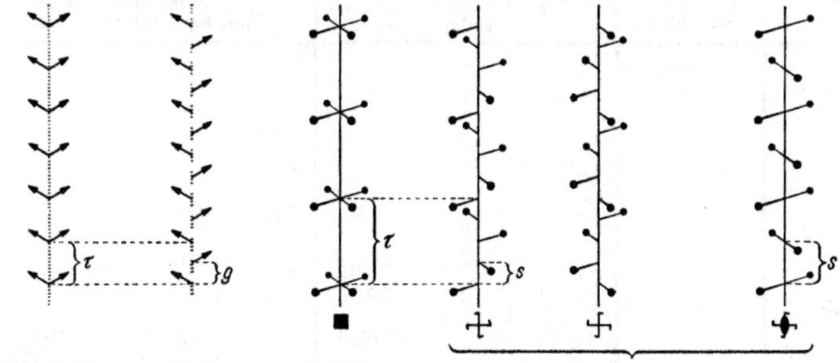

Spiegelebene — Gleitspiegelebene — 4-zählige Drehachse — 4-zählige Schraubenachsen: rechte, linke, ohne Windungssinn, zugleich 2-zählige Drehachse (Digyre)

τ = Translations- (Identitäts-) Periode, g = Gleitkomponente, s = Schraubungskomponente.

271022 Zusammenstellung der möglichen Schraubenachsen.

Zähligkeit	Symbol	Windungssinn	Schraubungskomponente
2		kein Windungssinn	τ/2
3		links	τ/3
		rechts	τ/3
4		links	τ/4
		rechts	τ/4
		kein Windungssinn, zugleich Digyre	τ/2
6		links	τ/6
		rechts	τ/6
		links, zugleich Digyre	τ/3
		rechts, zugleich Digyre	τ/3
		kein Windungssinn, zugleich Trigyre	τ/2

Krystallsysteme.

27103 Charakterisierung der Krystallsysteme.

α ist der Winkel zwischen der b- und c-Achse,
β „ „ „ „ „ c- „ a-Achse,
γ „ „ „ „ „ a- „ b-Achse.

Konventionell wird die c-Achse vertikal gestellt mit der positiven Richtung nach oben weisend. Die positive a-Richtung weist auf den Beschauer, die b-Richtung von links nach rechts.

Triklin	a, b, c	α, β, γ
monoklin	a, b, c	$\alpha = 90^0, \beta, \gamma = 90^0$
rhombisch	a, b, c	$\alpha = \beta = \gamma = 90^0$
tetragonal	a = b, c	$\alpha = \beta = \gamma = 90^0$
kubisch (regulär) . . .	a = b = c	$\alpha = \beta = \gamma = 90^0$
rhomboedrisch	a = b = c	$\alpha = \beta = \gamma$
trigonal, hexagonal . .	a = b, c	$\alpha = \beta = 90^0;\ \gamma = 120^0$

27104 Die

Weitere Bezeichnungen (Symbole) nach Hilton, Wyckoff, Rinne-Schiebold-Sommerfeld siehe bei Niggli: Handbuch der experimentellen Physik, Bd. 7/1, S. 84, Leipzig 1928, sowie in den

Krystallsysteme	Zusammenfassung in die 11 Laue-Symmetrien	Symbole von Schoenflies	Hermann-Mauguin vollst.	Hermann-Mauguin gekürzt	Symmetrieelemente. Gleichwertige wurden zusammengefaßt. Klammern bedeutet, daß Achse und SE ⊥ aufeinander stehen. Pfeil bedeutet polare Achse
triklin	triklin C_i	C_1	1	1	
		$C_i(S_2)$	$\bar{1}$	$\bar{1}$	Z
monoklin	monoklin C_{2h}	C_2	2	2	1 ⬮↑
		$C_s(C_{1h})$	m	m	1 SE
		C_{2h}	$\frac{2}{m}$	2/m	1 (⬮ + SE) + Z
rhombisch	rhombisch V_h	C_{2v}	2mm	mm	1 ⬮↑ + 1 SE + 1 SE
		$V(D_2)$	222	222	1 ⬮ + 1 ⬮ + 1 ⬮
		$V_h(D_{2h})$	$\frac{2}{m}\frac{2}{m}\frac{2}{m}$	mmm	1 (⬮ + SE) + 1 (+ SE) + + 1 (⬮ + SE) + Z
tetragonal	hemi- bzw. paratetragonal, C_{4h}	C_4	4	4	1 ■↑
		S_4	$\bar{4}$	$\bar{4}$	1 ◈
		C_{4h}	$\frac{4}{m}$	4/m	1 (■ + SE) + Z
	holotetragonal D_{4h}	C_{4v}	4mm	4mm	1 ■↑ + 2 SE + 2 SE
		$V_d(D_{2d})$	$\bar{4}2m$	$\bar{4}2m$	1 ◈ + 2 ⬮ + 2 SE
		D_4	422	42	1 ■ + 2 ⬮ + 2 ⬮
		D_{4h}	$\frac{4}{m}\frac{2}{m}\frac{2}{m}$	4/mmm	1 (■ + SE) + 2 (⬮ + SE) + + 2 (⬮ + SE) + Z
trigonal oder rhomboedrisch	hemi- bzw. paratrig. bzw. rhomb. C_{3i}	C_3	3	3	1 ▲↑
		$C_{3i}(S_6)$	$\bar{3}$	$\bar{3}$	1 ◬ + Z
	holotrig. bzw. rhomb. D_{3d}	C_{3v}	3m	3m	1 ▲↑ + 3 SE
		D_3	32	32	1 ▲ + 3 ⬮↑
		D_{3d}	$\bar{3}\frac{2}{m}$	$\bar{3}m$	1 ◬ + 3 (⬮ + SE) + Z
hexagonal	hemi- bzw. parahexagonal, C_{6h}	C_6	6	6	1 ⬢↑
*		C_{3h}	$\bar{6}$	$\bar{6}$	1 (▲ + SE)
		C_{6h}	$\frac{6}{m}$	6/m	1 (⬢ + SE) + Z
	holohexagonal D_{6h}	C_{6v}	6mm	6mm	1 ⬢↑ + 3 SE + 3 SE
*		D_{3h}	$\bar{6}2m$	$\bar{6}2m$	1 (▲ + SE) + 3 ⬮↑ + 3 SE
		D_6	622	62	1 ⬢ + 3 ⬮ + 3 ⬮
		D_{6h}	$\frac{6}{m}\frac{2}{m}\frac{2}{m}$	6/mmm	1 (⬢ + SE) + 3 (⬮ + SE) + + 3 (⬮ + SE) + Z
kubisch (regulär)	hemi- bzw. parakubisch T_h	T	23	23	3 ⬮ + 4 ▲↑
		T_h	$\frac{2}{m}\bar{3}$	m3	3 (⬮ + SE) + 4 ◬ + Z
	holokubisch O_h	T_d	$\bar{4}3m$	$\bar{4}3m$	3 ◈ + 6 SE + 4 ▲↑
		O	432	43	3 ■ + 6 ⬮ + 4 ▲
		O_h	$\frac{4}{m}\bar{3}\frac{2}{m}$	m3m	3 (■ + SE) + 6 (⬮ + SE) + + 4 ◬ + Z

* Diese Klassen C_{3h} und D_{3h} werden oft auch dem trigonalen Krystallsystem zugeordnet.

32 Krystallklassen.
und Benennungen nach Dana, Spencer, Miers (englisch), Friedel (französisch) und Boldirew „Internationalen Tabellen zur Bestimmung von Krystallstrukturen", S. 33. Berlin 1935.

Benennungen nach		
Liebisch	Schoenflies	Groth
trkl. Hemiedrie	monogonale Hemiedrie	pedial
trkl. Holoedrie	digonale Tetartoedrie, II. Art	pinakoidal
mkl. Hemimorphie	digonale Tetartoedrie	sphenoidisch
mkl. Hemiedrie	monogonale Holoedrie	domatisch
mkl. Holoedrie	dig. paramorphe Hemiedrie	prismatisch
rh. Hemimorphie	dig. hemimorphe Hemiedrie	rh. pyramidal
rh. Hemiedrie	dig. enantiomorphe Hemiedrie	rh. bisphenoidisch
rh. Holoedrie	dig. Holoedrie	rh. bipyramidal
tetr. hemimorphe Tetartoedrie	tetr. Tetartoedrie	tetr. pyramidal
tetr. sphenoidische Tetartoedrie	tetr. Tetartoedrie, II. Art	tetr. bisphenoidisch
tetr. pyramidale Hemiedrie	tetr. paramorphe Hemiedrie	tetr. bipyramidal
tetr. hemimorphe Hemiedrie	tetr. hemimorphe Hemiedrie	ditetr. pyramidal
tetr. sphenoidische Hemiedrie	tetr. Hemiedrie, II. Art	didigonal (tetr.) skalenoedrisch
tetr. trapezoedrische Hemiedrie	tetr. enantiomorphe Hemiedrie	tetr. trapezoedrisch
tetr. Holoedrie	tetr. Holoedrie	ditetr. bipyramidal
hex. Ogdoedrie	trig. Tetartoedrie	trig. pyramidal
hex. rhomboedrische Tetartoed.	hex. Tetartoedrie, II. Art	rhomboedrisch
hex. II. hemimorphe Tetartoed.	trig. hemimorphe Hemiedrie	ditrig. pyramidal
hex. trapezoedrische Tetartoed.	trig. enantiomorphe Hemiedrie	trig. trapezoedrisch
hex. rhomboedrische Hemiedrie	hex. Hemiedrie, II. Art	(di)trig. skalenoedrisch
hex. I. hemimorphe Tetartoed.	hex. Tetartoedrie	hex. pyramidal
hex. trigonale Tetartoedrie	trig. paramorphe Hemiedrie	trig. bipyramidal
hex. pyramidale Hemiedrie	hex. paramorphe Hemiedrie	hex. bipyramidal
hex. hemimorphe Hemiedrie	hex. hemimorphe Hemiedrie	dihex. pyramidal
hex. trigonale Hemiedrie	trig. Holoedrie	ditrig. bipyramidal
hex. trapezoedrische Hemiedrie	hex. enantiomorphe Hemiedrie	hex. trapezoedrisch
hex. Holoedrie	hex. Holoedrie	dihex. bipyramidal
reg. Tetartoedrie	reg. Tetartoedrie	tetraedr. pentagondodekaedrisch
reg. pentagonale Hemiedrie	reg. paramorphe Hemiedrie	dyakisdodekaedrisch
reg. tetraedrische Hemiedrie	reg. hemimorphe Hemiedrie	hexakistetraedrisch
reg. plagiedrische Hemiedrie	reg. enantiomorphe Hemiedrie	pentagonikositetraedrisch
reg. Holoedrie	reg. Holoedrie	hexakisoktaedrisch

27105 Allgemeinste Form jeder Klasse.

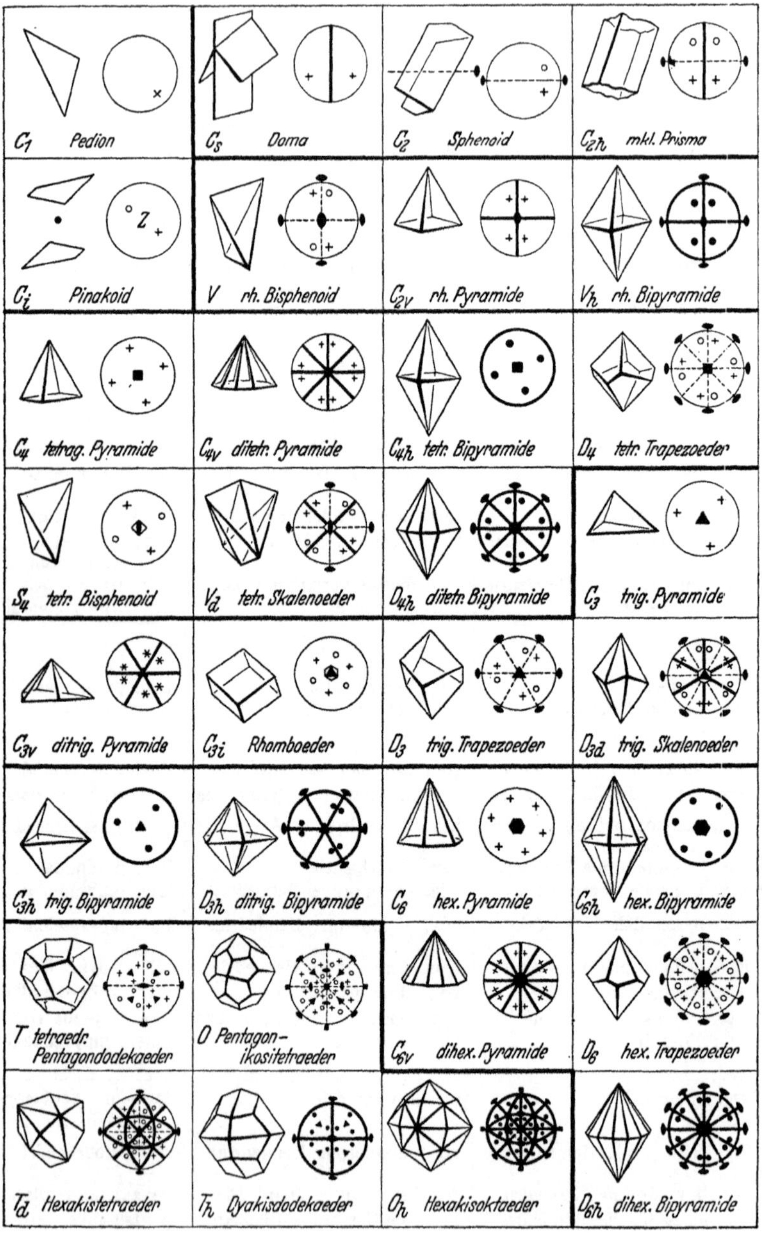

27106 Spezielle Formen.

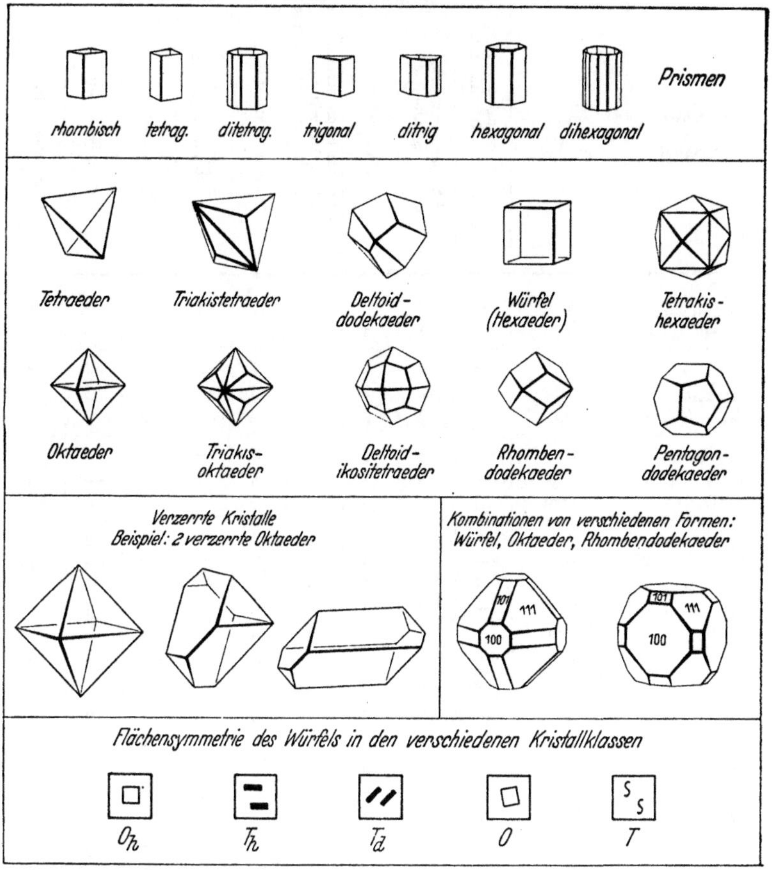

27107.

	O_h	T_h	T_d	O	T
100	Würfel	Würfel	Würfel	Würfel	Würfel
110	Rhomben-dodekaeder	wie in O_h	wie in O_h	wie in O_h	wie in O_h
111	Oktaeder	Oktaeder	Tetraeder	Oktaeder	Tetraeder
hkO	Tetrakis-hexaeder	Pentagon-dodekaeder	wie in O_h	wie in O_h	Pentagon-dodekaeder
hhl (h > l)	Triakis-oktaeder	wie in O_h	Deltoid-dodekaeder	wie in O_h	Deltoid-dodekaeder
hkk (h > k)	Deltoidikosi-tetraeder	wie in O_h	Triakis-tetraeder	wie in O_h	Triakis-tetraeder
hkl	Hexakis-oktaeder	Dyakisdode-kaeder	Hexakis-tetraeder	Pentagoni-kosi-tetraeder	tetraedr. Pentagon-dodekaeder

27108.

Schoenflies-Symbol	Hermann-Mauguin-Symbol	Vorgänge zentro-symmetrischer Art	Röntgensymmetrie „Laue-Symmetrie“	Elastizität	Optische Symmetrie, therm. Ausdehnung, Wärme- und Elektrizitätsleitung	Optische Aktivität	Bildung rechter und linker Krystalle	Pyromagnetismus	Pyroelektrizität	Piezoelektrizität
C_1	1	—	1	1	1	1	1	1	1	1
$C_i(S_2)$ . . .	$\bar{1}$	1	1	1	1	—	—	1	—	—
C_2	2	—	2	2	2	2	2	2	2	2
$C_s(C_{1h})$ . .	m	—	2	2	2	3	—	2	3	3
C_{2h}	2/m	2	2	2	2	—	—	2	—	—
C_{2v}	mm	—	3	3	3	4	—	—	2	4
$V(D_2)$ . . .	2 2 2	—	3	3	3	5	3	—	—	5
$V_h(D_{2h})$ . .	mmm	3	3	3	3	—	—	—	—	—
C_4	4	—	4	4	4	6	4	2	2	6
S_4	$\bar{4}$	—	4	4	4	7	—	2	—	7
C_{4h}	4/m	4	4	4	4	—	—	2	—	—
C_{4v}	4mm	—	5	4	4	*	—	—	2	8
$V_d(D_{2d})$ . .	$\bar{4}$ 2 m	—	5	4	4	8	—	—	—	9
D_4	4 2	—	5	4	4	6	5	—	—	10
D_{4h}	4/mmm	5	5	4	4	—	—	—	—	—
C_3	3	—	6	5	4	6	6	2	2	11
$C_{3i}(S_6)$ . .	$\bar{3}$	6	6	5	4	—	—	2	—	—
C_{3v}	3m	—	7	5	4	*	—	—	2	12
D_3	3 2	—	7	5	4	6	7	—	—	13
D_{3d}	$\bar{3}$m	7	7	5	4	—	—	—	—	—
C_6	6	—	8	6	4	6	8	2	2	6
C_{3h}	$\bar{6}$	—	8	6	4	*	—	2	—	14
C_{6h}	6/m	8	8	6	4	—	—	2	—	—
C_{6v}	6mm	—	9	6	4	*	—	—	2	8
D_{3h}	$\bar{6}$ 2 m	—	9	6	4	*	—	—	—	15
D_6	6 2	—	9	6	4	6	9	—	—	10
D_{6h}	6/mmm	9	9	6	4	—	—	—	—	—
T	2 3	—	10	7	5	9	10	—	—	16
T_h	m 3	10	10	7	5	—	—	—	—	—
T_d	$\bar{4}$ 3 m	—	11	7	5	*	—	—	—	16
O	4 3	—	11	7	5	9	11	—	—	*
O_h	m 3 m	11	11	7	5	—	—	—	—	—
Klassen . .		11	32	32	32	15	11	13	10	20
Gruppen . .		11	11	7	5	9	11	2	3	16

* Auch in diesen Klassen ist es nicht unmöglich, daß eventuell bei sehr weit getriebener Meßgenauigkeit der Effekt beobachtet werden kann.

27109.

	Symbole nach Schoenflies	Symbole für Tab. 27110
1. Triklin (primitiv) a, b, c, α, β, γ	Γ_{tr}	P
2. Monoklin primitiv a, b, c; $\alpha = \gamma = 90^0$, β . .	Γ_m	P
3. flächenzentriert	Γ'_m	C
4. Rhombisch primitiv a, b, c; $\alpha = \beta = \gamma = 90^0$	$\Gamma_0 (\Gamma_v)$	P
5. Einseitig flächenzentr. a, b, c; $\alpha = \beta = \gamma = 90^0$	$\Gamma'_0 (\Gamma'_v)$	AB oder C
6. Allseitig flächenzentr. a, b, c; $\alpha = \beta = \gamma = 90^0$	$\Gamma''_0 (\Gamma''_v)$	F
7. Innen(raum)zentriert a, b, c; $\alpha = \beta = \gamma = 90^0$	$\Gamma'''_0 (\Gamma'''_v)$	I
8. a) Tetrag. primitiv $a = b$; c; $\alpha = \beta = \gamma = 90^0$.	$\Gamma_t (\Gamma_q)$	P
b) In anderer Aufstellung: basiszentriert . .	$\Gamma_t (\Gamma_q)$	C
9. a) Raumzentriert	$\Gamma'_t (\Gamma'_q)$	I
b) In anderer Aufstellung: allseitig flz. . . .	$\Gamma'_t (\Gamma'_q)$	F
10. Kubisch primitiv $a = b = c$, $\alpha = \beta = \gamma = 90^0$. .	Γ_c	P
11. Raumzentriert	Γ''_c	I
12. Flächenzentriert	Γ'_c	F
13. Rhomboedrisch $a = b = c$; $\alpha = \beta = \gamma$	Γ_{rh}	R
14. a) Hexagonal $a = b$; c; $\alpha = \beta = 90^0$; $\gamma = 120^0$	Γ_h	H
b) In anderer Aufstellung: $a = b\sqrt{3}$; c; $\alpha = \beta = \gamma = 90^0$ (orthohexagonal)	Γ_h	C

durchnumerierte. Für die Krystallklasse C_{2v} leitete er beispielsweise 22 Symmetriekombinationen ab, die bei makroskopischer Krystallbetrachtung ununterscheidbar sind, d. h. makroskopisch wird sich an solchen Krystallen immer nur die Symmetrie C_{2v} feststellen lassen. Diese 22 Möglichkeiten bezeichnete er willkürlich durchlaufend mit $C_{2v}^1 \ldots C_{2v}^{22}$. Es ist von verschiedener Seite versucht worden, eine Symbolik zu schaffen, welche gestattet, aus dem Symbol bereits die Symmetrieelemente abzulesen, welche die betreffende Raumgruppe aufbauen bzw. definieren. In den letzten Jahren hat sich allgemein die Symbolik von Hermann-Mauguin durchgesetzt, die in der Tab. 27110 mitgeteilt wird. Es soll hier nicht eine ausführliche Einführung in diese Symbolik gegeben werden. Hierzu lese man die Originalarbeiten von Hermann und Mauguin nach bzw. die sehr klare Darstellung in dem Handbuchartikel von Ewald[1]. Hier seien nur zur Erinnerung folgende Angaben gemacht.

An erster Stelle stehen die großen lateinischen Buchstaben P, A, B, C, F, I, R, H. Diese machen Aussagen über die Translationsgruppe. Es bedeuten

P primitiv,
A flächenzentriert, Zentrierung der A-Fläche,
B flächenzentriert, Zentrierung der B-Fläche,
C flächenzentriert, Zentrierung der C-Fläche,
F allseitig flächenzentriert,
I innenzentriert (raumzentriert),
R rhomboedrisch,
H hexagonal [für H könnte grundsätzlich — und wird auch sehr oft — C gesetzt werden, wenn man nämlich die „orthohexagonale" Achsenwahl ($\gamma = 90^0$) aus praktischen Gründen der „gewöhnlich hexagonalen" Aufstellung ($\gamma = 60^0$) vorzieht].

[1] Geiger-Scheel: Handbuch der Physik, 2. Aufl., Bd. 23, 2. Teil. Berlin 1933.

Es folgen dann — maximal — 3 Werte (Zahlen, Buchstaben oder Brüche), welche die Symmetrieverhältnisse in den sog. Blickrichtungen darstellen. Die Blickrichtungen (vgl. darüber unten) sind geometrisch ausgezeichnete Richtungen, nämlich diejenigen, denen die eventuell vorhandenen Symmetrieachsen und Normalen der Symmetrieebenen parallel verlaufen.

2, 3, 4 und 6 bedeutet, daß 2-, 3-, 4- oder 6-zählige Drehachsen den Blickrichtungen parallel verlaufen. Sind es nicht Dreh-, sondern Schraubenachsen, so wird das durch einen Index kenntlich gemacht. Und zwar bedeutet p_q, daß eine p-zählige Schraubenachse mit der Schraubungskomponenten $\frac{q\tau}{p}$ vorliegt, wobei τ die Translationsperiode in der betreffenden Richtung bedeutet (vgl. 27102). Drehinversionsachsen werden durch Striche kenntlich gemacht (vgl. 27101). Es bedeutet $\bar{1}$ das Symmetriezentrum ($\bar{2}$ würde mit der Spiegelebene identisch sein, die aber ein anderes Symbol bekommt),

$\bar{3}$ entspricht C_{3i} bzw. S_6 nach Schoenflies
$\bar{4}$ „ S_4 nach Schoenflies
$\bar{6}$ „ C_{3h} nach Schoenflies
(Drehinversionsachsen sind *nicht* mit Drehspiegelachsen zu verwechseln),

m „ der Normalen einer Spiegelebene,

a „ „ „ „ Gleitebene mit den Gleitkomponenten $g = \frac{a}{2}$,

b „ „ „ „ „ „ „ „ $g = \frac{b}{2}$,

c „ „ „ „ „ „ „ „ $g = \frac{c}{2}$,

d „ „ „ „ „ „ „ „ $g = \frac{r}{4} + \frac{s}{4}$,

n „ „ „ „ „ „ „ „ $g = \frac{r}{2} + \frac{s}{2}$,

wobei r und s für irgend zwei der Werte a, b und c stehen.

Befinden sich in der gleichen Blickrichtung eine Achse und eine Symmetrieebenennormale, so wird das durch einen Bruchstrich kenntlich gemacht. Es bedeutet z. B. $\frac{2}{m}$ oder 2/m, daß eine zweizählige Drehachse eine Spiegelebene senkrecht durchsetzt 1 bedeutet, daß die Blickrichtung kein Symmetrieelement enthält.

Reihenfolge der Blickrichtungen. Triklines System: Irgendeine Richtung. Monoklines System: Nur die b-Achse. Rhombisches System: a-, b-, c-Achse.

Tetragonales, Hexagonales, Trigonales bzw. Rhomboedrisches System:
1. Die Hauptachse (c-Achse), in üblicher Weise vertika zu denken.
2. Die Nebenachse (a-Achse), Richtung der kürzesten horizontalen Translation.
3. Die Winkelhalbierende zweier Nebenachsen.

Kubisches System: Die Normalen der Würfel-, Oktaeder-, Rhombendodekaeder flächen, also [100]-, [111]- und [110]-Richtungen.

Es ist zu beachten: 1. Die Symbole enthalten nicht alle Sorten von Symmetrie elementen, die in einer Raumgruppe vorhanden sind, immerhin aber genügend, die betreffende Raumgruppe eindeutig zu definieren. Man kann sich durch Überlegung oder Konstruktion die übrigen, die durch die angegebenen notwendigerweise erzeuge werden, ableiten. 2. Ein Minimum der erzeugenden Symmetrieelemente gab die abgekürzten Symbole. 3. Ähnliche Symbole wurden auch für die Krystallklassen abgeleitet (s. 27104). Über die Herleitung vergleiche man den Artikel von Ewald im Handbuch der Physik, Bd. 23/II. 27110 gibt die 230 Raumgruppensymbole nach Schoenflies und Hermann-Mauguin.

27110 Raumgruppensymbole.

Bei anderer als der konventionellen Achsenwahl können sich andere Hermann-Mauguinsche Symbole ergeben; s. diese in den bereits zitierten „Internat. Tabellen".

Schoenflies	Hermann-Mauguin vollständig	Hermann-Mauguin gekürzt
C_1^1	$P1$	$P1$
C_i^1	$P\bar{1}$	$P\bar{1}$
C_s^1	Pm	Pm
C_s^2	Pc	Pc
C_s^3	Cm	Cm
C_s^4	Cc	Cc
C_2^1	P2	P2
C_2^2	$P2_1$	$P2_1$
C_2^3	C2	C2
C_{2h}^1	$P\frac{2}{m}$	P2/m
C_{2h}^2	$P\frac{2_1}{m}$	$P2_1/m$
C_{2h}^3	$C\frac{2}{m}$	C2/m
C_{2h}^4	$P\frac{2}{c}$	P2/c
C_{2h}^5	$P\frac{2_1}{c}$	$P2_1/c$
C_{2h}^6	$C\frac{2}{c}$	C2/c
C_{2v}^1	Pmm2	Pmm
C_{2v}^2	$Pmc2_1$	Pmc
C_{2v}^3	Pcc2	Pcc
C_{2v}^4	Pma2	Pma
C_{2v}^5	$Pca2_1$	Pca
C_{2v}^6	Pnc2	Pnc
C_{2v}^7	$Pmn2_1$	Pmn
C_{2v}^8	Pba2	Pba
C_{2v}^9	$Pna2_1$	Pna
C_{2v}^{10}	Pnn2	Pnn
C_{2v}^{11}	Cmm2	Cmm
C_{2v}^{12}	$Cmc2_1$	Cmc
C_{2v}^{13}	Ccc2	Ccc
C_{2v}^{14}	Amm2	Amm
C_{2v}^{15}	Abm2	Abm
C_{2v}^{16}	Ama2	Ama
C_{2v}^{17}	Aba2	Aba
C_{2v}^{18}	Fmm2	Fmm
C_{2v}^{19}	Fdd2	Fdd
C_{2v}^{20}	Imm2	Imm
C_{2v}^{21}	Iba2	Iba
C_{2v}^{22}	Ima2	Ima
$D_2^1 = V^1$	P222	P222
$D_2^2 = V^2$	$P222_1$	$P222_1$
$D_2^3 = V^3$	$P2_12_12$	$P2_12_12$
$D_2^4 = V^4$	$P2_12_12_1$	$P2_12_12_1$
$D_2^5 = V^5$	$C222_1$	$C222_1$
$D_2^6 = V^6$	C222	C222
$D_2^7 = V^7$	F222	F222
$D_2^8 = V^8$	I222	I222
$D_2^9 = V^9$	$I2\,2\,2_1$	$I2_12_12_1$

Schoenflies	Hermann-Mauguin vollständig	Hermann-Mauguin gekürzt
$D_{2h}^1 = V_h^1$	$P\frac{2}{m}\frac{2}{m}\frac{2}{m}$	Pmmm
$D_{2h}^2 = V_h^2$	$P\frac{2}{n}\frac{2}{n}\frac{2}{n}$	Pnnn
$D_{2h}^3 = V_h^3$	$P\frac{2}{c}\frac{2}{c}\frac{2}{m}$	Pccm
$D_{2h}^4 = V_h^4$	$P\frac{2}{b}\frac{2}{a}\frac{2}{n}$	Pban
$D_{2h}^5 = V_h^5$	$P\frac{2_1}{m}\frac{2}{m}\frac{2}{a}$	Pmma
$D_{2h}^6 = V_h^6$	$P\frac{2}{n}\frac{2_1}{n}\frac{2}{a}$	Pnna
$D_{2h}^7 = V_h^7$	$P\frac{2}{m}\frac{2}{n}\frac{2_1}{a}$	Pmna
$D_{2h}^8 = V_h^8$	$P\frac{2_1}{c}\frac{2}{c}\frac{2}{a}$	Pcca
$D_{2h}^9 = V_h^9$	$P\frac{2_1}{b}\frac{2_1}{m}\frac{2}{a}$	Pbam
$D_{2h}^{10} = V_h^{10}$	$P\frac{2_1}{c}\frac{2_1}{c}\frac{2}{n}$	Pccn
$D_{2h}^{11} = V_h^{11}$	$P\frac{2}{b}\frac{2_1}{c}\frac{2_1}{m}$	Pbcm
$D_{2h}^{12} = V_h^{12}$	$P\frac{2_1}{n}\frac{2_1}{n}\frac{2}{m}$	Pnnm
$D_{2h}^{13} = V_h^{13}$	$P\frac{2_1}{m}\frac{2_1}{m}\frac{2}{n}$	Pmmn
$D_{2h}^{14} = V_h^{14}$	$P\frac{2_1}{b}\frac{2}{c}\frac{2_1}{n}$	Pbcn
$D_{2h}^{15} = V_h^{15}$	$P\frac{2_1}{b}\frac{2_1}{c}\frac{2_1}{a}$	Pbca
$D_{2h}^{16} = V_h^{16}$	$P\frac{2_1}{n}\frac{2_1}{m}\frac{2_1}{a}$	Pnma
$D_{2h}^{17} = V_h^{17}$	$C\frac{2}{m}\frac{2}{c}\frac{2_1}{m}$	Cmcm
$D_{2h}^{18} = V_h^{18}$	$C\frac{2}{m}\frac{2}{c}\frac{2_1}{a}$	Cmca
$D_{2h}^{19} = V_h^{19}$	$C\frac{2}{m}\frac{2}{m}\frac{2}{m}$	Cmmm
$D_{2h}^{20} = V_h^{20}$	$C\frac{2}{c}\frac{2}{c}\frac{2}{m}$	Cccm
$D_{2h}^{21} = V_h^{21}$	$C\frac{2}{m}\frac{2}{m}\frac{2}{a}$	Cmma
$D_{2h}^{22} = V_h^{22}$	$C\frac{2}{c}\frac{2}{c}\frac{2}{a}$	Ccca
$D_{2h}^{23} = V_h^{23}$	$F\frac{2}{m}\frac{2}{m}\frac{2}{m}$	Fmmm
$D_{2h}^{24} = V_h^{24}$	$F\frac{2}{d}\frac{2}{d}\frac{2}{d}$	Fddd
$D_{2h}^{25} = V_h^{25}$	$I\frac{2}{m}\frac{2}{m}\frac{2}{m}$	Immm
$D_{2h}^{26} = V_h^{26}$	$I\frac{2}{b}\frac{2}{a}\frac{2}{m}$	Ibam
$D_{2h}^{27} = V_h^{27}$	$I\frac{2_1}{b}\frac{2_1}{c}\frac{2_1}{a}$	Ibca
$D_{2h}^{28} = V_h^{28}$	$I\frac{2_1}{m}\frac{2_1}{m}\frac{2_1}{a}$	Imma
S_4^1	$P\bar{4}$	
S_4^2	$I\bar{4}$	

27110 (Fortsetzung).

Schoenflies	Hermann-Mauguin vollständig	Hermann-Mauguin gekürzt
C_4^1	$P4$	
C_4^2	$P4_1$	
C_4^3	$P4_2$	
C_4^4	$P4_3$	
C_4^5	$I4$	
C_4^6	$I4_1$	
C_{4h}^1	$P4/m$	
C_{4h}^2	$P4_2/m$	
C_{4h}^3	$P4/n$	
C_{4h}^4	$P4_2/n$	
C_{4h}^5	$I4/m$	
C_{4h}^6	$I4_1/a$	
$D_{2d}^1 = V_d^1$	$P\bar{4}2m$	
$D_{2d}^2 = V_d^2$	$P\bar{4}2c$	
$D_{2d}^3 = V_d^3$	$P\bar{4}2_1m$	
$D_{2d}^4 = V_d^4$	$P\bar{4}2_1c$	
$D_{2d}^5 = V_d^5$	$C\bar{4}2m$	
$D_{2d}^6 = V_d^6$	$C\bar{4}2c$	
$D_{2d}^7 = V_d^7$	$C\bar{4}2b$	
$D_{2d}^8 = V_d^8$	$C\bar{4}2n$	
$D_{2d}^9 = V_d^9$	$F\bar{4}2m$	
$D_{2d}^{10} = V^{10}$	$F\bar{4}2c$	
$D_{2d}^{11} = V_d^{11}$	$I\bar{4}2m$	
$D_{2d}^{12} = V_d^{12}$	$I\bar{4}2d$	
C_{4v}^1	$P4mm$	$P4mm$
C_{4v}^2	$P4bm$	$P4bm$
C_{4v}^3	$P4_2cm$	$P4cm$
C_{4v}^4	$P4_2nm$	$P4nm$
C_{4v}^5	$P4cc$	$P4cc$
C_{4v}^6	$P4nc$	$P4nc$
C_{4v}^7	$P4_2mc$	$P4mc$
C_{4v}^8	$P4_2bc$	$P4bc$
C_{4v}^9	$I4mm$	$I4mm$
C_{4v}^{10}	$I4cm$	$I4cm$
C_{4v}^{11}	$I4_1md$	$I4md$
C_{4v}^{12}	$I4_1cd$	$I4cd$
D_4^1	$P422$	$P42$
D_4^2	$P42_12$	$P42_1$
D_4^3	$P4_122$	$P4_12$
D_4^4	$P4_12_12$	$P4_12_1$
D_4^5	$P4_222$	$P4_22$
D_4^6	$P4_22_12$	$P4_22_1$
D_4^7	$P4_322$	$P4_32$
D_4^8	$P4_32_12$	$P4_32_1$
D_4^9	$I422$	$I42$
D_4^{10}	$I4_122$	$I4_12$
D_{4h}^1	$P\frac{4}{m}\frac{2}{m}\frac{2}{m}$	$P4/mmm$
D_{4h}^2	$P\frac{4}{m}\frac{2}{c}\frac{2}{c}$	$P4/mcc$
D_{4h}^3	$P\frac{4}{n}\frac{2}{b}\frac{2}{m}$	$P4/nbm$
D_{4h}^4	$P\frac{4}{n}\frac{2}{n}\frac{2}{c}$	$P4/nnc$
D_{4h}^5	$P\frac{4}{m}\frac{2_1}{b}\frac{2}{m}$	$P4/mbm$
D_{4h}^6	$P\frac{4}{m}\frac{2_1}{n}\frac{2}{c}$	$P4/mnc$
D_{4h}^7	$P\frac{4}{n}\frac{2_1}{m}\frac{2}{m}$	$P4/nmm$
D_{4h}^8	$P\frac{4}{n}\frac{2_1}{c}\frac{2}{c}$	$P4/ncc$
D_{4h}^9	$P\frac{4_2}{m}\frac{2}{m}\frac{2}{c}$	$P4/mmc$
D_{4h}^{10}	$P\frac{4_2}{m}\frac{2}{c}\frac{2}{m}$	$P4/mcm$
D_{4h}^{11}	$P\frac{4_2}{n}\frac{2}{b}\frac{2}{c}$	$P4/nbc$
D_{4h}^{12}	$P\frac{4_2}{n}\frac{2}{n}\frac{2}{m}$	$P4/nnm$
D_{4h}^{13}	$P\frac{4_2}{m}\frac{2_1}{b}\frac{2}{c}$	$P4/mbc$
D_{4h}^{14}	$P\frac{4_2}{m}\frac{2_1}{n}\frac{2}{m}$	$P4/mnm$
D_{4h}^{15}	$P\frac{4_2}{n}\frac{2_1}{m}\frac{2}{c}$	$P4/nmc$
D_{4h}^{16}	$P\frac{4_2}{n}\frac{2_1}{c}\frac{2}{m}$	$P4/ncm$
D_{4h}^{17}	$I\frac{4}{m}\frac{2}{m}\frac{2}{m}$	$I4/mmm$
D_{4h}^{18}	$I\frac{4}{m}\frac{2}{c}\frac{2}{m}$	$I4/mcm$
D_{4h}^{19}	$I\frac{4_1}{a}\frac{2}{m}\frac{2}{d}$	$I4/amd$
D_{4h}^{20}	$I\frac{4_1}{a}\frac{2}{c}\frac{2}{d}$	$I4/acd$
C_3^1	$C3$	
C_3^2	$C3_1$	
C_3^3	$C3_2$	
C_3^4	$R3$	
C_{3i}^1	$C\bar{3}$	
C_{3i}^2	$R\bar{3}$	
C_{3v}^1	$C3m1$	$C3m$
C_{3v}^2	$H3m1$	$H3m$
C_{3v}^3	$C3c1$	$C3c$
C_{3v}^4	$H3c1$	$H3c$
C_{3v}^5	$R3m$	$R3m$
C_{3v}^6	$R3c$	$R3c$
D_3^1	$H321$	$H32$
D_3^2	$C321$	$C32$
D_3^3	$H3_121$	$H3_12$
D_3^4	$C3_121$	$C3_12$
D_3^5	$H3_221$	$H3_22$
D_3^6	$C3_221$	$C3_22$
D_3^7	$R32$	$R32$

27110 (Fortsetzung).

Schoenflies	Hermann-Mauguin vollständig	Hermann-Mauguin gekürzt
D_{3d}^1	$H\bar{3}\frac{2}{m}1$	$H\bar{3}m1$ $H\bar{3}m$
D_{3d}^2	$H\bar{3}\frac{2}{c}1$	$H\bar{3}c1$ $H\bar{3}c$
D_{3d}^3	$C\bar{3}\frac{2}{m}1$	$C\bar{3}m1$ $C\bar{3}m$
D_{3d}^4	$C\bar{3}\frac{2}{c}1$	$C\bar{3}c1$ $C\bar{3}c$
D_{3d}^5	$R\bar{3}\frac{2}{m}$	$R\bar{3}m$
D_{3d}^6	$R\bar{3}\frac{2}{c}$	$R\bar{3}c$
C_{3h}^1	$C\bar{6}$	
$C6^1$	$C6$	
$C6^2$	$C6_1$	
$C6^3$	$C6_5$	
$C6^4$	$C6_2$	
$C6^5$	$C6_4$	
$C6^6$	$C6_3$	
C_{6h}^1	$C6/m$	
C_{6h}^2	$C6_3/m$	
D_{3h}^1	$C\bar{6}m2$	
D_{3h}^2	$C\bar{6}c2$	
D_{3h}^3	$H\bar{6}m2$	
D_{3h}^4	$H\bar{6}c2$	
C_{6v}^1	$C6mm$	$C6mm$
C_{6v}^2	$C6cc$	$C6cc$
C_{6v}^3	$C6_3cm$	$C6cm$
C_{6v}^4	$C6_3mc$	$C6mc$
D_6^1	$C622$	$C62$
D_6^2	$C6_122$	$C6_12$
D_6^3	$C6_522$	$C6_52$
D_6^4	$C6_222$	$C6_22$
D_6^5	$C6_422$	$C6_42$
D_6^6	$C6_322$	$C6_32$
D_{6h}^1	$C\frac{6}{m}\frac{2}{m}\frac{2}{m}$	$C6/mmm$
D_{6h}^2	$C\frac{6}{m}\frac{2}{c}\frac{2}{c}$	$C6/mcc$
D_{6h}^3	$C\frac{6_3}{m}\frac{2}{c}\frac{2}{m}$	$C6/mcm$
D_{6h}^4	$C\frac{6_3}{m}\frac{2}{m}\frac{2}{c}$	$C6/mmc$
T^1	$P23$	
T^2	$F23$	
T^3	$I23$	

Schoenflies	Hermann-Mauguin vollständig	Hermann-Mauguin gekürzt
T^4	$P2_13$	
T^5	$I2_13$	
T_h^1	$P\frac{2}{m}\bar{3}$	$Pm3$
T_h^2	$P\frac{2}{n}\bar{3}$	$Pn3$
T_h^3	$F\frac{2}{m}\bar{3}$	$Fm3$
T_h^4	$F\frac{2}{d}\bar{3}$	$Fd3$
T_h^5	$I\frac{2}{m}\bar{3}$	$Im3$
T_h^6	$P\frac{2_1}{a}\bar{3}$	$Pa3$
T_h^7	$I\frac{2_1}{a}3$	$Ia3$
T_d^1	$P\bar{4}3m$	
T_d^2	$F\bar{4}3m$	
T_d^3	$I\bar{4}3m$	
T_d^4	$P\bar{4}3n$	
T_d^5	$F\bar{4}3c$	
T_d^6	$I\bar{4}3d$	
O^1	$P432$	$P43$
O^2	$P4_232$	$P4_23$
O^3	$F432$	$F43$
O^4	$F4_132$	$F4_13$
O^5	$I432$	$I43$
O^6	$P4_332$	$P4_33$
O^7	$P4_132$	$P4_13$
O^8	$I4_132$	$I4_13$
O_h^1	$P\frac{4}{m}\bar{3}\frac{2}{m}$	$Pm3m$
O_h^2	$P\frac{4}{n}\bar{3}\frac{2}{n}$	$Pn3n$
O_h^3	$P\frac{4_2}{m}\bar{3}\frac{2}{n}$	$Pm3n$
O_h^4	$P\frac{4_2}{n}\bar{3}\frac{2}{m}$	$Pn3m$
O_h^5	$F\frac{4}{m}\bar{3}\frac{2}{m}$	$Fm3m$
O_h^6	$F\frac{4}{m}\bar{3}\frac{2}{c}$	$Fm3c$
O_h^7	$F\frac{4_1}{d}\bar{3}\frac{2}{m}$	$Fd3m$
O_h^8	$F\frac{4_1}{d}\bar{3}\frac{2}{c}$	$Fd3c$
O_h^9	$I\frac{4}{m}\bar{3}\frac{2}{m}$	$Im3m$
O_h^{10}	$I\frac{4_1}{a}\bar{3}\frac{2}{d}$	$Ia3d$

272 Krystallchemie.

Die folgenden Seiten geben einen Überblick über Ergebnisse der Krystallstrukturerforschung. Bei der Auswahl der mitgeteilten Strukturen waren folgende Gesichtspunkte leitend: Die Strukturen der Elemente sollten vollständig — soweit zur Zeit bekannt — gegeben werden. Von Verbindungen wurden im wesentlichen nur diejenigen des Formeltypus AB und AB_2 berücksichtigt. Um einen ersten Eindruck vom Krystallbau der AB- und AB_2-Verbindungen zu vermitteln, genügt die Mitteilung einiger weniger Strukturtypen mit Aufzählung der in ihnen krystallisierenden Substanzen. Es folgen dann einige besonders häufig verwirklichte kompliziertere Strukturtypen. Da es weiterhin interessiert, wie der Krystallbau von der chemischen Zusammensetzung abhängt, sind am Schluß einige krystallchemische Tabellen gegeben, in denen jeweils für chemisch ähnliche Substanzen der Strukturtyp angegeben wurde. Die ersten Tabellen, die Strukturtabellen, geben also bei festgehaltenem Strukturtyp die Mannigfaltigkeit der chemischen Verbindungstypen, die zweiten Tabellen, die krystallchemischen Tabellen, bei festgehaltenem chemischen Verbindungstyp die Mannigfaltigkeit der Strukturen.

Für die besprochenen Typen wurde angestrebt, sämtliche in ihnen krystallisierenden und bislang (1941) bekannt gewordenen Vertreter aufzuzählen.

Übersicht.

I. Bemerkungen zur Beschreibung der Strukturtypen.

II. Einige spezielle Strukturtypen. Tabelle 27201...27238.

1. Elemente, 27201...27219.
   - A1-Typ: Kupfer,
   - A2-Typ: Wolfram,
   - A3-Typ: Magnesium,
   - A4-Typ: Diamant,
   - A5-Typ: Metallisches (weißes) Zinn,
   - A6-Typ: Indium,
   - A7-Typ: Arsen,
   - A8-Typ: Selen,
   - A9-Typ: Graphit,
   - A10-Typ: Quecksilber,
   - A11-Typ: Gallium,
   - A12-Typ: α-Mangan,
   - A13-Typ: β-Mangan,
   - A14-Typ: Jod,
   - A15-Typ: β-Wolfram,
   - A16-Typ: Schwefel,
   - A17-Typ: Schwarzer Phosphor,
   - A18-Typ: Chlor,
   - A19-Typ: Polonium.
2. AB-Verbindungen, 27220...27225.
   - B1-Typ: NaCl,
   - B2-Typ: CsCl,
   - B3-Typ: ZnS, Zinkblende,
   - B4-Typ: ZnS, Wurtzit,
   - B8-Typ: NiAs, Nickelarsenkies,
   - B32-Typ: NaTl.
3. AB_2-Verbindungen, 27226...27234.
   - C1-Typ: CaF_2, Flußspat,
   - C2-Typ: FeS_2, Pyrit und CO_2, Kohlendioxyd,
   - C4-Typ: TiO_2, Rutil,
   - C6-Typ: CdJ_2, Cadmiumjodid,
   - C14-Typ: $MgZn_2$,
   - C15-Typ: $MgCu_2$,
   - C18-Typ: FeS_2, Markasit, siehe unter C2-Typ,
   - C19-Typ: $CdCl_2$, Cadmiumchlorid,
   - C27-Typ: CdJ_2, 2. Modifikation,
   - C36-Typ: $MgNi_2$.
4. Kompliziertere Verbindungen, 27235...27238.
   - „ABX_3": Perowskit ($CaTiO_3$), $E2_1$-Typ,
   - „A_2BX_4": Spinell ($MgAl_2O_4$), H11-Typ,
   - K_2PtCl_6, $I1_1$-Typ,
   - γ-Messing; $D8_1$-, $D8_2$- und $D8_3$-Typen.

III. Krystallchemische Tabellen, 27239...27241.

1. Elemente, 27239.

2. AB-Verbindungen, 27240.

a) 1-wertige Kationen mit Edelgas-, 18- (18+2-) Schale,

b) 2-wertige Kationen mit Edelgas-, 18- (18+2-) Schale,

c) 3-wertige Kationen mit Edelgas-, 18- (18+2-) Schale,

d) Kationen mit unaufgefüllten 18-Schalen.

3. AB_2-Verbindungen, 27241.

a) 2-wertige Kationen mit Edelgas-, 18- (18+2-) Schale,

b) 4-wertige Kationen mit Edelgas-, 18- (18+2-) Schale,

c) Kationen mit unaufgefüllten 18-Schalen.

IV. „Radien" von Ionen und Atomen, 27242...27248.

I. Bemerkungen zur Bezeichnung und Beschreibung der Strukturtypen.

Die Krystallstrukturbestimmungen haben ergeben, daß nicht jedem chemischen Element oder jeder chemischen Verbindung im krystallisierten Zustande eine besondere Atomanordnung entspricht, sondern daß jeweils sehr viele Stoffe die gleiche Atomanordnung haben. Zum Beispiel krystallisieren 24 Elemente in der gleichen Art wie das Kupfer. Die verschiedenen Arten der Atomanordnung werden Strukturtypen genannt. Oft wird ein Strukturtyp nach dem ersten Stoff benannt, bei dem der betreffende Strukturtyp gefunden wurde. Zum Beispiel Diamant-Typ, Steinsalz-Typ, CaF_2-Typ usw. Eine Aufzählung und ausführliche Beschreibung aller bislang bestimmten Strukturen findet sich im Strukturbericht[1]. Die Einteilung der Strukturtypen erfolgte dort nach dem Typ der chemischen Formel:

A-Typen: Elemente,
B-Typen: Verbindungen AB,
C-Typen: Verbindungen AB_2,
D-Typen: Verbindungen A_mB_n,
E-Typen: Verbindungen mit mehr als zwei Atomarten ohne Radikalbildung,
F-Typen: Gitter mit Radikalen BX und BX_2,
G-Typen: Gitter mit Radikalen BX_3,
H-Typen: Gitter mit Radikalen BX_4,
I-Typen: Gitter mit Radikalen BX_6,
K-Typen: Gitter mit komplizierten Radikalen,
S-Typen: Silikate,
O-Typen: Organische Verbindungen,
L-Typen: Legierungstypen.

Die weitere Unterscheidung wird nach einer willkürlichen Numerierung durchgeführt, indem jeweils neubestimmte Strukturtypen einfach fortlaufend numeriert werden.

Im nächsten Abschnitt sind einige besonders wichtige Strukturtypen mit den in ihnen krystallisierenden Vertretern zusammengestellt worden. Von jedem der angeführten Strukturtypen wurden zur Erinnerung einige ihn charakterisierende Angaben gemacht:

1. Typenbezeichnung nach dem Strukturbericht[1].
2. Angabe der Substanz, unter welcher der Typ auch sonst noch des öfteren bezeichnet wird.
3. Eventuell kurze Beschreibung und Hinweis auf andere Typen.
4. Raumgruppensymbol. Hieraus läßt sich nach 27104 des vorigen Abschnittes das Krystallsystem ablesen.

---

[1] 1. Band, bearbeitet von P. P. Ewald und C. Hermann (umfaßt die Ergebnisse bis 1928), 2. Band, bearbeitet von C. Hermann, O. Lohrmann und H. Philipp (1928—1932), 3. Band, bearbeitet von C. Gottfried und F. Schoßberger (1933—1935), 4. Band, bearbeitet von C. Gottfried (1936), 5. Band, bearbeitet von C. Gottfried (1937), 6. Band, bearbeitet von K. Herrmann (1938), Leipzig: Akademische Verlagsgesellschaft.

5. Symbol der Translationsgruppe (Bravaisgitter). Vergleiche dazu 27109 des vorigen Abschnittes.

6. Anzahl der Atome je Zelle (A) bzw. Anzahl der Moleküle je Zelle (M).

7. Bausymbol. Vergleiche dazu die nach Punkt 9 folgenden Bemerkungen.

8. Angabe der Gitterkonstanten a, b, c, α, β, γ (vgl. 27109 des vorigen Abschnittes). Sämtliche Zahlenangaben für die Gitterkonstanten a, b, c gelten in Å-Einheiten. 1 Å = 10^{-8} cm.

9. Es wurden sodann gelegentlich noch folgende Abkürzungen verwandt: tr. = triklin, mkl. = monoklin, rh. = rhombisch, tetr. = tetragonal, kub. = kubisch, rhomb. = rhomboedrisch, hex. = hexagonal, trig. = trigonal, flz. = flächenzentriert, rz. = raumzentriert, def. = deformiert bzw. niedriger symmetrisch.

Unter „Überstruktur" bzw. unter „geordneter" Atomverteilung wird üblicherweise folgendes verstanden: Bei Mischkrystallen besetzen im allgemeinen verschiedene Atomsorten in statistisch ungeordneter Weise der Symmetrie nach ununterscheidbare Punktlagen. Abweichungen von der statistischen Unordnung führen zu *geordneten* Strukturen, die man, wenn sie zur Vervielfachung des „Raumes der Nichtidentität" führen, was sich oft in einer Vervielfachung der „Gitterkonstanten" äußert, *Überstrukturen* nennt.

Unter dem Typensymbol des Strukturberichtes wurde meist noch ein anderes Symbol, ein Bau-Symbol, angeführt, aus welchem sich leicht die wichtigsten geometrischen Eigenschaften des Typs ablesen lassen. Durch Buchstaben wird jeweils der Bauzusammenhang charakterisiert, d. h. ob die durch die kürzesten Bindungsrichtungen miteinander verbundenen Atome endliche Gebilde sind, *Inseln* (I, i), oder nur in einer Dimension unendlich, *Ketten* (K, k), oder nur in zwei Dimensionen unendlich, *Netze* (N, n), oder in allen drei Dimensionen unendlich, *Gitter* (G, g). Je nachdem, ob es sich bei dem betrachteten Bauzusammenhang um gleiche bzw. gleichwertige Atome (homogener Bauzusammenhang) oder ungleiche bzw. ungleichwertige Atome (heterogener Bauzusammenhang) handelt, werden die großen oder die kleinen Buchstaben benutzt. Die den Buchstaben beigegebenen Zahlen geben die Anzahl der nächsten Nachbarn, also die Koordinationszahl, an. Die kürzesten Atomabstände werden durch die ebenfalls mitangeführten d-Werte gegeben, und zwar bedeutet bei Verbindungen

d_A = Abstand zwischen A-Atomen,
d_B = Abstand zwischen B-Atomen,
d_{AB} = Abstand zwischen A- und B-Atomen.

Es kommt nun oft vor, daß die ein Atom umgebenden Nachbaratome, deren Anzahl also die Koordinationszahl ergibt, nicht exakt gleich entfernt sind, sondern innerhalb gewisser Grenzen schwanken. Beispielsweise zerfallen im A6-Typ (s. S. 164) die 12 Nachbarn eines Indiumatoms in zwei Gruppen. 4 Nachbarn haben einen Abstand von $\frac{a}{2}\sqrt{2}$, 8 Nachbarn hingegen einen Abstand von $\frac{1}{2}\sqrt{a^2+c^2}$. Dies wurde dadurch zum Ausdruck gebracht, daß der für die 4 Nachbarn geltende Abstand mit $d^{[4]}$ und der für die 8 Nachbarn geltende Abstand mit $d'^{[8]}$ bezeichnet wurde. Die Anzahl der Nachbarn, für welche jeweils der mitgeteilte d-Wert gilt, wird also in eckiger Klammer dem d-Wert beigeschrieben. Dies Verfahren wurde sinngemäß auch bei den anderen Typen angewandt.

Wie schon erwähnt, wird die Koordinationszahl den Symbolen der Bauzusammenhänge beigeschrieben. Bei den Elementen ist das eindeutig (z. B. bedeutet im A6-Typ das Symbol 12G, daß ein gitterhafter Zusammenhang mit der Koordinationszahl 12 vorliegt), für die Verbindungen muß hierüber noch einiges gesagt werden, am besten an Hand eines praktischen Beispieles: Das Bau-Symbol des C6-Typs (CdJ_2-Typs) — es handelt sich hier um eine AB_2-Verbindung — ist:

$$\begin{array}{ccc} A & 6n3 & B \\ \downarrow & & \downarrow \\ 6N & & 12G \end{array}$$

Das bedeutet folgendes: Zwischen A und B steht das Symbol 6n3, in welchem „n" zeigen soll, daß mit den kürzesten Bindungen zwischen A- und B-Teilchen nur zweidimensional unendliche Gebilde, „netzartige Bauzusammenhänge" zusammengehalten werden. Das „6n3" soll zeigen, daß jedes A-Teilchen von 6 B-Teilchen, und jedes B-Teilchen von 3 A-Teilchen umgeben ist. Betrachtet man nur die A-Teilchen für sich, so bilden sie netzartige Zusammenhänge mit der Koordinationszahl 6 (6N). Die B-Teilchen für sich betrachtet bilden einen gitterhaften Zusammenhang mit der KZ. 12 (12G). Man kann dem Bau-Symbol also sofort ablesen, daß in eine „dichteste Kugelpackung" von B-Teilchen die A-Teilchen derart eingelagert sind, daß ein sog. Schichtengitter resultiert.

In analoger Weise sind auch die übrigen Bau-Symbole zu deuten.

27201.

A1-Typ; Kupfer; kub. flz. Gitter; kub. dicht. Kugelpackung; O_h^5; Γ_c' mit A=4; 12G; $d^{[12]} = \frac{a}{2}\sqrt{2}$;

vgl. dazu auch die sehr ähnlichen A6- und A10-Typen.

Substanztabelle (mit der Gitterkonstanten a).

Ag 4,08; Al 4,04; Ar 5,42; Au 4,07; Ca 5,56; Ce 5,14; Co 3,55; Cu 3,61; Fe 3,56; Ir 3,83; Kr 5,69; La 5,30; Mn (?) 3,70; Ne 4,52; Ni 3,52; Pb 4,94; Pd 3,88; Pr 5,15; Pt 3,92; Rh 3,80; Sc 4,53; Sr 6,07; Th 5,08; Tl 4,84; X 6,24; Yb 5,47.

Dieselbe Struktur mit vorwiegend geordneten Atomverteilungen ($L1_2$-Typ) haben Legierungsphasen etwa folgender Zusammensetzung:

$AgPt_3$ 3,89; $AlFe_3$ (mit C-Gehalt) 3,8; $AlNi_3$ 3,56; $AuCu_3$ 3,75; $AuTi_3$; $CaPb_3$ 4,89; $CaSn_3$ 4,73; $CaTl_3$ 4,79; $CdLi_3$ 4,25; $CePb_3$ 4,86; $CeSn_3$ 4,71; $FeNi_3$ 3,54; $LaPb_3$ 4,89; $LaSn_3$ 4,77; $MgIn_2$ 4,60; $NaPb_3$ 4,87; $PdCu_3$ 3,65; $PrPb_3$ 4,86; $PrSn_3$ 4,70; $PtCu_3$; $SiCa_2$ (?) 4,73; $SiNi_3$ 3,50; $SrPb_3$ (tetr. def. a = 4,95; c = 5,02); $TiPt_3$; $TiZn_3$; $TlHg_3$ 4,66.

Unter anderem haben die Schwerpunkte folgender Moleküle die Lage des A1-Typs: O_2 (b. 50° abs.) 6,83; N_2 (b. 20° abs.) 5,67; ClH (über 98° abs.) 5,47; BrH (b. 115° abs.) 5,8; IH (tetr. def. wie A6-Typ) a = 5,95, c = 6,43 (b. 21° abs.); a = 6,20, c = 6,69 (b. 125° abs.); SH_2 5,78; SeH_2 6,02; NH_3 5,15; N_2O 5,66; PH_3 6,31; AsH_3 6,40; CO (unter 62° abs.) 5,63; CO_2 5,56; $C(CH_2OH)_4$ (Pentaerythrit), über 179° C, 9,02 (das Pentaerythritmolekül rotiert).

27202.

A2-Typ; Wolfram; kub. rz. Gitter; O_h^9; Γ_c'' mit A=2; 8G; $d^{[8]} = \frac{a}{2}\sqrt{3}$;

vgl. dazu auch den B2-Typ (CsCl) und B32-Typ (NaTl) mit den dort angeführten Substanzen.

Substanztabelle (mit der Gitterkonstanten a).

Ba 5,02; Cr 2,88; Cs 6,05; Eu 4,57; Fe 2,86; K 5,33; Li 3,5P; Mo 3,14; Na 4,28; Nb 3,29; Rb 5,62; Ta 3,30; Ti 3,32; U (?) 3,43; V 3,03; W 3,16; Zr 3,61.

Dieselbe Struktur mit mehr oder weniger geordneten Atomverteilungen haben u. a. Legierungsphasen etwa folgender Zusammensetzung (vgl. dazu auch die Substanzen des B2- und B32-Typs):

Ag_3Al 3,24; AgCd 3,32; AgZn 3,16; ~AlCr 3,0; $AlCu_3$ 2,94; Be_2Cu 2,79; CoZn (?); Cu_5Sn 2,97; CuZn 2,95; $HgTl_8$ 3,82; Mn_3Si 2,85; Sb_2Tl_7 3 · 3,87 = 11,59.

Überstruktur mit verdoppelter Gitterkonstante zeigen:

$L2_1$-Typ: Cu_2MnAl 5,9; Cu_2MnSn 6,17; ~CuMgSn 6,22 (vgl. dazu Tabelle 27226); Ni_2MgSb 6,05; Ni_2MgSn 6,10; DO_3-Typ: Cu_3Al 5,84; $(Cu, Mn)_3Al$ 5,9; $(Cu, Ni)_3Sb$ 5,86; $(Cu, Ni)_3Sn$ 5,95; Fe_3Al 5,78; Fe_3Si 5,64; Li_3Bi 6,71; Li_3Hg 6,55; Li_3Sb 6,56; Mg_3Ce 7,37; Mg_3La 7,48; Mg_3Pr 7,37.

Mit rotierenden Molekülen: C_2Cl_6 7,31.

27203.

A 3-Typ; Magnesium; hex. dicht. Kugelpackung; D_{6h}^4; Γ_h mit A = 2;
12 G; $d^{[6]} = a$, $d'^{[6]} = \sqrt{a^2/3 + c^2/4}$; d = d', wenn c/a = 1,633.

Substanztabelle.

	a	c	c/a		a	c	c/a
Be . . .	2,27	3,59	1,58	Nd . . .	3,66	5,88	1,61
Ca . . .	3,98	6,52	1,64	β-N_2 . .	4,03	6,57	1,63
Cd . . .	2,97	5,61	1,89 [1]	β-CO . .	4,11	6,79	1,65
Ce . . .	3,65	5,91	1,62	Ni [3] . . .	2,7	4,3	1,6
Co . . .	2,51	4,07	1,62	Os . . .	2,73	4,31	1,58
Cp . . .	3,51	5,56	1,58	Pr . . .	3,66	5,92	1,62
Cr . . .	2,72	4,42	1,63	Re . . .	2,76	4,45	1,61
Dy . . .	3,58	5,65	1,58	Ru . . .	2,70	4,27	1,58
Er . . .	3,74	5,59	1,63	Sc . . .	3,30	5,23	1,58
Gd . . .	3,62	5,75	1,59	Tb . . .	3,59	5,66	1,58
H_2 . . .	3,75	6,12	1,63	Ti . . .	2,95	4,73	1,60
He [2] . . .	3,57	5,83	1,63	Tl . . .	3,45	5,52	1,60
Hf . . .	3,32	5,46	1,64	Tm . . .	3,52	5,56	1,59
Ho . . .	3,56	5,62	1,58	Y . . .	3,66	5,81	1,59
La . . .	3,75	6,06	1,61	Zn . . .	2,66	4,94	1,86 [1]
Mg . . .	3,20	5,20	1,63	Zr . . .	3,22	5,12	1,59

[1] Wegen des großen c/a kann man die Struktur auch als Übereinanderlagerung von Schichten (6 N) auffassen. [2] Nicht ganz sicher. [3] In N_2 oder H_2 zerstäubt.

Dieselbe Struktur haben mit statistischer Atomverteilung:
Ag_2Al; Ag_9As; $AgCd_3$; Ag_3Ga; Ag_5Hg_4; Ag_3In; Ag_9Sb; Ag_5Sn; $AgZn_3$; $AlCu_2$(?); $AsCu_{4,5}$; $AuCd_2$(?); Au_3Hg; Au_4In; Au_5Sn; $AuZn_3$; $BiPb_3$; Cd_3Li; Cu_3Ge; Cu_4Ga; Cu_3Sb; Cu_6Si; $CuZn_4$; Fe_4Mn; $LaTl_3$; $LiZn_9$; $MnZn_7$; MoNi.

Mit geordneter Atomverteilung:
DO_{19}-Typ: Cd_3Mg; Co_3Mo; Co_3W; Hg_3Li; Mg_3Cd; Ni_3Sn;
ähnlich DO_{19}-Typ: Ni_3Ti.

Mit geringerer Symmetrie:
Ag_4Sb; Ag_3Sn; $\sim Cu_3Sb$; Cu_3Sn; Cu_3Ti.

27204.

A 4-Typ; Diamant; O_h^7; Γ'_c mit A = 8;
4 G; $d^{[4]} = \frac{a}{4}\sqrt{3}$;
vgl. dazu auch den B 3- (Zinkblende, ZnS-) Typ mit den dort angeführten Substanzen.

Substanztabelle (mit der Gitterkonstanten a).
C 3,56; Ge 5,65; Si 5,42; Sn 6,46.

27205.

A 5-Typ; weißes (metall.) Zinn; def. A 4-Typ; D_{4h}^{19}; Γ'_t mit A = 4;
6 G; $d^{[4]} = 3{,}02$; $d'^{[2]} = 3{,}18$;
bekannt ist nur β-Sn mit a = 5,82, c = 3,18, c/a = 0,55.

27206.

A 6-Typ; Indium; def. A 1-Typ; D_{4h}^{17}; Γ'_t; um die Ähnlichkeit mit dem A 1-Typ besonders deutlich zu machen, wird als a-Achse nicht diejenige Richtung gewählt, welche zur tetrag. rz. Zelle führt, sondern die um 45° davon abweichende. Die Zelle wird dann tetragonal allseitig flächenzentriert mit A = 4.

12 G; $d^{[4]} = \frac{a}{2}\sqrt{2}$, $d'^{[8]} = \frac{1}{2}\sqrt{a^2 + c^2}$.

Substanztabelle.

	a	c	c/a
In	4,58	4,94	1,08
γ-Mn . . .	3,77	3,53	0,93
Ni (in N_2 zerstäubt)	3,99	3,76	0,94
Ni_4Mo . .	3,61	3,58	0,99
$PbIn_2$ . .	4,85	4,51	0,93

Dieselbe Struktur mit geordneter Atomverteilung haben ($L1_0$-Typ): AuCu (3,98; 0,94); BiLi (4,75; 0,90); BiNa (4,90; 0,98); FePd (3,85; 0,97); InMg (4,58; 0,97); NiZn (3,87; 0,83).

27207.

A7-Typ; Arsen; rhomboedr. def. einfach kub. Gitter mit geringen gegenseitigen Atomverschiebungen, wodurch deutliche Netzmolekülbildung erkennbar wird, beim As deutlicher als beim Bi, wie aus dem Verhältnis der Abstände d und d′ ersichtlich ist; D_{3d}^5; Γ_{rh} mit A = 2;

3N bzw. 6G; je nachdem ob man die Abstände d und d′ als mehr oder weniger verschieden ansieht.

Substanztabelle.

	a	α	d[3]	d′ [3]
As	4,14	54° 8′	2,51	3,15
Bi	4,74	57° 14′	3,10	3,47
Sb	4,50	57° 7′	2,87	3,37

27208.

A8-Typ; Selen; läßt sich als deformiertes einfach kub. Gitter auffassen mit geringen gegenseitigen Atomverschiebungen, wodurch deutliche Kettenmolekülbildung erkennbar wird, beim Se deutlicher als beim Te, wie aus dem Verhältnis der Abstände d und d′ ersichtlich ist; D_3^4 und D_3^6; Γ_h mit A = 3;

2K bzw. 6G; je nachdem ob man die Abstände d und d′ als mehr oder weniger verschieden ansieht.

Substanztabelle.

	a	c	c/a	d[2]	d′ [4]
Se . . .	4,34	4,94	1,14	2,32	3,46
Te . . .	4,45	5,91	1,33	2,86	3,74

27209.

A9-Typ; Graphit; D_{6h}^4; Γ_h mit A = 4 = 2 + 2 (die Atome sind nicht gleichwertig;

3N; bekannt ist nur Graphit. Vergleichsweise wurden aber die Gitterkonstanten usw. des BN mit angegeben, welches im B12-Typ krystallisiert. Dieser Typ unterscheidet sich vom A9-Typ dadurch, daß die beiden ungleichwertigen Punktlagen des A9-Typs von den ungleichartigen Atomsorten Bor und Stickstoff besetzt werden.

Substanztabelle.

	a	c	c/a	d[3]
Graphit, C	2,46	6,78	2,75	1,42
(Bornitrid, BN) .	2,51	6,69	2,67	1,45

27210.

A10-Typ; Quecksilber; rhomboedr. def. A1-Typ; D_{3d}^5; Γ_{rh} mit A = 1;

12G; d[6] = 3,00, d′ [6] = 3,47; bekannt ist nur Quecksilber mit a = 3,00, α = 70° 32′.

Dieselbe Struktur mit geordneter Atomverteilung hat PtCu.

27211.

A 11-Typ; Gallium; D_{2h}^{18}; Γ_o' mit A = 8;
1 I (Ga_2-Moleküle) bzw. 7 G; je nachdem ob man die Abstände $d^{[1]} = 2,44$, $d'^{[2]} = 2,71$, $d''^{[2]} = 2,74$, $d'''^{[2]} = 2,80$ als mehr oder weniger verschieden ansieht. Es ist nur Gallium bekannt mit a = 4,52, b = 4,51, c = 7,64.

27212.

A 12-Typ; α-Mangan; komplizierte kub. Str.; T_d^3; Γ_c'' mit A = 58 = 2 + 8 + 24 + 24. Die kürzesten Abstände beginnen mit 2,24. Je nachdem, wo man die Grenze legt, erhält man verschiedene „Koordinationszahlen", die natürlich auch noch für die verschiedenen Atomsorten verschieden sind. Für eine KZ. = 12 muß man Abstände bis zu etwa 2,90 in den Bauzusammenhang miteinbeziehen.

Substanztabelle (mit der Gitterkonstanten a).
α-Mn 8,89; γ-Cr 8,72; Mg_3Al_2 bzw. $Mg_{17}Al_{12}$ 10,54.

27213.

A 13-Typ; β-Mangan; komplizierte kub. Str.; O^6 und O^7; Γ_c mit A = 20 = 8 + 12;
12 G; für die eine Atomsorte gilt $d^{[3]} = 2,36$, $d'^{[3]} = 2,53$, $d''^{[6]} = 2,67$; für die andere $d'^{[2]} = 2,53$, $d'''^{[2]} = 2,60$, $d''''^{[4]} = 2,66$, $d''^{[4]} = 2,67$.

Substanztabelle (mit der Gitterkonstanten a).
β-Mn 6,30; Ag_3Al 6,92; Au_4Al 6,90; Cu_5Si 6,21; CoZn 6,3.

27214.

A 14-Typ; Jod; D_{2h}^{18}; Γ_o' mit A = 8;
1 I (J_2-Moleküle) bzw. 3 N; je nachdem, ob man die Abstände d und d' als mehr oder weniger verschieden ansieht.

	a	b	c	$d^{[1]}$	$d'^{[2]}$
J . . .	4,79	7,25	9,77	2,70	3,54
Br . . .	4,48	6,67	8,72	2,27	3,30

27215.

A 15-Typ; β-Wolfram; O_h^3; Γ_c mit A = 8 = 2 W_1 + 6 W_2-Atome;
12, 14 G; die W_1-Atome haben 12 Nachbarn in $d^{[12]} = 2,82$; die W_2-Atome haben 14 Nachbarn in $d'^{[2]} = 2,52$, $d^{[4]} = 2,82$, $d''^{[8]} = 3,09$. Bemerkenswert ist, daß die Ungleichwertigkeit der W-Atome im Verhältnis $W_1 : W_2 = 1 : 3$ sich auch darin äußert, daß mit gleichen Atomlagen auch eine Verbindung $SiCr_3$ krystallisiert.

Substanztabelle (mit der Gitterkonstanten a).
β-W 5,04; Cr_3Si 4,56; V_3Si 4,71.

27216.

A 16-Typ; Schwefel; D_{2h}^{24}; Γ_o'' mit A = 128 = 32 + 32 + 32 + 32;
2 I (S_8-Moleküle, gewellte Ringe); $d^{[2]} = 2,11$.
Bekannt ist nur Schwefel mit a = 10,48, b = 12,92, c = 24,55.

27217.

A 17-Typ; schwarzer Phosphor; D_{2h}^{18}; Γ_o' mit A = 8;
3 N; $d^{[2]} = 2,17$, $d'^{[1]} = 2,21$.
Bekannt ist nur Phosphor mit a = 3,31, b = 4,38, c = 10,50.

27218.

A 18-Typ; Chlor; D_{4h}^{16}; Γ_t mit A = 16;
1 I (Cl_2-Molekül) bzw. 2 I (Cl_4-Ringe); je nachdem, ob man die Abstände $d^{[1]} = 1,82$ und $d'^{[1]} = 2,52$ als mehr oder weniger verschieden ansieht.
Bekannt ist nur Chlor mit a = 8,56; c = 6,12.

272191.

A 19-Typ; Polonium; unsicher; C_2^3; Γ'_m mit A = 12.

272192.

A 20-Typ; Uran; D_{2h}^{17}; Γ_0 mit A = 4;
12 G; deformierte hex. dicht. Kugelpackung (A 3-Typ) mit den Abständen $d^{[2]} = 2{,}76$; $d'^{[2]} = 2{,}85$; $d^{[4]} = 3{,}24$; $d'^{[4]} = 3{,}36$.

Bekannt ist nur Uran mit a = 2,85; b = 5,87; c = 4,95.

27220.

B 1-Typ; NaCl, Steinsalz; O_h^5; Γ'_c mit M = 4;

$$\begin{array}{ccc} A & 6g6 & B \\ \downarrow & & \downarrow \\ 12G & & 12G \end{array};\quad d_{AB}^{[6]} = \frac{a}{2},\quad d_A^{[12]} = d_B^{[12]} = \frac{a}{2}\sqrt{2}.$$

Substanztabelle (mit der Gitterkonstanten a). Bei Verbindungen mit Radikalen gilt der B 1-Typ nur für die Schwerpunkte der Radikale. Vgl. den C 2-Typ (S. 170) mit den dort angeführten Substanzen.

LiH[1]	4,085	NaH[1]	4,88	KH[1]	5,70	RbH[1]	6,04	CsH[1]	6,38				
LiF	4,02	NaF	4,62	KF	5,33	RbF	5,63	CsF	6,01			AgF	4,92
LiCl	5,13	NaCl	5,63	KCl	6,28	RbCl	6,54	CsCl[2]	7,1	NH_4Cl[3]	6,53	AgCl	5,54
LiBr	5,49	NaBr	5,96	KBr	6,59	RbBr	6,85			NH_4Br[4]	6,90	AgBr	5,77
LiJ	6,00	NaJ	6,46	KJ	7,05	RbJ	7,33			NH_4J[5]	7,24	AgJ[6]	6,07
LiD	4,065			KOH[7]	5,78								
		NaSH[8]	6,05	KSH[11]	6,62	RbSH[9]	6,92						
		NaSeH[9]	6,26	KSeH[9]	6,87	RbSeH	7,16						
		NaCN[10]	5.9	KCN[12]	6,51	RbCN	6,82					AgCN[13]	6,69
MgO	4,20	CaO	4,80	SrO	5,14	BaO	5,52	MnO	4,43				
MgS	5,19	CaS	5,67	SrS	6,00	BaS	6,37	MnS[14]	5,21	PbS	5,91	EuS	5,96
MgSe	5,45	CaSe	5,91	SrSe	6,23	BaSe	6,59	MnSe[14]	5,45	PbSe	6,14	EuSe	6,17
		CaTe	6,34	SrTe	6,65	BaTe	6,99			PbTe	6,44	EuTe	6,57
		CaNH	5,16	SrNH	5.45	BaNH	5.84						
FeO	4,3	YbSe	5,87	LaN	5,28	CeN	5,21	PrN	5,16	NdN	5,14		
CoO	4,25			LaP	6,01	CeP	5,90	PrP	5,86	NdP	5,83		
NiO	4,17	YbTe	6,34	LaAs	6,13	CeAs	6,06	PrAs	6,00	NdAs	5,96	SnAs	5,72
CdO	4,69	SnTe	6,28	LaSb	6,48	CeSb	6,40	PrSb	6,35	NdSb	6,31	SnSb[15]	6,13
TiO	4,24			LaBi	6,57	CeBi	6,49	PrBi	6,45				
VO	4,08												

ScN	4,4					U_4S_3[18]	5.49	$NaClO_3$	6,55	$NaClO_4$[20]	7,08
TiN	4,23	TiC	4,31	γ'-Al_2O_3[16]	~4,0	$AgBiS_2$[17]	5,64	$NaBrO_3$	6,69	$KClO_4$[21]	7,47
ZrN	4,63	ZrC	4,7	Na_2CeO_3[16]	4,82					$RbClO_4$[22]	7,7
		HfC	4,4[illegible]	Na_2PrO_3[16]	4,84					$CsClO_4$[23]	7,97
VN	4,13	VC	4,15	Li_2TiO_3[16]	4,14			KBF_4[9]	7,26	NH_4ClO_4[24]	7,7
NbN	4,4	NbC	4,40	$FeLiO_2$[16]	4,14			NH_4BF_4[9]	7,55	$N(CH_3)_4ClO_4$	—
		TaC	4,45							$AgClO_4$[25]	7,0
CrN	4,14					Th_4P_3[19]	5,82			$TlClO_4$[26]	7,7

[1] B 1-Typ nur bei LiH streng nachweisbar. [2] Über ~445° C. [3] Über 184° C. [4] Über 138° C. [5] Über −18° C. [6] Bei 3700 Atm. und 25° C. [7] Über 248° C. [8] Über ~90° C. [9] Hochtemperatur-Modifikation. [10] Über ~15° C. [11] Über ~165° C. [12] Über −60° C. [13] Extrapoliert aus der Mischkrystallreihe AgBr—AgCN. [14] Es existieren noch andere Modifikationen. [15] Rhombisch deformierter B 1-Typ. [16] Statistische Verteilung der Kationen. [17] Statistische Verteilung von Ag und Bi; über 239° C, darunter rh. def. B 1-Typ. [18] Mit geordneten Lücken im S-Gitter. [19] Mit Lücken im P-Gitter? [20] Über 308° C. [21] Über 300° C. [22] Über 279° C. [23] Über ~220° C. [24] Über ~240° C. [25] Über 155° C. [26] Über 266° C.

27221.

B2-Typ; CsCl, Cäsiumchlorid; O_h^1; Γ_c mit M = 1; Überstruktur des A2-Typs.

$$\begin{array}{ccc} A & 8g8 & B; \\ \downarrow & & \downarrow \\ 6G & & 6G \end{array} \quad d_{AB}^{[8]} = \frac{a}{2}\sqrt{3},\ d_A^{[6]} = d_B^{[6]} = a.$$

Substanztabelle (mit der Gitterkonstanten a).

RbCl[1]	3,74	CsCl[4]	4,11	TlCl	3,84	NH_4Cl[5]	3,86	CsCN	4,25	NH_4NO_3[2]	4,39
		CsBr	4,29	TlBr	3,94	NH_4Br[6]	4,05	CsSH	4,29	$RbNO_3$[9]	4,37
RbJ[3]	4,34	CsJ	4,56	TlJ[8]	4,18	NH_4J[7]	4,37	CsSeH	4,44	$TlNO_3$[10]	4,31
										$CsNO_3$[11]	4,49

AgCd 3,33; AgCe 3,75; AgLa 3,79; AgLi 3,17; AgMg 3,28; AgPr 3,73; AgZn 3,16; AlCo 2,85; Al(Cu, Mn)?; AlFe 2,90; AlNd 3,73; AlNi 2,82; AuCd 3,34; AuMg 3,26; AuMn (tetr. def. a = 3,28; c = 3,14); AuZn 3,15; BeCo 2,61; BeCu 2,69; BeNi 2,60; BePd 2,81; BiTl (?) 3,98; CaTl 3,85; CdCe 3,86; CdLa 3,90; CdPr 3,82; CeTl 3,89; CeZn 3,70; CoTi; CuZn 2,95; CuPd 2,99; FeTi; HgLi 3,29; HgMg 3,44; Hg_3Ni (?) 3,00; LaTl 3,91; LaZn 3,75; LiTl 3,42; LiPb 3,52; MgSr 3,90; MgLa 3,97; MgCe 3,90; MgPr 3,88; MgTl 3,63; NiTi; NiZn 2,91; OsTi; PrTl 3,86; PrZn 3,67; RuTi; TiZn.

[1] Bei —190° C. [2] Über 125° C. [3] Bei hohen Drucken (4500 kg/cm² und 25° C). [4] Unter 445° C. [5] Unter 184° C. [6] Unter 138° C bis —40° C. [7] Unter —18° C. [8] Es existieren noch andere Modifikationen. [9] Bei mittleren Temperaturen. [10] Über 150° C. [11] Über 161° C.

27222.

B3-Typ; Zinkblende, ZnS; T_d^2; Γ_c' mit M = 4;

$$\begin{array}{ccc} A & 4g4 & B; \\ \downarrow & & \downarrow \\ 12G & & 12G \end{array} \quad d_{AB}^{[4]} = \frac{a}{4}\sqrt{3},\ d_A^{[12]} = d_B^{[12]} = \frac{a}{2}\sqrt{2}.$$

Substanztabelle (mit der Gitterkonstanten a).

CuF	4,26	AgJ	6,47				
CuCl	5,41	Ag_2HgJ_4	6,38[1]				
CuBr	5,68	Cu_2HgJ_4	6,10[1]				
CuJ	6,05						
BeS	4,86	BeSe	5,13	BeTe	5,61		
ZnS	5,42	ZnSe	5,66	ZnTe	6,09		
CdS	5,82	CdSe	6,04	CdTe	6,46		
HgS	5,84	HgSe	6,07	HgTe	6,44		
MnS	5,60	MnSe	5,82				
AlP	5,45	AlAs	5,63	AlSb	6,10	CSi	4,37
GaP	5,44	GaAs	5,63	GaSb	6,09		
				InSb	6,45		

ZnO 4,62 (nur bei dünnen Oxydhäutchen gefunden),
$CuFeS_2$, tetr. def. Überstr. a = 5,24, c = 10,30, c/a = 1,965,
Cu_2FeSnS_4, tetr. def. Überstr. a = 5,46, c = 10,725, c/a = 1,964,
$Cu_3(Fe, Ge)S_4$, Überstr. mit a = 4,30,
$(Cu, Fe, Hg, Zn)_3(As, Sb)S_{3-4}$, Fahlerz, hat ähnliche Struktur mit doppelter Gitterkonstante; a = 10,2 bis 10,3.

[1] Kationen statistisch verteilt. Hochtemperaturmodifikation.

27223.

B4-Typ; Wurtzit, ZnS; C_{6v}^4; Γ_h mit M = 4;

$$\begin{array}{ccc} A & 4g4 & B; \\ \downarrow & & \downarrow \\ 12G & & 12G \end{array} \quad \begin{array}{ll} d_{AB}^{[1]} = uc, & d_{AB}'^{[3]} = \sqrt{a^2/3 + c^2\left(u - \frac{1}{2}\right)^2} \\ d_A^{[6]} = a, & d_A'^{[6]} = \sqrt{a^2/3 + c^2/4} \\ d_B^{[6]} = a, & d_B'^{[6]} = \sqrt{a^2/3 + c^2/4} \end{array}$$

{ im Idealfall ist $u = \frac{3}{8}$, der wirkliche Wert dürfte kaum wesentlich abweichen

Substanztabelle.

	a	c	c/a
NH_4F	4,39	7,02	1,60
AgJ[1]	4,58	7,49	1,63
BeO	2,69	4,37	1,63
ZnO	3,24	5,19	1,60
ZnS	3,81	6,23	1,64
CdS	4,14	6,72	1,62
MnS	3,98	6,43	1,62
MnSe	4,12	6,72	1,63
CdSe	4,30	7,01	1,63
MgTe	4,52	7,33	1,62
AlN	3,11	4,97	1,60
GaN	3,18	5,17	1,62
InN	3,53	5,69	1,61

Cu_3AsS_4 hat eine rh. def. Überstruktur ($H2_5$-Typ).

[1] Bei —180° idealer B4-Typ, mit steigender Temperatur verteilen sich die Ag-Ionen auch auf andere Lücken des Jodgitters.

27224.

B8-Typ; NiAs, Nickelarsenkies; D_{6h}^4; Γ_h mit $M=2$;

A 6g6 B; $d_{AB}^{[6]} = \sqrt{a^2/3 + c^2/16}$; $d_A^{[2]} = c/2$; $d_B^{[6]} = a$; $d_B'^{[6]} = \sqrt{a^2/3 + c^2/4}$.

↓ ↓

2K 12G

Substanztabelle (die Gitterkonstanten sind zum Teil von der Zusammensetzung abhängig, die oft erheblich vom Verhältnis 1 : 1 abweicht).

	a	c	c/a		a	c	c/a
VS . . .	3,36	5,81	1,73	CrSb . .	4,11	5,47	1,33
CrS[1] . .	3,46	5,76	1,67	MnSb . .	4,12	5,78	1,40
FeS[1] . .	3,44	5,80	1,69	FeSb . .	4,06	5,13	1,26
CoS . .	3,37	5,18	1,54	CoSb . .	3,78	5,19	1,34
NiS . . .	3,44	5,34	1,56	NiSb . .	3,91	5,13	1,31
				PdSb . .	4,07	5,58	1,37
VSe . .	3,58	5,98	1,67	PtSb . .	4,13	5,47	1,33
CrSe[1]. .	3,68	6,02	1,63				
FeSe[1] . .	3,61	5,87	1,63	NiBi . .	4,07	5,36	1,32
CoSe . .	3,61	5,28	1,46	Fe_2Ge . .	4,03	5,02	1,25
NiSe . .	3,66	5,33	1,46	Co_2Ge . .	3,93	5,00	1,28
				Ni_2Ge[1] .	3,95	5,04	1,28
CrTe . .	3,96	6,16	1,56				
MnTe . .	4,12	6,70	1,62	FeSn . .	4,20	5,21	1,24
FeTe . .	3,80	5,65	1,49	Co_3Sn_2 .	4,10	5,16	1,26
CoTe . .	3,89	5,36	1,38	Ni_3Sn_2 .	4,08	5,17	1,27
NiTe . .	3,95	5,65	1,35	CuSn[1] . .	4,19	5,09	1,21
PdTe . .	4,13	5,66	1,37	PtSn . .	4,10	5,43	1,32
				AuSn . .	4,31	5,50	1,28
MnAs . .	3,72	5,70	1,54				
NiAs . .	3,61	5,03	1,39	Ni_2In . .	4,18	5,15	1,23
				Cu_2In . .	4,27	5,24	1,23

Rhombisch deformiert (B31-Typ) krystallisieren die folgenden Verbindungen: FeP, CoP, MnP, CrP, FeAs, CoAs, MnAs, CrAs, Ni_2Ga.

[1] Es existieren mehrere Phasen, die bei wechselnder Zusammensetzung verschiedene Abweichungen von B8-Typ zeigen.

27225.

B32-Typ; NaTl; O_h^7; Γ'_c mit M = 8; Überstruktur des A2-Typs.

A 4g4 B; $d_{AB}^{[4]} = d_A^{[4]} = d_B^{[4]} = \frac{a}{4}\sqrt{3}$.

$\downarrow$ $\downarrow$

4G 4G

Substanztabelle (mit der Gitterkonstanten a).

NaTl 7,47; LiZn 6,21; LiCd 6,69; LiGa 6,20; LiIn 6,79; NaIn 7,30; LiAl 6,36

27226.

C1-Typ; CaF_2, Flußspat; O_h^5; Γ'_c mit M = 4;

A 8g4 B; $d_{AB}^{[8]} = \frac{a}{4}\sqrt{3}$; $d_A^{[12]} = \frac{a}{2}\sqrt{2}$; $d_B^{[6]} = \frac{a}{2}$.

$\downarrow$ $\downarrow$

12G 6G

Substanztabelle (mit der Gitterkonstanten a). Vgl. den $I1_1$-Typ (27237) mit den dort angeführten Substanzen.

CaF_2 5,45; SrF_2[1] 5,78; BaF_2 6,19; PbF_2 5,93; RaF_2 6,37; CdF_2 5,40; HgF_2 5,54; CuF_2[2] 5,41; EuF_2 5,80;

$SrCl_2$ 6,98;

ZrO_2[3] 5,08; HfO_2[4] 5,12; ThO_2 5,59; CeO_2 5,40; PrO_2 5,36; UO_2 5,47;

Li_2O 4,61; Na_2O 5,55; K_2O 6,44; Rb_2O 6,74; Li_2S 5,71; Na_2S 6,53; K_2S 7,39; Rb_2S 7,65; Li_2Se 6,01; Na_2Se 6,81; K_2Se 7,68; Li_2Te 6,50; Na_2Te 7,31; K_2Te 8,15; $Cu_{1.8}S$[5] 5,56; Cu_2Se[5] 5,84; Ag_2Te[5] 6,57; Rh_2P 5,51; Ir_2P 5,54; Be_2C 4,33; Mg_2Si 6,39; Mg_2Ge 6,38; Mg_2Sn 6,77; Mg_2Pb 6,84;

MgLiAs 6,21; MgLiSb 6,61; MgLiBi 6,75; MgAgAs 6,24; ähnlich (vgl. Tabelle 27202): MgCuSb 6,15; MgCuBi 6,26;

$AuAl_2$ 6,00; $AuGa_2$ 6,06; $AuIn_2$ 6,50; $PtAl_2$ 5,91; $PtGa_2$ 5,91; $PtIn_2$ 6,35; $CuAl_2$[6].

[1] Nimmt bis zu 30 Mol.-% LaF_3 auf; a ist dann = 5,83. [2] Ein vom Verfasser untersuchtes, von v. Wartenberg hergestelltes CuF_2 hatte eine andere, noch nicht bestimmte Struktur. Ein CuF_2 mit CaF_2-Struktur wurde nie gefunden. [3] Nur mit Zusatz von MgO, sonst mkl. (def. C1-Typ) und tetragonal. [4] Anscheinend nur mit Zusatz von CeO_2, sonst mkl. und tetragonal. [5] Die Kationen-Lagen sind etwas abweichend vom C1-Typ. [6] Tetr. def. a = 5,71, c = 5,77. Instabile Modifikation.

27227.

C2-Typ; FeS_2, Pyrit; T_h^6; Γ_c mit M = 4;

A 6g3 B; $d_{AB}^{[6]} = a\sqrt{3u^2 - 2u + \frac{1}{2}}$; $d_A^{[12]} = \frac{a}{2}\sqrt{2}$; $d_B^{[1]} = a(1-2u)\sqrt{3}$

$\downarrow$ $\downarrow$

12G 1I

und hat die Größe von etwa 0,4; für FeS_2 ist u = 0,386,
für MnS_2 ist u = $0{,}401_2$,
für CO_2 ist u = 0,11.

Man kann den Typ auch als NaCl- (B1-) Typ beschreiben, in welchem dem Na das Fe entspricht und dem Cl der Schwerpunkt des S_2-Radikals. Für das CO_2 vgl. A1-Typ, S. 163.

Substanztabelle (mit der Gitterkonstanten a).

MnS_2 6,10; FeS_2 5,40; CoS_2 5,64; NiS_2 5,74; RuS_2 5,57; RhS_2 5,57; OsS_2 5,61; $MnSe_2$ 6,42; $CoSe_2$ 5,85; $NiSe_2$ 6,02; $RuSe_2$ 5,92; $OsSe_2$ 5,93; $MnTe_2$ 6,94; $RuTe_2$ 6,36; $OsTe_2$ 6,37; PtP_2 5,68; $PdAs_2$ 5,97; $PtAs_2$ 5,93; $PdSb_2$ 6,44; $PtSb_2$ 6,43; $AuSb_2$ 6,65; [CoAsS 5,60; NiAsS 5,70; NiSbS 5,90; KCN 6,51; NaCN 5,83; RbCN 6,82; $Ba(NO_3)_2$ 8,11; $Ca(NO_3)_2$ 7,60; $Pb(NO_3)_2$ 7,84; $Sr(NO_3)_2$ 7,81][1].

[1] Die in der Klammer stehenden Verbindungen krystallisieren nicht exakt im C2-Typ wegen der Ungleichartigkeit der B-Teilchen, sondern im FO_1- und $G2_1$-Typ.

27227 (Fortsetzung).

C18-Typ; FeS_2, Markasit; D_{2h}^{12}; Γ_0 mit M = 2;

A 6g3 B; als Anhang sei hier noch der C18-Typ mit seinen Vertretern erwähnt.
↓ ↓ Wie aus dem Bausymbol abgelesen werden kann, besteht einerseits
2K 1I Ähnlichkeit mit dem C2-Typ, andererseits mit dem in der folgenden Tabelle behandelten C4- (Rutil-) Typ. Die Ähnlichkeit mit dem C4-Typ ist auch bezüglich der Atomabstandsverhältnisse weitgehend ausgeprägt.

Substanztabelle.

	a	b	c		a	b	c
FeS_2 . .	4,44	5,39	3,37	$CoTe_2$ . .	5,30	6,30	3,88
$FeSe_2$.	4,79	5,72	3,58	$CoSb_2$ . .	5,78	6,42	3,21
$FeTe_2$.	5,34	6,26	3,85	$NiSb_2$ . .	5,63	6,23	3,21
FeP_2 .	4,98	5,66	2,73	FeAsS[1] .	9,5	5,7	6,4
$FeAs_2$.	5,20	5,92	2,86	FeSbS[1] .	10,0	5,9	6,7
$FeSb_2$.	5,82	6,52	3,19	MnO(OH)[2]	8,86	5,24	5,70

[1] Wegen der Ungleichartigkeit der B-Teilchen krystallisiert diese Verbindung nicht im C18-Typ, sondern in einem ähnlichen: dem EO_7-Typ, in welchem die a- und c-Achse verdoppelt ist. Die Symmetrie ist nur noch monoklin, jedoch mit $\beta \sim 90^0$.

[2] Wie Anmerkung 1; nur ist statt EO_7-Typ zu lesen: EO_6-Typ. Beide Typen haben die Raumgruppe C_{2h}^5 und die gleichen Punktlagen. Sie unterscheiden sich lediglich durch geringe Differenzen in den Punktlagenparametern und im Achsenverhältnis.

27228.

C4-Typ; Rutil, TiO_2; D_{4h}^{14}; Γ_t mit M = 2;

A 6g3 B; $d_{AB}^{[2]} = ua\sqrt{2}$; $d_{AB}'^{[4]} = \sqrt{a^2\left((2u^2-2u+\frac{1}{2}\right)+\frac{1}{4}c^2}$; $d_A^{[2]} = c$;
↓ ↓
2K 11G $= a(1-2u)\sqrt{2}$; $d_B'^{[8]} = \sqrt{a^2(4u^2-2u+1)+\frac{1}{4}c^2}$; $d_B''^{[2]} = c$

u hat die Größe von etwa 0,31.

Substanztabelle.

	a	c	c/a		a	c	c/a
MgF_2 . .	4,64	3,06	0,66	PbO_2 . .	4,93	3,37	0,68
ZnF_2 . .	4,72	3,14	0,67	VO_2. . .	4,54	2,88	0,63
MnF_2 . .	4,87	3,30	0,68	NbO_2 . .	4,77	2,96	0,62
FeF_2 . .	4,83	3,36	0,70	MoO_2 . .	4,86	2,79	0,57
CoF_2 . .	4,70	3,19	0,68	WO_2 . .	4,86	2,77	0,57
NiF_2 . .	4,71	3,11	0,66	MnO_2 . .	4,38	2,86	0,65
PdF_2 . .	4,93	3,38	0,69	RuO_2 . .	4,51	3,11	0,69
				OsO_2 . .	4,51	3,19	0,71
GeO_2 . .	4,39	2,86	0,65	IrO_2 . .	4,49	3,14	0,70
TiO_2 . .	4,58	2,95	0,64	TeO_2 . .	4,79	3,77	0,79
SnO_2 . .	4,72	3,17	0,67				

$CaCl_2$ rh. def. C4-Typ (C35-Typ); a = 6,24, b = 6,43, c = 4,20, a : b : c = 0,97 : 1 : 0,65; $CaBr_2$ ebenso mit a = 6,55; b = 6,88; c = 4,34.

27229.

C6-Typ; CdJ_2, Cadmiumjodid; D_{3d}^3; Γ_h mit M = 1;

A 6n3 B; $d_{AB}^{[6]} = \sqrt{a^2/3+(uc)^2}$; $d_A^{[6]} = a$; $d_B^{[6]} = a$; $d_B'^{[3]} = \sqrt{a^2/3+4c^2u^2}$;
↓ ↓
6N 12G $d_B''^{[3]} = \sqrt{a^2/3+c^2(2u-1)^2}$

u hat die Größe von etwa 0,25.

Substanztabelle.

	a	c	c/a		a	c	c/a
$MgBr_2$	3,82	6,26	1,64	$Co[(OH), Br]_2$	3,23	5,91	1,83
$MnBr_2$	3,82	6,19	1,62	$Co_2(OH)_2NO_3$	3,17	6,96	2,19
$FeBr_2$	3,74	6,17	1,65	$Ni(OH)_2$	3,12	4,60	1,47
$CoBr_2$	3,69	6,12	1,66	$Ni[(OH), Cl]_2$	3,15	5,36	1,70
MgJ_2	4,14	6,88	1,66	$Ni[(OH), Br]_2$	3,17	5,82	1,84
CaJ_2	4,48	6,96	1,55	TiS_2	3,40	5,69	1,67
CdJ_2	4,24	6,84	1,61	ZrS_2	3,68	5,85	1,59
YbI_2	4,48	6,96	1,55	SnS_2	3,64	5,87	1,61
MnJ_2	4,16	6,82	1,64	TaS_2	3,40	5,90	1,73
FeJ_2	4,04	6,75	1,67	PtS_2	3,54	5,02	1,42
CoJ_2	3,96	6,65	1,68	$TiSe_2$	3,53	6,00	1,70
GeJ_2	4,13	6,79	1,64	$ZrSe_2$	3,79	6,18	1,63
PbJ_2	4,59	6,86	1,50	VSe_2	3,35	6,12	1,83
$Mg(OH)_2$	3,12	4,73	1,52	$PtSe_2$	3,72	5,06	1,36
$Ca(OH)_2$	3,58	5,03	1,41	$TiTe_2$	3,77	6,54	1,73
α-$Zn(OH)_2$	3,19	4,65	1,46	$CoTe_2$	3,78	5,40	1,43
$Cd(OH)_2$	3,47	4,64	1,34	$NiTe_2$	3,86	5,30	1,37
$Cd[(OH), Cl]_2$	3,58	5,54	1,55	$PdTe_2$	4,03	5,12	1,27
$Mn(OH)_2$	3,34	4,68	1,40	$PtTe_2$	4,01	5,20	1,28
$Fe(OH)_2$	3,24	4,47	1,38	FAg_2	2,99	5,71	1,92
$Co(OH)_2$	3,17	4,64	1,46				
$Co[(OH), Cl]_2$	3,22	5,50	1,71				

27230.

C14-Typ; $MgZn_2$; D_{6h}^4; Γ_h mit $M=4$;

A 12g6 B; $d_{AB}^{[3]} = \sqrt{a^2/3 + c^2/256} \approx d_{AB}'^{[3]} \approx d_{AB}''^{[6]}$; $d_A^{[1]} = \frac{3}{8} c$; $d_A'^{[3]} = \sqrt{a^2/3 + c^2/64}$;
↓ ↓
4G 6G $d_B^{[4]} = \frac{1}{2} \sqrt{a^2/3 + c^2/4}$; $d_B'^{[2]} = \frac{a}{2}$; die B-Atome sind in diesem Typ nicht gleichwertig. Im Idealfall ($c/a = 1{,}633$) ist $d_B = d_B'$.

Substanztabelle, vgl. 27231 und 27234. Nachtrag: $ZrRe_2$, ZrV_2, $ZrOs_2$, $ZrRu_2$, $ZrCr_2$, $ZrIr_2$, $CaLi_2$, $SrMg_2$, $BaMg_2$.

	a	c	c/a		a	c	c/a
KNa_2	7,48	12,27	1,64	$ReBe_2$	4,35	7,09	1,63
$MgZn_2$	5,15	8,48	1,65	$MoBe_2$	4,43	7,28	1,64
MgCuAl	5,09	8,35	1,64	WBe_2	4,44	7,27	1,64
$MgCu_{1,5}Si_{0,5}$ [1]	5,00	7,87	1,57	WFe_2	4,73	7,70	1,63
$MgAg_{0,9}Al_{1,1}$	—	—	—	$TiFe_2$	4,77	7,79	1,63
$CaMg_2$	6,22	10,10	1,62	$TiMn_2$	4,81	7,88	1,64
CaAgAl	—	—	—	$ZrMn_2$	5,03	8,22	1,64
$CrBe_2$	4,24	6,92	1,63	$TaMn_2$	4,86	7,94	1,63
$MnBe_2$	4,23	6,91	1,63	$TaFe_2$	4,80	7,84	1,63
$FeBe_2$	4,21	6,83	1,62	$NbMn_2$	4,87	7,96	1,64
VBe_2	4,39	7,13	1,63	$NbFe_2$	4,82	7,87	1,63

[1] Mit Überstruktur (Cu und Si sind geordnet).

27231.

C15-Typ; $MgCu_2$; O_h^7; Γ_c' mit $M=8$;

A 12g6 B; $d_{AB}^{[12]} = \frac{a}{8} \sqrt{11}$; $d_A^{[4]} = \frac{a}{4} \sqrt{3}$; $d_B^{[6]} = \frac{a}{4} \sqrt{2}$.
↓ ↓
4G 6G

Substanztabelle (mit der Gitterkonstanten a), vgl. 27230 und 27234.

$CaAl_2$ 8,02; $MgCu_2$ 7,01; MgNiZn 6,96; $MgCo_{0,7}Zn_{1,3}$; $MgNi_{1,8}Si_{0,2}$; $MgAg_{0,8}Zn_{1,2}$ 7,46; $CeAl_2$ 8,04; $LaAl_2$ 8,16; $TiBe_2$ 6,44; $FeBe_5$ 5,88[1]; $PdBe_5$[1] 5,98; $CuBe_{2,35}$[1] 5,94; $AgBe_2$ 6,29; $AuBe_5$[1] 6,69; CdCuZn 7,15; $TiCo_2$ 6,69; $ZrFe_2$ 7,04; $ZrCo_2$ 6,89; ZrW_2 7,61; $NbCo_2$ 6,75; $TaCo_2$ 6,72; $BiAu_2$ 7,94; $PbAu_2$ 7,91; $NaAu_2$ 7,79; KBi_2 9,50.

[1] Die A-Atome werden zum Teil durch B-Atome ersetzt, so daß z. B. $PdBe_5$ eigentlich zu schreiben wäre: $[PdBe]Be_4$.

27232.

C19-Typ; $CdCl_2$, Cadmiumchlorid; D_{3d}^5; Γ_{rh} mit M = 1. Es werden in der Literatur oft auch andere Zellen angegeben, größere rhomboedrische oder auch hexagonale, um den Vergleich mit den Gitterkonstanten des dem C19-Typ sehr ähnlichen C6-Typs zu erleichtern. Der Unterschied gegenüber dem C6-Typ besteht darin: Im C6-Typ bilden die B-Atome eine deformierte dicht. hex. Kugelpackung, im C19-Typ eine deformierte dicht. kub. Kugelpackung. Für das $CdCl_2$ seien die Gitterkonstanten für zwei Aufstellungen gegeben: a = 6,23, $\alpha = 36^0\,2'$; a = 3,85, c = 17,46, c/a = 4,53.

A 6n3 B
↓ ↓
6N 12G

Substanztabelle.

	a	α		a	α
$MgCl_2$	6,22	33° 30′	$NiCl_2$	6,12	33° 30′
$ZnCl_2$	6,32	34° 40′	$CdBr_2$	—	—
$CdCl_2$	6,23	36° 2′	$NiBr_2$	6,47	33° 20′
$Cd[(OH), Cl]_2$.	5,91	35° 20′	NiJ_2	6,92	32° 40′
$MnCl_2$	6,20	34° 32′			
$FeCl_2$	6,19	33° 33′	OCs_2	6,74	36° 56′
$CoCl_2$	6,16	33° 26′			

Ob $RuCl_2$, $RhCl_2$, $PdCl_2$, $IrCl_2$, $PtCl_2$ hierher gehören, ist fraglich.

27233.

C27-Typ; CdJ_2; andere Modifikation als im C6-Typ. Dieser Typ besteht abwechselnd aus Schichten des C6- und des C19-Typs. Ist der Wechsel nicht gesetzmäßig, so resultiert eine sog. „Wechselstruktur" (z. B. beim $CdBr_2$).

A 6n3 B
↓ ↓
6N 12G

Außer bei dem CdJ_2 mit a = 4,24, c = 13,67, c/a = 3,22 ist dieser Typ mit großer Wahrscheinlichkeit auch noch bei anderen Verbindungen der unter dem C6- und C19-Typ angeführten Art zu erwarten.

27234.

C36-Typ; $MgNi_2$; dieser Typ besteht abwechselnd aus Schichten des C14- und C15-Typs. Daraus ergibt sich gegenüber dem C14-Typ Verdoppelung der c-Achse.

A 12g6 B
↓ ↓
4G 6G

Substanztabelle, vgl. 27230 und 27231.

	a	c	c/a		a	c	c/a
$MgNi_2$	4,81	15,77	3,28	$MgCu_{1,4}Si_{0,6}$.	5,0	16,0	3,2
MgCuAl	5,09	16,70	3,28	$TiCo_2$	4,72	15,37	3,26
$Mg(Zn, Cu)_2$.	mit der Zusammen-			$ZrFe_2$[1]	4,95	16,12	3,26
	setzung wechselnd			$NbCo_2$[2] . . .	4,73	15,43	3,26
$MgAg_{0,4}Zn_{1,6}$.	5,24	17,22	3,29	$TaCo_2$[2]	4,72	15,39	3,26

[1] Mit etwa 73 At-% Fe. [2] Mit etwa 73 At-% Co.

27235.

$E2_1$-Typ (alte Bezeichnung: G 5-Typ); Perowskit, $CaTiO_3$; O^1; Γ_c mit $M = 1$; zur Beschreibung des Typs seien die Koordinaten der Teilchen gegeben für die allgemeine Formel ABX_3:

$$A: \left[\left[\frac{1}{2}\frac{1}{2}\frac{1}{2}\right]\right];\; B: [[000]];\; X: \left[\left[\frac{1}{2}00\right]\right], \left[\left[0\frac{1}{2}0\right]\right], \left[\left[00\frac{1}{2}\right]\right].$$

Symbolisieren ließe sich der Typ folgendermaßen:

$$A \;\; 8g8 \;\; B; \quad d_{AX}^{[12]} = \frac{a}{2}\sqrt{2};\; d_{BX}^{[6]} = \frac{a}{2};\; d_{AB}^{[8]} = \frac{a}{2}\sqrt{3};\; d_{X}^{[8]} = \frac{a}{2}\sqrt{2};\; d_{A}^{[6]} = a.$$

12g4 2g6

X

Substanztabelle (mit der Gitterkonstanten a).

	a		a		a
$CaTiO_3$	3,80	$NaNbO_3$ . . .	3,89	$RbHg(NO_2)_3$[6]	5,45
$SrTiO_3$	3,90	$KNbO_3$ . . .	4,01	$CsHg(NO_2)_3$	5,48
$BaTiO_3$	3,97	$NaTaO_3$ . . .	3,88	$TlHg(NO_2)_3$	5,39
$CdTiO_3$	3,76	$KTaO_3$ . . .	3,98	$KCd(NO_2)_3$	5,33
$PbTiO_3$[1]				$RbCd(NO_2)_3$	5,38
		$(Na, H)WO_3$.	3,83	$CsCd(NO_2)_3$	5,39
$CaSnO_3$	3,92	$Na_{0,93}WO_3$ bis $Na_{0,32}WO_3$.	3,85...3,81	$TlCd(NO_2)_3$	5,34
$SrSnO_3$	4,03			$NH_4Cd(NO_2)_3$	5,36
				und ähnliche	
$CaZrO_3$	3,99	$Na_{0,2}WO_3$[4]			
$SrZrO_3$	4,09	$NaJO_3$[5]		Sodann:	
$BaZrO_3$	4,18	NH_4JO_3 . . .	4,51	$[Mg(H_2O)_6]K(Cl, Br)_3$[7].	~6,7
$PbZrO_3$[2]		KJO_3	4,46	$[Mg(H_2O)_6](NH_4)Cl_3$[7] .	~6,7
		$RbJO_3$	4,52	$[Mg(H_2O)_6]RbCl_3$[7] . .	~6,7
$SrHfO_3$	4,07	$CsJO_3$	4,66	$[Mg(H_2O)_6]KBr_3$[7] . .	~6,8
$BaThO_3$	4,35	$KMgF_3$	4,00		
$SrCeO_3$[3] . . .	4,27	$KZnF_3$	4,05	ähnlich weiter:	
$BaCeO_3$	4,38	$KNiF_3$	4,01	$R_2CuFe(CN)_6$[8]	
$BaPrO_3$	4,48	$CsCdCl_3$ . . .	5,20	$RCuFe(CN)_6$[8]	
		$CsHgCl_3$ . . .	5,44	$CuCuFe(CN)_6$	~5,1
$YAlO_3$	3,67	$Cs_2AgAuCl_6$.	5,33	$CuFe(CN)_6$ } . . .	bzw.
$LaAlO_3$	3,78	$CsAuCl_3$ . . .	5,33	$R_2Fe_2(CN)_6$[8]	~2·5,1
$LaGaO_3$ . . .	3,89	$CsCdBr_3$ . . .	5,88	$RFe_2(CN)_6$[8]	
		$CsHgBr_3$ . . .	5,77	$Fe_2(CN)_6$	

[1] Rhombisch deformiert. a = 4,00, b = 4,21, c = 3,88. [2] Überstruktur. a = 3 · 4,13. [3] Deformiert. [4] Tetragonal deformiert. a = 12,13, c = 3,47. [5] Rhombisch deformiert. a = 5,75, b = 6,37, c = 4,05. [6] Die NO_2-Schwerpunkte haben die Lage der X-Teilchen. [7] Nicht völlig kubisch; leicht deformiert. Der Schwerpunkt der $[Mg(H_2O)_6]$-Gruppe fällt in die A-Punktlage. [8] R = Li, Na, K, Rb, Cs, NH_4, Tl, H.

27236.

H 11-Typ; Spinell, Al_2MgO_4, allg. Formeltypus: A_2BX_4; O_h^7; Γ_c' mit $M = 8$.

Der Typ läßt sich auffassen als eine kubisch dichteste Kugelpackung (A 1-Typ) der X-Atome, in deren Lücken die A- und B-Atome mehr oder weniger geordnet eingelagert sind.

$$d_X^{[12]} = \frac{a}{4}\sqrt{2}.$$

Substanztabelle (mit der Gitterkonstanten a).

	a		a		a
Al_2MgO_4 . . .	8,09	Cr_2CoO_4 . . .	8,32	Co_2TiO_4 . . .	8,42
Al_2ZnO_4 . . .	8,10	Cr_2NiO_4 . . .	8,30	Co_2SnO_4 . . .	8,60
Al_2MnO_4 . . .	8,26	Cr_2CuO_4 bis		Ni_2GeO_4 . . .	8,20
Al_2FeO_4 . . .	8,12	$Cr_2Cu_2O_4$ . .	8,35	Ag_2MoO_4 . . .	9,26
Al_2CoO_4 . . .	8,06	Mn_2MnO_4 . .	tetr. def.[1]	Cr_2ZnS_4 . . .	9,92
Al_2NiO_4	8,04	Mn_2TiO_4 . . .	8,67	Cr_2CdS_4 . . .	10,19
Al_2CuO_4	8,07	Fe_2MgO_4 . . .	8,34	Cr_2MnS_4 . . .	10,06
Ga_2MgO_4 . . .	8,28	Fe_2ZnO_4 . . .	8,40	Co_3S_4[2]	9,4
Ga_2ZnO_4 . . .	8,32	Fe_2CdO_4 . . .	8,73	Co_2CuS_4 . . .	9,46
In_2MgO_4 . . .	8,81	Fe_2MnO_4 . . .	8,57	Ni_3S_4	9,5
Mg_2TiO_4 . . .	8,41	Fe_2FeO_4 . . .	8,41	$K_2Zn(CN)_4$ . .	12,5
Mg_2SnO_4 . . .	8,58	Fe_2CoO_4 . . .	8,39	$K_2Cd(CN)_4$ . .	12,8
Zn_2TiO_4 . . .	8,41	Fe_2NiO_4 . . .	8,41	$K_2Hg(CN)_4$ . .	12,8
Zn_2SnO_4 . . .	8,61	Fe_2CuO_4 . . .	8,44		
Ti_2FeO_4	8,47	Fe_2TiO_4 . . .	8,50	γ-Al_2O_3[3] . . .	7,90
V_2FeO_4	8,47	Co_2MgO_4 . . .	8,11	Mn_2O_3[3] . . .	tetr. def.[1]
Cr_2MgO_4 . . .	8,29	Co_2ZnO_4 . . .	8,06	γ-Fe_2O_3[3] . . .	8,4
Cr_2ZnO_4 . . .	8,32	Co_2MnO_4 . . .	8,27	$LiAl_5O_8$ . . .	7,90
Cr_2CdO_4 . . .	8,59	Co_2CoO_4 . . .	8,07	Al_2LiO_3F	
Cr_2MnO_4 . . .	8,49	Co_2NiO_4 . . .	8,11	Al_2MgO_4—Al_2O_3[4]	
Cr_2FeO_4 . . .	8,36	Co_2CuO_4 . . .	8,04	$Li_2Fe_{10}O_{16}$ . .	8,31

[1] a=8,1, c=9,4. [2] Sehr ähnlich $H1_1$-Typ. $D7_2$-Typ. [3] Bei diesen Verbindungen entspricht das Verhältnis der Komponenten nicht dem Formeltyp A_2BX_4, es bleiben also einige der Lücken unbesetzt. [4] Es besteht eine lückenlose Mischkrystallreihe.

27237.

$I1_1$-Typ ($H6_1$-Typ, alte Bezeichnung); K_2PtCl_6, Kaliumhexachloroplatinat; O_h^5; Γ_c' mit M = 4; dieser Typ entspricht genau dem $C1$-Typ: dem Ca entspricht der Komplex $PtCl_6$, dem F entsprechen die K-Ionen.

Substanztabelle (mit der Gitterkonstanten a).

K_2PtCl_6	9,73	Rb_2SeCl_6	9,98
$(NH_4)_2PtCl_6$	9,84	Cs_2SeCl_6	10,27
Rb_2PtCl_6	9,88	$(NH_4)_2SeBr_6$	10,46
Cs_2PtCl_6	10,19	K_2SeBr_6	10,36
Tl_2PtCl_6	9,76	$(NH_4)_2TeCl_6$	10,18
K_2PtBr_6	10,35	K_2TeCl_6	mkl. def.
K_2OsCl_6	9,73	Rb_2TeCl_6	10,23
K_2OsBr_6	10,30	Cs_2TeCl_6	10,45
$(NH_4)_2PdCl_6$	9,81	Tl_2TeCl_6	10,11
K_2PdCl_6	9,74	Rb_2SbCl_6	10,18
Rb_2PdCl_6	10,02	$(NH_4)_2SbBr_6$	10,67
Cs_2PdCl_6	10,16	Rb_2SbBr_6	10,67
$(NH_4)_2PdBr_6$	9,95	$(NH_4)_2SiF_6$	8,34
K_2PdBr_6	9,92	K_2SiF_6	8,17
Rb_2PdBr_6	10,25	Rb_2SiF_6	8,45
Cs_2PdBr_6	10,64	Cs_2SiF_6	8,87
$Ba_2Ni(NO_2)_6$	10,67	Tl_2SiF_6	8,6
$Sr_2Ni(NO_2)_6$	10,54	Cs_2GeF_6	8,99
$Pb_2Ni(NO_2)_6$	10,55	Cs_2GeCl_6	10,21
K_2ReF_6	—	Rb_2TiCl_6	9,92
K_2ReCl_6	9,86	Cs_2TiCl_6	10,22
$(NH_4)_2SeCl_6$	9,94	Rb_2ZrCl_6	10,18

27237 (Fortsetzung).

Cs_2ZrCl_6	10,41
K_2SnCl_6	9,98
$(NH_4)_2SnCl_6$	10,04
Rb_2SnCl_6	10,10
Cs_2SnCl_6	10,35
Tl_2SnCl_6	9,97
$(NH_4)_2SnBr_6$	10,57
K_2SnBr_6	10,48
Rb_2SnBr_6	10,58
Cs_2SnBr_6	10,77
Rb_2SnJ_6	11,60
Cs_2SnJ_6	11,63
$(NH_4)_2PbCl_6$	10,14
Rb_2PbCl_6	10,20
Cs_2PbCl_6	10,42
$Rb_2CrF_5H_2O$	8,38
$Tl_2CrF_5H_2O$	8,41
$(NH_4)_2VF_5H_2O$	8,42
$Rb_2VF_5H_2O$	8,42
$Tl_2VF_5H_2O$	8,45
$JCrO_4Cr(NH_3)_6$	—
$Cl_2Mn(NH_3)_6$	10,20
$Br_2Mn(NH_3)_6$	10,52
$J_2Mn(NH_3)_6$	10,04
$(ClO_4)_2Mn(NH_3)_6$	11,58
$Cl_2Fe(NH_3)_6$	10,15
$Br_2Fe(NH_3)_6$	10,47
$J_2Fe(NH_3)_6$	10,97
$(ClO_4)_2Fe(NH_3)_6$	11,52
$Cl_2Co(NH_3)_6$	10,10
$Br_2Co(NH_3)_6$	10,39
$J_2Co(NH_3)_6$	10,92
$(ClO_4)_2Co(NH_3)_6$	11,45
$(BF_4)_2Co(NH_3)_6$	11,3
$(PF_6)_2Co(NH_3)_6$	11,94
$ClO_4SO_4Co(NH_3)_6$	10,95
$ClO_3SO_4Co(NH_3)_6$	10,80
$SO_4JCo(NH_3)_6$	10,71
$SO_4BrCo(NH_3)_6$	10,51
$SeO_4JCo(NH_3)_6$	10,79
$SeO_4BrCo(NH_3)_6$	10,63
$CrO_4JCo(NH_3)_6$	—
$Cl_2Ni(NH_3)_6$	10,06
$Br_2Ni(NH_3)_6$	10,34
$J_2Ni(NH_3)_6$	10,88
$(ClO_4)_2Ni(NH_3)_6$	11,42
$(BF_4)_2Ni(NH_3)_6$	11,27
$(PF_6)_2Ni(NH_3)_6$	11,91
$FSO_3Ni(NH_3)_6$	11,47
$Cl_2Mg(NH_3)_6$	10,16
$Br_2Mg(NH_3)_6$	10,47
$J_2Mg(NH_3)_6$	10,98
$(ClO_4)_2Mg(NH_3)_6$	11,53
$J_2Zn(NH_3)_6$	10,96
$(ClO_4)_2Zn(NH_3)_6$	11,25
$J_2Cd(NH_3)_6$	11,04
$(ClO_4)_2Cd(NH_3)_6$	11,59
$SO_4BrCr(NH_3)_5H_2O$	10,53
$J_2Co(NH_2 \cdot CH_3)_6$	12,05
$SO_4JCo(NH_3)_5H_2O$	10,62
$SO_4BrCo(NH_3)_5H_2O$	10,45
$SO_4ClO_3Co(NH_3)_5H_2O$	10,73
$SO_4ClO_4Co(NH_3)_5H_2O$	10,89
$J_2Ni(NH_2\ CH_3)_6$	12,03

Ähnlich weiterhin ($J2_1$- und $J2_4$-Typ):

$(NH_4)_3AlF_6$	8,90
$(NH_4)_3VF_6$	9,04
$(NH_4)_3CrF_6$	9,01
$(NH_4)_3FeF_6$	9,17
Li_3FeF_6	8,88
Na_3FeF_6	9,26
K_3FeF_6	9,93
Rb_3FeF_6	10,23
Cs_3FeF_6	10,46
$(NH_4)_3MoO_3F_3$	9,10
$K_2BaFe(NO_2)_6$	10,43
$K_2PbFe(NO_2)_6$	10,31
$K_2SrFe(NO_2)_6$	10,30
$K_2HgFe(NO_2)_6$	10,22
$K_2CaFe(NO_2)_6$	10,19
$K_2CdFe(NO_2)_6$	10,15
$(NH_4)_2BaFe(NO_2)_6$	10,50
$(NH_4)_2PbFe(NO_2)_6$	10,37
$(NH_4)_2SrFe(NO_2)_6$	10,34
$(NH_4)_2CaFe(NO_2)_6$	10,25
$(NH_4)_2CdFe(NO_2)_6$	10,28
$Tl_2BaFe(NO_2)_6$	10,55
$Tl_2PbFe(NO_2)_6$	10,39
$Tl_2SrFe(NO_2)_6$	10,40
$Tl_2CaFe(NO_2)_6$	10,30
$(NH_4)_3Co(NO_2)_6$	10,78
$K_3Co(NO_2)_6$	10,46
$Rb_3Co(NO_2)_6$	10,73
$Cs_3Co(NO_2)_6$	11,15
$Tl_3Co(NO_2)_6$	10,72
$K_2PbCo(NO_2)_6$	10,40
$K_2CaCo(NO_2)_6$	10,17
$K_2SrCo(NO_2)_6$	10,23
$K_2BaCo(NO_2)_6$	10,45
$K_3Ni(NO_2)_6$	10,49
$K_2CaNi(NO_2)_6$	10,34
$K_2SrNi(NO_2)_6$	10,49
$K_2BaNi(NO_2)_6$	10,67
$K_2PbNi(NO_2)_6$	10,55
$K_2CdNi(NO_2)_6$	10,28
$(NH_4)_2CdNi(NO_2)_6$	10,41
$Rb_2Cd(Ni, Cd)(NO_2)_6$	10,58
$Cs_2Cd(Ni, Cd)(NO_2)_6$	10,81
$Tl_2CdNi(NO_2)_6$	10,37
$(NH_4)_2HgNi(NO_2)_6$	10,46
$Tl_2HgNi(NO_2)_6$	10,42
$K_2HgNi(NO_2)_6$	10,29
$Rb_2HgNi(NO_2)_6$	10,47

27237 (Fortsetzung).

$Cs_2Hg(Hg, Ni)(NO_2)_6$	11,04	$K_2NaBi(NO_2)_6$	10,88
$K_2PbCu(NO_2)_6$	10,65	$Rb_2NaBi(NO_2)_6$	10,98
$(NH_4)_3Rh(NO_2)_6$	10,91	$Cs_2NaBi(NO_2)_6$	11,15
$K_3Rh(NO_2)_6$	10,63	$Tl_2NaBi(NO_2)_6$	11,01
$Rb_3Rh(NO_2)_6$	10,83	$(NH_4)_2NaBi(NO_2)_6$	10,99
$Cs_3Rh(NO_2)_6$	11,30	$K_2AgBi(NO_2)_6$	10,95
$Tl_3Rh(NO_2)_6$	10,91	$Rb_2AgBi(NO_2)_6$	11,05
$(NH_4)_3Ir(NO_2)_6$	10,73	$Cs_2AgBi(NO_2)_6$	11,19
$K_3Ir(NO_2)_6$	10,59	$Tl_2AgBi(NO_2)_6$	11,06
$Rb_3Ir(NO_2)_6$	10,77	$(NH_4)_2AgBi(NO_2)_6$	11,10
$Cs_3Ir(NO_2)_6$	11,17	$(ClO_4)_3Cr(NH_3)_6$	11,54
$Tl_3Ir(NO_2)_6$	10,73	$(ClO_4)_3Cr(NH_3)_5H_2O$	11,47
$Cs_3Bi(NO_2)_6$	11,19	$J_3Co(NH_3)_6$	10,88
$K_2LiBi(NO_2)_6$	10,54	$(ClO_4)_3Co(NH_3)_6$	11,38
$Rb_2LiBi(NO_2)_6$	10,59	$(BF_4)_3Co(NH_3)_6$	11,21
$Cs_2LiBi(NO_2)_6$	10,94	$(PF_6)_3Co(NH_3)_6$	11,68
$Tl_2LiBi(NO_2)_6$	10,64	$J_3Co(NH_3)_5H_2O$	10,81
$(NH_4)_2LiBi(NO_2)_6$	10,63	$(ClO_4)_3Co(NH_3)_5H_2O$	11,32

27238.

$D8_1$-Typ, $D8_2$-Typ, $D8_3$-Typ: γ-Messing-Typen; komplizierte kubische (zum Teil leicht deformierte) Struktur mit 52 Atomen in der Zelle. Die Zusammensetzung schwankt meist etwas um die in der Tabelle angegebenen Werte. Sie liegt meist in der Nähe solcher Werte, für die das Verhältnis der Valenzelektronen zu den Atomen = 21/13 ist. [Dabei verhalten sich die Übergangselemente (Fe, Co, Nietz) nullwertig.] Hume-Rothery-Regel. Die Gitterkonstante a ist von der Zusammensetzung abhängig.

Substanztabelle (die Formeln sind mehr oder weniger willkürlich).

$AlAu_3$; Ag_2Cd_3; Ag_2Hg_3; $AgLi_3$ (?); Ag_5Zn_8; Al_4Cu_9 bis ~AlCu; Au_3Zn_7; $Be_{21}Ni_5$; $Be_{21}Pt_5$; $Cd_{21}Co_5$; Cd_8Cu_5; $Cd_{21}Ni_5$; $Cd_{21}Pd_5$; $Cd_{21}Pt_5$; $Cd_{21}Rh_5$; Co_5Zn_{21}; Cu_9Ga_4; CuHg; Cu_9In_4; $Cu_{11}Si_2$; $Cu_{31}Sn_8$; Cu_5Zn_8; $FeZn_3$; $Li_{10}Pb_3$; Mn_5Zn_{21}; Ni_5Zn_{21}; Pd_5Zn_{21}; Pt_5Zn_{21}; Rh_5Zn_{21}.

27239 Strukturtypen der Elemente. In jedem Kästchen sind angegeben: Atomnummer und chemisches Symbol; Typenbezeichnung nach dem Strukturbericht [Ewald-Hermann usw., Akademische Verlagsgesellschaft (Lpzg.)], vgl. S. 160; Bausymbol, vgl. S. 162, die fett gesetzten Zahlen geben also die Koordinationszahl an. a bedeutet, daß eigener Typ, aber noch nicht vollständig bestimmt, vorliegt. b bedeutet, daß hier weitere, aber zum Teil nicht vollständige Angaben von anderen Modifikationen vorliegen.

1 H H_2-Mol. A 3 **1** I																	2 He A 3 **12** G ?
3 Li A 2 **8** G	4 Be A 3; b **12** G											5 B a	6 C A 4; A 9 **4** G; **3** N	7 N N_2-Mol. A 3 : B 21[1] **1** I	8 O O_2-Mol. A 1; b **1** I	9 F	10 Ne A 1 **12** G
11 Na A 2 **8** G	12 Mg A 3 **12** G											13 Al A 1 **12** G	14 Si A 4 **4** G	15 P A 17; b **3** N	16 S A 16; b **2** I; **2** K	17 Cl A 18 **1** I	18 Ar A 1 **12** G
19 K A 2 **8** G	20 Ca A 1; A 3; b **12** G	21 Sc A 1 A 3 **12** G	22 Ti A 3; A 2 **12** G **8** G	23 V A 2 **8** G	24 Cr A 2; A 3 A 12 **8** G **12** G	25 Mn A 6 A 12 A 13 **12** G	26 Fe A 1; A 2 **12** G **8** G	27 Co A 1; A 3 **12** G	28 Ni A 1; A 3 A 6 **12** G	29 Cu A 1 **12** G	30 Zn A 3 **6** N… **12** G[2]	31 Ga A 11 **1** I… **7** G[2]	32 Ge A 4 **4** G	33 As A 7 **3** N… **6** G[2]	34 Se A 8; b **2** K… **6** G[2]; **2** K	35 Br A 14 **1** I	36 Kr A 1 **12** G
37 Rb A 2 **8** G	38 Sr A 1 **12** G	39 Y A 3 **12** G	40 Zr A 2; A 3 **8** G **12** G	41 Nb A 2 **8** G	42 Mo A 2 **8** G	43	44 Ru A 3 **12** G	45 Rh A 1; b **12** G	46 Pd A 1 **12** G	47 Ag A 1 **12** G	48 Cd A 3 **6** N… **12** G[2]	49 In A 6 **12** G	50 Sn A 4; A 5 **4** G **6** G	51 Sb A 7 **3** N… **6** G[2]	52 Te A 8 **2** K… **6** G[2]	53 J A 14 **1** I	54 X A 1 **12** G
55 Cs A 2 **8** G	56 Ba A 2 **8** G	57…71 siehe unten	72 Hf A 3 **12** G	73 Ta A 2 **8** G	74 W A 2; A 15 **8** G; **12, 14** G	75 Re A 3 **12** G	76 Os A 3 **12** G	77 Ir A 1 **12** G	78 Pt A 1 **12** G	79 Au A 1 **12** G	80 Hg A 10 **6** G… **12** G[2]	81 Tl A 1; A 3 **12** G	82 Pb A 1 **12** G	83 Bi A 7 **3** N… **6** G[2]	84 Po A 19 ?	85	86 Em
87	88 Ra	89 Ac	90 Th A 1 **12** G	91	92 U A 20; b **4** N(**12** G)[2]												

57 La A 1; A 3 **12** G	58 Ce A 1; A 3 **12** G	59 Pr A 1; A 3 **12** G	60 Nd A 3 **12** G	61	62 Sa	63 Eu A 2 **8** G	64 Gd A 3 **12** G	65 Tb A 3 **12** G	66 Dy A 3 **12** G	67 Ho A 3 **12** G	68 Er A 3 **12** G	69 Tu A 3 **12** G	70 Yb A 1 **12** G	71 Cp A 3 **12** G			

[1] Der B 21-Typ ist der Strukturtyp des CO. [2] Die verschiedenen Bausymbole ergeben sich dadurch, daß es in manchen Fällen etwas der Willkür des Betrachters überlassen ist, nur die nächsten oder auch die auf die nächsten bezüglich des Abstandes folgenden Nachbarn mit zu berücksichtigen. Es wurde bei der Typenbeschreibung hierauf jeweils hingewiesen.

27240 **Strukturtypen von AB-Verbindungen chemisch geordnet.**

Die fett gedruckte Zahl gibt die Koordinationszahl, die speziellen Typen sind aus den folgenden Erklärungen ersichtlich. Einzelne der Typen wurden oben näher erklärt. Den Ionen wurden die Radien beigeschrieben.

3	Bornitrid-Typ (B 12-Typ); siehe S. 165, Tabelle 27209.
4	Zinkblende- (B 3-) Typ; siehe S. 168.
4′	Wurtzit- (B 4-) Typ; siehe S. 168.
4^s	Schichtengitter mit der Koordinationszahl 4.
4″	eigener Typ mit der Koordinationszahl 4.
$\overline{4\ldots6}$	eigene Typen, bei welchen man mit gleicher Berechtigung die Koordinationszahl als 4 oder als 6 bezeichnen kann.
6	NaCl-Typ (B 1-Typ): siehe S. 167.
6 def.	verzerrte NaCl- (B 1-)Typen.
6′	NiAs-Typ (B 8-Typ); siehe S. 169.
6′ def.	NiAs-Typ (B 8-Typ), deformiert (B 31-Typ).
6″	eigene Typen mit der Koordinationszahl 6.
7	eigener Typ (Kompromiß zwischen CsCl- und NaCl-Typ).
8	CsCl-Typ (B 2-Typ): siehe S. 168.
8′	CsCl-Typ (B 2-Typ), deformiert.
M	Molekülgitter (z. B. Hg_2Cl_2-Moleküle).
E	irgendein anderer eigener Typ.

a

	Li^+ 0,78	Na^+ 0,98	K^+ 1,33	Rb^+ 1,49	Cs^+ 1,65	NH_4^+ 1,43	Cu^+ 0,96	Ag^+ 1,26	Au^+ 1,37	Hg^+ ~1,35[1]	Tl^+ 1,49
H^- [2] 1,26…1,54	**6**	**6**[2]	**6**[2]	**6**[2]	**6**						
F^- 1,33	**6**	**6**	**6**	**6**	**6**	**4′**	**4**	**6**	E		**6** def.
Cl^- 1,81	**6**	**6**	**6**	**8**[3]; **6**	**8**; **6**[4]	**8**; **6**[5]	**4**	**6**	E	M	**8**
Br^- 1,96	**6**	**6**	**6**	**6**	**8**	**8′**[6]; **8**; **6**[7]	**4**	**6**	E	M	**8**
I^- 2,22	**6**	**6**	**6**	**6**; **8**[8]	**8**	**8′**[9]; **8**; **6**[10]	**4**	**4′**; **4**[12] **2…3…4**[13] **6**[14]	E	M	**7**[15]; **8**
OH^- ~1,3	**4^s**		**6**[11]								

b

	Be^{2+} 0,34	Mg^{2+} 0,78	Ca^{2+} 1,06	Sr^{2+} 1,27	Ba^{2+} 1,43	Zn^{2+} 0,83	Cd^{2+} 1,03	Hg^{2+} 1,12	Ge^{2+} ~1,0[1]	Sn^{2+} ~1,2[1]	Pb^{2+} 1,32
O^{2-} 1,32	**4′**	**6**	**6**	**6**	**6**	**4′**; **4**[16]	**6**	**$\overline{4\ldots6}$**		unwahrscheinl. 4^s, wahrscheinl. 6″, mehrere Modifik.	
S^{2-} 1,74	**4**	**6**	**6**	**6**	**6**	**4**; **4′**	**4**; **4′**	**$\overline{4\ldots6}$**; **4**	**6** def.	**6** def.	**6**
Se^{2-} 1,91	**4**	**6**	**6**	**6**	**6**	**4**	**4**; **4′**	**4**			**6**
Te^{2-} 2,03	**4**	**4′**	**6**	**6**	**6**	**4**	**4**	**4**		**6**	**6**

27240 (Fortsetzung).

c

	B^{3+} 0,2...0,3	Al^{3+} 0,57	Sc^{3+} 0,83	Y^{3+} 1,06	La^{3+} 1,22	Ce^{3+} 1,2	Pr^{3+} 1,2	Nd^{3+} 1,2	Ga^{3+} 0,62	In^{3+} 0,92	Tl^{3+} 1,05
N^{3-} 1,71	3	4′	6		6	6	6	6	4′	4′	
P^{3-} 2,12		4			6	6	6	6	4		
As^{3-} 2,22		4			6	6	6	6	4		
Sb^{3-} 2,45		4			6	6	6	6	4	4	
Bi					6	6	6				8

d

	22 Ti^{2+} 0,80	23 V^{2+} 0,72	24 Cr^{2+} 0,83	25 Mn^{2+} 0,91	26 Fe^{2+} 0,83	27 Co^{2+} 0,82	28 Ni^{2+} 0,78	29 Cu^{2+}	46 Pd^{2+}	78 Pt^{2+}	63 Eu^{2+} 1,24
O^{2-} 1,32	6	6		6	6	6	6	4″	4_s oder 4...6		
S^{2-} 1,74		6′	6′ [17]	6; 4; 4′	6′ [17]	6′	6′; E	E	E	4″	6
Se^{2-} 1,91		6′	6′ [17]	6; 4; 4′	4_s [18]; 6′ [17]	6′	6′; E				6
Te^{2-} 2,03			6′	6′	6′	6′	6′		6′		6
	Ti	V	Cr	Mn	Fe	Co	Ni	Cu	Pd	Pt	Au
P			6′ def.	6′ def.	6′ def.	6′ def.					
As			6′ def.	6′; 6′ def.	6′ def.	6′ def.	6′				
Sb			6′	6′	6′	6′	6′		6′	6′	
Bi							6′				
Sn					6′; 6″	6′ [17]; 6″	6′ [19]	6′		6′	6′

[1] Interpoliert bzw. extrapoliert. [2] Zu den Radien des H^{1-} siehe S. 183; zu den H-Verbindungen siehe S. 184. [3] Bei tiefen Temperaturen (~ —190°) auf das im CsCl-Typ krystallisierende TlCl aufgedampft. [4] Über 450°. [5] Über 184°. [6] Unter —40°. [7] Über 138°. [8] Bei hohen Drucken. [9] Bei tiefen Temperaturen. [10] Über 18°. [11] Über 248° C. [12] 4 und 4′ sind unterhalb 146° stabil; 4′ ist von 137...146° stabil, aber es läßt sich sowohl 4 überhitzen bis 146°, als auch 4′ unterkühlen beliebig weit. Auf die Umwandlungsgeschwindigkeit scheinen Verunreinigungen einen großen Einfluß zu haben. [13] B 32-Typ. Jod ist angeordnet wie der A 2-Typ. In den verschiedenen Lücken mit den verschiedenen Koordinationszahlen 2, 3 und 4 sind die Ag-Ionen statistisch verteilt. Ähnliches ist neuerdings auch für die 4′-Modifikation in Abhängigkeit von der Temperatur nachgewiesen. [14] Bei 25° und 3700 Atm. Druck. [15] Tieftemperatur-Modifikation. [16] Bei dünnen Häutchen von Bragg nachgewiesen, eventuell leicht deformiert. [17] Es existieren verschiedene deformierte NiAs-Typen außerdem. [18] 4_s ist bei tiefen (<300...600°), 6′ bei hohen (>300...600°) Temperaturen stabil. [19] Mit Überstruktur.

Anmerkungen 1...7 für S. 181. [1] Nur bei höherer Temperatur. [2] Es existieren zwei röntgenographisch nachgewiesene Modifikationen, deren Struktur nicht bestimmt ist. [3] Nur als Mischkrystall zu erhalten. [4] Außerdem existiert noch ein anderer Typ. [5] Mehrere Typen der gleichen Koordinationszahl existieren. [6] Außerdem noch zwei andere Modifikationen mit der gleichen Koordinationszahl. [7] Nur mit (allerdings geringem) Zusatz von MgO usw., sonst monokl. und tetragonal.

27241 Strukturtypen von AB_2-Verbindungen (in denen A das Kation ist) chemisch geordnet.

Die fett gedruckte Zahl gibt die Koordinationszahl des Kations an. Die speziellen Typen sind aus den folgenden Erklärungen ersichtlich. Einzelne der Typen wurden oben näher erläutert. Den Ionen wurden zum Teil die Radien beigeschrieben.

2	Molekülgitter; CO_2- (C 2-) Typ bzw. $HgCl_2$- (C 28-) Typ.
3^k	SeO_2-Kettengitter (C47-Typ).
4	irgendein SiO_2-Typ (Koordinationsgitter).
4′	$Zn(OH)_2$ (C 31-) Typ; SiO_2-ähnlicher Typ.
4″	GeS_2- (C-44-) Typ; SiO_2-ähnlicher Typ.
4^k	SiS_2-(C 42-) Typ bzw. $PdCl_2$- (C50-) Typ; Kettengitter.
4^s	HgJ_2-(C 13-) Typ; Schichtengitter.
6	Rutil- (C 4-) Typ; siehe S. 171.
6 def.	$CaCl_2$- (C 35-(Typ; def. Rutil-Typ.
6^r	Pyrit- (C 2-) Typ; Radikalgitter (B_2-Radikale), siehe S. 170.
$6'^r$	Markasit- (C 18-) Typ.
6^s	CdJ_2- (C 6-) Typ; Schichtengitter, siehe S. 171.
$6'^s$	$CdCl_2$- (C 19-) Typ; Schichtengitter, siehe S. 173.
$6''^s$	CdJ_2- (C 27-) Typ bzw. „Wechselstruktur"; Schichtengitter, siehe S. 173.
$6'''^s$	$HgBr_2$- (C 24-) Typ; Schichtengitter.
$6''''^s$	MoS_2- (C 7-) Typ; Schichtengitter.
7	C 29-Typ.
8	CaF_2- (C 1-) Typ.
8 def.	deformierter CaF_2-Typ; C 43-Typ.
E	irgendein anderer Typ; siehe S. 170.
E′	C 23-Typ; eine Koordinationszahl ist schwer anzugeben.
E″	ähnlich E′.

a

	Be 0,34	Mg 0,78	Ca 1,06	Sr 1,27	Ba 1,43	Ra 1,52	Zn 0,83	Cd 1,03	Hg 1,12	Pb ~1,3	Ge ~0,9
H_2			**7**	**7**	**7**						
F_2 1,83	**4**	**6**	**8**	**8**	**8**	**8**	**6**	**8**	**8**	E′; 8^1	
Cl_2 1,81		**$6'^s$**	**6 def.**	**8**	E′		**$6'^s$**	**$6'^s$**	**2**	E′	
Br_2 1,96		**6^s**	**6 def.**	E″	E′			**$6'^s$ $6''^s$**	**$6'''^s$**	E′	
J_2 2,20		**6^s**	**6^s**		E′			**6^s; $6''^s$**	**4^s**	**6^s**	**6^s**
$(OH)_2$ ~1,3	^{2}	**6^s**	**6^s**				**4′; $6^{s\,3}$**	**$6^{s\,4}$**			

b

	C 0,2	Si 0,39	Ti 0,64	Zr 0,87	Ce 1,02	Hf 0,89	Th 1,10	Ge 0,44	Sn 0,74	Pb 0,84	(S)	Se	Te
O_2 1,32	**2**	**4^5**	**6^6**	8 def. **8^7**	**8**	**8^8**	**8**	**4; 6**	**6**	**6**		**3^k**	**6^5**
S_2 1,74		**4^k**	**6^s**	**6^s**				**4″**	**6^s**				
Se_2 1,91			**6^s**	**6^s**									
Te_2 2,03			**6^s**										

Anmerkungen 1...7 auf S. 180.

27241 (Fortsetzung).

c

	23 V	24 Cr	25 Mn	26 Fe	27 Co	28 Ni	29 Cu	41 Nb	42 Mo	43	44 Ru	45 Rh	46 Pd	74 W	75 Re	76 Os	77 Ir	78 Pt	79 Au
F_2			6	6	6	6	8[9]						6						
Cl_2			$6'^{s}$	$6'^{s}$	$6'^{s}$	$6'^{s}$					$6'^{s}$?	$6'^{s}$?	4^{k}; $6'^{s}$?				$6'^{s}$?	$6'^{s}$?	
Br_2			6^{s}	6^{s}	6^{s}	$6''^{s}$; $6'^{s}$													
J_2			6^{s}	6^{s}	6^{s}	$6'^{s}$													
$(OH)_2$			6^{s}	6^{s}	6^{s}	6^{s}													
O_2	6		6^{4}					6	6		6			6		6	6		
S_2			6^{r}	$6'^{r}$; 6	6^{r}	6^{r}			$6''''^{s}$		6^{r}	6^{r}	E	$6''''^{s}$		6^{r}		6^{s}	
Se_2	6^{s}		6^{r}	$6'^{r}$	6^{r}	6^{r}					6^{r}					6^{r}		6^{s}	
Te_2			6^{r}	$6'^{r}$	6^{s} $6'^{r}$	6^{s}					6^{r}		6^{s}			6^{r}		6^{s}	E
P_2				$6'^{r}$														6^{r}	
As_2				$6'^{r}$									6^{r}					6^{r}	
Sb_2				$6'^{r}$	$6'^{r}$								6^{r}					6^{r}	6^{r}

[8] Anscheinend nur mit Zusatz von CeO_2, sonst monokl. und tetragonal. [9] Ein vom Verfasser untersuchtes von Prof. v. Wartenberg hergestelltes CuF_2 hatte eine andere, noch nicht bestimmte Struktur. Ein CuF_2 mit CaF_2-Struktur wurde nicht gefunden.

27242 Ionen- und Atomradien-Tabellen bzw. Tabellen zur Berechnung von Atomabständen.

Bezüglich näherer Begründung der im folgenden mitgeteilten Tabellen siehe eine Zusammenstellung des Verfassers in den „Naturwissenschaften" **25**, 721ff. (1937).

272421 Ionenradien nach V. M. Goldschmidt (empirisch) und L. Pauling (theoretisch).

Fortsetzung und Bemerkungen zur Tabelle siehe nächste Seite.

Schale	Mit abgeschlossenen Edelgasschalen												Mit abgeschlossenen 18-Schalen						
	4—	3—	2—	1—	0	1+	2+	3+	4+	5+	6+	7+	1+	2+	3+	4+	5+	6+	7+
He				H a) 1,54 *2,08*	He ~1,22	Li 0,78 *0,60*	Be 0,34 *0,31*	B *0,20*	C ~0,2 *0,15*	N ~0,15 *0,11*	O *0,09*	F *0,07*							
Ne	C *2,60*	N *1,71*	O 1,32 *1,40*	F 1,33 *1,36*	Ne b) 1,60	Na 0,98 *0,95*	Mg 0,78 *0,65*	Al 0,57 *0,50*	Si 0,39 *0,41*	P ~0,35 *0,34*	S 0,3 *0,29*	Cl *0,26*							
Ar und Cu . . .	Si *2,71*	P *2,12*	S 1,74 *1,84*	Cl 1,81 *1,81*	Ar b) 1,92	K 1,33 *1,33*	Ca 1,06 *0,99*	Se 0,83 *0,81*	Ti 0,64 *0,68*	V ~0,4 *0,59*	Cr ~0,35 *0,52*	Mn *0,46*	Cu *0,96*	Zn 0,83 *0,74*	Ga 0,62 *0,62*	Ge 0,44 *0,53*	As *0,47*	Se ~0,35 *0,42*	Br *0,39*
Kr und Ag . .	Ge *2,72*	As *2,22*	Se 1,91 *1,98*	Br 1,96 *1,95*	Kr b) 1,98	Rb 1,49 *1,48*	Sr 1,27 *1,13*	Y 1,06 *0,93*	Zr 0,87 *0,80*	Nb 0,69 *0,70*	Mo *0,62*		Ag 1,13 *1,26*	Cd 1,03 *0,97*	In 0,92 *0,81*	Sn 0,74 *0,71*	Sb *0,62*	Te *0,56*	J *0,50*
X und Au . . .	Sn *2,94*	Sb *2,45*	Te 2,11 *2,21*	J 2,20 *2,16*	X b) 2,18	Cs 1,65 *1,69*	Ba 1,43 *1,35*	La 1,22 *1,15*	Ce 1,02 *1,01*				Au *1,37*	Hg 1,12 *1,10*	Tl 1,05 *0,95*	Pb 0,84 *0,84*	Bi *0,74*		

272422 Einige weitere Ionenradien (Goldschmidt empirisch, Pauling empirisch).

1-wertig	NH_4	Tl	2-wertig	Mn	Fe	Co	Ni	Pb	Ra	Ti	V	Cr	Eu	Ge
	1,43	1,49		0,91	0,83	0,82	0,78	1,32	1,52	0,80	0,72	~0,83	1,24	~0,9
		1,44		*0,80*	*0,75*	*0,72*	*0,69*	*1,21*						

3-wertig	Ti	V	Co	Mn	Fe	Rh	La...Cp
	0,69	0,65	0,64	0,70	0,67	0,68	1,22...0,99

4-wertig	V	Mn	Nb	Mo	W	U	Ru	Os	Ir	Te	Pr	Tb	Th
	0,61	0,52	0,69	0,68	0,68	1,05	0,65	0,67	0,66	0,89	1,00	0,89	1,10
	0,59	*0,50*	*0,67*	*0,66*	*0,66*	*0,97*	*0,63*	*0,65*	*0,64*	*0,81*	*0,92*		*1,02*

Bemerkungen zur Tabelle 272421 und 272422. Die Zahlen jeweils der obersten Zeile sind Werte von Goldschmidt, der zweiten (kursiv gesetzt) von Pauling.

Die Werte gelten für die Koordinationszahl 6. Bei anderen Koordinationszahlen müssen Korrekturen angebracht werden. KZ. = 4: −6%; KZ. = 8: +3%; KZ. = 12: +12%. Vergleiche dazu die folgenden Tabellen 27243.

a) Nach Untersuchungen von E. Zintl und A. Harder: Über Alkalihydride. Z. physik. Chem. (B) **14**, 265 (1931). Der Wert für H^- steigt vom LiH zum CsH von 1,26...1,54 an.

b) Die Werte sind die halben Atomabstände in den Elementstrukturen mit der KZ. 12, sind also nicht streng vergleichbar mit den anderen.

27243 Berechnung des Atomabstandes (Ionenabstandes) nach Zachariasen, unter Berücksichtigung der Koordinationszahl (KZ.), Bornschem Abstoßungsexponenten n und den Wertigkeiten der beiden Ionen z_1 und z_2 aus sog. „univalenten Radien".

Es bedeute $d_{z_1 z_2}$ den gesuchten Abstand Kation—Anion, z_1 und z_2 seien die Wertigkeiten der beiden Ionen. d_{11} bedeute die Summe der entsprechenden univalenten Radien, die man der Tabelle 272431 bzw. 272432 entnehmen kann. n bedeute den Bornschen Abstoßungsexponenten, den man ebenfalls den genannten Tabellen entnehmen kann (z. B. würde sich für BaS als Mittelwert für n = 10,5 ergeben). Es gilt dann:

$$d_{z_1 z_2} = d_{11} \cdot K \sqrt[n-1]{z_1 \cdot z_2}.$$

Den Wurzelwert als Funktion von n und $z_1 \cdot z_2$ kann man Tabelle 272433 entnehmen. K bedeutet einen Faktor, der den von n abhängigen Einfluß der Koordinationszahl (KZ.) berücksichtigt. K kann der Tabelle 272434 entnommen werden.

272431 Univalente Radien nach Zachariasen und Pauling (kursiv gesetzt).

Schale	4−	3−	2−	1−	1+	2+	3+	4+	5+	6+	7+
He n = 5				H 1,36 *2,08*	Li 0,68 *0,60*	Be 0,55 *0,44*	B 0,42 *0,35*	C 0,38 *0,29*	N 0,35 *0,25*		
Ne n = 7	C 2,49 *4,14*	N 2,02 *2,47*	O 1,76 *1,76*	F 1,33 *1,36*	Na 0,98 *0,95*	Mg 0,89 *0,82*	Al 0,79 *0,72*	Si 0,69 *0,65*	P 0,66 *0,59*	S 0,64 *0,53*	Cl 0,63 *0,49*
Ar n = 9	Si 2,97 *3,84*	P 2,56 *2,79*	S 2,20 *2,19*	Cl 1,81 *1,81*	K 1,33 *1,33*	Ca 1,17 *1,18*	Sc 1,03 *1,06*	Ti 0,88 *0,96*	V 0,82 *0,88*	Cr 0,70 *0,81*	Mn 0,68 *0,75*
Kr n = 10		As 2,62 *2,85*	Se 2,29 *2,32*	Br 1,96 *1,95*	Rb 1,48 *1,48*	Sr 1,34 *1,32*	Y 1,19 *1,20*	Zr 1,07 *1,09*	Nb 0,98 *1,00*	Mo 0,90 *0,93*	
X n = 12		Sb 2,77 *2,95*	Te 2,47 *2,50*	J 2,19 *2,16*	Cs 1,67 *1,69*	Ba 1,49 *1,53*	La 1,30 *1,39*	Ce 1,14 *1,27*			
Em n = 14								Th 1,24			

272432 Univalente Radien nach Pauling.

Schale	1+	2+	3+	4+	5+	6+	7+
Cu n = 9	Cu 0,96	Zn 0,88	Ga 0,81	Ge 0,76	As 0,71	Se 0,66	Br 0,62
Ag n = 10	Ag 1,26	Cd 1,14	In 1.04	Sn 0,96	Sb 0,89	Te 0,82	J 0,77
Au n = 12	Au 1,37	Hg 1,25	Tl 1,15	Pb 1,06	Bi 0,98		

Bemerkungen zu Tabelle 272431 und 272432. Diese Tabellen dürfen nur in Verbindung mit den folgenden Korrektionstabellen 272433 und 272434 benutzt werden.

272433 $\sqrt[n-1]{z_1 z_2}$ als Funktion von $z_1 z_2$ und n.

$z_1 z_2$ \ n	5	6	7	8	9	10	11	12
2	1,189	1,149	1,122	1,104	1,091	1,080	1,073	1,065
3	1,316	1,246	1,201	1,170	1,147	1,130	1,116	1,105
4	1,414	1,320	1,259	1,219	1,190	1,166	1,151	1,134
5	1,496	1,380	1,308	1,259	1,223	1,196	1,175	1,158
6	1,565	1,431	1,348	1,292	1,251	1,220	1,196	1,177
7	1,627	1,476	1,383	1,320	1,275	1,241	1,215	1,194
8	1,682	1,516	1,414	1,346	1,297	1,260	1,231	1,208
9	1,732	1,552	1,443	1,369	1,317	1,276	1,246	1,221
10	1,778	1,585	1,468	1,390	1,333	1,292	1,259	1,234
12	1,861	1,644	1,513	1,426	1,364	1,318	1,282	1,253
14	1,934	1,695	1,552	1,458	1,391	1,341	1,302	1,271
15	1,968	1,719	1,570	1,472	1,403	1,351	1,311	1,279
16	2,000	1,742	1,585	1,486	1,416	1,360	1,320	1,286

272434 K als Funktion der Koordinationszahl und des Bornschen Abstoßungsexponenten n.

KZ. \ n	5	6	7	8	9	10	11	12
12	1,160	1,126	1,104	1,088	1,077	1,068	1,061	1,056
9	1,087	1,069	1,057	1,048	1,043	1,038	1,034	1,031
8	1,067	1,053	1,044	1,038	1,033	1,029	1,026	1,024
6	1,00	1,00	1,00	1,00	1,00	1,00	1,00	1,00
4	0,920	0,936	0,946	0,954	0,959	0,963	0,967	0,970
3	0,862	0,889	0,906	0,919	0,928	0,936	0,942	0,947
2	0,793	0,834	0,857	0,877	0,890	0,902	0,911	0,919

27244 Kleinstmöglicher Anionenabstand als Funktion von z_1 (Wertigkeit des zentralen Kations) für verschiedene Anionensorten.

Da der Anionabstand auch noch vom Abstoßungsexponenten n (vgl. Tabelle 27243) des zentralen Kations abhängt (er ist klein, wenn n klein, und groß, wenn n groß ist), sind in der Tabelle Minimalbereiche angegeben.

z_1	1	2	3	4	5
N—N . .	3,22...3,54	2,82...3,27	2,60...3,11	—	—
O—O . . .	3,06...3,24	2,67...3,00	2,46...2,85	2,32...2,73	2,22...2,68
F—F . . .	2,66	2,31...2,45	2,13...2,34	1,93...2,20	—
S—S . . .	3,92...4,09	3,49...3,80	3,26...3,64	3,11...3,53	—
Cl—Cl . .	3,62	3,23...3,37	3,01...3,22	—	—
Se—Se . .	4,12...4,27	3,70...3,98	3,47...3,83	3,32...3,72	—
Br—Br . .	3,92	3,52...3,65	3,31...3,51	—	—
Te—Te . .	4,50...4,64	4,10...4,36	3,89...4,20	3,74...4,09	—
J—J . . .	4,38	3,99...4,11	3,78...3,96	—	—

27245 Radien für homöopolare Bindung nach Pauling und Huggins.

272451 „Tetraedrische Standardradien".

	Be 1,07	B 0,89	C 0,77	N 0,70	O 0,66	F 0,64
	Mg 1,40	Al 1,26	Si 1,17	P 1,10	S 1,04	Cl 0,99
Cu 1,35	Zn 1,31	Ga 1,26	Ge 1,22	As 1,18	Se 1,14	Br 1,11
Ag 1,53	Cd 1,48	In 1,44	Sn 1,40	Sb 1,36	Te 1,32	J 1,28
Au 1,50	Hg 1,48	Tl 1,47	Pb 1,46	Bi 1,46		

272452 „Oktaedrische Standardradien".

Valenz	Fe	Co	Ni	Ru Os	Rh Ir	Pd Pt	Ag Au
II	1,23	1,32	1,39	1,33	1,43	1,50	1,54
III		1,22	1,31		1,32	1,42	1,49
IV			1,21	1,37[1]		1,31	1,41

	Ti	Zr	Sn	Pb	Se		
IV	1,36	1,51	1,49	1,54	1,40		

[1] Dieser Wert gilt für das 4wertige Osmium (McCullough) [Z. Kristallogr. **94**, 149 (1936)]. Der aus den Verbindungen K_2OsCl_6 und K_2OsBr_6 bestimmte Wert erscheint auffällig hoch.

272453 „Quadratische Radien".

	Co	Ni	Cu[1]	Rh Ir	Pd Pt	Ag Au
Wertigkeit	1	2	3	1	2	3
	1,23	1,22	1,21	1,33	1,32	1,31

[1] Für das 2wertige Cu fand Harker [Z. Kristallogr. **93**, 145 (1935)] in der Verbindung $CuCl_2 \cdot 2\,H_2O$ den Wert 1,32.

272454 „Normalvalenzradien nichtmetallischer Atome". Radien für einfache Bindung (1 Elektronenpaar).

				H 0,28
B 0,89	C 0,77	N 0,70	O 0,66	F 0,64
	Si 1,17	P 1,10	S 1,04	Cl 0,99
	Ge 1,22	As 1,21	Se 1,17	Br 1,14
	Sn 1,40	Sb 1,41	Te 1,37	J 1,33
	Pb 1,46	Bi 1.51		

272454 (Fortsetzung).

Doppelbindung (Faktor 0,90) (2 Elektronenpaare).				Dreifachbindung (Faktor 0,79) (3 Elektronenpaare).		
B 0,80	C 0,69	N 0,63	O 0,59	C 0,61	N 0,55	O 0,52
			S 0,94			

272455 Beziehung zwischen Atomabstand und prozentualem Doppelbindungscharakter für die Elementpaare C—C, C—O und N—O nach Pauling und Mitarbeitern.

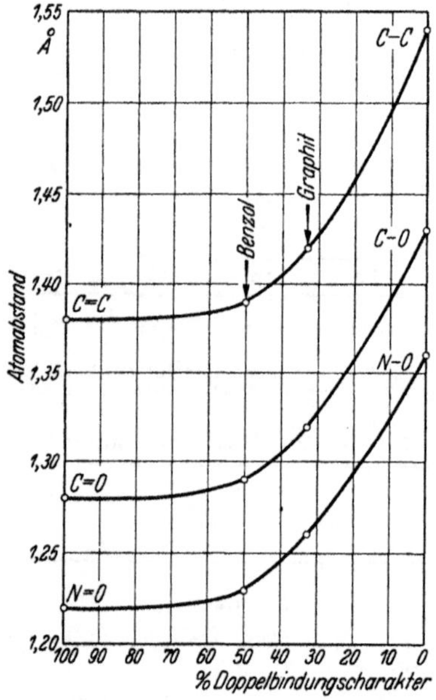

27246 Effektive Radien für van der Waalssche Bindung.

		Substanz, an der die Bestimmung gemacht wurde			Substanz, an der die Bestimmung gemacht wurde			Substanz, an der die Bestimmung gemacht wurde			Substanz, an der die Bestimmung gemacht wurde			Bestimmungstemp. abs. T.
C	$1{,}70^{5}$ bis $1{,}85^{12}$	Graphit (S)	N	$1{,}73^{4}$ bis $1{,}79^{10}$	α-Stickstoff (M)	O	$\sim 1{,}8 \sim^{12}$	γ-Sauerstoff (M)	F	$1{,}49^{6}$	SiF_4 (M)	Ne	$1{,}60^{12}$	5°
							$1{,}54^{7}$ bis $1{,}70^{13}$	CO_2 (M)						
				$1{,}62^{7}$ bis $1{,}75^{13}$	ON_2 (M)		$1{,}40$ bis $1{,}42^{8}$	Sb_2O_3, As_2O_3 (M)				*FH*	—	—
									OH	*$1{,}80^{12}$*	*LiOH*(S)	*OH_2*	*$1{,}38^{4}$*	*273°*
										$1{,}68^{12}$	*$Ca(OH)_2$* (S)	*NH_3*	*$1{,}60^{4}$* bis *$1{,}96^{12}$*	*194°*
										$1{,}61^{12}$	*$Mg(OH)_2$* (S)	*CH_4*	*$2{,}08^{12}$*	20°
Si	—	—	P	$1{,}84^{5}$ bis $1{,}94^{7}$	schwarzer Phosphor (S)	S	$1{,}88^{9}$ bis $2{,}14^{12}$	SiS_2 (K)	Cl	$1{,}26^{2}$ bis $1{,}55^{5}$	Cl_2 (M)	A	$1{,}91^{12}$	40°
							$1{,}83^{10}$	MoS_2, WS_2 (S)		$1{,}84^{12}$	$CdCl_2$, $CoCl_2$ (S)			
							$1{,}81^{12}$	ZrS_2 (S)		$1{,}91^{12}$	$CrCl_3$ (S)	*ClH*	*$1{,}96^{12}$*	*103°*
										$1{,}83^{12}$	$FeCl_3$ (S)	*SH_2*	*$2{,}04^{12}$*	*~100°*
												PH_3	*$\sim 2{,}23^{12}$*	*138°*
												SiH_4	—	—
Ge	—	—	As	$1{,}58^{6}$	Arsen (S)	Se	$1{,}73^{6}$	Selen (K)	Br	$1{,}94^{12}$	$NiBr_2$ (S)	Kr	$1{,}98^{12}$	20°
							$1{,}90^{12}$	$ZrSe_2$ (S)		$1{,}93^{12}$	$CrBr_2$ (S)		$2{,}01^{12}$	80°
										$2{,}03^{12}$	$TiBr_4$ (M)	*BrH*	*$2{,}04^{12}$*	*120°*
												SeH_2	*$2{,}13^{12}$*	*~100°*
												AsH_3	*$\sim 2{,}26^{12}$*	—
												GeH_4	—	—
Sn	—	—	Sb	$1{,}69^{6}$	Antimon (S)	Te	$1{,}87^{6}$	Tellur (K)	J	$1{,}77^{3}$ bis $2{,}23^{12}$	Jod (M)	X	$2{,}20^{12}$	88°
							$\sim 1{,}95^{12}$	$TiTe_2$ (S)		$2{,}15$ bis $2{,}20^{12}$	{Si, Ge, Ti, Sn}J_4 (M)			
										$1{,}96^{4}$ bis $2{,}23^{12}$	CHJ_3 (M)	*JH*	*$2{,}18^{12}$*	*100°*
										$2{,}06^{12}$	HgJ_2 (S)	*TeH_2*	—	—
										$2{,}11^{12}$	CdJ_2 (S)	*SbH_3*	—	—
										$2{,}21^{12}$	BiJ_3 (S)	*SnH_4*	—	—

Bemerkungen zu 27246. Die Radien der Edelgase wurden erhalten durch Halbierung der Atomabstände (flz.kub. Gitter), die anderen Radien durch Halbierung der Atomabstände von Atomen, die nicht zum gleichen Molekül gehören. Die in Klammern gesetzten Buchstaben geben an, was für eine Molekülart vorliegt. M = endliches Molekül, K = Kettenmolekül, S = Schichtenmolekül. Die den Abständen beigeschriebenen kleinen Zahlen geben die betreffende Koordinationszahl an, wobei die Nachbarn im gleichen Molekül mitgezählt wurden. Sind zwei Werte (z. B. beim Jod) angegeben, so bedeutet das folgendes: Die kürzesten 3 Abstände sind $\leqq 2 \cdot 1{,}77$, die kürzesten 12 Abstände sind $\leqq 2 \cdot 2{,}23$. — In Kursivschrift wurden in die Tabelle mit aufgenommen dem Grimmschen Hydridverschiebungssatz folgende Atomgruppen. Als „Radius" gilt hier der halbe Atomabstand der Nichtwasserstoffatome.

27247 Radien für metallische Bindung im „Elementzustand“.

1 H 0,78																	2 He —
3 Li 1,57											4 Be 1,13	5 B 0,95	6 C 0,86	7 N 0,8	8 O —	9 F —	10 Ne —
11 Na 1,92											12 Mg 1,60	13 Al 1,43	14 Si 1,34	15 P 1,3	16 S —	17 Cl —	18 Ar —
19 K 2,36	20 Ca 1,97	21 Sc 1,65	22 Ti 1,45	23 V 1,36	24 Cr 1,28	25 Mn 1,31	26 Fe 1,27	27 Co 1,26	28 Ni 1,24	29 Cu 1,28	30 Zn 1,37	31 Ga 1,39	32 Ge 1,39	33 As 1,48	34 Se 1,6	35 Br —	36 Kr —
37 Rb 2,53	38 Sr 2,16	39 Y 1,81	40 Zr 1,60	41 Nb 1,47	42 Mo 1,40	43 1,34	44 Ru 1,32	45 Rh 1,34	46 Pd 1,37	47 Ag 1,44	48 Cd 1,52	49 In 1,57	50 Sn 1,58	51 Sb 1,61	52 Te 1,7	53 J —	54 X —
55 Cs 2,74	56 Ba 2,25	57…71 s. unten	72 Hf 1,59	73 Ta 1,46	74 W 1,41	75 Re 1,37	76 Os 1,34	77 Ir 1,35	78 Pt 1,38	79 Au 1,44	80 Hg 1,55	81 Tl 1,71	82 Pb 1,75	83 Bi 1,82	84 Po —	85 —	86 Em —
87 —	88 Ra —	89 Ac —	90 Th 1,80	91 Pa —	92 U 1,57												

57 La 1,86	58 Ce 1,82	59 Pr 1,82	60 Nd 1,82	61 1,8 oder 2,0	62 Sa 1,8 oder 2,0	63 Eu 2,04	64 Gd 1,79	65 Tb 1,77	66 Dy 1,77	67 Ho 1,75 oder 1,95	68 Er 1,75	69 Tu 1,74	70 Yb 1,93	71 Cp 1,74

Bemerkungen zu 27247. Die Radien gelten für die KZ. 12. Um hieraus den für andere KZ. wirksamen Radius zu erhalten, benutze man die Abb. 27243. Bei intermetallischen Verbindungen beobachtet man gelegentlich gegenüber den in dieser Tabelle gegebenen Werten sehr starke Kontraktionen.

27248 Korrektionswerte für die Atomradien für verschiedene Koordinationszahlen (vgl. 27247).

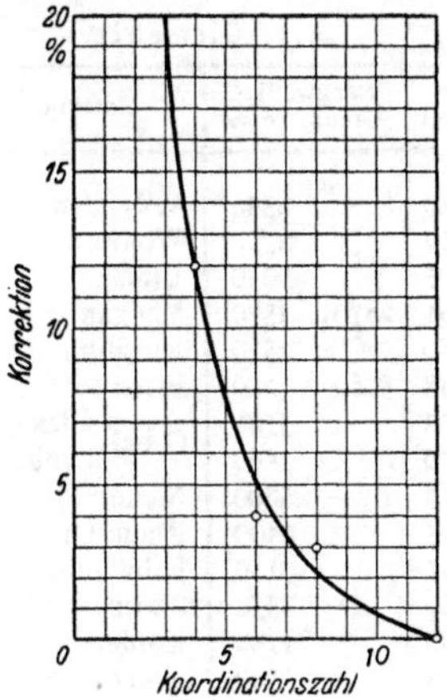

28 Elektronenemission.

281 Elektronenaustrittspotential, langwellige Grenze des lichtelektrischen Elektronenaustritts und Richardsonsche Konstante A.

Die Austrittsarbeit $e \cdot \varphi$ ist die Arbeit, die zu leisten ist, um Elektronen aus dem Krystallgitter zu befreien. Entsprechend ist die Grenzwellenlänge die Wellenlänge, bei der die Größe eines Strahlungsquantes noch zur lichtelektrischen Auslösung eines Elektrons genügt.

Nach Einstein ist $e \cdot \varphi = h \cdot \nu$; $\lambda = \frac{hc}{e \cdot \varphi}$.

φ wird, abgesehen von Verunreinigungen der Oberfläche (Gasabsorption), durch die Struktur der Oberfläche beeinflußt. Bei Einkrystallen weichen die φ-Werte der Krystallflächen voneinander ab.

Die Austrittsarbeit bestimmt auch wesentlich die thermische Elektronenemission. Richardson leitete aus der klassischen Theorie der metallischen Leitung eine Emissionsgleichung ab. Nach ihr ist die Sättigungsstromdichte der Elektronen i:

$$i = A T^2 e^{-\frac{e\varphi}{kT}} \left[\frac{A}{cm^2}\right].$$

Der theoretische Wert von A für reine Metalle ist

$$A = 2\alpha \frac{2\pi m_0}{h^3} k^2 = 2\alpha\, 60{,}2 \left[\frac{A}{cm^2 \cdot (^0 K)^2}\right],$$

α = Emissionskoeffizient, e = Elementarladung, h = Plancksches Wirkungsquantum, k = Boltzmannsche Konstante, m_0 = Ruhmasse des Elektrons, φ = Spannung in V, T = Temperatur in ^{0}K.

Außer dem Elektronenstrom wird ein ganz geringer Ionenstrom beobachtet, dessen Größe etwa $10^{-6} \ldots 5 \cdot 10^{-5}$ des Elektronenstromes beträgt, und der durch Emission von negativ geladenen Ionen verursacht ist. Bei Kathoden mit Bariumoxyd besteht bei 1000^0 C der $5 \cdot 10^{-5}$ Teil des Elektronenstromes aus Bariumionen, der $5 \cdot 10^{-4}$ Teil aus Sauerstoffionen, der Ionenstrom beträgt bei 1800^0 K etwa 10^{-7} A $\cdot$ cm^{-2}.

2811 Elektronenaustrittspotential in V und langwellige Grenzen der lichtelektrischen Elektronenemission in Å.

28111 Elemente.

Material	Austritts-potential in V	Langwellige Grenze in Å	Material	Austritts-potential in V	Langwellige Grenze in Å
Selen	4,89	2530	Molybdän	4,19...4,29	2990
Arsen	5,17	2390	Wolfram	4,55...4,57	2720
Antimon	4,05	3050	Uran	3,28	—
Kohlenstoff	4,3 ...4,81	2870...2570	Mangan	3,76	3290
Silicium	4,80	2570	Rhenium	4,98...5,1	2480
Lithium	2,34...2,38	5280...5280	Eisen	4,75...4,77	2600
Natrium	2,33	5300	Cobalt hexag.	4,25	—
Kalium	2,26	5460	Cobalt kub.	4,12	—
Rubidium	2,13	5800	Nickel	4,98...5,03	2490
Caesium	1,93	6400	Rhodium	4,75	2600
Beryllium	3,92	3150	Palladium	4,97...4,99	2490
Magnesium	3,69	3350	Platin	5,44...6,37	1960
Calcium	2,96	4180	Kupfer	4,29	—
Strontium	2,25	5500	Silber	4,73	2610
Barium	2,55	4840	Gold	4,76	2600
Aluminium	4,25	2910	Zink	4,25	2910
Cer	3,07	—	Cadmium	4,08	3030
Titan	3,92	3150	Quecksilber	4,53	2730
Zirkon	4,13	—	Gallium	4,20	2940
Hafnium hexag.	3,20	—	Thallium	3,68	3350
Hafnium kub.	3,53	—	Germanium	4,55	2720
Thorium	3,29	—	Zinn tetrag.	4,51	2740
Niob	3,99	—	Zinn hexag.	4,38	2820
Vanadium	3,78	3270	Blei	4,15	2980
Tantal	4,12...4,16	3000	Wismut	4,62	2680
Chrom	3,72	3320			

28112 Verbindungen.

H_2O	6,13...6,09	2025...2040	AgJ	3,0 ...4,92	4070...2510
NaCl	~4,2	3130...2020	Ag_2S	3,0 ...4,68	4070...2640
BaO	1,00	12350			
CuO	5,34	2310	NH_4-Amalgam	2,76...2,90	4500...4300
Cu_2O	5,15	2390	Glimmer	~4,8	2650...2540
AgCl	4,0 ...5,28	3120...2340	Fuchsin	5,26	2350
AgBr	3,7 ...5,14	3320...2400	Cyanin	5,22	2370

28113 Schichten auf Trägermaterialien.

Schichtsubstanz	Trägermaterial	Austrittsarbeit in V Grenzwerte	Langwellige Grenze in Å
Natrium	Wolfram	2,10	5900
Natrium	Platin	2,10	5900
Kalium	Platin	1,62	7700
Rubidium	Platin	1,57	7950
Caesium	Wolfram	1,36	9090
Caesium	oxyd. Wolfram	0,71	17400
Caesium	Platin	—	8950
Caesium	Silber	—	8600...8950
Caesium	oxyd. Ag	0,75	—

Schichtsubstanz	Trägermaterial	Austrittsarbeit in V Grenzwerte	Langwellige Grenze in Å
CaO aktiviert. . . .	PtIr	1,77	—
SrO aktiviert . . .	PtIr	1,27	—
Ba	Ba	1,66	—
Ba	W	1,1	—
BaO aktiviert. . . .	oxyd. Wolfram	1,0...1,1	—
BaO/SrO aktiviert. .	PtJr	1,03	—
BaO/IrO aktiviert . .	PtNi	1,00	—
La	W	2,71	—
Zr	W	3,14	—
Th.	W	2,62	—
Th.	Mo	2,58	—
W-Oxyd	W	9,22	—
M	W	2,84	—

2812 Thermische Elektronenemission.
Konstante der Richardsonschen Gleichung A in $A \cdot cm^{-2}$ (grad K)$^{-2}$ und Austrittpotential φ in V.

Emittieren-der Stoff	Träger-metall	A $A \cdot cm^{-2}$ (grad K)$^{-2}$	φ in V	Emittieren-der Stoff	Träger-metall	A $A \cdot cm^{-2}$ (grad K)$^{-2}$	φ in V
Cs	Cs	162	1,81	Hf	Hf	1,45	3,53
Cs-Film . .	W	—	1,36	Zr	Zr	330	4,12
Cs-Film . .	oxyd. W	$1 \cdot 10^{-3}$	0,71	Zr-Film . .	W	5	3,14
Cs-Film . .	oxyd. Ag	$9,8 \cdot 10^{-2}$	0,75	Th.	Th	6,02	3,35
Ca.	Ca	6,02	2,24	Th-Film . .	W	3	2,63
CaO aktiviert	PtIr	$10^{-4}...10^{-2}$	1,77	Th-Film . .	Mo	1,5	2,58
SrO aktiviert	PtIr	$10^{-4}...10^{-2}$	1,27	Nb	Nb	57	3,96
Ba.	Ba	60	2,1	Ta	Ta	34	4,04
Ba-Film . .	W	—	1,66	Mo	Mo	55	4,15
Ba-Film . .	oxyd. W	$3 \cdot 10^{-1}$	1,1	W	W	60...100	4,54
BaO				W-oxyd . .	W	$5 \cdot 10^{11}$	9,22
aktiviert .	PtIr	$10^{-4}...10^{-2}$	1,0 bis	U-Film. . .	W	3,2	2,84
			1,1	Fe	Fe	—	4,04
BaO/SrO	PtIr	$10^{-3}...10^{-2}$	1,03	Ni	Ni	$1,38 \cdot 10^{3}$	5,03
aktiviert .				Pt	Pt	$1,7 \cdot 10^{4}$	6,27
BaO/SrO				Pd.	Pd	≈60	4,99
aktiviert .	PtNi	$1 \cdot 10^{-2}$	1,00	Rh	Rh	33	4,8
Y-Film . .	W	7	2,70	Cu	Cu	60,2	4,40
La-Film . .	W	8	2,71	Ag.	Ag	60,2	4,06
Ce-Film . .	W	8	2,71	Au	Au	60,2	4,23

2813 folgt auf S. 194.

2814 Elektonenemission in $mA \cdot cm^{-2}$ bei 750° C von gepasteten Oxydkathoden aus BaO und SrO auf Ni in Abhängigkeit von der Zusammensetzung. [Nach Bengamin Cosgroul und Warren: J. Instn. electr. Engr. **80**, 401 (1937).]

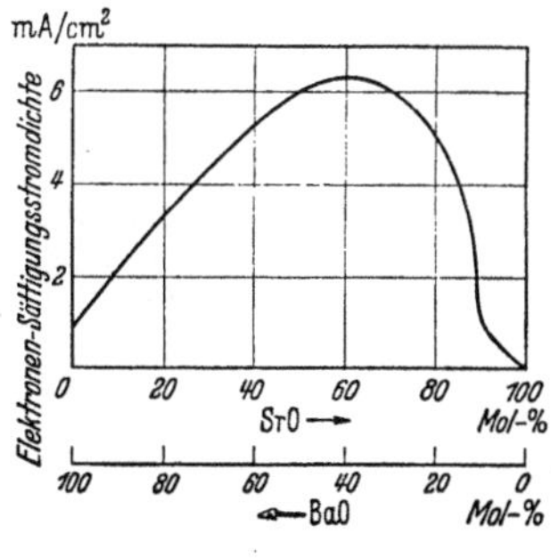

[1] Die Werte für die Schichten (Filme) sind jeweils die bei optimal emittierender Bedeckung.

2813 Thermische Elektronenemission von Metallen und Oxydschichten.

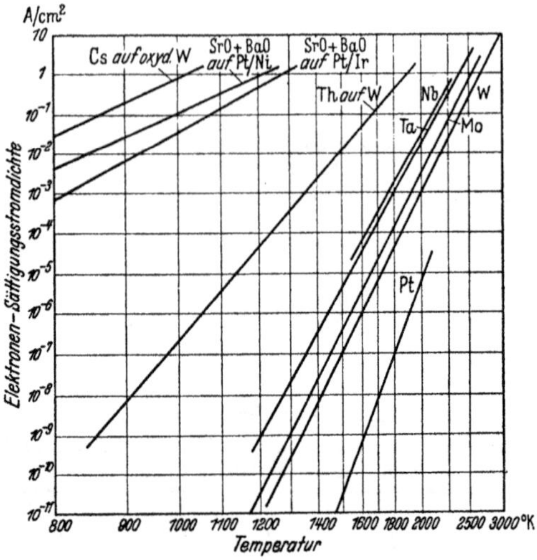

282 Emission von Sekundärelektronen.

Beim Auftreffen schneller Elektronen auf reine Metalle oder aktivierte Schichten werden Sekundärelektronen ausgelöst, deren Zahl von der getroffenen Schicht und der kinetischen Energie der Elektronen abhängt. Für die meisten Stoffe nimmt die Sekundärelektronenemission anfangs stark mit wachsender kinetischer Energie der Elektronen zu und sinkt später wieder ab. Bei Metallen liegt das Maximum der Emissionen meist bei kleinerer Beschleunigungsspannung als bei Isolatoren.

δ_{max} ist der Höchstwert des Verhältnisses der Zahl der ausgelösten zu der Zahl der auftreffenden Elektronen und V_{max} die dazu gehörende beschleunigende Spannung in V für die Primärelektronen.

2821 Verhältnis δ der Zahl der ausgelösten Elektronen zu der Zahl der auftreffenden in Abhängigkeit von der die auftreffenden Elektronen beschleunigenden Spannung.

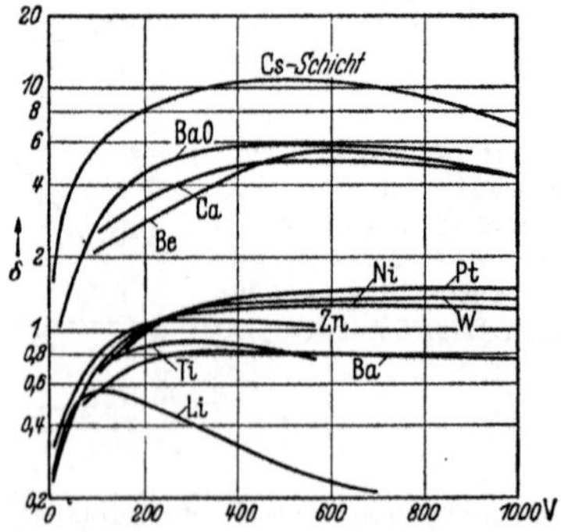

2822 Sekundäremission von Metallen.

Chem. Symbol	δ_{max}	V_{max} in V	Chem. Symbol	δ_{max}	V_{max} in V
Li . . .	0,56	~100	W	0,85	250
Li . . .	0,48	~ 75	Fe	1,0	300
Cs . . .	0,72	~400	Fe	1,3	348
Be . . .	0,90	100...200	Ni	1,2...2,5	400...500
Be . . .	0,53	~200	Pd	1,27	250
Mg . .	0,95	~300	Pt	1,01	250
Ba . .	0,83	~400	Cu	1,04...1,12	250
Al . . .	0,97	~300	Cu	1,32	240
Th . .	1,14	600...1000	Ag	0,93	250
Ta . . .	2,2	380	Au	0,14...1,14	250...500
Mo . .	1,25	375	Au	1,71	900
W . . .	1,45	700	Ag (97%) + Mg (3%)	15	500
W . . .	1,29...1,40	~630			
W . . .	1,35	450			

2823 Sekundäremission von Isolatoren.

Treffen Elektronen auf einen Isolator auf, so nimmt dieser für $\delta > 1$ ein von Null verschiedenes Potential an (untere bzw. obere Grenze des Bereiches $\delta > 1$: V^{I} bzw. V^{II}). Wird bei höheren Spannungen $\delta \leq 1$, so bleibt das Potential des Isolators konstant $= V^{II}$. V^{II} ist also die Spannung maximaler Aufladung.

Stoff	Bemerkungen	V^{I} in V	V^{II} in V	δ_{max}	V_{max} in V
Glimmer	frisch gespalten	30	~ 3500	2,5	380
Quarzglas	mit HF gereinigt	30	2300	2,1	400
	nach Erhitzen auf 1200° C	< 50	3800	2,9	440
Gundelach-Glas . .	frisch geblasen	—	4000	3,1	446
	mit HF gereinigt	—	3500	3,15	400
Hartglas	frisch geblasen	< 40	2300	2,3	340
Willimanit	—	—	4300	—	—
Zinksilicat	—	—	3100	—	—
Ca-Wolframat . . .	—	—	> 6000	—	—

2824 Sekundäremission von aktivierten Schichten.

Zusammengesetzte Oberflächen	δ_{max}	V_{max} in V
Cs auf einer Metallfläche niedergeschlagen . . .	4,4	200
Cs_2O, Cs	5,7	300
Cs_2O, Cs, Ag—Cs	2,6... 2,8	300...900
Cs—CsO—Ag	8...11	450
Be in dünner Schicht auf Mo niedergeschlagen . .	2,5	500
Be in dicker Schicht auf Mo aufgetragen	1,6	600
Be oxydiert	4,1	—
Mg-Niederschlag in O_2-Atmosphäre	18	700
Ba auf Mo niedergeschlagen	1,6 ...2,5	300
Ba auf W niedergeschlagen	1,23...1,74	300
Ba in trockenem Sauerstoff oxydiert	4,75	400
W verunreinigt durch Th	1,25...1,8	300
W oxydiert	1,06	300
Pt auf Al niedergeschlagen	0,27...0,8	500
Au verunreinigt durch Ca	0,23...0,7	500
Sb auf Ag niedergeschlagen	2,3	120

29 Statistik.

(Statistische Theorie der Wärme.)

Von **Karl Birus**, Berlin.

291 Kinetische Gastheorie.

Das einfachste Modell eines Gases ist eine Gesamtheit (d. i. eine sehr große Anzahl) von völlig gleichartigen, sehr kleinen elastischen Kugeln, die mit großer Geschwindigkeit aneinander vorbeifliegen, bei den außerordentlich häufigen gegenseitigen Zusammenstößen nach den bekannten Gesetzen des elastischen Stoßes Energie und Impuls austauschen und beim Aufprall auf die starren Wände des Gasbehälters ebenfalls elastisch, also unter Umkehrung der senkrecht zur Wand weisenden Impulskomponente, aber ohne Energieverlust „reflektiert" werden. Die „Molekülkugeln" von Luft z. B. fliegen bei Normaldruck und Zimmertemperatur schon mit fast 500 m/s Geschwindigkeit durch den Raum, zwischen zwei Zusammenstößen jedoch im Mittel nur etwa 0,0001 mm weit, d. h. jedes einzelne Molekül erfährt im Mittel $5 \cdot 10^9$ Zusammenstöße je Sekunde.

Dieses Modell erklärt die beiden Haupteigenschaften der Gase — die unbegrenzte Raumerfüllung und den durch die außerordentlich häufigen Stöße gegen die Wände erzeugten, scheinbar kontinuierlichen Gasdruck. Da es keine Annahmen über Fernkräfte zwischen den Einzelmolekülen enthält, führt es nicht auf Kondensations- und ähnliche Erscheinungen. Die durch Anwendung der Mechanik und Statistik auf dieses Modell gefundenen Gesetzmäßigkeiten faßt man als „kinetische Gastheorie" zusammen:

1. Zustandsgleichung idealer Gase. Für den vereinfachten Fall von unendlich kleinen, ausdehnungslosen Molekülkugeln —, wenn man also von den Zusammenstößen der Moleküle untereinander absieht —, ergibt sich das Boyle-Mariottesche Gesetz, die Zustandsgleichung der idealen Gase:

$$p \cdot V = \frac{L \cdot m \cdot \overline{w^2}}{3} = R\,T \qquad (1)$$

(p = Druck, V = Molvolumen, m = Masse der Gasmoleküle, $\overline{w^2}$ = Mittelwert der Quadrate der Molekülgeschwindigkeiten, L = Loschmidtsche Zahl, d. h. Zahl der in 1 Mol des Gases enthaltenen Moleküle).

2. Stoßzahl und freie Weglänge. Alle Gase verhalten sich nur bei großer Verdünnung wie ideale Gase. Im allgemeinen, wenn man den endlichen Radius r der Modellkugeln (bzw. den gaskinetischen Wirkungsradius der Moleküle) in Rechnung stellen muß, ist das Molvolumen V [Gleichung (1)] wie in der van der Waalsschen Zustandsgleichung um eine Korrektur b, die das Vierfache des Eigenvolumens der in einem Mol enthaltenen Molekülkugeln beträgt, zu verkleinern.

Für die Stoßzahl Z, d. h. die Zahl der Zusammenstöße je Molekül und je Sekunde erhält man:

$$Z = 4\sqrt{2} \cdot N \cdot \pi r^2 \cdot \overline{w}, \qquad (2)$$

und daher für die Stoßzahl je cm³ je Sekunde:

$$Z' = 2\sqrt{2} \cdot N^2 \pi r^2 \,\overline{w} \qquad (2a)$$

(N = Zahl der Moleküle je cm³, r = Radius der „Molekülkugeln", $\overline{w}$ = mittlere Geschwindigkeit der Moleküle):

$$\overline{w} = \sqrt{\frac{8\,R\,T}{\pi \cdot M}}.$$

Aus (2) ergibt sich für die „mittlere freie Weglänge" λ, d. h. für die durchschnittliche Wegstrecke zwischen zwei Zusammenstößen:

$$\lambda = \frac{\overline{w}}{Z} = \frac{1}{4\sqrt{2}\,N\,\pi r^2}. \qquad (3)$$

Die mittlere freie Weglänge von H_2-Molekülen beträgt bei einem Druck von: | Die entsprechenden Stoßzahlen je Molekül sind:

760 Torr (und 0° C): $\lambda = 1{,}2 \cdot 10^{-5}$ cm; $Z = 1{,}4 \cdot 10^{10}$ ($Z' \sim 1{,}9 \cdot 10^{29}$ je cm^3).
100 „ („ 0° C): $\lambda = 9 \cdot 10^{-5}$ cm; $Z = 1{,}85 \cdot 10^{9}$ ($Z' \sim 3{,}3 \cdot 10^{27}$ je cm^3).
1 „ („ 0° C): $\lambda = 9 \cdot 10^{-3}$ cm; $Z = 1{,}85 \cdot 10^{7}$ ($Z' \sim 3{,}3 \cdot 10^{23}$ je cm^3).
$9 \cdot 10^{-3}$ „ („ 0° C): $\lambda = 1$ cm; $Z = 1{,}5 \cdot 10^{5}$ ($Z' \sim 2{,}4 \cdot 10^{19}$ je cm^3).

Quecksilberdampfatome haben bei Zimmertemperatur (Dampfdruck $\sim 10^{-3}$ Torr) eine mittlere freie Weglänge von rund 10 cm. Das gilt jedoch nur bei Abwesenheit anderer Molekülarten. Für ein Gemisch, das je cm^3 N_1 Moleküle mit dem Radius r_1 und der Masse m_1 und N_2 Moleküle mit dem Radius r_2 und der Masse m_2 enthält, würde gelten:

$$\frac{1}{\lambda_1} = 4\sqrt{2}\, N_1 \pi r_1^2 + 4 N_2 \pi \left(\frac{r_1 + r_2}{2}\right)^2 \sqrt{\frac{m_1 + m_2}{m_1}}. \tag{4}$$

Die Wahrscheinlichkeit dafür, daß ein Molekül eine Strecke x ohne Zusammenstoß durchfliegt, ist:

$$W(x) = e^{-\frac{x}{\lambda}} \tag{5}$$

(Weglängenverteilungsgesetz von Clausius).

Die Verteilungsfunktion der freien Weglängen ist also eine e-Funktion; die „mittlere freie Weglänge" λ ist nicht ein besonders häufiger, sondern der Mittelwert aller vorkommenden freien Weglängen. Es ist ferner:

$$\overline{x^2} = 2\lambda^2, \qquad \overline{x} = \lambda, \qquad \overline{\sqrt{x}} = \frac{\sqrt{\pi\lambda}}{2}. \tag{6}$$

Nach Gleichung (3) ist λ — außer vom Molekülradius — nur von der Dichte des Gases ($\sim N$), nicht von der Temperatur abhängig. In Wirklichkeit ist jedoch, da die Gasmoleküle Anziehungskräfte aufeinander ausüben (s. hierzu die Korrektion $- a/v^2$ für den inneren oder Kohäsionsdruck in der van der Waalsschen Zustandsgl.), und sich daher auch Moleküle, die „eigentlich" ohne Zusammenstoß aneinander vorbeifliegen würden, infolge der Krümmung der Flugbahnen noch treffen, die mittlere freie Weglänge bei der Temperatur T (λ_T) stets kleiner als der temperaturunabhängige Grenzwert λ_∞:

$$\lambda_T = \lambda_\infty \frac{T}{T + C}, \qquad \lambda_\infty = \lambda_T \left(1 + \frac{C}{T}\right). \tag{7}$$

λ_∞ wird erreicht, wenn die gegenseitige Anziehung der Moleküle gegenüber ihrer kinetischen Energie vernachlässigbar klein ist, d. h. bei hoher Temperatur. C heiß Sutherlandsche Konstante.

3. Innere Reibung. Für den entsprechend der hydrodynamischen Definition $R = \eta \cdot F \cdot \frac{dw}{dz}$ (R = Reibungskraft, F = Fläche, $\frac{dw}{dz}$ = Geschwindigkeitsgradient) auf die Flächeneinheit bezogenen Koeffizienten der inneren Reibung η (s. Abschnitt 371) ergibt die kinetische Gastheorie:

$$\eta = \frac{M\overline{w}}{\sqrt{8}} \cdot \frac{N}{L} \cdot \lambda = \frac{1}{16} \frac{M\overline{w}}{L\pi r^2} \quad \left(\text{genauer: } \frac{1}{12{,}25} \frac{M\overline{w}}{L\pi r^2}\right) \tag{8}$$

(M = Molekulargewicht),

für den Koeffizienten der Wärmeleitung $\varkappa$, entsprechend der Definition

$$-W = \varkappa \cdot \frac{dT}{dz} \quad (W = \text{Wärmestrom}, \ \frac{dT}{dz} = \text{Temperaturgradient}):$$

$$\varkappa = \frac{C_v \overline{w}}{\sqrt{8}} \cdot \frac{N}{L} \cdot \lambda = \frac{1}{16} \cdot \frac{C_v \cdot \overline{w}}{L\pi r^2} \tag{9}$$

(C_v = Molwärme bei konstantem Volumen).

Wärmeleitung und innere Reibung sind also von der Dichte (N) und daher vom Druck unabhängig. Das gilt jedoch nur für höhere Drucke, etwa von 1 Torr ab. Wenn bei kleineren Drucken die freie Weglänge der Gasmoleküle die Abmessungen des Gefäßes übertrifft, so daß nur noch Wandstöße vorkommen (ideales Gas!), so sind η und $\varkappa$ kleiner als man aus (8) und (9) berechnet und proportional dem Druck:

$$\eta = \frac{p}{4}\sqrt{\frac{3M}{RT}} \qquad \text{und} \qquad \varkappa = \frac{3p}{8}\sqrt{\frac{3R}{MT}}\,. \tag{10}$$

Die Temperaturabhängigkeit von η (und $\varkappa$) entspricht der von $\overline{w}$ ($\sim \sqrt{T}$), zuzüglich der von λ; Messungen der inneren Reibung von Gasen dienen daher zur Bestimmung der Sutherlandschen Konstante. Allgemein ist [s. (7)]:

$$\eta = \eta_0 \frac{T^{3/2}}{T + C}\,. \tag{7a}$$

η_0 wird aus einem bekannten Wertepaar (Angaben z. B. in 2913) berechnet.

2911 Zähigkeit η von Luft (15° C).

Druck (in Torr)	η/η_{750}	λ in cm
750	1	$6{,}0 \cdot 10^{-6}$
380	1,01	$1{,}2 \cdot 10^{-5}$
20,5	1,004	$2{,}2 \cdot 10^{-4}$
2,4	0,978	$1{,}9 \cdot 20^{-3}$
1,53	0,956	$3{,}0 \cdot 10^{-3}$
0,63	0,908	$7{,}3 \cdot 10^{-3}$

2912 Zähigkeit η von Luft (15° C).

Druck in Atm	η in μP	$\eta/\eta_{1\,Atm}$
1	177,1	1,00
35	179,4	1,012
50	182,0	1,028
70	185,6	1,048
100	194,7	1,10
200	224,0	1,265

2913 Zähigkeit η, Sutherlandsche Konstante C und freie Weglänge λ einiger Gase bei 760 Torr (vgl. auch 3715).
Daraus λ_∞ berechnet, zum Vergleich die van der Waalssche Volumenkorrektur b.

Gas	η_{293} (exp.) in μP	C zwischen 20 und 100° C	$\lambda_{293} \cdot 10^5$ in cm	$1 + \frac{C}{293}$	$\lambda_\infty \cdot 10^5$ in cm	$b \cdot 10^6$ (cm³) aus der Zustandsgleichung
H_2	88	71,7	1,116	1,245	1,389	1186
N_2	175	104	0,592	1,355	0,804	1720
O_2	203	125	0,634	1,426	0,904	1420
HCl	143	360	0,426	1,229	0,950	1820
(H_2O	880	650	~ 0,39	2,22	~ 1,25	1350)*
CO	177	100	0,590	1,342	0,792	1780
CO_2	147	273	0,389	1,391	0,751	1905
He	196	0	1,753	—	1,753	762
Ne	310	56	1,238	1,191	1,472	1051
Ar	222	142	0,622	1,485	0,925	1437
Kr	246	188	0,478	1,641	0,784	1776
X	226	252	0,345	1,860	0,641	2278
(Hg	228	942	~ 0,29	4,22	~ 1,25	—)*
Luft	181	113	~ 06	1,39	~ 8	—

4. Aus (8) und (9) lassen sich, wenn man noch die Gleichung für die Volumenkorrektur

$$b = 4\,\frac{4\pi}{3}\,r^3 \cdot L$$

hinzunimmt, die Loschmidtsche Zahl L und der „Molekülradius" r bestimmen. Als wahrscheinlichster Wert für L (auch auf Grund anderer Bestimmungsmethoden) gilt: $L = 6{,}023 \cdot 10^{23}$. Werte für gaskinetische Molekülquerschnitte siehe unter 2511.

* Für Wasser- und Quecksilberdampf: Bei höheren Temperaturen erhaltene Werte extrapoliert.

292 Statistische Mechanik. Zustandssumme. Maxwell-Boltzmannsche Energieverteilung. Geschwindigkeitsverteilung in einem Gase.

Ein durch („makroskopische") Beobachtungen eindeutig bestimmter Zustand („Makrozustand") einer Gesamtheit von vollkommen gleichartigen Teilchen, z. B. eine bestimmte Verteilung der gesamten kinetischen Energie auf die einzelnen Moleküle unseres Modellgases, die man etwa in Molekularstrahlversuchen oder bei optischer Anregung der Moleküle bzw. Atome an der Doppler-Effekt-Verbreiterung der emittierten Spektrallinien beobachten kann, ist „mikroskopisch" noch sehr vieldeutig, d. h. er kann durch sehr viele „Mikrozustände" realisiert werden, die sich zwar nicht in der Beobachtung zugänglichen Mittelwerten — z. B. der Zahl der mit einem bestimmten Energiebetrag ausgestatteten Moleküle (Besetzungszahl) —, wohl aber in der Verteilungsweise z. B. dieser Energiebeträge auf die Einzelmoleküel unterscheiden.

Die Anzahl W der (untereinander gleichwahrscheinlichen) Mikrozustände, die den gleichen Makrozustand liefern, oder „thermodynamische Wahrscheinlichkeit" dieses Makrozustandes ist ein Maß für die Entropie (Boltzmann-Prinzip):

$$S = k \cdot \ln W + \text{const} \tag{11}$$

(S = Entropie, $k = R/L = 1{,}38 \cdot 10^{-16}$ erg/grad = Boltzmann-Konstante).

Unter allen Makrozuständen einer Gesamtheit ist derjenige, für den die Entropie ein Maximum ist, der Gleichgewichtszustand. Ein bestimmter Makrozustand einer Gesamtheit von N „Elementargebilden" (etwa Molekülen) z. B. mit der Gesamtenergie E sei dadurch gekennzeichnet, daß die verschiedenen Energiewerte ε_1, ε_2, usw. von N_1, N_2 usw. Molekülen „besetzt" sind, d. h., daß N_1 von ihnen die Energie ε_1, N_2 die Energie ε_2 haben usw., so daß

$$N_1 + N_2 + N_3 + \ldots + N_n = N \quad \text{und} \quad N_1\varepsilon_1 + N_2\varepsilon_2 + N_3\varepsilon_3 + \ldots + N_n\varepsilon_n = E. \tag{12}$$

Die Zahl der zugehörigen Mikrozustände ergibt sich aus der Gesamtzahl der Permutationen der N Moleküle, N!, wenn man bedenkt, daß dabei aber jeder Mikrozustand N_n! mal zu oft gezählt wird, da die Vertauschung zweier Moleküle, die sowieso die gleiche Energie (ε_1 bzw. $\varepsilon_2 \ldots$) haben, keinen neuen Mikrozustand ergibt:

$$W = \frac{N!}{N_1!\,N_2!\,N_3!\ldots N_n!}. \tag{13}$$

Für die „Verteilungszahlen" $\omega_n = \frac{N_n}{N}$ gilt entsprechend:

$$\sum_0^\infty \omega_n = 1, \qquad \sum_0^\infty \omega_n \cdot \varepsilon_n = \frac{E}{N} = \bar{\varepsilon} \tag{14}$$

($\bar{\ }$ = durchschnittliche Energie pro Molekül).

Mit Anwendung der Stirlingschen Formel $N! = \left(\frac{N}{e}\right)^N \sqrt{2\pi N}$ geht (13) über in:

$$\log W = -N \sum_0^\infty \omega_n \log \omega_n. \tag{15}$$

Anwendung der Variationsrechnung ergibt für den Zustand größten statistischen Gewichtes, den Gleichgewichtszustand:

$$\left.\begin{aligned} E &= \bar{\varepsilon} \cdot N = N \frac{\sum_n \varepsilon_n \cdot e^{-\frac{\varepsilon_n}{kT}}}{\sum_n e^{-\frac{\varepsilon_n}{kT}}} \\ \omega_n &= \frac{N_n}{N} = \frac{e^{-\frac{\varepsilon_n}{kT}}}{\sum_n e^{-\frac{\varepsilon_n}{kT}}} \end{aligned}\right\} \tag{16}$$

In dem allgemeinen Fall, daß die statistischen Gewichte g_n der verschiedenen Zustände (ε_n) der Teilchen von 1 verschieden sind (z. B. wenn diese viele Freiheitsgrade besitzen) — man spricht dann, wenn zum gleichen Energiewert ε_n mehrere Mikrozustände gehören, von „entarteten“ Zuständen —, geht (16) über in:

$$\left.\begin{aligned} E &= \bar{\varepsilon} \cdot N = N \frac{\sum_n g_n \cdot \varepsilon_n \cdot e^{-\frac{\varepsilon_n}{kT}}}{\sum_n g_n \cdot e^{-\frac{\varepsilon_n}{kT}}} \\ \omega_n &= \frac{g_n \cdot e^{-\frac{\varepsilon_n}{kT}}}{\sum g_n \cdot e^{-\frac{\varepsilon_n}{kT}}} \end{aligned}\right\} \qquad (17)$$

Die Nenner $\sum e^{-\frac{\varepsilon_n}{kT}}$ bzw. $\sum g_n \cdot e^{-\frac{\varepsilon_n}{kT}}$ dieser Ausdrücke bezeichnet man als „Zustandssumme“ der betreffenden Teilchen- oder Molekülart. Aus der Zustandssumme ergibt sich die freie Energie zu

$$F = -kT \ln \sum_n g_n \cdot e^{-\frac{\varepsilon_n}{kT}}. \qquad (17a)$$

Ein einzelnes Teilchen (Molekül) durchläuft im Laufe der Zeit alle in seiner Zustandssumme enthaltenen Zustände, wobei die relative Häufigkeit der einzelnen Zustände mit der Energie ε_n durch ω_n bestimmt ist. Es führt also Schwankungen um seine mittlere Energie $\bar{\varepsilon}$ aus, deren Ausmaß mit der Zahl seiner Freiheitsgrade abnimmt. Als relatives Schwankungsquadrat ist definiert:

$$\frac{\overline{(\varepsilon_n - \bar{\varepsilon})^2}}{\bar{\varepsilon}^2} = \frac{\overline{\varepsilon^2}}{\bar{\varepsilon}^2} - 1 = kT^2 \frac{d\left(\frac{1}{\bar{\varepsilon}}\right)}{dT}. \qquad (18)$$

Auch eine Gesamtheit von Molekülen führt — mit zunehmender Teilchenzahl abnehmende — statistische Schwankungen (der Dichte und daher des Druckes, der Temperatur und Energie usw.) aus, die z. B. bei der Lichtstreuung in der Atmosphäre (Himmelsblau!) bzw. in Flüssigkeiten und Gasen und bei der Brownschen Bewegung von kolloiden Teilchen beobachtet werden. In letzterem Falle z. B. mißt man im Mikroskop die von den Stößen der einzelnen Moleküle herrührenden, unregelmäßigen Verschiebungen X der schon sichtbaren Kolloidteilchen (z. B. von Salmiaknebel in Luft) in der Zeiteinheit τ. Es gilt:

$$\frac{\overline{X^2}}{2\tau} = \frac{kT}{6\pi\eta a} \qquad (19)$$

(η = Zähigkeit des Gases oder der Flüssigkeit in denen sich die kolloidalen Teilchen befinden, a = Radius der Teilchen).

ω_n ist die Wahrscheinlichkeit dafür, daß in einem bestimmten Zeitpunkt irgendein Teilchen einer (räumlichen) Gesamtheit oder auch, daß ein bestimmtes einzelnes Teilchen zu irgendeinem Zeitpunkt („Zeit-Gesamtheit“) die Energie ε_n hat.

Die Geschwindigkeitsverteilung der Moleküle eines Gases ergibt sich für ein „eindimensionales Gas“ (d. h. ein Gas, dessen Moleküle sich nur in einer Richtung bewegen können) direkt aus (16):

$$\omega_n = \frac{N_n}{N} = \frac{e^{-\frac{m w_n}{2kT}}}{Z'} \qquad (20)$$

$$\left(Z' = \sum_n e^{-\frac{m w_n^2}{2kT}} = \text{Zustandssumme}\right).$$

$$\frac{dN}{N} = \sqrt{\frac{m}{2\pi kT}} \cdot e^{-\frac{m w^2}{2kT}} dw. \qquad (20a)$$

Die mittlere Geschwindigkeit ist gleich $|\overline{w}| = 2\sqrt{\frac{2RT}{\pi M}}$.

Der Anteil der Moleküle, deren Energie größer ist als eine bestimmte Grenze $\varepsilon_0 = \frac{m w_0^2}{2}$, ist:

$$\frac{N_0}{N} = \frac{\int_{w_0}^{\infty} e^{-\frac{m w^2}{2kT}} dw}{\int_0^{\infty} e^{-\frac{m w^2}{2kT}} dw} = \frac{2}{\sqrt{\pi}} \int_{\sqrt{\frac{m w_0^2}{2kT}}} e^{-x^2} dx = 1 - \Phi(x_0). \qquad (20b)$$

2921.

$x_0 = \sqrt{\frac{m w_0^2}{2kT}}$	0	0,1	0,2	0,3	0,4	0,5	0,6	0,8	1,0	1,5	2,0	3,0	4,0
$1 - \Phi(x_0)$	1	0,89	0,78	0,67	0,57	0,48	0,40	0,26	0,16	0,034	$47 \cdot 10^{-4}$	$22 \cdot 10^{-6}$	$15 \cdot 10^{-9}$

Φ ist das Gaußsche Fehlerintegral. Sein Wert ergibt sich aus 2921. Die Geschwindigkeitsverteilung und die Energieverteilung sind in 2922 und 2923 dargestellt. (Anwendung z. B. bei der Berechnung der Höhenverteilung der Luftmoleküle im Schwerefeld der Erde, die auf die barometrische Höhenformel führt:

$$\text{Dichte } \varrho(x) = \varrho(0) \cdot e^{-Mgx/RT}).$$

Beim „zweidimensionalem Gas“, dessen Molekülbewegung entsprechend auf eine Ebene beschränkt ist, sind die Gewichte der verschiedenen Bewegungszustände nicht mehr alle gleich 1, sondern abhängig von $|w|$. Eine größere Geschwindigkeit läßt sich bei beliebiger Richtung in mehrfach verschiedener Weise aus zwei (bzw. drei beim dreidimensionalem Gas) Komponenten zusammensetzen als eine kleine. Die Zahl dieser Realisierungsmöglichkeiten wächst proportional mit $|w|$; daher ist:

$$\omega_n = \frac{N_n}{N} = \frac{w_n \cdot e^{-\frac{m w_n^2}{2kT}}}{Z''}$$

$$Z'' = \sum_n w_n \cdot e^{-\frac{m w_n^2}{2kT}}$$

$$\frac{dN}{N} = \frac{m}{kT} \cdot e^{-\frac{m w^2}{2kT}} w\, dw. \qquad (21)$$

Die häufigste (wahrscheinlichste) Geschwindigkeit ergibt sich zu $w_w = \sqrt{\frac{kT}{m}}$.

Die mittlere kinetische Energie pro Molekül ist $\frac{m}{2}\overline{w^2} = kT$.

Für das dreidimensionale Gas ist:

$$\left.\begin{aligned} \omega_n &= \frac{N_n}{N} = \frac{p_n^2 \cdot e^{-\frac{p_n^2}{2mkT}}}{Z'''} \\ &\left(Z''' = \sum_n p_n^2 \cdot e^{-\frac{p_n^2}{2mkT}};\ p_n = m w_n = \text{Impuls};\ \varepsilon_n = \frac{p_n^2}{2m}\right) \\ \frac{dN}{N} &= \sqrt{\frac{2}{\pi}} \sqrt{\left(\frac{m}{kT}\right)^3} \cdot e^{-\frac{m w^2}{2kT}} w^2\, dw \end{aligned}\right\} \qquad (22)$$

Dies ist das Maxwell-Boltzmannsche Geschwindigkeitsverteilungs-Gesetz. Es ist in 2924 dargestellt, zusammen mit der Funktion φ_w, die angibt, wie viele Moleküle (Prozent) eine Energie haben, die größer ist als ein bestimmter Wert w. Für das dreidimensionale Gas beträgt die mittlere Energie pro Molekül $\frac{m\overline{w^2}}{2} = \frac{3}{2} kT$. Daraus ergibt sich die „effektive Geschwindigkeit" zu $w_{eff} = \sqrt{\overline{w^2}} = 1{,}58 \cdot 10^4 \sqrt{\frac{T}{m}} \frac{cm}{s}$. Die mittlere Geschwindigkeit ist $|\overline{w}| = \sqrt{\frac{8RT}{\pi m}} = 1{,}455 \cdot 10^4 \sqrt{\frac{T}{m}} \frac{cm}{s}$; die häufigste (wahrscheinlichste) Geschwindigkeit ist $w_w = \sqrt{\frac{2kT}{m}} \cdot 2$ (sie entspricht dem Maximum der Geschwindigkeitsverteilung).

Die Verteilungsfunktionen für zwei- und dreidimensionale Gase sind ebenfalls in 2922 und 2923 in Abhängigkeit von Geschwindigkeiten w und Energie E dargestellt. Für das zweidimensionale Gas ergibt sich dabei das einfache Boltzmannsche Energieverteilungsgesetz bzw. der Boltzmann-Faktor siehe 2925

$$f(E) = e^{-\frac{E}{kT}}, \tag{23}$$

das die Energieverteilung bei von der Energie unabhängigen „Termdichte" darstellt (Termdichte = mittlere Anzahl der „Zustände" oder Energieniveaus je Energieintervall), z. B. im Fall des harmonischen Oszillators (s. 293). Wenn die Termdichte von der Energie abhängt, ist die Energieverteilung von (23) verschieden; Beispiel: anharmonischer Oszillator, Kurven f_3, f_4 und f_5 in 2923.

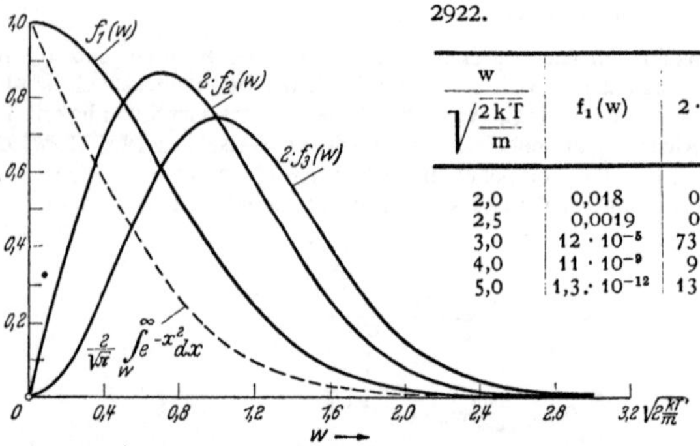

2922.

$\frac{w}{\sqrt{\frac{2kT}{m}}}$	$f_1(w)$	$2 \cdot f_2(w)$	$2 \cdot f_3(w)$
2,0	0,018	0,072	0,144
2,5	0,0019	0,0096	0,024
3,0	$12 \cdot 10^{-5}$	$73 \cdot 10^{-5}$	$22 \cdot 10^{-4}$
4,0	$11 \cdot 10^{-9}$	$9 \cdot 10^{-8}$	$36 \cdot 10^{-8}$
5,0	$1{,}3 \cdot 10^{-12}$	$13 \cdot 10^{-12}$	$65 \cdot 10^{-12}$

Geschwindigkeits-Verteilungsfunktionen n 1-, 2- und 3dimensionalen Gasen (w in Einheiten $\sqrt{\frac{2kT}{m}}$, $\sim 10^5$ cm/s für Helium bei 0° C):

$$f_1(w) = e^{-\frac{mw^2}{2kT}}, \quad f_2(w) = \frac{w}{\sqrt{\frac{2kT}{m}}} \cdot e^{-\frac{mw^2}{2kT}}, \quad f_3(w) = \frac{w^2}{2\frac{kT}{m}} \cdot e^{-\frac{mw^2}{2kT}}$$

$f_1(w)$ ist die „Gaußsche Fehlerkurve".

Außerdem ist $\frac{2}{\sqrt{\pi}} \cdot \int_{w_0}^{\infty} f_1 \, dw$ angegeben $\left(\frac{2}{\sqrt{\pi}} \cdot \int_0^w e^{-x^2} dx = \text{„Fehlerintegral"}\right)$,

f_2 und f_3 sind 2fach überhöht. $f_1(w)$, $f_2(w)$ und $f_3(w)$ unterscheiden sich von den $\omega_w = \frac{dN}{N} : dw$ für ein 1-, 2- und 3dimensionales Gas durch die Faktoren

$$\frac{1}{\sqrt{\pi}} \cdot \sqrt{\frac{m}{2kT}}, \quad \frac{2}{\sqrt{\pi}} \cdot \sqrt{\frac{m}{2kT}} \quad \text{und} \quad \frac{4}{\sqrt{\pi}} \cdot \sqrt{\frac{m}{2kT}}.$$

Für ein 3dimensionales Gas ist ω_n in 2924 dargestellt.

2923.

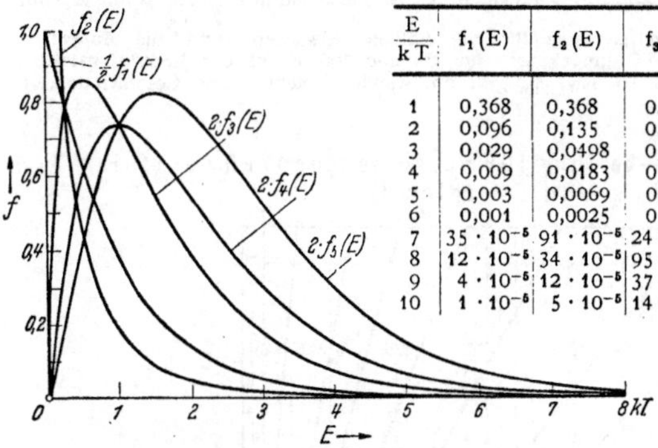

$\frac{E}{kT}$	$f_1(E)$	$f_2(E)$	$f_3(E)$	$f_4(E)$	$f_5(E)$	$f_6(E)$
1	0,368	0,368	0,368	0,368	0,368	0,368
2	0,096	0,135	0,192	0,271	0,383	0,541
3	0,029	0,0498	0,086	0,149	0,258	0,449
4	0,009	0,0183	0,037	0,073	0,147	0,294
5	0,003	0,0069	0,015	0,034	0,075	0,169
6	0,001	0,0025	0,006	0.015	0,037	0,089
7	$35 \cdot 10^{-5}$	$91 \cdot 10^{-5}$	$24 \cdot 10^{-4}$	$64 \cdot 10^{-4}$	0,017	0,045
8	$12 \cdot 10^{-5}$	$34 \cdot 10^{-5}$	$95 \cdot 10^{-5}$	$27 \cdot 10^{-4}$	0,008	0,021
9	$4 \cdot 10^{-5}$	$12 \cdot 10^{-5}$	$37 \cdot 10^{-5}$	$11 \cdot 10^{-4}$	$33 \cdot 10^{-4}$	0,010
10	$1 \cdot 10^{-5}$	$5 \cdot 10^{-5}$	$14 \cdot 10^{-5}$	$45 \cdot 10^{-5}$	$14 \cdot 10^{-4}$	0,005

Energieverteilungsfunktionen für ein 1-, 2-, 3-, 4-, 5- und 6dimensionales „Gas“ bzw. für ein anderes System mit entsprechender „Termdichte“-Funktion (E in Einheiten $kT = 1{,}372 \cdot T \cdot 10^{16}$ erg):

$$f_1(E) = \sqrt{\frac{kT}{E}} \cdot e^{-\frac{E}{kT}}, \qquad f_2(E) = e^{-\frac{E}{kT}}, \qquad f_3(E) = \sqrt{\frac{E}{kT}} \cdot e^{-\frac{E}{kT}},$$

$$f_4(E) = \frac{E}{kT} \cdot e^{-\frac{E}{kT}}, \qquad f_5(E) = \sqrt{\left(\frac{E}{kT}\right)^3} \cdot e^{-\frac{E}{kT}}$$

f_1 ist 2fach verkleinert; f_3, f_4 und f_5 sind doppelt überhöht gezeichnet.

2924.

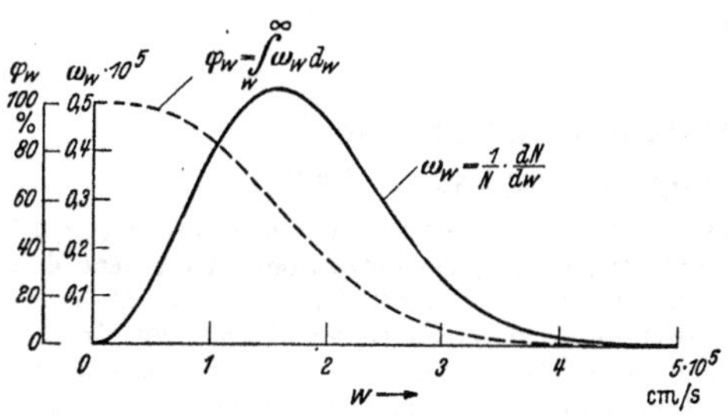

w (in 10^5 cm/s)	$\omega_w \cdot 10^5$	φ_w
3,0	0,1388	0,0646
3,2	0,0955	0,0411
3,4	0,0636	0,0249
3,6	0,0408	0,0152
3,8	0,0249	0,0087
4,0	0,0147	0,0048
4,2	0,0084	0,0027
4,4	0,0046	0,0013
4,6	0,0024	0,0007
4,8	0,0012	0,0003
5,0	0,0006	~0,0001
6,0	$10{,}5 \cdot 10^{-6}$	—
7,0	$73 \cdot 10^{-9}$	—
8,0	$22 \cdot 10^{-11}$	—
9,0	$32 \cdot 10^{-14}$	—
10,0	$18 \cdot 10^{-17}$	—

Maxwell-Boltzmannsche Geschwindigkeitsverteilung:

$$\omega_w = \frac{dN}{N} : dw = \frac{4}{\sqrt{\pi}} \cdot \sqrt{\left(\frac{m}{2kT}\right)^3} \cdot e^{-\frac{m w^2}{2kT}} \cdot w^2,$$

$$\varphi_w = \int_{w_0}^{\infty} \omega_w \, dw = \frac{4}{\sqrt{\pi}} \cdot \sqrt{\left(\frac{m}{2kT}\right)^3} \int_w^\infty e^{-\frac{m u^2}{2kT}} \cdot u^2 du.$$

Das durch die Kurve dargestellte Geschwindigkeits-Verteilungsgesetz gilt für alle (idealen) Gase und alle Temperaturen. Die angegebenen Zahlenwerte (Maßstäbe) gelten für H_2 ($M = 2$, $m = 3{,}34 \cdot 10^{-24}$ g) bei 300° K (27° C); beim Übergang zu anderen Gasarten und Temperaturen sind sie im Verhältnis $\sqrt{\frac{M}{T}}$ abzuändern, und zwar sind die Geschwindigkeitswerte für ein Gas vom Molekulargewicht M_x durch $\sqrt{\frac{M_x}{2}}$ zu dividieren, die Ordinatenwerte mit $\sqrt{\frac{M_x}{2}}$

zu multiplizieren; beim Übergang zur Temperatur T_x entsprechend mit $\sqrt{\frac{300}{T_x}}$. Für H_2 und flüssige Luft-Temperatur gelten ungefähr die halben Abszissen- und die doppelten Ordinatenwerte, für $\sim 1000^0$ C umgekehrt; für O_2 und 300^0 K ist der Reduktionsfaktor gleich 4, für Hg etwa gleich 10 usw. φ_w gibt an, wieviel Moleküle eine Geschwindigkeit haben, die größer ist als w.

2925 Boltzmann-Verteilung für verschiedene Temperaturen T und Energien E.

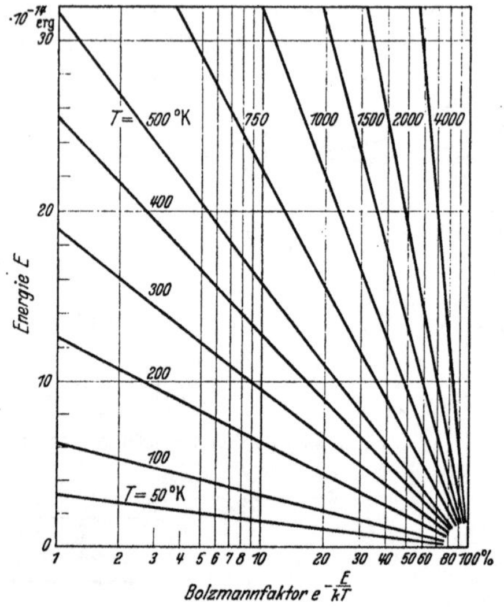

293 „Klassische Quantenstatistik". Gleichverteilungssatz und spez. Wärme.

Jede unabhängige Bewegungsart z. B. eines Moleküls stellt einen „Freiheitsgrad" des betreffenden Systems dar. Zum Beispiel hat jedes Einzelatom entsprechend den drei Koordinatenrichtungen drei Freiheitsgrade der Translationsbewegung. Ein zweiatomiges Molekül hat außerdem zwei Rotations-Freiheitsgrade; denn jede Kreiselbewegung des Gesamtmoleküls kann aus den Drehungen um zwei zueinander und zur Kernverbindungslinie senkrechte Achsen zusammengesetzt werden (die gleichsinnige Rotation der beiden Atome um ihre Verbindungslinie bleibt dabei unberücksichtigt).

Jeder Freiheitsgrad enthält im Mittel pro Molekül die Energie

$$\bar{\varepsilon} = \frac{kT}{2} \quad \text{(Gleichverteilungssatz).} \qquad (24)$$

Entsprechend der Tatsache, daß bei einer Schwingungsbewegung sich stets zwei Teilchen bewegen, ist die mittlere Energie eines Schwingungsfreiheitsgrades pro Molekül gleich kT, je $\frac{kT}{2}$ für kinetische und potentielle Energie.

Die mittlere Energie pro Mol ist $\bar{E} = \frac{RT}{2}$ pro Freiheitsgrad, und die Energiezunahme pro Grad, d. h. die Molwärme (spezifische Wärme pro Mol), ist für einatomige Gase, die nur Translationsenergie besitzen, bei konstantem Volumen gleich $C_v = 3$ cal · grad⁻¹ · mol⁻¹ und — wegen $C_p - C_v = R$ mit $R = 2$ cal · grad^{-1} · mol^{-1} — bei konstantem Druck gleich $C_p = 5$ cal · grad^{-1} · mol^{-1}. Daher ist:

$$\frac{C_p}{C_v} = \frac{5}{3} = 1{,}67. \qquad (25_I)$$

Für ein Gas von zweiatomigen Molekülen ergibt sich unter Berücksichtigung des Rotationsanteils:

$$\left.\begin{aligned} & C_v = 5\,\text{cal}\cdot\text{grad}^{-1}\cdot\text{mol}^{-1}, \qquad C_p = 7\,\text{cal}\cdot\text{grad}^{-1}\cdot\text{mol}^{-1}, \\ & \frac{C_p}{C_v} = \frac{7}{5} = 1{,}4. \end{aligned}\right\} \tag{25II}$$

Für ein Gas von nichtlinearen, also mindest dreiatomigen Molekülen:

$$\left.\begin{aligned} & C_v = 6\,\text{cal}\cdot\text{grad}^{-1}\cdot\text{mol}^{-1}, \qquad C_p = 8\,\text{cal}\cdot\text{grad}^{-1}\cdot\text{mol}^{-1}, \\ & \frac{C_p}{C_v} = \frac{8}{6} = 1{,}33. \end{aligned}\right\} \tag{25III}$$

Bei einem festen Körper, dessen Wärmeenergie in der Hauptsache aus kohärenten Schwingungen der Atome oder Ionen besteht (sog. „Wärmewellen"), erhält man (s. oben) $3\,kT$ als mittlere Energie pro Atom, und daher für die „Atomwärme" der Elemente:

$$C_v = 3\,R = 6\,\text{cal}\cdot\text{grad}^{-1}\cdot\text{g-Atom}^{-1} \quad \text{(Dulong-Petitsches Gesetz).} \tag{25IV}$$

Bei tiefer Temperatur zeigen sich Abweichungen von diesen einfachen Gesetzmäßigkeiten. (Die inneren Schwingungen der Molekülen bleiben sogar noch bei Zimmertemperatur in der spezifischen Wärme unberücksichtigt.) Das hat folgenden Grund:

Ein beliebiges System, z. B. ein Molekül oder Atom, kann nach der Quantentheorie nur ganz bestimmte, mit Hilfe der Quantenbedingungen zu berechnende Energiewerte annehmen, die Energien ε_n der „Quantenzustände". Bei einem nur in einer Richtung (bzw. einer Koordinate) schwingenden System, einem „linearen (harmonischen) Oszillator" z. B. sind das die Werte $n\cdot h\nu + \varepsilon_0$ (h = Plancksches Wirkungsquantum, ν = Schwingungsfrequenz). $\varepsilon_0 = \frac{h\nu}{2}$ ist die „Nullpunktsenergie", die auch bei der Temperatur 0^0 K nicht unterschritten wird. n = Quantenzahl.

Ist der gegenseitige Abstand der ε_n (im Energiemaß) sehr groß und sind daher bei einer bestimmten Temperatur nur wenige solche Quantenzustände „besetzt", so gilt der Gleichverteilungssatz nicht. Die Zustandssumme z. B. eines linearen Oszillators ist:

$$Z = \sum_{n=\frac{1}{2},\frac{3}{2},\ldots}^{\infty} e^{-\frac{n h\nu}{kT}} = \frac{e^{-\frac{h}{2kT}}}{1 - e^{-\frac{h\nu}{kT}}}, \tag{26}$$

seine mittlere Energie:

$$\bar{\varepsilon} = \frac{h\nu}{2} + \frac{h\nu}{e^{\frac{h\nu}{kT}} - 1}. \tag{27}$$

Die Energie pro Mol hat also den Wert:

$$E(T) = L\left(\frac{h\nu}{2} + \frac{h\nu}{e^{\frac{h\nu}{kT}} - 1}\right); \tag{28}$$

sie strebt für $h\nu \gg kT$ dem Grenzwert $L\,\frac{h\nu}{2}$ zu, den sie bei $T = 0$ mit horizontaler Tangente erreicht. Die Molwärme [Differentialquotient der Funktion E (T)!] sinkt also unter den „klassischen" Wert für hohe Temperaturen (= R) und wird 0 für $T \to 0^0$ K (s. 2931):

$$C_v = \left(\frac{dE}{dT}\right) = R\cdot\left(\frac{\Theta}{T}\right)^2 \frac{e^{\Theta/T}}{(e^{\Theta/T} - 1)^2}; \qquad \Theta = \frac{h\nu}{k}. \tag{29}$$

Θ, die „charakteristische Temperatur", liegt für die „Moleküloszillatoren", d. h. die inneren Schwingungen der Atome, meist weit über Zimmertemperatur, und der Beitrag dieser Freiheitsgrade zur Molwärme ist daher 0. Die Rotationsenergie hat zwar kleinere Energieabstände (und keine Nullpunktsenergie), bei tiefer Temperatur beginnt aber auch die „Rotationswärme" der Molekülgase auf 0 abzusinken.

Bei einem festen Körper kann man entweder alle Atome als unabhängige (dreifache) Oszillatoren mit einheitlicher Frequenz ν betrachten, oder aber ein (schematisches) Spektrum von Eigenfrequenzen annehmen, das mit einer „Frequenzdichte"

$$dz = 4\pi\nu^2\left(\frac{2}{v_1^3} + \frac{1}{v_2^3}\right)\cdot V\,d\nu \tag{30}$$

[v_1 Geschwindigkeit transversaler Schallwellen (Wärmewellen), v_2 Geschwindigkeit longitudinaler Schallwellen (Wärmewellen), V Molvolumen]

2931 Energie und spez. Wärme C_v eines „linearen Oszillators".

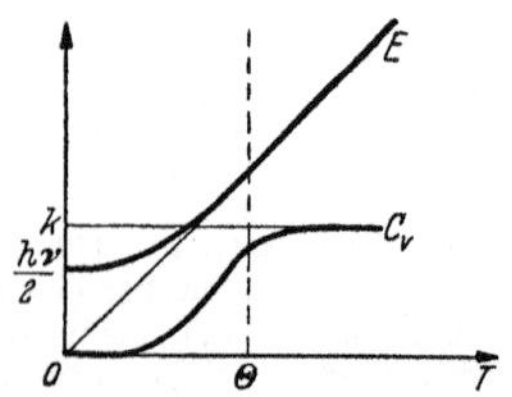

2932 Wirkliches und nach Debye schematisiertes „Spektrum" der Wärmewellen in einem festen Element.

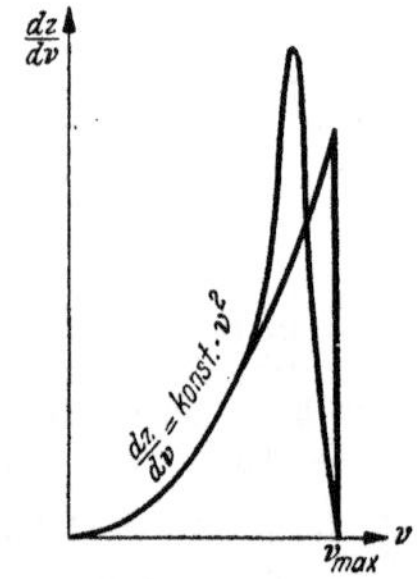

sich bis zu einer Grenzfrequenz ν_{max} erstreckt (s. 2932) und gerade 3 L Frequenzen je Mol (d. h. 3 je Atom) enthält (Debyesche Theorie der spezifischen Wärme). Durch ν_{max} ist eine charakteristische Temperatur definiert:

$$\frac{h\cdot\nu_{max}}{k} = \Theta. \tag{31}$$

Für hohe Temperaturen erhält man daraus das Dulong-Petitsche Gesetz (25IV). Für $T < \Theta$ wird:

$$C_v = 3\,L\,k\cdot 12\left(\frac{T}{\Theta}\right)^3\int\limits_0^{\Theta/T}\frac{x^3\,dx}{e^x - 1} \sim 3\,R\cdot\frac{4\pi^4}{5}\left(\frac{T}{\Theta}\right)^3. \tag{32}$$

$12\left(\frac{T}{\Theta}\right)^3\int\limits_0^{\Theta/T}\frac{x^3\,dx}{e^x - 1}$ ist die sog. Debyesche Funktion. Der Verlauf der spezifischen Wärme ist, bezogen auf die charakteristische Temperatur Θ, für alle festen Elemente gleich. Bei sehr tiefen Temperaturen ist

$$C_v = 233{,}8\,R\cdot\frac{T^3}{\Theta^3} \approx T^3, \tag{32a}$$

in Übereinstimmung mit der Erfahrung (s. auch 361).

294 Konsequente Quantenstatistik.

Bei der Berechnung der thermodynamischen Wahrscheinlichkeit nach (13) werden die N Teilchen (z. B. Moleküle) als einzeln unterscheidbar, sozusagen als „numeriert" betrachtet. In Wirklichkeit sind die Teilchen (Gasatome, Lichtquanten, Elementarteilchen z. B. Elektronen usw.) einander vollkommen gleich und daher ununterscheidbar. Die Abzählung der Mikrozustände erfolgt deshalb in der in 2941 zum Ausdruck kommenden Weise.

2941 Verteilung von zwei Teilchen auf drei Energiezustände $\boxed{\varepsilon_1 | \varepsilon_2 | \varepsilon_3}$, nach der klassischen (Boltzmannschen) und nach der konsequenten (Bose- bzw. Fermi-) Statistik.

Boltzmann- Bose- Fermi-Statistik.

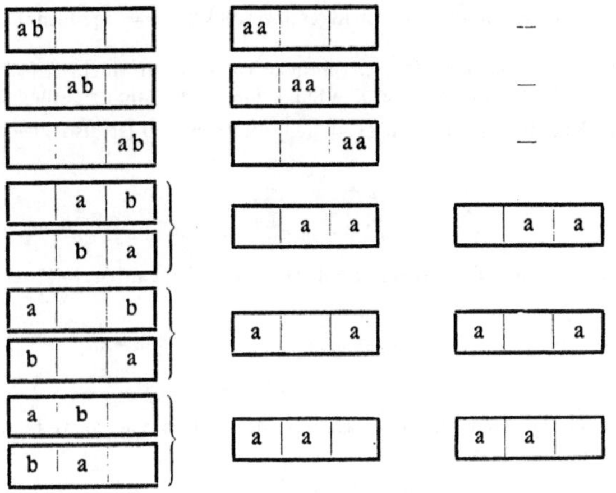

Dabei ist schematisch die Verteilung von zwei Teilchen auf drei Energiewerte dargestellt, und zwar

1. für hypothetische, individuell unterscheidbare Teilchen (a und b) nach der Boltzmann-Statistik.

2. für ununterscheidbare, wirkliche Teilchen, wenn beliebig viele von ihnen gleichzeitig im selben Energiezustand ε_n sein können, was z. B. bei Lichtquanten, Deuteronen und α-Teilchen der Fall ist: Bose-Statistik.

3. wenn sich immer nur ein Teilchen in ein- und demselben Energiezustand befinden kann: Fermi-Statistik. Das gilt z. B. für Elektronen, auch innerhalb der Atome („Pauli-Prinzip“, s. Atomspektren 242); außerdem für den Wasserstoff- und die meisten anderen Atomkerne (nicht für C, N und O!).

Die Verteilungsgesetze für 2. und 3. sind:

$$N_n = \frac{G_n}{A \cdot e^{\frac{E_n}{kT}} - 1} \quad \text{(Bose-Statistik) und} \quad N_n = \frac{G_n}{A \cdot e^{\frac{E_n}{kT}} + 1} \quad \text{Fermi-Statistik.} \tag{33}$$

N_n ist — in einer bestimmten Gesamtheit — die Zahl der Teilchen mit einer Energie zwischen E_n und $E_n + \Delta E$; G_n ist die „Termdichte“, d. h. die Zahl der [eventuell miteinander entarteten! s. a. 292 (17)] Energiezustände im Energieintervall ΔE. Die mittlere Besetzungszahl

$$\varrho = \frac{1}{A \cdot e^{\frac{E_n}{kT}} - 1} \quad \text{bzw.} \quad \varrho = \frac{1}{A \cdot e^{\frac{E_n}{kT}} + 1} \tag{34}$$

d. h. die Zahl der Teilchen pro Energiezustand, kann im Falle der Fermi-Statistik höchstens 1 betragen; bei Bose-Statistik gibt es diese obere Grenze nicht. Wenn

$A \cdot e^{\frac{E_n}{kT}} \gg 1$ (bei sehr kleiner Dichte und hoher Energie der Teilchen) gehen beide Verteilungsgesetze der Quantenstatistik in die klassische (= Boltzmannsche) Form [292 (17)] über[1]:

$$N_n = \text{const} \cdot g_n \cdot e^{\frac{-E_n}{kT}}. \tag{35}$$

Für Lichtquanten gilt die Bose-Statistik. Aus den Beziehungen für Energie und Impuls der Lichtquanten:

$$E = h \cdot \nu, \qquad p = \frac{h\nu}{c} \tag{36}$$

(p = Impuls, c = Lichtgeschwindigkeit, ν = Frequenz)

ergibt sich die Termdichte eines „Lichtquantengases" in einem „Hohlraum" vom Volumen 1 („Hohlraumstrahlung"), wenn beide Polarisationsrichtungen der Lichtwellen berücksichtigt werden, zu $G_n = \frac{8\pi}{c^3}\nu^2$; nach (33) ist also gleich

$$N_\nu = \frac{8\pi}{3} \frac{\nu^2}{e^{\frac{h\nu}{kT}} - 1}, \tag{37}$$

und die Energie (pro Frequenzintervall $\Delta\nu$) der Lichtquanten mit der Frequenz ν wird

$$u_\nu = \frac{8\pi}{c^3} \cdot \frac{h\nu^3}{e^{\frac{h\nu}{kT}} - 1} \quad \text{(s. 2942)}. \tag{38}$$

Die aus einer kleinen Öffnung (Fläche 1) des Hohlraumes austretende Strahlung hat den Betrag:

$$\frac{c}{4} u_\nu = S_\nu = \frac{2\pi}{c^2} \cdot \frac{h\nu^3}{e^{\frac{h\nu}{kT}} - 1} \tag{39}$$

Eine solche Öffnung ist nun aber gleichwertig mit einem „Schwarzen Körper", und S ist daher gleich der Flächendichte der von diesem ausgesandten Wärmestrahlung (s. 381) der Frequenz ν.

Auf Wellenlängen λ bezogen, nimmt (39) („Plancksches Strahlungsgesetz"), wegen

$$E_\nu \, d\nu = E_\lambda \, d\lambda, \qquad |d\nu| = \frac{c}{\lambda^2} |d\lambda|,$$

die Form an:

$$E_\lambda = 2\pi \cdot \frac{c^2 h}{\lambda^5} \cdot \frac{1}{e^{\frac{c \cdot h}{\lambda k T}} - 1} \quad \text{(s. 2943)}. \tag{39a}$$

Für große Werte von $\lambda \cdot T$ geht (39a) über in

$$E_\lambda = \frac{ckT}{\lambda^4}, \tag{39b}$$

das Rayleigh-Jeansche oder „klassische" Strahlungsgesetz, das jedoch nur im fernen Ultrarot richtig ist.

---

[1] Dem entspricht z. B. in 2941 folgender Sachverhalt: Wenn man nur diejenigen Mikrozustände betrachtet, bei denen sich in jedem Energiezustand höchstens 1 Teilchen befindet, und das sind bei entsprechend großer Zahl der Zustände weitaus die meisten, — so bekommt man nach Boltzmann gerade N! (in 2941: 2)mal so viele Mikrozustände wie nach Bose. Das Verteilungsgesetz bleibt unverändert. Bei kleiner Teilchendichte geht also die Boltzmannsche Verteilung in die Bosesche bzw. Fermische — die dann identisch sind — über.

Für kleine Werte von $\lambda \cdot T$ erhält man aus (39a) das „Wiensche Strahlungsgesetz“:

$$E_\lambda = 2\pi c^2 h \lambda^{-5} e^{-\frac{ch}{\lambda k T}}. \quad (40)$$

Durch Integration über alle Frequenzen (oder Wellenlängen) ergibt sich das Stefan-Boltzmannsche Gesetz:

$$E = \frac{2\pi^5}{15 c^2} \cdot \frac{k^4}{h^3} \cdot T^4; \quad (41)$$

d. h. die Gesamtstrahlungsdichte im „schwarzen Körper“ ist proportional zur 4. Potenz der Temperatur.

Für die Abweichungen der „neuen Statistik“ von der angenähert gültigen „klassischen“ (Boltzmann-)Statistik ist der Betrag der Größe A in (33) und (34) maßgebend bzw. der daraus abgeleitete „Entartungsparameter“ D:

$$D = \frac{h^3 n}{g (2\pi m k T)^{3/2}} \quad (42)$$

(n = „Dichte“ der Teilchen, g = statistisches Gewicht der Terme).

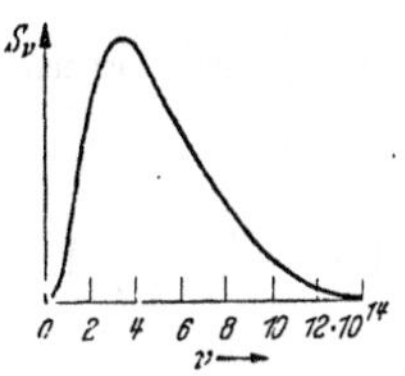

2942 Plancksche Kurve für 6000° K.

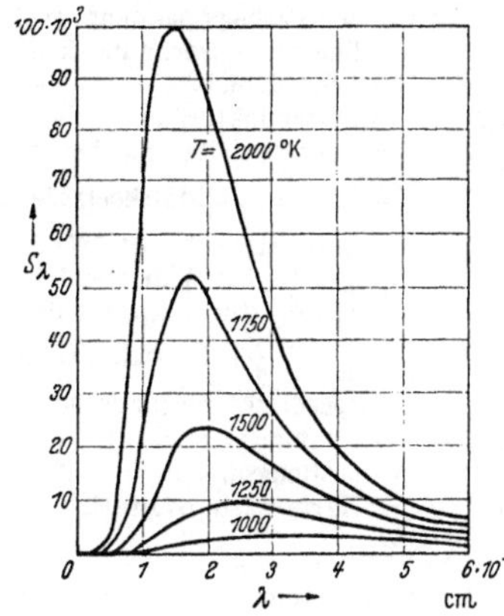

2943 Strahlungsintensität in einem Hohlraum bei verschiedenen Temperaturen.

„Entartung“ bedeutet dabei — im Gegensatz zum Gebrauch dieses Wortes für mehrfache Zustände gleicher Energie (z. B. „Entartungsgrad g“, „entartete Zustände“ usw.) —, daß Abweichungen vom „klassischen“ Verhalten auftreten, die durch den Betrag von D gemessen werden. Nach (42) nehmen diese Abweichungen mit steigender Dichte und abnehmender Temperatur zu. Für reale Gase, die sich bei tiefer Temperatur verflüssigen, sind solche Abweichungen bisher nicht beobachtet worden. Sie spielen jedoch eine ausschlaggebende Rolle für das „Gas“ der Leitungselektronen in einem Metall („Elektronengas“).

Für Elektronen gilt die Fermi-Statistik, d. h. die Besetzungszahl eines Zustandes ist 0 oder 1. Bei tiefer Temperatur — und wegen der kleinen Maße und großen Dichte der Metallelektronen auch noch weit über Zimmertemperatur — sind unterhalb einer „Grenzenergie“ bez. Maximalgeschwindigkeit

$$w_{max} = \left(\frac{3}{4\pi}\right)^{1/3} \cdot \frac{h}{m g^{1/3}} \cdot n^{1/3}$$ (z. B. für Silber: $w_{max} = 1{,}39 \cdot 10^8$ cm/s = 5,5 eV, Entartungsparameter bei 300° K: D = 2330)

alle Zustände voll besetzt. Infolgedessen kann — außer an der Besetzungsgrenze — keins der Elektronen auf einen nahe benachbarten Energiewert übergehen, und der Beitrag der „freien“ Elektronen zur spezifischen Wärme der Metalle ist — in Übereinstimmung mit der Erfahrung — vernachlässigbar klein.

3 Makroskopische Zahlenwerte.

31 Übersichtstabellen.

311 Elemente und anorganische Verbindungen.

3111 Physikalische Eigenschaften von Metallen[1].

Struktur = Strukturtypus (vgl. 272) geklammerte Werte sind unsicher,
a_{20} = Gitterkonstante bei 20°C (vgl. 272). Sind mehrere Strukturtypen vorhanden und ist nur eine Gitterkonstante angegeben, so bezieht sich diese auf den erstgenannten Typ, bei 2 Werten gilt die 2. Angabe für den 2. Typ,
$\left(\frac{c}{a}\right)_{20}$ = Achsenverhältnis bei 20°C (vgl. 272). Der Wert bezieht sich stets auf den zuerst genannten Strukturtyp,
ϱ_{20} = Dichte bei 20°C,
A.V. = Atomvolumen,
I = Ionisierungsspannung (vgl. 2441),
β = linearer Ausdehnungskoeffizient, meist Mittelwert zwischen 0...100°C,
F_p = Schmelzpunkt,
K_p = Siedepunkt,
$c_{p,20}$ = Spezifische Wärme bei 20°C,
k_{30} = Kompressibilitätskoeffizient bei 30°C $\left(k = -\frac{1}{V}\left(\frac{\delta V}{\delta p}\right)\right)$,
λ_0 = Wärmeleitzahl bei 0°C,
R_0 = spezifischer Widerstand bei 0°C,
α_0 = Temperaturkoeffizient des elektrischen Widerstandes bei 0°C,
γ_{30} = $\frac{1}{R}\left(\frac{\delta R}{\delta p}\right)$ Druckkoeffizient des spezifischen Widerstandes bei 30°C,
χ_{18} = spezifische magnetische Suszeptibilität bei 18°C,
E = Dehnungsmodul,
G = Drillungsmodul,
H = Härte nach Brinell.

---

[1] Unter Benutzung von A. E. van Arkel: Reine Metalle. Berlin 1939.

3111 Physikalische Eigenschaften von Metallen.

Metall	Struktur	a_{20} Å	$\left(\frac{c}{a}\right)_{20}$	ϱ_{20} $\frac{g}{cm^3}$	A.V.(20°) $\frac{cm^3}{g\text{-Atom}}$	I eV	$\beta \cdot 10^6$ $\frac{1}{grad}$	Fp °C	Kp °C
Li	A_2	3,51	—	0,534	13	5,37	58	179	1372
Na	A_2	4,30	—	0,971	23	5,09	71	97,7	883
K	A_2	5,338	—	0,862	45,4	4,32	84	63,5	776
Rb	A_2	5,62	—	1,532	55	4,19	90	39	713
Cs	A_2	6,01	—	1,90	70,6	3,86	97	28,5	690
Be	A_3	2,27	1,58	1,85	4,85	9,30	12	1280	2967
Mg	A_3	3,20	1,63	1,74	14,0	7,63	26	657	1102
Ca	A_1; A_3	5,560	—	1,55	26,1	6,25	22	850	1487
Sr	A_1	6,075	—	2,6	34,0	5,68	—	757	1364
Ba	A_2	5,02	—	3,5	38	5,21	19	710	1638
B	—	—	—	2	~5	8,28	8	2300	~ 2550
Al	A_1	4,04094	—	2,70	10,00	5,94	23,1	658	2500
Sc	—	—	—	3,1	14,5	6,7	—	1400	—
Y	A_3	3,663	1,59	4,3	20	6,6	—	1475	—
La	A_3; A_1	3,75; 5,30	1,613	6,15	22,4	5,59	—	885	1800
Ce	A_3; A_1	3,65; 5,14	1,62	6,8	20,7	6,54	—	775	—
Pr	A_3; A_1	3,66; 5,15	1,62	6,78	20,8	5,76	—	932	—
Ti	A_3; A_2	2,95; 3,32	1,59	4,4	10,8	6,81	—	1727	> 3000
Zr	A_3; A_2	3,22; 3,61	1,59	6,5	14,1	6,92	14,3	1860	—
Hf	A_3	3,20	1,59	13,3	13,4	—	—	2230	—
Th	A_1	5,076	—	11,7	19,8	—	11,1	1827	3530
V	A_2	3,34	—	6,1	8,4	(6,74)	—	1720	—
Nb	A_2	3,294	—	8,4	10,8	—	7,1	1950	—
Ta	A_2	3,296	—	16,6	10,9	—	6,58	3030	4100
Cr	A_2; A_3, A_{12}	2,8787	—	6,9	7,2	6,7	8,5	1920	2327
Mo	A_2	3,1409	—	10,2	9,4	7,2	5,1	2622	4800
W	A_2; A_{15}	3,1583	—	19,3	9,55	—	4,5	3380	6000
U	(A_2)	3,43	—	19	12	—	—	1689	—
	A_{12} (A_1)	8,89	—	7,5	7,4	7,41	—	742	
Mn	A_{13}	6,30	—	7,2	7,6	—	—	1191	2152
	A_6	3,77	0,93	7,2	7,6	—	—	1244	
Re	A_3	2,76	1,61	20,53	8,87	7,8	4	3170	—
Fe	A_2; A_1	2,86; 3,56	—	7,87	7,19	7,83	11,5	1535	2730
Co	A_3	2,51	1,62	8,9	6,77	7,8	11	1492	3185
	A_1	3,55	—	8,7	6,81	—	14	—	—
Ni	A_1; A_3	3,5166	—	8,9	6,59	7,6	12,5	1453	3177
Ru	A_3	2,7	1,58	~12,4	8,18	7,5	10	> 1950	—
Rh	A_1	3,796	—	12,5	8,29	7,7	9	1966	—
Pd	A_1	3,882	—	11,97	8,87	8,30	10,6	1555	—
Os	A_3	2,730	1,58	22,5	8,38	—	7,0	2500	—
Ir	A_1	3,831	—	22,4	8,53	—	6,58	2454	—
Pt	A_1	3,916	—	21,5	9,10	8,8	8,94	1773,5	4400
Cu	A_1	3,608	—	8,93	7,21	7,67	16,5	1084	2595
Ag	A_1	4,08	—	10,497	10,28	7,58	18,7	960,5	2170
Au	A_1	4,070	—	19,291	10,23	9,20	14,2	1063	2960
Zn	A_3	2,66	1,86	7,13	9,17	9,37	36	419,4	906
Cd	A_3	2,9728	1,89	8,64	13,01	8,94	31	321	765
Hg	A_{10}	3,00	—	13,546	—	10,41	—	−38,83	357
Ga	A_{11}	4,52	1,69	5,927	11,76	5,97	~18	29,5	2064
In	A_6	4,58	1,08	7,3	15,74	5,76	56	156,4	> 1450
Tl	A_3; A_1	3,45; 4,84	1,60	11,84	17,26	6,08	29	302,5	1457
Si	A_4	5,420	—	2,3	12,07	8,14	~7	1414	2630
Ge	A_4	5,65	—	5,35	13,7	8,1	6	958	—
Sn	A_4	6,46	—	5,8	20,4	7,54	12,8	231,84	2430
	A_5	5,82	0,55	7,28	16,3	—	24	—	—
Pb	A_1	4,939	—	11,34	41,96	7,37	28	327,4	1750
P	A_{17}	3,31	—	—	14,8	—	—	44	282
As	A_7	4,14	—	5,72	13,1	10,05	~5	—	616 Sbp
Bi	A_7	4,74	—	9,80	21,33	7,25	12,1	271,0	1560
Sb	A_7	4,50	—	6,68	18,20	9,23	10,8	630	1635
Te	A_8	4,45	1,33	6,2	20,4	8,89	17,2	452	1300

3111 (Fortsetzung).

Metall	$c_{p, 20}$ $\frac{\text{cal}}{\text{g} \cdot \text{grad}}$	$k_{30} \cdot 10^6$ $\frac{\text{cm}^2}{\text{kg}}$	λ_0 $\frac{\text{cal}}{\text{cm} \cdot \text{s} \cdot \text{grad}}$	$R_0 \cdot 10^6$ Ω cm	$\alpha_0 \cdot 10^3$ $\frac{1}{\text{grad}}$	$\gamma_{30} \cdot 10^6$ $\frac{\text{cm}^2}{\text{kg}}$	$\chi_{18} \cdot 10^6$ $\frac{\text{cm}^3}{\text{g}}$	$E \cdot 10^{-6}$ $\frac{\text{kg}}{\text{cm}^2}$	$G \cdot 10^{-6}$ $\frac{\text{kg}}{\text{cm}^2}$	H
Li	0,81	8,6 ⊖	0,16	8,55	4,90	3,9*	0,5	—	—	—
Na	0,288	14,2 ⊖	0,33	4,34	5,5	−71,5*	0,66	—	0,019	0,07
K	0,177	23,2 ⊖	0,23	6,38	5,4	−187*	0,53	—	0,0068	0,037
Rb	0,08	32,8 ⊖	—	11	5,3	−196*	0,23	—	—	0,022
Cs	—	36,4 ⊖	—	19	5	−213*	0,23	—	—	0,015
Be	0,418	0,784	0,38	6,6	6,7	−1,39	−0,79	—	—	60
Mg	0,243	3	0,41	4,18	4,1	−5,75	0,49	0,29	—	—
Ca	0,155	—	—	4,3	4,2	8,7*	1,1	0,23	—	13
Sr	—	—	—	30,7	3,8	47,5*	−0,2	—	—	—
Ba	0,066	—	—	—	—	−13,2	0,147	—	—	42
B	0,25	0,5	—	~ 1 · 10¹²	—	—	−0,63	—	—	—
Al	0,214	1,4	0,55	2,41	4,7	−4,73	0,60	~0,77	~0,276	16
Sc	—	—	—	—	—	—	—	—	—	—
Y	—	—	—	—	—	—	—	—	—	—
La	0,044	3,513	—	—	—	−2,37	—	—	—	36
Ce	0,044	4,563	—	78	—	2,90	15,35	—	—	21
Pr	—	3,38	—	88	—	−1,44	25,2	—	—	25
Ti	0,146	0,797	—	43,5	4,3	—	3,19	—	—	160
Zr	0,06	1,097	—	~41,0	4,4	−0,797	1,34	—	—	80
Hf	0,033	0,901	—	30	4,4	—	—	—	—	—
Th	0,03	1,818	—	12,0	3,9	−1,30	0,57	—	—	40
V	0,12	0,609	—	19	3,5	−3,49	4,5	—	—	260
Nb	0,0645	0,570	—	13	4	−1,40	2,28	—	—	250
Ta	0,033	0,479	0,13	12,4	3,5	1,58	0,93	1,91	0,63	30
Cr	0,105	—	—	~15,0	—	−(0,75)*	3,7	—	—	70
Mo	0,06	0,46	0,34	5,03	4,7	−1,45*	0,95	—	1,7	160
W	0,0321	0,3	0,40	4,91	4,8	—	0,284	3,9	1,45	250
U	0,03	0,966	—	30,6	2,1	−(4,36)	2,6	—	—	(470)
			0,12	10	0,17	−7,28	7,53	—	—	—
Mn	0,116	0,84	—	91	1,36	—	—	—	—	—
			—	23	5,30	—	—	—	—	—
Re	0,0327	—	—	19,8	3,1	—	0,046	—	—	250
Fe	0,108	0,587	0,21	8,7	6,6	−2,61	—	2,12	0,8	45
Co	0,093	0,539	0,170	5,06	6,6	−1,12	—	~1,8	0,78	125
				4,7	—	—	—	—	—	—
Ni	0,1065	0,529	0,21	6,05	6,7	−2,06	—	2,04	~0,76	70
Ru	0,06	0,342	—	7,64	—	—	0,427	—	—	220
Rh	0,0592	0,3606	0,21	4,3	4,4	−1,86	1,08	2,80	—	110
Pd	0,059	0,519	0,16	10,88	3,8	−2,15	5,15	1,15	0,49	50
Os	0,0310	—	—	9,66	4,2	—	0,052	—	—	—
Ir	0,032	0,3	0,14	4,58	4,1	−1,44	0,133	5,3	—	—
Pt	0,0318	0,36	0,17	9,8	3,92	−2,09	0,982	1,7	—	50
Cu	0,0915	0,719	0,94	1,55	4,3	−2,3	−0,086	1,25	0,45	50
Ag	0,0559	0,9	1,00	1,49	4,1	−3,91	−0,18	0,8	0,27	20
Au	0,0309	0,577	0,75	2,04	4,0	−3,31	−0,139	0,81	0,285	—
Zn	0,092	0,664	0,30	4,8	4,2	−6,65	−0,15	1,3	0,35	35
Cd	0,0552	—	0,23	6,3	4,2	−8,7	−0,183	0,509	0,23	35
Hg	0,0333	—	0,02	94,07	0,99	—	−0,167	—	—	—
Ga	0,080	—	—	39,5	3,9	−3,8	−0,225	—	—	—
In	0,056	—	—	8,2	4,9	−13,1	−0,1	—	—	1
Tl	0,0316	3,4	0,12	~15,0	5,2	−14,0	−0,215	—	—	3
Si	0,168	—	—	10⁵	—	—	−0,12	1,15	—	—
Ge	0,0727	1,411	—	~8,9 · 10⁴	1,4	—	−0,114	—	—	—
Sn	0,0541	0,567	0,16	—	—	—	0,026	0,55	0,066	4
	—			9,3	4,6	−10,3	—	—	—	—
Pb	0,0309	2,37	0,084	18,8	4,2	−15,2	−0,12	0,20	0,075	3
P	—	—	—	48 · 10⁴	−4,6	—	—	—	—	—
As	0,0787	—	—	24	4,7	—	−0,30	—	—	—
Bi	0,0295	2,9	0,02	101	4,5	7,5	−1,08**	0,33	0,12	9
Sb	0,0496	2,4	0,55	38,6	5,4	1,05	−0,94	0,80	0,20	30
Te	0,048	1,5	—	6 · 10⁴	—	—	−0,31	0,42	0,16	—

⊖ relative Volumänderung, berechnet aus der Kompressibilität bei 5000 Atm. — * bei 0° C.

3112 Physikalisch-chemische Eigenschaften der Elemente und anorganischen Verbindungen.

Name, Formel, Molekulargewicht, Krystallsystem, Brechungszahl, Farbe, Dichte, Schmelzpunkt, Siedepunkt, Löslichkeiten.

Stoffordnung: Alphabetisch, nur die Wasserstoffverbindungen, die Oxyde und die Hydroxyde folgen unmittelbar dem Elemente.

Anordnung.

Spalte 1: Name (Vulgär- und Handelsnamen 3127). Bei den Elementen sind mit römischen Zahlen die wichtigsten Wertigkeitsstufen angegeben. Arabische Zahlen in Klammer geben die Anzahl Wassermoleküle der wichtigsten Hydrate an, die metastabilen sind kursiv gedruckt, halbfett diejenigen, die Handelsprodukte sind.

Spalte 2: Formel.

Spalte 3: Molekulargewicht bzw. Atomgewicht.

Spalte 4: Krystallklasse bzw. Krystallsystem und Brechungszahl. Das System ist womöglich durch die Raumgruppe (vgl. 27104) gekennzeichnet. Die Brechungszahl bezieht sich, wenn keine Indices angegeben sind, auf die Natrium-D-Linie und 20° C, sonst bedeutet der obere Index die Temperatur in °C, der untere die Spektrallinie (Wellenlängenangaben in Å). Wenn bei doppelbrechenden Stoffen zwei Brechungszahlen angegeben sind, so bezieht sich die erste auf den ordentlichen, die zweite auf den außerordentlichen Strahl (sonst übliche Bezeichnungen ω und ε). Für mehrachsige Krystalle sind die kleinste, die mittlere und die größte Brechungszahl angegeben.

Spalte 5: Farbe. Vor Farbenbezeichnung bedeutet h hell, wenn eingeklammert, z. B. (hg), schwach hellgelb. Sind zwei Farben durch ; getrennt angegeben, so beziehen sie sich auf verschiedene Modifikationen, die metastabile oder gefällte ist an zweiter Stelle angegeben.

Spalte 6: Dichte bei Zimmertemperatur, für Gase im Normzustand.

Spalte 7: Schmelzpunkt Fp. (Umwandlungspunkte in 3114; ausführliche Angaben über die Existenzgrenzen von Hydraten, ihre Umwandlungs- und Schmelzpunkte in 332611.)

Spalte 8: Siedepunkt Kp.

Spalte 9: Löslichkeit. Die Löslichkeiten, L, sind angegeben in g wasserfreie Verbindung in 100 g Lösungsmittel für den bei 20° (ohne Temperaturangabe) oder den bei der besonders angegebenen Temperatur beständigen Bodenkörper. Wo erforderlich ist dieser durch den Krystallwassergehalt gekennzeichnet, z. B. ($6H_2O$). **L** bedeutet, daß ausführlichere Löslichkeitszahlen in den Sondertabellen 332611... 332616 zu finden sind.

Abkürzungen (alphabetisch).

Ac = Aceton
Ä = Äther
Al = Äthylalkohol
Alk = Alkalien
Anhy = Anhydrid
b = blau
br = braun
Bzl = Benzol
d. P. = dichteste Packung
Dps = Doppel- oder Komplexsalz
Dr = unter Druck
entw. = entwickelt
fbl = farblos, weiß
fl = flüssig
flch = flüchtig
fl.z. = flächenzentriert
g = gelb
gef = gefällt
gf = gasförmig
gr = grün

h = heiß
h = (vor Farbbezeichnung) hell
hy = hygroskopisch
k = konzentriert
kryst = krystallisiert
l = löslich od. löst
L = s. Erl. zu Sp. 9
L, **L** = Löslichkeit in Wasser, z. B. L 18°: 10, Löslichkeit ist bei 18° 10 g in 100 g H_2O
LA, **LA** = Löslichkeit in Äthylalkohol
LM, **LM** = Löslichkeit in Methylalkohol
Lm = Lösungsmittel
Lsg = Lösung
M = Methylalkohol

mischbar = unbegrenzt mischbar mit Wasser bzw. den anderen angegebenen Lm
nl = nicht löslich
or = orange
r.z. = raumzentriert
s = siehe
s = schwarz in Sp. 5
S = Säure
SS = Säuren
sl = sehr löslich
subl = sublimiert
swl = sehr wenig lösl.
ungegl. = ungeglüht
v = violett
W = Wasser
wl = wenig löslich
zers. = zersetzlich oder zersetzt

3112 Physikalisch-chemische Eigenschaften der Elemente und anorganischer Verbindungen.

Name	Formel	Molekulargewicht	Krystallsystem und Brechungszahl	Farbe	Dichte ϱ in $g \cdot cm^{-3}$	Schmelzpunkt Fp in °C	Siedepunkt Kp in °C	Angaben über die Löslichkeit
Aluminium (III) . .	Al	26,97	kub., fl, z.	(hgrau)	2,70	658	2500	l: Alk, HCl, H_2SO_4; nl: HNO_3
-oxyd	Al_2O_3	101,94	$\alpha = D^6_{3d}$; $\beta = D^4_{6h}$; $\gamma = O^8$ oder O^7 n = 1,64; 1,665; 1,680	fbl	3,9	2046	2700	nl: W; ungegl. l: SS, s $Al(OH)_3$
-oxyd-Hydrat . .	$Al_2O_3 \cdot H_2O$	119,96	D^{16}_{2h} (Böhmit) n = 1,702; 1,722; 1,747	fbl	3,41	360		
,, ,, . .	$Al_2O_3 \cdot 3H_2O$	155,99	C^5_{2h}	fbl	2,42	200		L: $0{,}15 \cdot 10^{-3}$; l: SS, Alk
-bromid	$AlBr_3$	266,72		fbl	3,01	97,4	255	sl: W; l: Ä; Amylal
-carbid	Al_4C_3	143,91	D^5_{3d} n = 2,7; 2,75	kg	2,36	1400		entw. m. W CH_4
-chlorid (6, 9) . .	$AlCl_3$	133,34	D^3_{3d} n = 1,560; 1,507	fbl	2,44	Dr 192,5		l: Al, Ä, org. Lsm
,, ...	$AlCl_3 \cdot 6H_2O$	241,43	D^6_{3d} n = 1,560; 1,507	fbl				**L**: 45,6
-fluorid	AlF_3	83,97	D^7_3	fbl	3,07		subl 1260	wl: W; l: SS, Alk
,, ...	$AlF_3 \cdot H_2O$	101,99	V_h n = 1,473; 1,490; 1,511	fbl	2,17			
-fluorid-Dps . . .	$AlNa_3F_6$	209,96	C^1_{2h} oder C^2_{2h}; auch kub. n = 1,364 (β)	fbl	2,9	1100		L: 18°: 0,06; von Alk zers.
-jodid	AlJ_3	407,73		fbl	3,98	191	385,4	sl: W; l: Al, CS_2
-nitrat (6, 8, 9) .	$Al(NO_3)_3 \cdot 9H_2O$	375,13	1. V_h 2. C_{2h}	fbl		73	100	**L**: 73; l: Ac
-nitrid	AlN	40,98	C^4_{6v}	grau-hb	3,05	2200		entw. m. W NH_3
-*ortho*-phosphat (3)	$AlPO_4$	121,95	pseudotetrag. n = 1,546; 1,556; 1,578	fbl	2,57	> 1500		nl: W, Essigs.; l: SS, Alk
-silicat	$3Al_2O_3 \cdot 2SiO_2$	345,94		fbl	3,15	1810		nl: W, in SS aufschließbar
-sulfat	$Al_2(SO_4)_3$	342,12	rhomb.	fbl	2,71	770		l: W
,, ...	$Al_2(SO_4)_3 \cdot 18H_2O$	666,40	? kub. n = 1,474; 1,476; 1,483	fbl	1,69			**L**: 36,3

,, -Dps (Alaune)	$AlCs(SO_4)_2 \cdot 12H_2O$	568,09	T_h^6 n = 1,4587	fbl	1,97	117		**L**: 0,46
,, ,, (x, 12)	$AlK(SO_4)_2 \cdot 12H_2O$	474,38	T_h^6 n = 1,4562; 1,430; 1,452; 1,458	fbl	1,75	89		**L**: 6,01
,, ,, (x, 12)	$AlNa(SO_4)_2 \cdot 12H_2O$	458,27	T_h^6 n = 1,43; 1,46; 1,46	fbl	1,67	61		**L**: 39,7
,, ,, (x, 12)	$Al(NH_4)(SO_4)_2 \cdot 12H_2O$	453,32	T_h^6 n = 1,459	fbl	1,64	109		**L**: 6,59
,, ,, . . .	$AlRb(SO_4)_2 \cdot 12H_2O$	520,81	T_h^6 n = 1,457	fbl	1,867	99		**L**: 1,52
-sulfid	Al_2S_3	150,12		fbl	2,02	1100		W zers.
Ammoniak (1/2, 1) .	NH_3	17,03	T^4 n = 1,325	fbl	0,7714[1]	−77,8	−33,5	**L**: sl: CH_3OH, Al usw.
Ammonium-bromid	NH_4Br	97,96	O_h^1 / 137,5 °C / O_h^5; D_{4h}^7 bei −100° n = 1,7108	fbl	2,548	subl		**L**: 73,9; LM 19,5°: 12,5
-carbonat	$(NH_4)_2CO_3 \cdot H_2O$	114,11	rhomb.	fbl		zers. 58		L 15°: ∼100
-*bi*-carbonat . .	$(NH_4)HCO_3$	79,06	D_{2h}^{10} n = 1,423; 1,536; 1,555	fbl	1,58	zers. 60		**L**: 21,7
-carbonat-carbamat	$(NH_4)HCO_3 + NH_4CO_2NH_2$	157,13		fbl		subl. 60		L 15°: ∼25; 65°: ∼67 Al löst Carbamat
-chlorat	NH_4ClO_3	101,50	? C_{3v}^5	fbl		explod.		sl: W, verd. Al; wl: Al
-*per*-chlorat . . .	NH_4ClO_4	117,50	1. D_{2h}^{16} 2. T_d^2 n=1,4818; 1,4833; 1,4881	fbl	1,95	zers. b. Erh.		L 25°: 25; wl: Al
-chlorid	NH_4Cl	53,50	O_h^1 / 184,3°C / O_h^5 n = 1,642	fbl	1,536		subl 335	**L**: 37,4; LM 19,5°: 3,35
-chromat	$(NH_4)_2CrO_4$	152,09	C_5^1	g	1,91	zers. b. Erh.		L 30°: 40,3
-*pyro*-chromat . .	$(NH_4)_2Cr_2O_7$	252,10	C_{2h}^6	or	2,15			L 20°: 35,5; l: Al
-cyanat	NH_4CNO	60,06		fbl		zers. 60		
-cyanid	NH_4CN	44,06		fbl	1,02	zers. 36	subl 40	sl: W; l: Al
-fluorid	NH_4F	37,04	C_{6v}^4 n = 1,315; 1,316	fbl		subl		L 0°: 100; wl: Al
-*bi*-fluorid	$NH_4 \cdot HF_2$	57,05	D_{2h}^7 n = 1,385; 1,390; 1,394	fbl	1,21	subl		l: kalt. W; sl: warm. W
-jodat	NH_4JO_3	192,96	D_{2h}^{19}	fbl	3,309	zers 150		L 25°: 177
-jodid	NH_4J	144,96	O_h^1 / 17,6°C / O_h^5 n = 1,703	fbl	2,563	subl		**L** 25°: 177; l: Al

[1] kg/Nm³.

3112 (Fortsetzung).

Name	Formel	Molekulargewicht	Krystallsystem und Brechungszahl	Farbe	Dichte ϱ in $g \cdot cm^{-3}$	Schmelzpunkt Fp in °C	Siedepunkt Kp in °C	Angaben über die Löslichkeit
Ammonium								
-*para*-molybdat	$5(NH_4)_2O \cdot 12MoO_3 \cdot 7H_2O$	2113,92	C^5_{2h}	fbl				l: W, SS, Alk
-*dodeka*-molybdat	$3(NH_4)_2O \cdot 7MoO_3 \cdot 4H_2O$	1235,95	monoklin	fbl				l: W, SS, Alk
-nitrat	NH_4NO_3	80,05	pseudohex. / −18° C D^{13}_{2h} / 32,3° C D^{16}_{2h}/84,2°C/D^3_{2d}/125°C/ O^1_h n^{20} = 1,413; 1,6	fbl	1,725	169,5	zers. 200	**L**: 187,7; LA 20,5°: 3,8; LM 18,5°: 16,3
-nitrat-sulfat (Leunasalpeter)	$2NH_4NO_3 \cdot (NH_4)_2SO_4$	292,2	C_{2v} n = 1,519; 1,528; 1,534	fbl	1,68	310		sl: W unt. Zers.
-nitrit	NH_4NO_2	64,05		(hg)		zers.		sl: W, Al, M; wl: Ä
-ortho-phosphat, prim.	$NH_4H_2PO_4$	115,03	V^{12}_d n = 1,525; 1,479	fbl	1,803			**L**: 36,8
,, ,, sec.	$(NH_4)_2HPO_4$	132,07	C_{2h}	fbl	1,619	zers.		**L**: 68,6
,, ,, tert.	$(NH_4)_3PO_4 \cdot 3H_2O$	203,18		fbl				**L**: 20,3
-phosphit, sauer .	$(NH_4)H_2PO_3$	99,03	C_{2h}	fbl		123	zers. 145	L 0°: 170; 15°: 190
-rhodanid	NH_4CNS	76,18	C_{2h} / 92° / rhomb. n = 1,546; 1,685; 1,692	fbl	1,305	149,5	zers. 170	**L**: 163; l: Al, Pyridin
-sulfat	$(NH_4)_2SO_4$	132,14	V^{16}_h n = 1,521; 1,523; 1,533	fbl	1,769	513	zers.	**L**: 75,4; **LA**
,, sauer . .	$(NH_4)HSO_4$	115,11	rhomb.; ferner 3 weitere Mod.	fbl	1,78	146,9	490	L: 100; wl: Al
-*per*-sulfat . . .	$(NH_4)_2S_2O_8$	228,20	C^5_{2h} n = 1,498; 1,502; 1,587	fbl	1,982	zers.		L 0°: 58,0

-sulfid, sauer . .	$(NH_4)HS$	51,11	D_{4h}^7	fbl		Dr 120		l: W, Al
-sulfit, norm. . .	$(NH_4)_2SO_3 \cdot H_2O$	134,16	C_{2h}	fbl	1,41		subl 150	L 20°: 60,8; 60°: 103,6; 100°: 152,5
-thiosulfat . . .	$(NH_4)_2S_2O_3$	148,20	C_{2h}	fbl		zers. 150		sl: W
-*meta*-vanadat . .	NH_4VO_3	116,99		fbl	2,326	zers. b. Erh.		L 15°: 0,51; swl: Al (90%), M, Ä, Ac
-*para*-wolframat .	$3(NH_4)_2O \cdot 7WO_3 \cdot 6H_2O$	1887,78	dim. rhomb. u. trikl.					L: 4,3; fbl
-*dodeka*-wolframat	$5(NH_4)_2O \cdot 12WO_3 \cdot 7H_2O$	3169,56	1. C_{2h}, 2. C_i	fbl				L: 4,3
Antimon (III, V) .	Sb	121,76	D_{3d}^5	grau	6,684	630	1635	nl: HF, HCl, verd. H_2SO_4, Alk; l: Königsw., HNO_3 + Weins.
-wasserstoff . . .	SbH_3	124,78		fbl		—91	—18	1 Vol. SbH_3 wird gelöst von 5 Vol. W, 1/15 Vol. Al, 1/250 Vol. CS_2 (0°)
-(III)-oxyd . . .	Sb_2O_3	291,52	1. O_h^7, 2. D_{2h}^{10}	fbl	5,67	654,8	1456	nl: W, Al; l: konz. HCl, Weins.
-(V)-oxyd	Sb_2O_5	323,52		fbl-g	3,78	zers. 300		nl: W; l: HCl, KOH
-(III, V)-oxyd . .	Sb_2O_4	307,52	O_h^7 n = 2,087	fbl	3,9			nl: W, Al; wl: SS; l: Alk
Antimonige Säure	H_3SbO_3	172,78		fbl				nl: W, Al; l: Säuren, Alk
Antimonsäure[1] .	$H_5SbO_5 \cdot xH_2O$		mit 3 H_2O: O_h^7	fbl				je nach Bereitung in W wl od. l; l: Alk
-bromid	$SbBr_3$	361,51	V^4	fbl	4,148	97	288	W zers.; l: konz. HCl, Weins.
-(III)-chlorid . .	$SbCl_3$	228,13	rhomb.	fbl	3,140	73,3	187	l: wenig W, konz. HCl; viel W, zers.
-(V)-chlorid . . .	$SbCl_5$	299,05		fbl	2,33	4	Dr 140	W zers.; l: konz. HCl, Weins.
-(III)-*oxy*-chlorid	SbOCl	173,22	C_{2h}	fbl		zers. 170		nl: W, Al, Ä; l: HCl, Weins., CS_2
-(III)-fluorid . .	SbF_3	178,76	? rhomb.	fbl	4,38	292	subl	L 20°: 443; 30°: 562
-(V)-fluorid . . .	SbF_5	216,76		fbl		7,0	149,5	sl: W
-(III)-fluorid, Dps	$SbNa_3F_6$	304,74	rhomb.	fbl				L: 7,2
-(III)-fluorid, Dps	$Sb(NH_4)_2F_5$	252,84	rhomb.	fbl		subl		L: 108
-jodid	SbJ_3	502,52	C_3^2	r	4,85	170	401	W zers.; l: konz. HCl, HJ
-(III)-sulfid[1] . .	Sb_2S_3	339,70	D_{2h}^{16} n = 3,194; 4,046; 4,303	grau, r		546		L 18°: $0,17 \cdot 10^{-3}$; l: HCl, NH_4HS
-(V)-sulfid[1] . . .	Sb_2S_5	403,82		or	4,120			nl: W; l: Alk, NH_4SH

[1] Salze siehe bei K und Na.

3112 (Fortsetzung).

Name	Formel	Molekulargewicht	Krystallsystem und Brechungszahl	Farbe	Dichte ϱ in $g \cdot cm^{-3}$	Schmelzpunkt Fp in °C	Siedepunkt Kp in °C	Angaben über die Löslichkeit
Antimon-(yl)								
-(III)-tartrat, Dps (Brechweinstein)	$SbO \cdot KC_4H_4O_6 \cdot {}^1/_2H_2O$	333,94	V	fbl	2,60	zers. b. Erh.		L 21°: 7,9; 100°: 35,7; nl: Al
Argon	Ar	39,94	kub. fl. z.	fbl	1,7839[1]	—189,3	—186,0	1 Vol. W; l: b. 0° 0,058, bei 50° 0,026 Vol. Ar
Arsen (III, V) . . .	As	74,91	D^5_{3d}	grau	5,72	Dr 817	subl 616	nl: W, SS; HNO_3 und Königsw. oxydieren
-wasserstoff . . .	AsH_3	77,93	? T^2_h oder O^2 oder O^1_h	fbl		—113,5	—54,8	1 Vol. l in 5 Vol. k. W
-(III)-oxyd . . .	As_2O_3	197,82	O^7_h	fbl	3,86	subl 321		**L**: 1,85; amorph stärker l; l: HCl
-(V)- ,, . . .	As_2O_5	229,82		fbl	4,09			W löst zu H_3AsO_4
-säure, ortho . .	$H_3AsO_4 \cdot {}^1/_2H_2O$	151,00	rhomb.	fbl	2,0...2,5	35,5		**L**: 630 (86,3%)
,, meta . . .	$HAsO_3$	123,92		fbl				W löst zu H_3AsO_4
,, pyro . . .	$H_4As_2O_7$	265,86		fbl		zers. 206		W löst zu H_3AsO_4
-bromid	$AsBr_3$	314,67	V[4]	fbl	3,54	30,8	221	W zers.; l: HCl
-(III)-chlorid . .	$AsCl_3$	181,36	n = 1,598	fbl	2,16	—16,2	130,4	W zers.; l: HCl
-(V)- ,, . .	$AsCl_5$	252,22		fbl		~ —40		
-(III)-fluorid . .	AsF_3	131,91		fbl	2,70		63	W zers.; l: Bzl., Al, Ä
-(V)- ,, . .	AsF_5	169,91		fbl	fl 2,33	—80,8	—52,9	l: Al, Ä, Bzl.
-jodid	AsJ_3	455,67	C^2_3	r	4,39	141,8	~403	wl: W; l: Al, Ä, CS_2, Bzl.
-sulfid	As_2S_2	213,96	C^5_{2h} (Realgar) n = 2,46; 2,59; 2,61	r	3,20	320	565	nl: W, verd. SS; l: Sulfide, Alk
-(III)-sulfid . . .	As_2S_3	246,03	C_{2h} (Auripigment)	g	3,43	300	707	L 18°: $51,7 \cdot 10^{-6}$; l: Alk
-(V)- ,, . . .	As_2S_5	310,16		g			subl	L 0°: $14,10 \cdot 10^{-6}$; wl, verd. SS; l: Alk

Barium (II)	Ba	137,36	r. z.	fbl	3,5	710	1638	zers. W
-oxyd	BaO	153,36	O_h^5 n = 1,980	fbl	5,72	1923	~2000	l zu Ba $(OH)_2$
-hydroxyd (3, 8) .	$Ba(OH)_2 \cdot 8H_2O$	315,50	C_{2h} n = 1,471; 1,5017; ~1,502	fbl		kongr. 78		**L**: 3,48 BaO; wl: Al
-*per*-oxyd	BaO_2	169,36	D_{4h}^{17}	fbl	4,96		dis. 795	zers. mit W
-*per*-oxyd (8) . .	$BaO_2 \cdot 8H_2O$	313,48	D_{4h}^1	fbl				wl: W; nl: Al, Ä
-bromat	$Ba(BrO_3)_2 \cdot H_2O$	411,21	C_{2h}	fbl	3,99	zers. 260		L 10°: 0,44; 100°: 5,39
-bromid	$BaBr_2 \cdot 2H_2O$	333,22	C_{2h} n = 1,713; 1,727; 1,744	fbl	3,58	847		L 20°: 104; 100°: 149; LM 15°: 45,6
-carbid	BaC_2	161,38	tetr.	fbl	3,75			gibt m. W C_2H_2
-carbonat	$BaCO_3$	197,37	V_h^{16} / 811° C / hex. n = 1,529; 1,676; 1,677	fbl	4,3	Dr ~1740		L 13°: $1,62 \cdot 10^{-3}$; 25°: $3,5 \cdot 10^{-3}$; nl: Al; W
-chlorat	$Ba(ClO_3)_2 \cdot H_2O$	322,29	C_{2h} n = 1,562; 1,577; 1,635	fbl	3,18	414		L 10°: 26,9; 100°: 105; wl: HCl
-*per*-chlorat . . .	$Ba(ClO_4)_2 \cdot 3H_2O$	390,33	C_6^6 oder C_{2h}^2	fbl	2,74	505		l: W, Al
-chlorid	$BaCl_2 \cdot 2H_2O$	244,31	C_{2h}^5 n = 1,635; 1,646; 1,660	fbl	3,097	960	1560	**L**: 35,7; nl: Al; LM: 2,17
-chromat	$BaCrO_4$	253,37	V_h^{16}	g	4,498			L 16°: $0,337 \cdot 10^{-3}$; 28,4°: $0,436 \cdot 10^3$
-cyanid	$Ba(CN)_2 \cdot 2H_2O$	225,44		fbl				L 14°: ~79; L: Al (70%); 14: ~15
-fluorid	BaF_2	175,36	O_h^5 n = 1,475	fbl	4,83	1287	~2260	**L**: 0,16; l: HF, NH_4Cl
-jodat	$Ba(JO_3)_2 \cdot H_2O$	505,22	C_{2h}	fbl	5,23	zers. b. Erh.		L 10°: 0,014; 100°: 0,196; l: HCl, HNO_3
-jodid	$BaJ_2 \cdot 2H_2O$	427,23	C_{2h}	fbl	5,15	zers. 740		L 40°: 229; 100°: 269; LA 15°: 1,08
-manganat . . .	$BaMnO_4$	256,29		gr	4,85			wl: W; l: SS
-*per*-manganat . .	$Ba(MnO_4)_2$	375,22	V_h	v	3,77			wl: W
-nitrat	$Ba(NO_3)_2$	261,38	T_h^6 n = 1,572	fbl	3,24	592		**L**: 9,03; nl: Al
-nitrit (1)	$Ba(NO_2)_2 \cdot H_2O$	247,39	D_6^2, D_6^3	fbl	3,173	zers. 217		L 20°: 62,9; 80°: 206; l: Al
-o-phosphat, sec.	$BaHPO_4$	233,35	V_h n = 1,617; 1,63; 1,635	fbl	4,165			wl: W; l: SS u. NH_4Cl
-o- ,, tert.	$Ba_3(PO_4)_2$	602,04		fbl	4,1	~1727		nl: W; l: SS
-rhodanid (2, 3) .	$Ba(CNS)_2 \cdot 2H_2O$	289,53		fbl				sl: W, Al; LM, L 25°: 168

[1] kg/Nm^3.

3112 (Fortsetzung).

Name	Formel	Molekulargewicht	Krystallsystem und Brechungszahl	Farbe	Dichte ϱ in $g \cdot cm^{-3}$	Schmelzpunkt Fp in °C	Siedepunkt Kp in °C	Angaben über die Löslichkeit
Barium								
-silicat	$BaSiO_3 \cdot 6H_2O$	321,51	V_h n = 1,542; 1,548; ~1,548	fbl	2,59	~1490		
-silicofluorid . . .	$BaSiF_6$	279,42	rhomboedr.	fbl	4,29			**L**: $22 \cdot 10^{-3}$; wl: Al
-sulfat (Baryt, Schwerspat)	$BaSO_4$	233,42	V_h^{16} n = 1,637; 1,638; 1,649	fbl	4,50	1350		L 18°: $0{,}23 \cdot 10^{-3}$; 100°: $0{,}39 \cdot 10^{-[illegible]}$
-*per*-sulfat . . .	$BaS_2O_8 \cdot 4H_2O$	401,54	? monokl.	fbl		zers.		L 0°: 39; h W zers.
-sulfid	BaS	169,42	O_h^5 n = 2,155	fbl	4,25			W zers.; nl: Al
-sulfit	$BaSO_3$	217,42		fbl				**L**: 0,02; l: SS
-thiosulfat . . .	BaS_2O_3	249,48	mit H_2O: rhomb.	fbl				L: 0,2
Beryllium (II) . . .	Be	9,02	$D_{6h}^4 = \alpha$; hex. d. P = β	(hgrau)	1,85	1280	2967	nl: W; l: HCl, Alk
-oxyd	BeO	25,02	C_{6v}^4 n = 1,719; 1,733	fbl	3,025	2530		nl: W; l: SS, Alk
-hydroxyd . . .	$Be(OH)_2$	43,04		fbl	1,909			
-bromid	$BeBr_2$	168,85		fbl	3,465	490	subl	sl: W, Al, Ä
-carbid	Be_2C	30,04	O_h^5		1,90	> 2100		
-chlorid	$BeCl_2 \cdot 4H_2O$	152,00	monokl.	fbl		o. W. 405	o. W. 488	sl: W, Al, Ä
-fluorid	BeF_2	47,02	(O_h^7), tetr. def.	fbl	1,986			
,, Dps . .	BeK_2F_4	163,22	D_{2h}^{16}	fbl				L: 2
-jodid	BeJ_2	262,86		fbl	4,325	480	~488	sl: W, Al, Ä
-nitrat	$Be(NO_3)_2 \cdot 3H_2O$	187,08		fbl				**L**: 103,3
-o-phosphat . . .	$Be_3(PO_4)_2 \cdot 3H_2O$	271,15		fbl				
-sulfat (2, 4, 6) . .	$BeSO_4 \cdot 4H_2O$	177,14	D_{4h}^{18} n = 1,472; 1,440	fbl	1,713			**L** 25°: 42,4
Blei (II, IV)	Pb	207,21	kub. fl. z.		11,344	327,4	1750	nl: W, HCl, H_2SO_4; l: HNO_3
-(II)-oxyd (Glätte)	PbO	223,21	rot: D_{4h}^7 gelb: rhomb.	g-r	9,53	890	1470	L 20°: $17 \cdot 10^{-3}$; l: SS, Alk
-(IV)-oxyd (1) . .	PbO_2	239,21	D_{4h}^{14}	br	9,375	zers.		L 25°: $14{,}6 \cdot 10^{-3}$; wl: SS

-(II, IV)-oxyd (Mennige)	Pb_3O_4	685,63		r	9,1	Dr 830		nl: W; wird v. HNO_3 u. Alk zers.
-(II)-hydroxyd	$Pb(OH)_2$	241,23		fbl		zers.		swl: W; l: SS, Alk
-(II)- ,,	$3\,PbO \cdot H_2O$	464,43		fbl	7,592	zers.		L 18°: 0,01; l: SS, Alk
-azid	$Pb(N_3)_2$	291,26	$\alpha = D_{2h}$, $\beta = C_{2h}$	fbl		350		wl: k. W; L 100°: ~0,05
-bromid	$PbBr_2$	367,04	D_{2h}^{16}	fbl	6,66	488	914	**L**: 0,84; nl: Al
-carbonat, norm.	$PbCO_3$	267,22	D_{2h}^{16} n = 1,804; 2,076; 2,078	fbl	6,6	zers. 300		**L**: $0{,}15 \cdot 10^{-3}$; nl: Al
,, bas.	$2\,PbCO_3 \cdot Pb(OH)_2$	775,66	hex. n = 2,09; 1,94	fbl	6,14	zers. 400		nl: W, Al
-chlorat (1)	$Pb(ClO_3)_2$	374,12		fbl	3,89	zers. b. Erh.		L 18°: 151; l: Al
-(II)-chlorid	$PbCl_2$	278,12	D_{2h}^{16} n = 2,199; 2,217; 2,260	fbl	5,85	498	954	**L**: 0,97
-(IV)- ,,	$PbCl_4$	349,04		g	3,18	—15	zers. 105	wird v. W zers.; l: konz. HCl
-(II)-*oxy*-chlorid	$PbCl_2 \cdot PbO$	501,33	rhomb. ? n = 2,15	g	7,21	zers. 524		
-chromat	$PbCrO_4$	323,22	1. D_{2h}^{16} 2. C_{2h}^{5} 3. tetr.	g	6,3	844		L: $4{,}2 \cdot 10^{-6}$; l: SS, Alk
,, bas.	$PbCrO_4 \cdot PbO$	546,43		r				
-cyanid	$Pb(CN)_2$	259,25						
-fluorid	PbF_2	245,21	D_{2h}^{16} / ~250° C / O_h^5	fbl	8,24	824	1293	**L** 26,6°: 0,068; l: HCl, HNO_3
-jodid	PbJ_2	461,05	D_{3d}^{3}	g	6,16	412	872	L: 0,065; nl: Al; sl: KJ-Lsg.
-molybdat	$PbMoO_4$	367,21	C_{4h}^{6} (Scheelit)			1065		
-nitrat	$Pb(NO_3)_2$	331,23	T_h^6 n = 1,782	fbl	4,53	zers. 200		**L**: 52,2; LA (45%) 22°: 8,1; LM 20,5°: 1,37
-phosphat	$Pb_3(PO_4)_2$	811,59	hex. n = 1,970; 1,936	fbl	6,9…7,3	~1014		**L**: $13 \cdot 10^{-6}$; l: SS, Alk
-(II)-sulfat	$PbSO_4$	303,27	V_h^{16} n = 1,877; 1,882; 1,894	fbl	6,2	~1087		**L**: $4{,}21 \cdot 10^{-3}$; l: Alk; nl: Al
-(IV)- ,,	$Pb(SO_4)_2$	399,33		(hg)				wird v. W zers.; l: verd. H_2SO_4
-(II)- ,, bas.	$PbSO_4 \cdot PbO$	526,48	C_{2h} n = 1,93; 1,99; 2,02	fbl	6,92	977		
-sulfid	PbS	239,27	O_h^5 n = 3,912	grau, s	7,5	1114		**L**: $13…86 \cdot 10^{-6}$
-sulfo-chlorid	$3\,PbS \cdot PbCl_2$	995,93		r				
-thiosulfat	PbS_2O_3	319,33		fbl	5,18	zers. b. Erh.		L: 0,03; sl: Thiosulfatlösung
-vanadat	$Pb(VO_3)_2$	405,11						
-wolframat	$PbWO_4$	455,21	C_{4h}^{6}		8,23	1123		

3112 (Fortsetzung).

Name	Formel	Molekulargewicht	Krystallsystem und Brechungszahl	Farbe	Dichte ϱ in $g \cdot cm^{-3}$	Schmelzpunkt Fp in °C	Siedepunkt Kp in °C	Angaben über die Löslichkeit
Bor (III)	B	10,82	? hex.	br	2,3	2300	~2550	nl: W; oxyd. v. HNO_3, Königsw.
-wasserstoff . . .	B_2H_6	27,69	D_{3d}^{2}	fbl		−165,5	−92,5	W zers.
,, . . .	B_4H_{10}	53,36		fbl		99,6	~213	W zers.
-oxyd	B_2O_3	69,64	? kub.	fbl	1,844	580		W l zu Borsäure; l: Al
-säure	H_3BO_3 (HBO_2 und $H_2B_4O_7$	61,84	C^1	fbl	1,435	zers.		**L**: 4,9; l: Al, Glyc.
-bromid	BBr_3	250,57		fbl	2,650	−46	90,1	W zers.; l: CCl_4
-carbid	B_4C	55,29		s	2,52	~2350	>2500	nl: SS; l: in Alk-Schmelze
-chlorid	BCl_3	117,19		fbl	fl 1,43	−108,7	13	W zers.; desgl. Al
-fluorid	BF_3	67,82		fbl	1,58	−128,8	−101	W zers.; l: konz. H_2SO_4
,, Dps . . .	BF_4K	125,92	D_{2h}^{16}	fbl	2,56	530		L 20°: 0,45; 100°: 6,3; wl: Al
,, ,, . . .	$BF_4(NH_4)$	104,86	D_{2h}^{16}	fbl	1,85			L 16°: 25; 100°: ~96; l: Al
-jodid	BJ_3	391,58		fbl	3,35	43	210	W zers.; l: CS_2, Bzl.
-nitrid	BN	24,83	D_{6h}^{4}	fbl	2,30	~2730	subl	nl: W; HCl, HF, H_2SO_4 zers. b. 200°
-phosphid	BP	41,84						
-sulfid	B_2S_3	117,82		fbl	1,55	310		W u. Al zers.; l: PCl_3
Brom (I) (8) . . .	Br	79,92	V_h^{18} $n^{15} = 1,659$	rbr	3,14	−7,3	58	**L**: 3,53; l: Al, Ä, CS_2
-wasserstoff (1, 2, 3, 4)	HBr	80,93	D_2^7 oder D_{2h}^{23}; Hochmod. k. fl. z. $n^{10} = 1,325$	fbl	2,17 b. −68°	−87	−66,9	**L**: 1 Vol. W löst 580 Vol. (10°), 345 Vol. (100°); l: Al
-säure[1]	$HBrO_3$	128,92		fbl		zers. 100		sll: W
-(III)-fluorid . .	BrF_3	136,92		fbl	2,49	8,8	127	W zers.
-(V)- ,, . .	BrF_5					−81,4	+41	
Cadmium (II) . . .	Cd	112,41	hex. d. P.	grau	8,642	321	765	nl: W; l: HCl, H_2SO_4, HNO_3
-oxyd	CdO	128,41	O_h^5	br			subl 1390	wl: W
-hydroxyd . . .	$Cd(OH)_2$	146,43	D_{3d}^{3}	fbl	4,79	zers. 300		L 25°: $0,26 \cdot 10^{-3}$; l: SS, NH

-bromid (1, 4) . .	$CdBr_2$	272,24	$\{(D_{3h}^3)$ „Wechselstruktur“ D_{3d}^5	fbl	5,192	566	~810	L 18°: 95; 100°: 160; LA 15°: 26,4
-carbonat	$CdCO_3$	172,42	D_{3d}^6	fbl	4,258	zers. 2500		wl: W; l: SS
-chlorid (1, 2½, 4)	$CdCl_2$	183,32	D_{3d}^5	fbl	4,047	568	967	LA 15,5°: 1,7; LM 15,5°: 1,71
,, ...	$CdCl_2 \cdot 2^1/_2H_2O$	228,36	1. C_{2h}, 2. monokl. n = 1,6513	fbl	3,327			**L**: 111,4; l: Al
-cyanid, Dps . .	$CdK_2(CN)_4$	294,68	O_h^7 n = 1,4213	fbl	1,85			L: 33; wl: Al
-fluorid	CdF_2	150,41	O_h^5 n = 1,56	fbl	6,64	1100	1748	L 25°: ~4,5; l: HF
-jodid	CdJ_2	366,25	1. D_{3d}^3, 2. C_{6v}^4	fbl	5,67	387	787	L 18°: 85; 100°: 128; LM 20°: 222,6
-nitrat (2, 4, 9) .	$Cd(NO_3)_2 \cdot 4H_2O$	308,49		fbl	2,455	59,5	132	**L**: 153; l: Al
-sulfat (1, 1, 8/3, 7)	$CdSO_4$	208,47	? D_{2h}^{16}	fbl	4,691	1000		nl: Al
,, ...	$3CdSO_4 \cdot 8H_2O$	769,53	C_{2h}^6 n = 1,565	fbl	3,09			**L**: 76,86
-sulfid	CdS	144,47	1. T_d^2, 2. C_{6v}^4 n^{20}=2,506; 2,529	g	4,82	Dr 1750	subl 980	L 18°: 0,13 · 10⁻³; l: SS; nl: Al
Caesium (I)	Cs	132,91	r. z.	(hgrau)	1,90	28,5	690	zers. W
-oxyd	Cs_2O	281,82		or	4,36	zers. 380		
-*per*-oxyd	Cs_2O_4	329,82		br	3,77	432		
-hydroxyd . . .	CsOH	149,91		fbl	3,675	272,3		sl: W; l: Al
-carbonat	Cs_2CO_3	325,83		fbl		zers. 610		sl: W; LA 19°: 11,1; 80°: 20
-chlorid	CsCl	168,37	1. O_h^1, 2. Hochmod. O_h^5 n = 1,6418	fbl	3,97	642	1300	**L**: 186; l: Al
-nitrat	$CsNO_3$	194,92	1. D_{3h}^1 oder D_{3h}^3 oder D_{3h}^4, 2. Hochmod. kub. n^{20} = 1,55; 1,56	fbl	3,685	407		L: 33,0; wl: Al
-sulfat	Cs_2SO_4	361,88	D_{2h}^{16} n^{20} = 1,560; 1,564; 1,566	fbl	4,243	1019		**L**: 178,6; nl: Al
Calcium (II) . . .	Ca	40,08	α = kub. fl. z., β (oberh. 450°) = hex. d. P.	(hgrau)	1,55	850	1439	zers. W
-hydrid	CaH_2	42,10	D_{2h}^{16}	fbl	1,7	816		wird v. W zers.
-oxyd	CaO	56,08	O_h^5 n = 1,83	fbl	3,4	~2570	2850	s Hydroxyd
-*per*-oxyd	CaO_2	72,08		fbl				wl: W; l: SS
-hydroxyd . . .	$Ca(OH)_2$	74,10	D_{3d}^3 n^{20} = 1,574; 1,547	fbl	2,23	zers.		**L**: 0,118 CaO; l: SS, Glyc. + H_2O

[1] Nur in Lösung bis 50% bekannt.

3112 (Fortsetzung).

Name	Formel	Molekulargewicht	Krystallsystem und Brechungszahl	Farbe	Dichte ϱ in $g \cdot cm^{-3}$	Schmelzpunkt Fp in °C	Siedepunkt Kp in °C	Angaben über die Löslichkeit
Calcium								
-arsenat	$Ca_3(AsO_4)_2 \cdot 3H_2O$	452,51		fbl		Bei RG nicht zers.		wl: W; l: HCl
-*meta*-borat . . .	$Ca(BO_2)_2$	125,72	rhomb.	fbl				wl: W, Essigs.; l: SS u. NH_4-Salzl
,, ,, . . .	$Ca(BO_2)_2 \cdot 6H_2O$	233,82	hex.	fbl				L 30°: 0,25
-borid	CaB_6	105,00	O_h^1		2,33			
-bromid (**4**, 6) . .	$CaBr_2$	199,91	monokl.	fbl	3,353	760	810	L 20°: 142 ($6H_2O$); l: Al
-carbid	CaC_2	64,10	D_{4h}^{17}	fbl	2,22	~2300		gibt m. H_2O: C_2H_2
-carbonat, Aragonit	$CaCO_3$	100,09	D_{2h}^{16} n = 1,530; 1,681; 1,685	fbl	2,93	zers. 825		**L** 18°: $1,5 \cdot 10^{-3}$; L 18: $1,5 \cdot 10^{-3}$
,, Calcit .	$CaCO_3$	100,09	D_{3d}^6 n = 1,658; 1,486	fbl	2,711	Dr 1339	subl 898,6	**L** 18°: $1,3 \cdot 10^{-3}$; s tern. Systeme
-chlorid (1, 2, 4, *4*, **6**)	$CaCl_2$	110,99	D_{2h}^{12} n = 1,52	fbl	2,152	765	> 1600	LA: 24,5; LM: 29,2
,, ...	$CaCl_2 \cdot 6H_2O$	219,09	C_{3i}^1 n = 1,417; 1,393	fbl	1,68	29		hy; **L**: 74,5
-*hypo*-chlorit . .	$Ca(ClO)_2 \cdot 4H_2O$	215,06		fbl				L 0°: 27,9
-(Chlorkalk) . .	$CaCl(OCl) \cdot CaO \cdot 2H_2O$	219,10		fbl				
				fbl				
,, ...	$3CaCl(OCl) \cdot CaO \cdot 4H_2O$	509,11		fbl				
-chromat	$CaCrO_4 \cdot 2H_2O$	192,12	α = gelb = monokl., β = orang. D_{2h}^{11}	fbl				L 20°: *16,5 (2H₂O)*; 2,25 (0 H_2O)
-cyanamid . . .	$CaCN_2$	80,11	D_{3d}^5	fbl		~1190?		wird v. h. W zers.
-cyanid	$Ca(CN)_2$	92,12						
-fluorid	CaF_2	78,08	O_h^5 n = 1,434	fbl	3,18	1392	2500	**L** 18°: $1,5 \cdot 10^{-3}$; l: SS
-jodid (6)	CaJ_2	293,92	D_{3d}^3	fbl	3,956	740		L: 204; l: Al
-*per*-manganat (5)	$Ca(MnO_4)_2 \cdot 5H_2O$	368,02		v	2,4			L 0°: 38,9
-molybdat . . .	$CaMoO_4$	200,08	C_{4h}^6 n = 1,967; 1,978	fbl	4,35			wl: W; l: SS

-nitrat (2, 3, **4**, *4*)	$Ca(NO_3)_2 \cdot 4\,H_2O$	236,16	C_{2h} n = 1,465; 1,498; 1,504	fbl	1,82	42,5		hy; **L**: 127
-*meta*-phosphat .	$Ca(PO_3)_2$	198,04	2 Modif.	fbl	2,82	975		nl: W, SS
-o-phosphat, prim.	$Ca(H_2PO_4)_2 \cdot H_2O$	252,09	C_1	fbl	2,22	zers. 200		wird v. W zers.; l: SS
,, sec.	$CaHPO_4 \cdot 2\,H_2O$	172,10	C_{2h}^6	fbl	2,306			L 24,5°: 0,02; 60°: 0,11; l: NH_4-citrat
,, tert.	$Ca_3(PO_4)_2$	310,20		fbl	3,14	1730		wird v. W zers.; l: SS
,, Dps	$CaNH_4PO_4 \cdot 7\,H_2O$	279,21	C_2	fbl	1,561			
,, -fluorid chlorid, Apatit	$3\,Ca_3(PO_4)_2 \cdot CaFCl$	1025,30	C_{6h}^2 n = 1,634	fbl	3,14	1270		
-phosphid	Ca_3P_2	182,20	nicht kub.	r-br	2,51	> 1600		wird v. W u. SS zers.
-rhodanid	$Ca(CNS)_2 \cdot 3\,H_2O$	210,28		fbl				
-silicat, meta . .	$CaSiO_3$	116,14	C_{2h}^5	fbl	2,905	1512		nl: W, SS
-silicid	$CaSi_2$	96,20	D_{3d}^5		2,5	1020		
-silicofluorid . . .	$CaSiF_6$	182,14		fbl	2,662			
,, . . .	$CaSiF_6 \cdot 2\,H_2O$	218,17	? monokl.	fbl	2,254			
-sulfat (Anhydrit) (1/2, 2)	$CaSO_4$	136,14	D_{2h}^{17} n = 1,569; 1,575; 1,613	fbl	2,96	~1297		**L** 100°: 0,067
-sulfat (Gips) . .	$CaSO_4 \cdot 2\,H_2O$	172,17	C_{2h}^6 n = 1,521; 1,523; 1,530	fbl	2,32	(α) 1450		**L**: 0,2036; nl: Al
-sulfid, prim. . .	$Ca(SH)_2 \cdot 6\,H_2O$	214,34		fbl				L: ~400; sl: Al
,, sec. . . .	CaS	72,14	O_h^5 n = 2,137		2,8			L 10°: 0,015; 90°: 0,033 [h W zers. zu $Ca(SH)_2$ u. $Ca(OH)_2$]
-sulfit (**0**)	$CaSO_3 \cdot 2\,H_2O$	156,17	? hex.			zers. b. Erh.		L 15°: 0,17; 100°: 0,16; sl: SO_2-Lösung
-thiosulfat (**6**) . .	$CaS_2O_3 \cdot 6\,H_2O$	260,29	C_i n = 1,545; 1,560; 1,605	fbl	1,872	zers. b. Erh.		L 3°: 100
-wolframat . . .	$CaWO_4$	288,08	C_{4h}^6 n = 1,918; 1,934	fbl	6,06			L 15°: ~0,2; nl: Al
Cassiopeium . . .	Cp	174,99	hex. d. P.		9,7			
	Cp_2O_3	397,93		fbl				
Cer (III, IV) . . .	Ce	140,13	α = kub. fl. z., β = hex. d. P.	grau	6,8	775	1400	zers. W; l: SS; nl: Alk
-oxyd	CeO_2	172,13	O_h^5	(hg)	7,3	> 2600		nl: W, HCl, HNO_3; l: SS m. Reduktionsmitteln o. konz. H_2SO_4

3112 (Fortsetzung).

Name	Formel	Molekulargewicht	Krystallsystem und Brechungszahl	Farbe	Dichte ϱ in $g \cdot cm^{-3}$	Schmelzpunkt Fp in °C	Siedepunkt Kp in °C	Angaben über die Löslichkeit
Cer								
-carbid	CeC_2	164,15	D_{4h}^{17}		5,23			
-carbonat (5) . .	$Ce_2(CO_3)_3 \cdot 5H_2O$	550,37		fbl				swl: W
-chlorid (7) . . .	$CeCl_3$	246,50	hex.	fbl	3,92	822		sl: W, Al
-(III)-fluorid . .	CeF_3	197,13	hex.	fbl	6,16	1324		
-(IV)- ,, . .	$CeF_4 \cdot H_2O$	234,15		hg				
-(III)-nitrat . . .	$Ce(NO_3)_3 \cdot 6H_2O$	434,25	C_i	fbl			zers. 200	sl: W, Al
-(IV)- ,, . . .	$Ce(NO_3)_4$	388,16						
-(III)- ,, Dps .	$Ce(NH_4)_2(NO_3)_5 \cdot 4H_2O$	558,31	C_{2h}	fbl				
-(IV)- ,, ,, .	$Ce(NH_4)_2(NO_3)_6$	548,26	C_{2h}	or				L 25°: 141; 86°: 227; wl: HNO_3
-(III)-phosphat .	$CePO_4$	235,11	C_{2h}^5	fbl	5,22			nl: W, verd. SS
-(III)-sulfat (4, 5, 8, 9, 12)	$Ce_2(SO_4)_3 \cdot 8H_2O$	712,56	C_1 (ev. ferner C_{2h})	fbl	2,886			L: 9,66
-(IV)- ,, (4) .	$Ce(SO_4)_2 \cdot 4H_2O$	404,31	D_{2h}	g				sl: W
Chlor (I, III, V, VII)	Cl_2	35,457	O_{4h}^{16} $n^{14} = 1,367$	gr	1,557 b. —34°	—101	—34,1	L: 1,85; 1 Vol. W löst: 0°: 4,6, 50°: 1,22, 90°: 0,39 Vol.
-hydrat	$Cl_2 \cdot 8H_2O$	215,04	rhomb.		1,23	9,6		
-wasserstoff (1, 2, 3)	HCl	36,47	D_2^7 oder D_{2h}^{23}/98° abs./kub. fl. z. $n^{10,5} = 1,254$	fbl	1,6391[2]	—112	—85,0	L: 1 Vol. W löst b. 0°: 507, b. 60°: 339 Vol.
-oxyd	Cl_2O	86,91		g-br	3,887[2]	—116	3,8	1 Vol. W löst b. 0°: 200 Vol.
-*di*-oxyd	ClO_2	67,46		g	3,013[2]	—79	9,9	1 Vol. W löst b. 4°: 20 Vol.
-(VII)-oxyd . . .	Cl_2O_7	182,91				—91,5	82	
-säure	$HClO_3$	84,47		fbl				
-*per*-säure (1, 2, 2,5, 3, 3, 3,5, 3,5, x)	$HClO_4$	100,46		fbl	1,764	—112	39 (b. 56 Torr)	L: Chlorof.

Chrom (II, III, VI)	Cr	52,01	α = r. z., β = hex. d. P.		6,92	1920	2327	l: verd. SS
-(II)-oxyd . . .	CrO	68,01				1550		
-(III)- ,, . . .	Cr_2O_3	152,02	D^6_{3d} n = 2,5	gr	5,21	1990		nl: W, SS, Alk
-di- ,, . . .	CrO_2	84,01						
-(VI)- ,, . . .	CrO_3	100,01	D^5_2	r	2,70	zers. 198		L: 168; l: Ä
-(II)-hydroxyd .	$Cr(OH)_2$	86,03						
-(III)- ,, [1] .	$Cr(OH)_3$	103,03		v				nl: W; l: SS
-(III)- ,, .	$Cr(OH)_3 \cdot 2H_2O$	139,06						
-borid	CrB	62,83			5,4			
-carbonyl	$Cr(CO)_6$	220,07	C^9_{2v}	fbl	1,77	150	151	l: CCl_3H, CCl_4; swl: Al, Ä
-(II)-chlorid . .	$CrCl_2$	122,92		fbl	2,75	824		sl: W
-(III)- ,, . .	$CrCl_3$	158,38	D^3_3, D^5_3	gr	2,76	~1150	subl 1300	nl: W, Al; l: durch W m. Katalys.
-(III)- ,, grün, Hydrat	$[CrCl_2(H_2O)_4] \cdot Cl \cdot 2H_2O$	266,47	rhomb.	gr	2,76	83	1200...1500	L 25°: ~58,5; L ändert sich durch Isomerisationsgleichgewicht
-(III)- ,, viol. Hydrat	$[Cr(H_2O)_6]Cl_3$	266,47		v	2,76	95		L 25°: 58,7
-(VI)-oxy-chlorid (Chromylchlorid)	CrO_2Cl_2	154,92	$n^{23} = 1,524$	r	1,911	—96,5	117	W zers.; l: Al, Ä, CS_2, Eisessig
-cyanid, Dps . .	$[Cr(CN)_6]K_3$	325,42	C^5_{2h} n = 1,5221; 1,5244; 1,5379	g	1,71			L 20°: 30,9; nl: Al
-fluorid	CrF_3	109,01	rhomboedr. ?	g	3,8	>1000	subl	nl: W, Al
-nitrat, Hydrat .	$Cr(NO_3)_3 \cdot 9H_2O$	400,17	monokl.	v		37	125,5	sl: W, Al
-nitrid	CrN	66,02	O^5_h			zers. 1500		
-o-phosphat (3, 4, 6)	$CrPO_4 \cdot 6H_2O$	255,12			2,121			
-silicid	Cr_3Si_2	212,15			5,5			
-sulfat	$Cr_2(SO_4)_3 \cdot 18H_2O$	716,48	kub. n = 1,564	v	1,86			L: ~122; L abhängig vom Gleichgew. der Isomeren in der Lös.
,, Dps . . .	$CrK(SO_4)_2 \cdot 12H_2O$	499,42	T^6_h n = 1,4814	v	1,83	89		
,, ,, . . .	$CrNH_4(SO_4)_2 \cdot 12H_2O$	478,36	T^6_h n = 1,4842	v	1,72	94		
Cyan	$(CN)_2$	52,04	dimorph $n^{18} = 1,327$		2,327 [2]	—34,4	—21,2	
-wasserstoff . . .	HCN	27,04		fbl	0,699 [3]	—14,7	24,6	mischbar m. W, Al, Ä

[1] „Chromgrün" oder „Guignets-Grün" $2Cr_2O_3 \cdot 3H_2O$. [2] kg/Nm³. [3] bei 20°.

3112 (Fortsetzung).

Name	Formel	Molekulargewicht	Krystallsystem und Brechungszahl	Farbe	Dichte ϱ in $g \cdot cm^{-3}$	Schmelzpunkt Fp in °C	Siedepunkt Kp in °C	Angaben über die Löslichkeit
Cyan-säure, iso- . .	$CO \cdot NH$	43,03		fbl	1,14		23,5	l: W, Lsg. zerfällt
-bromid	$CNBr$	105,94		fbl	2,015	52	61,3	l: W, Al
-chlorid	$CNCl$	61,48		fbl	fl 1,186	−5	13	l: W, Al, Ä
-jodid	CNJ	152,94		fbl		146,5	> 100	wl: W; l: Al, Ä
Cyanursäure	$CO\langle{}^{NH \cdot CO}_{NH \cdot CO}\rangle NH \cdot 2H_2O$	165,11	C_{2h}	fbl	1,74			L 8°: 0,15; 100°: 4,2; l: Al
Deuterium[1]	D_2	2,1047				−254,6	−249,7	
Dysprosium	Dy	162,46	hex. d. P.		8,5			
-oxyd	Dy_2O_3	372,92	T_h^7	fbl	7,81			nl: W, l: SS
-bromid	$DyBr_3$	402,28		g		881		l: W
-chlorid	$DyCl_3$	268,83		g	3,67	655		l: W
-nitrat	$Dy(NO_3)_3 \cdot 5H_2O$	438,56	? C_i	g		88,6		l: W
-o-phosphat . . .	$DyPO_4 \cdot 5H_2O$	347,56		g				nl: W, l: SS
-sulfat	$Dy_2(SO_4)_3 \cdot 8H_2O$	757,22	C_{2h}^6	g		110		l: W
Eisen (II, III, VI) .	Fe	55,85	α = r. z., β = r. z., γ = k. fl. z., δ = r. z.		7,86	1535	2730	l: verd. SS
-(II)-oxyd . . .	FeO	71,85	O_h^5	s	5,7	1360		l: SS
-(III)- ,, . . .	Fe_2O_3	159,70	1. D_{3d}^6, 2. (γ) = O^6 (O^7)	rbr	5,24	~1570		nl: W; nach Gl. nl: SS
-(II, III)-oxyd .	Fe_3O_4	231,55	O_h^7	s	5,18	~1530		nl: W; wl: SS
-(II)-hydroxyd .	$Fe(OH)_2$	89,87	D_{3d}^3	fbl	3,4			**L** 18°: $96 \cdot 10^{-6}$; l: SS; nl: Alk
-(III)- ,, .	$Fe(OH)_3$	106,87		rbr	3,4...3,9			**L** 18°: $0{,}0048 \cdot 10^{-6}$; l: SS; nl: Alk
-(II)-o-arsenat .	$Fe_3(AsO_4)_2 \cdot 6H_2O$	553,40	C_{2h}					
-(III)- ,, .	$FeAsO_4 \cdot 1H_2O$	212,76	D_{2h}					
	$FeAsO_4 \cdot 2H_2O$	230,77	rhomb.					

[1] Siehe a. Wasser, schweres.

-arsenid	FeAs	130,76	D_{2h}^{16}		7,83	1030		
,, ...	$FeAs_2$	205,67	D_{2h}^{12}		7,4	990		
-borid	FeB	66,67	D_{2h}^{16}		7,15			
-(II)-bromid (4, **6**)	$FeBr_2$	215,68	D_{3d}^{3}	g	4,636			L 10°: 110 ($6H_2O$); 75°: 160 ($4H_2O$); l: Al
-(III)- ,, (**6**) .	$FeBr_3$	295,60	rhomb. ?	br				sl: W; l: Al, Ä
-carbid	Fe_3C	179,56	D_{2h}^{16}	grau	7,4	1837		l: verd. SS
-carbonat	$FeCO_3$	115,86	D_{3d}^{6} $n = 1,875$	fbl	3,8			L 25°: $6,7 \cdot 10^{-3}$
-carbonyl	$Fe(CO)_5$	195,90	monokl. $n^{14,5} = 1,523$	g	1,46	—21	105	l: Al, Ä, Bzl. usw.
-(II)-chlorid (2, **4**, 6)	$FeCl_2$	126,76	D_{3d}^{5}	fbl	2,98	677	1023	**L**: 62,6; l: Al
-(III)-chlorid (2, 2,5, 3,5, 5, **6**)	$FeCl_3$	162,22	C_{3i}^{2}	grau-s	2,804	304	319	l: Al, Ä; L: Aceton 18: 38,6
-(III)-chlorid . .	$FeCl_3 \cdot 6H_2O$	270,31	monokl.	gbr		—6	218	**L**: 91,9
-(II)-cyanid, Dps	$Ca_2Fe(CN)_6 \cdot 12H_2O$	508,31	C_i	g	1,68			
-(II)- ,, ,,	$K_4[Fe(CN)_6] \cdot 3H_2O$	422,40	C_{2h}	g	1,85			**L**: 28,0; wl: Al
-(II)- ,, ,,	$(NH_4)_4[Fe(CN)_6] \cdot 3H_2O$	338,18	monokl.	g		zerf. beim Erh.		l: W; zers. in Lsg.
-(III)- ,, ,,	$K_3[Fe(CN)_6]$	329,26	C_{2h}^{5}	r	1,894			**L**: 460; wl: Al
-(III)- ,, ,,	$(NH_4)_3[Fe(CN)_6]$	266,08	rhomb.	r		zerf. b. Erh.		l: W
-(III)- ,, ,, (Nitroprussid-natrium)	$Na_2[Fe(CN)_5NO] \cdot 2H_2O$	297,97	D_{2h}	r	1,72			L: 33,3; l: Al
-fluorid	FeF_3	112,85	D_{3d}^{6}		3,18			L 25°: 0,091
-(II)-jodid . . .	FeJ_2	309,69	D_{3d}^{3}	grau		582		l: W
-(II)-nitrat . . .	$Fe(NO_3)_2 \cdot 6H_2O$	287,96	rhomb. ?	hgr		zers. 60,5		L 0°: 71,0; 60,5°: 167
-(III)- ,, . . .	$Fe(NO_3)_3 \cdot 9H_2O$	404,01	monokl., wahrsch. eine weiter	fbl	1,684	47,2		L 25°: 87,2; swl: konz. HNO_3
-nitrid	Fe_2N	125,70	D_{3d}^{1}		6,35	zers. 200		
-(II)-o-phosphat .	$Fe_3(PO_4)_2 \cdot 8H_2O$	501,68	C_{2h} $n = 1,579$; 1,603; 1,633	fbl	2,58			nl: W; l: SS
-(III)- ,, .	$FePO_4 \cdot 2H_2O$	186,86	monokl., Strengit $= D_{2h}$	(hg)	2,87			nl: W u. Essigs.; l: HCl, H_2SO_4

3112 (Fortsetzung).

Name	Formel	Molekulargewicht	Krystallsystem und Brechungszahl	Farbe	Dichte ϱ in $g \cdot cm^{-3}$	Schmelzpunkt Fp in °C	Siedepunkt Kp in °C	Angaben über die Löslichkeit
Eisen-(II)-phosphid	Fe_2P	142,64	D_{3h}^3		6,56	~1200		
-(III)- ,, . .	Fe_3P	198,49	S_4^2		6,74	1100		
-rhodanid	$Fe(CNS)_3 \cdot 1^1/_2 H_2O$	257,13		r				sl: W, Al, Ä
-(II)-sulfat (1, 4, 7)	$FeSO_4$	151,91	rhomb.	(hgr)				
-(II)- ,, . . .	$FeSO_4 \cdot 7H_2O$	278,02	C_{2h}^6 n = 1,471; 1,478; 1,486	gr	1,898	64		**L**: 26,6; L (40% Al) 15°: 0,3
-(III)- ,, . . .	$Fe_2(SO_4)_3$	399,88	rhomboedr. u. rhomb. n = 1,802; 1,814; 1,818	g	3,097	zers. 480		l: W (Hydr.); nl: konz. H_2SO_4
-(II)- ,, Dps .	$Fe(NH_4)_2(SO_4)_2 \cdot 6H_2O$	392,14	C_{2h}^5 n = 1,487; 1,492; 1,499	(hgr)	1,864			**L**: 26,9; nl: Al
-(III)- ,, ,, .	$Fe(NH_4)(SO_4)_2 \cdot 12H_2O$	482,20	T_h^6 n = 1,4854	ho	1,71	230		
-(II)-sulfid . . .	FeS	87,91	D_{6h}^4	s	4,84	1195		L 18°: $0,44 \cdot 10^{-3}$; l: SS
-(III)- ,, . . .	Fe_2S_3	207,88			4,3			
-sulfid (Pyrit) . .	FeS_2	119,97	T_h^6 = Pyrit, D_{2h}^{12} = Markasit	g	4,87	1171		**L** 18°: $0,5 \cdot 10^{-3}$; nl: verd. SS
Erbium (III) . . .	Er	167,2	hex. d. P.		9,16			l: SS
-oxyd	Er_2O_3	382,4	T_h^7	rosa	8,64			**L**: $0,49 \cdot 10^{-3}$
-chlorid	$ErCl_3 \cdot 6H_2O$	381,7	C_{2h}	rosa		774		l: W
-nitrat	$Er(NO_3)_3 \cdot 5H_2O$	443,76		rosa				l: W
-sulfat	$Er_2(SO_4)_3 \cdot 8H_2O$	766,7	C_{2h}	rosa	3,18			**L**: 16,0
Europium (III) . .	Eu	152,00	kub. r. z.		5,3	1200		l: SS
-oxyd	Eu_2O_3	352,00	T_h^7	hrosa				
-chlorid	$EuCl_3$	258,37		hrosa		623		
-sulfat	$Eu_2(SO_4)_3 \cdot 8H_2O$	736,30	C_{2h}^6	hrosa				**L**: 2,56

Fluor (I)	F	19,00	n = 1,0002	g-gr	1,695[1]	—218	—188,3	zers. W
-wasserstoff ($^1/_4$, $^1/_2$, 1)	HF	20,01		fbl	fl 0,987	—85	19,5	L: mischbar
-oxyd.	F_2O	54,00		fbl	1,90[2]	—223,8	—145	wl: W langs. zers.; auch OF u. O_2F_2 bekannt
Gadolinium (III) .	Gd	156,90	hex. d. P.		7,9			
-oxyd	Gd_2O_3	361,80	T_h^7	fbl	7,407			l: SS
-bromat	$Gd(BrO_3)_3 \cdot (9H_2O)$	540,65		fbl				L: 60,1
-chlorid	$GdCl_3 \cdot 6H_2O$	371,39	C_{2h}	fbl	2,424			l: W
-fluorid	GdF_3	213,90		fbl				nl: W
-nitrat	$Gd(NO_3)_3 \cdot 6H_2O$	451,02	C_i	fbl	2,332	91		l: W
-sulfat (8) . . .	$Gd_2(SO_4)_3$	601,98	dimorph.	fbl	4,139			L: 2,89
Gallium (II, III) .	Ga	69,72	D_h^{18}	(hgrau)	5,9	29,5	2064	l: SS u. Alk
-*sub*-oxyd . . .	Ga_2O	155,44				> 660		
-(III)-oxyd . . .	Ga_2O_3	187,44	D_{3d}^6	fbl	6,44	1741		l: SS, Alk; nl: nach dem Glühen
-(II)-chlorid . . .	$GaCl_2$	140,63				175	~535	sl: W (Hydrolyse)
-(III)- ,, . . .	$GaCl_3$	176,09		fbl	2,47	78	~220	zerfließl.; l: W (Hydrolyse)
-nitrat	$Ga(NO_3)_3 \cdot 8H_2O$	399,87						
-nitrid	GaN	83,73	C_{6v}^4				subl > 800	
-sulfat	$Ga_2(SO_4)_3 \cdot 18H_2O$	751,98		fbl				sl: W; l: 60%ig. Al; nl: Ä
,, Dps . . .	$Ga_2(SO_4)_3 \cdot K_2SO_4 \cdot 24H_2O$	1034,25	kub.	fbl	1,895			
,, ,, . . .	$Ga_2(SO_4)_3 \cdot (NH_4)_2SO_4 \cdot 24H_2O$	992,13	kub.	fbl	1,777			
Germanium (II, IV)	Ge	72,60	O_h^7	(hgrau)	5,35	958		l: in H_2O_2-Lsg.; nl: HCl, KOH
-wasserstoff . . .	GeH_4	76,63		fbl		—165	—90	
-(II)-oxyd . . .	GeO	88,60					subl 710	
-(IV)-oxyd . . .	GeO_2	104,60	unlösl. = D_{4h}^{14}; lösl. = D_3^4 · D_3^6	fbl	4,703	1115		L 20°: 0,4; 100°: 1,06; L nach Herstellungsart verschieden
-bromid	$GeBr_4$	392,26	kub. n = 1,6269	fbl	3,132	26,1	183	durch W zu GeO_2 zers.
-(II)-chlorid . . .	$GeCl_2$	143,51						

[1] kg/Nm³. [2] bei —223,8°.

3112 (Fortsetzung).

Name	Formel	Molekulargewicht	Krystallsystem und Brechungszahl	Farbe	Dichte ϱ in $g \cdot cm^{-3}$	Schmelzpunkt Fp in °C	Siedepunkt Kp in °C	Angaben über die Löslichkeit
Germanium								
-(IV)-chlorid . .	$GeCl_4$	214,43	$n^{20} = 1{,}4573$	fbl	1,879	—51	84	durch W zu GeO_2 zers.
-chloroform . . .	$GeHCl_3$	179,98		fbl	1,93	—71,0	75,2	durch W zers.; l: HCl
-fluorid	GeF_4	148,60			6,65[1]		subl —35	
-(II)-nitrid . . .	Ge_3N_2	245,82					subl > 650	
-(IV)- ,, . . .	Ge_3N_4	273,83				zers. 450		
-sulfid	GeS_2	136,72	C_{2v}^{19}	fbl	2,94	etwa 800	subl > 600	kolloidal; l in W (Hydrolyse); l: KOH, NH_4OH, Na_2O
Gold (I, III) . . .	Au	197,2	kub. fl. z.	g	19,3	1063	2960	nl: SS; l: Königsw., KCN-Lsg.
-(I)-oxyd	Au_2O	410,40		grau-v	3,6	zers. > 200		nl: W; l: HCl; wl: konz. H_2SO_4 u. HNO_3
-(III)-oxyd . . .	Au_2O	442,40		br-s		zers. > 150		nl: W; l: HCl
-(I)-hydroxyd . .	AuOH	214,21		hgrau				koll. l W (indigoblau); l: Alk u. zers.
-(III)- ,, . .	AuO(OH)	230,21		g				l: HCl, HNO_3; l: KOH
-(I)-bromid . . .	AuBr	277,12		graug	7,9	zers. 115		l: Alkalibromidlsg.; wird v. W zers.
-(III)-bromid . .	$AuBr_3$	436,95				zers. 160		
-(I)-chlorid . . .	AuCl	232,66		hg	7,4	zers. 289		l: Alkalichloridlsg.; wird v. W zers.
-(III)-chlorid (2) .	$AuCl_3$	303,57		r-br	3,9	zers. 254		sl: W, Al
-(III)-chlorid-chlorwasserstoff	$AuHCl_4 \cdot 4H_2O$	412,12		hg				sl: W, Al
-(III)-chlorid, Dps	$AuKCl_4 \cdot 2H_2O$	414,16	rhomb. ?					
-(III)- ,, ,,	$AuNaCl_4 \cdot 2H_2O$	398,06	D_h^2 $n_{H\alpha} = 1{,}545$; $n_{H\gamma} = 1{,}75$	g		zers. b. Erh.		sl: W, Al; l: Ac
-(I)-cyanid . . .	AuCN	223,22	? hex.		7,12			swl: W, verd. SS
-(III)- ,, . . .	$Au(CN)_3 \cdot 6H_2O$	383,35				zers. 50		
-(I)- ,, Dps .	$AuK(CN)_2$	288,34	? rhomb.	fbl	3,45			Lm: ∼20; wl: Al; nl: [illegible]

-(III)-cyanid, Dps	$2AuK(CN)_4 \cdot H_2O$			fbl				sl: W; wl: Al
-jodid	AuJ	324,12		g	8,25	zers. 120		swl: W; l: KJ-Lsg.
-sulfid	AuS	229,26		s-br		zers. 140		kolloidal l in W; nl: SS; l: Königsw.
Kalium-aurat . .	$KAuO_2 \cdot 3H_2O$	322,35		hg				sl: W
Hafnium (IV) . . .	Hf	178,6	hex. d. P.		13,3	2230	> 3200	
-oxyd	HfO_2	210,60	tetr. u. monokl., ? kub.	fbl	9,68	2800		nl: W
-*oxy*-chlorid . . .	$HfOCl_2 \cdot 8H_2O$	409,64	tetr. n = 1,557; 1,543	fbl				
-fluorid, Dps . .	$Hf(NH_4)_2F_6$	464,78	C_{2h}	fbl				
Helium	He	4,003		fbl		—270,7	—268,94	1 Vol. W löst 0°: 1 Vol., 50°: 1 Vol.; nl: Al
Holmium	Ho	163,5			8,8			
-chlorid	$HoCl_3$			hg		718		
Indium (I, II, III) .	In	114,76	D_{4h}^{17}	(hgrau)	7,31	156,4	> 1450	langsam l: HCl, H_2SO_4; sl: HNO_3
-(II)-oxyd	InO	130,76	C_{6v}^{4}					
-(III)- ,, ...	In_2O_3	277,52	T_h^7	hg	7,179	zers. 1000		l: SS; wl nach dem Glühen
-hydroxyd . . .	$In(OH)_3$	165,78						
-chlorid	$InCl_3$	221,13	? hex.	fbl	4,0	586		sl: W
-sulfat	$In_2(SO_4)_3$	517,70		fbl	3,438			l: W
,, ...	$In_2(SO_4)_3 \cdot 9H_2O$	679,84	monokl.				zers. 250	
-sulfid	In_2S_3	325,70		g-r	4,90	1050		nl: W; wl: SS
Iridium (III, IV) .	Ir	193,1	kub. fl. z.	(hgrau)	22,421	2454	4400	nl: SS, auch Königsw. als Mohr l: Königsw.
-oxyd	IrO_2	225,10	D_{4h}^{14}	s				nl: W, SS
-hydroxyd . . .	$Ir(OH)_4$	261,13						
-(III)-chlorid (4) .	$IrCl_3$	299,47		olivgr-br	5,30	zers. 763		nl: W, SS, Alk
-(IV)- ,, . .	$IrCl_4$	334,93		r-s				
-(III)- ,, Dps	$Ir(NH_4)_3Cl_6$	459,96			2,86?			
-(IV)- ,, ,,	$Ir(NH_4)_2Cl_6$	441,92	kub.	r-s	2,86			L 14,4°: 0,70; 69,3°: 2,83

[1] kg/Nm³.

3112 (Fortsetzung).

Name	Formel	Molekulargewicht	Krystallsystem und Brechungszahl	Farbe	Dichte ϱ in $g \cdot cm^{-3}$	Schmelzpunkt Fp in °C	Siedepunkt Kp in °C	Angaben über die Löslichkeit
Jod (I, III, V, VII)	J	126,92	D_{2h}^{18} n = 3,34	v-s	4,93	113,6	183	**L**: 0,022; **L** in org. Lm
-wasserstoff (2, 3, 4)	HJ	127,93	tetr. fl. z. n^{12} = 1,466	fbl	5,789[1]	—50,9	35,4	**L**: 1 Vol. W löst 10°: ~425 Vol. HJ; l: Al
-oxyd	J_2O_5	333,84		fbl	4,799	zers. 300		sl: W (s. HJO_3); wl: Al; nl in anderen org. Lm
-säure	HJO_3 (und HJ_3O_8)	175,93	D_2	fbl	4,629			**L**: 269; wl: HNO_3, verd. Al
-bromid	JBr	206,84		br-s	4,416	etwa 40	116	l: Alkalihalogenidlsg., Al, Ä, Chlf. CS_2; zers. m. W
-(I)-chlorid . . .	JCl	162,38		r	3,182	27,2	101	l: HCl, Al, Ä, Eisessig, CCl_4; zers. mit W in J, HJO_3, HCl
-(III)- ,, . . .	JCl_3	233,29		g	3,117	(16 Atm) 101	zers. 77	l: W (Hydrolyse), Al, Ä usw.
-(V)-fluorid . . .	JF_5	221,92			3,5	9,6	98	
-(VII)- ,, . . .	JF_7	259,92		fbl	fl 2,8 b. 6°	5,5	subl 4,5	sl: W unter Zers.
Kalium (I)	K	39,096	r. z. n = 0,068	(hgrau)	1,47	63,5	776	zers. W u. Al; nl: Ä; Petroleum, fl Paraffin
-hydrid	KH	40,11	O_h^5	fbl	1,47			zers. W; nl: fl NH_3, Ä, CS_2, CCl_4
-oxyd.	K_2O	94,20	O_h^5	hg	2,32		1300	L vergl. KOH
-*per*-oxyd	K_2O_4	142,20	D_{4h}^{17}	g		380		sl: W unter Zers.
-hydroxyd (1, 2, 4)	KOH	56,11		fbl	2,044	359,8	1327	**L**: 111,4
-antimonat . . .	$K_2H_2Sb_2O_7 \cdot 4H_2O$	507,80		fbl				L: 2,82
-arsenat	KH_2AsO_4	180,05	V_d^{12} n = 1,567; 1,518	fbl	2,867			L 6°: 18,7; nl: Al
-arsenit	K_3AsO_3	240,22		fbl				sl: W; l: Al
-*meta*-borat (3) .	KBO_2	81,92	D_{3d}^6	fbl		947		sl: W
-*tetra*-borat . . .	$K_2B_4O_7 \cdot 5H_2O$	323,55	hex.	fbl	1,74			sl: W
-bromat	$KBrO_3$	167,02	C_{3v}^5	fbl	3,27	zers. 434		**L**: 6,9

-bromid	KBr	119,02	O_h^5 $n^{20} = 1,559$	fbl	2,75	741,8	1383	**L**: 65,6; wl: **Al**.; l. Glyc
-carbonat (1½, 6)	K_2CO_3	138,20	n = 1,426; 1,531; 1,541	fbl	2,43	897		nl: konz. NH_3, **LA**: in 332611 LM 25°: 1,5
,, . . .	$2K_2CO_3 \cdot 3H_2O$	330,47	C_{2h}	fbl	2,16			**L**: 111,5
-*bi*-carbonat . .	$KHCO_3$	100,12	C_{2h}^5 n = 1,380; 1,482; 1,578	fbl	2,17	zers. 1200		**L**: 33,3
-*per*-carbonat . .	$K_2C_2O_6$	198,21		fbl		zers. b. Erh.		sl: W (L zers. beim Erwärmen)
-carbonat, Dps .	$KNaCO_3 \cdot 6H_2O$	230,20	C_{2h}	fbl	1,61			
-chlorat	$KClO_3$	122,56	C_{2h}^2 n = 1,409; 1,517; 1,524	fbl	2,32	356	zers.	**L**: 7,3
-*per*-chlorat . . .	$KClO_4$	138,56	V_h^{16} / 299,5° C / T_d^2 n = 1,473; 1,474; 1,477	fbl	2,52	zers. 610		**L**: 1,67; **LA** 21°: 0,008
-chlorid (Sylvin) .	KCl	74,56	O_h^5 n = 1,490	fbl	1,984	770	1407	**L**: 34,35; **LA**: wl; LM 17,2°: 0,5 l: Glyc
-chromat	K_2CrO_4	194,20	D_{2h}^{16} n = 1,74 (p)	g	2,732	984		**L**: 63,0; nl: Al
,, pyro- .	$K_2Cr_2O_7$	294,21	$\alpha = C_i$, β = monokl.	or	2,69	393		**L**: 12,3; nl: Al
-cyanat	KCNO	81,12	D_{4h}^{18}	fbl	2,048			sl: W; nl: Al
-cyanid	KCN	65,12	T_d^1 oder T^4 n = 1,410	fbl	1,52	623		**L** 25°: 71,6 (Hydrolyse); nl: Al; LM 19,5°: 4,81
-fluorid (2) . . .	KF	58,10	O_h^5 n = 1,352	fbl	2,48	857	1503	L 18°: 92,3; nl: Al
-*bi*-fluorid (2) . .	KHF_2	78,11	D_{4h}^{18}	fbl		239		l: W; swl: HF-Lsg., Al
-jodat	KJO_3	214,02	O_h^1 oder V_h	fbl	3,89	560		**L**: 8,1; nl: Al
-*per*-jodat . . .	KJO_4	230,02	C_{6h}^4 n = 1,621; 1,6479	fbl	3,618	582		**L**: 0,42
-jodid	KJ	166,02	O_h^5 n = 1,677	fbl	3,13	681,8	1324	**L**: 144,5; **LA**: wl; LM 19,5°: 16,4
-manganat . . .	K_2MnO_4	197,12	D_{2h}	gr		zers. 200		l: Alk; W zers.
-*per*-manganat . .	$KMnO_4$	158,03	D_{2h}^{16} n = 1,59	v	2,703	zers. 240		**L**: 6,38; sl: M, Eisessig, Ac
-molybdat	K_2MoO_4	238,19		fbl		922		L 25°: 185; nl: Al
-nitrat	KNO_3	101,11	D_{2h}^{16} / 127,7° C / D_{3d}^5 n = 1,506	fbl	2,109	339		**L**: 31,5; swl: Al
-nitrit	KNO_2	85,11	C_s^3, ferner 1 weiter. Mod.	fbl	1,915	387		L 0°: 279; nl: Al
-*meta*-phosphat .	KPO_3	118,12	trikl., ferner 1 weiter. Mod.	fbl		817		swl: W; l: SS
-o-phosphat, prim.	KH_2PO_4	136,10	D_{2d}^{12}	fbl	2,338			**L**: 22,7; nl: Al
,, sec. (3, 6)	K_2HPO_4	174,18		fbl				**L**: 159

[1] kg/Nm³.

3112 (Fortsetzung).

Name	Formel	Mole-kular-gewicht	Krystallsystem und Brechungszahl	Farbe	Dichte ϱ in $g \cdot cm^{-3}$	Schmelzpunkt Fp in °C	Siedepunkt Kp in °C	Angaben über die Löslichkeit
Kalium								
-o-phosphat, tert. (3, 7)	K_3PO_4	212,27		fbl	2,56	1340		**L** 25°: 103; nl: Al
-*pyro*-phosphat (3)	$K_4P_2O_7 \cdot 3H_2O$	384,40		fbl	2,33	1092		
-phosphit	K_2HPO_3	158,18		fbl				sl: W; nl: Al
-*hypo*-phosphit .	KH_2PO_2	104,10	hex.	fbl				sl: W, schwachem Al, weniger l abs. Al; nl: Ä
-*per*-rhenat . . .	$KReO_4$	289,41	C_{4h}^6	fbl		552	1375	**L**: 1,01; wl: Al
-rhodanid . . .	KCNS	97,18	D_{2h}^{11} n = 1,532; 1,660; 1,730	fbl	1,886	179		**L**: 218; l: Al
-*meta*-silicat . . .	K_2SiO_3	154,25	rhomb. ? n = 1,520; 1,521; 1,528	fbl		976		
-*tetra*-silicat . .	$K_2Si_4O_9$	334,43		fbl		765		
-stannat	$K_2SnO_3 \cdot 3H_2O$	298,95	D_{3d}^5 oder D_{3d}^6	fbl	3,197			L 10: 46; wl: Al
-sulfat	K_2SO_4	174,26	D_{2h}^{16} / 588° / hex. n = 1,494; 1,495; 1,497	fbl	2,662	1096		**L**: 11,15; nl: Al
-*bi*-sulfat (1...11)	$KHSO_4$	136,17	D_h^2 b. gew. Temp.	fbl	2,24	210		L 0°: 33,9; 100°: 114
-*pyro*-sulfat . . .	$K_2S_2O_7$	254,32		fbl	2,27	> 300		l: W
-*per*-sulfat . . .	$K_2S_2O_8$	270,32	C_i^1	fbl		zers. b. Erh.		**L**: 0,47
-sulfid, prim. . .	KSH	72,17	$\alpha = D_{3d}^5$, $\beta =$ (Hochmod.) $= O_h^5$	fbl	1,71	455		sl: W; l: Al
,, sec. (2...5)	K_2S	110,26	O_h^5	fbl	1,805			sl: W (Hydrolyse); l: Al
,, penta . .	K_2S_5	238,50		g-br		206		sl: W; l: Al
-sulfit, pyro (²/₃) .	$K_2S_2O_5$	222,32	C_{2h}^2	fbl		zers. 190		**L**: 44,9
,, sec. . . .	K_2SO_3	158,26	hex.	fbl		zers. b. Erh.		**L**: 107; swl: Al

-sulfocarbonat . .	K_2CS_3	186,39		g		zers. b. Erh.		sl: W; wl: Al
-thiosulfat (2, $^5/_3$, 1, $^1/_3$)	$3\,K_2S_2O_3 \cdot 5\,H_2O$	588,98	D_{2h}	fbl	2,23			L 0°: 96 ($2H_2O$); 17,2°: 150 ($^5/_3H_2O$); 50°: 215 ($1\,H_2O$); nl: Al
-vanadat, meta .	KVO_3	138,05		fbl				l: W; wl: KOH; nl: Al
-wolframat . . .	K_2WO_4	326,20	C_{2h}, ferner 1 andere Mod.	fbl		927		L: 100
Kobalt (II, III) . .	Co	58,94	β = hex. d. P., α (Hoch-mod.) = k. fl. z.	grau	8,9	1492	3185	l: SS
-(II)-oxyd	CoO	74,94	O_h^5	grau-gr-br	5,68	1810		nl: W; l: SS
-(III)- ,, ...	Co_2O_3	165,88	D_{3d}^6	br	5,18	zers.		l: SS (zu Co-(II)-salz)
-(II, III)-oxyd .	Co_3O_4	240,82	O_h^7	s-grau	6,07			l: SS (zu Co-(II)-salz)
-(II)-hydroxyd .	$Co(OH)_2$	92,96	D_{3d}^3		3,597			L 18°: $0{,}32 \cdot 10^{-3}$; l: SS u. h. Alk
-(III)- ,, .	$Co(OH)_3$	109,96		br		zers. b. Erh.		L: $0{,}32 \cdot 10^{-3}$
-aluminat (Thenards-Blau)	$Co(AlO_2)_2$	176,88	O_h^7	b		~1970		nl: W
-borid	CoB	69,76	D_{2h}^{16}		7,25			
-carbonat	$CoCO_3$	118,95	D_{3d}^6 n = 1,855; 1,60	hr	4,13	zers. b. Erh.		nl: W; l: SS
-chlorid (1, $1^1/_2$, 2, 4, 6)	$CoCl_2$	129,85	D_{3d}^5	b	3,356	~730	1050	LA: 56; Å: 0,021 Ac; 18°: 2,75
-chlorid	$CoCl_2 \cdot 6\,H_2O$	237,95	C_{2h}	r	1,924	86		**L**: 51,0; L Å: 0,29
-(III)-cyanid, Dps	$[Co(CN)_6]K_3$	332,35	C_{2h} (= 2 Modif.)	g	1,906			sl: W; nl: Al
-nitrat (3, 6, 9) .	$Co(NO_3)_2 \cdot 6\,H_2O$	291,05	C_{2h}	r	1,87	56		**L**: 100
-nitrit, Dps . . .	$CoK_3(NO_2)_6 \cdot H_2O$	470,30	kub.	g	2,64			swl: k. W; l: h. W (zers.); nl: Al, Å
,, ,, . . .	$CoNa_3(NO_2)_6 \cdot {}^1/_2H_2O$	412,99		g				l: W; nl: Al, Å
-phosphid . . .	Co_2P	148,86			6,4	1386		
-silicat	Co_2SiO_4	209,94	D_{2h}^{16}		4,63	1356		
-sulfat (1, 4, 6, 7)	$CoSO_4 \cdot 7\,H_2O$	281,11	D_{2h}^6 n = 1,477; 1,483; 1,489	r	1,948	96,8		**L**: 36,0; LA 3°: 2,46; LM 15°: 50,8 18°: 1,07 ($7\,H_2O$)
-sulfid	CoS	91,00	D_{6h}^4	s	5,45	> 1100		L 18°: $0{,}38 \cdot 10^{-3}$; l: SS

3112 (Fortsetzung).

Name	Formel	Molekulargewicht	Krystallsystem und Brechungszahl	Farbe	Dichte ϱ in $g \cdot cm^{-3}$	Schmelzpunkt Fp in °C	Siedepunkt Kp in °C	Angaben über die Löslichkeit
Kohlenstoff (IV, III)	C, Diamant	12,01	O_h^7 n = 2,473	fbl	3,51			l: geschmolz. Fe u. and. Met.; starke Oxyd.-Mittel bilden CO_2; $KClO_3 + HNO_3$ gibt m. Graph. Graphitsäure
,, ...	C, Graphit	12,01	D_{6h}^4	grau	2,25	subl 3540		
-*mon*-oxyd . . .	CO	28,01	α = T^4, β annähernd h. d. P.	fbl	1,250 [1]	—205,1	—191,6	1 Vol. W 0° löst 0,0329 Vol. CO; l: Al, CuCl-Lsg.
-*di*-oxyd	CO_2	44,01	T_h^6 $n^{15,5}$ = 1,192	fbl	1,9768 [1]	(5 Atm) —57,6	subl —78,5	1 Vol. W 0° löst 1,797 Vol. CO_2; 1 Vol. Al bei 0°: 4,330 Vol. CO_2
-*sub*-oxyd . . .	C_3O_2	68,03	n^0 = 1,453	fbl	1,114	—107	6,3	l: W zu Malonsäure
-chlorid, Tetrachlorkohlenst.	CCl_4	153,84	monokl. / —47° / kub. $n^{21,6}$ = 1,459	fbl	1,595	—23,0	77	wl: W; l: Al, Ä
-*oxy*-chlorid, Phosgen	$COCl_2$	98,92		fbl	fl 1,392	—126	8	l: W unter zers. zu CO_2 u. HCl; sl: Bzl., Toluol
Rhodan.	$(CNS)_2$	116,16		(hg)		—2		sl: Al, Ä; l: CS_2, CCl_4
-wasserstoffsäure.	CNSH	59,09		fbl		>—10		sl: W, Al, Ä, Bzl.
-sulfid, Schwefelkohlenstoff	CS_2	76,13	? tetr. n^{18} = 1,629	fbl	1,261	—112,1	45,2	wl: W; l: Al, Ä usw.
Krypton	Kr	83,70	kub. fl. z.	fbl	3,74 [1]	—157,2	—152,9	1 Vol. W 20° löst 0,06 Vol. Kr.
Kupfer (I, II) . . .	Cu	63,57	kub. fl. z.	r	8,92	1084	2595	l: HNO_3, h HBr, h konz. H_2SO_4; nl: HCl, verd. H_2SO_4
-(I)-oxyd	Cu_2O	143,14	O_h^4 n = 2,705	r	6,0	1232		nl: W; l: NH_3
-(II)- ,, ...	CuO	79,57	C_{2h}^6	s	6,45	1336		nl: W. Al; l: SS, NH_3, NH_4-Salzlsg.
-(I)-hydroxyd . .	CuOH	80,58		g	3,37			l: SS, NH_3
-(II)- ,, . .	$Cu(OH)_2$	97,59		b	3,368			nl: W; l: SS, NH_3

-acetylid	Cu_2C_2	151,16		r		explod.		swl: W; l: KCN-Lsg. m. C_2H_2-Entw.
-*pyro*-arsenit[2] . .	$Cu_2As_2O_5$	356,96		hgr				l: Alk m. blauer Farbe, NH_3
-(I)-bromid . . .	CuBr	143,48	T_d^2	fbl	4,72	488	1345	nl: W; l: HCl, HNO_3, NH_3
-(II)- ,, (4) . .	$CuBr_2$	223,40	? monokl.	s		498	900	L 15°: 122; l: Al, Ac, Pyridin
-carbonat, bas.[3] .	$2CuCO_3 \cdot Cu(OH)_2$	344,75	C_{2h}^5 n = 1,730; 1,758; 1,838	b	3,88	zers. 220		nl: W; l: NH_4-Salzlsg.
-(I)-chlorid . . .	CuCl	99,02	T_d^2	fbl	3,53	432	1490	**L**[4]; 25°: 1,53; l: HCl, NH_3, Pyridin
-(II)- ,, . . .	$CuCl_2$	134,48		g	3,054	630	655	LA 0°: 31,9; LM 15,5°: 67,8
-(II)- ,, . . .	$CuCl_2 \cdot 2H_2O$	170,52	D_{2h}^7 n = 1,644; 1,684; 1,742	b-gr	2,39			**L**: 77,0
-(II)- ,, Dps .	$Cu(NH_4)_2Cl_4 \cdot 2H_2O$	277,51	D_{4h}^{14} n = 1,744; 1,724	gr-b	1,98	zers. 110		L 0°: 28,2; 20°: 35; 60°: 56,5; l: Al
-(I)-cyanid . . .	CuCN	89,59	C_{2h}	fbl	2,92	475		nl: W; l: SS, NH_3, KCN-Lsg.
-(I)- ,, Dps .	$CuK_3(CN)_4$	284,94	D_3^7 n = 1,5215	fbl		zers. b. Erh.		sl: W
-(II)-fluorid . . .	$CuF_2 \cdot 2H_2O$	137,60		hb	2,93			**L** 25°: 0,075 (Hydrolyse); l: SS
-(I)-jodid	CuJ	190,49	T_d^2 n = 2,346	fbl	5,63	605	1336	**L** 18°: $0,43 \cdot 10^{-3}$ W; l: SS, NH_3, KCN; wl: HCl
-(II)-nitrat (3, 6, 9)	$Cu(NO_3)_2 \cdot 3H_2O$	241,63		b	2,047	114,5		**L**: 121,9
-nitrid	Cu_3N	204,72				zers. 300		
-(I)-phosphid . .	Cu_3P	221,69			6,6	102,5		
-(II)- ,, . .	Cu_3P_2	252,67			6,67			
-(I)-rhodanid . .	CuCNS	121,65		fbl	2,846	zers. >130		**L** 18°: $50 \cdot 10^{-6}$; l: NH_3-, KCNS-Lsg., Ä
-(II)- ,, . .	$Cu(CNS)_2$	179,73						
-(II)-sulfat (1, 3, 5,5)	$CuSO_4$	159,63	rhomb. n = 1,724; 1,733; 1,739	fbl	3,606	200		LM 18°: 1,05
-(II)-sulfat . . .	$CuSO_4 \cdot 5H_2O$	249,71	C_i^1 n = 1,514; 1,537; 1,543	b	2,286			**L**: 20,9; LA 3°: 2,46; LM 18°: 15,6
-(I)-sulfid	Cu_2S	159,20	rhomb. / 91° / O_h^5	b	5,6	1127		**L** 18°: $49,4 \cdot 10^{-6}$; swl: HCl, Alk
-(II)- ,, ...	CuS	95,63	D_{6h}^4	s	4,6	zers. 200		L 18°: $33,6 \cdot 10^{-6}$; nl: Alk; l: KCN-Lsg.

[1] kg/Nm³. [2] „Scheeles-Grün", das Schweinfurter Grün" ist ein Arsenitacetat $Cu(CH_3CO_2)_2 \cdot 3Cu(AsO_2)_2$. [3] „Kupferlasur", „Malachit" ist $(CuCO_3) \cdot Cu(OH)_2$, $\varrho = 3{,}85$; gr. [4] W zersetzt zum Teil nach $Cu_2Cl_2 = Cu + CuCl_2$.

3112 (Fortsetzung).

Name	Formel	Molekulargewicht	Krystallsystem und Brechungszahl	Farbe	Dichte ϱ in $g \cdot cm^{-3}$	Schmelzpunkt Fp in °C	Siedepunkt Kp in °C	Angaben über die Löslichkeit
Lanthan (III) . . .	La	138,92	α = hex. d. P., β = kub. fl. z.		6,15	885	1800	zers. W
-oxyd	La_2O_3	325,84	1. D^3_{3d}, 2. T^7_h	fbl	6,51	2315	4200	L 29°: $0,4 \cdot 10^{-3}$; l: SS
-hydroxyd . . .	$La(OH)_3$	189,94		fbl				nl: W
-bromat	$La(BrO_3)_3 \cdot (9H_2O)$	522,67		fbl				**L**: 149
-carbid	LaC_2	162,94	D^{17}_{4h}		5,02			
-carbonat	$La_2(CO_3)_3 \cdot 3H_2O$	511,92		fbl				nl: W; l: SS
-chlorid	$LaCl_3$	245,29		fbl	3,842	872	>1000	sl: W, Al
,, ...	$LaCl_3 \cdot 7H_2O$	371,40	trikl.	fbl		zers. 91		
-nitrat	$La(NO_3)_3 \cdot 6H_2O$	433,04	C_i	fbl		40	126	L: 158
-sulfat	$La_2(SO_4)_3$	566,02		fbl	3,60	zers. 1150		
,, ...	$La_2(SO_4)_3 \cdot 9H_2O$	728,16	C_{6h} n = 1,564; 1,569	fbl	2,821			**L**: 2,25
Lithium (I)	Li	6,94	r. z.		0,534	179	1372	zers. W u. Al
-hydrid	LiH	7,95	O^5_h		0,82	680		
-oxyd	Li_2O	29,88	O^5_h n = 1,644	fbl	2,013	>1700		langsam l: W; s Hydroxyd
-hydroxyd (1) . .	LiOH	23,95	D^7_{4h}	fbl	1,4	461,8		**L** 25°: 12,4
,, . . .	$LiOH \cdot H_2O$	41,96	C_{2h}	fbl				**L** 25°: 12,4; wl: Al
-bromid (1, **2**, 3) .	LiBr	86,86	O^5_h n = 1,784	fbl	3,464	551	1312	**L**: 156
-carbid	Li_2C_2	37,90			1,65			
-carbonat	Li_2CO_3	73,89	C_{2h} n = 1,428; 1,567; 1,572	fbl	2,111	732		**L**: 1,328; nl: Al
-chlorat	$LiClO_3 \cdot {}^1/_2H_2O$	99,40	kub.	fbl		65		
-*per*-chlorat . . .	$LiClO_4 \cdot 3H_2O$	160,44	C^4_{6v}	fbl	1,841	236		L 20°: 56,2; sl: Al
-chlorid (1, 2, 3) .	LiCl	42,40	O^5_h n = 1,662	fbl	2,068	614	1382	**L**: 82,8; LA 25°: 2,54; LM 23°: 17,0; Ä 25°: 4,10
-fluorid	LiF	25,94	O^5_h	fbl	2,295	870	1681	L 18°: 0,26; l: SS; nl: Al; fbl

-jodid (1/2, 1, 2, 3)	$LiJ \cdot 3H_2O$	187,91	C_{6v}^4 oder D_{6h}^4	fbl	3,48	73	o. W 1171	**L**: 163; l: Al
-nitrat (1/2, 3) . .	$LiNO_3$	68,95	D_{3d}^6 n = 1,737; 1,435	fbl	2,38	252		sl: Al
,, ...	$LiNO_3 \cdot 3H_2O$	122,99	opt. zweiachs.	fbl		29,9		**L**: 69,5
-phosphat (1/2) . .	Li_3PO_4	115,80	rhomb. ? D_{2h}^{16}	fbl	2,537	~857		**L**: 0,030; wl: HN_1; l: SS; fbl
,, ...	$Li_3PO_4 \cdot {}^1/_2H_2O$	124,80			2,41			
-sulfat	$Li_2SO_4 \cdot H_2O$	127,92	C_2^2 n = 1,460; 1,477; 1,483	fbl	2,06	o. W 857		**L**: 34,8; nl: abs. Al; fbl
Magnesium (II) . .	Mg	24,32	hex. d. P.		1,74	657	1102	l: SS; nl: Alk, NH_3
-oxyd	MgO	40,32	O_h^5 n = 1,736	fbl	3,65	2642	2800	l: SS
-hydroxyd . . .	$Mg(OH)_2$	58,34	D_{3d}^3 n = 1,559; 1,580	fbl	2,4			L 18°: $0,84 \cdot 10^{-3}$; 100°: $4 \cdot 10^{-3}$; l: SS
-aluminat	$MgO \cdot Al_2O_3$	142,26	O_h^7 n = 1,723	fbl	3,6	2115		nl: W; geg. SS sehr beständ.
-arsenat, Dps . .	$MgNH_4AsO_4 \cdot 6H_2O$	289,39	C_{2v}^7 n = 1,608	fbl	1,932			L: 0,036; nl: Al
-bromid (6, 10) .	$MgBr_2$	184,15	D_{3d}^3	fbl	3,72	711		L 17°: 138; LA 0°: 7,4; LM 20°: 27,9
-carbonat (1, 2, 3, 5)	$MgCO_3$	84,33	D_{3d}^6 n = 1,700; 1,509	fbl	3,037	zers. 350		**L**: s tern. Syst.; l: CO_2-haltig. W
,, bas.[1] .	$4MgCO_3 \cdot Mg(OH)_2 \cdot 4H_2O$	467,72	D_{2h}^1	fbl	2,16			
,, Dps[2] .	$MgKH(CO_3)_2 \cdot 4H_2O$	256,51		fbl	2,98			l: W unter Abscheidg. v. $MgCO_3 \cdot 3H_2O$; Mg-Carbonate
,, ,, . .	$Mg(NH_4)_2(CO_3)_2 \cdot 4H_2O$	252,48		fbl				l: in CO_2-W ohne Bildung bas. Salze
-chlorid (1, 2, 4, 6, 8, 8, 12)	$MgCl_2$	95,23	D_{3d}^5 n = 1,675; 1,59	fbl	2,325	712	1418	hy; l: Al; fbl
,, ...	$MgCl_2 \cdot 6H_2O$	203,33	C_{2h}^3 n = 1,495; 1,507; 1,528	fbl	1,56	mit $4H_2O$ 120		hy; **L**: 54,25; l: Al
,, Dps[3] . .	$MgKCl_3 \cdot 6H_2O$	277,88	n = 1,466; 1,475; 1,494	fbl	1,60	167		wl: W zers. in $MgCl_2$ u. KCl
,, ,, . .	$MgNH_4Cl_3 \cdot 6H_2O$	256,82	D_{2h}^6	fbl	1,456			

[1] „Magnesia alba". [2] „Engel-Salz". [3] „Carnallit".

3112 (Fortsetzung).

Name	Formel	Molekulargewicht	Krystallsystem und Brechungszahl	Farbe	Dichte ϱ in $g \cdot cm^{-3}$	Schmelzpunkt Fp in °C	Siedepunkt Kp in °C	Angaben über die Löslichkeit
Magnesium								
-fluorid	MgF_2	62,32	D_{4h}^{14} n = 1,378; 1,390	fbl	3,0	1221	2260	L 18°: $8{,}7 \cdot 10^{-3}$
-nitrat (2, 6, 9) .	$Mg(NO_3)_2 \cdot 6H_2O$	256,43	C_{2h}	fbl	1,464	90		hy; **L**: 70,5; sl: Al
-nitrid	Mg_3N_2	100,98	T_h^7	g-gr	2,71	zers. 1500		W zers. zu MgO u. NH_3
-*di*-phosphat . .	$MgHPO_4 \cdot 3H_2O$	174,35	n = 1,514; 1,518; 1,533	fbl	2,10			
-phosphat, Dps (3, 6)	$MgNH_4PO_4 \cdot 6H_2O$	245,43	C_{2v} n = 1,495; 1,496; 1,504	fbl	1,72			L 15°: $6 \cdot 10^{-3}$; nl: Al
-*pyro*-phosphat .	$Mg_2P_2O_7$	222,60	C_{2h} n = 1,602; 1,604; 1,615	fbl	?2,598	1383		nl: W, Al; l: SS
-*ortho*-silicat (Olivin)	Mg_2SiO_4	140,70	D_{2h}^{16}	fbl	3,21	< 1900		nl: W
-*meta*-silicat (Enstatit)	$MgSiO_3$	100,38	D_{2h}^{15} n = 1,651; 1,654; 1,660	fbl	3,28	1524		nl: W
-silicid	Mg_2Si	76,70	O_h^5			1070		
-sulfat (1, 5/4, 2, 4, 5, 6, 7, 12)	$MgSO_4$	120,38	rhomb.	fbl	2,66	1127		L Ä 18°: 1,17; nl: Ac
,, ...	$MgSO_4 \cdot 1H_2O$[1]	138,40	C_{2h}^6 n = 1,523; 1,535; 1,586	fbl	2,57			**L** 100°: 48,0; 200°: 1,6
,, ...	$MgSO_4 \cdot 7H_2O$[2]	246,49	D_2^4 n = 1,433; 1,455; 1,461	fbl	1,68			**L**: 35,6; LA 3°: 15; LM 17°: 40,1
,, Dps[3] . .	$MgK_2(SO_4)_2 \cdot 6H_2O$	402,73	C_{2h}^5 n = 1,461; 1,463; 1,476	fbl	2,15	zers. 72 (o. W) 750		l: W
,, ,, [4] . .	$MgNa_2(SO_4)_2 \cdot 4H_2O$	334,50	C_{2h} n = 1,486; 1,488; 1,489	fbl	2,23			l: W
,, ,, . . .	$Mg(NH_4)_2(SO_4)_2 \cdot 6H_2O$	360,61	C_{2h}^5 n = 1,472; 1,473; 1,479		1,70			

-sulfat-chlorid[5] .	$MgKSO_4Cl \cdot 3H_2O$	248,98	C_{2h}	fbl	2,12			l: W
-sulfid	MgS	56,38	O_h^5 n = 1,271		2,80			
Mangan (II, III, IV, VI, VII)	Mn	54,93	$\alpha = T_d^3$, $\beta = O^7$ oder O^6 $\gamma = D_{4h}^{17}$	hgrau	7,20	1221	2152	l: SS
-(II)-oxyd . . .	MnO	70,93	O_h^5 n = 2,16	gr	5,18	1785		nl: W; l: SS
-(III)- ,, . . .	Mn_2O	157,86	T_h^7	s	4,50			nl: W; SS zers. beim Erhitzen
-(IV)- ,, (Braunstein)	MnO_2	86,93	D_{4h}^{14}	grau-s	5,026			nl: W; HCl zers. unter Cl_2-Entw.;
-(II, IV)-oxyd (Hausmannit)	Mn_3O_4	228,79	D_{4h}^{19}	br-s	4,70	1560		nl: W; l: SS
-(II)-hydroxyd .	$Mn(OH)_2$	88,95	D_{3d}^3 n = 1,783; 1,681	(hrosa)	3,258			L 18°: $0{,}19 \cdot 10^{-3}$; l: SS
-(III)- ,, .	$MnO \cdot OH$	87,94	C_{2h}^5	s				nl: W; l: SS
-(IV)- ,, .	$MnO(OH)_2$	104,95		s-br	2,58	zers.		swl: W, Al
-(III)-arsenid . .	MnAs	129,86	D_{2h}^{16}		5,55	zers. 400		
-(II, III)-arsenid .	Mn_2As	184,79				1400		
-borat	$MnH_4(BO_3)_2 \cdot H_2O$	194,62		hbr				L 14,2°: 0,19; 52°: 0,70
-borid	MnB_2	76,57	D_{3d}^3		6,9			
-carbonat	$MnCO_3$	114,94	D_{3d}^6	(hrosa)	3,125			L: 0,013; L in CO_2-haltig. W 0,026
-chlorid (2, 4, 6) .	$MnCl_2$	125,84	D_{3d}^5		2,977	690	1190	
,, Hydrat .	$MnCl_2 \cdot 4H_2O$	197,91	α u. $\beta = C_{2h}$ n = 1,555; 1,575; 1,607	rosa	2,01	58		L: 73,5; sl: Al
-nitrat (3, 6) . .	$Mn(NO_3)_2 \cdot 6H_2O$	287,04	monokl.	rosa	1,82	26	129,4	L: 131,5; l: Al
-*ortho*-phosphat, sec.	$MnHPO_4 \cdot 3H_2O$	204,96	? rhomb.	hrosa				wl: W
-phosphat, Dps .	$MnNH_4PO_4 \cdot H_2O$	185,96						
-(II)-phosphid . .	Mn_3P_2	226,75			5,12			
-(III)- ,, . .	MnP	85,91	D_{2h}^{16}		5,39	1095		
-(II)-silicid . . .	Mn_2Si	137,92			6,20	1316		
-(IV)- ,, . . .	MnSi	82,99	T^4		5,90	1280		
-(II, VI)-silicid .	$MnSi_2$	111,05	? kub.		5,24			

[1] „Kieserit". [2] „Bittersalz", „Epsomit", englisch. [3] „Schönit", mit $4H_2O$ „Leonit", „Langbeinit" $K_2SO_4 \cdot 2MgSO_4$. [4] „Astrakanit", mit $2^1/_2H_2O$ „Löweit", „Vanthoffit" $3Na_2SO_4 \cdot MgSO_4$. [5] „Kainit".

3112 (Fortsetzung).

Name	Formel	Molekulargewicht	Krystallsystem und Brechungszahl	Farbe	Dichte ϱ in $g \cdot cm^{-3}$	Schmelzpunkt Fp in °C	Siedepunkt Kp in °C	Angaben über die Löslichkeit
Mangan								
-sulfat (1, 4, 5, 7)	$MnSO_4$					700		
	$MnSO_4 \cdot H_2O$	169,01		(hrosa)	2,95			**L** 40°: 60,0
	$MnSO_4 \cdot 4H_2O$	223,05	n = 1,508; 1,518; 1,522	hrosa	2,107			**L** 25°: *65,2*
	$MnSO_4 \cdot 5H_2O$	241,07	n = 1,494; 1,508; 1,514	rosa	2,103			**L**: 62,9; nl: A
-sulfid	MnS	86,99	α (grün) O_h^5; β (rot) = T_d^2 γ (rot) = C_{6v}^4	gr, r	3,99	1610		L 18°: $0,61 \cdot 10^{-3}$ (gefällt); $0,48 \cdot 10^{-3}$; gr; l: SS
Molybdän (II...VI)	Mo	95,95	r. z.		10,2	2622	4800	nl: HCl, HF, verd. H_2SO_4; l: HNO_3, Königsw.
-(III)-oxyd . . .	Mo_2O_3	239,90	D_{4h}^{14}					
-(IV)- ,, . . .	MoO_2	127,95	D_{4h}^{14}	br	4,516			nl: W, SS, Alk
-(VI)- ,, . . .	MoO_3	143,95	D_{2h}^{16}	fbl	4,50	795		L: $2 \cdot 10^{-3}$; l: SS, Alk s Hydrat
-(V)-hydroxyd . .	$MoO(OH)_3$	162,97	am.	hbr				L: 0,2 (kolloidal); sl: HCl; l: Alkalicarbonat
-(VI)-hydroxyd-chlorid	$MoO(OH)_2 \cdot Cl_2$	216,88		fbl				sl: W (Hydrolyse), A, Ä, Eisessig, Ac
-säure	$H_2MoO_4 \cdot H_2O$	179,98	C_{2h}	g	3,124			L 18°: 0,12; 79°: 2,00 (halbkoll. Lsg.); sl: H_3PO_4, $H_2C_2O_4$, Alk
-säure-phosphat .	$(NH_4)_3PO_4 \cdot 12MoO_3 \cdot 6H_2O$	1985,21	C_{2h}	g				swl: W, HNO_3; l: NH_3, Alk
-(IV)-carbid . . .	MoC	107,96	hex. d. P. von Mo		8,40	2692		
,, . . .	Mo_2C	119,92	hex. d. P.		8,9	2687	4500	
-(III)-chlorid . .	$MoCl_3$	202,32		r-br	3,578	zers. b. Erh.		nl; W, HCl, HNO_3, H_2SO_4 zers.
-(IV)- ,,	$MoCl_4$	237,78		br				wird zers. v. W, Al, Ä
-(V)- ,, . .	$MoCl_5$	273,24		s	2,93	194	268	sl: W (Hydrolyse), SS, Al, Ä; l: $CHCl_3$, CCl_4, CS_2

-*oxy*-chlorid, Dps	$(MoOCl_5)(NH_4)_2$	325,31		gr				l: W (Hydrolyse)
-fluorid	MoF_6	209,95		fbl	2,55	17	36	wird v. W zers.
-(IV)-sulfid (Molybdänglanz)	MoS_2	160,07	D^4_{6h}	s	4,80	1185		nl: W, SS, Alk; l: Königsw., h konz. H_2SO_4
Natrium (I)	Na	22,997	r. z. n = 4,22		0,97	97,7	883	zers. W, Al; nl: Ä, Petroleum, fl Paraffin
-hydrid	NaH	24,00	O^5_h	fbl	1,38			zers. W; nl: Al, Ä, CS_2, CCl_4
-oxyd	Na_2O	61,99	O^5_h	fbl	2,27			sl: W (zers.); nl: Al; s NaOH
-*per*-oxyd	Na_2O_2	77,99		(hg)	2,805	460		sl: W
-hydroxyd (1, 2, 3,*11*, 3½, 4, *4*, 5, 7)	NaOH	40,00	1. rhomb., 2. ? kub. n = 1,3576	fbl	2,130	321,8	1390	**L**: 107
-amid	$NaNH_2$	39,02		fbl		206	400	zers. W
-*pyro*-antimonat .	$Na_2H_2Sb_2O_7 \cdot 4H_2O$	475,55	C^4_{4h}					
-antimonat . . .	$Na_2H_2Sb_2O_7 \cdot 6H_2O$	511,65	tetr.	fbl				L 12,3°: 0,03; 100°: ~0,3; nl: Al
-arsenat, prim. (1, 2)	$NaH_2AsO_4 \cdot H_2O$	181,96	1. D_{2h} (gew.), 2. C_{2h} n = 1,538; 1,5535; 1,5607	fbl	2,53			sl: W
,, sec. . .	$Na_2HAsO_4 \cdot 7H_2O$	312,04	C_{2h} n = 1,462; 1,466; 1,478	fbl	1,871	57		L 0°: 7,15; 25°: 39,5
,, sec. . .	$Na_2HAsO_4 \cdot 12H_2O$	402,12	C_{2h} n = 1,445; 1,450; 1,451	fbl	1,72	28		L: s $7H_2O$
,, tert. . .	$Na_3AsO_4 \cdot 12H_2O$	424,11	trig. n = 1,457; 1,466	fbl	1,759	86,3		L: 12,0
-azid	NaN_3	65,02	D^5_{3d}	fbl	1,846	expl.		L 17°: 41,7; LA 16°: 0,314; nl: Ä
-*meta*-borat (2, 4)	$NaBO_2 \cdot 2H_2O$	101,85		fbl		57 o. W 966	>1400	
-*tetra*-borat (4, 5, 10)[1]	$Na_2B_4O_7 \cdot 10H_2O$	381,43	C^6_{2h} n = 1,447; 1,469; 1,472	fbl	1,73	60,6 o. W 741		**L**: 2,52; nl: Al
-*per*-borat	$NaBO_3 \cdot 4H_2O$	153,88	monokl.	fbl				L 15°: 1,34; Lsg. zerf. b. Erh.
-bromat	$NaBrO_3$	150,91	T^4 n = 1,594	fbl	3,339	381		**L**: 36,4
-bromid (*o*, 2, 5) .	NaBr	102,91	O^5_h n = 1,6412	fbl	3,205	746,8	1392	

[1] „Borax", mit $4H_2O$ „Kernit" oder „Rasorit", mit $5H_2O$ auch im Handel, die Bildungsgeschwindigkeit des stabileren Tetrahydrates ist äußerst klein.

3112 (Fortsetzung).

Name	Formel	Molekulargewicht	Krystallsystem und Brechungszahl	Farbe	Dichte ϱ in $g \cdot cm^{-3}$	Schmelzpunkt Fp in °C	Siedepunkt Kp in °C	Angaben über die Löslichkeit
Natrium								
-bromid	$NaBr \cdot 2H_2O$	138,94	C^5_{2h}	fbl	2,176			L: 90,5; wl: A l
-carbid	Na_2C_2	70,01			1,575		700	
-carbonat (1, 7, 10)	Na_2CO_3	106,00	dimorph. n = 1,415; 1,535; 1,546	fbl	2,533	850		L 120°: 42,9
,, ...	$Na_2CO_3 \cdot H_2O$	124,02	C^5_{2v}	fbl	2,25			L 40°: 48,9
,, ...	$Na_2CO \cdot 10H_2O$	286,16	C_{2h} n = 1,405; 1,425; 1,440	fbl	1,46			L: 21,58
-*bi*-carbonat . .	$NaHCO_3$	84,01	C^5_{2h} n = 1,376; 1,500; 1,582	fbl	2,20	zers.		L: 9,57
-*sesqui*-carbonat . .	$Na_3H(CO_3)_2 \cdot 2H_2O$	226,05	C_{2h}	fbl	2,112			
-chlorat	$NaClO_3$	106,45	T^4 n = 1,513	fbl	2,490	255		L: 96,1
-*per*-chlorat . . .	$NaClO_4$	122,45	D^{17}_{2h} / 308° / T^2_d	fbl		zers. 482		
,, ,, . . .	$NaClO_4 \cdot H_2O$	140,47	rhomb. oder monokl.	fbl	2,02	zers. 130		L: 181; l: Al
-chlorid (2) . . .	$NaCl$	58,45	O^5_h n = 1,5442	fbl	2,163	800	1465	L: 35,85; LA: wl
-chromat (4, 6, 10)	$Na_2CrO_4 \cdot 10H_2O$	342,16	monokl.	g	1,483			L 19,5°: 79,2
-*di*-chromat . . .	$Na_2Cr_2O_7 \cdot 2H_2O$	298,05	monokl. n = 1,661; 1,699; 1,751	or	2,52	(o. W) 320		L: 180,1
-cyanid (1/2, 2) . .	$NaCN$	49,02	T^1_d oder T^4 n = 1,452	fbl		562	1497	sl: W
-fluorid	NaF	42,00	O^5_h n = 1,336	fbl	2,79	992	1704	L 15°: 4,0; 25°: 4,3; swl: Al
,, sauer .	$NaHF_2$	62,00	D^5_{3d}	fbl				L: 4,1
-jodat (1, 5) . . .	$NaJO_3 \cdot 5H_2O$	288,02	rhomb.	fbl				L: 8,42
-*per*-jodat . . .	$NaJO_4 \cdot 3H_2O$	267,98	C^4_3 n = 1,7745	fbl	3,22			L 20°: 10,3; 35°: 27,4 (0 H_2O)
-jodid (2, 5) . . .	NaJ	149,92	O^5_h	fbl	3,667	661,8	1304	
,, ...	$NaJ \cdot 2H_2O$	185,95	C^1_i	fbl	2,448			L: 179,3
-molybdat (2, 10)	Na_2MoO_4	205,99	gew. Form kub. (tetram.)	fbl	2,59	687		L: 65,0; L 100: 45,6

-*para*-molybdat	$5\,Na_2O \cdot 12\,MoO_3 \cdot 22\,H_2O$	2433,73	C_{2h}	fbl				L 30°: 118
-nitrat	$NaNO_3$	85,01	D^6_{3d} n = 1,587; 1,336	fbl	2,257	312		**L**: 88,0; wl: Al
-nitrid	Na_3N	83,00				zers. 300		
-nitrit (0,5) . . .	$NaNO_2$	69,01	C^{20}_{2v}	fbl	2,168	284		**L**: 81,8; wl: Al
-*meta*-phosphat .	$NaPO_3$	101,98	kryst. nicht	fbl	2,476	619		swl: W; l: SS
-o-phosphat, prim. (1, 2)	$NaH_2PO_4 \cdot H_2O$	138,01	D_2 n = 1,456; 1,485; 1,487	fbl	2,040	zers. 200		**L**: 85,2
-o-phosphat, sec. (2, 7, 12, 12)	$Na_2HPO_4 \cdot 12\,H_2O$	358,17	C_{2h} n = 1,432; 1,436; 1,437	fbl	1,52	34,6		**L**: 7,66
-o-phosphat, tert. (1/2, 6, 8)	$Na_3PO_4 \cdot 12\,H_2O$	380,16	rhomboedr. n = 1,446; 1,452	fbl	1,62	zers. 73,4		**L** 25°: 14,1
-o-phosphat, Dps (4, 5)	$NaNH_4 \cdot HPO_4 \cdot 4\,H_2O$	209,09	trikl. n = 1,439; 1,441; 1,469	fbl	1,574	zers. 79		sl: W
-*pyro*-phosphat .	$Na_4P_2O_7 \cdot 10\,H_2O$	446,10	C_{2h} n = 1,450; 1,453; 1,460	fbl	1,82	(o. W) 972		**L**: 5,48
-*hypo*-phosphat .	$NaHPO_3 \cdot 3\,H_2O$	157,03	monokl. n = 1,486; 1,490; 1,504	fbl	1,849			L 25°: 1,98; 5°: 5,9
-phosphid . . .	Na_3P	99,98						
-phosphit	$Na_2HPO_3 \cdot 5\,H_2O$	216,06	D_{2h} n = 1,443 (β)	fbl		53		L 25°: 462; 43°: 1270
-*hypo*-phosphit .	$NaH_2PO_2 \cdot H_2O$	106,01		fbl				sl: W, Al
-rhodanid . . .	NaCNS	81,08	rhomb.	fbl		323		
-silicat	Na_2SiO_3	122,05	C_{2h} n = 1,513; 1,520; 1,528	fbl	2,4	1027		sw: W (Hydrolyse); nl: Al
,, (9, 10) .	$Na_2SiO_3 \cdot 9\,H_2O$	284,19	rhomb.	fbl		47,2		
-silicofluorid . . .	Na_2SiF_6	188,05	D_{6h} n = 1,300; 1,296	fbl	2,755			**L**: 0.73; nl: Al
-stannat (Präpariersalz)	$Na_2SnO_3 \cdot 3\,H_2O$	266,74		fbl				L 0°: 47; 20°: 43,3
-sulfantimonat (Schlippes Salz)	$Na_3SbS_4 \cdot 9\,H_2O$	481,17	T	(hg)	1,839			L 15°: 23,9; nl: Al
-sulfat (7, 10) . .	Na_2SO_4	142,05	D^{24}_{2h}	fbl	2,698	884		**L** 40°: 48,1

3112 (Fortsetzung).

Name	Formel	Molekulargewicht	Krystallsystem und Brechungszahl	Farbe	Dichte ϱ in $g \cdot cm^{-3}$	Schmelzpunkt Fp in °C	Siedepunkt Kp in °C	Angaben über die Löslichkeit
Natrium								
-sulfat (Glaubersalz)	$Na_2SO_4 \cdot 10H_2O$	322,21	C_{2h} n = 1,394; 1,396; 1,398	fbl	1,464	32,4		**L**: 19,08
-*bi*-sulfat	$NaHSO_4$	120,06	trikl.	fbl	2,742	182		
,, ...	$NaHSO_4 \cdot H_2O$	138,08	rhomb. n = 1,43; 1,46; 1,47	fbl				sl: W
-*pyro*-sulfat . . .	$Na_2S_2O_7$	222,11		fbl	2,658	400,9		sl: W als Sulfat
-sulfid	Na_2S	78,05	Küb.	fbl	1,856 b. 14°	920		
,, (1, 5½, 6, 9)	$Na_2S \cdot 9H_2O$	240,19	tetr.	fbl	2,471			**L**: 18,6; l: Al
-*bi*-sulfid	NaHS	56,07	$\alpha = D_{3d}^5$ / 90° / $\beta = O_h^5$	fbl	1,79			sl: W; l: Al
-sulfit (0, 7) . . .	$Na_2SO_3 \cdot 7H_2O$	252,16	C_{2h}	fbl	1,561			**L**: 26,6
-*pyro*-sulfit (6, 7)	$Na_2S_2O_5$	190,11		fbl		zers. >150		**L**: 65,3; nl: Al
-*hypo*-sulfit (Blankit)	$Na_2S_2O_4 \cdot 2H_2O$	210,15		fbl				sl: W; nl: Al
-thiosulfat (½, 2, 5)	$Na_2S_2O_3 \cdot 5H_2O$	248,19	C_{2h}, ferner weit. Mod. n = 1,489; 1,508; 1,536	fbl	1,685	48		**L**: 70,0
-wolframat 2, 10) .	$Na_2WO_4 \cdot 2H_2O$	330,03	D_{2h} n = 1,5526; 1,5533; 1,5695	fbl	3,23	o. W 702		**L**: 73,0
-*para*-wolframat	$Na_{10}W_{12}O_{41} \cdot 28H_2O$	3598,53	C_i		4,0			
Neodym (III) . . .	Nd	144,27	hex. d. P.	(hg)	6,9	840		zers. W
-oxyd	Nd_2O_3	336,54	D_{3d}^3 (ferner T_h^7)	hb-hv	7,24			L: $0{,}19 \cdot 10^{-3}$; l: SS
-bromat	$Nd(BrO_3)_3 \cdot (9H_2O)$	528,02		rosa				**L**: 78,5
-carbid	NdC_2	168,27	D_{4h}^{17}	rosa	5,15			
-chlorid	$NdCl_3$	250,64		rosa	4,134	761	>1000	sl: Al
,, ...	$NdCl_3 \cdot 6H_2O$	358,73	monokl.	rosa	2,282	124		**L**: 98,0

-nitrid	NdN	158,28						
-sulfat (8, 8, 15) .	$Nd_2(SO_4)_3 \cdot 8H_2O$	720,84	C_{2h}^6 n = 1,541; 1,551; 1,562	rosa	2,85			**L**: 6,9
Neon	Ne	20,183		fbl	0,8999[1]	—248,6	—246	1 Vol. W löst b. 10°: 0,012 Vol. Ne
Nickel (II, III) . .	Ni	58,69	α = kub. fl. z., β = hex. d. P.		8,90	1453	3177	l: HNO_3
-(II)-oxyd	NiO	74,69	O_h^5	grau	7,45	1990		l: h. SS, NH_3
-(III)-oxyd . . .	Ni_2O_3	165,38	Diagr. wie N : O	s	4,83			
-(II, III)-oxyd .	Ni_3O_4	240,07		s				
-(II)-hydroxyd .	$Ni(OH)_2$	92,71	D_{3d}^3	hgr	4,1			L: $1,3 \cdot 10^{-3}$; l: NH_3, SS
-(III)- ,, .	$Ni(OH)_3$	109,71		s				l: SS, NH_3
-arsenid	NiAs	133,62	D_{6h}^4		7,57	968		
-borid	NiB	69,51			7,39			
-bromid (3. 6) . .	$NiBr_2$	218,52	D_{3d}^3, bei 600° in D_{3d}^5	gbr	4,64	963		L 20°: 130 ($6H_2O$); 58°: 15,3 ($3H_2O$); l: Al
-carbonat	$NiCO_3$	118,70	D_{3d}^6	hgr				nl: W; l: SS
-carbonyl	$Ni(CO)_4$	170,73	n^{10} = 1,458	fbl	1,32	—25	40	nl: W, verd. SS, Alk; l: Al, Bzl., Chlf.
-chlorid	$NiCl_2$	129,60	D_{3d}^5	g	3,55	Dr 1000	etwa 600	l: NH_3, Al
,, (2, 4, 6)	$NiCl_2 \cdot 6H_2O$	237,70	C_{2h}	gr				**L**: 55,3
-nitrat (2, 4, 6, 9)	$Ni(NO_3)_2 \cdot 6H_2O$	290,80	T_h^6	gr	2,05	56,7		**L**: 94,1; l: Al
-(II)-phosphid . .	Ni_3P_2	238,11			5,99			
-(II, III)-phosphid	Ni_2P	148,40			6,31	1112		
-sulfat (1, 2, 3, 4, 5, 6, 6, 7)	$NiSO_4$	154,75	rhomb.	hgr	3,68			
-sulfat	$NiSO_4 \cdot 7H_2O$	280,86	D_2^4 n = 1,467; 1,489; 1,492	gr	1,948			**L**: 37,8; l: NH_3
-(II)-sulfat, Dps .	$Ni(NH_4)_2 \cdot (SO_4)_2 \cdot 6H_2O$	394,98	C_{2h}^5	bgr	1,923			L 20°: 10,4; 80°: 30,0
-sulfid	NiS	90,75	α = amorph, β = D_{6h}^4, γ = C_{3v}^5	s	4,60	790		L 18°: $0,362 \cdot 10^{-3}$ (gefällt), $0,148 \cdot 10^{-3}$ (kryst.); swl: SS

[1] kg/Nm³.

3112 (Fortsetzung).

Name	Formel	Molekulargewicht	Krystallsystem und Brechungszahl	Farbe	Dichte ϱ in $g \cdot cm^{-3}$	Schmelzpunkt Fp in °C	Siedepunkt Kp in °C	Angaben über die Löslichkeit
Niob (III, IV, V) .	Nb	92,91	r. z. $n = 1,80$	(hgrau)	8,4	1950	2900	nl: SS (einschl. Königsw.); l: HF
-(V)-oxyd	Nb_2O_5	265,82	rhomb.	fbl	4,47	~1520		nl: W, SS, Alk
-(V)-hydroxyd . .	$Nb(OH)_5$	177,95	amorph.	fbl				nl: W, SS, l: Alk
-(V)-chlorid . . .	$NbCl_5$	270,20		g	2,75	194	240,5	W zers.; l: konz. HCl, A, Ä
-(V)-fluorid . . .	NbF_5	187,91	? monokl.	fbl	3,293	75,5	225	l: W, Al; wl: CS_2, Chlf.
-(V)-oxy-fluorid .	$(NbOF_5)K_2 \cdot 1H_2O$	300,12	C_{2h}	fbl				L: 7,14
Osmium (II, III, IV, VI, VIII)	Os	190,2	hex. d. P.	(hgrau)	22,48	2500	>5300	nl: SS; als Mohr l: HNO_3, Königsw.
-(IV)-oxyd . . .	OsO_2	222,2	D_{4h}^{14}	s	7,91	zers. 650		nl: W, SS
-(VIII)-oxyd (Überosmiumsäure)	OsO_4	254,2	$n^{41} = 1,56$	(hg)	4,906	41,8	130	L 18°: 6,5; l: Alk, CCl_4
-(IV)-chlorid . .	$OsCl_4$	332,63		s				l: W (Hydrolyse), HCl (zu H_2OsCl_6)
-(VIII)-fluorid . .	OsF_8	342,80		g		34,4	47,3	l: Alk (zu Perosmiat)
Ozon s. Sauerstoff								
Palladium	Pd	106,7	kub. fl. z.	fbl	11,97	1555	>2200	l: HNO_3; als Mohr l: h. HCl u. H_2SO_4
-(II)-oxyd	PdO	122,70	D_{4h}^{7}	gr	8,31	zers. ~800		nl: W; l: SS
-(II)-chlorid, Hydrat	$PdCl_2 \cdot 2H_2O$	213,65		rbr	4,00			sl: W, SS
-(II)- „ Dps	$[PdCl_4]K_2$	326,73	D_{4h}^{1}	brg	2,67	zers. 105		l: W; wl: Al
-(IV)- „ „	$[PdCl_6]K_2$	397,64		r	2,738			wl: W; h. W zers.
-(IV)- „ „	$[PdCl_6](NH_4)_2$	355,52		r	2,418			wl: W
-(II)-cyanid . . .	$Pd(CN)_2$	158,72		fbl				nl: W; wl: HCl; l: NH_3, KCN-Lsg.

-sulfat, Hydrat .	$PdSO_4 \cdot 2H_2O$	238,79							
-sulfid	PdS	138,76	C_{4h}^2				zers. 950		
Phosphor (III, V) farblos	P	30,98	D_{3d}^5		fbl	1,82	44,1	282	nl: W, LA: 0,3; L CS_2 10°: 880; l: Bzl
,, rot . . .	P				r	2,20	(43 Atm) 590		nl: W, SS, org. Lm
,, viol. met.	P				r-v	2,36	593		wie oben
,, schwarz .	P		D_{2h}^{18}		s	2,70			
-wasserstoff-(IV)-	PH_3	34,00	T_h^2	$n^{17,5} = 1,317$	fbl		−133,8	−87,8	1 Vol. W löst 0,26 Vol. PH_3 (17°)
Phosphoniumjodid	PH_4J	161,97	D_{4h}^7		fbl	2,86	subl 61,8		l: W, SS, Alk unter Zers.
-(III)-oxyd . . .	P_4O_6	219,92	C_{2h}		fbl	2,135	22,7	173	l: W, Ä, CS_2, Bzl
-(V)-oxyd[1] . . .	P_2O_5	141,96	rhomboedr. (flücht. Form)		fbl	2,114	Dr 566	subl 358	l: W (zu HPO_3)
-(III, V)-oxyd . .	P_2O_4	125,96	rhomb.		fbl	2,54	>100	~180 subl	sl: W (zers.)
-säuren:									
phosphorige S. .	H_3PO_3	82,00			fbl	1,65	73,6		sl: W, Al
*unter*phosphorigeS.	H_3PO_2	66,00			fbl	1,49	17,4		sl: W, Al, Ä
unter-Phosphor-S.	$H_2PO_3 \cdot H_2O$	99,02	? rhomb.		fbl		70		sl: W
meta-Phosphor-S.	$(HPO_3)x$	(79,99)x			fbl	2,17			sl: W
ortho-Phosphor-S. (1/2)	H_3PO_4	98,00	rhomb.		fbl	1,88	41,8		**L**: 542 (84,5%); l: Al
-*pyro*-Phosphor-S.	$H_4P_2O_7$	177,99			fbl				sl: W
-(III)-bromid . .	PBr_3	270,73		$n^{25} = 1,687$	fbl	2,852	−40	172	W u. Al zers.; l: Ä, CCl_4, $CHCl_3$, CS_2
-(V)- ,, . .	PBr_5	430,56	D_{2h}				zers. 106		W zers.
-(V)-*oxy*-bromid .	$POBr_3$	286,73			fbl	4,65	56	193	nl: W; l: konz. H_2SO_4, Ä, $CHCl_3$, CS_2
-(III)-chlorid . .	PCl_3	137,35		$n^{15,4} = 1,520$		1,574	−92	74,5	W, SS u. Al zers.; l: Ä, $CHCl_3$, CS_2
-(V)- ,, . .	PCl_5	208,27	tetr.		(hg)	2,11	Dr 149	subl 100	W u. SS zers.; l: CCl_4
-(V)-*oxy*-chlorid .	$POCl_3$	153,35		$n^{17} = 1,488$	fbl	1,675	1	105,4	W u. SS zers.

[1] 2 Formen, 1 leichtflüchtige, von dieser ist die Krystallform angegeben, sie ist oberhalb 400° nicht mehr beständig.

3112 (Fortsetzung).

Name	Formel	Molekulargewicht	Krystallsystem und Brechungszahl	Farbe	Dichte ϱ in $g \cdot cm^{-3}$	Schmelzpunkt Fp in °C	Siedepunkt Kp in °C	Angaben über die Löslichkeit
Phosphor								
-(III)-fluorid . .	PF_3	87,98			3,90[1]	—160	—101	
-(V)- ,, . .	PF_5	125,98			5,80[1]	—83	—75	
-(III)-jodid . . .	PJ_3	411,74	C^1_{3h}, C^6_6	r	4,18	61		W zers.; sl: CS_2
-*sub*-jodid	P_2J_4	569,64	C_i	r-g		124,5		W zers.; l: CS_2
-(V)-nitrid . . .	P_3N_5	162,98	amorph.		2,51			
-(III)-sulfid . . .	P_4S_3	220,10	rhomb. und kub.	g	2,03	172,5	407,5	nl: W, HCl, H_2SO_4; l: HNO_3, Alk, CS_2
-(V)-sulfid . . .	P_4S_{10}	444,52		hg	2,09	290	514	l: CS_2; zers. m. W od. Alk
-(III, V)-sulfid . .	P_4S_7	348,34		hg	2,19	310	523	nl: fast alle Lösungsmittel
-sulfobromid . .	$PSBr_3$	302,79	kub.	g	2,85	38	zers. 175	nl: W; l: Ä, CS_2
-sulfochlorid . .	$PSCl_3$	169,41		fbl	1,635	—35	125	nl: W; l: CS_2
Platin (II, IV) . .	Pt	195,23	kub. fl. z.	(hgrau)	21,45	1773,5	4400	l: Königsw., HNO_3 + HF
-(II)-oxyd . . .	PtO	211,23		grau-v		zers. 550		nl: W, SS, Königsw.; l: H_2SO_3
-(IV)- ,, . . .	PtO_2	227,23		s		430		nl: W, SS, Königsw.
-(II)-hydroxyd .	$Pt(OH)_2$	229,25		s				nl: W, H_2SO_4, verd. HNO_3; l: HCl, KCN-Lsg.
-(IV)- ,, .	$Pt(OH)_4$	263,26		br				nl: W; l: konz. HCl, Königsw., Alk
-arsenid	$PtAs_2$	345,09	T^6_h		10,602	zers. >800		
-(II)-bromid . .	$PtBr_2$	355,06		gr-br	6,65	zers. 250		nl: W; l: Bromwasser; wl: KBr-Lsg.
-(IV)- ,, . .	$PtBr_4$	514,89		br	5,69	zers. 180		L 20°: 0,4; sl: Al, Ä
-(IV)- ,, Dps	$(PtBr_6)(NH_4)_2$	710,80	kub.	r	4,265	zers. 145		L 20°: 0,6
-(II)-chlorid . . .	$PtCl_2$	266,14	D^5_{3d}	grau-gr	5,87	zers. 581		nl: W, SS, Ac
(IV)- ,, (1, 4, 5, 8)	$PtCl_4$	337,06		r-br	2,43	zers. 370		L 25°: 142 ($5H_2O$); sl: Ac; wl: Al; nl: Ä

-(IV)- ,, -Chlorwasserstoff	$(PtCl_6)H_2 \cdot 6H_2O$	518,11		g-br				l: W, Al, Ä
-(II)-chlorid, Dps	$(PtCl_4)K_2$	415,26	D_{4h}^1	r	3,30			**L**: 0,774; nl: Al
-(IV)- ,, ,,	$(PtCl_6)K_2$	486,17	O_h^5 oder T_d^2	g	3,499	zers. 250		L 16°: 0,68; nl: Al, Ä
-(IV)- ,, ,,	$(PtCl_6)Na_2 \cdot 6H_2O$	562,06	C_i	g-r	2,50			L 15°: 66,0; sl: Al; nl: Ä
-(IV)- ,, ,,	$(PtCl_6)(NH_4)_2$	444,05	O_h^5 oder T_d^2	g	3,065			L 10°: 0,67; 100°: 1,26; nl: k. HCl, Al, Ä
-(II)-cyanid . . .	$Pt(CN)_2$	247,27		g-br				nl: W, SS, Alk
-(II)- ,, Dps .	$[Pt(CN)_4]Ba \cdot 4H_2O$	508,72	C_{2h}	g u. gr	2,076			L: 3,02
-(II)- ,, ,, .	$[Pt(CN)_4]K_2 \cdot 3H_2O$	431,55	D_{2h}	hg-b	2,455	zers. ~500		sl: W, Al
-(II)-jodid . . .	PtJ_2	449,07		s	6,4	zers. ~300		nl: W, SS, Al
-(II)-sulfid . . .	PtS	227,29	D_{4h}^9	s-grau	8,847			nl: W, SS, Königsw., Alk
-(IV)- ,, . . .	PtS_2	259,35	D_{3d}^3	s-grau	7,22			nl: W, SS; l: h. HNO_3, h. Königsw.
Polonium	Po	210	C_2^3					
Praseodym (III) . .	Pr	140,92	α = hex. d. P., β = kub. fl. z.	(hg)	6,5	932		nl: W; l: SS
-(III)-oxyd . . .	Pr_2O_3	329,84	D_{3d}^3	gr-g	6,88			L: $0,02 \cdot 10^{-3}$; l: SS
-*super*-oxyd . . .	PrO_2	172,92	O_h^5	br-s	6,82			nl: W; SS zers.
-bromat	$Pr(BrO_3)_3 \cdot (9H_2O)$	524,67						**L**: 90,8
-carbid	PrC_2	164,94	D_{4h}^{17}		5,10			
-chlorid	$PrCl_3$	247,29		gr	4,02	823	>1000	
,, ...	$PrCl_3 \cdot 7H_2O$	373,40	trikl.	gr	2,25	115		L 13°: 139; l: Al
-nitrat	$Pr(NO_3)_3 \cdot 6H_2O$	435,06		gr				
-sulfat (5, 8) . . .	$Pr_2(SO_4)_3$	570,02		hgr	3,72			
,, ...	$Pr_2(SO_4)_3 \cdot 5H_2O$	660,10	C_{2h}	gr	3,176			
,, ...	$Pr_2(SO_4)_3 \cdot 8H_2O$	714,14	C_{2h}^6 n = 1,540; 1,549; 1,561	gr	2,827			**L**: 12,7
				gr	2,531			
,, Dps . . .	$Pr_2(NH_4)_2(SO_4)_4 \cdot 8H_2O$	846,28						

[1] kg/Nm³.

3112 (Fortsetzung).

Name	Formel	Molekulargewicht	Krystallsystem und Brechungszahl	Farbe	Dichte ϱ in $g \cdot cm^{-3}$	Schmelzpunkt Fp in °C	Siedepunkt Kp in °C	Angaben über die Löslichkeit
Quecksilber	Hg	200,61	D_{3d}^5 n = 1,67		13,546	—38,83	357	**L** 25°: $2 \cdot 10^{-6}$; 100°: $60 \cdot 10^{-6}$; l: HNO_3, konz. H_2SO_4
-(I)-oxyd	Hg_2O	417,22		sbr	9,8	zers. 100		swl: W; l: konz. Essigs.
-(II)-oxyd	HgO	216,61	C_{2h} n = 2,37; 2,5; 2,65	g, r	11,14	zers. 100		**L** 25°: $5{,}15 \cdot 10^{-3}$ (rot); $5{,}2 \cdot 10^{-3}$ (gelb); l: HNO_3, HCl
-amine:								
-diamminchlorid[1]	$HgCl_2 \cdot 2NH$	305,58	kub.					
-amidochlorid[2]. .	$HgCl \cdot NH_2$	252,09		fbl		zers. subl		W u. Alk zers.; l: SS
-Oxydimercur-ammoniumjodid[3]	OHg_2NH_2J	560,16		br				nl: W; l: HCl, KJ-Lsg. unt. Zers.
-(I)-azid	HgN_3	242,63	nicht kub.	fbl				L: 0,025
-(I)-bromid . . .	Hg_2Br_2	561,06	D_{4h}^{17}	fbl	7,307	subl 345		L 25°: $3{,}9 \cdot 10^{-6}$
-(II)- ,, . . .	$HgBr_2$	360,44	C_{2v}^1	fbl	5,73	236	320	L 25°: 0,62; LA 25°: 30,0; LM 25°: 69,4; l: Ä
-(I)-chlorid (Kalomel)	Hg_2Cl_2	472,14	D_{4h}^{17} n = 1,973; 2,656	fbl	7,150	zers. 525	383,7	**L**: $0{,}23 \cdot 10^{-3}$; 43°: $0{,}7 \cdot 10^{-3}$; l: Bzl., Pyrid.
-(II)- ,, (Sublimat)	$HgCl_2$	271,52	D_{2h}^{16} n = 1,725; 1,859; 1,965	fbl	5,42	277	304	**L**: 6,6; l: Al, Ä, Ac; LM 20°: 52,2
-(II)-cyanid . . .	$Hg(CN)_2$	252,65	D_{2h}^{12} n = 1,645; 1,492	fbl	4,00			L —0,45°: 8,0; LA 19,5°: 10,1; LM 19,5°: 44,1
-(II)-chromat . .	$HgCrO_4$	316,62	rhomb.					W zers. (Hydrolyse); l: SS
-(II)-fulminat (Knallquecks.)	$Hg(CNO)_2 \cdot {}^1/_2H_2O$	293,66		fbl	4,42	explod.		l: W
-(I)-jodid	HgJ	327,53	D_{4h}^{17}		7,70	~290	zers. 310	**L** 25°: $0{,}02 \cdot 10^{-6}$

-(II)-jodid . . .	HgJ_2	454,45	D_{4h}^{15}, gelb: C_{2v}^{12} n = 2,748; 2,455	r, g	6,271	252	354	L 25°: ~6 · 10⁻³ (rot); l: Al; LM 19,5°: 3,15; Ä, Ac, CS_2
-(I)-nitrat, Hydr.	$HgNO_3 \cdot 1\,H_2O$	280,63	C_{2h}	fbl	4,79	70		l: W (Hydrolyse); l: verd. HNO_3
-(II)- „ „	$Hg(NO_3)_2 \cdot 2\,H_2O$	360,66		fbl				
-(I)-rhodanid . .	HgCNS	258,69						
-(II)- „ . .	$Hg(CNS)_2$	316,76		fbl				L 25°: 0,069; l: HCl, KCNS-Lsg., Al; wl: Ä
-(I)-sulfat	Hg_2SO_4	497,28	C_{2h}	fbl	7,56			L 25°: 0,06; l: HNO_3
-(II)- „ . . .	$HgSO_4$	296,67	rhomb.	fbl	6,47			W zers. (Hydrolyse); l: SS
-(I)-sulfid	Hg_2S	433,28						
-(II)- „	HgS	232,67	T_d^2 Metacinnabarit n = 2,854; 3,201; C_3^2 Zinnober	r, s	8,09	subl 580		L 18°: 1,25 · 10⁻⁶ (gefällt); nl: SS (am.); l: Alkalisulfidlsg.
Radium (II)	Ra	226,05		(hgrau)		700	1140	W u. SS zers.
-bromid	$RaBr_2$	385,88		fbl	5,79	728		L: 50,6
-carbonat	$RaCO_3$	286,06	D_{2h}^{16}					nl: W; l: SS
-chlorid	$RaCl_2$	296,96			4,91	1000		L: 24,5
-sulfat	$RaSO_4$	322,11	D_{2h}^{16}	fbl				L: 0,21 · 10⁻³; nl: SS
Radon	Rn	222,00		fbl	9,37 [4]	−71	−61,9	1 Vol. W von 0° löst 0,5 Vol. Rn
Rhenium (IV,VI,VII)	Re	186,31	hex. d. P.	fbl	20,53	3170		gibt m. O_2 flücht. Oxyde
-(IV)-oxyd . . .	ReO_2	218,31						
-(VI)- „ . . .	ReO_3	234,31		r	7,4			nl: W, SS, Alk; HNO_3 oxydiert
-(VII)- „ . . .	Re_2O_7	484,62		g	8,2	296	363	sl: W, Al; wl: Ä-Lsg. euth. $HReO_4$
-*per*-oxyd	Re_2O_8	500,62		fbl	8,4	147		sl: W
-(III)-chlorid . .	$ReCl_3$	292,68	hex. ? trig.				>500	
-(IV)- „ . .	$ReCl_4$	328,14					500	
-(VI)- „ . .	$ReCl_6$	399,05					<40	
-(VI)-fluorid . . .	ReF_6	300,3				18,8	47,6	
Rhodan s. unter Kohlenstoff								

[1] „Schmelzbares Präcipitat". [2] „Unschmelzbares Präcipitat". [3] Jodid der „Millonschen Base" $O{<}^{Hg}_{Hg}{>}NH_2 \cdot OH$, „Nesslers" Fällung. [4] kg/Nm³

3112 (Fortsetzung).

Name	Formel	Molekulargewicht	Krystallsystem und Brechungszahl	Farbe	Dichte ϱ in $g \cdot cm^{-3}$	Schmelzpunkt Fp in °C	Siedepunkt Kp in °C	Angaben über die Löslichkeit
Rhodium (II, III, IV)	Rh	102,91	α = kub. fl. z., β = r. z.	(hgrau)	12,5	1966	>2500	nl: W, SS, Königsw., Alk
-(II)-oxyd	RhO	118,91						
-(III)- ,, ...	Rh_2O_3	253,82	D_{3d}^{6}	grau		zers. 1100		nl: W, SS
-(IV)- ,, . . .	RhO_2	134,91						
-(III)-hydroxyd .	$Rh(OH)_3$	153,93		g				l: SS, Alk
-(III)-chlorid . .	$RhCl_3$	209,28				zers. 450		
-(III)- ,, . .	$RhCl_3 \cdot 4H_2O$	281,36		r				sl: W, Al; nl: Ä (wssfr.); nl: W SS, Königsw.
-(III)- ,, Dps	$(RhCl_6)Na_3 \cdot 12H_2O$	600,83		r				sl: W
-(III)-sulfat, Hydr	$Rh_2(SO_4)_3 \cdot 12H_2O$	710,19		hg				l: W
-(III) ,, Dps	$RhK(SO_4)_2 \cdot 12H_2O$	550,32		g	2,23			l: W
Rubidium (I) . . .	Rb	85,48	r. z. n = 0,131	(hgrau)	1,532	39	713	zers. W
-oxyd	Rb_2O	186,96	? kub.	hg	3,72	zers. 400		l: W zu Hydroxyd
-*per*-oxyd	Rb_2O_2	202,96			3,65	570		l: W zu H_2O_2
-*tri*-oxyd	Rb_2O_3	218,96			3,53	489		l: W zu H_2O_2
-*tetr.*-oxyd . . .	Rb_2O_4	234,96		br	3,05	412		l: W zu H_2O_2
-hydroxyd . . .	RbOH	102,49	2 Mod. Hochmod. ? kub.	fbl	3,203	300		sl: W; l: Al
-bromid	RbBr	165,40	O_h^5 n = 1,5530	fbl	3,35	677	1352	L 16°: 105; nl: Al
-carbonat	Rb_2CO_3	230,97		fbl		837		sl: W; LA: 0,73
-*per*-chlorat . . .	$RbClO_4$	184,94	D_{2h}^{16} / 279° / T_d^5		2,9			nl: W
-chlorid	RbCl	120,94	α (−190°) O_h^1, β = O_h^5 n = 1,493	fbl	2,76	717	1381	**L**: 91,1; nl: Al
-jodid	RbJ	212,40	O_h^5 n = 1,6474	fbl	3,55	641	1304	L 17,4°: 152; L: Ac 25°: 0,6
-nitrat	$RbNO_3$	147,49	C_{3v}^2 n = 1,51; 1,52; 1,524	fbl	3,11	305		**L**: 53,4
-sulfat	Rb_2SO_4	267,02	D_{2h}^{16} n = 1,513; 1,513; 1,514	fbl	3,613	1051		**L**: 48,2

Ruthenium (II, III, IV, VI, VII, VIII)	Ru	101,70	hex. d. P.	grau	12,43	>1950		nl: W, SS; wl: Königsw.
-(VIII)-oxyd (braun)	RuO_4	165,70		g	3,29	27	zers. 100	wl: W; l: Alk
-(III)-hydroxyd .	$Ru(OH)_3$	152,72						
-(III)-chlorid . .	$RuCl_3$	208,07	trig. oder hex.	br-g		zers. >500		sl: W; l: Al, Alk, zers.
-(IV)- ,, . .	$RuCl_4$	243,53						
Samarium (II, III)	Sm	150,43		hgrau	7,7	>1300		
-oxyd	Sm_2O_3	348,86	T_h^7	(hg)	7,43			nl: W; l: SS
-bromat	$Sm(BrO_3)_3 \cdot 9H_2O$	696,32		(hg)		75		l: W
-(II)-chlorid . . .	$SmCl_2$	221,34		(hg)	3,687			
-(III)- ,, . . .	$SmCl_3$	256,80		hg	4,46	677		
	$SmCl_3 \cdot 6H_2O$	364,89	C_{2h}	(hg)	2,383			**L**: 93,4
-nitrat	$Sm(NO_3)_3 \cdot 6H_2O$	444,55		(hg)	2,375	78		l: W
-sulfat	$Sm_2(SO_4)_3 \cdot 8H_2O$	733,16	C_{2h}^6 n = 1,543; 1,552; 1,563	(hg)	2,96			**L**: 2,67
Sauerstoff (II) . .	O	16,00	3 Mod., α u. β = rhomb., γ = hex. d. P.	fbl	1,42895[1]	—218,7	—182,97	
-ozon	O_3	48,00		b	2,22[1]	—251	—112,5	1 Vol. W von 0° löst 0,49 Vol. O_3 (zers.); l: CCl_4, $CHCl_3$
Scandium (III) . .	Sc	45,10	kub. fl. z.		3,1	1400	2400	
-oxyd	Sc_2O_3	138,20	T_h^7	fbl	3,86			nl: W; wl: k. SS; sl: h. SS
-chlorid	$ScCl_3 \cdot 6H_2O$	259,56		fbl				sl: W
-nitrat	$Sc(NO_3)_3$	231,12		fbl		150		l: W
-sulfat	$Sc_2(SO_4)_3$	378,38		fbl	2,579			
,, (5, 6) . . .	$Sc_2(SO_4)_3 \cdot 6H_2O$	486,47		fbl				L 25°: 26,1
Schwefel (II, IV, VI) rhomb.	S	32,06	D_{2h}^{24}, α-Form n = 1,957 2,0377; 2,2454	hg	2,07	118	444,6	nl: W; **L** in org. Lm
,, monokl. .	S	32,06	C_{2h}^2	hg	1,96	119	444,6	nl: W; l: CS_2, Toluol usw.
,, amorph. .	S	32,06		g	1,92	120	444,6	nl: W, CS_2

[1] kg/Nm³.

3112 (Fortsetzung).

Name	Formel	Molekulargewicht	Krystallsystem und Brechungszahl	Farbe	Dichte ϱ in $g \cdot cm^{-3}$	Schmelzpunkt Fp in °C	Siedepunkt Kp in °C	Angaben über die Löslichkeit
Schwefel								
-wasserstoff . . .	H_2S	34,08	T_h^6 $n^{18,5} = 1,384$	fbl	1,5292 [1]	−85,5	−60,4	l: W, Al
-(IV)-oxyd . . .	SO_2	64,06	$n^{15} = 1,351$	fbl	2,9263 [1]	−75,7	−10,02	sl: W, Al
-(VI)- „ [2] (eisartig)	SO_3	80,06		fbl	2,75	16,8	44,8	sl.: W
-säure (1, 2, 4, 6, 8)	H_2SO_4	98,08	hex. $n^{23} = 1,429$	fbl	1,834	10,5	zers. 338	**L**: mischbar; org. Lm
„	$H_2SO_4 \cdot H_2O$	116,09	monokl. $n = 1,438$	fbl	1,788	8,6	290	
Pyro-Säure . . .	$H_2S_2O_7$ (u. $H_2S_4O_{13}$)	178,14		fbl	1,9	34,8	zers.	**L**
Sulfoperoxysäure [3]	H_2SO_5	114,08		fbl		zers. 45		l: W, Al, Ä, Eisessig
Überschwefels. .	$H_2S_2O_8$	194,14		fbl		>60		l: W, Al
-säurederivate:								
Chlorsulfons. . .	$SO_2 \cdot OH \cdot Cl$	116,53	$n^{14} = 1,437$	fbl	1,79	−80	151	zers. sich m. W, SS, Al
Nitrosylschwefels.	$SO_2 \cdot OH \cdot O \cdot NO$	127,08		fbl		73		l: W, H_2SO_4
-(II)-bromid . .	S_2Br_2	223,95	$n = 1,736$	r	2,635	−46	54	W zers.
-chlorid	S_2Cl_2	135,03	$n^{14} = 1,666$	br-g	1,678	−80	138,6	W zers. langsam; l: CS_2
-*di*-chlorid . . .	SCl_2	102,97	$n^{14} = 1,557$		1,621	−80	159	
-*tetra*-chlorid . .	SCl_4	173,89				−30	zers.	
-(IV)-fluorid . . .	SF_4	108,06				−124	−40	
-(VI)- „ . . .	SF_6	146,06		fbl	6,50	Dr −50,7	subl −63,8	swl: W; wl: Al
-stickstoff . . .	N_4S_4	184,27	C_{2h}^5 $n = 1,908$ (α); 2,046 (β)		2,22	subl 179	160	
Sulfurylchlorid .	SO_2Cl_2	134,97	$n^{12,4} = 1,444$	fbl	1,667	−54,1	69,5	zers. sich m. W, SS, Al
Pyro-sulfurylchlorid	$S_2O_5Cl_2$	215,03	$n^{19} = 1,449$	fbl	1,84	−37	153	zers. sich m. W, SS
Thionylbromid	$SOBr_2$	207,89			2,68	−50	138	

Thionylchlorid . .	$SOCl_2$	118,97	$n^{10,4} = 1,527$	fbl	1,638	—104,5	75,7	zers. sich m. W, SS, Alk, Al
Thionylfluorid . .	SOF_2	86,06				—112	—30	
Selen (II, IV, VI) .	Se	78,96	rot: 1. C_2^2 oder C_{2h}^2; 2. C_{2h}^5; met.: D_3^4	grau, rbr	4,26	220	685	nl: W, CS_2; l: konz. H_2SO_4
-wasserstoff . . .	SeH_2	80,98	T_h^6	fbl	3,61 [1]	—65,7	—41,4	1 Vol. W 4° l 3,77 Vol. H_2Se
-(IV)-oxyd . . .	SeO_2	110,96	D_{4h}^{13} oder C_{4v}^8	fbl	3,95	Dr 340	subl 316	sl: W, Al, H_2SO_4
selenige S. . . .	H_2SeO_3	128,98	hex.	fbl	3,004	zers.		
-säure	$H_2SeO_4 \cdot H_2O$	162,99	hex.	fbl	2,627	25		
,, Hydr. . .	$H_2SeO_4 \cdot 4H_2O$	217,04		fbl		—51,7		l: W
-(II)-chlorid . . .	Se_2Cl_2	228,83	n = 1,596	brg	2,91	~ —80	zers. 137	zers. sich m. W, Al, Ä; l: CS_2
-(IV)- ,, . . .	$SeCl_4$	220,79	n = 1,807	fbl	3,80			zers. W; l: h $POCl_3$; nl: CS_2
-(IV)-*oxy*-chlorid	$SeOCl_2$	165,87	n = 1,651	hg	2,42	9,8	178	zers. sich m. W
-(IV)-fluorid . . .	SeF_4	154,96				—80	>100	
-(VI)- ,, . . .	SeF_6	192,96				—34,6		
-sulfid	SeS	111,02	monokl.		3,056	zers. 118		
,, ...	SeS_2	143,08	monokl.			< 100		
Silber (I)	Ag	107,88	kub. fl. z.	(hgrau)	10,5	960,5	2170	l: HNO_3, h konz. H_2SO_4; w.
-oxyd	Ag_2O	231,76	O_h^4	s-br	7,143	zers. 300		**L**: $2,14 \cdot 10^{-3}$; l: HNO_3
-*per*-oxyd	Ag_2O_2	247,76		s	7,44	zers. >100		nl: W; l: HNO_3
-acetylid	Ag_2C_2	239,78		fbl		expl		wl: W (Hydrolyse), Al; l: HCl
-arsenat	Ag_3AsO_4	462,57	T_d^4	br-r	6,657			L: $0,85 \cdot 10^{-3}$; l: NH_3
-arsenit	Ag_3AsO_3	446,57		g		zers. 150		L: $1,15 \cdot 10^{-3}$; l: HNO_3, NH_3, Alk
-azid	AgN_3	149,90	D_{2h}^{26}	fbl		252		swl: W, HNO_3; l: NH_3
-bromat	$AgBrO_3$	235,80	D_{4h}^{17} n = 1,847; 1,920	fbl	5,206	zers.		L 25°: 0,166; l: NH_3
-bromid	AgBr	187,80	O_h^5 n = 2,253	hg	6,473	430	zers. 700	**L**: $12 \cdot 10^{-6}$; 100°: $0,37 \cdot 10^{-3}$; wl: NH_3; l: $Na_2S_2O_3$-Lsg.
-carbonat	Ag_2CO_3	275,77		hg	6,077	zers. 200		**L** 25°: $3,2 \cdot 10^{-3}$; L 10% NH_3; 12°: 0,33
-chlorat	$AgClO_3$	191,34	D_{4h}^{17} oder D_{2h}^{11}	fbl	4,430	230	zers. 270	L: ~19; 100°: 50
-*per*-chlorat . . .	$AgClO_4$	207,34	T_d^2	fbl	2,806	zers. 486		sl: W; l: Al

[1] kg/Nm³. [2] Es sind mehrere Formen mit verschiedenen Fp bekannt. [3] „Carosche" Säure.

3112 (Fortsetzung).

Name	Formel	Molekulargewicht	Krystallsystem und Brechungszahl	Farbe	Dichte ϱ in $g \cdot cm^{-3}$	Schmelzpunkt Fp in °C	Siedepunkt Kp in °C	Angaben über die Löslichkeit
Silber								
-chlorid	AgCl	143,34	O_h^5 n = 2,071	fbl	5,56	455	1554	**L**: $0{,}151 \cdot 10^{-3}$; 100°: $2{,}17 \cdot 10^{-3}$; L: NH_3 ($\varrho = 0{,}89$)
-chromat	Ag_2CrO_4	331,77	rhomb.	gr, r	5,625			**L**: $2{,}6 \cdot 10^{-3}$
-*pyro*-chromat .	$Ag_2Cr_2O_7$	431,78	C_i	r	4,770			L 15°: $8{,}3 \cdot 10^{-3}$; sl: HNO_3, NH_3
-cyanat	AgCNO	149,90		fbl	4,00			
-cyanid	AgCN	133,90	1. C_{3v}^6, 2. T^1 oder T_d^1 n = 1,685; 1,94	fbl	3,95	350		L: $2{,}8 \cdot 10^{-6}$; L 10% NH_3 18°: 0,52
,, Dps . .	$[Ag(CN)_2]K$	199,02	D_{3d}^2	fbl	2,36			L: 25; wl: Al
-fluorid (2, 4) . .	AgF	126,88	O_h^5	g	5,852	435		L 15,5°: 135 ($4H_2O$); l: HF
-*sub*-fluorid . . .	Ag_2F	234,76	D_{3d}^3		8,57	zers. 90		
-jodat	$AgJO_3$	282,80	rhomb.	fbl	5,525	>200		L: $4{,}36 \cdot 10^{-3}$; wl: HNO_3; l: NH_3
-jodid	AgJ	234,80	T_d^2 / 137° / C_{6v}^4 / kub. statist. n = 2,21; 2,22	g	5,67	556,8	1506	**L** 25°: $0{,}25 \cdot 10^{-6}$; L 10% NH_3: 0,04; l: $Na_2S_2O_3$-Lsg.
-*per*-manganat . .	$AgMnO_4$	226,81	C_{2h}^5	v				
-nitrat	$AgNO_3$	169,89	D_2	fbl	4,352	209	zers. 444	**L**: 215,5; **LA**; LM 19°: 3,81
-nitrit	$AgNO_2$	153,89	C_{2v}^{20}	hg	4,453	zers. 140		**L** 15°: 0,28; 60°: 1,38
-*ortho*-phosphat .	Ag_3PO_4	418,66	T_d^4	g	6,370	849		**L**: $0{,}65 \cdot 10^{-3}$; l: SS, NH_3
-*meta*- ,, .	$AgPO_3$	186,90		fbl	6,37	482		nl: W; l: HNO_3, NH_3
-*pyro*- ,, .	$Ag_4P_2O_7$	605,56		fbl	5,306	585		nl: W, Essigs.; l: HNO_3, NH_3
-rhodanid . . .	AgCNS	165,96		fbl		zers. b. Erh.		**L**: $14 \cdot 10^{-6}$; 100°: $0{,}64 \cdot 10^{-3}$; l: NH_3, Rhodanidlsg.
-sulfat	Ag_2SO_4	311,82	D_{2h}^{24}	fbl	5,45	657	zers. 1085	**L**: 0,74; l: HNO_3
-sulfid (Silberglanz)	Ag_2S	247,82	? O_h^4	s	7,317	842		**L**: $14 \cdot 10^{-6}$; nl: NH_3; l: KCN-Lsg
-sulfit	Ag_2SO_3	295,82		fbl		zers. 100		swl: W; l: NH_3
-tellurid	Ag_2Te	343,26	C_{2h}^1 oder C_2^1; hochmod.kub.		8,5	955		

Silicium (IV)	Si	28,06	O_h^7	grau	2,4	1414	2630	nl: W, SS; l: Alk, HF + HNO_3
-hydrid, Monosilan	SiH_4	32,09		fbl	1,44[1]	−184,7	−111,6	zers. sich mit W
,, Disilan .	Si_2H_6	62,17		fbl	0,686[2]	−132,5	−15	zers. sich mit W; l: Al, CS_2
,, Trisilan .	Si_3H_8	92,24			0,74	−117,4	52,9	
,, Tetrasilan	Si_4H_{10}	122,32			0,79	−93,5	90	
-oxyd, Anhydrid	SiO_2	60,06	n = 1,544; 1,553	fbl	2,20		2230	l: Alk, HF; nl: W, SS
,, Quarz . .	SiO_2	60,06	$\alpha = D_3^4$, D_3^6, $\beta =$ hex. $n^{18} = 1{,}544$	fbl	2,651	∼1477	2230	nl: Alk; l: HF
,, Tridymit .	SiO_2	60,06	$\beta = D_{6h}^4$	fbl	2,26	1670	2230	wie Quarz
,, Cristobalit	SiO_2	60,06	$\alpha = D_4^4$ oder D_4^8, $\beta = T^4$	fbl	2,32	1702	2230	wie Quarz
-borid	SiB_3	60,52	rhomb.		2,52			
,, ...	SiB_6	92,98			2,47			
-carbid (Carborundum)	SiC	40,07	T_d^2 n = 2,654; 2,697	fbl	3,17	>2700		nl: W, SS, Königsw., Alk
-chlorid	Si_2Cl_6	268,86			1,58	2,5	147	
,, ...	$SiCl_4$	169,89		fbl	1,483	−67,7	56,7	zers. sich mit W
-*oxy*-chlorid . .	Si_2OCl_6	284,86				−33	135,5	
-chloroform . . .	$SiHCl_3$	135,44		fbl	1,35	−134	31,7	zers. sich mit W; l: CS_2, CCl_4, $CHCl_3$, Bzl.
-fluorid	SiF_4	104,06	T_d^3	fbl	4,68	Dr −90,2	−95,7	zers. sich mit W; l: HF
-sulfid	SiS	60,12			1,853		subl 940	
Stickstoff (III, V) .	N	14,008	$\alpha = O_h^1$, $\beta =$ hex. d. P.	fbl	1,2505[1]	−210	−195,8	1 Vol. W l 0°: $2{,}348 \cdot 10^{-2}$ Vol. N
Stickoxydul . .	N_2O	44,016	T_h^6	fbl	1,9780[1]	−90,7	−88,7	1 Vol. W l 5°: 1,048 Vol.
Stickoxyd . . .	NO	30,008	$n^{16} = 1{,}193$	fbl	1,3402[1]	−163,7	−151,8	1 Vol. W l 0°: 0,0738 Vol. NO; l: $FeSO_4$-Lsg.; wl: H_2SO_4
-(III)-oxyd . . .	N_2O_3	76,016		b	1,447[3]	−102		l: k. W (m. bl. Farbe); Lsg. zers. sich
-(V)- ,, . . .	N_2O_5	108,016		fbl	1,642	∼30	zers. 50	s HNO_3
-(III, V)-oxyd . .	$N_2O_4 \rightleftharpoons 2NO_2$	92,016	T^5	br-fbl	1,491	−11,3	zers. 21,1	zers. sich mit W; l: konz. H_2SO_4 (NO_2); (N_2O_4)
-wasserstoffsäure .	N_3H	43,032		fbl		−80	37	l: W, Al
Salpetersäure (1, 3)	HNO_3	63,02	$n^{16,4} = 1{,}397$	fbl	1,502	−47	86	L: mischbar; l: Ä; zers. Al

[1] kg/Nm³. [2] bei −25°. [3] bei 2°.

3112 (Fortsetzung).

Name	Formel	Molekulargewicht	Krystallsystem und Brechungszahl	Farbe	Dichte ϱ in $g \cdot cm^{-3}$	Schmelzpunkt Fp in °C	Siedepunkt Kp in °C	Angaben über die Löslichkeit
Stickstoff (II, III, V)								
-*oxy*-bromid	NOBr	109,32		br		—55,5	—2	zers. sich lgs. mit W
-chlorid	NCl_3	120,38		g	1,653	< —40	< 71	zers. W; l: CCl_4, $CHCl_3$, CS_2, Bzl.
-*oxy*-chlorid	NOCl	65,47		g	2,9919[1]	—61,5	—6,5	zers. sich mit W
Nitryl-chlorid	NO_2Cl	81,47			2,57[2]	< —31	5	
-fluorid	NF_3	76		fbl	1,537 fl bei —129° C	—216,6	—120	swl
-*oxy*-fluorid	NOF	49,01			2,176[2]	—132,5	—59,9	
Hydrazin	N_2H_4	32,05	$n^{22,3} = 1,470$	fbl	1,011	1,4	113,5	sl: W, Al
-hydrat	$N_2H_4 \cdot H_2O$	50,06		fbl	1,03	< —40	118,5	sl: W, Al
-chlorid, prim.	$N_2H_4 \cdot HCl$	68,51		fbl		89		sl: W; wl: Al
,, sec.	$N_2H_4 \cdot 2HCl$	104,98	T_h^6	fbl	1,42	198		L 23: 73; swl: Al
-nitrat, prim.	$N_2H_4 \cdot HNO_3$	95,06		fbl		70,7		sl: W; wl: Al
,, sec.	$N_2H_4 \cdot 2HNO_3$	158,08		fbl		zers. 104		sl: W
-sulfat, prim.	$2N_2H_4 \cdot H_2SO_4$	162,17		fbl		85		sl: W; nl: Al
,, sec.	$N_2H_4 \cdot H_2SO_4$	130,12	V, ev. auch monokl.	fbl	1,37	zers. 254		L 32: 2,96; sl: h W; nl: Al
Hydroxylamin	NH_2OH	33,03	$n^{23,5} \doteq 1,440$	fbl	1,204	33,1		sl: W, M, Al; swl: Ä, Chlf, CS_2, Benzin
-chlorid	$NH_2OH \cdot HCl$	69,50	C_{2h}	fbl	1,67	151	zers. b. Erh.	L 17°: ~82; l: M; wl: Al; nl: Ac
-nitrat	$NH_2OH \cdot HNO_3$	96,05		fbl		48	zers. —100	sl: W, Al
-sulfat	$2NH_2OH \cdot H_2SO_4$	164,14	C_{2h}	fbl		170		L 0°: 32,9; 30°: 44,1; 90°: 68,5 nl: Al
Strontium (II)	Sr	87,63	kub. fl. z.	(hgrau)	2,6	757	1364	zers. W, Al
-oxyd	SrO	103,63	O_h^5 n = 1,870	fbl	4,7	2430		l: W (s Hydroxyd), SS; nl: Ac
-*per*-oxyd	$SrO_2 \cdot 8H_2O$	263,75	D_{4h}^1	fbl	1,95			swl: W, Alk; l: SS

-hydroxyd	$Sr(OH)_2$	121,65			fbl	3,625	375		
,,	$Sr(OH)_2 \cdot 8H_2O$	265,77	D^1_{4h}	n = 1,499; 1,476	fbl	1,40			**L**: 0,70, SrO
-borid	SrB_6	152,55	O^1_h			3,3			
-bromid (2, 6)	$SrBr_2$	247,46	hex.		fbl	4,216	643		
,,	$SrBr_2 \cdot 6H_2O$	355,56	C^1_{3i}		fbl	2,358	zers. 20		**L**: 98; **L**A: 64,5
-carbid	SrC_2	111,65	D^{17}_{4h}			3,2			
-carbonat	$SrCO_3$	147,64	D^{16}_{2h}	n = 1,516; 1,664; 1,666	fbl	3,7	(60 Atm) 1497		**L**: $1,0 \cdot 10^{-2}$; l: NH_4-Salzlsg.
-chlorid (1, 2, 6)	$SrCl_2$	158,54	O^5_h		fbl	3,052	872		
,,	$SrCl_2 \cdot 6H_2O$	266,64	C^1_{3i}	n = 1,536; 1,487	fbl	1,93	zers. 61		**L**: 53,8; L Al 6: 3,7; LM 7°: 63,6; fbl
-fluorid	SrF_2	125,63	O	n = 1,442	fbl	2,44	1190	2460	**L**: $11,7 \cdot 10^{-2}$
-jodid (2, 6)	$SrJ_2 \cdot 6H_2O$	449,56	C^1_{3i}		fbl	4,415			**L**: 179; l: Al
-nitrat (4)	$Sr(NO_3)_2$	211,65	T^6_h	n = 1,567	fbl	2,986	645		hg; swl: Al
,,	$Sr(NO_3)_2 \cdot 4H_2O$	283,71	C_{2h}		fbl	2,2			hg; **L**: 70,9
-silicat	$SrSiO_3$	163,69		n = 1,618	fbl	3,65	1580		nl: W
-sulfat (Cölestin)	$SrSO_4$	183,69	D^{16}_{2h}	n = 1,622; 1,624; 1,631	fbl	3,96	~1600		**L**: $11,4 \cdot 10^{-3}$; nl: Al
-sulfid	SrS	119,69	O^5_h	n = 2,107	fbl	3,70			
,,	$SrS_4 \cdot 6H_2O$	323,96	O^5_h		fbl		25		
Tantal (V)	Ta	180,88	r. z.		grau	16,65	3030	4100	nl: W, SS, Königsw.
-oxyd	Ta_2O_5	441,76	D_{2h}		fbl	8,735	zers. 1470		nl: W, SS; langs. l: HF
-hydroxyd	$Ta(OH)_5$	265,92			fbl				nl: W, SS; l: Alk
-bromid	$TaBr_5$	580,38					~240	~320	
-chlorid	$TaCl_5$	358,17			hg	3,68	221	241,6	zers. sich mit W; l: Al
-fluorid	TaF_5	275,88	? tetr.		fbl	4,74	96,8	229,5	l: W, Fluoridlsg.
,, Dps	TaF_7K_2	392,07	rhomb.		fbl				wl: W (zers.), HF
-nitrid	Ta_3N_5	612,68					3090		
-sulfid	Ta_2S_4	490,00							
Tellur (II, IV, VI)	Te	127,61	D^4_3, D^6_3		(hgrau)	6,24	452	1390	nl: W; l: konz. H_2SO_4
-amorph	Te	127,61			br	6,00	452	1390	nl: W; l: konz. H_2SO_4

[1] kg/Nm³. [2] kg/m³ bei 20°.

3112 (Fortsetzung).

Name	Formel	Molekulargewicht	Krystallsystem und Brechungszahl	Farbe	Dichte ϱ in $g \cdot cm^{-3}$	Schmelzpunkt Fp in °C	Siedepunkt Kp in °C	Angaben über die Löslichkeit
Tellur								
-wasserstoff . . .	TeH_2	129,63		fbl	2,57[1]	—49	—2,3	sl: W; l: Al
-(IV)-oxyd . . .	TeO_2	159,61	D_{4h}^{14} n = 2,00; 2,18; 2,35	fbl	5,67	733		L: $0{,}67 \cdot 10^{-3}$; l: SS, Alk; nl: NH_3
-(VI)- ,, . . .	TeO_3	175,61		g	5,08	zers.		nl: W, SS, Alk; l: h. konz. KOH
-säure (4)	H_6TeO_6	229,66	1. O_h^5, 2. C_{2h}^5	fbl	3,05			L 0°: 19,8 ($4H_2O$); 100°: 259 (OH_2O)
-(II)-bromid . .	$TeBr_2$	287,44		s-grau		~210		zers. sich mit W; l: Ä, konz. Weinsäure
-(IV)- ,, . .	$TeBr_4$	447,27		g	4,31	380	421	l: W (Hydrolyse), HBr
-(II)-chlorid . . .	$TeCl_2$	198,52		s-grau	7,05	175	324	zers. sich mit W, SS, Alk
-(IV)- ,, . . .	$TeCl_4$	269,44		fbl	3,26	224,1	392	zers. sich mit k. W; l: h W, SS, Al
-fluorid	TeF_4	203,61						
-jodid	TeJ_2	381,45						
-sulfid	TeS_2	191,73						
Terbium (III) . . .	Tb	159,20	hex. d. P.		8,3			
-oxyd	Tb_2O_3	366,40	T_h^7	fbl				l: SS
,, ...	Tb_4O_7	748,80	O_h^5	fbl				
-bromat	$Tb(BrO_3)_3 \cdot (9H_2O)$			fbl				**L**: 71,0
-chlorid	$TbCl_3$	265,57		fbl	4,25	588		
,, ...	$TbCl_3 \cdot 6H_2O$	373,66		fbl				sl: W
-nitrat	$Tb(NO_3)_3 \cdot 6H_2O$	453,32	monokl.	fbl		89,3		sl: W
-sulfat	$Tb_2(SO_4)_3 \cdot 8H_2O$	750,70	C_{2h}	fbl				**L**: 3,56
Thallium (I, III) .	Tl	204,39	hex. d. P., Hochmod. = kub. f. z.	grau	11,84	302,5	1457	nl: W; l: verd. H_2SO_4
-(I)-oxyd	Tl_2O	424,78		s		~300		s TlOH

-(III)-oxyd . . .	Tl_2O_3	456,78	T_h^7	br	9,65	717		swl: W; l: SS
-(I)-hydroxyd . .	$TlOH \cdot H_2O$	239,42	rhomb.	g		300		L 0°: 26,0 (OH_2O); 40°: 52,0; l: Al
-(III)- ,, . .	TlO(OH)	237,40		br				nl: W; l: SS
-(I)-bromid . . .	TlBr	284,31	O_h^1	fbl	7,557	462	819	**L**: 0,0476; nl: HBr
-(III)- ,, . . .	$TlBr_3 \cdot 4H_2O$	516,20		hg				sl: W; l: Al
-carbonat	Tl_2CO_3	468,79	C_{2h}	fbl	7,11	273		**L**: 0,32; nl: Al
-(I)-chlorid . . .	TlCl	239,85	O_h^1 n = 2,247	fbl	7,00	427	807	L 0°: 0,17; swl: HCl
-(III)- ,, . . .	$TlCl_3$	310,76				~37	zers.	
-(III)- ,, . . .	$TlCl_3 \cdot H_2O$	328,78	rhomb.				zers. 100	
-(III)- ,, . . .	$TlCl_3 \cdot 4H_2O$	382,82	? hex.	fbl		37		L 17°: 60,2
-(I)-fluorid . . .	TlF	223,39	D_{2h}^{23}				300	
-(III)- ,, . . .	TlF_3	261,39						
-jodid	TlJ	331,31	O_h^1 / 175° / D_{2h}^{17} n = 2,78	g	7,09	442	823	L: 6,3 · 10^{-3}; wl: Al
-(I)-nitrat . . .	$TlNO_3$	266,40	rhomb. / hex. / kub.	fbl	5,56	207		**L**: 9,55; nl: Al
-(III)-nitrat, Hydr.	$Tl(NO_3)_3 \cdot 3H_2O$	444,46	rhomboedr.	fbl		zers. 100		zers. sich mit W
-rhodanid	TlCNS	262,47	D_{2h}^{11}	fbl	4,95			**L**: 0,315
-(I)-sulfat	Tl_2SO_4	504,84	D_{2h} n = 1,860; 1,867; 1,885	fbl	6,77	632		**L**: 4,86
-(III)-sulfat . . .	$Tl_2(SO_4)_3 \cdot 7H_2O$	823,07		fbl				zers. sich mit W; l: H_2SO_4
-(I)-sulfid	Tl_2S	440,84		br-s	8,0	449		L: 0,0215
-(III)-sulfid . . .	Tl_2S_3	504,96		s		310		swl: W; l: SS
Thorium (IV) . . .	Th	232,12	kub. fl. z. n = 2,20	s-grau	11,7	1827	3530	nl: W, HNO_3, Alk; wl: HF, H_2SO_4; l: HCl, Königsw.
-oxyd	ThO_2	264,12	O_h^5	fbl	9,69	3050	4400	nl: W, SS; langs. l: konz. H_2SO_4
-hydroxyd . . .	$Th(OH)_4$	300,15	amorph.	fbl				swl: W, Alk; l: SS, Alk.-Carbonat-lösung
-chlorid	$ThCl_4$	373,95	? rhomb.	fbl	4,59	770	~840	l: W, Al; swl: Ä
-fluorid, Hydr. .	$ThF_4 \cdot 4H_2O$	380,18		fbl				nl: W
-nitrat	$Th(NO_3)_4$	480,15		fbl				
,, ...	$Th(NO_3)_4 \cdot 6H_2O$	588,25		fbl				**L**: 181; sl: Al
,, ...				fbl		zers. 500		
-oxalat, Hydr. . .	$Th(C_2O_4)_2 \cdot 6H_2O$	516,28	tetr.	fbl				nl: W, HNO_3; l: Na_2CO_3-, $(NH_4)_2C_2O_4$-Lösung

[1] bei —20°.

3112 (Fortsetzung).

Name	Formel	Molekulargewicht	Krystallsystem und Brechungszahl	Farbe	Dichte ϱ in $g \cdot cm^{-3}$	Schmelzpunkt Fp in °C	Siedepunkt Kp in °C	Angaben über die Löslichkeit
Thorium								
-phosphat . . .	$Th_3(PO_4)_4 \cdot 4H_2O$	1148,34		fbl				
-*sub*-phosphat . .	$Th(PO_3)_2 \cdot 11H_2O$	588,21		fbl				nl: W, SS, Alk
-sulfat (4, *6*, *8*, 9)	$Th(SO_4)_2$	424,24		fbl	4,225			sl: W, $NH_4C_2H_3O_2$-Lsg.
,, ...	$Th(SO_4)_2 \cdot 9H_2O$	586,38	C_{2h}	fbl	2,77			**L**: 1,38
Thulium (III) . . .	Tm	169,40	hex. d. P.		9,3			
-oxyd	Tm_2O_3	386,80	T_h^7	(hg)				nl: W
-chlorid	$TmCl_3 \cdot 7H_2O$	401,88		hg		821		l: W
Titan (II, III, IV) .	Ti	47,90	α = hex. d. P. / 882° / β = r. z.	grau	4,43	1727	>3000	nl: W; l: SS
-(III)-oxyd . . .	Ti_2O_3	143,80	D_{3d}^6		4,6			
-(IV)- ,, . . .	TiO_2	79,90	1. D_{4h}^{14}, 2. D_{4h}^{19}, 3. D_{2h}^{15} 4. amorph.	fbl	3,84	1775		nl: W, SS
-hydroxyd (-säure)	TiO_3H_2	97,92		fbl				nl: W; swl: SS; l: h. konz. H_2SO_4, Alk
-*per*-hydrat . . .	$Ti(OH)_3 \cdot O_2H$	131,93		r-g				nl: W, Alk; l: SS; g
-(II)-chlorid . . .	$TiCl_2$	118,81		s				zers. sich mit W; l: Al; nl: Ä
-(III)- ,, . . .	$TiCl_3$	154,27	hex. oder trig.	v		subl 432		sl: W
-(IV)- ,, . . .	$TiCl_4$	189,73	n = 1,607	fbl	1,726	—23	136	l: HCl, Al; W zers.
-(III)-fluorid . .	TiF_3	104,90						
-(IV)- ,, . .	TiF_4	123,90		fbl	2,798		284	l: W, Al; nl: Ä
-(IV)- ,, Dps	$TiK_2F_6 \cdot H_2O$	258,12	D_{2h}	fbl	3,01	780		L: 1,3
-(IV)-jodid . . .	TiJ_4	555,58	? T_h^6			150	~360	
-sulfat	$Ti_2(SO_4)_3$	383,98		fbl				
-*oxy*-sulfat . . .	$TiOSO_4$	159,96		fbl				W zers.; l: H_2SO_4
-sulfid	TiS_2	112,02	D_{3d}^3					

Uran (III, IV, VI) .	U	238,07	D^1_{2h}		(hgrau)	19,0	1689		nl: W; l: SS
-(IV)-oxyd . . .	UO_2	270,07	O^5_h		br-s, r	10,5	2227		nl: W; swl: SS; l: HNO_3
-(VI)- ,, . . .	UO_3	286,07	? amorph		g-r	5,92			nl: W; l: SS, Alk-Carbonatlsg.
-(IV, VI)-oxyd (Uranpecherz)	U_3O_8	842,21	nicht kub.		gr-s	7,19			nl: W; l: SS
-carbid	UC_2	262,09	D^{17}_{4h}			11,28	~2260	~4100	
Uranylcarbonat, Dps	$UO_2CO_3 \cdot 2(NH_4)_2CO_3 \cdot 2H_2O$	558,29				2,773	zers. 100		
-(III)-chlorid . .	UCl_3	344,44			dunk. r	5,44			sl: W (zers.)
-(IV)- ,, . .	UCl_4	379,90	kub.		gr	4,85	567	618	l: W (Hydrolyse), Al, Ac
-(V)- ,, . .	UCl_5	415,36					zers. 120		
-(IV)-fluorid . . .	UF_4	314,07					1000		
-(VI)- ,, . . .	UF_6	352,07	? monokl.		hg	4,68	u. Dr. 69,5	56,2	l: W, CS_2, Al u. Ä zers.
-(VI)-*oxy*-nitrat (3, 6) (Uranylnitrat)	$UO_2(NO_3)_2 \cdot 6H_2O$	502,18	D^{17}_{2h}		g	2,81	59,5	118	**L**: 119,3; l: Al, Ä, Ac
-(VI)-*oxy*-phosph.	$(UO_2)HPO_4 \cdot 4H_2O$	438,16			g				nl: W, Essigs.
-(IV)-sulfat . . .	$U(SO_4)_2 \cdot 4H_2O$	502,25	D_h						
-(IV)- ,, . . .	$U(SO_4)_2 \cdot 8H_2O$	574,31	C_{2h}				zers. 90		
-(VI)-*oxy*-sulfat .	$(UO_2)SO_4 \cdot 3H_2O$	420,18			gr	3,28	zers. 100		L 15,5°: 17,4; sl: H_2SO_4
-(VI)- ,, ,, .	$2(UO_2)SO_4 \cdot 6H_2O$	840,37							
-(III)-sulfid . . .	U_2S_3	572,32							
-(IV)- ,, . . .	US_2	302,19	tetr.				>1100		
Vanadium (II, III, IV, V)	V	50,95	r. z.	n = 3,03	(hgrau)	6,07	1726	3000	nl: W, HCl, Alk; l: HF, konz. h. H_2SO_4, HNO_3
-(II)-oxyd	V_2O_2	133,90	kub. fl. z.			3,64			
-(III)- ,, ...	V_2O_3	149,90	D^6_{3d}		s	4,87	1970		nl: W; nl: SS, Alk; l: HF, HNO_3
-(IV)- ,, ...	V_2O_4	165,90	D^{14}_{4h}			4,339	1640		
-(V)- ,, ...	V_2O_5	181,90	C^7_{2v}		r	3,357	658	zers. 1750	L: $5 \cdot 10^{-2}$; l: Alk
-(V)-hydroxyd .	$V(OH)_5$	135,99			r-br				L: ~0,1; l: Alk
-carbid	VC	62,95	O^5_h			5,4	2830	3900	

3112 (Fortsetzung).

Name	Formel	Molekulargewicht	Krystallsystem und Brechungszahl	Farbe	Dichte ϱ in $g \cdot cm^{-3}$	Schmelzpunkt Fp in °C	Siedepunkt Kp in °C	Angaben über die Löslichkeit
Vanadium								
-(II)-chlorid . . .	VCl_2	121,86	hex.	hg	3,23			
-(III)-chlorid (6) .	VCl_3	157,32		hr	3,00			sl: W; ($6H_2O$); l: Al, Ä
-(IV)- ,, .	VCl_4	192,78		br-r	1,87	—109	148,5	zers. sich mit W; l: konz. HCl, Al, Ä
-(II, III)-*oxy*-chlorid	V_2O_2Cl	169,36			3,64	127		
-(III)-*oxy*-chlorid	VOCl	102,41			2,824		127	
-(IV)- ,, ,,	$VOCl_2$	137,86			2,88			
-(V)- ,, ,,	$VOCl_3$	173,32		g	1,829	< —15	127,2	l: W (zers.), Eisessig, Al, Ä
-(III)-fluorid . .	VF_3	107,95			3,363	>800		
-(IV)- ,, . .	VF_4	126,95			2,975	zers. 325		
-(V)- ,, . .	VF_5	145,95			2,177		111,2	
-nitrid	VN	64,96			5,75	2050		
-sulfat	$VSO_4 \cdot 7H_2O$	273,12	C_{2h}^6	r-v				
-*oxy*-sulfat . . .	$(VO)SO_4$	163,01						
-(III)-*oxy*-sulfat .	$(VO)_2(SO_4)_3$	422,08	? kub.					
-(III)-sulfat Dps	$VNH_4(SO_4)_2 \cdot 12H_2O$	477,30	T_h^6 $n^{20} = 1,475$	v	1,683	49		
-(II)-silicid . . .	V_2Si	129,96			5,48			
-(IV)- ,, . . .	VSi_2	107,07			4,42			
-(II)-sulfid . . .	V_2S_2	166,02			4,20			
-(III)- ,, . . .	V_2S_3	198,08		grau-s	4,70			swl: W, SS, Alk; l: konz. H_2SO_4
-(V)- ,, . . .	V_2S_5	262,20			3,00			

Wasser	H_2O	18,02	C_{6v}^3 n s. 391121	fbl	Eis 0° 0,917 [5]		100	Al mischbar
schweres Wasser	D_2O	20,02		fbl	1,107	3,8	101,42	
Wasserstoff [1]	H	1,008		fbl	0,08987 [3]	−262	−252,78	1 Vol. W 0° l. 0,0215 H_2
-*per*-oxyd	H_2O_2	33,016	D_4^3, D_4^4 $n^{20} = 1{,}400$	fbl	1,4631 [4]	−0,8	157,8	**L**: mischbar; l: Ä
Wismut (III, V)	Bi	209,00	D_{3d}^5	rötl.	9,80	271	1560	nl: W, HCl; l: HNO_3
-hydrid	BiH_3	212,02					22	l
-oxyd	Bi_2O_3	466,00	1. C_2^1 oder C_2^2 (gew. Temp.), 2. D_{2d}^7, 3. kub. r.z., 4. O_h	g, br	8,9	817	1890	n: W; l: SS
-(V)-oxyd	Bi_2O_5	498,00			5,10			
-hydroxyd	$Bi(OH)_3$	260,02		fbl	4,36	zers. 415		L: $0{,}144 \cdot 10^{-3}$; l: SS, Glycerin; wl: Alk
-bromid	BiBr	288,92				287		
,,	$\sim BiBr_3$				5,7	218	441	wahrsch. Gemisch aus $Bi + BiBr_3$
-(II)-chlorid	$BiCl_2$	279,91			4,86	163	zers. 300	
-(III)- ,,	$BiCl_3$	315,37		fbl	4,75	224	461	zers. sich mit W; l: HCl, Ac
-(III)-*oxy*-chlorid	BiOCl	260,46	D_{4h}^7	fbl	7,72			nl: W; l: SS
-fluorid	BiF_3	266,00	O_h^5	fbl	5,32			
-(III)-nitrat	$Bi(NO_3)_3 \cdot 5\,H_2O$	485,10	C_i	fbl	2,83	zers. 30		zers. sich mit W; l: Mannitlsg.; HNO_3, Ac
-(III)- ,,	$Bi(NO_3)_3 \cdot 6\,H_2O$	503,12		fbl	2,76			
-(III)- ,, bas. [2]	$BiO(NO_3) \cdot H_2O$	305,02		fbl	4,928	zers. 260		swl: W; l: HNO_3
-phosphat	$BiPO_4$	304,02	monokl.		6,323			
-selenid	Bi_2Se_3	655,60	hex.		6,82	710		
-sulfat	$Bi_2(SO_4)_3$	706,18			5,08			
-sulfid	BiS	241,06			7,7	685		
-(III)-sulfid	Bi_2S_3	514,18	D_{2h}^{16}	s	7,39	727		L 18°: $18 \cdot 10^{-6}$ (gefällt); swl: Alk; l: konz. SS
Wolfram (II, III, IV, V, VI)	W	183,92	α = r. z., $\beta = O_h^3$ oder T_d^4 oder O^2	grau	19,3	3380	6000	nl: W, SS, Königsw., Alk; l: $HF + HNO_3$
-(IV)-oxyd	WO_2	215,92	D_{4h}^{14}	br	12,11	~1270		nl: W, SS, Alk

[1] Besteht aus etwa 1/4 *Para*- und 3/4 *Ortho*-Wasserstoff. Siehe auch Deuterium. [2] „Bismutum subnitricum" ist ein Gemisch verschiedener basischer Nitrate. [3] kg/Nm³. [4] bei 0°. [5] Dichtetabelle von Wasser s. S. 765.

3112 (Fortsetzung).

Name	Formel	Molekulargewicht	Krystallsystem und Brechungszahl	Farbe	Dichte ϱ in $g \cdot cm^{-3}$	Schmelzpunkt Fp in °C	Siedepunkt Kp in °C	Angaben über die Löslichkeit
Wolfram								
-(VI)-oxyd . . .	WO_3	231,92	D_{2h}^{11}, ev. C_{2h}^{5}	g	7,16	1473		nl: W, SS; l: Alk, HF
-(II)-carbid . . .	W_2C	379,84	α = hex. d. P. / 2400° / β = hex.		16,06	2857	~6000	
-(IV)-carbid . .	WC	195,93	hex.		15,7	2867	~6000	
-(II)-chlorid . . .	WCl_2	254,83			5,436			
-(IV)- ,, . . .	WCl_4	325,75		grau-br	4,624	zers. b. Erh.		zers. sich mit W
-(V)- ,, . . .	WCl_5	361,21		s	3,875	248	275,6	sl: W (Hydrolyse); l: Al, Ä, CS_2
-(VI)- ,, . . .	WCl_6	396,66	? kub.	s-v	3,52	275	346,7	zers. mit W; l: Al, Ä, CS_2, Bzl.
-(VI)-*oxy*-chlorid	WO_2Cl_2	286,83		hg		266		nl: W, SS; l: Alk
-(VI)-fluorid . . .	WF_6	297,92	rhomb.	hg	12,9	−0,5	17,2	zers. sich mit W; l: Alk
-(VI)-*oxy*-fluorid	WOF_4	275,92				110	~187	
-(II)-jodid . . .	WJ_2	437,76			6,9			
-(IV)- ,, . . .	WJ_4	691,60			5,2			
-(III)-phosphid .	WP	214,90			8,5			
-(VI)- ,, .	WP_2	245,88			5,8			
-(II, III)-phosphid	W_4P_2	797,64	hex.		5,21			
-(IV)-sulfid . . .	WS_2	248,04	D_{6h}^{4}	grau-s	7,5			nl: W, SS; l: HF + HNO_3
-(VI)- ,, . . .	WS_3	280,10						
Xenon	X	131,3	kub. fl. z.	fbl	5,89[1]	−111,9	−108,1	1 Vol. W 0° l 0,242 Vol. X; l: Anil
Ytterbium (III) .	Yb	173,04	kub. fl. z.		7,0			
-oxyd	Yb_2O_3	394,08	T_h	fbl	9,17			nl: W; l: SS

-chlorid	$YbCl_3 \cdot 6H_2O$	387,53	? monokl.	fbl	2,575	854		l: W
-selenat	$Yb_2(SeO_4)_3 \cdot 8H_2O$	919,12	hex	fbl	3,30			
-sulfat	$Yb_2(SO_4)_3$	634,26		fbl	3,793	zers. 900		
,, ...	$Yb_2(SO_4)_3 \cdot 8H_2O$	778,42	C_{2h}^6	fbl	3,286			**L**: 34,8
Yttrium (III) . . .	Y	88,92	hex. d. P.	grau	~4,34	1475		zers. h. W
-oxyd	Y_2O_3	225,84	T_h^7	fbl	4,84	2410		**L** 29°: 0,18 · 10^{-2}; l: SS
-carbid	YC_2	112,94	hex.		4,13			
-chlorid (6) . . .	YCl_3	195,29	? rhomb.	fbl	2,8	721		**L**: 75,3
-nitrat	$Y(NO_3)_3 \cdot 6H_2O$	383,04	C_i	fbl	2,68			**L**: 129
-sulfat	$Y_2(SO_4)_3$	466,02		fbl	2,52	zers. 1000		
,, ...	$Y_2(SO_4)_3 \cdot 8H_2O$	610,14	C_{2h}^6 n = 1,543; 1,549; 1,576	fbl	2,558	zers. 700		**L**: 9,78
Zink (II)	Zn	65,38	hex. d. P.	(hbläul)	7,133	419,4	906	nl: W; l: SS, Alk; bläul.-w.
-oxyd	ZnO	81,38	C_{6v}^4 n = 2,008; 2,029	fbl	5,47	Dr 1975		swl: W (s Hydroxyd); l: SS, Alk
-hydroxyd . . .	$Zn(OH)_2$	99,40	5 Mod. $\alpha = D_{3d}^3$, $\beta = D_2^4$	fbl	3,053	zers. 125		L 29°: 0,19 · 10^{-3}; l: SS, Alk
-arsenat	$Zn_3(AsO_4)_2 \cdot 8H_2O$	618,12	monokl. n = 1,662; 1,683; 1,717	fbl	3,309	zers. 100		
-bromid	$ZnBr_2$	225,21	rhomb.	fbl	4,219	394	650	L 0°: 388 ($2H_2O$); 100°: 675 ($0H_2O$); l: Al, Ä
-carbonat	$ZnCO_3$	125,39	D_{3d}^6 n = 1,818; 1,168	fbl	4,44	zers. 140		swl: W; l: SS; nl: Ac, Pyrid.
-bas.-carbonat	$2ZnCO_3 \cdot 3Zn(OH)_2$	548,97		fbl				
-chlorid (1, 1,5, 2,5, 3, 4)	$ZnCl_2$	136,29	D_{3d}^5 n = 1,687; 1,713	fbl	2,91	313	732	**L**: 367; l: Al, Ä, Ac
-*bi*-chromat . . .	$ZnCr_2O_7 \cdot 3H_2O$	335,40						
-jodid	ZnJ_2	319,22		fbl	4,666	446	624	L 18°: 432; 100°: 510; l: Al, Ä
-nitrat (1, 2, 4, 6, 9)	$Zn(NO_3)_2 \cdot 6H_2O$	297,49		fbl	2,065	36,4		**L**: 117,5; l: Al
-nitrid	Zn_3N_2	224,16						
-*ortho*-phosphat .	$Zn_3(PO_4)_2 \cdot 4H_2O$	458,16	D_{2h} n = 1,614; 1,625; 1,637	fbl	3,04			nl: W; l: SS, Alk
-*pyro*- ,, .	$Zn_2P_2O_7$	304,72		fbl	3,75			

[1] kg/Nm³.

3112 (Fortsetzung).

Name	Formel	Molekulargewicht	Krystallsystem und Brechungszahl	Farbe	Dichte ϱ in $g \cdot cm^{-3}$	Schmelzpunkt Fp in °C	Siedepunkt Kp in °C	Angaben über die Löslichkeit
Zink								
-phosphat, Dps	$ZnNH_4PO_4$	178,40		fbl				
-phosphid	Zn_3P_2	258,10	D_{4h}^{15}		4,55	>420	1100	
-silicat	$ZnSiO_3$	141,44	rhomb. n = 1,616; 1,62; 1,623	fbl	3,52	1437		
-sulfat (1, 6, 7)	$ZnSO_4$	161,44	D_{2h}^{16} n = 1,658; 1,669; 1,670	fbl	3,74	zers. 740		LM 18°: 0,66
,,	$ZnSO_4 \cdot 6H_2O$	269,53	C_{2h}		2,072	70		L 40°: 70,4
,,	$ZnSO_4 \cdot 7H_2O$	287,55	D_{2d}^4 n = 1,457; 1,480; 1,484	fbl	1,97	40		L: 53,8; LM 17°: 58,7
,, Dps	$Zn(NH_4)_2 \cdot (SO_4)_2 \cdot 6H_2O$	401,67	C_{2h}^5 n = 1,489; 1,493; 1,499	fbl	1,931			
-sulfid (Blende)	ZnS	97,44	T_d^2 n = 2,356; 2,378	fbl	4,03	u. Dr 1800...1900	subl 1180	L 18°: $688 \cdot 10^{-6}$ (gefällt); $64,6 \cdot 10^{-6}$; (kryst.) sl: SS
,, Wurtzit			C_{6v}^4	fbl				
Zinn (II, IV) (α)	Sn	118,70	$\alpha = O_h^7$, $\beta = D_{4h}^{19}$ fl. n = 2,1	hgrau	7,28	231,84	2430	nl: W; l: h. SS, h. Alk; nl: konz. HNO_3
-(IV)-hydrid	SnH_4	122,73		fbl		—150	—52	
-(II)-oxyd	SnO	143,70	$\alpha = D_{4h}^7$, β = eigene Struktur	b-s	6,446	zers. 700...950		nl: W; l: SS
-(IV)- ,, (Zinnstein)	SnO_2	150,70	D_{4h}^{14} n = 1,997; 2,093	fbl	6,95	Dr >1900	subl 1800...1900	
-(II)-hydroxyd	$Sn(OH)_2$	152,72	D_{3d}^3	fbl				swl: W; l: SS, Alk
-(IV)- ,, (ortho-Zinnsäure)	$Sn(OH)_4$	186,74		fbl				wl: W; l: SS, Alk (koll. Lsg.)

-(IV)-hydroxyd (β-Säure)	$Sn(OH)_4$	186,74		fbl				nl: W, SS, NH_3; l: verd. HCl verd. Alk (koll. Lsg.)
-*meta*-Zinnsäure .	H_2SnO_3	168,72		fbl				
-(II)-bromid . .	$SnBr_2$	278,53	? rhomb.	hg	5,117	232	620	zers. sich mit W
-(IV)- ,, . .	$SnBr_4$	438,36	D_{2h}	fbl	3,340	30	203	l: W (Hydrolyse), HCl, $AsBr_3$
-(II)-chlorid . . .	$SnCl_2$	189,61	rhomb.	fbl	3,393	247	603	
-(II)- ,, . . .	$SnCl_2 \cdot 2H_2O$	225,65	C_{2h}	fbl	2,710	37,7		L 0°: 83,3; 15°: 263; l: Al, Ä
-(IV)-chlorid . .	$SnCl_4$	260,53	n = 1,5112	fbl	2,232	−33	113	l: W (Hydrolyse), ∞ l: CS_2
-(IV)- ,, . . .	$SnCl_4 \cdot 3H_2O$	314,57	monokl.	fbl				
-(IV)- ,, . . .	$SnCl_4 \cdot 4H_2O$	332,59		fbl				
-(IV)- ,, . . .	$SnCl_4 \cdot 5H_2O$	350,61	? monokl.	fbl				
-(IV)- ,, Dps .	$Sn(NH_4)_2Cl_6$	367,52	O_h^5 oder T_d^2	fbl	2,51	subl		L 14,5°: 33,3; konz. Lsg. siedet unzers.
-(II)-*oxy*-chlorid .	$Sn_2OCl_2 \cdot 4H_2O$	396,36		fbl				
-(IV)- ,, ,, .	$SnOCl_2$	205,61		fbl	1,8			
-(II)-fluorid	SnF_2	156,70	C_{2h}	fbl				l: W
-(IV)- ,, . .	SnF_4	194,70		fbl	4,780		705	sl: W (Hydrolyse)
-(II)-jodid . . .	SnJ_2	372,54	rhomb.	g-r	5,28	320		L: 0,98; 100°: 4,04; l: HF, CS_2
-(IV)- ,, . . .	SnJ_4	626,38	T_h^6 n = 2,106	g-br	4,696	144	341	zers. sich mit W; l: Al, Ä, CS_2, Bzl.
-(II)-oxy-nitrat .	$Sn_2O(NO_3)_2$	377,42				zers. < 100		
-phosphid	SnP	149,68			6,56			
,, ...	SnP_3	211,64			4,10			
,, ...	Sn_4P_3	567,74			5,181	zers. < 480		
-(II)-sulfat . . .	$SnSO_4$	214,76		fbl		zers. < 360		L 19°: 18,8; 100°: 18,3
-(II)-sulfid . . .	SnS	150,76	D_{2h}^{16}	br-grau	5,080	880	1230	L 18°: $1,36 \cdot 10^{-6}$; l: konz. HCl, gelb $(NH_4)_2S$
-(IV)- ,, (Musivgold)	SnS_2	182,82	D_{3d}^3	g	4,5			L 18°: $14,6 \cdot 10^{-6}$ (am); l: SS, Alk, gelb $(NH_4)_2S$
-(II)-tellurid . . .	SnTe	246,31	O_h^5		6,48	~780		
-(IV)- ,, . . .	$SnTe_2$	373,92						

3112 (Fortsetzung).

Name	Formel	Molekulargewicht	Krystallsystem und Brechungszahl	Farbe	Dichte ϱ in $g \cdot cm^{-3}$	Schmelzpunkt Fp in °C	Siedepunkt Kp in °C	Angaben über die Löslichkeit
Zirkonium (IV) . .	Zr	91,22	α = hex. d. P. / 862° /, β = r. z.	(hgrau)	6,49	1860	>2900	nl: W, SS; l: HF, Königsw.
-oxyd	ZrO_2	123,22	1. C_{2h}^5, 2. rhomb., 3. tetr. n = 2,13; 2,19; 2,20	fbl	5,49	2700	4300	nl: W, SS; l: konz. H_2SO_4, HF
-hydroxyd . . .	$Zr(OH)_4$	159,25	amorph	fbl	3,25			swl: W (k. gefällt); l: SS
-carbid	ZrC	103,23	O_h^5			3550	5100	
-chlorid	$ZrCl_4$	233,05	T_h^6	fbl	2,80	Dr 437	subl 331	sl: W (Hydrolyse); l: Al
-*oxy*-chlorid . .	$ZrOCl_2 \cdot 8H_2O$	322,26	tetr. n = 1,552; 1,563	fbl				sl: W, Al; wl: HCl
-fluorid	ZrF_4	167,22	C_{2h}^6	fbl	4,43	subl		L: 1,32 (b. 50° Hydrolyse); wl: SS
,, Dps . .	ZrK_2F_6	283,42	C_{2h}	fbl	3,48			L 19°: 1,73
,, ,, . .	$Zr(NH_4)_3F_7$	278,34	O_h^4					l: W
-phosphid . . .	ZrP_2	153,22	D_{2h}^{17}	fbl	4,77			
-silicat	$ZrSiO_4$	183,28	D_{4h}^{19} n = 1,92...1,94; 1,97...2,07		4,56	2550		nl: W, SS, Königsw., Alk
-silicid	$ZrSi_2$	147,34	D_{2h}^{17}	fbl	4,88			
-sulfat	$Zr(SO_4)_2 \cdot 4H_2O$	355,40	D_{2h}					l: W (Hydrolyse)

3113 Minerale.

Von **Theodor Ernst**, Göttingen.

31131 Datensammlung der wichtigen Minerale.

Angegeben sind: chemische Formel, Krystallsystem, Raumgruppe, Spaltbarkeit, Bruch, Härte nach Mohs, Dichte, Farbe, Strich, Glanz, optische Hauptgruppe, Brechungszahl (bei einachsigen Krystallen gibt ω die Brechungszahl für den ordentlichen und ε für den außerordentlichen Strahl an; für zweiachsige Krystalle ist α die kleinste, β die mittlere und γ die größte Brechungszahl), Doppelbrechung [es ist bei optisch einachsigen Krystallen $\varepsilon - \omega$, bei zweiachsigen Krystallen $(\gamma - \alpha)$ angegeben. Bei einachsigen Krystallen wird das Vorzeichen der Doppelbrechung gegeben durch die Differenz $\varepsilon - \omega$, bei zweiachsigen dadurch, ob die 1. Mittellinie (Halbierende des spitzen Achsenwinkels) γ oder α ist, oder anders ausgedrückt, ob $(\gamma-\beta) > (\beta-\alpha)$ (= positiv) oder $(\gamma-\beta) < (\beta-\alpha)$ (= negativ) ist], ferner der Achsenwinkel $2\,V_\gamma$ oder $2\,V_\alpha$, je nachdem γ oder α die 1. Mittellinie ist. ϱ und ν bezeichnen die Größe des Achsenwinkels für rotes und violettes Licht.

In der Spalte „Optische Orientierung" ist die Lage der optischen Bezugsfläche mit den Achsen α, β und γ (die aufeinander senkrecht stehen) zu den krystallographischen Richtungen a, b und c angegeben. Die Achsenebene geht dabei durch α und γ.

Mineralische Rohstoffe sind in 511 gebracht.

Als Abkürzungen wurden verwendet:

Abs.	Absorption	mkl.	monoklin
AE.	Achsenebene	Mtgl.	Metallglanz
bas.	basisch	pegm.	pegmatitisch
d.	deutlich	pneumat.	pneumatolitisch
durchschein.	durchscheinend	rh.	rhombisch
durchsicht.	durchsichtig	rhomb.	rhomboedrisch
farbl.	farblos	s.	schlecht
g.	gut	sed.	sedimentär
Gest.	Gestein	sek.	sekundär
getr.	getrübt	st.	stark
Gl.	Glanz	s. v.	sehr vollkommen
hex.	hexagonal	T.	Translationsebene
hydrotherm.	hydrothermal	t.	Translationsrichtung
kryst.	krystallin	Temp.	Temperatur
kub.	kubisch	tetr.	tetragonal
Lgst.	Lagerstätten	trig.	trigonal
M.	Mittellinie	trikl.	triklin
magm.	magmatisch	uv.	unvollkommen
metam.	metamorph	v.	vollkommen
metasom.	metasomatisch		

31131

Mineral und Formel	System	Raumgruppe	Spaltbarkeit	Bruch	Härte n. Mohs	Dichte in $g \cdot cm^{-3}$	Farbe	Strich
Amphibolgruppe: Anthophyllit $(Mg, Fe)_7[Si_8O_{22}/(OH)_2]$	rh.	D_{2h}^{16}	(110) v. Sp-Winkel 54° 23′		5,5	2,9… 3,2	nelkenbraun, gelbl.-grau	
Strahlstein (Aktinolith) $(Fe_{0-3}Mg_{2-5}Ca_2)[Si_8O_{22}/(OH)_2]$	mkl.	C_{2h}^{3}	(110) v. Sp-Winkel 55½°	spröde	5,5… 6	2,9… 3,1	farbl. grün	
gem. Hornblende $X_2Y_5[(Si, Al)_8O_{22}/(OH)_2]$; X = Ca, Na, K, Mn, Fe$^{\cdot\cdot}$; Y = Mg, Fe$^{\cdot\cdot}$, Fe$^{\cdot\cdot\cdot}$, Al, Mn, Ti$^{\cdot\cdot\cdot}$	mkl.	C_{2h}^{3}	(110) v.		6	3,0… 3,4	grünschwarz	
Anglesit $PbSO_4$	rh.	D_{2h}^{16}	(001) d. (110) d.	musch.	3	6,3	farbl. getr. u. versch. gefärbt	
Anhydrit $CaSO_4$	rh.	D_{2h}^{17}	(001) s. v. (010) v. (100) d.	spröde	3…4	2,9… 3	farbl.; bläul.-grau; rötlich	
Antimonit Sb_2S_3	rh.	D_{2h}^{16}	(010) s. v. (100) u. v. (110) u. v.	biegsam T. = (010) t. = [001]	2	4,6… 4,7	bleigrau	dkl. bleigrau
Apatit $Ca_5[(PO_4)_3/(Cl, F)]$	hex.	C_{6h}^{2}	(0001) d. (10$\bar{1}$0) d.	musch. spröde	5	3,16… 3,22	klar u. trüb, farbl. und gefärbt	
Asbest: Hornblende-Asbest wie Strahlstein	mkl.	C_{2h}^{3}	(110) Sp-Winkel	faserig	3…4	2,5… 2,6	versch. gefärbt, grün in versch. Tönen	
Chrysotilasbest $Mg_6[Si_4O_{11}/(OH)_6] \cdot H_2O$	mkl.	C_{2h}^{3}	(110) Sp-Winkel ~ 50°					
Auripigment As_2S_3	mkl.	C_{2h}	(010) s. v.	schneidb. u. biegs.	1,5… 2	3,4	citronengelb	gelb
Baryt $BaSO_4$	rh.	D_{2h}^{16}	(001) v. (110) d.	musch.	3… 3,5	4,5	klar u. durchsicht., oft gefärbt u. getr.	
Beryll $Al_2Be_3[Si_6O_{18}]$ tiefgrün: Smaragd bläulich: Aquamarin	hex.	D_{6h}^{2}	(0001) v.	musch.	7,5… 8	2,6… 2,8	farbl. u. verschied. gef., klar u. getr.	
Bleiglanz PbS	kub.	O_h^5	(100) s. v.		2,5	7,6	bleigrau	graul.-schwarz

Minerale.

Glanz	Optische Hauptgruppe	Brechungszahl	Doppelbrechung	Achsenwinkel	Optische Orientierung	Pleochroismus	Vorkommen
Perlm. Gl.-Glasgl.	zweiachs.	$\alpha = 1{,}548 \ldots 1{,}668$ $\beta = 1{,}587 \ldots 1{,}675$ $\gamma = 1{,}597 \ldots 1{,}685$	+ u. – $\sim 0{,}02$	$2V_\alpha = 74 \ldots 123^0$ $\varrho < \nu$	$\alpha = a$ $\gamma = c$ AE. = (010)	α = gelbfarbl. β = nelkenbraun γ = hellgelbfarbl.	In krystall. Schiefern
Glasgl.	zweiachs.	$\alpha = 1{,}600 \ldots 1{,}628$ $\beta = 1{,}613 \ldots 1{,}644$ $\gamma = 1{,}624 \ldots 1{,}655$	$-0{,}022 \ldots 0{,}027$	$2V_\alpha = 80 \ldots 86^0$	$\beta = b$ AE. = (010) $\gamma : c = 14 \ldots 20^0$	$\alpha = \beta$ = gelbl.-gelbgrün γ = grün	In krystall. Schiefern
Glasgl.	zweiachs.	$\alpha = 1{,}613 \ldots 1{,}675$ $\beta = 1{,}618 \ldots 1{,}71$ $\gamma = 1{,}633 \ldots 1{,}710$	+ u. – $0{,}02 \ldots 0{,}026$	$2V_\alpha$ $\sim 80 \ldots 90^0$ $\varrho < \nu$, aber schwank.	$\beta = b$ AE. = (010) $c : \gamma = 10 \ldots 27^0$	stark	In vielen Eruptivgest., in manchen krystall. Schief. (Amphiboliten)
Diamantgl.-fettig	zweiachs.	$\alpha = 1{,}877$ $\beta = 1{,}882$ $\gamma = 1{,}894$	$+0{,}017$	$2V_\gamma = 60 \ldots 75^0$ $\varrho < \nu$	$\alpha = c$ $\gamma = a$		Im Ausgehenden von Bleiglanz-Lgst.
Glasgl.	zweiachs.	$\alpha = 1{,}569$ $\beta = 1{,}575$ $\gamma = 1{,}613$	$+0{,}044$	$2V_\gamma = 42^0$ $2E = 68^0$ $\varrho < \nu$	$\alpha = c$ $\gamma = a$		Sed., z. T. metam. In hydrotherm. Gängen
st. Mtgl. z. T. matt angelauf.							Auf Sb-Quarzgängen; auf Pb- u. Ag-Erzgängen z. T. metasom.
Glasgl.-Fettgl.	einachs.	$\varepsilon = 1{,}642$ $\omega = 1{,}646$	$-0{,}004$				In Eruptivgest. Begl. v. Eisenerz. Auf Gäng. Sed.
schillernder Seidenglanz	zweiachs.	$\beta \sim 1{,}54$	$+0{,}01$	$2V_\gamma = 35^0$	$\alpha = b$ $\beta = a$ $\gamma = c$ = 1. M.	$\alpha = \beta$ = farbl. grüngelb γ = grün oder gelb	Auf Klüften in Serpentin
Fettgl.-Perlm. Gl.	zweiachs.	$\alpha_{Li} = 2{,}4$ $\beta_{Li} = 2{,}8$ $\gamma_{Li} = 3{,}02$	$-0{,}6$	$2V_\alpha = 76^0$ $\varrho \gg \nu$	$\alpha = b$ AE. = (001) $\beta : c = 1{,}5 \ldots 3^0$	in gelb. Tönen Abs. $\alpha > \beta$ u. γ	Auf Erzgängen niedriger Temperat. Verwitterungsprod.
Glasgl. (001) Perlm. Gl.	zweiachs.	$\alpha = 1{,}636$ $\beta = 1{,}637$ $\gamma = 1{,}648$	$+0{,}012$	$2V_\gamma = 37{,}5^0$ $\varrho < \nu$	AE. = (010) $\alpha = c$ $\gamma = a$		Vorw. hydrotherm., z. T. sed.
Glasgl.	einachs.	$\omega = 1{,}57 \ldots 1{,}59$ $\varepsilon = 1{,}56 \ldots 1{,}58$	$-0{,}006 \ldots 0{,}008$		$\alpha = c$		In pegm. Gäng., z. T. hydrotherm.
st. Mtgl., matt anlaufend	isotrop	$n = 3{,}9$					Vorw. hydrotherm., z. T. kontaktpneumat, z. T. sed.

31131

Mineral und Formel	System	Raumgruppe	Spaltbarkeit	Bruch	Härte n. Mohs	Dichte in $g \cdot cm^{-3}$	Farbe	Strich
Boehmit $Al_2O_3 \cdot H_2O = \gamma - AlOOH$	rh.	D_h^1						
Borax $Na_2B_4O_7 \cdot 10H_2O$	mkl.	C_{2h}^6	(100) d. (100) s.	musch. spröde	2	1,8	farbl., grau u. trüb	
Brauneisen: Nadeleisenerz $\alpha \cdot Fe_2O_3 \cdot H_2O = \alpha - FeOOH$	rh.	D_{2h}^{16}	(010) v. (100) g.		5,5 u. ger.	4,3 u. ger.	dunkelbraun-gelb	braun-braun-gelb
Brauneisen: Rubinglimmer $\gamma \cdot Fe_2O_3 \cdot H_2O = \gamma - FeOOH$	rh.	D_{2h}^{17}	(010) v.		5	4	rubinrot-gelbrot	
Buntkupfererz (Bornit) Cu_5FeS_4	kub.	O_h^7	(100) s.	musch. milde	3	~5	frisch; rötl.; bunt anlaufend	grau-schwarz
Calcit $CaCO_3$	rhomb.	D_{3d}^6	(10$\bar{1}$1) s. v.	spröde	3	2,7	farbl. u. gefärbt, durchsicht.-undurchsicht.	
Carnallit $KCl \cdot MgCl_2 \cdot 6H_2O$	rh.	D_{2h}^6		musch.	1...2	1,6	farbl.; weiß, gelbl., rötl.	
Cerussit $PbCO_3$	rh.	D_{2h}^{16}	(110) s. (021) s.	musch. spröde	3... 3,5	6,5	farbl., weiß, grau, braun	weiß
Chamosit $(Fe, Mg)_3[Al_2Si_2O_{10}] \cdot 3H_2O$								
Chloanthit-Speiskobalt $NiAs_{2-3}$-$CoAs_{2-3}$	kub.	T_h^5	keine	spröde	5 u. mehr	~6,5	undurchsicht., zinnweiß-lichtstahlgrau	grau-schwarz
Chromit $FeO \cdot Cr_2O_3$	kub.	O_h^7	unbekannt	musch.	5,5	4,5... 4,8	bräunlich-schwarz, undurchsichtig	braun
Chrysoberyll Al_2BeO_4	rh.	D_{2h}^{16}	(010) d.	musch.	8,5	~3,7	durchsichtig u. trüb, grünl. Töne	
Cölestin $SrSO_4$	rh.	D_{2h}^{16}	(001) v. (110) d.	musch.	3,5	3,96	farbl., weiß, gelbl., bläulich	
Covellin CuS	hex.	D_{6d}^4	(0001) s. v.	blättrig biegsam	1,5... 2	4,6	blau-schwarz	schwarz

(Fortsetzung).

Glanz	Optische Hauptgruppe	Brechungszahl	Doppelbrechung	Achsenwinkel	Optische Orientierung	Pleochroismus	Vorkommen
Fettgl.	zweiachs.	$\alpha = 1{,}447$ $\beta = 1{,}469$ $\gamma = 1{,}472$	$-0{,}025$	$2V_\alpha = 39^\circ$ $\varrho > \nu$	AE. ⊥ (010) $\alpha = b$ $\gamma : c = 56{,}9^\circ$		Im Bodenschlamm von Boraxseen
diamantartig; seidig; matt, halbmet.	zweiachs.	$\alpha_{Li} = 2{,}21$ $\beta = \gamma_{Li} = 2{,}35$					Verwitterungsprodukt von Eisenerz-Lgst.
Diamantgl.	zweiachs.	$\alpha = 1{,}94$ $\beta = 2{,}20$ $\gamma = 2{,}51$			AE. = (100)		Wie Nadeleisenerz, doch seltener
Mtgl.	schw. anisotr.						Vorw. hydrotherm. und pegm.-pneumat. z. T. sed.
Glasgl.	einachs.	$\varepsilon = 1{,}4864$ $\omega = 1{,}6583$	$-0{,}172$		$\alpha = c$		In Drusen, Gängen. sed.: gesteinsbildend. Sinterbildung, auch magm.
Glasgl.-Fettgl.	zweiachs.	$\alpha = 1{,}466$ $\beta = 1{,}475$ $\gamma = 1{,}494$	$+0{,}029$	$2V_\gamma = 70^\circ$	$\alpha = c$ $\gamma = a$ AE. = (010)		In Kalisalzlag.
Diamantgl.-Fettglanz	zweiachs.	$\alpha = 1{,}804$ $\beta = 2{,}076$ $\gamma = 2{,}078$	$+0{,}274$	$2V_\alpha = 8^\circ$ $\varrho > \nu$	$\alpha = c$ $\gamma = a$ AE. = (010)		Verwitterungsprodukt in Bleiglanz-Lgst.
	zweiachs.	$\beta \sim 1{,}64$	$-0{,}01 \ldots 0{,}012$	$2V_\alpha$ sehr klein		α = gelbl.-farbl., β u. γ = schwarzgrün	Sed. z. T. Eisenerz
Mtgl. anlaufend.	isotrop						Hydrotherm. in Ni-Co-Lgst.
Mtgl. fettartig	isotrop	$n_{Li} = 2{,}1$					Magm. Ausscheidung in Verbindg. mit Peridotiten u. Serpentinen
Glasgl. Bruch fettartig	zweiachs.	$\alpha \sim 1{,}747$ $\beta \sim 1{,}748$ $\gamma \sim 1{,}756$	$+0{,}009$	$2V_\gamma$ 45 … 70°	$\alpha = a$ $\gamma = c$ AE. = (010)	α = rot β = orange γ = grün	In Graniten u. Glimmerschiefern. Reine Arten wertvolle Edelsteine
Glasgl.-Perlm. Gl.	zweiachs.	$\alpha = 1{,}622$ $\beta = 1{,}624$ $\gamma = 1{,}631$	$+0{,}009$	$2V_\gamma = 51^\circ$ $\varrho < \nu$	$\alpha = c$ $\gamma = a$ AE. = (010)		Hydrotherm. u. sek. Kluftfüllungen
matt, durch Reiben halbmet.	einachs.	$\omega_{Li} = 1{,}0$ $\omega_{Tl} = 1{,}8$	+ schwach			in grünen Tönen	Verwitterungsprodukt von Kupfersulfid.

31131

Mineral und Formel	System	Raumgruppe	Spaltbarkeit	Bruch	Härte n. Mohs	Dichte in $g \cdot cm^{-3}$	Farbe	Strich
Cuprit Cu_2O	kub.	O_h^4	(111) d.	musch. spröde	3,5… 4	5,8… 6,2	rotbraungrau, durchschein.-undurchsicht.	braunrot
Cuprodescloizit $(Pb, Cu, Zn)[(OH/VO_4]$	rh.			musch. radialstr.	$3^1/_2$	6,1	braunschwarz	grünl.-bräunlich
Diamant C	kub.	O_h^7	(111) v.	musch. spröde	10	3,52	durchsicht.-trübe, z. T. schwach gefärbt	
Diaspor $Al_2O_3 \cdot H_2O = \alpha{-}AlOOH$	rh.	D_{2h}^{16}	(010) s. v. (021) s.	musch. spröde	6…7	3,4	durchsicht.-durchschein., farbl. u. gefärbt (rot)	
Dolomit $CaMg(CO_3)_2$	rhomb.	C_{3i}^2	$(10\bar{1}1)$ v.	musch. spröde	3,5… 4	2,85… 2,95	durchsicht.-durchschein., farbl., weiß u. gefärbt	
Eisenspat $FeCO_3$	rhomb.	D_{3d}^6	$(10\bar{1}1)$ v.	spröde	4… 4,5	3,7… 3,9	gelblichweiß, grau	
Enargit Cu_3AsS_4	rh.	D_{2h}^{13}	(110) v. (100) d. (010) d.	spröde	3,5	4,4	stahlgrauschwarz	grauschwarz
Euklas $Al[BeSiO_4OH]$	mkl.	C_{2h}^5	(010) s. v. (100) s. (001) s.		7,5	3,1	durchsicht., farbl. u. grünlich	
Fahlerz (Cu-Sb-Fahlerz) $(Cu_2, Ag_2, Fe)_3SbS_3$	kub.	T_d^3	undeutl.	musch. spröde	3…4	4,4… 5,4	stahlgrau mit olivfarb. Stich	schwarzrotbraun
Flußspat CaF_2	kub.	O_h^5	(111) v.	spröde	4	3,1… 3,2	meist gefärbt, durchsicht.-durchschein.	
Germanit Cu_3FeGeS_4	kub.	O_h^5?	keine		3	4,29	violettrosa	
Gips $CaSO_4 \cdot 2H_2O$	mkl.	C_{2h}^3	(010) s. v. (111) d. faserig (100) d.	faserig u. musch. mild	2	2,4	durchsicht.-undurchsicht. farbl., weiß, manchmal gefärbt	
Gold Au	kub.	k.fl.z.		hackig dehnbar	2,5… 3	bis 19,3	goldgelb-messinggelb	metal. goldfarben

(Fortsetzung).

Glanz	Optische Haupt-gruppe	Brechungs-zahl	Doppel-brechung	Achsen-winkel	Optische Orientierung	Pleo-chroismus	Vorkommen
Mtgl. auf frischen Flächen	isotrop	$n_{Li} = 2,85$					Oxydationsprodukt v. Cu-Erzen
Diamant-gl.	zwei-achs.	$\alpha_{Li} = 2,21$ $\beta_{Li} = 2,31$ $\gamma_{Li} = 2,33$	$-0,012$	$2V_\alpha = 47°$ $\varrho > \nu$	α-Längsricht. der Fasern		Im Ausgehenden v. Pb-Cu-Zn-Lgst. (Abenab, Otavi-Bergl. SW-Afrika)
st. Gl. „Diamantgl."	isotrop, auch opt. anomal	$n_{rot} = 2,407$ $n_{viol.} = 2,465$					In olivinreichem Eruptivgest. (Kimberlit). In Seifen
Glasgl. Perlm. Gl.	zwei achs.	$\alpha = 1,702$ $\beta = 1,722$ $\gamma = 1,750$	$+0,048$	$2V_\gamma = 84°$ $\varrho < \nu$	$\alpha = c$ $\gamma = a$		In metam. Gest.
Glasgl.	ein-achs.	$\omega = 1,682$ $\varepsilon = 1,503$	$-0,179$		$\alpha = c$		In Gängen, gesteinsbildend d. metasom. Verdräng. v. Kalkstein
Glas-Perlm. Gl. metal. anlauf.	ein-achs.	$\omega = 1,873$ $\varepsilon = 1,633$	$-0,24$		$\alpha = c$		Pegmat.-pneumat. hydrotherm. u. sed.
Mtgl.	aniso-trop						Hydrotherm. (Gänge, Verdrängung. Imprägnationen (Montana, Arizona, Chile)
Glasgl.	zwei-achs.	$\alpha = 1,653$ $\beta = 1,656$ $\gamma = 1,673$	$+0,02$	$2V_\gamma = 47°$ $\varrho > \nu$	$\beta = b$ AE. = (010) $\gamma : c = 41° 12'$		In Chloritschiefern (Boa Vista, Brasilien). In Goldseifen. Sehr wertv. Edelst.
frische Flächen;	isotrop						Vor allem in hydrotherm.. Lgst. Sed.
Glasgl.	isotrop öfter anorm.	$n_D = 1,4339$					Durchläufermineral. In Eruptivgest. pneumat., hydrotherm.
Mtgl.	isotrop						Tsumeb, SW-Afrika
(010) Perlmgl. sonst. Glasgl.	zwei-achs.	$\alpha = 1,520$ $\beta = 1,523$ $\gamma = 1,530$	$+0,010$	$2V_\gamma = 58°$ $\varrho > \nu$	$\beta = b$ AE. = (010) $\alpha : c = 37^1/_2°$		Aus wässeriger Lösg. Salzlagerstät.-Ausscheidung in Tonen
Mtgl.	isotrop						Wichtigstes Golderz, vorwieg. hydrotherm. In Seifen

31131

Mineral und Formel	System	Raumgruppe	Spaltbarkeit	Bruch	Härte n. Mohs	Dichte in $g \cdot cm^{-3}$	Farbe	Strich
Granat: Almandin (rein) $Fe_3^{\cdot\cdot}Al_2[SiO_4]_3$	kub.	O_h^{10}	(110) s.	spröde	7	4,25	dunkelrot, braunschwarz	
Granat: Pyrop $Mg_3Al_2[SiO_4]_3$	kub.	O_h^{10}	(110) s.	spröde	7	3,51	blutrot	
Graphit C	hex.	D_{6h}^4	(0001) s. v.	biegs. T = (0001)	1	2,1 ... 2,3	undurchsicht., stahlgrau, bräunlich. Stich	rein grau
Hämatit Fe_2O_3	rhomb.	D_{3d}^6	Ablösung n. (0001)	musch. spröde	6,5 u. ger.	5,2	stahlgrau-eisenschwarz	rot-rotbraun
Halloysit $Al_4[(OH)_8/Si_4O_{10}] \cdot 4\,H_2O$	mkl.	C_s^3		musch.-erdig	1 ... 2	2,6	wachsartig weiß, bläulich graulich	
Hydrargillit $Al_2O_3 \cdot 3\,H_2O = \gamma - Al(OH)_3$	mkl.	C_{2h}^5	(001) v.		3	2,35	weiß, grünlich, grau	
Hydromagnesit $4\,MgCO_3 \cdot Mg(OH)_2 \cdot 4\,H_2O$	rh.	D_{2h}^1	(010) v. (100) Abs.		3,5	2,2 ... 2,3	schneeweiß	
Ilmenit $FeTiO_3$	trig.	C_{3i}^2	Abs. nach (10$\bar{1}$1)		5 ... 6	4,6 ... 4,9	undurchsicht., braun durchschein.	schwarzbraun
Kainit $KCl \cdot MgSO_4 \cdot 3\,H_2O$	mkl.	C_{2h}	(100) v.		3	2,1	weiß, gelblich u. grau	
Kalisalpeter KNO_3	rh.	D_{2h}^{16}	(011) v. (010) s. (110) s.	musch. spröde	2	2,1	farblos, weiß, grau	
Kaolinit $Al_4[(OH)_8/Si_4O_{10}]$	mkl.	C_s^4	(001) v.	biegsam z. T. erdig	1	2,6	weiß, gelb, grünlich	
Kieselzinkerz $Zn_4[(OH)_2/Si_2O_7] \cdot H_2O$	rh.	C_{2v}^{20}	(110) v. (101) d.	musch. spröde	5	3,3 ... 3,5	durchsicht.-durchschein. farbl., weiß, auch gefärbt	
Kieserit $MgSO_4 \cdot H_2O$	mkl.	C_{2h}^6	($\bar{1}$11) v. ($\bar{1}$13) v.		3,5	2,57	farblos u. trübe, weiß, gelblich	
Kobaltglanz CoAsS	kub.	T^4	(100) d. bis s.	musch. spröde	5,5	6,4	undurchsicht., silberweiß-rötlich	grauschwarz

(Fortsetzung).

Glanz	Optische Hauptgruppe	Brechungszahl	Doppelbrechung	Achsenwinkel	Optische Orientierung	Pleochroismus	Vorkommen
Glasgl.-Fettgl.	isotrop	n = 1,83					In Gneisen u. Glimmerschiefern
	isotrop	n = 1,705					Aus Serpentingest.; im Kimberlit u. in Diamantseifen
Mtgl. oder matt	einachs.	n = 1,93 ... 2,07	schwach				In metam. Gest. (Ostalpen). Pegm. Spaltenfüllung (Ceylon)
Mtgl. matt	einachs.	$\varepsilon_{Li} = 2{,}78$ $\omega_{Li} = 3{,}01$	−0,23		$c = \alpha$		In allen Gest. weit verbreit. hydrotherm., pneumat., sed.
schimmernd	fast isotrop	n = 1,54 ... 1,55					
	zweiachs.	$\alpha = 1{,}566$ $\beta = 1{,}566$ $\gamma = 1{,}587$	+0,021	$2V_\gamma$ = klein	$\beta = b$ $\gamma : c \sim 25^0$		Häufiges Mineral d. Bauxit-Lgst.
Perlmgl. auf Bruchflächen	zweiachs.	$\alpha = 1{,}523$ $\beta = 1{,}527$ $\gamma = 1{,}545$	+0,022	$2V_\gamma$ = mäßig			Verwitterungsprodukt von Serpentin
Mtgl. teilw. matt	anisotrop						In Eruptivgest., in Gängen, in metam. Gest. u. Sediment.
schimmernde Bruchflächen	zweiachs.	$\alpha = 1{,}495$ $\beta = 1{,}506$ $\gamma = 1{,}520$			A.E. = (010)		Wichtiges Mineral d. Kalisalz-Lgst., vor allem d. Hutbildung (aus Carnallit)
Glasgl.	zweiachs.	$\alpha = 1{,}332$ $\beta = 1{,}504$ $\gamma = 1{,}504$	−0,272	$2V_\alpha = 7^0$ $\varrho < \nu$	$\alpha = c$ $\gamma = b$		Untergeordnet auf den Salpeter-Lgst. Chiles, Höhlenprodukt
Perlmgl. teilweise matt	zweiachs.	$\alpha = 1{,}561$ $\beta = 1{,}565$ $\gamma = 1{,}566$	−0,005	$2V_\alpha$ = 10 ... 57⁰ $\varrho < \nu$	α fast ⊥ (001) $\alpha : c \sim 1 \ldots 4^0$		Durch Verwitterung oder hydrotherm. Kaolin-Lgst. In Lehm u. Ton
(010) Glasgl.	zweiachs.	$\alpha = 1{,}614$ $\beta = 1{,}617$ $\gamma = 1{,}636$	+0,022	$2V_\gamma = 46^0$ $\varrho > \nu$	A.E. = (100) $\gamma = c$ $\alpha = b$		Vorwiegend durch Metasomatose. Zinkerz
schimmernd	zweiachs.	$\alpha = 1{,}523$ $\beta = 1{,}535$ $\gamma = 1{,}586$	+0,063	$2V_\gamma = 57^0$ $\varrho > \nu$	$\beta = b$ $\gamma : c = 76{,}5^0$		In Kalisalzlag.
auf frisch. Flächen Mtgl.	schwach anisotrop						Vorwieg. hydrotherm. (Kobalt, Ontario). Auf Fahlbändern pneumat.

31131

Mineral und Formel	System	Raumgruppe	Spaltbarkeit	Bruch	Härte n. Mohs	Dichte in $g \cdot cm^{-3}$	Farbe	Strich
Korund Al_2O_3 Saphir: blau Rubin: rot	rhomb.	D_{3d}^6	Abs. nach (10$\bar{1}$1) u. (0001)	musch.-splittrig	9	3,9… 4,1	farblos u. gefärbt, bläulich u. rot, durchsicht.-trübe	
Kryolith Na_3AlF_6	mkl.	C_{2h}^5	Abs. n. (001) (110) (101)	spröde	2,5… 3	2,95	schneeweiß, rötl., braun, durchschein.	
Kupferglanz (dimorph) α Cu_2S (stabil. durch CuS) β Cu_2S	kub. rh.	O_h^5	(111) d. (110) s. (001) s.	milde musch.	2,5… 3	5,7… 5,8	bläulich dunkelbleigrau	metal.
Kupferkies $CuFeS_2$	tetr.	V_d^5	(111) (210) selten	musch. spröde	3,5… 4	4,1… 4,3	messinggelb mit grünlich. Stich, bunt anlauf.	grünl.-schwarz
Kupferlasur $2CuCO_3 \cdot Cu(OH)_2$	mkl.	C_{2h}^5	(100) v. (021) s.	musch. spröde	3,5… 4	3,7… 3,9	lasurblau durchschein.	
Kupfervitriol $CuSO_4 \cdot 5H_2O$	trikl.	C_i^1	(1$\bar{1}$0) s. (110) s.	musch.	2,5	2,2	blau	
Lepidolith $(Al, Li)_3K$ $[(Si, Al)_4O_{10}/(OH)_2]$	mkl.	C_{2h}^6	(001) v.	schuppig	2…3	2,8… 2,9	hellrot, weiß, grau, grünl.	
Leucit $K[Si_2AlO_6]$ (dimorph)	tetr. pseudo-kub.	D_4^{10}		musch. spröde	5,5… 6	2,47	weißgrau	
Löllingit $FeAs_2$	rh.	D_{2h}^{12}	(001) d.	spröde	5	7,1… 7,4	silberweiß, grau anlaufend	grau-schwarz
Magnesit $MgCO_3$	rhomb.	D_{3d}^6	(10$\bar{1}$1) s. v.		4… 4,5	3,0	farbl., weiß, gelb, braun	
Magnetit Fe_3O_4	kub.	O_h^7	(111) s.	musch. spröde	5,5	5… 5,2	undurchsicht. eisenschwarz	schwarz
Malachit $CuCO_3 \cdot Cu(OH)_2$	mkl.	C_{2h}^5	(001) v. (010) d.	musch. spröde	4	4,0	smaragdgrün	hellgrün

(Fortsetzung).

Glanz	Optische Hauptgruppe	Brechungszahl	Doppelbrechung	Achsenwinkel	Optische Orientierung	Pleochroismus	Vorkommen
Glasgl.	einachs. anorm. zweiachs.	$\varepsilon = 1{,}760$ $\omega = 1{,}768$	$-0{,}008$		$\alpha = c$	teilw. pleochroitisch	In pegm. Gäng. In Magnesitausscheidung. In metam. Gesteinen. Auf Edelsteinseif.
(001) Perlmgl. sonst Glasgl.	zweiachs.	$\beta = 1{,}339$	$+0{,}001$	$2V_{\gamma} = 43^{0}$ $\varrho > \nu$	$\alpha = b$ $\gamma : c = 44^{0}$		In Pegmatiten (Ivigtut, Grönland)
Mtgl. läuft matt an	isotrop, schw. anisotrop						Hydrothermal u. aus Verwitterungslösungen
Mtgl.	schw. anisotrop						Durchläufermineral: Tiefengest. (magm. Absond.) Pegmatit. Hydrothermal. Sedim. Metamorph.
Glasgl.	zweiachs.	$\alpha = 1{,}730$ $\beta = 1{,}758$ $\gamma = 1{,}838$	$+0{,}108$	$2V_{\gamma} = 68^{0}$ $\varrho \gg \nu$	$\alpha = b$ $\gamma : c = 13^{0}$		In der Oxydationszone von Cu-Lgst. Imprägnation in Sandstein
Glasgl. durchschein.	zweiachs.	$\alpha = 1{,}514$ $\beta = 1{,}539$ $\gamma = 1{,}543$	$-0{,}029$	$2V_{\alpha} = 56^{0}$ $\varrho < \nu$			Verwitterung v. Cu-Erzen, bes. in alten Grubenbauten. In Trockengebieten (Chile)
Perlmgl.	zweiachs.	$\beta = 1{,}552 \ldots 1{,}562$	$-0{,}03$	$2V_{\alpha}$ groß, $\sim 40 \ldots 50^{0}$	$\alpha \sim c$		Pneumat. u. pegm. Li-Erz.
Glasgl.	anisotrop. Lamellenbau	$\alpha = 1{,}508$ $\beta = 1{,}509$	sehr schw.				Magm. gebildet, vorwieg. in Ergußgest.
Mtgl. undurchsicht.	anisotrop						Z. T. auf Gäng., selten
Glasgl.	einachs.	$\omega = 1{,}700$ $\varepsilon = 1{,}509$	$-0{,}191$		$\alpha = c$		In metam. Gest.: Chlorit- und Talkschief.; d. metasom. Umwandlung von Kalkstein
Mtgl. matt	isotrop						Eisenerz. Magmatisch (Kiruna). Kontaktpneumat. Sedim.
Glasgl. Seidengl. gl.	zweiachs.	$\alpha = 1{,}655$ $\beta = 1{,}875$ $\gamma = 1{,}909$	$-0{,}254$	$2V_{\alpha} = 43^{0}$ $\varrho < \nu$	$\beta = b$ $\alpha : c = 23^{0}$ α fast $\perp$ (001)	α fast farbl. β = gelbgrün γ = tiefgrün	In der Oxydationszone von Kupfererzen

31131

Mineral und Formel	System	Raumgruppe	Spaltbarkeit	Bruch	Härte n. Mohs	Dichte in $g \cdot cm^{-3}$	Farbe	Strich
Mikroklin $K[Si_3AlO_8]$ Amazonenstein: grün	trikl.	C_i	(001) v. (010) v.	spröde musch.	6	2,54… 2,57	farbl., weiß, gelb, grün	
Molybdänglanz MoS_2	hex.	D_{6h}^4	(0001) s. v.	biegs.	1… 1,5	4,7	bleigrau (bläulich)	dunkel- grau
Monazit (Ce, La, Dy)$[PO_4]$	mkl.	C_{2h}^5	(001) v. (100) d.	musch. spröde	5… 5,5	4,8… 5,5	hellgelb- dunkelbraun, rot	
Mullit $Al_4[Al_4(Si_3Al)O_{19}\frac{1}{2}]$	rh.		(010) d.		6… 7	3,03	farbl. rosa	
Muskovit $KAl_2[(OH, F)_2/Si_3AlO_{10}]$	mkl.	C_{2h}^6	(001) s. v.	Spaltbl. elastisch biegs.	2… 2,5	2,78… 2,88	durchsicht.- durchschein., farbl., gelbl., bräunl., grünl.	
Nakrit $Al_4[Si_4O_{10}/(OH)_8]$	mkl.	C_s^4	(001) v.	z. T. schuppig	1	2,5	weiß, grünl., bläul.	
Natronsalpeter $NaNO_3$	rhomb.	D_{3d}^6	(10$\bar{1}$1) s. v.	musch. spröde	2	2,2… 2,3	farbl., wenig gefärbt	
Nephelin $Na[SiAlO_4]$	hex.	C_6^6	(10$\bar{1}$0) s. (0001) s.	musch.	5,5… 6	2,6… 2,65	farbl. u. klar, trübe, weiß, grau u. ver- schied. gef.	
Olivin $(Mg, Fe)_2[SiO_4]$	rh.	D_{2h}^{16}	(010) d. (100) s.	musch. spröde	6,5… 7	3,27… 4,2	durchsicht., grünl.-gelbl.- rotbraun	
Opal $SiO_2 + nH_2O$ (1…21% H_2O)	amorph			musch.	5,5… 6,5 u. ger.	2,1… 2,2	durchsicht.- durchschein. versch. gef.	
Orthoklas $K[Si_3AlO_8]$	mkl.	C_{2h}^3	(001) v. (010) d.	musch. spröde	6	2,53… 2,56	durchsicht.- trüb, weiß, gelb, rötl., grünlich	

(Fortsetzung).

Glanz	Optische Haupt-gruppe	Brechungs-zahl	Doppel-brechung	Achsen-winkel	Optische Orientierung	Pleo-chroismus	Vorkommen
(001) Perlmgl. sonst Glasgl.	zwei-achs. Lamellenbau	$\alpha = 1{,}518$ $\beta = 1{,}522$ $\gamma = 1{,}525$	$-0{,}008$	$2V_\alpha \sim 80^0$ $\varrho > \nu$	auf (001): Ausl. = 15° auf (010): Ausl. = 5...6°		Gemengteil in Eruptivgest. Krystalle in Drusen u. Pegmatiten
Mtgl.	st. anisotrop						Pegm.-pneumat. (Climax, Colorado)
Harzgl.	zwei-achs.	$\alpha = 1{,}787 \ldots 1{,}800$ $\beta = 1{,}788 \ldots 1{,}801$ $\gamma = 1{,}837 \ldots 1{,}849$	$+0{,}045 \ldots 0{,}055$	$2V_\gamma = 6 \ldots 19^0$	$\alpha = b$ $\gamma : c \sim 2^0$ AE. ∼(100)	Absorp. $\beta >$ α u. γ	Selten in Graniten, Gneis. u. Pegmatit. Auf Seifenlagerstätt. (Indien, Brasil.)
Glasgl.	zwei-achs.	$\alpha = 1{,}642$ $\beta = 1{,}644$ $\gamma = 1{,}654$	$+0{,}012$	$2V_\gamma = 45 \ldots 50^0$	AE. = 010 $\gamma = c$	α u. β-farbl. γ = rosa	Hauptkomponente v. Porzellan u. anderen keramischen Massen; in Tonbrokken i. Basalt
Perlmgl.	zwei-achs.	$\alpha = 1{,}552$ u. gr. $\beta = 1{,}582 \ldots 1{,}61$ $\gamma = 1{,}588$ u. gr.	$-0{,}036 \ldots 0{,}04$	$2V_\alpha \sim 40^0$ $\varrho < \nu$	α fast ⊥ (001) $\gamma = b$ AE. ⊥ (010)	α = farbl. β u. γ = schw. gelb	Häufigster Glimmer. Eruptivgest. (Granite). In metam. Gest. Große Kryst. in Pegmatiten. Sek. in Sedimenten
Perlmgl.	zwei-achs.	$\alpha = 1{,}557$ $\beta = 1{,}562$ $\gamma = 1{,}563$	$-0{,}006$	$2V_\alpha = 40 \pm 5^0$ $\varrho \sim \nu$	$\gamma = b$ $\alpha : c \sim 12^0$		Hydrotherm. durch Verwitterungsprozesse
Glasgl.	ein-achs.	$\omega = 1{,}585$ $\varepsilon = 1{,}337$	$-0{,}248$		$\alpha = c$		Hauptvorkommen i. d. Salpeterlagern in Chile
Glasgl., Bruchfl. = Fettgl.	ein-achs.	$\varepsilon = 1{,}539$ $\omega = 1{,}544$	$-0{,}005$		$\alpha = c$		In Eruptivgest.
Glasgl., Bruchfl. = Fettgl.	zwei-achs.	$\alpha = 1{,}635 \ldots 1{,}655$ $\beta = 1{,}651 \ldots 1{,}67$ $\gamma = 1{,}670 \ldots 1{,}69$	$\pm \sim 0{,}035 \ldots 0{,}04$	$2V_\gamma = 85 \ldots 140^0$	AE. = (001) γ ⊥ (100)		In bas. Eruptivgest. In kryst. Schiefern
Glasgl.-Wachsgl.	isotrop	$n = 1{,}3 \ldots 1{,}45$					Zersetzungsprod. v. Silicaten Sinterbildg. Umbildung i. Quarz
(001) Perlmgl., sonst Glasgl.	zwei-achs.	$\alpha = 1{,}518$ $\beta = 1{,}524$ $\gamma = 1{,}526$	$-0{,}008$	$2V_\alpha = 0 \ldots 70^0$	β oder $\gamma = b$ $\alpha : a = 5^0$		In Eruptivgest., Gneisen u. Sedimentgest. In Pegmatiten u. Gängen

31131

Mineral und Formel	System	Raumgruppe	Spaltbarkeit	Bruch	Härte n. Mohs	Dichte in $g \cdot cm^{-3}$	Farbe	Strich
Pentlandit $(Fe, Ni)_9S_8$	kub.	O_h^5	(111) d.	spröde	3,5…4	4,6…5	hellbräunl.	schwarz
Plagioklase: Albit $Na[Si_3AlO_8]$	trikl.	C_i^1	(001) v. (010) d. (110) s.	musch. spröde	6…6,5	2,61	farbl., weiß, grünl., auch rötlich	
Plagioklase: Anorthit $Ca[Si_2Al_2O_8]$	trikl.		$(\bar{1}\bar{1}0)$ s.			2,77		
Pyrit FeS_2	kub.	T_h^6	(100) d. bis s.	musch. spröde	6…6,5	5…5,2	speisgelb-goldgelb	schwarz-grünl.
Pyrolusit MnO_2	rh		(010) d.	spröde	~6	~5	grauweiß, dunkelgrau	
Pyroxene: Enstatit (rein) $Mg_2[Si_2O_6]$	rh.	D_{2h}^{15}	(110) d. Spaltw. = 88°	spröde	5,5	3,18	durchschein., grauweiß, gelbl., bräunlich	
Pyroxene: Klinoenstatit (rein) $Mg_2[Si_2O_6]$	mkl.	C_{2h}^6			6	3,19		
Pyroxene: Diopsid (rein) $CaMg[Si_2O_6]$	mkl.	C_{2h}^6	(110) d. Spaltw. = 87°	spröde	5…6	3,28	durchsicht.-durchschein. farbl., grau, grünlich	
Pyroxene: Augit (Mg, Al, Fe, Ti) (Ca, Na)$[(Si, Al)_2O_6]$	mkl.	C_{2h}^6	(110) d.	musch. spröde	6	3,3…3,6	durchschein., braun, grünschwarz	grau-grün
Pyroxene: Spodumen $LiAl[Si_2O_6]$ Hiddenit: grün u. gelb Kunzit: violett-rötlich	mkl.	C_{2h}^6	Absond. (010) u. (100) (110) v.		6,5…7	3,2	weiß gelb, grün u. violett	
Quarz (dimorph) β SiO_2 α über 575° C	trig.	D_3^4	$(10\bar{1}1)$ s.	musch. spröde	7	2,65	farbl., weiß, trübe	
Realgar AsS	mkl.	C_{2h}^5	(010) v. (210) v.	musch. mild	1,5…2	3,6	durchschein. rot	orange

(Fortsetzung).

Glanz	Optische Hauptgruppe	Brechungszahl	Doppelbrechung	Achsenwinkel	Optische Orientierung	Pleochroismus	Vorkommen
Mtgl.	isotrop						In Magnetkies-Lgst. (Sudbury, Canad.)
(001) Perlmgl. sonst Glasgl.	zweiachs.	$\alpha = 1{,}525$ $\beta = 1{,}529$ $\gamma = 1{,}536$ $\alpha = 1{,}576$ $\beta = 1{,}584$ $\gamma = 1{,}588$	$+0{,}011$ $-0{,}012$	$2V_\gamma = 74^\circ$ $2V_\alpha = 77^\circ$	Auslöschgs.-schiefer (001) = 4° (010) = 20° (001) = 40° (010) = 38°		In Eruptivgest., in kryst. Schiefern (Gneisen). In Sedimenten
Mtgl. undurchsicht.	isotrop						Durchläufermineral. In Kieslagern. Hydrotherm. Sed. in manch. Eruptivgest.
Mtgl.	anisotrop						In eisernen Hutbildungen, sed.
Glasgl.	zweiachs.	$\alpha = 1{,}650$ $\beta = 1{,}653$ $\gamma = 1{,}658$ $\alpha = 1{,}651$ $\beta = 1{,}654$ $\gamma = 1{,}660$	$+0{,}008$ $+0{,}009$	$2V_\gamma = 31^\circ$ $\varrho < \nu$ $2V_\gamma = 53^1/_2{}^\circ$	AE. (010) $\gamma = c$ $\beta = b$ AE. ⊥ (010) $c : \gamma = 22^\circ$		In einig. bas. Gest. (Olivinfels). Sehr selten in Eruptivgest. Vorkommen i. Meteoriten, in feuerfesten Steinen
Glasgl.	zweiachs.	$\alpha = 1{,}664$ $\beta = 1{,}671$ $\gamma = 1{,}694$	$+0{,}03$	$2V_\gamma = 59^\circ$ $\varrho > \nu$	$\beta = b$ AE. = (010) $c : \gamma = 38^1/_2{}^\circ$		In Tiefen- und Ganggest. In kryst. Schiefern. In Hornfelsen
Glasgl.	zweiachs.	$\alpha = 1{,}68 \ldots 1{,}71$ $\beta = 1{,}69 \ldots 1{,}74$ $\gamma = 1{,}71 \ldots 1{,}76$	$\pm 0{,}021 \ldots 0{,}026$	$2V_\gamma = \sim 57 \ldots 67^\circ$	$c : \gamma = 38 \ldots 54^\circ$ $\varrho > \nu$ um c AE. = (010)	meist α u. γ grünl.; β = bräunl., rötl., violett	In den meist. Eruptivgest. Kontaktmineral. In Schlakken
hoher Glasgl.	zweiachs.	$\alpha = 1{,}660$ $\beta = 1{,}666$ $\gamma = 1{,}676$	$+0{,}016$	$2V_\gamma = 58^\circ$ $\varrho < \nu$	$\beta = b$ $c : \gamma = 24^\circ$		Li-Mineral: Auf pegm. Gäng., in Granit u. Gneis. Klare u. durchsicht. Variet. bilden einen wertvollen Edelstein
Glasgl., Bruchfl. = Fettgl.	einachs.	$\omega = 1{,}5442$ $\varepsilon = 1{,}5533$	$+0{,}009$				Gesteinsbildend in Eruptiven u. Sedimentgest. In Gängen. In kryst. Schiefern u. Sanden
Diamantgl.	zweiachs.	$\alpha_{Li} = 2{,}46$ $\beta_{Li} = 2{,}59$ $\gamma_{Li} = 2{,}61$	$-0{,}15$ (Li)	$2V_{\alpha Li} = 40^\circ$ $\varrho > \nu$	$\beta = b$ $\alpha : c = 11^\circ$		Hydrotherm. auf Erzgängen

Mineral und Formel	System	Raum-gruppe	Spalt-barkeit	Bruch	Härte n. Mohs	Dichte in $g \cdot cm^{-3}$	Farbe	Strich
Rotbleierz $PbCrO_4$	mkl.	C_{2h}^5	(110) v. Spaltw. = 86°	musch. mild	2,5… 3	6	gelblichrot	
Rotnickelkies $NiAs$	hex.	D_{6h}^4	(10$\bar{1}$0) s. (0001) s.		5,5	7,3… 7,7	lichtkupfer-rot	bräunl. schwarz
Rotzinkerz ZnO	hex.	C_{6v}^4	(0001) v. (10$\bar{1}$0) d.	musch. spröde	4,5… 5	5,7	blutrot	rötl.-gelb
Rutil TiO_2	tetr.	D_{4h}^{14}	(110) v. (100) d.	musch. spröde	6… 6,5	4,2… 4,3	rot, braun-schwarz	gelbl.-braun
Sassolin $B_2O_3 \cdot 3\,H_2O = B(OH)_3$	trikl.	C_i^1	(001) v.	blättrig	1	1,45	weiß	
Schwefel S	rh.	D_{2h}^{24}	(001) s. (110) s. (111) s.	musch. spröde	2	2,06	gelb	weiß
Scheelit $CaWO_4$	tetr.	D_{4h}^6	(111) d. (101) s.	musch. spröde	4,5… 5	5,9… 6,1	weißgelb	
Silber Ag	kub.	k.fl.z.		hackig u. dehnbar	2,5… 3	10,5 (rein)	silberweiß, gelbl., grau-braun anlauf.	silber-weiß
Silberglanz (dimorph) Ag_2S über 179° C	rhomb. kub.	O_h	(100) s.	musch.	2	7,3	dunkelblei-grau	glän-zend
Soda $Na_2CO_3 \cdot 10\,H_2O$	mkl.	C_{2h}	(100) d. (010) s.	musch. mild	1… 1,5	1,46	farbl., grau, gelbl.	
Sperrylith $PtAs_2$	kub.	T_h^6			6… 7	10,6	zinnweiß	
Spinell (rein) $MgO \cdot Al_2O_3$	kub.	O_h^7	(111) s.	musch.	8	3,6	farbl. u. in allen Farben	

(Fortsetzung).

Glanz	Optische Hauptgruppe	Brechungszahl	Doppelbrechung	Achsenwinkel	Optische Orientierung	Pleochroismus	Vorkommen
Diamantgl.-Fettgl.	zweiachs.	$\alpha_{Li} = 2{,}29$ $\beta_{Li} = 2{,}36$ $\gamma_{Li} = 2{,}66$	+0,35	$2V_{\gamma} = 54^0$	$\beta = b$ AE. = (010) $\gamma : c = 5^1/_2{}^0$		In der Oxydationszone, bes. in Quarzadern mit Pb-Mineralen
Mtgl. matt	st. anisotrop						Auf hydrothermal. Gängen
Diamantgl.	einachs.	$\varepsilon = 2{,}029$ $\omega = 2{,}013$	+0,016				Fast nur auf der Zn-Lgst. in New-Jersey, N.Y. Hüttenprod. (dann gelblich)
metallart. Diamantgl. Fettgl.	einachs.	$\varepsilon = 2{,}903$ $\omega = 2{,}616$	+0,287				In der Gabbropneumatolyse; alpin. Gängen; in Sediment.
Perlmgl.	zweiachs.	$\alpha = 1{,}340$ $\beta = 1{,}456$ $\gamma = 1{,}459$	−0,129	$2V_{\alpha} = 7^0$	α fast ⊥ (001) AE. fast ∥ b		Sublimationsprod. v. Fumarolen. Absätze heißer Quellen
Diamantgl.-Fettgl.	zweiachs.	$\alpha = 1{,}957$ $\beta = 2{,}037$ $\gamma = 2{,}245$	+0,288	$2V_{\gamma} = 69^0$ $\varrho < \nu$	$\alpha = a$ $\gamma = c$ AE. = (010)		Vulkanisch und sed.
Fettgl.-Diamantgl.	einachs.	$\omega = 1{,}920$ $\varepsilon = 1{,}936$	+0,016		$\gamma = c$		Pegm.-pneumat. Hydrotherm. z. T. Kluftbildg.
Mtgl.	isotrop						In der Zementationszone v. Silber-Lgst. z. T. sed.
frische Schnittfl. Mtgl., matt schwarz anlauf.	schw. anisotrop						Silberträger in Bleiglanz. Wichtigstes Silbererz. Auf Bleiglanzgäng. In Zementationszonen
Glasgl. durchsicht.-durchschein.	zweiachs.	$\alpha = 1{,}405$ $\beta = 1{,}425$ $\gamma = 1{,}440$	−0,035	$2V_{\alpha} = 71^0$ $\varrho < \nu$	$\alpha = c$		In den Natronseen. Ausblühung des Bodens
st. Mtgl.	isotrop						In den Ni-Magnetkieslagern (Sudbury, Buhsveld)
Glasgl.	isotrop	n = 1,718					Kontaktmineral. In Silicatschmelzen. Edelstein

31131

Mineral und Formel	System	Raumgruppe	Spaltbarkeit	Bruch	Härte n. Mohs	Dichte in $g \cdot cm^{-3}$	Farbe	Strich
Steinsalz $NaCl$	kub.	O_h^5	(100) v. T. = (110)	musch. spröde	2	2,1... 2,2	farbl. u. gefärbt	
Strontianit $SrCO_3$	rh.	D_{2h}^{19}	(110) d.	musch. spröde	3,5	3,7	farbl., graul., gelbl., grünl.	
Sylvin KCl	kub.	O_h^5	(100) v. T. = (110)	musch. spröde	2	1,9... 2	farbl. u. gefärbt, trübe	
Talk $Mg_3[(OH)_2/Si_4O_{10}]$	mkl.	C_{2h}^6	(001) s. v.	blättrig, biegsam mild	1	2,7	weiß, grünl. u. a. Farben	
Tantalit $(Fe, Mn)Ta_2O_6$	rh.	D_{2h}^{14}	(100) s.	musch.	6	8,2	schwarzbraun	braunschwarz
Thorianit $(Th, U)O_2$	kub.	O^5		musch.	5,5... 6,5	8... 9,7	schwarz	
Thorit $Th[SiO_4]$ Orangit	tetr.	D_{4h}	(110) d.	musch.	4,5... 5	4,4... 4,8 5,3	schwarz undurchsicht., orange	
Thuringit $(Mg, {}^{\cdot\cdot}Fe)_3Al[(OH)_8/AlSi_3O_{10}]$, $Fe \gg Mg$	mkl.		(001) v.	kleinschuppig	2... 2,5	3,2	grün-dunkelgrün	
Topas $Al_2[SiO_4/(OH, F)_2]$	rh.	D_{2h}^{16}	(001) v.	musch.	8	3,5... 3,6	farbl., meist gefärbt, weingelb, blau, grün	
Turmalin $(Na, Ca)(Mg, Fe^{\cdot\cdot}, Fe^{\cdot\cdot\cdot}, Li)_3Al_6[(BSi_2O_9)_3/(O, OH, F)_4]$	trig.	C_{3v}^5	keine	musch. spröde	7	3... 3,25	durchsicht.-undurchsicht., verschied. gefärbt schwarz	
Uranpecherz UO_2	kub.	O_h^5		musch. spröde	4... 6	9... 9,7	undurchsicht., pechschwarz	dunkelgrün-bräunlichschwarz
Vanadinit $Pb_5[(VO_4)_3/Cl]$	hex.	C_{6h}^2		musch. spröde	3	6,8... 7,1	gelb, braun, orangerot	

(Fortsetzung).

Glanz	Optische Hauptgruppe	Brechungszahl	Doppelbrechung	Achsenwinkel	Optische Orientierung	Pleochroismus	Vorkommen
Glasgl.	isotrop	n = 1,544					In Steinsalzlagerstätten. Bodenausblühung
Glasgl. fettartig durchsicht.-durchschein.	zweiachs.	$\alpha = 1{,}520$ $\beta = 1{,}667$ $\gamma = 1{,}667$	− 0,127	$2V_\alpha = 7^\circ$ $\varrho < \nu$	$\alpha = c$ $\gamma = a$		Auf Erzgängen. Kluftmineral. Ausscheidung in Mergeln
Glasgl. durchsicht.-durchschein.	isotrop	n = 1,490					Exhalationsprodukt. In Kalisalzlagern
Perlmgl.	zweiachs.	$\alpha = 1{,}539$ $\beta = 1{,}589$ $\gamma = 1{,}589$	− 0,05	$2V_\alpha = 6\ldots30^\circ$	$\alpha = c$		Durch Umwandlg. von Mg.-Mineralen (Dolomit). Gesteinsbild. in kryst. Schiefern
pechart. Mtgl.	zweiachs.	n ∼ 2,30	+ ∼ 0,15	$2V_\gamma =$ sehr groß	$\beta = a$ $\gamma = c$	$\alpha =$ sehr schw. rot; $\gamma =$ blutrot. Absorpt. $\alpha < \beta < \gamma$	In Granitpegmatiten. Rohmaterial zur Tantalgewinnung
blendeartig. Gl.	isotrop	n = 2,20					Auf Seifen-Lgst. (Ceylon)
Glasgl.-Fettgl.	oft isotropisiert	n = 1,68 ... 1,84					Auf Pegmatitgängen
	zweiachs.	$n_\beta \sim 1{,}64$	− ∼ 0,01	$2V_\alpha =$ klein	$\alpha \sim c$	stark pleochroit.	Z. B. in untersilur. Tonschiefern bei Schmiedefeld in Thür.
Glasgl.	zweiachs.	$\alpha = 1{,}619$ $\beta = 1{,}620$ $\gamma = 1{,}627$	+ 0,008	$2V_\gamma = 49\ldots66^\circ$	A E. = (010) $\alpha = a$ $\gamma = c$		Vorwieg. pneumat. in der Granitgefolgschaft. Edelstein
Glasgl., pechartig	einachs.	$\varepsilon = 1{,}61\ldots1{,}66$ $\omega = 1{,}63\ldots1{,}70$	− 0,02 ... 0,04		$\alpha = c$	Absorpt. $\omega \gg \varepsilon$	Vorwieg. pneumat., bes. geknüpft an Granite. Kontaktmineral. In Sediment.
Pech-Fettgl., matt	isotrop						Besond. i. Pegmatit. u. hydrotherm. Gängen
Diamantgl.	einachs.	$\varepsilon = 2{,}311$ $\omega = 2{,}358$	− 0,047		$\alpha = c$		Verwitterungsprodukt in Blei-Lgst.

31131

Mineral und Formel	System	Raumgruppe	Spaltbarkeit	Bruch	Härte n. Mohs	Dichte in $g \cdot cm^{-3}$	Farbe	Strich
Willemit $Zn_2[SiO_4]$	rhomb.	C_{3i}^2	(0001) s. (11$\bar{2}$0) s.	musch.	5,5	4,0... 4,2	farbl. u. verschied. gef., oft grüngelb	
Wismut Bi	rhomb.	$_{3d}^5$	(0001) v. (02$\bar{2}$1) d.	spröde	2... 2,5	9,7... 9,8	rötl.-silberweiß, oft bunt	bleigrau
Wismutglanz Bi_2S_3	rh.	D_{2h}^1	(010) s. v.	milde	2	6,8... 7,2	bleigrau-zinnweiß	grau metallglänz.
Wolframit $(FeMn)WO_4$	mkl.	C_{2h}^4	(010) v.	spröde	5... 5,5	7,14... 7,54	dunkelbraun-schwarz	
Wulfenit $PbMoO_4$	tetr.	C_{4h}^6	(111) d.	musch. spröd-mild	3	6,7... 6,9	gelb, z. T. orange	
Wurtzit ZnS	hex.	C_{6v}^4	(10$\bar{1}$0) (0001)		3,5... 4	4,0	hell-dunkelbraun	lichtbraun
Xenotim YPO_4	tetr.	D_{4h}^{19}	(110) v.	splittrig	4...5	4,5... 5,1	gelbl.-bräunlich	
Zinkblende ZnS	kub.	T_d^2	(110) v.	spröde	3,5... 4	3,9... 4,2	gelbl., bräunlich-schwarz	
Zinkspat $ZnCO_3$	rhomb.	D_{3d}^6	$\bar{1}$ v.	spröde	5	4,3... 4,5	farbl., gelbl., braun, grau, grünlich	
Zinnkies Cu_2FeSnS_4	tetr.	V_d	(110) s.	spröde	4	4,3... 4,5	stahlgrau (grünlich)	schwarz
Zinnober HgS	trig.	C_3^3 C_3^2	(10$\bar{1}$0) v.	splittrig mild	2... 2,5	8,1	rot, bräunl.-schwarz	
Zinnstein SnO_2	tetr.	D_{4h}^{14}	(100) s.	spröde	6... 7	6,8... 7,1	braun-schwarz	gelb
Zirkon, Hyazinth $Zr[SiO_4]$	tetr.	D_{4h}^1	(110) s.	musch.	7,5	3,9... 4,8	braun, braunrot, gelb, grau, grün, durchsicht.-trüb	

(Fortsetzung).

Glanz	Optische Hauptgruppe	Brechungszahl	Doppelbrechung	Achsenwinkel	Optische Orientierung	Pleochroismus	Vorkommen
fettiger Glasgl.	einachs.	$\omega \sim 1{,}691$ $\varepsilon \sim 1{,}719$	+0,028		$\gamma = c$		In Galmei-Lgst.: Aachen; Broken Hill, Rhodesien; Franklin, New Jersey, Hüttenprodukt
undurchsicht. Mtgl.	anisotrop						Pegm.-pneumat., hydrotherm.
st. Metallgl.	st. anisotrop						Hydrothermal: In d. Zinnstein u. Ag-Co-Formation in den Ag-Sn-Bi-Gängen Boliviens
Mtgl.-fettig	zweiachs.	$\alpha_{Li} = 2{,}26$ $\beta_{Li} = 2{,}32$ $\gamma_{Li} = 2{,}42$	+0,16	$2V_\gamma$ groß		Absorp. $\alpha > \beta > \gamma$	Wolframerz. Pegmat. u. pneumat. in Verbindung mit Graniten. In Seifen
Diamant-Harzgl.	einachs.	$\omega = 2{,}405$ $\varepsilon = 2{,}283$	−0,122				In d. Oxydationszone von Bleiglanz-Lgst.
Glasgl.	einachs.	$\varepsilon = 2{,}378$ $\omega = 2{,}356$	+0,022				Mit Zinkblende in Schalenblende, Hüttenprodukt
Fettgl.	einachs.	$\varepsilon = 1{,}816$ $\omega = 1{,}721$	+0,095				In Graniten u. Pegmatiten, ebenfalls in Seifen
halbmet. Diamant-Glasgl.	isotrop	$n = 2{,}369$					Pegm.-pneum., hydrotherm., sed.
Glasgl.-Perlmgl.	einachs.	$\omega = 1{,}849$ $\varepsilon = 1{,}621$	−0,228		$\alpha = c$		In d. Verwitterungszone von ZnS i. Verbindung mit Kalken
Mtgl.	anisotrop						Hydrotherm.
Diamantgl.	einachs.	$\omega = 2{,}85$ $\varepsilon = 3{,}20$	+0,35		$\gamma = c$		Hydrotherm. b. sehr niedrigen Temp. Wichtigstes Hg-Erz
Glasgl. Bruchfl.-Fettgl.	einachs.	$\omega = 1{,}997$ $\varepsilon = 2{,}093$	+0,096		$\gamma = c$		Zinnsteinpegmatite, Pneumat. Imprägnationen (Greisenbildung). Hydrotherm. Gänge. Seifen-Lgst.
Diamantgl., Bruchfläch-Fettgl.	einachs.	$\omega = 1{,}960$ $\varepsilon = 2{,}01$	+0,041		$\gamma = c$		Eingewachs. in Eruptivgest. i. kryst. Schiefern u. Sedimenten. Auf Edelsteinseifen. Edelstein

31132 Namen und Zusammensetzung der Minerale.

Von **Theodor Ernst**, Göttingen.

Der häufiger oder gleich häufig gebrauchte Mineralname ist mitangeführt. Abkürzungen: V. oder Var. = Varietät = geringe Änderungen in chemischer Zusammensetzung, Farbe, physikalischen Eigenschaften ohne gittermäßige Änderung; Gr. = Gruppe. Abkürzungen über die Zusammensetzung einiger Gruppen sind bei den Mineralgruppen aufgeführt (z. B. für die Plagioklase). Die Schreibweise der Silicate beruht auf der Klassifikation nach Tetraederverbänden (Koordinationszahl 4), vornehmlich von (SiO_4) und (AlO_4) nach F. Machatschki und W. L. Bragg. Die Mineralformeln sind vorwiegend den Mineralogischen Tabellen von H. Strunz entnommen (Akademische Verlagsgesellschaft Leipzig 1941).

Für die mit einem Stern (*) gekennzeichneten Minerale sind krystallographische und krystalloptische Angaben usw. in der Tabelle „Datensammlung der wichtigen Minerale" zu finden (31131). Es sind dabei die Vertreter einer Mineralgruppe unter dieser zu finden, z. B. Enstatit unter Pyroxene.

Achat	Gemenge von Quarz und Chalcedon: SiO_2
Adular	K-Feldspat, $K[Si_3AlO_8]$
Ägirin	Pyroxen-Gr., $NaFe[Si_2O_6]$
Aeschynit	Titanat und Niobat von Y, Er, Ce, Th, $Fe^{\cdot\cdot}$
Åkermanit	Melilith-Gr., $Ca_2[MgSi_2O_7]$
Akmit	s. Ägirin
Aktinolith	Hornblende-Gr., Strahlstein, $Fe_{0-3}Mg_{2-5}Ca_2[Si_8O_{22}/(OH)_2]$
Alabandin	Manganblende, MnS
Alabaster	Gips-V., $CaSO_4 \cdot 2\,H_2O$
Alaune	$X^{\cdot\cdot\cdot}Y^{\cdot}(SO_4)_2 \cdot 12\,H_2O$, X = Al; Y = K, NH_4
Albit	Na-Feldspat, Plagioklas, $Na[Si_3AlO_8]$
Alexandrit	Chrysoberyll-V., Al_2BeO_4
Allanit	Orthit-V., (Ca, Ce, La, Na)$_2$ (Al, Fe, Mn, Mg, Be)$_3$ $[(SiO_4)_3/(O, OH)]$
Allemontit	Antimonarsen, Gemenge von Sb und As
Allophan	Veraltet, Gemenge von Aluminium-Silicaten wie Halloysit, Kaolinit u. a.
Almandin *	Fe-Al-Granat, $Al_2Fe_3[SiO_4]_3$
Alstonit	(Ba, Ca)CO_3
Altait	PbTe
Aluminit	$Al_2[(OH)_4/SO_4] \cdot 7\,H_2O$
Alunit	Alaunstein, $Al_3K[(SO_4)_2/(OH)_6]$
Amalgam	(HgAg)
Amazonenstein*	Mikroklin, K-Feldspat, $K[Si_3AlO_8]$
Amblygonit	$LiAl[PO_4/(F, OH)]$
Amesit	Chlorit-Gr., $Al_2Mg_4[Si_2Al_2O_{10}/(OH)_8]$
Amethyst	Quarz-V., SiO_2
Amphibole *	Hornblenden, allg. Formel: $X_2Y_5[(Si,Al)_8O_{22}/(OH, F)_2]$ X = Ca, Na, K, Mn, $Fe^{\cdot\cdot}$, Mg; Y = Mg, $Fe^{\cdot\cdot}$, $Fe^{\cdot\cdot\cdot}$, Al, Mn, $Ti^{\cdot\cdot\cdot}$
Analcim	$Na[Si_2AlO_6] \cdot H_2O$
Anatas	TiO_2, untergeordnet mit Fe
Anauxit	SiO_2-reicher Kaolinit
Andalusit	$Al_2[SiO_4/O]$
Andesin	Ca-Na-Feldspat, Plagioklas, Ab_2An_1—Ab_1An_1
Andradit	Ca-Fe-Granat, $Ca_3Fe_2[SiO_4]_3$
Anglesit *	$PbSO_4$
Anhydrit *	$CaSO_4$
Ankerit	Braunspat, Ca(Mg, Fe, Mn) $(CO_3)_2$
Annabergit	Nickelblüte, $Ni_3[AsO_4]_2 \cdot 8\,H_2O$
Anomit	Biotit-V., K(Mg, Fe, Al)$_3$ $[(Si, Al)_4O_{10}/(O, OH)_2]$
Anorthit *	Ca-Feldspat, Plagioklas $Ca[Si_2Al_2O_8]$
Anorthoklas	Na-Mikroklin, (Na, K) $[Si_3AlO_8]$
Anthophyllit *	Amphibol-Gr., (Mg, Fe)$_7$ $[Si_8O_{22}/(OH)_2]$
Antigorit	Blätterserpentin, $Mg_6[Si_4O_{10}/(OH)_8]$
Antimonblende	Rotspießglanz, Sb_2S_2O
Antimonblüte	Valentinit, Sb_2O_3
Antimonglanz	Antimonit, Sb_2S_3
Antimonit *	Sb_2S_3
Antimonnickel	Breithauptit, NiSb

31132 (Fortsetzung).

Antimonnickelglanz	Ullmannit, NiSbS
Antimonsilber	Dyskrasit, Ag_3Sb
Antimonsilberblende	Pyrargyrit, Ag_3SbS_3
Apatit *	$Ca_5[(PO_4)_3/(Cl, F)]$
Apophyllit	$KCa_4[(Si_4O_{10})_2F] \cdot 8\,H_2O$
Aquamarin *	Beryll-V., $Al_2Be_3[Si_6O_{18}]$
Aragonit	$CaCO_3$
Arfvedsonit	Alkaliamphibol-Gr., $Fe_2^{\cdots}$ (Fe, Mg, Ti)$_{3,5}$ $Ca_{0,5}Na_{2,5}[Si_{7,5}$ (Al, Fe)$_{0,5}O_{22}/(OH)_2]$
Argentit	Silberglanz, Ag_2S
Argyrodit	Ag_8GeS_6
Arsen	Scherbenkobalt, As
Arsenantimon	Allemontit, Gemenge von Sb und As
Arsenblüte	Arsenolith, As_2O_3
Arseneisen, Arsenikalkies	Löllingit, $FeAs_2$
Arsenkies	FeAsS
Arsenkupfer	Domeykit, Cu_3As
Arsennickel	Rotnickelkies, NiAs
Arsennickelkies	Gersdorffit, NiAsS
Arsenolith	As_2O_3
Asbest *	1. Serpentinasbest, $Mg_6[Si_4O_{11}/(OH)_6] \cdot H_2O$; 2. Hornblendeasbest $Ca_2Fe_{0-3}Mg_{2-5}[Si_8O_{22}/(OH)_2]$
Asbolan	Erdkobalt, Co-haltiger Psilomelan
Astrakanit	Blödit, $Na_2SO_4 \cdot MgSO_4 \cdot 4\,H_2O$
Astrophyllit	$(K, Na, Ca)_2(Fe^{\cdot\cdot}Mn)_4(TiZr)[OH/Si_2O_7]_2$
Atacamit	$CuCl_2 \cdot 3\,Cu(OH)_2$
Augit *	Pyroxen-Gr.*, (Ca, Na)(Mg, Al, Fe, Ti)$[(Si, Al)_2O_6]$
Auripigment *	As_2S_3
Autunit	$Ca[UO_2/PO_4]_2 \cdot 8\,H_2O$
Axinit	$Ca_2(Mn, Fe)Al_2BH[SiO_4]_4$
Azurit	Kupferlasur, $2\,CuCO_3 \cdot Cu(OH)_2$
Babingtonit	Mischung von $(Ca, Mn, Fe)[Si_2O_6]$ mit $NaFe[Si_2O_6]$
Baddeleyit	ZrO_2
Bariumfeldspat	Mischung von Orthoklas und Celsian

Barkevikit	Amphibol-Gr., Mischung von Arfvedsonit mit gem. Hornblende
Barysilit	$Pb_3[Si_2O_7]$
Baryt *	Schwerspat, $BaSO_4$
Barytocalcit	$BaCa(CO_3)_2$
Bastit	Pseudomorphose von Serpentin nach Bronzit
Bastnäsit	$R^{\cdots}FCO_3$; R = Ce, La, Dy
Bauerit	Zersetzungsprod. von Biotit, wesentlich SiO_2 + aqu.
Baumhauerit	$Pb_5As_8S_{17}$
Bauxit	Gemenge von Diaspor, Hydrargillit, Alumogel und Eisenhydroxyd
Beidellit	$Al_2[(OH)_2 \cdot AlSi_3O_9OH] \cdot 4\,H_2O$
Benitoit	$BaTi[Si_3O_9]$
Bentonit	Montmorillonitreicher Ton
Bergholz, Bergkork, Bergleder	Verfilzter faseriger Serpentin
Bernstein	Lösliche Harze, Unlösliches, 3...8% Bernsteinsäure, flüchtiges Öl
Berthierit	$FeSb_2S_4$
Bertrandit	$Be_4[(OH)_2/SiO_4/SiO_3]$
Beryll *	$Al_2Be_3[Si_6O_{18}]$
Berzelianit	Cu_2Se
Biotit	Glimmer-Gr., K(Mg, Al, Fe)$_3[(Si, Al)_4\,O_{10}/(O, OH, F)_2]$
Bischofit	$MgCl_2 \cdot 6\,H_2O$
Bismuthin	Wismutglanz, Bi_2S_3
Bittersalz	$MgSO_4 \cdot 7\,H_2O$
Bitterspat	zum Teil Magnesit, $MgCO_3$, zum Teil Dolomit $CaMg(CO_3)_2$
Bixbyit	$(Mn, Fe)_2O_3$
Blaueisenerz	Vivianit, $Fe_3[PO_4]_2 \cdot 8\,H_2O$
Bleiantimonglanz	Zinckenit, $PbS \cdot Sb_2S_3$
Bleiarsenglanz	Sartorit, Skleroklas, $PbS \cdot As_2S_3$
Bleiglätte	PbO
Bleiglanz *	PbS
Bleihornerz	Phosgenit, $PbCl_2 \cdot PbCO_3$
Bleilasur	Linarit, $PbSO_4 \cdot Cu(OH)_2$
Bleimalachit	$2CuCO_3 \cdot PbCO_3 \cdot Cu(OH)_2$
Bleiwismutglanz	Galenobismutit, $PbBi_2S_4$

31132 (Fortsetzung).

Blödit	Astrakanit, Na_2SO_4 $MgSO_4 \cdot 4 H_2O$
Blomstrandin	Titanat und Niobat von Y, U, Th, Fe, Ca usw.
Boehmit *	$Al_2O_3 \cdot H_2O = \gamma$-AlOOH
Bohnerz	Gemenge von Brauneisen mit Ton
Bol	Gemenge von Halloysit und Eisenoxydhydrat
Boracit	$Mg_6Cl_2B_{14}O_{26}$
Borax *	$Na_2B_4O_7 \cdot 10 H_2O$
Bornit	Buntkupferkies, Cu_5FeS_4
Borsäure *	Sassolin *, $B_2O_3 \cdot 3 H_2O$
Boulangerit	$Pb_5Sb_4S_{11}$
Bournonit	$PbCuSbS_3$
Brauneisenerz *	$Fe_2O_3 \cdot x H_2O$
Braunit	$3 Mn_2O_3 \cdot MnSiO_3$
Braunspat	Dolomit, $CaMg(CO_3)_2$
Braunstein	Gemenge versch. Min.; Hauptbestandteil MnO_2
Bravoit	Nickelpyrit, $(Fe, Ni)S_2$
Breithauptit	NiSb
Breunnerit	Magnesit mit geringem Fe-Gehalt
Bröggerit	Pechblende mit hohem Th-Gehalt
Bromsilber	AgBr
Bronzit	Pyroxen-Gr., (Mg, Fe) $[Si_2O_6]$ (mit 5...13% Fe)
Brookit	TiO_2
Brucit	$Mg(OH)_2$
Brushit	$CaHPO_4 \cdot 2 H_2O$
Bunsenit	NiO
Buntkupfererz*	Cu_5FeS_4
Bustamit	$Ca_3Mn_3[Si_3O_9]_2$
Bytownit	Ca-Na-Feldspat, Plagioklas, Ab_1An_3—Ab_1An_6
Calamin	Kieselzinkerz, $Zn_4[(OH)_2/Si_2O_7] \cdot H_2O$
Calaverit	$AuTe_2$
Calcit *	$CaCO_3$
Cancrinit	$Na_6Ca_2[(SiAlO_4)_6/(CO_3)_2]$
Canfieldit	$Ag_8(Sn, Ge)S_6$
Carnallit *	$KCl \cdot MgCl_2 \cdot 6 H_2O$
Carnegieit	$NaAlSiO_4$
Carnotit	$K[UO_2/VO_4] \cdot 1^1/_2 H_2O$, ähnlich Uranit
Celsian	Feldspat-Gr., $Ba[Si_2Al_2O_8]$
Cementit	Fe_3C
Cerit	? $H_3(CaFe)Ce_3Si_3O_{13}$
Cerussit *	$PbCO_3$

Chabasit	Zeolith-Gr., (Ca, Na_2) $[Si_2AlO_6]_2 \cdot 6 H_2O$
Chalcedon	Quarz-V., SiO_2
Chalkopyrit	Kupferkies, $CuFeS_2$
Chalkosiderit	$CuFe_6^{\cdots}[(OH)_2/PO_4]_4 \cdot 4 H_2O$
Chalkosin	Kupferglanz, Cu_2S
Chalmersit	Cubanit, $CuFe_2S_3$
Chamosit *	$(Fe, Mg)_3[Al_2Si_2O_{10}] \cdot 3 H_2O$
Chiastolith	Andalusit, $Al_2[SiO_4/O]$
Chilenit	(Ag, Bi)
Chloanthit *	Weißnickelkies, $NiAs_{2-3}$
Choraluminit	$AlCl_3 \cdot 6 H_2O$
Chlorite	1. Orthochlorite: Mischungen von Antigorit = Blätterserpentin (Sp) = $Mg_6[(OH)_8/Si_4O_{10}]$ mit Amesit (At) = $Mg_4Al_2[(OH)_8/Si_2Al_2O_{10}]$ 2. Leptochlorite, Zusammensetzung ähnlich, Ausbildung schuppig bis erdig
Chloritoid	Ottrelith, $Fe_2Al_2[(OH)_4/Al_2Si_2O_{10}]$
Chlorocalcit	$KCl \cdot CaCl_2$
Chloropal	Gemenge von Nontronit mit Opal
Chondrodit	Humit-Gr., $Mg_5[(SiO_4)_2/(OH, F)_2]$
Chromdiopsid	Pyroxen-Gr. Ca(Mg, Fe, Cr)$[Si_2O_6]$
Chromeisenerz Chromit *	Chromit, $FeO \cdot Cr_2O_3$
Chromspinell	Chromhaltiger Pleonast
Chrysoberyll *	$Al_2[BeO_4]$
Chrysokoll	Kieselkupfer, $CuSiO_3 + n H_2O$
Chrysolith	Olivin, $(Mg, Fe)_2[SiO_4]$
Chrysopras	Chalcedon mit Ni-Geh.
Chrysotil	Faserserpentin, $Mg_6[Si_4O_{11}/(OH)_6] \cdot H_2O$
Cinnabarit	Zinnober, HgS
Clausthalit	PbSe
Cleveit	Pechblende (UO_2) mit Y, Er, Ce, Th
Clintonite	Ca-Mg-Sprödglimmer, Ca $(Mg, Al)_3[Si_2Al_2O_{10}/(OH, F)_2]$
Cölestin *	$SrSO_4$
Cohenit	Fe_3C
Colemanit	$Ca_2B_6O_{11} \cdot 5 H_2O$
Coloradoit	HgTe
Columbit	$(Fe, Mn)Nb_2O_6$

31132 (Fortsetzung).

Comptonit	Thomsonit, $(Ca, Na)_2[Si_2(Si, Al)Al_2O_{10}]_2 \cdot 5\ H_2O$
Cooperit	PtS
Coquimbit	$Fe_2^{\cdot\cdot\cdot}[SO_4]_3 \cdot 9\ H_2O$
Cordierit	$(Mg, Fe)_2Al_3[AlSi_5O_{18}]$
Covellin *	Kupferindig, CuS
Cristobalit	SiO_2
Crossit	Na-Fe-Amphibol, ähnlich Riebeckit
Cubanit	$CuFe_2S_3$
Cummingtonit	Amphibol-Gr., $(Mg, Fe)_7[Si_8O_{22}/(OH)_2]$
Cuprit *	Rotkupfererz, Cu_2O
Cuprodescloizit *	Mottramit, Cu-reicher Descloizit, $Pb(Pb, Cu, Zn)[VO_4/OH]$
Curit	$2\ PbO \cdot 5\ UO_3 \cdot 4\ H_2O$
Cyanit	Disthen, $Al_2[O/SiO_4]$
Danait	Kobaltarsenkies, $(Fe,Co)AsS$
Danburit	$Ca[B_2Si_2O_8]$
Datolith	$Ca[OH/BSiO_4]$
Daubréelith	$FeCr_2S_4$
Delessit	Eisenchlorit, ungefähr $(Mg, Fe)_5Al[(OH)_8/Si_3AlO_{10}]$
Descloizit	$Pb(Zn, Pb)[VO_4/OH]$
Desmin	Zeolith-Gr., $Ca[Al_2Si_7O_{18}] \cdot 7\ H_2O$
Diallag	Pyroxen-Gr., $CaMg[Si_2O_6]$ mit Al_2O_3 und Fe_2O_3-Geh.
Diamant *	C
Diaspor *	$Al_2O_3 \cdot H_2O = \alpha\text{-}AlOOH$
Diatomit	Diatomeenreste, Opal, $SiO_2 + aqu.$
Dichroit	Cordierit, $(Mg, Fe)_2Al_3[AlSi_5O_{18}]$
Dickit	$Al_4[(OH)_8/Si_4O_{10}]$
Diopsid *	Pyroxen-Gr., $CaMg[Si_2O_6]$
Dioptas	$Cu_3[Si_3O_9] \cdot 3\ H_2O$
Dipyr	Skapolith, Ma_8Me_2—Ma_1Me_1
Disthen	$Al_2[O/SiO_4]$
Dolomit *	$CaMg(CO_3)_2$
Domeykit	Cu_3As
Dufrenit	Kraurit, $Fe_2^{\cdot\cdot\cdot}[PO_4/(OH)_3]$
Dumortierit	$Al_4[Al_4Si_3BO_{19}OH]$
Dyskrasit	Antimonsilber, Ag_3Sb
Edingtonit	Zeolith-Gr., $Ba[Si_3Al_2O_{10}] \cdot 3\ H_2O$
Eisenglanz *	Hämatit *, Fe_2O_3
Eisenkies	Pyrit, FeS_2
Eisenkiesel	Quarz, durch Eisenoxyd gefärbt
Eisennickelkies	Pentlandit, $(Fe, Ni)S$
Eisenspat *	$FeCO_3$
Eisenspinell	Hercynit, $FeO \cdot Al_2O_3$
Eisenvitriol	$FeSO_4 \cdot 7\ H_2O$
Eläolith	Nephelin, $Na[AlSiO_4]$
Elektrum	Au mit 25...28% und mehr Ag
Eleonorit	$Fe_3^{\cdot\cdot\cdot}[(OH)_3/PO_4)_2] \cdot 2^1/_2\ H_2O$
Elpidit	$Na_2ZrH_6[Si_3O_9]_2$
Embolit	$Ag(Cl, Br)$
Emmonit	$(Sr, Ca)CO_3$
Emplektit	$CuBiS_2$
Enargit *	Cu_3AsS_4
Enstatit *	Pyroxen-Gr.*, $Mg_2[Si_2O_6]$
Epidot	$Ca_2(Al, Fe)_3[(SiO_4)_3/OH]$
Epistilbit	Zeolith-Gr., $Ca[Si_3AlO_8]_2 \cdot 5\ H_2O$
Epsomit	Bittersalz, $MgSO_4 \cdot 7\ H_2O$
Erinit	$Cu_5[AsO_4/(OH)_2]_2$
Erythrin	Kobaltblüte, $Co_3As_2O_8 \cdot 8\ H_2O$
Euchroit	$Cu_2[OH/AsO_4] \cdot 3\ H_2O$
Eudialyt	Zr halt. Silicat von Na, Ca, Fe, Ce usw.
Eudidymit	$Na[BeSi_3O_7OH]$
Euklas *	$Al[BeSiO_4OH]$
Eukolit	Ähnlich Eudialyt
Eulytin	$Bi_4[SiO_4]_3$
Euxenit	Titanat und Niobat von Y, Ce mit U und FeO
Fahlerz *	$(Cu_2, Ag_2, Fe, Zn, Hg)_3(Sb, As, Bi)S_3$
Famatinit	Cu_3SbS_4
Faserkiesel	Sillimanit, $Al[AlSiO_5]$
Fassait	Grüner Augit, $CaMg[Si_2O_6]$ mit Al_2O_3 und Fe_2O_2-Geh.
Faujasit	Zeolith-Gr., $(Na_2, Ca)[Al_2Si_5O_{14}] \cdot 10\ H_2O$
Fayalit	Olivin-Gr., $Fe_2[SiO_4]$
Feldspäte	$X[(Si, Al)_4O_8]$; $X = K$, Na, Ca, Ba, z.B. $Ca[Si_2Al_2O_8]$
Ferberit	$FeWO_4$
Fergusonit	$Y(Nb, Ta)O_4$
Feuerblende	Pyrostilpnit, Ag_3SbS_3
Fibrolith	Sillimanit, $Al[SiAlO_5]$
Flint	Feuerstein, Chlacedon mit Opal gemengt, $SiO_2 + aqu.$
Fluellit	$AlF_3 \cdot H_2O$
Fluocerit	Tysonit, $(Ce, La, Dy)F_3$

31132 (Fortsetzung).

Fluorit / Flußspat *	CaF_2
Forbesit	(Ni, Co)$HPO_4 \cdot 3\ H_2O$
Forsterit	Olivin-Gr., $Mg_2[SiO_4]$
Fowlerit	Zn, Fe, Ca-Rhodonit, $(Mn,Zn,Fe,Ca)_3[Si_3O_9]$
Franckeit	$5\ PbS \cdot 2\ SnS_2 \cdot Sb_2S_3$
Franklinit	Spinell-Gr., (Zn, Mn)O · Fe_2O_3
Freibergit	Cu, Ag, Sb-Fahlerz
Freieslebenit	$Pb_3Ag_5Sb_5S_{12}$
Friedelit	$Mn_8[(OH, Cl)_{10}/Si_6O_{15}]$
Fuchsit	Chromglimmer, chromhaltiger Muskovit
Gadolinit	$Y_2Fe[SiBeO_4/O]_2$
Gahnit	Zinkspinell, ZnO · Al_2O_3
Galenit *	Bleiglanz *, PbS
Galmei	Carbonatische und silicatische Zinkerze, zum Teil Zinkspat, zum Teil Kieselzinkerz
Garnierit	Ni-Mg-Silicat-Gel
Gastaldit	Amphibol-Gr., Mischung von Glaukophan und Aktinolith
Gaylussit	$Na_2CO_3 \cdot CaCO_3 \cdot 5\ H_2O$
Gehlenit	Melilith-Gr., $Ca_2[Al_2SiO_7]$
Geikielith	(Mg, Fe)TiO_3
Gelbbleierz *	Wulfenit *, $PbMoO_4$
Geokronit	$Pb_5Sb_2O_8$
Germanit *	Cu_6FeGeS_8
Gersdorffit	NiAsS
Gibbsit	Hydrargillit *, $Al_2O_3 \cdot 3\ H_2O = \gamma$-$Al(OH)_3$
Gips *	$CaSO_4 \cdot 2\ H_2O$
Gismondin	Zeolith-Gr., $Ca[Si_2Al_2O_8] \cdot 4\ H_2O$
Glanzkobalt	Kobaltglanz, CoAsS
Glaserit	$K_3Na(SO_4)_2$
Glaskopf	Roter: Fe_2O_3; brauner: Brauneisen
Glauberit	$Na_2SO_4 \cdot CaSO_4$
Glaubersalz	$Na_2SO_4 \cdot 10\ H_2O$
Glaukochroit	$CaMn[SiO_4]$
Glaukodot	(Fe, Co)AsS, Co > Fe
Glaukonit	Fe-Al-Silicat mit 2...15% K_2O, glimmerähnlich
Glaukophan	Amphibol-Gr., $Na_4Al_4[Si_8O_{22}/(OH)_2]$
Glimmer	$XY_3[(Al, Si)Si_3O_{10}/(OH, F)_2]$; X = K, Na, Rb, Cs; Y = Al, $Fe^{\cdot\cdot\cdot}$, $Cr^{\cdot\cdot\cdot}$, $Mn^{\cdot\cdot\cdot}$, $V^{\cdot\cdot\cdot}$, $Ti^{\cdot\cdot\cdot}$, $Mg^{\cdot\cdot}$, $Fe^{\cdot\cdot}$, $Mn^{\cdot\cdot}$, Li

Gmelinit	Zeolith-Gr., (Na_2, Ca)$[AlSi_2O_6]_2 \cdot 6\ H_2O$
Goethit	Rubinglimmer, γ-$Fe_2O_3 \cdot H_2O$
Goslarit	Zinkvitriol, $ZnSO_4 \cdot 7\ H_2O$
Granat *	$X_3Y_2[SiO_4]_3$, X = Ca, Mg, Fe, Mn; Y = Fe, Al, Cr, Ti
Graphit *	C
Graphitoid	Dichter feinkörniger Graphit
Greenockit	CdS
Grossular	Ca-Al-Granat, $Ca_3Al_2[SiO_4]_3$
Grünbleierz	Pyromorphit, $Pb_5[(PO_4)_3Cl]$
Grüneisenerz	Kraurit, $Fe_2^{\cdot\cdot\cdot}[PO_4/(OH)_3]$
Grünerit	Amphibol-Gr., $MgFe_6[Si_8O_{22}/(OH)_2]$
Gudmundit	FeSbS
Gummierz	Gelartiges Verwitterungsprodukt von UO_2
Haarkies	Millerit, NiS
Hämatit *	Eisenglanz, Fe_2O_3
Haidingerit	$CaH[AsO_4] \cdot H_2O$
Halit	Steinsalz *, NaCl
Halloysit *	$Al_4[Si_4O_{10}/(OH)_8] \cdot 4\ H_2O$
Hambergit	$Be_2[OOH/BO_2]$
Hamlinit	$SrAl_3H[(OH)_6/(PO_4)_2]$
Hardystonit	$Ca_2[ZnSi_2O_7]$
Harmotom	Zeolith-Gr., (Ba, K_2)$_2$$[Al_4Si_{11}O_{30}] \cdot 10\ H_2O$
Hartmanganerz	zum Teil Braunit: $3\ Mn_2O_3 \cdot MnSiO_3$, zum Teil Psilomelan: MnO_2
Hauchecornit	(Ni, Co)$_7$: (S, Sb, Bi)$_8$
Hauerit	MnS_2
Hausmannit	Mn_3O_4
Hauyn	Sodalith-Gr., (Na, Ca)$_{4-8}$$[(SiAlO_4)_6/SO_4)_{1-2}]$
Hedenbergit	Pyroxen-Gr., $CaFe[Si_2O_6]$
Heliodor	Grünlichgelber Edelberyll
Heliotrop	Jaspis-V., SiO_2
Helvin	(Mn, Fe, Zn)$_8$$[(SiBeO_4)_6/S_2]$
Hemimorphit	Kieselzinkerz, $Zn_4[(OH)_2/Si_2O_7] \cdot H_2O$
Hercynit	Fe-Spinell, FeO · Al_2O_3
Hessit	Ag_2Te
Hessonit	Grossular-V., Ca_3(Al, Fe, Cr)$_2$$[SiO_4]_3$

31132 (Fortsetzung).

Heulandit	Zeolith-Gr., $Ca[Si_3AlO_8]_2 \cdot 5\,H_2O$
Hibschit	$CaAl_2[SiO_4]_2 \cdot 2\,H_2O$
Hiddenit	Spodumen-V., Pyroxen-Gr., $LiAl[Si_2O_6]$
Higginsit	$CaCu[AsO_4/OH]$
Homilit	$Ca_2Fe[O/BSiO_4]_2$
Honigstein	Mellit, $Al_2C_{12}O_{12} \cdot 18\,H_2O$
Hornblende *	Amphibol-Gr., $X_2Y_5[(Si, Al)_8O_{22}/(OH, F)_2]$; X=Ca, Na, K, Mn, Fe; Y=Mg, Fe, Al, Mn, Ti
Hornblende-Asbest	Zusammensetzung wie Strahlstein = Aktinolith
Hornsilber	AgCl
Hortonolith	Olivin-Gr., $(Mg, Fe)_2[SiO_4]$; Fe > Mg
Hübnerit	$MnWO_4$
Humitgruppe	$Mg(F, OH)_2 + n\,Mg_2[SiO_4]$; n = 1 ... 4
Humit	$Mg_7[(OH, F)_2/(SiO_4)_3]$
Hyalit	SiO_2 + aqu.
Hyalophan	Bariumfeldspat, Mischung von $K[Si_3AlO_8] + Ba[Si_2Al_2O_8]$
Hyazinth	Zirkon-V., $Zr[SiO_4]$
Hydrargillit *	$Al_2O_3 \cdot 3\,H_2O = \gamma\text{-}Al(OH)_3$
Hydrocerussit	$2\,PbCO_3 \cdot Pb(OH)_2$
Hydromagnesit*	$4\,MgCO_3 \cdot Mg(OH)_2 \cdot 4\,H_2O$
Hydrozinkit	Zinkblüte, $2\,ZnCO_3 \cdot 3\,Zn(OH)_2$
Hypersthen	Pyroxen-Gr., $(Mg, Fe)_2[Si_2O_6]$
Idokras	Vesuvian, $Ca_{10}(Mg, Fe)_2Al_4[(SiO_4)_5(Si_2O_7)_2/(OH)_4]$
Ilmenit *	$FeTiO_3$
Ilmenorutil	Mischung von $TiO_2 + (Fe, Mn)(Nb, Ta)_2O_6$
Iserin	Rutil (TiO_2) mit wesentl. Fe_2O_3-Geh.
Jadeit	Pyroxen-Gr., $NaAl[Si_2O_6]$
Jakobsit	Spinell-Gr., $(Mn, Mg)O \cdot (Fe, Mn)_2O_3$
Jamesonit	$Pb_2Sb_2S_5$
Jarosit	$KFe_3[(SO_4)_2/(OH)_6]$
Jaspis	Gefärbter Chalcedon, SiO_2
Jeffersonit	Pyroxen-Gr., $Ca(Fe, Mn, Zn)[Si_2O_6]$
Jeremejewit	$AlBO_3$
Jodyrit	AgJ
Jordanit	$Pb_4As_2S_7$
Justit	Schlackenmineral, $[R'Si_2O_7]R''_2$, R' = Mg, Fe˙˙, Mn, Zn, Be, Pb; R'' = Ca, Ba, Pb
Kämmererit	Chromhaltiger Pennin
Kaersutit	Basaltische Hornblende mit TiO_2-Gehalt
Kainit *	$KCl \cdot MgSO_4 \cdot 3\,H_2O$
Kakoxen	$Fe_2(PO_4)(OH)_3 \cdot 4^1/_2\,H_2O$
Kalifeldspat	Orthoklas *, $K[Si_3AlO_8]$; Mikroklin *, $K[Si_3AlO_8]$
Kalinit	$K_2SO_4 \cdot Al_2(SO_4)_3 \cdot 24\,H_2O$
Kaliophilit	$K[SiAlO_4]$
Kalisalpeter *	KNO_3
Kalkeisengranat	Andradit, $Ca_3Fe_2[SiO_4]_3$
Kalkglimmer	Margarit, $CaAl_2[Si_2Al_2O_{10}/(OH)_2]$
Kalkharmotom	Phillipsit, Zeolith-Gr., $(Ca, Na_2, K_2)[Si_2AlO_6]_2 \cdot 4^1/_2\,H_2O$
Kalksalpeter	$Ca(NO_3)_2 \cdot 4\,H_2O$
Kalkspat *	Calcit *, $CaCO_3$
Kalktongranat	Grossular, $Ca_3Al_2[SiO_4]_3$
Kalkuranglimmer	Autunit, $Ca[UO_2/PO_4]_2 \cdot 8\,H_2O$
Kallilith	Mischung von NiSbS und NiBiS
Kalomel	Quecksilberhornerz, HgCl
Kamacit	Nickelarmes Meteoreisen
Kammkies	Markasit, FeS_2
Kaneelstein	Grossular-V., $Ca_3Al_2[SiO_4]_3$
Kaolinit, Kaolin *	$Al_4[Si_4O_{10}/(OH)_8]$
Karborund	SiC
Kastor	Petalit, $(Li, Na)[Si_4AlO_{10}]$
Karneol	Chalcedon-V., rot, SiO_2
Karpholith	$MnAl_2[Si_2O_6/(OH)_4]$
Kassiterit	Zinnstein *, SnO_2
Katapleit	$Na_2Zr[Si_3O_9] \cdot H_2O$
Kelyphit	Pseudom. von Serpentin nach Granat
Kernit	$Na_2B_4O_7 \cdot 4\,H_2O$
Kieselgur	Diatomeenreste, SiO_2 + aqu.
Kieselkupfer	Chrysokoll, $CuSiO_3 + n\,H_2O$
Kieselwismut	Eulytin, $Bi_4[SiO_4]_3$
Kieselzinkerz *	$Zn_4[(OH)_2/Si_2O_7] \cdot H_2O$
Kieserit *	$MgSO_4 \cdot H_2O$

31132 (Fortsetzung).

Klaprothit	$Cu_6Bi_4S_9$
Klinochlor	(Orthochlorit), Mischung von Sp_2At_3—Sp_1At_1
Klinoedrit	$Ca_2Zn_2[(OH)_2/Si_2O_7] \cdot H_2O$
Klinoenstatit *	Pyroxen-Gr., $Mg_2[Si_2O_6]$
Klinohumit	$Mg_9[(SiO_4)_4/(OH, F)_2]$
Klinozoisit	$Ca_2(Al, Fe)_3[(SiO_4)_3/OH]$
Kobaltarsenkies	Co-haltiger Arsenkies
Kobaltblüte	$Co_3[AsO_4]_2 \cdot 8\,H_2O$
Kobaltglanz *	CoAsS
Kobaltin	Kobaltglanz *, CoAsS
Kobaltnickelkies	$R^{\cdot\cdot}R_2^{\cdot\cdot\cdot}S_4$; R = Co, Ni, Fe, $R^{\cdot\cdot}$ auch Cu
Kornerupin	$(Al_2, Mg_3)_3(Si_3, B_4)O_{15}$
Korund *	Al_2O_3
Korundophylit	(Orthochlorit) At_4Sp_1—At_7Sp_3
Kraurit	Grüneisenerz, $Fe_2^{\cdot\cdot\cdot}[PO_4/(OH)_3]$
Kreuzstein	zum Teil Harmotom, zum Teil Andalusit
Kryolith *	Na_3AlF_6
Kryolithionit	$Na_3Al_2Li_3F_{12}$
Kryptoperthit	K-Feldspat mit sehr fein entmischtem Plagioklas
Kunzit	Spodumen-V., $LiAl[Si_2O_6]$
Kupferantimonglanz	Wolfsbergit, $CuSbS_2$
Kupferglanz *	Cu_2S
Kupferindig	CuS
Kupferkies *	$CuFeS_2$
Kupferlasur *	$2\,CuCO_3 \cdot Cu(OH)_2$
Kupfermanganerz	Cu-haltiger weicher Psilomelan
Kupferpecherz	Brauneisen mit Cu_2O oder CuO oder CuS
Kupferschwärze	zum Teil Tenorit = CuO; zum Teil Cu-haltiges MnO_2
Kupferuranglimmer	Torbernit, $Cu[UO_2/PO_4]_2 \cdot 8\,H_2O$
Kupfervitriol *	$CuSO_4 \cdot 5\,H_2O$
Kupferwismutglanz	Emplektit, $CuBiS_2$
Kupfferit	Amphibol-Gr., eisenarmer Anthophyllit, $(Mg,Fe)_7[Si_8O_{22}/(OH)_2]$
Kylindrit	$6\,PbS \cdot 6\,SnS_2 \cdot Sb_2S_3$?
Labradorit	Ca-Na-Feldspat, Plagioklas *, Mischung Ab_1An_1—Ab_1An_3

Langbeinit	$K_2SO_4 \cdot 2\,MgSO_4$
Lanthanit	$La_2O_3 \cdot 3\,CO_2 \cdot 8\,H_2O$
Lapislazuli	Lasurstein, Sodalith-Gr. $(Na, Ca)_8[(SO_4, S, Cl)_2/(AlSiO_4)_6]$
Lasurit	Lasurstein
Lasurstein	Sodalith-Gr., $(Na, Ca)_8[(SO_4,S,Cl)_2/(AlSiO_4)_6]$
Laterit	Verunreinigter Bauxit = Gemenge von Diaspor, Hydrargillit und Alumogel
Laurit	RuS_2
Lautarit	CaJ_2O_6
Låvenit	$(Na, Ca, Mn)_3Zr[F/(SiO_4)_2]$
Lawsonit	$CaAl_2[H_2O/(SiO_4)_2] \cdot H_2O$
Lazulith	$(Fe, Mg)Al_2[(PO_4)_2/(OH)_2]$
Leadhillit	$PbSO_4 \cdot 2\,PbCO_3 \cdot Pb(OH)_2$
Leonit	$K_2SO_4 \cdot MgSO_4 \cdot 4\,H_2O$
Lepidokrokit	$Fe_2O_3 \cdot H_2O$
Lepidolith *	Li-Glimmer, $K(Al, Li)_3[(Si, Al)_4O_{10}/(OH)_2]$
Lepidomelan	Eisenreicher Biotit, $K(Fe, Mg, Al)_3[(Si, Al)_4O_{10}/(OH)_2]$
Leptochlorite	Zusammensetzung ähnlich Orthochlorit, oft hoher Fe_2O_3-Gehalt, feinkrystallin, schuppig
Leuchtenbergit	Fast eisenfreier Klinochlor
Leucit *	$K[Si_2AlO_6]$
Leukoxen	Feinfaseriger Titanit, $CaTi[SiO_4/O]$
Leverrierit	Beidellit, $Al_2[(OH)_2 \cdot AlSi_3O_9OH] \cdot 4\,H_2O$
Levyn	$Ca[Al_2Si_3O_{10}] \cdot 5\,H_2O$
Lievrit	$CaFe_2^{\cdot\cdot}Fe^{\cdot\cdot\cdot}[OH/(SiO_4)_2]$
Limonit	Brauneisen, $Fe_2O_3 \cdot n\,H_2O$
Linarit	$PbCu[(OH)_2/SO_4]$
Linneit	Kobaltkies, $Co^{\cdot\cdot}Co_2^{\cdot\cdot\cdot}S_4$
Lithionglimmer Lithionit	Lepidolith *, Li-Glimmer, $K(Al, Li)_3[(Si, Al)_4O_{10}/(OH)_2]$
Lithiophilit	$Li(Mn, Fe)[PO_4]$
Livingstonit	$HgSb_4S_7$
Löllingit *	$FeAs_2$
Löweit	$Na_2SO_4 \cdot MgSO_4 \cdot 2^1/_2\,H_2O$
Lorandit	$TlAs_2S_5$
Lucinit	Variscit, $Al[PO_4] \cdot 2\,H_2O$
Ludwigit	$(Mg, Fe^{\cdot\cdot})_2Fe^{\cdot\cdot\cdot}[O_2/BO_3]$

31132 (Fortsetzung)

Lüneburgit	$Mg_3[(PO_4)_2/B_2O_3] \cdot 8H_2O$
Lussatit	Chalcedon-V., SiO_2
Luzonit	Cu_3AsS_4
Magnesiaalaun	$MgSO_4 \cdot Al_2(SO_4)_3 \cdot 24\ H_2O$
Magnesiatongranat *	Pyrop *, $Mg_3Al_2[SiO_4]_3$
Magnesit *	$MgCO_3$
Magneteisenerz, Magnetit *	Fe_3O_4
Magnetkies	FeS, genauer $Fe_{n-1}S_n$, n etwa 6—17
Magnetopyrit	Magnetkies, $Fe_{n-1}S_n$
Malachit *	$CuCO_3 \cdot Cu(OH)_2$
Manganblende	Alabandin, MnS
Manganit	$Mn_2O_3 \cdot H_2O$
Mangankies	Hauerit, MnS_2
Mangankupfererz	$CuO \cdot Mn_2O_3$
Manganophyll	Mn-Biotit, $KMn_3[(Si,Al)_4O_{10}/(O, OH)_2]$
Manganosit	MnO
Manganspat	$MnCO_3$
Margarit	Ca-Glimmer, $CaAl_2[Si_2Al_2O_{10}/(OH)_2]$
Marialith	Skapolith-Gr., $Na_4[(Si_3AlO_8)_3/Cl]$
Markasit	FeS_2
Marshit	CuJ
Martit	Pseudomorphose von Fe_2O_3 nach Fe_3O_4
Maucherit	Ni_4As_3
Meerschaum	$Mg_3[(H_2O)_3/Si_4O_{11}] \cdot H_2O$?
Mejonit	Skapolith-Gr., $Ca_4[(Si_2Al_2O_8)_6/SO_4]$ bzw. $Ca_4[(Si_2Al_2O_8)_3/CO_3]$
Melanglanz	Stephanit, Ag_5SbS_4
Melanit	Kalkeisengranat, Ti-haltig, $Ca_3(Fe, Ti, Al)_2[SiO_4]_3$
Melilith	$(Ca, Na)_2[(Al, Mg)(Si, Al)_2O_7]$
Melinophan	$(Ca, Na)_2[Be(Si, Al)_2(O,F)_7]$
Mellit	$Al_2C_{12}O_{12} \cdot 18\ H_2O$
Melonit	$NiTe_2$
Mennige	Pb_3O_4
Meroxen	Biotit i. e. S., $K(Mg, Fe, Al)_3[(Si, Al)_4O_{10}/(O, OH)_2]$
Mesolith	Zeolith-Gr., $Na_2Ca_2[Al_2Si_3O_{10}]_3 \cdot 8\ H_2O$
Messingblüte	Aurichalcit, Zinkblüte mit Cu-Gehalt, $2\ ZnCO_3 \cdot 3\ Zn(OH)_2$
Metacinnabarit	HgS (schwarz)
Metahalloysit	$Al_4[Si_4O_{10}/(OH)_8]$
Meteoreisen	Eisen mit 6...20% Ni, Komp.: Tänit. Kamacit, Plessit
Miargyrit	$AgSbS_2$
Mikroklin *	K-Feldspat, $K[Si_3AlO_8]$
Milarit	$KCa_2[(Be, Al)Si_4O_{10}]_3$
Millerit	NiS
Mimetesit	$Pb_5[(AsO_4)_3/Cl]$
Mispickel	Arsenkies, FeAsS
Mixit	$BiCu_{10}[(OH)_8/(AsO_4)_5] \cdot 7\ H_2O$
Moissanit	SiC
Moldavit	Natürliches Glas, meteorisch
Molybdänglanz *	MoS_2
Molybdänit	Molybdänglanz *, MoS_2
Molybdänocker	$FeO \cdot 3\ MoO_3 \cdot 8\ H_2O$
Monazit *	$CePO_4$ (Ce=Ceriterden)
Mondstein	Orthoklas-V.*, $K[Si_3AlO_8]$
Monetit	$HCaPO_4$
Monticellit	$CaMg[SiO_4]$
Montmorillonit	$Al_2[Si_4O_{10}/(OH)_2] \cdot n\ H_2O$ und mit wechselndem Mg, Ca-Gehalt
Mottramit	$Pb(Cu, Zn)[OH/VO_4]$
Mullit *	$Al_4[(Si_3Al)Al_4O_{19\frac{1}{2}}]$
Muskovit *	Glimmer-Gr., $KAl_2[Si_3AlO_{10}/(OH)_2]$
Nadeleisenerz *	$\alpha\text{-}Fe_2O_3 \cdot H_2O = \alpha\text{-}FeOOH$
Nadelerz	Patrinit, $PbCuBiS_3$
Nagyagit	$(Pb, Au)(S, Te, Sb)_{1-2}$, 6...13% Au
Nakrit *	$Al_4[Si_4O_{10}/(OH)_8]$
Nantokit	CuCl
Nasarsukit	$Na_2(Ti, Fe)[Si_4O_{10}/(O, OH, F)]$
Natrit	Soda, $Na_2CO_3 \cdot 10\ H_2O$
Natrocalcit	Gaylussit, $Na_2CO_3 \cdot CaCO_3 \cdot 5\ H_2O$
Natrojarosit	$NaFe_3[(SO_4)_2/(OH)_6]$
Natrolith	Zeolith-Gr., $Na_2[Si_3Al_2O_{10}] \cdot 2\ H_2O$
Natronalaun	$Na_2SO_4 \cdot Al_2(SO_4)_3 \cdot 24\ H_2O$
Natronsalpeter*	$NaNO_3$
Natrophilit	$NaMn[PO_4]$

31132 (Fortsetzung).

Naumannit	Ag_2Se
Nephelin *	$Na[SiAlO_4]$
Nephrit	Strahlsteinaggregat
Neptunit	$Na_2FeTi[Si_4O_{12}]$
Nesquehonit	$MgCO_3 \cdot 3\ H_2O$
Nickelblüte	$Ni_3(AsO_4)_2 \cdot 8\ H_2O$
Nickeleisen	Meteorisch: Kamacit, Tänit, Plessit
Nickelin *	Rotnickelkies*, NiAs
Nickelvitriol	$NiSO_4 \cdot 7\ H_2O$
Nigrin	Rutil-V., TiO_2 mit Fe_2O_3 bis 30% Fe
Niobit	Columbit, $(Fe, Mn)Nb_2O_6$
Nitrocalcit	Kalksalpeter, $Ca(NO_3)_2 \cdot 4\ H_2O$
Nontronit	$(Al, Fe^{\cdots})_2[(OH)_2/(Si, Al)_4O_{10}] \cdot m\ H_2O$, Fe>Al, m meistens 2...4
Norbergit	Humit-Gr., $Mg_3[SiO_4/(OH, F)_2]$
Nordenskiöldin	$CaSn(BO_3)_2$
Northupit	$Na_2CO_3 \cdot MgCO_3 \cdot NaCl$
Nosean	Sodalith-Gr., $Na_8[(SiAlO_4)_6/SO_4]$
Okenit	$Ca_3[Si_6O_{15}] \cdot 6\ H_2O$
Oktaedrit	Anatas, TiO_2
Oldhamit	CaS
Oligoklas	Ca-Na-Feldspat, Plagioklas *, Ab_6An_1—Ab_2An_1
Olivenit	$Cu_2[AsO_4/OH]$
Olivin *	$(Mg, Fe)_2[SiO_4]$
Omphazit	Augit-Var., Pyroxen-Gr., $Al_2O_3 > Fe_2O_3$, $(Ca, Na)(Al, Fe, Ti, Mg)[(Si, Al]_2O_6]$
Onyx	Chalcedon-Art, Quarz-V., SiO_2
Opal *	SiO_2 + aqu.
Orangit *	Thorit *, $Th[SiO_4]$
Orthit	$(Ca, Ce, La, Na)_2(Al, Fe, Mn, Mg, Be)_3[(SiO_4)_3/(O, OH)]$
Orthochlorite	Mischungen von Amesit (At) $Mg_4Al_2[Si_2Al_2O_{10}/(OH)_8]$ und von Serpentin = Antigorit (Sp) $Mg_6[Si_4O_{10}/(OH)_8]$
Orthoklas *	K-Feldspat, $K[Si_3AlO_8]$
Osmiridium	(Ir, Os)
Osteolith	Phosphorit, Apatit-V., $Ca_5[(PO_4)_3/(OH, F)]$
Ottrelith	Sprödglimmer $Fe_2Al_2[Si_2Al_2O_{10}/(OH)_4]$

Ozokerit	Erdwachs, Gemenge von hochmolekularen festen Kohlenwasserstoffen der Methanreihe
Pachnolith	$NaF \cdot CaF_2 \cdot AlF_3 \cdot H_2O$:
Pandermit	$Ca_8B_{20}O_{38} \cdot 15\ H_2O$
Paragonit	Glimmer-Gr., (Na, K) $Al_2[Si_3AlO_{10}/(OH)_2]$
Pargasit	Hornblende-V., Amphibol-Gr., $(Na, K)_{0,3-1}(Fe^{\cdot\cdot}_{1-2}Mg_{1,5-4}Ca_{1,5-2})(Al, Fe)[Si_{7-6}Al_{1-2}O_{22}/(OH)_2]$
Parisit	$CaF_2 \cdot Ce_2O_3 \cdot 3\ CO_2$
Patrinit	$PbCuBiS_3$
Patronit	V_2S_5
Pechblende *	Uranpecherz *, UO_2
Pektolith	$Ca_2NaH[Si_3O_9]$
Pennin	Orthochlorit, Mischung Sp_1At_1—Sp_3At_2
Pentlandit *	(Fe, Ni)S
Peridot *	Olivin *, $(Mg, Fe)_2[SiO_4]$
Periklas	MgO
Periklin	Ca-Na-Feldspat, Plagioklas-Var.
Perlglimmer	Margarit, $CaAl_2[Si_2Al_2O_{10}/(OH)_2]$
Perowskit	$CaTiO_3$
Perthit	Albitentmischung im Orthoklas
Petalit	$(Li, Na)[Si_4AlO_{10}]$
Petzit	Tellursilber mit Au-Geh. $(Ag, Au)_2Te$
Phakelith	Kaliophilit, $K[SiAlO_4]$
Phakolith	Chabasit-Var., Zeolith-Gr., $(Ca, Na_2)[Al_2Si_4O_{12}] \cdot 6\ H_2O$
Pharmakolith	$CaH[AsO_4] \cdot 2\ H_2O$
Pharmakosiderit	$Fe_3^{\cdots}[(AsO_4)_2/(OH)_3] \cdot 5\ H_2O$
Phenakit	$Be_2[SiO_4]$
Phillipsit	Zeolith-Gr., $(Ca, Na_2, K_2)[Si_2AlO_6]_2 \cdot 4^1/_2\ H_2O$
Phlogopit	Glimmer-Gr., $KMg_3[Si_3AlO_{10}/(OH)_2]$
Phönicit	$Pb_3Cr_2O_9$
Pholerit	Nakrit-Var., $Al_4[Si_4O_{10}/(OH)_8]$
Phosgenit	$PbCl_2 \cdot PbCO_3$
Phosphorit	Apatit-Var., $Ca_5[(PO_4)_3/(OH, F)]$
Picotit	Chromhaltiger Pleonast, Spinell-Gr., $(Mg, Fe)O \cdot (Al, Fe, Cr)_2O_3$

31132 (Fortsetzung).

Piemontit	Mn-Epidot, $Ca_2(Al, Fe, Mn)_3[(SiO_4)_3/(OH)]$
Pigeonit	Pyroxen-Gr., Mischung von $(Mg, Fe)_2[Si_2O_6]$ und $CaMg[Si_2O_6]$
Pirssonit	$Na_2CO_3 \cdot CaCO_3 \cdot 2\,H_2O$
Pistazit	Epidot, $Ca_2(Al, Fe)_3[(SiO_4)_3/OH]$
Plagioklase *	Ca-Na-Feldspäte, Mischungen von Albit (Ab) $Na[Si_3AlO_8]$ und Anorthit (An) $Ca[Si_2Al_2O_8]$
Plagionit	$Pb_5Sb_8S_{17}$
Plasma	Jaspis.-Var., kryptokrist. Quarz, SiO_2
Plattnerit	PbO_2
Pleonast	Spinell-Gr., $(Mg, Fe)O \cdot (Al, Fe)_2O_3$
Plessit	Aggregat von Kamacit und Tänit im Meteoreisen
Plumbocalcit	Pb-haltiger Calcit, $(Ca, Pb)CO_3$
Plumosit	Jamesonit-Var., $Pb_2Sb_2S_5$
Polianit	MnO_2
Pollucit	Pollux
Pollux	$Cs[Si_2AlO_6] \cdot 1/2\,H_2O$
Polybasit	$(Ag, Cu)_9SbS_6$
Polydymit	Kobaltnickelkies-Var., $R^{\cdot\cdot}R_2^{\cdot\cdot\cdot}S_4$, R = Ni, Co, Fe, $R^{\cdot\cdot}$ auch Cu
Polyhalit	$K_2SO_4 \cdot MgSO_4 \cdot 2\,CaSO_4 \cdot 2\,H_2O$
Polylithionit	Lepidolith Var., Glimmer-Gr., $K(Al, Li)_3[(Si, Al)_4O_{10}/(OH, F)_2]$
Porzellanerde	Gemenge von Kaolinit, Dickit, Nakrit usw.
Powellit	$CaMoO_4$
Prasem	Quarz-Var., (SiO_2) mit Strahlstein-Einschl.
Prehnit	$Ca_2Al_2[(OH)_2/Si_3O_{10}]$
Prismatin	Kornerupin-Var., $(Al_2, Mg_3, Na_6)_3(Si_3, B_4)O_{15}$
Prochlorit	Orthochlorit, At_3Sp_2—At_7Sp_3
Proustit	Lichtes Rotgültigerz, Ag_3AsS_3
Pseudobrookit	$Fe_2O_3 \cdot TiO_2$
Psilomelan	MnO_2 mit Gehalt an H_2O, Al_2O_3, SiO_2, K_2O, Li_2O, Fe_2O_3, CuO
Pucherit	$BiVO_4$
Pyknit *	Topas-Var. *, $Al_2[SiO_4/(OH, F)_2]$
Pyrargyrit	Dunkles Rotgültigerz, Ag_3SbS_3
Pyrit *	FeS_2
Pyrochlor	$X_2Y_2(O, OH, F)_7$, X vorw. Ca, daneben Na, Fe, Ce; Y = Ta, Nb(Ti)
Pyrolusit *	MnO_2
Pyromorphit	$Pb_5[(PO_4)_3/Cl]$
Pyrop *	Magnesiatongranat *, $Mg_3Al_2[SiO_4]_3$
Pyrophanit	$MnTiO_3$
Pyrophyllit	$Al_2[Si_4O_{10}/(OH)_2]$
Pyrosmalith	$(Mn, Fe)_8[(OH, F)_{10}/Si_6O_{15}]$
Pyrostilpnit	Feuerblende, Ag_3SbS_3
Pyroxen *	$(Ca, Na)(Mg, Fe, Al, Li)[(Si, Al)_2O_6]$
Pyrrhit	Pyrochlor-Gr., $X_2Y_2(O, OH, F)_7$; X vorw. Ca, daneben Na, Fe, Ce; Y = Ta, Nb (Ti)
Pyrrhotin	Magnetkies, $Fe_{n-1}S_n$, n etwa 6...17
Quarz *	SiO_2
Quarzin	Chalcedon-Var., SiO_2
Quecksilberfahlerz	Schwazit, Cu-Sb-Hg-Fahlerz
Quecksilberhornerz	HgCl
Quecksilberlebererz	Bituminöser Tonschiefer mit Zinnober
Rabenglimmer	Fe-Zinnwaldit, $K(Fe,Li)_3[Si_3AlO_{10}/(OH)_2]$
Ralstonit	$3\,Al(F, OH)_3 \cdot (Na_2, Mg)F_2 \cdot 2\,H_2O$
Rammelsbergit	$NiAs_2$
Raspit	$PbWO_4$
Realgar *	AsS
Reichardtit	Bittersalz, $MgSO_4 \cdot 7\,H_2O$
Rhabdit	Schreibersit, $(Fe, Ni, Co)_3P$
Rhabdophan	$(La, Dy, Y, Er)_2O_3 \cdot P_2O_5 \cdot H_2O$
Rhodochrosit	Manganspat, $MnCO_3$
Rhodonit	$Mn_3[Si_3O_9]$
Rhönit	$(Na, Ca)(Fe^{\cdot\cdot}, Ti, Fe^{\cdot\cdot\cdot}, Mg, Al)_5[O_3/Si_4O_{11}]$
Richterit	Amphibol-Gr., $(Na, K)_{1-1,5}Ca_{1-1,5}Mg_5Mn_{0,5-1}[Si_{7,5-8}(Al, Fe^{\cdot\cdot\cdot})_{0-0,5}O_{22}/(OH)_2]$
Rinneit	$FeCl_2 \cdot 3\,KCl \cdot NaCl$

31132 (Fortsetzung).

Roemerit	$Fe_2O_3 \cdot FeO \cdot 4\ SO_3 \cdot 14\ H_2O$
Röpperit	$(Mn, Ca)CO_3$
Rötel	Roteisen, erdig, Fe_2O_3
Röttisit	Komarit-V., Nickelchlorit, wesentlich $(Ni, Al)_6[(OH)_8/(Al, Si)_4O_{10}]$
Romeit	$X_2Y_2(O, OH, F)_7$; X= vorw. Ca, daneben: Mn, Fe, Pb, Na; Y= vorw. Sb (Ti)
Roscoelith	V-haltiger Muskovit, Glimmer-Gr., $K(Al, V)_2[Si_3AlO_{10}/(OH)_2]$
Rotbleierz *	$PbCrO_4$
Roteisenerz	Hämatit *, Fe_2O_3
Rotgültigerz	Dunkles: Pyrargyrit Ag_3SbS_3; helles: Proustit Ag_3AsS_3
Rotkupfererz	Cu_2O
Rotnickelkies*	NiAs
Rotspießglanz	Sb_2S_2O
Rotzinkerz *	ZnO
Rubellan	Biotit-Var., Glimmer-Gr., $K(Mg, Fe, Al)_3[(Si, Al)_4O_{10}/(O, OH)_2]$
Rubellit	Turmalin-Var.*, Li-haltig, $(Na, Ca)(Mg, Fe^{\cdot\cdot}, Fe^{\cdot\cdot\cdot}, Li)_3 Al_6[(BSi_2O_9)_3/(O, OH, F)_4]$
Rubin	Korund-Var., Al_2O_3
Rubinglimmer*	$\gamma\text{-}Fe_2O_3 \cdot H_2O = \gamma\text{-}FeOOH$
Rutherfordin	$(UO_2)CO_3$
Rutil *	TiO_2
Safflorit	$CoAs_2$
Sagenit	Rutil-Var., TiO_2
Salit	Diopsid-Var., Pyroxen-Gr., $Ca(Mg, Fe, Mn)[Si_2O_6]$
Salmiak	NH_4Cl
Samarskit	$(Y, Er)_4[(Nb, Ta)_2O_7]_3$
Samsonit	$2\ Ag_2S \cdot MnS \cdot Sb_2S_3$
Sanidin	Feldspat-Gr., $(K, Na)[Si_3AlO_8]$
Saphir *	Korund-Var. *, Al_2O_3
Saphirin	$(Mg, Fe^{\cdot\cdot})_2Al_4[O_6/SiO_4]$
Sakinit	$(Fe, Mn)_2[AsO_4/OH]$
Sarkolith	$(Ca, Na)_8[O_4/(Al(Al, Si)Si_2O_8)_6]$
Sartorit	$PbAs_2S_4$
Sassolin *	$B_2O_3 \cdot 3\ H_2O$
Saussurit	Zersetzungsprodukt von Ca-Na-Feldspäten (Zoisit, Skapolith u.a.)
Schalenblende	Var. von Zinkblende oder Wurtzit oder Gemenge beider: ZnS
Schaplachit	$AgBiS_2$
Scheelbleierz	Stolzit, $PbWO_4$
Scheelit *	$CaWO_4$
Schefferit	Mn-Mg-Hedenbergit, Pyroxen-Gr.
Schilfglaserz	Freieslebenit, $Pb_3Ag_5Sb_5S_{12}$
Schillerspat	Bastit, Pseudomorphose von Serpentin nach Bastit
Schizolith	$(Ca, Mn)_2NaH[Si_3O_9]$
Schmirgel	Smirgel, Gemenge von Korund, Magnetit, Eisenglanz und Quarz
Schneebergit	$X_2Y_2(O, OH, F)_7$; X= Ca (Mn, Fe, Pb, Na); Y= Sb (Ti)
Schönit	$K_2SO_4 \cdot MgSO_4 \cdot 6\ H_2O$
Schörl	gem. Turmalin, $(Na, Ca)(Mg, Fe^{\cdot\cdot}, Fe^{\cdot\cdot\cdot}, Li)_3Al_6[(BSi_2O_9)_3/(O, OH, F)_4]$
Schreibersit	$(Fe, Ni, Co)_3P$
Schrifterz	Sylvanit, $AuAgTe_4$
Schungit	Endglied der Kohlenreihe
Schwazit	Cu-Hg-Sb-Fahlerz, $(Cu_2, Hg)_3SbS_3$
Schwefelkies	Pyrit, FeS_2
Schwefeltellurwismut	Tetradymit, Bi_2Te_2S
Schwerbleierz	Plattnerit, PbO_2
Schwerspat *	Baryt *, $BaSO_4$
Seifenstein	Saponit, wasserhalt. Mg-Silicat
Selandonit	Grünerde, wasserhalt. Fe-Al-Silicat mit K_2O-Gehalt
Selenblei	Clausthalit, PbSe
Selenkupfer	Berzelianit, Cu_2Se
Selenquecksilber	Tiemannit, HgSe
Selensilber	Naumannit, Ag_2Se
Selenwismutglanz	$Bi_2(Se, S)_3$
Seligmannit	$PbCuAsS_3$
Sellait	MgF_2
Senarmontit	Sb_2O_3
Sepiolith	Meerschaum, $Mg_3[(H_2O)_3/Si_4O_{11}] \cdot H_2O$?
Serizit	Muskovit-Var.*, Glimmer-Gr., $KAl_2[Si_3AlO_{10}/(OH)_2]$

31132 (Fortsetzung).

Serpentin	Chrysotil: $Mg_6[Si_4O_{11}/(OH)_6] \cdot H_2O$ Antigorit: $Mg_6[Si_4O_{10}/(OH)_8]$
Serpentinasbest	Feinfaseriger Serpentin
Siderit	Eisenspat, $FeCO_3$
Sideronatrit	$Na_2SO_4 \cdot (Fe \cdot OH)(SO_4)_2 \cdot 3\,H_2O$
Silberfahlerz	$(Cu_2, Ag)_3SbS_3$
Silberglanz *	Ag_2S
Silberhornerz	Hornsilber, AgCl
Silberkupferglanz	Stromeyerit, $Ag_2S \cdot Cu_2S$
Silberwismutglanz	$AgBiS_2$
Sillimanit	$Al[SiAlO_5]$
Sipylit	$ErNbO_4$
Skapolithgruppe	Mischung von Marialith (Ma) $Na_4[(Si_3AlO_8)_3/Cl]$ und Mejonit (Me) $Ca_4[(Si_2Al_2O_8)_3/CO_3]$ bzw. $Ca_4[(Si_2Al_2O_8)_3/SO_4]$
Skleroklas	Sartorit, $PbAs_2S_4$
Skolezit *	Zeolith-Gr., $Ca[Si_3Al_2O_{10}] \cdot 3\,H_2O$
Skorodit	$FeAsO_4 \cdot 2\,H_2O$
Skutterudit	$CoAs_3$
Smaltin	Speiskobalt, $CoAs_{2-3}$
Smaragd	Beryll-Var. *, mit Cr_2O_3-Geh., $(Al, Cr)_2Be_3[Si_6O_{18}]$
Smaragdit	Aktinolith-Var., Amphibol-Gr., $Ca_2Mg_{3-5}Fe_{0-2}[Si_8O_{22}/(OH)_2]$
Smektit	Walkerde, Gemenge von Bol (Halloysit und Eisenoxydhydrat) mit SiO_2 und $CaCO_3$ usw.
Smithit	$AgAsS_2$
Smithsonit	$ZnCO_3$
Soda *	$Na_2CO_3 \cdot 10\,H_2O$
Sodalith	$Na_8[(SiAlO_4)_6/Cl_2]$
Spangolith	$6\,CuO \cdot SO_4 \cdot Cl \cdot Al \cdot 6\,H_2O$
Spateisenstein	$FeCO_3$
Speckstein	Talk-Var., $Mg_3[Si_4O_{10}/(OH)_2]$
Speerkies	Markasit, FeS_2
Speiskobalt	$CoAs_{2-3}$
Spencerit	$Zn_3(PO_4)_2 \cdot Zn(OH)_2 \cdot 3\,H_2O$
Sperrylith *	$PtAs_2$
Spessartin	Mn-Al-Granat, $Mn_3Al_2[SiO_4]_3$
Sphärokobaltit	Kobaltspat, $CoCO_3$
Sphalerit *	Zinkblende *, ZnS
Sphen	Titanit, $CaTi[SiO_4/O]$
Spinell *	$MgO \cdot Al_2O_3$, allg. $R^{\cdot\cdot}R_2^{\cdot\cdot\cdot}O_4$, $R^{\cdot\cdot} = Mg, Fe^{\cdot\cdot}, Zn, Mn$; $R^{\cdot\cdot\cdot} = Al, Fe^{\cdot\cdot\cdot}, Cr$
Spodumen *	Pyroxen-Gr. *, $AlLi[Si_2O_6]$
Spreustein	Natrolith-Aggregate, Zeolith-Gr., $Na_2[Si_3Al_2O_{10}] \cdot 2\,H_2O$
Sprödglaserz	Stephanit, Ag_5SbS_4
Spurrit	$Ca_5[CO_3/(SiO_4)_2]$
Staffelit	Apatit-Var., $Ca_5[(PO_4)_3/(OH, F)]$
Stannin	Zinnkies, Cu_2FeSnS_4
Stassfurtit	Boracit-Var., $Mg_6Cl_2B_{14}O_{26}$
Staurolith	$Al_4[(SiO_4)_2FeO_2(OH)_2)]$
Steatit	Speckstein, Talk-Var., $Mg_3[Si_4O_{10}/(OH)_2]$
Steinmark	Nakrit, $Al_4[Si_4O_{10}/(OH)_8]$
Steinsalz *	NaCl
Stelznerit	$CuSO_4 \cdot 2\,Cu(OH)_2$
Stephanit	Ag_5SbS_4
Sternbergit	$AgFe_2S_3$
Stibioconit	$H_2Sb_2O_5$
Stibiodomeykit	$Cu_3(As, Sb)$
Stibiotantalit	$Sb(Ta, Nb)O_4$
Stiblith	Stibioconit, $H_2Sb_2O_5$
Stichtit	$7\,MgO \cdot Cr_2O_3 \cdot 2\,CO_2 \cdot 12\,H_2O$
Stilbit	Zeolith-Gr., $Ca[Al_2Si_7O_{18}] \cdot 7\,H_2O$
Stolzit	$PbWO_4$
Strahlerz	Klinoklas, $Cu_3[(OH)_3/AsO_4]$
Strahlstein	Amphibol-Gr., $Ca_2Mg_{3-5}Fe_{0-2}[Si_8O_{22}/(OH)_2]$
Strengit	$Fe[PO_4] \cdot 2\,H_2O$
Stromeyerit	$Ag_2S \cdot Cu_2S$
Strontianit *	$SrCO_3$
Struvit	$(NH_4)Mg[PO_4] \cdot 6\,H_2O$
Sulfoborit	$2\,Mg_2B_2O_5 \cdot 2\,MgSO_4 \cdot 9\,H_2O$
Sulfohalit	$NaCl \cdot NaF \cdot 2\,Na_2SO_4$
Sulvanit	Cu_3VS_4
Sussexit	$(Mn, Mg)_2B_2O_5 \cdot H_2O$
Svabit	$Ca_5[(AsO_4)_3F]$
Sylvanit	$AuAgTe_4$
Sylvin *	KCl
Symplesit	$Fe_3[AsO_4]_2 \cdot 8\,H_2O$
Syngenit	$K_2SO_4 \cdot CaSO_4 \cdot H_2O$
Sysserskit	Iridosmium, (Ir, Os)

31132 (Fortsetzung).

Tachyhydrit	$2\,MgCl_2 \cdot CaCl_2 \cdot 12\,H_2O$
Tänit	Nickelreiches Meteoreisen
Tagilit	$Cu_2[PO_4/OH] \cdot H_2O$
Talk *	$Mg_3[Si_4O_{10}/(OH)_2]$
Tantalit *	$(Fe, Mn)Ta_2O_6$
Tapiolith	$(Fe, Mn)Ta_2O_6$
Tarapacait	K_2CrO_4
Tarnowitzit	$(Ca, Pb)CO_3$
Teallit	$PbSnS_2$
Tellurblei	PbTe
Tellurit	TeO_2
Tellurquecksilber	Coloradoit, HgTe
Tellursilber	Hessit, Ag_2Te
Tellurwismut	Tetradymit, Bi_2Te_2S
Temiskamit	Maucherit, Ni_4As_3
Tennantit	Cu-As-Fahlerz, $(Cu_2, Fe)_3AsS_3$
Tenorit	CuO
Tephroit	$(Mn, Zn, Mg)_2[SiO_4]$
Terlinguait	Hg_2ClO
Tesseralkies	Skutterudit, $CoAs_3$
Tetradymit	Bi_2Te_2S
Tetraedrit *	Fahlerz *; allg. F.: $(Cu_2, Ag_2, Fe, Zn, Hg)_3(Sb, As, Bi)S_3$
Thalenit	$Y_2[Si_2O_7]$
Thaumasit	$Ca_3H_2[CO_3/SO_4/SiO_4]$
Thenardit	Na_2SO_4
Thermonatrit	$Na_2CO_3 \cdot H_2O$
Thomsenolith	$NaF \cdot CaF_2 \cdot AlF_3 \cdot H_2O$
Thomsonit	Zeolith-Gr., $(Ca, Na)_3[Si_2(Si, Al)Al_2O_{10}]_2 \cdot 6\,H_2O$
Thorianit *	$(Th, U)O_2$
Thorit *	$Th[SiO_4]$
Thortveitit	$(Sc, Y)_2[Si_2O_7]$
Thulit	Zoisit-Var., $Ca_2Al_3[(SiO_4)_3/OH]$
Thuringit *	Leptochlorit-Gr., etwa $(Mg, Fe^{\cdot\cdot})_5Al[(OH)_8/AlSi_3O_{10}]$, $Fe \gg Mg$
Tiemannit	HgSe
Tigerauge	Verkieselte und zersetzte Hornblende
Tilasit	$CaMg[AsO_4/F]$
Tinkal *	Borax *, $Na_2B_4O_7 \cdot 10\,H_2O$
Tirolit	$Cu_5[(OH)_2/AsO_4]_2 \cdot 7\,H_2O$
Titaneisenerz	Ilmenit, $FeTiO_3$
Titanit	$CaTi[SiO_4/O]$
Titanomagnetit	Ti-haltiger Magnetit
Topas *	$Al_2[SiO_4/(OH, F)_2]$
Topazolith	Kalkeisengranat, $Ca_3Fe_2[SiO_4]_3$
Torbernit	$Cu[UO_2/PO_4]_2 \cdot 8\,H_2O$
Tremolit	Amphibol-Gr., $Ca_2Mg_{2-5}Fe_{0-3}[Si_8O_{22}/(OH)_2]$
Tridymit	SiO_2
Triphan	Spodumen *, Pyroxen-Gr. *, $LiAl[Si_2O_6]$
Triphylin	$LiFe[PO_4]$
Triplit	$(Fe, Mn)_2[PO_4/F]$
Triploidit	$(Fe, Mn)_2[PO_4/OH]$
Trögerit	$[(UO_2)_3/(AsO_4)_2] \cdot 12\,H_2O$
Troilit	FeS
Trona	$3\,Na_2O \cdot 4\,CO_2 \cdot 5\,H_2O$
Tsumebit	$Pb_2Cu[(OH)_3/PO_4] \cdot 3\,H_2O$
Türkis	$CuAl_6[(OH)_2/PO_4]_4 \cdot 4\,H_2O$
Tungstit	Wolframocker, $WO_3 \cdot H_2O$
Turmalin *	$(Na, Ca)(Mg, Fe^{\cdot\cdot}, Fe^{\cdot\cdot\cdot}, Li)_3Al_6[(BSi_2O_9)_3/(O, OH, F)_4]$
Turnerit *	Monazit *, $Ce[PO_4]$
Tychit	$Na_6Mg_2[SO_4/(CO_3)_4]$
Tysonit	$(Ce, La, Dy)F_3$
Ulexit	Boronatrocalcit, $CaNaB_5O_9 \cdot 8\,H_2O$
Ullmannit	NiSbS
Ultrabasit	$11\,Ag_2S \cdot 28\,PbS \cdot 3\,GeS_2 \cdot 2\,Sb_2S_3$
Umangit	Cu_3Se_2
Umbra	Gemenge von Eisenhydroxyd und Bol
Uralit	Pseudomorphose von Hornblende nach Augit
Uranblüte	Wasserhaltiges Uranvitriol
Uranglimmer	Uranite, Doppelphosphate, -arseniate und -vanadinate des Uranyls und des Ca, Ba, Cu mit $8\,H_2O$
Urangrün	Uransulfat
Uraninit	Uranpecherz, UO_2
Uranocircit	$Ba[UO_2/PO_4] \cdot 8\,H_2O$
Uranophan	Uranotil, $CaU_2[(OH)_3/SiO_4]_2 \cdot 4\,H_2O$
Uranosphärit	$Bi_2U_2O_9 \cdot 3\,H_2O$
Uranospinit	$Ca[UO_2/AsO_4]_2 \cdot 8\,H_2O$
Uranothallit	$2\,CaCO_3 \cdot U(CO_3)_2 \cdot 10\,H_2O$
Uranotil	Uranophan, $CaU_2[(OH)_3/SiO_4]_2 \cdot 4\,H_2O$
Uranpecherz *	UO_2
Uranvitriol	Wasserhaltiges Uransulfat mit Cu

31132 (Fortsetzung).

Ussingit	$Na_2[Si_3AlO_8/(OH)]$
Uvanit	$(UO_2)_2V_6O_{17} \cdot 15\ H_2O$
Uwarowit	Kalkchromgranat, $Ca_3Cr_2[SiO_4]_3$
Valentinit	Sb_2O_3
Valleriit	$Cu_3Fe_4S_7$
Vanadinit *	$Pb_5[(VO_4)_3/Cl]$
Vanadinocker	V_2O_5
Vanthoffit	$3\ Na_2SO_4 \cdot MgSO_4$
Variscit	$Al[PO_4] \cdot 2\ H_2O$
Vesuvian	$Ca_{10}(Mg, Fe)_2Al_4[(SiO_4)_5(Si_2O_7)_2/(OH)_4]$
Villiaumit	NaF
Viridin	Andalusit, $Al_2[SiO_4/O]$ mit Mn_2O_3 und Fe_2O_3-Geh.
Vitriolbleierz *	Anglesit *, $PbSO_4$
Vivianit	$Fe_3[PO_4]_2 \cdot 8\ H_2O$
Wad	MnO_2
Wagnerit	$Mg_2[PO_4/F]$
Walkerde	Gemenge von Bol mit SiO_2, $CaCO_3$ usw.
Walpurgin	$5\ Bi_2O_3 \cdot 3\ (UO_2)O \cdot 2\ As_2O_5 \cdot 10\ H_2O$
Warwickit	$(Mg, Fe)_3TiB_2O_8$
Wavellit	$[Al_3P_2O_9(OH)] \cdot 5 \ldots 6\ H_2O$
Weichmanganerz	MnO_2
Weißbleierz *	Cerussit *, $PbCO_3$
Weißnickelkies	$NiAs_{2-3}$
Wernerit	Skapolithgr., Mischung von Ma und Me
Whiterit	$BaCO_3$
Whitneyit	Cu mit As-Geh.
Willemit *	$[Zn_2SiO_4]$
Willyamit	(Ni, Co)SbS
Wiluit	Vesuvian, $Ca_{10}(Mg, Fe)_2Al_4[(SiO_4)_5(Si_2O_7)_2/(OH)_4]$
Wismutglanz *	Bi_2S_3
Wismutgold	Gemenge von Au und Bi
Wismutocker	Bi_2O_3
Wismutsliber	Chilenit, (Ag, Bi)
Wittechenit	Cu_3BiS_3
Wöhlerit	$Ca_2NaZr[F/(SiO_4)_2]$
Wolframit *	$(Fe, Mn)WO_4$
Wolframocker	$WO_3 \cdot H_2O$
Wolfsbergit	$CuSbS_2$
Wollastonit	$Ca_3[Si_3O_9]$
Würfelerz	Pharmakosiderit, $Fe_3[(AsO_4)_2/(OH)_3] \cdot 5\ H_2O$
Wulfenit *	$PbMoO_4$
Wurtzit *	ZnS
Xanthokon	Ag_3AsS_3
Xenotim *	$Y[PO_4]$
Ytterspat	Xenotim, $Y[PO_4]$
Yttrocerit	$(Ca_3, Ce_2, Y_2)F_6$ + aqu.
Yttrofluorid	CaF_2 mit YF_3
Yttrotantalit	$Y_4(Ta_2O_7)_3$ mit Er, U, Ca, Fe
Yttrotitanit	$(Ca, Y)(Ti, Al, Fe)[SiO_4/O]$
Zaratit	$NiCO_3 \cdot 2\ Ni(OH)_2 \cdot 4\ H_2O$
Zeolithe	Silicate von (Ca, Na), (K, Ba, Sr), Al mit leicht gebundenem H_2O
Zepharovichit	$Al[PO_4] \cdot 3\ H_2O$
Zeunerit	$Cu[UO_2/AsO_4]_2 \cdot 8\ H_2O$
Zinckenit	$PbSb_2S_4$
Zinkaluminit	$6\ ZnO \cdot 3\ Al_2O_3 \cdot 2\ SO_3 \cdot 18\ H_2O$
Zinkblende *	ZnS
Zinkit *	Rotzinkerz *, ZnO
Zinkosit	$ZnSO_4$
Zinkspat *	$ZnCO_3$
Zinkspinell	$ZnO \cdot Al_2O_3$
Zinkvitriol	$ZnSO_4 \cdot 7\ H_2O$
Zinnerz *	Zinnstein *, SnO_2
Zinnkies *	Cu_2FeSnS_4
Zinnober *	HgS
Zinnstein *	SnO_2
Zinnwaldit	Glimmer-Gr., $K(Fe, Li)_3[Si_3AlO_{10}/(OH)_2]$
Zirkelit	$Ca(ZrTi)_2O_5$
Zirkon *	$Zr[SiO_4]$
Zoisit	$Ca_2Al_3[OH/(SiO_4)_3]$
Zunyit	$Al_{12}[Si_5O_{16}AlO_4/(OH, F)_{18}Cl]$

3114 Kalorische Daten der Elemente und anorganischer Verbindungen.

Zustandsänderungen oder Stoffumsetzungen verlaufen unter Abgabe oder Aufnahme von Wärme (Wärmetönungen). Die Summe der Wärmeinhalte (der Enthalpie: $I = \int_0^T C_p\, dT$) der entstehenden Zustände oder der gebildeten Stoffe ist also eine andere als die Summe der Wärmeinhalte der Ausgangsstoffe. Ist die Enthalpie des gebildeten Zustandes oder Stoffes größer, so verläuft der Bildungsvorgang unter Wärmeaufnahme (endothermer Vorgang), ist sie kleiner, so wird beim Bildungsvorgang Wärme abgegeben (exothermer Vorgang). Da bei allen Angaben von Wärmetönungen in den Tabellen stets die Differenz ΔI_B (die *Bildungsenthalpie*) zwischen dem Wärmeinhalte des gebildeten Stoffes und der Summe der Wärmeinhalte der Ausgangsstoffe steht, hat sie beim Bildungsvorgang (ΔI_B) das entgegengesetzte Vorzeichen wie die früher meist angegebenen Bildungswärmen. Schmelz- und Verdampfungsvorgänge führen zu Zuständen größeren Wärmeinhaltes, die *Schmelzenthalpie* und *Verdampfungsenthalpie*, ΔI_F und ΔI_K, sind also positiv. Bei Modifikationsänderungen ist die Umwandlung der bei der niedrigeren Temperatur beständigen Modifikation in die bei höherer Temperatur beständige angegeben, die Umwandlungsenthalpie ΔI_U ist also positiv.

Die Übersichtstabelle enthält in der 1. Spalte die Formel des Stoffes. Auf das der Formel entsprechende Molgewicht beziehen sich die weiteren Angaben. Die Stoffolge ist die des Laufschemas 151. Hydrate sind meist nicht aufgenommen, die Hydratationswärmen sind in 364121 gebracht.

In der 2. und 3. Spalte sind die wahre Molwärme C_p bzw. die mittlere $\bar{C}_p$ in cal/(mol · grad) und die Temperatur, auf die sich dieser Wert bezieht, angegeben.

In der 4. Spalte sind Angaben über den Zustand des Stoffes gemacht, auf den sich die Angaben in Spalte 5 und 6 beziehen, im besonderen bedeutet aq, daß der Stoff in unbekannter, jedoch großer Verdünnung in Wasser gelöst ist. Zahlenangaben, z. B. 400, geben die molaren Verdünnungszahlen für wässerige Lösungen an, also 400 Mole Wasser auf 1 Mol gelösten Stoff. Ist der Stoff in einem anderen Lösungsmittel als H_2O gelöst, so ist dieses durch seine Formel gekennzeichnet, z. B. CCl_4. Für die weiteren Abkürzungen s. die Liste.

In der 5. Spalte ist die Normalentropie S in Cl/mol [1 cal/(mol · grad)] angegeben. Unter Normalentropie ist die Entropie bei 25° C und 1 Atm, also $\int_0^{298,1} \frac{C_p}{T}\, dT$ zu verstehen. Für Gase beziehen sich die Entropien auf den idealen Gaszustand, Dissoziation und Assoziation sind nicht berücksichtigt.

Die 6. Spalte gibt ΔI_B für die Bildung des Stoffes bei 18° C und 1 Atm aus den Elementen in der durch die Formel Spalte 1 geforderten Gewichtsmenge[1]. Die Elemente sind in den in Spalte 4 bei dem Element angegebenen Zustand zu nehmen, für den $\Delta I = 0{,}0$ gesetzt ist. Es bedeutet z. B. bei $CaCO_3$ Calcit die Zahl $-289{,}5$ kcal · mol^{-1}, daß der Wärmeinhalt von 1 Mol $CaCO_3$ 289,5 kcal kleiner ist als die Summe der Wärmeinhalte von 1 Mol Ca (f), 1 Mol Diamant und $\frac{3}{2}$ Mol Sauerstoffgas, alle Stoffe unter Atmosphärendruck und 18° C. Die vollständige Reaktionsgleichung lautet also $Ca\,(f) + C\,(\text{Diamant}) + \frac{3}{2}\,O_2\,(g) \rightarrow CaCO_3\,(f) - 289{,}5$ kcal. Die Daten sind zum größten Teil der Zusammenstellung von Bichowsky und Rossini: „The Thermochemistry of the Chemical Substances“, New York 1936, entnommen.

Aus den Spalten 5 und 6 läßt sich die maximale Reaktionsarbeit (Nutzarbeit) A errechnen. Es ist $A = \Delta I_B - T \cdot \Delta S$. Die Reaktionsentropie ΔS ist die Differenz zwischen der Entropie S des gebildeten Stoffes und der Summen der Entropien der Ausgangsstoffe. Die Werte von ΔI_B und ΔS müssen, um einen genauen Wert für A zu errechnen, bei gleicher Temperatur genommen werden, es sind jedoch im Schrifttum die besten Werte von S für 25° C, die von ΔI_B für 18° C gegeben. Der

[1] Daten über die Normalenthalpie der Elemente, aus denen also die ΔI_B durch Summenbildung gewonnen werden können, sind nicht vorhanden.

Fehler x, der durch die Temperaturabweichung bei der Berechnung von A entsteht, ist klein. Berechnen wir A bei 25° C, so muß ΔI_B auf 25° C umgerechnet werden. Nach Definition ist $\Delta I_B = \sum_E \int_0^T C_p\, dT - \sum_A \int_0^T C_p\, dT$ (C_p = Molwärme, E = Endstoffe, A = Ausgangsstoffe) folglich ist

$$x = \Delta I_{25} - \Delta I_{18} = \sum_E \int_{18}^{25} C_p\, d\vartheta - \sum_A \int_{18}^{25} C_p\, d\vartheta.$$

Da sich C_p im allgemeinen im Gebiete 18...25° C wenig ändert, kann mit einem Mittelwert C_p gerechnet werden, $x = 7\left(\sum_E C_p - \sum_A C_p\right)$, wie man aus den Werten C_p in Spalte 3 errechnen kann, ist x im allgemeinen klein.

Die Frage der Temperaturabhängigkeit von ΔI_B ist durch das Vorhergehende mitbeantwortet.

Um die Änderung von A mit der Temperatur zu erhalten, muß noch die Abhängigkeit von $T\Delta S$ von der Temperatur berücksichtigt werden. Es sei zur Vereinfachung die Reaktionsentropie $\Delta S = \mathfrak{S}$ geschrieben. Da

$$\frac{\partial T\mathfrak{S}}{\partial T} = T\frac{\partial \mathfrak{S}}{\partial T} + \mathfrak{S}; \text{ da } \frac{T\partial \mathfrak{S}}{\partial T} = C_p = \frac{\partial \Delta I}{\partial T} \text{ ist, folgt also } \frac{\partial A}{\partial T} = -\mathfrak{S}.$$

A nimmt also mit der Temperatur zu, wenn die Reaktionsentropie negativ ist und umgekehrt.

In der 7. und 8. Spalte sind Schmelztemperatur ϑ_F in °C und Schmelzenthalpie ΔI_F in $kcal \cdot mol^{-1}$, in der 9. und 10. Spalte Siedetemperatur ϑ_K in °C und Verdampfungsenthalpie ΔI_K in $kcal \cdot mol^{-1}$ angegeben. Die Angaben beziehen sich, soweit keine anderen Angaben daneben stehen, auf den Druck 760 Torr. Kursiv gesetzte Zahlen bedeuten, daß der Stoff sublimiert (Sublimationsenthalpie). Für die Temperaturabhängigkeit von Schmelz- und Verdampfungsenthalpien gilt dasselbe wie für die Bildungsenthalpie. Ist bei der Verdampfungsenthalpie eine Formel in Klammern angegeben, so bezieht sich die angegebene Zahl auf die Entstehung eines Moles dieser Formel, also z. B. S_8, es sind zur Verdampfung von 8 Molen flüssigem Schwefel zu 1 Mol Gas der Formel S_8 bei 444,6° C 20,76 kcal dem flüssigen Schwefel zuzuführen.

In Spalte 11 ist die Zahl der bekannten Modifikationen angegeben.

Die 12., 13. und 14. Spalte enthalten die Umwandlungsart, die Umwandlungstemperatur in °C und die Umwandlungsenthalpie ΔI_U in $kcal \cdot mol^{-1}$. Die Bezeichnung ist bis auf gekennzeichnete Ausnahmen so gewählt, daß die aus der Schmelze erstarrende Modifikation mit α, die beim Abkühlen sich daraus zunächst bildende mit β die bei weiterer Abkühlung entstehende mit γ usw. bezeichnet ist.

Formel zur Berechnung von Schmelz- und Verdampfungswärme sind z. B. im Landolt-Börnstein bei den betreffenden Tabellen angegeben.

Abkürzungen.

aq	= sehr verdünnte wässerige Lösung,		
Dr	= unter Druck,	oW	= ohne Wasser,
f	= fest,	rhomb	= rhombisch,
fl	= flüssig,	subl	= sublimiert,
g	= gasförmig,	t	= Tripelpunkt,
gls	= glasig,	trigon	= trigonal,
hex	= hexagonal,	Uwp	= Umwandlungspunkt,
kol	= kolloidal,	Vak	= Vakuum,
kongr	= kongruent schmelzend,	ZT	= Zimmertemperatur,
kub	= kubisch,	zers	= zersetzt sich.

3114 Kalorische Daten der Elemente und anorganischer Verbindungen.

Stoff	Molwärme		Zustand	Normalentropie S in Cl · mol⁻¹	Bildungs-enthalpie ΔI_B in kcal·mol⁻¹	Schmelz-		Verdampfungs-		Zahl n der Modifikation	Umwandlungs-		
	bei ϑ in °C	C_p in cal·mol⁻¹ grad⁻¹				temperatur ϑ_F in °C	enthalpie ΔI_F in kcal·mol⁻¹	temperatur ϑ_K in °C	enthalpie ΔI_K in kcal·mol⁻¹		art U	temperatur ϑ_U	enthalpie ΔI_U in kcal·mol⁻¹
He	18	5,004	g	30,13	—	(−270,66)	0,00334	−268,94	0,0224	—	$fl_I \rightarrow fl_{II}$	−270,9	—
Ne	25	4,97	g	34,96	—	−248,59	0,0801	−246,0	0,415	—	—	—	—
Ar	25	4,97	g	36,99	—	−189,33	0,2808	−186,0	1,558	—	—	—	—
Kr	—	—	g	37,19	—	−157,2	0,3907	−151	2,31	—	—	—	—
X	—	—	g	40,51	—	−111,9	0,5485	−108,1	3,02	2	—	<111,5	—
Rn	—	—	g	42,1	—	−71	0,8	− 61,9	4,01	—	—	—	—
H_2	25	6,90	g	31,23	0,0	−262	0,028	−252,78	0,225	—	—	—	—
H	—	—	g	27,4	51,9	—	—	—	—	—	—	—	—
D_2	25	6,978	g	34,62	0,0	−254,6	0,026	−253,5	0,302	—	—	—	—
D	—	—	g	29,47	—	—	—	—	—	—	—	—	—
O_2	25	6,998	g	49,03	0,0	−218,7	0,106	−182,97	1,630	3	$\gamma - \beta$	−249,5	0,0218
											$\beta - \alpha$	−229,4	0,176
O	—	—	g	38,48	59,1	—	—	—	—	—	—	—	—
O_3	27	9,13	g	57,1	34,5	−251,4	—	−112,5	2,88	—	—	—	—
H_2O	15	18,016	fl	16,9	−68,35	0	1,437	100	9,732	—	—	—	—
			g	—	−57,84	—	—	—	—	—	—	—	—
H_2O_2	0…18	19,67	fl	—	−45,20	−1,7	2,52	157,8	10,27	—	—	—	—
D_2O	0…18,2	18,18	fl	18,08	−70,4	3,8	1,510	101,42	11,109	—	—	—	—
HDO	—	—	fl	—	−0,018*	2,23	—	—	—	—	—	—	—
F_2	18	6,87	g	47,99	0,0	−218	0,372	−188,3	1,54	—	—	—	—
F	—	—	g	37,93	31,75	—	—	—	—	—	—	—	—
HF	18	6,67	g	41,52	−64,45	−85	1,094	19,5	6,15	—	—	—	—

Cl_2	25	8,08	g	53,32	0,0	−101	1,53	−34,1	4,878	—	—	—	—
Cl	—	—	g	39,5	28,9	—	—	—	—	—	—	—	—
HCl	25	6,95	g	44,66	−21,89	−113	0,476	85,09	3,86	2	β → α	−174,1	0,248
DCl	—	—	g	—	—	−115 t	0,14			—	—	—	—
ClO_2	—	—	g	58,5	23,5	−79	—	9,9	—	—	—	—	—
Cl_2O_6	—	—	—	—	—	−20	12,3	3,5…20	9	—	—	—	—
$HClO_3$	—	—	aq	—	−20,8	—	—	—	—	—	—	—	—
$HClO_4$	—	—	(660)	—	−39,6	−112	—	39° (56 Torr)	—	—	—	—	—
Br_2	25	8,5	fl	36,8	0,0	−7,3	2,58	58	7,42	—	—	—	—
			g	58,63	7,65	—	—	—	—	—	—	—	—
Br	—	—	g	41,81	26,88	—	—	—	—	—	—	—	—
HBr	0	6,64	g	47,48	−7,84	−87	0,575	−66,9	4,21	4	δ → γ	−184	0,0634
											γ → β	−159,8	0,0788
											β → α	−156,4	0,0857
$HBrO_3$	—	—	aq	—	−11,30	—	—	—	—	—	—	—	—
J_2	25	13,07	f	27,9	00	113,6	3,74	183	10,39	—	—	—	—
			g	62,3	14,91	—	—	—	—	—	—	—	—
J	—	—	g	43,2	25,59	—	—	—	—	—	—	—	—
HJ	21…100	7,04	g	49,40	6,09	−50,9	0,686	−35,4	4,73	3	γ → β	−203,1	0,0186
											β → α	−146,6	0,01924
J_2O_5	—	—	f	—	−42,5	zers bei 300	—	—	—	—	—	—	—
HJO_3	—	—	f	—	−56,77	—	—	—	—	—	—	—	—
S rhombisch	25	5,41	f rhomb	7,64	0,0	118	0,386	444,6	20,76(S_8)	3	monokl.→rhomb	95,4	0,086
S monoklin	25	5,63	f	7,74	−0,075	119	0,32				rhomb → amorph unlösl.	ZT	0,72
S	—	—	g	40,1	66,3	—	—	—	—	—	—	—	—
S_2	—	—	g	54,4	29,2	—	—	—	—	—	—	—	—
H_2S	25	8,12	g	49,2	−5,3	−85,5	0,5687	−60,39	4,463	3	γ → β	−169,7	0,362
											β → α	−147	0,115

* Bei 25° C.

3114 (Fortsetzung).

Stoff	Molwärme		Zustand	Normalentropie S in Cl · mol⁻¹	Bildungs-enthalpie ΔI_B in kcal·mol⁻¹	Schmelz-		Verdampfungs-		Zahl n der Modifikation	Umwandlungs-		
	bei ϑ in °C	C_p in cal·mol⁻¹·grad⁻¹				temperatur ϑ_F in °C	enthalpie ΔI_F in kcal·mol⁻¹	temperatur ϑ_K in °C	enthalpie ΔI_K in kcal·mol⁻¹		art U	temperatur ϑ_U	enthalpie ΔI_U in kcal·mol⁻¹
D_2S	—	—	—	—	—	−86,03	0,5653	—	—	3	$\gamma \to \beta$ $\beta \to \alpha$	−165,4 −140,4	0,402 0,125
H_2S_2	−90...25	22,0	g	—	8,94	−89,6	1,805	70,7	8,54	—	—	—	—
SO_2	25	9,52	g	59,4	−70,9	−75,5	1,76	−10,02	5,96	—	—	—	—
SO_3 eisartig	—	—	f	63	−106	16,8	1,80	44,8	12,1	3	eisartig → asbestartig stabil	ZT	4,25
SO_3 asbestartig	(instabil)	—	f	—	−105,2	32,5	2,90	—	—	—	asbestartig instabil → eisartig	ZT	3,42
SO_3 asbestartig	(stabil)	—	f	—	−106	62,2	6,20	—	—	—	—	—	—
H_2SO_4	25	31,27	fl	47,9	−193,75	10,49	2,56	338 zers	—	—	—	—	—
$H_2SO_4 \cdot H_2O$	—	—	fl	—	−268,74	8,62	4,45	290	—	—	—	—	—
$H_2S_2O_7$	21	57,5 27,4	fl f	—	−299,6	34,76	3,18	—	—	—	—	—	—
$H_2S_2O_8$	—	—	aq	—	−318,5	>60	—	—	—	—	—	—	—
SF_6	0	21,57	g	69,6	−262	−50,7 (Dr)	1,20	−63,8	4,5 (bei −59°)	2	$\beta \to \alpha$	−178,76	0,384
S_2Cl_2	10...15	27,33	g	—	−5,65	−80	—	138	8,715	—	—	—	—
S_2Cl_4	—	—	fl	—	−24,1	~ −80	—	59	—	—	—	—	—
SCl_4	—	—	fl	—	−13,7	−30	—	zers	—	—	—	—	—
$SOCl_2$	17...60	28,81	fl	—	−42,7	−104,5	—	75,7	7,6	—	—	—	—
SO_2Cl_2	19...98	15,39	fl	—	−92,9	54,1	—	69,5	7,76	—	—	—	—

$S_2O_5Cl_2$	—	55,5	g	—	−166,5	−37	—	153	—	—	—	—	—
HSO_3Cl	—	—	fl	—	−142,3	−80	—	151	—	—	—	—	—
Se	5,15	7,17	f, hex	10	0,0	220	1,56	685	—	2	hex → gls hex → monokl. (rot)	125 151	1,08 0,18
Se_2	—	—	g	—	61,0	—	—	—	—	—	—	—	—
H_2Se	—	—	g	—	18,5	−65,7	0,6011	−41,36	4,88	3	$\gamma \to \beta$ $\beta \to \alpha$	−190,9 −100,62	0,3763 0,2668
D_2Se	—	—	—	—	—	−66,9	0,5957	—	—	—	—	—	—
SeO_2	—	—	f	—	−56,36	340 (Dr)	—	*316*	—	—	—	—	—
H_2SeO_3	—	—	f	—	−119,69	(zers)	—	—	—	—	—	—	—
H_2SeO_4	—	—	fl	—	−126,8	58	—	—	—	—	—	—	—
Te	25	6,16	f	11,9	0,0	452	3,23	1300	22 (Te_2)	2	kryst → amorph	ZT	−2,63
Te_2	—	—	g	64	24,0	—	—	—	—	—	—	—	—
H_2Te	—	—	g	—	−34,2	−49	1,67	−2,26	5,65	—	—	—	—
TeO_2	—	—	f	—	−77,58	732,6	—	—	—	—	—	—	—
TeO_3	—	—	f	—	−83,6	(zers)	—	—	—	—	—	—	—
H_2TeO_3	—	—	aq	—	−145	—	—	—	—	—	—	—	—
H_2TeO_4	—	—	400	—	−165	160 (zers)	—	—	—	—	—	—	—
TeF_6	—	—	g	80,8	−315	−37,7 (Dr)	—	*−38,9*	*6,74*	—	—	−73,5	—
$TeCl_4$	25	—	f	49,5	−77,4	224	4,5	392	16,83	—	—	—	—
$TeBr_4$	—	—	f	—	−48,3	−380	—	414...427	—	—	—	—	—
N_2	25	6,95	g	45,8	0,0	−210	0,17	−195,8	1,32	2	$\beta \to \alpha$	−237,6	0,0547
N	—	—	g	36,62	85,1	—	—	—	—	—	—	—	—
NH_3*	25	8,49	g	45,9	−11,00	−77,8	1,351	−33,4	5,58	—	—	—	—
N_2H_4	—	—	aq	—	~13	1,4	—	113,5	—	—	—	—	—
$N_2H_4 \cdot H_2O$	—	—	f	—	−62,0	< −40	—	118,5	—	—	—	—	—
$N_2H_4 \cdot HNO_3$ . . .	—	—	aq	—	−54,4	70,7	—	—	—	—	—	—	—
$N_2H_4 \cdot 2\,HNO_3$ . .	—	—	aq	—	−103,4	104 (zers)	—	—	—	—	—	—	—

* NH_4-Verbindungen sind hinter Cs eingeordnet.

3114 (Fortsetzung).

Stoff	Molwärme bei ϑ in °C	Molwärme C_p in cal·mol⁻¹·grad⁻¹	Zustand	Normalentropie S in Cl·mol⁻¹	Bildungs-enthalpie ΔI_B in kcal·mol⁻¹	Schmelz-temperatur ϑ_F in °C	Schmelz-enthalpie ΔI_F in kcal·mol⁻¹	Verdampfungs-temperatur ϑ_K in °C	Verdampfungs-enthalpie ΔI_K in kcal·mol⁻¹	Zahl n der Modifikation	Umwandlungs-art U	Umwandlungs-temperatur ϑ_U	Umwandlungs-enthalpie ΔI_U in kcal·mol⁻¹
$N_2H_4 \cdot HCl$	—	—	f	—	−50,0	89	—	—	—	—	—	—	—
$N_2H_4 \cdot 2\,HCl$	—	—	f	—	−90,3	198	—	—	—	—	—	—	—
$N_2H_4 \cdot H_2SO_4$	—	—	f	—	−227,8	254 (zers)	—	—	—	—	—	—	—
$(N_2H_4)_2 \cdot H_2SO_4$	—	—	aq	—	−225,8	85	—	—	—	—	—	—	—
NH_2OH	—	—	fl	—	−25,5	33 (zers)	—	—	—	—	—	—	—
$NH_2OH \cdot HCl$	—	—	f	—	−74,0	151	—	(zers)	—	—	—	—	—
N_2O	25	9,24	g	52,58	19,65	−90,7	1,555	−88,7	*5,69*	—	—	—	—
NO	25	7,14	g	50,34	21,6	−163,7	0,5495	−151,8	3,29	—	—	—	—
N_2O_3	—	—	g	—	20,0	−102	—	—	*9,40* bei 20°	—	—	—	—
NO_2	0	8,9	g	57,47	8,03	—	—	—	—	—	—	—	—
N_2O_4	33,7	11,4	g	72,7	3,06	−11,26	3,502	21,1	9,11	—	—	—	—
N_2O_5	−80...5	25,81	g	81,8	0,6	~30	—	50	4,84	—	—	—	—
HNO_3	0...20	25,8	g	—	−34,4	−47	0,60	86	7,25	—	—	—	—
NCl_3	—	—	CCl_4	—	55,0	< −40	—	< 71	—	—	—	—	—
NOCl	0	9,29	g	60,5	12,8	−61,5	—	−6,5	6,14	—	—	—	—
NS	—	—	f	—	31,9	17,8	—	—	—	—	—	—	—
$NO \cdot SO_3 \cdot OH$	—	—	—	—	—	73 zers	—	—	—	—	—	—	—
P weiß	9	5,89	f	—	0,00	44	0,155	282	12,52 (P_4)	2	rot — weiß	—	4,22
P rot	9	5,5	f	15,1	—	590 (43 Atm)	—	—	—	—	—	—	—
			g	38,99	31,6	—	—	—	—	—	—	—	—

P_2	—	—	g	52	20,7	—	—	—	—	—	—	—	—
P_4	—	—	g	67	13,2	—	—	—	—	—	—	—	—
PH_3	6	8,63	g	50,5	−2,3	−133,5	0,2679	−87,78	3,489	3	$\gamma \to \beta$ $\beta \to \alpha$	−242,6 −185,1	0,019 0,1158
P_4O_6	—	—	—	—	—	23,7	3,36	173	—	—	—	—	—
P_2O_4	—	—	—	—	—	< 100	—	*~180* (Vak)	—	—	—	—	—
P_2O_5	20	24,1	f	—	−360	566 (Dr)	8,2	*~358*	—	4	krystallin — amorph	ZT	6,8
H_3PO_2	—	—	f	—	−141	17,4	2.31	—	—	—	—	—	—
H_3PO_3	—	—	f	—	−228,9	73,6	—	—	—	—	—	—	—
H_2PO_3	—	—	—	—	—	35	—	—	—	—	—	—	—
H_3PO_4	—	—	f	—	−303,37	41,8	—	—	—	—	—	—	—
HPO_3	—	—	f	—	−224,8	—	—	—	—	—	—	—	—
$H_4P_2O_7$	—	—	f	—	−513,7	—	—	—	—	—	—	—	—
PCl_3	10...15	27,3	g	74,5	−70,0	−92	—	74,5	7,28	—	—	—	—
PCl_5	—	—	g	84,3	−91,0	148 (Dr)	—	~162	15,5	—	—	—	—
$POCl_3$	10...15	27,3	g	77,6	−138,4	1	3,1	105,4	8,38	—	—	—	—
As	25	5,89	f	8,4	0,0	817 (Dr)	~6,6	*616*	*28,2* (As_4)	—	grau kryst. → amorph braun	ZT	3,3
			g	41,62	30,3	—	—	—	—	—	—	—	—
As_4	—	—	g	69	30,4	—	—	—	—	—	—	—	—
AsH_3	—	—	g	—	43,6	−113,5	—	−54,8	—	—	—	—	—
As_2O_3 monokl. stab.	25	22,86	f	25,6	−148	321,3	8,94	—	7,36 bei 368° C	3	regulär → monokl. (stab.)	221	—
As_2O_3 monokl. instab.	—	—	—	—	—	289,6	6,40	—	—	—	monokl. (stabil) → monokl. instabil (12,7 Torr)	258,4	—
											rhomb → monokl.	506	4,11
As_2O_5	25	27,85	f	25,2	−217,9	—	—	—	—	—	—	—	—

3114 (Fortsetzung).

Stoff	Molwärme bei ϑ in °C	Molwärme C_p in $cal \cdot mol^{-1} \cdot grad^{-1}$	Zustand	Normalentropie S in $Cl \cdot mol^{-1}$	Bildungs-enthalpie ΔI_B in $kcal \cdot mol^{-1}$	Schmelz-temperatur ϑ_F in °C	Schmelz-enthalpie ΔI_F in $kcal \cdot mol^{-1}$	Verdampfungs-temperatur ϑ_K in °C	Verdampfungs-enthalpie ΔI_K in $kcal \cdot mol^{-1}$	Zahl n der Modifikation	Umwandlungs-art U	Umwandlungs-temperatur ϑ_U	Umwandlungs-enthalpie ΔI_U in $kcal \cdot mol^{-1}$
$HAsO_3$	—	—	aq	—	−175,5	—	—	—	—	—	—	—	—
H_3AsO_4	—	—	f	—	−214,9	—	—	—	—	—	—	—	—
$AsCl_3$	14...98	31,92	fl	78,2	−71,5	−16,2	2,42	130,4	7,5	—	—	—	—
As_2S_2	—	—	f	—	−28,9*	320	—	565	—	2	rot → schwarz	267	—
As_2S_3	20...100	25,8	f	—	−20	310	—	707	—	2	gelb → rot	170	—
Sb	25	6,03	f trigon	10,5	0,0	630	~4,8	1635	36,8	—	—	~413	—
			g	43	40	—	—	—	—	—	—	—	—
Sb_2	—	—	g	61	52	—	—	—	—	—	—	—	—
SbH_3	—	—	—	—	—	−91	—	−18	—	—	—	—	—
Sb_2O_3	25	24,23	f rhomb	29,4	−165,4	654,8	27	1456	8,91 bei ~750°C	2	kub → rhomb	568,8	1,39
Sb_2O_5	25	28,11	f	29,9	−230,0	300 zers	—	—	—	—	—	—	—
H_3SbO_3	—	—	—	—	283,7	—	—	—	—	—	—	—	—
$SbCl_3$	18	4,98	f	44,8	−91,4	73,3	3,13	187	14,5	3	—	—	—
$SbCl_5$	—	—	f	—	−107,3	4	2,40	67	11,05	—	—	—	—
SbOCl	—	—	f	—	−89,2	170 zers		—	—	—	—	—	—
Sb_2S_3	25	28,62	f	—	−35,7	655	27,0	—	—	3	—	—	—
C Diamant	25	1,53	Diamant	0,6	0,0	—	—	—	—	—	—	—	—
C Graphit	25	2,06	f α	1,36	−0,49	—	—	*3540*	*~10...11*	—	—	—	—
			f β	—	−0,22	—	—	—	—	—	—	—	—

C	—	—	g	37,77	170,0	—	—	—	—	—	—	—	—
C_2	—	—	g	47,9	177,3	—	—	—	—	—	—	—	—
CO	25	6,95	g	47,32	−26,84	−205,06	0,201	−191,6	1,44	2	$\beta \to \alpha$	−211,7	0,151
CO_2	25	8,76	g	51,08	−94,45	−57,6 (5 Atm)	1,900	−78,5	3,88	—	—	—	—
CF_4	0	13,69	g	62,0	−163	−183,67	0,1674	−128	3,11	2	$\beta \to \alpha$	−196,93	0,3533
CCl_4	0	21,5	g	74	−25,9	−23	0,64	77	7,16	2	$\beta \to \alpha$	−46,8	1,081
CF_3Cl	—	—	—	—	—	−181	—	—	3,74 bei 102°	—	—	—	—
CF_2Cl_2	0	16,81	—	—	—	−160	—	−28	1,2	—	—	—	—
$CFCl_3$	—	—	—	—	—	−111	—	—	6,35 bei −15	—	—	—	—
CBr_4 kubisch	—	—	g	85	12	93,65	0,876	—	—	—	$\beta \to \alpha$	46,9	1,42
CBr_4 monoklin	—	—	—	—	—	61,4	2,501	—	—	2	monoklin → ku	46,25 (Dr)	1,62
COCl	0	13,95	g	—	−53,5	−126	—	8	5,99	2	—	—	—
CS_2	0	18,0	fl	35,9	15,5	−112,1	1,049	45,23	6,4	—	—	—	—
COS	25	10,11	g	55,37	−35	−138,85	1,130	−59,2	4,83	—	—	—	—
C_2N_2	0	13,2	g	57,6	71,0	−27,9	1,938	−21,21	5,576	—	—	—	—
HCN	25	16,9	g	48,2	30,7	−14,2	2,009	25,7	6,02	—	—	—	—
HCNO	—	—	aq	—	−36,5	—	—	23,5	6,93	—	—	—	—
CNCl	—	—	g	54,7	36,5	−5	2,24	13	6,3	—	—	—	—
HCNS	—	—	aq	—	19,1	5	—	(zers)	—	—	—	—	—
Si	25	4,73	f	4,5	0,0	1414	11,1	2630	72,6	2	—	—	—
			g	40,1	85	—	—	—	—	—	—	—	—
SiH_4	0	9,72	g	49,0	−8,7	−184,7	0,1594	−111,56	2,955	—	—	—	—

* Bei 430° C

3114 (Fortsetzung).

Stoff	Molwärme		Zustand	Normalentropie S in Cl · mol⁻¹	Bildungs-enthalpie ΔI_B in kcal·mol⁻¹	Schmelz-		Verdampfungs-		Zahl n der Modifikation	Umwandlungs-		
	bei ϑ in °C	C_p, in cal·mol⁻¹ · grad⁻¹				temperatur ϑ_F in °C	enthalpie ΔI_F in kcal·mol⁻¹	temperatur ϑ_K in °C	enthalpie ΔI_K in kcal·mol⁻¹		art U	temperatur ϑ_U	enthalpie ΔI_U in kcal·mol⁻¹
SiO_2 (Quarz)*	25	10,62	f(β)	10,1	−203,3	1477	~3,4	—	—	2	α-Quarz → α-Tridymit	670	—
											α-Tridymit → α-Cristobalit	1470	
											β-Quarz → α-Quarz	573	0,18
											Quarzglas → α-Quarz	77	3,03
SiO_2 Tridymit	25	10,66	f (γ)	10,5	—	1670	—	2230	—	3	$\beta \to \alpha$	141	0,02
											$\gamma \to \beta$	100	
SiO_2 Cristobalit	25	10,56	f (β)	10,35	−202,6	1702	~2,1	—	—	2	$\beta \to \alpha$	249,8	0,19
SiF_4	—	—	g	67,4	−360,1	−90,2 (13 Torr)	1,7	−95,7	—	—	—	—	—
$SiCl_4$	21	34,7	g	79	−142,5	−67,7	1,84	56,7	6,86	—	—	—	—
$SiHCl_3$	—	—	—	—	—	−134	—	31,7	6,36	—	—	—	—
SiC	20	6,48	f	3,9	−28,0	>2700	—	—	—	4	—	—	—
B	20	2,7	f	1,7	0,0	2300	—	~2550	—	—	—	—	—
			g	36,66	115	—	—	—	—	—	—	—	—
B_2O_6	—	—	g	55	—	−165,5	—	−92,5	3,685	—	—	—	—
B_2O_3	17…222	18,8	f	—	−279,9	294	—	—	—	—	—	—	—
H_3BO_3	—	—	f	—	−251,6	(zers)	—	—	—	—	—	—	—
BCl_3	—	—	g	70,1	−88,3	−108,7	—	7,6	5,6	—	—	—	—
BN	22…399,5	7,098	f	—	−28,1	~2730	—	subl	—	—	—	—	—

B_6C	—	—	—	—	—	~2350	—	>3500	—	—	—	—	—
Li	25	5,65	f	6,70	0,0	179	1,10	1372	32,25	—	—	—	—
Li_2	—	—	g	47,1	50,8	—	—	—	—	—	—	—	—
LiH	25	8,28	f	5,9	−21,59	680	—	—	—	—	—	—	—
Li_2O	—	—	f	—	−142,3	>1700	—	—	34,7 bei 1300°	—	—	—	—
LiOH	0	7,82	f	12,8	−116,55	461,8	2,48	—	—	—	—	—	—
LiF	0…19,6	9,67	f	—	−145,57	870	6	1681	50,97	—	—	—	—
LiCl	4…96,4	12,09	f	12	−97,65	614	5,0	1382	35,96	—	—	—	—
Li_2SO_4	—	—	f	35,3	−342,35 (α)	—	—	—	—	3	α → β	568	6,87
$LiNO_3 \cdot 3\,H_2O$	—	—	f	—	−328,8	29,88	8,62	—	—	—	—	—	—
Li_2SiO_3	—	—	f gls	—	−374	1177	7,24	—	—	—	—	—	—
Li_4SiO_4	—	—	—	—	—	1249	7,4	—	—	—	—	—	—
Li_2CO_3	—	—	f	21,6	−290,1	732	—	—	—	—	—	—	—
Na	25	6,79	f	12,2	0,0	97,7	0,63	883	23,4	—	—	—	—
			g	36,7	25,9	—	—	—	—	—	—	—	—
Na_2	—	—	g	55,0	33,4	—	—	—	—	—	—	—	—
NaH	—	—	f	—	−14	—	—	—	—	—	—	—	—
Na_2O	—	—	f	—	−99,45	—	—	—	38,0 bei 1300°	—	—	—	—
Na_2O_2	—	—	f	—	−119,2	460	—	—	—	—	—	—	—
NaOH	—	—	f	13,8	−101,96	321,8	2,0	1390	—	2	β → α	−300	0,99
NaF	15…300	11,74	f	—	−135,95	992	7,0	1704	53,26	—	—	—	—
NaCl	25	12,14	f	17,3	−98,33	800	7,41	1465	40,81	—	—	—	—
$NaClO_3$	28	23,87	f	32,5	−83,60	255	5,28	—	—	3	—	—	—
$NaClO_4$	—	—	f	—	−101,13	482 (zers)	—	—	—	2	rhomb → regulär	308	—

* In der Mineralogie wird abweichend von der sonst üblichen Zuordnung der Buchstaben α, β, γ, die bei hoher Temperatur beständige Modifikation des Quarzes mit β-Quarz bezeichnet.

3114 (Fortsetzung).

Stoff	Molwärme		Zustand	Normalentropie S in Cl · mol⁻¹	Bildungs-enthalpie ΔI_B in kcal·mol⁻¹	Schmelz-		Verdampfungs-		Zahl n der Modifikation	Umwandlungs-		
	bei ϑ in °C	C_p in cal·mol⁻¹ · grad⁻¹				temperatur ϑ_F in °C	enthalpie ΔI_F in kcal·mol⁻¹	temperatur ϑ_K in °C	enthalpie ΔI_K in kcal·mol⁻¹		art U	temperatur ϑ_U	enthalpie ΔI_U in kcal·mol⁻¹
NaBr	0…19,6	12,12	f	20	−86,73	746,8	6,14	1392	37,95	—	—	—	—
NaJ	0…19,6	12,33	f	22	−69,28	661,8	5,24	1304	38,16	—	—	—	—
Na_2S	—	—	f	—	−89,8	920	1,2	—	—	—	—	—	—
Na_2SO_4	25	30,45	f	35,7	−330,48	884	5,8	—	—	5	rhomb II → hex	~250	—
											rhomb I → rhomb II	217	
											monoklin → rhomb II	210	
											rhomb I → monoklin	147	
$Na_2SO_4 \cdot 10\,H_2O$ . .	25	144,5	f	140,5	−1033,20	32,37	17,7	—	—	—	—	—	—
$Na_2S_2O_3 \cdot 5\,H_2O$ . .	58,5	109,1	f	—	−613,65	48,5	8,79	—	—	—	—	—	—
$NaNH_2$	—	—	g	—	−32,0	206	—	400	—	—	—	—	—
$NaNO_2$	—	—	f	—	−86,6	284	—	—	—	—	—	—	—
$NaNO_3$	25	22,24	f	28,8	−111,72	312	3,85	—	—	—	—	—	—
$NaPO_3$	17…44	22,1	f	—	−288,7	619	—	—	—	—	—	—	—
Na_2C_2	—	—	f	—	4,1	—	—	700	—	—	—	—	—
Na_2CO_3	20	26,4	f	32,5	−269,89	850	etwa 8	—	—	—	—	—	—
$NaHCO_3$	22	20,89	f	24,4	−226,4	(zers)	—	—	—	—	—	—	—
$NaC_2H_3O_2 \cdot 3\,H_2O$.	20	64,4	f	—	−385,2	58…78	—	—	—	—	—	—	—
NaCN	—	—	f	—	−22,95	562	4,4	1497	37,82	—	—	—	—
NaCNS	—	—	f	—	−40,36	323	4,45	—	—	—	—	—	—

Na_2SiO_3	—	—	f	27,2	−371,2	1027	10,3	—	—	—	—	—	—
$Na_2Si_2O_5$	—	—	—	—	—	884	8,5	—	—	—	—	—	—
$NaBO_2$	17...97	16,97	300	—	−231,7	966	8,7	>1400	—	—	—	—	—
$Na_2B_4O_7$	20	—	f	—	−742,6	741	—	—	—	—	—	—	—
K	25	6,97	f	15,2	0,0	63,5	0,57	776	18,92	—	—	—	—
			g	38,3	19,8	—	—	—	—	—	—	—	—
K_2	—	—	g	59,7	27,0	—	—	—	—	—	—	—	—
KH	—	—	f	—	−10	—	—	—	—	—	—	—	—
K_2O	—	—	f	—	−86,2	—	—	—	37,0 bei 1300°	—	—	—	—
K_2O_4	—	—	f	—	−13,5	380	—	—	—	—	—	—	—
KOH	—	—	f	—	−102,02	359,8	1,98	1327	46,85	2	$\beta \to \alpha$	248	1,52
KF	0	11,5	f	15,8	−134,51	857	6,27	1503	41,28	—	—	—	—
KHF_2	—	—	f	—	−219,43	239	—	—	—	2	—	195	—
KCl	25	12,31	f	19,8	−104,36	770	6,41	1407	38,84	—	—	—	—
$KClO_3$	25	23,96	f	34,2	−91,33	356	—	(zers)	—	2	—	—	—
$KClO_4$	25	26,33	f	36,1	−112,71	610 (zers)	—	—	—	2	rhomb → kub	300	3,29
KBr	25	12,82	f	22,6	−94,07	741,8	5,0	1383	37,06	—	—	—	—
$KBrO_3$	25	25,07	f	35,7	−81,60	434 (zers)	—	—	—	—	—	—	—
KJ	0...19,6	12,32	f	24,1	−78,87	681,8	4,1	1324	34,69	—	—	—	—
KJO_3	25	25,42	f	36,2	−121,70	560	—	—	—	—	—	—	—
KJO_4	—	—	aq	—	−94,9	582	—	—	—	—	—	—	—
K_2S	—	—	f	—	−99,5	—	—	—	—	—	—	—	—
KHS	—	—	f	—	−63,31	455	—	—	—	2	—	~165	—
K_2SO_3	—	—	f	—	−267,7	(zers)	—	—	—	—	—	—	—
$K_2S_2O_6$	—	—	f	—	−361,1	190 (zers)	—	—	—	—	—	—	—
K_2SO_4	28	31,2	f	44,8	−342,66	1096	8,1	—	—	2	rhomb → hex	583	1,53
$KHSO_4$	19...51	33,2	f, γ	—	−276,85	210	—	—	—	3	$\beta \to \alpha$	180	0,49
											$\gamma \to \beta$	164	0,096
$K_2S_2O_7$	—	—	f	—	−475,4	>300	—	—	—	—	—	—	—

3114 (Fortsetzung).

Stoff	Molwärme bei ϑ in °C	Molwärme C_p in $cal \cdot mol^{-1} \cdot grad^{-1}$	Zustand	Normalentropie S in $Cl \cdot mol^{-1}$	Bildungsenthalpie ΔI_B in $kcal \cdot mol^{-1}$	Schmelztemperatur ϑ_F in °C	Schmelzenthalpie ΔI_F in $kcal \cdot mol^{-1}$	Verdampfungstemperatur ϑ_K in °C	Verdampfungsenthalpie ΔI_K in $kcal \cdot mol^{-1}$	Zahl n der Modifikation	Umwandlungsart U	Umwandlungstemperatur ϑ_U	Umwandlungsenthalpie ΔI_U in $kcal \cdot mol^{-1}$
KNO_2	—	—	aq	—	−85,8	387	—	—	—	—	—	—	—
KNO_3	20	22,8	f	31,8	−118,093	339	3,72	—	—	2	$\beta \to \alpha$	127,8	1,410
KH_2PO_2	—	—	aq	—	−202,8	—	—	—	—	—	—	—	—
K_2HPO_2	—	—	aq	—	−249,4	—	—	—	—	—	—	—	—
KPO_3	—	—	aq	—	−295,5	817	21	—	—	2	—	450	—
K_3PO_4	—	—	aq	—	−478,4	1340	39	—	—	—	—	—	—
K_2HPO_4	—	—	aq	—	−425,6	—	—	—	—	—	—	—	—
KH_2PO_4	17...48	28,3	f	—	−362,7	—	—	—	—	—	—	—	—
$K_4P_2O_7$	17...98	63,1	aq	—	−778,3	1092	14	—	—	2	—	278	—
K_3AsO_3	17...100	25,3	aq	—	−322,7	—	—	—	—	—	—	—	—
KH_2AsO_4	16...46	31,5	f	—	−271,2	—	—	—	—	—	—	—	—
K_2CO_3	23...99	29,88	f	—	−274,46	897	7,8	—	—	2	—	410	—
$KHCO_3$	—	—	f	—	−230,2	zers b.200	—	—	—	—	—	—	—
KCN	—	—	f	—	−28,5	623	etwa 3,5	—	—	—	—	—	—
KCNO	—	—	f	—	−100,0	—	—	—	—	—	—	—	—
KCNS	—	—	f	—	−47,40	179	2,25	—	—	—	—	—	—
$K_2Si_2O_5$	—	—	—	—	—	1035	—	—	—	2	$\beta \to \alpha$	594	0,26
$K_2Si_4O_2$	—	—	—	—	—	765	1,21	—	—	2	$\beta \to \alpha$	~592	0,77
$K_2B_4O_7$	19...99	51,48	—	—	—	—	—	—	—	—	—	—	—
Rb	20	6,84	f	16,6	0,0	39,0	0,53	713	17,9	—	—	—	—
			g	40,6	18,9	—	—	—	—	—	—	—	—
Rb_2O	—	—	f	—	−82,9	zers b.400	—	—	—	—	—	—	—
Rb_2O_2	—	—	f	—	−107	570	—	—	—	—	—	—	—

RbOH	—	—	f	—	−101,3	300	—	—	—	2	β → α	245	1,70
RbCl	0...19,6	12,27	f	22	−105,08	717	4,4	1381	36,92	—	—	—	—
Rb_2SO_4	—	—	f	—	−344,48	1051	—	—	—	2	—	649	—
$RbNO_3$	—	—	f	—	−119,24	305	1,34	—	—	3	γ → β	164	1,05
											β → α	219	
Cs	20	6	f	19,8	0,0	28,5	0,50	690	16,32	—	—	—	—
			g	41,9	18,8	—	—	—	—	—	—	—	—
Cs_2O	—	—	f	—	−82,1	—	—	—	—	—	—	—	—
CsOH	—	—	f	—	−100,2	272,3	—	—	—	2	β → α	223	1,76
CsCl	0...19,6	12,58	f	24	−106,32	642	3,6	1300	35,69	2	β → α	452	1,3
Cs_2SO_4	—	—	f	—	−344,85	1019	—	—	—	2	rhomb → hex	660	—
$CsNO_3$	—	—	f	—	−121,10	407	3,25	—	—	2	β → α	154	0,83
NH_4F	10,7	15,06	f	—	−111,6	—	—	subl	—	—	—	—	—
NH_4Cl	25	20,7	f	31,8	−74,95	—	—	335	—	3	β → α	184	1,03
								(642 Torr)			γ → β	−31	0,356
NH_4Br	3,9	21,98	f	—	−64,58	—	—	—	—	3	β → α	138	0,76
NH_4J	2,7	18,92	f	—	−48,39	—	—	subl	—	2	β → α	−18	0,70
NH_4HS	—	—	f	27,1	−38,9	120 (Dr)	—	—	—	—	—	—	—
$(NH_4)_2SO_3$	—	—	f	—	−212,3	—	—	—	—	—	—	—	—
$(NH_4)_2SO_4$	10	63,92	f	—	−281,46	513	—	zers	—	—	—	—	—
$NH_4 \cdot HSO_4$	—	—	f	—	−244,64	146	—	490	—	—	—	—	—
$(NH_4)_2S_2O_5$	—	—	f	—	−299,5	—	—	—	—	—	—	—	—
NH_4NO_2	—	—	f	—	−61,5	zers	—	—	—	—	—	—	—
NH_4NO_3	0	40,64	f	—	−87,13	169,5[1]	1,46	zers 200	—	5	δ → rhomb	32,2	0,40
						125[2]	2,110				rhomb → tetragonal	84,2	0,35
											tetrag → kub	125,2	0,99
											ε → δ	−18	0,13

[1] Hochtemperatur beständ. Mod. [2] Tieftemperatur beständ. Mod.

3114 (Fortsetzung).

Stoff	Molwärme		Zustand	Normalentropie S in Cl · mol⁻¹	Bildungs-enthalpie ΔI_B in kcal·mol⁻¹	Schmelz-		Verdampfungs-		Zahl n der Modifikation	Umwandlungs-		
	bei ϑ in °C	C_p in cal·mol⁻¹·grad⁻¹				temperatur ϑ_F in °C	enthalpie ΔI_F in kcal·mol⁻¹	temperatur ϑ_K in °C	enthalpie ΔI_K in kcal·mol⁻¹		art U	temperatur ϑ_U	enthalpie ΔI_U in kcal·mol⁻¹
$(NH_4)_3PO_4$	—	—	600	—	−397,5	—	—	—	—	—	—	—	—
$NH_4 \cdot H_2PO_4$	—	—	400	—	−338,9	—	—	—	—	—	—	—	—
NH_4CN	10	31,49	f	—	−1,1	zers	—	—	—	—	—	—	—
NH_4CNO	—	—	f	—	−73,5	—	—	—	—	—	—	—	—
NH_4CNS	—	—	f	—	−18,2	149,5	—	—	—	—	—	—	—
Be	26,8	4,28	f	2,28	0,0	1280	etwa 2,5	2967	53,5	2	$\beta \rightarrow \alpha$	420	~0,14
BeO	20	5,95	f	3,37	−145	2530	—	—	—	—	—	—	—
$Be(OH)_2$	—	—	f	—	−206,8	—	—	—	—	2	stabil→ instabil (beide krystallin)	ZT 300	0,8
$BeCl_2$	—	—	f	—	−112,6	404	3,0	488	—	2	—	—	—
$BeSO_4 \cdot 4\,H_2O$	—	—	f	—	−571,5	—	—	—	—	—	—	—	—
Mg	25	5,71	f	7,8	0,0	657	1,75	1102	32,52	—	—	—	—
			g	35,5	36,3	—	—	—	—	—	—	—	—
MgO	25	8,96	f	6,4	−146,1	2642	18,5	2800	—	2	—	—	—
$Mg(OH)_2$	19…50	18,2	f	15,1	−218,7	—	—	—	—	2	stabil→ instabil	ZT	2,2
$MgCl_2$	24…100	18,53	f	27,9	−153,3	712	8,1	1418	32,69	—	—	—	—
$MgCl_2 \cdot 6\,H_2O$	44	76,78	f	—	−596,4	120	9,6	—	—	—	—	—	—
$MgSO_4$	25…100	27,1	f	—	−304,95	1127	3,5	—	—	—	—	—	—
$MgSO_4 \cdot H_2O$	9	33,21	f	—	−380,4	—	—	—	—	—	—	—	—
$MgSO_4 \cdot 7\,H_2O$	9	88,97	f	—	−807,8	—	—	—	—	2	—	—	—

Mg_3N_2	—	—	f	—	−116	—	—	—	—	—	—	—	—
$Mg(NO_3)_2 \cdot 6\,H_2O$	—	—	f	—	−622,5	90	9,7	—	—	—	—	—	—
$MgCO_3$	25	18,5	f	15,7	−268	—	—	—	—	—	—	—	—
Mg_2Si	0…298	17,9	—	—	—	1070	—	—	—	—	—	—	—
$MgSiO_3$	25	19,4	—	15,4	—	1524	14,7	—	—	5	—	1375	—
Ca	25	6,28	f	9,95	0,0	850	3,15	1487	36,58	2	$\beta \to \alpha$	450	0,21
			g	37,00	47,8	—	—	—	—	—	—	—	—
CaH_2	−186,9	2,74	f	10	−46,0	816 (870 Torr)	—	—	—	—	—	—	—
CaO	20	10,3	f	9,5	−151,7	~2570	28	2850	—	2	—	—	—
$Ca(OH)_2$	0	19,3	f	18,2	−236,0	zers	—	—	—	—	—	—	—
CaF_2	25	15,86	f	16,4	−290,2	1392	4,10	2500	—	—	—	—	—
$CaCl_2$	23…99	18,22	f	—	−190,6	765	606	>1600	—	—	—	—	—
$CaCl_2 \cdot 6\,H_2O$	−21…2	75,6	f	—	−623,45	29	9,64	—	—	—	—	—	—
CaS	21,7	11,32	f	13,5	−113,4	—	—	—	—	—	—	—	—
$CaSO_4$	0	24,53	f	25,6	−340,7	~1297	6,7	—	—	2	rhomb → monoklin	1193	—
$CaSO_4 \cdot 2\,H_2O$	1	42,2	f	46,4	−482,46	α1450	—	—	—	2	—	—	—
$Ca(PO_3)_2$	15…98	39,47	—	—	—	975	—	—	—	—	—	—	—
$Ca_3(PO_4)_2$	13,4	54,00	f	57,6	−983	1730	—	—	—	—	—	~1400	—
$CaHPO_4 \cdot 2\,H_2O$	20	23,2	f	—	−571,7	—	—	—	—	—	—	—	—
CaC_2	20…325	14,1	f	—	−14,5	~2300	—	—	—	—	—	—	—
$CaCO_3$ Calcit	25	19,57	f	22,2	−289,5	1339 (Dr)	—	—	—	2	$\beta \to \alpha$	970	—
$CaCO_3$ Aragonit	25	19,42	f	21,2	−289,54	—	—	—	—	—	Aragonit → Calcit		
$Ca(CN)_2$	—	—	aq	—	−60,2	—	—	—	—	—	—	—	—
$CaCN_2$	—	—	f	—	−85	~1190	—	—	—	—	—	—	—
$CaSi_2$	—	—	f	—	−220	1020	—	—	—	—	—	—	—
$CaSiO_3$	1,6	19,30	f	20,9[1]	−376,6	1512	13,4	—	—	2	$\beta \to \alpha$	1190	1,26

[1] Pseudowollastonit.

3114 (Fortsetzung).

Stoff	Molwärme		Zustand	Normalentropie S in Cl · mol⁻¹	Bildungsenthalpie ΔI_B in kcal·mol⁻¹	Schmelz-		Verdampfungs-		Zahl n der Modifikation	Umwandlungs-		
	bei ϑ in °C	C_p in cal·mol⁻¹·grad⁻¹				temperatur ϑ_F in °C	enthalpie ΔI_F in kcal·mol⁻¹	temperatur ϑ_K in °C	enthalpie ΔI_K in kcal·mol⁻¹		art U	temperatur ϑ_U	enthalpie ΔI_U in kcal·mol⁻¹
Sr	—	—	f	13,3	0,0	757	~2,2	1364	33,61	—	—	—	—
			g	39,3	47	—	—	—	—	—	—	—	—
SrO	25,2	10,77	f	13,0	−140,8	2430	—	—	—	—	—	—	—
$Sr(OH)_2$	—	—	f	—	−228,7	—	—	—	—	—	—	—	—
SrF_2	—	—	f	—	−289,0	1190	4,26	2460	—	—	—	—	—
$SrCl_2$	2,9…94,2	19,05	f	—	−197,87	872	4,06	—	—	—	—	—	—
$SrCl_2 \cdot 6\,H_2O$	−77… 188	47,5	f	—	−626,7	zers 61	—	—	—	—	—	—	—
$SrSO_4$	18…51	24,8	f	—	−345,3	~1600	—	—	—	2	rhomb → monoklin	1152	—
$Sr(NO_3)_2$	17…47	38,3	f	—	−233,2	645	—	—	—	—	—	—	—
$SrCO_3$	25	19,46	f	23,2	−290,4	1497 (60 Atm)	—	—	—	2	rhomb → hex	929	—
Ba	−185…	9,3	f	15,1	0,0	710	1,6	1638	35,67	2	β → α	375	0,14
	20		g	40,7	49	—	—	—	—	—	—	—	—
BaO	25	11,34	f	16,8	−133	1923	—	—	—	—	—	—	—
BaO_2	—	—	f	—	−152,4	—	—	795 zers	—	—	—	—	—
$Ba(OH)_2 \cdot 8\,H_2O$	—	—	f	—	−798,9	Kongr 78	—	—	—	—	—	—	—
BaF_2	25	16,9	f	23,3	−287,9	1287	3,0	2260	—	—	—	—	—
$BaCl_2$	14…98	18,66	f	—	−205,28	960	5,37	1560	—	2	monoklin → regulär	922	—
$BaJ_2 \cdot 2\,H_2O$	—	—	f	—	−291,7	740 (oW)	—	—	—	—	—	—	—
BaS	—	—	f	—	−111,2	—	—	—	—	—	—	—	—

$BaSO_3$	—	—	f	—	−282,5	—	—	—	—	—	—	—	—
$BaSO_4$	25	24,32	f	31,6	−349,4	1350	9,7	—	—	2	monoklin → rhomb	1149	—
$Ba(NO_2)_2 \cdot 2\,H_2O$	—	—	f	—	−255,9	217 (oW)	—	—	—	—	—	—	—
$Ba(NO_3)_2$	25	36,07	f	51,1	−236,9	592	—	—	—	—	—	—	—
$Ba_3(PO_4)_2$	—	—	f	—	−992	~1727	18,6	—	—	—	—	—	—
$BaCO_3$	25	20,40	f	26,8	−240,9	~1740 (90 Atm)	—	—	—	3	rhomb → hex	811	4,6
											hex → regulär	982	
Al	231	5,741	f	6,75	0,0	658	2,49	2500	69,62	—	—	—	—
			g	39,3	55,0	—	—	—	—	—	—	—	—
Al_2O_3	25	18,90	f	12,5	−380,0	2046	26	2700	116	3	—	ZT	7,8
AlF_3	15…33	19,3	f	—	−329	—	—	*1260*	—	—	—	—	—
$AlF_3 \cdot 3\,NaF$	20…96	50,7	—	—	—	1100	16,6	—	—	2	β → α	146,6	1,27
$AlCl_3$	15…52	25,1	f	—	−166,8	192,5 (2,5 Atm)	8,48	—	546 bei 256,2°	—	—	—	—
$AlCl_3 \cdot 6\,H_2O$	15…54	75,8	f	—	−641,7	inkongr.	—	—	—	—	—	—	—
Al_2S_3	—	—	f	—	−140,5	1100	—	—	—	—	—	—	—
$Al_2(SO_4)_3$	50	62,8	f	—	−770	—	—	—	—	—	—	—	—
$Al_2(SO_4)_3 \cdot 18\,H_2O$	15…52	235	f	—	−2120	—	—	—	—	—	—	—	—
$AlK(SO_4)_2 \cdot 12\,H_2O$	15…52	166	f	—	−1448,1	89,0	24,7	—	—	—	—	—	—
AlN	—	—	f	—	−80	2200	—	—	—	—	—	—	—
Al_4C_3	—	—	f	26,3	−60	1400	—	—	—	—	—	—	—
$Al_2O_3 \cdot SiO_2$ Andalusit	25	32,14	f	27	−617,0	zers	—	—	—	—	—	—	—
$Al_2O_3 \cdot SiO_2$ Disthen	25	29	f	20,7	−617,4	zers	—	—	—	—	—	—	—
$Al_2O_3 \cdot SiO_2$ Sillimanit	25	30,45	f	25	−623,7	zers < 1550	—	—	—	—	—	—	—
$3\,Al_2O_3 \cdot 2\,SiO_2$	—	—	f	—	−1804	—	—	—	—	—	—	—	—
$NaAlSi_3O_8$ Albit	0…100	51,4	—	—	—	1107	13,15	—	—	—	—	—	—
$CaAl_2Si_2O_8$ Anorthit	0…100	53,0	—	—	—	1550	29,4	—	—	—	—	—	—

3114 (Fortsetzung).

Stoff	Molwärme		Zustand	Normalentropie S in Cl · mol⁻¹	Bildungs-enthalpie ΔI_B in kcal·mol⁻¹	Schmelz-		Verdampfungs-		Zahl n der Modifikation	Umwandlungs-		
	bei ϑ in °C	C_p in cal·mol⁻¹·grad⁻¹				temperatur ϑ_F in °C	enthalpie ΔI_F in kcal·mol⁻¹	temperatur ϑ_K in °C	enthalpie ΔI_K in kcal·mol⁻¹		art U	temperatur ϑ_U	enthalpie ΔI_U in kcal·mol⁻¹
Sc	—	—	f	—	0,0	1400	—	—	—	—	—	—	—
Sc_2O_3	0	23,1	f	25	−410	—	—	—	—	—	—	—	—
Y	—	—	f	—	0,0	1475	—	—	—	—	—	—	—
Y_2O_3	57	25,27	f	—	−440	~2410	—	—	—	—	—	—	—
La	18	6,20	f	13,7	0,0	885	—	1800	—	—	—	—	—
La_2O_3	0...100	24,4	f	—	−457,0	2315	—	4200	—	—	—	—	—
$LaCl_3$	—	—	f	—	−253,1	872	—	>1000	—	—	—	—	—
Ce	0...100	6,28	f	19,8	0,0	775	2,1	—	—	2	—	—	—
CeO_2	26	15,79	f	16	−233,4	>2600	—	—	—	—	—	—	—
$CeCl_3$	—	—	f	—	−261,5	822	—	—	—	—	—	—	—
$Ce(SO_4)_2$	—	—	f	—	−424	—	—	—	—	—	—	—	—
Pr	20...100	6,11	f	12,7	0,0	932	etwa 2,7	—	—	—	—	—	—
Pr_2O_3	—	—	f	—	−439,4	—	—	—	—	2	—	—	—
PrO_2	—	—	f	—	−231,5	—	—	—	—	—	—	—	—
$PrCl_3$	—	—	f	—	−254,9	~823	—	>1000	—	—	—	—	—
Nd	—	—	f	—	0,0	840	—	—	—	—	—	—	—
Nd_2O_3	—	—	f	—	−435	—	—	—	—	2	—	—	—
$NdCl_3$	—	—	f	—	−246,7	761	—	>1000	—	—	—	—	—
Sm	—	—	f	—	0,0	>1300	—	—	—	—	—	—	—
Sm_2O_3	—	—	f	—	−430	—	—	—	—	3	—	—	—
$SmCl_3$	—	—	f	—	−241	677	—	—	—	—	—	—	—

Dy	0…100	6,5	f	—	0,0	—	—	—	—	—	—	—	—
Er	—	—	f	—	0,0	—	—	—	—	—	—	—	—
Er_2O_3	0…100	24,9	—	—	—	—	—	—	—	—	—	—	—
Yb	—	—	f	—	0,0	—	—	—	—	—	—	—	—
Yb_2O_3	0…100	25,3	—	—	—	—	—	—	—	—	—	—	—
$YbCl_3$	—	—	—	—	—	854	—	—	—	—	—	—	—
Ti	0…100	7,03	f	6,4	0,0	1727	—	>3000	—	—	—	—	—
TiO_2 Anatas	3…86	15,3	—	—	—	—	—	—	—	3	$\gamma \to \beta$	600	0,26
											$\beta \to \alpha$	785	0,38
TiO_2 Rutil	25	13,5	f	12,45	−218	1775	~11	—	—	3	$\gamma \to \beta$	540	0,30
											$\beta \to \alpha$	778	0,75
$TiCl_3$	—	—	—	—	—	—	—	*425…440*	—	2	—	—	—
$TiCl_4$	21	36,6	fl	60,4	−186	−23	2,24	136	8,35	—	—	—	—
Zr	21…232	6,293	f	4,99	0,0	1860	—	—	—	2	$\beta \to \alpha$	862	0,705
			g	—	110	—	—	—	—	—	—	—	—
ZrO_2	38…86	16,2	f monoklin	—	−258,1	2700	—	—	—	4	—	625	—
											monoklin → tetragonal	1000	
$ZrCl_4$	—	—	f	—	−268,9	437 (Dr)	—	*331*	*26,0*	—	—	—	—
$ZrOCl_2 \cdot 8\,H_2O$	—	—	f	—	−822,5	—	—	—	—	—	—	—	—
$ZrOSO_4 \cdot 4\,H_2O$	—	—	f	—	−672,2	—	—	—	—	—	—	—	—
ZrC	—	—	f	—	−44	3550	—	—	—	—	—	—	—
$ZrSiO_4$	21…51	24,1	—	—	—	2550	—	—	—	—	—	—	—
Hf	−63	6,02	f	13,1	0,0	2230	—	—	—	—	—	—	—
HfO_2	—	—	f	—	−271,5	2800	—	—	—	—	—	—	—
Th	0	7,98	f	13,6	0,0	1827	—	3530	—	—	—	—	—
ThO_2	21…398	16,22	f	—	−293	3050	—	—	—	—	—	—	—

3114 (Fortsetzung).

Stoff	Molwärme		Zustand	Normalentropie S in Cl · mol⁻¹	Bildungs-enthalpie ΔI_B in kcal·mol⁻¹	Schmelz-		Verdampfungs-		Zahl n der Modifikation	Umwandlungs-		
	bei ϑ in °C	C_p in cal·mol⁻¹ · grad⁻¹				temperatur ϑ_F in °C	enthalpie ΔI_F in kcal·mol⁻¹	temperatur ϑ_K in °C	enthalpie ΔI_K in kcal·mol⁻¹		art U	temperatur ϑ_U	enthalpie ΔI_U in kcal·mol⁻¹
$Th(OH)_4$ (löslich)	—	—	f	—	−336,1	—	—	—	—	—	—	—	—
$ThCl_4$	—	152,3	f	—	−335	770	~2,2	779...913	36,5	—	—	—	—
$ThBr_4$	—	—	f	—	−281,5	679	~10	682...855	34,5	—	—	—	—
ThJ_4	—	—	aq	—	−291,7	—	—	583...835	31,5	—	—	—	—
$Th(SO_4)_2$	—	—	f	—	−632	—	—	—	—	—	—	—	—
$Th(SO_4)_2 \cdot 8\,H_2O$	—	—	f	—	−1222,4	—	—	—	—	—	—	—	—
V	25	5,9	f	7,0	0,0	1720	—	—	—	—	—	—	—
V_2O_2	—	—	f	—	−195	—	—	—	—	—	—	—	—
V_2O_3	25	24,67	f	23,5	−330	1470	—	—	—	—	—	—	—
V_2O_4	25	27,96	f	24,5	−383	1640	—	—	—	—	—	—	—
V_2O_5	25	30,51	f	31,3	−437	658	—	—	—	—	—	—	—
VCl_2	—	—	f	—	−147	—	—	—	—	—	—	—	—
VCl_3	—	—	fl	—	−187	—	—	—	—	—	—	—	—
VCl_4	—	—	fl	—	−165	−109	—	148,5	—	—	—	—	—
Nb	20	5,95	—	—	0,0	1950	—	—	—	—	—	—	—
Nb_2O_5	0...210	31,6	f	—	−442	~1520	—	—	—	—	—	—	—
$NbCl_5$	—	—	—	—	—	194	—	240,5	—	—	—	—	—
Ta	0	6,008	f	9,4	0,0	3030	—	4100	—	—	—	—	—
Ta_2O_5	—	—	f	—	−499	—	—	—	—	—	—	—	—
TaF_5	—	—	—	—	—	96,8	—	229,5	—	—	—	—	—
$TaCl_5$	—	—	—	—	—	211,3	—	241,6	—	—	—	—	—

Cr	20	5,66	f	5,7	0,0	1920 (Vak)	—	2327	69,6	3	—	—	—
			g	41,6	88	—	—	—	—	—	—	—	—
CrO	—	—	g	—	59	1550	3,93	—	—	—	—	—	—
Cr_2O_3	25	28,38	f	19,4	−273	1990	—	—	—	—	—	—	—
CrO_3	—	—	f	—	−139,3	198 (zers)	—	—	—	—	—	—	—
$Cr(OH)_3$	—	—	f	—	−249,3	—	—	—	—	—	—	—	—
$CrCl_2$	—	—	f	27,4	−103,1	824	—	—	—	—	—	—	—
$CrCl_3 \cdot 6\,H_2O$	—	—	f	—	−581,2	—	—	—	—	—	grün → grau	ZT	2,65
CrN	—	—	f	—	−29,5	—	—	—	—	—	—	—	—
K_2CrO_4	17…98	35,9	f	—	−333,4	984	6,9	—	—	2	$\beta \to \alpha$	667	2,45
$K_2Cr_2O_7$	16…98	55,7	f	—	−488,5	393	8,77	—	—	4	—	236,8	—
$BaCrO_4$	—	—	f	—	−342,2	—	—	—	—	—	—	—	—
Mo	5,2	5,65	f	6,8	0,0	2622	~6,6	4800	128,4	—	—	—	—
			g	43,5	160	—	—	—	—	—	—	—	—
MoO_2	—	—	f	—	−130	—	—	—	—	—	—	—	—
MoO_3	—	—	f	—	−176,5	795	2,5	—	—	—	—	—	—
$MoCl_5$	—	—	f	—	−90,8	194	—	268	—	—	—	—	—
MoS_2	25	15,19	f	15,1	—	1185	—	—	—	—	—	—	—
Na_2MoO_4	—	—	f	—	−364	687	3,6	—	—	4	$\delta \to \gamma$ $\gamma \to \beta$ $\beta \to \alpha$	~440 586 630	14,6
K_2MoO_4	—	—	880	—	−364	922	4,0	—	—	—	—	—	—
W	ZT	5,97	f	8,0	0,0	3380	~8,4	6000	176	2	—	>650	—
WO_2	—	—	f	—	−130,5	1227…	—	—	—	—	—	—	—
						1327	—	—	—	—	—	—	—
WO_3	24	18,16	f	18,3	−195,7	1473	—	—	—	—	—	—	—
WF_6	—	—	—	—	—	−0,5	1,8	17,2	6,35	—	—	—	—
WCl_6	—	—	f	—	−96,9	275	—	346,7	—	—	—	—	—

3114 (Fortsetzung).

Stoff	Molwärme		Zustand	Normalentropie S in Cl · mol⁻¹	Bildungs-enthalpie ΔI_B in kcal·mol⁻¹	Schmelz-		Verdampfungs-		Zahl n der Modifikation	Umwandlungs-		
	bei ϑ in °C	C_p in cal·mol⁻¹·grad⁻¹				temperatur ϑ_F in °C	enthalpie ΔI_F in kcal·mol⁻¹	temperatur ϑ_K in °C	enthalpie ΔI_K in kcal·mol⁻¹		art U	temperatur ϑ_U	enthalpie ΔI_U in kcal·mol⁻¹
WS_2	—	—	f	—	−84	—	—	—	—	—	—	—	—
W_2C	—	—	—	—	—	2857	—	—	—	2	—	2400	—
WC	—	—	—	—	—	2867	—	~6000	—	—	—	—	—
Na_2WO_4 (2)	—	—	f	—	−391	—	—	—	—	—	—	579	9,5
U	0…98	6,67	f	11,1	0,0	1689	—	—	—	—	—	—	—
UO_2	—	—	f	—	−256,6	2227	—	—	—	2	—	—	—
UO_3	—	—	f	—	−291,6	—	—	—	—	—	—	—	—
U_3O_8	22	59,85	f	—	−845,2	—	—	—	—	—	—	—	—
UCl_3	—	—	f	—	−213	—	—	—	—	—	—	—	—
UCl_4	—	—	f	—	−251	567	—	618	—	—	—	—	—
$U(SO_4)_2$	—	—	f	—	−428	—	—	—	—	—	—	—	—
$UO_2(NO_3)_2 \cdot 6H_2O$	—	—	f	—	−756,8	59,5	—	—	—	—	—	—	—
UC_2	—	—	f	—	−29	~2260	—	—	—	—	—	—	—
Mn	20	6,37	f	7,3	0,0	1221	3,56	2152	55,15	3	γ → β	835	0,068
			g	41,5	74						β → α	1044	0,119
MnO	25	10,27	f	14,4	−96,7	1785	—	—	—	2	β → α	−56	0,15
Mn_2O_3	32	33,46	f	24,4	−233	—	—	—	—	—	—	—	—
Mn_3O_4	25	33,29	f	35,5	−345	1560	—	—	—	—	—	—	—
MnO_2	25	13,67	f	13,9	−123	—	—	—	—	2	β → α	−180	0,08
$MnCl_2$	18	17,7	f	—	−486,8	690	7,34	1190	29,63	—	—	—	—

$KMnO_4$	—	—	f	41,0	−192,9	zers >200	—	—	—	—	—	—	—
MnS	25	11,94	f	18,7	−47,0	1610	6,42	—	—	3	grün → rosa	ZT	0,4
Re	0	6,07	f	—	0,0	3170	—	—	—	—	—	—	—
ReO_3	—	—	f	—	−83	—	—	—	—	—	—	—	—
Re_2O_7	—	—	f	—	−297,5	297,5	15,3	363	18,06	—	—	—	—
Re_2O_8	—	—	—	—	—	147	~3,8	—	—	—	—	—	—
Fe	25	6,03	f	6,5	0,0	1535	3,7	2730	84,0	4	$\alpha \to \beta$[1]	710…790	0,27
											$\beta \to \gamma$	920	0,342
											$\gamma \to \delta$	1400	0,105
			g	43,12	94	—	—	—	—	—	—	—	—
FeO	25	12,43	f	14,2	−64,3	1360	29	—	—	2	$\beta \to \alpha$	−20	0,10
Fe_3O_4	25	34,28	β f	35,0	−266,9	~1530	8,1	—	—	4	$\delta \to \gamma$	−160	0,18
											$\gamma \to \beta$	485	0,58
											$\beta \to \alpha$	750	0,10
Fe_2O_3	25	25,4	f	21,5	−198,5	~1570	—	—	—	2	hex → regulär	675	—
$Fe(OH)_3$	—	—	f	—	−197,3	—	—	—	—	—	—	—	—
$FeCl_2$	25	~20	f	29,4	−81,9	677	7,8	1023	30,21	—	—	—	—
$FeCl_3$	—	—	f	—	−96,4	304	10,3	319	6,02	—	—	—	—
$FeCl_3 \cdot 6\,H_2O$	—	—	f	—	−532,7	−6	—	218	—	—	—	—	—
FeS	25	13,06	f	16,1	−23,1	1195	5,0	—	—	2	$\beta \to \alpha$	138	1,05
FeS_2	25	14,84	f	12,7	−35,5	—	—	—	—	2	—	—	—
$FeSO_4$	—	—	f	—	−221,3	—	—	—	—	—	—	—	—
$FeSO_4 \cdot 7\,H_2O$	19…47	96,2	f	—	−719,0	—	—	—	—	2	—	—	—
$Fe_2(SO_4)_3$	—	—	f	—	−653,2	—	—	—	—	—	—	—	—
$Fe(NH_4)_2(SO_4)_2$	—	—	aq	—	−466,2	—	—	—	—	—	—	—	—

[1] Die Bezeichnung entspricht dem metallographischen Gebrauch, weicht also von der sonst hier angewandten ab.

3114 (Fortsetzung).

Stoff	Molwärme		Zustand	Normalentropie S in Cl · mol⁻¹	Bildungs-enthalpie ΔI_B in kcal·mol⁻¹	Schmelz-		Verdampfungs-		Zahl n der Modifikation	Umwandlungs-		
	bei ϑ in °C	C_p in cal·mol⁻¹·grad⁻¹				temperatur ϑ_F in °C	enthalpie ΔI_F in kcal·mol⁻¹	temperatur ϑ_K in °C	enthalpie ΔI_K in kcal·mol⁻¹		art U	temperatur ϑ_U	enthalpie ΔI_U in kcal·mol⁻¹
$Fe(NH_4)(SO_4)_2 \cdot 12 H_2O$	—	—	f	—	−13033	—	—	—	—	—	—	—	—
Fe_2N	0...100	29,5	f	37,4	+ 1,1	—	—	—	—	—	—	—	—
Fe_2P	—	—	f	—	~ −41	~1300	—	—	—	—	Magnet. Uwp	80	—
Fe_3C	25	25,33	f	24,7	+ 5,2	1837	—	—	—	—	—	—	—
$FeCO_3$	25	19,63	f	22,2	−172,8	—	—	—	—	—	—	—	—
$Fe(CO)_5$	—	—	fl	—	−189,8	−21	3,25	105	9,00	—	—	—	—
$[Fe(CN)_6] \cdot K_4 \cdot 3 H_2O$	−76,5...0	107,1	f	143	−340,3	—	—	—	—	—	—	—	—
$[Fe(CN)_6]K_3$	—	—	f	—	−48,5	—	—	—	—	—	—	—	—
Co	0	5,38	f	6,8	0,0	1492	3,85	3185	—	3	$\beta \to \alpha$ ferromagnet in paramagnet	320...490 1070...1125	0,006 0,071
CoO	—	—	f	—	−57,5	1810	—	—	—	2	—	—	—
Co_3O_4	—	—	f	—	−196,5	—	—	—	—	—	—	—	—
$CoCl_2$	—	—	f	—	−76,9	~730	7,4	1050	27,17	—	—	—	—
CoS	18	11,33	f	—	−22,3	>1100	—	—	—	—	—	—	—
$Co(NO_3)_2 \cdot 6 H_2O$	—	—	f	—	−529,8	56	8,7	—	—	—	—	—	—
$CoCO_3$	—	—	f	—	−172,8	zers	—	—	—	—	—	—	—
Ni (3)	25	6,16	f	7,1	0,0	1453	4,28	3177	82,2	3	$\gamma \to \beta$ $\beta \to \alpha$	360 1130	0,12
			g	43,5	85,0	—	—	—	—	—	—	—	—

NiO	18	11,52	f	—	−58,4	1990	—	—	—	—	Magnet. Uwp	370…380	—
$NiCl_2$	—	—	f	—	−75,0	1000 (Dr)	—	—	53,4 bei ~600°	—	—	—	—
Ni_2S	—	—	f	—	—	645	3,0	—	—	—	—	—	—
Ni_2S_2	15…100	22,66	f	—	−40,8	790	5,8	—	—	—	—	—	—
$NiSO_4$	15…100	33,4	f	—	−216,0	—	—	—	—	—	—	—	—
$Ni(CO)_4$	−188…−78	28,15	f	—	—	−25	—	40	6,92	—	—	—	—
Ru	0	5,8	f	6,9	0,0	>1950	—	—	—	4	$\vartheta \to \gamma$ $\gamma \to \beta$ $\beta \to \alpha$	1035 ~1200 ~1500	0,034 klein 0,225
RuO_4	—	—	—	—	—	braun 27 gelb 25	—	100,8 (183 Torr)	—	2	—	—	—
$RuCl_3$	—	—	f	—	−63	zers	—	—	—	—	—	—	—
Rh	0	6,064	f	7,6	0,0	1966	—	—	—	3	$\gamma \to \beta$	1100…1200	—
Rh_2O	20	17,48	f	—	−21	—	—	—	—	—	—	—	—
RhO	20	12,66	f	—	−25	—	—	—	—	—	—	—	—
Rh_2O_3	20	24,88	f	—	−78	—	—	—	—	—	—	—	—
Pd	20	6,295	f	8,9	0,0	1555	4,12	—	—	—	—	—	—
PdO	18	7,44	f	—	−21,4	zers ~800	—	—	—	—	—	—	—
Os	20	5,95	f	7,8	0,0	2500	—	—	—	2	—	—	—
OsO_4 weiß	—	—	f	—	−93,4	41,8	2,34	131,2 (für beide)	—	—	gelb → weiß	ZT	1,72
OsO_4 gelb	—	—	—	—	—	55,8	4,06		—	—	—	—	—
Ir	20	6,18	f	8,7	0,0	2454	—	—	—	—	—	—	—
IrO_2	18	13,36	f	—	−50	—	—	—	—	—	—	—	—
$IrCl_3$	—	—	f	—	−60,5	zers 763	—	—	—	—	—	—	—

3114 (Fortsetzung).

Stoff	Molwärme		Zustand	Normalentropie S in Cl · mol⁻¹	Bildungs-enthalpie ΔI_B in kcal·mol⁻¹	Schmelz-		Verdampfungs-		Zahl n der Modifikation	Umwandlungs-		
	bei ϑ in °C	C_p in cal·mol⁻¹ · grad⁻¹				temperatur ϑ_F in °C	enthalpie ΔI_F in kcal·mol⁻¹	temperatur ϑ_K in °C	enthalpie I_K in kcal·mol⁻¹		art U	temperatur ϑ_U	enthalpie ΔI_U in kcal·mol⁻¹
Pt	20	6,21	f	10,0	0,0	1773,5	4,7	4400	112	—	—	—	—
			g	—	127	—	—	—	—	—	—	—	—
$PtCl_2$	—	—	f	—	−34	—	—	—	—	—	—	—	—
$PtCl_4$	—	—	f	—	−62	—	—	—	—	—	—	—	—
$(PtCl_6)H_2 \cdot 6\,H_2O$	—	—	f	—	−571,5	—	—	—	—	—	—	—	—
$(PtCl_4)K_2$	—	—	f	—	−254,7	—	—	—	—	—	—	—	—
$(PtCl_6)K_2$	13...47	54,9	f	—	−299,6	—	—	—	—	—	—	—	—
PtS	—	—	f	—	−16	—	—	—	—	—	—	—	—
PtS_2	—	—	f	—	−21	—	—	—	—	—	—	—	—
Cu	25	5,86	f	7,97	0,0	1084	3,1	2595	72,81	—	—	—	—
			g	39,8	81,2	—	—	—	—	—	—	—	—
Cu_2O	25	14,69	f	24,1	−42,5	1232	6,8	—	—	—	—	56	—
CuO	25	10,09	f	10,4	−38,5	1336	13,3	—	—	2	—	—	—
$Cu(OH)_2$	—	—	f	—	blau −106,70 grün −106,96	—	—	—	—	2	—	—	—
Cu_2Cl_2	—	—	f	41,6	−68,6	432	4,89	1490	11,92	—	—	—	—
$CuCl_2$	17...98	18,60	f	—	−53,4	630	—	655	26,2	—	—	—	—
CuJ	25	12,92	f	23,1	−17,8	588	—	1336	15,44	2	—	402	—
Cu_2S	25	18,24	f	28,9	−18,97	1127	5,5	—	—	3	$\gamma \to \beta$	91	1,31
											$\beta \to \alpha$	250	1,05

CuS	25	11,43	f	15,9	−11,6	zers b. Rotglut	—	—	—	—	—	103,91	—
$CuSO_4$	0...20	24,09	f	25,3	−184,7	200	—	—	—	—	—	—	—
$CuSO_4 \cdot 5\,H_2O$	16...47	71,2	f	—	−545,34	—	—	—	—	—	—	—	—
Cu_2Se	20	21,60	f	—	−14,5	1113	—	—	—	2	$\beta \to \alpha$	110	1,13
CuCN	—	—	aq	—	20,9	475	—	—	—	—	—	—	—
Ag	25	6,13	f	10,2	0,0	960,5	2,72	2170	60,0	—	—	—	—
			g	41,3	68,0	—	—	—	—	—	—	—	—
Ag_2O	—	—	f	29,7	−6,95	zers b. 300	—	—	—	—	—	—	—
AgF	—	—	f	—	−48,7	435	—	—	—	—	—	—	—
Ag_2F	—	—	f	—	−50,3	—	—	—	—	—	—	—	—
AgCl	25	12,14	f	22,5	−30,15	455	3,16	1554	42,52	2	—	—	—
AgBr	25	12,52	f	25,6	−23,70	430	2,28	—	—	—	—	—	—
AgJ	25	13,01	f (hex)	27,6	−14,94	556,8	2,25	1506	34,45	3	hex → kub	147	1,27
Ag_2S	15...100	18,26	f	25,0	−5,5	842	3,4	—	—	2	$\beta \to \alpha$	179	0,95
Ag_2SO_4	25	31,40	f	47,9	−170,1	657	~4,3	—	—	2	—	—	—
Ag_2Se	37...133	20,19	f	20,19	−1	~885	—	—	—	2	$\beta \to \alpha$	133	1,66
AgN_3	—	—	f	—	67,3	251	—	—	—	—	—	—	—
$AgNO_3$	20	23,8	f	33,7	−28,85	209	2,76	—	—	2	$\beta \to \alpha$	160	0,66
Ag_2CO_3	17,2	26,62	f	40,0	−119,9	zers b. 200	—	—	—	—	—	—	—
AgCN	—	—	f	—	33,4	350	2,75	—	—	2	—	—	—
$Ag(CN)_2K$	—	—	f	—	−6,9	—	—	—	—	—	—	—	—
AgCNS	—	—	f	—	21,8	zers	—	—	—	—	—	—	—
Au	25	6,03	f	11,4	0,0	1063	3,15	2960	81,8	2	—	—	—
			g	43,1	92	—	—	—	—	—	—	—	—
Au_2O_3	—	—	f	—	11	zers >150	—	—	—	—	—	—	—
AuCl	—	—	f	—	−8,3	zers 290	—	—	—	—	—	—	—
$AuCl_3$	—	—	f	—	−28,3	zers 254	—	—	—	—	—	—	—

3114 (Fortsetzung).

Stoff	Molwärme		Zustand	Normalentropie S in Cl · mol⁻¹	Bildungs-enthalpie ΔI_B in kcal·mol⁻¹	Schmelz-		Verdampfungs-		Zahl n der Modifikation	Umwandlungs-		
	bei ϑ in °C	C_p in cal·mol⁻¹·grad⁻¹				temperatur ϑ_F in °C	enthalpie ΔI_F in kcal·mol⁻¹	temperatur ϑ_K in °C	enthalpie ΔI_K in kcal·mol⁻¹		art U	temperatur ϑ_U	enthalpie ΔI_U in kcal·mol⁻¹
Zn	25	6,07	f	9,95	0,0	419,4	1,80	906	27,43	3	$\gamma \to \beta$	175	—
			g	38,5	27,4	—	—	—	—	—	$\beta \to \alpha$	300	—
ZnO	25	9,62	f	10,4	−83,5	1975 (52 Atm)	4,47	—	—	—	—	—	—
$Zn(OH)_2$	16,9…49,8	17,71	kr f	22,0	−155,8	—	—	—	—	5	—	—	—
$ZnCl_2$	21…99	18,56	f	25,5	−99,55	313	—	732	28,71	—	—	—	—
ZnS	Blende 0…100	11,17	Zn Blende	13,8	−44	—	—	—	—	3	regulär → hex	1020	—
$ZnSO_4$	22…100	28,1	f	30,6	−233,4	—	—	—	—	2	—	740	—
$ZnSO_4 \cdot 7\,H_2O$	9	93,66	f	—	−734,8	—	—	—	—	—	—	—	—
$Zn(NH_4)_2(SO_4)_2 \cdot 6H_2O$	—	—	f	—	−954,5	—	—	—	—	—	—	—	—
$ZnCO_3$	25	19,5	f	19,7	−193,3	zers 140	—	—	—	—	—	—	—
Cd	25	6,19	f	12,3	0,0	321	1,52	765	23,87	2	$\beta \to \alpha$	37,5	0,055
			g	40,1	26,8	—	—	—	—	—	—	—	—
CdO	25	10,38	f	13,1	−65,2	—	—	*1385*	—	—	—	—	—
$CdCl_2$	—	—	f	31,5	−93	568	5,3	967	29,86	—	—	—	—
CdS	26	13,12	f	14	−34,6	~1750 (100 Atm)	*980*	—	—	—	—	—	—
$CdSO_4$	—	—	f	31	−222,22	1000	4,79	—	—	—	—	—	—
$3CdSO_4 \cdot 8\,H_2O$	17…21	153,9	f	—	−1238,16	—	—	—	—	—	—	—	—
$Cd(NO_3)_2 \cdot 4\,H_2O$	—	—	f	—	−394,23	59,5	—	—	—	—	—	—	—

Hg	25	6,65	fl	18,5	0,0	−38,83	0,56	357	14,2	—	—	—	—
			g	41,8	14,6	—	—	—	—	—	—	—	—
Hg_2O	19...52	11,5	f	—	−21,6	—	—	—	—	—	—	—	—
HgO	25	10,93 rot	f (rot)	16,6	−21,6	—	—	—	—	—	—	—	—
HgCl	25	12,15	f	23,5	−31,6	302	—	383,7	—	2	—	—	—
$HgCl_2$	28	17,64	f	30	−53,4	277	4,15	304	14,08	2	—	—	—
Hg_2J_2	28	23,44	f (gelb)	—	−28,87	290	—	310	—	2	—	—	—
HgJ_2	27	18,71	f	37	−25,3	252	4,46	354	14,26	2	gelb → rot	131,8	0,60
HgS	24	11,95	f (rot)	(19,8)	−11,0	—	—	*580*	—	2			
HgN_3	—	—	f	—	50	—	—	—	—	—	—	—	—
$Hg(CN)_2$	—	—	f	—	61,8	—	—	—	—	≧	—	—	—
$Hg(CNS)_2$	—	—	f	—	52,0	—	—	—	—	—	—	—	—
Ga	15,4... 24,2	6,40	f	10,2	0,0	29,5	1,33	2064	—	—	—	—	—
Ga	—	—	g	40,4	52	—	—	—	—	—	—	—	—
Ga_2O_3	0...100	19,9	f	—	−256	1741	—	—	—	2	trigon→ rhomb oder monoklin	< 650	—
$GaCl_3$	—	—	aq	—	−143	78	—	~220	—	—	—	—	—
In	0...18	6,50	f	—	0,0	156,4	0,78	>1450	—	—	—	—	—
			g	41,51	52	—	—	—	—	—	—	—	—
In_2O_3	0...100	22,4	f	—	−240	—	—	—	—	—	—	—	—
$InCl_3$	—	—	f	—	−128,5	586	—	—	37,8 bei 390...490	—	—	—	—
Tl	20	6,46	f	15,4	0,0	302,5	1,03	1457	38,8	2	β → α	232	—
			g	43,2	40	—	—	—	—	—	—	—	—
Tl_2O	—	—	f	—	−42,3	~300	—	—	—	—	—	—	—

3114 (Fortsetzung).

Stoff	Molwärme: bei ϑ in °C	Molwärme: C_p in $cal \cdot mol^{-1} \cdot grad^{-1}$	Zustand	Normalentropie S in Cl · mol^{-1}	Bildungsenthalpie ΔI_B in $kcal \cdot mol^{-1}$	Schmelztemperatur ϑ_F in °C	Schmelzenthalpie ΔI_F in $kcal \cdot mol^{-1}$	Verdampfungstemperatur ϑ_K in °C	Verdampfungsenthalpie ΔI_K in $kcal \cdot mol^{-1}$	Zahl n der Modifikation	Umwandlungsart U	Umwandlungstemperatur ϑ_U	Umwandlungsenthalpie ΔI_U $kcal \cdot mol^{-1}$
Tl_2O_3	—	—	f	—	−120,0	717	—	—	—	—	—	—	—
TlCl	24	12,67	f	25,8	−48,62	427	3,99	807	24,42	—	—	—	—
$TlCl_3$	—	—	f	—	−82,4	37	—	—	—	—	—	—	—
Tl_2SO_4	—	—	f	—	−221,8	632	5,5	—	—	—	—	—	—
Ge	25	6,24	f	10,1	0,0	958	—	—	—	—	—	—	—
GeO_2	0...100	13,59	aq (kol)	—	−230	1115	—	—	—	3	tetragon → hex	1033	—
$GeCl_4$	—	—	fl	—	−226	−51,8	—	84	7,03	—	—	—	—
Sn	25	6,30	f (weiß)	12,3	0,0	231,84	1,69	2430	68	3	weiß (tetrag) → grau	18	0,63
											tetragonal → rhomb	161	0,0024
			g	40,2	78	—	—	—	—	—	—	—	—
SnO	25	10,59	f	13,5	−67,7	—	—	—	—	—	—	—	—
SnO_2	25	12,57	f	12,5	−138,1	—	—	*1800...1900*	—	3	$\gamma \to \beta$	430	0,45
											$\beta \to \alpha$	540	0,30
$Sn(OH)_2$	—	—	f	—	−136,1	—	—	—	—	—	—	—	—
$Sn(OH)_4$	—	—	f	—	−268,9	—	—	—	—	—	—	—	—
$SnCl_4$	21	39,3	fl	62,1	−127,4	−33	2,19	113	8,93	—	—	—	—
$SnOCl_2$	—	—	aq	—	−146,8	—	—	—	—	—	—	—	—
SnS	13...98	12,63	f	—	−22,7	880	—	1230	—	—	—	—	—

Pb	25	6,39	f	15,5	0,0	327,4	1,31	1750	42,06	—	—	152...170	—
			g	41,9	47,5	—	—	—	—	—	—	—	—
PbO	25	11,60	f (gelb)	16,9	−52,06	890	2,32	1470	—	3	gelb → rot	489	—
Pb_3O_4	25	35,14	f	50,5	−172,4	zers	—	—	—	—	—	—	—
PbO_2	25	15,45	f	18,3	−65,0	zers	—	—	—	—	—	—	—
$Pb(OH)_2$	—	—	f	—	−123,0	zers	—	—	—	—	—	—	—
PbF_2	0...34	17,69	f	33	−159,5	824	1,9	1293	38,34	—	rhomb → regu-lär-kub	220...280	—
$PbCl_2$	25	18,35	f	32,6	−85,71	498	5,7	954	29,60	—	—	—	—
$PbBr_2$	25	19,15	f	38,6	−66,27	488	4,3	914	27,69	—	—	—	—
PbJ_2	14...98	19,53	f	42,2	−41,77	412	5,2	872	24,85	—	—	—	—
PbS	25	11,83	f	21,8	−22,3	1114	4,15	—	—	2	—	—	—
$PbSO_4$	25	24,93	f	35,2	−218,5	~1087	9,6	—	—	2	$\beta \to \alpha$	866	4,06
PbN_6	—	—	f	—	—	—	—	—	—	—	—	—	—
$Pb(NO_3)_2$	17...100	38,9	f	—	−106,89	zers b. 200	—	—	—	—	—	—	—
$Pb_3(PO_4)_2$	25	61,9	f	84,5	—	1014	—	—	—	—	—	—	—
$PbCO_3$	25	20,80	f	31,3	−168,0	zers 300	—	—	—	—	—	—	—
Bi (2)	25	6,10	f	13,6	0,0	271	2,65	1560	—	—	—	—	—
Bi_2O_3 (3)	25	27,13	f	32,2	−137,8	817	6,8	—	—	—	—	704	—
$BiCl_3$	—	—	f	45,8	−90,6	224	2,6	461	18,02	—	—	—	—
Bi_2S_3	11...99	30,7	f	—	−26,0	727	8,9	—	—	—	—	—	—

312 Organische Verbindungen.

3121 Tabelle der organischen Verbindungen.

Vorbemerkung.

Der Tabelle ist eine Übersicht zur deutschen Nomenklatur und Bezifferung der Ringverbindungen vorausgeschickt. Sie ermöglicht auch die Bildung eindeutiger systematischer Namen anderer Ringverbindungen.

Die Tabelle enthält Angaben über annähernd 3200 Verbindungen, die in alphabetischer Folge angeordnet sind. Die Auswahl der Verbindungen wurde derart getroffen, daß die vom chemischen, technischen oder physiologischen Standpunkt aus wichtigsten Substanzen in die Tabelle aufgenommen wurden.

1. Spalte. Laufnummer, dient neben der unteren kursiv gesetzten Seitenzahl in dieser und anderen Tabellen zur einfacheren Bezugnahme.

2. Spalte. Name der Verbindung. Organische Verbindungen werden häufig in verschiedener Weise benannt. In der Tabelle sind die Verbindungen im allgemeinen unter ihrem geläufigsten Namen aufgeführt. Da jedoch in erster Linie Wert darauf gelegt wurde, daß die Konstitution der Verbindung eindeutig ersichtlich ist, so sind die Verbindungen unter ihren systematisch gebildeten Namen eingereiht, sofern dieser leicht übersehbar ist. Hierdurch wird außer einer Platzersparnis — eine ausgeschriebene Konstitutionsformel beansprucht im allgemeinen mehr Platz als ein einfacher systematischer Name — auch erzielt, daß Stellungsisomere in der alphabetischen Folge zusammen bleiben, wodurch ein Überblick über gewisse zusammengehörige Verbindungen erleichtert wird, vgl. z. B. die Dioxyanthrachinone. Da die Tabelle eine rasche Übersicht ermöglichen soll, wurden Abkürzungen wie vic., as., sym., wo sie erst durch eine viel Raum beanspruchende Strukturformel erläutert werden müßten, vermieden, dementsprechend wurden z. B. die Toluylendiamine unter Diamino-toluol, die Xylenole unter Dimethyl-phenol, die Xylidine unter Dimethyl-anilin angeordnet. Findet man eine Verbindung nicht unter einem angenommenen Namen, so ist sie mit Hilfe der auf die Tabelle folgenden Register der Vulgärnamen bzw. der Summenformeln sofort aufzufinden.

3. Spalte. Konstitutionsformel. Diese ist dann, wenn die Konstitution der Verbindung aus dem Namen eindeutig ersichtlich ist, auch bei Ringverbindungen ein- oder zweizeilig gesetzt, dabei bedeuten C_6H_X ($x = 1—5$) die durch Substitution der H-Atome verbleibenden Reste des Benzolkerns, $C_6H_4<$ bedeutet stets 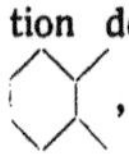, $NC_5H_{10} =$ $\begin{matrix} H_2C\cdot CH_2\cdot CH_2 \\ | \qquad\quad | \\ H_2C\cdot N\cdot CH_2 \\ | \end{matrix}$, NC_5H_4 ein durch H-Substitution entstandener Rest des Pyridins, NC_9H_6 ein solcher des Chinolins.

4. Spalte zeigt die Stelle an, wo die Verbindung in Beilsteins Handbuch der organischen Chemie behandelt ist. Im allgemeinen bezieht sich die Angabe auf das Hauptwerk; weitere Literatur des Ergänzungswerkes ist dadurch leicht zu finden, daß am Kopfe jeder Seite eines Ergänzungsbandes die Seitenzahlen des Hauptwerkes stehen. Kommt eine Verbindung der Tabelle nur im Ergänzungswerk vor, so ist das Beilstein-Zitat durch ein E gekennzeichnet.

5. Spalte. Molekulargewicht. Dieses ist in allen Fällen nach den Werten der von der Atomgewichtskommission der Internationalen Union für Chemie im Jahre 1937 herausgegebenen Atomgewichtstabelle berechnet, die für die organische Chemie insofern von besonderer Bedeutung ist, als für das Atomgewicht des Kohlenstoffs nicht mehr der Wert 12.00 sondern **12.01** aufgenommen ist. Das Molekulargewicht bezieht sich auf die in der 3. Spalte angegebene Formel, etwa vorhandenes Krystallwasser, das in dieser Spalte nicht verzeichnet ist, ist auch beim Molekulargewicht unberücksichtigt geblieben.

6. Spalte. Dichte. Der obere Index gibt die Meßtemperatur, der untere die Temperatur des Wassers an, auf die die Dichte bezogen ist. Handelt es sich um wahre Dichten (Bezugtemperatur 4°), so ist der untere Index fortgelassen. 1.2345^{21}_{21} heißt demnach, die Dichte bezogen auf Wasser von 21° C beträgt bei 21° C 1.2345. Bei Gasen ist das Litergewicht bei 0° und 760 mm Hg-Druck angegeben. *2.345 g/L* bedeutet also: unter den Normalbedingungen von 0° und 760 mm Druck beträgt das Gewicht eines Liter Gases 2.345 g.

7. bzw. 8. Spalte. Schmelz- (Fusionspunkt) bzw. Kochpunkt in Celsiusgraden. Die Kochpunkte beziehen sich auf Atmosphärendruck (760 mm), andere Drucke sind besonderes vermerkt. Zum Beispiel bedeutet *145/20*, daß die Verbindung unter 20 mm Druck bei 145° siedet. Korrigierte Werte wurden bevorzugt. Die Angaben beziehen sich, wenn nicht anderes vermerkt, auf die wasserfreie Substanz. Schmelzpunkte von Hydraten sind in der letzten Spalte verzeichnet. Andere Einflüsse der Temperatur wie z. B. Zersetzungserscheinungen wurden ebenfalls kenntlich gemacht, eine Angabe wie *180 (Z.)* in der 7. Spalte heißt, daß die Verbindung bei 180° unter Zersetzung schmilzt. Tritt die Zersetzung bei einer bestimmten Temperatur, beispielsweise 200° auf, so ist dafür die Form *Z. 200* gewählt. *Z.* an Stelle einer zahlenmäßigen Angabe des Siedepunktes bedeutet, daß die Substanz sich bei der Destillation zersetzt.

9. Spalte. Farbe und Habitus der Verbindung. Eine Angabe wie *Rote Nadeln (W.)* bedeutet z. B. die Verbindung krystallisiert aus Wasser in roten Nadeln. Fehlt die Angabe der Farbe, so ist die Substanz farblos. Auf diese Angaben folgen die Löslichkeiten. Die in der Literatur vorhandenen Daten sind häufig nur qualitativer Art und Angaben wie „leicht löslich", „schwer löslich" kommt oft naturgemäß keine objektive sondern lediglich eine relative Bedeutung zu. Die angeführten Zahlen sind bei festen und flüssigen Substanzen stets bezogen auf g wasserfreie Substanz in 100 g Lösungsmittel. *13.8 A. 16°* bedeutet demnach bei 16° lösen 100 g Alkohol 13.8 g Substanz. Bei Gasen wurde als Löslichkeit die Anzahl cm³ des Gases bei t° und 760 mm Druck, die sich in 100 cm³ des Lösungsmittels bei t° lösen, angegeben; diese Angaben sind durch das beigefügte cm³ erkenntlich. *240 cm³ Ä. 10°* heißt demnach bei 10° lösen 100 cm³ Äther 240 cm³ des betreffenden Gases bei 10° und 760 mm Druck. Ferner wurden in dieser Spalte gelegentlich optische Drehungen aufgenommen, weiterhin wurden gegebenenfalls charakteristische chemische Reaktionen kurz skizziert etwa in der Form *+ W. → Benzaldehyd;* Farbreaktionen sind verzeichnet, häufig sind auch Angaben über die physiologische Wirkung, die technische Verwertbarkeit, gegebenenfalls auch Angaben über das Vorkommen in der Natur verzeichnet. In zahlreichen Fällen sind auch die Schmelzpunkte von solchen Derivaten, die zur Charakterisierung der Verbindung dienen, hier aufgenommen worden. Bei Hinweisen auf Angaben dieser Tabelle ist die untere kursiv gesetzte Seitenzahl angegeben.

Abkürzungen.

Die in der folgenden Tabelle der organischen Verbindungen gebrauchten Abkürzungen sind im wesentlichen die im Chemischen Zentralblatt üblichen. Von den Endsilben sind ich, ig, isch und ung fortgelassen. Es bedeuten:

A.	Alkohol
Ä.	Äther
Alkali	Alkalilauge
alkoh.	alkoholisch
as.	asymmetrisch
B.	Bildung
Blätt.	Blättchen
BZ	Beilstein-Zitat
Bzl.	Benzol
Bzn.	Benzin
bzw.	beziehungsweise
Chlf.	Chloroform
D	Dichte
Dampf	Wasserdampf
Darst.	Darstellung
dch.	durch
Deriv.	Derivat
Dest.	Destillation
E	Erstarrungspunkt
Eg.	Eisessig
expl.	explodiert
F	Schmelzpunkt
Farbst.	Farbstoff
fl.	flüssig
Fl.	Flüssigkeit
fluoresc.	fluorescierend
gelbl.	gelblich
geschl.	geschlossen
Ggw.	Gegenwart
g. Z.	geringe Zersetzung
h.	heiß
H_2SO_4	konzentrierte Schwefelsäure
Herst.	Herstellung
k.	kalt
konz.	konzentriert
Kp.	Koch(Siede)punkt
Kryst.	Krystalle
l.	löslich
Lg.	Ligroin
ll.	leicht löslich
Lösungsm.	Lösungsmittel
Lsg.	Lösung
MG	Molekulargewicht
Me.	Methanol
Nachw.	Nachweis
Nd.	Niederschlag
od.	oder
Oxyd.	Oxydation
oxyd.	oxydiert (sich)
Oxydationsm.	Oxydationsmittel
PÄ.	Petroläther
polym.	polymerisiert sich
Prod.	Produkt
Py.	Pyridin
Quellungsm.	Quellungsmittel
Red.	Reduktion
red.	reduziert
riech.	riechend
sd.	siedend
sek.	sekundär
subl.	sublimiert
Subst.	Substanz
swl.	sehr wenig löslich
sym.	symmetrisch
tert.	tertiär
u.	und
unl.	(praktisch) unlöslich
V.	Vorkommen
v.	von
Vak.	Hochvakuum
verd.	verdünnt
W.	Wasser
wl.	schwer (wenig) löslich
wss.	wässerig
Z.	Zersetzung
zers.	zersetzt (sich)
zll.	ziemlich leicht löslich
∞	in jedem Verhältnis mischbar

31211 Bezifferungsschema für Ringverbindungen.

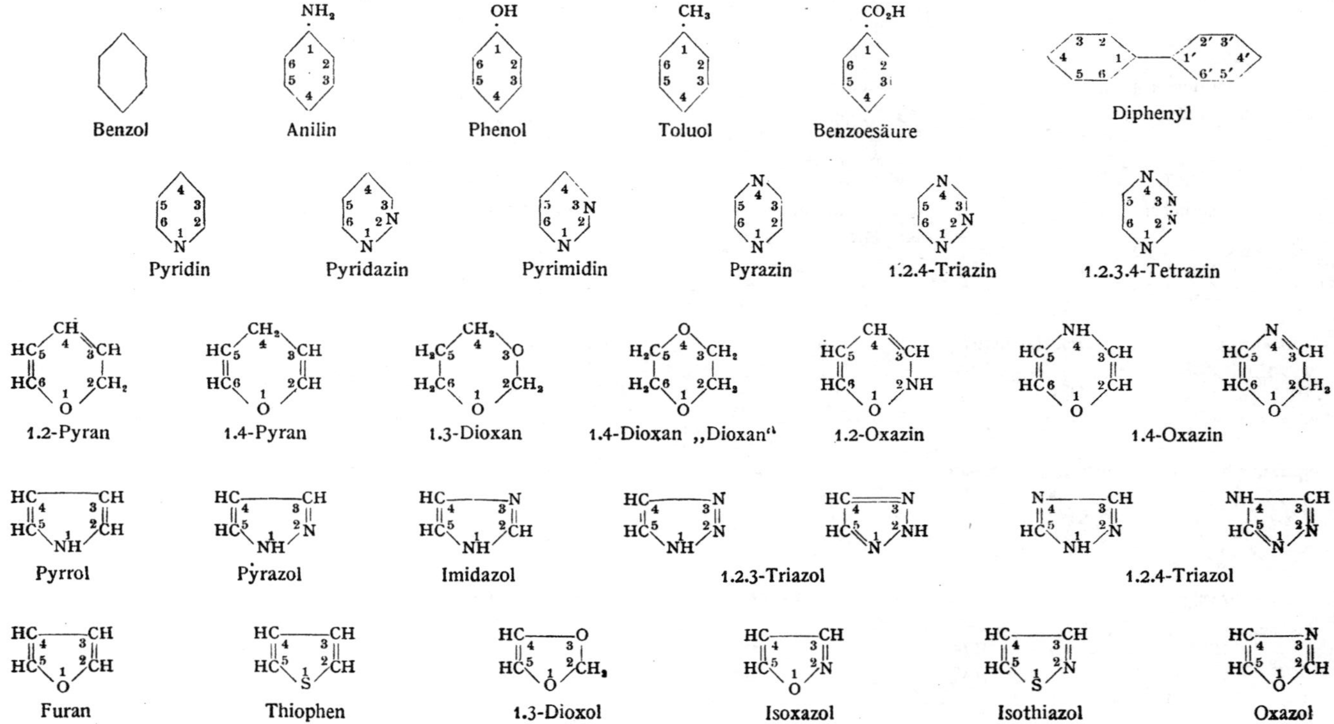

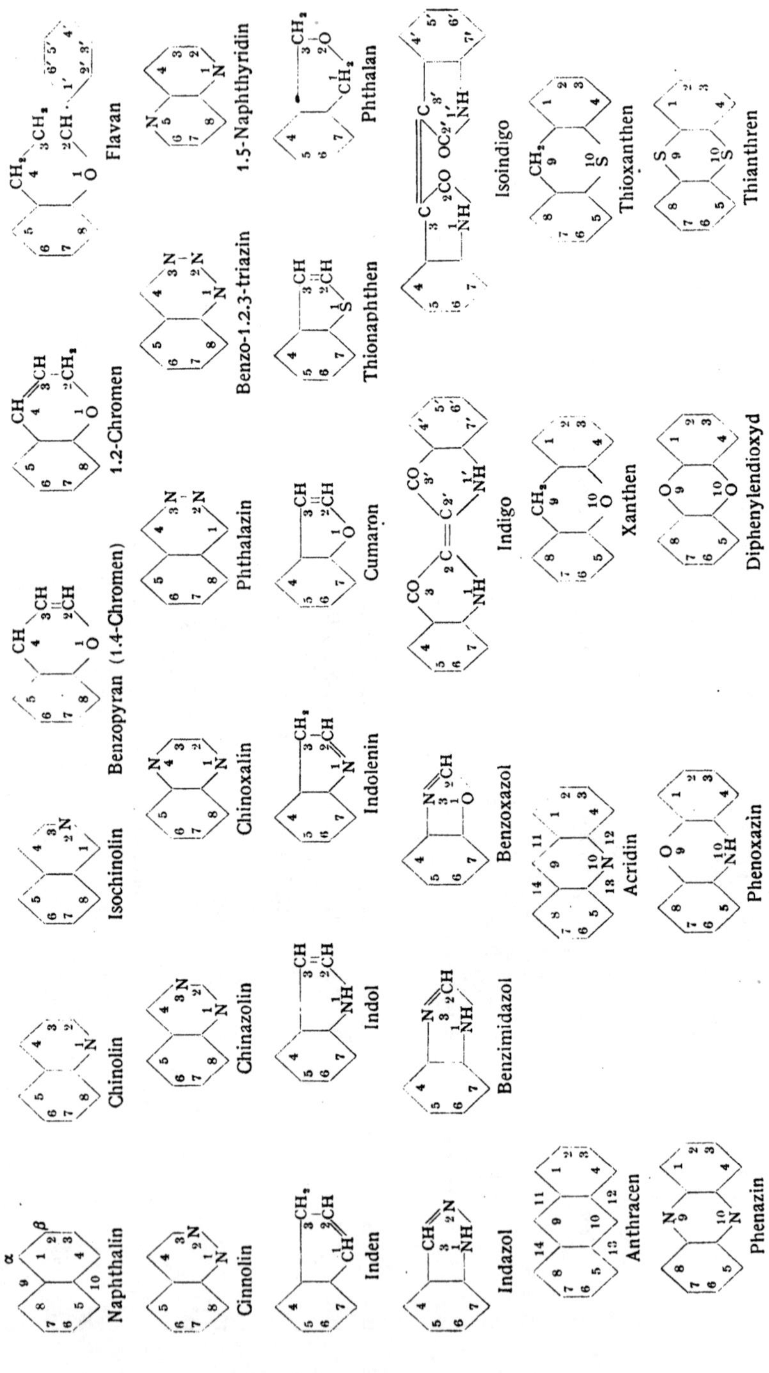
Naphthalin
Chinolin
Isochinolin
Benzopyran (1.4-Chromen)
1.2-Chromen
Flavan
Cinnolin
Chinazolin
Chinoxalin
Phthalazin
Benzo-1.2.3-triazin
1.5-Naphthyridin
Inden
Indol
Indolenin
Cumaron
Thionaphthen
Phthalan
Indazol
Benzimidazol
Benzoxazol
Indigo
Isoindigo
Anthracen
Acridin
Xanthen
Thioxanthen
Phenazin
Phenoxazin
Diphenylendioxyd
Thianthren

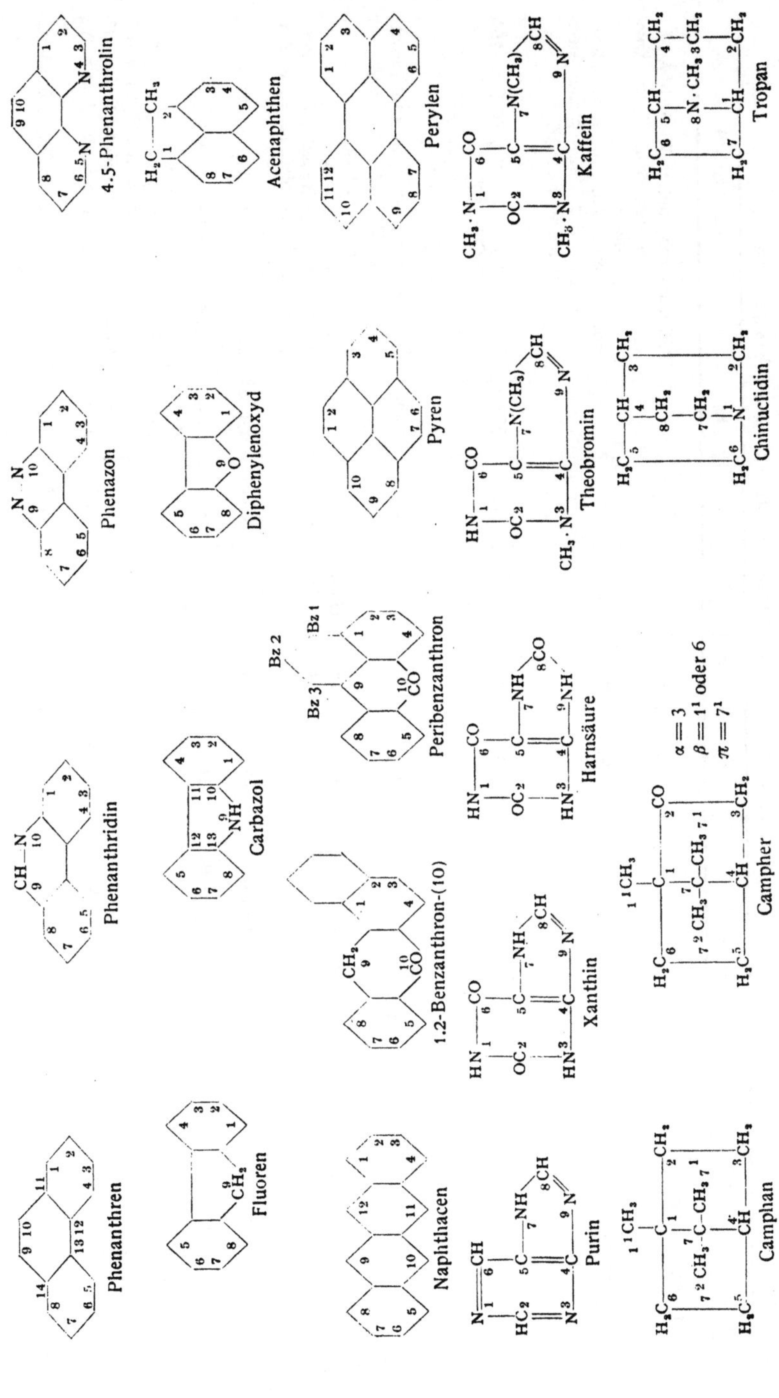
Phenanthren
Phenanthridin
Phenazon
4.5-Phenanthrolin
Fluoren
Carbazol
Diphenylenoxyd
Acenaphthen
Naphthacen
1.2-Benzanthron-(10)
Peribenzanthron
Pyren
Perylen
Purin
Xanthin
Harnsäure
Theobromin
Kaffein
Camphan
Campher
α = 3
β = 1¹ oder 6
π = 7¹
Chinuclidin
Tropan

31212 Physikalisch-chemische Eigenschaften organischer Verbindungen.

Nr.	Name	Formel	BZ	MG	D	F	Kp	Charakteristik
1	**Abietinsäure**	$C_{20}H_{30}O_2$	—	302.43	—	163—4	—	Gelb, amorph; unl. in W., ll. in A., Ä., l. in Eg., Bzl.; V. im Kolophonium.
2	Aceanthrenchinon	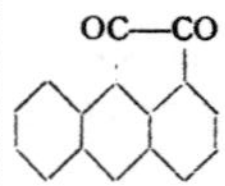	E VIII 436	232.22	—	270	—	Rote Prismen (Bzl.); swl. in A.; Monooxim F: 251° (Z.); Monophenylhydrazon F: 203°.
3	Acenaphthen	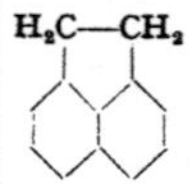	V 586	154.20	1.024^{99}	95	277.9	Nadeln (A.); 4 A. 20°, 40.5 A. 70°, 33 Chlf. 20°.
4	Acenaphthenchinon	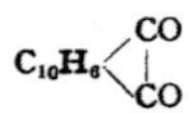	VII 744	182.17	—	261	subl.	Gelbe Nadeln; swl. in A., l. in h. Bzl., 0.15 Eg. 15°; Verwend. zur Herst. v. Farbst.
5	Acetal	$CH_3\cdot CH(O\cdot C_2H_5)_2$	I 603	118.17	0.813^{20}	—	102	Fl.; 4.6 W. 25°, ∞ A.
6	Acetaldehyd	$CH_3\cdot CHO$	I 594	44.05	0.7883^{13}	—123	20.2	∞ W., A., Ä.; Dampf giftig; Polymeris. zu Metaldehyd u. Paraldehyd.
7	— phenylhydrazon	$CH_3\cdot CH:N\cdot NH\cdot C_6H_5$	XV 127	134.17	1.18	98—101	236/20	2. Form F: 57°, Kp_{20}: 133—6°; l. in A.
8	— semicarbazon	$CH_3\cdot CH:N\cdot NH\cdot CO\cdot NH_2$	III 101	101.11	—	163	—	Nadeln (W. oder A.); 3 W. 17°.
9	Acetaldoxim	$CH_3\cdot CH:N\cdot OH$	I 608	59.07	0.9645^{20}	47	114—5	Nadeln; ∞ W., A., Ä.
10	Acetamid	$CH_3\cdot CO\cdot NH_2$	II 175	59.07	1.159	82	221	Kryst.; 2. Form F: 71°; 220 W. 20°, 850 W. 60°, 65 A. 20°, 370 A. 60°.
11	Acetamidin	$CH_3\cdot C(:NH)\cdot NH_2$	II 185	58.08	—	—	—	Unbeständig; Hydrochlorid F: 166—7°.
12	2-Acetamino-benzoesäure	$CH_3\cdot CO\cdot NH\cdot C_6H_4\cdot CO_2H$	XIV 337	179.17	—	185	—	Nadeln (Eg.); wl. in k. W., ll. in h. W., A., Ä.
13	3-Acetamino-benzoesäure	$CH_3\cdot CO\cdot NH\cdot C_6H_4\cdot CO_2H$	XIV 396	179.17	—	248	subl.	Nadeln (A.); swl. in W., l. in sd. A., swl. in Ä.

1	4-Acetamino-benzoesäure	$CH_3 \cdot CO \cdot NH \cdot C_6H_4 \cdot CO_2H$	XIV 432	179.17	—	256.5	—	Nadeln; wl. in W., l. in A.
2	2-Acetamino-phenol	$CH_3 \cdot CO \cdot NH \cdot C_6H_4 \cdot OH$	XIII 370	151.16	—	203	—	Blättchen (verd. A.); ll. in h. W., A.
3	3-Acetamino-phenol	$CH_3 \cdot CO \cdot NH \cdot C_6H_4 \cdot OH$	XIII 415	151.16	—	148—9	—	Nadeln (W.); ll. in W., A., wl. in Ä.
4	4-Acetamino-phenol	$CH_3 \cdot CO \cdot NH \cdot C_6H_4 \cdot OH$	XIII 460	151.16	1.293^{21}	168—9	—	Kryst. (W. od. A.); swl. in k. W., sll. in h. W., A.
5	Acetanhydrid	$(CH_3 \cdot CO)_2O$ ♥	II 166	102.09	1.082^{20}	—73	139.4	Scharf riech. Fl.; dch. W. zers.; ∞ A., Ä.
6	Acetanilid (Antifebrin)	$CH_3 \cdot CO \cdot NH \cdot C_6H_5$	XII 237	135.16	1.211^{4}	114	305	Blätt. (W.); 0.54 W. 25°, 3.5 W. 80°, 21.3 A. 20°, 8 Al. 25°; wirkt fiebersenkend.
7	Acet-o-anisidid	$CH_3 \cdot CO \cdot NH \cdot C_6H_4 \cdot O \cdot CH_3$	XIII 371	165.18	—	87—8	305—5	Kryst. (W.); sll. in h. W., 55 A. 21°, l. in Ä.
8	Acet-p-anisidid	$CH_3 \cdot CO \cdot NH \cdot C_6H_4 \cdot O \cdot CH_3$	XIII 461	165.18	—	130—2	—	Tafeln (W.); 0.19 W. 15°, 12.7 A. 21°; wirkt antipyret. u. antineuralg.
9	Acetbromamid	$CH_3 \cdot CO \cdot NHBr$	II 181	137.98	—	108	—	Tafeln + 1 H_2O, F: 70—80°; ll. in W., A., Ä.
10	Acetchloramid	$CH_3 \cdot CO \cdot NHCl$	II 181	93.52	—	110	—	Blättchen (Bzl.); sll. in W., Ä.
11	Acetessigester	$CH_3 \cdot CO \cdot CH_2 \cdot CO_2 \cdot C_2H_5$	III 632	130.14	1.021^{25}	—44	180/754	Gleichgewichtsgemisch zwischen Keto- u. Enolform; 12.5 W. 16°, ∞ A., Ä.; + $FeCl_3$ violettrote Färb.
12	Acetessigsäureanilid	$CH_3 \cdot CO \cdot CH_2 \cdot CO \cdot NH \cdot C_6H_5$	XII 518	177.19	—	85	—	Blättchen; wl. in W., l. in A., Ä., Chlf.; Dest. → N.N'-Diphenylharnstoff; + $FeCl_3$ violette Färb.; Oxim F: 125°.
13	Acetoin	$CH_3 \cdot CH(OH) \cdot CO \cdot CH_3$	I 827	88.10	1.002^{15}	15	140—2	Angenehm riech. Fl.; ∞ W., ll. in A., wl. in Ä.
14	Acetol	$CH_3 \cdot CO \cdot CH_2 \cdot OH$	I 821	74.08	1.082^{20}_{20}	—17	145—6	Angenehm. riech. Fl.; ∞ W., A., Ä.; Oxim F: 71°.
15	Aceton	$CH_3 \cdot CO \cdot CH_3$	I 635	58.08	0.7960^{15} 0.7855^{25}	—95	56.3	Charakterist. riech. Fl.; ∞ W., A., Ä.; Verwend. als Lösungsm. für Acetylcellulose, als Quellungsmittel für Nitrocellulose.

31212 (Fortsetzung).

Nr.	Name	Formel	BZ	MG	D	F	Kp	Charakteristik
1	Acetondicarbonsäure	$CO(CH_2 \cdot CO_2H)_2$	III 789	146.10	—	135 (Z.*)	—	Nadeln (Essigester); ll. in W., A., wl. in Ä.; * → CO_2 u. Aceton.
2	— diäthylester	$CO(CH_2 \cdot CO_2 \cdot C_2H_5)_2$	III 791	202.20	1.113^{20}	—	250	Öl; wl. in W., ∞ A., Ä.
3	Acetondiessigsäure	$CO(CH_2 \cdot CH_2 \cdot CO_2H)_2$	III 804	174.15	—	143	—	Tafeln (W.); l. in h. W., A., wl. in Ä.; Anhydrid F: 69°.
4	Acetonitril	$CH_3 \cdot CN$	II 183	41.05	0.783^{20}	—44.9	81.6	Fl.; ∞ W.; brennt mit leucht. Flamme, die pfirsichblütenfarben gesäumt ist.
5	Acetonoxalester	$CH_3 \cdot CO \cdot CH_2 \cdot CO \cdot CO_2 \cdot C_2H_5$	III 747	158.15	1.1251^{20}	18	213—5	Kryst.; + $FeCl_3$ rote Färb.
6	Acetonphenylhydrazon	$(CH_3)_2C:N \cdot NH \cdot C_6H_5$	XV 129	148.20	—	26.6	163/50	0.24 W. 22°; $C_9H_{12}N_2 + H_2O$, F: 33°.
7	Acetonsemicarbazon	$(CH_3)_2C:N \cdot NH \cdot CO \cdot NH_2$	III 101	115.13	—	190—1	—	Nadeln (W. od. Aceton); l. in W., wl. in A., unl. in Ä.; Dest. → Dimethylketazin.
8	Acetonylaceton	$CH_3 \cdot CO \cdot CH_2 \cdot CH_2 \cdot CO \cdot CH_3$	I 788	144.14	0.973^{20}	—9	194/754	Fl.; ∞ W., A., Ä.; unl. in KOH; Dioxim F: 137°.
9	Acetophenon	$CH_3 \cdot CO \cdot C_6H_5$	VII 271	120.14	1.0238^{25}	19.7	202	Blätt.; wl. in W., l. in A.; l. in H_2SO_4.
10	— carbonsäure-(2)	$CH_3 \cdot CO \cdot C_6H_4 \cdot CO_2H$	X 690	164.15	—	114—5	—	Kryst. (W.); l. in h. W.; schmeckt süß.
11	— carbonsäure-(4)	$CH_3 \cdot CO \cdot C_6H_4 \cdot CO_2H$	X 694	164.15	—	205	subl.	Nadeln (W.); wl. in k. W., l. in h. W., wl. in A., Ä.; Methylester F: 92°.
12	— oxim	$CH_3 \cdot C(:N \cdot OH) \cdot C_6H_5$	VII 278	135.16	—	59	245 (Z).	Nadeln (W.); sll. in A., Ä.; flüchtig mit Dampf; + H_2SO_4 → Acetanilid.
13	— phenylhydrazon	$CH_3 \cdot C(:N \cdot NH \cdot C_6H_5) \cdot C_6H_5$	XV 139	210.27	—	105	—	Nadeln (A.); wl. in W., k. A., ll. in Ä.
14	Acetoxim	$(CH_3)_2C:N \cdot OH$	I 649	73.09	0.97^{20}_{20}	60	135/728	Kryst.; sll. in W., A., Ä.
15	Acetpersäure	$CH_3 \cdot CO \cdot O \cdot OH$	II 169	76.05	—	+ 0.1	expl. 110	Fl.; ll. in W., A., Ä.; l. in H_2SO_4; greift die Epidermis an; riecht stechend; Oxydationsm.
16	Acet-p-phenetidid s. Phenacetin							
17	Acet-o-toluidid	$CH_3 \cdot CO \cdot NH \cdot C_6H_4 \cdot CH_3$	XII 792	149.18	1.168^{15}	110	296	Nadeln; 0.86 W. 19°, l. in A., Eg.

1	Acet-m-toluidid	$CH_3 \cdot CO \cdot NH \cdot C_6H_4 \cdot CH_3$	XII 860	149.18	1.141^{15}	66	303	Nadeln (W.); 0.44 W. 13°, ll. in A., Ä., l. in Eg.
2	Acet-p-toluidid	$CH_3 \cdot CO \cdot NH \cdot C_6H_4 \cdot CH_3$	XII 920	149.18	1.212^{15}	153	306	Kryst. (A.); 0.12 W. 25°, ll. in sd. W., 10.2 A. 25°, l. in Ä., Eg.
3	Acetylaceton	$CH_3 \cdot CO \cdot CH_2 \cdot CO \cdot CH_3$	I 777	100.11	0.977^{19}	—23.2	137.0	Fl.; 12.5 W. 20°; ∞ A., Ä.; Gleichgewichtsgemisch enthält in fl. Zustand etwa 76% Enol.
4	Acetyl-l-äpfelsäure	$CH_3 \cdot CO \cdot O \cdot CH \cdot CO_2H$ / $CH_2 \cdot CO_2H$	III 429	176.12	—	134—5	—	Kryst.; dch. W. zers.
5	Acetylbernsteinsäurediäthylester	$CH_3 \cdot CO \cdot CH \cdot CO_2 \cdot C_2H_5$ / $CH_2 \cdot CO_2 \cdot C_2H_5$	III 801	216.22	1.087_{16}^{16}	—	254—6 (Z.)	Fl.; unl. in W., l. in A.; + $FeCl_3$ + A., rotviolette Färb.
6	Acetylbromid	$CH_3 \cdot COB$	II 174	122.96	1.663^{15}	—96.5	76.7	An d. Luft stark rauch. Fl.; dch. W. zers.
7	Acetylchlorid	$CH_3 \cdot COCl$	II 173	78.50	1.104^{20}	—	50.9	Erstickend riech., an d. Luft rauch. Fl.; dch. W. zers.; gibt mit Alkoholen Ester.
8	Acetyldiphenylamin	$CH_3 \cdot CO \cdot N(C_6H_5)_2$	XII 247	211.25	—	101—2	subl.	Blätt. (W.); wl. in W., Ä.
9	Acetylen	CH ⋮ CH	I 228	26.04	0.613^{-80} 1.1747g/L	—81.8	—83.8	Gas; 100 cm³ W. 18°, 600 cm³ A. 18°, 2500 cm³ Aceton 15°, >200000 cm³ Aceton —80°; brennt mit leucht. stark rußender Flamme.
10	Acetylendicarbonsäure	$HO_2C \cdot C$ ⋮ $C \cdot CO_2H$	II 801	114.06	—	179	—	Kryst. + 2 H_2O (wss. Ä.); sll. in W., A., Ä.
11	Acetylentetrachlorid s. α.α.β.β-Tetrachloräthan							
12	Acetylglycin	$CH_3 \cdot CO \cdot NH \cdot CH_2 \cdot CO_2H$	IV 354	117.10	—	206	—	Nadeln (W.); 2.7 W. 15°, l. in A., unl. in Ä.; + $FeCl_3$ rote Färb.
13	Acetylharnstoff	$CH_3 \cdot CO \cdot NH \cdot CO \cdot NH_2$	III 61	102.09	—	218—9	—	Nadeln (A.); 1.3 W. 15°, 1 k. A., 10 sd. A.; Erhitzen → Acetamid + Cyanursäure.
14	Acetyljodid	$CH_3 \cdot COJ$	II 174	169.96	1.98^{17}	—	108	Erstickend riech. Fl.; raucht an d. Luft; dch. W. zers.

31212 (Fortsetzung).

Nr.	Name	Formel	BZ	MG	D	F	Kp	Charakteristik
1	Acetyl-α-naphthylamin	$C_{10}H_7 \cdot NH \cdot CO \cdot CH_3$	XII 1230	185.21	—	159	—	Kryst. (A.); l. in h. W., 4.02 A. 25°, wl. in Ä.
2	Acetyl-β-naphthylamin	$C_{10}H_7 \cdot NH \cdot CO \cdot CH_3$	XII 1284	185.21	—	134	—	Blätt. (W. od. A.); wl. in k. W., k. A.
3	Acetylperoxyd	$[CH_3 \cdot CO \cdot O—]_2$	II 170	118.09	—	30	63/21	Kryst.; wl. in W.; Zers. beim Erhitzen.
4	β-Acetyl-phenylhydrazin	$C_6H_5 \cdot NH \cdot NH \cdot CO \cdot CH_3$	XV 241	150.17	—	129	—	Prismen; wl. in k. W., ll. in h. W., A., wl. in Ä.
5	N-Acetyl-piperidin	$CH_3 \cdot CO \cdot NC_5H_{10}$	XX 45	127.18	1.011^{9}	—	226	Fl.; ∞ W.; Chloroplatinat F: 107—9°, ll. in W.
6	Acetylsalicylsäure (Aspirin)	$CH_3 \cdot CO \cdot O \cdot C_6H_4 \cdot CO_2H$	X 67	180.15	—	136—7	—	Nadeln (W.); 0.25 W. 15°, 5 Ä. 18°, swl. in Bzl.; wirkt schmerzstillend u. antineuralg.
7	2-Acetyl-thiophen	HC——CH ‖ ‖ $HC \cdot S \cdot C \cdot CO \cdot CH_3$	XVII 287	126.17	1.167^{24}	9	213.5	Fl.; l. in Ä., CS_2; Phenylhydrazon F: 96°.
8	Aconitsäure	$HO_2C \cdot CH_2 \cdot C(CO_2H):CH \cdot CO_2H$	II 849	174.11	—	194—5	—	Kryst. (W.); 33 W. 15°, 50 88%ig. A. 12°, wl. in Ä.
9	Aconsäure	H_2C——$C \cdot CO_2H$ | ‖ $OC \cdot O \cdot CH$	XVIII 395	128.08	—	164	—	Blätter (Ä.); 18 W. 15°, l. in A., Ä.
10	Acridin	$C_6H_4<$ CH / N $>C_6H_4$	XX 459	179.21	—	110	345—6	Kryst. (verd. A.); subl. bei etwa 100°: wl. in sd. W., ll. in A., Ä., CS_2; reizt Schleimhäute u. Epidermis.
11	Acridon	$C_6H_4<$ CO / NH $>C_6H_4$	XXI 335	195.21	—	354	—	Gelbe Nadeln; unl. in W., ll. in h. A., swl. in Ä., Bzl., ll. in Eg.; l. in alkoh. KOH.
12	Acrolein	$CH_2:CH \cdot CHO$	I 725	56.06	0.8389^{20}	—88	52—3	Fl.; 26,7 W. 20°, l. in A., Ä.; unbeständig; giftig; greift die Schleimhäute an.

1	Acrylsäure	$CH_2{:}CH \cdot CO_2H$	II 397	72.06	1.062^{16}	+ 13	140—1	Stechend riech. Fl.; ∞ W; polym. bei Dest.
2	—— äthylester	$CH_2{:}CH \cdot CO_2 \cdot C_2H_5$	II 399	100.11	0.924^{18}	—	98.5	Fl.; wl. in W.; polym. bei Dest.
3	Adalin	$H_2N \cdot CO \cdot NH \cdot CO \cdot CBr(C_2H_5)_2$	E III 29	237.10	—	117—8	—	Kryst. (verd. A.); 0.05 k. W., ll. in A., zwl. in PÄ.; Verwend. als Schlafmittel.
4	Adenin (6-Amino-purin)	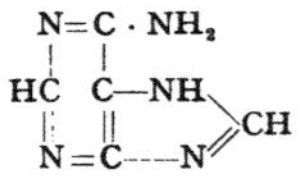	XXVI 420	135.13	—	360—5	subl.	Kryst. + 3 H_2O (W.); 0.09 k. W., wl. in A., unl. in Ä; l. in Alkali u. Säuren; V. in Tee, Zuckerrüben, Hefe, tier. Organen.
5	Adipinsäure	$HO_2C \cdot [CH_2]_4 \cdot CO_2H$	II 649	146.14	—	151	265/100	Kryst. (Essigester); 1.44 W. 15°, ll. in A., 0.63 Ä. 19°.
6	Adrenalin (Suprarenin)	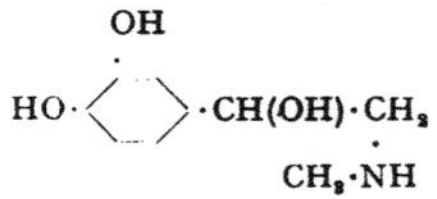	XIII 830	183.20	—	Z. 216	—	Kryst.; 0.009 W. 20°, swl. in A., unl. in Ä.; ll. in Alkali u. Säuren; linksdrehend; starkes Gift; V. in Nebennieren; bewirkt Blutdrucksteigerung, Pupillenerweiterung u. Glykosurie.
7	(l-)Äpfelsäure	$HO_2C \cdot CH_2 \cdot CH(OH) \cdot CO_2H$	III 419	134.09	1.595^{20}	100	Z.	Zerfließl. Nadeln; sll. in W., A., 8.4 Ä. 15°; V. in vielen Pflanzen.
8	—— Ca-Salz	$CaC_4H_4O_5$	III 426	172.15	—	—	—	Kryst. + 3 bzw. 1 H_2O; 0.839 W. 15°, swl. in A.
9	dl-Äpfelsäure	$HO_2C \cdot CH_2 \cdot CH(OH) \cdot CO_2H$	III 435	134.09	1.601^{20}	130—1	Z.	Kryst.; 144.8 W. 26°, 411.5 W. 79°.
10	l-Äpfelsäure-diäthylester	$CH(OH) \cdot CO_2 \cdot C_2H_5$ / $CH_2 \cdot CO_2 \cdot C_2H_5$	III 430	190.19	1.128^{20}	—	253	Fl.; l. in W., A.
11	Äthan	$CH_3 \cdot CH_3$	I 80	30.07	1.3562 g/L	—172	—88.5	Gas; 4.7 cm^3 W. 20°, 150 cm^3 A.; geruchlos; brennt mit schwach leuchtend. Flamme; V. in vielen Erdgasen.
12	Äthan-disulfonsäure-(1.2)	$HO_3S \cdot CH_2 \cdot CH_2 \cdot SO_3H$	IV 14	190.19	—	104	—	Zerfließl. Kryst. + 1 H_2O; Nadeln (Eg.); ll. in A.

31212 (Fortsetzung).

Nr.	Name	Formel	BZ	MG	D	F	Kp	Charakteristik
1	Äthansulfinsäure	$C_2H_5 \cdot SO_2H$	IV 1	94.13	—	—	—	Sirup; $Ba(C_2H_5O_2S)_2$ ll. in W., wl. in A.
2	Äthansulfochlorid	$C_2H_5 \cdot SO_2Cl$	IV 6	128.58	1.357^{23}	—	177.5	Fl.; dch. W. zers.
3	Äthansulfonsäure	$C_2H_5 \cdot SO_3H$	IV 5	110.13	—	—	—	Zerfließl. Kryst.; Amid F: 60°.
4	Äthoxyessigsäure	$C_2H_5 \cdot O \cdot CH_2 \cdot CO_2H$	III 233	104.10	1.102^{20}	—	206 (Z.)	Fl.
5	4-Äthoxy-phenylharnstoff (Dulcin)	$H_2N \cdot CO \cdot NH \cdot C_6H_4 \cdot O \cdot C_2H_5$	XIII 480	180.20	—	173—4	—	Blätt. (verd. A.); 0.125 W. 15°, 2 sd. W., 4 k. 90%ig. A., l. in Ä.; schmeckt sehr süß; Verwend. als Süßstoff.
6	Äthylacetat s. Essigsäure-äthylester							
7	Äthylacetylen	$C_2H_5 \cdot C \vdots CH$	I 248	54.09	0.668^{0}	—130	18	Fl.
8	Äthylalkohol	$C_2H_5 \cdot OH$	I 292	46.07	0.7892^{20}	—114.15	78.3	Fl.; ∞ W., Ä., Chlf.; brennt mit blaßblauer nicht leucht. Flamme; B. dch. alkoh. Gärung von Zuckerarten; Verwend. für Trinkzwecke, als Brennstoff, Lösungsm.
9	Äthylamin	$C_2H_5 \cdot NH_2$	IV 87	45.08	0.6892^{15}_{15}	—80.6	16.6	Stark ammoniakal. riech. Fl.; ∞ W., A., Ä.; schmeckt brennend; brennbar; verdrängt NH_3 aus dessen Salzen.
10	— hydrobromid	$C_2H_7N + HBr$	IV 91	126.01	—	159.5	—	Kryst.; ll. in W., A., 0.11 Chlf. 14°.
11	— hydrochlorid	$C_2H_7N + HCl$	IV 91	81.55	—	109	Z. 270	Zerfließl. Tafeln (A. + Ä.); 279.9 W. 25°, ll. in A., unl. in Ä., 0.17 Chlf. 25°.
12	Äthylanilin	$C_6H_5 \cdot NH \cdot C_2H_5$	XII 159	121.17	0.963^{20}	—63.5	206	$C_8H_{11}N + HCl$ F: 176°.
13	9-Äthyl-anthracen	$C_6H_4\left\{\begin{matrix}C(C_2H_5)\\CH\end{matrix}\right\}C_6H_4$	V 678	206.27	—	60—61	—	Blätter (A.); Pikrat F: 120°.
14	Äthylarsin	$C_2H_5 \cdot AsH_2$	IV 601	105.98	1.217^{22}	—	36	Fl.; 0.013 W. 19°, l. in A., Ä.; riecht widerlich; giftig.

1	2-Äthyl-benzoesäure	$C_2H_5\cdot C_6H_4\cdot CO_2H$	IX 526	150.17	—	68	259	Nadeln (W.); swl. in k. W., ll. in A., Ä.
2	Äthylbenzol	$C_2H_5\cdot C_6H_5$	V 351	106.16	0.8669^{20}	— 93.9	136.15	Fl.; swl. in W., ∞ A., Ä.
3	Äthylbenzyläther	$C_2H_5\cdot O\cdot CH_2\cdot C_6H_5$	VI 431	136.18	0.949^{20}	—	185	Öl; unl. in W., l. in A.; flücht. mit Dampf.
4	Äthylbordihydroxyd	$C_2H_5\cdot B(OH)_2$	IV 642	73.89	—	subl. 40	—	Kryst. (Ä.); ll. in W., A., Ä.; sehr flücht.
5	Äthylbromid	C_2H_5Br	I 88	108.98	1.4586^{20}	— 119	38.4	Fl.; 0.91 W. 20°, ∞ A., Ä.; riecht äther.; wirkt anästhesierend; Verwend. als Narkotikum.
6	Äthylchlorid	C_2H_5Cl	I 82	64.52	0.9171_6^6	— 138.7	13.1	Fl.; swl. in W., ∞ A., Ä.; riecht äther., schmeckt brennend süß; Verwend. als Lokalanästhetikum.
7	α-Äthyl-crotonsäure	$CH_3\cdot CH:C(C_2H_5)\cdot CO_2H$	II 440	114.14	—	45	209	Prismen; wl. in W., ll. in A., Ä.
8	Äthylen	$CH_2:CH_2$	I 180	28.05	1.2604 g/L	— 169.5	— 103.9	Gas; 22.6 cm³ W. 0°, 360 cm³ A., l. in Ä.; riecht erstickend, ätherart.; brennt mit leucht. Flamme.
9	Äthylenbromid	$CH_2Br\cdot CH_2Br$	I 90	187.88	2.1804^{20}	10.01	131.6	Fl.; 0.431 W. 30°, ∞ A., Ä.
10	Äthylenchlorid	$CH_2Cl\cdot CH_2Cl$	I 84	98.97	1.2576^{17}	— 35.3	83.7	Fl.; 0.865 W. 25°, l. in A., Ä.
11	Äthylencyanhydrin s. Hydracrylsäurenitril							
12	Äthylendiamin	$H_2N\cdot CH_2\cdot CH_2\cdot NH_2$	IV 230	60.10	0.902^{15}	8.5	116.5	Fl.; $C_2H_8N_2 + H_2O$ F: 10°, Kp: 118°, D^{15}: 0.970; ll. in W., l. in A., 0.3 Ä.
13	Äthylenjodid	$CH_2J\cdot CH_2J$	I 99	281.89	2.132^{10}	81—2	—	Tafeln (Ä.); wl. in W., l. in A.; zers. sich spontan.
14	Äthylenoxyd	H_2C——CH_2 (über O verbunden)	XVII 4	44.05	0.8896^6	— 111.3	10.7	Gas; ∞ W., A., Ä.; bei 400° → Acetaldehyd.
15	Äthylfluorid	C_2H_5F	I 82	48.06	2.19 g/L	—	— 32	Gas; 198 cm³ W. 14°; riecht äther.
16	Äthylglykolsäure s. Äthoxyessigsäure							
17	Äthylharnstoff	$C_2H_5\cdot NH\cdot CO\cdot NH_2$	IV 115	88.11	1.213^{18}	92	Z.	Nadeln (A. + Ä.); sll. in W., A., unl. in Ä.

31212 (Fortsetzung).

Nr.	Name	Formel	BZ	MG	D	F	Kp	Charakteristik
1	Äthylhydrazin	$C_2H_5 \cdot NH \cdot NH_2$	IV 550	60.10	—	—	99.5/709	Fl.; ll. in W., A., Ä.; raucht an d. Luft; hygroskop; zerstört Kork u. Kautschuk.
2	α-Äthyl-hydroxylamin	$C_2H_5 \cdot O \cdot NH_2$	I 336	61.08	$0.883^{7,5}$	—	68	Fl.; ∞ W., A., Ä.; reagiert alkal.; riecht stark.
3	β-Äthyl-hydroxylamin	$C_2H_5 \cdot NH \cdot OH$	IV 535	61.08	0.9079^{20}	59—60	—	Nadeln (Lg.); ll. in W., A., wl. in Ä.
4	Äthylidenbromid	$CH_3 \cdot CHBr_2$	I 90	187.88	2.0891^{20}	—	108—10	Fl.; unl. in W., ll. in A., Ä.
5	Äthylidenchlorid	$CH_3 \cdot CHCl_2$	I 83	98.97	1.174^{20}	—96.7	57.3	Fl.; 0.55 W. 20°, ll. in A., Ä.
6	Äthylidenjodid	$CH_3 \cdot CHJ_2$	I 99	281.89	2.84^{0}	—	177—9	Fl.; unl. in W.
7	Äthylisocyanat	$C_2H_5 \cdot N:CO$	IV 122	71.08	0.898	—	60	Fl.; + W. → CO_2 + N . N′-Diäthylharnstoff; riecht stechend; tränen- u. hustenerregend.
8	Äthylisocyanid	$C_2H_5 \cdot N:C$	IV 107	55.08	0.7442^{25}	< —66	78.1	Fl.; wl. in W., l. in A., Ä.; Dampf verursacht unangenehmen Geschmack.
9	Äthyljodid	C_2H_5J	I 96	155.98	1.9330^{20}	—110.9	72.3	Fl.; 0.40 W. 20°, l. in A., Ä.
10	Äthylmalonsäure	$C_2H_5 \cdot CH(CO_2H)_2$	II 643	132.11	—	111.5	Z.* 160	Prismen + 1 H_2O (W.); ll. in W., A., Ä.; * → Buttersäure.
11	Äthylmercaptan	$C_2H_5 \cdot SH$	I 340	62.13	0.8454^{26}	—144	33.4/724	Fl.; wl. in W., l. in A., Ä.; l. in Alkali; riecht durchdringend lauchartig; Verwend. zur Herst. von Schlafmitteln (Sulfonal, Trional).
12	1-Äthyl-naphthalin	$C_{10}H_7 \cdot C_2H_5$	V 569	156.21	1.018^{10}	< —14	257—9 (Z.)	Fl.; unl. in W.
13	2-Äthyl-naphthalin	$C_{10}H_7 \cdot C_2H_5$	V 569	156.21	1.008^{0}	—19	251	Fl.; unl. in W.
14	Äthyl-α-naphthylamin	$C_{10}H_7 \cdot NH \cdot C_2H_5$	XII 1222	171.23	1.065^{15}	—	303/722	Öl; l. in A., Ä.; Hydrochlorid F: 193°.
15	Äthyl-β-naphthylamin	$C_{10}H_7 \cdot NH \cdot C_2H_5$	XII 1274	171.23	—	< —15	315—6	Fl.; $C_{12}H_{13}N$ + HCl F: 238°.
16	Äthylnitrat	$C_2H_5 \cdot O \cdot NO_2$	I 329	91.07	1.105^{22}	—102	87.7	Fl.; 3.09 W. 55°, l. in A., Ä.

1	Äthylnitrit	$C_2H_5 \cdot O \cdot NO$	I 329	75.07	0.900^{16}	—	17	Fl.; riecht obstartig.
2	Äthylnitrolsäure	$CH_3 \cdot C(:N \cdot OH) \cdot NO_2$	II 189	104.07	—	87 (Z.)	—	Kryst. (W. od. Ä.); ll. in W., A., Ä.; rote explosive Salze.
3	2-Äthyl-phenol	$C_2H_5 \cdot C_6H_4 \cdot OH$	VI 470	122.16	1.037^{0}	< —18	207.5	Fl.; swl. in W., ll. in A., Eg.
4	4-Äthyl-phenol	$C_2H_5 \cdot C_6H_4 \cdot OH$	VI 472	122.16	—	46	219	Nadeln; l. in W., ll. in A., Ä.
5	α-Äthyl-phenylhydrazin	$C_6H_5 \cdot N(C_2H_5) \cdot NH_2$	XV 119	136.19	1.018^{15}	—	237	Öl; $C_8H_{12}N_2 +$ HCl Blätt. F: 137°.
6	β-Äthyl-phenylhydrazin	$C_6H_5 \cdot NH \cdot NH \cdot C_2H_5$	XV 120	136.19	1.004^{15}_{15}	240	—	Öl; wl. in W., ll. in A., Ä.; $C_8H_{12}N_2 +$ HCl F: 164°.
7	Äthylphosphin	$C_2H_5 \cdot PH_2$	IV 581	62.09	—	—	25	Fl.; riecht furchtbar; bleicht Kork.
8	Äthylpropargyläther	$C_2H_5 \cdot O \cdot CH_2 \cdot C \vdots CH$	I 454	84.11	0.8326^{20}	—	80	Fl.; wl. in W., ∞ A., l. in Ä.; riecht penetrant.
9	Äthylpropyläther	$C_2H_5 \cdot O \cdot CH_2 \cdot C_2H_5$	I 354	88.14	0.7330^{20}	—	63.6	Fl.; 2.07 W., ∞ A., Ä.
10	Äthylpropylcarbinol	$C_2H_5 \cdot CH(OH) \cdot CH_2 \cdot C_2H_5$	I 408	102.17	0.8183^{20}	—	135	Fl.; swl. in W., l. in A., Ä.
11	Äthylpropylketon	$C_2H_5 \cdot CO \cdot CH_2 \cdot C_2H_5$	I 690	100.15	0.8130^{22}	—	123	Fl.; swl. in W., ∞ A., Ä.; Semicarbazon F: 112°.
12	2-Äthyl-pyridin	$NC_5H_4 \cdot C_2H_5$	XX 241	107.15	0.937^{17}	—	148.7/752	Fl.; wl. in W.
13	3-Äthyl-pyridin	$NC_5H_4 \cdot C_2H_5$	XX 242	107.15	0.9585^{0}	—	165	Öl; swl. in W., ll. in A., Ä.; flücht. mit Dampf.
14	4-Äthyl-pyridin	$NC_5H_4 \cdot C_2H_5$	XX 243	107.15	0.9471^{20}	—	164—5	Fl.; wl. in W., ll. in A., Ä.; riecht widerlich.
15	Äthylrhodanid	$C_2H_5 \cdot S \cdot CN$	III 175	87.14	0.9964^{25}	—85.5	144.4	Fl.; unl. in W., ∞ A., Ä.; riecht lauchart.
16	Äthylschwefelsäure	$C_2H_5 \cdot O \cdot SO_3H$	I 325	126.13	—	—	Z.	Öl; dch. W. allmählich zers. in A. u. H_2SO_4; l. in A., 1.27 Ä. 30°; Salze ll. in W.
17	Äthylsenföl	$C_2H_5 \cdot N:CS$	IV 123	87.14	1.0194^{0}	—5,9	131—2	Fl.; unl. in W., l. in A., Ä.; riecht; stechend.
18	2-Äthyl-toluol	$CH_3 \cdot C_6H_4 \cdot C_2H_5$	V 396	120.18	0.884^{16}	—	164	Fl.; unl. in W., l. in A., Ä.
19	3-Äthyl-toluol	$CH_3 \cdot C_6H_4 \cdot C_2H_5$	V 396	120.18	0.869^{20}	—	158—9	Fl.; unl. in W., l. in A., Ä.
20	4-Äthyl-toluol	$CH_3 \cdot C_6H_4 \cdot C_2H_5$	V 397	120.18	0.869^{14}	< —20	161—2	Öl; unl. in W., l. in A., Ä.
21	d-Alanin	$CH_3 \cdot CH(NH_2) \cdot CO_2H$	IV 381	89.09	—	297 (Z.)	—	Kryst. (W.); 20.5 W. 45°; B. dch. Hydrolyse pflanzl. Proteine.

31212 (Fortsetzung).

Nr.	Name	Formel	BZ	MG	D	F	Kp	Charakteristik
1	dl-Alanin	$CH_3 \cdot CH(NH_2) \cdot CO_2H$	IV 387	89.09	—	295	—	Kryst. (W.); subl. bei etwa 200°; 22 W. 17°, unl. in Ä.
2	β-Alanin	$H_2N \cdot CH_2 \cdot CH_2 \cdot CO_2H$	IV 401	89.09	—	200 (Z.)	—	Kryst. (W.); ll. in W., swl. in A., unl. in Ä.
3	Aldehydammoniak	$[C_2H_7ON]_3$	XXVI 7	183.25	—	97	—	Kryst.; ∞ W., l. in A., wl. in Ä.
4	Aldol	$CH_3 \cdot CH(OH) \cdot CH_2 \cdot CHO$	I 824	88.10	1.109^{16}	—	83/20	Dicke Fl.; ∞ W., A., l. in Ä.
5	Alizarinblau	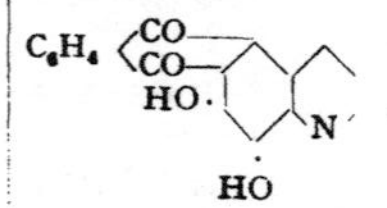	XXI 632	291.25	—	270	subl.	Braunviolette Nadeln (Bzl.); unl. in W., swl. in A., Ä., l. in Eg.; l. in NH_4OH blau, in H_2SO_4 rot; Verwend. als Farbst. im Zeugdruck.
6	Allantoin	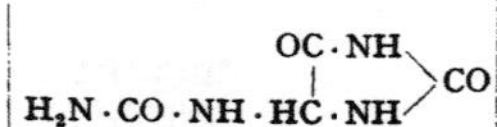	XXV 474	158.12	—	238 (Z.)	—	Kryst. (W.); 0.53 W. 25°, 10 sd. W., unl. in A., Ä.; l. in Alkali; V. im Harn u. Blut v. Säugetieren.
7	Allophansäureäthylester	$H_2N \cdot CO \cdot NH \cdot CO_2 \cdot C_2H_5$	III 69	132.12	—	193—4	Z.*	Nadeln (W.); swl. in k. W., zll. in sd. W., 0.6 A. 21°, 0.1 Ä. 20°; * → A. u. Cyanursäure.
8	Alloxan	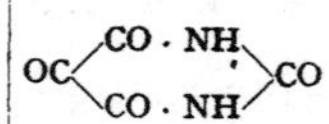	XXIV 500	142.07	—	256 (Z.)	subl.	Gelbe Kryst. (Eg. od. Aceton); ll. in W., l. in A., unl. in Ä., wl. in Chlf.; B. aus Harnsäure dch. Oxydat.; giftig; färbt die Haut rot; + Fe-Salze in schwach alkal. Lsg. blaue Färb.
9	Alloxansäure	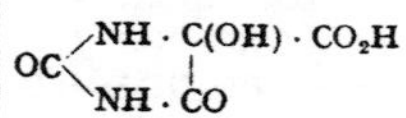	III 772	160.09	—	Z. 162—3	—	Prismen (Ä.); ll. in W., etwa 20 A., 0.4 sd. Ä.; dch. sd. W. zers.
10	Alloxantin	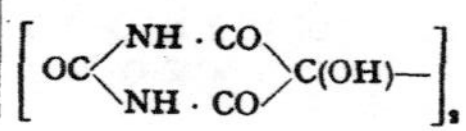	XXVI 556	286.16	—	—	—	Tafeln + 2 H_2O; swl. in k. W.

1	Allylalkohol	$CH_2{:}CH \cdot CH_2 \cdot OH$	I 436	58.08	0.8703^{0}	—129	97.1	Fl. von heftig reizend. Geruch; ∞ W.; giftig; Phenylurethan F: 70°.
2	Allylamin	$CH_2{:}CH \cdot CH_2 \cdot NH_2$	IV 205	57.09	0.7436^{20}_{20}	—	53.2	Fl.; ∞ W.; durchdringend ammoniakal. Geruch, brennend. Geschmack; reizt zu Tränen u. zum Niesen.
3	4-Allyl-anisol	$CH_2{:}CH \cdot CH_2 \cdot C_6H_4 \cdot O \cdot CH_3$	VI 571	148.19	0.965^{21}	—	215	Fl.; unl. in W., l. in A.; + sd. alkoh. KOH → 4-Propenyl-anisol; V. in äther. Ölen.
4	Allylbenzol	$CH_2{:}CH \cdot CH_2 \cdot C_6H_5$	V 484	118.17	0.901^{15}	—	156—7	Fl.; unl. in W., l. in A., Ä.
5	Allylbromid	$CH_2{:}CH \cdot CH_2Br$	I 201	120.99	1.398^{20}	—119.4	70.0	Fl.
6	Allylchlorid	$CH_2{:}CH \cdot CH_2Cl$	I 198	76.53	0.938^{20}	—136.4	44.6	Fl.
7	Allylcyanid	$CH_2{:}CH \cdot CH_2 \cdot CN$	II 408	67.09	0.837^{20}	—	119	Lauchartig riech. Fl.; + Alkali → Crotonsäurenitril.
8	Allylessigsäure	$CH_2{:}CH \cdot CH_2 \cdot CH_2 \cdot CO_2H$	II 425	100.11	0.9843^{18}	< —18	188	Fl.; wl. in W., ll. in A., Ä.; Amid F: 94°.
9	Allyljodid	$CH_2{:}CH \cdot CH_2J$	I 202	167.99	1.848^{12}_{12}	—97.2	102	Fl.; l. in A.
10	4-Allyl-phenol	$CH_2{:}CH \cdot CH_2 \cdot C_6H_4 \cdot OH$	VI 571	134.17	1.033^{18}	< —25	237	Fl.; unl. in W., ∞ A., Ä.; + $FeCl_3$ blaue Färb.; V. in Betelölen.
11	Allylsenföl	$CH_2{:}CH \cdot CH_2 \cdot N{:}CS$	IV 214	99.15	1.0057^{24}	—100	150,7	Öl; 0.2 W., ∞ A., Ä.; riecht stechend, reizt zu Tränen, wirkt blasenziehend; giftig; Verwend. der alkoh. Lsg. als „Senfspiritus"; V. in Senfölen.
12	Allylthioharnstoff	$CH_2{:}CH \cdot CH_2 \cdot NH \cdot CS \cdot NH_2$	IV 211	116.18	1.110^{78}	78.4	—	Kryst.; 3 W. 0°, ll. in h. W., l. in A., wl. in Ä.; Verwend. in der Photographie.
13	Aluminiumäthylat	$(C_2H_5 \cdot O)_3Al$	I 313	162.15	1.1423^{20}_{0}	134	320	dch. W. zers.; swl. in A., wl. in Ä., l. in Bzl.
14	Aluminiumtriäthyl	$(C_2H_5)_3Al$	IV 643	114.15	—	—	194	Fl.; dch. W. zers.; entzündet sich an der Luft.
15	Aluminiumtrimethyl	$(CH_3)_3Al$	IV 643	72.07	—	0	130	Fl.; entzündet sich an d. Luft.

31212 (Fortsetzung).

Nr.	Name	Formel	BZ	MG	D	F	Kp	Charakteristik
1	Aluminiumtriphenyl	$(C_6H_5)_3Al$	E XVI 548	258.27	—	196—200	—	Kryst.; dch. W. zers.; l. in Bzl.; wenig beständig.
2	Amarin	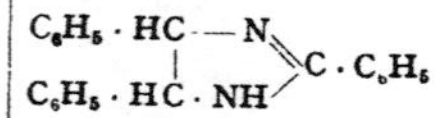	XXIII304	298.37	—	133	—	Prismen; swl. in W., ll. in A., Ä.
3	Amaron	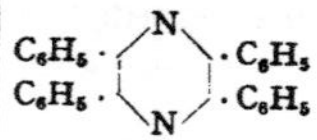	XXIII 343	384.45	—	247	—	Nadeln (A.); unl. in W., wl. in A., Ä., ll. in Bzl., Chlf.; l. in H_2SO_4 rot.
4	Ameisensäure	HCO_2H	II 8	46.03	1.2259^{18}	8,4	100.5	Fl.; ∞ W., l. in A., Ä.; Reduktionsm.; riecht stechend; ätzt die Haut; Verwend. in d. Färberei, Drukkerei u. als Konservierungsm.
5	— K-Salz	$KCHO_2$	II 14	84.11	1.908	157	—	Säulen; 331 W. 18°, 657 W. 90°, l. in A., unl. in Ä.
6	— Na-Salz	$NaCHO_2$	II 14	68.02	1.919	255	—	Kryst.; 70.6 W. 15°, 160 W. 100°, wl. in A., unl. in Ä.
7	— Pb-Salz	$Pb(CHO_2)_2$	II 17	297.25	4.57	Z. 190	—	Säulen od. Nadeln; 1.6 W. 16°, 18.2 sd. W., unl. in A.
8	Ameisensäureäthylester	$HCO_2 \cdot C_2H_5$	II 19	74.08	0.9229^{10}	—80.5	54.1	Fl.; 11 W. 18°, l. in A.
9	Ameisensäureisoamylester	$HCO_2 \cdot C_5H_{11}$	II 22	116.15	0.8750^{20}	—	123.5	Fl.; 3.08 W. 22°, l. in A., Ä.
10	Ameisensäureisobutylester	$HCO_2 \cdot CH_2 \cdot CH(CH_3)_2$	II 18	102.13	0.8832^{20}	—95.8	97.7	Fl.; 1.01 W. 22°, l. in A., Ä.
11	Ameisensäuremethylester	$HCO_2 \cdot CH_3$	II 18	60.05	1.0032^{0}	—99.8	31.8	Fl.
12	Ameisensäurepropylester	$HCO_2 \cdot CH_2 \cdot C_2H_5$	II 21	88.10	0.9058^{20}	—92.9	81.2	Fl.; 2.18 W. 22°.
13	4-Amino-acetanilid	$H_2N \cdot C_6H_4 \cdot NH \cdot CO \cdot CH_3$	XIII 94	150.17	—	162	—	Nadeln (W.); 6,95 W. 57°, ll. in A., Ä.; Verwend. zur Herst. v. Azofarbst.
14	2-Amino-acetophenon	$H_2N \cdot C_6H_4 \cdot CO \cdot CH_3$	XIV 41	135.16	—	—	250.2	Gelbl. Öl; l. in A., Ä.; flüchtig mit Dampf; riecht in verd. Zustand jasminartig.

1	3-Amino-acetophenon	$H_2N \cdot C_6H_4 \cdot CO \cdot CH_3$	XIV 45	135.16	—	96	289—90	Blättchen (verd. A.).
2	4-Amino-acetophenon	$H_2N \cdot C_6H_4 \cdot CO \cdot CH_3$	XIV 46	135.16	—	106	293—5	Kryst. (verd. A.); ll. in sd. W., A., Ä.; nicht flücht. mit Dampf.
3	ω-Amino-acetophenon	$C_6H_5 \cdot CO \cdot CH_2 \cdot NH_2$	XIV 49	135.16	—	—	—	$C_8H_9ON + HCl$ Nadeln u. Blätt. (A.) F: 188.5°.
4	β-Amino-äthylalkohol	$H_2N \cdot CH_2 \cdot CH_2 \cdot OH$	IV 274	61.08	1.022^{20}	—	171	Öl; ∞ W., A., 1 Ä.; flücht. mit Ä.-Dampf; zieht H_2O u. CO_2 an; wirkt ätzend.
5	1-Amino-anthracen	$C_6H_4 \left\{ {CH \atop CH} \right\} C_6H_3 \cdot NH_2$	XII 1335	193.23	—	127	—	Gelbe Nadeln (A.); l. in A. gelbbraun, grün fluoresc., l. in Ä.; Acetylderiv. F: 212°.
6	2-Amino-anthracen	$C_6H_4 \left\{ {CH \atop CH} \right\} C_6H_3 \cdot NH_2$	XII 1335	193.23	—	236—7	subl.	Gelbe Blätter (A.); swl. in W., wl. in A., Ä.; Acetylderiv. F: 240°.
7	9-Amino-anthracen	$C_6H_4 \left\{ {C(NH_2) \atop CH} \right\} C_6H_4$	VII 474	193.23	—	145—50	—	Gelbe Blättchen (verd. A.); ll. in A., Ä., Bzl.
8	1-Amino-anthrachinon	$C_6H_4 \langle {CO \atop CO} \rangle C_6H_3 \cdot NH_2$	XIV 177	223.22	—	245	subl.	Rote Nadeln; unl. in W., l. in A., Ä., Bzl.; Verwend. zur Herst. v. Farbst.; Acetylderiv. F: 215°.
9	2-Amino-anthrachinon	$C_6H_4 \langle {CO \atop CO} \rangle C_6H_3 \cdot NH_2$	XIV 191	223.22	—	302	subl.	Rote Nadeln (A.); unl. in W., l. in A., Bzl.; Verwend. zur Herst. v. Farbst.; Acetylderiv. F: 257°.
10	4-Amino-azobenzol	$C_6H_5 \cdot N{:}N \cdot C_6H_4 \cdot NH_2$	XVI 307	197.23	—	126	> 360	Gelbe Nadeln (A.); swl. in h. W., l. in h. A., Ä.; Verwend. zur Herst. von Azofarbst.
11	2-Amino-benzaldehyd	$H_2N \cdot C_6H_4 \cdot CHO$	XIV 21	121.13	—	39—40	Z.	Blätt.; wl. in W., sll. in A., Ä., Bzl.; flücht mit Dampf; Oxim F: 136°.
12	4-Amino-benzaldehyd	$H_2N \cdot C_6H_4 \cdot CHO$	XIV 29	121.13	—	70—1	—	Blätt. (W.); wl. in W., l. in A., Ä.; Oxim F: 124°.
13	2-Amino-benzoesäure s. Anthranilsäure							

31212 (Fortsetzung).

Nr.	Name	Formel	BZ	MG	D	F	Kp	Charakteristik
1	3-Amino-benzoesäure	$H_2N \cdot C_6H_4 \cdot CO_2H$	XIV 383	137.13	1.511	174	subl.	Nadeln (W.); 0.59 W. 15°, 2.2 A. 10°, 1.81 Ä. 7°, unl. in Bzl; Verwend. zur Herst. v. Azofarbst.; Acetylderiv. s. S. *8*, 13.
2	4-Amino-benzoesäure	$H_2N \cdot C_6H_4 \cdot CO_2H$	XIV 418	137.13	—	186—7	—	Kryst.: 0.34 W. 13°, 11.3 A. 10°, 8.2 Ä, 6°, 0.06 Bzl. 11°; Verwend. zur Herst. v. Azofarbst.; Acetylderiv. s. S. *9*, 1.
3	—— äthylester	$H_2N \cdot C_6H_4 \cdot CO_2 \cdot C_2H_5$	XIV 422	165.18	—	92	etwa 310	Kryst. (A. od. Ä.); wl. in W., ll. in A., Ä.; Verwend. als Lokalanästhetikum „Anästhesin".
4	2-Amino-benzophenon	$C_6H_5 \cdot CO \cdot C_6H_4 \cdot NH_2$	XIV 76	197.22	—	105—6	—	Hellgelbe Blättchen (A.); l. in A.; Hydrochlorid F: 179—80° (Z.); Benzoylderiv. F: 80.5°.
5	3-Amino-benzophenon	$C_6H_5 \cdot CO \cdot C_6H_4 \cdot NH_2$	XIV 81	197.22	—	87	—	Gelbe Nadeln (W.); wl. in W., l. in A., Ä.; Hydrochlorid F: 187°.
6	4-Amino-benzophenon	$C_6H_5 \cdot CO \cdot C_6H_4 \cdot NH_2$	XIV 81	197.22	—	124	—	Blättchen (verd. A.); wl. in k. W., ll in h. W., sll. in A., Ä., Eg.; Benzoylderiv. F: 152°.
7	2-Amino-benzylalkohol	$H_2N \cdot C_6H_4 \cdot CH_2 \cdot OH$	XIII 615	123.15	—	84	275	Nadeln (Bzl.); l. in W., ll. in A., l. in Ä.; Pikrat F: 110°.
8	4-Amino-benzylalkohol	$H_2N \cdot C_6H_4 \cdot CH_2 \cdot OH$	XIII 620	123.15	—	65	—	Blätt. (Bzl.); sll. in W., l. in A, Ä.
9	dl-α-Amino-buttersäure	$C_2H_5 \cdot CH(NH_2) \cdot CO_2H$	IV 408	103.12	—	307 (Z.)	subl.	Blätt. (verd. A.); etwa 29 k. W., 0.18 sd. A., unl. in Ä.; schmeckt süß.
10	dl-β-Amino-buttersäure	$CH_3 \cdot CH(NH_2) \cdot CH_2 \cdot CO_2H$	IV 412	103.12	—	193—4	—	Kryst.; 100 W., unl. in A., Ä.
11	γ-Amino-buttersäure	$H_2N \cdot CH_2 \cdot [CH_2]_2 \cdot CO_2H$	IV 413	103.12	—	203 (Z.*)	—	Nadeln (verd. A.); ll. in W., unl. in A., Ä.; * → Pyrrolidon-(2) u. W.

1	3-Amino-campher	$C_8H_{14}<\begin{matrix}CO\\ \vert\\ CH\cdot NH_2\end{matrix}$	XIV 10	167.24	—	110	243—5	Wachs; unl. in W., l. in A., Ä.; flücht. mit Dampf; riecht fischart.; Hydrochlorid F: 226—228° (Z.); Phenylhydrazon F: 107°.
2	2-Amino-chinolin	$NC_9H_6\cdot NH_2$	XXII 443	144.17	—	129	subl.	Blätt. (W).; ll. in h. W., A., Ä., Chlf., wl. in Lg.
3	4-Amino-chinolin	$NC_9H_6\cdot NH_2$	XXII 444	144.17	—	154	—	Nadeln + 1 H_2O (W. od. A.) F: 70°, Blätt. (Bzl.); l. in W., ll. A., Ä., Chlf., swl. in Lg.
4	β-Amino-crotonsäure-äthylester	$CH_3\cdot C(NH_2){:}CH\cdot CO_2\cdot C_2H_5$ oder $CH_3\cdot C({:}NH)\cdot CH_2\cdot CO_2\cdot C_2H_5$	III 654	129.15	1.0144^{36}	33	210 (Z.)	Kryst. (PÄ.); unl. in W., ll. in A., Ä., Bzl., Chlf.; 2. Form F: 20°.
5	2-Amino-diphenyl	$C_6H_5\cdot C_6H_4\cdot NH_2$	XII 1317	169.21	—	49	299	Kryst. (verd. A.); unl. in k. W., ll. in A., Ä.; flücht. mit Dampf; Acetylder.v. F: 117.5°, Kp: 355°.
6	3-Amino-diphenyl	$C_6H_5\cdot C_6H_4\cdot NH_2$	XII 1318	169.21	—	30	254/135	Nadeln; ll. in A., Ä.; flücht. mit Dampf; Acetylderiv. F: 148°.
7	4-Amino-diphenyl	$C_6H_5\cdot C_6H_4\cdot NH_2$	XII 1318	169.21	—	53	302	Blätt. (verd. A.); wl. in k. W., ll. in h. W., A., Ä.; flücht. mit Dampf; Acetylderiv. F: 171°.
8	2-Amino-diphenylamin	$H_2N\cdot C_6H_4\cdot NH\cdot C_6H_5$	XIII 16	184.23	—	79—80	—	Nadeln (W.); wl. in k. W., ll. in Chlf., Bzl.
9	4-Amino-diphenylamin	$H_2N\cdot C_6H_4\cdot NH\cdot C_6H_5$	XIII 76	184.23	—	66—7; 75	354 in H_2	Blätt. od. Nadeln (verd. A.); wl. in W., ll. in A., Ä.; + $FeCl_3$ zuerst rote, dann grüne Färb.
10	2-Amino-diphenylmethan	$C_6H_5\cdot CH_2\cdot C_6H_4\cdot NH_2$	XII 1322	183.24	—	52	190/22	Prismen (Ä.); ll. in A., Ä.; flüchtig mit Dampf; Acetylderiv. F: 135°.
11	4-Amino-diphenylmethan	$C_6H_5\cdot CH_2\cdot C_6H_4\cdot NH_2$	XII 1323	183.24	—	34—5	198/15	Kryst. (Lg.); ll. in A., Ä.; Acetylderiv. F: 128—129°.
12	α-Amino-diphenylmethan s. Benzhydrylamin							

31212 (Fortsetzung).

Nr.	Name	Formel	BZ	MG	D	F	Kp	Charakteristik
1	Aminoessigsäure s. Glycin							
2	Aminoguanidin	$H_2N \cdot NH \cdot C(:NH) \cdot NH_2$	III 117	74.09	—	—	—	Kryst.; l. in W., A., unl. in Ä.; CH_6N_4 + HCl F: 163°, ll. in W.
3	α-Amino-isovaleriansäure s. Valin							
4	β-Amino-isovaleriansäure	$(CH_3)_2C(NH_2) \cdot CH_2 \cdot CO_2H$	IV 426	117.14	—	217	subl.	Nadeln (A. + Ä.); ll. in W., wl. in A., unl. in Ä.
5	2-Amino-p-kresol (OH=1)	$CH_3 \cdot C_6H_3(OH) \cdot NH_2$	XIII 601	123.15	—	135	subl.	Blätt. (Bzl. od. Ä.); swl. in k. W., ll. in A., Ä., Chlf.
6	3-Amino-o-kresol (OH=1)	$CH_3 \cdot C_6H_3(OH) \cdot NH_2$	XIII 579	123.15	—	129	—	Nadeln; wl. in k. W., Ä.
7	3-Amino-p-kresol (OH=1)	$CH_3 \cdot C_6H_3(OH) \cdot NH_2$	XIII 598	123.15	—	157	subl.	Kryst. (W. od. Ä.); wl. in k. W.
8	4-Amino-o-kresol (OH=1)	$CH_3 \cdot C_6H_3(OH) \cdot NH_2$	XIII 576	123.15	—	174—5	subl.	Blätt. (Bzl.); wl. in W., ll. in A., Ä., wl. in Bzl.
9	4-Amino-m-kresol (OH=1)	$CH_3 \cdot C_6H_3(OH) \cdot NH_2$	XIII 593	123.15	—	178—9	—	Warzen (Bzl.).
10	5-Amino-o-kresol (OH=1)	$CH_3 \cdot C_6H_3(OH) \cdot NH_2$	XIII 574	123.15	—	159—61	subl.	Blätt. od. Nadeln (W.); wl. in k. W., l. in h. W., ll. in A., Ä.
11	6-Amino-m-kresol (OH=1)	$CH_3 \cdot C_6H_3(OH) \cdot NH_2$	XIII 590	123.15	—	157—9	—	Nadeln (Bzl.); wl. in W., ll. in A., Ä.
12	1-Amino-naphthol-(2)	$H_2N \cdot C_{10}H_6 \cdot OH$	XIII 676	159.18	—	—	—	Blätt. (Ä.); swl. in sd. W., wl. in Ä.; N-Acetylderiv. F: 235°.
13	2-Amino-naphthol-(1)	$H_2N \cdot C_{10}H_6 \cdot OH$	XIII 665	159.18	—	—	—	Nadeln; wl. in k. W.; N-Acetylderiv. F: 130°.
14	4-Amino-naphthol-(1)	$H_2N \cdot C_{10}H_6 \cdot OH$	XIII 667	159.18	—	—	—	Nadeln; färbt sich in feuchtem Zust. blau; N-Acetylderiv. F: 187°.
15	5-Amino-naphthol-(1)	$H_2N \cdot C_{10}H_6 \cdot OH$	XIII 670	159.18	—	Z. 170	—	Kryst.; Verwend. zur Herst. v. Farbst.
16	5-Amino-naphthol-(2)	$H_2N \cdot C_{10}H_6 \cdot OH$	XIII 682	159.18	—	186	—	Nadeln (W.); ll. in A., Ä.
17	7-Amino-naphthol-(2)	$H_2N \cdot C_{10}H_6 \cdot OH$	XIII 684	159.18	—	201	—	Nadeln (A.); wl. in W., ll. in A., Ä.
18	8-Amino-naphthol-(1)	$H_2N \cdot C_{10}H_6 \cdot OH$	XIII 671	159 18	—	95—7 (Z.)	—	Nadeln (Bzl. + Lg.); ll in h. W., HCl u. Alkali; Verwend. zur Herst. v. Farbst.

1	8-Amino-naphthol-(2)	$H_2N\cdot C_{10}H_6\cdot OH$	XIII 685	159.18	—	205—7	subl.	Nadeln (W. od. A.); ll. in h. W., A., l. in Ä.
2	2-Amino-phenanthren	$H_2N\cdot C_6H_3\begin{smallmatrix}—\\CH:CH\end{smallmatrix}C_6H_4$	XII 1336	193.23	—	85	—	Kryst. (Lg.); wl. in W., l. in A.
3	3-Amino-phenanthren	$H_2N\cdot C_6H_3\begin{smallmatrix}—\\CH:CH\end{smallmatrix}C_6H_4$	XII 1337	193.23	—	87.5	—	Kryst. (Lg.); wl. in W., ll. in A. violett fluoresc.
4	4-Amino-phenanthren	$H_2N\cdot C_6H_3\begin{smallmatrix}—\\CH:CH\end{smallmatrix}C_6H_4$	EXII 555	193.23	—	105	—	Graue Kryst. (Lg.); unl. in W., ll. in A., Ä.
5	9-Amino-phenanthren	$C_6H_4\begin{smallmatrix}—\\C(NH_2):CH\end{smallmatrix}C_6H_4$	XII 1338	193.23	—	137—8	subl.	Gelbe Prismen (Ä.); wl. in A., ll. in Ä.; 2. Form F: 104°, l. in A.
6	2-Amino-phenol	$H_2N\cdot C_6H_4\cdot OH$	XIII 354	109.12	—	170	subl.	Tafeln oder Nadeln; 1.7 W. 0°, 4.4 A. 0°, ll. in Ä.
7	3-Amino-phenol	$H_2N\cdot C_6H_4\cdot OH$	XIII 401	109.12	—	122—3	—	Prismen (Toluol); zll. in h. W., ll. in A., Ä.; Verwend. zur Herst. v. Farbst.
8	4-Amino-phenol	$H_2N\cdot C_6H_4\cdot OH$	XIII 427	109.12	—	186	subl.	Blätt.; 1.1 W. 0°, 4.5 A. 0°; Verwend. zur Herst. v. Farbst., zum Färben v. Haaren u. Federn, als photogr. Entwickler (Rodinal)
9	2-Amino-phenol-sulfonsäure-(4)	$H_2N\cdot C_6H_3(OH)\cdot SO_3H$	XIV 814	189.18	—	—	—	Kryst. + 1.5 H_2O; 1 W. 14°; Verwend. zur Herst. v. Azofarbst.
10	4-Amino-phenol-sulfonsäure-(2)	$H_2N\cdot C_6H_3(OH)\cdot SO_3H$	XIV 806	189.18	—	—	—	Nadeln oder Blätt. (W.); 0,7 W. 14°, swl. in A., Ä.
11	2-Amino-pyridin	$NC_5H_4\cdot NH_2$	XXII 428	94.11	—	56	204	Blätt. (Lg.); ll. in W., A., Ä., wl. in Lg.
12	3-Amino-pyridin	$NC_5H_4\cdot NH_2$	XXII 431	94.11	—	65	251	Blätt. (Bzl. + Lg.); ll. in W., A., Ä., unl. in Lg.
13	4-Amino-pyridin	$NC_5H_4\cdot NH_2$	XXII 433	94.11	—	158	—	Nadeln (Bzl.); ll. in W., A., wl. in Ä., swl. in Lg.

31212 (Fortsetzung).

Nr.	Name	Formel	BZ	MG	D	F	Kp	Charakteristik
1	3-Amino-salicylsäure	$H_2N \cdot C_6H_3(OH) \cdot CO_2H$	XIV 577	153.13	—	235 (Z.)	—	Kryst.; l. in W., unl. in A.; Verwend. zur Herst. v. Azofarbst.; Methylester F: 90°.
2	4-Amino-salicylsäure	$H_2N \cdot C_6H_3(OH) \cdot CO_2H$	XIV 579	153.13	—	220 (Z.)	—	Kryst. (A. + Ä.); ll. in W., A., wl. in Ä.
3	5-Amino-salicylsäure	$H_2N \cdot C_6H_3(OH) \cdot CO_2H$	XIV 579	153.13	—	283	Z.*	Nadeln (W.); wl. in h. W., unl. in A.; * → 4-Amino-phenol; Verwend. zur Herst. v. Farbst.; Methylester F: 96°.
4	2-Amino-thiazol	HC · N ⟍ C · NH_2 ‖ ⟋ HC · S	XXVII 155	100.14	—	90	Z.	Gelbe Kryst. (A); ll. in h. W., wl. in A., Ä.
5	2-Amino-thiophen	HC —— CH ‖ ‖ HC · S · C · NH_2	XVII 248	99.15	—	—	78/11	Gelbl. Fl.; Acetylderiv. F: 161—162°.
6	2-Amino-thiophenol	$H_2N \cdot C_6H_4 \cdot SH$	XIII 397	125.18	—	26	234	Nadeln; Oxyd. → 2.2′-Diamino-diphenyldisulfid.
7	4-Amino-thiophenol	$H_2N \cdot C_6H_4 \cdot SH$	XIII 553	125.18	—	46	140/15	Kryst.; l. in W., ll. in A., Ä.; flücht. mit Dampf.
8	2-Amino-toluol-sulfonsäure-(4)	$H_2N \cdot C_6H_3(CH_3) \cdot SO_3H$	XIV 728	187.21	—	—	—	Nadeln + 1 H_2O; 0.97 W. 11°; unl. in A.
9	4-Amino-toluol-sulfonsäure-(2)	$H_2N \cdot C_6H_3(CH_3) \cdot SO_3H$	XIV 720	187.21	—	Z.	—	Kryst. + 1 H_2O; 0.45 W. 20°; unl. in A.; Verwend. zur Herst. von Farbst.
10	4-Amino-toluol-sulfonsäure-(3)	$H_2N \cdot C_6H_3(CH_3) \cdot SO_3H$	XIV 723	187.21	—	—	—	Nadeln + $^1/_2$ H_2O; 0.47 W.
11	4-Amino-1.2.4-triazol	HC —— N · NH_2 ‖ | N · N : CH	XXVI 16	84.08	—	82—3	—	Hygroskop. Nadeln (A.); l. in W., A., wl. in Chlf.; $C_2H_4N_4$ + HCl Blätt. (A.) F: 153°.
12	2-Amino-triphenylcarbinol	$H_2N \cdot C_6H_4 \cdot C(C_6H_5)_2 \cdot OH$	XIII 738	275.33	—	121.5	—	Tafeln (Ä.); ll. in A., l. in Ä.; Erhitzen → 9-Phenyl-acridin.

1	4-Amino-triphenylcarbinol	$H_2N \cdot C_6H_4 \cdot C(C_6H_5)_2 \cdot OH$	XIII 740	275.33	—	116	—	Kryst. (Ä. + Lg.); l. in A., Ä.
2	4-Amino-triphenylmethan	$H_2N \cdot C_6H_4 \cdot CH(C_6H_5)_2$	XII 1342	259.33	—	83	248/12	Prismen (Ä.); Acetylderiv. F: 168°.
3	α-Amino-valeriansäure	$C_2H_5 \cdot CH_2 \cdot CH(NH_2) \cdot CO_2H$	IV 416	117.14	—	291.5	subl.	Nadeln od. Blätt. (A. od. W.); 10.7 W. 15°, wl. in A., unl. in Ä.
4	γ-Amino-valeriansäure	$CH_3 \cdot CH(NH_2) \cdot CH_2 \cdot CH_2 \cdot CO_2H$	IV 418	117.14	—	214	Z.*	Kryst.; ll. in W., swl. in A., unl. in Ä.; * → 2-Methyl-pyrrolidon-(5) u. W.
5	δ-Amino-valeriansäure	$H_2N \cdot CH_2 \cdot [CH_2]_3 \cdot CO_2H$	IV 418	117.14	—	157 (Z.*)	—	Blätt.; ∞ W., swl. in A., unl. in Ä.; * → Piperidon-(2) u. W.
6	2-Amino-zimtsäure	$H_2N \cdot C_6H_4 \cdot CH:CH \cdot CO_2H$	XIV 517	163.17	—	158—9 (Z.)	—	Gelbe Nadeln; wl. in k. W., l. in h. W., A., Ä.; Äthylester F: 77—78°.
7	3-Amino-zimtsäure	$H_2N \cdot C_6H_4 \cdot CH:CH \cdot CO_2H$	XIV 520	163.17	—	182	—	Gelbe Nadeln (W.); wl. in k. W., ll. in A., Ä.; Äthylester F: 63—64°.
8	4-Amino-zimtsäure	$H_2N \cdot C_6H_4 \cdot CH:CH \cdot CO_2H$	XIV 521	163.17	—	175—6 (Z.)	—	Gelbe Nadeln; wl. in k. W., ll. in h. W., A., Ä.; leicht zersetzlich; Äthylester F: 68—69°.
9	Amygdalin	$C_6H_5 \cdot CH(CN) \cdot O \cdot C_{12}H_{21}O_{10}$	—	457.42	—	214—6	—	Kryst. (W.); 8.5 W. 10°, ∞ W. 100°, 0.11 A. 10°, 9 A. 78°, unl. in Ä.; V. in bittern Mandeln; enzymat. Spalt. → Benzaldehyd, HCN u. Glucose.
10	n-Amyl-acetylen	$CH_3 \cdot [CH_2]_4 \cdot C \vdots CH$	I 256	96.16	0.7288^{25}	—	99	Fl.
11	n-Amylalkohol	$CH_3 \cdot [CH_2]_3 \cdot CH_2 \cdot OH$	I 383	88.14	0.8866^{15}	—78.5	138.0	Fl.; swl. in W.
12	akt. Amylalkohol	$C_2H_5 \cdot CH(CH_3) \cdot CH_2 \cdot OH$	I 385	88.14	0.8152^{25}	—	128	Riech. Fl.; $[\alpha]_D^{20}$: —5.9°; Phenylurethan F: 30°.
13	dl-sek.-n-Amylalkohol	$C_2H_5 \cdot CH_2 \cdot CH(OH) \cdot CH_3$	I 384	88.14	0.8068^{25}	—	119	Fl.
14	tert.-Amylalkohol	$C_2H_5 \cdot C(OH)(CH_3)_2$	I 388	88.14	0.8066^{25}_0	—8,4	102	Fl.; 12.5 W. ∞ A., Ä.; Schlafmittel „Amylenhydrat"; Phenylurethan F: 44—47°.
15	n-Amylamin	$CH_3 \cdot [CH_2]_3 \cdot CH_2 \cdot NH_2$	IV 175	87.16	0.766^{19}	—55	103	Fl.; l. in W., A.
16	sek.-n-Amylamin	$C_2H_5 \cdot CH_2 \cdot CH(NH_2) \cdot CH_3$	IV 177	87.16	0.7384^{20}_0	—	92	Stark ammoniakal. riech. Fl.; ∞ W., A., Ä.; Hydrochlorid F: 168°.

31212 (Fortsetzung).

Nr.	Name	Formel	BZ	MG	D	F	Kp	Charakteristik
1	tert.-Amylamin	$C_2H_5 \cdot C(CH_3)_2 \cdot NH_2$	IV 179	87.16	0.7[illegible]^{15}	—105	76.9	Fl.; ∞ W., A.
2	n-Amylbromid	$CH_3 \cdot [CH_2]_3 \cdot CH_2Br$	I 131	151.05	1.218^{20}	—95	128	Fl.; unl. in W., l. in A., Ä.
3	tert.-Amylbromid	$C_2H_5 \cdot CBr(CH_3)_2$	I 136	151.05	1.216_0^{20}	—	108	Gelbliche Fl.
4	n-Amylchlorid	$CH_3 \cdot [CH_2]_3 \cdot CH_2Cl$	I 130	106.59	0.8716^{30}	—99	108.3	Fl.; unl. in W., l. in A., Ä.
5	tert.-Amylchlorid	$C_2H_5 \cdot CCl(CH_3)_2$	I 134	106.59	0.871^{20}	—72.7	85.7	Fl.
6	Amylen s. Penten							
7	n-Amyljodid	$CH_3 \cdot [CH_2]_3 \cdot CH_2J$	I 133	198.06	1.5018^{30}	—85.6	157.0	Fl.; unl. in W., l. in A., Ä.
8	tert.-Amyljodid	$C_2H_5 \cdot CJ(CH_3)_2$	I 138	198.06	1.497^{19}	—	127	Fl.; durch W. zers.; ∞ A., Ä.
9	Androsteron	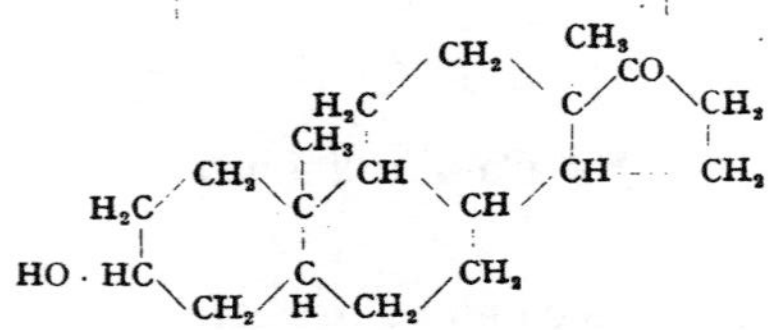		290.42	—	178	—	Kryst.; l. in Chlf.; männl. Keimdrüsenhormon; isoliert aus Männerharn; Oxim F: 215°.
10	Aneurin (Vitamin B_1	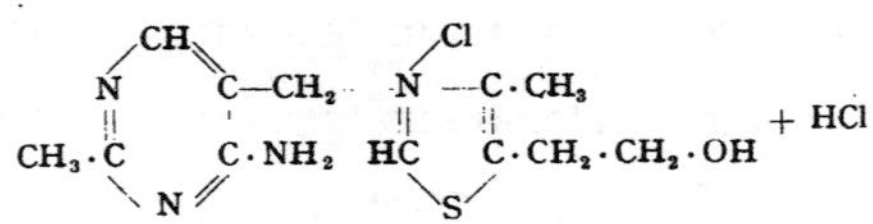		337.27	—	250 (Z.)	—	Kryst.; l. in W., verd. A., unl. in Ä., l. in Eg.; V. in Reiskleie, Hefe, Gemüsen; Chloroaurat Zers. 198°.
11	Angelicasäure	$CH_3 \cdot CH:C(CH_3) \cdot CO_2H$	II 428	100.11	0.954^{76}	45	185	Kryst.; wl. in k. W., ll. in h. W.; riecht gewürzartig; Kochen → Tiglinsäure.
12	Anhydroekgonin	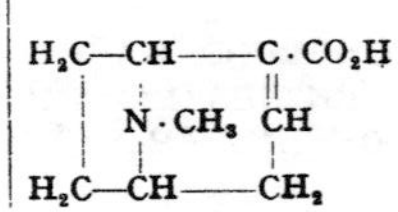	XXII 31	167.20	—	235 (Z.)	—	Kryst. (Me.); sll. in W., wl. in A., swl. in Ä.; $C_9H_{13}O_2N$ + HCl F: 240° bis 241°, $[\alpha]_D^{15}$: —62.7°.

1	Anhydroformaldehyd-anilin	$H_2C\langle{}^{N(C_6H_5)\cdot CH_2}_{N(C_6H_5)\cdot CH_2}\rangle N\cdot C_6H_5$	XXVI 3	315.40	—	143	—	Prismen (Ä.); swl. in W., A., wl. in Ä., ll. in Chlf.
2	Anilin	$C_6H_5\cdot NH_2$	XII 59	93.12	$1.0217^{20,7}$	—6.2	184.4	Öl 3.61 W. 18°, ∞ A., Ä., Bzl.; Blutgift; Verwend. zur Herst. v. Farbst.
3	— hydrochlorid	$C_6H_7N + HCl$	XII 116	129.59	1.222	199	245	Nadeln; 107 W. 25°, ll. in A., unl. in Ä.
4	— sulfat	$2C_6H_7N + H_2SO_4$	XII 117	284.32	1.377^{20}	—	—	Blätt. (A.); etwa 5 W. 14°, wl. in A., unl. in Ä.
5	Anilinsulfonsäure-(2)	$H_2N\cdot C_6H_4\cdot SO_3H$	XIV 681	173.18	—	Z.	—	Kryst.; 1.5 W. 15°, unl. in A., Ä.
6	Anilinsulfonsäure-(3)	$H_2N\cdot C_6H_4\cdot SO_3H$	XIV 689	173.18	—	Z.	—	Nadeln; 1.8 W. 15°, unl. in A., Ä.
7	Anilinsulfonsäure-(4) (Sulfanilsäure)	$H_2N\cdot C_6H_4\cdot SO_3H$	XIV 695	173.18	—	Z. 280	—	Tafeln + 1 H_2O (W.); 1.1 W. 20°, 6.7 W. 100°; unl. in A., Ä.; Verwend. zur Herst. von Farbst.
8	Anisalaceton	$CH_3\cdot O\cdot C_6H_4\cdot CH:CH\cdot CO\cdot CH_3$	VIII 131	176.20	—	72—4	—	Blätt. (Ä.); ll. in A., Ä., Bzl.; l. in HCl u. H_2SO_4 gelb.
9	Anisaldehyd	$^{(4)}CH_3\cdot O\cdot C_6H_4\cdot CHO^{(1)}$	VIII 67	136.14	1.1301^{13}	—0.02	247	Fl.; 0.2 k. W., ∞ A., Ä., schmeckt brennend gewürzhaft; Phenylhydrazon F: 120—121°.
10	Anisalkohol	$CH_3\cdot O\cdot C_6H_4\cdot CH_2\cdot OH$	VI 897	138.16	1.1076^{25}_{25}	25	258.8	Nadeln; l. in A., Ä.
11	o-Anisidin	$CH_3\cdot O\cdot C_6H_4\cdot NH_2$	XIII 358	123.15	1.0923^{20}	5.2	225	Fl.; l. in A.; Acetylderiv. s. S. 9, 7.
12	p-Anisidin	$CH_3\cdot O\cdot C_6H_4\cdot NH_2$	XIII 435	123.15	1.0605^{67}	57.2	243	Tafeln (W.); wl. in W., l. in A.; Acetylderiv. s. S. 9, 8.
13	Anisol	$C_6H_5\cdot O\cdot CH_3$	VI 138	108.13	1.0124^{0}	—37.2	153.8	Aromat. riech. Fl.; unl. in W., l. in A., Ä.
14	Anissäure	$^{(4)}CH_3\cdot O\cdot C_6H_4\cdot CO_2H^{(1)}$	X 154	152.14	1.385	184.2	275—80	Nadeln (W.); 0.04 W. 18°, zll. in sd. W., ll. in A., Ä.
15	Anthracen		V 657	178.22	1.242	217	351	Tafeln (A.); unl. in W., 0.076 A. 16°, 0.83 sd. A., 0,70 Ä. 15°, 1.04 Bzl. 15°; V. im Steinkohlenteer.

31212 (Fortsetzung).

Nr.	Name	Formel	BZ	MG	D	F	Kp	Charakteristik
1	Anthracen-carbonsäure-(1)	$C_6H_4\left\{{CH \atop CH}\right\}C_6H_3 \cdot CO_2H$	IX 704	222.23	—	245	subl.	Gelbe Nadeln; unl. in W., l. in A., Ä., wl. in Bzl.
2	Anthracen-carbonsäure-(2)	$C_6H_4\left\{{CH \atop CH}\right\}C_6H_3 \cdot CO_2H$	IX 705	222.23	—	> 280	subl.	Gelbe Blättchen (A).; unl. in W., wl. in A.
3	Anthracen-carbonsäure-(9)	$C_6H_4\left\{{C(CO_2H) \atop CH}\right\}C_6H_4$	IX 705	222.23	—	217 (Z.*)	—	Gelbe Nadeln (A.); unl. in k. W., wl. in h. W., l. in A.; *CO_2-Abspalt.
4	Anthrachinon	$C_6H_4{<}{CO \atop CO}{>}C_6H_4$	VII 781	208.20	1.419	266	377	Kryst. (A. od. Bzl.); subl.; unl. in W., 0.05 A. 18°, 0.44 A. 25°, 2.25 sd. A., 0.10 Ä. 25°.
5	Anthrachinon-carbonsäure-(1)	$C_6H_4{<}{CO \atop CO}{>}C_6H_3 \cdot CO_2H$	X 834	252.21	—	293—4	—	Hellgelbe Nadeln (W.); wl. in h. W., sd. A., swl. in Ä., ll. in Aceton; Äthylester F: 170°.
6	Anthrachinon-carbonsäure-(2)	$C_6H_4{<}{CO \atop CO}{>}C_6H_3 \cdot CO_2H$	X 835	252.21	—	290—2	—	Gelbliche Nadeln (A.); swl. in A., unl. in Ä., Bzl., Chlf., ll. in Aceton; Äthylester F: 147°.
7	Anthrachinon-sulfonsäure-(1)	$C_6H_4{<}{CO \atop CO}{>}C_6H_3 \cdot SO_3H$	XI 335	288.26	—	214	—	Blätt. (Eg.); ll. in sd. Eg.; Chlorid F: 218°.
8	Anthrachinon-sulfonsäure-(2)	$C_6H_4{<}{CO \atop CO}{>}C_6H_3 \cdot SO_3H$	XI 337	288.26	—	—	—	Gelbe Blätt.; sll. W., ll. in A., unl. in Ä.; Chlorid F: 193°.
9	Anthramin s. Amino-anthracen							
10	Anthranil	$C_6H_4{<}{CH \atop N}{>}O$	XXVII 39	119.12	1.183^{20}	< —18	210 (Z.)	Öl; wl. in h. W., ll. in A., Ä.; flücht. mit Dampf; $C_6H_7ON + HgCl_2$ Nadeln F: 178.5°.

1	Anthranilsäure	$^{(2)}H_2N \cdot C_6H_4 \cdot CO_2H^{(1)}$	XIV 310	137.13	1.412	145	subl.	Blätter (A.); 0,35 W. 14°, 10.70 90 Vol.-%ig A. 9.6°, 16.0 Ä. 7°; Verwend. zur Darst. **v.** Azofarbst.; N-Acetylderiv. s. S. *8*, 12.
2	— äthylester	$H_2N \cdot C_6H_4 \cdot CO_2 \cdot C_2H_5$	XIV 319	165.18	1.117^{20}	13	266	Kryst.; l. in A.
3	— methylester	$H_2N \cdot C_6H_4 \cdot CO_2 \cdot CH_3$	XIV 317	151.16	1.168^{18}	24—25	—	Kryst.; wl. in W., ll. in A., Ä.; riecht orangeblütenähnl.
4	— nitril	$H_2N \cdot C_6H_4 \cdot CN$	XIV 322	118.13	—	50	262/751	Nadeln (PÄ.); wl. in W., ll. in A., Ä.
5	Anthranol	$C_6H_4\left\{\begin{matrix} C(OH) \\ CH \end{matrix}\right\}C_6H_4$	E VII 256	194.22	—	152	—	Gelbrote Blätter (verd. A.); ll. in A., Ä. mit blauer Fluorescenz; l. in Alkali; geht beim Aufbewahren sowie in Lsg. in Anthron über.
6	Anthrol s. Oxyanthracen							
7	Anthron	$C_6H_4\left\langle\begin{matrix} CO \\ CH_2 \end{matrix}\right\rangle C_6H_4$	VII 473	194.22	—	154—5	—	Nadeln (Bzl. + Bzn.); l. in A., Bzl.; unl. in k. Alkali; geht beim Schmelzen sowie in sd. NaOH in Anthranol über.
8	Antimontriäthyl	$(C_2H_5)_3Sb$	IV 618	208.94	1.324^{16}	< —29	158/730	Fl.; swl. in W., l. in A., Ä.; riecht zwiebelart.; entzündet sich an der Luft.
9	Antimontrimethyl	$(CH_3)_3Sb$	IV 617	166.86	1.523^{15}	—	80.6	Fl.; swl. in W., l. in A., Ä.; riecht zwiebelart.
10	Antipyrin	$HC=C \cdot CH_3$ / $OC \cdot N(C_6H_5) \cdot N \cdot CH_3$	XXIV 27	188.22	—	113	319/174	Blätt. (Ä. od. Toluol); 134 W. 20°, 74 A. 20°, 2 Ä.; wirkt stark antipyret.
11	Apiol (aus Petersilie)	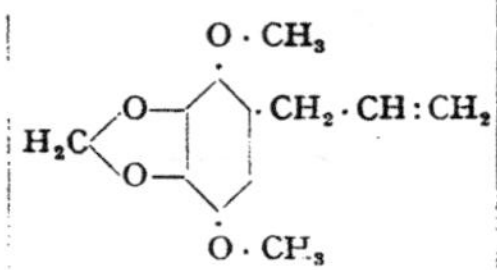	XIX 87	222.23	1.015	30	294	Nadeln; unl. in W., ll. in A., Ä.

31212 (Fortsetzung).

Nr.	Name	Formel	BZ	MG	D	F	Kp	Charakteristik
1	Apoatropin	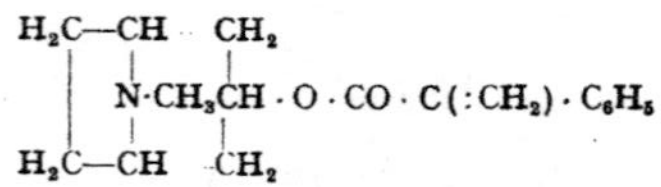	XXI 20	271.34	—	62	—	Prismen (Chlf.); wl. in W., sll. in A., Ä.; $C_{17}H_{21}O_2N$ + HCl F: 237° bis 239°.
2	Apochinin	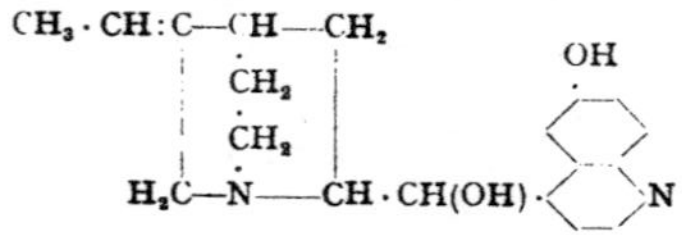	XXIII 504	310.38	—	210 (Z.)	—	Nadeln (Ä.); ll. in A., l. in Ä., ll. in Bzl., Chlf.; ll. in NaOH.
3	Apocinchonin	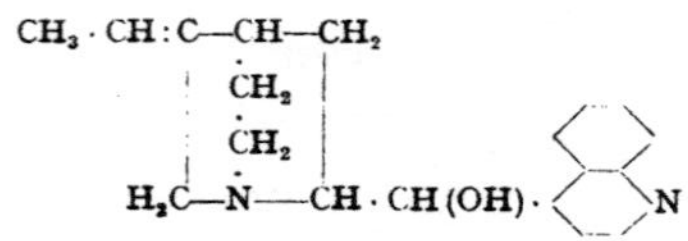	XXIII 417	294.38	—	216	—	Prismen (A.); unl. in W., 3.85 A. 20°, swl. in Ä., Bzl.; $[\alpha]_D$: + 167° (absol. A.).
4	Apomorphin	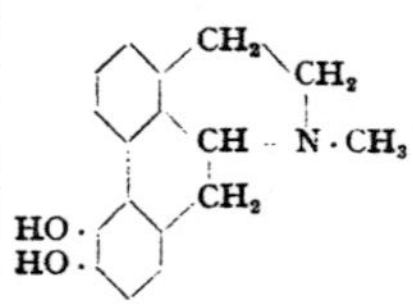	XXI 187	267.31	—	195 (Z.)	—	Tafeln (Chlf. + PÄ.); wl. in W., l. in A., wl. in Ä., swl. in Lg.; $C_{17}H_{17}O_2N$ + HCl $[\alpha]_D$: —46.3°.
5	Aposafranon	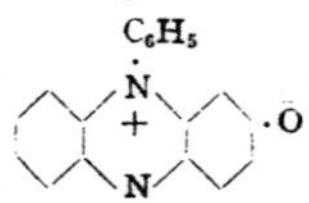	XXIII 413	272.29	—	248—9	—	Braune, grünglänzende Kryst. (A).; wl. in h. W., ll. in A.; Lsgg. sind fuchsinrot.
6	l-Arabinose	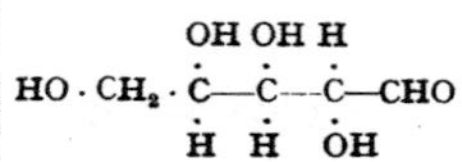	I 860	150.13	1.60	159	—	Nadeln; 59.4 W. 10°, 0.42 90%ig. A. 9°, unl. in Ä.; $[\alpha]_D$: + 191° → 105.5° (W.).

1	l-Arabit	$HO \cdot CH_2 \cdot [CH(OH)]_3 \cdot CH_2 \cdot OH$	I 531	152.14•	—	102	—	Kryst.; sll. in W., 2.18 90%ig. A. 12°; in W. inakt., in Boraxlsg. linksdrehend.
2	l-Arabonsäure	$HO \cdot CH_2 \cdot [CH(OH)]_3 \cdot CO_2H$	III 473	166.13	—	—	—	Sirup; Erwärmen → Lacton (F: 97°).
3	Arachinsäure	$CH_3 \cdot [CH_2]_{18} \cdot CO_2H$	II 389	312.51	—	77	328 (Z.)	Blätt.; unl. in W., wl. in A., ll. in Ä.; Äthylester F: 50°; Amid F: 108°.
4	Arbutin	$^{(4)}HO \cdot C_6H_4 \cdot O \cdot C_6H_{11}O_5{}^{(1)}$	—	272.24	—	194 (165)	—	Nadeln; ll. in sd. W., wl. in A., unl. in Ä.
5	Arecaidin	$H_2C - CH = C \cdot CO_2H$ / $H_2C \cdot N(CH_3) \cdot CH_2$	XXII 15	141.16	—	232	—	Tafeln + 1 H_2O (verd. A.); ll. in W., swl. in A., unl. in Ä., Bzl.; V. in Betelnüssen.
6	Arecolin	$H_2C - CH = C \cdot CO_2 \cdot CH_3$ / $H_2C \cdot N(CH_3) \cdot CH_2$	XXII 15	155.19	—	—	209	Öl; l. in W., A., Ä.; flücht. mit Dampf; stark alkal.; giftig; wirkt wurmtreibend; $C_8H_{13}O_2N$ + HCl F: 157—8°; $C_8H_{13}O_2N$ + HBr F: 170—171°.
7	d-Arginin	$H_2N \cdot C(:NH) \cdot NH \cdot [CH_2]_3 \cdot CH(NH_2) \cdot CO_2H$	IV 420	174.20	—	207	—	Tafeln; ll. in W., swl. in A.; B. dch. Hydrolyse v. Proteinen; $C_6H_{14}O_2N_4 + HNO_3 + {}^1/_2 H_2O$ F: 126°.
8	Arsanilsäure	$^{(4)}H_2N \cdot C_6H_4 \cdot AsO(OH)_2{}^{(1)}$	XVI 878	217.04	—	—	—	Nadeln (W. od. A.); wl. in k. W., k. A., unl. in Ä.; l. in Alkali; spaltet bei 150° 1 H_2O ab; Na-Salz „Atoxyl"; trypanocide Wrkg.
9	Arsenobenzol	$C_6H_5 \cdot As:As \cdot C_6H_5$	XVI 887	304.02	—	212	—	Nadeln (Bzl.); unl. in W., swl. in A., unl. in Ä., l. in Bzl., Chlf., CS_2.
10	Ascorbinsäure (Vitamin C)	$HO \cdot C = C \cdot OH$ / $OC - O - CH \cdot CH(OH) \cdot CH_2 \cdot OH$	—	176.12	—	192	—	Krystallpulver (Dioxan); ll. in W., A., unl. in PÄ.; stark reduzierend; wirkt antiskorbutisch; V. in Citronen, Orangen, Tomaten.

31212 (Fortsetzung).

Nr.	Name	Formel	BZ	MG	D	F	Kp	Charakteristik
1	l-Asparagin	$HO_2C\cdot CH\cdot CH_2\cdot CO\cdot NH_2$ $\dot{}NH_2$	IV 476	132.12	1.543^{15}	226—7	—	Kryst. + 1 H_2O; 2.1 W. 17°, 52.5 W. 98°, swl. in A., unl. in Ä.; $[\alpha]_D^{20}$: —5.4° (W.; p = 1).
2	l-Asparaginsäure	$HO_2C\cdot CH(NH_2)\cdot CH_2\cdot CO_2H$	IV 472	133.10	1.6613_{12}^{12}	270—1	—	Blättchen od. Säulen; 0.61 W. 20°, 5.37 W. 97°; $[\alpha]_D^{20}$: + 4.4 (W.; p = 0.5); B. bei d. Hydrolyse v. Proteinen.
3	Atophan	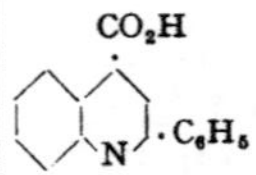	XXII 103	249.25	—	209	—	Nadeln (verd. A.); unl. in W., 5 sd. A., 0.4 sd. Bzl.; schmeckt bitter; steigert die Harnsäureausscheid.; Verwend. als Heilmittel gegen Gicht.
4	dl-Atrolactinsäure	$C_6H_5\cdot C(CH_3)(OH)\cdot CO_2H$	X 259	166.17	—	94—5	—	Nadeln u. Tafeln + ½ H_2O (W.) F: 67—68°; 2.2 W. 25°.
5	Atropasäure	$C_6H_5\cdot C(:CH_2)\cdot CO_2H$	IX 610	148.15	—	106—7	267 (Z.)	Nadeln (W.); 0.13 k. W., l. in A.; flücht. mit Dampf.
6	Atropin	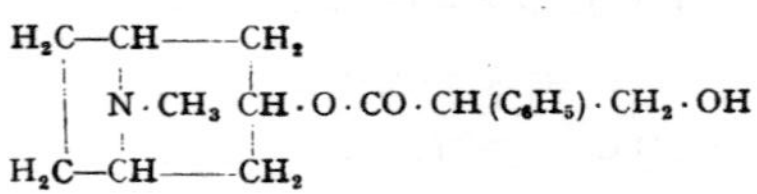	XXI 27	289.36	—	115	subl.	Nadeln (verd. A.); 0.16 W. 18°, ll. in A., 2.2 Ä. 20°, 68 Chlf. 20°; starkes Gift; wirkt mydriat.; Chloroaurat F: 138°.
7	Auramin	$[(CH_3)_2N\cdot C_6H_4]_2C:NH$	XIV 91	267.36	—	136	—	Blätt. (A.); 7.2 96 Vol.-%ig. A. 20°, 3.2 Ä. 20°; $C_{17}H_{21}N_3$ + HCl + H_2O gelbe Blätt. (W.) F: 267°; färbt tanningebeizte Baumwolle gelb.
8	Aurin	$O:C_6H_4:C(C_6H_4\cdot OH)_2$	VIII 361	290.30	—	—	—	Rote Kryst.; wl. in W., l. in A. gelbrot; l. in Alkalilauge carminrot; Verwend. als „Rosolsäure" als Indikator.

1	Azelainsäure	$HO_2C \cdot [CH_2]_7 \cdot CO_2H$	II 707	188.21	1.029^{111}	106.5	286.5/100	Blätt. od. Nadeln; 0.21 W. 22°, 1.65 W. 55°, ∞ sd. W., ll. in A., 2.68 Ä. 15°; B. aus Ricinusöl.
2	Azidobenzol s. Phenylazid							
3	Azoanilin s. Diaminoazobenzol							
4	o.o'-Azobenzoesäure	$HO_2C \cdot C_6H_4 \cdot N{:}N \cdot C_6H_4 \cdot CO_2H$	XVI 228	270.23	—	245	—	Gelbe Nadeln (A.); swl. in h. W., l. in k. A., sll. in h. A.; Dimethylester F: 101°.
5	m.m'-Azobenzoesäure	$HO_2C \cdot C_6H_4 \cdot N{:}N \cdot C_6H_4 \cdot CO_2H$	XVI 233	270.23	—	340 (Z.)	—	Gelbe Nadeln (Eg.); 0.24 sd. 88%ig. A.; Dimethylester F: 163°.
6	p.p'-Azobenzoesäure	$HO_2C \cdot C_6H_4 \cdot N{:}N \cdot C_6H_4 \cdot CO_2H$	XVI 236	270.23	—	Z. 330	—	Rote Nadeln (Eg.); swl. in W., A., Ä.; Dimethylester F: 242°.
7	Azobenzol	$C_6H_5 \cdot N{:}N \cdot C_6H_5$	XVI 8	182.21	1.203	68	293	Orangerote Blätt. (A.); 0.03 W. 20°, 7.9 A. 16°, l. in Ä., ll. in Lg.
8	Azodicarbonamid	$H_2N \cdot CO \cdot N{:}N \cdot CO \cdot NH_2$	III 123	116.08	—	Z.* 180—200	—	Orangerote Kryst.; swl. in h. W., unl. in A.; * → NH_3 u. Cyanursäure.
9	1.1'-Azonaphthalin	$C_{10}H_7 \cdot N{:}N \cdot C_{10}H_7$	XVI 78	282.33	—	190	subl.	Rote, grünlich schimmernde Nadeln (Eg.); wl. in A., ll. in Bzl.
10	2.2'-Azonaphthalin	$C_{10}H_7 \cdot N{:}N \cdot C_{10}H_7$	XVI 80	282.33	—	208	subl.	Rote Blätt. (Bzl.); swl. in A., Ä., l. in h. Bzl.
11	p.p'-Azophenetol	$N \cdot C_6H_4 \cdot O \cdot C_2H_5$ ⁞ $N \cdot C_6H_4 \cdot O \cdot C_2H_5$	XVI 112	270.32	—	160	—	Gelbe Blätt., rote Kryst.; l. in h. A., ll. in Ä.
12	Azophenin	$^{(2 \cdot 5)}(C_6H_5 \cdot NH)_2C_6H_2(:N \cdot C_6H_5)_2\,^{(1 \cdot 4)}$	XIV 140	440.52	—	246	Z. 360	Rote Blätt. od. Nadeln (Bzl.); unl. in W., A., Ä., Alkali, l. in Chlf.
13	p.p'-Azophenol	$HO \cdot C_6H_4 \cdot N{:}N \cdot C_6H_4 \cdot OH$	XVI 110	214.21	—	216 (Z.)	—	a) Gelbbraune Tafeln + 1 H_2O; b) dunkelrote Blätt. + 1 H_2O; swl. in W., ll. in A., Ä., wl. in Bzl.

31212 (Fortsetzung).

Nr.	Name	Formel	BZ	MG	D	F	Kp	Charakteristik
1	o.o'-Azotoluol	$CH_3 \cdot C_6H_4 \cdot N:N \cdot C_6H_4 \cdot CH_3$	XVI 61	210.27	—	55	—	Rote Kryst. (A. od. Ä.); 6.03 A. 15°, 147.7 Ä. 17°; flücht. mit Dampf.
2	m.m'-Azotoluol	$CH_3 \cdot C_6H_4 \cdot N:N \cdot C_6H_4 \cdot CH_3$	XVI 64	210.27	—	54—55	—	Orangerote Kryst. (A.); ll. in A., Ä., Bzl.
3	p.p'-Azotoluol	$CH_3 \cdot C_6H_4 \cdot N:N \cdot C_6H_4 \cdot CH_3$	XVI 66	210.27	—	145	—	Orangegelbe Nadeln (Lg.); unl. in W., zll. in h. A., Ä.
4	p.p'-Azoxyanisol	$ON_2(C_6H_4 \cdot O \cdot CH_3)_2$	XVI 637	258.27	1.17^{115}	134	—	Gelbe Säulen (A.); bei 116° → kryst.-fl.
5	o.o'-Azoxybenzoesäure	$ON_2(C_6H_4 \cdot CO_2H)_2$	XVI 644	286.23	—	254 (Z.)	—	**Kryst.** (A.); wl. in sd. W., l. in h. A., wl. in Ä., ll. in Py.; Dimethylester F: 116—117°.
6	m.m'-Azoxybenzoesäure	$ON_2(C_6H_4 \cdot CO_2H)_2$	XVI 646	286.23	—	320 (Z.)	—	Kryst. (Eg.); unl. in W., wl. in A., Ä.; Dimethylester F: 136°.
7	p.p'-Azoxybenzoesäure	$ON_2(C_6H_4 \cdot CO_2H)_2$	XVI 647	286.23	—	Z. 240	—	Gelb, amorph.; unl. in W., swl. in A., Ä.; Dimethylester F: 207°.
8	Azoxybenzol	$ON_2(C_6H_5)_2$	XVI 621	198.21	1.248^{20}_{20}	36	Z.	Gelbe Nadeln; unl. in W., 21 absol. A. 16°, 11.4 94%ig. A. 15°, ll. in Ä., 43.5 Lg. 15°.
9	**B**arbitursäure	$H_2C\langle{}^{CO \cdot NH}_{CO \cdot NH}\rangle CO$	XXIV 467	128.09	—	245	—	Prismen + 2 H_2O (W.); wl. in k. W.; l. in HCl, verd. HNO_3; + sd. KOH → Malonsäure.
10	Behenolsäure	$CH_3 \cdot [CH_2]_7 \cdot C : C \cdot [CH_2]_{11} \cdot CO_2H$	II 497	336.53	—	57.5	—	Nadeln; unl. in W., ll. in A., Ä.; Äthylester F: 15—16°; Amid F: 92°.
11	Behensäure	$CH_3 \cdot [CH_2]_{20} \cdot CO_2H$	II 391	340.56	—	84	306/60	Nadeln; swl. in W., 0.10 A. 17°, 1.92 Ä. 16°; Äthylester F: 48—49°; Amid F: 111°.
12	Benzalacetessigester	$C_6H_5 \cdot CH : C(CO \cdot CH_3) \cdot CO_2 \cdot C_2H_5$	X 731	218.24	—	59	181/17	Tafeln (A. od. Ä.); l. in A., Ä., ll. in Chlf.; l. in h. H_2SO_4 rot.

1	Benzalaceton	$C_6H_5 \cdot CH:CH \cdot CO \cdot CH_3$	VII 364	146.18	1.0347^{20}_{20}	42	260—2	Tafeln; ll. in A., Ä., Bzl.; riecht nach Cumarin u. Rhabarber.
2	Benzalacetophenon	$C_6H_5 \cdot CH:CH \cdot CO \cdot C_6H_5$	VII 478	208.24	1.071^{62}	58	345—8	Hellgelbe Prismen (PÄ.); unl. in W., l. in A., ll. in Ä.
3	Benzalanilin	$C_6H_5 \cdot N:CH \cdot C_6H_5$	XII 195	181.22	1.038^{55}	52	300	Blättchen (verd. A.), gelbe Nadeln (CS_2); unl. in W., ll. in A., Ä.; flüchtig mit Dampf.
4	Benzalazin	$C_6H_5 \cdot CH:N \cdot N:CH \cdot C_6H_5$	VII 225	208.25	—	93	Z.	Hellgelbe Prismen; unl. in k. W., zll. in h. A., Ä., Chlf., Bzl.
5	Benzalbromid	$C_6H_5 \cdot CHBr_2$	V 308	249.95	1.51^{15}	—	156/23	An d. Luft rauch. Öl; + W. → Benzaldehyd + HBr.
6	Benzalchlorid	$C_6H_5 \cdot CHCl_2$	V 297	161.03	1.2557^{14}	—17	205.2	Fl.; l. in A.; reizt zu Tränen; + W. → Benzaldehyd + HCl.
7	Benzaldehyd	$C_6H_5 \cdot CHO$	VII 174	106.12	1.0498^{20}	—26	178	Fl.; 0.3 W., ll. in A., Ä.; flücht. mit Dampf; riecht bittermandelart.; schmeckt brennend aromat.; Verwend. in d. Parfümerie u. zur Herst. v. Farbst.
8	Benzaldiacetat	$C_6H_5 \cdot CH(O \cdot CO \cdot CH_3)_2$	VII 210	208.20	—	46	220 (Z.)	Kryst. (Ä.); sll. in A., Ä.
9	α-Benzaldoxim	$C_6H_5 \cdot CH:N \cdot OH$	VII 218	121.13	1.111^{20}	35	117/14	Prismen; wl. in W., ll. in Ä., Bzl.
10	β-Benzaldoxim	$C_6H_5 \cdot CH:N \cdot OH$	VII 221	121.13	1.114^{128}	128—30	—	Tafeln od. Nadeln (Ä.); wl. in k. W., k. Bzl.
11	Benzalhydrazin	$C_6H_5 \cdot CH:N \cdot NH_2$	VII 225	120.15	—	etwa 16	140/14	Blätter; l. in A., Ä.; riecht nach Seifenlauge.
12	Benzalmalonsäure	$C_6H_5 \cdot CH:C(CO_2H)_2$	IX 891	192.16	—	195—6 (Z.)	—	Prismen (W.); wl. in k. W., ll. in h. W., A., l. in Ä.
13	—— diäthylester	$C_6H_5 \cdot CH:C(CO_2 \cdot C_2H_5)_2$	IX 892	248.26	1.105^{20}	32	308—12	Kryst.; unl. in W., l. in A., Ä.
14	Benzalmilchsäure	$C_6H_5 \cdot CH:CH \cdot CH(OH) \cdot CO_2H$	X 308	178.18	—	137	—	Nadeln (W.); wl. in k. W., Ä., unl. in Bzl.
15	Benzalphenylhydrazin	$C_6H_5 \cdot CH:N \cdot NH \cdot C_6H_5$	XV 134	196.24	—	155	—	Nadeln; ll. in h. A., wl. in Ä., ll. in Bzl.; Z. > 210°.

31212 (Fortsetzung).

Nr.	Name	Formel	BZ	MG	D	F	Kp	Charakteristik
1	3-Benzal-phthalid	$C_6H_4\langle{}^{C(:CH\cdot C_6H_5)}_{CO}\rangle O$	XVII 376	222.23	—	98—9	—	Prismen (A.); unl. in W., wl. in k. A., ll. in h. A.
2	α-Benzal-propionsäure s. α-Methyl-zimtsäure							
3	β-Benzal-propionsäure	$C_6H_5:CH:CH\cdot CH_2\cdot CO_2H$	IX 612	162.18	—	88	302	Nadeln (W.); unl. in k. W., ll. in A., Ä., wl. in CS_2; Amid F: 130°.
4	Benzamaron	$C_6H_5\cdot CH[CH(C_6H_5)\cdot CO\cdot C_6H_5]_2$	VII 849	480.57	—	218—9	—	Kryst.; wl. in W., A., 1.6 Bzl. 12°; zers. bei Dest. i. Vak.
5	Benzamid	$C_6H_5\cdot CO\cdot NH_2$	IX 195	121.13	1.341	128	—	Tafeln u. Nadeln (W.); 1.35 W. 25°, 17.04 A. 25°, wl. in Ä., ll. in sd. Bzl.; Dest.→etwas Benzonitril.
6	Benzamidin	$C_6H_5\cdot C(:NH)\cdot NH_2$	IX 280	120.15	—	80	Z.	Kryst.; zll. in W., ll. in A., wl. in Ä.; Aufbewahren → Benzamid u. NH_3.
7	Benzamidoxim	$C_6H_5\cdot C(:N\cdot OH)\cdot NH_2$	IX 304	136.15	—	80	Z. 170	Prismen (W.); wl. in k. W., ll. in A., Ä., Bzl.
8	2-Benzamino-benzoesäure	$C_6H_5\cdot CO\cdot NH\cdot C_6H_4\cdot CO_2H$	XIV 340	241.23	—	181	—	Nadeln (A. od. Bzl.); unl. in W., ll. in A., Ä.
9	Benzanilid	$C_6H_5\cdot CO\cdot NH\cdot C_6H_5$	XII 262	197.22	1.321	161	118/10	Blätt. (A.); unl. in W., 4 A. 30°.
10	Benzanthron	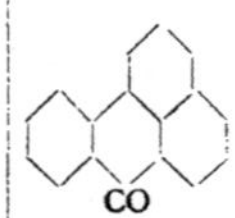	VII 518	230.25	—	170	—	Gelbe Nadeln (A.); l. in H_2SO_4 organgerot, grün fluoresc.; Verwend. zur Herst. v. Küpenfarbst.
11	Benzaurin	$OC\langle{}^{CH:CH}_{CH:CH}\rangle C:C(C_6H_5)\cdot C_6H_4\cdot OH + H_2O$	VI 1145	292.31	—	—	—	Ziegelrotes Krystallpulver; unl. in W., ll. in A., Ä., Eg. gelb; l. in Alkali violettrot.
12	Benzazid	$C_6H_5\cdot CO\cdot N_3$	IX 332	147.13	—	32	Z.	Tafeln (Aceton); unl. in W., l. in A., ll. in Ä.

1	Benzhydrazid	$C_6H_5 \cdot CO \cdot NH \cdot NH_2$	IX 319	136.15	—	112.5	—	Tafeln (W.); zll. in W., A., wl. in Ä.
2	Benzhydrol	$(C_6H_5)_2CH \cdot OH$	VI 678	184.22	—	69	298	Nadeln (Lg.); 0.05 W. 20, ll. in A., Ä., Chlf.; zers. bei 300°.
3	Benzhydroläther s. Dibenzhydryläther							
4	Benzhydroxamsäure	$C_6H_5 \cdot CO \cdot NH \cdot OH$ bzw. $C_6H_5 \cdot C(:N \cdot OH) \cdot OH$	IX 301	137.13	—	126	Z.	Blätt.; 2.25 W. 6°, ll. in h. W., sll. in A., wl. in Ä.; + $FeCl_3$ roter Nd.
5	Benzhydrylamin	$(C_6H_5)_2CH \cdot NH_2$	XII 1323	183.24	1.064_0^{21}	—	304.1/763	Fl.; Acetylderiv. F: 146—147°.
6	2-Benzhydryl-benzoesäure	$(C_6H_5)_2CH \cdot C_6H_4 \cdot CO_2H$	IX 714	288.32	—	162	subl.	Nadeln (A.); unl. in W., l. in A., Ä.
7	Benzhydrylbromid	$(C_6H_5)_2CHBr$	V 592	247.13	1.491^{13}	45	184/20	Kryst. (PÄ.); l. in A., Ä., sll. in Bzl.
8	Benzhydrylchlorid	$(C_6H_5)_2CHCl$	V 590	202.67	—	14	173/19	Kryst.; l. in A., Ä.
9	Benzidin	$H_2N \cdot C_6H_4 \cdot C_6H_4 \cdot NH_2$	XIII 214	184.23	1.251	127—8	401/740	Kryst.; wl. in k. W., etwa 1 sd. W., l. in A., 2.2 Ä.; Verwend. zur Herst. von Azofarbst.; mit Bromwasser u. CS_2 wird wss. Schicht zuerst blau, dann dunkelgrün, schließl. farblos, CS_2-Schicht dunkelrot.
10	Benzidin-dicarbonsäure-(2.2′)	$[H_2N \cdot C_6H_3(CO_2H)—]_2$	XIV 567	272.25	—	170 (Z.)	—	Nadeln + $1^1/_2$ H_2O (W.); wl. in W., A., swl. in Ä.
11	Benzidin-dicarbonsäure-(3.3′)	$[H_2N \cdot C_6H_3(CO_2H)—]_2$	XIV 568	272.25	—	etwa 300 (Z.*)	—	Nadeln; wl. in A., Ä.; * → Benzidin.
12	Benzidin-disulfonsäure-(2.2′)	$[H_2N \cdot C_6H_3(SO_3H)—]_2$	XIV 794	344.35	—	Z > 170	—	Prismen + 3 H_2O; 0.08 W. 25°, swl. in A., Ä.
13	Benzil	$C_6H_5 \cdot CO \cdot CO \cdot C_6H_5$	VII 747	210.22	1.084^{102}	95	346—8 (geringe Z.)	Prismen (Ä.); unl. in W., ll. in A., Ä.
14	α-Benzildioxim	$[C_6H_5 \cdot C(:N \cdot OH)—]_2$	VII 760	240.25	—	237 (Z.)	—	Blätt. (Aceton); unl. in W., 0.05 A. 17°, swl. in Ä., Eg.; l. in konz. NaOH; Komplexsalze mit Schwermetallen.

31212 (Fortsetzung).

Nr.	Name	Formel	BZ	MG	D	F	Kp	Charakteristik
1	β-Benzildioxim	$[C_6H_5 \cdot C(:N \cdot OH)—]_2$	VII 761	240.25	—	206—7	—	Nadeln + 1 C_2H_6O (A.); wl. in h. W., 15.26 A. 17°, ll. in Ä., Eg.; l. in konz. NaOH
2	γ-Benzildioxim	$[C_6H_5 \cdot C(:N \cdot OH)—]_2$	VII 763	240.25	—	164—6*	—	Nadeln + A. (A.), F: 100°; unl. in W., sll. in A., Ä., unl. in Lg., l. in konz. NaOH; * → β-Dioxim.
3	α-Benzilmonoxim	$C_6H_5 \cdot CO \cdot C(:N \cdot OH) \cdot C_6H_5$	VII 757	225.23	—	137—8	Z.* > 200	Blätt. (verd. A.); ll. in A., Ä., Chlf., swl. in Lsg.; * → Benzoesäure u. Benzonitril; Komplexsalze mit Metallen.
4	β-Benzilmonoxim	$C_6H_5 \cdot CO \cdot C(:N \cdot OH) \cdot C_6H_5$	VII 758	225.23	—	113—4	Z.*	Nadeln + ½ C_6H_6 (Bzl.), F: 70°; swl. in W., ll. in A., Ä., wl. in Lg.; * → Benzoesäure u. Benzonitril; keine Komplexsalze mit Metallen.
5	anti-Benzilosazon	$C_6H_5 \cdot C(=N \cdot NH \cdot C_6H_5)—C(=N \cdot NH \cdot C_6H_5) \cdot C_6H_5$	XV 174	390.46	—	225	Z.	Nadeln; wl. in A., Ä., ll. in Bzl., h. Chlf.
6	syn-Benzil-osazon	$C_6H_5 \cdot C(=N \cdot NH \cdot C_6H_5)—C(=N \cdot NH \cdot C_6H_5) \cdot C_6H_5$	XV 173	390.46	—	205—10	—	Gelbe Nadeln (Bzl. + A.); wl. in k. A., l. in Ä., ll. in Bzl.
7	Benzilsäure	$(C_6H_5)_2C(OH) \cdot CO_2H$	X 342	228.23	—	150	Z. 180	Nadeln (W.); wl. in k. W., ll. in h. W., A., Ä.; l. in H_2SO_4 rot; schmeckt bitter.
8	Benzimidazol	$C_6H_4<(N=CH)(NH)>$	XXIII 131	118.13	—	170	> 360	Kryst. (A.); wl. in k. W., sll. in A., wl. in Ä.; $Cu(C_7H_5N_2)_2$ ziegelrot.
9	Benzimidazolon	$C_6H_4<(NH)(NH)>CO$	XXIV 116	134.13	—	310	—	Blätt. (W. od. A.); wl. in W., ll. in A.; ll. in NaOH, unl. in verd. Säuren.

1	1.2-Benzo-anthrachinon	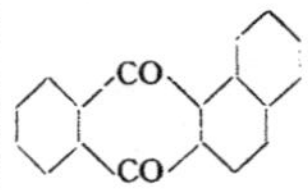	VII 826	258.26	—	168	subl.	Gelbe Prismen; unl. in W., wl. in A., Ä., ll. in Bzl. u. Chlf.; Farbst.
2	5.6-Benzo-chinaldin	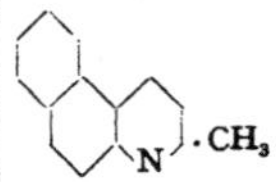	XX 471	193.23	—	82	> 300	Nadeln (verd. A.), Tafeln (Ä.); wl. in W., ll. in A., Ä.
3	5.6-Benzo-chinolin	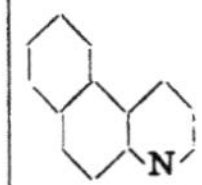	XX 464	179.21	—	93.5	350/721	Blätt. (W.); swl. in W., ll. in A., Ä.; Pikrat F: 251—252°.
4	7.8-Benzo-chinolin	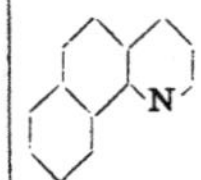	XX 463	179.21	—	52	338/719	Blätt. (A.); unl. in W., ll. in A., Ä.; Hydrochlorid F: 213°.
5	Benzoesäure	$C_6H_5 \cdot CO_2H$	IX 92	122.12	1.2659^{15}	121.7	249	Nadeln od. Blätter; subl. bei 100°; 0.16 W. 0°, 0.27 W. 17°, 2.19 W. 75°; 46.71 A. 15°, 31.34 Ä. 15°; Verbrennungswärme s. S. 717.
6	—— Ca-Salz	$Ca(C_7H_5O_2)_2 + 3\,H_2O$	IX 107	336.34	1.44	—	—	Nadeln; 2.24 W. 0°, 6.87 W. 80°.
7	—— Na-Salz	$NaC_7H_5O_2 + H_2O$	IX 107	162.12	—	—	—	Prismen; 61.17 W. 25°, 7.7 90%ig. A.; verwittert.
8	Benzoesäure-äthylester	$C_6H_5 \cdot CO_2 \cdot C_2H_5$	IX 110	150.17	1.0509^{15}	—34.2	212.9	Fl.; 0.1 W. 60°, l. in A., Ä.
9	Benzoesäure-anhydrid	$(C_6H_5 \cdot CO)_2O$	IX 164	226.22	1.1989^{15}	42	360	Prismen (Ä.); swl. in W., l. in A., Ä.
10	Benzoesäure-benzylester	$C_6H_5 \cdot CO_2 \cdot CH_2 \cdot C_6H_5$	IX 121	212.23	$1.122^{19}_{(fl.)}$	21	323—4	Nadeln od. Blätt.; unl. in W., l. in A., Ä.
11	Benzoesäure-methylester	$C_6H_5 \cdot CO_2 \cdot CH_3$	IX 109	136.14	1.0937^{15}	—12.5	199.5	Fl.; unl. in W., l. in A., Ä.
12	Benzoesäure-phenylester	$C_6H_5 \cdot CO_2 \cdot C_6H_5$	IX 116	198.21	—	70	298—9	Prismen (A. + Ä.); unl. in W., 8.8 A. 21°, ll. in Ä.

31212 (Fortsetzung).

Nr.	Name	Formel	BZ	MG	D	F	Kp	Charakteristik
1	Benzoesäure-o-sulfamid	$H_2N \cdot SO_2 \cdot C_6H_4 \cdot CO_2H$	XI 376	201.19	—	165—7	—	Tafeln (W.), Nadeln + $^1/_2$ H_2O (W.); ll. in W., A., Ä.; Erhitzen teilweise → Saccharin.
2	Benzoesäure-p-sulfamid	$H_2N \cdot SO_2 \cdot C_6H_4 \cdot CO_2H$	XI 390	201.19	—	Z. 280	—	Prismen (W.); unl. in k. W., wl. in h. W., ll. in A., swl. in Bzl.
3	Benzoesäure-sulfonsäure s. Sulfobenzoesäure							
4	Benzofulven	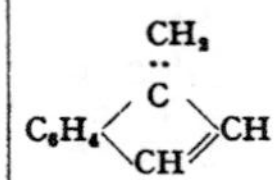	E V 265	128.16	—	37	95/17	Grüngelbe Blätt.; riecht naphthalinart.; sehr flüchtig.
5	Benzofuran s. Cumaron							
6	Benzoin	$C_6H_5 \cdot CH(OH) \cdot CO \cdot C_6H_5$	VIII 167	212.23	1.079^{134}	133	343/768	Säulen (A.); 0.03 W. 25°, l. in sd. A., wl. in Ä.
7	Benzoinäthyläther	$C_6H_5 \cdot CH(O \cdot C_2H_5) \cdot CO \cdot C_6H_5$	VIII 174	240.28	—	62	—	Nadeln (Lg.); ll. in A., Ä., Bzl.
8	Benzol	C_6H_6	V 179	78.11	0.8786^{20}	5.49	80.12	Charakterist. riech. Fl.; 0.07 W. 22°, 0.185 W. 30°, ∞ A., Ä., Aceton, Toluol; V. in Erdölen, Steinkohlenteer; Verwend. als Lösungs- u. Extraktionsm., als Brennstoff; Dämpfe bewirken Kopfschmerzen, Ohrensausen, Vergiftungen.
9	Benzoldiazoniumchlorid	$C_6H_5 \cdot N(\vdots N) \cdot Cl$	XVI 431	140.57	—	—	—	Nadeln (A. + Ä.); expl. beim Erhitzen od. dch. Schlag; sll. in W., l. in A., unl. in Ä.
10	m-Benzoldisulfonsäure	$C_6H_4(SO_3H)_2$	XI 199	238.23	—	—	—	Zerfließl. Kryst. + $2^1/_2$ H_2O (100°); Diamid F: 229°.
11	p-Benzoldisulfonsäure	$C_6H_4(SO_3H)_2$	XI 202	238.23	—	—	—	Zerfließl. Kryst.; Diamid F: 288°.

1	Benzolhexacarbonsäure (Mellitsäure)	$C_6(CO_2H)_6$	IX 1008	342.17	—	288+	Z.*	Nadeln (A.); ll. in W., l. in A.; + im geschl. Rohr; * → Dianhydrid d. Benzol-tetracarbonsäure-(1.2.4.5); V. im Honigstein d. Braunkohlenlager.
2	α-Benzolhexachlorid	ClHC<(CHCl · CHCl)(CHCl · CHCl)>CHCl	V 23	290.85	1.87^{20}	157	218/348	Kryst.; unl. in W., l. in A., Ä., 4.38 Chlf. 15°, 6.5 Bzl. 18°; + alkoh. KOH → 1.2.4-Trichlor-benzol, etwas 1.2.3- u. 1.3.5-Trichlor-benzol u. HCl.
3	β-Benzolhexachlorid	$C_6H_6Cl_6$	V 23	290.85	1.89^{19}	297	subl.	Kryst.; unl. in W., wl. in A., 0.13 Chlf., 1 Bzl. 22°; beständiger als die α-Verb.
4	γ-Benzolhexachlorid	$C_6H_6Cl_6$	E V 8	290.85	—	112—3	—	Nadeln (Ä.); unl. in W.; + alkoh. KOH → 1.2.4-Trichlor-benzol, 1.3.5-Trichlor-benzol, wenig 1.2.3-Trichlor-benzol u. HCl.
5	δ-Benzolhexachlorid	$C_6H_6Cl_6$	E V 8	270.85	—	129—32	—	Kryst. (A.); unl. in W., l. in A., ll. in Ä.
6	Benzolpentacarbonsäure	$C_6H(CO_2H)_5$	IX 1006	298.16	—	238	—	Nadeln + 5 H_2O; ll. in h. W., l. in A., wl. in Ä.
7	Benzolsulfamid	$C_6H_5 \cdot SO_2 \cdot NH_2$	XVI 39	157.18	—	150 (156)	—	Nadeln (W.), Blätt. (A.); 0.43 W. 16°, ll. in h. A., Ä.
8	Benzolsulfanilid	$C_6H_5 \cdot SO_2 \cdot NH \cdot C_6H_5$	XII 565	233.27	—	110	—	Prismen (A.); wl. in W., ll. in A., Ä.
9	Benzolsulfinsäure	$C_6H_5 \cdot SO_2H$	XI 2	142.17	—	83—4	Z.* > 100	Prismen (W.); wl. in k., ll. in h. W., A., Ä.; * → Benzolsulfonsäure u. Diphenyldisulfoxyd.
10	Benzolsulfochlorid	$C_6H_5 \cdot SO_2Cl$	XI 34	176.62	1.378^{23}	14.5	119/15	Kryst.; unl. in W., ll. in A.
11	Benzolsulfonsäure	$C_6H_5 \cdot SO_3H$	XI 26	158.17	—	50—51	135—7/ Vak.	Nadeln + 1.5 (2) H_2O F: 43—44°; sll. in W., A., unl. in Ä., wl. in Bzl.
12	Benzol-tetracarbonsäure-(1.2.3.4) (Mellophansäure)	$C_6H_2(CO_2H)_4$	IX 997	254.15	—	241 (Z.)	—	Prismen (verd. HCl); ll. in W., wl. in A., Ä.; Tetramethylester F: 133—135°.

31212 (Fortsetzung).

Nr.	Name	Formel	BZ	MG	D	F	Kp	Charakteristik
1	Benzol-tetracarbonsäure-(1.2.3.5) (Prehnitsäure)	$C_6H_2(CO_2H)_4$	IX 997	254.15	—	252 (Z.)	—	Prismen + 2 H_2O (W.); l. in W., Ä.; Tetramethylester F: 108 bis 109°.
2	Benzol-tetracarbonsäure-(1.2.4.5) (Pyromellitsäure)	$C_6H_2(CO_2H)_4$	IX 997	254.15	—	275*	*	Tafeln + 2 H_2O (W.); 1.42 W. 16°, ll. in A.; * → Dianhydrid F: 286°.
3	Benzol-tricarbonsäure-(1.2.3) (Hemimellitsäure)	$C_6H_3(CO_2H)_3$	IX 976	210.14	—	190*	—	Tafeln + 2 H_2O (W.); 3.15 W. 19°, ll. in h. W., l. in Ä.; * → Anhydrid F: 196°.
4	Benzol-tricarbonsäure-(1.2.4) (Trimellitsäure)	$C_6H_3(CO_2H)_3$	IX 977	210.14	—	221*	—	Nadeln (W.); l. in W., Ä.; * → Anhydrid F: 158°.
5	Benzol-tricarbonsäure-(1.3.5) (Trimesinsäure)	$C_6H_3(CO_2H)_3$	IX 978	210.14	—	380	subl.	Prismen (W.); 0.38 W. 16°, 2.69 W. 23°, ll. in A., l. in Ä.
6	Benzol-trisulfonsäure-(1.3.5)	$C_6H_3(SO_3H)_3$	XI 227	318.29	—	Z. > 100	—	Wasserhalt., zerfließl. Nadeln; l. in W.: Trichlorid F: 184°.
7	Benzonitril	$C_6H_5 \cdot CN$	IX 275	103.12	1.0051^{20}	—13	191.3	Fl.; 1 sd. W., ∞ A., Ä.; riecht nach Bittermandelöl; giftig.
8	Benzopersäure	$C_6H_5 \cdot CO \cdot O \cdot OH$	IX 178	138.12	—	41—43	97—110/13—15	Blätter (Bzn.); wl. in W., l. in A., Ä.; sehr flücht., riecht stechend; flücht. mit Dampf; starkes Oxydationsm.
9	Benzophenon	$C_6H_5 \cdot CO \cdot C_6H_5$	VII 410	182.21	1.1108^{18}	a) 48 b) 26	306	a) rhomb. Prismen (A. od. Ä.); b) monokline Kryst. (Schmelze); unl. in W., 16.95 97%ig A. 18°, 24.7 Ä. 13°.
10	Benzophenoncarbonsäure s. Benzoylbenzoesäure							

1	Benzophenon-dicarbon-säure-(2.2′)	$CO(C_6H_4\cdot CO_2H)_2$	X 881	270.23	—	150—5*	—	Kryst.; wl. in k. W., l. in A., Ä.; * → Anhydroverb. $C_{15}H_8O_4$ F: 212°.
2	Benzophenon-dicarbon-säure-(4.4′)	$CO(C_6H_4\cdot CO_2H)_2$	X 883	270.23	—	> 360	—	Nadeln (A.); unl. in W., swl. in A., Ä., l. in Eg.
3	Benzophenonoxim	$(C_6H_5)_2C{:}N\cdot OH$	VII 416	197.22	—	143.5 bis 144.5	—	Kryst. (Lg.); swl. in k. W., l. in A., ll. in Ä.; l. in Alkali; zers. beim Aufbewahren.
4	Benzophenonphenyl-hydrazon	$(C_6H_5)_2C{:}N\cdot NH\cdot C_6H_5$	XV 148	272.33	—	137	—	Nadeln (A.); swl. in k. A., ll. in Ä., Bzl.
5	Benzothiazol	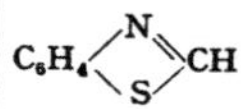	XXVII 42	135.18	> 1	—	230	Öl; swl. in W., ll. in A., CS_2; flücht. mit Dampf; riecht chinolinähnlich.
6	Benzotrichlorid	$C_6H_5\cdot CCl_3$	V 300	195.48	1.38^{14}	—5.0	213—4	Fl.; unl. in W., l. in A., Ä.; Erhitzen mit W. → Benzoesäure.
7	Benzoxazol	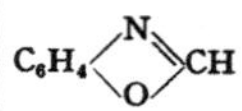	XXVII 43	119.12	—	31	183	Kryst.; unl. in W.. flücht. mit Dampf; Jodmethylat F: 183° (Z.).
8	Benzoylacetessigester	$C_6H_5\cdot CO$, $CH_3\cdot CO$ > $CH\cdot CO_2\cdot C_2H_5$	X 817	234.24	—	—	169/11 (Z.)	Öl; l. in A.; l. in Alkali; + sd. W. → Benzoylaceton, Acetophenon.
9	Benzoylaceton	$C_6H_5\cdot CO\cdot CH_2\cdot CO\cdot CH_3$	VII 680	162.18	1.090^{60}_{60}	60	260—2	Prismen; wl. in k. W., sll. in A., Ä.; ll. in NaOH; flücht. mit Dampf.
10	Benzoylacetonitril	$C_6H_5\cdot CO\cdot CH_2\cdot CN$	X 680	145.15	—	81	—	Blätt. (W.); wl. in k. W., ll. in A., Ä., sll. in Chlf.; l. in Alkali.
11	β-Benzoyl-acrylsäure	$C_6H_5\cdot CO\cdot CH{:}CH\cdot CO_2H$	X 726	176.16	—	96—97	—	Blätt. + 1 H_2O (W.), F: 65°; wl. in k. W., ll. in A., Ä.; Oxim F: 168° (Z.).
12	Benzoylameisensäure s. Phenylglyoxylsäure							
13	2-Benzoyl-benzoesäure	$C_6H_5\cdot CO\cdot C_6H_4\cdot CO_2H$	X 747	226.22	—	127	—	Prismen + 1 H_2O (W.) F: 93—94°; l. in h. W., A., Bzl.; Erhitzen → Anthrachinon; Methylester F: 52°.

31212 (Fortsetzung).

Nr.	Name	Formel	BZ	MG	D	F	Kp	Charakteristik
1	3-Benzoyl-benzoesäure	$C_6H_5\cdot CO\cdot C_6H_4\cdot CO_2H$	X 752	226.22	—	162	subl.	Nadeln (W.), Blätt. (verd. A.); swl. in k. W., ll. in A., Ä.; Methylester F: 62°.
2	4-Benzoyl-benzoesäure	$C_6H_5\cdot CO\cdot C_6H_4\cdot CO_2H$	X 753	226.22	—	194	subl.	Blätt. (W.); swl. in k. W., ll. in A., Ä., wl. in Chlf., Bzl.; Methylester F: 107°.
3	Benzoylcarbinol	$C_6H_5\cdot CO\cdot CH_2\cdot OH$	VIII 90	136.14	—	86	119/11	Tafeln (A. od. Ä.); l. in W., sll. in A., Ä., Chlf.
4	Benzoylchlorid	$C_6H_5\cdot COCl$	IX 182	140.57	1.2188^{15}	—1	197	Stechend riech. Fl.; dch. W. u. A. zers.; l. in Ä.; Benzoylierungsmittel.
5	Benzoylcyanid	$C_6H_5\cdot CO\cdot CN$	X 659	131.13	—	32—34	206—8	Tafeln; l. in Ä.
6	Benzoyldisulfid	$[C_6H_5\cdot CO\cdot S—]_2$	IX 424	274.36	—	132	Z.	Tafeln (A.); unl. in W., wl. in sd. A., sd. Ä., zll. in sd. CS_2.
7	Benzoylessigsäure	$C_6H_5\cdot CO\cdot CH_2\cdot CO_2H$	X 672	164.15	—	103—4 (Z.*)	—	Nadeln (Bzl. + PÄ.); l. in h. W., ll. in A., Ä.; * → CO_2 u. Acetophenon; + $FeCl_3$ violette Färb.
8	—— äthylester	$C_6H_5\cdot CO\cdot CH_2\cdot CO_2\cdot C_2H_5$	X 674	192.20	1.111^{25}	—	265—70 (Z.)	Angenehm riech. Fl.; wl. in W., ll. in A., Ä.; flücht. mit Dampf.
9	—— methylester	$C_6H_5\cdot CO\cdot CH_2\cdot CO_2\cdot CH_3$	X 673	178.18	1.173^{0}	—	152/15	Ambrafarbene Fl.
10	Benzoylglycin s. Hippursäure							
11	Benzoylhydrazin s. Benzhydrazid							
12	Benzoylperoxyd	$C_6H_5\cdot CO\cdot O\cdot O\cdot CO\cdot C_6H_5$	IX 179	242.22	—	104—5	—	Kryst. (Ä.); swl. in W., wl. in k. A., l. in Ä., 2.53 CS_2 15°; verpufft beim Erhitzen.
13	N-Benzoyl-piperidin	$C_6H_5\cdot CO\cdot NC_5H_{10}$	XX 46	189.25	—	48	320—1	Kryst.; l. in A.
14	β-Benzoyl-propionsäure	$C_6H_5\cdot CO\cdot CH_2\cdot CH_2\cdot CO_2H$	X 696	178.18	—	116	—	Nadeln od. Blätt. (W.); wl. in k. W., ll. in h. W., A., Ä., Chlf., Bzl.

1	α-Benzpinakolin	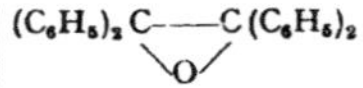	XVII 94	348.42	—	208	Z.*	Nadeln (Chlf. + A.); unl. in W., k. A., l. in Ä., ll. in Bzl.; * → 4-Benzoyl-triphenylmethan u. a.
2	β-Benzpinakolin	$(C_6H_5)_3C\cdot CO\cdot C_6H_5$	VII 544	348.42	—	182	Z.*	Nadeln (A.); unl. in W., wl. in k. A., 1.2 sd. 95%ig. A., l. in Ä., ll. in Chlf., Bzl.; * → Hauptprod.: Triphenylmethan.
3	Benztriazol	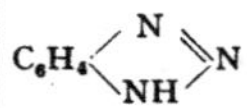	XXVI 38	119.12	—	98.5	—	Nadeln (Chlf.); unl. in W., l. in A., Bzl.
4	Benzyläther s. Dibenzyläther							
5	Benzylalkohol	$C_6H_5\cdot CH_2\cdot OH$	VI 428	108.13	1.0427^{19}	—15.3	205.2	Fl.; 4 W. 17°, 66.7 50%ig. A., ∞ A., Ä.; wirkt lokal anästhesierend; V. in äther. Ölen; Phenylurethan F: 78°.
6	Benzylamin	$C_6H_5\cdot CH_2\cdot NH_2$	XII 1013	107.15	0.9826^{19}	—	184.5	Charakterist. riech. Fl.; ∞ W., A., Ä.; Acetylderiv. F: 60—61°; Benzoylderiv. F: 105—106°.
7	Benzylanilin	$C_6H_5\cdot CH_2\cdot NH\cdot C_6H_5$	XII 1023	183.24	$1.0619^{25}_{(fl.)}$	36.0	306—7	Prismen (Me.); unl. in W., l. in A.
8	Benzylazid	$C_6H_5\cdot CH_2\cdot N_3$	V 350	133.15	1.065^{25}	—	108/23	Öl; unl. in W., ∞ A., Ä.; flücht. mit Dampf; expl. beim Erhitzen.
9	2-Benzyl-benzoesäure	$C_6H_5\cdot CH_2\cdot C_6H_4\cdot CO_2H$	IX 676	212.23	—	114	subl.	Nadeln (verd. A.); wl. in k. W., l. in A., Ä., Chlf.
10	4-Benzyl-benzoesäure	$C_6H_5\cdot CH_2\cdot C_6H_4\cdot CO_2H$	IX 677	212.23	—	157—8	subl.	Nadeln (W.); wl. in k. W., l. in A., Ä., Chlf.
11	Benzylbromid	$C_6H_5\cdot CH_2Br$	V 306	171.04	1.443^{17}	—3.9	198—9	Fl.; unl. in W., ∞ A., Ä.; Dampf reizt zu Tränen.
12	Benzylchlorid	$C_6H_5\cdot CH_2Cl$	V 292	126.58	1.1027^{18}	—39.0	179.4	Stark riech. Fl.; unl. in k. W., ∞ A., Ä.; + sd. W. → Benzylalkohol; Dampf reizt zu Tränen.

31212 (Fortsetzung).

Nr.	Name	Formel	BZ	MG	D	F	Kp	Charakteristik
1	Benzylcyanid	$C_6H_5 \cdot CH_2 \cdot CN$	IX 441	117.14	1.016^{20}	—24.6	233—4	Fl.; l. in A., Ä.
2	Benzylharnstoff	$C_6H_5 \cdot CH_2 \cdot NH \cdot CO \cdot NH_2$	XII 1050	150.17	—	147	Z.* 200	Nadeln (A.); 1.7 W. 45°, 0.05 Ä. 22°, 0.05 Bzl. 44°; * → NH_3, N.N'-Dibenzyl-harnstoff.
3	Benzylhydrazin	$C_6H_5 \cdot CH_2 \cdot NH \cdot NH_2$	XV 531	122.16	—	—	103/41	Charakterist. riech. Öl; ∞ W., A., Ä.; Dest. → Dibenzyl u. N_2.
4	α-Benzyl-hydroxylamin	$C_6H_5 \cdot CH_2 \cdot O \cdot NH_2$	VI 440	123.15	—	—	118-19/30	Öl; l. in Ä.; flücht. mit Dampf.
5	β-Benzyl-hydroxylamin	$C_6H_5 \cdot CH_2 \cdot NH \cdot OH$	XV 17	123.15	—	57	—	Nadeln (PÄ.); l. in W.; $C_7H_9ON + HCl$ F: 110°.
6	Benzyljodid	$C_6H_5 \cdot CH_2J$	V 314	218.04	1.733^{25}	24	93/11	Kryst.; unl. in W., l. in A., Ä., Bzl; Dampf reizt zu Tränen.
7	Benzylmercaptan	$C_6H_5 \cdot CH_2 \cdot SH$	VI 453	124.19	1.058^{20}	—	194—5	Lauchartig riech. Fl.; l. in Eg.; an d. Luft Oxyd. zu Dibenzyl-disulfid.
8	1-Benzyl-naphthalin	$C_{10}H_7 \cdot CH_2 \cdot C_6H_5$	V 689	218.28	1.166^{17}	59	350	Blätt. (A.); unl. in W., 1.66 A. 15°, 3.33 sd. A., 50 k. Ä.
9	2-Benzyl-naphthalin	$C_{10}H_7 \cdot CH_2 \cdot C_6H_5$	V 690	218.28	1.176^{0}	35.5	350	Prismen (A.); unl. in W., 2.27 A. 15°, ll. in sd. A., Bzl.
10	Benzylrhodanid	$C_6H_5 \cdot CH_2 \cdot S \cdot CN$	VI 460	149.20	—	43	230—5 (Z.)	Prismen; unl. in W., l. in A., Ä.; riecht nach Kresse, schmeckt brennend.
11	Benzylsenföl	$C_6H_5 \cdot CH_2 \cdot N{:}CS$	XII 1059.	149.20	1.1246^{15}	—	243	Fl.; unl. in W.; V. im äther. Öl von Kresse.
12	Benzylsulfid s. Dibenzyl-sulfid							

1	Berberin	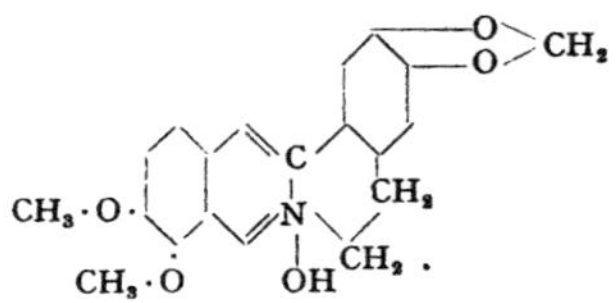	XXVII 496	353.36	—	145	—	Gelbe Nadeln (Ä.), l. in W., A., swl. in Ä., wl. in Chlf.; therapeut. Verwend. bei Blutungen.
2	Bernsteinsäure	$HO_2C \cdot CH_2 \cdot CH_2 \cdot CO_2H$	II 601	118.09	1.564^{15}	185	235*	Prismen; 6.84 W. 20°, 60.37 W. 75°, 7.54 A. 15°, 0.35 Ä. 15°: V. im Bernstein; *Anhydridbildung.
3	Bernsteinsäure ... s. a. Succin ...							
4	Bernsteinsäureanhydrid	H_2C—CH_2 / $OC \cdot O \cdot CO$	XVII 407	100.07	1.503	120	261	Nadeln (A.); wl. in A., swl. in Ä., l. in Chlf.
5	Bernsteinsäurediäthylester	$C_2H_5 \cdot O_2C \cdot [CH_2]_2 \cdot CO_2 \cdot C_2H_5$	II 609	174.19	1.0402^{20}	—20.8	217.7	Fl.
6	Bernsteinsäuredimethylester	$CH_3 \cdot O_2C \cdot [CH_2]_2 \cdot CO_2 \cdot CH_3$	II 609	146.14	1.1208^{20}	19.5	195	Kryst.
7	Bernsteinsäuredinitril	$NC \cdot CH_2 \cdot CH_2 \cdot CN$	II 615	80.09	0.9686^{84}	54.5	265—7	Kryst.; ll. in W., A., wl. in Ä., CS_2.
8	Betain	$(CH_3)_3N$—CH_2 / O—CO	IV 346	117.14	—	293 (Z.)	—	Blätt. u. Prismen (A.): Kryst. + 1 H_2O (verd. A.); 157 W. 19°, 8.59 A. 18°, swl. in Ä.: bei 300° teilweise → Dimethylaminoessigsäuremethylester.
9	Biguanid	$[H_2N \cdot C(:NH)]_2NH$	III 93	101.11	—	130	—	Prismen (A.); sll. in W., ll. in A., Ä.; $C_2H_7N_5$ + HCl F: 235°.
10	Bilirubin	$C_{33}H_{36}O_6N_4$	—	584.64	—	—	—	Rote Kryst.; unl. in W., wl. in A., swl. in Ä.; l. in Alkali; V. in d. Galle.
11	Biliverdinsäure	$HO_2C \cdot CH_2 \cdot CH_2$ C═══C·CH_3 / OC·NH·CO	XXII 333	183.16	—	114	Z.*	Nadeln (W.); 4 k. W., ll. in h. W., h. A., 6 Ä.; *CO_2-Abspalt.

31212 (Fortsetzung).

Nr.	Name	Formel	BZ	MG	D	F	Kp	Charakteristik
1	4.4'-Bis-diäthylamino-triphenylcarbinol	$C_6H_5 \cdot C(OH)[C_6H_4 \cdot N(C_2H_5)_2]_2$	XIII 746	402.55	—	—	—	Wl. in W., ll. in A. grün; Brillantgrün $[C_{27}H_{33}N_2]HSO_4$: goldglänzende Kryst., ll. in h. W., A. smaragdgrün.
2	4.4'-Bis-dimethylamino-benzhydrol	$[(CH_3)_2N \cdot C_6H_4]_2CH \cdot OH$	XIII 698	270.36	—	96	—	Prismen (Bzl.); unl. in W., ll. in h. A., Ä., Bzl., h. Eg.; Lsgg. in A. u. Eg. sind blau; Verwend. zur Herst. von Triphenylmethanfarbst.
3	4.4'-Bis-dimethylamino-benzhydrylamin	$[(CH_3)_2N \cdot C_6H_4]_2CH \cdot NH_2$	XIII 307	269.37	—	135	—	Kryst. (A.); swl. in W., wl. in A.
4	4.4'-Bis-dimethylamino-benzophenon	$[(CH_3)_2N \cdot C_6H_4]_2CO$	XIV 89	268.34	—	174	> 360 Z.	Blättchen (A.); 0.04 W. 20°, l. in A., wl. in Ä., ll. in h. Bzl.; Verwend. zur Herst. von Di- u. Triphenylmethanfarbst.
5	4.4'-Bis-dimethylamino-diphenylmethan	$[(CH_3)_2N \cdot C_6H_4]_2CH_2$	XIII 239	254.36	—	91	390	Blättchen od. Tafeln (A. od. Lg.); wl. in k. A., ll. in Ä., Bzl., CS_2; + Ozon in A. violette Färb.; Verwend. zur Herst. v. Farbst.
6	4.4'-Bis-dimethylamino-triphenylcarbinol	$C_6H_5 \cdot C(OH)[C_6H_4 \cdot N(CH_3)_2]_2$	XIII 743	346.45	—	107	Z. 200	Farblose Kryst. (Ä. od. Bzl.); l. in A., Ä.; Malachitgrün ($2[C_{23}H_{25}N_2]C_2HO_4 + C_2H_2O_4$ oder $3[C_{23}H_{25}N_2]Cl + 2ZnCl_2 + 2H_2O$) grüne Kryst.; l. in W., A.
7	4.4'-Bis-dimethylamino-triphenylmethan (Leukomalachitgrün)	$C_6H_5 \cdot CH[C_6H_4 \cdot N(CH_3)_2]_2$	XIII 275	330.45	—	102	—	Nadeln (Bzl.); Blätter (A.) F: 93—94°; unl. in W., l. in A., ll. in Ä., Bzl., wl. in Lg.

1	Biuret	$H_2N \cdot CO \cdot NH \cdot CO \cdot NH_2$	III 70	103.08	—	193 (Z.)	—	Nadeln + H_2O (W.); Blätt. (A.); 1.5 W. 15°, 45 sd. W.; gibt mit einigen Tropfen $CuSO_4$-Lsg. u. überschüss. NaOH zwiebelrote Färb. („Biuret-Rk.“).
2	Bleitetraäthyl	$(C_2H_5)_4Pb$	IV 639	323.45	1.6528^{20}	—	etwa 200 (Z.)	Fl.; unl. in W., ∞ Ä.; flücht. mit Dampf; giftig; Verwend. als Antiklopfmittel.
3	Bleitetramethyl	$(CH_3)_4Pb$	IV 639	267.34	1.9952^{20}	—27.5	110	Fl.; unl. in W., ll. in A., Ä.; giftig,
4	Bleitetraphenyl	$(C_6H_5)_4Pb$	XVI 917	515.61	1.530^{20}	227.7	Z. 270	Nadeln (Bzl.); unl. in W., 0.1 A. 30°, 1.7 Bzl. 30°, 1.9 Chlf. 30°.
5	d-Borneol	$H_2C \cdot C(CH_3)$—$CH \cdot OH$ $\dot{C}(CH_3)_2$ $H_2C \cdot \dot{C}H$ —— CH_2	VI 73	154.24	1.011	208	212	Tafeln (PÄ.); swl. in W., ll. in A., Ä., etwa 25 Bzl. 20°; subl.; $[\alpha]_D$: + 37° (A.); riecht wie Campher u. Pfeffer; schmeckt brennend; V. in äther. Ölen; Acetat F: 29°.
6	d-Bornylamin	$H_2C \cdot C(CH_3)$—$CH \cdot NH_2$ $\dot{C}(CH_3)_2$ $H_2C \cdot \dot{C}H$ —— CH_2	XII 45	153.26	—	163	subl.	Kryst.; unl. in W., ll. in A., Ä.; $[\alpha_D]$: + 47.2° (A.).
7	Bornylchlorid	$H_2C \cdot C(CH_3)$—$CHCl$ $\dot{C}(CH_3)_2$ $H_2C \cdot \dot{C}H$ —— CH_2	V 94	172.69	—	132—3	207—8	Blätter; unl. in W., ll. in A., l. in Ä., $[\alpha]_D$: ± 34° (Aceton); sehr flüchtig; riecht wie Campher, schmeckt gewürzhaft.
8	l-Bornylen	$H_2C \cdot C(CH_3)$—CH $\dot{C}(CH_3)_2$ ‖ $H_2C \cdot \dot{C}H$ —— CH	V 155	136.22	—	113	146/750	Kryst. (Me.); l. in A., Bzl.; $[\alpha]_D^{20}$: —22.3° (Bzl.); sehr flüchtig.
9	Bortriäthyl	$(C_2H_5)_3B$	IV 641	98.00	0.6931^{23}	—92.9	95	Scharf riech. Fl.; swl. in W.; selbstentzündlich.

31212 (Fortsetzung).

Nr.	Name	Formel	BZ	MG	D	F	Kp	Charakteristik
1	Bortrimethyl	$(CH_3)_3B$	IV 641	55.92	2.536 g/L	— 161.5	— 20	Gas von stechendem Geruch; swl. in W.; selbstentzündlich.
2	Bortriphenyl	$(C_6H_5)_3B$	—	242.12	—	136	203/15	Säulen (Ä.); l. in Ä., ll. in Bzl.; raucht an d. Luft; leicht oxydierbar.
3	Brasilein	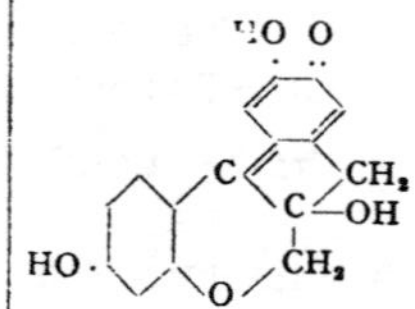	XVIII 194	284.25	—	—	—	Rotbraune Tafeln + 1 H_2O; swl. in k. W., A.; l. in Alkali rot.
4	Brasilin	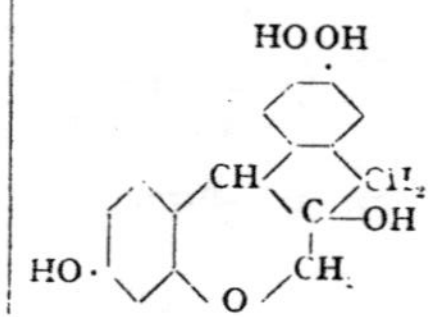	XVII 194	286.27	—	Z. > 130	—	Gelbe Kryst. + 1 od. $1^1/_2$ H_2O (W.); l. in W., A., Ä.; V. im Rotholz.
5	Brassidinsäure	$CH_3\cdot[CH_2]_7\cdot CH:CH\cdot[CH_2]_{11}\cdot CO_2H$	II 474	338.55	0.8585^{57}	65—6	282/30	Blätt. (A.); wl. in W., swl. in k. A., wl. in Ä.; Amid F: 94°.
6	Brenzcatechin	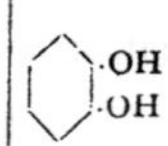	VI 759	110.11	1.344	105	240	Nadeln (W.), Blätt. (Bzl.); 45.14 W. 20°, l. in A., Ä.; flücht. mit Dampf; + $FeCl_3$ grüne Färb.; giftig.
7	Brenzschleimsäure	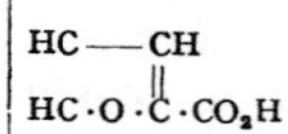	XVIII 272	112.08	—	133—4	230—2	Blätt. (W.); 2.7 W. 0°, 3.85 W. 15°, 25 sd. W., l. in A., ll. in Ä.; + $FeCl_3$ rote Färb.

1	— äthylester	$OC_4H_3 \cdot CO_2 \cdot C_2H_5$	XVIII 275	140.13	1.1174^{21}	34	197	Blätt.; unl. in W.
2	Brenztraubensäure	$CH_3 \cdot CO \cdot CO_2H$	III 608	88.06	1.2649^{25}_{25}	13.6	165 (Z.)	Fl.; ∞ W., A., Ä.; riecht nach Essigsäure.
3	— äthylester	$CH_3 \cdot CO \cdot CO_2 \cdot C_2H_5$	III 616	116.11	1.060^{15}	—	144	Fl.; dch. W. zers.; l. in A.
4	dl-Brenzweinsäure	$HO_2C \cdot CH(CH_3) \cdot CH_2 \cdot CO_2H$	II 637	132.11	1.411	112	200 (Z.*)	Kryst.; 66.7 W. 20°, ll. in A., Ä., 0.35 Chlf. 18°; *H_2O-Abspalt.
5	Brenzweinsäureanhydrid	H_2C—$CH \cdot CH_3$, $OC \cdot O \cdot CO$	XVII 414	114.10	1.2378^{15}_{15}	36	247.4	Kryst. (Chlf.); wl. in W.
6	Bromaceton	$CH_2Br \cdot CO \cdot CH_3$	I 657	136.99	1.634^{23}	—	136.5/725	Fl.; wl. in W., ll. in A., Aceton; riecht stechend, Dampf reizt zu Tränen.
7	ω-Brom-acetophenon	$C_6H_5 \cdot CO \cdot CH_2Br$	VII 283	199.05	1.709^{15}	51	135/18	Prismen (verd. A.); ll. in A., Ä., Chlf., Bzl.; reizt zu Tränen.
8	β-Brom-äthylalkohol	$CH_2Br \cdot CH_2 \cdot OH$	I 338	124.98	1.7720^{20}	—	148 (Z.)	Fl.; l. in W., A., Ä.
9	Bromal	$CBr_3 \cdot CHO$	I 626	280.78	2.665^{25}	—	174	Fl.; l. in A., Ä.; + W. → Bromalhydrat.
10	Bromalhydrat	$CBr_3 \cdot CH(OH)_2$	I 626	298.79	2.566^{40}	53.5	Z*.	Kryst. + H_2O (W.); * → Bromal + W.
11	2-Brom-anilin	$C_6H_4Br \cdot NH_2$	XII 631	172.03	—	32	229	Kryst.; unl. in W., sll. in A.; E: 28.7°; Acetylderiv. F: 99°.
12	3-Brom-anilin	$C_6H_4Br \cdot NH_2$	XII 633	172.03	$1.5808^{20.6}$	18	251	Kryst.; l. in A.; Acetylderiv. F: 87.5°.
13	4-Brom-anilin	$C_6H_4Br \cdot NH_2$	XII 636	172.03	1.799^{18}	66.4	Z.	Kryst.; unl. in k. W., sll. in A., Ä.; Acetylderiv. F: 167—168°.
14	4-Brom-anisol	$C_6H_4Br \cdot O \cdot CH_3$	VI 199	187.04	1.494^{9}	11	215	Fl.; l. in W., A., Ä.
15	1-Brom-anthrachinon	$C_6H_4\langle(CO)_2\rangle C_6H_3Br$	VII 789	287.11	—	188	subl.	Gelbe Nadeln (Bzl.).
16	2-Brom-anthrachinon	$C_6H_4\langle(CO)_2\rangle C_6H_3Br$	VII 789	287.11	—	207	—	Gelbe Kryst. (Eg.).
17	2-Brom-benzoesäure	$C_6H_4Br \cdot CO_2H$	IX 317	201.03	1.929^{20}	150	subl.	Nadeln (W.); wl. in k. W., l. in h. W., ll. in A., Ä., Chlf.

31212 (Fortsetzung).

Nr.	Name	Formel	BZ	MG	D	F	Kp	Charakteristik
1	3-Brom-benzoesäure	$C_6H_4Br \cdot CO_2H$	IX 349	201.03	1.845^{20}	155	> 280	Nadeln; wl. in W., l. in A., Ä.
2	4-Brom-benzoesäure	$C_6H_4Br \cdot CO_2H$	IX 351	201.03	1.894^{20}	254	—	Blätt. (W.), Nadeln (Ä.); swl. in k. W., l. in A., Ä.
3	Brombenzol	C_6H_5Br	V 206	157.02	1.5219^{0}	—30.6	155.6	Fl.; 0.045 W. 30°, ll. in A., sll. in Ä.
4	p-Brom-benzolsulfonsäure	$C_6H_4Br \cdot SO_3H$	XI 57	237.08	—	102—3	155/Vak.	Zerfließl. Nadeln; Chlorid F: 75—76°; Amid F: 165°.
5	dl-Brombernsteinsäure	$HO_2C \cdot CH_2 \cdot CHBr \cdot CO_2H$	II 621	197.00	2.073	160—1	—	Kryst.; 19 W. 15°; + h. W. → Fumarsäure u. Äpfelsäure.
6	dl-α-Brom-buttersäure	$C_2H_5 \cdot CHBr \cdot CO_2H$	II 281	167.01	1.567^{20}_{20}	—4	127-8/25	Öl; etwa 7 W., l. in A.
7	—— äthylester	$C_2H_5 \cdot CHBr \cdot CO_2 \cdot C_2H_5$	II 282	195.06	1.330^{20}_{20}	—	178 (Z.)	Fl.; unl. in W., l. in A., Ä.
8	3-Brom-d-campher (α)	$C_8H_{14}\langle{}^{CO}_{CHBr}$	VII 120	231.13	1.452	76—7	274 (g. Z.)	Prismen (A.); unl. in W., 12 A. 15°, 130 A. 50°, ll. in Ä., sll. in Chlf.; $[\alpha]^{10}_{D}$: + 139° (A.).
9	α-Brom-d-campher-β-sulfonsäure	OC—$BrHC$ $\rangle C_8H_{13} \cdot SO_3H$	XI 317	311.19	—	47.5	—	Prismen + 3_2O (W.); sll. in W., ll. in A., Ä.
10	α-Brom-d-campher-π-sulfonsäure	OC—$BrHC$ $\rangle C_8H_{13} \cdot SO_3H$	XI 319	311.19	—	195—6	—	Pyramiden (W.); sll. in W., A.
11	Bromcyan	BrC⋮N oder C:NBr	III 39	105.93	—	52	61	Nadeln od. Würfel; l. in Ä.; dch. A. zers.; sehr flücht.; riecht heftig; sehr giftig.
12	4-Brom-dimethylanilin	$C_6H_4Br \cdot N(CH_3)_2$	XII 637	200.08	—	55	264	Blätt. (A.); l. in A., Ä.
13	Bromessigsäure	$CH_2Br \cdot CO_2H$	II 213	138.96	1.934^{50}_{50}	49—50	196	Kryst.; sll. in W. u. A.; erzeugt auf d. Haut Blasen.
14	—— äthylester	$CH_2Br \cdot CO_2 \cdot C_2H_5$	II 214	167.01	1.514^{13}	—	168.7	Fl.; greift Schleimhäute an.
15	Bromfumarsäure	$HO_2C \cdot CH:CBr \cdot CO_2H$	II 745	194.98	—	185—6	Z.	Blätt. (W.); l. in W., A.

1	Brommaleinsäure	$HO_2C \cdot CH:CBr \cdot CO_2H$	II 754	194.98	—	140	Z.*	Nadeln od. Prismen; ll. in W., A., Ä.; *H_2O-Abspalt.
2	1-Brom-naphthalin	$C_{10}H_7Br$	V 547	207.07	1.4865^{20}	6.2	281	Öl; unl. in W., ∞ A., Ä., Bzl.; flücht. mit Dampf.
3	2-Brom-naphthalin	$C_{10}H_7Br$	V 548	207.07	1.605^{0}	59	281—2	Blätt. (A.); unl. in W., 6 92%ig. A. 20°, ll. in Ä., Bzl.
4	2-Brom-1-nitro-benzol	$C_6H_4Br \cdot NO_2$	V 247	202.02	1.625^{80}	41—2	261	Gelbliche Kryst.; ll. in verd. A.
5	3-Brom-1-nitro-benzol	$C_6H_4Br \cdot NO_2$	V 248	202.02	1.704^{20}	56	256.5	Kryst.; wl. in W., ll. in A.
6	4-Brom-1-nitro-benzol	$C_6H_4Br \cdot NO_2$	V 248	202.02	1.563^{133}	126—7	255—6	Prismen; 1.75 k. A.
7	2-Brom-4-nitro-phenol	$O_2N \cdot C_6H_3Br \cdot OH$	VI 244	218.02	—	113—4	—	Nadeln (verd. A.); 2.2 sd. W., ll. in A., Ä.
8	4-Brom-2-nitro-phenol	$O_2N \cdot C_6H_3Br \cdot OH$	VI 243	218.02	—	89	subl.	Gelbe Nadeln od. Blätt. (A.); swl. in k. W., l. in A., ll. in Ä.; flücht. mit Dampf.
9	Bromoform	$CHBr_3$	I 68	252.77	2.8899^{20}	8.05	149.6	Tafeln; 0.319 W. 30°, ll. in A., Ä.; riecht chloroformähnl., schmeckt süßlich; wirkt anästhesierend.
10	2-Brom-phenol	$C_6H_4Br \cdot OH$	VI 197	173.02	1.5529^{80}	5.6	194—5	Öl; swl. in W., l. in A., Ä.; riecht unangenehm.
11	3-Brom-phenol	$C_6H_4Br \cdot OH$	VI 198	173.02	—	32—3	236	Blätt.; swl. in W., l. in A., Ä.
12	4-Brom-phenol	$C_6H_4Br \cdot OH$	VI 198	173.02	1.5875^{80}	63.5	235—6	Kryst. (Chlf. od. Ä.); 1.42 W. 15°, ll. in A., Ä., Eg.
13	4-Brom-phenylhydrazin	$C_6H_4Br \cdot NH \cdot NH_2$	XV 434	187.05	—	107	—	Nadeln (W. od. A.); l. in A., Ä.
14	Brompikrin	$CBr_3 \cdot NO_2$	I 77	297.77	2.811^{12}	10.5	127/118	Kryst.; unl. in W., l. in A.; flücht. mit Dampf.
15	α-Brom-propionsäure	$CH_3 \cdot CHBr \cdot CO_2H$	II 254	152.99	1.700^{20}	25.7	204 (Z.)	Prismen; ll. in W., A.
16	β-Brom-propionsäure	$CH_2Br \cdot CH_2 \cdot CO_2H$	II 256	152.99	—	62—3	141/45	Tafeln; ll. in W., A., Ä.
17	γ-Brom-propylalkohol	$CH_2Br \cdot CH_2 \cdot CH_2 \cdot OH$	I 356	139.00	1.5710^{20}	—	62/5	Fl.; 16.6 k. W., l. in A., Ä.
18	α-Brom-propylen	$CH_3 \cdot CH:CHBr$	I 200	120.99	a) 1.433^{16} b) 1.4169^{16}	a) — 113 b) —76.5	a) 57.8 b) 63.3	Fl.
19	β-Brom-propylen	$CH_3 \cdot CBr:CH_2$	I 200	120.99	1.3965^{16}	— 124.8	48.4	Fl.

31212 (Fortsetzung).

Nr.	Name	Formel	BZ	MG	D	F	Kp	Charakteristik
1	γ-Brom-propylen s. Allylbromid							
2	ω-Brom-styrol	$C_6H_5 \cdot CH:CHBr$	V 477	183.05	a) 1.4269^{16} b) 1.4266^{20}	a) 7 b) —8	a) 219 (g. Z.) b) 71/6	Fl.; unl. in W., l. in A., Ä.; riecht nach Hyazinthen.
3	2-Brom-toluol	$C_6H_4Br \cdot CH_3$	V 304	171.04	1.4222^{20}	—25.8	181	Fl.; unl. in W., l. in A.
4	3-Brom-toluol	$C_6H_4Br \cdot CH_3$	V 305	171.04	1.4099^{20}	—39.8	183.7	Fl.; unl. in W., l. in A.
5	4-Brom-toluol	$C_6H_4Br \cdot CH_3$	V 305	171.04	1.3898^{20}	28	183.6	Kryst. (A.); unl. in W., l. in A.
6	ω-Brom-toluol s. Benzylbromid							
7	Bromural	$H_2N \cdot CO \cdot NH \cdot CO \cdot CHBr \cdot CH(CH_3)_2$	III 63	223.08	—	154	subl.	Blätt. (Toluol); swl. in k. W., ll. in h. W., A., Ä.; Verwend. als Schlafmittel.
8	cis-α-Brom-zimtsäure	$C_6H_5 \cdot CH:CBr \cdot CO_2H$	IX 600	227.06	—	120—1	—	Blätt. (W.); ll. in sd. W., A., 6.9 Bzl. 19°; Amid F: 129°.
9	trans-α-Brom-zimtsäure	$C_6H_5 \cdot CH:CBr \cdot CO_2H$	IX 599	227.06	—	131—2	—	Nadeln (W.): swl. in W., ∞ A., l. in Ä., 5.2 Bzl. 20°; + Alkali → HBr-Abspalt.; Amid F: 119°.
10	cis-β-Brom-zimtsäure	$C_6H_5 \cdot CBr:CH \cdot CO_2H$	IX 598	227.06	—	159—60	—	Tafeln (A.); wl. in h. W., wl. in k. A., 0.86 Bzl. 14°.
11	trans-β-Brom-zimtsäure	$C_6H_5 \cdot CBr:CH \cdot CO_2H$	IX 597	227.06	—	135	—	Nadeln od. Blätt. (W.); wl. in h. W., ll. in A., 1.6 Bzl. 14°.
12	Brucin	$C_{23}H_{26}O_4N_2$	—	394.45	—	178	—	Prismen + 4 H_2O (A.) F: 105°; 0.1 W. 20°, 0.67 sd. W., 82.4 A. 25°, 0.8 Ä. 20°, 13.1 Chlf. 25°; sehr giftig; V. in d. Brechnuß.
13	Butadien-(1.2)	$CH_3 \cdot CH:C:CH_2$	I 249	54.09	—	—	18—9	Fl.; l. in A., Ä.; riecht knoblauchart.
14	Butadien-(1.3)	$CH_2:CH \cdot CH:CH_2$	I 249	54.09	0.650^{-6}	—	—5/713	Fl.; l. in A., Ä.; polym. beim Erhitzen zu kautschukart. Substanzen.

1	Butan	$CH_3\cdot CH_2\cdot CH_2\cdot CH_3$	I 118	58.12	2.7032 g/L	— 135	÷ 0.6	Gas; 15 cm³ W. 17°, 1920 cm³ A. 17°, 3031 cm³ Ä. 18°.
2	Buten s. Butylen							
3	Buttersäure	$C_2H_5\cdot CH_2\cdot CO_2H$	II 264	88.10	0.9599^{19}	— 4.7	162.5	Fl.; ∞ W. oberhalb — 3.8°, ∞ A., Ä.; riecht gleichzeitig essigsäureähnl. u. ranzig; B. aus Kohlenhydraten, Milchsäure, Glycerin dch. anaerobe Spaltpilze („Buttersäuregärung").
4	— äthylester	$C_2H_5\cdot CH_2\cdot CO_2\cdot C_2H_5$	II 270	116.15	0.879^{20}	— 93.3	120	Fl.; wl. in W., l. in A., Ä.; Verwend. zur Herst. künstl. Fruchtäther; alkoh. Lsg. = künstl. Ananasöl.
5	— amid	$C_2H_5\cdot CH_2\cdot CO\cdot NH_2$	II 275	87.12	1.032	115—6	216	Blätt. (Bzl.); ll. in W., l. in A.
6	— anhydrid	$(C_2H_5\cdot CH_2\cdot CO)_2O$	II 274	158.19	0.978^{16}	— 75	198.2	Fl.
7	— isoamylester	$C_2H_5\cdot CH_2\cdot CO_2\cdot CH_2\cdot CH_2$ $(CH_3)_2CH$	II 271	158.23	0.8823^{20}	—	178.6	Fl.; swl. in W., ll. in A., Ä.; riecht nach Birnen; Verwend. zur Herst. künstl. Fruchtäther.
8	— methylester	$C_2H_5\cdot CH_2\cdot CO_2\cdot CH_3$	II 270	102.13	0.898^{20}	—	102	Fl.; 1.58 W. 21°, ∞ A., Ä.; riecht nach Reinetten; Verwend. zur Herst. künstl. Fruchtäther.
9	Butylalkohol	$C_2H_5\cdot CH_2\cdot CH_2\cdot OH$	I 367	74.12	0.8098^{20}	— 79.9	117	Fl.; 7.4 W. 15°; ∞ A., Ä.; Phenylurethan F: 61°.
10	dl-sek.-Butylalkohol	$C_2H_5\cdot CH(OH)\cdot CH_3$	I 371	74.12	0.8109^{15}	—	99.5	Fl.; 12.5 W. 20°, ∞ A., Ä.
11	tert.-Butylalkohol	$(CH_3)_3C\cdot OH$	I 379	74.12	0.7887^{20}	25.5	82.6	Tafeln u. Prismen; ∞ W., A., Ä.
12	Butylamin	$C_2H_5\cdot CH_2\cdot CH_2\cdot NH_2$	IV 156	73.13	0.742^{15}	— 50.5	77.8	Ammoniakal. riech. Fl.; ∞ W.; Hydrochlorid F: 195°.
13	dl-sek.-Butylamin	$C_2H_5\cdot CH(NH_2)\cdot CH_3$	IV 161	73.13	0.7285^{15}	— 104	63	Fl.; ∞ W., A.; Chloroplatinat F: 228° (Z.).
14	tert.-Butylamin	$(CH_3)_3C\cdot NH_2$	IV 173	73.13	0.698^{15}	— 67.5	45.2	Fl.; ∞ W, A.; Nitrit F: 126—127° (Z.).
15	4-tert.-Butyl-anilin	$(CH_3)_3C\cdot C_6H_4\cdot NH_2$	XII 1166	149.23	0.937^{25}	17	238—40	Unangenehm riech. Öl; swl. in W., ∞ A., Ä.
16	Butylbromid	$C_2H_5\cdot CH_2\cdot CH_2Br$	I 119	137.03	1.2829^{15}	— 112.4	100.3	Fl.; 0.061 W. 30°.
17	sek.-Butylbromid	$C_2H_5\cdot CHBr\cdot CH_3$	I 119	137.03	1.251^{25}	— 111.9	91.3	Angenehm riech. Fl.

31212 (Fortsetzung).

Nr.	Name	Formel	BZ	MG	D	F	Kp	Charakteristik
1	tert.-Butylbromid	$(CH_3)_3CBr$	I 127	137.03	1.1892^{22}	—20.0	73.3	Fl.; bei 210—220° teilweise → Isobutylbromid.
2	sek.-Butylcarbinol s. akt. Amylalkohol							
3	tert.-Butylcarbinol	$(CH_3)_3C\cdot CH_2\cdot OH$	I 406	88.14	—	53	113	Kryst.; riecht pfefferminzart.; Phenylurethan F: 114°.
4	Butylchlorid	$C_2H_5\cdot CH_2\cdot CH_2Cl$	I 118	92.57	0.8972^{14}	—123.1	78.0	Fl.
5	sek.-Butylchlorid	$C_2H_5\cdot CHCl\cdot CH_3$	I 119	92.57	0.8732^{20}	—131.3	68.3	Äther. riech. Fl.
6	tert.-Butylchlorid	$(CH_3)_3CCl$	I 125	92.57	0.8471^{15}_{15}	—28.5	51.0	Fl.; + sd. W. → tert.-Butylalkohol.
7	α-Butylen	$C_2H_5\cdot CH:CH_2$	I 203	56.10	0.6298^{10}	<—190	—6.1	Gas.
8	β-Butylen	$CH_3\cdot CH:CH\cdot CH_3$	I 204	56.10	0.6315^{0}	a) —127 b) —	a) + 1 b) + 2.5	Gas; 2 stereoisom. Formen; l. in A.; unl. in H_2SO_4; Nitrosit F: 134°.
9	Butyljodid	$C_2H_5\cdot CH_2\cdot CH_2J$	I 123	184.03	1.614	—103.0	130.5	Fl.
10	sek.-Butyljodid	$C_2H_5\cdot CHJ\cdot CH_3$	I 123	184.03	1.595^{20}	—104.1	117—8	Fl.
11	tert.-Butyljodid	$(CH_3)_3CJ$	I 129	184.03	1.571^{0}	—33.6	98—9(Z.)	Fl.; + W. → tert.-Butylalkohol u. HJ.
12	Butyraldehyd	$C_2H_5\cdot CH_2\cdot CHO$	I 662	72.10	0.817^{20}	—97.1	74.7	Fl.; 3.7 W., ∞ A., Ä.; p-Nitro-phenylhydrazon F: 91—92°.
13	Butyraldoxim	$C_2H_5\cdot CH_2\cdot CH:N\cdot OH$	I 663	87.12	0.923^{20}	—29.5	152/715	Fl.; 10.8 W., ∞ A., Ä.
14	Butyrolacton	H_2C——CH_2 (ring) | | $H_2C\cdot O\cdot CO$	XVII 234	86.09	1.1286^{15}_{0}	—42	206	Fl.; ∞ W., ll. in A., Ä.; flücht. mit Dampf.
15	Butyronitril	$C_2H_5\cdot CH_2\cdot CN$	II 275	69.10	0.794^{20}	—112.6	117.4	Fl.; wl. in W., l. in A.
16	Butyrophenon	$C_2H_5\cdot CH_2\cdot CO\cdot C_6H_5$	VII 313	148.19	0.990^{18}	11	231/727	Fl.; unl. in W., l. in A., Ä.; Oxim F: 49°.
17	Butyrylchlorid	$C_2H_5\cdot CH_2\cdot COCl$	II 274	106.55	1.028^{20}	—89	100—1	Fl.; dch. W. zers.; l. in Ä.
18	l-**C**adinen	$C_{15}H_{24}$	V 459	204.34	0.918^{20}	—	273—5	Fl.; unl. in W., wl. in A., ll. in Ä.; $[\alpha]_D$: —116.7°: V. im Fichten- u. Kiefernnadelöl.
19	Cadmiumdiäthyl	$(C_2H_5)_2Cd$	IV 677	170.53	1.6531^{22}	—21	64/19	Fl.; dch. W. zers.; l. in A., Ä.; riecht unangenehm; raucht an d. Luft.

1	Cadmiumdimethyl	$(CH_3)_2Cd$	IV 677	142.48	1.9852^{17}	—4.5	105.5	Fl.; dch. W. zers.; l. in A., Ä.; riecht dumpf; reizt zu Tränen.
2	Calciumcyanamid s. Cyanamid, Ca-Salz							
3	Camphan	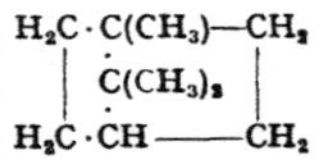	V 93	138.24	—	156—7	etwa 160	Tafeln (A.); unl. in W., l. in A., ll. in Ä.; subl.; flücht. mit Dampf.
4	Camphansäure	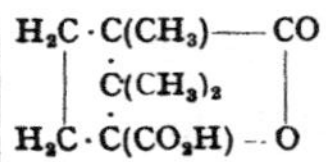	XVIII 401	198.21	—	201	Z.	Nadeln + aq; ll. in A., Ä.; Äthylester F: 63°, Kp: 195—196°.
5	dl-Camphen	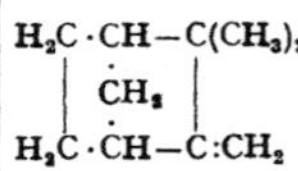	V 156	136.22	0.8223^{78}	50	160	Kryst. (A.); unl. in W., l. in A., ll. in Ä.
6	dl-Camphenilon	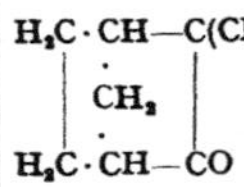	VII 71	138.20	0.971^{38}	38	192—4	Kryst.; flücht. mit Dampf; riecht nach Campher; Semicarbazon F: 224°.
7	d-Campher	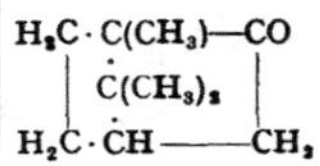	VII 101	152.22	1.000_0^0; 0.9999_9^9	178.8	204	Tafeln (Subl.); 0.15 k. W., 120 A. (D: 0.806) 12°, ll. in Ä., Bzl.; $[\alpha]_D^{20}$: + 44.3° (A., p = 9); riecht durchdringend, schmeckt scharf, etwas bitter, kühlend; Gewinn. aus Holz des Campherbaumes; Verwend. zur Herst. von Celluloid, rauchlosem Pulver, Sprengstoffen; wirkt antisept.; giftig.

31212 (Fortsetzung).

Nr.	Name	Formel	BZ	MG	D	F	Kp	Charakteristik
1	α-Campheramidsäure	$H_2C\cdot C(CH_3)(CO_2H)$ $H_2C—CH(CO\cdot NH_2)$ $>C(CH_3)_2$	IX 755	198.23	—	176—7	—	Blätt. (W.); l. in W., A., swl. in Ä.; $[\alpha]_D$: + 45° (A.).
2	[d-Campher]-chinon	$H_2C\cdot C(CH_3)\cdot CO$ $C(CH_3)_2$ $H_2C\cdot CH—CO$	VII 581	166.21	—	199	subl.	Gelbe Nadeln (W. od. verd. A.); wl. in k. W., ll. in A.; flücht. mit Dampf.
3	Campheroxalsäure	$H_2C\cdot C(CH_3)—CO$ $C(CH_3)_2$ $H_2C\cdot CH—CH\cdot CO\cdot CO_2H$	X 796	224.24	—	88	—	Prismen (Ä.); unl. in k. W., wl. in h. W., A., ll. in Ä., Bzl.; Äthylester F: 40.5°.
4	[d-Campher]-oxim	$C_8H_{14}<$ $C\cdot N\cdot OH$ CH_2	VII 112	167.24	1.011^{116}	119	249—54 (g. Z.)	Nadeln (verd. A.); unl. in W., ll. in A., Ä.; $[\alpha]_D^{20}$: —42.4° (A.).
5	d-Camphersäure	$H_2C\cdot C(CH_3)(CO_2H)$ $H_2C—CH(CO_2H)$ $>C(CH_3)_2$	IX 745	200.22	1.186	187	—	Blätt. (W.); 0.62 W. 12°, 3.2 W. 80°, ll. in A., Ä., l. in Aceton, unl. in Chlf.; $[\alpha]_D^{20}$: +47.7° (A.).
6	[d-Camphersäure]-anhydrid	$H_2C\cdot C(CH_3)—CO$ $C(CH_3)_2$ O $H_2C\cdot CH—CO$	XVII 455	182.21	1.194^{21}	221	> 270	Tafeln (Ä.); wl. in W., 0.81 95%ig A. 14°, 1.5 Ä. 14°, 5.9 Bzl. 14°; $[\alpha]_D$: —7° (Bzl.).
7	d-Camphocarbonsäure	$H_2C\cdot C(CH_3)—CO$ $C(CH_3)_2$ $H_2C\cdot CH—CH\cdot CO_2H$	X 642	196.23	—	127—8 (Z.*)	—	Prismen (W., Ä. od. verd. A.); wl. in k. W., ll. in A., Ä., Chlf., wl. in k. Bzl.; * → CO_2-Abspalt.
8	d-Campholsäure	$H_2C\cdot C(CH_3)(CO_2H)$ $H_2C—CH(CH_3)$ $>C(CH_3)_2$	IX 34	170.24	—	106	253—5	Prismen (A.); 0.02 W. 19°, 64.5 80%ig. A. 15°; $[\alpha]_D^{15}$: +49.8 (A.).

1	l-Camphoronsäure	$(CH_3)_2C\cdot C(CH_3)\cdot CH_2$ $HO_2C\ \ CO_2H\ \ CO_2H$	II 837	218.20	—	158	195 bis 210/13	Nadeln (W.); 12.5 W. 16°, 75.8 A. 16°, 7.4 Ä. 16°, wl. in Chlf., unl. in Bzl.; $[\alpha]_D^{19}$: —26.9° (W.).
2	α-Camphylamin	HC——CH_2 \ $CH\cdot CH_2\cdot CH_2\cdot NH_2$ $CH_3\cdot C\cdot C(CH_3)_2$ /	XII 40	153.26	0.8736[18]	—	194—6	Fl.; $[\alpha]_D$: +6°; Pikrat F: 194°.
3	Cantharidin	$H_2C\cdot CH\cdot C(CH_3)\cdot CO$ $O\ \ \ \ O$ $H_2C\cdot CH\cdot C(CH_3)\cdot CO$	XIX 161	196.19	—	218	subl.	Kryst. (Aceton); 0.003 k. W., 0.03 92%ig. A. 18°, 0.11 Ä. 18°, l. in Eg., konz. H_2SO_4; V. in Canthariden; zieht auf der Haut Blasen.
4	Caprinaldehyd	$CH_3\cdot[CH_2]_8\cdot CHO$	I 711	156.26	0.828[15]	—	207 bis 209/755	Angenehm riech. Fl.; V. in äther. Ölen; Oxim F: 69°.
5	Caprinsäure	$CH_3\cdot[CH_2]_8\cdot CO_2H$	II 355	172.26	0.8858[40]	31.5	268.4	Nadeln; swl. in W., ll. in A., Ä.; Amid F: 108°.
6	Capronaldehyd	$CH_3\cdot[CH_2]_4\cdot CHO$	I 688	100.15	0.834[20]	—	128	Fl.; l. in A.; Oxim F: 51°.
7	Capronamid	$CH_3\cdot[CH_2]_4\cdot CO\cdot NH_2$	II 324	115.17	0.999	101	—	Tafeln (A.); l. in h. W., A., Ä.
8	Capronitril	$CH_3\cdot[CH_2]_4\cdot CN$	II 324	97.15	0.809[20]	—79.4	163.9	Fl.; unl. in W., ll. in A., Ä.
9	Capronsäure	$CH_3\cdot[CH_2]_4\cdot CO_2H$	II 321	116.15	0.9294_{20}^{20}	—3.9	205	Öl; unl. in W.
10	Capronsäureäthylester	$CH_3\cdot[CH_2]_4\cdot CO_2\cdot C_2H_5$	II 323	144.20	0.8733[19]	—67.5	166.8	Fl.; swl. in W., l. in A., Ä.
11	Caprylaldehyd	$CH_3\cdot[CH_2]_6\cdot CHO$	I 704	128.20	0.8211[20]	—	167—70	Aromat. riech. Fl.; Verwend. zur Herst. v. künstl. Rosenöl; Oxim F: 60°.
12	Caprylsäure	$CH_3\cdot[CH_2]_6\cdot CO_2H$	II 347	144.20	0.910[20]	16	237.5	Blätt.; unl. in k. W., 0.25 sd. W., ll. in A., Ä., Bzl.; riecht schweißähnl.; Dampf reizt zum Husten.
13	Caprylsäureäthylester	$CH_3\cdot[CH_2]_6\cdot CO_2\cdot C_2H_5$	II 348	172.26	0.873[16]	—44.8	207 bis 208/753	Fl.; swl. in W., l. in A., Ä.
14	Caprylsäureamid	$CH_3\cdot[CH_2]_6\cdot CO\cdot NH_2$	II 349	143.22	—	110	> 200 (Z.)	Blätt.; 0.45 sd. W., ll. in A., Ä.
15	Carbamidsäure	$H_2N\cdot CO_2H$	III 20	61.04	—	—	—	—

31212 (Fortsetzung).

Nr.	Name	Formel	BZ	MG	D	F	Kp	Charakteristik
1	Carbamidsäure, NH_4-Salz	$H_2N \cdot CO_2NH_4$	III 20	78.07	—	—	—	Blätt. (A.); 66.6 W.; geht an d. Luft in $(NH_4)_2CO_3$, beim Erhitzen im Rohr oder in wss. Lsg. teilweise in Harnstoff über.
2	Carbamidsäureäthylester (Urethan)	$H_2N \cdot CO_2 \cdot C_2H_5$	III 22	89.09	1.0482^{60}	49.6	180	Blätt.; 35.0 W. 11°, 380.7 W. 40°, 211 A. 22°, ll. in Bzl., Chlf., swl. in Lg.
3	Carbamidsäurechlorid	$H_2N \cdot COCl$	III 31	79.49	—	etwa 50	61—2 (Z.)	Säulen; riecht heftig; + W. → CO_2 u. NH_4Cl; dch. A. zers.; beim Aufbewahren → Cyanursäure u. HCl.
4	Carbamidsäuremethylester	$H_2N \cdot CO_2 \cdot CH_3$	III 21	75.07	1.136^{56}	54	177	Tafeln; 217 W. 11°, 73 A. 15°.
5	Carbanilsäureäthylester (Phenylurethan)	$C_6H_5 \cdot NH \cdot CO_2 \cdot C_2H_5$	XII 320	165.18	1.106^{80}	52	237 (g. Z.*)	Nadeln (W.); swl. in k. W., ll. in A., Ä.; * → in Phenylisocyanat u. A.
6	Carbazid	$N_3 \cdot CO \cdot N_3$	III 130	112.06	—	—	—	Spieße (Ä.); sll. in W., A., Ä.; sehr flücht.; riecht durchdringend; expl. am Licht.
7	Carbazol	C_6H_4—C_6H_4 über NH verbunden: $C_6H_4 \diagdown NH \diagup C_6H_4$	XX 433	167.20	—	238(245)	354—5	Blätt. (Xylol); unl. in W., 0.92 A. 14°, 3.88 sd. A., 2.5 Ä. 16°, 0.7 Bzl. 16°, 5 Bzl. 50°; subl.; V. im Steinkohlenteer; Verwend. zur Herst. v. Farbst.
8	Carbohydrazid	$H_2N \cdot NH \cdot CO \cdot NH \cdot NH_2$	III 121	90.09	—	152	—	Nadeln (verd. A.); unl. in Ä., Bzl., Chlf.
9	Cardiazol	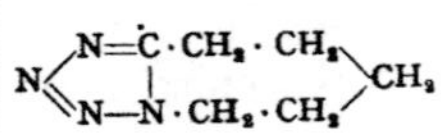	—	138.17	—	57—8	—	Kryst.; wirkt analept.

1	Carminsäure	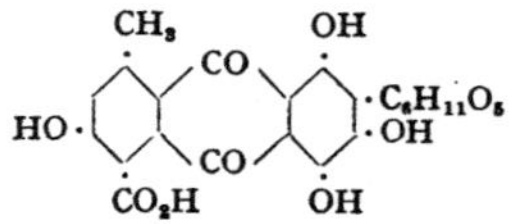	—	492.38	—	136 (Z.)	—	Rote Prismen; ll. in W., l. in A., swl. in Ä.; l. in H_2SO_4, Alkali; V. in Cochenille.
2	α-Carotin	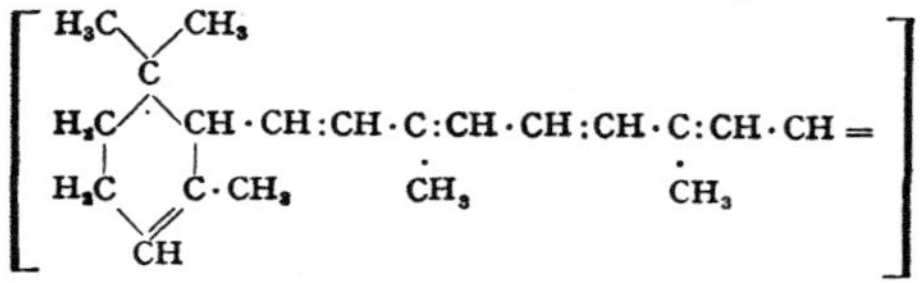		536.84	—	187	—	Rote Tafeln; Absorpt. in CS_2 bei 511, 478, 446 mμ; $[\alpha]_D$: + 380° (Bzl.); V. in grünen Blättern, gelben Rüben, Mandarinen; halb so wirksam wie β-Carotin; Provitamin A.
3	β-Carotin	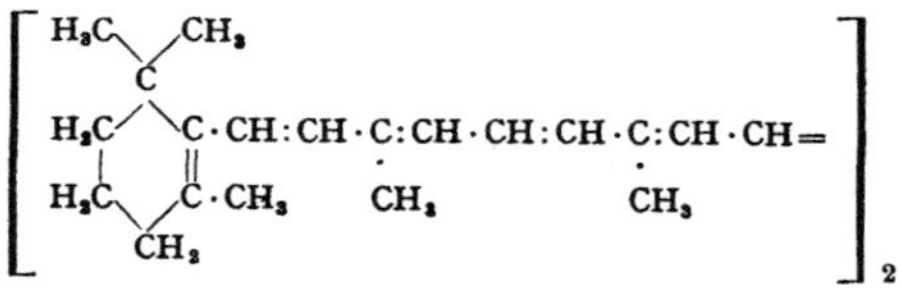		536.84	—	184	—	Rote Tafeln; Absorpt. in CS_2 bei 520, 484, 452 mμ; opt. inakt.; V. in allen chlorophyllhalt. Pflanzenteilen, Mohrrüben, Paprika; Provitamin A.
4	Carvacrol	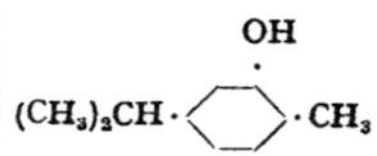	VI 527	150.21	0.976^{20}	+ 0.5	237.7	Charakterist. riech. Fl.; swl. in W., ll. in A., Ä.; l. in Alkali; flücht. mit Dampf; V. in äther. Ölen.
5	Carvacrylamin	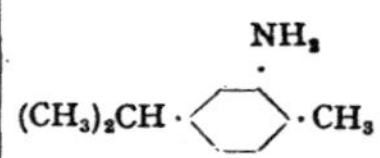	XII 1171	149.23	0.994^{20}	— 16	240—1	Öl; Hydrochlorid F: 207°.
6	Carvenon	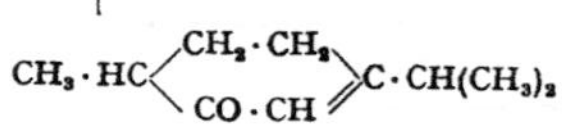	VII 78	152.22	0.9263^{20}	—	236	Fl.; unl. in W., l. in A.

31212 (Fortsetzung).

Nr.	Name	Formel	BZ	MG	D	F	Kp	Charakteristik
1	Carvomenthen	$CH_3 \cdot C$ $CH_2 \cdot CH_2$ / $CH \cdot CH_2$ $CH \cdot CH(CH_3)_2$	V 84	138.24	0.821^{21}	—	174—5	Fl.; l. in A.; Nitrosochlorid F: 95—96°.
2	d-Carvon	$CH_3 \cdot C$ $CO \cdot CH_2$ / $CH \cdot CH_2$ $CH \cdot C(CH_3){:}CH_2$	VII 153	150.21	0.9608^{20}	—	230	Fl.; 0.13 W. 18°; ∞ A., Ä.: $[\alpha]_D$: + 62°; riecht nach Kümmel; V. im Kümmelöl.
3	Caryophyllen	$C_{15}H_{24}$	V 463	204.34	0.904^{24}	—	258—9	Fl.; ll. in Ä.; $[\alpha]_D^{20}$: —9°; V. im Nelkenöl.
4	Caryophyllin	$C_{30}H_{48}O_3$	—	456.67	—	310	—	Nadeln + 2 H_2O (A.); unl. in W., 0.9 A. 20°. 3 sd. A., 1.6 Ä.; V. in Gewürznelken, Olivenblättern.
5	d-Catechin	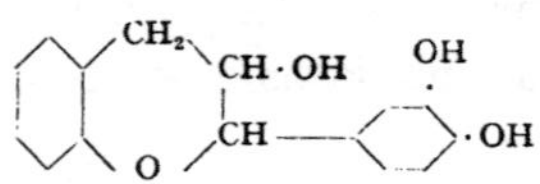	XVII 210	290.26	—	174—5	Z. > 205	Nadeln + 4 H_2O (W.) F: 96°; wl. in k. W., ll. in h. W., A., wl. in Ä., unl. in Bzl.; $[\alpha]_{578}$: + 17.1° (50 % ig. Aceton): in 96 % ig. A. inaktiv; + $FeCl_3$ grüne Färbung; V. in trop. Pflanzen.
6	Cedren	$C_{15}H_{24}$	V 460	204.34	0.937^{15}	—	263—4	Fl.; $[\alpha]_D$: —85°.
7	Cellobiose	$HO \cdot CH_2 \cdot CH \cdot [CH(OH)]_3 \cdot CH \cdot O \cdot CH \cdot [CH(OH)]_3 \cdot CH \cdot OH$; O; CH—O; $CH_2 \cdot OH$		342.29	—	225	—	Nadeln; ll. in W., swl. in A.; $[\alpha]_D$: + 22.4° → + 35.2° (W.); Spalt. → Glucose.
8	Cellulose	$[C_6H_{10}O_5]_x$	—	$[162.14]_x$	—	—	—	Faserstruktur; unl. in W., A., Ä. u. anderen organ. Lösungsmm., l. in Kupferoxydammoniak.
9	Cerotinsäure	$C_{25}H_{51} \cdot CO_2H$	II 394	396.67	0.836^{79}	78—9	—	Kryst. (Ä.); ll. in sd. A., etwa 20 sd. Ä.; V. im Bienenwachs.
10	Cetylalkohol	$CH_3 \cdot [CH_2]_{14} \cdot CH_2 \cdot OH$	I 429	242.43	0.817^{50}	49.5	189.5/15	Blätt. (A.); unl. in W., l. in A., Ä.

1	Chaulmoograsäure	$HC:CH$ / $H_2C\cdot CH_2$ $\rangle CH\cdot[CH_2]_{12}\cdot CO_2H$	IX 80	280.43	—	69	247—8/20	Blätt. (A.); unl. in W., wl. in A., ll. in Ä, Chlf.; $[\alpha]_D^{20}$: + 62° (Chlf.); V. im Chaulmoograöl.
2	Chelidonsäure	$HC\cdot CO\cdot CH$ / $HO_2C\cdot C$—O—$C\cdot CO_2H$	XVIII 490	184.10	—	262 (Z.)	Z.	Nadeln + 1 H_2O (W.); 0.98 W. 13°, 3.8 sd. W., wl. in A.; Dest.→ Pyron-(4); V. im Schöllkraut.
3	Chinasäure	$HO\cdot HC — CH_2 — C(OH)\cdot CO_2H$ / $HO\cdot HC\cdot CH(OH)\cdot CH_2$	X 535	192.16	1.637	161.6	Z.* 200	Prismen (W.); 40 W. 9°; $[\alpha]_D$: —44° (W.); *→ H_2O-Abspalt.; V. in Chinarinde.
4	Chinazolin	$C_6H_4\langle$ $CH:N$ / $N{=}CH$	XXIII 175	130.14	—	48	243	Blätt. (PÄ.); ll. in W., A., Ä.; wss. Lsg. reagiert neutral.
5	Chinhydron	$C_6H_4O_2 + C_6H_6O_2$	VII 617	218.20	1.401^{20}	171	subl.	Rotbraune Nadeln; wl. in k. W., ll. in h. W., in A., Ä. gelb; l. in NH_4OH grün.
6	Chinicin s. Chinotoxin							
7	Chinidin	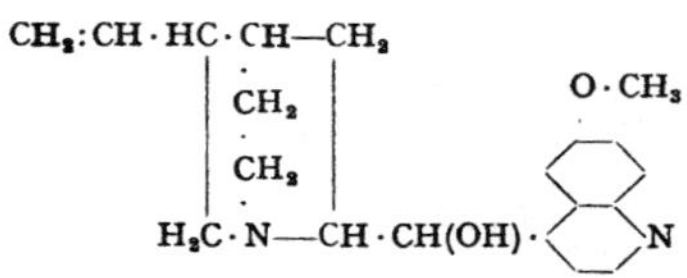	XXIII 506	324.40	—	172.5	—	Blätt. + aq (W.); 0.02 W. 20°, 2.8 A. 25°, 0.78 Ä. 20°, ll. in Chlf.; $[\alpha]_D^{17}$: + 275°(A.+ Chlf.); wirkt antipyret.
8	Chinin	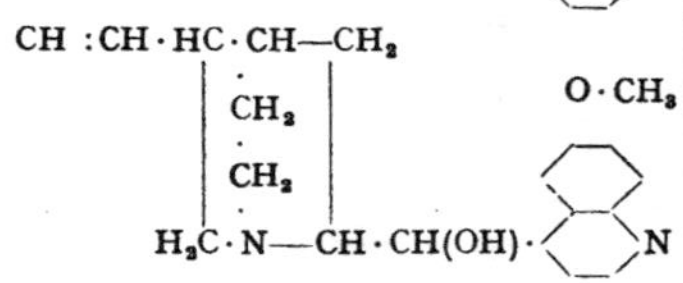	XXIII 511	324.40	—	175	subl.	Kryst. (A.); Kryst. + 3 H_2O F: 57°; 0.05 W. 15°, 0.1 sd. W., 62 A. 17°, etwa 3 Ä. 20°, 21.7 sd. Bzl.; $[\alpha]_D^{17}$: —167° (A.; c = 2); schmeckt sehr bitter; wirkt antipyret., hemmt das Herz; V. in Chinarinde.
9	— hydrochlorid	$C_{20}H_{24}O_2N_2 + HCl + 2H_2O$	XXIII 521	396.90	—	158—60	—	Nadeln; 2.5 W. 10°, 0.1 Ä., ll. in Chlf.; $[\alpha]_D^{15}$: —142.7° (W.).

31212 (Fortsetzung).

Nr.	Name	Formel	BZ	MG	D	F	Kp	Charakteristik
1	Chininjodosulfat (Herapathit)	$4\,C_{20}H_{24}O_2N_2 + 3\,H_2SO_4 + 2\,HJ + 4\,J + 6\,H_2O$	XXIII 522	2463.49	—	—	—	Grüne, goldglänzende Tafeln; dch. W. zers.; 0.12 90%ig. A. 16°; polarisiert das Licht.
2	Chininsulfat	$2\,C_{20}H_{24}O_2N_2 + H_2SO_4 + 8\,H_2O$	XXIII 522	891.01	—	—	—	Kryst. (W.); 0.13 W. 10°, wl. in A., Ä.
3	cis-Chinit	$HO\cdot HC\langle{}^{CH_2\cdot CH_2}_{CH_2\cdot CH_2}\rangle CH\cdot OH$	VI 741	116.15	—	102	subl.	Prismen (Aceton); ll. in W., A., swl. in Ä., Chlf.
4	trans-Chinit	$HO\cdot HC\langle{}^{CH_2\cdot CH_2}_{CH_2\cdot CH_2}\rangle CH\cdot OH$	VI 741	116.15	—	139	—	Tafeln (Aceton); ll. in W., A., swl. in Ä., Chlf.
5	Chinolin	$C_6H_4\langle{}^{CH:CH}_{N=CH}$	XX 339	129.15	1.0929^{20}	—15	238.0	Charakterist. riech. Fl.; wl. in k. W., ll. in h. W., ∞ A., Ä., CS_2, Aceton; flücht. mit Dampf; hygroskop.; schwache Base; giftig; V. im Steinkohlenteer.
6	Chinolin-carbonsäure-(2) (Chinaldinsäure)	$NC_9H_6\cdot CO_2H$	XXII 71	173.16	—	157	Z.	Nadeln + $2\,H_2O$ (W.); wl. in k. W., ll. in h. W., h. Bzl.; Amid F: 133°.
7	Chinolin-carbonsäure-(4) (Cinchoninsäure)	$NC_9H_6\cdot CO_2H$	XXII 74	173.16	—	253—4	—	Kryst. + aq (W.); swl. in W., A., unl. in Ä.; Amid F: 181°.
8	Chinolin-carbonsäure-(5)	$NC_9H_6\cdot CO_2H$	XXII 78	173.16	—	338—40	subl.	Kryst.; swl. in W., A., unl. in Ä.; ll. in Säuren, Alkali.
9	o-Chinon	$HC\langle{}^{CH\cdot CO}_{CH:CH}\rangle CO$	VII 600	108.09	—	Z. 60—70	—	Rote Tafeln; l. in W., A., ll. in Ä.; färbt die Haut braun.
10	p-Chinon (gewöhnl. Chinon)	$OC\langle{}^{CH:CH}_{CH:CH}\rangle CO$	VII 609	108.09	1.318	115.7	subl.	Gelbe Prismen (W.); wl. in k. W., ll. in A., Ä.; flücht. mit Dampf; Oxydationsmittel; riecht chlorähnl.; Dämpfe reizen Schleimhäute; färbt die Haut braun.

1	p-Chinon-bis-chlorimid	$ClN:C_6H_4:NCl$	VII 621	175.02	—	126 (Z.)	—	Nadeln (W.); swl. in k. W., ll. in h. A., Ä.; l. in H_2SO_4.
2	p-Chinon-chlorimid	$O:C_6H_4:NCl$	VII 619	141.56	—	86	Z.	Gelbe Kryst. (Lg.); wl. in k. W., ll. in h. W., A., Ä.; flücht. mit Dampf; l. in H_2SO_4.
3	p-Chinon-dioxim	$HO\cdot N:C_6H_4:N\cdot OH$	VII 627	138.12	—	Z. 240	—	Kryst. (W.); l. in W., A., Ä.; unl. in verd. NH_4OH.
4	Chinophthalon	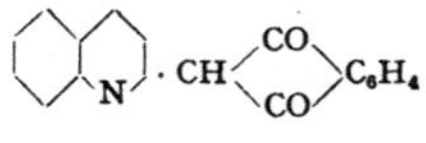	XXI 542	273.27	—	241	subl.	Gelbe Nadeln (A.); unl. in W., swl. in A., Ä., ll. in Chlf.; l. in konz. HCl u. H_2SO_4 rot; Verwend. als Farbst.
5	Chinotoxin	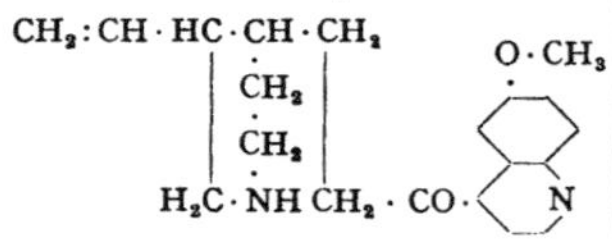	XXV 39	324.40	—	etwa 60	—	Amorph; wl. in W., ll. in A., Ä., Chlf.; $[\alpha]_D^{15}$: + 44° (Chlf.); schmeckt bitter; giftig.
6	Chinoxalin	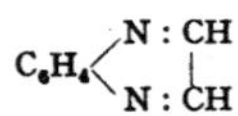	XXIII 176	130.14	1.133^{48}	30.5	229.5	Kryst., ∞ W., A., Ä.; Sulfat F: 186°.
7	Chinuclidin	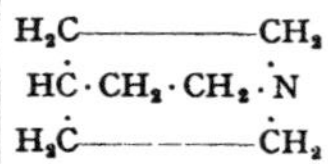	XX 144	111.18	—	158	—	Kryst.; ll. in W., A., Ä.; Pikrat F: 275—276°.
8	Chloracetal	$CH_2Cl\cdot CH(O\cdot C_2H_5)_2$	I 611	152.62	1.026^{15}	—	156.8	Fl.; l. in A., Ä.
9	Chloracetaldehyd	$CH_2Cl\cdot CHO$	I 610	78.50	—	—	85	Fl.; riecht sehr scharf, Dampf greift Schleimhäute an; 2 $CH_2Cl\cdot CHO + H_2O$ Tafeln F: 43—50°, Kp: 85.5 (Z.).
10	Chloracetamid	$CH_2Cl\cdot CO\cdot NH_2$	II 199	93.52	—	121	224/743	Kryst.; 10 W. 24°, 9.5 A. 24°, swl. in Ä.
11	2-Chlor-acetanilid	$CH_3\cdot CO\cdot NH\cdot C_6H_4Cl$	XII 599	169.61	—	88	—	Nadeln (Essigsäure); l. in A.
12	3-Chlor-acetanilid	$CH_3\cdot CO\cdot NH\cdot C_6H_4Cl$	XII 604	169.61	—	78	—	Nadeln (Essigsäure); ll. in A., CS_2, Bzl.

31212 (Fortsetzung).

Nr.	Name	Formel	BZ	MG	D	F	Kp	Charakteristik
1	4-Chlor-acetanilid	$CH_3 \cdot CO \cdot NH \cdot C_6H_4Cl$	XII 611	169.61	1.385^{22}	174	—	Nadeln (Essigsäure), Tafeln (A., Aceton); ll. in A., Ä., CS_2.
2	Chloraceton	$CH_2Cl \cdot CO \cdot CH_3$	I 653	92.53	1.162^{16}	—	119.7	Fl.; l. in W., ll. in A., Ä.; mit K_2CO_3 rote Färb.
3	ω-Chlor-acetophenon	$C_6H_5 \cdot CO \cdot CH_2Cl$	VII 282	154.59	1.324^{15}	59	244—5	Blätt. (PÄ.); unl. in W., ll. in A., Ä., Bzl.
4	Chloracetylchlorid	$CH_2Cl \cdot COCl$	II 199	112.95	1.495^{0}	—	103 bis 106/750	Fl.; dch. W. zers.
5	α-Chlor-acrylsäure	$CH_2{:}CCl \cdot CO_2H$	II 401	106.51	—	65	—	Nadeln; sehr flücht.
6	β-Chlor-acrylsäure	$CHCl{:}CH \cdot CO_2H$	II 400	106.51	—	84—5	—	Blätter.
7	β-Chlor-äthylalkohol	$CH_2Cl \cdot CH_2 \cdot OH$	I 337	80.52	1.2019^{20}	— 67.5	128.6	Fl.; ∞ W., l. in A., Ä.
8	Chloral	$CCl_3 \cdot CHO$	I 616	147.40	1.512^{20}	— 57.5	98	Fl.; mit W. → Hydrat; mit A. → Alkoholat; riecht süßlich u. stechend.
9	Chloralalkoholat	$CCl_3 \cdot CH(OH) \cdot O \cdot C_2H_5$	I 621	193.47	1.3286^{66}	46	115—6	Nadeln; l. in W., A.
10	Chloralhydrat	$CCl_3 \cdot CH(OH)_2$	I 619	165.41	1.908^{20}	51.6	96	Kryst.; 474 W. 17°, 250 A. 14°; Verwend. als Schlafmittel.
11	Chlorameisensäureäthylester	$ClCO_2 \cdot C_2H_5$	III 10	108.53	1.1352^{20}	— 80.6	93	Fl.; riecht erstickend; dch. sd. W. zers.; l. in Bzl.
12	Chloramin T	$CH_3 \cdot C_6H_4 \cdot SO_2 \cdot NClNa$	XI 107	227.65	—	expl.	— 175—180	Prismen + 3 H_2O; Verwend. als Desinfektions- u. Bleichmittel.
13	Chloranil	$O{:}C_6Cl_4{:}O$	VII 636	245.89	—	290 *	subl.	Gelbe Blätt. (Eg.); unl. in W., wl. in h. A., l. in Ä.; * im geschl. Rohr.
14	2-Chlor-anilin	$C_6H_4Cl \cdot NH_2$	XII 597	127.57	1.2125^{20}	— 14	208.8	2. Form F: —3.5°; Acetylderiv. s. S. *67*, 11.
15	3-Chlor-anilin	$C_6H_4Cl \cdot NH_2$	XII 602	127.57	1.2156^{20}	— 10.2	230/767	Fl.; flücht. mit Dampf; Acetylderiv. s. S. *67*, 12.
16	4-Chlor-anilin	$C_6H_4Cl \cdot NH_2$	XII 607	127.57	1.427^{19}	70—1	230—1	Prismen; l. in A., Ä.; Acetylderiv. s. S. *68*, 1.

1	Chloranilsäure	$OC\langle{}^{CCl:C(OH)}_{C(OH):CCl}\rangle CO$	VIII 379	208.99	—	283—4	—	Rote Blätt. + 2 H_2O (W.); 0.19 W. 14°, 1.4 W. 99°.
2	1-Chlor-anthrachinon	$C_6H_4\langle{}^{CO}_{CO}\rangle C_6H_3Cl$	VII 787	242.65	—	162	—	Gelbe Nadeln (A.); wl. in A., ll. in Bzl., Eg.
3	2-Chlor-anthrachinon	$C_6H_4\langle{}^{CO}_{CO}\rangle C_6H_3Cl$	VII 787	242.65	—	210	subl.	Gelbe Nadeln (A.); wl. in sd. A., ll. in sd. Eg.
4	2-Chlor-benzaldehyd	$C_6H_4Cl \cdot CHO$	VII 233	140.57	1.252^{20}	11	208/748	Nadeln; wl. in W., ll. in A., Ä; riecht stechend; Phenylhydrazon F: 86°.
5	3-Chlor-benzaldehyd	$C_6H_4Cl \cdot CHO$	VII 234	140.57	1.250^{15}	17—8	213—4	Prismen; wl. in W., ll. in A., Ä.; Phenylhydrazon F: 134—135°.
6	4-Chlor-benzaldehyd	$C_6H_4Cl \cdot CHO$	VII 235	140.57	—	49	213/748	Platten; wl. in k. W., ll. in A., Ä., Bzl., CS_2.
7	2-Chlor-benzoesäure	$C_6H_4Cl \cdot CO_2H$	IX 334	156.57	1.544^{20}	140.6	subl.	Prismen (W.); 0.21 W. 25°, ll. in h. W., A., Ä.
8	3-Chlor-benzoesäure	$C_6H_4Cl \cdot CO_2H$	IX 337	156.57	1.496^{25}	158	—	Prismen; 0.04 W. 0°, ll. in h. W., A., Ä.; flücht. mit Dampf.
9	4-Chlor-benzoesäure	$C_6H_4Cl \cdot CO_2H$	IX 340	156.57	1.541^{24}	241.5	subl.	Tafeln u. Prismen (A. + Ä.); 0.0077 W. 25°, ll. in A., Ä.
10	Chlorbenzol	C_6H_5Cl	V 199	112.56	1.1064^{20}	—45	132	Angenehm riech. Fl.; 0.049 W. 30°, sll. in A., Ä., Chlf., Bzl.
11	p-Chlor-benzolsulfonsäure	$C_6H_4Cl \cdot SO_3H$	XI 54	192.62	—	68	147—8/ Vak.	Nadeln; l. in W., A., unl. in Ä.: Chlorid F: 53°; Amid F: 143—144°.
12	p-Chlor-benzylchlorid	$C_6H_4Cl \cdot CH_2Cl$	V 297	161.03	—	29	213—4	Nadeln; unl. in W.; wl. in k. A., l. in h. A., ll. in Ä., Bzl.; subl.; Dampf reizt zu Tränen.

31212 (Fortsetzung).

Nr.	Name	Formel	BZ	MG	D	F	Kp	Charakteristik
1	3-Chlor-d-campher (α)	$C_8H_{14}<\genfrac{}{}{0pt}{}{CO}{CHCl}$	VII 117	186.67	—	93—4	244—7 (g. Z.)	Tafeln (A. od. Ä.); wl. in h. W., 1.6 A. 20°, ll. in h. A., Ä.; flücht. mit Dampf; $[\alpha]_D^{20}$: + 96.2° (A.).
2	2-Chlor-chinolin	NC_9H_6Cl	XX 359	163.60	1.246^{25} (fl.)	38	268/744	Nadeln (verd. A.); swl. in W., ll. in A., Ä., Bzl.
3	α-Chlor-crotonsäure	$CH_3\cdot CH:CCl\cdot CO_2H$	II 414	120.54	—	99.5	212	Nadeln (W.); 2.01 W. 13°, ll. in A., Ä.
4	β-Chlor-crotonsäure	$CH_3\cdot CCl:CH\cdot CO_2H$	II 415	120.54	—	94	206—11 (Z.)	Kryst. (CS_2); 2.25 W. 13°, ll. in A., Ä.
5	Chlorcyan	$ClC:N$ oder $C:NCl$	III 38	61.48	1.222°	— 5	12.7	Gas; 2500 cm³ W. 20°, 10000 cm³ A. 20°, 5000 cm³ Ä. 20°; riecht heftig, reizt zu Tränen; sehr giftig; + W. → Cyanurchlorid.
6	α-Chlor-diäthyläther	$CH_3\cdot CHCl\cdot O\cdot C_2H_5$	I 606	108.57	—	—	92—5	Fl.; dch. W. zers.; unbeständig.
7	β-Chlor-diäthyläther	$CH_2Cl\cdot CH_2\cdot O\cdot C_2H_5$	I 337	108.57	1.057°	—	107—8	Fl.
8	Chlordimethyläther	$CH_2Cl\cdot O\cdot CH_3$	I 580	80.52	1.0703^{20}	— 103.5	59	Fl.; + W. → Formaldehyd.
9	2-Chlor-1.3-dinitro-benzol	$C_6H_3Cl(NO_2)_2$	V 263	202.56	—	88	—	Gelbe Nadeln (A.); unl. in W., l. in A., Ä.; reizt Epidermis u. Nasenschleimhaut.
10	2-Chlor-1.4-dinitro-benzol	$C_6H_3Cl(NO_2)_2$	V 264	202.56	—	60	—	Nadeln (A.); unl. in W., l. in A.
11	3-Chlor-1.2-dinitro-benzol	$C_6H_3Cl(NO_2)_2$	E V 137	202.56	—	77	—	Kryst. (Ä.); l. in A., Ä.
12	4-Chlor-1.2-dinitro-benzol	$C_6H_3Cl(NO_2)_2$	V 262	202.56	—	a) 36 b) 37.1 c) 38.8 d) 28	—	a) Säulen (Ä.), c) Nadeln (Ä.); unl. in W., l. in A., ll. in Ä.
13	4-Chlor-1.3-dinitro-benzol	$C_6H_3Cl(NO_2)_2$	V 263	202.56	a) 1.697^{22}	a) 53.4 b) 43 c) 27	315 (Z.)	Kryst. (Ä.); unl. in W., wl. in k. A., ll. in Ä.
14	5-Chlor-1.3-dinitro-benzol	$C_6H_3Cl(NO_2)_2$	V 264	202.56	—	59	—	Nadeln (A.); unl. in W., ll. in A., Ä.; flücht. mit Dampf.

1	Chloressigsäure	$CH_2Cl \cdot CO_2H$	II 194	94.50	1.58^{20}_{20}	61.3	189	β-Modif. F: 56.2°; γ-Modif. F: 50°; 614 W. 30°; ätzt die Haut.
2	Chloressigsäureäthylester	$CH_2Cl \cdot CO_2 \cdot C_2H_5$	II 197	122.55	1.159^{20}	—26	143.6	Fl.; l. in A.; dch. W zers.
3	Chlorfumarsäure	$HO_2C \cdot CH:CCl \cdot CO_2H$	II 744	150 52	—	192	subl.	Tafeln (Eg.); ll. in W., A., Ä.
4	β-Chlor-isocrotonsäure	$CH_3 \cdot CCl:CH \cdot CO_2H$	II 416	120.54	1.197^{69}	61	194.8	Prismen (W.); 1.91 W. 19°, ll. in A., Ä.; Erhitzen → β-Chlor-crotonsäure.
5	Chlorisopropylalkohol	$CH_2Cl \cdot CH(OH) \cdot CH_3$	I 363	94.54	1.111^{20}_{20}	—	126.7	Fl.; l. in W., A., Ä.
6	Chlorkohlensäureäthylester s. Chlorameisensäureäthylester							
7	1-Chlor-naphthalin	$C_{10}H_7Cl$	V 541	162.61	1.1938^{20}	etwa —17	259.3	Fl.; unl. in W., l. in A., Ä.
8	2-Chlor-naphthalin	$C_{10}H_7Cl$	V 541	162.61	1.2656^{16}	60	265/751	Blätt. (A.); unl. in W., ll. in A., Ä.
9	2-Chlor-1-nitro-benzol	$C_6H_4Cl \cdot NO_2$	V 241	157.56	1.305^{80}	32.5	243	Nadeln; unl. in W., l. in A.
10	3-Chlor-1-nitro-benzol	$C_6H_4Cl \cdot NO_2$	V 243	157.56	1.534	46	235.6	Gelbl. Prismen (A.); unl. in W., l. in A., ll. in Ä.; instabil F: 23.7°
11	4-Chlor-1-nitro-benzol	$C_6H_4Cl \cdot NO_2$	V 243	157.56	1.520^{18}	83.5	242	Kryst.; unl. in W., wl. in k. A., ll. in sd. A., Ä., CS_2.
12	2-Chlor-4-nitro-phenol	$O_2N \cdot C_6H_3Cl \cdot OH$	VI 240	173.56	—	111	—	Nadeln (W.); wl. in W., ll. in A., Ä.
13	4-Chlor-2-nitro-phenol	$O_2N \cdot C_6H_3Cl \cdot OH$	VI 238	173.56	—	87	—	Gelbe Kryst.; unl. in W., l. in A., ll. in Ä.; flücht. mit Dampf.
14	5-Chlor-2-nitro-phenol	$O_2N \cdot C_6H_3Cl \cdot OH$	VI 238	173.56	—	38.9	subl.	Gelbe Prismen (W.); wl. in W., ll. in A., Ä., Eg.
15	6-Chlor-2-nitro-phenol	$O_2N \cdot C_6H_3Cl \cdot OH$	VI 239	173.56	—	70—1	—	Gelbe Nadeln (W.); wl. in W., ll. in Chlf.; flücht. mit Dampf; riecht safranart.
16	Chloroform	$CHCl_3$	I 61	119.39	1.49845^{15}	—63.5	61.21	Fl.; 0.82 W. 20°, sll. in A., Ä.; riecht äther., schmeckt süßlich; nicht brennbar; Verwend. als Narkotikum u. als Lösungsm. für Harze u. Öle.

31212 (Fortsetzung).

Nr.	Name	Formel	BZ	MG	D	F	Kp	Charakteristik
1	Chlorophyll a	$C_{33}H_{30}ON_4Mg(CO_2\cdot CH_3)(CO_2\cdot \overset{*}{C}_{20}H_{39})$	—	893.46	—	—	—	Blauschwarzes Kryst.-pulver + ½ H_2O; unl. in W., ll. in A. blaugrün, rot fluoresc., ll. in Ä. blau, l. in PÄ.; Farbst. d. grünen Blätter; * Rest d. Phytols.
2	Chlorophyll b	$C_{33}H_{28}O_2N_4Mg(CO_2\cdot CH_3)(CO_2\cdot \overset{*}{C}_{20}H_{39})$	—	907.45	—	—	—	Dunkelgrünes Kryst.-pulver; unl. in W., l. in A., Ä. grün, ll. in Me., wl. in PÄ.; Farbst. d. grünen Blätter; * Rest d. Phytols.
3	2-Chlor-phenol	$C_6H_4Cl\cdot OH$	VI 183	128.56	1.235^{25}	8.7	175—6	Fl.; 2.8 W. 20°, l. in A., Ä.; riecht jodoformartig
4	3-Chlor-phenol	$C_6H_4Cl\cdot OH$	VI 185	128.56	1.268^{25}	32.8	214	Nadeln; 2.6 W. 20°, l. in A., Ä.
5	4-Chlor-phenol	$C_6H_4Cl\cdot OH$	VI 186	128.56	1.260^{45}	42.9	217	Nadeln; 2.7 W. 20°, ll. in A., Ä.
6	3-Chlor-phthalsäure	$C_6H_3Cl(CO_2H)_2$	IX 816	200.58	—	186	—	Nadeln (W.); 2.16 W. 14°, ll. in A., Ä.
7	4-Chlor-phthalsäure	$C_6H_3Cl(CO_2H)_2$	IX 816	200.58	—	150	—	Nadeln (A.); l. in W., A.
8	Chlorpikrin	$CCl_3\cdot NO_2$	I 76	164.39	1.651^{20}	—64	111.9	Fl.; 0.17 W. 18°, ∞ A.; riecht stechend, greift Augen u. Schleimhäute an.
9	α-Chlor-propionsäure	$CH_3\cdot CHCl\cdot CO_2H$	II 248	108.53	1.306^{9}	—	186	Fl.; ∞ W., A., Ä.
10	β-Chlor-propionsäure	$CH_2Cl\cdot CH_2\cdot CO_2H$	II 249	108.53	—	41 (61)	204 (Z.)	Hygroskop. Blätt. (W.); sll. in W., A.
11	γ-Chlor-propylalkohol	$CH_2Cl\cdot CH_2\cdot CH_2\cdot OH$	I 356	94.54	1.1309^{20}	—	160—2	Fl.; l. in W., A., Ä.
12	α-Chlor-propylen	$CH_3\cdot CH:CHCl$	I 198	76.53	—	—	35—6	Fl.
13	β-Chlor-propylen	$CH_3\cdot CCl:CH_2$	I 198	76.53	0.918^{9}	—137.4	22.7	Fl.
14	γ-Chlor-propylen s. Allylchlorid							
15	2-Chlor-pyridin	NC_5H_4Cl	XX 230	113.55	1.205^{15}	—	166/714	Öl; unl. in W., l. in A.; flücht. mit Dampf.
16	3-Chlor-pyridin	NC_5H_4Cl	XX 230	113.55	—	—	148/743	Fl.; l. in W.
17	4 Chlor-pyridin	NC_5H_4Cl	XX 231	113.55	—	—	147—8	Fl.; l. in W.

1	5-Chlor-salicylsäure	$HO \cdot C_6H_3Cl \cdot CO_2H$	X 102	172.57	—	172	—	Nadeln (W. od. A.); 0.09 W. 20°, 1.2 W. 100°, ll. in A., Ä., Bzl., Chlf.
2	ω-Chlor-styrol	$C_6H_5 \cdot CH:CHCl$	V 476	138.59	1.1122^{15}	—	199	Fl.; unl. in W., l. in A., Ä.; riecht nach Hyazinthen.
3	2-Chlor-toluol	$C_6H_4Cl \cdot CH_3$	V 290	126.58	1.0817^{20}	—34	159.5	Fl.; unl. in W., l. in A.
4	3-Chlor-toluol	$C_6H_4Cl \cdot CH_3$	V 291	126.58	1.0722^{20}	—47.8	161.6	Fl.; unl. in W., l. in A.
5	4-Chlor-toluol	$C_6H_4Cl \cdot CH_3$	V 292	126.58	1.0697^{20}	7.5	162	Fl.; unl. in W., l. in in A.; flücht. mit Dampf.
6	ω-Chlor-toluol s. Benzylchlorid							
7	2-Chlor-1.3.5-trinitro-benzol s. Pikrylchlorid							
8	Cholesterin	$CH(CH_3) \cdot [CH_2]_3 \cdot CH(CH_3)_2$ 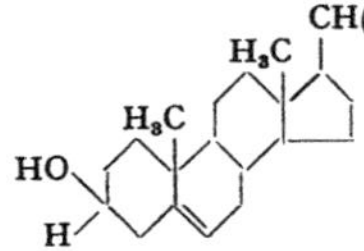	—	386.63	1.067^{20}	149	360 (Z.)	Kryst. + 1 H_2O (verd. A.); 0,26 W. 20°, 1.08 A. 17°, 11 sd. A., 18 Ä.; V. in tier. u. pflanzl. Fetten u. Ölen, in Gallensteinen; Acetat F: 114°.
9	Cholin	$HO \cdot CH_2 \cdot CH_2 \cdot N(CH_3)_3 \cdot OH$	IV 277	121.18	—	—	—	Zerfließl. Krystallmasse; ll. in W., A., unl. in Ä.; V. in Tieren u. Pflanzen; Pikrat F: 240°.
10	Cholsäure	$CH(CH_3) \cdot CH_2 \cdot CH_2 \cdot CO_2H$ 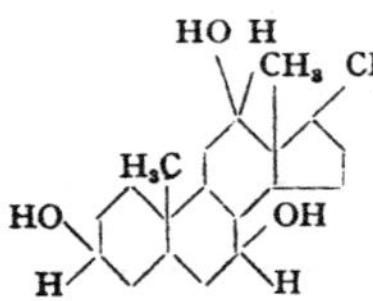	—	408.55	—	195	—	Kryst. + 1 H_2O (W.); 0.025 W., 4.27 70%ig. A., 1.4 Ä., l. in Eg., Alkali; V. in der Galle.

31212 (Fortsetzung).

Nr.	Name	Formel	BZ	MG	D	F	Kp	Charakteristik
1	Chroman	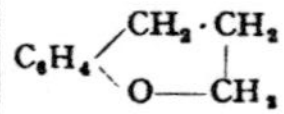	XVII 52	134.17	1.0587[20]	—	214/745	Öl; wl. in h. W., l. in A., Ä.; flücht. mit Dampf; riecht pfefferminzart.
2	Chromon	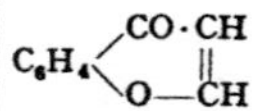	XVII 327	146.14	—	59	—	Nadeln (PÄ.); ll. in A., Ä., Chlf., Bzl.
3	Chrysanilin	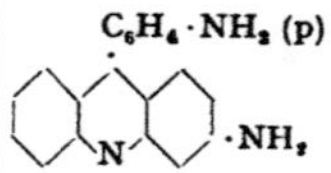	XXII 491	285.33	—	267—70	—	Gelbe Nadeln + 2 H_2O (verd. A.); swl. in W., wl. in A.; $C_{19}H_{15}N_3$ + HNO_3 rote Nadeln, Verwend. als Farbstoff.
4	Chrysen	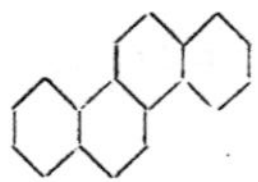	V 718	228.27	—	251	448	Tafeln (Bzl.); unl. in W., 0.097 A. 16°, 0.17 sd. A., wl. in k. Ä.; fluoresciert rotviolett; V. im Steinkohlen- u. Braunkohlenteer.
5	Chrysochinon-(1.2)	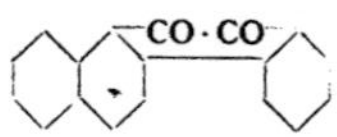	VII 827	258.26	—	239.5	subl.	Orange Nadeln (Bzl.); unl. in W., wl. in A., swl. in Ä.; l. in H_2SO_4 blau.
6	Chrysoidin	$C_6H_5 \cdot N:N \cdot C_6H_3(NH_2)_2^{(2 \cdot 4)}$	XVI 383	212.25	—	117.5	—	Gelbe Nadeln (W.); wl. in sd. W., ll. in A., Ä., Chlf., Bzl; Salze rot; Verwend. zur Herst. v. Azofarbst.
7	Cinchonidin	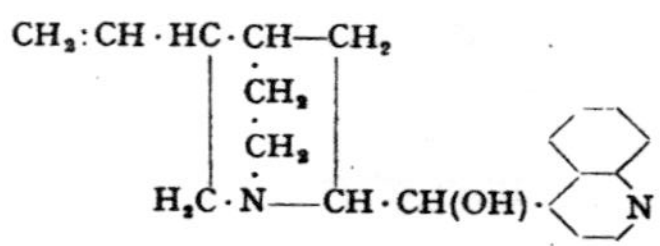	XXIII 437	294.38	—	202.4	subl.	Prismen (A.): 0.025 W. 20°, 4.74 A. 12°, 0.26 Ä. 32°; $[\alpha]_D^{17}$: — 109.6° (absol. A.); V. in Chinarinde.

1	— bisulfat	$C_{19}H_{22}ON_2 + H_2SO_4 + 5\,H_2O$	XXIII 441	482.53	—	—	—	Prismen; ll. in W., A.; $[\alpha]_D$: — 110.5° (W.).
2	— hydrochlorid	$C_{19}H_{22}ON_2 + HCl + H_2O$	XXIII 440	348.86	—	—	—	Prismen (W.); 4.95 W. 20°, etwa 50 A.; $[\alpha]_D^{19}$: — 112.5° (W.; c = 1).
3	Cinchonin	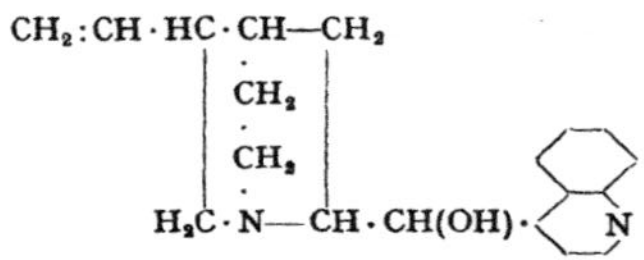	XXIII 424	294.38	—	268.8	subl.	Prismen (A.); 0.027 W. 20°, 0.87 A. 25°, 0.56 Ä. 25°; $[\alpha]_D^{20}$: + 224.5° (A.); V. in Chinarinde; wirkt antipyret.; giftig.
4	— bisulfat	$C_{19}H_{22}ON_2 + H_2SO_4 + 4\,H_2O$	XXIII 430	464.52	—	—	—	Kryst. (W.); 200 W. 14°, 111 A. 14°, unl. in Ä.
5	— hydrochlorid	$C_{19}H_{22}ON_2 + HCl + 2\,H_2O$	XXIII 429	366.87	1.234	—	—	Kryst.; 4.2 W. 10°, 93 78%ig. A., wl. in Ä.; $[\alpha]_D^{15}$: + 164.5° (W.; c = 0.5).
6	— sulfat	$2\,C_{19}H_{22}ON_2 + H_2SO_4 + 2\,H_2O$	XXIII 429	722.86	—	196	—	Prismen (W.); 1.35 W. 20°, 7.7 sd. W., 17 80%ig. A. 11°, wl. in Ä.
7	Cinchotoxin	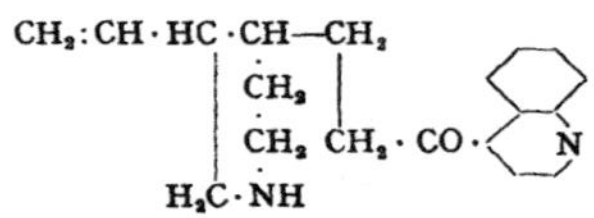	XXIV 203	294.38	—	58—9	—	Prismen (Ä.); 0.18 W. 18°, l. in A., etwa 50 Ä., unl. in CS_2; $[\alpha]_D^{14}$: + 57.7° (absol. A.); giftig.
8	Cineol	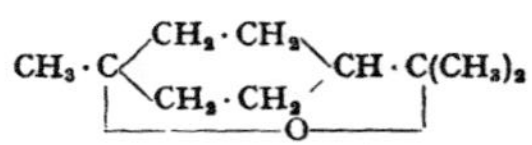	XVII 24	154.24	0.9267[20]	+ 1	176—7	Fl.; 0.22 W. 15°, ∞ A., Ä.; riecht campherähnl.; V. in äther. Ölen.
9	dl-Cineolsäure	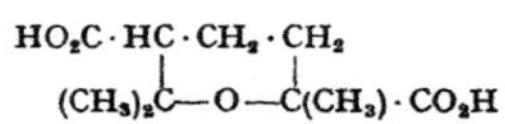	XVIII 322	216.22	—	204—6	—	Kryst. (W.); 0.75 W. 8°, 6.6 sd. W., ll. in h. A., Ä.; Dimethylester F: 31°.
10	Cinnamalacetophenon	$C_6H_5\cdot CH:CH\cdot CH:CH\cdot CO\cdot C_6H_5$	VII 499	234.28	—	102	—	Gelbe Nadeln (A.); unl. in W., l. in A., Ä.; + H_2SO_4 rote Färb.

31212 (Fortsetzung).

Nr.	Name	Formel	BZ	MG	D	F	Kp	Charakteristik
1	Cinnamalessigsäure	$C_6H_5\cdot CH:CH\cdot CH:CH\cdot CO_2H$	IX 638	174.19	—	166	subl.	Tafeln (A.); ll. in A., wl. in Ä.
2	Cinnamoylchlorid s. Zimtsäurechlorid							
3	Cinnolin	$C_6H_4<\begin{matrix}CH:CH\\ N{=}N\end{matrix}$ (CH:CH and N=N joined by a single bond)	XXIII 173	130.14	—	38—9	—	Hellgelbe Kryst. (Lg.); ll. in W., A., Ä.; starke Base; riecht charakterist., schmeckt bitter; giftig.
4	Citraconsäure	$CH_3\cdot C\cdot CO_2H$ $\Vert$ $H\cdot C\cdot CO_2H$	II 768	130.10	1.617	91 (Z.)	Z.*	Nadeln (Ä. + Lg.); 360 W. 25°, wl. in Chlf., swl. in CS_2; hygroskop.; flücht. mit Dampf; * → Citraconsäureanhydrid; + H_2O bei 120° → Itaconsäure, bei 180° → Mesaconsäure.
5	Citraconsäureanhydrid	$HC{=\!=}C\cdot CH_3$ $OC\cdot O\cdot CO$ (ring)	XVII 440	112.08	1.250^{15}	7—8	213—4	Fl.; l. in A.; + W. → Citraconsäure.
6	Citral (gewöhnl.*)	$(CH_3)_2C:CH\cdot[CH_2]_2\cdot C(CH_3):CH\cdot CHO$	I 753	152.22	0.899^{15}	—	228—9	Öl; unl. in W., ∞ A., Ä.; riecht nach Citronen; V. in äther. Ölen; Verwend. in d. Riechstoffindustrie; * Gemisch von Citral a u. Citral b.
7	Citral a (Geranial)	$(CH_3)_2C:CH\cdot CH_2\cdot CH_2\cdot C\cdot CH_3$ $\ddot{}$ $H\cdot C\cdot CHO$	I 755	152.22	0.8898^{20}	—	118-9/20	Öl; unl. in W., ∞ A., Ä.
8	Citral b (Neral)	$(CH_3)_2C:CH\cdot CH_2\cdot CH_2\cdot C\cdot CH_3$ $\ddot{}$ $OHC\cdot C\cdot H$	I 755	152.22	0.888^{19}	—	102-4/12	Öl; riecht süß u. weniger nach Citronen als Citral.
9	dl-Citramalsäure	$CH_3\cdot C(OH)\cdot CO_2H$ $CH_2\cdot CO_2H$	III 444	148.11	—	119	Z.*	Zerfließl. Kryst. (Essigester); ll. in A., Aceton, unl. in Bzl.; * → Citraconsäureanhydrid.

1	d-Citronellal	$CH_2{:}C(CH_3)\cdot[CH_2]_3\cdot CH(CH_3)\cdot CH_2\cdot CHO$ und $(CH_3)_2C{:}CH\cdot[CH_2]_2\cdot CH(CH_3)\cdot CH_2\cdot CHO$	I 745	154.24	0.855^{17}	—	207	Öl; swl. in W., ∞ A., Ä.; $[\alpha]_D^{15}$: + 13°; beim Aufbewahren → Isopulegol; V. im Citronenöl; Verwend. als Riechstoff.
2	d-Citronellol	$CH_2{:}C(CH_3)\cdot[CH_2]_3\cdot CH(CH_3)\cdot[CH_2]_2\cdot OH$ und $(CH_3)_2C{:}CH\cdot[CH_2]_2\cdot CH(CH_3)\cdot[CH_2]_2\cdot OH$	I 451	156.26	0.857^{17}	—	222	Öl; swl. in W., ∞ A., Ä.; $[\alpha]_D^{17}$: + 4°; riecht rosenartig; V. in äther. Ölen.
3	Citronensäure	$HO\cdot C(CH_2\cdot CO_2H)_2\cdot CO_2H$	III 556	192.12	1.542	153	—	Kryst. + 1 H_2O (W.); 73.3 W. 20°, 75.91 A. 15°, 2.26 Ä. 15°; wirkt baktericid; V. in vielen Pflanzen; Verwend. als Beize in d. Druckerei, als Zusatz zu Limonaden.
4	— Ba-Salz	$Ba_3(C_6H_5O_7)_2 + 7\,H_2O$	III 564	916.39	—	—	—	Nd.; 0.041 W. 18°, 0.057 W. 25°, 0.004 A. 18°.
5	— Ca-Salz	$Ca_3(C_6H_5O_7)_2 + 4\,H_2O$	III 564	570.50	—	—	—	Nadeln; spaltet bei 100—130° 2 H_2O, den Rest bei etwa 180° ab: 0.085 W. 18°, 0.096 W. 25°, 0.0065 A. 18°.
6	— Na-Salz	$Na_3C_6H_5O_7 + 5\,(?)\,H_2O$	III 563	348.17	1.857^{24}	—	—	Kryst.
7	Citronensäuretriäthylester	$HO\cdot C(CH_2\cdot CO_2\cdot C_2H_5)_2$ $CO_2\cdot C_2H_5$	III 568	276.28	1.1369^{20}	—	294	Öl; schmeckt sehr bitter.
8	Cocain	$H_2C\cdot CH$——$CH\cdot CO_2\cdot CH_3$ $N\cdot CH_3$ $CH\cdot O\cdot CO\cdot C_6H_5$ $H_2C\cdot CH$——CH_2	XXII 198	303.34	—	98	—	Prismen (A.); 0.18 W. 20°, 20 A. 25°, 12 Ä. 20°, 31.9 CCl_4 20°; $[\alpha]_D^{20}$: — 16,3° (Chlf.); V. in Cocablättern; wirkt anästhet. u. mydriat.; schmeckt schwach bitter, verursacht taubes Gefühl auf der Zunge.

31212 (Fortsetzung).

Nr.	Name	Formel	BZ	MG	D	F	Kp	Charakteristik
1	Cocain-hydrochlorid	$C_{17}H_{21}O_4N + HCl$	XXII 200	339.81	—	192	—	Prismen (A.); 250 W. 25°, 38.4 A. 25°, unl. in Ä.; $[\alpha]_D$: — 71.9° (W.; p = 2).
2	Codein	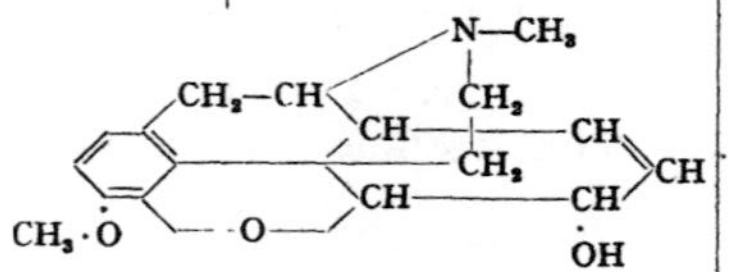	—	299.35	1.315^{14}	155	—	Kryst. + 1 H_2O; 0.84 W. 20°, 1.7 W. 80°, 63.7 92%ig. A. 25°, 8 Ä. 25°; $[\alpha]_D$: — 137.7° (A.); unl. in Alkali; V. im Opium; Verwend. als Hustenmittel.
3	— phosphat	$C_{18}H_{21}O_3N + H_3PO_4$	—	397.39	—	235 (Z.)	—	Kryst. + 2 H_2O; 44.9 W. 25°, 227 W. 80°, 0.38 92%ig. A. 25°, 0.07 Ä. 25°.
4	— sulfat	$2\,C_{18}H_{21}O_3N + H_2SO_4$	—	696.78	—	278 (Z.)	—	Kryst. + 5 H_2O; 3.3 W. 25°, 0.1 92%ig. A. 25°.
5	Cörulignon	$\left[OC\begin{matrix}C(O\cdot CH_3):CH\\C(O\cdot CH_3):CH\end{matrix}C=\right]_2$	VIII 537	304.28	—	—	—	Blaue Nadeln; unl. in W., A., l. in Phenol; dch. Alkali zers.
6	Colchicin	$C_{22}H_{25}O_6N$	E XIV 520	399.42	—	155—7	—	Nadeln (Essigester); ll. in W., A., swl. in Ä.; l. in h. H_2SO_4 rot; V. in der Herbstzeitlose; giftig.
7	Conhydrin	$H_2C\cdot CH_2\cdot CH_2$ $H_2C\cdot NH\cdot CH\cdot CH(OH)\cdot C_2H_5$	XXI 5	143.22	—	120	226	Blätt. (Ä.); l. in W., ll. in A., Ä.; $[\alpha]_D$: + 10° (A.); V. im Schierling; Chloroaurat F: 133—134°.
8	l-β-Conicein	$H_2C\cdot CH_2\cdot CH_2$ $H_2C\cdot NH\cdot CH\cdot CH:CH\cdot CH_3$	XX 146	125.21	0.8520^{50}	41	—	Nadeln; wl. in W., ll. in A., Ä.; $[\alpha]_D^{45}$: — 50.5°.
9	γ-Conicein	$H_2C\cdot CH_2\cdot CH$ $H_2C\cdot NH\cdot C\cdot CH_2\cdot C_2H_5$	XX 144	125.21	0.8753^{15}	< — 50	172/752	Fl.; wl. in W., l. in A.; giftig; V. im Schierling; Chloroaurat F: 69 bis 70°.

1	Coniferylalkohol	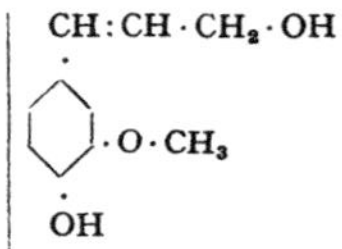	VI 1131	180.19	—	73—4	—	Prismen; unl. in k. W., wl. in h. W., l. in A., ll. in Ä.; l. in Alkali.
2	d-Coniin	$H_2C \cdot CH_2 \cdot CH_2$ $H_2C \cdot NH \cdot CH \cdot CH_2 \cdot C_2H_5$	XX 110	127.22	0.8440^{20}	— 2.5	166	Fl.; l. in W., sll. in A., Ä., Bzl.; $[\alpha]_D^{19}$: + 15.7°; sehr giftig; V. im Schierling; Pikrat F: 75°.
3	— hydrochlorid	$C_8H_{17}N + HCl$	XX 111	163.69	—	221	—	Kryst. (A.); 25 W. 15°, 19.3 A. 15°, 0.2 Ä. 15°.
4	d-Corydalin	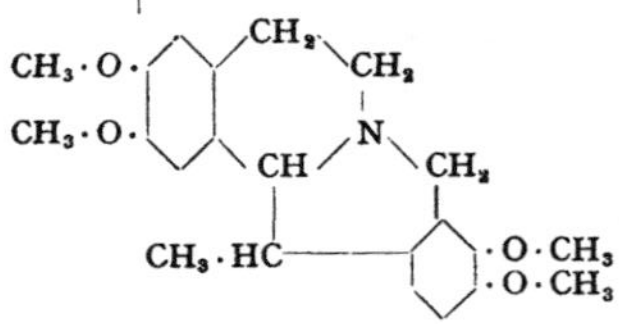	XXI 217	369.44	—	135	—	Prismen (A.); unl. in k. W., swl. in sd. W., l. in A., ll. in Ä.; $[\alpha]_D^{20}$: + 311° (A.); V. in Corydalis-Arten; Chloroplatinat F: 227°
5	Cotarnin	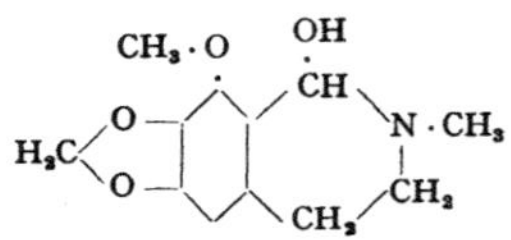	XXVII 475	237.25	—	133 (Z.)	—	Nadeln (Bzl.); wl. in W., ll. in A., Ä.; wirkt blutstillend; Anwend. in d. Gynäkologie.
6	Crotonaldehyd	$CH_3 \cdot CH:CH \cdot CHO$	I 728	70.09	0.8477^{21}	— 74	102.2	Fl.; ll. in W., ∞ A., Ä.; flücht. mit Dampf; riecht zuerst obstartig, später sehr stechend; Oxim F: 119—120°.
7	Crotonsäure	$CH_3 \cdot CH:CH \cdot CO_2H$	II 408	86.09	0.973^{72}	72	189	Nadeln (W.); 8.28 W. 15°, swl. in k. Lg.
8	Crotonsäureäthylester	$CH_3 \cdot CH:CH \cdot CO_2 \cdot C_2H_5$	II 411	114.14	0.921^{20}	—	136—7	Fl.; l. in W., A.

31212 (Fortsetzung).

Nr.	Name	Formel	BZ	MG	D	F	Kp	Charakteristik
1	Cumaran	$C_6H_4{<}\genfrac{}{}{0pt}{}{CH_2}{O}{>}CH_2$	XVII 50	120.14	1.0571^{19}	—	188—9	Öl; unl. in W., l. in A., Ä.; l. in H_2SO_4 gelb.
2	Cumaranon	$C_6H_4{<}\genfrac{}{}{0pt}{}{CO}{O}{>}CH_2$	XVII 118	134.13	—	102	152-4/16	Nadeln (A.); wl. in W., ll. in A., Ä.; l. in NaOH; riecht nach Hyazinthen.
3	Cumarin	$C_6H_4{<}\genfrac{}{}{0pt}{}{CH:CH}{O-CO}$	XVII 328	146.14	—	71	291	Charakterist. riech. Nadeln (A.); unl. in k. W., l. in h. W., A., Ä.; flücht. mit Dampf; V. in Pflanzen; Verwend. in d. Parfümerie.
4	Cumaron	$C_6H_4{<}\genfrac{}{}{0pt}{}{CH}{O}{>}CH$	XVII 54	118.13	1.0705^{25}_{25}	—	173—5	Aromat. riech. Öl.; unl. in W., l. in A.; flücht. mit Dampf u. Ä.-Dampf; V. im Steinkohlenteeröl; Pikrat F: 102—103°.
5	Cumaron-carbonsäure-(2) (Cumarilsäure)	$C_6H_4{<}\genfrac{}{}{0pt}{}{CH}{O}{>}C\cdot CO_2H$	XVIII 307	162.14	—	192—3	310—15	Nadeln (W.); l. in sd. W., ll. in A., wl. in Chlf.; Kalischmelze → Essigsäure u. Salicylsäure; Äthylester F: 27°.
6	Cumidin	$(CH_3)_2CH\cdot C_6H_4\cdot NH_2^{(4)}$	XII 1147	135.20	—	—	225	Fl.; unl. in W., l. in A., Ä.; Acetylderiv. F: 102°.
7	Cuminaldehyd	$(CH_3)_2CH\cdot C_6H_4\cdot CHO$	VII 318	148.19	0.978^{20}	—	235.5	Fl.; unl. in W., l. in A., Ä.; V. in äther. Ölen; Semicarbazon F: 210 bis 211°.
8	Cuminalkohol	$(CH_3)_2CH\cdot C_6H_4\cdot CH_2\cdot OH$	VI 543	150.21	0.981^{15}_{15}	—	246.6	Fl.; unl. in W., ∞ A., Ä.
9	Cuminsäure	$(CH_3)_2CH\cdot C_6H_4\cdot CO_2H$	IX 546	164.19	1.162	116—7	—	Tafeln (A.); swl. in k. W., ll. in A., Ä.
10	Cumol	$(CH_3)_2CH\cdot C_6H_5$	V 393	120.18	0.862^{20}	—96.9	152.5	Fl.; unl. in W., l. in A., Ä.

1	Cuprein	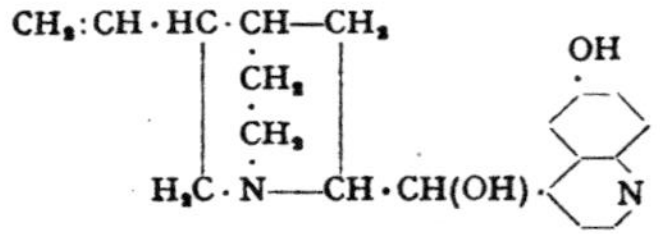	XXIII 510	310.38	—	198	—	Prismen + 2 H_2O (Ä.); unl. in W., l. in A., wl. in Ä., Chlf.; $[\alpha]_D^{17}$: — 175.5° (A.); V. in der Chinarinde.
2	Curcumin	$[(CH_3 \cdot O)^{(3)}(HO)^{(4)}C_6H_3 \cdot CH:CH \cdot CO]_2CH_2$	VIII 554	368.37	—	183	—	Rote Nadeln od. gelbrote Prismen (Me.); unl. in W., wl. in A., Ä.. 0.05 Bzl.; l. in Alkali rotbraun; fluoresciert in Ä. grün; V. in der Curcumawurzel.
3	Cyamelid	$C_3H_3O_3N_3$	III 35	129.08	—	—	Z.*	Amorph; 0.01 W. 15°, unl. in A., Ä.: ll. in H_2SO_4; * → Cyansäure.
4	Cyan s. Dicyan							
5	Cyanacetamid	$NC \cdot CH_2 \cdot CO \cdot NH_2$	II 589	84.08	—	118.5	Z.	Nadeln (A.); 15.4 k. W., 1.8 k. A.
6	Cyanameisensäureäthylester	$NC \cdot CO_2 \cdot C_2H_5$	II 547	99.09	1.003^{20}	—	115—6	Fl.; l. in A.; riecht äther. u. stechend.
7	Cyanamid	$H_2N \cdot C ⋮ N$	III 74	42.04	1.0729^{48}	43—4	140/19	Nadeln; sll. in W., A., Ä., wl. in CS_2; zerfließl.; flücht. mit Dampf; zers. bei etwa 150°.
8	— Ca-Salz	$CaCN_2$	III 79	80.11	—	—	—	Kryst.; dch. W. zers.; unl. in A.; Verwend. als Düngemittel.
9	Cyanessigester	$NC \cdot CH_2 \cdot CO_2 \cdot C_2H_5$	II 585	113.11	1.056^{25}	—	206	Fl.; Natriumcyanessigester: Kryst. (A.)
10	Cyanessigsäure	$NC \cdot CH_2 \cdot CO_2H$	II 583	85.06	—	65.6	Z. 165	Zerfließl. Kryst.
11	Cyansäure	$HO \cdot C ⋮ N$ oder $O:C:NH$	III 31	43.03	1.140° (fl.)	—	—	Gas; l. in k. W.; riecht stechend; reizt zu Tränen, zieht Blasen auf d. Haut.
12	— K-Salz	KCON	III 34	81.11	2.05	—	—	Tafeln; ll. in W., unl. in absol. A., 0.62 80 %ig. sd. A.; wss. Lsg. → $NH_3 + K_2CO_3$.
13	— NH_4-Salz	NH_4CON	III 34	60.06	—	> 80*	—	Nadeln; sll. in W.; * → Harnstoff.

31212 (Fortsetzung).

Nr.	Name	Formel	BZ	MG	D	F	Kp	Charakteristik
1	Cyanurchlorid	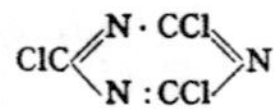	XXVI 35	184.43	1.32	146	190	Kryst. (Ä.); l. in A., Ä.; + W. → Cyanursäure + HCl; riecht chlorähnl. u. nach Mäusen.
2	Cyanursäure	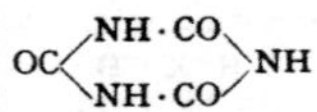	XXVI 239	129.08	1.7	—	—	Kryst. + 2 H_2O; 0.25 W. 17°; etwa 0.1 A. 21°; zers. sich beim Erhitzen.
3	Cyanursäuretrimethylester	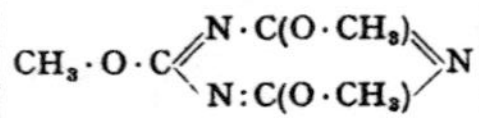	XXVI 126	171.15	—	135	265	Prismen (Ä.); l. in W., A.; Kochen → Isoyanursäuretrimethylester.
4	Cyanwasserstoff (Blausäure)	$HC \vdots N$	II 29	27.03	0.6969^{18}	—13	25	Fl.; ∞ W., A., Ä.; schwache Säure; brennt mit violetter Flamme; riecht betäubend, in Verdünn. bittermandelart.; sehr giftig.
5	Cyclobutan	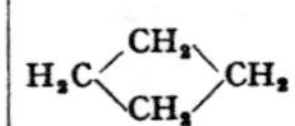	V 17	56.10	0.703^{0}	< —80	11—12	Gas; unl. in W., sll. in A., Aceton.
6	Cycloheptan	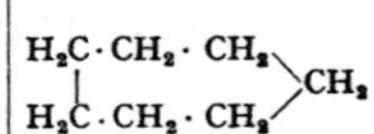	V 29	98.18	0.8099^{20}	—12	118	Öl; unl. in W., ll. in A., Ä.
7	Cycloheptanon	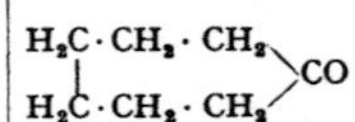	VII 13	112.16	0.9500^{21}	—	179—81	Fl.; unl. in W., l. in A., Ä.; Oxim F: 23.3°.
8	Cyclohepten	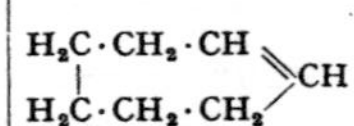	V 65	96.16	0.8228^{20}	—	115	Öl; unl. in W., l. in A., Ä.
9	Cyclohexadien-(1.3)	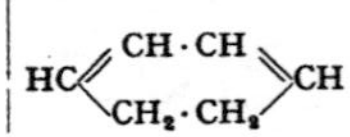	E V 60	80.12	0.8404^{20}	—	80.4	Fl.; unl. in W., l. in A., Ä.; riecht süßlich.

1	Cyclohexan	$H_2C<(CH_2 \cdot CH_2)(CH_2 \cdot CH_2)>CH_2$	V 20	84.15	0.7791^{20}	6.4	80.8	Fl.; unl. in W., ∞ A., Ä.; riecht nach Chlf. u. Rosenöl; V. in Erdölen.
2	Cyclohexancarbonsäure s. Hexahydrobenzoesäure							
3	cis-Cyclohexan-dicarbonsäure-(1.2)	$H_2C \cdot CH_2 \cdot CH \cdot CO_2H$ / $H_2C \cdot CH_2 \cdot CH \cdot CO_2H$	IX 730	172.17	—	192*	—	Prismen (W.), Tafeln (A.); l. in W.; * → Anhydrid.
4	trans-Cyclohexan-dicarbonsäure-(1.2)	$H_2C \cdot CH_2 \cdot CH \cdot CO_2H$ / $H_2C \cdot CH_2 \cdot CH \cdot CO_2H$	IX 731	172.17	—	221	—	Blätt. (W.), Nadeln (Aceton); 0.23 W.
5	cis-Cyclohexan-dicarbonsäure-(1.3)	$H_2C<(CH_2 \cdot CH(CO_2H))(CH_2 \cdot CH(CO_2H))>CH_2$	IX 732	172.17	—	162—3	—	Nadeln (HCl); ll. in h. W., A., l. in Ä., wl. in Lg.
6	trans-Cyclohexan-dicarbonsäure-(1.3)	$H_2C<(CH_2 \cdot CH(CO_2H))(CH_2 \cdot CH(CO_2H))>CH_2$	IX 733	172.17	—	148	—	Nadeln (W.); ll. in h. W.
7	cis-Cyclohexan-dicarbonsäure-(1.4)	$HO_2C \cdot HC<(CH_2 \cdot CH_2)(CH_2 \cdot CH_2)>CH \cdot CO_2H$	IX 733	172.17	—	161—2	—	Blätt. (W.); sll. in h. W., ll. in A., Ä., Chlf.
8	trans-Cyclohexan-dicarbonsäure-(1.4)	$HO_2C \cdot CH<(CH_2 \cdot CH_2)(CH_2 \cdot CH_2)>CH \cdot CO_2H$	IX 734	172.17	—	etwa 300	—	Prismen (W.), Tafeln (Aceton); 0.087 W. 17°, 1.33 sd. W., ll. in A., wl. in Ä., unl. in Chlf.
9	Cyclohexanol	$H_2C<(CH_2 \cdot CH_2)(CH_2 \cdot CH_2)>CH \cdot OH$	VI 5	100.15	0.9369^{34}	23.9	160.5	Nadeln; 5.67 W. 11°, l. in A., Ä.; sehr hygroskop.; riecht nach Campher u. Fusel; Phenylurethan F: 82°.
10	Cyclohexanon	$H_2C<(CH_2 \cdot CH_2)(CH_2 \cdot CH_2)>CO$	VII 8	98.14	0.9466^{20}	—26	155	Öl; l. in W., A., Ä.; riecht pfefferminzähnl.; Oxim F: 90°.

31212 (Fortsetzung).

Nr.	Name	Formel	BZ	MG	D	F	Kp	Charakteristik
1	Cyclohexen	$H_2C\langle CH_2\cdot CH = CH$ $CH_2\cdot CH_2$	V 63	82.14	0.8102^{20}	—103.7	83.3	Fl.; unl. in W., l. in A., Ä.
2	Cyclohexen-(1)-dicarbonsäure-(1.2)	$H_2C\cdot CH_2\cdot C\cdot CO_2H$ $H_2C\cdot CH_2\cdot C\cdot CO_2H$	IX 770	170.16	—	120*	—	Blätt. (W.); ll. in W.; * → Anhydrid F: 74°.
3	Cyclohexen-(1)-dicarbonsäure-(1.4)	$HO_2C\cdot HC\langle CH_2\cdot CH = C\cdot CO_2H$ $CH_2\cdot CH_2$	IX 773	170.16	—	> 300	—	Prismen (W.); 0.02 k. W.
4	Cyclohexen-(2)-dicarbonsäure-(1.2)	$H_2C\cdot CH : C\cdot CO_2H$ $H_2C\cdot CH_2\cdot CH\cdot CO_2H$	IX 770	170.16	—	217	—	Prismen; 0.88 W. 10°; bei 220° → Anhydrid d. Cyclohexen-(1)-dicarbonsäure-(1.2).
5	Cyclohexylamin	$H_2C\cdot CH_2\cdot CH\cdot NH_2$ $H_2C\cdot CH_2\cdot CH_2$	XII 5	99.17	0.8191^{20}	—	134	Fl.; Hydrochlorid F: 206°, ll. in W., A., wl. in Ä.
6	Cyclohexylbromid	$H_2C\cdot CH_2\cdot CHBr$ $H_2C\cdot CH_2\cdot CH_2$	V 24	163.06	1.3332^{20}	—	163	Fl.; l. in A., Ä.; riecht durchdringend; +alkoh. KOH od. sd. Chinolin → Cyclohexen.
7	Cyclohexylchlorid	$H_2C\cdot CH_2\cdot CHCl$ $H_2C\cdot CH_2\cdot CH_2$	V 21	118.60	1.0000^{20}	—43.9	140—1	Fl.; l. in A., Ä.
8	Cyclooctatetraen	HC:CH·CH:CH HC:CH·CH:CH	E V 228	104.14	0.923^{20}	etwa —27	42/17	Gelbes Öl; riecht süßlich.
9	Cyclopentadien	$HC\cdot CH = CH$ $HC\cdot CH_2$	V 112	66.10	0.8047^{19}	etwa —85	41	Fl.; unl. in W., ∞ A., Ä., Bzl.
10	Cyclopentan	$H_2C\cdot CH_2\rangle CH_2$ $H_2C\cdot CH_2$	V 19	70.13	0.7543^{20}	—93.3	49.5	Fl.; unl. in W., ∞ A., Ä.

1	cis-Cyclopentan-dicarbonsäure-(1.2)	$H_2C<(CH_2\cdot CH\cdot CO_2H)(CH_2\cdot CH\cdot CO_2H)$	IX 728	158.15	—	140	—	Nadeln (W.); ll. in W.; bei 150° → Anhydrid.
2	trans-Cyclopentan-dicarbonsäure-(1.2)	$H_2C<(CH_2\cdot CH\cdot CO_2H)(CH_2\cdot CH\cdot CO_2H)$	IX 728	158.15	—	161	—	Kryst. (W.); l. in W., ll. in A., wl. in Ä.
3	Cyclopentanol	$(H_2C\cdot CH_2)(H_2C\cdot CH_2)>CH\cdot OH$	VI 5	86.13	0.9395^{21}	—	140	Öl; swl. in W., l. in A.; Phenylurethan F: 132°.
4	Cyclopentanon	$(H_2C\cdot CH_2)(H_2C\cdot CH_2)>CO$	VII 5	84.11	0.9416^{22}	—52.8	130.5	Öl; zwl. in W., l. in A., Ä.; Oxim F: 58.5°.
5	Cyclopenten	$(H_2C\cdot CH)(H_2C\cdot CH_2)>CH$	V 61	68.11	0.7743^{18}	—	45	Fl.; unl. in W., l. in A., Ä.
6	Cyclopropan	$(H_2C)(H_2C)>CH_2$	V 15	42.08	0.720^{-79}	—127	—34.5/750	Gas; unl. in W.; bei Rotglut → Propylen.
7	Cyclopropancarbonsäure	$(H_2C)(H_2C)>CH\cdot CO_2H$	IX 4	86.09	1.088^{20}	18—9	181	Kryst.; l. in CS_2; Amid F: 124°.
8	Cyclopropan-dicarbonsäure-(1.1)	$(H_2C)(H_2C)>C(CO_2H)_2$	IX 721	130.10	—	140	Z.*	Nadeln (Chlf.), Prismen (Ä.); ll. in W., Ä., l. in Chlf.; * → Cyclopropancarbonsäure u. Butyrolacton.
9	o-Cymol	$CH_3\cdot C_6H_4\cdot CH(CH_3)_2$	E V 204	134.21	0.8789^{16}	—	175	Fl.; unl. in W., l. in A., Ä.; riecht schwach nach Moschus.
10	m-Cymol	$CH_3\cdot C_6H_4\cdot CH(CH_3)_2$	V 419	134.21	0.8619^{20}	< —25	175	Fl.; unl. in W., l. in A., Ä.
11	p-Cymol	$CH_3\cdot C_6H_4\cdot CH(CH_3)_2$	V 420	134.21	0.8586^{20}_{20}	—73.5	176.7	Fl.; unl. in W., l. in A., Ä.; riecht möhrenähnlich, eigentümlich herb; V. in äther. Ölen; Gewinnung aus Sulfitterpentin.

31212 (Fortsetzung).

Nr.	Name	Formel	BZ	MG	D	F	Kp	Charakteristik
1	l-Cystein	$HS \cdot CH_2 \cdot CH(NH_2) \cdot CO_2H$	IV 506	121.15	—	—	—	Kryst.; l. in W., Eg., NH_4OH; oxyd. sich zu Cystin; Hydrochlorid F: 175—178°.
2	l-Cystin	$[HO_2C \cdot CH(NH_2) \cdot CH_2 \cdot S—]_2$	IV 507	240.29	—	Z. 258	—	Tafeln (verd. HCl); 0.011 W. 19°, 0.045 W. 70°, unl. in A., Ä.; ll. in Alkali; Darst. aus Roßhaaren.
3	Cytisin	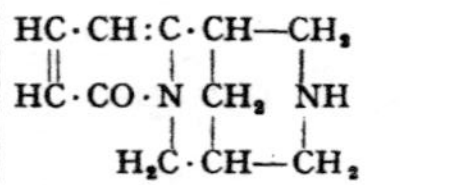	XXIV 134	190.24	—	154.5	218/2	Kryst. (A.); 78.1 W. 16°, 30.1 A. 8°, 47.7 Chlf. 15°; sehr giftig; + $FeCl_3$ rote Färb.; V. im Goldregen.
4	Cytosin	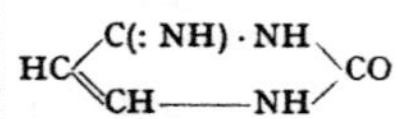	XXIV 314	111.10	—	320—5 (Z.)	—	Platten + 1 H_2O (W.); 0.78 W. 25°, swl. in A., unl. in Ä.; B. dch. Hydrolyse v. Nucleinsäuren.
5	**Decan**	$CH_3 \cdot [CH_2]_8 \cdot CH_3$	I 168	142.27	0.7304^{20}	—30	173	Fl.; unl. in W., ∞ A., Ä.
6	Decylalkohol	$CH_3 \cdot [CH_2]_8 \cdot CH_2 \cdot OH$	I 425	158.27	0.8297^{20}	7	231	Öl; l. in A., Ä.
7	Dehydracetsäure	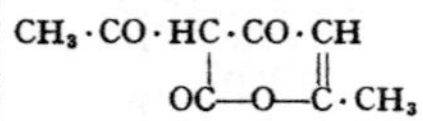	XVII 559	168.14	—	109	270	Nadeln od. Tafeln (W.); 1 W. 6°, ll. in h. W., wl. in k. A., ll. in Ä.
8	Dehydroindigo	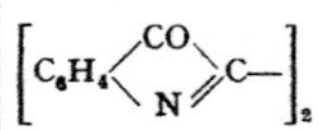	XXIV 435	260.24	—	210—5 (Z.*)	—	Rotgelbe Tafeln; unl. in W., swl. in Ä., ll. in h. Nitrobenzol, Chlf.; * → Indigo.
9	Dehydroschleimsäure	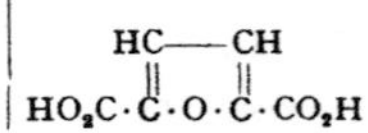	XVIII 328	156.09	—	—	subl.	Nadeln (W.); 0.1 W. 18°, l. in Ä.

1	Dehydrothiotoluidin	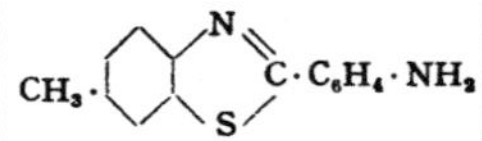	XXVII 376	240.31	—	191	431	Gelbe Kryst.; 0.005 sd. W., l. in A., wl. in Ä.; Lsgg. fluoresc. blau; Verwend. zur Herst. v. Farbst.
2	cis-Dekahydrochinolin	$H_2C\cdot CH_2\cdot CH\cdot CH_2\cdot CH_2$ $H_2C\cdot CH_2\cdot CH\cdot NH\cdot CH_2$	XX 157	139.23	0.9191^{56}	etwa —40	205/735	Fl.
3	trans-Dekahydrochinolin	$H_2C\cdot CH_2\cdot CH\cdot CH_2\cdot CH_2$ $H_2C\cdot CH_2\cdot CH\cdot NH\cdot CH_2$	XX 156	139.23	0.9021^{56}	48	203/735	Prismen (Lg.); ll. in h. W., A., Ä.; flücht. mit Dampf; riecht betäubend basisch.
4	Dekahydronaphthalin s. Dekalin							
5	cis-Dekalin	$H_2C\cdot CH_2\cdot CH\cdot CH_2\cdot CH_2$ $H_2C\cdot CH_2\cdot CH\cdot CH_2\cdot CH_2$	V 92	138.24	0.8953^{20}	—51	193	Fl.; unl. in W., l. in A., Ä.
6	trans-Dekalin	$H_2C\cdot CH_2\cdot CH\cdot CH_2\cdot CH_2$ $H_2C\cdot CH_2\cdot CH\cdot CH_2\cdot CH_2$	V 92	138.24	0.8734^{19}	—36	185	Fl.; unl. in W., l. in A., Ä.
7	cis α-Dekalol	$H_2C\cdot CH_2\cdot CH\cdot CH(OH)\cdot CH_2$ $H_2C\cdot CH_2\cdot CH—CH_2—CH_2$	—	154.24	—	93	—	Nadeln (PÄ.); Phenylurethan F: 118°.
8	trans-α-Dekalol	$H_2C\cdot CH_2\cdot CH\cdot CH(OH)\cdot CH_2$ $H_2C\cdot CH_2\cdot CH—CH_2—CH_2$	VI 67	154.24	—	63	130/28	Nadeln (PÄ.); wl. in W., ll. in A., Ä.; flücht. mit Dampf; Phenylurethan F: 172°.
9	cis-β-Dekalol	$H_2C\cdot CH_2\cdot CH\cdot CH_2\cdot CH\cdot OH$ $H_2C\cdot CH_2\cdot CH\cdot CH_2\cdot CH_2$	—	154.24	—	a) 105 b) 17	243/746	a) Nadeln (PÄ.); a) Phenylurethan F: 134°; Benzoat F: 57—58°; b) Phenylurethan F: 102°.
10	trans-β-Dekalol	$H_2C\cdot CH_2\cdot CH\cdot CH_2\cdot CH\cdot OH$ $H_2C\cdot CH_2\cdot CH\cdot CH_2\cdot CH_2$	VI 67	154.24	—	a) 75 b) 53	a) 236 b) 230/746	a) Prismen (PÄ.); a) Phenylurethan F: 165°; b) Phenylurethan F: 99°.

31212 (Fortsetzung).

Nr.	Name	Formel	BZ	MG	D	F	Kp	Charakteristik
1	Desoxalsäure	$C(OH)(CO_2H)_2$ · $CH(OH)\cdot CO_2H$	III 586	194.10	—	—	—	Zerfließl. Kryst. + 1 H_2O; ll. in W., A.; + W. > 45° → dl-Weinsäure u. CO_2.
2	Desoxybenzoin	$C_6H_5\cdot CO\cdot CH_2\cdot C_6H_5$	VII 431	196.23	—	60	320—2	Tafeln (A.); wl. in sd. W., ll. in A., Ä.; Semicarbazon F: 148°.
3	Diacetamid	$(CH_3\cdot CO)_2NH$	II 181	101.10	—	79	216—8	Nadeln (Ä.); ll. in W., l. in A., Ä.
4	Diacetessigester	$(CH_3\cdot CO)_2CH\cdot CO_2\cdot C_2H_5$	III 751	172.17	1.104^{15}	—	124/30	Fl.; wl. in W., ll. in A., Ä., Bzl.; + h. W. → Essigsäure + Acetessigester; + $FeCl_3$ rote Färb.
5	Diacetonalkohol	$(CH_3)_2C(OH)\cdot CH_2\cdot CO\cdot CH_3$	I 836	116.15	0.9306^{25}	—	164 (g.Z.)	Fl.; ∞ W., A., Ä.
6	Diacetonamin	$CH_3\cdot CO\cdot CH_2\cdot C(CH_3)_2\cdot NH_2$	IV 322	115.17	< 1	—	25/0.14	Fl.; l. in W., ∞ A., Ä.; Dest. → Mesityloxyd u. NH_3.
7	Diacetyl	$CH_3\cdot CO\cdot CO\cdot CH_3$	I 769	86.09	0.973^{22}	—	87—8	Gelbgrüne Fl.; ll. in W., ∞ A., Ä.
8	Diacetylaceton	$(CH_3\cdot CO\cdot CH_2)_2CO$	I 808	142.15	1.053^{80}_{80}	49	—	Blätt.; ll. in h. A., Ä.; l. in Alkali gelb; an d. Luft → Dimethylpyron.
9	Diacetyldioxim s. Dimethylglyoxim							
10	Diacetylmonoxim	$CH_3\cdot CO\cdot C(:N\cdot OH)\cdot CH_3$	I 772	101.10	—	76	185—6	Blätt. (W.); l. in W., ll. in A., Ä.; l. in Alkali gelb.
11	N.N'-Diacetyl-o-phenylendiamin	$C_6H_4(NH\cdot CO\cdot CH_3)_2$	XIII 20	192.21	—	185—6	Z.*	Nadeln (W.); ll. in sd. W., A., swl. in Ä.; *→ 2-Methyl-benzimidazol.
12	Diäthyläther	$C_2H_5\cdot O\cdot C_2H_5$	I 314	74.12	0.71925^{15}	—116.3	34.60	Fl.; instabile Form F: —123.3°; 7.5 W. 16°, ∞ A., Chlf.; riecht angenehm; leicht entzündl.; Dampf wirkt betäubend; Verwend. zur Herst. von Kollodium, Kunstseide usw., als Narkotikum.

1	Diäthylamin	$(C_2H_5)_2NH$	IV 95	73.13	0.7108^{18}	−50	55.5	Fl.; ∞ W. unterhalb 143.5°, l. in A.; brennbar.
	— hydrochlorid	$C_4H_{11}N + HCl$	IV 97	109.60	1.048^{21}	215—7	320—30	Blätt. (A. + Ä.); 232 W. 25°, l. in A., unl. in Ä., 29.5 Chlf. 25°.
3	3-Diäthylamino-phenol	$(C_2H_5)_2N \cdot C_6H_4 \cdot OH$	XIII 408	165.23	—	78	276—80	Kryst. (CS_2 + Lg.); Verwend. zur Herst. v. Farbst.
4	Däthylanilin	$C_6H_5 \cdot N(C_2H_5)_2$	XII 164	149.23	0.9351^{20}	−38.1	216.5	Öl; wl. in W., l. in A., Chlf., Eg.
5	Däthylbromessigsäure-amid	$(C_2H_5)_2CBr \cdot CO \cdot NH_2$	II 334	194.08	—	66—7	—	Kryst.; 0.7 k. W., ll. in h. W., A., Ä., Bzl.; bei 160—170° HBr-Abspalt.; wirkt hypnot. u. sedativ.
6	Diäthylcarbinol	$C_2H_5 \cdot CH(OH) \cdot C_2H_5$	I 385	88.14	0.8154^{25}	—	116	Fl.; Phenylurethan F: 48—49°.
7	Diäthylcarbonat s. Kohlensäure-diäthylester							
8	Diäthylcyanamid	$(C_2H_5)_2N \cdot CN$	IV 121	98.14	0.854^{20}	—	190	Fl.; + HCl → CO_2, NH_3, Diäthylamin.
9	Diäthyldisulfid	$C_2H_5 \cdot S \cdot S \cdot C_2H_5$	I 347	122.24	0.9927^{20}	—	153	Öl; swl. in W., l. in A., Ä.; riecht nach Knoblauch.
10	Diäthylendisulfid s. 1.4-Dithian							
11	Diäthylessigsäure	$(C_2H_5)_2CH \cdot CO_2H$	II 333	116.15	0.9196_0^{18}	< −15	194	Fl.; Amid F: 107°.
12	N N'-Diäthylharnstoff	$C_2H_5 \cdot NH \cdot CO \cdot NH \cdot C_2H_5$	IV 115	116.16	1.042	112	263	Nadeln (A.); ll. in W., A., Ä.
13	Diäthykleton	$C_2H_5 \cdot CO \cdot C_2H_5$	I 679	86.13	0.8159^{19}	−42.0	101.7	Fl.; 4.6 W. 20°, 3.7 W. 100°, ∞ A., Ä.; Semicarbazon F: 139°.
14	Diäthylselenid	$(C_2H_5)_2Se$	I 349	137.08	1.230^{20}	—	108	Fl.; unl. in W.; riecht lauchartig.
15	Diäthylsulfat	$(C_2H_5 \cdot O)_2SO_2$	I 327	154.18	1.837^{19}	−24.5	208 (g.Z.)	Öl; unl. in W., l. in A., Ä., Bzl.; riecht nach Pfefferminz.
16	Diäthylsulfid	$(C_2H_5)_2S$	I 344	90.18	0.8364^{21}	−102.1	92	Fl.; swl. in W., l. in A., Ä.
17	Diäthylsulfit	$(C_2H_5)_2SO_3$	I 325	138.18	1.0772^{25}	—	158	Fl.; dch. W. zers.; l. in A., Ä.
18	Diäthylsulfon	$(C_2H_5)_2SO_2$	I 346	122.18	1.057^{100}	73—4	248	Tafeln; 15.6 W. 16°, l. in A., Ä., slf. in Bzl.
19	Diäthylsulfoxyd	$(C_1H_1)SO_3$	I 346	106.18	—	4—6	88—9/15	Fl.; ll. in W., in A., Ä.

31212 (Fortsetzung).

Nr.	Name	Formel	BZ	MG	D	F	Kp	Charakteristik
1	Diäthyltellurid	$(C_2H_5)_2Te$	I 350	185.73	1.599^{15}	—	137—8	Rotgelbe Fl.; unl. in W., l. in A.; riecht widerlich; oxyd. an d. Luft.
2	N.N'-Diäthyl-thioharnstoff	$C_2H_5\cdot NH\cdot CS\cdot NH\cdot C_2H_5$	IV 118	132.22	—	77	—	Kryst.; l. in W., A.
3	Dial	$(CH_2{:}CH\cdot CH_2)_2C\langle(CO\cdot NH)_2\rangle CO$	E XXIV 422	208.21	—	173	—	Blätt. (W.); ll. in h. W., A., wl. in Bzl.
4	Diallyl	$CH_2{:}CH\cdot[CH_2]_2\cdot CH{:}CH_2$	I 253	82.14	0.6872^{16}	— 140.8	59.6	Fl.; unl. in W.; riecht rettigartig; polym. beim Erhitzen.
5	Diallyläther	$(CH_2{:}CH\cdot CH_2)_2O$	I 436	98.14	0.805^{18}_{0}	—	94.3	Fl.
6	Diallylsulfid	$(CH_2{:}CH\cdot CH_2)_2S$	I 440	114.20	0.8877^{26}	— 83	138.6/758	Nach Knoblauch riech. Öl; l. in A.
7	Dialursäure	$HO\cdot HC\langle(CO\cdot NH)_2\rangle CO$	XXV 85	144.09	—	214 (Z.*)	—	Prismen + 1 H_2O; wl. in k. W., ll. in sd. W.; in W. → Alloxantin; * → Hydurilsäure.
8	1.2-Diamino-anthrachinon	$C_6H_4\langle(CO)_2\rangle C_6H_2(NH_2)_2$	XIV 197	238.23	—	303—4	—	Violette Nadeln (Nitrobzl.); swl. in A., Ä., l. in Anilin, Py.
9	1.4-Diamino-anthrachinon	$C_6H_4\langle(CO)_2\rangle C_6H_2(NH_2)_2$	XIV 197	238.23	—	268	—	Violette Nadeln (wss. Py.); wl. in h. W., l. in A., ll. in Anilin, Py., sll. in Bzl.
10	1.5-Diamino-anthrachinon	$H_2N\cdot C_6H_3\langle(CO)_2\rangle C_6H_3\cdot NH_2$	XIV 203	238.23	—	319	subl.	Rote Nadeln (A. od. Eg.); swl. in W., wl. in A., Ä., Bzl.
11	1.8-Diamino-anthrachinon	$H_2N\cdot C_6H_3\langle(CO)_2\rangle C_6H_3\cdot NH_2$	XIV 212	238.23	—	262	—	Rote Kryst. (A.); ll. in A., wl. in Ä., ll. in Py.
12	2.6-Diamino-anthrachinon	$H_2N\cdot C_6H_3\langle(CO)_2\rangle C_6H_3\cdot NH_2$	XIV 215	238.23	—	310—20 (Z.)	—	Rotbraune Prismen (wss. Py.); wl. in h. A., l. in Anilin.

1	2.2'-Diamino-azobenzol	$H_2N\cdot C_6H_4\cdot N:N\cdot C_6H_4\cdot NH_2$	XVI 303	212.25	—	134	—	Rote Blätt. (A. od. Bzl.); swl. in W., l. in A., ll. in Ä., Aceton.
2	3.3'-Diamino-azobenzol	$H_2N\cdot C_6H_4\cdot N:N\cdot C_6H_4\cdot NH_2$	XVI 305	212.25	—	156	—	Orangerote Kryst. (verd. A.); wl. in W., l. in A., Bzl.
3	4.4'-Diamino-azobenzol	$H_2N\cdot C_6H_4\cdot N:N\cdot C_6H_4\cdot NH_2$	XVI 334	212.25	—	250—1	—	Gelbe Nadeln (verd. A.); wl. in W., l. in A., wl. in Bzl.
4	2.3-Diamino-benzoesäure	$(H_2N)_2C_6H_3\cdot CO_2H$	XIV 447	152.15	—	190—1 (Z.)	Z.*	Nadeln; *CO_2-Abspalt.
5	2.4-Diamino-benzoesäure	$(H_2N)_2C_6H_3\cdot CO_2H$	XIV 448	152.15	—	etwa 140	—	Kryst.; ll. in h. W., sll. in A.; wenig beständig.
6	2.5-Diamino-benzoesäure	$(H_2N)_2C_6H_3\cdot CO_2H$	XIV 448	152.15	—	Z.* 200	—	Prismen (W.); swl. in sd. W., A., Ä.; *CO_2-Abspalt.
7	3.4-Diamino-benzoesäure	$(H_2N)_2C_6H_3\cdot CO_2H$	XIV 450	152.15	—	210 Z.	Z.*	Blättchen; wl. in k. W., l. in h. W.; *CO_2-Abspalt.
8	3.5-Diamino-benzoesäure	$(H_2N)_2C_6H_3\cdot CO_2H$	XIV 453	152.15	—	240	Z.*	Nadeln + 1 H_2O (W.); 1.1 W. 8°, ll. in A., Ä.; *CO_2-Abspalt.
9	2.2'-Diamino-benzophenon	$CO(C_6H_4\cdot NH_2)_2$	XIV 87	212.24	—	134—5	—	Hellgelbe Blätt. (verd. A.); unl. in W., l. in A.
10	4.4'-Diamino-benzophenon	$CO(C_6H_4\cdot NH_2)_2$	XIV 88	212.24	—	241	—	Nadeln (verd. A.); unl. in k. W., wl. in h. W., ll. in A.; dch. sd. W. zers.
11	2.4'-Diamino-diphenyl	$H_2N\cdot C_6H_4\cdot C_6H_4\cdot NH_2$	XIII 211	184.23	—	45	363	Nadeln (verd. A.); swl. in W., ll. in A., Ä.; N.N'-Diacetylderiv. F: 202°.
12	4.4'-Diamino-diphenyl-amin	$H_2N\cdot C_6H_4\cdot NH\cdot C_6H_4\cdot NH_2$	XIII 110	199.25	—	158	Z.	Blätt. (W.); Verwend. zur Herst. v. Farbst.; $C_{12}H_{13}N_3 + H_2SO_4$ Nadeln, swl. in W.
13	2.2'-Diamino-diphenyl-disulfid	$[H_2N\cdot C_6H_4\cdot S—]_2$	XIII 400	248.35	—	93	—	Gelbe Tafeln od. Nadeln (verd. A.); unl. in W., ll. in sd. A.
14	4.4'-Diamino-diphenyl-disulfid	$[H_2N\cdot C_6H_4\cdot S—]_2$	XIII 536	248.35	—	80	—	Nadeln (verd. A.); wl. in W., ll. A., Ä.; Lsgg. sind gelb.

31212 (Fortsetzung).

Nr.	Name	Formel	BZ	MG	D	F	Kp	Charakteristik
1	4.4′-Diamino-diphenyl-methan	$CH_2(C_6H_4\cdot NH_2)_2$	XIII 238	198.26	—	93	257/18	Blättchen od. Nadeln (W.); wl. in k. W., ll. in A., Ä., Bzl.; Hydrochlorid F: 288°.
2	4.4′-Diamino-diphenyl-sulfid	$(H_2N\cdot C_6H_4)_2S$	XIII 535	216.29	—	108	Z.*	Nadeln (W.); wl. in h. W., ll. in A., Ä.; * → Anilin u. H_2S.
3	2.4-Diamino-phenol	$(H_2N)_2C_6H_3\cdot OH$	XIII 549	124.14	—	78—80 (Z.)	—	Blätt.; l. in A., wl. in Ä.; l. in Säuren, Alkali.
4	3.4-Diamino-phenol	$(H_2N)_2C_6H_3\cdot OH$	XIII 564	124.14	—	167—8 (Z.)	—	Kryst.; unbeständig.
5	2.4-Diamino-phenol-dihydrochlorid	$C_6H_8ON_2 + 2HCl$	XIII 550	197.07	—	—	—	Nadeln; l. in W.; Verwend. als photograph. Entwickler (Amidol) u. als Haarfärbemittel.
6	2.2′-Diamino-stilben	$[H_2N\cdot C_6H_4\cdot CH{=}]_2$	XIII 267	210.27	—	a) 176 b) 123	—	a) Goldgelbe Prismen (A., Ä. od. Bzl.); l. in A., Ä.; b) rote Nadeln (W.)
7	4.4′-Diamino-stilben	$[H_2N\cdot C_6H_4\cdot CH{=}]_2$	XIII 267	210.27	—	227	subl.	Gelbe Blätt. od. Nadeln (A.); wl. in W., l. in A., Ä.; N.N′-Diacetyl-deriv. F: 312° (Z.).
8	2.3-Diamino-toluol (vic. o-Toluylendiamin)	$CH_3\cdot C_6H_3(NH_2)_2$	XIII 123	122.16	—	63—4	255	Kryst.; l. in W., A., Ä.
9	2.4-Diamino-toluol (as. m-Toluylendiamin)	$CH_3\cdot C_6H_3(NH_2)_2$	XIII 124	122.16	—	99	280	Nadeln (W.); ll. in sd. W., A., Ä.; Verwend. zur Herst. v. Farbst.
10	2.5-Diamino-toluol (p-Toluylendiamin)	$CH_3\cdot C_6H_3(NH_2)_2$	XIII 144	122.16	—	64	273—4	Tafeln (Bzl.); ll. in W., A., Ä.
11	2.6-Diamino-toluol (vic. m-Toluylendiamin)	$CH_3\cdot C_6H_3(NH_2)_2$	XIII 148	122.16	—	105	—	Prismen (W.); ll. in h. W., A., Ä.
12	3.4-Diamino-toluol (as. o-Toluylendiamin)	$CH_3\cdot C_6H_3(NH_2)_2$	XIII 148	122.16	—	88.5	265	Blätt. (Lg.); l. in W.; oxyd. in wss. Lsg. an der Luft.
13	3.5-Diamino-toluol (symm. m-Toluylendiamin)	$CH_3\cdot C_6H_3(NH_2)_2$	XIII 164	122.16	—	—	283—5	Öl; ll. in W.; $C_7H_{10}N_2 + 2\,HCl$ Nadeln F: 255—60°.

1	4.4′-Diamino-triphenyl-carbinol	$C_6H_5\ C(OH)(C_6H_4\cdot NH_2)_2$	XIII 742	290.35	—	173—5	—	Farblose Prismen (wss. Py.); wl. in h. W., l. in A., wl. in Ä.; Doebnersches Violett $[C_{19}H_{17}N_2]Cl$ grün metallisch glänzende Kryst., l. in W. rotviolett, ll. in A. violett.
2	4.4′-Diamino-triphenyl-methan	$C_6H_5\cdot CH(C_6H_4\cdot NH_2)_2$	XIII 274	274.35	—	139	—	Kryst. (Ä.); swl. in W., ll. in A., Ä.
3	o-Dianisidin	$[^{(3)}CH_3\cdot O\cdot C_6H_3(NH_2)^{(4)}—]_2$	XIII 807	244.28	—	137	—	Blätt.; 2. Form Nadeln F: 131°; ll. in A., Ä., Bzl., l. in Eg.; Verwend. zur Herst. von Azofarbst.
4	Dianthron	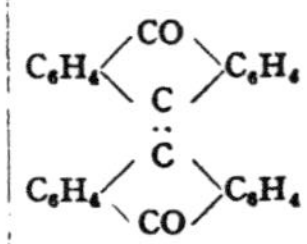	VII 848	384.40	—	> 300	—	Gelbe Kryst.; unl. in W., wl. in A., Ä.; l. in H_2SO_4 rot.
5	Diazoaminobenzol	$C_6H_5\cdot N:N\cdot NH\cdot C_6H_5$	XVI 687	197.23	—	98	Z.	Gelbe Blätt. (A.); swl. in W., l. in h. A., ll. in Ä.
6	Diazobenzolsäure s. Phenylnitramin							
7	p-Diazobenzolsulfonsäure	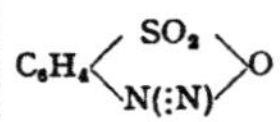	XVI 561	184.23	—	—	—	Nadeln (W.); 1.1 W. 20°; explod. beim Erwärmen, dch. Schlag u. Reiben; Verwend. zur Herst. v. Azofarbst. u. Sprengst.
8	Diazoessigester	$N\vdots N:CH\cdot CO_2\cdot C_2H_5$	XXV 110	114.10	1.085^{17}	—22	45/12	Gelbes, stark riech. Öl; wl. in W., l. in A., Ä.; flücht. mit Dampf; + sd. W. → Glykolsäureäthylester + N_2, Rk. wird durch H˙ beschleunigt.
9	Diazomethan	$CH_2:N\vdots N$	XXIII 25	42.04	—	—145	—24	Gelbes Gas; l. in A., Ä.; expl. beim Erhitzen; sehr giftig; Methylierungsmittel.

31212 (Fortsetzung)

Nr.	Name	Formel	BZ	MG	D	F	Kp	Charakteristik
1	Dibenzalaceton	$(C_6H_5\cdot CH:CH)_2CO$	VII 500	234.28	—	112	Z.	Gelbe Blätt. (Ä.); unl. in W., swl. in k. A., wl. in Ä.; Oxim F: 142—144°.
2	Dibenzamid	$(C_6H_5\cdot CO)_2NH$	IX 213	225.23	—	148	Z.*	Kryst. (Bzl. od. Chlf.); 0.12 W. 15°, wl. in sd. W., ll. in A., Ä.; * → Benzonitril u. Benzoesäure.
3	Dibenzhydroxamsäure	$C_6H_5\cdot CO\cdot NH\cdot O\cdot CO\cdot C_6H_5$	IX 303	241.24	—	161	Z.	Nadeln; swl. in W., wl. in k. A., swl. in Ä.
4	Dibenzhydryläther	$[(C_6H_5)_2CH]_2O$	VI 679	350.43	—	110	267/15	Kryst. (Bzl.); wl. in sd. A., ll. in Bzl.; zers. bei 300°.
5	N.N'-Dibenzoyl-hydrazin	$[C_6H_5\cdot CO\cdot NH—]_2$	IX 324	240.25	—	238	—	Nadeln (A. od. Eg.); swl. in k. W., 0.1 h. W., 0.63 A. 25°, swl. in Ä.; bei 250° → 2.5-Diphenyl-1.3.4-oxdiazol.
6	Dibenzoylmethan	$C_6H_5\cdot CO\cdot CH_2\cdot CO\cdot C_6H_5$	VII 769	224.24	—	78	220/18	Tafeln (A. od. Ä.); unl. in W., 4.43 A. 20°, ll. in Ä.; ll. in NaOH; + $FeCl_3$ in A. rotviolette Färb.
7	Dibenzyl	$C_6H_5\cdot CH_2\cdot CH_2\cdot C_6H_5$	V 598	182.25	0.9682^{52}	52.2	284	Spieße (A.); l. in A., ll. in Ä., CS_2; therm. Zers. → Toluol, Stilben, Phenanthren.
8	Dibenzyläther	$(C_6H_5\cdot CH_2)_2O$	VI 434	198.25	1.0428^{20}	3.6	296	Fl.; zers. an. d Luft unter B. von Benzaldehyd.
9	Dibenzylamin	$(C_6H_5\cdot CH_2)_2NH$	XII 1035	197.27	1.026^{21}	—26	270/250	Öl; unl. in W., ll. in A., Ä.
10	Dibenzylanilin	$(C_6H_5\cdot CH_2)_2N\cdot C_6H_5$	XII 1037	273.36	1.0444^{80}	71—2	> 300 Z.	Prismen (A.); unl. in W., wl. in k. A., ll. in Ä.
11	Dibenzyldisulfid	$[C_6H_5\cdot CH_2\cdot S—]_2$	VI 465	246.37	—	71—2	Z. > 270	Blätt. (A.); swl. in W., wl. in k. A., ll. in sd. A., Ä., Bzl.

1	Dibenzylketon	$C_6H_5 \cdot CH_2 \cdot CO \cdot CH_2 \cdot C_6H_5$	VII 445	210.26	—	35	330.6	Kryst. (Ä.); unl. in W., ll. in A., Ä.; zers. sich am Licht; Semicarbazon F: 145—6°.
2	Dibenzylsulfid	$(C_6H_5 \cdot CH_2)_2S$	VI 455	214.31	1.0712^{50}_{50}	49	Z. > 185	Tafeln (Ä. od. Chlf.); unl. in W., l. in A., Ä.
3	Dibenzylsulfon	$(C_6H_5 \cdot CH_2)_2SO_2$	VI 456	246.31	—	151	Z.* 290	Nadeln (A. + Bzl.); unl. in W., wl. in A., l. in Eg.; * → Stilben, Toluol, SO_2.
4	Dibenzylsulfoxyd	$(C_6H_5 \cdot CH_2)_2SO$	VI 456	230.31	—	134	Z. 210	Blätt. (W. od. A.); unl. in k. W., l. in h. W., l. in h. W., wl. in k. A., k. Ä.
5	cis-α.β-Dibrom-äthylen	CHBr:CHBr	E I 81	185.87	2.2846^{18}	—53	112.5	Fl.; + alkoh. KOH → Bromacetylen viel schneller als bei d. trans-Form; cis-trans-Gleichgewichts-Gemisch F: —45°.
6	trans-α.β-Dibrom-äthylen	CHBr:CHBr	E I 81	185.87	2.2667^{18}	—6.5	108	Fl.
7	2.4-Dibrom-anilin	$C_6H_3Br_2 \cdot NH_2$	XII 655	250.94	2.260^{20}	80	156/24	Nadeln od. Blättchen (A.); l. in A., Eg.: Acetylderiv. F: 146°.
8	9.10-Dibrom-anthracen	$C_6H_4\left\{\begin{matrix}CBr\\CBr\end{matrix}\right\}C_6H_4$	V 665	336.03	—	221—2	subl.	Gelbe Nadeln (Toluol); swl. in A., Ä., l. in h. Bzl.
9	2.3-Dibrom-benzoesäure	$C_6H_3Br_2 \cdot CO_2H$	IX 357	279.93	—	149—50	—	Nadeln (W.); wl. in h. W., swl. in Lg.
10	2.4-Dibrom-benzoesäure	$C_6H_3Br_2 \cdot CO_2H$	IX 358	279.93	—	173	subl.	Blätt. (W.); wl. in h. W.; flücht. mit Dampf.
11	2.5-Dibrom-benzoesäure	$C_6H_3Br_2 \cdot CO_2H$	IX 358	279.93	—	153	—	Nadeln (A. od. W.); wl. in k. W., ll. in A., Ä.; flücht. mit Dampf.
12	2.6-Dibrom-benzoesäure	$C_6H_3Br_2 \cdot CO_2H$	IX 358	279.93	—	150.5	209 bis 210/16	Nadeln (W.); l. in h. W., ll. in A., Ä., Chlf.; flücht. mit Dampf.
13	3.4-Dibrom-benzoesäure	$C_6H_3Br_2 \cdot CO_2H$	IX 359	279.93	—	234—5	subl.	Nadeln (W.), Tafeln (A.); wl. in k. W., l. in A., Ä.
14	3.5-Dibrom-benzoesäure	$C_6H_3Br_2 \cdot CO_2H$	IX 359	279.93	—	219	subl.	Nadeln (W.), Blätt. (A.); swl. in W., ll. in A.

31212 (Fortsetzung).

Nr.	Name	Formel	BZ	MG	D	F	Kp	Charakteristik
1	o-Dibrom-benzol	$C_6H_4Br_2$	V 210	235.92	1.994^{11}	6.7	221	Charakterist. riech. Fl.; l. in A., Ä.
2	m-Dibrom-benzol	$C_6H_4Br_2$	V 211	235.92	1.9523^{20}	— 6.9	217	Fl.; l. in A., Ä.
3	p-Dibrom-benzol	$C_6H_4Br_2$	V 211	235.92	2.261^{17}	86.9	219	Tafeln (A. od. Lg.); 16.3 A. 30°, 61.3 Ä. 20°.
4	dl-Dibrombernsteinsäure	$HO_2C\cdot[CHBr]_2\cdot CO_2H$	II 625	275.90	—	166—7	Z.* 180	Kryst. (W.); ll. in W.; dch. sd. W. zers.; * → HBr u. Bromfumarsäure.
5	meso-Dibrombernsteinsäure	$HO_2C\cdot[CHBr]_2\cdot CO_2H$	II 623	275.90	—	255* (Z. †)	—	Kryst.; 2.04 W. 17°, ll. in h. W., A., Ä.; * geschloss. Rohr; † HBr-Abspalt.
6	Dibromessigsäure	$CHBr_2\cdot CO_2H$	II 218	217.87	—	48	232 (Z.)	Zerfließl. Kryst.; ll. in A., Ä.
7	sym. Dibromisopropylalkohol	$CH_2Br\cdot CH(OH)\cdot CH_2Br$	I 365	217.91	2.1202^{25}	—	219 (Z.)	Fl.; Phenylurethan F: 80—81°.
8	4.6-Dibrom-2-nitro-phenol	$O_2N\cdot C_6H_2Br_2\cdot OH$	VI 246	296.92	2.433	117.5	subl.	Gelbe Prismen (A. od. Ä.); swl. in W., wl. in A., Ä.; flücht. mit Dampf.
9	2.6-Dibrom-4-nitro-phenol	$O_2N\cdot C_6H_2Br_2\cdot OH$	VI 247	296.92	—	144	Z > 144	Blätt. (A.); swl. in W., ll. in h. A., Ä.; flücht. mit Dampf.
10	1.5-Dibrom-pentan	$CH_2Br\cdot[CH_2]_3\cdot CH_2Br$	I 131	229.96	1.706^{18}	— 35	221	Fl.; unl. in W., l. in A., Ä.; flüchtig mit Dampf; riecht aromat.
11	2.4-Dibrom-phenol	$C_6H_3Br_2\cdot OH$	VI 202	251.92	—	40	177/17	Nadeln (PÄ.); 0.19 W. 15°, sll. in A., Ä.; riecht widerlich anhaftend.
12	2.6-Dibrom-phenol	$C_6H_3Br_2\cdot OH$	VI 202	251.92	—	56—7	162/21	Nadeln (W.); wl. in k. W., ll. in A., Ä.; flücht. mit Dampf.
13	1.2-Dibrom-propan	$CH_3\cdot CHBr\cdot CH_2Br$	I 109	201.91	1.9463^{17}	— 55.3	139.9	Fl.; swl. in W., l. in A., ll. in Ä.; Erhitzen → 1.3- u. 2.2-Dibrompropan.
14	1.3-Dibrom-propan	$CH_2Br\cdot CH_2\cdot CH_2Br$	I 110	201.91	1.9874^{15}	— 36.2	167.0	Fl.; 0.168 W. 30°, l. in A., Ä.

1	2.2-Dibrom-propan	$CH_3 \cdot CBr_2 \cdot CH_3$	I 111	201.91	1.7825^{20}	—	114/740	Fl.
2	α.β-Dibrom-propionsäure	$CH_2Br \cdot CHBr \cdot CO_2H$	II 258	231.89	—	64	160/20	Tafeln; 1945 W. 11°; ll. in A., 304 Ä. 10°; 2. Form Prismen F: 51°.
3	β.γ-Dibrom-propylalkohol	$CH_2Br \cdot CHBr \cdot CH_2 \cdot OH$	I 357	217.91	2.1259^{25}	—	219 (g.Z.)	Fl.; wl. in W., l. in A., Ä.; Phenylurethan F: 77—79°.
4	2.5-Dibrom-thiophen	HC——CH BrC·S·CBr	XVII 33	241.95	2.147^{23}_{23}	—	211	Öl; unl. in W.; flücht. mit Dampf.
5	Dibutyläther	$(C_2H_5 \cdot CH_2 \cdot CH_2)_2O$	I 369	130.22	0.769^{20}_{20}	—95.2	140.9	Fl.; ∞ A., Ä.
6	Dibutylketon	$(C_2H_5 \cdot CH_2 \cdot CH_2)_2CO$	E I 365	142.23	0.8270^{13}	—5.9	181—2	Fl.; swl. in W., l. in A., Ä.; Semicarbazon F: 90°.
7	Dichinolyl-(2.3′)	$NC_9H_6 \cdot C_9H_6N$	XXIII 293	256.29	—	176—7	> 400	Blätt. (A.); unl. in W., ll. in h. A., l. in Ä., Bzl., Chlf.
8	Dichinolyl-(6.6′)	$NC_9H^9 \cdot C_9H_6N$	XXIII 295	256.29	—	181	—	Blätt. (A.), Nadeln (verd. A.); unl. in W., l. in A., Ä., ll. in Bzl.
9	Dichloracetal	$CHCl_2 \cdot CH(O \cdot C_2H_5)_2$	I 614	187.07	1.138^{14}	—	183—4	Fl.; Hydrat F: 56°, ll. in W., Ä.
10	Dichloracetaldehyd	$CHCl_2 \cdot CHO$	I 613	112.95	—	—	90	Fl.; Dampf greift die Augen an; polym. leicht; $C_2H_2OCl_2 + H_2O$ F: 56—57°.
11	Dichloracetamid	$CHCl_2 \cdot CO \cdot NH_2$	II 205	127.97	—	98	233/745	Kryst.; sll. in h. W., A., Ä.
12	α.α-Dichlor-aceton	$CHCl_2 \cdot CO \cdot CH_3$	I 654	126.98	1.236^{21}	—	120	Fl.; wl. in W., l. in A., Ä.; Semicarbazon F: 163°.
13	α.α′-Dichlor-aceton	$CH_2Cl \cdot CO \cdot CH_2Cl$	I 655	126.98	1.3826^{46}	45	172.5	Tafeln od. Nadeln; l. in W., ll. in A., Ä.; wirkt blasenziehend; riecht ätzend, Dampf entzündet die Schleimhäute.
14	Dichloracetylchlorid	$CHCl_2 \cdot COCl$	II 204	147.40	—	—	105—7	Stechend riech., an d. Luft rauch. Fl.; dch. W. zers.
15	β.β-Dichlor-äthylalkohol	$CHCl_2 \cdot CH_2 \cdot OH$	I 338	114.97	1.145^{15}	—	146	Fl.; wl. in W., l. in A., Ä.
16	α.α-Dichlor-äthylen	$CH_2{:}CCl_2$	I 186	96.95	1.250^{15}	—	34—5	Fl.; polym. leicht.
17	cis-α.β-Dichlor-äthylen	$CHCl{:}CHCl$	E I 78	96.95	1.2913^{15}	—80.5	60.3	Fl.; alkoh. KOH → Chloracetylen viel schneller als bei der trans-Form; wirkt narkot.

31212 (Fortsetzung).

Nr.	Name	Formel	BZ	MG	D	F	Kp	Charakteristik
1	trans-α.β-Dichlor-äthylen	CHCl:CHCl	E I 78	96.95	1.2651^{15}	— 50.0	48.4	Fl.; addiert schneller Brom als die cis-Form: techn. Dichlor-äthylen Kp: 55°.
2	2.4-Dichlor-anilin	$C_6H_3Cl_2\cdot NH_2$	XII 621	162.02	1.567^{20}	63	239	Nadeln (W. od. A.); wl. in W., ll. in A., Ä.; flücht. mit Dampf; Acetylderiv. F: 146°.
3	2.5-Dichlor-anilin	$C_6H_3Cl_2\cdot NH_2$	XII 625	162.02	—	50	251	Nadeln (Lg.); swl. in W., ll. in A., Ä., CS_2; Acetylderiv. F: 132°.
4	9.10-Dichlor-anthracen	$C_6H_4\left\{\begin{matrix}CCl\\CCl\end{matrix}\right\}C_6H_4$	V 664	247.12	—	209—10	—	Gelbe Nadeln; wl. in A., Ä., ll. in Bzl.
5	2.3-Dichlor-benzoesäure	$C_6H_3Cl_2\cdot CO_2H$	IX 342	191.02	—	166	—	Nadeln.
6	2.4-Dichlor-benzoesäure	$C_6H_3Cl_2\cdot CO_2H$	IX 342	191.02	—	164	subl.	Nadeln (W. od. Bzl.); ll. in sd. W., A., Ä.
7	2.5-Dichlor-benzoesäure	$C_6H_3Cl_2\cdot CO_2H$	IX 342	191.02	—	154.4	301	Nadeln (W.); 0.084 W. 11°.
8	2.6-Dichlor-benzoesäure	$C_6H_3Cl_2\cdot CO_2H$	IX 343	191.02	—	143.7	subl.	Nadeln (A.); ll. in sd. W.; flücht. mit Dampf.
9	3.4-Dichlor-benzoesäure	$C_6H_3Cl_2\cdot CO_2H$	IX 343	191.02	—	204.1	—	Nadeln (W.); l. in h. W., ll. in A.; flücht. mit Dampf.
10	3.5-Dichlor-benzoesäure	$C_6H_3Cl_2\cdot CO_2H$	IX 344	191.02	—	188	subl.	Nadeln (A.); swl. in k. W., ll. in A.
11	o-Dichlor-benzol	$C_6H_4Cl_2$	V 201	147.01	1.3048^{20}	— 17.5	179	Fl.; swl. in W., l. in A.
12	m-Dichlor-benzol	$C_6H_4Cl_2$	V 202	147.01	1.2881^{20}	— 24.4	172	Fl.; swl. in W., l. in A.
13	p-Dichlor-benzol	$C_6H_4Cl_2$	V 203	147.01	1.2675^{55}_{55}	53	173.7	Blätter (A.); subl.; 0.008 W. 30°, ll. in h. A., Ä., Bzl.
14	2.6-Dichlor-chinon	$O:C_6H_2Cl_2:O$	VII 633	176.99	—	121	subl. < 120	Gelbe Prismen (A.); wl. in sd. W., k. A., ll. in h. A., l. in Chlf.; flücht. mit Dampf.
15	α.α'-Dichlor-diäthyläther	$(CH_3\cdot CHCl)_2O$	I 607	143.02	1.1376^{12}	—	116—7	Fl.; + h. W. → Acetaldehyd + HCl.
16	α.β-Dichlor-diäthyläther	$CH_2Cl\cdot CHCl\cdot O\cdot C_2H_5$	I 612	143.02	1.174^{23}	—	140—5	Fl.; riecht scharf; + W. → HCl u. A.

1	$\beta.\beta'$-Dichlor-diäthylsulfid (Senfgas)	$(CH_2Cl\cdot CH_2)_2S$	I 349	159.08	1.2790^{15}	13.5	217 (Z.)	Öl; 0.068 W. 25°, l. in A., Ä.; flücht. mit Dampf; riecht süßlich; Verwend. als Gaskampfstoff.
2	sym. Dichlordimethyläther	$(CH_2Cl)_2O$	I 582	114.97	1.315^{20}	—	105	Fl.; riecht erstickend; + W. → Formaldehyd.
3	Dichloressigsäure	$CHCl_2\cdot CO_2H$	II 202	128.95	1.573^{15}_{15}	10.8	194	Fl.; l. in W., A., Ä.
4	—— äthylester	$CHCl_2\cdot CO_2\cdot C_2H_5$	II 203	157.00	1.282^{20}	—	158	Fl.
5	sym. Dichlorisopropylalkohol	$CH_2Cl\cdot CH(OH)\cdot CH_2Cl$	I 364	128.99	1.3506^{17}	—	174.3	Fl.; 11 W. 19°, 16.6 W. 72°, ∞ A., Ä.; riecht äther.; Phenylurethan F: 73°.
6	1.2-Dichlor-naphthalin	$C_{10}H_6Cl_2$	V 542	197.06	—	35	295	Tafeln (A.); l. in A., Ä.
7	1.3-Dichlor-naphthalin	$C_{10}H_6Cl_2$	V 542	197.06	—	61.5	291/775	Nadeln (A.); l. in A.
8	1.4-Dichlor-naphthalin	$C_{10}H_6Cl_2$	V 542	197.06	—	67—8	286/740	Nadeln (A.); unl. in W., wl. in A., ll. in Aceton.
9	1.5-Dichlor-naphthalin	$C_{10}H_6Cl_2$	V 543	197.06	—	107	subl.	Blätt. (A.); unl. in W., l. in A., Ä.
10	1.6-Dichlor-naphthalin	$C_{10}H_6Cl_2$	V 543	197.06	—	49	subl.	Nadeln (A.); unl. in W., l. in A., Ä.; flücht. mit Dampf.
11	1.7-Dichlor-naphthalin	$C_{10}H_6Cl_2$	V 543	197.06	—	63—4	286	Blätt. (verd. A.), Nadeln (Eg.); unl. in W., l. in A., Ä., Bzl.
12	1.8-Dichlor-naphthalin	$C_{10}H_6Cl_2$	V 544	197.06	—	88	—	Kryst. (A.); unl. in W., l. in A., Ä.
13	2.3-Dichlor-naphthalin	$C_{10}H_6Cl_2$	V 544	197.06	—	120	—	Blätt.; unl. in W., wl. in k. A., ll. in Ä.
14	2.6-Dichlor-naphthalin	$C_{10}H_6Cl_2$	V 544	197.06	—	136	285	Nadeln (A.), Tafeln (Ä.); unl. in W., wl. in A., ll. in Ä., Bzl.
15	2.7-Dichlor-naphthalin	$C_{10}H_6Cl_2$	V 544	197.06	—	114	—	Tafeln; unl. in W., ll. in sd. A.
16	2.4-Dichlor-naphthol-(1)	$C_{10}H_5Cl_2\cdot OH$	VI 612	213.06	—	107—8	Z. 180	Nadeln (verd. A.); unl. in W., ll. in A., Ä.: flücht. mit Dampf.
17	2.3-Dichlor-1-nitro-benzol	$C_6H_3Cl_2\cdot NO_2$	V 245	192.01	1.4494^{80}	61	257—8	Nadeln (PÄ.); unl. in W., ll. in A., Ä.; flücht. mit Dampf.
18	2.4-Dichlor-1-nitro-benzol	$C_6H_3Cl_2\cdot NO_2$	V 245	192.01	1.4390^{80}	33	258.5	Nadeln (A.); unl. in W., ll. in h. A., ∞ Ä.
19	2.5-Dichlor-1-nitro-benzol	$C_6H_3Cl_2\cdot NO_2$	V 245	192.01	—	54.6	266	Tafeln u. Prismen (A.); unl. in W., wl. in k. A., ll. in Bzl., Chlf.; flücht. mit Dampf.

31212 (Fortsetzung).

Nr.	Name	Formel	BZ	MG	D	F	Kp	Charakteristik
1	2.6-Dichlor-1-nitro-benzol	$C_6H_3Cl_2 \cdot NO_2$	V 246	192.01	1.4094^{80}	72.5	130/8	Nadeln (A.); unl. in W., wl. in k. A.
2	3.4-Dichlor-1-nitro-benzol	$C_6H_3Cl_2 \cdot NO_2$	V 246	192.01	1.4514^{80}	43	255—6	Nadeln (A.); unl. in W., wl. in k. A.
3	3.5-Dichlor-1-nitro-benzol	$C_6H_3Cl_2 \cdot NO_2$	V 246	192.01	1.4278^{80}	65.4	—	Hellgelbe Blätt. (A.); unl. in W., wl. in k. A.
4	2.6-Dichlor-4-nitro-phenol	$O_2N \cdot C_6H_2Cl_2 \cdot OH$	VI 241	208.01	—	125	—	Nadeln (W.), Tafeln (Ä.); swl. in W., wl. in k. A., ll. in Ä., Chlf.
5	4.6-Dichlor-2-nitro-phenol	$O_2N \cdot C_6H_2Cl_2 \cdot OH$	VI 241	208.01	1.822^{19}	122	subl. < 100	Gelbe Blätt. (A.); wl. in W., ll. in A., Ä.
6	1.5-Dichlor-pentan	$CH_2Cl \cdot [CH_2]_3 \cdot CH_2Cl$	I 131	141.04	1.094^{25}	—	176—8	Fl.; unl. in W., l. in A., Ä.
7	2.3-Dichlor-phenol	$C_6H_3Cl_2 \cdot OH$	E VI 102	163.01	—	57	—	Kryst. (Bzn.); riecht durchdringend jodoformartig.
8	2.4-Dichlor-phenol	$C_6H_3Cl_2 \cdot OH$	VI 189	163.01	—	45	209—10	Nadeln (Bzl.); 0.45 W. 20°, ll. in A., Ä.; riecht unangenehm.
9	2.5-Dichlor-phenol	$C_6H_3Cl_2 \cdot OH$	VI 189	163.01	—	58	211/744	Prismen (PÄ.); wl. in W., ll. in A., Ä.
10	2.6-Dichlor-phenol	$C_6H_3Cl_2 \cdot OH$	VI 190	163.01	—	67	218—20	Nadeln; ∞ A., Ä.; riecht durchdringend, anhaftend.
11	3.4-Dichlor-phenol	$C_6H_3Cl_2 \cdot OH$	VI 190	163.01	—	68	253	Nadeln; riecht phenolart.
12	3.5-Dichlor-phenol	$C_6H_3Cl_2 \cdot OH$	VI 190	163.01	—	68	233	Kryst. (PÄ.); ll. in A.; riecht phenolartig.
13	3.6-Dichlor-phthalsäure	$C_6H_2Cl_2(CO_2H)_2$	IX 817	235.03	—	—	—	Tafeln (W.); ll. in h. W., A., Ä.; ab 100° → Anhydrid.
14	1.1-Dichlor-propan	$CH_3 \cdot CH_2 \cdot CHCl_2$	I 105	112.99	1.143^{10}	—	85—7	Fl.
15	1.2-Dichlor-propan	$CH_3 \cdot CHCl \cdot CH_2Cl$	I 105	112.99	1.1656^{14}	—	96.8	Fl.; 0.28 W. 25°, ll. in A., Ä.
16	1.3-Dichlor-propan	$CH_2Cl \cdot CH_2 \cdot CH_2Cl$	I 105	112.99	1.1770^{25}	—	125	Fl.; 0.273 W. 25°, ll. in A., Ä.
17	2.2-Dichlor-propan	$CH_3 \cdot CCl_2 \cdot CH_3$	I 105	112.99	1.0966^{15}_{15}	—34.6	69.7	Fl.; l. in A.
18	β.γ-Dichlor-propylalkohol	$CH_2Cl \cdot CHCl \cdot CH_2 \cdot OH$	I 356	128.99	1.368^{11}	—	182	Fl.; wl. in W., l. in A., Ä.; Phenylurethan F: 72—73°.
19	α.α-Dichlor-propylen	$CH_3 \cdot CH{:}CCl_2$	I 199	110.98	1.176^{20}	—	76.5	Fl.
20	α.β-Dichlor-propylen	$CH_3 \cdot CCl{:}CHCl$	I 199	110.98	—	—	75	Fl.

1	α.γ-Dichlor-propylen	$CH_2Cl\cdot CH:CHCl$	I 199	110.98	1.218[25]	—	106	Fl.; + alkoh. KOH → $C_2H_5\cdot O\cdot CH_2\cdot CH:CHCl$.
2	β.γ-Dichlor-propylen	$CH_2Cl\cdot Cl:CH_2$	I 199	110.98	1.204[25]	—	94	Fl.
3	γ.γ-Dichlor-propylen	$CHCl_2\cdot CH:CH_2$	I 199	110.98	1.170[25]	—	84.4	Fl.
4	3.5-Dichlor-salicylsäure	$HO\cdot C_6H_2Cl_2\cdot CO_2H$	X 104	207.02	—	219	subl.	Säulen od. Nadeln (verd. A.); swl. in h. W., ll. in A., Ä.
5	Dicyan	$NC\cdot CN$	II 549	52.04	—	— 27.9	— 21.2	Gas; 350 cm³ W. 30°, 2600 cm³ A. 20°, 500 cm³ Ä. 20°; giftig.
6	Dicyandiamid	$H_2N\cdot C(:NH)\cdot NH\cdot CN$	III 91	84.08	1.404[14]	209	—	Blätt.; 2.26 W. 13°, 1.26 A. 13°, 0.01 Ä. 13°; reagiert neutral.
7	Dicyandiamidin	$H_2N\cdot C(:NH)\cdot NH\cdot CO\cdot NH_2$	III 89	102.10	—	105	Z. 160	Prismen + 1 C_2H_6O (A.); ll. in W., wl. in k. A., unl. in Ä.; Verwend. zum Nachweis von Ni.
8	β.β-Difluor-äthylalkohol	$CHF_2\cdot CH_2\cdot OH$	I 336	63.05	1.3084[17]	— 28.2	96	Fl.; ∞ W., A., Ä.
9	Diguanid s. Biguanid							
10	9.10-Dihydro-acridin	$C_6H_4\langle{CH_2 \atop NH}\rangle C_6H_4$	XX 443	181.22	—	169	subl.	Säulen (A.); unl. in W., ll. in h. A., Ä.
11	9.10-Dihydro-anthracen	$C_6H_4\langle{CH_2 \atop CH_2}\rangle C_6H_4$	V 641	180.23	—	108	305	Tafeln (A.); unl. in W., ll. in A., Ä., Bzl.; flüchtig mit Dampf.
12	Dihydrocarvon	$CH_3\cdot HC\langle{CH_2\cdot CH_2 \atop CO\cdot CH_2}\rangle CH\cdot C(CH_3):CH_2$	VII 83	152.22	0.9253[20]	—	220—1	Öl; $[\alpha]_D$: — 18° (aus d-Carvon); Oxim F: 88—89°.
13	1.2-Dihydro-naphthalin	$C_6H_4\langle{CH_2\cdot CH_2 \atop CH=CH}$	E V 249	130.18	0.9974[20]	— 8	89/24	Fl.; unl. in W., l. in A., Ä.
14	1.4-Dihydro-naphthalin	$C_6H_4\langle{CH_2\cdot CH \atop CH_2\cdot CH}$	V 518	130.18	0.993[32]	25	94.5/17	Blätt.; unl. in W., l. in A., Ä.
15	Dihydroresorcin	${H_2C\cdot CH_2\cdot CO \atop H_2C\cdot CO\cdot CH_2}$ oder ${H_2C\cdot CH_2\cdot C\cdot OH \atop H_2C\cdot CO\cdot CH}$	VII 554	112.12	—	105—6	—	Prismen (Bzl.); ll. in W., A., swl. in Ä., CS_2; + $FeCl_3$ violettrote Färb.

31212 (Fortsetzung).

Nr.	Name	Formel	BZ	MG	D	F	Kp	Charakteristik
1	Diisoamyl	$[(CH_3)_2CH\cdot CH_2-]_2$	I 169	142.27	0.7216^{22}	— 52.5	160.3	Fl.; 8.3 k. Eg.; V. in Erdölen.
2	Diisobutyl	$(CH_3)_2CH\cdot[CH_2]_2\cdot CH(CH_3)_2$	I 162	114.22	0.7000^{12}	— 91.3	109	Fl.; unl. in W.; riecht angenehm süßlich.
3	Diisobutylamin	$[(CH_3)_2CH\cdot CH_2]_2NH$	IV 166	129.24	0.745^{20}	— 70	139	Fl.; swl. in W., l. in A., Ä.
4	Diisobutylcarbinol	$[(CH_3)_2CH\cdot CH_2]_2CH\cdot OH$	I 425	144.25	0.8155^{12}	—	172	Fl.; l. in A., Ä.
5	Diisobutylketon	$[(CH_3)_2CH\cdot CH_2]_2CO$	I 710	142.23	0.805^{21}	—	166	Öl; unl. in W., ∞ A., Ä.; riecht nach Pfefferminz; Semicarbazon F: 117°.
6	Diisopropenyl	$CH_2:C(CH_3)\cdot C(CH_3):CH_2$	I 256	82.14	0.7304^{16}	— 65	67.3 bis 67.8	Fl.; polym. in der Wärme zu einer kautschukart. Subst.
7	Diisopropylamin	$[(CH_3)_2CH]_2NH$	IV 154	101.19	0.722^{15}	—	83—4	Fl.; Hydrochlorid F: 213—215°.
8	Diisopropylcarbinol	$[(CH_3)_2CH]_2CH\cdot OH$	I 417	116.19	0.8288^{20}	—	140	Fl.; riecht nach Minze u. Campher.
9	Diisopropylketon	$[(CH_3)_2CH]_2CO$	I 703	114.18	0.8062^{20}	—	123.7	Fl.; swl. in W., ∞ A., Ä.; riecht äther.; Oxim F: 33—34°.
10	cis-α.β-Dijod-äthylen	$CHJ:CHJ$	I 194	279.88	3.023^{11}	— 13.8	188 (Z.)	Fl.; + alkoh. KOH → HJ-Abspalt. viel schneller als trans-Form.
11	trans-α.β-Dijod-äthylen	$CHJ:CHJ$	I 194	279.88	—	73	190.5(Z.)	Prismen (A.); flücht. mit Dampf; subl.; riecht intensiv.
12	o-Dijod-benzol	$C_6H_4J_2$	V 225	329.93	—	23.4	287	Tafeln (Lg.); swl. in W., wl. in k. A.; flücht. mit Dampf.
13	m-Dijod-benzol	$C_6H_4J_2$	V 225	329.93	—	34.2	285	Tafeln (Ä. + A.).
14	p-Dijod-benzol	$C_6H_4J_2$	V 227	329.93	—	129	285	Blätt. (A.); subl.; ll. in A., Ä.
15	1.3-Dijod-propan	$CH_2J\cdot CH_2\cdot CH_2J$	I 115	295.92	2.563^{19}	< — 20	227 (Z.)	Fl.
16	3.5-Dijod-dl-tyrosin	$HO\cdot C_6H_2J_2\cdot CH_2\cdot CH(NH_2)\cdot CO_2H$	XIV 622	433.01	—	204 (Z.)	—	Prismen; 0.062 W. 25°, 0.56 W. 75°.
17	Dilitursäure	$O_2N\cdot HC\langle^{CO\cdot NH}_{CO\cdot NH}\rangle CO$	XXIV 474	173.09	—	176 (Z.)	—	Prismen u. Blätt. + 3 H_2O (W.); 0.09 W. 26°, ll. in h. W., l. in A., unl. in Ä.
18	2.3-Dimethoxy-benzaldehyd	$(CH_3\cdot O)_2C_6H_3\cdot CHO$	E VIII 601	166.17	—	54—5	256/745	Nadeln (A. od. Ä.); wl. in k. W., ll. in A., Ä.; flücht. mit Dampf.

1	2.4-Dimethoxy-benzaldehyd	$(CH_3\cdot O)_2C_6H_3\cdot CHO$	VIII 242	166.17	—	71	165/10	Nadeln (verd. A.); unl. in W., ll. in A., Ä.; flücht. mit Dampf; riecht heliotropähnlich.
2	2.5-Dimethoxy-benzaldehyd	$(CH_3\cdot O)_2C_6H_3\cdot CHO$	VIII 245	166.17	—	53	146/10	Nadeln (verd. A.); wl. in k. W., ll. in A., Ä.
3	3.4-Dimethoxy-benzaldehyd (Veratrumaldehyd)	$(CH_3\cdot O)_2C_6H_3\cdot CHO$	VIII 255	166.17	—	43	281	Nadeln (Ä.); unl. in k. W., ll. in A., Ä.; riecht nach Vanille.
4	3.4-Dimethoxy-phthalsäure (Hemipinsäure)	$(CH_3\cdot O)_2C_6H_2(CO_2H)_2$	X 543	226.18	—	186—8*	—	Kryst. + 1 od. 2 H_2O (W.); wl. in k. W., l. in A., 0.69 Ä., 0.05 sd. Bzl.; * → Anhydrid F: 169°.
5	4.5-Dimethoxy-phthalsäure	$(CH_3\cdot O)_2C_6H_2(CO_2H)_2$	X 552	226.18	—	180—90*	—	Prismen + 1 od. 2 H_2O (W.); wl. in W.; * → Anhydrid F: 175°.
6	Dimethylacetylen	$CH_3\cdot C\vdots C\cdot CH_3$	I 249	54.09	—	—	28	Fl.; l. in A.
7	α.β-Dimethyl-acrolein	$CH_3\cdot CH:C(CH_3)\cdot CHO$	I 733	84.11	0.8723^{14}	—	115—9	Fl.; etwa 2 W., ∞ A., Ä.; riecht durchdringend; Semicarbazon F: 225°.
8	β.β-Dimethyl-acrylsäure	$(CH_3)_2C:CH\cdot CO_2H$	II 432	100.11	1.066^{24}	69	199	Prismen (W.); wl. in k. W., ll. in A., Ä.
9	Dimethyläther	$CH_3\cdot O\cdot CH_3$	I 281	46.07	2.1096 g/L	—138.5	—23.7	Gas; 3700 cm³ W. 18°, l. in A., Ä.; + HCl → CH_3Cl u. W.
10	Dimethylamin	$(CH_3)_2NH$	IV 39	45.08	$0.6865^{-5.8}$	—96.0	7	Stark ammoniakal. riech. Fl.; ll. in W., l. in A.
11	—— hydrochlorid	$C_2H_7N + HCl$	IV 41	81.55	—	171	—	Nadeln u. Tafeln (A.); 208 W., ll. in A., unl. in Ä., 27 Chlf. 19°.
12	4-Dimethylamino-azobenzol	$C_6H_5\cdot N:N\cdot C_6H_4\cdot N(CH_3)_2$	XVI 312	225.28	—	117	—	Gelbe Blätt. (A.); l. in A.
13	4′-Dimethylamino-azobenzol-sulfonsäure-(4)	$(CH_3)_2N\cdot C_6H_4\cdot N:N\cdot C_6H_4\cdot SO_3H$	XVI 331	305.34	—	—	—	Violette Prismen od. Blätt.; swl. in W. gelb, l. in Säuren rot; Na-Salz „Helianthin, Methylorange, Orange III“ gelbe Blätt., 0.02 W. 20°, Verwend. als Indikator.

31212 (Fortsetzung).

Nr.	Name	Formel	BZ	MG	D	F	Kp	Charakteristik
1	4-Dimethylamino-benz-aldehyd	$(CH_3)_2N\cdot C_6H_4\cdot CHO$	XIV 31	149.18	—	74—5	176-7/17	Blätt. (W.); l. in W., A., Ä.; Verwend. zur Herst. v. Farbst.; Phenylhydrazon F: 148°.
2	3-Dimethylamino-phenol	$(CH_3)_2N\cdot C_6H_4\cdot OH$	XIII 405	137.17	—	87	265—8	Nadeln (Lg.); wl. in h. W., ll. in A., Ä.; l. in verd. Säuren u. Alkali; Verwend. zur Herst. v. Farbst.
3	(N.N-)Dimethylanilin	$C_6H_5\cdot N(CH_3)_2$	XII 141	121.17	0.9555^{20}	+ 2	193	Fl.; swl. in W., l. in Bzl.; Verwend. zur Herst. v. Azofarbstoffen, Di- u. Triphenylmethanfarbst.
4	2.3-Dimethyl-anilin (vic. o-Xylidin)	$(CH_3)_2C_6H_3\cdot NH_2$	XII 1101	121.17	0.991^{15}	< — 15	221—2	Fl.; swl. in W., l. in A., Ä.; Acetylderiv. F: 134°.
5	2.4-Dimethyl-anilin (as. m-Xylidin)	$(CH_3)_2C_6H_3\cdot NH_2$	XII 1111	121.17	0.978^{20}	—	214	Fl.; swl. in W., l. in A., Ä.; Verwend. zur Herst. v. Azofarbst.; Acetylderiv. F: 129°.
6	2.5-Dimethyl-anilin (p-Xylidin)	$(CH_3)_2C_6H_3\cdot NH_2$	XII 1135	121.17	0.9790^{21}	15.5	218	Öl; l. in h. W.; Acetylderiv. F: 139°.
7	2.6-Dimethyl-anilin (vic. m-Xylidin)	$(CH_3)_2C_6H_3\cdot NH_2$	XII 1107	121.17	0.980^{15}	—	216/735	Fl.; Acetylderiv. F: 177°.
8	3.4-Dimethyl-anilin (as. o-Xylidin)	$(CH_3)_2C_6H_3\cdot NH_2$	XII 1103	121.17	1.076^{17}	49	226	Tafeln (Lg.); wl. in k. W.; Acetylderiv. F: 99°.
9	3.5-Dimethyl-anilin (symm. m-Xylidin)	$(CH_3)_2C_6H_3\cdot NH_2$	XII 1131	121.17	0.9935^{0}	—	220—1	Öl; Acetylderiv. F: 144.5°.
10	2.6-Dimethyl-anthracen	$CH_3\cdot C_6H_3\left\{\begin{matrix}CH\\CH\end{matrix}\right\}C_6H_3\cdot CH_3$	V 678	206.27	—	244	—	Blätt. (A.); unl. in W., wl. in A., l. in Bzl.
11	2.7-Dimethyl-anthracen	$CH_3\cdot C_6H_3\left\{\begin{matrix}CH\\CH\end{matrix}\right\}C_6H_3\cdot CH_3$	V 679	206.27	—	240	—	Grünliche Blätt. (Toluol); unl. in W., wl. in A., ll. in sd. Bzl.
12	Dimethylarsin s. Kakodylwasserstoff							

1	2.2'-Dimethyl-benzidin (m-Tolidin)	$H_2N\cdot C_6H_3(CH_3)\cdot C_6H_3(CH_3)\cdot NH_2$	XIII 255	212.28	—	108—9	—	Prismen (W.); l. in h. W., ll. in A., Ä.; Verwend. zur Herst. v. Farbst.; N.N'-Diacetylderiv. F: 281°.
2	3.3'-Dimethyl-benzidin (o-Tolidin)	$H_2N\cdot C_6H_3(CH_3)\cdot C_6H_3(CH_3)\cdot NH_2$	XIII 256	212.28	—	129	—	Blätt.; wl. in W., ll. in A., Ä.; Verwend. zur Herst. von Azofarbst.; N.N'-Diacetylderiv. F: 315°.
3	2.3-Dimethyl-benzoesäure	$(CH_3)_2C_6H_3\cdot CO_2H$	IX 531	150.17	—	144	—	Prismen (A.); swl. in h. W., l. in A., Ä.; flücht. mit Dampf.
4	2.4-Dimethyl-benzoesäure	$(CH_3)_2C_6H_3\cdot CO_2H$	IX 531	150.17	—	126	267/727	Nadeln (W.); swl. in k. W., wl. in h. W., ll. in h. A., l. in Bzl., Chlf.
5	2.5-Dimethyl-benzoesäure	$(CH_3)_2C_6H_3\cdot CO_2H$	IX 534	150.17	—	132	268	Nadeln (A.): swl. in h. W., sll. in A.; flücht. mit Dampf.
6	2.6-Dimethyl-benzoesäure	$(CH_3)_2C_6H_3\cdot CO_2H$	IX 531	150.17	—	116	—	Nadeln (Lg.); ll. in Ä.
7	3.4-Dimethyl-benzoesäure	$(CH_3)_2C_6H_3\cdot CO_2H$	IX 535	150.17	—	166	subl.	Prismen (A.); swl. in h. W., ll. in A.
8	3.5-Dimethyl-benzoesäure	$(CH_3)_2C_6H_3\cdot CO_2H$	IX 536	150.17	—	166	subl.	Nadeln (W.); swl. in h. W., ll. in A.; flücht. mit Dampf.
9	4.4'-Dimethyl-benzophenon	$(CH_3\cdot C_6H_4)_2CO$	VII 451	210.26	—	95	333/725	Kryst. (A.); unl. in W., ll. in A., Ä., CS_2.
10	α.α-Dimethyl-bernsteinsäure	$HO_2C\cdot C(CH_3)_2\cdot CH_2\cdot CO_2H$	II 661	146.14	1.323	142	—	Kryst.; 7.52 W. 14°, ll. in h. W., A., swl. in Ä.
11	dl-α.α'-Dimethyl-bernsteinsäure	$[HO_2C\cdot CH(CH_3)—]_2$	II 667	146.14	1.349	129	Z.*	Prismen (W.); 3 W. 14°, ll. in A., Ä.; *H_2O-Abspalt.
12	2.2-Dimethyl-butan	$(CH_3)_3C\cdot CH_2\cdot CH_3$	I 150	86.17	0.6486^{20}	—98.2	49.6	Fl.; unl. in W., l. in A., Ä.; V. in kaukas. Naphtha.
13	2.3-Dimethyl-butan	$(CH_3)_2CH\cdot CH(CH_3)_2$	I 151	86.17	0.6795	—134.9	58.1	Fl.; unl. in W., l. in A., Ä.; V. in kaukas. Naphtha.
14	2.3-Dimethyl-chinolin	$NC_9H_5(CH_3)_2$	XX 406	157.20	—	69	261/729	Kryst. (Lg.); wl. in W., ll. in A., l. in Ä.
15	2.4-Dimethyl-chinolin	$NC_9H_5(CH_3)_2$	XX 407	157.20	1.061^{15}	—	264—6	Öl; wl. in W., l. in A., Ä.; Pikrat F: 194°.
16	2.6-Dimethyl-chinolin	$NC_9H_5(CH_3)_2$	XX 408	157.20	—	60	266—7	Prismen (Ä.); wl. in h. W., ll. in A., Ä.
17	cis-1.3-Dimethyl-cyclohexan	$H_2C<\genfrac{}{}{0pt}{}{CH(CH_3)\cdot CH_2}{CH_2——CH_2}>CH\cdot CH_3$	V 36	112.20	0.7735^{20}	—	121.0	Fl.; unl. in W., ∞ A., Ä.

31212 (Fortsetzung).

Nr.	Name	Formel	BZ	MG	D	F	Kp	Charakteristik
1	trans-1.3-Dimethyl-cyclohexan	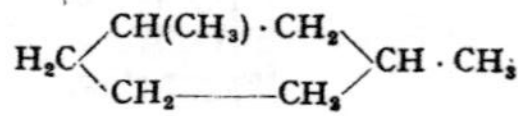	V 36	112.20	0.772^{20}	—	119/756	Fl.
2	cis-1.4-Dimethyl-cyclohexan	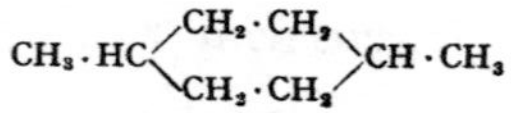	V 38	112.20	0.7671^{20}	—	120.5/755	Fl.
3	trans-1.4-Dimethyl-cyclohexan	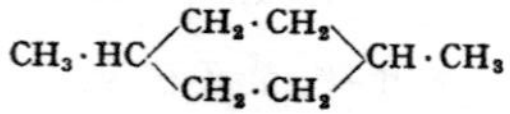	V 38	112.20	0.7638^{20}	—	119.0 bis 119.5	Fl.
4	Dimethyldisulfid	$CH_3 \cdot S \cdot S \cdot CH_3$	I 291	94.19	1.0567^{16}	—	116—8	Fl.
5	2.5-Dimethyl-furan	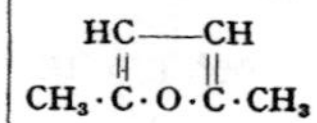	XVII 41	96.12	0.9026^{18}	—	94	Fl.; unl. in W., l. in A., Ä.
6	2.4-Dimethyl-furan-carbonsäure-(3)	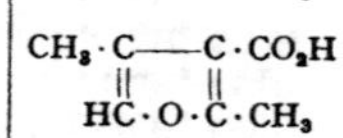	XVIII 296	140.13	—	122	subl.	Nadeln (W.); ll. in h. W., A., Ä.
7	2.5-Dimethyl-furan-carbonsäure-(3)	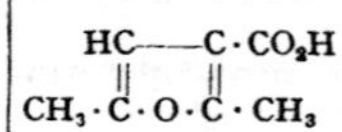	XVIII 297	140.13	—	135	subl.	Nadeln (W.); unl. in k. W., 0.25 sd. W., l. in A., ll. in Ä.; l. in H_2SO_4; flücht. mit Dampf.
8	Dimethylglyoxal s. Diacetyl							
9	Dimethylglyoxim	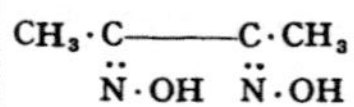	I 772	116.12	—	234	subl.	Kryst. (verd. A.); unl. in W., ll. in A., Ä.; + Ni-Salze → roter Nd.; Ni-Reagens; Komplexsalze mit Co u. Ni.
10	N.N-Dimethyl-harnstoff	$(CH_3)_2N \cdot CO \cdot NH_2$	IV 73	88.11	1.255	182	—	Säulen (A.); l. in W., wl. in k. A., swl. in Ä.
11	N.N′-Dimethyl-harnstoff	$CH_3 \cdot NH \cdot CO \cdot NH \cdot CH_3$	IV 65	88.11	1.142	102.5	268—70	Prismen (Chlf. + Ä.); ll. in W., A., swl. in Ä.

1	N.N'-Dimethyl-hydrazin	$CH_3 \cdot NH \cdot NH \cdot CH_3$	IV 547	60.10	0.8274^{20}	—	81/747	Fl.; ∞ W., A., Ä.; sehr hygroskop.; raucht an d. Luft; riecht charakterist.; greift Kork, Kautschuk, Epidermis an.
2	2.5-Dimethyl-hydrochinon	$(CH_3)_2C_6H_2(OH)_2$	VI 915	138.16	—	217	subl.	Blätt. (W.); l. in h. W., ll. in A., Ä.
3	Dimethylisopropylcarbinol	$(CH_3)_2CH \cdot C(CH_3)_2 \cdot OH$	I 413	102.17	0.821^{20}	— 14	120—1	Campherart. riech. Fl.
4	Dimethylmalonsäure	$(CH_3)_2C(CO_2H)_2$	II 647	132.11	—	190 (Z.*)	subl. 120	Prismen (Bzl. + PÄ.); 10 W. 13°, etwa 33 W. 100°, ll. in A., Ä., wl. in Chlf.; * → Isobuttersäure.
5	Dimethylmonosilan	$(CH_3)_2SiH_2$	E IV 579	60.14	0.68^{-80}	— 149.9	— 20	Gas.
6	1.2-Dimethyl-naphthalin	$C_{10}H_6(CH_3)_2$	E V 267	156.21	1.025^{17}	—	139/15	Fl.; unl. in W.; Pikrat F: 130°.
7	1.4-Dimethyl-naphthalin	$C_{10}H_6(CH_3)_2$	V 570	156.21	1.016^{20}	$<$ — 20	265	Fl.; unl. in W.; Pikrat F: 141°.
8	1.6-Dimethyl-naphthalin	$C_{10}H_6(CH_3)_2$	E V 268	156.21	1.006^{15}	—	262—3	Öl; Pikrat F: 114°.
9	2.3-Dimethyl-naphthalin (Guajen)	$C_{10}H_6(CH_3)_2$	V 571	156.21	—	104	—	Blätt. (A.); unl. in W., wl. in A., l. in Ä.; flücht. mit Dampf; Pikrat F: 123°.
10	2.6-Dimethyl-naphthalin	$C_{10}H_6(CH_3)_2$	V 570	156.21	—	110—11	261—2	Blätt. (A.); unl. in W., wl. in A.; flücht. mit Dampf; Pikrat F: 142°.
11	2.7-Dimethyl-naphthalin	$C_{10}H_6(CH_3)_2$	E V 268	156.21	—	96—7	262	Blätt. (A.); unl. in W., wl. in k. A., ll. in Bzl.
12	Dimethyl-α-naphthylamin	$C_{10}H_7 \cdot N(CH_3)_2$	XII 1221	171.23	1.042^{20}	—	272—4	Öl; ll. in A., Ä.
13	Dimethyl-β-naphthylamin	$C_{10}H_7 \cdot N(CH_3)_2$	XII 1273	171.23	1.0387^{70}_{70}	46	305	Kryst.; $C_{12}H_{13}N + HCl$ F: 159°.
14	Dimethylnitramin	$(CH_3)_2N \cdot NO_2$	IV 85	90.08	1.109^{72}	57	187	Nadeln (Ä.); ll. in W., A., Ä.; flücht. mit Dampf.
15	Dimethyl-nitroanilin s. Nitrodimethylanilin							
16	Dimethylnitrosamin	$(CH_3)_2N \cdot NO$	IV 84	74.08	1.0018^{25}	—	153	Gelbl. Öl; zers. beim Aufbewahren.
17	Dimethylparabansäure	$OC \cdot N(CH_3)$ $\vert$ $OC \cdot N(CH_3)$ $>$ CO	XXIV 453	142.11	—	145	etwa 275—7	Blätt. (W.); wl. in h. W., sll. in h. W., l. in A., Ä.

31212 (Fortsetzung).

Nr.	Name	Formel	BZ	MG	D	F	Kp	Charakteristik
1	2.3-Dimethyl-phenol	$(CH_3)_2C_6H_3\cdot OH$	VI 480	122.16	—	75	218	Nadeln (W.); wl. in W., l. in A.
2	2.4-Dimethyl-phenol	$(CH_3)_2C_6H_3\cdot OH$	VI 486	122.16	1.036^{0}	26	211.5	Nadeln; swl. in W., ∞ A., Ä.
3	2.5-Dimethyl-phenol	$(CH_3)_2C_6H_3\cdot OH$	VI 494	122.16	1.169^{1}	75	211.5	Kryst. (A. + Ä.); wl. in W., l. in A., Ä.; flücht. mit Dampf.
4	2.6-Dimethyl-phenol	$(CH_3)_2C_6H_3\cdot OH$	VI 485	122.16	—	49	203	Blätt. od. Nadeln; l. in W., A.
5	3.4-Dimethyl-phenol	$(CH_3)_2C_6H_3\cdot OH$	VI 480	122.16	1.023_{15}^{17}	62.5	225	Nadeln (W.); l. in W., A.
6	3.5-Dimethyl-phenol	$(CH_3)_2C_6H_3\cdot OH$	VI 492	122.16	—	65	219.5	Nadeln (W.); wl. in W., l. in A.
7	N.N-Dimethyl-o-phenylendiamin	$H_2N\cdot C_6H_4\cdot N(CH_3)_2$	XIII 15	136.19	—	—	217.5	Öl; wl. in W., ll. in A., Ä.; riecht campherähnl.
8	N.N'-Dimethyl-o-phenylendiamin	$C_6H_4(NH\cdot CH_3)_2$	XIII 15	136.19	—	34—5	245—55	Prismen (Lg.); + $FeCl_3$ + HCl → rote Färb.
9	N.N-Dimethyl-m-phenylendiamin	$H_2N\cdot C_6H_4\cdot N(CH_3)_2$	XIII 40	136.19	0.995^{25}	< —20	267	Öl.
10	N.N-Dimethyl-p-phenylendiamin	$H_2N\cdot C_6H_4\cdot N(CH_3)_2$	XIII 72	136.19	1.0414_{15}^{15}	41	262.3	Nadeln (Bzl. + Lg.); ll. in W., A., l. in Ä.; Verwend. zur Herst. v. Farbst.
11	N.N'-Dimethyl-p-phenylendiamin	$C_6H_4(NH\cdot CH_3)_2$	XIII 71	136.19	—	53	149/17	Kryst. (Lg.); wl. in W., ll. in A., Ä.; brennt auf der Haut.
12	2.4-Dimethyl-phloroglucin	$(CH_3)_2C_6H(OH)_3$	VI 1116	154.16	—	163	—	Prismen (Chlf.); l. in W., A., ll. in Ä.
13	cis-2.5-Dimethyl-piperazin	$HN<\begin{matrix}CH_2\cdot CH(CH_3)\\ CH(CH_3)\cdot CH_2\end{matrix}>NH$	XXIII 21	114.19	—	114—5	162	Tafeln od. Prismen (Chlf.); ll. in W., A., swl. in Ä.
14	trans-2.5-Dimethyl-piperazin	$HN<\begin{matrix}CH_2\cdot CH(CH_3)\\ CH(CH_3)\cdot CH_2\end{matrix}>NH$	XXIII 19	114.19	—	118—9	162	Tafeln od. Prismen (Bzl. od. Chlf.); ll. in W., A., wl. in Ä.
15	2.5-Dimethyl-pyrazin	$N\begin{matrix}\nearrow CH\cdot C(CH_3)\searrow \\ \searrow C(CH_3):CH\nearrow\end{matrix}N$	XXIII 96	108.14	0.9896^{18}	15	155	Tafeln u. Prismen; ll. in W., A., Ä.; flücht. mit Dampf; Pikrat F: 157°.

1	2.4-Dimethyl-pyridin	$NC_5H_3(CH_3)_2$	XX 244	107.15	0.9493^{0}	—	157	Fl.; ll. in k. W., unl. in sd. W., ll. in A., Ä.; riecht durchdringend.
2	2.6-Dimethyl-pyridin	$NC_5H_3(CH_3)_2$	XX 244	107.15	0.9420^{0}	—	142.5	Öl; ∞ W. < 45°, ll. in A., Ä.; riecht pfefferminzartig.
3	2.6-Dimethyl-pyron-(4)	HC·CO·CH ‖ ‖ CH_3·C—O—C·CH_3	XVII 291	124.13	0.995^{137}	132.1	248—50	Nadeln; ll. in W., A., l. in Ä.; bildet mit Säuren Salze.
4	2.4-Dimethyl-pyrrol	CH_3·C——CH ‖ ‖ HC·NH·C·CH_3	XX 172	95.14	0.927^{14}	—	165/743	Öl; wl. in W., ll. in A., Ä., Bzl.; flücht. mit Dampf; riecht chloroformart. beißend.
5	2.5-Dimethyl-pyrrol	HC——CH ‖ ‖ CH_3·C·NH·C·CH_3	XX 172	95.14	0.9353^{20}	—	166.5	Öl; wl. in W., ll. in A., Ä.; flücht. mit Dampf; riecht stark beißend.
6	2.5-Dimethyl-resorcin	$(CH_3)_2C_6H_2(OH)_2$	VI 918	138.16	—	163	277—80	Säulen (W.), Nadeln (Bzl.); ll. in h. W., A., Ä.
7	4.6-Dimethyl-resorcin	$(CH_3)_2C_6H_2(OH)_2$	VI 912	138.16	—	125	276—9	Platten (W.); ll. in W., A., Ä.
8	Dimethylselenid	$(CH_3)_2Se$	I 291	109.03	1.4077^{15}	—	58.2	Rötlichgelbe Fl.; unl. in W., l. in A., Ä.; riecht sehr unangenehm.
9	Dimethylsulfat	$(CH_3\cdot O)_2SO_2$	I 283	126.13	1.3278^{20}	—32	188.5	Öl; dch. W. zers.; l. in A., Ä., Bzl.; greift die Schleimhäute an; giftig; Methylierungsmittel.
10	Dimethylsulfid	$(CH_3)_2S$	I 288	62.13	0.8458^{21}	—83.2	38	Öl; riecht sowohl äther. als auch nach Meerrettich.
11	Dimethyltellurid	$(CH_3)_2Te$	I 291	157.68	—	—	82	Gelbes Öl; unl. in W., l. in A., Ä.; riecht sehr unangenehm.
12	N.N′-Dimethyl-thioharnstoff	$CH_3\cdot NH\cdot CS\cdot NH\cdot CH_3$	IV 70	104.17	—	62	—	Tafeln; sll. in W., A., wl. in Ä.
13	2.5-Dimethyl-thiophen	HC——CH ‖ ‖ CH_3·C·S·C·CH_3	XVII 41	112.18	0.9858^{19}	—	136/754	Fl.; unl. in W., l. in A., Ä.

31212 (Fortsetzung).

Nr.	Name	Formel	BZ	MG	D	F	Kp	Charakteristik
1	Dimethyl-o-toluidin	$CH_3 \cdot C_6H_4 \cdot N(CH_3)_2$	XII 785	135.20	0.9286^{20}	— 60	185	Fl.; Hydrochlorid F: 156—157°.
2	Dimethyl-m-toluidin	$CH_3 \cdot C_6H_4 \cdot N(CH_3)_2$	XII 857	135.20	0.941^{23}	—	212	Gelbl. Öl; l. in A.
3	Dimethyl-p-toluidin	$CH_3 \cdot C_6H_4 \cdot N(CH_3)_2$	XII 902	135.20	0.937^{20}	—	211	Fl.
4	Dinaphthyl-(1.1′)	$C_{10}H_7 \cdot C_{10}H_7$	V 725	254.31	—	160.5	> 360; 240—4/12	Blätt. (A.); unl. in W., zwl. in k. A., l. in h. A., ll. in Ä.
5	Dinaphthyl-(2.2′)	$C_{10}H_7 \cdot C_{10}H_7$	V 727	254.31	—	187.8	452/753	Tafeln; unl. in W., wl. in k. A., Ä., ll. in sd. Bzl.
6	Di-α-naphthylamin	$(C_{10}H_7)_2NH$	XII 1226	269.33	—	115	312/15	Blätt. (A.); unl. in W., l. in A., ll. in Ä.
7	Di-β-naphthylamin	$(C_{10}H_7)_2NH$	XII 1278	296.33	—	170.5	471	Blätt. (Bzl.); unl. in W., wl. in h. A., ll. in sd. Eg., 1.07 Bzl. 15°; Lsgg. fluoresc. blau.
8	Di-α-naphthyl-methan	$(C_{10}H_7)_2CH_2$	V 728	268.33	—	109	270/14	Prismen (A.); unl. in W., 0.83 k. A., 6.67 sd. A., ll. in Ä.
9	Di-β-naphthyl-methan	$(C_{10}H_7)_2CH_2$	V 729	268.33	—	93	—	Nadeln (A.); unl. in W., l. in A., Ä.
10	2.4-Dinitro-acetanilid	$CH_3 \cdot CO \cdot NH \cdot C_6H_3(NO_2)_2$	XII 754	225.16	—	121	—	Nadeln (A.); unl. in k. W., sll. in sd. A.
11	1.1-Dinitro-äthan	$CH_3 \cdot CH(NO_2)_2$	I 102	120.07	1.3503^{24}_{24}	—	185—6	Fl.; wl. in W., ll. in A., Ä.; l. in Alkali.
12	4.6-Dinitro-2-amino-phenol	$H_2N \cdot C_6H_2(NO_2)_2 \cdot OH$	XIII 394	199.12	—	169	—	Rote Nadeln (A.); 0.14 W. 22°, l. in A., wl. in Ä., l. in Anilin; giftig; Verwend. zur Herst. v. Azofarbst.
13	2.4-Dinitro-anilin	$(O_2N)_2C_6H_3 \cdot NH_2$	XII 747	183.12	1.615^{14}	176	—	Gelbe Nadeln (wss. Aceton); unl. in k. W., swl. in sd. W.; 0.76 A. 21°; wl. in h. HCl; Acetylderiv. s. S. *110*, 10.
14	2.6-Dinitro-anilin	$(O_2N)_2C_6H_3 \cdot NH_2$	XII 758	183.12	—	138	—	Gelbe Nadeln (A.); unl. in W., 0.52 A. 21°, l. in h. Bzl.
15	2.4-Dinitro-anisol	$(O_2N)_2C_6H_3 \cdot O \cdot CH_3$	VI 254	198.13	1.341^{20}	89	subl.	Nadeln (A.); 0.016 W. 15°, 2.7 A. 25°, l. in Ä.

1	1.5-Dinitro-anthrachinon	$O_2N\cdot C_6H_3<\genfrac{}{}{0pt}{}{CO}{CO}>C_6H_3\cdot NO_2$	VII 793	298.20	—	422	—	Gelbe Nadeln (Xylol); unl. in W., A., Ä., ll. in sd. Nitrobzl.; l. in H_2SO_4 rot; Verwend. zur Herst. v. Farbst.
2	1.8-Dinitro-anthrachinon	$O_2N\cdot C_6H_3<\genfrac{}{}{0pt}{}{CO}{CO}>C_6H_3\cdot NO_2$	VII 795	298.20	—	312	—	Gelbe Prismen (Acetanhydrid).
3	2.7-Dinitro-anthrachinon	$O_2N\cdot C_6H_3<\genfrac{}{}{0pt}{}{CO}{CO}>C_6H_3\cdot NO_2$	VII 795	298.20	—	280	subl.	Nadeln (Eg.); wl. in A., Ä., l. in sd. Eg.
4	2.4-Dinitro-benzaldehyd	$(O_2N)_2C_6H_3\cdot CHO$	VII 264	196.12	—	72	190—210/10—20	Hellgelbe Tafeln (Bzl. + Lg.); wl. in W., sll. in A., Ä., Bzl.
5	2.4-Dinitro-benzoesäure	$(O_2N)_2C_6H_3\cdot CO_2H$	IX 411	212.12	1.672	182—3	subl.	Nadeln od. Tafeln (W.); 1.85 W. 25°, l. in A., 0.71 Bzl. 30°.
6	2.5-Dinitro-benzoesäure	$(O_2N)_2C_6H_3\cdot CO_2H$	IX 412	212.12	—	177	—	Kryst. (W.); wl. in k. W., ll. in A., Ä.
7	2.6-Dinitro-benzoesäure	$(O_2N)_2C_6H_3\cdot CO_2H$	IX 412	212.12	—	202	Z.*	Nadeln (W.); ll. in sd. W.; *CO_2-Abspalt.
8	3.4-Dinitro-benzoesäure	$(O_2N)_2C_6H_3\cdot CO_2H$	IX 413	212.12	1.674	165	subl.	Nadeln; 0.67 W. 25°, ll. in A., Ä.
9	3.5-Dinitro-benzoesäure	$(O_2N)_2C_6H_3\cdot CO_2H$	IX 413	212.12	1.683	204—5	subl.	Kryst. (W. od. A.); 1.32 W. 25°, 1.9 sd. W., ll. in A., wl. in Ä., Bzl. CS_2.
10	o-Dinitro-benzol	$C_6H_4(NO_2)_2$	V 257	168.11	1.565^{17}	118	319/773	Nadeln (W. od. Eg.), Tafeln (A.); 0.01 k. W., 0.38 sd. W., 3.8 A. 25°, 33 sd. A., 27.1 Chlf. 18°, 5.66 Bzl. 18°; flücht. mit Dampf.
11	m-Dinitro-benzol	$C_6H_4(NO_2)_2$	V 258	168.11	1.575^{18}	89.8	297	Tafeln; 0.065 W. 30°, 0.32 sd. W. 3.5 A. 20°, 32.4 Chlf. 18°, 39.4 Bzl. 18°; flücht. mit Dampf.
12	p-Dinitro-benzol	$C_6H_4(NO_2)_2$	V 261	168.11	1.625^{18}	172	299/777	Nadeln (A.); 0.008 k. W., 0.18 sd. W., 0.4 A. 20°, 1.82 Chlf. 18°, 2.56 Bzl. 18°; subl.; flücht. mit Dampf.

31212 (Fortsetzung).

Nr.	Name	Formel	BZ	MG	D	F	Kp	Charakteristik
1	4.4′-Dinitro-diazoamino-benzol	$O_2N \cdot C_6H_4 \cdot N:N \cdot NH \cdot C_6H_4 \cdot NO_2$	XVI 700	287.23	—	Z. 220—36	—	Gelbe Nadeln (A.); unl. in W., wl. in h. A.; l. in h. Alkali rot; Salze explosiv.
2	2.2′-Dinitro-diphenyl	$O_2N \cdot C_6H_4 \cdot C_6H_4 \cdot NO_2$	V 583	244.20	1.45	125	—	Gelbl. Nadeln (A.); unl. in W., l. in k. A., ll. in sd. A., l. in Ä.
3	2.4′-Dinitrc-diphenyl	$O_2N \cdot C_6H_4 \cdot C_6H_4 \cdot NO_2$	V 584	244.20	1.474	94	—	Spieße; unl. in W., ll. in h. A.
4	3.3′-Dinitro-diphenyl	$O_2N \cdot C_6H_4 \cdot C_6H_4 \cdot NO_2$	V 584	244.20	—	200	—	Gelbe Nadeln (A.); unl. in W., wl. in A., ll. in h. Bzl.
5	4.4′-Dinitro-diphenyl	$O_2N \cdot C_6H_4 \cdot C_6H_4 \cdot NO_2$	V 584	244.20	1.445	237 (233)	—	Nadeln (A. od. Eg.); unl. in W., swl. k. A., l. in Bzl.
6	2.4-Dinitro-diphenylamin	$C_6H_5 \cdot NH \cdot C_6H_3(NO_2)_2$	XII 751	259.21	—	159	—	Gelbrote Nadeln (A.); wl. in A., 4 Aceton 22°.
7	2.4′-Dinitro-diphenylamin	$O_2N \cdot C_6H_4 \cdot NH \cdot C_6H_4 \cdot NO_2$	XII 715	259.21	—	222—3	—	Rote Nadeln (Eg.); unl. in W., wl. in A., Ä.
8	4.4′-Dinitro-diphenylamin	$O_2N \cdot C_6H_4 \cdot NH \cdot C_6H_4 \cdot NO_2$	XII 716	259.21	—	216	—	Gelbe Nadeln (A.); swl. in W., wl. in A., Bzl.; + NaOH violette Färb.
9	2.6-Dinitro-p-kresol OH=1	$CH_3 \cdot C_6H_2(NO_2)_2 \cdot OH$	VI 414	198.13	—	82	—	Gelbe Nadeln (verd. A.); wl. in W., l. in A., ll. in Ä., Bzl.
10	4.6-Dinitro-o-kresol OH=1	$CH_3 \cdot C_6H_2(NO_2)_2 \cdot OH$	VI 368	198.13	—	85.8	—	Gelbe Prismen (A.); wl. in W., 12.2 A. ·15°, ll. in Ä., Aceton.
11	Dinitromethan	$CH_2(NO_2)_2$	I 77	106.04	—	< —15	—	Öl; l. in W.; flücht. mit Bzl.-Dampf; unbeständig.
12	1.3-Dinitro-naphthalin	$C_{10}H_6(NO_2)_2$	V 557	218.16	—	144	subl.	Gelbe Nadeln (A.); unl. in W., l. in A.
13	1.5-Dinitro-naphthalin	$C_{10}H_6(NO_2)_2$	V 558	218.16	—	217.5	subl.	Nadeln (Eg.); unl. in W., wl. in A., k. Bzl.; Verwend. zur Herst. v. Farbst.
14	1.6-Dinitro-naphthalin	$C_{10}H_6(NO_2)_2$	V 559	218.16	—	166—7	—	Kryst. (Essigsäure).

1	1.8-Dinitro-naphthalin	$C_{10}H_6(NO_2)_2$	V 559	218.16	—	172	—	Tafeln (Chlf.); unl. in W., 0.189 80%ig. A. 19°, 0.72 Bzl. 19°; Verwend. zur Herst. von Farbst.
2	1.6-Dinitro-naphthol-(2)	$(O_2N)_2C_{10}H_5\cdot OH$	VI 655	234.16	—	195 (Z.)	—	Gelbe Nadeln; swl. in sd. W., l. in A., ll. in Ä.
3	2.4-Dinitro-naphthol-(1)	$(O_2N)_2C_{10}H_5\cdot OH$	VI 617	234.16	—	138	—	Gelbe Nadeln (A.); unl. in W., wl. in A., Ä.; Verwend. des Na- od. Ca-Salzes als Farbstoff (Martiusgelb, Naphtholgelb, Naphthalingelb).
4	2.4-Dinitro-naphthol-(1)-sulfonsäure-(7)	$HO\cdot C_{10}H_4(NO_2)_2\cdot SO_3H$	XI 275	314.22	—	140—50	—	Hellgelbe Nadeln + 3 H_2O (W.); ll. in W., A.; Dinatriumsalz „Naphtholgelb S".
5	2.7-Dinitro-phenanthren-chinon	$O_2N\cdot C_6H_3\cdot CO$ / $O_2N\cdot C_6H_3\cdot CO$	VII 807	298.20	—	301—3	—	Gelbe Kryst. (Eg.); unl. in W., wl. in A., Eg.
6	2.3-Dinitro-phenol	$(O_2N)_2C_6H_3\cdot OH$	VI 251	184.11	1.681^{20}	144	—	Gelbe Nadeln (W.); wl. in k. W., ll. in h. A., Ä.
7	2.4-Dinitro-phenol	$(O_2N)_2C_6H_3\cdot OH$	VI 251	184.11	1.683^{24}	114	—	Tafeln od. Nadeln (W., A. od. Ä.); 0.50 W. 18°, 4.76 sd. W., 3.95 A. 20°, 3.07 Ä. 15°; flücht. mit Dampf; giftig; Dampf greift die Schleimhäute an; Verwend. zur Herst. v. Farbst.
8	2.5-Dinitro-phenol	$(O_2N)_2C_6H_3\cdot OH$	VI 256	184.11	—	108	—	Gelbliche Nadeln (W.); wl. in W., k. A., ll. in h. A., Ä.; flücht. mit Dampf.
9	2.6-Dinitro-phenol	$(O_2N)_2C_6H_3\cdot OH$	VI 257	184.11	1.645	64	subl.	Hellgelbe Nadeln (W.); wl. in W., ll. in sd. A., Ä.
10	3.4-Dinitro-phenol	$(O_2N)_2C_6H_3\cdot OH$	VI 257	184.11	1.672	134	—	Nadeln (W.); ll. in A., Ä.; nicht flücht. mit Dampf.
11	3.5-Dinitro-phenol	$(O_2N)_2C_6H_3\cdot OH$	VI 258	184.11	1.702	122	—	Blätt. (verd. HCl); ll. in A., Ä.

31212 (Fortsetzung).

Nr.	Name	Formel	BZ	MG	D	F	Kp	Charakteristik
1	2.4-Dinitro-phenyl-hydrazin	$(O_2N)_2C_6H_3 \cdot NH \cdot NH_2$	XV 489	198.14	—	198 (Z.)	—	Violettrote Kryst. (A.); unl. in W., swl. in A., unl. in Ä., ll. in Anilin.
2	2.4-Dinitro-resorcin	$(O_2N)_2C_6H_2(OH)_2$	VI 827	200.11	—	147—8	subl.	Gelbe Blätt.; wl. in W., l. in A., Ä.
3	3.5-Dinitro-salicylsäure	$HO \cdot C_6H_2(NO_2)_2 \cdot CO_2H$	X 122	228.12	—	173 (Z.)	—	Tafeln + 1 H_2O od. Nadeln + 1 H_2O (W.); ll. in W., A., Ä.
4	2.3-Dinitro-toluol	$(O_2N)_2C_6H_3 \cdot CH_3$	V 339	182.13	1.263^{111}	63	—	Nadeln (PÄ.); unl. in W.; flücht. mit Dampf.
5	2.4-Dinitro-toluol	$(O_2N)_2C_6H_3 \cdot CH_3$	V 339	182.13	1.3208^{71}	70.1	—	Nadeln (CS_2); 0.027 W. 22°, 3.04 A. 15°, 9.42 Ä. 22°, 76.8 Py. 15°.
6	2.5-Dinitro-toluol	$(O_2N)_2C_6H_3 \cdot CH_3$	V 341	182.13	1.282^{111}	52.5	—	Nadeln (A.); ll. in A., Bzl., CS_2.
7	2.6-Dinitro-toluol	$(O_2N)_2C_6H_3 \cdot CH_3$	V 341	182.13	1.283^{111}	66	—	Nadeln (A.); l. in A.
8	3.4-Dinitro-toluol	$(O_2N)_2C_6H_3 \cdot CH_3$	V 341	182.13	1.259^{111}	60	—	Nadeln (CS_2); 2.19 CS_2 17°; flücht. mit Dampf.
9	3.5-Dinitro-toluol	$(O_2N)_2C_6H_3 \cdot CH_3$	V 341	182.13	1.277^{111}	92.6	subl.	Nadeln (Eg.); wl. in W., l. in A., ll. in Ä.; flücht. mit Dampf.
10	2.3-Dinitro-p-xylol	$(O_2N)_2C_6H_2(CH_3)_2$	V 387	196.16	—	93	—	Kryst. (A.); unl. in W., ll. in A.
11	2.4-Dinitro-m-xylol	$(O_2N)_2C_6H_2(CH_3)_2$	V 379	196.16	—	83—4	—	Kryst. (A.); unl. in W., ll. in A., Ä.
12	2.5-Dinitro-m-xylol	$(O_2N)_2C_6H_2(CH_3)_2$	V 380	196.16	—	101	—	Kryst. (A.); unl. in W., l. in A., Ä.
13	2.5-Dinitro-p-xylol	$(O_2N)_2C_6H_2(CH_3)_2$	V 388	196.16	—	147—8	—	Gelbe Nadeln (A.); unl. in W., wl. in k. A., k. Ä.
14	2.6-Dinitro-p-xylol	$(O_2N)_2C_6H_2(CH_3)_2$	V 388	196.16	—	124	—	Nadeln (A.); unl. in W., wl. in k. A.
15	3.4-Dinitro-o-xylol	$(O_2N)_2C_6H_2(CH_3)_2$	V 369	196.16	—	82	—	Nadeln (A.); unl. in W., wl. in A., ll. in Ä.
16	3.5-Dinitro-o-xylol	$(O_2N)_2C_6H_2(CH_3)_2$	V 369	196.16	—	75	—	Nadeln (A.); unl. in W., wl. in A., ll. in Chlf., Bzl.
17	3.6-Dinitro-o-xylol	$(O_2N)_2C_6H_2(CH_3)_2$	V 369	196.16	—	89—90	—	Kryst. (A.); unl. in W., l. in A., ll. in Ä.
18	4.5-Dinitro-o-xylol	$(O_2N)_2C_6H_2(CH_3)_2$	V 369	196.16	—	115—6	—	Nadeln (A.); wl. in h. W., k. A., ll. in Ä.
19	4.5-Dinitro-m-xylol	$(O_2N)_2C_6H_2(CH_3)_2$	V 380	196.16	—	132	—	Kryst. (A.); unl. in W., l. in A., Ä.

1	4.6-Dinitro-m-xylol	$(O_2N)_2C_6H_2(CH_3)_2$	V 380	196.16	—	94	—	Prismen (A.); unl. in W., wl. in k. A., l. in Ä.
2	1.3-Dioxan	$H_2C\left<\begin{matrix}CH_2\cdot O\\CH_2\cdot O\end{matrix}\right>CH_2$	XIX 2	88.10	1.0342^{20}	—42	106	Fl.; ∞ W., A., Ä.; riecht acetalähnl.
3	1.4-Dioxan	$O\left<\begin{matrix}CH_2\cdot CH_2\\CH_2\cdot CH_2\end{matrix}\right>O$	XIX 3	88.10	1.0329^{20}	11.3	100.8	Fl.; ∞ W., A., Ä.; riecht aromat.; Pikrat F: 66°.
4	Dioxindol	$C_6H_4\left<\begin{matrix}CH(OH)\\NH\end{matrix}\right>CO$	XXI 578	149.14	—	etwa 170	Z. 195	Kryst. (A.); 2 W. 25°, etwa 10 sd. A., l. in Ä.; l. in konz. HCl.
5	2.5-Dioxo-piperazin	$HN\left<\begin{matrix}CH_2\cdot CO\\CO\cdot CH_2\end{matrix}\right>NH$	XXIV 264	114.10	—	311—2	subl.	Tafeln (W.); swl. in k. W., sd. A.
6	Dioxyaceton	$HO\cdot CH_2\cdot CO\cdot CH_2\cdot OH$	I 846	90.08	—	etwa 80	—	(dimolekulare) Kryst. (Aceton); ll. in W., wl. in k. A., k. Ä.; schmeckt süß u. kühlend.
7	2.4-Dioxy-acetophenon	$(HO)_2C_6H_3\cdot CO\cdot CH_3$	VIII 266	152.14	1.180^{141}	147	Z.	Blätt. od. Nadeln; wl. in W.; + $FeCl_3$ rote Färb.
8	2.5-Dioxy-acetophenon	$(HO)_2C_6H_3\cdot CO\cdot CH_3$	VIII 271	152.14	—	202	subl.	Grüngelbe Kryst. (W.); swl. in k. W., ll. in A., wl. in Ä.; + $FeCl_3$ blaue Färb.
9	1.2-Dioxy-anthracen	$C_6H_4\left\{\begin{matrix}CH\\CH\end{matrix}\right\}C_6H_2(OH)_2$	VI 1032	210.22	—	131	—	Grüngelbe Blätt.; unl. in W., l. in A., Ä.; l. in NaOH rot; Diacetat F: 145°.
10	1.5-Dioxy-anthracen	$HO\cdot C_6H_3\left\{\begin{matrix}CH\\CH\end{matrix}\right\}C_6H_3\cdot OH$	VI 1032	210.22	—	etwa 265 (Z.)	—	Gelbe Nadeln (verd. A.); unl. in W., l. in A., Ä.; l. in NaOH hellgrün; Diacetat F: 196—198°.
11	1.8-Dioxy-anthracen	$HO\cdot C_6H_3\left\{\begin{matrix}CH\\CH\end{matrix}\right\}C_6H_3\cdot OH$	VI 1033	210.22	—	225 (Z.)	—	Gelbe Nadeln (verd. A.(); unl. in W., l. in A., Ä.; l. in NaOH grün; Diacetat F: 184°.

31212 (Fortsetzung).

Nr.	Name	Formel	BZ	MG	D	F	Kp	Charakteristik
1	1.2-Dioxy-anthrachinon (Alizarin)	$C_6H_4\langle{CO \atop CO}\rangle C_6H_2(OH)_2$	VIII 439	240.20	—	289—90	430	Orangerote Nadeln (A.); 0.034 W. 100°, l. in A., Ä.; l. in Alkali blauviolett; V. in d. Krappwurzel; Diacetat F: 186—187°.
2	1.3-Dioxy-anthrachinon (Purpuroxanthin)	$C_6H_4\langle{CO \atop CO}\rangle C_6H_2(OH)_2$	VIII 448	240.20	—	264	subl.	Gelbe Blätt. (Bzl.); l. in A., ll. in h. Eg.; l. in Alkali rot; Diacetat F: 183—184°.
3	1.4-Dioxy-anthrachinon (Chinizarin)	$C_6H_4\langle{CO \atop CO}\rangle C_6H_2(OH)_2$	VIII 450	240.20	—	200—2	subl. Z.	Rote Nadeln (A.); l. in A., Ä.; l. in H_2SO_4 violett, grüngelb fluoresc.; l. in Alkali blauviolett; Diacetat F: 200°.
4	1.5-Dioxy-anthrachinon (Anthrarufin)	$HO\cdot C_6H_3\langle{CO \atop CO}\rangle C_6H_3\cdot OH$	VIII 453	240.20	—	280	subl.	Hellgelbe Blätt. (Eg.); unl. in W., l. in Ä., wl. in Eg., ll. in Bzl.; l. in H_2SO_4 carmoisinrot, in KOH rötlichgelb.
5	1.8-Dioxy-anthrachinon (Chrysazin)	$HO\cdot C_6H_3\langle{CO \atop CO}\rangle C_6H_3\cdot OH$	VIII 458	240.20	—	191	—	Gelbrote Nadeln od. gelbe Blätt. (A.); wl. in A., Ä.; l. in H_2SO_4 rot, l. in Alkali; Diacetat F: 227 bis 232°.
6	2.3-Dioxy-anthrachinon (Hystazarin)	$C_6H_4\langle{CO \atop CO}\rangle C_6H_2(OH)_2$	VIII 462	240.20	—	> 260	—	Gelbbraune Nadeln (Eg.); swl. in h. A., Ä., unl. in Bzl.; l. in H_2SO_4 blutrot, in Alkali blau, in Ammoniak violett.
7	2.6-Dioxy-anthrachinon (Anthraflavinsäure)	$HO\cdot C_6H_3\langle{CO \atop CO}\rangle C_6H_3\cdot OH$	VIII 463	240.20	—	> 330	—	Gelbe Nadeln (A.); 1.4 A. 17°, unl. in Ä., Bzl., wl. in Eg.; l. in H_2SO_4 gelb, in Alkali gelbrot.
8	2.7-Dioxy-anthrachinon (Isoanthraflavinsäure)	$HO\cdot C_6H_3\langle{CO \atop CO}\rangle C_6H_3\cdot OH$	VIII 466	240.20	—	> 330	subl.	Gelbe Nadeln (verd. A.); l. in A., swl. in Ä., wl. in Eg.; l. in H_2SO_4 blaurot, in Alkali rot.

1	1.4-Dioxy-anthrachinon-carbonsäure-(2)	$C_6H_4\langle{CO \atop CO}\rangle C_6H(OH)_2\cdot CO_2H$	E X 509	284.21	—	249—50	—	Rote Nadeln; wl. in A., Ä. orangerot, l. in h. Eg., Aceton; l. in H_2SO_4 blaurot.
2	4.5-Dioxy-anthra-chinon-carbon-säure-(2)	$HO\cdot C_6H_3\langle{CO \atop CO}\rangle C_6H_2(OH)\cdot CO_2H$	X 1033	284.21	—	321	subl.	Gelbe Nadeln (Me. od. Py.); swl. in sd. W., A., Ä., ll. in h. Py.; l. in Alkali rot; V. in Rhabarberwurzel.
3	2.3-Dioxy-benzaldehyd	$(HO)_2C_6H_3\cdot CHO$	VIII 240	138.12	—	108	235 (Z.)	Gelbe Nadeln; wl. in W., ll. in A.; l. in Alkali rot; reizt die Schleimhäute.
4	2.4-Dioxy-benzaldehyd	$(HO)_2C_6H_3\cdot CHO$	VIII 241	138.12	—	135	—	Nadeln (Ä. + Lg.); ll. in W., A., Ä.
5	2.5-Dioxy-benzaldehyd	$(HO)_2C_6H_3\cdot CHO$	VIII 244	138.12	—	99	—	Gelbe Nadeln (Bzl.); ll. in W., A., Ä.
6	3.4-Dioxy-benzaldehyd	$(HO)_2C_6H_3\cdot CHO$	VIII 246	138.12	—	153—4	Z.	Kryst. (W.); 5 k. W., etwa 33 sd. W., 126 sd. A., ll. in Ä.
7	2.3-Dioxy-benzoesäure	$(HO)_2C_6H_3\cdot CO_2H$	X 375	154.12	—	204	—	Nadeln + 2 H_2O (W.); l. in W., A., Ä.
8	2.4-Dioxy-benzoesäure (β-Resorcylsäure)	$(HO)_2C_6H_3\cdot CO_2H$	X 377	154.12	—	213 (Z.*)	—	Nadeln + 3 H_2O (Ä.); 0.26 W. 17°, ll. in h. W., A., Ä.; * → Resorcin + CO_2.
9	2.5-Dioxy-benzoesäure (Gentisinsäure)	$(HO)_2C_6H_3\cdot CO_2H$	X 384	154.12	—	200	Z.*	Nadeln od. Prismen (W.); l. in W., ll. in A., Ä.; unl. in Bzl., Chlf.; * → Hydrochinon + CO_2.
10	2.6-Dioxy-benzoesäure (γ-Resorcylsäure)	$(HO)_2C_6H_3\cdot CO_2H$	X 388	154.12	—	148—67 (Z.*)	—	Nadeln + 1 H_2O (W.); ll. in h. W., A., Ä.; * → Resorcin + CO_2.
11	3.4-Dioxy-benzoesäure (Protocatechu-säure)	$(HO)_2C_6H_3\cdot CO_2H$	X 389	154.12	1.542	199	Z.*	Nadeln + 1 H_2O od. Tafeln + 1 H_2O (W.); 1.85 W. 14°, 10 W. 60°, 27.8 W. 80°, ll. in A., l. in Ä.; * → Brenzcatechin + CO_2.
12	3.5-Dioxy-benzoesäure (α-Resorcylsäure)	$(HO)_2C_6H_3\cdot CO_2H$	X 404	154.12	—	237—40	—	Prismen + $1^1/_2$ H_2O (W.); l. in k. W., ll. in h. W., A., Ä.
13	2.2′-Dioxy-benzophenon	$HO\cdot C_6H_4\cdot CO\cdot C_6H_4\cdot OH$	VIII 313	214.21	—	59—60	330—40 (Z.*)	Hellgelbe Prismen od. Blätt. (Lg.); unl. in W., ll. in A., Ä., Chlf.; * → Xanthon u. W.

31212 (Fortsetzung).

Nr.	Name	Formel	BZ	MG	D	F	Kp	Charakteristik
1	2.3′-Dioxy-benzophenon	$HO \cdot C_6H_4 \cdot CO \cdot C_6H_4 \cdot OH$	VIII 315	214.21	—	126	—	Gelbliche Kryst. (Ä. + Bzl.).
2	2.4-Dioxy-benzophenon	$C_6H_5 \cdot CO \cdot C_6H_3(OH)_2$	VIII 312	214.21	—	144	—	Nadeln (W.); unl. in k. W., ll. in A., Ä., wl. in k. Bzl.
3	2.4′-Dioxy-benzophenon	$HO \cdot C_6H_4 \cdot CO \cdot C_6H_4 \cdot OH$	VIII 315	214.21	—	150—1	—	Hellgelbe Blätt. (W.); wl. in h. W., ll. in h. A., Ä., Bzl.; l. in Alkali; Kalischmelze → Phenol u. 4-Oxy-benzoesäure.
4	2.5-Dioxy-benzophenon	$C_6H_5 \cdot CO \cdot C_6H_3(OH)_2$	VIII 312	214.21	—	125	—	Gelbe Nadeln (verd. A.); unl. in k. W., ll. in A., Ä., Bzl.
5	3.3′-Dioxy-benzophenon	$HO \cdot C_6H_4 \cdot CO \cdot C_6H_4 \cdot OH$	VIII 316	214.21	—	170	—	Nadeln (W.); l. in W., A.
6	3.4-Dioxy-benzophenon	$C_6H_5 \cdot CO \cdot C_6H_3(OH)_2$	VIII 315	214.21	—	145	—	Prismen + 1 H_2O (W.); swl. in k. W., ll. in A.; + $FeCl_3$ in A. grüne Färb.
7	3.4′-Dioxy-benzophenon	$HO \cdot C_6H_4 \cdot CO \cdot C_6H_4 \cdot OH$	VIII 316	214.21	—	205—6	—	Nadeln (W.).
8	4.4′-Dioxy-benzophenon	$HO \cdot C_6H_4 \cdot CO \cdot C_6H_4 \cdot OH$	VIII 316	214.21	—	210	—	Kryst. (W.); wl. in k. W., ll. in A., Ä., unl. in Bzl.; l. in Alkali; Kalischmelze → Phenol u. CO_2.
9	2.4-Dioxy-chinolin	$NC_9H_5(OH)_2$	XXI 171	161.15	—	355	subl.	Kryst. (A.); wl. in sd. A., unl. in Ä.; ll. in alkoh. HCl.
10	2.5-Dioxy-chinon	$OC{<}^{CH:C(OH)}_{C(OH):CH}{>}CO$	VIII 377	140.09	—	—	subl. 215 (Z.)	Gelbe Nadeln (Essigester); unl. in k. W., l. in A., unl. in Ä.; starke Säure.
11	6.7-Dioxy-cumarin (Äsculetin)	$(HO)_2C_6H_2{<}^{CH:CH}_{O-CO}$	XVIII 98	178.14	—	268—70	—	Prismen (Eg.), Nadeln + 1 H_2O (W.); wl. in sd. W., ll. in h. A., wl. in Ä.; wss. Lsg. fluoresc. schwach blau; + $FeCl_3$ grüne Färbung; V. als Glucosid Äsculin in d. Rinde d. Roßkastanie.

1	7.8-Dioxy-cumarin (Daphnetin)	$(HO)_2C_6H_2\langle{}^{CH:CH}_{O-CO}$	XVIII 100	178.14	—	255—6	—	Gelbl. Nadeln (A.); l. in sd. W., ll. in h. verd. A., swl. in Ä.
2	2.2′-Dioxy-dinaphthyl-(1.1′)	$HO\cdot C_{10}H_6\cdot C_{10}H_6\cdot OH$	VI 1051	286.31	—	218	subl.	Nadeln (A.), Blätt. (Toluol); unl. in W., l. in A., ll. in Ä.; l. in Alkali; Diacetat F: 109°.
3	4.4′-Dioxy-dinaphthyl-(1.1′)	$HO\cdot C_{10}H_6\cdot C_{10}H_6\cdot OH$	VI 1053	286.31	—	300	—	Tafeln (A.); unl. in W., l. in A., ll. in Ä.
4	4.4′-Dioxy-diphenyl-methan	$CH_2(C_6H_4\cdot OH)_2$	VI 995	200.22	—	158	—	Blätt. od. Nadeln (W.); l. in A., ll. in Ä.
5	5.7-Dioxy-flavon (Chrysin)	$(HO)_2C_6H_2\langle{}^{CO\cdot CH}_{O-C\cdot C_6H_5}$	XVIII 124	254.23	—	275	subl.	Hellgelbe Tafeln; unl. in W., 0.55 k. A., 2 h. A., wl. in Ä.; l. in Alkali; Diacetat F: 185°.
6	2.6-Dioxy-4-methoxy-benzophenon	$C_6H_5\cdot CO\cdot C_6H_2(OH)_2\cdot O\cdot CH_3$	VIII 419	244.23	—	130	—	Hellgelbe Nadeln od. Blätt. (W.); wl. in k. W., ll. in A., Ä., h. Bzl.; l. in Alkali.
7	4.5-Dioxy-2-methyl-anthrachinon (Chrysophansäure)	$HO\cdot C_6H_3\langle{}^{CO}_{CO}\rangle C_6H_2(CH_3)\cdot OH$	VIII 470	254.23	—	196	subl.	Gelbe Blätt. (A.); swl. in k. W., ll. in h. A., wl. in Ä.; l. in H_2SO_4 rot; V. in Rhabarber; Diacetat F: 208°.
8	1.2-Dioxy-naphthalin	$C_{10}H_6(OH)_2$	VI 975	160.16	—	103—4	—	Nadeln (CS_2); Blätt. + 1 H_2O (W.) F: 59—60°; wl. in W., l. in A., Ä.; l. in Alkali gelb, an der Luft grün; Diacetat F: 104 bis 106°.
9	1.3-Dioxy-naphthalin	$C_{10}H_6(OH)_2$	VI 978	160.16	—	124	—	Blätt.; ll. in W., A., Ä.; Diacetat F: 56°.
10	1.4-Dioxy-naphthalin	$C_{10}H_6(OH)_2$	VI 979	160.16	—	192	—	Kryst. (Toluol); l. in sd. W., ll. in A., Ä.; Diacetat F: 128—130°.
11	1.5-Dioxy-naphthalin	$C_{10}H_6(OH)_2$	VI 980	160.16	—	258	—	Prismen (W.); wl. in W., l. in A., ll. in Ä.; Diacetat F: 159—160°.
12	1.6-Dioxy-naphthalin	$C_{10}H_6(OH)_2$	VI 981	160.16	—	137—8	subl.	Prismen (Bzl.); wl. in W., k. A., ll. in Ä.; Diacetat F: 73°.

31212 (Fortsetzung).

Nr.	Name	Formel	BZ	MG	D	F	Kp	Charakteristik
1	1.7-Dioxy-naphthalin	$C_{10}H_6(OH)_2$	VI 981	160.16	—	178	—	Nadeln (W.); ll. in h. W., A., Ä.; Diacetat F: 108°.
2	1.8-Dioxy-naphthalin	$C_{10}H_6(OH)_2$	VI 981	160.16	—	140	—	Nadeln od. Blätt. (W.); wl. in W., ll. in Ä.; Diacetat F: 147—148°.
3	2.3-Dioxy-naphthalin	$C_{10}H_6(OH)_2$	VI 982	160.16	—	160—1	—	Blätt. (W.); wl. in W., ll. in A., Ä.
4	2.6-Dioxy-naphthalin	$C_{10}H_6(OH)_2$	VI 984	160.16	—	218	subl.	Tafeln (W.); 0.108 W. 14°, ll. in A., Ä.; Diacetat F: 175°.
5	2.7-Dioxy-naphthalin	$C_{10}H_6(OH)_2$	VI 985	160.16	—	190	subl. Z.	Nadeln (W.); l. in h. W., ll. in A., Ä.; Diacetat F: 136°.
6	1.8-Dioxy-naphthalin-disulfonsäure-(3.6)	$(HO)_2C_{10}H_4(SO_3H)_2$	XI 307	320.28	—	—	—	+ $FeCl_3$ grüne Färb.; Verwend. als Farbst. u. zur Herst. v. Farbst.; $Na_2C_{10}H_6O_8S_2$ Blätt. + $2H_2O$, ll. in W.
7	2.3-Dioxy-naphthochinon-(1.4) (Isonaphthazarin)	$C_6H_4\langle^{CO\cdot C\cdot OH}_{CO\cdot C\cdot OH}$ (C=C)	VIII 411	190.15	—	280	subl.	Rote Nadeln (Toluol); wl. in h. W., A., swl. in Ä., ll. in Aceton; l. in NaOH blau.
8	5.8-Dioxy-naphthochinon-(1.4) (Naphthazarin)	$(HO)_2C_6H_2\langle^{CO\cdot CH}_{CO\cdot CH}$ (CH=CH)	VIII 412	190.15	—	—	subl.	Braune, grünglänzende Nadeln; wl. in sd. W., l. in A. rot, wl. in Ä.; l. in NaOH blau.
9	4.5-Dioxy-2-oxymethyl-anthrachinon (Aloe-emodin)	$HO\cdot C_6H_3\langle^{CO}_{CO}\rangle C_6H_2(OH)\cdot CH_2\cdot OH$	VIII 524, 526	270.23	—	225	subl.	Orangegelbe Nadeln (Me.); ll. in h. A., Ä.; l. in H_2SO_4 u. NH_4OH rot; V. in Aloe, Sennesblättern, Rhabarberwurzeln; wirkt abführend.
10	3.4-Dioxy-phenanthren	$(HO)_2C_6H_2\cdot CH$ / $C_6H_4\cdot CH$ (CH=CH)	VI 1034	210.22	—	143	subl.	Nadeln; l. in A., Ä.; leicht oxydabel.
11	9.10-Dioxy-phenanthren	$C_6H_4\cdot C\cdot OH$ / $C_6H_4\cdot C\cdot OH$ (C=C)	VI 1035	210.22	—	147—8	—	Nadeln; l. in h. W., ll. in A., Ä.

1	2.5-Dioxy-phenylessigsäure (Homogentisinsäure)	$(HO)_2C_6H_3 \cdot CH_2 \cdot CO_2H$	X 407	168.14	—	148	—	Prismen + 1 H_2O (W.), Blätt. (A. + Chlf.); ll. in W., A., Ä., unl. in Bzl., Chlf.
2	3.4-Dioxy-phthalsäure	$(HO)_2C_6H_2(CO_2H)_2$	X 543	198.13	—	210—2*	—	Tafeln + 1 H_2O od. Säulen + 1 H_2O (W.); * → Anhydrid F: 238°.
3	3.6-Dioxy-phthalsäure	$(HO)_2C_6H_2(CO_2H)_2$	X 551	198.13	—	220 (Z.)	—	Kryst. (verd. H_2SO_3); wl. in k. W.
4	4.5-Dioxy-phthalsäure	$(HO)_2C_6H_2(CO_2H)_2$	X 552	198.13	—	175	—	Prismen (W.); ll. in W., A., wl. in Ä.
5	δ.ι-Dioxy-stearinsäure	$CH_3 \cdot [CH_2]_7 \cdot CH \cdot OH$ $HO_2C \cdot [CH_2]_7 \cdot CH \cdot OH$	III 406	316.46	—	133	—	Blätt. (A.); 0.59 A. 19°, 0.19 Ä. 18°; B. dch. Oxydat. v. Ölsäure.
6	2.5-Dioxy-terephthalsäure	$(HO)_2C_6H_2(CO_2H)_2$	X 554	198.13	—	Z.	—	Gelbe Kryst. (A. od. Ä.); wl. in W. grün fluoresc., wl. in A., Ä. blau fluoresc.; Diäthylester F: 133°.
7	Dioxyweinsäure	$HO_2C \cdot C(OH)_2 \cdot C(OH)_2 \cdot CO_2H$	III 830	182.09	—	114—5 (Z.)	—	Kryst.; ll. in W.; + h. W. → Tartronsäure + CO_2; $Na_2C_4H_4O_8$ + 3 H_2O, 0.039 W. 0°.
8	2.4-Dioxy-zimtsäure (Umbellsäure)	$(HO)_2C_6H_3 \cdot CH:CH \cdot CO_2H$	X 434	180.15	—	Z. 240	—	Gelbliches Pulver; l. in h. W., A., unl. in Ä., Bzl.; zersetzlich.
9	2.5-Dioxy-zimtsäure	$(HO)_2C_6H_3 \cdot CH:CH \cdot CO_2H$	X 435	180.15	—	207 (Z.)	—	Kryst. (W.); wl. in k. W.
10	3.4-Dioxy-zimtsäure (Kaffeesäure)	$(HO)_2C_6H_3 \cdot CH:CH \cdot CO_2H$	X 436	180.15	—	195 (Z.)	—	Gelbe Blätt. (W.); wl. in k. W., ll. in h. W., A., wl. in Ä.; l. in Alkali gelb; + $FeCl_3$ grüne Färb.; V. in Pflanzen.
11	o.o-Diphenol	$HO \cdot C_6H_4 \cdot C_6H_4 \cdot OH$	VI 989	186.20	1.342	109	326	Blätt. + aq (W.) F: 73—75°; wl. in W., ll. in A., Ä.; l. in Sodalsg.; + $FeCl_3$ rotviolette Färb.; Diacetat F: 95°.
12	o.p-Diphenol	$HO \cdot C_6H_4 \cdot C_6H_4 \cdot OH$	VI 990	186.20	—	162—3	342	Nadeln; wl. in sd. W., ll. in A., Ä.; Diacetat F: 94°.
13	m.m-Diphenol	$HO \cdot C_6H_4 \cdot C_6H_4 \cdot OH$	VI 991	186.20	—	123—4	247/18	Nadeln (W.); unl. in k. W., l. in h. W., ll. in A., Ä.; l. in Alkali; + $FeCl_3$ blaue Färbung; Diacetat F: 82.5°.

31212 (Fortsetzung).

Nr.	Name	Formel	BZ	MG	D	F	Kp	Charakteristik
1	p.p-Diphenol	$HO\cdot C_6H_4\cdot C_6H_4\cdot OH$	VI 991	186.20	1.25	274—5	subl.	Blätt. od. Nadeln (A.); wl. in W., ll. in A., Ä.; + $FeCl_3$ keine Färbung; Diacetat F: 159—160°.
2	Diphensäure	$^{(2')}HO_2C\cdot C_6H_4\cdot C_6H_4\cdot CO_2H^{(2)}$	IX 922	242.22	—	228—9	subl.	Blätt. (W.); wl. in W., ll. in A., Ä.
3	Diphenyl	$C_6H_5\cdot C_6H_5$	V 576	154.20	0.9919^{73}	70.5	254.9	Blätt. (A.); unl. in W., 9.98 A. 20°, l. in Ä., Bzl., Chlf.; flücht. mit Dampf.
4	N.N'-Diphenyl-acetamidin	$CH_3\cdot C(:N\cdot C_6H_5)\ NH\cdot C_6H_5$	XII 248	210.27	—	132	—	Nadeln (A.); wl. in k., ll. in h. A., l. in Ä.
5	Diphenylacetylen s. Tolan							
6	α.α-Diphenyl-äthan	$(C_6H_5)_2CH\cdot CH_3$	V 605	182.25	1.006^{14}	—	270	Öl; unl. in W., l. in A., Ä.; riecht angenehm.
7	α.β-Diphenyl-äthan s. Dibenzyl							
8	Diphenyläther	$C_6H_5\cdot O\cdot C_6H_5$	VI 146	170.20	1.151^{10}	27	259	Platten (A.); unl. in W., ll. in A., ∞ Ä.; riecht nach Geranium.
9	α.α-Diphenyl-äthylen	$(C_6H_5)_2C:CH$	V 639	180.23	1.0206^{22}	8—9	277	Fl.; l. in A., Ä.; Oxyd. → Benzophenon.
10	α.β-Diphenyl-äthylen s. Stilben bzw. Isostilben							
11	Diphenylamin	$(C_6H_5)_2NH$	XII 174	169.21	1.159^{20}	54	302	Blätt. (Lg.); 0.03 W. 25°, 56 A. 20°, ll. in Ä., Eg.; l. in fl. SO_2 rot; riecht angenehm.
12	Diphenylarsin	$(C_6H_5)_2AsH$	XVI 827	230.12	—	—	163/20	Öl; unl. in W., l. in A., Ä.; oxyd. an d. Luft.
13	1.4-Diphenyl-benzol	$C_6H_4(C_6H_5)_2$	V 695	230.29	1.234^0	212—3	220 bis 230/12	Blätt. (A.), Nadeln (Bzl.); subl.; swl. in sd. A., l. in sd. Ä., ll. in sd. Bzl.

1	Diphenylcarbodiimid	$C_6H_5\cdot N:C:N\cdot C_6H_5$	XII 449	194.22	—	—	330—1	Sirup; l. in A., sll. in Bzl.; geht allmählich in die trimere („β“-) Form (Kryst. F: 168—170°, swl. in Bzl.) über.
2	1.5-Diphenyl-carbohydrazid	$(C_6H_5\cdot NH\cdot NH)_2CO$	XV 292	242.27	—	175	—	Kryst. (A.); wl. in h. W., ll. in h. A., unl. in Ä., ll. in Eg.; $C_{13}H_{14}ON_4$ + HCl F: 125° (Z.).
3	Diphenyl-carbonsäure-(2)	$C_6H_5\cdot C_6H_4\cdot CO_2H$	IX 669	198.21	1.458	114	343—4	Kryst. (W.); unl. in k. W., wl. in h. W., ll. in A., Bzl., Eg.
4	Diphenyl-carbonsäure-(3)	$C_6H_5\cdot C_6H_4\cdot CO_2H$	IX 671	198.21	—	161—2	—	Blätt. (A.); wl. in W., ll. in A., Ä., Bzl., Eg.
5	Diphenyl-carbonsäure-(4)	$C_6H_5\cdot C_6H_4\cdot CO_2H$	IX 671	198.21	—	224	subl.	Nadeln (A.); unl. in k. W., swl. in sd. W., ll. in A., Ä.
6	Diphenylchlorarsin	$(C_6H_5)_2AsCl$	XVI 845	264.67	1.4223^{15}	40—2	333	Kryst.; unl. in W., in A., Ä., Bzl., wl. in wss. Alkali; Verwend. als Gaskampfstoff „Blaukreuz“.
7	Diphenyldichlormethan	$(C_6H_5)_2CCl_2$	V 590	237.12	1.235^{19}	—	305	Fl.; l. in A., Ä.; + W. → HCl + Benzophenon.
8	4.4′-Diphenyl-diphenyl	$C_6H_5\cdot C_6H_4\cdot C_6H_4\cdot C_6H_5$	V 736	306.38	—	320	310 bis 320/50	Blätt. (Bzl.); unl. in W., A., Ä., ll. in Nitrobenzol.
9	Diphenyldisulfid	$C_6H_5\cdot S\cdot S\cdot C_6H_5$	VI 323	218.32	—	61	310	Nadeln (A.); unl. in W., l. in A., ll. in Ä.; + konz. H_2SO_4 → Thianthren.
10	Diphenylenoxyd	$C_6H_4-C_6H_4$ O	XVII 70	168.18	—	85	287	Blätt. (A.); unl. in W., l. in A., ll. in Ä.; flücht. mit Dampf.
11	Diphenylessigsäure	$(C_6H_5)_2CH\cdot CO_2H$	IX 673	212.23	—	148	—	Nadeln (W.), Blätt. (A.); ll. in h. W., A., Ä.
12	N.N′-Diphenyl-formamidin	$C_6H_5\cdot N:CH\cdot NH\cdot C_6H_5$	XII 236	196.24	—	138	etwa 250	Nadeln (Bzl.); wl. in k. A., ll. in Ä., sll. in Chlf.
13	ω.ω-Diphenyl-fulven	CH:CH CH:CH > $C:C(C_6H_5)_2$	V 696	230.29	—	82	—	Rote Tafeln od. Prismen (PÄ.); unl. in W., l. in Eg.

31212 (Fortsetzung).

Nr.	Name	Formel	BZ	MG	D	F	Kp	Charakteristik
1	2.5-Diphenyl-furan	$HC{=}CH$; $C_6H_5\cdot C\cdot O\cdot C\cdot C_6H_5$	XVII 81	220.25	—	91	343—5	Blätt. od. Nadeln (verd. A.); unl. in W., ll. in A., Ä.; l. in H_2SO_4 grün.
2	N.N'-Diphenyl-guanidin	$HN{:}C(NH\cdot C_6H_5)_2$ oder $C_6H_5\cdot N{:}C(NH_2)\cdot NH\cdot C_6H_5$	XII 369	211.26	—	147	Z. 170	Nadeln (A.); wl. in k. W., 9.1 90%ig. A. 21°, wl. in Ä.
3	N.N'-Diphenyl-harnstoff	$C_6H_5\cdot NH\cdot CO\cdot NH\cdot C_6H_5$	XII 352	212.24	1.239	239	260	Prismen (A.); 0.015 W. 25°, wl. in A., l. in Ä.
4	N.N-Diphenyl-hydrazin	$(C_6H_5)_2N\cdot NH_2$	XV 122	184.23	1.19^{16}	34.5	220/45	Tafeln (Lg.); swl. in W., ll. in A., Ä.; l. in H_2SO_4 blau.
5	N.N'-Diphenyl-hydrazin	$C_6H_5\cdot NH\cdot NH\cdot C_6H_5$	XV 123	184.23	1.158^{16}	126—7	—	Tafeln (A. + Ä.); swl. in W., 5.3 A. 16°.
6	Diphenylketen	$(C_6H_5)_2C{:}CO$	VII 471	194.22	—	—	265—70 (Z.)	Gelbrote Fl.; l. in A., Ä.; addiert anorg. u. organ. Verbb.
7	Diphenylmethan	$(C_6H_5)_2CH_2$	V 588	168.22	1.0008^{26}	27	260—1	Nadeln; unl. in W., ll. in A., Ä., Chlf.; riecht nach Orangen.
8	Diphenylnitrosamin	$(C_6H_5)_2N\cdot NO$	XII 580	198.21	—	67	—	Gelbe Tafeln (Bzl. + A.); wl. in k. A., ll. in h. A., sll. in h. Bzl.
9	Diphenylphosphin	$(C_6H_5)_2PH$	XVI 758	186.23	1.07^{16}	—	280	Öl; unl. in W., ll. in A., Ä., Bzl.; riecht unangenehm.
10	3.3-Diphenyl-phthalid	$C_6H_4{<}^{C(C_6H_5)_2}_{CO}{>}O$	XVII 391	286.31	—	115	419—28 (Z.)	Blätt. (A.); unl. in W., l. in A.; l. in H_2SO_4 grüngelb.
11	Diphenylsulfid	$(C_6H_5)_2S$	VI 299	186.26	1.1185^{15}_{15}	—21.5	296	Fl.; unl. in W., ll. in h. A., ∞ Ä., CS_2.
12	Diphenylsulfon	$(C_6H_5)_2SO_2$	VI 300	218.26	—	128—9	379	Blätt. (A.), Nadeln (W.); unl. in k. W., wl. in sd. W., k. A., ll. in h. A.
13	N.N'-Diphenyl-thioharnstoff	$C_6H_5\cdot NH\cdot CS\cdot NH\cdot C_6H_5$	XII 394	228.30	1.321	154—5	Z.*	Blätt. (A.); swl. in W., ll. in A., Ä.; l. in Alkali; * → N.N.'N''-Triphenyl-guanidin, H_2S, CS_2; schmeckt sehr bitter.

1	Diphthalyl	$[C_6H_4<(C=)(CO)>O]_2$	XIX 176	264.22	—	334—5	subl.	Nadeln (Eg.); unl. in W., swl. in A., Ä., l. in sd. Eg., H_2SO_4.
2	Dipropyläther	$(C_2H_5 \cdot CH_2)_2O$	I 354	102.17	0.7360^{20}	—122	90.6	Fl.; 0.30 W. 20°, ∞ A., Ä.
3	Dipropylamin	$(C_2H_5 \cdot CH_2)_2NH$	IV 138	101.19	0.7384^{20}	—63.0	109.2	Fl.; l. in W., A.; brennbar; Hydrobromid F: 271°.
4	5.5-Dipropyl-barbitursäure	$(C_2H_5 \cdot CH_2)_2C<(CO \cdot NH)(CO \cdot NH)>CO$	XXIV 492	212.24	—	145	—	Kryst. (W.); 0.06 W. 20°, 1.4 sd. W., ll. in A., Ä.; l. in Alkali; wirkt hypnot. u. tox.; „Proponal".
5	Dipropylcarbinol	$(C_2H_5 \cdot CH_2)_2CH \cdot OH$	I 415	116.19	0.8183^{20}	—37.2	156	Fl.; riecht nach Pfefferminz.
6	Dipropylketon	$(C_2H_5 \cdot CH_2)_2CO$	I 699	114.18	0.8205^{15}	—34	144.1	Fl.; swl. in W., ∞ A., Ä.; flücht. mit Dampf; riecht durchdringend, schmeckt brennend.
7	Dipyridyl-(2.2′)	$NC_5H_4 \cdot C_5H_4N$	XXIII 199	156.18	—	69.5	272.5	Aromat. riech. Kryst. (verd. A.); 0.5 W., ll. in A., Ä., Bzl., Chlf.; mit Fe^{II}-Ionen rote Komplexsalze.
8	Dipyridyl-(4.4′)	$NC_5H_4 \cdot C_5H_4N$	XXIII 200	156.18	—	111—2	304.8	Nadeln + 2 H_2O (W.) F: 73°; wl. in W., sll. in A., ll. in Ä., Bzl. Chlf.; schmeckt bitter.
9	α-Disalicylid	$C_6H_4<(O \cdot CO)(CO \cdot O)>C_6H_4$	E XIX 685	240.20	—	213	—	Kryst. (Chlf.); unl. in W., wl. in A., Ä., 0.69 Chlf. 16°; + verd. Alkali → Salicylate.
10	β-Disalicylid	$C_6H_4<(O \cdot CO)(CO \cdot O)>C_6H_4$	XIX 171	240.20	—	200	—	Nadeln (Me.); unl. in W., swl. in A., 5.56 Chlf. 16°; Erhitzen im Vakuum → α-Disalicylid.
11	1.4-Dithian	$S<(CH_2 \cdot CH_2)(CH_2 \cdot CH_2)>S$	XIX 3	120.22	—	111—2	200	Prismen (CS_2); wl. in W., l. in A., Ä., CS_2; flücht. mit Dampf.
12	Dithienyl-(2.2′)	HC—CH HC—CH / HC·S·C—C·S·CH	XIX 32	166.25	—	33	260	Charakterist. riech. Blätt. (verd. A.); ll. in A., Ä.

31212 (Fortsetzung).

Nr.	Name	Formel	BZ	MG	D	F	Kp	Charakteristik
1	Dithienyl-(3.3′)	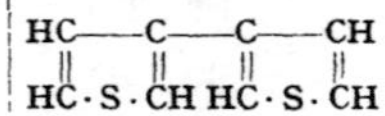	XIX 33	166.25	—	132	—	Blätt. (Lg.); wl. in k. A., ll. in Ä.; flücht. mit Dampf.
2	Dithioäthylenglykol	$HS\cdot CH_2\cdot CH_2\cdot SH$	I 471	94.19	1.123^{24}	—	146	Fl.; ll. in A.; l. in Alkali.
3	Dithiooxamid	$H_2N\cdot CS\cdot CS\cdot NH_2$	II 565	120.19	—	—	subl.	Orange Kryst.; wl. in k. W., k. A.; dch. sd. Lauge zers.
4	o.o-Ditolyl	$CH_3\cdot C_6H_4\cdot C_6H_4\cdot CH_3$	V 608	182.25	—	17.8	258/738	Kryst. (A.); unl. in W., ll. in A., Ä., Bzl.
5	o.m-Ditolyl	$CH_3\cdot C_6H_4\cdot C_6H_4\cdot CH_3$	V 609	182.25	—	—	270	Fl.; unl. in W., ll. in A., Ä.
6	o.p-Ditolyl	$CH_3\cdot C_6H_4\cdot C_6H_4\cdot CH_3$	V 609	182.25	—	—	272—80	Fl.
7	m.m-Ditolyl	$CH_3\cdot C_6H_4\cdot C_6H_4\cdot CH_3$	V 609	182.25	0.999^{16}	5—7	286/716	Öl; unl. in W., l. in A., Ä., Bzl.
8	p.p-Ditolyl	$CH_3\cdot C_6H_4\cdot C_6H_4\cdot CH_3$	V 610	182.25	1.102	122	295	Kryst. (Ä.); unl. in W., l. in A., Ä.
9	Di-p-tolylamin	$(CH_3\cdot C_6H_4)_2NH$	XII 907	197.27	—	79	330.5	Nadeln.
10	Di-p-tolyl-methan	$(CH_3\cdot C_6H_4)_2CH_2$	V 615	196.27	0.980^{20}	28	286	Prismen (A.); unl. in W., in A., ll. in Ä.
11	N.N′-Di-o-tolyl-thioharnstoff	$(CH_3\cdot C_6H_4\cdot NH)_2CS$	XII 807	256.35	—	165	216—8	Nadeln (A.); unl. in W., ll. in h. A., unl. in Ä.; flücht. mit Dampf.
12	N.N′-Di-p-tolyl-thioharnstoff	$(CH_3\cdot C_6H_4\cdot NH)_2CS$	XII 948	256.35	—	176	—	Säulen; unl. in W., swl. in k. A.
13	Dodecan	$CH_3\cdot [CH_2]_{10}\cdot CH_3$	I 171	170.32	0.7511^{20}	—12	214.5	Fl.; unl. in W., ∞ A., Ä.
14	Dodecylalkohol	$CH_3\cdot [CH_2]_{10}\cdot CH_2\cdot OH$	I 428	186.32	0.8309^{24}	24	255—9	Blätt. (verd. A.); wl. in W., l. in A., Ä.
15	Dulcit	$HO\cdot CH_2\cdot [CH(OH)]_4\cdot CH_2\cdot OH$	I 544	182.17	1.466^{15}	188.5	290/3	Prismen; 3.2 W. 15°, 59 sd. W., 0.073 A. 15°, unl. in Ä.
16	Dypnon	$C_6H_5\cdot C(CH_3):CH\cdot CO\cdot C_6H_5$	VII 485	222.27	—	—	340—5 (Z.)	Fl.; unl. in W., l. in A., Ä.; Semicarbazon F: 151°.
17	**Eikosan**	$CH_3\cdot [CH_2]_{18}\cdot CH_3$	I 174	282.53	0.7779^{37}	38	205/15	Kryst.; unl. in W., l. in A., Ä.
18	l-Ekgonin	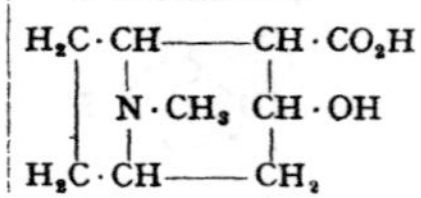	XXII 196	185.21	—	205	—	Prismen + 1 H_2O (A.) F: etwa 198°; 21.74 W. 17°, 2 95%ig. A. 17°, swl. in Ä., unl. in Chlf.

1	α-Eläostearinsäure	$CH_3 \cdot CH : CH \cdot [CH_2]_4 \cdot CH_3$ · $CH : CH \cdot [CH_2]_7 \cdot CO_2H$	II 497	280.43	—	48—9	235/12	Blätt. (A.); ll. in Ä., CS_2.
2	β-Eläostearinsäure	$CH_2 \cdot CH : CH \cdot [CH_2]_4 \cdot CH_3$ · $CH : CH \cdot [CH_2]_7 \cdot CO_2H$	II 497	280.43	—	71	—	Blätt.
3	Elaidinsäure	$CH_3 \cdot [CH_2]_7 \cdot CH:CH \cdot [CH_2]_7 \cdot CO_2H$	II 469	282.45	0.851^{79}	45	288/100	Blätt. (A.); unl. in W., ll. in A., Ä.
4	Ellagsäure	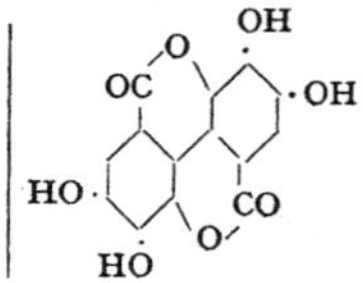	XIX 261	302.19	—	Z. 450 bis 480	—	Gelbe Prismen + 2 H_2O; unl. in W., wl. in A., unl. in Ä.; Verwend. als „Alizaringelb"; V. in Pyrogallol-Gerbstoffen.
5	Eosin (2.4.5.7-Tetra-brom-fluorescein)	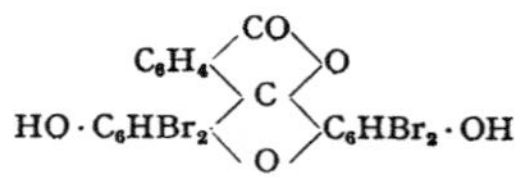	XIX 228	647.93	—	—	—	Kryst. (Eg.); unl. in W., l. in A., wl. in Ä.; Lsgg. in A. u. Alkali sind rot; verd. alkal. Lsg. fluoresc. grüngelb; l. in H_2SO_4 gelb; Verwend. zur Herst. von Farbst.
6	Eosin-natrium	$Na_2C_{20}H_6O_5Br_4$	XIX 230	691.81	—	—	—	Rote Nadeln + 10 H_2O (verd. A.); l. in W., A.
7	l-Ephedrin	$C_6H_5 \cdot CH(OH) \cdot CH(CH_3) \cdot NH \cdot CH_3$	XIII 636	165.23	—	40*	255	Kryst. + 1 H_2O (Ä.); ll. in W., A., Ä.; * Hydrat; Chloroplatinat F: 186°.
8	Epichlorhydrin	H_2C—$CH \cdot CH_2Cl$ (über O)	XVII 6	92.53	1.1801^{20}	—48	117	Fl.; swl. in W., ∞ A., Ä.
9	Ergosterin	$CH(CH_3) \cdot CH:CH \cdot CH(CH_3) \cdot CH(CH_3)_2$ 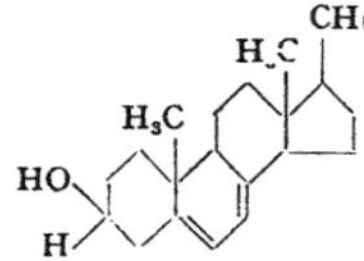		396.62	—	163	—	Kryst.; unl. in W., l. in A., Ä.; V. in Hefe, Pilzen, Mutterkorn; Acetat F: 181°.

31212 (Fortsetzung).

Nr.	Name	Formel	BZ	MG	D	F	Kp	Charakteristik
1	d-Ergotinin	$C_{35}H_{39}O_5N_5$	—	609.69	—	239 (Z.)	—	Prismen (verd. A.); unl. in W., wl. in A., swl. in Ä., ll. in Bzl., Chlf.; V. im Mutterkorn.
2	Ergotoxin	$C_{35}H_{41}O_6N_5$ (?)	—	627.71	—	190—200	—	Kryst. (Bzl.); swl. in W., ll. in A., wl. in Ä., unl. in PÄ.; l. in NaOH; V. im Mutterkorn.
3	Erucasäure	$CH_3\cdot[CH_2]_7\cdot CH{:}CH\cdot[CH_2]_{11}\cdot CO_2H$	II 472	338.55	0.8602^{55}	34	281/30	Nadeln (A.), Tafeln (PÄ.); unl. in W., sll. in A., Ä.; + HNO_2 → Brassidinsäure; Amid F: 84°.
4	Erythrit	$HO\cdot CH_2\cdot CH(OH)\cdot CH(OH)\cdot CH_2\cdot OH$	I 525	122.12	1.451	120	329—31	Prismen; 61 W. 20°, wl. in A., unl. in Ä.; schmeckt süß; V. in Algen, Flechten.
5	Erythrittetranitrat	$[O_2N\cdot O\cdot CH_2\cdot CH(O\cdot NO_2)—]_2$	I 527	302.12	—	61	—	Blätt. (A.); unl. in k. W., l. in A.; detoniert dch. Schlag; Verwend. zur Herst. von rauchlosem Pulver.
6	Erythrosin (2.4.5.7-Tetra-jod-fluorescein)	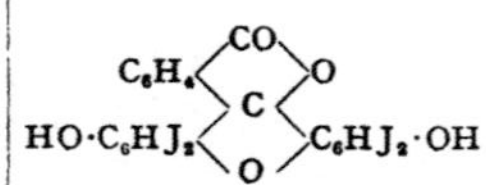	XIX 231	835.94	—	—	—	Orangegelbe Kryst. (Ä.); swl. in W., l. in A., swl. in Ä.; l. in verd. Alkali rosa, in H_2SO_4 rotgelb; Alkalisalze färben bläulich rot.
7	Essigester s. Essigsäureäthylester							
8	Essigsäure	$CH_3\cdot CO_2H$	II 96	60.05	1.0492^{20}	16.6	118.1	Hygroskop. Fl. von stechend. Geruch; ∞ W., A., Ä.; Nachw.: Acetat + A. + konz. H_2SO_4 gibt in d. Wärme charakterist. Geruch nach Äthylacetat.
9	— Al-Salz	$Al(C_2H_3O_2)_3$	II 114	204.10	—	Z.* 200	—	Amorph; ll. in W.; * → CO_2, Aceton, Essigsäure; Verwend. als Beize in d. Druckerei u. Färberei.

1	— Ca-Salz	$Ca(C_2H_3O_2)_2$	II 111	158.17	—	—	—	Kryst. + 1 H_2O u. 2 H_2O; 37.4 W. 0°, 34.73 W. 20°, 29.65 W. 100°, unl. in A.
2	— Cu-Salz	$Cu(C_2H_3O_2)_2 + H_2O$	II 109	199.67	1.882	—	—	Dunkelblaugrüne Kryst.; 7.4 k. W., 20 sd. W., 7 sd. A.; zers. bei etwa 230°.
3	— Hg (II)-Salz	$Hg(C_2H_3O_2)_2$	II 113	318.70	3.286^{23}	—	—	Kryst.; 36.4 W. 19°, etwa 100* sd. W., 5.65* A. 19°, *teilweise zers.; Verwend. als Oxydations- u. Mercurierungsmittel.
4	— K-Salz	$KC_2H_3O_2$	II 108	98.14	—	295	—	Säulen; 228 W 14°, 33 k. A., 50 h. A., unl. in Ä.
5	— Na-Salz	$NaC_2H_3O_2$	II 107	82.06	1.529	320	—	Blätt.; 123.5 W. 20°, 170 W. 100°; 2.3 A. 19°; Verwend. als wasserentziehendes Mittel.
6	— Na-Salz	$NaC_2H_3O_2 + 3H_2O$	II 107	136.09	1.44^{25}	58.2*	123	Kryst.; * Wasserabspalt.
7	— NH_4-Salz	$NH_4C_2H_3O_2$	II 107	77.08	1.171^{25}	113 (Z.)	—	Hygroskop. Nadeln; ll. in W., l. in A.
8	— Pb-Salz	$Pb(C_2H_3O_2)_2 + 3H_2O$	II 115	379.34	2.54	75	—	Kryst.; 56 W. 25°; schmilzt wasserfrei bei 280°; schmeckt anfangs süß, dann metall.; giftig.
9	— Pb-Salz	$Pb(C_2H_3O_2)_4$	II 117	443.38	2.228^{17}	175	—	Kryst.; dch. W., A., zers.; ll. in h. Eg.
10	— Schweinfurter Grün	$Cu(C_2H_3O_2)_2 \cdot 3CuOAs_2O_3$	II 110	1013.83	—	—	—	Grünes Krystallpulver; unl. in W., A.; dch. Lauge zers.; Verwend. als Anstrichfarbe.
11	Essigsäure.. s. a. Acet...							
12	Essigsäureäthylester	$CH_3 \cdot CO_2 \cdot C_2H_5$	II 125	88.10	0.9010^{20}	—83	77.1	Angenehm riech. Fl.; 8.53 W. 20, ∞ A., Ä.; konstant sd. Gemische mit W. u. mit A.; Verwend. als Lösungsm. f. Schießbaumwolle, Celluloid, zum Aromatisieren von Fruchtsäften.

31212 (Fortsetzung).

Nr.	Name	Formel	BZ	MG	D	F	Kp	Charakteristik
1	Essigsäureanhydrid s. Acetanhydrid							
2	Essigsäurebenzylester	$CH_3 \cdot CO_2 \cdot CH_2 \cdot C_6H_5$	VI 435	150.17	1.057^{16}	— 51.5	214.9	Nach Birnen riech. Fl.; swl. in W., ∞ A., Ä.
3	Essigsäureisoamylester	$CH_3 \cdot CO_2 \cdot C_5H_{11}$	II 132	130.18	0.8708^{20}	—	142	Fl.; 0.25 W. 15°; riecht obstart.; Verwend. zur Herst. von Fruchtessenzen.
4	Essigsäureisobutylester	$CH_3 \cdot CO_2 \cdot CH_2 \cdot CH(CH_3)_2$	II 131	116.15	0.8711^{20}	— 98.9	118	Fl.; 0.67 W. 20°, ∞ A., Ä.
5	Essigsäuremethylester	$CH_3 \cdot CO_2 \cdot CH_3$	II 124	74.08	0.9244^{20}	— 98.1	56.9	Äther. riech. Fl.
6	Essigsäure-α-naphthylester	$CH_3 \cdot CO_2 \cdot C_{10}H_7$	VI 608	186.20	—	46	—	Nadeln od. Tafeln (A.); dch. h. W. zers.; ll. in A., Ä.
7	Essigsäure-β-naphthylester	$CH_3 \cdot CO_2 \cdot C_{10}H_7$	VI 644	186.20	—	70	—	Nadeln (A.); ll. in A., Ä., Chlf.
8	Essigsäurephenylester	$CH_3 \cdot CO_2 \cdot C_6H_5$	VI 152	136.14	1.0927^{0}	—	195.8	Fl.; swl. in W., ll. in A., Ä., Chlf.
9	Essigsäurepropylester	$CH_3 \cdot CO_2 \cdot CH_2 \cdot C_2H_5$	II 129	102.13	0.8908^{18}	— 92.5	101.6	Fl.; 1.47 W. 16°, ∞ A., Ä.
10	Eugenol	$CH_2{:}CH \cdot CH_2 \cdot C_6H_3 \langle {}^{OH^{(4)}}_{O \cdot CH_3^{(3)}}$	VI 961	164.19	1.0630^{18}	— 10.4	253.5	Öl; swl. in W., ll. in A., Ä.; riecht nach Nelken; Hauptbestandteil d. Nelkenöls; Verwend. zur Herst. v. Vanillin u. v. Parfüms.
11	Euxanthon	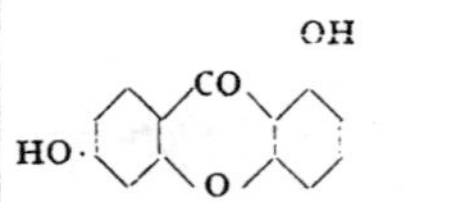	XVIII 113	228.19	—	240	subl. (Z.)	Gelbe Nadeln od. Blätt. (A.); wl. in W., ll. in h. A., wl. in Ä.; l. in KOH.
12	l-α-Fenchen	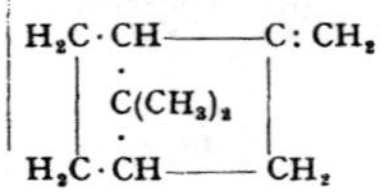	V 162	136.22	0.867^{20}	—	157—9	Fl.; unl. in W., l. in A., Ä.; Dibromid F: 87—88°

1	d-Fenchon	$H_2C\cdot C(CH_3)\cdot CO$ / CH_2 / $H_2C\cdot CH$——$C(CH_3)_2$	VII 96	152.22	0.946^{20}	6	193.5	Öl; unl. in W., l. in A., Ä.; $[\alpha]_D$: +62.8°; Semicarbazon F: 184°.
2	l-Fenchylalkohol	$H_2C\cdot C(CH_3)\cdot CH\cdot OH$ / CH_2 / $H_2C\cdot CH$——$C(CH_3)_2$	VI 70	154.24	0.933^{50}	47	201	Kryst.; unl. in W., ll. in A., Ä., PÄ.; flücht. mit Dampf; riecht nach Schimmel.
3	Ferulasäure	(4)HO, (3)$CH_3\cdot O$ > $C_6H_3\cdot CH{:}CH\cdot CO_2H$	X 436	194.18	—	169	—	Nadeln (W.); unl. in k. W., l. in sd. W., ll. in A., l. in Ä., wl. in Bzl.; l. in H_2SO_4, ll. in Alkali gelb.
4	Filicinsäure	$OC<\begin{matrix}CH_2\cdot CO\\CH_2\cdot CO\end{matrix}>C(CH_3)_2$	VII 856	154.16	—	213—5	subl.	Würfel; 1.4 sd. W., 10 sd. A., wl. in Ä.; + $FeCl_3$ rote Färb.
5	Flavanthren	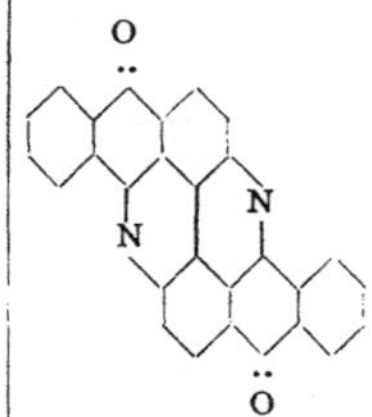	XXIV 446	408.39	—	—	—	Braune Nadeln (Chinolin); unl. in W., A., swl. in sd. Nitrobenzol, 0.2 sd. Chinolin; unl. in Alkali; Verwend. als Küpenfarbst.
6	Flavon	$C_6H_4<\begin{matrix}CO\cdot CH\\O—C\cdot C_6H_5\end{matrix}$	XVII 373	222.23	—	99	—	Nadeln (Lg.); unl. in W., ll. in A., Ä.; Lsg. in H_2SO_4 fluoresc. violettblau.
7	β-Fluor-äthylalkohol	$CH_2F\cdot CH_2\cdot OH$	E I 170	64.06	1.1112^{18}	— 26.5	103.4	Fl.; ∞ W.
8	Fluoran	$O<\begin{matrix}C_6H_4\\C_6H_4\end{matrix}>C<\begin{matrix}C_6H_4\\O\end{matrix}>CO$	XIX 146	300.29	—	180	—	Nadeln + 2 C_2H_6O (A.); unl. in W., l. in A.; l. in H_2SO_4 gelb.

31212 (Fortsetzung).

Nr.	Name	Formel	BZ	MG	D	F	Kp	Charakteristik
1	Fluoranthen	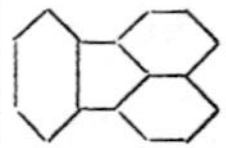	V 685	202.24	—	110	217/30	Nadeln (A.); unl. in W., wl. in k. A., ll. in Ä., Bzl., Eg.; l. in h. H_2SO_4 blau.
2	2-Fluor-benzoesäure	$C_6H_4F \cdot CO_2H$	IX 333	140.11	1.460^{25}	126	—	Kryst. (W.); 0.72 W. 25°, ll. in A., Ä.
3	3-Fluor-benzoesäure	$C_6H_4F \cdot CO_2H$	IX 333	140.11	1.474^{25}	124	—	Blätt. (W.); 0.15 W. 25°.
4	4-Fluor-benzoesäure	$C_6H_4F \cdot CO_2H$	IX 333	140.11	1.479^{25}	182.6 (186)	—	Prismen (W.); 0.12 W. 25°, l. in A., Ä.; flücht. mit Dampf; schmeckt eigentüml. süß.
5	Fluorbenzol	C_6H_5F	V 198	96.10	1.0236^{20}	—41.2	85	Fl.; 0.15 W. 30°, l. in A.
6	Fluoren	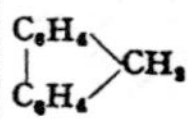	V 625	166.21	—	115	293—5	Blätt. (A.); unl. in W., wl. in k. A., ll. in Ä.; l. in h. H_2SO_4 blau.
7	Fluorenol	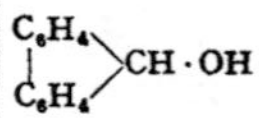	VI 691	182.21	—	156	—	Nadeln (W.); wl. in W., l. in A., Ä., ll. in Bzl.; an der Luft → Fluorenon; Acetat F: 75°.
8	Fluorenon	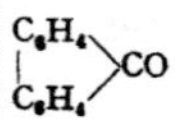	VII 465	180.19	—	84	341.5	Gelbe Kryst. (A.); unl. in W., ll. in A., Ä.; Oxim F: 194°.
9	Fluorescein (Resorcin-phthalein) 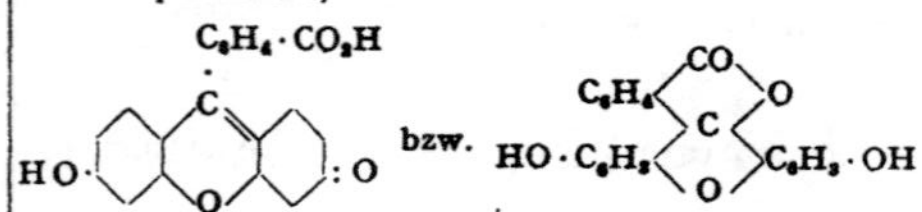		XIX 222	332.29	—	314—6 (Z.)	subl.	Rote Kryst. (A.); 0.005 W. 20°, wl. in A., swl. in Ä.; labile gelbe Form l. in A., Ä.; wss. Lsg. ist gelb, alkoh. Lsg. gelbrot, fluoresciert grün; l in H_2SO_4 rot; Lsg. in verd. Alkali fluoresciert gelbgrün; Verwend. zur Darst. von Farbst.; Dinatriumsalz = Uranin.
10	Fluoroform	CHF_3	I 59	70.02	—	—	20/40 at	Gas; 75 cm³ W.
11	2-Fluor-toluol	$C_6H_4F \cdot CH_3$	V 290	110.12	1.0041^{18}	—	115	Fl.; unl. in W.

1	3-Fluor-toluol	$C_6H_4F\cdot CH_3$	V 290	110.12	0.9972^{13}	— 110.8	116	Fl.; unl. in W.
2	4-Fluor-toluol	$C_6H_4F\cdot CH_3$	V 290	110.12	1.0005^{15}	—	117	Fl.; unl. in W.
3	Formaldehyd	HCHO	I 558	30.03	0.815^{-20}	etwa — 92	— 21	Gas; ll. in W., l. mit A.; wss. Lsg. riecht stechend; polym. zu Paraformaldehyd u. Polyoxymethylen; Verwend. zur Herst. von künstl. Harzen, Gerbstoffen, zur Desinfektion.
4	Formaldehyddiäthylacetal	$CH_2(O\cdot C_2H_5)_2$	I 574	104.14	0.8319^{20}_{0}	— 66.5	87.9	Fl.; 7.3 W. 18°, ∞ A., Ä.; $C_5H_{12}O_2 + H_2O$ Kp: 75°.
5	Formaldehyddimethylacetal s. Methylal							
6	Formaldoxim	$CH_2:N\cdot OH$	I 590	45.04	—	—	84	Fl.; etwa 20 W.; dch. h. W. zers.; polym.
7	Formamid	$HCO\cdot NH_2$	II 26	45.04	1.1284^{25}	2.2	105/11	Fl.; ∞ W., A., swl. in Ä.; hygroskop.
8	Formanilid	$HCO\cdot NH\cdot C_6H_5$	XII 230	121.13	1.112^{60}	50	166/14	Prismen (Ä. + PÄ.); l. in W., ll. in A., l. in Ä.
9	d-Fructose	$HO\cdot CH_2\cdot C(H)(OH)—C(H)(OH)—C(OH)(H)\cdot CO\cdot CH_2\cdot OH$	I 918	180.15	1.669^{18}	102—4	—	Nadeln + $^1/_2$ H_2O (W.); 355 W. 20°, 8.5 A. 18°, l. in Ä.; $[\alpha]^{20}_{D}$: — 133.5° → — 92° (W.).
10	Fuchson	$(C_6H_5)_2C<\frac{CH:CH}{CH:CH}>CO$	VI 520	258.30	—	168	—	Orange, violettschimmernde Nadeln (Bzl + Ä.); unl. in W., swl. in Ä., ll. in Eg., Chlf.
11	Fulminursäure	$NC\cdot CH(NO_2)\cdot CO\cdot NH_2$	II 598	129.08	—	145 (Z.)	—	Prismen (A.); ll. in W., A., swl. in Ä., unl. in Bzl.
12	Fumarsäure	$HO_2C\cdot C\cdot H$ ⁚ $H\cdot C\cdot CO_2H$	II 737	116.07	1.625	286—7*	subl.	Nadeln od. Blätt.; 0.69 W. 17°, 4.76 A. 17°, wl. in Ä.; * im geschl. Rohr.
13	Fumarsäurediäthylester	$C_2H_5\cdot O_2C\cdot CH:CH\cdot CO_2\cdot C_2H_5$	II 742	172.17	1.0552^{17}	+ 0.6	218.5	Fl.; l. in A.
14	Furan	HC——CH ‖ ‖ HC·O·CH	XVII 27	68.07	0.937^{19}	—	32	Fl.; unl. in W., ll. in A., Ä.; färbt einen mit HCl befeuchteten Fichtenspan grün.

31212 (Fortsetzung).

Nr.	Name	Formel	BZ	MG	D	F	Kp	Charakteristik
1	Furan-carbonsäure-(3)	HC——C·CO_2H HC·O·CH	E XVIII 439	112.08	—	122—3	etwa 80/0.3	Blätt. (W.); wl. in k. W., ll. in h. W., A.; flücht. mit Dampf.
2	Furfuralkohol	HC——CH HC·O·C·CH_2·OH	XVII 112	98.10	1.1326^{20}_{0}	—	170—1	Fl.; ∞ W., sll. in A., Ä.; riecht charakterist., schmeckt bitter; Acetat Kp: 175—177°.
3	Furfurol	HC——CH HC·O·C·CHO	XVII 272	96.08	1.1594^{20}	— 36.5	161.6	Öl; 8.3 W. 20°, ll. in A., Ä.; riecht eigentüml.; mit essigsaurem Anilin → rote Färb.; B. aus Kleie, Maiskolben; Verwend. zur Herst. von Kunstharzen.
4	Furfurol-phenylhydrazon	OC_4H_3·CH:N·NH·C_6H_5	XVII 282	186.20	—	97—8	—	Blätt.; unl. in W., ll. in A., Ä.
5	Furfurylamin	HC——CH HC·O·C·CH_2·NH_2	XVIII 584	97.11	< 1	—	145—6	Öl; ∞ W.; Pikrat zers. oberhalb 150°.
6	Furfurylidenaceton	HC——CH HC·O·C·CH:CH·CO·CH_3	XVII 306	136.14	—	39—40	135 bis 137/33	Nadeln; ll. in A., Ä., Chlf., wl. in PÄ.; l. in h. H_2SO_4 rot.
7	Furil	[HC——CH HC·O·C·CO—$]_2$	XIX 166	190.15	—	165	—	Gelbe Nadeln; unl. in W., wl. in k. A., Ä., ll. in Chlf.
8	Furoin	HC——CH HC——CH HC·O·C·CO·CH(OH)·C·O·CH	XIX 204	192.16	—	135	—	Prismen (Toluol + A.); wl. in h. W., l. in h. A., wl. in Ä.; Oxyd.→ Furil.
9	β-Furyl-(2)-acrylsäure	HC——CH HC·O·C·CH:CH·CO_2H	XVIII 300	138.12	—	141	255—65	Nadeln (W.); 0.2 k. W., l. in A., ll. in Ä.; flücht. mit Dampf; l. in konz. HCl grün.

1	**Gärungsamylalkohol***	$C_5H_{11}\cdot OH$	I 393	88.14	0.812^{19}	—117.2	131.6	Fl.; 2.67 W., ∞ A., Ä.; *Gemisch v. Alkoholen $C_5H_{12}O$ erhalten aus d. bei d. alkoh. Gär. entstehenden Fuselölen.
2	d-Galaktonsäure	$HO\cdot CH_2\cdot[CH(OH)]_4\cdot CO_2H$	III 549	196.15	—	140—1	—	Nadeln; l. in W.; in h. wss. Lsg. → d-Galaktonsäure-γ-lacton.
3	d-Galaktose	H OH OH H $HO\cdot CH_2\cdot C—C—C—C\cdot CHO$ OH H H OH	I 909	180.15	—	165.5	—	Prismen + 1 H_2O (W.) F: 118—120°; Tafeln (A.); 10.3 W. 0°, 68 W. 25°; $[\alpha]_D^{20}$ (α-Form): + 140° → + 80.5° (W.).
4	d-Galakturonsäure	$OHC\cdot[CH(OH)]_4\cdot CO_2H$	E III 306	194.14	—	159	—	Nadeln; $[\alpha]_D$: + 53.4°.
5	Gallein (4.5-Dioxyfluorescein)	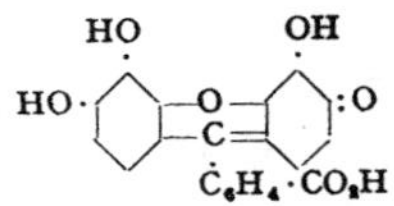	XIX 254	364.29	—	—	—	Rotbraune Kryst. + 1 H_2O; wl. in h. W., l. in A., wl. in Ä.; l. in wenig Alkali rot, in überschüss. Alkali blau; l. in H_2SO_4 dunkelrot.
6	Gallussäure	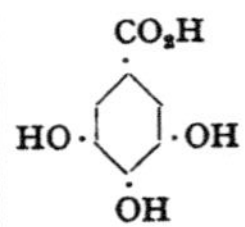	X 470	170.12	1.694	239—40 Z.	Z.*	Nadeln + H_2O; 1.2 W. 20°, 33 sd. W., 22.2 A. 15°, 2.50 Ä. 15°, unl. in Chlf., Bzl.; *CO_2-Abspalt.; absorbiert in alkal. Lsg. O_2 unter Rotfärb.; mit $FeCl_3$ blauschwarzer Nd.; V. in pflanzl. Gerbstoffen; Verwend. zur Herst. v. Farbst. u. Eisengallustinte.
7	Gallussäureäthylester	$(HO)_3C_6H_2\cdot CO_2\cdot C_2H_5$	X 484	198.17	—	154—5	subl.	Prismen + $2^1/_2$ H_2O (W.); wl. in k. W., ll. in h. W., ll. in A., Ä., wl. in sd. Chlf.
8	Gallussäuremethylester	$(HO)_3C_6H_2\cdot CO_2\cdot CH_3$	X 483	184.14	—	202	—	Kryst. (W. od. Me.); 1.07 W. 23°, ll. in A.

31212 (Fortsetzung).

Nr.	Name	Formel	BZ	MG	D	F	Kp	Charakteristik
1	Gentisin	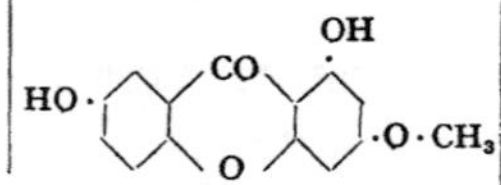	XVIII 173	258.22	—	267	subl. 300—40 (Z.)	Gelbe Nadeln; 0.03 W. 16°, wl. in A., 0.05 Ä.; l. in Alkali goldgelb; V. in der Enzianwurzel.
2	Geraniol	$CH_2:C(CH_3)\cdot[CH_2]_3\cdot C(CH_3):CH\cdot CH_2\cdot OH$ u. $(CH_3)_2C:CH\cdot CH_2\cdot CH_2\cdot C(CH_3):CH\cdot CH_2\cdot OH$	I 457	154.24	0.8825^{15}	< —15	229.7	Fl.; unl. in W., ∞ A., Ä.; riecht nach Rosen; V. in äther. Ölen; Acetat Kp: 242°.
3	d-Gluconsäure	$HO\cdot CH_2\cdot[CH(OH)]_4\cdot CO_2H$	III 542	196.15	—	—	—	Sirup + 2 H_2O; l. in W., unl. in A.; → d-Gluconsäurelacton; Phenylhydrazid F: 200° (Z.).
4	d-Glucosamin	$HO\cdot CH_2\cdot[CH(OH)]_3\cdot CH(NH_2)\cdot CHO$	IV 328	179.17	—	110 (Z.)	—	Nadeln (Me.); ll. in W., wl. in A., unl. in Ä.; B. dch. Spalt. von Chitin.
5	d-Glucose	H H OH H / $HO\cdot CH_2$—C—C—C—C·CHO / OH OH H OH	I 879	180.15	1.544^{25}	146	Z. > 200	Krystalle + 1 H_2O (W.) F: etwa 83°; 54.32 W. 0.5°, 120.5 W. 30°, 243.8 W. 50°, l. in A., unl. in Ä; $[\alpha]_D$: + 52.5° (W.).
6	d-Glucose-phenylhydrazon, α-Form	$C_6H_{12}O_5:N\cdot NH\cdot C_6H_5$	XV 221	270.28	—	160	—	Blätt.; ll. in W., swl. in A., Ä.
7	—— β-Form	$C_6H_{12}O_5:N\cdot NH\cdot C_6H_5$	XV 222	270.28	—	140—1	—	Nadeln; wl. in k. W., k. A., swl. in Ä.
8	d-Glucuronsäure	$OHC\cdot[CH(OH)]_4\cdot CO_2H$	III 884	194.14	—	—	—	Sirup; ll. in A.; + sd. W. → Lacton; V. im Harn; red. CuO.
9	Glutaconsäure	$HO_2C\cdot CH_2\cdot CH:CH\cdot CO_2H$	II 758	130.10	—	138	—	Nadeln (Ä.); ll. in W., A., Ä.
10	d-Glutamin	$H_2N\cdot CO\cdot[CH_2]_2\cdot CH(NH_2)\cdot CO_2H$	IV 491	146.14	—	185	—	Nadeln (W.); 3.61 W. 18°, swl. in A., unl. in Ä.
11	d-Glutaminsäure	$HO_2C\cdot[CH_2]_2\cdot CH(NH_2)\cdot CO_2H$	IV 488	147.13	1.538^{20}	224—5	—	Kryst.; 1 W. 16°; 0.066 80%ig. A. 15°, 0.07 A. 25°, unl. in Ä.; B. dch. Spalt. von tier. u. pflanzl. Eiweißstoffen.

1	Glutarsäure	$CH_2(CH_2 \cdot CO_2H)_2$	II 631	132.11	1.429	97—8	302—4	Kryst.; 83.3 W. 14°, ll. in A., Ä.
2	Glutarsäurediäthylester	$CH_2(CH_2 \cdot CO_2 \cdot C_2H_5)_2$	II 633	188.21	1.0270^{15}	—23.8	233.7	Fl.; swl. in W., ll. in A.
3	Glutarsäuredinitril	$CH_2(CH_2 \cdot CN)_2$	II 635	94.11	0.995^{15}_{15}	—29	281	Fl.; l. in W., A., unl. in Ä.
4	Glycerin	$HO \cdot CH_2 \cdot CH(OH) \cdot CH_2 \cdot OH$	I 502	92.09	1.2604^{20}	20	290	Fl.; ∞ W., A., unl. in Ä., Chlf.; + Salpeterschwefelsäure → Nitroglycerin; hygroskop.; schmeckt süß; Verwend. zur Herst. kosmet. Präparate, als Süßmittel, als Appreturmittel.
5	Glycerinaldehyd	$HO \cdot CH_2 \cdot CH(OH) \cdot CHO$	I 845	90.08	—	138	—	Nadeln (verd. Me.); l. in W., wl. in A., Ä.
6	Glycerin-α-chlorhydrin	$CH_2Cl \cdot CH(OH) \cdot CH_2 \cdot OH$	I 473	110.54	1.3215^{20}	—	129/22	Fl.; ∞ W., A., l. in Ä.; schmeckt süß.
7	Glycerin-β-chlorhydrin	$HO \cdot CH_2 \cdot CHCl \cdot CH_2 \cdot OH$	I 476	110.54	1.328^{0}	—	146/18	Fl.
8	Glycerin-α.α′-diacetat (Diacetin)	$HO \cdot CH(CH_2 \cdot O \cdot CO \cdot CH_3)_2$	II 147	176.16	1.1779^{15}_{15}	—	260	Fl.; ll. in W., A., wl. in Bzl.
9	Glycerin-α.α′-dinitrat	$HO \cdot CH(CH_2 \cdot O \cdot NO_2)_2$	I 515	182.09	1.47^{15}	26	146—8/15	Prismen + $^1/_2$ H_2O; ll. in W., A., Ä.; detoniert beim Erhitzen.
10	Glycerin-monoacetat	$C_3H_5(OH)_2 \cdot O \cdot CO \cdot CH_3$	II 146	134.13	1.2057^{25}	—	158/165	Hygroskop. Fl.; ll. in W., A., unl. in Bzl.
11	Glycerin-α-mononitrat	$HO \cdot CH_2 \cdot CH(OH) \cdot CH_2 \cdot O \cdot NO_2$	I 514	137.09	1.40	58—9	155—60	Prismen (W., A. od. Ä.); ll. in W., A., swl. in Ä.; nicht explosiv.
12	Glycerin-β-mononitrat	$HO \cdot CH_2 \cdot CH(O \cdot NO_2) \cdot CH_2 \cdot OH$	I 515	137.09	—	54	155—60	Blätt. (W.); ll. in W., A., l. in Ä.
13	dl-Glycerinsäure	$HO \cdot CH_2 \cdot CH(OH) \cdot CO_2H$	III 395	106.08	—	—	—	Sirup; l. in W., A., unl. in Ä.
14	Glycerinsäureäthylester	$HO \cdot CH_2 \cdot CH(OH) \cdot CO_2 \cdot C_2H_5$	III 397	134.13	1.191^{15}_{15}	—	120/14	Fl.; schmeckt bitter.
15	Glycerintriacetat (Triacetin)	$CH_3 \cdot CO \cdot O \cdot CH(CH_2 \cdot O \cdot CO \cdot CH_3)_2$	II 147	218.20	1.1607^{17}	—	259	Fl.; 6.44 W. 15°, ∞ A., Ä.
16	Glycerintrinitrat s. Nitroglycerin							
17	Glycerintrinitrit	$ON \cdot O \cdot CH(CH_2 \cdot O \cdot NO)_2$	I 514	179.09	1.291^{10}_{16}	—	150	Gelbe Fl.; unl. in W., l. in Ä., Chlf.; dch. W. zers.; zers. an d. Luft.

31212 (Fortsetzung).

Nr.	Name	Formel	BZ	MG	D	F	Kp	Charakteristik
1	Glycid	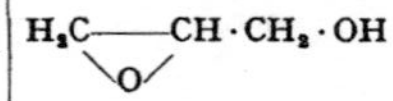	XVII 104	74.08	1.111^{22}	—	162—3 (Z.)	Fl.; ∞ W., A., Ä., unl. in Bzl.; + sd. W. → Glycerin.
2	Glycidsäure	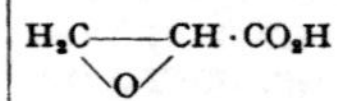	XVIII 261	88.06	—	—	—	Fl.; ∞ W., A., Ä.; + h. W. → Glycerinsäure; riecht stechend; Dampf greift Schleimhäute an.
3	Glycin	$H_2N\cdot CH_2\cdot CO_2H$	IV 333	75.07	1.161	232—6 (Z.)	—	Kryst.; 23.3 k. W., unl. in A., Ä.; schmeckt sehr süß; + $FeCl_3$ rote Färb.
4	Glycinäthylester	$H_2N\cdot CH_2\cdot CO_2\cdot C_2H_5$	IV 340	103.12	1.0275^{20}	< —20	148/748	Öl; ∞ W., A., Ä.; Hydrochlorid F: 144°
5	Glycinanhydrid s. 2.5-Dioxo-piperazin							
6	Glycylglycin	$H_2N\cdot CH_2\cdot CO\cdot NH\cdot CH_2\cdot CO_2H$	IV 371	132.12	—	Z. 215—20	—	Blätt. (verd. A.); ll. in h. W., wl. in A., unl. in Ä.
7	Glykogen	$[C_6H_{10}O_5]_x$	—	$[162.14]_x$	—	—	—	Amorph; ll. in h. W., unl. in k. A., Ä.; + Säure → Glucose; + Diastase → Maltose; V. in Leber, Muskel.
8	Glykol	$HO\cdot CH_2\cdot CH_2\cdot OH$	I 465	62.07	1.1131^{20}	— 11.2	197.4	Fl.; ∞ W., A., 1.1 Ä.; schmeckt süß.
9	Glykol-äthylidenäther	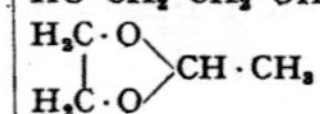	XIX 7	88.10	1.0002^{0}	—	82.5	Fl.; 66.7 W., l. in A., Ä.; + KOH od. HCl → Glykol + Acetaldehyd.
10	Glykolaldehyd	$HO\cdot CH_2\cdot CHO$	I 817	60.05	1.366^{100}	96—7	—	Platten; ll. in W., h. A., wl. in Ä.; schmeckt süß.
11	Glykoldiacetat	$[CH_3\cdot CO\cdot O\cdot CH_2—]_2$	II 142	146.14	1.1089^{14}	— 31	190.2	Fl.; 14.3 W. 22°, ∞ A., Ä.
12	Glykoldinitrat	$O_2N\cdot O\cdot CH_2\cdot CH_2\cdot O\cdot NO_2$	I 469	152.07	1.4959^{17}	—	—	Fl.; expl. dch. Schlag; Verwend. als Sprengstoff.
13	Glykolid	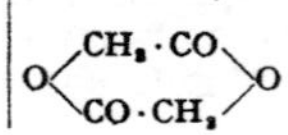	XIX 153	116.07	—	86—7	—	Blätt. (A.); ll. in h. A., wl. in Ä.; + sd. W. → Glykolsäure.

1	Glykolsäure	$HO \cdot CH_2 \cdot CO_2H$	III 228	76.05	—	78—9	—	Nadeln (W.), Blätt. (Ä.); l. in W., A., Ä.
2	Glykolsäureäthylester	$HO \cdot CH_2 \cdot CO_2 \cdot C_2H_5$	III 236	104.10	1.083^{23}	—	160	Fl.
3	Glyoxal	$OHC \cdot CHO$	I 759	58.04	1.14^{20}	15	51/776	Gelbe Prismen; l. in W., ll. in A., Ä.; Dampf ist grün; brennt mit violetter Flamme; mit Luft → detonierendes Knallgas; polym. leicht.
4	Glyoxalin s. Imidazol							
5	Glyoxim	$HO \cdot N:CH \cdot CH:N \cdot OH$	I 761	88.07	—	178	subl.	Tafeln (W.); ll. in h. W., A., Ä.
6	Glyoxylsäure	$OHC \cdot CO_2H$	III 594	74.04	—	Z.*	—	Prismen + H_2O; ll. in W.; * → Glykolsäure u. W.; + Indollsg. + H_2SO_4 rote Färb.
7	Guajacol	$^{(2)}HO \cdot C_6H_4 \cdot O \cdot CH_3{}^{(1)}$	VI 768	124.13	1.1287^{21}	28.3	205	Prismen; 1.88 W. 15°, ll. in A., Ä.; riecht aromat.; wirkt antisept.; + $FeCl_3$ grüne Färb.
8	Guanidin	$H_2N \cdot C(:NH) \cdot NH_2$	III 82	59.07	—	—	—	Kryst.; zerfließl.; starke Base; zieht CO_2 an.
9	Guanidin-carbonat	$2CH_5N_3 + H_2CO_3$	III 86	180.17	1.24	197	—	Säulen; ll. in W., unl. in A.
10	Guanin	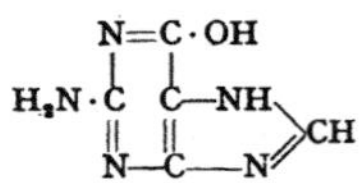	XXVI 449	151.13	—	—	—	Nadeln; unl. in W., swl. in A., Ä.; l. in KOH; V. in Schuppen u. Haut v. Fischen, in tier. Organen u. Pflanzen.
11	**Hämatein**	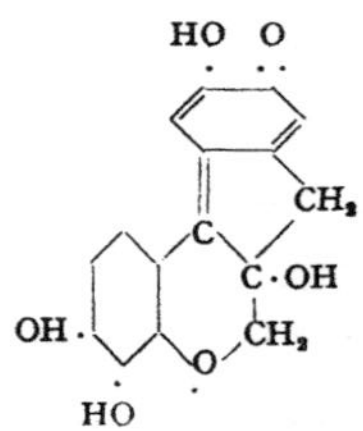	XVIII 227	300.25	—	—	—	Kryst.; 0.06 W. 20°, wl. in A., 0.013 Ä. 20°; wss. Lsg. ist rot; l. in verd. NaOH hellrot, in konz. NaOH purpur; V. im Blauholz; Verwend. zur Herst. von Farbst.

31212 (Fortsetzung).

Nr.	Name	Formel	BZ	MG	D	F	Kp	Charakteristik
1	Hämatoxylin	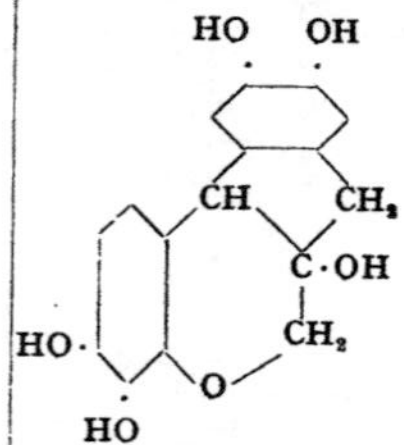	XVII 219	302.27	—	—	Z.	Kryst. + 3 H_2O (verd. H_2SO_3); wl. in k. W., l. in A., Ä.; l. in NH_4OH, Sodalsg.; wss. Lsg. wird an der Luft rot.
2	Hämin	$C_{34}H_{32}O_4N_4FeCl$	—	651.82	—	—	—	Rote Kryst.; B. aus Hämoglobin dch. NaCl + Eg.
3	Hämopyrrol	$C_2H_5 \cdot C$——$C \cdot CH_3$ ‖ ‖ $HC \cdot NH \cdot C \cdot CH_3$	E XX 46	123.19	0.915^{20}	16—17	198/725	Kryst.; wl. in h. W., ll. in A., Ä.; flücht. mit Dampf; B. aus Hämin.
4	Hämopyrrolcarbonsäure	$HO_2C \cdot CH_2 \cdot CH_2 \cdot C$——$C \cdot CH_3$ ‖ ‖ $HC \cdot NH \cdot C \cdot CH_3$	E XXII 499	167.20	—	131	223/20	Nadeln (W.); l. in W., ll. in A., l. in Ä.
5	Harnsäure	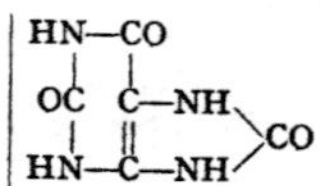	XXVI 513	168.11	1.893	Z. > 400	—	Tafeln (W.); 0.002 W. 0°, 0.0088 W. 30°, 0.625 W. 100°, unl. in A., Ä; l. in H_2SO_4; V. im Harn, in Nieren- u. Blasensteinen, in Exkrementen v. Vögeln u. Reptilien.
6	Harnstoff	$H_2N \cdot CO \cdot NH_2$	III 42	60.06	1.33	132.7	—	Prismen (W. od. A.); 77.9 W. 5°, 109.4 W. 21°, 5.32 A. 20°, 7.24 A. 40°, swl. in Ä.; schmeckt kühlend; V. im Harn u. Blut v. Menschen u. Säugetieren.
7	Heptadecan	$H_3 \cdot [CH_2]_{15} \cdot CH_3$	I 173	240.45	0.7766^{23}	22.5	303	Tafeln; unl. in W., l. in A., Ä.

1	Heptan	$CH_3\cdot[CH_2]_5\cdot CH_3$	I 154	100.19	0.6838^{20}	—90	98.4	Fl.; 0.005 W. 15°, ll. in A., ∞ Ä.; V. in Erdölen.
2	Heptylalkohol	$CH_3\cdot[CH_2]_5\cdot CH_2\cdot OH$	I 414	116.19	0.8787^{25}	—34.6	174.0	Fl.; swl. in W., ∞ A., Ä
3	Hexaäthylbenzol	$C_6(C_2H_5)_6$	V 471	246.37	0.8305^{130}	129	298	Prismen (A.); unl. in W., wl. in k., l. in sd. A., ll. in Ä., Bzl.
4	Hexabromäthan	CBr_3 CBr_3	I 96	503.52	3.823	Z. 200	—	Prismen; unl. in W., wl. in sd. A., Ä., ll. in CS_2.
5	Hexabrombenzol	C_6Br_6	V 215	551.56	—	316	subl.	Nadeln (Bzl.); unl. in W., A., Ä., l. in sd. Bzl.
6	Hexachloräthan	$CCl_3\cdot CCl_3$	I 87	236.76	2.091	187*	185.5/777	Tafeln (A. + Ä.); Umwandl. rhomb. $\xrightarrow{46^0}$ triklin $\xrightarrow{71^0}$ regulär; unl. in W., l. in A., Ä.; * im geschl. Rohr.
7	Hexachlorbenzol	C_6Cl_6	V 205	284.80	2.044^{23}	227.6	322	Prismen (Bzl. + A.); unl. in W., k., A., swl. in sd. A., zll. in h. Ä.
8	Hexadecan	$CH_3\cdot[CH_2]_{14}\cdot CH_3$	I 172	226.43	0.771^{18}	20	287.5	Blätt.; unl. in W., ∞ A., Ä.
9	Hexahydrobenzoesäure	$H_2C\langle^{CH_2\cdot CH_2}_{CH_2\cdot CH_2}\rangle CH\cdot CO_2H$	IX 7	128.16	1.0253^{34}	31	232—3	Tafeln od. Prismen; 0.20 W. 15°, ll. in A., Ä.
10	Hexahydrobenzol s. Cyclohexan							
11	Hexahydrosalicylsäure	$H_2C\langle^{CH_2\cdot CH(OH)}_{CH_2 — CH_2}\rangle CH\cdot CO_2H$	X 5	144.16	—	111	—	Prismen (Ä.); ll. in W., A., Ä.; wl. in Bzl.
12	Hexamethylaceton	$(CH_3)_3C\cdot CO\cdot C(CH_3)_3$	E I 367	142.23	0.8199^{25}	—	149—51	Fl.; unl. in W., l. in A., Ä.; riecht campherartig.
13	Hexamethylbenzol	$C_6(CH_3)_6$	V 450	162.26	—	166	265	Tafeln (A.); unl. in W., 0.2 A. 0°, ll. in Bzl.
14	Hexamethylentetramin	$C_6H_{12}N_4$	I 583	140.19	—	—	subl. 230 bis 270/Vak.	Kryst.; 81.3 W. 12°, weniger l. in h. W., 3.2 A. 12°, unl. in Ä., 8.1 Chlf. 12°; therapeut. Verwend. in d. Urologie u. gegen Gicht.

31212 (Fortsetzung).

Nr.	Name	Formel	BZ	MG	D	F	Kp	Charakteristik
1	Hexan	$CH_3\cdot[CH_2]_4\cdot CH_3$	I 142	86.17	0.6603^{20}	—94.3	68.6	Fl.; 0.01 W. 15°, l. in A., Ä.
2	Hexanitroäthan	$(NO_2)_3C\cdot C(NO_2)_3$	E I 33	300.07	—	142	—	Kryst. (Ä.); unl. in W., wl. in k. A., ll. in Ä.
3	2.4.6.2′.4′.6′-Hexanitrodiphenylamin	$(O_2N)_3C_6H_2\cdot NH\cdot C_6H_2(NO_2)_3$	XII 766	439.22	—	245 (Z.)	—	Gelbe Kryst.; unl. in W., A., Ä.; verursacht auf der Haut Entzünd., greift Schleimhäute an; Verwend. als Sprengstoff.
4	1.2.3.5.6.7-Hexaoxyanthrachinon (Rufigallussäure)	$(HO)_3C_6H\langle{CO \atop CO}\rangle C_6H(OH)_3$	VIII 567	304.20	—	—	subl. Z.	Rote Kryst.; unl. in W., wl. in A., Ä.; + konz. KOH blaue Färb.
5	1.2.4.5.6.8-Hexaoxyanthrachinon (Anthracenblau WR)	$(OH)_3C_6H\langle{CO \atop CO}\rangle C_6H(OH)_3$	VIII 569	304.20	—	—	—	Grüne Kryst. (Eg.); l. in NaOH violett.
6	Hexaoxybenzol	$C_6(OH)_6$	VI 1198	174.11	—	Z. 200	—	Nadeln (verd. HCl); wl. in k. W., A., Ä., Bzl.; leicht oxydierbar; Hexaacetat F: 203°.
7	Hexaphenyläthan vgl. Triphenylmethyl							
8	Hexylalkohol	$CH_3\cdot[CH_2]_4\cdot CH_2\cdot OH$	I 407	102.17	0.8204^{20}_{20}	—51.6	155.8	Fl.; wl. in W., l. in A., Ä.; Phenylurethan F: 42°.
9	Hexylbromid	$CH_3\cdot[CH_2]_4\cdot CH_2Br$	I 144	165.08	1.1725^{20}	—84.9	155.5/744	Fl.; unl. in W., l. in A., Ä.
10	Hexylchlorid	$CH_3\cdot[CH_2]_4\cdot CH_2Cl$	I 143	120.62	0.8720^{20}	—	132.9	Fl.; unl. in W., l. in A., Ä.; riecht angenehm.
11	Hexyljodid	$CH_3\cdot[CH_2]_4\cdot CH_2J$	I 146	212.08	1.412^{18}	—	180	Fl.; unl. in W.; flücht. mit Dampf.
12	Hippursäure	$C_6H_5\cdot CO\cdot NH\cdot CH_2\cdot CO_2H$	IX 225	179.17	1.308	190	—	Prismen (W. od. A.); 0.39 W. 20°, ll. in h. W., h. A., 0.35 Ä. 18°, swl. in Bzl., unl. in CS_2; V. im Harn v. Pflanzenfressern.

1	Histamin	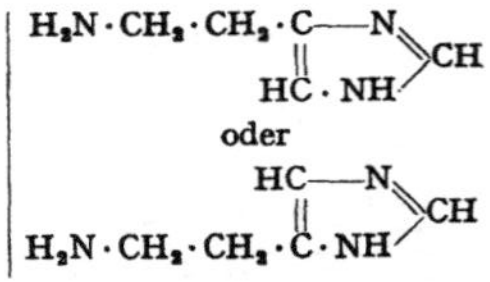	XXV 315	111.14	—	83—4	209/18	Tafeln (Chlf.); ll. in W., A., unl. in Ä., wl. in k. Chlf.; V. in tier. Geweben; B. dch. Z. v. Histidin; giftig.
2	l-Histidin	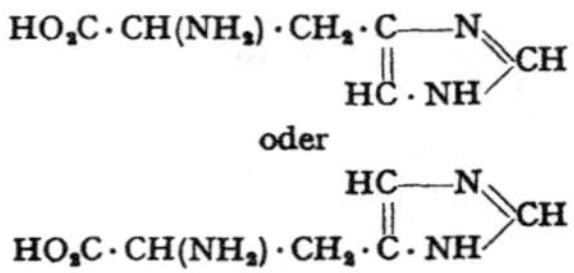	XXV 513	155.15	—	287 (Z.)	—	Blätt. (verd. A. od. W.); l. in W., swl. in A., unl. in Ä., Chlf.; $[\alpha]_D$: —39.7° (W.); Darst. aus Pferde- od. Rinderblut.
3	Homophthalsäure	$HO_2C \cdot C_6H_4 \cdot CH_2 \cdot CO_2H$	IX 857	180.15	—	181*	—	Blätt. od. Prismen (W.); l. in h. W., ll. in A., wl. in Ä., unl. in Chlf., Bzl,; * → Anhydrid.
4	Hordenin	$^{(4)}HO \cdot C_6H_4 \cdot CH_2 \cdot CH_2 \cdot N(CH_3)_2$	XIII 626	165.23	—	118	173/11	Prismen (A).); l. in W., ll. in A., Ä.; V. in Malzkeimen der Gerste.
5	Hydantoin	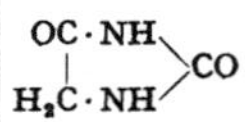	XXIV 242	100.08	—	220	—	Blätt. (W.); etwa 40 h. W., etwa 1.6 sd. A., unl. in Ä.; reagiert neutral.
6	Hydantoinsäure	$H_2N \cdot CO \cdot NH \cdot CH_2 \cdot CO_2H$	IV 359	118.09	—	171—3 (Z.)	—	Kryst.; 3 W. 20°, 0.5 A. 20°, swl. in Ä.
7	Hydracrylsäure	$HO \cdot CH_2 \cdot CH_2 \cdot CO_2H$	III 295	90.08	—	—	Z.*	Sirup; l. in W.; * → Acrylsäure + W.
8	Hydracrylsäurenitril	$HO \cdot CH_2 \cdot CH_2 \cdot CN$	III 298	71.08	1.059⁰	—	221/723	Fl.; ∞ W., A., 2.3 Ä. 15°; + sd. HCl → NH_4Cl + Acrylsäure + Hydracrylsäure.
9	Hydrastin	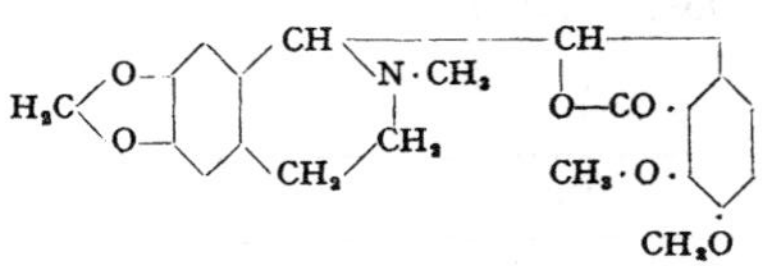	XXVII 544	383.38	—	132	—	Prismen; swl. in W., 0.8 A. 15°, 0.5 Ä. 18°, l. in Chlf.; $[\alpha]_D$: —67.8° (Chlf.); wirkt lähmend.

31212 (Fortsetzung).

Nr.	Name	Formel	BZ	MG	D	F	Kp	Charakteristik
1	Hydrastinin	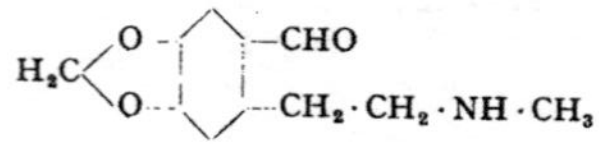	XXVII 465	207.22	—	116—7	—	Nadeln (Lg.); wl. in W., ll. in A., Ä.; wirkt blutdrucksteigernd; schmeckt sehr bitter; Oxim F: 145—146°.
2	Hydratropasäure	$C_6H_5 \cdot CH(CH_3) \cdot CO_2H$	IX 524	150.17	1.1°	< —20	264—5	Fl.; wl. in W.; flücht. mit Dampf; Amid F: 91—92°.
3	Hydrazobenzol s. N.N'-Diphenyl-hydrazin							
4	Hydrinden	$C_6H_4 \langle {CH_2 \atop CH_2} \rangle CH_2$	V 486	118.17	0.9625[16]	—	177	Fl.; unl. in W., l. in A., Ä.
5	Hydrindon-(1)	$C_6H_4 \langle {CH_2 \atop CO} \rangle CH_2$	VII 360	132.15	1.099[42]	42	243—5	Nadeln (W.); wl. in W., ll. in A., Ä.: flücht. mit Dampf; Oxim F: 146°.
6	Hydrindon-(2)	$C_6H_4 \langle {CH_2 \atop CH_2} \rangle CO$	VII 363	132.15	1.071[67]	61	220—5 (Z.)	Nadeln (A. od. Ä.); unl. in W., ll. in A., Ä.; flücht. mit Dampf; Oxim F: 155°.
7	Hydrobenzamid	$C_6H_5 \cdot CH(N:CH \cdot C_6H_5)_2$	VII 215	298.37	—	110	—	Kryst. (A. od. Ä.); unl. in W., ll. in A., Ä.; bei 120° → Amarin.
8	Hydrobenzoin	$C_6H_5 \cdot C(OH)(H) - C(OH)(H) \cdot C_6H_5$	VI 1003	214.25	0.927[134]	138	> 300	Blätt. (W.); 0.25 W. 15°, 1.25 sd. W., ll. in h. A.
9	Hydrocarbostyril	$C_6H_4 \langle {CH_2 \cdot CH_2 \atop NH \cdot CO} \rangle$	XXI 288	147.17	—	163	—	Prismen (A. od. Ä.); swl. in W., ll. in A., Ä.; wl. in sd. NaOH.

1	Hydrochinin	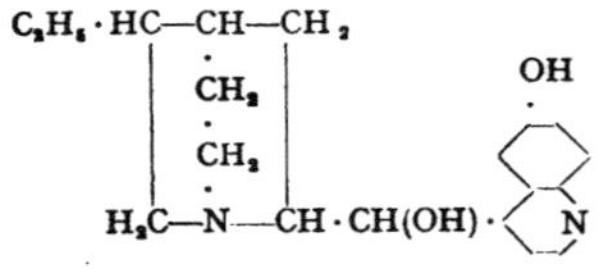	XXIII 494	326.42	—	172	—	Nadeln (Ä.); wl. in W., ll. in A., Ä., Chlf.; wirkt antipyret.
2	Hydrochinon	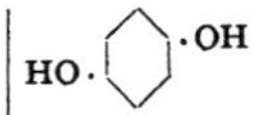	VI 836	110.11	1.33	170.3	285/730	Nadeln (W.); 6.16 W. 15°, ll. in A., Ä., 0.02 Bzl.; Verwend. als Entwickler in d. Photographie.
3	Hydrochinondimethyläther	$C_6H_4(O \cdot CH_3)_2$	VI 843	138.16	1.0386_{100}^{100}	56	212.6	Blätt.; ll. in A., Ä.
4	Hydrochinonphthalein	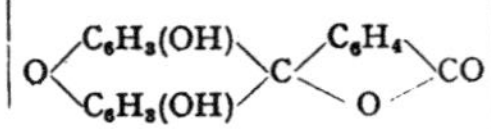	XIX 219	332.29	—	232—4	—	Nadeln (Ä.); swl. in h. W., ll. in A., Ä.; l. in NH_4OH u. KOH violett.
5	Hydrocinchonin	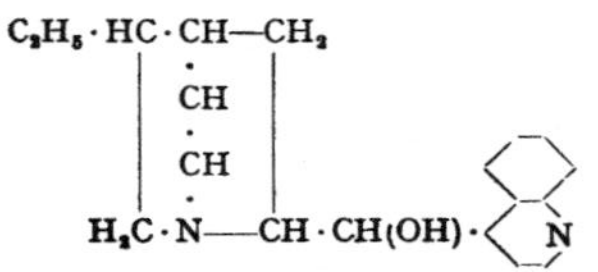	XXIII 404	296.39	—	278	—	Prismen (A.); 0.07 W. 16°, 0.7 A. 20°, 0.19 Ä. 16°; $[\alpha]_D^{15}$: + 204.5° (absol. A.).
6	Hydro-o-cumarsäure s. 2-Oxy-hydrozimtsäure							
7	Hydrozimtsäure	$C_6H_5 \cdot CH_2 \cdot CH_2 \cdot CO_2H$	IX 508	150.17	1.0712_0^{49}	48—9	280	Kryst. (Lg.); 0.59 W. 20°, ll. in A., l. in Ä.; flücht. mit Dampf; Amid F: 105°.
8	Hyoscyamin	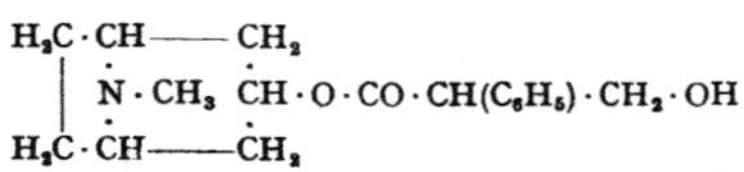	XXI 24	289.36	—	108.5	—	Nadeln (verd. A.); 0.36 W. 20°, ll. in A., 2.0 Ä. 20°, swl. in CCl_4; $[\alpha]_D^{20}$: — 21° (A.); V. in Atropa belladonna u. Datura-Arten; sehr giftig; wirkt mydriat.

31212 (Fortsetzung).

Nr.	Name	Formel	BZ	MG	D	F	Kp	Charakteristik
1	Hypoxanthin	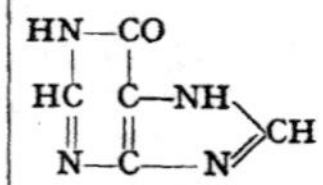	XXVI 416	136.11	Z. 150	—	—	Nadeln; 0.07 W. 19°, 1.4 sd. W., wl. in A., l. in Ä.; l. in Alkali, H_2SO_4.
2	**I**midazol	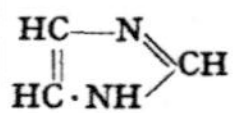	XXIII 45	68.08	—	90	256	Prismen (Bzl.); ll. in W., A., wl. in Ä., l. in Chlf.; schwache Base; $C_3H_4N_2 + HNO_3$ F: 118°.
3	Iminodiessigsäure.	$HN(CH_2 \cdot CO_2H)_2$	IV 365	133.10	—	etwa 225 (Z.)	—	Prismen; 2.43 W. 5°; unl. in A., Ä.
4	Indan s. Hydrinden							
5	Indanthren	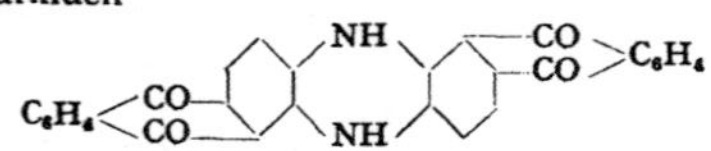	XXIV 522	442.41	—	Z. etwa 470	subl.	Blaue, kupferglänzende Nadeln (Nitrobzl. od. Chinolin); unl. in W., A., Ä., etwa 0.2 sd. Chinolin blau, 0.02 sd. Nitrobzl. grünblau; Verwend. als Küpenfarbst.
6	Indazol	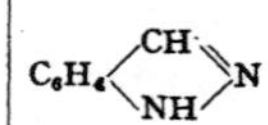	XXIII 122	118.13	—	148	270/743	Nadeln (W.); wl. in k. W., ll. in h. W., A., Ä.; flücht. mit Dampf.
7	Inden	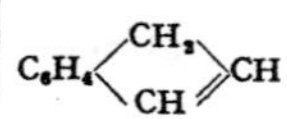	V 515	116.15	1.0002^{15}_{15}	—2	182.2	Fl.; unl. in W., l. in A., Ä.; polym. beim Aufbewahren u. Erhitzen; V. im Steinkohlenteer.
8	Indican (Pflanzenindican)	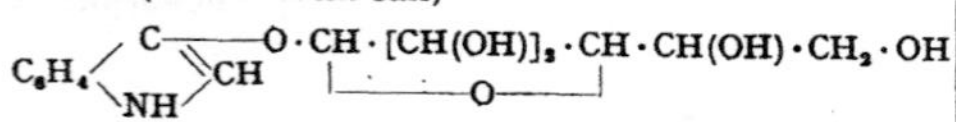	—	295.28	—	180	—	Braune Kryst. + 3 H_2O F: 58°; ll. in W., A., l. in Ä.; Spalt. → Indoxyl; V. in Indigoferaarten, im Waid.
9	Indigo	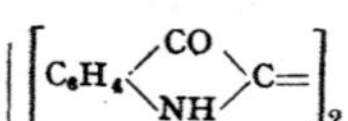	XXIV 417	262.25	1.35	390—2 (Z.)	subl.	Blaue, kupferrotglänzende Kryst. (Anilin); unl. in W., wl. in sd. A., Ä., Chlf., l. in h. Eg., h. Anilin: Verwend. als Küpenfarbst.

1	Indigo-disulfonsäure-(5.5′)	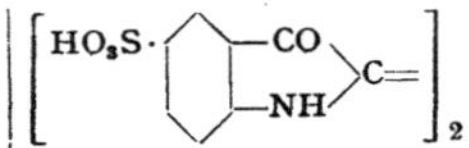	XXV 304	422.37	—	—	—	Blaue Masse; l. in W., A.; Salze färben Wolle blau.
2	Indigweiß	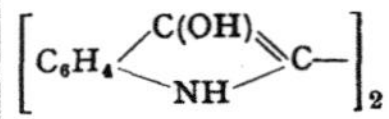	XXIII 538	264.27	—	—	—	Kryst.; wl. in W., l. in A., Ä. gelb; l. in Alkali; l. in H_2SO_4 purpurrot; Oxyd. → Indigo.
3	Indirubin	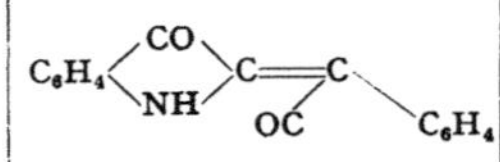	XXIV 430	262.25	—	—	subl.	Rote Nadeln; unl. in W., wl. in A. rot, ll. in Eg.; Oxyd. → Isatin.
4	Indol	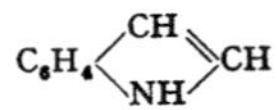	XX 304	117.14	—	53	253	Blätt. (W.); l. in h. W., ll. in A., Ä.; flücht. mit Dampf; schwache Base; Oxyd. → Indigo; V. in Jasmin- u. Orangenblütenöl; Verwend. zur Herst. v. Duftstoffen.
5	Indolin	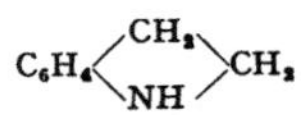	XX 257	119.16	1.069^{20}	—	229	Fl.; wl. in W.; flücht. mit Dampf.
6	Indoxyl	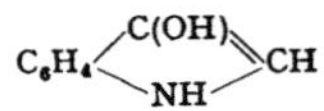	XXI 69	133.14	—	85	—	Hellgelbe Prismen; l. in W., A., Ä., ll. in Aceton; riecht fäkalart.; Oxyd. in alkal. Lsg. → Indigo.
7	Indoxylsäure	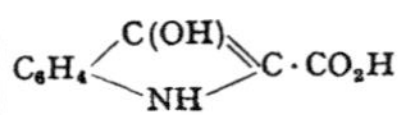	XXII 226	177.15	—	122—3 (Z.)	— —	Kryst.; wl. in W.; Oxyd. → Isation od. Indigo.
8	Indoxylschwefelsäure	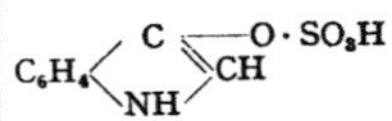	XXI 71	213.20	—	—	—	Unbeständig; K-Salz Tafeln (A.), ll. in W., swl. in k. A.; V. im Harn v. Menschen u. Säugetieren.
9	Inosit	$C_6H_6(OH)_6$	VI 1194	180.15	1.752^{15}	225	319/15	Kryst. (W.); 16.3 W. 19°, unl. in A., Ä.; V. in Pflanzen u. Tieren.

31212 (Fortsetzung).

Nr.	Name	Formel	BZ	MG	D	F	Kp	Charakteristik
1	Inulin	$[C_6H_{10}O_5]_x$	—	$[162.14]_x$	1.35^{20}	178 (Z.)	—	Hygrosk. Kryst. + H_2O; 0.01 W. 0°, 0.02 A. 16°; $[\alpha]_D$: —40°; Darst. aus Dahlienknollen u. Artischocken; Hydrolyse → Fructose.
2	β-Iron	$CH_3 \cdot HC \cdot C(CH_3)_2 \cdot C \cdot CH:CH \cdot CO \cdot CH_3$ $H_2C \cdot CH_2 \cdot CH_2 \cdot CH$	VII 169	206.31	0.939^{20}	—	144/16	Öl; swl. in W., ll. in A., Ä., Chlf.; V. im Veilchenwurzelöl; Oxim F: 121.5°.
3	Isäthionsäure	$HO \cdot CH_2 \cdot CH_2 \cdot SO_3H$	IV 13	126.13	—	—	—	Kryst.; sehr hygroskop.; + CrO_3 → Sulfoessigsäure.
4	Isatin	$C_6H_4 \langle {}^{CO}_{NH} \rangle CO$	XXI 432	147.13	—	203.5	—	Gelbrote Prismen; wl. in k. W., l. in sd. W., ll. in sd. A., wl. in Ä.; l. in konz. KOH violettrot; B. dch. Oxyd. v. Indigo; Verwend. zur Herst. v. Küpenfarbst.
5	Isatin-α-anil	$C_6H_4 \langle {}^{CO}_{NH} \rangle C:N \cdot C_6H_5$	XXI 439	222.23	—	126	—	Violette Nadeln (Bzl.), orangerote Blätt. (A.); unl. in W., ll. in A. gelbbraun, in Bzl., CS_2 rot; Verwend. zur Herst. v. Küpenfarbst.
6	Isatinchlorid	$C_6H_4 \langle {}^{CO}_{N} \rangle CCl$	XXI 302	165.58	—	180 (Z.)	—	Braune Nadeln; unl. in W., ll. in A., Ä., Eg.; Lsgg. sind blau; Red. → Indigo.
7	Isatinsäure	$^{(2)}H_2N \cdot C_6H_4 \cdot CO \cdot CO_2H$	XIV 648	165.14	—	—	—	Krystallpulver; l. in W.; unbeständig; Erwärmen d. wss. Lsg. → Isatin.

1	Isoamylalkohol	$(CH_3)_2CH \cdot CH_2 \cdot CH_2 \cdot OH$	I 392	88.14	0.8130	—	131.3	Fl.; 2 W. 13°; riecht durchdringend; Dampf reizt zum Husten; Hauptbestandteil d. bei der alkoh. Gärung entstehenden Fuselöle; vgl. a. „Gärungsamylalkohol"; Phenylurethan F: 56.6°.
2	sek.-Isoamylalkohol	$(CH_3)_2CH \cdot CH(OH) \cdot CH_3$	I 391	88.14	0.819^{19}	—	113—4	Fl.
3	Isoamylamin	$(CH_3)_2CH \cdot CH_2 \cdot CH_2 \cdot NH_2$	IV 180	87.16	0.7503_{18}^{18}	—	95	Fl.; ∞ W., l. in A.; B. aus Gärungsamylalkohol.
4	Isoamylbromid	$(CH_3)_2CH \cdot CH_2 \cdot CH_2Br$	I 136	151.05	1.236^{0}	—111.9	120.3	Fl.; 0.02 W. 16°, l. in A., Ä.
5	Isoamylchlorid	$(CH_3)_2CH \cdot CH_2 \cdot CH_2Cl$	I 135	106.59	0.893^{0}	—	99.8	Fl.; unl. in W., l. in A., Ä.
6	Isoamyljodid	$(CH_3)_2CH \cdot CH_2 \cdot CH_2J$	I 138	198.06	—	—	147.7	Fl.; unl. in W., l. in A., Ä.
7	Isoamylmercaptan	$(CH_3)_2CH \cdot CH_2 \cdot CH_2 \cdot SH$	I 405	104.20	0.835^{20}	—	116	Fl.
8	Isoamylnitrat	$C_5H_{11} \cdot O \cdot NO_2$	I 403	133.14	0.996^{22}	—	147—8	Fl.
9	Isoamylnitrit	$C_5H_{11} \cdot O \cdot NO$	I 402	117.14	0.872^{20}		94—5	Fl.; wl. in W., ∞ A., Ä.; riecht obstartig; Dämpfe röten d. Gesicht, bewirken Benommenheit.
10	Isoapiol	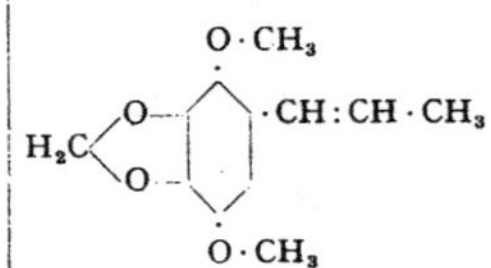	XIX 85	222.23	—	55—6	303—4	Blätt. (A.); unl. in W., ll. in h. A., Ä.; l. in H_2SO_4 rot.
11	Isoborneol	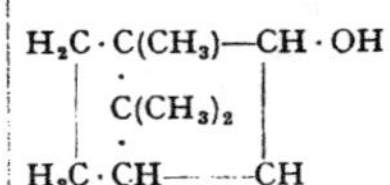	VI 86	154.24	—	212	subl.	Tafeln (PÄ.); unl. in W., ll. in A., Ä., Chlf., 40 Lg. 20°; Oxyd. → Campher.
12	Isobrenzschleimsäure	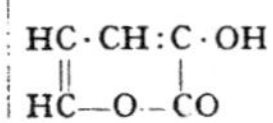	XVII 438	112.08	—	92	140/65	Blätt. (Chlf. od. Bzl.); 4.5 W. 0°, sll. in h. W., A.

31212 (Fortsetzung).

Nr.	Name	Formel	BZ	MG	D	F	Kp	Charakteristik
1	Isobutan	$(CH_3)_3CH$	I 124	58.12	2.6726 g/L	— 145	— 10.2	Gas; 13.1 cm³ W. 17°, 1346 cm³ A. 17°, 2838 cm³ Ä. 18°.
2	Isobuttersäure	$(CH_3)_2CH\cdot CO_2H$	II 288	88.10	0.9682^{0}	— 47	154.4	Fl.; 20 W. 20°, ∞ A., Ä.
3	Isobuttersäureäthylester	$(CH_3)_2CH\cdot CO_2\cdot C_2H_5$	II 291	116.15	0.8710^{20}	— 88.2	110.1	Fl.; l. in A., Ä.
4	Isobuttersäuremethylester	$(CH_3)_2CH\cdot CO_2\cdot CH_3$	II 290	102.13	0.8906^{20}	— 84.7	92.3	Fl.; l. in A., Ä.
5	Isobutylalkohol	$(CH_3)_2CH\cdot CH_2\cdot OH$	I 373	74.12	0.8050^{16}	— 108	108	Fl.; 10 W. 15°, ∞ A., $Ä_1$; Phenylurethan F: 86°.
6	Isobutylamin	$(CH_3)_2CH\cdot CH_2\cdot NH_2$	IV 163	73.13	0.736^{17}	— 85.5	68	Fl.; ∞ W., A., Ä.; Hydrochlorid F: 160°.
7	Isobutylbromid	$(CH_3)_2CH\cdot CH_2Br$	I 126	137.03	1.2720^{15}	— 118.1	91.4	Fl.; 0.05 W. 18°, ∞ A., Ä.; bei 210° teilweise → tert. Butylbromid.
8	Isobutylchlorid	$(CH_3)_2CH\cdot CH_2Cl$	I 124	92.57	0.8829^{15}	— 131.2	68.9	Fl.; 0.09 W. 12.5°, ∞ A., Ä.
9	Isobutylen	$(CH_3)_2C:CH_2$	I 207	56.10	—	—	— 6	Gas; unl. in W.; riecht unangenehm leuchtgasart.
10	Isobutylenbromid	$(CH_3)_2CBr\cdot CH_2Br$	I 127	215.93	1.7675	— 70.2	149.0	Fl.
11	Isobutyljodid	$(CH_3)_2CH\cdot CH_2J$	I 128	184.03	1.605^{20}	— 93.5	120.4	Fl.; unl. in W., ∞ A., Ä.
12	Isobutyraldehyd	$(CH_3)_2CH\cdot CHO$	I 671	72.10	0.7938^{20}	— 65.9	61	Fl.; 8.8 W. 20°, ∞ A., Ä.; riecht stechend; an d. Luft → Isobuttersäure; p-Nitro-phenylhydrazon F: 132°.
13	Isobutyraldoxim	$(CH_3)_2CH\cdot CH:N\cdot OH$	I 674	87.12	0.8943^{20}	< —80	139	Öl; l. in W.; riecht unangenehm.
14	Isocamphan	$H_2C\cdot CH\cdot C(CH_3)_2$ CH_2 $H_2C\cdot CH\cdot CH\cdot CH_3$	V 103	138.24	0.8276^{67}	65—7	164/713	Farnkrautähnl. Kryst. (Me.); unl. in W., ll. in A., Bzl.
15	l-Isocamphersäure	$H_2C\cdot C(CH_3)(CO_2H)$ ⟩ $C(CH_3)_2$ H_2C——$CH(CO_2H)$ ⟩	IX 762	200.22	1.243	172.5	—	Kryst. (verd. A.); 0.34 W. 20°, 47.5 A. 20°.

1	Isocamphoronsäure	$(CH_3)_2\cdot C\cdot CH(CH_2\cdot CO_2H)_2$ $\dot{}$ CO_2H	II 835	218.20	—	170	—	Prismen (W.); l. in W., ll. in h. A., Ä.
2	Isocapronsäure	$(CH_3)_2CH\cdot[CH_2]_2\cdot CO_2H$	II 327	116.15	—	—35	199	Öl; riecht unangenehm; Amid F: 119°.
3	Isochinolin	$C_6H_4\left\langle{CH:CH \atop CH:N}\right.$	XX 380	129.15	1.0980^{20}	24.8	240.6	Kryst.; swl. in W.; hygroskop.; Pikrat F: 223°.
4	Isocrotonsäure	$CH_3\cdot CH:CH\cdot CO_2H$	II 412	86.09	1.031^{15}	15	169	Nadeln (PÄ.); 40 W., l. in A.; oberhalb 100° teilweise → Crotonsäure.
5	Isocrotonsäureäthylester	$CH_3\cdot CH:CH\cdot CO_2\cdot C_2H_5$	II 414	114.14	0.927^{19}	—	136	Fl.
6	Isocumarin	$C_6H_4\left\langle{CH:CH \atop CO\cdot O}\right.$	XVII 333	146.14	—	47	285/719 (g. Z.)	Tafeln (Bzl.); sll. in A., Ä.; flücht. mit Dampf.
7	Isocyanursäuretrimethylester	$CH_3\cdot N\left\langle{CO\cdot N(CH_3) \atop CO\cdot N(CH_3)}\right\rangle CO$	XXVI 249	171.15	—	176	274	Kryst. (W. od. A.); unl. in k. W., wl. in h. W., l. in A.
8	Isoeugenol	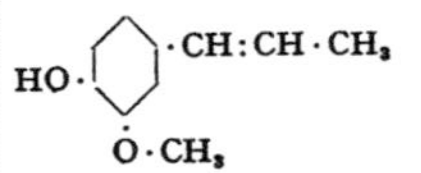	VI 955	164.19	1.087^{20}	33	140/12	Kryst.; wl. in W., ll. in A., Ä.; Oxyd. → Vanillin; fl. Form Kp_{11}: 133°, D^{20}: 1.088.
9	Isoferulasäure	$\left.{^{(4)}CH_3\cdot O \atop ^{(3)}HO}\right\rangle C_6H_3\cdot CH:CH\cdot CO_2H$	X 437	194.18	—	228	—	Nadeln; wl. in k. W., ll. in A., Ä.; wl. in Bzl.
10	Isohexan	$(CH_3)_2CH\cdot CH_2\cdot C_2H_5$	I 148	86.17	0.657_0^{20}	—	61	Fl.; unl. in W., l. in A., Ä.; V. in Erdölen.
11	Isohydrobenzoin	$C_6H_5\cdot\overset{OH}{\underset{H}{C}}-\overset{H}{\underset{OH}{C}}\cdot C_6H_5$	VI 1004	214.25	—	121	133/0.02	Kryst. (W.); 0.19 W. 15°, 1.25 sd. W., ll. in A., Ä.
12	d-Isoleucin	$C_2H_5\cdot CH(CH_3)\cdot\underset{CO_2H}{CH}\cdot NH_2$	IV 454	131.17	—	280*	subl.	Tafeln (A.); 3.87 W. 15.5°, l. in h. A., unl. in Ä.; *geschl. Rohr.

31212 (Fortsetzung).

Nr.	Name	Formel	BZ	MG	D	F	Kp	Charakteristik
1	Isonitrosoacetessigester	$CH_3 \cdot CO \cdot C(:N \cdot OH) \cdot CO_2 \cdot C_2H_5$	III 744	159.14	—	57—8	155/15	Säulen (Chlf.); wl. in W., sll. in A., Ä.; + metall. Fe blaue Färb.
2	Isonitrosoaceton	$CH_3 \cdot CO \cdot CH:N \cdot OH$	I 763	87.08	1.0744^{67}	66	subl.	Blätt. (Ä. + PÄ.); ll. in W., Ä.; flücht. mit Dampf; l. in Alkali gelb.
3	Isonitrosoacetophenon	$C_6H_5 \cdot CO \cdot CH:N \cdot OH$	VII 671	149.14	—	126—8	Z.	Prismen (verd. A.); wl. in k. W., l. in A., Ä.; l. in Alkali gelb.
4	Isopentan	$C_2H_5 \cdot CH(CH_3)_2$	I 134	72.14	0.6206^{19}	—158.6	27.95	Fl.; unl. in W., l. in A. Ä.
5	Isophoron	$CH_3 \cdot C \cdot CH_2 \cdot C(CH_3)_2$ / $HC \cdot CO \cdot CH_2$	VII 65	138.20	0.9228^{18}	—	213—4	Fl.; unl. in W., l. in A., Ä.; flücht. mit Dampf; riecht pfefferminzart., schmeckt kühlend; Oxim F: 78°.
6	Isophthalaldehyd	$C_6H_4(CHO)_2$ (1.3)	VII 675	134.13	—	89.5	—	Nadeln; wl. in W., l. in A., wl. in Ä.; flücht. mit Dampf.
7	Isophthalonitril	$C_6H_4(CN)_2$	IX 836	128.13	—	162	subl.	Nadeln (Essigester + PÄ.); l. in W., ll. in h. A., Ä., Chlf.
8	Isophthalsäure	$C_6H_4(CO_2H)_2$ (1.3)	IX 832	166.13	—	348.5	subl.	Nadeln (W. od. A.); 0.013 W. 25°, 0.22 sd. W., ll. in A., l. in Eg., unl. in Bzl.
9	Isophthalsäuredimethylester	$C_6H_4(CO_2 \cdot CH_3)_2$	IX 834	194.18	—	67—8	—	Nadeln (verd. A.).
10	Isophthalylchlorid	$C_6H_4(COCl)_2$	IX 834	203.03	—	41	276	Kryst.; l. in Ä., Bzl.
11	Isopren	$CH_2:CH \cdot C(CH_3):CH_2$	I 252	68.11	0.6849^{16}	etwa —120	34.08	Fl.; polym. beim Erhitzen zu „Isoprenkautschuk“.
12	Isopropenylbenzo	$C_6H_5 \cdot C(CH_3):CH_2$	V 484	118.17	0.9134^{17}	—	161—2	Stechend riech. Fl.; unl. in W., l. in A.
13	Isopropyläthylen	$(CH_3)_2CH \cdot CH:CH_2$	I 213	70.13	0.648^{0}	—	22.5	Fl.; unl. in W., ∞ A., Ä.
14	Isopropylalkohol	$CH_3 \cdot CH(OH) \cdot CH_3$	I 360	60.09	0.7876^{16}	—89.5	82.0	Fl.; ∞ W., A., Ä.
15	Isopropylamin	$CH_3 \cdot CH(NH_2) \cdot CH_3$	IV 152	59.11	0.694^{15}	—101.2	33.0	Fl.; ∞ W., A., Ä.
16	Isopropylbromid	$CH_3 \cdot CHBr \cdot CH_3$	I 108	123.00	1.3222^{15}	—89.0	59.4	Fl.; 0.32 W. 20°, ∞ A., Ä.
17	Isopropylchlorid	$CH_3 \cdot CHCl \cdot CH_3$	I 105	78.54	0.8588^{20}	—117.0	36.5	Fl.; 0.31 W. 20°, ∞ A., Ä.

1	Isopropylcyclohexan	$H_2C\langle{}^{CH_2\cdot CH_2}_{CH_2\cdot CH_2}\rangle CH\cdot CH(CH_3)_2$	V 41	126.23	0.787^{20}	—	146	Fl.; unl. in W., l. in A., Ä.; riecht angenehm.
2	Isopropyljodid	$CH_3\cdot CHJ\cdot CH_3$	I 114	170.00	1.7109^{15}	—93.1	89.5	Fl.; 0.14 W. 20⁰, ∞ A., Ä.; bei 250⁰ → Propan.
3	Isosafrol	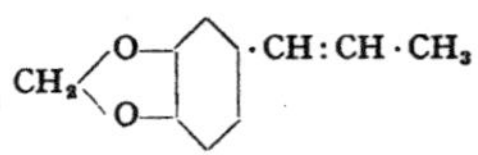	XIX 35	162.18	1.117^{15}	6.7	242—3	Fl.; unl. in W., l. in A., Ä., Bzl.; Pikrat F: 68.5⁰.
4	dl-Isoserin	$H_2N\cdot CH_2\cdot CH(OH)\cdot CO_2H$	IV 503	105.09	—	248 (Z.)	—	Kryst.; 1.53 W. 20⁰, ll. in h. W.
5	Isostilben	$H\cdot C\cdot C_6H_5$ ‖ $H\cdot C\cdot C_6H_5$	V 633	180.23	—	—	136/10	Öl; unl. in W., l. in A., Ä.; Erhitzen → Stilben.
6	Isovaleraldehyd	$(CH_3)_2CH\cdot CH_2\cdot CHO$	I 684	86.13	0.803^{17}	—	92	Fl.; mit W. → Hydrat Kp: 82⁰.
7	Isovaleriansäure	$(CH_3)_2CH\cdot CH_2\cdot CO_2H$	II 309	102.13	0.9332^{17}	—37.6	176	Fl.; 4.24 W. 20⁰, ∞ A., Ä.; riecht nach Baldrian u. faulem Käse; V. in Baldrianwurzel u. vielen äther. Ölen.
8	—— äthylester	$(CH_3)_2\cdot CH\cdot CH_2\cdot CO_2\cdot C_2H_5$	II 312	130.18	0.8657^{20}	—99.3	134.7	Fl.
9	—— amid	$(CH_3)_2CH\cdot CH_2\cdot CO\cdot NH_2$	II 315	101.14	0.965	135	—	Blätt. (A.).
10	—— isoamylester	$(CH_3)_2CH\cdot CH_2\cdot CO_2\cdot C_5H_{11}$	II 312	172.26	0.858^{19}	—	194	Fl.; V. in Bananen; Verwend. zur Herst. künstl. Fruchtäther.
11	Isovaleronitril	$(CH_3)_2CH\cdot CH_2\cdot CN$	II 315	83.13	0.7884^{20}_{0}	—	128.5	Fl.
12	Isovanillin	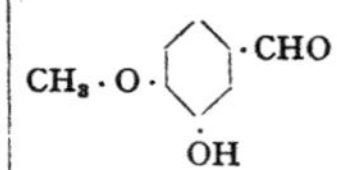	VIII 254	152.14	—	116—7	179/15	Säulen od. Tafeln (W.); wl. in k. W., ll. in h. W., A., Ä., sll. in Chlf.; ll. in KOH.
13	Isovanillinsäure	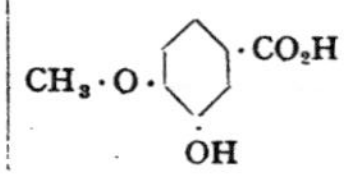	X 393	168.14	—	250	subl.	Prismen (W.); 0.06 W. 14⁰, 0.6 W. 100⁰, ll. in A., Ä.

31212 (Fortsetzung).

Nr.	Name	Formel	BZ	MG	D	F	Kp	Charakteristik
1	Isoviolanthron	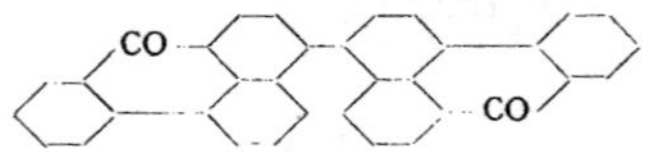	E VII 465	456.46	—	—	—	Violettes Pulver; unl. in W., swl. in A., Ä.; l. in Nitrobzl. rotviolett, braunrot fluoresc.; Verwend. zur Herst. v. Küpenfarbst.
2	Isozuckersäure	HO·HC——CH·OH / HO_2C·HC·O·CH·CO_2H	XVIII 364	192.12	—	185	—	Rhomben; ll. in W., A., wl. in Ä.; $[\alpha]_D^{20}$: + 46° (W.).
3	Itaconsäure	$CH_2:C(CO_2H)\cdot CH_2\cdot CO_2H$	II 760	130.10	1.6	161—2	*	Kryst.; 8.3 W. 20°, l. in A., wl. in Ä.; * → Citraconsäureanhydrid.
4	4-Jod-acetanilid	$CH_3\cdot CO\cdot NH\cdot C_6H_4J$	XII 671	261.07	1.989^{18}	184	—	Tafeln (W.); wl. in k. W., 6.4 A. 20.5°.
5	β-Jod-äthylalkohol	$CH_2J\cdot CH_2\cdot OH$	I 339	171.98	2.1968	—	176—7 (Z.)	Fl.; l. in W., A., Ä.
6	2-Jod-anilin	$C_6H_4J\cdot NH_2$	XII 669	219.03	—	60—1	—	Nadeln; wl. in k. W., sll. in A., Ä.; flüchtig mit Dampf; Acetylderiv. F: 110°.
7	4-Jod-anilin	$C_6H_4J\cdot NH_2$	XII 670	219.03	—	64 (67—68)	—	Nadeln (W.); ll. in A., l. in Ä.; flüchtig mit Dampf; Acetylderiv. s. S. *154*, 4.
8	2-Jod-benzoesäure	$C_6H_4J\cdot CO_2H$	IX 363	248.03	2.249^{20}	162	—	Nadeln (W.); swl. in k. W., ll. in A., Ä.
9	3-Jod-benzoesäure	$C_6H_4J\cdot CO_2H$	IX 365	248.03	2.171^{20}	187—8	subl.	Kryst. (Aceton); wl. in W., ll. in A.
10	4-Jod-benzoesäure	$C_6H_4J\cdot CO_2H$	IX 366	248.03	2.184^{20}	267	subl.	Blätt.; wl. in W., l. in A.
11	Jodbenzol	C_6H_5J	V 215	204.02	1.8228^{25}	— 31.3	188.5	Fl.; 0.034 W. 30°, ll. in A., Ä.
12	Jodcyan	JC⋮N oder C:NJ	III 41	152.94	—	146.5*	subl.	Tafeln (Ä.); wl. in k. W., ll. in h. W., A., Ä.; riecht stechend; + HJ → HCN + J_2; *geschl. Rohr.

1	Jodessigsäure	$CH_2J \cdot CO_2H$	II 222	185.96	—	83	—	Tafeln (W.).
2	Jodessigsäureäthylester	$CH_2J \cdot CO_2 \cdot C_2H_5$	II 222	214.01	1.817^{13}	—	142/250	Öl; riecht stark stechend; Dampf greift Augenschleimhäute an.
3	1-Jod-naphthalin	$C_{10}H_7J$	V 550	254.07	1.7344^{15}	—	305	Öl; unl. in W., ∞ A., Ä., Bzl.
4	2-Jod-naphthalin	$C_{10}H_7J$	V 552	254.07	—	54.5	308—10	Blätt.; unl. in W., ll. in A., Ä.; flücht. mit Dampf.
5	2-Jod-1-nitro-benzol	$C_6H_4J \cdot NO_2$	V 252	249.02	1.810^{155}	49.5	288/729	Gelbe Nadeln; subl.; unl. in W., ll. in h. A., sll. in Ä.
6	3-Jod-1-nitro-benzol	$C_6H_4J \cdot NO_2$	V 253	249.02	1.804^{155}	36	etwa 280	Gelbe Kryst.
7	4-Jod-1-nitro-benzol	$C_6H_4J \cdot NO_2$	V 253	249.02	1.809^{155}	174	289/772	Gelbe Nadeln; subl.; unl. in W., ll. in h. A., sll. in Ä.
8	Jodobenzol	$C_6H_5 \cdot JO_2$	V 218	236.02	—	—	—	Nadeln (W.); expl. bei 236—7°; l. in W., Eg., unl. in A., wl. in PÄ.,
9	Jodoform	CHJ_3	I 73	393.78	4.008^{17}	119	—	Gelbe Tafeln (Aceton); unl. in W., 1.5 90%ig. A. 18°, 11 sd. A., 18.5 Ä., l. in Eg.; flücht. mit Dampf; dch. Licht zers.; riecht safranart., süßlich; Verwend. zur Desinfekt. von Wunden.
10	Jodosobenzol	$C_6H_5 \cdot JO$	V 217	220.02	—	—	—	Gelb, amorph.; expl. bei etwa 210°; zll. in h., W. A., unl. in Ä.
11	2-Jod-phenol	$C_6H_4J \cdot OH$	VI 207	220.02	1.8757^{80}	40.4	186/160	Tafeln (Lg.); l. in h. W., ll. in A., Ä.; flücht. mit Dampf.
12	3-Jod-phenol	$C_6H_4J \cdot OH$	VI 207	220.02	—	40	—	Nadeln (Lg.); ll. in A., Ä.; flücht. mit Dampf.
13	4-Jod-phenol	$C_6H_4J \cdot OH$	VI 208	220.02	1.1857^{112}	92	Z.	Nadeln (W.); wl. in W., ll. in A., Ä.
14	β-Jod-propionsäure	$CH_2J \cdot CH_2 \cdot CO_2H$	II 261	199.99	—	82	—	Blätt. (W.); 8.0 W. 25°, ll. in A., Ä.
15	2-Jod-toluol	$C_6H_4J \cdot CH_3$	V 310	218.04	1.698^{20}	—	211	Fl.; unl. in W., l. in A.
16	3-Jod-toluol	$C_6H_4J \cdot CH_3$	V 311	218.04	1.698^{20}	—	204	Fl.; unl. in W., l. in A.
17	4-Jod-toluol	$C_6H_4J \cdot CH_3$	V 312	218.04	—	35	211.5	Blätt.; unl. in W., ll. in A., Ä., CS_2.
18	α-Jod-toluol s. Benzyljodid							

31212 (Fortsetzung).

Nr.	Name	Formel	BZ	MG	D	F	Kp	Charakteristik
1	α-Jonon	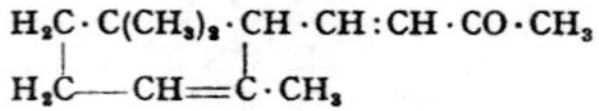	VII 168	192.29	0.932^{20}	—	135/17	Öl; wl. in W., ll. in A., Ä.; riecht nach Cedernholz, die stark verd. alkoh. Lsg. riecht nach Veilchen; Verwend. von techn. Jonon (Gemisch von α- u. β-Jonon) als künstl. Veilchenriechstoff; Semicarbazon F: 107 bis 108°.
2	β-Jonon	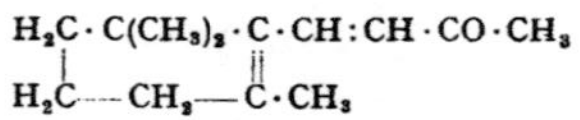	VII 167	192.29	0.946^{20}	—	140/18	Öl; wl. in W., ll. in A., Ä., Chlf., Bzl.; Semicarbazon F: 148—149°.
3	**Kaffein**	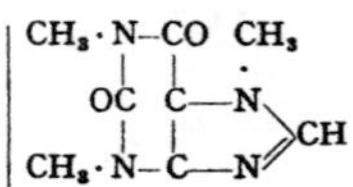	XXVI 461	194.19	1.23^{19}	235—7	subl. 180	Nadeln (A.); Kryst. + 1 H_2O (W.); 1.46 W. 20°, 19.23 W. 80°, 2.3 85 %ig. A. 16°, 0.044 Ä. 16°, 13 Chlf. 16°; regt das Herz an, wirkt diuret.; V. in Kaffeebohnen, Teeblättern, Kolanuß.
4	Kakodyl	$(CH_3)_2As\cdot As(CH_3)_2$	IV 615	209.95	> 1	—6	etwa 170	Öl; wl. in W.; riecht widerlich; entzündet sich an d. Luft.
5	Kakodylchlorid	$(CH_3)_2AsCl$	IV 607	140.43	1.5046^{13}	< —45	106	Fl.; unl. in W., ∞ A., unl. in Ä.; riecht widerlich.
6	Kakodyloxyd	$[(CH_3)_2As]_2O$	IV 608	225.95	1.4943^{9}	—25	150—1	Fl.; wl. in W., ll. in A., Ä.; riecht widerlich; Dampf greift die Augen an.
7	Kakodylsäure	$(CH_3)_2AsO\cdot OH$	IV 610	137.98	—	200	—	Säulen; 83 W. 22°, l. in A., unl. in Ä.; geruchlos.
8	Kakodylsulfid	$[(CH_3)_2As]_2S$	IV 608	242.01	—	< —40	211	Öl; swl. in W., l. in A., Ä.; flücht. mit Dampf; riecht widerlich.

1	Kakodyltrichlorid	$(CH_3)_2AsCl_3$	IV 612	211.35	—	Z. 40—50*	—	Säulen (Ä.); dch. W. u. A. zers.; l. in Ä.; raucht an d. Luft; * → Methyldichlorasin u. Methylchlorid.
2	Kakodylwasserstoff	$(CH_3)_2AsH$	IV 599	105.98	—	—	35.6/747	Fl.; ∞ A., Ä., Bzl.; entzündet sich an der Luft oberhalb 10°.
3	Keten	$CH_2:CO$	I 724	42.04	—	— 151	— 56	Gas; riecht unerträglich; + W. → Essigsäure; + A. → Essigester.
4	Knallsäure	C:N·OH	I 720	43.03	—	—	—	Stark riechend; in k. äther. Lsg. haltbar; polym. zu Metafulminursäure.
5	— Ag-Salz	AgCON	I 722	149.90	—	—	—	Nadeln (W.); 0.008 W. 13°, 0.02 W. 30°; sehr explosiv.
6	— Hg-Salz	$Hg(CON)_2$	I 722	284.65	4.42	—	—	Kryst. (A.); 0.07 W. 12°; expl. beim Erhitzen, Reiben, Schlagen, bei elektr. Zünd.
7	Kohlenoxysulfid	COS	III 131	60.07	1.24^{-87} 2.721 g/L	— 138.2	— 50.2	Gas; 54 cm³ W. 20°, 800 cm³ A. 22°, 1500 cm³ Toluol 22°; geruchlos; + H_2O allmählich → CO_2 u. H_2S; wirkt stark narkot.
8	Kohlensäurediäthylester	$CO(O\cdot C_2H_5)_2$	III 5	118.13	0.974^{13}	— 43.0	126	Äther. riech. Fl.; unl. in W., l. in A.
9	Kohlensäurediphenylester	$CO(O\cdot C_6H_5)_2$	VI 158	214.21	1.272^{14}	78	301—2	Nadeln (A.); unl. in W., ll. in h. A., Ä., Eg.
10	Kohlensuboxyd	OC:C:CO	I 805	68.03	1.114^{0}	— 111.3	+ 7	Gas; ll. in CS_2; + W. → Malonsäure; giftig.
11	Kohlensubsulfid	SC:C:CS	III 207	100.15	1.319^{15}	— 0.5	—	Rote Fl.; ll. in A., Ä.; greift die Schleimhäute an; polym. beim Aufbewahren.
12	Komensäure	HO·C·CO·CH HC—O—C·CO_2H (C=C double bonds)	XVIII 461	156.09	—	—	Z.	Kryst.; etwa 6 sd. W., unl. in A.; starke Säure; + $FeCl_3$ rote Färb.

31212 (Fortsetzung).

Nr.	Name	Formel	BZ	MG	D	F	Kp	Charakteristik
1	Korksäure	$HO_2C \cdot [CH_2]_6 \cdot CO_2H$	II 691	174.19	—	140	279/100	Nadeln (W.); 0.14 W. 15°, 0.81 Ä. 15°; Darst. aus Ricinusöl u. Kork.
2	Kreatin	$H_2N \cdot C(:NH) \cdot N(CH_3) \cdot CH_2 \cdot CO_2H$	IV 363	131.13	—	—	—	Kryst. + 1 H_2O (W.); 1.34 W. 18°, 0.008 A. 17°, unl. in Ä.; V. im Muskelsaft der Wirbeltiere; Darst. aus Liebigs Fleischextrakt.
3	Kreatinin	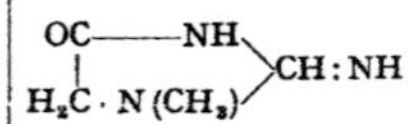	XXIV 245	113.12	—	Z.	—	Blätt. (W.); Prismen + 2 H_2O (W.); 8.7 W. 16°, 0.16 A. 17°; V. im Harn von Menschen u. Säugetieren.
4	Kreosol	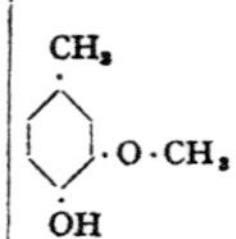	VI 878	138.16	1.0919^{25}	5.5	221	Öl; wl. in W., ∞ A., Ä., Bzl.; mit Spur $FeCl_3$ blaue, mit mehr $FeCl_3$ grüne Färb.; V. im Buchen- u. Nadelholzteer.
5	o-Kresol	$CH_3 \cdot C_6H_4 \cdot OH$	VI 349	108.13	1.0482^{20}	31	191	Kryst.; 2.6 W. 25°, ∞ h. A., Ä.; Kalischmelze → Salicylsäure; + $FeCl_3$ blaue Färb.; V. in Steinkohlenteer u. Holzteeren; Acetat Kp: 208°.
6	m-Kresol	$CH_3 \cdot C_6H_4 \cdot OH$	VI 373	108.13	1.034^{20}	10.9	202	Fl.; 2.42 W. 25° 4.4 W. 88°, ∞ A., Ä.; Kalischmelze → 3-Oxy-benzoesäure; + $FeCl_3$ blaue Färb.; V. in Steinkohlenteer u. Holzteeren; Acetat Kp: 212°.

1	p-Kresol	$CH_3 \cdot C_6H_4 \cdot OH$	VI 389	108.13	1.0347^{20}	33.8	202	Prismen; 2.29 W. 40°, ∞ h. A., Ä.; Kalischmelze → 4-Oxy-benzoesäure; + $FeCl_3$ blaue Färb.; V. im Steinkohlenteer u. Holzteeren, im Jasminblütenöl; Acetat Kp: 212.5°.
2	Kresol-methyläther s. Methyl-tolyl-äther							
3	Krokonsäure	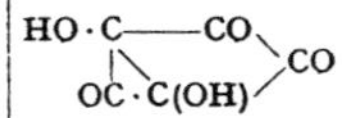	VIII 488	142.07	—	—	—	Gelbe Blätt. + 3 H_2O; ll. in W., l. in A.
4	Kryptopyrrol	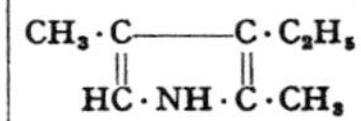	E XX 47	123.19	0.913^{20}	—	197/710	Fl.; swl. in W., l. in A., Ä.; flücht. mit Dampf; l. in verd. Säuren gelb.
5	**Lactid**	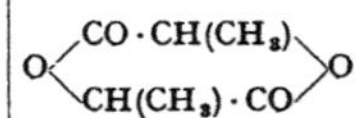	XIX 154	144.12	—	125	255	Kryst. (A.); swl. in A., wl. in Ä.; + W. → Milchsäure.
6	Lactoflavin (Wachstumsvitamin B_2)	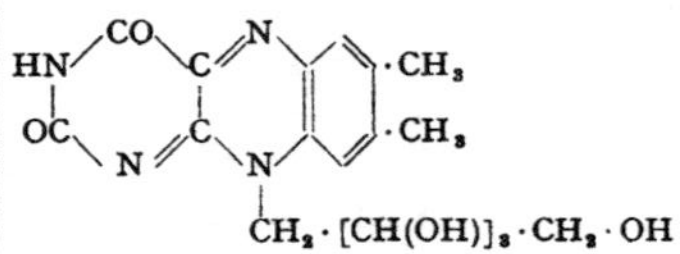		376.36	—	292	—	Gelbe Nadeln; ll. in W. grün fluoresc.; $[\alpha]_D$: —115° (NaOH); V. in d. Molke, Eiklar, Hefe, Leber, Niere.
7	Lactose	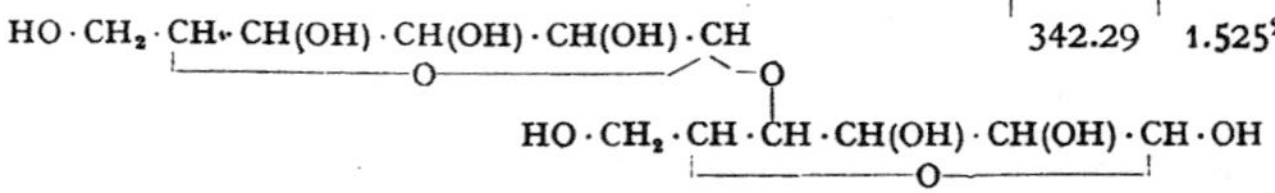		342.29	1.525^{20}	201.6	—	Kryst. + 1 H_2O; 16.9 W. 15°, 24 h. W., 0.09 A. 20°, unl. in Ä.; Hydrolyse → Galaktose + Glucose; V. in d. Milch v. Säugetieren.
8	Lactylmilchsäure	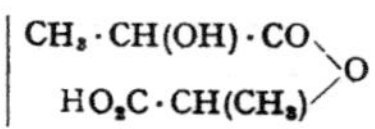	III 282	162.14	—	Z. 250—60	—	Gelb, amorph; swl. in W., ll. in A., Ä.; + sd. W. → Milchsäure.

31212 (Fortsetzung).

Nr.	Name	Formel	BZ	MG	D	F	Kp	Charakteristik
1	Lävulinaldehyd	$CH_3 \cdot CO \cdot CH_2 \cdot CH_2 \cdot CHO$	I 774	100.11	1.0184^{21}	< —21	186—8 (g. Z.)	Fl.; ∞ W., A., Ä.; ätzt die Haut; riecht stechend.
2	Lävulinsäure	$CH_3 \cdot CO \cdot CH_2 \cdot CH_2 \cdot CO_2H$	III 671	116.11	1.143^{17}	33.5	245 (Z.)	Blätt.; ll. in W., A., Ä.; Semicarbazon F: 187° (Z.).
3	Lävulinsäureäthylester	$CH_3 \cdot CO \cdot CH_2 \cdot CH_2 \cdot CO_2 \cdot C_2H_5$	III 675	144.16	1.0156^{20}_{20}	—	205.2	Fl.; ll. in W.
4	Lapachol	$C_6H_4 \langle CO \cdot C \cdot CH_2 \cdot CH : C(CH_3)_2 \;\|\; CO \cdot C \cdot OH \rangle$ (C=C zwischen den beiden C)	VIII 326	242.26	—	140	—	Gelbe Prismen (Ä.); unl. in W., ll. in sd. A., l. in Ä.; l. in Alkali rot; V. in verschied. Holzarten.
5	Laurinsäure	$CH_3 \cdot [CH_2]_{10} \cdot CO_2H$	II 359	200.31	0.864^{60}	44	225/100	Nadeln (A.); unl. in W., ll. in A., Ä.; flücht. mit Dampf; V. im Lorbeer- u. Cocosöl.
6	dl-Leucin	$(CH_3)_2CH \cdot CH_2 \cdot CH(NH_2) \cdot CO_2H$	IV 447	131.17	—	294* (Z.)	subl.	Blätt. (W.); 0.97 W. 15°, swl. in A., unl. in Ä.; *geschl. Rohr.
7	l-Leucin	$(CH_3)_2CH \cdot CH_2 \cdot CH(NH_2) \cdot CO_2H$	IV 437	131.17	—	294* (Z.)	—	Blätt. (verd. A.); 2.2 W. 20°, 6.6 h. W., wl. in A., unl. in Ä.; *geschl. Rohr.
8	d-Limonen	$CH_3 \cdot C \langle {CH_2 \cdot CH_2 \atop CH{-}CH_2} \rangle CH \cdot C(CH_3) : CH_2$	V 133	136.22	0.842^{20}	—96.6	177.8	Fl.; unl. in W., l. in A., Ä.; V. in äther. Ölen; Tetrabromid F: 104 bis 105°; Nitrosochlorid F: 103—4°.
9	dl-Limonen	$CH_3 \cdot C \langle {CH_2 \cdot CH_2 \atop CH{-}CH_2} \rangle CH \cdot C(CH_3) : CH_2$	V 137	136.22	0.840^{21}	—	177.6	Fl.; unl. in W., l. in A., Ä.; V. in äther. Ölen.
10	d-Linalool	$CH_2 : C(CH_3) \cdot [CH_2]_3 \cdot C(CH_3)(OH) \cdot CH : CH_2$ oder $(CH_3)_2C : CH \cdot CH_2 \cdot CH_2 \cdot C(CH_3)(OH) \cdot CH : CH_2$	I 461	154.24	0.8679^{20}	—	198.6	Öl; swl. in W., l. in A., Ä.; $[\alpha]^{20}_{D}$: + 19.3°; V. in äther. Ölen.
11	l-Linalool	$CH_2 : C(CH_3) \cdot [CH_2]_3 \cdot C(CH_3)(OH) \cdot CH : CH_2$ oder $(CH_3)_2C : CH \cdot CH_2 \cdot CH_2 \cdot C(CH_3)(OH) \cdot CH : CH_2$	I 460	154.24	0.8622^{20}	—	199—200	Öl; swl. in W., l. in A., Ä.; $[\alpha]^{20}_{D}$: —19.6°; riecht ähnlich wie Maiglöckchen; V. in äther. Ölen.

1	α-Linolensäure	$CH:CH\cdot CH_2\cdot CH:CH\cdot C_2H_5$ / $CH_2\cdot CH:CH\cdot [CH_2]_7\cdot CO_2H$	II 499	278.41	0.905^{20}	—	—	Nd.; unl. in W., l. in A., ll. in Ä., 10 PÄ. 18°.
2	Linolensäurehexabromid	$CH_2<$ $[CHBr]_2\cdot CH_2\cdot [CHBr]_2\cdot C_2H_5$ / $[CHBr]_2\cdot [CH_2]_7\cdot CO_2H$	II 387	757.91	—	180—1	—	Nadeln (Bzl.); swl. in A., Chlf., Eg.
3	Linolsäure	$CH_2\cdot CH:CH\cdot [CH_2]_4\cdot CH_3$ / $CH:CH[CH_2]_7\cdot CO_2H$	II 496	280.43	—	—	228/14	Öl; oxyd. sehr leicht.
4	Linolsäuretetrabromid	$CH_2<$ $[CHBr]_2\cdot [CH_2]_4\cdot CH_3$ / $[CHBr]_2\cdot [CH_2]_7\cdot CO_2H$	II 386	600.09	—	114—5	—	Blätt. (Eg.); unl. in W., ll. in A., Ä., Chlf.
5	Lophin	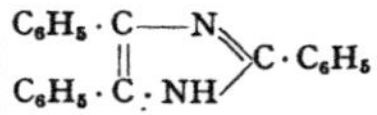	XXIII 318	296.35	—	275	subl.	Nadeln (A.); wl. in W., 0.9 A. 21°, 2.75 sd. A., 0.32 Ä. 21°.
6	Luminal	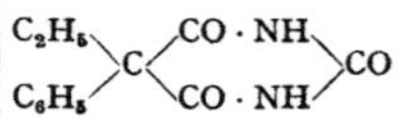	E XXIV 423	232.23	—	174	—	Blätt. (W.); l. in h. W., A., Ä.; Schlafmittel.
7	d-Lysin	$H_2N\cdot [CH_2]_4\cdot CH(NH_2)\cdot CO_2H$	IV 435	146.19	—	—	—	$C_6H_{14}O_2N_2 + 2\ HCl$ Kryst., F: 193°, $[\alpha]_D$: + 15.3° (W.).
8	**Maleinsäure**	$H\cdot C\cdot CO_2H$ / $H\cdot C\cdot CO_2H$	II 748	116.07	1.590	130	160 (Z.*)	Prismen; 78.8 W. 25°, 392.6 W. 97.5°, 69.9 95 %ig. A. 30°, 8.2 Ä. 25°; bei Belicht. oder bei 135° → Fumarsäure; * H_2O-Abspalt.
9	Maleinsäureanhydrid	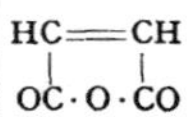	XVII 432	98.06	1.509	53	202	Nadeln (Chlf. od. Ä.); ll. in Chlf.; etwa 17 Xylol 30°.
10	Maleinsäurediäthylester	$C_2H_5\cdot O_2C\cdot CH:CH\cdot CO_2\cdot C_2H_5$	II 751	172.17	1.0695^{20}_{20}	—	223	Fl.; Kochen mit Jod → Fumarsäurediäthylester.
11	Malonamid	$CH_2(CO\cdot NH_2)_2$	II 582	102.09	—	170	—	Prismen (W.); 8.3 W. 8°, unl. in A., Ä.
12	Malonsäure	$HO_2C\cdot CH_2\cdot CO_2H$	II 566	104.06	1.631^{15}	135.6	subl. i. Vak.	Kryst.; 139.4 W. 15°, l. in A., 8.7 Ä. 15°; bei 140—150° CO_2-Abspalt.

31212 (Fortsetzung).

Nr.	Name	Formel	BZ	MG	D	F	Kp	Charakteristik
1	Malonsäurediäthylester	$CH_2(CO_2 \cdot C_2H_5)_2$	II 573	160.16	1.0550^{20}	—49.8	198.9	Fl.; l. in W., A.
2	Malonsäuredimethylester	$CH_2(CO_2 \cdot CH_3)_2$	II 572	132.11	1.1437^{25}	—62	181	Fl.; l. in W., A.
3	Malonsäuredinitril	$CH_2(CN)_2$	II 589	66.06	1.051^{32}	32	218—9	Kryst.; 13.3 W., 40 A., 20 Ä., 10 Chlf.; giftig.
4	Maltol	HC·CO·C·OH HC—O—C·CH_3	XVII 444	126.11	—	159	—	Kryst. (Chlf.); ll. in h. W., l. in A., wl. in Ä.; l. in NaOH; + $FeCl_3$ rotviolette Färb.; B. beim Rösten v. Malz.
5	Maltose	HO·CH_2·CH·CH(OH)·CH(OH)·CH(OH)·CH —O— —O HO·CH_2·CH·CH·CH(OH)·CH(OH)·CH·OH —O—		342.29	1.540	102.5	—	Nadeln + 1 H_2O (W.); 79 W. 21°, 140 W. 50°, 569 W. 96°, wl. in A., unl. in Ä.; Spalt. → Glucose.
6	dl-Mandelsäure	$C_6H_5 \cdot CH(OH) \cdot CO_2H$	X 197	152.14	1.361	120.5	Z.	Tafeln (W.); 15.97 W. 20°, 20.85 W. 24°, ll. in A., Ä.; + H_2SO_4 violette Färb. u. Geruch nach bitteren Mandeln.
7	dl-Mandelsäurenitril	$C_6H_5 \cdot CH(OH) \cdot CN$	X 206	133.14	1.116^{20}	22	Z.* 170	Prismen; unl. in W., l. in A., Ä., * → Benzaldehyd u. HCN; + H_2SO_4 rote Färb.
8	d-Mannit	$HO \cdot CH_2 \cdot [CH(OH)]_4 \cdot CH_2 \cdot OH$	I 534	182.17	1.489	166.1	290/3	Nadeln; 15.6 W. 18°, 0.07 A. 14°, unl. in Ä.; $[\alpha]_D^{25}$: —0.49° (W.); bei Ggw. von Borax rechtsdrehend; V. im Manna u. vielen anderen Pflanzen.
9	Mannithexanitrat	$O_2N \cdot O \cdot CH_2 \cdot [CH(O \cdot NO_2)]_4 \cdot CH_2 \cdot O \cdot NO_2$	I 543	452.17	1.604^{0}	112—3	g. Z. 100	Nadeln; unl. in W., l. in h. A., Ä.; verpufft bei starkem Erhitzen; expl. dch. Schlag.

1	d-Manno-α-heptit	$HO \cdot CH_2 \cdot [CH_2(OH)]_5 \cdot CH_2 \cdot OH$	I 548	212.19	—	188	—	Nadeln; 5.4 W. 18°, swl. in k. A.; $[\alpha]_D^{20}$: + 4.5° (wss. Borax-Lsg.).
2	d-Mannose	$HO \cdot CH_2 \cdot C(OH)H$—$C(OH)H$—$C(H)OH$—$C(H)OH \cdot CHO$	I 905	180.15	1.539^{20}	132	—	Prismen (A.); 248 W. 17°, wl. in A., unl. in Ä.; $[\alpha]_D^{20}$: —16.5° → + 14.5° (W.); $[\alpha]_D^{30}$: + 14.7° → + 48.1°.
3	d-Mannose-phenyl-hydrazon	$C_6H_{12}O_5:N \cdot NH \cdot C_6H_5$	XV 223	270.28	—	197—201	—	Nadeln (A.); wl. in W., swl. in A., unl. in Ä.
4	Mekonin	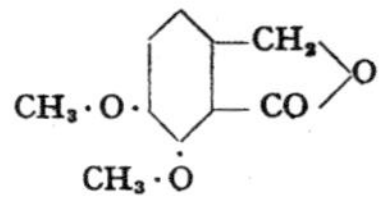	XVIII 89	194.18	—	102.5	subl.	Nadeln (W.); 0.14 W. 15°, 4.5 sd. W., l. in A., Ä.; l. in h. H_2SO_4 rot; V. im Opium.
5	Mekonsäure	$HC \cdot CO \cdot C \cdot OH$ / $HO_2C \cdot C$—O—$C \cdot CO_2H$	XVIII 503	200.10	—	—	Z*. 120	Kryst. + 3 H_2O (W.); 25 sd. W., l. in A., Bzl.; * → Komensäure; + $FeCl_3$ rote Färb.; V. im Opium.
6	Melamin	$H_2N \cdot C$<($N:C(NH_2)$, $N \cdot C(NH_2)$)>N	XXVI 245	126.13	—	—	subl.	Kryst. (W.); 0.029 W. 15°, ll. in h. W., wl. in h. A., unl. in Ä.
7	p-Menthan	$CH_3 \cdot HC$<($CH_2 \cdot CH_2$, $CH_2 \cdot CH_2$)>$CH \cdot CH(CH_3)_2$	V 47	140.26	0.796_0^{20}	—	167—8	Fl.; unl. in W., ll. in A., Ä.; riecht schwach pfefferminzart.
8	d-p-Menthen-(3)	$CH_3 \cdot HC$<($CH_2 \cdot CH_2$, $CH_2 \cdot CH$)>$C \cdot CH(CH_3)_2$	V 87	138.24	0.812^{20}	—	170/751	Fl.; l. in A., Ä.; $[\alpha]_D^{20}$: + 115.6°; Nitrosochlorid F: 140°.
9	l-Menthol	$H_2C \cdot CH_2 \cdot CH \cdot CH(CH_3)_2$ / $CH_3 \cdot HC \cdot CH_2 \cdot CH \cdot OH$	VI 28	156.26	0.890_{15}^{15}	43	215.5	Nadeln; 0.04 k. W., sll. in A., Ä., Eg.; V. als riechender Bestandteil des Pfefferminzöls; Verwend. als Desinfektionsmittel u. Lokalanästhetikum; Phenylurethan F: 111—112°.

31212 (Fortsetzung).

Nr.	Name	Formel	BZ	MG	D	F	Kp	Charakteristik
1	l-Menthon	$H_2C\cdot CH_2\cdot CH\cdot CH(CH_3)_2$ / $CH_3\cdot HC\cdot CH_2\cdot CO$	VII 38	154.24	0.896^{20}_{20}	—6.6	209.6	Fl.; wl. in W., ∞ A., Ä.; schmeckt bitter; flücht. mit Dampf; Oxim F: 59°.
2	Mesaconsäure	$HO_2C\cdot C\cdot CH_3$ ⁚ $H\cdot C\cdot CO_2H$	II 763	130.10	1.466	202	250 (Z.*)	Nadeln (A.), Tafeln (Ä.); 2.7 W. 18°, 117.9 sd. W., 30.6 90%ig. A. 17°, 95.7 sd. 90%ig. A., swl. in Chlf., CS_2; * → Citraconsäure-anhydrid.
3	Mesidin	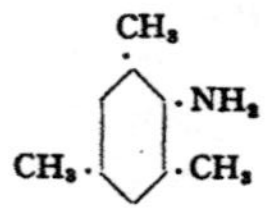	XII 1160	135.20	0.963	< —15	229	Fl.; l. in A.; Acetylderiv. F: 216—217°.
4	Mesitol	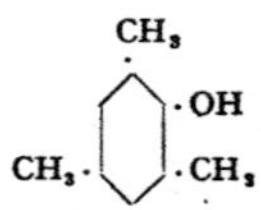	VI 518	136.18	—	69	219	Nadeln; swl. in W., ll. in A., Ä.; flücht. mit Dampf.
5	Mesitylen	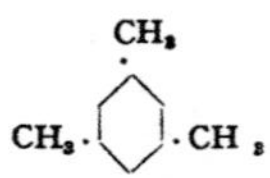	V 406	120.18	0.864^{20}	— 52.7	164.6	Fl.; unl. in W., l. in A., Ä.; V. in Erdölen.
6	Mesityloxyd	$(CH_3)_2C:CH\cdot CO\cdot CH_3$	I 736	98.14	0.8542^{21}	— 59.0	131.4	Fl.; unl. in W., ∞ A., Ä.; Semicarbazon F: 164°.
7	Mesobenzdianthron (Helianthron)	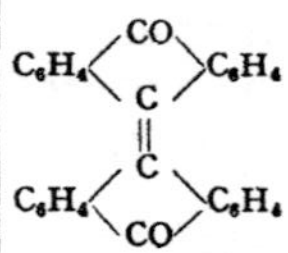	E VII 460	382.39	—	Z. 250	—	Blaue Nadeln (Xylol); unl. in W., zwl. in A., Ä. gelb, grün fluoresc.

1	Mesonaphthodianthron	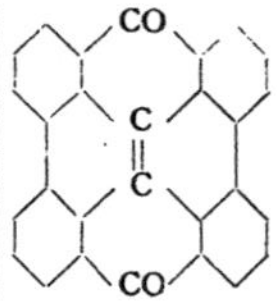	E VII 463	380.37	—	—	—	Gelbe Nadeln (Nitrobzl.); unl. in W., swl. in A., Ä., l. in Chinolin; l. in H_2SO_4 carminrot; Küpenfarbst.
2	Mesoweinsäure	$HO_2C\cdot CH(OH)\cdot CH(OH)\cdot CO_2H$	III 528	150.09	1.666^{20}	140	—	Tafeln + 1 H_2O (W.); 125 W. 15°, l. in A.; bei 250° teilweise → dl-Weinsäure.
3	Mesoxalsäure	$HO_2C\cdot CO\cdot CO_2H$	III 766	118.05	—	121 (g. Z.)	—	Zerfließl. Kryst. + H_2O; ll. in W., l. in A., Ä.; + KOH bei 150° → Oxalsäure + Ameisensäure; Phenylhydrazon F: 164° (Z.).
4	Mesoxalsäurediäthylester	$CO(CO_2\cdot C_2H_5)_2$	III 769	174.15	1.136^{16}_{16}	—	etwa 210	Grüngelbes Öl; Hydrat $C_7H_{12}O_6$ Tafeln (Bzl.) F: 57°, 130 W. 22°, ll. in A., Ä., unl. in CS_2.
5	Metaldehyd	$[C_2H_4O]_x$	I 602	$[44.05]_x$	—	—	subl. 112	Nadeln; unl. in W., 18 sd. A., 0.5 sd. Ä.
6	Methacrylsäure	$CH_2:C(CH_3)\cdot CO_2H$	II 421	86.09	1.015^{20}	16	163	Prismen; ll. in h. W., ∞ A., Ä.
7	Methan	CH_4	I 56	16.04	0.7168 g/L	−184	−164	Gas; 5.6 cm^3 W. 0°, 52 cm^3 A. 0°, 106.6 cm^3 Ä. 0°; brennt mit schwach leucht. Flamme; riecht schwach lauchart.; V. in vielen natürl. Gasquellen.
8	Methanarsonsäure	$CH_3\cdot AsO(OH)_2$	IV 613	139.96	—	160—1	—	Tafeln (A.); ll. in W., l. in A.; starke Säure.
9	Methansulfonsäure	$CH_3\cdot SO_3H$	IV 4	96.10	—	—	—	Fl.; ll. in W.; $Ba(CH_3O_3S)_2 + 1^1/_2\ H_2O$ ll. in W.
10	Methionin	$CH_3\cdot S\cdot CH_2\cdot CH_2\cdot CH(NH_2)\cdot CO_2H$	—	149.20	—	283 (Z.)	—	Platten; l. in k. W., unl. in Ä.; B. dch. Hydrolyse v. Proteinen.
11	Methionsäure	$CH_2(SO_3H)_2$	I 579	176.16	—	—	—	Zerfließl. Nadeln; l. in W.; Dimethylester F: 47°.

31212 (Fortsetzung).

Nr.	Name	Formel	BZ	MG	D	F	Kp	Charakteristik
1	4-Methoxy-acetophenon	$CH_3 \cdot O \cdot C_6H_4 \cdot CO \cdot CH_3$	VIII 87	150.17	1.082^{41}	38	260	Tafeln (Ä.); sll. in W., A., Ä.; Oxim F: 86—87°.
2	2-Methoxy-benzaldehyd	$CH_3 \cdot O \cdot C_6H_4 \cdot CHO$	VIII 43	136.14	1.1354^{15}_{15}	38	243—4	Prismen; unl. in W., l. in A., ll. in Ä.
3	4-Methoxy-benzaldehyd s. Anisaldehyd							
4	2-Methoxy-benzoesäure	$CH_3 \cdot O \cdot C_6H_4 \cdot CO_2H$	X 64	152.14	—	100—1	200 (Z.)	Tafeln (W.), Säulen (A.); 0.5 W. 30°, ll. in A., Ä.
5	3-Methoxy-benzoesäure	$CH_3 \cdot O \cdot C_6H_4 \cdot CO_2H$	X 137	152.14	—	110	170—2/10	Nadeln (W.); wl. in k. W., ll. in h. W., A., Ä.
6	4-Methoxy-benzoesäure s. Anissäure							
7	4-Methoxy-benzylalkohol s. Anisalkohol							
8	3-Methoxy-salicylaldehyd	$CH_3 \cdot O \cdot C_6H_3(OH) \cdot CHO$	VIII 240	152.14	—	45.5	265—6	Hellgelbe Nadeln (W.); wl. in k. W., ll. in A., Ä.
9	2-Methoxy-zimtsäure	$CH_3 \cdot O \cdot C_6H_4 \cdot CH:CH \cdot CO_2H$	X 289	178.18	—	185—6	—	Prismen (A.); l. in A.; polym. beim Aufbewahren.
10	4-Methoxy-zimtsäure	$CH_3 \cdot O \cdot C_6H_4 \cdot CH:CH \cdot CO_2H$	X 298	178.18	—	188	—	Nadeln (A.); bei 170° kryst.-fl.; swl. in k. W., l. in h. W., A., l. in h. Eg.
11	N-Methyl-acetanilid	$C_6H_5 \cdot N(CH_3) \cdot CO \cdot CH_3$	XII 245	149.18	0.977^{120}	102—4	245	Blätt. (Lg.); wl. in W., l. in A.
12	Methylacetat s. Essigsäuremethylester							
13	4-Methyl-acetophenon	$CH_3 \cdot C_6H_4 \cdot CO \cdot CH_3$	VII 307	134.17	1.006^{18}	28	220	Nadeln; ll. in A., Ä., Bzl.; riecht fenchelartig.
14	Methylacetylen	$CH_3 \cdot C \vdots CH$	I 246	40.06	0.7128^{-55}	—104.7	—27	Gas; l. in W., ll. in A., 3000 cm³ Ä. 16°; riecht unangenehm.
15	N-Methyl-N'-acetyl-harnstoff	$CH_3 \cdot NH \cdot CO \cdot NH \cdot CO \cdot CH_3$	IV 66	116.12	—	180	Z.	Kryst. (W.); ll. in h. W., l. in A., wl. in Ä.

1	Methyläther s. Dimethyläther							
2	Methyläthyläther	$CH_3 \cdot O \cdot C_2H_5$	I 314	60.09	0.7260⁰ → 0.7260^{0}	—	6.4/724	Gas; ll. in W., ∞ A., Ä.
3	dl-Methyläthylessigsäure	$C_2H_5 \cdot CH(CH_3) \cdot CO_2H$	II 304	102.13	0.941^{21}	< —80	177	Fl.; Amid F: 112⁰.
4	Methyläthylketon	$CH_3 \cdot CO \cdot C_2H_5$	I 666	72.10	0.8255^{0}	—86.4	79.6	Äther. riech. Fl.; 29.2 W. 20⁰, 18 W. 90⁰; p-Nitro-phenylhydrazon F: 124—124.5⁰.
5	2-Methyl-4-äthyl-pyridin	$NC_5H_3(CH_3) \cdot C_2H_5$	XX 248	121.17	0.923^{17}	—	177 bis 179/751	Fl.; wl. in W., ll. in A., Ä.; Pikrat F: 141—142⁰.
6	2-Methyl-5-äthyl-pyridin (Aldehydkollidin)	$NC_5H_3(CH_3) \cdot C_2H_5$	XX 248	121.17	0.918^{23}	—	173—4	Aromat. riech. Fl.; swl. in W., ll. in A., Ä., Bzl.; l. in H_2SO_4; flüchtig mit Dampf; Pikrat F: 164⁰.
7	2-Methyl-6-äthyl-pyridin	$NC_5H_3(CH_3) \cdot C_2H_5$	XX 249	121.17	0.9229^{15}	—	160—1	Fl.; swl. in W.; flüchtig mit Dampf; Pikrat F: 127⁰.
8	4-Methyl-3-äthyl-pyridin	$NC_5H_3(CH_3) \cdot C_2H_5$	XX 250	121.17	0.966^{0}	—	195—6	Fl.; wl. in W., l. in A., ll. in Ä.; riecht charakterist., schmeckt brennend; giftig; Pikrat F: 148 bis 150⁰.
9	Methylal	$CH_2(O \cdot CH_3)_2$	I 574	76.09	0.8665^{15}	— 105.0	42.3	Fl.; 30 W., ∞ A., Ä.
10	Methylalkohol	$CH_3 \cdot OH$	I 273	32.04	0.7923^{20}	—97.1	64.7	Fl.; ∞ W., A., Ä.; B. bei der Dest. des Holzes; Synth. aus CO u. H_2; giftig; Verwend. als Lösungsm. für Harze, Fette, Öle.
11	Methylamin	$CH_3 \cdot NH_2$	IV 32	31.06	1.3425 g/L 15⁰	—92.5	—6.5	Stark ammoniakal. riech. Gas; 97200 cm^3 W. 25⁰; brennbar.
12	— hydrochlorid	$CH_5N + HCl$	IV 36	67.52	—	227—8	225 bis 230/15	Zerfließl. Tafeln (A.); ll. in W., 23.01 sd. A., unl. in Ä., Chlf.
13	2-Methylamino-phenol	$CH_3 \cdot NH \cdot C_6H_4 \cdot OH$	XIII 362	123.15	—	86—7	—	Blätt. (Bzl. + PÄ.).
14	3-Methylamino-phenol	$CH_3 \cdot NH \cdot C_6H_4 \cdot OH$	XIII 404	123.15	—	—	190/40	Öl; wl. in k. W., ll. in A., Ä.; ll. in Säuren u. Alkali.
15	4-Methylamino-pheno	$CH_3 \cdot NH \cdot C_6H_4 \cdot OH$	XIII 441	123.15	—	87	—	Nadeln (Bzl.); l. in A., Ä.

31212 (Fortsetzung).

Nr.	Name	Formel	BZ	MG	D	F	Kp	Charakteristik
1	4-Methylamino-phenol-sulfat	$2C_7H_9ON + H_2SO_4$	XIII 442	344.37	—	250—60 (Z.)	—	Nadeln (W.); 4 W. 25°, 16.7 sd. W.; Verwend. als photograph. Entwickler (Metol).
2	Methylanilin	$C_6H_5 \cdot NH \cdot CH_3$	XII 135	107.15	0.9868^{20}	— 57	193.8	Fl.; l. in A., Ä., Bzl.; flüchtig mit Dampf; Acetylderiv. s. S. *166*, 11.
3	1-Methyl-anthracen	$C_6H_4\left\{\begin{matrix}CH\\CH\end{matrix}\right\}C_6H_3 \cdot CH_3$	E V 331	192.24	1.047^{99}	86	—	Nadeln (Me.); unl. in W., wl. in A., Ä., l. in Bzl.; Pikrat F: 113 bis 115°.
4	2-Methyl-anthracen	$C_6H_4\left\{\begin{matrix}CH\\CH\end{matrix}\right\}C_6H_3 \cdot CH_3$	V 674	192.24	—	207	subl.	Blätt.; unl. in W., wl. in A., Ä., sll. in Bzl., CS_2.
5	2-Methyl-anthrachinon	$C_6H_4\langle\begin{matrix}CO\\CO\end{matrix}\rangle C_6H_3 \cdot CH_3$	VII 809	222.23	—	177	subl.	Nadeln (A.); wl. in A., Ä., ll. in Bzl., Eg.
6	N-Methyl-anthranilsäure	$CH_3 \cdot NH \cdot C_6H_4 \cdot CO_2H$	XIV 323	151.16	—	179	—	Blätt. (A.); 0.2 k. W., 0.4 sd. W., ll. in A., Ä.
7	—— methylester	$CH_3 \cdot NH \cdot C_6H_4 \cdot CO_2 \cdot CH_3$	XIV 324	165.18	1.120^{15}	19	256	Kryst.; unl. in W., l. in A., Ä.; riecht wie Jasmin.
8	Methylarsenmonoxyd	$CH_3 \cdot AsO$	IV 610	105.94	—	95	Z.	Würfel (CS_2).
9	Methylarsin	$CH_3 \cdot AsH_2$	IV 599	91.96	—	—	+ 2	0.0085 W., ∞ A., Ä., CS_2; riecht unangenehm, durchdringend; sehr giftig; bildet Nebel an der Luft.
10	Methylarsinsäure s. Methanarsonsäure							
11	4-Methyl-benzophenon	$CH_3 \cdot C_6H_4 \cdot CO \cdot C_6H_5$	VII 440	196.23	—	59—60	326.5	Kryst.; swl. in W., l. in A., ll. in Ä.
12	2-Methyl-benzothiazol	$C_6H_4\langle\begin{matrix}N\\S\end{matrix}\rangle C \cdot CH_3$	XXVII 46	149.20	—	—	238	Fl.; unl. in W., l. in A.
13	2-Methyl-benzoxazol	$C_6H_4\langle\begin{matrix}N\\O\end{matrix}\rangle C \cdot CH_3$	XXVII 46	133.14	1.137^{0}	—	201	Fl.; unl. in W., ∞ A., Ä.; + W. → 2-Acetamino-phenol.

1	Methylbenzylketon	$C_6H_5 \cdot CH_2 \cdot CO \cdot CH_3$	VII 303	134.17	1.003^{20} (fl.)	27	215	Kryst.; Semicarbazon 197°.
2	4-Methyl-brenzcatechin	$CH_3 \cdot C_6H_3(OH)_2$	VI 878	124.13	1.129^{73}	65	251	Prismen (Bzl.); ll. in W., A., Ä.
3	5-Methyl-brenzschleim-säure	HC—CH, $CH_3 \cdot C \cdot O \cdot C \cdot CO_2H$	XVIII 294	126.11	—	108—9	subl.	Tafeln od. Nadeln (W.); 1.89 W. 20°, ll. in h. W., A., Ä.
4	Methylbromid	CH_3Br	I 66	94.95	1.732^{0}_{0}	—93.0	4.6	Gas; in fl. Zustand ∞ A., Ä., Chlf.; wirkt narkotisch.
5	Methylbutylcarbinol	$CH_3 \cdot [CH_2]_3 \cdot CH(OH) \cdot CH_3$	I 408	102.17	0.8044^{25}	—	140	Fl.; swl. in W., l. in A., Ä.
6	Methyl-tert.-butyl-carbinol	$(CH_3)_3C \cdot CH(OH) \cdot CH_3$	I 412	102.17	0.8185^{20}	5.5	120—0.6	Fl.; swl. in W., l. in A., Ä.; riecht campherart., schmeckt brennend; Phenylurethan F: 79°.
7	β-Methyl-α-butylen	$CH_3 \cdot CH_2 \cdot C(CH_3):CH_2$	I 211	70.13	0.670^{0}	—	32	Fl.; unl. in W., ∞ A., Ä.; + 85%ig. H_2SO_4 → Dimethyläthylcarbinol.
8	β-Methyl-β-butylen s. Trimethyläthylen							
9	Methylbutylketon	$CH_3 \cdot [CH_2]_3 \cdot CO \cdot CH_3$	I 689	100.15	0.830^{0}	—56.9	127.2	Fl.; swl. in W., ∞ A., Ä.; Semicarbazon F: 118°.
10	Methylcarbylamin s. Methylisocyanid							
11	2-Methyl-chinolin (Chinaldin)	$NC_9H_6 \cdot CH_3$	XX 387	143.18	1.0585^{20}	—2	247.6	Fl.; swl. in W., l. in A., Ä.; Verwend. zur Herst. v. Farbst.; Pikrat F: 194°.
12	3-Methyl-chinolin	$NC_9H_6 \cdot CH_3$	XX 394	143.18	1.0673^{20}	16—7	259.6	Prismen; swl. in W.; flücht. mit Dampf; Pikrat F: 187°.
13	4-Methyl-chinolin (Lepidin)	$NC_9H_6 \cdot CH_3$	XX 395	143.18	1.0868^{20}	9—10	246.2	Öl; wl. in W., ll. in A., Ä.; hygroskop.; riecht stechend, reizt zum Niesen; Pikrat F: 207°.
14	6-Methyl-chinolin	$NC_9H_6 \cdot CH_3$	XX 397	143.18	1.0654^{20}	—22	258.6	Fl.; wl. in W., ∞ A., Ä.; Pikrat F: 229°.
15	8-Methyl-chinolin	$NC_9H_6 \cdot CH_3$	XX 401	143.18	1.0719^{20}	—	247.8	Fl.; swl. in W., ∞ A., Ä.; Pikrat F: 200°.

31212 (Fortsetzung).

Nr.	Name	Formel	BZ	MG	D	F	Kp	Charakteristik
1	Methylchlorid	CH_3Cl	I 59	50.49	2.3073 g/L	—93	—23.7	Gas; 400 cm^3 W., 3500 cm^3 A., l. in Ä., Chlf., Eg.; Verwend. als Fl. zur Erzeug. lokaler Anästhesie; brennt mit grüngesäumter Flamme.
2	Methylcyanid s. Acetonitril							
3	Methylcyclohexan	$H_2C\langle{}^{CH_2 \cdot CH_2}_{CH_2 \cdot CH_2}\rangle CH \cdot CH_3$	V 29	98.18	0.7718^{17}	—126.4	100.3	Fl.; unl. in W., l. in A., Ä.; riecht benzinähnlich; V. in Erdölen.
4	1-Methyl-cyclohexanol	$H_2C \cdot CH_2 \cdot C(CH_3) \cdot OH$ / $H_2C \cdot CH_2 \cdot CH_2$	VI 11	114.18	0.9387^{12}	26	155	Kryst.; unl. in W., l. in A., Ä.; riecht nach Campher.
5	2-Methyl-cyclohexanol	$H_2C \cdot CH(CH_3) \cdot CH \cdot OH$ / $H_2C — CH_2 — CH_2$	VI 11	114.18	0.9332^{20}	—	165—6	Fl.; swl. in W., l. in A., Ä.
6	1-3-Methyl-cyclohexanol	$CH_3 \cdot HC \cdot CH_2 \cdot CH \cdot OH$ / $H_2C \cdot CH_2 \cdot CH_2$	VI 12	114.18	0.9158^{20}	—47	175—6	Sirup; 1.03 W., l. in A., Ä.
7	4-Methyl-cyclohexanol	$H_2C \cdot CH_2 \cdot CH \cdot OH$ / $CH_3 \cdot HC \cdot CH_2 \cdot CH_2$	VI 14	114.18	0.9170^{20}	—	173	Fl.; swl. in W., l. in A., Ä.; riecht angenehm.
8	1-Methyl-cyclohexanon-(2)	$H_2C\langle{}^{CH_2 \cdot CO}_{CH_2 \cdot CH_2}\rangle CH \cdot CH_3$	VII 14	112.16	0.9246^{18}	—	162—3	Fl.; l. in A., Ä.; Oxim F: 43—44°.
9	d-1-Methyl-cyclohexanon — (3)	$H_2C\langle{}^{CO \cdot CH_2}_{CH_2 \cdot CH_2}\rangle CH \cdot CH_3$	VII 15	112.16	0.8961^{20}	—	169	Fl.; l. in A., Ä.; Oxim F: 43—44°.

1	1-Methyl-cyclohexanon-(4)	$OC<\begin{matrix}CH_2\cdot CH_2\\CH_2\cdot CH_2\end{matrix}>CH\cdot CH_3$	VII 18	112.16	0.9132^{20}	—	170	Öl; l. in A., Ä.; Oxim F: 37—39°.
2	1-Methyl-cyclohexen-(1)	$H_2C<\begin{matrix}CH_2\cdot CH\\CH_2\cdot CH_2\end{matrix}>C\cdot CH_3$	V 66	96.16	0.8115^{18}	—	110	Fl.; unl. in W., l. in A., Ä.
3	1-Methyl-cyclohexen-(3)	$HC<\begin{matrix}CH\cdot CH_2\\CH_2\cdot CH_2\end{matrix}>CH\cdot CH_3$	V 67	96.16	0.8002^{16}	—	103	Fl.; unl. in W., l. in A., Ä.; $[\alpha]_D^{20}$: + 110°.
4	Methyldiäthylcarbinol	$(C_2H_5)_2C(OH)\cdot CH_3$	I 411	102.17	0.8237^{20}	< —38	122—3	Fl.; wl. in W., l. in A., Ä.
5	4-Methyl-diazoamino-benzol	$CH_3\cdot C_6H_4\cdot N_3H\cdot C_6H_5$	XVI 705	211.26	—	90—1	—	Gelbe Blätt.; unl. in W., l. in Bzl.
6	Methyldichlorarsin	$CH_3\cdot AsCl_2$	IV 601	160.86	1.847^{14}	—	133	Fl.; l. in W., ll. in A., Ä.; greift die Schleimhäute an.
7	Methyldiphenylamin	$(C_6H_5)_2N\cdot CH_3$	XII 180	183.24	1.048^{20}	— 7.6	293.4	Fl.; unl. in W., l. in A., Ä.
8	Methylenblau	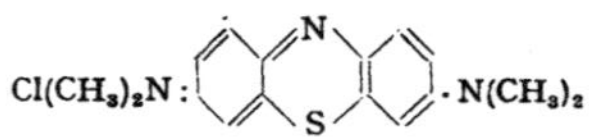	XXVII 395	319.84	—	—	—	Dunkelblaue Kryst. aq; ll. in W., l. in A.; Verwend. zum Färben v. Seide u. Baumwolle u. zur Vitalfärbung.
9	Methylenbromid	CH_2Br_2	I 67	173.86	2.4953^{20}	— 52.6	96.5	Fl.; 1.15 W. 20°, ∞ A., Ä.
10	Methylenchlorid	CH_2Cl_2	I 60	84.94	1.336^{20}	— 96.7	41.6	Fl.; 2 W. 20°, ∞ A., Ä.
11	Methylenjodid	CH_2J_2	I 71	267.87	3.3254^{20}	4	181 (Z.)	Blätt. u. Nadeln; 1.42 W. 20°, l. in A., Ä.
12	Methylfluorid	CH_3F	I 59	34.03	1.5454 g/L	—	— 78.2	Gas; 166 cm³ W. 15°, l. in A., Ä.
13	2-Methyl-furan	$\begin{matrix}HC\text{—}CH\\ \Vert \quad \Vert\\ HC\cdot O\cdot C\cdot CH_3\end{matrix}$	XVII 36	82.10	0.916^{20}	—	65	Fl.; wl. in W., l. in A., Ä.; V. in Holzölen.
14	5-Methyl-furfurol	$\begin{matrix}HC\text{—}CH\\ \Vert \quad \Vert\\ CH_3\cdot C\cdot O\cdot C\cdot CHO\end{matrix}$	XVII 289	110.11	1.1072^{18}	—	187	Öl; 3.3 W., ll. in A., Ä.

31212 (Fortsetzung).

Nr.	Name	Formel	BZ	MG	D	F	Kp	Charakteristik
1	α-Methylglucosid	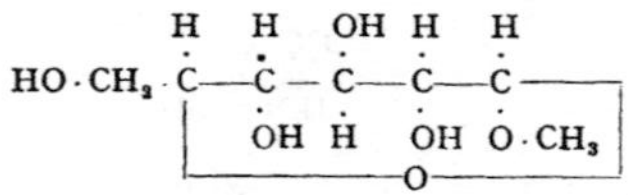	I 898	194.18	—	166	200/0.2	Kryst. (W.); 63 W. 17°, 0.5 A., 1.6 90%ig. A. 17°, unl. in Ä.; $[\alpha]_D^{20}$: +158.9° (W.).
2	β-Methylglucosid	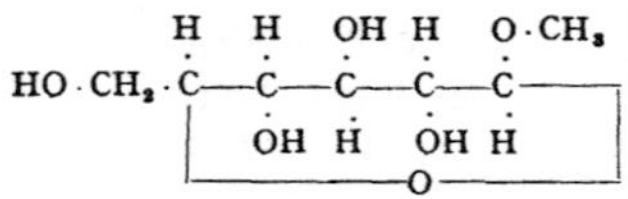	I 899	194.18	—	105	—	Tafeln + 1/2 H_2O (A.); 58 W. 17°, 1.5 A., 4.2 90%ig. A. 17°, unl. in Ä.; $[\alpha]_D$: −32° (W.).
3	Methylglyoxal	$CH_3 \cdot CO \cdot CHO$	I 762	72.06	—	—	72	Gelbe Fl.; l. in W., ll. in A., Ä.; polym. an der Luft.
4	Methylguanidin	$CH_3 \cdot NH \cdot C(:NH) \cdot NH_2$ oder $CH_3 \cdot N:C(NH_2)_2$	IV 68	73.10	—	—	—	Zerfließl. Masse; stark alkal.; giftig.
5	Methylharnstoff	$CH_3 \cdot NH \cdot CO \cdot NH_2$	IV 64	74.08	1.204	102	Z.	Prismen (W. od. A.); ll. in W., A., unl. in Ä.
6	Methylheptenon	$(CH_3)_2C:CH \cdot CH_2 \cdot CH_2 \cdot CO \cdot CH_3$	I 741	126.19	0.860^{20}	−67.1	173.2	Fl.; unl. in W., l. in A., Ä.; flücht. mit Dampf; V. in äther. Ölen; p-Nitro-phenylhydrazon F: 104°.
7	Methylheptylcarbinol	$CH_3 \cdot [CH_2]_6 \cdot CH(OH) \cdot CH_3$	I 423	144.25	0.8471^{20}	−35	193—4	Fl.; l. in A., Ä.
8	Methylheptylketon	$CH_3 \cdot [CH_2]_6 \cdot CO \cdot CH_3$	I 709	142.23	0.8261^{15}	−8.2	195.3	Fl.; unl. in W., l. in A., Ä.; Semicarbazon F: 119°.
9	Methylhexylketon	$CH_3 \cdot [CH_2]_5 \cdot CO \cdot CH_3$	I 704	128.20	0.8179^{21}	−16	172.9	Fl.; unl. in W., ∞ A., Ä.; p-Nitrophenylhydrazon F: 92—93°.
10	Methylhydrazin	$CH_3 \cdot NH \cdot NH_2$	IV 546	46 07	—	—	87/745	Fl.; l. in W., ∞ A., Ä.; hygroskop.; riecht wie Methylamin; Pikrat F: 166°.

1	2-Methyl-hydrochinon	$CH_3 \cdot C_6H_3(OH)_2$	VI 875	124.13	—	124—5	163/11	Blätt. (Bzl.); ll. in W., A., Ä.
2	β-Methyl-hydroxylamin	$CH_3 \cdot NH \cdot OH$	IV 534	47.06	1.003^{20}	42	62.5/15	Prismen; ll. in W., A., wl. in Ä.; hygroskop.
3	1-Methyl-imidazol	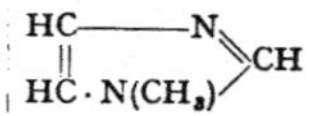	XXIII 46	82.10	1.036^{16}	—6	198	Fl.; ∞ W.; Pikrat F: 159°.
4	2-Methyl-indol	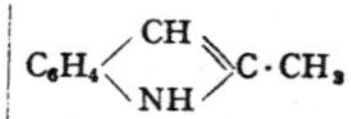	XX 311	131.17	—	60	272	Nadeln (W.), Blätt. (verd. A.); wl. in h. W., ll. in A., Ä.; Verwend. zur Herst. v. Duftstoffen.
5	3-Methyl-indol (Skatol)	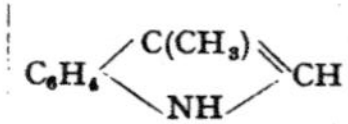	XX 315	131.17	—	95	266	Blätt. (W. od. Lg.); 0.05 W. 16°, l. in A.; riecht fäkalart.; + h. H_2SO_4 rote Färb.; V. in menschl. Fäzes.
6	Methylisobutylcarbinol	$(CH_3)_2CH \cdot CH_2 \cdot CH(OH) \cdot CH_3$	I 410	102.17	0.8025^{25}	—	131.9	Fl.; wl. in W., ∞ A., Ä.; Phenylurethan F: 143°.
7	Methylisobutylketon	$(CH_3)_2CH \cdot CH_2 \cdot CO \cdot CH_3$	I 691	100.15	0.8032^{17}	—83.5	116.9	Fl.; unl. in W., ∞ A., Ä.; Semicarbazon F: 132°.
8	Methylisocyanid	$CH_3 \cdot N:C$	IV 56	41.05	0.756^{4}	—45	59.6	Fl.; etwa 10 W. 15°, l. in A., Ä.; + Säuren → Methylamin + Ameisensäure; sehr giftig.
9	Methylisohexylketon	$(CH_3)_2CH \cdot [CH_2]_3 \cdot CO \cdot CH_3$	I 706	128.20	0.8165^{19}	—	165	Fl.; unl. in W., ∞ A., Ä.; riecht kümmelart.; p-Nitro-phenylhydrazon F: 83°.
10	5-Methyl-isophthalsäure	$CH_3 \cdot C_6H_3(CO_2H)_2$	IX 864	180.15	—	290—1	subl.	Nadeln (W.); swl. in sd. W., ll. in A., Ä.
11	Methylisopropylketon	$CH_3 \cdot CO \cdot CH(CH_3)_2$	I 682	86.13	0.803^{20}_{0}	—92.0	93.5	Fl.; Geruch erinnert an Petersilie u. Aceton; Semicarbazon F: 112°.
12	Methyljodid	CH_3J	I 69	141.95	2.2790^{20}	—66.1	42.4	Fl.; 1.8 W. 15°, ∞ A., Ä.
13	Methylmalonsäure	$CH_3 \cdot CH(CO_2H)_2$	II 627	118.09	1.455	135 (Z.)	—	Nadeln (Essigester + Bzn.); 66.7 W. 15°, ll. in A., Ä., swl. in sd. Bzl.
14	Methylmercaptan	$CH_3 \cdot SH$	I 288	48.10	0.8961^{0}	—121.0	5.8/752	Fl.; mit W. kryst. Hydrat; l. in A., Ä.; riecht nach faulem Kohl.

31212 (Fortsetzung).

Nr.	Name	Formel	BZ	MG	D	F	Kp	Charakteristik
1	Methylmonosilan	$CH_3 \cdot SiH_3$	E IV 579	46.12	0.62^{-57}	—156.5	—57	Gas; unl. in W.; zers. beim Erwärmen.
2	1-Methyl-naphthalin	$C_{10}H_7 \cdot CH_3$	V 566	142.19	1.0005^{19}	—22	240—3	Öl; unl. in W., ll. in A., Ä.; flücht. mit Dampf.
3	2-Methyl-naphthalin	$C_{10}H_7 \cdot CH_3$	V 567	142.19	—	34.1	241—2	Tafeln; unl. in W., l. in A.
4	1-Methyl-naphthol-(2)	$CH_3 \cdot C_{10}H_6 \cdot OH$	VI 664	158.19	—	112	subl.	Nadeln (W.); wl. in W., ll. in A., Ä.; l. in H_2SO_4 rotgelb.
5	Methyl-α-naphthylamin	$C_{10}H_7 \cdot NH \cdot CH_3$	XII 1221	157.20	—	—	293	Öl; ll. in A., Ä.
6	Methyl-β-naphthylamin	$C_{10}H_7 \cdot NH \cdot CH_3$	XII 1273	157.20	—	—	308—10	Öl; $C_{11}H_{11}N + HCl$ F: 182—183°.
7	Methylnitramin	$CH_3 \cdot NH \cdot NO_2$	IV 567	76.06	1.243^{40}	38	Z.	Nadeln (Ä.); ll. in W., A., l. in Ä.; stark sauer.
8	Methylnitrat	$CH_3 \cdot O \cdot NO_2$	I 284	77.04	1.2167^{15}_{15}	—	65	Fl.; l. in A., Ä.; expl. dch. Schlag sowie bei Überhitzen.
9	Methylnitrit	$CH_3 \cdot O \cdot NO$	I 284	61.04	0.991^{15} (fl.)	—	—12	Gas; l. in A., Ä.; B. aus Me. u. Nitriten (+ H_2SO_4) momentan (Trennung von HNO_2 u. HNO_3).
10	Methylnitrolsäure	$O_2N \cdot CH{:}N \cdot OH$	II 92	90.04	—	68 (Z.)	expl.	Nadeln (Ä.); ll. in W., A., Ä.; l. in Alkali rot; unbeständig.
11	Methylnonylketon	$CH_3 \cdot [CH_2]_8 \cdot CO \cdot CH_3$	I 713	170.28	0.8295^{17}	15	225	Fl.; unl. in W., l. in A., Ä.; riecht apfelsinenart.; Oxim F: 45°.
12	Methyl-p-phenylendiamin	$H_2N \cdot C_6H_4 \cdot NH \cdot CH_3$	XIII 71	122.16	—	35.5	257—9	Blätt.; ll. in W., A., Ä.
13	α-Methyl-phenylhydrazin	$C_6H_5 \cdot N(CH_3) \cdot NH_2$	XV 117	122.16	1.038^{22}	—	227/745	Fl.; wl. in k. W., ∞ A., Ä., Chlf., Bzl.
14	β-Methyl-phenylhydrazin	$C_6H_5 \cdot NH \cdot NH \cdot CH_3$	XV 118	122.16	1.04^{15}_{15}	—	230/738	Öl; dch. Luft Oxyd. → Methanazobenzol.
15	Methylphenylnitrosamin	$C_6H_5 \cdot N(NO) \cdot CH_3$	XII 579	136.15	1.125^{25}	13	128/19	Hellgelbes Öl; l. in A., Ä.
16	Methylphosphin	$CH_3 \cdot PH_2$	IV 580	48.07	—	—	—14	Gas; swl. in W., A., 700 cm³ Ä. 0°; riecht furchtbar; bildet an d. Luft Nebel; entzündet sich beim Erwärmen.

1	N-Methyl-piperidin	$CH_3\cdot NC_5H_{10}$	XX 16	99.17	0.8159^{20}	—	107	Fl.; 14.8 W. 49°, 5.5 W. 77°, l. in A., Ä.
2	Methylpropylketon	$C_2H_5\cdot CH_2\cdot CO\cdot CH_3$	I 676	86.13	0.8124^{15}_{15}	—83.5	102	Fl.; swl. in W., ∞ A., Ä.; p-Nitrophenylhydrazon F: 117°.
3	2-Methyl-pyrrol	HC——CH $HC\cdot NH\cdot C\cdot CH_3$	XX 170	81.11	0.945^{15}	—	148	Fl.; wl. in W., ll. in A., Ä.
4	3-Methyl-pyrrol	HC——$C\cdot CH_3$ $HC\cdot NH\cdot CH$	XX 171	81.11	—	—	143/743	Fl.; l. in A., Ä.
5	4-Methyl-resorcin	$CH_3\cdot C_6H_3(OH)_2$	VI 872	124.13	—	104—5	267—70	Kryst. (Bzl. + PÄ.); ll. in W., A., Ä., wl. in Bzl.
6	5-Methyl-resorcin (Orcin)	$CH_3\cdot C_6H_3(OH)_2$	VI 882	124.13	1.289*	107—8	287—90	Blätt. (Chlf.); Kryst. + 1 H_2O (W.) F: 58°; ll. in W., A., Ä.; schmeckt süß; *Hydrat.
7	Methylrhodanid	$CH_3\cdot S\cdot CN$	III 175	73.11	1.0765^{15}	—53.6	131	Fl.; swl. in W., ∞ A., Ä.; riecht laucheart.; bei 180° → Methylsenföl.
8	Methyl-salicylsäure s. Oxy-toluylsäure							
9	Methylschwefelsäure	$CH_3\cdot O\cdot SO_3H$	I 283	112.10	—	< —30	Z.*	Öl; sll. in W., l. in A., ∞ Ä.; * → Dimethylsulfat u. H_2SO_4.
10	Methylsenföl	$CH_3\cdot N:CS$	IV 77	73.11	1.0691^{37}	35	119	Kryst.; unl. in W., l. in A., Ä.; flücht. mit Dampf; riecht stechend nach Meerrettich.
11	N-Methyl-tetrahydro-chinolin (Kairolin)	$C_6H_4\langle$ CH_2——CH_2 $N(CH_3)\cdot CH_2$	XX 264	147.21	1.019^{23}	—	250	Fl.; Pikrat F: 144.5°.
12	Methylthioharnstoff	$CH_3\cdot NH\cdot CS\cdot NH_2$	IV 70	90.14	—	119	—	Prismen; ll. in W., A., wl. in Ä.
13	2-Methyl-thiophen	HC——CH $HC\cdot S\cdot C\cdot CH_3$	XVII 37	98.16	—	—	113	Fl.; unl. in W.; V. im Steinkohlenteer.
14	3-Methyl-thiophen	HC——$C\cdot CH_3$ $HC\cdot S\cdot CH$	XVII 38	98.16	1.0247^{16}	—	114/738	Fl.; unl. in W.

31212 (Fortsetzung).

Nr.	Name	Formel	BZ	MG	D	F	Kp	Charakteristik
1	Methyl-o-toluidin	$CH_3 \cdot C_6H_4 \cdot NH \cdot CH_3$	XII 784	121.17	0.973^{15}	—	206	Fl.; l. in A., Ä.
2	Methyl-p-toluidin	$CH_3 \cdot C_6H_4 \cdot NH \cdot CH_3$	XII 902	121.17	0.935^{55}	—	209—11	Fl.
3	Methyl-o-tolyl-äther	$CH_3 \cdot C_6H_4 \cdot O \cdot CH_3$	VI 352	122.16	0.9851^{15}_{15}	—	171	Fl.; swl. in W., ll. in A., Ä.
4	Methyl-m-tolyl-äther	$CH_3 \cdot C_6H_4 \cdot O \cdot CH_3$	VI 376	122.16	0.9766	—	177	Fl.; l. in A.
5	Methyl-p-tolyl-äther	$CH_3 \cdot C_6H_4 \cdot O \cdot CH_3$	VI 392	122.16	0.9757^{15}_{15}	—	176.5	Fl.; l. in A.
6	α-Methyl-cis-zimtsäure	$H \cdot C \cdot C_6H_5$ ‖ $CH_3 \cdot C \cdot CO_2H$	E IX 255	162.18	—	91—2	—	Kryst. (PÄ.); 0.76 PÄ. 18°; l. in H_2SO_4 dunkelviolett.
7	α-Methyl-trans-zimtsäure	$C_6H_5 \cdot C \cdot H$ ‖ $CH_3 \cdot C \cdot CO_2H$	IX 615	162.18	—	a) 74 b) 82	288	a) Nadeln (A. od. W.), b) Tafeln (W. od. Ä.); 0.12 sd. W., ll. in A., Ä., Bzl.
8	β-Methyl-cis-zimtsäure	$C_6H_5 \cdot C(CH_3):CH \cdot CO_2H$	IX 614	162.18	—	131.5	170 bis 172/14	Platten (CS_2); 7.85 Bzl. 21°, 0.89 PÄ. 21°; Amid F: 94—95°.
9	β-Methyl-trans-zimtsäure	$C_6H_5 \cdot C(CH_3):CH \cdot CO_2H$	IX 614	162.18	—	98.5	171 bis 174/15	Nadeln (CS_2); unl. in W., ll. in A., Ä., 19.2 Bzl. 21°, 2.08 PÄ. 21°; Amid F: 119°.
10	Mezcalin	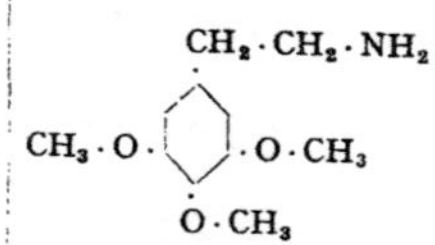	E XIII 338	211.25	—	—	180/12	Fl.; l. in W., ll. in A., wl. in Ä.; ruft Farbenvisionen hervor; V. in Anhalonium-Cacteen.
11	d-Milchsäure	$CH_3 \cdot CH(OH) \cdot CO_2H$	III 261	90.08	—	25—6	Z.	Zerfließl. Prismen; l. in W., A., Ä.; $[\alpha]^{20}_{D}$: + 3.3° (W.; c = 5); V. im Muskelfleisch; Darst. aus Fleischextrakt.
12	(dl-)Milchsäure	$CH_3 \cdot CH(OH) \cdot CO_2H$	III 268	90.08	—	18	119/12	Zerfließl. Kryst.; ll. in W., A., wl. in Ä.; Gewinn. dch. Milchsäuregär. v. Kartoffelstärke; Verwend. in d. Färberei, in d. Lederindustrie.

1	— Ca-Salz	$Ca(C_3H_5O_3)_2 + 5\,H_2O$	III 277	308.30	—	—	—	Kryst.; 10.5 k. W., ∞ sd. W., etwa 3 90%ig. A.
2	— Zn-Salz	$Zn(C_3H_5O_3)_2 + 3\,H_2O$	III 277	297.56	—	—	—	Kryst. (W. od. verd. A.); 1.79 W. 10°, 16.7 sd. W., fast unl. in A.; Verwend. als Beize in d. Färberei.
3	Milchsäureäthylester	$CH_3 \cdot CH(OH) \cdot CO_2 \cdot C_2H_5$	III 280	118.13	1.031^{19}	—	154.5	Fl.; dch. W. zers.
4	Milchsäurenitril	$CH_3 \cdot CH(OH) \cdot CN$	III 284	71.08	0.988^{20}	—40.0	183 (g. Z.)	Fl.; ∞ W., A., l. in Ä.
5	Morphin	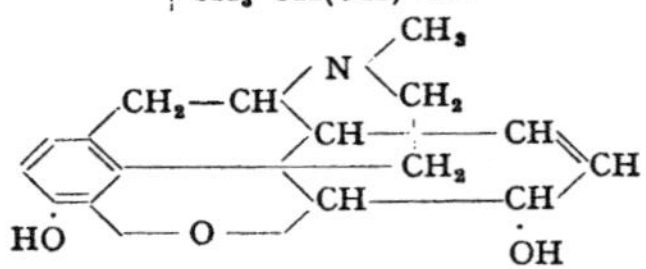	—	285.33	1.317	254 (Z.)	192/Vac.	Kryst. + H_2O (A.); 0.025 W. 20°, 0.25 h. W., 0.60 A 25°, 0.01 Ä. 20°; $[\alpha]_D$: —130.9° (Me.); + $FeCl_3$ blaue Färb.; schmeckt bitter; wirkt narkot.
6	— hydrochlorid	$C_{17}H_{19}O_3N + HCl + 3\,H_2O$	—	375.84	—	200 (Z.)	—	Nadeln (W.); 4 W., 2 A., unl. in Ä.; $[\alpha]_D$: —111° (W.); Verwend. als Narkotikum u. Hypnotikum.
7	Morpholin	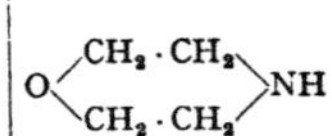	XXVII 5	87.12	1.0007^{20}	—	128	Öl; ∞ W., A., Ä.; starke Base; ätzt die Haut, greift Glas an.
8	Muconsäure	$HO_2C \cdot CH{:}CH \cdot CH{:}CH \cdot CO_2H$	II 803	142.11	—	298 (Z.)	—	Nadeln (W.); 0.02 k. W., etwa 1 k. A., l. in Eg.
9	Myrcen	$CH_2{:}CH \cdot C({:}CH_2) \cdot [CH_2]_2 \cdot CH{:}C(CH_3)_2$	E I 127	136.22	0.7982	—	56/12	Fl.
10	Myristinsäure	$CH_3 \cdot [CH_2]_{12} \cdot CO_2H$	II 365	228.36	0.8622^{54}	53.8	250.5/100	Blätt.; unl. in W., ll. in A., Ä., Bzl.; V. in Muskatbutter, Cocosnußöl usw.
11	α-Naphthaldehyd	$C_{10}H_7 \cdot CHO$	VII 400	156.17	1.149^{19}	—	291.6	Fl.; oxyd. an d. Luft; Oxim F: 98°.
12	β-Naphthaldehyd	$C_{10}H_7 \cdot CHO$	VII 401	156.17	1.078^{99}	61	—	Blätt. (W.); wl. in sd. W., ll. in A., Ä.; flücht. mit Dampf; Semicarbazon F: 245°.

31212 (Fortsetzung).

Nr	Name	Formel	BZ	MG	D	F	Kp	Charakteristik
1	Naphthalin	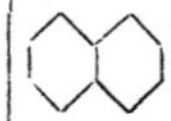	V 531	128.16	1.168^{22}	80.4	217.9	Tafeln (A.); 0.003 W. 25°, 9.5 A. 19.5°, 80 A. 60°, 500 A. 70°; ll. in Ä., 59.25 Bzl. 21°, 750 Bzl. 70°; flücht. mit Dampf; riecht charakterist.; V. in Erdölen, Steinkohlenteer; Verwend. zum Konservieren von Fellen, Holz, zur Herst. v. Phthalsäureanhydrid.
2	Naphthalin-dicarbonsäure-(1.2)	$C_{10}H_6(CO_2H)_2$	IX 917	216.18	—	175*	—	Kryst.; l. in h. W., ll. in A., Ä., Eg., wl. in Chlf.; * → Anhydrid F: 165°.
3	Naphthalin-dicarbonsäure-(1.8) (Naphthalsäure)	$C_{10}H_6(CO_2H)_2$	IX 918	216.18	—	—	—	Nadeln (A.); swl. in W., ll. in h. A., wl. in Ä.; bei 140° → Naphthalsäureanhydrid.
4	α-Naphthalinsulfochlorid	$C_{10}H_7\cdot SO_2Cl$	XI 157	226.67	—	68	194/13	Blätt. (Ä.); unl. in W., 18.18 A. 18°, ll. in Ä.
5	β-Naphthalinsulfochlorid	$C_{10}H_7\cdot SO_2Cl$	XI 173	226.67	—	79	201/13	Blätt. (Bzl. + PÄ.); unl. in W., l. in Bzl., Chlf.
6	α-Naphthalinsulfonsäure	$C_{10}H_7\cdot SO_3H$	XI 155	208.22	—	90	—	Kryst. + 2 H_2O; ll. in W., A., wl. in Ä.
7	β-Naphthalinsulfonsäure	$C_{10}H_7\cdot SO_3H$	XI 171	208.22	—	91	—	Kryst. + H_2O F: 124°; Kryst. + 3 H_2O F: 83°; sll. in A., Ä.
8	Naphthalsäureanhydrid	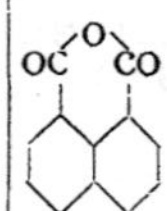	XVII 521	198.17	—	274	–	Nadeln (A.); wl. in A., swl. in Ä.; l. in H_2SO_4 gelb, blau fluoresc.
9	Naphthanthrachinon s. 1.2-Benzo-anthrachinon							

1	Naphthochinon-(1.2)	$C_6H_4\langle{}^{CO\cdot CO}_{CH:CH}$	VII 709	158.15	—	Z. 115—20	—	Rote Nadeln (Ä.); wl. in Ä., Bzl.; l. in H_2SO_4 grün; unbeständig.
2	Naphthochinon-(1.4)	$C_6H_4\langle{}^{CO\cdot CH}_{CO\cdot CH}$	VII 724	158.15	—	126	subl.	Gelbe Nadeln (A.); swl. in k. W., l. in A., ll. in Ä.; flücht. mit Dampf.
3	Naphthochinonoxim s. Nitrosonaphthol							
4	α-Naphthoesäure	$C_{10}H_7\cdot CO_2H$	IX 647	172.17	—	161	—	Nadeln (verd. A.); swl. in k. W., ll. in h. A.
5	β-Naphthoesäure	$C_{10}H_7\cdot CO_2H$	IX 656	172.17	—	185	> 300	Nadeln (Lg.); wl. in h. W., ll. in A., Ä.
6	α-Naphthol	$C_{10}H_7\cdot OH$	VI 596	144.16	1.224 1.0954^{99}	96.1	278—80	Kryst.; unl. in k. W., wl. in h. W., ll. in A., Ä.; flücht. mit Dampf; schmeckt brennend; Staub reizt zum Niesen; giftig; Verwend. zur Herst. von Farbst.; Acetat s. S. *130*, 6.
7	β-Naphthol	$C_{10}H_7\cdot OH$	VI 627	144.16	1.217	123	285—6	Tafeln; 0.075 W. 25°, ll. in A., Ä.; schmeckt brennend, Staub reizt zum Niesen; weniger giftig als α-Naphthol; Verwend. zur Herst. v. Farbst.; Acetat s. S. *130*, 7.
8	Naphthol-(2)-disulfonsäure-(3.6)	$HO\cdot C_{10}H_5(SO_3H)_2$	XI 288	304.28	—	—	—	Zerfließl. Nadeln; sll. in W., A., unl. in Ä.; Verwend. zur Herst. v. Farbst.
9	Naphthol-(2)-disulfonsäure-(6.8)	$HO\cdot C_{10}H_5(SO_3H)_2$	XI 289	304.28	—	—	—	Verwend. zur Herst. von gelben Farbst.; Na-Salz, sll. in W., zll. in verd. A.
10	α-Naphtholmethyläther	$C_{10}H_7\cdot O\cdot CH_3$	VI 606	158.19	1.0963^{14}	< —10	269	Öl; unl. in W., ll. in A., Ä.; flücht. mit Dampf.
11	β-Naphtholmethyläther	$C_{10}H_7\cdot O\cdot CH_3$	VI 640	158.19	—	75	271	Blätt. (Ä.); unl. in W., wl. in A., ll. in Ä.; flücht. mit Dampf; riecht wie Orangenblüten.

31212 (Fortsetzung).

Nr.	Name	Formel	BZ	MG	D	F	Kp	Charakteristik
1	Naphthol-(1)-sulfonsäure-(2)	$HO\cdot C_{10}H_6\cdot SO_3H$	XI 269	224.22	—	> 250	—	Tafeln (W.); wl. in k. W., l. in A., unl. in Ä.
2	Naphthol-(1)-sulfonsäure-(4)	$HO\cdot C_{10}H_6\cdot SO_3H$	XI 271	224.22	—	etwa 170 (Z.)	—	Tafeln (W.); ll. in W.; Verwend. zur Herst. v. Farbst.
3	Naphthol-(1)-sulfonsäure-(5)	$HO\cdot C_{10}H_6\cdot SO_3H$	XI 273	224.22	—	110—20	—	Zerfließl. Kryst.; l. in W.; Verwend. zur Herst. v. Farbst.
4	Naphthol-(1)-sulfonsäure-(7)	$HO\cdot C_{10}H_6\cdot SO_3H$	XI 274	224.22	—	—	—	Kryst.; ll. in W., A.; Verwend. zur Herst. von Farbst.
5	Naphthol-(1)-sulfonsäure-(8)	$HO\cdot C_{10}H_6\cdot SO_3H$	XI 275	224.22	—	106—7	—	Kryst. + 1 H_2O; wird bei 180° wasserfrei; sll. in W.
6	Naphthol-(2)-sulfonsäure-(1)	$HO\cdot C_{10}H_6\cdot SO_3H$	XI 281	224.22	—	—	—	Kryst.; sll. in W.; Salzlsgg. geben mit $FeCl_3$ blaue Färb.
7	Naphthol-(2)-sulfonsäure-(6)	$HO\cdot C_{10}H_6\cdot SO_3H$	XI 282	224.22	—	125	—	Blätt.; ll. in W., A.; + $FeCl_3$ schwachgrüne Färb.; Verwend. zur Herst. v. Farbst.
8	Naphthol-(2)-sulfonsäure-(7)	$HO\cdot C_{10}H_6\cdot SO_3H$	XI 285	224.22	—	89	Z. 150	Nadeln + aq (konz. HCl); ll. in W., A., unl. in Ä., Bzl.
9	Naphthol-(2)-sulfonsäure-(8)	$HO\cdot C_{10}H_6\cdot SO_3H$	XI 286	224.22	—	—	—	+ konz. H_2SO_4 → Naphthol-(2)-sulfonsäure-(6); $Na_2C_{10}H_6O_4S$ Nadeln + 2 C_2H_6O (A.), sll. in W., ll. in A., sehr hygroskop.
10	α-Naphthonitril	$C_{10}H_7\cdot CN$	IX 649	153.17	1.117^{15}_{15}	37	299	Nadeln (Lg.); ll. in A., l. in Eg., CS_2.
11	β-Naphthonitril	$C_{10}H_7\cdot CN$	IX 659	153.17	1.091^{80}_{80}	66	305	Blätt. (Lg.); swl. in W., l. in A., Ä.
12	α-Naphthylamin	$C_{10}H_7\cdot NH_2$	XII 1212	143.18	1.108^{50}	50	300.8	Nadeln (verd. A.); 0.17 W., ll. in A., Ä.; flücht. mit Dampf; riecht unangenehm, schmeckt beißend bitter; Verwend. zur Herst. von Azofarbst.; Acetylderiv. s. S. *12*, 1.

1	β-Naphthylamin	$C_{10}H_7 \cdot NH_2$	XII 1265	143.18	1.061^{98}	112	306.1	Blätt. (W.); ll. in h. W., A., Ä.; flücht. mit Dampf; Verwend. zur Herst. v. Azofarbst.; Acetylderiv. s. S. *12*, 2.
2	Naphthylamin-(1)-sulfonsäure-(2)	$H_2N \cdot C_{10}H_6 \cdot SO_3H$	XIV 757	223.24	—	272 (Z.)	—	Nadeln (W.); 0.41 W. 20°, 3.19 W. 100°.
3	Naphthylamin-(1)-sulfonsäure-(4)	$H_2N \cdot C_{10}H_6 \cdot SO_3H$	XIV 739	223.24	—	Z.	—	Nadeln + $^1/_2$ H_2O (W.); 0.03 W. 20°, 0.23 W. 100°, swl. in A.; Verwend. zur Herst. von Azofarbst.
4	Naphthylamin-(1)-sulfonsäure-(5)	$H_2N \cdot C_{10}H_6 \cdot SO_3H$	XIV 744	223.24	—	—	—	Nadeln + 1 H_2O; Verwend. zur Herst. v. Azofarbst.
5	Naphthylamin-(1)-sulfonsäure-(6)	$H_2N \cdot C_{10}H_6 \cdot SO_3H$	XIV 758	223.24	—	—	—	Würfel od. Blätt. (W.); 0.1 W. 16°; + $FeCl_3$ blaue Färb.; Verwend. zur Herst. v. Azofarbst.
6	Naphthylamin-(1)-sulfonsäure-(8)	$H_2N \cdot C_{10}H_6 \cdot SO_3H$	XIV 752	223.24	—	—	—	Nadeln + 1 H_2O; 0.02 W. 21°, 0.43 sd. W.
7	Naphthylamin-(2)-sulfonsäure-(1)	$H_2N \cdot C_{10}H_6 \cdot SO_3H$	XIV 738	223.24	—	—	—	Blätt. od. Nadeln (W.); wl. in k. W.
8	Naphthylamin-(2)-sulfonsäure-(5)	$H_2N \cdot C_{10}H_6 \cdot SO_3H$	XIV 748	223.24	—	—	—	Tafeln (W.); 0.033 W. 20°, swl. in A.
9	Naphthylamin-(2)-sulfonsäure-(6)	$H_2N \cdot C_{10}H_6 \cdot SO_3H$	XIV 760	223.24	—	—	—	Kryst. + 1 H_2O; 0.013 W. 20°, 0.16 W. 100°; Verwend. zur Herst. von Farbst.
10	Naphthylamin-(2)-sulfonsäure-(7)	$H_2N \cdot C_{10}H_6 \cdot SO_3H$	XIV 763	223.24	—	—	—	Nadeln + 1 H_2O; 0.019 W. 20°, 0.29 sd. W.; Verwend. zur Herst. v. Farbst.
11	Naphthylamin-(2)-sulfonsäure-(8)	$H_2N \cdot C_{10}H_6 \cdot SO_3H$	XIV 750	223.24	—	—	—	Prismen (W.); 0.06 W. 20°, swl. in A.
12	Naphthylendiamin-(1.2)	$H_2N \cdot C_{10}H_6 \cdot NH_2$	XIII 196	158.19	—	98.5	150/0.5	Blätt. (W.); wl. in W., ll. in A., Ä.
13	Naphthylendiamin-(1.4)	$H_2N \cdot C_{10}H_6 \cdot NH_2$	XIII 201	158.19	—	120	—	Nadeln (W.); wl. in W., ll. in A., Ä.; Verwend. zur Herst. v. Farbst.

31212 (Fortsetzung).

Nr.	Name	Formel	BZ	MG	D	F	Kp	Charakteristik
1	Naphthylendiamin-(1.5)	$H_2N\cdot C_{10}H_6\cdot NH_2$	XIII 203	158.19	—	189.5	subl.	Prismen (Ä.); swl. in k. W., ll. in h. A., Ä.; Verwend. zur Herst. v. Farbst.
2	Naphthylendiamin-(1.8)	$H_2N\cdot C_{10}H_6\cdot NH_2$	XIII 205	158.19	—	66.5	etwa 205/12	Kryst. (verd. A.); l. in W., ∞ A., Ä.
3	Naphthylendiamin-(2.6)	$H_2N\cdot C_{10}H_6\cdot NH_2$	XIII 208	158.19	—	217	—	Nadeln od. Blätt. (W.); swl. in h. W., wl. in A., Ä.
4	Naphthylendiamin-(2.7)	$H_2N\cdot C_{10}H_6\cdot NH_2$	XIII 208	158.19	—	160—1	—	Blätt. (W.).
5	α-Naphthylhydrazin	$C_{10}H_7\cdot NH\cdot NH_2$	XV 561	158.19	—	116—7	203/20	Blätt. (W.); swl. in k. W., ll. in h. A., wl. in Ä.
6	β-Naphthylhydrazin	$C_{10}H_7\cdot NH\cdot NH_2$	XV 568	158.19	—	124—5	Z.	Blätt. (W.); wl. in h. W., ll. in h. A., wl. in Ä.
7	Narcein	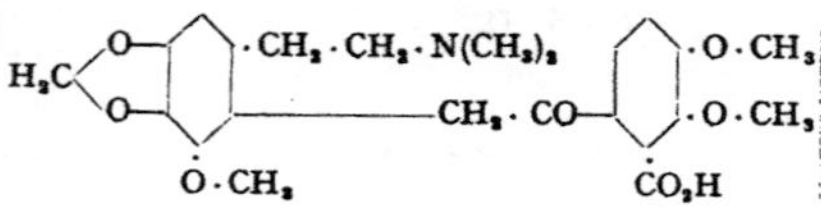	XIX 370	445.45	—	etwa 170*	—	Prismen + 3 H_2O (W.); 0.08 W. 13°, wl. in A., unl. in Ä.; *F des Trihydrats; V. im Opium; wirkt nicht narkot.
8	Narcotin	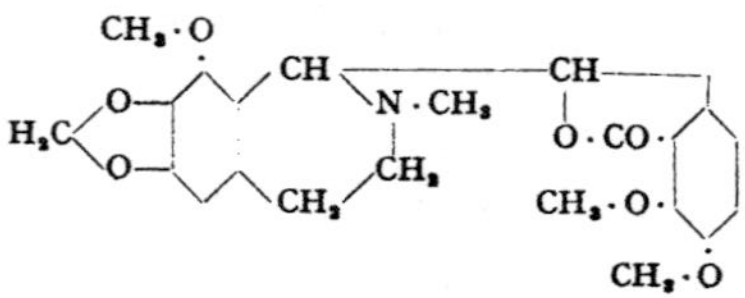	XXVII 547	413.41	1.374	176	Z.	Nadeln (A.); swl. in W., wl. in k. A., ll. in sd. A., 0.6 Ä. 16°, ll. in Chlf.; $[\alpha]_D$: —200° (Chlf.); wirkt narkot.; V. im Opium.
9	Natriumäthylat	$C_2H_5\cdot ONa$	I 311	68.06	—	—	—	Amorph; ll. in A.; empfindl. gegen Feuchtigkeit u. Sauerstoff; dch. W. in NaOH u. A. zers.
10	Natriummercaptid	$C_2H_5\cdot SNa$	I 341	84.12	—	—	—	Kryst. (A.); ll. in W., A. unter Z.

1	Natriummethylat	$CH_3 \cdot ONa$	I 280	54.03	—	—	—	Amorph.; sehr hygroskop; $CH_3 \cdot ONa + CH_4O$ hygroskop. Kryst.
2	Nerol	$CH_2:C(CH_3) \cdot [CH_2]_3 \cdot C \cdot CH_3$ ⁚ $HO \cdot CH_2 \cdot CH$ und $(CH_3)_2C:CH \cdot [CH_2]_2 \cdot C \cdot CH_3$ ⁚ $HO \cdot CH_2 \cdot CH$	I 459	154.24	0.8813^{15}	—	225—6	Fl.; V. in äther. Ölen; Verwend. zur Herst. v. künstl. Blumenduft.
3	Neurin	$CH_2:CH \cdot N(CH_3)_3 \cdot OH$	IV 203	103.16	—	—	—	Sirup; l. in W.; giftig; $C_5H_{12}NCl + AuCl_3$ F: 238—239° (Z.).
4	Nicotin	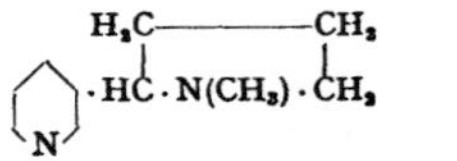	XXIII 110	162.23	1.0093^{20}	< —10	246/730	Fl.; ∞ W. < 64° u. > 205°, ll. in A., Ä.; $[\alpha]^{20}$: —160°, flücht. mit Dampf; wirkt narkot.; V. in Tabakblättern; Verwend. zur Bekämpf. v. Tier- u. Pflanzenschädlingen.
5	Ninhydrin	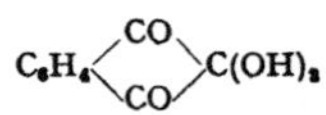	E VII 475	178.14	—	Z. 139	—	Prismen (W.); ll. in sd. W., wl. in Ä.; + Aminosäuren blaue Färb.; giftig.
6	Nitranilsäure	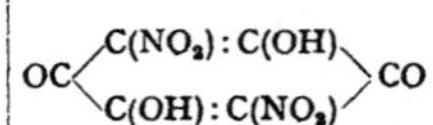	VIII 384	230.09	—	Z. 170	—	Gelbe Tafeln + aq; ll. in W., A., unl. in Ä.; starke Säure.
7	Nitroacetaldoxim	$O_2N \cdot CH_2 \cdot CH:N \cdot OH$	I 627	104.07	—	79—80	—	Tafeln (Chlf. od. Ä.); ll. in W., A., Ä.; wss. Lsg. reagiert stark sauer; zers. allmählich; expl. bei 110°.
8	2-Nitro-acetanilid	$CH_3 \cdot CO \cdot NH \cdot C_6H_4 \cdot NO_2$	XII 691	180.16	1.419^{15}	93	—	Blätt. (verd. A.); 0.22 k. W., ll. in sd. W.; ll. in KOH.
9	3-Nitro-acetanilid	$CH_3 \cdot CO \cdot NH \cdot C_6H_4 \cdot NO_2$	XII 703	180.16	—	154—6	—	Blätt. (A.); l. in Chlf.; unl. in KOH.
10	4-Nitro-acetanilid	$CH_3 \cdot CO \cdot NH \cdot C_6H_4 \cdot NO_2$	XII 719	180.16	—	214	—	Prismen; 0.22 k. W.; l. in KOH.
11	Nitroäthan	$CH_3 \cdot CH_2 \cdot NO_2$	I 99	75.07	1.0561^{15}_{15}	—	114	Fl.; unl. in W., ∞ A., Ä.; l. in Alkali; + konz. HCl bei 140° → Essigsäure u. Hydroxylamin.

31212 (Fortsetzung).

Nr.	Name	Formel	BZ	MG	D	F	Kp	Charakteristik
1	β-Nitro-äthylalkohol	$O_2N \cdot CH_2 \cdot CH_2 \cdot OH$	I 339	91.07	1.270^{15}	< —80	194	Fl.; ll. in W., A., Ä.; riecht u. schmeckt stechend.
2	3-Nitro-alizarin	$C_6H_4\langle{CO \atop CO}\rangle C_6H(NO_2)(OH)_2$	VIII 447	285.20	—	244 (Z.)	subl. Z.	Orangegelbe Blätt. (Bzl.); wl. in W., l. in A.; l. in verd. Alkali purpurrot; Farbst. „Alizarin-orange“; Diacetat F: 218°.
3	4-Nitro-alizarin	$C_6H_4\langle{CO \atop CO}\rangle C_6H(NO_2)(OH)_2$	VIII 447	285.20	—	289 (Z.)	—	Gelbe Nadeln (A.); swl. in W., wl. in A.; l. in KOH blauviolett; Diacetat F: 194—195°.
4	2-Nitro-4-amino-phenol	$H_2N \cdot C_6H_3(NO_2) \cdot OH$	XIII 520	154.12	—	131	—	Rote Tafeln od. Nadeln (W. od. A.).
5	3-Nitro-4-amino-phenol	$H_2N \cdot C_6H_3(NO_2) \cdot OH$	XIII 521	154.12	—	154	—	Rote grünschimmernde Prismen (Ä.); l. in W., A. orange, l. in Ä.; l. in Alkali violett.
6	4-Nitro-2-amino-phenol	$H_2N \cdot C_6H_3(NO_2) \cdot OH$	XIII 388	154.12	—	142—3	—	Orange Prismen + 1 H_2O; wl. in k. W., ll. in A., Ä.
7	5-Nitro-2-amino-phenol	$H_2N \cdot C_6H_3(NO_2) \cdot OH$	XIII 390	154.12	—	201—2	—	Braune Nadeln (W. od. A.); l. in Eg.
8	2-Nitro-anilin	$O_2N \cdot C_6H_4 \cdot NH_2$	XII 687	138.12	1.442^{15}	71.5	—	Gelbe Blätt. od. Nadeln (W.); 0.126 W. 25°; 15.85 A. 15°, sll. in Ä., ll. in Chlf.; flücht. mit Dampf; Acetylderiv. s. S. *183*, 8.
9	3-Nitro-anilin	$O_2N \cdot C_6H_4 \cdot NH_2$	XII 698	138.12	1.398^{18}	114	> 285	Gelbe Nadeln (W.); 0.114 W. 20°, 7.05 A. 20°, 7.89 Ä. 20°, 2.45 Bzl. 20°; flücht. mit Dampf; Acetylderiv. s. S. *183*, 9.
10	4-Nitro-anilin	$O_2N \cdot C_6H_4 \cdot NH_2$	XII 711	138.12	1.424	147.5	—	Gelbe Nadeln (W.); 0.077 W. 20°, 2.2 W. 100°, 5.84 A. 20°, 6.10 Ä. 20°, 1.98 Bzl. 20°; nicht flüchtig mit Dampf; Acetylderiv. s. S. *183*, 10.

1	2-Nitro-anisol	$O_2N\cdot C_6H_4\cdot O\cdot CH_3$	VI 217	153.13	1.254^{20}	9.4	265	Fl.; 0.169 W. 30°, l. in A., Ä.; flücht. mit Dampf.
2	4-Nitro-anisol	$O_2N\cdot C_6H_4\cdot O\cdot CH_3$	VI 230	153.13	1.233^{20}	54	258—60	Prismen (A.); 0.007 W. 15°, 0.059 W. 30°, l. in A., Ä.; flücht. mit Dampf.
3	9-Nitro-anthracen	$C_6H_4\left\{\begin{matrix}C(NO_2)\\CH\end{matrix}\right\}C_6H_4$	V 666	223.22	—	146	> 300	Gelbe Nadeln (A.); wl. in A., sll. in Bzl., CS_2.
4	1-Nitro-anthrachinon	$C_6H_4<\begin{matrix}CO\\CO\end{matrix}>C_6H_3\cdot NO_2$	VII 791	253.20	—	230	270/7	Nadeln (Eg.); unl. in W., swl. in A., Ä.; subl.
5	2-Nitro-anthrachinon	$C_6H_4<\begin{matrix}CO\\CO\end{matrix}>C_6H_3\cdot NO_2$	VII 792	253.20	—	184.5	—	Gelbe Nadeln (A.); unl. in W., wl. in A., Ä.
6	o-Nitro-benzalchlorid	$O_2N\cdot C_6H_4\cdot CHCl_2$	V 332	206.03	—	27	143/12	Kryst. (A.); l. in A., Ä.; reizt die Schleimhäute.
7	m-Nitro-benzalchlorid	$O_2N\cdot C_6H_4\cdot CHCl_2$	V 332	206.03	—	65	—	Kryst. (A.); ll. in sd. A., Ä.
8	p-Nitro-benzalchlorid	$O_2N\cdot C_6H_4\cdot CHCl_2$	V 332	206.03	—	46	—	Prismen (A.); ll. in A., Ä.
9	2-Nitro-benzaldehyd	$O_2N\cdot C_6H_4\cdot CHO$	VII 243	151.12	—	a) 43.5 b) 40.4	153/23	Hellgelbe Nadeln; 0.23 W. 25°, ll. in A., Ä.; Phenylhydrazon F: 154°.
10	3-Nitro-benzaldehyd	$O_2N\cdot C_6H_4\cdot CHO$	VII 250	151.12	—	58	164/23	Nadeln (W.); 0.16 W. 25°, ll. in h. A., zll. in Ä.; Phenylhydrazon F: 121°.
11	4-Nitro-benzaldehyd	$O_2N\cdot C_6H_4\cdot CHO$	VII 256	151.12	—	106	subl.	Prismen (W.); wl. in k. W., ll. in A., zwl. in Ä.; Phenylhydrazon F: 159°.
12	2-Nitro-benzoesäure	$O_2N\cdot C_6H_4\cdot CO_2H$	IX 370	167.12	1.575	148	—	Nadeln (W.); 0.65 W. 20°, 2.82 A. 11°, 2.16 Ä. 11°, 0.05 Chlf. 11°, swl. in Bzl.; schmeckt sehr süß.
13	3-Nitro-benzoesäure	$O_2N\cdot C_6H_4\cdot CO_2H$	IX 376	167.12	1.494	140—1	—	Blätt. (W.); 0.31 W. 20°, 3.14 A. 12°, 2.52 Ä. 10°, 0.57 Chlf. 10°, swl. in Bzl.

31212 (Fortsetzung).

Nr.	Name	Formel	BZ	MG	D	F	Kp	Charakteristik
1	4-Nitro-benzoesäure	$O_2N \cdot C_6H_4 \cdot CO_2H$	IX 389	167.12	1.610^{20}	240	subl.	Blätt. (W.); 0.02 W. 15°, 0.3 sd. W., 0.09 A. 10°, 0.23 Ä. 13°, 0.007 Chlf. 11°.
2	Nitrobenzol	$C_6H_5 \cdot NO_2$	V 233	123.11	1.2229^{0}	5.7	210.9	Fl.; 0.19 W. 20°, 0.27 W. 55°, l. in A., Ä.; flücht. mit Dampf; riecht bittermandelölartig, giftig; Red. → Anilin.
3	3-Nitro-benzolsulfonsäure	$O_2N \cdot C_6H_4 \cdot SO_3H$	XI 68	203.17	—	—	—	Zerfließl. Blätt.; ll. in h. A.; Chlorid F: 64°; Amid F: 166°.
4	4-Nitro-benzolsulfonsäure	$O_2N \cdot C_6H_4 \cdot SO_3H$	XI 71	203.17	—	95	—	Hygroskop. Kryst.; Chlorid F: 80°; Amid F: 179—180°.
5	2-Nitro-benzonitril	$O_2N \cdot C_6H_4 \cdot CN$	IX 374	148.12	—	110	—	Nadeln (W.); ll. in sd. W., A., Eg.
6	3-Nitro-benzonitril	$O_2N \cdot C_6H_4 \cdot CN$	IX 385	148.12	—	117—8	subl.	Nadeln (W.); l. in h. W., A., ll. in Ä., Eg.; flücht. mit Dampf.
7	4-Nitro-benzonitril	$O_2N \cdot C_6H_4 \cdot CN$	IX 397	148.12	—	149	subl.	Gelbe Blätt. (A.); wl. in W., k. A., ll. in h. A., Eg.; flücht. mit Dampf.
8	2-Nitro-benzylalkohol	$O_2N \cdot C_6H_4 \cdot CH_2 \cdot OH$	VI 447	153.13	—	74	270 (Z.)	Nadeln (W.); zwl. in W., ll. in A., Ä.
9	3-Nitro-benzylalkohol	$O_2N \cdot C_6H_4 \cdot CH_2 \cdot OH$	VI 449	153.13	1.296^{18}_{15}	27	175—80/3	Krystalle; wl. in W., ll. in Ä.
10	4-Nitro-benzylalkohol	$O_2N \cdot C_6H_4 \cdot CH_2 \cdot OH$	VI 450	153.13	—	93	185/12	Nadeln (W.); ll. in h. W., wl. in k. W., ll. in Ä.
11	o-Nitro-benzylchlorid	$O_2N \cdot C_6H_4 \cdot CH_2Cl$	V 327	171.58	—	48—9	—	Kryst. (PÄ.); unl. in W., ll. in h. A., Ä.; brennt auf der Haut.
12	p-Nitro-benzylchlorid	$O_2N \cdot C_6H_4 \cdot CH_2Cl$	V 329	171.58	1.34	71	—	Blätt. od. Nadeln (A.); unl. in W., 7.10 A. 25°, 23.1 Ä. 25°; brennt auf der Haut.
13	3-Nitro-d-campher	$C_8H_{14}\left\langle\begin{matrix}CO\\ \vert \\ CH \cdot NO_2\end{matrix}\right.$	VII 128	197.23	—	102	—	Prismen (Bzl.); unl. in W., l. in A., Ä., ll. in Bzl., Chlf.

1	5-Nitro-chinolin	$NC_9H_6 \cdot NO_2$	XX 371	174.15	—	72	subl.	Nadeln (W. od. A.); wl. in sd. W., l. in h. A.
2	6-Nitro-chinolin	$NC_9H_6 \cdot NO_2$	XX 372	174.15	—	153—4	—	Nadeln (W. od. verd. A.); wl. in k. W., ll. in h. W., A., wl. in Ä., ll. in Bzl.; ll. in verd. Säuren.
3	7-Nitro-chinolin	$NC_9H_6 \cdot NO_2$	XX 372	174.15	—	132—3	—	Tafeln od. Nadeln (W. od. A.); swl. in k. W., k. A., ll. in Ä., Chlf.
4	8-Nitro-chinolin	$NC_9H_6 \cdot NO_2$	XX 373	174.15	—	91—2	—	Prismen (A.); wl. in k. W., l. in A., Ä., ll. in Bzl.; ll. in verd. Säuren.
5	2-Nitro-dimethylanilin	$O_2N \cdot C_6H_4 \cdot N(CH_3)_2$	XII 690	166.17	1.179^{20}	—	154/24	Gelbrote Fl.; wl. in W., ll. in A., Ä.; flüchtig mit Dampf; Pikrat F: 102—103°.
6	3-Nitro-dimethylanilin	$O_2N \cdot C_6H_4 \cdot N(CH_3)_2$	XII 701	166.17	1.313^{17}	60—1	280—5 (Z.)	Rote Kryst. (Ä.); flücht. mit Dampf.
7	4-Nitro-dimethylanilin	$O_2N \cdot C_6H_4 \cdot N(CH_3)_2$	XII 714	166.17	—	163	—	Gelbe Nadeln (A.); unl. in W., l. in h. A.
8	2-Nitro-diphenyl	$C_6H_5 \cdot C_6H_4 \cdot NO_2$	V 582	199.20	1.44	37	etwa 320	Tafeln (A.); unl. in W., ll. in A., Ä.
9	3-Nitro-diphenyl	$C_6H_5 \cdot C_6H_4 \cdot NO_2$	V 582	199.20	—	61	—	Gelbe Blätt. (A.); unl. in W., ll. in A., Eg., Lg.
10	4-Nitro-diphenyl	$C_6H_5 \cdot C_6H_4 \cdot NO_2$	V 583	199.20	1.328	113	340	Nadeln (A.); unl. in W., wl. in k. A., ll. in Ä., Chlf.
11	4-Nitro-diphenylamin	$C_6H_5 \cdot NH \cdot C_6H_4 \cdot NO_2$	XII 715	214.21	—	133	—	Gelbe Nadeln; unl. in W., ll. in A., Eg.; l. in H_2SO_4 violett.
12	Nitroform	$CH(NO_2)_3$	I 79	151.04	1.5967^{24}	15 (22—3)	45—7/22	Kryst.; l. in W. gelb; l. in Alkali.
13	Nitroglycerin	$(O_2N \cdot O \cdot CH_2)_2CH \cdot O \cdot NO_2$	I 516	227.09	1.601_{15}^{15}	13.3	160/15	Öl; 0.18 W. 20°, 37.5 A. 0°, 54 A. 20°, ∞ Ä., Chlf., wl. in CS_2; expl. dch. Stoß, Schlag od. Erhitzen; giftig; Verwend. als Sprengmittel im „Dynamit“.
14	Nitroguanidin	$H_2N \cdot C(:NH) \cdot NH \cdot NO_2$ oder $(H_2N)_2C:N \cdot NO_2$	III 126	104.07	—	230 (Z.)	—	Nadeln (W.); 0.27 W. 19°, 9 sd. W., swl. in A., unl. in Ä.; ll. in Alkali.

31212 (Fortsetzung).

Nr.	Name	Formel	BZ	MG	D	F	Kp	Charakteristik
1	Nitroharnstoff	$O_2N \cdot NH \cdot CO \cdot NH_2$	III 125	105.06	—	158.6 (Z.)	—	Kryst. (Ä. od. Bzl.); wl. in k. W., ll. in A., Ä.
2	5-Nitro-isophthalsäure	$O_2N \cdot C_6H_3(CO_2H)_2$	IX 840	211.13	—	255	—	Blätt. + 1 H_2O (W.); 0.16 W. 25°, ll. in h. W., A., Ä.
3	2-Nitro-p-kresol (OH=1)	$CH_3 \cdot C_6H_3(NO_2) \cdot OH$	VI 412	153.13	1.2399^{39}	32	125/22	Gelbe Nadeln (verd. A.); wl. in W., ll. in A., Ä., Bzl.; flücht. mit Dampf.
4	3-Nitro-o-kresol (OH=1)	$CH_3 \cdot C_6H_3(NO_2) \cdot OH$	VI 366	153.13	—	145	—	Nadeln (W.); swl. in k. W., ll. in A., Ä.; schmeckt sehr süß.
5	3-Nitro-p-kresol (OH=1)	$CH_3 \cdot C_6H_3(NO_2) \cdot OH$	VI 411	153.13	—	79	—	Gelbe Prismen (Ä.); wl. in k. W., ll. in A., Ä., l. in Bzl.
6	4-Nitro-o-kresol (OH=1)	$CH_3 \cdot C_6H_3(NO_2) \cdot OH$	VI 366	153.13	—	82—5	—	Nadeln (W.); swl. in W., ll. in A., Ä.
7	4-Nitro-m-kresol (OH=1)	$CH_3 \cdot C_6H_3(NO_2) \cdot OH$	VI 386	153.13	—	129	—	Nadeln (W.); swl. in k. W., ll. in A., Ä., Chlf.
8	5-Nitro-o-kresol (OH=1)	$CH_3 \cdot C_6H_3(NO_2) \cdot OH$	VI 365	153.13	—	118	—	Gelbe Nadeln (Lg.); wl. in k. W., ll. in A., Ä., Bzl.
9	5-Nitro-m-kresol (OH=1)	$CH_3 \cdot C_6H_3(NO_2) \cdot OH$	VI 385	153.13	—	90—1	—	Gelbe Kryst. + 1 H_2O F: 60—62°; wl. in W., sll. in A., Ä., l. in Bzl.
10	6-Nitro-o-kresol (OH=1)	$CH_3 \cdot C_6H_3(NO_2) \cdot OH$	VI 365	153.13	—	69.5	—	Gelbe Prismen (verd. A.); unl. in W., ll. in A., Ä.
11	6-Nitro-m-kresol (OH=1)	$CH_3 \cdot C_6H_3(NO_2) \cdot OH$	VI 385	153.13	—	56	—	Gelbe Tafeln (Ä.); wl. in W., ll. in A., Ä., Bzl.; flücht. mit Dampf.
12	Nitromethan	$CH_3 \cdot NO_2$	I 74	61.04	1.1322^{25}	—29.2	100.9	Öl; wl. in W., l. in A., Ä.; + Alkali → Nitroacetaldoxim
13	Nitron	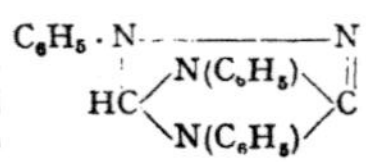	XXVI 349	312.36	—	189 (Z.)	—	Gelbe Tafeln; unl. in W., wl. in k. A., Ä., ll. Chlf.; Verwend. zum Nachw. v. HNO_3; Nitrat Nadeln F: > 260°, swl. in W.; Pikrat F: 257°.

1	1-Nitro-naphthalin	$C_{10}H_7 \cdot NO_2$	V 553	173.16	1.2226^{62}	61.5	304	Gelbe Nadeln (A.); unl. in W., l. in A., Ä., ll. in CS_2; l. in H_2SO_4 dunkelrot.
2	2-Nitro-naphthalin	$C_{10}H_7 \cdot NO_2$	V 555	173.16	—	79	182/14	Tafeln od. Nadeln (A.); unl. in W., ll. in A., Ä.; flücht. mit Dampf; riecht zimtartig.
3	1-Nitro-naphthol-(2)	$O_2N \cdot C_{10}H_6 \cdot OH$	VI 653	189.16	—	103	—	Gelbe Nadeln od. Blätt. (A.); l. in A.
4	2-Nitro-naphthol-(1)	$O_2N \cdot C_{10}H_6 \cdot OH$	VI 615	189.16	—	128	—	Gelbe Blätt. (A.); swl. in W., wl. in A.; flücht. mit Dampf; Acetat F: 118°.
5	4-Nitro-naphthol-(1)	$O_2N \cdot C_{10}H_6 \cdot OH$	VI 615	189.16	—	164	—	Nadeln (W.); l. in sd. W., ll. in A., Eg.; nicht flücht. mit Dampf.
6	1-Nitro-naphthylamin-(2)	$O_2N \cdot C_{10}H_6 \cdot NH_2$	XII 1313	188.18	—	126—7	—	Orange Nadeln (A.); l. in sd. W., ll. in A.
7	4-Nitro-naphthylamin-(1)	$O_2N \cdot C_{10}H_6 \cdot NH_2$	XII 1259	188.18	—	195	—	Orange Nadeln (A.); wl. in W., zll. in A.
8	2-Nitro-phenol	$O_2N \cdot C_6H_4 \cdot OH$	VI 213	139.11	1.2945^{45}	45.1	214	Gelbe Nadeln (A. od. Ä.); 0.32 W. 38°, 1.08 W. 100°, 24.5 A. 15°, 95.0 Ä. 15°; flücht. mit Dampf; riecht nach angebranntem Zukker, schmeckt süß.
9	3-Nitro-phenol	$O_2N \cdot C_6H_4 \cdot OH$	VI 222	139.11	1.485^{20}	97	194/70	Kryst. (Ä.); 1.35 W. 25°, 13.3 W. 90°, 221 A. 17°, 143.7 Ä. 16°.
10	4-Nitro-phenol	$O_2N \cdot C_6H_4 \cdot OH$	VI 226	139.11	1.2809^{114}	113.6	—	Gelbliche Prismen; 1.52 W. 25°, 29.1 W. 90°, 150.9 A. 14°, 130.4 Ä. 14°.
11	2-Nitro-phenol-sulfonsäure-(4)	$HO \cdot C_6H_3(NO_2) \cdot SO_3H$	XI 245	219.17	—	141—2	—	Nadeln + 3 H_2O (W.); ll. in W., sll. in A.
12	4-Nitro-phenylhydrazin	$O_2N \cdot C_6H_4 \cdot NH \cdot NH_2$	XV 468	153.14	—	157 (Z.)	—	Orangerote Blätt. od. Nadeln (A.); l. in h. W., ll. in h. A., Ä.
13	2-Nitro-phenylpropiolsäure	$O_2N \cdot C_6H_4 \cdot C \vdots C \cdot CO_2H$	IX 636	191.14	—	157 (Z.)	—	Nadeln od. Blätt. (W.); l. in k. W., ll. in h. W., swl. in Chlf.; dch. sd. W. zers.

31212 (Fortsetzung).

Nr.	Name	Formel	BZ	MG	D	F	Kp	Charakteristik
1	4-Nitro-phenylpropiolsäure	$O_2N \cdot C_6H_4 \cdot C \vdots C \cdot CO_2H$	IX 637	191.14	—	181 (Z.)	—	Nadeln (A. od. Ä.); wl. in W., ll. in h. A., Ä., wl. in Chlf.; dch. sd. W. zers.
2	3-Nitro-phthalsäure	$O_2N \cdot C_6H_3(CO_2H)_2$	IX 823	211.13	—	222*	—	Hellgelbe Prismen od. Tafeln (W.); 2.05 W. 25°, ll. in sd. W., l. in A., wl. in Ä., unl. in Bzl., 7.5 Eg. 26°; *im geschl. Rohr.
3	4-Nitro-phthalsäure	$O_2N \cdot C_6H_3(CO_2H)_2$	IX 828	211.13	—	165	—	Gelbl. Nadeln (Ä.); ll. in W., A., wl. in Ä., unl. in Chlf., Bzl.
4	1-Nitro-propan	$CH_3 \cdot CH_2 \cdot CH_2 \cdot NO_2$	I 115	89.09	1.011_{15}^{15}	—	131	Öl; unl. in W., ∞ A., Ä.
5	2-Nitro-propan	$(CH_3)_2CH \cdot NO_2$	I 116	89.09	1.024^{0}	—	120	Fl.
6	3-Nitro-salicylsäure	$HO \cdot C_6H_3(NO_2) \cdot CO_2H$	X 114	183.12	—	144	—	Nadeln + 1 H_2O (W.) F: 125°; 0.13 W. 16°, ll. in A., Ä., Bzl., Chlf.
7	5-Nitro-salicylsäure	$HO \cdot C_6H_3(NO_2) \cdot CO_2H$	X 116	183.12	1.650^{20}	228—9	—	Nadeln (W.); 0.07 W. 16°, 0.18 W. 22°, ll. in A., Ä.
8	4-Nitroso-anilin	$ON \cdot C_6H_4 \cdot NH_2$	VII 625	122.12	—	173—4	—	Blaue Nadeln (Bzl.); l. in W. grün, l. in A.
9	2-Nitroso-benzoesäure	$ON \cdot C_6H_4 \cdot CO_2H$	IX 368	151.12	—	214 (Z.)	—	Kryst. (A. od. Eg.); l. in A., swl. in Ä., Bzl.; Lsgg. in A., Eg. u. NH_3 sind grün.
10	Nitrosobenzol	$C_6H_5 \cdot NO$	V 230	107.11	—	68	57—59/18	Kryst. (A. + Ä.); unl. in W., l. in A., Ä.; die Lsgg. sind grün; flücht. mit Dampf; stechend. Geruch.
11	p-Nitroso-diäthylanilin	$ON \cdot C_6H_4 \cdot N(C_2H_5)_2$	XII 684	178.23	1.24^{15}	84	—	Grüne Prismen (Ä.), Blätt. (Aceton); wl. in W., ll. in A., Ä.
12	p-Nitroso-dimethylanilin	$ON \cdot C_6H_4 \cdot N(CH_3)_2$	XII 677	150.17	—	85	—	Grüne Blätt. (Ä.); unl. in W., l. in A., Ä.; Verwend. zur Herst. v. Farbstoffen.

1	4-Nitroso-diphenylamin	$C_6H_5 \cdot NH \cdot C_6H_4 \cdot NO$	XII 207	198.21	—	143	—	Grüne Tafeln (Bzl.), blaue Prismen (Ä. + W.); unl. in W., ll. in A., Ä., Bzl., Chlf.; l. in H_2SO_4 rot, in h. H_2SO_4 violett; l. in NaOH.
2	N-Nitroso-diphenylamin s. Diphenylnitrosamin							
3	1-Nitroso-naphthol-(2)	$HO \cdot C_{10}H_6 \cdot NO$	VII 712	173.16	—	112	—	Orange Blätt. od. Prismen (A., Ä. od. Bzl.); 0.02 W. 20°, 2.4 A. 13°, ll. in h. A., Ä.; flücht. mit Dampf.
4	2-Nitroso-naphthol-(1)	$HO \cdot C_{10}H_6 \cdot NO$	VII 715	173.16	—	162—4 (Z.)	—	Gelbe Nadeln (W.); swl. in k. W., ll. in A., Ä.: l. in H_2SO_4 rot.
5	4-Nitroso-naphthol-(1)	$HO \cdot C_{10}H_6 \cdot NO$	VII 727	173.16	—	198	—	Gelbe Nadeln (Bzl.); wl. in W., ll. in A., Ä.
6	1-Nitroso-naphthylamin-(2)	$H_2N \cdot C_{10}H_6 \cdot NO$	VII 717	172.18	—	150—2	—	Grüne Nadeln (Bzl.); wl. in h. W., ll. in A., l. in Ä.; l. in Alkali rot.
7	4-Nitroso-phenol	$ON \cdot C_6H_4 \cdot OH$	VII 622	123.11	—	Z. 124	—	Nadeln (W.); l. in W., ll. in A., Ä.; l. in Alkali rotbraun.
8	ω-Nitro-styrol	$C_6H_5 \cdot CH:CH \cdot NO_2$	V 478	149.14	—	58	250—60	Gelbl. Prismen (A.); wl. in h. W., l. in A., ll. in Ä.; riecht nach Zimt; reizt Haut u. Schleimhäute.
9	Nitroterephthalsäure	$O_2N \cdot C_6H_3(CO_2H)_2$	IX 851	211.13	—	270	—	Nadeln (W.); ll. in h. W., h. A., Ä.; l. in H_2SO_4.
10	2-Nitro-thiophen	HC——CH ‖ ‖ $HC \cdot S \cdot C \cdot NO_2$	XVII 35	129.13	—	46.5	224—5	Kryst.; unl. in W.; l. in h. Alkali braunrot.
11	2-Nitro-m-toluidin	$CH_3 \cdot C_6H_3(NO_2) \cdot NH_2$	XII 876	152.15	—	53	—	Gelbe Nadeln; wl. in k. W., ll. in A.; Acetylderiv. F: 136°.

31212 (Fortsetzung).

Nr.	Name	Formel	BZ	MG	D	F	Kp	Charakteristik
1	2-Nitro-p-toluidin ($NH_2=1$)	$CH_3 \cdot C_6H_3(NO_2) \cdot NH_2$	XII 1000	152.15	1.312^{17}	116	—	Rote Blätt. (verd. A.); swl. in h. W., ll. in A., Ä.; flücht. mit Dampf; Acetylderiv. F: 93°.
2	3-Nitro-o-toluidin ($NH_2=1$)	$CH_3 \cdot C_6H_3(NO_2) \cdot NH_2$	XII 848	152.15	1.378^{15}	91.5	305 (Z.)	Gelbe Nadeln (W.); 1.3 sd. W., ll. in A., Ä.; Acetylderiv. F: 158°.
3	3-Nitro-p-toluidin ($NH_2=1$)	$CH_3 \cdot C_6H_3(NO_2) \cdot NH_2$	XII 996	152.15	—	77.5	—	Gelbe Nadeln (W.); wl. in k. W., ll. in h. A., Ä.; Acetylderiv. F: 148.5°.
4	4-Nitro-o-toluidin ($NH_2=1$)	$CH_3 \cdot C_6H_3(NO_2) \cdot NH_2$	XII 846	152.15	1.366^{15}	130	—	Gelbe Kryst. (W. od. A.); swl. in h. W., ll. in A.; Acetylderiv. F: 196 bis 197°.
5	4-Nitro-m-toluidin ($NH_2=1$)	$CH_3 \cdot C_6H_3(NO_2) \cdot NH_2$	XII 877	152.15	—	135	—	Gelbe Nadeln (W.); wl. in k. W., ll. in A., Ä.; Acetylderiv. F: 103°.
6	5-Nitro-o-toluidin ($NH_2=1$)	$CH_3 \cdot C_6H_3(NO_2) \cdot NH_2$	XII 844	152.15	1.365^{15}	107	—	Gelbe Prismen (A.); wl. in W., l. in A., Ä.; Acetylderiv. F: 150°.
7	5-Nitro-m-toluidin	$CH_3 \cdot C_6H_3(NO_2) \cdot NH_2$	XII 877	152.15	—	98	—	Gelbrote Nadeln; swl. in k. W., l. in A., ll. in Ä.
8	6-Nitro-o-toluidin ($NH_2=1$)	$CH_3 \cdot C_6H_3(NO_2) \cdot NH_2$	XII 843	152.15	1.190^{100}	97	—	Orange Prismen (verd. A.); wl. in W., ll. in A., Ä.; Acetylderiv. F: 158°.
9	6-Nitro-m-toluidin ($NH_2=1$)	$CH_3 \cdot C_6H_3(NO_2) \cdot NH_2$	XII 876	152.15	—	109	—	Gelbe Blätt. (W.); wl. in W., ll. in A., Ä.; Acetylderiv. F: 86—87°.
10	2-Nitro-toluol	$O_2N \cdot C_6H_4 \cdot CH_3$	V 318	137.13	1.1674^{16}	a) —9.6 b) —3.9	222.3	Fl.; 0.065 W. 30°, ll. in A., Ä.
11	3-Nitro-toluol	$O_2N \cdot C_6H_4 \cdot CH_3$	V 321	137.13	1.160^{18}	16	230—1	Kryst.; 0.050 W. 30°, ll. in A., Ä.
12	4-Nitro-toluol	$O_2N \cdot C_6H_4 \cdot CH_3$	V 323	137.13	1.1392^{55}_{55}	51.4	238	Kryst.; 0.044 W. 30°, l. in A., ll. in Ä.
13	ω-Nitro-toluol	$C_6H_5 \cdot CH_2 \cdot NO_2$	V 325	137.13	—	—	225 (Z.)	Gelbe Fl.; l. in A.
14	Nitrourethan	$O_2N \cdot NH \cdot CO_2 \cdot C_2H_5$	III 125	134.09	—	64	Z. 140	Blätt. (Lg.); ll. in W., sll. in A., Ä., wl. in Lg.
15	2-Nitro-m-xylol	$O_2N \cdot C_6H_3(CH_3)_2$	V 378	151.16	1.112^{15}	—	225/744	Fl.; unl. in W.

1	2-Nitro-p-xylol	$O_2N\cdot C_6H_3(CH_3)_2$	V 387	151.16	1.132^{15}	—	234—7	Gelbl. Fl.; unl. in W., l. in A., Ä.
2	3-Nitro-o-xylol	$O_2N\cdot C_6H_3(CH_3)_2$	V 367	151.16	—	15	240	Nadeln (A.); unl. in W., l. in A.
3	4-Nitro-o-xylol	$O_2N\cdot C_6H_3(CH_3)_2$	V 368	151.16	1.139^{30}_{30}	30	258 (g. Z.)	Gelbe Prismen (A.); unl. in W., ∞ A. oberhalb 30°, ll. in Ä.
4	4-Nitro-m-xylol	$O_2N\cdot C_6H_3(CH_3)_2$	V 378	151.16	1.135^{15}	2	244	Fl.; unl. in W., l. in A., Ä.
5	5-Nitro-m-xylol	$O_2N\cdot C_6H_3(CH_3)_2$	V 378	151.16	—	74	273/739	Nadeln (A.); unl. in W., l. in A., Ä.
6	2-Nitro-zimtsäure	$O_2N\cdot C_6H_4\cdot CH:CH\cdot CO_2H$	IX 604	193.15	—	240	subl.	Nadeln (A.); unl. in W., 0.21 A. 25°, 0.03 Bzl. 18°; Äthylester F: 42°; Amid F: 185°.
7	3-Nitro-zimtsäure	$O_2N\cdot C_6H_4\cdot CH:CH\cdot CO_2H$	IX 605	193.15	—	200—1	—	Nadeln (A.); 1.0 A. 25°; Äthylester F: 78—79°.
8	4-Nitro-zimtsäure	$O_2N\cdot C_6H_4\cdot CH:CH\cdot CO_2H$	IX 606	193.15	—	286	—	Gelbliche Prismen (A.); swl. in W., 0.1 A. 25°, swl. in Ä.; Äthylester F: 141—142°; Amid F: 155—160°.
9	Nonadecan	$CH_3\cdot[CH_2]_{17}\cdot CH_3$	I 174	268.50	0.7720^{40}	32	330	Blätt.; unl. in W., l. in A., Ä.
10	Nonan	$CH_3\cdot[CH_2]_7\cdot CH_3$	I 165	128.25	0.7177^{20}	—53.9	150.6	Fl.; unl. in W., ∞ A., Ä.
11	Nonylalkohol	$CH_3\cdot[CH_2]_7\cdot CH_2\cdot OH$	I 423	144.25	0.8279^{20}	—5	213.5	Fl.; riecht nach Citronellol; Verwend. zur Herst. v. künstl. Citronenöl.
12	Novocain	$H_2N\cdot C_6H_4\cdot CO_2\cdot CH_2\cdot CH_2\cdot N(C_2H_5)_2 + HCl$	XIV 424	272.77	—	156	—	Nadeln (A.); 1 W., 12.5 A., swl. in Ä.; Verwend. als Anästhetikum.
13	**O**ctadecan	$CH_3\cdot[CH_2]_{16}\cdot CH_3$	I 173	254.48	0.7754^{30}	27	317	Kryst. (A.); unl. in W., l. in A., Ä.
14	Octadecylalkohol	$CH_3\cdot[CH_2]_{16}\cdot CH_2\cdot OH$	I 431	270.48	0.8124^{59}	59	210.5/15	Blätt. (A.); unl. in W., l. in A., Ä.
15	Octan	$CH_3\cdot[CH_2]_6\cdot CH_3$	I 159	114.22	0.7042^{18}	—56.5	125.8	Fl.; 0.001 W. 16°, ∞ A., Ä.
16	Octylalkohol	$CH_3\cdot[CH_2]_6\cdot CH_2\cdot OH$	I 418	130.22	0.827^{20}	—16.3	194	Fl.; swl. in W., ∞ A., Ä.; Phenylurethan F: 74.2°.
17	sek.-n-Octylalkohol	$CH_3\cdot[CH_2]_5\cdot CH(OH)\cdot CH_3$	I 419	130.22	0.8199^{20}	—38.6	179.0	Fl.; 0.15 W. 15°; Darst. aus Ricinusöl.
18	Ölsäure	$CH_3\cdot[CH_2]_7\cdot CH:CH\cdot[CH_2]_7\cdot CO_2H$	II 463	282.45	0.900^{12}	14	286/100	Nadeln; unl. in W., ∞ A., Ä.; V. in den meisten Fetten u. Ölen; Verwend. zur Seifenfabrikation.

31212 (Fortsetzung).

Nr.	Name	Formel	BZ	MG	D	F	Kp	Charakteristik
1	Ölsäure, K-Salz	$KC_{18}H_{33}O_2$	II 465	320.53	—	—	—	Gallerte; 25 k. W., 46.5 A. 10°, 100 A. 50°, 3.44 sd. Ä.; + viel W. → unl. saures Salz u. KOH; Bestandteil d. Schmierseifen.
2	— Mg-Salz	$Mg(C_{18}H_{33}O_2)_2$	II 465	587.20	—	—	—	Körner; wl. in W.; guter elektr. Leiter; Verwend. als Antibenzinpyrin zur Verhüt. von Benzinbränden in „chem." Wäschereien.
3	— Na-Salz	$NaC_{18}H_{33}O_2$	II 465	304.43	—	232—5	—	Kryst. (absol. A.); 10 W. 12°, 4.8 A. 13°, 10 A. 32°, 1 sd. Ä.; Verwend. als medizin. Seife.
4	Önanthaldehyd	$CH_3 \cdot [CH_2]_5 \cdot CHO$	I 695	114.18	0.8226^{15}_{15}	—42	155	Fl.; wl. in W., l. in A., Ä.; B. bei Dest. v. Ricinusöl; riecht stark aromat.; Oxim F: 57—58°.
5	Önanthsäure	$CH \cdot [CH_2]_5 \cdot CO_2H$	II 338	130.18	0.9216^{14}	—10	222	Fl.; 0.24 W. 15°, l. in A., Ä.; riecht schwach talgart.
6	Önanthsäureäthylester	$CH_3 \cdot [CH_2]_5 \cdot CO_2 \cdot C_2H_5$	II 340	158.23	0.872^{15}_{15}	—	187	Fl.; riecht obstart., schmeckt brennend.
7	Önanthsäureamid	$CH_3 \cdot [CH_2]_5 \cdot CO \cdot NH_2$	II 340	129.20	0.8489^{112}	96	250—8	Blätt. (W.), Nadeln (A.).
8	Östron	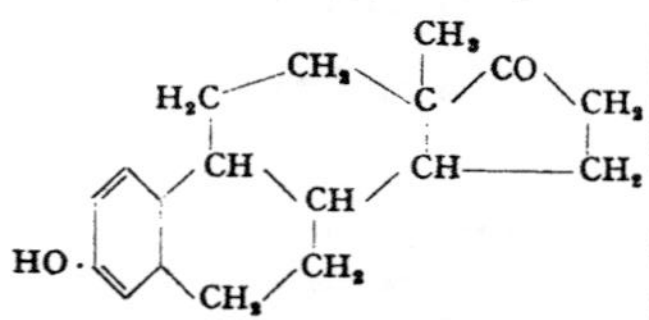	—	270.35	—	255	130 bis 160/0.02	Kryst. (verd. A.); l. in A., Ä., Bzl.; Follikelhormon; isoliert aus Schwangerenharn; Oxim F: 233°; Acetat F: 126°.
9	Opiansäure	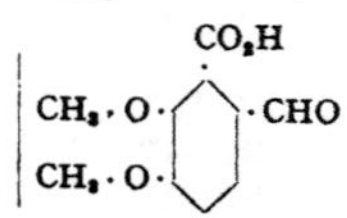	X 990	210.18	—	150	Z. 160	Nadeln (W.); 0.25 k. W., 1.7 h. W., l. in A., Ä.

1	d-Ornithin	$H_2N\cdot[CH_2]_3\cdot CH(NH_2)\cdot CO_2H$	IV 420	132.16	—	—	—	Sirup; ll. in W., A., wl. in Ä.; Pikrat F: 203°.
2	Orsellinsäure	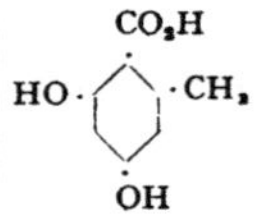	X 412	168.14	—	176 (Z.*)	—	Nadeln + 1 H_2O (Essigsäure); ll. in A., 22.2 Ä. 20°; * CO_2-Abspalt.
3	Oxalessigester	$C_2H_5\cdot O_2C\cdot CH_2\cdot CO\cdot CO_2\cdot C_2H_5$	III 782	188.17	1.159^{24}	—	131/24	Öl; unl. in W., ∞ A., Ä.; + $FeCl_3$ rote Färb.
4	Oxalsäure	$HO_2C\cdot CO_2H$	II 502	90.04	1.653^{18*}	189.5	subl.	Kryst. + 2 H_2O (W.) F: 101.5°; Nadeln dch. Subl.; 9.5 W. 20°, 120 W. 90°, 23.7 A. 15°, 23.6 Ä., 1.47 Hydrat Ä.; starke Säure; wird in wss. Lsg. langsam dch. Luftsauerstoff oxyd.; V. im Tier- u. Pflanzenreich; *Hydrat.
5	— Ba-Salz	$BaC_2O_4+2H_2O$	II 515	261.41	—	—	—	Prismen; 0.009 W. 18°, 0.02 W. 100°.
6	— Ca-Salz	CaC_2O_4	II 515	128.10	—	—	—	Kryst.; 0.0006 W. 18°, 0.0014 W. 95°.
7	— Ce-Salz	$Ce_2(C_2O_4)_3+10H_2O$	II 518	724.48	—	—	—	Gelbl. Kryst.; 0.00004 W. 25°.
8	— Fe(II)-Salz	$FeC_2O_4+2H_2O$	II 526	179.89	—	—	—	Gelbes Pulver; 0.0035 W. 18°, 0.0078 W. 25°.
9	— K-Salz	$K_2C_2O_4+H_2O$	II 513	184.23	2.08	—	—	Kryst.; 36.4 W. 20°, 49 W. 50°.
10	— saures K-Salz	KHC_2O_4	II 513	128.12	—	—	—	Kryst. unterhalb 6.4° mit ½ H_2O; 2.2 W. 0°, 51.5 W. 100°; Hauptbestandteil des Kleesalzes.
11	— La-Salz	$La_2(C_2O_4)_3+9H_2O$	II 518	704.04	—	—	—	Kryst.; 0.00008 W. 25°.
12	— Mg-Salz	$MgC_2O_4+2H_2O$	II 514	148.37	—	—	—	Pulver; 0.03 W. 18°.
13	— Mn-Salz	$MnC_2O_4+2H_2O$	II 526	178.98	2.4	—	—	Rosa Kryst.; 0.031 W. 25°, 0.08 h. W.
14	— Na-Salz	$Na_2C_2O_4$	II 513	134.01	2.34	—	—	Nadeln; 3.7 W. 22°, 6.3 W. 100°, unl. in A., Ä.
15	— saures Na-Salz	$NaHC_2O_4+H_2O$	II 513	130.04	—	—	—	Kryst.; 1.6 W. 15°, swl. in A., unl. in Ä.

31212 (Fortsetzung).

Nr.	Name	Formel	BZ	MG	D	F	Kp	Charakteristik
1	Oxalsäure, Nd-Salz	$Nd_2(C_2O_4)_3 + 10 H_2O$	II 518	732.76	—	—	—	Rosa Kryst.; 0.000049 W. 25°.
2	—— NH_4-Salz	$(NH_4)_2C_2O_4 + H_2O$	II 512	142.11	1.475	—	—	Säulen; 2.22 W. 0°, 10.7 W. 50°.
3	—— Pr-Salz	$Pr_2(C_2O_4)_3 + 10 H_2O$	II 518	726.06	—	—	—	Hellgrüne Kryst.; 0.000074 W. 25°.
4	—— Sr-Salz	$SrC_2O_4 + H_2O$	II 515	193.67	—	Z. > 200	—	Kryst.; 0.0046 W. 18°, 0.0062 W. 37°.
5	—— Th-Salz	$Th(C_2O_4)_2 + 6 H_2O$	II 518	516.25	4.637^{16}	—	—	Pulver: 0.000007 W. 25°.
6	—— Y-Salz	$Y_2(C_2O_4)_3 + 9 H_2O$	II 518	604.04	—	—	—	Kryst.; 0.0001 W. 25°.
7	—— Zn-Salz	$ZnC_2O_4 + 2 H_2O$	II 516	189.43	2.6	—	—	Pulver; 0.006 W. 18°.
8	Oxalsäurediäthylester	$C_2H_5 \cdot O_2C \cdot CO_2 \cdot C_2H_5$	II 535	146.14	1.0785^{20}	—40.6	185	Öl; wl. in W., ∞ A., ll. in Ä.
9	Oxalsäuredimethylester	$CH_3 \cdot O_2C \cdot CO_2 \cdot CH_3$	II 534	118.09	1.1479^{54}	54	163	Tafeln; dch. W. zers., l. in A.
10	Oxalursäure	$H_2N \cdot CO \cdot NH \cdot CO \cdot CO_2H$	III 64	132.08	—	Z. 205	—	Kryst.; swl. in W.; + sd. W. → Oxalsäure + Harnstoff.
11	Oxalylchlorid	$ClOC \cdot COCl$	II 542	126.93	1.488^{13}	—12	63.5	Nadeln (Ä.); l. in Ä.; + W. → CO_2, CO, HCl; + A. → Oxalsäurediäthylester.
12	Oxamid	$H_2N \cdot CO \cdot CO \cdot NH_2$	II 545	88.07	1.667	418* (Z.)	—	Nadeln; 0.037 W. 7°, 0.6 sd. W., swl. in A.; *im geschl. Rohr.
13	Oxamidsäure	$H_2N \cdot CO \cdot CO_2H$	II 543	89.05	—	210 (Z.)	—	Kryst. (W.); wl. in W., swl. in A., Ä.
14	Oxamidsäureäthylester	$H_2N \cdot CO \cdot CO_2 \cdot C_2H_5$	II 544	117.10	—	115	—	Blätt. (A.); l. in W., A., Ä., swl. in Bzl.
15	Oxanilid	$C_6H_5 \cdot NH \cdot CO \cdot CO \cdot NH \cdot C_6H_5$	XII 284	240.25	—	247	> 360	Schuppen (Bzl.); unl. in W., wl. in sd. A., unl. in Ä.
16	Oxanilsäure	$HO_2C \cdot CO \cdot NH \cdot C_6H_5$	XII 281	165.14	—	149—50	—	Nadeln (W.); l. in h. W., ll. in A. Ä.
17	Oxanilsäure-carbonsäure-(2) (Kynursäure)	$HO_2C \cdot CO \cdot NH \cdot C_6H_4 \cdot CO_2H$	XIV 342	209.15	—	210	—	Nadeln + 1 H_2O (W.); 0.1 W. 10,°, ll. in A., Ä.; + $FeCl_3$ rote Färb.
18	Oxindigo	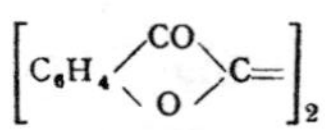	XIX 177	264.22	—	276—8	subl.	Gelbe Prismen (Eg.); unl. in W., swl. in A., Ä.; l. in alkoh. KOH, in H_2SO_4 rot.
19	Oxindol	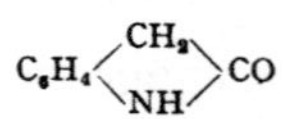	XXI 282	133.14	—	126	227/73	Nadeln (W.); ll. in h. W., l. in A., Ä.; ll. in Alkali, l. in H_2SO_4.

1	α-Oxo-buttersäure	$C_2H_5\cdot CO\cdot CO_2H$	III 629	102.09	—	32	85/21	Tafeln; ll. in W., A., wl. in Ä.; Oxim F: 154° (Z.); Phenylhydrazon F: 151—152°.
2	Oxyaceton s. Acetol							
3	2-Oxy-acetophenon	$HO\cdot C_6H_4\cdot CO\cdot CH_3$	VIII 85	136.14	1.131^{20}	—	218	Öl; wl. in W., ∞ A., Ä., Eg.; flücht. mit Dampf.
4	4-Oxy-acetophenon	$HO\cdot C_6H_4\cdot CO\cdot CH_3$	VIII 87	136.14	1.109^{109}	108	147—8/3	Nadeln (Ä. od. verd. A.); 1 W. 22°, ll. in A., Ä.
5	ω-Oxy-acetophenon s. Benzoylcarbinol							
6	1-Oxy-anthracen	$C_6H_4\left\{{CH \atop CH}\right\}C_6H_3\cdot OH$	VI 702	194.22	—	150—3	—	Braune Nadeln od. Blätt. (A.); unl. in W., sll. in A., Ä.; l. in KOH; Verwend. zur Herst. v. Farbst.
7	2-Oxy-anthracen	$C_6H_4\left\{{CH \atop CH}\right\}C_6H_3\cdot OH$	VI 702	194.22	—	254—8	—	Braune Blätt. od. Nadeln (verd. A.); unl. in W., ll. in A., Ä.; l. in KOH, unl. in NH_3; Verwend. zur Herst. v. Farbst.
8	1-Oxy-anthrachinon (Erythrooxy-anthrachinon)	$C_6H_4\langle{CO \atop CO}\rangle C_6H_3\cdot OH$	VIII 338	224.20	—	193	subl.	Orangerote Nadeln (A.); swl. in W., l. in A., Ä.
9	2-Oxy-anthrachinon	$C_6H_4\langle{CO \atop CO}\rangle C_6H_3\cdot OH$	VIII 342	224.20	—	302	subl.	Gelbe Kryst. (A.); swl. in W., zll. in A., Ä.
10	2-Oxy-azobenzol	$C_6H_5\cdot N:N\cdot C_6H_4\cdot OH$	XVI 90	198.21	—	82.5—83	—	Orangerote, blau schimmernde Nadeln (Ä.): wl. in W., ll. in A., Ä.; flücht. mit Dampf; l. in Alkali.
11	3-Oxy-azobenzol	$C_6H_5\cdot N:N\cdot C_6H_4\cdot OH$	XVI 94	198.21	—	114—7	—	Gelbe Stäbchen (Bzl.); 0.08 sd. W., l. in A., Ä.
12	4-Oxy-azobenzol	$C_6H_5\cdot N:N\cdot C_6H_4\cdot OH$	XVI 96	198.21	—	152	220 bis 230/20	Orange Prismen (A.); 0.002 W. 25°, l. in A., Ä.
13	2-Oxy-benzaldehyd s. Salicylaldehyd							

31212 (Fortsetzung).

Nr.	Name	Formel	BZ	MG	D	F	Kp	Charakteristik
1	3-Oxy-benzaldehyd	$HO\cdot C_6H_4\cdot CHO$	VIII 58	122.12	—	106	240	Nadeln (W.); 2.8 W. 43°, ll. in A., Ä., 67 Bzl. 61°; Phenylurethan F: 158—160°; Phenylhydrazon F: 147°.
2	4-Oxy-benzaldehyd	$HO\cdot C_6H_4\cdot CHO$	VIII 64	122.12	1.129^{130}	116	subl.	Nadeln (W.); wl. in k. W., 1.3 W. 30° ll. in A., Ä., 3.8 Bzl. 65°; Phenylurethan F: 136°; Phenylhydrazon F: 184°.
3	3-Oxy-benzoesäure	$HO\cdot C_6H_4\cdot CO_2H$	X 134	138.12	1.473	200	—	Nadeln (W.), Tafeln (A.); 0.9 W. 18°, 10.99 W. 78°, l. in h. A., Ä., 0.01 Bzl. 25°.
4	4-Oxy-benzoesäure	$HO\cdot C_6H_4\cdot CO_2H$	X 149	138.12	1.497^{20}	214—5	—	Tafeln + 1 H_2O (W. od. verd. A.); 0.49 W. 20°, 2.74 W. 55°, ll. in A., l. in Ä., 0.02 Bzl. 11°, 0.06 Bzl. 80°.
5	2-Oxy-benzophenon	$C_6H_5\cdot CO\cdot C_6H_4\cdot OH$	VIII 155	198.21	—	39	250/560	Blätt. (verd. A.); unl. in W., ll. in A., Ä., Bzl.; flücht. mit Dampf; Kalischmelze → Salicylsäure; riecht nach faulenden Äpfeln; Oxim F: 133—134°.
6	4-Oxy-benzophenon	$C_6H_5\cdot CO\cdot C_6H_4\cdot OH$	VIII 158	198.21	—	135	—	Blätt. (verd. A.); wl. in k. W., ll. in A., Ä.; Kalischmelze → Bzl. u. 4-Oxy-benzoesäure; Oxime F: 81° bzw. 152°.
7	2-Oxy-benzylalkohol (Saligenin)	$HO\cdot C_6H_4\cdot CH_2\cdot OH$	VI 891	124.13	1.161^{25}	86	subl.	Tafeln od. Nadeln (W.); 6.7 W. 22°, sll. in sd. W., A., Ä., 1.9 Bzl. 18°.
8	3-Oxy-benzylalkohol	$HO\cdot C_6H_4\cdot CH_2\cdot OH$	VI 896	124.13	—	73	etwa 300 (Z.)	Kryst. (Bzl.); ll. in h. W., A., Ä.

1	4-Oxy-benzylalkohol	$HO\cdot C_6H_4\cdot CH_2\cdot OH$	VI 897	124.13	—	125	—	Nadeln (W.); ll. in W., A., Ä., wl. in Bzl.
2	dl-α-Oxy-buttersäure	$C_2H_5\cdot CH(OH)\cdot CO_2H$	III 302	104.10	—	43—4	255—60 (Z.)	Zerfließl. Kryst.; subl.
3	l-β-Oxy-buttersäure	$CH_3\cdot CH(OH)\cdot CH_2\cdot CO_2H$	III 307	104.10	—	49—50	Z.*	Hygroskop. Kryst.; ll. in W., A., Ä., unl. in Bzl.; $[\alpha]_D^{16}$: —24.9°(W.); V. im Diabetikerharn; * → Crotonsäure u. W.
4	γ-Oxy-buttersäure	$HO\cdot CH_2\cdot CH_2\cdot CH_2\cdot CO_2H$	III 311	104.10	—	< —17	Z.*	Fl.; verflüchtigt sich im Exsikkator; * → Butyrolacton u. W.
5	2-Oxy-chinolin (Carbostyril)	$NC_9H_6\cdot OH$	XXI 77	145.15	—	199—200	subl.	Prismen (A.); swl. in W., ll. in A., Ä.; Na- u. K-Salz ll. in W.
6	4-Oxy-chinolin (Kynurin)	$NC_9H_6\cdot OH$	XXI 83	145.15	—	201	> 360(Z.)	Nadeln + 3 H_2O (W.); 0.48 W. 15°, ll. in h. W., A., wl. in Ä.; + $FeCl_3$ rote Färb.
7	5-Oxy-chinolin	$NC_9H_6\cdot OH$	XXI 84	145.15	—	224 (Z.)	subl.	Nadeln (A.); l. in h. W., ll. in A., wl. in Ä.
8	6-Oxy-chinolin	$NC_9H_6\cdot OH$	XXI 85	145.15	—	193	> 360	Prismen (A. od. Ä.); swl. in k. W., wl. in A., swl. in Ä.; ll. in Säuren u. Alkali; + $FeCl_3$ gelbe Färb.
9	8-Oxy-chinolin	$NC_9H_6\cdot OH$	XXI 91	145.15	—	75—6	266.6	Prismen (verd. A.); swl. in k. W., ll. in A., wl. in Ä.; ll. in verd. Alkali; riecht phenolart.; wirkt antisept.
10	4-Oxy-chinolin-carbonsäure-(2) (Kynurensäure)	$NC_9H_5(OH)\cdot CO_2H$	XXII 230	189.16	—	290 (Z.)	—	Nadeln (verd. Essigsäure); 0.09 sd. W., wl. in A., Ä.; ll. in NaOH.
11	2-Oxy-4.6-dimethoxy-benzophenon	$C_6H_5\cdot CO\cdot C_6H_2(O\cdot CH_3)_2\cdot OH$	VIII 419	258.26	—	98	—	Hellgelbe Nadeln (verd. A.); wl. in sd. W., l. in A., ll. in Ä., sll. in Chlf.; l. in Alkali gelb.
12	2-Oxy-diphenylamin	$C_6H_5\cdot NH\cdot C_6H_4\cdot OH$	XIII 365	185.21	—	69—70	185/20	Prismen (W.); wl. in sd. W., ll. in A., Ä.

31212 (Fortsetzung).

Nr.	Name	Formel	BZ	MG	D	F	Kp	Charakteristik
1	3-Oxy diphenylamin	$C_6H_5 \cdot NH \cdot C_6H_4 \cdot OH$	XIII 410	185.21	—	82	340	Blätt. (W.); wl. in W., ll. in A., Ä.; Verwend. zur Herst. v. Azofarbst.
2	4-Oxy-diphenylamin	$C_6H_5 \cdot NH \cdot C_6H_4 \cdot OH$	XIII 444	185.21	—	70	330	Blätt.; swl. in k. W., ll. in A., Ä.; ll. in verd. Säuren u. Alkali.
3	4-Oxy-diphenylmethan	$C_6H_5 \cdot CH_2 \cdot C_6H_4 \cdot OH$	VI 675	184.22	—	84	320—2	Nadeln od. Blätt. (A.); wl. in h. W., l. in A., Ä., Chlf., Eg.; l. in Alkali.
4	Oxyhydrochinon	$C_6H_3(OH)_3^{(1\cdot2\cdot4)}$	VI 1087	126.11	—	141	—	Blätt. (Ä.); ll. in W., A., Ä., swl. in Bzl., Chlf.
5	2-Oxy-hydrozimtsäure	$HO \cdot C_6H_4 \cdot CH_2 \cdot CH_2 \cdot CO_2H$	X 241	166.17	—	82—3	*	Kryst. (W.); 5 W. 18°, 109 W. 40°, ll. in A., Ä.; V. im Steinklee; * → Lacton.
6	4-Oxy-hydrozimtsäure	$HO \cdot C_6H_4 \cdot CH_2 \cdot CH_2 \cdot CO_2H$	X 244	166.17	—	129	—	Säulen (Ä.); wl. in k. W., ll. in h. W., A., Ä., unl. in CS_2.
7	α-Oxy-isobuttersäure	$(CH_3)_2C(OH)\ CO_2H$	III 313	104.10	—	79	212	Hygroskop. Prismen; ll. in W., A., Ä.; flücht. mit Dampf.
8	α-Oxy-isobuttersäurenitril	$(CH_3)_2C(OH) \cdot CN$	III 316	85.10	0.932^{19}	—19	82/23	Fl.; ll. in W., A., Ä.; + Spuren Alkali → Aceton + HCN.
9	2-Oxy-isophthalsäure	$HO \cdot C_6H_3(CO_2H)_2$	X 501	182.13	—	244	Z.*	Nadeln + 1 H_2O (W.); 0.14 W. 24°, 2.5 W. 100°, ll. in A., Ä.; *→ Salicylsäure + CO_2.
10	4-Oxy-isophthalsäure	$HO \cdot C_6H_3(CO_2H)_2$	X 502	182.13	—	310	—	Nadeln (W.), Blätt. (verd. A.); 0.02 W. 10°, 0.65 W. 100°, ll. in A., Ä., unl. in Chlf.
11	5-Oxy-isophthalsäure	$HO \cdot C_6H_3(CO_2H)_2$	X 504	182.13	—	288	subl.	Nadeln + 2 H_2O (W.); 0.06 W. 15°, 18.5 W. 99°, ll. in A., Ä., Bzl.
12	2-Oxy-4-methyl-chinolin (4-Methyl-carbostyril)	$NC_9H_5(CH_3) \cdot OH$	XXI 107	159.18	—	223.7	270/17	Nadeln (W.), Blätt. (A.); wl. in h. W., ll. in h. A., swl. in Ä., Chlf.; Pikrat F: 165—167°.

1	4-Oxy-2-methyl-chinolin	$NC_9H_5(CH_3)\cdot OH$	XXI 104	159.18	—	241	> 360 (Z.)	Kryst. + aq (W.); etwa 1 k. W., etwa 10 sd. W., ll. in A., swl. in Ä.; + $FeCl_3$ rote Färb.
2	3-Oxymethylen-d-campher	$C_8H_{14}\left\langle\begin{array}{l}CO\\ \vert\\ C:CH\cdot OH\end{array}\right.$	VII 591	180.23	—	81	251	Prismen (PÄ.); wl. in h. W., ll. in A., Ä.; flücht. mit Dampf; l. in Alkali; + $FeCl_3$ rotviolette Färb.
	5-Oxymethyl-furfurol	$\begin{array}{c}HC\text{——}CH\\ \Vert\quad\ \ \Vert\\ HO\cdot CH_2\cdot C\cdot O\cdot C\cdot CHO\end{array}$	XVIII 14	126.11	1.2629^{36}	31.5	114/1	Nadeln (Ä. + PÄ.); ll. in W., A., Ä.; riecht nach Kamillen.
4	1-Oxy-naphthaldehyd-(2)	$HO\cdot C_{10}H_6\cdot CHO$	VIII 148	172.17	—	60	—	Grüngelbe Nadeln (verd. A.); wl. in k. W., ll. in A., Ä.; flücht. mit Dampf; riecht zimtart.
5	2-Oxy-naphthaldehyd-(1)	$HO\cdot C_{10}H_6\cdot CHO$	VIII 143	172.17	—	82	192/27	Prismen (A.); unl. in W., l. in A., Ä.
6	4-Oxy-naphthaldehyd-(1)	$HO\cdot C_{10}H_6\cdot CHO$	VIII 146	172.17	—	181	—	Gelbl. Nadeln (W.); unl. in k. W., l. in A., Ä.
7	2-Oxy-naphthochinon-(1.4)	$C_6H_4\left\langle\begin{array}{l}CO\cdot C\cdot OH\\ \qquad\ \Vert\\ CO\cdot CH\end{array}\right.$	VIII 300	174.15	—	190 (Z.)	subl.	Rote Kryst. oder gelbe Nadeln (Eg.); swl. in k. W., ll. in A., Ä.; starke Säure.
8	5-Oxy-naphthochinon-(1.4) (Juglon)	$HO\cdot C_6H_3\left\langle\begin{array}{l}CO\cdot CH\\ \qquad\ \Vert\\ CO\cdot CH\end{array}\right.$	VIII 308	174.15	—	154	Z.	Gelbrote Nadeln (Chlf.); unl. in W., wl. in k. A., Ä., ll. in h. Eg.; V. in jungen Walnüssen; färbt die Haut gelbbraun.
9	1-Oxy-naphthoesäure-(2)	$HO\cdot C_{10}H_6\cdot CO_2H$	X 331	188.17	—	186—8	—	Nadeln (A. od. Ä.); swl. in h. W., ll. in A., Ä., Bzl.
10	2-Oxy-naphthoesäure-(1)	$HO\cdot C_{10}H_6\cdot CO_2H$	X 328	188.17	—	156—7 (Z.*)	—	Nadeln (verd. A.); swl. in W., ll. in A., Ä., Bzl., Chlf.; * → β-Naphthol + CO_2.
11	3-Oxy-naphthoesäure-(2)	$HO\cdot C_{10}H_6\cdot CO_2H$	X 333	188.17	—	216	—	Gelbe Blätt. (W.); unl. in k. W., wl. in h. W., ll. in A., Ä., l. in Bzl., Chlf.; Verwend. zur Herst. v. Azofarbst.

31212 (Fortsetzung).

Nr.	Name	Formel	BZ	MG	D	F	Kp	Charakteristik
1	4-Oxy-naphthoesäure-(1)	$HO\cdot C_{10}H_6\cdot CO_2H$	E X 144	188.17	—	183—4 (Z.)	—	Gelbl. Nadeln (Ä. + Lg.); ll. in A., Ä., wl. in Chlf., Bzl.; + sd. W. → CO_2-Abspalt.
2	5-Oxy-naphthoesäure-(1)	$HO\cdot C_{10}H_6\cdot CO_2H$	X 330	188.17	—	235—6	subl.	Nadeln (W.); l. in sd. W., wl. in k. A., ll. in h. A., Ä., Eg.
3	6-Oxy-naphthoesäure-(1)	$HO\cdot C_{10}H_6\cdot CO_2H$	X 330	188.17	—	208—9	—	Nadeln (W.); swl. in k. W., ll. in sd. W., l. in A., Ä., wl. in Bzl., Chlf.; + $FeCl_3$ braune Färb.
4	7-Oxy-naphthoesäure-(1)	$HO\cdot C_{10}H_6\cdot CO_2H$	X 330	188.17	—	253—4	—	Nadeln (W.); swl. in k. W., l. in A., Ä.
5	8-Oxy-naphthoesäure-(1)	$HO\cdot C_{10}H_6\cdot CO_2H$	X 331	188.17	—	169	—	Nadeln (Ä.); ll. in h. W., A., Ä.
6	2-Oxy-phenylessigsäure	$HO\cdot C_6H_4\cdot CH_2\cdot CO_2H$	X 187	152.14	—	147	240—3*	Nadeln (Ä. od. Chlf.); l. in W., ll. in Ä., wl. in Chlf.; * → Lacton.
7	4-Oxy-phenylessigsäure	$HO\cdot C_6H_4\cdot CH_2\cdot CO_2H$	X 190	152.14	—	148	subl.	Nadeln (W.); l. in W., ll. in h. W., A., Ä.
8	3-Oxy-phthalsäure	$HO\cdot C_6H_3(CO_2H)_2$	X 498	182.13	—	161 (Z.*)	—	Nadeln (W.); ll. in W., A., Ä.; * → Anhydrid.
9	4-Oxy-phthalsäure	$HO\cdot C_6H_3(CO_2H)_2$	X 499	182.13	—	204—5 (Z.*)	—	Kryst. (W.); ll. in A., Ä.; * → Anhydrid.
10	2-Oxy-pyridin (α-Pyridon)	$NC_5H_4\cdot OH$	XXI 43	95.10	—	107	280—1	Nadeln (Bzl.); ll. in W., A., l. in Ä., Bzl.; + $FeCl_3$ rote Färb.
11	3-Oxy-pyridin	$NC_5H_4\cdot OH$	XXI 46	95.10	—	126	subl.	Nadeln (Bzl.); ll. in W., A., wl. in Ä., Bzl.; + $FeCl_3$ rote Färb.
12	4-Oxy-pyridin (γ-Pyridon)	$NC_5H_4\cdot OH$	XXI 48	95.10	—	148.5	> 350 (Z.)	Nadeln (A.); Tafeln + 1 H_2O (W.) F: 67°; etwa 100 W. 15°, ll. in A., unl. in Ä., Bzl.; + $FeCl_3$ gelbe Färb.
13	ι-Oxy-stearinsäure	$CH_3\cdot[CH_2]_7\cdot CH(OH)\cdot[CH_2]_8\cdot CO_2H$	III 365	300.46	—	81	—	Tafeln (A.); unl. in W., 9.63 A. 20°, 2.35 Ä. 20°.
14	Oxyterephthalsäure	$HO\cdot C_6H_3(CO_2H)_2$	X 505	182.13	—	> 330	subl.	Kryst. (W.); wl. in W., ll. in A., l. in Ä.

1	3-Oxy-thionaphthen	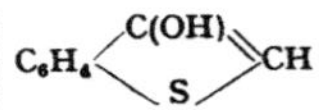	XVII 119	150.19	—	71	Z.	Nadeln (W.); wl. in k. W., ll. in A., Ä.; flücht. mit Dampf; Oxyd. → Thioindigo; Verwend. zur Herst. von Küpenfarbst.
2	2-Oxy-m-toluylsäure	$HO \cdot C_6H_3(CH_3) \cdot CO_2H$	X 220	152.14	—	163—4	—	Nadeln (W.); wl. in k. W., ll. in A., Ä.; Verwend. zur Herst. von Farbst.; Äthylester Kp: 242°.
3	2-Oxy-p-toluylsäure	$HO \cdot C_6H_3(CH_3) \cdot CO_2H$	X 233	152.14	—	177	subl.	Nadeln (W.); l. in W., ll. in A., Ä.; + $FeCl_3$ violette Färb.; Äthylester Kp: 254°.
4	3-Oxy-o-toluylsäure	$HO \cdot C_6H_3(CH_3) \cdot CO_2H$	X 214	152.14	—	145—6	—	Kryst. (W.); l. in W., ll. in A., Ä.; Äthylester F: 69°.
5	3-Oxy-p-toluylsäure	$HO \cdot C_6H_3(CH_3) \cdot CO_2H$	X 237	152.14	—	206—7	subl.	Nadeln (W.); wl. in k. W., ll. in A., Ä.; Äthylester F: 74—75°.
6	4-Oxy-o-toluylsäure	$HO \cdot C_6H_3(CH_3) \cdot CO_2H$	X 214	152.14	—	177—8	—	Nadeln + $^1/_2$ H_2O (W.); wl. in k. W., ll. in A., Ä.; Äthylester F: 98°.
7	4-Oxy-m-toluylsäure	$HO \cdot C_6H_3(CH_3) \cdot CO_2H$	X 225	152.14	—	173	—	Nadeln + $^1/_2$ H_2O (W.); wl. in k. W., ll. in h. W., A., Ä.; Äthylester F: 98—99°.
8	5-Oxy-o-toluylsäure	$HO \cdot C_6H_3(CH_3) \cdot CO_2H$	X 215	152.14	—	183—4	subl.	Nadeln (W.); l. in W., ll. in A., Ä.; flücht. mit Dampf; Äthylester F: 67°.
9	5-Oxy-m-toluylsäure	$HO \cdot C_6H_3(CH_3) \cdot CO_2H$	X 227	152.14	—	210	subl.	Nadeln (W.); l. in W., ll. in A., Ä.; nicht flücht. mit Dampf.
10	6-Oxy-o-toluylsäure	$HO \cdot C_6H_3(CH_3) \cdot CO_2H$	X 217	152.14	—	168	—	Nadeln (W.); 0.14 W. 25°, ll. in h. W., A., Ä.; flücht. mit Dampf.

31212 (Fortsetzung).

Nr.	Name	Formel	BZ	MG	D	F	Kp	Charakteristik
1	6-Oxy-m-toluylsäure	$HO \cdot C_6H_3(CH_3) \cdot CO_2H$	X 227	152.14	—	151	—	Nadeln (W.); wl. in k. W., ll. in A., Ä.; flücht. mit Dampf; + $FeCl_3$ blaue Färb.; Äthylester Kp: 251°.
2	trans-2-Oxy-zimtsäure (Cumarsäure)	$HO \cdot C_6H_4 \cdot CH:CH \cdot CO_2H$	X 288	164.15	—	214	subl.	Nadeln (W.); wl. in k. W., ll. in A., swl. in Ä., unl. in Chlf.; l. in Alkali gelb; Äthylester F: 87°.
3	3-Oxy-zimtsäure	$HO \cdot C_6H_4 \cdot CH:CH \cdot CO_2H$	X 294	164.15	—	193	—	Prismen (W.); wl. in k. W., ll. in h. W., A., Ä., Bzl.; Methylester F: 87—88°.
4	4-Oxy-zimtsäure	$HO \cdot C_6H_4 \cdot CH:CH \cdot CO_2H$	X 297	164.15	—	210—3 (Z.)	—	Nadeln + 1 H_2O (W.); swl. in k. W., ll. in h. W., sll. in h. A., Ä.; V. in Aloeharzarten.
5	**Palmitinsäure**	$CH_3 \cdot [CH_2]_{14} \cdot CO_2H$	II 370	256.41	0.853^{62} (fl.)	62.6	271.5/100	Kryst.; unl. in W., 9.3 A. 19°, l. in Ä.; V. in tier. u. pflanzl. Fetten.
6	—— K-Salz	$KC_{16}H_{31}O_2$	II 372	294.50	—	—	—	Schuppen; l. in W., A.; + viel W. → unl. saures Salz + KOH.
7	—— Mg-Salz	$Mg(C_{16}H_{31}O_2)_2$	II 372	535.11	—	121—2	—	Kryst.; unl. in W., 0.487 A. 20°.
8	—— Na-Salz	$NaC_{16}H_{31}O_2$	II 372	278.40	—	etwa 270	—	Blätt. (A.); l. in W., A.
9	Papaverin	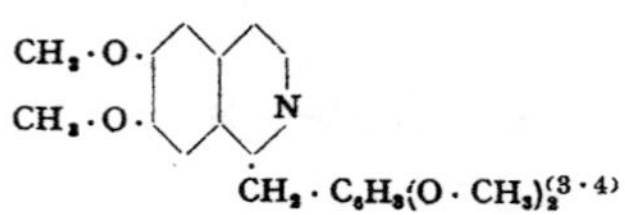	XXI 220	339.37	1.33	147	—	Prismen (A. + Ä.); swl. in sd. W., 1.16 A. 15°, 0.39 Ä. 10°, zll. in h. Bzl.; wirkt narkot.; V. im Opium.
10	Parabansäure	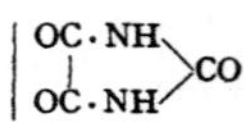	XXIV 449	114.06	—	Z. 242—4	—	Nadeln (W.); 4.7 W. 8°, ll. in h. A., 0.7 sd. Ä.

1	Paraconsäure	H_2C—$CH\cdot CO_2H$, $OC\cdot O\cdot CH_2$ (ring)	XVIII 371	130.10	—	57—8	—	Zerfließl. Kryst.; Dest. → Citraconsäureanhydrid; + Basen → itamalsaure Salze.
2	Paraldehyd	$CH_3\cdot HC\langle{}^{O\cdot CH(CH_3)}_{O\cdot CH(CH_3)}\rangle O$	XIX 385	132.15	0.9943^{20}	12.6	124	Fl.; 12 W. 13°, 6 W. 100°; ∞ A., Ä.; depolymerisiert sich bei Dest. oder bei Ggw. von Katalysatoren teilweise zu Acetaldehyd; wirkt hypnot.
3	Pelargonaldehyd	$CH_3\cdot[CH_2]_7\cdot CHO$	I 708	142.23	0.828^{15}	—	185	Fl.; unl. in W., ∞ A., Ä.; V. in äther. Ölen; Oxim F: 64°.
4	Pelargonsäure	$CH_3\cdot[CH_2]_7\cdot CO_2H$	II 352	158.23	0.9068^{18}	12.5	253—4	Öl; l. in W., A.; Amid F: 99°.
5	Pentaacetyl-α-d-glucose	$C_6H_7O(O\cdot CO\cdot CH_3)_5$	II 159	390.33	—	113	subl.	Nadeln (A.); 0.15 W. 18.5°, etwa 1.3 A. 19°, 2.7 Ä. 15°.
6	Pentaacetyl-β-d-glucose	$C_6H_7O(O\cdot CO\cdot CH_3)_5$	II 160	390.33	—	134	subl.	Nadeln (A.); 0.09 W. 18.5°, 0.82 A. 19°, 2.1 Ä. 15°, ∞ Chlf.
7	Pentabromaceton	$CBr_3\cdot CO\cdot CHBr_2$	I 659	452.62	—	76	subl.	Nadeln (A.); unl. in W., ll. in A., Ä.; flücht. mit Dampf; riecht durchdringend.
8	Pentabromäthan	$CBr_3\cdot CHBr_2$	I 95	424.61	3.312	56—7	210/300 (Z.)	Prismen; unl. in W., l. in A., ll. in Ä.
9	Pentabrombenzol	C_6HBr_5	V 215	472.65	—	159—60	—	Nadeln (Eg. od. A.); unl. in W., wl. in A., Ä., l. in Chlf., Bzl.
10	Pentachloräthan	$CCl_3\cdot CHCl_2$	I 87	202.31	1.693^{10}	—29.0	161.9	Fl.; unl. in W., l. in A., Ä.; riecht ähnl. wie Chlf.
11	Pentachlorbenzol	C_6HCl_5	V 205	250.35	1.8342^{16}	85—6	275—7	Nadeln (A.); unl. in W., swl. in k., l. in sd. A., ll. in Ä., Bzl., CS_2.
12	Pentachlorphenol	$C_6Cl_5\cdot OH$	VI 194	266.35	1.978^{22}	190—1	310 (Z.)	Kryst. (Bzl.); unl. in W., ll. in A., Ä.
13	Pentadecan	$CH_3\cdot[CH_2]_{13}\cdot CH_3$	I 172	212.40	0.7689^{20}	10	270.5	Fl.; unl. in W., ∞ A., Ä.
14	Pentadien-(1.3)	$CH_3\cdot CH:CH\cdot CH:CH_2$	I 251	68.11	0.6957^{17}	—	42	Fl.; polym. beim Erhitzen zu einer kautschukart. Substanz.
15	Pentaerythrit	$C(CH_2\cdot OH)_4$	I 528	136.14	—	etwa 253	—	Kryst.; 5.56 W. 18; Tetranitrat F: 138—140°.

31212 (Fortsetzung).

Nr.	Name	Formel	BZ	MG	D	F	Kp	Charakteristik
1	Pentamethyläthylalkohol	$(CH_3)_3C\cdot C(CH_3)_2\cdot OH$	I 418	116.19	—	etwa 17	131—2	Fl.; campherart. riech. Nadeln $+\frac{1}{2} H_2O$ (verd. A.) F: etwa 83°; ll. in A., Ä.
2	Pentamethylbenzol	$C_6H(CH_3)_5$	V 443	148.23	0.847^{107}	53	231	Prismen (verd. A.); unl. in W., ll. in A.
3	Pentamethylenchlorid s. 1.5-Dibrom-pentan							
4	Pentamethylendiamin	$H_2N\cdot CH_2\cdot[CH_2]_3\cdot CH_2\cdot NH_2$	IV 266	102.18	0.8846^{15}_{15}	—	178—80	Sirup; ll. in W., A., wl. in Ä.; $C_5H_{14}N_2 + 2\,HCl + 2\,AuCl_3$ F: 184°.
5	Pentamethylenglykol	$HO\cdot CH_2\cdot[CH_2]_3\cdot CH_2\cdot OH$	I 481	104.14	0.994^{18}	—	238—9	Dicke Fl.; ∞ W., A., wl. in Ä.; schmeckt brennend u. bitter.
6	Pentan	$CH_3\cdot[CH_2]_3\cdot CH_3$	I 130	72.14	0.6337^{15}_{15}	—130.8	36.2	Fl.; unl. in W., ∞ A., Ä.
7	2.4.6.3.'4'-Pentaoxy-benzophenon (Maclurin)	$(HO)_2C_6H_3\cdot CO\cdot C_6H_2(OH)_3$	VIII 538	262.21	—	etwa 200	Z. > 270	Gelbe Prismen $+ 1\,H_2O$; 0.5 W. 14°, ll. in A., Ä.; V. im Gelbholz.
8	3.5.7.2.'4'-Pentaoxy-flavon (Morin)	$(HO)_2C_6H_2{<}^{CO\cdot C\cdot OH}_{O—\overset{\|\|}{C}\cdot C_6H_3(OH)_2}$	XVIII 239	302.23	—	290 (Z.)	—	Nadeln $+ 1\,H_2O$ (A.); 0.025 W. 20°, ll. in A., wl. in Ä.; l. in Alkali gelb; V. im Gelbholz; färbt gebeizte Fasern.
9	3.5.7.3.'4'-Pentaoxy-flavon (Quercetin)	$(HO)_2C_6H_2{<}^{CO\cdot C\cdot OH}_{O—\overset{\|\|}{C}\cdot C_6H_3(OH)_2}$	XVIII 242	302.23	—	313—4 (Z.)	—	Gelbe Nadeln $+ 2\,H_2O$ (verd. A.); swl. in h. W., 0.44 k. A., 5.5 sd. A., swl. in Ä.; ll. in verd. Alkali, konz. H_2SO_4; V. in vielen Pflanzen; färbt gebeizte Wolle.
10	Penten-(1)	$CH_3\cdot CH_2\cdot CH_2\cdot CH:CH_2$	I 210	70.13	—	—	39—40	Fl.; unl. in W., ∞ A., Ä.
11	Penten-(2)	$CH_3\cdot CH_2\cdot CH:CH\cdot CH_3$	I 210	70.13	0.6535^{17}	—147	36.4	Fl.; unl. in W., ∞ A., Ä.
12	Perylen	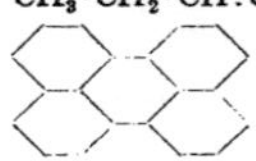	E V 363	252.29	—	264—5	subl. 350—400	Bronzeglänzende Blätt. (Bzl.); unl. in W., swl. in A., Ä., ll. in Chlf., CS_2; konz. Lsgg. sind rotgelb; l. in H_2SO_4 rotviolett.

1	α-Phellandren	$CH_3\cdot C\langle^{CH:CH}_{CH\cdot CH_2}\rangle CH\cdot CH(CH_3)_2$	V 129	136.22	0.844^{15}	—	173—5	Fl.; unl. in W., l. in A., Ä.; V. in Eucalyptusöl, Terpentinölen; Nitrosite F: 112°, 105°.
2	β-Phellandren	$CH_2:C\langle^{CH=CH}_{CH_2\cdot CH_2}\rangle CH\cdot CH(CH_3)_2$	V 131	136.22	0.852^{20}	—	171—2	Fl.; unl. in W., l. in A., Ä.; V. in Wasserfenchelöl; riecht nach Geranien; Nitrosit F: 97—98°.
3	Phenacetin	$CH_3\cdot CO\cdot NH\cdot C_6H_4\cdot O\cdot C_2H_5$	XIII 461	179.21	—	135	—	Tafeln (verd. A.); 0.05 W. 14°, 0.11 W. 25°, 6,64 A. 25°, 1.57 Ä. 25°; wirkt antipyret. u. antineuralg.
4	Phenacylalkohol s. Benzoylcarbinol							
5	Phenacylbromid s. ω-Brom-acetophenon							
6	Phenacylchlorid s. ω-Chlor-acetophenon							
7	dl-α-Phenäthylamin	$C_6H_5\cdot CH(CH_3)\cdot NH_2$	XII 1094	121.17	0.9395^{15}	—	187.5	Öl; etwa 4.2 W. 20°, ∞ A., Ä.; Acetylderiv. F: 57°; Benzoylderiv. F: 120°.
8	β-Phenäthylamin	$C_6H_5\cdot CH_2\cdot CH_2\cdot NH_2$	XII 1096	121.17	0.958^{24}	—	193	Fl.; l. in W., ll. in A., Ä.; Acetylderiv. F: 45°; Benzoylderiv. F: 116°.
9	Phenanthren	$C_6H_4\langle_{CH:CH}\rangle C_6H_4$	V 667	178.22	1.063^{101}	100	340	Tafeln (A.); unl. in W., 2.62 A. 16°, 10.08 sd. A., 8.93 Ä. 15.5°, 16.72 Bzl. 15.5°; 33 Toluol 16°; Pikrat F: 145°.
10	Phenanthrenchinon	$C_6H_4\langle_{CO\cdot CO}\rangle C_6H_4$	VII 797	208.20	1.405	207	> 360	Orange Nadeln; swl. in k. W., wl. in h. W., A., l. in Ä., 0.54 Bzl. 20°, ll. in h. Eg.; l. in H_2SO_4 grün.
11	Phenanthridin	$C_6H_4\langle_{CH:N}\rangle C_6H_4$	XX 466	179.21	—	104	> 360	Nadeln (verd. A.); 0.03 k. W., ll. in A., Ä.; schmeckt pfefferart.; Dampf reizt zum Niesen.
12	Phenanthrol-(2)	$HO\cdot C_6H_3\langle_{CH:CH}\rangle C_6H_4$	VI 704	194.22	—	169	—	Blätt. (verd. A.); wl. in W., ll. in A., Ä.; Pikrat F: 156.

31212 (Fortsetzung).

Nr.	Name	Formel	BZ	MG	D	F	Kp	Charakteristik
1	Phenanthrol-(3)	$HO\cdot C_6H_3\underset{CH:CH}{\overline{}}C_6H_4$	VI 705	194.22	—	119	—	Nadeln (verd. A.); wl. in W., ll. in A., Ä.; Pikrat F: 159°.
2	Phenanthrol-(9)	$C_6H_4\underset{C(OH):CH}{\overline{}}C_6H_4$	VI 706	194.22	—	152—3	—	Nadeln (Bzl.); unl. in W., ll. in A., Ä.; l. in Alkali grün, in H_2SO_4 orangerot; Pikrat F: 185°; Acetat F: 77°.
3	Phenazin	$C_6H_4\left\{\begin{matrix}N\\N\end{matrix}\right\}C_6H_4$	XXIII 223	180.20	—	171	> 360	Hellgelbe Nadeln (A.); swl. in W., 2 k. A., wl. in Ä., Bzl.; l. in H_2SO_4 rot; Pikrat F: 181°.
4	Phenazon	$C_6H_4\underset{N:N}{\overline{}}C_6H_4$	XXIII 222	180.20	—	156	> 360	Grüngelbe Nadeln (verd. A.); swl. in W., ll. in A., Ä., Chlf.; Pikrat F: 194°.
5	o-Phenetidin	$H_2N\cdot C_6H_4\cdot O\cdot C_2H_5$	XIII 359	137.17	—	< —21	229	Öl; Acetylderiv. F: 79°.
6	p-Phenetidin	$H_2N\cdot C_6H_4\cdot O\cdot C_2H_5$	XIII 436	137.17	1.0613	2.4	254—5	Fl.; l. in A., Ä.; Acetylderiv. s. S. *207*, 3.
7	Phenetol	$C_6H_5\cdot O\cdot C_2H_5$	VI 140	122.16	0.9666^{20}	—30.2	172	Fl.; unl. in W., ll. in A., Ä.; riecht aromat.
8	Phenol	$C_6H_5\cdot OH$	VI 110	94.11	1.0545^{45}	41	181.4	Nadeln; 8.2 W. 15°, ∞ W. oberhalb 65.3°, ∞ A., Ä.; charakterist. riechend; + $FeCl_3$ blaue Färb.; ätzt die Haut; giftig; wirkt desinfizierend; Verwend. zur Herst. v. Farbst., Kunstharzen, als Desinfektionsmittel.
9	—— Na-Salz	$C_6H_5\cdot O\cdot Na$	VI 136	116.10	—	—	—	Zerfließl. Kryst.; ll. in W., l. in A.
10	Phenolblau	$(CH_3)_2N\cdot C_6H_4\cdot N:C_6H_4:O$	XIII 88	226.27	—	162	—	Blaue Nadeln (A.); wl. in k. W., k. A.; Verwend. zur Herst. v. Farbst
11	Phenol-disulfonsäure-(2.4)	$HO\cdot C_6H_3(SO_3H)_2$	XI 250	254.23	—	> 100(Z.)	—	Zerfließl. Nadeln; ll. in W., A., unl. in Ä.
12	Phenolphthalein	$C_6H_4\left\langle\begin{matrix}C(C_6H_4\cdot OH)_2\\CO\end{matrix}\right\rangle O$	XVIII 143	318.31	—	254	subl.	Kryst.; 0.0175 W. 20°, 20.9 A. 20°, 5.92 Ä. 20°; l. in Alkali rot; Verwend. als Indikator.

1	Phenolphthalin	$(HO\cdot C_6H_4)_2CH\cdot C_6H_4\cdot CO_2H^{(2)}$	X 455	320.32	—	225	—	Nadeln (W.); 0.0175 W. 20°; Oxyd. → Phenolphthalein; Verwend. als Reagens auf HCN.
2	Phenol-sulfonsäure-(2)	$HO\cdot C_6H_4\cdot SO_3H$	XI 234	174.17	—	etwa 50 (Z.)	—	Kryst.; sll. in W.; + h. H_2SO_4 → Phenol-sulfonsäure-(4).
3	Phenol-sulfonsäure-(3)	$HO\cdot C_6H_4\cdot SO_3H$	XI 239	174.17	—	—	—	Nadeln + 2 H_2O; bei 140° wasserfrei.
4	Phenol-sulfonsäure-(4)	$HO\cdot C_6H_4\cdot SO_3H$	XI 241	174.17	—	—	—	Zerfließl. Nadeln; Amid F: 176—77°.
5	Phenoxazin	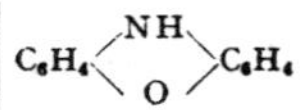	XXVII 62	183.20	—	156	subl.	Blätt. (Bzl.); ll. in A., Ä.; N-Acetylderiv. F: 142°.
6	Phenoxthin	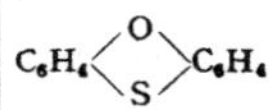	XIX 45	200.24	—	60—1	183/12	Nadeln (A.); unl. in W., ll. in A., Ä.; riecht geraniolähnl.
7	2-Phenoxy-benzoesäure	$C_6H_5\cdot O\cdot C_6H_4\cdot CO_2H$	X 65	214.21	—	113	355 (Z.)	Blätt. (verd. A.); unl. in k. W., wl. in sd. W., ll. in A., Ä.
8	Phenoxyessigsäure	$C_6H_5\cdot O\cdot CH_2\cdot CO_2H$	VI 161	152.14	—	98—9	285 (Z.)	Nadeln (W.); 1.24 W. 10°, ll. in A., Ä.; wirkt antisept.
9	Phenthiazin	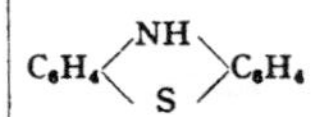	XXVII 63	199.26	—	180	370	Gelbe Blätt. (A.); swl. in W., wl. in A., Ä., l. in Bzl.
10	Phenylacetaldehyd	$C_6H_5\cdot CH_2\cdot CHO$	VII 292	120.14	1.025^{20}	< —10	193—4	Fl.; swl. in W., l. in A., Ä.; riecht nach Hyazinthen; Verwend. als Riechstoff; Semicarbazon F: 156°.
11	Phenylacetylen	$C_6H_5\cdot C\vdots CH$	V 511	102.13	0.9295^{20}	—48 bis —40	139—40	Fl.; l. in A.
12	9-Phenyl-acridin	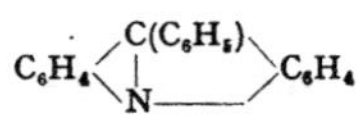	XX 514	255.30	—	181	403—4	Gelbe Prismen (A.); wl. in A., l. in Ä., ll. in Bzl.
13	α-Phenyl-äthylalkohol	$C_6H_5\cdot CH(OH)\cdot CH_3$	VI 475	122.16	1.008^{15}	—	203.6	Fl.; unl. in W., ∞ A., Ä.; Phenylurethan F: 94°.

31212 (Fortsetzung).

Nr.	Name	Formel	BZ	MG	D	F	Kp	Charakteristik
1	β-Phenyl-äthylalkohol	$C_6H_5 \cdot CH_2 \cdot CH_2 \cdot OH$	VI 478	122.16	1.0234^{18}	—	220/750	Öl; zll. in W., verd. A.; riecht aromat.; V. in Rosenöl, Orangenblütenöl; Phenylurethan F: 80°.
2	Phenyläthylamin s. Phenäthylamin							
3	l-Phenylalanin	$C_6H_5 \cdot CH_2 \cdot CH(NH_2) \cdot CO_2H$	XIV 495	165.18	—	283 (Z.)	subl.	Blätt. u. Nadeln (W.); 2.74 W. 20°, 6.11 W. 70°, wl. in A.; $[\alpha]_D^{20}$: —35° (W.); B. bei Z. zahlreicher pflanzl. u. tier. Prodd.
4	dl-Phenylalanin	$C_6H_5 \cdot CH_2 \cdot CH(NH_2) \cdot CO_2H$	XIV 498	165.18	—	271—3 (Z.)	subl.	Blätt. (verd. A.); zwl. in k. W., swl. in sd. A., unl. in Ä.
5	9-Phenyl-anthracen	$C_6H_4\left\{\begin{matrix}C(C_6H_5)\\CH\end{matrix}\right\}C_6H_4$	V 725	254.31	—	152—3	417	Blätt. (A.); ll. in h. A., h. Ä., h. Bzl.
6	N-Phenyl-anthranilsäure	$C_6H_5 \cdot NH \cdot C_6H_4 \cdot CO_2H$	XIV 327	213.22	—	184	—	Nadeln (A.); swl. in h. W., l. in h. A., swl. in Ä.; + H_2SO_4 → Acridon.
7	Phenylarsin	$C_6H_5 \cdot AsH_2$	XVI 826	154.02	—	—	148	Öl; ll. in A., Ä.; riecht in verd. Zustand nach Hyazinthen; greift die Haut an; oxyd. an d. Luft.
8	Phenylarsonsäure	$C_6H_5 \cdot AsO(OH)_2$	XVI 868	202.02	1.76	etwa 160*	—	Säulen (W.); 3.25 W. 28°, 24.0 W. 84°, 15.5 95%ig. A. 26°, 55.4 95%ig. A. 68°; * → Anhydrid.
9	**Phenylazid**	$C_6H_5 \cdot N_3$	V 276	119.12	1.097^{11}	—	59/14	Gelbes Öl; unl. in W., wl. in A., Ä.; flücht. mit Dampf; expl. bei d. Dest. unter gewöhnl. Druck; riecht bittermandelölartig.
10	**N-Phenyl-benzamidin**	$C_6H_5 \cdot NH \cdot C(:NH) \cdot C_6H_5$ bzw. $C_6H_5 \cdot N:C(NH_2) \cdot C_6H_5$	XII 264	196.24	—	112	Z.*	Nadeln (A.); wl. in W., sll. in A., Ä.; * → Anilin u. Benzonitril.

1	2-Phenyl-benzimidazol	$C_6H_4\langle{}^{N}_{NH}\rangle C\cdot C_6H_5$	XXIII 230	194.22	—	287—8	—	Tafeln (Eg.), Nadeln (W.); wl. in W., l. in A., wl. in Bzl.
2	2-Phenyl-benzothiazol	$C_6H_4\langle{}^{N}_{S}\rangle C\cdot C_6H_5$	XXVII 74	211.27	—	114	> 360	Nadeln (A.); unl. in W., l. in A., Ä.; riecht beim Erwärmen nach Teerosen u. Geranien.
3	2-Phenyl-benzoxazol	$C_6H_4\langle{}^{N}_{O}\rangle C\cdot C_6H_5$	XXVII 72	195.21	—	103	—	Nadeln (verd. A.); unl. in k. W., l. in A., Ä. flücht mit Dampf.
4	Phenylbenzylcarbinol	$C_6H_5\cdot CH_2\cdot CH(OH)\cdot C_6H_5$	VI 683	198.25	—	67	167/10	Nadeln (verd. A.); 0.06 sd. W., 42 94%ig. A. 7°, ll. in Ä.; Dest. → Stilben.
5	Phenylbernsteinsäure	$HO_2C\cdot CH\cdot CH(C_6H_5)\cdot CO_2H$	IX 865	194.18	—	167	—	Nadeln (W.); swl. in k. W., l. in h. W., ll. in A., Ä., Eg., unl. in Bzl.
6	Phenylbordihydroxyd	$C_6H_5\cdot B(OH)_2$	XVI 920	121.93	—	216	Z.*	Nadeln (W.); wl. in k. W., ll. in h. W., l. in A., Ä.; * → Phenylboroxyd (F: 190°) u. W.
7	Phenylbrenztraubensäure	$C_6H_5\cdot CH_2\cdot CO\cdot CO_2H$	X 682	164.15	—	154—5*	—	Blätt. (Chlf.); swl. in sd. W., ll. in A., Ä., ll. in h. Chlf., h. Bzl.; *CO_2-Abspalt.
8	α-Phenyl-α.γ-butadien	$C_6H_5\cdot CH:CH\cdot CH:CH_2$	V 517	130.18	0.9286^{20}	+ 4.5	95/20	Fl.; unl. in W., l. in A., Ä.; riecht stechend; polym. an der Luft.
9	2-Phenyl-chinolin	$NC_9H_6\cdot C_6H_5$	XX 481	205.24	—	86	363	Nadeln (verd. A.); wl. in W., swl. in k. A., ll. in h. A., Ä.
10	6-Phenyl-chinolin	$NC_9H_6\cdot C_6H_5$	XX 483	205.24	1.195^{20}	110—1	260/77	Tafeln (A.); swl. in W., ll. in A., wl. in Ä.
11	Phenylcyanamid	$C_6H_5\cdot NH\cdot CN$	XII 368	118.13	—	47	—	Kryst. + $^1/_2$ H_2O (Ä. od. W.); wl. in W., sll. in A., Ä.; unbeständig; + W. → Phenylharnstoff.
12	Phenyldichlorarsin	$C_6H_5\cdot AsCl_2$	XVI 830	222.92	—	—	252—5	Fl.; l. in Ä., Bzl.; greift die Schleimhäute an; Verwend. als Gaskampfstoff.

31212 (Fortsetzung).

Nr.	Name	Formel	BZ	MG	D	F	Kp	Charakteristik
1	Phenyldichlorphosphin	$C_6H_5 \cdot PCl_2$	XVI 763	179.03	1.342^{0}	—	222—3	Fl.; ∞ A., Ä.; dch. W. zers.; raucht an d. Luft; riecht durchdringend.
2	o-Phenylendiamin	$H_2N \cdot C_6H_4 \cdot NH_2$	XIII 6	108.14	—	103.8	256—8	Blätt. (Chlf.); 4.22 W. 35°, ll. in A., Ä., Chlf.; + $FeCl_3$ + HCl → rote Nadeln (Hydrochlorid d. 2.3-Diamino-phenazins).
3	m-Phenylendiamin	$H_2N \cdot C_6H_4 \cdot NH_2$	XIII 33	108.14	1.1389^{15}_{15}	62.8	282—4	Kryst. (A.); 26.9 W. 24°, ll. in A., l. in Ä.; Verwend. zur Herst. v. Farbst.
4	p-Phenylendiamin	$H_2N \cdot C_6H_4 \cdot NH_2$	XIII 61	108.14	—	139.7	267	Tafeln (A.); 3.85 W. 24°, ll. in A., Ä.; giftig; Verwend. zur Herst. von Farbst.; gibt auf Holz eine rote Färb.
5	Phenylessigsäure	$C_6H_5 \cdot CH_2 \cdot CO_2H$	IX 431	136.14	1.0809^{80}	78	144/12	Blätt.; 1.80 W. 25°, ll. in A., Ä.
6	Phenylessigsäureäthylester	$C_6H_5 \cdot CH_2 \cdot CO_2 \cdot C_2H_5$	IX 434	164.19	1.033^{20}	—	227	Fl.; riecht sehr angenehm.
7	9-Phenyl-fluoren	$\begin{matrix} C_6H_4 \\ \mid \\ C_6H_4 \end{matrix} \rangle CH \cdot C_6H_5$	V 720	242.30	—	147—8	—	Nadeln (A.); unl. in W., wl. in k. A., Ä.
8	β-Phenyl-glycidsäure	$C_6H_5 \cdot HC \underset{O}{\text{——}} CH \cdot CO_2H$	XVIII 302	164.15	—	83—4	—	Prismen; wl. in W.; beim Erhitzen → Phenylacetaldehyd.
9	N-Phenyl-glycin	$C_6H_5 \cdot NH \cdot CH_2 \cdot CO_2H$	XII 468	151.16	—	127	Z.	Kryst.; l. in W., A., wl. in Ä.; Kalischmelze → Indoxyl.
10	Phenylglycin-o-carbonsäure	$HO_2C \cdot C_6H_4 \cdot NH \cdot CH_2 \cdot CO_2H$	XIV 348	195.17	—	218—20	—	Nadeln (Me.); l. in A., Ä., swl. in Bzl.; Kalischmelze → Indigo.
11	Phenylglyoxal	$C_6H_5 \cdot CO \cdot CHO$	VII 670	134.13	—	91*	142/125	Kryst. + 1 H_2O (W.); 2.8 W. 20°, ll. in A., Ä.; Dämpfe reizen zum Niesen; + NaOH → Mandelsäure; *Hydrat.

1	Phenylglyoxylsäure	$C_6H_5 \cdot CO \cdot CO_2H$	X 654	150.13	—	65—6	Z.	Prismen; sll. in W., l. in A., ll. in Ä., unl. in CS_2; Phenylhydrazon F: 163°.
2	Phenylharnstoff	$C_6H_5 \cdot NH \cdot CO \cdot NH_2$	XII 346	136.15	1.302	147	Z.* 160	Nadeln od. Blätt. (W.), Tafeln (A.); wl. in k. W., l. in sd. W., ll. in A., wl. in Ä.; * → N.N'-Diphenylharnstoff u. Harnstoff; $C_7H_8ON_2$ + HCl F: 114—116° (Z.).
3	β-Phenyl-hydracrylsäure	$C_6H_5 \cdot CH(OH) \cdot CH_2 \cdot CO_2H$	X 249	166.17	—	94	Z.* 180	Prismen (W.); 3.7 W. 20°, ll. in h. W., A., swl. in Bzl.; * → Zimtsäure.
4	Phenylhydrazin	$C_6H_5 \cdot NH \cdot NH_2$	XV 67	108.14	1.097^{23}	19.6	243.5	Tafeln; wl. in k. W., ∞ A., Ä., Chlf., Bzl.; swl. in konz. Alkali; erzeugt auf d. Haut Ekzeme; starkes Blutgift.
5	—— hydrochlorid	$C_6H_8N_2$ + HCl	XV 108	144.60	—	240	subl.	Blätt. (A.); ll. in W., l. in A., unl. in Ä.
6	(β-)Phenylhydroxylamin	$C_6H_5 \cdot NH \cdot OH$	XV 2	109.12	—	82 (Z.*)	—	Nadeln (W.); 2 k. W., 10 h. W., ll. in A., Ä., Chlf.; l. in H_2SO_4 gelb od. blau; * → Azoxybenzol, Anilin, W.
7	2-Phenyl-indol	$C_6H_4 \langle ^{CH}_{NH} \rangle C \cdot C_6H_5$	XX 467	193.23	—	187	> 360	Blätt. (A. od. Bzl.); wl. in h. W., 2.6 94%ig. A. 14°, ll. in Ä., 2.1 Bzl 14°; l. in konz. Säuren.
8	Phenylisocyanat	$C_6H_5 \cdot N:CO$	XII 437	119.12	1.092^{15}	—	166	Fl.; dch. W. zers.; + A. → Carbanilsäureäthylester; riecht stark; Dampf reizt zu Tränen.
9	Phenylisocyanid	$C_6H_5 \cdot N:C$	XII 191	103.12	0.977^{15}	—	165—6 (Z.)	Fl.; unbeständig; riecht penetrant.
10	1-Phenyl-3-methyl-pyrazolon-(5)	H_2C——$C \cdot CH_3$ / $OC \cdot N(C_6H_5) \cdot N$	XXIV 20	174.15	—	127	287/265	Prismen (W.); swl. in k. W., l. in h. W., ll. in A., swl. in Ä.; l. in Säuren u. Alkali; Verwend. zur Herst. v. Farbst.

31212 (Fortsetzung).

Nr.	Name	Formel	BZ	MG	D	F	Kp	Charakteristik
1	1-Phenyl-naphthalin	$C_{10}H_7 \cdot C_6H_5$	V 687	204.25	—	etwa 45	324—5	Wachsartig; unl. in W., ll. in A., Ä.
2	2-Phenyl-naphthalin	$C_{10}H_7 \cdot C_6H_5$	V 687	204.25	—	102	345—6	Blätt. (A.); unl. in W., l. in A., Ä., ll. in Bzl.; flücht. mit Dampf.
3	Phenyl-α-naphthylamin	$C_{10}H_7 \cdot NH \cdot C_6H_5$	XII 1224	219.27	—	62	335/528	Nadeln (A.); ll. in A., Ä., Bzl.; Lsgg. fluorescieren blau; Verwend. zur Herst. v. Farbst.
4	Phenyl-β-naphthylamin	$C_{10}H_7 \cdot NH \cdot C_6H_5$	XII 1275	219.27	—	108	395	Nadeln (Me.); wl. in k. A., Ä.; Lsgg. fluorescieren blau.
5	Phenylnitramin	$C_6H_5 \cdot N_2O_2H$	XVI 661	138.12	—	46	—	Blätt. (Lg.); l. in W., sll. in A.; bei 97—98° → 2- u. 4-Nitro-anilin.
6	Phenylphosphin	$C_6H_5 \cdot PH_2$	XVI 757	110.13	1.001^{15}	—	160—1	Fl.; riecht durchdringend widerwärtig; oxyd. an d. Luft.
7	Phenylpropiolsäure	$C_6H_5 \cdot C \vdots C \cdot CO_2H$	IX 633	146.14	—	137	subl.	Nadeln (W.); wl. in W., ll. in A., Ä.
8	Phenylpropiolsäureäthylester	$C_6H_5 \cdot C \vdots C \cdot CO_2 \cdot C_2H_5$	IX 634	174.19	1.055^{25}	—	153/22	Öl; l. in A.
9	2-Phenyl-pyridin	$NC_5H_4 \cdot C_6H_5$	XX 424	155.19	> 1	—	269—70	Fl.; unl. in W., l. in A., Ä.; Pikrat F: 175°.
10	3-Phenyl-pyridin	$NC_5H_4 \cdot C_6H_5$	XX 424	155.19	> 1	—	270/749	Hellgelbes Öl; unl. in W., ll. in A., Ä.; Pikrat F: 162°.
11	4-Phenyl-pyridin	$NC_5H_4 \cdot C_6H_5$	XX 424	155.19	—	77—8	274—5	Blätt. (W.); l. in h. W., ll. in A., Ä.
12	Phenylquecksilberchlorid	$C_6H_5 \cdot HgCl$	XVI 953	313.17	—	251	subl.	Tafeln (Bzl.); unl. in W., swl. in k. A., l. in Ä.
13	1-Phenyl-semicarbazid	$C_6H_5 \cdot NH \cdot NH \cdot CO \cdot NH_2$	XV 287	151.16	—	172	—	Blätt. (W.); ll. in h. W., A., wl. in Ä.
14	4-Phenyl-semicarbazid	$C_6H_5 \cdot NH \cdot CO \cdot NH \cdot NH_2$	XII 378	151.16	—	128	Z. 140	Blätt. (W.); wl. in h. W., ll. in A., unl. in Ä.
15	Phenylsenföl	$C_6H_5 \cdot N:CS$	XII 453	135.18	1.128^{25}	—21	218.5	Fl.; l. in Chlf.; Erhitzen mit W. → Thiocarbanilid + CO_2 + H_2S; + sd. A. → Thiocarbanilsäureester.

1	Phenylthioharnstoff	$C_6H_5 \cdot NH \cdot CS \cdot NH_2$	XII 388	152.21	1.33	154	Z.	Nadeln (W.), Prismen (A.); 0.26 W. 18°, 5.93 sd. W., 3.6 A. 25°; l. in Alkali.
2	1-Phenyl-thiosemicarbazid	$C_6H_5 \cdot NH \cdot NH \cdot CS \cdot NH_2$	XV 294	167.22	—	200 (Z.)	—	Prismen (A.); wl. in W., ll. in h. A., wl. in Ä.
3	α-Phenyl-cis-zimtsäure	$H \cdot C \cdot C_6H_5$ $\Vert$ $C_6H_5 \cdot C \cdot CO_2H$	IX 693	224.24	—	137—8	—	Blätt. (Eg.); l. in W., 0.05 PÄ. 15°; Amid F: 167—168°.
4	α-Phenyl-trans-zimtsäure	$C_6H_5 \cdot C \cdot H$ $\Vert$ $C_6H_5 \cdot C \cdot CO_2H$	IX 691	224.24	—	172	subl.	Nadeln (verd. A.); wl. in k. W., ll. in A., Ä., 0.02 PÄ. 15°; Amid F: 127°.
5	Phloretin 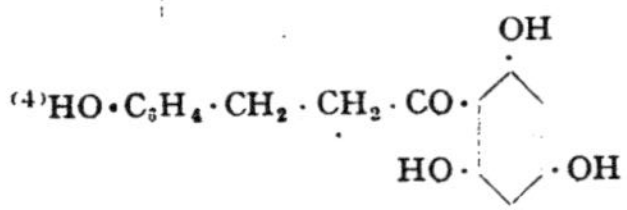		VIII 498	274.26	—	264—71	—	Nadeln (verd. A.); wl. in h. W., l. in A., 0.81 Ä. 21°, sll. in Aceton.
6	Phloridzin 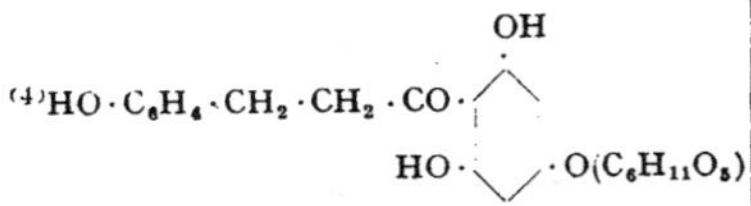		—	436.40	—	170 (Z.)	—	Nadeln + 2 H_2O F: 110°; 1.58 W. 60°, 4.58 W. 100°, 25 A., swl. in Ä.; bewirkt Glucosurie; V. in der Rinde v. Obstbäumen.
7	Phloroglucin	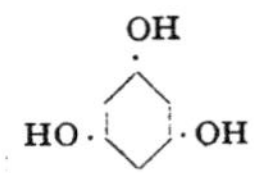	VI 1092	126.11	—	217—19	subl. Z.	Tafeln u. Blätt. + 2 H_2O (W.) F: 117°; 1.07 W. 20°, ll. in A., Ä.; schmeckt süß; Triacetat F: 104—6°.
8	Phloroglucincarbonsäure	$(HO)_3C_6H_2 \cdot CO_2H$	X 468	170.12	—	Z. 100	—	Kryst. + 1 H_2O; wl. in k. W. l. in A., ll. in Ä., unl. in Bzl.; + sd. W. → Phloroglucin.
9	Phloroglucintrimethyläther	$C_6H_3(O \cdot CH_3)_3$	VI 1101	168.18	—	54—5	255.5	Prismen (A.); unl. in W., ll. in A., Ä.
10	Phoron	$[(CH_3)_2C:CH]_2CO$	I 751	138.20	0.885^{20}	28	79.8/14	Gelbgrüne Prismen; l. in A., Ä.

31212 (Fortsetzung).

Nr.	Name	Formel	BZ	MG	D	F	Kp	Charakteristik
1	Phosgen	$COCl_2$	III 13	98.92	$1.392^{18.6}$	—118	8	Gas; wl. in k. W., ll. in Bzl., Toluol; riecht erstickend; greift Atmungsorgane an; giftig; therm. Z. → CO u. Cl_2; + h. W. → HCl + CO_2.
2	o-Phthalaldehyd	$C_6H_4(CHO)_2$	VII 674	134.13	—	56	—	Gelbe Nadeln (PÄ.); 0.6 h. W., l. in A., Ä.; + konz. KOH → Phthalid.
3	Phthalaldehydsäure	$OHC\cdot C_6H_4\cdot CO_2H$	X 666	150.13	1.404	97	—	Blätt. (W.); ll. in W., A., Ä.
4	Phthalamid	$C_6H_4(CO\cdot NH_2)_2$	IX 814	164.16	—	219*	—	Kryst.; swl. in k. W., A.; * → Phthalimid.
5	Phthalamidsäure	$HO_2C\cdot C_6H_4\cdot CO\cdot NH_2$	IX 809	165.14	—	148—9	—	Prismen; l. in k. W., A., wl. in Ä., unl. in Lg.; bei 155° → Phthalimid; + sd. W. → phthalsaures Ammonium.
6	Phthalan	$C_6H_4<\begin{matrix}CH_2\\CH_2\end{matrix}>O$	XVII 51	120.14	1.098^0	—	192	Öl; unl. in W.; flüchtig mit Dampf; riecht nach Bittermandelöl.
7	Phthalanil	$C_6H_4<\begin{matrix}CO\\CO\end{matrix}>N\cdot C_6H_5$	XXI 464	223.22	—	208	subl.	Nadeln (A.); unl. in W., l. in A., Ä.
8	Phthalanilsäure	$HO_2C\cdot C_6H_4\cdot CO_2\cdot NH\cdot C_6H_5$	XII 311	241.23	—	169	—	Prismen (A.); wl. in h. W., k. A., unl in Ä.; + $FeCl_3$ rotviolette Färb.
9	Phthalazin	$C_6H_4<\begin{matrix}CH:N\\CH:N\end{matrix}$	XXIII 174	130.14	—	90—1	316 (Z.)	Hellgelbe Nadeln (Ä.); ll. in W., l. in A., wl. in Ä.; Pikrat F: 208—210°.
10	Phthalid	$C_6H_4<\begin{matrix}CH_2\\CO\end{matrix}>O$	XVII 310	134.13	—	75	290	Nadeln od. Tafeln (W.); l. in sd. W., ll. in A., Ä.

1	Phthalimid	$C_6H_4<(CO)(CO)>NH$	XXI 458	147.13	—	238	subl.	Nadeln (W.); 0.06 W. 20°, 0.4 sd. W., 5 sd. A., l. in sd. Eg.; ll. in KOH.
2	Phthalimidin	$C_6H_4<(CH_2)(CO)>NH$	XXI 285	133.14	—	150	336/730	Nadeln (W.); l. in W., ll. in A., Ä., Chlf.
3	Phthalonsäure	$HO_2C \cdot C_6H_4 \cdot CO \cdot CO_2H$	X 856	194.14	—	145	—	Prismen (Bzl. + A.); 115 W. 15°, ll. in A., Ä., Bzl., wl. in Chlf.
4	Phthalsäure	$C_6H_4(CO_2H)_2$	IX 791	166.13	1.59	191*(231)	—	Tafeln (W.); 0.54 W. 14°, 18 W. 99°, 11.7 A. 18°, 0.68 Ä. 15°, unl. in Chlf.; * im geschl. Rohr; beim Erhitzen → Phthalsäureanhydrid.
5	Phthalsäureanhydrid	$C_6H_4<(CO)(CO)>O$	XVII 469	148.11	1.527	131.6	285.1	Nadeln (A.); l. in W., A.; Verwend. zur Herst. von Farbst.
6	Phthalsäurediäthylester	$C_6H_4(CO_2 \cdot C_2H_5)_2$	IX 798	222.23	1.117^{20}	—	298—9	Fl.; l. in A., Chlf.; Verwend. als Vergällungsmittel für A., als Lösungsm. für Harze.
7	Phthalylchlorid	$C_6H_4(COCl)_2$	IX 805	203.03	1.409^{20}	15—6	276.7	Fl.; l. in Ä., Bzl.; dch. W. zers.
8	as. Phthalylchlorid	$C_6H_4<(CCl_2)(CO)>O$	XVII 162	203.03	1.4668^{20}	89	—	Prismen (Bzl.); l. in Ä.; Dest. → Phthalylchlorid.
9	Phyllopyrrol	$C_2H_5 \cdot C$—$C \cdot CH_3$ / $CH_3 \cdot C \cdot NH \cdot C \cdot CH_3$	E XX 51	137.22	—	69	213/725	Blätt. (PÄ.); unl. in W., ll. in A., Ä.; l. in verd. H_2SO_4 gelb; verharzt an d. Luft.
10	Physostigmin (Eserin)	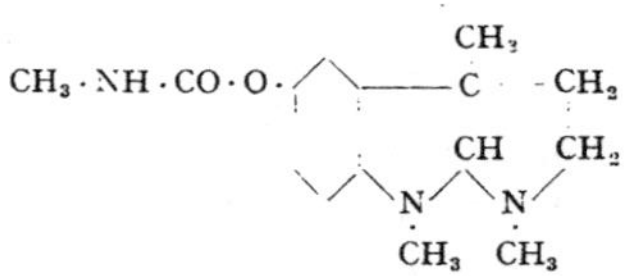	—	275.34	—	105	—	Hygroskop. Kryst. (Bzl.); wl. in W., ll. in A., Ä., Chlf.; bewirkt Pupillenverengerung; Verwend. in d. Augenheilkunde.
11	Phytinsäure	$C_6H_6[O \cdot PO(OH)_2]_6$	VI 1197	660.32	—	—	Z.	Gelbe Fl.; l. in W., ll. in A., unl. in Ä.

31212 (Fortsetzung).

Nr.	Name	Formel	BZ	MG	D	F	Kp	Charakteristik
1	Phytol	$CH_3 \cdot CH \cdot [CH_2]_3 \cdot C(CH_3){:}CH \cdot CH_2 \cdot OH$ $[CH_2]_3 \cdot CH(CH_3) \cdot [CH_2]_3 \cdot CH(CH_3)_2$	I 453	296.51	0.852^{20}	—	203/9	Öl; unl. in W., ∞ A., Ä., Me.; V. in Pflanzen.
2	Picen	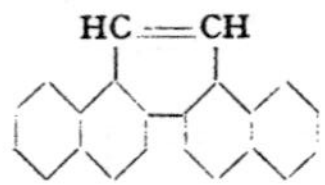	V 735	278.33	—	364	518—20	Blätt.; unl. in W., swl. in A., Ä., wl. in sd. Bzl.; B. bei Dest. von Braunkohlenteer.
3	α-Picolin	$NC_5H_4 \cdot CH_3$	XX 234	93.12	0.950^{15}	—69.9	128	Charakterist. riech. Fl.; ll. in W., ∞ A., Ä.
4	β-Picolin	$NC_5H_4 \cdot CH_3$	XX 239	93.12	0.9613^{15}	—	143.4	Süßl. riechende Fl.; ll. in W., ∞ A., Ä.
5	γ-Picolin	$NC_5H_4 \cdot CH_3$	XX 240	93.12	0.9571^{15}	—	143.1	Fl.; ∞ W., A., Ä.
6	Pikrinsäure	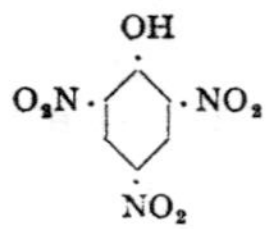	VI 265	229.11	1.767^{19}	122.5	subl.	Gelbe Blätt. (W.); 1.2 W. 20°, 7.2 sd. W., 6.23 A. 20°, 66.2 sd. A., 2.1 Ä. 20°; expl. bei raschem Erhitzen; Verwend. als Explosivstoff; mit KCN u. NaOH rote Färb.
7	— K-Salz	$KC_6H_2O_7N_3$	VI 276	267.20	1.852^{20}	—	—	Gelbe Nadeln (W. od. A.); 0.6 W. 24°, 7 sd. W., 0.04 k. A., unl. in Ä.
8	Pikrolonsäure	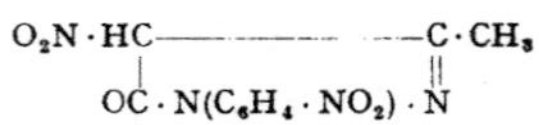	XXIV 51	264.19	—	etwa 124	—	Gelbe Nadeln (A.); 0.9 W. 17°, 4.8 A. 17°, 0.5 Ä. 17°.
9	Pikrylchlorid	$C_6H_2Cl(NO_2)_3$	V 273	247.56	1.797^{20}	83	—	Nadeln (A., Ä. od. Lg.); swl. in W., ll. in sd. A., wl. in Ä.
10	Pilocarpin	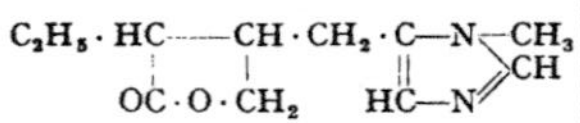	XXVII 633	208.25	—	34	—	Nadeln; ll. in W., A., wl. in Ä.; $[\alpha]_D$: + 106° (W.); wirkt pupillenverengernd u. schweißtreibend; Verwend. in d. Augenheilkunde. Starkes Gift.

1	Pimelinsäure	$HO_2C \cdot [CH_2]_5 \cdot CO_2H$	II 670	160.16	1.329^{15}	105	272/100	Kryst. (W.); 2.5 W. 13°, 4.2 W. 20°, ll. in A., Ä.
2	Pinacyanol	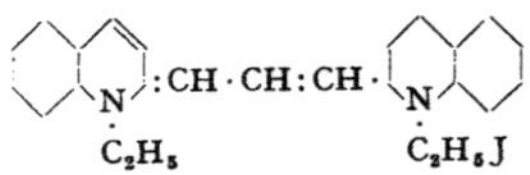	XXIII 320	480.63	—	276—8 (Z.)	—	Grünglänzende Kryst. (Me.); wl. in W., l. in A., l. in Py. blau; Rotsensibilisator.
3	Pinakolin	$(CH_3)_3C \cdot CO \cdot CH_3$	I 694	100.15	0.7999^{16}	—52.5	106.5	Fl.; 2.44 W. 15°, ∞ A., Ä.; B. aus Pinakon + verd. H_2SO_4 („Pinakolinumlagerung"); riecht pfefferminzart.; Oxim F: 77—78°.
4	Pinakon	$(CH_3)_2C(OH) \cdot C(OH)(CH_3)_2$	I 487	118.17	0.967^{15} (fl.)	35—8	174.4	Nadeln (A., Ä. od. CS_2); Tafeln + $6H_2O$ (W.) F: 46°; wl. in k. W., ll. in h. W., A., Ä.; Dest. mit verd. H_2SO_4 → Pinakolin.
5	α-Pinen	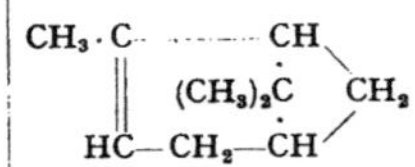	V 144	136.22	0.862^{18}	—55	155	Fl.; ∞ A., Ä., Chlf.; riecht charakterist.; V. in Terpentinölen u. Kienölen.
6	β-Pinen	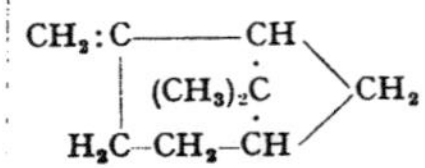	V 154	136.22	0.8708^{20}	etwa —50	165	Fl.; unl. in W., l. in A., Ä.; V. in Terpentin- u. Kienölen.
7	Pinol	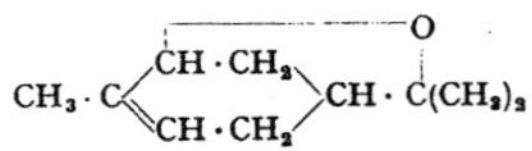	XVII 45	152.22	0.9455^{20}	—	183—4	Fl.; l. in A., Ä.
8	Pinolhydrat	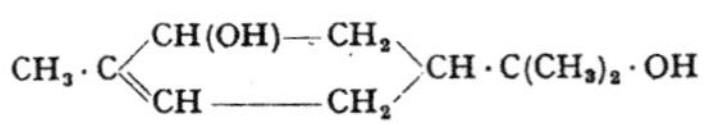	VI 752	170.24	1.131	131	270—1	Tafeln od. Nadeln; 3.3 W. 15°, ll. in A., Ä.
9	dl-α-Pipecolin	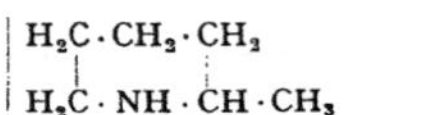	XX 95	99.17	0.844^{23}	—5	119	Fl.; l. in W., ll. in A., Ä.

31212 (Fortsetzung).

Nr.	Name	Formel	BZ	MG	D	F	Kp	Charakteristik
1	dl-β-Pipecolin	$H_2C\cdot CH_2\cdot CH\cdot CH_3$ $H_2C\cdot NH\cdot CH_2$	XX 100	99.17	0.8635^0	—	125	Fl.; ll. in W.; Chloroplatinat F: 207° (Z.).
2	γ-Pipecolin	$H_2C\cdot CH(CH_3)\cdot CH_2$ $H_2C—NH—CH_2$	XX 101	99.17	0.8674^0	—	127—9	Fl.; ll. in W.; Chloroplatinat F: 203° (Z.)
3	Piperazin	$NH<(CH_2\cdot CH_2)(CH_2\cdot CH_2)>NH$	XXIII 4	86.13	—	104	145—6	Blätt. (A).; ll. in W., A., unl. in Ä.; hygroskop.; stark alkal.
4	Piperidin	$H_2C\cdot CH_2\cdot CH_2$ $H_2C\cdot NH\cdot CH_2$	XX 6	85.14	0.8603^{21}	— 13	106	Charakterist. riech. Fl.; ∞ W., A., Ä.; Hydrochlorid F: 245°, ll. in W., A.
5	Piperidon-(2)	$H_2C\cdot CH_2\cdot CH_2$ $H_2C\cdot NH\cdot CO$	XXI 238	99.13	—	39—40	256	Kryst.; ll. in W., A., Ä., verd. Säuren; unl. in Alkali.
6	Piperin	$H_2C<(O)(O)>C_6H_3\cdot CH:CH\cdot CH:CH\cdot CO\cdot NC_5H_{10}$	XX 79	285.33	—	129.5	—	Säulen (A.); unl. in k. W., ll. in A., wl. in Ä.; + H_2SO_4 rote Färb.; geschmacklos, alkoh. Lsg. schmeckt brennend; V. im Pfeffer.
7	Piperinsäure	$H_2C<(O)(O)>C_6H_3\cdot CH:CH\cdot CH:CH\cdot CO_2H$	XIX 281	218.20	—	216—7	subl.	Nadeln (A.); swl. in W., 2 sd. A., wl. in Ä.; + H_2SO_4 blutrote Färb.
8	Piperonal	$H_2C<(O)(O)>C_6H_4\cdot CHO$	XIX 115	150.13	—	37	263	Kryst. (W.); 0.35 W. 20°, 0.66 W. 78°, 125 A. 20°, etwa 700 sd. A., ∞ Ä.; riecht heliotropart.; Verwend. als Heliotropin in d. Parfümerie.

1	Piperonylalkohol	$H_2C\!<\!\genfrac{}{}{0pt}{}{O}{O}\!>\!C_6H_4\cdot CH_2\cdot OH$	XIX 67	152.14	—	53	Z.*	Nadeln; wl. in k. W., ∞ A., Ä.; * → Piperonal; Benzoat F: 66°.
2	Piperonylsäure	$H_2C\!<\!\genfrac{}{}{0pt}{}{O}{O}\!>\!C_6H_3\cdot CO_2H$	XIX 269	166.13	—	229	subl.	Nadeln (A.); swl. in W., wl. in k. A., Ä.
3	Polyoxymethylen	$[CH_2O]_x$	I 566	$[30.03]_x$	—	—	subl.	Kryst.; l. in W., unl. in A., Ä.; l. in NaOH.
4	Progesteron	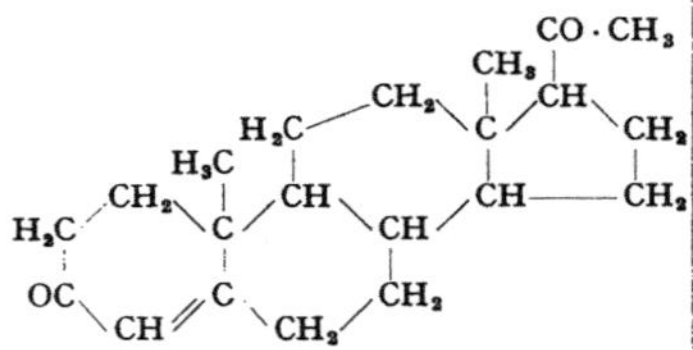	—	314.44	—	121 u. 128	—	Kryst.; l. in A., Ä.; Corpus luteum-Hormon; isoliert aus Schweineovarien; Dioxim F: 243°.
5	l-Prolin	H_2C——CH_2 $H_2C\cdot NH\cdot CH\cdot CO_2H$	XXII 2	115.13	—	220—2 (Z.)	—	Kryst. (A. + Ä.); ll. in W., A., unl. in Ä.; schmeckt süß; Pikrat F: 153°.
6	Propadien	$CH_2:C:CH_2$	I 248	40.06	—	—146	—32	Gas.
7	Propan	$CH_3\cdot CH_2\cdot CH_3$	I 103	44.09	2.0196 g/L	—189.9	—44.5	Gas; 6.4 cm³ W. 17.8°, 783 cm³ A. 16.6°, 925 cm³ Ä. 16.6°.
8	Propargylalkohol	$CH\vdots C\cdot CH_2\cdot OH$	I 454	56.06	0.9715^{20}	—	114—5	Fl.; l. in W.; Kryst. + 1 H_2O F: —17°; riecht angenehm; Phenylurethan F: 63°.
9	4-Propenyl-anisol	$CH_3\cdot CH:CH\cdot C_6H_4\cdot O\cdot CH_3$	VI 566	148.19	0.9875^{25}_{25}	22.5	235.3	Blätter (A.); swl. in W., ∞ A., Ä., Chlf., Bzl.; Anisgeschmack; V. im Anisöl.
10	Propenylbenzol	$C_6H_5\cdot CH:CH\cdot CH_3$	V 481	118.17	0.914^{20}	—	176—7	Fl.; unl. in W., l. in A.; Dibromid F: 67°.
11	4-Propenyl-phenol	$CH_3\cdot CH:CH\cdot C_6H_4\cdot OH$	VI 566	134.17	—	93	250 (Z.)	Blätt. (W.); wl. in sd. W., ll. in A., Ä.; l. in KOH; schmeckt süß u. brennend.
12	Propiolaldehyd	$CH\vdots C\cdot CHO$	I 750	54.05	—	—	59—61	Öl; ll. in W.; greift Augen u. Nasenschleimhäute an.

3:212 (Fortsetzung).

Nr.	Name	Formel	BZ	MG	D	F	Kp	Charakteristik
1	Propiolsäure	$CH \vdots C \cdot CO_2H$	II 477	70.05	1.139^{15}_{15}	etwa 9	144 (Z.)	Fl.; l. in W., A., Ä.; Amid F: 61—62°.
2	Propionaldehyd	$C_2H_5 \cdot CHO$	I 629	58.08	0.807^{20}	—81	49	Fl.; 20 W. 20°, ∞ A., Ä.; riecht erstickend; p-Nitro-phenylhydrazon F: 124°.
3	Propionamid	$C_2H_5 \cdot CO \cdot NH_2$	II 243	73.09	1.042	79	213	Tafeln (Bzl.); ll. in W., A., Ä., Chlf.
4	Propionanilid	$C_2H_5 \cdot CO \cdot NH \cdot C_6H_5$	XII 250	149.18	1.175	105	—	Blätt. (verd. A.); 0.42 W. 24°, ll. in A., Ä.
5	Propionitril	$C_2H_5 \cdot CN$	II 245	55.08	0.8021^{0}	—91.9	97.1	Fl.; 11.9 W. 40°, 29 W. 100°, l. in A., Ä.
6	Propionsäure	$C_2H_5 \cdot CO_2H$	II 234	74.08	0.9985^{15}	—19.7	140.7	Fl.; ∞ W., A., Ä.; riecht stechend.
7	Propionsäureäthylester	$C_2H_5 \cdot CO_2 \cdot C_2H_5$	II 240	102.13	0.8907^{20}	—73.9	99.1	Fl.; 1.7 W. 20°, ∞ A., Ä.
8	Propionsäuremethylester	$C_2H_5 \cdot CO_2 \cdot CH_3$	II 239	88.10	0.9170^{18}	—	79.7	Fl.
9	Propiophenon	$C_2H_5 \cdot CO \cdot C_6H_5$	VII 300	134.17	1.0133^{16}	21	218	Tafeln; l. in A., Ä.; Oxim F: 53°.
10	Propylalkohol	$C_2H_5 \cdot CH_2 \cdot OH$	I 350	60.09	0.8044^{20}	—126	97.2	Fl.; ∞ W., A., Ä.; sehr hygroskop.; giftig.
11	Propylamin	$C_2H_5 \cdot CH_2 \cdot NH_2$	IV 136	59.11	0.719^{20}	—83.0	47.8	Fl.; ∞ W.; brennbar; Hydrochlorid F: 157—158°, 278 W. 25°.
12	Propylbenzol	$C_2H_5 \cdot CH_2 \cdot C_6H_5$	V 390	120.18	0.8617^{20}	—101.6	159	Fl.; swl. in W., l. in A.
13	Propylbromid	$C_2H_5 \cdot CH_2Br$	I 108	123.00	1.3539^{20}	—109.9	70.8	Fl.; 0.25 W. 20°, ∞ A., Ä.; + alkoh. KOH → Propylen u. Äthylpropyläther.
14	Propylchlorid	$C_2H_5 \cdot CH_2Cl$	I 104	78.54	0.8918^{20}	—122.8	46.4	Fl.; 0.27 W. 20°, ∞ A., Ä.
15	Propylen	$CH_3 \cdot CH : CH_2$	I 196	42.08	0.647^{-79}	—185.2	—47.0	Gas; 28 cm³ W. 10°.
16	dl-Propylendiamin	$CH_3 \cdot CH(NH_2) \cdot CH_2 \cdot NH_2$	IV 257	74.12	0.878^{15}	—	119—20	Fl.; $2\,C_3H_{10}N_2 + H_2O$; $C_3H_{10}N_2 + 2\,HCl$ F: 220°, ll. in W.
17	Propylenglykol	$CH_3 \cdot CH(OH) \cdot CH_2 \cdot OH$	I 472	76.09	1.0403^{19}	—	188—9	Öl; ∞ W., A., 12 Ä.; schmeckt süß.
18	Propyljodid	$C_2H_5 \cdot CH_2J$	I 113	170.00	1.7472^{16}	—101.4	102.2	Fl.; 0.107 W. 20°, ∞ A., Ä.; zers. bei 175° → Propan.
19	2-Propyl-pyridin (Conyrin)	$NC_5H_4 \cdot CH_2 \cdot C_2H_5$	XX 247	121.17	—	—	166—9	Fl.; wl. in W.; Pikrat F: 116°.

1	Pseudocumenol	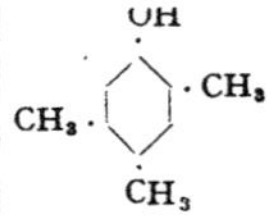	VI 509	136.18	—	71—2	234—5	Nadeln; unl. in k. W., ll. in A., Ä.; flücht. mit Dampf.
2	Pseudocumidin	$^{(2\cdot4\cdot5)}(CH_3)_3\cdot C_6H_2\cdot NH_2{}^{(1)}$	XII 1150	135.20	—	68	234—5	Nadeln (W.); 0.12 W. 19°, l. in A., Ä.
3	Pseudocumol	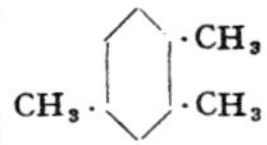	V 400	120.18	0.8784^{20}	— 57.4	168.2	Fl.; unl. in W., l. in A., Ä.; V. in Erdölen.
4	Pulegon	$H_2C\cdot CH_2\cdot C:C(CH_3)_2$ $CH_3\cdot HC\cdot CH_2\cdot CO$	VII 81	152.22	0.929^{23}	—	224	Fl.; unl. in W., l. in A., Ä.; riecht pfefferminzähnl., süßlich; V. in äther. Ölen; Semicarbazon F: 172°.
5	Purin	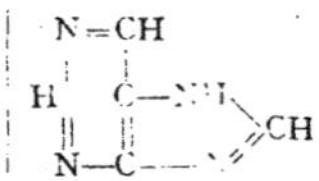	XXVI 354	120.11	—	216—7	Z.	Nadeln (A.); ll. in W., h. A., swl. in Ä.; Pikrat F: etwa 208°.
6	Purpursäure	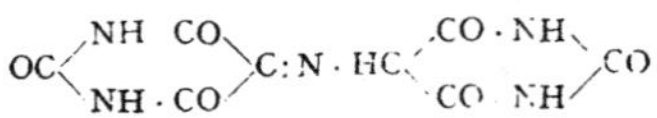	XXV 499	207.16	—	—	—	Rotorange; l. in A. gelb, unl. in Ä.; $NH_4C_8H_4O_6N_5 + H_2O$ „Murexid", rote Prismen, l. in h. W., unl. in A., Ä.
7	Pyramidon	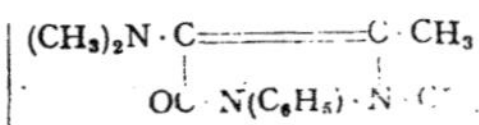	XXV 452	231.29	—	108	—	Blätt. (Lg.); 5 W. 15°, ll. in A., wl. Ä.; ll. in verd. Säuren; wirkt antipyret. u. schmerzstillend.
8	Pyranthron	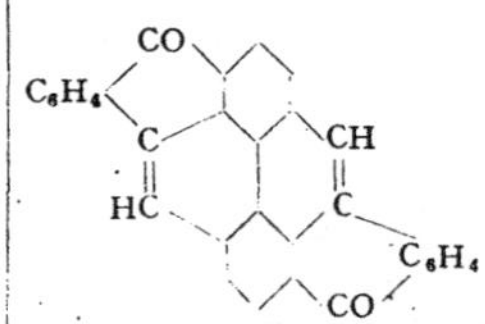	VII 851	406.41	—	Z.	—	Rotbraune Nadeln (Nitrobzl.); unl. in W., A., Ä., 0.12 sd. Nitrobzl.; l. in H_2SO_4 blau; Küpenfarbst.

31212 (Fortsetzung).

Nr.	Name	Formel	BZ	MG	D	F	Kp	Charakteristik
1	Pyrazin	N⟨CH · CH⟩N / CH : CH	XXIII 91	80.09	1.031^{61}	54	116	Prismen (W.), Tafeln (Ä.); ll. in W., A., Ä.; flücht. mit Dampf; Pikrat F: 157°.
2	Pyrazol	HC——CH / HC·NH·N	XXIII 39	68.08	—	70	186—8	Nadeln (Lg.); ll. in W., A., Ä., Bzl.; reagiert neutral; Pikrat F: 159—160°.
3	Δ^2-Pyrazolin	H_2C——CH / H_2C·NH·N	XXIII 28	70.09	—	—	114	Fl.; ∞ W., A.; flücht. mit Dampf; riecht kakaoähnl.; zers. an d. Luft; Pikrat F: 130°.
4	Pyrazolon	HC——CO / HC·NH·NH oder H_2C——CO / HC:N·NH	XXIV 13	84.08	—	165	subl. (Z.)	Nadeln (W.); l. in W., A., swl. in Ä.
5	Pyren	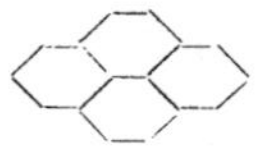	V 693	202.24	—	149—50	> 360	Hellgelbe Tafeln; unl. in W., 1.37 A. 16°, 3.08 sd. A., ll. in Ä., 16.54 Toluol 18°; V. im Stuppfett, Steinkohlenteer.
6	Pyridazin		XXIII 89	80.09	1.104^{23}	—8	208	Fl.; ll. in W., l. in A., Ä., Bzl.; Pikrat F: 169° (Z.).
7	Pyridin		XX 181	79.10	0.9772^{25}	—42	115.5	Charakterist. riech. Fl.; ∞ W., A., Ä.; hygroskop.; flücht. mit Dampf; V. im Steinkohlenteer; Verwend. zur Denaturier. v. A.
8	Pyridinaldehyd-(2)	$NC_5H_4 \cdot CHO$	XXI 287	107.11	1.126^{18}	—	181	Fl.; ll. in W., A., Ä.; riecht stechend, schmeckt brennend.
9	Pyridin-carbonsäure-(2) (Picolinsäure)	$NC_5H_4 \cdot CO_2H$	XXII 33	123.11	—	137	subl.	Nadeln (W. od. A.); ll. in W., 9.5 A. 20°, swl. in Ä.; Amid F: 105°.
10	Pyridin-carbonsäure-(3) (Nicotinsäure)	$NC_5H_4 \cdot CO_2H$	XXII 38	123.11	—	237	subl.	Nadeln (W. od. A.); ll. in h. W., h. A., swl. in Ä.; Amid F: 122°.

1	Pyridin-carbonsäure-(4) (Isonicotinsäure)	$NC_5H_4 \cdot CO_2H$	XXII 45	123.11	—	317*	subl. (Z.)	Nadeln (W.); wl. in k. W., swl. in sd. A., wl. in Ä., Bzl.; * im geschloss. Rohr; Amid F: 155°.
2	Pyridin-dicarbonsäure-(2.3) (Chinolinsäure)	$NC_5H_3(CO_2H)_2$	XXII 150	167.12	—	190—5 (Z.*)	—	Prismen (W.); 0.55 W. 7°, swl. in A., 0.03 Ä.; * → Pyridin-carbonsäure-(3).
3	Pyridin-dicarbonsäure-(2.4) (Lutidinsäure)	$NC_5H_3(CO_2H)_2$	XXII 153	167.12	—	248—50	—	Blätt. + H_2O (W.); 0.45 W. 25°, ll. in h. W., l. in A., swl. in Ä.; Erhitzen → Pyridin-carbonsäure-(4).
4	Pyridin-dicarbonsäure-(2.5) (Isocinchomeronsäure)	$NC_5H_3(CO_2H)_2$	XXII 153	167.12	—	254 (Z.*)	—	Blätt. od. Prismen + aq (W.); unl. in k. W., wl. in sd. W., unl. in k. A., Ä.; * → Pyridin-carbonsäure-(3).
5	Pyridin-dicarbonsäure-(2.6) (Dipicolinsäure)	$NC_5H_3(CO_2H)_2$	XXII 154	167.12	—	237 (Z.*)	—	Prismen + H_2O, Nadeln + $1^1/_2$ H_2O (W.); wl. in W., k. A., ll. in sd. A., wl. in Ä.; * → Py.
6	Pyridin-dicarbonsäure-(3.4) (Cinchomeronsäure)	$NC_5H_3(CO_2H)_2$	XXII 155	167.12	—	258—9 (Z.*)	—	Nadeln od. Blätt. (W. od. verd. HCl); swl. in sd. W., wl. in A., unl. in Ä.; * → Pyridin-carbonsäure-(3) u. -(4).
7	Pyridin-dicarbonsäure-(3.5) (Dinicotinsäure)	$NC_5H_3(CO_2H)_2$	XXII 160	167.12	—	323 (Z.*)	subl.	Kryst. (verd. HCl); swl. in W., Ä., Eg.; * → Pyridin-carbonsäure-(3).
8	Pyridin-tricarbonsäure-(2.3.4) (α-Carbocinchomeronsäure)	$NC_5H_2(CO_2H)_3$	XXII 182	211.13	—	249 (Z.)	—	Blätt. + $1^1/_2$ H_2O (verd. H_2SO_4); 1.2 W. 15°, ll. in h. W., wl. in A., swl. in Ä., Bzl.
9	Pyridin-tricarbonsäure-(2.4.5) (Berberonsäure)	$NC_5H_2(CO_2H)_3$	XXII 185	211.13	—	243	Z.*	Prismen + 2 H_2O (verd. HCl); wl. in k. W., swl. in sd. A., unl. in Ä.; * → Py.-carbonsäure-(3) u. -(4).
10	Pyridin-tricarbonsäure-(2.4.6) (Trimesitinsäure)	$NC_5H_2(CO_2H)_3$	XXII 185	211.13	—	227 (Z.)	Z.*	Nadeln + 2 H_2O (W.); wl. in k. W., wl. in A., Ä.; * → Pyridin-carbonsäure-(4).

31212 (Fortsetzung).

Nr.	Name	Formel	BZ	MG	D	F	Kp	Charakteristik
1	Pyridin-tricarbonsäure-(3.4.5) (β-Carbocinchomeronsäure)	$NC_5H_2(CO_2H)_3$	XXII 186	211.13	—	Z. etwa 261	—	Blätt. + 3 H_2O; wl. in k. W.
2	Pyridon s. Oxy-pyridin							
3	Pyrimidin		XXIII 89	80.09	—	20—2	124	Kryst.; ll. in W.; riecht durchdringend narkot.; Pikrat F: 156°.
4	Pyrogallol	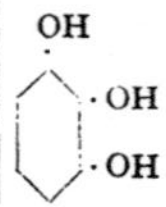	VI 1071	126.11	1.453	133—4	309	Blätt. u. Nadeln; 44 W. 13°, ll. in A., Ä.; Lsg. in Alkali absorbiert O_2; schmeckt bitter; Blutgift; Verwend. als photograph. Entwickler, zur Herst. v. Farbst.; + $FeCl_3$ zuerst blaue, dann braune Färb.
5	Pyrogallol-carbonsäure-(4)	$(HO)_3C_6H_2 \cdot CO_2H$	X 464	170.12	—	220	subl.	Nadeln + aq (W.); 0.13 W. 12°, l. in A., wl. in Ä.; mit verd. $FeCl_3$-Lsg. violette Färb.; + sd. W. CO_2-Abspalt.
6	Pyrogallol-carbonsäure-(5) s. Gallussäure							
7	Pyrogalloltriacetat	$C_6H_3(O \cdot CO \cdot CH_3)_3$	VI 1083	252.21	—	165	—	Kryst.
8	Pyromekonsäure	HC·CO·C·OH ‖ ‖ HC—O—CH	XVII 435	112.08	—	117	227—8	Prismen (W. od. A.); ll. in W., A., wl in Ä.; + $FeCl_3$ rote Färb.
9	Pyron-(2) (Cumalin)	HC·CH:CH ‖ ¦ HC—O—CO	XVII 271	96.08	1.2001[20]	5	206/717 (g.Z.)	Fl.; ∞ W.; l. in Alkali; riecht cumarinartig.

1	Pyron-(4)	HC·CO·CH HC—O—CH	XVII 271	96.08	—	32.5	215	Kryst.; sll. in W., l. in A., sll. in Ä.; l. in KOH gelb.
2	Pyron-(2)-carbonsäure-(5) (Cumalinsäure)	HO_2C·C·CH:CH HC—O—CO	XVIII 405	140.09	—	205—10 (Z.)	218/120	Prismen (Me.); wl. in k. W., l. in A., wl. in Ä., unl. in Chlf., Bzl.; Äthylester F: 36°.
3	Pyron-(2)-carbonsäure-(6)	HC·CH:CH HO_2C·C—O—CO	XVIII 404	140.09	—	227—8 (g.Z.)	—	Nadeln od. Platten (konz. HCl); wl. in h. W., A., unl. in Chlf., Bzl.; Äthylester F: 59—60°.
4	Pyron-(4)-carbonsäure-(2)	HC·CO·CH HC—O—C·CO_2H	XVIII 405	140.09	—	250 (Z.*)	—	Prismen; wl. in W.; * CO_2-Abspalt.; Äthylester F: 103°.
5	Pyroxanthin(1.3-Difurfuryliden-cyclopentanon-(2))	H_2C——CH_2 OC_4H_3·CH:C·CO·C:CH·C_4H_3O	XIX 140	240.24	—	162	—	Gelbe Nadeln (A.); unl. in W., swl. in k. A., ll. in sd. A., zwl. in Ä.; l. in H_2SO_4 blau, in konz. HCl rot.
6	Pyrrol	HC——CH HC·NH·CH	XX 159	67.09	0.9691^{20}	—	130	Fl.; wl. in W., ll. in A., Ä.; unl. in Alkali; V. im Steinkohlenteer; d. Dampf färbt einen mit HCl befeuchteten Fichtenholzspan rot.
7	Pyrrol-carbonsäure-(2)	HC——CH HC·NH·C·CO_2H	XXII 22	111.10	—	192.5 (Z.*)	—	Blätt. (W.); l. in W., A., Ä.; * CO_2-Abspalt.
8	Pyrrolidin	H_2C——CH_2 H_2C·NH·CH_2	XX 4	71.12	0.852^{22}	—	88	Fl.; ∞ W., A., Ä.; raucht an d. Luft; stark alkal.
9	Pyrrolidon-(2)	H_2C——CH_2 H_2C·NH·CO	XXI 236	85.10	1.116^{25}	25	245	Kryst. (PÄ.); ll. in W., A., Ä., Chlf., Bzl.; $C_4H_7ON + H_2O$ Tafeln F: 30°.
10	Pyrrolin	HC══CH H_2C·NH·CH_2	XX 133	69.10	0.9097^{20}	—	90	Fl.; ll. in W.; raucht an der Luft; zieht W. u. CO_2 an.

31212 (Fortsetzung).

Nr.	Name	Formel	BZ	MG	D	F	Kp	Charakteristik
1	**Q**uecksilberdiäthyl	$(C_2H_5)_2Hg$	IV 679	258.73	2.466^{20}	—	159	Fl.; swl. in W., wl. in A., ll. in Ä.; riecht widerlich.
2	Quecksilberdimethyl	$(CH_3)_2Hg$	IV 678	230.68	3.084^{19}	—	95	Fl.; swl. in W., ll. in A., Ä.; giftig.
3	Quecksilberdiphenyl	$(C_6H_5)_2Hg$	XVI 946	354.81	2.318	121.8	> 300 (Z.)	Nadeln (Bzl.); unl. in W., wl. in k. A., l. in Ä., ll. in Bzl., Chlf.
4	Quercit	$H_2C \cdot CH(OH) \cdot CH \cdot OH$ $HO \cdot HC \cdot CH(OH) \cdot CH \cdot OH$	VI 1186	164.15	1.584^{13}	235	Z.	Prismen (W.); l. in W., wl. in A., unl. in Ä.; V. in Eicheln.
5	**R**esorcin	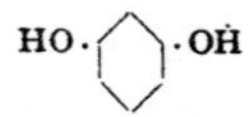	VI 796	110.11	1.2717^{15}	110.7	280.8	Tafeln od. Säulen (W., A. od. Ä.); 147 W. 12°, 229 W. 30°, 144 A. 9°, ll. in Ä.; schmeckt sehr süß; Verwend. zur Herst. von Farbst.
6	Resorcinbenzein	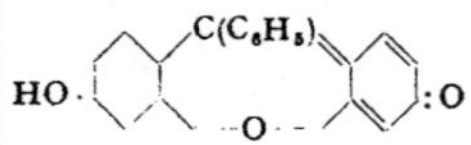	XVIII 68	228.28	—	333	—	Rote Nadeln (Nitrobzl.); gelbes Pulver (Alkali); unl. in W., ll. in A., swl. in Ä.; l. in H_2SO_4 gelb; Verwend. zur Herst. von Farbst.
7	Resorcindimethyläther	$C_6H_4(O \cdot CH_3)_2$	VI 813	138.16	1.0617^{15}_{15}	—52	217	Fl.; wl. in W., ll. in A., Ä.; flücht. mit Dampf; l. in H_2SO_4 gelb.
8	Resorcinmonomethyläther	$HO \cdot C_6H_4 \cdot O \cdot CH_3$	VI 813	124.13	> 1	< —17	243—4	Fl.; l. in W., ∞ A., Ä.; l. in NaOH.
9	Reten	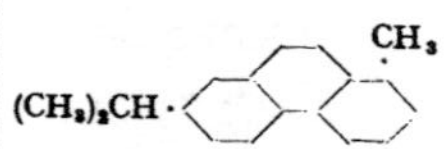	V 683	234.32	1.13	99	390	Blätt. (A.); unl. in W., 3 k. A., 69 sd. A., ll. in h. Ä., Bzl., sll. in sd. Eg.; V. in fossilen Fichten- u. Kiefernstämmen.
10	Rhamnit	$CH_3 \cdot [CH(OH)]_4 \cdot CH_2 \cdot OH$	I 532	166.17	—	121	—	Prismen (Aceton); ll. in W., A. unl. in Ä.; $[\alpha]^{20}_D$: + 10.7° (W.); schmeckt süß.

1	l-Rhamnose	$CH_3 \cdot C(H)(OH)—C(H)(OH)—C(H)(OH)—C(H)(OH) \cdot CHO$	I 870	164.15	1.471^{20}	122—6	subl.	Säulen + 1 H_2O (W. od. A.); Hydrat: 57 W. 19°, 109 W. 40°; l. in A., wl. in Ä.; $[\alpha]_D^{20}$: —7.7° → + 8.9°.
2	Rhodanwasserstoff	$HS \cdot C \vdots N$	III 140	59.09	—	—	+ 5	Gas; ∞ W., ll. in A., Ä.; bis 5%ige wss. Lsgg. haltbar; konz. Lsg. zers. sich; + $FeCl_3$ blutrote Färb.
3	Ricinelaidinsäure	$CH_3 \cdot [CH_2]_5 \cdot CH(OH) \cdot CH_2 \cdot CH$ ⁚ $HO_2C \cdot [CH_2]_7 \cdot CH$	III 388	298.45	—	51—2	241/10	Nadeln (Lg.); ll. in A., wl. in k. PÄ.
4	Ricinin	$HC \cdot C(O \cdot CH_3) : C \cdot CN$ / $HC—N(CH_3)—CO$	XXII 371	164.16	—	201.5	subl.	Blätt. od. Prismen (W. od. A.); 0.27 W. 10°, 0.16 A. 10°, ll. in h. Chlf.; l. in h. NaOH; V. in Ricinussamen.
5	Ricinolsäure	$CH_3 \cdot [CH_2]_5 \cdot CH(OH) \cdot CH_2 \cdot CH$ ⁚ $HO_2C \cdot [CH_2]_7 \cdot CH$	III 385	298.45	0.954^{16}	5	227/10	Öl; ∞ A., Ä.; + HNO_2 → Ricinelaidinsäure.
6	Rongalitsäure, Na-Salz (Rongalit)	$NaCH_3O_3S + 2H_2O$	I 577	153.23	—	63—4	—	Tafeln; bei 120° wasserfrei; zers. bei 125°; etwa 50W., unl. in A., Ä.; + NaOH → Formaldehyd + $NaHSO_3$; reduziert Indigo; Verwend. als Ätzmittel in d. Färberei.
7	Rosindon	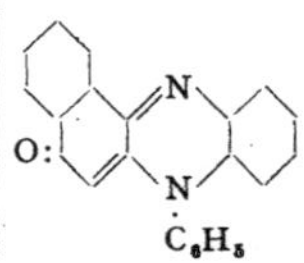	XXIII 453	322.35	—	261—2	—	Rote Tafeln (A.); unl. in W., wl. in h. A., ll. in Eg.; unl. in wss. Alkali; l. in H_2SO_4 dunkelgrün.

31212 (Fortsetzung).

Nr.	Name	Formel	BZ	MG	D	F	Kp	Charakteristik
1	Rosindulin	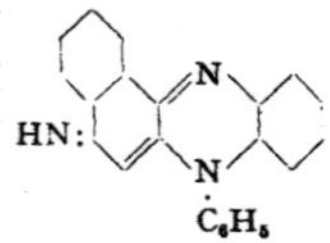	XXV 348	321.36	—	198—9	—	Rotbraune Blätt. (Ä.); unl. in W., ll. in A., Ä., Bzl.; l. in H_2SO_4 grün.
2	Rubicen	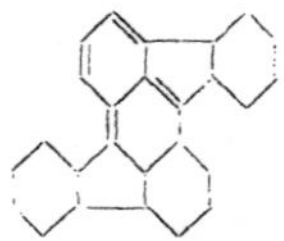	E V 385	326.37	—	306	—	Rote Kryst. (Bzl.); unl. in W., A., swl. in Ä., ll. in h. Nitrobenzol.
3	**Sabinen**	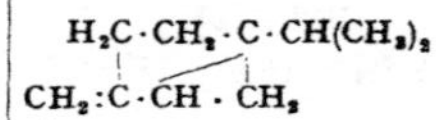	V 143	136.22	0.8422^{17}	—	165	Fl.; unl. in W., l. in A., Ä.; V. in äther Ölen.
4	Saccharin	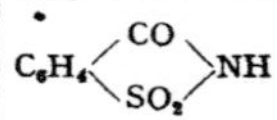	XXVII 168	183.18	0.828	228	subl.	Kryst. (A.); 0.43 W. 25°, 2 A. 20°, wl. in Ä.; l. in Alkali; schmeckt sehr süß.
5	Saccharose	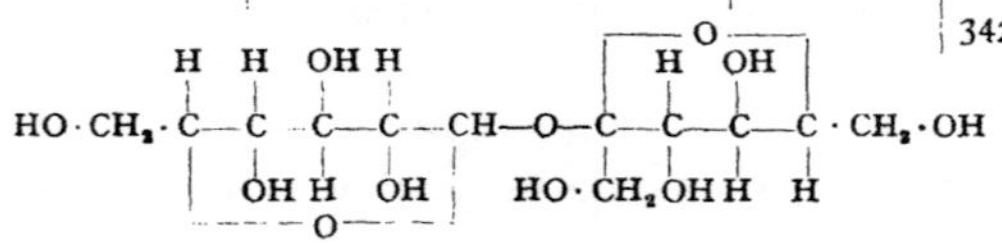		342.29	1.5860^{80}	185	—	Kryst.; 204 W. 20°, 487 W. 100°, 0.9 A., unl. in Ä.; $[\alpha]_D^{20}$: +66.5°; Spalt. → Glucose u. Fructose; V. in Zuckerrüben u. Zuckerrohr.
6	— Ca-Salz	$3\,CaO \cdot C_{12}H_{22}O_{11}$	—	510.53	—	—	—	Nd.; ca. 0.5 h. W.; B. bei d. Melasse-Entzucker. mit CaO.
7	— Sr-Salz	$SrO \cdot C_{12}H_{22}O_{11}$	—	445.92	—	—	—	Kryst.; 3.75 W. 10°, 12.19 W. 50°; B. dch. spontane Z. des bei der Melasse-Entzucker mit $Sr(OH)_2$ entstehenden $2\,SrO \cdot C_{12}H_{22}O_{11}$.

1	Safrol	$CH_2<\!\!\frac{O}{O}\!\!>C_6H_3 \cdot CH_2 \cdot CH:CH_2$	XIX 39	162.18	1.106^{15}	+ 11.2	234.5	Kryst.; unl. in W., l. in A., Ä.; Dest. über KOH od. Erhitzen mit alkoh. KOH → Isosafrol; V. in Sassafrasöl, Campherrotöl u. anderen äther. Ölen.
2	Salicylaldehyd	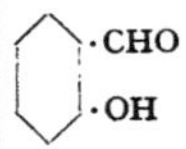	VIII 31	122.12	1.1690^{20}_{20}	+ 1.6	196.5	Würzhaft riech. Öl; 1.7 W. 86°, ∞ A., Ä., 75.7 Bzl. 12°; flücht. mit Dampf; PhenylurethanF: 133°; Phenylhydrazon F: 142—143°.
3	Salicylaldehydmethyläther	$CH_3 \cdot O \cdot C_6H_4 \cdot CHO$	VIII 43	136.14	1.1287^{25}_{25}	35	243—4	Prismen; swl. in W., l. in A., ll. in Ä., Chlf.
4	Salicylamid	$HO \cdot C_6H_4 \cdot CO \cdot NH_2$	X 87	137.13	—	140	Z. 270	Blätt. (W.); wl. in k. W., l. in A., Ä.
5	Salicylsäure	$HO \cdot C_6H_4 \cdot CO_2H$	X 43	138.12	1.443	155—6	subl. 75/Vak.	Nadeln (W.); 0.18 W. 20°, 1.32 W. 70°, 49.6 A. 15°, 50.5 Ä. 15°, ll. in Chlf.; zers. bei 200°; V. in Pflanzen; + $FeCl_3$ violette Färb.; Verwend. zur Konservierung von Nahrungsmitteln, zur Herst. von Farbst.
6	—— Na-Salz	$NaC_7H_5O_3$	X 59	160.11	—	—	—	Schuppen (A.); 115.4 W. 25°, 26.5 A. 17°; Verwend. als Antirheumatikum.
7	Salicylsäureäthylester	$HO \cdot C_6H_4 \cdot CO_2 \cdot C_2H_5$	X 73	166.17	1.1372^{15}_{15}	1.3	231.5	Fl.; l. in A., Ä.
8	Salicylsäuremethylester	$HO \cdot C_6H_4 \cdot CO_2 \cdot CH_3$	X 70	152.14	1.1843^{20}	—8.6	223.3	Fl.; 0.074 W. 30°, l. in A., Ä.; V. in äther. Ölen; Verwend. als künstl. Wintergrünöl als Riechstoff.
9	Salicylsäure-β-naphthylester (Betol)	$HO \cdot C_6H_4 \cdot CO_2 \cdot C_{10}H_7$	X 80	264.26	—	95	—	Kryst. (A.); unl. in W., l. in A.

31212 (Fortsetzung).

Nr.	Name	Formel	BZ	MG	D	F	Kp	Charakteristik
1	Salicylsäurephenylester (Salol)	$HO \cdot C_6H_4 \cdot CO_2 \cdot C_6H_5$	X 76	214.21	—	43	172—3/12	Tafeln (Me.); 0.015 W. 25°, 53.8 A. 25°, ll. in Ä., sll. in Bzl.; Verwend. als Antiparasitikum, Antipyretikum, Antirheumatikum.
2	Salvarsan	$As \cdot C_6H_3(OH) \cdot NH_2$: $As \cdot C_6H_3(OH) \cdot NH_2$ + 2HCl	E XVI 507	338.98	—	Z. 185—195	—	Gelb; ll. in W., wl. in A., swl. in Ä.; starke Wirksamkeit gegen Spirochäten.
3	Santonin	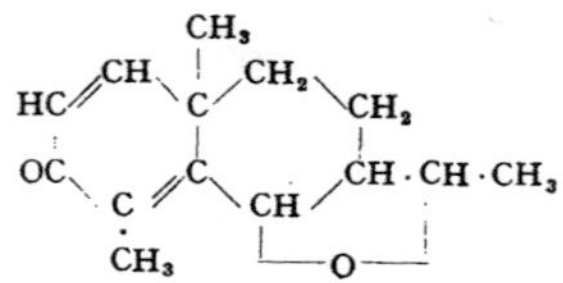	XVII 499	246.29	1.187^{26}	170	—	Kryst. (W., A. od. Ä.); 0.02 W. 17°, 0.4 W. 100°, 1.6 A. 24°, 2.4 sd. Ä.; V. im Wurmsamen.
4	Sarkosin	$CH_3 \cdot NH \cdot CH_2 \cdot CO_2H$	IV 345	89.09	—	210—5 (Z.)	—	Säulen (verd. A.); ll. in W., wl. in A., unl. in Ä.
5	— hydrochlorid	$C_3H_7O_2N + HCl$	IV 345	125.56	—	168—70	—	Nadeln (A.); ll. in W., wl. in A., Ä.
6	Schleimsäure	$HO_2C \cdot [CH(OH)]_4 \cdot CO_2H$	III 581	210.14	—	213 (Z.)	—	Prismen; 0.33 W. 14°, 1.67 W. 100°, unl. in A.
7	Schwefelkohlenstoff	CS_2	III 197	76.13	1.2927^{0}; 1.2634^{20}	—112.0	46.2	Fl.; 0.18 W. 16°, 0.15 W. 30°, ∞ A., Ä.; riecht äther.; leicht entzündlich; giftig; Verwend. als Extraktionsmittel für Öle u. Fette.
8	Sebacinsäure	$HO_2C \cdot [CH_2]_8 \cdot CO_2H$	II 718	202.24	—	134	295/100	Blätt.; 0.1 W. 17°, 2 W. 100°, ll. in A., Ä.
9	Semicarbazid	$H_2N \cdot NH \cdot CO \cdot NH_2$	III 98	75.07	—	96	—	Prismen (A.); ll. in W., A., unl. in Ä.; dch. Feuchtigkeit zers.
10	— hydrochlorid	$CH_5ON_3 + HCl$	III 100	111.54	—	175	—	Prismen (verd. A.); ll. in W., unl. in A., Ä.

1	dl-Serin	$HO \cdot CH_2 \cdot CH(NH_2) \cdot CO_2H$	IV 511	105.09	—	246 (Z.)	—	Blätt. (W.); 4.32 W. 20, 17.1 W. 70°, unl. in A., Ä.
2	Siliciumtetramethyl s. Tetramethylmonosilan							
3	d-Silvestren	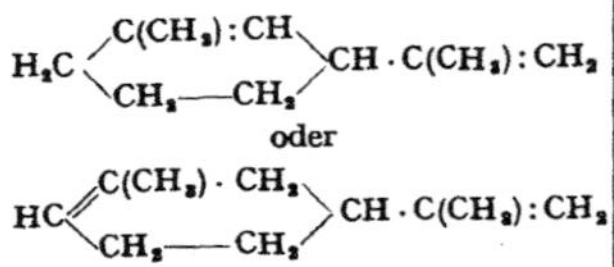	V 125	136.22	0.8479^{18}	—	175/751	Fl.; unl. in W., l. in A., Ä.; $[\alpha]_D$: + 83.2°.
4	Sorbinsäure	$CH_3 \cdot CH:CH \cdot CH:CH \cdot CO_2H$	II 483	112.12	—	134.5	228 (Z.)	Nadeln (verd. A.); swl. in k. W., l. in h. W., ll. in A., Ä.; Darst. aus Vogelbeeren.
5	d-Sorbit (Glucohexit)	$HO \cdot CH_2 \cdot [CH(OH)]_4 \cdot CH_2 \cdot OH$	I 533	182.17	—	etwa 110	—	Nadeln + 1/2 od. 1 H_2O F: etwa 100°; sll. in W., swl. in k. A., ll. in h. A.; $[\alpha]_D$: —1.7° (W.), + 1.4° (Borax-Lsg.); schmeckt süß; V. in Vogelbeeren, Kirschen, Pflaumen usw.
6	l (—)-Sorbose	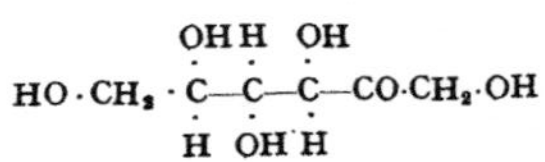	I 927	180.15	1.612^{17}	159—61	—	Kryst.; 83 W. 17°, swl. in A., unl. in Ä. $[\alpha]_D^{18}$: —43° (W.).
7	Spinacen	$C_{29}H_{48}$	E I 129	396.66	0.862_{20}^{20}	—	280/17	Öl; V. in Leberölen von Haien.
8	Stärke	$[C_6H_{10}O_5]x$	—	[162.14]x	1.50	—	—	Amorph; unl. in k. W., A., Ä.; + h. W. → Stärkekleister; + J blaue Färb.; + verd. Säuren → Glucose; + Diastase → Maltose.
9	Stearinsäure	$CH_3 \cdot [CH_2]_{16} \cdot CO_2H$	II 377	284.46	0.8386^{80}	69.3	291/100	Blätt.; swl. in W., 2.5 k. A., 19.7 A. 40°, 22 Bzl. 23°; V. in Fetten.

31212 (Fortsetzung).

Nr.	Name	Formel	BZ	MG	D	F	Kp	Charakteristik
1	Stearinsäure, K-Salz	$KC_{18}H_{35}O_2$	II 379	322.55	—	132	—	Blätt.; etwa 10 W. 100°, 0.43 k. A., 10 93 %ig. A. 66°; fühlt sich fettig an.
2	—— Mg-Salz	$Mg(C_{18}H_{35}O_2)_2$	II 379	591.23	—	—	—	Blätt. (A.); 0.0078 W. 20°, zll. in h. A., swl. in k. A.
3	—— Na-Salz	$NaC_{18}H_{35}O_2$	II 379	306.55	—	—	—	Blätt.; etwa 10 sd. W., 0.2 k. A., 10 sd. A.; Bestandteil der harten Seifen; Verwend. als Emulgierungsmittel.
4	Stearolsäure	$CH_3\cdot[CH_2]_7\cdot C\vdots C\cdot[CH_2]_7\cdot CO_2H$	II 495	280.43	—	48	260	Prismen (A.); unl. in W., wl. in k. A., ll. in Ä.
5	Stearon	$(CH_3\cdot[CH_2]_{16})_2CO$	I 720	506.90	0.7979^{89}	88	—	Blätt. (Lg.); unl. in W., wl. in sd. A., sd. Ä.
6	α-Stilbazol	$NC_5H_4\cdot CH:CH\cdot C_6H_5$	XX 441	181.22	—	91	325	Kryst. (A.); unl. in W., l. in A., ll. in Ä.
7	γ-Stilbazol	$NC_5H_4\cdot CH:CH\cdot C_6H_5$	XX 442	181.22	—	127	—	Blätt. (A.); unl. in W., l. in A., Ä.
8	Stilben	$H\cdot C\cdot C_6H_5$ ‖ $C_6H_5\cdot C\cdot H$	V 630	180.23	0.954^{125}	124	306—7	Kryst. (A.); unl. in W., 0.88 A. 17°, 7.88 Ä. 14°, ll. in Bzl.; flücht. mit Dampf.
9	Strychnin	$C_{21}H_{22}O_2N_2$	—	334.40	1.359^{18}	268	270/5	Kryst. (A.); 0.016 W. 25°, 0.7 A. 25°, 0.018 Ä. 25°; $[\alpha]_D$: —132° (A.); sehr giftig, erregt Starrkrampf; V. in der Brechnuß.
10	Styphninsäure	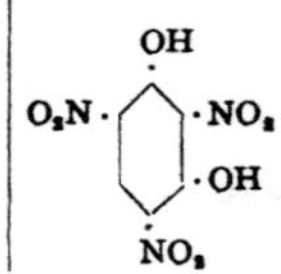	VI 830	245.11	1.829	175	—	Gelbe Kryst. (verd. A.); 0.64 W. 14°, 1.14 W. 88°, ll. in A., Ä.; Salze verpuffen beim Erhitzen.

1	Styrol	$C_6H_5 \cdot CH:CH_2$	V 474	104.14	0.9074^{20}	—	146	Fl.; swl. in W., ∞ A., Ä.; polym. im Licht und beim Erhitzen; riecht nach Bzl. u. Naphthalin.
2	Styroldibromid	$C_6H_5 \cdot CHBr \cdot CH_2Br$	V 356	263.97	—	74	140/15	Blätt. od. Nadeln (A.); unl. in W., l. in A., ll. in Ä.
3	Succinamid	$H_2N \cdot CO \cdot CH_2 \cdot CH_2 \cdot CO \cdot NH_2$	II 614	116.12	—	260(242)	—	Nadeln (W.); 3 W. 15°, 6.7 sd. W.. l. in A.
4	Succinamidsäure	$HO_2C \cdot CH_2 \cdot CH_2 \cdot CO \cdot NH_2$	II 613	117.10	—	157	Z.* 200	Tafeln u. Nadeln (W.); l. in W., swl. in A., unl. in Bzl.; * H_2O-Abspalt.
5	Succindialdehyd	$OHC \cdot CH_2 \cdot CH_2 \cdot CHO$	I 767	86.09	1.069^{18}	—	169—70 (g.Z.)	Fl.; ll. in W., A., Ä.; riecht stechend u. süßl.; ätzt die Haut; polym.; Dioxim F: 173°.
6	Succinimid	H_2C——CH_2 / OC·NH·CO	XXI 369	99.09	—	126	287 (Z.)	Tafeln + 1 H_2O (A.); 24.3 W. 21°, 5.4 A. 24°.
7	Succinylchlorid	$ClOC \cdot CH_2 \cdot CH_2 \cdot COCl$	II 613	154.99	1.395^{15}	17	190—2	Fl.; l. in Ä., Bzl.; dch. W. zers.
8	Succinylobernsteinsäure-diäthylester	*R·C(=C(OH)·CH_2)(—CH_2·C(OH)=)C·R*	X 894	256.24	1.40	128	—	*R = $CO_2 \cdot C_2H_5$; Nadeln (Ä.); unl. in k. W., swl. in h. W., ll. in h. A., 1.7 Ä. 20°.
9	Sulfanilid	$(C_6H_5 \cdot NH)_2SO_2$	XII 579	248.29	—	112	Z. etwa 170	Nadeln (W.); 0.7 sd. W., ll. in A., Ä.; schmeckt unangenehm beißend.
10	o-Sulfo-benzoesäure	$HO_3S \cdot C_6H_4 \cdot CO_2H$	XI 369	202.18	—	141	—	Nadeln + 3 H_2O (W.) F: 69°; sll. in W., A., unl. in Ä.
11	m-Sulfo-benzoesäure	$HO_3S \cdot C_6H_4 \cdot CO_2H$	XI 384	202.18	—	141	—	Kryst. + 2 H_2O F: 98°; ll. in W. u. A., wasserfrei ll. in Ä., unl. in Bzl.
12	p-Sulfo-benzoesäure	$HO_3S \cdot C_6H_4 \cdot CO_2H$	XI 389	202.18	—	259—60	—	Nadeln + 3 H_2O F: 94°; ll. in W., A., wasserfrei ll. in Ä.
13	Sulfoessigsäure	$HO_3S \cdot CH_2 \cdot CO_2H$	IV 21	140.11	—	84—6	etwa 245 (Z.)	Kryst. + 1 H_2O; l. in W., ll. in A., unl. in Ä.

31212 (Fortsetzung).

Nr.	Name	Formel	BZ	MG	D	F	Kp	Charakteristik
1	Sulfonal	$(CH_3)_2C(SO_2\cdot C_2H_5)_2$	I 662	228.31	—	127—8	300 (g. Z.)	Prismen (A.); farnblätterart. Kryst.; 0.2 W. 15°, 6.7 sd. W., 1.54 A. 15°, 50 sd. A., 0.75 Ä. 15°; Verwend. als Schlafmittel.
2	5-Sulfo-salicylsäure	$HO\cdot C_6H_3(CO_2H)\cdot SO_3H$	XI 411	218.18	—	etwa 110*	—	Nadeln + 2 H_2O (W.); ∞ W., A., Ä.: * F. des Hydrats.
3	Tartronsäure	$HO\cdot CH(CO_2H)_2$	III 415	120.06	—	184 (158)	subl. 110	Prismen + ½ H_2O (W.); ll. in W., A., wl. in Ä.
4	Taurin	$H_2N\cdot CH_2\cdot CH_2\cdot SO_3H$	IV 528	125.14	—	> 240	—	Säulen; 8.78 W. 20°, 33.05 W. 70°, 0.004 95%ig. A. 17°, unl. in absol. A., Ä.; Darst. aus Rindergalle.
5	Teraconsäure	$(CH_3)_2C:C(CO_2H)\cdot CH_2\cdot CO_2H$	II 786	158.15	—	160—1	Z.	Kryst. (Ä.); l. in W., ll. in h. A., l. in Ä., wl. in Bzl.
6	Terebinsäure	H_2C—$CH\cdot CO_2H$ / $OC\cdot O\cdot C(CH_3)_2$ (ring)	XVIII 377	158.15	—	175	Z.	Kryst. (A.); wl. in k. W., ll. in h. A., 1.7 Ä. 10°; B. aus Terpentinöl.
7	Terephthalaldehyd	$C_6H_4(CHO)_2^{(1\cdot 4)}$	VII 675	134.13	—	116	245	Nadeln (W.); 1.7 sd. W., ll. in A., l. in Ä.; l. in Alkali; riecht nach Flieder.
8	Terephthalaldehydsäure	$OHC\cdot C_6H_4\cdot CO_2H$	X 671	150.13	—	256*	subl.	Nadeln (W.); wl. in h. W., h. A., Ä., Chlf.; * im geschl., mit CO_2 gefüllten Rohr.
9	Terephthalsäure	$C_6H_4(CO_2H)_2^{(1\cdot 4)}$	IX 841	166.13	—	—	subl. 300	Nadeln; 0.0015 k. W., swl. in k. A., unl. in Ä., Eg., Chlf.
10	—— dimethylester	$C_6H_4(CO_2\cdot CH_3)_2$	IX 843	194.18	—	140.8	subl.	Tafeln od. Prismen (A.); 0.33 h. W., wl. in k. A., l. in Ä.; flücht. mit Dampf.

1	Terephthalylchlorid	$C_6H_4(COCl)_2$	IX 844	203.03	—	83—4	259	Nadeln (Lg.); l. in Ä., Bzl.; dch. W., A. zers.
2	Terpenylsäure	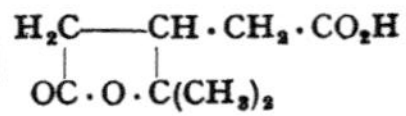	XVIII 384	172.17	—	90	subl. 130—40	Blätt. od. Prismen + 1 H_2O (W.) F: 57°; zll. in k. W., sll. in h. W.; B. aus Terpentinöl.
3	cis-Terpin	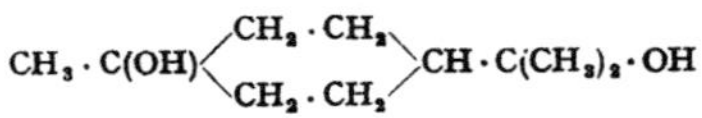	VI 745	172.26	—	105	258	Kryst.; an der Luft → Terpinhydrat.
4	α-Terpinen	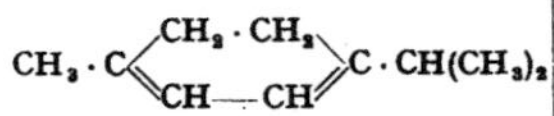	V 126	136.22	0.838^{18}	—	174/755	Fl.; unl. in W., ∞ A., Ä.; verharzt beim Aufbewahren.
5	β-Terpinen	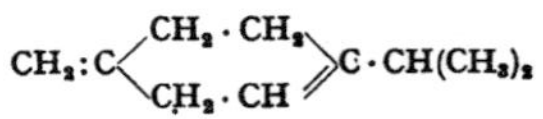	V 132	136.22	0.838^{22}	—	173—4	Fl.; unl. in W.
6	Terpineol-(4)	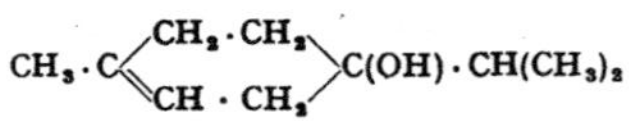	VI 55	154.24	0.926^{20}	—	208—10	Fl.; wl. in W., l. in A.; V. in äther. Ölen.
7	α-Terpineol	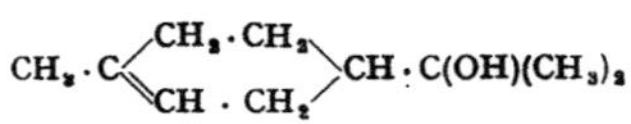	VI 58	154.24	0.928^{40}_{40}	35	219	Kryst.; unl. in W., ll. in A., Ä., Eg.; V. im Muskatnußöl.
8	cis-Terpin-hydrat	$C_{10}H_{20}O_2 + H_2O$	VI 745	190.27	—	120 (Z.)	—	Kryst.; 0.4 W. 15°; 3.1 sd. W., 10 A. 20°, 50 sd. A., wl. in Ä.
9	Terpinolen	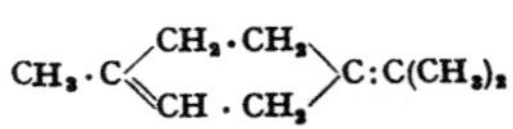	V 133	136.22	0.854^{20}	—	183—5	Fl.; unl. in W., l. in A., Ä.
10	Tetraäthylammonium-hydroxyd	$(C_2H_5)_4N\cdot OH$	IV 103	147.25	—	49—50*	—	*Nadeln mit 4 H_2O; sll. in W.; im Vakuum → $(C_2H_5)_3N$, $CH_2{:}CH_2$ u. H_2O; $C_8H_{21}ON + 6\,H_2O$ F: 55°.

31212 (Fortsetzung).

Nr.	Name	Formel	BZ	MG	D	F	Kp	Charakteristik
1	N.N.N.'N'-Tetraäthyl-rhodamin	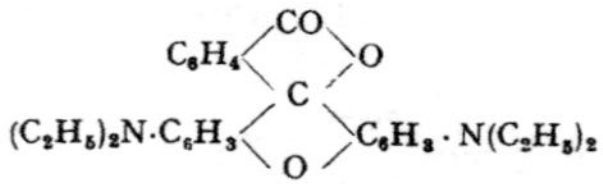	XIX 344	442.53	—	165		Grüne Blätt. + 4 H_2O (W.), farblose Prismen (A.); l. in W., A. rot, grün fluoresc., l. in Ä.; $C_{28}H_{30}O_3N_2$ + HCl „Rhodamin B" färbt Wolle u. Seide bläulichrosa.
2	1.1.1.2-Tetrabrom-äthan	$CH_2Br \cdot CBr_3$	I 94	345.70	2.8748^{20}	—	112.5/18	Fl.; l. in A.
3	1.1.2.2-Tetrabrom-äthan	$CHBr_2 \cdot CHBr_2$	I 94	345.70	2.9673^{20}	0.0	123.7/19	Fl.; 0.065 W. 30°, ∞ A., Ä.
4	Tetrabromäthylen	$CBr_2:CBr_2$	I 192	343.68	—	57	226—7	Tafeln (verd. A.); flücht. mit Dampf.
5	Tetrabromchinon	$O:C_6Br_4:O$	VII 642	423.72	—	300	subl.	Gelbe Blätt. (Eg.); unl. in W., wl. in k. A., Ä.
6	Tetrabromkohlenstoff	CBr_4	I 68	331.67	2.9609^{100}	92.5	189.5 (g. Z.)	Kryst.; Umwandl. bei 46.7°; 0.024 W 30°, l. in A., Ä., Chlf.
7	2.3.5.6-Tetrabrom-p-kresol	$CH_3 \cdot C_6Br_4 \cdot OH$	VI 409	423.77	—	198—9	—	Nadeln (A.); unl. in W., l. in A., ll. in Ä., Bzl.
8	2.4.5.6-Tetrabrom-m-kresol	$CH_3 \cdot C_6Br_4 \cdot OH$	VI 383	423.77	—	194	—	Nadeln (Chlf.); unl. in W., l. in A.
9	3.4.5.6-Tetrabrom-o-kresol	$CH_3 \cdot C_6Br_4 \cdot OH$	VI 362	423.77	—	206—7	—	Nadeln (Eg. od. Chlf.); unl. in W., l. in A., ll. in Ä., l. in Bzl.
10	Tetrabromthiophen	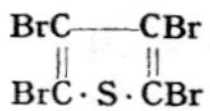	XVII 34	399.76	—	115—6	326	Nadeln (A.); unl. in W.
11	α.α.α.'α'-Tetrachlor-aceton	$CHCl_2 \cdot CO \cdot CHCl_2$	I 656	195.87	—	—	180 bis 182/718	Fl.; ll. in A., Ä.; riecht stechend; $C_3H_2OCl_4 + 4 H_2O$ Tafeln F: 48—49°.
12	1.1.1.2-Tetrachlor-äthan	$CH_2Cl \cdot CCl_3$	I 86	167.86	1.542_0^{26}	—	130.5	Fl.; unl. in W., l. in A., Ä.
13	1.1.2.2-Tetrachlor-äthan	$CHCl_2 \cdot CHCl_2$	I 86	167.86	1.6002^{20}	—42.5	146.2	Fl.; unl. in W., ∞ A., Ä.; riecht ähnl. wie Chlf.; giftig; Verwend. als Lösungsm. für Fette, Öle, Harze, Quellungsmittel für Kautschuk.

1	Tetrachloräthylen	$CCl_2:CCl_2$	I 187	165.85	1.6239	—22.4	120.8	Fl.; unl. in W.
2	1.2.3.4-Tetrachlor-benzol	$C_6H_2Cl_4$	V 204	215.90	—	47.5	254	Nadeln; unl. in W., wl. in A., ll. in Ä., CS_2.
3	1.2.3.5-Tetrachlor-benzol	$C_6H_2Cl_4$	V 204	215.90	—	51	246	Nadeln (A.); wl. in k. A., ll. in Bzl., sll. in CS_2.
4	1.2.4.5-Tetrachlor-benzol	$C_6H_2Cl_4$	V 205	215.90	1.734^{10}	139	243—6	Nadeln (Ä. od. Bzl.); unl. in k. A., wl. in sd. A., l. in Ä., Bzl., CS_2.
5	Tetrachlorchinon s. Chloranil							
6	α.β.β.β-Tetrachlor-diäthyl-äther	$CCl_3 \cdot CHCl \cdot O \cdot C_2H_5$	I 623	211.92	1.4225^{18}	—	189.7	Fl.; l. in A.; flücht. mit Dampf.
7	Tetrachlorhydrochinon	$HO \cdot C_6Cl_4 \cdot OH$	VI 851	247.90	—	236	subl. Z.	Säulen (Bzl.); unl. in W., ll. in A., Ä.: l. in KOH; Oxyd. → Chloranil.
8	Tetrachlorkohlenstoff	CCl_4	I 64	153.84	1.5985^{18}	—22.9	76.7	Fl.; 0.077 W. 25°, ∞ A., Ä.; riecht äther.; nicht brennbar; wirkt anästhet.; Verwend. als Lösungsm. für Fette, Öle, Harze.
9	Tetrachlorphthalsäure	$C_6Cl_4(CO_2H)_2$	IX 819	303.92	—	—	—	Blätt. + ½ H_2O od. Nadeln + ½ H_2O (W.); 0.57 W. 14°, 3 W. 99°, ll. in A., Ä., wl. in Chlf., Bzl.; bei 98° → Anhydrid.
10	Tetrachlorphthalsäure-anhydrid	$C_6Cl_4<^{CO}_{CO}>O$	XVII 484	285.91	—	256	subl.	Nadeln; unl. in k. W., wl. in Ä.
11	Tetradecan	$CH_3 \cdot [CH_2]_{12} \cdot CH_3$	I 171	198.37	0.7645^{20}	5.5	252.5	Fl.; unl. in W., ∞ A., Ä.
12	1.2.3.4-Tetrahydro-chinolin	$C_6H_4<^{CH_2 \cdot CH_2}_{NH \cdot CH_2}$	XX 262	133.18	1.0588^{20}	etwa 20	251	Fl.; wl. in W., ∞ A., Ä.; starke Base; $C_9H_{11}N$ + HCl Tafeln (W.) F: 181°.
13	Tetrahydro-p-chinon	$OC<^{CH_2 \cdot CH_2}_{CH_2 \cdot CH_2}>CO$	VII 556	112.12	—	78	subl. 100	Tafeln (W.); ll. in W., A., Ä.

31212 (Fortsetzung).

Nr.	Name	Formel	BZ	MG	D	F	Kp	Charakteristik
1	1.2.3.4-Tetrahydro-isochinolin	$C_6H_4<^{CH_2 \cdot CH_2}_{CH_2 \cdot NH}$	XX 275	133.18	1.064^{23}	< -15	232—3	Fl.; wl. in W.; Pikrat F: 195°.
2	1.2.3.4-Tetrahydro-naphthalin s. Tetralin							
3	1.2.3.4-Tetrahydro-naphthol-(1)	$C_6H_4<^{CH(OH) \cdot CH_2}_{CH_2 - CH_2}$		148.19	1.0896^{17}	—	140/17	Fl.; swl. in W., ll. in A., Ä.; Phenylurethan F: 121°.
4	1.2.3.4-Tetrahydro-naphthol-(2)	$C_6H_4<^{CH_2 \cdot CH \cdot OH}_{CH_2 \cdot CH_2}$	VI 579	148.19	1.0715^{17}	264/716	—	Öl; swl. in W., ll. in A., Ä., unl. in Alkali; Phenylurethan F: 99°.
5	5.6.7.8-Tetrahydro-naphthol-(1)	$^{H_2C \cdot CH_2}_{H_2C \cdot CH_2}>C_6H_3 \cdot OH$	VI 578	148.19	—	69	265/705	Tafeln; wl. in h. W., ll. in A., Ä.
6	5.6.7.8-Tetrahydro-naphthol-(2)	$^{H_2C \cdot CH_2}_{H_2C \cdot CH_2}>C_6H_3 \cdot OH$	VI 579	148.19	—	59—60	275—6	Nadeln (Lg.); wl. in k. W., ll. in A., Ä.; l. in H_2SO_4.
7	1.2.3.4-Tetrahydro-naphthylamin-(1)	$C_6H_4<^{CH(NH_2) \cdot CH_2}_{CH_2 - CH_2}$	XII 1200	147.21	—	—	246.5/714	Öl; l. in W., ll. in A., Ä.; Acetylderiv. F: 148—149°.
8	1.2.3.4-Tetrahydro-naphthylamin-(2)	$C_6H_4<^{CH_2 \cdot CH \cdot NH_2}_{CH_2 \cdot CH_2}$	XII 1200	147.21	1.029^{22}	—	249.5/710	Fl.; wl. in k. W., ll. in A., Ä.; Acetylderiv. F: 107.5°.
9	5.6.7.8-Tetrahydro-naphthylamin-(1)	$^{H_2C \cdot CH_2}_{H_2C \cdot CH_2}>C_6H_3 \cdot NH_2$	XII 1197	147.21	1.054^{23}	—	275/712	Öl; wl. in W., ll. in A., Ä.; unl. in NaOH; Acetylderiv. F: 158°.
10	5.6.7.8-Tetrahydro-naphthylamin-(2)	$^{H_2C \cdot CH_2}_{H_2C \cdot CH_2}>C_6H_3 \cdot NH_2$	XII 1198	147.21	—	38	276/713	Nadeln (Lg.); ll. in A., Ä.; Acetylderiv. F: 107°.

1	Tetrajodäthylen	$CJ_2:CJ_2$	I 195	531.70	2.983^{20}	187	subl.	Gelbe Blätt. (Eg.); unl. in W., wl. in k. A., ll. in CS_2.
2	Tetrajodkohlenstoff	CJ_4	I 74	519.69	4.32^{20}	Z.* 140	subl. 90—100/ Vak.	Dunkelrote Kryst.; unl. in W.; * → Jodoform, HJ, H_2.
3	2.3.4.5-Tetrajod-pyrrol	JC——CJ / ‖ ‖ / JC·NH·CJ	XX 168	570.74	—	Z. 140—50	—	Gelbe Nadeln od. Blätt. (A.); 0.02 W., 5.8 90%ig. A. 15°, 50 Ä., ll. in Eg., Chlf.; wirkt ähnl. wie Jodoform ist aber weniger giftig.
4	Tetralin	$C_6H_4<\begin{matrix}CH_2\cdot CH_2\\ CH_2\cdot CH_2\end{matrix}$	V 491	132.19	0.9732^{18}	—31	206—7	Fl.; unl. in W., ll. in A., Ä.; Verwend. als Lösungs- u. Extraktionsm. für Fette, Öle, Harze, Lacke.
5	Tetramethyläthylen	$(CH_3)_2C:C(CH_3)_2$	I 218	84.15	0.698^{20}	—	70	Fl.
6	Tetramethylammonium-hydroxyd	$(CH_3)_4N\cdot OH$	IV 50	91.15	—	62—63*	Z.	*Nadeln mit 5 H_2O; 220 W. 15°; ∞ W. 63°; Dest. → $(CH_3)_3N$ und $CH_3\cdot OH$.
7	Tetramethylbenzidin	$[(CH_3)_2N\cdot C_6H_4—]_2$	XIII 221	240.33	—	193.5 (198)	> 360	Kryst. (A. od. Lg.); swl. in A., wl. in Ä., sll. in Chlf., ll. in h. Bzl.
8	1.2.3.4-Tetramethyl-benzol (Prehnitol)	$C_6H_2(CH_3)_4$	V 430	134.21	0.904^{16}	—4	204	Fl.; unl. in W., l. in A., Ä.
9	1.2.3.5-Tetramethyl-benzol (Isodurol)	$C_6H_2(CH_3)_4$	V 430	134.21	0.896^{0}	—24	195—7	Fl.; unl. in W., l. in A., Ä.
10	1.2.4.5-Tetramethyl-benzol (Durol)	$C_6H_2(CH_3)_4$	V 431	134.21	0.833^{81}	80	192	Blätt.; unl. in W., ll. in A., Ä.; flücht. mit Dampf; riecht campher-ähnl.
11	Tetramethyldiamino- s. Bis-dimethylamino-							
12	Tetramethylendiamin	$H_2N\cdot[CH_2]_4\cdot NH_2$	IV 264	88.15	0.877^{25}	23—4	158—60	Kryst.; ll. in W.; B. bei Fäulnis v. Leichen, Fischen.

31212 (Fortsetzung).

Nr.	Name	Formel	BZ	MG	D	F	Kp	Charakteristik
1	Tetramethylenglykol	$HO\cdot CH_2\cdot [CH_2]_2\cdot CH_2\cdot OH$	I 478	90.12	1.020^{20}	16	230	Fl.; ∞ W., A., wl. in Ä.; schmeckt brennend u. bitter.
2	Tetramethylmonosilan	$(CH_3)_4Si$	IV 625	88.19	0.6510^{15}	—	26	Fl.; unl. in W., H_2SO_4; riecht nach Petroleum; entzündet sich an der Luft.
3	Tetramethyl-o-phenylendiamin	$C_6H_4[N(CH_3)_2]_2$	XIII 16	164.24	—	—	215—6	Öl; riecht campherähnl.; $C_{10}H_{16}N_2 + 2\,HCl$ F: 180°.
4	Tetramethyl-m-phenylendiamin	$C_6H_4[N(CH_3)_2]_2$	XIII 40	164.24	0.9849^{16}	—2	266.7	Fl.
5	Tetramethyl-p-phenylendiamin	$C_6H_4[N(CH_3)_2]_2$	XIII 74	164.24	—	51	260	Blätt. (verd. A.); wl. in k. W., ll. in A., Ä.; wss. Lsg. wird an der Luft violettblau; brennt auf der Haut.
6	2.3.4.5-Tetramethylpyrrol	$CH_3\cdot C{=}C\cdot CH_3$ / $CH_3\cdot C\cdot NH\cdot C\cdot CH_3$	E XX 49	123.19	—	114	—	Kryst.; ll. in A., Ä., Bzl.; flücht. mit Dampf; riecht fäkalart.; zers. an d. Luft u. im Licht.
7	2.4.5.7-Tetranitro-1.8-dioxyanthrachinon (Chrysamminsäure)	$HO\cdot C_6H(NO_2)_2\langle{}^{CO}_{CO}\rangle C_6H(NO_2)_2\cdot OH$	VIII 461	420.20	—	expl.	—	Gelbe Blätt.; swl. in sd. W., l. in A., Ä.
8	Tetranitromethan	$C(NO_2)_4$	I 80	196.04	1.650^{13}	13	126	Fl.; unl. in W., ll. in A., Ä.; + alkoh. KOH → Nitroform u. Äthylnitrat.
9	1.2.5.8-Tetranitro-naphthalin	$C_{10}H_4(NO_2)_4$	V 564	308.16	—	Z. 270	—	Prismen (HNO_3); swl. in W., A., Chlf., Eg.
10	1.3.5.8-Tetranitro-naphthalin	$C_{10}H_4(NO_2)_4$	V 564	308.16	—	194—5	—	Hellgelbe Kryst. (Aceton); wl. in A., Chlf., Eg.
11	1.3.6.8-Tetranitro-naphthalin	$C_{10}H_4(NO_2)_4$	V 564	308.16	—	203	expl.	Nadeln (A.); wl. in A.

1	1.2.5.6-Tetraoxy-anthrachinon (Rufiopin)	$(HO)_2C_6H_2\langle{CO \atop CO}\rangle C_6H_2(OH)_2$	VIII 549	272.20	—	—	subl.	Gelbrote Nadeln (W. od. A.); wl. in sd. W., l. in A., wl. in Ä.; l. in H_2SO_4 u. KOH violettrot.
2	1.2.5.8-Tetraoxy-anthrachinon (Chinalizarin)	$(HO)_2C_6H_2\langle{CO \atop CO}\rangle C_6H_2(OH)_2$	VIII 549	272.20	—	—	subl.	Rote, grünglänzende Nadeln (Nitrobzl.); swl. in W., A., Ä.; Verwend. als Farbst.
3	1.3.5.7-Tetraoxy-anthrachinon (Anthrachryson)	$(HO)_2C_6H_2\langle{CO \atop CO}\rangle C_6H_2(OH)_2$	VIII 551	272.20	—	> 360	subl. Z.	Gelbe Nadeln + 2 H_2O (A.); unl. in W., l. in A., swl. in Ä.; Tetraacetat F: 253°.
4	1.2.3.5-Tetraoxy-benzol	$C_6H_2(OH)_4$	VI 1154	142.11	—	165	—	Nadeln (W.); ll. in W., A., unl. in Chlf., Bzl.; unbeständig.
5	1.2.4.5-Tetraoxy-benzol	$C_6H_2(OH)_4$	VI 1155	142.11	—	215—20	—	Blätt. (Eg.); ll. in W., A., Ä.; leicht oxydierbar; Tetraacetat F: 226 bis 227°.
6	Tetraoxychinon	$OC\langle{C(OH):C(OH) \atop C(OH):C(OH)}\rangle CO$	VIII 534	172.09	—	—	—	Blaue Kryst.; wl. in k. W., ll. in A., wl. in Ä.; starke Säure; Diacetat F: 205°.
7	3.5.3.'5'-Tetraoxy-diphenyl	$(HO)_2C_6H_3\cdot C_6H_3(OH)_2$	VI 1164	218.20	—	310	—	Nadeln + 2 H_2O; wl. in k. W., ll. in h. W.
8	3.5.7.4'-Tetraoxy-flavon (Kämpferol)	$(HO)_2C_6H_2\langle{CO\cdot C\cdot OH \atop O\ \ \ C\cdot C_6H_4\cdot OH}$ (C=C)	XVIII 214	286.23	—	276	—	Gelbl. Nadeln + 1 H_2O (A.); unl. in W., ll. in A., Ä.; l. in Alkali gelb, in konz. HNO_3 rot.
9	3.7.3'.4'-Tetraoxy-flavon (Fisetin)	$HO\cdot C_6H_3\langle{CO\cdot C\cdot OH \atop O - C\cdot C_6H_3(OH)_2}$ (C=C)	XVIII 221	286.23	—	330	—	Gelbe Nadeln + 1 H_2O (verd. A.); unl. in W., ll. in A., wl. in Ä.
10	5.6.7.4'-Tetraoxy-flavon (Scutellarein)	$(HO)_3C_6H\langle{CO\cdot CH \atop O - C\cdot C_6H_4\cdot OH}$ (C=C)	E XVIII 411	286.23	—	> 330	—	Gelbe Blätt. (Me.); swl. in W., l. in A., wl. in Ä.; l. in KOH rotgelb, in $Ba(OH)_2$ grün.
11	5.7.3'.4'-Tetraoxy-flavon (Luteolin)	$(HO)_2C_6H_2\langle{CO\cdot CH \atop O - C\cdot C_6H_3(OH)_2}$ (C=C)	XVIII 211	286.23	—	328—9	subl.	Gelbe Nadeln + 1 H_2O (verd. A.); 0.02 sd. W., 2.7 A., 0.15 Ä.; l. in Alkali gelb.

31212 (Fortsetzung).

Nr.	Name	Formel	BZ	MG	D	F	Kp	Charakteristik
1	α.α.α.β-Tetraphenyl-äthan	$(C_6H_5)_3C \cdot CH_2 \cdot C_6H_5$	V 740	334.43	—	144	277/21	Kryst. (Ä. + PÄ.); unl. in W., wl. in A., Ä.
2	α.α.β.β-Tetraphenyl-äthan	$(C_6H_5)_2CH \cdot CH(C_6H_5)_2$	V 739	334.43	1.182	211	379—83	Nadeln (Eg.); 0.78 sd. A., 14.3 sd. Bzl., l. in Eg.
3	Tetraphenyläthylen	$(C_6H_5)_2C{:}C(C_6H_5)_2$	V 743	332.42	—	227	415—25	Spieße (Bzl.); unl. in W., swl. in A., Ä., ll. in h. Bzl.
4	Tetraphenyläthylenglykol (Benzpinakon)	$[(C_6H_5)_2C(OH)—]_2$	VI 1058	366.43	—	187 Z.*	—	Prismen; 2.56 sd. 95%ig. A., ll. in Ä.; * → Benzophenon u. Benzhydrol.
5	Tetraphenylfuran	$C_6H_5 \cdot C — C \cdot C_6H_5$ / ‖ ‖ / $C_6H_5 \cdot C \cdot O \cdot C \cdot C_6H_5$	VXII 99	372.44	—	175	220	Nadeln u. Blätt. (A.); unl. in W., 0.59 sd. A., 1.92 Ä. 17°.
6	Tetraphenylharnstoff	$(C_6H_5)_2N \cdot CO \cdot N(C_6H_5)_2$	XII 429	364.42	1.222	183	subl.	Kryst. (A.); ll. in sd. A.
7	Tetraphenylmethan	$(C_6H_5)_4C$	V 738	320.41	—	285	431	Kryst. (Bzl.); unl. in W., A., Ä., l. in h. Bzl.
8	Tetraphenylthiophen	$C_6H_5 \cdot C — C \cdot C_6H_5$ / ‖ ‖ / $C_6H_5 \cdot C \cdot S \cdot C \cdot C_6H_5$	XVII 100	388.50	—	184	etwa 460	Nadeln (A.); unl. in W., swl. in A., l. in Ä.; l. in H_2SO_4 rot.
9	sym. Tetrazin	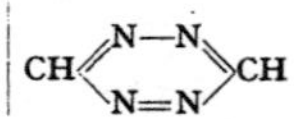	XXVI 353	82.07	—	99	subl.	Rote Säulen; l. in W., A., Ä.
10	Tetrazol	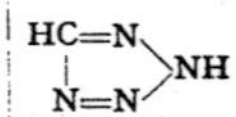	XXVI 346	70.06	—	156	subl.	Blätt. (A.); ll. in W., A., wl. in Ä.
11	Tetrolaldehyd	$CH_3 \cdot C \vdots C \cdot CHO$	E I 388	68.07	0.9265_0^{17}	—26	107	Fl.; wl. in W.; riecht stechend; Semicarbazon F: 158°.
12	Tetrolsäure	$CH_3 \cdot C \vdots C \cdot CO_2H$	II 479	84.07	—	77	203	Tafeln (Ä.); ll. in W., A., Ä.; zers. bei 211°.

1	Tetronsäure	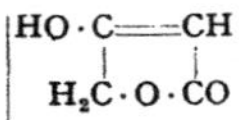	XVII 403	100.07	—	141	—	Tafeln (A. + Lg.); ll. in W., h. A., wl. in Ä.; starke einbas. Säure; + $FeCl_3$ rote Färb.
2	Tetryl	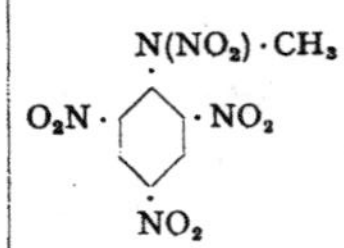	XII 770	287.15	1.57^{19}	130	Z. 186	Gelbe Kryst. (A.); 0.007 W. 15°, 0.162 W. 97°, wl. in k. A., l. in Bzl.; Verwend. in d. Sprengtechnik.
3	Thallin	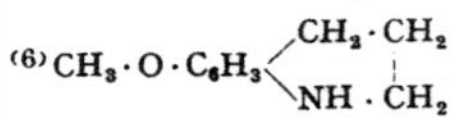	XXI 61	163.21	—	42—3	283/735	Kryst. (W.); wl. in W., ll. in A., Ä., Bzl.; + $FeCl_3$ grüne Färb.
4	Theobromin	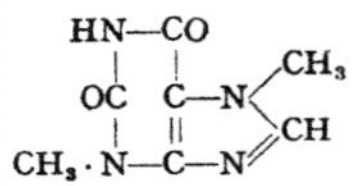	XXVI 457	180.16	—	351*	subl. 290	Kryst. (W.); 0.03 W. 18°, 0.67 W. 100°, 0.023 A. 17°, wl. in Ä.; V. in d. Kakaobohne; schmeckt bitter; wirkt diuret.; * im geschl. Rohr.
5	Theophyllin	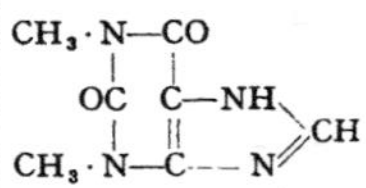	XXVI 455	180.16	—	268	—	Tafeln + 1 H_2O (W.); 0.44 W. 15°, 1.3 W. 37°, 1.25 A., unl. in Ä.; l. in Alkali, NH_4OH.
6	Thialdin	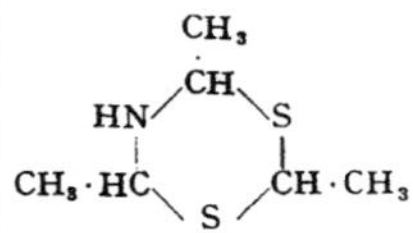	XXVII 461	163.29	1.191^{18}	43	Z.	Tafeln (A. + Ae.); swl. in W., ll. in A., Ä.; flücht. mit Dampf.
7	Thianthren	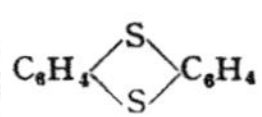	XIX 45	216.30	1.706^{18}	159	353 (Z.)	Prismen od. Tafeln (A.); unl. in W., wl. in k. A., ll. in Ä., Chlf., Bzl.; l. in H_2SO_4 violett.

31212 (Fortsetzung).

Nr.	Name	Formel	BZ	MG	D	F	Kp	Charakteristik
1	Thiazol	HC—N=CH / HC—S (Ring: HC—N, HC—S, CH)	XXVII 15	85.12	1.1998^{17}_{17}	—	116.8	Fl.; ∞ W., A., Ä.; Chloroaurat F: 248—250°.
2	Thioacetamid	$CH_3\cdot CS\cdot NH_2$	II 232	75.13	—	107.5 bis 108.5	—	Kryst.; sll. in W., ll. in A., l. in Ä.
3	Thioacetanilid	$CH_3\cdot CS\cdot NH\cdot C_6H_5$	XII 245	151.22	—	75—6	Z.	Nadeln (W.); l. in NaOH.
4	Thiobenzamid	$C_6H_5\cdot CS\cdot NH_2$	IX 424	137.20	—	115—6	—	Nadeln (W.); l. in A.
5	Thiobenzanilid	$C_6H_5\cdot CS\cdot NH\cdot C_6H_5$	XII 269	213.28	—	101—2	—	Gelbe Tafeln (A.); swl. in sd. W., ll. in A., sll. in Ä., ll. in NaOH; Dest. → 2-Phenyl-benzothiazol.
6	Thiobenzoesäure	$C_6H_5\cdot CO\cdot SH$, $C_6H_5\cdot CS\cdot OH$	IX 419	138.18	—	etwa 24	Z.	Gelbes Öl; unl. in W., sll. in A., Ä.; flücht. mit Dampf; + Alkohole → Benzoesäureester.
7	Thiocarbamidsäure-O-äthylester (Xanthogenamid)	$H_2N\cdot CS\cdot O\cdot C_2H_5$	III 137	105.15	—	41	Z*.	Pyramiden; wl. in W., ∞ A., Ä.; * → Äthylmercaptan, Cyansäure, Cyanursäure
8	Thiocarbamidsäure-S-äthylester (Thiourethan)	$H_2N\cdot CO\cdot S\cdot C_2H_5$	III 138	105.15	—	108	subl.	Tafeln; unl. in k. W., l. in h. W., ll. in A., Ä.
9	Thiocyansäure s. Rhodanwasserstoff							
10	Thioessigsäure	$CH_3\cdot CO\cdot SH$ oder $CH_3\cdot CS\cdot OH$	II 230	76.11	1.074^{10}	< —17	93	Stechend nach Essigsäure u. H_2S riechende Fl.; l. in W., ll. in A.
11	Thioglykolsäure	$HS\cdot CH_2\cdot CO_2H$	III 244	92.11	1.325^{20}	—16.5	107—8/16	Fl.; l. in W., A., Ä.; oxyd. leicht.
12	Thioharnstoff	$H_2N\cdot CS\cdot NH_2$	III 180	76.12	1.405	180	—	Kryst. (A.); 9 k. W., swl. in k. A., wl. in Ä.; bei 160° → Ammoniumrhodanid.
13	2-Thio-hydantoin	OC·NH / H_2C·NH >CS	XXIV 260	116.14	—	227 (Z.)	—	Gelbe Prismen; ll. in h. W., h. A.

1	Thioindigo	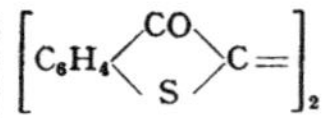	XIX 177	296.34	—	> 280	subl.	Rote Kryst. (Bzl.); unl. in W., swl. in sd. A., zll. in Nitrobenzol; l. in H_2SO_4 blaugrün; färbt aus gelber Küpe blaurot.
2	Thio-o-kresol	$CH_3 \cdot C_6H_4 \cdot SH$	VI 370	124.19	—	15	194.3	Blätt.; unl. in W., l. in A.; flücht. mit Dampf.
3	Thio-m-kresol	$CH_3 \cdot C_6H_4 \cdot SH$	VI 388	124.19	1.0625^0	< —20	195.4	Fl.; unl. in W., l. in A.; flücht. mit Dampf.
4	Thio-p-kresol	$CH_3 \cdot C_6H_4 \cdot SH$	VI 416	124.19	—	43—4	195	Blätt. (verd. A. od. Ä.); unl. in W., l. in A., ll. in Ä.; flücht. mit Dampf.
5	Thionaphthen	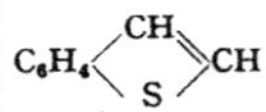	XVII 59	134.19	1.1486^{86}	32	221	Blätt.; unl. in W., ll. in A., Ä.; flücht. mit Dampf; l. in H_2SO_4 rot.
6	Thionaphthenchinon	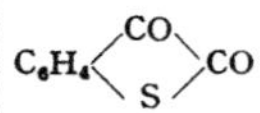	XVII 467	164.17	—	121	etwa 247	Gelbe Nadeln (W.); wl. in W., ll. in A., Eg.; l. in verd. NaOH orangegelb.
7	Thio-α-naphthol	$C_{10}H_7 \cdot SH$	VI 621	160.22	1.1549	—	208/200	Fl.; unl. in W., ll. in A., Ä.; flücht. mit Dampf; Dest. → α.α-Dinaphthylsulfid + H_2S.
8	Thio-β-naphthol	$C_{10}H_7 \cdot SH$	VI 657	160.22	—	81	286 (Z.)	Schuppen (A.); wl. in W., ll. in A., Ä.
9	Thionin	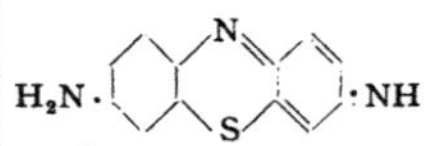	XXVII 391	227.27	—	—	—	Schwarzgrünes Pulver; swl. in W., A., l. in Ä.; Hydrochlorid $C_{12}H_{10}N_3ClS + H_2O$ grüne Nadeln; wl. in W. blau.
10	Thiophen	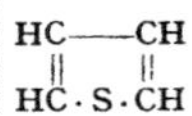	XVII 29	84.13	1.0705^{15}	—40	84	Fl.; unl. in W., l. in A., Bzl.; mit nitrithalt. H_2SO_4 zuerst grüne, dann blaue Färb.
11	Thiophenaldehyd-(2)	$SC_4H_3 \cdot CHO$	XVII 285	112.14	1.215^{21}_{21}	—	198	Öl; unl. in W., ll. in A.; riecht nach Bittermandelöl.
12	Thiophen-carbonsäure-(2)	$SC_4H_3 \cdot CO_2H$	XVIII 289	128.14	—	126.5	260	Nadeln (W.); 0.75 W. 25°, ll. in h.W., A., Ä.

31212 (Fortsetzung).

Nr.	Name	Formel	BZ	MG	D	F	Kp	Charakteristik
1	Thiophen-carbonsäure-(3)	$SC_4H_3 \cdot CO_2H$	XVIII 292	128.14	—	138.4	subl.	Nadeln (W.); 0.43 W. 25°; flücht. mit Dampf.
2	Thiophenol	$C_6H_5 \cdot SH$	VI 294	110.17	1.078^{24}	—	168.3	Fl.; unl. in W., ll. in A., Ä.; oxyd. an der Luft zu Diphenyldisulfid; brennt auf der Haut; Dämpfe schädlich; + h. H_2SO_4 zuerst rote dann blaue Färb
3	Thiophosgen	$CSCl_2$	III 134	114.98	1.5085^{15}	—	73.5	Rote Fl.; dch. W. u. A. zers.; l. in Ä.; raucht an d. Luft, riecht erstickend.
4	Thiophthen	HC——C——CH ‖ ‖ ‖ HC·S·C·S·CH	XIX 18	140.21	—	< —10	225	Fl.; Pikrat F: 134°, ll. in A., Bzl.
5	Thiosalicylsäure	$HS \cdot C_6H_4 \cdot CO_2H$	X 125	154.18	—	164—5	subl.	Gelbe Nadeln od. Tafeln (Eg. od. A.); wl. in h. W., ll. in A., Eg.; oxyd. an d. Luft.
6	Thiosemicarbazid	$H_2N \cdot NH \cdot CS \cdot NH_2$	III 195	91.13	—	181—3	—	Nadeln (W.); Hydrochlorid F: 186 bis 190°.
7	Thioxanthen	$C_6H_4<\genfrac{}{}{0pt}{}{CH_2}{S}>C_6H_4$	XVII 74	198.27	—	128	340/730	Nadeln od. Säulen (A. + Chlf.); unl. in W., wl. in k. A., l. in Ä., sll. in Chlf.; l. in H_2SO_4 gelb.
8	Thioxanthon	$C_6H_4<\genfrac{}{}{0pt}{}{CO}{S}>C_6H_4$	XVII 357	212.25	—	209	372/715	Gelbe Nadeln (Chlf.); unl. in W., wl. in A., ll. in Chlf., Bzl.; l. in H_2SO_4 grün fluoresc.
9	Thiuramdisulfid	$[H_2N \cdot CS \cdot S—]_2$	III 219	184.31	—	Z. 153	—	Blätt. (Aceton + Chlf.); unl. in W., l. in sd. A. (Z.), unl. in Ä.
10	α-Thujon	$OC \cdot CH_2 \cdot C \cdot CH(CH_3)_2$ $CH_3 \cdot HC \cdot CH—CH_2$	VII 92	152.22	0.912	—	200—1	Fl.; l. in A., Ä.; $[\alpha]_D$: —10°; riecht erfrischend; V. im Thujaöl; Semicarbazon F: 186—188°.

1	β-Thujon	OC · CH₂ · C · CH(CH₃)₂ / CH₃ · HC · CH—CH₂	VII 93	152.22	0.9162[20]	—	200—1	Fl.; l. in A., Ä.; $[\alpha]_D$: +74°; riecht erfrischend; Semicarbazone F: 174—175°, 170—172°.
2	Thymin	$CH_3 \cdot C$ < CO · NH > CO / CH · NH	XXIV 353	126.11	—	321 (Z.)	subl.	Tafeln (W.); 0.4 W. 25°, wl. in A., swl. in Ä.
3	Thymochinon	$(CH_3)_2CH \cdot C_6H_2(:O)_2 \cdot CH_3$	VII 662	164.19	—	48	232	Gelbe Tafeln; swl. in W., ll. in A., Ä.; riecht durchdringend; l. in H_2SO_4.
4	Thymohydrochinon	$(CH_3)_2CH \cdot C_6H_2(OH)_2 \cdot CH_3$	VI 945	166.21	—	140	290	Prismen; swl. in k. W., ll. in A., Ä.
5	Thymol	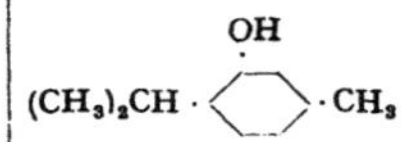	VI 532	150.21	0.969[24]	51.5	233.5	Tafeln (Eg.); 0.09 W. 19°, 0.14 W. 40°; 357 91 Vol.-%ig. A. 20°, 385 Ä. 20°; l. in Alkali; flücht. mit Dampf; riecht nach Thymian; V. in äther. Ölen; wirkt stark antisept.
6	Thymolphthalein	$C_6H_4 \cdot C[C_6H_2(OH)(CH_3) \cdot CH(CH_3)_2]_2$ (CO—O)	E XVIII 381	430.51	—	246—7	—	Prismen. (A.); l. in A., Ä., Alkali.
7	o-Thymotinsäure	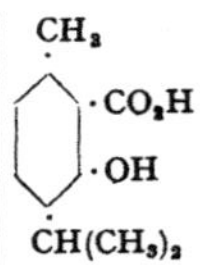	X 280	194.22	—	127	—	Nadeln (W.); 0.01 k. W., l. in A., Ä., Bzl.; flücht. mit Dampf.
8	dl-Thyroxin	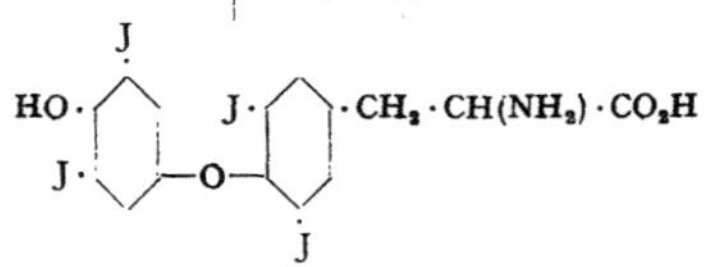	E XIV 671	776.92	—	231 (Z.)	—	Kryst.; swl. in W., unl. in A., Ä.; V. in Schilddrüsen.
9	Tiglinsäure	$CH_3 \cdot CH : C(CH_3) \cdot CO_2H$	II 430	100.11	0.964[76]	64.5	198.5	Tafeln u. Säulen; wl. in k. W., l. in A., Ä.

31212 (Fortsetzung).

Nr.	Name	Formel	BZ	MG	D	F	Kp	Charakteristik
1	Tolan	$C_6H_5 \cdot C \vdots C \cdot C_6H_5$	V 656	178.22	$0.966^{99.8}$	60	170/19	Blätt. od. Säulen (A.); unl. in W., ll. in h. A., Ä.
2	Tolidin s. Dimethylbenzidin							
3	Toluchinon	$O:C_6H_3(CH_3):O$	VII 645	122.12	—	69	subl.	Gelbe Blätt. u. Nadeln; wl. in k. W., ll. in A., Ä.
4	o-Toluidin	$CH_3 \cdot C_6H_4 \cdot NH_2$	XII 772	107.15	0.9986^{20}	a: —24.4 b: —16.3	200.7	Fl.; 1.50 W. 25°, ll. in A., Ä.; Verwend. zur Herst. von Farbst.; Acetylderiv. s. Acet-o-toluidid.
5	m-Toluidin	$CH_3 \cdot C_6H_4 \cdot NH_2$	XII 853	107.15	0.9891^{20}	—43.6	203.2	Fl.; wl. in W., ll. in A., Ä.; Acetylderiv. s. Acet-m-toluidid.
6	p-Toluidin	$CH_3 \cdot C_6H_4 \cdot NH_2$	XII 880	107.15	0.9339^{79}	45	200.4	Kryst. + 1 H_2O (W. od. verd. A.); 0.74 W. 21°, 240 A. 22°, ll. in Ä.; riecht weinartig; schmeckt brennend; Verwend. zur Herst. v. Farbst.; Acetylderiv. s. Acet-p-toluidid.
7	o-Tolunitril	$CH_3 \cdot C_6H_4 \cdot CN$	IX 466	117.14	0.996^{20}	—13	205.2	Fl.; l. in A., Ä.
8	p-Tolunitril	$CH_3 \cdot C_6H_4 \cdot CN$	IX 489	117.14	0.9805^{30}_{30}	29.5	217.6	Nadeln (A.); l. in A., Ä.
9	α-Tolunitril s. Benzylcyanid							
10	Toluol	$C_6H_5 \cdot CH_3$	V 280	92.13	0.8716^{15}	—95	110.8	Fl.; 0.057 W. 30°, ∞ A., Ä., Bzl.; Verwend. als Lösungsm.; V. in Erdölen, im Steinkohlenteer.
11	o-Toluolsulfamid	$CH_3 \cdot C_6H_4 \cdot SO_2 \cdot NH_2$	XI 86	171.21	—	156	—	Prismen (W.); 0.16 W. 25°, 3.6 A. 5°; Oxyd. in neutraler Lsg. → Saccharin.
12	p-Toluolsulfamid	$CH_3 \cdot C_6H_4 \cdot SO_2 \cdot NH_2$	XI 104	171.21	—	137.5	—	Blätt. (W. od. A.); 0.32 W. 25°, 7.4 A. 5°.

1	p-Toluolsulfinsäure	$CH_3 \cdot C_6H_4 \cdot SO_2H$	XI 9	156.19	—	85	—	Tafeln od. Nadeln (W.); wl. in k. W., ll. in A., Ä.; an der Luft → p-Toluolsulfonsäure.
2	o-Toluolsulfochlorid	$CH_3 \cdot C_6H_4 \cdot SO_2Cl$	XI 86	190.64	1.3443^{17}	10	126/10	Öl.
3	p-Toluolsulfochlorid	$CH_3 \cdot C_6H_4 \cdot SO_2Cl$	XI 103	190.64	—	69	146/15	Tafeln (Ä.); l. in A., Ä.
4	o-Toluolsulfonsäure	$CH_3 \cdot C_6H_4 \cdot SO_3H$	XI 83	172.19	—	—	—	Zerfließl. Kryst. + 2 H_2O; bei 140 bis 150° → p-Toluolsulfonsäure.
5	p-Toluolsulfonsäure	$CH_3 \cdot C_6H_4 \cdot SO_3H$	XI 97	172.19	—	38	146/Vak.	Violette Kryst.; zerfließl. Blätt. od. Prismen + 1 H_2O (W.) F: 106°.
6	o-Toluylaldehyd	$CH_3 \cdot C_6H_4 \cdot CHO$	VII 295	120.14	1.039^{19}	—	197	Fl.; swl. in W., l. in A., Ä.; riecht wie Bittermandelöl.
7	m-Toluylaldehyd	$CH_3 \cdot C_6H_4 \cdot CHO$	VII 296	120.14	1.024^{22}	—	199	Fl.; swl. in W., l. in A., Ä.; riecht wie Bittermandelöl; Phenylhydrazon F: 91°.
8	p-Toluylaldehyd	$CH_3 \cdot C_6H_4 \cdot CHO$	VII 297	120.14	1.019^{17}	—	204	Fl.; swl. in W., l. in A., Ä.; riecht wie Pfeffer; Phenylhydrazon F: 113°.
9	α-Toluylaldehyd s. Phenylacetaldehyd							
10	Toluylendiamin s. Diamino-toluol							
11	o-Toluylsäure	$CH_3 \cdot C_6H_4 \cdot CO_2H$	IX 462	136.14	1.062^{115}	105	259	Spieße (W.); 0.12 W. 25°, ll. in A.
12	m-Toluylsäure	$CH_3 \cdot C_6H_4 \cdot CO_2H$	IX 475	136.14	1.054^{112}	110	263	Prismen (W.); 0.085 W. 15°, 1.7 W. 100°, ll. in A., Ä.
13	p-Toluylsäure	$CH_3 \cdot C_6H_4 \cdot CO_2H$	IX 483	136.14	—	180	274—5	Kryst. (W.); 0.04 W. 25°, ll. in A., Ä.
14	α-Toluylsäure s. Phenylessigsäure							
15	o-Tolylhydrazin	$CH_3 \cdot C_6H_4 \cdot NH \cdot NH_2$	XV 496	122.16	—	59	—	Nadeln; ll. in A., Ä., Chlf.
16	p-Tolylhydrazin	$CH_3 \cdot C_6H_4 \cdot NH \cdot NH_2$	XV 510	122.16	—	65—6	240—4	Blätt. (Ä.); wl. in W., ll. in A., Ä.

31212 (Fortsetzung).

Nr.	Name	Formel	BZ	MG	D	F	Kp	Charakteristik
1	Tolylmercaptan s. Thiokresol							
2	p-Tolylsenföl	$CH_3 \cdot C_6H_4 \cdot N:CS$	XII 956	149.20	—	26	237	Nadeln (Ä.).
3	Triacetonamin	$H_2C \cdot CO \cdot CH_2$ / $(CH_3)_2C \cdot NH \cdot C(CH_3)_2$	XXI 249	155.23	—	34.9	205	Nadeln (Ä.); Tafeln + 1 H_2O (wasserhalt. Ä.) F: 58°; ll. in W., A., Ä.
4	Triäthylamin	$(C_2H_5)_3N$	IV 99	101.19	0.7277^{20}	—114.8	89.4	Ammoniakal. riech. Öl; ∞ W. unterhalb 18.7°, 16.6 W. 20°, 2.0 W. 65°, l. in A., Ä.
5	—— hydrochlorid	$C_6H_{15}N + HCl$	IV 101	137.65	1.0689^{21}	253—4	subl.	Kryst. (A.); 137 W. 25°, l. in A., unl. in Ä., 17.37 Chlf. 25°.
6	Triäthylarsenat	$(C_2H_5 \cdot O)_3AsO$	I 334	226.09	1.3264^{0}	—	235—8	Fl.; dch. W. zers.
7	Triäthylarsin	$(C_2H_5)_3As$	IV 602	162.09	1.150^{20}	—	140/736 (Z.)	Fl.; unl. in W., ∞ A., Ä.; riecht unangenehm.
8	1.3.5-Triäthyl-benzol	$C_6H_3(C_2H_5)_3$	V 449	162.26	0.863^{20}	—	217	Fl.
9	Triäthylborat	$(C_2H_5 \cdot O)_3B$	I 335	146.00	0.864^{27}	—	120	Fl.; dch. W. rasch zers.; riecht angenehm; brennt mit grüner Flamme.
10	Triäthylcarbinol	$(C_2H_5)_3C \cdot OH$	I 417	116.19	0.8390^{20}	—	142	Öl; riecht campherart.
11	Triäthylphosphat	$(C_2H_5 \cdot O)_3PO$	I 332	182.20	1.0682^{20}	—	215	Fl.; 100 W. 25°; dch. W. zers.
12	Triäthylphosphin	$(C_2H_5)_3P$	IV 582	118.20	0.812^{15}	—	127.5/744	Fl.; unl. in W., l. in A., Ä.; riecht betäubend, in Verdünn. wie Hyazinthen; raucht an d. Luft.
13	Triäthylphosphinoxyd	$(C_2H_5)_3PO$	IV 592	134.20	—	52.9	240	Nadeln; ∞ W., A., wl. in Ä.; unl. in KOH.
14	Triäthylphosphit	$(C_2H_5 \cdot O)_3P$	I 330	166.20	0.9687^{20}	—	157.9	Fl.; riecht äther.
15	Triakontan	$CH_3 \cdot [CH_2]_{28} \cdot CH_3$	I 176	422.78	—	66.1 (69)	235/1	Blätt. (Bzl.); unl. in W., wl. in A., l. in Ä.

1	2.3.5-Triamino-benzoesäure	$(H_2N)_3C_6H_2 \cdot CO_2H$	XIV 455	167.16	—	—	Z.*	Kryst. (W.); ll. in h. W., swl. in h. A., unl. in Ä.; * Abspalt. v. NH_3.
2	3.4.5-Triamino-benzoesäure	$(H_2N)_3C_6H_2 \cdot CO_2H$	XIV 455	167.16	—	—	Z.*	Nadeln + $^1/_2$ H_2O (W.); wl. in k. W., unl. in A.; * Abspalt. v. CO_2.
3	1.2.3-Triamino-benzol	$C_6H_3(NH_2)_3$	XIII 294	123.15	—	etwa 103	336	Kryst.; sll. in W., A., Ä.
4	1.2.4-Triamino-benzol	$C_6H_3(NH_2)_3$	XIII 294	123.15	—	< 100	etwa 340	Blätt. (Chlf.); ll. in W., A., swl. in Ä.
5	4.4'.4''-Triamino-3-methyl-triphenyl-carbinol	$(H_2N \cdot C_6H_4)_2C \cdot OH$ $\dot{}$ $C_6H_3(CH_3) \cdot NH_2$	XIII 763	319.39	—	186 (Z.)	—	Farblose Nadeln od. Tafeln (W.); swl. in W., wl. in A., unl. in Ä.; Fuchsin $[C_{20}H_{20}N_3]Cl$ metallisch grünglänzende, im durchfallenden Licht rote Kryst., 0.27 W., l. in A. rot, unl. in Ä.; färbt carmoisinrot.
6	2.4.6-Triamino-phenol	$(H_2N)_3C_6H_2 \cdot OH$	XIII 569	139.15	—	—	—	Unbeständig; Pikrat $C_6H_9ON_3$ + 3 $C_6H_3O_7N_3$ F: 97°.
7	4.4'.4''-Triamino-3.3'.3''-trimethyl-triphenylcarbinol	$[H_2N \cdot C_6H_3(CH_3)]_3C \cdot OH$	XIII 771	344.42	—	—	—	Unl. in W., l. in Ä.; Neufuchsin $[C_{22}H_{24}N_3]Cl$ + H_2O grüne Nadeln (A.), 1.7 W. 20°, 0.09 Ä.; färbt Wolle violettrot.
8	4.4'.4''-Triamino-triphenylcarbinol	$(H_2N \cdot C_6H_4)_3C \cdot OH$	XIII 750	305.36	—	205 (Z.)	—	Farblose Blätt.; swl. in W., ll. in A., unl. in Ä.; Verwend. zur Herst. blauer Triphenylmethanfarbst.; Parafuchsin $[C_{19}H_{18}N_3]Cl$ metall. grünglänzende Kryst. zers. bei 250°, 0.3 W. 22°.
9	4.4'.4''-Triamino-triphenylmethan	$(H_2N \cdot C_6H_4)_3CH$	XIII 313	289.36	—	207	—	Blätt. (W., A. od. Bzl.); wl. in W., A.
10	4.4'.4''-Trianilino-3-methyl-triphenyl-carbinol	$(C_6H_5 \cdot NH \cdot C_6H_4)_2C \cdot OH$ $\dot{}$ $C_6H_5 \cdot NH \cdot C_6H_3 \cdot CH_3$	XIII 768	547.66	—	—	Z.	Verwend. zur Herst. blauer Triphenylmethanfarbst.; Anilinblau, Spritblau $[C_{38}H_{32}N_3]Cl$ bläulichbraune Kryst., unl. in W., wl. in A. blau, unl. in Ä.

31212 (Fortsetzung).

Nr.	Name	Formel	BZ	MG	D	F	Kp	Charakteristik
1	4.4′.4″-Trianilino-triphenylcarbinol	$(C_6H_5 \cdot NH \cdot C_6H_4)_3C \cdot OH$	XIII 760	533.64	—	etwa 85	—	Farblose Nadeln (Bzl.); ll. in A., Ä.; Verwend. zur Herst. blauer Triphenylmethanfarbst.; Diphenylaminblau $[C_{37}H_{30}N_3]Cl$ rot metallisch glänzende Nadeln (Py.), unl. in W., 0.29 A., unl. in Ä., färbt tiefblau.
2	1.2.3-Triazol	HC═CH / HN·N:N bzw. HC—CH / N·NH·N	XXVI 11	69.07	1.186^{25}	23	203/739	Kryst.; ll. in W., A., Ä.; schmeckt widerlich süß.
3	1.2.4-Triazol	HC═N / HN·N:CH bzw. HC—NH / N·N:CH	XXVI 13	69.07	—	121	260	Kryst. (W. od. Ä.); l. in W., A., wl. in Ä.; $C_2H_3N_3 + HNO_3$ F: 138°.
4	Tribenzoin	$(C_6H_5 \cdot CO_2 \cdot CH_2)_2CH \cdot O \cdot CO \cdot C_6H_5$	IX 140	404.40	1.228^{12}	76.5	Z.	Nadeln (Me.); sll. in sd. A., Ä., Bzl.
5	Tribenzylamin	$(C_6H_5 \cdot CH_2)_3N$	XII 1038	287.39	0.991^{95}	92	380—90	Blätt. (Ä.); swl. in W., wl. in k. A., ll. in h. A., Ä.; Pikrat F: 190°.
6	1.1.2-Tribrom-äthan	$CH_2Br \cdot CHBr_2$	I 93	266.79	2.5790^{20}	—26	187 bis 188/721	Fl.; l in A.
7	Tribromäthylen	$CHBr:CBr_2$	I 191	264.78	2.708^{21}	—	162.5	Fl.; an der Luft → Pentabromäthan, Dibromessigsäure u. W.
8	2.4.6-Tribrom-anilin	$C_6H_2Br_3 \cdot NH_2$	XII 663	329.85	2.35^{20}_{20}	120	300	Nadeln (Bzl.); unl. in W., wl. in k. A., ll. in h. A., Ä.; Acetylderiv. F: 232°.
9	1.2.3-Tribrom-benzol	$C_6H_3Br_3$	V 213	314.83	2.658	87.7	—	Tafeln (A.); ll. in h. A.
10	1.2.4-Tribrom-benzol	$C_6H_3Br_3$	V 213	314.83	—	44	275	Nadeln (A. od. Ä.); subl.; ll. in sd. A., Ä., sll. in Bzl., CS_2.
11	1.3.5-Tribrom-benzol	$C_6H_3Br_3$	V 213	314.83	—	120	271	Nadeln (A.); unl. in W., wl. in sd. A.
12	Tribromessigsäure	$CBr_3 \cdot CO_2H$	II 220	296.78	—	135	245 (Z.)	Tafeln; ll. in W., A., Ä., wl. in k. Lg.

1	2.4.6-Tribrom-phenol	$C_6H_2Br_3 \cdot OH$	VI 203	330.83	2.55^{20}_{20}	96	subl.	Nadeln (verd. A.); 0.007 W. 15°, ll. in A., Ä.; wirkt antisept.
2	1.2.3-Tribrom-propan	$CH_2Br \cdot CHBr \cdot CH_2Br$	I 112	174.44	2.436^{23}	16—7	219—21	Prismen; unl. in W., l. in A.
3	Tricarballylsäure	$HO_2C \cdot CH \cdot CH_2 \cdot CO_2H$ / $CH_2 \cdot CO_2H$	II 815	176.12	—	166	subl.	Prismen (W. od. Ä.); 40.52 W. 14°, l. in A., 1 Ä. 18°.
4	Trichloracetamid	$CCl_3 \cdot CO \cdot NH_2$	II 211	162.42	—	141	239	Tafeln (W.); swl. in W., ll. in A. u. Ä.
5	Trichloracetylchlorid	$CCl_3 \cdot COCl$	II 210	181.85	1.629^{16}	—	118	Fl.; dch. W. zers.
6	1.1.1-Trichlor-äthan	$CH_3 \cdot CCl_3$	I 85	133.41	1.325^{26}	—	74.1	Fl.; unl. in W., l. in A., Ä.
7	1.1.2-Trichlor-äthan	$CH_2Cl \cdot CHCl_2$	I 85	133.41	1.441^{25}	—35.5	113.5	Fl.; l. in A.
8	β.β.β-Trichlor-äthylalkohol	$CCl_3 \cdot CH_2 \cdot OH$	I 338	149.41	1.550^{23}	17.8	151/737	Tafeln; wl. in W., ∞ A., Ä.; l. in KOH; riecht äther.; hygroskop.; wirkt hypnot.
9	Trichloräthylen	$CHCl:CCl_2$	I 187	131.40	1.4660^{18}	—73	87.2	Fl.; ∞ A., Ä.; flücht. mit Dampf; wirkt narkot.; Verwend. als Extraktionsmittel für Fette u. Öle.
10	2.4.6-Trichlor-anilin	$C_6H_2Cl_3 \cdot NH_2$	XII 627	196.47	—	78	262	Nadeln (Lg.); ll. in A., Ä., CS_2; Acetylderiv. F: 204°.
11	2.3.4-Trichlor-benzoesäure	$C_6H_2Cl_3 \cdot CO_2H$	IX 345	225.46	—	186—7	—	Nadeln.
12	2.3.5-Trichlor-benzoesäure	$C_6H_2Cl_3 \cdot CO_2H$	IX 345	225.46	—	163	—	Nadeln (W.); wl. in k. W., ll. in A., Ä.
13	2.4.5-Trichlor-benzoesäure	$C_6H_2Cl_3 \cdot CO_2H$	IX 345	225.46	—	163	subl.	Nadeln (W.); unl. in k. W., ll. in A.
14	2.4.6-Trichlor-benzoesäure	$C_6H_2Cl_3 \cdot CO_2H$	IX 345	225.46	—	164	—	Kryst. (W.); ll. in A., Ä., Chlf.
15	3.4.5-Trichlor-benzoesäure	$C_6H_2Cl_3 \cdot CO_2H$	IX 346	225.46	—	203	subl.	Nadeln (verd. A.); unl. in k. W., ll. in A., Ä., Bzl.
16	1.2.3-Trichlor-benzol	$C_6H_3Cl_3$	V 203	181.45	—	53—4	218—9	Tafeln (A.); zwl. in A.
17	1.2.4-Trichlor-benzol	$C_6H_3Cl_3$	V 204	181.45	1.446^{26}	17	213	—
18	1.3.5-Trichlor-benzol	$C_6H_3Cl_3$	V 204	181.45	—	63	208	Nadeln.
19	β.β.β-Trichlor-tert.-butylalkohol	$(CH_3)_2C(OH) \cdot CCl_3$	I 382	177.47	—	97	166.4	Kryst.; unl. in k. W., l. in h. W., ll. in A., Ä.; flücht. mit Dampf; riecht campherart.; wirkt antisept. u. anästhet.

31212 (Fortsetzung).

Nr.	Name	Formel	BZ	MG	D	F	Kp	Charakteristik
1	α.α.β-Trichlor-butyraldehyd	$CH_3\cdot CHCl\cdot CCl_2\cdot CHO$	I 664	175.45	1.396^{20}	—	164 bis 165/750	Fl.; + W. → Hydrat F: 78°, wirkt hypnot.
2	Trichlorchinon	$O{:}C_6HCl_3{:}O$	VII 634	211.44	—	169—70	subl.	Gelbe Blätt. (A.); unl. in k. W., ll. in h. A., Ä.
3	α.β.β-Trichlor-diäthyläther	$CHCl_2\cdot CHCl\cdot O\cdot C_2H_5$	I 615	177.47	1.3303^{14}	—	167—8	Fl.; unl. in W., ∞ A., Ä.
4	Trichloressigsäure	$CCl_3\cdot CO_2H$	II 206	163.40	1.630^{60}_{60}	57	196.5	Zerfließl. Kryst.; 1201 W. 25°, l. in A., Ä.; ätzt u. zerstört die Haut.
5	Trichloressigsäureäthylester	$CCl_3\cdot CO_2\cdot C_2H_5$	II 209	191.45	1.383^{20}	—	168	Fl.
6	β.β.β-Trichlor-milchsäure	$CCl_3\cdot CH(OH)\cdot CO_2H$	III 286	193.42	—	124	160/45	Prismen; ll. in W., A., Ä.
7	2.4.6-Trichlor-phenol	$C_6H_2Cl_3\cdot OH$	VI 190	197.45	1.49^{75}	67	244	Nadeln; 0.085 W. 25°, 0.243 W. 96°, sll. in A., Ä.
8	1.2.3-Trichlor-propan	$CH_2Cl\cdot CHCl\cdot CH_2Cl$	I 106	147.44	1.417^{15}	—14.7	156.9	Fl.; unl. in W., l. in A., Ä.; Erhitzen mit W. auf 160° → Glycerin.
9	Tridecan	$CH_3\cdot [CH_2]_{11}\cdot CH_3$	I 171	184.35	0.7571	—6.2	234	Fl.; unl. in W., ∞ A., Ä.
10	Triisobutylamin	$[(CH_3)_2CH\cdot CH_2]_3N$	IV 166	185.34	0.771^{17}	—25.8	184—6	Fl.; unl. in W.
11	1.2.3-Trijod-benzol	$C_6H_3J_3$	V 228	455.84	—	116	subl.	Nadeln (A.); unl. in W., ll. in A., Ä.
12	1.2.4-Trijod-benzol	$C_6H_3J_3$	V 228	455.84	—	91.5	subl.	Nadeln (A.); unl. in W., l. in A., Chlf.
13	1.3.5-Trijod-benzol	$C_6H_3J_3$	V 228	455.84	—	184	subl.	Nadeln (Eg.); unl. in W., wl. in k. A., Ä., l. in sd. Eg.
14	2.4.6-Trijod-phenol	$C_6H_2J_3\cdot OH$	VI 211	471.84	—	158	Z.	Nadeln (verd. A.); unl. in W., 2 95 %ig. A., l. in Ä.; riecht unangenehm, anhaftend.
15	Trilaurin	$C_3H_5(O\cdot CO\cdot [CH_2]_{10}\cdot CH_3)_3$	II 362	638.97	0.8944^{60}	46	—	Nadeln (A.); unl. in W., wl. in k. A., ll. in Ä.
16	2.4.5-Trimethoxy-benzoesäure (Asaronsäure)	$(CH_3\cdot O)_3C_6H_2\cdot CO_2H$	X 468	212.19	—	144	etwa 300	Nadeln (A.); wl. in k. W., l. in h. W., A., Bzl., Lg.
17	3.4.5-Trimethoxy-benzoesäure	$(CH_3\cdot O)_3C_6H_2\cdot CO_2H$	X 481	212.19	—	169—70	225 bis 227/10	Nadeln (W.); swl. in W., ll. in A., Ä., Chlf.

1	2.4.5-Trimethoxy-1-propenyl-benzol (Asaron)	$CH_3 \cdot CH:CH \cdot C_6H_2(O \cdot CH_3)_3$	VI 1129	208.24	1.165^{18}	61	296	Nadeln u. Blätt. (W.); wl. in sd. W., ll. in A., Ä., Chlf.; subl.
2	Trimethyläthylen	$(CH_3)_2C:CH \cdot CH_3$	I 211	70.13	0.668^{13}	—134.3	37.2	Fl.; unl. in W., l. in A., Ä.; B. bei Dest. von Steinkohlenteer u. Kautschuk.
3	Trimethyläthylenglykol	$(CH_3)_2C(OH) \cdot CH(OH) \cdot CH_3$	I 482	104.14	0.9893_0^0	—	177	Dickes Öl; ∞ W., A., Ä.; langes Erhitzen auf 220° → Methylisopropylketon u. W.
4	Trimethylamin	$(CH_3)_3N$	IV 43	59.11	0.662^{-5} 2.5804^{17} g/L	—124.0	3.5	Gas; ll. in W., A.; riecht fischartig; Chloroplatinat F: 242 bis 243°.
5	—— hydrochlorid	$C_3H_9N + HCl$	IV 46	95.57	—	277—8 (Z.)	—	Zerfließl. Kryst. (A.); ll. in W., A., unl. in Ä.
6	Trimethylarsin	$(CH_3)_3As$	IV 600	120.01	1.124^{22}	—	52	Fl.; wl. in W.; sehr giftig.
7	2.4.5-Trimethyl-benzoesäure	$(CH_3)_3C_6H_2 \cdot CO_2H$	IX 554	164.19	—	150	—	Nadeln (Bzl.); swl. in sd. W., ll. in A., Ä.
8	2.4.6-Trimethyl-benzoesäure	$(CH_3)_3C_6H_2 \cdot CO_2H$	IX 553	164.19	—	152	—	Kryst. (A.); ll. in A., Ä., Chlf.
9	1.2.3-Trimethyl-benzol (Hemellitol)	$C_6H_3(CH_3)_3$	V 399	120.18	0.895^{20}	< —15	175	Fl.; unl. in W., l. in A., Ä.
10	1.2.4-Trimethyl-benzol s. Pseudocumol							
11	1.3.5-Trimethyl-benzol s. Mesitylen							
12	Trimethylborat	$(CH_3 \cdot O)_3B$	I 287	103.92	0.915^{20}	—	65	Fl.; dch. W. zers.; brennt mit grüner Flamme.
13	Trimethylcarbinol s. tert.-Butylalkohol							
14	Trimethylenchlorid s. 1.3-Dichlor-propan							

31212 (Fortsetzung).

Nr.	Name	Formel	BZ	MG	D	F	Kp	Charakteristik
1	Trimethylendiamin	$H_2N\cdot CH_2\cdot CH_2\cdot CH_2\cdot NH_2$	IV 261	74.12	0.884^{25}	—	135/738	Fl.; ∞ A., Ä.; zieht W. u. CO_2 an; $C_3H_{10}N_2 + 2\ HCl$ F: 243°.
2	Trimethylenglykol	$HO\cdot CH_2\cdot CH_2\cdot CH_2\cdot OH$	I 475	76.09	1.0597^{20}	—	214	Dicke Fl.; ∞ W., A., l. in Ä.; schmeckt süß.
3	Trimethylentrisulfid	$H_2C\langle{}^{S\cdot CH_2}_{S\cdot CH_2}\rangle S$	XIX 382	138.26	—	218	subl.	Prismen (Chlf.); unl. in W., wl. in A., Ä., ll. in Bzl.
4	Trimethylessigsäure	$(CH_3)_3C\cdot CO_2H$	II 319	102.13	0.905^{50}	35	163.7	Nadeln; 2.2 W. 20°; Amid F: 155 bis 156°.
5	2.4.6-Trimethyl-phloroglucin	$(CH_3)_3C_6(OH)_3$	VI 1125	168.18	—	184	—	Nadeln (Eg.); ll. in sd. W., A., swl. in Bzl.
6	Trimethylphosphat	$(CH_3\cdot O)_3PO$	I 286	140.12	1.1971^{20}_{0}	—	192	Fl.; 100 W. 25°, l. in A., Ä.
7	Trimethylphosphin	$(CH_3)_3P$	IV 580	76.12	< 1	—	40—2	Fl.; unl. in W.; riecht unerträglich.
8	2.4.6-Trimethyl-pyridin (symm. Kollidin)	$NC_5H_2(CH_3)_3$	XX 250	121.17	0.917^{20}	—	171	Fl.; 3.5 W. 20°, 1.8 W. 100°, l. in A.; Pikrat F: 155—156°.
9	Trimyristin	$C_3H_5(O\cdot CO\cdot [CH_2]_{12}\cdot CH_3)_3$	II 367	723.12	0.8848^{60}	56.5	—	Blätt. (Ä.); unl. in W., ll. in A., Bzl., Chlf.
10	1.1.1-Trinitro-äthan	$CH_3\cdot C(NO_2)_3$	I 103	165.07	—	56	—	Würfel; wl. in W., ll. in A., Ä.; flücht. mit Chlf.-Dampf; riecht stark reizend.
11	2.4.6-Trinitro-anilin	$(O_2N)_3C_6H_2\cdot NH_2$	XII 763	228.12	1.762^{14}	188	—	Gelbe Tafeln (Eg.); wl. in A., Ä., ll. in Bzl.
12	2.4.6-Trinitro-benzoesäure	$(O_2N)_3C_6H_2\cdot CO_2H$	IX 417	243.12	—	228.7	—	Kryst. (W.); 2.05 W. 23°, 4.18 W. 50°, 26.59 A. 25°, 14.71 Ä. 25°.
13	1.2.3-Trinitro-benzol	$C_6H_3(NO_2)_3$	E V 140	213.11	—	127.5	—	Grünl. Prismen (A.); 10 sd. A.
14	1.2.4-Trinitro-benzol	$C_6H_3(NO_2)_3$	V 271	213.11	1.73^{15}	61	—	Blätt. (Ä.); 5.45 A. 15°, 7.13 Ä. 15°, 140.8 Bzl. 15°.
15	1.3.5-Trinitro-benzol	$C_6H_3(NO_2)_3$	V 271	213.11	1.4775^{152}	123	subl.	Blätt. (W.); 0.04 k. W., 1.9 A. 16°, 1.5 Ä. 17°, 6.2 Bzl. 16°.

1	2.4.6-Trinitro-m-kresol	$CH_3 \cdot C_6H(NO_2)_3 \cdot OH$	VI 387	243.13	—	109.5	expl. 150	Gelbe Nadeln (A. od. W.); 0.22 W. 20°, 0.81 sd. W., ll. in A., Ä., Bzl.; Verwend. als Sprengstoff.
2	2.4.6-Trinitro-mesitylen	$(O_2N)_3C_6(CH_3)_3$	V 412	255.18	—	235	—	Nadeln (A.); unl. in W., swl. in h. A., Ä.
3	1.2.5-Trinitro-naphthalin	$C_{10}H_5(NO_2)_3$	V 563	263.16	—	112—3	—	Nadeln (A.); l. in A.
4	1.3.5-Trinitro-naphthalin	$C_{10}H_5(NO_2)_3$	V 563	263.16	—	122	—	Kryst. (Chlf.); unl. in W., ll. in A., Eg.
5	1.3.8-Trinitro-naphthalin	$C_{10}H_5(NO_2)_3$	V 563	263.16	—	218	—	Kryst. (A.); unl. in W., 0.05 88 %ig. A. 23°, swl. in Ä., Chlf.
6	1.4.5-Trinitro-naphthalin	$C_{10}H_5(NO_2)_3$	V 563	263.16	—	154	—	Kryst. (Chlf.); unl. in W.; 0.11 90 %ig. A. 18°, 0.38 Ä. 18°, 1 Bzl. 18°.
7	2.4.6-Trinitro-phenol s. Pikrinsäure							
8	2.3.4-Trinitro-toluol	$(O_2N)_3C_6H_2 \cdot CH_3$	V 349	277.13	—	112	Z. 290	Prismen (A.); wl. in k. A., ll. in Ä.
9	2.4.5-Trinitro-toluol	$(O_2N)_3C_6H_2 \cdot CH_3$	V 347	227.13	—	104	Z. 290	Gelbe Tafeln (Aceton); wl. in k. A., ll. in Ä.
10	2.4.6-Trinitro-toluol	$(O_2N)_3C_6H_2 \cdot CH_3$	V 347	227.13	1.654	80.8	—	Kryst. (A.); 1.64 W. 22°, 10 A. 58°, ll. in Ä.; Verwend. als Sprengstoff.
11	2.3.5-Trinitro-p-xylol	$(O_2N)_3C_6H(CH_3)_2$	V 389	241.16	1.59^{19}	139—40	—	Nadeln (A.).
12	2.4.6-Trinitro-m-xylol	$(O_2N)_3C_6H(CH_3)_2$	V 381	241.16	1.604^{19}	182	—	Gelbe Blätt. (Bzl. + A.); 0.04 A. 20°.
13	Triolein	$C_3H_5(O \cdot CO \cdot O \cdot [CH_2]_7 \cdot CH : CH \cdot [CH_2]_7 \cdot CH_3)_3$	II 468	885.38	0.915^{15}	—5	237/18	Öl; unl. in W., wl. in A., ll. in Ä.
14	Trional	$\begin{matrix} CH_3 \\ C_2H_5 \end{matrix} \rangle C(SO_2 \cdot C_2H_5)_2$	I 671	242.34	—	76	—	Tafeln (A.); 0.32 k. W., 5.7 A. 15°, 6.4 Ä.; Verwend. als Schlafmittel.
15	2.3.4-Trioxy-acetophenon	$(HO)_3C_6H_2 \cdot CO \cdot CH_3$	VIII 393	168.14	—	173	—	Nadeln od. Blätt. (W.); ll. in h. W., A.; Verwend. als Farbstoff Alizaringelb C.
16	2.4.5-Trioxy-acetophenon	$(HO)_3C_6H_2 \cdot CO \cdot CH_3$	E VIII 686	168.14	—	200—2 (Z.)	—	Rote Nadeln (W.); l. in sd. W., A., Ä.; l. in NaOH gelbgrün.
17	2.4.6-Trioxy-acetophenon	$(HO)_3C_6H_2 \cdot CO \cdot CH_3$	E VIII 687	168.14	—	218	—	Nadeln + 1 H_2O (W.); swl. in k. W., ll. in A., Ä.

31212 (Fortsetzung).

Nr.	Name	Formel	BZ	MG	D	F	Kp	Charakteristik
1	1.2.3-Trioxy-anthrachinon (Anthragallol)	$C_6H_4<\genfrac{}{}{0pt}{}{CO}{CO}>C_6H(OH)_3$	VIII 505	256.20	—	312—3	subl.	Orangegelbe Nadeln (A. + Eg.); swl. in W., l. in A., Ä.; l. in H_2SO_4, l. in h. konz. NH_4OH blau; Triacetat F: 181—182°.
2	1.2.4-Trioxy-anthrachinon (Purpurin)	$C_6H_4<\genfrac{}{}{0pt}{}{CO}{CO}>C_6H(OH)_3$	VIII 509	256.20	—	256	subl. Z.	Orangerote Nadeln + 1 H_2O (verd. A.); wasserfrei dunkelrot; l. in W., ll. in A., l. in Ä.; l. in H_2SO_4 rot, l. in Alkali; V. in d. Krappwurzel; Triacetat F: 193—200°.
3	1.2.5-Trioxy-anthrachinon (Oxyanthrarufin)	$HO\cdot C_6H_3<\genfrac{}{}{0pt}{}{CO}{CO}>C_6H_2(OH)_2$	VIII 512	256.20	—	278	subl.	Rote Nadeln (Eg.); l. in H_2SO_4 rotviolett; l. in alkoh. KOH violettblau; Triacetat F: 229°.
4	1.2.6-Trioxy-anthrachinon (Flavopurpurin)	$HO\cdot C_6H_3<\genfrac{}{}{0pt}{}{CO}{CO}>C_6H_2(OH)_2$	VIII 513	256.20	—	> 330	459 Z.	Gelbe Nadeln (A.); wl. in sd. W., ll. in A., wl. in Ä., ll. in Bzl.; l. in H_2SO_4 rotviolett, l. in KOH purpurfarben; Triacetat F: 202 bis 203°.
5	1.2.7-Trioxy-anthrachinon (Anthrapurpurin)	$HO\cdot C_6H_3<\genfrac{}{}{0pt}{}{CO}{CO}>C_6H_2(OH)_2$	VIII 516	256.20	—	369	462 Z.	Orangefarbene Nadeln (A.); wl. in sd. W., ll. in sd. A., wl. in Ä.; l. in H_2SO_4 rotbraun, l. in KOH violett; Triacetat F: 223—224°.
6	2.3.4-Trioxy-benzophenon	$C_6H_5\cdot CO\cdot C_6H_2(OH)_3$	VIII 417	230.21	—	140—1	—	Gelbe Nadeln + 1 H_2O (W.); wl. in k. W., ll. in A., Ä., wl. in Bzl.; l. in H_2SO_4 u. in Alkali gelb.
7	2.4.6-Trioxy-benzophenon	$C_6H_5\cdot CO\cdot C_6H_2(OH)_3$	E VIII 701	230.21	—	165	—	Gelbliche Nadeln + 1 H_2O (W.); 0.3 W. 22°, 40 sd. W., ll. in A., Ä.; l. in Alkali rot.
8	3.4.5-Trioxy-benzophenon	$C_6H_5\cdot CO\cdot C_6H_2(OH)_3$	VIII 422	230.21	—	177—8	—	Blätt. + 1 H_2O (W.); wl. in k. W., ll. in h. W., A., Ä.

1	3.5.7-Trioxy-flavon (Galangin)	$(HO)_2C_6H_2\left<{}^{CO\cdot C\cdot OH}_{O-C\cdot C_6H_5}\right.$	XVIII 184	270.23	—	217—8	subl.	Hellgelbe Tafeln (A.); unl. in W., Ä., ll. in Ä.; l. in Alkali, H_2SO_4; + $FeCl_3$ grüne Färb.
2	5.7.4′-Trioxy-flavon (Apigenin)	$(HO)_2C_6H_2\left<{}^{CO\cdot CH}_{O-C\cdot C_6H_4\cdot OH}\right.$	XVIII 181	270.23	—	347	—	Blätt. (A.); unl. in W., l. in A.; ll. in NaOH, H_2SO_4 gelb; färbt chromierte Wolle gelb.
3	4.5.9 (od. 10)-Trioxy-2-methyl-anthracen	$HO\cdot C_6H_3\left\{{}^{C(OH)}_{CH}\right\}C_6H_2(CH_3)\cdot OH$	VIII 535	240.24	—	20[illegible]	—	Gelbe Blätt. (Bzl.); wl. in k. A., ll. in Chlf.; l. in Alkali; V. im Chrysarabin.
4	4.5.7-Trioxy-2-methyl-anthrachinon (Emodin)	$(HO)_2C_6H_2\left<{}^{CO}_{CO}\right>C_6H_2(CH_3)\cdot OH$	VIII 520	270.23	—	259	subl.	Orangerote Nadeln (Eg.); unl. in W., l. in A., Ä.; l. in H_2SO_4 u. Alkali rot; V. in Rhabarber, Faulbaumrinde; wirkt abführend.
5	2.4.6-Trioxy-toluol	$CH_3\cdot C_6H_2(OH)_3$	VI 1109	140.13	—	214	subl.	Tafeln (W.); ll. in W., A., Ä.
6	Tripalmitin	$C_3H_5(O\cdot CO\cdot [CH_2]_{14}\cdot CH_3)_3$	II 373	807.27	0.8657^{80}	65.1	—	Nadeln (Ä.); unl. in W., 0.004 A. 21°, ll. in Ä.
7	ω.ω.ω-Triphenyl-acetophenon s. β-Benzpinakolin							
8	Triphenylamin	$(C_6H_5)_3N$	XII 181	245.31	—	127	347—8	Kryst. (Ä.); wl. in k. A., ll. in Ä., Bzl.
9	Triphenylarsin	$(C_6H_5)_3As$	XVI 828	306.21	1.306	60	> 360	Tafeln (Bzl.); unl. in W., wl. in k. A., ll. in Ä.
10	1.3.5-Triphenyl-benzol	$C_6H_3(C_6H_5)_3$	V 737	306.38	1.205	172	—	Tafeln (Ä.), Nadeln (Eg.); l. in A., Ä., ll. in Bzl.
11	Triphenylbrommethan	$(C_6H_5)_3CBr$	V 704	323.22	—	152	230/15	Hellgelbe Kryst. (CS_2); + sd. W. → HBr + Triphenylcarbinol; l. in fl. SO_2 gelb.
12	Triphenylcarbinol	$(C_6H_5)_3C\cdot OH$	VI 713	260.31	1.188	162.5	380	Tafeln (A.); unl. in W., ll. in A., Ä., Bzl.; l. in H_2SO_4 gelb.
13	Triphenylchlormethan	$(C_6H_5)_3CCl$	V 700	278.76	—	112	230—5/20 310/20	Kryst. (Bzl.); ll. in Ä., Bzl. Chlf.; + W. → HCl + Triphenylcarbinol; l. in fl. SO_2 gelb.

31212 (Fortsetzung).

Nr.	Name	Formel	BZ	MG	D	F	Kp	Charakteristik
1	Triphenylessigsäure	$(C_6H_5)_3C\cdot CO_2H$	IX 712	288.32	—	267	—	Prismen (A.); l. in A., wl. in Chlf.
2	N.N.N'-Triphenylguanidin	$(C_6H_5)_2N\cdot C(:NH)\cdot NH\cdot C_6H_5$ oder $(C_6H_5)_2N\cdot C(:N\cdot C_6H_5)\cdot NH_2$	XII 430	287.35	—	131	—	Tafeln; ll. in A., Ä., wl. in Bzl.
3	N.N.'N''-Triphenylguanidin	$C_6H_5\cdot N:C(NH\cdot C_6H_5)_2$	XII 451	287.35	1.163^{15}	144	Z.	Prismen (A.); swl. in sd. W., 6.23 A. 25°.
4	Triphenylmethan	$(C_6H_5)_3CH$	V 698	244.31	1.014^{99}	93	359	Kryst. (A.); unl. in W., wl. in k. A., ll. in h. A., Ä., sll. in Chlf.
5	Triphenylmethyl	$(C_6H_5)_3C$—	V 715	243.31	—	145—7	Z.	Farblose Kryst.; swl. in A., ll. in Chlf., CS_2.
6	Triphenylphosphin	$(C_6H_5)_3P$	XVI 759	262.32	1.194	79	> 360	Tafeln od. Prismen (Ä.); unl. in W., l. in A., ll. in Ä.; l. in H_2SO_4.
7	Triphenylphosphinoxyd	$(C_6H_5)_3PO$	XVI 783	278.32	1.212^{22}	156	> 360	Prismen + 1 H_2O (Bzl. + PÄ.); wl. in h. W., ll. in A., wl. in Ä., PÄ.; l. in H_2SO_4, unl. in konz. HCl.
8	Tripropylamin	$(C_2H_5\cdot CH_2)_3N$	IV 139	143.26	0.757^{20}	—93.5	156	Fl.; swl. in W., l. in A.; Hydrobromid F: 180°.
9	4.4.'4''-Tris-diäthylamino-triphenylcarbinol	$[(C_2H_5)_2N\cdot C_6H_4]_3C\cdot OH$	XIII 759	473.67	—	136—7	—	Kryst. (Lg.); Äthylviolett $[C_{31}H_{42}N_3]Cl$ färbt bläulich violett; Verwend. als Antiseptikum.
10	4.4'.4''-Tris-dimethyl-amino-triphenyl-carbinol	$[(CH_3)_2N\cdot C_6H_4]_3C\cdot OH$	XIII 755	389.52	—	219	—	Farblose Prismen (Bzl.); unl. in W., wl. in A., l. in Ä., Chlf.; Krystallviolett $[C_{25}H_{30}N_3]Cl$ metall. grünlichbraun glänzende Kryst. + 9 H_2O (W.); l. in W. u. A. violettblau; färbt blauviolett; Verwend. als Antiseptikum.

1	4.4'.4''-Tris-dimethyl-amino-triphenyl-methan (Leuko-krystallviolett)	$[(CH_3)_2N\cdot C_6H_4]_3CH$	XIII 315	373.52	—	175	—	Blätt. (A.); unl. in k. W., wl. in k. A., ll. in Ä.
2	Tristearin	$C_3H_5(O\cdot CO\cdot [CH_2]_{16}\cdot CH_3)_3$	II 383	891.43	0.8621^{80}	71.6	—	Säulen (Ä.); unl. in W., swl. in k. A., Ä., l. in Bzl., Chlf.
3	Trithiokohlensäure	$CS(SH)_2$	III 221	110.21	> 1	—	Z. 20 bis 30/Vak.	Rotes Öl; dch. W. u. A. zers.; l. in Ä.; riecht stechend; Alkali- u. Erdalkalisalze sind orangefarben, schmecken brennend pfefferart.
4	Tropan	$H_2C\cdot CH$——CH_2 │ $N(CH_3)$ CH_2 $H_2C\cdot CH$——CH_2	XX 141	125.21	0.926^{15}	—	167	Fl.; l. in k. W., wl. in h. W.
5	dl-Tropasäure	$HO\cdot CH_2\cdot CH(C_6H_5)\cdot CO_2H$	X 261	166.17	—	117—8	Z. 160	Tafeln (W.); 1.98 W. 20°, ll. in h. W., l. in A., Ä., wl. in k. Bzl.
6	Tropidin	$H_2C\cdot CH$——CH │ $N(CH_3)$ CH $H_2C\cdot CH$——CH_2	XX 177	123.19	0.947^{9}	—	163	Fl.; l. in k. W., wl. in h. W., ll. in A., Ä.; flücht. mit Dampf; riecht narkot., coniinähnl.
7	Tropin	$H_2C\cdot CH$——CH_2 │ $N\cdot CH_3$ $CH\cdot OH$ $H_2C\cdot CH$——CH_2	XXI 16	141.21	1.039^{76}	63	233	Tafeln (Ä.); ll. in W., A., wl. in Ä.; hygroskop.; Chloroplatinat F: 198° (Z.).
8	α-Truxillsäure	$C_6H_5\cdot HC\cdot CH\cdot CO_2H$ $HO_2C\cdot HC\cdot CH\cdot C_6H_5$	IX 952	296.30	—	285	subl.	Nadeln (verd. A.); swl. in sd. W., l. in h. A., swl. in Ä., l. in h. Eg.; Dest. → Zimtsäure; B. dch. Belicht. v. Zimtsäure.
9	β-Truxinsäure	$C_6H_5\cdot HC\cdot CH\cdot CO_2H$ $C_6H_5\cdot HC\cdot CH\cdot CO_2H$	IX 951	296.30	—	206—7	Z.*	Kryst. (A.); l. in A.; * → Zimtsäure u. Stilben.

31212 (Fortsetzung).

Nr.	Name	Formel	BZ	MG	D	F	Kp	Charakteristik
1	Trypaflavin	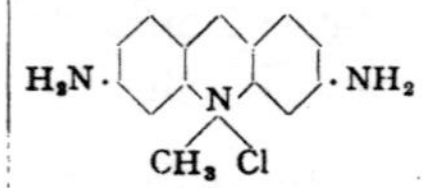	E XXII 650	259.73	—	—	—	Rote Nadeln (A.); ll. in W., l. in A. gelb; l. in H_2SO_4; schmeckt bitter; wirkt baktericid.
2	l-Tryptophan	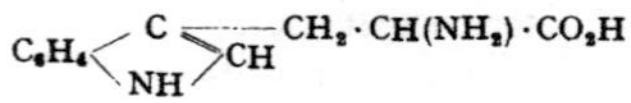	XXII 546	204.22	—	289 (Z.)	—	Tafeln (verd. A.); 1.06 W. 20°, 2.51 W. 70°, ll. in sd. W., wl. in A., unl. in Chlf.; B. bei enzymat. Hydrolyse v. Eiweißstoffen.
3	Tyramin	$^{(4)}HO\cdot C_6H_4\cdot CH_2\cdot CH_2\cdot NH_2$	XIII 625	137.17	—	161	210/55	Blätt. od. Nadeln (Bzl.); 1.05 W. 15°, 10 sd. A.; riecht süßl., schmeckt bitter; V. im Mutterkorn.
4	l-Tyrosin	$^{(4)}HO\cdot C_6H_4\cdot CH_2\cdot CH(CO_2H)\cdot NH_2$	XIV 605	181.18	—	Z. 290	—	Nadeln (W.); 0.040 W. 17°, 0.01 95%ig. A. 17°, unl. in Ä., 0.19 sd. Eg.; l. in Alkali, NH_4OH, Säuren; V. in Pflanzen u. Tieren.
5	dl-Tyrosin	$^{(4)}HO\cdot C_6H_4\cdot CH_2\cdot CH(CO_2H)\cdot NH_2$	XIV 621	181.18	—	Z. 290	—	Blätt.; 0.041 W. 20°, 0.65 sd. W., swl. in h. A., unl. in Ä.
6	**Umbelliferon**	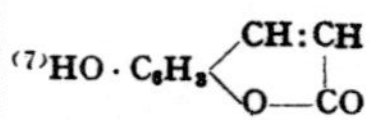	XVIII 27	162.14	—	228	subl.	Nadeln (W.); swl. in k. W., 1 sd. W., ll. in A., wl. in Ä.; Lsgg. in W., Alkali, H_2SO_4 fluoresc. blau.
7	Undecan	$CH_3\cdot[CH_2]_9\cdot CH_3$	I 170	156.30	0.7411^{20}	—26.5	194.5	Fl.; unl. in W., ∞ A., Ä.
8	Undecylalkohol	$CH_3\cdot[CH_2]_9\cdot CH_2\cdot OH$	I 427	172.30	0.8334^{23}	11	146/30	Fl.
9	Uracil	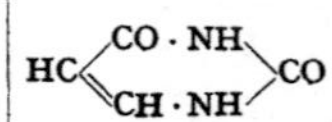	XXIV 312	112.09	—	335 (Z.)	—	Nadeln (W.); wl. in k. W., ll. in h. W., unl. in A., Ä.; ll. in NH_4OH; B. dch. Hydrolyse v. Nucleinsäuren.

1	Uramil	$H_2N \cdot HC<\genfrac{}{}{0pt}{}{CO \cdot NH}{CO \cdot NH}>CO$	XXV 492	143.10	—	310—20	—	Nadeln od. Blätt. (W.); unl. in k. W., wl. in sd. W., unl. in Ä., Chlf.; l. in verd. KOH u. NH_4OH; färbt sich an d. Luft rot.
2	Urazol	OC——NH $HN \cdot NH \cdot CO$	XXVI 192	101.07	—	244	—	Blätt. (W.); ll. in W., wl. in A., swl. in Ä.; reagiert sauer.
3	Ureidoessigsäure s. Hydantoinsäure							
4	Valeraldehyd	$CH_3 \cdot [CH_2]_3 \cdot CHO$	I 676	86.13	0.819^{11}	—91.5	103.7	Fl.; wl. in W.; Oxim F: 52⁰.
5	Valeriansäure	$CH_3 \cdot [CH_2]_3 \cdot CO_2H$	II 299	102.13	0.9397^{19}	—34.5	187.0	Fl.; 3.7 W. 16⁰, ∞ A., Ä.; riecht ähnl. wie Buttersäure.
6	Valeriansäureamid	$CH_3 \cdot [CH_2]_3 \cdot CO \cdot NH_2$	II 301	101.14	1.023	106	—	Tafeln (A.); ll. in W., A., Ä.
7	γ-Valerolacton	H_2C——CH_2 $OC \cdot O \cdot CH \cdot CH_3$	XVII 235	100.11	1.057^{18}	—31	207—8	Fl.; ∞ W.
8	Valeronitril	$CH_3 \cdot [CH_2]_3 \cdot CN$	II 301	83.13	0.9566^{15}	—96.0	140.8	Fl.
9	d-Valin	$(CH_3)_2CH \cdot CH(NH_2) \cdot CO_2H$	IV 427	117.14	—	315*	subl. Z.	Blätt. (verd. A.); l. in W., wl. in A., unl. in Ä.; * geschl. Rohr.
10	dl-Valin	$(CH_3)_2CH \cdot CH(NH_2) \cdot CO_2H$	IV 430	117.14	—	298* (Z.)	subl.	Blätt. (A.); 7 W. 25⁰, swl. in k. A., unl. in Ä.; * geschl. Rohr.
11	Vanillin	CHO  $\cdot O \cdot CH_3$ OH	VIII 247	152.14	—	82	285 (in CO_2)	Nadeln (W.); etwa 1 W. 14⁰, 5 W. 80⁰, ll. in A., Ä.; + $FeCl_3$ blauviolette Färb.; V. in Vanille u. vielen and. Pflanzen; Verwend. als Geschmacks- u. Riechstoff; Acetat F: 78⁰.
12	Vanillinsäure	$HO \cdot C_6H_3(O \cdot CH_3) \cdot CO_2H$	X 392	168.14	—	207	subl.	Nadeln (W.); 0.15 W. 14⁰, 2.56 W. 100⁰, ll. in A., l. in Ä.

31212 (Fortsetzung).

Nr.	Name	Formel	BZ	MG	D	F	Kp	Charakteristik
1	Veratrol	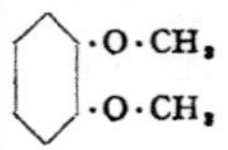	VI 771	138.16	1.0811^{21}	22.5	207	Kryst. (PÄ.); wl. in W., l. in A., Ä.; Pikrat F: 56—57°.
2	Veratrumsäure	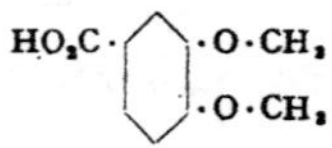	X 393	182.17	—	181	subl.	Kryst. (W.); 0.05 W. 14°, 0.6 sd. W., ll. in A., Ä.
3	Veronal	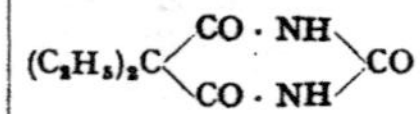	XXIV 485	184.19	—	191	subl.	Spieße (W.); 0.66 W. 20°, 8.3 sd. W., ll. in h. A., Ä.; ll. in Alkali; Schlafmittel.
4	Vinylbromid	$CH_2:CHBr$	I 188	106.96	1.5167^{14}	—137.8	15.8	Fl.; polym. in Sonnenlicht.
5	Vinylchlorid	$CH_2:CHCl$	I 186	62.50	0.9692^{-18} (fl.)	—159.7	—13.9	Gas; wl. in W.; + alkoh. NH_3 bei 150° → Äthylendiamin; polym. im Sonnenlicht.
6	Vinylessigsäure	$CH_2:CH\cdot CH_2\cdot CO_2H$	II 407	86.09	1.013_{15}^{15}	—39	163	Fl.; + sd. verd. H_2SO_4 od. + HBr → Crotonsäure; Amid F: 72°; Nitril s. Allylcyanid.
7	Violanthron	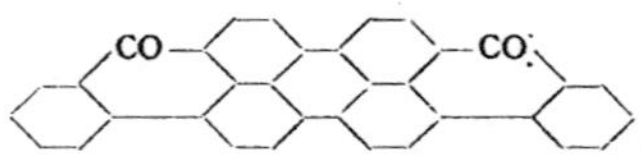	E VII 466	456.46	—	—	—	Blauschwarze Kryst. (Nitrobzl.); Verwend. zur Herst. von Küpenfarbst.
8	Violursäure	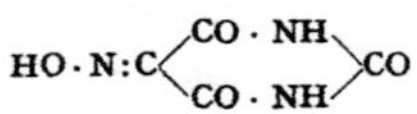	XXIV 506	157.09	—	Z. 250—2	—	Kryst. + 1 H_2O (W.); l. in W. violett, in A. farblos; + $FeSO_4$ blaue Färb.; Salze rot-violett.
9	Vitamin A	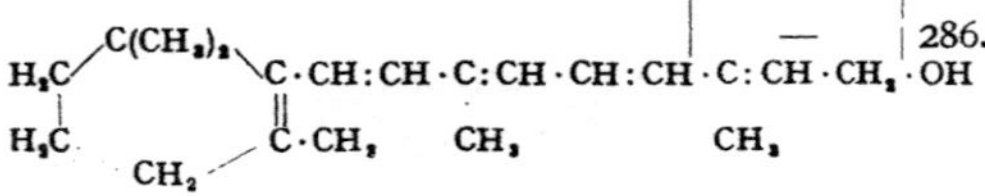	—	286.43	—	—	136/Vak.	Hellgelbes Öl; ll. in A., Ä.; V. in tier. Organen, Lebertran, Butter, Eiern, Blättern u. Früchten.

1	(d-)**Weinsäure**	$HO_2C\cdot CH(OH)\cdot CH(OH)\cdot CO_2H$	III 481	150.09	1.759^{18}	170	Z.	Säulen; 139.4 W. 20°, 343.4 W. 100°, 25.6 A. 15°; 0.39 Ä. 15°; α_D: —114° (Kryst.; 1 cm); $[\alpha]_D^{20}$: + 15° (W.; p = 20); V. in vielen Pflanzen; Verwend. in d. Färberei, Druckerei.
2	— Ca-Salz	$CaC_4H_4O_6 + 4\,H_2O$	III 497	260.21	—	—	—	Kryst.; 0.038 W. 18° 0.3 sd. W., wl. in A.
3	— K-Salz	$K_2C_4H_4O_6 + {}^1/_2H_2O$	III 494	235.27	1.984	—	—	Kryst.; 125 W. 17.5°, 278 W. 100°, wl. in A.
4	— saures K-Salz (Weinstein)	$KHC_4H_4O_6$	III 494	188.18	1.973	—	—	Kryst.; 0.49 W. 18°, 6.9 W. 100°, 0.06 90%ig. A. 20°.
5	— K-Na-Salz (Seignettesalz)	$KNaC_4H_4O_6 + 4\,H_2O$	III 495	282.23	1.767	—	—	Kryst.; 38.2 W. 6°; bei 55° → Na-Tartrat + K-Tartrat.
6	— K-SbO-Salz (Brechweinstein)	$K(SbO)C_4H_4O_6 + {}^1/_2H_2O$	III 502	333.90	2.607	—	—	Kryst.; 8 W. 21°, 33 sd. W.; Verwend. als Brechmittel u. als Beize in d. Färberei.
7	— Na-Salz	$Na_2C_4H_4O_6 + 2\,H_2O$	III 493	230.10	1.82^{20}	—	—	Säulen; 50 k. W., unl. in A.
8	— saures Na-Salz	$NaHC_4H_4O_6 + H_2O$	III 493	190.09	—	Z. 234	—	Säulen; 6.63 W. 18°.
9	l-Weinsäure	$HO_2C\cdot CH(OH)\cdot CH(OH)\cdot CO_2H$	III 520	150.09	1.759^{18}	170	Z.	Kryst.
10	dl-Weinsäure	$HO_2C\cdot CH(OH)\cdot CH(OH)\cdot CO_2H$	III 522	150.09	1.697^{20}	203—4	—	Kryst. + 1 H_2O (W.); 20.6 W. 20°, 184.9 W. 100°, 2.08 A. 15°, 1.08 Ä. 15°.
11	meso-Weinsäure s. Mesoweinsäure							
12	d-Weinsäurediäthylester	$C_2H_5\cdot O_2C\cdot [CH(OH)]_2\cdot CO_2\cdot C_2H_5$	III 512	206.19	1.204^{20}	17	280	Fl.; l. in W., A.; $[\alpha]_D^{20}$: + 7.66°; Erhitzen → Racemisat.
13	d-Weinsäuredimethylester	$CH_3\cdot O_2C\cdot [CH(OH)]_2\cdot CO_2\cdot CH_3$	III 510	278.14	1.340^{15}	61.5	280	Kryst. (Bzl.); wl. in W., Ä.; 2. Form F: 50°, ll. in W., A.
14	d-Weinsäuremonoäthylester	$HO_2C\cdot [CH(OH)]_2\cdot CO_2\cdot C_2H_5$	III 512	178.14	—	etwa 90	—	Zerfließl. Prismen; ll. in W., A., unl. in Ä.; dch. sd. W. zers.

31212 (Fortsetzung).

Nr.	Name	Formel	BZ	MG	D	F	Kp	Charakteristik
1	Wismuttriäthyl	$(C_2H_5)_3Bi$	IV 622	296.18	1.82	—	107/79	Öl; unl. in W., ll. in A., Ä.; flücht. mit Dampf; riecht sehr unangenehm; raucht an d. Luft; expl. beim Erhitzen; selbstentzündlich.
2	Wismuttrimethyl	$(CH_3)_3Bi$	IV 622	254.10	2.30^{18}	—	110	Fl.; unl. in W., l. in A., Ä.; raucht an d. Luft; riecht unangenehm; expl. beim Erhitzen.
3	Wismuttriphenyl	$(C_6H_5)_3Bi$	XVI 898	440.30	1.585^{20}	78	242/14	Säulen (A.); wl. in k. A., l. in Ä., ll. in Chlf.
4	**X**anthen	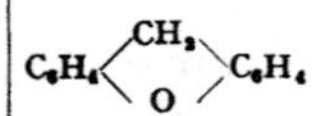	XVII 73	182.21	—	100.5	315	Blätt. (A.); swl. in W., wl. in k. A., l. in Ä., Chlf., Bzl.; l. in H_2SO_4 gelb.
5	Xanthin	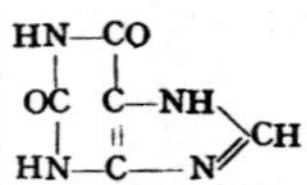	XXVI 447	152.11	—	Z.	—	Kryst.; 0.26 W. 17°, 0.033 A. 17°, ll. in Alkali; wirkt stark diuret.
6	Xanthogensäure	$C_2H_5 \cdot O \cdot CS \cdot SH$	III 209	122.20	> 1	—53	Z.* 24	Öl; 0.24 W. 0°; dch. A. zers.; riecht eigentüml.; * → CS_2 + A.
7	— K-Salz	$KC_3H_5OS_2$	III 209	160.29	1.558^{21}	—	Z.	Nadeln; sll. in W., etwa 20 A., swl. in Ä.; dch. sd. W. zers.
8	Xanthon	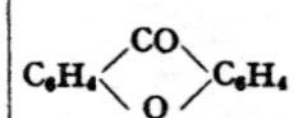	XVII 354	196.19	—	174	350/730	Nadeln (A.); wl. in h. W., 0.7 k. A., 8.5 sd. A., wl. in Ä.: l. in H_2SO_4 gelb, hellblau fluoresc.
9	Xanthydrol	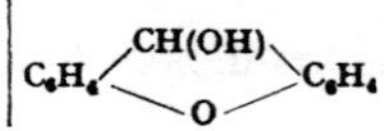	XVII 129	198.21	—	etwa 123 (Z.)	—	Nadeln (verd. A.); l. in H_2SO_4 gelb; Oxyd. → Xanthon.

1	Xylenol s. Dimethyl-phenol							
2	Xylidin s. Dimethyl-anilin							
3	p-Xylochinon	$O:C_6H_2(CH_3)_2:O$	VII 658	136.14	—	125	subl.	Gelbe Nadeln (A.); wl. in h. W., k. A., ll. in h. A., Ä., Bzl.
4	o-Xylol	$C_6H_4(CH_3)_2$	V 362	106.16	0.8812^{20}	—25.3	144	Fl.; swl. in W., ll. in A., Ä.
5	m-Xylol	$C_6H_4(CH_3)_2$	V 370	106.16	0.8642^{20}	—53.5	139	Fl.; swl. in W., ll. in A., Ä.
6	p-Xylol	$C_6H_4(CH_3)_2$	V 382	106.16	0.8611^{20}	13.2	138	Tafeln; swl. in W., ll. in A., Ä.
7	o-Xylol-sulfonsäure-(4)	$(CH_3)_2C_6H_3\cdot SO_3H$	XI 121	186.22	—	54—5	—	Tafeln + 2 H_2O (verd. H_2SO_4); Amid F: 144°.
8	m-Xylol-sulfonsäure-(4)	$(CH_3)_2C_6H_3\cdot SO_3H$	XI 123	186.22	—	63—4	—	Blätt. + 2 H_2O (verd. H_2SO_4); Amid F: 137°.
9	p-Xylol-sulfonsäure-(2)	$(CH_3)_2C_6H_3\cdot SO_3H$	XI 127	186.22	—	86	149/Vak.	Blätt. + 2 H_2O (W.); Amid F: 147 bis 148°.
10	d-Xylose	$HO\cdot CH_2\cdot C(H)(OH)—C(OH)(H)—C(H)(OH)—CHO$	I 865	150.13	1.525	145	—	Nadeln; 117 W. 20°; $[\alpha]_D^{20}$: +92° → +19°.
11	o-Xylylbromid	$CH_3\cdot C_6H_4\cdot CH_2Br$	V 365	185.07	1.381^{23}	21	223—4	Prismen; unl. in W., ∞ A., Ä.
12	m-Xylylbromid	$CH_3\cdot C_6H_4\cdot CH_2Br$	V 374	185.07	1.371^{23}	—	212 (Z.)	Fl.; riecht stechend.
13	p-Xylylbromid	$CH_3\cdot C_6H_4\cdot CH_2Br$	V 385	185.07	—	35	219/740	Nadeln (A.); unl. in W., l. in A., sll. in h. Ä., Chlf.
14	o-Xylylchlorid	$CH_3\cdot C_6H_4\cdot CH_2Cl$	V 364	140.61	—	—	197—9	Fl.; unl. in W., ∞ A., Ä.; reizt die Schleimhäute.
15	m-Xylylchlorid	$CH_3\cdot C_6H_4\cdot CH_2Cl$	V 373	140.61	1.064^{20}	—	195—6	Fl.; unl. in W., ∞ A., Ä.
16	p-Xylylchlorid	$CH_3\cdot C_6H_4\cdot CH_2Cl$	V 384	140.61	—	—	200—2	Öl; unl. in W., ∞ A., Ä.
17	o-Xylylenbromid	$C_6H_4(CH_2Br)_2$	V 366	263.97	1.988^0	94.9	Z.	Kryst. (Chlf.); unl. in W., ll. in A., 20 Ä.
18	m-Xylylenbromid	$C_6H_4(CH_2Br)_2$	V 374	263.97	1.959^0	77	137/20	Nadeln (Chlf.); unl. in W., l. in A., ll. in Ä.
19	p-Xylylenbromid	$C_6H_4(CH_2Br)_2$	V 385	263.97	2.012^0	143.5	245	Kryst. (Bzl.); unl. in W., l. in A., 2.65 Ä. 20°.

31212 (Fortsetzung).

Nr.	Name	Formel	BZ	MG	D	F	Kp	Charakteristik
1	o-Xylylenchlorid	$C_6H_4(CH_2Cl)_2$	V 364	175.06	1.393^0	55	239—41	Kryst. (PÄ.); unl. in W., ll. in A., Ä.; Lsgg. riechen stechend.
2	m-Xylylenchlorid	$C_6H_4(CH_2Cl)_2$	V 373	175.06	1.302^{20}	34.2	250—5	Kryst.; unl. in W., ll. in A., Ä.
3	p-Xylylenchlorid	$C_6H_4(CH_2Cl)_2$	V 384	175.06	1.417^0	100	240—5 (Z.)	Blätt. (A.); unl. in W., l. in A.
4	o-Xylylenglykol	$C_6H_4(CH_2\cdot OH)_2$	VI 910	138.16	—	64—5	—	Tafeln (Ä.); ll. in W., A., 25 Ä. 18°; Diacetat F: 37°.
5	m-Xylylenglykol	$C_6H_4(CH_2\cdot OH)_2$	VI 914	138.16	1.135^{53}	47	156/13	Kryst. (Bzl.); ll. in W., l. in Ä.
6	p-Xylylenglykol	$C_6H_4(CH_2\cdot OH)_2$	VI 919	138.16	—	112—3	—	Nadeln; ll. in W., A., Ä.; Diacetat F: 47°.
7	**Xylylsäure s. Dimethylbenzoesäure**							
8	**Zibeton**	$HC\cdot[CH_2]_7$ ‖ $HC\cdot[CH_2]_7$ >CO	E VII 95	250.40	—	32.5	342/741	Kryst.; flücht. mit Dampf; riecht nach Moschus; Oxim F: 92°.
9	Zimtaldehyd	$C_6H_5\cdot CH{:}CH\cdot CHO$	VII 348	132.15	1.0497^{20}	—7.5	250—2 (Z.)	Fl.; unl. in W., l. in A., Ä.; V. im Zimtöl; Phenylhydrazon F: 168°.
10	Zimtalkohol	$C_6H_5\cdot CH{:}CH\cdot CH_2\cdot OH$	VI 570	134.17	1.0440^{20}	33	257.5	Nadeln; l. in W., sll. in A., Ä.; V. im fl. Storax u. Perubalsam.
11	cis-Zimtsäure (allo)	$H\cdot C\cdot C_6H_5$ ‖ $H\cdot C\cdot CO_2H$	IX 591	148.15	—	68	95/Vak.	Kryst.; 0.69 W. 18°; Isozimtsäuren a) F: 58°, 0.76 W. 18°; b) F: 42°, 0.9 W. 18°.
12	(trans-)Zimtsäure	$C_6H_5\cdot C\cdot H$ ‖ $H\cdot C\cdot CO_2H$	IX 573	148.15	1.2475	135—6	300	Blätt. (stabil), Nadeln (metastabil) (aus A.); 0.04 W. 18°, 23.8 A. 20°, sll. in Ä., 5.9 Chlf. 17°; V. in Storax, Balsamen, Rhabarber; **Verwend. des Na-Salzes „Hetol" gegen Tuberkulose.**

1	Zimtsäureäthylester	$C_6H_5 \cdot CH:CH \cdot CO_2 \cdot C_2H_5$	IX 581	176.20	1.049^{20}	12	271	Fl.; unl. in W., l. in A., Ä.
2	Zimtsäureamid	$C_6H_5 \cdot CH:CH \cdot CO \cdot NH_2$	IX 587	147.17	—	148—9	—	Nadeln (Bzl.); swl. in k. W., wl. in sd. W., ll. in A., Ä.
3	Zimtsäureanhydrid	$(C_6H_5 \cdot CH:CH \cdot CO)_2O$	IX 586	278.29	—	136	—	Nadeln (Bzl. od. A.); unl. in W., swl. k. A., ll. in h. Bzl.
4	Zimtsäurebenzylester	$C_6H_5 \cdot CH:CH \cdot CO_2 \cdot CH_2 \cdot C_6H_5$	IX 584	238.27	—	39	240—4/25	Prismen; unl. in W., ll. in A., Ä.; V. in Benzoesorten.
5	Zimtsäure-o-carbonsäure	$HO_2C \cdot C_6H_4 \cdot CH:CH \cdot CO_2H$	IX 898	192.16	—	173—5*	—	Nadeln (Ä.); swl. in W., ll. in A., swl. in Ä., unl. in Bzl.; * → Lacton; Diamid F: 200—201°.
6	Zimtsäurechlorid	$C_6H_5 \cdot CH:CH \cdot COCl$	IX 587	166.60	1.162^{45}	36	251—3	Kryst.; l. in CCl_4, PÄ.
7	Zimtsäurecinnamylester	$C_6H_5 \cdot CH:CH \cdot CO_2 \cdot CH_2 \cdot CH:CH \cdot C_6H_5$	IX 585	264.30	1.157	44	—	Nadeln; 5 k. A., 33 sd. A., 33 Ä.; V. in Storax u. Perubalsam.
8	inakt. Zimtsäuredibromid	$C_6H_5 \cdot CHBr \cdot CHBr \cdot CO_2H$	IX 518	307.96	—	203—4	—	Kryst. (Chlf.); ll. in A., Ä., swl. in CS_2; dch. sd. W. zers.
9	Zimtsäuremethylester	$C_6H_5 \cdot CH:CH \cdot CO_2 \cdot CH_3$	IX 581	162.18	1.0415^{36}_{0}	36	259.6	Kryst. (verd. A.); unl. in W., ll. in A., Ä.
10	Zimtsäurenitril	$C_6H_5 \cdot CH:CH \cdot CN$	IX 589	129.15	1.037^{0}	20.5	255—6	Kryst.; unl. in W., ll. in A.
11	Zinkdiäthyl	$(C_2H_5)_2Zn$	IV 672	123.50	1.182^{18}	—28	118	Fl.; dch. W. zers.; l. in Ä.; riecht durchdringend; entzündet sich an der Luft.
12	Zinkdimethyl	$(CH_3)_2Zn$	IV 671	95.45	1.386^{10}	—40	46	Fl.; dch. W. zers.; l. in Ä.; riecht widerlich.
13	Zinntetraäthyl	$(C_2H_5)_4Sn$	IV 632	234.94	1.1988^{20}	—112	78/13	Fl.; unl. in W., l. in Ä.; leicht entzündlich.
14	Zinntetramethyl	$(CH_3)_4Sn$	IV 631	178.83	1.2914^{25}	—	76	Fl.; unl. in W.; riecht ätherart.
15	Zinntetraphenyl	$(C_6H_5)_4Sn$	XVI 914	427.10	—	225—6	> 420	Prismen (Chlf.), Nadeln (Py.); unl. in W., swl. in A., Ä., ll. in sd. Bzl., sd. Chlf., sd. Py.
16	d-Zuckersäure	$HO_2C \cdot [CH(OH)]_4 \cdot CO_2H$	III 577	210.14	—	Z. 100	—	Sirup; ll. in W., A., wl. in Ä.

31213 Verzeichnis der Bruttoformeln für die Stoffe der Tabelle 31212.

Die in der Spalte „Seite" angegebene Zahl entspricht der Eigennumerierung, also der unteren kursiv gesetzten Seitenzahl der Tabelle 31212.

Bruttoformel	Name	Seite	lfd. Nr.	Bruttoformel	Name	Seite	lfd. Nr.
CH_4	Methan	165	7	C_8H_6	Phenylacetylen	209	11
C_2H_6	Äthan	13	11	C_9H_{20}	n-Nonan	193	10
C_2H_4	Äthylen	15	8	C_9H_{18}	Isopropylcyclohexan	153	1
C_2H_2	Acetylen	11	9	C_9H_{12}	1.2.3-Trimethyl-benzol	257	9
C_3H_8	Propan	221	7		Pseudocumol	223	3
C_3H_6	Propylen	222	15		Mesitylen	164	5
	Cyclopropan	85	6		2-Äthyl-toluol	17	18
C_3H_4	Propadien	221	6		3- ,, ,,	17	19
	Methylacetylen	166	14		4- ,, ,,	17	20
C_4H_{10}	Butan	57	1		Propylbenzol	222	12
	Isobutan	150	1		Cumol	80	10
C_4H_8	α-Butylen	58	7	C_9H_{10}	Allylbenzol	19	4
	β- ,,	58	8		Propenylbenzol	221	10
	Isobutylen	150	9		Isopropenylbenzol	152	12
	Cyclobutan	82	5		Hydrinden	144	4
C_4H_6	Butadien-(1.3)	56	14	C_9H_8	Inden	146	7
	,, (1.2)	56	13	$C_{10}H_{22}$	n-Decan	86	5
	Dimethylacetylen	103	6		Diisoamyl	102	1
	Äthylacetylen	14	7	$C_{10}H_{20}$	p-Menthan	163	2
C_5H_{12}	Pentan	206	6	$C_{10}H_{18}$	Carvomenthen	64	1
	Isopentan	152	4		d-p-Menthen-(3)	163	8
C_5H_{10}	Penten-(1)	206	10		cis-Dekalin	87	5
	,, (2)	206	11		trans- ,,	87	6
	β-Methyl-α-butylen	169	7		Camphan	59	3
	Trimethyläthylen	257	2		Isocamphan	150	14
	Isopropyläthylen	152	13	$C_{10}H_{16}$	Myrcen	177	9
	Cylcopentan	84	10		α-Phellandren	207	1
C_5H_8	Pentadien-(1.3)	205	14		β- ,,	207	2
	Isopren	152	11		d-Silvestren	233	3

	Cyclopenten	85	5		α-Terpinen	237	4
C_5H_6	Cyclopentadien	84	9		β- ,,	237	5
C_6H_{14}	n-Hexan	142	1		Terpinolen	237	9
	Isohexan	51	10		d-Limonen	160	8
	2.2-Dimethyl-butan	105	12		dl- ,,	160	9
	2.3- ,, ,,	105	13		l-α-Fenchen	130	12
C_6H_{12}	Tetramethyläthylen	241	5		Sabinen	230	3
	Cyclohexan	83	1		α-Pinen	219	5
C_6H_{10}	Diallyl	90	4		β- ,,	219	6
	Diisopropenyl	102	6		dl-Camphen	59	5
	Cyclohexen	84	1		l-Bornylen [tol)	51	8
C_6H_8	Cyclohexadien-(1.3)	82	9	$C_{10}H_{14}$	1.2.3.4-Tetramethyl-benzol (Prehni-	241	8
C_6H_6	Benzol	42	8		1.2.3.5- ,, ,, (Isodurol)	241	9
C_7H_{16}	n-Heptan	141	1		1.2.4.5- ,, ,, (Durol)	241	10
C_7H_{14}	Cycloheptan	82	6		o-Cymol	85	9
	Methylcylcohexan	170	3		m- ,,	85	10
C_7H_{12}	n-Amyl-acetylen	27	10		p- ,,	85	11
	Cyclohepten	82	8		Tetralin	241	4
	1-Methyl-cyclohexen-(1)	171	2	$C_{10}H_{12}$	α-Phenyl-α-γ-butadien	211	8
	1- ,, ,, (3)	171	3	$C_{10}H_{10}$	1.2-Dihydro-naphthalin	101	13
C_7H_8	Toluol	250	10		1.4- ,, ,,	101	14
C_8H_{18}	n-Octan	293	15		Naphthalin	178	1
	Diisobutyl	102	2	$C_{10}H_8$	Benzofulven	42	4
C_8H_{16}	cis-1.3-Dimethyl-cyclohexan	105	17		Undecan	264	7
	trans-1.3- ,, ,,	106	1	$C_{11}H_{24}$	Pentamethylbenzol	206	2
	cis-1.4- ,, ,,	106	2	$C_{11}H_{16}$	1-Methyl-naphthalin	174	2
	trans-1.4- ,, ,,	106	3	$C_{11}H_{10}$	2- ,, ,,	174	3
C_8H_{10}	o-Xylol	269	4		Tridecan	256	9
	m- ,,	269	5	$C_{13}H_{28}$	Diphenylmethan	224	7
	p- ,,	269	6	$C_{13}H_{12}$	Fluoren	132	6
	Äthylbenzol	15	2	$C_{13}H_{10}$	Dodecan	126	13
C_8H_8	Styrol	235	1	$C_{12}H_{26}$	Hexamethylbenzol	141	13
	Cyclooctatetraen	84	8	$C_{12}H_{18}$	1.3.5-Triäthyl-benzol	252	8

31213 (Fortsetzung).

Bruttoformel	Name	Seite	lfd. Nr.	Bruttoformel	Name	Seite	lfd. Nr.
$C_{12}H_{12}$	1.2-Dimethyl-naphthalin	107	6	$C_{24}H_{18}$	4.4′-Diphenyl-diphenyl	123	8
	1.4- „ „	107	7	$C_{25}H_{20}$	Tetraphenylmethan	244	7
	1.6- „ „	107	8	$C_{26}H_{22}$	α.α.α.β-Tetraphenyl-äthan	244	1
	2.3- „ „ (Guajen)	107	9		α.α.β.β- „ „	244	2
	2.6- „ „	107	10	$C_{26}H_{20}$	Tetraphenyläthylen	244	3
	2.7- „ „	107	11	$C_{26}H_{14}$	Rubicen	230	2
	1-Äthyl-naphthalin	16	12	$C_{29}H_{48}$	Spinacen	233	7
	2- „ „	16	13	$C_{30}H_{62}$	Triakontan	252	15
$C_{12}H_{10}$	Diphenyl	122	3	$C_{40}H_{56}$	α-Carotin	63	2
	Acenaphthen	8	3		β- „	63	3
$C_{14}H_{30}$	Tetradecan	239	11				
$C_{14}H_{14}$	α-α-Diphenyl-äthan	122	6				
	o.o-Ditolyl	126	4	CH_3F	Methylfluorid	171	12
	o.m- „	126	5	CH_3Cl	Methylchlorid	170	1
	o.p- „	126	6	CH_3Br	Methylbromid	169	4
	m.m- „	126	7	CH_3J	Methyljodid	173	12
	p.p- „	126	8	CH_2Cl_2	Methylenchlorid	171	10
	Dibenzyl	94	7	CH_2Br_2	Methylenbromid	171	9
$C_{14}H_{12}$	α.α-Diphenyl-äthylen	122	9	CH_2J_2	Methylenjodid	171	11
	Stilben	234	8	CHF_3	Fluoroform	132	10
	Isostilben	153	5	$CHCl_3$	Chloroform	71	16
	9.10-Dihydro-anthracen	101	11	$CHBr_3$	Bromoform	55	9
$C_{14}H_{10}$	Tolan	250	1	CHJ_3	Jodoform	155	9
	Anthracen	29	15	CCl_4	Tetrachlorkohlenstoff	239	8
	Phenanthren	207	9	CBr_4	Tetrabromkohlenstoff	238	6
$C_{15}H_{32}$	Pentadecan	205	13	CJ_4	Tetrajodkohlenstoff	241	2
$C_{15}H_{24}$	Caryophyllen	64	3	C_2H_5F	Äthylfluorid	15	15
	Cedren	64	6	C_2H_5Cl	Äthylchlorid	15	6
	l-Cadinen	58	18	C_2H_5Br	Äthylbromid	15	5

$C_{15}H_{16}$	Di-p-tolyl-methan	126	10	C_2H_5J	Äthyljodid	16	9
$C_{15}H_{12}$	1-Methyl-anthracen	168	3	C_2H_3Cl	Vinylchlorid	266	5
	2- „ „	168	4	C_2H_3Br	Vinylbromid	266	4
$C_{16}H_{34}$	Hexadecan	141	8	$C_2H_4Cl_2$	Äthylenchlorid	15	10
$C_{16}H_{14}$	2.6-Dimethyl-anthracen	104	10		Äthylidenchlorid	16	5
	2.7- „ „	104	11	$C_2H_4Br_2$	Äthylenbromid	15	9
	9-Äthyl-anthracen	14	13		Äthylidenbromid	16	4
$C_{16}H_{12}$	1-Phenyl-naphthalin	214	1	$C_2H_4J_2$	Äthylenjodid	15	13
	2- „ „	214	2		Äthylidenjodid	16	6
$C_{16}H_{10}$	Fluoranthen	132	1	$C_2H_2Cl_2$	α.α-Dichlor-äthylen	97	16
	Pyren	224	5		cis-α.β-Dichlor-äthylen	97	17
$C_{17}H_{36}$	Heptadecan	140	7		trans-α.β-Dichlor-äthylen	98	1
$C_{17}H_{14}$	1-Benzyl-naphthalin	48	8	$C_2H_2Br_2$	cis-1.2-Dibrom-äthylen	95	5
	2- „ „	48	9		trans-1.2.Dibrom-äthylen	95	6
$C_{18}H_{38}$	Octadecan	193	13	$C_2H_2J_2$	cis-α.β-Dijod-äthylen	102	10
$C_{18}H_{30}$	Hexaäthylbenzol	141	3		trans-α.β-Dijod-äthylen	102	11
$C_{18}H_{18}$	Reten	228	9	$C_2H_3Cl_3$	α.α.α-Trichlor-äthan	255	6
$C_{18}H_{14}$	ω.ω-Diphenyl-fulven	123	13		α.α.β- „ „	255	7
	1.4-Diphenyl-benzol	122	13	$C_2H_3Br_3$	α.α.β-Tribrom-äthan	254	6
$C_{18}H_{12}$	Chrysen	74	4	C_2HCl_3	Trichloräthylen	255	9
$C_{19}H_{40}$	Nonadecan	193	9	C_2HBr_3	Tribromäthylen	254	7
$C_{19}H_{16}$	Triphenylmethan	262	4	$C_2H_2Cl_4$	α.α.α.β-Tetrachlor-äthan	238	12
$C_{19}H_{15}$	Triphenylmethyl	262	5		α.α.β.β- „ „	238	13
$C_{19}H_{14}$	9-Phenyl-fluoren	212	7	$C_2H_2Br_4$	α.α.α.β-Tetrabrom-äthan	238	2
$C_{20}H_{42}$	Eikosan	126	17		α.α.β.β- „ „	238	3
$C_{20}H_{14}$	Dinaphthyl-(1.1′)	110	4	C_2Cl_4	Tetrachloräthylen	239	1
	„ (2.2′)	110	5	C_2Br_4	Tetrabromäthylen	238	4
	9-Phenyl-anthracen	210	5	C_2J_4	Tetrajodäthylen	241	1
$C_{20}H_{12}$	Perylen	206	12	C_2HCl_5	Pentachloräthan	205	10
$C_{21}H_{16}$	Di-α-naphthyl-methan	110	8	C_2HBr_5	Pentabromäthan	205	8
	Di-β- „ „	110	9	C_2Cl_6	Hexachloräthan	141	6
$C_{22}H_{14}$	Picen	218	2	C_2Br_6	Hexabromäthan	141	4
$C_{24}H_{18}$	1.3.5-Triphenyl-benzol	261	10	C_3H_7Cl	Propylchlorid	222	14

31213 (Fortsetzung).

Bruttoformel	Name	Seite	lfd. Nr.	Bruttoformel	Name	Seite	lfd. Nr.
C_3H_7Br	Propylbromid	222	13	$C_6H_4Cl_2$	p-Dichlor-benzol	98	13
C_3H_7J	Propyljodid	222	18	$C_6H_4Br_2$	o-Dibrom-benzol	96	1
C_3H_7Cl	Isopropylchlorid	152	17		m- ,, ,,	96	2
C_3H_7Br	Isopropylbromid	152	16		p- ,, ,,	96	3
C_3H_7J	Isopropyljodid	153	2	$C_6H_4J_2$	o-Dijod-benzol	102	12
C_3H_5Cl	α-Chlor-propylen	72	12		m- ,, ,,	102	13
	β- ,, ,,	72	13		p- ,, ,,	102	14
C_3H_5Cl	Allylchlorid	19	6	$C_6H_3Cl_3$	1.2.3-Trichlor-benzol	255	16
C_3H_5Br	α-Brom-propylen	55	18		1.2.4- ,, ,,	255	17
	β- ,, ,,	55	19		1.3.5- ,, ,,	255	18
C_3H_5Br	Allylbromid	19	5	$C_6H_3Br_3$	1.2.3-Tribrom-benzol	254	9
C_3H_5J	Allyljodid	19	9		1.2.4- ,, ,,	254	10
$C_3H_6Cl_2$	1.1-Dichlor-propan	100	14		1.3.5- ,, ,,	254	11
	1.2- ,, ,,	100	15	$C_6H_3J_3$	1.2.3-Trijod-benzol	256	11
	1.3- ,, ,,	100	16		1.2.4- ,, ,,	256	12
	2.2- ,, ,,	100	17		1.3.5- ,, ,,	256	13
$C_3H_6Br_2$	1.2-Dibrom-propan	96	13	$C_6H_2Cl_4$	1.2.3.4-Tetrachlor-benzol	239	2
	1.3- ,, ,,	96	14		1.2.3.5- ,, ,,	239	3
	2.2- ,, ,,	97	1		1.2.4.5- ,, ,,	239	4
$C_3H_6J_2$	1.3-Dijod-propan	102	15	C_6HCl_5	Pentachlorbenzol	205	11
$C_3H_4Cl_2$	α.α-Dichlor-propylen	100	19	C_6HBr_5	Pentabrombenzol	205	9
	α.β- ,, ,,	100	20	$C_6H_6Cl_6$	α-Benzolhexachlorid	43	2
	α.γ- ,, ,,	101	1		β- ,,	43	3
	β.γ- ,, ,,	101	2		γ- ,,	43	4
	γ.γ- ,, ,,	101	3		δ- ,,	43	5
$C_3H_5Cl_3$	1.2.3-Trichlor-propan	256	8	C_6Cl_6	Hexachlorbenzol	141	7
$C_3H_5Br_3$	1.2.3-Tribrom-propan	255	2	C_6Br_6	Hexabrombenzol	141	5
C_4H_9Cl	Butylchlorid	58	4	C_7H_7F	2-Fluor-toluol	132	11
	Isobutylchlorid	150	8		3- ,, ,,	133	1

	sek.-Butylchlorid	58	5		4-Fluor-toluol	133	2
	tert.- ,,	58	6	C_7H_7Cl	Benzylchlorid	47	12
C_4H_9Br	Butylbromid	57	16		2-Chlor-toluol	73	3
	Isobutylbromid	150	7		3- ,, ,,	73	4
	sek.-Butylbromid	57	17		4- ,, ,,	73	5
	tert.- ,,	58	1	C_7H_7Br	Benzylbromid	47	11
C_4H_9J	Butyljodid	58	9		2-Brom-toluol	56	3
	Isobutyljodid	150	11		3- ,, ,,	56	4
	sek.-Butyljodid	58	10		4- ,, ,,	56	5
	tert.- ,,	58	11	C_7H_7J	Benzyljodid	48	6
$C_4H_8Br_2$	Isobutylenbromid	150	10		2-Jod-toluol	155	15
$C_5H_{11}Cl$	n-Amylchlorid	28	4		3- ,, ,,	155	16
	Isoamylchlorid	149	5		4- ,, ,,	155	17
	tert.-Amylchlorid	28	5	$C_7H_6Cl_2$	Benzalchlorid	37	6
$C_5H_{11}Br$	n-Amylbromid	28	2		p-Chlor-benzylchlorid	69	12
	Isoamylbromid	149	4	$C_7H_6Br_2$	Benzalbromid	37	5
	tert.-Amylbromid	28	3	$C_7H_5Cl_3$	Benzotrichlorid	45	6
$C_5H_{11}J$	n-Amyljodid	28	7	C_8H_9Cl	o-Xylylchlorid	269	14
	Isoamyljodid	149	6		m- ,,	269	15
	tert.-Amyljodid	28	8		p- ,,	269	16
$C_5H_{10}Cl_2$	1.5-Dichlor-pentan	100	16	C_8H_9Br	o-Xylylbromid	269	11
$C_5H_{10}Br_2$	1.5-Dibrom-pentan	96	10		m- ,,	269	12
$C_6H_{13}Cl$	n-Hexylchlorid	142	10		p- ,,	269	13
$C_6H_{13}Br$	n-Hexylbromid	142	9	C_8H_7Cl	ω-Chlor-styrol	73	2
$C_6H_{13}J$	n-Hexyljodid	142	11	C_8H_7Br	ω-Brom-styrol	56	2
$C_6H_{11}Cl$	Cyclohexylchlorid	84	7	$C_8H_8Cl_2$	o-Xylylenchlorid	270	1
$C_6H_{11}Br$	Cyclohexylbromid	84	6		m- ,,	270	2
C_6H_5F	Fluorbenzol	132	5		p- ,,	270	3
C_6H_5Cl	Chlorbenzol	69	10	$C_8H_8Br_2$	o-Xylylenbromid	269	17
C_6H_5Br	Brombenzol	54	3		m- ,,	269	18
C_6H_5J	Jodbenzol	154	11		p- ,,	269	19
$C_6H_4Cl_2$	o-Dichlor-benzol	98	11		Styroldibromid	235	2
	m- ,, ,,	98	12	$C_{10}H_{17}Cl$	Bornylchlorid	51	7

31213 (Fortsetzung).

Bruttoformel	Name	Seite	lfd. Nr.
$C_{10}H_7Cl$	1-Chlor-naphthalin	71	7
	2- „ „	71	8
$C_{10}H_7Br$	1-Brom-naphthalin	55	2
	2- „ „	55	3
$C_{10}H_7J$	1-Jod-naphthalin	155	3
	2- „ „	155	4
$C_{10}H_6Cl_2$	1.2-Dichlor-naphthalin	99	6
	1.3- „ „	99	7
	1.4- „ „	99	8
	1.5- „ „	99	9
	1.6- „ „	99	10
	1.7- „ „	99	11
	1.8- „ „	99	12
	2.3- „ „	99	13
	2.6- „ „	99	14
	2.7- „ „	99	15
$C_{13}H_{11}Cl$	Benzhydrylchlorid	39	8
$C_{13}H_{11}Br$	Benzhydrylbromid	39	7
$C_{13}H_{10}Cl_2$	Diphenyldichlormethan	123	7
$C_{14}H_8Cl_2$	9.10-Dichlor-anthracen	98	4
$C_{14}H_8Br_2$	9.10-Dibrom-anthracen	95	8
$C_{19}H_{15}Cl$	Triphenylchlormethan	261	13
$C_{19}H_{15}Br$	Triphenylbrommethan	261	11
CH_4O	Methylalkohol	167	10
CH_3ONa	Natriummethylat	183	1
CH_2O	Formaldehyd	133	3
$[CH_2O]_x$	Polyoxymethylen	221	3

Bruttoformel	Name	Seite	lfd. Nr.
$C_2H_2O_4$	Oxalsäure saures K-Salz	195	10
	„ NH_4-Salz	196	2
	„ Mg- „	195	12
	„ Ca- „	195	6
	„ Sr- „	196	4
	„ Ba- „	195	5
	„ Y- „	196	6
	„ La- „	195	11
	„ Ce- „	195	7
	„ Pr- „	196	3
	„ Nd- „	196	1
	„ Th- „	196	5
	„ Mn- „	195	13
	„ Fe(II)-„	195	8
	„ Zn- „	196	7
$C_2H_4O_3$	Glykolsäure	139	1
$C_2H_2O_3$	Glyoxylsäure	139	6
C_3H_8O	Propylalkohol	222	10
	Isopropylalkohol	152	14
	Methyläthyläther	167	2
C_3H_6O	Allylalkohol	19	1
	Propionaldehyd	222	2
	Aceton	9	15
C_3H_4O	Propargylalkohol	221	8
	Acrolein	12	12
C_3H_2O	Propiolaldehyd	221	12
$C_3H_8O_2$	Trimethylenglykol	258	2
	Propylenglykol	222	17

CH_2O_2	Ameisensäure	20	4
	,, Na-Salz	20	6
	,, K- ,,	20	5
	,, Pb- ,,	20	7
C_2H_6O	Äthylalkohol	14	8
C_2H_5ONa	Natriumäthylat	182	9
$C_6H_{15}O_3Al$	Aluminiumäthylat	19	13
C_2H_6O	Dimethyläther	103	9
C_2H_4O	Acetaldehyd	8	6
$[C_2H_4O]_x$	Metaldehyd s. a. $C_6H_{12}O_3$	165	5
C_2H_4O	Äthylenoxyd	15	14
C_2H_2O	Keten	157	3
$C_2H_6O_2$	Glykol	138	8
$C_2H_4O_2$	Essigsäure	128	8
	,, Na-Salz	129	5
	,, Na- ,, + 3 H_2O	129	6
	,, K- ,,	129	7
	,, NH_4-,,	129	7
	,, Ca- ,,	129	1
	,, Al- ,,	128	9
	,, Cu- ,,	129	2
	,, Schweinfurter Grün	129	10
	,, Hg(II)-Salz	129	3
	,, Pb-Salz	129	9
	,, Pb- ,, + 3 H_2O	129	8
$C_2H_4O_2$	Ameisensäuremethylester	20	11
	Glykolaldehyd	138	10
$C_2H_2O_2$	Glyoxal	139	3
$C_2H_4O_3$	Acetpersäure	10	15
$C_2H_2O_4$	Oxalsäure	195	4
	,, Na-Salz	195	14
	,, saures Na-Salz	195	15
	,, K-Salz	195	9

	Methylal	167	9
$C_3H_6O_2$	Propionsäure	222	6
	Acetol	9	14
	Essigsäuremethylester	130	5
	Ameisensäureäthylester	20	8
	Glycid	138	1
$C_3H_4O_2$	Acrylsäure	13	1
	Methylglyoxal	172	3
$C_3H_2O_2$	Propiolsäure	222	1
C_3O_2	Kohlensuboxyd	157	10
$C_3H_8O_3$	Glycerin	137	4
$C_3H_6O_3$	Glycerinaldehyd	137	5
	Dioxyaceton	115	6
	Hydracrylsäure	143	7
	d-Milchsäure	176	11
	(dl-)Milchsäure	176	12
	,, Ca-Salz	177	1
	,, Zn- ,,	177	2
$C_3H_4O_3$	Brenztraubensäure	53	2
	Glycidsäure	138	2
$C_3H_6O_4$	dl-Glycerinsäure	137	13
$C_3H_4O_4$	Malonsäure	161	12
$C_3H_4O_5$	Tartronsäure	236	3
$C_3H_2O_5$	Mesoxalsäure	165	3
$C_4H_{10}O$	Butylalkohol	57	9
	Isobutylalkohol	150	5
	dl-sek.-Butylalkohol	57	10
	tert.-Butylalkohol	57	11
	Diäthyläther	88	12
C_4H_8O	Butyraldehyd	58	12
	Isobutyraldehyd	150	12
	Methyläthylketon	167	4

31213 (Fortsetzung).

Bruttoformel	Name	Seite	lfd. Nr.	Bruttoformel	Name	Seite	lfd. Nr.
C_4H_6O	Crotonaldehyd	79	6	$C_5H_{12}O$	n-Amylalkohol	27	11
C_4H_4O	Tetrolaldehyd	244	11		dl-sek.-n-Amylalkohol	27	13
	Furan	133	14		Isoamylalkohol	149	1
$C_4H_{10}O_2$	Tetramethylenglykol	242	1		sek.- ,,	149	2
$C_4H_8O_2$	Aldol	18	4		akt. Amylalkohol	27	12
	Acetoin	9	13		tert.- ,,	27	14
	Buttersäure	57	3		Gärungsamylalkohol	135	1
	Isobuttersäure	150	2		tert.-Butylcarbinol	58	3
	Propionsäuremethylester	222	8		Diäthylcarbinol	89	6
	Essigsäureäthylester	129	12		Äthylpropyläther	17	9
	Ameisensäurepropylester	20	12	$C_5H_{10}O$	Valeraldehyd	265	4
	1.3-Dioxan	115	2		Isovaleraldehyd	153	6
	1.4- ,,	115	3		Diäthylketon	89	13
	Glykol-äthylidenäther	138	9		Methylpropylketon	175	2
$C_4H_6O_2$	Succindialdehyd	235	5		Methylisopropylketon	173	11
	Diacetyl	88	7		Cyclopentanol	85	3
	Crotonsäure	79	7	C_5H_8O	Äthylpropargyläther	17	8
	Isocrotonsäure	151	4		α.β-Dimethyl-acrolein	103	7
	Vinylessigsäure	266	6		Cyclopentanon	85	4
	Methacrylsäure	165	6	C_5H_6O	2-Methyl-furan	171	13
	Cyclopropancarbonsäure	85	7	$C_5H_{12}O_2$	Pentamethylenglykol	206	5
	Butyrolacton	58	14		Trimethyläthylenglykol	257	3
$C_4H_4O_2$	Tetrolsäure	244	12		Formaldehyddiäthylacetal	133	4
$C_4H_8O_3$	dl-α-Oxy-buttersäure	199	2	$C_5H_{10}O_2$	Valeriansäure	265	5
	l-β- ,, ,,	199	3		Isovaleriansäure	153	7
	γ- ,, ,,	199	4		Trimethylessigsäure	158	4
	α-Oxy-isobuttersäure	200	7		dl-Methyläthylessigsäure	167	3
	Glykolsäureäthylester	139	2		Buttersäuremethylester	57	8
	Äthoxyessigsäure	14	4		Isobuttersäuremethylester	150	4

$C_4H_6O_3$	α-Oxo-buttersäure	197	1		Propionsäureäthylester	222	7
	Acetanhydrid	9	5		Essigsäurepropylester	130	9
$C_4H_4O_3$	Tetronsäure	245	1		Ameisensäureisobutylester	20	10
	Bernsteinsäureanhydrid	49	4	$C_5H_8O_2$	Lävulinaldehyd	160	1
$C_4H_2O_3$	Maleinsäureanhydrid	161	9		Acetylaceton	11	3
$C_4H_{10}O_4$	Erythrit	128	4		Allylessigsäure	19	8
$C_4H_6O_4$	Bernsteinsäure	49	2		Angelicasäure	28	11
	Methylmalonsäure	173	13		Tiglinsäure	249	9
	Acetylperoxyd	12	3		β.β-Dimethyl-acrylsäure	103	8
	Oxalsäuredimethylester	196	9		Acrylsäureäthylester	13	2
$C_4H_4O_4$	Maleinsäure	161	8		γ-Valerolacton	265	7
	Fumarsäure	133	12	$C_5H_6O_2$	Furfuralkohol	134	2
	Glykolid	138	13	$C_5H_4O_2$	Furfurol	134	3
$C_4H_2O_4$	Acetylendicarbonsäure	11	10		Pyron-(2) (Cumalin)	226	9
$C_4H_6O_5$	(l-)Äpfelsäure	13	7		„ -(4)	227	1
	dl- „	13	9	$C_5H_{10}O_3$	Milchsäureäthylester	177	3
	l- „ Ca-Salz	13	8		Kohlensäurediäthylester	157	8
$C_4H_6O_6$	(d-)Weinsäure	267	1	$C_5H_8O_3$	Lävulinsäure	160	2
	l- „	267	9		Brenztraubensäureäthylester	53	3
	dl- „	267	10	$C_5H_6O_3$	Brenzweinsäureanhydrid	53	5
	d- „ Na-Salz	267	7	$C_5H_4O_3$	Pyromekonsäure	226	8
	„ saures Na-Salz	267	8		Furan-carbonsäure-(3)	134	1
	„ K-Salz	267	3		Brenzschleimsäure	52	7
	„ saures K-Salz	—	—		Isobrenzschleimsäure	149	12
	(Weinstein)	267	4		Citraconsäureanhydrid	76	5
	„ K-Na-Salz	—	—	$C_5H_{12}O_4$	Pentaerythrit	205	15
	(Seignettesalz)	267	5	$C_5H_{10}O_4$	Glycerinsäureäthylester	137	14
	„ Ca-Salz	267	2		Glycerin-monoacetat	137	10
	„ K-SbO-Salz	—	—	$C_5H_8O_4$	Glutarsäure	137	1
	(Brechweinstein)	267	6		dl-Brenzweinsäure	53	4
	Mesoweinsäure	165	2		Dimethylmalonsäure	107	4
$C_4H_6O_8$	Dioxyweinsäure	121	7		Äthylmalonsäure	16	10
					Malonsäuredimethylester	162	2

31213 (Fortsetzung).

Bruttoformel	Name	Seite	lfd. Nr.	Bruttoformel	Name	Seite	lfd. Nr.
$C_5H_6O_4$	Citraconsäure	76	4	$C_6H_{10}O_3$	Acetessigester	9	11
	Glutaconsäure	136	9	$C_6H_6O_3$	Pyrogallol	226	4
	Mesaconsäure	163	2		Phloroglucin	215	7
	Itaconsäure	154	3		Oxyhydrochinon	200	4
	Cyclopropan-dicarbonsäure-(1.1)	85	8		5-Oxymethyl-furfurol	201	3
	Paraconsäure	205	1		Maltol	162	4
$C_5H_4O_4$	Aconsäure	12	9		5-Methyl-brenzschleimsäure	167	3
$C_5H_{12}O_5$	l-Arabit	33	1	$C_6H_{10}O_4$	Adipinsäure	13	5
$C_5H_{10}O_5$	l-Arabinose	32	6		dl-α.α'-Dimethyl-bernsteinsäure	105	11
	d-Xylose	269	10		α.α- ,, ,,	105	10
$C_5H_8O_5$	dl-Citramalsäure	76	9		Bernsteinsäuredimethylester	49	6
$C_5H_6O_5$	Acetondicarbonsäure	10	1		Glykoldiacetat	138	11
$C_5H_2O_5$	Krokonsäure	159	3		Oxalsäurediäthylester	196	8
$C_5H_{10}O_6$	l-Arabonsäure	33	2	$C_6H_8O_4$	Lactid	159	5
$C_5H_6O_8$	Desoxalsäure	88	1	$C_6H_6O_4$	Muconsäure	177	8
					1.2.3.5-Tetraoxy-benzol	243	4
$C_6H_{14}O$	Hexylalkohol	142	8		1.2.4.5- ,, ,,	243	5
	Methyldiäthylcarbinol	171	4	$C_6H_4O_4$	2.5-Dioxy-chinon	118	10
	Methylbutylcarbinol	169	5		Pyron-(2)-carbonsäure-(5)		
	Methylisobutylcarbinol	173	6		(Cumalinsäure)	227	2
	Methyl-tert.-butyl-carbinol	169	6		,, (2)- ,, (6)	227	3
	Dimethylisopropylcarbinol	107	3		,, (4)- ,, (2)	227	4
	Äthylpropylcarbinol	17	10	$C_6H_{14}O_5$	Rhamnit	228	10
	Dipropyläther	125	2	$C_6H_{12}O_5$	l-Rhamnose	229	1
$C_6H_{12}O$	Capronaldehyd	61	6		Quercit	228	4
	Methylbutylketon	169	9	$C_6H_{10}O_5$	Lactylmilchsäure	159	8
	Methylisobutylketon	173	7	$[C_6H_{10}O_5]\,x\,H_2O$	Inulin	148	1
	Pinakolin	219	3		Glykogen	138	7
	Äthylpropylketon	17	11		Stärke	233	8

	Cyclohexanol	83	9
$C_6H_{10}O$	Mesityloxyd	163	6
	Diallyläther	90	5
	Cyclohexanon	83	10
C_6H_8O	2.5-Dimethyl-furan	106	5
C_6H_6O	Phenol	208	8
	,, Na-Salz	208	9
$C_6H_{14}O_2$	Pinakon	219	4
	Acetal	8	5
$C_6H_{12}O_2$	Diacetonalkohol	88	5
	Capronsäure	61	9
	Isocapronsäure	151	2
	Diäthylessigsäure	89	11
	Buttersäureäthylester	57	4
	Isobuttersäureäthylester	150	3
	Essigsäureisobutylester	130	4
	Ameisensäureisoamylester	20	9
	cis-Chinit	66	3
	trans-Chinit	66	4
$C_6H_{10}O_2$	Acetonylaceton	10	8
	α-Äthyl-crotonsäure	15	7
	Crotonsäureäthylester	79	8
	Isocrotonsäureäthylester	151	5
$C_6H_8O_2$	Sorbinsäure	233	4
	Dihydroresorcin	101	15
	Tetrahydro-p-chinon	239	13
$C_6H_6O_2$	Brenzcatechin	52	6
	Resorcin	228	5
	Hydrochinon	145	2
	5-Methyl-furfurol	171	14
$C_6H_4O_2$	o-Chinon	66	9
	p-Chinon (gewöhnl. Chinon)	66	10
$C_6H_{12}O_3$	Paraldehyd	205	2

	Cellulose	64	8
$C_6H_4O_5$	Komensäure	157	12
	Dehydroschleimsäure	86	9
$C_6H_{14}O_6$	Dulcit	126	15
	d-Mannit	162	8
	d-Sorbit	233	5
$C_6H_{12}O_6$	d-Fructose	133	9
	d-Galaktose	135	3
	d-Glucose	136	5
	d-Mannose	163	2
	l-Sorbose	233	6
	Inosit	147	9
$C_6H_{10}O_6$	d-Weinsäuredimethylester	267	13
	d-Weinsäure-monoäthylester	267	14
$C_6H_8O_6$	Tricarballylsäure	255	3
	Acetyl-l-äpfelsäure	11	4
	Ascorbinsäure (Vitamin C)	33	10
$C_6H_6O_6$	Aconitsäure	12	8
	Hexaoxybenzol	142	6
$C_6H_4O_6$	Tetraoxychinon	243	6
$C_6H_{12}O_7$	d-Galaktonsäure	135	2
	d-Gluconsäure	136	3
$C_6H_{10}O_7$	d-Galakturonsäure	135	4
	d-Glucuronsäure	136	8
$C_6H_8O_7$	Citronensäure	77	3
	,, Na-Salz	77	6
	,, Ca- ,,	77	5
	,, Ba- ,,	77	4
	Isozuckersäure	154	2
$C_6H_{10}O_8$	Schleimsäure	232	6
	d-Zuckersäure	271	16

31213 (Fortsetzung).

Bruttoformel	Name	Seite	lfd. Nr.
$C_7H_{16}O$	n-Heptylalkohol	141	2
	Pentamethyläthylalkohol	206	1
	Triäthylcarbinol	252	10
	Dipropylcarbinol	125	5
	Diisopropylcarbinol	102	8
$C_7H_{14}O$	Önanthaldehyd	194	4
	Dipropylketon	125	6
	Diisopropylketon	102	9
	1-Methyl-cyclohexanol	170	4
	2- ,, ,,	170	5
	l-3- ,, ,,	170	6
	4- ,, ,,	170	7
$C_7H_{12}O$	Cycloheptanon	82	7
	1-Methyl-cyclohexanon-(2)	170	8
	d-1- ,, ,, (3)	170	9
	1- ,, ,, (4)	171	1
C_7H_8O	Benzylalkohol	47	5
	o-Kresol	158	5
	m- ,,	158	6
	p- ,,	159	1
	Anisol	29	13
C_7H_6O	Benzaldehyd	37	7
$C_7H_{14}O_2$	Önanthsäure	194	5
	Isovaleriansäureäthylester	153	8
	Essigsäureisoamylester	130	3
$C_7H_{12}O_2$	Hexahydrobenzoesäure	141	9
$C_7H_8O_2$	2-Oxy-benzylalkohol	198	7
	3- ,,	198	8

Bruttoformel	Name	Seite	lfd. Nr.
$C_7H_{12}O_4$	Pimelinsäure	219	1
	Malonsäurediäthylester	162	1
$C_7H_{10}O_4$	Teraconsäure	236	5
	Acetonoxalester	10	5
	cis-Cyclopentan-dicarbonsäure-(1.2)	85	1
	trans-Cyclopentan-dicarbonsäure-(1.2)	85	2
	Terebinsäure	236	6
$C_7H_6O_4$	2.3-Dioxy-benzoesäure	117	7
	2.4- ,, ,, (β-Resorcylsäure)	117	8
	2.5- ,, ,, (Gentisinsäure)	117	9
	2.6- ,, ,, (γ-Resorcylsäure)	117	10
	3.4- ,, ,, (Protocatechusäure)	117	11
	3.5- ,, ,, (α-Resorcylsäure)	117	12
$C_7H_{12}O_5$	Glycerin-α.α′-diacetat (Diacetin)	137	8
$C_7H_{10}O_5$	Acetondiessigsäure	10	3
	Mesoxalsäurediäthylester	165	4
$C_7H_6O_5$	Pyrogallol-carbonsäure-(4)	226	5
	Phloroglucincarbonsäure	215	8
	Gallussäure	135	6
$C_7H_{14}O_6$	α-Methylglucosid	172	1
	β- ,,	172	2
$C_7H_{12}O_6$	Chinasäure	65	3
$C_7H_4O_6$	Chelidonsäure	65	2
$C_7H_{16}O_7$	d-Manno-α-heptit	163	1
$C_7H_4O_7$	Mekonsäure	163	5
$C_8H_{18}O$	n-Octylalkohol	193	16
	sek.-n-Octylalkohol	193	17

	4-Oxy-benzylalkohol	199	1		Dibutyläther	97	5
	4-Methyl-brenzcatechin	199	2	$C_8H_{16}O$	Caprylaldehyd	61	11
	4-Methyl-resorcin	175	5		Methylhexylketon	172	9
	5- ,, ,, (Orcin)	175	6		Methylisohexylketon	173	9
	2-Methyl-hydrochinon	173	1	$C_8H_{14}O$	Methylheptenon	172	6
	Resorcinmonomethyläther	228	8	$C_8H_{10}O$	α-Phenyl-äthylalkohol	209	13
	Guajacol	139	7		β- ,, ,,	210	1
	2.6-Dimethyl-pyron-(4)	109	3		2.3-Dimethyl-phenol	108	1
$C_7H_6O_2$	Salicylaldehyd	231	2		2.4- ,, ,,	108	2
	3-Oxy-benzaldehyd	198	1		2.5- ,, ,,	108	3
	4- ,, ,,	198	2		2.6- ,, ,,	108	4
	Toluchinon	250	3		3.4- ,, ,,	108	5
	Benzoesäure	41	5		3.5- ,, ,,	108	6
	,, Na-Salz	41	7		2-Äthyl-phenol	17	3
	,, Ca- ,,	41	6		4- ,, ,,	17	4
$C_7H_{12}O_3$	Lävulinsäureäthylester	160	3		Phenetol	208	7
	Hexahydrosalicylsäure	141	11		Methyl-o-tolyl-äther	176	3
$C_7H_{10}O_3$	Diacetylaceton	88	8		,, -m- ,, ,,	176	4
$C_7H_8O_3$	2.4.6-Trioxy-toluol	261	5		,, -p- ,, ,,	176	5
	Brenzschleimsäure-äthylester	53	1	C_8H_8O	Phenylacetaldehyd	209	10
	2.4-Dimethyl-furan-carbonsäure-(3)	106	6		o-Toluylaldehyd	251	6
	2.5- ,, ,, ,, -(3)	106	7		m- ,,	251	7
$C_7H_6O_3$	2.3-Dioxy-benzaldehyd	117	3		p- ,,	251	8
	2.4- ,, ,,	117	4		Acetophenon	10	9
	2.5- ,, ,,	117	5		Phthalan	216	6
	3.4- ,, ,,	117	6		Cumaran	80	1
	Benzopersäure	44	8	C_8H_6O	Cumaron	80	4
	Salicylsäure	231	5	$C_8H_{16}O_2$	Caprylsäure	61	12
	,, Na-Salz	231	6		Capronsäureäthylester	61	10
	3-Oxy-benzoesäure	198	3	$C_8H_{10}O_2$	o-Xylylenglykol	270	4
	4- ,, ,,	198	4		m- ,,	270	5
	β-Furyl-(2)-acrylsäure	134	9		p- ,,	270	6

GPSR Compliance

The European Union's (EU) General Product Safety Regulation (GPSR) is a set of rules that requires consumer products to be safe and our obligations to ensure this.

If you have any concerns about our products, you can contact us on ProductSafety@springernature.com

In case Publisher is established outside the EU, the EU authorized representative is:

Springer Nature Customer Service Center GmbH
Europaplatz 3
69115 Heidelberg, Germany

Batch number: 10682534

Printed by Printforce, the Netherlands

Taschenbuch
für
Chemiker und Physiker

Herausgegeben von

Dr.-Ing. **Jean D'Ans** und Dr. phil. **Ellen Lax**

Professor an der Technischen Universität Berlin-Charlottenburg

Physikerin in Berlin

Mit 350 Abbildungen
und graphischen Darstellungen

Zweite, berichtigte Auflage

Springer-Verlag Berlin Heidelberg GmbH 1949

ISBN 978-3-662-22462-5 ISBN 978-3-662-22461-8 (eBook)

DOI 10.1007/978-3-662-22461-8

Alle Rechte, insbesondere das der Übersetzung in fremde Sprachen vorbehalten.

Copyright 1943 by Springer-Verlag Berlin Heidelberg

Ursprünglich erschienen bei Springer-Verlag OHG. in Berlin, Göttingen and Heidelberg 194

Softcover reprint of the hardcover 2nd edition 1943

Druckfehlerberichtigungen.

S. 23, Tabelle 1421 lies „isomorpher" statt „isomophormer".

S. 31, Zeile 14 von unten lies „Isotopenkerngewicht" statt „Isotopengewicht".

S. 469, die Formeln 1 und 2 sind wie folgt zu berichtigen:

$$CH \cdot CH{:}CH \cdot (CH_2)_3 \cdot CH_3$$
$$\ddot{C}H \cdot CH{:}CH \cdot (CH_2)_7 \cdot CO_2H$$

dementsprechend die MG 278,42 statt 280,43.

S. 507, 7 Methan: Kp —116,7° statt —164°.

In S. 1224 und den folgenden ist in den Formeln und Dimensionsangaben noch ein Faktor F zuzuschreiben. Der numerische Wert dieses Faktors ist $F = 96490$.

S. 1224, Zeile 4 von oben $= F(l_A + l_K)$ statt $(l_A + l_K)$.

S. 1235, 392132d Zeile 1 in $F \cdot cm^2 \cdot V^{-1} \cdot s^{-1}$ statt in $cm^2 \cdot V^{-1} \cdot s^{-1}$.

S. 1236, 392133a desgleichen.

S. 1237, 392133b desgleichen.
392133c desgleichen.

S. 1241, 392138 desgleichen.

Vorwort.

Die Entwicklung der Wissenschaften berücksichtigend und der gegenseitigen Durchdringung von Chemie und Physik Rechnung tragend, legen Herausgeber und Verlag dieses „Taschenbuch für Chemiker und Physiker" den weiten Kreisen der Benutzer in Forschung und Technik vor.

Dies Taschenbuch ist bestimmt, den bekannten „Chemiker-Kalender", in den letzten Jahren als „Chemiker-Taschenbuch" erschienen, zu ersetzen.

Die Gesamtanordnung ergibt sich aus dem Inhaltsverzeichnis.

Speziell auf dem Gebiete der Chemie sind die bewährten Tabellen des alten „Chemiker-Taschenbuches" als Grundlage benutzt. — Erläuternde Einleitungen haben sich häufig als zweckmäßig erwiesen. Soweit notwendig, wurden Hinweise auf das wichtigste Schrifttum gegeben, im übrigen sei auf die großen Sammelwerke verwiesen.

Im Sachverzeichnis sind die in den Tabellen angeführten Stoffe nicht genannt da die Anordnung ohnehin ein schnelles Auffinden gewährleistet. Dagegen finden sich dort Hinweise auf die Stoffe[1], die in Sondertabellen oder in ganzen Abschnitten behandelt sind. Die aufgeführten physikalischen und chemischen Größen sind sämtlich angegeben.

Gewisse Unzulänglichkeiten der Anordnung und der Einheitlichkeit sind teils unvermeidlich gewesen, teils durch die äußeren Umstände bedingt worden. Vorschläge für Verbesserung und Ergänzung des Inhaltes nehmen Herausgeber und Verlag stets dankbar entgegen.

Wir schulden besonderen Dank den Herren Professor Dr. A. Eucken, Professor Dr. W. A. Roth und Professor Dr.-Ing. Ernst Schmidt für wertvolle Ratschläge und dafür, daß sie es uns ermöglichten, Gliederung und Zahlenmaterial der „Physikalischen, Chemischen und Technischen Zahlenwerte" des Werkes, das bestimmt ist, an Stelle des alten „Landolt-Börnstein" zu treten, zu benutzen.

Wir haben ferner unsern Mitarbeitern sehr zu danken. — Herr Dr. Karl Birus ist im Herbst 1942 an der Ostfront gefallen, wir betrauern seinen Verlust. — An wissenschaftlichen Hilfskräften unterstützten uns bei der Bearbeitung der Tabellen Frau Dr. Gertrud Bräuer, geb. Decker, Fräulein Dr. Eva Grund, Frau Ingeborg Heybey, geb. Hamel, Frau Dagmar Kutzner, geb. Zietlow, und Fräulein Dr. Irmberta Leitner. Wir danken Ihnen für ihre Hilfe.

Berlin, im Mai 1943.

Die Herausgeber.

---

[1] Bei Stoffen, die mit Warenzeichennamen benannt sind, beziehen sich die angegebenen Daten auf die Originalpräparate. — Die Warenzeichennamen sind also nicht als Gattungsbezeichnungen gebraucht.

Inhaltsverzeichnis.

31213 (Fortsetzung).

Bruttoformel	Name	Seite	lfd. Nr.	Bruttoformel	Name	Seite	lfd. Nr.
$C_8H_{10}O_2$	2.5-Dimethyl-hydrochinon	107	2	$C_8H_{14}O_4$	Korksäure	158	1
	2.5-Dimethyl-resorcin	109	6		Bernsteinsäurediäthylester	49	5
	4.6- ,, ,,	109	7	$C_8H_{12}O_4$	Diacetessigester	88	4
	Anisalkohol	29	10		Maleinsäurediäthylester	161	10
	Kreosol	158	4		Fumarsäurediäthylester	133	13
	Veratrol	266	1		cis-Cyclohexan-dicarbonsäure-(1.2)	83	3
	Resorcindimethyläther	228	7		cis- ,, ,, (1.3)	83	5
	Hydrochinondimethyläther	145	3		cis- ,, ,, (1.4)	83	7
$C_8H_8O_2$	Salicylaldehydimethyläther	231	3		trans- ,, ,, (1.2)	83	4
	2-Methoxy-benzaldehyd	166	2		trans- ,, ,, (1.3)	83	6
	Anisaldehyd	29	9		trans- ,, ,, (1.4)	83	8
	Benzaylcarbinol	46	3		Terpenylsäure	237	2
	2-Oxy-acetophenon	197	3	$C_8H_{10}O_4$	Cyclohexen-(1)-dicarbonsäure-(1.2)	84	2
	4- ,, ,,	197	4		,, (1)- ,, (1.4)	84	3
	p-Xylochinon	269	3		,, (2)- ,, (1.2)	84	4
	Phenylessigsäure	212	5	$C_8H_8O_4$	2.3.4-Trioxy-acetophenon	259	15
	o-Toluylsäure	251	11		2.5-Dioxy-phenylessigsäure	121	1
	m- ,,	251	12		Orsellinsäure	195	2
	p- ,,	251	13		Vanillinsäure	265	12
	Benzoesäuremethylester	41	11		Isovanillinsäure	153	13
	Essigsäurephenylester	130	8		Dehydracetsäure	86	7
	Furfurylidenaceton	134	6	$C_8H_6O_4$	Piperonylsäure	221	2
$C_8H_6O_2$	o-Phthalaldehyd	216	2		Phthalsäure	217	4
	Isophthalaldehyd	152	6		Isophthalsäure	152	8
	Terephthalaldehyd	236	7		Terephthalsäure	236	9
	Phenylglyoxal	212	11	$C_8H_{14}O_5$	l-Äpfelsäure-diäthylester	13	10
	Cumaranon	80	2	$C_8H_{12}O_5$	Oxalessigester	195	3
	Phthalid	316	10	$C_8H_8O_5$	Gallussäuremethylester	135	8
$C_8H_{14}O_3$	Buttersäureanhydrid	57	6				

$C_8H_{10}O_3$	2.4-Dimethyl-phloroglucin	108	12
	Filicinsäure	131	4
$C_8H_8O_3$	Piperonylalkohol	221	1
	3-Methoxy-salicylaldehyd	166	8
	Vanillin	265	11
	Isovanillin	153	12
	2.4-Dioxy-acetophenon	115	7
	2.5- „ „	115	8
	dl-Mandelsäure	162	6
	2-Oxy-phenylessigsäure	202	6
	4- „ „	202	7
	2-Oxy-m-toluylsäure	203	2
	2- „ -p- „	203	3
	3- „ -o- „	203	4
	3- „ -p- „	203	5
	4- „ -o- „	203	6
	4- „ -m- „	203	7
	5- „ -o- „	203	8
	5- „ -m- „	203	9
	6- „ -o- „	203	10
	6- „ -m- „	204	1
	Phenoxyessigsäure	209	8
	2-Methoxy-benzoesäure	166	4
	3- „ „	166	5
	Anissäure	29	14
	Salicylsäuremethylester	231	8
$C_8H_8O_4$	2.4.5-Trioxy-acetophenon	259	16
$C_8H_8O_4$	2.4.6-Trioxy-acetophenon	259	17
H_6O_3	Phthalaldehydsäure	216	3
	Terephthalaldehydsaure	236	8
	Phenylglyoxylsäure	213	1
	Piperonal	220	8
$C_8H_4O_3$	Phthalsäureanhydrid	217	5

$C_8H_6O_5$	2-Oxy-isophthalsäure	200	9
	3-Oxy-phthalsäure	282	8
	4- „ „	202	9
	4-Oxy-isophthalsäure	200	10
	5- „ „	200	11
	Oxyterephthalsäure	202	14
$C_8H_{14}O_6$	d-Weinsäure-diäthylester	267	12
$C_8H_6O_6$	3.4-Dioxy-phthalsäure	121	2
	3.6- „ „	121	3
	4.5- „ „	121	4
	2.5-Dioxy-terephthalsäure	121	6
$C_9H_{20}O$	n-Nonylalkohol	193	11
	Methyl-n-heptyl-carbinol	172	7
	Diisobutylcarbinol	102	4
$C_9H_{18}O$	Pelargonaldehyd	205	3
	Methylheptylketon	172	8
	Dibutylketon	97	6
	Diisobutylketon	102	5
	Hexamethylaceton	141	12
$C_9H_{14}O$	Phoron	215	10
	Isophoron	152	5
	dl-Camphenilon	59	6
$C_9H_{12}O$	Mesitol	164	4
	Pseudocumenol	223	1
	Äthylbenzyläther	15	3
$C_9H_{10}O$	Zimtalkohol	270	10
	4-Allyl-phenol	19	10
	4-Propenyl-phenol	221	11
	Methylbenzylketon	169	1
	Propiophenon	222	9
	4-Methyl-acetophenon	166	13
	Chroman	74	1

31213 (Fortsetzung).

Bruttoformel	Name	Seite	lfd. Nr.	Bruttoformel	Name	Seite	lfd. Nr.
C_9H_8O	Zimtaldehyd	270	9	$C_9H_6O_4$	7.8-Dioxy-cumarin (Daphnetin)	119	1
	Hydrindon-(1)	144	5	$C_9H_{14}O_5$	Acetondicarbonsäurediäthylester	10	2
	,, -(2)	144	6	$C_9H_{10}O_5$	Gallussäureäthylester	135	7
$C_9H_{18}O_2$	Pelargonsäure	205	4	$C_9H_6O_5$	Phthalonsäure	217	3
	Önanthsäureäthylester	194	6	$C_9H_{14}O_6$	Glycerintriacetat (Triacetin)	137	15
	Buttersäureisoamylester	57	7		l-Camphoronsäure	61	1
$C_9H_{10}O_2$	4-Methoxy-acetophenon	166	1		Isocamphoronsäure	151	1
$C_9H_{10}O_2$	Hydrozimtsäure	145	7	$C_9H_6O_6$	Benzol-tricarbonsäure-(1.2.3)		
	Hydratropasäure	144	2		(Hemimellitsäure)	44	3
	2.3-Dimethyl-benzoesäure	105	3		,, ,, (1.2.4)		
	2.4- ,, ,,	105	4		(Trimellitsäure)	44	4
	2.5- ,, ,,	105	5		,, ,, (1.3.5)		
	2.6- ,, ,,	105	6		(Trimesinsäure)	44	5
	3.4- ,, ,,	105	7				
	3.5- ,, ,,	105	8	$C_{10}H_{22}O$	n-Decylalkohol	86	6
	2-Äthyl-benzoesäure	15	1	$C_{10}H_{20}O$	Caprinaldehyd	61	4
	Benzoesäureäthylester	41	8		d-Citronellol	77	2
	Essigsäurebenzylester	130	2		l-Menthol	163	9
$C_9H_8O_2$	cis-Zimtsäure (allo)	270	11	$C_{10}H_{18}O$	Geraniol	136	2
	trans-Zimtsäure	270	12		Nerol	183	2
	Atropasäure	34	5		d-Linalool	160	10
$C_9H_6O_2$	Phenylpropiolsäure	214	7		l- ,,	160	11
	Cumarin	80	3		α-Terpineol	237	7
	Isocumarin	151	6		Terpinenol-(4)	237	6
	Chromon	74	2		cis-α-Dekalol	87	7
$C_9H_{12}O_3$	2.4.6-Trimethyl-phloroglucin	258	5		trans-α-Dekalol	87	8
	Phloroglucintrimethyläther	215	9		cis-β-Dekalol	87	9
$C_9H_{10}O_3$	2.3-Dimethoxy-benzaldehyd	102	18		trans-β-Dekalol	87	10

	2.4-Dimethoxy-benzaldehyd	103	1
	2.5- „ „	103	2
	3.4- „ „ (Veratrumaldehyd)	103	3
	β-Phenyl-hydracrylsäure	213	3
	2-Oxy-hydrozimtsäure	200	5
	4- „ „	200	6
	dl-Atrolactinsäure	34	4
	dl-Tropasäure	263	5
	Salicylsäureäthylester	231	7
$C_9H_8O_3$	trans-2-Oxy-zimtsäure (Cumarsäure)	204	2
	3-Oxy-zimtsäure	204	3
$C_9H_8O_3$	4-Oxy-zimtsäure	204	4
	Benzoylessigsäure	46	7
	Phenylbrenztraubensäure	211	7
	β-Phenyl-glycidsäure	212	8
$C_9H_8O_3$	Acetophenon-carbonsäure-(2)	10	10
	„ „ -(4)	10	11
$C_9H_6O_3$	Cumaron-carbonsäure-(2) (Cumarilsäure)	80	5
	Umbelliferron	264	6
$C_9H_{16}O_4$	Azelainsäure	35	1
	Glutarsäurediäthylester	137	2
$C_9H_{10}O_4$	Veratrumsäure	266	2
$C_9H_8O_4$	2.4-Dioxy-zimtsäure (Umbellsäure)	121	8
	2.5-Dioxy-zimtsäure	121	9
	3.4-Dioxy-zimtsäure (Kaffeesäure)	121	10
	Homophthalsäure	143	3
	5-Methyl-isophthalsäure	173	10
	Acetylsalicylsäure (Aspirin)	12	6
$C_9H_6O_4$	Ninhydrin	183	5
	6.7-Dioxy-cumarin (Äsculetin)	118	11
	d-Citronellal	77	1
	l-Menthon	164	1
	l-Fenchylalkohol	131	2
	d-Borneol	51	5
	Isoborneol	149	11
	Cineol	75	8
$C_{10}H_{16}O$	Citral (gewöhnl.)	76	6
	„ a (Geranial)	76	7
	„ b (Neral)	76	8
$C_{10}H_{16}O$	Dihydrocarvon	101	12
	Carvenon	63	6
	Pulegon	223	4
	Pinol	219	7
	d-Campher	59	7
	d-Fenchon	131	1
	α-Thujon	248	10
	β-Thujon	249	1
$C_{10}H_{14}O$	Cuminalkohol	80	8
	Thymol	249	5
	Carvacrol	63	4
	d-Carvon	64	2
$C_{10}H_{12}O$	4-Allyl-anisol	19	3
	4-Propenyl-anisol	221	9
	Cuminaldehyd	80	7
	Butyrophenon	58	16
	1.2.3.4-Tetrahydro-naphthol-(1)	240	3
	5.6.7.8- „ „ (1)	240	5
	1.2.3.4- „ „ (2)	240	4
	5.6.7.8- „ „ (2)	240	6
$C_{10}H_{10}O$	Benzalaceton	37	1
$C_{10}H_8O$	α-Naphthol	179	6
	β- „	179	7

31213 (Fortsetzung).

Bruttoformel	Name	Seite	lfd. Nr.
$C_{10}H_{20}O_2$	Caprinsäure	61	5
	Caprylsäureäthylester	61	13
	Isovaleriansäureisoamylester	153	10
	cis-Terpin	237	3
$C_{10}H_{20}O_2 + H_2O$	cis-Terpin-hydrat	237	8
$C_{10}H_{18}O_2$	Pinolhydrat	219	8
	d-Campholsäure	60	8
$C_{10}H_{14}O_2$	Thymohydrochinon	249	4
	[d-Campher]-chinon	60	2
$C_{10}H_{12}O_2$	Thymochinon	249	3
	Phenylessigsäureäthylester	212	6
	2.4.5-Trimethyl-benzoesäure	257	7
	2.4.6- ,, ,,	257	8
	Cuminsäure	80	9
	Eugenol	130	10
	Isoeugenol	151	8
$C_{10}H_{10}O_2$	Benzoylaceton	45	9
	β-Benzal-propionsäure	38	3
	α-Methyl-cis-zimtsäure	176	6
	β- ,, ,, ,,	176	8
	α-Methyl-trans-zimtsäure	176	7
	β- ,, ,, ,,	176	9
	Zimtsäuremethylester	271	9
	Safrol	231	1
	Isosafrol	153	3
$C_{10}H_8O_2$	1.2-Dioxy-naphthalin	119	8
	1.3- ,, ,,	119	9
	1.4- ,, ,,	119	10
	1.5- ,, ,,	119	11

Bruttoformel	Name	Seite	lfd. Nr.
$C_{10}H_6O_4$	2.3-Dioxy-naphthochinon-(1.4) (Isonaphthazarin)	120	7
	5.8-Dioxy-naphthochinon-(1.4) (Naphthazarin)	120	8
	Furil	134	7
$C_{10}H_{16}O_5$	Acetylbernsteinsäurediäthylester	11	5
$C_{10}H_{12}O_5$	3.4.5-Trimethoxy-benzoesäure	256	17
$C_{10}H_{10}O_5$	Opiansäure	194	9
$C_{10}H_{16}O_5$	dl-Cineolsäure	75	9
$C_{10}H_{12}O_5$	2.4.5-Trimethoxy-benzoesäure (Asaronsäure)	256	16
$C_{10}H_{10}O_6$	3.4-Dimethoxy-phthalsäure (Hemipinsäure)	103	4
	4.5-Dimethoxy-phthalsäure	103	5
$C_{10}H_6O_8$	Benzol-tetracarbonsäure-(1.2.3.5) (Prehnitsäure)	44	1
	,, ,, (1.2.3.4) (Mellophansäure)	43	12
	,, ,, (1.2.4.5) (Pyromellitsäure)	44	2
$C_{11}H_{24}O$	n-Undecylalkohol	264	8
$C_{11}H_{22}O$	Methyl-n-nonyl-keton	174	11
$C_{11}H_{10}O$	1-Methyl-naphthol-(2)	174	4
	α-Naphtholmethyläther	179	10
	β- ,,	179	11
$C_{11}H_8O$	α-Naphthaldehyd	179	11
	β- ,,	179	12
$C_{11}H_{16}O_2$	3-Oxymethylen-d-campher	201	2

	1.6-Dioxy-naphthalin	119	12
	1.7- ,, ,,	120	1
	1.8- ,, ,,	120	2
	2.3- ,, ,,	120	3
	2.6- ,, ,,	120	4
	2.7- ,, ,,	120	5
$C_{10}H_6O_2$	Naphthochinon-(1.2)	179	1
	,, (1.4)	179	2
$C_{10}H_{14}O_3$	[d-Camphersäure]-anhydrid	60	6
$C_{10}H_{12}O_3$	Coniferylalkohol	79	1
$C_{10}H_{10}O_3$	Benzalmilchsäure	37	14
	2-Methoxy-zimtsäure	166	9
	4- ,, ,,	166	10
	β-Benzoyl-propionsäure	46	14
	Benzoylessigsäuremethylester	46	9
$C_{10}H_8O_3$	β-Benzoyl-acrylsäure	45	11
$C_{10}H_6O_3$	2-Oxy-naphthochinon-(1.4)	201	7
	5- ,, ,, (1.4) (Juglon)	201	8
$C_{10}H_{18}O_4$	Sebacinsäure	232	8
$C_{10}H_{16}O_4$	d-Camphersäure	60	5
	l-Isocamphersäure	150	15
$C_{10}H_{14}O_4$	Camphansäure	59	4
$C_{10}H_{12}O_4$	Cantharidin	61	3
$C_{10}H_{10}O_4$	Phenylbernsteinsäure	211	5
	Isoferulasäure	151	9
	Ferulasäure	131	3
	Terephthalsäuredimethylester	236	10
	Isophthalsäuredimethylester	152	9
	Mekonin	163	4
$C_{10}H_8O_4$	Benzalmalonsäure	37	12
	Zimtsäure-o-carbonsäure	271	5
	Furoin	134	8

$C_{11}H_{12}O_2$	Zimtsäureäthylester	271	1
	Anisalaceton	29	8
$C_{11}H_{10}O_2$	Cinnamalessigsäure	76	1
	Phenylpropiolsäureäthylester	214	8
$C_{11}H_8O_2$	2-Oxy-naphthaldehyd-(1)	201	5
	4- ,, ,, (1)	201	6
	1- ,, ,, (2)	201	4
	α-Naphthoesäure	179	4
	β- ,,	179	5
$C_{11}H_{16}O_3$	d-Camphocarbonsäure	60	7
$C_{11}H_{14}O_3$	o-Thymotinsäure	249	7
$C_{11}H_{12}O_3$	Benzoylessigsäureäthylester	46	8
$C_{11}H_8O_3$	2-Oxy-naphthoesäure-(1)	201	10
	4- ,, ,, (1)	202	1
	5- ,, ,, (1)	202	2
	6- ,, ,, (1)	202	3
	7- ,, ,, (1)	202	4
	8- ,, ,, (1)	202	5
	1- ,, ,, (2)	201	9
	3- ,, ,, (2)	201	11
$C_{11}H_{12}O_4$	Benzaldiacetat	37	8
$C_{11}H_6O_{10}$	Benzolpentacarbonsäure	43	6
$C_{12}H_{26}O$	n-Dodecylalkohol	126	14
$C_{12}H_{10}O$	Diphenyläther	122	8
$C_{12}H_8O$	Diphenylenoxyd	123	10
$C_{12}H_{24}O_2$	Laurinsäure	160	5
$C_{12}H_{10}O_2$	o.o-Diphenol	121	11
	o.p-Diphenol	121	12
	m.m-Diphenol	121	13
	p.p-Diphenol	122	1
	Essigsäure-α-naphthylester	130	6
	,, β- ,,	130	7

31213 (Fortsetzung).

Bruttoformel	Name	Seite	lfd. Nr.	Bruttoformel	Name	Seite	lfd. Nr.
$C_{12}H_6O_2$	Acenaphthenchinon	8	4	$C_{13}H_8O_4$	Euxanthon	130	11
$C_{12}H_{16}O_3$	2.4.5-Trimethoxy-1-propenylbenzol (Asaron)	257	1	$C_{13}H_{10}O_6$	2.4.6.3′.4′-Pentaoxy-benzophenon (Maclurin)	206	7
$C_{12}H_6O_3$	Naphthalsäureanhydrid	178	8	$C_{14}H_{14}O$	Phenylbenzylcarbinol	211	4
$C_{12}H_{16}O_4$	Campheroxalsäure	60	3		Dibenzyläther	94	8
$C_{12}H_{14}O_4$	Apiol (aus Petersilie)	31	11	$C_{14}H_{12}O$	4-Methyl-benzophenon	168	11
	Isoapiol	149	10		Desoxybenzoin	88	2
	Phthalsäurediäthylester	217	16	$C_{14}H_{10}O$	Diphenylketen	124	6
$C_{12}H_{10}O_4$	3.5.3′-5′-Tetraoxy-diphenyl	243	7		Anthranol	31	5
	Chinhydron	65	5		1-Oxy-anthracen	197	6
	Piperinsäure	220	7		2- ,, ,,	197	7
$C_{12}H_8O_4$	Naphthalin-dicarbonsäure-(1.2)	178	2		Anthron	31	7
	,, ,, (1.8)	178	3		Phenanthrol-(2)	207	12
$C_{12}H_{16}O_6$	Succinylobernsteinsäurediäthylester	235	8		,, (3)	208	1
$C_{12}H_{12}O_6$	Pyrogalloltriacetat	226	7		,, (9)	211	2
$C_{12}H_{20}O_7$	Citronensäuretriäthylester	77	7	$C_{14}H_{28}O_2$	Myristinsäure	177	10
$C_{12}H_{16}O_7$	Arbutin	33	4	$C_{14}H_{14}O_2$	Hydrobenzoin	144	8
$C_{12}H_{22}O_{11}$	Cellobiose	64	7		Isohydrobenzoin	151	11
	Lactose	159	7	$C_{14}H_{12}O_2$	Benzoin	42	6
	Maltose	162	5		Diphenylessigsäure	123	11
	Saccharose	230	5		2-Benzyl-benzoesäure	47	9
	,, Ca-Salz	230	6		4- ,, ,,	47	10
	,, Sr- ,,	230	7		Benzoesäurebenzylester	41	10
$C_{12}H_6O_{12}$	Benzolhexacarbonsäure (Mellitsäure)	43	1	$C_{14}H_{10}O_2$	1.2-Dioxy-anthracen	115	9
$C_{13}H_{20}O$	α-Jonon	156	1		1.5- ,, ,,	115	10
	β- ,,	156	2		1.8- ,, ,,	115	11
	β-Iron	155	2		3.4- ,, phenanthren	120	10

$C_{13}H_{12}O$	Benzhydrol	39	2
	4-Oxy-diphenylmethan	200	3
$C_{13}H_{10}O$	Fluorenol	132	7
	Xanthen	268	4
	Benzophenon	44	9
$C_{13}H_{8}O$	Fluorenon	132	8
$C_{13}H_{12}O_2$	4.4′-Dioxy-diphenylmethan	119	4
$C_{13}H_{10}O_2$	Xanthydrol	268	9
	2-Oxy-benzophenon	198	5
	4- „ „	198	6
	Diphenyl-carbonsäure-(2)	123	3
	„ „ -(3)	123	4
	„ „ -(4)	123	5
	Benzoesäurephenylester	41	12
$C_{13}H_{8}O_2$	Xanthon	268	8
$C_{13}H_{14}O_3$	Benzalacetessigester	36	12
$C_{13}H_{10}O_3$	2.2′-Dioxy-benzophenon	117	13
	2.3′- „ „	118	1
	2.4 - „ „	118	2
	2.4′- „ „	118	3
	2.5 - „ „	118	4
	3.3′- „ „	118	5
	3.4 - „ „	118	6
	3.4′- „ „	118	7
	4.4′- „ „	118	8
	2-Phenoxy-benzoesäure	209	7
	Salicylsäurephenylester (Salol)	232	1
	Kohlensäurediphenylester	157	9
$C_{13}H_{14}O_4$	Benzoylacetessigester	45	8
$C_{13}H_{10}O_4$	2.3.4-Trioxy-benzophenon	260	6
	2.4.6- „ „	260	7
	3.4.5- „ „	260	8

	9.10-Dioxy-phenanthren	120	11
	Benzil	39	13
$C_{14}H_{8}O_2$	Anthrachinon	30	4
	Phenanthrenchinon	207	10
$C_{14}H_{12}O_3$	Benzilsäure	40	7
$C_{14}H_{10}O_3$	Benzoesäureanhydrid	41	9
	2-Benzoyl-benzoesäure	40	13
	3- „ „	46	1
	4- „ „	46	2
$C_{14}H_{8}O_3$	1-Oxy-anthrachinon (Erythrooxy-anthrachinon)	197	8
	2-Oxy-anthrachinon	197	9
$C_{14}H_{16}O_4$	Benzalmalonsäurediäthylester	37	13
$C_{14}H_{12}O_4$	2.6-Dioxy-4-methoxy-benzophenon	119	6
$C_{14}H_{10}O_4$	Diphensäure	122	2
	Dibenzoylperoxyd	46	12
$C_{14}H_{8}O_4$	1.2-Dioxy-anthrachinon (Alizarin)	116	1
	1.3- „ „ (Purpuroxanthin)	116	2
	1.4- „ „ (Chinizarin)	116	3
	1.5- „ „ (Anthrarufin)	116	4
	1.8- „ „ (Chrysazin)	116	5
	2.3- „ „ (Hystazarin)	116	6
	2.6- „ „ (Anthraflavin-säure)	116	7
	2.7- „ „ (Isoanthraflavin-säure)	116	8
	α-Disalicylid	125	9
	β- „	125	10
$C_{14}H_{10}O_5$	Gentisin	136	1
$C_{14}H_{8}O_5$	1.2.3-Trioxy-anthrachinon (Anthragallol)	260	1
	1.2.4- „ „ (Purpurin)	260	2

31213 (Fortsetzung).

Bruttoformel	Name	Seite	lfd. Nr.
$C_{14}H_8O_5$	1.2.5-Trioxy-anthrachinon (Oxyanthrarufin)	260	3
	1.2.6- „ „ (Flavopurpurin)	260	4
	1.2.7- „ „ (Anthrapurpurin)	260	5
$C_{14}H_8O_6$	1.2.5.6-Tetraoxy-anthrachinon (Rufiopin)	243	1
	1.2.5.8-Tetraoxy-anthrachinon (Chinalizarin)	243	2
	1.3.5.7-Tetraoxy-anthrachinon (Anthrachryson)	243	3
$C_{14}H_8O_8$	1.2.3.5.6.7-Hexaoxy-anthrachinon (Rufigallussäure)	142	4
	1.2.4.5.6.8-Hexaoxy-anthrachinon (Anthracenblau WR)	142	5
$C_{14}H_6O$	Ellagsäure	127	4
$C_{15}H_{14}O$	4.4′-Dimethyl-benzophenon	105	9
	Dibenzylketon	95	1
$C_{15}H_{12}O$	Benzalacetophenon	37	2
$C_{15}H_{12}O_2$	Dibenzoylmethan	94	6
	α-Phenyl-cis-zimtsäure	215	3
	α-Phenyl-trans-zimtsäure	215	4
$C_{15}H_{10}O_2$	Flavon	131	6
	2-Methyl-anthrachinon	168	5
	Anthracen-carbonsäure-(1)	30	1
	„ „ (2)	30	2
	„ „ (9)	30	3
	3-Benzal-phthalid	38	1

Bruttoformel	Name	Seite	lfd. Nr.
$C_{15}H_{10}O_7$	3.5.7.2′.4′-Pentaoxy-flavon (Morin)	206	8
	3.5.7.3′.4′- „ „ (Quercetin)	206	9
$C_{16}H_{34}O$	Cetylalkohol	64	10
$C_{16}H_{14}O$	Dypnon	126	16
$C_{16}H_{12}O$	2.5-Diphenyl-furan	124	1
$C_{16}H_{32}O_2$	Palmitinsäure	204	5
	„ Na-Salz	204	8
	„ K- „	204	6
	„ Mg- „	204	7
$C_{16}H_{16}O_2$	Benzoinäthyläther	42	7
$C_{16}H_{14}O_2$	Zimtsäurebenzylester	271	4
$C_{16}H_8O_2$	Aceanthrenchinon	8	2
$C_{16}H_8O_4$	Oxindigo	196	18
	Diphthalyl	125	1
$C_{16}H_{14}O_5$	Brasilin	52	4
$C_{16}H_{12}O_5$	Brasilein	52	3
$C_{16}H_{16}O_6$	Cörulignon	78	5
$C_{16}H_{14}O_6$	Hämatoxylin	140	1
$C_{16}H_{12}O_6$	Hämatein	139	11
$C_{16}H_{22}O_{11}$	Pentaacetyl-α-d-glucose	205	5
	„ β-d- „	205	6
$C_{17}H_{30}O$	Zibeton	270	8
$C_{17}H_{14}O$	Dibenzalaceton	94	1
	Cinnamalacetophenon	75	10
$C_{17}H_{12}O_3$	Salicylsäure-β-naphthylester	231	9
$C_{17}H_{10}O$	Benzanthron	38	10
$C_{18}H_{38}O$	n-Octadecylalkohol	193	14

$C_{15}H_{18}O_3$	Santonin	232	3
$C_{15}H_{14}O_3$	Lapachol	160	4
$C_{15}H_{12}O_3$	4.5.9 (oder 10)-Trioxy-2-methyl-anthracen	261	3
	Pyroxanthin (1.3-Difurfuryliden-cyclopentanon-(2)	227	5
$C_{15}H_{14}O_4$	2-Oxy-4.6-dimethoxy-benzophenon	199	11
$C_{15}H_{10}O_4$	4.5-Dioxy-2-methyl-anthrachinon (Chrysophansäure)	119	7
	5.7-Dioxy-flavon (Chrysin)	119	5
$C_{15}H_8O_4$	Anthrachinon-carbonsäure-(1)	30	5
	,, ,, (2)	30	6
$C_{15}H_{14}O_5$	Phloretin	215	5
$C_{15}H_{10}O_5$	Benzophenon-dicarbonsäure-(2.2′)	45	1
	,, ,, (4.4′)	45	2
	4.5-Dioxy-2-oxymethyl-anthrachinon (Aloeemodin)	120	9
	4.5.7-Trioxy-2-methyl-anthrachinon (Emodin)	261	4
$C_{15}H_{10}O_5$	3.5.7-Trioxy-flavon (Galangin)	261	1
	5.7.4′- ,, ,, (Apigenin)	261	2
$C_{15}H_{14}O_6$	d-Catechin	64	5
$C_{15}H_{10}O_6$	3.5.7.4′-Tetraoxy-flavon (Kämpferol)	243	8
	3.7.3′.4′- ,, ,, (Fisetin)	243	9
	5.6.7′ 4′- ,, ,, (Scutellarein)	243	10
	5.7.3′.4′- ,, ,, (Luteolin)	243	11
$C_{15}H_8O_6$	1.4-Dioxy-anthrachinon-carbonsäure-(2)	117	1
	4.5-Dioxy-anthrachinon-carbonsäure-(2)	117	2
$C_{18}H_{36}O_2$	Stearinsäure	233	9
	,, Na-Salz	234	3
	,, K- ,,	234	2
	,, Mg- ,,	234	1
$C_{18}H_{34}O_2$	Ölsäure	193	18
	,, Na-Salz	194	3
	,, K- ,,	194	2
	,, Mg- ,,	194	1
$C_{18}H_{32}O_2$	Elaidinsäure	127	3
	Linolsäure	161	3
	Stearolsäure	234	4
	Chaulmoograsäure	65	1
	α-Linolensäure	161	1
	α-Eläostearinsäure	127	1
$C_{18}H_{30}O_2$	β- ,,	127	2
$C_{18}H_{22}O_2$	Östron	194	8
$C_{18}H_{16}O_2$	Zimtsäurecinnamylester	271	7
$C_{18}H_{10}O_2$	1.2-Benzo-anthrachinon	41	1
	Chrysochinon-(1.2)	74	5
$C_{18}H_{36}O_3$	ι-Oxy-stearinsäure	202	13
$C_{18}H_{34}O_3$	Ricinolsäure	229	5
	Ricinelaidinsäure	229	3
$C_{18}H_{14}O_3$	Zimtsäureanhydrid	271	3
$C_{18}H_{36}O_4$	ϑ.ι-Dioxy-stearinsäure	121	5
$C_{18}H_{16}O_4$	α-Truxillsäure	263	8
	β-Truxinsäure	263	9
$C_{19}H_{16}O$	Triphenylcarbinol	261	12
$C_{19}H_{14}O$	Fuchson	133	10
$C_{19}H_{30}O_2$	Androsteron	28	9
$C_{19}H_{16}O_3$	Benzaurin	38	11
$C_{19}H_{14}O_3$	Aurin	34	8

31213 (Fortsetzung).

Bruttoformel	Name	Seite	lfd. Nr.
$C_{19}H_{12}O_3$	Resorcinbenzein	228	6
$C_{20}H_{40}O$	Phytol	218	1
$C_{20}H_{30}O$	Vitamin A	266	9
$C_{20}H_{40}O_2$	Arachinsäure	33	3
$C_{20}H_{30}O_2$	Abietinsäure	8	1
$C_{20}H_{16}O_2$	Triphenylessigsäure	262	1
	2-Benzhydryl-benzoesäure	39	6
$C_{20}H_{14}O_2$	2.2′-Dioxy-dinaphthyl-(1.1′)	119	2
	4.4′- ,, ,, (1.1′)	119	3
	3.3-Diphenyl-phthalid	124	10
$C_{20}H_{12}O_3$	Fluoran	131	8
$C_{20}H_{16}O_4$	Phenolphthalin	209	1
$C_{20}H_{14}O_4$	Phenolphthalein	208	12
$C_{20}H_{12}O_5$	Fluorescein (Resorcinphthalein)	132	9
	Hydrochinonphthalein	145	4
$C_{20}H_{12}O_7$	Gallein (4.5-Dioxy-fluorescein)	135	5
$C_{21}H_{30}O_2$	Progesteron	221	4
$C_{21}H_{20}O_6$	Curcumin	81	2
$C_{21}H_{24}O_{10}$	Phloridzin	215	6
$C_{22}H_{44}O_2$	Behensäure	36	11
$C_{22}H_{42}O_2$	Erucasäure	128	3
	Brassidinsäure	52	5
$C_{22}H_{40}O_2$	Behenolsäure	36	10
$C_{22}H_{20}O_{13}$	Carminsäure	63	1
$C_{24}H_{40}O_5$	Cholsäure	73	10
$C_{24}H_{20}O_6$	Tribenzoin	254	4

Bruttoformel	Name	Seite	lfd. Nr.
C_2H_5BrO	β-Brom-äthylalkohol	53	8
C_2H_5JO	β-Jod- ,,	154	5
C_2H_5ClO	Chlordimethyläther	70	8
C_2H_3ClO	Chloracetaldehyd	67	9
	Acetylchlorid	11	7
C_2H_3BrO	Acetylbromid	11	6
C_2H_3JO	Acetyljodid	11	14
$C_2H_4F_2O$	β.β-Difluor-äthylalkohol	101	8
$C_2H_4Cl_2O$	β.β-Dichlor- ,,	97	15
	symm. Dichlordimethyläther	99	2
$C_2H_2Cl_2O$	Dichloracetaldehyd	97	10
$C_2H_2Cl_2O$	Chloracetylchlorid	68	4
$C_2H_3Cl_3O$	β.β.β-Trichlor-äthylalkohol	255	8
C_2HCl_3O	Chloral	68	8
$C_2HCl_3O \cdot H_2O$	Chloralhydrat	68	10
C_2HBr_3O	Bromal	53	9
$C_2HBr_3O \cdot H_2O$	Bromalhydrat	53	10
C_2HCl_3O	Dichloracetylchlorid	97	14
C_2Cl_4O	Trichloracetylchlorid	255	5
$C_2H_3ClO_2$	Chloressigsäure	71	1
$C_2H_3BrO_2$	Bromessigsäure	54	13
$C_2H_3JO_2$	Jodessigsäure	155	1
$C_2H_2Cl_2O_2$	Dichloressigsäure	99	3
$C_2H_2Br_2O_2$	Dibromessigsäure	96	6
$C_2Cl_2O_2$	Oxalylchlorid	196	11
$C_2HCl_3O_2$	Trichloressigsäure	256	4
$C_2HBr_3O_2$	Tribromessigsäure	254	12
C_3H_7ClO	γ-Chlor-propylalkohol	72	11
C_3H_7BrO	γ-Brom- ,,	55	17

$C_{26}H_{22}O$	Dibenzhydryläther	94	4
$C_{26}H_{20}O$	α-Benzpinakolin	47	1
	β- ,,	47	2
$C_{26}H_{52}O_2$	Ceratinsäure	64	9
$C_{26}H_{22}O_2$	Tetraphenyläthylenglykol (Benzpinakon)	244	4
$C_{27}H_{46}O$	Cholesterin	73	8
$C_{28}H_{47}O$	Ergosterin	127	9
$C_{28}H_{20}O$	Tetraphenylfuran	244	5
$C_{28}H_{16}O_2$	Dianthron	93	4
$C_{28}H_{14}O_2$	Mesobenzdianthron (Helianthron)	164	7
$C_{28}H_{12}O_2$	Mesonaphthodianthron	165	1
$C_{28}H_{30}O_4$	Thymolphthalein	249	6
$C_{30}H_{14}O_2$	Pyranthron	223	8
$C_{30}H_{48}O_3$	Caryophyllin	64	4
$C_{34}H_{16}O_2$	Violanthron	266	7
	Isoviolanthron	154	1
$C_{35}H_{70}O$	Stearon	234	5
$C_{35}H_{28}O_2$	Benzamaron	38	4
$C_{39}H_{74}O_6$	Trilaurin	256	15
$C_{45}H_{86}O_6$	Trimyristin	258	9
$C_{51}H_{98}O_6$	Tripalmitin	261	6
$C_{57}H_{110}O_6$	Tristearin	263	2
$C_{57}H_{104}O_6$	Triolein	259	13
CCl_2O	Phosgen	216	1
C_2H_5FO	β-Fluor-äthylalkohol	131	7
C_2H_5ClO	β-Chlor-äthylalkohol	68	7

C_3H_7ClO	Chlorisopropylalkohol	71	5
C_3H_5ClO	Chloraceton	68	2
C_3H_5BrO	Bromaceton	53	6
C_3H_5ClO	Epichlorhydrin	127	8
$C_3H_6Cl_2O$	β.γ-Dichlor-propylalkohol	100	18
$C_3H_6Br_2O$	β.γ-Dibrom- ,,	97	3
$C_3H_6Cl_2O$	symm. Dichlorisopropylalkohol	99	5
$C_3H_6Br_2O$	symm. Dibromisopropylalkohol	96	7
$C_3H_4Cl_2O$	α.α -Dichlor-aceton	97	12
	α.α'- ,, ,,	97	13
$C_3H_2Cl_4O$	α.α.α'.α'-Tetrachlor-aceton	238	11
C_3HBr_5O	Pentabromaceton	205	7
$C_3H_7ClO_2$	Glycerin-α-chlorhydrin	137	6
	,, β- ,,	137	7
$C_3H_5ClO_2$	α-Chlor-propionsäure	72	9
$C_3H_5BrO_2$	α-Brom- ,,	55	15
$C_3H_5ClO_2$	β-Chlor- ,,	72	10
$C_3H_5BrO_2$	β-Brom- ,,	55	16
$C_3H_5JO_2$	β-Jod- ,,	155	14
$C_3H_5ClO_2$	Chlorameisensäureäthylester	68	11
$C_3H_3ClO_2$	α-Chlor-acrylsäure	68	5
	β- ,, ,,	68	6
$C_3H_4Br_2O_2$	α.β-Dibrom-propionsäure	97	2
$C_3H_3Cl_3O_3$	β.β.β-Trichlor-milchsäure	256	6
C_4H_9ClO	α-Chlor-diäthyläther	70	6
	β- ,, ,,	70	7
C_4H_7ClO	Butyrylchlorid	58	17
$C_4H_8Cl_2O$	α.β -Dichlor-diäthyläther	98	16
	α.α'- ,, ,,	98	15
$C_4H_7Cl_3O$	β.β.β-Trichlor-tert.-butylalkohol	255	19
	α.β.β-Trichlor-diäthyläther	256	3
$C_4H_5Cl_3O$	α.α.β-Trichlor-butyraldehyd	256	1
$C_4H_6Cl_4O$	α.β.β.β-Tetrachlor-diäthyläther	239	6

31213 (Fortsetzung).

Bruttoformel	Name	Seite	lfd. Nr.	Bruttoformel	Name	Seite	lfd. Nr.
$C_4H_7BrO_2$	dl-α-Brom-buttersäure	54	6	$C_7H_5Cl_2O$	4-Chlor-benzoesäure	69	9
$C_4H_7ClO_2$	Chloressigsäureäthylester	71	2	$C_7H_5BrO_2$	2-Brom-benzoesäure	53	17
$C_4H_7BrO_2$	Bromessigsäureäthylester	54	14		3- ,, ,,	54	1
$C_4H_7JO_2$	Jodessigsäureäthylester	155	2		4- ,, ,,	54	2
$C_4H_5ClO_2$	α-Chlor-crotonsäure	70	3	$C_7H_5JO_2$	2-Jod-benzoesäure	154	8
	β- ,, ,,	70	4		3- ,, ,,	154	9
$C_4H_5ClO_2$	β-Chlor-isocrotonsäure	71	4		4- ,, ,,	154	10
$C_4H_6Cl_2O_2$	Dichloressigsäureäthylester	99	4	$C_7H_4Cl_2O_2$	2.3-Dichlor-benzoesäure	98	5
$C_4H_4Cl_2O_2$	Succinylchlorid	235	7		2.4- ,, ,,	98	6
$C_4H_7Cl_3O_2$	Chloralalkoholat	68	9		2.5- ,, ,,	98	7
$C_4H_5Cl_3O_2$	Trichloressigsäureäthylester	256	5		2.6- ,, ,,	98	8
$C_4H_5BrO_4$	dl-Brombernsteinsäure	54	5		3.4- ,, ,,	98	9
$C_4H_3ClO_4$	Chlorfumarsäure	41	3		3.5- ,, ,,	98	10
$C_4H_3BrO_4$	Brommaleinsäure	55	1	$C_7H_4Br_2O_2$	2.3-Dibrom-benzoesäure	95	9
	Bromfumarsäure	54	15		2.4- ,, ,,	95	10
$C_4H_4Br_2O_4$	meso-Dibrombernsteinsäure	96	5		2.5- ,, ,,	95	11
	dl-Dibrombernsteinsäure	96	4		2.6- ,, ,,	95	12
C_6H_5ClO	2-Chlor-phenol	72	3		3.4- ,, ,,	95	13
	3- ,, ,,	72	4		3.5- ,, ,,	95	14
	4- ,, ,,	72	5	$C_7H_3Cl_3O_2$	2.3.4-Trichlor-benzoesäure	255	11
C_6H_5BrO	2-Brom-phenol	55	10		2.3.5- ,, ,,	255	12
	3- ,, ,,	55	11		2.4.5- ,, ,,	255	13
	4- ,, ,,	55	12		2.4.6- ,, ,,	255	14
C_6H_5JO	2-Jod-phenol	155	11		3.4.5- ,, ,,	255	15
	3- ,, ,,	155	12	$C_7H_5ClO_3$	5-Chlor-salicylsäure	73	1
	4- ,, ,,	155	13	$C_7H_4Cl_2O_3$	3.5-Dichlor-salicylsäure	101	4
	Jodosobenzol	155	10	C_8H_7ClO	ω-Chlor-acetophenon	68	3
$C_6H_4Cl_2O$	2.3-Dichlor-phenol	100	7	C_8H_7BrO	ω-Brom-acetophenon	53	7
	2.4- ,, ,,	100	8	$C_8H_4Cl_2O_2$	Phthalylchlorid	217	7

	2.5-Dichlor-phenol	100	9
	2.6- „ „	100	10
	3.4- „ „	100	11
	3.5- „ „	100	12
$C_6H_4Br_2O$	2.4-Dibrom-phenol	96	11
	2.6- „ „	96	12
$C_6H_3Cl_3O$	2.4.6-Trichlor-phenol	256	7
$C_6H_3Br_3O$	2.4.6-Tribrom- „	255	1
$C_6H_3J_3O$	2.4.6-Trijod-phenol	256	14
C_6HCl_5O	Pentachlorphenol	205	12
$C_6H_{13}ClO_2$	Chloracetal	67	8
$C_6H_{11}BrO_2$	dl-α-Brom-buttersäureäthylester	54	7
$C_6H_5JO_2$	Jodobenzol	155	8
$C_6H_{12}Cl_2O_2$	Dichloracetal	97	9
$C_6H_2Cl_2O_2$	2.6-Dichlor-chinon	98	14
$C_6HCl_3O_2$	Trichlorchinon	256	2
$C_6H_2Cl_4O_2$	Tetrachlorhydrochinon	239	7
$C_6Cl_4O_2$	Chloranil	68	13
$C_6Br_4O_2$	Tetrabromchinon	238	5
$C_6H_2Cl_2O_4$	Chloranilsäure	69	1
C_7H_7BrO	4-Brom-anisol	53	14
C_7H_5ClO	2-Chlor-benzaldehyd	69	4
	3- „ „	69	5
	4- „ „	69	6
	Benzoylchlorid	46	4
$C_7H_4Br_4O$	3.4.5.6-Tetrabrom-o-kresol	238	9
	2.4.5.6- „ m- „	238	8
	2.3.5.6- „ p- „	238	7
$C_7H_5FO_2$	2-Fluor-benzoesäure	132	2
	3- „ „	132	3
	4- „ „	132	4
$C_7H_5ClO_2$	2-Chlor-benzoesäure	69	7
	3- „ „	69	8

	Terephthalylchlorid	237	1
	Isophthalylchlorid	152	10
	asymm. Phthalylchlorid	217	8
$C_8Cl_4O_3$	Tetrachlorphthalsäureanhydrid	239	10
$C_8H_5ClO_4$	3-Chlor-phthalsäure	72	6
	4- „ „	72	7
$C_8H_4Cl_2O_4$	3.6-Dichlor-phthalsäure	100	13
$C_8H_2Cl_4O_4$	Tetrachlorphthalsäure	239	9
C_9H_7ClO	Zimtsäurechlorid	271	6
$C_9H_7BrO_2$	cis-α-Brom-zimtsäure	56	8
	trans-α-Brom-zimtsäure	56	9
	cis-β-Brom-zimtsäure	56	10
	trans-β-Brom-zimtsäure	56	11
$C_9H_8O_2Br_2$	inakt. Zimtsäuredibromid	271	8
$C_{10}H_{15}ClO$	3-Chlor-d-campher (α)	70	1
$C_{10}H_{15}BrO$	3-Brom-d-campher (α)	54	8
$C_{10}H_6Cl_2O$	2.4-Dichlor-naphthol-(1)	92	16
$C_{14}H_7ClO_2$	1-Chlor-anthrachinon	69	2
	2- „ „	69	3
$C_{14}H_7BrO_2$	1-Brom-anthrachinon	53	15
	2- „ „	53	16
$C_{18}H_{32}Br_4O_2$	Linolsäure-tetrabromid	161	4
$C_{18}H_{30}Br_6O_2$	natürl. Linolensäurehexabromid	161	2
$C_{20}H_8Br_4O_5$	Eosin (2.4.5.7-Tetrabrom-fluorescein)	127	5
	Eosin-natrium	127	6
$C_{20}H_8J_4O_5$	Erythrosin (2.4.5.7-Tetrajod-fluorescein)	128	16
CH_4S	Methylmercaptan	173	14
CS_2	Schwefelkohlenstoff	232	7
CH_2S_3	Trithiokohlensäure	263	3
C_2H_6S	Dimethylsulfid	109	10

31213 (Fortsetzung).

Bruttoformel	Name	Seite	lfd. Nr.	Bruttoformel	Name	Seite	lfd. Nr.
C_2H_6S	Äthylmercaptan	16	11	$C_6H_6O_2S$	Benzolsulfinsäure	43	9
C_2H_5SNa	Natriummercaptid	182	10	$C_6H_6O_3S$	Benzolsulfonsäure	43	11
$C_2H_6S_2$	Dithioäthylenglykol	126	2	$C_6H_6O_4S$	Phenol-sulfonsäure-(2)	209	2
	Dimethyldisulfid	106	4		,, ,, (3)	209	3
C_3S_2	Kohlensubsulfid	157	11		,, ,, (4)	209	4
$C_3H_6S_3$	Trimethylentrisulfid	258	3	$C_6H_6O_6S_2$	m-Benzoldisulfonsäure	42	10
$C_4H_{10}S$	Diäthylsulfid	89	16		p- ,,	42	11
C_4H_4S	Thiophen	247	10	$C_6H_6O_7S_2$	Phenol-disulfonsäure-(2.4)	208	11
$C_4H_{10}S_2$	Diäthyldisulfid	89	9	$C_6H_6O_9S_3$	Benzol-trisulfonsäure-(1.3.5)	44	6
$C_4H_8S_2$	1.4-Dithian	125	11	C_7H_6OS	Thiobenzoesäure	246	6
$C_5H_{12}S$	Isoamylmercaptan	149	7	$C_7H_8O_2S$	p-Toluolsulfinsäure	251	1
C_5H_6S	2-Methyl-thiophen	175	13	$C_7H_6O_2S$	Thiosalicylsäure	248	5
$C_6H_{10}S$	Diallylsulfid	90	6	$C_7H_8O_3S$	o-Toluolsulfonsäure	251	4
C_6H_8S	2.5-Dimethyl-thiophen	109	13		p- ,,	251	5
C_6H_6S	Thiophenol	248	2	$C_7H_6O_5S$	o-Sulfo-benzoesäure	235	10
$C_6H_4S_2$	Thiophthen	·248	4		m- ,, ,,	235	11
C_5H_6S	3-Methyl-thiophen	175	14		p- ,, ,,	235	12
C_7H_8S	Benzylmercaptan	48	7	$C_7H_6O_6S$	5-Sulfo-salicylsäure	236	2
	Thio-o-kresol	247	2	$C_7H_{16}O_4S_2$	Sulfonal	236	1
	,, m- ,,	247	3	C_8H_6OS	3-Oxy-thionaphthen	203	1
	,, p- ,,	247	4	$C_8H_4O_2S$	Thionaphthenchinon	247	6
C_8H_6S	Thionaphthen	247	5	$C_8H_{10}O_3S$	o-Xylol-sulfonsäure-(4)	269	7
$C_8H_6S_2$	Dithienyl-(2.2′)	125	12		m- ,, ,, (4)	269	8
	,, (3.3′)	126	1		p- ,, ,, (2)	269	9
$C_{10}H_8S$	Thio-α-naphthol	247	7	$C_8H_{18}O_4S_2$	Trional	259	14
	,, β- ,,	247	8	$C_{10}H_8O_3S$	Naphthalinsulfonsäure	178	6
$C_{12}H_{10}S$	Diphenylsulfid	124	11	$C_{10}H_8O_3S$	β-Naphthalinsulfonsäure	178	7
$C_{12}H_{10}S_2$	Diphenyldisulfid	123	9	$C_{10}H_8O_4S$	Naphthol-(1)-sulfonsäure-(2)	180	1
$C_{12}H_8S_2$	Thianthren	245	7		,, (1)- ,, (4)	180	2

$C_{13}H_{10}S$	Thioxanthen	248	7
$C_{14}H_{14}S$	Dibenzylsulfid	95	2
$C_{14}H_{14}S_2$	Dibenzyldisulfid	94	11
$C_{28}H_{20}S$	Tetraphenylthiophen	244	8
CCl_2S	Thiophosgen	248	3
$C_4H_8Cl_2S$	β.β′-Dichlor-diäthylsulfid	99	1
$C_4H_2Br_2S$	2.5-Dibrom-thiophen	97	4
C_4Br_4S	Tetrabromthiophen	238	10
COS	Kohlenoxysulfid	157	7
CH_4O_3S	Methansulfonsäure	165	9
CH_3O_3SNa	Rongalitsäure, Na-Salz (Rongalit)	229	6
CH_4O_4S	Methylschwefelsäure	175	9
$CH_4O_6S_2$	Methionsäure	165	11
C_2H_4OS	Thioessigsäure	246	10
$C_2H_4O_2S$	Thioglykolsäure	246	11
$C_2H_6O_2S$	Äthansulfinsäure	14	1
$C_2H_6O_3S$	Äthansulfonsäure	14	3
$C_2H_6O_4S$	Isäthionsäure	148	3
	Dimethylsulfat	109	9
	Äthylschwefelsäure	17	16
$C_2H_4O_5S$	Sulfoessigsäure	235	13
$C_2H_6O_6S_2$	Äthan-disulfonsäure-(1.2)	13	12
$C_3H_6OS_2$	Xanthogensäure	268	6
	,, K-Salz	268	7
$C_4H_{10}OS$	Diäthylsulfoxyd	89	19
$C_4H_{10}O_2S$	Diäthylsulfon	89	18
$C_4H_{10}O_3S$	Diäthylsulfit	89	17
$C_4H_{10}O_4S$	Diäthylsulfat	89	15
C_5H_4OS	Thiophenaldehyd-(2)	247	11
$C_5H_4O_2S$	Thiophen-carbonsäure-(2)	247	12
	,, ,, (3)	248	1
C_6H_6OS	2-Acetyl-thiophen	12	7
	Naphthol-(1)-sulfonsäure-(5)	180	3
	,, (1)- ,, (7)	180	4
	,, (1)- ,, (8)	180	5
	,, (2)- ,, (1)	180	6
	,, (2)- ,, (6)	180	7
	,, (2)- ,, (7)	180	8
	,, (2)- ,, (8)	180	9
$C_{10}H_8O_7S_2$	Naphthol-(2)-disulfonsäure-(3.6)	179	8
	,, (2)- ,, (6.8)	179	9
$C_{10}H_8O_8S_2$	1.8-Dioxy-naphthalin-disulfonsäure-(3.6)	120	6
$C_{12}H_8OS$	Phenoxthin	209	6
$C_{12}H_{10}O_2S$	Diphenylsulfon	124	12
$C_{13}H_8OS$	Thioxanthon	248	8
$C_{14}H_{14}OS$	Dibenzylsulfoxyd	95	4
$C_{14}H_{14}O_2S$	Dibenzylsulfon	95	3
$C_{14}H_{10}O_2S_2$	Benzoyldisulfid	46	6
$C_{14}H_8O_5S$	Anthrachinon-sulfonsäure-(1)	30	7
	,, ,, (2)	30	8
$C_{16}H_8O_2S_2$	Thioindigo	247	1
$C_2H_5ClO_2S$	Äthansulfochlorid	14	2
$C_6H_5ClO_2S$	Benzolsulfochlorid	43	10
$C_6H_5ClO_3S$	p-Chlor-benzolsulfonsäure	69	11
$C_6H_5BrO_3S$	p-Brom-benzolsulfonsäure	54	4
$C_7H_7ClO_2S$	o-Toluolsulfochlorid	251	2
	p- ,,	251	3
$C_{10}H_7ClO_2S$	α-Naphthalinsulfochlorid	178	4
	β- ,,	178	5
$C_{10}H_{15}BrO_4S$	α-Brom-d-campher-β-sulfonsäure	54	9
	α- ,, d- ,, π- ,,	54	10
C_2H_6Se	Dimethylselenid	109	8

31213 (Fortsetzung).

Bruttoformel	Name	Seite	lfd. Nr.
$C_4H_{10}Se$	Diäthylselenid	89	14
C_2H_6Te	Dimethyltellurid	109	11
$C_4H_{10}Te$	Diäthyltellurid	90	1
CH_5N	Methylamin	167	11
	,, -hydrochlorid	167	12
CHN	Cyanwasserstoff (Blausäure)	82	4
CH_6N	Methylhydrazin	172	10
CH_2N_2	Cyanamid	81	7
	,, Ca-Salz	81	8
	Diazomethan	93	9
CH_5N_3	Guanidin	139	8
	,, -carbonat	139	9
CH_6N_4	Aminoguanidin	24	2
CH_2N_4	Tetrazol	244	10
C_2H_7N	Dimethylamin	103	10
	,, -hydrochlorid	103	11
C_2H_7N	Äthylamin	14	9
	,, -hydrochlorid	14	10
	,, -hydrobromid	14	11
C_2H_3N	Acetonitril	10	4
	Methylisocyanid	173	8
$C_2H_8N_2$	Äthylendiamin	15	12
	N.N′-Dimethyl-hydrazin	107	1
	Äthylhydrazin	16	1
$C_2H_6N_2$	Acetamidin	8	11
C_2N_2	Dicyan	101	5

Bruttoformel	Name	Seite	lfd. Nr.
$C_4H_{10}N_2$	Piperazin	220	3
$C_4H_6N_2$	1-Methyl-imidazol	173	3
$C_4H_4N_2$	Bernsteinsäuredinitril	49	7
	Pyrazin	224	1
	Pyrimidin	226	3
	Pyridazin	224	6
$C_5H_{13}N$	n-Amylamin	27	15
	Isoamylamin	149	3
	sek.-n-Amylamin	27	16
	tert. Amylamin	28	1
$C_5H_{11}N$	Piperidin	220	4
C_5H_9N	Valeronitril	265	8
	Isovaleronitril	153	11
C_5H_7N	2-Methyl-pyrrol	175	3
	3- ,, ,,	175	4
C_5H_5N	Pyridin	224	7
$C_5H_{14}N_2$	Pentamethylendiamin	206	4
$C_5H_{10}N_2$	Diäthylcyanamid	89	8
$C_5H_6N_2$	Glutarsäuredinitril	137	3
	2-Amino-pyridin	25	11
	3- ,, ,,	25	12
	4- ,, ,,	25	13
$C_5H_9N_3$	Histamin	143	1
$C_5H_4N_4$	Purin	223	5
$C_5H_5N_5$	Adenin (6-Amino-purin)	13	4
$C_6H_{15}N$	Triäthylamin	252	4
	,, -hydrochlorid	252	5
	Dipropylamin	125	3
	Diisopropylamin	102	7

$C_2H_7N_3$	Methylguanidin	172	4
$C_2H_3N_3$	1.2.3-Triazol	254	2
	1.2.4- „	254	3
$C_2H_4N_4$	Dicyandiamid	101	6
	4-Amino-1.2.4-triazo	26	11
$C_2H_2N_4$	sym. Tetrazin	244	9
$C_2H_7N_5$	Biguanid	49	9
C_3H_9N	Trimethylamin	257	4
	„ -hydrochlorid	257	5
	Propylamin	222	11
	Isopropylamin	152	15
C_3H_7N	Allylamin	19	2
C_3H_5N	Propionitril	222	5
	Äthylisocyanid	16	8
$C_3H_{10}N_2$	Trimethylendiamin	258	1
	dl-Propylendiamin	222	16
$C_3H_6N_2$	Δ^2-Pyrazolin	224	3
$C_3H_4N_2$	Imidazol	146	2
	Pyrazol	224	2
$C_3H_2N_2$	Malonsäuredinitril	162	3
$C_3H_6N_6$	Melamin	163	6
$C_4H_{11}N$	Butylamin	57	12
	Isobutylamin	150	6
	dl-sek.-Butylamin	57	13
	tert.-Butylamin	57	14
	Diäthylamin	89	1
	„ -hydrochlorid	89	2
C_4H_9N	Pyrrolidin	227	8
C_4H_7N	Butyronitril	58	15
	Pyrrolin	227	10
C_4H_5N	Allylcyanid	19	7
	Pyrrol	227	6
$C_4H_{12}N_2$	Tetramethylendiamin	241	12
$C_6H_{13}N$	Cyclohexylamin	84	5
	N-Methyl-piperidin	175	1
	dl-α-Pipecolin	219	9
	dl-β- „	220	1
	γ-Pipecolin	220	2
$C_6H_{11}N$	Capronitril	61	8
C_6H_9N	2.4-Dimethyl-pyrrol	109	4
	2.5- „ „	109	5
C_6H_7N	Anilin	29	2
	„ -hydrochlorid	29	3
	„ -sulfat	29	4
	α-Picolin	218	3
	β- „	218	4
	γ- „	218	5
$C_6H_{14}N_2$	cis-2.5-Dimethyl-piperazin	108	13
	trans-2.5-Dimethyl-piperazin	108	14
$C_6H_8N_2$	o-Phenylendiamin	212	2
	m- „	212	3
	p- „	212	4
	Phenylhydrazin	213	4
	„ -hydrochlorid	213	5
	2.5-Dimethyl-pyrazin	108	15
$C_6H_9N_3$	1.2.3-Triamino-benzol	253	3
	1.2.4- „ „	253	4
$C_6H_5N_3$	Phenylazid	210	9
	Benztriazol	47	3
$C_6H_{12}N_4$	Hexamethylentetramin	141	14
$C_6H_{10}N_4$	Cardiazol	62	9
$C_7H_{13}N$	Chinuclidin	67	7
C_7H_9N	Benzylamin	47	6
	Methylanilin	168	2
	o-Toluidin	250	4
	m- „	250	5

31213 (Fortsetzung).

Bruttoformel	Name	Seite	lfd. Nr.
C_7H_9N	p-Toluidin	250	6
	2.4-Dimethyl-pyridin	109	1
	2.6- ,, ,,	109	2
	2-Äthyl-pyridin	17	12
	3- ,, ,,	17	13
	4- ,, ,,	17	14
C_7H_5N	Benzonitril	44	7
	Phenylisocyanid	213	9
$C_7H_{10}N_2$	Methyl-p-phenylendiamin	174	12
	2.3-Diamino-toluol (vic. o-Toluylendiamin)	92	8
	2.4-Diamino-toluol (as. m-Toluylendiamin)	92	9
	2.5-Diamino-toluol (p-Toluylendiamin)	92	10
	2.6-Diamino-toluol (vic. m-Toluylendamin)	92	11
	3.4-Diamino-toluol (as. o-Toluylendiamin)	92	12
	3.5-Diamino-toluol (symm. m-Toluylendiamin)	92	13
	α-Methyl-phenylhydrazin	174	13
	β- ,, ,,	174	14
	Benzylhydrazin	48	3
	o-Tolylhydrazin	251	15
	p- ,,	251	16
$C_7H_8N_2$	Benzamidin	38	6
	Benzalhydrazin	37	11

Bruttoformel	Name	Seite	lfd. Nr.
$C_8H_{11}N$	2-Methyl-5-äthyl-pyridin (Aldehydkollidin)	167	6
	2- ,, 6- ,, ,,	167	7
	4- ,, 3- ,, ,,	167	8
C_8H_9N	Indolin	147	5
C_8H_7N	Benzylcyanid	48	1
	o-Tolunitril	250	7
	p- ,,	250	8
	Indol	147	4
$C_8H_{12}N_2$	N.N′-Dimethyl-o-phenylendiamin	108	8
	N.N′- ,, p- ,,	108	11
	N.N - ,, o- ,,	108	7
	N.N - ,, m- ,,	108	9
	N.N - ,, p- ,,	108	10
	α-Äthyl-phenylhydrazin	17	5
	β- ,, ,,	17	6
$C_8H_{10}N_2$	Acetaldehydphenylhydrazon	8	7
$C_8H_6N_2$	Chinoxalin	67	6
	Chinazolin	65	4
	Phthalazin	216	9
	Cinnolin	76	3
$C_8H_4N_2$	Isophthalonitril	152	7
$C_9H_{21}N$	Tripropylamin	262	8
$C_9H_{17}N$	cis-Dekahydrochinolin	87	2
	trans-Dekahydrochinolin	87	3
$C_9H_{15}N$	Phyllopyrrol	217	9
$C_9H_{13}N$	Dimethyl-o-toluidin	110	1
	,, m- ,,	110	2
	,, p- ,,	110	3

$C_7H_6N_2$	Phenylcyanamid	211	11
	Anthranilsäurenitril	31	4
	Benzimidazol	40	8
	Indazol	146	6
$C_7H_7N_3$	Benzylazid	47	8
$C_8H_{19}N$	Diisobutylamin	102	3
$C_8H_{17}N$	d-Coniin	79	2
	d-Coniin-hydrochlorid	79	3
$C_8H_{15}N$	l-β-Conicein	78	8
	γ-Conicein	78	9
	Tropan	263	4
$C_8H_{13}N$	2.3.4.5-Tetramethyl-pyrrol	242	6
	Hämopyrrol	140	3
	Kryptopyrrol	159	4
	Tropidin	263	6
$C_8H_{11}N$	2.3-Dimethyl-anilin (vic. o-Xylidin)	104	4
	2.4- ,, ,, (as. m-Xylidin)	104	5
	2.5- ,, ,, (p-Xylidin)	104	6
	2.6- ,, ,, (vic. m-Xylidin)	104	7
	3.4- ,, ,, (as. o-Xylidin)	104	8
	3.5- ,, ,, (symm. m-Xylidin)	104	9
	Methyl-o-toluidin	176	1
	,, p- ,,	176	2
	Dimethylanilin	104	3
	Äthylanilin	14	12
	dl-α-Phenäthylamin	207	7
	β-Phenäthylamin	207	8
	2.4.6-Trimethyl-pyridin (symm. Kollidin)	258	8
	2-Propyl-pyridin (Conyrin)	222	19
	2-Methyl-4-äthyl-pyridin	167	5

	Mesidin	164	3
	Cumidin	80	6
	Pseudocumidin	223	2
$C_9H_{11}N$	1.2.3.4-Tetrahydro-isochinolin	240	1
	1.2.3.4-Tetrahydro-chinolin	239	12
C_9H_9N	2-Methyl-indol	173	4
	3- ,, ,, (Skatol)	173	5
C_9H_7N	Zimtsäurenitril	271	10
	Chinolin	66	5
	Isochinolin	151	3
$C_9H_{12}N_2$	Acetonphenylhydrazon	10	6
$C_9H_8N_2$	2-Amino-chinolin	23	2
	4- ,, ,,	23	3
$C_{10}H_{19}N$	α-Camphylamin	61	2
	d-Bornylamin	51	6
$C_{10}H_{15}N$	Diäthylanilin	89	4
	4-tert.-Butyl-anilin	57	15
	Carvacrylamin	63	5
$C_{10}H_{13}N$	1.2.3.4-Tetrahydro-naphthylamin-(1)	240	7
	5.6.7.8- ,, ,, (1)	240	9
	1.2.3.4- ,, ,, (2)	240	8
	5.6.7.8- ,, ,, (2)	240	10
	N-Methyl-tetrahydrochinolin	175	11
$C_{10}H_9N$	α-Naphthylamin	180	12
	β- ,,	181	1
	2-Methyl-chinolin (Chinaldin)	169	11
	3- ,, ,,	169	12
	4- ,, ,, Lepidin	169	13
	6- ,, ,,	169	14
	8- ,, ,,	169	15
$C_{10}H_{16}N_2$	Tetramethyl-o-phenylendiamin	242	3
	,, m- ,,	242	4

31213 (Fortsetzung).

Bruttoformel	Name	Seite	lfd. Nr.	Bruttoformel	Name	Seite	lfd. Nr.
$C_{10}H_{16}N_2$	Tetramethyl-p-phenylendiamin	242	5	$C_{13}H_{12}N_2$	Benzalphenylhydrazin	37	15
$C_{10}H_{14}N_2$	Nicotin	183	4		N.N′-Diphenyl-formamidin	123	12
$C_{10}H_{10}N_2$	α-Naphthylhydrazin	182	5		N-Phenyl-benzamidin	210	10
	β- "	182	6	$C_{13}H_{10}N_2$	Diphenylcarbodiimid	123	1
	Naphthylendiamin-(1.2)	181	12		2-Phenyl-benzimidazol	211	1
	" (1.4)	181	13	$C_{13}H_{13}N_3$	4-Methyl-diazoaminobenzol	171	5
	" (1.5)	182	1		N.N′-Diphenyl-guanidin	124	2
	" (1.8)	182	2	$C_{14}H_{15}N$	Dibenzylamin	94	9
	" (2.6)	182	3		Di-p-tolylamin	126	9
	" (2.7)	182	4	$C_{14}H_{11}N$	1-Amino-anthracen	21	5
$C_{10}H_8N_2$	Dipyridyl-(2.2′)	125	7		2- " "	21	6
	" (4.4′)	125	8		9- " "	21	7
$C_{11}H_{11}N$	Methyl-α-naphthylamin	174	5		2-Amino-phenanthren	25	2
	" β- "	174	6		3- " "	25	3
	2.3-Dimethyl-chinolin	105	14		4- " "	25	4
	2.4- " "	105	15		9- " "	25	5
	2.6- " "	105	16		2-Phenyl-indol	213	7
$C_{11}H_9N$	2-Phenyl-pyridin	214	9		5.6-Benzo-chinaldin	41	2
	3- " "	214	10	$C_{14}H_{16}N_2$	2.2′-Dimethyl-benzidin (m-Tolidin)	105	1
	4- " "	214	11		3.3′- " " (o- "	105	2
$C_{11}H_7N$	α-Naphthonitril	180	10	$C_{14}H_{14}N_2$	2.2′-Diamino-stilben	92	6
	β- "	180	11		4.4′- " "	92	7
$C_{12}H_{27}N$	Triisobutylamin	256	10		N.N′-Diphenyl-acetamidin	122	4
$C_{12}H_{13}N$	Dimethyl-α-naphthylamin	107	12		o.o′-Azotoluol	36	1
	" β- "	107	13		m.m′- "	36	2
	Äthyl-α-naphthylamin	16	14		p.p′- "	36	3
	" β- "	16	15		Acetophenon phenylhydrazon	10	13
$C_{12}H_{11}N$	Diphenylamin	122	11	$C_{14}H_{12}N_2$	Benzalazin	37	4
	2-Amino-diphenyl	23	5	$C_{14}H_{15}N_3$	4-Dimethylamino-azobenzol	103	12

	3-Amino-diphenyl	23	6	$C_{15}H_{11}N$	2-Phenyl-chinolin	211	9
	4- „ „	23	7		6- „ „	211	10
$C_{12}H_9N$	Carbazol	62	7	$C_{16}H_{13}N$	Phenyl-α-naphthylamin	214	3
$C_{12}H_{12}N_2$	Benzidin	39	9		„ β- „	214	4
	2.4′-Diamino-diphenyl	91	11	$C_{16}H_{20}N_2$	Tetramethylbenzidin	241	7
	2-Amino-diphenylamin	23	8	$C_{17}H_{22}N_2$	4.4′-Bis-dimethylamino-diphenyl-methan	50	5
	4- „ „	23	9	$C_{17}H_{23}N_3$	4.4′-Bis-dimethylamino-benzhydryl-amin	50	3
	N.N-Diphenyl-hydrazin	124	4	$C_{17}H_{21}N_3$	Auramin	34	7
	N.N′- „ „	124	5	$C_{18}H_{15}N$	Triphenylamin	261	8
$C_{12}H_{10}N_2$	Azobenzol	35	7	$C_{18}H_{12}N_2$	Dichinolyl-(2.3′)	97	7
$C_{12}H_8N_2$	Phenazin	208	3		„ (6.6′)	97	8
	Phenazon	208	4	$C_{19}H_{17}N$	4-Amino-triphenylmethan	27	2
$C_{12}H_{13}N_3$	4.4′-Diamino-diphenylamin	91	12	$C_{19}H_{13}N$	9-Phenyl-acridin	209	12
$C_{12}H_{11}N_3$	4-Amino-azobenzol	21	10	$C_{19}H_{18}N_2$	4.4′-Diamino-triphenylmethan	93	2
	Diazoaminobenzol	93	5	$C_{19}H_{16}N_2$	Benzophenonphenylhydrazon	45	4
$C_{12}H_{12}N_4$	2.2′-Diamino-azobenzol	91	1	$C_{19}H_{19}N_3$	4.4′.4″-Triamino-triphenylmethan	253	9
	Chrysoidin	74	6	$C_{19}H_{17}N_3$	N.N.N′-Triphenyl-guanidin	262	2
	3.3′-Diamino-azobenzol	91	2		N.N′.N″- „ „	262	3
	4.4′- „ „	91	3	$C_{19}H_{15}N_3$	Chrysanilin	74	3
$C_{13}H_{13}N$	Methyldiphenylamin	171	7	$C_{20}H_{19}N$	Dibenzylanilin	94	10
	Benzylanilin	47	7	$C_{20}H_{15}N$	Di-α-naphthylamin	110	6
	Benzhydrylamin	39	5		Di-β- „	110	7
	2-Amino-diphenylmethan	23	10	$C_{20}H_{14}N_2$	1.1′-Azonaphthalin	35	9
	4- „ „	23	11		2.2′- „	35	10
$C_{13}H_{11}N$	Benzalanilin	37	3	$C_{20}H_{16}N_4$	Nitron	188	13
	9.10-Dihydro-acridin	101	10	$C_{21}H_{21}N$	Tribenzylamin	254	5
	α-Stilbazol	234	6	$C_{21}H_{18}N_2$	Hydrobenzamid	144	7
	γ- „	234	7		Amarin	20	2
$C_{13}H_9N$	5.6-Benzo-chinolin	41	3	$C_{21}H_{16}N_2$	Lophin	161	5
	7.8- „ „	41	4	$C_{21}H_{21}N_3$	Anhydroformaldehydanilin	29	1
	Acridin	12	10	$C_{22}H_{15}N_3$	Rosindulin	230	1
	Phenanthridin	207	11				
$C_{13}H_{14}N_2$	4.4 -Diamino-diphenylmethan	92	1				

31213 (Fortsetzung).

Bruttoformel	Name	Seite	lfd. Nr.
$C_{23}H_{26}N_2$	4.4′-Bis-dimethylamino-triphenylmethan (Leukomalachitgrün)	50	7
$C_{25}H_{31}N_3$	4.4′.4″-Tris-dimethylamino-triphenylmethan (Leukokrystallviolett)	263	1
$C_{26}H_{22}N_4$	syn-Benzilosazon	40	6
	anti-Benzilosazon	40	5
$C_{28}H_{20}N_2$	Amaron	20	3
$C_{30}H_{24}N_4$	Azophenin	35	12
CClN	Chlorcyan	70	5
CBrN	Bromcyan	54	11
CJN	Jodcyan	154	12
$C_3N_3Cl_3$	Cyanurchlorid	82	1
C_4HJ_4N	2.3.4.5-Tetrajod-pyrrol	241	3
C_5H_4ClN	2-Chlor-pyridin	72	15
	3- ,, ,,	72	16
	4- ,, ,,	72	17
C_6H_6ClN	2-Chlor-anilin	68	14
	3- ,, ,,	68	15
	4- ,, ,,	68	16
C_6H_6BrN	2-Brom-anilin	53	11
	3- ,, ,,	53	12
	4- ,, ,,	53	13
C_6H_6JN	2-Jod-anilin	154	6
	4- ,, ,,	154	7
$C_6H_5Cl_2N$	2.4-Dichlor-anilin	98	2

Bruttoformel	Name	Seite	lfd. Nr.
CH_5ON_3	Semicarbazid-hydrochlorid	232	10
$CH_3O_3N_3$	Nitroharnstoff	187	1
CHO_6N_3	Nitroform	187	12
CH_6ON_4	Carbohydrazid	62	8
$CH_4O_2N_4$	Nitroguanidin	187	14
CO_8N_4	Tetranitromethan	242	8
CON_6	Carbazid	62	6
C_2H_7ON	β-Amino-äthylalkohol	21	4
	α-Äthyl-hydroxylamin	16	2
	β- ,, ,,	16	3
$[C_2H_7ON]_3$	Aldehydammoniak	18	3
C_2H_5ON	Acetamid	8	10
	Acetaldoxim	8	9
$C_2H_5O_2N$	Glycin	138	3
	Carbamidsäuremethylester	62	4
	Nitroäthan	183	11
	Äthylnitrit	17	1
$C_2H_3O_3N$	Oxamidsäure	196	13
$C_2H_5O_3N$	β-Nitro-äthylalkohol	184	1
	Äthylnitrat	16	16
$C_2H_6ON_2$	Methylharnstoff	172	5
	Dimethylnitrosamin	107	16
$C_2H_4O_2N_2$	Oxamid	196	12
$C_2H_6O_2N_2$	Dimethylnitramin	107	14
$C_2H_4O_3N_2$	Glyoxim	139	5
$C_2H_4O_3N_2$	Nitroacetaldoxim	183	7
	Methazonsäure	165	10
	Äthylnitrolsäure	17	2

	2.5-Dichlor-anilin	98	3
$C_6H_5Br_2N$	2.4-Dibrom-anilin	95	7
$C_6H_4Cl_3N$	2.4.6-Trichlor-anilin	255	10
$C_6H_4Br_3N$	2.4.6-Tribrom-anilin	254	8
$C_6H_7BrN_2$	4-Brom-phenylhydrazin	55	13
$C_6H_5ClN_2$	Benzoldiazoniumchlorid	42	9
$C_6H_4Cl_2N_2$	p-Chinon-bis-chlorimid	67	1
$C_8H_{10}BrN$	4-Brom-dimethylanilin	54	12
C_9H_6ClN	2-Chlor-chinolin	70	2
$C_{14}H_{14}ClN_3$	Trypaflavin	264	1
$C_{25}H_{25}JN_2$	Pinacyanol	219	2
CH_5ON	β-Methyl-hydroxylamin	173	2
CH_3ON	Formamid	133	7
	Formaldoxim	133	6
CHON	Cyansäure	81	11
	,, K-Salz	81	12
	,, NH_4-Salz	81	13
	Knallsäure	157	4
	,, Ag-Salz	157	5
	,, Hg- ,,	157	6
CH_3O_2N	Carbamidsäure	61	15
	,, NH_4-Salz	62	1
	Nitromethan	188	12
	Methylnitrit	174	9
CH_3O_3N	Methylnitrat	174	8
CH_4ON_2	Harnstoff	140	6
$CH_4O_2N_2$	Methylnitramin	174	7
$CH_2O_3N_2$	Methylnitrolsäure	174	10
$CH_2O_4N_2$	Dinitromethan	112	11
CH_5ON_3	Semicarbazid	232	9

$C_2H_4O_4N_2$	1.1-Dinitro-äthan	110	11
$C_2H_4O_6N_2$	Glykoldinitrat	138	12
$C_2H_5O_2N_3$	Biuret	51	1
$C_2H_3O_2N_3$	Urazol	265	2
$C_2H_3O_6N_3$	α.α.α-Trinitro-äthan	258	10
$C_2H_6ON_4$	Dicyandiamidin	101	7
$C_2H_4O_2N_4$	Azodicarbonamid	35	8
$C_2O_{12}N_6$	Hexanitroäthan	142	2
C_3H_7ON	Propionamid	222	3
	Acetoxim	10	14
C_3H_5ON	Hydracrylsäurenitril	143	8
	Milchsäurenitril	177	4
	Äthylisocyanat	16	7
$C_3H_7O_2N$	dl-Alanin	18	1
	d- ,,	17	21
	β- ,,	17	2
	Carbamidsäureäthylester (Urethan)	62	2
$C_3H_7O_2N$	Sarkosin	232	4
	,, -hydrochlorid	232	5
	1-Nitro-propan	190	4
	2- ,, ,,	190	5
$C_3H_5O_2N$	Isonitrosoaceton	152	2
$C_3H_3O_2N$	Cyanessigsäure	81	10
$C_3H_7O_3N$	dl-Serin	233	1
	dl-Isoserin	153	4
$C_3H_7O_5N$	Glycerin-α-mononitrat	137	11
	,, β- ,,	137	12
$C_3H_8ON_2$	N.N-Dimethyl-harnstoff	106	10
	N.N′- ,, ,,	106	11
	Äthylharnstoff	15	17
$C_3H_4ON_2$	Cyanacetamid	81	5
	Pyrazolon	224	4

31213 (Fortsetzuug).

Bruttoformel	Name	Seite	lfd. Nr.	Bruttoformel	Name	Seite	lfd. Nr.
$C_3H_6O_2N_2$	Malonamid	161	11	C_5H_7ON	Furfurylamin	134	5
	Acetylharnstoff	11	13	C_5H_5ON	2-Oxy-pyridin (α-Pyridon)	202	10
$C_3H_4O_2N_2$	Hydantoin	143	5		3- ,, ,,	202	11
$C_3H_6O_3N_2$	Hydantoinsäure	143	6		4- ,, ,, (γ-Pyridon)	202	12
$C_3H_2O_3N_2$	Parabansäure	204	10	$C_5H_{15}O_2N$	Cholin	73	9
$C_3H_6O_4N_2$	Nitrourethan	192	14	$C_5H_{11}O_2N$	α-Amino-valeriansäure	27	3
$C_3H_4O_4N_2$	Oxalursäure	196	10		β-Amino-isovaleriansäure	24	4
$C_3H_6O_7N_2$	Glycerin-α.α′-dinitrat	137	9		γ-Amino-valeriansäure	27	4
$C_3H_7ON_3$	Acetaldehydsemicarbazon	8	8		δ- ,, ,,	27	5
$C_3H_3O_3N_3$	Fulminursäure	133	11		dl-Valin	265	10
	Cyamelid	81	3		d- ,,	265	9
	Cyanursäure	82	2		Isoamylnitrit	149	9
$C_3H_5O_6N_3$	Glycerintrinitrit	137	17		Betain	49	8
$C_3H_5O_9N_3$	Nitroglycerin	187	13	$C_5H_9O_2N$	l-Prolin	221	5
$C_4H_{13}ON$	Tetramethylammoniumhydroxyd	241	6	$C_5H_7O_2N$	Cyanessigester	81	9
C_4H_9ON	Butyramid	57	5	$C_5H_5O_2N$	Pyrrol-carbonsäure-(2)	227	7
	Butyraldoxim	58	13	$C_5H_{11}O_3N$	Isoamylnitrat	149	8
	Isobutyraldoxim	150	13	$C_5H_9O_4N$	d-Glutaminsäure	136	11
	Morpholin	177	7	$C_5H_{12}ON_2$	N.N′-Diäthyl-harnstoff	89	12
C_4H_7ON	α-Oxy-isobuttersäurenitril	200	8	$C_5H_{12}O_2N_2$	d-Ornithin	195	1
	Pyrrolidon-(2)	227	9	$C_5H_6O_2N_2$	Thymin	249	2
$C_4H_9O_2N$	dl-α-Amino-buttersäure	22	9	$C_5H_{10}O_3N_2$	d-Glutamin	136	10
	dl-β- ,, ,,	22	10	$C_5H_6O_3N_2$	Dimethylparabansäure	107	17
	γ- ,, ,,	22	11	$C_5H_4ON_4$	Hypoxanthin	146	1
	Glycinäthylester	138	4	$C_5H_4O_2N_4$	Xanthin	268	5
$C_4H_7O_2N$	Diacetamid	88	3	$C_5H_4O_3N_4$	Harnsäure	140	5
	Diacetylmonoxim	88	10	$C_5H_5ON_5$	Guanin	139	10
$C_4H_5O_2N$	Cyanameisensäureäthylester	81	6	$C_6H_{13}ON$	Capronamid	61	7

	Succinimid	235	6
$C_4H_7O_3N$	Succinamidsäure	235	4
	Oxamidsäureäthylester	196	14
	Acetylglycin	11	12
$C_4H_7O_4N$	Iminodiessigsäure	146	3
	l-Asparaginsäure	34	2
$C_4H_8O_2N_2$	Succinamid	235	3
	N-Methyl-N′-acetyl-harnstoff	166	15
	Dimethylglyoxim	106	9
$C_4H_6O_2N_2$	Diazoessigester	93	8
	2.5-Dioxo-piperazin	115	5
$C_4H_4O_2N_2$	Uracil	264	9
$C_4H_8O_3N_2$	l-Asparagin	34	1
	Glycylglycin	138	6
	Allophansäureäthylester	18	7
$C_4H_4O_3N_2$	Barbitursäure	36	9
$C_4H_4O_4N_2$	Dialursäure	90	7
$C_4H_2O_4N_2$	Alloxan	18	8
$C_4H_4O_5N_2$	Alloxansäure	18	9
$C_4H_9ON_3$	Acetonsemicarbazon	10	7
$C_4H_7ON_3$	Kreatinin	158	3
$C_4H_5ON_3$	Cytosin	86	4
$C_4H_9O_2N_3$	Kreatin	158	2
$C_4H_5O_3N_3$	Uramil	265	1
$C_4H_3O_4N_3$	Violursäure	266	8
$C_4H_3O_5N_3$	Dilitursäure	102	17
$C_4H_6O_3N_4$	Allantoin	18	6
$C_4H_6O_{12}N_4$	Erythrittetranitrat	128	5
$C_5H_{13}ON$	Neurin	183	3
$C_5H_{11}ON$	Valeriansäureamid	265	6
	Isovaleriansäureamid	153	9
C_5H_9ON	Piperidon-(2)	220	5

	Diacetonamin	88	6
C_6H_7ON	2-Amino-phenol	25	6
	3- ,, ,,	25	7
	4- ,, ,,	25	8
	(β-)Phenylhydroxylamin	213	6
C_6H_5ON	Nitrosobenzol	190	10
	Pyridinaldehyd-(2)	214	8
$C_6H_{13}O_2N$	dl-Leucin	160	6
	l- ,,	160	7
	d-Isoleucin	151	12
$C_6H_{11}O_2N$	β-Amino-crotonsäureäthylester	23	4
$C_6H_5O_2N$	Nitrobenzol	186	2
	4-Nitroso-phenol	191	7
	Pyridin-carbonsäure-(2) (Picolinsäure)	224	9
	Pyridin-carbonsäure-(3) (Nicotinsäure)	224	10
	Pyridin-carbonsäure-(4) (Isonicotinsäure)	225	1
$C_6H_5O_3N$	2-Nitro-phenol	189	8
	3- ,, ,,	189	9
	4- ,, ,,	189	10
$C_6H_9O_4N$	Isonitrosoacetessigester	152	1
$C_6H_{13}O_5N$	d-Glucosamin	126	4
$C_6H_8ON_2$	2.4-Diamino-phenol	92	3
	2.4- ,, ,, dihydrochlorid	92	5
	3.4-Diamino-phenol	92	4
$C_6H_6ON_2$	4-Nitroso-anilin	190	8
$C_6H_{14}O_2N_2$	d-Lysin	161	7
$C_6H_6O_2N_2$	2-Nitro-anilin	184	8
	3- ,, ,,	184	9
	4- ,, ,,	184	10
	Phenylnitramin	214	5

31213 (Fortsetzung).

Bruttoformel	Name	Seite	lfd. Nr.	Bruttoformel	Name	Seite	lfd. Nr.
$C_6H_6O_2N_2$	p-Chinon-dioxim	67	3	C_7H_5ON	Benzoxazol	45	7
$C_6H_6O_3N_2$	2-Nitro-4-amino-phenol	184	4	$C_7H_{11}O_2N$	Arecaidin	33	5
	3- ,, 4- ,, ,,	184	5	$C_7H_7O_2N$	3-Amino-benzoesäure	22	1
	4- ,, 2- ,, ,,	184	6		4- ,, ,,	22	2
	5- ,, 2- ,, ,,	184	7		ω-Nitro-toluol	192	13
$C_6H_4O_4N_2$	o-Dinitro-benzol	111	10		2- ,, ,,	192	10
	m- ,, ,,	111	11		3- ,, ,,	192	11
	p- ,, ,,	111	12		4- ,, ,,	192	12
$C_6H_4O_5N_2$	2.3-Dinitro-phenol	113	6		Salicylamid	231	4
	2.4- ,, ,,	113	7		Anthranilsäure	31	1
	2.5- ,, ,,	113	8		Benzhydroxamsäure	39	4
	2.6- ,, ,,	113	9	$C_7H_7O_3N$	3-Amino-salicylsäure	26	1
	3.4- ,, ,,	113	10		4- ,, ,,	26	2
	3.5- ,, ,,	113	11		5- ,, ,,	26	3
$C_6H_4O_6N_2$	2.4-Dinitro-resorcin	114	2		2-Nitro-benzylalkohol	186	8
$C_6H_2O_8N_2$	Nitranilsäure	183	6		3- ,, ,,	186	9
$C_6H_9ON_3$	2.4.6-Triamino-phenol	253	6		4- ,, ,,	186	10
$C_6H_9O_2N_3$	l-Histidin	143	2		3-Nitro-o-kresol (OH=1)	188	4
$C_6H_7O_2N_3$	4-Nitro-phenylhydrazin	189	12		4- ,, o- ,,	188	6
$C_6H_9O_3N_3$	Cyanursäuretrimethylester	82	3		5- ,, o- ,,	188	8
	Isocyanursäuretrimethylester	151	7		6- ,, o- ,,	188	10
$C_6H_5O_4N_3$	2.4-Dinitro-anilin	110	13		4- ,, m- ,,	188	7
	2.6- ,, ,,	110	14		5- ,, m- ,,	188	9
$C_6H_5O_5N_3$	4.6-Dinitro-2-amino-phenol	110	12		6- ,, m- ,,	188	11
$C_6H_3O_6N_3$	1.2.3-Trinitro-benzol	258	13		2- ,, p- ,,	188	3
	1.2.4- ,, ,,	258	14		3- ,, p- ,,	188	5
	1.3.5- ,, ,,	258	15		2-Nitro-anisol	185	1
$C_6H_3O_7N_3$	Pikrinsäure	218	6		4- ,, ,,	185	2
	,, K-Salz	218	7	$C_7H_5O_3N$	2-Nitroso-benzoesäure	190	9

$C_6H_3O_8N_3$	Styphninsäure	234	10
$C_6H_{14}O_2N_4$	d-Arginin	33	7
$C_6H_6O_4N_4$	2.4-Dinitro-phenylhydrazin	114	1
$C_6H_4O_6N_4$	2.4.6-Trinitro-anilin	258	11
$C_6H_8O_{18}N_6$	Mannithexanitrat	162	9
$C_7H_{15}ON$	Önanthsäureamid	194	7
$C_7H_{13}ON$	N-Acetyl-piperidin	12	5
C_7H_9ON	2-Amino-benzylalkohol	22	7
	4- ,, ,,	22	8
	3-Amino-o-kresol (OH=1)	24	6
	4- ,, o- ,,	24	8
	4- ,, m- ,,	24	9
	5- ,, o- ,,	24	10
	6- ,, m- ,,	24	11
	2- ,, p- ,,	24	5
	3- ,, p- ,,	24	7
	2-Methylamino-phenol	167	13
	3- ,, ,,	167	14
	4- ,, ,,	167	15
	4- ,, ,, -sulfat	168	1
	o-Anisidin	29	11
	p- ,,	29	12
	α-Benzyl-hydroxylamin	48	4
	β- ,, ,,	48	5
C_7H_7ON	2-Amino-benzaldehyd	21	11
	4- ,, ,,	21	12
	Benzamid	38	5
	Formanilid	133	8
	α-Benzaldoxim	37	9
	β- ,,	37	10
C_7H_5ON	Phenylisocyanat	213	8
	Anthranil	30	10
	2-Nitro-benzaldehyd	185	9
	3- ,, ,,	185	10
	4- ,, ,,	185	11
$C_7H_5O_4N$	2-Nitro-benzoesäure	185	12
	3- ,, ,,	185	13
	4- ,, ,,	186	1
	Pyridin-dicarbonsäure-(2.3) (Chinolinsäure)	225	2
	Pyridin-dicarbonsäure-(2.4) (Lutidinsäure)	225	3
	Pyridin-dicarbonsäure-(2.5) (Isocinchomeronsäure)	225	4
	Pyridin-dicarbonsäure-(2.6) (Dipicolinsäure)	225	5
	Pyridin-dicarbonsäure-(3.4) (Cinchomeronsäure)	225	6
	Pyridin-dicarbonsäure-(3.5) (Dinicotinsäure)	225	7
$C_7H_5O_5N$	3-Nitro-salicylsäure	190	6
	5- ,, ,,	190	7
$C_7H_8ON_2$	Phenylharnstoff	213	2
	Benzamidoxim	38	7
	Benzhydrazid	39	1
	Methylphenylnitrosamin	174	16
$C_7H_6ON_2$	Benzimidazolon	40	9
$C_7H_8O_2N_2$	2.3-Diamino-benzoesäure	91	4
	2.4- ,, ,,	91	5
	2.5- ,, ,,	91	6
	3.4- ,, ,,	91	7
	3.5- ,, ,,	91	8
	3-Nitro-o-toluidin (NH_2=1)	192	2
	4- ,, o- ,,	192	4
	5- ,, o- ,,	192	6

31213 (Fortsetzung).

Bruttoformel	Name	Seite	lfd. Nr.
$C_7H_8O_2N_2$	5-Nitro-m-toluidin	192	7
	6- ,, o- ,, (NH_2=1)	192	8
	2- ,, m- ,,	191	11
	4- ,, m- ,,	192	5
	6- ,, m- ,,	192	9
	2- ,, p- ,,	192	1
	3- ,, p- ,,	192	3
$C_7H_4O_2N_2$	2-Nitro-benzonitril	186	5
	3- ,, ,,	186	6
	4- ,, ,,	186	7
$C_7H_6O_4N_2$	2.3-Dinitro-toluol	114	4
	2.4- ,, ,,	114	5
	2.5- ,, ,,	114	6
	2.6- ,, ,,	114	7
	3.4- ,, ,,	114	8
	3.5- ,, ,,	114	9
$C_7H_6O_5N_2$	4.6-Dinitro-o-kresol (OH=1)	112	10
	2.6- ,, p- ,,	112	9
	2.4-Dinitro-anisol	110	15
$C_7H_4O_5N_2$	2.4-Dinitro-benzaldehyd	111	4
$C_7H_4O_6N_2$	2.4-Dinitro-benzoesäure	111	5
	2.5- ,, ,,	111	6
	2.6- ,, ,,	111	7
	3.4- ,, ,,	111	8
	3.5- ,, ,,	111	9
$C_7H_4O_7N_2$	3.5-Dinitro-salicylsäure	114	3
$C_7H_9ON_3$	1-Phenyl-semicarbazid	214	13
	4- ,, ,,	214	14
$C_7H_5ON_3$	Benzazid	38	12

Bruttoformel	Name	Seite	lfd. Nr.
$C_8H_9O_2N$	3-Acetamino-phenol	9	3
	4- ,, ,,	9	4
	N-Phenyl-glycin	212	9
	N-Methyl-anthranilsäure	168	6
	Anthranilsäuremethylester	31	3
	3-Nitro-o-xylol	193	2
	4- ,, o- ,,	193	3
	2- ,, m- ,,	192	15
	4- ,, m- ,,	193	4
	5- ,, m- ,,	193	5
	2- ,, p- ,,	193	1
$C_8H_7O_2N$	ω-Nitro-styrol	191	8
	Isonitrosoacetophenon	152	3
	Dioxindol	115	4
$C_8H_5O_2N$	Phthalimid	217	1
	Isatin	148	4
$C_8H_7O_3N$	Phthalamidsäure	216	5
	Isatinsäure	148	7
	Oxanilsäure	196	16
$C_8H_9O_4N$	Biliverdinsäure	49	11
$C_8H_5O_6N$	3-Nitro-phthalsäure	190	2
	4- ,, ,,	190	3
	5-Nitro-isophthalsäure	188	2
	Nitroterephthalsäure	191	9
	Pyridin-tricarbonsäure-(2.3.4) (α-Carbocinchomeronsäure)	225	8
	Pyridin-tricarbonsäure-(2.4.5) (Berberonsäure)	225	9

$C_7H_9O_2N_3$	2.3.5-Triamino-benzoesäure	253	1
	3.4.5- ,, ,,	253	2
$C_7H_5O_6N_3$	2.3.4-Trinitro-toluol	259	8
	2.4.5- ,, ,,	259	9
	2.4.6- ,, ,,	259	10
$C_7H_5O_7N_3$	2.4.6-Trinitro-m-kresol (OH=1)	259	1
$C_7H_3O_8N_3$	2.4.6-Trinitro-benzoesäure	258	12
$C_7H_5O_8N_5$	Tetryl	245	2
$C_7H_8O_2N_4$	Theophyllin	245	5
	Theobromin	245	4
$C_8H_{21}ON$	Tetraäthylammoniumhydroxyd	237	10
$C_8H_{17}ON$	Caprylsäureamid	61	14
	Conhydrin	78	7
$C_8H_{15}ON$	Tropin	263	7
$C_8H_{11}ON$	Tyramin	264	3
	o-Phenetidin	208	5
	p- ,,	208	6
	3-Dimethylamino-phenol	104	2
C_8H_9ON	ω-Amino-acetophenon	21	3
	2- ,, ,,	20	14
	3- ,, ,,	21	1
	4- ,, ,,	21	2
	Acetanilid (Antifebrin)	9	6
	Acetophenonoxim	10	12
C_8H_7ON	dl-Mandelsäurenitril	162	7
	Indoxyl	147	6
	Phthalimidin	217	2
	Oxindol	196	19
C_8H_5ON	Benzoylcyanid	46	5
C_8H_7ON	2-Methyl-benzoxazol	168	13
$C_8H_{13}O_2N$	Arecolin	33	6
$C_8H_9O_2N$	2-Acetamino-phenol	9	2

	Pyridin-tricarbonsäure-(2.4.6) (Trimesitinsäure)	225	10
	Pyridin-tricarbonsäure-(3.4.5) (β-Carbocinchomeronsäure)	226	1
$C_8H_{10}ON_2$	Benzylharnstoff	48	2
	4-Amino-acetanilid	20	13
	β-Acetyl-phenylhydrazin	12	4
	p-Nitroso-dimethylanilin	190	12
$C_8H_8O_2N_2$	Phthalamid	216	4
$C_8H_{10}O_2N_2$	2-Nitro-dimethylanilin	187	5
	3- ,, ,,	187	6
	4- ,, ,,	187	7
$C_8H_8O_2N_2$	Ricinin	229	4
$C_8H_8O_3N_2$	2-Nitro-acetanilid	183	8
	3- ,, ,,	183	9
	4- ,, ,,	183	10
$C_8H_{12}O_3N_2$	Veronal	266	3
$C_8H_8O_4N_2$	3.4-Dinitro-o-xylol	114	15
	3.5- ,, o- ,,	114	16
	3.6- ,, o- ,,	114	17
	4.5- ,, o- ,,	114	18
	2.4- ,, m- ,,	114	11
	2.5- ,, m- ,,	114	12
	4.5- ,, m- ,,	114	19
	4.6- ,, m- ,,	115	1
	2.3- ,, p- ,,	114	10
	2.5- ,, p- ,,	114	13
	2.6- ,, p- ,,	114	14
$C_8H_7O_5N_3$	2.4-Dinitro-acetanilid	110	10
$C_8H_7O_6N_3$	2.4.6-Trinitro-m-xylol	259	12
	2.3.5- ,, p- ,,	259	11
$C_8H_{10}O_2N_4$	Kaffein	156	3
$C_8H_6O_8N_4$	Alloxantin	18	10

31213 (Fortsetzung).

Bruttoformel	Name	Seite	lfd. Nr.
$C_8H_5O_6N_5$	Purpursäure	223	6
$C_9H_{17}ON$	Triacetonamin	252	3
$C_9H_{11}ON$	4-Dimethylamino-benzaldehyd	104	1
	Propionanilid	222	4
	Acet-o-toluidid	10	17
	,, m- ,,	11	1
	,, p- ,,	11	2
	N-Methyl-acetanilid	166	11
C_9H_9ON	Zimtsäureamid	271	2
C_9H_9ON	Hydrocarbostyril	144	9
C_9H_7ON	Benzoylacetonitril	45	10
	2-Oxy-chinolin (Carbostyril)	199	5
	4- ,, ,, (Kynurin)	199	6
	5- ,, ,,	199	7
	6- ,, ,,	199	8
	8- ,, ,,	199	9
$C_9H_{13}O_2N$	Hämopyrrolcarbonsäure	140	4
	Anhydroekgonin	28	12
$C_9H_{11}O_2N$	dl-Phenylalanin	210	4
	l- ,,	210	3
	Carbanilsäureäthylester (Phenylurethan)	62	5
$C_9H_9O_2N$	2-Amino-zimtsäure	27	6
	3- ,, ,,	27	7
	4- ,, ,,	27	8
$C_9H_{11}O_2N$	4-Amino-benzoesäureäthylester	22	3
	Anthranilsäureäthylester	31	2
	N-Methyl-anthranilsäuremethylester	168	7
$C_9H_{11}O_2N$	Acet-o-anisidid	9	7

Bruttoformel	Name	Seite	lfd. Nr.
	4-Amino-naphthol-(1)	24	14
	5- ,, ,, (1)	24	15
	8- ,, ,, (1)	24	18
	1- ,, ,, (2)	24	12
	5- ,, ,, (2)	24	16
	7- ,, ,, (2)	24	17
	8- ,, ,, (2)	25	1
	4-Oxy-2-methyl-chinolin	201	1
	2- ,, 4- ,, ,, (4-Methyl-carbostyril)	200	12
$C_{10}H_{13}O_2N$	Phenacetin	207	3
$C_{10}H_{11}O_2N$	Acetessigsäureanilid	9	12
$C_{10}H_7O_2N$	1-Nitro-naphthalin	189	1
	2- ,, ,,	189	2
	2-Nitroso-naphthol-(1)	191	4
	4- ,, ,, (1)	191	5
	1- ,, ,, (2)	191	3
	Chinolin-carbonsäure-(2) (Chinaldinsäure)	66	6
	Chinolin-carbonsäure-(4) (Cinchoninsäure)	66	7
	Chinolin-carbonsäure-(5)	66	8
$C_{10}H_{17}O_3N$	α-Campheramidsäure	60	1
$C_{10}H_{15}O_3N$	3-Nitro-d-campher	186	13
$C_{10}H_7O_3N$	2-Nitro-naphthol-(1)	189	4
	4- ,, ,, (1)	189	5
	1- ,, ,, (2)	189	3
	4-Oxy-chinolin-carbonsäure-(2) (Kynurensäure)	199	10

	Acet-p-anisidid	9	8	$C_{10}H_{14}ON_2$	p-Nitroso-diäthylanilin	190	11
$C_9H_7O_2N$	2.4-Dioxy-chinolin	118	9	$C_{10}H_{10}ON_2$	1-Phenyl-3-methyl-pyrazolon-(5)	213	10
$C_9H_{15}O_3N$	l-Ekgonin	126	18	$C_{10}H_8ON_2$	1-Nitroso-naphthylamin-(2)	191	6
$C_9H_{13}O_3N$	Adrenalin (Suprarenin)	13	6	$C_{10}H_{12}O_2N_2$	N.N'-Diacetyl-o-phenylendiamin	88	11
$C_9H_{11}O_3N$	dl-Tyrosin	264	5	$C_{10}H_8O_2N_2$	1-Nitro-naphthylamin-(2)	189	6
	l- ,,	264	4		4- ,, ,, (1)	189	7
$C_9H_9O_3N$	Hippursäure	142	12	$C_{10}H_{16}O_3N_2$	5.5-Dipropyl-barbitursäure	125	4
	2-Acetamino-benzoesäure	8	12	$C_{10}H_{12}O_3N_2$	Dial	90	3
	3- ,, ,,	8	13	$C_{10}H_6O_4N_2$	1.3-Dinitro-naphthalin	112	12
	4- ,, ,,	9	1		1.5- ,, ,,	112	13
$C_9H_7O_3N$	Indoxylsäure	147	7		1.6- ,, ,,	112	14
$C_9H_9O_4N$	Phenylglycin-o-carbonsäure	212	10		1.8- ,, ,,	113	1
$C_9H_7O_4N$	2-Nitro-zimtsäure	193	6	$C_{10}H_6O_5N_2$	1.6-Dinitro-naphthol-(2)	113	2
	3- ,, ,,	193	7		2.4- ,, ,, (1)	113	3
	4- ,, ,,	193	8	$C_{10}H_5O_6N_3$	1.2.5-Trinitro-naphthalin	259	3
$C_9H_5O_4N$	2-Nitro-phenylpropiolsäure	189	13		1.3.5- ,, ,,	259	4
	4- ,, ,,	190	1		1.3.8- ,, ,,	259	5
$C_9H_7O_5N$	Oxanilsäure-carbonsäure-(2 (Kynursäure)	196	17		1.4.5- ,, ,,	259	6
				$C_{10}H_8O_5N_4$	Pikrolonsäure	218	8
$C_9H_{12}O_2N_2$	4-Äthoxy-phenylharnstoff	14	5	$C_{10}H_4O_8N_4$	1.2.5.8-Tetranitro-naphthalin	242	9
$C_9\ {}_6O_2N_2$	5-Nitro-chinolin	187	1		1.3.5.8- ,, ,,	242	10
	6- ,, ,,	187	2		1.3.6.8- ,, ,,	242	11
	7- ,, ,,	187	3	$C_{11}H_{17}O_3N$	Mezcalin	176	10
	8- ,, ,,	187	4	$C_{11}H_{13}O_3N$	Hydrastinin	144	1
$C_9H_9O_6N_3$	2.4.6-Trinitro-mesitylen	259	2	$C_{11}H_{14}ON_2$	Cytisin	86	3
$C_{10}H_{17}ON$	3-Amino-campher	23	1	$C_{11}H_{12}ON_2$	Antipyrin	31	10
	[d-Campher]-oxim	60	4	$C_{11}H_{10}ON_2$	Furfurol-phenylhydrazon	134	4
$C_{10}H_{15}ON$	l-Ephedrin	127	7	$C_{11}H_{16}O_2N_2$	Pilocarpin	218	10
	Hordenin	143	4	$C_{11}H_{12}O_2N_2$	l-Tryptophan	264	2
	3-Diäthylamino-phenol	89	3	$C_{12}H_{1.}ON$	N-Benzoyl-piperidin	46	13
$H_{10}C_{13}ON$	Thallin	245	3	$C_{12}H_{11}ON$	2-Oxy-diphenylamin	199	12
$C_{10}H_9ON$	2-Amino-naphthol-(1)	24	13		3- ,, ,,	200	1

31213 (Fortsetzung).

Bruttoformel	Name	Seite	lfd. Nr.
$C_{12}H_{11}ON$	4-Oxy-diphenylamin	200	2
	Acetyl-α-naphthylamin	12	1
	,, β- ,,	12	2
$C_{12}H_{9}ON$	Phenoxazin	209	5
$C_{12}H_{9}O_{2}N$	2-Nitro-diphenyl	187	8
	3- ,, ,,	187	9
	4- ,, ,,	187	10
$C_{12}H_{15}O_{4}N$	Cotarnin	79	5
$C_{12}H_{10}ON_{2}$	4-Nitroso-diphenylamin	191	1
	2-Oxy-azobenzol	197	10
	3- ,, ,,	197	11
	4- ,, ,,	197	12
	Diphenylnitrosamin	124	8
	Azoxybenzol	36	8
$C_{12}H_{10}O_{2}N_{2}$	4-Nitro-diphenylamin	187	11
	p.p′-Azophenol	35	13
$C_{12}H_{12}O_{3}N_{2}$	Luminal	161	6
$C_{12}H_{8}O_{4}N_{2}$	2.2′-Dinitro-diphenyl	112	2
	2.4′- ,, ,,	112	3
	3.3′- ,, ,,	112	4
	4.4′- ,, ,,	112	5
$C_{12}H_{18}O_{5}N_{2}$	d-Glucose-phenylhydrazon	136	6
	d- ,, ,,	136	7
	d-Mannose-phenylhydrazon	163	3
$C_{12}H_{9}O_{4}N_{3}$	2.4-Dinitro-diphenylamin	112	6
	2.4′- ,, ,,	112	7
	4.4′- ,, ,,	112	8
$C_{12}H_{9}O_{4}N_{5}$	4.4′-Dinitro-diazoaminobenzol	112	1
$C_{14}H_{10}ON_{2}$	Isatin-α-anil	148	5
$C_{14}H_{16}O_{2}N_{2}$	o-Dianisidin	93	3
$C_{14}H_{12}O_{2}N_{2}$	Oxanilid	196	15
	N.N′-Dibenzoyl-hydrazin	94	5
	α-Benzildioxim	39	14
	β- ,,	40	1
	γ- ,,	40	2
$C_{14}H_{10}O_{2}N_{2}$	1.2-Diamino-anthrachinon	90	8
	1.4- ,, ,,	90	9
	1.5- ,, ,,	90	10
	1.8- ,, ,,	90	11
	2.6- ,, ,,	90	12
$C_{14}H_{14}O_{3}N_{2}$	p.p′-Azoxyanisol	36	4
$C_{14}H_{12}O_{4}N_{2}$	Benzidin-dicarbonsäure-(2.2′)	39	10
	,, ,, (3.3′)	39	11
$C_{14}H_{10}O_{4}N_{2}$	o.o′-Azobenzoesäure	35	4
	m.m′- ,,	35	5
	p.p′- ,,	35	6
$C_{14}H_{10}O_{5}N_{2}$	o.o′-Azoxybenzoesäure	36	5
	m.m′- ,,	36	6
	p.p′- ,,	36	7
$C_{14}H_{6}O_{6}N_{2}$	1.5-Dinitro-anthrachinon	111	1
	1.8- ,, ,,	111	2
	2.7- ,, ,,	111	3
	2.7-Dinitro-phenanthrenchinon	113	5
$C_{14}H_{4}O_{12}N_{4}$	2.4.5.7-Tetranitro-1.8-dioxyanthrachinon (Chrysamminsäure)	242	7
$C_{15}H_{21}O_{2}N_{3}$	Physostigmin (Eserin)	217	10

$C_{12}H_5O_{12}N_7$	2.4.6.2′.4′.6′-Hexanitro-diphenylamin	142	3
$C_{13}H_{11}ON$	2-Amino-benzophenon	22	4
	3- ,, ,,	22	5
	4- ,, ,,	22	6
	Benzanilid	38	9
	Benzophenonoxim	45	3
$C_{13}H_9ON$	Acridon	12	11
	2-Phenyl-benzoxazol	211	3
$C_{13}H_{11}O_2N$	N-Phenyl-anthranilsäure	210	6
$C_{13}H_{12}ON_2$	2.2′-Diamino-benzophenon	91	9
	4.4′- ,, ,,	91	10
	N.N′-Diphenyl-harnstoff	124	3
$C_{13}H_{17}ON_3$	Pyramidon	223	7
$C_{13}H_{14}ON_4$	1.5-Diphenyl-carbohydrazid	123	2
$C_{14}H_{13}ON$	Acetyldiphenylamin	11	8
$C_{14}H_{11}O_2N$	Dibenzamid	94	2
	α-Benzilmonoxim	40	3
	β- ,,	40	4
$C_{14}H_9O_2N$	1-Amino-anthrachinon	21	8
	2- ,, ,,	21	9
	Phthalanil	216	7
	9-Nitro-anthracen	185	3
$C_{14}H_{11}O_3N$	2-Benzamino-benzoesäure	38	8
	Phthalanilsäure	216	8
	Dibenzhydroxamsäure	94	3
$C_{14}H_7O_4N$	1-Nitro-anthrachinon	185	4
	2- ,, ,,	185	5
$C_{14}H_{17}O_6N$	Indican (Pflanzenindican)	146	8
$C_{14}H_7O_6N$	3-Nitro-alizarin	184	2
	4- ,, ,,	184	3
$C_{14}H_{14}ON_2$	Phenolblau	208	10

$C_{16}H_{11}O_2N$	Atophan	34	3
$C_{16}H_{18}O_2N_2$	p.p′-Azophenetol	35	11
$C_{16}H_{12}O_2N_2$	Indigweiß	147	2
$C_{16}H_{10}O_2N_2$	Indigo	146	9
	Indirubin	147	3
$C_{16}H_8O_2N_2$	Dehydroindigo	86	8
$C_{17}H_{21}O_2N$	Apoatropin	32	1
$C_{17}H_{17}O_2N$	Apomorphin	32	4
$C_{17}H_{23}O_3N$	Atropin	34	6
	Hyoscyamin	145	8
$C_{17}H_{19}O_3N$	Piperin	220	6
	Morphin	177	5
	Morphin-hydrochlorid	177	6
$C_{17}H_{21}O_4N$	Cocain	77	8
	Cocain-hydrochlorid	78	1
$C_{17}H_9O_4N$	Alizarinblau	18	5
$C_{17}H_{22}ON_2$	4.4′-Bis-dimethylamino-benzhydrol	50	2
$C_{17}H_{20}ON_2$	4.4′-Bis-dimethylamino-benzophenon	50	4
$C_{17}H_{20}O_6N_4$	Lactoflavin (Wachstumsvitamin B_2)	159	6
$C_{18}H_{11}O_2N$	Chinophthalon	67	4
$C_{18}H_{21}O_3N$	Codein	78	2
	Codein-sulfat	78	4
	Codein-phosphat	78	3
$C_{18}H_{12}ON_2$	Aposafranon	32	5
$C_{19}H_{17}ON$	2-Amino-triphenylcarbinol	26	12
	4- ,, ,,	27	1
$C_{19}H_{24}ON_2$	Hydrocinchonin	145	5
$C_{19}H_{22}ON_2$	Cinchonin	75	3
	,, -hydrochlorid	75	5
	,, -sulfat	75	6

31213 (Fortsetzung).

Bruttoformel	Name	Seite	lfd. Nr.
$C_{19}H_{22}ON_2$	Cinchonin-bisulfat	75	4
	Cinchonidin	74	7
	,, -hydrochlorid	75	2
	,, -bisulfat	75	1
	Cinchotoxin	75	7
	Apocinchonin	32	3
$C_{19}H_{18}ON_2$	4.4′-Diamino-triphenylcarbinol	93	1
$C_{19}H_{22}O_2N_2$	Apochinin	32	2
	Cuprein	81	1
$C_{19}H_{19}ON_3$	4.4′.4″-Triamino-triphenylcarbinol	253	8
$C_{20}H_{21}O_4N$	Papaverin	204	9
$C_{20}H_{19}O_5N$	Berberin	49	1
$C_{20}H_{27}O_{11}N$	Amygdalin	27	9
$C_{20}H_{2}\ O_2N_2$	Hydrochinin	145	1
$C_{20}H_{24}O_2N_2$	Chinin	65	8
	,, -hydrochlorid	65	9
	,, -sulfat	66	2
	,, -jodosulfat (Herapathit)	66	1
	Chinidin	65	7
	Chinotoxin	67	5
$C_{20}H_{21}ON_3$	4.4′.4″-Triamino-3-methyl-triphenylcarbinol	253	5
$C_{21}H_{21}O_6N$	Hydrastin	146	9
$C_{21}H_{22}O_2N_2$	Strychnin	234	9
$C_{22}H_{27}O_4N$	d-Corydalin	79	4
$C_{22}H_{25}O_6N$	Colchicin	78	6
$C_{22}H_{23}O_7N$	Narcotin	182	8

Bruttoformel	Name	Seite	lfd. Nr.
CH_2ClON	Carbamidsäurechlorid	62	3
CCl_3O_2N	Chlorpikrin	72	8
CBr_3O_2N	Brompikrin	55	14
C_2H_4ClON	Chloracetamid	67	10
	Acetchloramid	9	10
C_2H_4BrON	Acetbromamid	9	9
$C_2H_3Cl_2ON$	Dichloracetamid	97	11
$C_2H_2Cl_3ON$	Trichloracetamid	255	4
$C_6H_{12}BrON$	Diäthylbromessigsäureamid	89	5
C_6H_4ClON	p-Chinonchlorimid	67	2
$C_6H_4ClO_2N$	2-Chlor-1-nitro-benzol	71	9
	3- ,, 1- ,, ,,	71	10
	4- ,, 1- ,, ,,	71	11
$C_6H_4BrO_2N$	2-Brom-1-nitro-benzol	55	4
	3- ,, 1- ,, ,,	55	5
	4- ,, 1- ,, ,,	55	6
$C_6H_4JO_2N$	2-Jod-1-nitro-benzol	155	5
	3- ,, 1- ,, ,,	155	6
	4- ,, 1- ,, ,,	155	7
$C_6H_3Cl_2O_2N$	2.3-Dichlor-1-nitro-benzol	99	17
	2.4- ,, 1- ,, ,,	99	18
	2.5- ,, 1- ,, ,,	99	19
	2.6- ,, 1- ,, ,,	100	1
	3.4- ,, 1- ,, ,,	100	2
	3.5- ,, 1- ,, ,,	100	3
$C_6H_4ClO_3N$	4-Chlor-2-nitro-phenol	71	13
	5- ,, 2- ,, ,,	71	14
	6- ,, 2- ,, ,,	71	15
	2- ,, 4- ,, ,,	71	12

$C_{22}H_{14}ON_2$	Rosindon	229	7
$C_{22}H_{25}ON_3$	4.4'.4''-Triamino-3.3'.3''-trimethyl-triphenyl-carbinol	253	7
$C_{23}H_{27}O_8N$	Narcein	182	7
$C_{23}H_{26}ON_2$	4.4'-Bis-dimethylamino-triphenyl-carbinol	50	6
$C_{23}H_{26}O_4N_2$	Brucin	56	12
$C_{25}H_{20}ON_2$	Tetraphenylharnstoff	244	6
$C_{25}H_{31}ON_3$	4.4'.4''-Tris-dimethylamino-triphenylcarbinol	262	10
$C_{27}H_{34}ON_2$	4.4'-Bis-diäthylamino-triphenyl-carbinol	50	1
$C_{28}H_{12}O_2N_2$	Flavanthren	131	5
$C_{28}H_{30}O_3N_2$	N.N.N'.N'-Tetraäthyl-rhodamin	238	1
$C_{28}H_{14}O_4N_2$	Indanthren	146	5
$C_{31}H_{43}ON_3$	4.4'.4''-Tris-diäthylamino-triphenylcarbinol	262	9
$C_{33}H_{36}O_6N_4$	Bilirubin	49	10
$C_{35}H_{39}O_5N_5$	d-Ergotinin	128	1
$C_{35}H_{41}O_6N_5$ (?)	Ergotoxin	128	2
$C_{37}H_{31}ON_3$	4.4'.4''-Trianilino-triphenylcarbinol	254	1
$C_{38}H_{33}ON_3$	4.4'.4''-Trianilino-3-methyl-triphenylcarbinol	253	10
$C_{55}H_{72}O_5N_4Mg$	Chlorophyll a	72	1
$C_{55}H_{70}O_6N_4Mg$	Chlorophyll b	72	2

$C_6H_4BrO_3N$	4-Brom-2-nitro-phenol	55	8
	2- ,, 4- ,, ,,	55	7
$C_6H_3Cl_2O_3N$	4.6-Dichlor-2-nitro-phenol	100	5
	2.6- ,, 4- ,, ,,	100	4
$C_6H_3Br_2O_3N$	4.6-Dibrom-2-nitro-phenol	96	8
	2.6- ,, 4- ,, ,,	96	9
$C_6H_{11}BrO_2N_2$	Bromural	56	7
$C_6H_3ClO_4N_2$	3-Chlor-1.2-dinitro-benzol	70	11
	4- ,, 1.2- ,, ,,	70	12
	2- ,, 1.3- ,, ,,	70	9
	4- ,, 1.3- ,, ,,	70	13
	5- ,, 1.3- ,, ,,	70	14
	2- ,, 1.4- ,, ,,	70	10
$C_6H_2ClO_6N_3$	Pikrylchlorid	218	9
$C_7H_6ClO_2N$	o-Nitro-benzylchlorid	186	11
	p- ,, ,,	186	12
$C_7H_5Cl_2O_2N$	o-Nitro-benzalchlorid	185	6
	m- ,, ,,	185	7
	p- ,, ,,	185	8
$C_7H_{13}BrO_2N_2$	Adalin	13	3
C_8H_8ClON	2-Chlor-acetanilid	67	11
	3- ,, ,,	67	12
	4- ,, ,,	68	1
C_8H_8JON	4-Jod-acetanilid	154	4
C_8H_4ClON	Isatinchlorid	148	6
$C_9H_9J_2O_3N$	3.5-Dijod-dl-tyrosin	102	16
$C_{13}H_{21}ClO_2N_2$	Novocain	193	12
$C_{15}H_{11}J_4O_4N$	dl-Thyroxin	249	8
CHSN	Rhodanwasserstoff	229	2
CH_4SN_2	Thioharnstoff	246	12
CH_5SN_3	Thiosemicarbazid	248	6
C_2H_5SN	Thioacetamid	246	2

31213 (Fortsetzung).

Bruttoformel	Name	Seite	lfd. Nr.	Bruttoformel	Name	Seite	lfd. Nr.
C_2H_3SN	Methylrhodanid	175	7	$C_7H_9O_2SN$	p-Toluolsulfamid	250	12
	Methylsenföl	175	10	$C_7H_9O_3SN$	2-Amino-toluol-sulfonsäure-(4)	26	8
$C_2H_6SN_2$	Methylthioharnstoff	175	12		4- ,, ,, ,, (2)	26	9
$C_2H_4S_2N_2$	Dithiooxamid	126	3		4- ,, ,, ,, (3)	26	10
$C_2H_4S_4N_2$	Thiuramdisulfid	248	9	$C_7H_5O_3SN$	Saccharin	230	4
C_3H_5SN	Äthylrhodanid	17	15	$C_7H_7O_4SN$	Benzoesäure-o-sulfamid	42	1
	Äthylsenföl	17	17		,, p- ,,	42	2
C_3H_3SN	Thiazol	246	1	$C_8H_7O_4SN$	Indoxylschwefelsäure	147	8
$C_3H_8SN_2$	N.N′-Dimethyl-thioharnstoff	109	12	$C_{10}H_9O_3SN$	Naphthylamin-(1)-sulfonsäure-(2)	181	2
$C_3H_4SN_2$	2-Amino-thiazol	26	4		,, (1)- ,, (4)	181	3
C_4H_5SN	Allylsenföl	19	11		,, (1)- ,, (5)	181	4
	2-Amino-thiophen	26	5		,, (1)- ,, (6)	181	5
$C_4H_8SN_2$	Allylthioharnstoff	19	12		,, (2)- ,, (7)	181	10
$C_5H_{12}SN_2$	N.N′-Diäthyl-thioharnstoff	90	2		,, (1)- ,, (8)	181	6
C_6H_7SN	2-Amino-thiophenol	26	6		,, (2)- ,, (1)	181	7
	4- ,, ,,	26	7		,, (2)- ,, (5)	181	8
$C_6H_{13}S_2N$	Thialdin	245	6		,, (2)- ,, (6)	181	9
C_7H_7SN	Thiobenzamid	246	4		,, (2)- ,, (8)	181	11
C_7H_5SN	Phenylsenföl	214	15	$C_{10}H_6O_8SN_2$	2.4-Dinitro-naphthol-(1)-sulfon-		
	Benzothiazol	45	5		säure-(7)	113	4
$C_7H_8SN_2$	Phenylthioharnstoff	215	1	$C_{12}H_{11}O_2SN$	Benzolsulfanilid	43	8
$C_7H_9SN_3$	1-Phenyl-thiosemicarbazid	215	2	$C_{12}H_{12}O_2SN_2$	Sulfanilid	235	9
C_8H_9SN	Thioacetanilid	246	3	$C_{12}H_{12}O_6S_2N_2$	Benzidin-disulfonsäure-(2.2′)	39	12
C_8H_7SN	Benzylrhodanid	48	10	$C_{14}H_{15}O_3SN_3$	4′-Dimethylamino-azobenzol-sul-		
	Benzylsenföl	48	11		fonsäure-(4)	103	13
	p-Tolylsenföl	252	2	$C_{16}H_{10}O_8S_2N_2$	Indigodisulfonsäure-(5.5′)	147	1
	2-Methyl-benzothiazol	168	12	$C_7H_7O_2ClSNNa$	Chloramin T	68	12
$C_{12}H_9SN$	Phenthiazin	209	9	$C_{12}H_{18}Cl_2OSN_4$	Aneurin (Vitamin B_1)	28	10
$C_{12}H_{12}SN_2$	4.4′-Diamino-diphenylsulfid	92	2				

$C_{12}H_{12}S_2N_2$	2.2′-Diamino-diphenyldisulfid	91	13
	4.4′- „ „	91	14
$C_{12}H_9SN_3$	Thionin	247	9
$C_{13}H_{11}SN$	Thiobenzanilid	246	5
$C_{13}H_9SN$	2-Phenyl-benzothiazol	211	2
$C_{13}H_{12}SN_2$	N.N′-Diphenyl-thioharnstoff	124	13
$C_{14}H_{12}SN_2$	Dehydrothiotoluidin	87	1
$C_{15}H_{16}SN_2$	N.N′-Di-o-tolyl-thioharnstoff	126	11
	N.N′- „ -p- „ „	126	12
$C_{16}H_{18}ClSN_3$	Methylenblau	171	8
$C_2H_7O_3SN$	Taurin	236	4
C_3H_7OSN	Thiocarbamidsäure-O-äthylester (Xanthogenamid)	246	7
	Thiocarbamidsäure-S-äthylester (Thiourethan)	246	8
$C_3H_7O_2SN$	l-Cystein	86	1
$C_3H_4OSN_2$	2-Thio-hydantoin	246	13
$C_4H_3O_2SN$	2-Nitro-thiophen	191	10
$C_6H_7O_2SN$	Benzolsulfamid	43	7
$C_6H_7O_3SN$	Anilin-sulfonsäure-(2)	29	5
	„ „ (3)	29	6
	„ „ (4) (Sulfanilsäure)	29	7
$C_6H_7O_4SN$	2-Amino-phenol-sulfonsäure-(4)	25	9
	4- „ „ „ (2)	25	10
$C_6H_5O_5SN$	m-Nitro-benzolsulfonsäure	186	3
	p- „ „	186	4
$C_6H_5O_6SN$	2-Nitro-phenol-sulfonsäure-(4)	189	11
$C_6H_4O_3SN_2$	p-Diazobenzolsulfonsäure	93	7
$C_6H_{12}O_4S_2N_2$	l-Cystin	86	2
$C_7H_9O_2SN$	o-Toluolsulfamid	250	11

CH_5P	Methylphosphin	174	15
C_2H_7P	Äthylphosphin	17	7
C_3H_9P	Trimethylphosphin	258	7
$C_6H_{15}P$	Triäthylphosphin	252	12
C_6H_7P	Phenylphosphin	214	6
$C_{12}H_{11}P$	Diphenylphosphin	124	9
$C_{18}H_{15}P$	Triphenylphosphin	262	6
$C_6H_5Cl_2P$	Phenyldichlorphosphin	212	1
$C_3H_9O_4P$	Trimethylphosphat	258	6
$C_6H_{15}OP$	Triäthylphosphinoxyd	252	13
$C_6H_{15}O_3P$	Triäthylphosphit	252	14
$C_6H_{15}O_4P$	Triäthylphosphat	252	11
$C_6H_{18}O_{24}P_6$	Phytinsäure	217	11
$C_{18}H_{15}OP$	Triphenylphosphinoxyd	262	7
CH_5As	Methylarsin	167	9
C_2H_7As	Kakodylwasserstoff	157	2
	Äthylarsin	14	14
C_3H_9As	Trimethylarsin	257	6
$C_4H_{12}As_2$	Kakodyl	156	4
$C_6H_{15}As$	Triäthylarsin	252	7
C_6H_7As	Phenylarsin	210	7
$C_{12}H_{11}As$	Diphenylarsin	122	12
$C_{12}H_{10}As_2$	Arsenobenzol	33	9
$C_{18}H_{15}As$	Triphenylarsin	261	9
CH_3Cl_2As	Methyldichlorarsin	171	6
C_2H_6ClAs	Kakodylchlorid	156	5
$C_2H_6Cl_3As$	Kakodyltrichlorid	157	1
$C_6H_5Cl_2As$	Phenyldichlorarsin	211	12
$C_{12}H_{10}ClAs$	Diphenylchlorarsin	123	6
CH_3OAs	Methylarsenmonoxyd	168	8
CH_5O_3As	Methanarsonsäure	165	8

31213 (Fortsetzung).

Bruttoformel	Name	Seite	lfd. Nr.
$C_2H_7O_2As$	Kakodylsäure	156	7
$C_4H_{12}OAs_2$	Kakodyloxyd	156	6
$C_6H_7O_3As$	Phenylarsonsäure	210	8
$C_6H_{15}O_4As$	Triäthylarsenat	252	6
$C_4H_{12}SAs_2$	Kakodylsulfid	157	1
$C_6H_8O_3NAs$	Arsanilsäure	33	8
$C_{12}H_{12}O_2N_2As_2 + 2HCl$	Salvarsan	232	12
C_3H_9Sb	Antimontrimethyl	31	9
$C_6H_{15}Sb$	Antimontriäthyl	31	8
CH_6Si	Methylmonosilan	174	1
C_2H_8Si	Dimethylmonosilan	107	5
$C_4H_{12}Si$	Tetramethylmonosilan	242	2
C_3H_9B	Bortrimethyl	52	1
$C_6H_{15}B$	Bortriäthyl	51	9
$C_{18}H_{15}B$	Bortriphenyl	52	2
$C_2H_7O_2B$	Äthylbordihydroxyd	15	4
$C_3H_9O_3B$	Trimethylborat	257	12
$C_6H_7O_2B$	Phenylbordihydroxyd	211	6
$C_6H_{15}O_3B$	Triäthylborat	252	9

Bruttoformel	Name	Seite	lfd. Nr.
C_3H_9Al	Aluminiumtrimethyl	19	15
$C_6H_{15}Al$	Aluminiumtriäthyl	19	14
$C_{18}H_{15}Al$	Aluminiumtriphenyl	20	1
$C_{34}H_{32}ClO_4N_4Fe$	Hämin	140	2
C_2H_6Zn	Zinkdimethyl	271	12
$C_4H_{10}Zn$	Zinkdiäthyl	271	11
C_2H_6Cd	Cadmiumdimethyl	59	1
$C_4H_{10}Cd$	Cadmiumdiäthyl	58	19
C_2H_6Hg	Quecksilberdimethyl	228	2
$C_4H_{10}Hg$	Quecksilberdiäthyl	228	1
$C_{12}H_{10}Hg$	Quecksilberdiphenyl	228	3
C_6H_5ClHg	Phenylquecksilberchlorid	214	12
$C_4H_{12}Sn$	Zinntetramethyl	271	14
$C_8H_{20}Sn$	Zinntetraäthyl	271	13
$C_{24}H_{20}Sn$	Zinntetraphenyl	271	15
$C_4H_{12}Pb$	Bleitetramethyl	51	3
$C_8H_{20}Pb$	Bleitetraäthyl	51	2
$C_{24}H_{20}Pb$	Bleitetraphenyl	51	4
C_3H_9Bi	Wismuttrimethyl	268	2
$C_6H_{15}Bi$	Wismuttriäthyl	268	1
$C_{18}H_{15}Bi$	Wismuttriphenyl	268	3

3122 Vulgär- und Handelsnamen der in 31212 aufgeführten organischen Verbindungen.

A-Säure	6-Amino-naphthol-(1)-sulfonsäure-(5).
Acetonchlorid	2.2-Dichlor-propan.
Acetonchloroform	β.β.β-Trichlor-tert.-butylalkohol.
Acetursäure	Acetylglycin.
Äsculetin	6.7-Dioxy-cumarin.
Äthal	Cetylalkohol.
Äthylborsäure	Äthylbordihydroxyd.
Äthylenchlorhydrin	β-Chlor-äthylalkohol.
Äthylviolett (Carbinolbase)	4.4'.4''-Tris-diäthylamino-triphenylcarbinol.
Aktivin	Chloramin T (Na-Salz des p-Toluolsulfonsäure-chlor[illegible]
Aldehydkollidin	2-Methyl-5-äthyl-pyridin.
Alizarin	1.2-Dioxy-anthrachinon.
Alizarinbordeaux	1.2.5.8-Tetraoxy-anthrachinon.
Alizaringelb	Ellagsäure.
Alizaringelb A	2.3.4-Trioxy-benzophenon.
Alizaringelb C	2.3.4-Trioxy-acetophenon.
Alizarinrot S	Ammoniumsalz der Alizarin-sulfonsäure-(3).
Alkargen	Kakodylsäure.
Alkarsin	Kakodyloxyd.
Allen	Propadien.
Allocinchonin	Apocinchonin.
Allozimtsäure	cis-Zimtsäure.
Allylen	Methylacetylen.
Aloeemodin	4.5-Dioxy-2-oxymethyl-anthrachinon.
Amidol	Dihydrochlorid des 2.4-Diamino-phenols.
Amino-G-Säure	Naphthylamin-(2)-disulfonsäure-(6.8).
Amino-R-Säure	Naphthylamin-(2)-disulfonsäure-(3.6).
Amylenhydrat	tert. Amylalkohol.
Anästhesin	4-Amino-benzoesäureäthylester.
Anethol	4-Propenyl-anisol.
Anhalin	Hordenin.
Anilinblau (Carbinolbase)	4.4'.4''-Trianilino-3-methyl-triphenylcarbinol.
Anilingelb	4-Amino-azobenzol.
Anol	4-Propenyl-phenol.
Anthracenblau WR	1.2.4.5.6.8-Hexaoxy-anthrachinon.
Anthrachryson	1.3.5.7-Tetraoxy-anthrachinon.
Anthraflavinsäure	2.6-Dioxy-anthrachinon.
Anthragallol	1.2.3-Trioxy-anthrachinon.
Anthrapurpurin	1.2.7-Trioxy-anthrachinon.
Anthrarufin	1.5-Dioxy-anthrachinon.
Antifebrin	Acetanilid.
Apigenin	5.7.4'-Trioxy-flavon.
Arsphenamin	Salvarsan.
Asaron	2.4.5-Trimethoxy-1-propenyl-benzol.
Asaronsäure	2.4.5-Trimethoxy-benzoesäure.
Aspirin	Acetylsalicylsäure.
Atoxyl	Na-Salz der Arsanilsäure.
Atropamin	Apoatropin.
Aziminobenzol	Benztriazol.
Bandrowskische Base	Chinon-bis-[2.5-diamino-anil].
Bayersche Säure	Naphthol-(2)-sulfonsäure-(8).
Benzerythren	4.4'-Diphenyl-diphenyl.
Benzocotoin	2-Oxy-4.6-dimethoxy-benzophenon.
Benzophenonchlorid	Diphenyldichlormethan.
Benzpinakon	Tetraphenyläthylenglykol.

3122 (Fortsetzung).

Berberonsäure	Pyridin-tricarbonsäure-(2.4.5).
Betelphenol	4-Allyl-brenzcatechin-1-methyläther.
Betol	Salicylsäure-β-naphthylester.
Bilineurin	Cholin.
Bindschedlersgrün	Chinon-[4-dimethylamino-anil]-dimethylimoniumchlorid.
Bittermandelöl	Benzaldehyd.
Blaukreuz	Diphenylchlorarsin.
Blausäure	Cyanwasserstoff.
Bleizucker	Pb-Salz der Essigsäure.
Brechweinstein	Kaliumantimonylsalz der Weinsäure.
Brillantgrün (Carbinolbase)	4.4'-Bis-diäthylamino-triphenylcarbinol.
Brönnersche Säure. . . .	Naphthylamin-(2)-sulfonsäure-(6).
Bromacetol	2.2-Dibrom-propan.
Butyrchloral	α.α.β-Trichlor-butyraldehyd.
Butyron	Dipropylketon.
Cadaverin.	Pentamethylendiamin.
Caprylalkohol	Methylhexylcarbinol.
Carbanilid	N.N'-Diphenyl-harnstoff.
Carbanil	Phenylisocyanat.
α-Carbocinchomeronsäure .	Pyridin-tricarbonsäure-(2.3.4).
β-Carbocinchomeronsäure .	Pyridin-tricarbonsäure-(3.4.5)
Carbolsäure	Phenol.
Carbostyril	2-Oxy-chinolin.
Carven	d-Limonen.
Cedriret	Cörulignon.
Cellose	Cellobiose.
Cetan	Hexadecan.
Chalkon	Benzalacetophenon.
Chavibetol	4-Allyl-brenzcatechin-1-methyläther.
Chavicol	4-Allyl-phenol.
Chinacetophenon	2.5-Dioxy-acetophenon.
Chinaldin	2-Methyl-chinolin.
Chinaldinsäure	Chinolin-carbonsäure-(2).
Chinalizarin	1.2.5.8-Tetraoxy-anthrachinon.
Chinizarin	1.4-Dioxy-anthrachinon.
Chinolinsäure	Pyridin-dicarbonsäure-(2.3).
Chinophenol.	8-Oxy-chinolin.
Chinosol	8-Oxy-chinolin-sulfat + Kaliumsulfat.
Chitosamin	d-Glucosamin.
Chloracetol	2.2-Dichlor-propan.
Chloranilsäure	3.6-Dichlor-2.5-dioxy-chinon.
Chloreton	β.β.β-Trichlor-tert.-butylalkohol.
Cholestrophan	Dimethylparabansäure.
Chromotropsäure	1.8-Dioxy-naphthalin-disulfonsäure-(3.6).
Chrysamminsäure	2.4.5.7-Tetranitro-1.8-dioxy-anthrachinon.
Chrysazin	1.8-Dioxy-anthrachinon.
Chrysazol	1.8-Dioxy-anthracen.
Chrysin	5.7-Dioxy-flavon.
Chrysophanol	4.5-Dioxy-2-methyl-anthrachinon.
Chrysophansäure	4.5-Dioxy-2-methyl-anthrachinon.
Cichorigenin.	6.7-Dioxy-cumarin.
Cinchomeronsäure	Pyridin-dicarbonsäure-(3.4).
Cinchonicin	Cinchotoxin.
Cinchophen	Atophan.
Cinchotin	Hydrocinchonin.
Cocasäure	α-Truxillsäure.
Colamin	β-Amino-äthylalkohol.

3122 (Fortsetzung).

Conchinin	Chinidin.
Conyrin	2-Propyl-pyridin.
Cotoin	2.6-Dioxy-4-methoxy-benzophenon
Croceinsäure	Naphthol-(2)-sulfonsäure-(8).
Crotonylen	Dimethylacetylen.
Cumalin	Pyron-(2).
Cumalinsäure	Pyron-(2)-carbonsäure-(5).
Cumarilsäure	Cumaron-carbonsäure-(2).
Cumarinsäure	cis-2-Oxy-zimtsäure.
Cumarsäure	trans-2-Oxy-zimtsäure.
p-Cumarsäure	4-Oxy-zimtsäure.
Cuminol	Cuminaldehyd.
Cymophenol.	Carvacrol.
Dahlsche Säure	Naphthylamin-(2)-sulfonsäure-(5)
Daphnetin	7.8-Dioxy-cumarin.
Daturin	Hyoscyamin.
Dextrose	d-Glucose.
Diacetin	Glycerindiacetat.
α-Dibromhydrin	symm. Dibromisopropylalkohol.
β-Dibromhydrin	β.γ-Dibrom-propylalkohol.
Dichloramin T	p-Toluolsulfonsäure-dichloramid.
Dichloren	α.β-Dichlor-äthylen.
α-Dichlorhydrin	symm. Dichlorisopropylalkohol.
β-Dichlorhydrin	β.γ-Dichlor-propylalkohol.
Diglykolamdsäure	Iminodiessigsäure.
Dimethylglyoxal.	Diacetyl.
α-Dinaphthol	4.4′-Dioxy-dinaphthyl-(1.1′).
β-Dinaphthol	2.2′-Dioxy-dinaphthyl-(1.1′).
Dinicotinsäure	Pyridin-dicarbonsäure-(3.5).
Dipenten	dl-Limonen.
Diphenylaminblau (Carbinolbase) . .	4.4′.4″-Trianilino-triphenylcarbinol.
Diphenylcarbazid	1.5-Diphenyl-carbohydrazid.
Diphenylin	2.4′-Diamino-diphenyl.
Dipicolinsäure	Pyridin-dicarbonsäure-(2.6).
Dithioanilin	4.4′-Diamino-diphenyldisulfid.
Doebnersches Violett (Carbinolbase) . .	4.4′-Diamino-triphenylcarbinol.
Dulcin	4-Äthoxy-phenylharnstoff.
Durol	1.2.4.5-Tetramethyl-benzol.
Ekgonidin	Anhydroekgonin.
Emodin	4.5.7-Trioxy-2-methyl-anthrachinon.
α-Epidichlorhydrin	β.γ-Dichlor-propylen.
β-Epidichlorhydrin	α.γ-Dichlor-propylen.
Erythren	Butadien-(1.3).
Erythrooxyanthrachinon .	1-Oxy-anthrachinon.
Esdragol (Estragol) . . .	4-Allyl-anisol.
Eserin	Physostigmin.
Essigäther	Essigsäureäthylester.
F-Säure	Naphthol-(2)-sulfonsäure-(7).
Fisetin	3.7.3′.4′-Tetraoxy-flavon.
Flavanthron	Flavanthren.
Flaviansäure = Naphtholgelb S	2.4-Dinitro-naphthol-(1)-sulfonsäure-(7).
Flavopurpurin	1.2.6-Trioxy-anthrachinon.

3122 (Fortsetzung).

Fleischmilchsäure	d-Milchsäure.
Frangulaemodin	4.5.7-Trioxy-2-methyl-anthrachinon.
Fruchtzucker	d-Fructose.
Fuchsin (Carbinolbase) . .	4.4'.4''-Triamino-3-methyl-triphenylcarbinol.
Furfuran	Furan.
G-Säure	Naphthol-(2)-disulfonsäure-(6.8).
γ-Säure	7-Amino-naphthol-(1)-sulfonsäure-(3).
Galangin	3.5.7-Trioxy-flavon.
Gallacetophenon	2.3.4-Trioxy-acetophenon.
Gaultheriaöl	Salicylsäuremethylester.
Gelbkreuz	β.β'-Dichlor-diäthylsulfid.
Gelbsäure	1.3-Dioxy-naphthalin-disulfonsäure-(5.7)
Gentianin	Gentisin.
Gentisinaldehyd	2.5-Dioxy-benzaldehyd.
Gentisinsäure	2.5-Dioxy-benzoesäure.
Geranial	Citral a.
Glucophos	Ca-Salz des d-Fructosediphosphats.
Glykokoll	Glycin.
Glykolchlorhydrin	β-Chlor-äthylalkohol.
Griesheimer Rot	3-Oxy-naphthoesäure-(2)-anilid.
Grubengas	Methan.
Guajen	2.3-Dimethyl-naphthalin.
Guajol	α.β-Dimethyl-acrolein.
H-Säure	8-Amino-naphthol-(1)-disulfonsäure-(3.6).
Harnindican	Indoxylschwefelsäure.
Harnstoffchlorid	Carbamidsäurechlorid.
Helianthin	Na-Salz der 4'-Dimethylamino-azobenz-sulfonsäure-(4).
Helianthron	Mesobenzdianthron.
Heliotropin	Piperonal.
Hemellitol	1.2.3-Trimethyl-benzol.
Hemellitylsäure	2.3-Dimethyl-benzoesäure.
Hemimellitsäure	Benzol-tricarbonsäure-(1.2.3).
Hemipinsäure	3.4-Dimethoxy-phthalsäure.
Hendekan	Undecan.
Heptanaphthen	Methylcyclohexan.
Herapathit	Chininjodosulfat.
Hesperitinsäure	Isoferulasäure.
Hetol	Na-Salz der Zimtsäure.
Hexalin	Cyclohexanol.
Hexamethylen	Cyclohexan.
Hexamin	2.4.6.2'.4'.6'-Hexanitro-diphenylamin.
Hexosediphosphat	d-Fructosediphosphat.
Hexylsäure	Capronsäure.
Holzgeist	Methylalkohol.
Holzzucker	d-Xylose.
Homogentisinsäure . . .	2.5-Dioxy-phenylessigsäure.
α-m-Homosalicylsäure . .	2-Oxy-p-toluylsäure.
o-Homosalicylsäure . . .	2-Oxy-m-toluylsäure.
p-Homosalicylsäure . . .	6-Oxy-m-toluylsäure.
Hydrochelidonsäure . . .	Acetondiessigsäure.
Hydrocotoin	2-Oxy-4.6-dimethoxy-benzophenon.
Hydrophloron	2.5-Dimethyl-hydrochinon.
Hydrotoluchinon	2-Methyl-hydrochinon.
Hystazarin	2.3-Dioxy-anthrachinon.

3122 (Fortsetzung).

I-Säure	6-Amino-naphthol-(1)-sulfonsäure-(3).
Idryl	Fluoranthen.
Indanthrenblau	Indanthren.
Indanthrengelb G	Flavanthren.
Indanthren-Goldorange G.	Pyranthron.
Indigblau	Indigo.
Indigocarmin	Indigo-disulfonsäure-(5.5′).
Indigotin	Indigo.
Indigpurpurin	Indirubin.
Indigrot	Indirubin.
Isoanthraflavinsäure . . .	2.7-Dioxy-anthrachinon.
Isocinchomeronsäure . . .	Pyridin-dicarbonsäure-(2.5).
Isodulcit	Rhamnose.
Isodurol	1.2.3.5-Tetramethyl-benzol.
Isoemodin	4.5-Dioxy-2-oxymethyl-anthrachinon.
Isonaphthazarin	2.3-Dioxy-naphthochinon-(1.4).
Isonicotinsäure	Pyridin-carbonsäure-(4).
Japancampher	d-Campher.
Jodglobin	3.5-Dijod-dl-tyrosin.
Jodgorgosäure	3.5-Dijod-dl-tyrosin.
Jodol	2.3.4.5-Tetrajod-pyrrol.
Juglon	5-Oxy-naphthochinon-(1.4).
K-Säure	8-Amino-naphthol-(1)-disulfonsäure-(3.5).
Kämpferol	3.5.7.4′-Tetraoxy-flavon.
Kaffeesäure	3.4-Dioxy-zimtsäure.
Kairolin	N-Methyl-tetrahydrochinolin.
Kalkstickstoff	Ca-Salz des Cyanamids.
Kalzan	Doppelsalz von Ca- u. Na-Lactat.
Ketin	2.5-Dimethyl-pyrazin.
Kleesalz	saures K-Salz der Oxalsäure.
β-Kollidin	4-Methyl-3-äthyl-pyridin.
symm. Kollidin	2.4.6-Trimethyl-pyridin.
Komansäure	Pyron-(4)-carbonsäure-(2).
Kresorcin	4-Methyl-resorcin.
α-Kresotinsäure	6-Oxy-m-toluylsäure.
β-Kresotinsäure	2-Oxy-m-toluylsäure.
γ-Kresotinsäure	2-Oxy-p-toluylsäure.
o-Kresotinsäure	2-Oxy-m-toluylsäure.
m-Kresotinsäure	2-Oxy-p-toluylsäure.
p-Kresotinsäure	6-Oxy-m-toluylsäure.
Krystallviolett (Carbinolbase)	4.4′.4″-Tris-dimethylamino-triphenylcarbinol
Kynurin	4-Oxy-chinolin.
Kynursäure	Oxanilsäure-carbonsäure-(2).
L-Säure	Naphthol-(1)-sulfonsäure-(5).
Lävulose	d-Fructose.
Laurentsche Säure . . .	Naphthylamin-(1)-sulfonsäure-(5).
Lauthsches Violett. . . .	Thionin.
Lepiden	Tetraphenylfuran.
Lepidin	4-Methyl-chinolin.
Leukauramin	4.4′-Bis-dimethylamino-benzhydrylamin.
Leukokrystallviolett . . .	4.4′.4″-Tris-dimethylamino-triphenylmethan.
Leukomalachitgrün . . .	4.4′-Bis-dimethylamino-triphenylmethan.
Luteolin	5.7.3′.4′-Tetraoxy-flavon.

3122 (Fortsetzung).

Lutidine	Dimethyl-pyridine.
Lutidinsäure	Pyridin-dicarbonsäure-(2.4).
Lycin	Ammoniumbase des Betains.
M-Säure	5-Amino-naphthol-(1)-sulfonsäure-(3).
Maclurin	2.4.6.3'.4'-Pentaoxy-benzophenon.
Malachitgrün (Carbinolbase)	4.4'-Bis-dimethylamino-triphenylcarbinol.
Malzzucker	Maltose.
Martiusgelb	Na- od. Ca-Salz des 2.4-Dinitro-naphthols-(1
Melampyrit	Dulcit.
Melanilin	N.N'-Diphenyl-guanidin.
Melilotsäure	2-Oxy-hydrozimtsäure.
Mellitsäure	Benzolhexacarbonsäure.
Mellophansäure	Benzol-tetracarbonsäure-(1.2.3.4).
Mesitylensäure	3.5-Dimethyl-benzoesäure.
Metahemipinsäure	4.5-Dimethoxy-phthalsäure.
Metanilsäure	Anilin-sulfonsäure-(3).
Methacetin	Acet-p-anisidid.
Methazonsäure	Nitroacetaldoxim.
Methylketol	2-Methyl-indol.
Methylorange	Na-Salz der 4'-Dimethylamino-azobenzol-sulfonsäure-(4).
Metol	Sulfat des 4-Methylamino-phenols.
Mianin	Chloramin T (Na-Salz des p-Toluolsulfonsäurechloramids).
Michlersches Hydrol	4.4'-Bis-dimethylamino-benzhydrol.
Michlersches Keton	4.4'-Bis-dimethylamino-benzophenon.
Milchzucker	Lactose.
Monoacetin	Glycerinmonoacetat.
Monochlorhydrin	Glycerin-α-chlorhydrin.
Morin	3.5.7.2'.4'-Pentaoxy-flavon.
Moringerbsäure	2.4.6.3'.4'-Pentaoxy-benzophenon.
Morphol	3.4-Dioxy-phenanthren.
Murexid	NH_4-Salz der Purpursäure.
Naphthalingelb	Na- od. Ca-Salz des 2.4-Dinitro-naphthols-(1).
Naphthalinsäure	2-Oxy-naphthochinon-(1.4).
Naphthazarin	5.8-Dioxy-naphthochinon-(1.4).
Naphthionsäure	Naphthylamin-(1)-sulfonsäure-(4).
Naphthol AS	3-Oxy-naphthoesäure-(2)-anilid.
α-Naphtholblau	Naphthochinon-(1.4)-mono-[4-dimethylamino-anil]
β-Naphthol-α-disulfonsäure	Naphthol-(2)-disulfonsäure-(3.6).
Naphtholgelb	Na- oder Ca-Salz des 2.4-Dinitro-naphthols-(1).
Naphtholgelb S	Dinatriumsalz der 2.4-Dinitro-naphthol-(1)-sulfonsäure-(7).
Naphthoresorcin	1.3-Dioxy-naphthalin.
Neohexan	2.2-Dimethyl-butan.
Neral	Citral b.
Nerolin	β-Naphtholmethyläther.
Neufuchsin (Carbinolbase)	4.4'.4''Triamino-3.3'.3''-trimethyl-triphenylcarbinol
Neuronal	Diäthylbromessigsäureamid.
Nevile-Winthersche Säure	Naphthol-(1)-sulfonsäure-(4).
Nicotinsäure	Pyridin-carbonsäure-(3).
Nopinen	β-Pinen.
Norhemipinsäure	3.4-Dioxy-phthalsäure.
Normenthan	Isopropylcyclohexan.
Nucin	5-Oxy-naphthochinon-(1.4).

3122 (Fortsetzung).

Octylsäure	Caprylsäure.
Önanthol	Önanthaldehyd.
Önanthyliden	n-Amyl-acetylen.
Olein	Triolein.
Oleinsäure	Ölsäure.
Orange III	Na-Salz der 4'-Dimethylamino-azobenzol-sulfonsäure-(4).
Orcin	5-Methyl-resorcin.
β-Orcin	2.5-Dimethyl-resorcin.
Orthanilsäure	Anilin-sulfonsäure-(2).
Osotriazol	1.2.3-Triazol.
Oxamäthan	Oxamidsäureäthylester.
Oxyanthrarufin	1.2.5-Trioxy-anthrachinon.
Oxyneurin	Ammoniumbase des Betains.
Parafuchsin (Carbinolbase)	4.4'.4''-Triamino-triphenylcarbinol.
Paraleukanilin	4.4'.4''-Triamino-triphenylmethan.
Pararosanilin	4.4'.4''-Triamino-triphenylcarbinol.
Pararosolsäure	Aurin.
Peressigsäure	Acetpersäure.
Perseit	d-Manno-α-heptit.
Phenylchloroform	Benzotrichlorid.
Phenylurethan	Carbanilsäureäthylester.
Phloracetophenon	2.4.6-Trioxy-acetophenon.
Phloretinsäure	4-Oxy-hydrozimtsäure.
Phloron	p-Xylochinon.
Phosphenylchlorid	Phenyldichlorphosphin.
Phthalalkohol	o-Xylylenglykol.
Phthalophenon	3.3-Diphenyl-phthalid.
Picolinsäure	Pyridin-carbonsäure-(2).
Pikramid	2.4.6-Trinitro-anilin.
Pikraminsäure	4.6-Dinitro-2-amino-phenol.
Pinakolinalkohol	Methyl-tert.-butyl-carbinol.
Pinenhydrochlorid	Bornylchlorid.
Piperidinsäure	γ-Amino-buttersäure.
Piperylen	Pentadien-(1.3).
Pivalinsäure	Trimethylessigsäure.
Pivalon	Hexamethylaceton.
Prehnitol	1.2.3.4-Tetramethyl-benzol.
Prehnitsäure	Benzol-tetracarbonsäure-(1.2.3.5).
Propargylsäure	Propiolsäure.
Propiolalkohol	Propargylalkohol.
Propion	Diäthylketon.
Proponal	5.5-Dipropyl-barbitursäure.
Protocatechualdehyd	3.4-Dioxy-benzaldehyd.
Protocatechusäure	3.4-Dioxy-benzoesäure.
Pseudobutylen	β-Butylen.
Purpurin	1.2.4-Trioxy-anthrachinon.
Purpuroxanthin	1.3-Dioxy-anthrachinon.
Putrescin	Tetramethylendiamin.
Pyromellitsäure	Benzol-tetracarbonsäure-(1.2.4.5).
Pyromuconsäure	Brenzschleimsäure.
Pyronin G (Carbinolbase)	3.6-Bis-dimethylamino-xanthydrol.
Pyrotritarsäure	2.5-Dimethyl-furan-carbonsäure-(3).
Quaterphenyl	4.4'-Diphenyl-diphenyl.
Quercetin	3.5.7.3'.4'-Pentaoxy-flavon.

3122 (Fortsetzung).

R-Säure	Naphthol-(2)-disulfonsäure-(3.6).
Resacetophenon	2.4-Dioxy-acetophenon.
Resorcylaldehyd	2.4-Dioxy-benzaldehyd.
α-Resorcylsäure	3.5-Dioxy-benzoesäure.
β-Resorcylsäure	2.4-Dioxy-benzoesäure.
γ-Resorcylsäure	2.6-Dioxy-benzoesäure.
Rhabarberon	4.5-Dioxy-2-oxymethyl-anthrachinon.
Rhein	4.5-Dioxy-anthrachinon-carbonsäure-(2).
Rheumemodin	4.5.7-Trioxy-2-methyl-anthrachinon.
Rhodamin B	Hydrochlorid des N.N.N'.N'-Tetraäthyl-rhodamins.
Ricinusölsäure	Ricinolsäure.
Rochellesalz	K-Na-Salz der Weinsäure.
Rodinal	4-Amino-phenol.
Rohrzucker	Saccharose.
Rosanilin	4.4.'4''-Triamino-3-methyl-triphenylcarbinol.
„Rosolsäure"	Aurin.
Rotsäure	1.5-Dioxy-naphthalin-disulfonsäure-(3.7).
Rubeanwasserstoff	Dithiooxamid.
Rufigallussäure	1.2.3.5.6.7-Hexaoxy-anthrachinon.
Rufiopin	1.2.5.6-Tetraoxy-anthrachinon.
Rufol	1.5-Dioxy-anthracen.
S-Säure	8-Amino-naphthol-(1)-sulfonsäure-(5).
Salicylalkohol	2-Oxy-benzylalkohol.
Saligenin	2-Oxy-benzylalkohol.
Salol	Salicylsäurephenylester.
Sarkin	Hypoxanthin.
Schaeffersche Säure . . .	Naphthol-(2)-sulfonsäure-(6).
Schwefeläther	Diäthyläther.
Scutellarein	5.6.7.4'-Tetraoxy-flavon.
Seignettesalz	K-Na-Salz der Weinsäure.
Senfgas	β.β'-Dichlor-diäthylsulfid.
Senföl	Allylsenföl.
Sensitol Red	Pinacyanol.
Silvan	2-Methyl-furan.
Siriusgelb G	1.2-Benzo-anthrachinon.
Skatol	3-Methyl-indol.
Spritblau (Carbinolbase) .	4.4'.4''-Trianilino-3-methyl-triphenylcarbinol.
Stärkezucker	Glucose.
Sternit	Phenyldichlorarsin.
Styracin	Zimtsäurecinnamylester.
Styron	Zimtalkohol.
Suberan	Cycloheptan.
Suberen	Cyclohepten.
Suberinsäure	Korksäure.
Suberon	Cycloheptanon.
Sulfobenzid	Diphenylsulfon.
Sumpfgas	Methan.
Suprarenin	Adrenalin.
T.N.A.	2.4.6-Trinitro-anilin.
TNT	2.4.6-Trinitro-toluol.
Tanaceton	β-Thujon.
Terphenyl	1.4-Diphenyl-benzol.
Tetrachloräther	α.β.β.β-Tetrachlor-diäthyläther.
Thein	Kaffein.
Theocin	Theophyllin.

3122 (Fortsetzung).

Thioanilin	4.4'-Diamino-diphenylsulfid.
Thiocarbanilid	N.N'-Diphenyl-thioharnstoff.
Thiolepiden	Tetraphenylthiophen.
Thionessal	Tetraphenylthiophen.
Thiophenin	2-Amino-thiophen.
Thiosinamin	Allylthioharnstoff.
Thiotolen	Methyl-thiophen.
Thiourethan	Thiocarbamidsäure-S-äthylester.
α.α'-Thioxen	2.5-Dimethyl-thiophen.
Tiglinaldehyd	α.β-Dimethyl-acrolein.
Tobiassche Säure	2-Amino-naphthalin-sulfonsäure-(1).
Tolit	2.4.6-Trinitro-toluol.
Toluhydrochinon	2-Methyl-hydrochinon.
Toluylenhydrat	Phenylbenzylcarbinol.
Traubensäure	dl-Weinsäure.
Traubenzucker	Glucose.
Tri	Trichloräthylen bzw. 2.4.6-Trinitro-toluol.
Triacetin	Glycerintriacetat.
Tribromhydrin	1.2.3-Tribrom-propan.
Trichloräther	α.β.β-Trichlor-diäthyläther.
Trimellitsäure	Benzol-tricarbonsäure-(1.2.4).
Trimesinsäure	Benzol-tricarbonsäure-(1.3.5).
Trimesitinsäure	Pyridin-tricarbonsäure-(2.4.6).
Trimethylenchlorhydrin	γ-Chlor-propylalkohol.
Trithioformaldehyd	Trimethylentrisulfid.
Trotyl	2.4.6-Trinitro-toluol.
Umbellsäure	2.4-Dioxy-zimtsäure.
Uranin	Na-Salz des Fluoresceins.
Urethan	Carbamidsäureäthylester.
Urethylan	Carbamidsäuremethylester.
Urotropin	Hexamethylentetramin.
Uvinsäure	2.5-Dimethyl-furan-carbonsäure-(3).
Uvitinsäure	5-Methyl-isophthalsäure.
Valeron	Diisobutylketon.
Validol	l-Menthyl-isovalerianat.
Veratrumaldehyd	3.4-Dimethoxy-benzaldehyd.
Vinaconsäure	Cyclopropan-dicarbonsäure.
Vitamin B_1 (antineurit. Vitamin)	Aneurin.
Vitamin B_2	Lactoflavin.
Vitamin C	Ascorbinsäure.
Weingeist	Äthylalkohol.
Weinstein	saures K-Salz der Weinsäure.
Wintergrünöl	Salicylsäuremethylester.
Xanthogenamid	Thiocarbamidsäure-O-äthylester.
Xanthopurpurin	1.3-Dioxy-anthrachinon.
Xeroform	Bi-Salz des 2.4.6-Tribrom-phenols.
m-Xylorcin	4.6-Dimethyl-resorcin.
p-Xylorcin	2.5-Dimethyl-resorcin.
Yperit	β.β'-Dichlor-diäthylsulfid.
Zymophosphat	d-Fructosediphosphat.

3123 Schmelzpunkte der in Tabelle 31212 aufgeführten Stoffe nach steigenden Schmelzpunkten geordnet.

Der zu dem Schmelzpunkt gehörige Stoff ist in der Tabelle 31212 nachzusehen. Die kursiv gesetzte Zahl (Spalte: Seitenzahl) hinter dem Schmelzpunkt gibt die Seitenzahl der Eigennumerierung (kursiv gesetzt, unten auf der Seite), die 2. Zahl (Spalte: Nummer) die Nummer des Stoffes auf dieser Seite der Tabelle 31212 an, dort sind die Abkürzungen Z., (Z.) erläutert. Liegt kein genauer Wert des Schmelzpunktes fest, so ist hier ein Mittelwert angegeben.

Fp	Seitenzahl	Nummer	Fp	Seitenzahl	Nummer	Fp	Seitenzahl	Nummer
−189,9	221	7	−117,2	135	1	−95,2	97	5
−185,2	222	15	−117,0	152	17	−95	250	10
−184	165	7	−114,8	252	4	−95	9	15
−172	13	11	−114,15	14	8	−95	28	2
−169,5	15	8	−113	55	18	−94,3	142	1
−161,5	52	1	−112,6	58	15	−93,9	15	2
−159,7	266	5	−112,4	57	16	−93,5	262	8
−158,6	152	4	−112,0	232	7	−93,5	150	11
−156,5	174	1	−112	271	13	−93,3	84	10
−151	157	3	−111,9	57	17	−93,3	56	4
−149,9	107	5	−111,9	149	4	−93,1	153	2
−147	206	11	−111,3	157	10	−93	170	1
−146	221	6	−111,3	15	14	−93,0	169	4
−145	93	9	−110,9	16	9	−92,9	20	12
−145	150	1	−110,8	133	1	−92,9	51	9
−144	16	11	−109,9	222	13	−92,5	167	11
−140,8	90	4	−108	150	5	−92,5	130	9
−138,7	15	6	−105,0	167	9	−92	133	3
−138,5	103	9	−105	28	1	−92,0	173	11
−138,2	157	7	−104,7	166	14	−91,9	222	5
−137,8	266	4	−104,1	58	10	−91,5	265	4
−137,4	72	13	−104	57	13	−91,3	102	2
−136,4	19	6	−103,7	84	1	−90	141	1
−135	57	1	−103,5	70	8	−89,5	152	14
−134,9	105	13	−103,0	58	9	−89,0	152	16
−134,3	257	2	−102,1	89	16	−89	58	17
−131,3	58	5	−102	16	16	−88,2	150	3
−131,2	150	8	−101,6	222	12	−88	12	12
−130,8	206	6	−101,4	222	18	−86,4	167	4
−130	14	7	−101,2	152	15	−85,5	150	6
−129	19	1	−100	19	11	−85,5	17	15
−127	85	6	− 99,8	20	11	−85	84	9
−127	58	8	− 99,3	153	8	−84,9	142	9
−126,4	170	3	− 99	28	4	−84,7	150	4
−126	222	10	− 98,9	130	4	−83,5	175	2
−124,8	55	19	− 98,2	105	12	−83,5	173	7
−124,0	257	4	− 98,1	130	5	−83,2	109	10
−123,1	58	4	− 97,2	19	9	−83,0	222	11
−123	8	6	− 97,1	167	10	−83	129	12
−122,8	222	14	− 97,1	58	12	−81,8	11	9
−122	125	2	− 96,9	80	10	−81	222	2
−121,0	173	14	− 96,7	171	10	−80,6	14	9
−120	152	11	− 96,7	16	5	−80,6	68	11
−119,4	19	5	− 96,5	11	6	−80,5	20	8
−119	15	5	− 96,0	265	8	−80,5	97	17
−118,1	150	7	− 96,0	103	10	−79,9	57	9
−118	216	1	− 95,8	20	10	−79,4	61	8

3123 (Fortsetzung).

Fp	Seitenzahl	Nummer	Fp	Seitenzahl	Nummer	Fp	Seitenzahl	Nummer
−78,5	27	11	−48	127	8	−29,5	58	13
−76,5	55	18	−47,8	73	4	−29,2	188	12
−75	57	6	−47	150	2	−29,0	205	10
−74	79	6	−47	170	6	−29	137	3
−73,9	222	7	−45	173	8	−28,5	58	6
−73,5	85	11	−45	69	10	−28,2	101	8
−73	255	9	−44,9	10	4	−28	271	11
−73	9	5	−44,8	61	13	−27,9	101	5
−72,7	28	5	−44	9	11	−27,5	51	3
−70,2	150	10	−43,9	84	7	−27	84	8
−70	102	3	−43,6	250	5	−26,5	264	7
−69,9	218	3	−43,0	157	8	−26,5	131	7
−67,5	61	10	−42,5	238	13	−26	94	9
−67,5	68	7	−42	58	14	−26	254	6
−67,5	57	14	−42	115	2	−26	37	7
−67,1	172	6	−42,0	89	13	−26	83	10
−66,5	133	4	−42	224	7	−26	71	2
−66,1	173	12	−41,2	132	5	−26	244	11
−65,9	150	12	−40,6	196	8	−25,8	256	10
−65	102	6	−40	87	2	−25,3	269	4
−64	72	8	−40,0	177	4	−25	156	6
−63,5	71	16	−40	247	10	−24,6	48	1
−63,0	125	3	−40	271	12	−24,5	89	15
−62	162	2	−39,8	56	4	−24,4	250	4a
−60	110	1	−39,0	47	12	−24,4	98	12
−59,0	164	6	−39	266	6	−24	241	9
−57,5	68	8	−38,6	193	17	−23,8	137	2
−57,4	223	3	−37,6	153	7	−23,2	11	3
−57	168	2	−37,2	125	5	−22,9	239	8
−56,9	169	9	−37,2	29	13	−22,4	239	1
−56,5	193	15	−36,5	134	3	−22	169	14
−55,3	96	13	−36,2	96	14	−22	174	2
−55	219	5	−36	87	6	−22	93	8
−55	27	15	−35,5	255	7	−21,5	124	11
−53,9	193	10	−35,3	15	10	−21	214	15
−53,6	175	7	−35	151	2	−21	58	19
−53,5	269	5	−35	172	7	−20,8	49	5
−53	95	5	−35	96	10	−20,0	58	1
−53	268	6	−34,6	141	2	−19,7	222	6
−52,8	85	4	−34,6	100	17	−19	16	13
−52,7	164	5	−34,5	265	5	−19	200	8
−52,6	171	9	−34,2	41	8	−17,5	98	11
−52,5	102	1	−34	73	3	−17	37	6
−52,5	219	3	−34	125	6	−17	9	14
−52	228	7	−33,6	58	11	−17	71	7
−51,6	142	8	−32	109	9	−16,5	246	11
−51,5	130	2	−31,3	154	11	−16,3	250	4b
−51	87	5	−31	138	11	−16,3	193	16
−50,5	57	12	−31	265	7	−16	63	5
−50,0	98	1	−31	241	4	−16	172	9
−50	89	1	−30,6	54	3	−15,3	47	5
−50	219	6	−30,2	208	7	−15	66	5
−49,8	162	1	−30	86	5	−14,7	256	8

3123 (Fortsetzung).

Fp	Seitenzahl	Nummer	Fp	Seitenzahl	Nummer	Fp	Seitenzahl	Nummer
−14	107	3	0,0	238	3	11,2	231	1
−14	68	14	0,1	10	15	11,3	115	3
−13,8	102	10	0,5	63	4	12	271	1
−13	250	7	0,6	133	13	12,5	205	4
−13	44	7	1	75	8	12,6	205	2
−13	220	4	1,3	231	7	13	174	15
−13	82	4	1,6	231	2	13	13	1
−12,5	41	11	2	104	3	13	242	8
−12	196	11	2	193	4	13	31	2
−12	126	13	2,2	133	7	13,2	269	6
−12	82	6	2,4	208	6	13,3	187	13
−11,2	138	8	3,6	94	8	13,5	99	1
−10,4	130	10	4	171	11	13,6	53	2
−10,2	68	15	4,5	211	8	14	193	18
− 9,6	192	10a	5	89	19	14,5	43	10
− 9	10	8	5	226	9	15	139	3
− 8,6	231	8	5	229	5	15	187	12
− 8,4	27	14	5,2	29	11	15	247	2
− 8,2	172	8	5,49	42	8	15	174	11
− 8	224	6	5,5	239	11	15	9	13
− 8	56	2	5,5	169	6	15	108	15
− 8	101	13	5,5	158	4	15	151	4
− 7,6	171	7	5,6	55	10	15	193	2
− 7,5	270	9	5,7	186	2	15,5	104	6
− 6,9	96	2	6	126	7	15,5	217	7
− 6,6	164	1	6	131	1	16	192	11
− 6,5	95	6	6,2	55	2	16	61	12
− 6,2	256	9	6,2	153	3	16	242	1
− 6,2	29	2	6,4	83	1	16	165	6
− 6	173	3	6,7	96	1	16	37	11
− 6	156	4	7	56	2	16,5	255	2
− 5,9	97	6	7	86	6	16,5	169	12
− 5,9	17	17	7,5	73	5	16,5	140	3
− 5	259	13	7,5	76	5	16,6	128	8
− 5,0	45	6	8,05	55	9	17	235	7
− 5	219	9	8,4	20	4	17	57	15
− 5	70	5	8,5	122	9	17	87	9b
− 5	193	11	8,5	15	12	17	267	12
− 4,7	57	3	8,7	72	3	17	206	1
− 4,5	59	1	9	222	1	17	255	17
− 4	241	8	9	12	7	17,5	69	5
− 4	54	6	9,4	185	1	17,8	255	8
− 3,9	61	9	9,5	169	13	17,8	126	4
− 3,9	192	10b	10	251	2	18	53	12
− 3,9	47	11	10	205	13	18	10	5
− 2,5	79	2	10,01	15	9	18	176	12
− 2	146	7	10,5	55	14	18,5	85	7
− 2	169	11	10,8	99	3	19	168	7
− 2	242	4	10,9	158	6	19,5	49	6
− 1	46	4	11	264	8	19,6	213	4
− 0,5	157	11	11	69	4	19,7	16	9
− 0,02	29	9	11	58	16	20	239	12
0	19	15	11	53	14	20	137	4

3123 (Fortsetzung).

Fp	Seitenzahl	Nummer	Fp	Seitenzahl	Nummer	Fp	Seitenzahl	Nummer
20	141	8	31	45	7	37	220	8
20,5	271	10	31	141	9	37	180	10
21	226	3	31,5	61	5	37	187	8
21	41	10	31,5	201	3	37	42	4
21	222	9	32	197	1	37,1	70	12b
21	269	11	32	188	3	38	70	2
22	162	7	32	37	13	38	174	7
22,5	221	9	32	193	9	38	251	5
22,5	266	1	32	162	3	38	126	17
22,5	140	7	32	247	5	38	240	10
23	254	2	32	53	11	38	166	1
23,4	102	12	32,5	71	9	38	59	6
23,5	241	12	32,5	55	11	38	166	2
23,9	83	9	32,5	227	1	38,5	76	3
24	126	14	32,5	270	8	38,8	70	12c
24	246	6	32,8	72	4	38,9	71	14
24	48	6	33	151	8	39	198	5
24,5	31	3	33	125	12	39	271	4
24,8	151	3	33	270	10	39,5	220	5
25	29	10	33	99	18	39,5	134	6
25	227	9	33	46	5	39,5	21	11
25	101	14	33	23	4	40	15	4
25,5	57	11	33,5	160	2	40	96	11
25,5	176	11	33,8	159	1	40*	127	7
25,7	55	15	34	218	10	40	155	12
26	252	2	34	128	3	40,4	155	11
26	26	6	34	53	1	40,5	185	9b
26	108	2	34,1	174	3	41	246	7
26	44	9	34,2	102	13	41	78	8
26	170	4	34,2	270	2	41	108	10
26	137	9	34,5	108	8	41	152	10
26,6	10	6	34,5	124	4	41	208	8
27	70	13c	34,5	23	11	41	123	6
27	186	9	34,9	252	3	41	72	10
27	185	6	35	95	1	41,5	55	4
27	122	8	35	99	6	42	44	8
27	124	7	35	269	13	42	41	9
27	193	13	35	37	9	42	37	1
27	169	1	35	155	17	42	144	5
28	215	10	35	237	7	42	173	2
28	56	5	35	258	4	42,5	245	3
28	126	10	35	175	10	42,9	72	5
28	166	13	35	231	3	43	103	3
28	70	12d	35,5	174	12	43	163	9
28,3	139	7	35,5	48	9	43	48	10
29	69	12	36	36	8	43	100	2
29,5	250	8	36	70	12	43	70	13b
30	12	1	36	271	9	43	245	6
30	23	6	36	155	6	43	232	1
30	31	11	36	271	6	43,5	199	2
30	193	3	36	53	5	43,5	247	4
30,5	67	6	36,0	47	7	43,5	81	7
31	158	5	36,5	219	4	43,5	185	9a

3123 (Fortsetzung).

Fp	Seitenzahl	Nummer	Fp	Seitenzahl	Nummer	Fp	Seitenzahl	Nummer
44	160	5	50	62	3	55	270	1
44	271	7	50	133	8	55,5	149	10
44	254	10	50	59	5	56	188	11
45	127	3	50 (Z.)	209	2	56	258	10
45	214	1	50	31	4	56	216	2
45	91	11	50	180	12	56	55	5
45	250	6	50	98	3	56	25	11
45	28	11	50,5	43	11	56	145	3
45	97	13	51	53	7	56,5	258	9
45	100	8	51	242	5	56,5	96	12
45	15	7	51	239	3	56,5	205	8
45,1	189	8	51,4	192	12	57	256	4
45,5	166	8	51,5	68	10	57	238	4
46	68	9	51,5	249	5	57	107	14
46	214	5	51,5	229	3	57	48	5
46	256	15	52,0	114	6	57	48	5
46	130	6	52	41	4	57	100	7
46	185	8	52	23	10	57,2	29	12
46	26	7	52	54	11	57,5	36	10
46	107	13	52	37	3	57,5	152	1
46	17	4	52	62	5	57,5	205	1
46	37	8	52,2	94	7	57,5	62	9
46	71	10	52,9	252	13	58	100	9
46,5	191	10	53	191	11	58	185	10
47	8	9	53	103	2	58	37	2
47	151	6	53	87	10b	58,2*	129	6
47	270	5	53	221	1	58,5	137	11
47	211	11	53	108	11	58,5	75	7
47	131	2	53	23	7	59	193	14
47,5	239	2	53	161	9	59	70	14
47,5	54	9	53	147	4	59	74	2
48	87	3	53	98	13	59	36	12
48	234	4	53	58	3	59	251	15
48	44	9	53	206	2	59	55	3
48	46	13	53,4	255	16	59	48	8
48	249	3	53,4	70	13a	59	68	3
48	96	6	53,5	53	10	59	10	12
48	65	4	53,8	177	10	59,5	168	11
48,5	145	7	54	62	4	59,5	240	6
48,5	127	1	54	196	9	59,5	117	13
48,5	186	11	54	137	12	59,5*	237	10
49	95	2	54	224	1	59,5	16	3
49	99	10	54	122	11	60	45	9
49	88	8	54	185	2	60	105	4
49	69	6	54,5	215	9	60	173	4
49	23	5	54,5	155	4	60	201	16
49	108	4	54,5	49	7	60	67	5
49	104	8	54,5	269	7	60	71	8
49,5	54	13	54,5	36	2	60	70	10
49,5	155	5	54,5	102	18	60	10	14
49,5	64	10	54,6	99	19	60	114	8
49,5	199	3	55	36	1	60	250	1
49,6	62	2	55	54	12	60	261	9

3123 (Fortsetzung).

Fp	Seitenzahl	Nummer	Fp	Seitenzahl	Nummer	Fp	Seitenzahl	Nummer
60	*88*	2	65,5	*251*	16	71	*203*	1
60,5	*187*	6	65,5	*212*	1	71	*127*	2
60,5	*154*	6	65,5	*52*	5	71,5	*223*	1
60,5	*14*	13	65,6	*81*	10	71,5	*184*	8
60,5	*209*	6	66	*11*	1	71,5	*94*	10
61	*177*	12	66	*180*	11	71,5	*94*	11
61	*187*	9	66	*114*	7	71,6	*263*	2
61	*128*	5	66	*150*	14	72	*79*	7
61	*258*	14	66	*152*	2	72	*186*	1
61	*257*	1	66,1	*252*	15	72	*111*	4
61	*123*	9	66,4	*53*	13	72,5	*100*	1
61	*71*	4	66,5	*89*	5	73	*102*	11
61	*144*	6	66,5	*182*	2	73	*198*	8
61	*99*	17	67	*211*	4	73	*29*	8
61,3	*71*	1	67	*124*	8	73,5	*89*	18
61,3	*267*	13	67	*100*	10	73,5	*79*	1
61,5	*189*	1	67	*256*	7	74	*235*	2
61,5	*99*	7	67,5	*152*	9	74	*186*	8
62	*42*	7	67,5	*152*	9	74	*176*	7a
62	*32*	1	67,5	*99*	8	74	*193*	5
62	*214*	3	68	*223*	2	74,5	*104*	1
62	*109*	12	68	*100*	12	75	*114*	16
62,5	*108*	5	68	*15*	1	75	*129*	8
62,5*	*241*	6	68	*35*	7	75	*179*	11
62,5	*55*	16	68 (Z.)	*174*	10	75	*216*	10
62,6	*204*	5	68	*270*	11	75	*108*	3
62,8	*212*	3	68	*69*	11	75	*108*	1
63	*87*	8	68	*190*	10	75	*87*	10a
63	*114*	4	68	*178*	4	75,5	*199*	9
63	*255*	18	69	*65*	1	75,5	*246*	3
63	*263*	7	69	*105*	14	76	*205*	7
63	*98*	2	69	*103*	8	76	*88*	10
63,5	*92*	8	69	*164*	4	76	*259*	14
63,5	*55*	12	69	*240*	5	76,5	*254*	4
63,5	*14*	12	69	*251*	3	76,5	*54*	8
63,5	*99*	11	69	*250*	3	77	*70*	11
63,5	*269*	8	69	*217*	9	77	*269*	18
63,5	*229*	6	69,3	*233*	9	77	*90*	2
64	*92*	10	69,5	*125*	7	77	*33*	3
64	*97*	2	69,5	*199*	12	77	*244*	12
64	*192*	14	69,5	*188*	10	77,5	*214*	11
64	*113*	9	70	*224*	2	77,5	*192*	3
64	*154*	7	70	*130*	7	78	*239*	13
64,5	*249*	9	70	*41*	12	78	*67*	12
64,5	*270*	4	70	*200*	2	78	*94*	6
65	*185*	7	70,1	*114*	5	78	*212*	5
65	*68*	5	70,5	*21*	12	78	*268*	3
65	*22*	8	70,5	*68*	16	78	*255*	10
65	*108*	6	70,5	*122*	3	78	*89*	3
65	*25*	12	70,5	*71*	15	78	*157*	9
65	*169*	2	71	*80*	3	78,4	*19*	12
65,1	*261*	6	71	*103*	1	78,5	*64*	9
65,4	*100*	3	71	*186*	12	78,5	*139*	1

3123 (Fortsetzung).

Fp	Seitenzahl	Nummer	Fp	Seitenzahl	Nummer	Fp	Seitenzahl	Nummer
79 (Z.)	92	3	84,5	68	6	91	124	1
79	178	5	85	123	10	91	234	6
79	189	2	85	235	13	91,5	192	2
79	188	5	85	147	6	91,5	187	4
79	88	3	85	254	1	91,5	256	12
79	222	3	85	251	1	91,5	176	6
79	200	7	85	9	12	92	254	5
79	126	9	85	190	12	92	22	3
79	262	6	85	25	2	92	15	17
79,5	165	10	85,5	205	11	92	149	12
79,5	183	7	85,8	112	10	92	155	13
79,5	23	8	86	46	3	92,5	238	6
80	115	6	86	211	9	92,6	114	9
80	91	14	86	168	3	93	183	8
> 80*	81	13	86	269	9	93	186	10
80	95	7	86	67	2	93	37	4
80	241	10	86	198	7	93	87	7
80,4	178	1	86,5	138	13	93	262	4
80,8	259	10	86,5	167	13	93	221	11
81	247	8	86,9	96	3	93	91	13
81	201	2	87 (Z.)	17	2	93	92	1
81	45	10	87	167	15	93	114	10
81	202	13	87	104	2	93	110	9
81,5	15	13	87	22	5	93,5	70	1
82 (Z.*)	213	6	87	71	13	93,5	41	3
82	155	14	87,5	9	7	94	112	3
82	123	13	87,5	25	3	94	213	3
82	114	15	87,7	254	9	94	70	4
82	112	9	88	234	5	94	115	1
82	41	2	88	70	9	94,5	34	4
82	201	5	88	67	11	94,9	269	17
82	265	11	88	99	12	95	173	5
82	176	7b	88	60	3	95	8	3
82	200	1	88,5	92	12	95	186	4
82	8	10	89	110	15	95	105	9
82,5	200	5	89	217	8	95	231	9
82,5	26	11	89	180	8	95	168	8
82,7	197	10	89	55	8	96	21	1
83	155	1	89,5	152	6	96 (Z.)	24	18
83	218	9	89,5	152	6	96	50	2
83,5	237	1	89,5	114	17	96	232	9
83	27	2	89,8	110	11	96	255	1
83,5	71	11	90	267	14	96,1	179	6
83,5	188	6	90	26	4	96,5	138	10
83,5	43	9	90	178	6	96,5	45	11
83,5	114	11	90	146	2	96,7	107	11
83,5	212	8	90,5	171	5	97	189	9
83,5	143	1	90,5	216	9	97	192	8
84	22	7	90,5	188	9	97	18	3
84	200	3	91 (Z.)	76	4	97	255	19
84	132	8	91	178	7	97	216	3
84.	36	11	91*	212	11	97,5	137	1
84	190	11	91	50	5	97,5	134	4

3123 (Fortsetzung).

Fp	Seitenzahl	Nummer	Fp	Seitenzahl	Nummer	Fp	Seitenzahl	Nummer
98	77	8	104	207	11	110	144	7
98	192	7	104,5	175	5	110	186	5
98	199	11	104,5	46	12	110	43	8
98	97	11	105	172	2	110 (Z.)	136	4
98	93	5	105	101	7	110	23	1
98,5	209	8	105	52	6	110	132	1
98,5	176	9	105	237	3	110*	236	2
98,5	47	3	105	251	11	110	9	10
98,5	181	12	105	222	4	110	166	5
99	92	9	105	217	10	110	251	12
99	228	9	105	219	1	110	10	17
99	244	9	105	25	4	110	12	10
99	131	6	105	92	11	110,5	107	10
99	117	5	105	87	9a	110,5	211	10
99,5	70	3	105	10	13	110,7	228	5
99,5	8	7	105,5	22	4	111	141	11
100	270	3	105,5	101	15	111	71	12
100	207	9	106	198	1	111,5	125	8
100	207	9	106	60	8	111,5	125	11
Z. 100	215	8	106	21	2	111,5	16	10
Z. 100	271	16	106	265	6	112	191	3
100	233	5	106	185	11	112	94	1
100	13	7	106,5	180	5	112	174	4
100,5	268	4	106,5	35	1	112	210	10
100,5	166	4	106,7	34	5	112	261	13
101	114	12	107	192	6	112	235	9
101	61	7	107	55	13	112	53	4
101,5	11	8	107	99	9	112	89	12
101,5	246	5	107	50	6	112	259	8
102	214	2	107	202	10	112	181	1
102	50	7	107,5	175	6	112,5	162	9
102	33	1	107,5	99	16	112,5	270	6
102	80	2	108	246	8	112,5	259	3
102	66	3	108	246	2	112,5	43	4
102	75	10	108	223	7	113 (Z.)	129	7
102	172	5	108	197	4	113	187	10
102	186	13	108	9	9	113	209	7
102,5	106	11	108 Z*	92	2	113	31	10
102,5	163	4	108	113	8	113	51	8
102,5	162	5	108	117	3	113	205	5
102,5	54	4	108	101	11	113,5	55	7
103	166	11	108	214	4	113,5	40	4
103	253	3	108,5	145	8	113,6	189	10
103	133	9	108,5	105	1	114	49	11
103	189	3	108,5	169	3	114	184	9
103	211	3	109	110	8	114	47	9
103,4	119	8	109	192	9	114	99	15
103,5 (Z.*)	46	7	109	86	7	114	113	7
103,8	212	2	109	14	11	114	242	6
104	220	3	109	121	11	114,5	10	10
104	259	9	109,5	259	1	114,5	121	7
104	13	12	110	61	14	114	9	6
104	107	9	110	94	4	114	123	3

3123 (Fortsetzung).

Fp	Seitenzahl	Nummer	Fp	Seitenzahl	Nummer	Fp	Seitenzahl	Nummer
114	*211*	2	120,5	*162*	6	126	*118*	1
114,5	*108*	13	120,5	*56*	8	126	*235*	6
114,5	*161*	4	121	*98*	14	126	*132*	2
115	*124*	10	121	*247*	6	126	*21*	10
115	*180*	3	121	*254*	3	126,5	*247*	12
115	*110*	6	121	*110*	10	126,5	*55*	6
115	*34*	6	121	*228*	10	126,5	*124*	5
115	*196*	14	121 (Z.)	*165*	3	126,5	*189*	6
115	*132*	6	121	*151*	11	127	*152*	3
115,5	*238*	10	121	*67*	10	127	*45*	13
115,5	*57*	5	121,5	*26*	12	127	*212*	9
115,5	*114*	18	121,5	*204*	7	127	*213*	10
115,5	*246*	4	121,7	*41*	5	127	*249*	7
115,5	*197*	11	121,8	*228*	3	127	*21*	5
115,7	*66*	10	122	*106*	6	127	*261*	8
116	*236*	7	122	*126*	8	127	*234*	7
116	*198*	2	122	*259*	4	127,5	*258*	13
116	*192*	1	122	*113*	11	127,5	*236*	1
116	*46*	14	122	*100*	5	127,5 (Z.*)	*60*	7
116	*27*	1	122,5	*134*	1	128	*248*	7
116	*105*	6	122,5	*147*	7	128	*235*	8
116	*256*	11	122,5	*218*	6	128	*189*	4
116,5	*80*	9	122,5	*25*	7	128	*214*	14
116,5	*144*	1	123	*179*	7	128,5	*124*	12
116,5	*153*	12	123 (Z.)	*268*	9	129	*24*	6
116,5	*182*	5	123	*92*	6b	129	*105*	2
117	*226*	8	123	*258*	15	129	*105*	11
117	*103*	12	123,5	*121*	13	129	*12*	4
117,5	*186*	6	124	*221*	4	129	*37*	10
117,5	*96*	8	124	*218*	8	129	*23*	2
Z. 117,5	*179*	1	124	*256*	6	129	*102*	14
117,5	*13*	3	124	*114*	14	129	*141*	3
117,5	*263*	5	124	*234*	8	129	*200*	6
117,5	*74*	6	Z. 124	*191*	7	129	*188*	7
118	*143*	4	124	*132*	3	129,5	*220*	6
118	*111*	10	124	*22*	6	130	*161*	8
118	*188*	8	124	*119*	9	130	*245*	2
118,5	*108*	14	124	*229*	1	130	*49*	9
118,5	*81*	5	124,5	*173*	1	130	*43*	5
119	*60*	4	125	*159*	5	130	*192*	4
119	*208*	1	125	*109*	7	130	*119*	6
119	*155*	9	125	*199*	1	130,5	*13*	9
119	*175*	12	125	*180*	7	131	*140*	4
119	*76*	9	125	*118*	4	131	*219*	8
120*	*84*	2	125	*112*	2	131	*115*	9
120	*181*	13	125	*269*	3	131	*9*	8
120 (Z.)	*237*	8	125	*100*	4	131	*262*	2
120	*99*	13	126	*105*	4	131	*184*	4
120	*78*	7	126 (Z.)	*67*	1	131,5	*176*	8
120	*49*	4	126	*196*	19	131,5	*56*	9
120	*254*	11	126	*202*	11	131,6	*217*	5
120	*254*	8	126	*148*	5	132	*126*	1
12[illegible]	*128*	4	126	*179*	2	132	*122*	4

3123 (Fortsetzung).

Fp	Seitenzahl	Nummer	Fp	Seitenzahl	Nummer	Fp	Seitenzahl	Nummer
132	114	19	137	37	14	143	120	10
132	234	1	137	224	9	143,5	269	19
132	143	9	137	214	7	143,7	98	8
132	163	2	137	93	3	144	256	16
132	46	6	137,5	119	12	144	112	12
132	105	5	137,5	250	12	144	113	6
132,1	109	3	137,5	215	3	144	118	2
132,5	51	7	137,5	40	3	144	244	1
132,5	187	3	137,5	25	5	144	45	3
132, 7	140	6	138	110	14	144	190	6
133	42	6	138	137	5	144	105	3
133	20	2	138	136	9	144	262	3
133	79	5	138	144	8	144	96	9
133	121	5	138	123	12	145 (Z.)	133	11
133 5	187	11	138	113	3	145	107	17
133,5	226	4	138,4	248	1	145	49	1
133,	52	7	139	93	2	145	36	3
134	205	6	Z. 139	183	5	145	113	4
134	113	10	139	66	4	145	118	6
134	91	1	139	239	4	145	125	4
134	232	8	139,5	259	11	145	31	1
134	36	4	139,7	212	4	145	217	3
134	12	3	140	231	4	145	269	10
134	95	4	140	249	4	145	188	4
134	19	13	140	158	1	145,5	203	4
134,5	233	4	140	160	4	146	262	5
134,5	11	4	140	165	2	146	136	5
134,5	91	9	Z.* 140	241	2	146	82	1
135	198	6	Z. 140	241	3	146	185	3
135	192	5	140	55	1	146,5*	154	12
135	56	11	140	120	2	147	115	7
135	24	5	140	91	5	147	48	2
135	50	3	140	85	8	147	202	6
135 (Z.)	10	1	140	85	1	147	124	2
135	79	4	140,5	185	13	147	213	2
135	117	4	140,5	136	7	147	204	9
135 (Z.)	173	13	140,5	260	6	147,5	114	2
135	106	7	140,5	135	2	147,5	114	13
135	134	8	140,6	69	7	147,5	212	7
135	153	9	140,8	236	10	147,5	120	11
135	207	3	141	255	4	147,5	21	7
135	254	12	141	134	9	147,5	184	10
135	82	3	141	200	4	148	146	6
135,5	270	12	141	235	11	148	202	7
135,6	161	12	141	235	10	148	185	12
136	99	14	141	245	1	148	209	5
136 (Z.)	63	1	141,5	189	11	148	83	6
136	34	7	142	142	2	148	123	11
136	52	2	142	105	10	148	121	1
136	271	3	142,5	184	6	148	94	2
136,5	12	6	143	191	1	148,5	271	2
136,5	262	9	143	29	1	148,5	216	5
137	45	4	143	10	3	148,5	9	3

3123 (Fortsetzung).

Fp	Seitenzahl	Nummer	Fp	Seitenzahl	Nummer	Fp	Seitenzahl	Nummer
148,5	202	12	156	208	4	161,5	83	7
149	186	7	156	250	11	161,5	154	3
149	73	8	156	91	2	162	208	10
149,5	196	16	156	132	7	162	46	1
149,5	95	9	156	244	10	162	154	8
149,5	224	5	156,5 (Z.*)	201	10	162	152	7
150	217	2	156,5	59	3	162	152	7
150	257	7	157	235	4	162	227	5
150	40	7	157	66	6	162	20	13
150 (156)	43	7	157 (Z.)	189	12	162	69	2
150	53	17	157 (Z.)	189	13	162,5	261	12
150	72	7	157 (Z.*)	27	5	162,5	121	12
150,5	118	3	157	20	5	Z. 162,5	18	9
150,5	95	12	157	43	2	162,5	83	5
151	13	5	157	24	7	163	127	9
151	95	3	157,5	47	10	163	144	9
151	204	1	158	24	11	163	108	12
151	191	6	158	61	1	163	255	12
151,5	197	6	158	67	7	163	255	13
152	31	5	158	69	8	163	109	6
152	197	12	158	256	14	163 (Z.)	191	4
152	62	8	158	91	12	163	187	7
152	261	11	158	119	4	163	51	6
152	257	8	158	25	13	163	8	8
152,5	210	5	158,5	27	6	163,5	8	1
152,5*	45	1	158,6 (Z.)	188	1	163,5	203	2
152,5	208	2	159	162	4	164	189	5
Z. 153	248	9	159	65	9	164	98	6
153	77	3	159	12	2	164	255	14
153	11	2	159	245	7	164	12	9
153	95	11	159	32	6	164,5	248	5
153,4	117	6	159	112	6	165	224	4
153,5	187	2	159	135	4	165	111	8
154	201	8	159,5	14	10	165	260	7
154	184	5	159,5	56	10	165	126	11
154	56	7	159,5	205	9	165	134	7
154	23	3	160	136	6	165	243	4
154	215	1	160*	210	8	165	238	1
154	259	6	160	35	11	165	226	7
154,4	98	7	160	24	10	165	40	2
154,5	31	7	160	233	6	165	190	3
154,5	86	3	160,5	120	3	165,5	135	3
154,5	124	13	160,5	236	5	165,5	42	1
154,5	135	7	160,5	110	4	166	98	5
154,5	211	7	160,5	165	8	166	172	1
155	183	9	160,5	182	4	166	105	8
155	54	1	160,5	54	5	166	255	3
155	78	2	161	179	4	166	76	1
155	37	15	161	264	3	166	141	13
155,5	231	5	161 (Z.*)	202	8	166	105	7
156	193	12	161	94	3	166,1	162	8
156	262	7	161	85	2	166,5	96	4
156	78	6	161,5	123	4	166,5	112	14

3123 (Fortsetzung).

Fp	Seitenzahl	Nummer	Fp	Seitenzahl	Nummer	Fp	Seitenzahl	Nummer
167	*211*	5	174	*161*	6	181*	*143*	3
167,5 (Z.)	*92*	4	174*	*271*	5	181 (Z.)	*190*	1
168	*41*	1	174	*22*	1	182	*47*	2
168	*203*	10	174	*268*	8	182	*259*	12
168	*133*	10	174	*93*	1	182	*248*	6
168,5	*9*	4	174,5	*24*	8	182	*27*	7
169	*202*	5	174,5	*64*	5	182	*106*	10
169	*216*	8	175	*263*	1	182,5	*111*	5
169	*101*	10	175	*244*	5	182,6 (186)	*132*	4
169	*207*	12	175*	*178*	2	183	*81*	2
169	*232*	5	175	*65*	8	183	*244*	6
169	*131*	3	175	*129*	9	183,5	*203*	8
169	*110*	12	175	*123*	2	183,5 (Z.)	*202*	1
169,5	*256*	17	175	*121*	4	184	*210*	6
169,5	*256*	2	175	*236*	6	184	*154*	4
170	*40*	8	175	*234*	10	184	*258*	5
170*	*182*	7	175	*232*	10	184	*244*	8
170	*267*	9	175,5 (Z.)	*27*	8	184 (158)	*236*	3
170	*267*	1	176 (Z.)	*102*	17	184	*256*	13
170 (Z.)	*215*	6	176	*182*	8	184	*63*	3
Z. 170	*183*	6	176	*126*	12	184,2	*29*	14
170	*161*	11	176	*151*	7	184,5	*185*	5
170 (Z.)	*180*	2	176	*110*	13	185	*136*	10
Z. 170	*24*	15	176	*92*	6a	185	*154*	2
170	*151*	1	176,5	*60*	1	185	*179*	5
170	*232*	3	176,5	*97*	7	185	*230*	5
170	*118*	5	177	*168*	5	185	*8*	12
170	*115*	4	177	*111*	6	185	*49*	2
170	*25*	6	177	*203*	3	185,5	*166*	9
170,3	*145*	2	177,5	*260*	8	185,5	*88*	11
170,5	*110*	7	177,5	*203*	6	185,5	*54*	15
171	*103*	11	178	*56*	12	186	*25*	8
171	*208*	3	178	*139*	5	186 (Z.)	*253*	5
171	*65*	5	178 (Z.)	*148*	1	186	*72*	6
172	*215*	4	178	*120*	1	186,5	*22*	2
172	*214*	13	178	*28*	9	186,5	*255*	11
172	*261*	10	178,5	*24*	9	187	*241*	1
172	*113*	1	178,8	*59*	7	187*	*103*	4
172	*73*	1	179	*168*	6	187	*213*	7
172	*145*	1	179	*11*	10	187*	*141*	6
172 (Z.)	*143*	6	180 (Z.)	*148*	6	187	*201*	9
172,5	*150*	15	180	*166*	15	187	*63*	2
172,5	*65*	7	180	*251*	13	187 Z.*	*244*	4
173 (Z.)	*114*	3	180	*209*	9	187	*60*	5
173	*203*	7	180	*146*	8	187,5	*154*	9
173	*95*	10	180	*131*	8	187,8	*110*	5
173	*259*	15	180	*246*	12	188	*53*	15
173	*90*	3	180	*24*	16	188	*163*	1
173,5	*14*	5	180,5	*161*	2	188	*166*	10
173,5	*190*	8	181	*97*	8	188	*98*	10
174	*50*	4	181	*201*	6	188	*258*	11
174	*68*	1	181	*209*	12	188,5	*126*	15
174	*155*	7	181	*266*	2	189 (Z.)	*188*	13

3123 (Fortsetzung).

Fp	Seitenzahl	Nummer	Fp	Seitenzahl	Nummer	Fp	Seitenzahl	Nummer
189,5	182	1	199	29	3	206,5	40	1
190 (Z.)	201	7	199	163	3	206,5	238	9
190	142	12	199	117	11	206,5	263	9
Z. 190	20	7	199	60	2	207 (Z.)	121	9
Z. 190	232	2	199,5	199	5	207 (Z.)	227	2
190*	44	3	200 (Z.)	177	6	207	53	16
190	120	5	Z.* 200	91	6	207	207	10
190 (Z.*)	107	4	Z.* 200	128	9	207	33	7
190	35	9	200 (Z.)	215	2	207	253	9
190,5	205	12	Z. 200	141	4	207	265	12
190,5	91	4	Z. 200	142	6	207	168	4
190,5	10	7	200	198	3	207,5	40	6
191* (231)	217	4	200	206	7	208	35	10
191	116	5	200	112	4	208	47	1
191	87	1	200	117	9	208	51	5
191	266	3	200	125	10	208	216	7
192	71	3	200	156	7	208,5	202	3
192 (Z.*)	225	2	200,5	193	7	209	101	6
192	78	1	201	116	3	209	34	3
192	119	10	201	199	6	209	248	8
192*	83	3	201	59	4	209,5	98	4
192	33	10	201 (Z.)	259	16	210 Z.	91	7
192,5	80	5	201	24	17	210 (Z.)	32	2
192,5 (Z.*)	227	7	201,5	184	7	210 (Z.)	196	13
193 (Z.)	51	1	201,5	229	4	210	118	8
193	204	3	201,6	159	7	210	69	3
193	199	8	202	135	8	210	203	9
193	197	8	202	164	2	210	196	17
193,5	18	7	202	115	8	211	244	2
193,5	241	7	202	111	7	211*	121	2
193,5	22	10	202,4	74	7	211,5 (Z.)	204	4
194	46	2	203 (Z.*)	22	11	212	149	11
194	238	8	203	255	15	212	33	9
194	33	4	203	242	11	212,5 (Z.)	86	8
194,5	12	8	203	9	2	212,5 (Z.)	232	4
194,5	242	10	203,5	267	10	213	125	9
195	189	7	203,5	271	8	213 (Z.)	232	6
195 (Z.)	32	4	203,5	148	4	213 (Z.*)	117	8
195	73	10	204 (Z.)	102	16	214 (Z.*)	90	7
195 (Z.)	113	2	204	117	7	214 (Z.)	190	9
195	128	2	204,1	98	9	214	27	4
195 (Z.)	121	10	204,5 (Z.*)	202	9	214	183	10
195,5 (Z.)	37	12	204,5	111	9	214	30	7
195,5	54	10	205	126	18	214	204	2
196	119	7	Z. 205	196	10	214	131	4
196	75	6	205 (Z.)	253	8	214	261	5
197	139	9	205	10	11	214,5	198	4
198	81	1	205	75	9	215	27	9
198	20	1	205,5	118	7	Z. 216	13	6
198 (Z.)	114	1	206	261	3	216	89	2
198	191	5	206	11	12	216 (Z.)	35	13
198,5	230	1	206	25	1	216	201	11
198,5	238	7	206,5	203	5	216	211	6

3123 (Fortsetzung).

Fp	Seitenzahl	Nummer	Fp	Seitenzahl	Nummer	Fp	Seitenzahl	Nummer
216	32	3	227	244	3	240	17	6
216	112	8	227 (Z.*)	225	10	240	193	6
216,5	220	7	227 (Z.)	246	13	240	186	1
216,5	223	5	227	92	7	240	104	11
217	24	4	227,5 (g. Z.)	227	3	240	213	5
217	29	15	227,5	167	12	240	130	11
217 (Z.*)	30	3	227,6	141	7	241	67	4
Z. 217	138	6	227,7	51	4	241 (Z.)	43	12
217	182	3	228	230	4	241	201	1
217	84	4	228	264	6	241	91	10
217	107	2	228	151	9	241,5	69	9
217,5	261	1	228,5	190	7	241,5	69	9
217,5	243	5	228,5	122	2	Z. 243	204	10
217,5	112	13	228,7	258	12	243	225	9
218	61	3	229	221	2	244	104	10
218	119	2	—	64	2	244	200	9
218	120	4	230	185	4	244 (Z.)	184	2
218	258	3	230 (Z.)	187	14	244	265	2
218	259	17	231 (Z.)	249	8	245 (Z.)	142	3
218	259	5	232	33	5	245	30	1
218	215	7	233	145	4	245	36	9
218,5	11	13	Z. 234	267	8	245	21	8
219	95	14	234 (Z.)	138	3	245	35	4
219	101	4	234	106	9	246	35	12
219	262	10	234,5	95	13	246 (Z.)	233	1
219	212	10	235	259	2	246,5	249	6
219*	216	4	235 (Z.)	28	12	247	20	3
220	143	5	235 (Z.)	78	3	247	196	15
220 (Z.)	26	2	235 (Z.)	264	9	248 (Z.)	153	4
220 (Z.)	121	3	235	228	4	248	8	13
220	226	5	235 (Z.)	26	1	249 (Z.)	225	8
221	83	4	235,5	202	2	249	225	3
221	79	3	236	156	3	249,5	117	1
221 (Z.)	221	5	236	239	7	250	153	13
221*	44	4	236,5	21	6	250 (Z.*)	227	4
221	60	6	237 (Z.*)	225	5	Z. 250	164	7
221,5	95	8	237	224	10	250 (Z.)	28	10
222*	190	2	237 (233)	112	5	250,5	91	3
222,5	112	7	238	217	1	Z. 251	266	8
223,7	200	12	238 (Z.)	18	6	251	74	4
224 (Z.)	199	7	238	43	6	251	214	12
224	123	5	238 (245)	62	7	252 (Z.)	44	1
224,5	136	11	238	94	5	253	205	15
225 (Z.)	115	11	238,5	117	12	253,5	202	4
225 (Z.)	146	3	239	124	3	253,5	66	7
225	40	5	239 (Z.)	128	1	253,5	252	5
225	209	1	239,5 (Z.*)	135	6	254	208	12
225	64	7	239,5	74	5	254 (Z.)	177	5
225	120	9	Z. 240	67	3	254 (Z.)	36	5
225	122	13	Z. 240	36	7	254 (Z.*)	225	4
225	147	9	Z. 240	121	8	254	54	2
225,5	271	15	240	91	8	255	20	6
226,5	34	1	> 240	236	4	255	188	2

3123 (Fortsetzung).

Fp	Seiten-zahl	Num-mer	Fp	Seiten-zahl	Num-mer	Fp	Seiten-zahl	Num-mer
255*	96	5	277	196	18	302	197	9
255,5	119	1	277,5 (Z.)	257	5	303,5	90	8
256	197	7	278 (Z.)	78	4	306	230	2
256*	236	8	278	145	5	307 (Z.)	22	9
256	239	10	278	260	3	310 (Z.)	90	12
256 (Z.)	18	8	280*	151	12	310	200	10
256	260	2	280	111	3	310	40	9
256,5	9	1	Z. 280	42	2	310	64	4
258	86	2	Z. 280	29	7	310	243	7
258	119	11	280	120	7	311,5	115	5
258,5 (Z.*)	225	6	280	116	4	312	111	2
259	261	4	283 (Z.)	210	3	312,5	260	1
> 260	116	6	283	26	3	313,5 (Z.)	206	9
260 (242)	235	3	283,5	69	1	315 (Z.)	132	9
260	235	12	285	244	7	315	265	1
261 Z.	226	1	285	263	8	315*	265	9
261	8	4	286	193	8	316	141	5
261,5	229	7	286,5*	133	12	317*	225	1
262 (Z.)	65	2	287 (Z.)	143	2	319	90	10
262	90	11	287,5	211	1	320	129	5
264	116	2	288*	43	1	320 (Z.)	36	6
264,5	206	12	288	200	11	320	123	8
265 (Z.)	115	10	289 (Z.)	184	3	321 (Z.)	249	2
266	30	4	289 (Z.)	264	2	321	117	2
267	136	1	289,5	116	1	322,5 (Z.)	86	4
267	154	10	Z. 290	264	4	323 (Z.*)	225	7
267	215	5	Z. 290	264	5	328,5	243	11
267	262	1	290 (Z.)	206	8	Z. 330	35	6
268	245	5	290 (Z.)	199	10	330	243	9
268	90	9	290*	68	13	333	228	6
268	234	9	290,5	173	10	334,5	125	1
268,5	74	3	291	30	6	339	66	8
268,8	75	3	291,5	27	3	340 (Z.)	35	5
269	118	11	292	159	6	347	261	2
Z. 270	242	9	293 (Z.)	49	8	348,5	152	8
270	18	5	293,5	30	5	348,5	152	8
270	204	8	294* (Z.)	160	7	351*	245	4
270	191	9	294* (Z.)	160	6	354	12	11
270	8	2	295	129	4	355	118	9
270,5	34	2	295	18	1	360—5	13	4
272 (Z.)	210	4	297 (Z.)	17	21	364	218	2
272 (Z.)	181	2	297	43	3	369	260	5
274	178	8	298 (Z.)	177	8	380	44	5
275	161	5	298* (Z.)	265	10	391 (Z.)	146	9
275*	44	2	300	119	3	418* (Z.)	196	12
275	119	5	300	238	5	422	111	1
275,5	122	1	300	83	8	Z. 470	146	5
276	243	8	302	113	5			
277 (Z.)	219	2	302	21	9			

3124 Siedepunkt der in Tabelle 31212 aufgeführten Stoffe nach steigenden Siedepunkten geordnet.

Der zu dem Siedepunkt gehörige Stoff ist in der Tabelle 31212 nachzusehen. Die kursiv gesetzte Zahl (Spalte: Seitenzahl) hinter dem Siedepunkt gibt die Seitenzahl der Eigennumerierung (kursiv gesetzt, unten), die 2. Zahl (Spalte: Nummer) die Nummer des Stoffes auf dieser Seite der Tabelle 31212 an. (e. = explodiert, s. = sublimiert. Die Bedeutung von Z. und (Z.) ist in 3121 gegeben.)

Kp	Seitenzahl	Nummer	Kp	Seitenzahl	Nummer	Kp	Seitenzahl	Nummer
−164	*165*	7	22,5	*152*	13	55,5	*89*	1
−103,9	*15*	8	22,7	*72*	13	56,3	*9*	15
−88,5	*13*	11	Z. 24	*268*	6	56,9	*130*	5
−83,8	*11*	9	25	*17*	7	57,3	*16*	5
−78,2	*171*	12	25	*82*	4	57,8	*55*	18
−57	*174*	1	26	*242*	2	58,1	*105*	13
−56	*157*	3	27,95	*152*	4	58,2	*109*	8
−50,2	*157*	7	28	*103*	6	59	*70*	8
−47,0	*222*	15	31,8	*20*	11	59,4	*152*	16
−44,5	*221*	7	32	*133*	14	59,6	*90*	4
−32	*15*	15	32	*169*	7	59,6	*173*	8
−32	*221*	6	33,0	*152*	15	60	*16*	7
−27	*166*	14	34,08	*152*	11	60	*221*	12
−24	*93*	9	34,5	*97*	16	60,3	*97*	17
−23,7	*103*	9	35,5	*72*	12	61	*54*	11
−23,7	*170*	1	36	*14*	14	61	*150*	12
−21,2	*101*	5	36,2	*206*	6	61	*151*	10
−21	*133*	3	36,4	*206*	11	61,21	*71*	16
−20	*52*	1	36,5	*152*	17	61,5 (Z.)	*62*	3
−20	*107*	5	37,2	*257*	2	63	*57*	13
−14	*174*	16	38	*109*	10	63,5	*55*	18
−13,9	*266*	5	38,4	*15*	5	63,6	*17*	9
−12	*174*	9	39,5	*206*	10	64,7	*167*	10
−10,2	*150*	1	41	*84*	9	65	*171*	13
−6,5	*167*	11	41	*258*	7	65	*174*	8
−6,1	*58*	7	41,6	*171*	10	65	*257*	12
−6	*150*	9	42	*205*	14	~67,5	*102*	6
0,6	*57*	1	42,3	*167*	9	68	*16*	2
1	*58*	8	42,4	*173*	12	68	*150*	6
2	*168*	9	44,6	*19*	6	68,3	*58*	5
2,5	*58*	8 b	45	*85*	5	68,6	*142*	1
3,5	*257*	4	45,2	*57*	14	68,9	*150*	8
4,6	*169*	4	46	*271*	12	69,7	*100*	17
5	*229*	2	46,2	*232*	7	70,0	*19*	5
7	*103*	10	46,4	*222*	14	70	*241*	5
7	*157*	10	47,8	*222*	11	70,8	*222*	13
8	*216*	1	48,4	*55*	19	72	*172*	3
10,7	*15*	14	48,4	*98*	1	72,3	*16*	9
11,5	*82*	5	49	*222*	2	73,3	*58*	1
12,7	*70*	5	49,5	*84*	10	73,5	*248*	3
13,1	*15*	6	49,6	*105*	12	74,1	*255*	6
15,8	*266*	4	50,9	*11*	7	74,7	*58*	12
16,6	*14*	9	51,0	*58*	6	76	*271*	14
17	*17*	1	52	*257*	6	76,5	*100*	19
18	*14*	7	~52,5	*12*	12	76,7	*11*	6
18,5	*56*	13	53,2	*19*	2	76,7	*239*	8
20,2	*8*	6	54,1	*20*	8	76,9	*28*	1

3124 (Fortsetzung).

Kp	Seitenzahl	Nummer	Kp	Seitenzahl	Nummer	Kp	Seitenzahl	Nummer
77,1	*129*	12	95	*51*	9	108	*89*	14
77,8	*57*	12	95	*149*	3	108	*95*	6
78,0	*58*	4	95	*228*	2	108	*150*	5
78,1	*16*	8	96	*68*	10	108,3	*28*	4
78,3	*14*	8	96	*101*	8	109	*16*	4
79,6	*167*	4	96,6	*171*	9	109	*102*	2
79,7	*222*	8	96,8	*100*	15	109,2	*125*	3
80	*17*	8	97,1	*19*	1	110	*51*	3
80,12	*42*	8	97,1	*222*	5	110	*171*	2
80,4	*82*	9	97,2	*222*	10	s. 110	*236*	3
80,6	*31*	9	97,7	*20*	10	110	*268*	2
80,8	*83*	1	98	*68*	8	110,1	*150*	3
81,2	*20*	12	98,4	*141*	1	110,8	*250*	10
81,6	*10*	4	98,5	*13*	2	111,9	*72*	8
82	*109*	11	~98,5 (Z.)	*58*	11	s. 112	*165*	5
82,0	*152*	14	99	*27*	10	112,3	*95*	5
82,5	*138*	9	99,1	*222*	7	113	*58*	3
82,6	*57*	11	99,5	*57*	10	113	*175*	13
83,3	*84*	1	99,8	*149*	5	113,5	*149*	2
83,5	*102*	7	Z. 100	*162*	9	113,5	*255*	7
83,5	*219*	7	s. 100	*239*	13	114	*183*	11
83,7	*15*	10	100,3	*57*	16	114	*224*	3
84	*133*	5	100,3	*170*	3	114,4	*17*	15
84	*247*	10	100,5	*20*	4	114,5	*8*	9
84,4	*101*	3	~100,5	*58*	17	114,5	*221*	8
85	*67*	9	100,8	*115*	3	115	*82*	8
85	*132*	5	100,9	*188*	12	115	*132*	11
85,7	*28*	5	101,6	*130*	9	115,5	*68*	9
86	*100*	14	101,7	*89*	13	115,5	*81*	6
87,2	*255*	9	102	*8*	5	115,5	*224*	7
87,5	*88*	7	102	*19*	9	116	*89*	6
87,7	*16*	16	102	*27*	14	116	*133*	1
87,9	*133*	4	102	*57*	8	116	*149*	7
88	*227*	8	102	*175*	2	116	*224*	1
89,4	*252*	4	102,2	*79*	6	116,5	*15*	12
89,5	*153*	2	102,2	*222*	18	116,5	*98*	15
90	*97*	10	103	*27*	15	116,8	*246*	1
90	*227*	10	103	*171*	3	116,9	*173*	7
90,6	*125*	2	103,4	*131*	7	117	*57*	9
91,3	*57*	17	103,7	*265*	4	117	*103*	7
91,4	*150*	7	105	*90*	2	117	*106*	4
92	*27*	16	105,5	*59*	1	117	*127*	8
92	*89*	16	106	*97*	14	117	*133*	2
92	*153*	6	106	*101*	1	117,4	*58*	15
92,3	*150*	4	106	*115*	2	~117,5	*58*	10
93	*68*	11	106	*156*	5	118	*82*	6
93	*246*	10	106	*220*	4	118	*130*	4
93,3	*173*	11	106,5	*219*	3	118	*255*	5
93,5	*70*	6	107	*175*	1	118	*271*	11
94	*106*	5	107	*244*	11	118,1	*128*	8
94	*101*	2	107,5	*70*	7	119	*19*	7
94,3	*90*	5	108	*11*	14	119	*27*	13
94,5	*149*	9	108	*28*	3	119	*175*	10

3124 (Fortsetzung).

Kp	Seitenzahl	Nummer	Kp	Seitenzahl	Nummer	Kp	Seitenzahl	Nummer
119	219	9	132,9	142	10	149,0	150	10
119,5	222	16	133	171	6	149,6	55	9
119,7	68	2	134	84	5	150	137	17
120	56	4	134,7	153	8	150	141	12
120	97	12	135	17	10	Z. 150	180	8
s. 120	107	4	136	151	5	e. 150	259	1
Z. 120	163	5	136,15	15	2	150,6	193	10
120	190	5	136,5	79	8	150,7	19	11
120	252	9	137,0	11	3	151,5	156	6
120,3	149	4	137,5	90	1	152,5	80	10
120,3	169	6	138,0	27	11	153	89	9
120,4	150	11	138	269	6	153	107	16
120,5	107	3	139	102	3	153,8	29	13
120,8	239	1	139	150	13	154,4	150	2
121,0	105	17	139	269	5	154,5	177	3
122,5	171	4	139,4	9	5	155	83	10
123	17	11	139,5	209	11	155	108	15
123	129	6	139,9	96	13	155	170	4
123,5	20	9	140	85	3	155	219	5
123,7	102	9	140	102	8	155,6	54	3
124	205	2	140	169	5	155,8	142	8
124	226	3	Z. 140	192	14	156	125	5
125	100	16	Z. 140	214	14	156	262	8
125	220	1	140,5	13	1	156,5	19	4
125,	193	15	~140,5	84	7	156,8	67	8
126	157	8	140,7	222	6	156,9	256	8
126	242	8	140,8	265	8	157,0	28	7
126,7	71	5	140,9	97	5	157	109	1
127	28	8	141	9	13	157,5	137	11
127,2	169	9	142	130	3	157,5	137	12
128	27	12	142	252	10	157,9	252	14
128	28	2	142,5	98	16	158	89	17
128	61	6	142,5	109	2	158	99	4
128	177	7	143,1	218	5	158	130	12
128	218	3	143,4	218	4	158,5	17	19
128	220	2	143,6	71	2	159	222	12
128,5	153	11	144	53	3	159	228	1
128,6	68	7	144 (Z.)	222	1	159	241	12
130	19	15	144	269	4	159,5	73	3
130	227	6	144,1	125	6	Z. 160	16	10
130,5	58	9	145,5	9	14	~160	59	3
130,5	85	4	145,5	134	5	160	59	5
130,5	238	12	145,5	220	3	Z. 160	101	7
131	175	7	146	97	15	160	139	2
131	190	4	146	126	2	160 (Z.)	161	8
131,3	149	1	146	153	1	Z. 160	213	2
131,4	164	6	146,2	238	13	Z. 160	263	5
131,5	17	17	147,5	72	17	160,3	102	1
131,5	206	1	147,5	149	8	160,5	83	9
131,6	15	9	147,7	149	6	160,5	167	7
131,6	135	1	148 (Z.)	53	8	160,5	214	6
131,9	173	6	148	175	3	161	72	11
132	69	10	148	210	7	161,5	17	20

3124 (Fortsetzung).

Kp	Seitenzahl	Nummer	Kp	Seitenzahl	Nummer	Kp	Seitenzahl	Nummer
161,5	*152*	12	Z. 170	*235*	9	180	*62*	2
161,6	*73*	4	170,5	*134*	2	180	*82*	7
161,6	*134*	3	171	*21*	4	Z. 180	*96*	4
161,9	*205*	10	171	*176*	3	Z. 180	*99*	16
162	*73*	5	171	*258*	8	180	*142*	11
162	*108*	13	171,5	*207*	2	s. 180	*156*	3
162	*108*	14	172	*98*	12	Z. 180	*213*	3
162,5	*57*	3	172	*102*	4	181	*56*	3
162,5 (Z.)	*138*	1	172	*208*	7	181	*85*	7
162,5	*170*	8	172,5	*97*	13	181	*162*	2
162,5	*254*	7	172,9	*172*	9	181 (Z.)	*171*	11
163	*84*	6	173	*86*	5	181	*224*	8
163	*165*	6	173	*170*	7	181,4	*208*	8
163	*196*	9	173,2	*172*	6	181,5	*97*	6
163	*263*	6	173,5	*167*	6	182	*72*	9
163	*266*	6	173,5	*237*	5	182	*100*	18
163,7	*258*	4	173,7	*98*	13	182,2	*146*	7
163,9	*61*	8	174	*53*	9	183	*45*	7
164	*17*	18	174	*80*	4	183 (g. Z.)	*177*	4
164 (g. Z.)	*88*	5	174,0	*141*	2	183,5	*97*	9
164,5	*17*	14	174	*207*	1	183,6	*56*	5
164,6	*164*	5	174,3	*99*	5	183,7	*56*	4
165 (Z.)	*53*	2	174,4	*219*	4	184	*237*	9
Z. 165	*81*	10	174,5	*64*	1	184,4	*29*	2
165	*173*	9	175	*85*	9	185	*15*	3
165	*219*	6	175	*85*	10	185	*28*	11
165	*230*	3	175	*257*	9	185	*87*	6
165,5	*170*	5	175,5	*72*	3	185	*110*	1
165,5 (Z.)	*213*	9	~175,5	*170*	6	185	*196*	8
166	*79*	2	176	*153*	7	185	*205*	3
166	*102*	5	176,5	*75*	8	185	*256*	10
166	*213*	8	176,5 (Z.)	*154*	5	185,5	*47*	6
166,4	*255*	19	176,5	*176*	5	185,5	*88*	10
166,5	*109*	5	176,5	*221*	10	185,5	*110*	11
166,8	*61*	10	176,7	*85*	11	Z. 186	*245*	2
167,0	*96*	14	177	*62*	4	187	*107*	14
167	*263*	4	177	*100*	6	187 (g. Z.)	*160*	1
167,5	*163*	7	177	*144*	4	187	*171*	14
167,5	*222*	19	177	*167*	3	187	*224*	2
167,5	*256*	3	177	*176*	4	187,0	*265*	5
168	*256*	5	177	*257*	3	187,5	*207*	7
168,2	*223*	3	177,5	*14*	2	188	*19*	8
168,3	*248*	2	177,5	*68*	12	188 (Z.)	*102*	10
168,5	*61*	11	177,6	*160*	9	188,5	*80*	1
168,7	*54*	14	177,8	*160*	8	188,5	*109*	9
169	*151*	4	178	*16*	6	188,5	*154*	11
169	*170*	9	178	*37*	7	188,5	*222*	17
169,5	*235*	5	178 (Z.)	*54*	7	189	*71*	1
(g. Z.)			179	*98*	11	189	*79*	7
Z. 170	*124*	2	179,0	*193*	17	189,5	*238*	6
~170	*156*	4	179	*206*	4	189,7	*239*	6
Z. 170	*162*	7	179,4	*47*	12	190	*82*	1
170	*171*	1	Z. 180	*40*	7	190	*89*	8

3124 (Fortsetzung).

Kp	Seitenzahl	Nummer	Kp	Seitenzahl	Nummer	Kp	Seitenzahl	Nummer
190,2	138	11	199	103	8	207,5	51	7
190,5 (Z.)	102	11	199	151	2	~207,5	265	7
191	158	5	199	251	7	208 (g. Z.)	89	15
191	235	7	199,5	41	11	208	224	6
191,3	44	7	199,5	160	11	208	255	18
192	216	6	200 (Z.)	18	2	208,5 (Z.)	70	4
192	241	10	Z. 200	48	2	208,8	68	14
192	258	6	Z. 200	50	6	209	15	7
192,5	106	3	~200 (Z.)	51	2	209	33	6
193	59	6	200 (Z.)	53	4	209	237	6
193	87	5	200 (Z.)	166	4	209,5	100	8
193	104	3	200	125	11	209,6	164	1
193	207	8	Z. 200	235	4	210 (Z.)	23	4
193,5	131	1	200,4	250	6	210 (Z.)	30	10
~193,5	172	7	200,5	248	10	Z. 210	95	4
193,5	209	10	200,5	249	1	~210	165	4
193,8	168	2	200,7	250	4 a	210	176	2
194	19	14	200,7	250	4 b	210,9	186	2
194	89	11	201	131	2	211	97	4
194	99	3	201	168	13	211	110	3
194	153	10	201	269	16	211	155	15
194	184	1	202	16	9	211,5	108	2
194	193	16	202	158	6	211,5	108	3
194,3	247	2	202	159	1	211,5	155	17
194,5	48	7	202	161	9	212	51	5
194,5	55	10	203	108	4	212	70	3
194,5	264	7	203	244	12	212	110	2
194,8	71	4	203,2	250	5	212	200	7
195	49	6	203,6	209	13	212 (Z.)	269	12
195	61	2	204	25	11	212,9	41	8
Z. 195	115	4	204 (Z.)	55	15	213	222	3
195	247	4	204	59	7	213	255	17
195,3	172	8	204 (Z.)	72	10	213,5	12	7
195,4	247	3	204	155	16	213,5	45	6
195,5	167	8	204	241	8	213,5	69	5
195,5	269	15	204	251	8	213,5	69	12
195,8	130	8	205	61	9	213,5	76	5
196	54	13	205	139	7	213,5	152	5
196	241	9	205	252	3	213,5	193	11
196,5	231	2	205,2	37	6	214	10	5
196,5	256	4	205,2	47	5	214	72	4
197	46	4	205,2	160	3	214	104	5
197	53	1	205,2	250	7	214	189	8
197	251	6	206 (Z.)	14	4	214	258	2
198	169	14	206	14	12	214,5	126	13
198	173	3	206	58	14	214,9	130	2
198	247	11	206	81	9	215	19	3
198,2	57	6	206	176	1	215	53	14
198,5	47	11	~206,5	241	4	215	169	1
198,5	249	9	207	46	5	215	227	1
198,6	160	10	207	77	1	215	252	11
198,9	162	1	207	266	1	215,5	163	9
199	73	2	207,5	17	3	215,5	242	3

3124 (Fortsetzung).

Kp	Seitenzahl	Nummer	Kp	Seitenzahl	Nummer	Kp	Seitenzahl	Nummer
216	*57*	5	225	*29*	11	236	*63*	6
216,5	*89*	4	225	*80*	6	236	*87*	10a
216,6	*145*	3	225	*108*	5	236,5	*252*	6
217	*72*	5	225	*174*	11	237	*17*	5
217	*88*	3	225 (Z.)	*192*	13	237	*19*	10
217	*96*	2	225	*248*	4	237 (g. Z.)	*62*	5
217 (Z.)	*99*	1	226	*12*	5	237	*252*	2
217	*126*	11	226	*78*	7	237,5	*61*	12
217	*228*	7	226	*104*	8	237,7	*63*	4
217	*252*	18	226,5	*238*	4	238	*192*	12
217,5	*108*	7	227 (Z.)	*102*	15	238	*168*	12
217,6	*250*	8	227	*212*	6	238,0	*66*	5
217,7	*49*	5	227,5	*226*	8	238,5	*206*	5
217,9	*178*	1	228 (Z.)	*233*	4	239	*57*	15
218	*104*	6	228,5	*76*	6	239	*98*	2
218	*108*	1	229	*53*	11	239	*255*	4
218	*197*	3	229	*147*	5	240	*52*	6
218	*222*	9	229	*164*	3	240	*193*	2
218,5	*133*	13	229	*208*	5	240	*198*	1
218,5	*162*	3	229,5	*67*	6	240	*252*	13
218,5	*214*	15	229,7	*136*	2	240	*270*	1
218,5	*255*	16	230	*45*	5	240,5	*63*	5
219	*17*	4	230	*64*	2	241,5	*174*	2
219	*56*	2a	230	*242*	1	241,5	*174*	3
219	*96*	3	230,5	*68*	16	241,5	*202*	6
219 (Z.)	*96*	7	230,5	*192*	11	242	*71*	11
219 (g. Z.)	*97*	3	231	*52*	7	242	*251*	16
219	*100*	10	231	*86*	6	242,5	*153*	3
219	*164*	4	231	*206*	2	242,5	*270*	3
219	*237*	7	231,5	*231*	7	243	*29*	12
219,5	*108*	6	232 (Z.)	*96*	6	243	*48*	11
220 (Z.)	*37*	8	232	*249*	3	243	*65*	4
220	*166*	13	232,5 (Z.)	*48*	10	243	*71*	9
220	*244*	5	232,5	*141*	9	243,5	*166*	2
220	*255*	2	232,5	*240*	1	243,5	*213*	4
220,5	*101*	12	233	*100*	12	243,5	*231*	3
220,5	*104*	9	233	*263*	7	243,5	*228*	8
221	*8*	10	233,5	*48*	1	244	*23*	1
221	*96*	1	233,5	*249*	5	244	*144*	5
221	*96*	10	233,7	*137*	2	244	*193*	4
221	*158*	4	234	*26*	6	244	*256*	7
221	*247*	5	234	*256*	9	244,5	*68*	3
221,5	*104*	4	234,5	*223*	1	244,5	*239*	4
222	*77*	2	234,5	*223*	2	245 (Z.)	*10*	12
222,3	*192*	10 a	234,5	*231*	1	245	*29*	3
222,3	*192*	10 b	235	*49*	2	245 (Z.)	*160*	2
222,5 (Z.)	*144*	6	235 (Z.)	*117*	3	245	*166*	11
222,5	*212*	1	235,3	*221*	9	245	*227*	9
223	*161*	10	235,5	*55*	12	~245 (Z.)	*235*	13
223,3	*231*	8	235,5	*80*	7	245	*236*	7
223,5	*269*	11	235,5	*193*	1	245 (Z.)	*254*	12
224	*223*	4	235,6	*71*	10	245	*269*	19
224,5	*191*	10	236	*55*	11	245,5 (g. Z.)	*70*	1

3124 (Fortsetzung).

Kp	Seitenzahl	Nummer	Kp	Seitenzahl	Nummer	Kp	Seitenzahl	Nummer
246	239	3	257	126	14	265,5	166	8
246,2	169	13	257	212	2	266	31	2
246,6	80	8	257,5	99	17	266	49	7
247	29	9	257,5 (Z.)	199	2	266	99	19
~247	247	6	257,5	270	10	266	173	5
247,4	53	5	258	16	12	266,5	104	2
247,6	169	11	258	174	12	266,5	105	16
247,8	169	15	258 (g. Z.)	193	3	266,6	199	9
248	89	18	258	237	3	266,7	242	4
248,5	32	5	258,5	29	10	267 (Z.)	34	5
249	41	5	258,5	64	3	267	108	9
249	109	3	258,5	99	18	267	212	4
250	10	2	258,6	169	14	267,5 (Z.)	124	6
250	108	8	259	15	1	268	105	5
~250	123	12	259	122	8	268,4	61	5
250 (Z.)	164	2	259	137	15	268,5	175	5
250	175	11	259	185	2	269	106	11
250 (Z.)	221	11	259	237	1	269	179	10
250,2	20	14	259	251	11	269,5	214	9
251	16	13	259,3	71	7	Z. 270	14	11
251	25	12	259,6	169	12	Z. 270	51	4
251	53	12	259,6	271	9	270	86	7
251 (g. Z.)	60	4	260	124	3	270	122	6
251	98	3	260	125	12	270	126	5
251	169	2	260	134	9	270 (Z.)	186	8
251	201	2	260	137	8	Z. 270	231	4
251	239	12	260	166	1	270,5	219	8
251 (Z.)	270	9	260	234	4	270,5	205	13
252	271	6	260	242	5	271	179	11
252,5	239	11	260	247	12	271	254	11
252,5	270	2	260	254	3	271	271	1
253	13	10	260,5	124	7	272	173	4
253	100	11	261	37	1	272,5	125	7
253	147	4	261	45	9	273	107	12
253,5	130	10	261	49	4	273,5	92	10
253,5	205	4	261	55	4	274	151	7
253,5	211	12	261,5	107	10	274,5	214	11
254	60	8	262	107	11	274,5	251	13
254	239	2	262	255	10	275	22	7
254,5	208	6	262,3	108	10	275	254	10
254,9	122	3	262,5	107	8	275,5	240	6
255	11	5	263	89	12	~276	107	17
255	92	8	263	220	8	276	126	6
255	127	7	263	251	12	276	152	10
255	159	5	263,5	64	6	276	205	11
255,5	55	6	264	54	12	276,7	217	7
255,5	100	2	264,5	105	15	277	122	9
255,5	215	9	264,5	144	2	277,5	8	3
255,5	271	10	265	82	3	277,5	29	14
256	146	2	265	92	12	277,5	109	7
256	168	7	265	107	7	278	89	3
256	220	5	265	141	13	278,5	109	6
256,5	55	5	265	185	1	279	179	6

3124 (Fortsetzung).

Kp	Seitenzahl	Nummer	Kp	Seitenzahl	Nummer	Kp	Seitenzahl	Nummer
280	*92*	9	296	*94*	8	317	*193*	13
280	*124*	9	296	*124*	11	320	*19*	13
280	*145*	7	296	*257*	1	~320	*187*	8
~280	*155*	6	297	*110*	11	320,5	*46*	13
280	*267*	12	298	*141*	3	321	*88*	2
280	*267*	13	298,5	*41*	12	321	*200*	3
280,5	*202*	10	298,5	*217*	6	322	*141*	7
280,8	*228*	5	299	*23*	5	323,5	*41*	10
281	*55*	2	299	*180*	10	324,5	*214*	1
281	*103*	3	300	*37*	3	325	*89*	2
281	*137*	3	~300 (Z.)	*198*	8	325	*234*	6
281,5	*55*	3	300 (g. Z.)	*236*	1	326	*121*	11
282,5	*187*	6	s. 300	*236*	9	326	*238*	10
283	*212*	3	300	*254*	8	326,5	*168*	11
284	*92*	13	~300	*256*	16	328 (Z.)	*33*	3
284	*94*	7	300	*270*	12	330	*128*	4
285	*99*	14	300,8	*180*	12	330	*193*	9
285	*102*	13	301	*98*	7	330	*200*	2
285	*102*	14	301,2	*157*	9	330,5	*123*	1
285 (Z.)	*209*	8	302	*23*	7	330,5	*126*	9
285	*265*	11	302	*122*	11	330,6	*95*	1
285,1	*217*	5	303	*11*	1	333	*123*	6
285,5	*179*	7	303	*137*	1	336	*253*	3
286	*99*	11	303	*140*	7	340	*187*	10
286	*126*	10	303,5	*149*	10	340	*200*	1
286 (Z.)	*247*	8	304	*189*	1	340	*207*	9
287	*102*	12	304,8	*125*	8	~340	*253*	4
287	*123*	10	305	*9*	6	341,5	*132*	8
287 (Z.)	*235*	6	305	*9*	7	342	*121*	12
287,5	*141*	8	305	*101*	11	342,5	*126*	16
288	*176*	7a	305	*107*	13	343,5	*123*	3
288	*176*	7b	305	*123*	7	344	*124*	1
288,5	*175*	6	305	*155*	3	345,5	*12*	10
289,5	*21*	1	305	*180*	11	345,5	*214*	2
Z. 290	*95*	3	305 (Z.)	*192*	2	346,5	*37*	2
290	*137*	4	306	*44*	9a	347,5	*261*	8
290	*216*	10	306	*44*	9b	350	*48*	8
s. 290	*245*	4	306	*11*	2	350	*48*	9
290	*249*	4	306,1	*181*	1	351	*29*	15
Z. 290	*259*	8	306,5	*47*	7	353 (Z.)	*245*	7
Z. 290	*259*	9	306,5	*234*	8	354,5	*62*	7
291	*80*	3	309	*155*	4	355 (Z.)	*209*	7
291,6	*177*	11	309	*174*	6	359	*262*	4
293	*35*	7	309	*226*	4	Z. 360	*35*	12
293	*174*	5	~310	*22*	3	360	*41*	9
293,4	*171*	7	310	*37*	13	360 (Z.)	*73*	8
294	*21*	2	310	*123*	9	360	*211*	2
294	*31*	11	310 (Z.)	*205*	12	363	*91*	11
294	*77*	7	312,5	*80*	5	363	*211*	9
294	*132*	6	315 (Z.)	*70*	13a	370	*209*	9
295	*99*	6	315	*268*	4	s. ~375	*206*	12
295	*126*	8	315,5	*16*	15	377	*30*	4
296	*10*	17	316 (Z.)	*216*	9	379	*124*	12

3124 (Fortsetzung).

Kp	Seitenzahl	Nummer	Kp	Seitenzahl	Nummer	Kp	Seitenzahl	Nummer
380	*261*	12	417	*210*	5	459 Z.	*260*	4
381	*244*	2	420	*244*	3	~460	*244*	8
385	*254*	5	~423,5 (Z.)	*124*	10	462 Z.	*260*	5
390	*50*	5	430	*116*	1	471	*110*	7
390	*228*	9	431	*87*	1	519	*218*	2
395	*214*	4	431	*244*	7			
403,5	*209*	12	448	*74*	4			

3125 Brechungszahl n_D (D = 5890 Å) und Dispersion $n_F - n_C$ (F = 4860 Å, C = 6560 Å) sowie Molekularrefraktion $R_D = \frac{n_D^2 - 1}{n_D^2 + 2} \cdot \frac{M}{\varrho}$ (in cm³) (M = Molgewicht, ϱ = Dichte) von organischen Stoffen[1].

Stoff	°C	n_D	$n_F - n_C \cdot 10^4$	R_D in cm³
Acetal	20	1,38193	63,6	33,13
Acetaldehyd	20	1,33157	61,3	11,57
Acetanhydrid	20	1,39038	69,3	22,38
Aceton	19,4	1,35886	69,4	16,15
Acetonitril	16,5	1,34596	57,7	11,11
Acetonoxals.-ester	18,1	1,47228	195,5	39,33
Acetophenon[2]	19,1	1,53427	216,6	36,28
Acetylchlorid	20	1,38976	80,7	16,85
Acrolein	20	1,39975	127,0	16,14
Äthylalkohol	20	1,36232	61,1	12,78
Äthylanilin	20	1,55593	224,5	40,41
Äthylbenzol	15	1,49857	154,2	35,72
Äthylbromid	20	1,42386	93,3	19,11
Äthylcyclobutan	20	—	71,8	—
Äthylcyclohexan	20	1,43251[2]	76,2	37,13
Äthylcyclopentan	20	1,4203	73,0	32,52
Äthylcyclopenten	20	1,4440	95,4	—
Äthyl-cyclo-propylcarbinol	20	1,43559	77,5	29,61
Äthylenbromid	20	1,53789	139,7	26,97
Äthylenchlorid	20	1,44432	83,5	21,01
Äthylencyanid	63,1	1,41645	—	20,42
Äthylendiamin	26,1	1,45400	95,2	18,24
Äthylendipiperidin	17,8	1,48869	103,3	61,44
Äthylenoxyd	20	1,3597	58	—
2-Äthylhexen-1	20	1,4210	88,2	—
Äthylidenaceton	19,6	1,43903	131,0	25,78
Äthylidenbromid	20	1,51277	131,5	27,44
Äthylidenchlorid	20	1,41655	80,3	21,01
Äthyl-isopropyl-cyclopropyl-carbinol	20	1,45186	127,3	43,06
Äthyljodid	20	1,51307	162,8	24,29
Äthylmercaptan	20	1,43055	101,9	17,99
Äthylnitrat	21,5	1,38484	—	19,30
3-Äthyloktadekan	15,5	1,44618[3]	78,4	94,65
3-Äthylpentan	20	1,39366	67,0	34,25
v-Äthylpiperidin	18,9	1,44452	91,1	36,41
β-Äthylpiperidin	23,2	1,45310	—	35,70
Äthylpropyläther	20	1,36948	63,9	27,95
Äthylpropylketon	22	1,39889	71,9	29,71

Stoff	°C	n_D	$n_F - n_C \cdot 10^4$	R_D in cm³
Äthylschwefelsäure	18,1	1,40100	60,0	31,75
3-Äthyltetradecylen-2	16,1	1,44891[3]	87,5	75,77
3-Äthyltetradekan	14,2	1,43921[3]	76,8	76,06
cis-Allozimtsäure-äthylester	22,1	1,54416	237,1	53,14
Allylaceton	15,4	1,42125	92,2	29,38
Allylalkohol	15	1,41152	96,6	16,95
Allylamin	21,8	1,41943	104,1	18,95
Allylbromid	20	1,46545	132,0	23,95
Allylchlorid	20	1,40950	99,3	20,44
Amyljodid	20	1,49548	131,1	38,28
Allylmethylpropylcarbinol	20,4	1,43816	88,1	40,30
Allylrhodanid	15	1,53349[3]	183,1	30,06
Allylsenföl	20	1,52660	173,2	30,07
Ameisensäure	20	1,37137	71,6	8,57
Ameisensäure-äthylester	20	1,35975	62,7	17,82
Ameisensäure-amid	22,7	1,44530	113,4	10,61
Ameisensäure-iso-butylester	19,9	1,38584	67,7	27,18
n-Amylalkohol	15	1,41173	71,9	26,74
iso-Amylalkohol	17,8	1,4084	71	26,74
sek. Amylalkohol	18	1,40801[3]	70,3	26,78
tert. Amylalkohol	13,0	1,40890[3]	59,8	26,70
iso-Amylamin	17,9	1,40959	—	28,70
Amylbromid	20	1,44435	89,2	32,97
iso-Amylbromid	20	1,44118	82,7	33,12
Amylchlorid	20	1,41192	72,6	30,20
Amylchlorid, tertiär	13,5	1,4082	84	30,25
4-tert. Amylcyclohexen	20	1,4676	91,3	—
tert. Amylcyclopentan	20	1,4457	78,0	—
tert. Amylcyclopenten	20	1,4554	90,8	—
iso-Amylmercaptan	20	1,4412	91	—
Amylpropiolacetal	9,5	1,44210	85,0	59,2

[1] Temperaturabhängigkeit in 25314 und 391124.
[2] Siehe auch 391123.
[3] Wert bezieht sich auf die Heliumlinie: λ = 5876 Å.

3125 (Fortsetzung).

Stoff	°C	n_D	n_F-n_C · 10^4	R_D in cm^3
Anilin[1]	20	1,58629	248,6	30,58
Anisol	21,8	1,51503	172,6	33,00
Atropasäure-äthylester	16,1	1,52605	172,0	51,44
Benzaldehyd[1]	20	1,54638	232,1	32
Benzoesäure-äthylester	20	1,50602	161,1	42,58
Benzoesäure-methylester	16,5	1,51800	131,7	37,82
Benzol	20	1,50144	166,4	26,14
Benzonitril	25,5	1,52570	190,7	31,56
Benzophenon, labil	23,4	1,60596	268,3	56,70
Benzophenon, stabil	53,5	1,59750	268,3	57,02
Benzoylaceton-A-äthyläther	17,2	1,55911	257,5	58,40
Benzoylaceton-A-methyläther	18,8	1,56234	260,3	53,01
Benzoylaceton-B-methyläther	19,2	1,56395	258,8	53,16
Benzoylchlorid	20	1,55369	221,3	37,13
Benzylalkohol	22,1	1,53938	172,3	32,41
Benzylamin	19,5	1,54406	175,2	34,41
Benzylchlorid	15,4	1,5415	175	35,72
Benzylcyanid	20,2	1,52422	—	35,22
Borneocampher	58,6	1,45314	—	—
m-Bromanilin	20,4	1,62604	265,0	38,55
Brombenzol	20	1,55977	192,3	33,93
4-Brombuten (-1)	20	1,46215	114,6	28,06
Brommethyläther	20	1,45623	109,9	21,28
α-Bromnaphthalin	19,4	1,65876	325,0	51,32
Bromoform	20	1,5890	176	30,22
5-Brompenten (-1)	20	1,46397	112,0	32,68
α-Brompropylen	20	1,45193	119,8	23,09
2-Bromtoluol	20	1,4222	—	38,60
Butenyldimethylcarbinol	16,2	1,43446	89,0	35,48
Buttersäure	20	1,39789	70,2	22,19
iso-Buttersäure	20	1,39300	69,9	22,15
Buttersäure-äthylester	20	1,3928	66,0	31,52
iso-Buttersäure-äthylester	17,8	1,39114	69,2	31,61
Buttersäure-isoamylester	20	1,41113	71,1	45,42
Buttersäure-butylester	20	1,4075	69,5	40,78

Stoff	°C	n_D	n_F-n_C · 10^4	R_D in cm^3
Buttersäure-isobutylester	20	1,4032	68,7	40,83
Buttersäure-methylester	20	1,3878	64,9	26,83
Buttersäure-propylester	20	1,4001	68,5	36,14
Buttersäure-isopropylester	20	1,3936	67,0	36,12
Butylaldehyd	20	1,38433	71,0	20,64
iso-Butylaldehyd	20	1,37302	67,5	20,68
Butylalkohol	20	1,39931	67,3	22,14
iso-Butylalkohol	17,5	1,3968	68	22,16
sek. Butylalkohol	19,1	1,39743[2]	67,9	22,12
tert. Butylalkohol	20	1,38779	67,1	22,22
Butylamin	20	1,401	75	—
iso-Butylamin	17	1,39878	—	24,02
sek. Butylamin	16,7	1,39501	—	24,10
tert. Butylamin	18	1,37940	70,0	24,23
iso-Butylbenzol	14,5	1,4957	140	44,92
Butylbromid	20	1,43983	89,4	28,46
Butyl-iso-butylcyclopropylcarbinol	20	1,44986	78,8	57,05
Butylchloral	20	1,47554	93,9	35,42
Butylchlorid	20	1,40147	71,2	25,46
iso-Butylchlorid	15	1,40096	72,5	25,73
4-tert. Butylcyclohexen	20	1,4601	91,6	—
Butylcyclopentan	20	1,4321	75,4	—
iso-Butylcyclopentan	20	1,4301	75,5	41,76
sek. Butylcyclopentan	20	1,4361	75,6	—
tert. Butylcyclopentan	20	1,4341	76,4	—
Butylcyclopenten	20	1,4496	93,7	—
tert. Butylcyclopenten	20	1,4421	88,8	—
iso-Butyl-cyclopropyl-carbinol	20	1,43911	81,0	38,72
Butyljodid	20	1,50006	140,4	33,48
iso-Butylmercaptan	20	1,43859	97,2	28,35
iso-Butylnitrat	23,3	1,40130	79,5	28,64
iso-Butylnitrit	22,1	1,37151	77,6	26,91
5-Butylnonen-4	18,8	1,43911[2]	88,1	62,10
α-iso-Butylpiperidin	21,7	1,45534	88,4	45,05
Butyrylchlorid	20	1,41209	81,0	25,81
iso-Butyrylchlorid	20	1,40789	79,8	25,84

[1] Siehe auch 391123.

[2] Wert für $\lambda = 5876$ Å.

3125 (Fortsetzung).

Stoff	°C	n_D	$(n_F - n_C) \cdot 10^4$	R_D in cm^3
Camphylamin	17,8	1,47284	—	49,18
Capronitril	14,3	1,40851	—	29,72
Capronsäure	20	1,41382	73,6	31,50
Capryliden	12,5	1,42075	89	37,06
Caprylsäure	21	1,42677	75,5	40,71
Carvenon	16,3	1,48457	126,2	46,86
Carvon	18,4	1,49945	136,6	45,90
Carvotanaceton	20	1,48056	115,7	46,25
Cetyljodid	20,5	1,48242[1]	102,2	89,24
Chinolin[2]	24,9	1,62450	309,2	41,87
iso-Chinolin	25,1	1,62233	28,9	41,45
Chloral	20	1,45572	93,7	26,49
2-Chloranilin	20	1,58951	240,2	35,46
3-Chloranilin	20	1,59305	242,7	35,55
Chlorbenzol	20	1,52479	170,7	31,14
4-Chlorbuten(-1)	20	1,42330	94,7	25,04
α-Chlorbuttersäure	20	1,4411	103,5	27,43
β-Chlorbuttersäure	20	1,4421	81,2	27,25
γ-Chlorbuttersäure	20	1,4512	81,1	26,97
α-Chlorbuttersäure-äthylester	20	1,4248	76,4	36,61
β-Chlorbuttersäure-äthylester	20	1,4247	73,9	36,49
γ-Chlorbuttersäure-äthylester	20	1,4313	75,2	36,34
α-Chlorbuttersäure-isoamylester	20	1,4320	76,8	50,48
β-Chlorbuttersäure-isoamylester	20	1,4327	76,3	50,44
γ-Chlorbuttersäure-isoamylester	20	1,4391	77,6	50,28
α-Chlorbuttersäure-butylester	20	1,4307	76,5	45,90
α-Chlorbuttersäure-isobutylester	20	1,4272	76,4	45,88
β-Chlorbuttersäure-butylester	20	1,4310	75,0	45,78
β-Chlorbuttersäure-isobutylester	20	1,4285	75,7	45,82
γ-Chlorbuttersäure-butylester	20	1,4372	76,8	45,65
γ-Chlorbuttersäure-isobutylester	20	1,4350	76,5	45,67
α-Chlorbuttersäure-methylester	20	1,4247	75,8	31,86
β-Chlorbuttersäure-methylester	20	1,4325	75,1	31,80
α-Chlorbuttersäurenitril	20	1,42203	77,6	25,44
β-Chlorbuttersäurenitril	20	1,43580	78,4	25,34
α-Chlorbuttersäure-propylester	20	1,4274	77,0	41,25
α-Chlorbuttersäure-isopropylester	20	1,4206	74,9	41,28
β-Chlorbuttersäure-propylester	20	1,4279	74,9	41,1
β-Chlorbuttersäure-isopropylester	20	1,4220	74,1	41,20
γ-Chlorbuttersäure-propylester	20	1,4352	76,0	41,00
γ-Chlorbuttersäure-isopropylester	20	1,4292	75,7	41,04
Chlordimethyläther	20	1,39737	73,4	18,13
Chloressigsäureäthylester	20	1,42271	75,6	26,91
α-Chlornaphthalin	20	1,63321	405,5	49,85
Chloroform	20	1,44671	89,1	21,40
5-Chlorpenten(-1)	20	1,42973	93,2	29,58
α-Chlorpropionsäure-äthylester	20	1,41850	74,7	31,66
α-Chlorpropionsäure-isoamylester	20	1,4289	75,9	45,80
β-Chlorpropionsäure-isoamylester	20	1,4343	75,7	45,75

[1] Wert für $\lambda = 5876$ Å.
[2] Siehe auch 391123.

3125 (Fortsetzung).

Stoff	°C	n_D	n_F-n_C · 10^4	R_D in cm³
α-Chlorpropionsäure-isobutylester	20	1,4149	74,2	41,19
β-Chlorpropionsäure-isobutylester	20	1,4295	75,1	41,14
α-Chlorpropionsäure-isopropylester	20	1,4149	74,2	36,54
β-Chlorpropionsäure-isopropylester	20	1,4230	74,0	36,50
Citronensäure-triäthylester	20,1	1,44554	83,1	59,21
Coniin	21,9	1,45119	—	40,64
Crotonaldehyd	17,3	1,43838	149,3	21,50
Crotonalkohol	20	1,42976	95,1	21,81
α-Crotonsäure-äthylester	20	1,42421	105,5	31,66
Crotylbromid	20	1,47638	137,0	28,58
Cyclohexadien-(1,3)	20	1,47439	149,1	26,79
Cyclohexan	20	1,4254	75,3	27,73
Cyclohexanol	37	1,46055	78,3	29,28
Cyclohexen	22,1	1,44507	94,9	27,72
Cyclohexyl-cyclopentan	20	1,4726	83,7	—
Cyclopentan	20	1,40609	73,3	22,93
3-Cyclopentyl-pentan	20	1,4443	76,7	—
p-Cymol	13,7	1,4926	140	45,18
Decan	20	1,41203	73,4	48,25
iso-Decan	15,1	1,41116[1]	72,2	48,53
Decylen	17	1,4385	90,0	47,72
Decylsäure-äthylester	15	1,42771[1]	76,5	59,30
Dekalin	18	1,48035	84,9	43,85
Diäthyläther	20	1,3526	61	—
Diäthylamin	17,6	1,38730	75,4	24,23
Diäthylanilin	20	1,54206	220,3	50,19
Diäthylarsin	23,7	1,4709	132	33,03
p-Diäthylbenzol	16,2	1,49897	149,4	45,37
Diäthylcarbinol	15	1,41345	74,6	26,75
Diäthylketon	16,6	1,39385	70,9	25,18
Diäthyldisulfid	20	1,50633	129,8	36,59
β, β-Diäthyl-styrol	18,7	1,51677	163,8	54,26
Diäthylsulfid	20,5	1,44253	99,0	29,55
Diäthylsulfit	11	1,4198	77,0	31,83
Diallyl	20	1,40102	98,1	28,99
Diallylaceton	20,9	1,44622	104,1	42,89
Diallylessigsäure	21,6	1,45083	105,8	39,81
Di-iso-amyl	18,1	1,40924	72,0	48,33
Di-iso-amylamin	17,8	1,42289	—	52,17
α, β-Dibrom-äthylen	20	1,54367	164,9	26,30
Di-iso-buten	20	1,4122	86	—
Di-iso-butyl	15	1,39481[1]	71,8	39,20
Di-iso-butylamin	19,6	1,40934	—	42,91
Di-iso-butyl-cyclopropyl-carbinol	20	1,44826	79,9	57,14
o-Dichlorbenzol	20	1,549	176	—
Dichlorbrom-methan	15	1,50120	121,9	24,23
Dichloressigsäureäthyl-ester	20	1,43860	82,0	32,18
Dichlorpropionsäure-äthylester	20	1,44815	82,6	36,75
1, 3-Dicyclohexylbutan	20	1,4800	85,4	—
m-Difluorbenzol	18	1,44035	126,8	26,00
o-Difluorbenzol	18	1,44506	—	26,16
r-Difluorbenzol	18	1,44225	129,5	25,83
Δ^1-Dihydro-naphthalin	18,3	1,58317	245,1	43,59
Δ^2-Dihydro-naphthalin	32,7	1,55489	176,0	42,05
Dimethylacetylenbromid	25,4	1,45828	114,7	27,85
β-, β-Dimethyl-acrylsäure-äthylester	19,8	1,43207	108,4	31,67
Dimethylanilin	20	1,55819	245,5	40,82
2, 5-Dimethyl-anilin	21,3	1,55914	—	39,95
2,6-Dimethyl-anilin	19,6	1,56066	214,4	40,07
2,2-Dimethyl-butan	20	—	64,9	—
2, 3-Dimethyl-butan	20	—	65,2	—
cis-m-Dimethyl-cyclohexan	20	1,42600[1]	78,5	37,14
cis-p-Dimethyl-cyclohexan	20	1,42270[1]	76,9	37,20
cis-o-Dimethyl-cyclohexan	20	1,43060[1]	77,6	37,08
trans-m-Dimethyl-cyclohexan	20	1,42480[1]	76,5	37,16
trans-o-Dimethyl-cyclohexan	20	1,42990[1]	76,8	37,14

[1] Wert für $\lambda = 5876$ Å.

3125 (Fortsetzung).

Stoff	°C	n_D	n_F-n_C 10⁴	R_D in cm³	Stoff	°C	n_D	n_F-n_C · 10⁴	R_D in cm³
trans-p-Dimethyl-cyclohexan . . .	20	1,42120[1]	77,2	37,24	Essigsäuremethylester .	20	1,36099	62,4	17,65
1,4-Dimethylcyclohexadien-1,3	19	1,47966	159,4	36,92	Essigsäurephenylvinylester.	22,9	1,54944	267,5	48,40
2,5-Dimethylfuran	21,6	1,4351	114,0	—	Essigsäurepropargylester .	20	1,42047	86,3	24,71
2,4-Dimethylpentadien-(1,3)	20	1,4412	135	34,46	Essigsäurepropylester . . .	20	1,38438	66,8	26,98
2-, 4-Dimethylpentadien-2,4	17,3	1,44055	134,3	34,20	Essigsäure-vinyläthylester . .	20	1,41053	106,1	31,28
2,2-Dimethylpentan . . .	20	1,38233	67,2	34,61	Eucarvon . . .	14,8	1,51041	200,9	47,31
2,3-Dimethylpentan . . .	20	1,39201	67,0	34,31	m-Fluoranilin .	18	1,54528	215,7	30,02
2,4-Dimethylpentan . . .	20	1,38256	68,3	34,61	o-Fluoranilin. .	18	1,54672	214,5	30,52
3,3-Dimethylpentan . . .	20	1,39114	67,1	34,32	p-Fluoranilin .	20	1,53945	246,0	29,44
v-Dimethylpiperylamin .	19,2	1,42203	95,0	37,89	m-Fluor-anisol .	23	1,48763	153,7	28,60
α-β-Dimethylstyrol . . .	19,7	1,53496	196,5	45,22	o-Fluor-anisol .	23,2	1,49392	155,3	28,52
β-β-Dimethylstyrol . . .	19,6	1,52733	192,0	45,22	p-Fluor-anisol .	23	1,48618	155,6	28,41
Dimethyl-o-toluidin . . .	20	1,52643	—	44,69	m-Fluor-benzalchlorid . . .	17,5	1,52838	159,4	40,59
Dimethyl-p-toluidin . . .	20	1,54706	—	46,74	m-Fluor-benzaldehyd. . . .	24	1,51594	203,6	31,85
cis-Diphenylbutadien . .	100,6	1,63473[1]	464,7	76,08	o-Fluor-benzaldehyd. . . .	15	1,51208	193,9	32,05
trans-Diphenylbutadien . .	19,7	1,62737	376,5	72,57	p-Fluorbenzaldehyd. . . .	18	1,52001	208,1	31 92
Diisopropenyl .	15	1,4421	148	29,75	Fluorbenzol . .	20	1,46673	146,0	26,00
Dipropyläther .	14,5	1,38318	66,1	31,66	m-Fluor-benzylchlorid . . .	17,5	1,51412	167,0	35,64
Dipropylamin .	19,5	1,40455	—	33,53	m-Fluorbrombenzol . . .	20	1,52788	172,0	30,82
Dipropylcarbinol	17,7	1,42173[1]	72,6	35,94	o-Fluorbrombenzol . . .	21	1,53173	174,1	31,81
Di-iso-propyl-cyclopropylcarbinol . .	20	1,45457	78,4	47,79	p-Fluorbrombenzol . . .	21	1,52855	170,7	31,21
Dodecan . . .	20	1,42188	75,5	57,67	2-Fluor-1,4-kresolmethyläther	20	1,49533	154,7	37,75
Essigsäure . . .	20	1,37182	66,3	12,99	1-Fluornaphthalin	19,6	1,59388	286,3	43,74
Essigsäureäthylester	20	1,37257	64,1	22,25	m-Fluornitrobenzol . . .	19	1,53622	227,4	32,54
Essigsäureallylester	20	1,40448	85,4	26,42	o-Fluornitrobenzol . . .	17	1,54886	272,0	33,70
Essigsäure-isoamylester . .	18,1	1,40143	69,5	36,21	p-Fluornitrobenzol . . .	20	1,53156	240,5	32,85
Essigsäure-isobutylester . .	18,8	1,39066	67,8	31,59	m-Fluorphenetol . .	17,3	1,48539	146,1	37,51
					o-Fluor-phenetol	17	1,49315	149,3	37,19
					p-Fluor-phenetol	25	1,48011	146,4	37,31
					m-Fluorphenol .	20	1,51286	165,7	27,74
					o-Fluorphenol .	15,8	1,51602	166,4	27,79
					m-Fluortoluol .	27	1,46524	136,0	30,73
					o-Fluortoluol .	21	1,47383	142,5	30,34
					p-Fluortoluol .	27	1,46474	112,2	30,70

[1] Wert für λ = 5876 Å.

3125 (Fortsetzung).

Stoff	°C	n_D	$n_F-n_C \cdot 10^4$	R_D in cm³
Furan	20	1,4216	113,0	—
Furfurol	20	1,52608	270,4	25,43
Glykol	19,3	—	73,0	—
Hemimellithol	19,6	1,51335	156,8	40,36
Heptadekan	23,7	1,43583[1]	76,2	80,98
Heptan	20	1,38777	66,7	34,51
Heptylalkohol	20	1,425	74	—
Heptylbromid	15	1,45260	91,2	42,11
Heptyljodid	15	1,49297[1]	122,7	47,42
Hexadecan	20	—	76,0	—
Hexadien-2,4	12,5	1,45591	166,7	30,64
Hexan	20	1,3750	65,1	29,90
Hexen(-1)	20	1,38767	82,0	29,38
Hexylbromid	20	1,44778	88,2	37,53
Hexylchlorid	20	1,41944	73,3	34,82
Hexylen	23,3	1,39446	87,5	29,65
Hexyljodid	20	1,49290	125,4	42,82
Hydrinden	21,4	1,53703	167,9	38,43
Isopren	18,3	1,42207	148,0	25,22
Jodbenzol	18,5	1,62145	252,6	39,12
Jodmethyläther	20	1,54718	204,3	26,88
1-Jodnaphthalin	19,5	1,70256	—	56,54
Kohlensäure-diäthylester	20	1,38523	63,4	28,37
o-Kresol	20	1,547	185	—
d-Limonen	19,6	1,47271	113,7	45,30
Malonsäure-dinitril	34,2	1,41463	—	15,76
2-Menthen	20,4	1,44813	92,2	45,87
Mesitylen	17,1	1,49804	153,3	40,72
Mesityloxyd	16,4	1,44582	135,6	30,46
α-Methoxy-β-acetyl-acrylsäureäthylester	17	1,47923	183,2	44,18
α-Methyl-β-äthylacrolein	14	1,44808	133,4	30,52
1-Methyl-4-äthyl-hexadien-1,3	19,9	1,48181	154,4	41,56
Methyläthylketon	15,9	1,38071	71,0	20,67
Methyläthylpropylcarbinol	23,6	1,42183[1]	72,3	35,88
Methylal	20	1,35344	58,0	19,19
Methylalkohol	18	1,329	53,9	8,23
Methylanilin	20	1,57144	249,2	35,60
2-Methylbutan	7,0	1,36127	63,4	25,25
Methyl-iso-butyl-cyclopropyl-carbinol	20	1,44414	31,4	43,44
Methyl-iso-butylketon	17,4	1,39694	73,5	30,01
α-Methylchinolin	25,4	1,60909	290,9	47,03
Methylcyclohexan	15,5	1,42531	75,0	32,47
cis-m-Methylcyclohexanol	20	1,46165[1]	81,9	33,84
cis-o-Methylcyclohexanol	20	1,46225[1]	83,8	33,82
cis-p-Methylcyclohexanol	20	1,45926[1]	83,0	33,84
trans-m-Methylcyclohexanol	20	1,45931[1]	122,1	33,80
trans-o-Methylcyclohexanol	20	1,46165[1]	82,8	33,88
trans-p-Methylcyclohexanol	20	1,45727[1]	83,3	33,90
m-Methylcyclohexanon	20	1,44526[1]	85,2	32,51
o-Methylcyclohexanon	20	1,44747[1]	85,1	32,44
p-Methylcyclohexanon	20	1,44336[1]	80,5	32,57
Methylcyclopentan	20	1,40947[1]	71,5	27,90
Methylcyclopenten	20	1,4322	95,1	—
Methyl-cyclopropyl-carbinol	20	1,42966	153,6	25,41
Methylenbromid	15	1,54463[1]	149,0	21,89
Methylenchlorid	15	1,42721[1]	83,1	16,55
Methylenjodid	15	1,74428	375,8	32,54
2-Methylheptadecylen-2	14,1	1,45024[1]	87,6	85,33
2-Methylheptadekan	15,6	1,44038[1]	77,4	85,60
Methyl-heptylketon	15	1,41817	77,3	39,22
Methyl-heptylketoxim	20	1,45513	93,9	48,25
2-Methylhexan	20	1,38509	67,2	34,57
3-Methylhexan	20	1,38873	66,6	34,45
Methylhexylcarbinol	20	1,42444	74,1	40,56
Methylhexylketon	20	1,41613	74,3	39,22
Methyl-hexylketoxim	15	1,45410	94,5	43,35
Methyljodid	20	1,52973	80,9	19,40

[1] Wert für $\lambda = 5876$ Å.

3125 (Fortsetzung).

Stoff	°C	n_D	$n_F-n_C \cdot 10^4$	R_D in cm³
2-Methylnonadecylen-2	15,2	1,45414[1]	88,5	94,60
2-Methylnonadekan	18,1	1,44229[1]	77,8	94,92
Methylnonylketon	17,3	1,43002	77,4	53,00
2-Methylpentadecylen-1	19,7	1,44680[1]	86,5	74,64
2-Methylpentan	20	—	64,8	—
3-Methylpentan	20	—	64,4	—
2-Methylpenten-2	16	1,40122[1]	89,6	29,74
3-Methylpenten-2	14,9	1,40643[1]	90,0	29,51
γ-Methyl-penten(-2)-nitril	20	1,43620	110,3	30,14
α-Methylpiperidin	23,6	1,44639	—	31,36
β-Methylpiperidin	24,3	1,44627	—	31,31
v-Methylpiperidin	21,6	1,43779	—	31,78
Methylpropyläther	14,3	1,36019	61,5	22,35
Methyl-propyl-carbinol	15	1,41249[1]	71,7	26,58
Methylpropylketon	20,2	1,39946	70,7	25,20
Methyl-iso-propylketon	16	1,38788	69,9	25,24
α-Methylpyridin	16,7	1,50293	160,0	29,00
β-Methylpyridin	24	1,50432	—	28,91
α-Methylstyrol	19,8	1,53492	206,6	40,50
β-Methylstyrol	18,7	1,54967	234,3	41,10
2-Methyltridecylen-1	15,5	1,44663[1]	94,0	66,51
α-Methylzimtsäureäthylester	20,6	1,54753	242,6	58,46
β-Methylzimtsäureäthylester	16,6	1,54558	223,5	57,89
Milchsäure	20	1,44145	77,1	19,19
Milchsäurenitril	18,4	1,40582	—	17,59
Monobrompseudobutylen	25,5	1,45616	115,0	27,89
Naphthalin	96,6	1,58269	286,9	44,37
α-Naphthol	98,7	1,62064	323,9	46,25
Nicotin	22,4	1,52393	—	49,00
Nitroäthan	24,3	1,39007	—	16,99
Nitrobenzol[2]	20	1,55319	252,4	32,74
Nitromethan	15	1,38411	91,9	12,49
Nitropropan	24,3	1,40027	—	21,43
o-Nitrotoluol	20,4	1,54739	—	37,41
Nonan	20	1,40550	69,2	43,84
Octan	20	1,39760	69,8	39,19
Octen	16	1,4157	85	38,75
Octen-2	14,9	1,41619[1]	87,0	38,87
Octylalkohol	15	1,43230[1]	78,9	40,58
Octylbromid	15	1,45489	91,0	46,83
Octyljodid	15	1,49084	118,4	52,05
Octylsäure	20	1,42793	78,0	40,79
Octylsäureäthylester	15	1,41980	74,9	49,81
Octylsäurechlorid	15	1,43648	83,7	44,36
Octylsäure-nitril	15	1,42240[1]	75,0	38,93
Önanthaldehyd	15	1,41511	76,2	34,79
Önanthol	20	1,42571	75,5	34,40
Önanthsäure	20	1,42146	74,0	35,97
Önanthsäure	15	1,41540	72,9	—
Önanthsäureanhydrid	15	1,43562	81,2	—
Önanthsäurechlorid	15	1,43329	83,0	39,72
Önanthsäureönanthylester	18,8	1,43177	102,6	68,37
Önanthylen	20	1,3996	82	34,08
Önanthyliden	20	1,42073	86,8	32,66
Oxalsäurediäthylester	20	1,41043	74,0	33,57
α-Oxybuttersäurenitril	20	1,41502	77,6	22,13
β-Oxybuttersäurenitril	20	1,42825	75,3	22,14
Paraldehyd	20	1,41976	81,2	32,55
Pelargonsäure	20	1,43446	78,7	45,51
Pelargonsäureäthylester	15	1,42415[1]	76,1	54,68
Pelargonsäurechlorid	15	1,44054[1]	84,5	48,96
Pentachloräthan	15	1,50542	102,0	35,57
Pentan	20	1,35801	60,4	25,28
iso-Pentan	15	1,35796	61,9	25,29
Penten	20	1,37576	79,7	24,82
Pentenbromid	15	1,5094	118	41,13
Penten(-1)-ol-5	20	1,43085	91,2	26,34
Pentin (C_5H_8)	18	1,4079	—	24,81
α-Phellandren	22	1,47697	129,6	45,65
Phenol	40,6	1,54247	189,0	27,95
Phenyl-iso-cyanat	20	1,65088	349,4	43,54
Phenyl-hexylketon	20	1,50760[1]	149,6	59,51
Phenylhydrazin	20,3	1,60813	255,5	34,06
d-α-Pinen	18,1	1,46634	96,8	43,99
l-α-Pinen	16,3	1,46803	99,2	43,91
Piperidin	18,7	1,45350	89,2	26,68

[1] Wert für $\lambda = 5876$ Å. [2] Siehe auch 391123.

3125 (Fortsetzung).

Stoff	°C	n_D	$n_F - n_C \cdot 10^4$	R_D in cm^3
Propargyläthyläther	20	1,43064	93,8	14,92
Propargylalkohol	20	1,43064	93,8	14,92
Propargylphenyläther	14,4	1,54518	188,8	40,26
Propiolsäureäthylester	15,6	1,41198	93,7	25,29
Propionitril	14,6	1,36888	—	15,78
Propionsäure	20	1,3872	67,4	17,47
Propionsäureäthylester	20	1,3847	65,2	26,88
Propionsäure-iso-amylester	20	1,4069	69,3	40,79
Propionsäurebutylester	20	1,4014	67,9	36,14
Propionsäure-iso-butylester	20	1,3988	68,1	36,21
Propionsäuremethylester	20	1,3775	61,6	22,17
Propionsäurepropylester	20	1,3936	66,0	31,50
Propionsäure-iso-propylester	20	1,3872	66,8	31,58
Propionylchlorid	20	1,40507	80,2	21,30
Propylaldehyd	20	1,36356	66,8	16,02
Propylalkohol	20	1,38543	66,3	17,52
iso-Propylalkohol	20	1,37757	64,1	17,54
Propylamin	16,6	1,39006	73,9	19,43
iso-Propylamin	15,4	1,37698	—	19,59
Propylbenzol	12,3	1,49549	145,4	40,38
iso-Propylbenzol	16,8	1,49441	147,6	40,39
Propylbromid	20	1,43411	91,3	23,70
iso-Propylbromid	20	1,42508	93,5	24,07
Propylchlorid	20	1,38856	68,5	20,84
iso-Propylcyclohexan	20	—	77,4	—
iso-Propylcyclopentan	20	1,4263	74,7	37,13
Propylcyclopenten	20	1,4461	94,3	—
Propyl-cyclopropyl-carbinol	20	1,43881	80,0	34,50
4-Propyldecylen-3	14	1,44192[1]	88,9	62,12
Propyljodid	20	1,50508	148,4	28,94
iso-Propyljodid	20	1,49969	156,1	29,34
2-Propylpentan	14,4	1,40131[1]	69,5	39,09
2-Propylpenten-1	15,4	1,42041[1]	90,2	38,93
iso-Propylphenylketon	15,8	1,51959	174,3	45,58

Stoff	°C	n_D	$n_F - n_C \cdot 10^4$	R_D in cm^3
Pseudocumol	15,3	1,50672	158,2	40,62
Pulegon	18,3	1,48705	129,5	46,68
Pyridin	21	1,50919	157,2	24,07
Pyrrol	19,7	1,50347	153,6	20,92
Sabinen	22	1,47697	129,6	45,65
Styrol	16,6	1,54849	240,2	36,35
Terecamphen	54	1,45514	—	—
Terpenhydrat	20,2	1,47622	93,3	47,35
α-Terpinen	19,4	1,47810	147,8	46,10
α, α, β, β-Tetrabromäthan	20	1,62772	188,6	42,66
α, α, α, β-Tetrachloräthan	23,2	1,48162	96,7	30,86
α, α, β, β-Tetrachloräthan	21,8	—	99,2	—
Tetrachloräthylen	20	1,50547	136,9	30,33
Tetrachlorkohlenstoff	20	1,46072	96,6	26,51
Tetrahydrochinolin	23,4	1,59331	301,8	42,79
Tetrahydro-iso-chinolin	23,4	1,57982	—	41,61
Tetrahydroterpen	17,4	1,43750	77,3	46,29
Tetralin	17,8	1,48035	84,9	43,85
1,2,3,4-Tetramethylbenzol	16	1,52031	157,1	45,10
1,2,4,5-Tetramethylbenzol	81,3	—	147,3	—
cis-1,2,3,5-Tetramethylcyclohexan	20	1,44847[1]	85,1	46,18
trans-1,2,3,5-Tetramethylcyclohexan	20	1,44657[1]	77,2	45,97
cis-1,2,4,5-Tetramethylcyclohexan	20	1,44647[1]	83,2	46,06
trans-1,2.4,5-Tetramethylcyclohexan	20	1,44446[1]	77,3	46,05
Thiophen	20	1,52853	172,8	24,35
Thiophenol	23,2	1,58613	231,4	34,41
Thymol	9,6	—	158,8	—
m-Toluidin	22,4	1,57106	—	35,33
o-Toluidin	20	1,57276	229,5	35,33
p-Toluidin	59,1	1,55324	—	35,95
o-Tolunitril	23,1	1,52720	—	36,39
Toluol	14,7	1,4992	160	31,06
Triäthylamin	20	1,40032	80,9	33,74

[1] Wert für $\lambda = 5876$ Å.

3125 (Fortsetzung).

Stoff	°C	n_D	$n_F-n_C \cdot 10^4$	R_D in cm^3
Triäthylcarbinol	13,9	1,43370[1]	72,7	35,57
1,1,2-Tribromäthan	20	1,58902	162,0	34,86
Tribromäthylen	20	1,59920	192,7	33,67
Tri-iso-butylamin	17,3	1,42519	—	61,44
1,1,1-Trichloräthan	21	1,43765	88,9	26,22
1,1,2-Trichloräthan	22	1,47192	93,5	25,83
Trichloressigsäureäthylester	20	1,45068	87,1	37,25
Trichlornitromethan	22,8	1,46075	99,2	27,31
Trimethylacrylsäure-äthylester	19,3	1,42987	103,8	40,43
2,2,3-Trimethylbutan	20	1,38940	67,5	34,39
cis-1,2,3-Trimethylcyclohexan	20	1,43682[1]	78,4	41,66
cis-1,2,4-Trimethyl-cyclohexan	20	1,43341[1]	78,2	41,80
trans-1,2,3-Trimethyl-cyclohexan	20	1,43582[1]	77,7	41,66
cis-1,3,5-Trimethyl-cyclohexan	20	1,43010[1]	77,8	41,93
trans-1,2,4-Trimethyl-cyclohexan	20	1,43121[1]	76,6	41,81
trans-1,3,5-Trimethyl-cyclohexan	20	1,42710[1]	77,3	41,96
2,2,4-Trimethylpentan	20	1,3912	69,7	—

Stoff	°C	n_D	$n_F-n_C \cdot 10^4$	R_D in cm^3
α, β, β-Trimethylstyrol	19,4	1,51897	170,8	49,62
Tripropylamin	19,4	1,41756	—	47,61
Tripropylmethan	15,2	1,41629[1]	72,0	48,28
Undecan	20	1,41730	72,0	52,38
Undecin	13,7	1,44121[1]	85,0	51,15
Valeraldehyd	20	1,38824	72,2	25,46
iso-Valeraldehyd	20	1,38930	71,1	25,54
iso-Valeraldehyd-cyanhydrin	20	1,42514	70,1	31,49
Valeriansäure	15	1,41049[1]	73,5	26,83
iso-Valeriansäure	20	1,40433	71,1	26,90
iso-Valeriansäure-äthylester	18,4	1,39738	69,1	36,15
iso-Valeriansäure-isoamylester	19	1,41311	71,9	50,03
iso-Valeriansäure-isobutylester	19,2	1,40639	70,9	45,49
Valerylchlorid	20	1,41555	81,3	30,56
Valerylen	20	1,40044	96,3	24,34
Vinyl-Äthylalkohol	20	1,42240	92,6	21,74
m-Xylol	15,7	1,4996	158,0	35,90
o-Xylol	15,5	1,50777	159,2	35,77
p-Xylol	16,2	1,49734	157,7	35,96
Zimtaldehyd	20	1,61949	426,8	44,18
Zimtalkohol	33	1,57580	244,7	42,91
trans-Zimtsäureäthylester	20	1,55982	282,7	54,27
Zimtsäuremethylester	21,4	1,57661	310,9	49,34

[1] Wert für $\lambda = 5876$ Å.

3126 Kalorische Daten organischer Verbindungen.

Die allgemeinen Bemerkungen der Tabelle 3114 gelten auch hier.

In Spalte 1 ist der Name, in Spalte 2 die Formel des Stoffes angegeben. Auf dies Formelgewicht beziehen sich die weiteren Angaben.

In Spalte 3 und 4 sind die wahren Molwärmen Cp bzw. ein Mittelwert $\bar{C}p$ in $cal \cdot mol^{-1} \cdot grad^{-1}$ und die Temperaturen, auf die sich die Werte beziehen, angegeben.

In Spalte 5 sind Angaben über den Zustand des Stoffes, auf den sich die Angaben in den Spalten 6, 8 und 9 beziehen, gemacht.

In Spalte 6 ist die Normalentropie (d. h. Entropie bei 25° C und 1 Atm) S in $Cl \cdot mol^{-1}$ angegeben. Für Gase beziehen sich die Entropien auf den idealen Gaszustand.

Spalte 7 gibt die Temperatur, auf die sich die Bildungsenthalpie ΔI_B und die Verbrennungsenthalpie ΔI_V beziehen.

Spalte 8 gibt die Bildungsenthalpie ΔI_B in $kcal \cdot mol^{-1}$ (vgl. 3114). In der Bildungsreaktion sind die Ausgangsstoffe in ihrem bei 25° C und 1 Atm normalen Zustand eingesetzt. Kohlenstoff als Graphit (Unterschied gegen Tabelle 3114, dort ist C als Diamant eingesetzt). Schwefel in seiner rhombischen Modifikation. H_2, O_2, N_2 als Gase. Für die Berechnung der maximalen Reaktionsarbeit vgl. 3114.

Spalte 9 gibt die Verbrennungsenthalpie, ΔI_V, d. h. die Differenz zwischen dem Wärmeinhalt der bei vollständiger Verbrennung eines Moles des Stoffes entstehenden Verbindungen und der Summe der Wärmeinhalte dieses Stoffes und der Sauerstoffmenge, die zur vollen Verbrennung benötigt wird. (Auch hier bedingt diese Definition, daß die unter Wärmeabgabe vor sich gehende Verbrennung ein negatives ΔI_V hat.) Als Verbrennungsprodukte sind eingesetzt CO_2 (Gas), (H_2O) flüssig, N_2 (Gas). Der Buchstabe W hinter der Verbrennungswärme bedeutet, daß die sog. Washburn-Korrektur, d. h. Reduktion aller bei der Reaktion vorkommenden Gase auf 1 Atm Druck und 25° C, angebracht ist. Für 12,01 g Graphit ist als Verbrennungswärme zu CO_2 (g) bei 25° C 94,080 $kcal_{15°}$ eingesetzt. Für 2,0162 g H_2 zu flüssigem Wasser bei 25° C 68,313 $kcal_{15°}$. Da die Verbrennungsprodukte von organischen Verbindungen, die Halogene, Schwefel oder Metalle enthalten, häufig von den Versuchsbedingungen abhängen, sind, soweit keine Bildungsenthalpien aus anderen Daten bekannt sind, die ΔI_B nicht aus ΔI_V berechnet. ΔI_B sowohl wie ΔI_V sind bis auf geringe Ausnahmen, einer Zusammenstellung von Herrn Prof. W. A. Roth, die er uns zur Verfügung gestellt hat, entnommen.

Spalte 10 und 11 geben die Schmelztemperatur und die Schmelzenthalpie, Spalte 12 die Siedetemperatur des Stoffes bei einem Druck von 760 Torr an.

Spalte 13 gibt die Verdampfungsenthalpie bei der in Spalte 14 angegebenen Temperatur. Fett gesetzte Zahlen bedeuten, daß es sich um eine Sublimationsenthalpie und Sublimationstemperatur handelt.

In den Spalten 15, 16 und 17 sind Umwandlungsart, Umwandlungstemperatur und Umwandlungsenthalpie angegeben.

Anordnung nach 152.

Abkürzungen.

f = fest,	subl = sublimiert,
fl = flüssig,	W = Washburn-Korrektur,
g = gasförmig,	zers = zersetzt sich,
lab = labil,	Z.T. = Zimmertemperatur.
stab = stabil,	

3126 Kalorische Daten organischer Verbindungen.

Verbindung: Formel	Verbindung: Name	Molwärme: bei ϑ in °C	Molwärme: C_p in cal · mol⁻¹ · grad⁻¹	Zustand	Normalentropie S in Cl · mol⁻¹	Temperatur $\vartheta_{\Delta I}$ in °C	Bildungsenthalpie ΔI_B in kcal · mol⁻¹	Verbrennungsenthalpie ΔI_V in kcal · mol⁻¹	Schmelz-temperatur ϑ_F in °C	Schmelz-enthalpie ΔI_F in kcal · mol⁻¹	Verdampfungs-temperatur ϑ_K in °C	Verdampfungsenthalpie ΔI_K in kcal · mol⁻¹	Verdampfungsenthalpie bei °C	Umwandlungs-art U	Umwandlungs-temperatur ϑ_U in °C	Umwandlungs-enthalpie ΔI_U in kcal · mol⁻¹
CH_4 . . .	Methan	15	8,6027	g	44,46	25	−17,87	−212,79 W	−184	0,224	−164	1,93	−161,4		−252,7	0,018
CD_4 . . .	schweres Methan											0,40	−84			
C_2H_6 . . .	Äthan	0	12,04	g	54,6	25	−20,19	−372,81 W	−172	0,668	−88,5	3,80	−88,3			
C_2H_4 . . .	Äthylen	0	9,87	g	52,47	25	+12,56	−337,25 W	−169,3	0,699	−103,9	3,51	−103,4			
C_2H_2 . . .	Acetylen	0	10,18	g	48,03	25	+53,9	−312,4	−81,8		−83,8	4,27	−83,6			
C_3H_8 . . .	Propan	0	16,12	g	64,7	25	−24,77	−530,5 W	−189,9		−44,5	4,32 3,95	−30 0			
C_3H_6 . . .	Propylen			g	63,8	25	+4,87	−491,9 W	−185,2	0,7	−47,0	4,6	−47,0			
C_4H_{10} . . .	Butan	0	31,9	g	74,2	25	−29,76	−687,94 W	−135	1,05	0,6	5,6	−0,5	n C_4H_{10}→ iso-C_4H_{10}	−166,1 25	0,505 1,63
C_4H_{10} . . .	iso-Butan	0	31,9	g	70,5	25	−31,38	−686,3 W	−145		−10,2	5,08	−10			
C_4H_6 . . .	Butadien	23...24	33,0	g		25	+37,3	−618,5			−5 (713 mm)	4,79 5,84	10 −4			
C_5H_{12} . . .	Pentan	16,8	38,95	fl	62	25	−40,2	−840,1	−130,8	2,0	36,2	6,19 6,08	30 40	n Pentan → $C(CH_3)_4$	25	4,9
C_5H_{10} . . .	Penten-2	+15,9	36,1	fl		25		−804,4	−147		36,4	5,25	12,5			
C_5H_{10} . . .	Cyclopentan	20,5	37,1	fl	49	25	−26,7	−785,2	−93,3	0,19	49,3				−151,5 −136	1,166 0,088
C_5H_8 . . .	Isopren	21...26	39,6	fl	54,8	25		−760,0	etwa −120		34,08	6,57 6,27	13,4 25			
C_5H_6 . . .	Cyclopentadien			fl		25	+26,3	−701,5	etwa −85		41					
C_6H_{14} . . .	Hexan	20,3	46,15	fl g	71,2 92,4	25	−50,5	−992 W	−94,3	3,01	69,0	7,708 6,916	0 60			
C_6H_{12} . . .	Cyclohexan	20	43,4	fl	49	25	−37,76	−936,4	6,4	0,62	80,8	7,34 7,81	81 29,22		−87,2	+1,61

C_6H_{12} . . .	Methylcyclopentan	20,5	37,6	fl	59	25	−33,73	−940,3	−143,0	1,64	?					
C_6H_{10} . . .	Cyclohexen	20	34,7	fl	51	25	−12,8	−893,1	−103,7	0,79	83,3	7,28	81,6		−134,4	+0,98
C_6H_6 . . .	Benzol	18,05	31,8	fl	41,5	25	+11,12	−782,2	5,49	2,35	80,12	8,078 7,364	20 80,2			
C_7H_{16} . . .	Heptan	20	33,19	fl	78	25	−54	−1150,7 W	−90	3,38	98,4	9,39 7,58	0 100			
C_7H_8 . . .	Toluol	20	36,89	fl	52	25	+3,6	−935,2	−95	1,584	110,8	9,4 7,64	26,87 110,7			
C_8H_{18} . . .	Octan	25,1	60,0	g	86,0	25	−20,8	−1277,9 W	−56,5	4,93	125,8	9,77 8,76	0 80			
C_8H_{10} . . .	Äthylbenzol	25	44,55	fl	61	25	−0,4	−1093,5	−93,9	2,18	136,15	9,9 8,6	26,2 135,2			
C_8H_{10} . . .	o-Xylol	21,9	43,5	fl	59	25	−0,2	−1093,7	−25,3	3,11	144	8.79 8.75	141,4 144,4			
C_8H_{10} . . .	m-Xylol	2,1	41,9	fl	60,3	25	−0,2	−1093,7	−53,5	2,74	139	8,68	138,3			
C_8H_{10} . . .	p-Xylol	26,2	43,15	fl	60	25	−1,5	−1092,4	13,2	4,04	138	8,60	137,1			
C_8H_8 . . .	Phenyläthylen (Styrol)	25,3	43,0	fl		25	+20,9	−1046,5			146					
C_8H_6 . . .	Phenylacetylen	25,3	42,9			Z.T.		−1025,4	−48... −40		139... 140					
C_9H_{20} . . .	Nonan	24,7	67,0	g	93,8	25	−56	−1473,4 W	−53,9	5,28	150,6					
C_9H_{12} . . .	Pseudocumol	24,1	50,7	fl	67	25	−13,9	−1242,6	−57,4	3,03	168,2	8.74	168			
$C_{10}H_{22}$ . .	Decan	24,5	74,4	g	102,5	25	−61,4	−1630,4 W	−30	6,87	173	8,55	159,9			
$C_{10}H_{18}$ . .	Dekalin	19,1	56,85	fl		25	−53,6	−1501,8	cis. −51		cis. 193	9,81	119,7			
				trans. fl cis.		25	−58,3	−1497,1	trans. −36		trans. 185					
$C_{10}H_{16}$ . .	Camphen	33...15	50,9	f		25	−18,4	−1468,7	50	0,739	160					
$C_{10}H_{16}$ . .	Limonen, d-	20,2	59,62	fl		25	−15,1	−1472,2	96,6		177,6	9,46	165			
$C_{10}H_{14}$ . .	Durol (1,2,4,5-Tetramethylbenzol)	23,9	51,4	f	58,7	19	−29,2	−1389,5	80	5,10	192	10,88	196			
$C_{10}H_{14}$ . .	iso-Durol (1,2,3,5-Tetramethylbenzol)	23,9	57,4	fl	74,1	19	−27,9	−1390,8	−24	3,08	195... 197	10,47	198			
$C_{10}H_{14}$ . .	Prehnitol (1,2,3,4-Tetramethylbenzol)	18,7	56,3	fl	69,5				−4	2,68	204	10,76	204,5			
$C_{10}H_{14}$ . .	p-Cymol	23,9	56,5	fl	73	20	−19,7	−1399,0	−73,5	2,31	176,7	9,07	176,5			

3126 (Fortsetzung).

Verbindung		Molwärme		Zustand	Normalentropie S in Cl · mol⁻¹	Temperatur $\vartheta_{\Delta I}$ in °C	Bildungs-enthalpie ΔI_B in kcal · mol⁻¹	Verbrennungs-enthalpie ΔI_V in kcal · mol⁻¹	Schmelz-		Verdampfungs-	enthalpie		Umwandlungs-		
Formel	Name	bei ϑ in °C	C_p in cal · mol⁻¹ · grad⁻¹						temperatur ϑ_F in °C	enthalpie ΔI_F in kcal·mol⁻¹	temperatur ϑ_K in °C	ΔI_K in kcal·mol⁻¹	bei °C	art U	temperatur ϑ_U in °C	enthalpie ΔI_U in kcal·mol⁻¹
$C_{10}H_{12}$ . .	Tetrahydro-naphthalin (Tetralin)	15…18	53,2	fl		20	−9,7	−1340,7	−31		206…207	10,48	207,3			
$C_{10}H_{10}$ . .	Δ_2-Dihydro-naphthalin (1,4)	18…28	45,0	fl		20	+20,2	−1302,3	25	2,92	94,5…17					
$C_{10}H_8$ . . .	Naphthalin	26,5	39,55	f	39,9	20	+18,2	−1231,9	80,4	4,49	217,9	18.28 9,57	36…3 218			
$C_{11}H_{24}$ . .	Undecan	24,8	81,8	g	111	25	−66,7	−1787,4 W	−26,5	5,33	194,5				−37	1,513
$C_{11}H_{16}$ . . .	Pentamethyl-benzol	30,3	66,2	f	70	19	−32,3	−1548,8	53	2,948	231	11,65	232		+23,7	0,473
$C_{11}H_{10}$ . . .	β-Methyl-naphthalin	0,8 37,2	42,5 54,4	f	48,7	25	+8,0	−1383,9 W	34,1	2,85	241…242					
$C_{12}H_{26}$ . .	Dodecan	24,5	88,7	fl	118	25	−82,4	−1934,5	−12	8,73	214,5					
$C_{12}H_{18}$ . . .	Hexamethyl-benzol	α 30 β 120	61,6 75,6	f	74,0	19	−37,2	−1706,4	166	4,93	265	12,87	263,5		−165 +110,6	+0,24 +0,422
$C_{12}H_{10}$ . . .	Acenaphthen			f		25	−22,6	−1492,6	95	4,45	277,9					
$C_{12}H_{10}$ . . .	Diphenyl	30	47,3	f	49	20	+24,6	−1494,7	70,5	4,44	254,9	11,47	255,3			
$C_{13}H_{12}$ . . .	Diphenylmethan	25,3	55,8	f	57,2	Z.T.	+28,1	−1660,5	27	4,44	260…261					
$C_{13}H_{10}$ . . .	Fluoren			f		Z.T.	+16,0	−1580,2	115		293…295					
$C_{14}H_{14}$ . . .	Dibenzyl	25,3	60,6	f	64,6	19	+14,2	−1808,8	52,2	5,60	284					
$C_{14}H_{12}$ . . .	Stilben (1,2-Di-phenyläthylen)	25,3	55,6	f	60	25	+32,5	−1758,8	124	7,20	306…307					
$C_{14}H_{10}$ . . .	Tolan (1,2-Di-phenylacetylen)	25,3	54,0	f		Z.T.	+80,3	−1738,5	60	5,11	170…19					
$C_{14}H_{10}$ . . .	Anthracen	24	49,5	f	49,6	25	+26,8	−1684,8	217	6,89	351					
$C_{14}H_{10}$ . . .	Phenanthren	24,3	55,7	f	50,6	25	+17,6	−1675,0	100	4,45	340					
$C_{16}H_{10}$ . . .	Pyren	17,9	54,3	f	51	25	+26,9	−1872,9 W	149…150		>360				∼−157	0,024

$C_{19}H_{16}$ . . .	Triphenyl-methan	25,3	70,6	f	74,6	Z.T.	+ 54,8	—2388,1	93	5,15	359					
$C_{20}H_{12}$ . . .	Perylen			f		Z.T.	+ 37,8	—2336,5	264…265		**350…** **400**					
$C_{25}H_{20}$ . .	Tetraphenyl-methan	25,3	88,0	f	91,6	25	+ 73,9	—3108,1	285	5,25	431					
$C_{26}H_{22}$ . .	1,1,2,2-Tetra-phenyläthan	25,3	94,8						211		379… 383					
$C_{26}H_{20}$ . .	Tetraphenyl-äthylen	25,3	92,5						227		415… 425					
CH_3Cl . . .	Methylchlorid	0	9,3	g	56,0	19	—20,1	—164,8	—93		—23,7	4,89 4,71	0 10,8			
CH_2Cl_2 . .	Methylenchlorid	0	11,86	g	64,7				—96,7	1,00	41,6	6,65	40,08			
$CHCl_3$ . . .	Chloroform	20	26,87	g	70,8		—23,6		—63,5	2,28	61,21	7,97 7,02	20 60,14			
$CHBr_3$ . .	Bromoform	Z.T.	32,5	fl		Z.T.		—90,4	8,05		149,6					
CCl_4 . . .	Tetrachlor-kohlenstoff	20	31,10	fl	52		—33,8		—22,9	0,577	76,6	7,966 7,04	24,3 76,5		—47,66	1,08
C_2H_5Cl . .	Äthylchlorid	4	26,6	g		18		—317,9	—138,7		13,1	5,95 5,87	14,5 23			
C_2H_5Br . .	Äthylbromid	25 15…20	21,0 23,5	g		25		—341,8	—119	1,40	38,4	6,59 6,58	10,0 32,8			
C_2H_5J . . .	Äthyljodid	30	26,0	fl		19		—356,1	—110,9		72,3	7,657 7,115	29,39 71,16			
$C_2H_4Cl_2$ . . .	Äthylenchlorid	30	30,2						—35,3		83,7	8,48 7,75	60,95 84,1			
$C_2H_4Br_2$ . .	Äthylenbromid	18,2	32,2	fl		25		—292,2	10,01	2,44	131,6	8,69	130,8			
$C_2H_2Cl_2$ . .	cis-Dichlor-äthylen	15	27,2						—80,5		60,3	7,185 7,12	0 30	cis. → trans.	300 350	—0,5 —0,470
$C_2H_2Cl_2$ . .	trans-Dichlor-äthylen	15	26,9						—50,0		48,4	7,24 7,193	0 30			
$C_2H_2Cl_4$ . .	Tetrachloräthan (Sym.)	16	44,65						—42,5		146,2	9,24	145,03			
C_2Cl_4 . . .	Tetrachlor-äthylen	0	32,8	fl		25		—162,5	—22,4		120,8	8,30	120,69			
C_2Cl_6 . . .	Hexachloräthan	18…37	42,1	f		25		—110,8	187	2,4	185,5… 777	9,6	etwa 180			
C_4H_9Br . .	n-Butylbromid	19,11	36,41						—112,4	2,209	100,3	7,78	99,4			
C_6H_5Cl . .	Chlorbenzol	20	34,8	fl	46,9	25		—735,8	—45	1,80	132	8,73	130,56			
C_6H_5Br . .	Brombenzol	20	36,2	fl	48,9	Z.T.		—747,3	—30,6	2,00	155,6	9,03 8,66	156 160			
C_6H_5J . .	Jodbenzol	—47,1	26,8	fl	50,9	Z.T.		—770	—31,3		188,5	9,52 9,42	180 190			

3126 (Fortsetzung).

Verbindung: Formel	Verbindung: Name	Molwärme: bei ϑ in °C	Molwärme: C_p in cal · mol^{-1} · grad^{-1}	Zustand	Normalentropie S in Cl · mol^{-1}	Temperatur $\vartheta_{\Delta I}$ in °C	Bildungsenthalpie ΔI_B in kcal · mol^{-1}	Verbrennungsenthalpie ΔI_V in kcal · mol^{-1}	Schmelz-: temperatur ϑ_F in °C	Schmelz-: enthalpie ΔI_F in kcal · mol^{-1}	Verdampfungs-: temperatur ϑ_K in °C	Verdampfungsenthalpie: ΔI_K in kcal·mol^{-1}	Verdampfungsenthalpie: bei °C	Umwandlungs-: art U	Umwandlungs-: temperatur ϑ_U in °C	Umwandlungs-: enthalpie ΔI_U in kcal · mol^{-1}
C_7H_7Cl . .	Benzylchlorid	25,3	43,6			25		—886,4	—39,0		179,4					
C_7H_7Cl . .	o-Chlortoluol	17,5...19	44,9						—34	2,30	159,5	9,19	158,1			
$C_{13}H_{11}Cl$ . .	Diphenylchlormethan	25,3	69,4			Z.T.		—1617,3			305					
CH_4O . . .	Methylalkohol	20	18,44	fl	30,3	25	—57	—173,65 W	—97,1	0,757	64,7	9,19 8,43	20 63,8			
CH_2O . . .	Formaldehyd	0	8,30	g	52	Z.T.	—28,3	—134,1	etwa —92		—21	5,16	—21			
CH_2O_2 . .	Ameisensäure	17	23,88	fl	33	Z.T.	—99,53	—62,9	8,4	3,04	100,5	7,06 5,38	30 50			
$NaCHO_2$.	ameisensaures Na			f		18	—157,7		255							
$KCHO_2$ . .	,, K			f		18	—160,7		157							
NH_4CHO_2 .	,, NH_4			f		18	—133,2									
$Ca(CHO_2)_2$.	,, Ca			f		18	—328,3									
C_2H_6O . .	Äthylalkohol	20	25,66	fl	38	25	—66,52	—326,48 W	—114,15	1,105	78,3	10,33 9,3	20 77,4			
C_2H_6O . .	Dimethyläther			g	65	18	—43,7	—349,5								
C_2H_4O . .	Acetaldehyd			fl		Z.T.	—46,0	—278,8	—123	0,775	20,2	6,02	17,4			
$C_2H_6O_2$ . .	Glykol	20,3	34,85	fl	39,9	Z.T.	—108	—285,1	—11,2	2,78	197,4	14,94 12,06	90,8 194,6			
$C_2H_4O_2$ . .	Essigsäure	23,9	28,98	fl	38	20	—116,2	—208,6	16,6	2,80	118,1	6,7 5,81	18,0 118,3			
$NaC_2H_3O_2$.	essigsaures Na	0...15		f		18	—171,34		320							
$KC_2H_3O_2$.	,, K	10...93		f		18	—174,67		295							
$NH_4C_2H_3O_2$	,, NH_4			f		18	—149,0		113 zers.							
$Ca(C_2H_3O_2)_2$	,, Ca			f		18	—358,0									
$C_2H_4O_2$ . .	Ameisensäuremethyl	15	29,0	fl		20	—88,6	—236,2	—99,8	1,80	31,8 subl	7,05	17,1			
$C_2H_2O_4$ . .	Oxalsäure			f	28	19,5	—196,3	—60,1	189							
$Na_2C_2O_4$ . .	oxalsaures Na			f		18	—314,7									
$K_2C_2O_4$ . .	,, K			f		18	—320,8									
$(NH_4)_2C_2O_4$	,, NH_4			f		18	—267,2									
CaC_2O_4 . .	,, Ca			f		18	—333,1									

C_3H_8O . .	n-Propylalkohol	1,4	31,35	fl	46	Z.T.	−72,3	−483,2	−126	1,241	97,2	10,82 11,05	20 25			
C_3H_8O . .	i-Propylalkohol	etwa 20	39,0	fl	43	25	−76,4	−478,9 W	−89,5	1,284	82,0	10,56 9,60	20 82,3			
C_3H_6O . .	Allylalkohol	20...95	38,6	fl		Z.T.	−44,5	−442,6	−129		97,1	9,48	96			
C_3H_6O . .	Aceton	17...20	29,9	fl	47,8	Z.T.	−56,2	−430,9	−95	1,366	56,3	7,713 7,587	27,5 34,8			
C_3H_4O . .	Acrolein			fl		Z.T.	−25,5	−393,3	−88		52...53	6,76	52,2			
$C_3H_6O_2$ . .	Propionsäure	16	38,08	fl		20	−121,5	−365,6	−19,7	1,80	140,7	6,77	141			
$C_3H_6O_2$ . .	Ameisensäure-äthylester	21,5	35,36	fl		Z.T.	−95,0	−392,1	−80,5	2,20	54,1	7,98 7,20	21,6 53,3			
$C_3H_4O_2$ . .	Acrylsäure			fl		Z.T.	−89,8	−329,0	13	2,66	140...141					
$C_3H_8O_3$ . .	Glycerin	6...11	35,9	fl	48,9	Z.T.	−157,7	−397,8	20	4,414	290	18,74 18,17	165 195			
$C_4H_{10}O$ . .	n-Butylalkohol	etwa 20	43,8	fl	54	20	−79,7	−638,2	−79,9	2,215	117	11,075 10,47	20 117			
$C_4H_{10}O$ . .	sek. Butyl-alkohol	40	48,0	fl		20	−80,9	−637,0			99,5	9,96 11,5	98,1 20			
$C_4H_{10}O$ . .	tert. Butyl-alkohol	27	53,8	fl	45	20	−88,3	−629,6	25,5	1,62	82,6	9,48 10,89	82,86 25			
$C_4H_{10}O$ . .	Diäthyläther	16,8	40,8	fl	60	25	−67,3	−652,3	−116,3	1,80	34,6	6,58 6,38	11,8 34			
C_4H_8O . .	Methyläthyl-keton	238	38,45	fl		Z.T.	−66,9	−582,6	−86,4	1,78	79,6	8,95 7,64	33,3 78,2			
C_4H_4O . .	Furan	44,3	17,21	fl		Z.T.		−500,3			32	6,497	31,2			
$C_4H_8O_2$ . .	n-Buttersäure	17,6	42,1	fl	54	20	−127,6	−521,9	−4,7	2,645	162,5	10,04	163			
$C_4H_8O_2$ . .	i-Buttersäure			fl		Z.T.	−131,8	−517,7	−47	1,20	154,4	9,82	154			
$C_4H_8O_2$ . .	Essigsäureäthyl-ester	20,4	40,4	fl	62	20	−110,7	−538,8	−83	2,25	77,1	8,697 7,72	21,64 76			8
$C_4H_8O_2$ . .	Dioxan	25	36,5	fl		Z.T.		−561,5	11,3	3,01	100,8	7,59	100,3		−0,2	+0,562
$C_4H_6O_2$ . .	Crotonsäure			f		20	−103,4	−477,8	72	2,18	189	9,4	138			
$C_4H_6O_3$ . .	Acetanhydrid	23...122	44,3	fl		25		−431	−73		139,4	12,1	18,5			
$C_4H_{10}O_4$ . .	Erythrit	30	40,8	f		Z.T.	−213,4	−504,5	120	10,12	329...331					
$C_4H_6O_4$ . .	Bernsteinsäure	16,6	35,8	f	42	20	−224,23	−356,9 W	185	5,03	235					
$C_4H_6O_4$ . .	Oxalsäure-dimethylester	10...45	39,4	f		20	−180,2	−401,0	54		163					
$C_4H_4O_4$ . .	Maleinsäure	21,2	32,36	f	38	25	−188,61	−324,14 W	130		160 (zers)	**26,2**	89			
$C_4H_4O_4$ . .	Fumarsäure	23,9	33,9	f	39,7	25	−194,04	−318,7 W	286...287		subl	**32,1**	91,5	Fumars. Maleins.		8,2
$C_4H_6O_6$ . .	Weinsäure, rac.	21...51	43,2	f r		19,5	−374,3	−275,2	170		(zers)					

3126 (Fortsetzung).

Verbindung: Formel	Verbindung: Name	Molwärme: bei ϑ in °C	Molwärme: C_p in cal · mol⁻¹ · grad⁻¹	Zustand	Normalentropie S in Cl · mol⁻¹	Temperatur $\vartheta_{\Delta I}$ in °C	Bildungsenthalpie ΔI_B in kcal · mol⁻¹	Verbrennungsenthalpie ΔI_V in kcal · mol⁻¹	Schmelz-: temperatur ϑ_F in °C	Schmelz-: enthalpie ΔI_F in kcal mol⁻¹	Verdampfungs-: temperatur ϑ_K in °C	Verdampfungsenthalpie: ΔI_K in kcal·mol⁻¹	Verdampfungsenthalpie: bei °C	Umwandlungs-: art U	Umwandlungs-: temperatur ϑ_U in °C	Umwandlungs-: enthalpie ΔI_U in kcal · mol⁻¹
$C_5H_{12}O$ . .	n-Amylalkohol	24,8	50,0	fl	60,9	19,5	−84,6	−795,66	−78,5	2,349	138,0	12,45	25		etwa −145	+0,0115
$C_5H_{12}O$ . .	tert. ,,	21,2	58,3	fl	54,8	Z.T.		−785,6	−8,4	1,074	102	11,0	20		−127,1	+0,469
$C_5H_{10}O$ . .	Methylisopropylketon	20…91	45,2	fl		Z.T.		−734,9	−92,0		93,5	7,74	92,4			
$C_5H_{10}O_2$ . .	Valeriansäure	23…93	60,2	fl		Z.T.	−134,3	−677,6	−34,5	1,85	187,0	10,52	184,6			
$C_5H_{10}O_2$ . .	Essigsäureisopropylester	20…100	49	f		Z.T.	−121,9	−690,0			88,2	7,90	88,2			
$C_5H_6O_4$ . .	Citraconsäure			f		20	−196,5	−478,7	91 (zers)							
$C_5H_6O_4$ . .	Mesaconsäure			f		20	−199,4	−475,8	202		250 (zers)					
$C_5H_6O_4$ . .	Itaconsäure			f		20	−200,3	−474,9	161…162							
$C_6H_{14}O$ . .	Hexanol	16,8	55,57	fl	68,6	20	−90,5	−952,6	−51,6	3,67	155,8	15,5	20			
$C_6H_{12}O$ . .	Cyclohexanol	25,2	49,93	fl	47,7	18	−84,1	−890,3	23,9	0,427	160,5	10,87	158,7		−9,7	1,96
$C_6H_{10}O$ . .	Cyclohexanon	15…18	42,5						−26		155	10,72	29,21			
C_6H_6O . .	Phenol	22,6	31,8	f	34	Z.T.	−37,1	−732,7	41	2,69	181,4	11,50	183			
$C_6H_{14}O_2$ . .	Acetal	19…99	56,2	fl		Z.T.		−923,0			102	7,8	102,9			
$C_6H_{12}O_2$ . .	Capronsäure	29…105	61,9	fl		20	−139,0	−835,3	−3,9	3,62	205					
$C_6H_{12}O_2$ . .	Buttersäureäthylester	24,1	52,6	fl		Z.T.	−129,1	−845,2	−93,3		120	8,68	118,9			
$C_6H_6O_2$ . .	Brenzcatechin	25	31,6	f	36	Z.T.	−84,4	−684,9	105	5,44	240	**19,3**	36			
$C_6H_6O_2$ . .	Resorcin	25	31,3	f	35	Z.T.	−85,5	−683,7	110,7	5,09	280,8	**22,8**	56,5			
$C_6H_6O_2$ . .	Hydrochinon	25	33,4	f	33,5	Z.T.	−85,5	−683,7	170,3	6,48	285…730	**23,7**	78,5			
$C_6H_4O_2$ . .	Chinon	18,1	31,0	f	38	Z.T.	−44,4	−656,5	115,7	4,41	subl	**15,0**	25			
$C_6H_{10}O_3$ . .	Acetessigester	24,6		fl		Z.T.	−151,5	−754,4	−44		178…754					
$C_6H_6O_3$ . .	Pyrogallol			f		Z.T.	−130,6	−639,1	133…134		309	**21,3**	169,9			
$C_7H_{16}O$ . .	n-Heptanol			fl		19,5	−95,7	−1108,7	−34,6		174,0	13,55 12,2	25 176,1			
$C_7H_{14}O$ . .	Dipropylketon	65…67	81,5	fl		Z.T	−85,6	−1051,1	−34		144,1	8,64	143,5			
C_7H_8O . .	Benzylalkohol	25,3	51,6	fl	51,8	25	−38,6	−892,9	−15,3	2,143	205,2	12,06	204,25			

C_7H_8O . .	Anisol	24	45,68	fl		25		−906,0	−37,2		153,8	8,80	153,5
C_7H_8O . .	o-Kresol	0...20	53,9	f		Z.T.	−48,2	−883,4	31		191		
C_7H_8O . .	m-Kresol	0...20	51,8	fl		Z.T.	−88,4	−882,7	10,9		202	10,9	201,6
C_7H_8O . .	p-Kresol	9...28	52,6	f		Z.T.	−46,9	−884,7	33,8	2,84	202		
C_7H_6O . .	Benzaldehyd	23,8		fl		Z.T.	−19,6	−844,3	−26		178	9,18	178,6
$C_7H_6O_2$ . .	Salicylaldehyd	18	46,6	fl		Z.T.	−66,6	−796,7	1,6		196,5		
$C_7H_6O_2$ . .	m-Oxybenz-aldehyd			f		Z.T.	−73,9	−789,4	106		240		
$C_7H_6O_2$ . .	p-Oxybenz-aldehyd			f		Z.T.	−69,9	−793,4	116		subl		
$C_7H_6O_2$ . .	Benzoesäure	21,9	34,7	f	40,8	20	−91,0	−772,2 W	121,7	5,57	249	20,58	110
$C_7H_6O_3$ . .	Salicylsäure	15,4	38,03	f	42,6	20	−139,9	−723,4 W	155...156			19,54	130
$C_7H_6O_3$ . .	m-Oxy-benzoe-säure	15,2	37,59	f	42,3	20	−138,6	−724,7	200				
$C_7H_6O_3$ . .	p-Oxy-benzoe-säure	10,6	37,08	f	42,0	20	−138,2	−724,1	214...215				
$C_7H_{12}O_4$ . .	Malonsäure-diäthylester	21,5	68,3	fl		25		−861,2	−49,8		198,9		
C_8H_8O . .	Acetophenon	20...196	56,9	f		Z.T.	−37,1	−988,5	19,7	3,98	202	9,27	203,7
$C_8H_{16}O_2$ . .	Caprylsäure	18...46	72,8						16	5,11	237,5		
$C_8H_8O_2$ . .	Phenylessigsäure			f		20	−94,2	−931,4	78	4,08	144,12		
$C_8H_8O_2$ . .	o-Methyl-benzoesäure	25	41,9	f		Z.T.		−926,9	105	4,82	259		
$C_8H_8O_2$ . .	m-Methyl-benzoesäure	25	39,7						110	3,76	263		
$C_8H_8O_2$ . .	p-Methyl-benzoesäure	25	39,3						180	5,43	274...275		
$C_8H_8O_3$ . .	Salicylsäure-methylester	22	59,45	fl		Z.T.	−126,5	−899,1	−8,6		223,3		
$C_8H_6O_4$ . .	o-Phthalsäure			f	49	25	−187,0	−770,2 W	191	12,50			
$C_8H_6O_4$ . .	m-Phthalsäure			f		20	−188,9	−768,4					
$C_9H_{18}O_2$ . .	Nonylsäure (Pelargonsäure)	18...94	79,77						12,5	6,17	253...254		
$C_9H_{10}O_2$ . .	Benzoesäure-äthylester	19,6	57,84	fl		Z.T.	−88,6	−1099,4	−34,2		212,9	9,67	
$C_{10}H_{20}O$ . .	Menthol			f		Z.T.	−112,1	−1511,7	43	2,95	215,5		
$C_{10}H_{16}O$ . .	d-Campher	34...20	63,0	f		20	−75,4	−1411,7	178,8	1,63	204	**12,0**	
$C_{10}H_{18}O$ . .	Pulegon	20,2	65,72			25		−1473,6			224		
$C_{10}H_{14}O$ . .	Thymol	9...27	75,7	f		Z.T.	−63,1	−1355,6	51,5	4,13	233,5		

3126 (Fortsetzung).

Verbindung		Molwärme		Zustand					Schmelz-		Verdampfungs-			Umwandlungs-		
Formel	Name	bei ϑ in °C	C_p in cal · mol⁻¹ · grad⁻¹	Zu-stand	Normalentropie S in Cl · mol⁻¹	Temperatur $\vartheta_{\Delta I}$ in °C	Bildungs-enthalpie ΔI_B in kcal · mol⁻¹	Verbrennungs-enthalpie ΔI_V in kcal · mol⁻¹	temperatur ϑ_F in °C	enthalpie ΔI_F in kcal · mol⁻¹	temperatur ϑ_K in °C	enthalpie ΔI_K in kcal · mol⁻¹	enthalpie bei °C	art U	temperatur ϑ_U in °C	enthalpie ΔI_U n kcal · mol⁻¹
$C_{10}H_8O$ . .	α-Naphthol	25	39,9	f		Z.T.	—28,0	—1185,7	96,1	5,61	278…280					
$C_{10}H_8O$ . .	β-Naphthol	25	41,3	f		Z.T.	—26,2	—1187,5	123	4,49	285…286					
$C_{10}H_{20}O_2$.	Caprinsäure	0…24	86,2	fl		20	—168,8	—1455	31,5	6,69	268,4	14,66	270			
$C_{11}H_{22}O_2$.	Undecylsäure	14,6…21	99,1	f		20	—179,8	—1620,3	α-Form β-Form	5,99 7,80						
$C_{12}H_{24}O_2$.	Laurinsäure	50	102,0	f		20	—182,7	—1765,9	44	8,75	301	13,74	301			
$C_{12}H_{22}O_{11}$.	Rohrzucker			f	86	25	—530,8	—1349,0 W								
$C_{13}H_{12}O$ . .	Diphenylcarbinol	25,3	56,6	f	57	Z.T.	—17,6	—1614,9								
$C_{13}H_{10}O$ . .	Benzophenon	3…41	55,6	f	58,6	Z.T.	—8,6	—1555,5	lab 48 stab 26	4,60	306	18,70	etwa 36	lab. → stabil	etwa 24	—0,700
$C_{14}H_{28}O_2$.	Myristinsäure	65…142	121,4	f		20	—196,4	—2076,9	53,8	10,74	250,5…100	14,70	328			
$C_{14}H_{28}O_2$.	Laurinsäure-äthylester	4…30	110,2						—1,70	9,475		13,74	301			
$C_{14}H_{10}O_2$.	Benzil			f		25	—36,7	—1621,3	95	4,65	346…348					
$C_{14}H_8O_2$ . .	Anthrachinon	20…132	63,2	f		20	—42,8	—1547,0	266	7,78	377					
$C_{14}H_8O_2$ . .	Phenanthren-chinon			f		Z.T.	—44,6	—1545,2	207		>360					
$C_{16}H_{32}O_2$.	Palmitinsäure	19,4	110	f	113,7	20	—219,3	—2378,8	62,6	13,2	271,5…100					
$C_{18}H_{36}O_2$ . .	Stearinsäure	125	159	f		20	—228,1	—2694,7	69,3	13,5	374	15,86	374			
$C_{18}H_{34}O_2$.	Ölsäure	17	139	fl		20	—184,3	—2670,2	14		286…100	16,05	etwa 370			
$C_{18}H_{34}O_2$.	Elaidinsäure			f		20	—214,5	—2640,0								
$C_{19}H_{16}O$ . .	Triphenyl-carbinol	25,3	76,2		78,7				162,5		380					

$C_2H_3ClO_2$.	Chloressigsäure	f	24,39	f		Z.T.		−173,35	61,3 {α 61 β 56 γ 51}	4,63 4,45 3,79	} 189	6,829	50,4
$C_2H_2Cl_2O_2$.	Dichloressigsäure	22…196	45,1	f		Z.T.		−147,5	10,8	1,83	194	10,2	194,4
$C_2HCl_3O_2$.	Trichloressigsäure		75,0						57	1,41	196,5		
$C_3H_5ClO_2$.	α-Chlorpropionsäure	20…100	51	fl		Z.T.		−333,2			186		
$C_3H_5ClO_2$.	β-Chlorpropionsäure			f		Z.T.		−326,8	41	2,80	204 (zers)		
$C_3H_5ClO_2$.	Chloressigsäuremethylester	8…64	42,2	fl		Z.T.		−347,1					
$C_4H_7ClO_2$.	α-Chlorbuttersäure	20…100	59	fl		Z.T.		−483,2					
$C_4H_7ClO_2$.	β-Chlorbuttersäure	20…100	59	fl		Z.T.		−487,7					
$C_4H_7ClO_2$.	γ-Chlorbuttersäure	20…100	59	fl		Z.T.		−485,4					
$C_4H_7ClO_2$.	α-Chlorpropionsäuremethylester	20…100	49	fl		Z.T.		−503,8					
$C_4H_7ClO_2$.	β-Chlorpropionsäuremethylester	20…100	50	fl		Z.T.		−502,2					
$C_7H_5ClO_2$.	o-Chlorbenzoesäure	25	39,0	f		Z.T.		−784,8	140,6	6,15	subl		
$C_7H_5ClO_2$.	p-Chlorbenzoesäure	25	40,1	f		Z.T.		−726,9	241,5	7,738	subl		
CH_4S . . .	Methylmerkaptan			g		20		−299,4	−121		5,8	6,37	7,6
C_2H_6S . .	Äthylmerkaptan			g		20		−454,7	−144		34,7	6,88	34,7
$C_2H_4O_2S$.	Thioglykolsäure			fl		20		−347,2	−16		~107 16 Torr		
CH_5N . . .	Methylamin	15	23,75	fl	57,7	25	−9,1	−255,8	−92,0		−6,5	6,78 6,41	−70 −6,7
C_2H_7N . .	Äthylamin	etwa 20	31,1	fl		25	−21,2	−408,1	−80,6		16,6	6,58 6,53	5,5 16,5
C_2H_7N . .	Dimethylamin	25	16,58	fl	43,6	25	−11,2	−416,1	−96,0		7	6,31 6,16	7 20
C_2H_3N . .	Acetonitril	17…19	21,25	fl		Z.T.	+10,9	−301,5	−44,9	2,13	81,6	8,04	20
C_3H_5N . .	Propionitril	14…17	27,8	fl		Z.T.	+3,7	−456,7	−91,9	1,45	97,1	7,79 7,40 8,58	90 97,16 20

3126 (Fortsetzung).

Verbindung: Formel	Verbindung: Name	Molwärme: bei ϑ in °C	Molwärme: C_p in cal · mol⁻¹ · grad⁻¹	Zustand	Normalentropie S in Cl · mol⁻¹	Temperatur $\vartheta_{\Delta I}$ in °C	Bildungsenthalpie ΔI_B in kcal · mol⁻¹	Verbrennungsenthalpie ΔI_V in kcal · mol⁻¹	Schmelz-temperatur ϑ_F in °C	Schmelz-enthalpie ΔI_F in kcal · mol⁻¹	Verdampfungs-temperatur ϑ_K in °C	Verdampfungsenthalpie ΔI_K in kcal · mol⁻¹	Verdampfungsenthalpie bei °C	Umwandlungs-art U	Umwandlungs-temperatur ϑ_U in °C	Umwandlungs-enthalpie ΔI_U in kcal · mol⁻¹
$C_4H_{11}N$ . .	Diäthylamin	20…25	37,9	fl		Z.T.	−30,1	−721,9	−50		55,5	7,644	24,03			
												6,64	58			
C_4H_7N . .	Butyronitril	21…113	37,8	fl		Z.T.	−1,2	−614,1	−112,6	1,20	117,4	9,67	20			
												9,25	60			
$C_5H_{11}N$ . .	Piperidin	17	40,8	fl		Z.T.	−20,1	−826,0	−13		106	7,57	105,8			
C_5H_5N . .	Pyridin	20	33,5	fl	42,8	25	+19,2	−660,2	−42	1,975	115,5	10,21	0			
								W				8,49	114,1			
C_6H_7N . .	Anilin	25	45,6	fl	45,8	Z.T.	+8,4	−811,8	−6,2	2,521	184,4	9,71	184			
$C_6H_8N_2$ . .	Phenylhydrazin			f		Z.T.	+37,9	−875,5	19,6	3,92	243,5					
C_7H_9N . .	Methylanilin	20…190	54,9	fl		Z.T.	+8,6	−974,4	−57		193,8	10,84	193,6			
C_7H_9N . .	o-Toluidin	15	48,2	fl		Z.T.	−0,66	−965,1	a) −24,4		200,7	9,7	198			
									b) −16,3							
C_7H_9N . .	m-Toluidin			fl		Z.T.	+0,32	−966,1	−43,6	0,93	203,2					
C_7H_9N . .	p-Toluidin	25…30	43,9	f		Z.T.	−6,6	−959,2	45	4,09	200,4	9,83	200			
C_7H_5N . .	Benzonitril	21…186	45,4	fl		Z.T.	+36,9	−866,0	−13		191,3	10,96	191,3			
$C_8H_{11}N$ . .	Dimethylanilin	15…17	50,1	fl		Z.T.	+15,2	−1143,4	2		193	10,8	103,5			
												10,6	192,7			
C_8H_7N . .	Indol			f		15	+30,3	−1021,9	53		253					
C_9H_7N . .	Chinolin	16…17	39,3	fl	51,9	25	+37,4	−1122,9	−15	2,58	238,0					
								W								
$C_{10}H_{15}N$ . .	Diäthylanilin	9…82	71,0	fl		Z.T.	−0,62	−1452,3	−38,1		216,5	11,06	215,2			
$C_{10}H_9N$ . .	α-Naphthylamin	94,2	68,1	f		Z.T.	+16,3	−1264,2	50	3,19	300,8					
$C_{10}H_9N$ . .	β-Naphthylamin			f		Z.T.	+14,2	−1262,1	112	5,25	306,1					
$C_{12}H_{11}N$ . .	Diphenylamin	20…50	55,03	f		20	+29,0	−1533,3	54	4,19	302					
$C_{12}H_9N$ . .	Carbazol			f		Z.T.	+75,8	−1477,5	238	3,00	354…355					
$C_{12}H_{12}N_2$.	Hydrazobenzol			f		Z.T.	+50,4	−1588,8	126…127	4,21						
$C_{12}H_{10}N_2$.	Azobenzol	13…40	61,0	f		25	+84,5	−1554,6	68	4,83	293					
								W								
CH_3ON . .	Formamid	19	24,81	fl		20	−60,2	−136,4	2,2		105…111					

CH_3O_2N . .	Nitromethan	15...19	25,14	fl		Z.T.	—26,9	—169,7	—29,2		100,9	8,26	35,4		
CH_4ON_2 . .	Harnstoff	24,8	22,4	f	25	Z.T.	—79,1	—151,6	132,7						
$C_2H_5O_2N$.	Glykokoll (Glycin)	26,3	24,0	f	26	20	—126,4	—233,5	232...236 (zers)						
$C_3H_7O_2N$.	d-Alanin (α-Aminopropionsäure)	22,8	28,85	f		Z.T.	—131,5	—389,8	297 (zers)						
$C_3H_5O_9N_3$.	Nitroglycerin			fl		25	—85,7	—367,3	13,3	5,23	160...15				
$C_4H_7O_4N$.	l-Asparaginsäure	20,7	36,5	f	41,5	Z.T.	—229,9	—385,4	270...271						
$C_4H_8O_3N_2$.	l-Asparagin	23,3	38,2	f	41,7	Z.T.	—185,9	—463,6	226...227						
$C_4H_2O_4N_2$.	Alloxan	24	36,56	f	44,6	25	—239,17	—273,65 W	256 (zers)		subl.				
$C_4H_2O_3N_4$.	Allantoin	23,4	43,0	f	46,6	25	—171,5	—409,7 W	238 (zers)						
$C_5H_4O_3N$.	Harnsäure	23,9	39,7	f	41	20	—147,4	—459,4	>400 (zers)						
$C_6H_5O_2N$.	Nitrobenzol	30	44,1	fl	53	25	+4,3	—739,3 W	5,7	2,895	210,9	11,67	209,6		
$C_6H_5O_3N$.	o-Nitrophenol			f		Z.T.	—46,4	—688,6	45,1	4,16	214	**17,5**	31		
$C_6H_5O_3N$.	m-Nitrophenol	29,2		f		Z.T.	—50,3	—684,7	97	5,10	194...70	**21,9**	57,5		
$C_6H_5O_3N$.	p-Nitrophenol			f		Z.T.	—46,5	—688,5	113,6	3,8		**21,0**	72		
$C_6H_6O_2N_2$.	o-Nitroanilin	25	39,3	f	42	Z.T.	—2,8	—766,4	71,5	4,006		**19,1**	41,5		
												14,33	207,8		
$C_6H_6O_2N_2$.	m-Nitroanilin	25	40,2	f	42	Z.T.	—2,4	—766,8	114	5,56	>285	**21,1**	63,5		
												15,6	227,3		
$C_6H_6O_2N_2$.	p-Nitroanilin	25	40,4	f	42	Z.T.	—8,5	—760,7	147,5	4,80		**24,7**	81		
												18,54	257,3		
$C_6H_3O_7N_3$.	Pikrinsäure	—183...+122	50	f		Z.T.	—48,9	—617,8	122,5	4,66	subl				
$C_7H_7O_2N$.	o-Nitrotoluol			fl		Z.T.	+1,8	—899,2	α —9,6 β —3,9		222,3	11,25	143,2		
$C_7H_7O_2N$.	m-Nitrotoluol			fl		Z.T.	—2,5	—894,9	16	3,27	230...231	11,88	154,1		
$C_7H_7O_2N$.	p-Nitrotoluol			f		Z.T.	—7,5	—890,3	51,4	4,01	238	11,91	158,4		
$C_7H_5O_4N$.	o-Nitrobenzoesäure	25	45,9	f	50	Z.T.	—93,6	—735,5	148	6,69					
$C_7H_5O_4N$.	m-Nitrobenzoesäure	25	41,4	f	49	Z.T.	—100,8	—728,3	140...141	4,60					
$C_7H_5O_4N$.	p-Nitrobenzoesäure	25	43,3	f	50	Z.T.	—100,3	—728,8	240	8,82	subl				
$C_{12}H_{10}ON_2$.	Azoxybenzol					534,1			36	4,3	(zers)				
C_2H_3NS . .	Methylsenföl			f		Z.T.		—443,6	35		109				
C_4H_5NS . .	Senföl			fl		Z.T.		—733,3							
$C_3H_7O_2NS$.	Cystein α	24,4	38,3	f	40,6	20		—532,6							

3127 Handels- und Vulgärnamen von chemischen und pharmazeutischen Stoffen und Erzeugnissen.

Nicht aufgenommen wurden insbesondere die lateinischen Namen von Drogen und Präparaten.

K.P. heißt Kombinationspräparat.

A. T. 10. Derivat eines photochemischen Umwandlungsproduktes des Ergosterins (Dihydro-tachysterin).
Abasin. 1-Acetyl-3-(brom-diäthyl-acetyl)-harnstoff.
Abrodil. Natriumsalz der Monojod-methan-sulfon-säure.
Acedicon. 6-(Acetyl-desmethyl)-8,14-dihydro-thebain, Hydrochlorid.
Acetanilid. Acetyl-anilin.
Acetylin. Acetyl-salicylsäure, s. a. Aspirin.
Acidol. Betain-Hydrochlorid.
Aciphen. 2-Phenyl-chinolin-4-carbonsäure.
Acisteril. Orthophosphorsaures Hexamethylentetramin.
Acitrin. Äthylester der 2-Phenyl-chinolin-4-carbonsäure.
Acoin. Dianisyl-phenetyl-guanidin, Hydrochlorid.
Adalin. Brom-diäthyl-acetyl-harnstoff, s. a. Addisomnol.
Adamon. Borneol-ester der Dibromzimtsäure.
Adamsit. Kampfstoff der Blaukreuzgruppe, Diphenylaminchlorarsin.
Addisomnol. Brom-diäthyl-acetyl-harnstoff, s. a. Adalin.
Adrenalin. 1-1-(3',4'-Dioxy-phenyl)-2-methylamino-äthanol (-1).
Adrianol. 1-(3'-Oxy-phenyl)2-methylamino-äthanol (-1).
Adurol. Entwicklersubstanz, Chlor- oder Bromhydrochinon.
Afridol. Natriumsalz der Oxymercuri-o-methyl-benzoesäure.
Agaricin. Cetyl-citronensäure.
Agurin. Theoborminnatrium-Natriumacetat.
Airol. Wismut-oxyjodid-gallat.
Albargin. Silbernitrat-Gelatose-Verbindung.
Albertol. Kunstharz aus Phenol und Formaldehyd, 3 Sorten je nach Löslichkeit in Öl, Alkohol oder Benzin. Für Lacke und Druckfarben.
Aldifen. 2,4-Dinitro-phenol.
Alival. Jod-dioxy-propan.
Alkydal. Kondensat aus Phthalsäure, Glycerin und Fettsäuren. Verbrauch in Lösung für Lackzwecke.
Allional. Allyl-isopropyl-barbital-Dimethylamino-phenyl-dimethyl-pyrazolon (Numal-Pyramidon).
Allylalgin. Diallyl-barbital-Dimethylamino-phenyl-dimethyl-pyrazolon.
Alumen ustum. Gebrannter Alaun.
Alypin hydrochloricum bzw. **nitricum.** Benzoyl-äthyl-tetramethyldiamino-isopropanol-hydrochlorid bzw. nitrat.
Amatin Acetyl-m-kresotinsäure.
Ambroid. Bernsteinabfälle, gepreßt, elektrisches Isoliermittel.
Amidopyrin. 4-Dimethylamino-1-phenyl-2,3-dimethyl-pyrazolon(-5).
Ammonale. Sprengstoffe aus Ammoniumnitrat mit Aluminium und Zusätzen.
Ammonite. Ammonnitrat-Wettersprengstoffe.
Amphotrophin. Camphersaures Hexamethylen tetramin.
Anästheform. Dijod-phenol-sulfonsaures Anästhesin.
Anästhesin. p-Amino-benzoesäureester des Äthanols.
Analgesin. 1-Phenyl-2,3-dimethyl-pyrazolon(-5).
Anastil. Guajacol (1-Oxy-2-methoxy-benzol), in Wasser gelöst.
Androsteron. epi-3-Oxy-17-oxo-10,13-dimethyl-cyclopentano-perhydro-phenanthren.
Anol. Techn. Lösungsmittel, Cyclohexanol.
Anon. Techn. Lösungsmittel, Cyclohexanon.
Antifebrin. Acetanilid.
Antileprol. Ester verschiedener Fettsäuren des Chaulmoograöls.

3127 (Fortsetzung).

Antipyrin. 1-Phenyl-2,3-dimethyl-pyrazolon(-5).
Antitantal. 2-Phenyl-chinolin-4-carbonsäure.
Aperitol. Essigsäure-ester und Isovaleria säure-ester des Phenolphthaleins.
Aponal. Carbamidsäureester des Amylenhydrats.
Aqua Calcariae. Kalkwasser.
Argatoxyl. Silbersalz der p-Amino-phenyl-arsin-säure.
Argidal. Essigsaures und acetylsalicylsaures Hexamethylentetramin-Silber (K.P.).
Argochrom. Silbersalz des Methylenblaus.
Argoflavin. Komplexe Silberverbindung des 3,6-Diamino-10-methyl-acridinium-lactats.
Argolaval. Salpetersaures Hexamethylentetraminsilber.
Aristochin. Neutraler Kohlensäureester des Chinins.
Aristol. Dijod-dithymol.
Aristopapier. Chlorsilbergelatine-Auskopierpapier.
Arsazetin. Acetyl-p-amino-phenyl-arsinsaures Natrium.
Arsylen. Natrium- oder Calciumsalz der Allyl-arsinsäure.
Artamin. 2-Phenyl-chinolin-4-carbonsäure.
Ascorbinsäure. 3,4-Dioxy-5-oxo-2-(α, β-dioxy-äthyl)-2,5-dihydro-furan (s. a. Cantan, Cebion, Redoxon, Ceferon).
Aspirin. Acetyl-salicylsäure (s. a. Acetylin).
Asplit. Kondensat aus Phenol und Formaldehyd mit Füllstoff, selbsthärtend. Verarbeitung als Kitt.
Atebrin. Dihydrochlorid des 2-Methoxy-6-chlor-9-α-diäthylamino-δ-pentyl-amino-acridins, für Injektionen das Dimethansulfonat.
Atochinol. 2-Phenyl-chinolin-4-carbonsäureester des Allylalkohols.
Atophan. 2-Phenyl-chinolin-4-carbonsäure.
Atoxyl. Natriumsalz der p-Amino-phenyl-arsinsäure.
Atrinal. Betain des Atropin-schwefelsäure-esters.
Aulinogen. Äthylester der Thiokohlensäure (Äthylxanthogen).
Aurophos. Natrium-gold-Doppelsalz einer Amino-arylphosphinigen Säure und der unterschwefligen Säure (K.P.).
Avertin. Tribrom-äthanol.
Azotel. 2,4-Diamino-azo-benzol (Mono-hydrochlorid, Citrat).

B-Stoff. Kampfstoff der Weißkreuzgruppe, Bromaceton.
Bakelite. Kondensat aus Phenol, Kresol (oder Harnstoff) mit Formaldehyd, mi oder ohne Füllstoffe, härtbar. Als flüssiges Harz und zu Preßartikeln verwendet
Banisterin. Alkaloid aus Banisteria Caapi (südamerik. Liane), mit Harmin chemisch identisch.
Barbital. Barbitursäure.
Bayer 205 s. Germanin.
Benerva s. Vitamin B_1.
Benzinoform. Tetrachlorkohlenstoff.
Benzorbon. Aktivkohle aus Torf mit Zinkchlorid behandelt.
Besolmin. Jod-oxy-chinolin-sulfonsäure.
Betabion. Vitamin B_1 (s. dieses).
Betaxin. Vitamin B_1 (s. dieses).
Bikarol. Tribrom-β-naphthol.
Biseptan. Übermangansaures Silber.
Bismophanol. 2-Phenyl-chinolin-4-carbonsaures Wismut.
Blaukreuzkampfstoffe s. Clark I, Clark II, Adamsit.
Blaugas. Gemisch verflüssigter Kohlenwasserstoffe. Flüssig versandfähiges Leuchtgas, Heizwert etwa 15000 kcal/m^3.
Bn-Stoff. Kampfstoff der Weißkreuzgruppe, Brommethyläthylketon, Brombenzylcyanid, Chloracetophenon.

3127 (Fortsetzung).

Bolus alba. Feingeschlämmter Ton, in der Medizin zur Koagulation von Bakterienkolonien verwandt. Wenn stark eisenschüssig als Erdfarbe benutzt (roter Bolus oder Terra di Siena).

Borovertin. Hexamethylentetramin-triborat.

Bracethyl. Brom-diäthyl-acetyl-harnstoff.

Brechweinstein. Kaliumantimonyltartrat.

Bromoformium. Bromoform.

Bromural. α-Brom-isovalerianyl-harnstoff.

Bromuresan. α-Brom-isovalerianyl-harnstoff.

Bulbocapnin. 2,3-Methylendioxy-6-oxy-7-methoxy-aporphin.

Bulbophen. Bulbocapnin und andere Corydalisalkaloide der Aporphingruppe.

Buna. Kunstkautschuk, Polymerisat aus Butadien.

Burnus. Pankreaspräparat zum Einweichen der Wäsche.

Butellin. p-Amino-benzoesäure-ester des Dibutylamino-propylalkohols.

Butolan. Carbaminsäure-ester des p-Oxy-diphenyl-methans.

Butoxyl. Acetat des Methyl-1,3-Butylen-glykols, Lösungsmittel.

Cadechol. Campher-Desoxycholsäure (wasserlöslicher Campher).

Calcinol. Calciumsalz der α-Glukonsäure.

Calcium „Sandoz". Calciumsalz der Glukonsäure.

Caliche. Rohsalz des Natronsalpeters (Chilesalpeter).

Calmed. Calciumsalz der Malonsäure.

Caltheon. Theobrominnatrium-Calciumsalicylat.

Caudiolin. Calciumsalz der auf biochemischem Wege dargestellten Hexose-diphosphorsäure.

Cantan s. Vitamin C (= l-Ascorbinsäure).

Cantharides. Spanische Fliegen.

Caporit. Reines kryst. $Ca(OCl)_2$ für medizinische Zwecke.

Caput mortuum. Feinpulvriges Eisenoxyd; Poliermittel und Farbe (Eisenrot, Englischrot, Polierrot, Potée, Colcothar).

Carbitol. Mono-äthyl-diäthylenglykol.

Carbostyril. 2-Oxy-chinolin (s. a. Chinosol).

Carboraffin. Entfärbungskohle für Öl, Zucker u. dgl.

Carborundum. Siliciumcarbid, SiC, Schleifmittel, Härte 9,5.

Cardiazol. Pentamethylen-tetrazol.

Casbis. Wismut-hydroxyd in Ölsuspension.

Cassius Goldpurpur. Kolloide Goldlösung mit Zinnsäure als Schutzkolloid. Glas und Porzellanfarbe.

Cebion s. Ascorbinsäure.

Ceferron. Vitamin C-Eisen [Ascorbinsaures Eisen (II)] + Cystein.

Cellit. Celluloseacetat, in Lösung und Spritzguß für Lackzwecke, Cellon usw.

Cellon. Celluloseacetat, ohne Füllstoff, nicht härtbar, schwer brennbar, Verwendung wie Celluloid.

Cellonlack. Auflösung von Cellon in Aceton.

Cellophan. Durchsichtige Cellulosehydratfolien (Zellglas).

Celluloid. Nitrocellulose mit Weichmacher, mit und ohne Füllstoffe, nicht härtbar.

Cerise. Fuchsin (Farbstoff).

Cerussa. Bleiweiß.

Cetaceum. Walrat.

Cheddit. Chloratsprengstoff (Kaliumchlorat mit Öl und aromatischen Nitroverbindungen).

China Clay. Sehr reiner Kaolin.

Chineonal. Diäthyl-barbital-Chinin.

Chinosol 8-Oxychinolinsulfat + Kaliumsulfat.

Chloramin. p-Toluolsulfonsäurechloramid-natrium; Mianin (E.W.), Clorina.

3127 (Fortsetzung).

Chloreton. Tertiärer Trichlor-butylalkohol (Aceton-Chloroform).
Choleselectan. 2-(3',5'-Dijod-2'-(β-oxy-äthyl)-4'-oxy)-phenyl-6-jod-chinolin-4-carbonsäure.
Chrysazin s. Istizin.
Cibalgin. Diallyl-barbital-Dimethylamino-phenyl-dimethyl-pyrazolon (Dial-Pyramidon).
Cignolin. 1,8-Dioxy-anthranol.
Chlorex. β. β'-Dichloräthyläther für Erdölraffination.
Clark I und II. Kampfstoffe der Blaukreuzgruppe; Diphenylchlorarsin bzw. Diphenylcyanarsin.
Clop. Kampfstoff der Grünkreuzgruppe; Chlorpikrin.
Clorina. p-Toluol-sulfonsäure-chloramid-natrium.
Codein. Morphin-methyl-äther.
Colcothar s. Caput mortuum (Eisenoxyd).
Compral. 1-Phenyl-2,3-dimethyl-4-dimethylamino-pyrazolon und Trichloräthylurethan.
Condysche Desinfektionsflüssigkeit. Natriumpermanganatlösung.
Convallan. Gesamtglykoside der Convallaria majalis.
Coramin. Pyridin-β-carbonsäure-diäthylamid.
Corbasil. 1-(3',4'-Dioxy-phenyl)-2-amino-propanol(-1) (Dioxy-nor-ephedrin). Hydrochlorid.
Cordit. In Schnurform gepreßte, mit Aceton gelatinierte Mischung aus Nitroglycerin und viel unlöslicher Schießbaumwolle. Rauchloses englisches Geschützpulver.
Corodenin. Natriumsalz der 8-Äthoxy-chinolin-5-sulfonsäure (enthält in wässeriger Lösung Adrenalin-Zusatz).
Coryfin. Aethyl-glykolsäure-ester des Menthols.
Cotarninchlorid =Styptizin). 6,7-Methylendioxy-8-methoxy-3,4-dihydro-N-methylisochinoliniumchlorid.
Crelium. Kresolseifenlösung.
Cremor tartari. Weinstein, saures weinsaures Kalium.
Creosotal. Kreosotcarbonat.
Cuprein. Entmethyliertes Chinin.
Cupferron. Ammoniumsalz des Nitrosophenylhydroxylamins, bildet mit Cu und anderen Metallen unlösliche Komplexe. Zur Analyse.
Curral. 5,5-Diallyl-barbital.
Curtaform. Reversibles Tonerdegel.
Cycloform. p-Amino-bensoesäure-ester des Isobutylalkohols.

Dowsongas. Kraftgas, Gemisch von Wassergas und Generatorgas. Heizwert etwa 1200 kcal/m³.
Decelith. Vinylpolymerisat ohne Füllstoffe, nicht härtbar. Verwendet im chemischen und elektrotechnischen Apparatebau.
Degras. Lederfett aus Tran durch Oxydation oder Gärung hergestellt.
Dekrolin s. Rongalit.
Depanol. Lösungsmittel.
Dermatoid. Celluloseacetat mit und ohne Füllstoffe. Verwendung als Lederersatz.
Dermatol. Basisch-gallussaures Wismut.
Detavit. Vitamin A- und D-Emulsion.
Dial. 5,5-Diallyl-barbital.
Diamag. Wärmeschutzmasse aus Magnesia und Kieselgur.
Diatomit. Hochporöse Wärmeschutzmasse aus Kieselgur.
Dick. Kampfstoff.
Dicodid. Dihydro-codeinon, Hydrochlorid, Bitartrat.
Dijodtyrosin. β-(3,5-Dijod-4-oxy-phenyl)-α-amino-propionsäure.
Dijodyl. Dijod-ricinstearolsäure.
Dilaudid. Dihydro-morphinon, Hydrochlorid.

3127 (Fortsetzung).

Dimapyrin. 1-Phenyl-2,3-dimethyl-4-dimethylamino-pyrazolon(-5).
Dinassteine. Hochfeuerfeste Steine, aus grobkörnigem Quarzit mit etwa 4% Kalk oder Ton geformt und hoch gebrannt.
Diocain. Di-(p-allyloxy-phenyl)-äthenyl-amidin, Hydrochlorid.
Dionin. Morphin-äthyl-äther. Hydrochlorid.
Dioxsil. Sog. Quarzgut. Geschmolzener Quarz. Geringe Ausdehnung, hohe chemische Widerstandsfähigkeit.
Diothan. Diphenyl-urethan des Piperidin-propandiols.
Dioxan. Diäthylendioxyd.
Diphosgen s. Perstoff.
Diplosal. Salicylsäure-ester der Salicylsäure.
Dissolvan. Lösungsmittel.
Dissousgas. Acetylen, das zum Transport in Stahlflaschen unter Druck in Aceton gelöst ist.
Diuretin. Theobromin-natrium-Natrium-salicylat.
Donarit. Sprengstoff; Ammonsalpeter 80% mit Nitroglycerin, Nitrokörpern, Holzmehl usw.
Doralgin. Isobutyl-β-bromallyl-barbital-Dimethylamino-phenyl-dimethylpyrazolon.
Doryl. Carbaminoxy-cholin-chlorid.
Dulcargan. Pyroborsaures Silber.
Dulcin. p-Äthoxy-phenyl-harnstoff.
Duotal. Kohlensäure-ester des Guajacols.
Dynamidon. Hochfeuerfeste Masse, aus eisenarmem Bauxit und Ton hergestellt und hoch gebrannt; z. B. zum Ausfüttern der Drehöfen in der Sinterzone (korundreich).
Dynamit. Gurdynamit, Mischung von Nitroglycerin mit Kieselgur, gegebenenfalls mit Zusätzen. Sprenggelatinen, Nitroglycerin mit Kollodiumwolle, mit Zusätzen.

Eau de Javelle. Bleichflüssigkeit, hergestellt durch Einleiten von Chlor in Pottaschelösung.
Eau de Labarraque. Bleichflüssigkeit, hergestellt durch Einleiten von Chlor in Sodalösung.
Ekkain. Äthylester des Benzoyl-oxypropyl-norekgonidins, Hydrochlorid.
Ekrasit. Brisanzsprengstoff, hauptsächlich Pikrinsäure.
Elarson. Strontiumsalz der Chlor-arsinoso-behenolsäure.
Elbon. Cinnamoyl-p-oxy-phenyl-harnstoff.
Eldoral. 5-(Piperidyl-1)-5-äthyl-barbital.
Endojodin. Dijodid des Bis-(trimethyl-amino)-isopropanols.
Ephedrin. 1-Phenyl-2-methylamino-propanol-(-1). Hydrochlorid.
Ephetonin. Racem. Ephedrin. Hydrochlorid.
Epinephrin. 1-(3′,4′-Dioxy-phenyl)-2-methyl-amino-äthanol(-1).
Epirenan. 1-(3′,4′-Dioxy-phenyl)-2-methyl-amino-äthanol(-1).
Epocan. Cumarin-carbonsaures l-Ephedrin, Hydrochlorid K.P.
Ergometrin. Alkaloid aus Secale cornutum.
Erugon. Testikelhormon.
Esmodil. Trimethyl-methoxypropenyl-ammonium-bromid.
Estoral. Borsäureester des Menthols.
Eucain B. Benzoesäure-ester des 2,2,6-Trimethyl-4-oxypiperidins, Hydrochlorid.
Euchinin. Äthyl-kohlensäure-ester des Chinins.
Eucodal. 7,8-Dihydro-14-oxy-codeinon, Hydrochlorid.
Eucupin. Isoamyl-hydro-cuprein (Cuprein = entmethyliertes Chinin).
Eumydrin. Atropin-methyl-nitrat.
Eunarcon. Natriumsalz des 5-Isopropyl-5-β-bromallyl-N-methyl-barbitals.
Eupaverin. 1-(3′,4′-Methylendioxy-benzyl)-3-methyl-6,7-methylendioxy-isochinolin, Hydrochlorid, Sulfat.

3127 (Fortsetzung).

Euphorin. Phenyl-aethyl-urethan (Äthylester des N-Phenyl-carbaminsäure).
Euporphin. Apomorphin-hydrochlorid.
Euphyllin. Theophyllin-Äthylendiamin.
Europhen. Isobutyl-o-Kresol-jodid.
Eusolvan. Solactol, Lactonal, Äthyllactat; Lösungsmittel.
Euthagen. Silbersalz der Thio-cellobiose.
Evion. Vitamin E-Präparat.
Evipan. N-Methyl-5-cyclohexenyl-5-methyl-barbital.
Exalgin. N-Methyl-acetyl-anilin (N-Methyl-acetanilid).

Faktis. Kautschukähnliche Stoffe, durch Einwirkung von Chlorschwefel oder Schwefel auf pflanzliche Öle, wie Rüböl, erhalten. Füllmittel für Naturkautschuk.
Fantan. Urethan der 2-Phenyl-chinolin-4-carbonsäure.
Ferrostabil. Eisen (II)-chlorid in stabilisierter Form.
Finarthin. 2-Phenyl-chinolin-4-carbonsäure.
Fixiernatron. Natriumthiosulfat $Na_2S_2O_3$.
Folinerin. Einheitl. krystall. Glykosid aus den Blättern von Nerium oleander.
Follikelhormon. 3-Oxy-17-oxo-13-methyl-1,2,3,4,5,10-hexadehydro-cyclo-pentano-perhydro-phenanthren.
Formalin. 30—40%ige Formaldehydlösung (wässerige) mit 8—12% Methylalkoholzusatz als Schutz vor Polymerisation.
Fuadin (Neo-Antimosan). Antimon (III)-brenzcatechin-disulfonsaures-Natrium.
Futterkalk Dicalciumphosphat, das aus Knochen gewonnen wird. Zusatz zum Viehfutter.

Galalith. Kunsthorn aus Casein, mit Formaldehyd gehärtet.
Gardan. 1-Phenyl-2,3-dimethyl-4-dimethyl-amino-pyrazolon(-5) + Natriumsalz der Antipyrin-4-methyl-amino-sulfonsäure [Pyramidon + Novalgin (Methyl-melubrin)].
Germanin. Carbamid aus m-Amino-benzoyl-m-amino-p-methyl-benzoyl-1-naphthylamino-4,6,8-trisulfonsäure (s. a. Bayer 205).
Germisan. Cyanmercurikresolnatrium. Saatbeize gegen Steinbrand.
Gelbkreuzkampfstoffe s. Lost (engl. mustard gas = Senfgas, franz. ypérite) und Lewisit.
Giftmehl. Arsenik.
Glancosil. Amorphe Kieselsäure; Entfärbungsmittel, Ersatz für Fullererde oder Silicagel.
Glycin. Entwicklersubstanz, p-Oxyphenylglycin; 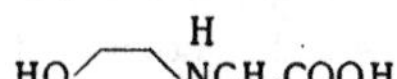

Glyptale. Kunststoffe aus mehrwertigen Alkoholen und Säuren.
Glysantin. Gefrierschutzmittel (s. 6342З).
Gravitol. Diathylamino-äthyl-äther des 2-Methyl-6-allyl-phenols.
Grünkreuzkampfstoffe. Chlor, Phosgen, Perstoff, Diphosgen, Clop; s. die letzteren.
Guphen. Guajacol-ester der 2-Phenyl-chinolin-4-carbonsäure.
Gynergen. Weinsaures Ergotamin (Alkaloid des Mutterkorns).

Hakaphos. Harnstoff-Kali-Phosphordünger. Gartenvolldünger.
Harmin. Alkaloid aus Peganum; Harmala (Turkestan-Steppenraute).
Hartosol. Isopropylalkohol.
Haveg. Kondensat aus Phenol oder Kresol und Formaldehyd mit Füllstoffen bzw. Asbestgeweben. Für chemischen Apparatebau.
Heliozell. Durchsichtige Cellulosehydratfolie (Zellglas).
Helmitol. Anhydro-methylen-citronensaures Hexamethylentetramin.
Heroin. Diacetylmorphin.
Hetol. Zimtsaures Natrium.
Hexal. Sulfo-salicylsaures Hexamethylentetramin.
Hexalin. Cyclohexanol; Lösungsmittel. Anol.
Hexeton. Methyl-isopropyl-cyclohexenon

3127 (Fortsetzung).

Hexogen T Sprengstoff. Trimethylentrinitramin $C_3H_6O_6N_6$.
Holocain. Di-(p-äthoxy-phenyl)-äthenyl-amidin. Hydrochlorid.
Hopcalit. Metalloxydgemisch (50% MnO_2, 30% CuO, 15% Co_2O_3, 5% Ag_2O). Katalysator für „kalte" Verbrennung von CO (Gasmasken).
Hormodyn. Cystein-hydrochlorid.
Hydrastinin. 6,7-Methylendioxyd-3,4-dihydro-N-methyl-iso-chinolinium-chlorid.
Hydrokollag. Wasserlöslicher, kolloidaler Graphit. Schmiermittel.
Hydronal. Stark gelbildendes und peptisierend wirkendes Aluminiumhydroxyd.
Hypnon. Methyl-phenyl-keton (Acetophenon).
Hypophysin. Wirksame Substanzen des Hypophysenhinterlappens.

Icoral. m-Oxy-N-[äthyl-(diäthyl-amino-äthyl)]-amino-benzol + 1-(m-Oxyphenyl)-2-amino-propanol(-1) K.P.
Idrabarium. Bariumsulfat (mit Geschmackskorrigentien).
Idragin s. a. Acetylin.
Igelite. Vinylpolymerisat ohne Füllstoff, nicht härtbar. Für chemischen Apparatebau und wie Celluloid.
Imido. Histamin (1-Imidazolyl-2-amino-äthan)-präparate.
Immadyl s. a. Imido.
Immetal. Dijod-erukasäure-ester des Isobutylalkohols.
Indonal. 5,5-Diäthyl-barbital + Extr. Cannabis Ind.
Insulin. Inkret der Langerhansschen Inseln der Bauchspeicheldrüse.
Ipral. 5-Äthyl-5-isopropyl-barbital-Calcium.
Iriphan. Strontiumsalz der 2-Phenyl-chinolin-4-carbonsäure.
Isadin. Brom-diäthyl-acetyl-harnstoff.
Isalon. Diäthyl-amino-äthyl-ephedrin.
Isocain. p-Amino-benzoesäure-ester des 2-Di-(isopropyl-amino)-äthanols(-1). Hydrochlorid.
Istizin. 1,8-Dioxyanthrachinon.
Ituran. Harnstoff (mit Geschmackskorrigentien).

Jodgorgon. 3,5-Dijod-tyrosin (s. Tyrosin).
Jodipin. Jodadditionsprodukt des Mohnöls.
Jodival. Jod-isovalerianyl-harnstoff.
Jodol. Tetrajod-pyrrol.
Jodopyrin. 4-Jod-1-phenyl-2,3-dimethyl-pyrazolon(-5).
Jodtetragnost. Tetrajod-phenolphthalein-natrium.
Jostasan. Magnesiumperoxyd (25%).
Jothion. Dijod-oxy-propan.
Juvenin. Methylarsinsaures Strychnin + Methylarsinsaures Yohimbin. K.P.

Karbolineum. Schweres Teeröl, „Anthrazenöl". Holzschutzanstrich.
Karbonit. Sicherheitsprengstoff (Salpeter, Nitroglycerin, Roggenmehl).
Katalysin. Thionin (Diamino-thiazin).
Kollag. Öllöslicher kolloidaler Graphit. Schmiermittel.
Kollargol. Kolloides Silber.
Kombetin. Strophanthin (Glykosid aus Strophanthus kombé).
Kontaktspalter. Sulfosäuren, die Fette spalten und emulgieren.
Kontrastin. Zirkondioxydpräparat zur Sichtbarmachung von Magen und Darm im Röntgenlicht.
Kraftgas. Mischgas, Generatorgas mit Wassergaszusatz.
Kresival. Kresol-sulfonsaures Calcium (aromatisierte sirupöse Lösung).
Kristallose. o-Benzoesäure-sulfimid-natrium (lösliches Saccharin).
Kunerol. Margarineähnliches Fett aus gereinigten, natürlichen und gehärteten Pflanzenfetten.

3127 (Fortsetzung).

Lactoflavin. Vitamin B_2 (6,7-Dimethyl-9-[1-d-ribityl]-alloxazin).
Lactophenin. p-Lactyl-phenetidin (p-Äthoxy-lactyl-anilin).
Lactylphenetidinum. Lactophenin.
Laktonal. Solactol-Eusolvan, Äthyllactat; Lösungsmittel.
Lamingsche Masse. $FeSO_4 + Ca(OH)_2$, zum Entschwefeln von Leuchtgas.
Larocain. p-Amino-benzoesäure-ester des 2,2-Dimethyl-3-(diäthyl-amino)-propanols(-1), Hydrochlorid.
Leukonin. Emailtrübungsmittel (metaantimonsaures Natrium).
Larostidin. l-Histidin-monohydrochlorid (Histidin = 2-Imidazolyl-1-amino-propionsäure).
Lecibis. Campher-carbonsaures Wismut.
Leukotropin. 2-Phenyl-chinolin-4-carbonsaures Hexamethylentetramin.
Lewisit. Kampfstoff der Gelbkreuzgruppe; Chlorvinyldichlorarsin.
Linolith. Durch Hydrierung gehärtetes Leinöl.
Lipojodin. Äthylester der Dijod-brassidinsäure.
Liquidrast. 6,7-Methylendioxy-N-methyl-3,4-dihydro-isochinolinium-chlorid.
Lithargyrum. Bleiglätte.
Lithopone. Gemisch von ZnS und $BaSO_4$; weiße Anstrichfarbe.
Livonal. Benzoesäure-ester des Benzylalkohols (20%ige alkoholische Lösung).
Lobeton. Synthetisch bereitetes Lobelin.
Lopion. Natriumsalz der Auro-allyl-thio-harnstoff-benzoesäure.
Lost. Kampfstoff der Gelbkreuzgruppe; Dichlordiäthylsulfid.
Lucidol. Gemenge von Säureperoxyden, insbesondere Dibenzoylperoxyd. Öl- und Fettbleichmittel.
Luminal. 5-Phenyl-5-äthyl-barbital.
Luphenil s. a. Luminal.
Lutren. Corpus luteum-Hormon.
Lycetol. Dimethyl-piperazin-tartrat.
Lycopodium. Bärlappsporen.
Lysargol. Kolloides Silber-Eiweißpräparat.
Lysoform. Desinfizierende Seife aus Kaliseife und Formalinlösung.
Lysol. Wasserlösliches Gemisch von 50% Kresolen mit Öl- oder Harzseifen.

Magnal. α-Brom-isovalerianyl-harnstoff.
Magnomasse. Partiell gebrannter Dolomit zur Wasserbehandlung (Korrosionsschutz)
Mallebrin. Chlorsaures Aluminium $Al(ClO_3)_3 + 9\,H_2O$.
Map. Muskeladenylsäure (Muskel-adenosin-phosphorsäure, 1%ige Lösung).
Marineleim. Auflösung von Kautschuk und Asphalt oder Harzen in Teeröl. Vorzüglicher Kitt.
Marquartsche Masse. Hochfeuerfestes Produkt aus reinstem Kaolin und Tonerde.
Masut. Hochsiedende Bestandteile des (russischen) Erdöls.
Mattsalz. Ammoniumbifluorid.
Medinal. 5,5-Diäthyl-barbital-Natrium.
Medufen. 1-Phenyl-2,3-dimethyl-4-dimethyl-amino-pyrazolon(-5).
Melubrin. Natriumsalz der 1-Phenyl-2,3-dimethyl-pyrazolon-4-amino-methansulfonsäure.
Membranit. Kondensat aus Phthalsäure, Glycerin und Fettsäuren, wässerige Dispersion des Alkydharzes. Für Anstriche.
Mer-colloid. Kolloidal gelöstes Quecksilbersulfid.
Mercurochrom 220. Dibrom-oxymercuri-fluorescein.
Mesurol. Basisches Wismutsalz eines Dioxy-benzoesäure-monomethyläthers.
Mesotan. Methoxy-methyl-ester der Salicylsäure.
Methacetin. p-Methoxy-acetyl-anilin (p-Methoxy-acetanilid).
Methylhexalin. Methylanol, Hexahydrokresol.
Metol (Elon). Monomethyl-p-Amidophenolsulfat; photographischer Entwickler.
Metonal. Dimethylsulfon-dimethyl-methan.

3127 (Fortsetzung).

Mianin. p-Toluol-sulfonsäure-chloramid-natrium.
Micanit. Gepreßte Glimmerabfälle; Isoliermittel.
Migränin. Citronensaures Coffein-Phenyl-dimethyl-pyrazolon.
Milan. Wismutsalz der Trichlorbutylmalonsäure.
Minomallon. 5,5-Diäthyl-barbital-Dimethylamino-phenyl-dimethyl-pyrazolon.
Mipolam. Vinylpolymerisat ohne Füllstoffe, nicht härtbar. Für Rohrleitungen und Armaturen.
Mischsäure. Gemisch aus H_2SO_4 und HNO_3 zum Nitrieren.
Mitigal. Dimethyl-diphenylen-disulfid.
Mondgas. Mischgas, bei dessen Erzeugung durch hohen Wasserdampfzusatz die Zersetzung von NH_3 vermindert und so dessen Gewinnung ermöglicht wird.
Monopolseife. Industrie-(Textil-)Seife aus sulfuriertem Ricinusöl.
Morphosan. Morphin-äthyl-bromid.
Motalin. Antiklopfmittel aus Eisenpentacarbonyl.
Multibrol. Natriumsalz der Monobromölsäure.
Musivgold. SnS_2 zum unechten Vergolden und Bronzieren.
Myrmekan. Ameisensäure in steriler Lösung.
Myo-Salvarsan. Natriumsalz der m-Diamino-p-dioxy-arsenobenzol-dimethan-disulfonsäure.

Nafisal. Iso-octyl-hydro-cupreicin. Hydrochlorid.
Narcoform. Äthyl-bromid (Monobrom-äthan).
Narcophin. Morphin- und Narcotin-mekonat.
Narcylen. Acetylen.
Neodorm. α-Isopropyl-α-brom-butyramid.
Neo-Hexal. Sekundäres sulfosalicylsaures Hexamethylentetramin.
Neo-Livonal. Natriumsalz des Phthalsäure-mono-benzylesters.
Neo-Nosuprin. Novocain- und Suprarenin-Lösung (K.P.).
Neo-Olesal. Wismutsalz der Dimethyl-endo-methylen-hexa-hydro-benzoesäure (10%ige ölige Lösung).
Neophan. Celluloseacetat-Folien mit und ohne Füllstoff, nicht härtbar.
Neophan-Glas. Brillenglas mit Spezialzusätzen (vor allem Neodym), absorbiert im Gelb, läßt den Kontrast Rot-Blau schärfer hervortreten.
Neopin. Oxy-codein.
Neoresit. Kondensat aus Phenol oder Kresol mit Formaldehyd, härtbar.
Neo-Salvarsan. Natriumsalz der m-Diamino-p-dioxy-arseno-benzol-methylen-sulfoxylsäure.
Neospiran. o-Phthalsäure-bis-diäthylamid.
Neostibosan. p-Amino-phenyl-stibinsaures Diäthylamin.
Neotropin. 2-Butyloxy-2',6'-diamino-5',5'-azo-pyridin.
Neradol. Kondensat von Formaldehyd mit aromatischen Sulfosäuren. Gerbstoff.
Neural-„Zio“. 5,5-Dimethyl-barbital-Dimethyl-amino-phenyl-dimethyl-pyrazolon.
Neuronal. Brom-diäthyl-acetamid.
Neu-Sidonal. Chinasäure-Lacton.
Neutralon. Synthetisches Natrium-Aluminium-silicat.
Nipagin. p-Oxy-benzoesäure-ester des Methanols.
Nipasol. p-Oxy-benzoesäure-ester des Propanols.
Nirvanin. Methylester der Diäthyl-glykokoll-p-amino-o-oxy-benzoesäure. Hydrochlorid.
Nirvanol. Phenyl-äthyl-glykolyl-harnstoff (Phenyl-äthyl-hydantoin).
Nivosal. Auftaumittel (s. 63422).
Noctal. 5-β-Bromallyl-5-isopropyl-barbital.
Norgine. Klebe- und Appreturmittel aus Seetangen, die der Jodgewinnung dienen.
Norit. Aktivierte Holzkohle.
Nosuprin. Novocain- und Suprarenin-Lösung (K.P.).

3127 (Fortsetzung).

Novalgin. Natriumsalz der 1-Phenyl-2,3-dimethyl-pyrazolon-4-methyl-amino-methan-sulfonsäure.

Novasurol. Doppelverbindung von 5,5-Diäthyl-barbital (Veronal) und dem Natriumsalz der Oxymercuri-o-chlor-phenoxyl-essigsäure.

Novotext. Kondensat aus Phenol oder Kresol und Formaldehyd mit Gewebe als Schichtstoff, gehärtet.

Novatophan. Methylester der 2-Phenyl-chinolin-carbonsäure.

Novatropin. Homatropin-methyl-bromid (Homatropin-Mandelsäureester des Tropins).

Novexurat. 2-Phenyl-chinolin-4-carbonsäure-methylester.

Noviform. Tetrabrom-brenzcatechin-wismut.

Novocain. p-Aminobenzoesäure-ester des 2-Diäthylaminoäthanols. Hydrochlorid.

Novonal. Diäthyl-allyl-acetamid.

Numal. 5-Allyl-5-isopropyl-barbital.

Octin. Methyl-octenyl-amin.

Ölgas. Aus Mineralölen und Braunkohlenteer durch Zersetzung in der Hitze gewonnen. Heizwert 9—11000 kcal/m³.

Oestroglandol. Biologisch standardisiertes weibliches Sexualhormon.

Oildag. Suspension von Graphit in Öl. Schmiermittel.

Oleomargarin. Der durch Abpressen gewonnene niedrig schmelzende Anteil des Feintalgs.

Oleostearin. Der hochschmelzende Anteil des Feintalgs.

Oleum. Rauchende Schwefelsäure.

Opax. Emailtrübungsmittel (Zirkondioxyd).

Optalidon. 5-Isobutyl-5-allyl-barbital-Dimethylamino-phenyl-dimethyl-pyrazolon (Sandoptal-Pyramidon) + Coffeinzusatz K.P.

Optochin. Äthyl-hydro-cuprein (Cuprein = entmethyliertes Chinin).

Orasthin. Uteruswirksames Hormon des Hypophysen-Hinterlappens.

Orexin. Phenyl-dihydro-chinazolin. Tannat.

Ormicetten. Ameisensaures Aluminium.

Orthoform. Methylester der m-Amino-p-oxy-benzoesäure.

Ortizon. Festes, gut haltbares Wasserstoffperoxyd-Harnstoffpräparat.

Osmosil. Kieselgelpräparat; s. Silicagel.

Oxyliquid. Sprengstoff aus porösen Kohlenstoffträgern und flüssiger Luft oder flüssigem Sauerstoff.

Ozonil. Seife mit Soda und Perborat.

Padutin. Kreislauf-Hormon.

Palliacol. Kolloidales Aluminiumhydroxyd.

Panflavin. 3,6-Diamino-10-methyl-acridinium-chlorid.

Panthesin. p-Amino-benzoesäure-ester des N-Diäthyl-leucinols, Methyl-sulfonat.

Pandigal. Glucosid, Krystallisat aus Digitalis lanata.

Pantocain. p-Butyl-amino-benzoesäure-ester des 2-Dimethyl-amino-äthanols, Hydrochlorid.

Papaverin. 1-(3',4'-Dimethoxy-benzyl)-6,7-dimethoxy-isochinolin.

Paracodin. Dihydro-codein, Hydrochlorid.

Paractol. Hydrochloride von Glutaminsäure und Betain.

Paralaudin. Diacetyl-dihydro-morphin, Hydrochlorid.

Paramorfan. Dihydro-morphin, Hydrochlorid.

Paranephrin. 1-(3',4'-Dioxy-phenyl)-2-methyl-amino-äthanol (-1).

Paranoval. 5,5-Diäthyl-barbital + Trinatriumphosphat. K.P.

Paraxin. Follikelhormon + Theobromin-Calcium. K.P.

Pectovit. Ammoniumsalz des Halbesters der Adipinsäure mit Trichlorbutylalkohol.

3127 (Fortsetzung).

Pegamoid. Pergamentersatz aus Celluloidabfällen und pflanzlichem Öl.
Pellidol. Diacetyl-amino-azo-toluol.
Pentenal. 5-Äthyl-5-cyclopentenyl-barbital.
Pentrit. Pentaerythrit-tetranitrat.
Per-Abrodil. 3,5-Dijod-pyridon(-4)-N-essigsaures Diäthanol-amin.
Per Abrodil forte. Diäthylamin und Diäthanol-amin-Salze der 3,5-Dijod-pyridon(-4)-N-essigsäure.
Peraudren. Propionsäureester des Testosterons (s. dieses).
Percain. 2-Butoxy-chin lin-4-carbonsäure-(diäthylamino-äthyl)-amid.
Percalcit. Calciumsalz der 1,2-Dioxy-propionsäure.
Perchloron. Technisch reines Calciumhypochlorit.
Peremesin. Oxalsaures Cerium als Komplexverbindung. Mittel gegen Erbrechen.
Pergut. Chlorkautschuk, für Lacke.
Perhydrol. 30%ige Lösung von Wasserstoffperoxyd.
Perkaglycerin. Kaliumlactatlösung. Glycerinersatz.
Perlatan. Follikel-hormon (vgl. Progynon).
Permanentweiß. Gefälltes Bariumsulfat, Bleiweißersatz.
Permutit. Künstlicher Zeolith zum Enthärten des Wassers.
Pernocton. 5-Isobutyl-5-β-brom-allyl-barbital-Natrium.
Peronin. Morphin-benzyläther, Hydrochlorid.
Peroxol. Alkalipersulfate zum Bleichen.
Perparin. 1-(3',4'-Diäthoxy-benzyl)-6,7-diäthoxy-isochinolin.
Perstoff. Diphosgen; Kampfstoff der Grünkreuzgruppe; Perchlorameisensäure-methylester.
Peruol. Benzoesäure-ester des Benzylalkohols, in neutralem Öl gelöst.
Perv.tin. 1 Pi.enyl-2-methylamino-propan-hydrochlorid.
Phanodorm. 5-Cyclohexenyl-5-äthyl-barbital.
Phenacetin. p-Äthoxy-acetyl-anilin (p-Äthoxy-acetanilid).
Phenazon. 1-Phenyl-2,3-dimethyl-pyrazolon.
Phenobarbyl. 5-Phenyl-5-äthyl-barbital.
Phosgen. Carbonylchlorid, Kampfstoff.
Pinksalz. $(NH_4)_2SnCl_6$, zur Herstellung von Färbereibeizen.
Piperazin. Diäthylendiamin.
Plasmochin. 8-(Diäthylamino-isopentyl-amino)-6-methoxy-chinolin.
Plastopal. Harnstoff-Formaldehyd-Kondensat. Für Lacke.
Plecavol. p-Aminobenzoesäure-ester des Eugenols.
Plexiglas. Polymethacrylsäureester ohne Füllstoff, nicht härtbar. „Organisches Glas."
Plexigum. Polyacrylsäureester gelöst für Imprägnier- und Lackzwecke.
Pollopas. Harnstoff-Formaldehyd-Kondensat, mit Füllstoff, härtbar.
Polyphlogin. 2-Phenyl-chinolin-4-carbonsäure.
Polystyrol. Polymerisat aus Styrol, nicht härtbar; für Lacke.
Potée. Geschlämmtes Eisenoxydrot, Poliermittel für Glas, Steine, Metalle.
Pregische Jodlösung. Gepufferte Jodlösung für Desinfektionszwecke.
Progesteron. 3-Oxo-17-acetyl-10,13-dimethyl-4,5-dehydro-cyclopentano-perhydrophenanthren, s. auch Proluton.
Progestin s. Progesteron.
Progynon B. Benzoesäure-ester des Dihydrofollikel-hormons (Follikelhormon = 3-Oxy-17-oxo-13-methyl-1,2,3,4,5,10-dehydro-cyclopentano-perhydrophenanthren).
Prolan. Hypophysen-Vorderlappen-Hormon.
Proluton. Corpus luteum-Hormon, s. Progesteron.
Prominal. 5-Äthyl-5-phenyl-N-methyl-barbital.
Protargol. Kolloidales Silber-Eiweiß-Präparat. Desinfektionsmittel.
Prontosil. 4-Sulfonamid-2',4'-diamino-azo-benzol.
Prontosil album. p-Amino-phenyl-sulfonamid.

3127 (Fortsetzung).

Prontosil „solubile“. Dinatriumsalz der 4'-Sulfonamid-benzol-azo-1-oxy-7-acetyl-amino-naphthalin-3,6-disulfonsäure.

Propaesin. p-Amino-benzoesäure-ester des Propylalkohols.

Proponal. 5,5-Dipropyl-barbital.

Prostigmin. Dimethyl-carbaminsäure-ester des (m-Oxy-phenyl-methyl)-dimethyl-ammonium-methosulfates.

Protol. Durch Gärung von Zucker erhaltenes Glycerin.

Provetan. Dibenzoesäureester des Dihydro-Follikelhormons.

Proviron. Benzoesäure-ester des Androsterons.

Psicain. Methylester der d-ψ-Benzoyl-tropin-carbonsäure, Bitartrat (saures weinsaures d-ψ-Cocain).

Psicain-Neu. Propylester der d-ψ-Benzoyl-tropin-carbonsäure, Hydrochlorid.

Pyramidon. 1-Phenyl-2,3-dimethyl-4-dimethyl-amino-pyrazolon(-5).

Pyranton = Diacetonalkohol. Lösungsmittel. $(CH_3)_2 \cdot \underset{OH}{C} \cdot CH_2 \cdot CO \cdot CH_3$.

Pyridium. Monochlorhydrat des 2,6-Diamino-3-(benzolazo)-pyridins.

Quinisal. Salicylo-salicylsaures Chinin.

Racedrin. 1-Phenyl-2-methyl-amino-propanol(-1), Hydrochlorid (racem. Ephedrin).

Rectidon. Natriumsalz des 5-Isoamyl-5-β-bromallyl-barbitals.

Redoxon s. Ascorbinsäure.

Reducto. Chinin-dihydrojodid.

Refortan. Citronensaures Calcium.

Reichszündmasse. Gesetzlich vorgeschriebene Zusammensetzung der Zündholzkuppen, bestehend aus rotem Phosphor, Kaliumchlorat und Calciumplumbat.

Recresal. Mononatriumsalz der Orthophosphorsäure.

Rephrin. Racedrin + racem. Suprarenin K.P.

Resinit. Phenol-Formaldehyd-Kondensat, mit und ohne Füllstoff, härtbar. Kitt und Dichtungsmasse.

Resyl. Guajacol-glycerin-äther.

Rhenaniaphosphat. Mit Soda und SiO_2 aufgeschlossener Phosphorit mit mindestens 22% citratlöslicher Phosphorsäure.

Rhodapurin. Theobromin-Ammonium-rhodanid.

Ristin. Monobenzoesäure-ester des Äthylenglykols (25%ige Alkohol-Glycerinlösung).

Rivanol. 2-Äthoxy-6,9-diamino-acridinium-lactat.

Rivoren. Salarson (Ammoniumsalz der Heptin-chlor-arsinsäure) + Endojodin (Dijodid des Bis [Trimethyl-amino-]-isopropanols).

Rongalit. Formaldehydnatriumsulfoxylat; Ätz- und Reduktionsmittel für den Zeugdruck (Zn-Salz = Dekrolin).

Röntgenit. Bariumsulfat-Emulsion.

Saccharin (Kristallose). o-Benzoesäure-sulfimid.

Sachtolit. Reines Zinksulfid, weißes Pigment.

Sajodin. Calciumsalz der Monojod-behensäure.

Salabrose. Tetra-glucosan.

Salenal. Methyl- und Äthyl-glykolsäure-ester der Salicylsäure (33%ige Salbe).

Salipyrin. Salicylsaures 1-Phenyl-2,3-dimethyl-pyrazolon(-5).

Saliphen. Salicylamino-p-aethoxy-benzol.

Salit. Salicylsäureester des Borneols.

Salol. Salicylsäure-phenylester.

Salophen. Acetyl-p-amino-salol.

Salvarsan. m-Diamino-p-dioxy-arseno-benzol, Dichlorhydrat.

Salyrgan. Komplexe Quecksilber-Verbindung des Salicyl-allyl-amido-essigsauren Natriums in 5%iger Theophyllinlösung.

3127 (Fortsetzung).

Sandoptal. 5-Isobutyl-5-allyl-barbital.
Sanocrypsin. Natrium-gold-thiosulfat.
Santuron. Pektinpräparat.
Santyl. Salicylsäure-ester des Santalols.
Saridon. 1-Phenyl-2,3-dimethyl-4-isopropyl-pyrazolon(-5) neben anderen Stoffen.
Sarkolyt. Natriumsalz der Muskeladenylsäure.
Schnellfluß. Mischung aus 9 Teilen Salpeter, 2 Teilen Schwefel und 1 Teil Lindenholzsägespäne; bringt Ag und Cu zum Schmelzen.
Scillaren. Reinglykoside der Meerzwiebel (A = schwerlösliche, B = leichtlösliche Glykoside).
Scillikardin. Ähnliches Präparat wie Scillaren.
Scilloral. Ähnliches Präparat wie Scillaren.
Securonal. 5-Äthyl-5-butyl-barbital.
Sedobrol. Natriumbromid (mit vegetabilischen Würzstoffen).
Sedormid. Allyl-isopropyl-acetyl-harnstoff.
Segetan. Gemisch aus Kupferoxydammoniak und organischen Quecksilberverbindungen zum Beizen von Saatgut.
Selectan. Natriumsalz des 2-Oxy-5-jodpyridins.
Selvadin. Brenzkatechin-disulfonsaures Calcium.
Salvoral. Calciumsalz der Glucohexitcitronensäure.
Senfgas s. Lost.
Serenium. 4'-Äthoxy-2,4-diamino-azo-benzol.
Seretin. Tetrachlorkohlenstoff.
Siderophen. Natriumsalz der Tartratoferrisäure.
Sidonal. Piperazinsalz der Chinasäure.
Sigmagan. Silber-Natriumsalz der Citronensäure.
Silesia I. Sprengstoff aus Kaliumchlorat und Petroleum.
Silicagel. Amorphe Kieselsäure (Kieselgel); Adsorptionsmittel. Träger für Katalysatoren.
Silicin. Kolloidale Kieselsäurelösung.
Siliquid. Kolloidale Lösung von Kieselsäure.
Silistren. Tetraglycol-ester der Orthokieselsäure.
Silogran. Äthylester der Silicyl-ricinolsäure.
Siloxikon. Widerstandsfähige Masse für Schmelztiegel, aus Koks, Quarzsand und Sägespänen hergestellt, ungefähr Si_2C_2O.
Silundum. Karborundum (SiC).
Simanit. Koll idale Lösung von Silbermanganit.
Sionon (Sorbit). Glucohexit.
Sirolin. Thiocol in sirupöser Lösung.
Sklerosal. Koll idale Kieselsäure (1%ige Lösung).
Solactol. Äthyllactat; Lösungsmittel.
Solästhin. Dichlormethan (Methylenchlorid) pro Narcosi.
Solarson. Ammoniumsalz der Heptinchlor-arsinsäure.
Solganal. Dinatriumsalz der 2-Auromercapto-benzoe-1-sulfonsäure-4-amino-methan-sulfonsäure.
Solganal B. Auro-thio-glucose.
Solu-Salvarsan. Natriumsalz der 3,4'-Diacetylamino-4-oxy-arseno-benzol-2'-glykolsäure.
Solutio-Viode. Konzentrierte Jodlösung.
Solvochin. 25%ige wässerige Chininlösung ($p_H = 7,2$).
Somnal. Diallyl-acetyl-isovalerianyl-harnstoff.
Somnoform. Äthyl-bromid.
Somnurol. Brom-isovalerianyl-harnstoff.
Somnifen. Diäthylamin-salze von 5,5-Di-alkyl-barbitalen.
Sorelzement. Magnesiazement, hergestellt aus gebranntem Magnesit und Magnesiumchloridlösung, nach Erhärten fester als Beton.

3127 (Fortsetzung).

Spasepil. 5-Phenyl-5-äthyl-barbital.
Spirocid. 4-Oxy-3-acetylamino-phenyl-arsinsäure.
Spirosal. Monosalicylsäure-ester des Äthylenglykols.
Stabol 503. Polyacrylsäureester mit Füllstoffen, nicht härtbar. Isolierstoff für Kabel.
Steatit. Keramische Spezialmasse aus Speckstein für Brennerköpfe, Zündkerzen, elektrotechnische Isolierkörper.
Stovain. Benzoesäure-ester des Äthyl-methyl-(dimethyl-amino-methyl)-methanols, Hydrochlorid.
Strass. Stark brechendes, sehr bleihaltiges Glas; mechanisch wenig widerstandsfähig
Strontisal. Strontiumsalz der Salicylsäure.
Strophanthinum. g-Strophanthin.
Strychninum nitricum. Strychninnitrat.
Styphnon. (3,4-Dioxy-phenyl)-(methyl-amino-methyl)-Keton.
Stypticin (= Cotarninchlorid). 6,7-Methylendioxy-8-methoxy-3,4-dihydro-N-methyl-isochinolinium-chlorid.
Styptol. 6,7-Methylendioxy-8-methoxy-3,4-dihydro-N-methyl-isochinolinium-phthalat.
Styrakol. Zimtsäure-ester des Guajacols.
Subcutin. Phenol-sulfonsaures Anästhesin.
Sulfidal. Kolloidaler Schwefel.
Sulfolein. Kolloidale Schwefel-Lösung.
Sulfonal. Diäthyl-sulfon-dimethyl-methan.
Sulfoxyl-salvarsan. 1-(p-Arseno-phenyl)-2,3-dimethyl-pyrazolon(-5)-4-amino-sulfoxylat.
Supersorbon. Aktivkohle für Adsorption von Dämpfen (Benzin).
Supranorit. Aktivierte Holzkohle für Adsorptionen.
Suprarenin. 1-1-(3,4-Dioxy-phenyl)-2-methylaminoäthanol(-1).
Sympathol. 1-(p-Oxy-phenyl)-2-methylaminoäthanol(-1).
Synthalin[1]**.** 1,10-Diguanidin-decan, Hydrochlorid.
Synthalin B. 1,12-Diguanidin-dodekan, Dichlorhydrat.
Syntropan. Tropasäure-ester des 3-Diäthyl-amino-2,2-dimethyl-propanols(-1).

Talgol. Durch Hydrierung gehärteter Walfischtran.
Tallöl. Gemisch von Harz und Fettsäuren aus Celluloseablaugen.
Tamasol I. iso-Butylacetat.
Tannigen. Essigsäure-ester der Gerbsäure (Diacetyl- und Triacetyltannins).
Tannismut. Gerbsaures Wismut (Wismut-bitannat).
Tannoform. Methylen-ditannin.
Targesin. Diacetyl-tannin-Silber-Eiweiß-Verbindung.
Tartarus depuratus. Weinstein. Saures weinsaures Kalium.
Tartarus stibiatus s. Brechweinstein.
Tegoleim. Spezialleim für die Verleimung von Sperrholz (Phenol-Formaldehyd-Polymerisat).
Tenosin. 1-(p-Oxy-phenyl)-2-amino-äthan + 1-Imidazolyl-2-amino-äthan (K.P.).
Terrar. Emailtrübungsmittel (Zirkondioxyd).
Testosteron. 3-Oxo-17-oxy-10,13-dimethyl-4,5-dehydro-cyclopentano-perhydro-phenanthren.
Testoviron. Propionsäureester des Testosterons (s. dieses).
Tetra. Tetrachlorkohlenstoff.
Tetrapol. Lösung von CCl_4 in Monopolseifenlösung; Entfettungs- und Waschmittel.
Tetronal. Diäthyl-sulfon-diäthyl-methan.
Tetrophan. Dihydro-naphtharidin-meso-carbonsäure.
Theacylon. Acetyl-salicyloyl-theobromin.
Theocin s. Theophyllinum.
Theolactin. Theobrominnatrium-Natriumlactat.

[1] Synthalin bezeichnete früher ein Chinolinderivat.

3127 (Fortsetzung).

Theophyllin. 1,3-Dimethyl-xanthin.
Theosumman. Theophyllin-Äthylen-diamin.
Thermodin. Äthyl-ester der N-(Acetyl)-(p-Äthoxy-phenyl)-carbaminsäure.
Thiocain. p-Amino-thio-benzoesäure-ester des 2-Diäthyl-amino-äthanols(-1).
Thiocol. Guajacol-sulfonsaures Kalium.
Thyroxin. 4-Oxy-3,5-dijod-phenyl-äther des 3,5-Dijodtyrosins (Schilddrüsenhormon).
Thorotrast. Thoriumdioxyd-Sol.
Tildin. Brom-diäthyl-acetyl-harnstoff.
Tonophosphan. Natriumsalz der Dimethyl-amino-methyl-phenyl-phosphinigen Säure.
Tonsil. Aktive Bleicherde für Fette und Öle.
Toramin. Ammoniumsalz der Trichlor-butyl-malonsäure.
Tornesit. Chlorkautschuk, mit und ohne Füllstoff; für Lacke und Isolierungen.
Tracheosept. Diamino-methyl-acridinium-chlorid.
Tracumin. Kupfersalz der Trichlor-butyl-malonsäure.
Transargan. Silber-natrium-thiosulfat.
Transparit. Durchsichtige Cellulosehydratfolie (Zellglas).
Transparit-Wetterfest. Cellulosehydratfolie ohne Füllstoff. Verpackungsmaterial.
Transpulmin. Chinin + Campher in ätherischen Ölen gelöst. K.P.
Trasentin. Diphenyl-essigsäure-ester des 2-Diäthylamino-äthanols(-1). Hydrochlorid.
Traubofan. 2-Phenyl-chinolin-4-carbonsäure.
Traumaticinum. Guttaperchalösung.
Triacetatfolie. Cellulosetriacetat, ohne Füllstoff; für Treibriemen.
Tricalcol. Mit Hilfe von Schutzkolloiden gelöstes Tricalciumphosphat.
Trigemin. Dimethylamino-antipyrin-Butylchloralhydrat.
Triolin. Linoleumersatz.
Trional. Diäthyl-sulfon-methyl-äthyl-methan.
Triphal. Natriumsalz der Auro-thio-benzimidazol-carbonsäure.
Trolitan. Phenol-Formaldehyd-Kondensat, mit Füllstoff, härtbar.
Trolit „F". Nitrocellulose mit Weichmacher und Füllstoff, nicht brennbar, nicht härtbar. Profilwerkstoff.
Trolitul. Polymerisat aus Polystyrol mit und ohne Füllstoff, Isolierstoff.
Trolon. „Edelkunstharz", Phenol-Formaldehyd-Kondensat ohne Füllstoff, gehärtet. Billard- und Kegelkugeln.
Tropa-cocain. Benzoesäure-ester des ψ-Tropins. Hydrochlorid.
Trypaflavin. 3,6-Diamino-10-methyl-acridinium-chlorid.
Tryparsamid. Natriumsalz der p-(Acetamid-amino)-phenyl-arsinsäure.
Türkischrotöl. Produkt aus Ricinus- und Olivenöl mit konz. H_2SO_4, in der Wäscherei und Färberei der Gespinstfasern benutzt.
Tussaval. Brom-isovaleriansäure-ester des Guajacols.
Tussipect. Ammoniumsalz des Primulasaponins.
Tutocain. p-Amino-benzoesäure-ester des 1,2-Dimethyl-3-dimethyl-amino-propanols(-1).
Twitchelreaktiv. Naphthalinstearosulfosäure, wirkt fettspaltend und emulgierend.
Tylose. Synthet. wasserlöslicher Celluloseäther.
Tyrosin. β-(p-Oxy-phenyl)-α-amino-propionsäure.

Unden. Follikelhormon-Präparat.
Unilax. 1,4',4''-Triacetyl-3,3-di(-p-oxy-phenyl)-isatin.
Uronovan. Methylen-diphosphorsaures Hexamethylentetramin.
Uroselectan. Natriumsalz der 5-Jod-pyridon(-2)-N-essigsäure.
Uroselectan B. Dinatriumsalz der 3,5-Dijod-4-oxy-pyridin-N-methyl-2,6-dicarbonsäure.
Urosin. Lithiumsalz der Chinasäure.
Urotropin. Hexamethylentetramin.
Urteer. Tieftemperaturteer, reich an Phenolen.
Uviolglas. Glas, das ultraviolette Strahlen nur wenig absorbiert.

3127 (Fortsetzung).

Valamin. Isovaleriansäure-ester des Amylenhydrats.
Validol. Valeriansäure-ester des Menthols neben 30% freiem Menthol.
Valisan. Brom-isovaleriansäure-ester des Borneols.
Valotrat. d-α-Äthyl-propionsäure-diäthylamid.
Valvanol. o-Oxy-diphenyl neben p-Chlor-m-Kresol (K.P.).
Valyl. Valeriansäure-diäthylamid.
Varico-Calorose. Sterile Invertzuckerlösung.
Vasano. Camphersaure Saba der Mandragorabasen.
Vasoklin. Komplexsalz von Calciumnitrit-Theobromin-Calcium.
Veramon. 5,5-Diäthyl-barbital-Dimethylamino-phenyl-dimethyl-pyrazolon. (Veronal-Pyramidon).
Verodigen. Gitalinanteil der Digit. pupur.-Glykoside.
Veronal. 5,5-Diäthyl-barbital.
Vertoform. Basisches Bleiformiat.
Vigantol. Ultraviolettbestrahltes Ergosterin (Vitamin D_2).
Vinnapas. Vinylpolymerisat für Lacke.
Vinethen. Stabilisierter Divinyl-äther.
Vioform. Jod-chlor-oxy-chinolin.
Viscose. Cellulosexanthogenatlösung, zur Herstellung von Kunstseide, Cellophan usw.
Vitamin B_1. 3-[(2'-Amino-6'-methyl-pyrimidyl-3'-)-methyl]-4-methyl-5-(β-oxy-äthyl)-thiazolium-chlorid. Hydrochlorid.
Vitamin B_2. 6,7-Dimethyl-9-(1-d-ribityl)-isoalloxazin [Lactoflavin].
Vitamin C s. Ascorbinsäure.
Vitreosil. Quarzgut, unempfindlich gegen die meisten Säuren.
Vitriolöl. Rauchende Schwefelsäure.
Vogan. A-Vitamin-Präparat.
Voltolöl. Durch Einwirkung stiller, elektrischer Entladungen polymerisiertes Gemisch von Fetten und Mineralölen; Spezialschmiermittel.
Voluntal. Urethan des Trichloräthylalkohols.
Vulkanfiber. Papier, durch Zinkchloridlösung gequollen, in vielen Lagen zusammengepreßt und ausgewaschen. Ersatz für Leder und Kautschuk, für Isolierungen, Dichtungen, Koffer.
Vuzin. Iso-octyl-hydro-cuprein (Cuprein = entmethyliertes Chinin).

Wasserblei. Graphit.
Wassergas. Gemisch von Kohlenoxyd und Wasserstoff; je etwa 45%; durch Einleiten von Wasserdampf in den Generator.
Weißkreuzkampfstoffe s. B-Stoff und Bn-Stoff.

Xeroform. Wismutsalz des Tribrom-phenols.
Xylolith. Steinholz, Fußbodenbelag aus Sorelzement mit Füllstoffen, wie Sägespäne, Holzmehl, Asbestflocken.

Yatren. 7-Jod-8-oxy-chinolin-5-sulfonsäure.
Yperit. Kampfstoff.
Ypérite s. Lost.

Zephirol. Hochmolekulare Alkyl-dimethyl-benzyl-ammonium-chloride.

32 Mechanisch-thermische Konstanten homogener Stoffe.

321 Dichte, Ausdehnung, Kompressibilität und Festigkeitseigenschaften fester Stoffe.

Der *kubische Ausdehnungskoeffizient* bei einer bestimmten Temperatur α [$grad^{-1}$] ist die relative Volumenänderung bei konstantem Druck bei einer Temperaturerhöhung um 1° C.

$$\alpha = \frac{1}{V}\left(\frac{dV}{d\vartheta}\right)_p.$$

Anstatt den Ausdehnungskoeffizienten bei einer bestimmten Temperatur anzugeben, wird vielfach der *mittlere Ausdehnungskoeffizient* für einen bestimmten Temperaturbereich angeführt.

$$\alpha = \frac{1}{V_{\vartheta_1}} \frac{V_{\vartheta_2} - V_{\vartheta_1}}{\vartheta_2 - \vartheta_1}.$$

Der *lineare Ausdehnungskoeffizient* β ist entsprechend die relative Längenänderung bei 1° C Temperaturerhöhung.

Für isotrope Körper gilt die Beziehung: $\alpha = 3\beta$. Anisotrope Körper haben für die verschiedenen Richtungen verschiedene Ausdehnungskoeffizienten. Der Volumenausdehnungskoeffizient ist dann gleich der Summe dreier in beliebigen aufeinander senkrechten Richtungen gemessenen linearen Ausdehnungskoeffizienten.

Der Ausdehnungskoeffizient hat häufig einen starken Temperaturgang, meist nimmt er mit der Temperatur zu.

Angaben für feste Stoffe in den Tabellen 3212, außerdem für reine Metalle in der Tabelle 3111.

Der *isotherme kubische Kompressibilitätskoeffizient* k_{is} [$m^{-1} l t^2$] gibt die relative Volumenverminderung bei konstanter Temperatur bei allseitiger Erhöhung des Druckes an.

$$k_{is} = -\frac{1}{V}\left(\frac{dV}{dp}\right)_\vartheta.$$

Der *adiabatische Kompressibilitätskoeffizient* k_{ad} gibt die relative Volumenverminderung bei rascher Kompression, bei der kein Wärmeausgleich stattfinden kann.

Nach der klassischen Theorie gilt:

$$\varkappa \cdot k_{ad} = k_{is},$$

wobei $\varkappa = \frac{C_p}{C_v}$ das Verhältnis der spezifischen Wärmen bedeutet. $\frac{1}{k_{is}} = M$ ist der Volumenelastizitätsmodul.

Der Kompressibilitätskoeffizient ist stark von Druck und Temperatur abhängig. Er nimmt mit steigendem Druck ab, mit wachsender Temperatur zu.

Die Abhängigkeit vom Druck wird oft durch eine Potenzreihe: $k = a + bp + cp^2 + \ldots$ dargestellt.

Je nachdem, ob als Druckeinheit die physikalische Atmosphäre (Atm), die technische Atmosphäre (at), das Bar oder dyn · cm^{-2} (Mikrobar) gewählt wird, verhalten sich die Kompressibilitätskoeffizienten wie

$$1 : 0{,}9678 : 0{,}9869 : 0{,}9869 \cdot 10^{-6}.$$

Vielfach wird der mittlere Kompressibilitätskoeffizient für einen bestimmten Druckbereich angegeben.

$$k_{is} = -\frac{1}{V_{p_1}}\left(\frac{V_{p_2} - V_{p_1}}{p_2 - p_1}\right).$$

Der lineare Kompressibilitätskoeffizient in einer Richtung gibt die relative Verkürzung bei konstanter Temperatur bei Erhöhung des einseitig in dieser Richtung ausgeübten Druckes um eine Druckeinheit an. Bei isotropen Körpern ist der kubische

Kompressibilitätskoeffizient dreimal so groß wie der lineare. Bei anisotropen Körpern ist er angenähert die Summe der drei linearen in drei zueinander senkrechten Richtungen. Angaben für feste Stoffe in den Tabellen 3213 (für reine Metalle 3111).

Dehnungsmodul (Elastizitätsmodul) E $[ml^{-1}t^{-2}]$. Bewirkt eine dehnende Kraft K an einem Zylinder (Stab) von der Länge l und dem Querschnitt q eine Verlängerung λ, die nach Aufhören der Kraft zurückgeht, so nennt man den Proportionalitätsfaktor α der Gleichung $\lambda = \alpha \frac{l}{q} K$ die elastische Dehnungszahl. $1/\alpha$ ist der Dehnungsmodul E.

$$E = \frac{l}{\lambda} \frac{K}{q}.$$

Drillungsmodul (Gleit-, Scherungs-, Schiebungs-, Schub-, Torsions-, 2. Elastizitätsmodul) $[ml^{-1}t^{-2}]$. Bewirkt ein Drehmoment $M = K \cdot h$, ($K =$ Kraft, $h =$ Hebelarm), an einem Draht vom Radius r und der Länge l einen Verdrehungswinkel von α Radian (57,30 α Bogengrade), so ist der Drillungsmodul G durch die Gleichung

$$M = G \cdot \frac{\alpha}{l} \frac{\pi}{2} r^4$$

definiert. Dieses gilt nur im Gebiete elastischer Verformung.

Beide Elastizitätsmoduln nehmen mit steigenden Temperaturen ab, der Drillungsmodul meist etwas stärker.

Die Poissonsche *Konstante* gibt das Verhältnis der relativen Durchmesserverminderung δ/d (Querkontraktion) zu der relativen Längsdehnung λ/l bei Dehnung im elastischen Gebiete an.

$$\mu = \frac{\delta}{d} : \frac{\lambda}{l}.$$

Die *Zerreißfestigkeit* (Tragkraft, Zugfestigkeit) gibt das Verhältnis der Belastung, bei der der Bruch erfolgt, zu dem Anfangsquerschnitt des Probestückes an. Angaben Tabelle 3214.

3211 Dichte und Raumeinheitsgewicht in $g \cdot cm^{-3}$ technisch wichtiger Stoffe bei Zimmertemperatur.

(Die Raumeinheitsgewichte sind bei Mehrdeutigkeit kursiv gesetzt.)

Für reine Metalle sind die Zahlenwerte der Dichte in Tabelle 3111, für Legierungen in Tabelle 32132, für reine chemische Verbindungen in Tabelle 3112 (anorganische) und 31212 (organische) enthalten. Für die Dichte von Schottschen Gläsern siehe auch Tabelle 32143. Außerdem finden sich in den zusammenfassenden Tabellen über die einzelnen technischen Stoffe in Kap. 5 noch Zahlenwerte.

Stoff	Dichte ϱ bei Z.T. in $g \cdot cm^{-3}$	Stoff	Dichte ϱ bei Z.T. in $g \cdot cm^{-3}$
Acetatseide	1,25...1,35	Asbest	2,1...2,8
Achat	2,5...2,8	Asbestpappe	*1,2*
Alabaster	2,3...2,8	Asphalt (Erdpech)	1,1...2,8
Aluminium, rein	2,69	Asphalte, Stampf-	2,3
„ gehämmert	2,57	Ätzkali	2,044
„ gegossen	2,56	Ätzkalk	*3,3*
„ -Bronze	7,75...8,35	Ätznatron	2,13
„ -Messing, Kok.	7,9	Bakelit	1,335
„ -Nickelstahl	6,6	Baryt	4,5
Ammoniak-Superphosph.	*0,8*	Basalt	2,60...3,30
Anhydrit (Calciumsulfat)	2,96	Baumwollfaser	1,47...1,5
Anthrazit	1,35...1,7	Bauxit	2,4...2,6
Antimonglanz	4,6...4,7	Bergkrystall	2,65
Apatit	3,16...3,22	Bernstein	1,0...1,1

3211 (Fortsetzung).

Stoff	Dichte ϱ bei Z.T. in $g \cdot cm^{-3}$	Stoff	Dichte ϱ bei Z.T. in $g \cdot cm^{-3}$
Beton, Asphalt-	*2,2*	Feldsteine im Mittel	2,5
„ Bims-	*0,8*	Feuerstein	2,58
„ Eisen-	*2,4*	Fichtenharz	1,09
„ Kies-	*1,80...2,40*	Flachs (lufttrocken)	*1,5*
Bimsstein, natürl.	0,37...0,9	Flintsteine	*1,6*
Blätterkohle	1,2...1,5	Flußeisen	7,70...7,85
Blei	11,34	Flußsand	1,52...1,64
„ flüssiges (350°)	10,66	Flußspat	3,1...3,2
Bleiglanz	7,4...7,6	Flußstahl	7,86
Bleiglätte, natürl.	7,83...7,98	Formsand, geschüttet	*1,2*
Bleiweiß	6,4...6,6	„ gestampft	*1,65*
Bleizucker	2,4	Gabbro	2,55...2,98
Bolus	2,2...2,5	Galmei (Zinkspat)	4,1...4,5
Boracit	1,7...1,8	Gichtstaub	0,25...0,35
Borax, wasserfrei	2,37	Gips	2,3
Borcarbid	2,51	„ gebrannt	*1,81*
Brauneisenstein	3,4...3,9	Glas, Spiegel- oder Kron-	2,45...2,72
Braunkohle	1,2...1,4	Glimmer	2,6...3,2
Braunkohlenbrikett	*1,25*	Glockenmetall	8,81
Braunstein (Pyrolusit)	4,9...5,0	Gneis	2,66...2,72
Bronze, 6...20% Sn	8,7...8,9	Granit	2,3...3,1
Calciumcarbid	2,22	Graphit, Natur-	2,0...2,5
Carborundum (Siliciumcarbid)	3,12...3,20	Grauspießglanz	4,6...4,7
		Grauwacke	2,67...2,74
Carnallit	1,6	Grobkohle	1,2...1,5
Cellon	1,3	Gummi, arabischer	1,31...1,45
Cellophan (6,5% Poren)	1,42	Gußeisen, fest	7,25
Celluloid	1,38	„ flüssig (1550°)	6,9...7,0
Ceresin	0,91...0,94	Guttapercha	1,01
Chalcedon	2,61	Hafer (Schüttgew.)	0,43...0,475
Chilesalpeter	*2,24*	Hämatit	5,2
Chromgelb	6	Hanffaser (lufttrocken)	*1,55*
Chromstahl (3% Cr)	7,7	Hartgummi	1,15...1,5
Dachschiefer	2,77...2,84	Hartholz	1,2...1,4
Dachziegel	*2,6*	Hartpapier	*1,42*
Deltametall	8,6	Hartporzellan	2,3...2,5
Deutrostahl	7,6...7,9	Harz	1,07
Diabas	2,78...2,95	Holzkohle, lufterfüllt	*0,4*
Dinasstein	1,55...1,92	„ luftfrei	1,4...1,5
Diorit	2,70...2,98	Hornblende	3,0
Dolomit	2,85...2,95	Invarstahl (64% Fe, 36% Ni)	8,7
Duralumin	2,75...2,87		
Dynamoblech, ungebeizt	7,55...7,8	Kainit	2,1
Eis (0°)	0,88...0,918	Kalisalpeter	2,09
Eisenglanz	5,2...5,3	Kalk, gebrannter	0,9...1,3
Eisenspat	3,8	Kalkspat	2,6...2,8
Eisenvitriol	1,8...1,98	Kalkstein	2,62...2,84
Elektronmetall	1,8...1,83	Kaolin	2,2...2,6
Elfenbein	1,83...1,92	Kapokfaser	*1,32*
Erdwachs (Ozokerit)	0,94	Kartoffel	1,06...1,13
Fahlerze	4,36...5,35	„ (Schüttgew.)	0,65...0,75
Faserplatten, Holzschliff-	0,25...0,50	Kaseinzellwolle	*1,3*
Feldspat	2,5...2,67	Kautschuk, roh	0,91...0,96

3211 (Fortsetzung).

Stoff	Dichte ϱ bei Z.T. in $g \cdot cm^{-3}$	Stoff	Dichte ϱ bei Z.T. in $g \cdot cm^{-3}$
Kies, trocken	1,8...1,85	Mullit	rd. 2,2
Kieselgur	*0,1...0,44*	Muschelkalk	2,4
Klinker	2,6...2,7	Natronsalpeter	2,26
Knochen	1,7...2,0	Nickel	8,8
Kobaltglanz	6,0...6,3	„ gegossen	8,35
Kobaltstahl (15% Co)	7,8	Nickelmanganstahl	
„ (35% Co)	8,0	(15% Ni, 5% Mn)	8,03
Kohlensäureschnee (−79°)	*1,53*	Nickelstahl (36% Ni)	8,13
Kohlenstoff, Diamant	3,514	Nirostastahl	7,3...7,4
„ Graphit	2,22	Ocker	*3,5*
„ Ruß	*1,7...1,8*	Oligoklas	2,645
Koks, Zechen-	1,6...1,9	Opal	2,28...2,40
Kolophonium	1,07..1,09	Orthoklas	2,57
Konstantan		Papier, Lösch- (78% Por.)	*0,33*
(60% Cu, 40% Ni)	8,8	„ Buchdruck-	
Kork	0,2...0,35	(50% Poren)	*0,970*
Korund	3,8...4,0	„ Cellophan	
Kreide	1,8...2,6	(6,5% Poren)	*1,420*
Kryolith	2,95	Paraffin	0,86...0,92
Kupfer, flüssig (1200°)	8,22	Pech	1,07...1,10
„ gegossen	8,30...8,92	Permalloy	8,59
„ gehämmert	8,9...9	Pertinax	1,3
„ gewalzt	8,9...9	Phosphor, weiß	1,83
Kupferdraht	8,9	„ rot	2,20
Kupferglanz	5,5...5,8	„ krystall.	2,34
Kupferkies	4,1...4,3	„ bronze	8,80...8,86
Lagermetall (Weißmetall)	7,1...10,1	Platin-Iridium	
Lautal	2,75	(10% Iridium)	21,6
Lava, basaltisch	2,8...3,0	Plexigum	1,18
Leder, lohgares, trocken	*0,86*	Polierrot (Ferrioxyd)	5,2
Lehmboden, trocken	*1,5*	Porphyr	2,62
Leim	1,27	Quarz	2,1...2,5
Linoleum in Rollen,		Quarzglas	2,2
durchschnittlich	*1,1*	Ramiefaser	*1,51*
Magnesia	*0,2...3,2*	Remanitstahl	7,6...8,0
Magnesit	3,45...3,65	Roggen (Schüttgew.)	0,68...0,79
Magnesitsteine	2,4...2,7	Roheisen, weißes	7,0...7,8
Magneteisenstahl	4,9...5,2	„ graues	6,7...7,6
Magnetit	5,1	Rohrzucker	1,58
Magnetkies	4,54...4,64	„ in Säcken	*0,8*
Manganerz, Hart-	4,1...4,4	Rosesches Metall	10,7
„ Weich-	4,9...5	Roteisenerz	5,2
Manganin	8,4	Rüben (Schüttgew.)	0,65...0,75
Marmor	2,62...2,84	Ruß	1,7...1,8
Mauerziegel	2,6...2,7	Salmiak	1,52
Meerschaum	0,99...1,28	Salpeter (Kaliumnitrat)	2,11
Mehl, lose	0,4...0,58	„ (Natriumnitrat)	2,265
Mennige	9,07	Sand, trocken	1,58...1,65
Messing, gegossen	8,4...8,7	Schamottesteine	2,5...2,7
„ gewalzt	8,5...8,6	Scheelit	6,1
„ gezogen	8,43...8,73	Schellack	1,2
Molybdänglanz	4,7	Schiefer	2,65...2,70
Montanwachs	rd. 1,0	Schießpulver, lose	*0,9*

3211 (Fortsetzung).

Stoff	Dichte ϱ bei Z.T. in $g \cdot cm^{-3}$	Stoff	Dichte ϱ bei Z.T. in $g \cdot cm^{-3}$
Schießpulver, gestampft	*1,75*	Thomasmehl	*2,2*
Schlacke, Hochofen	2,5...3,0	Thomasschlacke	3,3...3,5
Schmirgel	4,0	Ton, naß	*2,0*
Schnellschneidmetalle		„ trocken	1,6
Acrit	9,0	Tonschiefer	2,7...2,76
Cadit	8,3	Torf, Erd-	*0,64*
Widia	14,4	Torfmull	*0,19*
Schwefel, amorph	1,93	Trachyt	2,6...2,8
„ monoklin	1,96	Tuffstein in Stücken	*1,3*
„ rhombisch	2,07	Uranpecherz (Pechblende)	7,5...9,7
Schwefelkies	4,9...5,2	Vulkanfiber	1,1...1,45
Schweißeisen	7,8	Wachs, Bienen-	0,959...0,967
Schwerspat	4,25	„ Ceresin	0,91...0,94
Scleron	2,9...3,0	Wismut, gediegen	9,6...9,8
Seide	1,37	„ gegossen	9,82
Selen, metallisch	4,8	„ flüssig (272°)	10,055
„ rot	4,47	Wolframit	7,2...7,5
Sicromal	7,6...7,8	Wolframstahl (6% W)	8,2
Silber, Elektrolyt-	10,50	Wolle	1,3...1,4
„ gegossen	10,42...10,53	Woodsches Metall	9,7
„ gehämmert	10,5...10,6	Zemente, Portland-, frisch	3,1...3,2
Siliciumguß	6,9	Ziegelmauerwerk, frisch	1,57...1,63
Silikasteine	2,38...2,43	„ trocken	1,42...1,46
Sillimanit	2,45...2,50	Ziegelstein, Hand	1,37...1,54
Silumin	2,5...2,65	Maschinen	*1,67*
Soda, krystallisiert	1,446	Klinker	1,6...1,9
Spateisenstein	3,7...3,9	„ hochporös	1,71...1,81
Speckstein	2,6...2,8	Zink	7,14
Sprenggelatine	1,5	„ gegossen	6,86
Steinsalz	2,17	„ flüssig (800°)	6,58
Stroh	0,04...0,07	Zinkspat	4,1...4,5
Strontianit	3,7	Zinn	7,28
Strontium	2,60	„ gegossen	7,2
Syenit	2,50...2,94	„ flüssig (232°)	7,0
Sylvin	1,95	Zirkondioxyd	5,16...5,81
Talk	2,6...2,8	Zirkonerz, Silicat	rd. 3,3
Temperguß	7,2...7,6	Zucker, weißer	1,61
Thermisilit	6,9	Zuckerrüben	1,095...1,1

3212 Ausdehnung fester Körper.

32121 Linearer (β) und kubischer (α) Ausdehnungskoeffizient [$grad^{-1}$] von Elementen und Metallkrystallen. (Metalle siehe Tabelle 3111.)

Chemisches Symbol	Bemerkung	Temperatur in °C	$\beta \cdot 10^6$ in $°C^{-1}$	$\alpha \cdot 10^6$ in $°C^{-1}$	Chemisches Symbol	Bemerkung	Temperatur in °C	$\beta \cdot 10^6$ in $°C^{-1}$	$\alpha \cdot 10^6$ in $°C^{-1}$
Be	∥ Achse	30...75	13,4	—	Re	∥ trigonaler Achse		12,45	—
	⊥ Achse	30...75	16,1	—		⊥ trigonaler Achse		4,67	—
Mg	∥ Achse	15...35	27,1	—					
		100...200	28,7	—					
-	⊥ Achse	15...35	24,3	—	Zn	∥ Achse	20...250	53	—
		100...200	27,4	—			20...400	59	—

32121 (Fortsetzung).

Chemisches Symbol	Bemerkung	Temperatur in °C	$\beta \cdot 10^6$ in °C⁻¹	$\alpha \cdot 10^6$ in °C⁻¹
Zn	⊥ Achse	20...250	15	—
		20...400	16	—
Cd	∥ Achse	—190...18	48,2	—
	⊥ Achse	—190...18	18,5	—
Hg		—89,9		120
		—62,6		153
		—39,5		171
	∥ trigonaler Achse	—140	46,6	—
Hg	⊥ trigonaler Achse	—140	36,0	
C	Diamant	40	1,18	
		50	1,32	
Si		100	1,95	
		1000	3,2	

Chemisches Symbol	Bemerkung	Temperatur in °C	$\beta \cdot 10^6$ in °C⁻¹	$\alpha \cdot 10^6$ in °C⁻¹
Sn	∥ Achse	etwa 20	30,50	
	⊥ Achse	etwa 20	15,45	
Sb	∥ trigonaler Achse	20...100	17,17	
		20...300	19,54	
	⊥ trigonaler Achse	20...100	8	
S	rhombisch	—273...—195		150
		—79...18		180
Br		—273...—194		200
J		—273...—195		90
		—80...25		220

32122 Linearer Ausdehnungskoeffizient von Krystallen in Abhängigkeit von der Krystallrichtung.

Krystall	Richtung	Temperaturbereich in °C	$\beta \cdot 10^6$ in grad⁻¹
Albit . .	∥ Achse	20...500	13,2
		20...1000	15,3
	⊥ (010)	20...500	4,4
		20...1000	6,1
Andesin	⊥ (001) mittel	20...500	4,5
		20...1000	5,5
Augit . .	⊥ (100) mittel	20...750	6,2
	b-Achse	20...750	13,7
	c-Achse	20...750	7,3
Baikalit .	⊥ (100)	20...1000	6,2
	⊥ (010)	20...1000	16,2
Calcit . .	∥ Achse	20...300	21,0
Ca-carbonat	⊥ Achse	20...300	—3,8
	⊥ (0001)	20...100	25,3
	⊥ $(10\bar{1}0)$	2...100	—5,2
Ca-hydroxyd	⊥ (0001)	20...100	33,4
	⊥ $(10\bar{1}0)$	20...100	9,8
Na-nitrat	∥ a-Achse	100	12,0
		200	10,5
		295	10,0

Krystall	Richtung	Temperaturbereich in °C	$\beta \cdot 10^6$ in grad⁻¹
Na-nitrat	⊥ $(10\bar{1}\bar{1})$ u. $(\bar{1}01\bar{1})$	50	74
		100	78
		200	106
		295	540
	∥ c-Achse	50	120
		100	132
		200	184
		295	660
Quarz . .	∥ Achse	0...118	8,7
		0...418	10,5
		0...567	14
		0...579	17,2
		0...730	13,5
	⊥ Achse	0...118	14,2
		0...418	18,5
		0...567	24,0
		0...579	29,7
		0...730	24,0
W-carbid α-W_2C .	(100)	20...2400	1,2
	(001)	20...2400	11,4
WC . .	(100)	20...1930	5,2
WC . .	(001)	20...1930	7,3

32123 Dichte ϱ in $g \cdot cm^{-3}$, linearer Ausdehnungskoeffizient β in $grad^{-1}$ und Wärmeleitzahl λ in $cal \cdot cm^{-1} \cdot s^{-1} \cdot grad^{-1}$ von Legierungen.

Legierungsbestandteile in Gewichtsprozenten						ϱ in $g \cdot cm^{-3}$	$\beta \cdot 10^6$ in $grad^{-1}$	im Temperaturbereich in °C	λ bei 20° in cal $grad^{-1} \cdot cm^{-1} \cdot s^{-1}$	Bemerkung
Unlegierte Stähle[1]:										
0,14 Ni	0,02 C	0,06 Si	0,007 S				12,0	Z.T. ...100		C-Stahl
							14,7	Z.T. ...600		
0,06 Mn	0,25 C	0,01 P	0,04 S				11,1	Z.T. ...100		C-Stahl
							14,3	Z.T. ...600		
0,09 Mn	0,08 C	0,01 Si					12,4	Z.T. ...100		Mn-Stahl
							13,9	20...500		
0,3 W	0,01 Mn	0,01 C	0,03 Si						0,156	W-Stahl
0,1 Mn	~0,2 C	~0,1 Si					12,4	20...100		
							13,9	20...500		
0,5 Mn	0,05 C	0,2 Si							0,14	ausgeglüht und warmgewalzt
0,5 Mn	0,2 C	0,2 Si							0,123	ausgeglüht und warmgewalzt
0,68 Mn	0,418 C	0,023 Si	0,012 P	0,025 S			9,4	25...100		
							14,3	25...600		
0,5 Mn	1,4 C	0,2 Si							0,092	ausgeglüht und warmgewalzt
3,15 C	1,12 Si	0,11 S					14,1	20...500		Gußeisen
0,1 Mn	3,8 C	0,1 Si					9,0	Z.T. ...100		Gußeisen
							12,5	Z.T. ...600		
Legierte Stähle[1]:										
0,6 Si									0,12	Si-Stahl
1,0 Si	0,09 Mn	0,25 C					12,2	Z.T. ...100		Si-Stahl
							13,9	20...500		
1,5 Si									0,076	Si-Stahl
1,68 Si	3,08 C						8,4	25...100		
							11,6	25...300		
2,4 Si	0,1 Mn	~0,3 C					12,0	20...100		
							13,7	20...500		
8,4 Si	0,1 Mn	~0,3 C					11,3	20...100		
							13,1	20...500		
8,4 Si	0,12 Mn	0,32 C					11,3	Z.T. ...100		Si-Stahl
							13,1	20...500		
0,5 Al									0,13	Al-Stahl
0,52 Al	0,09 Mn	0,12 C	0,07 Si				11,6	Z.T. ...100		
							13,4	20...500		
2,2 Al	0,1 Mn	0,1 C	0,1 Si				12,7	20...100		
							13,5	20...500		

[1] Der Eisengehalt ist nicht angegeben.

10,5 Al	0,1 Mn	0,1 C	0,1 Si				12,2	20...100		
							14,0	20...500		
0,19 Cr	0,37 Mn	1,28 C					11,0	Z.T. ...100		Cr-Stahl
							14,1	Z.T. ...600		
0,5 Cr	0,6 C								0,099	Cr-Stahl
0,5 Cr	0,4 Mn	0,1 C	0,2 Si						0,13	Cr-Stahl
5,0 Cr	0,6 C								0,073	Cr-Stahl
5,0 Cr	0,4 Mn	0,1 C	0,2 Si						0,087	Cr-Stahl
13,0 Cr	0,3...0,4 C						10,0	Z.T. ...100		Cr-Stahl
							12,2	Z.T. ...600		
20,0 Cr	0,6 C								0,043	Cr-Stahl
20,0 Cr	0,4 Mn	0,1 C	0,2 Si						0,059	Cr-Stahl
2,8 Cr	4,0 Si	0,4 Mn	0,4 C			7,75	14,7	20...800		Si-Cr-Stahl (Ventilstahl) vergütet; 930...950° in Öl oder Wasser abgeschreckt und 2 h bis 800° in Luft angelassen
6,0 Cr	1,5 Si	0,5 C				7,7	11,7	0...100	0,05	geschmiedet, gewalzt; hitzebeständig bis 800°
							12,6	0...500		
8,5 Cr	3,5 Si	0,4 Mn	0,45 C				13,7	20...800		hochlegierter Si-Cr-Stahl (Ventilstahl) vergütet; 1050...1070° in Öl abgeschreckt und 2 h bis 800...840° in Luft angelassen
34,2 Cr	1,4 Si	0,4 Mn	2,3 C				11,0	Z.T. ...600		
30,0 Cr	5,0 Al						15,5	Z.T. ...100		
6,5 Cr	0,9 Al	0,5 Si	<0,1 C			7,7	11,4	0...100	0,06	geschmiedet, gewalzt; hitzebeständig bis 800°
							13,6	0...500		
23,0 Cr	2,0 Al	1,0 Si	<0,1 C			7,6	13,1	0...100	0,05	geschmiedet, gewalzt; hitzebeständig bis 1200°
							13,0	0...500		
							16,0	0...1000		
0,92 Cr	0,64 Mo	0,03 S	0,01 P	0,17 C	0,04 Si		11,3	Z.T. ...100		Cr-Mo-Stahl
				0,24 V	0,08 Mn		14,2	Z.T. ...600		
5,0 W	0,3 C								0,093	W-Stahl
5,0 W	0,6 C								0,084	W-Stahl
5,0 W	0,01 C	0,03 Si	0,01 Mn						0,121	W-Stahl
25,0 W	0,01 C	0,03 Si	0,01 Mn						0,094	W-Stahl
1,58 W	1,45 Si	0,02 S	0,02 P	0,51 C	0,42 Mn		10,4	Z.T. ...100		
							14,2	Z.T. ...600		
4,20 Mn	0,09 C	0,04 Si					12,9	Z.T. ...100		Mn-Stahl
							14,8	20...500		
0,57 Mn	0,01 P	0,03 S	0,44 C	0,16 Si	0,14 V		11,2	Z.T. ...100		V-Stahl
							14,5	Z.T. ..600		
9,9 Co							11,16	30...100		
49,4 Co							9,31	30...100		
95,9 Co							11,52	30...100		
5,0 Ni	0,1 C	0,1 Si	0,3 Mn	0,2 Cu					0,078	Ni-Stahl
34,52 Ni	0,14 C						3,7	25...100		
							13,6	25...600		
36 Ni							−0,04	12		Indilatans extra (Krupp)
							−0,04	100		

32123 (Fortsetzung).

Legierungsbestandteile in Gewichtsprozenten						ϱ in g · cm^{-3}	$\beta \cdot 10^6$ in grad^{-1}	im Temperaturbereich in °C	λ bei 20° in cal · grad^{-1} · cm^{-1} · s^{-1}	Bemerkung
35…37 Ni						8,1	2,0	Z.T.		Indilatans oder Invar, geglüht
							1,5	Z.T.		abgeschreckt von Glühtemperatur
							0,5	Z.T.		starke Kaltreckung
36,1 Ni	0,39 C	0,39 Mn					1,5	Z.T. …100		Ni-Stahl
40,0 Ni	0,1 C	0,1 Si	0,3 Mn	0,2 Cu					0,024	
35,0 Ni	1,0 Mn						4,5	20…160		
							14,4	160…400		
2,0 Ni	0,05 S	0,05 P	0,41 C	0,12 Si	1,11 Mn		11,6	Z.T. …100		Ni-Stahl
							14,4	Z.T. …600		
3,59 Ni	0,78 Mn	0,035 S	0,014 P	0,326 C	0,094 Si		10,9	25…100		
							13,8	25…600		
32,5 Ni	4,0 Co						0,0	20		Supra-Invar
31,5 Ni	5,0 Co						0,0	20		
30,5 Ni	6,0 Co						0,0	20		
1,8 Co	12,0 Cr	1,2 Mo	1,4 C	0,4 Si	0,3 Mn	7,72	13,5			hochlegierter Cr-Stahl (Ventilstahl) vergütet; 930…950° in Öl oder Luft abgeschreckt und 2…3 h bis 700…750° in Luft angelassen
9,1 Ni	18,6 Cr	0,07 C	0,27 Mn						0,039[1]	nichtrostender Cr-Ni-Stahl bei 100°
									0,045[2]	nichtrostender Cr-Ni-Stahl bei 300°
									0,052[3]	nichtrostender Cr-Ni-Stahl bei 500°
3,94 Ni	2,50 Cr	0,03 S	0,01 P	0,17 C	0,14 Si		10,8	Z.T. …100		Cr-Ni-Stahl
				0,01 Mn	0,39 V		13,3	Z.T. …600		
20,0 Ni	0,5 Si	25,0 Cr	0,12 C			7,9	15,0	0…100	0,03	geschmiedet, gewalzt; hitzebeständig bis 1200°
							16,8	0…500		
							18,5	0…1000		
30,0 Ni	1,0 Si	20,0 Cr	0,35 C			8,0	15,0	0…100	0,04	gegossen
							17,0	0…500		
							19,0	0…1000		
~8,0 Ni	~0,50 Si	~18,0 Cr	~0,50 Mn	~0,12 C		7,8	16	0…100	0,04…0,05	Cr-Ni-Stahl, nichtrostend, säurebeständig
							17,5	0…300		
							18,5	0…500		

[1] Bei 100°. [2] Bei 300°. [3] Bei 500°.

~9,0 Ni	~0,50 Si	~18,0 Cr	~0,50 Mn	~0,12 C		7,90	16,2	0...100	0,04... 0,05	Cr-Ni-Stahl, nichtrostend, säurebeständig
							18,3	0...300		
							19,0	0...500		
0,0... 0,5 Ni	~0,50 Si	13... 18 Cr	2,5 Mo	~0,50 Mn	~0,10 C	7,70... 7,77	9...11	0...100	0,05... 0,08	Cr-Stahl, nichtrostend, säurebeständig
							10...12	0...300		
							11...12	0...500		
13 Ni	1,5 Si	15 Cr	2,5 W	1,0 Mn	0,45 C	7,97	19,2	20...800		Cr-Ni-W-Stahl (Ventilstahl) vergütet; von 1000° in H_2O abgeschreckt und 1 h bis 700...800° in Luft angelassen
1,85 Cu	1,15 Cr	0,04 S	0,03 P	0,14 C	0,03 Si }		11,2	Z.T. ...100		Cu-Stahl
				0,10 Mn	0,21 V }		14,3	Z.T. ...600		
7,0 Cu	2,0 Cr	14,0 Ni	2...3 C				17,1	Z.T. ...100		Ni-Guß
							18,0	Z.T. ...600		
Metallegierungen.										
98,9 Be	1,1 Al						12,3	20...100		
							15,5	20...500		
90... 96 Mg	10...4 Al						25,4... 26,4	20...100		
							27,7... 28,1	20...300		
98,5 Mg	1,5 Mn					1,76	16,0	0...100		
95,7 Mg	4,0 Al	0,3 Mn				1,76	16,0	0...100		
95 Al	5,0 Si					2,58	21,96	20...100		
95,8 Al	4,2 Be						22,2	20...100		
							26,5	20...500		
85,9 Al	12,7 Mg	Rest Si, Fe, Cu					23,8	12...39		Magnalium
98,5 Al	1,5 Mn					2,75	23	20...200		Mangal
98 Al	1,25 Mn					2,74	23,04	0...100		
80 Ni	20 Cr					8,50	13,0	20...100		
90 Ni	10 Co						13,06	30...100		
90 Co	10 Ni						12,61	30...100		
70 Co	30 Ni						12,08	30...100		
73 Ni	17,5 Co	2,5 Ti	0,2 Mn	6,5 Fe		8,61	10,66			
54,5 Co	35,5 Fe	10,0 Cr					0,5	20		
54,0 Co	36,0 Fe	10,0 Cr					0,0	20		
54,0 Co	37,0 Fe	9,0 Cr					−1,2	20		
60 Ni	20 Fe	20 Mo				8,80	10,71			
95 Cu	5 Al						14,2	20...90		Al-Bronze
95 Al	5 Cu						26	20...100		
90 Cu	10 Zn					8,80	18,18			
60 Cu	40 Ni						12,22	−191...16		Konstantan
75 Cu	20 Ni	5 Zn				8,58	16,4			

32123 (Fortsetzung).

Legierungsbestandteile in Gewichtsprozenten					ϱ in $g \cdot cm^{-3}$	$\beta \cdot 10^6$ in $grad^{-1}$	im Temperaturbereich in °C	λ bei 20° in $cal \cdot grad^{-1} \cdot cm^{-1} \cdot s^{-1}$	Bemerkung
46...44 Cu	19...31 Zn	13...36 Ni				18,36	0...100		Neusilber
85 Cu	12 Mn	2 Ni				18,1	20...100		Manganin
						19,6	20...500		
60 Ni	33 Cu	6,5 Fe			8,90	14	0...100		Monelmetall
56,7 Cu	42,7 Ni	0,4 Mn	0,2 Fe			15,23	4...29		Konstantan
86,3 Cu	9,7 Sn	4,0 Zn				17,82	40		Bronze
70 Cu	29 Zn	1 Sn				16,29	40		
69,57 Cu	28,70 Ni	0,91 Sn				15,4	20...100		
						16,3	20...300		
85 Cu	5,1 Zn	5,0 Sn	4,9 Pb			17,8	20...100		
						20,6	20...700		
71,5 Cu	27,7 Zn	0,3 Sn	0,5 Pb			18,59	40		Messing
84,84 Cu	14,95 Sn	0,21 Pb				18,0	20...100		
						19,8	20...600		
95,5 Cu	4,3 Sn	0,2 P			8,91	18,90			P-Bronze
60 Cu	40 Sb					24,2	100...300		Sb-Bronze
97 Sb	3 Cu					11,2	100...300		Sb-Bronze
81,6 Zn	18,4 Al					27,1	25...250		
95,0 Zn	5,0 Al					32,6	25...250		
67 Pb	33 Sn				9,4	25,0	0...100		Pb-Lot
~93 Pb	~7 Sb				11,0	27,0	0...100		Antimonblei
80 Pt	20 Rh					9,28	360		
80 Pt	20 Ir					7,69	−191...16		
84,93 Au	15,07 Ag					15,3	30...75		
62,14 Ag	37,86 Au					20,2	30...75		
7,5 Au	92,5 Hg					18			
30 Ag	70 Sb					14,8	Z.T. ...400		
75 Ag	25 Sb					23,4	Z.T. ...100		

32124 Mittlerer kubischer Ausdehnungskoeffizient α in $grad^{-1}$ von anorganischen und organischen festen Stoffen[1].

Stoff	Temperaturbereich °C	$\alpha \cdot 10^5$	Temperaturbereich °C	$\alpha \cdot 10^5$	Stoff	Temperaturbereich °C	$\alpha \cdot 10^5$	Temperaturbereich °C	$\alpha \cdot 10^5$
				Anorganische Stoffe					
H_2O	-5...0	21,3	—	—	NH_4Cl	-195...-78	9	-78...+19	28
HF	-191...-94	80	—	—	$(NH_4)_2PO_4$	-195...-78	22	—	—
I_2O_5	-195...-78	8	—	—	$(NH_4)_2HPO_4$	-191...+17	16	—	—
HIO_3	-190...-78	11	—	—	$(NH_4)_4P_2O_7$	-195...+18	6	—	—
SO_3	-190...-78	28	—	—					
$H_2SO_4 \cdot H_2O$	-192...-78	8	-78...0	12	$BeCl_2$	—	—	20...150	11,3
SeO_2	-195...-78	9	—	—	MgO	—	—	30...75	4
PH_4	-183...-79	16	—	—	MgF_2	—	—	20...150	3,2
P_2O_5	-195...-78	17	—	—	MgC_2	—	—	10...150	7,4
P_2O_5 (glasig)	-195...-78	14	—	—	CaO	—	—	30...75	6,3
H_3PO_4	-195...-78	19	—	—	CaF	—	—	40	5,74
PCl_5	-183...-79	22	—	—		—	—	52	5,80
$POCl_3$	-183...-79	19	—	—	$CaCl_2$	—	—	20...150	6,7
$POBr_3$	-183...-79	24	-19...-21	20	CaI_2	—	—	20...150	9,1
As_2O_3	—	—	0...50	11	CaS	—	—	30...75	5,1
$AsCl_3$	-194...-79	19	—	—	β-$Ca_3(PO_4)_2$	-193...-78	6	-78...+15	10
$AsBr_3$	-194...-79	25	—	—	$Sr(NO_3)_2$	30...75	9,7	—	—
$SbCl_3$	-195...-79	20	20...150	23,9	$BaCl_2$	—	—	20...150	6
$SbBr_3$	-195...-79	21	-79...+17	26	BaS	—	—	30...75	10,2
SbI_3	-195...-79	15	-79...+17	17	$BaSO_4$	-183...-78	6	-78...+21	7,5
$SiCl_4$	-195...-79	51	—	—	$Ba(NO_3)_2$	-195...-78	2	-78...+15	5
$SiBr_4$	-194...-71	44	—	—	Al_2O_3	20...100	0,46	20...200	0,58
SiI_4	-195...-79	30	—	—	(Sinterkor.)	20...400	0,68	20...600	0,75
SiC	18...1200	6,25	—	—	$AlCl_3$	-183...-78	6	-78...+17	7
B_2O_3	100...150	5	275...325	61	$AlBr_3$	-192...-78	15	-78...+18	40
LiF	-184...-79	6,1	-79...0	9,2	AlI_3	-183...-78	19	-78...+17	23
LiCl	-184...-79	10,0	-79...0	12,2	CrO_3	-183...-78	17	-78...+25	17
LiBr	-184...-79	11,8	-79...0	14,0	K_2CrO_4	—	—	0...100	11,3
LiI	-184...-79	14,1	-79...0	16,7	MoO_3	-195...-78	5	-78...+21	7
NaOH	—	—	20...120	8,4	WCl_6	-195...-78	17	-78...+19	20
NaF	-184...-79	6,8	-79...0	9,8	$KMnO_4$	-194...-78	17	-78...+18	22
NaCl	-184...-79	9,3	-79...0	11,0	$FeCl_3$	-194...-78	6	-78...+17	5
NaBr	-184...-79	10,7	-79...0	11,9	$FeCO_3$	-195...-78	4	-78...+15	6
NaI	-184...-79	12,3	-79...0	13,5	CuCl	30...75	6,5	—	—
$NaNO_3$	-188...-78	9	-78...+20	11	CuBr	20...150	5,6	—	—
$NaPO_3$	—	—	600...770	4,3	CuI	20...150	6,7	—	—
NaH_2PO_4	—	—	620...935	5,3	ZnF_2	—	—	20...150	3,4
KOH	30...90	18,8	30...130	19,6	$ZnCl_2$	—	—	20...150	8,7
KF	-184...-79	17,9	-79...0	10,0	CdF_2	—	—	20...150	8
KCl	-195...+14	18,9	-78...+25	10,1	$CdCl_2$	—	—	20...150	7,3
KBr	-184...-79	10,1	-79...0	11	CdI_2	—	—	20...150	10,7
KI	-184...-79	11,6	-79...0	12,5	AgCl	—	—	20...150	10,3
$KClO_3$	-195...-78	13	-78...+21	22	HgI_2 **	18...125,1	14	129,8...138	23,5
KIO_3	-194...-78	9	-78...+15	9,5	$GeCl_4$	-195...-79	52	—	—
K_2SO_4	-195...-78	7	-78...+21	13	SnO_2 (synth.)	-192...-78	36	—	—
KNO_3	-195...-78	14	-78...+18	21	$SnCl_4$	-195...-79	24	—	—
K_3PO_4	-193...-78	8	-78...+17	12	$SnBr_4$	-195...-79	30	—	—
K_2CO_3 *	-183...-78	9	-78...+19	13	SnI_4	-195...-79	24	-79...0	30
RbCl	-184...-79	9,2	-79...0	9,9	PbO	-195...-78	13,5	-78...+16	5,5
RbBr	-184...-79	9,7	-79...0	10,4	$PbCl_2$	—	—	20...150	9,3
RbI	-184...-79	11,2	-79...0	11,9	$PbBr_2$	—	—	0...50	9
CsF	30...75	9,5	—	—	PbI_2	—	—	20...150	10,8
CsCl	30...75	14,9	—	—	$BiCl_3$	-195...-79	15	—	—
CsBr	30...75	17,9	—	—	$BiBr_3$	-195...-79	14	-79...+17	20
CsI	30...75	16,5	—	—	BiI_3	-194...-79	11	-79...+17	16

[1] Volumenänderungen beim Schmelzen in 33131.
* Erstarrte Schmelze. ** Rot und gelb.

32124 (Fortsetzung).

Formel	Name	Temperaturbereich °C	$\alpha \cdot 10^5$	Formel	Name	Temperaturbereich °C	$\alpha \cdot 10^5$
		Organische Stoffe					
C_6H_6 . . .	Benzol	-183...-79	35	C_6H_6O . .	Phenol	-195...-79	36
$C_{10}H_8$ . . .	Naphthalin	-20...+20	27			-79...-21	34
		+20...+60	28,3			-21...+16	42
$C_{14}H_{10}$ . . .	Anthracen	-195...+22	19	C_7H_8O . .	Benzylalkohol	-79...+17	26
		20...100	22,2	C_7H_6O . .	Benzaldehyd	-195...-81	26
		100...180	28,7	$C_7H_6O_2$ . .	Benzoesäure	-195...-79	20
$C_{62}H_{126}$ . .	Dohexacontan	-195...+16	26			-79...+16	23
				$C_7H_6O_3$ . .	Salicylsäure	-195...-79	16
CH_2Br_2 . .	Methylenbromid	-194...-79	46			-79...+17	22
CH_2I_2 . . .	Methylenjodid	-194...-79	29	$C_8H_{18}O$ . .	Octylalkohol	-195...-79	19
$CHBr_3$ . .	Bromoform	-195...-79	28	$C_8H_{16}O_2$.	Caprylsäure	-195...-79	47
CHI_3 . . .	Jodoform	-195...-79	28	$C_9H_{18}O_2$.	Pelargonsäure	-195...-18	27
CCl_4 . . .	Tetrachlor-					-18... 0	50
	kohlenstoff	-195...-79	45	$C_{10}H_{16}O$ . .	Campher	20...100	48,5
CBr_4 . . .	Tetrabrom-					100...140	49,4
	kohlenstoff	-194...-79	33	$C_{10}H_{20}O_2$.	Caprinsäure	-195...-79	44
				$C_{12}H_{26}O$.	Dodecylalkohol	-195...-79	32
CH_2O_2 . .	Ameisensäure	-183...-79	24	$C_{12}H_{24}O_2$.	Laurinsäure	-195...+13	40
$C_2H_4O_2$ . .	Essigsäure	-183...-79	28	$C_{16}H_{32}O_2$.	Palmitinsäure	-195...-79	27
$C_2H_3O_2K$.	Essigsaures K	-78...+25	32			-79...+17	38
$C_3H_6O_2$ . .	Propionsäure	-183...-79	38	$C_{16}H_{31}O_2K$	Palmitinsaures K	-78...+25	26
$C_3H_4O_4$ . .	Malonsäure	-195...+16	18	$C_{18}H_{36}O_2$.	Stearinsäure	-195...-79	32
$C_4H_8O_2$ . .	Buttersäure	-183...-79	40			-79...+17	25
$C_4H_6O_3$ . .	Acetanhydrid	-195...-79	35	$C_{18}H_{35}O_2K$	Stearinsaures K	-78...+25	24
$C_5H_{10}O_2$.	Valeriansäure	183...-79	35	CH_4ON_2 .	Harnstoff	-190...17	32

32125 Linearer Ausdehnungskoeffizient β in grad^{-1} einiger technisch wichtiger fester Stoffe[1].

Stoff	Temperaturbereich °C	$\beta \cdot 10^6$ in grad^{-1}	Stoff	Temperaturbereich °C	$\beta \cdot 10^6$ in grad^{-1}
Bakelit	20...100	21...36	Gläser		
Celluloid, Stab . .	20...70	109	Supremax		
Lineal .	20...40	74	3058 III[2]. . .	20...100	3,3
			Thermometerglas		
Gläser			59 III[2]. . . .	20...100	5,9
Borkron BK 7 .	25...125	7,7	Zinkboratglas,		
Duran[2]	20...100	3,7	alkalifrei 665 .	10...92	3,66
Flint F 2[2] . . .	25...125	8,6	Hartgummi . . .	0	63,7
Geräteglas 20[2] .	20...100	4,8		17...25	77,0
Normalglas 16 III[2]	20...100	8,0		25...35	84,2
Quarzglas . . .	0...200	0,5			
Pyrex frisch . .	20...200	3,4	Hölzer,		
n. Alterung bei			Ebenholz	0...100	9,7
650°	20...200	3,1	Eiche, längs. . .	2...34	4,92
Sonderglas			längs. . .	0...100	7,46
2954 III[2]. . .	20...100	6	quer . . .	2...34	54,4

[1] Weitere Angaben über Gläser 531343, Hölzer 543, keramische Stoffe 531505 und 5319, Steine 5261.

[2] Gläser von Schott, Jena.

32125 (Fortsetzung).

Stoff	Temperaturbereich °C	$\beta \cdot 10^6$ in $grad^{-1}$	Stoff	Temperaturbereich °C	$\beta \cdot 10^6$ in $grad^{-1}$
Hölzer,			Marmor,		
Fichte, längs . .	2...34	5,41	40 versch. Prob. .	20...200	1,6...19,6
längs .	0...100	6,08		200...400	3,2...11,1
quer . .	2...34	34,1		400...600	3,8... 7,9
Mahagoni, längs.	2...34	3,36	Porzellan,		
längs.	0...100	7,84	Berliner	20...100	3,77
quer .	2...34	40,4		20...1200	5,92
Nußbaum, längs	2...34	6,55	Meißner, glasiert	20...100	3,20
quer	2...34	48,4	glasiert	20...1200	4,70
Palisander, längs	0...100	6,08	unglasiert	20...100	4,09
Kautschuk, vulk.				20...1200	6,20
3% S; 10 Atm.	0...85	670	Teer.	0	50
3% S; 800 Atm.	0...85	500		12	51
31% S; 1 Atm.	0...85	220		20	180
800 Atm.	0...85	170	Tonwaren,		
Kolophonium . .	0	83	Kaolin	15...1000	5,31
	30	86	fetter Ton . . .	15...1000	5,75
	40	200	Farnley-Ton .	15...500	7,69
Marmor: weiß . .	15...100	11,7		15...1000	5,83
Carrarischer, in			schott. Feuerton	15...1000	6,11
nat. Zustand .	14...21	4,7	Vulkanit	0...18	63,6
imprägniert . .	14...24	4,2			
n. Erh. a. 100° .	14...24	2,2			

3213 Kompressibilität.

32131 Kompressibilität von Elementen.

321311 Kubischer Kompressibilitätskoeffizient k von Elementen.

(Metalle siehe Tabelle 3111.)

Chemisches Symbol	Temperatur in °C	Druckbereich in $kg \cdot cm^{-2}$	Kompressibilität k $k = a + bp$		Chemisches Symbol	Temperatur in °C	Druckbereich in $kg \cdot cm^{-2}$	Kompressibilität k $k = a + bp$	
			$a \cdot 10^{26}$ in $kg^{-1}cm$	$b \cdot 10^{12}$ in $kg^{-2}cm^4$				$a \cdot 10^6$ in $kg^{-1}cm^2$	$b \cdot 10^{12}$ in $kg^{-2}cm^4$
Br	20	100...510	50,9	—	C (Diamant)	~20	4000...10000	0,16	—
I	20	100...510	13,0	—	C (Graphit)	20	100...500	< 3,0	—
S	30	0	13,2	—	B (0,1% W)	30	0...12000	0,551	−2,2
Se (unrein)	20	100...510	11,8	—	Mn	30	0...12000	0,791	−5,3
P (rot)	20	100...510	9,0	—					
P (schwarz)	20	100...510	20,1	—					

321312 Kompressibilität bei 0° C der Alkalimetalle in Abhängigkeit vom Druck nach Bridgman.

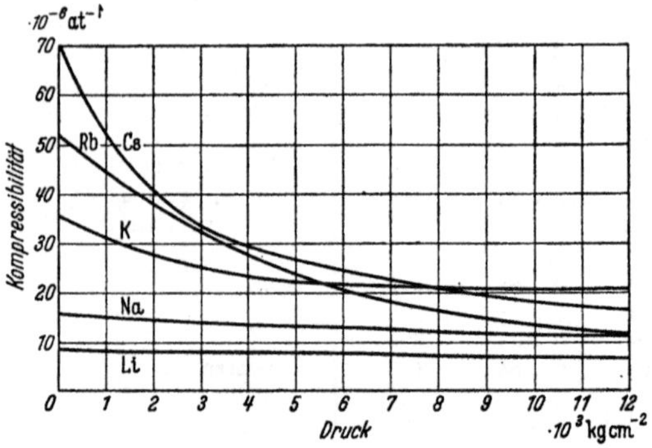

321313 Linearer Kompressibilitätskoeffizient k von Metall-Einkrystallen.

Chemische Formel	Temperatur in °C	Druckrichtung	Kompressibilität $k_l = a + bp$	
			$a \cdot 10^6$ in $kg^{-1} cm^2$	$b \cdot 10^{12}$ in $kg^{-2} cm^4$
Mg	30	‖	0,9842	—6,51
Mg	30	⊥	0,9845	—9,19
Ag	20		0,335	—0,5
Zn	30	‖ zur Hauptachse	0,350	—7,68
Zn	30	⊥ zur Hauptachse	0,157	—0,75
Sn (weiß)[1] . .	30	‖ zur tetragonalen Achse	0,6719	—
Sn (weiß) . .	30	⊥ zur tetragonalen Achse	0,6022	—
Sb	30	‖	1,648	—20,5
Sb	30	⊥	0,5256	—4,56
Bi	30	‖	1,592	—11,1
Bi	30	⊥	0,6624	—4,39

[1] Für Sn ist der lineare Kompressibilitätskoeffizient für $p = 1$ kg cm^{-2} gegeben.

32132 Kubischer Kompressibilitätskoeffizient von Legierungen.

Aus den angegebenen Konstanten a und b ist die Kompressibilität k für den angegebenen Druckbereich gemäß der Gleichung $k = a + b \cdot p$ zu berechnen. p = Druck in $kg \cdot cm^{-2}$.

Bezeichnung	Zusammensetzung	Zustand	Temperatur in °C	Druckbereich in $kg\,cm^{-2}$	Konstanten der Gleichung	
					a in $10^{-6}\,cm^2\,kg^{-1}$	b in $10^{-12}\,cm^4\,kg^{-2}$
Stahl	Fe 98,64% C 1,36%	abgeschreckt 900° C	25	100 ... 510	0,82	
		geglüht 940° C	25	100 ... 510	0,83	
	Fe 99,11% C 0,89%	abgeschreckt 900° C	25	100 ... 510	0,60	
		geglüht 940° C	25	100 ... 510	0,60	
Eisen-Wolfram-Legierungen	Fe 89,95% W 10,05%	geschmiedet	30	0 ... 12000	0,5712	−2,22
		geschmiedet	75	0 ... 8000	0,5617	−2,22
		geglüht 5 h bei 1050° C	30	0 ... 12000	0,5433	−2,19
		und langsam gekühlt	75	0 ... 12000	0,5535	−2,19
	Fe 79,97% W 20,03%	geschmiedet	30	0 ... 12000	0,5139	−2,19
		geschmiedet	75	0 ... 12000	0,5559	−21,9
		geglüht 5 h bei 1050° C	30	0 ... 2000	0,52	
		geglüht 5 h bei 1050° C	75	0 ... 2000	0,53	
	Fe 72,07% W 27,93%	geschmiedet	30	0 ... 12000	0,4752	+1,53
		geschmiedet	75	0 ... 12000	0,4401	+3,66
		geglüht 5 h bei 1050° C	30	0 ... 2000	0,516	
		geglüht 5 h bei 1050° C	75	0 ... 2000	0,522	
	Fe 59,09% W 30,16% Cr 10,75%	geschmiedet	30	0 ... 12000	0,531	
		geschmiedet	75	0 ... 12000	0,562	
		geglüht 5 h bei 670° C	30	0 ... 12000	0,524	
		langsam gekühlt	75	0 ... 12000	0,528	
		geglüht 5 h bei 1050° C langsam gekühlt	30	0 ... 12000	0,551	

32132 (Fortsetzung).

Bezeichnung	Zusammensetzung	Zustand	Temperatur in °C	Druckbereich in kg cm^{-2}	Konstanten der Gleichung a in 10^{-6} cm^2 kg^{-1}	Konstanten der Gleichung b in 10^{-12} cm^4 kg^{-2}
Kobalt-Wolfram-Eisen-Legierungen	Co 87,38% W 9,83% Fe 2,30%	geglüht 5 h bei 985° C	30	0... 1000	0,351	
		langsam gekühlt	75	0... 1000	0,300	
	Co 82,82% W 15,15% Fe 2,30%	geglüht 5 h bei 985° C	30	0... 5000	0,518	
		langsam gekühlt	75	0... 5000	0,522	
	Co 67,40% W 30,01% Fe 2,46%	geglüht 5 h bei 985° C	30	0... 880	0,522	
		langsam gekühlt	75	0... 1660	0,588	
Ni-Chrom	Ni 80% Cr 20%		30	0	0,55	
Nickeleisen	Ni 36,27% Fe 63,24% C 0,15%	geschmiedet	25	100... 510	0,83	
Aluminium-Bronze	Cu 92,43% Al 7,66%	geglüht 1 h bei 850° C	25	100... 510	0,76	
	Cu 87,1% Al 12,9%	abgeschreckt von 850° C	25	100... 510	0,77	
Manganin			30	0...12000	0,251	
			75	0...12000	0,256	
Kupfernickeleisen	Cu 55% Ni 44% Fe 1%	geglüht 3 h bei 1000° C	25	100... 510	0,61	
Si-Bronze	Cu 96% Si 4%	gehämmert	25	100... 510	0,95	
Gold-Silber-Legierungen . .	Au 84,93% Ag 15,07%	gezogen, bei 900°C geglüht	30	0... 2000	0,64	
		gezogen, bei 900°C geglüht	75	0... 6000	0,62	
	Au 65,44% Ag 34,56%	gezogen, bei 900°C geglüht	30	0... 6000	0,715	
		gezogen, bei 900°C geglüht	75	0...12000	0,7398	− 2,28
	Au 37,86% Ag 62,14%		30	0... 4900	0,79	
			50	0... 560	0,84	
			75	0... 1900	0,80	

Messing	Zn 48,57% Cu 51,43%	abgeschreckt von 600° C (in Öl)	25	100… 510	0,91	
	Zn 35,61% Cu 64,27%	geglüht 2 h bei 600° C	25	100… 510	0,78	
	Zn 17,95% Cu 81,94%	geglüht 2 h bei 500° C	25	100… 510	0,74	
	Zn 36% Cu 62% Pb 2%		Z.-Temp.	2040…12200	0,87	
Bronze	Sn 38,78% Cu 61,16%	gegossen, geglüht	25	100… 510	0,96	
	Sn 32,53% Cu 67,43%	gegossen, geglüht	25	100… 510	0,87	
	Sn 11,44% Cu 88,53%	geglüht 2 h bei 650° C	25	100… 510	0,82	
Cadmium-Legierungen . .	Cd_8Cu_5	gegossen	30	0…12000	1,194	−25,8
		gegossen	75	0…12000	1,229	−26,1
	CdTe	gegossen	30	0…12000	2,33	−12,2
		gegossen	75	0…12000	2,35	−11,6
Tellur-Quecksilber	HgTe	gegossen	30	0…12000	1,98	−25
		gegossen	75	0…12000	1,98	−25
Wismut-Zinn	Bi 53,8% Sn 45,6%		Z.-Temp.	0	2,26	
				10200	2,18	

32133 Kubischer Kompressibilitätskoeffizient k (in $kg^{-1} \cdot cm^2$) von festen anorganischen Stoffen.

k ist nach der Gleichung $k = a + b \cdot p$ zu berechnen, a ist in $kg^{-1} \cdot cm^2$, b in $kg^{-2} \cdot cm^4$ angegeben. Kr. = Krystall, E. = Einkrystall, a. Wss. = aus wässeriger Lösung, a. Schm. = aus dem Schmelzfluß, Pulv. = Pulver, gepr. = gepreßt, ges. = gesintert, wssfr. = wasserfrei.

Formel, Angaben über Zustand	°C	Druckbereich $kg \cdot cm^{-2}$	$k = a + b\,p$	
			$a \cdot 10^6$	$b \cdot 10^{12}$
As_2O_3, Pulv. gepr.	30	0...9000	9,294	-272,4
Sb_2S_3, Antimonglanz	0	50...200	1,46	—
SiO_2, Quarz	0	50...200	2,62	—
CSi, Carborund	20	50...200	0,37	—
LiF	30	0	1,50	—
LiCl	20	50...200	3,6	—
	30	0	3,34	—
LiBr	20	50...200	4,9	—
	30	0	4,23	—
$LiI \cdot 3H_2O$	30	0...12000	6,51	-117
NaF, Pulv. ges.	30	0...12000	2,07	-17,7
	75	0...12000	2,08	-18,1
NaCl, Kr. a. Schm.	30	0...12000	4,182	-50,4
	75	0...12000	4,344	-51,9
NaBr	30	0...12000	4,98	—
NaI, Pulv. gepr.	30	0	6,936	—
$NaClO_3$, E. a. Wss.	30	0...12000	4,94	-93
	75	0...12000	5,28	-93
$NaBrO_3$, E. a. Wss.	30	0...12000	4,32	-74,2
Na_2SO_4, Thenardit	Z.T.	0...10200	2,324	-22,9
$NaNO_3$, E. a. Schm.	30	0...12000	3,854	-39,2
KF	30	0	3,25	—
KCl	30	0...12000	5,53	—
KBr	30	0...12000	6,56	—
KI	30	0...12000	8,37	—
K_2SO_4, Pulv. gepr.	Z.T.	0...10200	3,250	-36,8
RbCl, E. a. Schm.	30	0...800	6,52	—
	75	0...800	6,75	—
RbBr	20	50...200	8,0	—
	30	0	7,78	—
RbI	20	50...200	9,1	—
	30	0	9,39	—
CsF, grobkryst. a. Schm.	30	0...12000	4,155	-57,9
	75	0...12000	4,347	-61,8
CsCl, Pulv. gepr.	30	0...12000	5,829	-96,9
	75	0...12000	6,060	-101,1
CsBr, Pulv. gepr.	30	0...12000	6,918	-144,9
	75	0...12000	7,200	-141,6
CsI, Pulv. gepr.	30	0...12000	8,403	-201,9
	75	0...12000	8,661	-195,6
NH_4Cl, Pulv. gepr.	30	0...2000	5,9	—
	75	0...2000	6,2	—
NH_4Br, Pulv. gepr.	0	0...3000	6,0	—
	75	0...3000	6,7	—
NH_4NO_3, Pulv. gepr.	Z.T.	0...10200	6,554	-132,3
MgO, Pulv. gepr.	30	0...12000	0,986	-10,8
	75	0...12000	0,997	-12,2
MgO, synth. Krystall	30	0...12000	0,5904	-2,22
	75	0...12000	0,5979	-2,22
CaO, Pulv. gepr.	30	0...12000	4,57	-58,2
	75	0...12000	4,64	-58,5
CaF_2	0	50...200	1,22	—
CaS, Pulv. gepr.	30	0...12000	2,280	-38,8
	75	0...12000	2,022	-25,8
$CaSO_4$, Anhydrit	0	50...200	1,79	—
$CaSO_4 \cdot 2H_2O$ (Gips)	0	50...200	2,45	—
$CaCO_3$, Kalkspat	20	0...10200	1,36	—
$CaCO_3$, Marmor	20	0...10200	1,36	—
$CaCO_3$, Aragonit	0	50...200	1,50	—
SrF_2, Pulv. ges.	30	0...12000	1,58	-10,3
	75	0...12000	1,61	-10,8
SrS, Pulv. gepr.	30	0...12000	2,383	-38,6
	75	0...12000	2,318	-43,5
$SrNO_3$, Pulv. gepr.	30	0...12000	3,249	-43,2
	75	0...12000	3,366	-41,1
BaF_2, Pulv. ges.	30	0...12000	2,07	-17,7
	75	0...12000	2,08	-18,1
$BaSO_4$, Schwerspat	0	50...200	1,73	—
$BaCO_3$, Witherit	0	50...200	1,98	—
Al_2O_3, synth. Saphir	30	0...2000	0,317	—
Al_2O_3, Pulv. gepr.	30	0...9000	9,294	-272,4
$AlK(SO_4)_2 \cdot 12H_2O$, E. a. Wss.	30	0...12000	6,303	-116,1
	75	0...12000	5,574	-93,3
$AlNH_4(SO_4)_2 \cdot 12H_2O$, E. a. Wss.	30	0...12000	6,354	-102,3
	75	0...12000	6,198	-100,8
TiO_2, Rutil	0	50...200	0,57	—
$CrK(SO_4)_2 \cdot 12H_2O$, E. a. Wss.	30	0...12000	6,486	-112,5
$MnCl_2$, Pulv. gepr.	30	0...12000	5,409	-96,3
	75	0...12000	5,562	-106,5
$MnCO_3$, Manganspat	0	50...200	1,3	—
Fe_2O_3, Roteisenstein	0	50...200	1,06	—
FeS_2, Pyrit	0	50...200	0,70	—
FeAsS, Arsenkies	0	50...200	0,96	—
$FeCO_3$, Eisenspat	0	50...200	0,97	—
CoAsS, Kobaltgl.	0	50...200	0,8	—
Cu_2O, Pulv. gepr.	30	0...12000	1,909	-19,92
	75	0...12000	2,003	-22,74
CuCl, Pulv. gepr.	30	0...12000	2,463	-14,1
	75	0...12000	2,716	-24,2
CuBr, Pulv. gepr.	30	0	2,87	—
	75	0	3,16	—
CuI, Pulv. gepr.	30	0...12000	2,752	-25,1
	75	0...12000	2,957	-33,6
$CuFeS_2$, Kupferkies	0	50...200	1,25	—

32133 (Fortsetzung).

Formel, Angaben über Zustand	°C	Druckbereich kg · cm^{-2}	$k = a + b p$ a · 10^6	b · 10^{12}
AgCl	20	100...510	2,4	—
AgBr	20	100...510	2,7	—
AgI	20	100...510	4,0	—
Ag_2S	0	50...200	2,94	—
$AgNO_3$	0	50...200	3,60	—
ZnO, Rotzinkerz	0	50...200	0,75	—
$ZnCl_2$, wssfr. Pulv. gepr. . .	30	0...12000	4,14	-107,7
ZnS, Zinkblende	0	50...200	1,26	—
CdF_2	30	0...12000	1,102	-8,5
	75	0...12000	1,096	-8,4
TlCl	20	100...510	4,8	—
TlBr.	20	100...510	5,2	—
TlI	20	100...510	6,8	—
SnO_2, Zinnstein .	0	50...200	0,47	—
PbS, Bleiglanz .	0	50...200	1,92	—
$PbSO_4$, Anglesit.	0	50...200	1,89	—
Bi_2S_3, Wismutgl.	0	50...200	3,25	—

3214 Festigkeitseigenschaften.

32141 Dehnungsmodul, Drillungsmodul, Poissonsche Zahl, Zerreißfestigkeit und Schallgeschwindigkeit von Elementen.

Chemisches Symbol	Temperatur °C	Elastizitätsmodul E 10^{-6} in kg · cm^{-2}	Drillungsmodul G · 10^{-6} in kg · cm^{-2}	Poissonsche Zahl μ	Zerreißfestigkeit in kg · cm^{-2}	Schallgeschwindigkeit in m · s^{-1}
Mg	18	0,29...0,42	0,19	—	—	4800
Al	18	0,74	0,27	0,34	2000...3000	5100
Ta	18	1,9	0,63	—	9300	3400
Mo	Z.T.	—	1,45...1,7	—	18000...22200	—
W	18	3,62...3,9	1,35...1,45	0,17	42000	—
Fe	—	2,12	0,8	0,27	2000...2500	5100
Co	—	1,8	0,78	—	6800	—
Ni	18	2,04	0,76	0,3	—	5000
Rh	18	2,80	—	0,47	—	4900
Pd	18	1,15	0,49...0,52	0,39	3600	3000
Ir	18	5,3	—	—	—	4900
Pt	20	1,603...1,7	0,659	0,215	3400	—
Cu	18	1,25	0,45	0,35	4000	3900
Ag	18	0,8	0,27...0,29	0,38	2900	2700
Au	18	0,81	0,28	0,42	2700	2100
Zn	18	1,3	0,35	0,2...0,3	1300	3700
Cd	18	0,5	0,23	0,3	—	2300
Hg	—19,5	0,98	—	—	—	—
C	Z.T.	0,0836	—	—	—	—
Si	Z.T.	1,15	—	—	—	—
Sn	18	0,55	0,066...0,18	0,33	200	2600
Pb	18	0,17...0,20	0,075	0,45	200	1300
Sb	18	0,8	0,20	—	—	—
Bi	18	0,33	0,12	0,33	—	1800
Se	20	—	—	0,446	—	—
Te	18	0,42	0,16	—	—	—

32142 Dehnungsmodul E in 10^6 kg · cm^{-2} und Drillungsmodul G in 10^6 kg · cm^{-2} von Legierungen.

Bezeichnung	Zusammensetzung in Gew.-%	Zustand	Temperatur in °C	E in 10^6 kg · cm^{-2}	G in 10^6 kg · cm^{-2}
A_6, hart	94,94 Mg 4,7 Al			0,45	
	89,99 Mg 8,86 Al 0,51 Zn 0,40 Si 0,24 Mn	geschmiedet	0	0,45	
Elektron				0,45	
	90 Al 10 Mg	gegossen	Z.T.	0,689	
		gegossen, geglüht und abgeschreckt	Z.T.	0,731	
	88 Al 12 Mg	gegossen, geglüht und abgeschreckt	Z.T.	0,703	
	89,5 Al 10 Mg 0,5 Ni	gegossen	Z.T.	0,709	
Amerikanische Legierung	92 Al 8 Cu	Gußquerschnitt 28 mm²	Z.T.	0,92	
		Gußquerschnitt 1250 mm²	Z.T.	0,67	
Duralumin	95 Al 4 Cu 0,6 Mn 0,5 Mg	geglühter Draht	20		0,272
		geglühter Draht	200		0,243
		geglühter Draht	500		0,048
		Band geglüht bei 520° C	12	0,603	
		Band geglüht bei 520° C	200	0,572	
		Band geglüht bei 520° C	500	0,433	
Duralumin 681 ZB	93,79 Al 4,21 Cu 0,73 Mg 0,63 Mn 0,39 Si 0,25 Fe	veredelt		0,718	
Lautal	94 Al 5 Cu 1 Si	von 500° C abgeschreckt	Z.T.	0,760	
		von 500° C abgeschreckt und ausgehärtet	Z.T.	0,716	
		von 500° C abgeschreckt bei 370° C ausgeglüht und langsam gekühlt	Z.T.	0,710	
Alcoa 25 S	93,63 Al 4,36 Cu 0,84 Si 0,83 Mn 0,34 Fe	Propellerschmiedestück, weich	0	0,73	
Kolbenlegierung mit Be-Zusatz	87,80 Al 12 Cu 0,20 Be	Sandguß		0,7015	
Kolbenlegierung mit Be-Zusatz	87,25 Al 12 Cu 0,75 Be	Sandguß		0,6968	
Y-Legierung mit Be-Zusatz	91,75 Al 4 Cu 1,5 Mg 2 Ni 0,75 Be			0,7185	
Y-Legierung mit Be-Zusatz	90,5 Al 4 Cu 2 Ni 2,0 Be 1,5 Mg			0,7220	
Deutsche Legierung	84 Al 14 Zn 2 Cu	Gußquerschnitt 28 mm²	Z.T.	0,80	
		Gußquerschnitt 1250 mm²	Z.T.	0,68	
Lo-Ex	81,35 Al 14 Si 2,5 Ni 1,15 Cu 1 Mg			0,844	
Flußeisen				2...2,2	0,77...0,845
Schweißeisen				2,05	
Gußeisen (grau)				1...4	

Gußeisen (weiß)		Hartguß		1,71...1,87	
Gußeisen	2,7 Graphit 0,8 gebunden C	gegossen	18	1,329	
Gußeisen	2,50 C 2,20 Si 0,74 Mn 0,12 Cu 0,08 Cr		Z.T.	1,47	
Gußeisen	2,61 C 2,38 Si 1,08 Ni 0,77 Mn 0,09 Cr		Z.T.	1,31	
Gußeisen	3,95 C 1,90 Si 0,65 Mn 0,32 Cu		Z.T.	0,64	
C-Stahl.	0,07 C	geglüht	Z.T.	2,00	
		96,5% gezogen	Z.T.	2,00	
C-Stahl	0,18 C 0,20 (Mn + Si)	geglüht bei 900°		2,096	0,848
		abgeschreckt von 900° in Öl		2,094	0,822
C-Stahl	0,10 C 0,422 (Si + Mn + P + S)	geglüht bei 900°		2,085	0,829
		abgeschreckt von 900° in Öl		1,980	0,808
C-Stahl	0,29 C 0,772 (Si + Mn + P + S)	geglüht bei 900°		2,124	0,838
		abgeschreckt von 900° in Öl		2,043	0,814
C-Stahl	0,55 C	geglüht	Z.T.	2,05	
		86,5% gezogen	Z.T.	2,00	
C-Stahl	0,78 C	geglüht	Z.T.	2,19	
		58,5% gezogen	Z.T.	2,00	
C-Stahl	0,83 C 0,80 (Mn + Si)	geglüht bei 900°		1,938	0,836
		abgeschreckt von 900° in Öl		1,902	0,804
C-Stahl	0,90 C	Draht	56		0,782
			187		0,762
			419		0,683
			616		0,500
		Draht geglüht bei 900°	20		0,805
			221		0,764
			446		0,695
			619		0,530
C-Stahl	0,93 C 0,79 (Mn + Si)	geglüht bei 900°		2,064	0,827
		abgeschreckt von 900° in Öl		1,935	0,787
C-Stahl	1,48 C 0,466 (Si + Mn + P + S)	geglüht bei 900°		1,968	0,813
		abgeschreckt von 900° in Öl		1,856	0,780
Stahl	0,30 C 1,31 Al 1,21 Cr 0,67 Ni 0,42 Mn 0,18 Mo 0,09 Si	Stahlstab von 6,5 mm Durchmesser	Z.T.	1,97	
		derselbe 180 h bei 510° nitriert, bis eine nitrierte Schicht von etwa 1,5 mm Dicke entstand	Z.T.	2,32	
Stahl	0,37 C 1,18 Cr 0,71 Mn 0,33 Si 0,16 V	geglüht bei 790° und im Ofen abgekühlt	Z.T.	2,065	0,826
		geglüht bei 870°, in Öl abgeschreckt und bei 595° gezogen	Z.T.	2,110	0,879
Cr-Stahl	0,6 C 0,5 Cr	geglüht bei 900°	Z.T.	2,17	0,831
		von 1100° schnell abgekühlt	Z.T.	2,14	0,831
Cr-Stahl	0,6 C 3 Cr	geglüht bei 900°	Z.T.	2,23	0,844
		von 1100° schnell abgekühlt	Z.T.	2,15	0,808
Cr-Stahl	0,6 C 13 Cr	geglüht bei 900°	Z.T.	2,26	0,849
		von 1100° schnell abgekühlt	Z.T.	2,14	0,806
Cr-Stahl	0,6 C 17 Cr	geglüht bei 900°	Z.T.	2,30	0,861
		von 1100° schnell abgekühlt	Z.T.	2,18	0,819

32142 (Fortsetzung).

Bezeichnung	Zusammensetzung in Gew.-%	Zustand	Temperatur in °C	E in 10^6 kg · cm^{-2}	G in 10^6 kg · cm^{-2}
W-Stahl	0,3 C 0,5 W	geglüht 900°	Z.T.	2,159	0,833
	0,34 C 1,20 W 0,92 Mn 0,51 Cr 0,20 Si	geglüht bei 790° und im Ofen abgekühlt	Z.T.	2,050	0,893
		geglüht bei 870°, in Öl abgeschreckt und bei 595° gezogen	Z.T.	2,070	0,855
	0,6 C 10 W	von 1100° schnell abgekühlt	Z.T.	2,199	0,855
	0,3 C 15 W	geglüht bei 900°		2,317	0,899
Co-Stahl	30 Co	gegossen und 2 h geglüht bei 900°	Z.T.	2,174	0,903
Co-Stahl	10 Co	gegossen und 2 h geglüht bei 900°	Z.T.	2,070	0,830
Nickel-Beryllium	98,3 Ni 1,7 Be	weich, abgeschreckt		1,75	
		vergütet		1,83	
		30% gewalzt		1,80	
		gewalzt und vergütet		1,90	
	97,5 Ni 2,5 Be	von 1100° abgeschreckt	Z.T.	1,843	
		von 1100° abgeschreckt und 6½ h bei 500° angelassen		2,009	
Contracid mit Be-Zusatz	61 Ni 15 Cr 15 Fe 7 Mo 2 Mn 0,6 Be	weich abgeschreckt		1,55	
		vergütet		1,61	
		30% gewalzt		1,69	
		gewalzt und vergütet		1,58	
Konelmetall	46 Ni 25 Co 19 Cr 7,5 Fe 2,5 Ti	von 950° abgeschreckt und 72 h bei 650° angelassen	Z.T.		0,816
Ni-Stahl	69,5 Fe 30,5 Ni	geglüht bei 900°	Z.T.	1,528	0,626
Ni-Stahl	70 Fe 30 Ni	gegossen, 2 h bei 900° geglüht	Z.T.	1,479	0,586
Ni-Stahl	90 Fe 10 Ni	gegossen, 2 h bei 900° geglüht	Z.T.	1,849	0,722
Ni-Stahl	90,8 Fe 9,2 Ni	geglüht bei 900°		1,912	0,736
Ni-Stahl	95 Fe 5 Ni	gegossen, 2 h geglüht bei 900°	Z.T.	1,979	0,774
	83 Ni 12 Fe 5 Cr		20		0,9
	72 Ni 15 Cr 13 Fe		20		1
	45 Ni 40 Fe 15 Cr		20		0,925
	55 Fe 40 Ni 5 Cr		20		0,71
	68 Fe 27 Ni 5 Cr		20		0,8
	73 Fe 15 Cr 12 Ni		20		1
V_2A-Stahl	71,9 Fe 18,9 Cr 8 Ni 0,12 C	geglüht, hartgezogen	Z.T.	1,95	
Cr-Ni-Stahl	95,8 Fe 3,5 Ni 0,4 Cr 0,3 C			2,08	
Be-Bronze	98 Cu 2 Be	von 800° abgeschreckt	Z.T.	1,20	
		von 800° abgeschreckt und 13 h bei 350° angelassen	Z.T.	1,28	
		von 800° abgeschreckt und 4 h bei 525° angelassen	Z.T.	1,225	

Be-Bronze	97 Cu 3 Be	von 800° abgeschreckt	Z.T.	1,193	
		von 800° abgeschreckt und 2 h bei 350° angelassen		1,356	
		von 800° abgeschreckt und 3 h bei 350° angelassen		1,402	
		kaltgezogen			0,413
Kupfer-Magnesium	99,97 Cu 0,03 Mg	87% gezogen	Z.T.	1,420	
	99,7 Cu 0,3 Mg	87% gezogen		1,380	
Kupfer-Nickel	90 Cu 10 Ni	Draht geglüht bei 700°	17...20	1,195	
	60,3 Cu 39,7 Ni	Draht geglüht bei 700°	17...20	1,457	
Konstantan	60 Cu 40 Ni	gezogen	18	1,659	0,623
	80 Ni 20 Cu	Draht geglüht bei 700°	17...20	1,885	
Monelmetall	69,98 Ni 26,86 Cu 2,86 Fe	kaltgezogen	Z.T.		0,558
Manganin	84 Cu 12 Mn 4 Ni	gezogen	18	1,264	0,474
Everdur	95,46 Cu 3,55 Si 0,99 Mn	federhart	Z.T.	0,872	
Platin-Rhodium	85 Pt 15 Rh	Draht	21		0,661
			219		0,642
			610		0,554
Gold-Palladium	80,45 Au 19,55 Pd	geglüht und abgeschreckt	Z.T.	1,20	0,42
	38,14 Au 61,86 Pd	geglüht und abgeschreckt	Z.T.	1,28	0,473
	15,46 Au 84,54 Pd	geglüht und abgeschreckt	Z.T.	1,37	0,489
Messingguß				0,802	
Messing	53 Cu 41 Zn			1,05	
Messing	60 Cu 40 Zn	Band, geglüht bei 620°	11	0,744	
			200	0,688	
			600	0,482	
Messing	60 Cu 40 Zn	geglühter Draht	20		0,390
			400		0,282
			800		0,081
Messing	65 Cu 35 Zn 0,03 Fe 0,02 Pb	geglüht bei 600°	Z.T.	1,02	
Messing	73 Cu 27 Zn	kaltgezogen	Z.T.		0,370
Messing	85 Cu 15 Zn	geglühter Draht	20		0,441
			400		0,361
			800		0,190
Neusilber				1,10	0,40
Neusilber	55,23 Cu 26,27 Zn 18,38 Ni 0,11 Mn 0,06 Fe'' 0,018 C 0,005 Pb	geglüht	Z.T.	1,41	
Sondermessing	77,17 Cu 19,89 Zn 2,37 Ni 0,57 Si	von 850° abgeschreckt und 1 h bei 500° angelassen	Z.T.	1,21	
Sondermessing	87,22 Cu 9,89 Zn 2,32 Ni 0,57 Si	von 800° abgeschreckt und 1 h bei 500° angelassen	Z.T.	1,39	
Phosphor-Bronze	91,84 Cu 8,08 Sn 0,03 P	geglüht	Z.T.	1,06	
Bronze	93 Cu 7 Sn		20		0,371
			400		0,271
			750		0,096
α-Bronze	93,85 Cu 6,05 Sn	geglüht	Z.T.	1,197	
Rotguß	86 Cu 7 Zn 6,4 Sn 0,6 Ni	gegossen	18	0,824	0,350
Bronze	91,4 Cu 5,5 Sn 2,8 Zn			1,18	
Bronze	97,5 Cu 2,5 Sn	geglüht	Z.T.	1,125	
		87% gezogen	Z.T.	1,380	

32143 Die elastischen Eigenschaften Jenaer Gläser.
Aus Schallfortpflanzungsmessungen nach D. Kunert[1].

Typ	Dichte in $g\,cm^{-3}$	Dehnungsmodul $E \cdot 10^{-6}$ in $kg\,cm^{-2}$	Drillungsmodul $G \cdot 10^{-6}$ in $kg\,cm^{-2}$	Poissonsche Zahl μ
Fluor-Kron, FK 4	2,23	0,5931	0,2443	0,2139
5	2,48	0,7456	0,3073	0,2130
6	2,29	0,4090	0,1635	0,2510
Phosphat-Kron, PK 1	2,46	0,7505	0,3112	0,2060
Phosphat-Schwerkron, PSK 3	2,91	0,8704	0,3545	0,2278
Bor-Kron, BK 1	2,47	0,7576	0,3136	0,2080
6	2,68	0,8207	0,3356	0,2229
9	2,32	0,6323	0,2609	0,2120
10	2,40	0,7350	0,3048	0,2058
Barit-Leicht-Kron, BaLK 2	2,62	0,7016	0,2869	0,2230
Kron, K 4	2,64	0,7336	0,3014	0,2169
6	2,44	0,6820	0,2815	0,2110
9	2,47	0,6486	0,2645	0,2260
10	2,51	0,6737	0,2820	0,1945
Zink-Kron, ZK 1	2,70	0,6957	0,2819	0,2340
Barit-Kron, BaK 2	2,85	0,7164	0,2911	0,2303
4	3,11	0,7770	0,3121	0,2450
7	2,90	0,8330	0,3316	0,2559
Schwer-Kron, SK 1	3,57	0,7913	0,3136	0,2620
10	3,65	0,8396	0,3298	0,2727
11	3,06	0,8123	0,3280	0,2381
15	3,67	0,8576	0,3372	0,2717
Kron-Flint, KF 3	2,57	0,6856	0,2808	0,2210
4	2,78	0,6691	0,2736	0,2227
6	2,67	0,6716	0,2795	0,2013
Barit-Leicht-Flint, BaLF 4	3,17	0,7756	0,3104	0,2490
5	2,95	0,6584	0,2673	0,2319
8	2,98	0,6703	0,2724	0,2305
Schwerst-Kron, SSK 1	3,64	0,7959	0,3149	0,2640
4	3,61	0,8177	0,3223	0,2684
5	3,77	0,8712	0,3419	0,2742
Doppel-Leicht-Flint, LLF 1	2,94	0,6199	0,2561	0,2101
8	2,51	0,6227	0,2517	0,2371
Barit-Flint, BaF 1	3,02	0,6188	0,2505	0,2350
6	3,35	0,7009	0,2818	0,2438
10	3,83	0,8840	0,3478	0,2710
Leicht-Flint, LF 5	3,22	0,6091	0,2489	0,2235
7	3,22	0,5941	0,2446	0,2144
Flint, F 2	3,59	0,5847	0,2394	0,2211
6	3,76	0,5658	0,2295	0,2327
7	3,61	0,5492	0,2220	0,2368
Barit-Schwer-Flint, BaSF 2	3,97	0,6221	0,2495	0,2470
3	3,50	0,6170	0,2508	0,2302
7	3,85	0,9151	0,3591	0,2740

[1] Glastechn. Ber. **16**, 383/386 (1938).

32143 (Fortsetzung).

Typ	Dichte in $g cm^{-3}$	Dehnungsmodul $E \cdot 10^{-6}$ in $kg cm^{-2}$	Drillungsmodul $G \cdot 10^{-6}$ in $kg cm^{-2}$	Poissonsche Zahl μ
Schwert-Flint, SF 2	3,88	0,5641	0,2343	0,2040
6	4,97	0,5643	0,2275	0,2400
8	4,21	0,5838	0,2377	0,2281
12	3,72	0,6178	0,2529	0,2212
Kurz-Flint, KzF 2	2,54	0,5211	0,2129	0,2240
4	3,02	0,7231	0,2939	0,2302
Kurz-Flint-Spezial, KzFS 1	3,24	0,5725	0,2243	0,2760
2	2,70	0,5698	0,2219	0,2839

321431 Gemessene Werte nach Hoesch[1].

Typ	Dichte in $g \cdot cm^{-3}$	Temperatur °C	$E\ 10^{-6}$ $kg \cdot cm^{-2}$ ±0,6%	$G \cdot 10^{-6}$ $kg \cdot cm^{-2}$ ±0,6%	μ ±1,4%
Bor-Kron, BK 1	2,472	24,5	0,7700	0,3180	0,207
3	2,386	26,2	0,7613	0,3172	0,200
7	2,529	25,8	0,8170	0,3374	0,211
Zink-Kron, ZK 1	2,702	24,7	0,6980	0,2823	0,236
6	2,586	26,1	0,6810	0,2783	0,223
Barit-Kron, BaK 1	3,219	25,0	0,7460	0,2996	0,246
4	3,111	25,5	0,7820	0,3140	0,245
Schwer-Kron, SK 1	3,560	24,4	0,8190	0,3241	0,263
5	3,320	26,2	0,8460	0,3375	0,253
Leicht-Flint, LF 1	3,188	25,5	0,6240	0,2548	0,224
Flint, F 3	3,544	24,8	0,5893	0,2415	0,220
Barit-Schwer-Flint, BaSF 2	3,975	24,6	0,5630	0,2191	0,283
Schwer-Flint, SF 2	3,873	26,2	0,5548	0,2257	0,229
6	5,280	26,4	0,5600	0,2252	0,243
Kurz-Flint, KzF 2	2,540	24,8	0,5340	0,2181	0,224
Phosphat-Kron-Spezial, PKS 1	2,585	25,6	0,6880	0,2783	0,236

[1] Z. f. Phys. 109 622 (1938).

322 Dichte, Ausdehnung, Kompressibilität von Flüssigkeiten.

3221 Reine Flüssigkeiten.

32211 Quecksilber.

322111 Dichte des Quecksilbers ϱ in $g \cdot cm^{-3}$ in Abhängigkeit von der Temperatur bei Drucken von 1 Atm und 20 Atm.

Druck 1 Atm.

Temp. in °C — Zehner \ Einer	ϱ in $g \cdot cm^{-3}$: 0	1	2	3	4	5	6	7	8	9
0°	13,5951	5926	5901	5876	5852	5827	5802	5778	5753	5728
10	5704	5679	5654	5630	5605	5580	5556	5531	5507	5482
20	5457	5433	5408	5384	5359	5335	5310	5286	5261	5237
30	5212	5177	5163	5138	5114	5090	5065	5041	5016	4992
40	4967	4943	4918	4894	4869	4845	4821	4796	4772	4747
50	4723	4699	4674	4650	4626	4601	4577	4553	4528	4504
60	4480	4455	4431	4407	4382	4358	4334	4310	4285	4261
70	4237	4213	4188	4164	4140	4116	4091	4067	4043	4019
80	3995	3971	3946	3922	3898	3874	3850	3826	3802	3777
90	3753	3729	3705	3681	3657	3633	3609	3585	3561	3537
100	3514	3488	—	—	—	—	—	—	—	—

Hunderter \ Zehner	00	10	20	30	40	50	60	70	80	90
100°	13,352	328	304	280	256	232	208	184	160	137
200	13,113	089	065	042	018	*994	*970	*947	*923	*899
300	12,876	—	—	—	—	—	—	—	—	—

Druck 20 Atm.

Hunderter \ Zehner	00	10	20	30	40	50	60	70	80	90
200°	13,114	090	066	043	019	*995	*971	*948	*924	*900
300	12,877	853	829	805	781	758	734	710	686	662
400	638	614	590	565	541	517	493	468	444	419
500	395	—	—	—	—	—	—	—	—	—

322112 Mittlerer Kompressibilitätskoeffizient (k) des Quecksilbers bei verschiedener Temperatur.

Druckbereich in Atm \ Temperatur	$k \cdot 10^6$ in Atm^{-1}: 22,8° C	52,8° C	84,8° C	110° C	150,3° C	191,8° C
1...500	3,8	3,9	4,0	4,1	4,4	4,6
500...1000	3,8	3,9	4,0	4,0	4,4	4,6
1000...1500	3,7	3,9	4,0	4,0	4,4	4,5
1500...2000	3,6	3,8	3,9	3,9	4,3	4,4
2000...2500	3,5	3,8	3,8	3,8	4,3	4,4
2500...3000	3,4	3,8	3,7	3,7	4,3	4,3

32212 Wasser.

322121 Dichte ϱ in $g \cdot cm^{-3}$ von luftfreiem Wasser in Abhängigkeit von der Temperatur.

Es sind nur in der 1. Spalte alle Dezimalen angegeben, in den nächsten sind nur die Tausendstel bis Millionstel angegeben, es ist hier also 0,99 davor zu setzen.

Temp. in °C Zehntel / Einer	ϱ in $g \cdot cm^{-3}$ 0	0,1	0,2	0,3	0,4	0,5	0,6	0,7	0,8	0,9
0	**0,99**9841	9847	9854	9860	9866	9872	9878	9884	9889	9895
1	9900	9905	9909	9914	9918	9922	9926	9930	9934	9938
2	9941	9944	9947	9950	9953	9955	9958	9960	9962	9964
3	9965	9967	9968	9969	9970	9971	9972	9972	9973	9973
4	9973	9973	9973	9972	9972	9971	9970	9969	9968	9966
5	9965	9963	9961	9959	9957	9955	9952	9950	9947	9944
6	9941	9938	9935	9931	9927	9924	9920	9916	9911	9907
7	9902	9898	9893	9888	9883	9877	9872	9866	9861	9855
8	9849	9843	9837	9830	9824	9817	9810	9803	9796	9789
9	9781	9774	9766	9758	9751	9742	9734	9726	9717	9709
10	9700	9691	9682	9673	9664	9654	9645	9635	9625	9615
11	9605	9595	9585	9574	9564	9553	9542	9531	9520	9509
12	9498	9486	9475	9463	9451	9439	9427	9415	9402	9390
13	9377	9364	9352	9339	9326	9312	9299	9285	9272	9258
14	9244	9230	9216	9202	9188	9173	9159	9144	9129	9114
15	9099	9084	9069	9054	9038	9023	9007	8991	8975	8959
16	8943	8926	8910	8893	8877	8860	8843	8826	8809	8792
17	8774	8757	8739	8722	8704	8686	8668	8650	8632	8613
18	8595	8576	8558	8539	8520	8501	8482	8463	8444	8424
19	8405	8385	8365	8345	8325	8305	8285	8265	8244	8224
20	8203	8183	8162	8141	8120	8099	8078	8056	8035	8013

Einer / Zehner	0	1	2	3	4	5	6	7	8	9
20	0,998203	7992	7770	7538	7296	7044	6783	6512	6232	5944
30	5646	5340	5025	4702	4371	4031	—	—	—	—

322122 Kompressibilitätskoeffizient (k) des Wassers in Abhängigkeit von Druck und Temperatur.

$$k \cdot 10^6 \text{ in } \frac{1}{\text{Atm}}.$$

Atm $p_1 \dots p_2$	Temperatur in °C 0°	5°	10°	15°	20°	30°	40°	50°	60°	70°	80°	90°	100°
1...25	52,5	—	50,0	—	49,1	—	—	—	—	—	—	—	—
25...50	51,6	—	49,2	—	47,6	—	—	—	—	—	—	—	—
1...100	51,1	49,3	48,3	47,3	46,8	46,0	44,9	44,9	45,5	46,2	—	47,8	—
100...200	49,2	47,5	46,1	45,1	44,2	43,6	42,9	42,5	42,7	43,9	—	46,8	80,7
200...300	48,0	46,2	45,3	44,3	43,4	42,2	41,4	41,3	41,5	42,5	43,6	45,9	76,9
300...400	46,6	44,9	44,1	43,3	42,4	41,3	40,7	40,2	40,6	41,1	42,2	44,6	73,1
400...500	45,5	44,4	43,0	42,2	41,5	40,6	40,4	39,9	39,4	39,8	40,8	43,4	68,2
500...600	43,8	43,0	41,8	41,1	40,4	39,2	39,0	39,0	38,8	39,1	39,9	41,6	66,0
600...700	42,9	40,9	40,5	39,8	39,4	38,7	38,2	37,7	38,3	38,0	38,7	40,7	62,7
700...800	41,8	40,7	39,8	39,0	38,8	37,5	37,4	37,1	36,9	37,4	37,8	38,9	61,3
800...900	40,6	39,3	38,9	38,0	37,3	36,8	36,2	36,2	36,3	36,6	36,8	38,2	58,9
900...1000	—	—	—	36,8	36,5	36,0	35,3	35,3	36,0	36,1	36,2	37,1	56,5

322123 Dichte ϱ_ϑ, Volumen je Gramm V_ϑ und Molvolumen $M.V_\vartheta$ von leichtem und schwerem Wasser zwischen 0 und 34° C.

ϑ °C	ϱ_ϑ in $g \cdot cm^{-3}$		V_ϑ in $cm^3\,g^{-1}$		$M.V_\vartheta$ in $cm^3 \cdot mol^{-1}$	
	H_2O	D_2O*	H_2O	D_2O	H_2O	D_2O
0	0,999841	1,1046	1,00016	0,9053	18,019	18,130
2	0,999941	1,1050	1,00006	0,9050	18,017	18,124
4	0,999973	1,1053	1,00003	0,9047	18,017	18,118
6	0,999941	1,1055	1,00006	0,9046	18,017	18,116
8	0,999849	1,1056	1,00015	0,9045	18,019	18,114
10	0,999700	1,1057	1,00030	0,9044	18,022	18,112
12	0,999498	1,1057	1,00050	0,9044	18,025	18,112
14	0,999244	1,1056	1,00076	0,9045	18,030	18,114
16	0,998943	1,1055	1,00106	0,9046	18,035	18,116
18	0,998595	1,1053	1,00141	0,9047	18,042	18,118
20	0,998203	1,1050	1,00180	0,9050	18,049	18,124
22	0,997770	1,1046	1,00223	0,9053	18,056	18,130
24	0,997296	1,1042	1,00271	0,9056	18,065	18,136
26	0,996783	1,1038	1,00322	0,9060	18,074	18,144
28	0,996232	1,1032	1,00378	0,9065	18,085	18,154
30	0,995646	1,1028	1,00437	0,9068	18,094	18,160
32	0,995025	1,1019	1,00500	0,9075	18,106	18,174
34	0,994371	1,1011	1,00566	0,9082	18,118	18,188
	Dichtemaximum bei 4,0°	bei 11,6°				

32213 Druckabhängigkeit der relativen Volumen von Äthylalkohol und Diäthyläther bei verschiedenen Temperaturen.

Bezugsgröße Volumen bei 20° C und 1 at.

Temp. / Druck in at.	20° C		100° C		200° C		300° C		350° C	400° C
	Alkohol	Äther	Alkohol	Äther	Alkohol	Äther	Alkohol	Äther	Äther	Alkohol
1	1,0000	1,0000	—	—	—	—	—	—	—	—
100	0,9913	0,9877	1,1053	1,3333	—	—	—	—	—	—
200	9839	9767	0852	1030	1,2534	—	—	—	—	—
300	9769	9670	0677	0854	2305	1,2594	—	—	—	—
400	9699	9587	0541	0692	2115	2177	—	—	—	—
500	9629	9517	0433	0530	1927	1787	—	—	—	—
600	9567	9446	0324	0383	1751	1476	1,3947	1,3406	—	—
700	9513	9375	0215	0246	1575	1232	3520	3003	1,4506	—
800	9460	9306	0106	0123	1398	1015	3190	2732	4075	1,7040
900	9406	9249	0010	0026	1249	0824	2947	2487	3751	6573
1000	9353	9192	0,9928	0,9930	1139	0720	2758	2269	3466	6251
1200	9246	9105	9806	9749	0918	0458	2419	1900	3004	5672
1400	9147	9004	9684	9596	0755	0249	2105	1584	2647	5147
1600	9065	8917	9594	9469	0621	0094	1831	1308	2357	4779
1800	8999	8830	9504	9368	0520	0,9951	1643	1098	2081	4438
2000	8943	8723	9422	9281	0428	9836	1508	0901	1817	4150
2200	8886	8663	9349	9194	0337	9735	1381	0731	1620	3875
2400	8845	8603	9283	9134	0261	9646	1254	0591	1463	3675
2500	8825	8586	9255	9103	0232	9615	1199	0550	1404	3596

Der absolute Wert des spezifischen Volumens für Alkohol bei 20° und 1 at = 1,262.
Der absolute Wert des spezifischen Volumens für Äther bei 20° und 1 at = 1,40.

---

* Neuere Werte von K. Wirtz: Naturwiss. **30**, 331 (1942), für ϑ = 21...49° C liegen höher, z. B. 22° C 1,1050; 28° C 1,1037; 34° C 1,1020.

32214 Weitere reine Flüssigkeiten.

322141 Dichte (ϱ), kubischer Ausdehnungs (α)- und Kompressibilitätskoeffizient (k) von reinen Flüssigkeiten bei 18° C.

Dichteangaben für Flüssigkeiten mit $\varrho > 2{,}2$ siehe Tabelle 32222.
Dichteangaben für verflüssigte Gase siehe Tabelle 3236.

Stoff	ϱ in $g \cdot cm^{-3}$	$\alpha \cdot 10^5$ in $grad^{-1}$	$k \cdot 10^6$ in Atm^{-1}	Stoff	ϱ in $g \cdot cm^{-3}$	$\alpha \cdot 10^5$ in $grad^{-1}$	$k \cdot 10^6$ in Atm^{-1}
			Anorganische Flüssigkeiten.				
Arsentrichlorid	2,17	102	—	Schwefelsäure	1,834	57	—
Brom	3,120	113	64	Siliciumtetrabromid	2,812	—	86,6
Phosphortrichlorid	1,578	—	—	Siliciumtetrachlorid	1,483	140,44	165,2
Quecksilber	13,5457	18,1	3,91	Titantetrachlorid	1,76	—	89,6
Salpetersäure	1,512	124	—	Wasser	0,9982	18	45,9
Schwefelkohlenstoff	1,263	118	92,7[1]	Zinntetrachlorid	2,232	—	108,9
			Organische Flüssigkeiten.				
Acetanhydrid	1,082	113	—	Diäthyläther	0,71925	162	183[1]
Aceton	0,791	143	125,6[1]	Diäthylcarbinol	0,8154	102	—
Actonitril	0,783	138	—	Diäthylketon	0,8159	121	—
Acetophenon	1,0238	84,6	—	Diäthylsulfid	0,8364	119	—
Adipinsäure-diäthylester	1,009	94,9	—	Dimethylanilin	0,9555	85,4	—
Athylalkohol	0,7892	110	114[1]	Dimethylsulfid	0,8458	146	—
Äthylbenzol	0,8669	96	83	Dioxan	1,0329	109,4	—
Äthylbromid	1,4586	142	122	Essigsäure	1,0492	107	—
Äthylenbromid	2,1804	87,5	59	Essigsäure-äthylester	0,9010	138	104
Äthylenchlorid	1,2576	117	—	Essigsäure-isoamylester	0,8708	114	—
Äthylenglykol	1,1131	62	—	Fluorbenzol	1,0236	116	—
Äthyljodid	1,9330	117	—	Formamid	1,1284	75	—
Äthylmercaptan	0,8454	145,56	—	Glutarsäure-äthylester	1,0270	98,6	—
Allylalkohol	0,8703	103	—	Glutarsäure-amylester	—	86,4	—
Allylchlorid	0,938	141	—	Glycerin	1,2604	50	21,7
Ameisensäure	1,22	102	—	Heptan	0,6898	124,4	120
Ameisensäure-äthylester	0,9229	141	—	Heptylbromid	1,133	94,5	—
Ameisensäure-methylester	0,975	124	—	Heptyljodid	1,366	88,6	—
Amylalkohol	0,81	88	90	Heptylsäure (Önanth-			
i-Amylalkohol	0,8130	93	—	säure)	0,9216	90,2	—
Anilin	1,022	84	36,1	Hexan	0,6603	135	150
Änisol	1,0124[2]	93	—	Jodbenzol	1,8228	83	—
Benzoesäure-äthylester	1,047	88	—	Malonsäure-diäthylester	1,0550	101	—
Benzoesäure-amylester	1,01	85	61	Malonsäure-diamylester	—	90,7	—
Benzoesäure-methylester	1,10	88	—	Methyläthylketon	0,8255[2]	128	—
Benzol	0,8786	116	95,4[1]	Methylalkohol	0,7923	119	120[1]
Benzonitril	1,0051	89	—	Methylanilin	0,9868	81,5	—
Benzylalkohol	1,0427	75	—	Methylcyclohexan	0,7718	118	—
Benzylchlorid	1,1027[1]	97,2	—	Methylenbromid	2,4953	104	—
Brombenzol	1,4952	92	95,4	Methylenchlorid	1,336	137	—
Bromoform	2,8899	91	41,2	Methylenjodid	3,3254	81	—
Buttersäure	0,9599	104	—	Methyljodid	2,279	124	—
i-Buttersäure	0,9682[2]	108	—	Nitrobenzol	1,203	83	47
Buttersäure-äthylester	0,879	119	101	Nitromethan	1,1322	119	—
Butylalkohol	0,8098	—	92	o-Nitrotoluol	1,1674	84	—
i-Butylalkohol	0,805	94	100	m-Nitrotoluol	1,160	81	—
tert. Butylalkohol	0,7887	135	—	Nonylsäure (Pelargon-			
Butylchlorid	0,8972	145	—	säure)	0,9068	84,8	—
Butyljodid	1,614	104	—	n-Octan	0,702	114	101,6
Caprinsäure-äthylester	0,870	94,0	—	Octylalkohol	0,827	81,6	—
Caprinsäure-nitril	0,8295	88,4	—	Octylbromid	1,116	91,1	—
Cetyljodid	1,123	80,9	—	Octyljodid	1,341	87,6	—
Chloral	1,512	93	—	Oxalsäure-diäthylester	1,0785	108	—
Chlorbenzol	1,1064	98	74,9[1]	Oxalsäure-diamylester	—	93,4	—
Chloroform	1,489	128	100[1]	Pentan	0,626	160	242
o-Chlortoluol	1,0817	89	—	i-Pentan	0,6206	154	—
Cyanwasserstoff	0,6969	193	—	Propionitril	0,8021[2]	127	—
Cyclohexan	0,7791	120	118	Propionsäure	0,992	109	—
Cyclohexanon	0,9466	91,4	—	Propionsäure-äthylester	0,8907	127	—

[1] Siehe auch 322142. [2] 0° C.

322141 (Fortsetzung).

Stoff	ϱ in $g \cdot cm^{-3}$	$\alpha \cdot 10^5$ in $grad^{-1}$	$k \cdot 10^{-6}$ in Atm^{-1}	Stoff	ϱ in $g \cdot cm^{-3}$	$\alpha \cdot 10^5$ in $grad^{-1}$	$k \cdot 10^{-6}$ in Atm^{-1}
Propylalkohol	0,8044	98	100	o-Toluidin	0,9986	84	—
i-Propylalkohol	0,786	106	100	m-Toluidin	0,9891	82	—
Propylbenzol	0,8617	97	—	Toluol	0,866	110,9	87[1]
Propylbromid	1,3539	124,5	—	Triäthylamin	0,7277	126	—
i-Propylbromid	1,3222	128	—	Trichloräthylen	1,464	119	—
Propylchlorid	0,8918	139	—	Valeriansäure	0,9397	94	—
i-Propylchlorid	0,8588	147	—	i-Valeriansäure	0,9332	100	—
Propyljodid	1,7472	109,5	—	Valeronitril	0,9566	108	—
i-Propyljodid	1,7109	113	—	i-Valeronitril	0,7884	167	—
Pyridin	0,983	112,2	—	o-Xylol	0,8892	97	—
Terpentinöl	0,855	97	79	m-Xylol	0,8642	99	—
Tetrachlorkohlenstoff	1,5985	122	110,5[1]	p-Xylol	0,8611	102	—

322142 Kubischer Kompressibilitätskoeffizient (k) von reinen Flüssigkeiten in Abhängigkeit von der Temperatur.

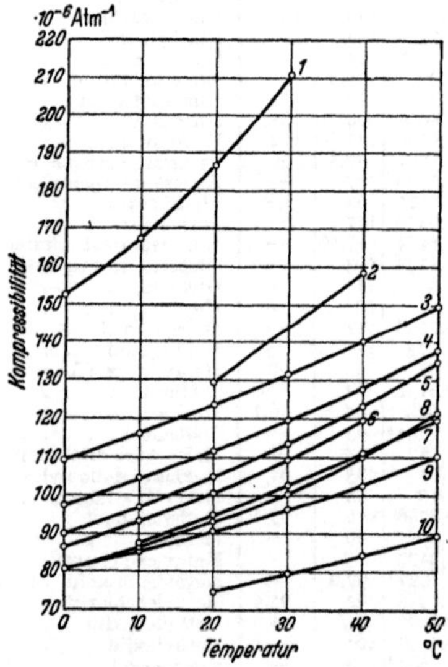

1 Diäthyläther, *2* Aceton, *3* Methylalkohol, *4* Äthylalkohol, *5* Tetrachlorkohlenstoff, *6* Chloroform, *7* Benzol, *8* Schwefelkohlenstoff, *9* Toluol, *10* Chlorbenzol.

3222 Dichte, Ausdehnungen, Kompressibilität von Lösungen.

32221 Litergewichte und Temperaturumrechnungszahlen.

In den Tabellen ist das Litergewicht in g in Abhängigkeit vom Gehalt (Gewichtsprozent) angegeben. Mit Gehalt ist die in 100 g Lösung bei der genannten Temperatur ϑ in g gewogene Menge der wasserfreien Substanz, die formelmäßig in der Überschrift

[1] Siehe auch 322142.

angegeben ist, bezeichnet. In der Spalte A ist eine Temperaturumrechnungszahl angegeben, deren Bedeutung folgende ist: Wird bei ϑ_x^0 ein Litergewicht bestimmt, so ist zu diesem A $(\vartheta_x - \vartheta)$ hinzuzuzählen, um das Litergewicht bei der Normaltemperatur ϑ^0 zu erhalten. Außerdem sind in vielen Fällen (durch ein * in der Übersicht gekennzeichnet) noch Angaben über die im Liter Lösung enthaltene Menge der wasserfreien Substanz in g und in Mol gemacht.

322211 Ausführliche Dichtetabellen für Laugen, Säuren und Alkohole.

In diesen sind außer dem Litergewicht noch Umrechnungen für verschiedene Arten der Konzentrationsangabe gegeben. Seite

322212 Weitere Dichtetabellen.

Wässerige Lösungen[1].

1) Anorganische Stoffe.

α) *Elemente und Nichtelektrolyte:*

β) *Anorganische Basen:*

[1] Die Dichten gesättigter wässeriger Lösungen sind in den Löslichkeitstabellen 3326 angegeben.

322211 Ausführliche Dichtetabellen für Laugen, Säuren und Alkohole.

1 Litergewicht von NaOH.

Litergewicht bei 15° in g	Temperaturumrechnung A für 1°* zwischen 10 und 20°	° Bé	% Na_2O	% NaOH	g/l		10 cm³ verbr. cm³ 1 n Säure	Litergewicht bei 15° in g	Temperaturumrechnung A für 1°* zwischen 10 und 20°	° Bé	% Na_2O	% NaOH	g/l		10 cm³ verbr. cm³ 1 n Säure
					Na_2O	NaOH							Na_2O	NaOH	
1000	0,15	0,00	0,06	0,08	0,61	0,78	0,2	1260	0,56	29,92	18,18	23,46	229,04	295,53	73,9
1010	0,20	1,44	0,68	0,95	7,42	9,57	2,4	1270	0,56	30,83	18,88	24,36	239,80	309,42	77,4
1020	0,22	2,84	1,42	1,83	14,48	18,69	4,7	1280	0,56	31,72	19,59	25,28	250,73	323,52	80,9
1030	0,26	4,22	2,12	2,72	21,68	27,97	7,0	1290	0,57	32,60	20,30	26,19	261,86	337,89	84,5
1040	0,29	5,58	2,79	3,61	29,07	37,51	9,4	1300	0,60	33,46	21,01	27,11	273,14	352,44	88,1
1050	0,32	6,91	3,49	4,51	36,66	47,30	11,8	1310	0,60	34,31	21,73	28,03	284,66	367,19	91,8
1060	0,34	8,21	4,18	5,41	44,40	57,29	14,3	1320	0,60	35,15	22,45	28,96	296,30	382,32	95,6
1070	0,36	9,49	4,88	6,31	52,29	67,47	16,9	1330	0,60	35,98	23,17	29,90	308,16	397,63	99,4
1080	0,38	10,74	5,58	7,21	60,31	77,81	19,5	1340	0,60	36,79	23,90	30,84	320,26	413,24	103,3
1090	0,40	11,97	6,27	8,10	68,42	88,28	22,1	1350	0,60	37,59	24,64	31,79	332,61	429,18	107,3
1100	0,42	13,18	6,96	9,00	76,73	99,00	24,8	1360	0,62	38,38	25,38	32,74	345,11	445,30	111,3
1110	0,43	14,37	7,67	9,90	85,18	109,91	27,5	1370	0,63	39,16	26,11	33,70	357,76	461,62	115,4
1120	0,45	15,54	8,37	10,80	93,76	120,98	30,2	1380	0,63	39,93	26,86	34,66	370,69	478,31	119,6
1130	0,46	16,68	9,07	11,70	102,49	132,24	33,1	1390	0,65	40,68	27,62	35,64	383,90	495,35	123,8
1140	0,47	17,81	9,77	12,60	111,35	143,67	35,9	1400	0,66	41,43	28,38	36,62	397,29	512,64	128,2
1150	0,48	18,91	10,47	13,50	120,35	155,29	38,8	1410	0,66	42,16	29,14	37,60	410,92	530,22	132,6
1160	0,49	20,00	11,16	14,40	129,49	167,09	41,8	1420	0,66	42,89	29,92	38,60	424,79	548,12	137,0
1170	0,49	21,07	11,85	15,32	138,88	179,20	44,8	1430	0,66	43,60	30,69	39,61	438,93	566,37	141,6
1180	0,50	22,12	12,55	16,22	148,09	191,35	47,8	1440	0,69	44,31	31,48	40,62	453,35	584,97	146,2
1190	0,51	23,15	13,25	17,12	157,86	203,69	50,9	1450	0,70	45,00	32,28	41,65	468,03	603,91	151,0
1200	0,52	24,17	13,96	18,02	167,52	216,24	54,1	1460	0,70	45,68	33,08	42,69	483,01	623,24	155,8
1210	0,53	25,16	14,67	18,93	177,50	229,03	57,3	1470	0,70	46,36	33,89	43,73	498,18	642,82	160,7
1220	0,53	26,15	15,37	19,83	187,47	241,90	60,5	1480	0,70	47,03	34,70	44,77	513,53	662,63	165,7
1230	0,54	27,11	16,07	20,73	197,61	254,98	63,7	1490	0,70	47,68	35,51	45,81	529,03	682,61	170,7
1240	0,55	28,06	16,77	21,64	207,92	268,29	67,1	1500	0,73	48,33	36,32	46,86	544,79	702,96	175,7
1250	0,55	29,00	17,47	22,55	218,40	281,81	70,5	1510	0,73	49,97	37,13	47,92	560,74	723,53	180,9
								1520	—	49,60	37,95	48,97	570,85	744,33	186,1

* Wird das Litergewicht bei ϑ° bestimmt, so muß zu diesem A (ϑ—15°) zugezählt werden, um das Litergewicht bei 15° zu erhalten.

322211 (Fortsetzung).

2 Litergewicht von KOH.

Litergewicht bei 15° in g	° Bé	% K_2O	% KOH	g/l		10 cm³ verbr. cm³ 1 n Säure	Litergewicht bei 15° in g	° Bé	% K_2O	% KOH	g/l		10 cm³ verbr. cm³ 1 n Säure
				K_2O	KOH						K_2O	KOH	
1000	0,00	0,08	0,10	0,82	0,98	0,17	1260	29,92	22,75	27,10	286,05	341,46	60,70
1010	1,44	0,995	1,18	10,05	11,97	2,13	1270	30,83	23,56	28,07	299.21	356,49	63,49
1020	2,84	1,91	2,27	19,47	23,17	4,13	1280	31,72	24,36	29,00	311,81	371,20	66,17
1030	4,22	2,82	3,36	29,06	34,60	6,17	1290	32.60	25,16	29,95	324,57	386,39	68,88
1040	5,58	3,73	4,44	38,81	46,20	8,24	1300	33,46	25,95	30,90	337,38	401,65	71,60
1050	6,91	4,64	5,52	48,70	57,98	10,34	1310	34,31	26,74	31,84	350,36	417,09	74,35
1060	8,21	5,55	6,60	58,79	69,99	12,48	1320	35,15	27,53	32,78	363,42	432,64	77,12
1070	9,49	6,45	7,68	69,00	82,14	14,64	1330	35,98	28,32	33,71	376,61	448,34	79,92
1080	10,74	7,35	8,75	79,33	94,45	16,84	1340	36,79	29,09	34,63	389,83	464,08	82,72
1090	11,97	8,23	9,79	89,66	106,73	19,02	1350	37,59	29,86	35,55	403,15	479,94	85,55
1100	13,18	9,13	10,86	100,38	119,50	21,30	1360	38,38	30,63	36,46	416,56	495,91	88,40
1110	14,37	10,01	11,92	111,10	132,27	23,58	1370	39,16	31,39	37,37	430,09	512,01	91,27
1120	15.54	10,89	12,97	122,01	145,25	25,89	1380	39,93	32,16	38,28	443,76	528,29	94,17
1130	16,68	11,78	14,03	133,11	158,54	28,46	1390	40,68	32,92	39,19	457,55	544,71	97,10
1140	17,81	12,65	15,07	144,21	171,80	30,60	1400	41,43	33,68	40,08	471,32	561,12	100,03
1150	18,91	13,51	16,09	155,36	185,03	32,97	1410	42,16	34,42	40,97	485,30	577,73	102,98
1160	20,00	14,37	17,10	166,64	198,38	35,36	1420	42,89	35,17	41,87	499,38	594,50	105,97
1170	21,07	15,22	18,12	178,11	212,03	37,80	1430	43,60	35,91	42,75	513,46	611,27	108,96
1180	22,12	16,08	19,14	189,75	225,89	40,27	1440	44,31	36,64	43,62	527,66	628,17	111,97
1190	23,15	16,93	20,16	201,52	239,90	42,76	1450	45,00	37,38	44,50	541,96	645,19	115,01
1200	24,17	17,78	21,16	213,31	253,94	45,27	1460	45,68	38,11	45,37	556,36	662,33	118,06
1210	25,16	18,62	22,17	225,32	268,24	47,81	1470	46,36	38,83	46,23	570,86	679,59	121,14
1220	26,15	19,45	23,16	237,33	282,53	50,63	1480	47,03	39,55	47,09	585,37	696,86	124,22
1230	27,11	20,28	24,15	249,49	297,01	52,94	1490	47,68	40,27	47,94	600,02	714,31	127,33
1240	28,06	21,11	25,13	261,73	311,58	55,54	1500	48,33	40,98	48,79	614,73	731,82	130,45
1250	29,00	21,93	26,11	274,12	326,34	58,17	1510	48,97	41,69	49,64	629,58	749,50	133,60

322211 (Fortsetzung).

3 Litergewicht wässeriger Ammoniaklösung (Lunge und Wiernik).

Litergewicht bei 15° in g	Temperaturumrechnung (A) für 1° *	% NH_3 bei 15°	g NH_3 im l bei 15°	Litergewicht bei 15° in g	Temperaturumrechnung (A) für 1° *	% NH_3 bei 15°	g NH_3 im l bei 15°
1000	0,18	0,00	0,0	940	0,39	15,63	146,8
998	0,18	0,45	4,5	938	0,40	16,22	152,0
996	0,19	0,91	9,1	936	0,41	16,82	157,3
994	0,19	1,37	13,6	934	0,41	17,42	162,6
992	0,20	1,84	18,2	932	0,42	18,03	167,9
990	0,20	2,31	22,8	930	0,42	18,64	173,2
986	0,21	3,30	32,5	926	0,44	19,87	183,8
982	0,22	4,30	42,2	922	0,46	21,12	194,6
980	0,23	4,80	47,0	920	0,47	21,75	199,9
974	0,24	6,30	61,3	914	0,50	23,68	216,2
970	0,25	7,31	70,8	910	0,52	24,99	227,2
968	0,26	7,82	75,6	908	0,53	25,65	232,7
966	0,26	8,33	80,4	906	0,54	26,31	238,2
964	0,27	8,84	85,1	904	0,55	26,98	243,7
962	0,28	9,37	90,1	902	0,56	27,65	249,2
960	0,29	9,91	95,1	900	0,57	28,33	254,7
958	0,30	10,47	100,2	898	0,58	29,01	260,3
954	0,32	11,60	110,6	894	0,60	30,37	271,3
952	0,33	12,17	115,8	892	0,60	31,05	276,7
950	0,34	12,74	120,9	890	0,61	31,75	282,3
948	0,35	13,31	126,1	888	0,62	32,50	288,3
946	0,36	13,88	131,2	886	0,63	33,25	294,3
944	0,37	14,46	136,4	884	0,64	34,10	301,2
942	0,38	15,04	141,4	882	0,65	34,95	308,0

* Wird das Litergewicht bei ϑ^0 bestimmt, so muß zu diesem A $(\vartheta - 15^0)$ zugezählt werden, um das Litergewicht bei 15° zu erhalten.

4 Litergewicht der Kalkmilch.

Litergewicht bei 20° in g	% CaO	% $Ca(OH)_2$	g CaO/l
1008,5	0,99	1,31	10
1017,0	1,96	2,59	20
1024,5	2,93	3,87	30
1031,5	3,88	5,13	40
1039,0	4,81	6,36	50
1046,0	5,74	7,58	60
1053,5	6,65	8,79	70
1060,5	7,54	9,96	80
1067,5	8,43	11,14	90
1075,0	9,30	12,29	100
1082,5	10,16	13,43	110
1089,5	11,01	14,55	120
1096,5	11,86	15,67	130
1104,0	12,68	16,76	140
1111,0	13,50	17,84	150
1118,5	14,30	18,90	160
1125,5	15,10	19,95	170
1132,5	15,89	21,00	180
1140,0	16,67	22,03	190
1147,5	17,43	23,03	200
1154,5	18,19	24,04	210
1161,5	18,94	25,03	220
1168,5	19,68	26,01	230
1176,0	20,41	26,96	240
1183,5	21,12	27,91	250
1190,5	21,84	28,86	260
1197,5	22,55	29,80	270
1205,0	23,24	30,71	280
1212,5	23,92	31,61	290
1219,5	24,60	32,51	300

322211 (Fortsetzung).

Säuren.

5 Litergewicht von Salzsäure verschiedener Konzentration (Lunge, Marchlewski), 15°.

Litergewicht bei 15° in g	Temperaturumrechnung A für 1° *	° Bé	Gewichts-% HCl bei reiner Säure	g/l HCl	10 cm³ verbr. cm³ 1 n Lauge
1000	0,21	0,0	0,16	1,6	0,4
1005	0,22	0,7	1,15	12	3,2
1010	0,23	1,4	2,14	22	6,0
1015	0,25	2,1	3,12	32	8,8
1020	0,26	2,7	4,13	42	11,5
1025	0,27	3,4	5,15	53	14,5
1030	0,28	4,1	6,15	63	17,3
1035	0,29	4,7	7,15	74	20,3
1040	0,30	5,4	8,16	85	23,3
1045	0,32	6,0	9,16	96	26,3
1050	0,33	6,7	10,17	107	29,3
1055	0,34	7,4	11,18	118	32,3
1060	0,36	8,0	12,19	129	35,3
1065	0,37	8,7	13,19	140	38,3
1070	0,38	9,4	14,17	152	41,7
1075	0,39	10,0	15,16	163	44,7
1080	0,40	10,6	16,15	174	47,7
1085	0,42	11,2	17,13	186	50,9
1090	0,43	11,9	18,11	197	54,0
1095	0,44	12,4	19,06	209	57,3
1100	0,45	13,0	20,01	220	60,3
1105	0,46	13,6	20,97	232	63,6
1110	0,48	14,2	21,92	243	66,6
1115	0,49	14,9	22,86	255	69,9
1120	0,50	15,4	23,82	267	73,2
1125	0,51	16,0	24,78	279	76,5
1130	0,53	16,5	25,74	291	79,7
1135	0,54	17,1	26,70	302	82,8
1140	0,55	17,7	27,66	315	86,3
1142,5	0,56	18,0	28,14	321	88,0
1145	0,56	18,3	28,61	328	89,9
1150	0,57	18,8	29,57	340	93,2
1152	0,58	19,0	29,95	345	94,6
1155	0,59	19,3	30,55	353	96,7
1160	0,60	19,8	31,52	366	100,2
1163	0,61	20,0	32,10	374	102,2
1165	0,62	20,3	32,49	379	103,9
1170	0,64	20,9	33,46	391	107,2
1171	0,65	21,0	33,65	394	108,0
1175	0,66	21,4	34,42	404	110,8
1180	0,68	22,0	35,39	418	114,7
1185	0,70	22,5	36,31	430	117,9
1190	0,72	23,0	37,23	443	121,3
1195	0,74	23,5	38,16	456	125,0
1200	0,76	24,0	39,11	469	128,7

Litergewicht gesättigter HCl-Lösungen bei verschiedenen Temperaturen.

t°	Litergewicht	% HCl	t°	Litergewicht	% HCl	t°	Litergewicht	% HCl
0	1225,7	45,15	12	1214,8	43,28	23	1201,4	41,54
4	1226,5	44,36	14	1207,4	42,83			
8	1218,5	43,83	18	1206,4	42,34			

* Wird das Litergewicht bei $\vartheta°$ bestimmt, so muß zu diesem A $(\vartheta - 15°)$ zugezählt werden, um das Litergewicht bei 15° zu erhalten.

322211 (Fortsetzung).

6 Litergewicht von Schwefelsäure verschiedener Konzentration (Lunge, Isler, Naef), 15°.

Liter-gewicht bei 15° in g	Temperatur-umrechnung A für 1°* zwischen		° Bé	100 Gewichtsteile entsprechen bei chem. reiner Säure		g/l		10 cm³ verbr. cm³ 1 n Lauge	Liter-gewicht bei 15° in g	Temperatur-umrechnung A für 1°* zwischen		° Bé	100 Gewichtsteile entsprechen bei chem. reiner Säure		g/l		10 cm³ verbr. cm³ 1 n Lauge
	10…14°	16…20°		% SO_3	% H_2SO_4	SO_3	H_2SO_4			10…14°	16…20°		% SO_3	% H_2SO_4	SO_3	H_2SO_4	
1000	—	—	0	0,07	0,09	1	1	0,2	1300	0,76	0,74	33,3	31,99	39,19	416	510	104,0
1005	0,16	0,18	0,7	0,77	0,95	8	9	1,8	1305	0,76	0,74	33,7	32,46	39,77	424	519	105,9
1010	0,17	0,21	1,4	1,28	1,57	13	16	3,3	1310	0,76	0,74	34,2	32,94	40,35	432	529	108,0
1015	0,18	0,23	2,1	1,88	2,30	19	23	4,7	1315	0,76	0,74	34,6	33,41	40,93	439	538	109,8
1020	0,18	0,26	2,7	2,47	3,03	25	31	6,3	1320	0,76	0,75	35,0	33,88	41,50	447	548	111,8
1025	0,21	0,27	3,4	3,07	3,76	32	39	7,9	1325	0,76	0,76	35,4	34,35	42,08	455	557	113,6
1030	0,23	0,29	4,1	3,67	4,49	38	46	9,4	1330	0,76	0,76	35,8	34,81	42,66	463	567	115,6
1035	0,25	0,30	4,7	4,27	5,23	44	54	11,0	1335	0,76	0,76	36,2	35,27	43,20	471	577	117,5
1040	0,28	0,32	5,4	4,87	5,96	51	62	12,6	1340	0,76	0,76	36,6	35,71	43,74	479	586	119,4
1045	0,31	0,32	6,0	5,45	6,67	57	70	14,2	1345	0,77	0,76	37,0	36,14	44,28	486	596	121,4
1050	0,33	0,33	6,7	6,02	7,37	63	77	15,7	1350	0,78	0,76	37,4	36,58	44,82	494	605	123,4
1055	0,34	0,34	7,4	6,59	8,07	70	85	17,3	1355	0,78	0,76	37,8	37,02	45,35	502	614	125,2
1060	0,36	0,37	8,0	7,16	8,77	76	93	18,9	1360	0,78	0,76	38,2	37,45	45,88	509	624	127,2
1065	0,37	0,39	8,7	7,73	9,48	82	101	20,6	1365	0,78	0,76	38,6	37,89	46,41	517	633	129,1
1070	0,38	0,41	9,4	8,32	10,19	89	109	22,2	1370	0,78	0,76	39,0	38,32	46,94	525	643	131,1
1075	0,40	0,43	10,0	8,90	10,90	96	117	23,8	1375	0,79	0,77	39,4	38,75	47,47	533	653	133,1
1080	0,41	0,44	10,6	9,47	11,60	103	125	25,5	1380	0,80	0,78	39,8	39,18	48,00	541	662	135,0
1085	0,42	0,45	11,2	10,04	12,30	109	133	27,1	1385	0,80	0,79	40,1	39,62	48,53	549	672	137,0
1090	0,44	0,47	11,9	10,60	12,99	116	142	28,9	1390	0,80	0,80	40,5	40,05	49,06	557	682	139,0
1095	0,45	0,48	12,4	11,16	13,67	122	150	30,5	1395	0,80	0,79	40,8	40,48	49,59	565	692	141,1
1100	0,47	0,49	13,0	11,71	14,35	129	158	32,2	1400	0,80	0,78	41,2	40,91	50,11	573	702	143,1
1105	0,48	0,50	13,6	12,27	15,03	136	166	33,9	1405	0,80	0,78	41,6	41,33	50,63	581	711	145,0
1110	0,49	0,51	14,2	12,82	15,71	143	175	35,7	1410	0,80	0,78	42,0	41,76	51,15	589	721	147,0
1115	0,51	0,53	14,9	13,36	16,36	149	183	37,3	1415	0,80	0,79	42,3	42,17	51,66	597	730	149,0
1120	0,52	0,54	15,4	13,89	17,01	156	191	38,9	1420	0,80	0,80	42,7	42,57	52,15	604	740	151,0
1125	0,55	0,57	16,0	14,42	17,66	162	199	40,6	1425	0,81	0,80	43,1	42,96	52,63	612	750	152,9
1130	0,56	0,56	16,5	14,95	18,31	169	207	42,2	1430	0,82	0,80	43,4	43,36	53,11	620	759	154,9

1135	0,56	0,58	17,1	15,48	18,96	176	215	43,8	1435	0,82	0,81	43,8	43,75	53,59	628	769	156,9
1140	0,57	0,59	17,7	16,01	19,61	183	223	45,4	1440	0,82	0,82	44,1	44,14	54,07	636	779	158,8
1145	0,59	0,60	18,3	16,54	20,26	189	231	47,1	1445	0,82	0,82	44,4	44,53	54,55	643	789	160,8
1150	0,60	0,60	18,8	17,07	20,91	196	239	48,7	1450	0,82	0,82	44,8	44,92	55,03	651	798	162,7
1155	0,60	0,61	19,3	17,59	21,55	203	248	50,6	1455	0,83	0,82	45,1	45,31	55,50	659	808	164,7
1160	0,61	0,62	19,8	18,11	22,19	210	257	52,3	1460	0,83	0,82	45,4	45,69	55,97	667	817	166,6
1165	0,62	0,62	20,3	18,64	22,83	217	266	54,2	1465	0,84	0,82	45,8	46,07	56,43	675	827	168,6
1170	0,63	0,63	20,9	19,16	23,47	224	275	56,1	1470	0,84	0,82	46,1	46,45	56,90	683	837	170,6
1175	0,64	0,64	21,4	19,69	24,12	231	283	57,7	1475	0,84	0,83	46,4	46,83	57,37	691	846	172,5
1180	0,64	0,65	22,0	20,21	24,76	238	292	59,6	1480	0,84	0,83	46,8	47,21	57,83	699	856	174,5
1185	0,65	0,66	22,5	20,73	25,40	246	301	61,4	1485	0,84	0,84	47,1	47,57	58,29	707	866	176,5
1190	0,66	0,66	23,0	21,26	26,04	253	310	63,2	1490	0,85	0,84	47,4	47,95	58,75	715	876	178,6
1195	0,67	0,67	23,5	21,78	26,68	260	319	65,1	1495	0,86	0,84	47,8	48,34	59,22	723	886	180,7
1200	0,68	0,68	24,0	22,30	27,32	268	328	66,9	1500	0,86	0,84	48,1	48,73	59,70	731	896	182,7
1205	0,68	0,68	24,5	22,82	27,95	275	337	68,7	1505	0,86	0,84	48,4	49,12	60,18	739	906	184,7
1210	0,69	0,68	25,0	23,33	28,58	282	346	70,6	1510	0,87	0,84	48,7	49,51	60,65	748	916	186,8
1215	0,70	0,68	25,5	23,84	29,21	290	355	72,4	1515	0,88	0,84	49,0	49,89	61,12	756	926	188,8
1220	0,70	0,69	26,0	24,36	29,84	297	364	74,2	1520	0,88	0,85	49,4	50,28	61,59	764	936	190,8
1225	0,71	0,70	26,4	24,88	30,48	305	373	76,1	1525	0,88	0,86	49,7	50,66	62,06	773	946	192,9
1230	0,72	0,70	26,9	25,39	31,11	312	382	77,9	1530	0,88	0,87	50,0	51,04	62,53	781	957	195,0
1235	0,72	0,71	27,4	25,88	31,70	320	391	79,7	1535	0,88	0,88	50,3	51,43	63,00	789	967	197,1
1240	0,72	0,72	27,9	26,35	32,28	327	400	81,5	1540	0,89	0,88	50,6	51,78	63,43	797	977	199,2
1245	0,72	0,72	28,4	26,83	32,86	334	409	83,3	1545	0,89	0,88	50,9	52,12	63,85	805	987	201,2
1250	0,72	0,73	28,8	27,29	33,43	341	418	85,1	1550	0,89	0,88	51,2	52,46	64,26	813	997	203,1
1255	0,72	0,74	29,3	27,76	34,00	348	426	86,9	1555	0,89	0,89	51,5	52,79	64,67	821	1,007	205,1
1260	0,72	0,74	29,7	28,22	34,57	356	435	88,7	1560	0,89	0,90	51,8	53,22	65,20	830	1,017	207,3
1265	0,73	0,74	30,2	28,69	35,14	363	444	90,6	1565	0,89	0,90	52,1	53,59	65,65	839	1,027	209,4
1270	0,74	0,74	30,6	29,15	35,71	370	453	92,6	1570	0,90	0,90	52,4	53,95	66,09	847	1,038	211,6
1275	0,74	0,74	31,1	29,62	36,29	377	462	94,3	1575	0,90	0,90	52,7	54,32	66,53	856	1,048	213,7
1280	0,74	0,74	31,5	30,10	36,87	385	472	96,3	1580	0,90	0,90	53,0	54,65	66,95	864	1,058	215,7
1285	0,75	0,74	32,0	30,57	37,45	393	481	98,1	1585	0,91	0,90	53,3	55,03	67,40	872	1,068	217,8
1290	0,76	0,74	32,4	31,04	38,03	400	490	100,0	1590	0,92	0,90	53,6	55,37	67,83	880	1,078	219,8
1295	0,76	0,74	32,8	31,52	38,61	408	500	102,0	1595	0,92	0,90	53,9	55,73	68,26	889	1,089	222,0

* Wird das Litergewicht bei ϑ^0 bestimmt, so muß zu diesem A $(\vartheta - 15^0)$ zugezählt werden, um das Litergewicht bei 15^0 zu erhalten.

322211 Litergewicht von Schwefelsäure (Fortsetzung).

Litergewicht bei 15° in g	Temperaturumrechnung A für 1° * zwischen		° Bé	100 Gewichtsteile entsprechen bei chem. reiner Säure		g/l		10 cm^3 verbr. cm^3 1 n Lauge
	10…14°	16…20°		% SO_3	% H_2SO_4	SO_3	H_2SO_4	
1600	0,92	0,91	54,1	56,09	68,70	897	1,099	224,1
1605	0,92	0,92	54,4	56,44	69,13	906	1,110	226,3
1610	0,93	0,92	54,7	56,79	69,56	914	1,120	228,3
1615	0,94	0,92	55,0	57,15	70,00	923	1,131	230,5
1620	0,94	0,93	55,2	57,49	70,42	931	1,141	232,6
1625	0,94	0,94	55,5	57,84	70,85	940	1,151	234,6
1630	0,94	0,94	55,8	58,18	71,27	948	1,162	236,8
1635	0,95	0,94	56,0	58,53	71,70	957	1,172	238,9
1640	0,96	0,94	56,3	58,88	72,12	966	1,182	241,0
1645	0,96	0,94	56,6	59,22	72,55	975	1,193	243,2
1650	0,96	0,94	56,9	59,57	72,97	983	1,204	245,4
1655	0,96	0,95	57,1	59,92	73,40	992	1,215	247,7
1660	0,96	0,96	57,4	60,26	73,82	1,000	1,225	249,7
1665	0,96	0,96	57,7	60,61	74,24	1,009	1,236	252,0
1670	0,97	0,96	57,9	60,95	74,66	1,017	1,246	254,3
1675	0,98	0,96	58,2	61,29	75,08	1,026	1,257	256,5
1680	0,99	0,96	58,4	61,63	75,50	1,035	1,268	258,5
1685	1,00	0,96	58,7	61,96	75,94	1,043	1,278	260,5
1690	1,00	0,97	58,9	62,29	76,38	1,053	1,289	262,8
1695	1,00	0,97	59,2	62,64	76,76	1,062	1,301	265,3
1700	1,00	0,98	59,5	63,00	77,17	1,071	1,312	267,5
1705	1,01	0,99	59,7	63,35	77,60	1,080	1,323	269,8
1710	1,02	1,00	60,0	63,70	78,04	1,089	1,334	272,9
1715	1,03	1,01	60,2	64,07	78,48	1,099	1,346	274,4
1720	1,04	1,02	60,4	64,43	78,92	1,108	1,357	276,7
1725	1,04	1,03	60,6	64,78	79,36	1,118	1,369	279,1
1730	1,04	1,04	60,9	65,14	79,80	1,127	1,381	281,6

Litergewicht bei 15° in g	Temperaturumrechnung A für 1° * zwischen		° Bé	100 Gewichtsteile entsprechen bei chem. reiner Säure		g/l		10 cm^3 verbr. cm^3 1 n Säure
	10…14°	16…20°		% SO_3	% H_2SO_4	SO_3	H_2SO_4	
1735	1,04	1,04	61,1	65,50	80,24	1,136	1,392	283,8
1740	1,07	1,04	61,4	65,86	80,68	1,145	1,404	286,3
1745	1,08	1,04	61,6	66,22	81,12	1,156	1,416	288,7
1750	1,09	1,05	61,8	66,58	81,56	1,165	1,427	290,9
1755	1,10	1,06	62,1	66,94	82,00	1,175	1,439	293,4
1760	1,10	1,08	62,3	67,30	82,44	1,185	1,452	295,9
1765	1,10	1,10	62,5	67,76	83,01	1,196	1,465	298,7
1770	1,11	1,10	62,8	68,17	83,51	1,207	1,478	301,4
1775	1,12	1,10	63,0	68,60	84,02	1,218	1,491	304,0
1780	1,12	1,10	63,2	68,98	84,50	1,228	1,504	306,6
1785	1,12	1,10	63,5	69,47	85,10	1,240	1,519	309,7
1790	1,12	1,10	63,7	69,96	85,70	1,252	1,534	312,7
1795	1,11	1,10	64,0	70,45	86,30	1,265	1,549	315,9
1800	1,10	1,10	64,2	70,96	86,92	1,277	1,564	318,8
1805	1,10	1,10	64,4	71,50	87,60	1,291	1,581	322,3
1810	1,09	1,09	64,6	72,08	88,30	1,305	1,598	325,8
1815	1,08	1,08	64,8	72,96	89,16	1,322	1,618	329,9
1820	1,08	1,08	65,0	73,51	90,05	1,338	1,639	334,2
1825	1,08	1,06	—	74,29	91,00	1,356	1,661	338,7
1830	1,06	1,06	—	75,19	92,10	1,376	1,685	343,5
1835	1,05	1,03	65,7	76,38	93,56	1,402	1,717	350,1
1840	1,02	1,02	65,9	78,04	95,60	1,436	1,759	358,7
1840,5	1,02	1,02	—	78,33	95,95	1,441	1,765	359,8
1841,0	1,02	1,01	—	78,69	96,38	1,448	1,774	361,7
1841,5	1,02	1,00	—	79,47	97,35	1,463	1,792	365,3
1841,0	1,02	1,00	—	80,16	98,20	1,476	1,808	368,6
1840,5	1,02	1,00	—	80,43	98,52	1,481	1,814	369,8

* Wird das Litergewicht bei $\vartheta°$ bestimmt, so muß zu diesem A $(\vartheta - 15°)$ zugezählt werden, um das Litergewicht bei 15° zu erhalten.

322211 (Fortsetzung).

7a Litergewicht rauchender Schwefelsäure verschiedener Konzentrationen ([l. Gew.] $_{15}$ bei 15° und 35° nach Knietsch).

% SO_3 frei	% SO_3 gesamt	Litergewicht bei 15° in g	Litergewicht bei 35° in g	% SO_3 frei	% SO_3 gesamt	Litergewicht bei 15° in g	Litergewicht bei 35° in g
0	81,63	1850,0	1818,6	52	91,18		1974,9
2	81,99		1827,0	54	91,55		1976,0
4	82,36		1836,0	56	91,91		1977,2
6	82,73		1842,5	58	92,28		1975,4
8	83,09		1849,8	60	92,65	2020 Max.	1973,8
10	83,46	1888	1856,5	62	93,02		1970,9
12	83,82		1862,7	64	93,38		1967,2
14	84,20		1869,2	66	93,75		1963,6
16	84,56		1875,6	68	94,11		1960,0
18	84,92		1883,0	70	94,48	2018	1955,0
20	85,30	1920	1891,9	72	94,85		1950,2
22	85,66		1902,0	74	95,21		1944,2
24	86,03		1909,2	76	95,58		1937,9
26	86,40		1915,8	78	95,95		1931,5
28	86,76		1922,0	80	96,32	2008	1925,1
30	87,14	1957	1928,0	82	96,69		1918,3
32	87,50		1933,8	84	97,05		1911,5
34	87,87		1940,5	86	97,42		1904,6
36	88,24		1947,4	88	97,78		1896,5
38	88,60		1953,5	90	98,16	1990	1888,8
40	88,97	1979	1958,4	92	98,53		1880,0
42	89,33		1961,2	94	98,90		1871,2
44	89,70		1964,3	96	99,26		1860,5
46	90,07		1967,2	98	99,63		1848,8
48	90,44		1970,2	100	100,00	1984	1837,0
50	90,81	2009	1973,3				

7b Litergewicht rauchender Schwefelsäure des Handels (Massel).

Beschaffenheit	% SO_3	Litergewicht in g	
		gef. bei 26,6°	ber. für 15,5°
Flüssig	8,3	1842	1852
Flüssig	30,0	1930	1940
Krystallinisch . .	40,0	1956	1970
Krystallinisch . .	44,5	1961	1975
Krystallinisch . .	46,2	1963	1977
Krystallinisch . .	59,4	1980	1994
Flüssig	60,8	1992	2006
Flüssig	65,0	1992	2006
Flüssig	69,4	2002	2016
Krystallinisch . .	72,8	1984	1988
Krystallinisch . .	80,0	1959	1973
Krystallinisch . .	82,0	1953	1967

8 und 9 folgt auf S. 782.

322211 (Fortsetzung).

10 Litergewicht von Salpetersäure verschiedener Konzentration (Lunge, Rey), 15°.

Litergewicht bei 15° in g	Änderung für 1° *	° Bé	100 Gewichtsteile enthalten		1 Liter enthält Kilogramm		10 cm³ verbr. cm³ 1 n Lauge	Litergewicht bei 15° in g	Änderung für 1° *	° Bé	100 Gewichtsteile enthalten		1 Liter enthält Kilogramm		10 cm³ verbr. cm³ 1 n Lauge
			N_2O_5	HNO_3	N_2O_5	HNO_3					N_2O_5	HNO_3	N_2O_5	HNO_3	
1000		0	0,08	0,10	0,001	0,001	0,2	1295	10,3	32,8	40,05	46,72	0,519	0,605	96,0
1005	1,4	0,7	0,85	1,00	0,008	0,010	1,6	1300	10,4	33,3	40,71	47,49	0,529	0,617	98,0
1010	1,6	1,4	1,62	1,90	0,016	0,019	3,0	1305	10,5	33,7	41,37	48,26	0,540	0,630	100,0
1015	1,8	2,1	2,39	2,80	0,024	0,028	4,4	1310	10,7	34,2	42,06	49,07	0,551	0,643	102,0
1020	2,0	2,7	3,17	3,70	0,032	0,038	6,0	1315	10,8	34,6	42,76	49,89	0,562	0,656	104,1
1025	2,2	3,4	3,94	4,60	0,040	0,047	7,5	1320	11,0	35,0	43,47	50,71	0,573	0,669	106,2
1030	2,3	4,1	4,71	5,50	0,049	0,057	9,1	1325	11,2	35,4	44,17	51,53	0,585	0,683	108,4
1035	2,5	4,7	5,47	6,38	0,057	0,066	10,5	1330	11,3	35,8	44,89	52,37	0,597	0,697	110,6
1040	2,7	5,4	6,22	7,26	0,065	0,075	11,9	1332.5	11,4	36,0	45,26	52,80	0,603	0,704	111,8
1045	2,9	6,0	6,97	8,13	0,073	0,085	13,5	1335	11,5	36,2	45,62	53,22	0,609	0,711	113,0
1050	3,0	6,7	7,71	8,99	0,081	0,094	14,9	1340	11,6	36,6	46,35	54,07	0,621	0,725	115,2
1055	3,1	7,4	8,43	9,84	0,089	0,104	16,5	1345	11,7	37,0	47,08	54,93	0,633	0,739	117,2
1060	3,2	8,0	9,15	10,68	0,097	0,113	17,9	1350	11,9	37,4	47,82	55,79	0,645	0,753	119,6
1065	3,3	8,7	9,87	11,51	0,105	0,123	19,5	1355	12,0	37,8	48,57	56,66	0,658	0,768	122,0
1070	3,5	9,4	10,57	12,33	0,113	0,132	21,0	1360	12,1	38,2	49,35	57,57	0,671	0,783	124,3
1075	3,7	10,0	11,27	13,15	0,121	0,141	22,4	1365	12,3	38,6	50,13	58,48	0,684	0,798	126,8
1080	3,9	10,6	11,96	13,95	0,129	0,151	24,0	1370	12,4	39,0	50,91	59,39	0,698	0,814	129,3
1085	4,0	11,2	12,64	14,74	0,137	0,160	25,4	1375	12,6	39,4	51,69	60,30	0,711	0,829	131,8
1090	4,2	11,9	13,31	15,53	0,145	0,169	26,8	1380	12,7	39,8	52,52	61,27	0,725	0,846	134,4
1095	4,3	12,4	13,99	16,32	0,153	0,179	28,4	1383,3	12,8	40,0	53,08	61,92	0,735	0,857	136,2
1100	4,5	13,0	14,67	17,11	0,161	0,188	29,8	1385	12,9	40,1	53,35	62,24	0,739	0,862	137,0
1105	4,6	13,6	15,34	17,89	0,170	0,198	31,4	1390	13,0	40,5	54,20	63,23	0,353	0,879	139,6
1110	4,8	14,2	16,00	18,67	0,173	0,207	32,8	1395	13,0	40,8	55,07	64,25	0,768	0,896	142,4
1115	4,9	14,9	16,67	19,45	0,186	0,217	34,4	1400	13,1	41,2	55,97	65,30	0,783	0,914	145,2
1120	5,1	15,4	17,34	20,23	0,194	0,227	36,0	1405	13,4	41,6	56,92	66,40	0,800	0,933	148,2
1125	5,3	16,0	18,00	21,00	0,202	0,236	37,5	1410	13,5	42,0	57,87	67,50	0,816	0,952	151,2
1130	5,4	16,5	18,66	21,77	0,211	0,246	39,1	1415	13,6	42,3	58,83	68,63	0,832	0,971	154,2

1135	5,5	17,1	19,32	22,54	0,219	0,256	40,7	1420	13,7	42,7	59,83	69,80	0,849	0,991	157,4
1140	5,7	17,7	19,98	23,31	0,228	0,266	42,2	1425	13,8	43,1	60,84	70,98	0,867	1,011	160,6
1145	5,8	18,3	20,64	24,08	0,237	0,276	43,8	1430	13,9	43,4	61,86	72,17	0,885	1,032	163,8
1150	6,0	18,8	21,29	24,84	0,245	0,286	45,4	1435	14,0	43,8	62,91	73,39	0,903	1,053	167,0
1155	6,1	19,3	21,94	25,60	0,254	0,296	47,0	1440	14,1	44,1	64,01	74,68	0,921	1,075	170,5
1160	6,3	19,8	22,60	26,36	0,262	0,306	48,6	1445	14,3	44,4	65,13	75,98	0,941	1,098	174,2
1165	6,4	20,3	23,25	27,12	0,271	0,316	50,2	1450	14,4	44,8	66,25	77,28	0,961	1,121	178,0
1170	6,6	20,9	23,90	27,88	0,279	0,326	51,8	1455	14,5	45,1	67,38	78,60	0,981	1,144	181,5
1175	6,8	21,4	24,54	28,63	0,288	0,336	53,4	1460	14,6	45,4	68,56	79,98	1,001	1,168	185,2
1180	6,9	22,0	25,18	29,38	0,297	0,347	55,0	1465	14,8	45,8	69,79	81,42	1,023	1,193	189,4
1185	7,0	22,5	25,83	30,13	0,306	0,357	56,6	1470	15,0	46,1	71,06	82,90	1,045	1,219	193,1
1190	7,2	23,0	26,47	30,88	0,315	0,367	58,2	1475	15,2	46,4	72,39	84,45	1,068	1,246	197,5
1195	7,4	23,5	27,10	31,62	0,324	0,378	60,0	1480	15,4	46,8	73,76	86,05*	1,092	1,274	202,0
1200	7,5	24,0	27,74	32,36	0,333	0,388	61,6	1485	15,5	47,1	75,18	87,70	1,116	1,302	207,8
1205	7,6	24,5	28,36	33,09	0,342	0,399	63,3	1490	15,7	47,4	76,80	89,60	1,144	1,335	211,8
1210	7,7	25,0	28,99	33,82	0,351	0,409	65,0	1495	15,8	47,8	78,52	91,60	1,174	1,369	217,0
1215	7,8	25,5	29,61	34,55	0,360	0,420	66,7	1500	16,0	48,1	80,65	94,09	1,210	1,411	224,0
1220	8,0	26,0	30,24	35,28	0,369	0,430	68,3	1502	16,1	—	81,50	95,08	1,224	1,428	226,2
1225	8,2	26,4	30,88	36,03	0,378	0,441	70,0	1504	16,2	—	82,29	96,00	1,238	1,444	229,0
1230	8,3	26,9	31,53	36,78	0,387	0,452	71,6	1505	16,2	48,4	82,63	96,39	1,244	1,451	230,0
1235	8,5	27,4	32,17	37,53	0,397	0,463	73,5	1506	16,3	—	82,94	96,76	1,249	1,457	231,0
1240	8,6	27,9	32,82	38,29	0,407	0,475	75,4	1508	16,4	48,5	83,58	97,50	1,260	1,470	233,2
1245	8,8	28,4	33,47	39,05	0,417	0,486	77,1	1510	16,5	48,7	84,09	98,10	1,270	1,481	235,0
1250	8,9	28,8	34,13	39,82	0,427	0,498	79,1	1512	16,6	—	84,46	98,53	1,277	1,490	236,2
1255	9,1	29,3	34,78	40,58	0,437	0,509	80,8	1514	16,7	—	84,78	98,90	1,283	1,497	237,5
1260	9,2	29,7	35,44	41,34	0,447	0,521	82,7	1515	16,8	49,0	84,92	99,07	1,287	1,501	238,0
1265	9,4	30,2	36,09	42,10	0,457	0,533	84,7	1516	16,9	—	85,04	99,21	1,289	1,504	238,5
1270	9,5	30,6	36,75	42,87	0,467	0,544	86,4	1518	17,0	—	85,26	99,46	1,294	1,510	239,5
1275	9,8	31,1	37,41	43,64	0,477	0,556	88,3	1520	17,2	49,4	85,44	99,67	1,299	1,515	240,5
1280	9,9	31,5	38,07	44,41	0,487	0,568	90,1								
1285	10,0	32,0	38,73	45,18	0,498	0,581	92,3								
1290	10,1	32,4	39,39	45,95	0,508	0,593	94,2								

* Interpoliert nach Landolt HW I, S. 395.

322211 (Fortsetzung).

8 Bereitung von Schwefelsäure eines gewünschten Litergewichtes b aus H_2SO_4 vom Litergewicht 1850 und Wasser (Anthon).

100 Teile H_2O von 15...20° C ergeben mit a Gewichtsteilen H_2SO_4 (L.G. 1850) eine Säure vom Litergewicht b.

a	b Litergewicht in g	a	b Litergewicht in g	a	b Litergewicht in g
1	1009	130	1456	370	1723
2	1015	140	1473	380	1727
5	1035	150	1490	390	1730
10	1060	160	1510	400	1733
15	1090	170	1530	410	1737
20	1113	180	1543	420	1740
25	1140	190	1556	430	1743
30	1165	200	1568	440	1746
35	1187	210	1580	450	1750
40	1210	220	1593	460	1754
45	1229	230	1606	470	1757
50	1248	240	1620	480	1760
55	1265	250	1630	490	1763
60	1280	260	1640	500	1766
65	1297	270	1648	510	1768
70	1312	280	1654	520	1770
75	1326	290	1667	530	1772
80	1340	300	1678	540	1774
85	1357	310	1689	550	1776
90	1372	320	1700	560	1777
95	1386	330	1705	570	1778
100	1398	340	1710	580	1779
110	1420	350	1714	590	1780
120	1438	360	1719	600	1782

9 Korrekturen der Litergewichte von Salpetersäure, welche Stickstoffdioxyd (NO_2) enthält (Lunge und Marchlewski).

Enthält Salpetersäure vom Litergewicht ≧ 1490 einen bekannten %-Gehalt freien NO_2, so muß, um das der wirklich vorhandenen HNO_3 entsprechende Litergewicht zu erhalten, die Größe A abgezogen werden.

% NO_2	A	% NO_2	A
0,25	0,5	6,75	44,8
0,50	0,8	7,00	46,5
0,75	1,5	7,25	47,2
1,00	3,0	7,50	50,0
1,25	4,8	7,75	51,7
1,50	6,8	8,00	53,3
1,75	7,8	8,25	55,0
2,00	10,5	8,50	56,6
2,25	12,5	8,75	58,3
2,50	14,3	9,00	60,0
2,75	16,3	9,25	61,6
3,00	18.0	9,50	63,3
3,25	19,9	9,75	65,0
3,50	21,7	10,00	66,0
3,75	23,5	10,25	68,2
4,00	25,3	10,50	69,8
4,25	26,9	10,75	71,4
4,50	28,8	11,00	73,0
4,75	30,5	11,25	74,5
5,00	32,3	11,50	76,0
5,25	33,7	11,75	77,5
5,50	36,0	12,00	78,5
5,75	37,8	12,25	80,5
6,00	39,5	12,50	82,0
6,25	41,8	12,75	83,5
6,50	43,0		

322211 (Fortsetzung).

11 Methylalkohol.

11a Volumenprozent Methylalkohol (Vol.-%) und Dichte ϱ_4^{15} g · cm⁻³ von Methylalkohol-Wasser-Gemischen in Abhängigkeit vom Gewichtsanteil (G.A.)[1].

G.A. Zehntel \ Hundertstel	0,00 Vol.-%	0,00 ϱ_4^{15}	0,01 Vol.-%	0,01 ϱ_4^{15}	0,02 Vol.-%	0,02 ϱ_4^{15}	0,03 Vol.-%	0,03 ϱ_4^{15}	0,04 Vol.-%	0,04 ϱ_4^{15}	0,05 Vol.-%	0,05 ϱ_4^{15}	0,06 Vol.-%	0,06 ϱ_4^{15}	0,07 Vol.-%	0,07 ϱ_4^{15}	0,08 Vol.-%	0,08 ϱ_4^{15}	0,09 Vol.-%	0,09 ϱ_4^{15}
0,0			1,25	0,99727	2,50	0,99543	3,75	0,99370	4,99	0,99198	6,22	0,99029	7,45	0,98864	8,68	0,98701	9,91	0,98547	11,13	0,98394
0,1	12,35	0,98241	13,56	0,98093	14,77	0,97945	15,98	0,97802	17,18	0,97660	18,38	0,97518	19,58	0,97377	20,77	0,97237	21,96	0,97096	23,15	0,96955
0,2	24,33	0,96814	25,51	0,96673	26,69	0,96533	27,86	0,96392	29,03	0,96251	30,19	0,96108	31,35	0,95963	32,51	0,95817	33,66	0,95668	34,81	0,95518
0,3	35,95	0,95366	37,09	0,95213	38,22	0,95056	39,35	0,94896	40,48	0,94734	41,59	0,94570	42,71	0,94404	43,82	0,94237	44,92	0,94067	46,02	0,93894
0,4	47,11	0,93720	48,20	0,93543	49,28	0,93365	50,35	0,93185	51,42	0,93001	52,49	0,92815	53,54	0,92627	54,60	0,92436	55,64	0,92242	56,68	0,92048
0,5	57,71	0,91852	58,74	0,91653	59,76	0,91451	60,77	0,91248	61,78	0,91044	62,78	0,90839	63,78	0,90631	64,77	0,90421	65,75	0,90210	66,73	0,89996
0,6	67,69	0,89781	68,65	0,89563	69,61	0,89341	70,55	0,89117	71,49	0,88890	72,42	0,88662	73,34	0,88433	74,26	0,88203	75,17	0,87971	76,08	0,87739
0,7	76,98	0,87507	77,86	0,87271	78,75	0,87033	79,62	0,86792	80,48	0,86546	81,34	0,86300	82,18	0,86051	83,02	0,85801	83,86	0,85551	84,68	0,85300
0,8	85,50	0,85048	86,31	0,84794	87,11	0,84536	87,90	0,84274	88,68	0,84009	89,45	0,83742	90,21	0,83475	90,97	0,83207	91,72	0,82937	92,46	0,82667
0,9	93,19	0,82396	93,92	0,82124	94,63	0,81849	95,33	0,81568	96,02	0,81285	96,70	0,80999	97,37	0,80713	98,04	0,80428	98,70	0,80143	99,35	0,79859
1,0	100,00	0,79577																		

11b Dichte ϱ_4^0 und $\varrho_4^{15,56}$ in g · cm⁻³ von Methylalkohol-Wasser-Gemischen in Abhängigkeit vom Gewichtsanteil Methylalkohol.

G.A. Zehntel \ Hundertstel	0,00 ϱ_4^0	0,00 $\varrho_4^{15,56}$	0,01 ϱ_4^0	0,01 $\varrho_4^{15,56}$	0,02 ϱ_4^0	0,02 $\varrho_4^{15,56}$	0,03 ϱ_4^0	0,03 $\varrho_4^{15,56}$	0,04 ϱ_4^0	0,04 $\varrho_4^{15,56}$
0,0			0,99806	0,99729	0,99631	0,99554			0,99299	0,99214
0,1	0,98429	0,98262	0,98300	0,98112	0,98171	0,97962	0,98048	0,97815	0,97926	0,97668
0,2	0,97233	0,96808	0,97120	0,96666	0,97007	0,96524	0,96893	0,96381	0,96780	0,96238
0,3	0,96057	0,95355	0,95920	0,95204	0,95783	0,95053	0,95641	0,94892	0,95500	0,94732
0,4	0,94571	0,93697	0,94405	0,93516	0,94239	0,93335	0,94075	0,93155	0,93911	0,92975
0,5	0,92873	0,91855	0,92691	0,91661	0,92507	0,91465	0,92320	0,91267	0,92130	0,91066
0,6	0,90917	0,89798	0,90706	0,89580	0,90492	0,89358	0,90276	0,89133	0,90056	0,88905
0,7	0,88687	0,87487	0,88470	0,87262	0,88237	0,87021	0,88003	0,86779	0,87767	0,86535
0,8	0,86314	0,85035	0,86066	0,84779	0,85816	0,84521	0,85504	0,84262	0,85310	0,84001
0,9	0,83751	0,82396	0,83485	0,82123	0,83218	0,81849	0,82948	0,81572	0,82677	0,81293
1,0	0,81015	0,79589								

G.A. Zehntel \ Hundertstel	0,05 ϱ_4^0	0,05 $\varrho_4^{15,56}$	0,06 ϱ_4^0	0,06 $\varrho_4^{15,56}$	0,07 ϱ_4^0	0,07 $\varrho_4^{15,56}$	0,08 ϱ_4^0	0,08 $\varrho_4^{15,56}$	0,09 ϱ_4^0	0,09 $\varrho_4^{15,56}$
0,0		0,99053	0,98990	0,98893	0,98841	0,98731	0,98701	0,98569	0,98565	0,98415
0,1	0,97807	0,97523	0,97689	0,97379	0,97574		0,97459	0,97039	0,97346	0,96928
0,2	0,96664	0,96093	0,96549	0,95949	0,96429	0,95802	0,96310	0,95655	0,96183	0,95505
0,3	0,95352	0,94565	0,95204	0,94399	0,95049	0,94227	0,94895	0,94055	0,94733	0,93876
0,4	0,93743	0,92792	0,93575	0,92610	0,93402	0,92423	0,93229	0,92237	0,93051	0,92046
0,5	0,91938	0,90863	0,91742	0,90657	0,91544	0,90450	0,91343	0,90239	0,91139	0,90026
0,6	0,89835	0,88676	0,89611	0,88443	0,89384	0,88208	0,89145	0,87970	0,88922	0,87714
0,7	0,87530	0,86290	0,87290	0,86042	0,87049	0,85793	0,86806	0,85542	0,86561	0,85290
0,8	0,85055	0,83738	0,84798	0,83473	0,84539	0,83207	0,84278	0,82938	0,84015	0,82668
0,9	0,82404	0,81013	0,82129	0,80731	0,81853	0,80448	0,81576	0,80164	0,81295	0,79876

[1] Umrechnung auf Gewichtsprozent durch Multiplikation mit 100. Beispiel: Dichte ϱ_4^{15} von 25 gewichtsprozentiger Mischung = Dichte ϱ_4^{15} von 0,25 gewichtsanteiliger Mischung = 0,96108.

322211 (Fortsetzung).

12 Äthylalkohol.

12a Gewichtsprozent Alkohol (Gew.-%) und Volumenprozent Alkohol (Vol.-%) von Äthylalkohol-Wasser-Gemischen bei 15° in Abhängigkeit von der Dichte ϱ_{15}^{15}. (Nach den Tafeln von Windisch, Berlin 1893.)

ϱ_{15}^{15}	Gew.-%	Vol.-%	Gew.-%	Vol.-%	Gew.-%	Vol.-%	Gew.-%	Vol.-%	Gew.-%	Vol.-%	Gew.-%	Vol.-%	Gew.-%	Vol.-%	Gew.-%	Vol.-%	Gew.-%	Vol.-%	Gew.-%	Vol.-%
Tausendstel / Hundertstel	0,000		0,001		0,002		0,003		0,004		0,005		0,006		0,007		0,008		0,009	
0,79											99,76	99,86	99,44	99,66	99,11	99,46	98,79	99,26	98,46	99,05
0,80	98,13	98,84	97,80	98,63	97,47	98,42	97,13	98,20	96,79	97,99	96,46	97,76	96,11	97,54	95,77	97,31	95,43	97,08	95,08	96,85
0,81	94,73	96,61	94,38	96,37	94,03	96,13	93,67	95,88	93,31	95,63	92,96	95,38	92,59	95,13	92,23	94,87	91,87	94,61	91,50	94,35
0,82	91,13	94,09	90,76	93,82	90,39	93,55	90,02	93,28	89,64	93,00	89,26	92,72	88,88	92,44	88,50	92,15	88,12	91,87	87,74	91,58
0,83	87,35	91,29	86,97	90,99	86,58	90,70	86,19	90,40	85,80	90,09	85,41	89,79	85,01	89,48	84,62	89,18	84,22	88,86	83,83	88,55
0,84	83,43	88,23	83,03	87,92	82,63	87,60	82,23	87,28	81,83	86,95	81,43	86,63	81,02	86,30	80,62	85,97	80,21	85,64	79,81	85,31
0,85	79,40	84,97	78,99	84,64	78,58	84,30	78,17	83,96	77,76	83,61	77,35	83,27	76,94	82,92	76,53	82,57	76,12	82,23	75,70	81,87
0,86	75,29	81,52	74,87	81,17	74,46	80,81	74,04	80,45	73,63	80,09	73,21	79,73	72,79	79,37	72,37	79,00	71,95	78,64	71,54	78,27
0,87	71,12	77,90	70,70	77,53	70,27	77,15	69,85	76,78	69,43	76,40	69,01	76,02	68,58	75,64	68,16	75,26	67,74	74,88	67,31	74,49
0,88	66,89	74,11	66,46	73,72	66,04	73,33	65,61	72,94	65,18	72,55	64,75	72,15	64,33	71,76	63,90	71,36	63,47	70,96	63,04	70,56
0,89	62,61	70,16	62,18	69,75	61,75	69,34	61,31	68,94	60,88	68,53	60,45	68,12	60,02	67,70	59,58	67,29	59,15	66,87	58,71	66,45
0,90	58,27	66,03	57,84	65,61	57,40	65,19	56,96	64,76	56,52	64,34	56,09	63,91	55,65	63,47	55,20	63,04	54,76	62,61	54,32	62,17
0,91	53,88	61,73	53,43	61,29	52,99	60,84	52,54	60,40	52,09	59,95	51,65	59,50	51,20	59,05	50,75	58,59	50,29	58,13	49,84	57,67
0,92	49,39	57,21	48,93	56,74	48,47	56,27	48,01	55,80	47,55	55,32	47,09	54,84	46,63	54,36	46,16	53,88	45,69	53,39	45,22	52,89
0,93	44,75	52,39	44,27	51,89	43,79	51,39	43,31	50,88	42,83	50,37	42,34	49,85	41,85	49,33	41,36	48,80	40,87	48,26	40,37	47,72
0,94	39,86	47,18	39,35	46,63	38,84	46,07	38,33	45,50	37,80	44,93	37,28	44,35	36,75	43,77	36,21	43,17	35,66	42,57	35,11	41,95
0,95	34,56	41,33	33,99	40,70	33,42	40,06	32,84	39,40	32,25	38,74	31,66	38,06	31,05	37,37	30,43	36,67	29,81	35,95	29,17	25,22
0,96	28,52	34,47	27,86	33,71	27,19	32,93	26,51	32,14	25,81	31,32	25,09	30,49	24,37	29,64	23,63	28,76	22,87	27,87	22,10	26,96
0,97	21,32	26,03	20,52	25,08	19,71	24,12	18,89	23,14	18,07	22,16	17,23	21,16	16,40	20,15	15,56	19,14	14,73	18,14	13,90	17,14
0,98	13,08	16,14	12,28	15,16	11,48	14,20	10,71	13,25	9,94	12,32	9,20	11,41	8,48	10,52	7,77	9,66	7,08	8,81	6,41	7,99
0,99	5,76	7,18	5,13	6,40	4,51	5,63	3,90	4,88	3,31	4,14	2,73	3,42	2,17	2,72	1,61	2,02	1,06	1,34	0,53	0,67

322211 (Fortsetzung).

12b Dichte ϱ_4^{15} von Äthylalkohol-Wasser-Mischungen nach Gewichtsprozenten Alkohol.

Die Werte unter M. sind nach Untersuchungen von Mendelejew von der Normal-Eichungskommission berechnet. Damit gut übereinstimmend sind die Werte von Osborne und McKelvy, deren letzte Ziffern unter O.K. angeführt sind.

Gew.-% Zehner \ Einer	0 M.	0 O.K.	1 M.	1 O.K.	2 M.	2 O.K.	3 M.	3 O.K.	4 M.	4 O.K.	5 M.	5 O.K.	6 M.	6 O.K.	7 M.	7 O.K.	8 M.	8 O.K.	9 M.	9 O.K.
0			0,99725	25	0,99544	42	0,99368	65	0,99198	95	0,99034	32	0,98877	77	0,98726	29	0,98581	84	0,98443	42
10	0,98308	04	0,98177	41	0,98050	41	0,97925	14	0,97803	790	0,97683	69	0,97563	52	0,97443	33	0,97324	13	0,97203	191
20	0,97080	68	0,96956	44	0,96829	18	0,96699	89	0,96566	58	0,96429	24	0,96290	87	0,96145	44	0,95997	96	0,95844	44
30	0,95687	86	0,95525	24	0,95360	57	0,95190	86	0,95016	11	0,94838	32	0,94656	50	0,94470	64	0,94281	73	0,94087	79
40	0,93891	82	0,93692	82	0,93489	78	0,93284	71	0,93076	62	0,92866	52	0,92654	40	0,92439	26	0,92223	11	0,92005	1995
50	0,91785	76	0,91565	55	0,91342	33	0,91118	10	0,90893	85	0,90667	59	0,90141	33	0,90214	07	0,89985	80	0,89756	52
60	0,89526	23	0,89296	93	0,89064	62	0,88832	30	0,88599	97	0,88366	64	0,88132	30	0,87898	95	0,87662	60	0,87426	24
70	0,87189	87	0,86952	49	0,86714	10	0,86475	70	0,86235	29	0,85995	88	0,85754	47	0,85512	05	0,85268	62	0,85024	18
80	0,84779	72	0,84533	25	0,84285	77	0,84035	28	0,83784	77	0,83532	25	0,83277	71	0,83019	14	0,82760	54	0,82497	92
90	0,82233	27	0,81965	59	0,81692	88	0,81417	13	0,81137	34	0,80853	52	0,80564	66	0,80269	74	0,79971	75	0,79666	70
100	0,79356	60																		

12c Dichte ϱ_{15}^{15} und ϱ_{15}^{20} von Äthylalkohol-Wasser-Gemischen in Abhängigkeit von Gewichtsprozenten Alkohol (Normal-Eichungskommission nach Beobachtungen von Mendelejew 1869).

Gew.-%	ϱ_{15}^{15}	ϱ_{15}^{20}	Gew.-%	ϱ_{15}^{15}	ϱ_{15}^{20}	Gew.-%	ϱ_{15}^{15}	ϱ_{15}^{20}	Gew.-%	ϱ_{15}^{15}	ϱ_{15}^{20}	Gew.-%	ϱ_{15}^{15}	ϱ_{15}^{20}	Gew.-%	ϱ_{15}^{15}	ϱ_{15}^{20}	Gew.-%	ϱ_{15}^{15}	ϱ_{15}^{20}
1	0,99812	0,99724	5	0,99120	0,99034	25	0,96513	0,96255	45	0,92947	0,92565	65	0,88443	0,88023	85	0,83604	0,83164	97	0,80339	0,79914
2	0,99630	0,99543	10	0,98393	0,98283	30	0,95770	0,95464	50	0,91865	0,91473	70	0,87265	0,86838	90	0,82304	0,81867	98	0,80040	0,79617
3	0,99454	0,99367	15	0,97768	0,97618	35	0,94920	0,94579	55	0,90746	0,90344	75	0,86070	0,85637	95	0,80923	0,80494	99	0,79735	0,79315
4	0,99284	0,99198	20	0,97164	0,96962	40	0,93973	0,93605	60	0,89604	0,89193	80	0,84852	0,84413	96	0,80634	0,80207	100	0,79425	0,79008

322211 (Fortsetzung).

12d Dichte $\varrho_{15,56}^{15,56}$ und Gewichtsprozent Alkohol (Gew.-%) von Äthylalkohol-Wasser-Gemischen nach Volumenprozent Alkohol (Vol.-%).
(Die Angaben von 0...50 Vol.-% schreiten in 1/10% fort, die von 50...100 Vol.-% in ganzen Prozenten.)

Vol.-%	Gew.-%	$\varrho_{15,56}^{15,56}$	Gew.-%	$\varrho_{15,56}^{15,56}$	Gew.-%	$\varrho_{15,56}^{15,56}$	Gew.-%	$\varrho_{15,56}^{15,56}$	Gew.-%	$\varrho_{15,56}^{15,56}$	Gew.-%	$\varrho_{15,56}^{15,56}$	Gew.-%	$\varrho_{15,56}^{15,56}$	Gew.-%	$\varrho_{15,56}^{15,56}$	Gew.-%	$\varrho_{15,56}^{15,56}$	Gew.-%	$\varrho_{15,56}^{15,56}$
Ganze \ Zehntel	0		1		2		3		4		5		6		7		8		9	
0	0,00	1,00000	0,08	0,99984	0,16	0,99968	0,24	0,99953	0,32	0,99937	0,40	0,99923	0,48	0,99907	0,56	0,99892	0,64	0,99877	0,71	0,99861
1	0,79	0,99849	0,87	0,99834	0,95	0,99819	1,03	0,99805	1,11	0,99790	1,19	0,99775	1,27	0,99760	1,35	0,99745	1,43	0,99731	1,51	0,99716
2	1,59	0,99701	1,67	0,99687	1,75	0,99672	1,83	0,99658	1,91	0,99643	1,99	0,99629	2,07	0,99615	2,15	0,99600	2,23	0,99586	2,31	0,99571
3	2,39	0,99557	2,47	0,99543	2,55	0,99529	2,64	0,99515	2,72	0,99501	2,80	0,99487	2,88	0,99473	2,96	0,99459	3,04	0,99445	3,12	0,99431
4	3,20	0,99417	3,28	0,99403	3,36	0,99390	3,44	0,99376	3,52	0,99363	3,60	0,99349	3,68	0,99335	3,76	0,99322	3,84	0,99308	3,92	0,99295
5	4,00	0,99281	4,08	0,99268	4,16	0,99255	4,24	0,99241	4,32	0,99228	4,40	0,99215	4,48	0,99202	4,56	0,99189	4,64	0,99175	4,72	0,99162
6	4,80	0,99149	4,88	0,99136	4,96	0,99123	5,05	0,99111	5,13	0,99098	5,21	0,99085	5,29	0,99072	5,37	0,99059	5,45	0,99047	5,53	0,99034
7	5,61	0,99021	5,69	0,99009	5,77	0,98996	5,86	0,98984	5,94	0,98971	6,02	0,98959	6,10	0,98947	6,18	0,98934	6,26	0,98922	6,34	0,98909
8	6,42	0,98897	6,50	0,98885	6,58	0,98873	6,67	0,98861	6,75	0,98849	6,83	0,98837	6,91	0,98825	6.99	0,98813	7,07	0,98801	7,15	0,98789
9	7,23	0,98777	7,31	0,98765	7,39	0,98754	7,48	0,98742	7,56	0,98730	7,64	0,98719	7,72	0,98707	7,80	0,98695	7,88	0,98683	7,96	0,98672
10	8,04	0,98660	8,12	0,98649	8,20	0,98637	8,29	0,98626	8,37	0,98614	8,45	0,98603	8,53	0,98592	8,61	0,98580	8,70	0,98569	8,78	0,98557
11	8,86	0,98546	8,94	0,98535	9,02	0,98524	9,11	0,98513	9,19	0,98502	9,27	0,98491	9,35	0,98479	9,43	0,98468	9,51	0,98457	9,59	0,98446
12	9,67	0,98435	9,75	0,98424	9,83	0,98413	9,92	0,98402	10,00	0,98391	10,08	0,98381	10,16	0,98370	10,24	0,98359	10,33	0,98348	10,41	0,98337
13	10,49	0,98326	10,57	0,98315	10,65	0,98305	10,74	0,98294	10,82	0,98283	10,90	0,98273	10,98	0,98262	11,06	0,98251	11,15	0,98240	11,23	0,98230
14	11,31	0,98219	11,39	0,98209	11,47	0,98198	11,56	0,98188	11,64	0,98177	11,72	0,98167	11,80	0,98156	11,88	0,98146	11,97	0,98135	12,05	0,98125
15	12,13	0,98114	12,21	0,98104	12,29	0,98093	12,38	0,98083	12,46	0,98073	12,54	0,98063	12,62	0,98052	12,70	0,98042	12,79	0,98032	12,87	0,98021
16	12,95	0,98011	13,03	0,98001	13,12	0,97991	13,20	0,97980	13,29	0,97970	13,37	0,97960	13,45	0,97950	13,53	0,97940	13,62	0,97929	13,70	0,97917
17	13,78	0,97909	13,86	0,97899	13,94	0,97889	14,03	0,97879	14,11	0,97869	14,19	0,97859	14,27	0,97848	14,35	0,97838	14,44	0,97828	14,52	0,97818
18	14,60	0,97808	14,68	0,97798	14,77	0,97788	14,85	0,97778	14,94	0,97768	15,02	0,97758	15,10	0,97748	15,18	0,97738	15,27	0,97728	15,38	0,97718
19	15,43	0,97708	15,51	0,97698	15,59	0,97688	15,68	0,97678	15,76	0,97668	15,84	0,97658	15,93	0,97648	16,01	0,97638	16,09	0,97628	16,18	0,97618
20	16,26	0,97608	16,34	0,97598	16,42	0,97588	16,51	0,97578	16,59	0,97568	16,67	0,97558	16,75	0,97547	16,84	0,97537	16,92	0,97527	17,01	0,97517
21	17,09	0,97507	17,17	0,97497	17,26	0,97487	17,34	0,97477	17,43	0,97467	17,51	0,97457	17,59	0,97446	17,67	0,97436	17,76	0,97426	17,84	0,97416
22	17,92	0,97406	18,00	0,97396	18,09	0,97386	18,17	0,97375	18,26	0,97365	18,34	0,97355	18,42	0,97345	18,51	0,97335	18,59	0,97324	18,68	0,97314
23	18,76	0,97304	18,84	0,97294	18,92	0,97283	19,01	0,97273	19,09	0,97263	19,17	0,97253	19,25	0,97242	19,34	0,97232	19,42	0,97222	19,51	0,97211
24	19,59	0,97201	19,67	0,97191	19,76	0,97180	19,84	0,97170	19,93	0,97159	20,01	0,97149	20,09	0,97139	20,18	0,97128	20,26	0,97118	20,35	0,97107
25	20,43	0,97097	20,51	0,97086	20,60	0,97076	20,68	0,97065	20,77	0,97055	20,85	0,97044	20,93	0,97033	21,02	0,97023	21,10	0,97012	21,19	0,97001
26	21,27	0,96991	21,35	0,96980	21,44	0,96969	21,52	0,96959	21,61	0,96949	21,69	0,96937	21,77	0,96926	21,86	0,96915	21,94	0,96905	22,03	0,96894
27	22,11	0,96883	22,20	0,96872	22,28	0,96861	22,37	0,96850	22,45	0,96839	22,54	0,96828	22,62	0,96816	22,71	0,96805	22,79	0,96794	22,88	0,96783
28	22,96	0,96772	23,04	0,96761	23,13	0,96749	23,21	0,96738	23,30	0,96726	23,38	0,96715	23,47	0,96704	23,55	0,96692	23,64	0,96681	23,72	0,96669
29	23,81	0,96658	23,89	0,96646	23,98	0,96635	24,06	0,96623	24,15	0,96611	24,23	0,96600	24,32	0,96587	24,40	0,96576	24,49	0,96564	24.57	0,96553

30	24,66	0,96541	24,74	0,96529	24,83	0,96517	24,91	0,96505	25,00	0,96493	25,08	0,96481	25,17	0,96469	25,25	0,96457	25,34	0,96445	25,42	0,96433
31	25,51	0,96421	25,60	0,96409	25,68	0,96396	25,77	0,96384	25,85	0,96372	25,94	0,96360	26,03	0,96347	26,11	0,96335	26,20	0,96323	26,28	0,96310
32	26,37	0,96298	26,46	0,96285	26,54	0,96273	26,63	0,96260	26,71	0,96248	26,80	0,96235	26,89	0,96222	26,97	0,96210	27,06	0,96197	27,14	0,96185
33	27,23	0,96172	27,32	0,96159	27,40	0,96146	27,49	0,96133	27,57	0,96120	27,66	0,96108	27,75	0,96095	27,83	0,96082	27,92	0,96069	28,00	0,96056
34	28,09	0,96043	28,18	0,96030	28,26	0,96016	28,35	0,96003	28,43	0,95990	28,52	0,95977	28,61	0,95963	28,70	0,95950	28,78	0,95937	28,87	0,95923
35	28,96	0,95910	29,05	0,95896	29,13	0,95883	29,22	0,95869	29,30	0,95855	29,38	0,95842	29,48	0,95828	29,57	0,95814	29,65	0,95800	29,74	0,95787
36	29,83	0,95773	29,92	0,95759	30,00	0,95745	30,09	0,95731	30,17	0,95717	30,26	0,95703	30,35	0,95688	30,44	0,95674	30,52	0,95660	30,61	0,95646
37	30,70	0,95632	30,79	0,95618	30,88	0,95603	30,96	0,95589	31,05	0,95574	31,14	0,95560	31,23	0,95545	31,32	0,95531	31,40	0,95516	31,49	0,95502
38	31,58	0,95487	31,67	0,95472	31,76	0,95457	31,85	0,95442	31,94	0,95427	32,03	0,95413	32,12	0,95398	32,20	0,95383	32,29	0,95368	32,37	0,95353
39	32,46	0,95338	32,55	0,95323	32,64	0,95307	32,72	0,95292	32,81	0,95277	32,90	0,95262	32,99	0,95246	33,08	0,95231	33,17	0,95216	33,27	0,95200
40	33,35	0,95185	33,44	0,95169	33,53	0,95154	33,61	0,95138	33,70	0,95122	33,79	0,95107	33,88	0,95091	33,97	0,95075	34,06	0,95059	34,15	0,95044
41	34,24	0,95028	34,33	0,95012	34,42	0,94996	34,50	0,94980	34,59	0,94964	34,68	0,94948	34,77	0,94932	34,86	0,94916	34,95	0,94900	35,04	0,94884
42	35,13	0,94868	35,22	0,94852	35,31	0,94835	35,40	0,94810	35,49	0,94802	35,58	0,94786	35,67	0,94770	35,76	0,94753	35,85	0,94737	35,94	0,94720
43	36,03	0,94704	36,12	0,94687	36,21	0,94670	36,30	0,94654	36,39	0,94637	36,48	0,94620	36,57	0,94603	36,66	0,94586	36,75	0,94570	36,84	0,94553
44	36,93	0,94536	37,02	0,94519	37,11	0,94502	37,21	0,94484	37,30	0,94467	37,39	0,94450	37,48	0,94433	37,57	0,94416	37,66	0,94398	37,76	0,94381
45	37,84	0,94364	37,93	0,94346	38,02	0,94329	38,12	0,94311	38,21	0,94294	38,30	0,94276	38,39	0,94258	38,48	0,94241	38,57	0,94223	38,66	0,94206
46	38,75	0,94188	38,84	0,94170	38,93	0,94152	39,03	0,94134	39,12	0,94116	39,21	0,94098	39,30	0,94080	39,39	0,94062	39,49	0,94044	39,58	0,94026
47	39,67	0,94008	39,76	0,93990	39,85	0,93971	39,95	0,93953	40,04	0,93934	40,13	0,93916	40,22	0,93898	40,32	0,93879	40,41	0,93861	40,51	0,93842
48	40,60	0,93824	40,69	0,93805	40,78	0,93786	40,88	0,93768	40,97	0,93749	41,06	0,93730	41,15	0,93711	41,24	0,93692	41,34	0,93679	41,43	0,93655
49	41,52	0,93636	41,61	0,93617	41,71	0,93598	41,80	0,93578	41,90	0,93559	41,99	0,93540	42,08	0,93521	42,18	0,93502	42,27	0,93482	42,37	0,93463

Einer / Zehner	0		1		2		3		4		5		6		7		8		9	
50	—	0,9344	—	0,9325	—	0,9305	—	0,9285	—	0,9264	—	0,9244	—	0,9222	—	0,9201	—	0,9180	—	0,9158
60	—	0,9136	—	0,9113	—	0,9091	—	0,9068	—	0,9044	—	0,9021	—	0,8997	—	0,8974	—	0,8949*	—	0,8925
70	—	0,8900	—	0,8876	—	0,8850	—	0,8825	—	0,8799	—	0,8773	—	0,8747	—	0,8721	—	0,8694	—	0,8667
80	—	0,8639	—	0,8611	—	0,8583	—	0,8554	—	0,8525	—	0,8496	—	0,8465	—	0,8435	—	0,8404	—	0,8372
90	—	0,8339	—	0,8306	—	0,8272	—	0,8236	—	0,8199	—	0,8161	—	0,8121	—	0,8079	—	0,8035	—	0,7989
100	—	0,7939																		

322211 (Fortsetzung).

12e Gewichtsprozent, Volumenprozent und Litergewicht in Abhängigkeit von der Dichte bei 20° von Alkohol-Wasser-Mischungen. Berechnet von J. Großfeld[1].

Dichte ϱ_4^{20}	Alkohol Gew.-%	Alkohol Raum-%	Alkohol g in 1 l
0,998	0,15	0,19	1,5
0,997	0,68	0,86	6,8
0,996	1,22	1,54	12,2
0,995	1,77	2,24	17,6
0,994	2,34	2,95	23,2
0,993	2,91	3,67	28,9
0,992	3,50	4,40	34,7
0,991	4,09	5,14	40,6
0,990	**4.70**	**5,90**	**46,5**
0,989	5,32	6,66	52,6
0,988	5,94	7,44	58,8
0,987	6,59	8,24	65,1
0,986	7,25	9,05	71,5
0,985	7,91	9,88	78,0
0,984	8,60	10,72	84,6
0,983	9,30	11,57	91,3
0,982	10,01	12,45	98,1
0,981	10,73	13,33	105,2
0,980	**11,47**	**14,24**	**112,4**
0,979	12,21	15,15	119,6
0,978	12,97	16,06	126,9
0,977	13,73	16,99	134,3
0,976	14,50	17,92	141,6

Dichte ϱ_4^{20}	Alkohol Gew.-%	Alkohol Raum-%	Alkohol g in 1 l
0,947	33,91	40,68	321,3
0,946	34,45	41,28	326,0
0,945	34,99	41,89	330,7
0,944	35,52	42,48	335,3
0,943	36,05	43,07	339,9
0,942	36,58	43,65	344,5
0,941	37,10	44,22	349,0
0,940	**37,62**	**44,80**	**353,6**
0,939	38,13	45,36	358,1
0,938	38,64	45,92	362,5
0,937	39,13	46,46	366,8
0,936	39,63	47,00	371,1
0,935	40,13	47,53	375,2
0,934	40,62	48,05	379,4
0,933	41,12	48,58	383,5
0,932	41,60	49,10	387,7
0,931	42,09	49,62	391,8
0,930	**42,57**	**50,15**	**395,9**
0,929	43,05	50,66	399,9
0,928	43,52	51,17	403,9
0,927	44,00	51,67	407,9
0,926	44,47	52,17	411,8
0,925	44,94	52,66	415,7
0,924	45,41	53,15	419,6
0,923	45,87	53,63	423,4

Dichte ϱ_4^{20}	Alkohol Gew.-%	Alkohol Raum-%	Alkohol g in 1 l
0,894	58,78	66,56	525,5
0,893	59,21	66,97	528,7
0,892	59,64	67,39	532,0
0,891	60,07	67,80	535,2
0,890	**60,50**	**68,21**	**538,5**
0,889	60,93	68,62	541,7
0,888	61,36	69,03	544,9
0,887	61,79	69,43	548,1
0,886	62,22	69,83	551,3
0,885	62,65	70,24	554,5
0,884	63,08	70,63	557,6
0,883	63,50	71,03	560,8
0,882	63,93	71,43	563,9
0,881	64,36	71,83	567,0
0,880	**64,78**	**72,22**	**570,1**
0,879	65,21	72,61	573,2
0,878	65,63	73,00	576,2
0,877	66,06	73,39	579,3
0,876	66,48	73,78	582,4
0,875	66,91	74,16	585,4
0,874	67,33	74,54	588,5
0,873	67,75	74,92	591,5
0,872	68,17	75,30	594,5
0,871	68,59	75,68	597,5

Dichte ϱ_4^{20}	Alkohol Gew.-%	Alkohol Raum-%	Alkohol g in 1 l
0,841	80,98	86,27	681,0
0,840	**81,38**	**86,60**	**683,6**
0,839	81,79	86,92	686,2
0,838	82,19	87,25	688,8
0,837	82,59	87,57	691,3
0,836	82,99	87,89	693,8
0,835	83,39	88,21	696,3
0,834	83,79	88,52	698,8
0,833	84,19	88,83	701,3
0,832	84,59	89,15	703,7
0,831	84,98	89,45	706,2
0,830	**85,37**	**89,76**	**708,6**
0,829	85,76	90,06	711,0
0,828	86,15	90,36	713,3
0,827	86,54	90,66	715,7
0,826	86,92	90,95	718,0
0,825	87,31	91,24	720,3
0,824	87,70	91,53	722,6
0,823	88,08	91,82	724,9
0,822	88,47	92,11	727,2
0,821	88,85	92,40	729,5
0,820	**89,24**	**92,69**	**731,8**
0,819	89,62	92,98	734,0
0,818	90,00	93,26	736,2

0,975	15,28	18,87	149,0	0,922	46,34	54,12	427,2	**0,870**	**69,01**	**76,06**	**600,4**	0,817	90,38	93,54	738,4
0,974	16,05	19,81	156,3	0,921	46,80	54,60	431,0	0,869	69,43	76,43	603,4	0,816	90,76	93,81	740,5
0,973	16,82	20,74	163,5					0,868	69,85	76,80	606,3	0,815	91,13	94,08	742,7
0,972	17,59	21,66	170,8	**0,920**	**47,26**	**55,07**	**434,8**	0,867	70,27	77,18	609,2	0,814	91,50	94,34	744,8
0,971	18,36	22,58	178,1	0,919	47,72	55,55	438,5	0,866	70,69	77,55	612,1	0,813	91,86	94,60	746,9
				0,918	48,17	56,02	442,2	0,865	71,11	77,92	615,1	0,812	92,23	94,86	748,9
0,970	**19,11**	**23,48**	**185,4**	9,917	48,63	56,49	445,9	0,864	71,52	78,28	618,0	0,811	92,59	95,12	750,9
0,969	19,86	24,38	192,5	0,916	49,08	56,95	449,6	0,863	71,94	78,65	620,9				
0,968	20,60	25,26	199,5	0,915	49,53	57,41	453,2	0,862	72,36	79,02	623,8	**0,810**	**92,95**	**95,38**	**752,9**
0,967	21,32	26,12	206,3	0,914	49,99	57,87	456,9	0,861	72,78	79,38	626,6	0,809	93,31	95,63	754,9
0,966	22,04	26,97	213,0	0,913	50,44	58,33	460,5					0,808	93,67	95,88	756,9
0,965	22,75	27,81	219,6	0,912	50,89	58,79	464,1	**0,860**	**73,20**	**79,74**	**629,5**	0,807	94,03	96,13	758,8
0,964	23,45	28,64	226,1	0,911	51,33	59,24	467,7	0,859	73,61	80,10	632,3	0,806	94,38	96,37	760,8
0,963	24,14	29,45	232,5					0,858	74,03	80,46	635,1	0,805	94,74	96,61	762,7
0,962	24,82	30,25	238,8	**0,910**	**51,78**	**59,69**	**471,2**	0,857	74,44	80,81	638,0	0,804	95,09	96,85	764,6
0,961	25,49	31,03	245,0	0,909	52,22	60,13	474,7	0,856	74,86	81,17	640,8	0,803	95,44	97,09	766,4
				0,908	52,66	60,58	478,2	0,855	75,27	81,52	643,6	0,802	95,78	97,32	768,3
0,960	**26,15**	**31,80**	**251,0**	0,907	53,11	61,02	481,6	0,854	75,68	81,87	646,3	0,801	96,13	97,55	770,1
0,959	26,80	32,56	257,0	0,906	53,54	61,45	485,1	0,853	76,09	82,22	649,1				
0,958	27,44	33,30	262,8	0,905	53,89	61,89	488,5	0,852	76,50	82,57	651,8	**0,800**	**96,48**	**97,77**	**771,8**
0,957	28,07	34,03	268,6	0,904	54,42	62,32	492,0	0,851	76,91	82,91	654,5	0,799	96,82	97,99	773,6
0,956	28,68	34,74	274,2	0,903	54,86	62,75	495,3					0,798	97,16	98,21	775,3
0,955	29,30	35,44	279,8	0,902	55,30	63,18	498,8	**0,850**	**77,32**	**83,26**	**657,2**	0,797	97,50	98,43	777,0
0,954	29,90	36,13	285,2	0,901	55,74	63,61	502,2	0,849	77,73	83,60	659,9	0,796	97,84	98,65	778,8
0,953	30,50	36,82	290,5					0,848	78,14	83,94	662,6	0,795	98,17	98,87	780,5
0,952	31,09	37,49	295,8	**0,900**	**56,18**	**64,04**	**505,6**	0,847	78,55	84,27	665,3	0,794	98,51	99,08	782,2
0,951	31,67	38,15	301,0	0,899	56,61	64,47	508,9	0,846	78,95	84,61	667,9	0,793	98,84	99,29	783,8
				0,898	57,05	64,89	512,3	0,845	79,36	84,95	670,6	0,792	99,16	99,49	785,4
0,950	**32,24**	**38,80**	**306,3**	0,897	57,48	65,32	515,6	0,844	79,76	85,28	673,2	0,791	99,49	99,69	787,0
0,949	32,80	39,43	311,4	0,896	57,91	65,73	518,9	0,843	80,17	85,61	675,8				
0,948	33,36	40,06	316,4	0,895	58,34	66,15	522,2	0,842	80,58	85,94	678,4				

[1] Handbuch der Lebensmittelchemie, Bd. II, S. 1704. Berlin 1935.

322211 (Fortsetzung).

12f Dichte ϱ_4^0, ϱ_4^{10}, ϱ_4^{20}, ϱ_4^{30} von Äthylalkohol-Wasser-Gemischen nach Gewichtsprozenten Alkohol.

%	ϱ_4^0	ϱ_4^{10}	ϱ_4^{20}	ϱ_4^{30}
0	0,99988	0,99975	0,99831	0,99579
5	0,99135	0,99113	0,98945	0,98680
10	0,98493	0,98409	0,98195	0,97892
15	0,97995	0,97816	0,97527	0,97142
20	0,97566	0,97263	0,96877	0,96413
25	0,97115	0,96672	0,96185	0,95628
30	0,96540	0,95998	0,95403	0,94751
35	0,95784	0,95174	0,94514	0,93813
40	0,94939	0,94255	0,93511	0,92787
45	0,93977	0,93254	0,92493	0,91710
50	0,92940	0,92182	0,91400	0,90577
55	0,91848	0,91074	0,90275	0,89456
60	0,90742	0,89944	0,89129	0,88304
65	0,89595	0,88790	0,87961	0,87125
70	0,88420	0,87613	0,86781	0,85925
75	0,87245	0,86427	0,85580	0,84719
80	0,86035	0,85215	0,84366	0,83483
85	0,84789	0,83967	0,83115	0,82232
90	0,83482	0,82665	0,81801	0,80918
95	0,82119	0,81291	0,80433	0,79553
100	0,80625	0,79788	0,78945	0,78096

13 Propylalkohol.

Dichte (ϱ_4^ϑ) von Propylalkohol-Wasser-Gemischen nach Gewichtsprozenten Alkohol.

%	ϱ_4^0	ϱ_4^{15}	ϱ_4^{30}
0	0,9999	0,999	0,996
5	0,993	0,992	0,988
10	0,987	0,985	0,980
15	0,983	0,979	0,973
20	0,979	0,972	0,964
25	0,972	0,963	0,954
30	0,963	0,954	0,944
35	0,953	0,943	0,933
40	0,943	0,933	0,923
45	0,933	0,923	0,912
50	0,923	0,912	0,902
55	0,913	0,902	0,891
60	0,903	0,892	0,881
65	0,893	0,882	0,870
70	0,884	0,872	0,860
75	0,874	0,862	0,850
80	0,863	0,852	0,839
85	0,853	0,841	0,829
90	0,843	0,831	0,819
95	0,832	0,820	0,808
100	0,819	0,808	0,796

Dichte (ϱ_4^ϑ) von Isopropylalkohol-Wasser-Gemischen nach Gewichtsprozenten Alkohol.

%	ϱ_4^0	ϱ_4^{15}	ϱ_4^{20}	ϱ_4^{30}
0	0,9999	0,999	0,998	0,996
5	0,992	0,990	0,989	0,987
10	0,986	0,984	0,982	0,979
15	0,981	0,978	0,977	0,972
20	0,978	0,972	0,970	0,964
25	0,973	0,964	0,962	0,955
30	0,965	0,955	0,952	0,945
35	0,956	0,945	0,942	0,934
40	0,945	0,933	0,931	0,922
45	0,934	0,922	0,919	0,911
50	0,922	0,910	0,907	0,899
55	0,911	0,899	0,895	0,887
60	0,899	0,887	0,883	0,875
65	0,888	0,875	0,870	0,863
70	0,876	0,863	0,858	0,851
75	0,864	0,852	0,846	0,839
80	0,853	0,840	0,834	0,827
85	0,841	0,828	0,822	0,815
90	0,829	0,816	0,810	0,803
95	0,816	0,803	0,797	0,790
100	0,802	0,789	0,785	0,777

322212 Weitere Dichtetabellen.

1. Wässerige Lösungen.

a) Anorganische Stoffe.

α) Elemente und Nichtelektrolyte.

Br

%	l-Gew. bei 15°
0,5	1001,89
1,0	1005,61
2,0	1013,05
3,0	1020,49
3,25	1022,35

%	l-Gew. bei 25°
0,5	999,91
1,0	1003,58
2,0	1010,91
3,0	1018,25
3,25	1020,07

Jin KJ, s. S. 807

H_2O_2 (18°)

%	l-Gew.	g/l	mol/l	%	l-Gew.	g/l	mol/l
1	1002,2	10,022	0,2946	30	1112,2	333,660	9,8090
2	1005,8	20,116	0,8860	35	1132,7	396,445	11,6548
4	1013,1	40,524	1,1931	40	1153,6	461,440	13,5655
6	1020,4	61,224	1,7999	45	1179,9	528,705	15,5430
8	1027,7	82,216	2,4170	50	1196,6	598,300	17,5890
10	1035,1	103,510	3,0430	55	1218,8	670,340	19,7068
12	1042,5	125,100	3,6777	60	1241,6	744,960	21,9005
14	1049,9	146,986	4,3211	65	1265,2	822,380	24,1766
16	1057,4	169,184	4,9737	70	1289,7	902,790	26,5405
18	1064,9	191,682	5,6351	75	1314,9	986,175	28,9918
20	1072,5	214,500	6,3059	80	1340,6	1072,480	31,5291
22	1080,2	237,644	6,9863	85	1366,7	1161,695	34,1538
24	1088,0	260,120	6,3536	90	1393,1	1253,790	36,8593
26	1095,9	284,934	8,3766	95	1419,7	1348,715	39,6499
28	1104,0	309,120	9,0876	100	1446,5	1446,500	42,5246

β) Anorganische Basen.

LiOH (20°)

%	l-Gew.	A
1	1010,2	0,20
2	1021,7	0,21
4	1043,7	0,23
6	1065,0	0,26
8	1086,2	0,29
10	1107,2	0,32

NaOH (15°)		KOH (15°)		RbOH (18°)		NH_4OH (15°)	
%	l-Gew.	%	l-Gew.	%	l-Gew.	%	l-Gew.
1	1010,6	1	1008,3	1	1008,0	1	993,6
2	1021,9	2	1017,5	2	1017,4	2	991,3
4	1044,4	4	1035,9	4	1036,8	4	983,2
6	1066,6	6	1054,4	6	1056,8	6	975,2
8	1088,9	8	1073,0	8	1077,4	8	967,7
10	1111,1	10	1091,8	10	1098,7	10	959,7
15	1166,5	15	1136,9	12	1120,6	15	942,1
20	1221,9	20	1188,4	14	1143,2	20	925,6
30	1331,1	30	1290,5			25	909,9
40	1433,9	40	1395,0			30	895,1
50	1529,7	*s. a. 322211 (2)*				*s. a. 322211 (3)*	
s. a. 322211 (1)							

N_2H_4 (15°)

%	l-Gew.	%	l-Gew.	%	l-Gew.
1	1000,2	18	1018,6	60	1047
2	1001,3	22	1022,8	65	1047
4	1003,4	26	1026,7	70	1046
6	1005,6	30	1030,5	75	1043
8	1007,7	35	1035	80	1040
10	1009,9	40	1038	85	1036
12	1012,1	45	1042	90	1030
14	1014,3	50	1044	95	1022
16	1016,4	55	1046	100	1011

NH_2OH (20°)

%	l-Gew.	%	l-Gew.
1	1000,2	22	1045,4
2	1002,3	26	1054,5
4	1006,5	28	1059,1
6	1010,7	30	1063,7
8	1014,9	35	1075,5
10	1019,2	40	1087,5
12	1023,5	45	1099,7
14	1027,8	50	1112,2
16	1032,2	55	1124,9
18	1036,6		

$Ca(OH)_2$ (15°)		$Sr(OH)_2$ (25°)	
%	l-Gew.	%	l-Gew.
0,05	999,8	0,1	1000,4
0,10	1000,4	0,2	1001,8
0'15	1001,1	0,3	1003,2
s. a. 322211 (4)			

$Ba(OH)_2$ (18°)

%	l-Gew.	g/l	mol/l	%	l-Gew.	g/l	mol/l
1	1012,5	10,125	0,0591	10	1077,0	107,700	0,6284
2	1017,5	20,350	0,1187	15	1014,2	152,130	0,8877
4	1025,0	41,000	0,2392	20	1213,0	242,600	1,4156
6	1037,0	62,220	0,3631	25	1287,0	321,750	1,8774
8	1055,0	84,400	0,4925	30	1360,0	408,000	2,3807

322212 (Fortsetzung).

γ) Anorganische Säuren.

HF (20°)

%	l-Gew.	g/l	mol/l
2	1005	20,10	1,0046
4	1012	40,48	2,0232
6	1021	61,26	3,0618
8	1028	82,24	4,1104
10	1036	103,60	5,1779
12	1043	125,16	6,1555
14	1050	147,00	7,3471
16	1057	169,12	8,4526
18	1064	191,52	9,5722
20	1070	214,00	10,6957
24	1084	260,16	13,0028
28	1096	306,88	15,3379
32	1107	354,24	17,7049
36	1118	402,48	20,1160
40	1128	448,32	22,4070
42	1134	476,28	23,8045
44	1139	501,16	25,0480
50	1155	577,50	28,8635

HCl (15°)

%	l-Gew.
1	1004,2
2	1009,3
4	1019,3
6	1029,3
8	1039,2
10	1049,2
12	1059,1
14	1069,1
16	1079,2
18	1089,4
20	1099,7
24	1120,9
28	1141,8
32	1162,5
36	1183,3
38	1194,1

Ausführlich in 322212 (1)

$HClO_3$ (18°)

%	l-Gew.
1	1004,4
2	1010,3
4	1022,2
6	1034,4
8	1046,8
10	1059,4
12	1072,3
14	1085,6
16	1099,1
18	1113,0
20	1127,3
22	1141,9
24	1156,8

$HClO_4$ (15°)

%	l-Gew.	%	l-Gew.
1	1005,0	24	1158,1
2	1010,9	28	1190,0
4	1022,8	32	1223,9
6	1034,8	36	1260,3
8	1047,1	40	1299,1
10	1059,7	45	1352,1
12	1072,6	50	1410,3
14	1085,9	55	1473,3
16	1099,5	60	1538,9
18	1113,5	65	1605,9
20	1127,9	70	1673,6

HBr (20°)

%	l-Gew.	A
1	1005,3	0,21
2	1012,4	0,22
4	1026,9	0,24
6	1041,7	0,25
8	1056,8	0,27
10	1072,3	0,28
12	1088,3	0,30
14	1104,8	0,32
16	1121,9	0,34
18	1139,6	0,37
20	1157,9	0,40
24	1196,1	0,47
28	1236,7	0,52
30	1258,0	0,54
35	1315,0	0,62
40	1377,2	0,70
45	1444,6	0,80
50	1517,3	0,89
55	1595,3	0,99
60	1678,7	1,10
65	1767,5	1,22

HJ (20°)

%	l-Gew.	A
1	1005,4	0,22
2	1012,7	0,23
4	1027,7	0,26
6	1043,1	0,28
8	1058,9	0,29
10	1075,1	0,30
12	1091,8	0,31
14	1109,1	0,33
16	1127,0	0,35
18	1145,6	0,37
20	1164,9	0,40
24	1205,9	0,44
28	1250,3	0,48
30	1273,7	0,50
35	1335,7	0,57
40	1402,9	0,64
45	1475,5	0,72
50	1560,0	—
55	1655,0	—
60	1770,0	—
65	1901,0	—

HJO_3 (18°)

%	l-Gew.
1	1007,1
2	1015,7
4	1033,4
6	1051,7
8	1070,6
10	1090,0
12	1110,0
14	1130,6
16	1151,9
18	1174,0
20	1196,9
22	1220,6
24	1245,0
26	1270,0
28	1295,6
30	1321,8
35	1390,0
40	1464,0

HJO_4 (17°)

%	l-Gew.
1	1007,6
2	1016,5
4	1034,9
6	1053,9
8	1073,7
10	1094,4
12	1116,1
14	1138,8
16	1162,3
18	1186,5
20	1211,6
24	1264,7
26	1293,1
28	1323,0
30	1354,5
32	1387,5

SO_2-Lsg. (15°)

% SO_2	l-Gew.
0,5	1002,8
1,0	1005,6
1,5	1008,5
2,0	1011,3
2,5	1014,1
3,0	1016,8
3,5	1019,4
4,0	1022,1
4,5	1024,8
5,0	1027,5
5,5	1030,2
6,0	1032,8
6,5	1035,3
7,0	1037,7
7,5	1040,1
8,0	1042,6
8,5	1045,0
9,0	1047,4
9,5	1049,7
10,0	1052,0

H_2SO_3 (15,5°)

% SO_2	% H_2SO_3	l-Gew.	g SO_2/l	mol SO_2/l
1	1,281	1004,1	10,041	0,1567
2	2,562	1009,1	20,082	0,3134
4	5,124	1019,1	40,164	0,6269
6	7,686	1029,2	60,246	0,9403
8	10,248	1039,3	80,328	1,2538
10	12,81	1049,3	100,41	1,5672

H_2SO_4 (15°)

%	l-Gew.	%	l-Gew.	%	l-Gew.
1	1009,0	14	1097,4	36	1272,5
2	1012,9	16	1112,2	40	1307,0
4	1026,6	18	1127,6	50	13 8,9
6	1040,3	20	1143,0	60	1503,1
8	1054,5	24	1174,1	70	1615,0
10	1068,7	28	1205,4	80	1732,3
12	1082,9	32	1237,6	90	1819,7

Ausführlich in 322211 (6)

$H_2S_2O_8$ (14°)

%	l-Gew.
1	1005
2	1011
4	1022
6	1034
8	1046
10	1059
12	1072
14	1085
16	1099
18	1113
20	1127
22	1142
24	1157
26	1173
28	1189
30	1205
35	1245

H_2SeO_4 (20°)

%	l-Gew.	%	l-Gew.
1	1005,9	32	1287,4
2	1013,6	36	1333,4
4	1029,1	40	1381,9
6	1044,7	44	1433,6
8	1060,5	48	1489,2
10	1076,6	52	1549
12	1093,1	56	1614
14	1110,1	60	1685
16	1127,6	64	1761
18	1145,5	68	1844
20	1163,9	72	1932
24	1202,6	76	2025
28	1243,8	80	2122

322212 (Fortsetzung).

HNO_3 (15°)		H_3PO_4						
%	l-Gew.	% H_3PO_4	% P_2O_5	l-Gew. bei 10°	l-Gew. bei 20°	g/l 20°	mol/l 20°
1	1005,0	1	0,726	1005,4	1003,8	10,038	0,1024
2	1010,6	2	1,452	1010,9	1009,2	20,184	0,2059
4	1021,7	4	2,904	1021,9	1020,0	40,800	0,4162
6	1032,8	6	4,356	1033,0	1030,9	61,854	0,6309
8	1044,3	8	5,808	1044,2	1042,0	83,360	0,8503
10	1055,9	10	7,260	1055,7	1053,2	105,320	1,0743
12	1068,0	12	8,712	1067,3	1064,7	127,764	1,3032
16	1093,0	14	10,160	1079,2	1076,4	150,696	1,5371
20	1118,5	16	11,620	1091,4	1088,4	174,144	1,7763
24	1144,5	18	13,070	1103,9	1100,8	198,014	2,0197
28	1170,8	20	14,520	1116,7	1113,4	222,680	2,2713
32	1197,6	24	17,420	1143,1	1139,5	273,480	2,7895
36	1224,8	28	20,330	1170,5	1166,5	326,620	3,3315
40	1251,2	30	21,780	1184,6	1180,5	354,150	3,6123
50	1315,7	35	25,41	1221	1216,0	425,600	4,3411
60	1373,4	40	29,040	1259	1254,0	501,600	5,1163
70	1420,8	45	32,670	1299	1293,0	581,850	5,9348
80	1460,1	50	36,300	1341	1335,0	667,500	6,8094
90	1491,0	55	39,930	1385	1379,0	758,540	7,7370
Ausf. in 322211 (8)		60	43,560	1432	1426,0	855,600	8,7271

H_3AsO_4 (15°)				HCN (18°)		H_2SiF_6 (17,5°)		H_3BO_3 (20°)	
%	l-Gew.	g/l	mol/l	%	l-Gew.	%	l-Gew.	%	l-Gew.
1	1005,7	10,057	0,0709	1	998	1	1007	1	1002,2
2	1012,4	20,248	0,1427	2	996	2	1015	2	1005,6
4	1026,0	41,040	0,2892	4	993	4	1031	3	1009,1
6	1039,8	62,388	0,4396	6	990	6	1048	4	1013,6
8	1053,8	84,304	0,5940	8	986	8	1065		
10	1068,1	106,810	0,7526	10	982	10	1082		
12	1082,6	129,912	0,9154	15	972	12	1100		
14	1097,5	153,650	1,0826	20	958	14	1117		
16	1112,8	178,048	1,2545	25	943	16	1136		
18	1128,5	203,130	1,4312	30	925	18	1154		
20	1144,7	228,940	1,6130	35	908	20	1173		
22	1161,4	255,508	1,8002	40	892	24	1212		
26	1196,1	310,986	2,1911	45	876	28	1252		
30	1233,1	369,930	2,6064	50	860	32	1293		
35	1282,9	449,015	3,1636	55	844	34	1314		
40	1337,0	534,800	3,7681	60	826				
45	1395,9	628,155	4,4258	65	809				
50	1460,2	730,100	5,1441	70	792				
55	1530,4	841,720	5,9305	75	775				
60	1607,0	964,200	6,7935	80	758				
65	1690,4	1098,760	7,7416	90	724				
70	1781,1	1246,770	8,7844	100	691				

δ) Anorganische Salze.

LiCl (20°)			LiBr (20°)			LiJ (20°)			Li_2SO_4 (20°)			$LiNO_3$ (20°)		
%	l-Gew.	A	%	l-Gew.	A	%	l-Gew.	A	%	l-Gew.	A	%	l-Gew.	A
1	1004,1	0,20	1	1005,5	0,21	1	1005,6	0,21	1	1006,8	0,22	1	1004,1	0,22
2	1009,9	0,22	2	1012,8	0,22	2	1013,1	0,22	2	1015,5	0,24	2	1010,0	0,24
4	1021,5	0,24	4	1027,7	0,23	4	1028,4	0,24	4	1032,9	0,25	4	1022,0	0,27
6	1033,0	0,25	6	1042,9	0,24	6	1044,2	0,25	6	1050,5	0,27	6	1034,1	0,30
8	1044,4	0,26	8	1058,5	0,26	8	1060,4	0,27	8	1068,4	0,29	8	1046,5	0,32
10	1055,9	0,27	10	1074,6	0,27	10	1077,1	0,2[illegible]	10	1086,3	0,30	10	1059,0	0,35
12	1067,5	0,28	12	1091,0	0,28	12	1094,3	0,30	12	1104,4	0,31	12	1071,8	0,37
14	1079,2	0,29	14	1107,9	0,29	14	1112,0	0,32	14	1122,8	0,32	14	1084,8	0,40
16	1091,0	0,30	16	1125,3	0,31	16	1130,3	0,34	16	1141,1	0,33	16	1098,1	0,42
18	1102,9	0,31	18	1143,2	0,32	18	1149,2	0,36	18	1159,9	0,33	18	1111,6	0,45
20	1115,0	0,31	22	1180,6	0,35	22	1189,0	0,40	20	1178,9		20	1125,4	0,47
24	1139,9	0,31	26	1220,5	0,38	26	1231,5	0,44	22	1198,4		22	1139,5	0,49
28	1165,8	0,30	30	1262,9	0,42	30	1277,2	0,49	24	1218,2		26	1168,6	0,53
32	1194,7		35	1320,4	0,45	35	1339,3	0,53				30	1198,8	0,57
36	1224		40	1383,6	0,48	40	1407,8	0,59				35	1239,2	0,61
40	1254		45	1453,5	0,51	50	1569,2	0,71				40	1283,7	0,67
42	1269					60	1774,8	0,86						

322212 (Fortsetzung).

NaF (18°)

%	l-Gew.
1	1009,2
2	1019,8
3	1030,4
4	1040,9
5	1051,5

NaCl (15°)

%	l-Gew.
1	1007,1
2	1014,4
4	1029,2
6	1044,1
8	1059,1
10	1074,2
12	1089,5
14	1104,9
16	1120,6
18	1136,4
20	1152,5
22	1168,9
24	1185,6
26	1202,5

NaCl (20°)

%	l-Gew.	A	g/l	mol/l
1	1005,3	0,22	10,053	0,1720
2	1012,5	0,24	20,250	0,3464
4	1026,8	0,28	41,072	0,7026
6	1041,3	0,31	62,478	1,0688
8	1055,9	0,34	84,472	1,4451
10	1070,7	0,37	107,070	1,8317
12	1085,7	0,39	130,284	2,2288
14	1100,9	0,42	154,126	2,6367
16	1116,2	0,44	178,592	3,0553
18	1131,9	0,47	203,742	3,4855
20	1147,8	0,49	229,560	3,9272
22	1164,0	0,51	256,080	4,3808
24	1180,4	0,53	283,296	4,8465
26	1197,2	0,55	311,272	5,3251

$NaClO_3$ (18°)

%	l-Gew.
1	1005,3
2	1012,1
4	1025,8
6	1039,7
8	1053,8
10	1068,1
14	1097,7
18	1128,8
22	1161,4
26	1195,3
30	1230,7
34	1268,0
38	1308,5
40	1328,5

$NaClO_4$ (18°)

%	l-Gew.
1	1005,1
2	1011,6
4	1024,7
6	1038,1
8	1051,7
10	1065,6
12	1079,8
14	1094,3
18	1124,1
22	1155,4
26	1188,3
30	1222,7
34	1259,1
38	1296,9

NaBr (20°)

%	l-Gew.	A	g/l	mol/l
1	1006,0	0,22	10,06	0,0978
2	1013,9	0,23	20,278	0,1971
4	1029,8	0,26	41,192	0,4003
6	1046,2	0,29	62,772	0,6100
8	1063,1	0,32	85,048	0,8264
10	1080,3	0,35	108,030	1,0497
12	1098,1	0,38	131,772	1,2804
16	1135,2	0,44	181,632	1,7649
20	1174,5	0,48	234,900	2,2825
24	1216,3	0,53	291,912	2,8365
28	1260,8	0,58	353,024	3,4303
30	1284,1	0,61	385,230	3,7433
35	1346,2	0,67	471,170	4,5783
40	1413,8	0,74	565,520	5,4951

$NaBrO_3$ (20°)

%	l-Gew.
1	1006,4
2	1014,3
4	1030,5
6	1047,1
8	1064,1
10	1081,6
12	1099,6
14	1118,2
16	1137,3
18	1156,9
20	1177,1
22	1197,9
24	1219,3

NaJ (20°)

%	l-Gew.	A	g/l	mol/l
1	1006,0	0,22	10,06	0,0671
2	1013,8	0,23	20,276	0,1352
4	1029,8	0,25	41,192	0,2747
6	1046,3	0,28	62,778	0,4187
8	1063,3	0,30	85,064	0,5674
10	1080,8	0,33	108,080	0,7209
12	1098,8	0,35	131,856	0,8795
16	1136,6	0,41	181,856	1,2130
20	1176,9	0,47	235,380	1,5700
24	1220,1	0,53	292,824	1,9532
28	1266,3	0,59	354,564	2,3650
35	1355,6	0,69	474,460	3,1647
40	1427,1	0,76	570,840	3,8076
50	1594,2	0,89	797,100	5,3168
60	1803,8	1,02	1082,280	7,2190

Na_2S (18°)

%	l-Gew.	g/l	mol/l
1	1010	10,10	0,1294
2	1021	20,42	0,2616
4	1044	41,76	0,5350
6	1067	64,02	0,8202
8	1091	87,28	1,1183
10	1115	111,50	1,4285
12	1139	136,68	1,7512
14	1163	162,82	2,0860
16	1189	190,24	2,4373
18	1214	218,52	2,7997

Na_2SO_3 (19°)

%	l-Gew.
1	1007,8
2	1017,2
4	1036,3
6	1055,6
8	1075,1
10	1094,8
12	1114,6
14	1134,6
16	1154,9
18	1175,5

$NaHSO_3$ (15°)

%	l-Gew.
2	1017
4	1044
6	1063
8	1084
10	1104
12	1124
14	1144
16	1165
18	1185
20	1202
24	1235
28	1268
32	1300
36	1330
38	1345

Na_2SO_4 (10°)

%	l-Gew.
1	1008,9
2	1018,2
4	1037,0
6	1056,0
8	1075,3

Na_2SO_4 (20°)

%	l-Gew.	g/l	mol/l
1	1007,3	10,073	0,0709
2	1016,4	20,238	0,1425
3	1025,6	30,768	0,2166
4	1034,8	41,392	0,2914
5	1044,1	52,205	0,3675
6	1053,5	63,210	0,4450
7	1062,9	74,403	0,5238
8	1072,4	85,792	0,6040
9	1081,9	97,371	0,6855
10	1091,5	109,150	0,7684
11	1101,2	121,130	0,8527
12	1110,9	133,308	0,9385
13	1120,7	145,691	1,0256
14	1130,6	158,284	1,1143
16	1150,6	184,096	1,2960

Na_2SO_4 (25°)

%	l-Gew.
1	1006,1
2	1015,1
4	1033,2
6	1051,5
8	1070,1
10	1089,0
12	1108,3
14	1127,9
16	1147,9
18	1168,3
20	1189,0
22	1210,2

322212 (Fortsetzung).

$NaHSO_4$ (20°)

%	l-Gew.	g/l	mol/l
1	1005,9	10,059	0,0838
2.	1013,7	20,274	0,1688
4	1029,3	41,172	0,3429
6	1045,1	62,706	0,5222
8	1061,1	84,888	0,7070
10	1077,3	107,730	0,8972
12	1093,7	131,244	1,0930
14	1110,3	155,442	1,2946
16	1127,1	180,336	1,5019
18	1144,1	205,938	1,7151
20	1161,4	232,280	1,9345
22	1178,9	259,358	2,1600

$Na_2S_2O_3$ (20°)

%	l-Gew.
1	1006,5
2	1014,8
4	1031,5
6	1048,3
8	1065,4
10	1082,7
12	1100,3
14	1118,2
16	1136,5
18	1155,1
20	1174,0
24	1212,8
28	1253,2
30	1273,9
35	1327,3
40	1382,7

$NaNO_2$ (20°)

%	l-Gew.
1	1005
2	1011
4	1024
6	1038
8	1052
10	1065
12	1078
14	1092
16	1107
18	1122
20	1137
24	1168
28	1198
32	1230
36	1264
40	1299

$NaNO_3$ (20°)

%	l-Gew.	A	g/l	mol/l
1	1004,9	0,22	10,049	0,1182
2	1011,7	0,24	20,234	0,2380
4	1025,4	0,27	41,016	0,4825
6	1039,2	0,31	62,352	0,7335
8	1053,2	0,34	84,256	0,9912
10	1067,4	0,37	106,740	1,2556
12	1081,9	0,40	129,828	1,5273
14	1096,7	0,44	153,538	1,8068
16	1111,8	0,48	177,888	2,0927
18	1127,2	0,51	202,896	2,3869
20	1142,9	0,54	228,580	2,6890
24	1175,2	0,58	282,048	3,3180
28	1208,5		338,380	3,9807
30	1225,6		367,680	4,3254
35	1270,1		444,535	5,2295
40	1317,5		527,000	6,1996
45	1368,3		624,735	7,3494

$NaPO_3$ (20°)

%	l-Gew.
1	1006,4
2	1014,5
4	1030,4
6	1046,1
8	1061,4

Na_3PO_4 (15°)

%	l-Gew.	g/l	mol/l
1	1008,7	10,087	0,0615
2	1019,4	20,388	0,1243
3	1029,9	30,897	0,1884
4	1040,5	41,620	0,2538
5	1051,5	52,575	0,3206
6	1062,4	63,744	0,3887
7	1073,7	75,159	0,4583
8	1085,0	86,800	0,5292
9	1096,2	98,658	0,6015
10	1108,3	110,830	0,6758

Na_2HPO_4 (18°)

%	l-Gew.	g/l	mol/l
1	1009	10,09	0,0710
2	1020	20,40	0,1436
3	1031	30,93	0,2178
4	1043	41,72	0,2938
5	1055	52,75	0,3714
6	1067	64,02	0,4508

NaH_2PO_4 (25°)

%	l-Gew.	g/l	mol/l
1	1004,5	10,045	0,0837
2	1012,0	20,240	0,1686
4	1027,0	41,080	0,3422
6	1042,2	62,532	0,5209
8	1057,5	84,600	0,7047
10	1073,0	107,300	0,8938

$Na_4P_2O_7$ (20°)

%	l-Gew.
1	1009
2	1019
3	1028
4	1037

Na_3AsO_4 (17°)

%	l-Gew.
1	1009,7
2	1020,7
4	1043,1
6	1065,9
8	1089,2
10	1113,0
12	1137,3

Na_2HAsO_4 (14°)

%	l-Gew.
1	1009,0
2	1017,5
4	1035,5
6	1055,3
8	1075,5
10	1096,4
12	1118,0
14	1140,6
16	1163,5

Na_2CO_3 (20°)

%	l-Gew.	A	g/l	mol/l
1	1008,6	0,2	10,086	0,0952
2	1019,0	0,2	20,380	0,1923
3	1029,4	0,2	30,882	0,2913
4	1039,8	0,2	41,592	0,3924
5	1050,2	0,2	52,510	0,4954
6	1060,6	0,3	63,636	0,6004
7	1071,1	0,3	74,977	0,7073
8	1081,6	0,4	86,528	0,8163
9	1092,2	0,4	98,298	0,9273
10	1102,9	0,4	110,290	1,0405
11	1113,6	0,4	122,496	1,1556
12	1124,4	0,4	134,928	1,2729
13	1135,4	0,4	147,602	1,3925

Na_2CO_3 (30°)

%	l-Gew.	A
14	1141,7	0,4
15	1152,6	0,4
16	1163,6	0,4
17	1174,7	0,4
18	1185,9	0,4
19	1197,2	0,4
20	1208,6	0,5
21	1220,1	0,5
22	1231,7	0,5
23	1243,4	0,5
24	1255,2	0,5
25	1267,1	0,5
26	1279,0	0,5
27	1291,0	0,5
28	1303,1	0,5
29	1315,2	0,5
30	1327,4	0,5

322212 (Fortsetzung).

$NaHCO_3$ (18°)

%	l-Gew.
1	1005,9
2	1013,2
3	1020,6
4	1028,0
5	1035,4
6	1042,9
7	1050,5
8	1058,1

NaCNS (18°)

%	l-Gew.
1	1003,8
2	1009,0
4	1019,6
6	1030,3
8	1041,1
10	1052,0
14	1074,1
18	1096,6
22	1119,7
26	1143,3
30	1167,7
35	1196
40	1228
45	1265

Na_2SiO_3 (18°)

%	l-Gew.
1	1009,4
2	1020,3
4	1042,5
6	1065,2
8	1088,4
10	1112,2
12	1136,5
14	1161,3
16	1186,6
18	1212,3
20	1238,5
22	1265,3
24	1292,6
26	1320,4

$Na_2O \cdot 1{,}69\ SiO_2$ (20°) (Wasserglas)

%	l-Gew.	g/l
1	1007	10,07
2	1017	20,34
4	1036	41,44
6	1056	63,36
8	1077	86,16
10	1098	109,80
12	1119	134,28
14	1141	159,74
18	1186	213,48
26	1284	333,84
34	1394	473,96
38	1456	553,28

$Na_2O \cdot 2{,}06\ SiO_2$ (20°) (Wasserglas)

%	l-Gew.	g/l
1	1007	10,07
2	1016	20,32
4	1035	41,40
6	1054	63,24
8	1073	85,84
10	1093	109,30
12	1113	133,56
14	1134	158,76
18	1178	212,04
26	1271	330,46
34	1371	466,14
38	1423	540,74

$Na_2O \cdot 2{,}4\ SiO_2$ (20°)

%	l-Gew.	g/l
1	1007	10,07
2	1016	20,32
4	1034	41,36
6	1052	63,12
8	1071	85,68
10	1090	109,00
12	1110	133,20
16	1151	184,16
28	1285	359,80
30	1309	392,70
34	1360	462,40
38	1415	537,70

$Na_2O \cdot 3{,}36\ SiO_2$ (20°)

%	l-Gew.	g/l
1	1006	10,06
2	1014	20,28
4	1030	41,20
6	1047	62,82
10	1083	108,30
14	1120	156,80
18	1159	208,62
22	1200	264,00
26	1244	323,44
30	1290	387,00
34	1339	455,26
38	1393	529,34

$NaBO_2$ (20°)

%	l-Gew.
1	1008,9
2	1019,8
4	1041,7
6	1064,0
8	1086,6
10	1109,5
12	1132,7

$Na_2B_4O_7$ (15°)

%	l-Gew.
0,5	1004,2
1,0	1008,4
1,5	1013,1
2,0	1017,9
2,5	1022,6
3,0	1027,4
3,5	1032,1

KF (18°)

%	l-Gew.
1	1007,2
2	1015,9
4	1033,4
6	1051,2
8	1069,3
10	1087,7
12	1106,4
14	1125,4
16	1144,8
18	1164,6
20	1184,7
22	1205,2
26	1247,1

KCl (20°)

%	l-Gew.	A	g/l	mol/l
1	1004,6	0,21	10,046	0,1347
2	1011,0	0,23	20,220	0,2712
4	1023,9	0,25	40,956	0,5494
6	1036,9	0,27	62,214	0,8345
8	1050,0	0,29	84,000	1,1267
10	1063,3	0,31	106,330	1,4262
12	1076,8	0,33	129,216	1,7332
14	1090,5	0,35	152,670	2,0478
16	1104,3	0,37	176,688	2,3716
18	1118,5	0,39	201,330	2,7004
20	1132,8	0,41	226,560	3,0389
22	1147,4	0,43	252,428	3,3859
24	1162,3	0,44	278,952	3,7417

$KClO_3$ (18°)

%	l-Gew.
1	1004,9
2	1011,3
3	1017,8
4	1024,5
5	1031,2
6	1038,0

$KClO_4$ (15°)

%	l-Gew.
0,2	1000,4
0,4	1001,6
0,6	1002,9
0,8	1004,1
1,0	1005,4
1,2	1006,7
1,4	1007,9
1,6	1009,2
1,8	1010,5

KBr (20°)

%	l-Gew.	A	g/l	mol/l
1	1005,4	0,21	10,054	0,0845
2	1012,7	0,22	20,254	0,1702
4	1027,5	0,24	41,100	0,3453
6	1042,6	0,27	62,556	0,5256
8	1058,1	0,29	84,648	0,7112
10	1074,0	0,31	107,400	0,9023
12	1090,3	0,33	130,836	1,0993
14	1107,0	0,35	154,980	1,3021
16	1124,2	0,37	179,872	1,5113
18	1141,9	0,39	205,542	1,7269
20	1160,1	0,41	232,020	1,9494
24	1198,0	0,45	287,520	2,4157
28	1238,3	0,49	346,724	2,9131
30	1259,3	0,52	377,790	3,1741
35	1314,7	0,58	460,145	3,8661
40	1374,6	0,62	549,840	4,6196

$KBrO_3$ (20°)

%	l-Gew.
1	1005,6
2	1013,1
3	1020,6
4	1028,2
5	1035,9

KJ (20°)

%	l-Gew.	A	g/l	mol/l
1	1005,5	0,21	10,055	0,0606
2	1013,0	0,22	20,260	0,1220
4	1028,1	0,24	41,124	0,2477
6	1043,7	0,26	62,622	0,3772
8	1059,7	0,28	84,776	0,5106
10	1076,1	0,30	107,610	0,6482
12	1093,0	0,32	131,160	0,7900
14	1110,4	0,35	155,456	0,9364
16	1128,4	0,37	180,544	1,0875
20	1166,0	0,41	233,200	1,4047
24	1206,0	0,46	289,440	1,7434
28	1248,7	0,50	349,636	2,1060
35	1330,8	0,58	465,780	2,8056
40	1395,9	0,63	558,360	3,3632
50	1545,8	0,74	772,900	4,6556
60	1731		1038,600	6,2559

322212 (Fortsetzung).

KJO_3 (18°)	
%	l-Gew.
1	1007,1
2	1015,7
3	1024,5
4	1033,3
5	1042,4
6	1051,5

K_2S (18°)	
%	l-Gew.
1	1009
2	1017
4	1033
6	1049
8	1066
10	1083
12	1100
14	1118
16	1136
18	1154
20	1173
24	1211
28	1250
35	1320
40	1372
45	1432

KHS (18°)	
%	l-Gew.
1	1004,5
2	1010,5
4	1022,4
6	1034,3
8	1046,3
10	1058,3
12	1070,4
14	1082,6
16	1094,9
18	1107,2
20	1119,6
24	1144,7
28	1170,1
35	1215,2
40	1247,9
45	1281,0
50	1314,4

K_2SO_3 (15°)	
%	l-Gew.
1	1007
2	1016
4	1032
6	1049
8	1067
10	1085
12	1103
14	1121
16	1140
18	1160
20	1179
22	1199
24	1220
26	1240

K_2SO_4 (20°)				
%	l-Gew.	A	g/l	mol/l
1	1006,3	0,22	10,063	0,0578
2	1014,5	0,23	20,290	0,1164
3	1022,7		30,681	0,1761
4	1031,0	0,26	41,240	0,2367
5	1039,3		51,965	0,2982
6	1047,7	0,28	62,862	0,3608
7	1056,1		73,927	0,4243
8	1064,6	0,31	85,168	0,4888
9	1073,1		96,579	0,5543
10	1081,7	0,34	108,170	0,6208

$KHSO_4$ (18°)	
%	l-Gew.
1	1006,7
2	1014,2
4	1028,5
6	1042,5
8	1056,8
10	1072,0
12	1086,5
14	1102,0
16	1117,5
18	1133,5
20	1151,0
22	1167,0
24	1184,0
26	1201,8
27	1211,0

KNO_2 (17,5°)	
%	l-Gew.
1	1005
2	1011
4	1024
6	1037
8	1049
10	1062
12	1075
14	1088
16	1102
18	1116
22	1144
26	1172
30	1203
35	1242
40	1284
50	1378
60	1484
70	1598

KNO_3 (20°)				
%	l-Gew.	A	g/l	mol/l
1	1004,5	0,22	10,045	0,0994
2	1010,8	0,23	20,216	0,1999
4	1023,4	0,26	40,936	0,4049
6	1036,3	0,29	62,178	0,6150
8	1049,4	0,32	83,952	0,8301
10	1062,7	0,35	106,270	1,0510
12	1076,2	0,37	129,144	1,2773
14	1089,9	0,39	152,586	1,5092
16	1103,9	0,41	176,624	1,7470
18	1118,1	0,43	201,258	1,9906
20	1132,6	0,45	226,520	2,2405
22	1147,3	0,46	252,406	2,4965
24	1162,3	0,47	278,952	2,7591

KH_2PO_4 (10°)	
%	l-Gew.
1	1007,0
2	1014,2
4	1028,4
6	1042,5
8	1056,7
10	1071,1
12	1086,3
14	1102,8

K_2CO_3 (20°)				
%	l-Gew.	A	g/l	mol/l
1	1007,2	0,22	10,072	0,0729
2	1016,3	0,24	20,326	0,1471
4	1034,5	0,27	41,380	0,2994
6	1052,9	0,30	63,174	0,4571
8	1071,5	0,33	85,720	0,6203
10	1090,4	0,35	109,040	0,7890
12	1109,6	0,37	133,152	0,9635
14	1129,1	0,39	158,074	1,1438
16	1149,0	0,41	183,840	1,3302
18	1169,2	0,43	210,456	1,5228
20	1189,8	0,44	237,960	1,7219
24	1232,0	0,47	295,680	2,1395
28	1275,6	0,50	357,168	2,5844
35	1354,8	0,53	474,180	3,4311
40	1414,1	0,55	565,640	4,0929
45	1475,9	0,56	664,155	4,8058
50	1540,4	0,58	770,200	5,5731
53	1567,3		830,669	6,0106

322212 (Fortsetzung).

$KHCO_3$ (15°)

%	l-Gew.
1	1005,8
2	1012,5
4	1026,0
6	1039,6
8	1053,4
10	1067,4

KCN (15°)

%	l-Gew.	g/l	mol/l
1	1004,1	10,041	0,1542
2	1009,2	20,184	0,3099
4	1019,4	40,776	0,6261
6	1029,7	61,782	0,9487
8	1040,1	83,208	1,2777
10	1050,6	105,060	1,6132
12	1061,2	127,344	1,9554
14	1071,8	150,052	2,3041
16	1082,5	173,200	2,6595
18	1093,1	196,758	3,0212

KCNS (18°)

%	l-Gew.
1	1003,5
2	1008,5
6	1028,8
10	1049,5
14	1070,8
18	1092,7
22	1115,2
26	1138,2
30	1161,8
40	1220,0
50	1284,9
60	1355,4
70	1430,7

K_2SiO_3 (20°)

%	l-Gew.
1	1007
2	1016
4	1035
6	1054
8	1073
10	1092
12	1112
14	1133
16	1153
18	1175
20	1196
24	1241
28	1288

Rb_2SO_4 (20°)

%	l-Gew.	A
1	1006,6	0,22
2	1015,0	0,23
4	1032,2	0,26
6	1049,9	0,27
8	1068,0	0,29
10	1086,4	0,30
12	1105,2	0,32
14	1124,6	0,34
16	1144,6	0,35
18	1165,2	0,37
20	1186,4	0,39
22	1208,3	0,41
26	1254,2	0,42
30	1302,8	0,43

$RbNO_3$ (20°)

%	l-Gew.	A
1	1005,3	0,21
2	1012,5	0,23
4	1027,2	0,25
6	1042,2	0,28
8	1057,5	0,30
10	1073,1	0,32
12	1089,2	0,34
14	1105,7	0,36
16	1122,7	0,37
18	1140,1	0,39
20	1158,0	0,41
22	1176,3	0,43

Cs_2SO_4 (20°)

%	l-Gew.	A
1	1006,1	0,21
2	1014,4	0,23
4	1031,6	0,25
6	1049,4	0,27
8	1067,6	0,28
10	1087,0	0,29
12	1107,1	0,29
14	1127,5	0,30
16	1148,4	0,31
18	1169,6	0,32
20	1191,3	0,32
22	1213,7	0,33
24	1237,5	0,34
26	1264,3	0,39

NH_4F (18°)

%	l-Gew.
1	1003,4
2	1008,5
4	1017,8
6	1026,5
8	1034,6
10	1042,0
12	1048,7
14	1054,7

NH_4Cl (20°)

%	l-Gew.	A	g/l	mol/l
1	1001,3	0,21	10,013	0,1872
2	1004,5	0,22	20,090	0,3755
4	1010,7	0,25	40,428	0,7556
6	1016,8	0,27	61,008	1,1404
8	1022,7	0,28	81,816	1,5294
10	1028,6	0,29	102,860	1,9227
12	1034,4	0,30	124,128	2,3203
14	1040,1	0,31	145,614	2,7219
16	1045,7	0,32	167,312	3,1275
18	1051,2	0,32	189,216	3,5369
20	1056,7	0,32	211,340	3,9505
22	1062,1	0,32	233,662	4,3678
26	1072,6		278,876	5,2129

NH_4Br (18°)

%	l-Gew.	A
1	1004,3	0,22
2	1010,0	0,23
4	1021,5	0,25
6	1033,2	0,27
8	1045,1	0,28
10	1057,2	0,29
14	1082,2	0,32
18	1108,1	0,34
22	1135,2	0,36
26	1163,5	0,39
30	1193,3	0,45
34	1224,7	0,54

NH_4J (18°)

%	l-Gew.
1	1005,0
2	1011,4
4	1024,4
6	1037,7
10	1065,2
14	1094,2
18	1124,8
22	1157,0
26	1190,8
30	1226,5
35	1274,5
40	1326,4
50	1442,3

$(NH_4)_2SO_4$ (20°)

%	l-Gew.	A	g/l	mol/l
1	1004,1	0,22	10,041	0,0760
2	1010,1	0,23	20,202	0,1529
4	1022,0	0,25	40,880	0,3094
6	1033,8	0,26	62,028	0,4694
8	1045,6	0,28	83,648	0,6330
10	1057,4	0,29	105,740	0,8002
12	1069,1	0,30	128,292	0,9709
14	1080,8	0,31	151,312	1,1451
16	1092,4	0,32	174,784	1,3227
18	1103,9	0,33	198,702	1,5037
20	1115,4	0,34	223,080	1,6882
24	1138,3	0,36	273,192	2,0674
28	1160,9	0,37	325,052	2,4597
30	1172,1	0,38	351,630	2,6610
35	1200,0	0,38	420,000	3,1784
40	1227,7	0,38	491,080	3,7164
50	1282,5	0,39	641,250	4,8525

NH_4NO_3 (20°)

%	l-Gew.	A	g/l	mol/l
1	1002,3	0,22	10,023	0,1252
2	1006,4	0,23	20,128	0,2514
4	1014,7	0,26	40,588	0,5071
6	1023,0	0,29	61,380	0,7668
8	1031,3	0,31	82,504	1,0307
10	1039,7	0,34	103,970	1,2989
12	1048,2	0,36	125,784	1,5714
14	1056,7	0,38	147,938	1,8481
16	1065,3	0,40	170,448	2,1293
18	1074,0	0,42	193,320	2,4151
20	1082,8	0,44	216,560	2,7054
24	1100,5	0,47	264,120	3,2996
28	1118,6	0,49	313,208	3,9128
35	1151,2	0,54	402,920	5,0335
40	1175,4	0,57	470,160	5,8735
50	1225,8	0,63	612,900	7,6568
55	1252,0		688,600	8,6024

322212 (Fortsetzung).

NH_4NO_3

Ammoniumnitratlösung: Litergewichte in Gramm bei verschiedenen Temperaturen und Konzentrationen.

Gew.-%	20° C	40° C	60° C	80° C	100° C	120° C	140° C	160° C	180° C	200° C	220° C
20	1083,0	1072,5	1062,0	1055,0	1041,0	—	—	—	—	—	—
30	1127,5	1116,0	1104,5	1093,5	1082,0	—	—	—	—	—	—
40	1175,0	1163,0	1151,0	1139,0	1127,0	—	—	—	—	—	—
50	1225,0	1213,0	1200,5	1187,5	1174,5	—	—	—	—	—	—
60	1278,5	1266,0	1252,5	1239,5	1226,5	—	—	—	—	—	—
70	—	1322,0	1309,0	1296,0	1282,5	—	—	—	—	—	—
80	—	—	1368,5	1355,5	1342,0	1328,5	—	—	—	—	—
90	—	—	—	—	1407,5	1393,0	1378,5	—	—	—	—
94	—	—	—	—	—	1421,0	1406,5	1394,0	—	—	—
97	—	—	—	—	—	—	1428,5	1416,5	1406,0	—	—
99	—	—	—	—	—	—	—	1432,5	1422,5	1412,0	1403,0
gesättigte Lösung											
Gew.-%	66,1	73,3	80,2	85,9	91,0	94,7	97,4	99,4	—	—	—
l-Gew.	1311,5	1341,5	1351,9	1394,0	1414,5	1426,0	1432,0	1436,0	—	—	—

$(NH_4)_2CO_3$ (15°)

%	l-Gew.
1	1002,6
2	1006,1
4	1013,0
6	1019,9
8	1026,7
10	1033,5
12	1040,3
14	1047,1
16	1053,9
18	1060,7
20	1067,5
24	1080,8
28	1094,0
30	1100,6
35	1115,7
40	1129,4

NH_4CNS (18°)

%	l-Gew.
1	1000,9
2	1003,2
4	1007,8
6	1012,4
8	1017,0
10	1021,6
12	1026,3
14	1030,9
16	1035,6
18	1040,2
22	1049,5
26	1058,9
30	1064,5
38	1081,8
46	1100,7
50	1110,8
58	1132,2

$N_2H_4 \cdot 2\,HCl$ (20°)

%	l-Gew.
1	1002,6
2	1007,0
4	1015,8
6	1024,6
8	1033,4
10	1042,2
12	1050,9
14	1059,6
16	1068,3
18	1077,0

$NH_2OH \cdot HCl$ (17°)

%	l-Gew.
1	1004,6
2	1008,4
4	1016,7
6	1025,3
8	1034,0
10	1043,7
15	1065,5
20	1088,8
25	1112,6

$BeCl_2$ (18°)

%	l-Gew.
2	1011,8
4	1025,1
6	1038,6
8	1052,3
10	1066,3
12	1080,6
14	1095,2

$BeSO_4$

%	l-Gew. bei 20°
4	1034,2
6	1052,1
8	1071,3
10	1090,6
12	1109,8

%	l-Gew. bei 25°
1	1005,8
2	1014,7
3	1023,7
4	1032,7

$Be(NO_3)_2$ (18°)

%	l-Gew.
2	1010,8
4	1023,3
6	1036,1
8	1049,1
10	1062,4
12	1076,1
14	1090,2
16	1104,6
18	1119,3
20	1134,4
22	1149,9
24	1165,7
28	1198,5

$MgCl_2$ (20°)

%	l-Gew.	g/l	mol/l
2	1015,0	20,300	0,2131
8	1065,4	85,232	0,8949
14	1118,8	156,632	1,6448
20	1175,7	235,140	2,4692
26	1235,3	321,178	3,3723
32	1299,8	415,936	4,3677

$MgCl_2$ (30°)

%	l-Gew.	g/l	mol/l
2	1012,2	20,244	0,2126
8	1061,9	84,952	0,8920
14	1114,8	156,072	1,6387
20	1171,3	234,260	2,4597
26	1230,7	319,982	3,3597
32	1292,8	413,696	4,3437

$MgBr_2$

%	20°	A
2	1015,1	0,21
4	1032,4	0,23
6	1050,1	0,24
8	1068,3	0,25
10	1087,1	0,26
12	1106,5	0,28
14	1126,5	0,29
16	1147,1	0,30
18	1168,3	0,32
20	1190,3	0,33
25	1248,2	0,38
30	1311,0	0,42
35	1379	
40	1452	
45	1532	

322212 (Fortsetzung).

MgJ_2 (20°)			$MgSO_4$ (20°)					$Mg(NO_3)_2$ (20°)				
%	l-Gew.	A	%	l-Gew.	A	g/l	mol/l	%	l-Gew.	A	g/l	mol/l
2	1014,9	0,22	2	1018,6	0,23	20,372	0,1692	2	1013,2	0,24	20,264	0,1366
4	1032,1	0,24	4	1039,2	0,25	41,568	0,3453	4	1028,5	0,27	41,140	0,2773
6	1049,8	0,25	6	1060,2	0,27	63,612	0,5284	6	1044,1	0,29	62,646	0,4223
8	1068,0	0,27	8	1081,6	0,29	86,522	0,7187	8	1060,0	0,32	84,800	0,5717
10	1086,9	0,29	10	1103,4	0,31	110,340	0,9166	10	1076,2	0,35	107,620	0,7255
12	1106,5	0,30	12	1125,6	0,33	135,072	1,1220	12	1092,8	0,37	131,136	0,8840
14	1126,8	0,31	14	1148,4	0,34	160,776	1,3356	14	1109,8	0,40	155,372	1,0474
15	1137,3	0,32	16	1171,7	0,35	187,472	1,5573	16	1127,2	0,42	180,352	1,2158
18	1169,5	0,35	18	1195,5	0,36	215,190	1,7876	18	1144,9	0,45	206,082	1,3893
20	1192,0	0,37	20	1219,8	0,37	243,960	2,0266	20	1163,0	0,47	232,600	1,5681
25	1251,9	0,42	22	1244,7	0,37	273,834	2,2747	22	1181,5	0,50	259,930	1,7523
30	1318,0	0,46	24	1270,1	0,38	304,824	2,5322	24	1200,4	0,53	288,096	1,9422
35	1391,4	0,51	26	1296,1	0,38	336,986	2,7994					
40	1473,0	0,56										
50	1660											
55	1776											

$CaCl_2$ (20°)					$CaBr_2$ (20°)			CaJ_2 (20°)			$CaSO_4$ (15°)	
%	l-Gew.	A	g/l	mol/l	%	l-Gew.	A	%	l-Gew.	A	%	l-Gew.
1	1007,0		10,070	0,0907	2	1015,2	0,22	2	1015,0	0,22	0,198	1001,2
2	1014,8	0,23	20,296	0,1829	4	1032,6	0,24	4	1032,3	0,24		gesättigte Lösung
4	1031,6	0,25	41,264	0,3718	6	1050,4	0,26	6	1050,0	0,26		
6	1048,6	0,27	62,916	0,5668	8	1068,8	0,28	8	1068,3	0,28		
8	1065,9	0,29	85,272	0,7683	10	1087,7	0,30	10	1087,3	0,30		
10	1083,5	0,31	108,350	0,9761	12	1107,1	0,32	12	1106,9	0,32		
12	1101,5	0,33	132,180	1,1909	14	1127,2	0,34	14	1127,3	0,34		
14	1119,8	0,35	156,772	1,4124	16	1148,0	0,36	16	1148,5	0,36		
16	1138,6	0,38	182,176	1,6413	18	1169,6	0,38	18	1170,3	0,38		
18	1157,8	0,40	208,404	1,8776	20	1191,9	0,40	20	1192,8	0,40		
20	1177,5	0,42	235,500	2,1217	25	1249,9	0,46	25	1253,0	0,46		
25	1228,4	0,47	307,100	2,7668	30	1312,5	0,53	30	1319,5	0,52		
28	1260,3	0,50	352,884	3,1793	35	1381		35	1392,8	0,59		
30	1281,6	0,52	384,480	3,4640	40	1457		40	1473,4	0,66		
35	1337,3	0,56	468,055	4,2169	45	1541						
40	1395,7	0,60	558,280	5,0298	50	1635						

$Ca(NO_3)_2$ (18°)				$SrCl_2$ (20°)			$Sr(NO_3)_2$ (20°)	
%	l-Gew.	g/l	mol/l	%	l-Gew.	A	%	l-Gew.
2	1013,7	20,274	0,1236	2	1016,1	0,22	2	1015
4	1029,1	41,164	0,2509	4	1034,4	0,25	4	1031
6	1044,8	62,676	0,3820	6	1053,2	0,27	6	1048
8	1060,8	84,864	0,5172	8	1072,6	0,29	8	1065
10	1077,1	107,710	0,6564	10	1092,5	0,31	10	1083
12	1093,7	131,244	0,7998	12	1113,0	0,33	12	1101
14	1110,6	155,484	0,9475	14	1134,1	0,36	14	1119
16	1127,9	180,464	1,0998	16	1155,8	0,38	16	1138
18	1145,5	206,190	1,2565	18	1178,1	0,40	18	1158
20	1163,6	232,720	1,4182	20	1201,0	0,42	20	1179
25	1211	302,75	1,845	25	1260		25	1233
30	1259	377,70	2,302	30	1325		30	1290
35	1311	458,85	2,796	35	1396		35	1352
40	1366	546,40	3,330				40	1419
45	1423	640,35	3,902					

322212 (Fortsetzung).

$BaCl_2$ (20°)

%	l-Gew.	A	g/l	mol/l
2	1015,9	0,22	20,318	0,0976
4	1034,1	0,24	41,364	0,1986
6	1052,8	0,27	63,168	0,3033
8	1072,1	0,29	85,768	0,4118
10	1092,1	0,31	109,210	0,5244
12	1112,8	0,33	133,536	0,6412
14	1134,2	0,35	158,788	0,7624
16	1156,4	0,37	185,024	0,8884
18	1179,3	0,40	212,274	1,0192
20	1203,1	0,42	240,620	1,1553
22	1227,7	0,45	270,094	1,2966
24	1253,1	0,47	300,744	1,4440
26	1279,3	0,50	332,618	1,5971

$Ba(NO_3)_2$ (18°)

%	l-Gew.
1	1007,2
2	1015,1
4	1032,0
6	1049,4
8	1067,4
10	1086

$AlCl_3$ (18°)

%	l-Gew.	g/l	mol/l
1	1007,5	10,075	0,0756
2	1016,4	20,328	0,1525
4	1034,4	41,376	0,3103
6	1052,6	63,156	0,4736
8	1071,1	85,688	0,6426
10	1090,0	109,000	0,8175
12	1109,3	133,116	0,9983
14	1129,0	158,060	1,1854
16	1149,1	183,856	1,3789

$Al_2(SO_4)_3$ (19°)

%	l-Gew.	g/l	mol/l
1	1009	10,09	0,0295
2	1019	20,38	0,0596
4	1040	41,60	0,1216
6	1061	63,66	0,1861
8	1083	86,64	0,2532
10	1105	110,50	0,3230
12	1129	135,48	0,3960
14	1152	161,28	0,4714
16	1176	188,16	0,5499
18	1201	216,18	0,6319
20	1226	245,20	0,7167
22	1252	275,44	0,8051
24	1278	306,72	0,8965
26	1306	339,56	0,9925
28	1333	375,24	1,0910

$AlK(SO_4)_2$ (19°)

%	l-Gew.
1	1007,9
2	1017,4
3	1027,0
4	1036,9
5	1046,5
6	1056,5

$Al(NH)_4(SO_4)_2$ (15°)

%	l-Gew.
1	1007,9
2	1016,7
4	1034,8
6	1053,3
8	1072,3
10	1091,9
12	1112,1
14	1132,9
16	1154,1
18	1175,7
20	1197,6
22	1219,7
24	1242,0
30	1309,8

Lösungen über 6% sind übersättigt

$Al(NO_3)_3$ (18°)

%	l-Gew.
1	1006,5
2	1014,4
4	1030,5
6	1046,9
8	1063,8
10	1081,1
12	1098,9
14	1117,1
16	1135,7
18	1154,9
20	1174,5
24	1215,3
28	1258,2
30	1280,5
32	1303,6

$La(NO_3)_3$ (18°)

%	l-Gew.
1	1007,6
2	1016,7
4	1035,3
6	1054,5
8	1074,2
10	1094,5
12	1115,3
14	1136,8
16	1158,9
18	1181,7
20	1205,2
22	1229,5
24	1254,7
26	1280,9
28	1308,0
30	1336,0

$Ce_2(SO_4)_3$ (15°)

%	l-Gew.	g/l	mol/l
1	1009,0	10,090	0,0177
2	1019,0	20,380	0,0358
4	1039,5	41,580	0,0731
6	1060,6	63,636	0,1119
8	1082,3	86,584	0,1523
10	1104,7	110,470	0,1942
12	1127,9	135,348	0,2380
14	1152,0	161,280	0,2836
16	1177,0	188,320	0,3311
18	1203,0	216,540	0,3808
20	1230,0	246,000	0,4326
22	1258,2	276,804	0,4867
24	1287,6	308,924	0,5432

$Ce(NO_3)_3$

%	l-Gew.	g/l	mol/l
0,02	998,3	0,200	0,0061
0,11	999,0	1,099	0,0034
1,05	1007,1	10,574	0,0324
5,06	1042,2	52,735	0,1617
9,73	1085,2	105,590	0,3237
17,95	1169,9	209,997	0,6439

322212 (Fortsetzung).

$Th(NO_3)_4$ (15°)

%	l-Gew.	g/l	mol/l
1	1007,9	10,079	0,0210
2	1016,9	20,338	0,0424
4	1035,4	41,416	0,0862
6	1054,6	63,276	0,1318
8	1074,7	85,976	0,1790
10	1095,7	109,570	0,2282
12	1117,6	134,112	0,2793
14	1140,4	159,626	0,3324
16	1164,0	186,240	0,3878
18	1188,5	213,930	0,4455

CrO_3 (15°)

%	l-Gew.
1	1006
2	1014
4	1030
6	1045
8	1060
10	1076
12	1093
14	1110
16	1127
18	1145
20	1163
24	1200
28	1240
30	1260
35	1313
40	1371
45	1435
50	1505
55	1581
60	1663

Na_2CrO_4 (18°)

%	l-Gew.	g/l	mol/l
1	1007,4	10,074	0,0218
2	1016,3	20,326	0,1255
4	1034,4	41,376	0,2554
6	1052,9	63,174	0,3900
8	1071,8	85,744	0,5293
10	1091,2	109,120	0,6736
12	1111,0	133,320	0,8229
14	1131,2	158,368	0,9776
16	1151,8	184,288	1,1376
18	1172,8	211,104	1,3031
20	1194,2	238,840	1,4743
22	1216,0	267,520	1,6513
24	1238,3	297,192	1,8345
26	1261,1	327,886	2,0239

$Na_2Cr_2O_7$ (15°)

%	l-Gew.	g/l	mol/l
1	1006	10,06	0,0384
2	1013	20,26	0,0773
4	1027	41,08	0,1568
6	1041	62,46	0,2384
8	1056	84,48	0,3224
10	1070	107,00	0,4084
12	1084	130,08	0,4965
14	1098	153,72	0,5867
16	1112	177,92	0,6791
18	1126	202,68	0,7736
22	1153	253,66	0,9658
26	1179	306,54	1,1700
30	1207	362,10	1,3820
35	1244	435,40	1,6618
40	1279	511,60	1,9526
45	1312	590,40	2,2536
50	1342	671,00	2,5610

K_2CrO_4 (18°)

%	l-Gew.
1	1006,6
2	1014,7
4	1031,1
6	1047,7
8	1064,7
10	1082,1
12	1099,9
14	1118,1
16	1136,6
18	1155,5
20	1174,8
24	1214,7
28	1256,6
30	1278,4
32	1301,0
36	1347,8
40	1396,3

$K_2Cr_2O_7$ (20°)

%	l-Gew.
1	1005,2
2	1012,2
3	1019,3
4	1026,4
5	1033,6
6	1040,8
7	1048,1
8	1055,4
9	1062,8
10	1070,3
11	1077,9
12	1085,5

$CrCl_3$ (18°) (violett)

%	l-Gew.
1	1007,6
2	1016,6
4	1034,9
6	1053,5
8	1072,4
10	1091,7
12	1111,4
14	1131,6
(dunkelgrün)	
1	1007,1
2	1015,7
4	1033,2
6	1051,0
8	1069,1
10	1087,6
12	1106,5

$Cr_2(SO_4)_3$ (15°) (violett)

%	l-Gew.
1	1009,1
2	1019,1
4	1039,5
6	1060,4
8	1081,7
10	1103,4
12	1125,7
14	1148,6
16	1172,2
18	1196,6
20	1221,8
22	1247,9
24	1275,0
26	1303,2
28	1332,5

$Cr_2(SO_4)_3$ (15°) (grün)

%	l-Gew.
1	1008,1
2	1017,2
4	1035,8
6	1055,1
8	1075,1
10	1095,8
12	1117,2
14	1139,2
16	1161,8
18	1185,1
20	1209,1
24	1259,4
28	1312,5
30	1340,1
35	1412,3
40	1489,3

$CrK(SO_4)_2$ (15°) (violett)

%	l-Gew.
1	1008,6
2	1018,2
4	1037,6
6	1057,3
8	1077,3

$CrK(SO_4)_2$ (15°) (grün)

%	l-Gew.
1	1007
2	1016
4	1034
6	1052
8	1070
10	1089
12	1109
14	1129
16	1150
18	1171
20	1193
22	1216
24	1239
26	1263
28	1289
30	1315
35	1383
40	1456
45	1533
50	1615

$CrNH_4(SO_4)_2 \cdot 12\,H_2O$ (15°) (violett)

% Anh.	l-Gew.
1	1008,1
2	1017,2
4	1035,7
6	1054,5

s. a. folg. Seite.

322212 (Fortsetzung).

$CrNH_4(SO_4)_2 \cdot 12 H_2O$ (15°) (grün)		$Cr(NO_3)_3$ (15°) (violett)		Na_2MoO_4 (15°)		K_2MoO_4 (15°)		WO_3 (17,5°)	
% Anh.	l-Gew.	%	l-Gew.	%	l-Gew.	%	l-Gew.	%	l-Gew.
1	1007	1	1007,3	1	1007,8	1	1007,1	1	1008
2	1015	2	1015,5	2	1016,5	2	1015,2	2	1017
4	1031	4	1032,2	4	1034,3	4	1031,6	4	1036
6	1048	6	1049,2	6	1052,6	6	1048,4	6	1055
8	1065	8	1066,6	8	1071,3	8	1065,7	8	1076
10	1082	10	1084,4	10	1090,5	10	1083,4	10	1097
12	1100	12	1102,7	12	1110,2	12	1101,5	12	1118
14	1118	14	1121,4	14	1130,4	14	1120,0	14	1141
16	1137	16	1140,7	16	1151,1	16	1138,9	16	1165
18	1156	18	1160,6	18	1172,4			18	1190
20	1176	20	1181,0	20	1194,3			20	1216
24	1217	22	1202,0	22	1216,8			24	1272
28	1260	24	1223,6					28	1331
35	1341	26	1245,9					32	1397
40	1403	28	1269,0					36	1468
50	1542	30	1292,9					40	1548
s. a. vorh. Seite.								44	1637

Na_2WO_4 (20°)		K_2WO_4 (15°)		$UO_2(NO_3)_2$ (25°)				$KMnO_4$ (15°)	
%	l-Gew.	%	l-Gew.	%	l-Gew.	g/l	mol/l	%	l-Gew.
1	1007,4	1	1007,7	1	1003,7	10,037	0,0255	1	1006,0
2	1016,6	2	1016,4	2	1010,4	20,208	0,0513	2	1013,0
4	1035,4	4	1034,1	4	1024,2	40,968	0,1040	3	1020,0
6	1054,6	6	1052,3	6	1039	62,34	0,1633	4	1027,1
8	1074,2	8	1071,1	8	1055	84,40	0,2142	5	1034,2
10	1094,4	10	1090,5	10	1072	107,20	0,2720	6	1041,4
12	1115,4	12	1110,5	12	1091	130,92	0,3322		
14	1137,2	14	1131,2	14	1111	155,54	0,3947		
16	1159,8	16	1152,7	16	1132	181,12	0,4596		
18	1183,3	18	1175,0	18	1154	207,72	0,5271		
20	1207,6			20	1177	235,40	0,5973		
22	1232,8			22	1201	264,22	0,6705		
26	1286,2			24	1226	294,24	0,7466		
30	1344,4			26	1251	325,26	0,8254		
34	1408,4			28	1277	357,56	0,9073		
38	1478,6			30	1304	391,20	0,9927		
				34	1360	462,40	1,1733		
				38	1422	540,36	1,3712		
				42	1489	625,38	1,5869		
				46	1559	717,14	1,8198		
				50	1630	815,00	2,0681		

$MnCl_2$ (18°)				$MnSO_4$ (15°)		$Mn(NO_3)_2$ (18°)		$FeCl_2$ (18°)	
%	l-Gew.	g/l	mol/l	%	l-Gew.	%	l-Gew.	%	l-Gew.
1	1006,9	10,069	0,0800	1	1008,9	1	1006,3	1	1007,5
2	1015,3	20,306	0,1614	2	1018,8	2	1014,0	2	1016,5
4	1032,4	41,296	0,3281	4	1038,9	4	1029,8	4	1034,8
6	1049,8	62,988	0,5005	6	1059,5	6	1045,9	6	1053,5
8	1067,6	85,408	0,6787	8	1080,7	8	1062,4	8	1072,6
10	1085,9	108,590	0,8629	10	1102,5	10	1079,4	10	1092,3
12	1104,6	132,552	1,0533	12	1124,8	12	1096,9	12	1112,6
14	1123,8	157,332	1,2502	14	1147,8	14	1114,9	14	1133,6
16	1143,5	182,960	1,4539	16	1171,4	16	1133,3	16	1155,1
18	1163,8	209,484	1,6646	18	1195,6	18	1152,2	18	1177,1
20	1184,6	236,920	1,8826	20	1220,5	20	1171,7	20	1199,6
22	1206,1	265,342	2,1085	22	1246,1	24	1212,5	25	1259,6
24	1228,3	294,792	2,3425	24	1272,5	28	1255,7		
26	1251,1	325,286	2,5848	26	1299,7	30	1278,1		
28	1274,6	356,888	2,8360	28	1327,7	35	1336,7		
30	1298,8	389,640	3,0962	30	1356,5	40	1399,3		
						50	1537,8		
						55	1614,6		

322212 (Fortsetzung).

$FeCl_3$ (20°)			
%	l-Gew.	g/l	mol/l
1	1007	10,07	0,0621
2	1015	20,30	0,1251
4	1032	41,28	0,2545
6	1049	62,94	0,3880
8	1067	85,36	0,5262
10	1085	108,50	0,6689
12	1104	132,48	0,8167
14	1123	157,22	0,9692
16	1142	182,72	1,1264
18	1162	209,16	1,2894
20	1182	236,40	1,4574
25	1234	308,50	1,9019
30	1291	387,30	2,3876
35	1353	473,55	2,9194
40	1417	566,80	3,4942
45	1485	668,25	4,1197
50	1551	775,50	4,7808

$FeSO_4$ (18°)			
%	l-Gew.	g/l	mol/l
1	1008,5	10,085	0,0664
2	1018,0	20,360	0,1340
4	1037,5	41,500	0,2732
6	1057,5	63,450	0,4177
8	1078,5	86,280	0,5680
10	1100,0	110,000	0,7242
12	1122,0	134,640	0,8864
14	1144,5	160,230	1,0548
16	1167,5	186,800	1,2298
18	1190,5	214,290	1,4107
20	1213,5	242,700	1,5978

$Fe(NH_4)_2(SO_4)_2$ (16,5°)	
%	l-Gew.
1	1008
2	1016
4	1032
6	1049
8	1065
10	1083
12	1100
14	1118
16	1136
18	1155

$Fe_2(SO_4)_3$ (17,5°)	
%	l-Gew.
1	1007
2	1016
4	1033
6	1050
8	1067
10	1084
12	1103
16	1141
20	1181
25	1241
30	1307
35	1376
40	1449
50	1613

$FeK(SO_4)_2$ (15°)	
%	l-Gew.
1	1008
2	1017
4	1034
6	1052
8	1071
10	1090
12	1110
14	1130
16	1155
18	1173
20	1196

$Fe(NH_4)(SO_4)_2$ (15°)	
%	l-Gew.
1	1007
2	1016
4	1032
6	1050
8	1068
10	1086
12	1104
14	1122
16	1141
18	1161
20	1181
40	1380

$Fe(NO_3)_3$ (18°)	
%	l-Gew.
1	1006,5
2	1014,4
4	1030,4
6	1046,8
8	1063,6
10	1081,0
12	1098,9
14	1117,2
16	1135,9
18	1155,1
20	1174,8
25	1228,1

$K_4Fe(CN)_6$ (20°)			
%	l-Gew.	g/l	mol/l
1	1005,1	10,051	0,0273
2	1011,9	20,238	0,0550
4	1025,6	41,024	0,1114
6	1039,5	62,370	0,1694
8	1053,6	84,288	0,2289
10	1067,8	106,780	0,2899
12	1082,3	129,876	0,3526
14	1097,1	153,594	0,4170
16	1112,0	177,920	0,4831

$K_3Fe(CN)_6$ (20°)			
%	l-Gew.	g/l	mol/l
1	1003,4	10,034	0,0305
2	1009,0	20,180	0,0613
4	1020,1	40,804	0,1240
6	1031,4	61,884	0,1880
8	1042,7	83,416	0,2534
10	1054,2	105,420	0,3202
12	1065,6	127,872	0,3884
14	1078,9	151,046	0,4588
16	1091,0	174,560	0,5303
18	1103,0	198,540	0,6031
20	1115,0	223,000	0,6774

$CoCl_2$ (18°)	
%	l-Gew.
1	1008
2	1017
4	1036
6	1055
8	1075
10	1095
12	1116
14	1137
16	1159
18	1182
20	1205

$CoSO_4$	
%	l-Gew. bei 0°
1	1010,7
2	1021,5
3	1032,4
4	1043,6
5	1054,8
6	1066,2
8	1089,0
%	l-Gew. bei 25°
1	1007,2
2	1017,4
6	1058,8
8	1080,0

$Co(NO_3)_2$ (18°)	
%	l-Gew.
1	1007
2	1015
4	1032
6	1049
8	1067
10	1085
12	1104
14	1123
16	1143
18	1163
20	1184
25	1240
30	1300

$NiCl_2$ (18°)	
%	l-Gew.
1	1008
2	1018
4	1038
6	1058
8	1079
10	1100
12	1122
14	1144
16	1167
18	1191
20	1216

$NiSO_4$ (18°)	
%	l-Gew.
1	1009
2	1020
4	1042
6	1063
8	1085
10	1109
12	1133
14	1158
16	1183
18	1209

$Ni(NO_3)_2$ (18°)	
%	l-Gew.
1	1007
2	1016
4	1033
6	1051
8	1069
10	1088
12	1108
14	1128
16	1148
18	1169
20	1191
25	1249
30	1311
35	1378

322212 (Fortsetzung).

$PtCl_4$* (Zimmertemp.) %	l-Gew.
1	1008
2	1017
4	1035
6	1054
8	1074
10	1095
12	1117
14	1139
16	1162
18	1186
20	1212
25	1283
30	1360
35	1448
40	1543
45	1663
50	1782

$CuCl_2$ (20°) %	l-Gew.
1	1007
2	1017
4	1036
6	1056
8	1076
10	1096
12	1116
14	1138
16	1160
18	1182
20	1205
22	1229
24	1253
26	1278

$CuSO_4$ (20°) %	l-Gew.
1	1009
2	1019
4	1040
6	1062
8	1084
10	1107
12	1131
14	1155
16	1180
18	1206

$Cu(NO_3)_2$ (20°) %	l-Gew.
1	1007
2	1015
4	1032
6	1050
8	1069
10	1088
12	1107
14	1126
16	1147
18	1168
20	1189
25	1248

$AgNO_3$ (20°) **			
%	l-Gew.	g/l	mol/l
1	1007,0	10,070	0,0593
2	1015,4	20,308	0,1195
4	1032,7	41,308	0,2431
6	1050,6	63,036	0,3710
8	1069,0	85,520	0,5034
10	1088,2	108,820	0,6405
12	1108,0	132,960	0,7826
14	1128,4	157,976	0,9299
16	1149,5	183,920	1,0826
18	1171,5	210,870	1,2412
20	1194,2	238,840	1,4059
25	1254,5	313,625	1,8461
30	1320,5	396,150	2,3319
35	1393,1	487,585	2,8700
40	1474,3	589,720	3,4712
50	1668	834,000	4,9091
60	1916	1149,600	6,7668

$ZnCl_2$ (20°)				
%	l-Gew.	A	g/l	mol/l
2	1016,7	0,24	20,334	0,1492
4	1035,0	0,28	41,400	0,3038
6	1053,2	0,32	63,192	0,4637
8	1071,5	0,36	85,720	0,6290
10	1089,9	0,40	108,990	0,7985
12	1108,5	0,44	133,020	0,9760
14	1127,5	0,48	157,850	1,1582
16	1146,8	0,51	183,488	1,3463
18	1166,5	0,54	209,970	1,5406
20	1186,6	0,57	237,320	1,7413
25	1238,0	0,64	309,500	2,2709
30	1292,8	0,70	387,840	2,8457
40	1417,3	0,80	566,920	4,1597
50	1568,1	0,90	784,050	5,7528
60	1749	—	1049,40	7,6998
70	1962	—	1373,40	10,0770

$ZnSO_4$ (20°)			
%	l-Gew.	g/l	mol/l
2	1019,0	20,380	0,1262
4	1040,3	41,612	0,2578
6	1062,0	63,720	0,3947
8	1084,2	86,736	0,5373
10	1107,1	110,710	0,6858
12	1130,8	135,696	0,8405
14	1155,3	161,742	1,0019
16	1180,6	188,896	1,1701
20	1232	246,40	1,5263
25	1304	326,00	2,0193
30	1378	413,40	2,5607

$Zn(NO_3)_2$ (18°) %	l-Gew.
2	1015,4
4	1032,2
6	1049,6
8	1067,5
10	1085,9
12	1104,8
14	1124,4
16	1144,5
18	1165,2
20	1186,5
25	1242,7
30	1302,9
35	1367,8
40	1437,8
50	1594,4

$CdCl_2$ (20°)		
%	l-Gew.	A
2	1015,9	0,22
4	1033,9	0,24
6	1052,4	0,26
8	1071,5	0,28
10	1091,2	0,30
12	1111,5	0,32
14	1132,4	0,34
16	1154,0	0,36
18	1176,2	0,39
20	1199,2	0,42
25	1260,4	0,49
30	1327,3	0,56
35	1401,0	0,63
40	1483,3	0,70
45	1574,8	0,77
50	1676,2	0,84

* Die Lösung enthielt etwa 0,2 Mol HCl je Mol $PtCl_4$.
** 100° s. 32222 $AgTl(NO_3)_2$ s. 32222.

322212 (Fortsetzung).

$CdSO_4$ (18°)

%	l-Gew.	g/l	mol/l
2	1018,2	20,364	0,0977
4	1038,3	41,532	0,1992
6	1059,0	63,540	0,3048
8	1080,3	86,424	0,4146
10	1102,3	110,230	0,5288
12	1125,0	135,000	0,6476
14	1148,5	160,790	0,7713
16	1172,9	187,664	0,9002
18	1198,2	215,676	1,0346
20	1224,3	244,860	1,1746
25	1294,0	323,500	1,5518
30	1371,4	411,420	1,9735
35	1455,1	509,285	2,4430
40	1547,0	618,800	2,9683

$Cd(NO_3)_2$ (18°)

%	l-Gew.
2	1015,4
4	1032,6
6	1050,2
8	1068,3
10	1086,9
12	1106,1
14	1126,1
16	1146,8
18	1168,2
20	1190,4
25	1248,8
30	1312,4
35	1382,2
40	1459,0
50	1635,6

$HgCl_2$ (20°)

%	l-Gew.
1	1006,5
2	1015,0
3	1023,6
4	1032,3
5	1041,1
6	1050,0

Tl_2SO_4 (20°)

%	l-Gew.
1	1007,6
2	1017,0
3	1026,5
4	1036,0
5	1045,6

$Tl(NO_3)_2$ (25°)

%	l-Gew.
1	1005,6
2	1014,2
3	1023,0
4	1031,9
5	1040,9
6	1050,1
7	1059,4

Na_2SnO_3 (20°)

%	l-Gew.
1	1006
2	1015
4	1033
6	1051
8	1069
10	1088
12	1107
14	1126
16	1146
18	1166
20	1187

$SnCl_2$ (15°)

%	l-Gew.
1	1006,8
2	1014,6
4	1030,6
6	1047,0
8	1063,8
10	1081,0
12	1098,6
14	1116,7
16	1135,3
18	1154,5
20	1174,3
24	1215,9
28	1260,3
35	1346,1
40	1414,5
50	1572,9

$SnCl_4$ (15°)

%	l-Gew.
24	1212
26	1233
28	1255
30	1278
35	1337
40	1403
45	1475
50	1555
55	1644
60	1742
65	1851
70	1971

$SnCl_4$ (18°)

%	l-Gew.	g/l	mol/l
1	1006,5	10,065	0,0386
2	1014,5	20,290	0,0779
4	1030,6	41,224	0,1582
6	1046,9	62,814	0,2411
8	1063,4	85,072	0,3265
10	1080,2	108,020	0,4146
12	1097,4	131,688	0,5055
14	1115,0	156,100	0,5992
16	1133,1	181,296	0,6959
18	1151,6	207,288	0,7956
20	1170,6	234,120	0,8986
22	1190,1	261,822	1,0050

$PbCl_2$ (18°)

%	l-Gew.
0,1	999,54
0,2	1000,46
0,3	1001,38
0,4	1002,30
0,5	1003,20
0,6	1004,14
0,7	1005,06
0,8	1005,98
0,9	1006,90

$Pb(NO_3)_2$ (15°)

%	l-Gew.
5	1044,9
10	1093,7
15	1146,7
25	1267,8
30	1335,8

$Pb(NO_3)_2$ (18°)

%	l-Gew.	A	g/l	mol/l
1	1007,4	0,21	10,074	0,0304
2	1016,3	0,21	20,326	0,0614
4	1034,4	0,23	41,376	0,1249
6	1052,9	0,25	63,174	0,1907
8	1072,0	0,27	85,760	0,2589
10	1091,8	0,29	109,180	0,3296
12	1112,3	0,31	133,476	0,4030
14	1133,6	0,33	158,704	0,4791
16	1155,7	0,35	184,912	0,5582
18	1178,9	0,37	212,202	0,6406
20	1203,0	0,39	240,600	0,7264
22	1227,7	0,41	270,094	0,8154
24	1252,9	0,43	300,696	0,9078
26	1278,3	0,45	332,358	1,0034
28	1303,7	0,48	365,036	1,1020
30	1328,9	0,50	398,670	1,2036

322212 (Fortsetzung).

ε) Anorganische Salze; ternäre Systeme.

J_2 in KJ-Lösung (7,9°)
Die Lösungen sind an Jod gesättigt.

% KJ	% J	l-Gew.
1,80	1,17	1023,3
3,16	2,30	1043,2
4,63	3,64	1066,7
5,94	4,78	1088,0
7,20	6,04	1111,1
8,66	7,37	1138,1
10,04	8,88	1163,6
11,03	9,95	1189,2
11,89	11,18	1210,9
12,64	12,06	1229,2

KCl in KOH-Lösung (20°)
Die Lösungen sind an KCl gesättigt.

g KOH im Liter	g KCl im Liter	l-Gew.
10	293	1185
50	255	1195
100	211	1210
150	178	1225
200	148	1245
250	124	1270
300	104	1295
350	85	1320
400	68	1345
450	53	1370
500	40	1397
550	29	1425
600	22	1450
650	16	1475
700	14	1500
750	13	1525
800	11	1550
850	9	1580

NaCl in NaOH-Lösung (20°)
Die Lösungen sind an NaCl gesättigt.

g NaOH im Liter	g NaCl im Liter	l-Gew.
10	308	1200
50	297	1230
100	253	1250
150	213	1270
200	173	1290
250	139	1305
300	112	1330
350	85	1350
400	61	1375
450	42	1400
500	30	1425
550	26	1450
600	22	1470
640	18	1490

ζ) Angaben der Dichten d_4^t von Meerwasser für verschiedene Temperaturen.

Bezugswerte: $d_{17.5}^{17.5}$ (Meerwasser, das bei 17,5° in bezug auf Wasser von 17,5° C die Dichte 1,022 (= $d_{17,5}^{17,5}$) besitzt, hat bei 10° C in bezug auf Wasser von 4° C die Dichte 1,022150 (= d_4^{10}).

°C \ $d_{17,5}^{17,5}$	1,018	1,020	1,022	1,024	1,026	1,028	1,030	1,032
0	1,018916	1,021024	1,023132	1,025241	1,027349	1,029457	1,031565	1,033673
5	1,018654	1,020724	1,022794	1,024864	1,026934	1,029004	1,031073	1,033143
10	1,018075	1,020113	1,022150	1,024188	1,026225	1,028261	1,030297	1,032333
15	1,017215	1,019225	1,021234	1,023243	1,025253	1,027261	1,029269	1,031277
20	1,016107	1,018093	1,020079	1,022064	1,024050	1,026035	1,028020	1,030005
25	1,014775	1,016741	1,018707	1,020673	1,022639	1,024605	1,026570	1,028535

Zusammensetzung des Meerwassers in Gewichtsprozenten.

Die Mengen von P, Fe und gebundenem N sind sehr stark von den örtlichen biologischen Verhältnissen abhängig.

O	85,89	K	0,037	Rb	0,00002	Cs	0,0000002
H	10,82	Br	0,006	Li	0,000007	Ag	0,00000003
Cl	1,93	C	0,002	Zn	0,000007	Au	0,000000001
Na	1,07	Sr	0,001	P	0,000006		
Mg	0,13	B	0,001	J	0,000005		
S	0,09	Si	0,0001	As	0,000002		
Ca	0,042	F	0,0001	Cu	0,000001		

322212 (Fortsetzung).

η) Temperatur des Dichte-Maximums D.-M. wässeriger Lösungen anorganischer Stoffe.

Gel. Stoff	%-Geh.	$\vartheta_{D.-M.}$
HCl . . .	1,49	1,19
	3,29	−2,26
	5,87	−10,6
	6,77	−14,5
	9,82	−16,3
H_2SO_4 . .	0,62	2,18
	1,23	0,60
	2,45	−1,92
	3,57	−5,0
	6,89	−13,7
Li_2SO_4 . .	0,194	3,61
	0,405	3,23
	0,826	2,52
	1,685	1,00
$LiNO_3$ . .	0,400	3,25
	0,812	2,52
	1,650	0,87
NaCl . . .	0,5	2,91
	2	−0,67
	3	−3,33
	4	−5,72
	6	−11,16
	7	−13,78
Na_2SO_4 .	0,62	2,52
	2,43	−1,51
	3,57	−4,33
	6,89	−12,3
$NaNO_3$ . .	0,14	3,77
	0,54	2,83
	1,09	1,69
Na_2CO_3 . .	3,57	−7,0
	6,89	−17,3
KOH . . .	3,57	−5,6
KCl . . .	0,74	2,65
	1,46	1,33
KJ . . .	3,22	1,01
K_2SO_4 . .	0,62	2,92
	3,57	−2,28
	6,89	−8,4
KNO_3 . .	0,16	3,77
	1,29	1,89
K_2CO_3 . .	3,57	−3,95
	6,89	−12,4
Rb_2SO_4 . .	0,591	3,31
	2,468	1,24
$RbNO_3$ . .	0,650	3,19
	2,721	0,63
CsCl . . .	2,000	2,54
	4,044	0,98

Gel. Stoff	%-Geh.	$\vartheta_{D.-M.}$
Cs_2SO_4 . .	0,416	3,60
	1,704	2,49
$CsNO_3$ . .	0,796	3,25
	2,993	1,18
NH_3 . . .	2,12	0,8
	5,61	−7,2
	7,96	−10,5
NH_4Cl . .	1,23	2,28
	2,45	0,60
$(NH_4)_2SO_4$	0,240	3,56
	1,597	1,36
NH_4NO_3 .	0,458	3,19
	2,017	0,56
$BeSO_4$ . .	0,680	3,07
	1,375	2,19
$Be(NO_3)_2$.	0,484	3,33
	2,022	1,32
$MgCl_2$ . .	1,100	2,39
	2,330	0,58
$MgSO_4$ . .	0,227	3,59
	1,745	1,15
$Mg(NO_3)_2$.	0,412	3,24
	1,741	0,90
$CaCl_2$ . . .	1,23	2,05
	3,57	−2,43
	6,89	−10,4
$CaSO_4$ . .	0,185	3,63
$Ca(NO_3)_2$.	0,431	3,19
	1,787	0,70
$SrCl_2$ . . .	0,870	2,79
	2,240	0,84
SrJ_2 . . .	0,88	3,23
$Sr(NO_3)_2$.	0,34	3,50
	2,70	0,03
$BaCl_2$ . .	0,67	3,21
	4,00	−0,84
$Ba(NO_3)_2$.	0,567	3,20
	1,165	2,47
	2,440	0,95
$Al_2(SO_4)_3$.	0,418	3,32
	1,899	1,02
$Al(NO_3)_3$.	0,551	3,56
	1,940	0,73
$MnCl_2$ . .	1,114	2,71
	2,279	1,33
$MnSO_4$ . .	0,453	3,32
	1,896	1,42
$Mn(NO_3)_2$.	0,494	3,23
	2,069	0,81

Gel. Stoff	%-Geh.	$\vartheta_{D.-M.}$
$NiCl_2$ . . .	0,508	3,32
	2,104	1,27
$NiSO_4$ . .	0,189	3,68
	1,667	1,60
$Ni(NO_3)_2$.	0,182	3,68
	1,593	1,47
$CoCl_2$ . . .	0,883	2,87
	1,859	0,28
$CoSO_4$ . .	0,181	3,70
	1,823	1,43
$PtCl_4$ . . .	1,29	3,33
$CuCl_2$ . . .	1,032	2,63
	2,149	1,06
$CuSO_4$ . .	0,389	3,37
	1,915	1,11
$Cu(NO_3)_2$.	0,163	3,55
	2,365	0,29
$ZnSO_4$ . .	0,205	3,68
	2,383	0,64
$Zn(NO_3)_2$.	0,203	3,67
	1,858	1,17
$CdCl_2$ . . .	1,873	2,27
	3,884	0,39
$CdSO_4$ . .	0,604	3,37
	2,558	1,39
$Cd(NO_3)_2$.	0,303	3,63
	2,606	1,07
Tl_2SO_4 . .	0,478	3,68
	2,677	2,43
$Pb(NO_3)_2$.	0,32	3,73
	1,29	3,07
	5,16	0,25

Temperatur des Dichte-Maximums von Meerwassersorten mit verschiedenen Dichten

$\varrho_{17.5}^{17.5}$	$\vartheta_{D.-M.}$
1,0060	2,45
1,0136	0,37
1,0195	−1,57
1,0254	−3,2
1,0268	−3,88
1,0273	−3,67
1,0281	−3,9

322212 (Fortsetzung).

b) Organische Stoffe.

α) Organische Säuren und ihre Salze.

CH_2O_2, Ameisensäure (20°)

%	l-Gew.	g/l	mol/l
1	1002,0	10,020	0,2177
2	1004,5	20,090	0,4365
3	1007,0	30,210	0,6564
4	1009,4	40,376	0,8772
5	1011,7	50,585	1,0990
6	1014,2	60,852	1,3221
7	1017,1	71,197	1,5469
8	1019,7	81,576	1,7724
9	1022,2	91,998	1,9988
10	1024,7	102,470	2,2263
12	1029,7	123,564	2,6846
14	1034,6	144,844	3,1470
16	1039,4	166,304	3,6132
18	1044,2	187,956	4,0837
22	1053,8	231,836	5,0370
26	1063,4	276,484	6,0071
30	1073,0	321,900	6,9938
34	1082,4	368,016	7,9958
38	1092,0	414,960	9,0157
42	1101,6	462,672	10,0524
46	1110,9	511,014	11,1027
50	1120,8	560,400	12,1757
54	1129,6	609,984	13,2530
58	1138,2	660,156	14,3430
62	1147,4	711,388	15,4562
66	1156,6	763,356	16,5852
70	1165,6	815,920	17,7273
74	1175,3	869,722	18,8962
78	1181,9	921,882	20,0295
80	1186,1	948,880	20,6161
82	1189,7	975,554	21,1956
84	1193,0	1002,120	21,7728
86	1197,7	1030,022	22,3833
88	1201,3	1057,144	22,9683
90	1204,5	1084,050	23,5529
92	1207,9	1111,268	24,1442
94	1211,8	1139,092	24,7488
96	1215,9	1167,264	25,3609
98	1218,4	1194,032	25,9424
100	1221,3	1221,300	26,5349

Ameisens. Na (18°)

%	l-Gew.
1	1004,9
2	1011,2
4	1023,9
6	1036,8
8	1049,8
10	1063,0
12	1076,2
14	1089,5
16	1102,9
18	1116,4
20	1130,0
22	1143,9
24	1158,0

Ameisens. NH_4 (15°)

%	l-Gew.
1	1001,9
2	1004,6
4	1010,1
6	1015,5
8	1020,9
10	1026,2
12	1031,4
14	1036,6
16	1041,8
18	1046,9
22	1056,8
26	1066,5
30	1076,0
35	1087,4
40	1098,4
45	1108,9
50	1118,9

Ameisens. Ca (18°)

%	l-Gew.
1	1005,6
2	1012,6
4	1026,8
6	1041,3
8	1056,0
10	1070,8
12	1085,8

322212 (Fortsetzung).

$C_2H_4O_2$, Essigsäure (20°)

%	l-Gew.	g/l	mol/l	%	l-Gew.	g/l	mol/l
0	998,3	—	—	51	1058,3	539,733	8,9876
1	999,7	9,997	0,1665	52	1059,0	550,680	9,1698
2	1001,2	20,024	0,3334	53	1059,7	561,641	9,3524
3	1002,6	30,078	0,5009	54	1060,4	572,616	9,5351
4	1004,1	40,164	0,6688	55	1061,1	583,605	9,7181
5	1005,5	50,275	0,8372	56	1061,8	594,608	9,9013
6	1006,9	60,414	1,0060	57	1062,4	605,568	10,0838
7	1008,4	70,588	1,1754	58	1063,0	616,540	10,2665
8	1009,8	80,784	1,3452	59	1063,6	627,524	10,4494
9	1011,2	91,008	1,5155	60	1064,2	638,520	10,6325
10	1012,6	101,260	1,6862	61	1064,8	649,528	10,8158
11	1014,0	111,540	1,8573	62	1065,3	660,486	11,9983
12	1015,4	121,848	2,0290	63	1065,8	671,454	11,1809
13	1016,8	132,184	2,2011	64	1066,3	682,432	11,3638
14	1018,1	142,534	2,3735	65	1066,7	693,355	11,5456
15	1019,5	152,925	2,5465	66	1067,1	704,286	11,7277
16	1020,8	163,328	2,7197	67	1067,5	715,225	11,9098
17	1022,2	173,774	2,8937	68	1067,9	726,172	12,0921
18	1023,5	184,230	3,0678	69	1068,3	737,127	12,2745
19	1024,8	194,712	3,2423	70	1068,6	748,020	12,4559
20	1026,1	205,220	3,4173	71	1068,9	758,919	12,6374
21	1027,4	215,754	3,5927	72	1069,1	769,752	12,8178
22	1028,7	226,314	3,7690	73	1069,3	780,589	13,9982
23	1029,9	236,877	3,9444	74	1069,5	791,430	13,1788
24	1031,2	247,488	4,1211	75	1069,7	802,275	12,3594
25	1032,4	258,100	4,2978	76	1069,9	813,124	13,5400
26	1033,6	268,736	4,4750	77	1070,0	823,900	13,7195
27	1034,8	279,396	4,6525	78	1070,0	834,600	13,8976
28	1036,0	290,080	4,8304	79	1070,0	845,300	14,0758
29	1037,2	300,788	5,0087	80	1069,9	855,920	14,2526
30	1038,3	311,490	5,1869	81	1069,8	866,538	14,4295
31	1039,4	322,214	5,3655	82	1069,6	877,072	14,6049
32	1040,5	332,960	5,5444	83	1069,4	887,602	14,7802
33	1041,6	343,728	5,7237	84	1069,1	899,044	14,9707
34	1042,6	354,484	5,9028	85	1068,8	908,480	15,1279
35	1043,7	365,295	6,0821	86	1068,4	918,824	15,3001
36	1044,8	376,128	6,2632	87	1067,9	929,073	15,4708
37	1045,8	386,946	6,4434	88	1067,4	939,312	15,6413
38	1046,8	397,784	6,6238	89	1066,8	949,452	15,8101
39	1047,8	408,642	6,8046	90	1066,0	959,400	15,9758
40	1048,8	419,520	6,9858	91	1065,2	969,332	16,1412
41	1049,8	430,418	7,1673	92	1064,3	979,156	16,3048
42	1050,7	441,294	7,3484	93	1063,2	988,776	16,4649
43	1051,6	452,188	7,5298	94	1062,0	998,280	16,6232
44	1052,5	463,100	7,7115	95	1060,6	1007,570	16,7779
45	1053,4	474,030	7,8935	96	1058,9	1016,544	16,9273
46	1054,3	484,978	8,0758	97	1057,0	1025,290	17,0729
47	1055,1	495,897	8,2576	98	1054,9	1033,802	17,2147
48	1055,9	506,832	8,4397	99	1052,5	1041,975	17,3508
49	1056,7	517,783	8,6220	100	1049,7	1049,700	17,4794
50	1057,5	528,750	8,8047				

322212 (Fortsetzung).

$NaC_2H_3O_2$, Essigsaures Na (20°)

%	l-Gew.	A	g/l	mol/l
1	1003,3	0,22	10,033	0,1223
2	1008,4	0,22	20,168	0,2458
4	1018,6	0,24	40,744	0,4966
6	1028,9	0,26	61,734	0,7525
8	1039,2	0,28	83,136	1,0133
10	1049,5	0,30	104,950	1,2792
12	1059,8	0,32	127,176	1,5502
14	1070,2	0,34	149,828	1,8263
16	1080,7	0,36	172,912	2,1076
18	1091,3	0,38	196,434	2,3943
20	1102,1	0,40	220,420	2,6687
22	1113,0	0,42	244,860	2,9846
24	1124,0	0,44	269,760	3,2881
26	1135,1	0,46	295,126	3,5973
28	1146,2	0,48	320,936	3,9119

Essigsaures K (18°)

%	l-Gew.	A
1	1003,8	0,22
2	1008,9	0,24
4	1019,1	0,25
6	1029,3	0,27
8	1039,5	0,28
10	1049,7	0,29
12	1059,9	0,31
14	1070,3	0,32
16	1080,8	0,33
18	1091,4	0,35
20	1102,2	0,36
24	1124,1	0,38
28	1146,6	0,40
35	1186,8	0,46
40	1216,2	0,49
50	1276,1	0,54
60	1337,2	0,59

Essigs. NH_4 (18°)

%	l-Gew.
1	1000,8
2	1003,0
4	1007,4
6	1011,7
8	1015,9
10	1020,0
12	1024,0
14	1027,9
16	1031,8
18	1035,6
20	1039,3
22	1042,9
24	1046,5
26	1050,0
28	1053,5
30	1056,9

Essigs. Ca (18°)

%	l-Gew.
1	1004,3
2	1010,0
4	1021,5
6	1033,1
8	1044,7
10	1056,3
12	1067,9
14	1079,5
16	1091,2
18	1102,9
20	1114,6
22	1126,3

Essigs. Ba (18°)

%	l-Gew.
1	1005,9
2	1013,3
4	1028,2
6	1043,3
8	1058,7
10	1074,5
12	1090,8
14	1107,5
16	1124,6
18	1142,1
20	1159,9
24	1197,0
28	1235,6
30	1255,4
35	1306,9
40	1360,8

$Pb(C_2H_3O_2)_2$, Essigsaures Pb (18°)

%	l-Gew.	g/l	mol/l
1	1006,1	10,061	0,0309
2	1013,7	20,274	0,0623
4	1029,0	41,160	0,1265
6	1044,6	62,676	0,1927
8	1060,5	84,840	0,2608
10	1076,8	107,680	0,3313
12	1093,6	131,232	0,4034
14	1110,9	155,526	0,4781
16	1128,3	180,528	0,5550
18	1147,3	206,514	0,6348
20	1166,3	233,260	0,7171
24	1206,3	289,512	0,8900
28	1248,9	349,692	1,0750
30	1271,1	381,330	1,1722
35	1330,4	465,640	1,4314
40	1399,4	559,760	1,7208

$UO_2(C_2H_3O_2)_2$, Essigsaures UO_2 (20°)

%	l-Gew.	g/l	mol/l
1	1005,5	10,055	0,0285
2	1012,9	20,258	0,0575
3	1020,3	30,609	0,0869
4	1027,8	41,112	0,1167

$C_2H_2O_4$, Oxalsäure (17,5°)

%	l-Gew.	g/l	mol/l
1	1003,5	10,035	0,1115
2	1008,2	20,164	0,2240
3	1013,2	30,396	0,3376
4	1018,1	40,724	0,4523
5	1023,1	51,155	0,5682
6	1027,8	61,668	0,6849
7	1032,6	72,282	0,8028
8	1037,5	83,000	0,9219
9	1042,4	93,816	1,0420

Oxals. Na. (20°)

%	l-Gew.
1	1006,4
2	1014,7
3	1022,9
4	1031,2

Oxals. K (18°)

%	l-Gew.
1	1006,1
2	1013,6
4	1028,8
6	1044,1
8	1059,6
10	1075,3
12	1091,2
14	1107,2

S. oxals. K (17,5°)

%	l-Gew.
1	1005,0
2	1011,2
3	1017,4
4	1023,5

Oxals. NH_4 (15°)

%	l-Gew.
1	1003,5
2	1008,5
3	1013,5
4	1018,6
5	1023,8
6	1029,2
7	1034,6

322212 (Fortsetzung).

$C_3H_5O_3Na$, Milchsaures Na (25°)

%	l-Gew.	g/l	mol/l
1	1002,2	10,022	0,0894
2	1007,2	20,144	0,1797
4	1017,3	40,692	0,3631
6	1027,5	61,650	0,5501
8	1037,7	83,016	0,7412
10	1047,8	104,78	0,9349

$C_4H_5O_5Na$, Saures äpfelsaures Na

%	l-Gew.	g/l	mol/l
1	1003,8	10,038	0,0643
2	1009,4	20,188	0,1293
4	1020,7	40,828	0,2616
6	1032,1	61,926	0,3968
8	1043,6	83,488	0,5349
10	1055,2	105,520	0,6761
12	1067,0	128,040	0,8204
14	1079,0	151,060	0,9678
16	1091,1	174,576	1,1185
18	1103,4	198,612	1,2725
20	1115,9	223,180	1,4299
22	1128,6	248,292	1,5908
24	1141,4	273,936	1,7551
28	1167,6	326,928	2,0946
30	1180,9	354,270	2,2698
35	1214,7	425,145	2,7239
40	1249,5	499,800	3,2022
45	1285,4	578,430	3,7060
50	1322,4	661,200	4,2363
55	1360,5	748,275	4,7942
60	1399,6	839,760	5,3804

$C_4H_6O_6$, Weinsäure (20°)

%	l-Gew.	g/l	mol/l
1	1002,8	10,028	0,0668
2	1007,1	20,142	0,1342
3	1011,4	30,342	0,2022
4	1015,8	40,632	0,2707
5	1020,2	51,010	0,3399
6	1024,7	61,482	0,4096
7	1029,3	72,051	0,4801
8	1034,0	82,720	0,5511
9	1038,7	93,483	0,6229
10	1043,5	104,350	0,6953
12	1053,3	126,396	0,8421
14	1063,3	148,862	0,9918
16	1073,6	171,776	1,1445
18	1084,0	195,120	1,3000
20	1094,4	218,880	1,4583
22	1104,7	243,034	1,6193
24	1115,2	267,648	1,7833
26	1126,0	292,760	1,9506
28	1136,8	318,304	2,1208
30	1147,7	344,310	2,2941
32	1158,7	370,784	2,4704
34	1170,2	397,868	2,6509
36	1181,7	425,412	2,8344
38	1193,5	453,530	3,0218
40	1205,5	482,200	3,2128
42	1217,5	511,350	3,4070
44	1229,5	540,980	3,6044
48	1253,7	601,776	4,0095
50	1266,0	633,000	4,2175

Na-tartrat (20°)

%	l-Gew.
1	1005,2
2	1012,3
4	1026,6
6	1041,0
8	1055,5
10	1070,2
12	1085,1
14	1100,2
16	1115,6
18	1131,3
20	1147,1
22	1163,3
24	1179,7
26	1196,3
28	1213,2

Na-bitartrat (18°)

%	l-Gew.
1	1006,1
2	1011,5
3	1117,0
4	1022,5
5	1028,0
6	1033,5
7	1039,1

K-tartrat (20°)

%	l-Gew.
1	1004,8
2	1011,4
4	1024,8
6	1038,3
8	1051,9
10	1065,7
12	1079,8
14	1094,1
16	1108,7
18	1123,6
20	1138,7
22	1154,0
26	1185,5
30	1218,1
35	1260,6
40	1305,1
50	1400,1

Na-K-tartrat (20°)

%	l-Gew.
1	1004,9
2	1011,6
4	1025,2
6	1039,0
8	1053,0
10	1067,3
12	1081,8
14	1096,5
16	1111,4
18	1126,5
20	1141,9
22	1157,6
24	1173,5
26	1189,6
28	1205,9
32	1239,4
36	1274,2

$C_4H_4O_6KSbO$, Brechweinstein (17,5°)

%	l-Gew.	g/l	mol/l
1	1005	10,05	0,0309
2	1012	20,24	0,0623
3	1019	30,57	0,0941
4	1026	41,04	0,1263
5	1034	51,70	0,1591
6	1042	62,52	0,1924

322212 (Fortsetzung).

$C_6H_8O_7$ · Citronensäure (18°)

%	l-Gew.	g/l	mol/l
2	1007,2	20,144	0,1048
4	1014,5	40,580	0,2112
6	1022,0	61,320	0,3192
8	1029,8	82,384	0,4288
10	1037,5	103,750	0,5400
12	1046,0	125,520	0,6533
14	1054,0	147,560	0,7680
16	1062,0	169,920	0,8844
18	1070,5	192,690	1,0029
22	1088,0	239,360	1,2458
26	1105,5	287,430	1,4961
30	1124,2	337,260	1,7554
34	1143,0	388,620	2,0228
38	1162,2	441,636	2,2299
42	1181,4	496,188	2,5826
46	1201,5	552,690	2,8767
50	1222,3	611,150	3,1810

Citronensaures Na (25°)

%	l-Gew.	g/l	mol/l
1	1004,7	10,047	0,0389
2	1012,4	20,248	0,0785
3	1020,1	30,603	0,1186
4	1027,8	41,112	0,1593
5	1035,5	51,775	0,2006
6	1043,2	62,592	0,2425
7	1051,0	73,570	0,2851
8	1058,9	84,712	0,3283

Phthalsaures Na (25°)

%	l-Gew.	g/l	mol/l
1	1003,1	10,031	0,0477
2	1009,2	20,184	0,0961
4	1021,3	40,852	0,1944
6	1033,4	62,004	0,2951
8	1045,6	83,648	0,3981
10	1057,9	105,790	0,5035

Palmitinsaures Na (90°)

%	l-Gew.	g/l	mol/l
1	965,2	9,652	0,0347
2	965,1	19,302	0,0693
4	964,9	38,596	0,1386
6	964,7	57,882	0,2079
8	964,4	77,152	0,2771
10	964,2	96,420	0,3463
12	964,0	115,680	0,4155
14	963,8	134,932	0,4847
16	963,7	154,192	0,5539
18	963,5	173,430	0,6229
20	963,3	192,660	0,6920
22	963,1	211,882	0,7611
24	962,9	231,096	0,8301
26	962,7	250,302	0,8991
28	962,6	269,528	0,9681
30	962,4	288,720	1,0371

Stearinsaures Na (90°)

%	l-Gew.	g/l	mol/l
1	965	9,65	0,0315
2	964	19,28	0,0629
4	964	38,56	0,1257
6	963	57,78	0,1885
8	962	76,96	0,2511
10	962	96,20	0,3138
12	961	115,32	0,3762
14	961	134,54	0,4389
16	960	153,60	0,5011

Gerbsäure, Tannin (15°)

%	l-Gew	g/l
1	1004	10,04
2	1008	20,16
3	1012	30,36
4	1016	40,64
5	1020	51,00
6	1024	61,44
8	1032	82,56
10	1041	104,10
12	1049	125,88
14	1057	147,98
16	1066	170,56
18	1074	193,32
20	1082	216,40

322212 (Fortsetzung).

β) Salze organischer Basen.

Dimethylaminchlorhydrat (20⁰)

%	l-Gew.	g/l	mol/l
1	999,2	9,992	0,1225
2	1000,3	20,006	0,2453
4	1002,4	40,096	0,4917
6	1004,5	60,270	0,7391
8	1006,5	80,520	0,9874
10	1008,5	100,850	1,2367
12	1010,4	121,248	1,4868
14	1012,3	141,722	1,7379

Äthylaminchlorhydrat (20⁰)

%	l-Gew.	g/l	mol/l
1	999,2	9,992	0,1225
2	1000,3	20,006	0,2453
4	1002,7	40,108	0,4918
6	1005,0	60,300	0,7394
8	1007,3	80,584	0,9882
10	1009,6	100,960	1,2380
12	1011,8	121,416	1,4889
14	1014,0	141,960	1,7408
16	1016,2	162,592	1,9938
18	1018,3	183,294	2,2476
20	1020,4	204,080	2,5025
25	1025,4	256,350	3,1435
30	1030,0	309,000	3,7891
35	1034,2	361,970	4,4386
40	1038,0	415,200	5,0913
45	1041,3	468,585	5,7460
50	1044,1	522,050	6,4016
55	1046,4	575,520	7,0573
60	1048,2	628,920	7,7121
65	1049,5	682,175	8,3651

Diäthylaminchlorhydrat (21⁰)

%	l-Gew.	g/l	mol/l
1	998,35	9,9835	0,0911
2	998,69	19,9738	0,1822
4	999,36	39,9744	0,3647
6	1000,04	60,0024	0,5475
8	1000,72	80,0576	0,7305
10	1001,40	100,1400	0,9137
12	1002,09	120,2508	1,0972
14	1002,80	140,3920	1,2809
16	1003,54	160,5664	1,4650
18	1004,31	180,7758	1,6494
20	1005,10	201,0200	1,8341
22	1005,92	221,3024	2,0192
24	1006,75	241,6200	2,2046
26	1007,58	261,9708	2,3902
28	1008,39	282,3492	2,5762
30	1009,18	302,7540	2,7624
35	1011,0	353,850	3,2286
40	1012,5	405,000	3,6953
45	1013,6	456,120	4,1617
50	1014,4	507,200	4,6277
55	1014,7	558,085	5,0920

γ) Glycerin und Zucker.

$C_3H_8O_3$, Glycerin

%	l-Gew. 15⁰	l-Gew. 20⁰	l-Gew. 25⁰	l-Gew. 30⁰	g/l 20⁰	mol/l 20⁰
1	1001,5	1000,6	—	—	10,006	0,1086
2	1004,0	1003,0	1001,7	—	20,060	0,2178
4	1008,8	1007,7	1006,4	1004,2	40,308	0,4377
6	1013,6	1012,5	1011,2	1008,6	60,750	0,6596
8	1018,5	1017,3	1015,9	1013,3	81,384	0,8837
10	1023,4	1022,1	1020,7	1018,3	102,210	1,1098
15	1035,9	1034,5	1032,9	1030,6	155,175	1,6849
20	1048,6	1047,0	1045,3	1043,0	209,400	2,2737
25	1061,4	1059,7	1057,5	1055,4	264,925	2,8766
30	1074,4	1072,7	1070,6	1068,3	321,810	3,4943
35	1087,8	1086,0	1083,7	1081,4	380,100	4,1272
40	1101,3	1099,5	1097,1	1094,7	439,800	4,7754
45	1114,9	1112,8	1110,6	1108,1	500,760	5,4373
50	1128,5	1126,3	1123,9	1121,5	563,150	6,1148
55	1142,5	1139,8	1137,4	1135,0	626,890	6,8069
60	1156,4	1153,3	1151,1	1148,7	691,980	7,5136
65	1170,3	1167,0	1164,7	1162,5	758,550	8,2364
70	1184,2	1180,8	1178,4	1176,1	826,560	8,9749
75	1197,9	1194,4	1191,9	1189,4	895,800	9,7267
80	1211,4	1207,9	1205,4	1202,5	966,320	10,4924
85	1224,9	1221,4	1218,7	—	1038,190	11,2728
90	1238,2	1234,7	1232,0	—	1111,230	12,0659
95	1251,2	1248,2	1245,1	—	1185,790	12,8755
100	1264,1	1260,9	1258,0	—	1260,900	13,6910

$C_6H_{12}O_6$, Dextrose, Glucose (20⁰)

%	l-Gew.	g/l	mol/l
2	1005,8	20,116	0,1117
4	1013,8	40,552	0,2251
6	1021,6	61,296	0,3402
8	1029,6	82,368	0,4572
10	1037,7	103,770	0,5760
12	1046,0	125,520	0,6967
14	1054,2	147,588	0,8192
16	1062,6	170,016	0,9437
18	1071,2	192,816	1,0703
20	1079,8	215,960	1,1987
22	1088,6	239,492	1,3294
24	1097,4	263,376	1,4619
26	1106,4	287,664	1,5967
28	1115,5	312,340	1,7337
30	1124,7	337,410	1,8729

322212 (Fortsetzung).

$C_{12}H_{22}O_{11}$, Rohrzucker

%	l-Gew. 15°	l-Gew. 20°	g/l 20°	mol/l 20°	%	l-Gew. 15°	l-Gew. 20°	g/l 20°	mol/l 20°
0	999,13	998,23	—	—	41	1183,55	1181,62	484,4642	1,4153
1	1003,01	1002,09	10,0209	0,0293	42	1188,75	1186,79	498,4518	1,4562
2	1006,93	1005,99	20,1198	0,0588	43	1194,00	1192,02	512,5686	1,4974
3	1010,87	1009,91	30,2973	0,0885	44	1199,27	1197,27	526,7988	1,5390
4	1014,84	1013,86	40,5544	0,1185	45	1204,60	1202,57	541,1565	1,5810
5	1018,84	1017,84	50,8920	0,1487	46	1209,94	1207,89	555,6294	1,6232
6	1022,87	1021,85	61,3110	0,1791	47	1215,34	1213,26	570,2322	1,6665
7	1026,92	1025,87	71,8109	0,2098	48	1220,76	1218,65	584,9520	1,7089
8	1031,00	1029,93	82,3944	0,2407	49	1226,23	1224,09	599,8041	1,7523
9	1035,12	1034,02	93,0618	0,2719	50	1231,73	1229,58	614,7900	1,7961
10	1039,25	1038,13	103,8130	0,3033	51	1237,21	1235,09	629,8959	1,8402
11	1043,43	1042,28	114,6508	0,3349	52	1242,85	1240,63	645,1276	1,8847
12	1047,62	1046,46	125,5752	0,3669	53	1248,47	1246,23	660,5019	1,9296
13	1051,86	1050,66	136,5858	0,3990	54	1254,12	1251,86	676,0044	1,9749
14	1056,12	1054,90	147,6860	0,4315	55	1259,81	1257,53	691,6415	2,0206
15	1060,41	1059,16	158,8740	0,4641	56	1265,54	1263,23	707,4088	2,0667
16	1064,73	1063,45	170,1520	0,4971	57	1271,31	1268,98	723,3186	2,1131
17	1069,09	1067,78	181,5226	0,5303	58	1277,11	1274,76	739,3608	2,1600
18	1073,47	1072,13	192,9834	0,5638	59	1282,96	1280,58	755,5422	2,2073
19	1077,89	1076,53	204,5407	0,5976	60	1288,84	1286,44	771,8640	2,2550
20	1082,33	1080,94	216,1880	0,6316	61	1294,76	1292,34	788,3274	2,3031
21	1086,82	1085,40	227,9340	0,6659	62	1300,71	1298,27	804,9274	1,3516
22	1091,34	1089,90	239,7780	0,7005	63	1306,72	1304,26	821,6838	2,4005
23	1095,88	1094,41	251,7143	0,7354	64	1312,75	1310,26	838,5664	2,4498
24	1100,46	1098,96	263,7504	0,7705	65	1318,82	1316,31	855,6015	2,4996
25	1105,07	1103,54	275,8850	0,8060	66	1324,93	1322,41	872,7906	2,5498
26	1109,72	1108,17	288,1242	0,8417	67	1331,09	1328,54	890,1218	2,6004
27	1114,40	1112,82	300,4614	0,8778	68	1337,27	1334,70	907,5960	2,6515
28	1119,11	1117,50	312,9000	0,9141	69	1343,50	1340,92	925,2348	2,7030
29	1123,86	1122,23	325,4467	0,9508	70	1349,76	1347,16	943,0120	2,7550
30	1128,63	1126,98	338,0940	0,9877	72		1359,8	979,0560	2,8603
31	1133,45	1131,76	350,8456	1,0250	74		1372,5	1015,650	2,9671
32	1138,31	1136,59	363,7088	1,0626	76		1385,4	1052,904	3,0760
33	1143,19	1141,45	376,6785	1,1004	78		1398,5	1090,830	3,1868
34	1148,11	1146,34	389,7556	1,1387	80		1411,7	1129,360	3,2993
35	1153,06	1151,27	402,9445	1,1772	82		1425,1	1168,582	3,4140
36	1158,06	1156,24	416,2464	1,2160	84		1438,6	1208,424	3,5303
37	1163,08	1161,24	429,6588	1,2552	86		1452,2	1248,892	3,6486
38	1168,14	1166,28	443,1864	1,2947	88		1466,0	1290,080	3,7689
39	1173,25	1171,36	456,8304	1,3346	89		1473,0	1310,970	3,8399
40	1178,37	1176,48	470,5920	1,3748					

322212 (Fortsetzung).

δ) Weitere organische Stoffe.

Formaldehyd (rein) (18°)

%	l-Gew.
2	1004,8
4	1010,6
6	1016,2
8	1022,0
10	1028,0
12	1034,2
14	1041,0
16	1047,5
18	1053,9
20	1060,2
22	1066,5
24	1073,0
26	1079,5
28	1085,9
30	1092,1
32	1098,3
34	1104,3
36	1110,8
38	1117,3

Acetaldehyd

%	ϑ°	l-Gew.
15,86	19,0	1002,8
44,90	19,4	985,7
55,03	18,4	972,5
60,18	19,0	958,6
70,24	18,6	923,6
70,90	18,4	917,0
85,47	18,6	854,4
100	19,0	783,0

Aceton (25°)

%	l-Gew.
0	997
5	990
10	983
15	976
20	969
25	961
30	954
35	945
40	937
45	927
50	916
55	904
60	893
65	881
70	869
75	856
80	843
85	830
90	816
95	802
100	786

Albumin (17,5°)

%	l-Gew.
1	1002,6
2	1005,4
3	1007,8
5	1013,0
10	1026,1
15	1038,4
20	1051,5
25	1064,4
30	1078,0
35	1091,9
40	1105,8
45	1120,4
50	1135,2
55	1151,1

c) Färbereilösungen.

Essigsaure Tonerdelösungen (17°)

l-Gew. in g	g Al_2O_3 im Liter	l-Gew.	g Al_2O_3 im Liter
1012	5	1074	30
1025	10	1086	35
1038	15	1098	40
1050	20	1100	40,8
1062	25		

Nitratbeizelösungen (salpeter-essigsaure Tonerde) (17°)
Durch Umsetzung von Aluminiumsulfat mit Bleizucker und Bleinitrat hergestellt

l-Gew. in g	g Al_2O_3 im Liter	l-Gew. in g	g Al_2O_3 im Liter
1012	5	1097	35
1025	10	1112	40
1039	15	1126	45
1054	20	1141	50
1068	25	1156	55
1083	30	1160	56,4

Weinsaure Tonerdelösungen (17°)

l-Gew. in g	g Al_2O_3 im Liter	l-Gew. in g	g Al_2O_3 im Liter	l-Gew. in g	g Al_2O_3 im Liter
1015	5	1150	50	1285	95
1030	10	1165	55	1300	100
1045	15	1180	60	1315	105
1060	20	1195	65	1330	110
1075	25	1210	70	1345	115
1090	30	1225	75	1360	120
1105	35	1240	80	1375	125
1120	40	1255	85	1390	130
1135	45	1270	90		

322212 (Fortsetzung).

Essigsaure Zinnlösungen (15°)		Salpeter-salzsaure Zinnlösungen (15°) (Zinnsalz + HNO_3, 34° Bé)		Weinsaure Zinnlösungen (15°)	
l-Gew. in g	g Sn im Liter	l-Gew. in g	g Sn im Liter	l-Gew. in g	g Sn im Liter
1018	5	1024	10	1015	5
1025	10	1046	20	1035	10
1033	15	1068	30	1055	15
1040	20	1090	40	1075	20
1048	25	1112	50	1095	25
1055	30	1134	60	1115	30
1063	35	1156	70	1135	35
1070	40	1178	80	1155	40
1077	45	1200	90	1175	45
1085	50	1222	100	1195	50
1093	55	1244	110	1214	55
1100	60	1266	120	1233	60
1107	65	1288	130	1252	65
1115	70	1310	140	1260	66,87
1123	75	1332	150		
1130	80	1354	160		
1137	85	1376	170		
1145	90	1398	180		
1153	95	1420	190		
1160	100	1442	200		
1167	105	1464	210		
1175	110	1486	220		
1183	115	1508	230		
1190	120	1530	240		
1192	121,5	1552	250		
		1562	254,7		

Nickelacetatlösungen (15°)		Chromacetatlösungen: 3fach essigsaure Chromlösungen grünes $(C_2H_3O_2)_3Cr$ (17°)				Chromacetatlösungen: Basische Chromacetatlösungen violettes $Cr(C_2H_3O_2)_2OH$ (15°)			
l-Gew. in g	g NiO im Liter	l-Gew. in g	g Cr_2O_3 im Liter	l-Gew in g	g Cr_2O_3 im Liter	l-Gew. in g	g Cr_2O_3 im Liter	l-Gew.	g Cr_2O_3 im Liter
1010	5	1007	5	1084	60	1006	5	1089	70
1019	10	1014	10	1091	65	1013	10	1096	75
1028	15	1021	15	1098	70	1019	15	1102	80
1037	20	1028	20	1105	75	1025	20	1108	85
1046	25	1035	25	1112	80	1031	25	1115	90
1055	30	1042	30	1119	85	1037	30	1122	95
1064	35	1049	35	1126	90	1043	35	1129	100
1073	40	1056	40	1133	95	1050	40	1136	105
1082	45	1063	45	1140	100	1056	45	1143	110
1091	50	1070	50	1147	105	1063	50	1150	115
1095	52	1077	55	1151	107	1069	55	1157	120
						1076	60	1161	122
						1083	65		

322212 (Fortsetzung).

Litergewicht von Chlorkalklösungen bei 15°, aus Chlorkalk von etwa 35% wirksamem Chlor hergestellt (W. Ebert).

l-Gew.	° Bé	Wirks. Chlor g/l	l-Gew.	° Bé	Wirks. Chlor g/l	l-Gew.	° Bé	Wirks. Chlor g/l
1,0000	0,0	Spur	1,029	4,09	17,0	1,0603	8,21	36,0
1,0018	0,26	1,0	1,03	4,20	17,36	1,0633	8,59	38,0
1,0025	0,36	1,40	1,031	4,33	18,0	1,065	8,81	39,10
1,0036	0,52	2,0	1,0325	4,54	19,0	1,0664	8,99	40,0
1,005	0,73	2,71	1,034	4,77	20,0	1,0695	9,38	42,0
1,0054	0,78	3,0	1,035	4,88	20,44	1,07	9,44	42,31
1,007	1,03	4,0	1,0357	4,97	21,0	1,0726	9,77	44,0
1,009	1,29	5,0	1,0374	5,20	22,0	1,075	10,07	45,70
1,010	1,43	5,88	1,039	5,41	23,0	1,0756	10,14	46,0
1,0108	1,54	6,0	1,04	5,55	23,75	1,0786	10,52	48,0
1,0126	1,78	7,0	1,0407	5,64	24,0	1,08	10,69	48,9
1,014	2,02	8,0	1,042	5,86	25,0	1,0817	10,89	50,0
1,015	2,13	8,48	1,044	6,08	26,0	1,0848	11,28	52,0
1,016	2,27	9,0	1,045	6,21	26,62	1,085	11,3	52,27
1,0177	2,51	10,0	1,046	6,31	27,0	1,09	11,92	55,18
1,0194	2,75	11,0	1,0474	6,53	28,0	1,1000	13,23	61,50
1,020	2,89	11,41	1,049	6,73	29,0	1,1050	13,82	64,50
1,0211	2,97	12,0	1,05	6,87	29,60	1,1060	13,94	65,33
1,0226	3,19	13,0	1,0506	6,95	30,0	1,1100	14,41	68,00
1,024	3,41	14,0	1,0539	7,38	32,0	1,1105	14,47	68,40
1,025	3,52	14,47	1,055	7,52	32,68	1,1150	14,99	71,50
1,0258	3,63	15,0	1,057	7,79	34,0	1,1155	15,05	71,79
1,0275	3,86	16,0	1,06	8,11	35,81			

2. Nichtwässerige Lösungen.

Schwefel in CS_2 (15°)		HCl in Äthylalkohol (25°)		H_2SO_4 in Essigsäure (15°)		H_2SO_4 in Diäthyläther (10°)		Äthylalkohol in Diäthyläther (15°)	
%	l-Gew.	%	l-Gew.	%	l-Gew.	%	l-Gew.	%	l-Gew.
0	1270,8	0,00	785,1						
1	1275,5	1,27	790,7						
2	1280,2								
3	1285,2	5,22	817,4						
4	1290,1					9,84	767	10	732,0
5	1294,9	13,47	864,2			16,8	819	12	734,4
6	1299,8					21,8	858	14	736,8
7	1304,7					29,6	926	16	739,3
8	1309,6			29,9	1271	39,2	1013	18	741,9
9	1314,5					46,2	1083	20	744,3
10	1319,5			49,9	1422	52,1	1147	22	746,7
11	1324,6					58,3	1217	24	749,0
12	1329,7			70,1	1592	64,9	1299	26	751,4
13	1334,8					72,0	1383	28	754,0
14	1339,9			90,1	1758	78,1	1461	30	756,7
15	1345,0					84,9	1559		
16	1350,2					91,6	1666		
17	1355,3					97,4	1769		
18	1360,4					98,7	1795		
19	1365,6					100	1828		
20	1370,9								

32222 Dichte schwerer Flüssigkeiten.

Z.T. = Zimmertemperatur, ges. = gesättigt, ges. Al. = gesättigte Lösung in absolutem Alkohol, wf. = wasserfreie Substanz.

Anorganische reine Stoffe.

Formel	ϑ in °C	ϱ_ϑ in g · cm⁻³	Formel	ϑ in °C	ϱ_ϑ in g · cm⁻³
$SnCl_4$	17	2,23	$HgNO_3 + H_2O$	70	4,3
	48	2,169	OsO_4	42	4,44
MoF_6	19	2,543		100	4,19
H_2SeO_4	Z.T.	2,611	$AgHg(NO_3)_2$	110	4,5
$BaHgBr_4$	10	3,137	$AgTl(NO_3)_2$	70	4,8
$Li_2HgJ_4 + H_2O$	Z.T.	3,28		90	4,68
$SnBr_4$	37,5	3,320		100	4,66
WF_6	15	3,441	$2 AgNO_3 + 3 AgJ$	70	5,0
$Na_2HgJ_4 + H_2O$	26	3,46	$HgTl(NO_3)_2$	76	5,3
$BaHgJ_4$	Z.T.	3,576			

Wässerige Lösungen anorganischer Stoffe (geordnet nach Dichten).

Formel	ϑ in °C	Konzentration in Gew.-%	ϱ_ϑ in g · cm⁻³	Formel	ϑ in °C	Konzentration in Gew.-%	ϱ_ϑ in g · cm⁻³
$Nd(NO_3)_3$	25,8	60,1	1,7986	AgF	18	66,2	2,62
CaJ_2	20	29,48	1,864	$ZnBr_2$	25	84	2,65
$CdCl_2$	Z.T.	60	1,89		25	77,5	2,39
NaJ	25	39,24	1,9190		25	71	2,17
MgJ_2	Z.T.	60	1,92	$ZnBr_2 + 2 H_2O$	18	81,5 wf.	2,660
$CsCl$	Z.T.	65,46	1,93	$ZnJ_2 + 2 H_2O$	18	81,2 wf.	2,725
HJ	Z.T.	67	1,94	ZnJ_2	25	81,5	2,73
$SnCl_2$	Z.T.	67	1,95		25	74	2,36
$ZnCl_2$	Z.T.	72	1,95		25	68,5	2,16
NaJ	35	66,4	1,951	$UO_2Cl_2 + 3 H_2O$	18	88,2 wf.	2,740
	0	61,5	1,861	$Pb(ClO_4)_2$	25	ges.	2,7753
CaJ_2	Z.T.	62	1,96	$AgClO_4$	25	84,5	2,806
$FeCl_3$	Z.T.	79	1,98	$AgNO_3$	100	90,4	3,195
$UO_2(NO_3)_2$	Z.T.	63	2,03		100	81,7	2,657
$CsCl$	100	72,5	2,037		100	77,1	2,525
	100	67,2	1,893		100	69,1	2,125
BaJ_2	Z.T.	63	2,05		100	51,2	1,622
$ZnCl_2$	25	75	2,07		100	44,9	1,495
$Cr(ClO_4)_2$	25	75,59	2,0837		100	33,2	1,310
$ZnBr_2$	Z.T.	68	2,10		100	22,6	1,170
J_2O_5	Z.T.	65	2,13		100	16,2	1,098
SrJ_2	Z.T.	65	2,15	H_2WO_4 (Kolloid)	25	79,86	3,243
$HReO_4$	17	65,1	2,15	$TiBr_4$	20	ges. Al.	3,25
BaJ_2	25	68,8	2,277	$SnBr_2$	29	ges.	3,32
	20	67,2	2,222	$AgTl(NO_3)_2$	90	99,1	4,525
	15	65,8	2,176		90	97,82	4,390
	10	64,8	2,149		90	92,18	4,292
$Cd(ClO_3)_2$	18	82,30	2,284		90	89,1	3,651
$AgNO_3$	30	ges.	2,3803		90	83,87	3,368
H_2SeO_4	20	90	2,386		90	83,36	2,960
	20	80	2,122		90	80	2,921
	20	70	1,887		90	75	2,702
ZnJ_2	Z.T.	76	2,40		90	70	2,431
$PbSiF_6 + 4 H_2O$	20	81,90	2,4314		90	65	2,210
As_2O_5	Z.T.	77	2,45		90	60	2,030
HJO_3	18	74,56	2,471		90	45,4	1,873
$Pb(ClO_4)_2$	Z.T.	78	2,6		90	40	1,540

32222 (Fortsetzung).

Reine organische Stoffe.

Name und Formel	ϑ in °C	ϱ_ϑ in $g \cdot cm^{-3}$	Name und Formel	ϑ in °C	ϱ_ϑ in $g \cdot cm^{-3}$
Äthyljodid, C_2H_5J	15	1,941	α, α, β, β-Tetra-bromäthan $CHBr_2 \cdot CHBr_2$	0	2,996
	20	1,930		25	2,953
Äthylenbromid, $C_2H_4Br_2$	19,5	2,1807		30,4	2,934
				50	2,897
Methyljodid, CH_3J	20	2,2790	Methylenjodid, CH_2J_2	20	3,3254
Methylenbromid, CH_2Br_2	20	2,4953		25	3,304
Bromoform, $CHBr_3$	20	2,8899	Essigsaures $Te + TlNO_3 + CH_3COOTl$	65	4,5
	50	2,7934			
	70	2,7364			
	90	2,6823			

Lösungen organischer Stoffe.

Name	ϑ in °C	Gew.-% CH_3J	ϱ_ϑ in $g \cdot cm^{-3}$	Name	ϑ in °C	Konzentration Gew.-%	ϱ_ϑ in $g \cdot cm^{-3}$
Methyljodid + Äthyljodid-Mischung	15	90	2,228	Methyljodid in Äthyljodid	15	40 CH_3J	2,059
	15	80	2,192		15	30 ,,	2,028
	15	70	2,157		15	20 ,,	1,999
	15	60	2,123		15	10 ,,	1,970
	15	50	2,091	Ameisensaures Tl in H_2O	12	ges.	3,17
					26		3,54

32223 Kompressibilität von wässerigen Lösungen bei 25° C im Druckbereich 100...300 Bar.

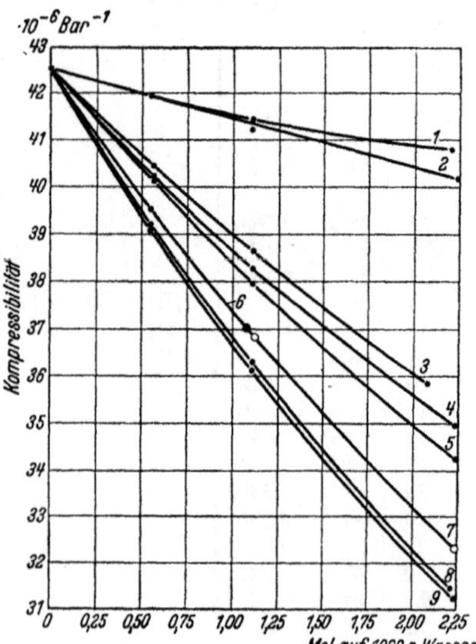

1 Essigsäure, *2* HCl, *3* LiCl, *4* KCl, *5* NaCl, *6* KAcetat, *7* LiOH, *8* KOH, *9* NaOH.

32224 Volumenänderungen bei Verdünnung, Neutralisation und Mischung.

322241 Volumänderung beim Verdünnen wässeriger Lösungen anorganischer Stoffe.

Es ist die Volumänderung Δ V in cm^3 angegeben, die beim Herstellen einer Lösung von n Gramm-Äquivalent im Liter bei 20° C aus 0,5 l der zu verdünnenden Lösung und 0,5 l Wasser entsteht.

Gelöster Stoff	n	Δ V	n	Δ V	n	Δ V	n	Δ V	n	Δ V
HCl	0,165	−2,0	0,247	−3,8	0,300	−6,1	0,510	−11,4	—	—
LiCl	0,139	−2,7	0,207	−5,4	0,359	−11,0	0,460	−17,5	—	—
NaCl	0,096	−1,6	0,215	−7,1	0,399	−21,4	0,500	−31,6	—	—
KCl	0,095	−2,3	0,213	−7,7	0,306	−14,4	0,372	−19,7	0,500	−31,7
$CaCl_2$	0,099	−2,8	0,240	−9,0	0,304	−13,4	0,491	−28,1	—	—
$SrCl_2$	0,125	−4,0	0,195	−8,3	0,298	−14,8	0,470	−30,0	—	—
Rohrzucker	0,139	−3,5	0,243	−10,2	0,300	−15,8	0,499	−44,5	—	—

322242 Volumänderung beim Neutralisieren.

Es ist die Volumänderung in cm^3 angegeben, die beim Neutralisieren von 500 cm^3 Säure mit 500 cm^3 Lauge entsteht. Säure und Lauge sind von gleicher, unten angegebener Konzentration (n = Gramm-Äquivalent im Liter), $\vartheta = 20^0$.

Stoffe \ n =	1	2	3	4	5	6	7	8	9	10	11	12
NaOH + HCl	9,8	18,0	25,1	31,8	37,6	42,8	47,2	51,3	54,6	57,3	59,0	—
+ HBr	10,0	18,5	26,3	33,4	39,7	45,5	50,6	55,2	58,5	61,6	53,6	—
+ HJ	9,7	18,4	26,8	34,2	40,1	—	—	—	—	—	—	—
NH_3 + HCl	—	−6,5	—	−12,3	—	−17,6	—	−22,5	−24,7	—	—	—
NaOH + Ameisens.	5,8	11,1	14,5	17,9	21,0	22,2	23,0	24,1	24,4	23,9	23,5	21,9
+ Essigs.	5,3	9,1	12,2	14,4	15,7	16,7	15,7	15,4	—	—	—	—
NH_3 + Ameisens.	—	−12,4	—	−24,5	—	−36,1	—	−46,9	—	−57,0	—	−66,4
+ Essigs.	—	−14,6	—	−28,6	—	−42,0	—	−54,9	—	−67,7	—	−73,8

322243 Volumänderung beim Mischen wässeriger Lösungen anorganischer Stoffe.

Es ist die Volumänderung Δ V in cm^3 angegeben, die beim Mischen von 500 cm^3 der Lösung 1 von der Konzentration m_1 Gramm-Molekül im Liter mit 500 cm^3 der Lösung 2 von der Konzentration m_2 Gramm-Molekül im Liter auftritt.

Stoff in Lösung 1	m_1	Stoff in Lösung 2	m_2	Δ V	Stoff in Lösung 1	m_1	Stoff in Lösung 2	m_2	Δ V
HCl	7	$ZnCl_2$	3,5	20,0	NaCl	1	$MgCl_2$	4	−4,1
H_2SO_4	1	HNO_3	2	0,0	NaCl	3,9	$MgCl_2$	1,95	−0,3
H_2SO_4	1	Na_2SO_4	1	3,3	NaCl	3,9	$CaCl_2$	3,9	−2,7
H_2SO_4	1	$(NH_4)_2SO_4$	1	2,7	NaCl	3,9	$CaCl_2$	1,95	−0,3
H_2SO_4	1	$MgSO_4$	1	2,1	NaCl	3,9	$BaCl_2$	1	−0,2
H_2SO_4	1	$CuSO_4$	1	1,2	NaCl	5	$ZnCl_2$	5	9,5
H_2SO_4	1	$ZnSO_4$	1	1,5	NaCl	0,25	$HgCl_2$	0,125	0,6
$LiNO_3$	1	$AgNO_3$	1	0,0	Na_2SO_4	0,5	NaOH	1	0,0
NaCl	1	HCl	1	0,0	Na_2SO_4	2	$MgSO_4$	2	0,3
NaCl	4	LiCl	6	−0,3	Na_2SO_4	0,75	$MgSO_4$	0,75	0,1
NaCl	4	LiCl	5	−0,2	Na_2SO_4	2	$MgSO_4$	1	−1,0
NaCl	4	LiCl	4	0,0	Na_2SO_4	0,75	$MgSO_4$	0,375	−0,1
NaCl	4	LiCl	3	−0,6	KCl	3	KCl	0,5	−1,1
NaCl	4	LiCl	2	−1,1	KCl	3	$BaCl_2$	1,5	−0,9
NaCl	4	LiCl	1	−1,8	KCl	3,3	$ZnCl_2$	3,3	5,9
NaCl	2	LiCl	2	0,0	KJ	3,8	CdJ_2	1,9	10,2
NaCl	1	NaOH	1	0,1	K_2SO_4	0,4	$(NH_4)_2SO_4$	0,4	0,1
NaCl	3	NaCl	0,5	−1,2	K_2SO_4	0,3	$(NH_4)_2SO_4$	0,3	0,0
NaCl	1	KCl	1	0,0	K_2SO_4	0,2	$CuSO_4$	0,2	−0,1
NaCl	2	KCl	2	−0,1	K_2SO_4	0,62	$CuSO_4$	0,62	0,1
NaCl	3	KCl	3	0,0	K_4SO_4	0,25	$Al_2(SO_4)_3$	0,25	0,0
NaCl	3	KCl	0,5	−1,1	KNO_3	0,4	$Ba(NO_3)_2$	0,2	0,1
NaCl	2	NH_4Cl	2	−0,1	KCN	4	$CdCl_2$	1	11,4
NaCl	4	$MgCl_2$	4	−1,9	$MgCl_2$	4,8	$FeCl_3$	4,8	−0,1
NaCl	3	$MgCl_2$	4	−2,9	$MgCl_2$	2	$CaCl_2$	2	0,0
NaCl	2	$MgCl_2$	4	−3,4	K_2CrO_4	4	CrO_3	0,5	5,7

323 Dichte, Ausdehnung und Kompressibilität von Gasen.

3231 Übersichtstabelle technischer Gase und Dämpfe.

Von **Eduard Justi,** Berlin.

Molekulargewicht M, Normkubikmeter[1]-Gewicht [kg/Nm³] (bei 0° C und 760 [Torr] = 1 [Atm]), auf trockene Luft = 1 bezogene Dichte ϱ; Molvolumen V_M [Nm³/kmol], Kompressibilität k [Torr], Siedetemperatur ϑ_K [° C] bei 1 [Atm], Schmelztemperatur ϑ_F [° C], kritische Temperatur ϑ_{kr} [° C], kritischer Druck p_{kr} [Atm] und kritische Dichte ϱ_{kr} [kg/Nm³]. Bei den <eingeklammerten> Dämpfen ist kg/Nm³, ϱ und V_M aus k für 1 Atm bei 20° C (statt sonst 0° C) extrapoliert. Diese Zahlen sind Anhaltswerte für kg/Nm³, ϱ und V_M von Gasgemischen; in Gemischen sind diese Größen ebenso wie p nicht streng additiv.

Stoff	Formel	M	Wichte [kg/Nm³]	Dichte ϱ (für Luft = 1)	V_M	$10^6 \cdot k$ in $Torr^{-1}$	ϑ_K in °C	ϑ_F in °C	ϑ_{kr} in °C	p_{kr} in Atm	ϱ_{kr} in kg/Nm³
Helium	He	4,002	0,1785	0,1381	22,42	+0,7	−268,93	—	−267,9	2,26	0,069
Neon	Ne	20,183	0,8999	0,6961	22,43	+0,6	−246,1	−248,60	−228,7	26,9	0,484
Argon	Ar	39,944	1,7839	1,3799	22,39	−1,3	−185,9	−189,3	−122,4	48,0	0,531
Krypton	Kr	83,7	3,74	2,89	22,38	−2,3	−153,2	−157,2	−63,8	54,2	0,909
Xenon	X	131,3	5,89	4,51	22,29	−9,1	−108,8	−111,9	16,6	58,2	1,15
Wasserstoff	H_2	2,0156	0,08987	0,06952	22,43	+0,8	−252,78	−259,20	−239,9	12,8	0,031
Sauerstoff	O_2	32,000	1,42895	1,1053	22,39	−1,3	−182,97	−218,83	−118,8	49,7	0,43
Ozon	O_3	48,000	2,22	1,71	21,6	−60	−112	−252	−5	92,3	0,54
Wasserdampf	H_2O	18,0156	0,768	0,5941	23,45	−45,9	+100,00	0,000	374,2	217,5	0,329
Fluor	F_2	38,000	1,695	1,311	22,42	—	−188	−220	−101	55	—
Chlor	Cl_2	70,914	3,22	2,49	22,[illegible]2	—	−33,95	−100,5	144	76,1	0,573
Chlorwasserstoff	HCl	36,465	1,6391	1,2679	22,25	−9,8	−85	−113	51,4	83	0,61
Bromwasserstoff	HBr	80,924	3,644	2,819	22,21	−15	−67	−87	90	84	0,807
Jodwasserstoff	HJ	127,93	5,789	4,478	22,10	−24	−36	−51	150,8	—	—
Schwefelwasserstoff	H_2S	34,08	1,5392	1,1906	22,14	−13,7	−60,4	−85,6	100,4	89	—
Schwefeldioxyd	SO_2	64,06	2,9263	2,2635	21,89	−31,2	−10,0	−75,3	157,3	77,8	0,524
Schwefeltrioxyd	SO_3	80,06	—	—	—	—	46	−16,8	218,3	84	0,630
Stickstoff	N_2	28,016	1,2505	0,9673	22,40	−0,6	−195,81	−210,02	−147,1	33,5	0,311
Luftstickstoff (mit Ar)		—	1,2567	0,9721	22,40	−0,6	—	—	—	—	—
Luft (trocken)[2]		28,96	1,2928	1,000	22,40	−0,8	−193	−213	−140,7	37,2	0,31
Ammoniak	NH_3	17,031	0,7714	0,5967	22,08	−20,3	−33,4	−77,7	132,4	111,5	0,235
Stickoxydul	N_2O	44,016	1,9780	1,5300	22,25	−9,5	−88,7	−90,8	36,5	71,6	0,46
Stickoxyd	NO	30,008	1,3402	1,0367	22,39	−1,5	−152	−163,5	−94	64	0,52
Nitrosylchlorid	NOCl	65,465	2,9919	2,314	21,88	−40	−5,5	−61,5	165	92,4	—
Phosphorwasserstoff	PH_3	34,04	1,530	1,183	22,25	−12,7	−87,5	−133,5	52	64,5	—
Arsenwasserstoff	H_3As	77,93	3,48	2,692	22,39	−1,8	−55	−113,5	—	—	—
Kohlenoxyd	CO	28,01	1,2500	0,9669	22,40	−0,6	−191,5	−205	−140,2	34,5	0,301
Kohlendioxyd	CO_2	44,01	1,9768	1,5291	22,26	−9,2	[−78,48][3]	−56	31,0	73	0,46
Kohlenoxysulfid	COS	60,07	2,72	2,10	22,1	−2	−48	−138,2	105	65,1	—

Cyanwasserstoff	HCN	27,026	—	—	—	—	+25,6	−14,86	183,5	53	0,195
Cyan	C_2N_2	62,04	—	—	—	—	−21	−34,4	128,3	60	—
Selenwasserstoff	H_2Se	79,968	3,6643	2,9002	21,82	—	—	—	—	—	—
Siliciumfluorid	SiF_4	104,06	4,6905	3,7133	22,18	—	−75	[−90][3]	−1,5	50	—
Methan	CH_4	16,04	0,7168	0,5545	22,36	−2,9	−161,5	−182,5	−82,5	45,7	0,162
Äthan	C_2H_6	30,07	1,356	1,049	22,16	−15,5	−88,6	−183,6	35	49	0,21
Äthylen	C_2H_4	28,05	1,2605	0,9750	22,24	−10,5	−103,5	−169,4	9,5	50,7	0,216
Acetylen	C_2H_2	26,04	1,1709	0,9057	22,22	−11,8	[−83,6][3]	−81	35,7	61,6	0,231
Propan	C_3H_8	44,09	2,0037	1,550	22,00	−31,2	−42,6	−189,9	96,81	42,0	0,226
Propylen	C_3H_6	42,08	1,915	1,481	21,96	−26,4	−47	−185,2	92,0	45,3	—
n-Butan	C_4H_{10}	58,12	2,703	2,091	21,50	−54,0	+0,5	−135	152,0	34,5	0,225
i-Butan	C_4H_{10}	58,12	2,668	2,064	21,78	−37,6	−10,2	−145	133,7	36,5	—
α-Butylen	C_4H_8	56,10	—	—	—	—	−6,1	—	144	—	—
β-Butylen	C_4H_8	56,10	—	—	—	—	+1,0	−130	155	—	—
γ-Butylen	C_4H_8	56,10	—	—	—	—	−6,6	—	144	—	—
n-Pentan	C_5H_{12}	72,14	3,457	2,674	20,87	−242	36,1	−135,5	197	33,0	0,232
i-Pentan	C_5H_{12}	72,14	—	—	—	—	28,0	−160,0	188	33,0	0,234
n-Hexan	C_6H_{14}	86,17	—	—	—	—	68,73	−95,3	234,8	29,6	0,234
n-Heptan	C_7H_{16}	100,19	4,459	3,450	22,47	−120	98,4	−90,6	266,85	26,8	0,234
n-Octan	C_8H_{18}	114,22	5,030	3,890	22,71	−102	125,7	−57	296,2	24,7	0,233
n-Decan	$C_{10}H_{22}$	142,3	0,730	—	—	—	173	−31	346	20,5	0,230
Diphenyl	$C_{12}H_{10}$	154,08	—	—	—	—	255,3	70,5	496	30,8	—
Methylfluorid	CH_3F	34,03	1,545	1,195	22,03	−29	−78	—	44,9	62,0	—
Methylchlorid	CH_3Cl	50,49	2,307	1,784	21,88	−32,4	−24,0	−91,5	143,1	65,9	0,37
Methylenchlorid	CH_2Cl_2	84,94	—	—	—	—	−40	−96,5	245	44	—
Chloroform	$CHCl_3$	119,39	5,283	4,087	22,60	−100	61,20	−63,5	260	54,9	0,496
Trifluorchlormethan („Freon 13")	CF_3Cl	114,47	—	—	—	—	−81,50	−181	28,75	38,1	0,581
Difluordichlormethan („Freon 12")	CF_2Cl_2	120,92	5,510	4,262	21,95	−35,6	−29,8	−155	111,5	39,6	0,555
Fluorchloroform („Freon 11")	$CFCl_3$	137,4	—	—	—	—	23,65	−111	196	42,9	—
Äthylchlorid	C_2H_5Cl	64,52	—	—	—	—	12,2	−138,7	187,2	52,0	0,33
Methylalkohol	CH_4O	32,04	1,426	1,103	22,47	−120	64,51	−98	240	99	0,358
Methyläther	C_2H_6O	46,07	—	—	—	—	−24	−138,5	127	53	—
Äthylalkohol	C_2H_6O	46,07	2,043	1,580	22,55	−114	78,3	−114,5	243,1	63,1	0,28
Aceton	C_3H_6O	58,08	—	—	—	—	56,1	−94,3	235	47	0,268
n-Butylalkohol	$C_4H_{10}O$	74,12	3,244	2,510	22,84	−92	117,7	−89,8	287	48,5	—
Diäthyläther	$C_4H_{10}O$	74,12	—	—	—	—	34,6	−129	193,8	35,5	0,265
Diphenylenoxyd	$C_{12}H_8O$	168,8	—	—	—	—	287	80	—	—	—
Phosgen	$COCl_2$	98,924	<4,531>	—	<21,833>	—	8,2	−126	183	56	0,52
Methylamin	CH_5N	31,06	<1,388>	<1,0737>	<22,37>	—	−6,5	−92,5	157	73,6	—
Äthylamin	C_2H_7N	45,08	<2,0141>	0,706	<22,37>	—	16,5	−81	183,6	56	0,248

[1] Der Ausdruck Normkubikmeter gibt an, daß die Volumenangaben sich auf trockenes Gas bzw. Gasgemische bei 0° C und 760 Torr beziehen.
[2] Bestandteile der trockenen atmosphärischen Luft:
1. In Volum-Prozenten: 78,03% N_2; 20,99% O_2; 0,933% Ar; 0,030% CO_2; 0,01% H_2; 0,0018% Ne; 0,0005% He; 0,0001% Kr; 0,0$_8$9% X;
2. in Gewichts-Prozenten: 75,47% N_2; 23,20% O_2; 1,28% Ar; 0,046% CO_2; 0,001% H_2; 0,0012% Ne; 0,0$_4$7% He; 0,0$_3$3% Kr; 0,0$_4$4% X.
[3] [ ] Sublimationspunkt bei 760 Torr.

3232 Umrechnung der Gasvolumen bei kleinen Abweichungen vom Normzustand.

Wird das Volumen eines Gases nicht im Normzustand, sondern bei dem Druck p (in Torr) und bei der Temperatur ϑ (in °C) gemessen ($V_{p,\vartheta}$), so ist das Volumen dieser Gasmenge im Normzustand V_N im allgemeinen mit genügender Genauigkeit bei kleinen Abweichungen von p und ϑ vom Normzustand gegeben durch die Beziehung:

$$V_N = \frac{273}{273+\vartheta} \cdot \frac{p}{760} \cdot V_{p,\vartheta} = \frac{1}{1+\alpha\vartheta} \cdot \frac{p \cdot V_{p,\vartheta}}{760} \qquad (\alpha = 0{,}00367)$$

oder

$$V_N = \frac{0{,}359}{273+\vartheta} \cdot p \cdot V_{p,\vartheta}\,.$$

Wenn es erforderlich ist, die Abweichungen vom idealen Gasgesetz zu berücksichtigen, so sind die rechten Seiten der Gleichungen mit

$$[1 - \varkappa_0 (p - 760)]$$

zu multiplizieren. Für einige Gase ist der Wert $\varkappa_0$ für $\vartheta = 0°$ nachstehend angegeben. Diese Werte gelten in den Formeln mit ausreichender Genauigkeit zwischen 0° und Raumtemperatur für Drucke in der Nähe von 760 Torr.

Korrekturwerte $\varkappa_0$.

Gas		$\varkappa_0 \cdot 10^6$	Gas		$\varkappa_0 \cdot 10^6$
Helium	He	+0,7	Stickoxydul	N_2O	−9,7
Neon	Ne	+0,6	Stickoxyd	NO	−1,5
Argon	A	−1,3	Kohlenoxyd	CO	−0,6
Wasserstoff	H_2	+0,8	Kohlendioxyd	CO_2	−9,2
Sauerstoff	O_2	−1,3	Methan	CH_4	−2,9
Chlor	Cl_2	−22,9	Äthan	C_2H_6	−15,5
Chlorwasserstoff	HCl	−9,8	Äthylen	C_2H_4	−10,5
Schwefelwasserstoff	H_2S	−13,7	Acetylen	C_2H_2	−11,8
Schwefeldioxyd	SO_2	−31,2	Propan	C_3H_8	−34,6
Stickstoff	N_2	−0,6	Propylen	C_3H_6	−26,4
Luftstickstoff	N_2	−0,6	Normal-Butan	C_4H_{10}	−54,0
Luft (CO_2-frei)		−0,8	Iso-Butan	C_4H_{10}	−37,6
Ammoniak	NH_3	−20,3	Methylchlorid	CH_3Cl	−32,4

3233 Dichte ϱ in g·cm⁻³ der trockenen Luft

bei ϑ in °C und dem Druck p in Torr (reduziert auf 0° und 45° Breite), berechnet nach der Formel $\frac{0{,}001\,293\,2}{1+0{,}003\,67\,\vartheta} \cdot \frac{p}{760}$.

Die Zahlen gelten für Zimmerluft vom Volumgehalt $\frac{6}{10000}$ an Kohlensäure; sie ändern sich auf $\pm\frac{1}{10000}$ des Gehaltes um $\pm\frac{1}{19000}$ ihres Wertes.

Bestandteile der freien atmosphärischen Luft s. S. 823, Anm. 2.

	p in Torr								
ϑ in °C	700	710	720	730	740	750	760	770	780
	0,00	0,00	0,00	0,00	0,00	0,00	0,00	0,00	0,00
0	1191	1208	1225	1242	1259	1276	1293	1310	1327
1	1187	1204	1221	1238	1255	1272	1288	1305	1322
2	1182	1199	1216	1233	1250	1267	1284	1301	1318
3	1178	1195	1212	1229	1246	1262	1279	1296	1313
4	1174	1191	1207	1224	1241	1258	1274	1291	1308

3233 (Fortsetzung).

ϑ in °C	p in Torr 700	710	720	730	740	750	760	770	780
5	1170	1186	1203	1220	1236	1253	1270	1287	1303
6	1165	1182	1199	1215	1232	1249	1265	1282	1299
7	1161	1178	1194	1211	1228	1244	1261	1277	1294
8	1157	1174	1190	1207	1223	1240	1256	1273	1289
9	1153	1169	1186	1202	1219	1235	1252	1268	1285
10	1149	1165	1182	1198	1215	1231	1247	1264	1280
11	1145	1161	1178	1194	1210	1227	1243	1259	1276
12	1141	1157	1173	1190	1206	1222	1239	1255	1271
13	1137	1153	1169	1186	1202	1218	1234	1251	1267
14	1133	1149	1165	1181	1198	1214	1230	1246	1262
15	1129	1145	1161	1177	1193	1210	1226	1242	1258
16	1125	1141	1157	1173	1189	1205	1221	1238	1254
17	1121	1137	1153	1169	1185	1201	1217	1223	1249
18	1117	1133	1149	1165	1181	1197	1213	1229	1245
19	1113	1129	1145	1161	1177	1193	1209	1225	1241
20	1110	1126	1141	1157	1173	1189	1205	1221	1236
21	1106	1122	1137	1153	1169	1185	1201	1216	1232
22	1102	1118	1134	1149	1165	1181	1197	1212	1228
23	1098	1114	1130	1145	1161	1177	1193	1208	1224
24	1095	1110	1126	1142	1157	1173	1189	1204	1220
25	1091	1107	1122	1138	1153	1169	1185	1200	1216
26	1087	1103	1118	1134	1149	1165	1181	1196	1212
27	1084	1099	1115	1130	1146	1161	1177	1192	1208
28	1080	1096	1111	1126	1142	1157	1173	1188	1204
29	1077	1092	1107	1123	1138	1153	1169	1184	1200
30	1073	1088	1104	1119	1134	1150	1165	1180	1196

3234 Kritische Daten.

ϑ_{kr} kritische Temperatur in °C, p_{kr} kritischer Druck in Atm, d_{kr} kritische Dichte in $g \cdot cm^{-3}$.

32341 Kritische Daten von Gasen.

Ergänzungen zur Tabelle 3231.

323411 Anorganische Stoffe.

Stoff	ϑ_{kr} °C	p_{kr} Atm	ϱ_{kr} $g \cdot cm^{-3}$	Stoff	ϑ_{kr} °C	p_{kr} Atm	ϱ_{kr} $g \cdot cm^{-3}$
Rn	104,5	62,4	—	CS_2	273,05	72,87	0,009
Br_2	302,2	—	1,18	PH_4Cl	49,1	72,7	—
Hg	~1450	~1042	~5	SiH_4	−3,5	47,8	—
HF	230,2	—	—	$GeCl_4$	276,9	38,0	—
N_2O_4	158,2	100	0,507	$SnCl_4$	318,7	36,95	0,742

323412 Organische Verbindungen.

ϑ_{kr} kritische Temperatur in °C. p_{kr} kritischer Druck in Atm. ϱ_{kr} kritische Dichte in $g \cdot cm^{-3}$.

Stoff	ϑ_{kr} °C	p_{kr} Atm	ϱ_{kr} $g \cdot cm^{-3}$
Acetaldehyd	181,5	—	—
Acetanhydrid	296	46,2	—
Acetonitril	274,7	~47,7	0,237
Äthylbromid	230,8	61,5	0,507
Äthylpropyläther	233,4	—	—
Äthylsulfid	284,6	47,1	—
Allylalkohol	271,9	—	—
Allylen	127,9	—	—
Ameisensäureäthylester	233,1	49,16	0,32
Ameisensäureamylester	302,6	34,12	0,282
Ameisensäure-isoamylester	304,6	—	—
Ameisensäure-isobutylester	278,2	38,29	0,288
Ameisensäure-methylester	214,0	59,25	—
Ameisensäure-propylester	264,85	40,08	—
i-Amylalkohol	306,6	—	—
Tert. Amylalkohol	271,77	—	—
Anilin	425,65	52,35	—
Anisol	368,5	41,25	—
Benzol	288,6	47,9	~0,305
Brombenzol	397,0	44,6	0,480
Buttersäure	354,74	—	—
i-Buttersäure	336,25	—	—
Buttersäure-äthylester	292,8	30,24	0,276
i-Buttersäure-äthylester	280,4	30,13	0,276
i-Buttersäure-amylester	345,68	—	—
i-Buttersäure-butylester	338,25	—	—
Buttersäure-methylester	281,3	34,28	0,300
i-Buttersäure-methylester	267,55	33,87	0,301
Buttersäure-propylester	326,6	—	—
i-Buttersäure-propylester	316,0	—	—
Butylalkohol	~287	48,5	—
Sek. Butylalkohol	265,19	—	—
Tert. Butylalkohol	234,9	—	—
i-Butylalkohol	265,0	48,27	—
Butyronitril	309,1	37,4	—
Capronitril	348,8	32,15	—
Caprylsäure-äthylester	385,56	—	—
Chlorbenzol	359,2	44,6	0,365
Crotonsäure-äthylester	326,0	—	—
Cyan	128,3	60	—
Cyclohexan	281,02	40,57	0,273
Diäthylamin	223,3	36,6	0,234
Dimethylamin	164,68	52,4	—
Dimethylanilin	414,45	35,8	—
Dimethylorthotoluidin	394,8	30,8	—
Dipropylamin	277,0	31,0	—
Essigsäure	321,6	57,11	0,351
Essigsäure-äthylester	250,1	38,00	0,308
Essigsäure-i-amylester	326,18	—	—
Essigsäure-butylester	305,9	—	—
Essigsäure-i-butylester	288,3	31,4	0,281
Essigsäure-methylester	232,9	47,54	0,325
Essigsäure-propylester	276,2	33,19	0,296
Fluorbenzol	286,55	44,62	0,354
Heptylalkohol	265,3	—	—
Jodbenzol	448	44,6	0,581
m-Kresol	432	45,0	—
o-Kresol	422,3	—	—
p-Kresol	426,0	—	—
Methyläthyläther	168,4	46,27	0,307
Methyläthylsulfid	259,66	41,9	—
Methylanilin	428,6	—	—
Methylsulfhydrat	196,8	71,4	0,323
Methylsulfid	231,29	56,14	~0,301
Naphthalin	468,2	39,2	—
Octylalkohol	385,46	—	—
Oxalsäuredimethylester	260	9,48	—
Paraldehyd	290	—	—
Pelargonsäureäthylester	400,81	—	—
Phenetol	374,0	33,8	—
Phenol	~419,2	60,5	—
Propionitril	285,09	53,8	—
Propionsäure	339	52,4	—
Propionsäure-äthylester	272,4	34,64	0,286
Propionsäure-isoamylester	338,24	—	—
Propionsäure-methylester	257,4	39,52	0,3124
Propylalkohol	256,0	53,26	—
i-Propylalkohol	234,6	53,1	—
Propylamin	223,8	46,76	—
Propylchlorid	230,05	45,18	—
Pyridin	~344,2	60,0	—
Tetrachlorkohlenstoff	283,15	44,98	0,558
Thiophen	317,3	47,7	—
Thymol	425,1	—	—
p-Tolunitril	450	—	—
Toluol	320,6	41,6	—
Triäthylamin	259,0	30	~0,257
Trimethylamin	160,5	41,0	—
Valeriansäure	378,87	—	—
i-Valeriansäure	360,68	—	—
i-Valeriansäureäthylester	314,87	—	—
i-Valeriansäure-propylester	335,93	—	—

32342 Lösungen.

323421 Kritische Daten wässeriger Lösungen.

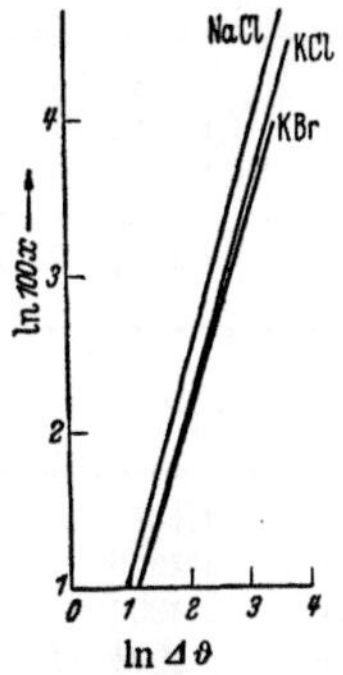

x in mol·l⁻¹, Δϑ Temperaturänderung in °C.
Abhängigkeit der Erhöhung Δϑ der kritischen Temperatur von der Konzentration.

323422 Kritische Temperaturen von Lösungen.

Es sind die Temperaturerhöhungen der kritischen Temperatur des Lösungsmittels, die durch Auflösen eines Moles des gelösten Stoffes in 100 g Lösungsmittel entstehen, angegeben. Diese sind abgeleitet aus beobachteten Temperaturerhöhungen $\Delta\vartheta$, die bei Auflösung von Substanzmengen bis zu etwa $^1/_{20}$ Mol in 100 g Lösungsmittel beobachtet wurden.

Gelöster Stoff	Kochpunkt °C	Lösungsmittel und ihre kritischen Temperaturen					
		CO_2 31,3°	NH_3 131°	CH_3Cl 143°	SO_2 157°	C_6H_{12} 189°	$C_4H_{10}O$ 194°
		Molekulare Temperaturerhöhungen in °C					
Anthracen	351	—	3,08	3,33	2,68	1,38	—
Diphenylamin	302	—	3,36	3,14	2,82	1,37	1,55
Naphthalin	218	2,39	1,66	—	1,45	—	0,89
α-Naphtylamin	301	—	3,09	—	2,59	1,09	—
Resorcin	280	—	—	2,17	2,36	—	1,34

3235 pv-Werte von Gasen in Abhängigkeit von Druck und Temperatur.

pv = 1 für das Gas im Normzustand (0° C; 760 Torr).

Von **Joseph Otto**, Berlin.

323501 Helium.

Atm \ ϑ	−252,8°	−208°	−183°	−150°	−100°	−50° C
0	0,0745	0,2384	0,3299	0,4506	0,6336	0,8165
1	0,0745	0,2389	0,3305	0,4512	0,6342	0,8171
10	0,0744	0,2428	0,3348	0,4558	0,6390	0,8219
50	0,0891	0,2621	0,3547	0,4768	0,6606	0,8434
100	0,1206	0,2880	0,3816	0,5042	0,6884	0,8707

323501 Helium (Fortsetzung).

Atm \ ϑ	0°	50°	100°	200°	300°	400° C
0	0,9995	1,1824	1,3654	1,7313	2,0972	2,4631
1	1,0000	1,1829	1,3658	1,7317	2,0975	2,4633
10	1,0047	1,1876	1,3704	1,7361	2,1017	2,4674
50	1,0257	1,2086	1,3907	1,7559	2,1204	2,4855
100	1,0519	1,2348	1,4161	1,7805	2,1439	2,5081

Atm \ ϑ	−70°	−35°	0°	50°	100°	200° C
200	0,8490	0,9759	1,1036	1,2859	1,4660	1,8283
400	0,9491	1,0769	1,2026	1,3848	1,5635	1,9179
600	1,0481	1,1744	1,3003	1,4768	1,6553	2,0152
800	1,1417	1,2682	1,3924	1,5706	1,7481	2,0983
1000			1,4838	1,6602	1,8359	2,1889

323502 Neon.

Atm \ ϑ	−207,9°	−182,5°	−150°	−100°	−50° C
0	0,2388	0,3317	0,4506	0,6336	0,8166
1	0,2380	0,3315	0,4507	0,6340	0,8170
10	0,230	0,328	0,451	0,637	0,821
50	0,196	0,319	0,454	0,649	0,838
100	0,185	0,318	0,465	0,667	0,861

Atm \ ϑ	0°	50°	100°	200°	300°	400° C
0	0,9995	1,1825	1,3654	1,7313	2,0973	2,4632
1	1,0000	1,1830	1,3659	1,7318	2,0977	2,4636
10	1,0044	1,1879	1,3710	1,7371	2,1033	2,4691
50	1,024	1,209	1,394	1,761	2,128	2,494
100	1,050	1,236	1,422	1,791	2,158	2,524
150	1,077	1,264	1,452			
200	1,105	1,293	1,481			

323503 Argon.

Atm \ ϑ	−100°	−50°	0°	50° C
0	0,6345	0,8178	1,0010	1,1842
1	0,6316	0,8161	1,0000	1,1837
10	0,6048	0,8010	0,9914	1,1795
20	0,5730	0,7843	0,9823	1,1751
40	0,5029	0,7518	0,9653	1,1674
60	0,4237	0,7206	0,9503	1,1611
80	0,3340	0,6919	0,9372	1,1563
100		0,6669	0,9262	1,1529
150			0,9101	1,1508
200			0,9147	1,1575

323503 Argon (Fortsetzung).

ϑ / Atm	100°	200°	300°	400° C
0	1,3674	1,7339	2,1003	2,4668
1	1,3673	1,7341	2,1008	2,4675
10	1,3658	1,7361	2,1054	2,4736
20	1,3644	1,7385	2,1105	2,4804
40	1,3625	1,7440	2,1211	2,4941
60	1,3619	1,7504	2,1321	2,5078
80	1,3625	1,7577	2,1434	2,5214
100	1,3648	1,7659	2,1550	2,5351
150	1,3741			
200	1,3915			

323504 Wasserstoff.

ϑ / Atm	−207,9°	−183°	−150°	−100° C
0	0,2388	0,3299	0,4506	0,6335
1	0,2379	0,3296	0,4507	0,6339
10	0,2308	0,3278	0,4521	0,6377
20	0,2238	0,3264	0,4540	0,6420
40	0,2134	0,3261	0,4591	0,6513
60	0,2126	0,3288	0,4657	0,6612
80	0,2186	0,3345	0,4739	0,6719
100	0,2300	0,3433	0,4838	0,6833

ϑ / Atm	−50°	0°	50°	100°	200°	300°	400° C
0	0,8164	0,9994	1,1823	1,3652	1,7311	2,097	2,463
1	0,8170	1,0000	1,1830	1,3659	1,7318	2,097	2,463
10	0,8219	1,0056	1,1891	1,3721	1,7381	2,104	2,468
20	0,8274	1,0119	1,1959	1,3791	1,7451	2,111	2,473
40	0,8388	1,0247	1,2094	1,3930	1,7591	2,126	2,484
60	0,8506	1,0376	1,2229	1,4069	1,7731	2,141	2,495
80	0,8628	1,0508	1,2364	1,4210	1,7872	2,156	2,505
100	0,8754	1,0641	1,2500	1,4352	1,8012	2,171	2,516
200	0,941	1,133	1,320	1,507	1,885	2,251	2,608
400	1,083	1,276	1,464	1,651	2,034	2,398	2,765
600	1,230	1,422	1,608	1,796	2,177	2,540	
800	1,376	1,567	1,751	1,938	2,320	2,677	
1000	1,519	1,709	1,892	2,078	2,461	2,813	

323505 Sauerstoff.

Atm \ ϑ	0°	50°	100° C	Atm \ ϑ	0°	100°	200° C
0	1,0010	1,1842	1,3674	200	0,91	1,40	1,82
1	1,0000	1,1837	1,3672	300	0,96	1,45	1,89
10	0,991	1,180	1,366	400	1,05	1,53	1,96
20	0,982	1,175	1,365	500	1,16	1,62	2,05
40	0,965	1,167	1,363	600	1,27	1,72	2,14
60	0,949	1,161	1,363	700	1,39	1,83	2,24
80	0,936	1,156	1,363	800	1,50	1,93	2,34
100	0,923	1,152	1,365	1000	1,74	2,15	

323506 Stickstoff.

Atm \ ϑ	−130°	−100°	−50°	0°	50° C
0	0,5243	0,6342	0,8173	1,0005	1,1836
1	0,5208	0,6319	0,8162	1,0000	1,1836
10	0,4873	0,6109	0,8059	0,9961	1,1837
20	0,4466	0,5874	0,7951	0,9924	1,1842
40	0,3487	0,5404	0,7757	0,9868	1,1866
60	0,2482	0,4970	0,7596	0,9840	1,1908
80		0,4631	0,7476	0,9838	1,1967
100		0,4471	0,7407	0,9856	1,2044
200			0,785	1,036	1,2692
400			1,033	1,257	1,483
600			1,316	1,525	1,741
800			1,593	1,799	2,009
1000			1,857	2,068	2,276

Atm \ ϑ	100°	150°	200°	300°	400° C
0	1,3667	1,5499	1,7330	2,0993	2,4655
1	1,3670	1,5503	1,7336	2,1000	2,4664
10	1,3698	1,5551	1,7398	2,1084	2,4759
20	1,3732	1,5606	1,7470	2,1177	2,4865
40	1,3810	1,5724	1,7618	2,1367	2,5080
60	1,3901	1,5851	1,7773	2,1560	2,5300
80	1,4005	1,5989	1,7935	2,1756	2,5523
100	1,4123	1,6136	1,8105	2,1956	2,5749
200	1,490	1,700	1,912	2,313	2,697
400	1,704	1,920	2,146	2,551	2,945
600	1,957	2,171	2,396	2,804	3,198
800	2,221	2,432	2,656	3,062	3,459
1000	2,486	2.696	2.921	3.317	3,722

323507 Luft (CO_2-frei).

Atm \ ϑ	−140°	−130°	−103,5°	−78,5°	−35° C
0	0,488	0,524	0,621	0,713	0,872
1	0,486	0,523	0,620	0,712	0,872
20	0,381	0,441	0,570	0,678	0,857
40	0,113	0,333	0,512	0,642	0,839
60		0,201	0,457	0,609	0,822
80		0,204	0,410	0,580	0,810
100			0,388	0,560	0,802

Atm \ ϑ	0°	50°	100°	150°	200° C
0	1,0006	1,1838	1,3669	1,5501	1,7332
1	1,0000	1,1836	1,3671	1,5505	1,7338
10	0,9948	1,1826	1,3687	1,5540	1,7388
20	0,9896	1,1818	1,3709	1,5583	1,7446
40	0,9812	1,1817	1,3762	1,5675	1,7567
60	0,9753	1,1833	1,3830	1,5778	1,7697
80	0,9718	1,1867	1,3911	1,5893	1,7836
100	0,9710	1,1919	1,4006	1,6018	1,7984
150	0,984		1,432		1,841
200	1,010		1,469		1,884
300	1,098		1,561		1,984
400	1,214		1,665		2,094
600	1,470		1,908		2,328
800	1,734		2,158		2,573
1000	1,992		2,417		2,826

323508 Ammoniak.

Atm \ ϑ	0°	50°	100°	150°	200°	250°	300° C
0	1,0165	1,2026	1,3886	1,5747	1,7608	1,9468	2,1329
1	1,0000	1,1922	1,3805	1,5679	1,7546	1,9420	2,1276
10		1,102	1,323	1,527	1,725	1,919	2,110
20			1,254	1,481	1,691	1,892	2,091
30			1,179	1,433	1,657	1,869	2,071
40			1,095	1,383	1,622	1,843	2,053
50			0,997	1,329	1,587	1,819	2,034
60				1,274	1,551	1,793	2,016
70				1,215	1,514	1,768	1,997
80					1,477	1,742	1,978
90					1,438	1,716	1,960
100						1,690	1,942

323509 Kohlenmonoxyd.

Atm \ ϑ	−70°	−50°	−25° C	Atm \ ϑ	−70°	−50°	−25° C
0	0,744	0,817	0,909	200	0,663	0,766	0,902
1	0,743	0,816	0,908	300	0,796	0,887	1,009
25	0,703	0,790	0,894	400	0,943	1,028	1,140
50	0,664	0,762	0,877	600	1,239	1,322	1,428
75	0,632	0,739	0,863	800	1,524	1,610	1,715
100	0,615	0,726	0,859	1000	1,799	1,887	1,994
150	0,619	0,730	0,866				

Atm \ ϑ	0°	25°	50°	100°	150°	200° C
0	1,0007	1,092	1,184	1,367	1,550	1,733
1	1,0000	1,092	1,184	1,367	1,550	1,734
25	0,989	1,087	1,182	1,375	1,570	1,758
50	0,979	1,083	1,183	1,384	1,582	1,776
75	0,973	1,083	1,188	1,395	1,598	1,795
100	0,972	1,084	1,195	1,406	1,615	1,815
150	0,987	1,108	1,219	1,439	1,654	1,860
200	1,015	1,138	1,256	1,479	1,699	1,909
300	1,113	1,234	1,352	1,580	1,805	2,018
400	1,242	1,356	1,472	1,696	1,918	2,138
600	1,524	1,625	1,738	1,956	2,176	2,392
800	1,806	1,990	2,014	2,224	2,444	2,660
1000	2,083	2,186	2,288	2,494	2,714	2,926

323510 Kohlendioxyd.

Atm \ ϑ	0°	10°	20°	30°	40°	50° C
0	1,0068	1,0437	1,0805	1,1174	1,1543	1,1911
50	0,105	0,115	0,680	0,775	0,850	0,920
75	0,153	0,163	0,180	0,219	0,620	0,747
100	0,202	0,213	0,229	0,255	0,309	0,491
150	0,295	0,309	0,326	0,346	0,377	0,419
200	0,385	0,401	0,419	0,440	0,468	0,500
300	0,560	0,578	0,599	0,623	0,649	0,677
400	0,728	0,748	0,771	0,795	0,823	0,852
500	0,991	0,913	0,938	0,963	0,990	1,021
600	1,050	1,073	1,100	1,128	1,157	1,187
700	1,206	1,232	1,259	1,289	1,319	1,350
800	1,358	1,387	1,417	1,448	1,479	1,510
900	1,509	1,539	1,569	1,600	1,633	1,665
1000	1,656	1,685	1,716	1,748	1,780	1,814

323510 Kohlendioxyd (Fortsetzung).

ϑ / Atm	60°	80°	100°	137°	198°	258° C
0	1,2280	1,3017	1,3754	1,5118	1,7366	1,9578
50	0,984	1,096	1,207	1,380	1,653	1,893
75	0,841	0,988	1,118	1,318	1,615	1,867
100	0,661	0,873	1,030	1,259	1,582	1,847
150	0,485	0,681	0,878	1,158	1,530	1,818
200	0,543	0,660	0,815	1,096	1,496	1,804
300	0,710	0,790	0,890	1,108	1,494	1,820
400	0,884	0,956	1,039	1,218	1,563	1,883
500	1,054	1,124	1,200	1,362	1,678	
600	1,219	1,290	1,366	1,518	1,812	
700	1,383	1,454	1,528	1,676	1,956	
800	1,544	1,614	1,689	1,836	2,108	
900	1,700	1,771	1,846	1,994	2,260	
1000	1,848	1,921	1,999			

323511 Methan.

ϑ / Atm	−70°	−50°	−25° C	ϑ / Atm	−70°	−50°	−25° C
0	0,7455	0,8189	0,9106	160	0,392	0,460	0,589
1	0,7410	0,8150	0,9075	180	0,429	0,492	0,608
20	0,647	0,740	0,849	200	0,466	0,527	0,632
40	0,524	0,655	0,787	300	0,646	0,703	0,788
60	0,337	0,555	0,724	400	0,819	0,875	0,956
80	0,256	0,460	0,665	500	0,987	1,043	1,122
100	0,281	0,409	0,617	600	1,149	1,207	1,286
120	0,318	0,410	0,588	800	1,463	1,525	1,605
140	0,354	0,430	0,580	1000	1,766	1,829	1,911

ϑ / Atm	0°	25°	50°	100°	150°	200° C
0	1,0024	1,0942	1,1859	1,3694	1,5529	1,7365
1	1,0000	1,0922	1,1845	1,3686	1,5525	1,7363
20	0,954	1,056	1,156	1,351	1,543	1,732
40	0,907	1,020	1,128	1,335	1,536	1,731
60	0,861	0,986	1,102	1,321	1,530	1,731
80	0,819	0,955	1,080	1,310	1,526	1,732
100	0,784	0,930	1,062	1,302	1,524	1,735
120	0,758	0,910	1,048	1,296	1 525	1,740
140	0,743	0,898	1,039	1,294	1,527	1,747
160	0,740	0,893	1,035	1,295	1,532	1,755
180	0,746	0,894	1,036	1,298	1,539	1,765
200	0,761	0,903	1,043	1,305	1,548	1,776
300	0,889	1,006	1,129	1,379	1,623	1,853
400	1,049	1,150	1,261	1,493	1,727	1,959
500	1,209	1,306	1,411	1,628	1,854	2,080
600	1,371	1,466	1,565	1,773	1,994	2,213
800	1,689	1,780	1,878	2,074	1,283	2,495
1000	2,000	2,089	2,185	2,376	2,580	2,786

323512 Äthan.

Atm \ ϑ	25°	50°	100°	150°	200°	250° C
0	1,1044	1,1970	1,3822	1,5674	1,7526	1,9378
10	1,012	1,118	1,325	1,524	1,713	1,911
20	0,909	1,040	1,269	1,482	1,682	1,885
30	0,784	0,950	1,214	1,444	1,656	1,864
40	0,586	0,848	1,158	1,406	1,633	1,843
60		0,557	1,040	1,334	1,583	1,809
80			0,926	1,267	1,541	1,782
100				1,209	1,505	1,760
120				1,166	1,477	1,744
160					1,448	1,730
200						1,741

323513 Äthylen.

Atm \ ϑ	0°	20°	40°	60°	80°	100°	137,5°	198,5° C
0	1,0073	1,081	1,155	1,229	1,302	1,376	1,514	1,739
50	0,176	0,629	0,814	0,954	1,077	1,192	1,374	1,652
100	0,310	0,360	0,470	0,668	0,846	1,005	1,247	1,580
150	0,441	0,485	0,550	0,649	0,776	0,924	1,178	1,540
200	0,565	0,610	0,669	0,744	0,838	0,946	1,174	1,537
300	0,806	0,852	0,908	0,972	1,048	1,133	1,310	1,628
400	1,036	1,084	1,140	1,202	1,272	1,356	1,510	1,790
600	1,472	1,525	1,586	1,652	1,722	1,795	1,938	2,191
800	1,888	1,946	2,010	2,078	2,150	2,224	2,368	2,606
1000	2,289	2,354	2,422	2,493	2,566	2,642	2,798	

3236 Zustandsgleichungen.

Es bedeuten:

V Molvolumen, T Temperatur in °K,
p Druck, R Gaskonstante.

Der für R einzusetzende Zahlenwert richtet sich nach den Maßeinheiten für p und V, für V in l, p in at ist $R = 8{,}47868 \cdot 10^{-2}\,l \cdot at\,(°K)^{-1} \cdot mol^{-1}$, für V in cm^3 und p in Atm ist $R = 82{,}0617\,cm^3\,Atm\,(°K)^{-1} \cdot mol^{-1}$.

1. *Zustandsgleichung für ideale Gase:*

$$pV = RT.$$

2. Van der Waals*sche Zustandsgleichung*:

$$\left(p + \frac{a}{V^2}\right)(V - b) = RT$$

$$pV\left(1 + \frac{a}{V^2 p}\right)\left(1 - \frac{b}{V}\right) = RT.$$

b trägt dem Eigenvolumen der Molekülen Rechnung; a/V^2 der Druckvermehrung infolge Kohäsion. Für einige Gase sind die Konstanten a und b in 32361 angegeben.

Diese Gleichung ist dritten Grades in bezug auf V; zu bestimmten p und T gehören also drei Werte von V. Im kritischen Punkt müssen dann die drei reellen Wurzeln der van der Waalsschen Gleichung zusammenfallen, hieraus ergibt sich das

$$V_{kr} = 3b, \qquad p_{kr} = \frac{a}{27\,b^2}, \qquad T_{kr} = \frac{8\,a}{27\,b\,R}.$$

Oberhalb T_{kr} existiert nur eine reelle Wurzel. Für geringe Drucke kann man für V in den Korrektionsgliedern $\frac{a}{p \cdot V^2}$ und $\frac{b}{V}$ den Wert $V = \frac{RT}{p}$ einsetzen und erhält als Näherungsformel bei Entwicklung nach für kleine Größen gültigen Gesetzen:

$$pV = RT\left(1 - \frac{ap}{(RT)^2}\right)\left(1 + \frac{bp}{RT}\right)$$

$$= RT\left[1 + \frac{p}{RT}\left(b - \frac{a}{RT}\right)\right].$$

Setzt man $b - \frac{a}{RT} = B$, so erhält man $pV = RT + Bp$.
B wird der zweite Virialkoeffizient genannt.

3. Reduzierte van der Waals*sche Gleichung* (Theorem der übereinstimmenden Zustände). Bei Einführung der kritischen Größen als Maßgrößen für Volumen, Druck und Temperatur sollen die individuellen Eigenschaften der einzelnen Gase verschwinden, man erhält eine Gleichung ohne individuelle Konstanten.

Diese reduzierte Gleichung lautet:

$$\left(\frac{p}{p_{kr}} + \frac{3\,V_{kr}^2}{V^2}\right)\left(3\,\frac{V}{V_{kr}} - 1\right) = 8\,\frac{T}{T_{kr}}.$$

Es sei $\frac{p}{p_{kr}} = \mathfrak{p}$; $\frac{V}{V_{kr}} = \mathfrak{V}$ und $\frac{T}{T_{kr}} = \mathfrak{T}$ gesetzt.

$$\left(\mathfrak{p} + \frac{3}{\mathfrak{V}^2}\right)\left(\mathfrak{V} - \frac{1}{3}\right) = \frac{8}{3}\,\mathfrak{T}.$$

Die reduzierte Zustandsgleichung gibt das Verhalten der Gasen nicht vollständig wieder, wie aus dem $\mathfrak{p} \cdot \mathfrak{V}$-Diagramm 32363 zu ersehen ist. Auch die van der Waalssche Gleichung ist nur in beschränkten Druckbereichen gültig.

Zustandsgleichungen, die in gewissen Bereichen von Druck und Temperatur das Verhalten der Gase besser wiedergeben, sind:

4. Berthelot*sche Zustandsgleichung:*

Es wird die Konstante a als abhängig von T angesehen und durch a'/T ersetzt

$$\left(p + \frac{a'}{V^2 T}\right)(V - b) = RT.$$

5. Nach Callendar kann man für beschränkte Temperaturbereiche für den 2. Virialkoeffizienten ansetzen $B = b - \frac{a'}{R T^n}$.

6. An weiteren Zustandsgleichungen, die durch Hinzunehmen weiterer Konstanten die experimentellen Befunde wiederzugeben trachten, seien genannt:

1. Die von A. Wohl; sie lautet:

$$p = \frac{RT}{V - b} - \frac{a}{T \cdot V(V - b)} + \frac{c}{T^{4/3} V^3}.$$

2. Die von Beattie und Bridgeman:

$$p = \frac{RT\left(1 - \frac{c}{V T^3}\right)}{V^2}\left[V + B_0\left(1 - \frac{b}{V}\right)\right] - \frac{A_0}{V^2}\left(1 - \frac{a}{V}\right).$$

Die Konstanten sind nach Justi[1] für einige Gase in Tabelle 32362 wiedergegeben.

[1] Justi, E.: Spezifische Wärme, Enthalpie, Entropie, Dissoziation technischer Gase. Berlin 1938.

32361 Van der Waalssche Konstanten, berechnet aus den kritischen Daten für das Volumen von $\frac{1}{22416}$ Mol (1 cm³ im idealen Gaszustand) und p in Atm[1]. (a in cm⁶ Atm., b in cm³.)

Stoff	a	b
Elemente.		
He	0,000068	0,001058
Ne	0,000422	0,000763
A	0,00268	0,001437
Kr	0,00462	0,001776
X	0,00818	0,002303
Rn	0,01293	0,002770
H_2	0,000386	0,000977
Cl_2	0,01294	0,002510
O_2	0,00271	0,001421
N_2	0,00268	0,001719
Hg	0,01613	0,000757
Anorganische Verbindungen.		
1. H_2O	0,01089	0,001362
2. HCl	0,00731	0,001822
3. HBr	0,00887	0,001978
4. H_2S	0,00883	0,001914
5. SO_2	0,01338	0,002516
6. H_2Se	0,01050	0,002070
7. NH_3	0,00831	0,00166
8. NO	0,00267	0,001245
9. N_2O	0,00754	0,001971
10. N_2O_4	0,01053	0,001975
11. PH_3	0,00923	0,002302
12. PH_4Cl	0,00808	0,002029
13. CO	0,00296	0,001779
14. CO_2	0,00716	0,001905
15. CS_2	0,02316	0,003431
16. SiH_4	0,00861	0,002583
17. SiF_4	0,00836	0,002487
18. $GeCl_4$	0,04504	0,006630
19. $SnCl_4$	0,05363	0,007332
Organische Verbindungen.		
Acetanhydrid	0,03967	0,005639
Aceton	0,02774	0,004437
Acetonitril	0,03503	0,005216
Acetylen	0,00875	0,002293
Äthan	0,01074	0,002848
Äthylalkohol	0,02395	0,003753
Äthyläther	0,03464	0,006002
Äthylamin	0,02113	0,003754
Äthylchlorid	0,02174	0,003862
Äthylen	0,00891	0,002551
Ameisensäureäthylester	0,02949	0,004714
Ameisensäureamylester	0,05496	0,007724
Ameisensäuremethylester	0,02266	0,003764
Ameisensäurepropylester	0,04086	0,006144
Anilin	0,05282	0,006113
Benzol	0,03588	0,005150
Brombenzol	0,05692	0,006872
Butan	0,02884	0,005472
i-Butan	0,02564	0,005098
Buttersäureäthylester	0,05993	0,008567
i-Buttersäureäthylester	0,05754	0,008410
Buttersäuremethylester	0,05073	0,007404
i-Buttersäuremethylester	0,04883	0,007308
i-Butylalkohol	0,03394	0,005103
Butyronitril	0,05125	0,007126
Chlorbenzol	0,05068	0,006485
Chloroform	0,03023	0,004562
Cyan	0,01528	0,003081
Cyclohexan	0,04347	0,006359
Diäthylamin	0,03816	0,006216
Dimethylamin	0,02069	0,003826
Dimethylanilin	0,07473	0,008793
Dipropylamin	0,05524	0,008124
Essigsäure	0,03505	0,004767
Essigsäureäthylester	0,04076	0,006303
Essigsäureisobutylester	0,05680	0,008185
Essigsäuremethylester	0,03047	0,004870
Essigsäurepropylester	0,05144	0,007577
Fluorbenzol	0,03972	0,005742
n-Heptan	0,06280	0,011850
n-Hexan	0,04928	0,007850
Jodbenzol	0,06592	0,007395
m-Kresol	0,06592	0,007395
Methan	0,00449	0,001910
Methyläthyläther	0,02381	0,004364
Methylalkohol	0,01898	0,002992
Methylamin	0,01421	0,002675
Methylchlorid	0,01489	0,002894
Methylsulfid	0,02564	0,004113
Naphthalin	0,07923	0,008648
Octan	0,07440	0,010570
Pentan	0,03788	0,006516
i-Pentan	0,03651	0,006409
Propan	0,001727	0,003770
Propionitril	0,03277	0,004750
Propionsäure	0,04008	0,005297
Propionsäureäthylester	0,04861	0,007209
Propionsäuremethylester	0,04027	0,006145
Propylalkohol	0,02974	0,004548
i-Propylalkohol	0,02747	0,004377
Propylamin	0,02988	0,004865
Propylchlorid	0,03170	0,005098
Propylen	0,01670	0,003693
Tetrachlorkohlenstoff	0,03892	0,005661
Thiophen	0,04130	0,005670
Toluol	0,04795	0,006533
Triäthylamin	0,05415	0,008176
Trimethylamin	0,02594	0,004841

[1] Bei Rechnung mit 1 Mol Gas ($V = 22416$ cm³) muß a mit $5{,}03 \cdot 10^8$, b mit $2{,}24 \cdot 10^4$ multipliziert werden.

32362 Konstanten der Beattie-Bridgemanschen Zustandsgleichung für Angaben von p in Atm; V in m³/kmol; $T^0 = (273{,}13 + \vartheta)\ ^0C$.
(a, b und B_0 in Einheiten von V, A_0 in Einheiten von $(V)^3$, c in Einheiten von VT^3.)

Gas	A_0	a	B_0	b	$c \cdot 10^{-4}$
He	0,0216	0,05984	0,01400	0,0	0,004
Ne	0,2125	0,02196	0,02060	0,0	0,101
A	1,2907	0,02328	0,03931	0,0	5,99
H_2	0,1975	−0,00506	0,02096	−0,04359	0,0504
N_2	1,3445	0,02617	0,05046	−0,00691	4,20
O_2	1,4911	0,02562	0,04624	0,004208	4,80
Luft	1,3012	0,01931	0,04611	−0,01101	4,34
CO_2	5,0065	0,07132	0,10476	0,07235	66,00
CH_4	2,2769	0,01855	0,05587	−0,01587	12,83
$C_2H_5)_2O$ . .	31,278	0,12426	0,45446	0,11954	33,33

32363 Reduziertes p·𝔙-Diagramm mit 𝔗-Isothermen (rechts und oben individuelle Maßstäbe).
(Nach A. Eucken: Grundriß der physikalischen Chemie. Leipzig 1934.)

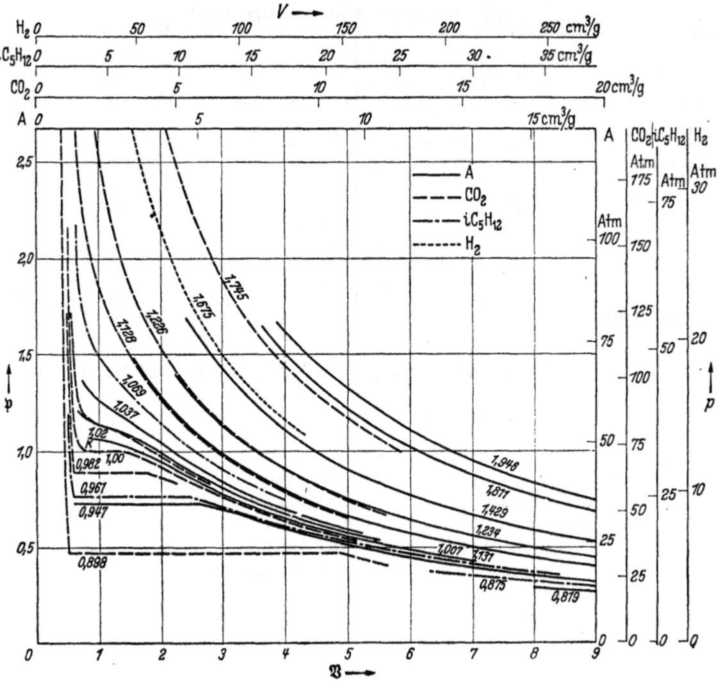

3237 Dichte in $g \cdot cm^{-3}$ verflüssigter ($\varrho_{flüs.}$) und verfestigter (ϱ_f) Gase unter Druck. (Ordnung alphabetisch nach Formel)[1].

Stoff	°C	$\varrho_{flüs.}$ in $g \cdot cm^{-3}$	°C	ϱ_f in $g \cdot cm^{-3}$	Stoff	°C	$\varrho_{flüs.}$ in $g \cdot cm^{-3}$	°C	ϱ_f in $g \cdot cm^{-3}$
A . . .	−187	1,37	−233	1,65	Ne . .	−245,9	1,204	—	—
	—	—	−190	1,59	O_2 . .	−195	1,195	−252,5	1,426
Cl_2 . .	−40	1,574	−273	2,17		−182,7	1,14	−273	1,568
	−30	1,550	—	—	O_3 . .	−31,3	1,03	—	—
HCl . .	−85,8	1,194	−195	1,503		−25,5	0,955	—	—
	—	—	−273	1,54	PH_3 .	−90	0,746	−170	0,896
CO . .	−190,86	0,791	α) −252	1,028	Rn . .	−61,8	5,7	−273	8,04
	−142,3	0,4336	β) −208	0,929	SeH_2 .	−27	1,96	−170	2,456
CO_2 .	+17,2	0,805	−78	1,63[2]	SH_2 . .	−60,1	0,964	−195	1,217
	−5,8	0,96	—	—	SO_2 . .	−10	1,46	−191	1,928
F . .	−187	1,11	−273	1,53		+20	1,38	−273	1,95
HF . . .	+13,6	0,988	−97,2	1,66	SO_3 . .	+45	1,81	−78	2,285
	—	—	−273	1,77		—	—	−273	2,385
H_2 . .	−252,6	0,071	−259,2	0,087	X . . .	−102	3,52	−143	3,64
He . .	−269	0,13	−273	0,188	Acetylen	−23,5	0,5185	—	—
Kr . .	−146	2,155	−273	3,38		+31,4	0,338	—	—
Luft .	−146	0,520	—	—	Äthan,	−88	0,546	—	—
N_2 . .	−196	0,812	−210,1	0,954	Äthylen	−145,07	0,625	—	—
	—	—	−273	1,137		−10,93	0,39	—	—
NH_3 .	−10	0,65	−78	0,81	Chlor-				
	+15	0,6169	—	—	methyl	+15	0,924	−195	1,393
N_2O . .	−20,6	1,00	−195	1,605	Methan	−107	0,3242	−253	0,522

3238 Kubischer Ausdehnungskoeffizient α in $grad^{-1}$ verflüssigter Gase (teilweise unter höheren Drucken).

Stoff	Temperatur-Bereich	$\alpha \cdot 10^5$ in $grad^{-1}$	Stoff	Temperatur-Bereich	$\alpha \cdot 10^5$ in $grad^{-1}$
Ammoniak . . .	−50...0	193	Kohlendioxyd .	−50...0	495
Argon	−189...−183	454	Kohlenoxyd . .	−205...−184	491
Bromwasserstoff . .	−67,1...−46,0	211,9	Sauerstoff . . .	−205...−184	385
Chlor	−80...−33,6	140,9	Schwefeldioxyd	−50...0	170
	−33,6...0	179,3		0...50	215
	0...10	197,8		50...100	335
	10...20	203,0	Stickstoff . . .	−205...−184	588
	20...30	219,0	Propan	−183...−97	160
	30...40	226,0		−97...−77,7	240
	40...60	269,0	Tetrafluor-		
	60...80	346	kohlenstoff	−186,8	270
Cyanwasserstoff .	−13...0	185			

324 Gleichgewichtskonstante (Massenwirkungsgesetz).

Der Zahlenwert der Gleichgewichtskonstante K des Massenwirkungsgesetzes ist von der gewählten Konzentrationseinheit abhängig. Für die Schreibweise der Umsetzungsgleichungen sei festgesetzt, daß stets die in der Gleichung auf der rechten Seite der Reaktionsgleichung stehenden Stoffe, also die entstehenden in den Zähler, die auf der linken Seite stehenden, also die verschwindenden in den Nenner gesetzt werden. Lautet die Reaktionsgleichung $\nu_1 A + \nu_2 B \ldots = \nu_5 E + \nu_6 F \ldots$; $\nu_i =$ Zahl der einzelnen an der Reaktion beteiligten Mole der Stoffe A...F, so ist die Schreibweise des Massenwirkungsgesetzes bei Angaben der Konzentration:

1. In $c_i = \frac{\nu_i}{V}$, d. h. in Molen in der Volumeneinheit der Gasmischung oder der Lösung (molare Konzentration) (V Gesamtvolumen)

$$K_c = \frac{[E]^{\nu_5} \cdot [F]^{\nu_6} \ldots}{[A]^{\nu_1} \cdot [B]^{\nu_2} \ldots}.$$

[1] Die Werte bei —273° sind berechnet. [2] Dichte bei 180° Atm; „Trockeneis“.

In der Reaktionsgleichung stehen die chemischen Symbole mit eckigen Klammern versehen, K erhält den Index c.

2. In p_i-Partialdrucken

$$K_p = \frac{p_E^{\nu_5} \cdot p_F^{\nu_6} \dots}{p_A^{\nu_1} \cdot p_B^{\nu_2} \dots}.$$

Unter Voraussetzung der Geltung der Gesetze für ideale Gase ist $p_i = \nu_i p$ und $p = \frac{RT}{V}$ also $p_i = \frac{\nu_i \cdot RT}{V} = c_i RT$,

$$K_p = (RT)^{\Sigma \nu_i} K_c$$

bei der Summenbildung $\Sigma \nu_i$ sind die Exponenten ν_i der Glieder im Nenner, d. s. die auf der linken Seite der Reaktionsgleichung stehenden Teilnehmer, mit negativem Vorzeichen einzusetzen.

3. In x_i = Molbrüchen

$$\frac{x_E^{\nu_5} \cdot x_F^{\nu_6} \dots}{x_A^{\nu_1} \cdot x_B^{\nu_2} \dots} = K_x; \qquad \text{da } x_i = \frac{\nu_i}{\Sigma \nu_i} = \frac{p_i}{p} = \frac{c_i RT}{p}$$

ist, ergibt sich, daß

$$K_x = p^{-\Sigma \nu_i} K_p = K_c \left(\frac{RT}{p}\right)^{\Sigma \nu_i}$$

ist. Für Reaktionen bei denen die Molzahlen von Ausgangs- und Endstoff gleich bleibt, ist $\Sigma \nu_i = 0$, folglich $K_c = K_p = K_x$.

Zwischen der maximalen Arbeit A (Arbeitskoeffizient der Reaktion) und der Gleichgewichtskonstanten K_x besteht die Beziehung $A = -RT \ln K_x$. Wird der Gesamtdruck $p = 1$ gesetzt — meist 1 Atm —, dann ist $K_x = K_p$, also auch $A = -RT \ln K_p$.

Die Temperaturabhängigkeit der Gleichgewichtskonstanten ist demnach mit der von $-A$ verknüpft. Aus der Gleichung

$$\frac{\partial A/T}{\partial T} = -\frac{\Delta I}{T^2}$$

(ΔI = Reaktionsenthalpie, vgl. 3114)

folgt, daß

$$\frac{\partial R \cdot \ln K_x}{\partial T} = \frac{\Delta I}{T^2}.$$

Ist ΔI positiv, d. h. ist also der Wärmeinhalt I der entstehenden Stoffe größer als der der Ausgangsstoffe, verläuft die Reaktion also unter Wärmeaufnahme (endotherm), so wird K_x mit steigender Temperatur größer, die Reaktion schreitet bei Erhöhung der Temperatur weiter fort.

Für K_p folgt dieselbe Temperaturabhängigkeit für p = konstant, denn es ist $K_x = p^{-\Sigma \nu_i} \cdot K_p$; $R \ln K_x = R \ln K_p - R \Sigma \nu_i \ln p$ und $R \Sigma \nu_i \ln p$ ist temperaturunabhängig.

Das einfache Massenwirkungsgesetz gilt nur für Gasreaktionen und „Ideale Lösungen" (der Idealfall ist verwirklicht bei homogenen Lösungen neutraler Moleküle und bei sehr stark verdünnten Lösungen von Elektrolyten). Für neutrale Moleküle ist zum Beispiel K_c für das Gleichgewicht $N_2O_4 \rightleftharpoons 2\,NO_2$ in Chloroform als Lösungsmittel in Tabelle 32411 angegeben. Bei nichtidealen Lösungen, also bei endlichen Konzentrationen von Elektrolytlösungen, ist K von der Konzentration abhängig. Um den Gleichgewichtszustand auch dann durch das Massenwirkungsgesetz beschreiben zu können, geht man nicht mehr von der Konzentration aus, sondern von der Aktivität a des gelösten Stoffes, man setzt diese anstatt des Molenbruches ein; $a = f \cdot x$, der Faktor f ist der sog. Aktivitätskoeffizient, er variiert mit der Konzentration. An Stelle des Massenwirkungsgesetzes tritt dann die Gleichung:

$$K_a = \frac{a_E^{\nu_5} \cdot a_F^{\nu_6} \dots}{a_A^{\nu_1} \cdot a_B^{\nu_2} \dots} = \frac{(f_E \cdot x_E)^{\nu_5} \cdot (f_F \cdot x_F)^{\nu_6} \dots}{(f_A \cdot x_A)^{\nu_1} \cdot (f_B \cdot x_B)^{\nu_2} \dots}.$$

Für Elektrolyte ist es zweckmäßig, die Gleichung etwas zu ändern. Man mißt bei Elektrolyten stets nur die Summe der Eigenschaften der beiden Ionen. Es ist daher zweckmäßig, mittlere Größen zu definieren. Bei einem Elektrolyt AB, der nur in zwei Ionenarten aufspaltet, sei die Zahl der positiv geladenen Spaltprodukte ν_+, die Zahl der negativ geladenen ν_-. Die Reaktionsgleichung ist also

$$AB \rightleftharpoons \nu_+ A^+ + \nu_- B^- .$$

Bezeichnet man mit a_+ die Aktivität des positiven Ions, mit a_- die des negativen, mit a_2 die des ungespaltenen Moleküls, mit c die Zahl der aufgespaltenen Mole im Liter Lösung und mit c′ die der ungespaltenen, dann ist $\nu_+ c$ die Konzentration von A^+; $\nu_- c$ die Konzentration von B^-. Das Massenwirkungsgesetz lautet dann

$$K_a = \frac{a_+^{\nu_+} \cdot a_-^{\nu_-}}{a_2} = \frac{(f_+ c \nu_+)^{\nu_+} \cdot (f_- c \nu_-)^{\nu_-}}{f_2 \cdot c'} .$$

Der Aktivitätskoeffizient der ungespaltenen Moleküle wird = 1 gesetzt. Man definiert als mittlere Aktivität $a_\pm$ der Ionen die Größe $a_\pm = \sqrt[\nu_+ + \nu_-]{a_+^{\nu_+} \cdot a_-^{\nu_-}}$ und als mittlere molare Konzentration der Ionen $c_\pm = c \sqrt[\nu_+ + \nu_-]{\nu_+^{\nu_+} \cdot \nu_-^{\nu_-}}$ den Quotienten $a_\pm / c_\pm = \gamma$ nennt man den (stöchiometrischen) Aktivitätskoeffizienten (Angaben in 324126).

K_c bzw. K_a werden auch als Dissoziationskonstanten bezeichnet.

Für schwache Elektrolyte kann für c bis etwa 0,1 Mol/Liter mit den K_c-Gesetz gerechnet werden.

Dissoziationsgrad α und Dissoziationskonstante K_c in Lösungen.

Der Dissoziationsgrad α gibt an, welcher Bruchteil der Moleküle gespalten ist. Ist die Konzentration des Elektrolyten c, dann ist die der dissozierten Moleküle c α, die der undissozierten c (1−α). Spaltet ein Stoff A_2 in 2 gleiche Atome oder Moleküle A auf, so ist die Konzenzentration an A: 2 c α. Das Massenwirkungsgesetz hat dann die Form

$$K_c = \frac{4 c^2 \alpha^2}{c(1-\alpha)} = \frac{4 c \alpha^2}{1-\alpha} .$$

Spaltet ein Stoff AB in 2 verschiedene Teile AB = A + B, dann ist die Konzentration von A = c α, die von B ebenfalls c α, das Massenwirkungsgesetz hat die Form $K_c = \frac{c \alpha^2}{1-\alpha}$. Bei Elektrolyten ist auch hier mit Aktivitäten zu rechnen

$$K_a = \frac{a_\pm^2 \alpha^2}{a(1-\alpha)} = \frac{f_\pm^2 \alpha^2 c}{(1-\alpha)} \quad \text{(f für das undissoziierte Molekül = 1).}$$

(Werte für α sind für Essigsäure in 324123b gegeben.) Mehrwertige Elektrolyten spalten in Stufen auf, z. B.

ist für A_2B Stufe I: $A_2B \rightarrow A^+ + AB^-$
„ II: $AB \rightarrow A^+ + B^{--}$.

Für beide Reaktionen ergeben sich Gleichgewichtskonstanten K_{c_1} und K_{c_2}, K_{c_1} ist stets größer als K_{c_2}. (Elektrolytische Leitfähigkeit in 39213.)

Eigendissoziation des Wassers.

Ein sehr geringer Teil der Wassermoleküle ist in H^+- und OH^--Ionen aufgespalten. Nach dem Massenwirkungsgesetz ist $\frac{[H^+][OH^-]}{[H_2O]}$ konstant. $[H^+][OH^-] = K_c \cdot [H_2O]$, da in reinem Wasser und in verdünnter Lösung die Konzentrationsänderung der H_2O-Moleküle durch die Dissoziation nur unwesentlich beeinflußt wird, kann $K_c [H_2O]$ als konstant angenommen werden, $K_c [H_2O)$ wird mit k_{H_2O} bezeichnet, und das Ionenprodukt des Wassers genannt. Werte von k_{H_2O} sind in Abhängigkeit von der Temperatur in 324121 gegeben.

Die Konzentration c der H^+- und OH^--Ionen in neutralem Wasser ist gleich groß, $c = \sqrt{k_{H_2O}}$.

3241 Gleichgewichte in Lösungen.

32411 Gleichgewichte nichtionisierter Stoffe in Lösungen.

Gleichung	Gleichgewichtskonstante Formel	Gleichgewichtskonstante Werte	Lösungsmittel
$N_2O_4 \rightleftharpoons 2\,NO_2$	$K_c = \frac{[NO_2]^2}{[N_2O_4]}$	N_2O_4 Mol/Liter — $\alpha \cdot 10^3$ — $K_c \cdot 10^7$ 1,615 — 1,77 — 204 0,780 — 2,10 — 138 0,406 — 3,04 — 150 0,260 — 3,77 — 147 0,129 — 5,24 — 142	$CHCl_3$
$2\,BrCl \rightleftharpoons Br_2 + Cl_2$	$K_c = \frac{[Br_2]\,[Cl_2]}{[BrCl]^2}$	ϑ Z.T. K 0,28	CCl_4
$2SCl_2 \rightleftharpoons S_2Cl_2 + Cl_2$	$K_c = \frac{[S_2Cl_2]\,[Cl_2]}{[SCl_2]^2}$	ϑ Z.T. K 0,009	—
$H_3PO_4 + HF \rightleftharpoons H_2PO_3F + H_2O$	$K_c = \frac{[H_2PO_3F]\,[H_2O]}{[H_3PO_4]\,[HF]}$	ϑ 20° C — c H_2PO_3F 1,0 — 1,0 — 1,0 H_2O 7,180 — 4,933 — 33,56 H_3PO_4 4,291 — 4,255 — 6,189 HF 0,745 — 0,524 — 9,228 K_c 2,246 — 2,214 — 0,587	Wasser
Persäure + $H_2O \rightleftharpoons$ Säure + H_2O_2	$K_c = \frac{[\text{Säure}]\,[H_2O_2]}{[\text{Persäure}]\,[H_2O]}$	ϑ 0° C Ameisensäure $K_c = 1{,}8$ Essigsäure 3,2 Propionssäure 2,28 n-Buttersäure 6,40 i-Buttersäure 8,60 Glykolsäure 7,7 Milchsäure 26,8	
$[Cu(NH_3)_4]^{++} \rightleftharpoons Cu^{++} + 4\,NH_3$	$K_c = \frac{[Cu^{++}]\,[NH_3]^4}{[Cu(NH_3)_4^{++}]}$	ϑ 16° C K_c $5 \cdot 10^{-10}$	Wasser
$[Cu(CH_2NH_2)_2]^{++} \rightleftharpoons Cu^{++} + 2\,NH_2 \cdot CH_2 \cdot CH_2 \cdot NH_2$	$K_c = \frac{[Cu^{++}]\,[(CH_2NH_2)_2]^2}{[Cu(CH_2NH_2)_2^{++}]}$	ϑ 16° C K_c $1{,}6 \cdot 10^{-6}$	Wasser
$(Ag\,2\,Amin)^+ \rightleftharpoons Ag^+ + 2\,Amin$	$K_c = \frac{[Ag^+]\,[Amin]^2}{[Ag \cdot 2\,Amin^+]}$	ϑ 16° C Amin — K_c NH_3 — $2{,}75 \cdot 10^{-8}$ $NH(CH_3)_2$ — $1{,}23 \cdot 10^{-6}$ $NH_2C_2H_5$ — $1{,}73 \cdot 10^{-6}$ $NH(C_2H_5)_2$ — $9{,}33 \cdot 10^{-8}$ $NH_2 \cdot CH_2CH_2 \cdot NH_2$ — $1{,}45 \cdot 10^{-8}$	Wasser
$xJ_3^- \rightleftharpoons x^- + J_2$; $x = Cl^-, Br^-, J^-$	$K_c = \frac{C_{x^-} \cdot C_{J_2}}{C_{xJ_3^-}}$ C Mole in 1000 Mol H_2O	ϑ 25° C mx — K_o HCl 10,0 KCl 12,3 $MgCl_2$ 10,2 $BaCl_2$ 11,3 NaBr 1,45 KBr 1,54 HJ 0,0228	Wasser
$C_2H_5OH + CH_3CO_2H \rightleftharpoons CH_3CO_2 \cdot C_2H_5 + H_2O$	$K_c = \frac{[CH_3CO_2 \cdot C_2H_5]\,[H_2O]}{[C_2H_5OH]\,[CH_3CO_2H]}$	ϑ 76,3° C K_c 3,76; ausgehend von äquivalenten Mengen	—
$CH_3OH + CH_3CO_2H \rightleftharpoons CH_3CO_2 \cdot CH_3 + H_2O$	$K_c = \frac{[CH_3CO_2 \cdot CH_3]\,[H_2O]}{[CH_3OH]\,[CH_3CO_2H]}$	ϑ 25° C K_c 4,34...12,82 je nach den Mengenverhältnissen und der zugegebenen Menge an HCl	—
$C_2H_5Cl + H_2O \rightleftharpoons C_2H_5OH + HCl$	$K_c = \frac{[HCl]\,[C_2H_5OH]}{[C_2H_5Cl]}$	ϑ 110° A = 0,25; [HCl] 0,0507 = ...: 0,7820 K_c 1,414...2,573 ϑ 96,5° A = 0,495; [HCl] = 0,0752 K_c = 0,2253, A = Mol-% Alkohol im Lösungsmittel	—
$NH_2CO_2NH_4 + H_2O \rightleftharpoons (NH_4)_2CO_3$	$K_c = \frac{[NH_3]\,[HCO_3^-]}{[NH_2COO^-]}$	in Gegenwart von NH_3 und NH_4Cl ϑ 0° C $K_c \sim 0{,}35$	Wasser

32411 (Fortsetzung).

Gleichung	Gleichgewichtskonstante: Formel	Gleichgewichtskonstante: Werte	Lösungsmittel
$CH_3CO_2^- + NH_4^+ \rightleftharpoons CH_3CONH_2 + H_2O$	$K_c = \frac{[CH_3CONH_2]}{[CH_3CO_2NH_4]^2}$	Mole in 1000 g Lösung CH_3CONH_2 $CH_3CO_2NH_4$ 172°C 0,043...0,386 0,457...1,614 K_c 0,200...0,148 193°C 0,06 ...0,48 0,44 ...1,52 K_c 0,31...0,208	Wasser
Polymerisationsgleichgewichte organischer Säuren in verschiedenen Lösungsmitteln	$K = \frac{C_S^2}{C_{S_2}}$; S = Säure; C in Millimol/l	ϑ 25° C Chloroform Benzol Toluol $K \cdot 10^3$	s. Tab.
Propionsäure		15,3 5,49 3,78	
n-Buttersäure		9,08 2,70 2,61	
n-Valeriansäure		10,2 3,60 24,3	
Benzoesäure		12,7 — 6,33	
Salicylsäure		13,2 — 30,3	
Tautomere Formen Keto-Enolgleichgewichte		ϑ Z.T. % der Enolform	—
Acetessigsäure-methylester		5	
Acetessigsäure-äthylester		7,4	
Äthylacetessigsäure-äthylester		3	
Acetylaceton		76,4	
Methylbenzoylaceton		31	
Acetessigsäure-äthylester in verschiedenen Lösungsmitteln		ϑ 20° Lm. % Enolform Methylalkohol 3 Äthylalkohol 11,0 Essigsäure-methylester 10,0 Essigsäure-äthylester 14,1 Benzol 18,0 Benzoesäure-methylester 13,1 Benzoesäure-äthylester 15,5	

32412 Gleichgewicht ionisierter Stoffe.

324121 H^+- und OH^--Ionenkonzentration c in reinem Wasser.

Temperatur in °C	c in mol/l	k_{H_2O}
0	$0{,}34 \cdot 10^{-7}$	$10^{-14{,}94}$
18	$0{,}78 \cdot 10^{-7}$	$10^{-14{,}22}$
25	$1{,}05 \cdot 10^{-7}$	$10^{-13{,}96}$
50	$2{,}44 \cdot 10^{-7}$	$10^{-13{,}22}$
100	$7{,}7 \cdot 10^{-}$ [illegible]	$10^{-12{,}23}$

324122 Dissoziationskonstante anorganischer Stoffe in wässerigen Lösungen.

a) Dissoziationskonstante anorganischer Säuren, im allgemeinen bei Konzentrationen zwischen 0,1 und 0,01 n.

Säure	Stufe	°C	Konstante
Aluminiumhydroxyd, $HAlO_2$ . .		25	$6 \cdot 10^{-12}$
Arsenige Säure . .	I	Z.T.	$4 \cdot 10^{-10}$
	II	Z.T.	$3 \cdot 10^{-14}$
Arsensäure	I	18	$5{,}62 \cdot 10^{-3}$
	II	18	$1{,}70 \cdot 10^{-7}$
	III	18	$3{,}95 \cdot 10^{-12}$
Borsäure	I	~20	$7{,}3 \cdot 10^{-10}$*
	II	~20	$1{,}8 \cdot 10^{-13}$*
	III	~20	$1{,}6 \cdot 10^{-14}$*
Chromsäure	II	25	$3{,}20 \cdot 10^{-7}$*
Cyansäure	—	Z.T.	$2{,}2 \cdot 10^{-4}$
Cyanwasserstoffsäure	—	18	$4{,}79 \cdot 10^{-10}$
Flußsäure (10^{-4} n) .	—	25	$3{,}53 \cdot 10^{-4}$
Germaniumsäure .	I	25	$0{,}9 \cdot 10^{-9}$
	II	25	$1{,}9 \cdot 10^{-13}$
Jodsäure	—	25	0,169*
Kieselsäure H_2SiO_3	I	Z.T.	$10^{-9.7}$
	II	Z.T.	10^{-12}
Kieselsäure H_4SiO_4	I	30	$2{,}2 \cdot 10^{-10}$
	II	30	$2{,}0 \cdot 10^{-12}$
	III	30	$1 \cdot 10^{-12}$
	IV	30	$1 \cdot 10^{-12}$
Kohlensäure H_2CO_3 (scheinbare Diss.-Konst.)	I	25	$4{,}31 \cdot 10^{-7}$*
	II	25	$5{,}61 \cdot 10^{-11}$*
Phosphorige Säure	I	18	$1{,}0 \cdot 10^{-2}$
	II	18	$2{,}6 \cdot 10^{-7}$
Phosphorsäure . .	I	25	$7{,}52 \cdot 10^{-3}$*
	II	25	$6{,}23 \cdot 10^{-8}$*
	III	18	$1{,}78 \cdot 10^{-12}$
Pyrophosphorsäure	I	18	$1{,}4 \cdot 10^{-1}$
	II	18	$3{,}2 \cdot 10^{-2}$
Pyrophosphorsäure	III	18	$1{,}7 \cdot 10^{-6}$
	IV	18	$6{,}0 \cdot 10^{-9}$
Salpetersäure . . .	—	Z.T.	ca. 1,2*
Salpetrige Säure (0,5 n)	—	12,5	$4{,}6 \cdot 10^{-4}$
Schwefelsäure . . .	II	20	$1{,}20 \cdot 10^{-2}$*
Schwefelwasserstoff	I	18	$9{,}1 \cdot 10^{-8}$
	II	18	$1{,}1 \cdot 10^{-12}$
Schweflige Säure .	I	18	$1{,}54 \cdot 10^{-2}$*
	II	18	$1{,}02 \cdot 10^{-7}$
Selenige Säure . .	I	18	$2{,}88 \cdot 10^{-3}$
	II	18	$9{,}55 \cdot 10^{-9}$
Selensäure	—	25	fast wie H_2SO_4
Stickstoffwasserstoffsäure .	—	18	$2{,}14 \cdot 10^{-5}$
Tellurige Säure . .	I	25	$3 \cdot 10^{-3}$
	II	25	$2 \cdot 10^{-8}$
Tellursäure . . .	I	18	$2{,}09 \cdot 10^{-8}$
	II	18	$6{,}46 \cdot 10^{-12}$
Tellurwasserstoffsäure	—	25	$1{,}88 \cdot 10^{-4}$
Thioschwefelsäure	II	25	$1 \cdot 10^{-2}$
Überjodsäure . . .		25	$2{,}3 \cdot 10^{-2}$
Unterchlorige Säure	—	18	$2{,}95 \cdot 10^{-8}$*
Unterjodige Säure .	—	Z.T.	$2 \ldots 3 \cdot 10^{-11}$
Unterphosphorige Säure $H_4P_2O_6$ . .	I	ca. 20	$6{,}4 \cdot 10^{-3}$
	II	ca. 20	$1{,}55 \cdot 10^{-3}$
	III	20	$5{,}4 \cdot 10^{-8}$
	IV	20	$9{,}4 \cdot 10^{-11}$
Zinnsäure	—	25	$4 \cdot 10^{-10}$

b) Dissoziationskonstante anorganischer Basen.

Stoff	Stufe	ϑ in °C	Konstante
Ammoniak . . .	—	25	$1{,}79 \cdot 10^{-5}$
Berylliumhydroxyd	II	25	$5 \cdot 10^{-11}$
Bleioxyd, rot $PbO \cdot H_2O$ . . .		25	$2{,}7 \cdot 10^{-4}$
Bleioxyd, weiß $PbO \cdot xH_2O$ . . .	—	25	$9{,}6 \cdot 10^{-4}$
Calciumhydroxyd .	—	25	$3{,}74 \cdot 10^{-3}$
Deutammoniumdeutoxyd ND_4OD . .	—	25	ca. $1{,}1 \cdot 10^{-5}$
Galliumhydroxyd .	II	18	ca. $1{,}6 \cdot 10^{-11}$
	III	18	ca. $4 \cdot 10^{-12}$
Hydrazin	—	20	$1{,}4 \ldots 1{,}7 \cdot 10^{-6}$
Hydroxylamin . .	—	20	$1{,}07 \cdot 10^{-8}$
Silberhydroxyd . .	—	25	$1{,}1 \cdot 10^{-4}$
Zinkhydroxyd . . .	II	25	$1{,}5 \cdot 10^{-9}$

c) Dissoziationskonstante anorganischer Salze.

Berechnungen der Dissoziationskonstante sind ziemlich unsicher. Es sind deshalb nur einige Werte angeführt, um die Größenordnung zu zeigen.

Stoff	Verdünnung l/mol	Temperatur °C	Konstante
Kaliumchlorid . .	>10000	18	0,02
Natriumchlorid . .	> 5000	18	0,02
Natriumnitrat . . .	> 5000	18	0,02
Alkalisalze von Cl, ClO_3, BrO_3, JO_3, NO_3	>100	0	0,1
Alkalisalze von starken Mineralsäuren	> 25	18	ca. 0,1

* K_∞ also konzentrationsunabhängige Konstante.

324123 Dissoziationskonstante organischer Stoffe in wässerigen Lösungen.

a) Dissoziationskonstante organischer Säuren.

Stoff	Stufe	°C	Konstante
Acetessigsäure . .	I	18	$2,62 \cdot 10^{-4}$*
	II	25	$2 \cdot 10^{-13}$
Acrylsäure	—	25	$5,6 \cdot 10^{-5}$*
l-Äpfelsäure	I	25	$3,8 \cdot 10^{-4}$
	II	25	$7,4 \cdot 10^{-6}$
Allantoin	—	25	$1,1 \cdot 10^{-9}$
Alloxan	—	25	$2,3 \cdot 10^{-7}$
Ameisensäure . . .	—	20	$1,765 \cdot 10^{-4}$*
o-Aminobenzoesäure	—	25	$1,07 \cdot 10^{-5}$
m-Aminobenzoesäure	—	25	$1,67 \cdot 10^{-5}$
p-Aminobenzoesäure	—	25	$1,2 \cdot 10^{-5}$
o-Aminobenzolsulfosäure	—	25	$3,3 \cdot 10^{-3}$
m-Aminobenzolsulfosäure	—	25	$1,85 \cdot 10^{-4}$
p-Aminobenzolsulfosäure	—	25	$5,81 \cdot 10^{-4}$
Anilidoessigsäure .	—	25	$3,8 \cdot 10^{-5}$
Anilido-α-propionsäure	—	25	$2,2 \cdot 10^{-5}$
Anilido-β-propionsäure	—	25	$4 \cdot 10^{-6}$
Anilinsulfosäure . .	—	25	$6,2 \cdot 10^{-4}$
Ascorbinsäure (Vitamin C)	I	24	$7,94 \cdot 10^{-5}$*
	II	16	$1,62 \cdot 10^{-12}$*
d-Asparaginsäure .	—	25	$1,35 \cdot 10^{-4}$
Atropasäure	—	25	$1,43 \cdot 10^{-4}$
Barbitursäure . . .	—	25	$9,8 \cdot 10^{-5}$
Benzilsäure	—	25	$9,2 \cdot 10^{-4}$
Benzoesäure . . .	—	25	$6,46 \cdot 10^{-5}$*
Benzolsulfosäure .	—	25	$2 \cdot 10^{-1}$
Bernsteinsäure . .	I	25	$6,4 \cdot 10^{-5}$*
	II	25	$3,3 \cdot 10^{-6}$*
Brenzcatechin . . .	—	20	$1,4 \cdot 10^{-10}$
Brenzweinsäure .	I	18	$7,4 \cdot 10^{-5}$
	II	18	$2,3 \cdot 10^{-6}$
o-Brombenzoesäure.	—	25	$1,45 \cdot 10^{-3}$
m-Brombenzoesäure	—	25	$1,37 \cdot 10^{-4}$
Bromessigsäure . .	—	25	$2,05 \cdot 10^{-3}$
Buttersäure	—	20	$1,54 \cdot 10^{-5}$*
i-Buttersäure . . .	—	18	$1,44 \cdot 10^{-5}$
Capronsäure . . .	—	18	$1,43 \cdot 10^{-5}$*
Chinolinsäure s. Pyridin-dicarbonsäure-2,3			
α-Chinolincarbonsäure (Chinaldinsäure)	—	25	$1,2 \cdot 10^{-5}$
o-Chlorbenzoesäure	—	25	$1,23 \cdot 10^{-3}$
m-Chlorbenzoesäure	—	25	$1,5 \cdot 10^{-4}$
Chloressigsäure . .	—	25	$1,4 \cdot 10^{-3}$*
Chlormalonsäure .	—	25	$4 \cdot 10^{-2}$
α-Chlorpropionsäure	—	25	$1,47 \cdot 10^{-3}$
β-Chlorpropionsäure	—	25	$1,04 \cdot 10^{-4}$
Citraconsäure . .	I	25	$5,14 \cdot 10^{-3}$*
	II	25	$7,15 \cdot 10^{-7}$*
Citronensäure . . .	I	18	$8,4 \cdot 10^{-4}$*
	II	18	$1,7 \cdot 10^{-5}$*
	III	18	$4,0 \cdot 10^{-7}$*
Crotonsäure (trans)		25	$2,03 \cdot 10^{-5}$
i-Crotonsäure . .	—	25	$4,16 \cdot 10^{-5}$
p-Cyanbenzoesäure	—	25	$3,10 \cdot 10^{-4}$*
Cyanessigsäure. . .	—	25	$3,56 \cdot 10^{-3}$
Cyanwasserstoff . .	—	25	$4,93 \cdot 10^{-10}$
Cyclohexandicarbonsäure (1,2) cis . .	I	20	$4,57 \cdot 10^{-5}$*
	II	20	$1,70 \cdot 10^{-7}$*
trans	I	21	$7,41 \cdot 10^{-5}$*
α,α-Dibrombernstensäure (racem.) . .	I	25	$3,4 \cdot 10^{-2}$
	II	25	$1,6 \cdot 10^{-3}$
Dichloressigsäure. .	—	25	$3,32 \cdot 10^{-2}$*
Δ2,4-Dihydrophthalsäure	—	25	$1,55 \cdot 10^{-4}$
Δ2,6-Dihydrophthalsäure	—	25	$1,65 \cdot 10^{-4}$
Δ3,5-Dihydrophthalsäure (trans) . .	—	25	$2,46 \cdot 10^{-4}$
Dimethylmalonsäure	I	25	$6,83 \cdot 10^{-4}$
	II	25	$8,72 \cdot 10^{-7}$
Dinitroäthan . . .	—	25	$5,8 \cdot 10^{-6}$
α-Dinitrophenol 1,2,4	—	15	$1,1 \cdot 10^{-4}$
β- „ 1,2,6	—	15	$2,6 \cdot 10^{-4}$
γ- „ 1,3,6	—	15	$7,1 \cdot 10^{-6}$
δ- „ 1,3,4	—	25	$3,7 \cdot 10^{-6}$
ε- „ 1,2,3	—	25	$1,2 \cdot 10^{-5}$
2,3-Dioxybenzoesäure (1)	—	25	$1,14 \cdot 10^{-3}$
2,4- „ „	—	25	$5,15 \cdot 10^{-4}$
2,5- „ „	—	25	$1,08 \cdot 10^{-3}$
2,6- „ „	—	25	$5,0 \cdot 10^{-2}$
3,4- „ „	—	25	$3,3 \cdot 10^{-5}$
3,5- „ „	—	25	$9,1 \cdot 10^{-5}$
Dioxyweinsäure . .	—	25	$1,2 \cdot 10^{-2}$
Essigsäure	—	25	$1,76 \cdot 10^{-5}$
Deuteroessigsäure in D_2O	—	25	$5,5 \cdot 10^{-6}$
o-Fluorbenzoesäure	—	17	$1,25 \cdot 10^{-3}$*
p-Fluorbenzoesäure.	—	15	$9,1 \cdot 10^{-5}$*
Fumarsäure	I	25	$9,50 \cdot 10^{-4}$
	II	25	$4,80 \cdot 10^{-5}$
Gallussäure	—	25	$3,9 \cdot 10^{-5}$
Glutarsäure	I	25	$4,54 \cdot 10^{-3}$*
	II	25	$3,80 \cdot 10^{-6}$
Glykolsäure	—	18	$1,48 \cdot 10^{-4}$*
Glyoxalsäure . . .	—	25	$5,10 \cdot 10^{-7}$
Harnsäure	—	12...14	$1,3 \cdot 10^{-4}$
Hexahydrobenzoesäure	—	25	$1,26 \cdot 10^{-5}$
Hippursäure . . .	—	—	$1,57 \cdot 10^{-4}$*
Hydrochinon . . .	I	20	$4,5 \cdot 10^{-11}$
Itaconsäure	I	25	$1,40 \cdot 10^{-4}$*
	II	25	$3,56 \cdot 10^{-6}$*
o-Jodbenzoesäure .	—	25	$1,4 \cdot 10^{-3}$
m-Jodbenzoesäure .	—	25	$1,6 \cdot 10^{-4}$
o-Kresol	—	25	$6,3 \cdot 10^{-11}$
m-Kresol	—	25	$9,8 \cdot 10^{-11}$
p-Kresol	—	25	$6,7 \cdot 10^{-11}$
Maleinsäure	I	25	$1,42 \cdot 10^{-2}$*
	II	25	$8,57 \cdot 10^{-7}$*
Malonsäure	I	25	$1,40 \; 10^{-3}$*
	II	25	$2,03 \cdot 10^{-6}$
Mandelsäure (rac.) .	—	25	$4,29 \cdot 10^{-4}$
Mesaconsäure . . .	I	25	$8,22 \cdot 10^{-4}$*
	II	25	$1,78 \cdot 10^{-5}$*
Mesitylensäure. . .		25	$4,8 \cdot 10^{-5}$
p-Methoxy-zimtsäure	—	25	$2,1 \cdot 10^{-5}$

* Aus Aktivitäten berechnete konzentrationsunabhängige Werte.

324123 (Fortsetzung).

Stoff	Stufe	°C	Konstante	Stoff	Stufe	°C	Konstante
Milchsäure	—	100	$8,4 \cdot 10^{-4}$	Pyridincarbonsäure-			
α-Naphthoesäure .	—	25	$6,8 \cdot 10^{-5}$	(3) (Nicotinsäure)	—	25	$1,4 \cdot 10^{-5}$
β-Naphthoesäure .	—	25	$5,2 \cdot 10^{-5}$	Pyridincarbonsäure-			
o-Nitrobenzoesäure	—	18	$6,95 \cdot 10^{-3}$ *	(4) (Isonicotinsäure)	—	25	$1,1 \cdot 10^{-5}$
m-Nitrobenzoesäure	—	25	$3,4 \cdot 10^{-4}$	Pyridindicarbonsäure-			
p-Nitrobenzoesäure	—	25	$3,93 \cdot 10^{-4}$	(2,3) (Chinolinsäure)	—	25	$3 \cdot 10^{-3}$
o-Nitrophenol . . .	—	25	$6,8 \cdot 10^{-8}$	Resorcin	—	25	$1,55 \cdot 10^{-10}$
m-Nitrophenol . .	—	25	$5,3 \cdot 10^{-9}$	Saccharin	II	18	$2,1 \cdot 10^{-12}$
p-Nitrophenol . . .	—	25	$7 \cdot 10^{-8}$	Salicylsäure	I	19	$1,07 \cdot 10^{-3}$
Oxalsäure	I	25	$5,9 \cdot 10^{-2}$		II	18	$4,0 \cdot 10^{-14}$
	II	25	$6,4 \cdot 10^{-5}$	Terephthalsäure . .	I	25	$3,1 \cdot 10^{-4}$
o-Oxybenzoesäure s.					II	16	$1,5 \cdot 10^{-5}$
Salicylsäure				Thioglykolsäure . .	I	25	$2,14 \cdot 10^{-4}$
m-Oxybenzoesäure .	I	19	$8,7 \cdot 10^{-5}$		II	25	$2,1 \cdot 10^{-11}$
	II	19	$1,2 \cdot 10^{-10}$	α-Thiophensäure . .	—	25	$3,3 \cdot 10^{-4}$
p-Oxybenzoesäure .	I	19	$3,3 \cdot 10^{-5}$	o-Toluylsäure . . .	—	25	$1,22 \cdot 10^{-4}$
	II	19	$4,8 \cdot 10^{-10}$	m-Toluylsäure . .	—	25	$5,32 \cdot 10^{-5}$
β-Oxybuttersäure .	—	25	$2 \cdot 10^{-5}$	p-Toluylsäure . . .	—	25	$4,33 \cdot 10^{-5}$
γ-Oxybuttersäure .	—	25	$1,9 \cdot 10^{-5}$	Trichloressigsäure .	—	18	$2 \cdot 10^{-1}$
β-Oxypropionsäure	—	25	$3,1 \cdot 10^{-5}$	Trichlormilchsäure .	—	25	$4,6 \cdot 10^{-3}$
Phenol	—	20	$1,28 \cdot 10^{-10}$	Veronal	—	25	$3,7 \cdot 10^{-8}$
Phenylessigsäure .	—	18	$5,4 \cdot 10^{-5}$	Violursäure	—	18	$1,99 \cdot 10^{-5}$
o-Phthalsäure . . .	I	50	$1,0 \cdot 10^{-3}$	d-Weinsäure . . .	I	25	$1,04 \cdot 10^{-3}$
	II	25	$4,7 \cdot 10^{-6}$		II	25	$4,55 \cdot 10^{-5}$
m-Phthalsäure . .	I	25	$2,9 \cdot 10^{-4}$	meso-Weinsäure . .	I	25	$6,0 \cdot 10^{-4}$
	II	18	$2,5 \cdot 10^{-5}$		II	25	$1,53 \cdot 10^{-5}$
p-Phthalsäure s. Tere-				Xanthin	—	40	$1,24 \cdot 10^{-10}$
phthalsäure . .					—	18	$2,0 \cdot 10^{-8}$
Propionsäure . . .	—	18	$1,32 \cdot 10^{-5}$	Zimtsäure	—	25	$3,8 \cdot 10^{-5}$
Pyridincarbonsäure-				as-(Allo)-Zimtsäure .	—	25	$1,3 \cdot 10^{-4}$
(2) (Picolinsäure)	—	25	$3 \cdot 10^{-6}$	trans-Zimtsäure . .	—	25	$3,65 \cdot 10^{-5}$

b) Dissoziation von Essigsäure in wässeriger Lösung bei 25° C, berechnet aus Leitfähigkeitsmessungen.

Konzentration c Mol/Liter	α	K_a	Konzentration c Mol/Liter	α	K_a
0,000028014	0,539	$1,752 \cdot 10^{-5}$	0,0024140	0,083	$1,750 \cdot 10^{-5}$
0,00011135	0,328	$1,754 \cdot 10^{-5}$	0,00344065	0,070	$1,750 \cdot 10^{-5}$
0,00015321	0,288	$1,750 \cdot 10^{-5}$	0,0059115	0,054	$1,749 \cdot 10^{-5}$
0,00021844	0,248	$1,751 \cdot 10^{-5}$	0,0098421	0,042	$1,747 \cdot 10^{-5}$
0,00102831	0,124	$1,751 \cdot 10^{-5}$	0,05000	0,019	$1,721 \cdot 10^{-5}$
0,00136340	0,109	$1,753 \cdot 10^{-5}$	0,1000	0,0135	$1,695 \cdot 10^{-5}$

c) Dissoziationskonstante organischer Basen.

Stoff	Stufe	°C	Konstante	Stoff	Stufe	°C	Konstante
Äthylamin	—	25	$3,4 \cdot 10^{-4}$	Cinchonin	I	15	$1,4 \cdot 10^{-6}$
N-Äthylanilin . . .	—	25	$1,29 \cdot 10^{-9}$		II	15	$1,1 \cdot 10^{-10}$
Äthylendiamin . .	—	25	$8,5 \cdot 10^{-5}$	Cocain	—	15	$2,6 \cdot 10^{-6}$
Anilin	—	25	$3,82 \cdot 10^{-10}$ *	Codein	—	18	$7,9 \cdot 10^{-7}$
Benzidin	I	30	$9,3 \cdot 10^{-10}$	Coniin	—	15	$8 \cdot 10^{-4}$
	II	30	$5,6 \cdot 10^{-11}$	Diäthylamin. . . .	—	25	$9,60 \cdot 10^{-4}$ *
Benzylamin		25	$2,35 \cdot 10^{-5}$	N-Diäthylanilin .	—	25	$3,65 \cdot 10^{-8}$ *
Brucin	I	15	$9,2 \cdot 10^{-7}$	Dimethylamin . .	—	25	$5,20 \cdot 10^{-4}$ *
	II	15	$2 \cdot 10^{-12}$	N-Dimethylanilin .	—	25	$1,15 \cdot 10^{-9}$ *
Chinidin	I	15	$3,7 \cdot 10^{-6}$	Dimethylpyron . .	—	25	$2 \cdot 10^{-14}$
	II	15	$1,0 \cdot 10^{-10}$	N-Diphenylamin .	—	15	$7,6 \cdot 10^{-14}$
Chinin	I	15	$1,1 \cdot 10^{-6}$	Harnstoff	—	25	$1,5 \cdot 10^{-14}$
	II	15	$1,35 \cdot 10^{-10}$	Methylamin	—	25	$4,38 \cdot 10^{-4}$ *
Chinolin	—	25	$6,3 \cdot 10^{-10}$	N-Methylanilin . .	—	25	$5 \cdot 10^{-10}$
i-Chinolin	—	15	$3,6 \cdot 10^{-10}$	Morphin	—	15	$6,8 \cdot 10^{-7}$
Cinchonidin	I	15	$1,6 \cdot 10^{-6}$	α-Naphthylamin . .	—	25	$8,36 \cdot 10^{-11}$ *
	II	15	$8,4 \cdot 10^{-11}$	β-Naphthylamin . .	—	25	$1,29 \cdot 10^{-10}$ *

* Aus Aktivitäten berechnete konzentrationsunabhängige Werte.

324123 (Fortsetzung).

Stoff	Seite	°C	Konstante
Narkotin	—	15	$1,5 \cdot 10^{-8}$
o-Nitranilin	—	0	$0,6 \cdot 10^{-5}$
m-Nitranilin	—	0	$2,7 \cdot 10^{-5}$
o-Phenylendiamin	I	21	$2,35 \cdot 10^{-10}$
o-Phenetidin	—	25	$2,97 \cdot 10^{-10}$
m-Phenetidin	—	25	$1,49 \cdot 10^{-10}$
p-Phenetidin	—	25	$1,79 \cdot 10^{-9}$
Phenylhydrazin	—	40	$1,6 \cdot 10^{-9}$
α-Pikolin	—	25	$3 \cdot 10^{-8}$
β-Pikolin	—	25	$1 \cdot 10^{-8}$
γ-Pikolin	—	25	$1 \cdot 10^{-8}$
Piperazin	I	25	$6,4 \cdot 10^{-5}$
	II	15	$3,7 \cdot 10^{-9}$
Piperidin	—	25	$1,6 \cdot 10^{-3}$
N-Propylanilin	—	25	$1,05 \cdot 10^{-9}$
Pyrazol	—	25	$3,0 \cdot 10^{-12}$
Pyridin	—	20	$1,71 \cdot 10^{-9}$
Pyrrolidin	—	25	$1,3 \cdot 10^{-3}$
Strychnin	I	15	$1,0 \cdot 10^{-6}$
	II	25	$2 \cdot 10^{-12}$
o-Toluidin	—	25	$2,47 \cdot 10^{-10}$ *
m-Toluidin	—	25	$4,92 \cdot 10^{-10}$ *
p-Toluidin	—	25	$1,18 \cdot 10^{-9}$ *
Triäthylamin	—	25	$5,65 \cdot 10^{-4}$ *
Trimethylamin	—	25	$5,45 \cdot 10^{-5}$ *
Trimethylendiamin	—	25	$3,5 \cdot 10^{-4}$
Veronal	—	18	$1,1 \cdot 10^{-8}$

324124 Dissoziationskonstante amphoterer Elektrolyte.

Stoff	Stufe	°C	K_{ac}	K_{bas}
Acetamid		20	—	$2,5 \cdot 10^{-13}$
Acetoxim		25	$6,0 \cdot 10^{-13}$	$6,5 \cdot 10^{-13}$
d,l-Alanin	—	25	$1,35 \cdot 10^{-10}$*	$2,19 \cdot 10^{-12}$*
o-Aminobenzoesäure	—	20	$1,5 \cdot 10^{-5}$	$1,1 \cdot 10^{-12}$
m-Aminobenzoesäure	—	20	$2,8 \cdot 10^{-5}$	$7,9 \cdot 10^{-12}$
p-Aminobenzoesäure	—	20	$2,3 \cdot 10^{-5}$	$1,7 \cdot 10^{-12}$
Arginin	I	25	$3,32 \cdot 10^{-13}$	$1,10 \cdot 10^{-5}$
	II	25	—	$1,05 \cdot 10^{-12}$
Asparagin	—	20	$1,41 \cdot 10^{-9}$	$1,41 \cdot 10^{-12}$
Asparaginsäure	I	0	$1,7 \cdot 10^{-4}$	$1,17 \cdot 10^{-13}$
	II	0	$4,9 \cdot 10^{-11}$	$1,17 \cdot 10^{-13}$
Betain	—	20	—	$1,45 \cdot 10^{-2}$
Codein	—	18	$6,7 \cdot 10^{-9}$	$7,9 \cdot 10^{-7}$
Cystein	I	30	$7,25 \cdot 10^{-9}$	$7,23 \cdot 10^{-13}$
	II	30	$4,6 \cdot 10^{-11}$	—
Cystin	I	25	$1,4 \cdot 10^{-8}$	$1,6 \cdot 10^{-12}$
	II	25	$1,4 \cdot 10^{-10}$	$4,0 \cdot 10^{-13}$
Dimethylglycin	—	25	$1,3 \cdot 10^{-10}$	$9,8 \cdot 10^{-13}$
Gallussäure	—	—	—	$3,9 \cdot 10^{-5}$
Glycin	—	18	$1,2 \cdot 10^{-10}$	$1,9 \cdot 10^{-12}$
Glykokoll	—	25	$1,67 \cdot 10^{-10}$*	$2,26 \cdot 10^{-12}$*
Histidin	I	25	$6,7 \cdot 10^{-10}$	$1,01 \cdot 10^{-8}$
	II	25	—	$6,0 \cdot 10^{-13}$
Kakodyl-		25		
säure	—	25	$6,4 \cdot 10^{-7}$	$3,6 \cdot 10^{-13}$
Leucin	—	20	$2,5 \cdot 10^{-10}$	$1,7 \cdot 10^{-12}$
Lysin	I	25	$2,95 \cdot 10^{-11}$	$8,9 \cdot 10^{-6}$
	II	25	—	$1,52 \cdot 10^{-12}$
Methyl-o-aminobenzoesäure	—	25	$4,6 \cdot 10^{-6}$	$8,6 \cdot 10^{-13}$
Methyl-m-aminobenzoesäure	—	25	$8 \cdot 10^{-6}$	$1,1 \cdot 10^{-11}$
Methyl-p-aminobenzoesäure	—	25	$9,2 \cdot 10^{-6}$	$1,7 \cdot 10^{-12}$
Methylglycin	—	18	$1,2 \cdot 10^{-10}$	$1,7 \cdot 10^{-12}$
Methylorange	—	15	$3,4 \cdot 10^{-4}$	$5,6 \cdot 10^{-13}$
Methylrot	—	15	$9 \cdot 10^{-5}$	—
α-Oxyasparagin	—	25	$7,59 \cdot 10^{-3}$	$5,5 \cdot 10^{-9}$
β-Oxyasparagin	—	25	$4,90 \cdot 10^{-8}$	$6,76 \cdot 10^{-8}$
8-Oxychinolin	—	20	$3,1 \cdot 10^{-10}$	$6,2 \cdot 10^{-10}$
Phenylalanin	—	25	$2,5 \cdot 10^{-9}$	$1,3 \cdot 10^{-12}$
Taurin	—	25	$1,8 \cdot 10^{-9}$	$3 \cdot 10^{-13}$
Theobromin	—	18	$1,3 \cdot 10^{-8}$	$1,3 \cdot 10^{-14}$
Tryptophan	—	25	$4,2 \cdot 10^{-10}$	$1,85 \cdot 10^{-12}$
Tyrosin	—	17	$3,98 \cdot 10^{-9}$*	$3,17 \cdot 10^{-12}$*
Valin	—	25	$2,40 \cdot 10^{-10}$	$2,09 \cdot 10^{-12}$
Xanthin	—	40	$1,2 \cdot 10^{-10}$	$4,8 \cdot 10^{-14}$

* Aus Aktivitäten berechnete konzentrationsunabhängige Werte.

324125 Hydrolysengrad von Salzen.

Als Hydrolyse bezeichnet man die Bildung von undissoziierten Säure- bzw. Basemolekülen in wässerigen Lösungen solcher Salze, die aus einer schwachen Säure bzw. Base und einer starken Base bzw. Säure bestehen. Die Hydrolyse ist bedingt durch das Hineingreifen der Ionen des Wassergleichgewichtes.

Ein Salz BS, dessen Anion einer starken Base, dessen Kation einer schwachen Säure zugehört, spaltet in: $BS = B^+ + S^-$ auf. Die S^--Ionen treten mit den H^+-Ionen des Wassers zusammen, bis das Gleichgewicht erreicht ist. $\frac{[S^-]\,[H^+]}{[SH]} = K_s$.

Damit auch das Gleichgewicht $[H^+]\,[OH^-] = k_{H_2O}$ bestehen bleibt, wird eine entsprechende Menge OH^--Ionen frei. Die Lösung wird alkalisch. Die Reaktionsgleichung für den Hydrolysenvorgang ist also: $S^- + H_2O \rightarrow HS + OH^-$.

Als *Hydrolysegrad* wird der Bruchteil der Salzmoleküle, der mit Wasser in undissoziierte Säure bzw. Base und OH^- bzw. H^+ übergeht, bezeichnet.

a) Anorganische Salze.

Hydrolysegrad · 10^2.

Gelöster Stoff	°C	Verdünnung: l/mol										
		2	4	5	8	10	16	20	32	64	128	256
NaHS . . .	10	0,08	—	—	—	0,012	—	—	—	—	—	—
Na_2CO_3 . . .	18	—	—	1,3	—	2,2	—	3,5	—	—	—	—
	25	—	—	1,7	—	2,9	—	4,5	—	—	—	—
KCN	18	0,54	—	0,85	—	1,2	—	—	—	—	—	—
	25	0,55	—	0,87	—	1,22	—	—	—	—	—	—
NH_4Cl . . .	100	0,026	—	—	0,05	—	—	—	0,0786	—	—	—
$BeCl_2$	99,7	—	—	—	—	—	—	—	—	5,18	6,30	7,90
$BeSO_4$ . . .	40	—	0,52	—	—	—	—	0,68	—	—	—	—
$AlCl_3$	40	—	3,3	—	2,9	—	—	—	2,9	—	—	—
$AlBr_3$	20	0,28	—	0,45	—	0,58	—	—	—	—	—	—
$Al(NO_3)_3$ . .	40	—	—	—	2,4	—	2,4	—	2,4	—	—	—
$FeCl_3$	40	—	—	—	7,9	—	12,8	14,7	—	—	—	—
$CoCl_2$	25	—	—	—	—	—	0,11	—	0,17	—	—	—
$CuCl_2$	85,5	—	0,252	—	—	—	0,276	—	—	0,375	—	0,515
	100	—	0,313	—	—	—	0,407	—	—	0,612	—	0,888
$Cu(NO_3)_2$ . .	100	—	0,231	—	—	—	0,368	—	—	0,684	—	1,02
$ZnSO_4$ . . .	25	—	—	—	—	—	0,0042	—	0,008	0,025	0,057	0,17
$Zn(NO_3)_2$ . .	100	—	—	—	—	—	0,0309	—	—	0,047	—	0,0784
$CdCl_2$	100	—	—	—	—	—	0,0045	—	—	0,0072	—	—
$CdSO_4$	25	—	—	—	—	—	0,012	—	0,016	0,023	0,044	0,065
$[H^·] \cdot 10^5$							(1,54)*		(0,99)	(0,72)	(0,68)	(0,51)
$HgCl_2$ . . .	25	—	—	—	—	—	0,26	—	0,39	0,58	0,90	1,43
SnJ_4	—	Nahezu vollständig hydrolysiert										
$Pb(NO_3)_2$	25	—	—	—	—	—	0,069	—	0,084	0,102	0,136	0,175
$[H^·] \cdot 10^5$							(8,6)*		(5,21)	(3,16)	(1,96)	(1,37)

* Eingeklammerte Zahlen geben die zu dem darüber stehenden Wert gehörige H-Ionenkonzentration $[H^·]$ mit dem in Spalte „gel. Stoff" stehenden Faktor multipliziert an.

324125 (Fortsetzung).

b) Organische Salze.

Hydrolysegrad · 10^2.

Gelöster Stoff	°C	2	4	5	8	10	16	20	32	64	128	4000
1. Alkohole:												
Phenol, Na-Salz	25	—	—	—	—	3	—	—	~6	—	—	—
„ K- „	24...25	—	—	—	—	3,05[1]	—	—	—	6,69[2]	—	—
Dichlorphenol (2,4), Na-Salz	25	—	—	—	—	—	—	—	~0,52	—	—	—
Trichlorphenol (2,4,6), Na-Salz	25	—	—	—	—	—	—	—	~0,37	—	—	—
2. Säuren:												
Ameisensäure, NH_4-Salz	100	—	—	1,51	—	—	—	—	—	—	—	—
Essigsäure, Na-Salz	18	—	—	—	—	—	—	—	—	—	0,02[3]	—
	20	—	—	—	—	0,012	—	0,016	—	—	—	—
	218	—	—	—	—	—	—	—	—	—	1,56[3]	—
„ Mg- „	20	—	—	—	—	—	—	0,04	0,06[4]	—	—	—
„ Al- „	0	—	—	—	—	—	—	—	35[5]	—	—	—
	10	—	—	—	—	—	—	—	44,1[5]	—	—	—
	20	—	—	—	38,9[6]	43,8[7]	—	48[8]	48[5]	—	—	—
„ La_{III} „	18	—	—	—	—	—	0,31[9]	—	0,31[5]	—	—	—
„ Cr- „	20	—	—	—	46[6]	46,5[7]	—	46[8]	—	—	—	—
„ Mn- „	20	—	0,36	—	0,31	—	—	0,29	—	—	—	—
„ Fe_{II}- „	20	1,70	1,70	—	—	—	—	—	—	—	—	—
„ Fe_{III}- „	20	—	—	—	32[6]	55,4[7]	—	72,7[8]	—	—	—	—
„ Co- „	18	—	0,19	—	—	0,17	—	—	—	—	—	—
„ Ni- „	18	—	0,43	—	—	0,38	—	—	—	—	—	—
„ Cu- „	0	—	5,7	—	—	—	—	—	—	—	—	—
	10	—	6,6	—	—	—	—	—	—	—	—	—
	20	—	6,96	—	6,78	6,75	6,58	—	—	—	—	—
„ Ag- „	20	—	—	0,2	—	—	—	—	—	—	—	—
„ Cd- „	20	0,8	0,9	—	—	—	—	—	—	—	—	—
„ Hg_{II}- „	10	—	—	—	—	20	—	—	—	—	—	—
Oxalsäure, Na-Salz	18	—	—	—	—	0,0024	—	—	—	—	—	—
„ NH_4- „	100	—	2,2	1,22	—	2,23	—	3,4	—	—	—	—
Laurinsäure, Na-Salz	90	0,6	—	—	—	1,5	—	—	—	—	2,5[3]	—
„ K- „	90	0,68	—	—	—	1,74	—	—	—	—	2,9[3]	—
Palmitinsäure, Na-Salz	90	0,2	—	—	—	1,8	—	—	—	—	7 5[3]	24...14[10]
Ölsäure, Na-Salz	90	—	—	—	—	0,94	—	—	—	—	8,6[3]	22[10]
„ K- „	90	0,3	—	—	—	1,68	—	—	—	—	8,1[3]	—
Stearinsäure, Na-Salz	90	0,2	—	—	—	1,1	—	—	—	—	13[3]	—
3. N-Verbindungen:												
Guanidin-Chlorid	15	—	—	—	—	—	—	—	—	—	—	3,7
Harnstoff- „	25	68,4	79,2	—	—	90,5	—	—	—	—	—	—
	40	68	80,1	—	—	90,6	—	—	—	—	—	—
Harnstoff-Nitrat	30	—	—	—	—	—	92[9]	—	—	—	—	—
Äthylendiamin-Chlorid	16	—	—	—	—	—	—	—	—	—	—	0,6
Acetamid-Chlorid	40,2	—	—	—	—	91,3	—	—	—	—	—	—
Anilin-Chlorid	25	—	—	—	—	1,56	—	—	2,51	—	—	—
Anilin-Acetat	15	—	—	—	—	—	—	—	45,7[11]	—	46,8[12]	—
	25	—	—	—	—	—	—	—	51,3[11]	—	52,3[12]	—
	40	—	—	—	—	—	—	—	59,0[11]	—	59,5[12]	—
m-Nitroanilin-Chlorid	25	—	—	—	—	—	—	—	26,6	—	—	—
o- „ „	25	—	—	—	—	—	—	—	98,6	—	—	—
p- „ „	25	—	—	—	—	—	—	—	79,6	—	—	—
m-Toluidin-Chlorid	25	—	—	—	—	—	—	—	3,69	—	—	—
o- „ „	25	—	—	—	—	—	—	—	7,0	—	—	—
p- „ „	25	—	—	—	—	—	—	—	1,8	—	—	—
m-Toluidin-Sulfat	25	—	—	—	—	3,12	—	—	4,32	—	—	—
o- „ „	25	—	—	—	—	4,96	—	—	7,68	—	—	—
p- „ „	25	—	—	—	—	1,43	—	—	2,22	—	—	—
Acetanilid-Chlorid	40,2	—	—	—	—	(88,9)	—	93,8	—	—	—	—
Coffein-Chlorid	15	—	—	—	—	—	—	—	—	—	—	97,2
	40,2	—	—	—	—	89,7	—	—	—	—	—	—

[1] 10,4 l/mol; [2] 51,3 l/mol; [3] 100 l/mol; [4] 40 l/mol; [5] 30 l/mol; [6] 6 l/mol; [7] 12 l/mol; [8] 24 l/mol; [9] 15 l/mol; [10] 2000 l/mol; [11] 39,32 l/mol; [12] 195,9 l/mol.

324126 Aktivitätskoeffizient.

γ = Stöchiometrischer Aktivitätskoeffizient bei 25° C.
γ' = Stöchiometrischer Aktivitätskoeffizient bei einer Temperatur in der Nähe des Gefrierpunktes der Lösung.

324126a Aktivitätskoeffizient für Elektrolyte in wässeriger Lösung.

Stoff		Mol in 1000 g Wasser									
		0,001	0,002	0,005	0,01	0,02	0,05	0,1	0,2	0,5	1
		γ bzw. γ'									
HCl	γ	0,9656	0,9521	0,9285	0,9043	0,8755	0,8304	0,7964	0,7667	0,7571	0,8090
HBr	γ	—	—	—	0,91	0,88	0,84	0,81	0,78	0,78	0,87
HJ	γ	—	—	0,927	0,902	0,870	0,822	0,787	0,772	—	—
HJO_3	γ'	0,961	0,944	0,908	0,8646	0,8043	0,691	0,5805	0,457	0,2938	0,1856
H_2SO_4	γ	0,837	0,767	0,646	0,543	0,444	—	0,379	—	0,221	0,186
HNO_3	γ	0,9646	0,9513	0,9267	0,9017	0,8710	0,8228	0,7850	0,7479	0,7151	0,7198
LiF	γ'	0,965	0,951	0,922	0,889	0,850	—	—	—	—	—
LiCl	γ	0,9631	0,9480	0,9212	0,895	0,8649	0,8189	0,782	0,7488	0,729	0,761
$LiClO_3$	γ'	0,9672	0,9548	0,9328	0,9107	0,8837	0,8424	0,810	0,7816	0,769	0,8085
$LiClO_4$	γ'	0,9672	0,9563	0,9354	0,9150	0,8900	0,8527	0,8251	0,8054	0,8212	0,9129
LiBr	γ	0,9663	0,9538	0,9317	0,9092	0,8823	0,8418	0,810	0,7836	0,7826	0,8479
LiJ	γ'	—	—	0,95	0,94	0,925	0,91	0,90	0,89	0,92	—
$LiNO_3$	γ	0,9657	0,9530	0,9298	0,9041	0,8783	0,8340	0,7977	0,7646	0,7434	0,7653
NaF	γ'	—	—	0,926	0,900	0,866	0,807	0,752	0,692	0,615	—
NaCl	γ	0,9659	0,9531	0,9296	0,9059	0,8767	0,8285	0,7858	0,7414	0,6885	0,6644
$NaClO_3$	γ'	0,9665	0,9539	0,9298	0,9051	0,8734	0,8194	0,7693	0,7109	0,6214	0,5440
$NaClO_4$	γ'	0,9663	0,9530	0,9287	0,9039	0,8734	0,8209	0,7734	0,7196	0,6403	0,5764
NaBr	γ	0,9662	0,9551	0,9345	0,9137	0,8873	0,8445	0,8070	0,7683	0,7263	0,7169
$NaBrO_3$	γ	0,967	0,956	0,934	0,911	0,880	0,826	0,775	—	—	—
NaJ	γ	0,966	0,955	0,935	0,917	0,895	0,866	0,841	0,819	0,808	0,844
$NaJO_3$	γ	—	—	0,924	0,895	0,856	0,784	0,714	—	—	—
NaOH	γ	—	—	—	0,905	0,871	0,815	0,772	0,724	0,678	0,668
Na_2SO_3	γ'	0,891	0,860	0,808	0,757	0,698	0,610	0,530	0,443	0,327	0,24
Na_2SO_4	γ	0,887	0,847	0,778	0,714	0,641	0,536	0,453	—	—	—
Na_2HPO_4	γ'	0,885	0,842	0,771	0,706	0,635	0,530	0,441	—	—	—
Na_2CO_3	γ'	0,891	0,855	0,791	0,729	0,660	0,565	0,488	0,393	0,281	—
Na_2SiO_3*	γ	—	—	—	—	—	0,50	0,41	0,32	0,23	0,18
KF	γ	0,971	0,964	0,949	0,934	0,915	0,881	0,848	0,806	0,741	0,710
KCl	γ	0,9652	0,9520	0,9274	0,9022	0,8706	0,8182	0,7707	0,7200	0,6552	0,611
$KClO_3$	γ	0,9669	0,9548	0,9317	0,907	0,8752	0,8134	0,7546	—	—	—
$KClO_4$	γ	0,9651	0,951	0,9238	0,8952	0,8568	—	—	—	—	—
KBr	γ	0,9651	0,9521	0,9271	0,9033	0,8723	0,8217	0,7768	0,7282	0,6649	0,6249
$KBrO_3$	γ'	—	—	0,926	0,896	0,860	0,795	0,729	—	—	—
KJ	γ	0,965	0,951	0,927	0,905	0,879	0,837	0,799	0,757	0,706	0,680
KOH	γ	—	—	0,924	0,898	0,864	0,805	0,754	0,705	0,666	0,675
K_2SO_4	γ	0,889	—	0,781	0,715	0,642	0,529	0,441	0,361	—	—
KNO_3	γ	0,9649	0,9514	0,9256	0,8982	0,8623	0,7991	0,7380	0,6646	0,546	0,444
K_2CO_3	γ	0,892	0,858	0,807	0,745	0,678	0,576	0,497	0,430	0,357	0,327
KCN	γ'	—	—	0,926	0,900	0,866	0,809	0,755	0,696	0,617	0,615
KSCN	γ'	—	—	0,926	0,902	0,872	0,820	0,771	0,714	0,629	0,555
KBO_2	γ'	—	—	0,930	0,906	0,374	0,818	0,763	0,693	0,582	0,495
$K_3Fe(CN)_6$	γ'	0,785	0,717	0,618	0,547	0,467	0,365	0,291	0,226	0,155	—
$K_4Fe(CN)_6$	γ'	0,650	0,564	0,447	0,360	0,279	0,189	0,134	0,094	—	—
RbF	γ'	—	—	0,940	0,924	0,904	0,871	0,839	0,805	0,756	0,729
RbCl	γ	—	—	0,927	0,903	0,870	0,816	0,765	0,709	0,638	0,585
RbBr	γ'	—	—	0,929	0,905	0,873	0,818	0,765	0,706	0,621	0,556
$RbNO_3$	γ'	—	—	0,927	0,902	0,862	0,792	0,720	0,631	—	—
CsF	γ'	0,982	0,975	0,963	0,952	0,937	0,913	0,892	0,868	0,851	0,874
CsCl	γ	—	—	0,924	0,896	0,859	0,795	0,739	0,680	0,598	0,534
CsBr	γ'	—	—	0,926	0,898	0,861	0,795	0,733	0,664	0,564	0,483
Cs_2SO_4	γ'	0,894	0,861	0,806	0,752	0,686	0,587	0,494	—	—	—
$CsNO_3$	γ	—	—	0,924	0,894	0,854	0,780	0,707	0,634	—	—
NH_4Cl**	γ	0,961	0,9438	0,911	0,880	0,845	0,790	0,742	0,689	0,6197	0,574
NH_4Br	γ'	0,964	0,949	0,901	0,870	0,834	0,780	0,733	0,683	0,617	0,572
NH_4J	γ'	0,962	0,946	0,917	0,889	0,856	0,804	0,760	0,711	0,646	0,600
NH_4NO_3*	γ	0,959	0,942	0,912	0,882	0,840	0,783	0,726	0,660	0,558	0,471
$BeSO_4$	γ'	0,754	0,670	0,534	0,426	0,332	0,222	0,157	0,105	—	—
$Be(NO_3)_2$	γ'	0,885	0,841	0,762	0,694	0,630	0,541	0,478	0,422	—	—
$MgCl_2$	γ'	0,891	0,856	0,800	0,751	0,697	0,627	0,577	0,539	0,540	0,659

* 0...100° C. ** Bei 0° C.

324126a (Fortsetzung).

Stoff		Mol in 1000 g Wasser									
		0,001	0,002	0,005	0,01	0,02	0,05	0,1	0,2	0,5	1
		γ bzw. γ'									
$Mg(NO_3)_2$	γ	0,882	0,838	0,771	0,712	0,642	0,554	0,508	0,465	0,443	0,496
$MgSO_4$	γ	—	—	—	—	0,378	0,262	0,195	0,142	0,091	0,067
$CaCl_2$	γ	0,883	0,843	0,783	0,730	0,670	0,589	0,531	0,478	0,447	0,505
CaJ_2	γ'	0,885	0,843	0,779	0,717	0,661	0,589	0,538	0,500	—	—
CaS_2O_3	γ	0,754	0,674	0,540	0,446	0,364	0,267	0,208	0,163	0,122	0,111
$Ca(NO_3)_2$	γ'	0,885	0,84	0,78	0,71	0,64	0,55	0,48	0,41	0,34	0,31
$SrCl_2$	γ	0,898	0,865	0,814	0,759	0,700	0,616	0,558	0,509	0,455	0,496
SrJ_2	γ'	0,93	0,91	0,88	0,85	0,81	0,76	0,73	0,69	0,82	1,11
$Sr(NO_3)_2$	γ'	0,895	0,87	0,82	0,77	0,71	0,62	0,54	0,45	0,34	0,27
$BaCl_2$	γ	0,881	0,840	0,774	0,716	0,651	0,564	0,499	0,436	0,392	0,388
$BaBr_2$	γ	—	—	0,800	0,740	—	0,594	—	—	0,443	0,511
BaJ_2	γ'	0,907	0,881	0,839	0,798	0,752	0,686	0,634	0,594	—	—
$Ba(OH)_2$	γ	—	0,853	0,773	0,712	0,627	0,526	0,443	0,370	—	—
$Ba(NO_3)_2$	γ	0,882	0,842	0,772	0,705	0,629	0,517	0,433	0,342	—	—
$Al(ClO_3)_3$	γ'	0,783	0,719	0,620	0,533	0,445	0,350	0,299	0,267	0,258	—
$La(NO_3)_3$	γ'	0,792	0,728	0,630	0,551	0,474	0,380	0,317	0,265	—	—
UO_2Cl_2	γ'	0,93	0,91	0,88	0,85	0,81	0,75	0,70	0,64	0,57	—
UO_2SO_4	γ'	0,754	0,670	0,533	0,420	0,326	0,214	0,150	0,103	0,060	—
$UO_2(NO_3)_2$	γ'	0,912	0,888	0,845	0,801	0,750	0,674	0,615	0,568	0,554	0,658
$MnCl_2$	γ'	0,892	0,854	0,790	0,731	0,671	0,594	0,543	0,501	0,490	0,568
$MnSO_4$	γ	0,780	0,718	0,621	0,536	0,446	0,333	0,247	0,176	0,110	0,080
$FeCl_2$	γ'	0,895	0,861	0,804	0,752	0,696	0,624	0,580	0,547	0,568	0,668
$FeCl_3$	γ'	0,80	0,74	0,65	0,59	0,54	0,47	0,41	0,36	0,35	0,42
$CoCl_2$	γ'	0,900	0,865	0,806	0,751	0,693	0,618	0,567	0,528	0,524	0,628
$NiCl_2$	γ'	0,900	0,865	0,807	0,753	0,695	0,619	0,567	0,530	—	—
$NiSO_4$	γ'	0,764	0,687	0,561	0,455	0,356	0,246	0,180	0,124	0,078	0,056
$Ni(NO_3)_2$	γ	0,90	0,86	0,805	0,76	0,70	0,63	0,58	0,53	0,515	0,58
$CuCl_2$	γ	0,888	0,849	0,783	0,723	0,659	0,577	0,518	0,466	0,416	0,43
$CuBr_2$	γ'	0,896	0,864	0,812	0,768	0,724	0,667	0,634	0,612	0,659	—
$CuSO_4$	γ	0,74	—	0,53	0,41	0,315	0,209	0,149	0,098	0,061	0,041
$AgNO_3$	γ'	—	—	0,925	0,896	0,858	0,787	0,717	0,633	0,501	0,390
$ZnCl_2$	γ	0,881	0,838	0,767	0,708	0,642	0,556	0,502	0,448	0,376	0,325
	γ'	0,891	0,854	0,797	0,746	0,690	0,62	0,580	0,535	0,490	0,465
$ZnSO_4$	γ	0,700	0,608	0,477	0,387	—	—	0,144	0,101	0,0596	0,0422
$Zn(NO_3)_2$	γ	0,89	0,87	0,79	0,75	0,67	0,62	0,57	0,52	0,49	0,56
$CdCl_2$	γ'	—	—	0,648	0,567	0,484	0,380	0,289	0,210	0,130	—
	γ	0,755	0,684	0,569	0,475	0,384	0,277	0,206	0,149	0,093	0,061
$CdBr_2$	γ'	—	—	0,527	0,432	0,354	0,249	0,179	0,127	0,072	—
	γ	0,85	0,81	0,65	0,50	0,36	0,23	0,17	0,12	0,08	0,06
CdJ_2	γ'	0,70	0,61	0,47	0,36	0,26	0,15	0,094	0,057	0,032	0,021
	γ	—	—	0,56	0,40	0,26	0,14	0,092	0,058	0,031	0,020
$CdSO_4$	γ	0,754	0,671	0,540	0,432	0,336	0,227	0,166	0,114	0,067	0,045
$Cd(NO_3)_2$	γ'	0,906	0,879	0,835	0,800	0,755	0,696	0,653	0,61	0,60	0,61
$TlNO_3$	γ	—	—	0,922	0,890	0,846	0,765	0,680	—	—	—
$SnCl_2$	γ	0,809	—	0,624	0,512	0,398	0,283	0,233	—	—	—
$PbCl_2$	γ	0,802	0,745	0,660	0,584	0,494	—	—	—	—	—
$Pb(NO_3)_2$	γ'	0,885	0,841	0,763	0,687	0,596	0,464	0,373	0,275	0,168	0,112

324126b Aktivitätskoeffizient für Nichtelektrolyte in wässeriger Lösung.

Stoff		Mol in 1000 g Wasser								
		0,02	0,05	0,1	0,2	0,5	1	2	4	6
		γ bzw. γ'								
Aceton	γ	—	—	0,994	0,988	0,968	0,935	0,877	0,765	0,67
Äthylalkohol .	γ	—	—	0,94	0,91	0,87	0,85	0,82	0,74	0,70
Anilin	γ'	0,988	0,968	0,94	0,88	—	—	—	—	—
Butylalkohol .	γ'	0,9823	0,9638	0,9433	0,9161	0,8681	0,8227	—	—	—
Erythrit . . .	γ'	0,999	0,1002	1,006	1,014	1,035	—	—	—	—
Glycerin . . .	γ	—	—	—	—	1,02	1,02	1,05	—	—
Mannit	γ'	0,999	0,999	1,000	1,002	—	—	—	—	—
Methylalkohol .	γ	0,93	0,90	0,87	0,84	0,82	0,80	0,78	0,75	0,72
i-Propylalkohol	γ'	0,9962	0,9903	0,9812	0,9655	0,9348	—	—	—	—
Rohrzucker . .	γ	—	1,01	1,03	1,05	1,11	1,24	—	—	—

324126c Aktivitätskoeffizient von Elektrolyten in Methylalkohol-Wasser-Lösungen bei 25° C.

Gelöster Stoff	Molarität	% Methylalkohol des Lösungsmittels									
		10	20	30	40	50	60	70	80	90	100
		γ									
HCl	0,02	—	0,860	0,846	0,831	0,811	0,788	0,758	0,719	0,679	—
	0,05	—	0,806	0,786	0,768	0,742	0,711	0,674	0,627	0,580	—
	0,5	—	0,730	0,698	0,666	0,627	0,581	0,529	0,466	0,400	—
LiCl	0,02	0,854	0,836	0,815	0,790	0,757	0,709	0,674	0,602	0,542	0,631
	0,05	0,792	0,760	0,730	0,695	0,661	0,616	0,563	0,510	0,426	0,520
	0,1	0,750	0,716	0,683	0,645	0,605	0,555	0,497	0,427	0,352	0,455
	0,5	0,689	0,645	0,603	0,557	0,516	0,454	0,403	0,334	0,261	0,297
	1	0,727	0,684	0,643	0,599	0,552	0,496	0,435	0,363	0,287	—
NaCl	0,02	0,852	0,827	0,804	0,773	0,735	0,678	0,645	0,563	0,493	—
	0,05	0,795	0,763	0,732	0,696	0,655	0,599	0,552	0,479	0,401	0,429
	0,2	0,699	0,664	0,630	0,591	0,545	0,486	0,443	0,362	0,298	—
	0,5	0,643	0,606	0,571	0,532	0,488	0,430	0,388	0,318	—	—
KCl	0,02	0,831	0,796	0,749	0,691	0,646	0,515	0,417	0,312	0,197	—
	0,05	0,769	0,726	0,674	0,609	0,566	0,443	0,351	0,257	0,156	—
	0,1	0,716	0,672	0,620	0,556	0,516	0,402	0,316	0,229	0,139	—
	0,5	0,611	0,552	0,506	0,484	0,385	—	—	—	—	—

324127 Löslichkeitsprodukt von in Wasser schwer löslichen Salzen anorganischer Säuren.

Steht ein Elektrolyt im Gleichgewicht mit seiner festen Phase, so ist aus dem Lösungsgleichgewicht die Zahl der gelösten Moleküle bekannt. Nach dem Massenwirkungsgesetz gilt für das Gleichgewicht für ein-einwertige Elektrolyte $\frac{[A^-]\cdot[B^+]}{[AB]} = K$, $[A^-]\,[B^+] = K \cdot [AB] = L_{AB}$. Die Konstante L nennt man das Löslichkeits- oder Ionenprodukt.

Stoff	Temp. °C	Löslichkeits-Produkt
Ag-Bromat . . .	25	$5{,}77 \cdot 10^{-5}$
-Bromid . . .	25	$6{,}3 \cdot 10^{-13}$
-Carbonat . .	25	$6{,}15 \cdot 10^{-12}$
-Chlorid . . .	20	$1{,}61 \cdot 10^{-10}$
-Chromat . . .	25	$4{,}05 \cdot 10^{-12}$
-Cyanat . . .	18...20	$2{,}3 \cdot 10^{-7}$
-Cyanid . . .	25	$7 \cdot 10^{-15}$
-Dichromat . .	25	$2 \cdot 10^{-7}$
-Dicyanimid .	18...20	$1{,}4 \cdot 10^{-9}$
-Hydroxyd . .	18	$1{,}24 \cdot 10^{-8}$
-Jodat	9,4	$0{,}92 \cdot 10^{-8}$
-Jodid	25	$0{,}97 \cdot 10^{-16}$
-Molybdat . .	18	$3{,}1 \cdot 10^{-11}$
-Selenocyanid .	18...20	$4{,}0 \cdot 10^{-16}$
-Sulfat	18	$5 \cdot 10^{-5}$
-Sulfid	10	$5{,}7 \cdot 10^{-51}$
-Thiocyanat . .	25	$1{,}16 \cdot 10^{-12}$
-Vanadat- ($AgVO_3$) . .	20	$5 \cdot 10^{-7}$
-Wolframat . .	18	$5{,}2 \cdot 10^{-10}$
Al-hydroxyd, frisch	18	$6 \cdot 10^{-13}$
gealtert . .	18	$1{,}5 \cdot 10^{-15}$
Ba-Carbonat. . .	16	$7 \cdot 10^{-9}$
-Chromat . . .	18	$1{,}6 \cdot 10^{-10}$
-Fluorid. . . .	18	$1{,}7 \cdot 10^{-6}$
-Jodat	25	$6{,}5 \cdot 10^{-10}$
-Manganat . .	25	$2{,}5 \cdot 10^{-10}$
-Oxalat . . .	18	$1{,}62 \cdot 10^{-7}$
-Sulfat	25	$1{,}08 \cdot 10^{-10}$
-Hydroxyd . .	25	$2{,}7 \cdot 10^{-19}$
Bi-Oxychlorid . .	18,5	$1{,}47 \ldots 2{,}74 \cdot 10^{-31}$
Bi-Sulfid	—	$1{,}6 \cdot 10^{-72}$
Ca-Carbonat . . .	25	$0{,}87 \cdot 10^{-8}$
-Fluorid. . . .	18	$3{,}4 \cdot 10^{-11}$
-Hydroxyd . .	18	$5{,}47 \cdot 10^{-6}$
-Jodat	18	$7{,}4 \cdot 10^{-7}$
	30	$3{,}9 \cdot 10^{-6}$
-Oxalat	18	$1{,}78 \cdot 10^{-9}$
	25	$2{,}57 \cdot 10^{-9}$
-Sulfat	10	$6{,}1 \cdot 10^{-5}$
Cd-Sulfid, aus $CdCl_2$	18	$7{,}1 \cdot 10^{-28}$
Cd-Sulfid, aus $CdSO_4$	18	$5{,}1 \cdot 10^{-29}$
Co-Sulfid	20	$1{,}9 \cdot 10^{-27}$
Cr(II)-Hydroxyd .	18	$2{,}0 \cdot 10^{-20}$
Cu(I)-Bromid . .	18...20	$4{,}15 \cdot 10^{-8}$
-Chlorid . . .	18...20	$1{,}02 \cdot 10^{-6}$
-Jodid. . . .	18...20	$5{,}06 \cdot 10^{-12}$
-Sulfid . . .	16...18	$2 \cdot 10^{-47}$
-Thiocyanat .	18	$1{,}6 \cdot 10^{-11}$
Cu(II)-Jodat . .	25	$1{,}4 \cdot 10^{-7}$
-Oxalat . . .	25	$2{,}87 \cdot 10^{-8}$
-Sulfid . . .	10	$1{,}2 \cdot 10^{-42}$
	18	$\sim 8{,}5 \cdot 10^{-45}$
Fe(II)-Hydroxyd.	18	$4{,}8 \cdot 10^{-16}$
-Oxalat . . .	25	$2{,}1 \cdot 10^{-7}$
-Sulfid . . .	18	$3{,}7 \cdot 10^{-19}$
Fe(III)-Hydroxyd	18	$3{,}8 \cdot 10^{-38}$
Hg(I)-Bromid . .	25	$1{,}3 \cdot 10^{-21}$
-Chlorid . . .	25	$2 \cdot 10^{-18}$
-Hydroxyd . .	18	$7{,}8 \cdot 10^{-24}$
-Jodid. . . .	25	$1{,}2 \cdot 10^{-28}$
-Sulfat . . .	25	$4{,}8 \cdot 10^{-7}$
-Sulfid . . .	—	$\sim \cdot 10^{-47}$
-Wolframat .	18	$1{,}1 \cdot 10^{-17}$
Hg(II)-Hydroxyd	18	$1 \cdot 10^{-26}$
-Sulfid . . .	26	$3 \cdot 10^{-54}$
K-Palladiumchlorid.	25	$5{,}97 \cdot 10^{-6}$
La(III)-Oxalat. .	25	$2{,}02 \cdot 10^{-28}$
Mg-Ammoniumphosphat .	25	$2{,}5 \cdot 10^{-13}$
-Carbonat . .	12	$2{,}6 \cdot 10^{-5}$
-Fluorid . . .	27	$6{,}4 \cdot 10^{-9}$
-Hydroxyd . .	18	$6 \cdot 10^{-10}$
-Oxalat . . .	18	$8{,}57 \cdot 10^{-5}$
Mn-Carbonat . .	18	$8{,}8 \cdot 10^{-11}$
-Hydroxyd . .	18	$4 \cdot 10^{-14}$
-Sulfid	18	$7 \cdot 10^{-16}$
Nd(III)-Oxalat. .	25	$5{,}87 \cdot 10^{-29}$
Ni(II)-Hydroxyd .	—	$1{,}5 \cdot 10^{-14}$
-Sulfid . . .	20	$1{,}1 \cdot 10^{-27}$
Pb-Bromid . . .	25	$3{,}9 \cdot 10^{-5}$
-Carbonat . .	18	$3{,}3 \cdot 10^{-14}$
-Chlorid . . .	25	$2{,}12 \cdot 10^{-5}$
-Chromat . . .	18	$1{,}77 \cdot 10^{-14}$
-Fluorid . . .	9	$2{,}7 \cdot 10^{-8}$
-Jodat	18	$1{,}2 \cdot 10^{-13}$
-Jodid	25	$9{,}83 \cdot 10^{-9}$
-Oxalat . . .	18	$2{,}74 \cdot 10^{-11}$
-Phosphat, $Pb_3(PO_4)_2$. .	375	$2{,}95 \cdot 10^{-44}$
-Sulfat	25	$1{,}58 \cdot 10^{-8}$
-Sulfid	18	$3{,}4 \cdot 10^{-28}$
Ra-Sulfat	20	$4{,}25 \cdot 10^{-11}$
Sb(III)-Hydroxyd	—	$4 \cdot 10^{-42}$
Sn(II)-Hydroxyd.	25	$\sim 5 \cdot 10^{-26}$
Sr-Carbonat . .	25	$1{,}6 \cdot 10^{-9}$
-Chromat	18	$3{,}6 \cdot 10^{-5}$
-Fluorid. . . .	18	$2{,}8 \cdot 10^{-9}$
-Oxalat	18	$5{,}61 \cdot 10^{-8}$
-Sulfat	17,4	$3{,}81 \cdot 10^{-7}$
Te(IV)-Hydroxyd	18	$0{,}7 \cdot 10^{-54}$
Tl(I)-Bromid . .	25	$3{,}9 \cdot 10^{-6}$
-Sulfid	18	$7 \cdot 10^{-23}$
Tl(III)-Hydroxyd	25	$1{,}4 \cdot 10^{-53}$
Yb-Oxalat . . .	25	$4{,}45 \cdot 10^{-25}$
Zn-Hydroxyd . .	25	$1{,}3 \cdot 10^{-17}$
-Oxalat . . .	18	$1{,}35 \cdot 10^{-9}$
-sulfid, α . . .	20	$6{,}9 \cdot 10^{-26}$
-sulfid, β . . .	25	$1{,}1 \cdot 10^{-24}$

3242 Gleichgewicht in Gasen.

32421 Reaktionsgleichgewichts-Konstante K_p und Dissoziationsgrad α.

Von Eduard Justi, Berlin.

Bedeuten $p_1, p_2, p_3 \ldots$ die Teildrucke und $\nu_1, \nu_2, \nu_3 \ldots$ die zugehörigen Molzahlen der bei Temperatursteigerung entstehenden Moleküle (z. B. der Dissoziationsprodukte) und entsprechend $p'_1, p'_2, p'_3 \ldots, \nu'_1, \nu'_2, \nu'_3 \ldots$ die Teildrucke und Molzahlen der bei Temperatursteigerung verschwindenden Moleküle (z. B. der noch nicht dissoziierten), so bezeichnet man als die Gleichgewichtskonstante der Reaktion den Ausdruck

$$K_p = p_1^{\nu_1} \cdot p_2^{\nu_2} \cdot p_3^{\nu_3} \ldots / p_1'^{\nu_1'} \cdot p_2'^{\nu_2'} \cdot p_3'^{\nu_3'} \ldots,$$

wobei die Reaktion bei unveränderlichem Druck verlaufen soll. Für den Dissoziationsgrad α, d. h. die Anzahl der gebildeten dividiert durch die der ursprünglichen Moleküle gelten nachstehende Formeln, die je nach dem vorliegenden Reaktionsschema zu wählen sind. Nur für sehr kleine Dissoziationsgrade α (nicht zu verwechseln mit dem prozentischen Dissoziationsgrad $x = 100\alpha$) darf man verschiedene Reaktionsschemata wie z. B. $2\,H_2O = 2\,H_2 + O_2$ und $2\,H_2O = H_2 + 2\,OH$ additiv behandeln; für sehr große Dissoziationsgrade sind nicht genügend unzerfallene Moleküle vorhanden, und ein H_2O-Molekül kann *entweder* nur in $2\,H_2 + O_2$ *oder* $H_2 + 2\,OH$ zerfallen, wodurch verwickeltere Formeln entstehen[1]. Bei Reaktionen, die ohne Molzahländerung verlaufen, wird α druckunabhängig.

I. Reaktionsschema: $A_2 = 2\,A$ (z. B. $H_2 = 2\,H$, $Cl_2 = 2\,Cl$). $K_p = 4\alpha^2\,p/(1-\alpha^2)$; für sehr kleine α-Werte ($\alpha \ll 1$) wird übersichtlich näherungsweise: $K_p = 4\,p\,\alpha^2$; $\alpha = {}^1/_2 \sqrt{K_p/p}$.

II. Reaktionsschema: $AB = A + B$ (z. B. $NO = N + O$, $C_2H_6 = H_2 + C_2H_4$). $K_p = p\alpha^2/(1-\alpha^2)$; für $\alpha \ll 1$: $K_p = p \cdot \alpha^2$; $\alpha = \sqrt{K_p/p}$.

III. Reaktionsschema: $AB = {}^1/_2\,A_2 + {}^1/_2\,B_2$ (z. B. $NO = {}^1/_2\,N_2 + {}^1/_2\,O_2$). $K_p = \alpha/2\,(1-\alpha)$ druckunabhängig; für $\alpha \ll 1$: $K_p = \alpha/2$; $\alpha = 2\,K_p$.

IV. Reaktionsschema: $2\,A_2B = 2\,AB + A_2$ (z. B. $2\,CO_2 = 2\,CO + O_2$, $2\,H_2O = 2\,OH + H_2$). $K_p = p\,\alpha^3/(2+\alpha)\,(1-\alpha)^2$; für $\alpha \ll 1$: $K_p = p\alpha^3/2$; $\alpha = \sqrt[3]{2\,K_p/p}$. Rechnet man hier statt mit 2 kmol mit nur 1 kmol Ausgangsmaterial, entsprechend $A_2B = AB + {}^1/_2\,A_2$, so ergibt sich gemäß der obenstehenden Definitionsgleichung, in der die Molzahlen im Exponenten erscheinen, für gleiche α-Werte ein K_p-Wert, der nur die Quadratwurzel desjenigen für die Reaktion mit 2 kmol ausmacht. Hierauf ist sorgfältig zu achten, da im Schrifttum z. B. sowohl die Dissoziation von H_2O wie die von $2\,H_2O$ tabelliert wird.

V. Reaktionsschema: $3\,A_2 + B_2 = 2\,A_3B$ (z. B. $3\,H_2 + N_2 = 2\,NH_3$). $K_p = 3^3\,p^2\,1-\alpha)^4/4^4\,\alpha^2$; für $\alpha \ll 1$: $K_p = 27\,p^2/256 \cdot \alpha^2$; $\alpha = p\,\sqrt{27/256\,K_p}$.

VI. Wassergasgleichgewicht: $CO + H_2O = CO_2 + H_2$. $K_p = (1/\alpha - 1)\,(1/\alpha_{CO_2} - 1)$; druckunabhängig. α_{CO_2} = Dissoziationsgrad der CO_2.

Anleitung zur Ableitung von $\alpha = f(K_p, p)$ für andere Reaktionen s. Justi: a. a. O., § 63; Einfluß des realen Gaszustandes auf K_p ebenda § 65; Einfluß der Dissoziation auf C_p und C_v ebenda § 64.

In den Tabellen sind außer K_p und α noch die Dissoziationswärmen W_0 (Dissoziationsenthalpie) für $T = 0$ und $p = 1$ Atm angegeben, d. h. die Differenz zwischen dem Wärmeinhalt der aus 1 Mol des Gases durch vollständige Dissoziation entstandenen Gase und dem Wärmeinhalt des undissoziierten Gases beim absoluten Nullpunkt und dem Druck von 1 Atm.

---

[1] Vgl. E. Justi: Spezifische Wärme, Enthalpie, Entropie und Dissoziation technischer Gase und Dämpfe, §§ 62—65. Berlin 1938.

32421 (Fortsetzung).

$H_2 \rightleftharpoons 2\,H$

$W_0 = 102{,}6$ kcal/mol

Temp. in °K	$K_p = \frac{p_H^2}{p_{H_2}}$	α 1 Atm	α 2 Atm	α 10 Atm	α 100 Atm
298,1	$1{,}6 \cdot 10^{-71}$	$2{,}0 \cdot 10^{-36}$	—	—	—
400	$3{,}8 \cdot 10^{-52}$	$9{,}7 \cdot 10^{-27}$	—	—	—
600	$3{,}6 \cdot 10^{-33}$	$3{,}0 \cdot 10^{-17}$	—	—	—
800	$1{,}2 \cdot 10^{-23}$	$1{,}7 \cdot 10^{-12}$	—	—	—
1000	$7{,}0 \cdot 10^{-18}$	$1{,}3 \cdot 10^{-9}$	$9{,}35 \cdot 10^{10}$	$4{,}2 \cdot 10^{-10}$	$1{,}3 \cdot 10^{-10}$
1200	$5{,}05 \cdot 10^{-14}$	$1{,}1 \cdot 10^{-7}$	$7{,}94 \cdot 10^{-8}$	$3{,}55 \cdot 10^{-8}$	$1{,}12 \cdot 10^{-8}$
1400	$2{,}96 \cdot 10^{-11}$	$2{,}2 \cdot 10^{-6}$	$1{,}92 \cdot 10^{-6}$	$8{,}60 \cdot 10^{-7}$	$2{,}72 \cdot 10^{-7}$
1600	$3{,}59 \cdot 10^{-9}$	$3{,}0 \cdot 10^{-5}$	$2{,}12 \cdot 10^{-5}$	$9{,}47 \cdot 10^{-6}$	$3{,}06 \cdot 10^{-6}$
1800	$1{,}52 \cdot 10^{-7}$	$1{,}95 \cdot 10^{-4}$	$1{,}38 \cdot 10^{-4}$	$6{,}17 \cdot 10^{-5}$	$1{,}95 \cdot 10^{-5}$
2000	$3{,}10 \cdot 10^{-6}$	$8{,}8 \cdot 10^{-4}$	$6{,}22 \cdot 10^{-4}$	$2{,}78 \cdot 10^{-4}$	$8{,}80 \cdot 10^{-5}$
2200	$3{,}66 \cdot 10^{-5}$	$3{,}02 \cdot 10^{-3}$	$2{,}14 \cdot 10^{-3}$	$9{,}56 \cdot 10^{-4}$	$3{,}03 \cdot 10^{-4}$
2400	$2{,}89 \cdot 10^{-4}$	$8{,}50 \cdot 10^{-3}$	$6{,}01 \cdot 10^{-3}$	$2{,}69 \cdot 10^{-3}$	$8{,}5 \cdot 10^{-4}$
2600	$1{,}67 \cdot 10^{-3}$	$2{,}04 \cdot 10^{-2}$	$1{,}45 \cdot 10^{-2}$	$6{,}46 \cdot 10^{-3}$	$2{,}04 \cdot 10^{-3}$
2800	$7{,}51 \cdot 10^{-3}$	$4{,}33 \cdot 10^{-2}$	$3{,}07 \cdot 10^{-2}$	$1{,}37 \cdot 10^{-2}$	$4{,}34 \cdot 10^{-3}$
3000	$2{,}78 \cdot 10^{-2}$	$8{,}31 \cdot 10^{-2}$	$5{,}88 \cdot 10^{-2}$	$2{,}64 \cdot 10^{-2}$	$8{,}34 \cdot 10^{-3}$
3500	0,383	0,2957	0,214	$9{,}74 \cdot 10^{-2}$	$3{,}09 \cdot 10^{-2}$
4000	2,768	0,6395	0,507	0,254	$8{,}29 \cdot 10^{-2}$
5000	44,66	0,9580	0,921	0,726	0,317

$D_2 \rightleftharpoons 2\,D$

$W_0 = 104{,}6$ kcal/mol

Temp. in °K	$K_p = \frac{p_D^2}{p_{D_2}}$	α
1000	$3{,}7 \cdot 10^{-18}$	$9{,}6 \cdot 10^{-10}$
1500	$2{,}69 \cdot 10^{-10}$	$8{,}2 \cdot 10^{-6}$
2000	$2{,}49 \cdot 10^{-6}$	$7{,}8 \cdot 10^{-4}$
2500	$6{,}16 \cdot 10^{-4}$	$1{,}2 \cdot 10^{-3}$
3000	$2{,}47 \cdot 10^{-2}$	$7{,}9 \cdot 10^{-2}$

$HD \rightleftharpoons H + D$

103,6 kcal/mol

Temp. in °K	$K_p = \frac{p_H \cdot p_D}{p_{HD}}$	α
1000	$2{,}47 \cdot 10^{-18}$	$1{,}6 \cdot 10^{-9}$
1500	$1{,}57 \cdot 10^{-10}$	$1{,}3 \cdot 10^{-5}$
2000	$1{,}36 \cdot 10^{-6}$	$1{,}2 \cdot 10^{-3}$
2500	$3{,}27 \cdot 10^{-4}$	$1{,}8 \cdot 10^{-2}$
3000	$1{,}30 \cdot 10^{-2}$	$1{,}3 \cdot 10^{-1}$

$H_2 + D_2 \rightleftharpoons 2\,HD$

$$K_p = \frac{p^2(HD)}{p_{H_2}\,p_{D_2}}$$

°K	K_p	°K	K_p
20,4	0,152	400	3,49
50	1,345	595	3,71
100	2,265	670	3,73
200	2,90	700	3,80
298,1	3,27	741	3,82

	ortho $H_2 \rightleftharpoons$ para H_2	ortho $D_2 \rightleftharpoons$ para D_2
Temp. in °K	% pH_2	% pD_2
20	99,82	2,03
40	88,61	14,88
60	65,39	25,21
80	48,39	30,18
100	38,51	32,18
120	35,30	32,93
140	29,62	33,19
160	27,72	33,28
180	26,23	—
190	—	33,32
210	25,72	—
220	—	33,33
230	25,42	—
250	25,24	—
260	—	33,33
>260	—	33,33
270	25,13	—
>300	25,00	—

$O_2 \rightleftharpoons 2\,O$

$W_0 = 117{,}35$ kcal/mol

Temp. in °K	$K_p = \frac{p_O^2}{p_{O_2}}$	α 1 Atm	α 2 Atm	α 10 Atm	α 100 Atm
298,1	$1{,}7 \cdot 10^{-81}$	$2{,}6 \cdot 10^{-41}$	—	—	—
400	$2{,}4 \cdot 10^{-59}$	$2{,}5 \cdot 10^{-30}$	—	—	—
600	$1{,}2 \cdot 10^{-37}$	$1{,}9 \cdot 10^{-19}$	—	—	—
800	$9{,}2 \cdot 10^{-27}$	$4{,}8 \cdot 10^{-14}$	—	—	—
1000	$3{,}3 \cdot 10^{-20}$	$9{,}1 \cdot 10^{-9}$	$6{,}43 \cdot 10^{-11}$	$2{,}87 \cdot 10^{-11}$	$9{,}09 \cdot 10^{-12}$
1200	$8{,}0 \cdot 10^{-16}$	$1{,}4 \cdot 10^{-8}$	$1{,}00 \cdot 10^{-8}$	$4{,}47 \cdot 10^{-9}$	$1{,}41 \cdot 10^{-9}$
1400	$1{,}1 \cdot 10^{-12}$	$5{,}3 \cdot 10^{-7}$	$3{,}71 \cdot 10^{-7}$	$1{,}66 \cdot 10^{-7}$	$5{,}24 \cdot 10^{-8}$
1600	$2{,}5 \cdot 10^{-10}$	$8{,}0 \cdot 10^{-6}$	$5{,}59 \cdot 10^{-6}$	$2{,}50 \cdot 10^{-6}$	$7{,}91 \cdot 10^{-7}$
1800	$1{,}7 \cdot 10^{-8}$	$6{,}6 \cdot 10^{-5}$	$4{,}61 \cdot 10^{-5}$	$2{,}06 \cdot 10^{-5}$	$6{,}52 \cdot 10^{-6}$
2000	$5{,}2 \cdot 10^{-7}$	$3{,}6 \cdot 10^{-4}$	$2{,}53 \cdot 10^{-4}$	$1{,}13 \cdot 10^{-4}$	$3{,}58 \cdot 10^{-5}$
2200	$8{,}3 \cdot 10^{-6}$	$1{,}4 \cdot 10^{-3}$	$1{,}02 \cdot 10^{-3}$	$4{,}6 \cdot 10^{-4}$	$1{,}14 \cdot 10^{-4}$
2400	$8{,}5 \cdot 10^{-5}$	$4{,}6 \cdot 10^{-3}$	$3{,}26 \cdot 10^{-3}$	$1{,}46 \cdot 10^{-3}$	$4{,}6 \cdot 10^{-4}$
2600	$6{,}1 \cdot 10^{-4}$	$1{,}23 \cdot 10^{-2}$	$8{,}73 \cdot 10^{-3}$	$3{,}90 \cdot 10^{-3}$	$1{,}23 \cdot 10^{-3}$
2800	$3{,}3 \cdot 10^{-3}$	$2{,}86 \cdot 10^{-2}$	$2{,}03 \cdot 10^{-2}$	$9{,}09 \cdot 10^{-3}$	$2{,}87 \cdot 10^{-3}$
3000	$1{,}4 \cdot 10^{-2}$	$5{,}92 \cdot 10^{-2}$	$4{,}18 \cdot 10^{-2}$	$1{,}87 \cdot 10^{-2}$	$5{,}92 \cdot 10^{-3}$
3500	0,263	0,249	0,178	$8{,}08 \cdot 10^{-2}$	$2{,}56 \cdot 10^{-2}$
4000	2,36	0,609	0,478	0,236	$7{,}66 \cdot 10^{-2}$
5000	51,53	0,941	0,93	0,75	0,338

32421 (Fortsetzung).

	$\frac{2}{3}O_3 \rightleftharpoons O_2$	$O_3 \rightleftharpoons O_2 + O$
	$W_0 =$ 34,513 kcal/mol	
Temp. in °K	$K_p = \frac{p_{O_2}}{(p_{O_3})^{2/3}}$	$K_p = \frac{p_{O_2} \cdot p}{p_{O_3}}$
298,1	$3{,}09 \cdot 10^{28}$	$1{,}26 \cdot 10^{-12}$
400	$1{,}41 \cdot 10^{22}$	$6{,}94 \cdot 10^{-8}$
500	$2{,}8 \cdot 10^{18}$	$4{,}56 \cdot 10^{-5}$
600	$9{,}55 \cdot 10^{15}$	$3{,}28 \cdot 10^{-3}$
700	$1{,}64 \cdot 10^{14}$	$7{,}15 \cdot 10^{-2}$
800	$7{,}78 \cdot 10^{12}$	$7{,}44 \cdot 10^{-1}$
900	$7{,}22 \cdot 10^{11}$	4,55
1000	$1{,}07 \cdot 10^{11}$	$1{,}95 \cdot 10$
1250	$3{,}47 \cdot 10^{9}$	$2{,}19 \cdot 10^{2}$
1500	$3{,}45 \cdot 10^{8}$	$1{,}54 \cdot 10^{3}$
1750	$6{,}52 \cdot 10^{7}$	$5{,}30 \cdot 10^{3}$
2000	$1{,}95 \cdot 10^{7}$	$1{,}41 \cdot 10^{4}$
2500	$3{,}44 \cdot 10^{6}$	$5{,}27 \cdot 10^{4}$
3000	$1{,}08 \cdot 10^{6}$	$1{,}28 \cdot 10^{5}$
4000	$2{,}51 \cdot 10^{5}$	$3{,}93 \cdot 10^{5}$
5000	$1{,}05 \cdot 10^{5}$	$7{,}83 \cdot 10^{5}$

$Cl_2 \rightleftharpoons 2\,Cl$		
$W_0 =$ 56,900 kcal/mol		
Temp. in °K	$K_p = \frac{p^2_{Cl}}{p_{Cl_2}}$	α
298,1	$2{,}1 \cdot 10^{-37}$	$2{,}3 \cdot 10^{-19}$
400	$1{,}3 \cdot 10^{-26}$	$5{,}7 \cdot 10^{-14}$
600	$4{,}8 \cdot 10^{-16}$	$1{,}1 \cdot 10^{-8}$
800	$1{,}04 \cdot 10^{-10}$	$5{,}1 \cdot 10^{-6}$
1000	$2{,}45 \cdot 10^{-7}$	$2{,}47 \cdot 10^{-4}$
1200	$2{,}48 \cdot 10^{-5}$	$2{,}48 \cdot 10^{-3}$
1400	$8{,}80 \cdot 10^{-4}$	$1{,}49 \cdot 10^{-2}$
1600	$1{,}29 \cdot 10^{-2}$	$5{,}67 \cdot 10^{-2}$
1800	0,106	0,161
2000	0,570	0,353
2200	2,27	0,602
2400	7,23	0,802
2600	19,2	0,909
2800	44,6	0,958
3000	92,5	0,979

$Br_2 \rightleftharpoons 2\,Br$		
$W_0 =$ 45,230 kcal/mol		
Temp. in °K	$K_p = \frac{p^2_{Br}}{p_{Br_2}}$	α
298,1	$6{,}46 \cdot 10^{-29}$	$4{,}02 \cdot 10^{-15}$
400	$2{,}45 \cdot 10^{-20}$	$7{,}80 \cdot 10^{-11}$
600	$6{,}18 \cdot 10^{-12}$	$1{,}24 \cdot 10^{-6}$
800	$1{,}02 \cdot 10^{-7}$	$1{,}60 \cdot 10^{-4}$
1000	$3{,}58 \cdot 10^{-5}$	$3{,}00 \cdot 10^{-3}$
1200	$1{,}81 \cdot 10^{-3}$	$2{,}12 \cdot 10^{-2}$
1400	$3{,}03 \cdot 10^{-2}$	$8{,}87 \cdot 10^{-2}$
1600	$2{,}55 \cdot 10^{-1}$	0,2448

$J_2 \rightleftharpoons 2\,J$		
$W_0 =$ 35,39 kcal/mol		
Temp. in °K	$K_p = \frac{p^2 J}{p\,J_2}$	α
298,1	$7{,}95 \cdot 10^{-22}$	$1{,}41 \cdot 10^{-11}$
400	$4{,}26 \cdot 10^{-15}$	$3{,}26 \cdot 10^{-8}$
600	$1{,}63 \cdot 10^{-8}$	$6{,}39 \cdot 10^{-5}$
800	$3{,}24 \cdot 10^{-5}$	$2{,}85 \cdot 10^{-3}$
1000	$3{,}32 \cdot 10^{-3}$	$2{,}88 \cdot 10^{-2}$
1200	$7{,}22 \cdot 10^{-2}$	0,1332
1400	0,654	0,3749
1600	3,48	0,6821
1800	12,87	0,9303
2000	36,60	0,9495

$S_2 \rightleftharpoons 2\,S$		
$W_0 =$ 75,61 kcal/mol		
Temp. in °K	$K_p = \frac{p^2_S}{p_{S_2}}$	α
298,1	$2{,}29 \cdot 10^{-51}$	$2{,}4 \cdot 10^{-26}$
600	$6{,}21 \cdot 10^{-23}$	$3{,}9 \cdot 10^{-12}$
800	$7{,}43 \cdot 10^{-16}$	$1{,}4 \cdot 10^{-8}$
1000	$1{,}37 \cdot 10^{-11}$	$1{,}8 \cdot 10^{-6}$
1250	$3{,}67 \cdot 10^{-8}$	$9{,}6 \cdot 10^{-5}$
1500	$7{,}23 \cdot 10^{-6}$	$1{,}3 \cdot 10^{-4}$
1750	$3{,}18 \cdot 10^{-4}$	$8{,}9 \cdot 10^{-3}$
2000	$5{,}49 \cdot 10^{-3}$	$3{,}7 \cdot 10^{-2}$
2500	$3{,}03 \cdot 10^{-1}$	$2{,}65 \cdot 10^{-1}$
3000	4,45	$7{,}26 \cdot 10^{-1}$

$Se_2 \rightleftharpoons 2\,Se$				
	Grundzustand $^1\Sigma$, $W_0 =$ 71,2 kcal/mol		Grundzustand $^3\Sigma$, $W_0 =$ 62,1 kcal/mol	
Temp. in °K	$K_p = \frac{p^2_{Se}}{p_{Se_2}}$	α, p = 1 Atm	K_p	α, p = 1 Atm
1000	$1{,}60 \cdot 10^{-8}$	$6{,}3 \cdot 10^{-5}$	$5{,}33 \cdot 10^{-8}$	$3{,}7 \cdot 10^{-5}$
1250	$1{,}04 \cdot 10^{-5}$	$1{,}6 \cdot 10^{-3}$	$3{,}47 \cdot 10^{-6}$	$9{,}7 \cdot 10^{-4}$
1500	$8{,}16 \cdot 10^{-4}$	$1{,}43 \cdot 10^{-2}$	$2{,}62 \cdot 10^{-4}$	$8{,}2 \cdot 10^{-3}$
1750	$1{,}89 \cdot 10^{-2}$	$6{,}85 \cdot 10^{-2}$	$6{,}3 \cdot 10^{-3}$	$3{,}97 \cdot 10^{-2}$
2000	$2{,}03 \cdot 10^{-1}$	$2{,}2 \cdot 10^{-1}$	$6{,}95 \cdot 10^{-2}$	$1{,}29 \cdot 10^{-1}$
2250	1,32	$4{,}98 \cdot 10^{-1}$	$4{,}38 \cdot 10^{-1}$	$3{,}15 \cdot 10^{-1}$
2500	5,77	$7{,}73 \cdot 10^{-1}$	1,97	$5{,}75 \cdot 10^{-1}$

$Te_2 \rightleftharpoons 2\,Te$			
$W_0 =$ 52,9 kcal/mol			
Temp. in °K	$K_p = \frac{p^2 Te}{p\,Te_2}$	α, p = 1 Atm	α, p = 0,5 Atm
1000	$3{,}2 \cdot 10^{-7}$	$2{,}8 \cdot 10^{-4}$	$4 \cdot 10^{-4}$
1250	$7{,}6 \cdot 10^{-5}$	$4{,}4 \cdot 10^{-3}$	$6{,}2 \cdot 10^{-3}$
1500	$3{,}01 \cdot 10^{-3}$	$2{,}74 \cdot 10^{-2}$	$3{,}87 \cdot 10^{-2}$
1750	$4{,}23 \cdot 10^{-2}$	$1{,}02 \cdot 10^{-1}$	$1{,}44 \cdot 10^{-1}$
2000	$3{,}13 \cdot 10^{-1}$	$2{,}7 \cdot 10^{-1}$	$3{,}68 \cdot 10^{-1}$
2250	1,51	$5{,}23 \cdot 10^{-1}$	$6{,}56 \cdot 10^{-1}$
2500	5,36	$7{,}57 \cdot 10^{-1}$	$8{,}54 \cdot 10^{-1}$

32421 (Fortsetzung).

$N_2 \rightleftharpoons 2\,N$

$W_0 = 169{,}3$ kcal/mol

Temp. in °K	$K_p = \frac{p_N^2}{p_{N_2}}$	α
298,1	$1{,}4 \cdot 10^{-119}$	$1{,}9 \cdot 10^{-60}$
400	$9{,}8 \cdot 10^{-88}$	$1{,}6 \cdot 10^{-44}$
600	$1{,}3 \cdot 10^{-56}$	$5{,}7 \cdot 10^{-29}$
800	$5{,}1 \cdot 10^{-41}$	$3{,}6 \cdot 10^{-21}$
1000	$1{,}3 \cdot 10^{-31}$	$1{,}8 \cdot 10^{-16}$
1200	$2{,}4 \cdot 10^{-25}$	$2{,}9 \cdot 10^{-13}$
1400	$7{,}5 \cdot 10^{-21}$	$4{,}4 \cdot 10^{-11}$
1600	$1{,}8 \cdot 10^{-17}$	$2{,}1 \cdot 10^{-9}$
1800	$7{,}6 \cdot 10^{-15}$	$4{,}4 \cdot 10^{-8}$
2000	$9{,}8 \cdot 10^{-13}$	$5{,}0 \cdot 10^{-7}$
2200	$5{,}20 \cdot 10^{-11}$	$3{,}6 \cdot 10^{-6}$
2400	$1{,}44 \cdot 10^{-9}$	$1{,}9 \cdot 10^{-5}$
2600	$2{,}40 \cdot 10^{-8}$	$7{,}7 \cdot 10^{-5}$
2800	$2{,}68 \cdot 10^{-7}$	$2{,}6 \cdot 10^{-4}$
3000	$2{,}18 \cdot 10^{-6}$	$7{,}5 \cdot 10^{-4}$
3000	$1{,}45 \cdot 10^{-4}$	$6{,}0 \cdot 10^{-3}$
3500	$3{,}43 \cdot 10^{-3}$	$2{,}93 \cdot 10^{-2}$
4000	$2{,}95 \cdot 10^{-1}$	0,262

$P_2 \rightleftharpoons 2\,P$

115,45 kcal/mol

Temp. in °K	$K_p = \frac{p_P^2}{p}$	α
298	$2{,}57 \cdot 10^{-80}$	$8{,}0 \cdot 10^{-41}$
1273	$9{,}10 \cdot 10^{-15}$	$4{,}8 \cdot 10^{-8}$
1773	$4{,}52 \cdot 10^{-9}$	$3{,}4 \cdot 10^{-5}$
2273	$7{,}53 \cdot 10^{-6}$	$1{,}4 \cdot 10^{-3}$
2773	$8{,}80 \cdot 10^{-4}$	$1{,}48 \cdot 10^{-2}$
3273	$2{,}49 \cdot 10^{-2}$	$7{,}83 \cdot 10^{-2}$

$C_2 \rightleftharpoons 2\,C$

83 kcal/mol

Temp. in °K	$K_p = \frac{p_C^2}{p_{C_2}}$	α
2000	$7{,}76 \cdot 10^{-13}$	$4{,}4 \cdot 10^{-7}$
3000	$1{,}38 \cdot 10^{-6}$	$5{,}9 \cdot 10^{-4}$
4000	$1{,}95 \cdot 10^{-3}$	$2{,}2 \cdot 10^{-2}$
5000	$1{,}51 \cdot 10^{-1}$	$1{,}91 \cdot 10^{-1}$
6000	2,95	$6{,}52 \cdot 10^{-1}$

$K_2 \rightleftharpoons 2\,K$

11,8 kcal/mol

Temp. in °K	$K_p = \frac{p_K^2}{p_{K_2}}$	α	Dampfdruck in Torr
373,1	$3{,}01 \cdot 10^{-1}$	$1 \cdot 10^{-4}$	$1{,}83 \cdot 10^{-5}$
473,1	$1{,}005 \cdot 10$	$1{,}3 \cdot 10^{-3}$	$6{,}55 \cdot 10^{-3}$
573,1	$1{,}15 \cdot 10^{2}$	$5 \cdot 10^{-3}$	0,29
673,1	$5{,}07 \cdot 10^{2}$	$1{,}52 \cdot 10^{-2}$	3,95
773,1	$1{,}71 \cdot 10^{3}$	$3{,}13 \cdot 10^{-2}$	28,07
873,1	$4{,}37 \cdot 10^{3}$	$5{,}36 \cdot 10^{-2}$	127,4
973,1	$9{,}32 \cdot 10^{3}$	$8{,}01 \cdot 10^{-2}$	423,6
1030,4	$1{,}34 \cdot 10^{4}$	$9{,}69 \cdot 10^{-2}$	760,0

Die Werte von α sind aus $K_p = \frac{4\alpha^2 P}{1-\alpha^2}$ für die angegebenen Dampfdrucke P berechnet

$OH \rightleftharpoons O + H$

$W_0 = 99$ kcal/mol

Temp. in °K	$K_p = \frac{p_O\, p_H}{p_{OH}}$	α p = 0,1 Atm	α 0,5	α 1	α 10
500	$1{,}42 \cdot 10^{-39}$	$1{,}2 \cdot 10^{-17}$	$5{,}3 \cdot 10^{-18}$	$3{,}8 \cdot 10^{-18}$	$1{,}2 \cdot 10^{-18}$
1000	$1{,}91 \cdot 10^{-17}$	$1{,}4 \cdot 10^{-6}$	$6{,}1 \cdot 10^{-7}$	$4{,}3 \cdot 10^{-7}$	$1{,}4 \cdot 10^{-7}$
1500	$5.62 \cdot 10^{-10}$	$7{,}5 \cdot 10^{-3}$	$3{,}3 \cdot 10^{-3}$	$2{,}4 \cdot 10^{-3}$	$7{,}5 \cdot 10^{-4}$
2000	$3{,}39 \cdot 10^{-6}$	0,58	0,26	0,18	0,058
2500	$6{,}45 \cdot 10^{-4}$	8,0	3,6	2,5	0,80
3000	$2{,}19 \cdot 10^{-2}$	42,6	20,8	14,7	4,70

$H_2O \rightleftharpoons 2\,H + O$

$W_0 = 217$ kcal/mol

Temp. in °K	$K_p = \frac{p_H^2 \cdot p_O}{p_{H_2O}}$	α
1000	$1{,}14 \cdot 10^{-37}$	$3{,}0 \cdot 10^{-13}$
2000	$6{,}57 \cdot 10^{-18}$	$5{,}5 \cdot 10^{-6}$
2500	$6{,}50 \cdot 10^{-8}$	$2{,}5 \cdot 10^{-3}$
3000	$1{,}56 \cdot 10^{-4}$	$3{,}39 \cdot 10^{-2}$
—	—	—
—	—	—

$H_2O \rightleftharpoons H_2 + O$

$W_0 = 115{,}760$ kcal/mol

Temp. in °K	$K_p = \frac{p_{H_2} \cdot p_O}{p_{H_2O}}$	α 1 Atm	α 2 Atm	α 10 Atm	α 100 Atm
1000	$1{,}62 \cdot 10^{-20}$	$1{,}27 \cdot 10^{-10}$	$9{,}02 \cdot 10^{-11}$	$4{,}03 \cdot 10^{-11}$	$1{,}27 \cdot 10^{-10}$
1200	$3{,}62 \cdot 10^{-16}$	$1{,}91 \cdot 10^{-8}$	$1{,}38 \cdot 10^{-8}$	$6{,}03 \cdot 10^{-9}$	$1{,}91 \cdot 10^{-9}$
1400	$4{,}76 \cdot 10^{-13}$	$6{,}92 \cdot 10^{-7}$	$4{,}90 \cdot 10^{-7}$	$2{,}19 \cdot 10^{-7}$	$6{,}92 \cdot 10^{-8}$
1500	$7{,}85 \cdot 10^{-12}$	$2{,}8 \cdot 10^{-6}$	$2{,}0 \cdot 10^{-6}$	$8{,}9 \cdot 10^{-7}$	$2{,}8 \cdot 10^{-7}$
1750	$3{,}4 \cdot 10^{-9}$	$5{,}8 \cdot 10^{-5}$	$4{,}1 \cdot 10^{-5}$	$1{,}8 \cdot 10^{-5}$	$5{,}8 \cdot 10^{-6}$
2000	$2{,}12 \cdot 10^{-7}$	$4{,}61 \cdot 10^{-4}$	$3{,}26 \cdot 10^{-4}$	$1{,}46 \cdot 10^{-4}$	$4{,}61 \cdot 10^{-5}$
2250	$6{,}3 \cdot 10^{-6}$	$2{,}5 \cdot 10^{-3}$	$1{,}8 \cdot 10^{-3}$	$7{,}9 \cdot 10^{-4}$	$2{,}5 \cdot 10^{-4}$
2500	$9{,}3 \cdot 10^{-5}$	$9{,}7 \cdot 10^{-3}$	$6{,}8 \cdot 10^{-3}$	$3{,}0 \cdot 10^{-3}$	$9{,}7 \cdot 10^{-4}$
2750	$8{,}7 \cdot 10^{-4}$	0,0295	$2{,}09 \cdot 10^{-2}$	$9{,}3 \cdot 10^{-3}$	$2{,}9 \cdot 10^{-3}$
3000	$5{,}60 \cdot 10^{-3}$	0,0748	$5{,}30 \cdot 10^{-2}$	$2{,}37 \cdot 10^{-2}$	$7{,}48 \cdot 10^{-3}$

32421 (Fortsetzung).

$H_2O \rightleftharpoons H_2 + \frac{1}{2} O_2$

$W_0 = 57{,}111$ kcal/mol

Temp. in °K	$K_p = \frac{p_{H_2} \cdot p_{O_2}^{1/2}}{p_{H_2O}}$	α 1 Atm	α 2 Atm	α 10 Atm	α 100 Atm
1000	$8{,}73 \cdot 10^{-11}$	$2{,}48 \cdot 10^{-7}$	$1{,}97 \cdot 10^{-7}$	$1{,}15 \cdot 10^{-7}$	$5{,}34 \cdot 10^{-8}$
1200	$1{,}28 \cdot 10^{-8}$	$6{,}89 \cdot 10^{-6}$	$5{,}47 \cdot 10^{-6}$	$3{,}20 \cdot 10^{-6}$	$1{,}49 \cdot 10^{-6}$
1400	$4{,}58 \cdot 10^{-7}$	$7{,}48 \cdot 10^{-5}$	$5{,}94 \cdot 10^{-5}$	$3{,}48 \cdot 10^{-5}$	$1{,}61 \cdot 10^{-5}$
1500	$1{,}92 \cdot 10^{-6}$	$1{,}95 \cdot 10^{-4}$	$1{,}55 \cdot 10^{-4}$	$9{,}06 \cdot 10^{-5}$	$4{,}21 \cdot 10^{-5}$
1750	$4{,}32 \cdot 10^{-5}$	$1{,}55 \cdot 10^{-3}$	$1{,}23 \cdot 10^{-3}$	$7{,}19 \cdot 10^{-4}$	$3{,}34 \cdot 10^{-4}$
2000	$2{,}96 \cdot 10^{-4}$	$5{,}60 \cdot 10^{-3}$	$4{,}45 \cdot 10^{-3}$	$2{,}60 \cdot 10^{-3}$	$1{,}21 \cdot 10^{-3}$
2250	$1{,}16 \cdot 10^{-3}$	$1{,}72 \cdot 10^{-2}$	$1{,}37 \cdot 10^{-2}$	$8{,}00 \cdot 10^{-3}$	$3{,}72 \cdot 10^{-3}$
2500	$6{,}18 \cdot 10^{-3}$	$4{,}25 \cdot 10^{-2}$	$3{,}37 \cdot 10^{-2}$	$1{,}97 \cdot 10^{-2}$	$9{,}16 \cdot 10^{-3}$
2750	$1{,}88 \cdot 10^{-2}$	$8{,}91 \cdot 10^{-2}$	$7{,}08 \cdot 10^{-2}$	$4{,}14 \cdot 10^{-2}$	$1{,}92 \cdot 10^{-2}$
3000	$4{,}73 \cdot 10^{-2}$	$1{,}64 \cdot 10^{-1}$	0,131	$7{,}64 \cdot 10^{-2}$	$3{,}55 \cdot 10^{-2}$

$H_2O \rightleftharpoons \frac{1}{2} H_2 + OH$

$W_0 = 63$ kcal/mol

Temp. in °K	$K_p = \frac{p_{OH} \cdot p_{H_2}^{1/2}}{p_{H_2O}}$	α 1 Atm	α 2 Atm	α 10 Atm	α 100 Atm
1000	$2{,}85 \cdot 10^{-11}$	$1{,}17 \cdot 10^{-7}$	$9{,}33 \cdot 10^{-8}$	$5{,}46 \cdot 10^{-8}$	$2{,}54 \cdot 10^{-8}$
1200	$6{,}89 \cdot 10^{-9}$	$4{,}50 \cdot 10^{-6}$	$3{,}57 \cdot 10^{-6}$	$2{,}09 \cdot 10^{-6}$	$9{,}73 \cdot 10^{-7}$
1400	$3{,}39 \cdot 10^{-7}$	$6{,}11 \cdot 10^{-5}$	$4{,}85 \cdot 10^{-5}$	$2{,}84 \cdot 10^{-5}$	$1{,}32 \cdot 10^{-5}$
1500	$1{,}62 \cdot 10^{-6}$	$1{,}74 \cdot 10^{-4}$	$1{,}38 \cdot 10^{-4}$	$8{,}09 \cdot 10^{-5}$	$3{,}76 \cdot 10^{-5}$
1750	$3{,}8 \cdot 10^{-5}$	$1{,}41 \cdot 10^{-3}$	$1{,}1 \cdot 10^{-3}$	$6{,}6 \cdot 10^{-4}$	$3{,}0 \cdot 10^{-4}$
2000	$4{,}0 \cdot 10^{-4}$	$6{,}82 \cdot 10^{-3}$	$5{,}42 \cdot 10^{-3}$	$3{,}17 \cdot 10^{-3}$	$1{,}47 \cdot 10^{-3}$
2250	$2{,}5 \cdot 10^{-3}$	$2{,}33 \cdot 10^{-2}$	$1{,}85 \cdot 10^{-2}$	$1{,}08 \cdot 10^{-2}$	$5{,}0 \cdot 10^{-3}$
2500	$1{,}1 \cdot 10^{-2}$	$6{,}18 \cdot 10^{-2}$	$4{,}91 \cdot 10^{-2}$	$2{,}87 \cdot 10^{-2}$	$1{,}33 \cdot 10^{-2}$
2750	$3{,}7 \cdot 10^{-2}$	$1{,}3 \cdot 10^{-1}$	0,11	$6{,}43 \cdot 10^{-2}$	$2{,}99 \cdot 10^{-2}$
3000	$9{,}94 \cdot 10^{-2}$	$2{,}35 \cdot 10^{-1}$	0,215	0,126	$5{,}83 \cdot 10^{-2}$

$H_2O \rightleftharpoons H + OH$

$W_0 = 114{,}400$ kcal/mol

Temp. in °K	$K_p = \frac{p_H \cdot p_{OH}}{p_{H_2O}}$	α 1 Atm	α 2 Atm	α 10 Atm	α 100 Atm
1000	$7{,}55 \cdot 10^{-20}$	$2{,}75 \cdot 10^{-10}$	$1{,}95 \cdot 10^{-10}$	$8{,}69 \cdot 10^{-11}$	$2{,}75 \cdot 10^{-11}$
1200	$1{,}52 \cdot 10^{-15}$	$3{,}90 \cdot 10^{-8}$	$2{,}64 \cdot 10^{-8}$	$1{,}23 \cdot 10^{-8}$	$3{,}96 \cdot 10^{-9}$
1400	$1{,}85 \cdot 10^{-12}$	$1{,}36 \cdot 10^{-6}$	$9{,}62 \cdot 10^{-7}$	$4{,}30 \cdot 10^{-7}$	$1{,}36 \cdot 10^{-7}$
1500	$3{,}52 \cdot 10^{-11}$	$5{,}7 \cdot 10^{-6}$	$4{,}0 \cdot 10^{-6}$	$1{,}8 \cdot 10^{-6}$	$5{,}7 \cdot 10^{-7}$
1750	$9{,}57 \cdot 10^{-9}$	$9{,}8 \cdot 10^{-5}$	$6{,}9 \cdot 10^{-5}$	$3{,}1 \cdot 10^{-5}$	$9{,}8 \cdot 10^{-6}$
2000	$7{,}01 \cdot 10^{-7}$	$8{,}4 \cdot 10^{-4}$	$5{,}9 \cdot 10^{-4}$	$2{,}6 \cdot 10^{-4}$	$8{,}4 \cdot 10^{-5}$
2250	$2{,}0 \cdot 10^{-5}$	$4{,}5 \cdot 10^{-3}$	$3{,}2 \cdot 10^{-3}$	$1{,}4 \cdot 10^{-3}$	$4{,}5 \cdot 10^{-4}$
2500	$2{,}9 \cdot 10^{-4}$	$1{,}7 \cdot 10^{-2}$	$1{,}2 \cdot 10^{-2}$	$5{,}4 \cdot 10^{-3}$	$1{,}7 \cdot 10^{-3}$
2750	$2{,}57 \cdot 10^{-3}$	$5{,}1 \cdot 10^{-2}$	$3{,}6 \cdot 10^{-2}$	$1{,}6 \cdot 10^{-2}$	$5{,}1 \cdot 10^{-3}$
3000	$1{,}66 \cdot 10^{-2}$	0,129	$9{,}12 \cdot 10^{-2}$	$4{,}07 \cdot 10^{-2}$	$1{,}29 \cdot 10^{-2}$

32421 (Fortsetzung).

$H_2O + HD \rightleftharpoons HDO + H_2$

Temp. in °K	$K_p = \frac{p_{HDO}\, p_{H_2}}{p_{H_2O} \cdot p_{HD}}$
276	2,89
293	2,61
313	2,46
373	2,02
400	1,89
500	1,57
600	1,38
700	1,26
800	1,18
900	1,12
1000	1,07
—	—
—	—
—	—
—	—

$H_2O + D_2O \rightleftharpoons 2\,HDO$

Temp. in °K	$K_p = \frac{p^2_{HDO}}{p_{H_2O} \cdot p_{D_2O}}$	HDO-Bildung $(1-\alpha)$
298	3,23	0,473
373	3,40	0,481
500	3,59	0,488
600	3,68	0,491
700	3,75	0,493
800	3,81	0,494
900	3,85	0,495
1000	3,88	0,496
—	—	—
—	—	—
—	—	—
—	—	—
—	—	—
—	—	—
—	—	—

$HCl \rightleftharpoons \frac{1}{2} H_2 + \frac{1}{2} Cl_2$

$W_0 = 21{,}98$ kcal/mol

Temp. in °K	$K_p = \frac{p_{HCl}}{(p_{H_2} \cdot p_{Cl_2})^{1/2}}$	$(1-\alpha)$
298,1	$4{,}81 \cdot 10^{16}$	1,00
400	$3{,}63 \cdot 10^{12}$	1,00
600	$3{,}33 \cdot 10^{8}$	1,00
800	$3{,}07 \cdot 10^{6}$	1,00
1000	$1{,}81 \cdot 10^{5}$	1,00
1200	$2{,}73 \cdot 10^{4}$	1,00
1400	$7{,}03 \cdot 10^{3}$	0,9997
1600	$2{,}53 \cdot 10^{3}$	0,9992
1800	$1{,}14 \cdot 10^{3}$	0,9982
2000	$6{,}02 \cdot 10^{2}$	0,9967
2200	$3{,}58 \cdot 10^{2}$	0,9944
2400	$2{,}31 \cdot 10^{2}$	0,9914
2600	$1{,}59 \cdot 10^{2}$	0,9876
2800	$1{,}16 \cdot 10^{2}$	0,9831
3000	$8{,}72 \cdot 10^{1}$	0,9776

$DCl \rightleftharpoons \frac{1}{2} D_2 + \frac{1}{2} Cl_2$

Temp. in °K	$K_p = \frac{(p_{D_2} \cdot p_{Cl_2})^{1/2}}{p_{DCl}}$	α
298,1	$1{,}47 \cdot 10^{-17}$	$2{,}9 \cdot 10^{-17}$
400	$2{,}21 \cdot 10^{-13}$	$4{,}4 \cdot 10^{-13}$
575	$1{,}17 \cdot 10^{-9}$	$3{,}4 \cdot 10^{-9}$
700	$3{,}98 \cdot 10^{-8}$	$8{,}0 \cdot 10^{-8}$
—	—	—

$H_2 + 2\,DCl^{35} \rightleftharpoons D_2 + 2\,HCl^{35}$

Temp. in °K	$K_p = \frac{p_{D_2}\, p^2_{HCl}}{p_{H_2}\, p^2_{DCl}}$	
200	$3{,}09 \cdot 10^{-1}$	—
298,1	$5{,}02 \cdot 10^{-1}$	—
400	$6{,}46 \cdot 10^{-1}$	—
575	$8{,}06 \cdot 10^{-1}$	—
700	$8{,}01 \cdot 10^{-1}$	—

$H_2 + DCl^{35} \rightleftharpoons HD + HCl^{35}$

Temp. in °K	$K_p = \frac{p_{HD} \cdot p_{HCl}}{p_{H_2} \cdot p_{DCl}}$	
200	$9{,}44 \cdot 10^{-1}$	—
298,1	1,28	—
400	1,50	—
575	1,73	—
700	1,82	—

$HBr \rightleftharpoons \frac{1}{2} H_2 + \frac{1}{2} Br_2$

Temp. in °K	$K_p = \frac{p_{HBr}}{(p_{H_2} \cdot p_{Br_2})^{1/2}}$	$(1-\alpha)$
298,1	$2{,}67 \cdot 10^{9}$	1,00
400	$1{,}45 \cdot 10^{7}$	1,00
600	$8{,}45 \cdot 10^{4}$	1,00
800	$6{,}22 \cdot 10^{3}$	0,9999
1000	$1{,}28 \cdot 10^{3}$	0,9984
1200	$4{,}45 \cdot 10^{2}$	0,9955
1400	$2{,}08 \cdot 10^{2}$	0,9905
1600	$1{,}53 \cdot 10^{2}$	0,9871

$HJ \rightleftharpoons \frac{1}{2} H_2 + \frac{1}{2} J_2$

$W_0 = 1{,}235$ kcal/mol

Temp. in °K	$K_p = \frac{(p_{H_2} \cdot p_{J_2})^{1/2}}{p_{HJ}}$	α
298,1	$4{,}2 \cdot 10^{-2}$	$8{,}2 \cdot 10^{-2}$
400	$7{,}12 \cdot 10^{-2}$	$1{,}25 \cdot 10^{-1}$
600	$1{,}20 \cdot 10^{-1}$	$1{,}94 \cdot 10^{-1}$
800	$1{,}64 \cdot 10^{-1}$	$2{,}47 \cdot 10^{-1}$
1000	$1{,}94 \cdot 10^{-1}$	$2{,}80 \cdot 10^{-1}$
1200	$2{,}21 \cdot 10^{-1}$	$3{,}07 \cdot 10^{-1}$
1400	$2{,}44 \cdot 10^{-1}$	$3{,}29 \cdot 10^{-1}$
1600	$2{,}62 \cdot 10^{-1}$	$3{,}44 \cdot 10^{-1}$
1800	$2{,}77 \cdot 10^{-1}$	$3{,}57 \cdot 10^{-1}$
2000	$2{,}90 \cdot 10^{-1}$	$3{,}68 \cdot 10^{-1}$

$DJ \rightleftharpoons \frac{1}{2} D_2 + \frac{1}{2} J_2$

$W_0 = 0{,}95$ kcal/mol

Temp. in °K	$K_p = \frac{(p_{D_2} \cdot p_{J_2})^{1/2}}{p_{DJ}}$	α
298,1	$4{,}78 \cdot 10^{-2}$	$8{,}7 \cdot 10^{-2}$
400	$7{,}86 \cdot 10^{-2}$	$1{,}36 \cdot 10^{-1}$
575	$1{,}25 \cdot 10^{-1}$	$2{,}0 \cdot 10^{-1}$
700	$1{,}56 \cdot 10^{-1}$	$2{,}4 \cdot 10^{-1}$

$H_2 + DJ \rightleftharpoons HD + HJ$

Temp. in °K	$K_p = \frac{p_{HD} \cdot p_{HJ}}{p_{H_2} \cdot p_{DJ}}$	α
298,1	1,95	—
400	2,05	—
575	2,14	—
700	2,15	-

32421 (Fortsetzung).

$H_2 + 2\,DJ \rightleftharpoons D_2 + 2\,HJ$

$W_0 = 0{,}0825$ kcal/mol

Temp. in °K	$K_p = \frac{p_{D_2}\cdot p_{HJ}^2}{p_{H_2}\cdot p_{DJ}^2}$
298,1	1,16
400	1,21
575	1,22
700	1,23

$JCl \rightleftharpoons \frac{1}{2}J_2 + \frac{1}{2}Cl_2$

Temp. in °K	$K_p = \frac{(p_{J_2}\cdot p_{Cl_2})^{1/}}{p_{JCl}}$	α
298,1	$2{,}05\cdot10^{-3}$	$4{,}1\cdot10^{-3}$
400	$8{,}35\cdot10^{-3}$	$1{,}64\cdot10^{-2}$
600	$3{,}29\cdot10^{-2}$	$6{,}18\cdot10^{-2}$
800	$5{,}60\cdot10^{-2}$	$1{,}17\cdot10^{-1}$
1000	$9{,}86\cdot10^{-2}$	$1{,}65\cdot10^{-1}$
1200	$1{,}30\cdot10^{-1}$	$2{,}16\cdot10^{-1}$
1400	$1{,}59\cdot10^{-1}$	$2{,}42\cdot10^{-1}$
1600	$1{,}83\cdot10^{-1}$	$2{,}68\cdot10^{-1}$
1800	$2{,}09\cdot10^{-1}$	$2{,}95\cdot10^{-1}$
2000	$2{,}25\cdot10^{-1}$	$3{,}11\cdot10^{-1}$

$JBr \rightleftharpoons \frac{1}{2}J_2 + \frac{1}{2}Br_2$

Temp. in °K	$K_p = \frac{(p_{J_2}\cdot p_{Br_2})^{1/2}}{p_{JBr}}$	α
298,1	$4{,}95\cdot10^{-2}$	$8{,}9\cdot10^{-2}$
400	$8{,}74\cdot10^{-1}$	$1{,}49\cdot10^{-1}$
600	$1{,}57\cdot10^{-1}$	$2{,}39\cdot10^{-1}$
800	$2{,}08\cdot10^{-1}$	$2{,}98\cdot10^{-1}$
1000	$2{,}50\cdot10^{-1}$	$3{,}34\cdot10^{-1}$
1200	$2{,}79\cdot10^{-1}$	$3{,}60\cdot10^{-1}$
1400	$3{,}03\cdot10^{-1}$	$3{,}82\cdot10^{-1}$
1600	$3{,}22\cdot10^{-1}$	$3{,}96\cdot10^{-1}$
1800	$3{,}35\cdot10^{-1}$	$4{,}07\cdot10^{-1}$
2000	$3{,}52\cdot10^{-1}$	$4{,}17\cdot10^{-1}$

$H_2S \rightleftharpoons H_2 + \frac{1}{2}S_2$

$W_0 = 19{,}24$ kcal/mol

Temp. in °K	$K_p = \frac{p_{H_2S}}{p_H\,p_{S_2}^{1,2}}$
298,1	$4{,}79\cdot10^{12}$
400	$8{,}32\cdot10^{8}$
600	$1{,}55\cdot10^{5}$
800	$1{,}95\cdot10^{5}$
1000	$1{,}37\cdot10^{2}$
1200	$2{,}30\cdot10^{1}$
1400	6,38
1600	2,42
1800	1,14
2000	0,63

$SO_2 \rightleftharpoons \frac{1}{2}S_2 + O_2$

$W_0 = 85{,}77$ kcal/mol

Temp. in °K	$K_p = \frac{p_{SO_2}}{p_{O_2}\cdot p_{S_2}^{1/2}}$
298,1	$4{,}37\cdot10^{59}$
400	$3{,}09\cdot10^{43}$
600	$5{,}25\cdot10^{27}$
800	$6{,}92\cdot10^{19}$
1000	$1{,}26\cdot10^{15}$
1200	$8{,}92\cdot10^{11}$
1400	$5{,}02\cdot10^{9}$
1600	$1{,}02\cdot10^{8}$
1800	$4{,}90\cdot10^{6}$
2000	$4{,}47\cdot10^{5}$
2200	$6{,}17\cdot10^{4}$
2400	$1{,}20\cdot10^{4}$
2600	$2{,}95\cdot10^{3}$
2800	$8{,}91\cdot10^{2}$
3000	$3{,}16\cdot10^{2}$

$2\,SO \rightleftharpoons \frac{1}{2}S_2 + SO_2$ and $SO_2 \rightleftharpoons SO + \frac{1}{2}O_2$

Temp. in °K	$2\,SO \rightleftharpoons \frac{1}{2}S_2 + SO_2$, $W_0 = 72{,}74$ kcal/mol: $K_p{}^* = \frac{p_{SO_2}\sqrt{p_{S_2}}}{p_{SO}^2}$	$SO_2 \rightleftharpoons SO + \frac{1}{2}O_2$, 79,3 kcal/mol: $K_p = \frac{p_{SO}\cdot\sqrt{p_{O_2}}}{p_{SO_2}}$
298	$2{,}57\cdot10^{49}$	$2{,}96\cdot10^{-55}$
400	$5{,}24\cdot10^{35}$	$2{,}52\cdot10^{-40}$
600	$2{,}09\cdot10^{22}$	$9{,}8\cdot10^{-28}$
800	$4{,}37\cdot10^{15}$	$1{,}9\cdot10^{-18}$
1000	$4{,}17\cdot10^{11}$	$4{,}57\cdot10^{-14}$
1200	$4{,}85\cdot10^{8}$	$3{,}8\cdot10^{-11}$
1400	$1{,}02\cdot10^{7}$	$4{,}67\cdot10^{-9}$
1600	$3{,}80\cdot10^{5}$	$1{,}7\cdot10^{-7}$
2000	$2{,}40\cdot10^{3}$	$2{,}57\cdot10^{-5}$
2400	$1{,}74\cdot10^{2}$	$7{,}4\cdot10^{-4}$
2800	$1{,}92\cdot10^{1}$	$8{,}1\cdot10^{-3}$

$$^* = \frac{K_p^2\,(SO \rightleftharpoons \frac{1}{2}S_2 + \frac{1}{2}O_2)}{K_p\,(SO_2 \rightleftharpoons O_2 + \frac{1}{2}S_2)}$$

$N_2O \rightleftharpoons \frac{1}{2}O_2 + N_2$

Temp. in °K	$K_p = \frac{p_{N_2O}}{p_{N_2}\cdot\sqrt{p_{O_2}}}$	in Luft bei % N_2O	% NO
300	$6{,}87\cdot10^{-19}$	$2{,}5\cdot10^{-17}$	$3{,}7\cdot10^{-14}$
1000	$6{,}87\cdot10^{-9}$	$2{,}5\cdot10^{-7}$	$3{,}7\cdot10^{-3}$
1500	$1{,}98\cdot10^{-7}$	$5{,}1\cdot10^{-6}$	0,134

$NO \rightleftharpoons \frac{1}{2}O_2 + \frac{1}{2}N_2$

$W_0 = 22{,}1$ kcal/mol

Temp. in °K	$K_p = \frac{p_{NO}}{p_{N_2}^{1/2}\cdot p_{O_2}^{1/2}}$	α	Temp. in °K	K_p	α
298,1	$2{,}08\cdot10^{-16}$	$1{,}04\cdot10^{-16}$	2000	$1{,}68\cdot10^{-2}$	$8{,}33\cdot10^{-3}$
400	$3{,}01\cdot10^{-12}$	$1{,}50\cdot10^{-12}$	2200	$2{,}80\cdot10^{-2}$	$1{,}38\cdot10^{-2}$
600	$3{,}44\cdot10^{-8}$	$1{,}72\cdot10^{-8}$	2400	$4{,}29\cdot10^{-2}$	$2{,}10\cdot10^{-2}$
800	$3{,}69\cdot10^{-6}$	$1{,}84\cdot10^{-6}$	2600	$6{,}15\cdot10^{-2}$	$2{,}98\cdot10^{-2}$
1000	$6{,}11\cdot10^{-5}$	$3{,}06\cdot10^{-5}$	2800	$8{,}38\cdot10^{-2}$	$4{,}02\cdot10^{-2}$
1200	$3{,}97\cdot10^{-4}$	$1{,}98\cdot10^{-4}$	3000	0,110	$5{,}22\cdot10^{-2}$
1400	$1{,}51\cdot10^{-3}$	$7{,}54\cdot10^{-4}$	3500	0,188	$8{,}59\cdot10^{-2}$
1600	$4{,}11\cdot10^{-3}$	$2{,}05\cdot10^{-3}$	4000	0,280	0,122
1800	$8{,}98\cdot10^{-3}$	$4{,}47\cdot10^{-3}$	5000	0,488	0,196

$NO \rightleftharpoons N + O$

$W_0 = 121$ kcal/mol

Temp. in °K	$K_p = \frac{p_O\cdot p_N}{p_{NO}}$	α
298,1	$2{,}4\cdot10^{-77}$	$4{,}9\cdot10^{-39}$
400	$6{,}5\cdot10^{-62}$	$2{,}5\cdot10^{-31}$
600	$1{,}3\cdot10^{-39}$	$3{,}6\cdot10^{-20}$
800	$2{,}0\cdot10^{-28}$	$1{,}4\cdot10^{-14}$
1000	$1{,}2\cdot10^{-21}$	$3{,}5\cdot10^{-11}$
1200	$3{,}7\cdot10^{-17}$	$6{,}1\cdot10^{-9}$
1400	$6{,}4\cdot10^{-14}$	$2{,}5\cdot10^{-7}$
1600	$1{,}7\cdot10^{-11}$	$4{,}1\cdot10^{-6}$
1800	$1{,}3\cdot10^{-9}$	$3{,}7\cdot10^{-5}$
2000	$4{,}4\cdot10^{-8}$	$2{,}1\cdot10^{-4}$
2200	$7{,}73\cdot10^{-7}$	$8{,}8\cdot10^{-4}$
2400	$8{,}45\cdot10^{-6}$	$2{,}9\cdot10^{-3}$
2600	$6{,}42\cdot10^{-5}$	$8{,}0\cdot10^{-3}$
2800	$3{,}66\cdot10^{-4}$	0,0191
3000	$1{,}66\cdot10^{-3}$	0,0407
3500	$3{,}42\cdot10^{-2}$	0,182
4000	0,336	0,502
5000	7,05	0,936

32421 (Fortsetzung).

$CO \rightleftharpoons \frac{1}{2} CO_2 + \frac{1}{2} C$		$CO_2 \rightleftharpoons CO + \frac{1}{2} O_2$					
$W_0 = 19{,}7$ kcal/mol		$W_0 = 66{,}765$ kcal/mol					
Temp. in °K	$K_p = \frac{p_{CO}}{\sqrt{p_{CO_2} \cdot p_C}}$	Temp. in °K	$K_p = \frac{p_{CO} \cdot p_{O_2}^{1/2}}{p_{CO_2}}$	α Atm	α Atm	α Atm	α Atm
300	$4{,}0 \cdot 10^{-11}$	300	$1{,}83 \cdot 10^{-45}$	$1{,}89 \cdot 10^{-30}$			
400	$2{,}3 \cdot 10^{-7}$	400	$3{,}91 \cdot 10^{-33}$	$3{,}13 \cdot 10^{-22}$			
600	$1{,}4 \cdot 10^{-3}$	600	$8{,}60 \cdot 10^{-21}$	$5{,}29 \cdot 10^{-14}$			
800	$1{,}0 \cdot 10^{-1}$	800	$1{,}28 \cdot 10^{-14}$	$6{,}88 \cdot 10^{-10}$			
1000	1,4	1000	$6{,}33 \cdot 10^{-11}$	$2{,}00 \cdot 10^{-7}$	$1{,}58 \cdot 10^{-7}$	$9{,}27 \cdot 10^{-8}$	$4{,}31 \cdot 10^{-8}$
1200	7,5	1200	$1{,}81 \cdot 10^{-8}$	$8{,}67 \cdot 10^{-6}$	$6{,}89 \cdot 10^{-6}$	$4{,}03 \cdot 10^{-6}$	$1{,}87 \cdot 10^{-6}$
1400	$2{,}5 \cdot 10$	1400	$1{,}01 \cdot 10^{-6}$	$1{,}27 \cdot 10^{-4}$	$1{,}01 \cdot 10^{-4}$	$5{,}90 \cdot 10^{-5}$	$2{,}74 \cdot 10^{-5}$
1750	$1{,}0 \cdot 10^{2}$	1750	$1{,}25 \cdot 10^{-4}$	$3{,}15 \cdot 10^{-3}$	$2{,}50 \cdot 10^{-3}$	$1{,}46 \cdot 10^{-3}$	$6{,}8 \cdot 10^{-4}$
2000	$2{,}0 \cdot 10^{2}$	2000	$1{,}37 \cdot 10^{-3}$	$1{,}55 \cdot 10^{-2}$	$1{,}23 \cdot 10^{-2}$	$7{,}21 \cdot 10^{-3}$	$3{,}35 \cdot 10^{-3}$
2500	$5{,}2 \cdot 10^{2}$	2500	$3{,}77 \cdot 10^{-2}$	0,1311	0,112	$6{,}58 \cdot 10^{-2}$	$3{,}05 \cdot 10^{-2}$
3000	$9{,}4 \cdot 10^{2}$	3000	0,335	0,441	0,373	0,244	0,131
—	—	3500	1,56	0,749	—	—	—

$CO_2 + H_2 \rightleftharpoons CO + H_2O$		$C_2H_6 \rightleftharpoons C_2H_4 + H_2$			$C_3H_8 \rightleftharpoons C_3H_6 + H_2$		
$W_0 = 9{,}639$ kcal/mol		$W_0 = 30{,}920$ kcal/mol			$W_0 = 28{,}260$ kcal/mol		
Temp. in °K	$K_p = \frac{p_{CO} \cdot p_{H_2O}}{p_{CO_2} \cdot p_{H_2}}$	Temp. in °K	$K_p = \frac{p_{C_2H_4} \cdot p_{H_2}}{p_{C_2H_6}}$	α	Temp. in °K	$K_p = \frac{p_{C_3H_6} \cdot p_{H_2}}{p_{C_3H_8}}$	α
300	$1{,}15 \cdot 10^{-4}$	300	$3{,}55 \cdot 10^{-18}$	$1{,}9 \cdot 10^{-9}$	300	$1{,}35 \cdot 10^{-15}$	$3{,}7 \cdot 10^{-8}$
400	$6{,}90 \cdot 10^{-4}$	400	$3{,}47 \cdot 10^{-13}$	$1{,}9 \cdot 10^{-6}$	400	$3{,}80 \cdot 10^{-10}$	$2{,}0 \cdot 10^{-5}$
600	$3{,}72 \cdot 10^{-2}$	500	$1{,}48 \cdot 10^{-8}$	$1{,}2 \cdot 10^{-4}$	500	$7{,}59 \cdot 10^{-7}$	$8{,}7 \cdot 10^{-4}$
800	$2{,}47 \cdot 10^{-1}$	600	$4{,}90 \cdot 10^{-6}$	$2{,}2 \cdot 10^{-3}$	600	$1{,}23 \cdot 10^{-4}$	$1{,}1_1 \cdot 10^{-2}$
1000	$7{,}19 \cdot 10^{-1}$	700	$2{,}75 \cdot 10^{-4}$	$1{,}6_2 \cdot 10^{-2}$	700	$5{,}01 \cdot 10^{-3}$	$7{,}0_8 \cdot 10^{-2}$
1200	1,41	800	$5{,}62 \cdot 10^{-3}$	$7{,}5_0 \cdot 10^{-1}$	800	$8{,}91 \cdot 10^{-2}$	$2{,}8_6 \cdot 10^{-1}$
1400	2,21	900	$6{,}03 \cdot 10^{-2}$	$2{,}3_8 \cdot 10^{-1}$	900	$7{,}41 \cdot 10^{-1}$	$6{,}5_2 \cdot 10^{-1}$
1750	3,64	1000	$3{,}89 \cdot 10^{-1}$	$5{,}2_7 \cdot 10^{-1}$	1000	4,07	$8{,}9_6 \cdot 10^{-1}$
2000	4,59	1200	6,76	$9{,}3_3 \cdot 10^{-1}$	1200	$4{,}57 \cdot 10$	$9{,}8_9 \cdot 10^{-1}$
2500	6,07	1500	$1{,}32 \cdot 10^{2}$	$9{,}9_6 \cdot 10^{-1}$	1500	$6{,}61 \cdot 10^{2}$	$9{,}9_9 \cdot 10^{-1}$
3000	7,08						

32421 (Fortsetzung).

$n\text{-}C_4H_{10} \rightleftharpoons C_4H_8(1) + H_2$

$W_0 = 28{,}620$ kcal/mol

Temp. in °K	$K_p = \frac{p_{C_4H_8} \cdot p_{H_2}}{p_{n\text{-}C_4H_{10}}}$	α
300	$8{,}511 \cdot 10^{-16}$	$2{,}9 \cdot 10^{-8}$
400	$2{,}754 \cdot 10^{-10}$	$1{,}7 \cdot 10^{-5}$
500	$2{,}454 \cdot 10^{-7}$	$7{,}9 \cdot 10^{-4}$
600	$1{,}047 \cdot 10^{-4}$	$1{,}0_2 \cdot 10^{-2}$
700	$4{,}365 \cdot 10^{-3}$	$6{,}6_1 \cdot 10^{-2}$
800	$6{,}918 \cdot 10^{-2}$	$2{,}5_8 \cdot 10^{-1}$
900	$6{,}310 \cdot 10^{-1}$	$6{,}2_2 \cdot 10^{-1}$
1000	$3{,}548$	$8{,}8_3 \cdot 10^{-1}$
1200	$4{,}169 \cdot 10$	$9{,}8_8 \cdot 10^{-1}$
1500	$3{,}631 \cdot 10^{2}$	$9{,}9_9 \cdot 10^{-1}$

$n\text{-}C_4H_{10} \rightleftharpoons cis\text{-}C_4H_8(2) + H_2$

$W_0 = 26{,}820$ kcal/mol

Temp. in °K	$K_p = \frac{p_{cis\text{-}C_4H_8(2)} \cdot p_{H_2}}{p_{n\text{-}C_4H_{10}}}$	α
300	$6{,}457 \cdot 10^{-15}$	$8{,}0 \cdot 10^{-8}$
400	$9{,}772 \cdot 10^{-10}$	$3{,}1 \cdot 10^{-5}$
500	$1{,}380 \cdot 10^{-6}$	$1{,}2 \cdot 10^{-3}$
600	$1{,}660 \cdot 10^{-4}$	$1{,}2_9 \cdot 10^{-2}$
700	$5{,}012 \cdot 10^{-3}$	$7{,}0_8 \cdot 10^{-2}$
800	$6{,}918 \cdot 10^{-2}$	$2{,}5_5 \cdot 10^{-1}$
900	$5{,}248 \cdot 10^{-1}$	$5{,}8_5 \cdot 10^{-1}$
1000	$2{,}630$	$8{,}5_5 \cdot 10^{-1}$
1200	$2{,}512 \cdot 10$	$9{,}8_1 \cdot 10^{-1}$
1500	$1{,}622 \cdot 10^{2}$	$9{,}9_7 \cdot 10^{-1}$

$n\text{-}C_4H_{10} \rightleftharpoons trans\text{-}C_4H_8(2) + H_2$

$W_0 = 25{,}870$ kcal/mol

Temp. in °K	$K_p = \frac{p_{trans\text{-}C_4H_8(2)} \cdot p_{H_2}}{p_{n\text{-}C_4H_{10}}}$	α
300	$2{,}238 \cdot 10^{-14}$	$1{,}5 \cdot 10^{-7}$
400	$2{,}291 \cdot 10^{-9}$	$4{,}8 \cdot 10^{-5}$
500	$2{,}512 \cdot 10^{-6}$	$1{,}6 \cdot 10^{-3}$
600	$2{,}570 \cdot 10^{-4}$	$1{,}6_0 \cdot 10^{-2}$
700	$7{,}586 \cdot 10^{-3}$	$8{,}6_7 \cdot 10^{-2}$
800	$9{,}333 \cdot 10^{-2}$	$2{,}9_2 \cdot 10^{-1}$
900	$6{,}310 \cdot 10^{-1}$	$6{,}2_3 \cdot 10^{-1}$
1000	$3{,}020$	$8{,}6_7 \cdot 10^{-1}$
1200	$2{,}951 \cdot 10$	$9{,}8_3 \cdot 10^{-1}$
1500	$1{,}698 \cdot 10^{2}$	$9{,}9_7 \cdot 10^{-1}$

$n\text{-}C_4H_{10} \rightleftharpoons i\text{-}C_4H_8 + H_2$

$W_0 = 24{,}750$ kcal/mol

Temp. in °K	$K_p = \frac{p_{i\text{-}C_4H_8} \cdot p_{H_2}}{p_{n\text{-}C_4H_{10}}}$	α
300	$3{,}981 \cdot 10^{-14}$	$2{,}0 \cdot 10^{-7}$
400	$3{,}090 \cdot 10^{-9}$	$5{,}6 \cdot 10^{-5}$
500	$3{,}090 \cdot 10^{-6}$	$1{,}8 \cdot 10^{-3}$
600	$2{,}884 \cdot 10^{-4}$	$1{,}7 \cdot 10^{-2}$
700	$7{,}943 \cdot 10^{-3}$	$8{,}9 \cdot 10^{-2}$
800	$8{,}913 \cdot 10^{-2}$	$2{,}9 \cdot 10^{-1}$
900	$6{,}026 \cdot 10^{-1}$	$6{,}1_4 \cdot 10^{-1}$
1000	$2{,}880$	$8{,}6_3 \cdot 10^{-1}$
1200	$2{,}512 \cdot 10$	$9{,}8_1 \cdot 10^{-1}$
1500	$1{,}445 \cdot 10^{2}$	$9{,}9_7 \cdot 10^{-1}$

$i\text{-}C_4H_{10} \rightleftharpoons C_4H_8(1) + H_2$

$W_0 = 30{,}170$ kcal/mol

Temp. in °K	$K_p = \frac{p_{C_4H_8}\, p_{H_2}}{p_{iC_4H_{10}}}$	α
300	$4{,}677 \cdot 10^{-16}$	$2{,}2 \cdot 10^{-8}$
400	$3{,}236 \cdot 10^{-10}$	$1{,}8 \cdot 10^{-5}$
500	$1{,}023 \cdot 10^{-6}$	$1{,}0 \cdot 10^{-3}$
600	$2{,}238 \cdot 10^{-4}$	$1{,}5 \cdot 10^{-2}$
700	$1{,}122 \cdot 10^{-2}$	$1{,}0_5 \cdot 10^{-1}$
800	$2{,}089 \cdot 10^{-1}$	$4{,}1_6 \cdot 10^{-1}$
900	$2{,}138$	$8{,}2_6 \cdot 10^{-1}$
1000	$1{,}230 \cdot 10$	$9{,}6_3 \cdot 10^{-1}$
1200	$1{,}445 \cdot 10^{2}$	$9{,}9_7 \cdot 10^{-1}$
1500	$1{,}622 \cdot 10^{3}$	$10{,}0 \cdot 10$

$i\text{-}C_4H_{10} \rightleftharpoons Cis\text{-}C_4H_8(2) + H_2$

$W_0 = 28{,}370$ kcal/mol

Temp. in °K	$K_p = \frac{p_{cis\ C_4H_8}\, p_{H_2}}{p_{iC_4H_{10}}}$	α
300	$3{,}631 \cdot 10^{-15}$	$6{,}0 \cdot 10^{-8}$
400	$1{,}148 \cdot 10^{-9}$	$3{,}4 \cdot 10^{-5}$
500	$2{,}291 \cdot 10^{-6}$	$1{,}5 \cdot 10^{-3}$
600	$3{,}467 \cdot 10^{-4}$	$1{,}8 \cdot 10^{-2}$
700	$1{,}318 \cdot 10^{-2}$	$1{,}1 \cdot 10^{-1}$
800	$2{,}089 \cdot 10^{-1}$	$4{,}1 \cdot 10^{-1}$
900	$1{,}738$	$7{,}9 \cdot 10^{-1}$
1000	$9{,}120$	$9{,}4_9 \cdot 10^{-1}$
1200	$8{,}913 \cdot 10$	$9{,}9_5 \cdot 10^{-1}$
1500	$7{,}244 \cdot 10^{2}$	$9{,}9_8 \cdot 10^{-1}$

$i\text{-}C_4H_{10} \rightleftharpoons trans\text{-}C_4H_8(2) + H_2$

$W_0 = 27{,}420$ kcal/mol

Temp. in °K	$K_p = \frac{p_{tr\,C_4H_8} \cdot p_{H_2}}{p_{c\,C_4H_{10}}}$	α
300	$1{,}230 \cdot 10^{-14}$	$1{,}1 \cdot 10^{-7}$
400	$2{,}692 \cdot 10^{-9}$	$5{,}2 \cdot 10^{-5}$
500	$4{,}169 \cdot 10^{-6}$	$2{,}0 \cdot 10^{-3}$
600	$5{,}495 \cdot 10^{-4}$	$2{,}3 \cdot 10^{-2}$
700	$1{,}950 \cdot 10^{-2}$	$1{,}3_8 \cdot 10^{-1}$
800	$2{,}818 \cdot 10^{-1}$	$4{,}6_9 \cdot 10^{-1}$
900	$2{,}138$	$8{,}2_5 \cdot 10^{-1}$
1000	$1{,}072 \cdot 10$	$9{,}5_7 \cdot 10^{-1}$
1200	$1{,}023 \cdot 10^{2}$	$9{,}9_5 \cdot 10^{-1}$
1500	$7{,}763 \cdot 10^{2}$	$9{,}9_9 \cdot 10^{-1}$

$i\text{-}C_4H_{10} \rightleftharpoons i\text{-}C_4H_8 + H_2$

$W_0 = 26{,}300$ kcal/mol

Temp. in °K	$K_p = \frac{p_{iC_4H_8} \cdot p_{H_2}}{c_{iC_4H_{10}}}$	α
300	$2{,}138 \cdot 10^{-14}$	$1{,}5 \cdot 10^{-7}$
400	$3{,}631 \cdot 10^{-9}$	$6{,}0 \cdot 10^{-5}$
500	$5{,}129 \cdot 10^{-6}$	$2{,}3 \cdot 10^{-3}$
600	$6{,}160 \cdot 10^{-4}$	$2{,}4 \cdot 10^{-2}$
700	$2{,}090 \cdot 10^{-2}$	$1{,}4_3 \cdot 10^{-1}$
800	$2{,}754 \cdot 10^{-1}$	$4{,}6_0 \cdot 10^{-1}$
900	$2{,}042$	$8{,}2_0 \cdot 10^{-1}$
1000	$1{,}023 \cdot 10$	$9{,}5_4 \cdot 10^{-1}$
1200	$8{,}913 \cdot 10$	$9{,}9_4 \cdot 10^{-1}$
1500	$6{,}607 \cdot 10^{2}$	$9{,}9_9 \cdot 10^{-1}$

32421 (Fortsetzung).

$3H_2 + SO_2 \rightleftharpoons 2H_2O + H_2S$	$K_p = \frac{p^2_{H_2O} \cdot p_{H_2S}}{p^3_{H_2} \cdot p_{SO_2}}$	T 1160° 1362° 1473° 1645° K log K_p 5,93 4,32 3,55 2,56
$3S_2 + 4H_2O \rightleftharpoons 4H_2S + 2SO_2$	$K_p = \frac{p^4_{H_2S} \cdot p^2_{SO_2}}{p^3_{S_2} \cdot p^4_{H_2O}}$	ϑ 450° 550° 650° 750° C K_p 1,18 0,10 0,014 0,0078
$SO_2 + CO \rightleftharpoons CO_2 + {}^1/_4 S_2$	$K_p = \frac{p_{CO_2} \cdot p^{1/4}_{S_2}}{p_{CO} \cdot p^{1/2}_{SO_2}}$	ϑ 1100° 1185° C log K_p 1,67 1,12
$N_2 + 3H_2 \rightleftharpoons 2NH_3$	$K_p = \frac{p_{NH_3}}{p^{1/2}_{N_2} \cdot p^{3/2}_{H_2}}$	$\log K_p = \frac{2074,8}{T} - 2,4943 \log T - \gamma T + 1,8564 \cdot 10^7\, T^2 + C$

p	γ	C
10 Atm	0	1,993
50 ,,	$-3,4 \cdot 10^{-5}$	2,090
100 ,,	$-1,256 \cdot 10^{-4}$	2,113
600 ,,	$-1,0856 \cdot 10^{-3}$	3,059
1000 ,,	$-2,6833 \cdot 10^{-3}$	4,473

% NH_3 im Gleichgewichtsgemisch

p \ ϑ	200°	300°	400°	600°	700° C
10	50,66	14,73	—	0,49	0,23
100	81,54	52,04	—	4,52	2,18
1000	98,29	92,55	79,82	31,43	12,87

$2NO_2 \rightleftharpoons 2NO + O_2$	$K = \frac{[NO]^2 \cdot [O_2]}{[NO_2]^2}$	ϑ 230° 270° 320° 400° 450°C log K 0,160—6 0,865—6 0,018—4 0,802—4 0,559—3
$NO_2 + NO \rightleftharpoons N_2O_3$	$K'_p = \frac{p_{N_2O_3}}{p_{NO} \cdot p_{NO_2}}$ p in mm Hg	ϑ 8,13° 34,8° C K'_p 1,856 0,1285
$N_2O_4 + 2NO \rightleftharpoons 2N_2O_3$	$K''_p = \frac{p^2_{N_2O_3}}{p^2_{NO} \cdot p_{N_2O_4}}$	K''_p 0,419 0,0531
$2NOCl \rightleftharpoons 2NO + Cl_2$	$K = \frac{[NO_2]^2 \cdot [Cl_2]}{[NOCl]^2}$	ϑ 300° 400° 500° 600° C K $2,1 \cdot 10^{-3}$ $1,4 \cdot 10^{-2}$ $4,4 \cdot 10^{-3}$ $1,2 \cdot 10^{-1}$
$2NOBr \rightleftharpoons 2NO + Br_2$	$K = \frac{[NO_2]^2 \cdot [Br_2]}{[NOBr]^2}$	$\log K = \frac{-9416}{4,573\, T} + 1,5 \log T - 0,2$ T 258,4° 353,3° 453,1° 513,2° K K $2,8 \cdot 10^{-5}$ $2,5 \cdot 10^{-3}$ $4,0 \cdot 10^{-2}$ $7,2 \cdot 10^{-1}$
$P_4 + 6H_2 \rightleftharpoons 4PH_3$	$K_p = \frac{p_{PH_3}}{p^{3/2}_{H_2} \cdot p^{1/4}_{P_4}}$	ϑ 573° 583° 593° 603° 608° C ln K_p 1,061 0,718 0,438 0,344 0,252
$SbCl_5 \rightleftharpoons SbCl_3 + Cl_2$	$K_p = \frac{\alpha^2}{1 - \alpha^2}\, P$ α = Dissoziationsgrad P = Gesamtdruck in mm	T 401° K_p 0,715; T 506,5° K_p 2,785
$CO + Cl_2 \rightleftharpoons COCl_2$	$K = \frac{[COCl_2]}{[CO]\,[Cl_2]}$	ϑ 357° 389° 415° 444,1° 481,4° C K 3654 1409 717,9 348,2 151,6
$2COS \rightleftharpoons CO_2 + CS_2$	$K = \frac{[CO_2]\,[CS_2]}{[COS]^2}$	ϑ 300° 400° 480° C K 0,070 0,086 0,152
$2COS \rightleftharpoons 2CO + S_2$	$K = \frac{[CO]^2 \cdot [S_2]}{[COS]^2}$	ϑ 800° C K 0,105; ϑ 950° C K 4,21
$2AuH \rightleftharpoons 2Au + H_2$	$K_p = \frac{p^2_{Au} \cdot p_{H_2}}{p^2_{AuH}}$	ϑ 1400° C K_p $1,04 \cdot 10^{-2}$
$2AgH \rightleftharpoons 2Ag + H_2$	$K_p = \frac{p^2_{Ag} \cdot p_{H_2}}{p^2_{AgH}}$	ϑ 1100° K_p 14,5

32421 (Fortsetzung).

$2\,H_2 + CO \rightleftharpoons CH_3OH$	$K_p = \frac{p_{CH_3OH}}{p_{H_2}^2 \cdot p_{CO}}$	ϑ: 280°, 306°, 338 °C; $K_p \cdot 10^4$: 4,5, 1,3, 0,44; P: 84…92, 95…98, 88…99 ϑ: 310°, 330°, 304 °C; $K_p \cdot 10^4$: 1,6, 0,52, 5,57; P: 66…72, 74…78, 1 P = Gesamtdruck in Atm
$C_6H_4OHCO_2H \rightleftharpoons C_6H_5OH + CO_2$	$K_p = \frac{p_{C_6H_5OH} \cdot p_{CO_2}}{p_{C_6H_4OH \cdot CO_2H}}$	ϑ 200° C K_p 252
$HCONH_2 \rightleftharpoons CO + NH_3$	$K_p = \frac{p_{CO} \cdot p_{NH_3}}{p_{HCONH_2}}$	$\log K_p = \frac{-3501}{T} + 5{,}75 \log T - 4$; ϑ 200° K_p 7225

32422 Scheinbares Molekulargewicht.

Aus den Gasgesetzen kann man ein scheinbares Molekulargewicht berechnen gemäß

$$M_{scheinbar} = \frac{R\,T}{v\,p},$$

R = Gaskonstante, p = Druck, v = spez. Volumen, T = Temperatur in °K.

Berechnete und scheinbare Molekulargewichte bei verschiedenen Drucken.

Elemente

Stoff	Molekulargewicht berechnet	Molekulargewicht scheinbar	°C	p in Torr
Cl_2	70,914	72,19	0	760
	—	71,34	100	760
Br_2	159,832	166,0	103	760
	—	162,4	176	760
	—	160,1	228	760
S_2	64,12	238	250	9
S_6	192,36	219	400	357
S_8	256,48	64,1	600	40
	—	65,4	850	750
Se	78,96	366	500	33
Se_2	157,92	352	600	186,5
Se_6	473,76	211	800	860
	—	160	900	297,5
P	30,98	118,3	900	606
P_2	61,96	103,0	1100	804
P_4	123,92	92,7	1200	950
As	74,91	267	800	107
As_2	149,82	154	1000	20,5
As_4	299,64	235	1000	127
	—	276	1000	913
	—	118	1200	30
	—	179	1200	175
	—	246	1200	1095
Sb	121,76	359	~1440	—
Sb_2	243,52	283	1640	—
Li	6,940	7,057	653,5	0,595
Na	22,997	23,58	499,5	3,14
K	39,096	39,87	440,5	7,55
Zn	65,38	76,5	~1700	—
Cd	112,41	126	~1700	—
Hg	200,61	201 ± 4	360…400	800…1565
Tl	204,39	210…233	1320	—
Pb	207,21	223	1600	—
Bi	209,00	282,3	820	0,57
Bi_2	418,00	209,7	990	0,08

Verbindungen

Stoff	Molekulargewicht berechnet	Molekulargewicht scheinbar	°C	p in Torr
HF	20,01	40,0	31,9	743
$(HF)_6$	120,05	26,9	42,2	741
	—	20,6	88,1	745
	—	56,71	28	757,8
S_2Cl_2	135,03	132,6	366	747,4
	—	123,9	528	749,0
SO_2Cl_2	134,97	89,7	30	64,9
$SO_2 + Cl_2$	67,49	106,9	30	291,1
SO_3ClH	116,52	69…70	184	—
	—	61	442	—
PH_4Cl	völlig dissoziiert in $PH_3 + HCl$			
PH_4Br	völlig dissoziiert in $PH_3 + HBr$			
PH_4J	völlig dissoziiert in $PH_3 + HJ$			
PCl_3	137,55	133,4	~125	—
PCl_5	208,26	164	152,7	109,3
$PCl_3 + Cl_2$	104,13	136	184,8	141,9
	—	115	228,8	183,0
	—	129	229,1	741,7
	—	145	212	814,7
$POCl_3$	153,53	156,5	150	760
$SbCl_5$	299,04	218	119	27,2
$SbCl_3 + Cl_2$	149,52	156	213	48,4
	—	153	266	150,1
NH_4Cl	53,497	26,75	230…420	16…820
$NH_3 + HCl$	26,749	26,2…27,7	315…325	180…190
$(NH_4)_2S$, NH_4SH	völlig dissoziiert in $NH_3 + H_2S$			
$AlCl_3$	133,34	271	215	870
Al_2Cl_6	266,68	240,5	425	278,3
	—	208,3	506	401,0
	—	171,7	572	304,7
$FeCl_3$	162,21	304	448	—
Fe_2Cl_6	324,42	278	518	—
	—	156	~750	—
	—	148	~1300	—

33 Mechanisch-thermische Konstanten für das Gleichgewicht heterogener Systeme.

331 Einstoffsysteme.

3311 Dampfdruck.

33111 Elemente.

331111 Übersicht über die Dampfdrucke der Elemente[1].

Es ist die Temperatur in °C angegeben, bei der der in der Kolonnenüberschrift angegebene Druck vorhanden ist.

Element	Dampfdruck in Torr													
	$1\cdot10^{-3}$	$5\cdot10^{-3}$	$1\cdot10^{-2}$	$5\cdot10^{-2}$	0,1	0,5	1	5	10	50	100	250	500	760
	Temperatur in °C													
A	−235,1	—	−231	—	−225,9	—	−219,6	—	−211	—	−199	—	—	−186
Ag	931	1007	1042	1132	1177,3	1287	1346	1487	1560	1747	1844	1967	2097	2170
Al	1079	1157	1206	1307	1358	1477	1549	1707	1790	1997	2109	2267	2417	2500
As	—	—	—	—	305	334	362	402	427	487	507	557	592	616
Au	1315	1417	1467	1577	1642	1782	1864	2057	2145	2387	2514	2717	2837	2960
Ba	—	—	—	—	724,6	812	861,6	987	1045	1212	1301	1427	1557	1638
Be	—	—	—	—	—	—	1530	1742	1858	2157	2332	2617	2817	2967
Bi	—	—	—	—	763	837	891	993	1057	1197	1280	1417	1497	1560
Br	−98	−92	−85	−74	−68	−59	−49	−37	−25	−5	8	—	47	58
C	—	—	—	—	—	—	2415	—	2705	—	3168	—	—	3469
Ca	526,2	577	603,3	662	698,3	772	817	932	979	1132	1207	1322	1417	1487
Cd	218	252	263,5	302	318,6	367	392	452	485	572	611	677	727	765
Cl	−156	−151	−146	−140	−134	−126	−118	−106	−102	−84	−67	−43	−40	−34
Co	—	—	—	—	—	—	—	—	2227	—	—	—	—	3185
Cr	1147,3	1177	1265	1307	1407	1457	1578	1637	1789	1912	1972	2127	2227	2327
Cs	109,6	132	152	182	206	252	276	342	372	462	512	587	647	690
Cu	1142	1227	1253	1377	1430	1557	1615	2067	1872	2087	2197	2327	2477	2595
D_2	—	—	—	—	—	—	−261	—	—	—	−255	−253	−252	−249,7
F	—	—	−231	−229	−226,6	−224	−221	−217	−213,5	−207	−202,6	−197	−192	−188,3
Fe	1301	1397	1434	1539	1599,3	1722	1798	1987	2051	2277	2376	2527	2637	2730
Ga	961	1042	1067	1172	1193	1317	1347	1472	1538	1707	1884	1907	2002	2064
H_2*	—	—	—	—	—	—	−263,67	—	−261,5	−260	−258	−256	−254	−253
pH_2	—	—	—	—	—	—	—	—	−262	−260	−258	−256	−255	−253
Hg	17	37	47	70	82	111	127	165	184	237	262	302	342	357
J	−30	−18	−11	2	12	32	40	60	73	102	116	138	169	183
K	161,6	192	207,3	247	266	317	341,3	407	442	537	586	657	712	776
Kr	—	—	—	—	—	—	−198,3	−190	−187	−177	−172	−159	−157	−153
Li	445	492	521	577	614	695	729	857	885	1012	1098	1222	1297	1372
Mg	377	417	437	492	515,1	572	602	672	723	837	890	977	1057	1102
Mn	901	957	1005	1072	1107	1222	1292	1402	1405	1687	1796	2007	2037	2152
Mo	2274,3	—	2494	—	2767	3027	3118	—	3572	—	4187	—	—	4800
N_2*	−238,5	—	−235,5	—	−231,5	—	−226,3	—	−219,3	—	−210	−204	−199	−195,8
Na	238,2	277	292	337	358	407	439,3	497	549,3	652	698	777	847	883
Ne	−262	—	−260,9	—	−259,3	—	−257,3	—	−254,3	—	−251	−249	−248	−246
Ni	1316	—	1446	—	2324	—	2730	—	3295	—	—	—	—	3177
O_3	−201,6	—	−194,6	—	−186,0	—	−175	—	−160,8	—	−140	—	—	−111,5
O_2*	−233,5	—	−229,9	—	−225	—	−219,1	—	−210,7	−203	−199	−193	−187	−183
P	−12,7	—	9,7	25	35	55	—	—	—	—	—	—	—	282
Pb	625	702	727	792	841	932	983	1107	1172	1327	1429	1567	1677	1750
Pt	1912	2027	2111	2277	2350	2537	2649	2887	3027	—	—	—	—	4400
Rb	124,1	147	168	205	223	269	293,2	357	403	477	527	599	672	713
Rn	−176	—	−165,7	—	−152,5	—	−135,6	—	−117	—	−81,7	—	—	−62
S	75	—	—	—	140	—	149	—	—	300	341	379	—	445
Sb	—	—	—	—	—	—	760	907	1026	1152	1242	1427	1537	1635
Se	199	220	234,2	—	287	—	348	—	428	—	545	—	—	685
Si	1155	1237	1283	1383	1436	1567	1629	1787	1891	2117	2239	2388	2527	2630
Sn	1142	1227	1268	1375	1417	1548	1600	1760	1826	—	2114	—	—	2430
Sr	—	—	—	—	—	—	—	—	897	1039	1110	—	—	1364
Ta	2819	—	—	—	—	—	—	—	—	—	—	—	—	4100
Te	—	—	—	—	—	—	794	—	—	—	835	—	—	1087
Tl	539	592	619	677	716	797	837	937	992	1117	1204	1307	1407	1457
W	3003	—	3292	—	—	—	—	—	—	—	—	—	—	6000
X	—	—	—	—	—	—	−169	−158	−152	−140	−133	−123	−116	−108
Zn	297	332	347	387	407	457	492	567	592	692	737	802	867	906

[1] He siehe Tabelle 331113; Hg ausführlich Tabelle 331112. — * Siehe auch Tabelle 63123.

331112 Dampfdruck des Quecksilbers p in Torr von −40...+358°C und in Atm. von 350...658°C[1].

Zehner \ Einer (Temperatur in °C)	0	2	4	6	8
			p in 10^{-3} Torr		
−40	0,001793	0,002354	0,003066	0,004005	0,005195
−30	0,006696	0,008559	0,01090	0,01383	0,01747
−20	0,02200	0,02771	0,03479	0,04379	0,05425
−10	0,06734	0,08343	0,1032	0,1279	0,1553
0	0,1898	0,2314	0,2811	0,3407	0,4130
+10	0,4971	0,5980	0,7193	0,8658	1,024
+20	1,220	1,448	1,713	2,023	2,385
+30	2,801	3,289	3,852	4,503	5,257
+40	6,118	7,109	8,240	3,532	11,01
+50	12,72	14,64	16,79	19,30	22,10
+60	25,26	28,83	32,85	37,38	42,43
+70	48,23	54,63	61,77	69,79	78,69
			p in Torr		
+80	0,08865	0,09975	0,1120	0,12575	0,1408
+90	0,1576	0,1761	0,1965	0,2190	0,2439
+100	0,2713	0,3014	0,3343	0,3706	0,4009
+110	0,4535	0,5010	0,5527	0,6095	0,6722
+120	0,7383	0,8113	0,8908	0,9772	1,094
+130	1,173	1,283	1,400	1,530	1,672
+140	1,821	1,983	2,158	2,346	2,549
+150	2,768	3,001	3,252	3,522	3,812
+160	4,126	4,458	4,813	5,194	5,599
+170	6,034	6,494	6,990	7,521	8,063
+180	8,678	9,311	9,988	10,706	11,47
+190	12,28	13,13	14,04	15,01	16,03
+200	17,12	18,26	19,47	20,75	22,10
+210	23,52	25,03	26,65	28,27	30,06
+220	31,92	33,87	35,93	38,09	40,36
+230	42,75	45,25	47,90	50,64	53,54
+240	56,57	59,79	63,12	66,60	70,28
+250	74,12	78,13	82,30	86,68	91,26
+260	95,98	100,97	106,15	111,6	117,2
+270	123,14	129,3	135,6	142,3	149,4
+280	156,55	164,1	171,9	180,1	188,5
+290	197,31	206,4	215,9	225,8	236,0
+300	246,55	257,5	268,9	280,7	293,0
+310	305,63	318,7	332,4	346,6	361,1
+320	376,2	391,7	407,9	424,4	441,7
+330	459,5	477,9	496,7	515,2	536,5
+340	557,6	579,0	601,2	624,2	647,6
+350	672,3	697,4	723,1	749,7	777,0

[1] Berechnet nach der Formel $\log p = -\frac{3332,7}{T} + 10,5456 + 0,848 \log T$.

331112 (Fortsetzung).

Temp. (°C)	+0°	+5°	+10°	+15°	+20°	+25°
	p in Atm.					
+350	0,8847	0,9690	1,060	1,157	1,259	1,375
+380	1,497	1,623	1,762	1,909	2,064	2,230
+410	2,408	2,597	2,799	3,014	3,248	3,480
+440	3,733	4,000	4,281	4,577	4,889	5,219
+470	5,567	5,929	6,310	6,713	7,132	7,568
+500	8,035	8,517	9,016	9,550	10,08	1,065
+530	11,27	11,89	12,51	13,22	13,92	14,65
+560	15,41	16,20	17,01	17,86	18,79	19,65
+590	20,60	21,57	22,58	23,63	24,72	25,83
+620	26,97	28,16	29,38	30,65	31,96	33,30
+650	34,68	36,10	37,57	39,08	40,63	42,21

331113 Dampfdruck p in Torr von Helium.

	Temperatur in °K									
Zehntel / Einer	0	1	2	3	4	5	6	7	8	9
	p in Torr									
1	0,150	0,356	0,746	1,413	2,471	4,049	6,285	9,318	13,282	18,29
2	20,45	—	39,67	—	62,59	—	93,36	—	133,1	—
3	183,0	—	244,0	—	317,0	—	403,0	—	502,8	—
4	617,1	—	746,7	—	892,2	—	—	—	—	—

Umwandlungspunkt 2,19° K, Siedepunkt 4,219° K.

331114 Siedetemperatur ϑ in °C von Sauerstoff und Schwefel bei Drucken p von 680...780 Torr.

p in Torr	Sauerstoff ϑ in °C	Schwefel ϑ in °C	p in Torr	Sauerstoff ϑ in °C	Schwefel ϑ in °C
680	−184,020	437,02	740	−183,225	442,76
690	−183,884	438,00	750	−183,097	443,69
700	−183,749	438,97	760	−182,970	444,60
710	−183,616	439,93	770	−182,845	445,50
720	−183,484	440,89	780	−182,721	446,40
730	−183,354	441,83			

33112 Dampfdrucke anorganischer Verbindungen.

331121 Wasser.

a) Druck p in Torr des gesättigten Wasserdampfes in Abhängigkeit von der Temperatur[1].

Zehner \ Einer (Temperatur in °C)	0	1	2	3	4	5	6	7	8	9
	p in Torr									
0	4,579	4,926	5,294	5,685	6,101	6,543	7,013	7,513	8,045	8,609
10	9,209	9,844	10,518	11,231	11,987	12,788	13,634	14,530	15,477	16,477
20	17,535	18,650	19,827	21,068	22,377	23,756	25,209	26,739	28,349	30,043
30	31,824	33,695	35,663	37,729	39,898	42,175	44,563	47,067	49,692	52,442
40	55,324	58,34	61,50	64,80	68,26	71,88	75,65	79,60	83,71	88,02
50	92,51	97,20	102,09	107,20	112,51	118,04	123,80	129,82	136,08	142,60
60	149,38	156,43	163,77	171,38	179,31	187,54	196,09	204,96	214,17	223,73
70	233,7	243,9	254,6	265,7	277,2	289,1	301,4	314,1	327,3	341,0
80	355,1	369,7	384,9	400,6	416,8	433,6	450,9	468,7	487,1	506,1
90	525,76	546,05	566,99	588,60	610,90	633,90	657,62	682,07	707,27	733,24
100	760,00									

Hunderter und Zehner \ Einer (Temperatur in °C)	0	1	2	3	4	5	6	7	8	9
	p in Torr									
100	760,0	787,6	815,9	845,1	875,1	906,1	937,9	970,6	1004,4	1038,9
110	1074,6	1111,2	1148,8	1187,5	1227,3	1268,0	1309,9	1352,9	1397,2	1442,6
120	1489,1	1536,7	1585,9	1636,1	1687,6	1740,6	1794,8	1850,4	1907,4	1965,8
130	2025,7	2087,1	2150,1	2214,4	2280,5	2347,0	2416,2	2488,0	2560,5	2634,8
140	2710,5	2788,2	2867,5	2948,9	3031,8	3116,6	3203,4	3292,2	3382,8	3475,6

Hunderter \ Zehner (Temperatur in °C)	00	10	20	30	40	50	60	70	80	90
	p in Torr									
100	—	—	—	—	—	3570	4636	5940	7521	9415
200	11664	14311	17403	20986	25112	29834	35211	41294	48150	55844
300	64442	74026	84677	96490	109570	124040	140060	157910	—	—

[1] Siehe auch 36231.

b) Druck p in Torr des Wasserdampfes über Eis in Abhängigkeit von der Temperatur.

Zehner \ Einer (Temperatur in °C)	−9	−8	−7	−6	−5	−4	−3	−2	−1	0
	p in Torr									
−50	0,008	0,009	0,011	0,013	0,015	0,017	0,019	0,022	0,025	0,029
−40	0,033	0,037	0,042	0,047	0,052	0,058	0,066	0,074	0,083	0,093
−30	0,105	0,119	0,134	0,150	0,167	0,185	0,205	0,227	0,252	0,280
−20	0,311	0,345	0,383	0,425	0,471	0,521	0,576	0,636	0,701	0,772
−10	0,850	0,935	1,027	1,128	1,238	1,357	1,486	1,627	1,780	1,946
−0	2,125	2,321	2,532	2,761	3,008	3,276	3,566	3,879	4,216	4,579

c) Druck p in Torr des Wasserdampfes über unterkühltem Wasser in Abhängigkeit von der Temperatur.

Zehner \ Einer (Temperatur in °C)	−9	−8	−7	−6	−5	−4	−3	−2	−1	0
	p in Torr									
−10	—	—	—	1,315	1,429	1,551	1,684	1,826	1,979	2,143
−0	2,320	2,509	2,712	2,928	3,158	3,404	3,669	3,952	4,256	4,579

d) Dampfdruck p in Torr von Wasser aus verschiedenen Isotopen.

Wasserart \ ϑ in °C	11,24	22,99	35,49	46,34	99,99
	p in Torr				
$H_2{}^{16}O$	10,0	21,0	43,5	77,0	760,0
$D_2{}^{16}O$	8,53	18,25	38,50	69,07	722,8
$HD^{16}O$	9,205	19,51	40,80	72,53	740,7
$H_2{}^{18}O$	9,875	20,82	43,15	76,41	757,7

e) Siedetemperatur ϑ in °C des Wassers bei Drucken von 680...789 Torr[1].

Hunderter u. Zehner \ Einer (p in Torr)	0	1	2	3	4	5	6	7	8	9
	ϑ in °C									
680	**96**,910	950	990	031*	071*	111*	151*	191*	231*	271*
690	**97**,311	351	391	431	471	510	550	590	630	669
700	709	748	788	827	866	906	945	984	023*	062*
710	**98**,102	141	180	219	258	296	335	374	413	451
720	490	529	567	606	644	683	721	759	798	836
730	874	912	950	989	027*	065*	102*	140*	178*	216*
740	**99**,254	292	329	367	405	442	480	517	554	592
750	629	666	704	741	778	815	852	889	926	963
760	**100**,000	037	074	110	147	184	220	257	294	330
770	367	403	439	476	512	548	584	620	657	693
780	729	765	801	836	872	908	944	980	015*	051*

[1] Nach Moser, Ann. Physik (5) 14, 790 (1932).
$\vartheta = 100{,}000 + 0{,}03687\,(p - 760) - 0{,}000022\,(p - 760)^2$.

331122 Übersichtstabelle über die Dampfdrucke anorganischer Verbindungen.

Es ist die Temperatur in °C angegeben, bei der der in der Kolonnenüberschrift angegebene Druck vorhanden ist.

Die Werte, die zusammenhängenden Meßreihen entnommen sind oder graphisch interpoliert wurden, stimmen nicht immer mit den neuesten Werten der Siedepunkte (Tabelle 3112 und 3114) überein.

Anorganische Verbindung	10 Torr	100 Torr	760 Torr = 1 Atm.	5 Atm.	10 Atm.	20 Atm.
			Temperatur in °C			
H_2O*	10	51,5	100,0	152	179	212
HF	−66	−29	19,5	—	—	—
HCl**	—	−115	−85,0	—	−32	−10
ClO_2	−62	−33	11,8	—	—	—
HBr	—	—	−67,0	−29	−7	19
HJ	—	−65	−35,4	10	36	67
H_2S	−89	−85	−60,4	−23	−3	24
SO_2***	−75	−47,7	−10,0	—	—	—
SO_3	—	—	44,8	85	109	138
S_2Cl_2	19,1	72,0	138	—	—	—
NH_3***	—	−67,5	−33,35	1	28,3	50
N_2H_4	—	—	113,5	170	200	236
N_2O	−130	−110,5	−89,5	−57	−38	−17
NO	—	−165	−151,8	−135	−126	−115
N_2O_3	—	−25,5	—	—	—	—
N_2O_4	—	—	−21,1	60	79	101
N_2O_5	−20	7,0	47,0	—	—	—
NH_4Cl	210	273	338	415	451	490
NOCl	—	−46,7	−5,5	39	—	—
PH_3	—	−119	−87,8	−51	−28	−3
PH_4Cl	−78,2	−50	−26,8	—	—	—
PCl_3	—	19,8	74,50	—	—	—
PCl_5	—	115	—	—	—	—
AsH_3	—	—	—	−18	4	33
As_2O_3	—	350	457,2	—	—	—
$AsCl_3$	—	55	122	—	—	—
$SbCl_3$	90	147	220,2	—	—	—
CO	—	−206	−191,6	—	—	−150
CO_2***	−122	−100	−78,5	−57	−40	−20
COS	−115	−83,5	−48	−6	17	45
CS_2**	−44	−4,8	45,23	105	139	177
CNH	—	−19	24,76	76	104	135
$(CN)_2$	−77	−49,8	−21,21	21	45	73
SiO_2	1855	2038	2230	—	—	—
SiF_4	−130,3	−113,4	−94,9	−60	—	28
$SiCl_4$	−35	5	56,8	—	—	—
Si_2Cl_6	88	146	211,3	—	—	—
B_2H_6	—	−120	−92,5	—	—	—
BF_3	−141	−123	−100,1	—	54,4	−40
BCl_3	−69	−19,5	7,6	67	100	—
BBr_3	−10,4	35	90,6	—	—	—
LiCl	925	1130	1353	—	—	—
NaOH	—	1095	1390	—	—	—
NaCl	975	1155	1465	—	—	—
NaCN	980	1209	1497	—	—	—

*Siehe auch Tabellen 331121. — ** Siehe auch 63123. — *** Siehe auch 36232 und 63123.

331122 (Fortsetzung).

Anorganische Verbindung	10 Torr	100 Torr	760 Torr = 1 Atm.	5 Atm.	10 Atm.	20 Atm.
	Temperatur in °C					
KCl	—	1180	1407	—	—	—
RbCl . . .	—	1187	1390	—	—	—
CsCl . . .	—	1070	1300	—	—	—
$MgCl_2$ . . .	910	—	1418	—	—	—
Al_2O_3 . . .	1850	2040	2210	—	—	—
$AlCl_3$ . . .	114	148	177,8	—	—	—
$TiCl_4$ . . .	20	71	136	—	—	—
$FeCl_2$ . . .	700	843	1026	—	—	—
$FeCl_3$ . . .	228	276	319	—	—	—
CuCl . . .	692	924	1366	—	—	—
$CuCl_2$ . . .	360	457	520	—	—	—
AgCl . . .	992	—	1554	—	—	—
$ZnCl_2$ . . .	498	604	732	—	—	—
HgCl . . .	—	309,0	383,7	—	—	—
$HgCl_2$ . . .	180	—	304	—	—	—
$SnCl_2$ . . .	375	492	—	—	—	—
$SnCl_4$ . . .	9,0	56,4	113	—	—	—
$PbCl_2$ . . .	645	785	954	—	—	—

33113 Dampfdrucke organischer Verbindungen[1].

331131 Übersichtstabelle.

Es ist die Temperatur in °C angegeben, bei der der in der Kolonnenüberschrift angegebene Druck vorhanden ist.

Die Werte der letzten Spalte $\left(\frac{d\vartheta}{dp}\right.$ für dp = 1 Torr bei 760 Torr$\left.\right)$ dienen zur Errechnung der Siedepunkte bei Abweichungen vom normalen Atmosphärendruck. Die Siedepunkte, die zusammenhängenden Meßreihen entnommen sind oder graphisch interpoliert wurden, stimmen nicht immer mit den neuesten Siedepunkten (Tabelle 31212 und 3126) überein.

Organischer Stoff	10 Torr	100 Torr	760 Torr = 1 Atm.	5 Atm.	10 Atm.	20 Atm.	$\frac{d\vartheta}{dp}$
	Temperatur in °C						
Acenaphthen . . .	135,0	197,0	277,5	—	—	—	—
Acetaldehyd . . .	—	−24,3	20,1	—	—	—	—
Acetessigester. . .	67,0	117,5	180,4	—	—	—	—
Aceton[2]	−32,0	7,3	56,13	109	144	181	0,0386
Acetylen	−13,1	−108	−83,6	−52	−32	−10	—
Äthan[3]	−127,7	−110,0	−83,3	−53	−31	−7	—
Äthylalkohol[2] . .	−2,7	34,9	78,3	126	152	181	0,0346
Äthylbromid . . .	−47,8	−10,0	38,386	—	—	—	—
Äthylchlorid . . .	—	−31,6	12,2	64	94	128	—
Äthylen[4].	−152,0	−132,0	−103,9	−70	−51	−28	—
Äthylenbromid . .	22,7	70,5	131,7	—	—	—	—
Äthylenchlorid . .	−12,3	29,7	83,7	—	—	—	0,046
Äthylenglykol . .	89,2	138,0	196,0	—	—	—	—
Äthylenoxyd . . .	−63,0	−33,0	10,5	—	—	—	—
Ameisensäure[2] . .	2,5	44,1	100,7	—	—	—	0,040

[1] Dampfdrucke von Kältemitteln in 36232. — [2] Siehe auch 331132. — [3] Siehe auch 36232.
[4] Siehe auch 63123.

331131 (Fortsetzung).

Organischer Stoff	10 Torr	100 Torr	760 Torr = 1 Atm.	5 Atm.	10 Atm.	20 Atm.	$\frac{d\vartheta}{dp}$
	Temperatur in °C						
Ameisensäureäthylester	—	6,3	53,8	109	141	179	0,038
Ameisensäuremethylester	—	−12,6	31,5	84	113	146	—
Ameisensäurepropylester	−12	29,5	80,4	142	176	216	—
i-Amylalkohol	41,2	82,0	132,0	—	—	—	—
n-Amylalkohol	39,2	81,0	137,8	—	—	—	0,037
Anilin[1]	69,2	119,4	183,9	—	—	—	0,0514
Anisol	42,4	91,7	153,8	—	—	—	0,047
Anthracen	201,0	249,0	339,9	—	—	—	—
Anthrachinon	234	282,0	376,8	—	—	—	—
Benzaldehyd	62,0	112,5	178,3	—	—	—	0,056
Benzoesäure	132,5	185,9	249,0	—	—	—	0,0580
Benzol[1]	−12,5	26,4	80,3	144	180	224	0,0428
Benzophenon	165	230	305,9	—	—	—	0,063
Benzoylchlorid	73,8	128,0	197,1	—	—	—	0,055
Benzylalkohol	92,6	141,3	205,0	—	—	—	0,050
Brombenzol	40,6	90,9	155,5	—	—	—	0,0516
Butan	−80,0	−47,0	0	52	79	115	—
i-Butan	−93,0	−62,0	−13,4	34	64	98	—
Buttersäure	61	108,0	163,55	—	—	—	0,045
i-Buttersäure	50,0	98,0	154,4	—	—	—	—
Butylalkohol	31,0	69,8	117,5	—	—	—	0,037
-Butylalkohol	22	60,1	108	—	—	—	—
i-Campher	73,3	134,0	209,1	—	—	—	0,0536
daprinsäure	153,0	200,5	268,7	—	—	—	0,0534
Capronsäure	99,2	—	205,35	—	—	—	0,0484
C-Capronsäure	94,5	141,4	198,6	—	—	—	—
Caprylsäure	124	171	239,3	—	—	—	0,0516
Carbazol	205	264,8	354,76	—	—	—	—
Chinolin	104,0	162,6	237,7	—	—	—	0,059
Chlorbenzol	21,9	70,3	131,7	—	—	—	0,049
Chloroform[1]	−30,0	9,5	61,15	—	—	—	0,040
Chlorpikrin	9,5	—	111,9	—	—	—	—
Cyclohexan	—	26,0	80,8	145	184	228	0,045
Cyclohexanol s. Abb.							
n-Decan	56,0	108,0	174,05	—	—	—	0,052
Dekalin	—	118,2	195,3	—	—	—	—
Diäthyläther[1]	−49	−12,3	34,5	89	121	157	0,036
Dichloräthan	—	6,0	57,3	—	—	—	—
Dicyan	−77	−49,8	−20,5	21	44	72	—
Dimethylanilin[1]	74,0	127,0	194,0	—	—	—	0,053
Diphenyl	119,0	181,0	255,3	—	—	—	0,061
Diphenylamin	157,0	—	302,0	—	—	—	—
Dodekan	88,0	145,0	216,23	—	—	—	0,056
Eicosan	193,0	265,0	344,0	—	—	—	—
Essigsäure[1]	17,4	63,2	118,2	180	212	251	0,042
Essigsäureäthylester[1]	−14,1	26,1	77,2	137	169	208	—
Essigsäuremethylester	−29,5	9,0	57,2	112	144	181	0,0368

[1] Siehe auch 331132.

331131 (Fortsetzung).

Organischer Stoff	10 Torr	100 Torr	760 Torr = 1 Atm.	5 Atm.	10 Atm.	20 Atm.	$\frac{d\vartheta}{dp}$
	Temperatur in °C						
Fluorbenzol	−12,0	30,9	85,2	—	—	—	0,040
Heptan	−3,0	42,1	98,38	165	204	247	0,045
Heptylalkohol	73,5	120,0	176,3	—	—	—	0,045
Hexadecan	143,0	209,0	287,5	—	—	—	—
Hexan	−24,8	16,2	68,7	132	167	208	0,042
i-Hexan	—	−10,6	60,5	—	—	—	—
Jodbenzol	64,6	118,6	188,6	—	—	—	—
o-Kresol	77,6	127,4	190,1	—	—	—	0,0434
m-Kresol	87,8	138,0	200,5	—	—	—	0,0416
p-Kresol	88,6	138,4	201,1	—	—	—	0,0434
Mesitylen	−12,5	65,0	164,6	—	—	—	—
Methan[1]	—	−181,5	−161,4	−138	−124	−107	—
Methyläthyläther	—	—	7,5	56	84	117	—
Methylalkohol	−15,7	20,9	64,7	112	139	167	0,035
Methylchlorid[2]	—	—	−23,7	21	48	78	—
Naphthalin	85,5	145	218	—	—	—	0,058
α-Naphthol	146,0	209,2	288,01	—	—	—	—
β-Naphthol	153,0	216,4	294,85	—	—	—	—
Nitrobenzol[3]	85,4	139,9	208,3	—	—	—	0,048
Nitromethan	—	46,5	101,1	—	—	—	0,044
o-Nitrotoluol	94,8	150,6	220,4	—	—	—	0,0484
m-Nitrotoluol	100,0	161,0	231,9	—	—	—	—
p-Nitrotoluol	105,6	164,0	237,7	—	—	—	0,0484
Octan	19,0	66,0	125,6	195	235	281	0,048
Pentachloräthan	—	93,0	163,0	—	—	—	—
Pentan[3]	−49,7	−12,4	36,0	93	126	165	0,039
i-Pentan	—	−20,0	28	85	117	156	—
Phenanthren	—	245,0	340,2	—	—	—	—
Phenol[3]	73,5	120,2	182,1	—	—	—	0,0428
Phosgen	—	—	8,2	59	87	119	—
α-Pinen	39,0	89,9	156,2	—	—	—	—
Propan	−115,0	−83,0	−44,5	0	24	51	—
Propionsäure	40,0	85,0	141,4	—	—	—	0,043
Propionsäureäthylester	2,9	45,7	99,1	162	198	239	0,0412
Propionsäuremethylester	−11,7	28,8	80,6	139	172	213	0,0400
Propylalkohol	14,2	52,5	97,5	147	176	209	0,038
i-Propylalkohol	3,0	39,2	82,42	—	—	—	—
Propylchlorid	—	−3,0	46,6	—	—	—	—
Propylen	—	−85,5	−47	−5	20	49	—
Pyridin	11,0	58,0	115,3	—	—	—	0,045
Tetrachloräthan (Sym.)	35,6	83,9	144,8	—	—	—	—
Tetrachloräthylen	13,0	59,5	118,5	—	—	—	—
Tetrachlorkohlenstoff[3]	−20,0	22,2	76,8	—	—	—	0,044
Tetralin s. 331132							
Tetranitromethan	23,0	68,2	125,6	—	—	—	—
o-Toluidin	81,4	133,0	199,7	—	—	—	0,0584
m-Toluidin	85,3	136,6	203,3	—	—	—	0,0584
p-Toluidin	82,2	133,7	200,4	—	—	—	0,0584

[1] Siehe auch 63123. — [2] Siehe auch 36232. — [3] Siehe auch 331132.

331131 (Fortsetzung).

Organischer Stoff	10 Torr	100 Torr	760 Torr = 1 Atm.	5 Atm.	10 Atm.	20 Atm.	$\frac{d\vartheta}{dp}$
	Temperatur in °C						
Toluol[1]	5	51,8	110,6	173	215	260	0,046
Trichloräthylen . .	−10,8	31,9	86,9	—	—	—	—
iso-Valeriansäure .	70,8	119,0	176,7	—	—	—	—
o-Xylol	20,0	77,7	142,7	—	—	—	0,049
m-Xylol	27,5	76,3	139,3	—	—	—	0,049
p-Xylol	6,6	70,0	138,4	—	—	—	0,0415

331132 Dampfdruck organischer Verbindungen.

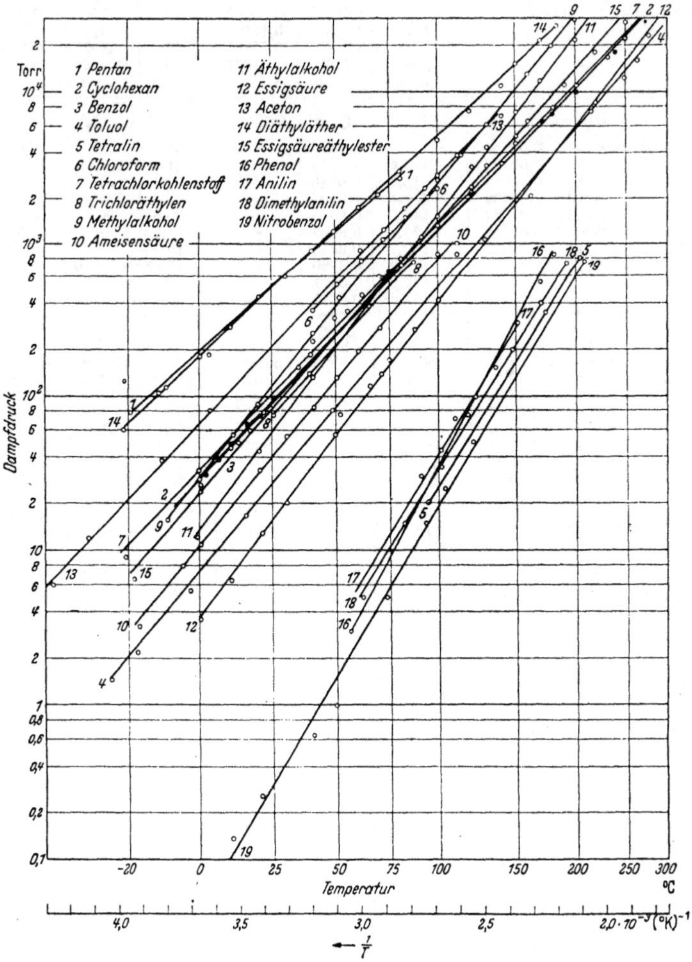

[1] Siehe auch 331132.

3312 Dichte koexistierender Phasen.

33121 Dichte von reinen Flüssigkeiten (ϱ_{Fl}) und von ihrem gesättigten Dampf (ϱ_D) in Abhängigkeit von der Temperatur.

(Für die Dampfdrucke vgl. Tabellen 33111, 331122, 331131 und 63123.)

Anorganische Stoffe.

He

°C	ϱ_{Fl} (g cm⁻³)	ϱ_D (g cm⁻³)
−271,6	0,1456	—
−270,7	0,1463	—
−269,9	0,1404	0,0044
−269,1	0,1279	—
−268,8	0,1222	0,0123
−267,6 (Krit.)	0,065	

Ne

°C	ϱ_{Fl} (g cm⁻³)	ϱ_D (g cm⁻³)
−247,92	1,23824	0,00534
−246,94	1,22215	0,00711
−245,94	1,20421	0,00939
−242,96	1,14960	0,02013
−240,00	1,08832	0,03831
−237,04	1,01750	0,06742
−234,01	0,92803	0,11592
−232,025	0,85421	0,16563
−230,07	0,74866	0,23935
Krit.	0,4835	

X

°C	ϱ_{Fl} (g cm⁻³)	ϱ_D (g cm⁻³)
−66,8	2,763	0,059
−39,3	2,506	0,139
−10	2,169	0,313
0	1,987	0,421
5	1,879	0,501
10	1,750	0,602
12	1,677	0,662
14	1,592	0,740
16	1,468	0,844
16,6 (Krit.)	1,15	

H_2

°C	ϱ_{Fl} (g cm⁻³)	ϱ_D (g cm⁻³)
−249,89	0,06724	0,00264
−247,79	0,06416	0,00405
−245,73	0,06050	0,00613
−244,30	0,05740	0,00806
−243,03	0,05402	0,01081
−241,83	0,05001	0,01366
−240,57	0,04316	0,01922
−239,91 (Krit.)	0,03102	

O_2

°C	ϱ_{Fl} (g cm⁻³)	ϱ_D (g cm⁻³)
−172,8	1,0605	—
−164,6	1,0235	—
−158,6	0,9856	—
−153,1	0,9595	—
−146,0	0,9092	—
−143,1	0,8962	—
−140,1	0,8656	—
−139,2	0,8569	—
−138,3	0,8517	—
−137,0	0,8474	—

O_3

°C	ϱ_{Fl} (g cm⁻³)	ϱ_D (g cm⁻³)
−65	—	0,03
−31,3	1,03	—
−29,5	1,01	—
−25,5	0,955	—
−20,8	—	0,24
−17,5	—	0,30
−16	—	0,32
−5 (Krit.)	0,537	

Cl_2

°C	ϱ_{Fl} (g cm⁻³)	ϱ_D (g cm⁻³)
0	1,4678	0,0128
20	1,408	0,0226
40	1,344	0,0384
60	1,275	0,0600
80	1,199	0,0910
100	1,109	0,1360
110	1,059	0,1640
120	0,998	0,206
130	0,920	0,258
140	0,750	0,405
144 (Krit.)	0,573	

HCl

°C	ϱ_{Fl} (g cm⁻³)	ϱ_D (g cm⁻³)
4	—	0,0624
9,25	—	0,0721
13,8	—	0,0828
18,1	—	0,0934
22,0	—	0,1056
26,75	—	0,1230
33,4	—	0,1537
39,4	—	0,1911
44,8	—	0,2359
50,56	—	0,3335
51,00	—	0,3577

SO_2

°C	ϱ_{Fl} (g cm⁻³)	ϱ_D (g cm⁻³)
13,50	1,4038	0,0048
56,09	1,2821	0,0180
80,18	1,1968	0,0442
110,69	1,0720	0,0940
131,98	0,9567	0,1589
145,15	0,8495	0,2331
151,70	0,7663	0,2998
155,30	0,6999	0,3540
156,87	0,6388	0,4105
157,30	0,6092	0,4380
157,50 (Krit.)	0,5240	

N_2

°C	ϱ_{Fl} (g cm⁻³)	ϱ_D (g cm⁻³)
−195,09	0,8043	0,00490
−182,51	0,7433	0,01558
−173,73	0,6922	0,02962
−161,20	0,6071	0,06987
−153,65	0,5332	0,1177
−149,75	0,4799	0,1638
−148,61	0,4504	0,1862
−148,08	0,4314	0,2000
−147,13 (Krit.)	0,31096	

NH_3

°C	ϱ_{Fl} (g cm⁻³)	ϱ_D (g cm⁻³)
−49	—	0,000403
−40	—	0,000645
−30	—	0,001038
−20	—	0,001604
−10	—	0,002390
0	—	0,003452
10	—	0,004860
20	—	0,006690
30	—	0,009030
40	—	0,012010
49	—	0,015345

N_2O

°C	ϱ_{Fl} (g cm⁻³)	ϱ_D (g cm⁻³)
−50	1,079	0,032
−35	1,053	0,028
−20	1,013	0,038
−10	0,975	0,051
0	0,925	0,073
10	0,861	0,111
15	0,826	0,133
20	0,793	0,153
25	0,750	0,181
30	0,704	0,217
38,8	0,451	0,459

N_2O_4

°C	ϱ_{Fl} (g cm⁻³)	ϱ_D (g cm⁻³)
20	1,4468	0,00341
30	1,4246	0,00490
50	1,3746	0,00890
70	1,3245	0,0120
90	1,2725	0,0190
110	1,2120	0,0381
130	1,1128	0,0893
140	1,0395	0,1415
150	0,9410	0,2297
157	0,8120	0,3822
158	0,7635	0,4513
158,3	0,7380	0,4878

CO

°C	ϱ_{Fl} (g cm⁻³)	ϱ_D (g cm⁻³)
−204,97	0,84714	0,00080
−199,54	0,82554	0,00171
−195,08	0,80640	0,00296
−190,86	0,79086	0,00477
−185,96	0,76904	0,00774
−178,95	0,73408	0,01422
−172,18	0,69953	0,02389
−169,61	0,68560	0,02824
−164,06	0,65262	0,04014
−152,21	0,56582	0,08202
−145,30	0,49190	0,13601
−142,26	0,43365	0,18462

CO_2

°C	ϱ_{Fl} (g cm⁻³)	ϱ_D (g cm⁻³)
−5,8	0,9604	0,0803
−1,8	0,9378	0,0940
1,2	0,9198	0,1029
6,2	0,8878	0,1217
11,2	0,8547	0,1309
15,2	0,8216	0,1607
17,2	0,8045	0,1721
22,9	0,7422	0,2163
31,0 (Krit.)	0,4683	

33121 (Fortsetzung).

CS_2

°C	ϱ_{Fl} (g cm^{-3})	ϱ_{D} (g cm^{-3})
−29,34	—	0,00004882
8,26	—	0,0007992
22,44	—	0,0013642
57,08	—	0,0040642
99,24	—	0,011671
159,10	—	0,03484
209,32	—	0,09907
229,46	—	0,14205
262,8	—	0,25700
273,0	—	0,3679
273,05	—	0,3772

HCN

°C	ϱ_{Fl} (g cm^{-3})	ϱ_{D} (g cm^{-3})
161,4	0,3949	—
168,5	0,3761	—
168,8	—	0,0744
179,2	—	0,1164
182,1	0,2868	0,1260
182,2	0,2608	—
182,3	0,2438	—
182,9	—	0,1740
183,2	0,2175	—
183,5	—	0,1786
183,5 (Krit.)	0,195	

$SnCl_4$

°C	ϱ_{Fl} (g cm^{-3})	ϱ_{D} (g cm^{-3})
0	2,27875	0,00009
40	2,1749	0,0007
80	2,0717	0,0031
110	1,9916	0,00761
140	1,9073	0,01618
170	1,8182	0,03077
200	1,7224	0,05459
230	1,6090	0,09149
260	1,4747	0,1520
280	1,3628	0,2160
318,7 (Krit.)	0,7419	

Organische Stoffe.

CH_4 Methan

°C	ϱ_{Fl} (g cm^{-3})	ϱ_{D} (g cm^{-3})
−107	0,3242	0,0312
−100	0,3024	0,0431
−95	0,2857	0,0532
−94	0,2810	0,0582
−90	0,2638	0,0679
−86	0,2382	0,0912
−85	0,2288	0,0992
−84	0,2156	0,1093
−82,25 (Krit.)	0,1623	

C_2H_4 Äthylen

°C	ϱ_{Fl} (g cm^{-3})	ϱ_{D} (g cm^{-3})
−145,07	0,62465	0,00009363
−114,69	0,58380	0,0011127
−103,01	0,56740	0,0021928
−63,41	0,50588	0,012584
−48,15	0,47822	0,020407
−37,13	0,45610	0,029465
−24,33	0,42655	0,041854
−7,70	0,37721	0,076050
5,84	0,30840	0,13266
7,98	0,28726	0,15268
9,5 (Krit.)	0,21597	

C_2H_2 Acetylen

°C	ϱ_{Fl} (g cm^{-3})	ϱ_{D} (g cm^{-3})
−23,48	0,5185	0,0217
6,11	0,4476	0,0528
12,05	0,4295	0,0632
17,07	0,4120	0,0740
20,30	0,3987	0,0831
24,11	0,3814	0,0958
28,98	0,3559	0,1160
31,43	0,3379	0,1305
32,88	0,3282	0,1393
33,74	0,3146	0,1490
35,4 (Krit.)	0,2315	

C_3H_8 Propan

°C	ϱ_{Fl} (g cm^{-3})	ϱ_{D} (g cm^{-3})
0	0,5306	—
5	0,5238	—
10	0,5168	—
17	0,5063	0,0168
20	0,5022	0,0182
24	0,4960	—
27	0,4918	—
38	—	0,0285
42	0,4664	—
48	0,4550	0,0364
50	0,4512	0,0379
56	0,4391	—

C_3H_6 Propylen

°C	ϱ_{Fl} (g cm^{-3})	ϱ_{D} (g cm^{-3})
67,60	0,4080	—
67,70	—	0,0747
72,50	0,3937	—
74,40	—	0,0884
82,50	—	0,1150
82,70	0,3540	—
85,60	—	0,1300
89,70	0,2983	0,1710
90,70	0,2776	—
90,80	—	0,1927
91,50	—	0,2008
91,60	0,2390	—

C_4H_{10} Butan

°C	ϱ_{Fl} (g cm^{-3})	ϱ_{D} (g cm^{-3})
0	0,5992	—
8,0	0,5907	0,00379
16,0	0,5820	0,00490
24,0	0,5725	0,00605
32,0	0,5635	0,00756
40,0	0,5538	0,00948
48,0	0,5436	0,0120
56,0	0,5325	—

C_4H_{10} i-Butan

°C	ϱ_{Fl} (g cm^{-3})	ϱ_{D} (g cm^{-3})
0	0,582	0,00435
8,0	0,573	0,00554
16,0	0,563	0,00703
24,0	0,553	0,00898
32,0	0,543	0,0109
40,0	0,533	0,0134
48,0	0,522	—
56,0	0,511	—

C_4H_8 β-Butylen

°C	ϱ_{Fl} (g cm^{-3})	ϱ_{D} (g cm^{-3})
−20	0,6519	—
−16	0,6479	—
−12	0,6439	—
−8	0,6398	—
−4	0,6354	—
0	0,6309	—
3	0,6275	—
7	0,6228	—
11	0,6182	—
14	0,6147	—
17	0,6111	—
20	0,6075	—

C_4H_6 Butadien

°C	ϱ_{Fl} (g cm^{-3})	ϱ_{D} (g cm^{-3})
−20	0,6676	—
−16	0,6634	—
−12	0,6592	—
−8	0,6549	—
−4	0,6503	—
0	0,6456	—
3	0,6420	—
7	0,6372	—
11	0,6324	—
14	0,6286	—
17	0,6249	—
20	0,6212	—

C_5H_{12} Pentan

°C	ϱ_{Fl} (g cm^{-3})	ϱ_{D} (g cm^{-3})
0	0,64539	0,0008
20	0,6263	0,0017
50	0,5957	0,004545
80	0,5624	0,01012
110	0,5248	0,02024
140	0,4787	0,0386
170	0,4162	0,0735
190	0,3445	0,1269
196,5	0,2809	0,1841
197	0,2640	0,2005
197,15	0,2472	0,2168
197,2 (Krit.)	0,2323	

C_5H_{12} i-Pentan

°C	ϱ_{Fl} (g cm^{-3})	ϱ_{D} (g cm^{-3})
0	0,63930	0,0011
20	0,6196	0,002344
50	0,5881	0,005956
80	0,5540	0,01287
110	0,5140	0,02513
140	0,4642	0,04728
170	0,3914	0,09337
180	0,3498	0,1258
183	0,3311	0,1418
186	0,3028	0,1676
187,4	0,2761	0,1951
187,8 (Krit.)	0,2343	

C_6H_{14} Hexan

°C	ϱ_{Fl} (g cm^{-3})	ϱ_{D} (g cm^{-3})
0	0,6769	0,0002
20	0,6595	0,0006
50	0,6318	0,0018
80	0,6022	0,00446
120	0,5588	0,01202
150	0,5207	0,02299
180	0,4751	0,04228
200	0,4365	0,06329
230	0,3329	0,1405
233	0,3040	0,1638
234	0,2883	0,1807
234,8 (Krit.)	0,2344	

33121 (Fortsetzung).

C_6H_{12} Cyclohexan

°C	ϱ_{Fl} (g·cm⁻³)	ϱ_D (g·cm⁻³)
7,00	0,79063	—
16,12	0,78221	—
25,08	0,77384	—
40,21	0,75942	—
50,95	0,74416	—
78,05	0,72215	—
281,02 (Krit.)	0,2725	

C_6H_6 Benzol

°C	ϱ_{Fl} (g·cm⁻³)	ϱ_D (g·cm⁻³)
0	0,90006	0,00012
20	0,8790	0,0004
40	0,8576	0,0008
70	0,8248	0,002040
100	0,7927	0,004704
130	0,7568	0,009551
160	0,7185	0,01734
200	0,6605	0,03546
240	0,5851	0,07138
280	0,4514	0,1660
288,0	0,3856	—
288,5 (Krit.)	0,3045	

C_7H_{16} Heptan

°C	ϱ_{Fl} (g·cm⁻³)	ϱ_D (g·cm⁻³)
0	0,70048	0,00007
20	0,6836	0,0002
50	0,6579	0,0007
80	0,6311	0,002000
120	0,5926	0,006075
150	0,5598	0,01222
180	0,5232	0,02242
210	0,4793	0,04005
240	0,4177	0,07446
265	0,3059	0,1631
266,5	0,2819	0,1895
266,85 (Krit.)	0,2341	

C_8H_{18} Octan

°C	ϱ_{Fl} (g·cm⁻³)	ϱ_D (g·cm⁻³)
0	0,71848	—
20	0,7022	0,0001
50	0,6778	0,0003
80	0,6525	0,0009
110	0,6260	0,0023
140	0,5973	0,005405
170	0,5667	0,01071
200	0,5317	0,01965
230	0,4901	0,03484
260	0,4364	0,06223
290	0,3365	0,1346
296,2 (Krit.)	0,2327	

C_8H_{18} Di-isobutyl

°C	ϱ_{Fl} (g·cm⁻³)	ϱ_D (g·cm⁻³)
0	0,71021	—
20	0,6934	0,0002
40	0,6764	0,0004
80	0,6417	0,0016
110	0,6143	0,003990
140	0,5841	0,008540
170	0,5503	0,01613
200	0,5117	0,02874
240	0,4434	0,06223
270	0,3482	0,1321
274	0,3187	0,1572
276,8 (Krit.)	0,2366	

C_8H_{10} o-Xylol

°C	ϱ_{Fl} (g·cm⁻³)	ϱ_D (g·cm⁻³)
190	0,716	0,014
200	0,705	0,016
210	0,694	0,019
220	0,682	0,021
230	0,670	0,024
240	0,656	0,028
250	0,641	0,034
260	0,625	0,040
270	0,609	0,046
280	0,593	0,052

C_8H_{10} m-Xylol

°C	ϱ_{Fl} (g·cm⁻³)	ϱ_D (g·cm⁻³)
190	0,620	0,028
200	0,612	0,030
210	0,603	0,032
220	0,594	0,035
230	0,585	0,038
240	0,575	0,041
250	0,562	0,045
260	0,548	0,051
270	0,534	0,057
280	0,520	0,062

C_8H_{10} p-Xylol

°C	ϱ_{Fl} (g·cm⁻³)	ϱ_D (g·cm⁻³)
190	0,690	0,020
200	0,678	0,023
210	0,666	0,026
220	0,654	0,030
230	0,642	0,034
240	0,629	0,038
250	0,615	0,043
260	0,600	0,048
270	0,585	0,054
280	0,570	0,060

$C_{12}H_{10}$ Diphenyl

°C	ϱ_{Fl} (g·cm⁻³)	ϱ_D (g·cm⁻³)
93,3	0,9747	0,0000173
121,1	0,9525	0,000066
148,7	0,9304	0,000187
176,7	0,9074	0,000455
204,4	0,8849	0,000987
232,2	0,8620	0,001954
255,3	0,8424	0,003363
287,8	0,8126	0,00713
343,3	0,7577	0,01898
398,9	0,6933	0,03844
454,4	0,6103	0,07512
482,2	0,5539	0,10972

CH_3Cl Methylchlorid

°C	ϱ_{Fl} (g·cm⁻³)	ϱ_D (g·cm⁻³)
−40	1,025	0,001275
−30	1,008	0,001965
−20	0,990	0,002927
−10	0,972	0,004239
0	0,954	0,005984
10	0,934	0,008265
15	0,924	0,00963
20	0,914	0,01119
25	0,904	0,01294
30	0,894	0,01490
35	0,884	0,01709
40	0,874	0,01956

$CHCl_3$ Chloroform

°C	ϱ_{Fl} (g·cm⁻³)	ϱ_D (g·cm⁻³)
207,5	—	0,1040
217,9	—	0,1184
232,7	0,9306	—
251,1	0,7988	—
251,2	—	0,2529
252,5	—	0,2370
252,8	0,7664	—
260,8	—	0,3282
261,6	0,6653	—
261,7	0,5812	—
262,2	0,5068	—
262,5 (Krit.)	0,496	

CCl_4 Tetrachlorkohlenstoff

°C	ϱ_{Fl} (g·cm⁻³)	ϱ_D (g·cm⁻³)
0	1,63255	0,0003
20	1,5939	0,0008
60	1,5165	0,0033
80	1,4765	0,006083
100	1,4343	0,01027
130	1,3680	0,02037
160	1,2982	0,03650
190	1,2192	0,06250
220	1,1227	0,1040
250	0,9980	0,1754
280	0,7634	0,3597
283,15 (Krit.)	0,5576	

C_2H_5Cl Äthylchlorid

°C	ϱ_{Fl} (g·cm⁻³)	ϱ_D (g·cm⁻³)
−25	0,964	—
−15	0,942	—
−14,7	—	0,001078
−10	0,933	0,001228
0	0,919	—
10	0,907	—
10,7	—	0,002674
20	0,892	—
30	0,878	—
40	0,862	—
60	0,829	—
80	0,796	—

C_2H_5Br Äthylbromid

°C	ϱ_{Fl} (g·cm⁻³)	ϱ_D (g·cm⁻³)
195,8	—	0,1403
198,0	0,9539	—
220,0	—	0,2364
223,8	0,7660	—
226,1	—	0,2978
229,0	—	0,3334
229,4	—	0,3621
230,0	0,6466	—
230,8	—	0,5003
230,8 (Krit.)	0,507 (berechn.)	

C_6H_5F Fluorbenzol

°C	ϱ_{Fl} (g·cm⁻³)	ϱ_D (g·cm⁻³)
0	1,04653	0,00012
20	1,0225	0,0003
60	0,9744	0,0015
80	0,9496	0,002884
100	0,9233	0,005035
130	0,8811	0,01053
160	0,8363	0,01992
190	0,7857	0,03496
220	0,7265	0,05907
250	0,6504	0,1008
280	0,5133	0,2034
286,55 (Krit.)	0,3541	

33121 (Fortsetzung).

C_6H_5Cl Chlorbenzol

°C	ϱ_{Fl} ($g \cdot cm^{-3}$)	ϱ_D ($g \cdot cm^{-3}$)
0	1,12786	0,00002
20	1,1062	0,0001
40	1,0846	0,0002
80	1,0419	0,0008
100	1,0193	0,0014
130	0,9836	0,003384
160	0,9480	0,006784
200	0,8955	0,01506
240	0,8356	0,03000
270	0,7834	0,04921
358,8	0,4400	—
359,2 (Krit.)	0,3654	

C_6H_5J Jodbenzol

°C	ϱ_{Fl} ($g \cdot cm^{-3}$)	ϱ_D ($g \cdot cm^{-3}$)
0	1,86059	—
20	1,8308	—
40	1,7989	—
80	1,7391	0,0003
100	1,7079	0,0005
140	1,6453	0,0017
160	1,6134	0,0029
190	1,5627	0,005903
220	1,5115	0,01076
250	1,4581	0,01852
270	1,4172	0,02604
448 (Krit.)	0,5814	

CH_4O Methylalkohol

°C	ϱ_{Fl} ($g \cdot cm^{-3}$)	ϱ_D ($g \cdot cm^{-3}$)
0	0,8100	0,0000562
20	0,7915	0,0001695
50	0,7650	0,0006739
70	0,7460	0,001465
100	0,7140	0,003984
140	0,6640	0,01216
170	0,6160	0,02526
200	0,5530	0,05075
230	0,4410	0,1187
236	0,3955	0,1505
239	—	0,1878
240 (Krit.)	0,2722	

C_2H_6O Äthylalkohol

°C	ϱ_{Fl} ($g \cdot cm^{-3}$)	ϱ_D ($g \cdot cm^{-3}$)
0	0,80625	0,000033
20	0,7894	0,000111
40	0,7722	0,000315
70	0,7446	0,00119
100	0,7157	0,00351
130	0,6789	0,00877
160	0,6329	0,01914
190	0,5782	0,0397
220	0,4958	0,0854
240	0,3825	0,1715
242,5	0,3419	0,2164
243,1 (Krit.)	0,2755	

C_2H_6O Dimethyläther

°C	ϱ_{Fl} ($g \cdot cm^{-3}$)	ϱ_D ($g \cdot cm^{-3}$)
20	0,675	—
25	0,667	—
30	0,660	—
35	0,652	—
40	0,644	—
50	0,627	—
55	0,618	—
60	0,609	—
65	0,599	—
70	0,590	—
75	0,580	—
80	0,570	—

C_2H_4O Äthylenoxyd

°C	ϱ_{Fl} ($g \cdot cm^{-3}$)	ϱ_D ($g \cdot cm^{-3}$)
0	0,891	—
5	0,884	—
10	0,878	—
15	0,871	—
20	0,864	—
25	0,857	—
30	0,850	—
35	0,842	—
40	0,834	—
50	0,819	—
55	0,812	—
60	0,804	—

C_2H_4O Essigsäure

°C	ϱ_{Fl} ($g \cdot cm^{-3}$)	ϱ_D ($g \cdot cm^{-3}$)
0	1,06970	—
20	1,0491	0,0000764
50	1,0175	0,0003100
80	0,9835	0,000959
120	0,9362	0,003271
160	0,8829	0,00887
200	0,8265	0,02052
240	0,7571	0,04327
270	0,6900	0,07365
300	0,5950	0,1331
320	0,4615	—
321,6 (Krit.)	0,3506	

$C_2H_4O_2$ Ameisensäuremethylester

°C	ϱ_{Fl} ($g \cdot cm^{-3}$)	ϱ_D ($g \cdot cm^{-3}$)
0	1,00319	—
30	0,9598	0,002291
50	0,9294	0,004456
80	0,8803	0,01049
100	0,8452	0,01723
120	0,8070	0,02688
150	0,7403	0,05063
180	0,6521	0,09434
210	0,4857	0,2188
213	0,4328	0,2681
213,5	0,4157	0,2865
214 (Krit.)	0,3480	

C_3H_8O Propylalkohol

°C	ϱ_{Fl} ($g \cdot cm^{-3}$)	ϱ_D ($g \cdot cm^{-3}$)
0	0,81930	—
20	0,8035	0,0001
60	0,7700	0,0004
80	0,7520	0,00104
110	0,7220	0,00320
140	0,6875	0,00805
170	0,6450	0,01770
200	0,5920	0,0353
230	0,5230	0,0704
260	0,3905	0,1610
263,5	0,3380	—
263,7 (Krit.)	0,2734	

C_3H_6O Aceton

°C	ϱ_{Fl} ($g \cdot cm^{-3}$)	ϱ_D ($g \cdot cm^{-3}$)
211,0	0,4787	—
212,5	—	0,0834
212,6	—	0,0905
217,7	—	0,0930
224,1	0,4251	—
234,6	—	0,1713
235,0	0,3258	—
235,5	0,2980	—
235,6	—	0,1821
235,6 (Krit.)	0,252	

$C_3H_6O_2$ Propionsäure

°C	ϱ_{Fl} ($g \cdot cm^{-3}$)	ϱ_D ($g \cdot cm^{-3}$)
190	0,800	0,0103
200	0,786	0,013
210	0,772	0,016
220	0,756	0,019
230	0,740	0,023
240	0,722	0,029
250	0,703	0,036
260	0,682	0,044
270	0,662	0,052
280	0,642	0,060

$C_3H_6O_2$ Essigsäuremethlyester

°C	ϱ_{Fl} ($g \cdot cm^{-3}$)	ϱ_D ($g \cdot cm^{-3}$)
0	0,95932	0,0003
20	0,9338	0,0007
50	0,8939	0,002212
70	0,8662	0,004193
100	0,8221	0,009671
130	0,7715	0,01970
150	0,7339	0,03026
170	0,6907	0,04598
200	0,6100	0,08658
230	0,4527	0,2028
233	0,3995	0,2525
233,7 (Krit.)	0,3252	

$C_4H_{10}O$ Diäthyläther

°C	ϱ_{Fl} ($g \cdot cm^{-3}$)	ϱ_D ($g \cdot cm^{-3}$)
0	0,7362	0,000827
10	0,7248	0,001264
20	0,7135	0,001870
40	0,6894	0,003731
70	0,6532	0,00892
100	0,6105	0,01867
120	0,5764	0,02934
150	0,5179	0,05551
170	0,4658	0,08731
190	0,3663	0,1620
193	0,3300	0,2012
193,8 (Krit.)	0,2625	

$C_4H_8O_2$ Propionsäuremethylester

°C	ϱ_{Fl} ($g \cdot cm^{-3}$)	ϱ_D ($g \cdot cm^{-3}$)
0	0,93871	0,0001
20	0,9151	0,0003
60	0,8665	0,0016
80	0,8408	0,003199
100	0,8137	0,005714
130	0,7705	0,01214
160	0,7221	0,02356
190	0,6657	0,04320
220	0,5938	0,07812
250	0,4655	0,1675
256	0,3982	0,2294
257,4 (Krit.)	0,3124	

$C_4H_8O_2$ Essigsäureäthylester

°C	ϱ_{Fl} ($g \cdot cm^{-3}$)	ϱ_D ($g \cdot cm^{-3}$)
0	0,92436	0,000
20	0,9005	0,0003
40	0,8762	0,0008
70	0,8376	0,002561
100	0,7972	0,006158
130	0,7533	0,01314
160	0,7033	0,02577
190	0,6441	0,04751
220	0,5648	0,08905
240	0,4778	0,1499
249	0,3839	0,2288
250,1 (Krit.)	0,3077	

33122 Cailletet-Mathiassche Regel.

Im kritischen Punkt sind die Dichten der gesättigten Dampfphase und der flüssigen Phase gleich. Trägt man graphisch die Dichten der flüssigen und der Gasphase gegen die Temperatur auf, so erhält man parabelähnliche Kurven; die Mittelwerte für gleiche Temperaturen $\frac{\varrho_{fl} + \varrho_{D}}{2}$ liegen fast genau auf einer Geraden. Dieser Befund wird die Cailletet-Mathiassche Regel genannt. Sie gestattet es, die kritische Dichte genauer zu bestimmen, als es durch direkte Messungen möglich ist. Die Abbildung zeigt für einige Stoffe (He, A, X, O_2, Diäthyläther und Pentan) den Verlauf der Kurve für die reduzierten Dichten und Temperaturen (kritische Daten s. Tabelle 3231 und 3234).

33122 Cailletet-Mathiassche Regel.

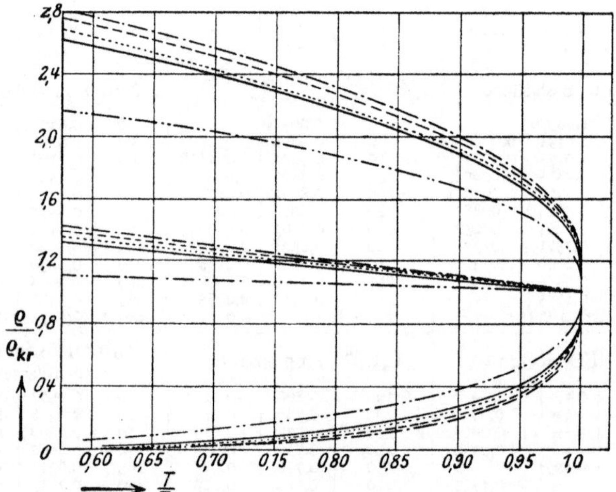

Es sind die reduzierten Dichten $\frac{\varrho}{\varrho_{kr}}$ in Abhängigkeit von den reduzierten Temperaturen $\frac{T}{T_{kr}}$ für Helium —··—··—, Argon ———, Xenon und Sauerstoff ---------, Pentan —·—·— Diäthyläther ----- aufgetragen

3313 Schmelzpunkte unter Druck und Volumenänderungen beim Schmelzen.

33131 Atomare bzw. molare Volumenänderung ΔV in cm^3 beim Schmelzen und Schmelzpunkte in °C.

$$\Delta V = \Delta V_{\text{fest}} - \Delta V_{\text{flüssig}}$$

331311 Elemente, ΔV in cm^3 je Grammatom.

Stoff	Druck in kg/cm^2: 1		1000		2000		4000	
	Schmelzpunkt °C	ΔV	Schmelzpunkt °C	ΔV	Schmelzpunkt °C	ΔV	Schmelzpunkt °C	ΔV
Ne . . .	−248,59	2,19	—	—	—	—	—	—
A	−189,33	3,05	−166,86	−2,22	−146,74	1,70	−111,16	1,12
O	−219	0,82	—	—	—	—	—	—
Br	−7,3	4,08	—	—	—	—	—	—
J	113,6	5,43	—	—	—	—	—	—
S, rhomb.	118	—	140	0,45	—	—	—	—
S, monokl.	119	0,90	—	—	—	—	—	—
Se . . .	220	1,41	—	—	—	—	—	—
N	−210,02	1,01	−190,86	0,81	−174,56	0,66	−147,36	0,46
P, fbl. . .	44	0,599	73,8	0,555	101,0	0,515	151,3	0,440
Sb . . .	630	0,27	—	—	—	—	—	—
Li	179	0,184	—	—	—	—	—	—
Na . . .	97,7	0,641	105,9	0,588	114,2	0,543	129,8	0,476
K	63,5	1,072	78,7	0,926	92,4	0,823	115,8	0,655
Rb . . .	39,0	1,472	—	—	—	—	—	—
Cs	28,5	1,900	—	—	—	—	—	—
Al	658	0,51	—	—	—	—	—	—
Zn . . .	419,4	0,69	—	—	—	—	—	—
Cd . . .	321	$0{,}65_9$	—	—	—	—	—	—
Hg . . .	−38,83	−0,52	—	—	−28,66	−0,507	−18,48	−0,504
Ga . . .	29,5	−0,370	—	—	—	—	—	—
Tl	302	0,55	—	—	—	—	—	—
Sn . . .	231,8	0,46	—	—	—	—	—	—
Pb . . .	327,4	0,66	—	—	—	—	—	—
Bi	271,0	−0,72	267,5	−0,74	263,8	−0,80	256,0	$-0{,}78_5$

331312 Verbindungen, ΔV in cm^3 je Grammol.

Stoff	Druck in kg/cm^2: 1		1000		2000		4000	
	Schmelzpunkt °C	ΔV	Schmelzpunkt °C	ΔV	Schmelzpunkt °C	ΔV	Schmelzpunkt °C	ΔV
a) Anorganische Verbindungen.								
H_2O *	0	−1,62						
D_2O *	3,82	−1,56	—	—	—	—	—	—
BrF_3	8,8	$5{,}8_7$	—	—	—	—	—	—
SF_6	−50,7	20,8	—	—	—	—	—	—
SeF_6	−34,6	26,4	—	—	—	—	—	—
TeF_6	−37,6	26,2	—	—	—	—	—	—
NOF	−132,5	3,3	—	—	—	—	—	—
NO_2F	−166,0	2,4	—	—	—	—	—	—
PCl_3	−92	4,22	—	—	—	—	—	—
PO_4H_3	41,8	7,8	—	—	—	—	—	—
CF_4	−183,67	1,6	—	—	—	—	—	—
CO_2	—	—	—	—	—	—	10,1	4,45
CS_2	−112,1	3,27	—	—	—	—	—	—
$SiCl_4$	—	—	—	—	−8,2	8,80	46,1	7,20
B_2O_3	25[1]	−0,81	—	—	—	—	—	—
$Ca(BO_2)_2$	20[1]	−1,26	—	—	—	—	—	—
$Sr(BO_2)_2$	20[1]	−1,92	—	—	—	—	—	—
Al_2O_3	2046	15,3	—	—	—	—	—	—

* Weitere Werte in 33132. — [1] Krystall → Glas.

331312 (Fortsetzung).

Stoff	Druck in kg/cm²							
	1		1000		2000		4000	
	Schmelzpunkt °C	ΔV	Schmelzpunkt °C	ΔV	Schmelzpunkt °C	ΔV	Schmelzpunkt °C	ΔV
b) Organische Verbindungen.								
Clyclohexan	6,4	5,27	—	—	—	—	—	—
Benzol	5,49	10,28	33,3	8,08	58,0	6,74	99,3	5,21
Dibenzyl	52,2	16,8	—	—	—	—	—	—
Chloroform	−63,5	—	—	—	—	—	5,4	5,87
Bromoform	8,05	9,88	32,3	8,95	55,3	8,09	97,3	6,65
Tetrachlorkohlenstoff	−22,9	3,97	15,3	3,06	48,9	2,51	106,0	1,78
Tetrafluoräthylen	−142,5	13,5	—	—	—	—	—	—
Hexafluoräthan	−100,5	6,8	—	—	—	—	—	—
Brom-2-fluor 4-äthan	−111,5	6,1	—	—	—	—	—	—
Chlorbenzol	−45	—	—	—	−11,0	6,31	18,5	5,22
Brombenzol	−30,6	—	−11,5	7,60	6,4	6,67	37,8	5,34
Essigsäure	16,60	$9{,}57_5$	38,3	6,83	55,3	5,24	85,2	4,91
Oxalsäure-dimethylester	54	—	—	—	—	—	—	—
Phenol	41	5,33	53,8	3,67	63,9	3,52	—	—
Benzophenon	48	16,5	75,4	14,1	100,5	12,45	144,7	10,3
Monochloressigsäure	62,53	10,11	—	—	90	$8{,}1_3$	115,0	$6{,}3_3$
Anilin	−6,2	7,95	14,0	7,28	32,9	6,70	66,5	5,83
p-Toluidin	43,6	15,1	69,8	$12{,}7_3$	92,9	$11{,}0_4$	133,8	$9{,}0_3$
Diphenylamin	54,0	16,2	80,3	$13{,}5_5$	104,5	11,9	147,4	9,8
Acetamid	82	6,48	93,5	4,99	103,7	3,89	119,9	2,46
Urethan	47,9	5,33	57,6	3,30	64,6	2,43	76,4	1,66
Nitrobenzol	5,7	10,02	27,9	9,02	49,5	8,13	90,2	6,78
p-Nitrophenol	113,6	12,4	138,5	$10{,}2_3$	160,9	8,48	201,3	6,06

33132 folgt auf S. 881.

33133 Abhängigkeit der Schmelztemperatur der Alkalimetalle vom Druck nach Bridgeman.

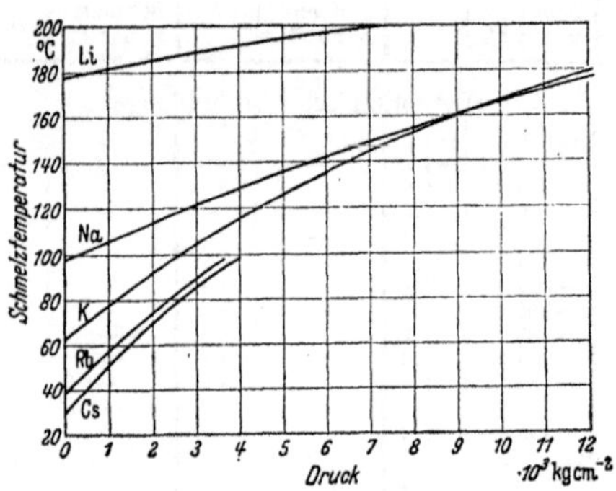

33132 Molare Volumenänderung ΔV in cm^3, Schmelztemperatur in °C und molare Schmelzwärme in kcal beim Schmelzen von H_2O und D_2O unter verschiedenen Drucken.

H_2O

Schmelze	kg/cm²	°C	ΔV cm³/gmol	Schmelzwärme kcal mol⁻¹
Eis I	1	0,0	−1,62	1,437
	590	−5,0	−1,83	—
	1090	−10,0	−2,02	—
	1540	−15,0	−2,195	—
	1910	−20,0	−2,365	—
Eis III	2045	−22,0	0,840	—
	2430	−20,0	0,668	—
	2820	−18,5	0,542	—
	3420	−17,0	0,416	—
Eis V	3040	−20,0	1,49	1,090
	3680	−15,0	1,36	1,142
	4360	−10,0	1,225	1,187
	5270	−5,0	1,085	1,227
	6160	0,0	0,95	1,261
Eis VI	4640	−15,0	1,765	1,065
	5110	−10,0	1,73	1,135
	5620	−5,0	1,69	1,209
	6160	0,0	1,65	1,268
	6880	5,0	1,59	1,306
	7390	10,0	1,52	1,340
	8040	15,0	1,435	1,360
	8710	20,0	1,355	1,380
	10250	30,0	1,195	1,420
	11990	40,0	1,065	1,472
	13970	50,0	0,94	1,537
	16150	60,0	0,86	—

D_2O

Schmelze	kg/cm²	°C	ΔV cm³/gmol	Schmelzwärme kcal mol⁻¹
Schweres Eis I	1	3,82	−1,56	1,523
	400	0,82	−1,79	1,396
	800	−2,74	−2,01	1,335
	1200	−6,76	−2,23	1,319
	1600	−11,14	−2,45	1,326
	2000	−15,82	−2,64	1,331
	2400	−20,70	−2,775	1,326
Schweres Eis III	2200	−18,90	0,860	1,253
	2600	−17,37	0,730	1,228
	3000	−16,04	0,620	1,204
	3400	−14,90	0,530	1,197
	3800	−13,96	0,460	1,214
Schweres Eis IV	4000	−17,90	1,710	1,080
	4500	−13,40	1,633	1,162
	5000	−9,30	1,556	1,218
	5500	−5,50	1,478	1,258
Schweres Eis V	3000	−18,90	1,647	1,206
	3500	−14,98	1,498	1,202
	4000	−11,34	1,372	1,206
	4500	−7,99	1,264	1,223
	5000	−4,91	1,173	1,249
	5500	−2,09	1,095	1,274
	6000	0,57	1,026	1,279
Schweres Eis VI	5000	−10,01	1,920	1,265
	5500	−5,40	1,825	1,253
	6000	−0,91	1,738	1,260
	6500	3,41	1,659	1,267
	7000	7,57	1,589	1,256
	7500	11,53	1,528	1,324
	8000	15,26	1,475	1,382
	8500	18,74	1,450	1,464

332 Mehrstoffsystem.

3321 Dissoziationsdruck fester Stoffe.

Es ist der Druck des bei der Zersetzung entstehenden Gases oder Dampfes für den Gleichgewichtszustand angegeben.

Einteilung: Gleichgewichte mit H_2, O_2, H_2O, Krystallwässer, Halogen, S_2, NH_3, CO_2 und CO_2 und H_2O.

Gleichgewicht	°C	Torr	Gleichgewicht	°C	Torr
Gleichgewichte mit H_2.			Gleichgewichte mit O_2.		
$CaH_2 \rightleftharpoons Ca + H_2$ . .	717,8	4,2	$2 LiNO_3 \rightleftharpoons 2 LiNO_2 + O_2$	425	195
	857,8	80,1		462	606
	936,8	372,2		473	755
$2 TaH_5 = 2 Ta + 5 H_2$	278,8	1,9		488	919
	493,8	34,0	$2 NaNO_3 \rightleftharpoons 2 NaNO_2 + O_2$	480	304
	599,8	164,0		511	606
$Pd_4H_2 \rightleftharpoons 4 Pd + H_2$.	0	3,95		530	774
	80	152,6		536	829
	160	1326,0	$2 KNO_3 \rightleftharpoons 2 KNO_2 + O_2$	489	368
	180	1961,0		525	686
$2 AgH \rightleftharpoons 2 Ag + H_2$.	162,8	1		533	768
	374,8	14,7		538	840
	899,8	72,0			

3321 (Fortsetzung).

Gleichgewicht	°C	Torr
$Rb_2O_4 \rightleftharpoons Rb_2O_3 + {}^1/_2O_2$	284	2
	595	73
	641	112
	777	412
$Rb_2O_3 \rightleftharpoons Rb_2O_2 + {}^1/_2O_2$	580	2
	698	66
	747	112
	785	751
$Rb_2O_2 \rightleftharpoons Rb_2O + {}^1/_2O_2$	796	10
	845	31
	883	77
$2\,RbNO_3 \rightleftharpoons 2\,RbNO_2 + O_2$	529	361
	541	592
	552	832
$Cs_2O_4 \rightleftharpoons Cs_2O_3 + {}^1/_2O_2$	510	8
	618	26
	672	45
	878	255
$Cs_2O_3 \rightleftharpoons Cs_2O_2 + {}^1/_2O_2$	660	6
	765	45
	882	458
$Cs_2O_2 \rightleftharpoons Cs_2O + {}^1/_2O_2$	830	17
	892	53
	914	73
$2\,CsNO_3 \rightleftharpoons 2\,CsNO_2 + O_2$	538	169
	575	638
	592	864
$MgO_2 \rightleftharpoons MgO + {}^1/_2O_2$	27	90
	69	357
	83,5	657
	88	769
$2\,CaO_2 \rightleftharpoons 2\,CaO + O_2$	200	93,4
	300	107,2
	400	151,9
$SrO_2 \rightleftharpoons SrO + {}^1/_2O_2$	33	8
	181	375
	209	648
	215	750
$BaO_2 \rightleftharpoons BaO + {}^1/_2O_2$	655	26,8
	737	141
	794	378
	835	718
$2\,MnO_2 \rightleftharpoons Mn_2O_3 + {}^1/_2O_2$	382	23
	478	200
	536	>1040
$10\,KMnO_4 \rightleftharpoons 2\,K_3MnO_4 + (3\,K_2MnO_4 + 5\,MnO_2) + 6\,O_2$	183	0,2
	217	10,8
	224	35,0
	238	760
$2\,ReO_3 \rightleftharpoons Re_2O_7 + O_2$	100	4,19
	160	6,01
	220	7,84
$3\,Fe_2O_3 \rightleftharpoons 2\,Fe_3O_4 + {}^1/_2O_2$	1150	0,5
	1200	1,0
	1260	2,0
	1300	10,0
$Co_3O_4 \rightleftharpoons 3\,CoO + {}^1/_2O_2$	800	4
	900	86
	970	559
$2\,PdO \rightleftharpoons 2\,Pd + O_2$.	679,8	10
	739,8	41
	859,8	590
$4\,CuO \rightleftharpoons 2\,Cu_2O + O_2$	900	12,6
	1050	239
	1100	557,1
$2\,Ag_2O \rightleftharpoons 4\,Ag + O_2$.	200	1,75·760
173° ~422 Torr .	400	109,2·760
183,1° ~605 „ .	600	1026,0·760
191,2° ~790 „ .	800	4179·760
$2\,HgO \rightleftharpoons 2\,Hg + O_2$ Korngröße 20…50 µ	344,5	329
	369	551
	377	783
Korngr. 80…140 µ	348	307
	368	500
	382	800
„ 135…300 µ	355	240
	382	607
	389	880
$2\,Tl_2O_4 \rightleftharpoons 2\,Tl_2O_3 + O_2$	350	5
	505	201
	552,5	596
	573,5	767
$PbO_2 \rightleftharpoons$ Mennige $+ xO_2$ (feste Lösung v. O_2 in Mennige)	308,5	90
	326	280
	344	754
	350	914

Gleichgewichte mit H_2O.

Gleichgewicht	°C	Torr
$H_3BO \rightleftharpoons HBO_2 + H_2O$	59,3	5,2
	69,0	9,6
	70,5	10,3
$2\,Li(OH) \rightleftharpoons Li_2O + H_2O$	561	9,2
	782	234
	924	760
$Mg(OH)_2 \rightleftharpoons MgO + H_2O$	35	9,2
	100	234
	147	526
$Ca(OH)_2 \rightleftharpoons CaO + H_2O$	400…404	54,5
	462,3	245,7
	501,4	598,6
$Sr(OH)_2 \rightleftharpoons SrO + H_2O$	393,5	1,8
	470,3	14,12
	701	760
$Ba(OH)_2 \rightleftharpoons BaO + H_2O$	630	9,2
	870	234
	898	760
$Zn(OH)_2 \rightleftharpoons ZnO + H_2O$	0	3,126
	20	14,59
	39	25,44
$2\,TlOH \rightleftharpoons Tl_2O + H_2O$	71,5	23
	110,6	212
	140,0	770

Gleichgewichte mit Krystallwasser.

Gleichgewicht	°C	Torr
$NaBr \cdot 2\,H_2O \rightleftharpoons NaBr + 2\,H_2O$	20	5,47
$NaJ \cdot 2\,H_2O \rightleftharpoons NaJ + 2\,H_2O$	21,86	2,18
	29,80	3,91
	38,76	7,39
$Na_2CO_3 \cdot H_2O \rightleftharpoons Na_2CO_3 + H_2O$	30	8,4
	70	119,9
	100	605,4
$KAl(SO_4)_2 \cdot 12\,H_2O$	50	21
	79	161
	84	219
$NH_4Al(SO_4)_2 \cdot 12\,H_2O$	50	21
	79	161
	84	219
$MgSO_4 \cdot 7\,H_2O \rightleftharpoons MgSO_4 \cdot 6\,H_2O + H_2O$	14,95	4,87
	25,75	12,17
	31,05	18,68
$BaCl_2 \cdot 2\,H_2O$	18,25	2,97
	31,65	8,94
	43,45	21,12
$CuSO_4 \cdot 5\,H_2O \rightleftharpoons CuSO_4 \cdot 3\,H_2O + 2\,H_2O$	13,95	2,99
	30,20	10,90
	39,70	21,73
$CuSO_4 \cdot H_2O \rightleftharpoons CuSO_4 + H_2O$	99,0	6,0
	130,9	38,2
	147,4	90,4

3321 (Fortsetzung).

Gleichgewicht	°C	Torr
Gleichgewichte mit Halogen.		
$RbBr_3 \rightleftharpoons RbBr + Br_2$	35	7
	65	55
	78,5	101
$2\,WBr_4 \rightleftharpoons 2\,WBr_3 + Br_2$	210	36,1
	230	86,6
	232	90,1
$Na_2PtCl_6 \rightleftharpoons 2\,NaCl + Pt + 2\,Cl_2$	503	6,0
	612	84,3
	694	605
	720	848
	758	1455
$K_2IrCl_6 \rightleftharpoons 2\,KCl + Ir + 2\,Cl_2$	607	4,4
	763	101
	842	571
	854	681
	865	835
	921	1750
$2\,CuCl_2 \rightleftharpoons 2\,CuCl + Cl_2$	372	1,2
	411	4,0
	421	7,2
$2\,CuBr_2 \rightleftharpoons 2\,CuBr + Br_2$	166,0	3,1
	203,5	22,0
	280,2	597,0
$AuCl_3 \rightleftharpoons AuCl + Cl_2$	100	5,8
	181	51,5
	229	405,6
	251	784,1
$2\,AuCl \rightleftharpoons 2\,Au + Cl_2$	155,7	9,5
	217,0	92
	282	760
$2\,AuBr \rightleftharpoons 2\,Au + Br_2$	111	20
	139	69
	156	132
Gleichgewichte mit S_2.		
$ReS_2 \rightleftharpoons Re + S_2$	1109,8	13
	1224,8	96
$2\,FeS_2 \rightleftharpoons 2\,FeS + S_2$	575	0,75
	665	251
	680	518
$OsS_2 \rightleftharpoons Os + S_2$ . .	944	27
	1044	211
	1094	490
$2\,PtS \rightleftharpoons 2\,Pt + S_2$.	1060	30
	1110	75
	1186	240
$2\,PtS_2 \rightleftharpoons 2\,PtS + S_2$	616	38
	651	98
	691	240
$2\,CuS \rightleftharpoons Cu_2S + {}^1/_2S_2$	460	1,5
	475	170
	490	510
Gleichgewichte mit NH_3.		
$ZnSO_4 \cdot 5\,NH_3$	0	132
	11,5	254
	16	326
	21,5	420
	25	520
$ZnSO_4 \cdot 4\,NH_3$	52	32
	77	116
	87,5	220
	100	410
$ZnSO_4 \cdot 3\,NH_3$	97	27
	132	100
	145,5	202
$ZnSO_4 \cdot 2\,NH_3$	158	38
	198	184
	206	226
$ZnSO_4 \cdot NH_3$	248	32
	289	122
	307	216
$ZnSO_4 \cdot {}^1/_2NH_3$ . . .	302	29
	337	106
	357	192
Gleichgewichte mit CO_2.		
$Na_2CO_3 \rightleftharpoons Na_2O + CO_2$	1000	1,5
	1300	29,0
	1405	77,0
$MgCO_3 \rightleftharpoons MgO + CO_2$	bis 400	< 0,1
	450	6,8
	490	59,0
	540	747,0
$CaCO_3 \rightleftharpoons CaO + CO_2$	20	$2{,}22 \cdot 10^{-20}$
	624	4,95
	800	201,3
	883	763,7
	900	992
$SrCO_3 \rightleftharpoons SrO + CO_2$	650	0,016
	950	14,6
	1100	134
	1250	755
$BaCO_3 \rightleftharpoons$ bas. · Carbonat $+ CO_2$	1000	2,7
	1200	92
	1350	735
$WCO_3 \rightleftharpoons WO + CO_2$	321	80
	342,5	380
	357	760
$MnCO_3 \rightleftharpoons MnO + CO_2$ (hergestellt nach H. Senarmont[1])	367	200
	397	686
	400	778
	401	860
$CoCO_3 \rightleftharpoons CoO + CO_2$	317	140
	337	517
	341	760
$Ag_2CO_3 \rightleftharpoons Ag_2O + CO_2$	120	9,5
	170	121,0
	220	922,6
$ZnCO_3 \rightleftharpoons Zn + CO_2$.	281	300
	291,5	500
	295,5	700
$CdCO_3 \rightleftharpoons CdO + CO_2$	236	14,7
	293	141
	329	458
	344	760
Gleichgewichte mit CO_2 und H_2O.		p_{CO_2}
$NaHCO_3 \rightleftharpoons Na_2O + CO_2 + H_2O$	30	6,2
	50	30,0
	70	120,4
	90	414,3
	100	731,1
$KHCO_3 \rightleftharpoons K_2O + CO_2 + H_2O$	70	7,3
	100	46,0
	130	222
	150	358

[1] Senarmont, H.: Ann. chem. Phys. (3) **30**, 138 (1850).

3322 Dampfdruck von Mischsystemen.

In den Tabellen sind Dampfdrucke von Flüssigkeitsgemischen für verschiedene Temperaturen angegeben.

In den Schaubildern sind teils Isobaren, teils Isothermen wiedergegeben. Bei den Isobaren findet man die Zusammensetzung der Dampfphase und der zugehörigen flüssigen Phase in Abhängigkeit von der Temperatur bei gleichbleibendem Gesamtdruck; bei den Isothermen den Druck in Abhängigkeit von Zusammensetzung und Temperatur. Die Isobaren der flüssigen Phase kann man auch als Siedepunktskurven der Gemische bezeichnen, entsprechend die Isothermen als Dampfdruckkurven der Gemische. Sind in der Dampfphase beide Komponenten vorhanden, so ist bei den Schaubildern die Dampfphase durch eine gestrichelte, die flüssige Phase durch eine ausgezogene Kurve gekennzeichnet.

Für Systeme, die in der Siedepunktskurve ein Maximum oder ein Minimum haben, existiert bei jedem Druck eine Temperatur für die die Zusammensetzung von Flüssigkeit und Dampf gleich wird, also bei der das Flüssigkeitsgemisch unverändert in die Dampfphase übergeht. Dieses ausgezeichnete Gemisch heißt ein azeotropes.

Im folgenden wird die Anordnung der Tabellen und Schaubilder angegeben.

33221 Sättigungsdrucke und Siedepunktskurven von wässerigen Lösungen, bei denen der Wasserdampfdruck im allgemeinen vorherrscht.

- 332211 Säuren: a) HCl, b) HBr, c) HNO_3, d) H_2SO_4, e) SO_2, f) $H\ PO_4$, g) CH_3COOH, h) HNO_3, i) H_2SO_4, k) CH_3COOH.
- 332212 System: Ammoniak-Wasser.
- 332213 Salzlösungen: a) Dampfdrucke, b) Siedetemperaturen.
- 332214 Glycerin-Wasser.
- 332215 Rohrzucker-Wasser.

33222 Sättigungsdrucke von Mischungen, bei denen beide Komponenten flüchtig sind.

- 332221 Schaubilder binärer Mischungen mit zwei oder einem anorganischen Stoff. a) Methylalkohol—Wasser (bei verschiedenen Drucken — 0,07 at bis 5 at —), b) Äthylalkohol—Wasser (bei verschiedenen Drucken — 50 Torr bis 15 at —),
  c) Stickstoff—Argon (Isotherme bei —183,16° C), d) Stickstoff—Sauerstoff (760 Torr), e) Stickstoff—Sauerstoff (5 at), f) Kohlendioxyd—Schwefeldioxyd (41,3 und 93 at),
  g) Acetaldehyd—Wasser (760 Torr), h) i-Propylalkohol—Wasser (760 Torr), i) Aceton—Wasser (760 Torr), k) Butylalkohol—Wasser (760 Torr), l) i-Butylalkohol—Wasser (760 Torr), m) Furfurol—Wasser (760 Torr), n) Schwefelkohlenstoff—Tetrachlorkohlenstoff (760 Torr), o) Schwefelkohlenstoff—Aceton (760 Torr).
- 332222 Binäre Mischungen aus zwei organischen Stoffen. a) Benzol—Hexan (760 Torr), b) Toluol—Benzol (760 Torr), c) Toluol—Benzol (Isotherme bei 120° C), d) m-Xylol—Benzol (760 Torr), e) Chloroform—Benzol (760 Torr), f) Tetrachlorkohlenstoff—Benzol (760 Torr), g) Äthylbromid—Benzol (760 Torr), h) Äthylenchlorid—Benzol (760 Torr), i) Äthylalkohol—Benzol (750 Torr), k) Essigsäure—Benzol (760 Torr),
  l) Methylalkohol—Chloroform (757 Torr), m) Äthylalkohol—Tetrachlorkohlenstoff (745 Torr), n) Aceton—Chloroform (750 Torr), o) Aceton—Chloroform (Isotherme bei 35,17° C), p) Diäthyläther—Tetrachlorkohlenstoff (760 Torr), q) Essigsäureäthylester—Tetrachlorkohlenstoff (765 Torr), r) Aceton—Methylalkohol (755 Torr).

33223 Azeotrope Gemische.

- 332231 Siedepunkt binärer azeotroper Gemische.
- 332232 Druckabhängigkeit des Siedepunktes von Äthylalkohol—Wasser- und Tetrachlorkohlenstoff—Essigsäureäthylester-Mischungen.
- 332233 Siedepunkte ternärer azeotroper Gemische.

33221 Sättigungsdrucke von wässerigen Lösungen, bei denen der Wasserdampfdruck im allgemeinen vorherrscht.

332211 Säuren.

332211a Partialdrucke in Torr von HCl und H_2O über wässerigen Lösungen von HCl in Abhängigkeit von Konzentration und Temperatur[1].

Konzentrationsangabe: Gewichtsprozente HCl in der flüssigen Phase.

ϑ in °C	0		5		10		15		20		25		30		35	
% HCl	HCl	H_2O	HCl	H_2O	HCl	H_2O	HCl	H_2O	HCl	H_2O	HCl	H_2O	HCl	H_2O	HCl	H_2O
2	—	—	—	—	0,0000117	—	0,000023	—	0,000044	—	0,000084	—	0,000151	—	0,000275	—
4	0,000018	—	0,000036	—	0,000069	—	0,000131	—	0,00024	—	0,00044	—	0,00077	—	0,00134	—
6	0,000066	4,18	0,000125	6,04	0,000234	8,45	0,000425	11,7	0,00076	15,9	0,00131	21,8	0,00225	29,1	0,0038	39,4
8	0,000118	—	0,000323	—	0,000583	—	0,00104	—	0,00178	—	0,0031	—	0,00515	—	0,0085	—
10	0,00042	3,84	0,00075	5,52	0,00134	7,70	0,00232	10,7	0,00395	14,6	0,0067	20,0	0,0111	26,8	0,0178	35,5
12	0,00099	—	0,00175	—	0,00305	—	0,0052	—	0,0088	—	0,0145	—	0,0234	—	0,037	—
14	0,0024	3,39	0,00415	4,91	0,0071	6,95	0,0118	9,65	0,0196	13,1	0,0316	18,0	0,050	24,1	0,078	31,9
16	0,0056	—	0,0095	—	0,016	—	0,0265	—	0,0428	—	0,0685	—	0,106	—	0,163	—
18	0,0135	2,87	0,025	4,21	0,037	5,92	0,060	8,26	0,095	11,3	0,148	15,4	0,228	20,6	0,345	27,5
20	0,0316	2,62	0,052	3,83	0,084	5,40	0,132	7,50	0,205	10,3	0,32	14,1	0,48	19,0	0,72	25,1
22	0,0734	2,33	0,119	3,40	0,187	4,82	0,294	6,75	0,45	9,30	0,68	12,6	1,02	17,1	1,50	22,8
24	0,175	2,05	0,277	3,04	0,43	4,31	0,66	6,03	1,00	8,30	1,49	11,4	2,17	15,4	3,14	20,4
26	0,41	1,76	0,64	2,60	0,98	3,71	1,47	5,21	2,17	7,21	3,20	9,95	4,56	13,5	6,50	18,0
28	1,0	1,50	1,52	2,24	2,27	3,21	3,36	4,54	4,90	6,32	7,05	8,75	9,90	11,8	13,8	15,8
30	2,4	1,26	3,57	1,90	5,23	2,73	7,60	3,88	10,6	5,41	15,1	7,52	21,0	10,2	28,6	13,7
32	5,7	1,04	8,3	1,57	11,8	2,27	16,8	3,25	23,5	4,55	32,5	6,37	44,5	8,70	60,0	11,7
34	13,1	0,85	18,8	1,29	26,4	1,87	36,8	2,70	50,5	3,81	68,5	5,35	92	7,32	122	9,95
36	29,0	0,68	41,0	1,03	56,4	1,50	78	2,19	105,5	3,10	142	4,41	188	6,08	246	8,33
38	63,0	0,53	87,0	0,81	117	1,20	158	1,75	210	2,51	277	3,60	360	5,03	465	6,92
40	130	0,41	176	0,63	233	0,94	307	1,37	399	2,00	515	2,88	627	4,09	830	5,68
42	253	0,31	332	0,48	430	0,72	560	1,06	709	1,56	900	2,30	—	3,28	—	4,60
44	510	—	655	—	840	—	—	—	—	—	—	—	—	—	—	—

[1] Fehlergrenze für 15...30% HCl 2%, für niedrigere und höhere Konzentration bei niedrigen Temperaturen 5%, bei höheren bis zu 15%.

332211 a (Fortsetzung).

% HCl \ ϑ in °C	40		45		50		60		70		80		90		100		110	
	HCl	H_2O	HCl	H_2O	HCl	H_2O	HCl	H_2O	HCl	H_2O	HCl	H_2O	HCl	H_2O	HCl	H_2O	HCl	H_2O
2	0,00047	—	0,00083	—	0,00140	—	0,00380	—	0,0100	—	0,0245	—	0,058	—	0,132	—	0,280	—
4	0,0023	—	0,00385	—	0,0064	—	0,0165	—	0,0405	—	0,095	—	0,21	—	0,46	—	0,93	—
6	0,0062	50,6	0,0102	66,2	0,0163	86,0	0,040	139	0,094	220	0,206	333	0,44	492	0,92	715	1,78	—
8	0,0138	—	0,022	—	0,0344	—	0,081	—	0,183	—	0,39	—	0,82	—	1,64	—	3,10	—
10	0,0282	47,0	0,045	61,5	0,069	80,0	0,157	130	0,35	204	0,73	310	1,48	463	2,9	677	5,4	960
12	0,058	—	0,091	—	0,136	—	0,305	—	0,66	—	1,34	—	2,65	—	5,1	—	9,3	—
14	0,121	42,1	0,185	55,3	0,275	72,0	0,60	116	1,25	185	2,50	273	4,8	425	9,0	625	16,0	892
16	0,247	—	0,375	—	0,55	—	1,17	—	2,40	—	4,66	—	8,8	—	16,1	—	28	—
18	0,515	36,4	0,77	47,9	1,11	62,5	2,3	102	4,55	162	8,6	248	15,7	374	28	550	48	783
20	1,06	33,3	1,55	43,6	2,21	57,0	4,4	93,5	8,5	150	15,6	230	28,1	345	49	510	83	729
22	2,18	30,2	3,14	39,8	4,42	52,0	8,6	85,6	16,3	138	29,3	211	52	317	90	467	146	670
24	4,5	27,1	6,4	35,7	8,9	46,7	16,9	77,0	31,0	124	54,4	194	94	290	157	426	253	611
26	9,2	24,0	12,7	31,7	17,5	41,5	32,5	69,0	58,5	112	100	173	169	261	276	388	436	554
28	19,1	21,1	26,4	27,9	35,7	36,5	64	60,7	112	99,0	188	154	309	234	493	349	760	499
30	39,4	18,4	53	24,3	71	32,0	124	53,5	208	87,5	340	136	542	207	845	310	—	444
32	81	15,7	107	21,0	141	27,7	238	46,5	390	76,5	623	120	970	184	—	275	—	396
34	161	13,5	211	18,1	273	24,0	450	40,5	720	66,5	—	104	—	161	—	243	—	355
36	322	11,4	416	15,4	535	20,4	860	34,8	—	57,0	—	90,0	—	140	—	212	—	311
38	598	9,52	758	13,0	955	17,4	—	29,6	—	49,1	—	77,5	—	120	—	182	—	266
40	—	7,85	—	10,7	—	14,5	—	25,0	—	42,1	—	67,3	—	105	—	158	—	230
42	—	6,45	—	8,90	—	12,1	—	21,2	—	35,8	—	57,2	—	89,2	—	135	—	195

332211b Partialdrucke in Torr von HBr und H_2O über wässerigen Lösungen von HBr in Abhängigkeit von Konzentration und Temperatur.

Konzentrationsangabe: Gewichtsprozente HBr in der flüssigen Phase.

% HBr	20°		25°		50°		55° C	
	HBr	H_2O	HBr	H_2O	HBr	H_2O	HBr	H_2O
32	—	—	0,0016	—	—	—	—	—
34	—	—	0,0022	—	—	—	—	—
36	—	—	0,0033	—	—	—	—	—
38	—	—	0,0061	—	—	—	—	—
40	—	—	0,011	—	—	—	—	—
42	—	—	0,023	—	—	—	—	—
44	—	—	0,048	—	—	—	—	—
46	—	—	0,10	—	—	—	—	—
48	0,09	6,2	0,13	8,2	1,3	30,2	2,0	38
50	0,23	4,5	0,37	6,1	3,2	24,3	4,6	31
52	0,71	3,3	1,1	4,5	7,2	19,3	10,2	25
54	2,2	2,4	3,2	3,3	17	16,0	23,0	21
56	6,8	1,7	9,3	2,4	40	13,3	51	18
58	21	1,3	27	1,9	91	10,4	115	14
60	—	—	—	—	—	—	260	11,4

332211c Partialdrucke in Torr von HNO_3 und H_2O über wässerigen Lösungen von HNO_3 in Abhängigkeit von Temperatur und Konzentration (vgl. 332211h).

Konzentrationsangabe: Gewichtsprozente HNO_3 in der flüssigen Phase.

% HNO_3	0°		5°		10°		15°		20°		25°		30° C	
	HNO_3	H_2O	HNO_3	H_2O	HNO_3	H_2O	HNO_3	H_2O	HNO_3	H_2O	HNO_3	H_2O	HNO_3	H_2O
20	—	4,1	—	5,7	—	8,0	—	10,9	—	15,2	—	20,6	—	27,6
25	—	3,8	—	5,4	—	7,6	—	10,3	—	14,2	—	19,2	—	25,7
30	—	3,6	—	5,0	—	7,1	—	9,7	—	13,2	—	17,8	—	23,8
35	—	3,3	—	4,6	—	6,5	—	8,9	—	12,0	—	16,2	0,09	21,7
40	—	3,0	—	4,2	—	5,8	—	8,0	—	10,8	0,12	14,6	0,17	19,5
45	—	2,6	—	3,6	—	5,0	0,10	6,9	0,15	9,4	0,23	12,7	0,33	16,9
50	—	2,1	—	3,0	0,12	4,2	0,18	5,8	0,27	7,9	0,39	10,7	0,56	14,4
55	—	1,8	0,14	2,5	0,21	3,5	0,31	4,9	0,45	6,7	0,66	9,1	0,93	12,2
60	0,19	1,5	0,28	2,1	0,41	3,0	0,59	4,1	0,84	5,6	1,21	7,7	1,66	10,3
65	0,41	1,3	0,60	1,8	0,86	2,6	1,21	3,5	1,68	4,9	2,32	6,6	3,17	8,8
70	0,79	1,1	1,12	1,6	1,58	2,2	2,18	3,0	3,00	4,1	4,10	5,5	5,50	7,4
80	2	—	3	—	4	1,2	6	1,7	8	2,4	10,5	3,2	14	4
90	5,5	—	8	—	11	—	15	—	20	—	27	1	36	1,3
100	11	—	15	—	22	—	30	—	42	—	57	—	77	—

% HNO_3	35°		40°		45°		50°		55°		60° C	
	HNO_3	H_2O	HNO_3	H_2O	HNO_3	H_2O	HNO_3	H_2O	HNO_3	H_2O	HNO_3	H_2O
20	—	36,5	—	47,5	—	62	—	80	0,09	100	0,13	128
25	—	33,8	—	44	0,09	57,5	0,13	75	0,18	94	0,28	121
30	—	31,1	0,11	41	0,17	53	0,25	69	0,35	87	0,51	113
35	0,13	28,3	0,20	37,7	0,28	48	0,42	63	0,59	79	0,85	102
40	0,25	25,5	0,36	33,5	0,52	43	0,75	56	1,04	71	1,48	90
45	0,48	22,3	0,68	29,3	0,96	38,0	1,35	49,5	1,83	62,5	2,54	80
50	0,80	19,0	1,13	25,0	1,57	32,5	2,18	42,5	2,95	54	4,05	70
55	1,30	16,1	1,82	21,3	2,50	28	3,41	36,3	4,54	46,0	6,15	60
60	2,28	13,6	3,10	18,1	4,20	23,7	5,68	31,0	7,45	39	9,9	51
65	4,26	11,6	5,70	15,5	7,55	20,0	10,0	26,0	12,8	33,0	16,8	43,0
70	7,30	9,8	9,65	12,8	12,6	16,7	16,5	21,8	21,0	27,3	27,1	35,3
80	18,5	5,5	24,5	7	32	9,5	41	12	52	15	67	20
90	47	1,8	62	2,4	80	3	103	4	127	5	157	6,5
100	102	—	133	—	170	—	215	—	262	—	320	—

332211 c (Fortsetzung).

% HNO_3	65°		70°		75°		80°		85°		90° C	
	HNO_3	H_2O	HNO_3	H_2O	HNO_3	H_2O	HNO_3	H_2O	HNO_3	H_2O	HNO_3	H_2O
20	0,19	162	0,27	200	0,38	250	0,53	307	0,74	378	1,01	458
25	0,40	151	0,54	187	0,77	234	1,05	287	1,44	352	1,95	426
30	0,71	140	1,00	174	1,38	217	1,87	267	2,53	325	3,38	393
35	1,18	127	1,63	159	2,26	198	3,07	243	4,15	297	5,50	359
40	2,05	114	2,80	143	3,80	178	5,10	218	6,83	268	9,0	325
45	3,47	100	4,65	126	6,20	158	8,15	195	10,7	240	13,7	292
50	5,46	88	7,25	110	9,6	138	12,5	170	16,3	211	20,9	258
55	8,18	76	10,7	95	13,9	120	18,0	148	23,0	182	29,4	223
60	13,0	64	16,8	81	21,8	102	27,5	126	34,8	156	43,7	192
65	21,7	54,5	27,5	68	35,0	86	43,5	106	54,5	131	67,5	160
70	34,5	44,5	43,3	56	54,5	70	67,5	86	83	107	103	130
80	85	25	106	31	130	38	158	48	192	60	230	73
90	192	8	232	10	282	13	338	16	405	20	480	24
100	358	—	460	—	540	—	625	—	720	—	820	—

% HNO_3	95°		100°		105°		110°		115°		120°		125° C	
	HNO_3	H_2O	HNO_3	H_2O	HNO_3	H_2O	HNO_3	H_2O	HNO_3	H_2O	HNO_3	H_2O	HNO_3	H_2O
20	1,37	555	1,87	675	2,50	800	—	—	—	—	—	—	—	—
25	2,62	517	3,50	628	4,65	745	—	—	—	—	—	—	—	—
30	4,53	478	6,05	580	7,90	690	—	—	—	—	—	—	—	—
35	7,32	436	9,7	530	12,7	631	16,5	755	—	—	—	—	—	—
40	11,7	394	15,5	480	20,0	573	25,7	688	32,5	810	—	—	—	—
45	17,8	355	23,0	430	29,2	520	37,0	625	46	740	—	—	—	—
50	26,8	315	34,2	383	43,0	463	54,5	560	67	665	84	785	—	—
55	37,3	272	47	331	58,5	400	73	485	90	575	110	685	—	—
60	55,0	233	69,5	285	84,5	345	103	417	126	495	156	590	187	700
65	83,5	195	103	238	124	288	152	345	181	410	218	490	260	580
70	125	158	152	192	183	231	221	270	262	330	312	393	372	469
80	278	89	330	108	392	129	465	155	545	185	640	219	—	—
90	570	29	675	35	790	42	—	—	—	—	—	—	—	—

332211 d_1 Gesamtdruck (Partialdruck des H_2O) in Torr über wässerigen Lösungen von H_2SO_4 in Abhängigkeit von Konzentration und Temperatur.

Konzentrationsangabe: Gewichtsprozent H_2SO_4 in der flüssigen Phase. Die Werte für die Konzentrationen von 10...90% und die Temperaturen von 0...15° C und für die Konzentrationen von 75...95% und die Temperaturen von 20...290° C sind nach der Gleichung $\log p_{Torr} = A - \frac{B}{T}$ von Collins[1] berechnet. Die Konstanten A und B sind am Schluß angegeben. Vgl. auch 332211 i.

% H_2SO_4	0°	5°	10°	15°	20°	25° C
10	4,38	6,30	8,80	12,3	16,768	22,714
20	4,02	5,87	8,05	11,3	15,435	20,909
25	3,72	5,33	7,46	10,5	14,453	19,602
30	3,43	4,94	6,91	9,65	13,155	17,867
35	3,06	4,40	6,23	8,65	11,576	15,753
40	2,55	3,69	5,22	7,27	9,839	13,424
45	2,07	2,99	4,19	5,85	7,998	10,953
50	1,55	2,26	3,19	4,50	6,174	8,482
55	1,08	1,60	2,26	3,19	4,438	6,130
60	0,686	1,03	1,46	2,05	2,824	3,944
65	0,377	0,558	0,800	1,15	1,614	2,305
70	0,154	0,235	0,342	0,506	0,596	0,879
75	0,0550	0,0867	0,128	0,195	0,284	0,408
80	0,0144	0,0230	0,0358	0,0555	0,0835	0,124
85	0,00418	0,00680	0,0108	0,0169	0,0257	0,0390
90	—	0,00118	0,00196	0,00318	0,00497	0,00765

[1] Collins: J. phys. Chem. 37 (1933).

332211 d_1 (Fortsetzung).

% H_2SO_4	30°	35°	40°	45°	50°	55° C
10	30,420	40,324	52,886	68,717	88,440	112,808
20	28,002	37,161	48,737	63,398	81,594	104,194
25	26,283	34,925	45,860	59,660	76,876	98,176
30	23,992	31,888	41,933	54,629	70,493	90,152
35	21,192	28,218	37,230	48,591	62,814	80,476
40	18,106	24,169	31,920	41,762	54,118	69,502
45	14,828	19,867	26,277	34,502	44,867	57,702
50	11,519	15,522	20,634	27,171	35,431	45,902
55	8,369	11,304	15,158	20,055	26,365	34,220
60	5,441	7,382	9,958	13,298	17,577	23,010
65	3,214	4,429	6,085	8,194	10,916	14,514
70	1,305	1,856	2,656	3,666	4,996	6,844
75	0,580	0,822	1,14	1,57	2,20	2,95
80	0,183	0,265	0,381	0,540	0,770	1,06
85	0,0585	0,0860	0,125	0,181	0,260	0,367
90	0,0117	0,0179	0,0265	0,0395	0,0580	0,0840
95	—	0,00150	0,00235	0,00370	0,00580	0,00877

% H_2SO_4	60°	65°	70°	75°	80°	85° C
10	142,826	179,250	223,417	276,379	339,476	414,522
20	131,920	165,750	206,591	255,853	314,264	384,170
25	124,450	156,375	195,140	241,688	297,574	363,790
30	114,440	144,000	179,949	223,185	277,847	336,473
35	102,339	129,000	161,487	200,924	247,860	303,954
40	88,594	111,938	140,454	174,905	216,256	265,797
45	73,804	93,563	117,785	146,863	182,166	224,171
50	58,864	74,813	94,649	118,531	147,366	182,546
55	44,222	56,436	71,512	89,910	112,567	139,619
60	29,880	38,250	48,843	61,867	77,767	97,126
65	18,974	24,563	31,549	40,474	51,134	64,173
70	9,263	12,188	15,892	20,815	26,633	33,821
75	3,98	5,30	7,02	9,26	12,0	15,6
80	1,47	2,00	2,68	3,60	4,77	6,35
85	0,411	0,707	0,960	1,31	1,77	2,37
90	0,120	0,169	0,236	0,327	0,450	0,618
95	0,0133	0,0196	0,0288	0,0415	0,0606	0,0879

% H_2SO_4	90°	95°	100°	105°	110°	115° C
10	502,665	606,008	726,560	866,232	1027,70	1212,21
20	465,859	562,269	674,120	804,617	954,600	1125,98
25	441,672	533,110	639,920	763,842	907,300	1072,73
30	409,072	494,442	594,320	710,382	844,950	999,184
35	370,163	448,167	539,600	646,049	770,775	912,960
40	324,419	394,286	475,760	571,749	681,550	808,984
45	274,468	334,065	403,560	485,670	581,575	691,060
50	223,991	273,211	331,360	400,496	480,525	573,136
55	171,937	211,089	256,880	310,792	375,175	448,872
60	119,882	147,699	180,880	220,182	266,600	319,536
65	79,922	99,522	122,360	149,506	182,750	220,632
70	43,117	53,882	67,640	84,267	103,200	125,532
75	20,0	25,7	32,0	40,0	50,0	62,0
80	8,30	10,8	13,9	17,6	22,5	28,3
85	3,14	4,18	5,39	6,95	9,00	11,4
90	0,823	1,12	1,49	1,93	2,52	3,23
95	0,123	0,172	0,237	0,321	0,437	0,590

332211 d_1 (Fortsetzung).

% H_2SO_4	120°	125°	130°	135°	140°	145° C
25	1261,18	1476,37	1720,07	1994,95	2306,21	2655,68
30	1176,31	1378,87	1608,64	1868,21	2162,58	2493,60
35	1076,55	1263,97	1476,95	1718,00	1991,85	2300,35
40	955,938	1124,69	1316,90	1534,94	1783,18	2063,45
45	818,950	966,255	1132,53	1323,71	1539,28	1786,04
50	680,473	806,083	948,168	1110,13	1295,38	1505,51
55	534,551	635,465	749,620	868,390	1032,51	1203,16
60	382,673	456,142	540,942	636,037	747,960	875,877
65	265,042	318,603	378,862	448,277	528,450	620,283
70	153,367	184,546	222,860	265,211	317,070	374,040
75	76,5	94,5	117	142	173	208
80	35,6	44,7	56,0	69,0	85,5	104
85	14,5	18,3	23,2	29,1	36,3	44,3
90	4,19	5,43	6,97	8,85	11,2	13,9
95	0,788	1,07	1,42	1,87	2,40	3,11

% H_2SO_4	150°	155°	160°	165°	170°	175° C
65	728,280	—	—	—	—	—
70	442,680	564	665	790	—	—
75	248	299	354	422	496	585
80	127	157	188	226	267	319
85	54,6	68,2	82,0	99,5	119	143
90	17,5	21,9	27,7	33,2	39,8	48,4
95	4,02	5,13	6,47	8,39	10,3	12,9

% H_2SO_4	180°	185°	190°	195°	200°	205° C
75	685	810	—	—	—	—
80	378	450	535	637	735	—
85	169	206	245	291	340	402
90	59,0	71,2	85,0	102	120	143
95	15,9	20,2	24,8	30,7	36,7	45,3

% H_2SO_4	210°	215°	220°	225°	230°	235° C
85	472	557	647	750	—	—
90	170	203	240	279	326	380
95	55,0	66,9	79,8	95,5	115	137

% H_2SO_4	240°	245°	250°	255°	260°	265° C
90	450	520	604	700	800	—
95	164	193	229	268	314	363

% H_2SO_4	270°	275°	280°	285°	290° C	
95	430	500	580	682	790	

332211 d_1 (Fortsetzung).

Konstanten A und B der Dampfdruckgleichung und Kochpunkt in °C.

	% H_2SO_4							
	10	20	30	35	40	45	50	55
A	8,925	8,922	8,864	8,873	8,844	8,809	8,832	8,827
B	2259	2268	2271	2286	2299	2322	2357	2400
Kochpunkt . .	102	104	108	110	114	118	123	130

	% H_2SO_4							
	60	65	70	75	80	85	90	95
A	8,841	8,853	9,032	9,034	9,293	9,239	9,255	9,790
B	2458	2533	2688	2810	3040	3175	3390	3888
Kochpunkt . .	140	151	165	182	202	225	255	290

332211 d_2 und 332211e folgen auf S. 892.

332211f Partialdruck des H_2O (Gesamtdruck) in Torr über wässerigen Lösungen von H_3PO_4 in Abhängigkeit von Konzentration und Temperatur.

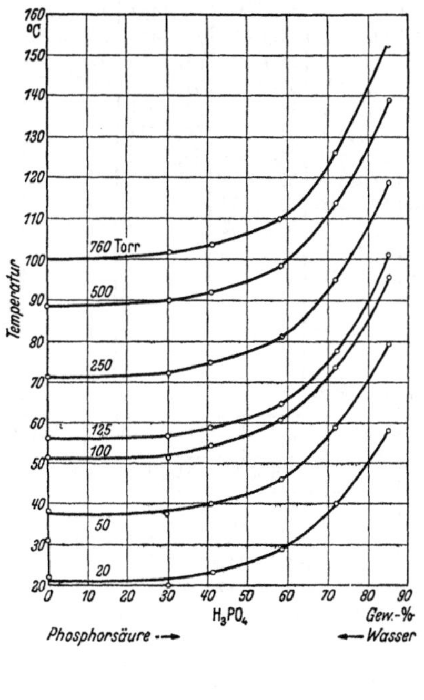

332211 d_2 Siedepunkt Kp. in °C von Schwefelsäure in Abhängigkeit von der Konzentration[1].

% H_2SO_4	l-Gew. in g	Kp. in °C	% H_2SO_4	l-Gew. in g	Kp. in °C	% H_2SO_4	l-Gew. in g	Kp. in °C
5	1031	101	56	1459	133	82	1758	218,5
10	1069	102	60	1503	141,5	84	1773	227
15	1107	103,5	62,5	1530	147	86	1791	238,5
20	1147	105	65	1557	153,5	88	1807	251,5
25	1184	106,5	67,5	1585	161	90	1818	262,5
30	1224	108	70	1615	170	91	1824	268
35	1265	110	72	1639	174,5	92	1830	274,5
40	1307	114	74	1661	180,5	93	1834	281,5
45	1352	118,5	76	1688	189	94	1837	288,5
50	1399	124	78	1710	199	95	1840	295
53	1428	128,5	80	1733	207			

332211 e Partialdrucke in Torr von H_2O und SO_2 über wässerigen Lösungen von SO_2 in Abhängigkeit von Konzentration und Temperatur[2].
Konzentrationsangabe: Gewichtsprozente SO_2 in der flüssigen Phase.

% SO_2	10°		20°		30°		40°		50°		60°		70° C	
	H_2O	SO_2	H_2O	SO_2	H_2O	SO_2	H_2O	SO_2	H_2O	SO_2	H_2O	SO_2	H_2O	SO_2
0,000	9,2	—	17,5	—	31,8	—	55,3	—	92,5	—	149,4	—	234	—
0,497	9,2	21	17,5	29	31,7	42	55,2	60	92,3	83	149,2	111	234	144
0,99	9,2	42	17,4	59	31,7	85	55,1	120	92,2	164	149,0	217	233	281
1,477	9,2	64	17,4	90	31,6	129	55,0	181	92,0	247	148,8	328	233	426
1,902	9,1	86	17,4	123	31,6	176	55,0	245	91,9	333	148,6	444	233	581
2,438	9,1	108	17,4	157	31,5	224	54,9	311	91,8	421	148,3	562	232	739
2,912	9,1	130	17,3	191	31,5	273	54,7	378	91,6	511	148,1	682	232	897
3,381	9,1	153	17,3	227	31,5	324	54,7	447	91,5	603	147,9	804		
3,846	9,1	176	17,3	264	31,4	376	54,6	518	91,4	698				
4,306	9,1	199	17,3	300	31,4	428	54,5	588	91,2	793				
4,761	9,1	223	17,2	338	31,3	482	54,4	661						
5,213	9,0	247	17,2	375	31,3	536	54,4	733						
5,66	9,0	271	17,2	411	31,2	588	54,3	804						
6,103	9,0	295	17,2	448	31,2	642								
6,542	9,0	320	17,1	486	31,1	698								
6,976	9,0	345	17,1	524	31,1	752								
7,407	9,0	370	17,1	562	31,0	806								
7,834	9,0	395	17,0	600										
8,201	9,0	421	17,0	638										
8,675	8,9	447	17,0	676										
9,09	8,9	473	17,0	714										
9,411	8,9	499	17,0	751										
9,91	8,9	526	16	789										
10,313	8,9	553												
10,714	8,9	580												
11,111	8,9	608												
11,504	8,8	635												
11,894	8,8	662												
12,28	8,8	689												
12,663	8,8	716												
13,043	8,8	743												
13,419	8,8	771												
13,793	8,8	799												

% S	80°		90°		100°		110°		120°		130° C	
	H_2O	SO_2	H_2O	SO_2	H_2O	SO_2	H_2O	SO_2	H_2O	SO_2	H_2O	SO_2
0,000	355	—	526	—	760	—	1074	—	1489	—	2026	—
0,497	354	182	525	225	758	274	1072	326	1486	377	2024	420
0,99	354	365	524	445	757	548	1071	661	1484	775	2022	879
1,477	353	543	523	684	756	850	1070	1032				
1,902	353	746	523	940								
2,438	352	956										

[1] Diese Kp-Werte liegen höher als die nach Tabelle 332211 d_1.
[2] Aus „International Critical Tables", Bd. 3, S. 302.

332211g Gesamtdruck und Partialdrucke in Torr von CH_3COOH, $(CH_3COOH)_2$ und H_2O über wässerigen Lösungen von CH_3COOH in Abhängigkeit von Konzentration bei Temperaturen von 42° C und 80,09° C.

Konzentrationsangabe: Gewichtsprozente CH_3COOH in der flüssigen Phase. Vgl. auch 332211.

% CH_3COOH	Gesamtdruck	CH_3COOH	$(CH_3COOH)_2$	H_2O
		$\vartheta = 42{,}00°$ C.		
18,35	60,2	1,1	0,8	58,3
49,62	58,0	2,7	3,9	51,4
65,10	55,4	4,2	7,0	44,2
80,40	52,8	4,4	13,2	35,2
95,12	47,2	4,6	26,2	16,4
100,00	38,5	6,5	32,0	—
		$\vartheta = 80{,}09°$ C.		
18,45	352,1	9,0	3,3	339,8
34,89	344,6	16,1	9,0	319,5
49,38	337,2	20,2	18,0	299,0
66,17	323,6	28,0	33,0	262,6
79,99	303,5	38,0	59,6	205,9
96,00	246,7	54,9	117,0	74,8
100,00	208,3	56,1	152,2	—

332211h...k Siedepunktskurve und Dampfzusammensetzung, h: HNO_3—H_2O, i: H_2O—H_2SO_4, k: CH_3COOH—H_2O bei 760 Torr.

h

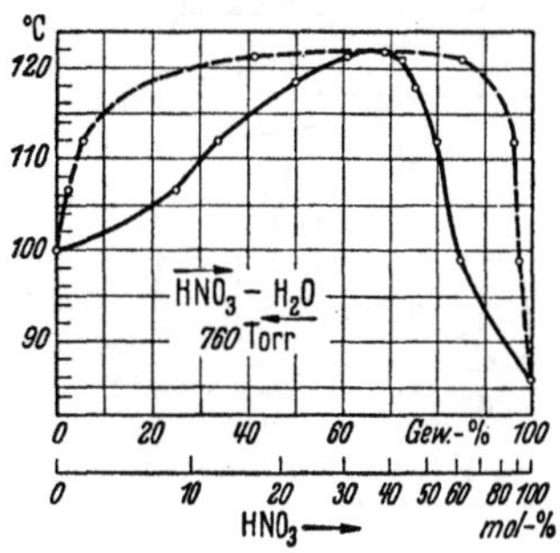

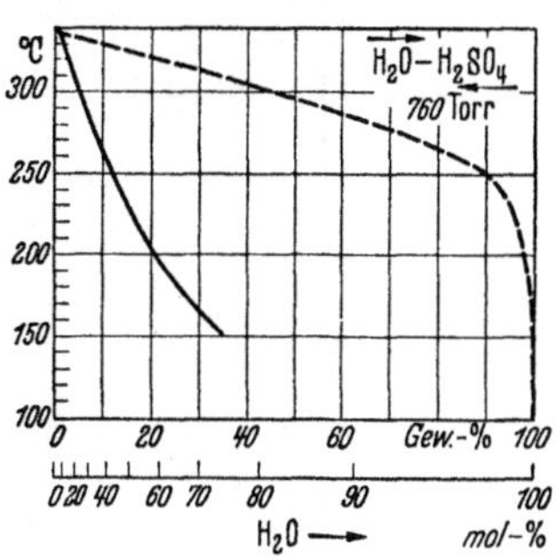

i

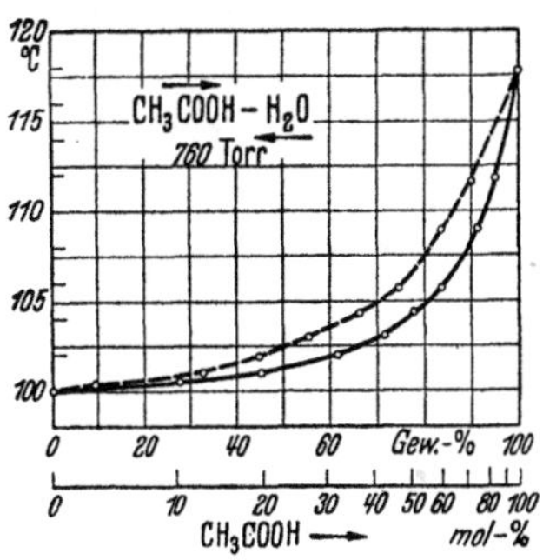

k

332212 Sättigungsdrucke und Dampfzusammensetzung, Siedekurven und Schmelzkurve für das System Ammoniak—Wasser in Abhängigkeit von der Zusammensetzung.

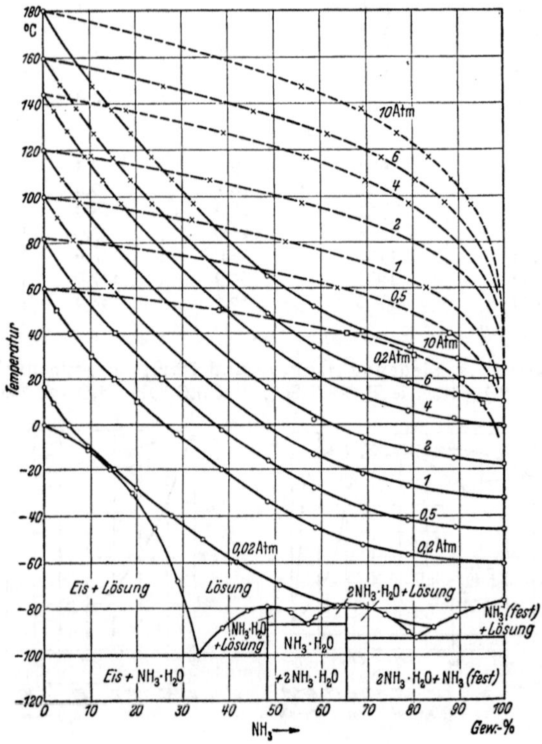

332213 Salzlösungen.

332213a Dampfdrucke p in Torr über gesättigten wässerigen Salzlösungen.

(Für Löslichkeiten vgl. 332611 und 332615.)

Es sind die Temperaturen ϑ in °C angegeben, bei denen der in der Kolonnenüberschrift angegebene Druck vorhanden ist.

Formel des gelösten Stoffes	p in Torr									Bodenkörper
	20	30	50	100	500	760	1520	3800	7600	
	ϑ in °C									
LiCl	64,62	73,06	88,96	105,8	153,4	168,6	195,4	236,9	273,5	
Li_2SO_4	24,7	31,7	41,0	54,5	92,3	103,8	—	—	—	
NaCl	26,82	34,2	43,71	57,49	96,8	—	—	—	—	
Na_2SO_3	23,5	30,9	40,8	55,4	94,9	106,8	128,3	160,7	188,9	$Na_2SO_3 \cdot 7\,H_2O$
Na_2SO_3	24,2	31,1	40,3	53,7	89,7	100,3	119,5	148,1	172,6	Na_2SO_3
Na_2SO_4	23,4	31,3	—	—	—	—	—	—	—	$Na_2SO_4 \cdot 10\,H_2O$
Na_2SO_4	25,3	31,9	40,9	53,9	91,5	104,8	123,1	154,2	182,9	Na_2SO_4
$NaNO_3$	27,4	35,1	44	59	102	119	—	—	—	
$Na_4P_2O_7$	22,6	—	—	—	—	—	—	—	—	$Na_4P_2O_7 \cdot 10\,H_2O$
Na_2HPO_4	22,9	—	—	—	—	—	—	—	—	$Na_2HPO_4 \cdot 12\,H_2O$
Na_2CO_3	—	31,7	—	—	—	—	—	—	—	$Na_2CO_3 \cdot 10\,H_2O$
Na_2CO_3	24,5	32,8	—	—	—	—	—	—	—	$Na_2CO_3 \cdot 7\,H_2O$
Na_2CO_3	—	35	42,4	56,3	91,9	—	—	—	—	$Na_2CO_3 \cdot H_2O$
Na_2CO_3	—	—	—	—	—	104,8	123,5	149,7	181,8	Na_2CO_3
KCl	24,5	32,3	41,8	55,4	95,5	—	—	—	—	
$KClO_3$	—	—	—	52,4	91,52	—	—	—	—	
K_2SO_4	22,2	29,5	38,6	52	90,3	—	—	—	—	
$Na_2S_2O_3$	—	—	53,9	—	—	—	—	—	—	$Na_2S_2O_3 \cdot 5\,H_2O$
KNO_3	24,8	30,6	39,3	55,3	99,9	115,6	—	—	—	
KH_2PO_4	22,7	30,2	39,3	—	—	—	—	—	—	
NH_4Br	—	—	—	—	95,6	116,5	141,6	—	—	
NH_4Cl	26,1	38,8	43,7	—	—	—	—	—	—	
$(NH_4)_2SO_4$	25,6	32,6	42,3	—	—	—	—	—	—	
NH_4NO_3	28	42	52,9	76	—	—	—	—	—	
$NH_4 \cdot H_2PO_4$	23,3	30,4	40	—	—	—	—	—	—	
$MgCl_2$	41,7	50,8	62,3	79,5	—	—	—	—	—	
$MgSO_4$	—	30	40,8	55,1	95,4	—	—	—	—	
$Mg(NO_3)_2$	33,9	42,6	54,8	76,3	—	—	—	—	—	$Mg(NO_3)_2 \cdot 6\,H_2O$
$CaHPO_4 \cdot 2\,H_2O$	22,8	30,1	39	—	—	—	—	—	—	
$CuCl_2 \cdot 2\,H_2O$	28,9	36,1	—	—	—	—	—	—	—	
$CuSO_4$	22,6	29,5	38,7	—	—	—	—	—	—	$CuSO_4 \cdot 5\,H_2O$
$CuSO_4$	—	—	—	—	91,74	—	—	—	—	$CuSO_4 \cdot 3\,H_2O$
$ZnSO_4$	23,9	31,4	—	—	—	—	—	—	—	$ZnSO_4 \cdot 7\,H_2O$
$CdBr_2$	24	31,6	41,5	—	—	—	—	—	—	$CdBr_2 \cdot 4\,H_2O$
$CdSO_4$	23,9	30,8	—	—	—	—	—	—	—	$CdSO_4 \cdot {}^8/_3\,H_2O$
$TlNO_3$	—	—	—	—	—	104,5	—	—	—	
Weinsäure	24,25	32,43	43,27	—	—	—	—	—	—	
Weins. Na $\cdot 2\,H_2O$	23,7	30,6	—	—	—	—	—	—	—	
Weins. K $\cdot {}^1/_2\,H_2O$	27,3	34,6	—	—	—	—	—	—	—	
Weins. NaK $\cdot 4\,H_2O$	24,3	31,7	41	—	—	—	—	—	—	
Resorcin	24,94	32,89	—	—	—	—	—	—	—	
Harnstoff	26,6	34,8	46,1	—	—	—	—	—	—	

332213b Siedetemperatur in °C wässeriger Lösungen bei 760 Torr in Abhängigkeit von der Konzentration.

(Gramm der in der Spalte „Stoff" angegebene Formel auf 100 g Wasser.)

Stoff	g Stoff auf 100 g H_2O									Sättigung		
	10	25	50	75	100	500	1000	1500	3000	Temperatur	Konzentration	Bodenkörper
	Temperatur in °C											
LiCl	103,0	109,5	125,0	140,9	152,0	—	—	—	—	168,6	151,0	LiCl
$LiCl \cdot 2H_2O$	101,5	103,9	108,0	112,2	116,3	—	—	—	—	—	—	
NaOH	—	108,1	119,5	132,5	142,5	217,4	250,0	264,1	285,3	—	—	
NaCl	101,6	104,6	—	—	—	—	—	—	—	108,8	40,7	NaCl
Na_2SO_4	100,6	101,6	—	—	—	—	—	—	—	103,2	46,7	Na_2SO_4
$Na_2S_2O_3$	—	101,8	104,1	106,8	109,6	—	—	—	—	126,0	348,0	$Na_2S_2O_3 \cdot 5H_2O$
$Na_2S_2O_3 \cdot 5H_2O$	—	101,1	102,0	102,9	103,7	110,7	113,5	114,6	—	—	—	bez. $2H_2O$
$NaNO_3$	101,1	102,7	105,2	107,6	110,1	—	—	—	—	120,0	222,0	$NaNO_3$
Na_2HPO_4	100,6	101,5	102,9	104,4	105,9	—	—	—	—	106,5	110,5	
Na_2CO_3	101,0	102,4	104,9	—	—	—	—	—	—	105,0	51,2	$Na_2CO_3 \cdot 1H_2O$
$Na_2CO_3 \cdot 10H_2O$	—	—	101,3	101,9	102,3	104,3	104,9	—	—	—	—	
$Na_2B_4O_7$	100,6	101,6	102,6	103,5	104,3	—	—	—	—	—	—	
$Na_2B_4O_7 \cdot 10H_2O$	—	—	101,3	101,6	102,0	103,5	104,1	104,3	104,4	104,5	5555,5	$Na_2B_4O_7 \cdot 5H_2O$
KOH	—	106,0	116,5	129,0	145,0	312,0	—	—	—	—	—	
KCl	101,1	103,3	107,7	—	—	—	—	—	—	108,5	57,4	KCl
KJ	—	101,3	103,3	105,0	107,1	—	—	—	—	118,5	220,0	KJ
$KClO_3$	100,7	101,8	103,3	—	—	—	—	—	—	104,4	69,2	$KClO_3$
K_2SO_4	100,7	101,7	—	—	—	—	—	—	—	102,1	31,6	K_2SO_4
KNO_3	—	101,7	103,2	104,6	106,0	—	—	—	—	115,0	338,5	KNO_3
K_2CO_3	—	102,2	105,3	108,4	113,1	—	—	—	—	—	—	
NH_4Cl	101,5	104,0	108,9	113,1	—	—	—	—	—	114,8	87,1	NH_4Cl
$(NH_4)_2SO_4$	—	101,6	104,4	105,6	107,1	—	—	—	—	108,2	115,3	$(NH_4)_2SO_4$
NH_4NO_3	101,0	102,5	104,8	107,1	109,3	132,7	150,6	163,0	188,3	—	—	
$MgCl_2$	102,2	106,5	120,4	—	—	—	—	—	—	130,0	62,9	
$MgCl_2 \cdot 6H_2O$	100,9	102,3	104,6	106,6	109,1	—	—	—	—	—	—	
$MgSO_4$	100,6	101,6	104,3	108,0	—	—	—	—	—	108,0	75,0	$MgSO_4 \cdot 6H_2O$ (?)
$MgSO_4 \cdot 7H_2O$	—	—	101,2	101,7	102,3	—	—	—	—	—	—	
$CaCl_2$	—	105,0	113,0	122,0	129,7	—	—	—	—	178,0	305,0	$CaCl_2 \cdot$ (1 oder $2H_2O$)
$Ca(NO_3)_2$	101,0	102,5	105,0	107,5	110,0	—	—	—	—	—	—	
$Ca(NO_3)_2 \cdot 2H_2O$	—	101,9	103,7	105,5	107,0	—	—	—	—	—	—	
$SrCl_2$	—	102,5	106,0	110,7	115,1	—	—	—	—	—	—	
$SrCl_2 \cdot 6H_2O$	—	101,3	102,5	103,7	104,9	114,6	—	—	—	—	—	
$Sr(NO_3)_2$	—	101,0	102,3	103,6	105,2	—	—	—	—	106,3	116,5	
$BaCl_2$	—	102,0	104,0	—	—	—	—	—	—	—	—	
$BaCl_2 \cdot 2H_2O$	—	101,5	103,2	—	—	—	—	—	—	—	—	
$Ba(NO_3)_2$	—	101,0	—	—	—	—	—	—	—	101,1	27,5	$Ba(NO_3)_2$
$AlK(SO_4)_2$	—	100,8	101,9	103,4	105,2	—	—	—	—	—	—	
$MnSO_4$	—	100,8	101,8	—	—	—	—	—	—	102,4	68,4	
$FeSO_4$	—	100,7	101,5	—	—	—	—	—	—	—	—	
$CuSO_4$	—	100,6	101,6	103,5	—	—	—	—	—	104,2	82,2	$CuSO_4 \cdot 5H_2O$
$ZnSO_4$	—	101,0	102,3	—	—	—	—	—	—	105,0	85,7	
$Pb(NO_3)_2$	—	101,0	101,6	102,2	102,8	—	—	—	—	103,5	137,0	
Oxalsäure	—	102,0	104,1	106,5	109,2	139,2	147,5	150,5	154,2	—	—	
Essigs. Na	101,2	103,2	107,3	111,4	115,0	—	—	—	—	125,0	207,0	
Essigs. Na $\cdot 3H_2O$	—	101,7	103,3	104,8	106,2	115,3	117,6	118,8	119,8	—	—	
Essigs. K	101,7	104,1	108,0	112,5	115,1	153,0	—	—	—	161,0	626,0	
Essigs. Pb^{II}	—	—	—	—	101,4	105,4	109,5	112,6	119,0	—	—	
Weinsäure	—	101,5	102,9	104,3	105,7	125,7	140,4	148,1	157,7	—	—	
Weins. Na	—	101,4	102,9	104,4	105,8	—	—	—	—	108,4	146,0	
Weins. Na $\cdot 2H_2O$	—	101,2	102,3	103,3	104,2	—	—	—	—	108,4	273,3	
Weins. K	—	101,5	103,0	104,5	106,0	—	—	—	—	115,0	246,3	
Weins. K $\cdot {}^1/_2 H_2O$	—	101,3	102,8	104,0	105,6	—	—	—	—	—	—	
Weins. K, Na	—	101,4	102,9	104,4	105,9	124,6	138,1	145,6	154,4	—	—	
Weins. K, Na $\cdot 4H_2O$	—	101,0	101,8	102,7	103,6	109,7	111,9	112,7	113,6	—	—	
Citronensäure	—	—	102,0	103,0	104,2	120,6	131,3	137,7	147,3	—	—	

332214 Gesamtdruck (Partialdruck von H_2O) p in Torr über wässerigen Glycerinlösungen in Abhängigkeit von Temperatur und Konzentration.
Konzentrationsangabe: Gewichtsprozente $C_3H_5(OH)_3$ in der flüssigen Phase.

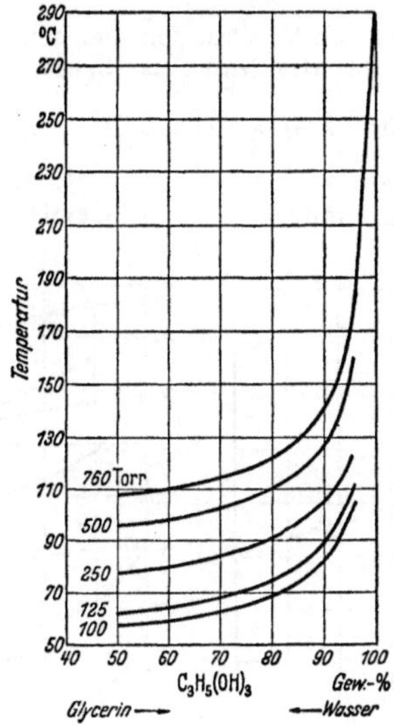

332215 Partialdruck p in Torr des Wassers über wässerigen Lösungen von Rohrzucker in Abhängigkeit von Konzentration und Temperatur.

Konzentrationsangabe: Gewichtsprozente $C_{12}H_{22}O_{11}$ in der flüssigen Phase.

% $C_{12}H_{22}O_{11}$	0°	10°	40°	50°	60°	65°	70°	75°	80° C
0	—	—	55,32	92,51	149,38	187,54	233,7	289,9	355,1
5	—	—	54,86	92,3	149,05	187,1	233,1	289,2	354,7
10	—	—	54,66	92,02	148,8	186,7	232,4	288,4	354,0
15	—	—	54,46	91,74	148,3	186,2	231,7	287,3	353,2
20	—	—	54,26	91,41	148,0	185,6	230,9	286,3	352,3
25	4,615	9,021	54,06	90,94	147,6	185,0	230,0	285,3	350,8
30	4,572	8,966	53,81	90,48	147,1	184,1	229,1	284,1	349,3
35	4,527	8,903	53,57	90,02	146,5	183,0	228,2	282,8	347,7
40	4,376	8,809	53,33	89,51	145,8	181,7	227,1	281,4	346,0
45	4,323	8,705	53,05	88,92	144,8	180,4	225,9	279,6	344,2
50	4,262	8,568	52,73	88,22	143,6	179,0	224,2	277,6	342,0
55	4,177	8,397	52,37	87,44	142,3	177,5	222,3	275,4	339,2
60	4,069	8,19	51,97	86,59	140,7	176,1	220,5	272,9	336,2
65	3,941	7,934	51,55	85,71	138,9	174,3	218,0	269,9	332,7
70	3,735	7,531	51,10	84,57	137,2	172,1	215,5	266,8	328,0
75	—	—	50,49	83,36	135,3	169,7	212,2	262,2	322,3
80	—	—	49,59	82,26	133,4	166,9	208,4	257,1	314,8
85	—	—	48,49	81,0	31,2	164,1	203,6	—	306,9
90	—	—	47,27	78,93	27,7	159,6	—	—	298,9
95	—	—	—	—	—	153,8	—	—	—

32322 Sättigungsdrucke von Mischungen, bei denen beide Komponenten flüchtig sind (Text S. 884).

332221 *Binäre Mischungen mit 2 oder 1 anorganischen Stoff.*

332221a Dampfdrucke von Gemischen von Methylalkohol mit Wasser.

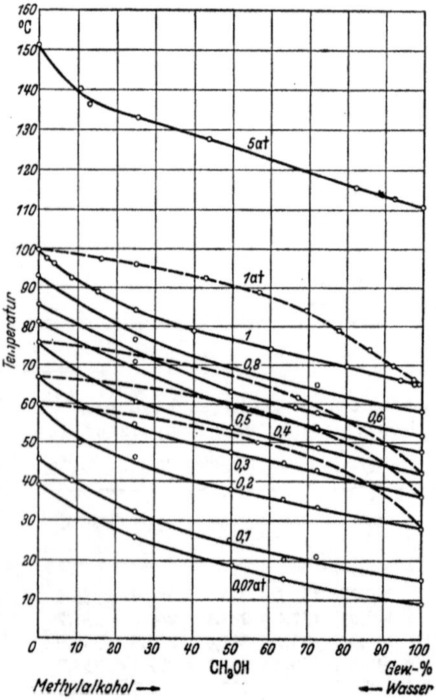

332221b Dampfdrucke von Gemischen von Äthylalkohol mit Wasser.

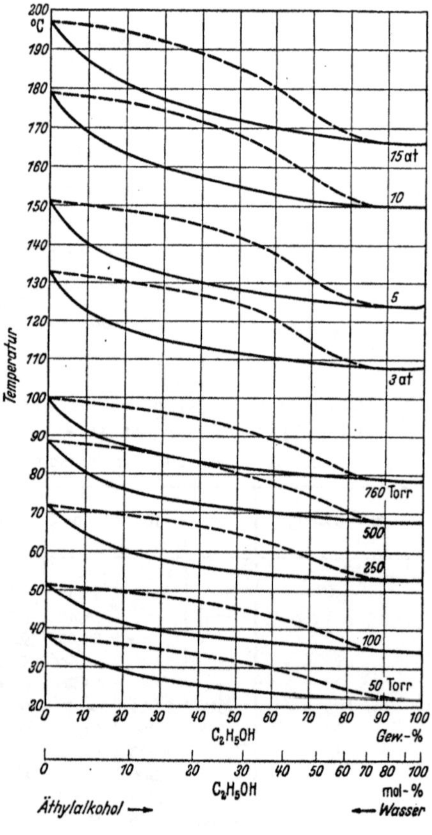

332221 c...k (Fortsetzung).

c
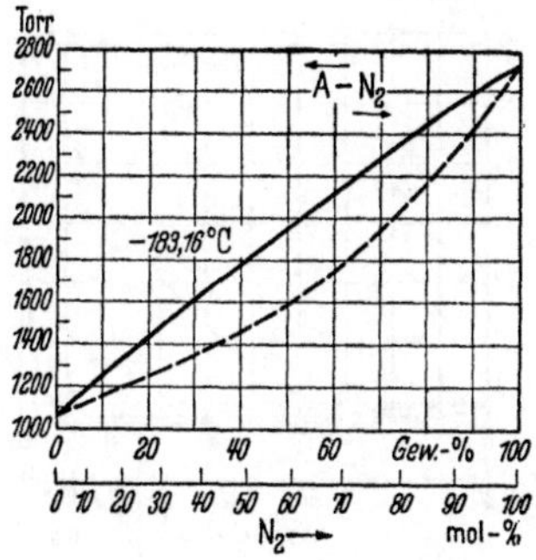

d
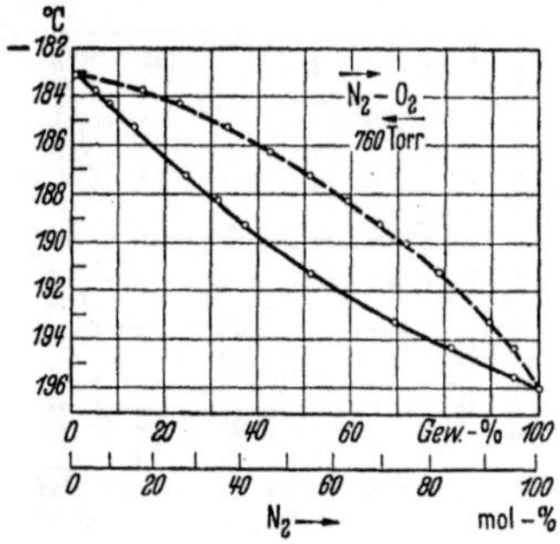

e
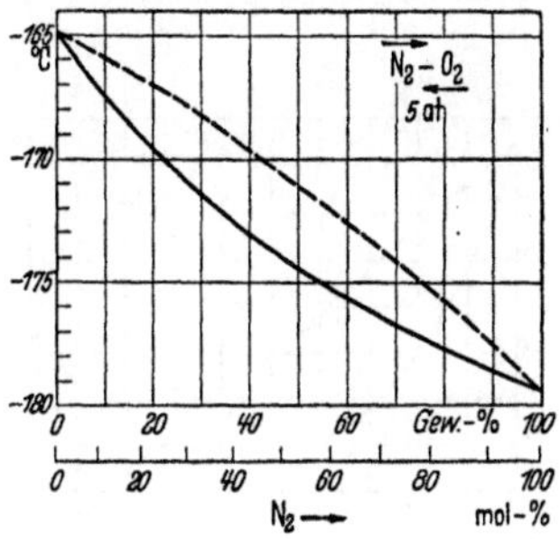

f
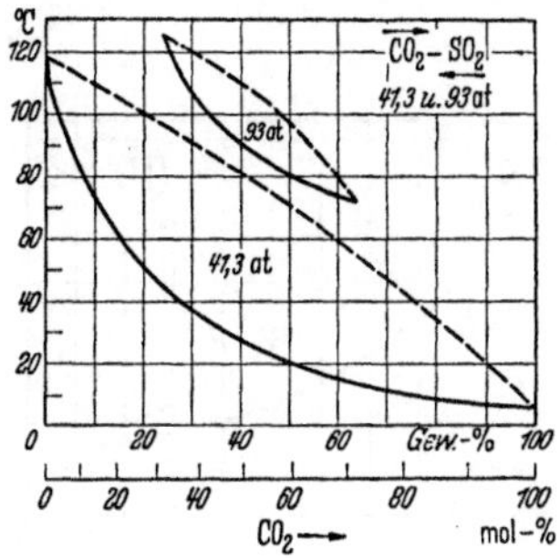

g
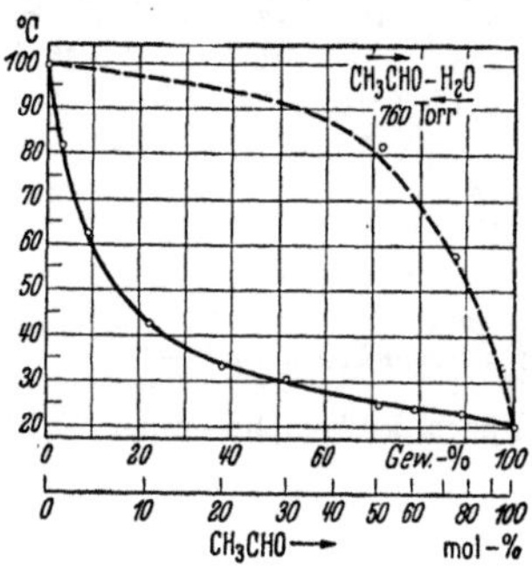

h
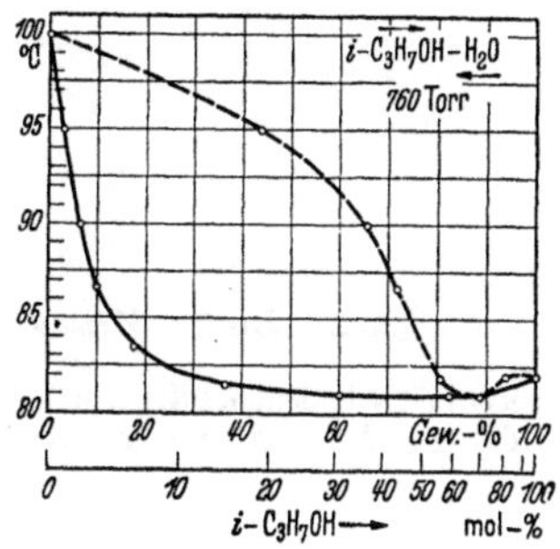

i
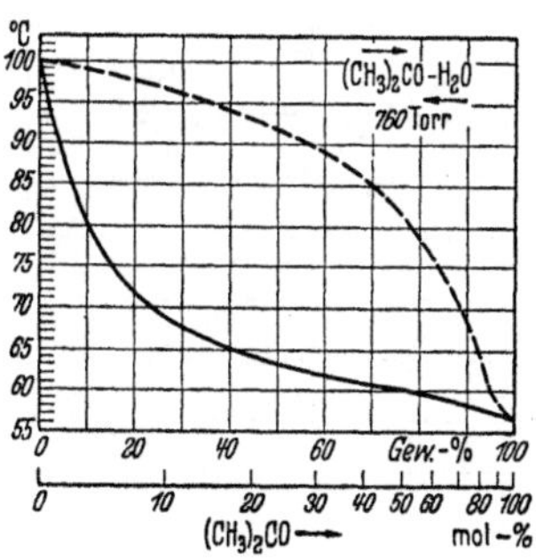

k
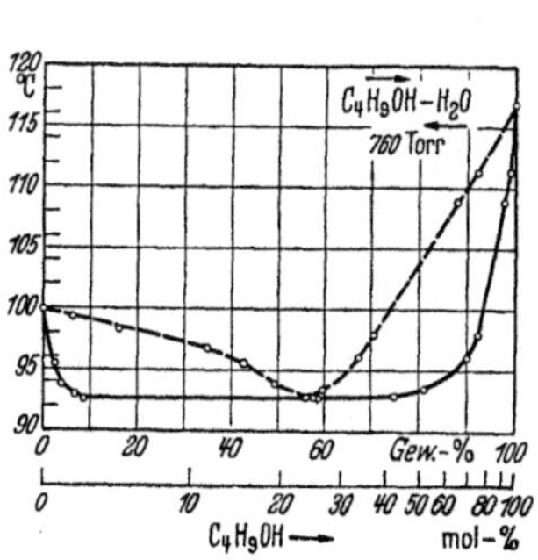

332221 l...o (Fortsetzung).

l 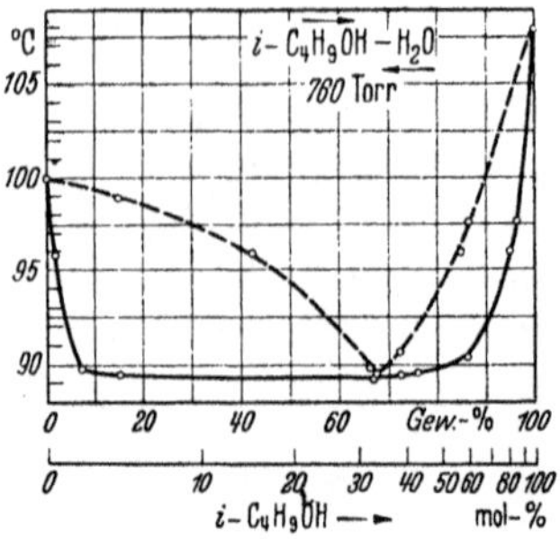

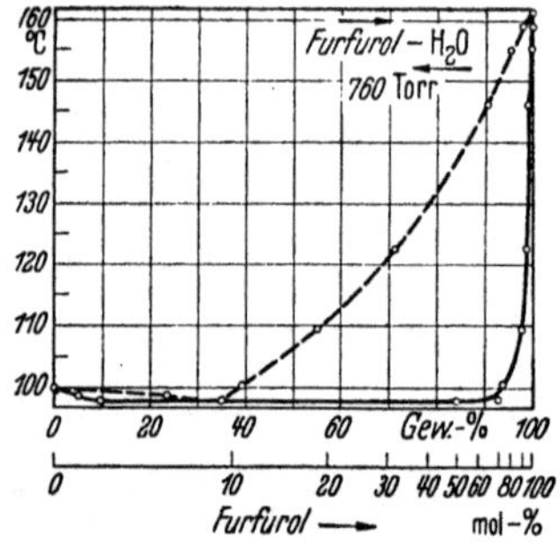 m

n 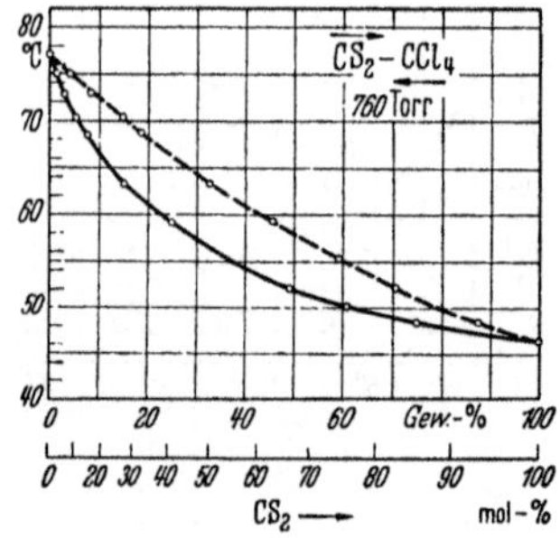

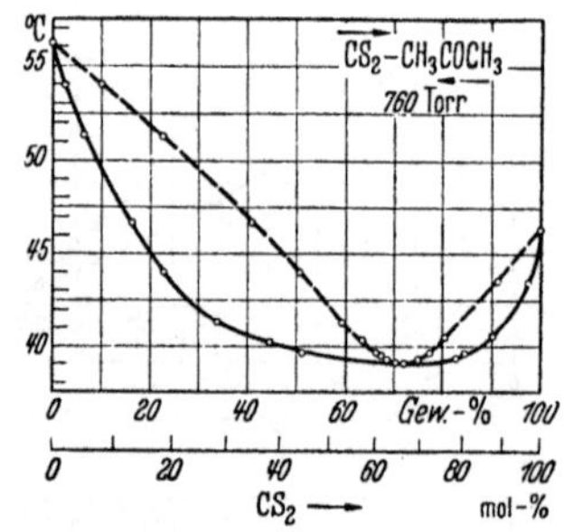 o

332222 Binäre Mischungen aus 2 organischen Stoffen.

Geordnet nach dem Laufschema, und zwar nach der komplizierteren der beiden Verbindungen, die nicht immer links steht.

332222 a und b.

a 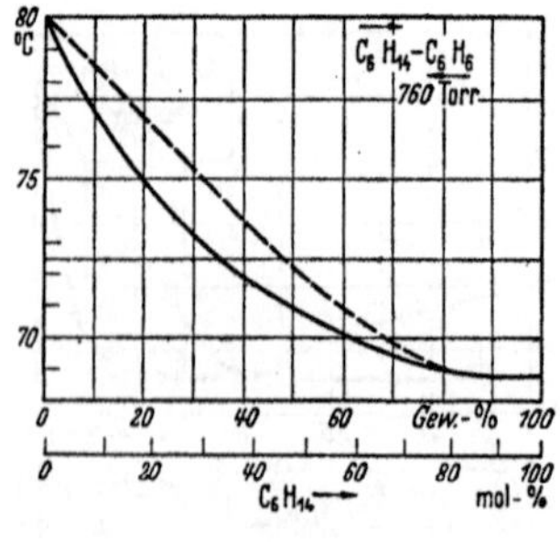

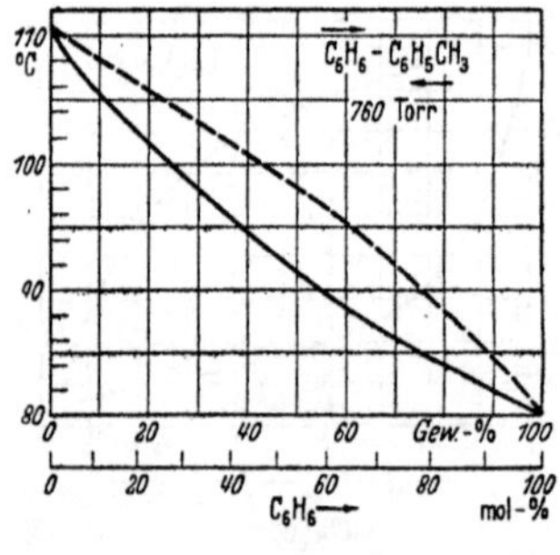 b

332222 c...k (Fortsetzung).

c

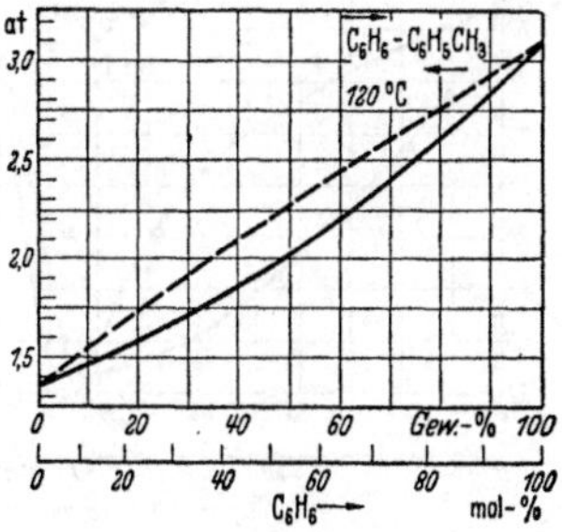

d

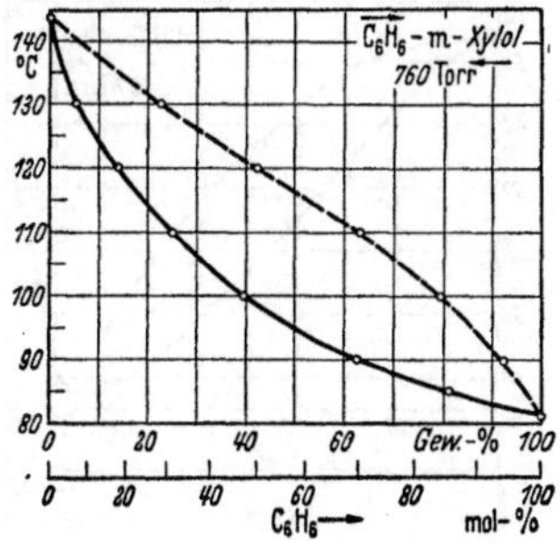

e

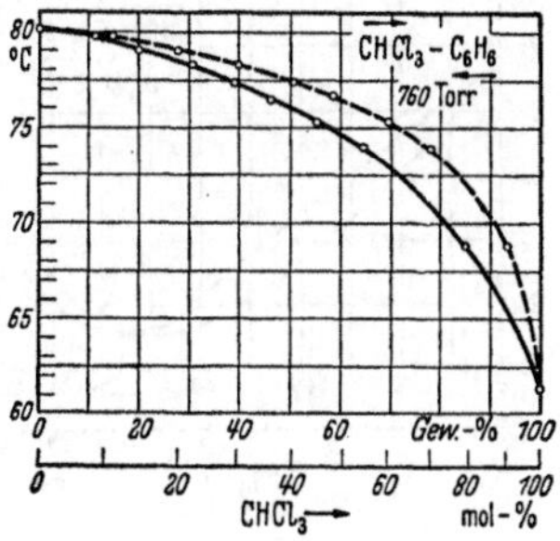

f

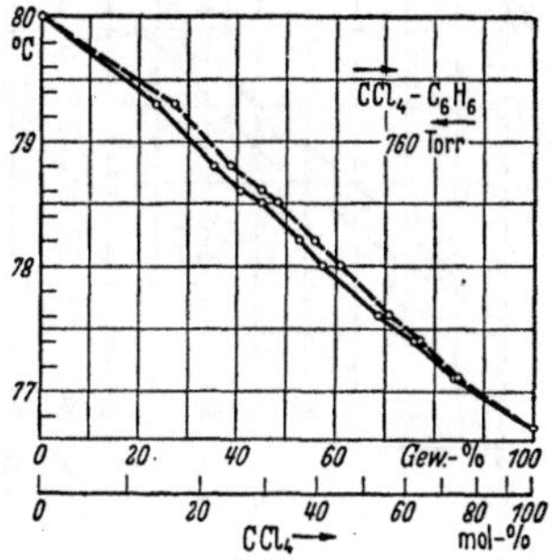

g

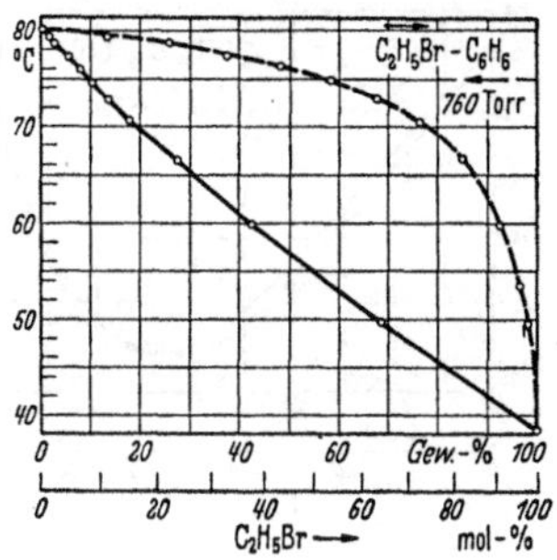

h

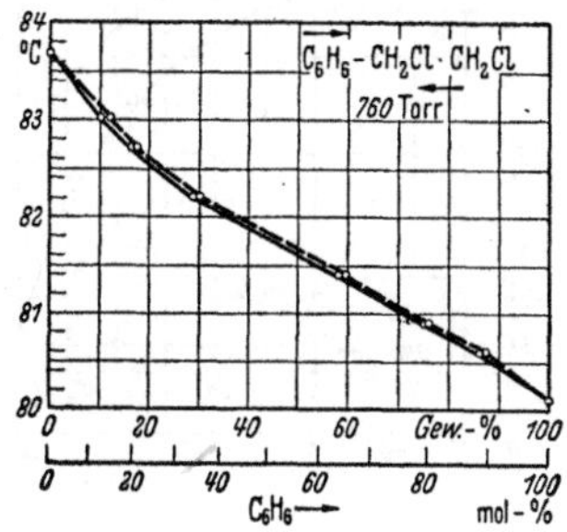

i

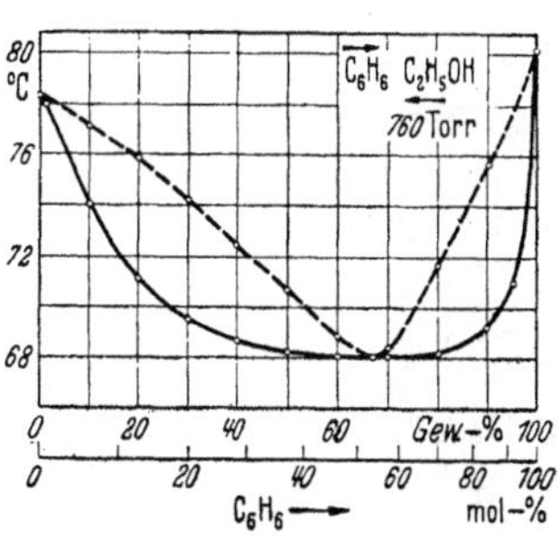

k

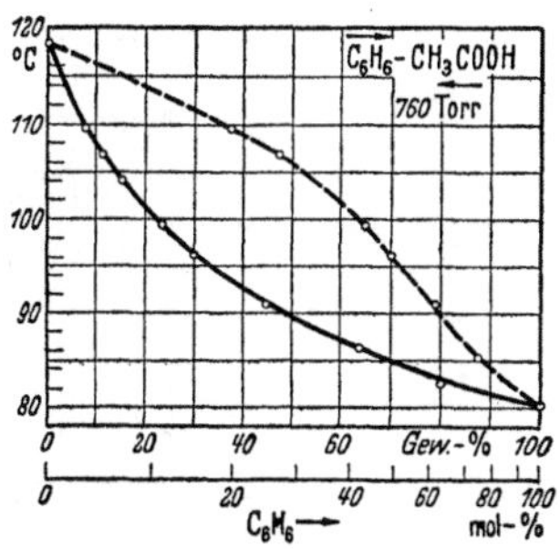

332222 l...r (Fortsetzung).

l
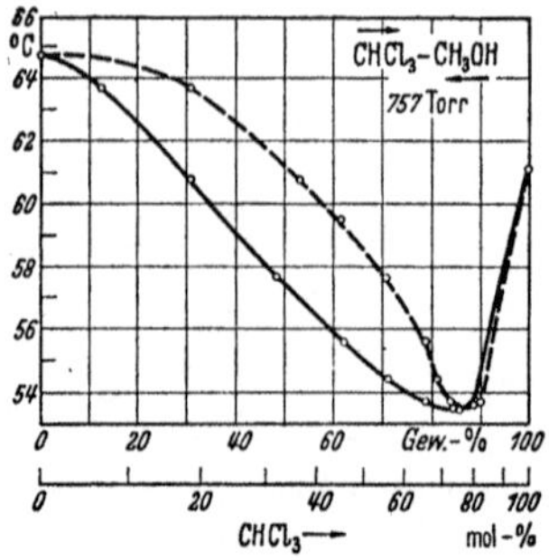

m
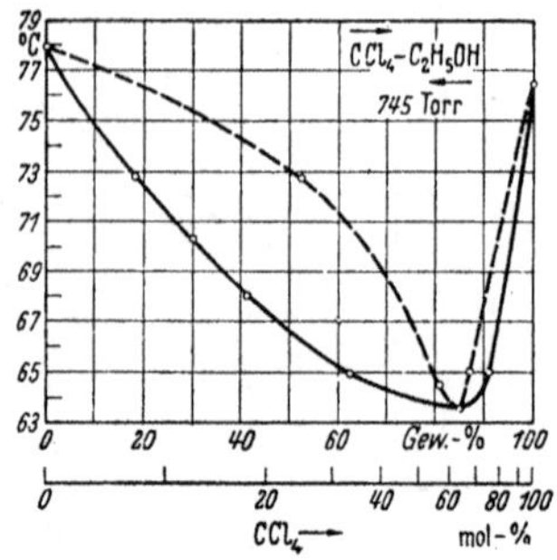

n
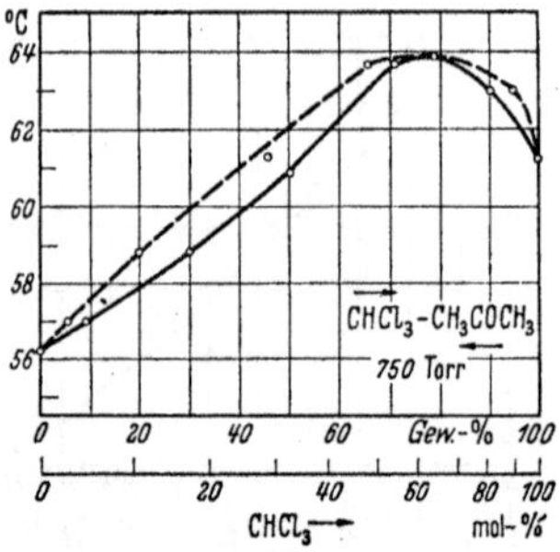

o
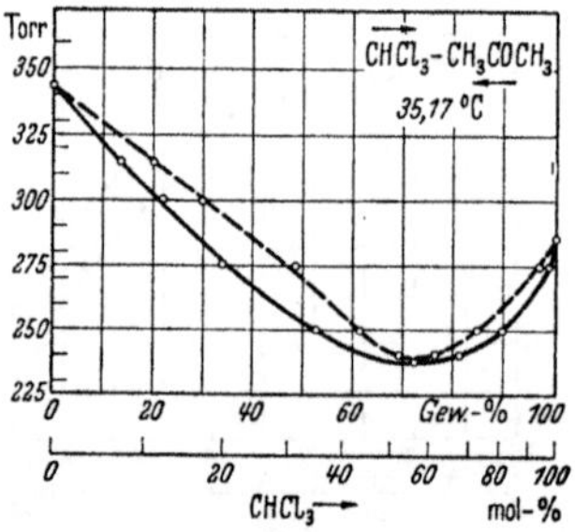

p
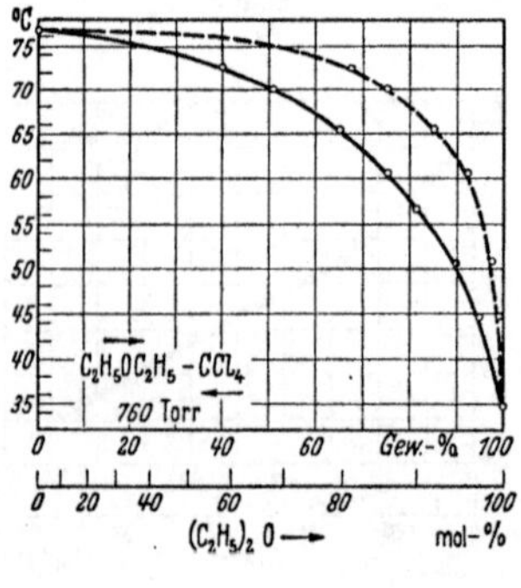

q
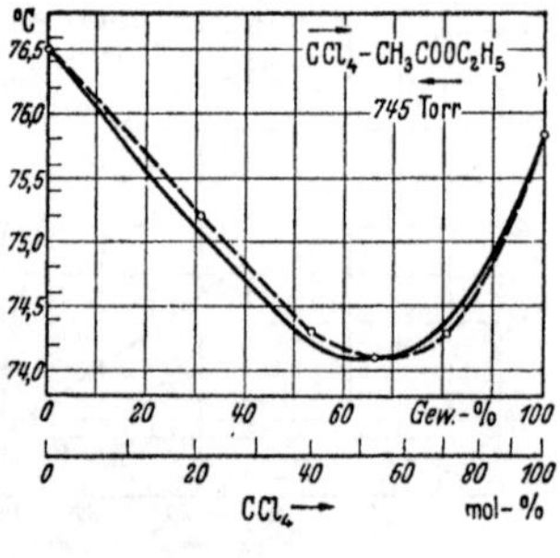

r
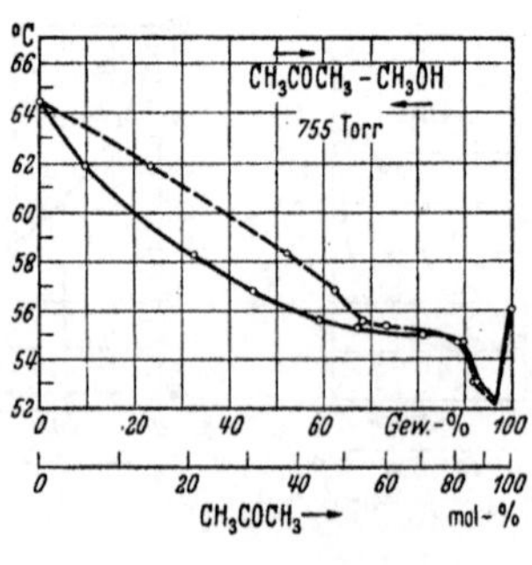

33223 Azeotrope Gemische.

332231 Siedepunkte binärer azeotroper Gemische.

Siedepunkte, Kp., in °C bei 760 Torr in Abhängigkeit von der Zusammensetzung (Gewichtsprozent des erstgenannten Stoffes).

I. Wasser mit anorganischen und organischen Stoffen.

1. Stoff	2. Stoff	Gew.-% des 1. Stoffes	Kp. in °C
Wasser	Bromwasserstoff	52,1	126
	Chlorwasserstoff	79,6	110
	Fluorwasserstoff	66	120
	Jodwasserstoff	43,2	127
	Salpetersäure	32	120,5
	Äthylalkohol s. 332221 b für andere Drucke	4,42	78,15
	i-Amylalkohol	49,6	95,2
	Butylalkohol	36,9	92,4
	sek. Butylalkohol	32	88,5
	i-Butylalkohol	26,2	89,62
	Essigsäureäthylester	7,9	70,4
	Methyläthylketon	11,3	73,6
	Propylalkohol	28,2	87,75
	i-Propylalkohol	12,6	80,3

II. Organische Stoffpaare.

1. Alkohole.

1. Stoff	2. Stoff	Gew.-% des 1. Stoffes	Kp. in °C
Äthylalkohol	Acetal	76	77,95
	Äthylpropyläther	15	60,0
	Benzol	32,4	68,02
	Chloroform	7	59,4
	Cyclohexan	30,5	64,9
	Dichloräthylen (cis)	10	57,7
	Dichloräthylen (trans)	6,1	46,5
	Dimethylacetal	12	61,6
	Essigsäureäthylester	30,6	71,8
	Heptan	48	72,0
	Hexan	21	58,6
	Methyläthylketon	34	74,8
	Nitromethan	73,2	75,95
	n-Propyläther	44	74,5
	Schwefelkohlenstoff	9	42,4
	Tetrachlorkohlenstoff	15,8	64,9
	Trichloräthylen	28	70,8
	Toluol	68	76,8
Äthylenglykol	Äthylanilin	43	183,7
	Anilin	24	180,55
	Anisol	10,5	150,45
	Dibutyläther	10	140,0
	Dimethylanilin	33,5	175,85
	iso-Butyläther	7	121,9
	Methylanilin	40,2	181,6
	Nitrobenzol	59	185,9
	o-Nitrotoluol	48,5	188,55
Amylalkohol	Butyläther	ca. 52	134,0
	iso-Butyläther	ca. 10	121,2
i-Amylalkohol	Chlorbenzol	33	124,3
	Dioxan	97,5	131,3
	o-Xylol	60	128
	m-Xylol	53	127
	p-Xylol	51	126,8
Butylalkohol	Acetal	13	101
	Butylacetat	47	117,2
	Butylformiat	24	105,8
	Chlorbenzol	63	107,2
	Cyclohexan	10	79,8
	iso-Butyläther	45	112,8
	Nitroäthan	43	108,0
	Toluol	32	105,5
sek. Butylalkohol	sek. Butylacetat	86	99,6
	Nitromethan	53,5	91,0
	Propionsäureäthylester	62	85,5
i-Butylalkohol	Acetal	20	98,2
	Benzol	9	79,8
	Cyclohexan	14	78,1
	Isobutyläther	ca. 65	106,2
	Nitroäthan	60	102,5
	Nitromethan	43,5	94,55
	n-Propyläther	12	89,5
	Tetrachlorkohlenstoff	11	75,8
	Toluol	44	101,1
	Trichloräthylen	8,4	85,4
Cyclohexanol	Anisol	30	152,45
	Isoamyläther	78	159,5
	Phenetol	72	159,2
Furfuralkohol	Anisol	ca. 10	153,3
	Isoamyläther	50	165,7
	Phenetol	46	165,0
Methylalkohol	Aceton	12	55,7
	Ameisensäureäthylester	16	51,0
	Äthylenchlorid	34,5	59,5
	Äthylpropyläther	28	55,8
	Benzol	39	57,9
	Chloroform	12	53,5
	Cyclohexan	37	54,2
	Dipropyläther	72	63,8
	Heptan	62	60,5
	Hexan	27	50,0
	Methylal	18,2	41,85
	Methylpropyläther	ca. 10	38,85
	Tetrachlorkohlenstoff	21	55,7
	Trichloräthylen	34	59,4
Propylalkohol	Benzol	19	77,1
	Chlorbenzol	80	96,5
	Cyclohexan	20	74,3
	Dipropyläther	30	85,7
	Essigsäurepropylester	62	94,0
	Hexan	4	65,6
	Octan	74	95,0
	Propionsäureäthylester	51	93,4
	Tetrachlorkohlenstoff	12	72,8
	Toluol	49	92,6
i-Propylalkohol	Äthylpropyläther	ca. 10	ca. 62
	Benzol	30	71,9
	Cyclohexan	33	68,6
	Essigsäureäthylester	23	74,8
	Essigsäureisopropylester	52	80,1
	Hexan	22	61,0
	Methyläthylketon	30	77,3
	Propyläther	45	77,9

332231 (Fortsetzung).

1. Stoff	2. Stoff	Gew.-% des 1. Stoffes	Kp. in °C	1. Stoff	2. Stoff	Gew.-% des 1. Stoffes	Kp. in °C
i-Propyl-alkohol	Schwefelkohlenstoff	8	44,6	3. Andere Mischungen.			
	Tetrachlorkohlenstoff	18	67,0	Benzol	Cyclohexan	52,2	77,8
	Toluol	69	80,6		Hexan	19	68,9
	Trichloräthylen	28,9	74,0		Methyläthylketon	62	78,4
2. Phenole.				Hexan	Chloroform	28	60,0
Phenol	Benzaldehyd	51	185,6	m-Xylol	Dioxan	59,6	136,0
	Benzylalkohol	7	206,0				
	Cyclohexanol	89,4	82,45	Essigsäure-isoamylester	Aceton	2,5	31,3
o-Kresol	Acetophenon	22,1	203,7				
	Essigs.-Phenylester	37,1	198,6	Essigsäure-propylester	Tetrachlorkohlenstoff	43	74,7
	Methylhexylketon	96,4	191,5				
m-Kresol	Acetophenon	51,3	209,0	Methyl-äthylketon	Tetrachlorkohlenstoff	29	73,8
p-Kresol	Acetophenon	49,4	208,45				
	Benzylalkohol	38	207,0				

332232 Druckabhängigkeit des Siedepunktes von azeotropen Äthylalkohol—Wasser- und Tetrachlorkohlenstoff—Essigsäure-äthylester-Mischungen.

Gew.-% Alkohol	Druck in Torr	Kp. in °C	Mol-% CCl_4	Druck in Torr	Siedepunkt in °C
99,7	100	34,2	—	—	—
98,3	150	42,0	55,60	789,2	76,15
97,5	200	47,8	60,75	583,7	66,72
96,5	400	62,8	63,75	484,5	61,32
95,58	760	78,1	67,75	385,2	55,22
95,5	1100	87,8	72,60	285,7	47,36
95,3	1450	95,3	—	—	—

332233 Siedepunkte ternärer azeotroper Gemische.

1. Stoff		2. Stoff		3. Stoff		Kp. in °C
Name	Gew.-%	Name	Gew.-%	Name	Gew.-%	
Wasser . . .	20,2	Chlorwasserstoff	5,3	Chlorbenzol .	74,5	96,6
Wasser . . .	64,8	Chlorwasserstoff	15,8	Phenol . . .	19,4	107,33
Wasser . . .	0,81	Schwefelkohlenstoff	75,21	Aceton . . .	23,98	38,042
Wasser . . .	1,09	Schwefelkohlenstoff	92,36	Äthylalkohol	6,55	41,35
Wasser . . .	7,7	Äthylalkohol .	18,3	Benzol . . .	74	64,86
Wasser . . .	8,62	Allylalkohol . .	9,33	Benzol . . .	82,05	68,3
Wasser . . .	8,5	Propylalkohol .	9,0	Benzol . . .	82,5	68,5
Wasser . . .	3,4	Äthylalkohol .	10,3	Tetrachlorkohlenstoff.	86,3	61,8
Schwefelkohlenstoff . .	39,9	Methylalkohol	10	Äthylbromid	50,1	33,9

3323 Ebullioskopische Konstante.

Die ebullioskopische Konstante (molekulare Siedepunktserhöhung) E_s eines Lösungsmittels ist die durch Auflösung von 1 Mol eines nicht dissoziierenden Stoffes in 1000 g dieses Lösungsmittels hervorgerufene Siedepunktserhöhung. E_s kann aus der Verdampfungsenthalpie des reinen Lösungsmittels λ_s (cal/g) nach der Formel $E_s = \frac{R\,T^2}{1000\,\lambda_s}$ berechnet werden. T = die Siedetemperatur des reinen Lösungsmittels in °K. R = Gaskonstante [1,9867 cal/(grad · mol)]. Verdampfungsenthalpie s. 3114 und 3126.

a) Anorganische Verbindungen.

Stoff	Ebullioskopische Konstante	Stoff	Ebullioskopische Konstante	Stoff	Ebullioskopische Konstante
H_2O	0,515	SO_2	1,45	$AsCl_3$	7,1
HF	1,90	SO_3	1,34	CCl_4	5,3
Cl_2	1,73	H_2SO_4	5,33	$SiCl_4$	5,5
HCl	0,64	SCl_2	5,02	$TiCl_4$	6,6
Br_2	5,2	SO_2Cl_2	4,55	CrO_2Cl_2	5,5
HBr	1,50	NH_3	0,34	Hg	11,4
HJ	2,83	N_2O_4	1,37	$SnCl_4$	10,2
H_2S	0,63	PCl_3	5,0		

b) Organische Verbindungen.

Stoff		Ebullioskopische Konstante	Stoff		Ebullioskopische Konstante
C_6H_{12}	Cyclohexan	2,75	$C_4H_{10}O$	Trimethylcarbinol	1,77
C_6H_6	Benzol	2,64	$C_4H_{10}O$	Diäthyläther	1,83
C_7H_{16}	n-Heptan	4,25	$C_4H_8O_2$	Dioxan	3,13
$C_{10}H_{18}$	Dekahydronaphthalin	5,76	$C_4H_8O_2$	Buttersäure	3,94
$C_{10}H_{14}$	Cymol	5,34	$C_4H_8O_2$	Essigsäureäthylester	2,83
$C_{10}H_{12}$	Tetrahydronaphthalin	5,58	$C_4H_6O_3$	Acetanhydrid	3,53
$C_{10}H_8$	Naphthalin	5,80	$C_5H_{12}O$	i-Amylalkohol	2,58
$C_{12}H_{10}$	Diphenyl	7,06	$C_5H_{12}O$	tert. Amylalkohol	2,26
			$C_5H_{10}O$	Methyl-propyl-keton	3,14
CH_3J	Methyljodid	4,19	C_6H_6O	Phenol	3,60
$CHCl_3$	Chloroform	3,802	$C_{10}H_{20}O$	Menthol	6,15
CCl_4	Tetrachlorkohlenstoff	4,88	$C_{10}H_{18}O$	Menthon	6,18
C_2H_5Cl	Äthylchlorid	1,95	$C_{10}H_{16}O$	Campher	6,09
C_2H_5Br	Äthylbromid	2,53	$C_{10}H_{16}O$	Fenchon	5,94
C_2H_5J	Äthyljodid	5,01	$C_{10}H_{14}O$	Thymol	6,82
$C_2H_4Cl_2$	Äthylidenchlorid	3,20	$C_{14}H_{10}O_2$	Benzil	10,3
$C_2H_4Br_2$	Äthylenbromid	6,43			
$C_2H_2Cl_2$	Sym. Dichloräthylen (trans)	3,44	CCl_2O	Phosgen	2,9
			$C_2HCl_3O \cdot H_2O$	Chloralhydrat	2,28
C_2HCl_3	Trichloräthylen	4,43			
$C_2H_2Cl_4$	Äthylenchlorid	3,12	CS_2	Schwefelkohlenstoff	2,29
C_2Cl_4	Tetrachloräthylen	5,5	C_2H_6S	Methylensulfid	1,85
			$C_4H_{10}S$	Äthylsulfid	3,23
CH_4O	Methylalkohol	0,84			
CH_2O_2	Ameisensäure	2,4	C_2H_3N	Acetonitril	1,3
C_2H_6O	Äthylalkohol	1,04	C_3H_5N	Propionitril	1,87
$C_2H_4O_2$	Essigsäure (trocken)	3,07	$C_5H_{11}N$	Piperidin	2,84
$C_2H_4O_2$	Ameisensäuremethylester	1,505	C_5H_5N	Pyridin	2,69
			C_6H_7N	Anilin	3,69
C_3H_8O	n-Propylalkohol	1,73	C_7H_9N	p-Toluidin	4,14
C_3H_6O	Aceton	1,48	C_7H_5N	Benzonitril	3,87
$C_3H_6O_2$	Propionsäure	3,51	C_9H_7N	Chinolin	5,33
$C_3H_6O_2$	Essigsäuremethylester	2,06	CH_3O_2N	Nitromethan	1,95
			$C_2H_5O_2N$	Nitroathan	2,60
$C_3H_6O_2$	Ameisensäureäthylester	2,18	$C_6H_5O_2N$	Nitrobenzol	5,27
			C_2H_3SN	Methylrhodanid	2,64
$C_4H_{10}O$	iso-Butylalkohol	1,94			

3324 Molekulare Gefrierpunktserniedrigung.

33241 Kryoskopische Konstante.

Die kryoskopische Konstante (molekulare Gefrierpunktserniedrigung) E_g eines Lösungsmittels ist die durch Auflösung von 1 Mol eines nicht dissoziierenden Stoffes in 1000 g dieses Lösungsmittels hervorgerufene Erniedrigung des Gefrierpunktes. E_g kann aus der Schmelzenthalpie des reinen Lösungsmittels λ_g (cal/g) nach der Formel $E_g = \frac{R \cdot T^2}{1000 \cdot \lambda_g}$ berechnet werden. T = die Schmelztemperatur des reinen Lösungsmittels in °K. R = Gaskonstante [1,9867 cal/(grad · mol)]. Schmelzenthalpie s. 3114 und 3126.

a) Anorganische Stoffe.

Stoff	Kryoskopische Konstante	Stoff	Kryoskopische Konstante	Stoff	Kryoskopische Konstante
H_2O	1,86	$2\,H_3PO_4 \cdot H_2O$.	5,5	KCl	25,2
D_2O	2,05	$POCl_3$	7,57	KNO_3	14
H_2O_2	~ 2,0	$AsBr_3$	18,2	K_2CO_3	41
HF	1,309	$SbCl_3$	18,4	NH_4NO_3	22,1
HCl	4,98	$SbCl_3$ chlorfrei .	18,5	$CaCl_2$	38,0
Br_2	8,31	$SbCl_3$ chlorhaltig	17,5	$CaCl_2 \cdot 6\,H_2O$ . .	4,13
HBr	9,41	$LiNO_3 \cdot 3\,H_2O$.	2,6	$Ca(NO_3)_2 \cdot 4\,H_2O$	5,9
J_2	20,4	NaOH	20,8	$SrCl_2$	107
HJ	20,26	NaF	17,1	$BaCl_2$	108
H_2S	3,83	NaCl	18	$AlBr_3$	26,3
H_2SO_4	6,17	$NaClO_3$	11,4	$Mn(NO_3)_2 \cdot 3\,H_2O$	6,74
$H_2SO_4 \cdot H_2O$ . .	4,8	Na_2SO_4	44	$Zn(NO_3)_2 \cdot 3\,H_2O$	5,86
$H_2S_2O_7$	10,5	$Na_2SO_4 \cdot 10\,H_2O$	3,37	$HgCl_2$	34,0
NH_3	1,32	$Na_2S_2O_3 \cdot 5\,H_2O$.	4,26	$HgBr_2$	36,7
N_2O_4	4,1	Na_2CO_3	30	HgJ_2	5,55
P_2O_5	11,45	KF	23,6	$SnBr_4$	27,6

b) Organische Stoffe.

Stoff		Kryoskopische Konstante	Stoff		Kryoskopische Konstante
C_6H_{12}	Cyclohexan	20,2	$C_{10}H_{16}Br_2$ . .	2,6-Dibromcamphan	80,9
C_6H_6	Benzol	5,07	$C_{10}H_7Cl$ . . .	β-Chlornaphthalin	9,76
C_8H_{10}	p-Xylol	4,3	$C_{10}H_7Br$ . .	β-Bromnaphthalin	12,4
C_9H_8	Inden	7,28			
$C_{10}H_{18}$ . . .	Isocamphan	44,5	CH_2O_2 . . .	Ameisensäure	2,77
$C_{10}H_{18}$ . . .	Camphan	29,5	$C_2H_4O_2$ . . .	Essigsäure	3,9
$C_{10}H_8$	Naphthalin	6,9	$C_4H_{10}O$ . . .	Trimethylcarbinol	12,8
$C_{12}H_{10}$ . . .	Diphenyl	8,0	$C_4H_{10}O$ . .	Diäthyläther	1,79
$C_{13}H_{12}$ . . .	Diphenylmethan	6,72	$C_4H_8O_2$ . . .	Dioxan	4,7
$C_{14}H_{14}$ . . .	Dibenzyl	7,23	$C_4H_6O_2$ . . .	Crotonsäure	6,5
$C_{14}H_{12}$ . . .	Stilben	8,38	$C_4H_4O_3$ . . .	Bernsteinsäure-	
$C_{14}H_{10}$ . . .	Anthracen	11,65		anhydrid	6,3
$C_{14}H_{10}$ . . .	Phenanthren	12,0	$C_6H_{12}O$ . . .	Cyclohexanol	38,28
$C_{18}H_{18}$ . . .	Reten	12,16	C_6H_6O . . .	Phenol	7,27
$C_{19}H_{16}$ . . .	Triphenylmethan	12,45	$C_6H_6O_2$ . . .	Brenzcatechin	7,13
$C_{20}H_{12}$ . . .	Perylen	25,7	$C_6H_6O_2$ . . .	Resorcin	6,5
			$C_6H_{12}O_3$ . . .	Paraldehyd	7,05
CH_2J_2 . . .	Methylenjodid	14	$C_6H_{10}O_4$ . .	Bernsteinsäure-	
$CHCl_3$	Chloroform	4,90		dimethylester	5,55
$CHBr_3$ . . .	Bromoform	14,4	C_7H_8O . . .	o-Kresol	5,60
CCl_4	Tetrachlorkohlenstoff	29,8	C_7H_8O . . .	p-Kresol	7,00
$C_2H_4Br_2$ . . .	Äthylenbromid	12,5	$C_7H_6O_2$ . . .	Benzoesäure	8,79
$C_2H_2Br_4$ . . .	Tetrabromäthan	21,7	C_8H_8O . . .	Acetophenon	5,65
C_6Cl_6	Hexachlorbenzol	20,75	$C_8H_8O_2$ . . .	Phenylessigsäure	9,0
$C_{10}H_{17}Br$ . .	Isobornylbromid	58,75	$C_9H_{14}O$ . . .	Camphenilon	64,0

33241 (Fortsetzung).

Stoff		Kryoskopische Konstante	Stoff		Kryoskopische Konstante
$C_{10}H_{20}O$ . .	Menthol	12,4	$C_3H_6N_2$ . . .	Chinoxalin	8,90
$C_{10}H_{18}O$ . . .	Borneol	35,8	$C_4H_2N_2$ . . .	Malonitril	5,03
$C_{10}H_{16}O$ . . .	Campher	40,0	C_5H_5N . . .	Pyridin	4,97
$C_{10}H_{16}O$ . . .	Fenchon	6,8	C_6H_7N . . .	Anilin	5,87
$C_{10}H_{12}O$ . . .	Anethol	6,3	$C_6H_8N_2$ . . .	Phenylhydrazin	5,86
$C_{10}H_{12}O$ . . .	Dihydro-α-dicyclo-pentadien-on-(β)	92,0	$C_8H_{11}N$ . . .	Dimethylanilin	5,8
			$C_{12}H_{11}N$ . . .	Diphenylamin	8,6
$C_{10}H_8O$ . . .	β-Naphthol	11,25	$C_{12}H_9N$ . . .	Carbazol	12,3
$C_{10}H_{20}O_2$ . .	Caprinsäure	4,7			
$C_{12}H_{24}O_2$ . .	Laurinsäure	4,4	CH_4ON_2 . .	Harnstoff	21,5
$C_{13}H_{10}O$ . . .	Benzophenon	9,8	C_7H_5ON . .	Acetamid	5,65
$C_{14}H_{10}O_2$ . .	Benzil	10,5	$C_3H_7O_2N$ . .	Urethan	5,14
$C_{14}H_8O_2$ . . .	Anthrachinon	14,8	$C_6H_5O_2N$ . .	Nitrobenzol	6,89
$C_{16}H_{34}O$ . . .	Cetylalkohol	6,0	$C_6H_5O_3N$ . .	o-Nitrophenol	7,44
$C_{16}H_{32}O_2$ . .	Palmitinsäure	4,3	C_8H_9ON . .	Acetanilid	6,93
$C_{18}H_{36}O_2$ . .	Stearinsäure	4,5	$C_{10}H_7O_2N$ . .	α-Nitronaphthalin	9,1
$C_{18}H_{34}O_2$ . .	Elaidinsäure	3,9	$C_{13}H_{11}ON$ . .	Benzanilid	9,65
$C_2H_3ClO_2$ . .	Chloressigsäure	5,24	$C_6H_4ClO_2N$.	o-Chlornitrobenzol	7,5
$C_2HCl_3O_2$ . .	Trichloressigsäure	12,1	$C_6H_4ClO_2N$.	m-Chlornitrobenzol	6,07
C_6H_5ClO . .	o-Chlorphenol	7,72	$C_6H_4ClO_2N$.	p-Chlornitrobenzol	10,9
C_6H_5ClO . .	m-Chlorphenol	8,30	$C_6H_4BrO_2N$.	o-Bromnitrobenzol	9,10
C_6H_5ClO . .	p-Chlorphenol	5,58	$C_6H_4BrO_2N$.	m-Bromnitrobenzol	8,75
$C_{10}H_{15}OBr$.	d-Bromcampher	11,87	$C_6H_4BrO_2N$.	p-Bromnitrobenzol	11,53

33242 Molekulare Gefrierpunktserniedrigung von wässerigen Lösungen.

Berechnet man die molare Gefrierpunktserniedrigung E_g (kryoskopische Konstante) des Wassers aus Lösungen dissoziierender Stoffe, so erhält man Werte für E_g, die entsprechend der Zahl der gelösten Molekülgattungen vergrößert sind. In der Tabelle ist die molekulare Gefrierpunktserniedrigung durch die genannten Stoffe in Abhängigkeit von der Konzentration (Mol in 1000 g H_2O) angegeben.

Stoff	Molekulargewicht	Konzentration: Mol in 1000 g H_2O								
		0,001	0,005	0,01	0,05	0,1	0,5	1	2	5
1. Anorganische Stoffe.										
H_2O_2	34,016	—	—	—	—	1,84	1,86	1,88	1,91	1,96
HF	20,008	—	—	—	—	1,98	—	1,93	2,03	—
Cl_2	70,914	—	—	4,0	3,145	—	—	—	—	—
HCl	36,465	3,690	3,635	3,601	3,532	3,523	3,68	3,94	4,43	—
Br_2	239,732	—	—	1,95	1,875	1,870	—	—	—	—
HJ	127,928	—	—	—	—	3,50	—	4,09	4,75	7,7
HJO_3	175,928	—	—	—	3,12	2,95	2,21	1,72	1,16	0,75
H_2SO_3	82,076	—	—	—	—	2,8	—	2,35	—	—
H_2SO_4	98,076	—	4,814	4,584	4,112	3,940	—	4,04	5,07	—
HNO_3	63,016	—	3,67	3,64	3,55	3,51	—	3,58	3,79	—
H_3PO_4	98,044	—	3,1	2,95	—	2,36	—	2,14	2,41	—
LiCl	42,397	—	3,612	3,598	3,553	3,52	3,58	3,80	4,41	—
NaOH	40,005	—	—	3,55	3,46	3,42	3,40	3,44	3,58	—
NaCl	58,454	3,66	—	3,604	—	3,478	—	3,37	3,45	—
$NaClO_3$	106,454	3,682	—	3,588	—	3,433	—	—	—	—
NaBr	102,913	—	—	—	3,551	3,507	3,456	3,51	3,68	—
NaJ	149,917	—	—	—	—	3,68	—	3,66	3,97	—
Na_2S	78,054	—	—	—	—	7,12	—	6,87	—	—
Na_2SO_4	142,054	—	5,2	5,04	—	4,344	—	—	—	—
$NaNO_3$	85,005	—	—	3,55	—	3,406	—	3,02	2,79	—

33242 (Fortsetzung).

Stoff	Molekulargewicht	Konzentration: Mol in 1000 g H_2O								
		0,001	0,005	0,01	0,05	0,1	0,5	1	2	5
Na_3PO_4	164,011	—	—	7,15	6,11	5,69	—	—	—	—
Na_2HPO_4	142,022	—	—	4,99	4,61	4,34	—	—	—	—
$NaNH_4HPO_4$	137,066	—	—	4,95	4,51	4,23	—	—	—	—
Na_2CO_3	106,004	—	—	5,12	—	4,44	—	—	—	—
$NaHCO_3$	84,015	—	—	—	—	3,65	—	—	—	—
Na_2SiO_3	122,054	—	—	6,6	—	5,32	4,02	—	—	—
KOH	56,104	—	3,66	3,65	3,50	3,42	3,44	3,60	3,96	5,77
KF	58,096	—	—	—	—	3,39	3,36	3,39	—	—
KCl	74,553	3,66	3,648	3,610	3,503	3,451	3,314	3,250	3,220	—
$KClO_3$	122,553	—	—	3,556	3,435	3,334	—	—	—	—
KBr	119,012	—	—	—	3,500	3,452	3,330	3,290	3,275	—
KJ	166,016	—	—	—	—	3,54	3,88	3,37	3,40	3,50
K_2SO_4	174,252	5,280	5,150	5,01	4,559	4,319	—	—	—	—
KNO_3	101,104	—	3,638	3,590	3,431	3,314	2,882	2,56	—	—
KH_2PO_4	136,132	—	—	—	3,47	3,34	—	—	—	—
K_2CO_3	138,202	—	—	5,20	4,74	4,56	4,39	4,51	5,01	—
$KHCO_3$	100,114	—	—	—	—	—	3,09	2,91	2,68	—
KCN	65,114	—	—	—	3,49	3,41	3,27	3,25	3,27	3,44
KCNS	97,174	—	—	—	—	3,44	3,25	—	—	—
NH_3	17,032	—	—	—	—	—	—	1,94	1,94	$2,0_6$
NH_4Cl	53,497	—	3,617	3,582	3,489	3,442	3,34	3,33	3,34	—
NH_4NO_3	80,048	—	—	3,572	3,470	3,396	3,11	2,92	2,65	$2,1_7$
$MgCl_2$	95,234	—	—	5,144	4,974	4,938	5,38	6,35	8,8	—
$MgSO_4$	120,38	3,38	3,02	2,85	2,420	2,252	—	2,02	—	—
$Mg(NO_3)_2$	148,336	—	—	—	—	4,74	5,08	5,78	7,0	—
$CaCl_2$	110,994	—	—	5,112	4,886	4,832	4,98	5,85	7,68	—
$Ca(NO_3)_2$	164,096	—	—	—	4,7	4,58	—	4,59	4,86	—
$SrCl_2$	158,544	—	—	5,3	—	4,82	—	5,83	7,54	—
$Sr(NO_3)_2$	211,646	—	—	5,7	—	4,63	—	3,90	—	—
$BaCl_2$	208,274	5,30	5,120	5,034	4,796	4,698	4,82	5,20	—	—
$Ba(NO_3)_2$	261,376	5,39	—	5,01	—	4,25	—	—	—	—
$AlCl_3$	133,291	—	—	7,10	6,02	5,68	7,06	9,45	—	—
$Al_2(SO_4)_3$	342,12	—	—	—	—	—	4,19	—	—	—
$Al(NO_3)_3$	212,994	—	—	—	6,3	6,1	7,9	10,6	—	—
CrO_4Na_2	162,004	—	—	—	—	4,49	—	3,71	—	—
CrO_4K_2	194,202	—	—	—	3,0	3,3	—	—	3,6	—
$Cr_2O_7K_2$	294,212	7,06	—	—	—	—	—	—	—	—
$Cr_2(SO_4)_3$	392,2	—	—	—	4,6	4,2	—	—	—	—
$UO_2(NO_3)_2$	394,086	—	—	—	5,16	5,00	—	6,15	—	—
$MnCl_2$	125,844	—	—	—	—	4,86	—	6,05	—	—
$MnSO_4$	150,99	—	—	—	—	—	—	2,02	2,5	—
$Mn(NO_3)_2$	178,946	—	—	—	—	—	—	6,00	6,64	—
$FeCl_3$	162,211	—	—	—	6,28	6,01	6,55	8,18	12,45	—
$FeSO_4$	151,90	—	—	—	—	2,39	—	—	—	—
$Fe(NO_3)_3$	241,864	—	—	—	—	6,30	—	9,4	—	—
$Fe(CN)_6K_3$	329,236	7,10	6,53	6,26	5,60	5,30	5,00	4,55	—	—
$Fe(CN)_6K_4$	368,332	—	—	—	5,72	5,18	—	—	—	—
$CoCl_2$	129,854	—	5,208	5,107	4,918	4,882	—	6,31	8,51	—
$CoSO_4$	155,00	—	—	—	—	—	1,75	—	—	—
$Co(NO_3)_2$	182,956	—	—	—	—	4,6	—	5,5	—	—
$NiCl_2$	129,604	—	—	—	5,41	5,38	5,69	6,22	8,67	—
$NiSO_4$	154,75	—	3,036	2,832	2,37	2,20	—	1,94	—	—
$Ni(NO_3)_2$	192,706	—	—	—	—	4,91	—	5,86	—	—
$CuSO_4$	159,63	—	2,871	2,703	2,266	2,085	1,722	1,715	—	—
$AgNO_3$	169,888	—	—	3,60	3,42	3,32	2,96	2,63	2,16	—
$ZnCl_2$	136,294	—	5,28	5,15	—	4,94	—	5,21	5,49	—
$ZnSO_4$	161,44	—	—	2,80	—	2,29	—	1,87	—	—
$Zn(NO_3)_2$	189,396	—	—	—	—	4,89	—	5,83	7,12	—
$CdCl_2$	183,324	—	4,79	4,71	4,12	3,84	3,24	—	—	—
$CdBr_2$	272,242	—	4,76	4,47	3,65	3,22	—	—	—	—
CdJ_2	366,25	—	4,06	3,86	2,69	2,27	2,1	2,25	—	—
$CdSO_4$	208,47	—	2,916	2,744	2,3	2,1	—	1,79	—	—
$Cd(NO_3)_2$	236,426	—	5,28	5,20	—	5,08	—	5,42	6,2	—
$Pb(NO_3)_2$	331,226	5,368	5,090	4,898	4,276	3,955	2,940	2,435	—	—

33242 (Fortsetzung).

Stoff: Formel	Stoff: Name	Molekulargewicht	Konzentration: Mol in 1000 g H_2O: 0,005	0,01	0,05	0,1	0,2	0,5	1	2	5
2. Organische Stoffe.											
CH_4O	Methylalkohol	32,04	—	1,82	—	1,81	1,81	—	—	1,86	—
C_2H_6O	Äthylalkohol	46,07	—	—	—	1,83	—	—	1,83	1,84	—
$C_2H_4O_2$	Essigsäure	60,05	—	—	—	1,90	—	—	1,79	—	1,6
$C_2H_3O_2Na$ . .	Essigsaures Na	82,04	—	—	—	3,59	3,58	—	3,78	4,14	—
$C_2H_3O_2K$ . . .	Essigsaures K	98,14	—	—	—	—	—	3,78	3,92	4,22	—
$(C_2H_3O_2)_2Zn$ . .	Essigsaures Zn	183,47	—	—	—	4,74	4,37	—	—	—	—
$(C_2H_3O_2)_2Pb$ . .	Essigsaures Pb	325,30	—	—	3,63	2,85	2,37	—	—	—	—
$C_2H_2O_4$	Oxalsäure	90,04	—	—	3,04	2,84	2,64	—	—	—	—
$C_2O_4K_2$	Oxalsaures K	166,21	—	—	—	4,46	—	4,18	—	—	—
C_3H_8O	Propylalkohol	60,09	—	1,86	1,84	1,83	—	—	1,79	1,79	1,76
C_3H_6O	Aceton	58,08	—	—	—	1,85	—	—	1,79	—	—
$C_3H_8O_3$	Glycerin	92,09	—	1,86	—	—	1,87	1,89	1,92	—	2,1
$C_4H_{10}O$	Äthyläther	74,12	—	1,67	1,70	1,72	1,70	—	—	—	—
$C_4H_8O_2$	Essigsäureäthylester	88,10	—	—	—	1,85	1,83	1,82	—	—	—
$C_4H_6O_6$	Weinsäure	150,09	—	2,34	2,12	2,05	1,98	1,94	—	—	2,35
C_6H_6O	Phenol	94,11	—	—	—	1,81	1,83	1,63	—	—	—
$C_6H_{12}O_6$ . . .	Dextrose	180,16	—	—	1,86	1,86	1,87	—	1,92	—	—
$C_6H_8O_7$	Citronensäure	192,12	—	2,26	2,08	2,03	—	1,93	1,94	2,00	—
$C_{12}H_{22}O_{11}$ . . .	Rohrzucker	342,30	1,86	—	1,87	1,88	1,90	1,96	2,06	2,3	—
C_6H_7N	Anilin	93,12	—	1,85	1,82	1,79	1,73	—	—	—	—
$C_6H_3O_7N_3$ . . .	Pikrinsäure	229,11	3,82	3,63	—	—	—	—	—	—	—

3325 Osmotischer Druck in Atm wässeriger Lösungen in Abhängigkeit von Konzentration und Temperatur.

Stoff	Temp. in °C	Konzentration in Gew.-%: 5	10	20	30	40	50	60
		osmotischer Druck in Atm						
NaOH *	30	—	154,9	448,4	1081	—	—	—
	60	—	164,0	468,6	1073	—	—	—
	80	—	173,0	492,5	1052	—	—	—
KCl **	40	—	52,69	157,5	—	—	—	—
	60	26,56	63,89	170	—	—	—	—
	80	26,98	66,53	170	—	—	—	—
$CaCl_2$ *** . . .	40	—	—	225,4	555,4	1158	2060	—
	60	—	75,43	229,8	573,1	1197	2076	—
	80	—	78,03	231,7	571,1	1165	2012	—
Glucose ** . . .	0	9	18	21,6	87,7	—	—	—
	10	6,9	14,8	—	—	—	—	—
	23	7	15	—	—	—	—	—
Galaktose ** . .	0	—	—	35,5	75,5	—	—	—
Rohrzucker ** .	0	4	8,8	18,8	33	55	82	—
	30	4,2	9,4	21,3	35	57,5	90	159
	55,7	—	—	—	—	61	98,7	165,5
	60	4,6	10,1	21,7	—	—	—	—
Dextrin *** . .	25	0,0082	0,0123	0,0171	0,0202	0,0228	0,0245	—
Phenol	30	7,5	—	—	—	—	—	—
Harnstoff * . .	40,02	18	38	85	143	213	313,75	450
	60,28	28	40	88	150,2	238	346,6	507
	80,10	12	56	67	147	145,5	372,3	535
Gelatine . . .	35[1]	0,045	0,104	—	—	—	—	—
	35[2]	0,022	0,046	—	—	—	—	—
	50[1]	0,046	0,108	—	—	—	—	—
	50[2]	0,026	0,057	—	—	—	—	—

* Berechnete Werte. — ** Messung mit einer Membran aus Ferrocyankupfer. — *** Messung mit einer Kollodiummembran. — [1] Beobachtete Werte. — [2] Korrigierte Werte, da Gelatine bei Quellung Wasser aufnimmt.

3325 (Fortsetzung).

Stoff	Temp. in °C	0,2	0,3	0,4	0,6	0,8	1	1,5
		osmotischer Druck in Atm						
K_2SO_4*	15...19	—	0,78	0,95	1,6	1,45	—	—
$NaNO_3$*	15...19	—	1,35	1,64	2,3	2,95	—	—
KNO *	15...19	0,73	1	1,27	1,73	2,05	2,4	3,3
Dodecylschwefelsaures Na	—	0,129	0,138	0,134	—	—	—	—
Dodecylschwefelsaures Zn	—	0,31	0,33	0,334	—	—	—	—

Stoff	Temp. in °C	0,02	0,03	0,04	0,05	0,06	0,07	0,08
		osmotischer Druck in Torr						
Brillantkongo[1]	25	—	7,4	12,1	16,8	21,5	26,7	—
Chikago Blau[1]	25	6,9	10,3	13,7	17,3	20,9	24,5	28,1
Kongorein Blau[1]	25	—	9,5	13,2	17,1	21,6	25,2	28,1
Tuchrot[1]	25	4,6	7,5	10,6	13,3	16	18,7	21,2

3326 Löslichkeit.

33261 Löslichkeit von festen Stoffen.

1. Die angegebenen Löslichkeitszahlen sind graphisch untereinander ausgeglichen, was nicht ohne Willkür geschehen konnte, aber den Vorteil der Ausmerzung grober Ungleichmäßigkeiten hat.

2. Einheit der Löslichkeit ist:

g/Lm = g wasserfreier Stoff in 100 g reinem Lösungsmittel,
g/a = ist die Bezeichnung bei Wasser (aqua),
g/A = die bei Alkohol als Lösungsmittel;

nur in den wenigen Fällen, bei denen die Löslichkeiten von 0...100% gehen (Schmelzen) ist sie in

% = Gewichtsprozent in der gesättigten Lösung

angegeben. Bei kleinen Löslichkeiten sind die Angaben nur in den Potenzen 10^{-3} und 10^{-6} gemacht worden, die mg bzw. γ in 100 g Lösungsmittel entsprechen.

3. Die Dichten ϱ sind nicht durch graphische Interpolation ausgeglichen.

4. Abkürzungen:

F.P. = homogener (Fusions-) Schmelzpunkt des Hydrates oder der einfachen Verbindung;
K.P. = Kochpunkt der gesättigten Lösung;
trennt die Gebiete der Bodenkörper und zeigt die Übergangstemperaturen an.

5. Temperaturangabe in °C. Temperaturen halbfett gedruckt sind ausgezeichnete Temperaturen, Temperaturen halbfett kursiv sind ausgezeichnete Temperaturen metastabiler Systeme. Löslichkeitszahlen kursiv gehören zu metastabilen Bodenkörpern. Bodenkörper kursiv sind ganz oder bei den in Frage kommenden Temperaturen metastabil.

* Messung mit einer Membran aus Ferrocyankupfer. — [1] Messung mit einer Kollodiummembran.

6. Auswahl der Werte ist erfolgt nach der Zuverlässigkeit und nach einer möglichst weitgehenden widerspruchlosen Einordnung in das vorhandene Zahlenmaterial. Eingeklammerte Zahlen sind weitgehend interpoliert.

7. Anordnung nach dem Laufschema.

8. Die Zusammensetzung der Bodenkörper ist halbfett über den Zahlenreihen angegeben.

9. Literatur. 1. J. D'Ans: Die Löslichkeitsgleichgewichte der Systeme der Salze ozeanischer Salzablagerungen. Berlin 1932. 2. A. M. Comey: Dictionary of Chemical Solubility, 2. Aufl. New York 1921. 3. A. Seidell: Solubility of Inorganic and Organic Compounds, 2. Aufl. New York 1919. 2. Bd.: Supplements 1928.

332611 Löslichkeit anorganischer Stoffe in Wasser: Binäre Systeme.

Es sind auch die Löslichkeiten von Gasen und Flüssigkeiten soweit sie bei niedrigen Temperaturen feste Bodenkörper geben, aufgenommen.

H_2O_2

			Eis			|	**2 H_2O** F.P.	|
ϑ	−10°	−20°	−30°	−40°	−50°	**(−52°)**	**−51°**	**(−56°)**
%	14,5	24,5	32,5	39	44	(44,5)	48,5	(58,5)
				H_2O_2				
ϑ	−50°	−40°	−30°	−20°	−10°	**−0,8°**		
%	62,5	68,5	74,8	81,5	89,5	100		

HF

			Eis			|	**1 H_2O**	
ϑ	−1°	−10°	−20°	−40°	−60°	**70,2°**	−60°	−50°
%	0,86	9,0	15,7	23,0	(27,6)	29,7	34,0	39,2
		F.P.		**1 H_2O**		|	**$^1/_2$ H_2O**	
ϑ	−40°	**−35,4°**	−40°	−50°	−60°	**−75,2°**	−80°	−90°
%	46,5	52,6	59,2	64,6	67,8	70,7	75,2	78,0
	|	F.P.	**$^1/_4$ H_2O**	|	**HF**		F.P.	
ϑ	**−100,4°**	**−100,3°**	−105°	**−110,9°**	−100°	−90°	**−83°**	
%	79,4	81,6	87,4	89,3	92,7	96,4	100	

Cl_2 *

	Eis |			**8 H_2O**				**K.P.**
ϑ	**−0,24°**	0°	2°	4°	6°	8°	9°	**9,6°**
g/a	0,49	0,50	(0,57)	(0,65)	(0,74)	(0,85)	0,91	(0,94)
p. in Torr	244	252	320	398	496	620		760
			8 H_2O			| 2 fl. Schichten		
ϑ	10°	12°	14°	16°	20°	**28,7°**		
g/a	(0,97)	(1,08)	(1,23)	(1,42)	1,85	3,69		
p. in Torr	797	992	1240	1522		6 Atm.		

HCl **

			Eis				**3 H_2O**	
ϑ	−10°	−20°	−40°	−60°	−80°	**−86°**	−60°	−40°
%	(7,7)	(12)	17,4	21,3	24,2	24,8	(28,2)	32,7
	3 H_2O	F.P.	|	**2 H_2O**	F.P.	K.P.		
ϑ	−30°	**−24,9°**	**−27,5°**	−20°	**−17,7°**	18,3°	−20°	**−23,2°**
%	36,5	40,3	44,0	(47,7)	50,3		(55)	57,3
p. in Torr			−23,4° 194		−20,5° 376	760		
	1 H_2O		| 2 fl. Schichten	**HCl** F.P.				
ϑ	−20°	**−15,3°**		−111,3°				
%	(60)	66		100				

* Siehe auch S. 970. — ** Siehe auch S. 971.

332611 (Fortsetzung).

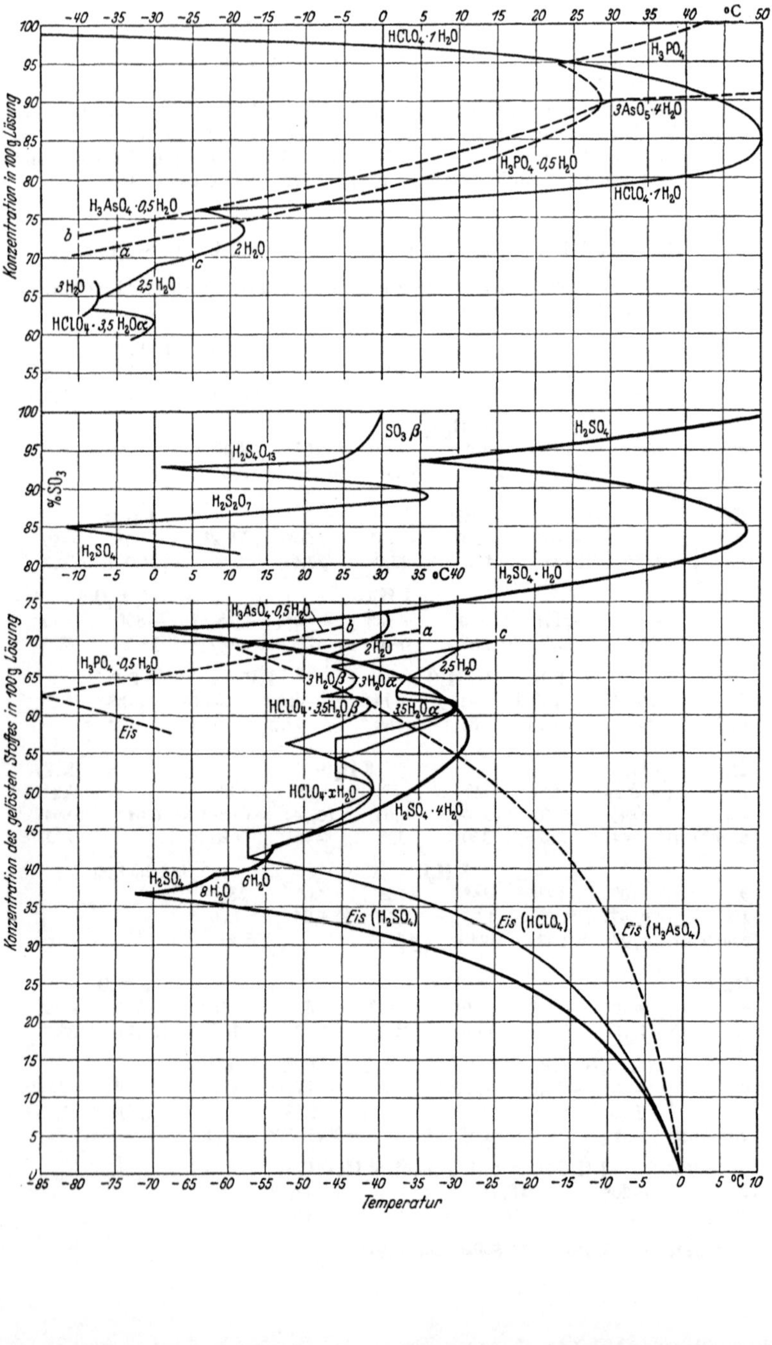

332611 (Fortsetzung).

$HClO_4$ (s. Abb. S. 912)	Eis				|	x H_2O	F.P.	| 3,5 H_2O α	
ϑ	−10°	−20°	−40°	−50°	**−57,5°**	−50°	**−41,0°**	**−46°**	−40°
%	19,3	28,8	37,4	39,8	41,5	44,5	50,6	54,2	56,5
						isomorphe Mischungen			

	F.P.	| 3 H_2O α	| 2,5 H_2O	|	2 H_2O	F.P.	|	1 H_2O
ϑ	**−30°**	**−38°**	**−37,2°**	**−29,8°**	−20°	**−17,8°**	**−23,6°**	−10°
%	60,6	63,4	64,8	69,0	71,8	73,6	76,2	76,5

	1 H_2O		F.P.		1 H_2O		| $HClO_4$	F.P.
ϑ	0°	10°	**50°**	0°	−20°	−40°	**−102°**	**−102°**
%	77,2	77,6	84,8	(97,3)	(98)	98,9	(100)	100

	3 H_2O α F.P.	x H_2O + 3,5 H_2Oβ	3,5 H_2Oβ F.P.	3 H_2Oβ + 3,5 H_2Oβ
ϑ	***−37°***	***−52,5°***	***−41,4°***	***−47,8°***
g/a	*65,0*	*56,4*	*61,6*	*62,5*

	3 H_2Oβ F.P.	3 H_2Oβ + 2 H_2O
ϑ	***−43,2°***	***−46,5°***
g/a	*65*	*(66,5)*

Br_2 *	Eis |	8 H_2O		|			2 flüssige Schichten				
ϑ	**0,3°**	0°	3°	**5,84°**	5,9°	10°	20°	30°	40°	50°	**54,3°**
g/a	2,28	2,30	3,18	3,88		3,74	3,53	3,44	3,45	3,53	3,59
p. in Torr	43	45	63,5		89,5						760

	Br_2 + Eis |	Br_2 fl. + Eis |	2 flüssige Schichten		
ϑ	***−7,3***	***−0,58***	0°	3°	22°
g/a		*4,30*	*4,22*	*4,00*	(Br_2-Schicht 0,046% H_2O)

HBr **			Eis			|	4 H_2O	
ϑ	—10°	—20°	—40°	—60°	—80°	?	—80°	—60°
%	(12,5)	21,3	30,1	(35,3)	(39,5)	?	(42,8)	(49,7)

	F.P.	| 3 H_2O	F.P.	|	2 H_2O	F.P.
ϑ	**−56,8°**	**−57°**	**−48°**	−48,2°	−20°	**−11,3°**
%	52,9	54,8	60,0	60,2	(64,2)	69,2
p. in Torr					−21,8° 10	

	| 1 H_2O			| 2 fl. Schichten
ϑ	**−15,5°**		−10°	**−3,3°**
%	73,3		(74,7)	78,9
p. in Torr	−10° 525	−15,5° 2,5 Atm	−10° 4 Atm	10,5 Atm

J_2								J_2 + 2 fl. Schichten	
ϑ	0°	10°	20°	30°	40°	60°	80°	100°	**112,3°**
g/a	0,011	0,015	0,022	0,032	0,045	0,087	0,22	0,35	0,73

HJ			Eis		|		4 H_2O	F.P.
ϑ	−10°	−20°	−40°	−60°	**−80°**	−60°	−40°	(**−35,5°**)
%	(22)	(28,5)	39,0	44,4	47,9	52,6	59,0	64

	4 H_2O	| 3 H_2O	F.P.	|	2 H_2O
ϑ	−40°	**−49°**	**−48°**	**−56°**	−52°
%	68	69,3	70,3	73,5	74

* Siehe auch S. 970. — ** Siehe auch S. 971.

332611 (Fortsetzung).

HJO_3			Eis				HJO_3	
ϑ	−1,01°	−1,90°	−4,72°	−12,25°	−19°	**−14°**	0°	20°
g/a	7,70	21,21	111,6	217,9	*271,0*	237,9	249,5	269,0

			HJO_3			HJ_3O_8		
ϑ	40°	60°	80°	100°	**110°**	120°	140°	160°
g/a	295	331,9	378,1	443,6	483,6	534,7	545,3	642,8

H_2SO_4 (s. Abb. S. 912)				Eis				8 H_2O		6 H_2O
ϑ	−10°	−20°	−30°	−40°	−50°	−60°	**−72,4°**	−65°	**−62°**	−55°
%	16,25	24	28,5	31,25	33,5	35,25	36,5	(37,6)	(39)	(41,3)

			4 H_2O		F.P.			
ϑ	**−54°**	−50°	−40°	−30°	**28,5°**	−30°	−40°	**−47,2°**
%	(−43,2)	44,0	47,75	53,25	57,65	61	65,25	68

	2 H_2O	F.P.				1 H_2O		F.P.
ϑ	−40°	**−39°**	**−39,5°**	−30°	−20°	−10°	0°	**+8,5°**
%	71,0	73,1	73,5	75,25	76,5	(78)	80,25	84,5

			1 H_2O				H_2SO_4	
ϑ	0°	−10°	−20°	−30°	**−35,5°**	−30°	−20°	−10°
%	(88,7)	(91)	(92,5)	(93)	93,5	(94.2)	95,25	96,25

	H_2SO_4		F.P.	1 + 4 H_2O		F.P.	H_2SO_4	
ϑ	0°	10°	**10,5°**	***−70°***		**10,5°**	−0°	**−12°**
%	97,75	99,25	100	73,25	% SO_3	81,62	83,25	85,0

	$H_2S_2O_7$		F.P.		?	$H_2S_4O_{13}$	SO_3 β	F.P.
ϑ	0°	20°	**36°**	20°	**0,5°**	**4,0°**	**26°**	**30,0°**
% SO_3	86	87,5	89,89	91,5	93,0	93,0	94,7	100

NH_3 (s. 332212)*				Eis				1 H_2O		F.P.
ϑ	−10°	−20°	−40°	−60°	−80°	−90°	**−100,3°**	−90°	−80°	**−79°**
%	8,75	14,5	21,2	25,9	29,8	31,8	33,2	38,6	45,1	48,08

			½ H_2O	F.P.				NH_3		F.P.
ϑ	−80°	**−88,3°**	−80°	**−78,2°**	−80°	−90°	**−92,5°**	−90°	−80°	**−77,73°**
%	50,8	56,1	61,7	65,28	70,4	78,8	80,0	82,9	95,45	100

HNO_3			Eis				3 H_2O		F.P.	
ϑ	−10°	−20°	−30°	−40°	**−42,28°**	−40°	−30°	−20°	**−18,5°**	−20°
%	13,9	22,9	27,8	31,5	**32,7**	34,1	40,0	49,2	53,8	58,5

			1 H_2O	F.P.				HNO_3		F.P.
ϑ	−40°	**−42°**	−40°	**−38°**	−40°	−60°	**−66,3°**	−60°	−50°	**−41,2°**
%	69,7	70,5	72,5	77,75	82,4	88,8	89,95	91,9	94,8	100

H_3PO_4**	Eis				½ H_2O			
ϑ	**−85°**	−60°	−40°	−20°	0°	10°	20°	25°
%	62,5	66	70,5	74	78,8	80,9	84,5	87,0

	F.P.	1/10 H_2O		H_3PO_4		F.P.
ϑ	**28,8°**	**23,5°**	**26,2°**	30°	40°	**42,35°**
%	90,0	94,8	95,9	96,3	99,3	100

As_2O_3			?			
ϑ	0°	20°	40°	60°	80°	100°
g/a	1,22	1,85	1,93	4,30	4,49	9,05

* Siehe auch S. 972. — ** Siehe Abb. S. 912.

332611 (Fortsetzung).

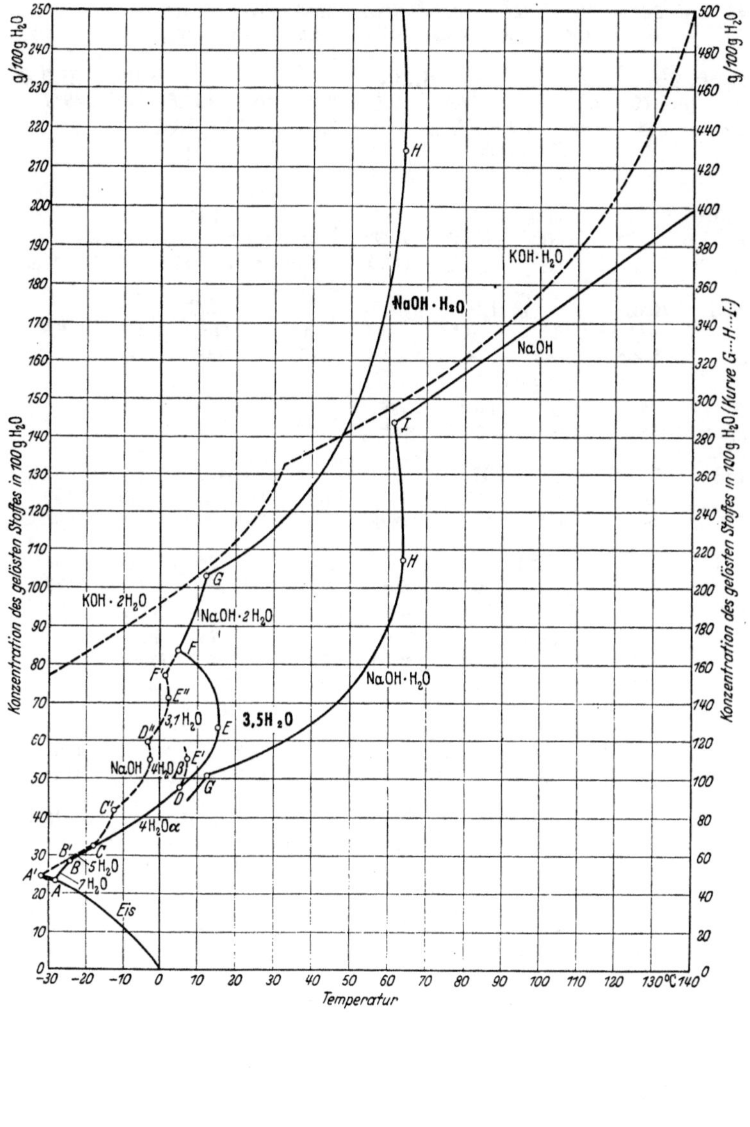

332611 (Fortsetzung).

H_3AsO_4 *	Eis				½ H_2O ($As_2O_5 \cdot 4\,H_2O$)					
ϑ	−10°	−20°	−40°	**−59°**	−40°	−20°	−10°	0°	10°	20°
%	33,6	46,2	60,5	69,0	72,9	76,9	78,9	81,0	83,3	86,3

	$3\,As_2O_5 \cdot 5\,H_2O$							
ϑ	**30°**	40°	60°	80°	100°	120°	140°	10°
%	90	90,5	91,9	93,2	94,4	95,6	96,8	*88,4*

H_3BO_3	Eis	H_3BO_3							HBO_2	$H_2B_4O_7$
ϑ	**−0,76°**	0°	20°	40°	60°	80°	100°	**107,5°**	120°	**139°** ?
g/a	2,48	2,66	4,9	8,7	14,8	23,6	39,7	58,0	110,1	
ϱ		15° 1,0238								

LiOH	Eis				1 H_2O				
ϑ	−5°	−10°	−15°	**−18°**	0°	25°	50°	75°	100°
g/a	4,2	7,5	10,5	(11,9)	12,0	12,4	13,4	14,9	17,9

LiCl	3 H_2O	2 H_2O			1 H_2O			
ϑ	**−16,5°**	0°	10°	**20°**	40°	60°	80°	**98°**
g/a	(62,8)	69,2	74,5	82,8	90,4	100	113	131

	LiCl			
ϑ	100°	120°	140°	160°
g/a	(153)	135	139	144

LiBr	3 H_2O		2 H_2O		1 H_2O				LiBr
ϑ	0°	**4°**	20°	**32°**	40°	60°	80°	100°	**159°**
g/a	143	(144)	156	(199)	205	223	241	266	(400)

LiJ	3 H_2O				F.P.	2 H_2O	F.P.	
ϑ	0°	20°	40°	60°	**75,1°**	**70,5°**	**79°**	**77°**
g/a	151	163	180	201	247,9	300	371,5	415

	1 H_2O			F.P.	½ H_2O		F.P.
ϑ	80°	100°	120°	**130,1°**	**129,9°**	130°	**300°** ?
g/a	(421)	478	590	740	844	852	1485,7

Li_2SO_4	1 H_2O						
ϑ	−16°	0°	20°	40°	60°	80°	100°
g/a	37,7	36,2	34,8	33,5	32,3	31,5	31,0

$LiNO_3$	Eis	3 H_2O		F.P.	½ H_2O			$LiNO_3$	
ϑ	**−17,8°**	0°	20°	**29,88°**	**29,6°**	40°	60°	**61,1°**	70°
g/a	?	(43,9)	69,5	127,5	137	145	182	186	206

Li_3PO_4			Li_2CO_3					K.P.
ϑ	0°	20°	0°	20°	50°	75°	100°	**102°**
g/a	$22 \cdot 10^{-3}$	$30 \cdot 10^{-3}$	1,537	1,328	1,190	0,867	0,729	(0,715)

NaOH **	Eis			A	7 H_2O B	5 H_2O	C	4 H_2O α		D
ϑ	−5°	−10°	−20°	**−28°**	**−24°**	−20°	**−18°**	−10°	0°	**5,4°**
g/a	6,0	11,0	19,0	23,5	28,4	31,0	**32,8**	36,5	43,2	47,7

		E F.P.	3,5 H_2O	F	2 H_2O	G	1 H_2O			
ϑ	10°	**15,55°**	10°	**5°**	10°	**12,3°**	20°	30°	40°	50°
g/a	51,5	63,5	80	83,5	94,5	103,2	107	115	126	145

* Siehe Abb. S. 912. — ** Siehe Abb. S. 915.

332611 (Fortsetzung).

NaOH

		H F.P.	I	NaOH					
ϑ	60°	**64,3°**	**62°**	70°	80°	100°	110°	159°	192°
g/a	178	214,2	287,6	299	313,7	341	358	429	520

	A′	B′	E′	C′	D′	D″	E″	F′
ϑ	***−32°***	***−23,5°***	***7,57°***	***−12,3°***	***−2,73°***	***−3,0°***	***2,73°***	***2,30°***
g/a	*24,7*	*31,2*	*55,5*	*42*	*55,5*	*60,0*	*71,4*	*77,0*
	Eis + 5 H_2O	7 H_2O + 4 $H_2O\alpha$	4 $H_2O\alpha$ F.P.	5 H_2O + 4 $H_2O\beta$	4 $H_2O\beta$ F.P.	4 $H_2O\beta$ + *3,11* H_2O	*3,11* H_2O F.P.	*3,11* H_2O +2 H_2O

NaF

	Eis		NaF		
ϑ	**−5,6°**	0°	10°	20°	25°
g/a	(3,7)	(3,6)	(3,1)	4,1	4,19

NaCl (s. Abb. S. 918)

	Eis						+NaCl	2 H_2O	
ϑ	−1°	−2°	−5°	−10°	−15°	−20°	***−25,2°***	**−21,2°**	−15°
g/a	1,76	3,25	8,9	16,1	23,0	29,1	(35,56)	30,7	31,75
ϱ		1,025						1,180	

	2 H_2O				NaCl				
ϑ	−10°	−5°	0°	**+0,2°**	5°	10°	15°	20°	25°
g/a	33,0	34,2	35,60	(35,60)	35,65	35,70	35,75	35,85	36,00
ϱ			1,209			1,2035	1,2024	1,201	1,1979

	NaCl								
ϑ	30°	35°	40°	50°	60°	70°	80°	90°	100°
g/a	36,15	36,28	36,42	36,72	37,05	37,5	38,05	38,7	39,2
ϱ	1,196	1,195	1,1918	1,1875	1,1832	1,179	1,175	1,170	1,164

	K.P.	NaCl							
ϑ	**108,7°**	110°	120°	130°	140°	170°	180°	200°	215°
g/a	39,8	39,9	40,65	41,4	42,1	44,1	45,1	46,7	47,95
ϱ	1,162								

$NaClO_3$

ϑ	0°	20°	40°	60°	80°	100°
g/a	80,5	96,1	115,2	(138)	(167)	204

$NaClO_4$

	Eis					1 H_2O		
ϑ	−3°	−6,8°	−11,1°	−17,8°	**−32°**	0°	20°	40°
g/a	11,1	25	42,9	66,7	127,3	167	181	243
ϱ						15° 1,758		25° 1,757

	$NaClO_4$					K.P.	***$NaClO_4$***		
ϑ	**52,75°**	60°	80°	100°	120°	**143°**	*15°*	*25°*	*40°*
g/a	(280)	289	(304)	(324)	(359)	378	*253*	*260*	*(271)*
ϱ	55° 1,756			1,758					

NaBr

	Eis				5 H_2O	2 H_2O	
ϑ	−3,1°	−12,1°	−17,5°	−20,8°	**−28°**	**−23,5°**	−10°
g/a	10,96	30,9	43,5	49,8	67,5	(70,1)	75,1

	2 H_2O					NaBr	
ϑ	0°	20°	25°	40°	**50,7°**	60°	
g/a	79,5	90,5	94,5	105,8	117	118	
ϱ	5° 1,489		1,530	1,566	1,611		60,2° 1,607

	NaBr		K.P.	NaBr			
ϑ	80°	100°	**121°**	140°	180°	210°	230°
g/a	118,3	121,2	(125,5)	130	(144)	156	163
ϱ	75,4° 1,599	91,9° 1,591					

332611 (Fortsetzung).

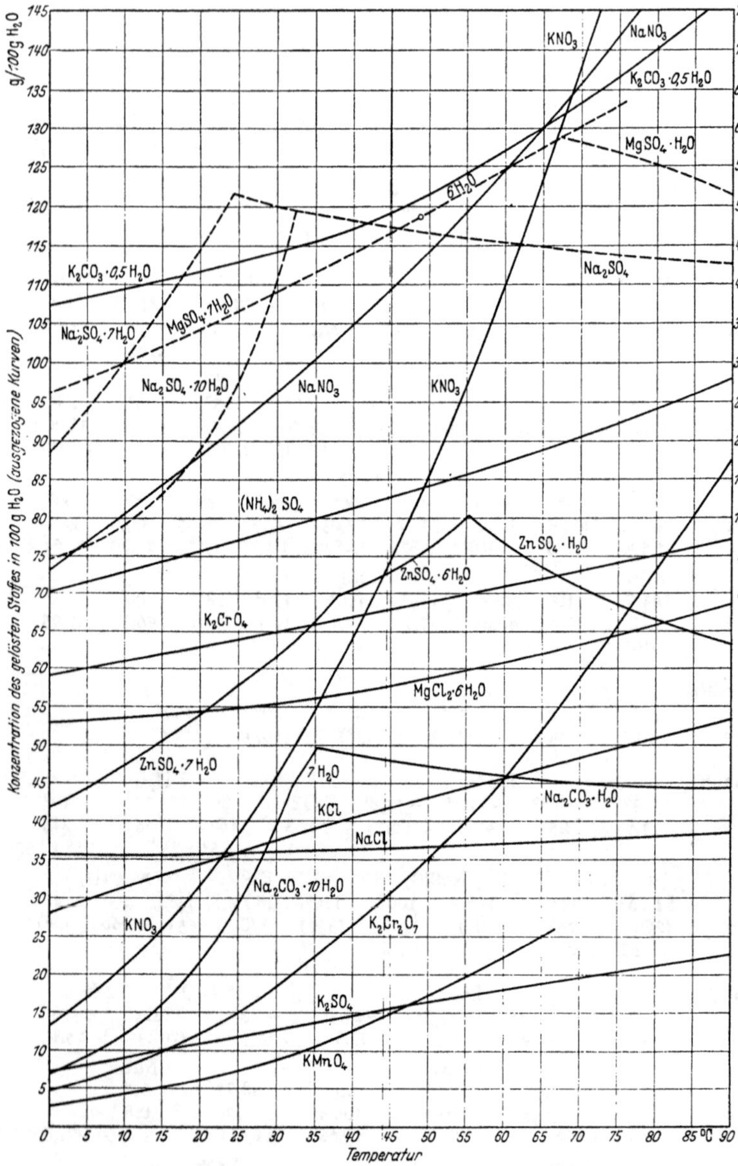

332611 (Fortsetzung).

$NaBrO_3$			$NaBrO_3$					K.P.
ϑ	0°		20°	40°	60°	80°	100°	**109°**
g/a	25,8		36,4	48,8	62,6	75,8	90,8	(96)
ϱ	5° 1,024	10° 1,042	1,048	1,083				

NaJ	$5\,H_2O$		$2\,H_2O$			
ϑ	−15°	**−13,5°**	0°	20°	40°	60°
g/a	133,7	151,3	159,1	179,3	204,9	257,1
ϱ			1,861	35° 1,951	50° 2,017	60,2° 2,155

				NaJ		
ϑ	**65°**	80°	100°	120°	140°	190°
g/a	290,6	295	303	322	335	385
ϱ		75,4° 2,154	92,2° 2,1425			

$NaJO_3$	Eis	$5\,H_2O$		$1\,H_2O$		
ϑ	**−035°**	0°	**19,9°**	20°	40°	60°
g/a	2,44	2,48	8,34	8,42	13,25	20,0
ϱ		5° 1,028	14,5° 1,051	25° 1,077	35° 1,093	

		$NaJO_3$		K.P.
ϑ	**73,4°**	80°	100°	**105°**
g/a	25,3	27,0	32,8	(34)

Na_2S	Eis	$9\,H_2O$				$6\,H_2O$		$5,5\,H_2O$
ϑ	**−9,0°**	0°	20°	40°	**48°**	60°	80°	**92°**
g/a	8,1	12,4	18,6	29,0	35,7	39,1	49,2	62,9

	$9\,H_2O$	$5,5\,H_2O$		$+6\,H_2O$	F.P.	$1\,H_2O$	$(n < 1)\,H_2O$
ϑ	***50°***	60°	80°	**92°**	**98°**	**85°**	**95°**
g/a	*39,0*	*42,8*	*51,5*	62,9	78,9	124,7	150

Die Bodenkörper sind nicht ganz sichergestellt; es soll auch ein stabiles $5\,H_2O$ vorkommen.

Na_2SO_3	Eis			$7\,H_2O$			Na_2SO_3			
ϑ	−1,28°	−2,24°	**−3,35°**	0°	20°	**33,4°**	40°	60°	80°	100°
g/a	3,95	7,29	11,7	14,2	26,6	(38,9)	37,0	33,2	29,0	26,6

$Na_2S_2O_5$	Eis			$7\,H_2O$		$Na_2S_2O_5$		
ϑ	−2,28°	**−5,24°**	**−9,05°**	0°	**5,5°**	20°	40°	60°
g/a	6,8	17,2	30,7	45,5	60,7	65,3	71,1	79,9

	$Na_2S_2O_5$		$6\,H_2O$		
ϑ	80°	100°	***−9,74°***	0°	4°
g/a	88,7	(100)	31,6	49,0	61,8

Na_2SO_4*	Eis		*$7\,H_2O$*				Eis	$10\,H_2O$
ϑ	−0,9°	**−3,55°**	0°	10°	20°	**(24,25°)**	**−1,25°**	0°
g/a	3,0	*14,55*	*18,45*	*30,49*	*44,73*	*(51,5)*	4,26	4,56
ϱ					1,340			1,0418

		$10\,H_2O$					F.P.	*Na_2SO_4*
ϑ	5°	10°	15°	20°	25°	30°	***34°***	20°
g/a	6,3	9,14	13,25	19,08	27,90	40,87	*(78,85)*	*53,25*
ϱ		1,0798	1,111	1,150	1,210	1,284		

* Siehe Abb. S. 918.

332611 (Fortsetzung).

Na_2SO_4	*Na_2SO_4*		(+10 H_2O)		Na_2SO_4, rhombisch			
ϑ	25°	30°	**32,383°**	40°	50°	60°	80°	100°
g/a	*51,53*	*50,37*	49,7	48,1	46,6	45,26	43,09	42,3
ϱ			1,335	1,322	1,310	1,292		1,250

	K.P.					
ϑ	**102,885°**	120°	140°	160°	180°	200°
g/a	(42,2)	41,85	42,0	42,9	(43,4)	(44,6)

			Na_2SO_4, monoklin			krit. Temp.
ϑ	**233°**	240°	250°	300°	340°	**365°**
g/a	47,05	47,3	41,7	26,2	14,45	

$Na_2S_2O_3$	Eis			5 H_2O		F.P.		2 H_2O
ϑ	−3,9°	**−11°**	0°	20°	40°	***48,09°***	**47,9°**	50°
g/a	17,7	42,9	52,5	70,0	102,6	(188,2)	163,2	169,7

			½ H_2O		$Na_2S_2O_3$	
ϑ	60°	**(65°)**	70°	**(75°)**	80°	100°
g/a	206,6	(228)	233,3	(242)	245	266

Mehrere weitere Hydrate s. M. Picon: C. r. **178**, 566, 700 (1924).

$NaNO_2$*	Eis			½ H_2O		$NaNO_2$
ϑ	−2,8°	−8,7°	**−19,5°**	−10°	**−5,1°**	0°
g/a	6,29	19,5	39,1	57,5	71,4	73,0
ϱ						15,5° 1,347

			$NaNO_2$			K.P. 761,5 Torr
ϑ	20°	40°	60°	80°	100°	**128°**
g/a	81,8	95,7	112,3	135,5	163	219,5

$NaNO_3$		Eis				$NaNO_3$		
ϑ	−6,7°	−12,7°	**−18,1°**	0°	20°	25°	40°	60°
g/a	20,0	40,0	61,5	70,7	88,0	92,7	104,9	124,7
ϱ					15° 1,376	1,389		50° 1,418

			K.P. 736 Torr		$NaNO_3$			
ϑ	80°	100°	**119°**	120°	140°	160°	180°	200°
g/a	148	176	209	213	255	301	383	432
ϱ	74,6° 1,467	97° 1,494						

		$NaNO_3$		2. K.P.	F.P.
ϑ	224,7°	253,6°	289,2°	**310°**	**309,5°**
g/a	724	1250	4494		

Na_3PO_4	12 H_2O			?
ϑ	15°	25°	**70,75°**	**73,4°**
g/a	10,5	14,1		
ϱ		16° 1,0500		

Na_2HPO_4; Eis		12 H_2O α					12 H_2O β			7 H_2O
ϑ	**−0,48°**	0°	10°	20°	25°	**29,6°**	30°	32,5°	**35°**	40°
g/a	1,55	1,63	3,90	7,66	12,14	23,3	24,2	29,2	42,9	55,0
ϱ			15° 1,0489							

			2 H_2O					0 H_2O	
ϑ	**48,35°**	50°	60°	70°	80°	90°	**95,0°**	100°	120°
g/a	79,0	80,2	83,0	87	92,4	100,5	(105,8)	104,1	99,2

* Siehe Abb. S. 918.

332611 (Fortsetzung).

NaH_2PO_4

	2 H_2O					
ϑ	0°	10°	20°	25°	30°	40°
g/a	57,7	69,9	85,2	94,6	106,4	138,2

	1 H_2O		0 H_2O			
ϑ	**40,8°**	50°	**57,4°**	60°	80°	100°
g/a	142,1	158,6	176,4	179,3	207,3	248,4

$Na_4P_2O_7$

	Eis	10 H_2O					
ϑ	**0,43°**	0°	20°	25°	40°	60°	80°
g/a	2,17	2,70	5,48	6,72	12,5	21,9	30,0

Na_2CO_3*

	Eis	10 H_2O					7 H_2O	F.P.
ϑ	**−2,05°**	0°	10°	20°	25°	30°	**32,0°**	**35,2°?**
g/a	6,06	6,86	11,98	21,58	29,20	39,7	(44,5)	58,83
ϱ			15° 1,1515		1,2416			

	1 H_2O							
ϑ	**35,37°**	40°	50°	60°	70°	80°	90°	100°
g/a	(49,5)	48,9	47,4	46,2	45,2	44,5	44,5	44,5

	0 H_2O							
ϑ	**112,5°**	120°	140°	160°	180°	200°	225°	250°
g/a	44,5	42,9	38,1	36,4	33,5	30,4	26,1	20,9

	0 H_2O				+ Eis		7 H_2O		10—1 H_2O
ϑ	275°	300°	321°	348°	***−10°***	0°	*20°*	*30°*	***32,96°***
g/a	15,2	9,2	5,05	0	*(16,3)*	*20,3*	*33,5*	*43,5*	*(52,4)*

$NaHCO_3$

	Eis	$NaHCO_3$ (p_{CO_2} = 760 Torr)						
ϑ	**−2,33°**	0°	10°	20°	25°	30°	40°	60°
g/a	6,67	6,89	8,20	9,57	10,36	11,09	12,7	16,0
ϱ			16° 1,0679					

	$NaHCO_3$ (p_{CO_2} = 760 Torr)					
ϑ	80°	100°	125°	150°	175°	200°
g/a	19,7	23,6	29,7	37,4	50,4	75,4

Na_2SiO_3

10 H_2O		9 H_2O		6 H_2O
37,2°	**31,0°**	**47,2°**	**41,9°**	**62,3°**
F.P.		F.P.		F.P.

Na_2SiF_6

ϑ	0°	20°	40°	80°
g/a	0,43	0,73	1,03	1,86
ϱ	15,5° 1,0058			

$Na_2B_4O_7$

	Eis	10 H_2O						
ϑ	**−0,435°**	0°	10°	20°	25°	30°	40°	50°
g/a	1,02	(1,04)	1,62	**2,52**	3,16	3,90	6,30	9,78
ϱ			17° 1,0198					

	4 H_2O						(+4 H_2O)	
ϑ	**58,2°**	60°	70°	80°	90°	100°	35°	***39°***
g/a	17,03	17,33	20,5	25,0	30,7	39,5	*12,29*	*(13,0)*

	5 H_2O		(+10 H_2O)			
ϑ	40°	50°	***60,6°***	70°	80°	100°
g/a	*13,4*	*16,3*	*19,8*	*24,0*	*30,6*	*52,2*

KOH (s. Abb. S. 915)

	Eis					4 H_2O			2 H_2O	
ϑ	−2,2°	−11,2°	−20,7°	−30,5°	**−65,2°?**	−50°	−35°	**−33°**	−20°	0°
g a	3,64	14,9	22,7	29,3	44,6	53,1	66,9	76,4	82,5	95,3

	2 H_2O		1 H_2O							F.P.
ϑ	20°	25°	**33,0°**	40°	60°	80°	100°	120°	140°	**143°**
g/a	111,4	117,4	132,6	136,4	147	160	178	203	261	311,2

* Siehe Abb. S. 918.

332611 (Fortsetzung).

KCl (s. Abb. S. 918)			**Eis**				**KCl**	
ϑ	−1°	−2°	−5°	−10°	**−10,7°**	0°	5°	10°
g/a	2,23	4,51	11,4	23,2	24,60	28,15	29,75	31,3
ϱ	1,014		1,070	1,135	1,143	1,153		

				KCl				
ϑ	15°	20°	25°	30°	35°	40°	50°	60°
g/a	32,86	34,35	35,98	37,3	39,0	40,3	43,10	45,6
ϱ	1,1696	1,174	1,178	1,186		1,190	1,198	1,199

			KCl		K.P.		
ϑ	70°	80°	90°	100°	**108,599°**	110°	120°
g/a	48,3	51,0	53,4	56,20	(58,4)	(58,6)	(61,2)
ϱ	1,204		1,2069	1,217			

				KCl				
ϑ	130°	140°	150°	160°	180°	200°	220°	230°
g/a	(63,7)	(66,3)	(68,8)	70,6	76,4	81,4	87,0	89,8
p	1,1 Atm.		1,7 Atm.		7,2 Atm.			

$KClO_3$

ϑ	0°	20°	40°	60°	80°
g/a	3,3	7,3	14,5	25,9	39,7
ϱ	15° 1,0363	25° 1,0484	50° 1,0181		

		K.P.			
ϑ	100°	**104,2°**	120°	160°	190°
g/a	56,2	61,5	73,6	148	183
ϱ	1,0660				

$KClO_4$

ϑ	0°	20°	40°	60°	80°	100°
g/a	0,76	1,67	3,63	7,18	13,38	22,2
ϱ	15° 1,0076	25° 1,0096				

KBr	**Eis**					**KBr**	
ϑ	−6,5°	−8,0°	**−13,0°**	0°	20°	25°	40°
g/a	25	31,2	47,1	54,0	65,6	68,4	76,1
ϱ				1,324	1,370	1,379	35° 1,394

				KBr			
ϑ	60°	80°	100°	120°	140°	180°	220°
g/a	85,9	95,3	104,9	115	124	144	161
ϱ	50,2° 1,416		91,95° 1,460				

$KBrO_3$

							K.P.
ϑ	0°	20°	40°	60°	80°	100°	**104°**
g/a	3,1	6,9	13,1	22,0	33,9	49,7	(53,4)
ϱ	5° 1,024	1,048	1,083				

KJ		**Eis**					**KJ**	
ϑ	−5°	−10°	−15°	−20°	**−23°**	0°	20°	40°
g/a	29,0	(49,3)	72,4	95,3	109,2	127,8	144,5	161,0
ϱ						1,6673		35° 1,738

				K.P.	**KJ**			
ϑ	60°	80°	100°	**118,4°**	120°	150°	200°	236,4°
g/a	176,2	191,5	208	221	223	247	293	333
ϱ	50° 1,760		92,2° 1,806					

332611 (Fortsetzung).

KJO_3

							K.P.
ϑ	0°	20°	40°	60°	80°	100°	**102°**
g/a	4,7	8,1	12,9	18,5	24,8	32,3	(32,9)
ϱ		15° 1,0584	25° 1,0708				

KJO_4

ϑ	0°	20°	40°	60°	80°	100°
g/a	0,168	0,42	0,93	2,16	4,44	7,87

K_2SO_3

			Eis			K_2SO_3
ϑ	−2,71°	−5,74°	−14,06°	−31,0°	**−45,5°**	−20°
g/a	9,66	21,3	44,1	78,6	104	105

				K_2SO_3		
ϑ	0°	20°	40°	60°	80°	100°
g/a	106	107	108	109,5	111,5	114

$K_2S_2O_5$

	Eis			$^2/_3$ H_2O				$K_2S_2O_5$		
ϑ	−1,07°	−3,83°	**−5,50°**	−0°	**4°**	20°	40°	60°	80°	100°
g/a	3,88	15,5	23,8	27,5	31,8	44,9	63,9	85	108	133

K_2SO_4 *

	Eis					K_2SO_4			
ϑ	−0,9°	**−1,52°**	0°	10°	20°	25°	30°	40°	50°
g/a	4,0	7,24	7,33	9,2	11,15	12,05	12,91	14,79	16,5
ϱ			1,063	1,077	1,0807	1,088			1,104

				K.P.	K_2SO_4			
ϑ	60°	80°	100°	**101,392°**	120°	140°	170°	200°
g/a	18,2	21,29	24,10		(26,9)	(29,3)	32,9	(36,3)
ϱ	1,109		1,119					

$K_2S_2O_8$

ϑ	0°	10°	20°	40°
g/a	0,18	0,27	0,47	1,10

KNO_3 *

	Eis				KNO_3		
ϑ	−1°	**−2,85°**	0°	10°	20°	25°	30°
g/a	3,34	(12,2)	13,25	21,0	31,5	38,2	45,6
ϱ			0,4° 1,0817	14,9° 1,1389	16° 1,1369		30,8° 1,2218

			KNO_3			
ϑ	40°	50°	60°	80°	100°	114°
g/a	63,9	85,7	109,9	169,0	245,2	312
ϱ		44,75° 1,3043	60,05° 1,3903	76° 1,4700	91,65° 1,5394	1,6269

K_3PO_4

		7 H_2O		F.P.	*3 H_2O*
ϑ	0°	25°	40°	**45,5°**	*25°*
g/a	77,6	103	122	168,4	*175*

K_2HPO_4

		Eis			6 H_2O	
ϑ	−4,2°	−11,7°	**−13,5°**	0°	10°	**14,3°**
g/a	20,2	49,8	58,2	85,6	122	150

	3 H_2O			0 H_2O	6 H_2O F.P.
ϑ	20°	40°	**48,33°**	60°	***15° ?***
g/a	159	212,5	264	266	161,2

* Siehe Abb. S. 918.

332611 (Fortsetzung).

KH_2PO_4	Eis	KH_2PO_4						
ϑ	**−2,75°**	0°	10°	20°	25°	40°	60°	80°
g/a	13,6	14,3	18,0	22,7	25,2	33,9	48,6	68,0

K_2CO_3 (s. Abb. S. 918)	Eis					
ϑ	−1,9°	−3,2°	−6,0°	−11,15°	−16,8°	−23,45°
g/a	6	10	18	30	40	50

	6 H_2O		1,5 H_2O			
ϑ	**−36,5°**	**−6,2°**	0°	10°	20°	25°
g/a	65,6	106,6	(107,3)	(109)	111,5	113
ϱ				15° 1,5708	15/15°	

	1,5 H_2O						
ϑ	30°	40°	60°	80°	100°	120°	135°
g/a	114	117	127	140	156	181	205
ϱ			50,3° 1,5988				

$KHCO_3$	Eis		$KHCO_3$ ($p_{H_2O} + p_{CO_2} = 760$ Torr)							
ϑ	−3,21°	**−5,43°**	0°	10°	20°	25°	30°	40°	50°	60°
g/a	10,1	20,4	22,6	27,7	33,3	36,6	39,1	45,3	52,0	60,0
ϱ				16° 1,061						

KCN	Eis				
ϑ	−5,64°	−10,88°	−16,18°	−21,93°	**−29,6°**
g/a	11,3	20,9	30,9	40,8	(53)

	KCN				K.P.
ϑ	0°	25°	50°	75°	**103,3°**
g/a	(63)	71,6	81	(95)	122

KCNS	Eis			KCNS		
ϑ	−6,5°	−9,55°	**−31,2°**	0°	20°	25°
g/a	20,0	30,0	101	177	218	243

RbCl							
ϑ	0°	20°	40°	60°	80°	100°	112,9°
g/a	77,0	91,1	103,5	115,5	127,2	139	147

Rb_2SO_4					
ϑ	0°	20°	40°	60°	100°
g/a	33,4	48,2	61,5	67,6	92,1

$RbNO_3$						K.P.
ϑ	0°	20°	40°	60°	100°	**118,3°**
g/a	19,4	53,4	116,9	200,3	453	619

CsCl							K.P.
ϑ	0°	20°	40°	60°	80°	100°	**119,4°**
g/a	161	186	208	229	250	270	289

$Cs_2(SO_4)$						$CsNO_3$				
ϑ	0°	20°	40°	60°	100°	0°	20°	40°	60°	100°
g/a	167,4	178,6	190	200,3	221,5	8,96	33,0	47,2	83,9	196,7

332611 (Fortsetzung).

NH_4Cl	**Eis**				**NH_4Cl**		
ϑ	−6,65°	−12,2°	**−16,0°**	0°	10°	20°	25°
g/a	10,0	18,1	23,9	29,7	33,5	37,4	39,8
ϱ					15° 1,0746		

			NH_4Cl		K.P.
ϑ	40°	60°	80°	100°	**116°**
g/a	46,0	55,3	65,6	77,3	87,3

NH_4Br; Eis					**NH_4Br**			
ϑ	**−17°**	0°	20°	25°	40°	60°	80°	100°
g/a	47,3	60	73,9	78,1	82,4	100,0	113,7	127,8

NH_4J Eis				**NH_4J**		
ϑ	**−27,5°**	0°	25°	50°	100°	136°
g/a	125	(153)	177	(199)	251	290?

$(NH_4)_2SO_4$*		**Eis**				**$(NH_4)_2SO_4$**		
ϑ	−5,45°	−11,0°	**−18,5°**	−10°	0°	10°	20°	25°
g/a	20,0	40,0	66,0	68,1	70,4	72,7	75,4	76,9

				$(NH_4)_2SO_4$				K.P.
ϑ	30°	40°	50°	60°	70°	80°	100°	**108,5°**
g/a	78,1	81,2	84,3	87,4	90,5	94,1	102	106
ϱ			1,252		77,1° 1,258		97° 1,268	

NH_4NO_3		**Eis**			**IV** (rhombisch bipyramidal)			
ϑ	−6,9°	−13,6°	**−16,9°**	−10°	0°	10°	20°	25°
g/a	20,0	49,9	43,7	89,5	118,5	150,3	187,7	209
%	16,7	33,3	42,3	47,24	54,94	60,05	65,24	67,63
ϱ					1,264	15° 1,298		

			III [rhombisch oder monoklin (pseudotetragonal)]					
ϑ	30°	**32,3°**	40°	50°	60°	70°	80°	**84,2°**
g/a	232	(243)	283	344	415	499	614	(694)
%	99,90	(70,88)	73,9	77,5	80,6	83,3	86,0	(87,4)
ϱ	1,329							

	II (tetragonal oder hexagonal rhomboedrisch)				**I** (regulär)	F.P.	**III**
ϑ	90°	100°	120°	**125,2°**	146°	**170°**	6,2°
g/a	777	1023	1900	2464	4875	∞	*148,1*
%	88,6	91,1	95,0	96,1	97,99	100	*59,7*

V tetragonal oder hexagonal beständig unter **−18°**

$(NH_4)_3PO_4$		**3 H_2O**			**$(NH_4)_2HPO_4$**				
ϑ	0°	20°	25°	50°	0°	20°	40°	60°	80°
g/a	9,40	(20,3)	23,8	37,7	57,5	68,6	81,8	97,6	(115,5)
ϱ					14,5° 1,3436				

$NH_4H_2PO_4$								
ϑ	0°	20°	25°	40°	60°	80°	100°	120°
g/a	22,7	36,8	41,3	56,7	82,9	120,7	174	266

* Siehe Abb. S. 918.

332611 (Fortsetzung).

NH_4HCO_3; Eis										F.P.
ϑ	**−3,9°**	0°	10°	20°	25°	40°	60°	80°	100°	**107,5°**
g/a	10,5	11,9	16,1	21,7	24,8	36,6	59,2	109,2	355	∞

Die Gasphase ist reicher an CO_2 als die Lösung, über 60° p > 760 Torr

NH_4CNS	Eis				NH_4CNS			
ϑ	−8,2°	−12,8°	**−25,2°**	0°	20°	40°	60°	80°
g/a	20,0	32,1	72,3	115	163	235	347	(525)

$BeSO_4$	4 H_2O					2 H_2O		*6 H_2O*	(+2 H_2O)	
ϑ	25°	40°	60°	80°	100°	**113,6°**	119°	*30°*	*50°*	***77,4°***
g/a	42,4	46,74	56,3	71,5	100	(135)	149	*51,5*	*60,7*	*81,9*
ϱ	1,278									

Das metastabile 6 H_2O ist zweifelhaft

$Be(NO_3)_2$	Eis			4 H_2O				
ϑ	−15,3°	−29,7°	−59°	−40°	0°	20°	40°	60°
g/a	26,4	39,5	60,5	85,9	97,6	103,3	122,2	177,8

$MgCl_2$ (s. Abb. S. 918)	Eis						12 H_2O	F.P.
ϑ	−1,28°	−5,7°	−13,8°	−19,6°	−25,9°	**−33,6°**	−20°	**−16,4°**
g/a	2,37	8,79	16,32	20,4	24,2	(27,2)	(35,9)	44,1

	8 H_2O β	Eis + 8 H_2O α	12 + 8 H_2O α	*12 + 6 H_2O*	*8 β + 6 H_2O*
ϑ	**−17,4°**	***−50°***	**−16,8°**	***−21,9°***	***−9,8°***
g/a	*(47,6)*	*31,25*	46,2	*(51,5)*	*(51,9)*

	8 α + 6 H_2O	6 H_2O					
ϑ	**−3,4°**	10°	20°	25°	30°	40°	50°
g/a	52,3	53,5	54,25	55,0	55,3	56,5	58,7
ϱ		1,332	1,331	1,338	1,344 30°/30°	1,351	1,362 50°/50°

	6 H_2O			4 H_2O		2 H_2O	
ϑ	60°	80°	100°	**116,67°**	152,6°	**181,5°**	186°
g/a	60,7	65,87	72,7	85,6	96,3	125,7	128,0
ϱ	1,371 60°/60°	1,399 80°/80°	1,4352 100°/100°				

$MgSO_4$*	Eis		12 H_2O		7 H_2O			
ϑ	−0,9°	−1,65°	**−3,9°**	**+1,8°**	10°	15°	20°	25°
g/a	5,27	11,7	(22,5)	(26,7)	30,05	32,1	35,6	36,33
ϱ						1,294		1,305

	7 H_2O		6 H_2O		1 H_2O			
ϑ	30°	40°	**48,2°**	60°	**67,5°**	83°	90°	100°
g/a	40,8	45,4	49,2	54,4	(58,7)	54,2	51,5	(48,0)
ϱ		41° 1,357		1,405	74,6° 1,444			1,367/15°

	1 H_2O							
ϑ	110°	120°	140°	160°	180°	200°	225°	238°
g/a	(43,8)	(39,1)	(28,2)	(15,0)	5,2	1,6	0,79	0,56

		krit. Temp.	Eis	*7 H_2O β*			6 H_2O
ϑ	351°	**365°**	***−8,4°***	*0°*	*10°*	*20°*	***23°***
g/a	120		(31,7)	*34,65*	*38,7*	*42,8*	(43,5)
ϱ							

Weitere metastabile Hydrate 5, 4, 3, 2, 5/4 H_2O

---

* Siehe Abb. S. 918.

332611 (Fortsetzung).

$Mg(NO_3)_2$	Eis			9 H_2O		6 H_2O	
ϑ	−10°	−20°	**−31,87°**	−25°	**−14,7°**	0°	20°
g/a	22,0	37,0	47,7	50,6	58,9	63,9	70,5
ϱ	−8,5° 1,139	−26° 1,279				1° 1,356	

	6 H_2O				F.P.	6 H_2O		
ϑ	25°	40°	60°	80°	**89,9°**	80°	60°	**52,7°**
g/a	73,9	81,8	93,7	110,9	137,2	172,5	203	(208)
ϱ	1,388	1,405		1,468		88° 1,515		

	2 H_2O				F.P.		0 H_2O	
ϑ	60°	80°	100°	120°	**130,9°**	**127,7°**	150°	200°
g/a	214,5	233	264	316	411,8	449	471	(590)
ϱ	74,6° 1,461		97° 1,522					

CaO	Eis	$Ca(OH)_2$					
ϑ	**−0,15°**	0°	10°	20°	25°	30°	40°
g/a	(0,130)	0,130	0,125	0,118	0,113	0,109	0,100
frisch gef.		*0,151*	*0,139*		*0,129*	*0,121*	*0,107*

	$Ca(OH)_2$					
ϑ	60°	80°	100°	120°	150°	190°
g/a	0,083	0,066	0,052	0,040	0,025	0,0084
frisch gef.	*0,092*	*0,067*				

$CaCl_2$	Eis							
ϑ	−1,03°	−2,0°	−5,0°	−10,0°	−15,0°	−20,0°	−30,0°	−40,0°
g/a	2,48	4,32	10,1	17,0	21,7	26,2	33,3	39,0

		6 H_2O						
ϑ	**−55°**	−35,7°	−26,5°	−15,5°	−6,3°	0°	10°	20°
g/a	(45,75)	48,7	50,8	53,3	57,8	60,3	65,0	74,5

		4 H_2O α	F.P.	4 H_2O α				2 H_2O
ϑ	25°	**29,8°**	***29,92°***	*20°*	**29,8°**	35°	40°	**45,3°**
g/a	82,6	100,6	*102,7*	*91*	100,6	107,3	115,3	130,2

	4 H_2O β			(+2 H_2O)		2 H_2O		
ϑ	*20°*	***29,2°***	*35°*	***38,4°***	*40°*	**45,3°**	50°	60°
g/a	*104,5*	*112,8*	*122,5*	*127,5*	*128,1*	130,2	132,3	136,8

					1 H_2O			$CaCl_2$
ϑ	80°	100°	125°	150°	**175,5°**	200°	235°	**260°**
g/a	147,0	159,0	176,5	205	297	311	332	347

$CaSO_4$	2 H_2O						
ϑ	0°	10°	20°	25°	30°	40°	(**42°**)
g/a	0,176	0,1925	0,2036	0,2080	0,210	0,2122	0,212
ϱ	1,0020	1,0017		0,9991	0,9979	0,9944	

	2 H_2O			K.P.	½ H_2O	½ H_2O	
ϑ	50°	70°	100°	**101,45°**	**107°**	15°	20°
g/a	*0,201*	*0,197*	*0,162*		(*0,153*)	*0,98*	*0,885*
						$CaSO_4 \cdot {}^1/_2 H_2O$	

Nach van't Hoff liegt der Umwandlungspunkt $CaSO_4 \cdot 2\,H_2O \rightarrow CaSO_4$ bei 63,5°

332611 (Fortsetzung).

$CaSO_4$

	$^1/_2$ *H_2O*					(+2 H_2O)	
ϑ	30°	40°	60°	80°	100°	**107°**	120°
g/a	*0,73*	*0,62*	*0,41*	*0,28*	*(0,17)*	*(0,153)*	*0,107*
ϱ					0,958		

	$^1/_2$ *H_2O*			**$CaSO_4$**			
ϑ	140°	170°	250°	20°	35°	**42°**	45°
g/a	*0,068*	*0,031*	*0,018*	*0,298*	*0,242*	0,212	0,201

				$CaSO_4$			
ϑ	**75°**	100°	120°	140°	170°	200°	220°
g/a	0,114	0,067	0,058	0,036	0,015	0,0076	0,0056

$Ca(NO_3)_2$

	Eis				**4 H_2O α**		
ϑ	−4,7°	−9,0°	−16,1°	**−28°**	0°	20°	25°
g/a	14,3	29,7	49,7	78,6	101	127	138

		F.P.	**3 H_2O**	F.P.	**2 H_2O**	**0 H_2O**	K.P.
ϑ	40°	**42,7°**	**42,6°**	**51,1°**	**50,6°**	**51,6°**	**151°**
g/a	196	227,8	239	304,4	335	355	376

ϑ	***39,6°***	***32,7°***	***49,8°***	*30°*	***39,6°***	*39°*
g/a	*288*	*355*	*355*	*160*	*227,8*	*289*
	4 H_2Oα + 2 H_2O	4 H_2Oα + $Ca(NO_3)_2$	3 H_2O + $Ca(NO_3)_2$	4 H_2Oβ	F.P.	

CaF_2				**$CaHPO_4$**			
	gefällt	Flußspat		2 H_2O		$CaHPO_4$	
		0°	$1,31 \cdot 10^{-3}$	24,5°	0,020	40°	0,014
18°	$1,63 \cdot 10^{-3}$	18°	$1,50 \cdot 10^{-3}$	40°	0,038	60°	0,018
26°	$1,72 \cdot 10^{-3}$	40°	$1,67 \cdot 10^{-3}$	60°	0,105	100°	0,025

$CaCO_3$ (s. auch 332613, Ternäre Systeme)

	gefällt	Aragonit
8,7°	$1,0 \cdot 10^{-3}$	
18°	$1,3\ldots3,5 \cdot 10^{-3}$	$1,5 \cdot 10^{-3}$
182°	$2,5 \cdot 10^{-3}$	
207°	$1,4 \cdot 10^{-3}$	

SrO	**Eis**	**$Sr(OH)_2 \cdot 8\,H_2O$**						
ϑ	**−0,1°**	0°	20°	40°	60°	80°	90°	100°
g/a	(0,35)	0,35	0,70	1,50	3,13	7,02	13,6	24,2

SrF_2

ϑ	0°	20°	25°
g/a	$11,3 \cdot 10^{-3}$	$11,7 \cdot 10^{-3}$	$11,9 \cdot 10^{-3}$

$SrCl_2$

	Eis				**6 H_2O**			
ϑ	−5,45°	−7,95°	−13,0°	**−18,7°**	0°	20°	40°	60°
g/a	14,95	20,0	28,7	36,1	44,1	53,8	66,6	85,2

		2 H_2O		K.P.		**1 H_2O**	
ϑ	**61,34°**	80°	100°	**118°**	**145°**	215°	250°
g/a	(87,6)	92,3	102	116	121	180	206

$SrBr_2$

			6 H_2O				**2 H_2O**
ϑ	0°	20°	40°	60°	80°	**88,62°**	110°
g/a	87,9	98	113	135	175	(203)	250

332611 (Fortsetzung).

SrJ_2

	6 H_2O						F.P.		2 H_2O		
ϑ	−20°	0°	20°	40°	60°	80°	**84°**	(**83,9** ?)	100°	120°	175°
g/a	150	164	179	196	217	277	316,7	(326)	370	421	594

$SrSO_4$

ϑ	0°	20°	40°
g/a	$11,3 \cdot 10^{-3}$	$11,4 \cdot 10^{-3}$	$11,5 \cdot 10^{-3}$

$Sr(NO_3)_2$

	Eis		4 H_2O				0 H_2O
ϑ	−4,6°	**−5,75°**	0°	10°	20°	**31,3°**	−5°
g/a	25,0	32,5	39,5	55,0	70,9	90,1	*84,2*
ϱ			0,58° 1,2856		14,71° 1,3938		

	0 H_2O					K.P.
ϑ	13,7°	40°	60°	80°	100°	**107,9°**
g/a	*87,3*	91,2	94,2	97,2	101,2	102,8
ϱ		26,4° 1,4883	32,58° 1,5141			

BaO; Eis

	Eis	$Ba(OH)_2 \cdot 8\,H_2O$					F.P.		3? H_2O	
ϑ	**−0,5°**	0°	20°	40°	60°	75°	**77,9°?**	**77,9°**	80°	109°
g/a	1,50	1,50	3,48	7,35	18,8	56,8	94,74	(82 ?)	90,8	159

$BaCl_2$

	Eis		2 H_2O				
ϑ	−3,95°	**−7,8°**	0°	10°	20°	25°	40°
g/a	16,55	29,0	30,7	33,3	35,7	37,2	40,8

	2 H_2O			
ϑ	60°	80°	100°	104,1°
g/a	46,4	52,5	58,7	60,3

$Ba(NO_3)_2$; Eis

	Eis	0 H_2O				
ϑ	**−0,55°**	0°	20°	40°	60°	80°
g/a	4,77	4,95	9,03	14,4	20,3	27,2
ϱ		15° 1,0616	1,0691	25° 1,0768		

		K.P.		0 H_2O		
ϑ	100°	**101,9°**	120°	160°	200°	215°
g/a	34,2	34,7	41,4	(58,7)	77,0	84,5

ϑ	BaF_2	$BaSO_3$	$BaSO_4$	$BaCO_3$	$BaSiF_6$
0°			$170 \cdot 10^{-6}$		$15 \cdot 10^{-3}$
20°	0,160	$19,7 \cdot 10^{-3}$	$230 \cdot 10^{-6}$	30°	$22 \cdot 10^{-3}$
25°	0,161		$240 \cdot 10^{-6}$	$3,5 \cdot 10^{-3}$	$23,5 \cdot 10^{-3}$
50°			$336 \cdot 10^{-6}$		$33 \cdot 10^{-3}$
100°		$(1,7 \cdot 10^{-3})$	$390 \cdot 10^{-6}$		$(53 \cdot 10^{-3})$

$AlCl_3$; Eis

	Eis	? 9 H_2O	6 H_2O				
ϑ	**−55,1°**	**20°** ?	0°	20°	40°	60°	80°
g/a	33,9		44,9	45,6	46,3	(47,0)	47,7

$Al_2(SO_4)_3$

	Eis			18 H_2O		
ϑ	−1,43°	−2,65°	**−4°**	0°	[0°]	20°
g/a	12,0	21,2	30,1	31,2	[37,1]	36,3

	18 H_2O					
ϑ	25°	[25°]	40°	60°	80°	100°
g/a	(38,3)	[41,4]	45,6	58	73	89

Die neueren Werte [ ] für 0° und 25° passen nicht in die älteren Reihen.

332611 (Fortsetzung).

$Al(SO_4)_2Na$ **12 H_2O**

ϑ	0°	20°	40°
g/a	37,4	39,7	44,3

$Al(SO_4)_2K$

	12 H_2O					F.P.	x H_2O	
ϑ	0°	20°	40°	60°	80°	**92,5°**	100°	111,9'
g/a	2,96	6,01	13,6	35,3	(43)	119,5	154	211
ϱ	15° 1,0446		1,1448	1,2437	88° 1,4357			

$Al(SO_4)_2Rb$

	12 H_2O						F.P.
ϑ	0°	20°	40°	60°	80°	100°	**109°**
g/a	0,72	(1,52)	(3,52)	7,39	21,61	(69)	140,9

$Al(SO_4)_2Cs$

	12 H_2O					K.P.	F.P.
ϑ	0°	20°	40°	60°	80°	**100,4°**	**122°**
g/a	0,21	0,46	0,89	2,00	5,49	22,9	163,2

$Al(SO_4)_2NH_4$

	Eis	12 H_2O					F.P.	x H_2O
ϑ	**−0,2°**	0°	20°	40°	60°	80°	**95°**	110,6°
g/a	(2,59)	2,60	6,59	12,36	21,1	35,2	109,2	208
ϱ			15,5° 1,0459	45° 1,1184	65° 1,1201		93° 1,3898	

$Al(SO_4)_2Tl$

	12 H_2O				F.P. ?
ϑ	0°	20°	40°	60°	**91,0**
g/a	3,15	6,6	14,5	35,3	(195,8)

$Al(NO_3)_3$

	9 H_2O					F.P. ?	
ϑ	0°	20°	40°	60°	70°	**73,5°**	?
g/a	61	73	89	108	120	131,37	?

	8 H_2O			6 H_2O	
ϑ	90°	100°	**111,5°**	120°	129°
g/a	154	166	164	169	176

Y_2O_3	ϑ	YCl_3 6 H_2O	YBr_3 ? H_2O	$Y_2(SO_4)_3$? H_2O	$Y_2(SO_4)_3$ 8 H_2O	$Y(NO_3)_3$ 6 H_2O
	0°	73,6	63,9	(8,0)		95,9
29° 0,18 · 10⁻³	20°	75,3	76,0	7,5	9,78	129
	40°	77,3	78,6	6,2	4,89	165
	60°	78,0	82,2	4,6		199
	80°	78,3	91,4	3,1		238
	100°		(96)	1,6		

$NdCl_3$ **6 H_2O**

ϑ	10°	20°	30°	40°	50°
g/a	96,7	98,0	99,6	101,6	104,5

$SmCl_3$ **6 H_2O**

ϑ	10°	20°	30°	40°	50°
g/a	92,4	93,4	94,5	96,6	99,9

Bdk.	ϑ	$La(BrO_3)_3$	$Pr(BrO_3)_3$	$Nd(BrO_3)_3$	$Gd(BrO_3)_3$	$Tb(BrO_3)_3$
9 H_2O	0°	97,9	55,8	44,0	34,6	44,4
9 H_2O	20°	149	90,8	78,5	60,1	71,0
9 H_2O	40°	35° 230	144	116	91,9	104,8

332611 (Fortsetzung).

$Ce_2(SO_4)_3$

Bdk.	0°	**3°**	***4,5°***	20°	**33°**	40°
12 H_2O	16,44	16,68	*(16,75)*	*17,7*		
9 H_2O	*21,0*		*(16,75)*	*10,02*	6,60	5,83
8 H_2O	*19,05*	16,68		9,66	6,60	*5,85*
5 H_2O						
4 H_2O					*9,9*	

Bdk.	**42°**	***55,5°***	***56,0°***	60°	80°	100°
12 H_2O						
9 H_2O	(5,63)			*3,87*		
8 H_2O		*4,30*	*4,45*	*4,06*		
5 H_2O		*4,30*	*4,45*	*3,24*	*1,20*	*0,47*
4 H_2O	(5,63)			2,20	0,93	0,43

$La_2(SO_4)_3$ **9 H_2O**

ϑ	0°	20°	50°	100°
g/a	3,0	2,25	(1,37)	0,70

$Pr_2(SO_4)_3$ **8 H_2O** | **5 H_2O**

ϑ	0°	20°	50°	**75°**	100°
g/a	19,7	12,7	5,8	3,7	0,77

$Nd_2(SO_4)_3$ **15 H_2O** | **8 H_2O α** | **8 H_2O β**

ϑ	0°	10°	20°	50°	**87,2**	100°
g/a	13,5	(9,9)	6,9	3,4	1,29	1,15

Bdk.	ϑ	$Sm_2(SO_4)_3$	$Eu_2(SO_4)_3$	$Gd_2(SO_4)_3$	$Tb_2(SO_4)_3$	$Er_2(SO_4)_3$	$Yb_2(SO_4)_3$
8 H_2O	20°	2,67	2,56	2,89	3,56	16,0	34,8
8 H_2O	40°	1,99	1,93	2,18		6,5	22,9

$Th(SO_4)_2$

Bdk.	0°	20°	40°	***42°***	**43°**	60°	80°	100°
9 H_2O	0,75	1,38	3,00		3,35	*9,3*		
8 H_2O	**1,03**	*2,15*	*(3,2)*	*3,52*				
6 H_2O	**1,50**	*2,04*	*(3,26)*			*6,64*		
4 H_2O		*8,46*	*3,82*	*3,52*	3,35	1,62	0,81	0,71

$Th(NO_3)_4$ Eis | 6 H_2O

ϑ	−5,4°	−11,2°	−25°	−40°	**−48°**	−20°	0°	20°
g/a	35,9	75,4	125,7	161,8	177	181	186	191

CrO_3 **Eis** |

ϑ	−2°	−8°	−16,3°	−28,3°	−43,5°	−60°	−74°	(**−155°**)
g/a	8,70	25,0	43,3	68,9	96,5	114	122	153

CrO_3 F.P.

ϑ	−20°	0°	20°	40°	60°	80°	100°	127°	**196°**
g/a	161	163	168	171	176	189	199	247	∞
ϱ		16,5° 1,7100							

CrO_4Na_2 **Eis** | **10 H_2O** F.P. ***10 + 4 H_2O*** | **6 H_2O**

ϑ	−4,9°	0°	10°	***21°***	***19,987°***	**19,525°**	25°
g/a	(25)	31,7	50,2	*90,1*	*77,6*	79,2	84,5

| **4 H_2O** | **0 H_2O**

ϑ	**25,9°**	40°	60°	**68°**	80°	100°
g/a	85,9	95,3	115,1	123,2	124	126

332611 (Fortsetzung).

CrO_4K_2*	Eis		K_2CrO_4						K.P.
ϑ	−4,3°	**−11,35°**	0°	20°	40°	60°	80°	100°	**107°**
g/a	27	(55)	59,0	63,0	67,0	70,9	75,1	79,2	(80,2)
ϱ			15° 1,3749	25° 1,3805					

$Cr_2O_7Na_2$			2 H_2O					0 H_2O	
ϑ	0°	10°	20°	25°	40°	60°	80°	**83°**	100°
g/a	163,2	170,3	180,1	188	220,5	283	385	413	440

$Cr_2O_7K_2$*	Eis	$K_2Cr_2O_7$					
ϑ	**0,63°**	0°	10°	20°	25°	40°	60°
g/a	4,5	4,68	7,75	12,3	14,9	26,3	45,6
ϱ				15° 1,0635	1,0916		

		$K_2Cr_2O_7$	K.P.			
ϑ	80°	100°	**103°**	120°	130°	180°
g/a	73,0	103	(108)	135	156	264 ?

MoO_4Na_2	10 H_2O		2 H_2O				
ϑ	0°	**11°**	20°	40°	60°	80°	100°
g/a	44,3	64,7	65,0	68	73	78	83,8

WO_4Na_2	10 H_2O			2 H_2O					
ϑ	−5°	0°	**6°**	10°	20°	40°	60°	80°	100°
g/a	44,1	57,5	71,8	72,1	73,0	77,9	(83,7)	90,2	96,9

$UO_2(NO_3)_2$	Eis		6 H_2O				
ϑ	−5,4°	**−18,1°**	−10°	0°	10°	20°	30°
g/a	33,05	75,81	86,9	98,0	108,3	119,3	138

		6 H_2O	F.P.	3 oder 2 H_2O	
ϑ	40°	50°	***59,5°***	**58,6°**	80°
g/a	163	203	365	310,7	400

MnO_4K*	Eis	$KMnO_4$				
ϑ	**−0,58°**	0°	20°	40°	60°	65°
g/a	(2,66)	2,83	6,38	12,56	22,4	25,0
ϱ		15° 1,0342	25° 1,0469			

$MnCl_2$	Eis			6 H_2O	4 H_2O		
ϑ	−5,5°	−12,0°	**?**	**−2°**	0°	20°	40°
g/a	11,7	20,5	?	(62,1)	63,6	73,5	88,7
ϱ						25° 1,4991	1,5348

	2 H_2O				$MnCl_2$
ϑ	**58,089°**	80°	100°	140°	**198°**
g/a	(106)	110,5	115	121	?
ϱ	70° 1,6134				

$MnSO_4$	Eis					7 H_2O	
ϑ	−3,35°	−5°	−7,5°	−10°	**−11,4°**	0°	**8,6°**
g/a	24,1	30,4	38,7	45,5	47,7	52,9	(59,5)

	5 H_2O			1 H_2O			
ϑ	10°	20°	**(24,1°)**	25°	40°	60°	80°
g/a	59,8	62,9	(64,5)	64,8	60,0	58,6	45,5
ϱ	15° 1,4772	25° 1,4993					

* Siehe Abb. S. 918.

332611 (Fortsetzung).

$MnSO_4$		K.P.	1 H_2O		| *5 H_2O*	
ϑ	100°	**100,7°**	140°	200°	5°	35°
g/a	35,5	35,3	10,5	(0)	*59,2*	*70,4*

	|	*4 H_2O*			|	1 H_2O
ϑ	(***26,0°***)	*15°*	*25°*	*45°*	(***23°***)	10°
g/a	(*66,6*)	*63,4*	*65,2*	*70,7*	(*64,6*)	68,4

$Mn(NO_3)_2$	Eis		|	6 H_2O		F.P.	|	3 H_2O	F.P.
ϑ	−10°	−20°	**−36°**	−20°	0°	20°	**25,8°**	**23,5°**	30°	**35,5°**
g/a	27,1	49,2	68,1	80,2	102	131,5	166	182,5	208,5	331

ϑ	$Mn(OH)_2$	$MnO(OH)_2$	MnF_2	MnF_3NH_4
18°	$0,2 \cdot 10^{-3}$	$43 \cdot 10^{-6}$		
20°			1,06	1,2
25°	$0,6 \cdot 10^{-3}$		0,19	
100°			0,48	

ϑ	MnS gefällt	MnS grün	$MnCO_3$	$Mn(HCO_3)_2$
18°	$0,61 \cdot 10^{-3}$	$0,48 \cdot 10^{-3}$	0,04	0,08
20°			1 Atm. CO_2	56 Atm. CO_2

ReO_4K						
ϑ	0°	20°	40°	60°	80°	100°
g/a	0,48	1,01	2,25	4,44	7,21	10,4

$FeCl_2$		Eis	|	6 H_2O		
ϑ	−9°	−22,5°	**−36,5°**	−20°	0°	**12,3°**
g/a	16,9	30,4	43,7	44,9	49,9	60,2

		4 H_2O		|	2 H_2O	K.P.
ϑ	20°	40°	60°	**76,5°**	100°	**117,5°**
g/a	62,6	68,6	78,3	90,1	94,2	101,6

$FeCl_3$		Eis		|		6 H_2O		
ϑ	−10°	−20°	−40°	**−55°**	−27°	0°	10°	20°
g/a	18,0	29,2	42,7	49,5	62,1	74,5	81,8	91,9

	6 H_2O		F.P.	| 3,5 H_2O	F.P.	|	2,5 H_2O	
ϑ	25°	30°	**37°**	**27,4°**	**32,5°**	**30°**	35°	50°
g/a	99,0	106,6	150,0	218,5	257,1	273	282	315

		2 H_2O		F.P.	|	0 H_2O		| *6 + 5 H_2O*
ϑ	50°	55°	60°	**73,5°**	**66°**	80°	100°	***15°***
g/a	360,8	367	373	449,4	525	525,1	537	(245)

$FeSO_4$	Eis	|			7 H_2O		
ϑ	−1,287°	**−1,824°**	0°	10°	20°	30°	40°
g/a	10,46	14,94	15,65	20,5	26,6	33,0	40,3
ϱ			1° 1,140	1,233	1,255	1,312	1,363

	7 H_2O	| 4 H_2O	|		1 H_2O	
ϑ	50°	**56,6°**	**64,4°**	80°	100°	160°
g/a	47,6	54,6	55,3	43,8	(31,6)	(0)
ϱ	1,432	60° 1,367				

332611 (Fortsetzung).

$Fe(SO_4)_2(NH_4)_2$ — **6 H_2O**

ϑ	0°	10°	20°	30°	40°	50°	60°	70°	80°
g/a	17,8	22,1	26,9	32,5	38,5	45,4	53,4	62,6	73,0

ϑ	g/a							
	$Fe(OH)_2$	$Fe(OH)_3$	FeF_3	FeS	FeS_2 Freiberg	FeS_2 künstlich	$FeCO_3$	$Fe(HCO_3)_2$
18	$142 \cdot 10^{-6}$	$0,0048 \cdot 10^{-6}$		gefällt { $0,62 \cdot 10^{-3}$; $0,44 \cdot 10^{-3}$ }	$0,59 \cdot 10^{-3}$	$0,49 \cdot 10^{-3}$	$72 \cdot 10^{-3}$ 1 Atm. CO_2	$77 \cdot 10^{-3}$ 56 Atm. CO_2
25	$73,2 \cdot 10^{-6}$		0,091				$0,67 \cdot 10^{-3}$	

$Fe(CN_6)K_4$

	3 H_2O α			|	3 H_2O β		
ϑ	0°	10°	15°	**17,7°**	20°	25°	30°
g/a	15,0	21,0	24,3	27,6	28,0	31,5	36,8
ϱ						24,9° 1,1731	

	3 H_2O β			
ϑ	40°	60°	80°	100°
g/a	42,7	56,0	68,9	(82,7)
ϱ		49,8° 1,235	79,6° 1,2854	99,7° 1,31115

$Fe(CN)_6K_3$

ϑ	0°	10°	20°	30°	40°	60°	80°	100°
g/a	29,9	38,3	46,0	52,7	59,5	70,9	81,8	91,6
ϱ	7,8° 1,1567		22,1° 1,1872	39,9° 1,2115		58° 1,2269		

$CoCl_2$

	Eis		|		6 H_2O		
ϑ	−10°	−20°	**−22,5°**	−20°	0°	20°	30°
g/a	18,0	30,0	32,5	33,5	41,9	51,0	60,0

	6 H_2O	|	4 H_2O	|	2 H_2O		
ϑ	40°	**48,3°**	50°	(**57,5°**)	80°	100°	120°
g/a	69,5	(85,2)	86,9	(93,7)	100	107,5	115

$CoSO_4$

	7 H_2O		|	6 H_2O	|	1 H_2O		*4 H_2O*
ϑ	0°	20°	(**40°**)	60°	**71°**	80°	100°	*80°*
g/a	25,5	36,0	(49,9)	55,0	63,4	53,8	38,9	*66,5*

$Co(NO_3)_2$

	Eis		|	9 H_2O |	6 H_2O	
ϑ	−18°	−22°	(−**24°**)	−**22°**	0°	20°
g/a	48,8	57,2	66,7	71,0	83,5	(100)

		F.P.	|	3 H_2O	F.P.
ϑ	40	***56***	**55**	80	**91**
g/a	126	*169,5*	161	217	338,6

ϑ	$Co(OH)_3$	CoF_2	CoS	$Co(SH)_2$	$Co(CN)_2$
		(4 H_2O)	gefällt		
18° C	$0,32 \cdot 10^{-3}$		$0,38 \cdot 10^{-3}$		$4,18 \cdot 10^{-3}$
20°		1,36		$21 \cdot 10^{-6}$	
25°		1,42			

332611 (Fortsetzung).

$NiCl_2$	6 H_2O			4 H_2O			2 H_2O	
ϑ	0°	20°	**29°**	40°	60°	**64°**	80°	100°
g/a	51,7	55,3	(71,0)	72,5	80,5	(85)	86,9	88,0

$NiSO_4$	Eis		7 H_2O (+6 H_2O α)				6 H_2O α	
ϑ	−1,6°	**−3,15°**	0°	20°	**29,1°**	40°	20°	**29,1°**
g/a	14,6	26,4	27,9	37,8	43,7	*50,4*	*40,0*	43,7
	blau, tetrag.		6 H_2O β grün				1 H_2O	
ϑ	40°	**60,3°**	20°	40°	**60,3°**	70°	**84,8°**	100°
g/a	47,6	57,0	*44,4*	*49,1*	57,0	60,2	69,4	*77,9*
		?	?	6β + 2 H_2O	+ 3 H_2O	+ 4 H_2O	+ 5 H_2O	
ϑ	120°	163°	230°	***90,3°***	***96,4°***	***97,2°***	***98°***	
g/a	*98*	57,0	~0	*73*	*78*	*78*	*77*	

$Ni(NO_3)_2$	Eis			9 H_2O		6 H_2O	
ϑ	−9,4°	−21,3°	**−27,8°**	−20°	(**−3°**)	0°	20°
g/a	27,7	47,4	56,0	62,1	(76,7)	79,2	94,1
	6 H_2O		4 H_2O		2 H_2O		
ϑ	40°	**54,0°**	70°	**85,4°**	100°	120°	
g/a	118,8	150	170	205	218,5	241	

ϑ	g/a				
	K_2PtCl_6	Rb_2PtCl_6	Cs_2PtCl_6	$(NH_4)_2PtCl_6$	Tl_2PtCl_6
0° C	0,478	0,0137	0,0047		
10	0,599	0,0200	0,0064	15° 0,665	15° 0,0064
20	0,774	0,0282	0,0086		
30	1,000	0,0397	0,0119		
40	1,355	0,0565	0,0158		
60	2,444	0,0997	0,0290		
80	3,71	0,182	0,0525		
100	5,03	0,334	0,0915	1,25 ?	0,050

Diese Werte für K von Archibald, Wilcox, Bucley (1908), für Rb, Cs von Archibald und Hallett (1925) und für NH_4, Tl von Crookes sind wesentlich kleiner als die klassischen von Bunsen und Kirchhoff.

$CuCl_2$	Eis			2 H_2O			
ϑ	−10°	−18°	**−40°**	0°	20°	50°	100°
g/a	20,8	33,9	57,3	70,6	77,0	(88)	175

$CuSO_4$	Eis		5 H_2O α				
ϑ	−1,0°	**−1,6°**	0°	20°	25°	40°	**56°**
g/a	9,50	(14,3)	14,8	20,9	22,8	29,0	32,1
ϱ		1,4° 1,146	15° 1,1839	1,1965	1,2111	1,262	
	5 H_2O β			K.P.		3 H_2O	
ϑ	60°	80°	100°	**104°**	**105°**	165°	
g/a	39,1	53,6	73,6	77,9	(78,9)	79,8	
ϱ	1,343	1,433	1,553				

$Cu(NO_3)_2$	Eis			9 H_2O	6 H_2O		F.P.
ϑ	−2,35°	−9,3°	**−26,37°**	**−20°**	0°	20°	***25°***
g/a	8,7	27,1	(55,0)	66,1	81,8	121,9	*172*
		3 H_2O				F.P.	
ϑ	**24,5°**	40°	60°	80°	100°	***114°***	
g/a	159	160	179	208	(257)	346,5	

332611 (Fortsetzung).

$AgNO_3$	Eis		$AgNO_3$ rhombisch							
ϑ	−5,6°	**−7,3°**	0°	10°	20°	25°	30°	40°	50°	60°
g/a	52,0	93,7	115,0	159,7	215,5	241	281,7	334,8	400	471

	$AgNO_3$						rhomboed.	F.P.
ϑ	80°	90°	100°	110°	125°	133°	**159°**	**208,6°**
g/a	652	762	1024	1105	1624	1941	∞	∞

ϑ	g/a							
	Ag_2O	AgCl	AgBr	AgJ	$AgBrO_3$	$AgJO_3$	Ag_2S	Ag_2SO_4
0° C		$70,2 \cdot 10^{-6}$						
20°	$2,14 \cdot 10^{-3}$	$154 \cdot 10^{-6}$	$12 \cdot 10^{-6}$	$0,25 \cdot 10^{-6}$	0,16	$4,36 \cdot 10^{-3}$	$0,014 \cdot 10^{-3}$	0,74
25°	$2,6 \cdot 10^{-3}$	$183 \cdot 10^{-6}$			0,19	$5,36 \cdot 10^{-3}$		0,86
50°	$4,25 \cdot 10^{-3}$	$546 \cdot 10^{-6}$						
100°	$(6,4) \cdot 10^{-3}$	$2170 \cdot 10^{-6}$	$370 \cdot 10^{-6}$					1,46

ϑ	g/a						
	$AgNO_2$	Ag_3PO_4	Ag_3AsO_4	Ag_2CO_3	AgCN	AgCNS	$AgCrO_4$
0° C	0,16						$1,42 \cdot 10^{-3}$
20°		$0,65 \cdot 10^{-3}$	$0,85 \cdot 10^{-3}$		$2,8 \cdot 10^{-6}$	$14 \cdot 10^{-6}$	$2,6 \cdot 10^{-3}$
25°	0,40			$3,2 \cdot 10^{-3}$			$3,0 \cdot 10^{-3}$
50°	1,00						$5,3 \cdot 10^{-3}$
100°						$640 \cdot 10^{-6}$	$30 \cdot 10^{-3}$

$ZnCl_2$	Eis				4 H_2O			3 H_2O
ϑ	−5°	−10°	−40°	**−62°**	−50°	−40°	**−30°**	−10°
g/a	14,0	25,0	82,8	104	113	127	160	189

	3 H_2O	2,5 H_2O F.P.			1,5 H_2O		1 H_2O	0 H_2O
ϑ	0°	**6,5°**	**12,5°**	**11,5°**	20°	**26°**	**28°**	40°
g/a	208	252	302,6	335	367	424	435	453

	0 H_2O			F.P.	*3+1,5 H_2O*	*2,5+1 H_2O*	*1,5+0 H_2O*
ϑ	60°	80°	100°	**262°**	***0°***	***9,0°***	***26,3°***
g/a	488	541	614	∞	*308*	*361*	*432*

$ZnSO_4$*	Eis		7 H_2O (rhomb.)				
ϑ	−5,1°	**−6,55°**	0°	10°	20°	25°	30°
g/a	33,3	(37,9)	41,6	47,1	53,8	57,7	61,3
ρ				16,5°	1,4466		

		6 H_2O			1 H_2O		
ϑ	**38,0°**	40°	50°	**55,5°**	60°	80°	100°
g/a	(69,5)	70,4	75,7	(80,2)	76,5	66,7	60,5

	1 H_2O	6 H_2O		7 H_2O (mon.)		6 H_2O
ϑ	170°	*10°*	***24,8°***	*0°*	*10°*	***24,8°***
g/a	42,0	*58,5*	*63,4*	*48,2*	*53,8*	

$ZnSO_4$ gibt hartnäckig übersättigte Lösungen.

---

* Siehe Abb. S. 918.

332611 (Fortsetzung).

$Zn(NO_3)_2$	Eis		|	9 H_2O	|	6 H_2O		
ϑ	−5,8°	−12°	−20°	**−32,0°**	−20°	**−17,6°**	0°	20°
g/a	19,6	34,05	48,8	63,7	72,4	80,2	92,7	117,5

	6 H_2O		F.P.	|	4 H_2O	F.P.	|	2 H_2O
ϑ	25°	30°	**36,4°**	**34,6°**	40°	**45,5°**	**47,2°**	50°
g/a	127,3	138,7	173,2	195,9	211,5	264	355	400

	F.P.	|	1 H_2O		F.P.		| 6 H_2O
ϑ	**55,4°**	**52,1°**	60°	70°	**73,9°**	73°	−23°
g/a	525	625	700	809	1036	1250	77

$CdCl_2$	4 H_2O	|	2,5 H_2O		|	1 H_2O	
ϑ	−9°	**−5°**	0°	20°	**34°**	40°	60°
g/a	78,3	85,9	90,1	111,4	134,7	135,3	136,9

*1+4 H_2O **12,5°** 134,2; 4 H_2O 20° 134,6*

	1 H_2O					
ϑ	80°	100°	120°	150°	200°	270°
g/a	140,4	(150)	(163)	(186)	(233)	349

$CdSO_4$	(L. Minim.)				$^8/_3$ H_2O		
ϑ	−12°	−9°	0°	20°	25°	40°	60°
g/a	75,53	75,46	75,75	76,86	77,13	79,26	*81,9*
ϱ			15° 1,616	1,616	1,619		50° 1,639

	$^8/_3$ H_2O	|	1 H_2O α	|	1 H_2O β		|
ϑ	80°	**41,5°**	60°	**74,5°**	80°	100°	(**119°** ?)
g/a	*84,6*	79,65	73,9	69,4	64,2	58,0	48,1
ϱ				65° 1,588			

	?		| *7 H_2O*	
ϑ	160°	200°	−10°	−5°
g/a	20,0	2,3	*85,6*	*94,1*

$Cd(NO_3)_2$	Eis		|	9 H_2O	|	4 H_2O		
ϑ	−7,2°	−11,5°	**−16°**	0°	**3,5°**	20°	25°	40°
g/a	31,9	46,4	58,5	106	128	153	158	199

	4 H_2O	F.P.	| 2 H_2O	|	0 H_2O			
ϑ	50°	**59,5°**	**48,7°**	**56,8°**	60°	80°	100°	130°
g/a	233	328,2	465	614	619	646	682	747

$HgCl_2$	Eis |	$HgCl_2$							K.P.
ϑ	**−0,2°**	0°	20°	25°	40°	60°	80°	100°	**101,1°**
g/a	(4,1)	4,29	6,6	7,40	9,6	13,9	24,2	54,1	(56,5)
ϱ		1,039	1,052	1,056	1,076	50° 1,089		1,354	

ϑ	g/a				
	Hg *	HgO gelb	HgO rot	HgCl	HgBr
0° C				0,138 · 10^{-3}	
20°				0,23 · 10^{-3}	
25°	2 · 10^{-6}	5,2... 15 · 10^{-3}	4,24... 5,15 · 10^{-3}	0,285 · 10^{-3}	3,9 · 10^{-6}
40°					
60°	30 · 10^{-6}			0,59 · 10^{-3}	
80°					
100°	60 · 10^{-6}	4,3 · 10^{-3}	3,95 · 10^{-3}		

* Die Löslichkeit wird durch Anwesenheit von Luft erhöht.

332611 (Fortsetzung).

ϑ	g/a				
	HgJ	$HgBr_2$	HgJ_2	HgS	Hg_2SO_4
			tetr.		
20° C			18° 4 · 10^{-3}	18° 1,25 · 10^{-6}	
25°	0,02 · 10^{-6}	0,62	6 · 10^{-3}		60 · 10^{-3}
40°		(0,96)			
			rot		
60°		1,67	18°		
80°		2,77	20...40 · 10^{-6}		
100°		4,9			

Tl_2SO_4

ϑ	0°	20°	40°	60°	80°	**99,7°** K.P. 748 mm
g/a	2,70	4,86	7,59	10,9	14,6	18,4

$TlAl(SO_4)_2 \cdot 12\ H_2O$ s. bei **Al**, **Tl_2PtCl_6** s. bei **Pt**

$TlNO_3$

	rhombisch				rhomboed.		K.P.	reg. 2. K.P.	
ϑ	0°	20°	40°	60°	**80°**	100°	**105°**	[[144°	**196°** C
g/a	3,81	9,55	20,9	46,2	111,0	413	595		

ϑ	g/a					
	TlCl	TlBr	TlJ	$TlBrO_3$	$TlJO_3$	Tl_2S
0° C	0,17	23,8 · 10^{-3}	(2,4 · 10^{-3})			18° 49,6 · 10^{-3}
20°	0,32	47,6 · 10^{-3}	6,3 · 10^{-3}	0,346	57,8 · 10^{-3}	21,5 · 10^{-3}
25°	0,38	57,0 · 10^{-3}	8,1 · 10^{-3}	(0,42)	69,8 · 10^{-3}	
40°	0,60	(104 · 10^{-3})		0,71		
60°	1,02	204 · 10^{-3}				
80°	1,60					
100°	2,38					

ϑ	g/a					
	Tl_2SO_3	TlN_3	Tl_3PO_4	TlCNS	$TlReO_4$	
0° C	15° 3,24	0,17				
20°		(0,35)	0,500	0,315	0,16	
25°				0,391	0,21	
40°				0,73	(0,5)	
60°						
80°						
100°			0,667		(1,7)	

$Pb(NO_3)_2$

	Eis				$Pb(NO_3)_2$		
ϑ	−1,5°	−2,5°	**−2,7°**	0°	20°	25°	40°
g/a	16,0	31,9	35,1	36,4	52,2	56,5	69,4

	$Pb(NO_3)_2$			
ϑ	60°	80°	100°	104,7°
g/a	88,0	107,5	127,3	131,5

332611 (Fortsetzung).

Schwer lösliche Bleiverbindungen.

ϑ	g/a					
	PbO	$PbO_2 \cdot H_2O$	PbF_2	$PbCl_2$	$PbBr_2$	PbJ_2
0° C			$(57) \cdot 10^{-3}$	0,675	0,457	0,044
20°	12,8… $20,6 \cdot 10^{-3}$		$65 \cdot 10^{-3}$	0,970	0,842	0,065
25°		$14,6 \cdot 10^{-3}$	$67,5 \cdot 10^{-3}$	1,041	0,982	0,076
50°				1,70	1,885	0,153
75°				2,46	3,09	0,270
100°				3,31	4,77	0,434

ϑ	g/a					
	$Pb(ClO_2)_2$	$Pb(BrO_3)_2$	$Pb(JO_3)_2$	$Pb(OH)Cl$	$Pb(OH)J$	$Pb(OH)CNS$
0° C	0,035		$(1,0) \cdot 10^{-3}$	17,4°	16°	
20°		1,34	$1,83 \cdot 10^{-3}$	11,4… $26 \cdot 10^{-3}$	2,5… $5,9 \cdot 10^{-3}$	13… $26 \cdot 10^{-3}$
25°	0,12		$2,25 \cdot 10^{-3}$			
50°	0,19					
75°	0,32					
100°	0,41					

ϑ	g/a					
	PbS	$PbSO_4$	$Pb_3(PO_4)_2$	$PbCO_3$	$Pb(CNS)_2$	$PbCrO_4$
0° C		$3,34 \cdot 10^{-3}$				
20°	13… $86 \cdot 10^{-6}$	$4,21 \cdot 10^{-3}$	$13 \cdot 10^{-6}$	0,112… $0,178 \cdot 10^{-3}$	$1,37 \cdot 10^{-3}$	$4,2 \cdot 10^{-6}$
25°		$4,38 \cdot 10^{-3}$				$1,2 \cdot 10^{-6}$
50°		$5,77 \cdot 10^{-3}$				

332612 Löslichkeit in schwerem Wasser.

NaCl; g in 100 g Lm.
25° in H_2O 35,92 g; in HDO 33,24 g; in D_2O 30,56 g nach Tsing-Lien Chang und Tsin-Chang Chu (1939).

Löslichkeiten in D_2O (Auszug aus Bestimmungen von A. W. C. Menzies, R. D. Eddy, F. T. Miles und R. W. Shearman), g in 100 g D_2O.

NaCl					
0°	20°	50°	100°	150°	180°
29,2	30,1	31,3	33,7	36,9	39,0

NaBr 2 D_2O			0 D_2O		
0°	20°	**47,4°**	50°	100°	150°
70,4	80,8	101,6	101,9	106,9	115,6

NaJ 2 D_2O			0 D_2O			*x* D_2O	0 D_2O
0°	20°	50°	**66°**	100°	115°	50°	***60°***
141,2	158,7	204,5	(258,3)	266,4	271,3	*248*	*257,1*

332612 (Fortsetzung).

Na_2SO_4 10 D_2O				0 D_2O								0 D_2O
0°	10°	20°	**34,2°**	50°	100°	150°	180°	0°	10°	20°	**26,7°**	25°
3,4	6,5	14,3	44,1	41,1	37,3	37,3	37,4	*12,65*	*22,6*	*40,9*	*46,0*	*46,8*

KCl					KBr					KJ			
0°	20°	60°	100°	180°	0°	20°	50°	100°	150°	0°	20°	50°	100°
21,2	27,9	38,8	48,6	67,4	38,9	51,8	67,1	89	175	97,4	116,2	139,5	176

$SrCl_2$ 6 D_2O				2 D_2O		1 D_2O		$BaCl_2$ 2 D_2O				1 D_2O
0°	20°	50°	**56,4°**	75°	100°	**128,5°**	145°	0°	20°	50°	**93,3°**	150°
39,6	47,9	67,9	75,3	80,6	90,4	108,9	116,1	22,3	27,7	36	47,6	54,5

$CuSO_4$ D_2O—Eis	5 D_2O			3 D_2O		CdJ_2				$HgCl_2$			
+2,7°	20°	50°	**96,2°**	110°		0°	20°	50°	100°	0°	20°	50°	100°
11,3	16,7	29,3	68,2	69,4		49,4	55,7	66,6	92,6	2,4	4,4	9,0	39,8

Die Löslichkeiten sind fast durchweg etwas kleiner als im Wasser, Ausnahme: $SrCl_2$ in der Nähe der Umwandlungspunkte. Die Umwandlungspunkte liegen bei den D_2O-Verbb. teils höher, teils niederer als bei den gleichen H_2O-Verbindungen.

332613 Löslichkeit anorganischer Stoffe in Wasser: Ternäre Systeme.

Na_2SO_4—NaCl—H_2O.

ϑ in °C	g/a NaCl	g/a Na_2SO_4	ϱ in g cm⁻³	Bodenkörper	ϑ in °C	g/a NaCl	g/a Na_2SO_4	ϱ in g cm⁻³	Bodenkörper
−21,7°	30,0	0,25	—	Eis + 2 H_2O + Gl.	25°	32,3	9,8	1,245	NaCl + Na_2SO_4
−2,85°	35,1	1,54	—	2 H_2O + NaCl + Gl.	25°	19,4	21,4	1,250	Gl. + Na_2SO_4
0°	34,9	1,74	1,185	NaCl + Gl.	30°	32,7	9,5	1,237	NaCl + Na_2SO_4
5°	34,3	2,63	—	NaCl + Gl.	30°	8,2	36,0	1,291	Gl. + Na_2SO_4
10°	33,7	4,75	1,223	NaCl + Gl.	50°	34,2	7,5	1,203	NaCl + Na_2SO_4
15°	33,0	8,0	1,237	NaCl + Gl.	75°	35,5	6,8	1,210	NaCl + Na_2SO_4
17,9°	31,8	10,9	1,247	NaCl + Gl. + Na_2SO_4	100°	37,0	6,2	1,194	NaCl + Na_2SO_4
20°	32,0	10,5	1,246	NaCl + Na_2SO_4	109,1°	—	—	—	**K.P.**
20°	28,9	13,0	—	Gl. + Na_2SO_4					

Abkürzungen für die Bodenkörper: 2 H_2O = NaCl · 2 H_2O, Gl. = Na_2SO_4 · 10 H_2O.

$NaNO_3$—NaCl—H_2O

ϑ	**−25,9°**	0°	15°	25°	50°	83°	103°
% $NaNO_3$ . . .	30,7	26,2	28,6	32,0	41,5	50,2	53,2
% NaCl . . .	20,6[1]	17,0	15,1	13,3	10,1	7,9	6,6

Na_2CO_3—NaCl—H_2O, 15°

% NaCl . . .	0	5	10	15	20	22
% Na_2CO_3 . .	16,41	13,30	11,10	9,88	9,79	9,10

[1] Bdk. Eis, NaCl·2 H_2O und $NaNO_3$.

332613 (Fortsetzung).

$KCl—NaCl—H_2O$

ϑ	0°	10°	20°	40°	60°	80°	100°	120°	140°	170°	190°
g/a NaCl	31,8	30,9	30,2	29,0	28,2	27,7	27,5	27,8	28,2	29,3	30,1
g/a KCl	10,3	12,7	15,1	20,0	25,1	30,2	35,7	40,9	46,1	54,3	59,4
ϱ . . .	1,234	1,240	1,240	1,240		1,241	1,244				

Lösung gesättigt an NaCl und KCl. **K.P.** 112°.

$K_2SO_4—KCl—H_2O$

ϑ	0°	10°	20°	30°	40°	50°	60°	80°	100°
g/a KCl	27,7	30,9	33,8	36,75	39,55	42,4	44,9	50,0	55,0
g/a K_2SO_4	1,21	1,32	1,43	1,57	1,68	1,79	1,94	2,21	2,55

$MgCl_2—NaCl—H_2O$

$MgCl_2$ g/a \ ϑ	NaCl g/a 0°	25°	55°	83°
	Bdk.: NaCl			
10,6	22,9	24,1	25,4	27,4
21,2	12,0	13,5	15,4	17,9
31,8	4,9	6,0	7,9	10,1
42,3	1,5	2,4	3,6	4,9
52,7	**0,5**	0,5	1,2	2,1
	Bdk.: NaCl + $MgCl_2 \cdot 6\,H_2O$			
		0,39	**0,32**	**0,40**
g/a $MgCl_2$		**54,9**	**59,7**	**66,3**

$MgCl_2—KCl—H_2O$

$MgCl_2$ g/a \ ϑ	KCl g/a 0°	15°	25°	55°	83°	105°
	Bdk.: KCl					
10,6	17,0	21,6	22,7	30,5	37,0	42,8
21,2	12,0	11,9	13,9	19,9	25,4	31,0
31,8	4,9	6,2	7,7	12,1	16,9	21,8
	Bdk.: KCl + Carnallit					
	3,39	**3,93**	**4,55**	**6,6**	**8,7**	**10,4**
g/a $MgCl_2$	**35,9**	**37,0**	**38,0**	**41,2**	**45,4**	**49,6**
	Bdk.: Carnallit					
42,3	1,7	2,2	3,0			
52,8	**0,6**			2,4	5,2	
	Bdk.: Carnallit + $MgCl_2 \cdot 6\,H_2O$					
		0,7	**0,78**	**0,34**	**0,6**	**1,0**
g/a $MgCl_2$		**54**	**54,6**	**59,9**	**66,3**	**75,5**

$CaSO_4—HCl—H_2O$, 25°

						101°	102°	103°
% HCl im Lm. . . .	0,77	1,56	3,1	4,7	6,1	0,77	3,1	6,1
g $CaSO_4$/100 cm³ L .	0,64	0,88	1,26	1,53	1,65	1,12	3,18	4,69

$CaSO_4—NaCl—H_2O$, 20°

/a NaCl . .	0	17,2	20,0	24,4	29,28	35,85
g/a $CaSO_4$ . .	0,2036	0,787	0,823	0,820	0,614	0,709

Bdk.: $CaSO_4 \cdot 2\,H_2O$

Löslichkeit bei 70° nur wenig höher.

$CaSO_4—MgCl_2—H_2O$, 26°

g/a $MgCl_2$ . .	0,853	4,717	12,48	21,79	37,09	50,2
g/a $CaSO_4$ . .	0,427	0,767	0,887	0,691	0,355	0,158

Bdk.: $CaSO_4 \cdot 2\,H_2O$

$CaSO_4—CaCl_2—H_2O$, 25°

g/a $CaCl_2$ . . .	0	5,24	9,94	18,9	40,8
g/a $CaSO_4$ . .	0,208	0,103	0,086	0,077	0,0355

Bdk.: $CaSO_4 \cdot 2\,H_2O$

$CuCl—HCl—H_2O$, 19°

g HCl/100 cm³ L	4,96	14,12	18,29	22,98	25,6
g CuCl/100 cm³ L	1,1	7,5	12,2	18,7	21,8

332613 (Fortsetzung).

$CuCl-NaCl-H_2O$, 19°

g NaCl/100 cm³ L	0,93	4,7	8,0	12,3	17,1	24,3	37,0
g CuCl/100 cm³ L	0,12	0,5	1,2	2,9	5,4	12,9	29,8

$PbCl_2$ in HCl

ϑ in °C	Gew.-% HCl im Lm.					
	0	5,3	9,1	15,25	18,0	23,95
	$PbCl_2$ g/a					
0° C	0,75	0,273	0,118	0,234	0,45	1,075
20°	1,07	0,292	0,138	0,460	0,586	1,247
40°	1,47	0,43	0,31	0,67	0,95	1,63
55°	1,76	0,61	0,52	0,900	1,156	1,973
86°	2,40	1,11	1,08	1,68	1,95	2,83

$MgCO_3-CO_2-H_2O$

	ϑ	g/a 0 Atm CO_2	g/a 1 Atm CO_2
Stabiler Bodenkörper $MgCO_3$			
Magnesit, natürlich	25°	0,0034	0,1266
künstlich	25°	—	0,1266
Metastabile Bodenkörper $MgCO_3 \cdot 3\,H_2O$	25°	—	1,91
$5\,MgO \cdot 4\,CO_2 \cdot 6\,H_2O$	25°	0,0254	—
$5\,MgO \cdot 4\,CO_2 \cdot 6\,H_2O$	100°	0,59	—

Bdk.		$MgCO_3 \cdot 5\,H_2O$			$MgCO_3 \cdot 3\,H_2O$					
	p_{CO_2} \\ ϑ	0°	10°	**13,5°**	20°	25°	30°	40°	50° C	
g/a $MgCO_3$	1 Atm	(4,1)	2,8	(2,5)	2,1	1,9	1,6	1,2	0,95	
	5 Atm	(4,9)	3,6	(3,4)	2,8	2,3	2,0	1,4		
	34 Atm	8,6	7,9	—	7,3	7,1	6,9	6,4	6,2	Bdk.: $Mg(HCO_3)_2$?

Bodenkörper		$Mg(OH)_2$		$MgCO_3 \cdot 3\,H_2O$?				
	p_{CO_2} Atm \\ ϑ	$0{,}107 \cdot 10^{-3}$	$0{,}310 \cdot 10^{-3}$	$0{,}51 \cdot 10^{-3}$	$1{,}6 \cdot 10^{-3}$	0,015	0,1116	0,9684
g $MgCO_3$/100 g H_2O	25°	0,0365	0,0854	0,1212	0,1567	0,264	0,528	0,801
g CO_2/100 g H_2O	25°	0,0107	0,0260	0,0376	0,0593	0,133	0,272	0,939

Bodenkörper		$MgCO_3 \cdot 3\,H_2O$				$Mg(HCO_3)_2$?			
	p_{CO_2} Atm \\ ϑ	1	5	10	15	18	20	25	50
g $MgCO_3$/100 g H_2O	18° C	2,6	4,6	5,9	6,4	7,5	7,5	7,5	7,5
g $MgCO_3$/100 cm³ H_2O	25°	1,9	2,8	4,0	4,4		5,1		
g CO_2/100 cm³ H_2O	25°	1,1	2,1	3,2	4,0		4,4		

Die Zahlen sind aus verschiedenen genügend untereinander im Einklang stehenden Untersuchungen entnommen.

332613 (Fortsetzung).

$CaCO_3$—CO_2—H_2O.

Löslichkeit des $CaCO_3$ bei verschiedenen CO_2-Partialdrucken.

p_{CO_2} Atm	$1,0 \cdot 10^{-14}$	$3,16 \cdot 10^{-14}$	$2,8 \cdot 10^{-10}$	$9,8 \cdot 10^{-7}$	$3,8 \cdot 10^{-7}$	$7,62 \cdot 10^{-6}$	$7,63 \cdot 10^{-5}$	$2,15 \cdot 10^{-4}$
16° mg/1000 g								
Lös. . .	2112	2002	74,1	26,0	15,9	22	40	56
Bdk. . . .	$Ca(OH)_2$				$CaCO_3$			

$p_{CO_2} = 3,2 \cdot 10^{-4}$ Atm	ϑ	0°	5°	10°	15°	20°	25°	30°	100°
mg/1000 g Lös. . . .		81	75	70	65	60	56	52	18

p_{CO_2} Atm	$3,2 \cdot 10^{-4}$	0,001	0,01	0,1	1,0	6	10	12	16	20	24
25° mg/1000 g H_2O	53	78	170	390	900		2250				
g/l Lös.						1,95	2,30	2,50	2,67	2,67	2,67
mg CO_2/1000 g H_2O	45,8	68,4	148,7	343,2	792						
g CO_2/l Lös. . . .						10,6	16,7	19,7	25,9	33,2	35,8

p_{CO_2} Atm	1	2	4	6	10	14	18	25	35	56
g/1000 g Lös. . . .	1,08	1,40	1,82	2,11	2,56	2,83	3,07	3,42	3,80	3,93
Bdk.					$CaCO_3$				$Ca(HCO_3)_2$	

p_{CO_2} 56 Atm	25°	35°	45°	55°
g/1000 g Lös. . .	4,03	3,08	3,39	2,55
		$Ca(HCO_3)_2$		

Die Zahlen sind verschiedenen Untersuchungsreihen entnommen, die verhältnismäßig gut übereinstimmen.

ϑ in °C	p_{CO_2} in Torr	g/1000 g Lös. Aragonit	g/1000 g Lös. Calcit
0°	760	—	1,56
9°	777	1,46	1,30
15°	760	—	1,17
25°	762	1,07	0,94
35°	744	0,88	0,76

$Na_2C_2O_4$—$H_2C_2O_4$—H_2O, 25° C

Bodenkörper	g/a $H_2C_2O_4$	g/a $Na_2C_2O_4$
$H_2C_2O_4 \cdot 2\,H_2O$	11,35	—
$H_2C_2O_4 \cdot 2\,H_2O$ + $NaHC_2O_4 \cdot H_2O$	**11,9**	**0,84**
$NaHC_2O_4 \cdot H_2O$	10,2	0,72
$NaHC_2O_4 \cdot H_2O$	7,5	0,87
$NaHC_2O_4 \cdot H_2O$	1,16	1,27
$NaHC_2O_4 \cdot H_2O$	0,47	3,34
$NaHC_2O_4 \cdot H_2O$ + $Na_2C_2O_4$	**0,42**	**4,20**
$Na_2C_2O_4$	—	3,74

$K_2C_2O_4$—$H_2C_2O_4$—H_2O, 25° C

Bodenkörper	g/a $H_2C_2O_4$	g/a $K_2C_2O_4$
$H_2C_2O_4 \cdot 2\,H_2O$	11,35	—
$H_2C_2O_4 \cdot 2\,H_2O$ + $KH_3(C_2O_4)_2 \cdot 2\,H_2O$	**11,5**	**0,04**
$KH_3(C_2O_4)_2 \cdot 2\,H_2O$ . .	10,25	0,13
$KH_3(C_2O_4)_2 \cdot 2\,H_2O$ . .	3,55	0,64
$KH_3(C_2O_4)_2 \cdot 2\,H_2O$ + KHC_2O_4	**2,15**	**4,5**
KHC_2O_4	1,17	13,3
KHC_2O_4	1,00	20,8
$KHC_2O_4 + K_4H_2(C_2O_4)_3 \cdot 2\,H_2O$	**0,86**	**27,2**
$K_4H_2(C_2O_4)_3 \cdot 2\,H_2O$ . .	0,83	27,9
$K_4H_2(C_2O_4)_3 \cdot 2\,H_2O$ . .	0,65	31,2
$K_4H_2(C_2O_4)_3 \cdot 2\,H_2O$ . .	0,57	33,60
$K_4H_2(C_2O_4)_3 \cdot 2\,H_2O$ + $K_2C_2O_4 \cdot H_2O$	**0,43**	**38,4**
$K_2C_2O_4 \cdot H_2O$	—	37,7

332613 (Fortsetzung).

Oxalate seltener Erden in wässerigen Mineralsäuren, 25° C.

	n	g wasserfreies Oxalat in 100 g Lösung						
		La	Ce	Pr	Nd	Sm	Gd	
HCl	0,1008	0,0208	0,0131	0,0098	0,0076	0,0052	0,0024	
	0,5004	0,1384	0,0834	0,0625	0,0442	—	0,0329	
	1,484	0,4937	0,3552	0,2658	0,2222	0,1452	0,1563	
	2,000	0,6770	0,5518	0,4108	0,3318	0,2296	0,2457	
	2,000	—	0,0338	0,0173	0,0112	0,0061	0,0037	+ 0,5 n an Oxalsäure
HNO_3	1,992	0,9256	0,6808	0,5102	0,4287	0,3408	0,2785	
	2,00	0,1292	0,0526	0,0292	0,0195	0,0134	0,0128	+ 0,5 n an Oxalsäure
H_2SO_4	1,846	0,5128	0,3820	0,2808	0,2237	0,2189	0,2047	

332614 Löslichkeit anorganischer Stoffe in weiteren anorganischen Flüssigkeiten.

a) In H_2O_2 (g in 100 g H_2O_2).

NH_3	Bdk.: **H_2O_2**			**$NH_3 \cdot H_2O_2$**			**F.P.**	**$NH_3 \cdot H_2O_2$**			
ϑ	−10°	−20°	(−**44°**)	0°	10°	20°	(**26,5°**)	10°	0°	−10°	−20°
g/H_2O_2	2,8	4,8	6,4	19,9	24,1	30,9	49,5	93,8	103	112	120

	$NH_3 \cdot H_2O_2$		
ϑ	−40°	−60°	unter −78°
g/H_2O_2	136	155	219

NaF	Bdk.: **H_2O_2**			**NaF**	**NaCl** Bdk.: **H_2O_2**			**NaCl**	
ϑ	−1,72°	−5°	−10°	−**15,2°**	−5°	−10°	(−**14,5°**)	−10°	0°
g/H_2O_2	0	9,0	8,3	12,3	5,5	12,7	(17,6)	18,4	20,5

Na_2SO_4	Bdk.: **H_2O_2**			**$Na_2SO_4 \cdot 2\,H_2O_2$**				
ϑ	−5°	−10°	−**10,6°**	0°	10°	20°	30°	40°
g/H_2O_2	9,7	23,2	24,2	26,7	27,9	29,4	30,9	35,2

$NaNO_3$	Bdk.: **H_2O_2**			**$NaNO_3$**				
ϑ	−5°	−10°	(−**11°**)	0°	10°	20°	40°	50°
g/H_2O_2	9,5	26,3	(29,0)	30,9	33,1	35,9	42,5	46,2

KCl	Bdk.: **H_2O_2**			**KCl**			
ϑ	−5°	−10°	−20°	−**32,2°**	−20°	−10°	0°
g/H_2O_2	8,7	16,2	29,6	41,8	46,8	51,9	63,3

K_2SO_4	Bdk.: **H_2O_2**			**K_2SO_4**			**Rohrzucker** Bdk.: **H_2O_2**			
ϑ	5°	−10°	−20°	**27,5°**	−10°	0°	−2°	−5°	−10°	−15°
g/H_2O_2	12,1	24,7	47,0	56,9	74,8	96,1	5,7	38,9	66,7	102

332614 (Fortsetzung).

b) In flüssigem SO_2 bei 0°. [Nach G. Jander und W. Ruppolt (1937).]

Gelöster Stoff	g/100 g SO_2	Bodenkörper	Gelöster Stoff	g/100 g SO_2	Bodenkörper
LiCl	0,012	—	$AlCl_3$	schw.l.	$AlCl_3 \cdot SO_2$
LiJ	20,0	$LiJ \cdot SO_2$	AlJ_3	0,23	—
Li_2SO_4	0,017	—	AgF	unl.	—
$LiCH_3CO_2$	0,023	—	AgCl	0,001	—
NaF	0,029	—	AgBr	0,003	—
NaCl	0,016	—	AgJ	0,016	—
NaBr	0,014	—	Ag_2SO_4	unl.	—
NaJ	15,0	$NaJ \cdot 4\,SO_2$	AgCN	0,019	—
Na_2SO_3	0,017	$Na_2S_2O_5$	$ZnCl_2$	0,160	—
Na_2SO_4	unl.	—	$Zn(CNS)_2$	0,73	—
NaCN	0,017	—	$CdCl_2$	unl.	—
NaCNS	0,652	—	CdJ_2	0,043	—
$NaCH_3CO_2$	0,073	—	$HgCl_2$	0,103	—
KF	0,018	—	$HgBr_2$	0,074	—
KCl	0,041	—	HgJ_2	0,012	—
KBr	2,81	—	$Hg(CNS)_2$	0,020	—
KJ	41,3	$KJ \cdot 4\,SO_2$	TlF	unl.	—
K_2SO_3	0,025	$K_2S_2O_5$	TlCl	0,007	—
K_2SO_4	unl.	—	$TlClO_4$	0,013	—
KCN	0,017	—	TlJ	0,060	—
KCNS	4,87	$KCNS \cdot SO_2$	Tl_2SO_4	0,021	—
KCH_3CO_2	0,006	—	$Tl_2S_2O_5$	0,214	—
RbCl	0,329	—	Tl_2CO_3	0,010	—
RbJ	?	$RbJ \cdot 4\,SO_2$	$TlCH_3CO_2$	7,50	—
Rb_2SO_3	0,032	$Rb_2S_2O_5$	PbF_2	0,053	—
NH_4Cl	0,025	—	$PbCl_2$	0,019	—
NH_4Br	0,059	—	$PbBr_2$	0,012	—
NH_4J	8,4	—	PbJ_2	0,009	—
$(NH_4)_2SO_3$	0,031	$(NH_4)_2S_2O_5$	$PbSO_4$	unl.	—
$NH_4CH_3CO_2$	1,09	—	$Pb(CN)_2$	0,010	—
$BaCl_2$	unl.	—	$Pb(CNS)_2$	0,012	—
BaJ_2	0,71	$BaJ_2 \cdot 4\,SO_2$	$Pb(CH_3CO_2)_2$	0,080	—

c) In flüssigem NH_3.

	Li			Na				K		
ϑ	0°	−50°	−80°	+22°	0°	−50°	−100°	0°	−50°	−100°
Atom-%	20,3	20,3	20,3	14,0	14,6	15,7	16,7	17,4	17,3	17,2

332615 Löslichkeit organischer Verbindungen in Wasser.

Die organischen Verbindungen sind in Gruppen zusammengefaßt worden:

a) Salze organischer Säuren,
b) Carbonsäuren,
c) Verschiedene organische Verbindungen:
aliphatische Sauerstoff-Verbindungen,
aromatische Sauerstoff-Verbindungen,
Halogen oder S enthaltende Verbindungen,
Stickstoff enthaltende Verbindungen.

In den einzelnen Gruppen sind die Verbindungen nach steigender C-Zahl nach dem Laufschema geordnet.
Ausgezeichnete Temperaturen F.P., Umwandlungspunkte usw. stimmen nicht immer mit gleichartigen Angaben in anderen Tabellen überein, denn man kann sie nicht ohne eine besondere Begründung in der von den Autoren gegebenen Zahlenreihe ändern. Temperaturangaben in °C.
Die Existenzgebiete der Hydrate reichen von einem bis zum anderen der angegebenen Umwandlungspunkte.
Die Löslichkeitseinheit ist, wenn nicht anders angegeben, in g/a = Gramm wasserfreie Verbindung in 100 g Wasser angegeben.
Weitere Löslichkeiten organischer Verbindungen in Wasser findet man in 332621 „Gegenseitige Löslichkeit von Flüssigkeitspaaren".

a) Salze organischer Säuren.

Verbindung	L \ ϑ	−20°	0°	10°	20°	30°	40°	60°	80°	100°	120°
Ameisensäure											
			3 H_2O	**17°** (79,2)	**2 H_2O 25°** (99,6)		**0 H_2O**				
HCO_2Na	g/a	29,5	43,8	59,4	85,3		107	121	198	160	191
K		268	290		335		381	455	575	790	1150 **F.P. 157°**
NH_4		72	102	120	143	169	204	308	388	510	**F.P. 116°**
$(HCO_2)_2Mg$			14,0	14,1	14,4	15,0	15,9	18,0	20,6	24,0	**2 H_2O**
Ca			16,2	16,4	16,6	16,8	17,1	17,6	18,0	18,4	
				2 H_2O				**72°** (31,2)	**0 H_2O**		
Sr			9,1	10,6	12,7	15,2	17,8	25,0	31,9	34,4	
Ba			26,2	28,0	29,9	31,9	34,0	38,6	44,2	51,3	**2 H_2O**
Zn			3,7	4,3	5,2	6,1	7,4	11,8	21,2	38	**2 H_2O**
				2 H_2O				(**65**) (75,3)		**0 H_2O**	
Cd			8,4	11,1	14,4	18,6	25,4	59,5	80,5	94,6	
Essigsäure											
			2 H_2O				F.P. **57,8°** (183)	**57,8°** (192)	**0 H_2O**		200°
CH_3CO_2Li			30,9	33,7	38,1	51,3	68,6	192	193	199	372 **F.P. 286°**
					3 H_2O			**58°** (138)	**0 H_2O**		
Na			36,3	40,8	46,2	54,2	65,3	139,2	153,2	170,3	
					1½ H_2O			**41,3°** (328,5)		**½ H_2O**	
K			217	234	256	284	323	350	380		(414)

$(CH_3CO_2)_2Mg$	g/a	**−29°** 52,7	56,7	59,5	63,5	68,5	75,8	111	**4 H_2O F.P. 68°**	180,9	
Ca		**−11,8°**		**2 H_2O**					**84°**	33,8	**1 H_2O**
			37,4	36,0	34,7	33,8	33,2	32,7	33,5	29,7	
Sr				**4 H_2O 8,4°**	(43,1)		**½ H_2O**				
			36,9	42,9	41	(39,5)	37,8	36,5	36,1	36,6	
Ba			**3 H_2O**		**26,2°**	(76,4) **1 H_2O**	**40,5°**	(79,0)	**0 H_2O**		
			58,7	(63,5)	71	75,8 35°		75	73,8	(76)	
CH_3CO_2Ag			0,73	0,88	1,03	1,21	1,41	1,89	2,52		
$(CH_3CO_2)_2Zn$					25°	40 **2 H_2O**					
Pb			16,5	19,4	30,7	41,1	53,7	50° 67,6		**3 H_2O**	
Oxalsäure											
$C_2O_4Na_2$[1]		**−1,7°**	(2,75)		3,42	25° 3,60				6,33	
K_2[1]			25,4	31,1	35,9	40,1	44,5	54,1	65,3	78,6	**1 H_2O**
HK[1]			2,2	3,1	5,2		10,5	20,5	34,7	51,5	
		soll unter 50° zu $(C_2O_4)_2H_3K \cdot 2\,H_2O$ zerfallen									
$(C_2O_4)_2H_3K$[1]		**−0,25°**	1,26			4,28		12,0		103,5° 72,1	**2 H_2O**
$C_2O_4(NH_4)_2$			2,5	3,1	4,4	5,9	8,0	50° 10,3		**1 H_2O**	
Be			**3 H_2O**	25°	28	**0 H_2O**		25° 63,2			
Mg			**2 H_2O**	18°	0,030						
Ca	x 10^{-3}		0,40	0,49	0,57		0,76	(1,00)	(1,27)	1,54	**1 H_2O**
Sr	x 10^{-3}		3,15		4,73		6,4	**0 H_2O**			
			1 H_2O	18°	*5,89*	26°	*9,0*				
Ba	x 10^{-3}		(4,8)	6,6	9,1	12,1	**15,1**	*22,8*			**2 H_2O**
	x 10^{-3}		*8,7*	*(10,7)*	*(12,5)*	*14,0*	**15,1**	17,5	19,4	21,1	**½ H_2O**
	x 10^{-3}		*5,5*	*7,5*	*10,5*	*17,0*	(**22°**)	3½ + ½ H_2O			***3½ H_2O***

über 150° **0 H_2O**; nach Kohlrausch kommt noch ein weiteres Hydrat mit einer kleineren Löslichkeit als die des Dihydrates vor

Oxalate[2] von seltenen Erden und von Schwermetallen	$Y_2(C_2O_4)_3$ 9 H_2O 25° 0,1 · 10^{-3}	$La_2(C_2O_4)_3$ 10 H_2O 0,062 · 10^{-3}	0 H_2O 0,2 · 10^{-3}	$Ce_2(C_2O_4)_3$ 10 H_2O 0,041 · 10^{-3}	$Pr_2(C_2O_4)_3$ 10 H_2O 0,074 · 10^{-3}	$Nd_2(C_2O_4)_3$ 10 H_2O 0,040 · 10^{-3}	$Sm_2(C_2O_4)_3$ 10 H_2O 0,054 · 10^{-3}
	$Yb_2(C_2O_4)_3$ 10 · H_2O 25° 0,33 · 10^{-3}	$UO_2(C_2O_4)$ 3 H_2O 0,74	$Mn(C_2O_4)$ 2 H_2O ·18° 0,027	3 H_2O 0,054		$Fe(C_2O_4)$ 2 H_2O 18° 3,5 · 10^{-3}	$Co(C_2O_4)$ 2 H_2O 18° 2,11 · 10^{-3}

[1] Siehe auch S. 943. [2] Siehe auch S. 944.

332615 (Fortsetzung).

Oxalate von Schwermetallen		$Ag_2(C_2O_4)$	$Cu(C_2O_4)$	$Zn(C_2O_4)$	$Cd(C_2O_4)$		$Pb(C_2O_4)$
		10° 2,6 · 10^{-3} 20° 3,55 · 10^{-3} 30° 4,65 · 10^{-3}	½ H_2O 25° 2,36 · 10^{-3}	2 H_2O 20° 0,66 · 10^{-3} 30° 0,74 · 10^{-3}	3 H_2O 18° 5,0 · 10^{-3}	0 H_2O 3,3 · 10^{-3}	22° 0,17 · 10^{-3}

		0°	10°	20°	30°	40°	50°	60°	80°	100°	
Propionsäure $(C_2H_5CO_2)_2Ca$	g/a	**42,8**		39,9		38,5		38,3	39,9	48,5	
Weinsäure $C_4H_4O_6K_2$	g/a	**132**	143	155	167	(180)	(193)	**207**			**½ H_2O**
HK	g/a	0,32	0,40	0,57	0,90	1,31	**1,81**	2,40	4,5	6,9	
Ca	g/a				26° 0,0436	**4 H_2O**					
Sr	g/a	**0,112**	0,149	0,200	0,252	0,328		0,480	0,680		**3 H_2O**
Ba	g/a		0,0205	0,028		0,035		0,044	0,053		
Ag_2	g/a		0,201	0,203		0,204					
KSbO	g/a		5,8	(6,8)	(9,5)	(13)	18,2	22	35		**½ H_2O**
Benzoesäure $C_6H_5CO_2Na$	g/a	0° 62,8	50° 63,4		75° 67,4	100° 74,2	125° 85,3	150° 102	175° 122,0	200° 147	
Salicylsäure			**6 H_2O**			**0 H_2O**					
$C_6H_4(OH)CO_2Na$	g/a	27	45,1	**103,2**	110,1	(117)	124	(131)	(147)	164,8	120° 186,4

b) Carbonsäuren.

Ameisensäure		0°	−10°	−20°	−40°	**−49°**	−40°	−20°	−10°	0°	**8,51°**	**F.P.** HCOOH
HCOOH	%	0	23	39,2	62,5	70	74,2	84,2	89,4	95	100	
Essigsäure		0°	−10°	−20°	**−26,7**	−20°	−10°	0°	**16,5°**	**F.P.** CH_3COOH		
CH_3COOH	%	0	28,5	49,2	60,0	67,0	77,5	87,0	100			
Oxalsäure			0°	10°	20°	30°	40°	50°	60°	80°		
$C_2O_4H_2$	g/a		3,54	6,06	9,52	14,3	21,5	31,4	44,3	84,6	90° 119,8	**2 H_2O**
Propionsäure		0°	−5°	−10°	−15°	−20°	−25°	**−29,4°**	−25°	**−19,3°**	**F.P.** $C_2H_5CO_2H$	
$C_2 \cdot H_5CO_2H$	%	0	(22)	50	67,5	79,5	86	87,6	95	100		
Bernsteinsäure			0°	10°	20°	30°	40°	50°	60°	80°	100°	
$CH_2(CO_2H)_2$	g/a		2,8	4,5	6,9	10,6	16,2	24,4	35,8	70,8	(120,9)	

Weinsäure $C_4H_4O_6H_2$	g/a		115	126	139	156	176	195	218	273	343	
Traubensäure $C_4H_4O_6H_2$	g/a		9,2	14,0	20,6	29,1	43,3	59,5	78,3	125	185	**1 H_2O**
Citronensäure $C_6H_8O_7$	g/a				25° 125	$C_6H_8O_7 \cdot 1\ H_2O$					**94,6°**	2 fl. Schichten
Benzoesäure $C_6H_5CO_2H$	g/a		0,17	0,21	0,29	0,41	0,56	0,78	1,16	2,80	(6,46)	
					94,6°	100°	110°	**117,2°**	120°	**122,7°**	F.P.	
	%		Schmelze		73,5	85	(93)		(98,5)	100		
	%		flüssig II		73,5	70	60	} 32,3 bei der oberen kritischen Lösungstemperatur von 117,2°				
	%		flüssig I		(6,15)	7,65	11,5					
Salicylsäure			0°	10°	20°	30°	40°	50°	60°	75°		
$C_6H_4(OH)CO_2H$	g/a		0,090		0,22		0,39	(0,47)	0,55	0,68		
Gallussäure					25°						100°	
$C_6H_2(OH)_3CO_2H$	g/a				1,20						33,3	
Phthalsäure		20°	40°	60°	80°	100°	120°	140°	160°	180°	**193,3°**	**F.P.**
$C_6H_4(CO_2H)_2$	g/a	0,6	1,2	2,55	6,15	18,3	63,9	132,5	277	809	∞	

c) Verschiedene organische Verbindungen.

Methylalkohol		0°	−10°	−20°	−40°	−60°	−80°	−100°	−120°	**−138,5°**	−120°	−100°	**−95,7°**	F.P.
CH_3OH	%	0	14,5	25,0	40,0	52,6	62,6	68,8	74,0	77,0	86,5	(98,1)	100	
Mannit		0°	20°	40°	50°	60°	70°	80°	90°	100°				
$C_6H_{14}O_6$	g/a	10,05	18,5	35	48	64	82,5	111	150	197				
Traubenzucker			15°											
$C_6H_{12}O_6$	g/a		81,68											
Milchzucker		0°	20°	40°	60°	80°	100°	K.P. ?						
$C_{12}H_{22}O_{11}$	g/a	(16)	19	(23)	(28)'	(34)	40	100				**1 H_2O**		
Rohrzucker			0°	5°	10°	15°	20°	25°	30°	35°	40°	45°		
$C_{12}H_{22}O_{11}$	g/a		179,2	184,7	190,5	197,0	203,9	211,4	219,5	228,4	238,1	248,8		
	%		64,18	64,87	65,58	66,33	67,09	67,89	68,70	69,55	70,42	71,32		
		50°	55°	60°	65°	70°	75°	80°	85°	90°	95°	100°		
	g/a	260,4	273,1	287,3	302,9	320,5	339,9	362,1	386,8	415,7	448,6	487,2		
	%	72,25	73,20	74,18	75,18	76,22	77,27	78,36	79,46	80,61	81,77	82,97		

332615 (Fortsetzung).

Brenzcatechin		0°	10°	20°	30°	40°	50°	60°	70°	**100° F.P.**			
(o-) $C_6H_4(OH)_2$ . .	g/a	(10)	(20)	45	95	170	270	410	640	∞			
Resorcin		0°	10°	20°	30°	40°	50°	60°	80°	100°	**109,4°**	F.P.	
(m-) $C_6H_4(OH)_2$ . .	g/a	(70)	100	140	195	265	360	500	1025	3046	∞		
Hydrochinon		0°	20°	40°	60°	80°	100°	120°	140°	150°	172,9°	F.P.	
(p-) $C_6H_4(OH)_2$ . .	g/a	(7)	7,2	(15)	(33)	(90)	205	394	820	1350	∞		
Alizarin													
$C_{14}H_8O_4$	g/a	25° 0,0595 · 10^{-3}		100° 34,0 · 10^{-3}		250° 301,7 · 10^{-3}							
Chloralhydrat fl. ·		0°	10°	20°	30°	40°							
$C_2H_3Cl_3O_2$	g/a	189,7	275	383	480	(590)							
Schwefelkohlenstoff													
CS_2 fl.	g/a	0,258	0,239	0,217	0,195								
Cyanamid		**−16,6°**	−10°	0°	10°	20°	30°	40°	**42,9°**	F.P.			
$CNNH_2$	%	37,8	45	60,5	72	82	90,5	98	100				
				Eis			Pyridin						
Pyridin		0°	−10°	−20°	−40°	−60°	**−65°**	−60°	−50°	−40°	**−38°**	F.P.	
C_5H_5N	%	0	58,5	68	78	84	85	87	92	97	100		
Anilin fl.		0°	20°	30°	40°	50°	60°	80°	100°	120°	140°	160°	165°
$C_6H_5NH_2$	g/a	(3,5)	3,7	3,8	4,0	4,3	4,7	5,7	7,5	10,3	15,6	28,2	35,3
Formamid		0°	−10°	−20°	−30°	−45,4°	−40°	−37,6°	−29,4°	−21,9°	−14,5°	−6,4°	**−5°** F.P.
CH_3ON	g/a	0	31	62	94	187,8	241,4	267	369,8	540,3	836,8	1760	∞
			Eis			$HCONH_2 \cdot H_2O$							
Harnstoff		−10°	0°	10°	20°	30°	40°	50°	60°	80°	100°	120°	**132,6°** F.P
CH_4ON_2	g/a	33,5	40,0	46,0	51,9	57,2	62,3	67,2	71,5	80,0	88,0	96,0	100
	%	50,3	66,7	84,2	107,9	133,8	165,3	205	251	400	733	2400	∞
Acetamid													
C_2H_5ON	g/a		137,9		225,8		408,8		1038				
Glykokoll													
$C_2H_5O_2N$	g/a		14,2	18,0	22,5	27,6	33,2	39,1	45,3	(57)	67,2		

			0°	10°	20°	30°	40°	50°	60°	80°	100°	
Alanin, d-l-			12,1	13,8	15,7	17,8	20,3	23,1	26,3	(34)	44,0	
$C_3H_7O_2N$, d- . . .	g/a		12,7	14,2	15,8	17,6	19,6	21,8	27,0	(30)	37,3	
Asparaginsäure, l- . .			0,22	0,30	0,42	0,60	0,85	1,20	1,70	(3,2)	6,9	
$C_4H_7O_4N$, dl- . . .	g/a		0,32	0,41	0,63	0,95	1,40	2,00	2,80	(5,4)	8,6	
Asparagin $C_4H_8O_3N_2$	g/a				17,5° 2,14							
Valin $C_5H_{11}O_2N$	g/a		5,96	6,33	6,81	7,42	8,17	9,11	10,28	(13,6)	18,81	
Glutaminsäure, d- .			0,34	0,49	0,72	1,04	1,51	2,19	3,17	(6,4)	14,00	
$C_5H_9O_4N$, dl- . . .	g/a		0,85	1,21	1,72	2,45	3,47	4,93	7,01	(12,6)	28,49	
Harnsäure $C_5H_4O_3N_4$	g/a	**10^{-3}**	2,0	3,7	6,0	8,8	12,2	17,0	23,0	39,0	62,5	
Leucin, d-l-			0,80	0,86	0,94	1,05	1,20	1,41	1,68	(2,6)	4,21	
$C_6H_{13}O_2N$, l . . .	g/a		2,27	2,30	2,37	2,49	2,66	2,89	3,19	(4,1)	5,64	
$C_6H_{13}O_2N$, iso dl- .	g/a		1,83	1,95	2,12	2,35	2,65	3,03	3,54	(5,25)	7,80	
Phenylalanin $C_9H_{11}O_2N$	g/a		1,01			25° 1,42				75° 3,70		
Tyrosin $C_9H_{11}O_3N$	g/a		0,020	0,027	0,038	0,054	0,075	0,105	0,147	(0,28)	0,565	
Pikrinsäure $C_6H_3O_{10}N_3$	g/a		1,05	(1,1)	1,22	(1,5)	1,98	(2,5)	3,17	4,66	6,33	
Caffein			0°	10°	20°	30°	40°	50°	60°	70°	80°	
$C_8H_{10}O_2N_4$	g/a		0,6	(0,8)	1,46	2,13	4,64	6,75	9,7	13,5	19,2	**$1 \cdot H_2O$**
Thioharnstoff			0°	20°	40°	60°	80°	100°	120°	140°	160°	**180°** F.P.
CH_4SN_2	%		4,6	12,0	23,1	40,4	57,8	69	80	89	95,5	100
Sulfanilsäure			0°	10°	20°	30°	40°	50°	60°	80°	100°	
$C_6H_7O_3SN$	g/a		0,64	0,84	1,08	1,49	1,97	2,51	3,10	4,51	6,67	

332616 Löslichkeit anorganischer Stoffe in organischen Lösungsmittel. und deren Gemische mit Wasser.

% Lm = g des organischen Lösungsmittels in 100 g Lösungsmittelgemisch (z. B Alkohol + Wasser). g/Lm = g (wasserfreier) Stoff in 100 g Lösungsmittel bzw Lösungsmittelgemisch. g/100 cm³ L = g (wasserfreien Stoff in 100 cm³ Lösung; Bdk = Bodenkörper. Temperaturangabe in °C.

Jod in organischen Lösungsmitteln.

C_6H_{12}	25° C	12,2%
C_6H_6	20°	11,9 g/100 cm³ L
C_7H_{16}	25°	1,70%
2,2,4-$(CH_3)_3C_5H_9$	24,92°	1,303%
CH_2Cl_2	11°	3,68 g/100 cm³ L
	25°	5,86 g/100 cm³ L
$CHCl_3$	−60°	0,129%
	− 1°	1,184%
	+20°	2,56%
	+25°	3,10%
$CHBr_3$	25°	6,6%
CCl_4	11°	1,77 g/100 cm³ L
	25°	2,91 g/100 cm³ L
CHCl : CHCl	25°	5,47 g/100 cm³ L
$CH_2 : CCl_2$	25°	6,87 g/100 cm³ L
CHBr : CHBr	20°	9,09%
	75°	37,61%
$CHCl : CCl_2$	25°	3,96 g/100 cm³ L
$CHCl_2 \cdot CHCl_2$	25°	4,10 g/100 cm³ L
$CCl_2 : CCl_2$	25°	3,06 g/100 cm³ L
$CHCl_2 \cdot CCl_3$	25°	3,09 g/100 cm³ L

C_2H_5OH **15°** C

% Lm	20	40	60	80	100
% J	0,06	0,26	1,14	4,20	15,67

CH_3CO_2H	0° C	0,034 g/cm³ L
	20°	0,076 g/cm³ L
	61,1°	0,510 g/cm³ L
	100°	3,162 g/cm³ L
CH_3COCH_3	0° C	2,32%
(Aceton)	−50°	10,08%
$CH_3CO \cdot OC_2H_5$	8°	11,1%
(Essigsäureäthylester)	30°	16,15%

(Glycerin-Wasserg.)

$C_3H_5(OH)_3$ %	0	40	60	80	100
25° % J	0,03	0,08	0,17	0,38	0,96

CS_2	−20° C	3,97%
	0°	7,32%
	20°	12,7%
	40°	20,3%

S (rhombisch) in organischen Lösungsmitteln.

g S in 100 g Lösungsmittel.

ϑ in °C	CS_2	CCl_4	Benzol C_6H_6	Toluol $C_6H_5CH_3$	ϑ in °C	Benzine K.P. 80…100° ϱ = 0,87	Benzine K.P. 85…110° ϱ = 0,88	Benzine K.P. 120…200° ϱ = 0,882	Benzine K.P. 150…200° ϱ = 0,885	Schwere Teeröle K.P. 210…308°	Schwere Teeröle K.P. 103…200°
0	24,1	0,34	—	0,91	—	—	—	—	—	—	—
10	29,9	0,51	1,26	1,31	15	2,1	2,5	2,5	2,6	6,0	7,0
15	35,2	0,61	1,45	—	30	3,0	4,0	5,3	5,8	8,5	8,5
20	42,4	0,72	1,73	1,82	50	5,2	6,1	8,3	8,7	10,0	12,0
25	51,5	0,84	2,04	—	80	11,8	13,7	15,2	21,0	37,0	41,0
30	63,4	1,01	2,40	2,52	100	15,5	18,3	23,0	26,4	52,5	54,0
40	96	1,39	3,41	3,21	110	—	23,0	26,2	31,0	105,0	115,0
50	150	1,83	4,66	4,45	120	—	27,0	32,0	38,0	—	—
60	—	—	6,33	6,30	130	—	—	38,7	43,8	—	—
70	—	—	8,5	8,86	—	—	—	—	—	—	—

332616 (Fortsetzung).

	ϑ in °C	g/Lm		ϑ in °C	g/Lm
C_7H_{16}	0	0,124	CHBr : CHBr . .	0	0,66
	25	0,362		20	1,05
	54	0,926		50	3,06
$C_6H_4(CH_3)_2$, m- .	25	2,0		90	13,5
	45	3,6	$CHCl_2 \cdot CHCl_2$ . .	25	1,23
		g/100 cm³ L	$CCl_2 : CCl_2$ . . .	25	1,53
$CHCl_3$	0	0,79	$CHCl_2 \cdot CCl_3$ . .	25	1,20
	15,5	1,25			g/100 cm³ L
	40	2,4	CH_3OH	18,5	0,03
CHCl : CHCl . .	25	0,83	C_2H_5OH	25	0,05
	40	1,40	$C_2H_5 \cdot O \cdot C_2H_5$.	0	0,08
	97,5	11,1			0,20

Phosphor in verschieden organischen Lösungsmitteln

C_6H_6	ϑ	0°	20°	40°	60°	81°	Paraffin	15°
	g/Lm	1,53	3,3	6,1	8,4	11,14		1,47

	ϑ	g/Lm
C_2H_5OH	Raumt.	0,312
CH_3CO_2H	15°	0,105
$C_2H_5 \cdot O \cdot C_2H_5$	15,5°	1,25

CS_2					
ϑ	−10°	−5°	0°	5°	10°
g/Lm	45,4	72,3	434	630	880

Anorganische Stoffe in Methylalkohol und Methylalkohol-Wassermischungen.

	LiCl	**NaCl**		**NaBr**	**NaJ**	**$NaNO_2$**	**$NaNO_3$**
ϑ	23°	15°	19,5°	19,5°	22,5°	19,5°	19,5°
% Lm	100	40	100	100	100	100	100
g/Lm	16,9	14,0	1,41	17,4	77,6	4,4	0,41

	KCl		**KBr**					**KJ**						
ϑ	15°	18,5°	25°					25°					100°	200°
% Lm	40	100	20	40	60	80	100	20	40	60	80	100	100	100
g/Lm	10,1	0,5	45	26,5	13,5	5,8	2,15	113	62	55	35,5	17,2	25	29

	KNO_3				**KCN**	**NH_4Cl**	**NH_4Br**	**NH_4NO_3**
ϑ	40°				19,5°	19,5°	19,5°	19,5°
% Lm	25	50	75	90	100	100	100	100
g/Lm	33	19	7,5	0,5	4,8	3,4	12,5	17

	$MgCl_2$				**$MgBr_2$**				**MgJ_2**				**$MgSO_4$**
ϑ	0°	20°	40°	60°	0°	20°	40°	100°	0°	20°	40°	100°	18°
% Lm	100				100				100				100
g/Lm	15,5	16,0	17,7	20,3	26,3	27,9	29,7	37,4	41,5	45,1	48,5	59,8	1,17
Bdk	$MgCl_2 \cdot 6\,CH_3OH$				$MgBr_2 \cdot 6\,CH_3OH$				$MgJ_2 \cdot 6\,CH_3OH$				?

	$CaCl_2$						**$Ca(NO_3)_2$**					
ϑ	0°	20°	40°	75°	100°	125°	10°	40°	60°	70°	**72,2°**	80°
% Lm	100						100					
g/Lm	21,8	29,2	38,7	51	56	65,5	136	144,2	158	168,5	(171,3)	169,3
Bdk	$CaCl_2 \cdot 4\,CH_3OH$; $CaCl_2 \cdot 3\,CH_3OH$						$Ca(NO_3)_2 \cdot 2\,CH_3OH$					$Ca(NO_3)_2$

332616 (Fortsetzung).

	$BaCl_2$	$CuCl_2$	$CuSO_4$	$AgNO_3$	$CdCl_2$	CdJ_2
ϑ	15,5°	15,5°	18°	19°	15,5°	20°
% Lm	100	100	100	100	100	100
g/Lm	2,17	67,8	1,05	3,8	1,72	223

$HgCl_2$

ϑ	−20°	0°	20°	40°	80°	100°	127°	25°					
% Lm	100							0	20	40	60	80	100
g/Lm	11,1	22	52,2	150	190	220	303	7,35	8,9	16,9	38,9	78,6	66,7

	HgJ_2	$Hg(CN)_2$	$Pb(NO_3)_2$
ϑ	19,5°	19,5°	20,5°
% Lm	100	100	100
g/Lm	3,15	44	1,37

Anorganische Stoffe in Äthylalkohol und Äthylalkohol-Wassermischungen.

NaCl

	% Lm	10	20	30	40	50	60	70	80	90	100	
30°	g/Lm	29,2	23,5	18,6	14,2	10,2	6,77	3,82	1,58	0,43	0,065	18,[illegible]
40°	g/Lm	29,7	24,2	19,0	14,6	10,7	7,2	4,03	1,72	0,5		

NaBr 30° / **NaJ** 30°

	NaBr							NaJ				
% Lm	20	40	60	**76,9**	80	90	97,1	20	40	**55,4**	60	70
g/Lm	62,1	39,1	22,6	13,7	11,8	6,6	3,1	112	75,7	60,0	52,0	45,3
Bdk	$NaBr \cdot 2H_2O$				NaBr			$NaJ \cdot 2H_2O$			NaJ	

NaJ / $NaClO_3$

ϑ	25°	100°	200°	240°	260°	**261,5°**	20°			60°		
% Lm	100					krit.P.	50	75	90	50	75	90
g/Lm	42,6	45,1	34,7	32,6	10,8	8,60	45,6	12,5	1,63	48,5	18,4	3,0

Na_2SO_4

ϑ	% Lm	10	20	30	40	50	60	70	Bdk
15°	g/Lm	6,3	2,5	1,1	0,45	0,2	0,1	0,0	$Na_2SO_4 \cdot 10H_2O$
25°	g/Lm	14,6	6,4	2,7	0,9	0,4	—	—	$Na_2SO_4 \cdot 10H_2O$
36°	g/Lm	27,2	12,4	4,8	1,9	0,8	—	—	Na_2SO_4
45°	g/Lm	26,4	11,9	5,5	—	—	—	—	Na_2SO_4
15°	g/Lm	*17,6*	*7,5*	*2,2*	—	—	—	—	*$Na_2SO_4 \cdot 7H_2O$*

	$NaNO_2$ 19,5°	$NaNO_3$ 30°					25°
% Lm	100	20	40	60	80	90	100
g/Lm	0,31	59,8	33,5	14,9	5,9	1,2	0,036

Na_2CO_3	30°						$NaHCO_3$ 15,5°
% Lm	45	**55,7**	65	**73,06**	80	**95,06**	37,5
g/Lm	1,4	0,55	(0,25)	0,11	0,06	0,03	1,2
Bdk	$10H_2O$		$7H_2O$		$1H_2O$	OH_2O	

KOH	30°						**KF** 20°	40°	55°
% Lm	0,43	50	60	70	80	90	100	100	100
g/Lm	121	46,0	42,7	38,0	35,7	34,8	0,106	0,068	0,016

KCl

ϑ	% Lm	10	20	30	40	50	60	70	80	90
14,5°	g/Lm	23,5	17,7	12,7	8,6	5,3	2,8	1,2	0,4	
40°	g/Lm	29,7	23,5	18,0	13,3	9,0	5,6	3,1	1,6	(0,3)

332616 (Fortsetzung).

$KClO_3$	30°					$KClO_4$	25°		0°	21°
% Lm	20	40	60	80	90		93,5	98,8	100	100
g/Lm	4,73	2,40	1,02	0,24	0,06		0,051	0,019	0,0047	0,0080

KBr	30°					40°	KJ	18°					
% Lm	20	40	60	80	90	90		20	40	60	80	90	100
g/Lm	45,1	28,9	13,0	3,2	0,89	1,04		10,5	73,9	47,1	19,6	6,9	1,87

K_2SO_4	15°			
% Lm	10	20	30	40
g/Lm	4,05	1,48	0,55	0,21

KNO_3

ϑ	% Lm	10	20	40	60	80	90
20°	g/Lm	20,0	16,0	5,25	2,04	0,7	0,3
40°	g/Lm	43,9	29,9	13,6	5,5	1,6	0,5
60°	g/Lm	76,3	49,7	20,5	7,5	2,56	1,1

K_2CO_3—H_2O-Äthylalkohol mit 2 flüssigen Schichten

ϑ		Schicht I				Schicht II			
25°	%-Lm	1,5	5,8	10,2	19,2	31,6	45,7	57,9	81,5
	g/Lm	78,0	43,3	32,8	21,7	11,1	4,1	1,49	0,14
40°	%-Lm	3,2		11,5	15,3	31,4	45,6		71,5
	g/Lm	52,0		30,7	24,2	11,0	3,82		0,50
60°	%-Lm	5,2		9,7	18,5		45,3		66,7
	g-Lm	49,2		35,0	22,0		4,20		0,84

NH_4Cl	30°					NH_4Br 19°	NH_4NO_3 20,5°
%-Lm	20	40	60	80	90	100	100
g/Lm	32,8	18,3	11,7	4,8	2,3	3,22	3,85

$(NH_4)_2SO_4$—H_2O-Äthylalkohol mit 2 flüssigen Schichten

		Schicht I		Schicht II			
15°	%-Lm	11,5	14,4	46,6	58,8	71,8	78,5
	g/Lm	52,7	48,1	6,8	1,75	0,34	0,10

$MgCl_2$ %-Lm = 100

ϑ	0°	20°	40°	60°	70°
g/Lm	3,61	5,6	10,0	15,9	18,6

Bdk: $MgCl_2 \cdot 6\,C_2H_5OH$

$Ca(NO_3)_2$ %-Lm = 100

ϑ	10°	20°	40°	60°	65,5°	80°
g/Lm	46,2	50,6	63,9	73,6	(89,2)	91,0
Bdk	$Ca(NO_3)_2 \cdot 2\,C_2H_5OH$					$Ca(NO_3)_2$

$Ba(NO_3)_2$ 25°

% Lm	10	20	40	60	80	90	99,4
g/Lm	8,3	6,3	3,7	1,73	0,53	0,18	0,004

K_2PtCl_6 20°

% Lm	20	40	60	80	100
g/Lm	0,218	0,076	0,0265	0,0085	0,0009

$AgNO_3$	15°						75°					
% Lm	10	20	40	60	80	100	10	20	40	60	80	100
g/Lm	133	94	46,0	21,2	6,9	(3,1)	365	251	133	68	30	(7,5)

$HgCl_2$

ϑ	−60°	−40°	−20°	−5°	0°	20°	40°	60°	80°	100°	120°	140°
g/Lm	3,1	10,3	28,0	40,9	41,9	47,5	56,3	72,4	90	116	156	218

332616 (Fortsetzung).

Löslichkeit einiger Stoffe in Glycerin bei 15,5° C
g in 100 g Lm (nach Klever).

Substanz	g	Substanz	g	Substanz	g
J	1,9	CaS	5	Atropin	3
S	0,10	$BaCl_2$	10	-sulfat	33
P	0,20	$KAl(SO_4)_2$	40	Benzoesäure	10
As_2O_3	20	$FeCl_3$	sehr löslich	Brucin	2,2
As_2O_5	20			Chinin	0,5
BO_3H_3	10	$FeSO_4$	25	-tartrat	0,25
		$AgNO_3$	sehr löslich	Cinchonin	0,5
NaCl	20			-sulfat	6,7
$NaClO_3$	20	$CuSO_4$	30	Gerbsäure	50
Na_3AsO_4	50	$ZnCl_2$	50	Harnstoff	50
Na_2CO_3	93	ZnJ_2	40	Morphin	0,45
$NaHCO_3$	8	$ZnSO_4$	35	-chlorid	20
$Na_2B_4O_7$	60	$HgCl_2$	7,5	-acetat	20
$KClO_3$	3,5	$Hg(CN)_2$	27	Oxalsäure	15
KBr	25			Strychnin	0,25
KJ	40	Essigsaures Cu	10	-sulfat	22,50
K_3AsO_4	50	Essigsaures Pb	20	-nitrat	4
KCN	32	Milchsaures Fe''	16	Veratrin	1
NH_4Cl	20	Weinsaures Fe''	8		
$(NH_4)_2CO_3$	20	Weinsaures SbO·K	5,5		

CH_3COOK in CH_3CO_2H

ϑ	16,5°	**5,95°**	70°	**99,0°**	137°	F.P. **148°**	**147,5°**	170°	200°	230°	**292°**
Mol-%	0	10,03	20	28,4	40	50	52,3	58,5	62	70	100
Bdk.	CH_3CO_2H	$CH_3CO_2K \cdot 2CH_3CO_2H$		$CH_3CO_2K \cdot CH_3CO_2H$				CH_3CO_2K			

332617 Löslichkeit in Rohrzuckerlösungen.

$Ca(OH)_2$ in Rohrzuckerlösungen.

20° in 100 cm³ Lösung						
g Zucker	0	0,5	1,0	1,5	2,0	2,5
$g\ Ca(OH)_2$	0,154	0,188	0,205	0,230	0,273	0,331

ϑ	% Zucker	0	5	10	20	**29,2**	30	40	**42,5**	50	60
12°	% CaO	0,137	0,75	2,02	5,05	**8,50**	8,40	7,3			
45°	% CaO	0,102	0,41	1,04	3,18		5,90	**9,25**	10,02	8,96	7,86
	Bdk.	$Ca(OH_2)$					Saccharat				

$Sr(OH)_2$ in Rohrzuckerlösungen.

75°												
% Zucker	0	**0,2**	4,16	10	20	30	**(33)**	40	60	**78,6**	79,25	78,58
% SrO	5,78	5,99	0,13	1,96	2,86	3,94	4,2	4,17	(3,07)	2,26	1,06	0
Bdk.	$Sr(OH)_2 \cdot 8\ H_2O$	$C_{12}H_{22}O_{11} \cdot 2\ SrO$					$C_{12}H_{22}O_{11} \cdot SrO$			$C_{12}H_{22}O_{11}$		

$Ba(OH)_2$ in Rohrzuckerlösungen.

75°											
% Zucker	0	**0,67**	**0,99**	0,15	10	20	30	50	60	**79,06**	**78,58**
% BaO	34,0	34,82	25,08	10	0,63	0,67	0,72	1,0	0,75	0,48	0
Bdk.	$Ba(OH)_2 \cdot 8\ H_2O$	$C_{12}H_{22}O_{11} \cdot 3\ BaO$		$C_{12}H_{22}O_{11}$ BaO							$C_{12}H_{22}O_{11}$

332618 Löslichkeit von Zucker in Alkohol-Wasser-Gemischen.

Rohrzucker in Alkohol-Wasser-Gemischen (Scheibler).

Vol-% Alkohol	0°		14°		40° C
	Dichte 17,5°	g Zucker je 100 cm³ L	Dichte 17°	g Zucker je 100 cm³ L	g Zucker je 100 cm³ L
0	1,3248	85,8	1,3258	87,5	105,2
10	2991	79,4	3000	81,0	96,7
20	2360	73,4	2662	74,9	89,7
30	2293	66,0	2327	67,7	83,3
40	1823	56,7	1848	58,4	74,9
50	1294	45,7	1305	47,1	63,6
60	0500	32,9	0582	33,9	50,0
70	0,9721	17,8	0,9746	18,7	31,4
80	8931	6,4	8953	6,7	13,1
90	8369	0,7	8376	0,9	2,3
97,4	8062	0,08	8082	0,36	0,5

Nach Schrefeld **14°**.

g Alkohol/100 g Lm	0	5	10	15	20	25	30	35	40	45
g Zucker/100 g L	66,20	64,25	62,20	60,40	58,55	56,20	54,05	51,25	47,75	43,50
g Zucker/100 g Lm	195,8	179,7	164,6	152,5	141,2	128,3	117,8	105,8	91,3	76,6

g Alkohol/100 g Lm	50	55	60	65	70	75	80	85	90	95	100
g Zucker/100 g L	38,55	32,80	26,70	19,50	12,25	7,20	4,05	2,10	0,95	0,15	0,0
g Zucker/100 g Lm	62,7	48,8	36,4	24,2	13,9	7,7	4,2	2,1	0,94	0,15	0,0

Traubenzucker in Alkohol-Wasser-Gemischen.

Alkohol ϱ	0,999	0,950	0,910	0,880	0,837
17,5° g $C_6H_{12}O_6$	45[1]	32,5	16,0	8,1	1,94
136,7° **K.P.**	—	—	—	—	21,7

332619 Löslichkeit von Teerbestandteilen in 100 g Lösungsmittel (nach Bechi).

Substanz	Toluol				Abs. Alkohol			
	°C	g	°C	g	°C	g	°C	g
Naphthalin . . .	16,5	31,94	100	in allen Verhältn.	15	5,29	beim Sieden	in allen Verhältn.
Anthracen . . .	16,5	0,92	100	12,94	16	0,076	dgl.	0,83
Phenanthren . .	16,5	33,02	100	in allen Verhältn.	16	2,62	„	10,08
Pyren	18	16,54	100	sehr l.	16	1,37	„	3,08
Chrysen	18	0,24	100	5,39	16	0,097	„	0,17
Carbazol	16,5	0,55	100	5,46	14	0,92	„	3,88
Phenylnaphthylcarbazol $C_{16}H_{11}N$ . . .	in der Kälte	kaum löslich	100	0,39... 0,57	in der Kälte	kaum löslich	„	0,25
Anthrachinon . .	15	0,19	100	2,56	18	0,05	„	2,25

[1] Wasser von 15°.

33262 Löslichkeit von Flüssigkeiten.

332621 Gegenseitige Löslichkeit von Flüssigkeitspaaren.

Das allgemeine Zustandsdiagramm zweier Flüssigkeiten, die ineinander nur beschränkt löslich sind, ist eine geschlossene Kurve, die das Gebiet beschränkter Mischbarkeit umschließt. Beispiel: Wasser-Nicotin (332621 f).

Die beiden Temperaturen beginnender Entmischung werden als untere (UKT) bzw. obere (OKT) kritische Lösungstemperatur bezeichnet.

Im Bereich der beschränkten Mischbarkeit gehören zu jeder Temperatur zwei Grenzkonzentrationen der Entmischung, die der Zusammensetzung der beiden koexistierenden flüssigen Phasen entsprechen. Dampfdruck und Zusammensetzung des Dampfes ist jeweils für die beiden koexistierenden Phasen gleich. Wird das Gebiet der Entmischung nach tieferen Temperaturen zu durch die Schmelzpunktskurven abgeschlossen, so kann nur die obere kritische Lösungstemperatur auftreten (Beispiel im Lösungsdiagramm SO_2-Cyclohexan). Auch die obere kritische Lösungstemperatur kann fehlen; es tritt vorher Verdampfen (Sieden) ein. Das Entmischungsgebiet wird dann nach höheren Temperaturen zu durch die Siedepunktskurve abgeschlossen.

Vielfach sind nur Zahlen für den einen Ast des Zustandsdiagramms bekannt.

332621a Löslichkeit anorganischer Flüssigkeiten: Löslichkeit von Schwefeldioxyd in Wasser, Titantetrabromid und Germaniumtetrachlorid.

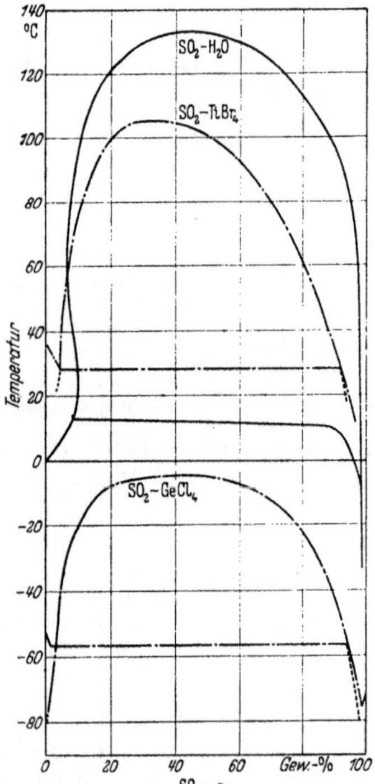

Weitere Lösungen anorganischer Stoffe in Wasser mit Bildung 2 flüssiger Schichten Br_2—H_2O S. 913, HBr—H_2O S. 913, J_2—H_2O S. 913.

332621 b...f (Tabelle und 3 Abb.) Löslichkeit organischer Flüssigkeiten (b in Wasser, c in SO_2 (2 Abb.), d in Anilin, e in Methylalkohol, f in Phenol).

Es ist, soweit nicht anders vermerkt, der Gehalt in Gewichtsprozenten des als gelöste Flüssigkeit bezeichneten Stoffes in den beiden Schichten angegeben.

OKT = obere kritische Lösungstemperatur.
UKT = untere kritische Lösungstemperatur.

Gelöste Flüssigkeit	Temperatur in °C	Gehalt in Gew.-% in Schicht I	Gehalt in Gew.-% in Schicht II
b_1 Löslichkeit in Wasser.			
Acetal	25	4,4	—
Acetanhydrid	15	10,72	97,74
Acetessigester	16—16,5	12,51	—
Acetylaceton	30	15,46	95,02
	60	23,23	89,41
	OKT 87,7	56,80	
Acrolein	0	20	95
	50	—	87,8
	OKT 88	56,2	
Äthylbromid	20	0,905	—
Äthylenbromid	15	0,392[1]	—
	30	0,431[1]	—
Äthylenchlorid	15	0,872[1]	—
	30	0,900[1]	—
Äthylisopropyläther	15	3,25	99,7
	25	2,40	99,48
Äthyljodid	30	0,404[1]	—
Äthylpiperidin	UKT 7,5	27	
	10,5	10	—
	21,9	—	84,3
	64,0	1,7	—
	69,0	—	95,3
Äthylpropyläther	0	3,66	99,31
	25	1,87	98,87
Ameisensäureisoamylester	22	0,3	—
Ameisensäureisobutylester	22	1,0	—
Amylalkohol	25	0,208	—
iso-Amylalkohol	22	2,607	97,35
	36	2,23	—
	97,3	—	84,04
	167	8,68	—
	186,5	25,02	44,14
	OKT 187,5	36,61	
Anilin s. a. 332615	13,8	3,611	—
	50,1	4,187	—
	51,1	—	93,51
	145,1	15,43	—
	165	—	63,6
	167	30,18	—
	OKT 168	etwa 48,6	
Benzaldehyd	Z.T.	0,3	—
Benzoesäure s. 332615			
Benzol	25	—	99,927
	69	—	99,735
Bernsteinsäureäthylester	20	1,92[1]	—
Bernsteinsäurenitril	20	11	91,5
	55	40,3	62,8
	OKT 55,4	51,0	
Brombenzol	30	0,0446[1]	—
Bromoform	15	0,301[1]	—
	30	0,319[1]	—
Buttersäure	—7,0	—	58,2
	—4,5	30	—
	—4,0	35,0	—
	OKT —3,8	40,0	
iso-Buttersäure	10	16,98	68,60
	20	22,97	53,97
	OKT 24,3	36,30	
Buttersäureäthylester	20	0,510[1]	—
Butylalkohol	20	6,4	80,2
	100	8,2	66,4
	123	19,0	46,8
	OKT 124,8	32,4	
iso-Butylalkohol	38,7	—	81,7
	107,9	10,6	—
	126,5	—	57,8
	133	26,7	—
Sek. Butylalkohol	20	22,0	59,8
Butyraldehyd	20	3,61	—
iso-Butyraldehyd	20	10	—
Caprinsäureäthylester	20	0,0015[1]	—
Capronsäure	20	1,082	—
Capronsäureäthylester	20	0,063[1]	—
Caprylsäureäthylester	Z.T.	0,007[1]	—
Chloralhydrat s. 332615			
Chlorbenzol	30	0,0488[1]	—
o-Chlorbenzoesäure	115,2	—	62,9
	125,9	19,3	—
	OKT 126,2	34,9	
m-Chlorbenzoesäure	116	—	75,8
	142	18,9	—
	142,6	—	51,3
	OKT 142,8	34,3	
Chloroform	3	0,109	—
	54	0,165	—
Cyclohexan	19	—	99,99
	53	—	99,95
Cyclohexanol	7,2	5,00	—
	121,95	5,14	—
	174,3	15,00	—
	184,7	32,4	—
Diäthyläther	20	6,48	98,78
	30	5,04	98,65
	80	2,75	97,83
	90	—	97,67
Diäthylketon	20	4,60	—
	100	3,68	93,10
	160	6,10	83,33
Diallyläther	0	11,68	99,29
	20	9,18	98,75
1,1-Dichloräthan	25	0,506[1]	—
1,2-Dichloräthan	25	0,865[1]	—
o-Dichlorbenzol	20	0,0134[1]	—
	60	0,0232[1]	—
m-Dichlorbenzol	20	0,0111[1]	—
	60	0,0201[1]	—
p-Dichlorbenzol	60	0,0163[1]	—
1,3-Dichlorpropan	25	0,273[1]	—

[1] g in 100 g Wasser.

332621 b...f (Fortsetzung).

Gelöste Flüssigkeit	Temperatur in °C	Gehalt in Gew.-% in Schicht I	Gehalt in Gew.-% in Schicht II
2,6-Dimethylpyridin	UKT 45,3	27,2	
	48,1	18,1	—
	50,2	—	46,4
	74,5	9,5	—
	130,5	—	66,9
	153,5	18,1	—
	163,4	—	40,6
	OKT 164,9	33,8	
1,3,5-Dinitrobenzoesäure	122,0	19,8	—
	OKT 123,8	30	
Diphenylamin	0	0,003	—
	85	0,032	—
Dipropyläther	0	1,05	99,64
	25	0,49	99,55
Essigsäureäthylester	0	10	97,74
	15	8,3	97,18
	30	7,1	96,48
Essigsäuremethylester	22	25	—
Essigsäurepropylester	22	1,7	—
Fluorbenzol	30	0,154[1]	—
Furfurol	20	—	95,53
	30	7,72	94,80
	100	19,14	83,82
	120	33,93	69,42
	OKT 122,8	52,10	
Glutarsäureäthylester	20	0,882[1]	—
Glutarsäuredinitril	21,7	10,5	—
	34,85	—	88,4
	65,5	32,08	—
	67,5	—	61,88
	68,2	41,79	—
	68,25	—	50,74
	68,3	46,75	48,83
Heptylalkohol	25	0,1807	—
Heptylsäure	20	0,216	—
Hexylalkohol	25	0,624	—
Jodbenzol	30	0,034[1]	—
o-Kresol	46,2	2,9	—
	50,5	—	86,2
	134,0	8,7	—
	135,4	—	75,9
	167,3	36,4	—
	167,9	—	50,4
	OKT 168,9	41	
m-Kresol	36,2	—	85,9
	50,8	2,7	—
	OKT 148,8	38	
p-Kresol	21,8	—	85,9
	29,5	2,21	—
	140,7	—	43,7
	142,6	32,3	—
	OKT 142,6	36	
Malonsäureäthylester	20	2,08[1]	
p-Methoxybenzoesäure	OKT 138,2	40	
Methyläthylketon	~25	22,6	90,1
Methylamylketon	~25	1,95	97,85
Methylbutyläther	10	1,51	99,55
	25	0,89	99,09
Methyl-tert.-butyläther	10	7,30	98,16
	25	5,16	97,05
Methylenbromid	15	1,170[1]	—
Methylenchlorid	20	1,960	—
Methylenjodid	20	1,398	—
Methylisopropyläther	10	9,7	—
	25	6,5	—
Methyljodid	20	1,398	—
1-Methylpiperidin	UKT 48,3	16,7	
	48,7	13,0	26,9
	176	—	89,6
	178	5,3	—
	236	13,5	—
2-Methylpiperidin	UKT 79,3	19,4	
	92,4	7,8	—
	112	—	64,7
	OKT 227	20,1	28,3
3-Methylpiperidin	UKT 56,9	19,2	
	80,0	4,8	—
	115	—	70,1
	OKT 235	29,2	
4-Methylpiperidin	UKT 84,9	23,7	
	94,2	8,9	—
	133,0	—	57,5
	OKT 189,5	36,2	
Methylpropyläther	10	3,8	—
	25	3,05	—
3-Methylpyridin	UKT 49,4	26,4	
	83,5	—	59,7
	125,7	12,7	—
	151,0	—	42,3
	OKT 152,5	26,4	
α-Methyltetramethylenoxyd	10	18,20	92,28
	25	13,87	93,92
β-Methyltetramethylenoxyd	15	10,2	—
	25	8,8	—
Nicotin s. b_2 S. 962			
o-Nitroanisol	30	0,169[1]	
o-Nitrobenzoesäure	OKT 52	(29,8)	(39,4)
m-Nitrobenzoesäure	70	3,3	—
	OKT 107	35,6	
Nitrobenzol	8,8	—	99,826
	55	0,27	—
	106,6	—	98,47
p-Nitrophenol	67,6	7,61	—
	90,0	33,8	42,25
	OKT 90,3	37,24	
o-Nitrotoluol	30	0,0652[1]	
m-Nitrotoluol	30	0,0498[1]	
Octylalkohol	25	0,0586	
Pentamethylenoxyd	10	10,70	97,92
	25	8,02	96,84
Phenol s. b_2 S. 962			
Phenylhydrazin	19,8	11,6	60,1
	OKT 55,2	33,6	
Propionaldehyd	20	16	—
Propionitril	20	—	94,39
	40	10,56	91,98
	110	31,96	66,95
	OKT 113,5	48,8	
Propionsäureäthylester	20	1,75[1]	—
Propylbromid	30	0,231[1]	—
iso-Propylbromid	20	0,317	—
Propylchlorid	20	0,304	—
iso-Propylchlorid	20	0,304	—

[1] g in 100 g Wasser.

332621 b...f (Fortsetzung).

Gelöste Flüssigkeit	Temperatur in °C	Gehalt in Gew.-% in Schicht I	Schicht II
Propylisopropyläther	10	0,75	—
	25	0,47	—
Propyljodid	30	0,104[1]	—
iso-Propyljodid	20	0,140	—
1-Propylpiperidin	9,5	—	97,4
	11	1,4	—
	32	0,6	—
Schwefelkohlenstoff s. 332615			
s. Tetrabromäthan	30	0,0651[1]	—
Tetrachlorkohlenstoff	20	—	99,99156
	50	—	99,9763
Thymol	OKT 270	20,1	70,2
o-Toluidin	20	1,69	97,50
	198	16,47	—
	200	—	79,77
	OKT 216	—	50,09
p-Toluidin	44	—	98,22
	69	—	97,66
Toluol	18	—	99,966
	68	—	99,8
o-Toluylsäure	108	—	89,5
	147,6	10,0	—
	OKT 158,6	39,7	
m-Toluylsäure	111	2,6	—
	132,6	—	78,3
	OKT 160,4	40,0	
p-Toluylsäure	150,6	9,9	—
	155	—	54,9
	OKT 158,2	25,0	
Triäthylamin s. b_4 S. 962			
2,4,6-Trimethylpyridin	UKT 5,7	17,20	
	20	3,42	54,92
	100	1,78	88,07
	160	2,93	87,2
m-Xylidin	20	0,66	—
Xylol	10	0,0076	99,98
	25	0,0130	99,96

c Löslichkeit in SO_2 s. S. 962, c_1 und c_2.

Gelöste Flüssigkeit	Temperatur in °C	Gehalt in Gew.-% in Schicht I	Schicht II
d Löslichkeit in Anilin.			
3-Äthylpentan	KLT 66,3	—	—
Amylen	10,1	72	—
	10,7	—	28,5
	14,3	52,3	—
	OKT 14,5	51,6	
Cyclohexan	KLT 31,0	60	
Decan	KLT 77,6	—	—
2,5-Dimethylhexan	KLT 78,3	—	—
Dodecan	KLT 83,7	—	—
Heptan	KLT 70,0	—	—
iso-Heptan	OKT 72,8	—	—
Hexan	41,17	11,43	—
	OKT 65,9	41,5	
iso-Hexan	OKT 73,8	—	—
Methylcyclohexan	KLT 41	—	—
Methylcyclopentan	KLT 34,7	—	—
Nonan	KLT 74,4	—	—
Octan	KLT 71,8	—	—
iso-Octan	OKT 74	—	—
Pentan	KLT 71,4	—	—
iso-Pentan	OKT 77	—	—
Schwefel	110	91,6	29,5
	130	83,9	44,3
	OKT 139,5	63	
Undecan	KLT 80,6	—	—
e Löslichkeit in Methylalkohol.			
Cyclohexan	30,4	39,40	—
	30,6	—	95,50
	45,58	70,80	72,81
	OKT 45,60	72,00	
Hexan	KLT 34,6	—	—
Pentan	KLT 14,8	—	—
Schwefelkohlenstoff	23,23	—	97,18
	24,77	52,55	—
	OKT 40,6	80,5	
2,2,4-Trimethylpentan	KLT 42,5	—	—
f Löslichkeit in Phenol.			
Heptan	13,20	—	23,81
	14,45	79,36	—
	OKT 23,5	45,8	
Hexan	14,40	—	17,58
	20,75	88,57	—
	OKT 42,5	51	
iso-Pentan	17,55	—	12,41
	26,60	91,87	—
	62,55	61,92	—
	OKT 63,5	51	
Octan	19,56	—	14,01
	22,55	86,72	—
	OKT 49,5	47,5	

[1] g in 100 g Wasser.

332621 b₂ Nicotin—Wasser.

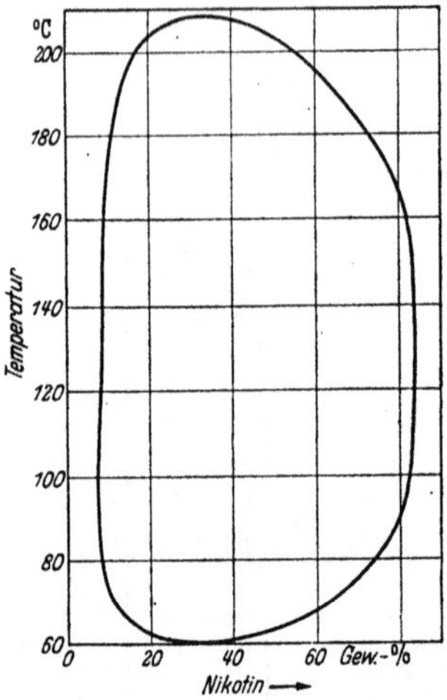

332621 c₁.

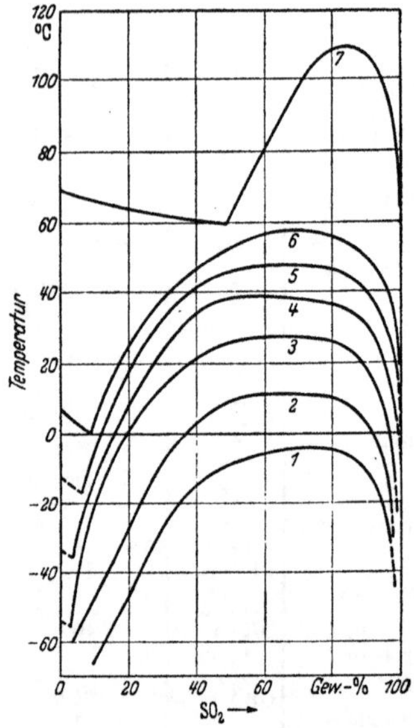

1 n-Butan-SO_2, *2* n-Hexan-SO_2, *3* n-Octan-SO_2, *4* n-Decan-SO_2, *5* n-Dodecan-SO_2, *6* n-Tetradecan-SO_2, *7* n-Dotriacontan-SO_2.

332621 b₃ Löslichkeit von Phenol in Wasser.

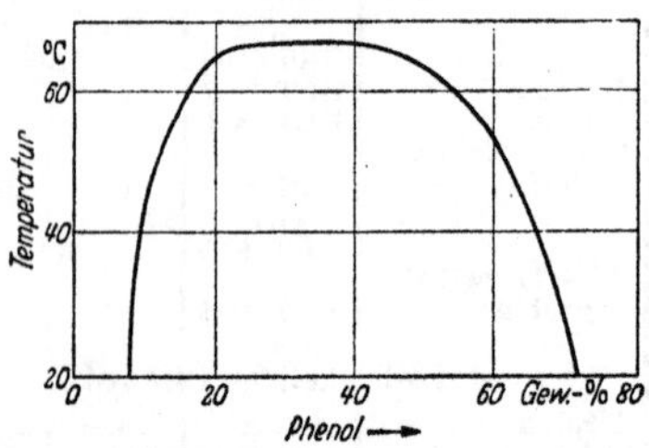

332621 c₂ Löslichkeitsdiagramm Cyclohexan-Schwefeldioxyd.

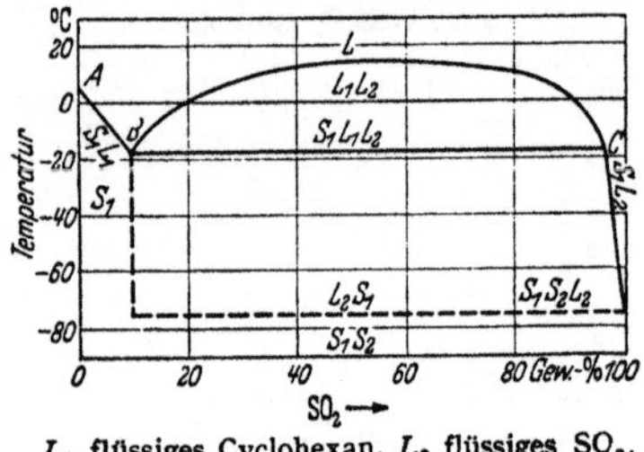

L_1 flüssiges Cyclohexan, L_2 flüssiges SO_2, S_1 festes Cyclohexan, S_2 festes SO_2.

332621 b₄ Löslichkeit von Thriäthylamin in Wasser.

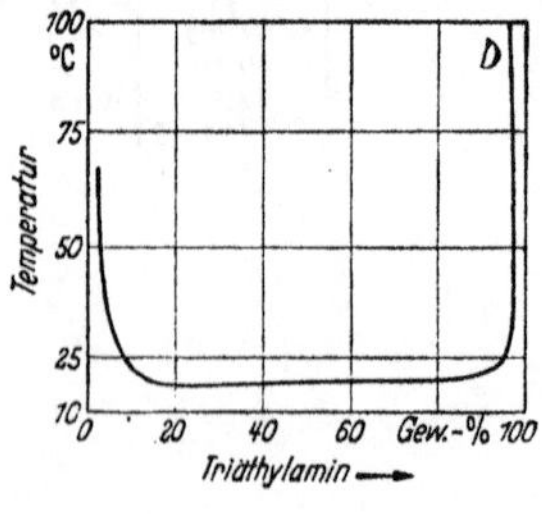

332622 Verteilungskoeffizient.

Der Verteilungskoeffizient gibt das Verhältnis der Gleichgewichtskonzentrationen c_1/c_2 des gelösten Stoffes in den zwei flüssigen Schichten von nicht oder nur beschränkt mischbaren Flüssigkeiten an. c_1 ist die Gleichgewichtskonzentration in Gramm-Äquivalent im Liter des gelösten Stoffes in der Schicht, die vorwiegend die erstgenannte Flüssigkeit enthält; c_2 gibt ihre Konzentration in der zweiten Schicht an.

Temp. in °C	c_1	c_2	c_1/c_2	Bemerkungen
I. Flüssigkeitspaare mit Wasser.				
Wasser-Diäthyläther.				
Wasserstoffperoxyd.				
18	0,7194	0,0518	13,90	—
	9,0157	1,5103	5,97	—
Salpetersäure.				
25	0,0847	0,0011	77,0	—
	0,4326	0,0165	26,2	—
	1,9071	0,4263	4,47	—
Äthylalkohol.				
25	0,252	0,356	0,707	—
	1,496	2,448	0,611	—
	2,215	4,118	0,538	—
Benzoesäure.				
10	0,00090	0,0639	0,0141	El. Dissoz. in H_2O
	0,00249	0,226	0,0110	
Bernsteinsäure.				
15	0,041	0,0078	5,3	El. Dissoz. in H_2O
	0,823	0,124	6,6	
Chinon.				
19,5	0,002915	0,008930	0,326	—
	0,008415	0,02714	0,310	—
Essigsäure.				
25	0,01323	0,006097	2,17	El. Dissoz. in W., Doppelmol. in Äther
	0,1341	0,06355	2,11	
	1,2600	0,7413	1,70	
Formaldehyd.				
20	0,0582	0,0063	9,2	—
Wasser-Amylalkohol.				
Wasserstoffperoxyd.				
25	0,0940	0,0134	7,01	—
	0,6700	0,0945	7,09	—
	0,9110	0,1300	7,01	—
Ammoniak.				
20	0,08917	0,01224	7,299	—
	0,36406	0,05455	6,667	—
	1,970	0,2874	6,849	—
Chlorwasserstoff.				
25	0,0929	0,0026	35,7	—
	2,1964	0,4213	5,21	—
Salpetersäure.				
25	0,0974	0,0071	13,7	—
	1,8708	0,7021	2,66	—
Bernsteinsäure.				
20	0,02684	0,01888	1,422	El. Dissoz. in W.
	1,1555	0,7119	1,623	
Essigsäure.				
20	0,08838	0,08034	1,100	—
	1,320	1,208	1,098	—
Formaldehyd.				
25	0,326	0,995	0,327	In W. polym. Molek.
	1,61	3,13	0,514	
	6,98	7,68	0,909	
Methylamin.				
25	0,1155	0,03804	3,03	—
	0,3036	0,1070	2,84	—
	1,0613	0,3974	2,67	—
Triäthylamin.				
25	0,00875	0,2273	0,038	—
	0,02474	0,6418	0,038	—
Wasser-Benzol.				
Aceton.				
25	0,2200	0,2065	1,066	—
	1,2083	1,2045	1,003	—
	2,2167	2,3947	0,926	—
Äthylalkohol.				
25	0,867	0,834	1,04	—
	3,467	2,852	1,22	—
	5,677	4,195	1,35	—
Chlorwasserstoff.				
20	0,946	0,0000494	20000	—
	2,599	0,000768	3400	—
	8,555	0,025	342	—
	19,709	0,507	38,9	—
Diäthylamin.				
2	0,0726	0,0653	1,112	—
	0,1979	0,1877	1,053	—
	0,2652	0,2501	1,060	—
Essigsäure.				
25	0,5793	0,0159	36,5	Doppelmolekelbildung
	3,2984	0,2555	12,9	
	6,9974	0,9053	7,73	
Phenol.				
25	0,0272	0,062	0,44	In Benzol Doppelmol.-bildung
	0,1013	0,279	0,36	
	0,3660	2,978	0,12	
	0,5299	6,487	0,08	
Pyridin.				
25	0,00780	0,02008	0,388	Hydratbildg.
Salicylsäure.				
25	0,00260	0,00440	0,591	El. Dissoz.
	0,01635	0,07370	0,222	
p-Toluidin.				
25	0,0110	0,5570	0,0198	—
	0,0227	1,3510	0,0168	—

332622 (Fortsetzung).

Temp. in °C	c_1	c_2	c_1/c_2	Bemerkungen
		Trichloressigsäure.		
18	0,0535	0,000465	115	—
	0,2366	0,00662	35,8	—
	1,153	0,1525	7,55	—

Wasser-Chloroform.

Temp. in °C	c_1	c_2	c_1/c_2	Bemerkungen
		Ammoniak.		
18	0,0200	0,0007067	27,48	—
	0,04773	0,001724	27,16	—
	1,02	0,045	22,7	—
	8,34	0,549	15,2	—
	12,23	1,227	10,0	—
		Aceton.		
25	0,0320	0,168	0,190	Ev. Mol.-Verbindung Aceton-Chl.
	0,493	1,98	0,249	
	1,01	3,06	0,331	
		Essigsäure.		
25	0,405	0,0231	17,5	Doppelmolek. in Chl.
	1,188	0,1351	8,8	
	2,056	0,3493	5,9	
		Phenol.		
25	0,0737	0,254	0,286	Doppelmolek. in Chl.
	0,247	1,85	0,133	
	0,436	5,43	0,8	
		Salicylsäure.		
25	3,70	10,55	0,351	Assoz. in Chl.
	4,89	16,9	0,289	
	5,68	22,4	0,254	
		Trichloressigsäure.		
25	0,0488	0,0017	28,71	—
	0,6224	0,0765	8,14	—
	3,6039	1,0011	3,60	—

Wasser-Tetrachlorkohlenstoff.

Temp. in °C	c_1	c_2	c_1/c_2	Bemerkungen
		Aceton.		
25	0,186	0,0833	2,25	Doppelmolek. in CCl_4
	1,66	0,997	1,67	
	2,87	2,10	1,37	
		Äthylalkohol.		
25	0,406	0,0097	41,8	—
	0,792	0,0201	39,4	—
	1,477	0,0553	41,8	—
		Essigsäure.		
25	0,684	0,0096	70,9	Doppelmol. in CCl_4
	1,691	0,0450	37,6	
	9,346	1,0461	8,93	
		Phenol.		
25	0,0605	0,0247	2,44	Polym. in CCl_4
	0,489	1,47	0,332	
	0,525	2,49	0,211	

Wasser-Toluol.

Temp. in °C	c_1	c_2	c_1/c_2	Bemerkungen
		Aceton.		
20	0,0338	0,0165	2,05	—
30	0,0322	0,0165	1,95	—
		Anilin.		
25	0,0232	0,181	0,128	Doppelmol. in Toluol
	0,102	1,006	0,1001	
	0,230	4,428	0,0518	
		Benzoesäure.		
25	5,7	33,6	0,170	Dissoz. in H_2O, Assoz. in T.
	9,6	82,5	0,116	
	13,5	162,0	0,083	
		Diäthylamin.		
25	0,0979	0,0734	1,334	—
	0,3427	0,2733	1,250	—
	0,6181	0,5357	1,154	—
		Essigsäure.		
25	0,9624	0,03758	25,61	—
	6,3151	0,6849	9,22	—
	12,190	3,810	3,20	—
		Phenol.		
25	0,0724	0,1244	0,581	Polym. in Toluol
	0,7706	4,7003	0,164	
	0,9651	9,0287	0,107	
		Phenylessigsäure.		
25	5,09	3,81	1,336	Dissoz. in H_2O, Polym in Toluol
	13,49	34,35	0,393	
	19,90	90,80	0,281	
		Pyridin.		
20	0,0111	0,0228	0,49	Hydrat!
		Salicylsäure.		
25	5,50	9,24	0,595	Dissoz. in H_2O, Assoz. in T.
	9,24	19,9	0,464	
	12,1	30,8	0,393	
		Trimethylamin.		
25	0,0767	0,0367	2,090	—
	0,6385	0,2693	2,371	—

II. Wasserfreie Flüssigkeitspaare mit iso-Octan.

iso-Octan-Acetonitril.

Temp. in °C	c_1	c_2	c_1/c_2	Bemerkungen
		Laurinsäure.		
0	0,01542	0,00934	1,651	—
	0,08636	0,02280	3,79	—
		Ölsäure.		
0	0,01273	0,00404	3,15	—
	0,06523	0,00821	7,94	—

iso-Octan-β-Methoxyäthylalkohol.

Temp. in °C	c_1	c_2	c_1/c_2	Bemerkungen
		Buttersäure.		
0	0,0034	0,0777	0,044	—
	0,0211	0,3827	0,055	—
		Laurinsäure.		
—19,5	0,0064	0,0366	0,18	—
0	0,0073	0,0338	0,22	—
0	0,0424	0,1550	0,27	—
		Ölsäure.		
—19,5	0,0396	0,0921	0,43	—
0	0,0411	0,0870	0,47	—
		Palmitinsäure.		
—19,5	0,0095	0,0227	0,42	—
0	0,0058	0,0118	0,49	—

332622 (Fortsetzung).

iso-Octan-Methylalkohol.

Buttersäure.

Temp. in °C	c_1	c_2	c_1/c_2	Bemerkungen
0	0,01898	0,20633	0,0916	—

Essigsäure.

Temp. in °C	c_1	c_2	c_1/c_2	Bemerkungen
0	0,01129	0,25293	0,0446	—

Laurinsäuremethylester.

Temp. in °C	c_1	c_2	c_1/c_2	Bemerkungen
−19,5	0,1015	0,0432	2,4	—
0	0,0948	0,0508	1,87	—

Ölsäure.

Temp. in °C	c_1	c_2	c_1/c_2	Bemerkungen
0	0,01866	0,02976	0,627	—
	0,02679	0,04141	0,647	—

Palmitinsäure.

Temp. in °C	c_1	c_2	c_1/c_2	Bemerkungen
0	0,00991	0,01603	0,618	—
	0,02956	0,04418	0,669	—

III. Verschiedene Paare.

Äthylalkohol-Schwefelkohlenstoff.

Jod.

Temp. in °C	c_1	c_2	c_1/c_2	Bemerkungen
	0,0486	0,0209	2,33	Vielleicht Bildung von Verbindung zwischen J_2 u. Lösungsmitteln!
	0,0635	0,0228	2,78	
	0,0929	0,0251	3,69	

Glycerin-Äther.

Jod.

Temp. in °C	c_1	c_2	c_1/c_2	Bemerkungen
0	0,00566	0,0270	0,21	—
30	0,00544	0,0272	0,20	—

Glycerin-Amylalkohol.

Borsäure.

Temp. in °C	c_1	c_2	c_1/c_2	Bemerkungen
25	0,156	0,128	1,22	Wahrscheinlich Bildung einer Verbindung zwischen Borsäure und Amylalkohol
	0,617	0,451	1,366	
	0,964	0,638	1,513	
	1,29	0,809	1,597	

Glycerin-Chloroform.

Jod.

Temp. in °C	c_1	c_2	c_1/c_2	Bemerkungen
0	0,0119	0,0177	0,67	Wahrscheinlich Bildung von Verbindungen zwischen J_2 u. Lösungsmitteln
10	0,0101	0,0198	0,51	
20	0,0084	0,0213	0,39	
50	0,0074	0,0226	0,33	

Essigsäure.

Temp. in °C	c_1	c_2	c_1/c_2	Bemerkungen
25	0,220	0,0319	6,896	Doppelmolel küle in CHC-
	0,339	0,0640	5,291	
	1,04	0,407	2,557	
	1,97	1,06	1,855	

33263 Löslichkeit von Gasen[1].

Die Löslichkeit von Gasen in festen Stoffen und Flüssigkeiten wird in folgenden Größen ausgedrückt:

α' Die Ostwaldsche Löslichkeit ist das Verhältnis der Konzentration des Gases in der Flüssigkeit zu der in der Gasphase; diese Größe ist bei der Gültigkeit des Henry-Daltonschen Gesetzes für eine gegebene Temperatur unabhängig vom Teildruck des Gases.

α Der Bunsensche Absorptionskoeffizient ist das von der Volumeneinheit des Lösungsmittels bei der betreffenden Temperatur aufgenommene Volumen eines Gases (reduziert auf 0° und 760 Torr Druck, Normbedingungen), wenn der Teildruck des Gases 760 Torr beträgt.

l Hat dieselbe Bedeutung wie α, nur daß nicht der Teildruck des Gases, sondern der Gesamtdruck 760 Torr beträgt.

β Der Kuenensche Absorptionskoeffizient ist das Volumen des Gases in cm^3 (reduziert auf Normbedingungen), welches bei der betreffenden Temperatur von einem Gramm des Lösungsmittels aufgenommen wird, wenn der Teildruck des Gases 760 mm Hg beträgt.

q Sind die Gramme Gas, welche von 100 g des reinen Lösungsmittels bei der betreffenden Temperatur aufgenommen werden, wenn der Gesamtdruck, also der Partialdruck plus dem Sättigungsdruck der Flüssigkeit bei der Absorptionstemperatur, 760 mm Hg beträgt.

γ Der Raoultsche Absorptionskoeffizient ist das Gewicht des Gases in Gramm, welches bei der betreffenden Temperatur von 100 cm^3 des Lösungsmittels aufgenommen wird, wenn der Teildruck des Gases 760 Torr beträgt.

[1] Die Arbeiten auf diesem Gebiet sind von A. E. Markham u. K. A. Kobe in Chem. Rev. 28, 519 (1941) zusammengestellt.

332631 Löslichkeit von Gasen in Metallen.

332631 A Bunsenscher Absorptionskoeffizient α und Absorptionskoeffizienten q.

ϱ ist die zu der Berechnung benutzte Dichte des Metalls.

Gelöstes Gas	Lösendes Metall	ϱ	Temp. in °C	α	q
Wasserstoff (s. a. Abb. 332631 und Tabelle 332631)	Titan (99,4%) ausgeglüht	4,52	20	1840	3,66
			400	1750	3,48
			600	1510	3,01
			800	640	1,27
			1000	300	0,59
	Vanadin (99,0%) ausgeglüht	5,7	300	353	0,56
			400	216	0,342
			600	58	0,092
			800	25	0,040
			1000	15	0,024
	Tantal	16,6	400	401	0,217
			500	204	0,1105
			600	104,4	0,0565
			630	94,7	0,0512
	Chrom	7,0	400	0,02	0,00003
			600	0,04	0,00005
			800	0,07	0,00009
			1000	0,21	0,00027
			1200	0,40	0,00051
	Palladium	11,5	300	18,85	0,01473
			400	14,5	0,01132
			600	10,67	0,00835
			800	9,67	0,00756
			1000	9,04	0,00706
Deuterium	Palladium	11,5	300	12,64	0,0099[1]
			400	10,8	0,00844[1]
			600	8,73	0,00683[1]
			800	8,39	0,00656[1]
			1000	8,23	0,00643[1]
Sauerstoff	Silber	10,5	200	0,138	0,00188
			400	0,085	0,00116
			600	0,129	0,00175
			800	0,346	0,00470
			1024	21,5	0,295
Schwefeldioxyd	Kupfer	8,96	Fp	—	0,410
			1123	13,8	0,453
			1225	17,1	0,563
			1327	21,4	0,705
			1400	25,4	0,835
			1500	28,8	0,950
Stickstoff	Molybdän	10,2	800	0,19	0,0023
			1000	0,11	0,0014
			1200	0,04	0,0005
	Eisen	7,86	750	—	0,0004
			910	1,57	0,0250
			1000	1,41	0,0225
			1100	1,24	0,0198
			1191	1,14	0,0181
		Gew.-% Si			
	Eisen-Silicium-Legierungen	0,004	1600..1660	—	0,037
		0,28	1600...1660	—	0,042
		2,01	1600...1660	—	0,049
		2,52	1600...1660	—	0,041
		3,34	1600...1660	—	0,0355
		9,79	1600...1660	—	0,014
		15,83	1600...1660	—	0,0082

[1] Werte berechnet unter den Voraussetzungen, daß das Molekulargewicht von D_2 = 2,0147 und daß sich D_2 wie ein ideales Gas verhält.

332631 B Löslichkeit von Wasserstoff in Aluminium, Molybdän, Eisen, Kobalt, Nickel, Platin, Kupfer und Silber.
(Nach Smithells: Gases and Metals. London 1937.)
[cm³ H_2 reduziert auf Normbedingungen (0° C, 760 Torr).]

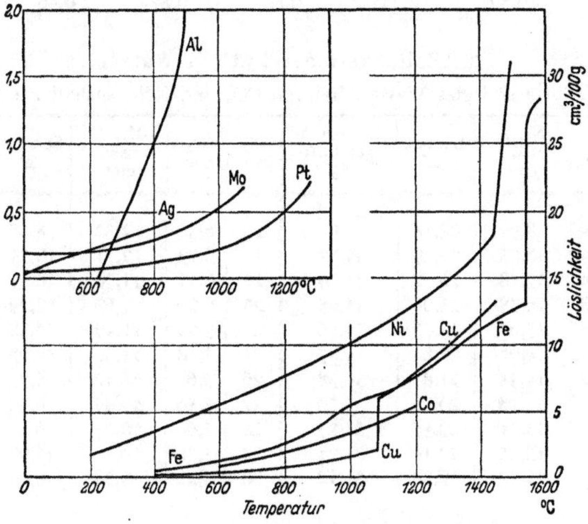

332631 C Löslichkeit von Wasserstoff in Metallen, die Hydride bilden[1].
Es sind die von 100 g Metall bei der angegebenen Temperatur aufgenommenen auf Normbedingungen reduzierte cm³ H_2 angegeben (100 g).

Temp. °C	La	Ce	Ti	Zr	Th	V	Nb	Ta	Pd[2]
20	—	—	40300	—	12500	15000	5500	—	—
150	—	—	—	—	—	8200	—	—	—
300	19200	18400	40000	27000	10700	6000	4400	3400	330
400	18200	17600	38400	24000	9700	3800	3700	2400	230
500	17200	16800	35400	21000	9100	1840	2300	1300	190
600	16300	16000	32000	18400	8800	1000	990	630	180
700	15300	15200	22000	17600	8450	640	510	450	170
800	14300	14500	14000	16500	8100	450	330	320	162
900	13400	13800	9000	13800	7700	320	220	260	157
1000	12300	13000	6500	7800	2600	240	160	230	155
1100	11100	11300	4000	4600	1900	200	130	210	154
1200	4100	5300	—	3200	1750	—	—	—	153

332632 Löslichkeit von Gasen in Flüssigkeiten.

332632 A Löslichkeit in Wasser.

Von Fritz Rogowski, Berlin.

Übersicht über die gebrachten Gase.

He s. Tabelle 1	N_2 s. Tabelle 2, 3, 5	SO_2 s. Tabelle 7	CO_2 s. Tabelle 3, 6
H_2 s. Tabelle 3, 4	Luft s. Tabelle 2, 7	NH_3 s. Tabelle 12	CH_4 s. Tabelle 7
O_2 s. Tabelle 2, 3	HCl s. Tabelle 10	N_2O s. Tabelle 7	C_2H_6 s. Tabelle 7
Cl_2 s. Tabelle 8	HBr s. Tabelle 11	NO s. Tabelle 7	C_2H_4 s. Tabelle 7
Br_2 s. Tabelle 9	H_2S s. Tabelle 7	CO s. Tabelle 7	C_2H_2 s. Tabelle 7

[1] Nach C. Smithells: Gases and Metals. London 1937.
[2] Ob Pd ein Hydrid bildet, ist fraglich.

332632 A (Fortsetzung).

1. Löslichkeit von Helium in Wasser.

t °C	15	18	20	25	30	37
10^2 α	0,89	0,885	0,88	0,87	0,86	0,84

2. Löslichkeit der Luft in Wasser[1].

1 Liter luftgesättigtes Wasser, frei von CO_2 und NH_3, enthält bei 760 Torr:

ϑ in °C	O_2 cm³	N_2, A usw. cm³	Summe cm³	O_2-Geh. d. gel. Luft %	ϑ in °C	O_2 cm³	N_2, A usw. cm³	Summe cm³	O_2-Geh. d gel. Luft %
0	10,19	18,99	29,18	34,91	20	6,36	12,32	18,68	34,03
2	9,64	18,05	27,69	34,82	21	6,23	12,11	18,34	33,99
4	9,14	17,18	26,32	34,74	22	6,11	11,90	18,01	33,95
6	8,68	16,38	25,06	34,65	23	6,00	11,69	17,69	33,90
8	8,26	15,64	23,90	34,56	24	5,89	11,49	17,38	33,86
10	7,87	14,97	22,84	34,47	25	5,78	11,30	17,08	33,82
12	7,52	14,35	21,87	34,38	26	5,67	11,12	16,79	33,77
14	7,19	13,78	20,97	34,20	27	5,56	10,94	16,50	33,73
15	7,04	13,51	20,55	34,25	28	5,46	10,75	16,21	33,68
16	6,89	13,25	20,14	34,21	29	5,36	10,56	15,92	33,64
18	6,61	12,77	19,38	34,12	30	5,26	10,38	15,64	33,60

3. Löslichkeit von Wasserstoff, Sauerstoff, Stickstoff und Kohlendioxyd in Wasser.

ϑ in °C	Wasserstoff		Sauerstoff		N_2 + 1,185% A		Kohlendioxyd[2]	
	α	q	α	q	α	q	α	q
0	0,02148	0,0001922	0,04889	0,006945	0,02354	0,002942	1,713	0,3346
1	0,02126	0,0001901	0,04758	0,006756	0,02297	0,002869	1,646	0,3213
2	0,02105	0,0001881	0,04633	0,006574	0,02241	0,002798	1,584	0,3091
3	0,02084	0,0001862	0,04512	0,006400	0,02187	0,002730	1,527	0,2978
4	0,02064	0,0001843	0,04397	0,006232	0,02135	0,002663	1,473	0,2871
5	0,02044	0,0001824	0,04287	0,006072	0,02086	0,002600	1,424	0,2774
6	0,02025	0,0001806	0,04180	0,005918	0,02037	0,002537	1,377	0,2681
7	0,02007	0,0001789	0,04080	0,005773	0,01990	0,002477	1,331	0,2589
8	0,01989	0,0001772	0,03983	0,005632	0,01945	0,002419	1,282	0,2492
9	0,01972	0,0001756	0,03891	0,005498	0,01902	0,002365	1,237	0,2403
10	0,01955	0,0001740	0,03802	0,005368	0,01861	0,002312	1,194	0,2318
11	0,01940	0,0001725	0,03718	0,005246	0,01823	0,002263	1,154	0,2239
12	0,01925	0,0001710	0,03637	0,005128	0,01786	0,002216	1,117	0,2165
13	0,01911	0,0001696	0,03559	0,005014	0,01750	0,002170	1,083	0,2098
14	0,01897	0,0001682	0,03486	0,004906	0,01717	0,002126	1,050	0,2032
15	0,01883	0,0001668	0,03415	0,004802	0,01685	0,002085	1,019	0,1970
16	0,01869	0,0001654	0,03348	0,004703	0,01654	0,002045	0,985	0,1903
17	0,01856	0,0001641	0,03283	0,004606	0,01625	0,002006	0,956	0,1845
18	0,01844	0,0001628	0,03220	0,004514	0,01597	0,001970	0,928	0,1789
19	0,01831	0,0001616	0,03161	0,004426	0,01570	0,001935	0,902	0,1737
20	0,01819	0,0001603	0,03103	0,004340	0,01545	0,001901	0,878	0,1688
25	0,01754	0,0001535	0,02831	0,003931	0,01434	0,001751	0,759	0,1449
30	0,01699	0,0001474	0,02608	0,003588	0,01342	0,001624	0,665	0,1257
35	0,01666	0,0001425	0,02440	0,003315	0,01256	0,001501	0,592	0,1105
40	0,01644	0,0001384	0,02306	0,003082	0,01184	0,001391	0,530	0,0973
45	0,01624	0,0001341	0,02187	0,002858	0,01130	0,001300	0,479	0,0860
50	0,01608	0,0001287	0,02090	0,002657	0,01088	0,001216	0,436	0,0761
60	0,01600	0,0001178	0,01946	0,002274	0,01023	0,001052	0,359	0,0576
70	0,0160	0,000102	0,01833	0,001856	0,00977	0,000851	—	—
80	0,0160	0,000079	0,01761	0,001381	0,00958	0,000660	—	—
90	0,0160	0,000046	0,0172	0,00079	0,0095	0,00038	—	—
100	0,0160	0,000000	0,0172	0,00000	0,0095	0,00000	—	—

[1] Vgl. auch Tabelle 5. — [2] Siehe auch 332632 A 6.

332632 A (Fortsetzung).

4. Löslichkeit von Wasserstoff in Wasser unter Druck.

Druck in Atm	cm^3 H_2 unter Normbedingungen in 1 g Wasser bei der angegebenen Temperatur (Kuenenscher Absorptionskoeffizient β)										
	0° C	10° C	20° C	30° C	40° C	50° C	60° C	70° C	80° C	90° C	100° C
25	0,536	0,487	0,450	0,426	0,413	0,407	0,405	0,409	0,420	0,439	0,462
50	1,068	0,969	0,895	0,848	0,822	0,809	0,810	0,817	0,839	0,872	0,912
75	1,601	1,453	1,341	1,271	1,232	1,212	1,211	1,224	1,254	1,298	1,355
100	2,130	1,932	1,785	1,689	1,638	1,612	1,610	1,628	1,667	1,727	1,805
150	3,168	2,872	2,649	2,508	2,432	2,395	2,393	2,422	2,485	2,576	2,681
200	4,187	3,796	3,499	3,311	3,210	3,165	3,168	3,208	3,286	3,402	3,544
300	6,139	5,579	5,158	4,897	4,747	4,695	4,692	4,746	4,866	5,042	5,220
400	8,009	7,300	6,766	6,430	6,245	6,166	6,173	6,249	6,392	6,600	6,841
500	9,838	8,980	8,328	7,922	7,705	7,613	7,625	7,717	7,885	8,129	8,429
600	11,626	10,610	9,856	9,390	9,135	9,017	9,016	9,131	9,324	9,665	9,994
700	13,370	12,214	11,362	10,818	10,524	10,389	10,405	10,527	10,757	11,093	11,512
800	15,013	13,746	12,808	12,218	11,889	11,735	11,746	11,893	12,169	12,555	12,980
900	16,548	15,215	14,217	13,583	13,230	13,072	13,084	13,233	13,533	13,946	14,394
1000	18,001	16,623	15,592	14,928	14,569	14,404	14,407	14,557	14,867	15,303	15,775

5a. Löslichkeit von Stickstoff in Wasser unter Druck.

Druck in Atm	Der Kuenensche Koeffizient β bei ϑ =			
	25° C	50° C	75° C	100° C
25	0,348	0,273	0,254	0,266
50	0,674	0,533	0,494	0,516
100	1,264	1,011	0,946	0,986
200	2,257	1,830	1,732	1,822
300	3,061	2,534	2,413	2,546
500	4,441	3,720	3,583	3,799
800	6,134	5,221	5,062	5,365
1000	7,15	6,123	5,934	6,256

5b. Löslichkeit von reinem Stickstoff in Wasser.

ϑ in °C	0	5	10	15	20	25	30	40	50
10^2 l . .	2,319	2,068	1,863	1,702	1,572	1,465	1,375	1,233	1,116
10^2 q . .	2,883	2,564	2,303	2,095	1,924	1,781	1,656	1,441	1,241
10^2 α . .	2,379	2,105	1,881	1,703	1,570	1,468	—	—	—

6. Löslichkeit von Kohlendioxyd in Wasser unter Druck (s. auch 3).

Druck in Atm	cm^3 CO_2 unter Normbedingungen in 1 g Wasser bei ϑ =			Druck in Atm.	cm^3 CO_2 unter Normbedingungen in 1 g Wasser bei ϑ =	
	20° C	35° C	60° C		60° C	100° C
25	16,3	—	—	70	14,2	6,5
30	18,2	10,6	—	80	16,3	7,4
35	20,1	12,4	—	90	18,8	8,5
40	22,0	14,2	8,5	100	21,4	9,7
45	23,9	16,1	9,3	110	24,3	10,8
50	25,7	18,0	10,2	130	—	12,7
60	—	21,7	12,1	150	—	15,1

332632 A (Fortsetzung).

7. Löslichkeit einiger Gase in Wasser.

°C	Luft α*	H_2S α	SO_2 l	SO_2 q**	N_2O α***	NO α	CO α	Methan α	Äthan α	Äthylen α	Acetylen α
0	0,02885	4,670	79,789	—	—	0,07381	0,03537	0,05563	0,09874	0,226	1,73
1	2813	4,522	77,210	—	—	7184	3455	5401	9476	219	1,68
2	2742	4,379	74,691	—	—	6993	3375	5244	9093	211	1,63
3	2674	4,241	72,230	—	—	6809	3297	5093	8725	204	1,58
4	2609	4,107	69,828	—	—	6632	3222	4946	8372	197	1,53
5	2547	3,977	67,485	—	1,048	6461	3149	4805	8033	191	1,49
6	2486	3,852	65,200	—	—	6298	3078	4669	7709	184	1,45
7	2428	3,732	62,973	—	—	6140	3009	4539	7400	178	1,41
8	2372	3,616	60,805	—	—	5990	2942	4413	7106	173	1,37
9	2319	3,505	58,697	—	—	5846	2878	4292	6826	167	1,34
10	2268	3,399	56,647	15,39	0,8780	5709	2816	4177	6561	162	1,31
11	2220	3,300	54,655	—	—	5587	2757	4072	6328	157	1,27
12	2174	3,206	52,723	—	—	5470	2701	3970	6106	152	1,24
13	2129	3,115	50,849	—	—	5357	2646	3872	5894	148	1,21
14	2088	3,028	49,033	—	—	5250	2593	3779	5694	143	1,18
15	2048	2,945	47,276	12,73	0,7379	5147	2543	3690	5504	139	1,15
16	2009	2,865	45,578	—	—	5049	2494	3606	5326	136	1,13
17	1972	2,789	43,939	—	—	4956	2448	3525	5159	132	1,10
18	1937	2,717	42,360	—	—	4868	2402	3448	5003	129	1,08
19	1904	2,647	40,838	—	—	4785	2360	3376	4858	125	1,05
20	1871	2,582	39,374	10,64	0,6295	4706	2319	3308	4724	122	1,03
25	1727	2,282	32,786	8,98	0,5444	4323	2142	3006	4104	108	0,93
30	1607	2.037	27,161	7,56	(0,2803)	4004	1998	2762	3624	098	0,84
35	1504	1,831	22,489	—	—	3734	1877	2546	3230	—	—
40	1415	1,660	18,766	5,54	(0,1812)	3507	1775	2369	2915	—	—
45	1352	1,516	—	—	—	3311	1690	2238	2660	—	—
50	1298	1,392	—	4,14	(0,1503)	3152	1615	2134	2459	—	—
60	1216	1,190	—	3,25	(0,08745)	2954	1488	1954	2177	—	—
70	1156	1,022	—	2,61	(0,05925)	2810	1440	1825	1948	—	—
80	1126	0,917	—	2,13	(0,0550)	2700	1430	1770	1826	—	—
90	111	0,84	—	1,805	—	265	142	1735	176	—	—
100	111	0,81	—	—	—	263	141	170	172	—	—

8. Löslichkeit von Chlor in Wasser.

°C	l	q	°C	l	q	°C	l	q	°C	l	q
0	4,61	1,46	16	2,597	0,8232	24	2,070	0,6572	40	1,438	0,4590
6	3,42	1,08	17	2,517	0,7979	25	2,019	0,6413	45	1,322	0,4228
10	3,148	0,9972	18	2,440	0,7738	26	1,970	0,6259	50	1,225	0,3925
11	3.047	0,9654	19	2,368	0,7510	27	1,923	0,6112	60	1,023	0,3295
12	2,950	0,9346	20	2,299	0,7293	28	1,880	0,5975	70	0,862	0,2793
13	2,856	0,9050	21	2,238	0,7100	29	1,839	0,5847	80	0,683	0,2227
14	2,767	0,8768	22	2,180	0,6918	30	1,799	0,5723	90	0,39	0,127
15	2,680	0,8495	23	2,123	0,6739	35	1,602	0,5104	100	0,00	0,000

9. Löslichkeit von Bromdampf in Wasser.

°C	α	q	°C	α	q	°C	α	q	°C	α	q
0	60,5	42,9	12	31,5	22,2	22	19,4	13,5	40	9,4	6,3
2	54,1	38,3	14	28,4	20,0	24	17,7	12,3	50	6,5	4,1
4	48,3	34,2	16	25,7	18,0	26	16,3	11,3	60	4,9	2,9
6	43,3	30,6	18	23,4	16,4	28	15,0	10,3	70	3,8	1,9
8	38,9	27,5	20	21,3	14,9	30	13,8	9,5	80	3,0	1,2
10	35,1	24,8									

* Berechnet aus dem Absorptionskoeffizienten des O_2 und N_2 unter Berücksichtigung der Korrektur für konst. Argon-Gehalt.

** $q = \frac{g\ SO_2}{100\ g\ H_2O}$, $p_{SO_2} = 760$ mm.

*** Die eingeklammerten Werte nach G. Schwab: Z. phys. Chem. A **138**, 69 (1928).

332632 A (Fortsetzung).

10a. Löslichkeit von Chlorwasserstoff in Wasser.

°C	l*	q*	°C	l**	q**	°C	l	q	°C	l	q
−24	—	101,2	0	507	82,5	14	462	75,2	28	417	68,2
−21	—	98,3	2	500	81,4	16	455	74,2	30	412	67,3
−18	—	95,7	4	494	80,4	18	448	73,1	40	386	63,3
−15	—	93,3	6	487	79,3	20	442	72,1	50	362	59,6
−10	550,4	89,8	8	481	78,3	22	435	71,0	60	339	56,1
−5	532,7	86,8	10	474	77,2	24	429	70,0			
0	517,0	84,2	12	468	76,2	26	423	69,1			

10b. Löslichkeit von Chlorwasserstoff in Wasser.

A Anzahl der cm³ HCl, die bei 760 Torr von 1 cm³ Wasser absorbiert werden.

°C	A in cm³	Dichte der Säure	HCl-%-Geh. der Säure	°C	A in cm³	Dichte der Säure	HCl-%-Geh. der Säure
0	525,2	1,2257	45,148	14	462,4	1,2074	42,829
4	497,7	1,2215	44,361	18	451,2	1,2064	42,344
8	480,3	1,2185	43,828	18,25	450,7	1,2056	42,283
12	471,3	1,2148	43,277	23	435,0	1,2014	41,536

11. Löslichkeit von Bromwasserstoff in Wasser.

°C	l	q	°C	l	q	°C	l	q	°C	l	q
−25	—	255,0	−10	645	233,5	10	582	210,3	75	406	150,5
−20	—	247,3	−5	630	228,0	25	533	193,0	100	345	130,0
−15	—	239,0	0	612	221,2	50	469	171,5			

12a. Löslichkeit von Ammoniak in Wasser.

1 g Wasser löst bei t °C und 760 Torr Druck nach Roscoe und Dittmar (R), nach Sims (S):

°C	g Ammoniak		°C	g Ammoniak		°C	g Ammoniak	
	R	S		R	S		R	S
0	0,875	0,899	24	0,474	0,467	48	0,244	0,294
2	0,833	0,853	26	0,449	0,446	50	0,229	0,284
4	0,792	0,809	28	0,426	0,426	52	0,214	0,274
6	0,751	0,765	30	0,403	0,408	54	0,200	0,265
8	0,713	0,724	32	0,382	0,393	56	0,186	0,256
10	0,679	0,684	34	0,362	0,378	58	—	0,247
12	0,645	0,646	36	0,343	0,363	60	—	0,238
14	0,612	0,611	38	0,324	0,350	70	—	0,194
16	0,582	0,578	40	0,307	0,338	80	—	0,154
18	0,554	0,546	42	0,290	0,326	90	—	0,114
20	0,526	0,518	44	0,275	0,315	98	—	0,082
22	0,499	0,490	46	0,259	0,304	100	—	0,074

* Werte dieser Spalte von Roozeboom.
** Werte dieser und der folgenden Spalten von Roscoe-Dittmar.

332632 A (Fortsetzung).

12b. Löslichkeit von Ammoniak in Wasser.

°C	0	4	8	12	16	20	24	28
α	1176	1047	947	857	775	702	639	586

°C	−3,9	−10	−20	−25	−30	−40	Gesamtdruck:
q	94,7	111,5	176,8	255,4	278,1	294,6	743...744,5 mm Hg

12c. Löslichkeit von Ammoniak in Wasser bei erhöhtem Druck.

1 g Lösung kann bei dem Druck p folgende Mengen Ammoniak in g enthalten:

p in at	Temperatur °C							
	0	10	20	30	40	60	80	100
0,2	0,253	0,202	0,155	0,110	0,068	—	—	—
0,5	0,347	0,294	0,244	0,197	0,152	0,071	—	—
1,0	0,438	0,378	0,325	0,225	0,228	0,140	0,062	—
1,5	0,503	0,433	0,384	0,332	0,286	0,193	0,166	0,033
2,0	0,566	0,483	0,418	0,363	0,314	0,225	0,141	0,067
2,5	0,627	0,526	0,454	0,396	0,345	0,255	0,170	0,091
3,0	0,702	0,568	0,487	0,424	0,371	0,280	0,195	0,115
4,0	0,930	0,656	0,547	0,473	0,414	0,318	0,234	0,154
5,0	—	0,790	0,611	0,520	0,453	0,350	0,265	0,186
6,0	—	0,971	0,681	0,564	0,490	0,379	0,292	0,214
8,0	—	—	0,935	0,670	0,560	0,429	0,336	0,257
10,0	—	—	—	0,824	0,630	0,473	0,372	0,290

332632 B Löslichkeit von Wasserstoff, flüssigem Stickstoff und von Helium n flüssigem Stickstoff, Methan und Stickstoff—Methan-Gemischen

Die Mole des Gases, die in 1 Mol Flüssigkeit gelöst sind, wenn in der Dampfphase der Teildruck des sich lösenden Gases 1 at beträgt, sind Absorptionszahl genannt. [Nach H. Hausen, VDI. **84**, 259 (1940).]

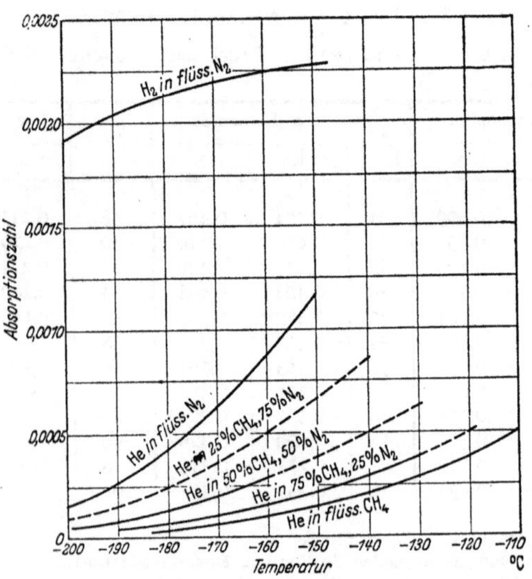

332632C Löslichkeit von Gasen in organischen Flüssigkeiten.

Lösungsmittel	Helium		Neon		Argon		Chlor		Sauerstoff		Wasserstoff		Stickstoff	
	°C	α	°C	α	°C	α	°C	α	°C	α	°C	α′	°C	α′
Cyclohexan	15	0,0220	15	0,0333	15	0,308								
	18	0,0227	18	0,0345	18	0,307								
	20	0,0236	20	0,0353	20	0,306								
	25	0,0252	25	0,0373	25	0,305								
	30	0,0268	30	0,0392	30	0,304								
	37	0,0293	37	0,0419	37	0,303								
Benzol.	15	0,0165	15	0,0254	15	0,220			19	0,163	7,0	0,0585	7,1	0,1063
	18	0,0174	18	0,0264	18	0,221			25	0,1905	22,9	0,0700	20,0	0,1162
	20	0,0180	20	0,0271	20	0,221					41,3	0,0844	40,0	0,1355
	25	0,0192	25	0,0288	25	0,222					62,8	0,1051	60,0	0,1575
	30	0,0202	30	0,0306	30	0,222								
	37	0,0221	37	0,0330	37	0,222								
Xylol									16	0,169				
Tetrachlorkohlenstoff							0	97,7	18	0,230	0,0	0,0650	−19,7	0,1256
							19	54,8			20,9	0,0794	0,0	0,1403
							40	34,2			59,0	0,1124	60,1	0,1953
Methylalkohol . . .	15	0,0298	15	0,0413	15	0,253			19	0,175[1]				
	18	0,0307	18	0,0423	18	0,251			5	0,299				
	20	0,0313	20	0,0430	20	0,250			10	0,280				
	25	0,0328	25	0,0444	25	0,245			15	0,260				
	30	0,0343	30	0,0450	30	0,243			20	0,237				
	37	0,0364	37	0,0480	37	0,240			25	0,219				
									30	0,194				
Äthylalkohol	15	0,0268	15	0,0381	15	0,243								
	18	0,0275	18	0,0394	18	0,242								
	20	0,0281	20	0,0402	20	0,240			20	0,143				
	25	0,0294	25	0,0417	25	0,237								
	30	0,0306	30	0,0433	30	0,234								
	37	0,0325	37	0,0442	37	0,231								
Aceton	15	0,0284	15	0,043	15	0,271			19	0,207[1]	−81,9	0,0273	−78,1	0,0967
	18	0,0299	18	0,045	18	0,272			5	0,279	−40,6	0,0498	−60,3	0,1081
	20	0,0309	20	0,046	20	0,273			10	0,257	−20,9	0,0618	−20,2	0,1376
	25	0,0331	25	0,048	25	0,274			15	0,237	0,0	0,0783	0,0	0,1553
					30	0,276			20	0,216	20,9	0,0968	20,0	0,1747
					37	0,279			25	0,194	40,0	0,1131	41,1	0,1946
Essigsäureäthylester.									20	0,163				
Cyclohexanol	25	0,0100	25	0,0152	25	0,112								
	30	0,0107	30	0,0161	30	0,113								
	37	0,0119	37	0,0173	37	0,114								

[1] Entstammt einer anderen Meßreihe als die weiteren Zahlen.

332632 D Löslichkeit von Gasen in Lösungen.

332632 D_1 Bunsenscher Absorptionskoeffizient α von Gasen in wässerigen Lösungen.

Gas	Gelöster Stoff	Temp. °C	α in Wasser	α bei einer Konzentration c in Grammäquivalent/Liter						
				c = 0,5	c = 1	c = 2	c = 3	c = 4	c = 5	c = 6
H_2	HCl	25	0,01754	0,0170	0,0164	0,0154	0,0146			
	HNO_3	25		0,0172	0,0168	0,0159	0,0153	0,0147		
	$LiCl$	15	0,01883		0,0157	0,0133	0,0112	0,0095		
	$NaCl$	15			0,0148	0,0114	0,0088	0,0069	0,0057	
	$NaOH$	25		0,0151	0,0127	0,0089	0,0066	0,0050		
	$^1/_2 Na_2SO_4$	15			0,0137	0,0099	0,0071			
	$NaNO_3$	15			0,0149	0,0120	0,0098	0,0081	0,0067	0,0054
	$^1/_2 Na_2CO_3$	15			0,0134	0,0097	0,0069			
	KCl	15			0,0150	0,0122	0,0099	0,0082		
	KOH	25		0,0153	0,0130					
	KNO_3	15			0,0152	0,0128	0,0108			
	$^1/_2 K_2CO_3$	15			0,0134	0,0097	0,0070	0,0051	0,0037	0,0027
	$^1/_2 CaCl_2$	15			0,0149	0,0119	0,0096	0,0078	0,0064	0,0051
	$^1/_3 AlCl_3$	15			0,0151	0,0122	0,0099	0,0081	0,0067	0,0055
	$^1/_2 ZnSO$	15			0,0145	0,0111	0,0085	0,0067	0,0051	
O_2	HCl	15	0,03415	0,0326	0,0310	0,0283				
		25	0,02831	0,0271	0,0263	0,0345				
	$^1/_2 H_2SO_4$	15		0,0320	0,0302		0,0243	0,0221	0,0202	
		25		0,0264	0,0252	0,0230	0,0210	0,0191	0,0178	
	HNO_3	15		0,0330	0,0319	0,0299				
		25		0,0277	0,0270	0,0260				
	$NaCl$	15		0,0292	0,0246	0,0173				
		25		0,0240	0,0204	0,0145				
	$NaOH$	15		0,0273	0,0219	0,0144				
		25		0,0229	0,0187	0,0122				
	KOH	15		0,0276	0,0222					
		25		0,0231	0,0189					
	$^1/_2 K_2SO_4$	15		0,0279	0,0225					
		25		0,0232	0,0190					
N_2O	HCl	15	0,7379	0,716	0,700	0.679				
		25	0,5444	0,529	0,520	0,510				
	$^1/_2 H_2SO_4$	15		0,696	0,663	0,611	0,571	0,533		
		25		0,519	0,497	0,466	0,442	0,424		
	HNO_3	15		0,737	0,737	0,735				
		25		0,547	0,552	0,560				
	KCl	15		0,650	0,584					
		25		0,483	0,435					
	KBr	15		0,661	0,594					
		25		0,491	0,444					
	KJ	15		0,665	0,600					
		25		0,496	0,451					
	KOH	15		0,633	0,530					
		25		0,471	0,399					
	$CsCl$	15		0,673						
		25		0,498						
CO_2	HCl	15	1,019	0,989	0,974	0,948				
		25	0,759	0,738	0,732	0,728				
	$^1/_2 H_2SO_4$	15		0,965	0,927	0,869	0,825	0,785		
		25		0,727	0,705	0,669	0,639	0,611		
	HNO_3	15		1,022	1,029	1,043				
		25		0,770	0,781	0,803				
	KCl	15		0,925	0,850					
		25		0,695	0,641					
	KBr	15		0,935	0,866					
		25		0,704	0,653					
	KJ	15		0,940	0,875					
		25		0,710	0,666					
	KNO_3	15		0,953	0,897					
		25		0,718	0,684					
	$RbCl$	15		0,938	0,873					
		25		0.705	0,658					
	$CsCl$	15		0,954						
		25		0,716						

332632 D_2 Löslichkeiten von Gasen in den bei der Gasanalyse verwandten Sperrflüssigkeiten.

Die beste Sperrflüssigkeit ist sorgfältig gereinigtes Quecksilber.

Daneben bewährt sich ausgezeichnet eine 20%ige Natriumsulfatlösung, die 5 Vol.-Prozent Schwefelsäure enthält. Sie ist jedoch nur bei Temperaturen von 16° C aufwärts anwendbar, da bei etwa 15° C das Dekahydrat auskrystallisiert.

Dampfdruck der Na_2SO_4-Lösung bei versch. Temp.		Löslichkeiten reiner Gase				Löslichkeiten von Gasmischungen					
			cm³ Gas[1] / cm³ Lsg.	Bunsen-Koeffizient		Gase der Mischung				a[1]	Bunsen-Koeffizient Na_2SO_4-Lsg.
°C	Torr	Gas	Na_2SO_4-Lsg. bei 25° C	Na_2SO_4-Lsg. bei 25° C	Wasser bei 25° C	Vol.-%	Symbol	Vol.-%	Symbol		
16	11,6	H_2	0,0073	0,0067	0,0175			100	Luft	0,0053	0,0049
18	12,9	O_2	0,0089	0,0081	0,0283	5	CO_2	95	Luft	0,0135	0,0124
20	14,7	N_2	0,0049	0,0045	0,0143	10	CO_2	90	Luft	0,0235	0,0215
22	16,7	SO_2	13,6	12,5	32,786	20	CO_2	80	Luft	0,0447	0,0410
24	18,9	N_2O	0,159	0,146	0,608	14,5	CO_2	6,1	O_2	0,0310	0,0284
26	21,4	CH_4	0,0093	0,0085	0,0301			79,4	N_2		
28	24,7	C_2H_6	0,0108	0,0099	0,0410	40,3	CH_4	39,9	C_2H_4	0,056	0,0513
30	27,2	C_2H_4	0,024	0,022	0,108			19,8	C_2H_2		
		C_2H_2	0,343	0,324	0,93						
		CO	0,0039	0,0036	0,0214						
		CO_2	0,270	0,247	0,759						

332632 D_3 Löslichkeit von Acetylen in 400 cm³ gesättigter Kochsalzlösung bei verschiedenen Temperaturen. (Nach R. Wendlandt.)

cm³ absorbiertes Acetylen[2] zwischen 10 und 36° C.

Zehner \ Einer	0	0,5	1	1,5	2	2,5	3	3,5	4	4,5	5	5,5	6	6,5	7	7,5	8	8,5	9	9,5
10	101	99	96	93	91	88	86	84	82	80	78	76	74	73	71	69	68	66	64	63
20	62	61	60	58	57	56	55	54	54	53	52	51	50	49	49	48	48	47	47	47
30	46	46	46	45	45	45	45	44	44	44	44	44	44							

(Temperatur in °C)

332632 D_4 Löslichkeit von Methan und Butan in Schwefelsäure.

	cm³ in 100 cm³ Schwefelsäure von				
	0 %	40 %	60 %	80 %	96 %
Methan CH_4 20°, 760 Torr	3,5	1,58	1,3	(1,7)	3,1
Butan C_4H_{10} 25°, 760 Torr	—	—	0,08	0,11	15,0

[1] a = cm³ gelöstes Gas/cm³-Lösung bei 25° C. — [2] Nicht red.

3327 Schmelz- und Umwandlungstemperaturen von Systemen zweier (und dreier) anorganischer Stoffe.

Anordnung. Die Systeme sind nach dem Laufschema geordnet, wobei die in diesem an späterer Stelle stehende Verbindung die Ordnung bestimmt.

Die Partner des Hauptstoffes sind ebenso geordnet, nur sind die Verbindungen mit dem gleichen Element des Hauptpartners vorweggenommen.

Die Systeme, die nur Metalloxyde, Sulfide, Carbide und Silicate enthalten, sind als Sondergruppen nach der Haupttabelle untergebracht. Systeme von *Silicaten* und *Boraten* s. 531. Spalte 1 enthält die Komponenten des Systems, ihre Schmelztemperaturen in ( ), (soweit diese besonders angegeben sind, sie lassen sich nicht auf den wahrscheinlichsten Wert korrigieren), die Formeln der Doppelverbindungen.

Spalte 2 die Art der ausgezeichneten Temperaturen.

Spalte 3 die Zusammensetzung der flüssigen Phase in Mol-% des Partners nach steigenden Mol-% geordnet bei den in Spalte 4 vermerkten ausgezeichneten Temperaturen.

Angaben in den Spalten 2, 3, 4 fehlen, wenn eine kontinuierliche Reihe von Mischkrystallen vorliegt. In anderen Fällen aber fehlen die experimentellen Daten.

Abkürzungen.

B.P.	= Bildungspunkt einer Verbindung in der erstarrten Schmelze, beständig zu niederen Temperaturen.
E.	= Eutektikum.
Entm.P.	= Entmischungspunkt von Mischkrystallen.
Entm.P.Min.	= desgl. wenn die Entmischungsreihe einen Minimumpunkt aufweist.
F.P.	= Schmelz- (Fusions-) Punkt.
F.Max.	= Schmelz- (Fusions-) Punkt. Maximum bei Mischkrystallreihen.
F.Min.	= Schmelz- (Fusions-) Punkt. Minimum bei Mischkrystallreihen.
Mischkr.	= Mischkrystalle.
Ü.P.	= Übergangspunkt von Mischkrystallreihe I zu II.
Um.P.	= Umwandlungspunkt (inkongruenter Schmelzpunkt) einer Verbindung oder einer Modifikation in eine zweite, die α-Modifikation ist die aus der Schmelze entstehende, β, γ, ϑ usw. die nach fallenden Temperaturen auftretenden Modifikationen.
Um.P.Max. Um.P.Min.	} wie oben im festen Zustand bei Mischkrystallreihen
2 fl.Schichten	= 2 flüssige Schichten.

Metastabile Verbindungen der Temperaturen sind kursiv gedruckt.

Die Abbildungen sollen nur die wichtigsten Typen von Schmelzdiagrammen zeigen.

Eutektikum: ein, Abb. e, f, g, h, k, m.
Eutektikum: mehrere, Abb. b.
Mischkrystalle: kontinuierliche Reihe, Abb. a.
Mischkrystalle: zwei Reihen, Abb. c.
Mischkrystalle: drei Reihen, Abb. i.
Schmelzpunktsminimum: Abb. i, l
Übergangspunkt zweier isomorpher Reihen: Abb. i.
Entmischungstemperatur mit Maximum: Abb. l.
Verbindung: eine, Abb. b.
Verbindung, mehrere, Abb. b, d, n.
Umwandlungspunkt: Abb. g.
2 flüssige Schichten: Abb. g.

3327 (Fortsetzung).
Schmelzgleichgewicht anorganischer Stoffe.

		Mol-%	ϑ in °C
Br_2 —HBr			
(−7,3°) (−87,3°)	E.	92,3	−95
—Cl_2 Mischkr. s. Abb. a			
J_2 —Cl_2 s. Abb. b			
(114,5°) (−102°)	E.	30,8	7,9
αJCl	F.P.	50	27,5
	E.	54,4	22,7
JCl_3	F.P.	75	101
	E.	99,9	−102
J_2—*βJCl*	E.	*41,8*	*0,9*
βJCl	F.P.	*50*	*13,9*
JCl_3—*βJCl*	E.	*52,4*	*12*
—Br_2 s. Abb. c			
(110,6°) (−7,3°)			
2 Reihen Mischkr.			
JBr	Ü.P.	50	40
S_2 —Cl_2 s. Abb. d			
(−115°) S_2Cl_2	F.P.	50	−80
	E.	57,6	−113
?	F.P.	78,5	−30,5
	E.	90,2	−39
Löslichkeit von S in		*9,0*	*101,6*
S_2Cl_2 metastabil		*23,7*	*83,6*
		47,0	*61,8*
		73,2	*35,7*
		92,3	*−9*
—Br_2 s. Abb. e			
(−7,3°) S_2Br_2	F.P.	50	−39,5
	E.	61,6	−52
—J_2 s. Abb. f	E.	19,5	65,7
(114°) (108°)			
H_2S —HCl			
(−82,6°) (−111,6°)			
Mischkr.	F.Min.	71,3	−117,4
—HBr			
(−82°) (−83,1°)			
Mischkr.	F.Min.	48,5	−88
—HJ			
(−82°) (−46°)			
Mischkr.	F.Min.	28,4	−90,8
SO_2 —Cl_2			
(−75,2°) (−109°)	—	29,1	−84,7
	—	45,4	−86,7
	—	70,7	−88,6
	E.	95,3	−100,5
—HCl	E.	79,3	−133,4
(−72°) (−112°)			

		Mol-%	ϑ in °C
SO_2Cl_2—Cl_2	E.	77,3	−109,1
(−54,1°)			
SO_2Cl_2—SO_2			
(−54,1°) (−75,1°)	E.	71,5	−84,5
SO_2 —Br_2	E.	2	−75,5
(−75,1°) (−7,1°)	—	17,3	−28,7
	—	55,8	−14,3
Se_2 —J_2			
(218,5°) (113°)	E.	50	58
—S_2			
(217,8°) (119°)			
Mischkr. III—II	Ü.P.	26	160
Mischkr. II—I	E.	60	100
	Entm.-P.	87	75
Te_2 —J_2			
(452,5°) (115,4°)	E.	58,3	165°
TeJ_4	F.P.	77,6	259
	E.	97	108
—S_2		70	361
(115,4°)	E.	98	108
HNO_3—N_2O_4 s. Abb. g			
(−42°) (−5°)	E.	15	−73
$2HNO_3 \cdot N_2O_4$	Um.P.	26	−48,5
	K.P.	70	+55
2 fl. Schichten	E.	{ 36 / 96	−11,8
NOCl —Cl_2 s. Abb. h			
(64,5°) (−94,4°)	E.	40	−107,4
AsJ_3 —PJ_3	Ü.P.	—	73,5
(141°) (61°)			
$SbCl_5$ —SbF_5			
(3°) (7°)	E.	3	2
$3SbCl_5 \cdot SbF_5$	F.P.	25	79
	E.	55	18
$SbCl_5 \cdot 3SbF_5$	F.P.	75	80
	E.	88	−65
—$SbCl_3$			
(4°) (73°)	E.	95	2
$SbBr_3$ —$AsBr_3$			
(90°) (31°) Mischkr.			
—$SbCl_3$			
(93°) (73°) Mischkr.	F.Min.	15	84

3327 (Fortsetzung).

		Mol-%	ϑ in °C
SbJ_3 — PJ_3			
(170,3°) (61°)	E.	90	52
— AsJ_3			
(140,7°)	F.Min.	70	135
— $SbCl_3$			
165°) (73°)	E.	15	47
— $SbBr_3$ (93°)	F.Min.	30	55
BCl_3 — Cl_2 (—103°)	E.	34,5	—135,4
(—108,7°) **— HCl**			
(—115,5°)	E.	55,9	—134,5
LiF — LiOH			
(870°) (462°)	E.	—	—
LiCl — LiOH			
(462°)			
3 LiCl · 2 LiOH	F.P.	40	315
	E.	65	285
LiBr — LiOH	E.	45	180
(550°) (462°)			
LiBr · 3 LiOH	F.P.	80	330
(549°) **— LiCl** (607°)			
Mischkr.	F.Min.	22	522
LiJ — LiOH			
(440°) (462°)	E.	45	330
LiJ · 4 LiOH	F.P.	80	180
$LiNO_3$ — Li_2SO_4			
(255°) (860°)	E.	13	252
$LiCO_3$ — Li_2SO_4			
(732°) (860°)	E.	60	540
Li_2SO_4 α → β			578
— $LiNO_3$ (258°)	E.	98	250
$LiBO_2$ — LiF (860°)	E.	20	710
(843°) 3 $LiBO_2$ · 2 LiF	F.P.	40	755
	E.	67	688
3 $LiBO_2$ · 2 LiF α → β	—	—	585
3 $LiBO_2$ · 2 LiF β → γ	—	—	545
NaF — NaOH			
(105°) (310°)	E.	90	365
NaOH α → β	—	—	299,6
NaCl — NaOH	E.	75	360
— NaF	E.	35	675
— LiCl			
Mischkr.	F.Min.	73	552

		Mol-%	ϑ in °C
NaBr — NaOH	E.	79	260
(765°) **— NaF**	E.	27	670
— NaCl			
Mischkr.	F.Min.	30	731
— LiBr			
Mischkr.	F.Min.	80	552
NaJ — NaOH			
(670°) (310°)			
3 NaJ · 2 NaOH	Ü.P.	62	295
	E.	82	225
NaOH α → β	Um.P.		290
— NaF	E.	20	690
— NaCl			
Mischkr.	E.	37	631
— NaBr			
Mischkr.	F.Min.	32	636
Na_2SO_4 — NaF			
(880°) (986°)	E.	30	742
Na_2SO_4 · NaF	F.P.	50	781
	E.	60	773
Na_2SO_4 α → β	Um.P.	—	233
— NaCl (797°)	E.	54	623
— NaBr (765°)	E.	60	645
— Li_2SO_4 (843°)			
Mischkr.	F.Min.	60	601
$NaNO_2$ — NaCl	E.	~100	281,5
(281,5°)			
$NaNO_3$ — Na_2SO_4	E.	3	310
(312°) (883°)	F.Max.	93	907
— $NaNO_2$ (284°)			
s. Abb. i			
Mischkr. II	F.Min.	49	221,5
Mischkr. I	Ü.P.	65	225,5
— $LiNO_3$ (312°)	E.	50	208
$Na_4P_2O_7$ — NaCl	E.	79,5	620
— $NaPO_3$	E.	30	612
Na_3AsO_4 — As_2O_5	E.	16	820
(1260°) $Na_4As_2O_7$	F.P.	25	850
$Na_5As_3O_{10}$	F.P.	28,67	697
	E.	39	586
$NaAsO_3$	F.P.	50	613
	E.	59	570
Na_2CO_3 — NaOH	E.	87	300
(854°) **— NaF** (1001°)	E.	39	690
— NaCl (801°)	E.	38	638
— Na_2SO_4			
Mischkr.	F.Min.	40	790

3327 (Fortsetzung).

		Mol-%	ϑ in °C
Na_2CO_3–$NaNO_3$			
(854°) (310°)	E.	97,5	304
(860°) –Li_2CO_3(735°)	E.	47,8	510
$NaLiCO_3$	F.P.	50	514
	E.	53	510
NaCN –NaCl			
(562,5°) (795°)			
Mischkr.	—	—	—
$NaBO_2$–$LiBO_2$			
(966°) (843°)	E.	58	648
–$NaPO_3$			
$NaBO_2 \cdot NaPO_3$	F.P.	50	800
Gläser {		5...25 60...75	
KOH –NaOH			
(318,4°) Mischkr.	F.Min.	50	185
KOH $\alpha \to \beta$	Um.P.		246
NaOH $\alpha \to \beta$	Um.P.-Min.	50	180
KF –KOH			
(837°) (380°)			
Mischkr.			
–NaF (997°)	E.	40	700
KCl –KOH			
(768°) Mischkr.	Ü.P.	65	430
KOH $\alpha \to \beta$	Um.P	—	265
	E.	—	130
–KF (859°)	E.	43	605
(773°) –LiCl (607)°	E.	58,3	359
s. Abb. k			
–NaCl			
Mischkr.	F.Min.	50	663
s. Abb. l	Entm.-P.	50	398
KBr –KOH			
(757°) (380°)	E.	75	300
(748°) –KF (851°)	E.	40	581
–KCl Mischkr.	F.Min.	40	716
–LiBr (552°)	E.	60	348
–NaBr			
Mischkr.	F.Min.	50	644
KJ –KOH (330°)	E.	71	250
(693°) –KCl (780°)			
Mischkr.	F.Min.	45	584
–KBr (740°)			
Mischkr.	F.Min.	25	597
–NaJ			
Mischkr.	F.Min.	60	586
K_2SO_4 $\alpha \to \beta$	Um.P.	—	590
(1076°) –KF (867°)	E.	61	882
$K_2SO_4 \cdot KF$	F.P.	50	887
	E.	82	786
(1074°) –KCl (778°)	E.	71	690
(1050°) –KJ (705°)	E.	85	660
(1076°) –Li_2SO_4 (843°)	E.	40	698
$K_2SO_4 \cdot Li_2SO_4$	F.P.	50	716
	E.	80	535
$K_2SO_4 \cdot Li_2SO_4$ $\alpha \to \beta$	Um.P.	—	435
–Na_2SO_4(883°)			
Mischkr.	F.Min.	80	830
KNO_2 –$NaNO_2$			
(440°) (282°)			
Mischkr.	F.Min.	70	230,5
KNO_3 –KOH (336°)	E.	18	200
(343°) $KNO_3 \cdot 2\,KOH$	F.P.	66,67	230
	E.	80	205
(320°) –KCl (790°)	E.	10	320
–K_2SO_4 (1050°)	E.	1,38	300
–KNO_2			
Mischkr.	F.Min.	~13	?
–$LiNO_3$ (253°)	E.	35	132
–$NaNO_3$(308°)	E.	50	218
s. Abb. m			
KPO_3 –KF (855°)	E.	18	604
(798°) $KPO_3 \cdot KF$	F.P.	50	880
$KPO_3 \cdot 2\,KF$	F.P.	66,67	790
	E.	82,5	742
K_3PO_4–KF (855°)	E.	52	766
(1340°) –KCl (774°)	E.	85	720
$K_4P_2O_7$–KF (855°)	E.	80	730
(1088°) –KCl (774°)	E.	85	735
(1097°) –KPO_3 (823°)			
Mischkr.	E.	78	615
–$Na_4P_2O_7$			
Mischkr.	F.Min.	65	875
K_2CO_3–KF (867°)	E.	36	688
$K_2CO_3 \cdot KF$	F.P.	50	688
	E.	60	682
–KCl (740°)	E.	55	590
(896°) –K_2SO_4			
Mischkr.	F.Min.	—	—
–KNO_3 (336°)	E.	96,3	326
–Li_2CO_3(710°)	E.	43	500
$K_2CO_3 \cdot LiCO_3$	F.P.	50	515
	E.	54,2	492

3327 (Fortsetzung).

		Mol-%	ϑ in °C
K_2CO_3–Na_2CO_3			
Mischkr.	F.Min.	55	704
	Entm.	50	490
KCN –KCl (775°)			
Mischkr.			
–NaCN (562°)			
Mischkr.	F.Min.	55	500
KCNS –NaCNS			
(179°) (323°)	E.	30	123,5
3 KCNS·NaCNS	B.P.	—	102
KBO_2 –$NaBO_2$			
(947°) (966)			
Mischkr.	F.Min.	55	850
–KPO_3	E.	24	770
KBO_2·KPO_3	F.P.	50	885
	E.	88	681
RbOH–NaOH (318°)	E.	36	237
(301°) RbOH·2NaOH	F.P.	66,67	278
	E.	78	241
	Ü.P.-Min.	66,67	171
–KOH			
Mischkr.	F.Max.	22	351
	F.Min.	66	306
	F.Max.	82	398
Mischkr. α→β	Ü.P.-Max.	20	248
RbOH α→β (244°)	Ü.P.-Min.	65	216
KOH α→β (248°)			
RbCl –LiCl (614°)	E.	56	312
(726°) **–NaCl** (819°)	E.	46	541
–KCl Mischkr.	F.Min.	40	715
CsCl –LiCl (609°)			
(635°) 2CsCl·LiCl			
CsCl·LiCl			
	E.	60	351
–NaCl (819°)	E.	35	493
–KCl Mischkr.	F.Min.	30	610
(629°) **–RbCl** (722°)			
Mischkr.	Um.P.	—	450
NHCl –LiCl	E.	50	267
(530°) (612°)			
530° **–KCl** (776°)			
Mischkr.			
NH_4NO_3–NH_4Cl			
(169°) (591°)	E.	17	141
(169°) **–KNO_3**	E.	15	156,5
$BeSO_4$–K_2SO_4			
(1000°) (1071°)			
2$BeSO_4$·K_2SO_4	F.P.	33,3	910
	E.	68	768
MgF_2 –LiF (840°)			
(1400°) Mischkr.	F.Min.	57	669
$MgCl_2$ –LiCl (602°)			
(712°)			
Mischkr.	F.Min.	60	570
–NaCl	E.	56,1	430
$MgCl_2$·NaCl	Ü.P.	—	450
$MgCl_2$·2NaCl	Ü.P.	—	466
–KCl (776°)	E.	47,3	—
$MgCl_2$·KCl	F.P.	50	490
	E.	67	426
$MgSO_4$–Na_2SO_4			
(1120°) (883°)			
3$MgSO_4$·Na_2SO_4	F.P.	25	814
	E.	56	670
$MgSO_4$·Na_2SO_4	B.P.	—	603
$MgSO_4$·3Na_2SO_4	B.P.	—	504
(1124°)**–K_2SO_4** (1076°)	E.	23	884
2$MgSO_4$·K_2SO_4	F.P.	33,3	927
	E.	60	747
(1185°) **–$MgCl_2$**(709°)	E.	81	667
CaF_2 –NaF			
(1360°) (990°)	E.	32,5	810
(1403°) **–MgF_2** (1248°)	E.	52	970
$CaCl_2$ –CaO			
(774°) Verb.?	Ü.P.	—	—
	E.	~100	774
–CaF_2	E.	20	644
$CaCl_2$·CaF_2	Ü.P.	42	737
(772°) **–LiCl** (602°)			
Mischkr.	E.	62	496
	Entm. P.	60	445
(777°) **–NaCl** (808°)	E.	47,2	500
$CaCl_2$·4NaCl	F.P.	80	605
Mischkr.			
–KCl	E.	34,4	640
$CaCl_2$·KCl	F.P.	50	754
	E.	80,5	600

3327 (Fortsetzung).

		Mol-%	ϑ in °C
$CaSO_4-Li_2SO_4$ (874°) (1350°)	E.	81	700
$-Na_2SO_4$ (887°)	E.	52	917
$CaSO_4 \cdot 3Na_2SO_4$	F.P.	75	949
(1450°) **$-K_2SO_4$** (1057°)			
$2CaSO_4 \cdot K_2SO_4$	Ü.P	—	1004
	E.	58	867
$2CaSO_4 \cdot K_2SO_4$	Um.P.	—	938
K_2SO_4	Um.P.	—	580
$Ca(NO_3)_2-NaNO_3$ (555°) (308°)	E.	55	215
(546°) **$-KNO_3$** (337°)	E.	49,1	145
$CaNO_3 \cdot 2KNO_3$	Um.P.	—	174
$CaO-P_2O_5$ s. Abb. n			
$Ca_3(PO_4)_2-CaCl_2$			
$3Ca_3(PO_4)_2 \cdot CaCl_2$	—	—	1530
$Ca_3(PO_4)_2 \cdot CaCl_2$	—	—	1400
$CaCO_3-Na_2CO_3$ (1540°) (864°)			
$CaCO_3 \cdot Na_2CO_3$	F.P.	50	889
	E.	62	787
$-K_2CO_3$			
$CaCO_3 \cdot K_2CO_3$	F.P.	50	814
	E.	60	753
$CaCO_3 \cdot (Na_2K_2)CO_3$	F.Min.	40 [1]	806
$SrCl_2-SrO$			
(873°) Verb.?	Ü.P.	—	—
(874°) **$-SrF_2$** (1400°)	E.	13,5	753
$SrCl_2 \cdot SrF_2$	F.P.	50	962
	E.	63,7	952
(872°) **$-LiCl$** (602°)	E.	52	473
$-NaCl$ (798°)	E.	50	565
	E.	33	638
(870°) **$-KCl$** (775°)			
$2SrCl_2 \cdot KCl$	F.P.	33,33	638
	E.	57	576
$SrCl_2 \cdot 2KCl$	F.P.	66,67	597
	E.	72	596
(872°) **$-MgCl_2$** (712°)	E.	55	535
$SrSO_4-Li_2SO_4$ (856°) (1225°)	E.	75	746
$-Na_2SO_4$ (887°)	E.	50	955
$2SrSO_4 \cdot 3Na_2SO_4$	F.P.	60	965
$SrSO_4-K_2SO_4$ (1605°) (1071°)	E.	63	970
$2SrSO_4 \cdot K_2SO_4$	Um.P.	—	980
	F.Max.	95	1080
$2SrSO_4 \cdot K_2SO_4$	Um.P.	—	775
$Sr(NO_3)_2-KNO_3$ (320°)	E.	81	258
BaF_2-KF (1280°) (885)°	E.	45	750
$-SrF_2$ (1260°) Mischkr.	F.Min.	50	1080
$BaCl_2-BaO$	E.	32,1	870
(960°) Verb.	Um.P.		
$-BaF_2$ (1289°)	E.	16	844
$BaCl_2 \cdot BaF_2$	F.P.	50	1008
	E.	73,5	936
(923°) **$-LiCl$** (602°)	E.	70	511
$-NaCl$ (798°)	E.	61	654
$-KCl$ (773°)			
$3BaCl_2 \cdot KCl$	F.P.	25	656
	E.	57,25	645
(960°) **$-MgCl_2$** (712°)	E.	65	560
$-CaCl_2$ (772°)	E.	65	600
$BaSO_4-Li_2SO_4$ (1350°) (856°)	E.	80	760
$-Na_2SO_4$ (887°)			
$BaSO_4 \cdot 3Na_2SO_4$	F.P.	75	—
(1580°) **$-K_2SO_4$** (1071°)	E.	70	1016
Mischkr.	F.Max.	90	1081
$BaSO_4$ $\alpha \rightarrow \beta$	Um.P.	—	1149
K_2SO_4 $\alpha \rightarrow \beta$	Um.P.	—	588
$BaCO_3-Na_2CO_3$			
$BaCO_3 \cdot Na_2CO_3$	F.P.	50	790
$-K_2CO_3$			
$BaCO_3 \cdot K_2CO_3$	F.P.	50	800
$-(Na_2, K_2)CO_3$ Mischkr.	F.Min.	—	—
$(Ba, Ca)CO_3 \cdot Na_2CO_3$	F.Min.	40 [2]	650
$(Ba, Ca)CO_3 \cdot K_2CO_3$	F.Min.	50 [2]	750
$-BaCl_2$ 2 flüssige Schichten?			
AlF_3-LiF (860°)	E.	64	710
$AlF_3 \cdot 3LiF$	F.P.	75	790
	E.	85	715

[1] Mol-% K_2 bezogen auf $(Na_2+K_2) = 100$. — [2] Mol-% Ca bezogen auf $(Ca+Ba) = 100$.

3327 (Fortsetzung).

		Mol-%	ϑ in °C
AlF_3 —NaF (1040°)	E.	53	685
$3AlF_3 \cdot 5NaF$	F.P.	62,5	725
$AlF_3 \cdot 3NaF$	F.P.	75	1020
	E.	86	885
$AlF_3 \cdot 3NaF$ α→β	Um.P.	—	565
—KF (875°)			
$AlF_3 \cdot KF$	Um.P.	—	575
	E.	55	565
$AlF_3 \cdot 3KF$	F.P.	75	1025
	E.	94	840
—RbF (833°)	E.	60	560
$AlF_3 \cdot 3RbF$	F.P.	75	980
	E.	93	790
—CsF (715°)	E.	60	490
$AlF_3 \cdot 3CsF$	F.P.	75	820
	E.	95	685
CeF_3 —KF (885°)	E.	75	660
$TiCl_4$ —CCl_4 (−24,8°) (−22,9°)	E.	58,8	−66,5
—$SiCl_4$ (−70,4°)	E.	~100	−70,4
Na_2CrO_4—Na_2SO_4 (792°) (885°) Mischkr.			
Na_2CrO_4 α→β	Um.P.	—	413
K_2CrO_4—Na_2CrO_4 (976°) Mischkr.	F.Min.	73,5	752
K_2CrO_4 α→β	Um.P.	—	669
(984°) **—KCl** (790°)	E.	68	657
(971°) **—K_2SO_4** Mischkr.			
—KNO_3 (320°)	E.	98,07	295
$K_2Cr_2O_7$—K_2CrO_4 (396°) (971°)	E.	1	393
—$Na_2Cr_2O_7$ Mischkr.	F.Min.	75	740
Na_2MoO_4—MoO_3 (686°) (791°)	E.	26	552
Na_2MoO_7	F.P.	50	612
	E.	75	499
—Na_2SO_4 (892°) Mischkr.	F.Min.	30	680
K_2MoO_4—K_2SO_4 (926°) (1066°) Mischkr.	F.Min.	20	920

		Mol-%	ϑ in °C
Na_2WO_4—WO_3	E.	22	629
(698°) $Na_2W_2O_7$	F.P.	50	738
	E.	70	723
—Na_2SO_4 (888°) Mischkr.	F.Min.	30	662
—Na_2MoO_4 (692°) Mischkr.	F.Min.	70	685
K_2WO_4—K_2SO_4 (894°) (1072°) Mischkr.			
—Na_2WO_4 Mischkr.	F.Min.	75	646
$KNaWO_4$	B.P.	—	658
$MnCl_2$—LiCl (650°) (602°) Mischkr.	F.Min.	48	555
—NaCl (803°)	—	—	—
$2MnCl_2 \cdot NaCl$	—	—	—
$MnCl_2 \cdot 4NaCl$	—	—	—
—$CaCl_2$ (782°) Mischkr.	F.Min.	34,6	590
—$BaCl_2$ (960°)	E.	37	505
$MnCl_2 \cdot BaCl_2$	Um.P.	—	545
$MnSO_4$—Li_2SO_4 (1030°) (856°)	E.	65	585
—Na_2SO_4 (887°)	E.	45	—
$3MnSO_4 \cdot Na_2SO_4$	—	—	—
$MnSO_4 \cdot 3Na_2SO_4$	B.P.	—	—
—K_2SO_4 (1076°)	E.	20	800
$2MnSO_4 \cdot K_2SO_4$	F.P.	33,3	845
FeF_3 —NaF (1040°)	E.	65	892
$FeCl_3$ —NH_4Cl (235°)			
(303°) $FeCl_3 \cdot NH_4Cl$	F.P.	50	295
	E.	62	235
$CoSO_4$—Na_2SO_4 (~900°) (887°)	E.	52	575
$CoSO_4 \cdot 3Na_2SO_4$	F.P.	75	425
—K_2SO_4 (1066°)	E.	28	725
$2CoSO_4 \cdot K_2SO_4$	Um.P.	—	736
$CoSO_4 \cdot K_2SO_4$	Um.P.	—	560
	E.	47	535
CuCl —LiCl Mischkr.	F.Min.	20	408
(422°) (609°)	Ü.P.	40	424
—NaCl (800°)	E.	23	325

3327 (Fortsetzung).

		Mol-%	ϑ in °C
CuCl —KCl (775°)	E.	35	150
CuCl·2KCl	F.P.	66,67	244
—RbCl (717°)	E.	32	150
3CuCl·2RbCl	Um.P.	—	190
CuCl·2RbCl	Um.P.	—	250
CuCN —NaCN			
(562,3°)	—	—	—
CuCN·NaCN	F.P.	50	398
2CuCN·3NaCN	—	—	372
CuCN·2NaCN	—	—	375
CuCN·3NaCN	—	—	400
—KCN(622,5°)	E.	19	280
2CuCN·KCN	F.P.	33,33	327
	E.	32	324
CuCN·KCN	F.P.	50	327
	E.	50	277
CuCN·3KCN	F.P.	75	398
AgCl —LiCl (612°)			
Mischkr.	Ü.P.	26	468
(455°) **—NaCl** (806°)			
Mischkr.	—	—	—
(451°) **—KCl** (790°)	E.	30	306
(455°) **—RbCl** (717°)	E.	40	251
(455°) **—CsCl** (639°)	E.	39	260
AgCl·CsCl	Um.P.	—	310
—$CaCl_2$	E.	18,6	450
AgBr —AgCl			
(422°) (451°)			
Mischkr.	—	35	413
(419°) **—NaBr** (766°)			
Mischkr.	—	—	—
—KBr (748°)	E.	33	285
AgJ —AgCl (451°)	E.	53,5	264
(556°) **—AgBr** (422°)			
Mischkr.	F.Min.	72	552
(546°) **—LiJ** (440°)			
Mischkr.	F.Min.	80	422
—NaJ (662°)	E.	40	394
Ag_2SO_4—Na_2SO_4			
(650°) (883°) Mischkr.	—	—	—
$AgNO_3$—$NaNO_3$			
(209°) (308°) Mischkr.	Ü.P.	20	217,5
$AgNO_3$ $\alpha\to\beta$	—	—	138
$NaNO_3$ $\alpha\to\beta$	—	—	161
(200°) **—KNO_3**	E.	49	131
$AgNO_3 \cdot KNO_3$	F.P.	50	134,2

		Mol-%	ϑ in °C
$AgNO_3$—NH_4NO_3			
$AgNO_3 \cdot NH_4NO_3$	Um.P.	—	109,6
	E.	68	101,5
AgCN —NaCN			
(350°) (562,3°)	—	—	—
AgCN·NaCN	F.P.	50	471
Mischkr.	E.	69,1	422
—KCN(622,5°)	E.	15,2	290
AgCN·KCN	F.P.	50	370
	E.	67,3	290
$ZnCl_2$ —NH_4Cl	E.	33	232
(283°) $2ZnCl_2 \cdot NH_4Cl$	—	—	250
	E.	49	179
$ZnCl_2 \cdot 2NH_4Cl$	—	—	—
$ZnCl_2 \cdot 3NH_4Cl$	—	—	—
$ZnCl_2 \cdot 4NH_4Cl$	—	—	—
(271°) **—$MgCl_2$** (711°)	E.	~0	271
(274°) **—$CaCl_2$** (777°)	E.	1,1	274
(261,5°)**—$FeCl_3$** (298°)	E.	26,5	214
(275°) **—$MnCl_2$** (650°)	E.	~0	275
(261,5°)**—CuCl** (424°)	E.	10,5	241,6
$CdCl_2$ —NaCl (798°)	E.	—	392
(562°) $CdCl_2 \cdot 2NaCl$	F.P.	66,67	425
—KCl	E.	34	380
$CdCl_2 \cdot 2KCl$	F.P.	66,67	431
	E.	62?	390
$CdCl_2 \cdot 4KCl$	F.P.	80	464
(568°) **—NH_4Cl**			
$2CdCl_2 \cdot NH_4Cl$	—	—	305
	E.	44	—
$CdCl_2 \cdot NH_4Cl$	—	—	289
$CdCl_2 \cdot 4NH_4Cl$	—	—	—
(564°) **—$CaCl_2$** (782°)			
Mischkr.	F.Min.	15	537
—$BaCl_2$	E.	44	450
(568°) **—$ZnCl_2$**			
(261,5°)	E.	~100	261
$CdBr_2$ —NaBr	E.	53	368
(567°)			
—KBr (735°)	E.	45	345
$CdBr_2 \cdot KBr$	F.P.	50	354
	E.	63	304
$CdBr_2 \cdot 4KBr$	F.P.	80	325
CdJ_2 —NaJ (662°)	E.	48	287
(385°)			
—KJ (678°)	E.	40	185
$CdJ_2 \cdot KJ$	F.P.	50	270
$CdJ_2 \cdot KJ$ $\alpha\to\beta$	Um.P.	—	215

3327 (Fortsetzung).

		Mol-%	ϑ in °C
$CdSO_4$–Na_2SO_4			
(1000°) (887°)			
$3\,CdSO_4 \cdot Na_2SO_4$	F.P.	25	746
	E.	65,7	681
	F.Max.	93	896
$CdSO_4 \cdot Na_2SO_4$	B.P.	—	551
$CdSO_4 \cdot 3\,Na_2SO_4$	B.P.	—	350
–K_2SO_4 (1066°)			
$3\,CdSO_4 \cdot K_2SO_4$	Um.P.	25	820
$2\,CdSO_4 \cdot K_2SO_4$	Um.P.	40	760
Mischkr.	E.	54,4	660
$HgCl_2$–$MnCl_2$ (650°) (275°)	E.	~0	275
–$ZnCl_2$ 2 fl. Schichten			
$HgBr_2$–$HgCl_2$			
(222°) (265°) Mischkr.	F.Min.	30	215
HgJ_2 –AgJ (526°)			
(257°) Mischkr.	E.	15	242
(253°) **–CdJ_2** (377°) Mischkr.	—	—	—
TlCl –NaCl (806°) (429°)	E.	82	412
–KCl (776°)			
Mischkr.	—	—	—
(435°) **–$BaCl_2$** (962°)	E.	0	435
–$CaCl_2$ (782°)	E.	7	419
(435°) $TlCl \cdot CaCl_2$	F.P.	50	683
	E.	67	648
(429°) **–CuCl** (422°)			
$2\,TlCl \cdot CuCl$	Um.P.	—	225
	E.	60	122
–AgCl (455°)			
$TlCl \cdot 2\,AgCl$	Um.P.	—	253
	E.	60	210
(435°) **–$ZnCl_2$** (275°)	E.	23	336
$2\,TlCl \cdot ZnCl_2$	—	—	352
	E.	52	193
$TlCl \cdot 2\,ZnCl_2$	—	—	226
	E.	70	214
–$CdCl_2$ (578°)	E.	21	315
$TlCl \cdot CdCl_2$	F.P.	50	436
	E.	65	408
$TlNO_3$–$NaNO_3$ (308°)	E.	23	162
(208°) **–KNO_3** (339°)			
Mischkr.	E.	37	182
$TlNO_3$ $\alpha \rightarrow \beta$	Um.P.	—	133
–$AgNO_3$	E.	48	81
$TlNO_3 \cdot AgNO_3$	F.P.	50	82,3
	E.	52	81

		Mol-%	ϑ in °C
$SnCl_2$ –NaCl (800°)	E.	69	183
(239°) **–KCl** (773°)	E.	17	201
$3\,SnCl_2 \cdot KCl$	F.P.	25	208
	E.	38	180
$SnCl_2 \cdot KCl$	F.P.	50	224
(245°) **–$CaCl_2$** (777°)	E.	1,1	245
(247,2°)**–$ZnCl_2$** (261,5°)	E.	44	171
(250°) **–$CdCl_2$** (568°)	E.	10	235
$SnCl_4$ –$TiCl_4$			
(–36,2°) (–24,8°)			
Mischkr.	—	—	—
$PbCl_2$ –PbO (835°)	E.	22	438
(499°) $PbCl_2 \cdot PbO$	Um.P.	—	522
$PbCl_2 \cdot 2\,PbO$	F.P.	66,67	693
	E.	70	690
$PbCl_2 \cdot 4\,PbO$	F.P.	80	711
	E.	83	703
–LiCl (596°)	E.	45	410
(496°) **–NaCl** (798°)	E.	28	411
–KCl	E.	23	429
$2\,PbCl_2 \cdot KCl$	F.P.	33,33	440
	E.	48	411
$PbCl_2 \cdot 2\,KCl$	F.P.	66,67	490
$PbCl_2 \cdot 4\,KCl$	F.P.	80	480
(495°) **–$CaCl_2$** (772°)	E.	17	468
(501°) **–$FeCl_3$** (298°)	E.	63,5°	178,6
–CuCl (424°)	E.	41	280
PbJ_2 –KJ (686°)	E.	31	321
(412°) $KPbJ_3$	F.P.	50	349
	E.	52,5	346
$PbSO_4$–Na_2SO_4			
(1080°) (887°)	E.	93	907
–K_2SO_4 (1071°)	E.	19	837
$2\,PbSO_4 \cdot K_2SO_4$	Um.P.	—	948
	E.	55	792
$PbSO_4 \cdot K_2SO_4$	Um.P.	—	619
$Pb(NO_3)_2$–$NaNO_3$ (310°)	E.	57,7	275
–KNO_3 (340°)	E.	50,5	217,8
–NH_4NO_3 (168°)	E.	67	131,5
–$AgNO_3$ (209,5°)	E.	95,4	200,2
$BiCl_3$ –$FeCl_3$ (298°)	E.	37	171,5
(224°)			
–CuCl (424°)	E.	36	190

3327 (Fortsetzung).

		Mol-%	ϑ in °C
$BiCl_3$ — $ZnCl_2$ (318°) (232,5°)	—	—	215
— **TlCl** (429°)			
$2BiCl_3 \cdot 3TlCl$	—	—	225
$BiCl_3 \cdot 2TlCl$	—	—	330
	E.	33	150
$BiCl_3 \cdot 3TlCl$	—	—	413
	E.	87,5	360
— **$PbCl_2$** (510°)	E.	11	205,3

Systeme von Oxyden.

		Mol-%	ϑ in °C
MgO — BeO	E.	40	1670
CaO — BeO	E.	64	1475
— **MgO**	E.	55	2280
SrO — MgO (2430°)	E.	50	1935
BaO — MgO (1923°)	E.	55	1500
Al_2O_3 — BeO (2530°) (2050°)	E.	—	1880
— **MgO**	E.	—	1990
$Al_2O_3 \cdot MgO$	F.P.	50	2115
— **SrO** (2430°)	E.	—	1805
$Al_2O_3 \cdot SrO$	F.P.	50	2015
— **BaO** (1923°)	E.	—	1875
$Al_2O_3 \cdot BaO$	F.P.	50	2000
Sa_2O_3 — Al_2O_3 (2050°) (2315°)	E.	—	1870
CeO_2 — MgO (2600°)	E.	70	2240
— **Al_2O_3** (2050°)	E.	—	1885
TiO_2 — MgO	E.	16,5	1645
(1825)° $2TiO_2 \cdot MgO$	F.P.	33,33	1680
	E.	46	1625
$TiO_2 \cdot MgO$	F.P.	50	1840
	E.	66	1800
— **Al_2O_3**	E.	—	1700
$2TiO_2 \cdot Al_2O_3$	F.P.	33,33	1900
	E.	—	1870
ZrO_2 — MgO (2678°)	E.	50	2130
— **SrO** (2430°)	—	—	—
$ZrO_2 \cdot SrO$	F.P.	50	2708
— **BaO** (1923°)	—	—	—
$ZrO_2 \cdot BaO$	F.P.	50	2700
ZrO_2 — Al_2O_3 (2687°) (2055°)	E.	—	1920
(2678°) — **CeO_2** (2600°)	E.	—	2400
— **TiO_2** (1850°)	E.	—	1750
ThO_2 — Al_2O_3 (2050°) (3050°)	E.	79,5	1920
Cr_2O_3 — Al_2O_3 (2045°) (2275°) Mischkr.	—	—	—
(2200°) — **ZrO_2** (2678°)	E.	55,2	1900
Cr_3O_4 — MgO Mischkr.	—	—	—
Mn_3O_4 — MgO (1560°) Mischkr.	—	—	—
— **Al_2O_3** (2050°) Mischkr.	—	—	—
FeO — MnO (1585°) (1410°) Mischkr.	—	—	—
Fe_3O_4 — FeO s. Abb. o			
(1600°) — **MgO** Mischkr.	—	—	—
— **Al_2O_3** (2050°) Mischkr.	—	—	—
Fe_2O_3 — CaO			
$F_2O_3 \cdot CaO$	F.P.	50	1215
$Fe_2O_3 \cdot 2CaO$	F.P.	66,67	1440
— **ZrO_2** (2678°) (1570°)	E.	—	1520
CoO — MgO (1810°) Mischkr.	—	—	—
— **Al_2O_3** (2050°)	E.	—	1715
$CoO \cdot Al_2O_3$	F.P.	50	1960
	E.	—	1910
— **ZrO_2** (2678°)	E.	—	1725
NiO — MgO (1990°) Mischkr.	—	—	—
— **Al_2O_3**	E.	—	1875
$NiO \cdot Al_2O_3$	F.P.	50	2020
	E.	—	1955
— **ZrO_2** (2678°)	E.	—	1950
Cu_2O — MgO	E.	80	1175
— **Al_2O_3** (2050°)	E.	—	1160
ZnO — Al_2O_3	E.	17	1720
(1975°) $ZnO \cdot Al_2O_3$	F.P.	50	1950

3327 (Fortsetzung).

		Mol-%	ϑ in °C
Ga_2O_3 –Al_2O_3(2050°) (1740°) Mischkr.	—	—	—
Bi_2O_3 –PbO (870°)	E.	26	580
(817°) 4 Bi_2O_3·PbO	Um.P.	—	695
	E.	35	610
3 Bi_2O_3·2 PbO	F.P.	40	686
	E.	64	680
Bi_2O_3·2 PbO	F.P.	66,67	625
Systeme von Sulfiden			
FeS –Fe (1527°)	E.	78	980
(1173°)–**Na_2S** (970°)	E.	—	700
FeS·Na_2S	F.P.	—	?
	E.	43	585
1163°)–**MnS** (1610°)	E.	6,5	1164
Tl_2S –As_2S_3 (448,5°) Tl_3AsS_3	Um.P.	—	295
$TlnAs_2S_5$	Um.P.	—	278
	E.	37	200
–$Tl_6As_4S_9$	F.P.	40	317
$TlAsS_2$	F.P.	50	300
	E.	72	215
PbS –Tl_2S (448,5°) (1108°)	E.	45	282
Systeme von Carbiden			
Al_4C_3 –Al_2O_3(2050°)	E.	90,0	2007
NbC –ZrC (3805°) (3770°) Mischkr.	—	—	—
TaC –ZrC (4150°) (3805°) Mischkr.	F.Max.	12,4	4210
–**HfC** (4160°) Mischkr.	F.Max.	25	4215
–**NbC** (3370°) Mischkr.	—	—	—
W_3C –NbC (3770°) (3130°) Mischkr.	F.Min.	60	3130
–**TaC** (4150°) Mischkr.	F.Min.	25	3050
Systeme mit Silicaten			
$CaSiO_3$–CaS (1512°)	E.	4	1440
Ca_2SiO_4–Li_4SiO_4 (1249°)	E.	30	1092
ZrO_2 –Na_2SiO_3 (2678°) (1090°)	E.	3	1077
–Na_2ZrSiO_5	Ü.P.	–	1477
$MnSiO_3$–MnS (1274°) (1530°)	E.	7	1080
$FeSiO_4$–FeS (1160°) (1130°)	E.	50	995
–**MnS** (1620°)	E.	10	1055
Na_2GeO_3–Na_2SiO_3 (1078°) (1087°) Mischkr.	F.Min.	48	1062

3327 a...f (Fortsetzung).

Schmelzdiagramme.

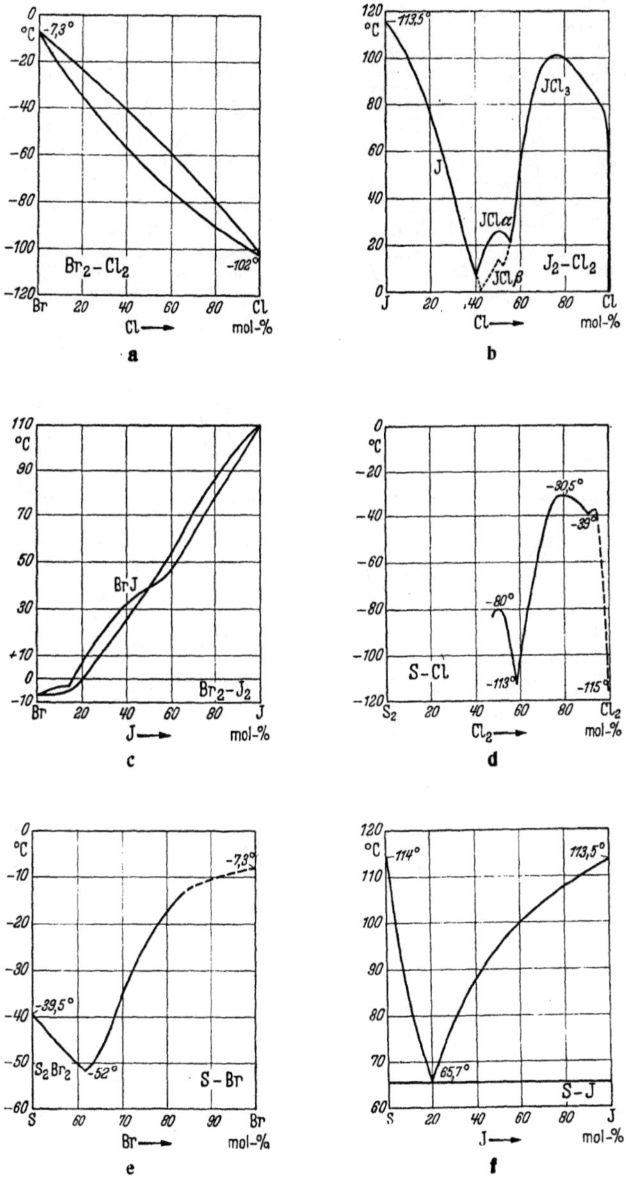

3327 g...m (Fortsetzung).

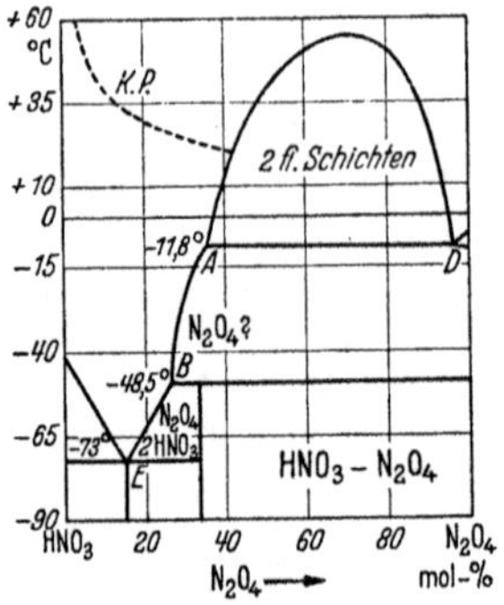

g

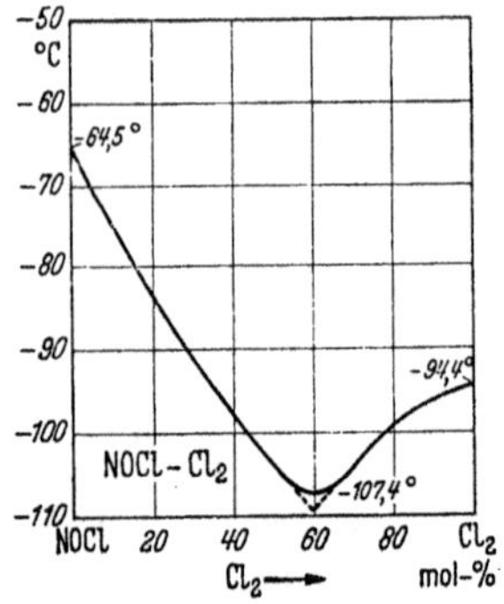

h

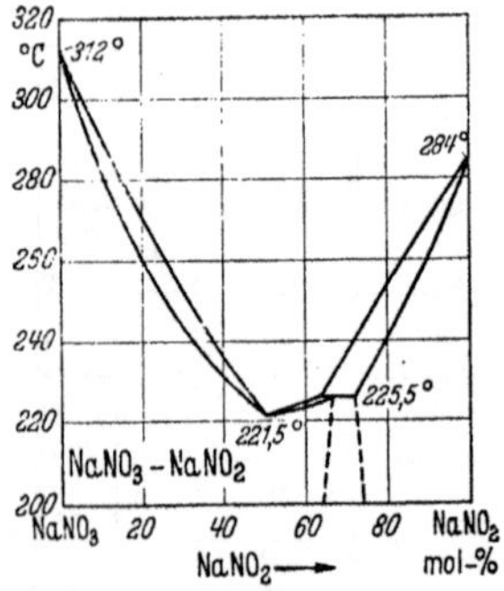

i

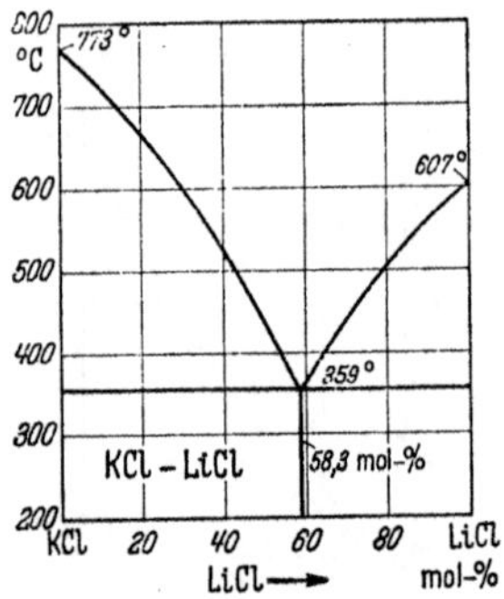

k

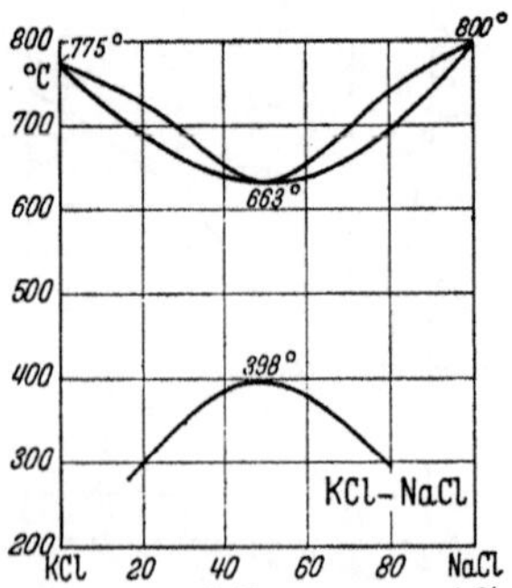

l

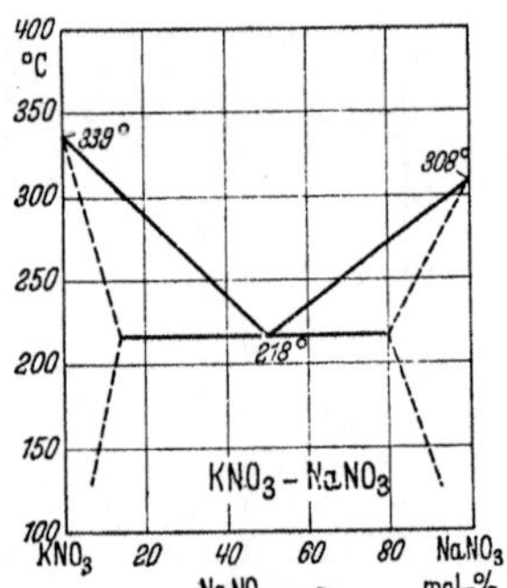

m

3327 n und o (Fortsetzung).

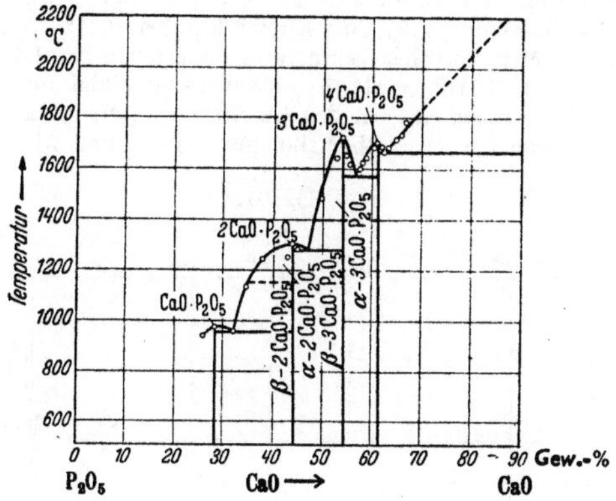

n

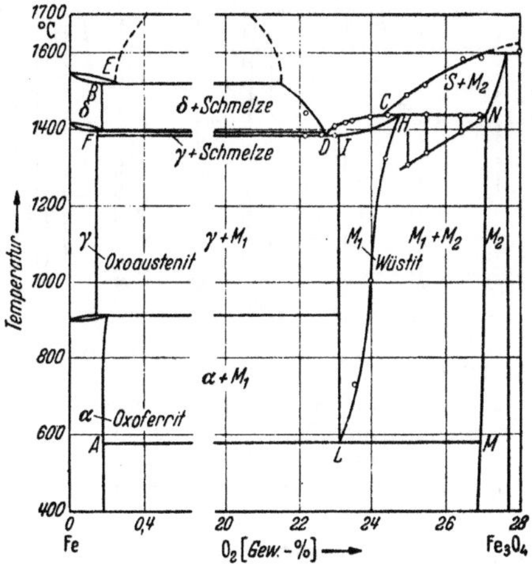

o

3328 Die Zustandsschaubilder der technisch wichtigsten Zweistofflegierungen[1].

Von **Wolfgang Fahrenhorst**, Berlin, und **Karl Löhberg**, Frankfurt a. M.

1. Aluminium-Kupfer. Aluminium löst bei 548° C 5,7% Cu; das Lösungsvermögen sinkt mit der Temperatur stark. Der bei 548° gesättigte Mischkrystall bildet mit $CuAl_2$ ein Eutektikum mit 33% Cu. Kupfer löst bei 1031° etwa 8% Al, bei 570° dagegen 9,6% Al. Mit sinkender Temperatur ändert sich das Lösungsvermögen nur mehr wenig. Der bei 1031° gesättigte Mischkrystall bildet mit einer Phase β ein Eutektikum. β zerfällt bei 570° in den Cu-reichen Mischkrystall mit 9,6% Al und eine Phase γ'. Technisch verwertbar sind nur die Cu- und Al-reichen Legierungen

332801.

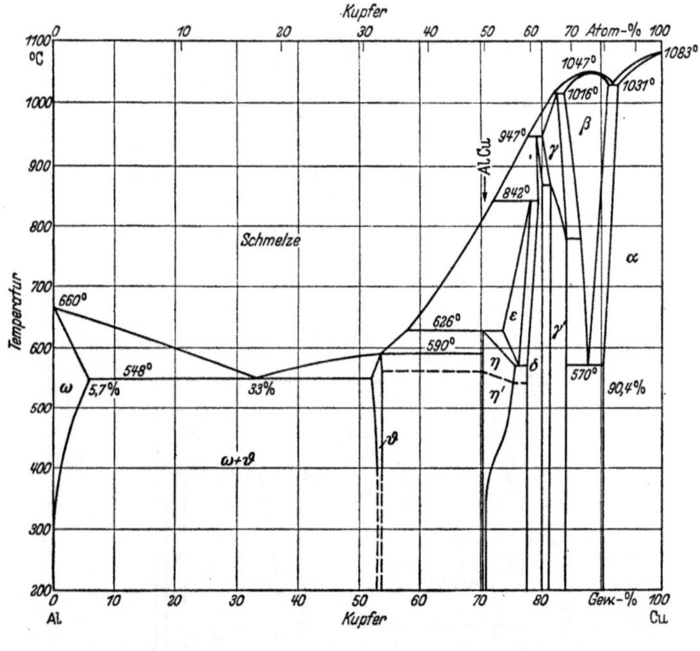

Technische Legierungen.

1. *Aluminiumlegierungen.* Infolge der mit sinkender Temperatur fallenden Löslichkeit des Cu in Al sind Al-reiche Legierungen aushärtbar (vergütbar). Die üblichen vergütbaren Al-Legierungen enthalten 3,5...6% Cu neben weiteren Zusätzen von Mg, Si, Mn und (oder) Ni (Gattungen Al-Cu-Mg, Al-Cu-Ni und Al-Cu nach DIN 1713.

2. *Kupferlegierungen.* Verwendet werden Legierungen mit höchstens 10...15% Al (*Aluminiumbronzen)*, daneben enthalten die Legierungen eventuell noch bis 15% Fe + Ni + Mn + Si + Sn. Die Legierungen werden im gegossenen oder gewalzten Zustand gebraucht (DIN 1714).

2. Aluminium-Magnesium. Aluminium löst bei 451° C 15,35% Mg, Magnesium löst bei 436° 12,1% Al. Nur bis zu diesen Zusammensetzungen sind die Legierungen technisch verwertbar, während Legierungen mit höheren Aluminium- oder Magnesium-

[1] Namen in alphabetischer Reihenfolge und Zusammensetzung von Legierungen in 5122

gehalten wegen der auftretenden intermetallischen Verbindungen (Al_3Mg_2 und Al_2Mg_3 [bzw. Al_3Mg_4]) unbrauchbar sind (s. 332802).

Technische Legierungen.

1. *Aluminiumlegierungen.* Mit 0,3...12% Mg und Zusätzen von Mn und Si: seewasserbeständiger Gußlegierungen, z. B. *Hydronalium, KS-Seewasser.*

2. *Magnesiumlegierungen.* Legierungen mit bis 10% Al sind gieß-, knet- und schmiedbar (Elektron, Magnesium); sie sind besonders leicht.

332802.

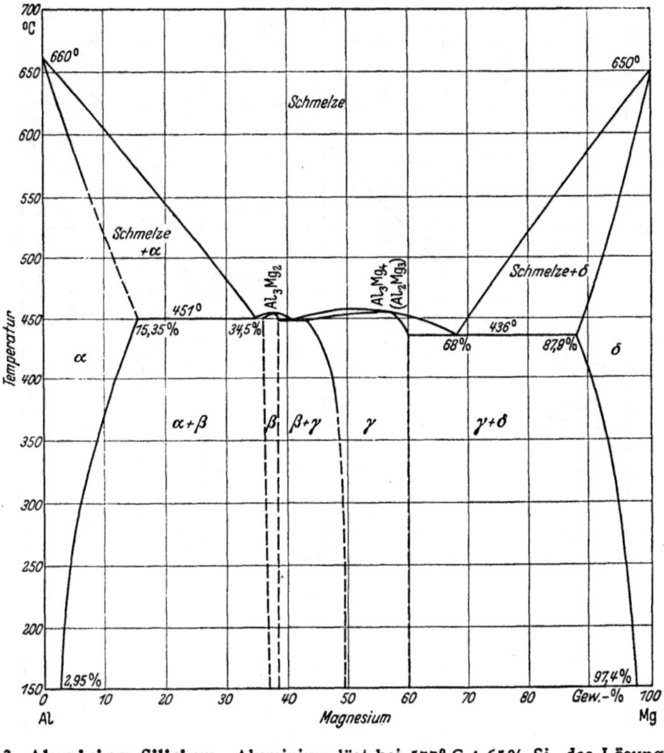

3. Aluminium-Silicium. Aluminium löst bei 577° C 1,65% Si, das Lösungsvermögen des Si für Al ist nicht genau bekannt. Die gesättigten Mischkrystalle bilden ein Eutektikum bei 11,7% Si, das bei 577° erstarrt. — Das Lösungsvermögen des Al für Si nimmt mit sinkender Temperatur ab (s. 332803).

Technische Legierungen.

Silumin mit 11...14% Si; Gußlegierung. Durch Zusatz von z. B. 0,04% Na erhält man *„veredeltes Silumin"*, d. i. ein Silumin mit feinerem Eutektikum. Durch Zusatz von Mg erhält man aushärtbares *Silumin-Gamma.*

4. Aluminium-Zink. Aluminium löst bei hohen Temperaturen bis 83% Zn, Zn löst etwa 1% Al. Die gesättigten Mischkrystalle bilden bei 95% Zn ein Eutektikum, das bei 380° C erstarrt. Bei 270° zerfällt der Zn-reiche Al-Mischkrystall in einen Al-reicheren mit 26% Zn und in einen Zn-Mischkrystall. Das Lösungsvermögen des Al sowie des Zn nimmt mit sinkender Temperatur ab (s. 332804).

332803.

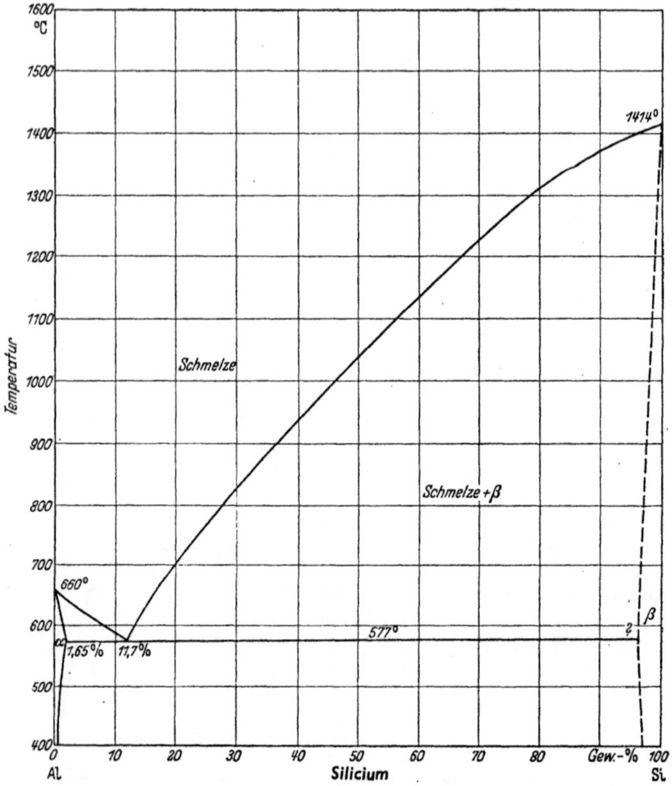

332804.

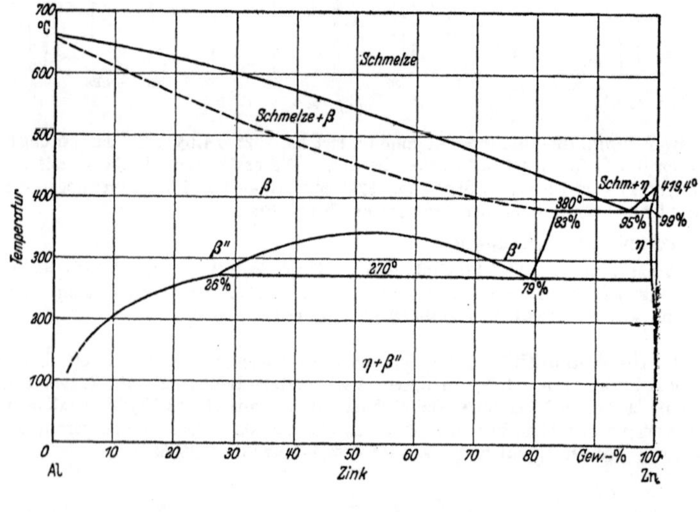

332805.

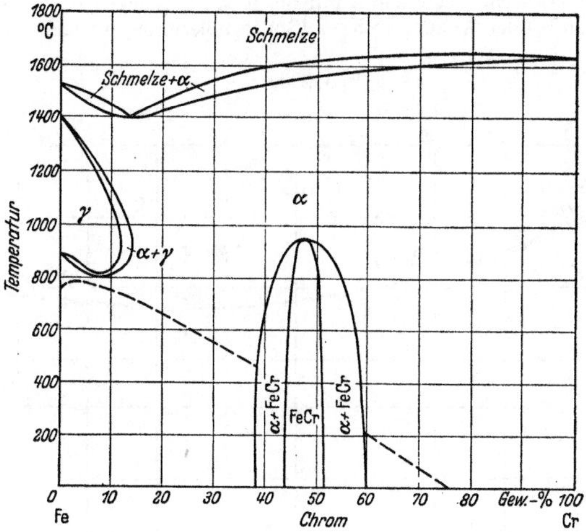

332806.

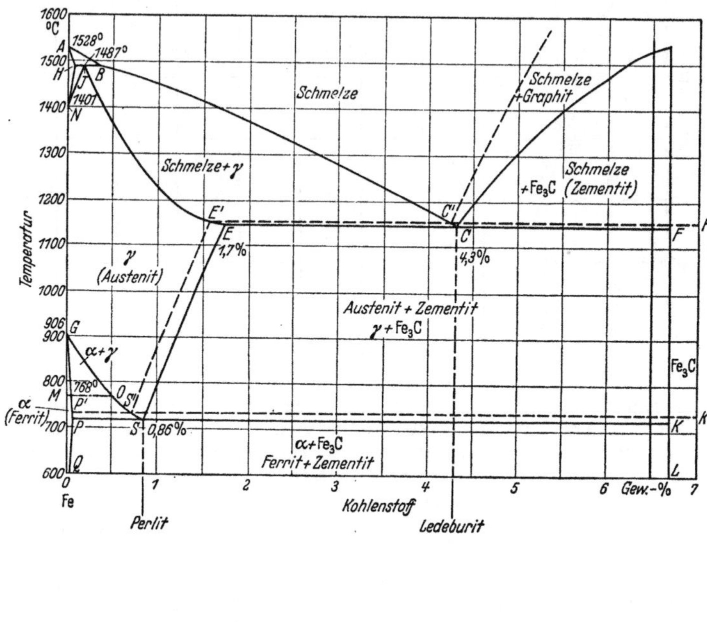

Technische Legierungen.

1. *Aluminiumlegierungen. Deutsche Legierung* mit 10...12% Zn und 2...3% Cu, Gußlegierung.

2. *Zinklegierungen.* Legierungen mit bis 10% Al, daneben noch bis 2% Cu und 0,04% Mg: Guß- oder Knetlegierungen (Spritzgußlegierungen nach DIN 1743).

332807.

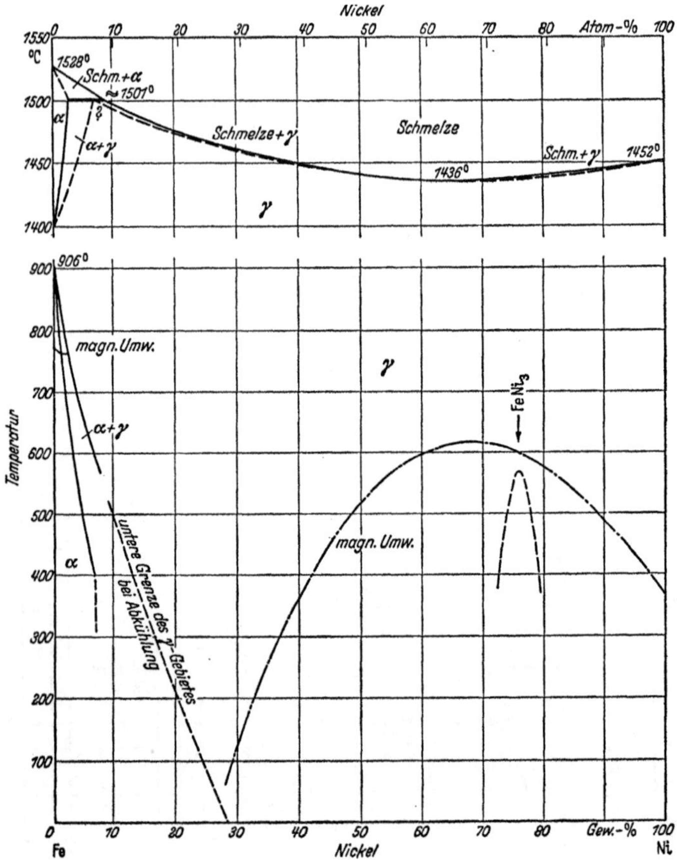

5. **Eisen-Chrom.** Eisen und Chrom sind bei hohen Temperaturen in allen Verhältnissen miteinander mischbar. Die $\alpha \rightarrow \gamma$-Umwandlung des Eisens wird durch Zusatz von Chrom zunächst erniedrigt, dann von etwa 8% Cr ab zu höheren Temperaturen verschoben (das γ-Gebiet wird abgeschnürt).

Bei etwa 50% Cr bildet sich im festen Zustand die intermediäre Phase FeCr.

Die magnetische Umwandlung des Eisens wird durch Chromzusatz etwas erhöht dann aber durch etwa 75% Cr auf Raumtemperatur erniedrigt (s. 332805).

Diesem Zustandsschaubild ähnlich ist das System Eisen-Vanadium, hinsichtlich der Abschnürung des γ-Gebietes weiter die Systeme Eisen-Molybdän, -Wolfram, -Silicium, -Aluminium und andere

Technische Legierungen. Legierungen mit bis etwa 2% Cr neben Kohlenstoff, Nickel oder Molybdän finden Verwendung als Vergütungs- und Einsatzstähle nach DIN 1662 und 1663.

Legierungen mit mehr als etwa 13% Cr zeichnen sich durch gute Korrosionsbeständigkeit aus. Durch Zusatz von 8% Ni zu einer Legierung mit 18% Cr erhält man die austenitischen rostfreien Stähle.

Durch Zusatz von Silicium und (oder) Aluminium werden hochzunderfeste Stähle erhalten, die auch als Heizdrähte Verwendung finden können.

6. Eisen-Kohlenstoff. γ-Eisen löst bei 1145° C bis 1,7% C. Das Lösungsvermögen sinkt bei 721° auf etwa 0,9% C. Die $\alpha \rightarrow \gamma$-Umwandlung des Fe wird durch

332808.

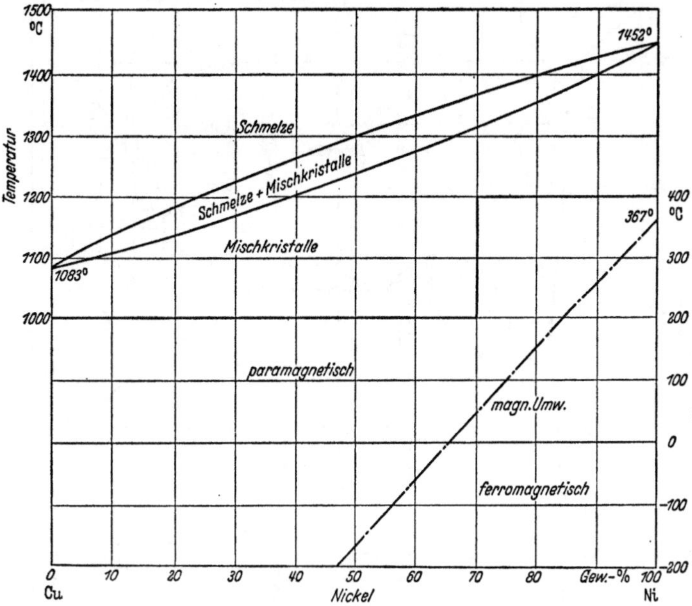

etwa 0,9% C auf 721° erniedrigt. Bei dieser Temperatur zerfällt ein γ-Mischkrystall in ein Eutektoid aus Ferrit (α-Fe mit 0,04% C) und Zementit (Fe_3C); dieses Eutektoid wird „Perlit“ genannt. Legierungen mit mehr als 1,7% C enthalten ein Eutektikum mit 4,3% C („Ledeburit“), das bei 1145° schmilzt. Es enthält neben γ-Mischkrystallen noch Zementit.

An Stelle von Zementit tritt unter bestimmten Voraussetzungen reiner Kohlenstoff auf („Graphit“); für diesen Fall gilt das gestrichelte System; da mit sehr langen Glühzeiten der Zementit in Ferrit und Graphit zerfallen kann, ist Graphit die stabile Phase. Demzufolge ist das Eisen-Zementit-System instabil, das Eisen-Graphit-System stabil.

Die magnetische Umwandlung des Fe bei 768° wird durch Zusatz von C nicht beeinflußt. Die Eisen-Kohlenstofflegierungen werden bei der Abkühlung längs der Kurve MOSK magnetisch (s. 332806).

Technische Legierungen. Als *Stähle* bezeichnet man die Legierungen in denen Ledeburit nicht auftritt, also Legierungen mit weniger als 1,7% C; sie sind schmiedbar. Legierungen mit höheren C-Gehalten nennt man *Roh- oder Gußeisen.* Man spricht von *„weißem Roh- oder Gußeisen"*, wenn der Kohlenstoff als Zementit vorliegt. Tritt er dagegen als Graphit auf, spricht man von „grauem *Roh- oder Gußeisen*". Gußeisen enthält im allgemeinen etwa 2...4% C; es ist nicht schmiedbar.

Durch schnelle Abkühlung aus dem Austenitgebiet werden die Stähle gehärtet; der bei 721° erfolgende Zerfall des Austenits wird unterdrückt und es bildet sich der harte *„Martensit"*. Durch schnelle Abkühlung wird Austenit nur dann unterkühlt, wenn weitere Zusätze zugegen sind, z. B. Mangan oder Nickel.

7. Eisen-Nickel. Eisen und Nickel sind bei hohen Temperaturen in allen Verhältnissen miteinander mischbar. Die $\alpha \rightarrow \gamma$-Umwandlung des Fe wird durch Zusatz

332809.

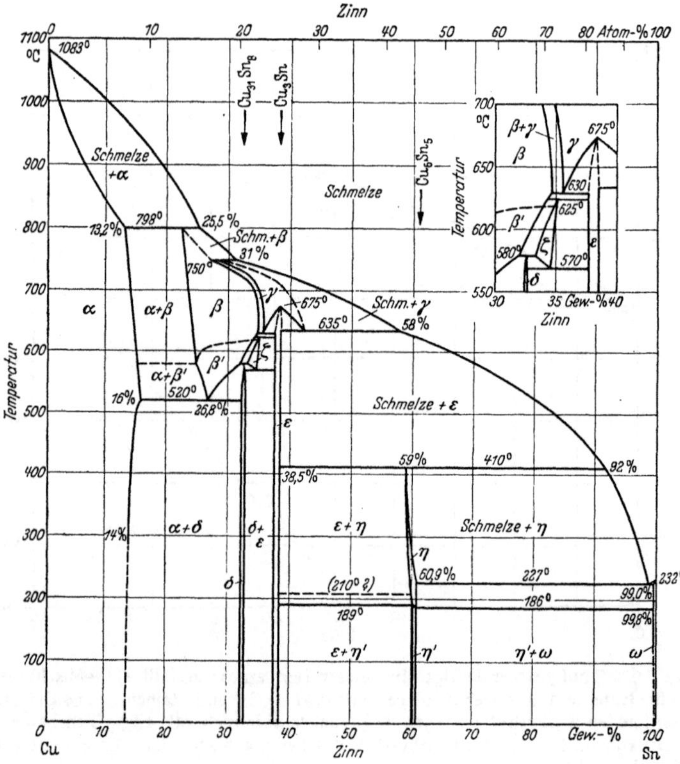

von Nickel zu tieferen Temperaturen verschoben; es treten starke Hystereseerscheinungen auf. Man bezeichnet die Legierungen mit bis etwa 30% Ni als irreversible, die mit höheren Nickelgehalten als reversible Legierungen. — Die magnetische Umwandlung des Eisens wird durch Zusatz von Nickel zunächst erniedrigt, erreicht bei etwa 30% Ni Raumtemperatur und verläuft dann über ein Maximum bei etwa 68% Ni und etwa 620° C zum magnetischen Umwandlungspunkt des Nickels.

Diesem Zustandsschaubild gleichen weitgehend die Zustandsschaubilder Eisen-Mangan und Eisen-Kobalt (s. 332807).

Technische Legierungen. Eisen-Nickellegierungen mit bis 5% Ni und Zusätzen von Kohlenstoff und Chrom finden Verwendung als Vergütungs- und Einsatzstähle nach DIN 1662.

Legierungen mit etwa 36% Ni haben besonders niedrige Wärmeausdehnungsbeiwerte: *Invar, Indilatans.* Üblich sind Zusätze von Co und (oder) Cr.

Legierungen mit mehr als etwa 50% Ni zeichnen sich durch besonders hohe Anfangspermeabilität aus: *Hypernik, Conpernik* (mit 50% Ni) und *Permalloy* (78,5% Ni). Übliche Zusätze sind Cr, Cu, Co und Mo.

8. Kupfer-Nickel. Kupfer und Nickel bilden bei allen Zusammensetzungen einheitliche Mischkrystalle. — Die magnetische Umwandlung des Ni wird durch Cu derart erniedrigt, daß bei etwa 35% Cu der Umwandlungspunkt bei Raumtemperatur liegt (s. 332808).

332810.

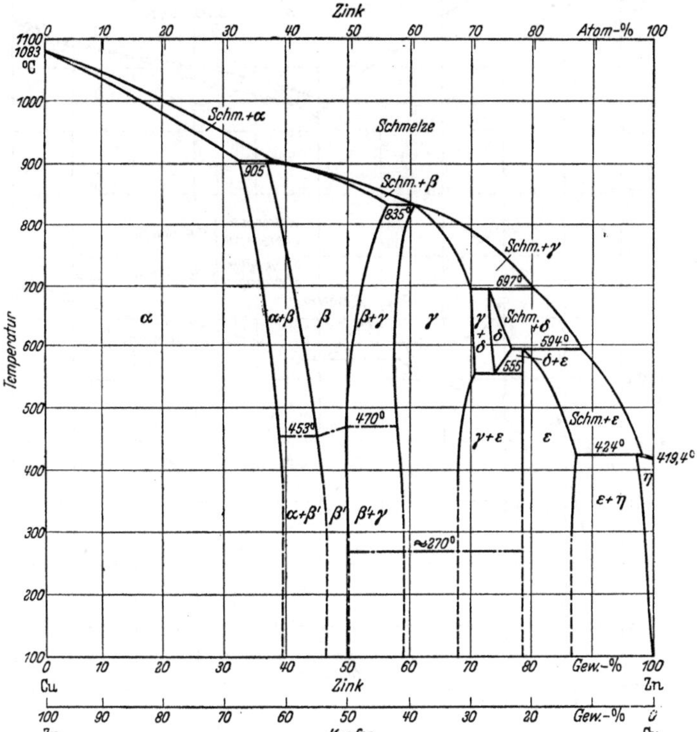

Technische Legierungen. *Nickelin* mit etwa 32% Ni für elektrische Widerstände; *Konstantan* mit 40% Ni für elektrische Widerstände und Thermoelemente; *Monelmetall* mit etwa 67% Ni, daneben noch Fe, Mn, Si und C.

Dreistofflegierungen mit Mangan sind *Manganin* mit 4% Ni und 12% Mn für elektrische Widerstände.

Solche mit Zink sind *Neusilber* (Packfong, Alpaka, nickelsilver, maillechort) mit 19...31% Zn und 13...36% Ni.

9. Kupfer-Zinn. Kupfer löst bei 798° C etwa 13% Sn, das Lösungsvermögen nimmt mit sinkender Temperatur ab. Bei höheren Zinngehalten treten mehrere intermediäre Phasen auf, die eine technische Verwendung dieser Legierungen verbieten. Zinn vermag bei 232° nur etwa 0,2% Cu zu lösen (s. 332809).

Technische Legierungen. Kupfer mit Zinngehalten bis 20% sind die *Bronzen*, die außerdem noch Zusätze von Zink, Blei und Aluminium erhalten können (nach DIN 1705).

10. Kupfer-Zink. Kupfer löst bei 905° C etwa 33% Zn. Das Lösungsvermögen nimmt mit sinkender Temperatur zu. Bei höheren Zinkgehalten treten mehrere

332811.

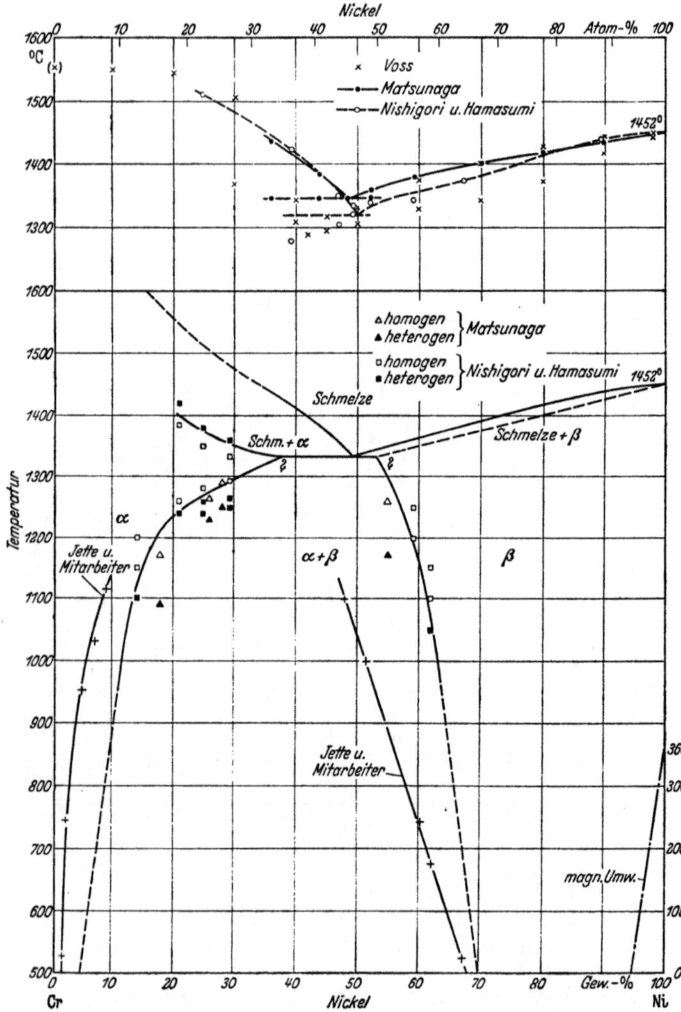

intermediäre Phasen auf (β-Messing, γ-Messing usw.), die eine technische Verwertbarkeit der Legierungen mit mehr als etwa 45% Zn ausschließen. Zink löst bei 424° etwa 2,6% Cu; das Lösungsvermögen nimmt mit sinkender Temperatur ab (s. 332810).

Technische Legierungen. Legierungen mit Zinkgehalten bis 42% sind die *Messinge*, die mit Ms x bezeichnet werden, wobei x den Kupfergehalt angibt (Din 1709).

Durch Nickelzusatz werden die *Neusilberlegierungen* erhalten (vgl. Kupfer-Nickel). Technische Legierungen auf der Zinkseite enthalten neben Kupfer weitere Zusätze von Aluminium und Magnesium (vgl. auch Aluminium-Zink oder Mangan).

332812.

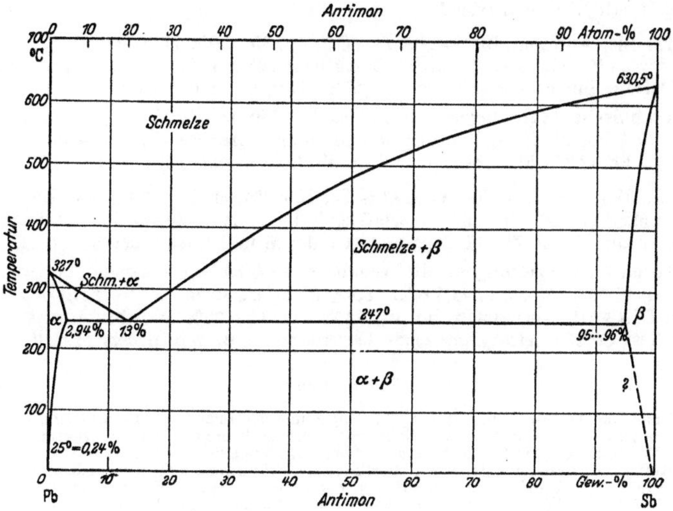

332813.

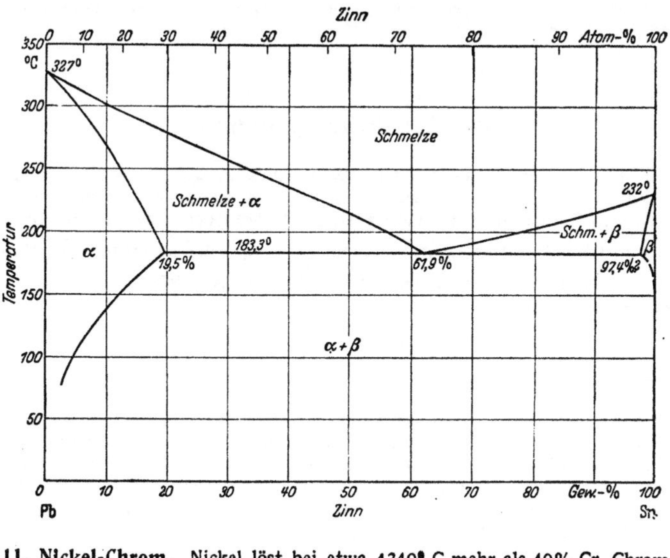

11. Nickel-Chrom. Nickel löst bei etwa 1340° C mehr als 40% Cr, Chrom löst bei der gleichen Temperatur mehr als 30% Ni. Die gesättigten Mischkrystalle bilden miteinander ein Eutektikum mit etwa 50% Cr. Das Lösungsvermögen der Metalle füreinander nimmt mit sinkender Temperatur ab.

Die magnetische Umwandlung des Nickels wird durch Cr-Zusatz stark erniedrigt (s. 332811).

Technische Legierungen. Verwendung finden nur die Ni-reichen Legierungen mit bis etwa 30% Cr. Weitere Zusätze sind Fe, Mo und Mn. Legierungen dieser Gruppe sind z. B. *Nichrome*, *Chronin*, *Fernite* (hitze- und korrosionsbeständig, hoher elektrischer Widerstand).

12. Blei-Antimon. Blei löst bei 247° C 2,94% Sb, Antimon löst etwa 5% Pb. Die gesättigten Mischkrystalle bilden ein Eutektikum mit 13% Sb. Das Lösungsvermögen der Metalle füreinander sinkt mit fallender Temperatur (s. 332812).

Technische Legierungen. Pb mit bis 10% Sb als *Hartblei*, Legierungen mit 73...80% Pb, 12...26% Sb neben Sn und Cu als *Letternmetalle*; solche mit 73,3... 78,5%, Pb 15,5% Sb neben Sn und Cu als *Lagermetalle* nach DIN 1703.

13. Blei-Zinn. Blei löst bis 19,5% Sn, Zinn löst bis etwa 2,5% Pb. Die gesättigten Mischkrystalle bilden bei 183,3° C ein Eutektikum mit 61,9% Sn. Mit sinkender Temperatur nimmt das Lösungsvermögen der Metalle füreinander ab (s. 332813).

Technische Legierungen. Alle Legierungen als *Weichlote* (Lötzinne); Legierungen mit 80, 10 oder 5% Sn, 2, 73,5 oder 78,5% Pb neben Sb und Cu als *Weißmetallager* nach DIN 1703. Legierungen mit 25...30% Pb, 12...26% Sn neben etwa 50% Bi und Rest Cd sind leichtschmelzende Legierungen, z. B. Wood*sches Metall.*

Schrifttum.

Aluminium-Taschenbuch. — Beck, A.: Magnesium und seine Legierungen. Berlin 1939. — Burkhardt, A.: Technologie des Zinks und seiner Legierungen, 2. Aufl. Berlin 1940. — Fuß, V.: Metallographie des Aluminiums und seiner Legierungen. Berlin 1934. — Hansen, M.: Der Aufbau der Zweistofflegierungen. Berlin 1936. — Houdremont, E.: Sonderstahlkunde. Berlin 1935. — Nickel-Handbuch. Herausgeg. vom Nickel-Informationsbüro. Frankfurt a. M. — Oberhoffer, P., W. Eilender u. H. Esser: Das technische Eisen, 3. Aufl. Berlin 1936. — Rapatz, F.: Die Edelstähle, 2. Aufl. Berlin 1934. — Schimmel, A.: Metallographie der technischen Kupferlegierungen. Berlin 1930. — Werkstoffhandbuch Nichteisenmetalle. Berlin 1927. — Werkstoffhandbuch Stahl und Eisen. Herausgeg. vom Verein deutscher Eisenhüttenleute, 2. Aufl. Düsseldorf 1937. — Zeerleder, A. v.: Technologie des Aluminiums und seiner Legierungen, 3. Aufl. Leipzig 1938.

34 Oberflächenspannung.

Nach Laplace setzt sich der Oberflächendruck P, der an jeder Stelle einer Flüssigkeitsoberfläche senkrecht nach innen wirkt, zusammen aus einem konstanten Glied K, dem Normaldruck der Flüssigkeit bei ebener Oberfläche (von der Größenordnung 1000 Atm) und einem der Summe $\frac{1}{R_1} + \frac{1}{R_2}$, der reziproken Hauptkrümmungsradien proportionalem Glied, das als Proportionalitätsfaktor die sog. Oberflächenspannung γ enthält.

$$P = K + \gamma \left(\frac{1}{R_1} + \frac{1}{R_2}\right)$$

γ hat die Dimension $m\,t^{-2}$.

Nach Gauß ist die Oberflächenspannung γ die Arbeit A, die zur Herstellung der Oberflächeneinheit erforderlich ist. Sie ist gleich der Zugkraft, die tangential zur Oberfläche auf die Längeneinheit jeder in ihr enthaltenen Linie wirkt und die Oberfläche zu verkleinern trachtet. Beide Definitionen erweisen sich als identisch, wenn man sich die (Flüssigkeits-) Oberfläche als eine elastisch an der Grenzfläche haftende Membran vorstellt.

Die praktische Einheit ist $\frac{1\ \mathrm{mg}_{(\mathrm{gew.})}}{\mathrm{mm}}$, die absolute cgs-Einheit $\frac{\mathrm{erg}}{\mathrm{cm}^2} = \frac{\mathrm{dyn}}{\mathrm{cm}}$; $\frac{1\ \mathrm{mg}}{\mathrm{mm}} = 0{,}01\ \mathrm{g} \cdot \frac{\mathrm{dyn}}{\mathrm{cm}} = 9{,}81\ \frac{\mathrm{dyn}}{\mathrm{cm}}$ für normale Fallbeschleunigung.

Die Oberflächenspannung ist von der Natur des angrenzenden Stoffes abhängig. Als eigentliche Oberflächenspannung wird die gegen den Dampf der Flüssigkeit gemessene bezeichnet, sie ist im allgemeinen von derjenigen gegen Luft oder andere Gase wenig verschieden. Grenzen zwei Flüssigkeiten aneinander, so bezeichnet man ihre gegenseitige Oberflächenspannung als *Grenzflächenspannung;* bei einer Flüssigkeit und einem festen Stoff entsprechend als *Adhäsionsspannung.*

Die Capillarkonstante oder spezifische Kohäsion ist $a^2 = \frac{2\gamma}{\varrho'}$ [ϱ' = Flüssigkeitsgewicht pro Volumeneinheit] (Wichte). Wird die Oberflächenspannung nach der Methode der Steighöhe in Capillaren bestimmt, so ergibt sie sich (bei vollkommener Benetzung) aus der Gleichung $\gamma = \frac{h\,r \cdot \varrho'}{2}$ (r = Radius der Capillare in mm, h = Steighöhe in mm, γ in $mg_{(gew.)}\,mm^{-1}$).

Ein Mol eines Stoffes bildet stets eine zu $V^{2/3}$ (V = Molekularvolumen = Molgewicht/Dichte) proportionale Oberfläche. Die molekulare freie Oberflächenenergie ist daher gleich $\gamma \cdot A \cdot V^{2/3}$ (A = Zahlenfaktor).

Die Oberflächenspannung sinkt mit steigender Temperatur. Der Temperaturkoeffizient der molekularen freien Oberflächenenergie $\frac{d(\gamma \cdot V^{2/3})}{dT}$ hat, wie Eötvös zeigte, für viele Flüssigkeiten den gleichen Wert: $-2{,}12$ erg · $grad^{-1}$. Bei polymerisierten Flüssigkeiten ist er kleiner.

Bei der kritischen Temperatur wird $\gamma = 0$.

341 Elemente.

Oberflächenspannung γ in dyn · cm^{-1} der Elemente gemessen gegen die angegebene Atmosphäre.

Die Meßmethode ist angegeben. Kondensierte Gase s. Tabelle 344.

Stoff und Meßmethode	Gegen δ	Temp. in °C	$\gamma \frac{dyn}{cm}$	Stoff und Meßmethode	Gegen δ	Temp. in °C	$\gamma \frac{dyn}{cm}$
Br (Steighöhe in Capillaren)	Luft	13	44,1	Ag (Maximaldruck in Blasen)	H_2	995	923
						1100	909
S (Maximaldruck in Luftblasen)	Luft	141	58,3				
				Au (Maximaldruck in Blasen)	H_2	1120	1128
						1200	1120
Se (Tropfengewicht)	Luft	217	92,5			1300	1110
Na (Tropfendimensionen)	Vakuum	250	211	Zn (Tropfengewicht)	Vakuum	470	772,2
		100	222			616	738,9
				(Maximaldruck in Blasen)	H_2	510	785
K (Tropfengewicht)	CO_2	64	411,5				
				(Maximaldruck in Tropfen)	H_2	543	747
Fe (Guß-) (Maximaldruck in Blasen)	H_2	1267	936				
		1310	917	(Maximaldruck in Blasen)	H_2	600	768
						700	763
Pt (Tropfengewicht)		2000	1819				
				Cd (schwingende Strahlen)	Vakuum	350	546,4
Cu (Maximaldruck in Blasen)	H_2	1140	1120				
		1200	1160	(Maximaldruck in Blasen)	H_2	330	570
		1300	1226			400	597
						600	585

341 (Fortsetzung).

Stoff und Meßmethode	Gegen δ	Temp in °C	$\gamma \frac{dyn}{cm}$	Stoff und Meßmethode	Gegen δ	Temp. in °C	$\gamma \frac{dyn}{cm}$
Hg (schwingende	Dampf	20	471,6	Tl (Tropfen-	Vakuum	300...	357...
Strahlen)	im	40	468,2	dimensionen)		320	496
	Vakuum	60	464,4				
		80	460,5	Sn (schwingende	Vakuum	247	539,8
		100	456,2	Strahlen)		271	538,0
		120	452,0			398	533,9
		140	447,2	Tropfengewicht	H_2	253	526
		160	442,0			800	520
		180	436,8				
		200	431,2				
		220	425,2	Pb (schwingende	Vakuum	377	394,2
		240	419,0	Strahlen)	H_2	350	453
		260	412,7	(Maximaldruck in	H_2	366	442
		280	406,4	Tropfen)		522	429
		300	399,5				
		320	392,3	Bi (Maximaldruck	H_2	300	388
		340	384,6	in Blasen		600	367
		360	376,4			779	343,9
				(Tropfengewicht	CO_2	264	429,5
Ga (Tropfen-	H_2 oder	30...	735	Krümmung im	CO_2	265	464,9
dimensionen)	CO_2	40		Tropfenscheitel)			

342 Anorganische Verbindungen.

3421 Wasser.

34211 Oberflächenspannung γ in dyn·cm^{-1} von Wasser gegen feuchte Luft in Abhängigkeit von der Temperatur.

Zehner \ Einer (Temperatur in °C)	0	1	2	3	4	5	6	7	8	9
0	75,626	75,470	75,312	75,155	75,006	74,860	74,713	74,555	74,410	74,263
10	74,113	73,957	73,800	73,653	73,497	73,350	73,203	73,045	72,889	72,732
20	72,583	72,427	72,270	72,113	71,957	71,810	71,652	71,495	71,339	71,192
30	71,035	70,869	70,710	70,559	70,397	70,230	70,073	69,906	69,740	69,573
40	69,416	69,249	69,083	68,925	68,759	68,592	68,424	68,257	68,091	67,914
50	67,799	67,571	67,405	67,238	67,072	66,894	66,717	66,541	66,374	66,208
60	66,040	65,864	65,688	65,521	65,344	65,167	64,992	64,805	64,628	64,453
70	64,274	64,099	63,922	63,746	63,570	63,393	63,217	63,038	62,863	62,676
80	62,500	62,313	62,137	61,950	61,773	61,587	61,410	61,224	61,047	60,861
90	60,684	60,507	60,321	60,136	59,949	59,763	59,576	59,380	59,184	58,987
100	58,802									

34212 Oberflächenspannung γ in dyn·cm^{-1} von Gemischen aus leichtem und schwerem Wasser gegen den eigenen Dampf bei 20° C*.

% H_2O	% D_2O	γ in dyn/cm	% H_2O	% D_2O	γ in dyn/cm
100,0	0,0	72,75*	8	92	68,1
69	31	71,5	0	100	67,8
34,5	65,5	69,8			

* Entspricht in der Tabelle 3421 dem Wert bei $\vartheta = 19{,}9°$.

3422 Weitere anorganische Flüssigkeiten.

Oberflächenspannung γ in $dyn \cdot cm^{-1}$ bei der Temperatur ϑ gemessen gegen die angegebene Atmosphäre.

L = Luft; D = eigener Dampf; N_2 = Stickstoff.

Stoff	Gegen	ϑ in °C	γ in $dyn \cdot cm^{-1}$
H_2O s. 3421			
S_2Cl_2	N_2	0,0	45,4
		75,0	34,6
		121,0	29,4
N_2O_4	D	1,6	29,5
		19,8	26,6
PCl_3	N_2	−70	37,4
		35,2	25,8
		75,1	21,9
$POCl_3$ . . .	L	15	32,8
		49	28,4
		65	26,6
$AsCl_3$ . . .	N_2	−21,0	43,8
		50,2	36,6
		110,0	31,0
$AsBr_3$ . . .	N_2	49,6	49,6
		121,0	41,0
		179,7	36,1
$SbCl_3$	N_2	74,5	49,6
		137,0	42,6
		178,0	38,3
BCl_3	D	20,0	16,7
LiF	N_2	868,5	249,5
		1155,5	217,4
		1270	201,1
LiCl	N_2	614,0	137,8
		860,1	119,9
		1074,6	104,8
Li_2SO_4 . . .	N_2	860	223,8
		1057	211,0
		1214	200,3
$LiNO_3$ . . .	N_2	358,5	111,5
		445,3	106,0
		609,4	96,2
Li_2SiO_3 . . .	N_2	1254	374,6
		1421	356,2
		1601	346,6
$LiBO_2$ . . .	N_2	879,2	261,8
		1309,3	225,8
		1520	192,4
NaF	—	1010	199,5
		1263	173,1
		1546	143,5
NaCl	—	802,6	113,8
		960,5	102,7
		1171,8	88,0
NaBr . . .	—	760,9	105,8
		941,5	92,9
		1165,7	78,0
NaJ	—	705,5	85,6
		815,5	80,5
		860,7	77,6
Na_2SO_4 . .	N_2	900	194,8
		990	188,2
		1077	184,7
$NaNO_3$ . . .	N_2	321,5	119,7
		601,6	103,4
		738,2	93,7
$NaPO_3$ . . .	N_2	827	197,5
		1264,5	170,9
		1516,5	147,5
Na_2CO_3 . .	L	—	179,0
$NaBO_2$ . . .	N_2	1015,6	193,7
		1192,3	166,1
		1441	126,2
$Na_2B_4O_7$ . .	L	1000	211,9
KF	N_2	912,7	138,4
		1185	116,1
		1310	104,9
KCl	N_2	799,5	95,8
		1087,5	75,2
		1167	69,6
KBr	N_2	775	85,7
		886,5	77,8
		920	75,4
KJ.	N_2	737	75,2
		812	69,2
		873	66,5
K_2SO_4 . . .	N_2	1070,2	143,7
		1400,0	122,4
		1656,0	106,8
KNO_3 . . .	N_2	380,0	110,4
		578,0	95,2
		771,6	80,2
KPO_3 . . .	N_2	897,0	155,5
		1288,0	126,3
		1536,0	100,3
KCN . . .	L	—	96
RbCl . . .	N_2	750	95,7
		922,7	81,1
		1150	61,4
CsCl	N_2	663,7	89,2
		979	66,4
		1080	56,3
$CsNO_3$ . . .	N_2	425,5	91,8
		511	83,7
		686,4	72,5

3422 (Fortsetzung).

Stoff	Gegen	ϑ in °C	γ in dyn·cm^{-1}	Stoff	Gegen	ϑ in °C	γ in dyn cm^{-1}
$CsSO_4$	N_2	1036	111,3	Na_2WO_4 . .	N_2	710	203,3
		1221	97,3			1181,4	172,4
		1530	83,0			1595	142,6
$K_2Cr_2O_7$ . .	N_2	420	170,1	K_2WO_4 . .	N_2	925,0	161
		504	137,0			1284	124,6
		535	135,0			1520,3	105,6
Na_2MoO_4 . .	N_2	698,5	214,0	AgCl	L	450,2	125
		903,8	195,4			501,3	119
		1212	174,6			550,0	113
K_2MoO_4 . .	N_2	930,6	150,5	$BiCl_3$	—	271,0	66,2
		1286,0	128,8			331,0	58,1
		1522,3	112,5			382,0	52,0

343 Organische Verbindungen.

3431 Oberflächenspannung γ in dyn·cm^{-1} bei der Temperatur ϑ gemessen gegen die angegebene Atmosphäre.

L = Luft; D = eigener Dampf; N_2 = Stickstoff.

Stoff	Temperatur in °C	γ in dyn·cm^{-1}	Gegen	Stoff	Temperatur in °C	γ in dyn·cm^{-1}	Gegen
Acetanhydrid. . . .	15	33,37	L	Amylalkohol . . .	15	26,03	L
	30	31,22	L		30	24,72	L
Acetessigester . . .	25	32,0	N_2	i-Amylalkohol . . .	18	24	L
Aceton*	20	23,7	L	Anilin*	19,5	43,4	D
Acetophenon* . . .	24,8	40,1	N_2	Benzaldehyd	15,4	39,19	
Acetylaceton	25,2	29,2	N_2	Benzoesäureäthylester	25	34,6	N_2
Acetylentetrabromid*	0	48	N_2	Benzol*	20	28,88	L
Acetylentetrachlorid	0	36,7	N_2	Brombenzol	71,2	31	N_2
Äthylamin	−33	24,6	N_2	α-Bromnaphthalin .	20,1	44,53	L
Äthylalkohol	−79,0	30,6	N_2	Bromoform	20	51	
	−24,0	25,2	N_2	Buttersäure	15	27,32	L
	20	22,03	D		30	25,57	L
	40	20,20	D	Buttersäureäthylester	20	24,58	L
	60	18,43	D	Butylalkohol	17,5	24,42	D
	80	16,61	D	i-Butylalkohol . . .	18	22,8	L
	100	14,67	D	Caprinsäure	31,9	27,7	D
Äthylendichlorid . .	29,9	30,1	N_2	Capronsäure	25,7	27,0	D
Äthyljodid	20,4	28,1	N_2	Caprylsäure	20	28,3	D
Ameisensäure* . . .	15	38,13	L	Chinolin	24,9	44,7	N_2
Ameisensäureamid* .	105	50,1	N_2	Chlorbenzol	18	33,7	L
Ameisensäureäthylester	15	24,37	L		25	32,9	N_2
	30	22,38	L	Chloroform*	20	27,1	L
Ameisensäuremethylester	20	24,62	D				

* Siehe auch 3432.

343 (Fortsetzung).

Stoff	Temperatur in °C	γ in dyn·cm^{-1}	Gegen
Cyclohexadien . . .	20	27,32	L
Cyclohexan	20	26,54	L
	30	25,22	L
Cyclohexanol . . .	45	31,37	D
Dekalin	19,8	31,48	L
Diäthyläther* . . .	25	16,6	N_2
Diäthylketon . . .	15	25,87	
	30	24,37	
Dibenzyl	108,3	27,86	D
Dimethylanilin . . .	26,0	36,6	N_2
	99,0	26,80	D
Dioxan	20	35,42	L
	30	33,97	L
Diphenyl	129,2	28,64	D
Essigsäure*	20	23,5	D
Essigsäureäthylester	15	24,36	L
	30	22,55	L
Essigsäure-isoamylester	18	24	
Glycerin, wasserfreies*	30	64,7	L
Glykol*	16,8	46,38	D
Laurinsäure	78,3	26,0	D
	103,3	23,9	D
Malonsäurediäthylester	30	30,56	L
Margarinsäure . . .	66,9	27,9	D
Methyläthylketon .	75	17,8	D
Methylalkohol* . .	15	22,99	L
Methylenchlorid . .	15	28,83	L
	30	26,54	L
Milchsäureäthylester	100	20,86	L
Myristinsäure	56,8	28,6	D
	149,3	21,3	D
Naphthalin	80	32,26	L
Nicotin	20,5	38,61	L
Nitrobenzol	18	42,58	L
	35	41,7	N_2
Octan	20	31,11	L
Öle:			
Olivenöl			
$\varrho_{18} = 0,9151$ . .	18	33,06	L
Petroleum			
$\varrho = 0,8467$ . .	0	28,9	L
	25	26,4	L
	50	24,2	L
$\varrho = 0,773$ . . .	20	23,96	L
Ricinusöl			
$\varrho_{18} = 0,9612$ . .	18	36,40	L
Sesamöl DAB			
$\varrho_{18} = 0,9212$ . .	18	31,78	L
Terpentinöl			
$\varrho_{18} = 0,8533$ . .	18	26,79	L
Ölsäure	20	33,3	L
Palmitinsäure . . .	65,2	26,8	D
Palmitinsäureäthylester	22	31,54	L
Phenol	55	36,5	D
Piperidin	16,5	29,89	D
Propionsäure . . .	15	27,21	D
	30	25,71	D
Propionsäureäthylester	15	24,83	L
	30	23,16	L
Propylalkohol . . .	25	22,9	N_2
Pyridin	25	34,9	N_2
Rohrzucker (geschmolzen) . .	160	66,9	L
Stearinsäure	70	28,9	
Tetrachlorkohlenstoff*	20	25,68	D
Tetralin	19,3	34,21	L
Thiophen	0	33,5	N_2
Toluol	20	27,4	L
Trichloressigsäure* .	80,2	27,8	N_2
Trimethylamin . . .	−32	20,0	N_2
m-Xylol	15	30,12	L
	25	27,4	L
	30	28,44	L

* Siehe auch 3432.

3432 Oberflächenspannung γ in dyn · cm^{-1} von einigen organischen Flüssigkeiten und Wasser gegen den eigenen Dampf (D), Luft (L) oder Stickstoff (N_2) in Abhängigkeit von der Temperatur.

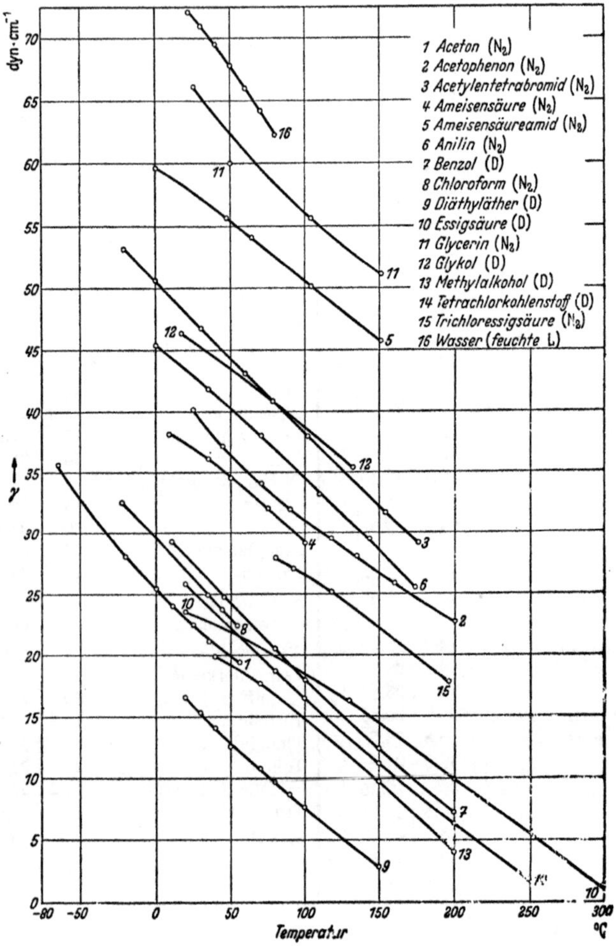

344 Kondensierte Gase.

Oberflächenspannung γ in dyn·cm^{-1} kondensierter Gase gegen den eigenen Dampf.

Stoff	Temp. °C	γ in dyn/cm
He	−271,6	0,354
	−270,1	0,224
	−268,9	0,098
Ne	−248,4	5,61
	−244,9	4,44
A	−188,1	13,2
	−183,1	11,9
H_2	−258,1	2,83
	−255,1	2,32
	−253,1	1,98
O_2	−203,1	18,3
	−193,1	15,7
	−183,1	13,2
Cl_2	−72	33,0
	19,9	18,4
	49,9	13,4
N_2	−203,1	10,53
	−193,1	8,27
	−183,1	6,16
Luft:		
49,9 Vol.-% O_2	−190,3	11,61
67,6 Vol.-% O_2	−190,3	11,91
76,45 Vol.-% O_2	−190,3	12,51
HF	−81,8	17,6
	−16,3	11,19
	19,2	8,92
HCl	−110,0	27,874
	−80,5	22,409
HBr	−91,3	2,748
	−69,2	2,397
HJ	−47,8	29,06
	−36,6	26,96
H_2S	−84,1	33,418
	−62,3	28,783
SO_2	−50,57	37,20
	20,00	22,72
	50,00	16,85

Stoff	Temp. °C	γ in dyn/cm
NH_3	−29	41,2
NO	−163,0	27,79
	−156,0	24,12
	−153,6	22,11
NO_2	−50	14,39
	20	2,012
	30	0,552
PH_3	−106,0	22,783
	−94,2	20,798
CO	−203,1	12,11
	−193,1	9,83
	−188,1	8,74
CO_2	−52,2	16,54
	0,0	4,62
	20	1,37
	25	0,59
C_2H_2	−78,1	18,2
	−63,1	14,7
$(CH_3)_2O$	−40,1	21,0
	−10,1	16,4
$(CH_2)_2O$	−50,1	35,8
	−0,1	27,6
	19,9	24,3
CH_3NH_2	−70	29,2
	−12	22,2
$(CH_3)_2NH$	−78	25,20
	0	18,1
	5	17,5
$C_2H_5NH_2$	−74	28,9
	9,9	20,3
$(CH_3)_3N$	−73	24,8
	−19	18,7
	−4	17,4

345 Lösungen.

3451 Wässerige Lösungen.

34511 Oberflächenspannung γ in $dyn \cdot cm^{-1}$ von wässerigen Lösungen anorganischer Stoffe gegen (feuchte) Luft in Abhängigkeit von der Konzentration.

Stoff	Temp. in °C	Konzentrationen						Endwert	
		1%	5%	10%	20%	50%	75%	Konz.	γ
HCl	20	72,92	72,46	72,25	71,44	—	—	—	—
H_2SO_4	18	—	—	74,1	75,2	77,3	72,86	98,7%	53,66
HNO_3	20	—	—	72,65	71,1	65,43	—	—	—
LiOH	18	73,57	—	—	—	—	—	—	—
LiCl	18	73,2	74,75	—	—	—	—	—	—
LiBr	18	72,95	73,6	74,45	—	—	—	—	—
LiJ	18	72,87	73,1	73,35	—	—	—	—	—
$LiSO_4$	18	73,1	75,27	—	—	—	—	—	—
$LiNO_3$	18	73	74,05	—	—	—	—	—	—
NaOH	20	73,17	74,6	77,3	85,8	—	—	—	—
NaCl	18	72,7	73,95	75,51	—	—	—	—	—
$NaClO_3$ . . .	18	72,31	72,6	72,95	—	—	—	—	—
NaBr	18	72,95	73,6	74,4	—	—	—	—	—
Na_2SO_4 . . .	18	72,75	73,82	75,15	—	—	—	—	—
$NaNO_3$	30	71,4	72,1	72,8	74,4	79,8	—	—	—
KCl	18	72,4	73,6	74,75	77,25	—	—	—	—
KBr	18	72,85	73,25	73,9	75,25	—	—	—	—
KJ	18	—	—	—	—	—	—	10,41%	73,47
K_2SO_4	18	72,95	73,6	—	—	—	—	—	—
KNO_2	20	72,95	73,6	74,35	76,0	81,7	94,6	75,4%	95
KNO_3	18	72,7	73	73,6	75	—	—	—	—
K_2CO_3	10	74,6	75,8	77	79,20	106,4	—	—	—
$N_2Cr_2O_7$ . . .	109	—	—	—	—	—	—	7,64%	75,22
NH_4OH . . .	18	71,65	66,5	63,5	59,3	—	—	—	—
BH_4Cl	18	72,6	73,3	74,5	—	—	—	—	—
AH_4NO_3 . . .	100	58,75	59,2	60,1	61,6	67,5	65,2	88%	85,5
$MgCl_2$	18	72,75	73,8	—	—	—	—	—	—
$MgSO_4$	18	73,1	73,75	74,25	77,6	—	—	—	—
$CaCl_2$.	18	72,72	73,7	—	—	—	—	—	—
$SrCl_2$	30	72,2	72,6	73,27	75,5	—	—	—	—
$BaCl_2$	30	71,2	72,65	74,5	—	—	—	—	—
BaJ_2	15	73,48	74,35	75,32	76,35	—	—	—	—
$Al_2(SO_4)_3$ . . .	18	73,6	74,5	—	—	—	—	—	—
$MnCl_2$	18	—	—	—	—	—	—	26,90%	82,13
$MnSO_4$	15	73,31	73,65	74,85	—	—	—	—	—
$FeSO_4$	18	73,6	73,62	73,9	—	—	—	—	—
$CuSO_4$	30	71,25	71,8	72,37	73,5	—	—	—	—
$AgNO_3$	18	73,5	73,9	74,4	75,25	78,9	—	—	—
$ZnSO_4$	18	72,67	73,25	73,9	75,75	—	—	—	—
$CdCl_2$	15	73,35	73,55	73,82	74,9	—	—	—	—
CdJ_2	15	73,3	73,3	73,25	73,2	—	—	—	—

34512 Oberflächenspannung γ in dyn·cm^{-1} von wässerigen Lösungen organischer Stoffe bei der angegebenen Temperatur ϑ gegen (feuchte) Luft.

Die Stoffe sind nach der Anzahl der C-Atome gemäß dem Schema angeordnet.

Stoff	ϑ in °C	Konzentration in g-mol/l							
		0,0078	0,0156	0,0312	0,0625	0,125	0,25	0,50	1,000
Methylalkohol	18	—	—	—	—	—	70,23	68,4	65,1
Äthylalkohol	18	69,4	68,1	65,2	59,4	—	—	—	—
Essigsäure	15	—	—	—	70,0	68,9	66,8	63,3	59,2
Propylalkohol	15	—	—	68,9	66,8	63,3	57,7	50,5	42,4
Aceton	15	—	—	69,8	68,5	66,6	63,6	59,4	54,1
Propionsäure	15	—	70,4	69,3	67,5	64,4	60,1	54,1	47,3
Essigsäuremethylester	15	—	—	69,1	67,3	64,3	60,0	54,1	46,2
Butylalkohol	16...17	69,3	67	64,2	58,3	52,5	44,6	35,3	—
i-Butylalkohol	18	—	69,8	66,6	60,9	54,2	—	—	—
Methyläthylketon	19	71	70,3	68,5	65,5	62	57,3	50,3	43
Buttersäure	15	69,8	68,6	65,8	58,8	55,1	47,9	40,1	32,4
Essigsäureäthylester	15	69,6	68,0	65,1	61,5	56,2	49,7	41,5	—
i-Amylalkohol	18	67,4	62,2	55,1	—	—	—	—	—
Diäthylketon	16	70,6	68,4	65,2	60,8	55,5	48,6	—	—
Propionsäureäthylester	15	66,8	63,3	58,9	53,2	45,5	—	—	—
Essigsäurepropylester	15	66,4	62,5	57,7	51,4	43,6	—	—	—
Phenol	20	65,1	58,2	48,5	43,3	—	—	—	—
Capronsäure	20	59,8	52,6	42,7	—	—	—	—	—
Propionsäurepropylester	15	61,2	55,8	49,1	—	—	—	—	—
Hydrochinon	12	—	71,6	70,7	—	—	—	—	—
Brenzcatechin	12	—	68,7	65,2	—	—	—	—	—
o-Kresol	21	69,6	67	62	55,2	47,2	—	—	—
Heptylsäure	20	45,2	—	—	—	—	—	—	—
Ca-Salz des Dodecylschwefelsäureesters	60	30,4	30,4	—	—	—	—	—	—
Na-Salz des Hexadecylschwefelsäureesters	40	29,73	30,25	—	—	—	—	—	—
Na-Salz des Octadecylschwefelsäureesters	40	34,3	34,8	—	—	—	—	—	—
Anilin	15	—	—	—	68,3	61,5	—	—	—
Acetamid	15	—	—	—	—	71,1	70,5	69,7	67,9

3452 Oberflächenspannung γ in dyn·cm⁻¹ von Stoffen

Die Anzahl der Mol-% bezieht sich auf den gelösten Stoff. Von Spalte 2

34521 Anorganische

Gelöster Stoff	Temp. °C	Lösungs- Methylalkohol Mol-%	γ	Ameisensäure Mol-%	γ	Äthylalkohol Mol-%	γ
J	23	—	—	—	—	—	—
		—	—	—	—	—	—
H_3BO_3	12	2,67	24,44	—	—	—	—
		8,35	25,88	—	—	—	—
LiCl	20...21	2,15	23,10	(14°) 0,50	37,83	2,29	23,10
		6,70	25,12	7,12	41,23	9,38	24,07
LiBr	13...14	1,94	24,08	1,44	39,17	0,95	23,08
		14,23	31,50	10,23	44,08	5,17	23,91
LiJ	14	0,53	23,50	0,99	39,03	1,43	23,11
		12,68	30,81	6,20	42,28	26,92	31,95
NaCl	13...14	—	—	0,78	38,80	—	—
		—	—	2,93	39,73	—	—
NaBr	13...14	1,11	23,71	1,93	39,17	—	—
		3,63	24,85	5,75	41,02	—	—
NaJ	13...14	(22°) 0,76	22,83	1,90	39,42	(24°) 0,45	22,47
		12,53	29,75	7,25	42,61	10,46	25,07
KCl	13...14	—	—	0,88	39,03	—	—
		—	—	7,70	41,78	—	—
KBr	12...13	—	—	1,14	39,00	—	—
		—	—	5,09	40,98	—	—
KJ	14	0,81	23,76	(13°) 1,17	39,06	—	—
		2,68	27,71	5,97	41,86	—	—
$CaCl_2$	24	(17°) 0,43	23,09	(14°) 0,30	38,31	0,94	22,62
		4,63	25,76	4,06	40,51	7,47	23,97
$CoCl_2$	17	0,89	23,37	—	—	—	—
		7,40	27,23	—	—	—	—
ZnJ_2	22	0,90	22,97	—	—	(24°) 0,41	22,71
		5,07	25,84	—	—	6,90	25,49
CdJ_2	17,5	1,32	23,12	—	—	—	—
		12,71	28,13	—	—	—	—
$HgCl_2$	21	0,94	23,27	—	—	2,83	23,31
		3,89	24,40	—	—	4,88	23,59
HgJ_2	14,5	—	—	—	—	—	—

34522 Organische

Gelöster Stoff	Temp. °C	Lösungs- Methylalkohol Mol-%	γ	Äthylalkohol Mol-%	γ	Essigsäure Mol-%	γ
Acetamid	20	0,00	23,01	0,00	22,72	0,00	27,57
		1,53	23,20	2,31	22,95	—	—
		7,65	24,08	11,03	23,95	—	—
Benzoesäure	20	(12°) 1,39[1]	23,73	0,44	22,81	—	—
		11,16[1]	26,77	9,77	24,66	—	—
Naphthalin	20	0,71	23,25	0,77	22,96	1,06	27,64
		1,54	23,52	3,22	23,31	4,70	28,11
Oxalsäure	12	0,80[1]	23,65	—	—	—	—
		12,00[1]	28,28	—	—	—	—
Pikrinsäure	13	0,53	23,40	—	—	—	—
		2,18	24,12	—	—	—	—

[1] Für den reinen Methylalkohol ist $\gamma = 23,30$ für 12° C.

in organischen Lösungsmitteln gegen Luft.
abweichende Meßtemperaturen stehen in Klammern neben den Meßergebnissen.
Stoffe.

mittel

Propylalkohol		Aceton		i-Amylalkohol		Pyridin	
Mol %	γ	Mo-%	γ	Mol-%	γ	Mol-%	γ
—	—	—	—	1,54	24,26	—	—
—	—	—	—	4,18	24,56	—	—
—	—	—	—	—	—	—	—
—	—	—	—	—	—	—	—
—	—	—	—	—	—	2,83	36,32
—	—	—	—	—	—	6,19	36,69
—	—	1,12	24,22	—	—	1,70	37,50
—	—	4,37	24,73	—	—	3,74	38,09
—	—	1,56	24,53	—	—	2,33	37,75
—	—	6,22	25,33	—	—	8,35	39,68
—	—	—	—	—	—	—	—
—	—	—	—	—	—	—	—
—	—	—	—	—	—	—	—
—	—	—	—	—	—	—	—
(24°) 2,32	24,00	0,93	24,22	(22°) 3,81	24,15	1,69	37,59
8,81	24,98	6,53	25,12	6,26	24,22	4,39	38,21
—	—	—	—	—	—	—	—
—	—	—	—	—	—	—	—
—	—	—	—	—	—	—	—
—	—	—	—	—	—	—	—
—	—	—	—	—	—	—	—
—	—	—	—	—	—	—	—
1,17	23,87	—	—	(22°) 0,00	24,06	—	—
4,55	24,28	—	—	4,54	24,21	—	—
—	—	—	—	—	—	—	—
—	—	—	—	—	—	—	—
(24°) 0,83	23,96	—	—	0,00	24,06	—	—
5,50	25,32	—	—	3,15	24,16	—	—
—	—	—	—	—	—	—	—
—	—	—	—	—	—	—	—
—	—	—	—	—	—	—	—
—	—	—	—	—	—	—	—
—	—	—	—	—	—	0,57	38,47
—	—	—	—	—	—	4,72	38,53

Stoffe.

mittel

Butylalkohol		i-Amylalkohol		Benzol		Pyridin	
Mol-%	γ	Mol-%	γ	Mol-%	γ	Mol-%	γ
0,00	24,92	0,00	24,38	0,00	29,29	0,00	37,88
—	—	—	—	—	—	—	—
—	—	—	—	—	—	—	—
1,81	25,23	2,27	24,74	—	—	—	—
11,31	26,52	14,17	25,94	—	—	—	—
1,27	25,05	1,71	24,62	(15°) 1,51	29,41	(14,5°) 2,94	38,02
4,65	25,35	5,39	24,80	12,27	30,10	12,90	38,37
—	—	—	—	—	—	—	—
—	—	—	—	—	—	—	—
—	—	—	—	—	—	—	—
—	—	—	—	—	—	—	—

346 Grenzflächenspannung.

3461 Quecksilber.

34611 Grenzflächenspannung γ in dyn · cm^{-1} an der Grenze von Quecksilber gegen Wasser und wässerige Lösungen.

Gelöster Stoff	Dichte in g · cm^{-3}	Temp.-Bereich °C	γ in dyn/cm	Gelöster Stoff	Dichte in g · cm^{-3}	Temp.-Bereich °C	γ in dyn/cm
Wasser . .		20	375	$CuSO_4$	1,012	19...20	343,2
HCl. . . .	1,004	19...20	362,8		1,067	19...20	334,9
	1,032	19...20	356,1		1,103	19...20	331,7
	1,122	19...20	342,4	$ZnCl_2$	1,094	19...20	359,0
	1,190	19...20	335,7		1,426	19...20	328,7
H_2SO_4 . .	1,015	19...20	337,5		1,683	19...20	304,7
	1,071	19...20	319,7				
	1,0559	20	316	Äthylalkohol . .	0,969	19...20	363,2
NaOH . .	1,006	19...20	407,1		0,927	19...20	361,1
	1,079	19...20	423,2		0,825	0	366,6
	1,296	19...20	429,4		0,795	19...20	364,0
Na_2SO_4 . .	1,010	19...20	371,8	Essigsäure. . . .	1,006	20,0	344
	1,057	19...20	371,0	Essigsaures Na. .	1,014	19...20	379,0
	1,098	19...20	377,3	Oxalsaures K . .	1,029	19...20	352,3
					1,145	19...20	353,6

34612 Grenzflächenspannung γ in dyn · cm^{-1} an der Grenze von Quecksilber gegen Lösungen von Salzen und anderen Stoffen in Säuren bei 30° C in Abhängigkeit von der Konzentration des gelösten Stoffes.

Lösungsmittel	Gelöster Stoff	Lösungsmittel		2 g/l		5 g/l		10 g/l	
		Dichte	γ	Dichte	γ	Dichte	γ	Dichte	γ
0,1 n HCl	NH_4Cl	1,0027	363,1	1,0075	358,1	1,0147	355,9	1,0266	354,6
0,5 n HCl	NH_4Cl	1,0098	359,1	1,0146	355,9	1,0218	354,2	1,0337	352,9
1 n HCl	NH_4Cl	1,0179	356,3	1,0227	353,7	1,0299	352,5	1,0419	350,3
2 n HCl	NH_4Cl	1,0344	353,9	1,0392	351,2	1,0464	350,0	1,0584	349,1
2 n H_2SO_4	Na_2SO_4	1,0643	312,2	—	—	1,1020	319,3	1,1352	322,5
2 n H_2SO_4	K_2SO_4	1,0643	312,2	—	—	1,0968	316,4	1,1300	317,6
0,1 n H_2SO_4	$(NH_4)_2SO_4$	1,0066	328,3	1,0144	334,7	1,0261	338,4	1,0456	339,9
0,5 n H_2SO_4	$(NH_4)_2SO_4$	1,0192	320,9	1,0270	327,3	1,0387	331,0	1,0582	333,5
1 n H_2SO_4	$(NH_4)_2SO_4$	1,0343	317,5	1,0421	323,9	1,0538	328,6	1,0733	331,1
2 n H_2SO_4	$(NH_4)_2SO_4$	1,0643	312,7	1,0721	318,6	1,0838	323,3	1,1033	327,8
2 n H_2SO_4	Leucin	1,0643	312,2	1,0649	323,3	—	—	—	—
2 n H_2SO_4	Mannit	1,0643	312,2	1,0702	317,6	1,0789	321,9	1,0932	328,8

34613 Grenzflächenspannung γ in dyn · cm^{-1} an der Grenze von Quecksilber gegen organische Flüssigkeiten.

	°C	γ		°C	γ
Aceton	20	390,1	Methyljodid	20	289
Acetylentetrabromid	20	307	Nitroäthan	20	378
Äthylalkohol	20	364	Nitrobenzol	20	350
	25	376,9		25	349,5
Äthylenbromid	20	326	Octan	20	375
Äthylidenchlorid	20	337		25	376,0
Äthyljodid	20	306	Octylalkohol	20	352
Amylalkohol	25	261,6	Sek. Octylalkohol.	20	359
Anilin	20	341	Ölsäure	20	322
Benzol	20	357	Olivenöl	20	301,8
	25	364,3	Propylalkohol	20	368
Butylalkohol	25	372,8		25	376,5
i-Butylalkohol	20	343	Schwefelkohlenstoff	20	339
Butylbenzol	25	362,5	Tetrachlorkohlenstoff . . .	20	362
Chloroform	20	357	Toluol.	20	359
Diäthyläther	20	379		25	363,6
Diamylamin	20	371	Undecylsäure	20	353
Heptan	25	378,7	o-Xylol	20	359
Hexan	20	378	m-Xylol	20	357
	25	379,9	p-Xylol	20	361
Methylenchlorid	20	341			

3462 Wasser.

Grenzflächenspannung γ in dyn·cm^{-1} an der Grenze von Wasser gegen organische Flüssigkeiten.

Stoff	0° C	10° C	18° C	20° C	25° C	30° C	40° C
Acetanhydrid	—	—	—	—	—	3,6	—
Acetessigester	—	—	—	—	—	3,75	—
Acetophenon	—	—	—	—	—	12,08	—
Äthylendibromid	—	38,28	—	37,20	—	36,08	35,03
Amylalkohol	—	—	4,8	—	—	4,86[1]	—
iso-Amylalkohol	—	—	4,42	5,4	—	—	—
Anilin	—	—	—	—	4,8 (26°)	6,00	—
Benzin	—	—	—	48,3	—	—	—
Benzol	—	35,56	—	34,96	34,7[1]	34,34	33,84
Benzylchlorid	—	—	—	—	—	27,1	—
Butylalkohol	—	—	—	1,58	—	—	—
i-Butylalkohol	—	—	1,76	—	—	—	—
Capronsäureäthylester	21,03	21,42	—	21,29	—	21,15	21,02
Chlorbenzol	—	—	—	—	37,93 (25,13°)	37,15	—
Chloroform	—	32,17	33,3	27,7[1]	—	31,4	—
Diäthyläther	—	10,19	10,6	9,69[1]	—	11,13	—
Dimethylanilin	—	—	—	—	25,57	—	—
Essigsäureäthylester	—	—	—	—	—	6,27	—
Essigsäureamylester	—	—	—	—	—	10,8	—
Furfurol	—	—	—	—	—	5,13	—
Heptan	—	—	—	—	50,39	—	—
Heptylaldehyd	10,78	12,51	—	13,74	—	14,41	14,82
Heptylsäure	8,34	7,93	—	7,54	—	7,13	7,00
Hexan	—	51,25	—	51,1[1]	—	50,66	50,48
Kresol	—	—	—	—	—	4,28	—
Kresylsäure	—	—	3,9	—	—	—	—
Nitrobenzol	—	—	24,7	—	—	24,10	—
Octan	—	51,01	—	50,81	—	—	49,58
Octylalkohol	7,75	—	—	—	—	8,97	9,32
Sek. Octylalkohol	8,44	8,80	—	9,24	—	9,65	10,04
Olivenöl	—	—	—	18,2	—	—	—
Petroleum	—	—	—	48,3	—	45,0[1]	—
Schwefelkohlenstoff	—	—	49,3	38,3[1]	47,95 (25,13°)	46,31[1]	—
Terpentinöl	—	—	—	—	—	23,0	—
Tetrachlorkohlenstoff	46,97	45,97	—	45,05	—	44,04	43,04
Toluol	—	—	—	—	36,06 (25,13°)	34,6[1]	—
Xylol	—	—	—	—	—	36,4	—

347 Adhäsionsspannung.

Adhäsionsspannung in dyn·cm^{-1} von Wasser und organischen Flüssigkeiten gegen feste Stoffe.

Die Werte für die Gläser wurden durch optische Bestimmung der Randwinkel an dem System organische Flüssigkeit — Luft — fester Körper bzw. (*) organische Flüssigkeit — Wasser — fester Körper, die für Kieselsäure und Kohle durch Messung des Verdrängungsdruckes ermittelt.

Organische Flüssigkeit	Gläser			Kieselsäure		Kohle (Lampenruß)	Schwefel
	Quarzglas 25° C	Bleiglas 25° C	Kalk-Natrongl. 25° C	Sand 25° C	Tripel		
Wasser	95,92	76,16	—	76,7	—	—	—
Äthylentetrabromid	43,32	—	45,71	42,8	—	—	—
Äthylbenzol	—	—	—	41,2	—	—	—
Amylalkohol	73,13*	< 71,0*	—	—	77,5	58,77	—
Anilin	—	—	—	—	73,8	60,22	28,9
Benzol	45,43*	< 41,66*	—	44,1	51,2	81,03	58,3
Benzylalkohol	—	—	—	—	—	85,73	—
Brombenzol	—	—	—	39,3	—	—	—

[1] Aus anderer Meßreihe.

347 (Fortsetzung).

Organische Flüssigkeit	Gläser: Quarzglas 25° C	Gläser: Bleiglas 25° C	Gläser: Kalk-Natrongl. 25° C	Kieselsäure: Sand 25° C	Kieselsäure: Tripel	Kohle (Lampenruß)	Schwefel
α-Bromnaphthalin . . .	41,07	43,61	44,00	39,6	41,1	88,81	—
Bromoform	37,25	39,86	39,24	37,4	—	—	—
Butylalkohol	—	—	—	—	—	—	24,7
i-Butylalkohol	—	—	—	—	80,7	56,60	—
Butylbenzol	—	—	—	38,7	—	—	—
Chlorbenzol	—	—	—	40,2	—	—	—
α-Chlornaphthalin . . .	39,77	40,05	40,20	39,0	—	—	—
Chloroform	—	—	—	47,4	58,7	79,83	—
Dekalin	—	—	—	—	—	76,38	—
Diäthyläther	—	—	—	—	—	59,85	—
Essigsäureäthylester . .	—	—	—	—	76,1	59,07	—
Essigsäureamylester .	—	—	—	—	73,7	63,68	—
Essigsäurebutylester .	66,60*	< 62,75*	—	64,5	72,1	65,78	—
Essigsäurepropylester .	—	—	—	—	74,4	63,09	—
Hexan	29,90*	34,22*	—	25,9	—	—	—
Jodbenzol	38,22	38,70	> 39,10	37,2	—	—	—
Methylenjodid	—	43,73	—	—	—	—	—
Nitrobenzol	57,25*	53,50*	—	57,7	61,4	79,58	—
Propylbenzol	—	—	—	40,0	—	—	—
Schwefelkohlenstoff . .	40,46*	44,25*	—	42,3	43,2	90,77	—
Tetrachlorkohlenstoff .	35,67*	—	—	36,3	39,5	86,38	47,0
Tetralin	—	—	—	—	—	76,70	—
Toluol	46,54*	43,82*	—	43,2	53,4	82,10	—

348 Parachor.

Sudgen führte als Parachor P die Größe $\frac{M}{\varrho_{Fl} - \varrho_D} \cdot \gamma^{1/4} = P$ ein (M = Molekulargewicht, ϱ_{Fl} = Dichte der Flüssigkeit, ϱ_D = Dichte des Dampfes). Wie der Brechungsindex (3915) läßt sich der Parachor einfacher Atomverbindungen additiv aus den Atomparachoren berechnen; den verschiedenen Bindungsarten wird durch Hinzufügen von Bindungsinkrementen (dem Bindungsparachor) Rechnung getragen. P ist weitgehend temperaturunabhängig. Die folgenden Werte von P sind für γ in dyn · cm^{-1} angegeben.

3481 Atomparachor.

He . . .	20,5	P . . .	37,7	Ca . . .	(68)	Au . . .	(61)
Ne . . .	25,0	As . . .	50,1	Ba . . .	(106)	Zn . . .	(50,7)
A. . . .	54,0	Sb . . .	66,0	Al . . .	(38,6)	Cd . . .	(70)
H . . .	17,1	C. . . .	4,8	Ti . . .	(45,3)	Hg . . .	69,0
O. . . .	20,0	Si . . .	25,0	Cr . . .	(50,4)	Ga . . .	(50)
F . . .	25,7	B. . . .	16,4	Mo . . .	(80)	Tl . . .	(64)
Cl . . .	54,3	Li . . .	(50,0)[1]	W . . .	(90)	Sn . . .	57,9
Br . . .	68,0	Na . . .	(80)	Ni . . .	(50)	Pb . . .	(76,2)
J. . . .	91,0	K . . .	(110)	Os . . .	(80,4)	Bi . . .	(80,0)
S. . . .	48,2	Rb . . .	(130)	Pt . . .	68		
Se . . .	62,5	Cs . . .	(150)	Cu . . .	(46)		
N . . .	12,5	Be . . .	(37,8)	Ag . . .	(63)		

3482 Bindungsparachor (Inkremente).

Covalenz (Atombindung) . . .		0,0	Dreiringe	(3-Rg)	16,7
Elektrovalenz (Ionenbindung) .	(⁻|)	—1,6	Vierringe.	(4-Rg)	11,6
Covalente Doppelbindung . . .	(|⁼)	23,2	Fünfringe	(5-Rg)	8,5
Semipolare Doppelbindung . .	(⁼|)	21,6	Sechsringe	(6-Rg)	6,1
Covalente Dreifachbindung . .	(|≡)	46,6	Siebenringe . . .	(7-Rg)	(3,6)
Drittelpolare Dreifachbindung .	(≡|)	45,0	2 Sauerstoffe der Säuren und Ester		60,0

[1] Die eingeklammerten Zahlen sind Näherungswerte.

3483 Organische Stoffe.

Name	Inkr.	P
C_2H_6, Äthan		110,5
C_2H_4, Äthylen	|=	99,5
C_2H_2, Acetylen	|≡	88,6
C_3H_8, Propan		150,8
C_3H_6, Propylen	|=	139,9
C_3H_4, Allylen	|≡	122,9
C_4H_{10}, Butan		190,3
C_5H_{10}, Δ_1-Penten	|=	218,2
C_6H_{14}, Hexan		270,1
C_6H_{12}, Cyclohexan	6-Rg	239,3
C_6H_6, Benzol	3 |= 6-Rg	206,3
C_7H_{16}, Heptan		310,8
C_7H_{14}, Methyl-cyclohexan	6-Rg	278,5
C_7H_8, Toluol	3 |= 6-Rg	246,9
C_8H_{18}, Octan		350,3
C_8H_{18}, Di-isobutyl		345,0
C_8H_{10}, o-Xylol	3 |= 6-Rg	283,3
C_8H_{10}, m-Xylol	3 |= 6-Rg	284,6
C_8H_{10}, p-Xylol	3 |= 6-Rg	283,8
C_8H_{10}, Äthylbenzol	3 |= 6-Rg	283,0
C_9H_{12}, Propylbenzol	3 |= 6-Rg	322,0
C_9H_{12}, Mesithylen	3 |= 6-Rg	320,5
$C_{10}H_{22}$, Di-isoamyl		422,7
$C_{10}H_{14}$, Cymol	3 |= 6-Rg	356,9
$C_{10}H_8$, Naphthalin	5 |= (6-Rg)$_2$	312,5
$C_{11}H_{16}$, Pentamethylbenzol	3 |= 6-Rg	390,0
$C_{13}H_{12}$, Diphenylmethan	6 |= (6-Rg)$_2$	419,0
$C_{14}H_{10}$, Phenathren	7 |= (6-Rg)$_3$	414,1
$C_{60}H_{22}$, Hexacontan		248,0
CH_2Cl_2, Dichlormethan		143,0
$CHCl_3$, Chloroform		183,4
$CHBr_3$, Bromoform		221,9
CCl_4, Tetrachlorkohlenstoff		219,0
$C_2H_4Cl_2$, symm. Dichloräthan		189,3
$C_2H_4Cl_2$, asymm. Dichloräthan		188,5
$C_2H_4Br_2$, symm. Dibromäthan		215,7
$C_2H_2Cl_4$, symm. Tetrachloräthan		259,0
C_2Cl_4, Tetrachloräthylen	|=	244,5
C_6H_5Cl, Chlorbenzol	3 |= 6-Rg	244,5
C_6H_5Br, Brombenzol	3 |= 6-Rg	260,6
C_6H_5J, Jodbenzol	3 |= 6-Rg	282,2
$C_6H_4Cl_2$, m-Dichlorbenzol	3 |= 6-Rg	281,0
$C_6H_4Cl_2$, p-Dichlorbenzol	3 |= 6-Rg	279,5
$C_7H_6Cl_2$, Benzalchlorid	3 |= 6-Rg	320,6
C_7H_7Cl, p-Chlortoluol	3 |= 6-Rg	283,6
CH_4O, Methylalkohol		88,8
CH_2O_2, Ameisensäure	|=	93,3
C_2H_6O, Äthylalkohol		127,5
$C_2H_4O_2$, Essigsäure	|=	133,5
$C_2H_4O_2$, Ameisensäuremethylester	|=	138,6
C_3H_8O, Propylalkohol		165,4
C_3H_6O, Allylalkohol	|=	152,7
C_3H_6O, Aceton	|=	161,7
$C_3H_6O_2$, Propionsäure	|=	168,7
$C_3H_6O_2$, Essigsäuremethylester	|=	177,2
$C_3H_6O_2$, Ameisensäureäthylester	|=	178,4
$C_4H_{10}O$, Butylalkohol		202,9
$C_4H_{10}O$, i-Butylalkohol		202,1
$C_4H_{10}O$, Diäthyläther		211,7
C_4H_8O, Methyläthylketon	|=	198,2
$C_4H_8O_2$, Buttersäure	|=	209,1
$C_4H_8O_2$, i-Buttersäure	|=	207,8
$C_4H_8O_2$, Propionsäuremethylester	|=	215,1
$C_4H_8O_2$, Essigsäureäthylester	|=	217,1
$C_4H_8O_2$, Ameisensäurepropylester	|=	224,4
$C_5H_{10}O$, Diäthylketon	|=	236,2
C_5H_8O, Cyclopentanon	|= 5-Rg	214,2
$C_5H_{10}O_2$, Buttersäuremethylester	|=	254,1
$C_5H_{10}O_2$, i-Buttersäuremethylester	|=	253,1
$C_5H_{10}O_2$, Propionsäureäthylester	|=	255,2
$C_5H_{10}O_2$, Essigsäurepropylester	|=	257,1
$C_5H_{10}O_2$, Ameisensäure-i-butylester	|=	262,4
$C_5H_8O_2$, Acetylaceton	2 |=	240,7
$C_5H_4O_2$, Furfurol	3 |= 5-Rg	212,9
$C_5H_{10}O_3$, Milchsäureäthylester	|=	268,5
$C_5H_{10}O_3$, Kohlensäurediäthylester	|=	277,4
$C_5H_8O_4$, Malonsäuredimethylester	2 |=	283,1
$C_6H_{12}O$, Cyclohexanol	6-Rg	254,9
$C_6H_{10}O$, Cyclohexanon	|= 6-Rg	251,4
C_6H_6O, Phenol	3 |= 6-Rg	221,3
$C_6H_{12}O_2$, Hexansäure	|=	287,2
$C_6H_{12}O_2$, Valeriansäuremethylester	|=	292,5
$C_6H_{12}O_2$, Buttersäureäthylester	|=	293,9
$C_6H_{12}O_2$, i-Buttersäureäthylester	|=	292,9
$C_6H_{12}O_2$, Propionsäurepropylester	|=	295,3
$C_6H_{12}O_2$, Essigsäure-i-butylester	|=	300,0
$C_6H_{10}O_3$, Acetessigsäureäthylester	2 |=	302,0
$C_6H_4O_2$, p-Benzochinon	4 |= 6-Rg	236,8
$C_6H_8O_4$, Maleinsäuredimethylester	3 |=	309,6
$C_6H_8O_4$, Fumarsäuredimethylester	3 |=	308,5
$C_6H_{10}O_4$, Oxalsäurediäthylester	2 |=	323,4
$C_7H_{14}O$, Dipropylketon	|=	314,1
$C_7H_{12}O$, Cycloheptanon	|= 7-Rg	288,0
C_7H_8O, Benzylalkohol	3 |= 6-Rg	259,6
C_7H_8O, o-Kresol	3 |= 6-Rg	257,5
C_7H_8O, m-Kresol	3 |= 6-Rg	257,1
C_7H_8O, Anisol	3 |= 6-Rg	265,6
C_7H_6O, Benzaldehyd	4 |= 6-Rg	256,2
$C_7H_{14}O_2$, Valeriansäureäthylester	|=	332,1
$C_7H_{14}O_2$, Propionsäure-i-butylester	|=	331,8
$C_8H_{10}O$, Phenetol	3 |= 6-Rg	303,5
C_8H_8O, Acetophenon	4 |= 6-Rg	293,8
$C_8H_{16}O_2$, Octansäure	|=	365,6
$C_8H_8O_2$, Benzoesäuremethylester	4 |= 6-Rg	310,4
$C_8H_{14}O_4$, Bernsteinsäurediäthylester	2 |=	396,2
$C_8H_{12}O_4$, Maleinsäurediäthylester	3 |=	387,0
$C_8H_{14}O_5$, Äpfelsäurediäthylester	2 |=	412,4
$C_8H_{14}O_6$, Weinsäurediäthylester	2 |=	428,1

3483 (Fortsetzung).

Name	Inkr.	P	Name	Inkr.	P
$C_9H_{14}O$, Phoron	3 |=	368,3	C_5H_5N, Pyridin	3 |= 6-Rg	199,8
$C_9H_{14}O_4$, Citraconsäure-dimethylester	3 |=	346,1	C_6H_7N, Anilin	3 |= 6-Rg	234,4
$C_9H_{14}O_4$, Mesaconsäure-dimethylester	3 |=	341,9	$C_6H_8N_2$, Phenylhydrazin	3 |= 6-Rg	255,7
$C_9H_{14}O_4$, Cyclopropan-1,1-dicarbonsäure-diäthylester	2 |= 3-Rg	417,1	C_7H_9N, Benzylamin	3 |= 6-Rg	273,7
$C_{10}H_{10}O_2$, Zimtsäure-methylester	5 |= 6-Rg	383,1	C_7H_9N, p-Toluidin	3 |= 6-Rg	272,1
$C_{11}H_{12}O_2$, Zimtsäure-äthylester	5 |= 6-Rg	417,2	C_7H_5N, Benzonitril	|≡ 3 |= 6-Rg	259,3
$C_{12}H_{24}O_2$, Dodecansäure	|=	532,8	$C_8H_{11}N$, Äthylanilin	3 |= 6-Rg	310,4
$C_{13}H_{10}O$, Benzophenon	7 |= $(6\text{-Rg})_2$	428,2	$C_8H_{11}N$, Dimethylanilin	3 |= 6-Rg	311,7
$C_{14}H_{28}O_2$, Tetradecansäure	|=	605,8	C_8H_7N, o-Tolunitril	|≡ 3 |= 6-Rg	292,5
$C_{14}H_{10}O_2$, Benzil	8 |= $(6\text{-Rg})_2$	480,8	C_8H_7N, m-Tolunitril	|≡ 3 |= 6-Rg	280,0
$C_{18}H_{36}O_2$, Stearinsäure	|=	778,0	C_8H_7N, p-Tolunitril	|≡ 3 |= 6-Rg	295,2
$C_4H_7O_2Cl$, Chloressigsäureäthylester	|=	252,1	C_9H_7N, Chinolin	5 |= $(6\text{-Rg})_2$	306,4
$C_4H_6O_2Cl_2$, Dichloressigsäure-äthylester	|=	291,7	$C_{12}H_{11}N$, Diphenylamin	6 |= $(6\text{-Rg})_2$	402,1
$C_7H_{11}O_2Cl_3$, Trichloressigsäure-i-amylester	|=	443,0	CH_3O_2N, Nitromethan	|= =|	132,1
C_7H_5OCl, Benzoylchlorid	4 |= 6-Rg	289,8	C_2H_5ON, Acetamid	|=	148,0
CS_2, Schwefelkohlenstoff	2 |=	144,7	C_2H_5ON, Acetaldoxin	|=	145,4
C_4H_4S, Thiophen	2 |= 5-Rg	189,3	$C_2H_5O_3N$, Salpetersäure-äthylester	|= =|	189,6
$C_2H_6O_4S$, Dimethylsulfat	(=|)$_2$	238,9	$C_4H_4O_2N_2$, Diazoessigsäure-methylester	2 |= 3-Rg	207,2
$C_4H_{10}O_4S$, Diäthylsulfat	(=|)$_2$	313,8	$C_4H_7O_2N_3$, Azidoessigester	2 |= 3-Rg	277,0
$C_7H_{16}O_4S_2$, Sulfonal	(=|)$_2$	465,5	$C_6H_5O_2N$, Nitrobenzol	4 |= 6-Rg =|	264,5
CH_5N, Methylamin		95,9	$C_6H_5O_3N$, o-Nitrophenol	4 |= 6-Rg =|	273,5
C_2H_7N, Äthylamin		137,4	$C_6H_5O_3N$, p-Nitrophenol	4 |= 6-Rg =|	280,8
C_2H_7N, Dimethylamin		136,6	C_7H_7ON, Benzamid	4 |= 6-Rg	279,9
C_2H_3N, Acetonitril	|≡	122,2	C_7H_7ON, Formanilid	4 |= 6-Rg	273,5
C_3H_9N, Propylamin		178,5	$C_7H_7O_2N$, o-Nitrotoluol	4 |= 6-Rg =|	301,1
C_3H_9N, Trimethylamin		177,6	$C_7H_7O_2$, m-Nitrotoluol	4 |= 6-Rg =|	300,6
C_4H_7N, Butyronitril	|≡	201,2	$C_7H_7O_2N$, p-Nitrotoluol	4 |= 6-Rg =|	302,8
C_4H_5N, Pyrrol	2 |= 5-Rg	164,7	C_8H_9ON, Acetanilid	4 |= 6-Rg	321,8
$C_5H_{11}N$, Piperidin	6-Rg	231,5	C_8H_9ON, „anti"-Benzoedoxim-O-methyläther	4 |= 6-Rg	324,2
			C_2H_3N,S Methylthiocyanat	|≡	168,6
			C_3H_5NS, Äthylthiocyanat	|≡	210,7
			$C_{12}H_{10}ON_2$, Azoxybenzol	7 |= $(6\text{-Rg})_2$ =|	444,7

349 Dünne Schichten.

Gegeben sind Beispiele verschiedenartiger dünner Schichten. Es ist entweder die Dicke der Schicht in cm oder das Gewicht von 1 cm^2 angegeben.

Stoffe	Dicke in cm	Bemerkungen
1. Metalle		
Aluminiumfolie, gewalzt	$4 \cdot 10^{-4}$	
Blattgold, geschlagen	$5 \cdot 10^{-6}$	
Silberspiegel, chemisch	$5 \cdot 10^{-6}$	
Metalle, Kathodenzerstäubung	$5 \cdot 10^{-7}$	
Silber	10^{-5}	Kritische Dicken für das Undurchsichtigwerden von Metallschichten.
Gold	10^{-5}	
Platin	$9 \cdot 10^{-6}$	
Kupfer	$5 \cdot 10^{-6}$	

349 (Fortsetzung).

Stoffe	Dicke in cm	Bemerkungen	
Nickel	$2 \cdot 10^{-5}$	Kritische Dicken für magnetische Eigenschaften.	
Eisen	$5 \cdot 10^{-6}$		
Silber	$2{,}5 \cdot 10^{-6}$	Kritische Dicken für lichtelektrische Eigenschaften.	
Gold	$4 \cdot 10^{-7}$		
Platin	$3 \ldots 14 \cdot 10^{-7}$		
Silber	$4{,}5 \cdot 10^{-7}$	Kritische Schichtdicke der elektrischen Leitfähigkeit.	
Platin	$1{,}65 \cdot 10^{-7}$		
Iridium	$0{,}4 \cdot 10^{-7}$		
Wolfram	$0{,}2 \cdot 10^{-7}$		
Silber	$2 \cdot 10^{-8}$	Keimwirkung.	
Metalle	$> 7 \cdot 10^{-7}$	Röntgen-Krystallstruktur.	
	$> 2 \cdot 10^{-7}$	Elektronenbeugung.	
2. Andere feste Stoffe			
Oxydhäutchen Al_2O_3, SnO	10^{-5}	Selbständige Schichten.	
Stahl	$2 \ldots 10 \cdot 10^{-7}$	Anlauffarben.	
Eisen	$> 10^{-7}$	Anlauffarben, Passivierung durch HNO_3.	
Glimmer, abgerissene Schichten	$7 \cdot 10^{-8}$	Optisch gemessen.	
3. Flüssigkeiten			
Öle auf Wasser	$5 \ldots 18 \cdot 10^{-8}$	Durch Wägung gemessen.	
Fette auf Wasser	$4 \ldots 5 \cdot 10^{-7}$	Durch Wägung gemessen.	
Paraffin auf Wasser	$1{,}2 \ldots 1{,}7 \cdot 10^{-7}$	Durch Wägung gemessen.	
Harz	10^{-7}	Durch Wägung gemessen.	
Celluloid auf Wasser	10^{-7}	Durch Wägung gemessen.	
Öl auf Quecksilber	$1 \ldots 3 \cdot 10^{-7}$	Durch Wägung gemessen.	
Wasser auf Glas	$3 \cdot 10^{-7}$	Durch Wägung gemessen.	
Organische Stoffe auf Wasser	$2 \ldots 4{,}5 \cdot 10^{-7}$	Aus Oberflächenspannung berechnet.	
		Molekular- Querdimension	Molekular- Fläche
Palmitinsäure	$2{,}4 \cdot 10^{-7}$	$4{,}6 \cdot 10^{-8}$ cm	$21 \cdot 10^{-16}$ cm²
Stearinsäure	$2{,}5 \cdot 10^{-7}$	4,7	22
Ölsäure	$2{,}3 \cdot 10^{-7}$	6,8	46
Cetylpalmitat	$4{,}1 \cdot 10^{-7}$	4,8	23
Tristearin	$2{,}5 \cdot 10^{-7}$	8,1	66
Triolein	$1{,}3 \cdot 10^{-7}$	11,2	126
Tyrosin		$8 \cdot 10^{-7}$ g/cm².	
Pepsin		$1{,}4 \cdot 10^{-6}$ g/cm².	
Gliadin	$3 \cdot 10^{-8}$	oder $3{,}6 \cdot 10^{-8}$ g/cm².	
Plasmamembranen	$3 \cdot 10^{-8}$		
4. Gase			
Sauerstoffionenschicht	$5 \cdot 10^{-8}$	Auf polierter Tantaloberfläche.	

35 Akustik.

351 Schallgeschwindigkeit in festen Stoffen.

Der Zusammenhang zwischen Schallgeschwindigkeit v [lt^{-1}] und Elastizitätsmodul E in stabförmigen Festkörpern ist für longitudinale Schwingungen gegeben durch:

$$v = \sqrt{\frac{E}{\varrho}} \qquad (\varrho = \text{Dichte des Körpers}).$$

In unendlich ausgedehnten festen Stoffen gilt:

$$v = \sqrt{\frac{E}{\varrho} \cdot \frac{(1-\mu)}{(1+\mu)(1-2\mu)}} \qquad (\mu = \text{Poissonsche Konstante der Querkontraktion}).$$

Die Geschwindigkeit transversaler Wellen in festen unendlich ausgedehnten Medien ist gegeben durch

$$v = \sqrt{\frac{G}{\varrho}} \qquad (G = \text{Drillungsmodul}).$$

Schallgeschwindigkeit in $m \cdot s^{-1}$ in festen Stoffen bei Zimmertemperatur.

Für reine Metalle sind Werte für die Schallgeschwindigkeit in Tabelle 3214 gegeben.

Stoff	Geschwindigkeit in $m \cdot s^{-1}$	Stoff	Geschwindigkeit in $m \cdot s^{-1}$
Backstein	3652	Manganin	3900
Ebonit (ϱ = 1,25)	1560	Marmor	3810
Elfenbein	3012,7	Messing	3400
Eis (−4° C)	3232	Neusilber	3600
Glas	5000	Paraffin	1304
Granit	3950	Seidenpapier	1989
Holz: Buche	3412	Siegellack	1320
Eiche	3381	Sintertonerde	9600
Tanne	5256	Stearin	1378
Holzfasern	3000...4000	Steinsalz	4400
Kautschuk, vulk. (0° C)	43	Talg	389,7
Konstantan	4300	Ton, gebrannt	3652
Kork	430...530	Wachs	862,5

352 Schallgeschwindigkeit und Schallabsorption in Flüssigkeiten.

Die Schallgeschwindigkeit v [lt^{-1}] in Flüssigkeiten ist nach der klassischen Theorie

$$v = \sqrt{\frac{1}{\varrho \cdot k_{ad}}} = \sqrt{\frac{\varkappa}{\varrho \cdot k_{is}}}$$

k_{ad} = adiabatischer Kompressibilitätskoeffizient,
k_{is} = isothermer Kompressibilitätskoeffizient,
$\varkappa$ = Verhältnis der spezifischen Wärmen $\frac{c_p}{c_v}$.

Bei Angabe von v in $cm \cdot s^{-1}$ muß für den Kompressibilitätskoeffizient als Einheit $dyn^{-1} \cdot cm^2$ gewählt werden (s. Umrechnungstabelle in 321).

Die Änderung der Schallgeschwindigkeit mit der Temperatur und mit dem Druck ist durch die Änderung der Dichte und die Änderung der Kompressibilität bedingt. Ob eine Dispersion der Schallgeschwindigkeit in Flüssigkeiten vorhanden ist, ist noch nicht sichergestellt.

Die Definition des Absorptionskoeffizienten α und die Aufteilung der Schallabsorption in einzelne Glieder sind unter Schallabsorption in Gasen 353 zu finden. Der Anteil, der durch die Wärmeleitung bedingt ist, ist klein (s. Tabelle 35214).

Die theoretisch berechneten Werte sind bedeutend kleiner als die gemessenen (vgl. 35214 und 35215).

3521 Schallgeschwindigkeit und Schallabsorption in reinen Flüssigkeiten.

35211 Schallgeschwindigkeit in $m \cdot s^{-1}$ und adiabatischer Kompressibilitätskoeffizient in $cm^2 \cdot dyn^{-1}$.

Literatur: Bergmann, L.: Der Ultraschall und seine Anwendung in Wissenschaft und Technik. Berlin 1939. — Bhimasenachar J. and K. Venkateswarlu: Proc. Indian Acad. Sci. 11, 28 (1940). — Hiedemann, E.: Grundlagen und Ergebnisse der Ultraschallforschung. Berlin 1939.

Chemische Formel	Name	Temperatur in °C	Dichte in $g \cdot cm^{-3}$	Schallgeschwindigkeit in $m \cdot s^{-1}$	Änderung der Schallgeschwindigkeit mit der Temperatur in $m \cdot s^{-1} \cdot grad^{-1}$	Adiabat. Kompressibilitätskoeffizient in $10^{-12} cm^2 \cdot dyn^{-1}$
Hg	Quecksilber	20	13,595	1431	−0,46	3,4
A	Argon	−186,5	1,407	842	—	100
		−189,5	1,427	867	−8,3	93
O_2	Sauerstoff	−183	1,143	911	—	107,2
		−204,8	1,248	1090	−8,0	67,5
H_2O	Wasser, leichtes	25	0,997	1497,2	+2,5	44,7
		24	0,9972	1494	—	44,9
D_2O	Wasser, schweres	25	1,104	1399	+2,8	46,3
N_2	Stickstoff	−197	0,815	868	—	163
		−203	0,843	929	−10,0	138
C_5H_{12}	Pentan	18	0,622	1052	—	147,2
C_6H_{14}	Hexan	23	0,6581	1113	—	122,7
C_6H_{12}	Cyclohexan	23	0,7721	1257	—	81,9
C_6H_6	Benzol	20	0,879	1324	−4,6	64,9
		23	0,8725	1310	—	66,8
C_7H_{16}	Heptan	20	0,6836	1154	−4,2	109,9
		23	0,6812	1165	—	108,1
C_7H_{16}	2-Methylhexan	20	0,6789	1120	−4,2	117,4
C_7H_{16}	3-Methylhexan	20	0,687	1135,5	−4,1	112,9
C_7H_{16}	2,2-Dimethylpentan	20	0,6737	1080,5	−4,3	127,2
C_7H_{16}	2,3-Dimethylpentan	20	0,6942	1148,5	−4,4	109,2
C_7H_{16}	2,4-Dimethylpentan	20	0,6745	1083,5	−4,0	126,3
C_7H_{16}	3,3-Dimethylpentan	20	0,6935	1129,5	−4,2	113,0
C_7H_{16}	3-Äthylpentan	20	0,6982	1169,5	−4,3	104,7
C_7H_{16}	2, 2,3-Trimethylbutan	20	0,6901	1101,5	−4,1	119,4
C_7H_{16}	2, 2,4-Trimethylbutan	20	0,6918	1098,5	−4	119,8
C_7H_8	Toluol	25	0,861	1304,9	−4,3	68,2
		23	0,8631	1320	—	66,5
C_8H_{18}	Octan	20	0,702	1192	−4,2	100,2
C_8H_{10}	Äthylbenzol	23,9	0,865	1312	—	67,1
C_8H_{10}	o-Xylol	22	0,877	1352	—	62,4
C_8H_{10}	m-Xylol	25	0,860	1321,6	−4,1	66,6
		22	0,8612	1334	—	65,9
C_8H_{10}	p-Xylol	22	0,858	1339	—	65,9
C_9H_{12}	Mesitylen	28	0,862	1320	—	66,6
C_9H_8	Inden	24	1,006	1439	—	48,0
$C_{10}H_{18}$	Dekalin	27	0,875	1375	—	60,4
$C_{10}H_{16}$	Dipenten	23,8	0,8645	1328	—	65,5
$C_{10}H_{16}$	Pinen (l u. d)	24	0,878	1247	—	73,3
$C_{10}H_{14}$	p-Cymol	28	0,857	1308	—	68,2
$C_{10}H_{12}$	Tetralin	25	0,9681	1470,4	−3,8	47,8
$C_{11}H_{14}$	Methylhexalin	22	0,913	1428	—	53,7
		22,5	0,912	1428	—	53,7
$C_{13}H_{12}$	Diphenylmethan	28	1,006	1501	—	35,1

35211 (Fortsetzung).

Chemische Formel	Name	Temperatur in °C	Dichte in $g \cdot cm^{-3}$	Schallgeschwindigkeit in $m \cdot s^{-1}$	Änderung der Schallgeschwindigkeit mit der Temperatur in $m \cdot s^{-1} \cdot grad^{-1}$	Adiabat. Kompressibilitätskoeffizient in $10^{-12} cm^2 \cdot dyn^{-1}$
CH_3J	Methyljodid	27,0	2,261	860	—	60,6
CH_2Cl_2	Methylenchlorid	23,5	1,336	1064	—	66,2
CH_2Br_2	Methylenbromid	24	2,453	971	—	43,2
CH_2J_2	Methylenjodid	24	3,323	978	—	31,5
$CHCl_3$	Chloroform	20	1,488	1002,5	—	66,9
		23,5	1,487	1001	—	67
$CHBr_3$	Bromoform	20	2,858	928	−2,1	40,6
CCl_4	Tetrachlorkohlenstoff	25	1,584	920,6	−3,1	74,5
		23	1,596	928,5	—	72,6
C_2H_5Br	Äthylbromid	28	1,428	892	—	88,1
C_2H_5J	Äthyljodid	25,0	1,912	895	—	66,1
$C_2H_4Cl_2$	Äthylenchlorid	23	1,255	1240	—	51,8
$C_2H_4Br_2$	Äthylenbromid	24	2,178	1014	—	44,7
$C_2H_2Cl_2$	Acetylendichlorid	25,5	1,262	1025	—	75,4
$C_2H_2Cl_4$	Acetylentetrachlorid	28	1,578	1155	—	48,6
$C_2H_2Br_4$	Acetylentetrabromid	28	2,962	1007	—	33,3
C_2Cl_4	Tetrachloräthylen	28	1,623	1027	—	58,4
C_3H_5Cl	Allylchlorid	28	0,937	1088	—	90,1
C_3H_5J	Allyljodid	28,0	1,792	846	—	78,9
$C_3H_6Br_2$	Trimethylenbromid	23,5	1,977	1144	—	38,6
C_4H_9Br	Butylbromid	25,5	1,272	1016	—	76,2
C_4H_9J	Butyljodid	28	1,616	959	—	67,3
C_6H_5Cl	Chlorbenzol	20	0,904	1284,5	−3,6	54,7
		23	1,101	1302	—	53,6
C_6H_5Br	Brombenzol	28	1,495	1134	—	52,0
$C_6H_4Cl_2$	Dichlorbenzol (o)	28	1,294	1246	—	49,7
$C_6H_4Cl_2$	Dichlorbenzol (m)	28	1,285	1232	—	51,2
C_7H_7Cl	Benzylchlorid	28	1,102	1377	—	47,8
C_7H_7Cl	m-Chlortoluol	27,0	1,062	1310	—	55,5
$C_{10}H_7Cl$	α-Chlornaphthalin	27	1,189	1462	—	39,3
$C_{10}H_7Br$	α-Bromnaphthalin	20	1,487	1372	−3,1	35,7
CH_4O	Methylalkohol	20	0,7913	1121	−3,3	100,5
		23,8	0,7921	1130	—	89,9
CH_2O	Formalin	27,5	1,067	1625	—	35,9
C_2H_6O	Äthylalkohol	20	0,7893	1168	−3,4	92,8
$(C_2H_4O)_3$	Paraldehyd	28,0	0,991	1197	—	71,3
$C_2H_6O_2$	Äthylenglykol	24	1,103	1721	—	30,7
C_3H_8O	Propylalkohol	24	0,8011	1234	—	81,9
C_3H_8O	i-Propylalkohol	23	0,785	1231	—	84,1
C_3H_6O	Aceton	20	0,7905	1190	−5,6	80,4
		22,5	0,791	1203	—	87,4
$C_3H_6O_2$	Essigsäuremethylester	25	0,928	1154,4	−3,8	80,9
$C_3H_6O_2$	Ameisensäureäthylester	23,5	0,9048	1263	—	69,3
$C_3H_8O_3$	Glycerin	20	1,2613	1923	−1,8	21,4
$C_4H_{10}O$	Butylalkohol	23	0,8082	1315	—	71,5
$C_4H_{10}O$	i-Butylalkohol	23,5	0,8011	1271	—	77,4
$C_4H_{10}O$	Diäthyläther	20	0,7135	1006	−5,7	138,7
C_4H_8O	Methyl-Äthylketon	30	0,799	1244	—	81,9
$C_4H_8O_2$	Dioxan	24	1,030	1378	—	51,5

35211 (Fortsetzung).

Chemische Formel	Name	Temperatur in °C	Dichte in $g \cdot cm^{-3}$	Schallgeschwindigkeit in $m \cdot s^{-1}$	Änderung der Schallgeschwindigkeit mit der Temperatur in $m \cdot s^{-1} \cdot grad^{-1}$	Adiabat. Kompressibilitätskoeffizient in $10^{-12} cm^2 \cdot dyn^{-1}$
$C_4H_8O_2$	Propionsäuremethylester	24,5	0,9112	1215	—	74,3
$C_4H_8O_2$	Essigsäureäthylester	23,5	0,8989	1187	—	79
$C_4H_6O_3$	Acetessigsäure	25,5	1,021	1417	—	48,8
$C_4H_6O_3$	Acetanhydrid	24	1,075	1384	—	48,6
$C_5H_{12}O$	Amylalkohol	24	0,8136	1347	—	67,8
$C_5H_{12}O$	Amylalkohol, tert.	28	0,809	1204	—	117,3
$C_5H_{10}O$	Diäthylketon	24	0,8132	1314	—	71,2
C_5H_8O	Cyclopentanon	24	0,948	1474	—	48,6
$C_5H_{10}O_2$	Propionsäureäthylester	23,5	0,8837	1185	—	80,6
$C_5H_{10}O_2$	Essigsäurepropylester	26	0,891	1182	—	80,3
$C_5H_{10}O_2$	Ameisensäurebutylester	24	0,9066	1199	—	76,8
$C_5H_{10}O_3$	Milchsäureäthylester	23,9	1,030	1268	—	60,4
$C_5H_{10}O_3$	Kohlensäurediäthylester	28	0,977	1173	—	74,4
$C_6H_{12}O$	Cyclohexanol	23,5	0,9461	1622	—	40,2
$C_6H_{10}O$	Cyclohexanon	23,5	0,9491	1441	—	50,8
$C_6H_{14}O_2$	Acetal	23	0,8273	1114	—	94,0
		24	1,030	1378	—	94
$C_6H_{12}O_2$	Buttersäureäthylester	23,5	0,8768	1171	—	83,2
$C_6H_{12}O_2$	Essigsäurebutylester	26	0,871	1179	—	82,6
$C_6H_{12}O_2$	Ameisensäure-amylester	26	0,869	1201	—	79,8
$(C_2H_4O)_3$	Paraldehyd			s. unter C_2H_4O		
$C_6H_{10}O_4$	Oxalsäurediäthylester	22	1,075	1392	—	48,0
$C_7H_{14}O$	o-Methylcyclohexanol	25,5	0,922	1421	—	53,7
$C_7H_{14}O$	m-Methylcyclohexanol	25,5	0,914	1406	—	55,3
$C_7H_{14}O$	p-Methylcyclohexanol	25,5	0,920	1387	—	56,6
$C_7H_{12}O$	o-Methylcyclohexanon	25,5	0,924	1353	—	59,1
$C_7H_{12}O$	p-Methylcyclohexanon	25,5	0,913	1348	—	60,3
C_7H_8O	Anisol	24	0,9865	1489	—	45,7
$C_7H_{14}O_2$	Essigsäureamylester	26	0,875	1168	—	83,8
$C_7H_{14}O_2$	Essigsäure-i-amylester	25	0,875	1191,9	−4,2	80,4
$C_7H_8O_2$	Resorcin-monomethyläther	26	1,145	1629	—	32,9
$C_7H_6O_2$	Salicylaldehyd	27	1,166	1474	—	39,5
$C_7H_{12}O_4$	Malonsäurediäthylester	22	1,050	1386	—	49,6
$C_8H_{18}O$	Octylalkohol, sek.	26	0,818	1302	—	72,1
$C_8H_{16}O$	Methylhexylketon	24	0,8170	1324	—	68,8
		—	—	—	—	69,8
$C_8H_{10}O$	Phenetol (Phenyläthyläther)	25,5	0,962	1361	—	56,1
		26	1,138	1353	—	48
$C_8H_{10}O$	o-Kresolmethyläther	26,5	0,9836	1385	—	53
$C_8H_{10}O$	m-Kresolmethyläther	26	0,976	1385	—	53,4
C_8H_8O	Acetophenon	24	1,024	1538	—	41,3
$C_8H_{10}O_2$	Resorcindimethyläther	26	1,054	1460	—	44,5
$C_8H_8O_2$	Anisaldehyd	28,0	1,116	1577	—	36,5
$C_8H_8O_2$	Essigsäurephenylester	27,5	1,074	1438	—	45,6
$C_8H_8O_3$	Salicylsäuremethylester	28	1,180	1408	—	42,8
$C_8H_{14}O_4$	Adipinsäuredimethlyester	21,8	1,067	1469	—	43,9
$C_8H_{14}O_4$	Bernsteinsäure-diäthylester	22	1,039	1378	—	50,7
$C_8H_{14}O_5$	Diglykolsäurediäthylester	22	1,433	1435	—	43,9

35211 (Fortsetzung).

Chemische Formel	Name	Temperatur in °C	Dichte in $g \cdot cm^{-3}$	Schallgeschwindigkeit in $m \cdot s^{-1}$	Änderung der Schallgeschwindigkeit mit der Temperatur in $m \cdot s^{-1} grad^{-1}$	Adiabat. Kompressibilitätskoeffizient in $10^{-12} cm^2 \cdot dyn^{-1}$
$C_9H_{12}O$	o-Kresoläthyläther	26	0,944	1315	—	61,2
		25	0,944	1315	—	61,2
$C_9H_{10}O_2$	Essigsäurebenzylester	26,5	1,049	1470	—	44,7
$C_9H_{16}O_4$	Dimethylglutarsäure-dimethylester	24	1,038	1371	—	51,4
$C_9H_{14}O_5$	Acetondicarbonsäure-diäthylester	22,5	1,085	1348	—	50,7
$C_{10}H_{22}O$	i-Amyläther	26	0,774	1153	—	97,2
$C_{10}H_{16}O$	Citral	27	0,886	1429	—	55,3
$C_{10}H_{20}O_2$	Caprylsäureäthylester	28	0,872	1263	—	71,9
$C_{10}H_{20}O_4$	Adipinsäurediäthylester	22	1,013	1376	—	52,7
$C_{12}H_{10}O$	Diphenyläther	24	1,072	1469	—	43,3
$C_{12}H_{20}O_2$	Geranylacetat	28	0,915	1328	—	61,9
$C_{12}H_{14}O_4$	Phthalsäurediäthylester	23	1,121	1471	—	41,2
$C_3H_5ClO_2$	Choressigsäure-methylester	26	1,232	1331	—	45,8
$C_4H_7ClO_2$	Choressigsäureäthylester	25,5	1,160	1234	—	56,6
C_7H_5ClO	Benzoylchlorid	28	1,211	1318	—	47,5
C_2H_3N	Acetonitril	28	0,775	1275	—	79,4
C_5H_5N	Pyridin	24	0,9752	1448	—	48,9
C_6H_7N	Anilin	25	1,0173	1638	−3,4	36,6
		24	1,018	1642	—	34,7
C_6H_7N	α-Picolin	28	0,9508	1453	—	49,9
C_6H_7N	β-Picolin	28	0,952	1419	—	52,2
C_7H_9N	o-Toluidin	22,5	0,994	1669	—	36,1
C_7H_5N	Benzonitril	28,0	0,995	1581	—	40,7
$C_8H_{11}N$	Dimethylanilin	26,0	0,950	1550	—	45,0
C_9H_7N	Chinolin	22	1,090	1643	—	34,0
$C_{10}H_{15}N$	Diäthylanilin	28,0	0,927	1516	—	47,5
CH_3NO_2	Nitromethan	28,0	1,125	1350	—	48,8
$C_6H_5O_2N$	Nitrobenzol	25	1,199	1457,3	−3,7	39,3
$C_7H_7O_2N$	o-Nitrotoluol	28	1,168	1451	—	40,7
$C_7H_7O_2N$	m-Nitrotoluol	28	1,162	1451	—	40,9
C_7H_5NS	Phenylsenföl (Isothiocyansäure-phenylester)	27	1,131	1412	—	44,4
	Campheröl	26,0	0,917	1475	—	50,7
	Eukalyptusöl	27,5	0,914	1309	—	64,7

35212 Schallgeschwindigkeit in $m \cdot s^{-1}$ in Wasser und Quecksilber in Abhängigkeit von der Temperatur.

Stoff \ Temp. in °C	0	5	10	15	20	25	30	40	50	70
Dest. H_2O	1407,0	1427,0	1448,8	1467,5	1484,2	1498,1	1509,9	1530,3	—	—
Hg	1460,2	—	1455,6	—	1451,0	—	1446,4	1441,7	1437,1	1427,7

35213 Schallgeschwindigkeit in $m \cdot s^{-1}$
für eine Frequenz von 200 kHz in Abhängigkeit vom Druck.

Die Werte sind für Zimmertemperatur angegeben.

	Schallgeschwindigkeit in $m \cdot s^{-1}$ bei 1 $kg \cdot cm^{-2}$	Schallgeschwindigkeit in $m \cdot s^{-1}$ bei 300 $kg \cdot cm^{-2}$	Änderung der Schallgeschwindigkeit in $m \cdot s^{-1}$ pro 100 $kg \cdot cm^{-2}$ oberhalb des Druckes von 300 $kg \cdot cm^{-2}$
Anilin	1640	1745	35,0
Äthylbromid	855	1009	38,3
Benzol	1290	1416	42,0
Bromäthyl	885	1009	—
Butylalkohol	993	1255	—
Chloroform	986	1097	33,0
Diäthyläther	993	1255	87,3
Essigsäuremethylester	1211	1348	—
Pentan	1005	1281	92,0
Picolin	1640	1745	—
Schwefelkohlenstoff	1136	1268	44,0
Tetrachlorkohlenstoff	912	1048	45,3
Toluol	1313	1447	44,7

35214 folgt auf S. 1024.

35215 Schallabsorption α/ν^{-2} in $s^2 \cdot cm^{-1}$.

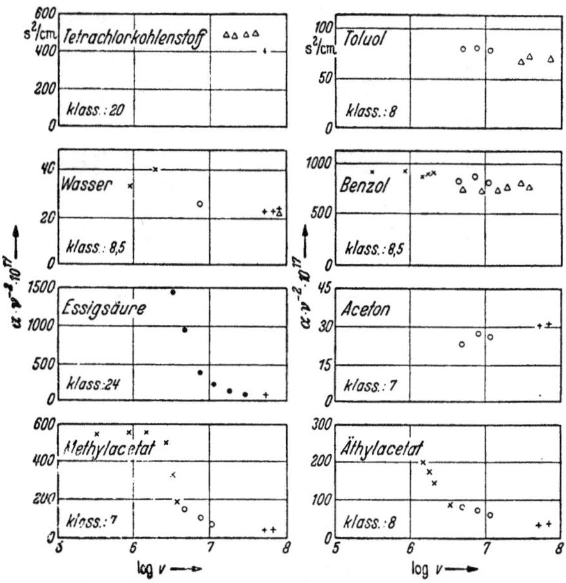

× nach Errera und Sack, o nach Biquard, + nach Bär, • nach Bazulin, △ nach Grobe
klassischer Wert nach der klassischen Theorie.

35214 Frequenzunabhängige Absorption α/ν^2.

Berechnete und gemessene Werte in $10^{-17}\ s^2 \cdot cm^{-1}$.

[Frequenzen 0,9...1,5 · 10^6 Hz nach Claeys, Errera und Sack; Frequenzen (3; 7 und 16) · 10^6 Hz nach Parthasarathy; Frequenzen (5; 8 und 11) · 10^6 Hz nach Biquard; Frequenzen (54 und 69) · 10^6 Hz nach Bär.]

Flüssigkeit \ Frequenz in 10^6 Hz	gemessen									theoretisch berechnet		
	0,9 ... 1,5	3	5	7	8	11	16	54	69	Gesamt	Zähigkeitsanteil	Wärmeleitungsanteil
Quecksilber								13		10		
Schwefelkohlenstoff	22000	3075		3645						8		
Wasser	32				27			24	24	8,5	8,5	0,0064
Aceton		110	22	112	27	26	72	31	31	7,04	6,54	0,5
Äthylacetat		135	86	34	77	63	120	36	37	8,26	7,95	0,31
Äthylalkohol		86		38			36			22		
Äthylformiat		138		22			70			8		
Amylacetat		161		38			138			15		
Benzol		183	867	220	916	806	462			8,66	8,36	0,3
Chlorbenzol		135		162			144			9		
Chloroform		272	464	216	490		282			10,1	10,045	0,057
Diäthyläther					55	34				8,97	8,48	0,49
Essigsäure		2050	900	530	437	289	195	156		24		
Essigsäuremethylester	550	110	156	25	109		100	44	34	6,78	6,34	0,44
Essigsäurepropylester		170		35			127			11		
Heptan		107		95			106			10		
Hexan		85		79			86			9		
Methylalkohol				34			28			15		
Propylalkohol		133		43			77			33		
Tetrachlorkohlenstoff		210		246			316	400		20		
Tetralin		22		20			159			18		
Toluol		51	83	44	83	80	41			7,84	7,56	0,28
m-Xylol		58		51			47			8,37	8,13	0,24
o-Xylol		28		20			29			9		

3522 Schallgeschwindigkeit in Lösungen.

35221 Wässerige Lösungen.

352211 Schallgeschwindigkeit in $m \cdot s^{-1}$ in wässerigen Lösungen in Abhängigkeit von der Konzentration (Gewichtsprozente) bei verschiedenen Temperaturen (°C).

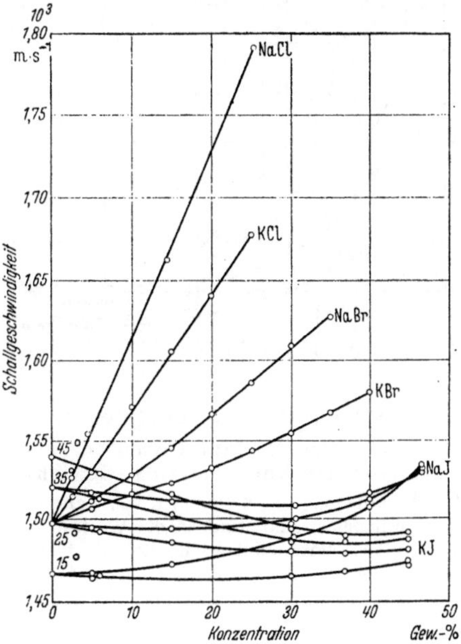

352212 Werte der frequenzunabhängigen Schallabsorption $\alpha \cdot \nu^{-2}$ in Abhängigkeit von der Konzentration und der Frequenz.
[Nach W. Buss: Ann. Physique (5) **33**, 143 (1938).]

Gelöster Stoff	Gew.-%	$\alpha \cdot \nu^{-2} \cdot 10^{17}$ in $s^2\,cm^{-1}$			
		2,180 MHz	3,615 MHz	5,060 MHz	6,50 MHz
H_2O	—	127	101	82	73
NaCl	26,4	—	84	59	52
	6,6	—	100	80	62
Na_2SO_4	9,8	—	165	156	—
	5,6	—	113	111	—
NH_4Cl	24	—	—	72	50
	18	—	—	86	82
Glycerin	26,2	—	118	112	112
	13,1	—	99	86	85
Rohrzucker	25	—	188	165	163
	12,5	—	136	98	102
	6,3	—	103	84	78

352213 Frequenzunabhängige Schallabsorption $\alpha \cdot \nu^{-2}$ in wässerigen $MgSO_4$-Lösungen in Abhängigkeit von Konzentration und Frequenz bei Zimmertemperatur. (Nach W. Buss unterhalb 10^7 Hz und P. Bazulin oberhalb 10^7 Hz).

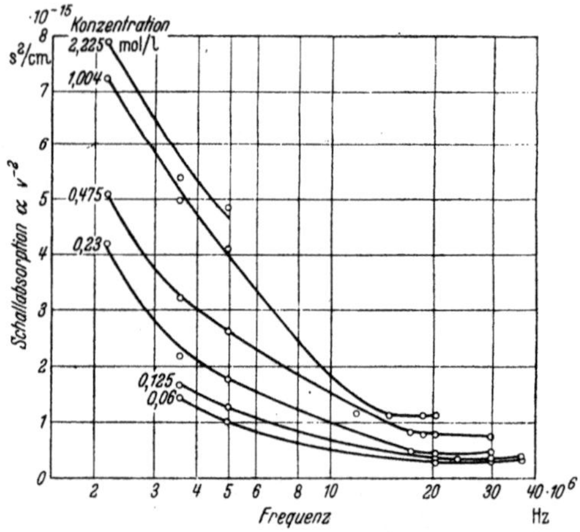

35222 Schallgeschwindigkeit in Lösungen organischer Stoffe.

352221 Schallgeschwindigkeiten in $m \cdot s^{-1}$ in Abhängigkeit von der Konzentration (Gewichtsprozente).

Die Werte der Schallgeschwindigkeiten stammen von Schaafs und von Tuomikoski und Nurmi. Für reines Benzol stimmen die Werte nicht überein. Die gestrichelten Werte sind auf den unterkühlten, flüssigen Zustand extrapoliert.

352221 a.

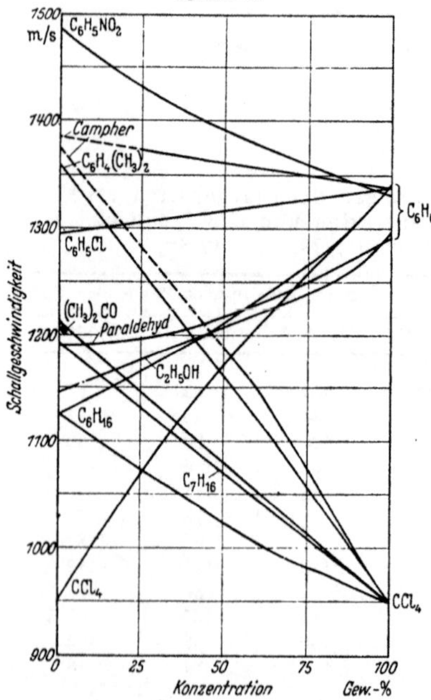

352221 b.

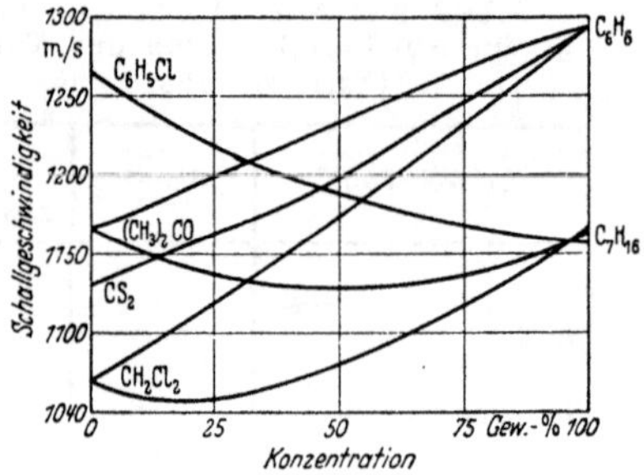

352222 Schallabsorption von Gemischen von Schwefelkohlenstoff mit Benzol (1) und mit Tetrachlorkohlenstoff (2). (Nach J. Clacy, J. Errera und H. Sack.)

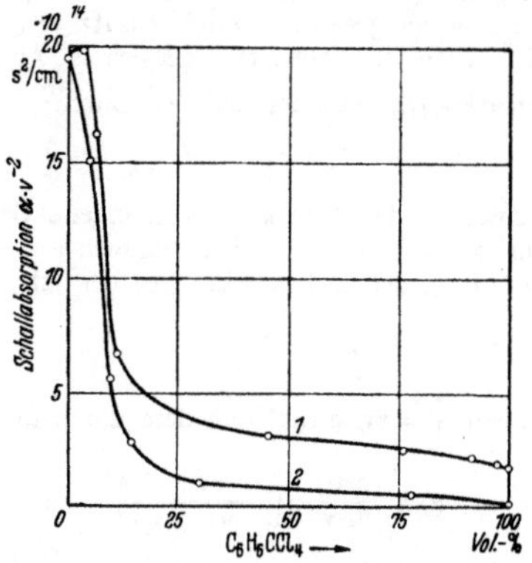

353 Schallgeschwindigkeit, Schalldispersion und Schallabsorption in Gasen.

Die Schallgeschwindigkeit v in Gasen ist nach der klassischen Theorie für adiabatische Ausbreitung:

$$v = \sqrt{\frac{p}{\varrho}\varkappa}$$

$\varkappa = \frac{c_p}{c_v}$ = Verhältnis der spezifischen Wärmen, p = Gasdruck, ϱ = Dichte.

Die Temperaturabhängigkeit der Schallgeschwindigkeit ist durch die Änderung der Dichte mit der Temperatur T gegeben; es ist für ein ideales Gas:

$$v = \sqrt{\frac{R\,T\,\varkappa}{M}}$$

$M = \varrho \cdot V$, V = Molvolumen, M = Molekulargewicht, R = Gaskonstante, die Schallgeschwindigkeit ist also der Quadratwurzel aus der absoluten Temperatur proportional.

Die Voraussetzung eines adiabatisch verlaufenden Vorganges gilt nicht mehr, wenn die Abstände der Temperaturminima und -maxima, d. h. die halbe Schallwellenlänge mit der freien Weglänge der Gase vergleichbar wird (bei 1 Atm. $\approx 10^{-5}$ cm), z. B. bei einer Schallgeschwindigkeit von 300 m · s^{-1}, bei Frequenzen von $3 \cdot 10^9$ Hz, dann wird der Vorgang isotherm und v wird:

$$v = \sqrt{\frac{p}{\varrho}} = \sqrt{\frac{R\,T}{M}}.$$

Für ein reales Gas müssen die Abweichungen vom idealen Gaszustand berücksichtigt werden; es gilt für diese:

$$v = \sqrt{\frac{(R\,T + 2\,B\,p)\,\varkappa}{M}}$$

B = 2. Virialkoeffizient (vgl. 3236), p = Druck.

Schalldispersion. Bei einigen mehratomigen Gasen wurde beobachtet, daß die Schallgeschwindigkeit um einige Prozente zunimmt, wenn man zu jeweils für das Gas charakteristischen Frequenzen übergeht, also eine Schalldispersion auftritt (Abb. 3534). Zur Erklärung nimmt man an, daß bei diesen hohen Schallfrequenzen kein voller Ausgleich zwischen Translationsenergie und der Energie aller inneren Molekülschwingungen stattfindet. Die experimentellen Ergebnisse werden durch die Annahme, daß die Rotationsenergie praktisch sofort übertragen wird, dagegen für die Kernschwingungsenergie eine merkliche Übertragungszeit, die Relaxationszeit τ benötigt wird, gut wiedergegeben. Durch Zusatz von Fremdgasen wird das Frequenzgebiet, bei dem Dispersion auftritt, verlagert (s. Abb. 3535).

Der Schallabsorptionskoeffizient α ist definiert durch:

$$I_x = I_0 \, e^{-2\alpha x}$$

I_x ist die nach Durchlaufen der Strecke x vorhandene Schallintensität, I_0 die einfallende Schallintensität. $\alpha[l^{-1}]$ setzt sich zusammen aus dem durch die innere Reibung bedingten Anteil α_R, der nach Stokes gegeben ist:

$$\alpha_R = \frac{8\pi^2 \eta \nu^2}{3 \varrho V^3}$$

(η = dynamische Zähigkeit, ν = Frequenz) und dem durch die Wärmeleitzahl λ bedingten Anteil α_λ

$$\alpha_\lambda = \frac{2\pi^2 \nu^2}{\varrho V^3} \left(\frac{\varkappa - 1}{\varkappa} \cdot \frac{\lambda}{c_v} \right).$$

Das weitere, durch Wärmestrahlung verursachte Zusatzglied ist so klein, daß es vernachlässigt werden kann. Es ist also:

$$\alpha = \left[\frac{2\pi^2 \nu^2}{V^3 \varrho} \left(\frac{4}{3}\eta + \frac{\varkappa - 1}{c_p} \lambda \right) \right].$$

α ist also dem Quadrat der Frequenz proportional, die Größe α/ν^2 sollte daher für alle Frequenzen den gleichen Wert haben (frequenzunabhängige Schallabsorption). Häufig wird anstatt α ein Absorptionskoeffizient μ angegeben, der mit α durch die Gleichung $\alpha \cdot l = \mu$ zusammenhängt (l = Wellenlänge des Schalles, μ gibt also die reziproke Zahl der Wellenlängen an, nach der die Amplitude auf 1/e gesunken ist).

Bei mehratomigen Gasen tritt zu dieser klassisch abgeleiteten Schallabsorption die Energieabsorption, die durch Anregung von inneren Molekülschwingungen bedingt ist. Die Absorption wird dadurch weit größer als die nach der klassischen Theorie berechnete. Tritt bei hohen Frequenzen Schalldispersion ein, so ist in dem kritischen Frequenzgebiet eine größere Absorption zu erwarten.

3531 Luft.

35311 Abhängigkeit der Schallgeschwindigkeit in Luft vom Druck. (Nach H. O. Kneser.)

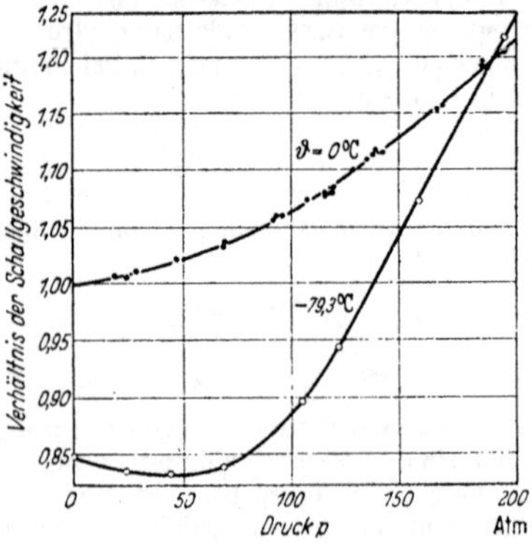

35312 Absorptionskoeffizient in Luft bei 20° in Abhängigkeit von der Frequenz bei verschiedener Luftfeuchtigkeit.

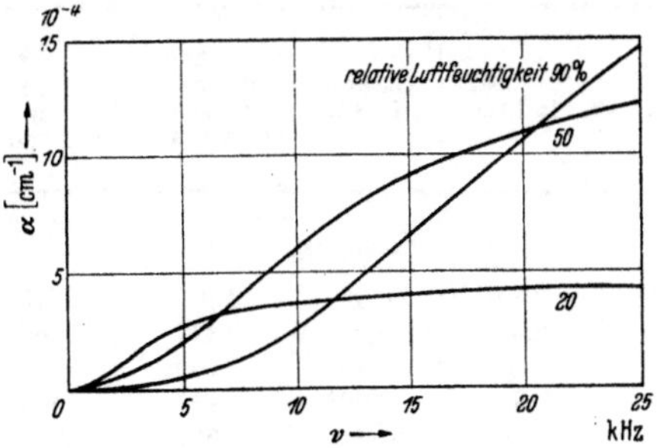

35313 Absorptionskoeffizient in Luft bei 50% relativer Feuchtigkeit in Abhängigkeit von der Frequenz bei verschiedenen Temperaturen. (Nach H. O. Kneser.)

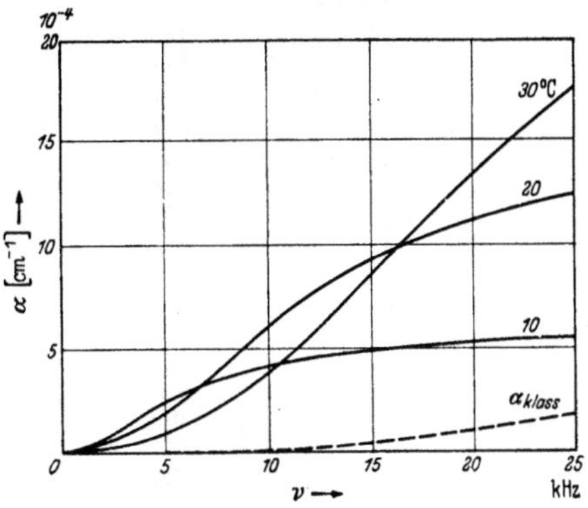

35314 Reichweite des Schalles in Luft und Wasser.

Reichweite = Strecke, nach der die Schallintensität auf $^1/_2$ gesunken ist.

Stoff	Frequenz in Hz			
	10000	100000	500000	1000000
Luft	220 m	220 cm	4,8 cm	2,2 cm
Wasser	400 km	4 km	160 m	40 m

3532 Schallgeschwindigkeit und Schallabsorption in Gasen und Dämpfen.

Gas oder Dampf	Temperatur ϑ in °C	Frequenz in kHz	Gasdruck in Atm	Schall-geschwin-digkeit v in $m\,s^{-1}$	$\frac{dv}{d\vartheta}$ in $m\,s^{-1}\,grad^{-1}$	Frequenz-unabhängige Schall-absorption $\alpha \cdot \nu^{-2} \cdot 10^{13}$ in $cm^{-1} \cdot s^2$
			Elemente.			
H_2 . . .	18,3	598,9	0,905	1300	2,2	7,81
	20,9	304	0,9	1329	—	34,53
	0	—	~1	1260	—	—
D_2 . . .	19,6	921	0,893	921	1,6	7,191
K	850	—	—	652	—	—
Hg . . .	360	—	—	208	—	—
N_2 . . .	20	—	~1	351	—	1,3
	19,9	598,9	0,978	349	0,6	2,7
O_2 . . .	0	—	~1	315	—	—
	20	—	~1	328	—	1,8
	19,6	598,9	0,991	327	0,56	3,36
	−183	—	—	174	—	—
Cl_2 . . .	0	—	~1	206	—	—
Br_2 . . .	0	—	~1	135	—	—
J_2 . . .	179	—	—	143	—	—
He . . .	0	—	~1	971	—	—
	17,5	589,9	~1	997	1,8	4,325
Ne . . .	19	304,4	0,65	450	0,8	11,7
Ar. . . .	0	—	—	308	—	—
Luft . .	20	—	~1	331	—	1,43
Leuchtgas	13,6	—	—	453	—	—
			Anorganische Verbindungen.			
H_2O . . .	0	—	—	401	—	—
HCl . . .	0	—	—	296	—	—
HBr . .	0	—	—	200	—	—
HJ . . .	0	—	—	157	—	—
H_2S . . .	0	—	—	289	—	—
SO_2 . . .	20	93,8	~1	219	0,47	—
	20	111	~1	221,5	0,36	—
NH_3 . . .	0	—	—	415	—	—
NO . . .	16,3	598,9	0,954	334	—	3,54
N_2O . . .	0	—	—	257	—	—
	19	—	—	273	0,5	—
CO . . .	0	—	—	337	—	—
	18,7	304,4	0,85	349	0,6	11,57
CO_2 . . .	0	—	—	258	—	—
	20	—	—	268	—	1,3
	17	41,5	~1	266	0,44	—
	17	111	~1	272	0,42	—
CS_2 . . .	0	—	—	189	—	—
C_2N_2 . .	0	—	—	401	—	—

Tabelle 3532 (Fortsetzung).

Gas oder Dampf	Temperatur ϑ in °C	Frequenz in kHz	Gasdruck in Atm	Schallgeschwindigkeit v in $m\,s^{-1}$	$\frac{dv}{d\vartheta}$ in $m\,s^{-1}\,grad^{-1}$	Frequenzunabhängige Schallabsorption $\alpha \cdot \nu^{-2} \cdot 10^{18}$ in $cm^{-1} \cdot s^2$
			Organische Verbindungen[1].			
CH_4, Methan	0	—	—	430	—	—
C_2H_6, Äthan	10	—	—	308	—	—
C_2H_4, Äthylen	0	—	—	317	—	—
C_2H_2, Acetylen	0	—	—	327	—	—
C_3H_8, Propan	20	—	—	248	—	—
C_6H_{14}, Hexan	134	—	—	199	—	—
C_6H_{12}, Cyclohexan	97,1	—	0,9	191	0,3	—
	134	—	—	202	—	—
C_6H_6, Benzol	80	—	0,9	208	—	—
	90	97,8	—	198	—	1050
	90	695	—	202	—	39
CH_3J, Methyljodid	43	97,8	—	152	—	160
	43	695	—	154	—	4,1
CH_2Cl_2, Methylenchlorid	43	97,8	—	177	—	730
	43	695	—	178	—	29
$CHCl_3$, Chloroform	70	97,8	—	154	—	730
	70	695	—	155	—	23
CCl_4, Tetrachlorkohlenstoff	77	97,8	—	151	—	370
	77	695	—	152	—	6,2
	97	—	0,9	145	0,24	—
	134	—	—	154	—	—
C_2H_5J, Äthyljodid	76	97,8	—	151	—	470
	76	695	—	155	—	17
$C_2H_4Cl_2$, Äthylenchlorid	97	—	0,9	181	0,24	—
	134	—	—	190	—	—
CH_4O, Methylalkohol	67	—	0,9	341	—	—
	67	97,8	—	338	—	53
	67	695	—	341	—	1
	134	—	—	352	—	—
C_2H_6O, Äthylalkohol	80	—	0,9	271	—	—
	80	97,8	—	262	—	730
	80	695	—	264	—	21
	134	—	—	284	—	—
C_2H_6O, Dimethyläther	25	—	0,9	246	0,39	—
	97,1	—	—	274	—	—
C_3H_8O, Propylalkohol	134	—	0,9	244	—	—
C_3H_8O, i-Propylalkohol	97,1	—	0,9	255	—	—
	134	—	—	270	—	—
C_3H_6O, Aceton	58	97,8	—	208	—	520
	58	695	—	211	—	15
	97	—	0,9	239	0,32	—
	134	—	—	251	—	—
$C_4H_{10}O$, Diäthyläther	35	97,8	—	186	—	210
	35	695	—	185	—	6,2
$C_4H_8O_2$, Essigsäureäthylester	97,1	—	—	189	0,27	—
	134	—	—	199	—	—
$C_5H_{12}O$, Amylalkohol	136	—	—	218	—	—
$C_6H_{14}O$, Dipropyläther	97,1	—	—	194	—	—

[1] Die Werte $\alpha \cdot \nu^{-2}$ für organische Verbindungen sind der Arbeit W. Railston: J. acoust. Soc. Amer. **11**, No 1, 107 (1939), entnommen. Die Fehler können bis zu 20% betragen.

3533 Schallgeschwindigkeit in $m \cdot s^{-1}$ in Gasen in Abhängigkeit von der Temperatur.

Temperatur in °C	O_2	N_2	Luft	H_2O-Dampf	N_2O	CO_2
Z. T.	323,8	347,6	340,8	—	264,6	264,7
100	367,4	394,1	387,2	471,5	299,0	299,9
200	413,5	443,3	435,6	536,7	334,3	335,8
300	454,8	487,4	478,9	593,2	365,4	367,5
400	492,3	527,5	518,4	643,2	393,9	397,1
500	527,4	564,7	555,1	688,2	420,3	424,0
600	559,9	599,4	589,3	727,8	446,9	449,2
700	590,8	632,3	621,5	762,5	—	472,0
800	619,8	663,0	651,7	795,3	—	494,5
900	647,3	692,3	680,8	825,0	—	515,8
1000	674,7	720,6	708,4	853,9	—	536,5

3534 Schalldispersion v/v_0 in Abhängigkeit von der Frequenz.

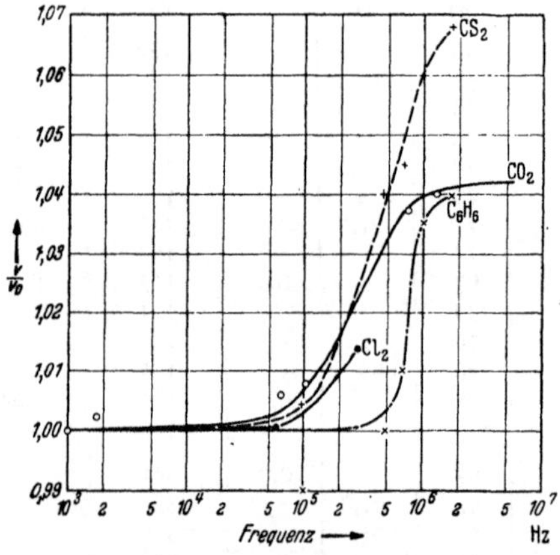

3535 Verschiebung der Frequenz maximaler Schallabsorption ν_{max} als Folge des Zusatzes von Wasserdampf. (Aus E. Hiedemann: Ultraschall. Berlin 1939.)

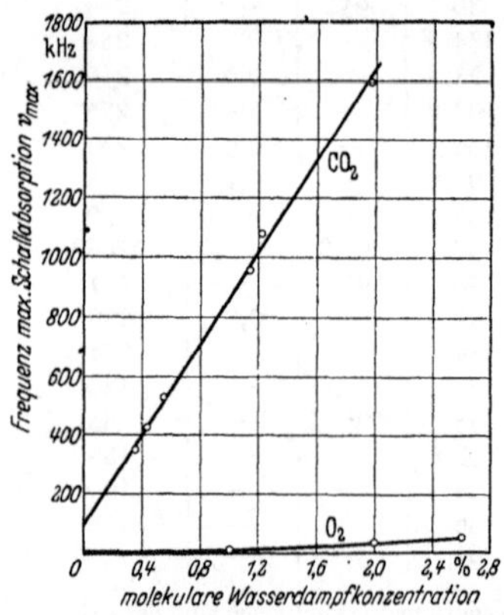

354 Akustische Einheiten und Tonskala.

3541 Akustische Einheiten.

1. Die Schallausbreitungsgeschwindigkeit v $[lt^{-1}]$, ist die Geschwindigkeit, mit der sich die Schallschwingung in einem Medium fortpflanzt; sie ist im hörbaren Gebiet für alle Frequenzen gleich. In Gasen und Flüssigkeiten breitet sich der Schall als Longitudinalwelle aus. In festen Körpern können Longitudinal- und Transversalwellen auftreten. Für die Longitudinalwellen ist die Volumenelastizität, für die Transversalwellen die Formelastizität ausschlaggebend.

2. Die Schallschnelle u $[lt^{-1}]$ ist die Augenblicksgeschwindigkeit des schwingenden Teilchens, $u = U \cos \omega t$ (U = Maximum der Geschwindigkeit, ω = Kreisfrequenz $= 2\pi\nu$, ν = Frequenz, t = Zeit).

3. Die Schallfrequenz, Tonfrequenz ν $[t^{-1}]$ ist die Zahl der Schwingungen je Sekunde (Einheit: eine Schwingung je Sekunde = 1 Hertz = 1 Hz).

4. Die Wellenlänge λ der Schallschwingung ist v/ν, sie ist also für die gleiche Frequenz für jeden Stoff eine andere.

5. Der Schalldruck p $[ml^{-1}t^{-2}]$ ist der durch die Schallschwingung erzeugte Wechseldruck auf die Flächeneinheit $p = P \cos(\omega t + \varphi)$, Angabe in dyn · cm^{-2} oder in µbar (P = maximaler Druck, φ = Phasenverschiebung zwischen Schallschnelle und Schalldruck). Schallschnelle und Schalldruck hängen durch die Gleichung: $p = \varrho \cdot v \cdot u$ zusammen (ϱ = Dichte des Stoffes).

6. Der Schallwiderstand z $[ml^{-2}t^{-1}] = \varrho \cdot v = p/u$ in g · $cm^{-2}s^{-1}$ (akustisches Ohm). Für Luft bei 20° C und 760 Torr ist z = 41,3 dyn · s · cm^{-3}.

7. Die Schallintensität I (Schallstärke) $[mt^{-3}]$ an einem Orte ist die Schallenergie, die durch 1 cm^2 Fläche in der Zeiteinheit fließt (erg · cm^{-2} · s^{-1}), sie ist gleich dem Schalldruck × der Schallschnelle, also: $I = p \cdot u = p^2/(\varrho \cdot v)$.

8. Die Schalldichte $[ml^{-1}t^{-2}]$ ist der zeitliche Mittelwert der in der Raumeinheit vorhandenen Energiedichte in erg · cm^{-3}.

9. Die Schalleistung N $[ml^2 t^{-3}]$ einer Schallquelle ist die in der Zeiteinheit durch eine die Schallquelle umhüllende Fläche F strömende Schallenergie.

10. Der Schallabsorptionskoeffizient α $[l^{-1}]$ ist definiert durch die Gleichung: $I_x = I_0 e^{-2\alpha x}$. I_0 und I_x, = die Schallintensitäten am Anfang und nach Durchgang durch die Strecke x. $2 \cdot \alpha$ ist also der reziproke Wert der Strecke, auf der die Schallintensität auf 1/e sinkt.

11. Die Lautstärke. Die Schallempfindung, die in einem Schallfeld bestimmter Intensität entsteht, wird durch Angabe der Lautstärke in Phon gekennzeichnet. Das Ohr kann Schallintensitäten, die einen Umfang von $10 \ldots 10^{13}$ haben, verarbeiten. Die Skala der Empfindungen wird in 130 Phon geteilt, dabei ist 0 Phon die Hörschwelle und 130 Phon die Schmerzschwelle. Die Empfindungsstärke des Ohres nimmt für eine bestimmte Frequenz annähernd mit dem Logarithmus der Schallintensität (des Reizes) zu (Weber-Fechnersches Gesetz). Der Eichpunkt der Phonskala liegt bei 74 Phon entsprechend einem effektiven Schalldruck von 1 dyn · cm^{-2} = 1 µb für die Frequenz 1000 Hz. Für relative Lautstärkeangaben benutzt man die Dezibelskala. Die Einheit *Dezibel* entspricht einem Anstieg des Schalldruckes vom Anfangsdruck p_0 auf $p_0 \cdot 10^{1/20}$ bzw. der Schallintensität von I_0 auf $I_0 \cdot 10^{1/10}$. Bei einer Frequenz von 1000 Hz sind Phonskala und Dezibelskala gleich.

Kurven gleicher Lautstärke bei zweiohrigem Hören in Abhängigkeit von der Frequenz und dem Schalldruck.

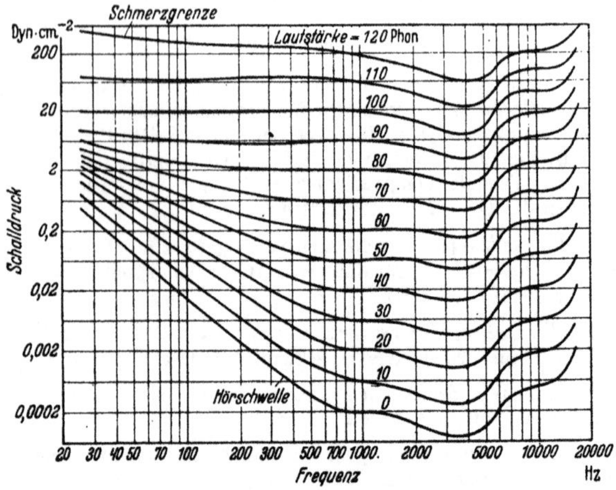

3542 Lautstärke von Geräuschquellen.

Phon	entspricht Geräusch,
0	Schwellengrenze,
10	leises Flüstern, Taschenuhrticken,
20	Geräuschspiegel einer ruhigen Wohnung,
30	stille Straße ohne Verkehr, Rauschen von Bäumen,
40	Zerreißen von Schreibpapier,
50	Unterhaltungssprache, Schreibmaschinen,
60	Straßenbahn,
70	Büroschreibmaschine, Straßenverkehr auf belebten Straßen,
80	starker Straßenverkehr,
90	Motorrad mit Schalldämpfer, Untergrundbahn,
100	lauteste Autohupe,
110	Blechschmiede,
120	Flugzeugpropeller, Niethämmer,
130	Schmerzgrenze.

3543 Tonskala.

1. Relative Schwingungszahlen der reinen (diatonischen) Dur-Tonleiter.

c	d	e	f	g	a	h	c
1	$^9/_8$	$^5/_4$	$^4/_3$	$^3/_2$	$^5/_3$	$^{15}/_8$	2

2. Relative Schwingungszahlen der reinen (diatonischen) Mollskala.

c	d	e	f	g	a	h	c
1	$^9/_8$	$^6/_5$	$^4/_3$	$^3/_2$	$^8/_5$	$^9/_5$	2

3. Einfachste Tonintervalle.

Oktave	Duodezime	Quinte	Quarte
2 : 1	3 : 1	3 : 2	4 : 3

Terz		Sexte		Septime		Sekunde	
große	kleine	große	kleine	große	kleine	große	kleine
5 : 4	6 : 5	5 : 3	8 : 5	15 : 8	9 : 5	9 : 8	16 : 15

4. Die Frequenz des Kammertons a ist zu 435 Hz festgesetzt worden. Die Musik umfaßt 8 Oktaven:

Subkontra $\underline{\underline{C}}$	f = 16
Kontra $\underline{C}$	f = 32
Groß C	f = 64
Klein c	f = 128
1fach gestrichenes c′	f = 256
2fach gestrichenes c″	f = 512
3fach gestrichenes c‴	f = 1024
4fach gestrichenes c⁗	f = 2048
5fach gestrichenes c′′′′′	f = 4096

(nur die Orgel umfaßt den ganzen Tonbereich)

5. Schwingungszahlen der Töne in der temperierten Stimmung. Das Oktavenintervall wird in 12 gleiche Teile geteilt; jeder Halbton ist das $\sqrt[12]{2}$-fache = 1,0595fache des vorhergehenden.

Schwingungszahlen der Töne in der temperierten Stimmung.
Kammerton 435 Hz.

	C	Cis	D	Dis	E	F	Fis	G	Gis	A	Ais	H
C_{-2} . .	16,17	17,13	18,15	19,22	20,37	21,58	22,86	24,22	25,66	27,19	28,80	30,52
C_{-1} . .	32,33	34,25	36,29	38,45	40,74	43,16	45,72	48,44	51,32	54,37	57,61	61,03
C . . .	64,66	68,51	72,58	76,90	81,47	86,31	91,45	96,89	102,65	108,75	115,22	122,07
c . . .	129,3	137,0	145,2	153,8	162,9	172,6	182,9	193,8	205,3	217,5	230,4	244,1
c_1 . . .	258,7	274,0	290,3	307,6	325,9	345,3	365,8	387,5	410,6	435,0	460,9	488,3
c_2 . .	517,3	548,1	580,7	615,2	651,8	690,5	731,6	775,1	821,2	870,0	921,7	976,5
c_3 . . .	1035	1096	1161	1230	1304	1381	1463	1550	1642	1740	1834	1953
c_4 . .	2069	2192	2323	2461	2607	2762	2926	3100	3285	3480	3687	3906

36 Kalorische Daten[1].

361 Spezifische Wärme.

Die spezifische Wärme c_ϑ ($l^2\,t^{-2}\,grad^{-1}$) bei der Temperatur ϑ ist die Wärmemenge (cal), die 1 g eines Stoffes bei Erwärmung um 1° C aufnimmt. Die Atom- bzw. Molwärme (oder Molarwärme) C_ϑ ist das Produkt aus c_ϑ und dem Atom- bzw. Molekulargewicht. Die mittlere spezifische Wärme $\bar{c}_\vartheta$ im Temperaturenintervall zwischen ϑ_1 und ϑ_2 ist die bei der Erwärmung von ϑ_1 auf ϑ_2 aufgenommene Wärmemenge, dividiert durch die Temperaturdifferenz $\vartheta_2 - \vartheta_1$.

Die spezifischen Wärmen werden entweder für konstanten Druck (c_p, C_p) oder für konstante Volumen (c_v, C_v) angegeben, c_v ist kleiner, da c_p die bei der Ausdehnung geleistete Arbeit mit enthält.

Feste Körper. Meist wird die spezifische Wärme bei konstantem Druck angegeben. $c_p - c_v$ ist gleich $(3\beta)^2 \frac{T}{\varrho \cdot k}$ (β = linearer Ausdehnungskoeffizient, ϱ = Dichte, T = absolute Temperatur, k = kubischer Kompressibilitätskoeffizient); diese Größe ist bei festen Körpern im allgemeinen sehr klein.

Die Atomwärmen der Elemente sollen bei mittleren und hohen Temperaturen nach dem Gesetz von Dulong-Petit $3\,R = 6{,}2\ \text{cal} \cdot \text{mol}^{-1} \cdot \text{grad}^{-1}$ betragen. Von dieser Regel weichen die Elemente mit niedrigem Atomgewicht stark ab; nachstehend einige Zahlenwerte.

Element	C_p in cal/(g-Atom · grad)	Element	C_p in cal/(g-Atom · grad)
B	2,7	Al	5,74
C (Graphit) . .	2,39	Ag	6,03
(Diamant) . .	1,44	Pb	6,44
Si	4,72	U	6,6

[1] Übersichtstabellen unter 3114 und 3126.

Bei tiefen Temperaturen nimmt die spezifische Wärme sehr kleine Werte an und kann nach Debye als Funktion von $\frac{T}{\Theta}$ dargestellt werden. $C_v = D\left(\frac{T}{\Theta}\right)^3$ (Debyesches T^3-Gesetz). Θ ist die sog. charakteristische Temperatur (Debye-Temperatur), die für jede Substanz verschieden ist und mit der Grenzfrequenz ν_g der elastischen Wellen durch die Gleichung $\Theta = \frac{h\,\nu_g}{k}$ zusammenhängt (h = Plancksches Wirkungsquantum, k = Boltzmannsche Konstante).

Werte von Θ:

Cu	315° K	Be	1000° K	Al	390° K
Ag	215° K	Mg	290° K	Pb	88° K
Au	170° K	Ca	230° K	Cr	485° K

Den Verlauf der spezifischen Wärme für einige Elemente bei tiefen Temperaturen zeigt 36112, für einige Salze 36122 und 36123. Die Molwärme von festen Verbindungen ist angenähert gleich der Summe der Atomwärmen der Verbindungsbestandteile (Gesetz von Neumann und Kopp).

Flüssigkeiten. $C_p - C_v$ ergibt sich aus derselben Formel wie bei festen Körpern, ist aber im allgemeinen größer.

Gase. Für ideale Gase gilt: $C_p - C_v = R$. Nach 293 ist bei einatomigen Gasen $C_v = \frac{3}{2} R$, $C_p/C_v = \frac{5}{3}$; bei zweiatomigen $C_v = \frac{5}{2} R$, $C_p/C_v = \frac{7}{5}$.

C_v ist, solange keine Molekülschwingungen angeregt sind, temperaturunabhängig. Jede angeregte Schwingung der Frequenz ν liefert einen Beitrag $F\left(\frac{h \cdot \nu}{k\,T}\right)$ zur Molwärme $\left(\frac{h \cdot \nu}{k} = \Theta\text{, charakteristische Temperatur}\right)$.

$$F\left(\frac{\Theta}{T}\right) = \frac{R \cdot \left(\frac{h \cdot \nu}{k\,T}\right)^2 e^{\frac{h\,\nu}{k\,T}}}{\left(e^{\frac{h\,\nu}{k\,T}} - 1\right)^2}.$$

Die charakteristische Temperatur der Grundschwingung von

H_2	beträgt	5950° K,	Cl_2	beträgt	790° K,
F_2	„	1610° K,	Br_2	„	465° K.

Charakteristische Temperaturen für mehratomige Moleküle sind in Tabelle 25122 angegeben, für zweiatomige können sie aus den Schwingungsdaten der Tabelle 25121 errechnet werden.

Die Rotationsfreiheitsgrade sind bei Zimmertemperatur voll angeregt. Die relative Häufigkeit der verschiedenen Werte der Rotationsenergie entspricht dem Boltzmannschen Verteilungsgesetz (s. 292). Da die Rotationsenergie nicht kontinuierlich veränderlich ist, sondern nur bestimmte diskrete durch die Quantenbedingung gegebenen Werte annehmen kann, gilt bei tiefer Temperatur, wo die gesamte Energie nur noch wenige „Rotationsquanten" beträgt, die Boltzmann-Verteilung nicht mehr; dies äußert sich in einem raschen Absinken der spezifischen Wärme, für das ebenfalls eine charakteristische Temperatur angegeben werden kann.

Bei der Umwandlung zwischen 2 Modifikationen oder Aggregatzustände eines Stoffes kann sich der Wärmeinhalt sprunghaft ändern. Die latenten Wärmen treten als hohe Spitzen[1] im Temperaturverlauf der spezifischen Wärme hervor. Beispiele in 36113, 36114, 36122, 26123, 36142.

Bei sehr hohen Temperaturen bewirken auch thermische Dissoziation und Ionisation eine beträchtliche Zunahme des Wärmeinhaltes und daher Zusatzglieder für die spezifische Wärme der Gase. Beispiele sind in 36162 gegeben.

[1] Die Kurvenform bei den Spitzen hängt wesentlich von dem Temperaturintervall ab, über das bei der Messung gemittelt wird.

3611 Spezifische Wärme der Elemente.

36111 Spezifische Wärme c_p in $cal \cdot g^{-1} \cdot grad^{-1}$ von Elementen in Abhängigkeit von der Temperatur.

c_ϑ = Spezifische Wärme bei konstantem Druck bei der Temperatur ϑ, $\bar{c}_{0 \ldots \vartheta}$ = mittlere spezifische Wärme zwischen 0 und ϑ (fl = flüssig). Angaben über spezifische Wärme befinden sich außerdem in den Tabellen 3111 und 3114 und in den Abbildungen 36112 und 36113.

	c_ϑ									$\bar{c}_{0 \ldots \vartheta}$						
	−200°	−100°	0°	20°	100°	200°	300°	500°	1000°	−200…0°	−100…0°	0…100°	0…200°	0…300°	0…500°	0…1000°
Alumininm	0,075	0,175	0,210	0,214	0,224	0,235	0,241	0,26	—	0,164	0,194	0,217	0,223	0,228	0,237	—
Antmon	0,034	0,046	0,0492	0,0496	0,0507	—	0,054	—	—	—	0,048	0,0500	—	0,515	—	—
Arsen	0,040	0,069	0,0778	0,0787	0,0810	—	—	—	—	—	0,0739	0,0796	—	—	—	—
Beryllium	—	0,20	0,396	0,418	0,480	0,535	—	—	—	—	0,305	0,442	0,475	0,508	0,551	—
Blei	0,026	0,0288	0,0306	0,0309	0,0320	0,0330	0,0338	—	—	0,0287	0,0297	0,0313	0,0320	0,0325	—	—
Bor	—	—	0,23	0,25	0,29	0,355	0,404	0,468	—	—	—	0,26	—	—	—	—
Cadmium	0,042	0,0520	0,0548	0,0552	0,0568	0,0586	0,061	—	—	0,0512	0,0535	0,0558	0,0568	—	—	—
Calcium	0,096	0,141	0,153	0,155	0,160	0,17	0,18	—	—	0,136	0,148	0,157	0,160	—	—	—
Chrom	0,034	0,076	0,102	0,105	0,113	0,119	0,125	—	—	0,071	0,090	0,108	—	0,116	—	0,135
Eisen	0,032	0,085	0,105	0,108	0,116	0,127	0,139	0,162	—	0,080	0,096	0,111	0,116	0,122	0,133	0,168
Gallium	0,055	0,082	0,089	0,090	0,10 fl.	—	—	—	—	—	0,086	—	—	—	—	—
Gold	0,021	0,0292	0,0307	0,0309	0,0314	—	0,0322	—	0,0376	0,028	0,0301	0,0311	—	0,0316	—	0,0336
Iridium	0,016	0,027	0,031	0,032	0,033	—	—	—	—	0,026	0,030	0,032	—	—	—	—
Jod	0,043	0,047	0,051	0,052	0,056	—	—	—	—	—	0,049	0,054	—	—	—	—
Kalium	0,14	0,16	0,175	0,177	0,20 fl.	—	—	—	—	0,16	0,17	—	—	—	—	—
Kobalt	0,034	0,075	0,091	0,093	0,101	0,107	0,115	0,132	0,204	0,072	0,084	0,096	—	0,105	—	—
Kohlenstoff																
(Graphit)	0,020	0,080	0,153	0,169	0,223	0,281	0,337	0,39	0,41	0,080	0,115	0,190	0,222	0,252	0,30	0,34
(Diamant)	—	0,033	0,1044	0,118	0,184	0,25	0,305	0,375	0,42	—	—	—	—	—	—	—
Kupfer	0,040	0,082	0,0906	0,0915	0,0947	0,0969	0,0994	0,1049	—	0,078	0,087	0,0926	0,0949	0,0958	0,0974	—
Lithium	0,30	0,65	0,79	0,81	0,90	—	1,2 fl.	—	—	0,62	0,73	0,85	—	—	—	—
Magnesium	0,13	0,21	0,239	0,243	0,255	0,268	0,276	0,30	—	0,20	0,225	0,247	—	0,260	0,27	—
Mangan	—	0,095	0,113	0,116	0,123	—	0,14	—	—	—	0,105	0,119	—	0,127	—	—

36111 (Fortsetzung).

	c_ϑ									$\bar{c}_{0\ldots\vartheta}$						
	—200°	—100°	0°	20°	100°	200°	300°	500°	1000°	—200…0°	—100…0°	0…100°	0…200°	0…300°	0…500°	0…1000°
Molybdän	0,020	0,050	0,059	0,060	0,062	—	—	—	0,074	0,047	0,055	0,061	—	—	—	0,067
Natrium	0,21	0,26	0,284	0,288	—	—	—	—	—	0,26	0,272	—	—	—	—	—
Nickel	0,036	0,087	0,1055	0,1065	0,1115	0,123	0,136	—	—	0,083	0,099	0,108	0,112	0,118	—	0,13
Niob	—	—	0,0643	0,0645	0,0651	—	—	—	0,074	—	0,0647	—	—	—	—	0,069
Osmium	—	—	0,0309	0,0310	0,0314	—	—	—	0,036	—	—	0,0312	—	—	—	0,033
Palladium	—	0,050	0,058	0,059	0,060	—	—	0,065	0,074	—	0,055	0,059	—	—	0,062	0,066
Platin	0,018	0,028	0,0317	0,0318	0,0324	0,0325	0,0326	0,0335	0,035	0,025	0,0306	0,0321	—	0,0328	0,0333	—
Quecksilber	0,0273	0,0322	—	0,0333	—	—	—	—	—	—	—	—	—	—	—	—
Rhenium	—	—	0,0326	0,0327	0,0332	—	—	—	0,039	—	—	0,0329	—	—	—	0,036
Rhodium	—	—	0,0589	0,0592	0,0603	—	—	0,069	—	—	—	0,0596	—	—	0,064	—
Schwefel	0,067	0,14	0,167	0,172	—	0,24 fl.	—	—	—	—	0,155	—	—	—	—	—
Selen	—	0,0802	0,090	—	—	—	—	—	—	—	—	—	—	—	—	—
Silber	0,0375	0,0516	0,0556	0,0559	0,0568	0,0595	0,061	0,063	0,074 fl.	0,0505	0,0539	0,0562	—	0,0572	—	—
Silicium	0,04	0,115	0,162	0,168	0,189	—	—	—	—	0,11	0,142	0,177	—	—	—	—
Tantal	0,020	0,030	0,0328	0,0330	0,0336	—	—	—	0,038	0,029	0,0316	0,0332	—	—	—	0,035
Tellur	—	—	—	0,0486	—	—	—	—	—	—	—	0,0483[1]	0,0487[1]	—	—	—
Thallium	0,026	0,0296	0,0312	0,0316	0,0331	0,035	—	—	—	—	0,0304	0,0322	0,033	—	—	—
Titan	—	—	—	0,146	—	—	—	—	—	—	—	0,1462	0,1503	0,1563	—	—
Wismut	0,024	0,0278	0,0293	0,0295	0,0303	0,032	0,034 fl.	—	—	0,027	0,0286	0,0298	0,0304	—	—	—
Wolfram	0,016	0,026	0,0320	0,0321	0,0325	0,033	0,0340	0,0348	0,0367	0,026	0,030	0,0323	—	—	0,0332	0,0343
Zink	0,058	0,085	0,091	0,092	0,095	0,099	0,1003	—	—	0,082	0,088	0,093	0,095	—	—	—
Zinn	—	0,050	0,0538	0,0541	0,0560	0,058	—	0,052 fl.	—	—	0,052	0,0549	0,056	—	—	—

[1] Die Ausgangstemperatur beträgt nicht 0° C, sondern 15° C.

36112 Spezifische Wärme c_p einiger Elemente in Abhängigkeit von der Temperatur.

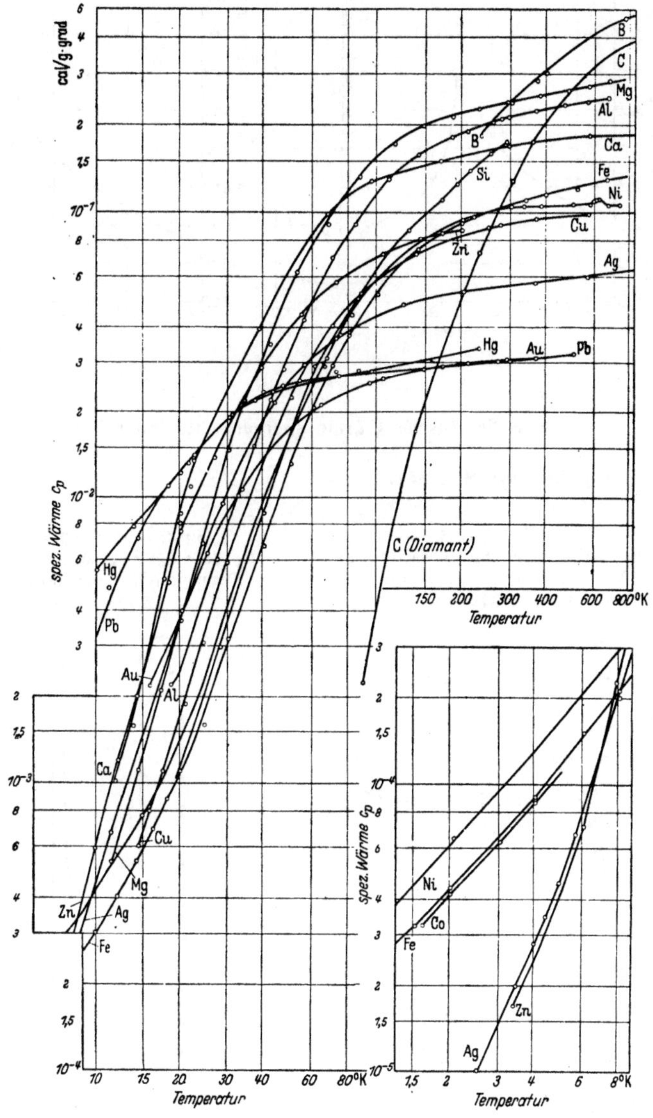

36113 Spezifische Wärme von Eisen; bei 755° C magnetischer Umwandlungspunkt; bei ~915° C Umwandlung $\beta \rightarrow \gamma$.

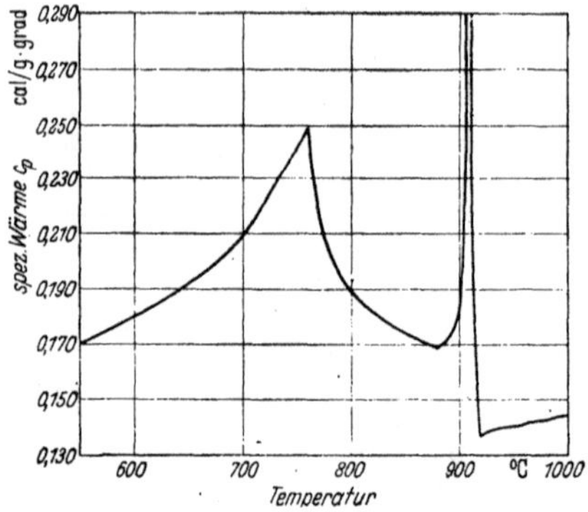

36114 Spezifische Wärme von Nickel; bei 345° C magnetischer Umwandlungspunkt.

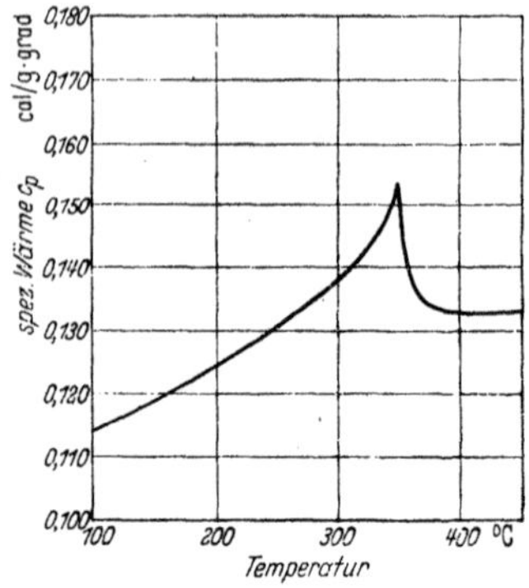

3612 Spezifische Wärme anorganischer fester Stoffe.

36121 folgt auf S. 1041.

36122 Molwärme C_p in cal · mol⁻¹ · grad⁻¹ anorganischer Verbindungen bei tiefen Temperaturen.

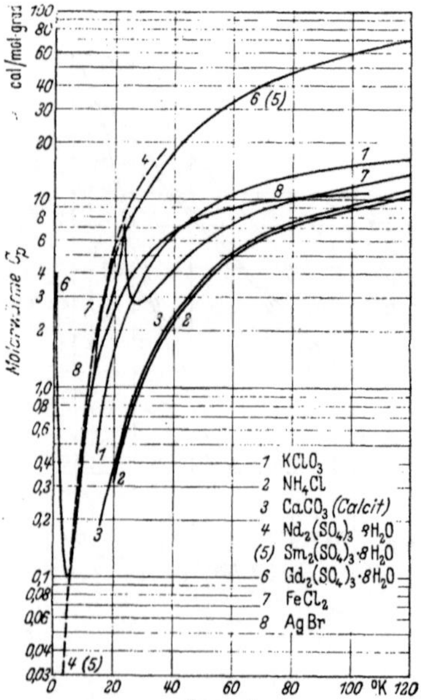

36123 Molwärme C_p in cal · mol⁻¹ · grad⁻¹ von anorganischen Verbindungen.

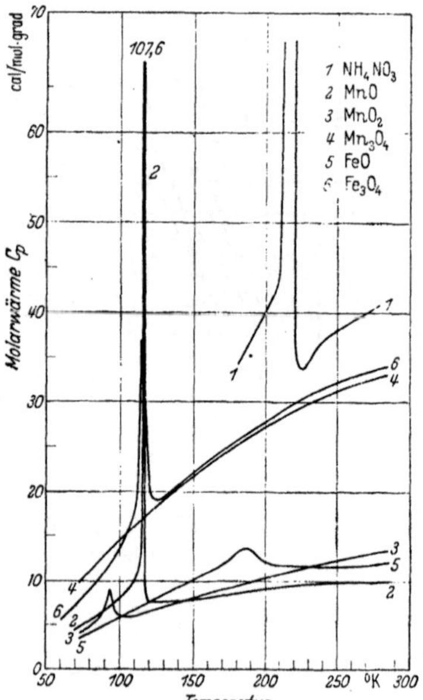

36121 Spezifische Wärme (c_p) in cal · g^{-1} · $grad^{-1}$ anorganischer Salze in Abhängigkeit von der Temperatur.

Angaben über Molwärmen bei Zimmertemperatur befinden sich in Tabelle 3114. c_ϑ spezifische Wärme bei der Temperatur ϑ; $\bar{c}_{0 \ldots \vartheta}$ mittlere spezifische Wärme zwischen 0^0 und ϑ^0.

Name	c_ϑ									$\bar{c}_{0\ldots\vartheta}$						
	−200°	−100°	0°	20°	100°	200°	300°	500°	1000°	−200…0°	−100…0°	0…100°	0…200°	0…300°	0…500°	0…1000°
Eis	—	0,325	0,505	—	—	—	—	—	—	—	—	—	—	—	—	—
Siliciumdioxyd[1]	0,040	0,116	0,170	0,178	0,204	—	0,252	0,289	—	0,112	0,145	0,187	—	0,216	0,237	—
Quarzglas	0,043	0,116	0,167	0,174	0,199	—	0,244	0,266	0,284	0,112	0,143	0,183	—	0,210	0,228	0,251
Siliciumcarbid	—	—	0,147	0,162	0,198	—	—	0,270	0,310	—	—	0,176	—	—	0,220	0,260
Natriumchlorid	—	0,185	0,203	0,207	0,213	—	0,227	—	—	—	0,195	0,207	—	0,216	—	—
Natriumnitrat	—	0,200	0,249	0,259	0,310	0,380	—	—	—	—	0,222	0,275	—	0,310	—	—
Natriumcarbonat	0,099	0,200	0,243	0,249	0,270	—	—	—	—	—	0,220	0,260	—	—	—	—
Kaliumchlorid	0,108	0,151	0,162	0,163	0,167	0,172	0,176	—	—	—	0,157	0,165	—	0,169	—	—
Kaliumnitrat	—	0,180	0,219	0,225	0,249	0,280	—	—	—	—	0,200	0,234	0,320	—	—	—
Ammoniumchlorid	—	—	0,36	0,38	0,44	—	—	—	—	—	—	0,40	—	—	—	—
Magnesiumoxyd	—	0,096	0,226	0,230	0,242	—	—	0,283	0,321	—	—	0,234	—	—	0,258	0,293
Calciumoxyd	—	—	0,180	0,184	0,193	—	—	—	—	—	—	0,187	—	—	—	—
Calciumsulfid	0,057	0,133	0,155	0,156	—	—	—	—	—	—	—	—	—	—	—	—
Calciumcarbonat	0,059	0,143	0,186	0,193	—	—	—	—	—	—	—	—	—	—	—	—
Bariumcarbonat	0,076	0,083	0,100	0,103	—	—	—	—	—	—	—	—	—	—	—	—
Aluminiumoxyd	—	0,090	0,16	0,18	0,22	—	—	0,28	0,31	—	—	0,019	—	—	0,24	0,26
Thoriumoxyd	—	—	—	0,054	—	—	—	0,067	0,073	—	—	—	—	—	0,062	0,066
Mangansulfid[2]	0,070	0,130	0,136	0,137	—	—	—	—	—	—	—	—	—	—	—	—
Eisensulfid	0,057	0,122	0,145	0,149	—	—	—	—	—	—	—	—	—	—	—	—
Kupfer-I-oxyd	0,056	0,084	0,100	0,105	0,118	—	—	0,136	—	—	—	0,111	—	—	0,125	—
Kupfer-II-oxyd	0,032	0,090	0,125	0,129	0,139	—	—	0,164	—	—	0,110	0,132	—	—	0,148	—
Kupfer-I-sulfid	0,060	0,098	0,112	0,114	—	—	—	—	—	—	—	—	—	—	—	—
Kupfer-II-sulfid	0,055	0,099	0,115	0,118	—	—	—	—	—	—	—	—	—	—	—	—
Zinkoxyd	0,037	0,084	0,115	0,118	0,130	0,133	0,138	0,144	0,159	—	—	—	—	—	—	—
Bleioxyd	—	0,039	0,050	0,051	0,053	—	—	—	—	—	0,045	0,052	—	—	—	—
Bleisulfid	0,034	0,046	0,049	—	—	—	—	—	—	—	—	—	—	—	—	—

[1] Quarzkrystall. [2] Anstieg bis ~140° K steil auf 0,152; dann Abfall auf 0,13.

3613 Spezifische Wärme in $cal \cdot g^{-1} \cdot grad^{-1}$ des Wassers und Wasserdampfes[1].

Von **Wilhelm Prüger**, Berlin.

Unter dem Druck sind die Siedetemperaturen (S.P.) in Klammern angegeben, die beiden nächsten Zeilen enthalten die spezifische Wärme des Dampfes c_p'' und der Flüssigkeit c_p' für den Sättigungszustand.

p in at / S.P. in °C	1 (99,09)	2 (119,62)	5 (151,11)	10 (179,04)	20 (211,38)	30 (232,76)	40 (249,18)	50 (262,70)	60 (274,29)	80 (293,62)	100 (309,53)	120 (323,15)	140 (335,09)	160 (345,74)	180 (355,35)	200 (364,08)	250 —	300 —
c_p''	0,487	0,506	0,546	0,610	0,705	0,805	0,895	0,985	1,10	1,35	1,66	2,03	2,63	3,42	4,64	6,6	—	—
c_p'	1,010	1,014	1,027	$1{,}04_7$	$1{,}08_3$	$1{,}12_0$	$1{,}15_5$	$1{,}19_8$	$1{,}23_8$	$1{,}33_5$	1,45	1,62	$1{,}8_4$	2,10	$2{,}4_0$	$2{,}7_3$	—	—
ϑ in °C																		
0	1,0060	1,0060	1,006	1,005	1,005	1,005	1,004	1,004	1,004	1,003	1,002	1,001	1,000	1,000	0,999	0,998	0,996	0,994
20	0,9986	0,9985	0,998	0,998	0,998	0,997	0,997	0,996	0,996	0,995	0,994	0,993	0,992	0,991	0,990	0,989	0,987	0,984
40	0,9977	0,9976	0,997	0,997	0,996	0,996	0,995	0,994	0,994	0,993	0,992	0,991	0,990	0,989	0,987	0,986	0,984	0,981
60	1,0008	1,0006	1,000	0,999	0,998	0,997	0,996	0,995	0,994	0,993	0,992	0,991	0,990	0,989	0,987	0,986	0,983	0,980
80	1,0045	1,0043	1,004	1,003	1,002	1,001	1,000	0,999	0,998	0,997	0,995	0,994	0,993	0,991	0,990	0,989	0,985	0,982
100	0,487	1,0097	1,009	1,008	1,007	1,006	1,005	1,004	1,003	1,002	1,000	0,999	0,997	0,996	0,995	0,993	0,989	0,986
120	0,480	0,505	1,016	1,015	1,014	1,013	1,012	1,011	1,010	1,009	1,007	1,005	1,004	1,002	1,001	0,999	0,995	0,991
140	0,474	0,493	1,026	1,024	1,022	1,021	1,020	1,019	1,018	1,016	1,015	1,013	1,011	1,010	1,008	1,006	1,002	0,997
160	0,471	0,486	0,537	1,041	1,038	1,036	1,034	1,033	1,032	1,030	1,028	1,026	1,024	1,022	1,020	1,018	1,013	1,008
180	0,470	0,482	0,520	0,607	1,057	1,053	1,051	1,050	1,048	1,046	1,044	1,042	1,039	1,037	1,035	1,032	1,027	1,021
200	0,470	0,479	0,508	0,571	1,079	1,075	1,072	1,071	1,069	1,067	1,064	1,061	1,058	1,056	1,053	1,050	1,043	1,037
220	0,470	0,478	0,498	0,546	0,682	1,105	1,101	1,097	1,095	1,091	1,088	1,085	1,082	1,079	1,075	1,072	1,064	1,056
240	0,472	0,478	0,496	0,532	0,629	0,765	1,135	1,132	1,129	1,125	1,121	1,117	1,113	1,109	1,104	1,100	1,090	1,081
260	0,474	0,479	0,494	0,522	0,592	0,686	0,819	1,181	1,178	1,172	1,166	1,160	1,154	1,149	1,144	1,139	1,127	1,114
280	0,476	0,481	0,494	0,516	0,568	0,635	0,724	0,854	1,04	1,25	1,23	1,224	1,216	1,208	1,201	1,194	1,177	1,161
300	0,479	0,483	0,493	0,513	0,554	0,604	0,667	0,757	0,873	1,23	1,35	1,328	1,309	1,293	1,279	1,266	1,242	1,223
320	0,481	0,485	0,494	0,510	0,545	0,583	0,632	0,693	0,765	0,965	1,33	1,61	1,51	1,46	1,420	1,391	1,355	1,298
340	0,484	0,487	0,495	0,509	0,538	0,567	0,605	0,648	0,700	0,836	1,05	1,41	2,14	1,86	1,75	1,675	1,529	1,425
360	0,487	0,489	0,496	0,508	0,533	0,558	0,587	0,620	0,657	0,751	0,896	1,07	1,35	1,86	3,23	—	—	—
380	0,490	0,492	0,498	0,507	0,529	0,551	0,574	0,600	0,627	0,695	0,784	0,907	1,06	1,29	1,63	2,24	—	—
400	0,492	0,494	0,499	0,506	0,523	0,542	0,563	0,585	0,608	0,662	0,727	0,811	0,916	1,05	1,22	1,46	—	—
420	0,495	0,497	0,501	0,508	0,522	0,538	0,555	0,574	0,594	0,639	0,691	0,754	0,829	0,913	1,02	1,16	—	—
440	0,498	0,500	0,503	0,510	0,523	0,536	0,551	0,566	0,582	0,620	0,663	0,713	0,770	0,832	0,905	0,996	—	—
460	0,501	0,502	0,506	0,512	0,523	0,535	0,548	0,561	0,576	0,607	0,643	0,684	0,729	0,778	0,831	0,894	—	—
480	0,504	0,505	0,508	0,514	0,523	0,535	0,546	0,557	0,571	0,598	0,627	0,659	0,696	0,736	0,780	0,825	—	—
500	0,508	0,509	0,511	0,516	0,524	0,534	0,544	0,554	0,565	0,589	0,616	0,644	0,674	0,706	0,740	0,776	—	—
550	0,516	0,516	0,521	0,521	0,527	0,534	0,542	0,550	0,559	0,578	0,599	—	—	—	—	—	—	—

[1] Nach We. Koch: Forschg. Ing.-Wes. **3**, 1 (1932); **5**, 138 (1934).

3614 Spezifische Wärme organischer Stoffe.

36141 Spezifische Wärmen c_p in $cal \cdot g^{-1} \cdot grad^{-1}$ und Molwärmen C_p in $cal \cdot mol^{-1} \cdot grad^{-1}$ fester und flüssiger organischer Stoffe bei verschiedenen Temperaturen.

Weitere Angaben in 3126.

Stoff	°C	c_p	C_p
n-Pentan kryst.	—180,4	0,233	16,8
C_5H_{12}	—164,6	0,261	18,8
	—146,5	0,296	$21,0_5$
flüssig	—123,3	0,465	33,5
	— 87,7	0,473	34,1
	— 42,0	0,494	35,6
	1,6	0,528	$38,0_5$
	18	0,540	$38,9_5$
Cyclopentan kryst.	—180	0,193	13,5
C_5H_{10} I	—159,1	0,219	15,3
Uwpkt. —151,5°			
II	—144,8	0,318	22,3
	—140,5	0,315	22,1
Uwpkt. —136°			
III	—128,9	0,302	21,2
	—107	0,299	21,0
	—101,9	0,299	21,0
flüssig	— 87	0,339	23,8
	— 59,1	0,353	24,7
	— 21,6	0,382	26,8
	2,2	0,407	28,5
	20,5	0,429	30,0
Trimethyläthylen			
C_5H_{10} kryst.	—180,5	0,238	16,7
	—172	0,254	17,8
	—165,7	0,266	$18,6_5$
flüssig	—129,3	0,448	31,4
	— 71,8	0,459	$32,1_5$
	— 40,7	0,472	33,1
	2,2	0,498	34,9
	20,7	0,512	35,9
n-Hexan fest	—179,8	0,219	$18,8_5$
C_6H_{14}	—158	0,251	21,6
	—127,7	0,295	25,4
	—109,7	0,328	$28,2_5$
flüssig	— 84,4	0,472	$40,6_5$
	— 55,4	0,482	41,5
	2,2	0,521	$44,8_5$
	20,3	0,536	$46,1_5$
Cyclohexan kryst. I	—160,4	0,181	15,2
C_6H_{12}	—129,1	0,216	$18,1_5$
	— 95,7	0,263	22,1
Uwpkt. —87,2° II	— 64	0,316	$26,5_5$
	— 44	0,329	$27,6_5$
	— 28,4	0,342	$28,7_5$
	— 7,6	0,362	$30,4_5$
flüssig	9,9	0,422	$35,4_3$
	17,5	0,430	35,5
	25,7	0,440	37,0
Cyclohexen kryst. I	—181,0	0,155	$12,7_5$
C_6H_{10}	—160,6	0,178	$14,6_5$
	—141,4	0,199	$16,3_5$
Uwpkt. —134,4 II	—126,7	0,280	23,0
	—116,1	0,294	$24,1_5$
flüssig	— 96,1	0,337	$27,6_5$
	— 76,1	0,349	$28,6_5$
	— 46,2	0,368	30,2
	2,6	0,407	33,45
	20,0	0,423	34,7
Benzol kryst.	—180,6	0,148	$11,5_5$
C_6H_6	—159,4	0,165	12,9
	—122,5	0,200	15,6
	— 95,1	0,229	$17,8_5$
	— 55,1	0,283	22,1
	— 33,7	0,317	$24,7_5$
	— 13,7	0,355	27,7
flüssig	8,4	0,404	$31,5_5$
	26,8	0,414	32,3
Toluol fest	—195,0	0,144	13,3
C_7H_8	—147,1	0,179	16,5
	—125,8	0,200	18,4
	—105,2	0,224	20,6
flüssig	— 88,8	0,344	31,7
	— 78,0	0,355	32,7
	— 45,4	0,370	34,1
	— 13,4	0,376	34,6
	0	0,387	35,6
	25,3	0,420	38,7
Naphthalin fest	—258	0,01102	1,41
$C_{10}H_8$	— 80,5	0,1925	24,65
	0	0,280	35,9
	26,5	0,309	39,6
	50	0,350	$44,_8$
	70	0,385	$49,_3$
flüssig	90	0,424	$54,_3$
	120	0,447	57
	190	0,500	64,0
Diphenyl fest	30	0,307	$47,_3$
$C_{12}H_{10}$	50	0,333	$51,_3$
	60	0,345	$53,_2$
flüssig	80	0,422	$65,_0$
	100	0,438	$67,_5$
Diphenylmethan			
fest	—171,3	0,126	21,1
	— 27,2	0,264	44,3
	0	0,297	49,9
	25,3	0,332	55,8
flüssig	37,5	0,390	65,6
	49,4	0,393	66,0
Chloroform flüssig	17	0,209	$23,8_8$
$CHCl_3$	20	0,225	$26,8_7$
	30	0,227	27,1
	40	0,229	27,39
Methylalkohol			
CH_4O flüssig	—254,4	0,0346	$1,10_9$
s. a. Abb. 36142	—242,5	0,0883	2,82
	—213,7	0,2137	6,84
	—180,0	0,3103	9,93
	—139,5	0,3945	12,64
	—119,2	0,441	14,12
	—113,6	$0,559_5$	17,92
	— 88,1	$0,520_5$	16,67
	— 51,5	0,533	17,08
	— 16,9	$0,552_5$	17,70
	0,4	$0,571_5$	18,30
	12,0	0,584	18,70
	18,8	$0,596_5$	19,11

36141 (Fortsetzung).

Stoff	°C	c_p	C_p
Äthylalkohol C_2H_6O flüssig	16...21	0,577	26,6
	30	0,603	$27,7_7$
	35	0,614	$28,2_7$
	45	0,653	$30,0_7$
	50	0,669	$30,8_1$
	55	0,688	$31,6_8$
	65	0,723	$33,2_9$
	70	0,753	$34,6_7$
Propylalkohol C_3H_8O	s. Abb. 36142		
Propylenglykol $C_3H_8O_2$	s. Abb. 36142		
Glycerin $C_3H_8O_3$	s. Abb. 36142		
Diäthyläther fest $C_4H_{10}O$	—193,7	0,205	15,2
	—181,6	0,231	17,1
	—167,7	0,251	18,6
	—144,7	0,283	21,0
	—136,0	0,300	22,2
flüssig	—113,9	0,475	35,2
	— 79,9	0,502	37,2
	— 35,4	0,522	38,7
	— 18,0	0,532	39,4

Stoff	°C	c_p	C_p
Essigsäureäthyl-Ester fest $C_4H_8O_2$	—181	0,199	17,5
	—148	0,237	20,9
	—121,3	0,263	23,2
	—105,9	0,285	25,1
flüssig	— 77,5	0,435	38,3
	— 28,4	0,438	38,6
	1,7	0,450	39,6
	20,4	0,459	40,4
Bernsteinsäure $C_4H_6O_4$ kryst.	—179,8	0,134	15,8
	—147,7	0,162	19,1
	—118,5	0,187	21,1
	— 88,1	0,211	24,9
	— 58,2	0,237	$27,9_5$
	— 13,2	0,277	32,7
Uwpkt.	0,8	0,344	40,6
	2,8	0,289	34,1
	16,6	0,303	35,8
n-Hexanol kryst. $C_6H_{14}O$	—254,9	0,0166	1,695
	—242,5	0,0468	4,782
	—228,3	0,0849	8,670
	—212,2	0,1242	12,68
	—178,6	0,1831	18,70
	—127,4	0,2524	25,77
	—101,5	0,2792	28,51
flüssig	— 43,6	0,4578	46,75
	— 22,5	0,4780	48,81
	— 2,6	0,5070	51,77
	16,8	0,5441	55,56

Stoff \ Temperatur in °C	−171,3	−125,8	−88,8	−72,1	−56,3	−41,5	−27,2	0	+12,8	+25,3
	Spezifische Wärme c_p									
Oktanol-1	0,192	0,2450	$0,291_0$	$0,311_0$	$0,330_2$	$0,360_9$	$0,447_7$	$0,513_7$	$0,522_2$	—
Oktanol-2	$0,193_5$	$0,249_6$	0,3110	$0,342_5$	$0,431_6$	—	$0,493_0$	$0,548_3$	$0,575_2$	0,6059
Oktanol-3	0,196	$0,269_5$	$0,317_1$	$0,395_5$	$0,495_3$	$0,511_4$	$0,533_7$	$0,575_9$	$0,598_9$	0,6212
Oktanol-4	$0,204_3$	$0,277_2$	$0,337_9$	$0,390_1$	$0,507_6$	$0,495_3$	$0,510_7$	$0,561_3$	$0,589_0$	0,6197
2-Methylheptanol-1	$0,208_1$	$0,307_9$	$0,417_0$	$0,481_5$	—	—	—	$0,522_9$	$0,541_4$	0,5744
2-Methylheptanol-2	$0,184_3$	$0,275_7$	$0,354_0$	$0,420_8$	—	$0,479_9$	$0,500_7$	$0,562_9$	$0,590_5$	0,6197
3-Methylheptanol-2	0,252	$0,438_5$	$0,456_9$	$0,459_2$	$0,467_6$	$0,486_8$	$0,504_5$	$0,536_8$	$0,544_4$	0,5460
4-Methylheptanol-2	$0,197_3$	$0,327_9$	$0,422_3$	$0,440_8$	$0,454_6$	$0,470_0$	$0,489_2$	$0,539_8$	$0,555_2$	0,5736
5-Methylheptanol-2	$0,218_9$	$0,399_3$	$0,431_6$	$0,439_2$	$0,441_5$	$0,451_5$	$0,477_6$	$0,511_4$	$0,532_2$	0,5437
6-Methylheptanol-2	$0,199_7$	$0,307_9$	$0,417_7$	$0,413_9$	—	$0,476_9$	$0,486_1$	$0,538_3$	$0,559_8$	0,5782
	Molwärmen C_p									
Oktanol-1	25,0	31,9	37,9	40,5	43,0	(47,0)	58,3	66,9	68,0	—
Oktanol-2	25,2	32,5	40,5	44,6	(56,2)	—	64,2	71,4	74,9	78,9
Oktanol-3	25,5	35,1	41,3	(51,5)	64,5	66,6	69,5	75,0	78,0	80,9
Oktanol-4	26,6	36,1	44,0	(50,8)	66,1	64,5	66,5	73,1	76,7	80,7
2-Methylheptanol-1	27,1	40,1	54,3	(62,7)	—	—	—	68,1	70,5	74,8
2-Methylheptanol-2	24,0	35,9	46,1	(54,8)	—	62,5	65,2	73,3	76,9	80,7
3-Methylheptanol-2	32,8	57,1	59,5	59,8	60,9	63,4	65,7	69,9	70,9	71,1
4-Methylheptanol-2	25,7	42,7	55,0	57,4	59,2	61,2	63,7	70,3	72,3	74,7
5-Methylheptanol-2	28,5	52,0	56,2	57,2	57,5	58,8	60,9	66,6	69,3	70,8
6-Methylheptanol-2	26,0	40,1	54,4	53,9	—	62,1	63,3	70,1	72,9	75,3

36142 Molwärme einiger organischer Verbindungen.

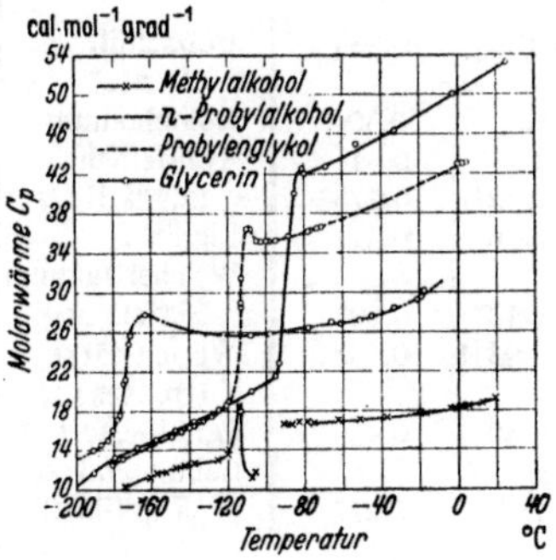

3615 Mittlere spezifische Wärme $\bar{c}_p$ in cal · g^{-1} · $grad^{-1}$ von Mineralen, Werkstoffen[1], Ölen usw.

36151 Minerale.

Mineral	Temp. in °C	$\bar{c}_p$	Mineral	Temp. in °C	$\bar{c}_p$
Adular	20...100	0,1895	Glimmer		
Albit	0...100	0,1948	Natrium-	20...98	0,2085
Amphibol	0...100	0,2033	Hornblende	20...98	0,1952
Andalusit	0...100	0,1684	Hyalith	19...47	0,1755
Andesin	0...100	0,1925	Hypersthen	20...98	0,1914
Anorthit	0...100	0,1902	Kupferkies	15...99	0,1291
Apatit	15...99	0,1903	Labradorit	20...98	0,1949
Asbest	20...98	0,1947	Magnetkies	0...100	0,1531
Augit	20...98	0,1931	Malachit	15...99	0,1763
Beryll	12...100	0,2127	Manganit	20...52	0,176
Bleiglanz	0...100	0,0500	Mikroklin	0...100	0,1872
Boracit	50	0,2124	Oligoklas	20...98	0,2048
Brucit	19...50	0,312	Opal	21...52	0,185
Buntkupfererz	15...99	0,1177	Orthoklas	15...99	0,1877
Chalcedon	139	0,1930	Pseudo-		
Chlorit	20...98	0,2046	wollastonit	0...100	0,1844
Chrysoberyll	0...100	0,2004	Pyroxen	0...100	0,2040
Cobaltglanz	15...99	0,0970	Saphir	8...97	0,2173
Diopsid	0...100	0,1923	Serpentin	0...100	0,251
Dolomit	20...98	0,2218	Skapolith	Z.T....100	0,1959
Feldspat	Z.T....100	0,1908	Spodumen	20...100	0,2161
Granat (böhm.)	16...100	0,1758	Talk	20...98	0,2092
Glimmer			Topas	0...100	0,2097
Kali-	20...98	0,2080	Zinnstein	16...98	0,0933
Magnesia-	20...98	0,2061	Zopfstein	Z.T....100	0,2155

[1] Angaben von c_p für Baustoffe in 5262; für Glas in 531341; für Holz in 545.

36152 Werkstoffe.

Stoff	Temp. in °C	$\bar{c}_p$	Stoff	Temp. in °C	$\bar{c}_p$
Bakelit	Z.T.	0,383	Holzschliff		
Baumwolle			(Fichte) . .	0...100	0,324
(3,3% H_2O) .	18	0,304	Kolophonium .	Z.T.	0,273
Ebonit	Z.T.	0,44	Korkfeilicht		
Gaskoks . . .	0...421	0,2783	(2,4% H_2O)	18	0,381
Gelatine . . .	20...76	0,51	Lignin	0...100	0,315
Graphit			Weicher Vakuum		
Acheson . .	21...484	0,297	Siegellack .	13...27	0,252
Ceylon . . .	0...98,4	0,1881	Weizenstärke		
Harz (Fichte)			(trocken) .	Z.T.	0,397
fest–flüssig	20...82	0,459	Celluloseacetat	Z.T.	0,43
Holzkohle			Cellulosenitrat		
(4,5% H_2O) .	18	0,277	(Kinofilme)	Z.T.	0,48

36153 Öle.

Öl	Temp. in °C	$\bar{c}_p$	Öl	Temp. in °C	$\bar{c}_p$
Chinesisches			Maschinenöl,		
Holzöl . . .	69	0,516	elsässisch		
(Säurezahl 3,1,			mittelschwer	25...35	0,474
Jodzahl 156,7)	155	0,644	leicht . . .	25...35	0,480
Erdöl, elsässisch,			Persisches Roh-		
zäh	25...35	0,455	öl	13,8...	0,4657...
Leinöl, roh . .	80	0,470		85,2	0,5154
(Säurezahl 1,83,			Ricinusöl . .	25...35	0,4974
Jodzahl 194)	265	0,751	Schieferöl von		
Leinöl, gereinigt	89	0,487	Autun . . .	25...35	0,490
(Jodzahl 181,3)	276	0,686	Sojabohnenöl .	75	0,568
			(Säurezahl 2,3,		
			Jodzahl 134)	280	0,759

3616 Spezifische Wärme c_p in cal · g^{-1} · $grad^{-1}$ von wässerigen Lösungen.

36161 Anorganische Stoffe.

361611 Anorganische Salze; c_p bei Zimmertemperatur.

Gelöster Stoff	Mole Wasser pro Mol gelöster Stoff					Gelöster Stoff	Mole Wasser pro Mol gelöster Stoff				
	10	25	50	100	200		10	25	50	100	200
LiCl	0,7887	0,8955	—	0,9694	—	K_2CO_3 . . .	0,6248	—	—	—	0,9543
NaCl	0,7910	0,8770	—	0,9605	0,9780	CsCl	—	—	0,8216	0,8995	—
NaBr	—	0,8092	—	0,9388	—	NH_4Cl . . .	—	0,8850	—	0,9670	0,9820
NaJ	—	0,7490	—	0,9174	—	NH_4NO_3 . . .	—	0,8797	0,9290	—	—
$NaNO_3$ . . .	0,7690	0,8702	—	0,9560	0,9750	$MgCl_2$ . . .	0,5976	0,757	0,858	0,946	0,9590
Na_2HPO_4 . .	—	—	—	0,9345	0,9617	$MgSO_4$ . .	—	0,775	0,8620	0,946	0,9548
Na_2CO_3 . . .	—	0,8649	—	—	0,9695	$CaCl_2$ . . .	0,6180	0,7540	—	—	0,9550
KCl.	—	0,8319	0,9040	0,9482	0,9700	$Ca(NO_3)_2$ . .	0,6255	—	0,8463	—	0,9510
KBr	—	0,7691	—	—	0,9620	$MnSO_4$ . .	—	—	0,8440	—	0,9529
KJ	—	0,7153	—	—	0,9500	$CuCl_2$ . . .	0,6240	0,7790	—	—	0,9560
K_2SO_4 . . .	—	—	—	0,9020	0,9463	$CuSO_4$ . . .	—	—	0,8480	—	0,9510
KNO_3 . . .	—	0,8328	—	0,9421	0,9660						

361612 c_p bei verschiedenen Temperaturen.

I = Konzentrationsangabe Mole auf 1000 Mole H_2O.

Salz	c_p bei		c_p bei		c_p bei	
	n	~21° C	n	~41° C	n	~86° C
NaCl . . .	103,52	0,7861	103,6	0,7857	100	0,7960
Na_2SO_4 .	27,85	0,8539	51,96	0,8022	50,0	0,7960
KCl . . .	79,34	0,7243	79,40	0,7254	88,2	0,7150
K_2SO_4 . .	10,34	0,8933	10,36	0,9043	—	—
NH_4Cl . .	60	0,8397	60	0,8543	216	0,7093
$MgCl_2$ . .	100	0,5976	100	0,6278	100	0,6383
$MgSO_4$.	47,90	0,5976	48	0,7561	—	—
Rohrzucker	68	0,7054	68	0,7327	68	0,7417

361613 Anorganische Basen und Säuren c_p bei Zimmertemperatur.

Base	Mole Wasser pro Mol Base					Säure	Mole Wasser pro Mol Säure				
	10	25	50	100	200		10	25	50	100	200
NaOH .	—	0,9046	0,9420	0,9830	—	HCl . .	0,7490	0,8790	—	0,9650	0981
KOH . .	—	0,8614	—	0,9556	0,9750	H_2SO_4 .	—	—	—	0,9590	0,975
						HNO_3 .	—	0,8654	—	0,9580	—

Base	Gew.-%	c_p	Gew.-%	c_p	Gew.-%	c_p	Säure	n	c_p	n	c_p	n	c_p
NH_3 . .	1,47	0,9880	8,53	1,0005	24,05	0,9988	H_3PO_4*	2,50	0,9903	19,99	0,8489	50,00	0,6350
	4,02	1,0013	15,07	0,9946	30,11	1,0084		10,27	0,9293	29,96	0,7735	89,72	0,4206

36162 Organische Stoffe c_p bei Zimmertemperatur.

Base	Gew.-%	c_p	Gew.-%	c_p	Gew.-%	c_p	Säure	Gew.-%	c_p	Gew.-%	c_p	Gew.-%	c_p
Ameisen-	5,767	0,9656	16,83	0,9043	28,02	0,8380	Propion-	3,534	0,9922	16,03	0,9590	25,38	0,9199
säure	11,10	0,9352	21,61	0,8745	31,65	0,8187	säure	10,00	0,9776	22,59	0,9336	30,21	0,8971
Essig-	5,205	0,9801	15,01	0,9399	24,40	0,8946	Butter-	4,065	0,9945	14,92	0,9714	24,30	0,9226
säure	10,21	0,9602	19,76	0,9194	34,22	0,8432	säure	10,03	0,9853	20,03	0,9443	29,29	0,8968
Methyl-	12**	1,0730	31**	0,9800	—	—	Phenol	20,04	0,9373	60,02	0,7615	—	—
alkohol	20**	1,0730	50**	0,8180	—	—		40,15	0,8644	79,9	0,6545	—	—
Äthyl-	10	1,0324	30	1,0260	50	0,9920	Trauben-						
alkohol	20	1,0456	40	0,9806	—	—	zucker	10	0,94	80	0,83	50	0,73
Aceton	20,4	0,9755	60,2	0,8399	—	—	Rohr-	10	0,936	30	0,822	50	0,724
	39,9	0,9253	80,1	0,7101	—	—	zucker	20	0,878	40	0,770	60	0,682
Glycerin	1,3	0,9950	11,2	0,9560	—	—	s. auch						
	4,9	0,9800	50	0,8130	—	—	361612						

* Die Konzentrationen n sind in Grammäquivalent pro Liter angegeben.

** Die Werte für 12 und 20% beziehen sich auf Temperaturen von 7...10° C, der Wert für 31% gilt für 3...7°C, der Wert für 50% gilt für 0...5°C.

3617 Spezifische Wärme von Gasen[1].

36171 Spezifische Wärme c_p in cal·g^{-1}·grad^{-1} von Gasen in Abhängigkeit von Druck und Temperatur.

361711 c_p von Luft.

Temperatur in °C	Druck in Atm 1	10	20	40	60	70	100	140	180	220
−140	0,242	0,408	0,638	—	—	—	—	—	—	—
−120	—	0,272	0,322	0,478	—	0,777	—	—	—	—
−100	0,241	0,258	0,283	0,333	—	0,459	—	—	—	—
− 50	0,240	0,244	0,252	0,274	—	0,313	—	—	—	—
0	0,240	—	0,249	—	0,266	—	0,280	—	—	—
50	0,240	—	0,248	—	0,260	—	0,272	0,282	0,290	0,296
100	0,241	—	0,247	—	0,256	—	0,264	0,272	0,279	0,284
150	0,243	—	0,247	—	0,253	—	0,260	0,266	0,271	0,275
200	0,245	—	0,246	—	0,251	—	0,257	0,260	0,265	0,269
280	0,249	—	0,247	—	0,249	—	0,252	0,254	0,257	0,259

361712 c_p von Stickstoff.

Temperatur in °C	Druck in at (kg·cm^{-2}) 1[2]	50	100	200	300	400	500	600	700
20	0,247	0,265	0,283	0,309	0,319	0,324	0,326	0,327	0,328
50	0,247	—	0,276	0,297	0,311	0,315	0,316	0,316	0,317
100	0,248	0,258	0,267	0,283	0,294	0,298	0,300	0,301	0,302
125	0,248	0,258	0,264	0,277	0,286	0,291	0,295	0,297	0,298
150	0,249	0,257	0,263	0,274	0,282	0,287	0,291	0,293	0,295

361713 folgt auf S. 1049.

361714 c_p von Kohlendioxyd.

Temp. in °C	Druck in Atm 20,5[3]	24,5	27,3[3]	54,1	61,7	68,2	75,8	85,4	86,9
− 10	0,288	—	—	—	—	—	—	—	—
0	0,277	—	0,331	—	—	—	—	—	—
10	0,268	—	0,308	—	—	—	—	—	—
13,2	—	—	—	0,732	0,890	1,125	1,468	2,11	—
20	0,256	—	0,285	—	—	—	—	—	—
30	0,247	—	0,253	—	—	—	—	—	—
38	—	0,288	—	0,325	0,438	0,567	0,733	0,994	—
67,6	—	0,246	—	0,275	0,323	—	0,485	—	0,644
98,1	—	—	—	—	0,324	—	0,462	0,597	—
114,9	—	—	—	—	0,313	—	0,384	0,532	—

361715 c_p von CH_3Cl und C_2H_5Cl.

CH_3Cl

Temp. in °C	Druck in Atm 0,68	2,72	5,46	8,2
− 30	0,202	—	—	—
0	0,21	—	—	—
30	0,215	0,222	0,229	0,241
70	0,227	0,229	0,239	0,249
110	0,231	0,239	0,246	0,256

C_2H_5Cl

Temp. in °C	Druck in Atm 0,137	1,37	2,74
− 30	0,21	—	—
0	0,220	—	—
40	0,239	0,244	0,246
80	0,253	0,261	0,270
110	—	0,270	0,28

[1] Weitere Daten unter 3622.
[2] Angenommene Bezugswerte.
[3] Werte entstammen einer anderen Versuchsreihe.

361713 c_p von Ammoniak[1].

Unter den Werten des Druckes stehen in der ersten Zeile die Sättigungstemperaturen (°C); die zweite enthält die spezifische Wärme c_{p_s} des trocken gesättigten Dampfes bei der Sättigungstemperatur.

ϑ °C	Druck in Atm 0	1	2	3	4	5	6	7	8	9	10
	—	−33,35	−18,57	−8,91	−1,54	+4,50	+9,67	+14,21	+18,27	+21,96	+25,34
	—	0,559	0,594	0,621	0,646	0,668	0,668	0,707	0,724	0,741	0,758
−30	0,483	0,551	—	—	—	—	—	—	—	—	—
−20	0,486	0,534	—	—	—	—	—	—	—	—	—
−10	0,489	0,525	0,570	—	—	—	—	—	—	—	—
0	0,492	0,519	0,553	0,593	0,639	—	—	—	—	—	—
+10	0,495	0,517	0,543	0,572	0,606	0,644	0,686	—	—	—	—
+20	0,499	0,516	0,536	0,559	0,585	0,613	0,644	0,678	0,714	—	—
+30	0,502	0,517	0,533	0,551	0,571	0,592	0,616	0,641	0,668	0,697	0,729
+40	0,506	0,518	0,532	0,546	0,562	0,579	0,597	0,616	0,637	0,659	0,683
+50	0,510	0,520	0,531	0,543	0,556	0,570	0,584	0,600	0,616	0,633	0,651
+60	0,514	0,523	0,532	0,542	0,553	0,564	0,576	0,588	0,601	0,615	0,629
+70	0,518	0,526	0,534	0,542	0,551	0,561	0,570	0,581	0,591	0,602	0,614
+80	0,522	0,529	0,536	0,543	0,551	0,559	0,567	0,576	0,584	0,594	0,603
+90	0,526	0,532	0,539	0,545	0,552	0,558	0,565	0,573	0,580	0,588	0,596
+100	0,531	0,536	0,541	0,547	0,553	0,559	0,565	0,571	0,577	0,584	0,591
+110	0,535	0,540	0,545	0,550	0,555	0,560	0,565	0,571	0,576	0,582	0,587
+120	0,539	0,544	0,548	0,553	0,557	0,562	0,566	0,571	0,576	0,581	0,586
+130	0,544	0,548	0,552	0,556	0,560	0,564	0,568	0,572	0,576	0,581	0,585
+140	0,549	0,552	0,556	0,559	0,563	0,566	0,570	0,574	0,578	0,581	0,585
+150	0,553	0,556	0,560	0,563	0,566	0,569	0,573	0,576	0,579	0,583	0,586

ϑ °C	Druck in Atm 11	12	13	14	15	16	17	18	19	20
	+28,47	+31,40	+34,15	+37,74	+39,19	+41,52	+43,75	+45,88	+47,92	+49,89
	0,773	0,789	0,804	0,820	0,836	0,851	0,867	0,884	0,901	0,919
+30	0,763	—	—	—	—	—	—	—	—	—
+40	0,708	0,735	0,763	0,795	0,829	—	—	—	—	—
+50	0,670	0,690	0,712	0,735	0,759	0,785	0,814	0,845	0,880	0,917
+60	0,644	0,660	0,676	0,693	0,712	0,731	0,752	0,774	0,798	0,824
+70	0,626	0,638	0,651	0,664	0,678	0,693	0,709	0,726	0,743	0,762
+80	0,613	0,623	0,633	0,644	0,655	0,667	0,679	0,692	0,705	0,719
+90	0,604	0,612	0,620	0,629	0,638	0,648	0,657	0,668	0,678	0,689
+100	0,597	0,604	0,612	0,619	0,626	0,634	0,642	0,650	0,659	0,667
+110	0,593	0,599	0,605	0,611	0,618	0,624	0,631	0,638	0,645	0,652
+120	0,591	0,596	0,601	0,606	0,612	0,617	0,623	0,629	0,635	0,640
+130	0,589	0,594	0,598	0,603	0,608	0,612	0,617	0,622	0,627	0,632
+140	0,589	0,593	0,597	0,601	0,605	0,609	0,613	0,618	0,622	0,626
+150	0,590	0,593	0,597	0,600	0,604	0,607	0,611	0,615	0,619	0,622

[1] Nach Osborne, Stimson, Sligh and Cragoe: Scient. pap. Bur. Stand. **20**, 65 (1925), zusammengestellt von W. Prüger.

36172 Spezifische Wärme bei Dissoziation und Ionisation.

361721 Zuwachs C_D der Molwärme von H_2, O_2, N_2 und NO durch Dissoziation bei einem Drucke von 1 Atm in Abhängigkeit von der Temperatur.

Von E. Justi[1] berechnet nach der Gleichung

$$C_{p_g} = C_{p_u} + \alpha(1 - \alpha^2)\, W_0^2/2\,RT^2 .$$

(C_{p_g} = gesamte Molarwärme; C_{p_u} = Molarwärme des undissozierten Gases; W_0 = Dissoziationswärme bei 0° K.)

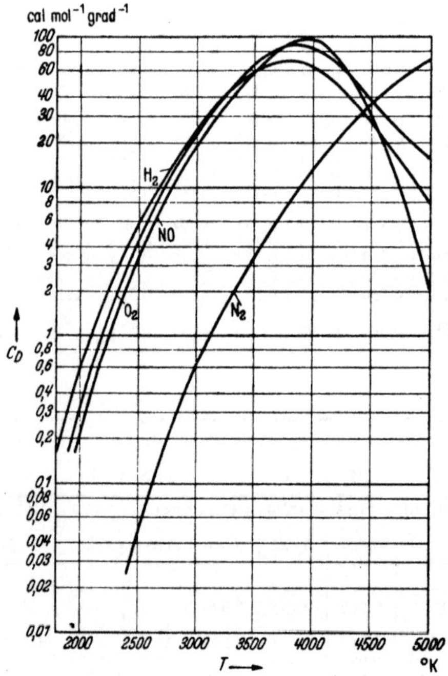

[1] Justi, E.: Spezifische Wärme, Enthalpie, Entropie und Dissoziation technischer Gase. Berlin 1938.

361722 Anstieg der spezifischen Wärme des Wasserstoffes infolge des Dissoziationsvorganges $H_2 \rightarrow 2\,H$ bei verschiedenen Drucken[1].

(a_d = Zahl der Quasifreiheitsgrade); Molarwärme $= \frac{a_d}{2} R$; untere Linie ohne Dissoziationsvorgang.

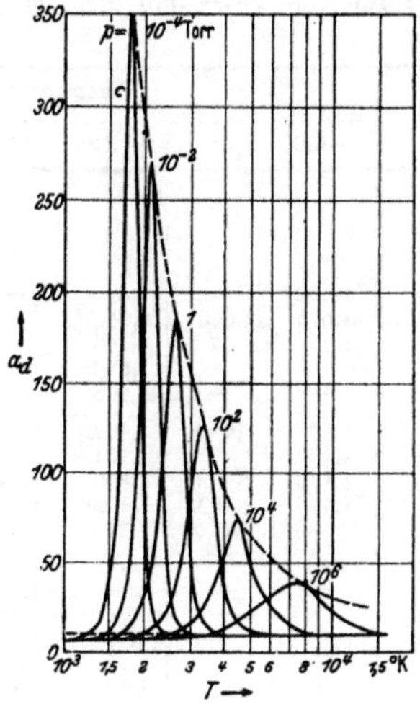

361723 Anstieg der spezifischen Wärme des Wasserstoffes infolge Dissoziation und Ionisation bei 1 Torr[1].

(a = Zahl der Quasifreiheitsgrade); Molarwärme $= \frac{a}{2} R$.

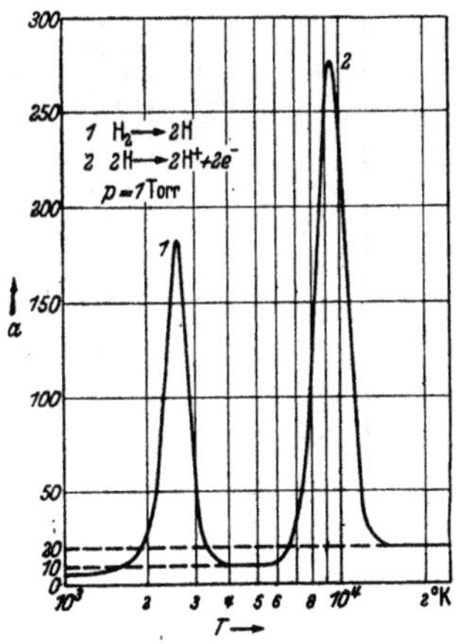

---

[1] Nach F. Möglich, K. H. Riewe u. R. Rompe: Ann. Phys. (5) **35**, 735 (1939).

36173 Verhältnis der spezifischen Wärmen c_p/c_v von Gasen und Dämpfen in Abhängigkeit von der Temperatur.

Die theoretischen Werte für ein-, zwei- und dreiatomige Gase sind: 1,66, 1,4 und 1,28.

Formel	Name	Temperatur in °C						
		—180	0	18...25	100	300	600	800
Na . . .	Natrium	—	—	—	—	—	—	1,68
K . . .	Kalium	—	—	—	—	—	—	1,64
Hg . . .	Quecksilber	—	—	—	—	1,666	—	—
He . . .	Helium	1,662	—	1,63	—	—	—	—
Ne . . .	Neon	1,674	1,668	1,64	—	—	—	—
Ar . . .	Argon	1,76	1,67	1,648	—	—	—	—
Kr . . .	Krypton	—	—	1,689	—	—	—	—
X . . .	Xenon	—	—	1,666	—	—	—	—
H_2 . . .	Wasserstoff	1,599	1,409	1,407	1,40	1,396	—	—
N_2 . . .	Stickstoff	1,402	1,4018	1,401	—	1,384	—	—
O_2 . . .	Sauerstoff	1,412	1,402	1,396	1,392	1,349	—	—
	Atmosphär. Luft	1,448	1,4032	1,4020	1,399	1,378	—	—
Cl_2 . . .	Chlor	—	1,34	1,34	—	1,297	—	—
P_4 . . .	Phosphor	—	—	—	—	1,17	—	—
H_2O . .	Wasser	—	—	—	1,33	—	—	—
ClJ . . .	Chlorjod	—	—	—	1,31	—	—	—
HCl . .	Chlorwasserstoff	—	—	1,39	1,40	—	—	—
HBr . .	Bromwasserstoff	—	—	1,42	1,44	—	—	—
HJ . . .	Jodwasserstoff	—	—	1,40	1,40	—	—	—
H_2S . . .	Schwefelwasserstoff	—	—	1,331	—	1,28	—	—
SO_2 . .	Schwefeldioxyd	—	—	1,282	—	1,208	—	—
NH_3 . .	Ammoniak	—	1,328	1,317	1,28	1,219	—	—
NO . . .	Stickoxyd	—	—	1,388	—	1,365	—	—
N_2O . .	Stickoxydul	—	1,31	1,2795	1,27	1,209	—	—
N_2O_4 . .	Stickstofftetroxyd							
Dissoziationsgrad	15,07%	—	—	1,17	—	—	—	—
	„ 56,99%	—	—	1,27	—	—	—	—
CO . . .	Kohlenmonoxyd	—	—	1,4007	—	1,379	—	—
CO_2 . .	Kohlendioxyd	—	1,307	1,293	1,27	1,217	—	—
CS_2 . .	Schwefelkohlenstoff	—	—	—	1,23	—	—	—
CH_4 . . .	Methan	—	1,301	1,31	—	1,160	1,111	—
C_2H_6 . .	Äthan	—	—	1,20	1,19	—	—	—
C_2H_4 . .	Äthylen	—	1,24	1,25	1,22	—	—	—
C_2H_2 . .	Acetylen	—	1,23	1,227	1,204	—	—	—
C_6H_6 . .	Benzol	—	—	—	1,10	—	—	—
$CHCl_3$.	Chloroform	—	—	—	1,15	—	—	—
C_2H_5Cl .	Äthylchlorid	—	—	1,13	—	—	—	—
CH_4O . .	Methylalkohol	—	—	—	1,26	—	—	—
C_2H_6O .	Äthylalkohol	—	—	—	1,13	—	—	—
C_3H_8O . .	Propylalkohol	—	—	—	1,27	—	—	—
C_3H_8O .	i-Propylalkohol	—	—	—	1,59	—	—	—
$C_3H_8O_2$.	Methylal	—	—	1,07	—	—	—	—
$C_4H_{10}O$.	Diäthyläther	—	—	1,10	1,11	—	—	—
CH_5N .	Monomethylamin	—	—	1,202	—	—	—	—
C_2H_7N .	Dimethylamin	—	—	1,149	—	—	—	—
C_2H_7N .	Äthylamin	—	—	1,135	—	—	—	—
C_3H_9N .	Trimethylamin	—	—	1,184	—	—	—	—

362 Entropie und Enthalpie.

3621 Normalentropie und Bildungsenthalpie von Ionen in wässerigen Lösungen.

Es sind die partiellen molaren Entropien der Ionen bei 25° C und 1 Atm in wässeriger Lösung der Konzentration: 1 Mol je Liter Wasser bei 25° C angegeben, sie beziehen sich auf ideales Verhalten (Verhalten in hoch verdünnten Lösungen, Aktivitätskoeffizient = 1). Bezogen sind sie auf die Entropie des H^+-Ions, die gleich 0 gesetzt ist. Der Absolutwert der Entropie des H^+-Ions ist etwa − 5,0.

Die Bildungsenthalpie $\varDelta I_B$ (vgl. 3114) wird nicht für den Vorgang der einfachen Ionenbildung in der wässerigen Lösung angegeben, da dieser nicht zu neutralen Gebilden führt, sondern stets für einen Vorgang, bei dem durch Kombination mit der Reaktion $n(\frac{1}{2}H_2(g) \rightarrow H^+_{(aq)})$ die Neutralität gewahrt wird; bei einfachen Ionen, z. B. bei Na wird also der Vorgang $Na(f) \rightarrow Na^+_{aq} - (\frac{1}{2}H_2(g) \rightarrow H^+_{aq})$ betrachtet, bei zusammengesetzten Ionen wird die Bildung aus den Elementen im Standardzustand (Zustand bei 25° C und 1 Atm) angegeben, z. B. $\frac{1}{2}N_2(g) + 2H_2(g) \rightarrow NH_4^+(aq) - (\frac{1}{2}H_2(g) \rightarrow H^+(aq))$. Die Wärmetönung bei vollständiger Dissoziation einer Säure entspricht der des Anions, da ja für H^+ infolge der Festsetzung der Kombination des Vorgangs mit allen zur Aufrechterhaltung der Neutralität $\varDelta I = 0$ ist. Die gesamte Wärmetönung bei vollständiger Dissoziation von Basen oder Salzen in wässeriger Lösung ergibt sich durch Addition der $\varDelta I$ des Metalls mit dem $\varDelta I$ der äquivalenten Mengen des Anions. Die maximale Arbeit der Reaktion ist wie in 3114 angegeben, gemäß der Formel $A = \varDelta I - T\varDelta S$ zu berechnen.

a) Kationen.

Ion	$\varDelta S$ in Cl/g-Ion	$\varDelta I$ in kcal/g-Ion	Ion	$\varDelta S$ in Cl/g-Ion	$\varDelta I$ in kcal/g-Ion
H^+	0,00	—	Fe^{++}	− 25,9	− 20,8
Li^+	4,7	− 66,5	Co^{++}	—	− 16,5
Na^+	14,0	− 57,5	Ni^{++}	—	− 15,2
K^+	24,2	− 60,3	Cu^{++}	− 26,5	16,6
Rb^+	28,7	− 61,2	Zn^{++}	− 25,9	− 36,6
Cs^+	31,8	− 62,2	Cd^{++}	− 14,8	− 17,4
NH_4^+	26,4	− 31,7	Hg^{++}	+ 17,7	40,2
Ag^+	17,54	25,5	Sn^{++}	− 4,9	− 2,4
Tl^+	30,5	1,0	Pb^{++}	+ 3,9	− 0,5
Mg^{++}	− 31,6	− 110,2	Al^{+++}	− 76	− 126,3
Ca^{++}	− 11,4	− 129,5	Fe^{+++}	− 61	− 9,6
Sr^{++}	− 7,3	− 130,4	Tl^{+++}	—	28
Ba^{++}	+ 2,3	− 128,4	Th^{++++}	—	− 238,5

b) Anionen.

Ion	$\varDelta S$ in Cl/g-Ion	$\varDelta I$ in kcal/g-Ion	Ion	$\varDelta S$ in Cl/g-Ion	$\varDelta I$ in kcal/g-Ion
OH^-	− 2,49	− 54,5	HS^-	+ 14,9	− 3,6
F^-	− 2,3	− 78,2	HSO_3^-	+ 32,6	− 147,5
Cl^-	+ 13,50	− 39,6	Se^{--}	—	37,3
ClO^-	+ 10,0	− 25,8	NO_2^-	+ 29,9	− 25,6
ClO_3^-	+ 39,4	− 19,1	NO_3^-	+ 35,0	− 49,8
ClO_4^-	+ 43,6	− 39,2	HCO_3^-	+ 22,2	− 164,6
Br^-	+ 19,7	− 28,6	CN^-	+ 25	34,9
Br_3^-	—	− 31,1	$S_2O_3^{--}$	—	− 141,0
BrO_3	+ 38,5	− 12,2	SO_3^{--}	+ 3	− 146,9
J^-	+ 25,3	− 13,3	SO_4^{--}	+ 4,4	− 209,8
J_3^-	—	− 21,7	CO_3^{--}	− 13,0	− 161,1
JO_3^-	+ 28,0	− 54,2	PO^{---}	—	− 216,4
S^{--}	—	10,0	PO_4^{---}	− 45	− 297,6

3622 Spezifische Wärme, Entropie, Enthalpie („Wärmeinhalt") und adiabatischer Exponent von Gasen und Dämpfen[1].

Von **Eduard Justi**, Berlin-Charlottenburg.

M = Molekulargewicht; ϱ_N = Dichte in $g \cdot cm^{-3}$ im Normzustand (p = 760 Torr = 1 Atm, $\vartheta = 0^0$C); ϑ_s = Siedetemperatur in °C bei 1 Atm, c_{p_0} = spezifische Wärme in $cal \cdot g^{-1} \cdot grad^{-1}$ bei konstantem Druck im idealen Gaszustand (pV = RT) ohne Berücksichtigung der Dissoziation. Zum Dissoziationsanteil der spezifischen Wärme vgl. S. 36172.

$\Delta s^{id}_{p=1} = \int_0^{\vartheta} (c_{p_0}/T)\, d\vartheta$ = Isobare der Entropie im idealen Gaszustand bei p = 1 Atm von 0°C an gerechnet in $cal \cdot g^{-1} \cdot grad^{-1}$.

$\Delta i_0 = \int_0^{\vartheta} c_{p_0}\, d\vartheta$ = Enthalpie („Wärmeinhalt") im idealen Gaszustand in $cal \cdot g^{-1}$.

$\varkappa_0 = c_{p_0}/c_{v_\infty} = c_{p_0}/(c_{p_0} - R)$ = adiabatischer Exponent = Verhältnis der spezifischen Wärmen im idealen Gaszustand.

δc_p, δs_p, δi, $\delta \varkappa$ Realkorrekturen, die zu c_{p_0}, $\Delta s^{id}_{p=1}$, Δi_0, $\varkappa_0$ addiert werden müssen, um vom idealen auf den realen Gaszustand ($pV \neq RT$) bei p = 1 überzugehen; um auf den Realzustand bei p [Atm] überzugehen, ist näherungsweise $p \cdot \delta c_p$, $p \cdot \delta s_p + R \cdot \ln p$, $p \cdot \delta i$, $p \cdot \delta \varkappa$ zu addieren.

Gas	H_2				O_2				N_2			
M, ϱ_N, ϑ_s	M = 2,016; ϱ_N = 0,00008987; ϑ_s = −252,78°C				M = 32,0000; ϱ_N = 0,00142895; ϑ_s = −182,97°C				M = 28,016; ϱ_N = 0,0012505; ϑ_s = −195,81°C			
ϑ °C	c_{p_0}	$\Delta s^{id}_{p=1}$	Δi_0	$\varkappa_0$	c_{p_0}	$\Delta s^{id}_{p=1}$	Δi_0	$\varkappa_0$	c_{p_0}	$\Delta s^{id}_{p=1}$	Δi_0	$\varkappa_0$
ϑ_s	2,46$_5$	−7,04	−743,$_4$	1,66$_5$	0,218	−0,241	−44,0	1,39$_9$	0,248$_2$	−0,315	−48,$_6$	1,40$_2$
−200	2,52	−3,86	−612,$_5$	1,64$_0$	—	—	—	—	—	—	—	—
−150	2,84	−2,48	−478,$_9$	1,53$_0$	0,218	−0,197	−36,1	1,39$_9$	0,248$_2$	−0,197	−37,2	1,40$_2$
−100	3,13	−1,50	−329,$_1$	1,45$_8$	0,218	−0,106	−24,1	1,39$_9$	0,248$_3$	−0,113	−24,8	1,40$_2$
−50	3,30	−0,68	−167,$_8$	1,43$_0$	0,218	−0,044$_7$	−12,0	1,39$_9$	0,248$_3$	−0,051	−12,4	1,40$_2$
0	3,40	0,00	0,0	1,40$_8$	0,219	0,000	0,0	1,39$_6$	0,248$_4$	0,000	0,00	1,40$_0$
25	3,42	0,28	85,$_3$	1,40$_4$	0,219	0,018	5,4$_7$	1,39$_5$	0,248$_4$	0,021	6,20	1,40$_0$
100	3,45	1,06	343,$_3$	1,40$_0$	0,223	0,069	22,0	1,38$_6$	0,249	0,077$_5$	24,9	1,39$_6$
200	3,47	1,88$_5$	689,$_6$	1,39$_8$	0,230	0,122	44,7	1,36$_9$	0,251$_6$	0,136	49,9$_5$	1,39$_3$
300	3,47$_5$	2,54	103$_9$	1,39$_6$	0,238	0,166	68,0	1,35$_2$	0,255$_5$	0,184$_5$	75,4	1,38$_5$
400	3,49$_7$	3,13	138$_5$	1,39$_3$	0,245	0,204	92,2	1,34$_0$	0,261	0,226	101	1,37$_1$
500	3,50$_5$	3,61	173$_4$	1,39$_0$	0,251	0,242$_5$	117,$_1$	1,32$_8$	0,267	0,262	127,$_6$	1,36$_3$

600	3,53	4,04	208$_7$	1,38$_5$	0,257	0,273	142,$_3$	1,32$_1$	0,272	0,293	154,$_3$	1,35$_3$
700	3,57	4,42$_6$	244$_3$	1,38$_2$	0,260	0,299	168,$_1$	1,31$_5$	0,278	0,322	181,$_7$	1,34$_4$
800	3,61$_5$	4,77	280$_1$	1,37$_6$	0,263	0,324	194,$_3$	1,30$_8$	0,282$_5$	0,350	209,$_8$	1,33$_4$
900	3,66	5,11	316$_3$	1,37$_4$	0,266	0,347	220,$_2$	1,30$_5$	0,287	0,375$_5$	238,$_3$	1,32$_7$
1000	3,71	5,41	353$_0$	1,36$_2$	0,268$_5$	0,368	247,$_5$	1,30$_0$	0,290$_5$	0,400	267,$_3$	1,32$_4$
1100	3,76$_5$	5,70	390$_3$	1,35$_5$	0,271	0,389	274,$_4$	1,29$_8$	0,294	0,422	296,$_5$	1,31$_8$
1200	3,82	5,96	428$_3$	1,34$_7$	0,273	0,408	301,$_5$	1,29$_5$	0,297	0,443	326,$_1$	1,31$_4$
1300	3,87	6,21	466$_7$	1,34$_2$	0,275	0,429	328,$_8$	1,29$_2$	0,299	0,464	355,$_9$	1,31$_0$
1400	3,91$_5$	6,45	505$_8$	1,33$_7$	0,276$_5$	0,444	356,$_3$	1,29$_0$	0,301	0,483	386,$_0$	1,30$_7$
1500	3,96	6,67	544$_7$	1,33$_0$	0,278	0,462	384,1	1,28$_6$	0,303	0,500	416,$_0$	1,30$_5$
1750	4,07	7,11	644$_7$	1,31$_8$	0,282	0,497	454,$_4$	1,28$_2$	0,307	0,539	492,$_3$	1,29$_9$
2000	4,16	7,68	747$_4$	1,31$_1$	0,287	0,526	525,$_6$	1,27$_5$	0,310$_5$	0,575	569,$_4$	1,29$_6$
2250	4,24	8,15	852$_8$	1,30$_4$	0,291	0,568	597,$_8$	1,27$_1$	0,313	0,608	647,$_5$	1,29$_3$
2500	4,30$_5$	8,51	959$_8$	1,29$_7$	0,295	0,592$_5$	671,$_1$	1,26$_6$	0,315	0,637	726,$_0$	1,29$_1$
2750	4,37	8,87	1068$_6$	1,29$_2$	0,298	0,623	745,$_3$	1,26$_2$	0,317	0,663	804,$_8$	1,28$_9$
3000	4,43	9,19	1179$_1$	1,28$_7$	0,301	0,650	820	1,26$_1$	0,318	0,687	884,$_0$	1,28$_8$

ϑ °C	δc_p	δs_p	δi	$\delta \varkappa$	δc_p	δs_p	δi	$\delta \varkappa$	δc_p	δs_p	δi	$\delta \varkappa$
ϑ_s	0,040$_5$	—0,23	—4,68	0,129	0,016	—0,0$_2$52	—0,70	0,067	0,023$_5$	—0,0$_2$78	—0,89	0,088
—200	0,014	—0,013	—0,64	0,0$_2$93	—	—	—	—	—	—	—	—
—150	0,0$_2$48	—0,0$_2$44	—0,23	0,0$_2$26	0,0$_2$62	—0,0$_2$21	—0,37	0,026	0,0$_2$58	—0,0$_2$19	—0,34	0,022
—100	0,0$_2$24	—0,0$_2$22	—0,063	0,0$_2$12	0,0$_2$22	—0,0$_3$74	—0,18	0,0$_2$9$_5$	0,0$_2$21	—0,0$_3$67	—0,16	0,0$_2$8
— 50	0,0$_2$14	—0,0$_2$12	+0,028	0,00$_3$61	0,0$_2$10	—0,0$_3$35	—0,10	0,0$_2$4$_4$	0,0$_2$10	—0,0$_3$33	—0,090	0,0$_2$4
0	0,0$_3$94	—0,0$_3$77	+0,086	0,0$_3$39	0,0$_3$57	—0,0$_3$19	—0,064	0,0$_2$2$_4$	0,0$_3$53	—0,0$_3$18	—0,054	0,0$_2$2
25	0,0$_3$79	—0,0$_3$62	+0,11	0,0$_3$32	0,0$_3$44	—0,0$_3$14	—0,051	0,0$_2$1$_8$	0,0$_3$41	—0,0$_3$14	—0,042	0,0$_2$1$_5$
100	0,0$_3$50	—0,0$_3$33	+0,15	0,0$_3$20	0,0$_3$22	—0,0$_4$74	—0,028	0,0$_3$9	0,0$_3$21	—0,0$_4$70	—0,020	0,0$_3$8
200	0,0$_3$31	—0,0$_3$14	+0,19	0,0$_3$12	0,0$_3$10	—0,0$_4$36	—0,012	0,0$_3$4	0,0$_3$10	—0,0$_4$33	—0,0$_2$56	0,0$_3$4

[1] Justi, E.: Spezifische Wärme, Enthalpie, Entropie und Dissoziation technischer Gase und Dämpfe. Berlin 1938.

3622 (Fortsetzung).

Gas	Luft				OH			H_2O-Dampf *			
M, ϱ_N, ϑ_s	M = 28,98; ϱ_N = 0,0012928; ϑ_s = — 194 °C				M = 17,008			M = 18,016; ϑ_s = + 100,00 °C			
ϑ °C	c_{p_0}	$\Delta s^{id}_{p=1}$	Δi_0	$\varkappa_0$	c_{p_0}	$\Delta s^{id}_{p=1}$	Δi_0	c_{p_0}	$\Delta s^{id}_{p=1}$	Δi_0	$\varkappa$
—194	0,239$_3$	—0,260	—46,5	1,40$_1$	—	—	—	—	—	—	—
—150	0,239$_3$	—0,196	—36,0	1,40$_1$	—	—	—	—	—	—	—
—100	0,239$_3$	—0,111	—24,0	1,40$_1$	—	—	—	—	—	—	—
— 50	0,239$_8$	—0,049	—12,0	1,40$_1$	—	—	—	—	—	—	—
0	0,240	0,000	0,0	1,39$_9$	0,421	0,000	0,0	0,443	0,000	0,0	1,332
25	0,240	0,021	6,01	1,39$_8$	0,420	0,041	10,5	0,444	0,042	11,1	1,330
100	0,241	0,075	24,0	1,39$_6$	0,417	0,136	41,9	0,449$_5$	0,140$_4$	44,5$_7$	1,329
200	0,245	0,133	48,4	1,38$_9$	0,414$_6$	0,246	82,1	0,462	0,248$_6$	90,1$_4$	1,324
300	0,250	0,180	73,1	1,37$_8$	0,414$_5$	0,313	123,$_3$	0,475	0,337$_4$	136,$_9$	1,319
400	0,255	0,221	98,3	1,36$_8$	0,416	0,380	166,$_3$	0,491	0,415	185,$_2$	1,312
500	0,261	0,256	124,$_0$	1,35$_6$	0,419	0,436	208,$_1$	0,506	0,482	235,$_1$	1,306
600	0,266	0,286	150,$_6$	1,34$_7$	0,424	0,489	250,$_1$	0,522	0,544$_4$	286,$_4$	1,300
700	0,271	0,316	177,$_2$	1,33$_8$	0,429$_5$	0,536	292,$_6$	0,539	0,602	339,$_6$	1,294
800	0,276	0,345	204,$_8$	1,33$_0$	0,436	0,578	336,$_3$	0,556	0,656	394,$_8$	1,288
900	0,279$_5$	0,370	232,$_6$	1,32$_6$	0,443	0,617	379,$_9$	0,572	0,706	451,$_6$	1,281
1000	0,283	0,392	260,$_8$	1,31$_9$	0,449	0,654	424,$_5$	0,587	0,753$_6$	509,$_5$	1,271
1100	0,286	0,414	289,$_3$	131,$_6$	0,456	0,689	468,$_2$	0,602	0,798	569,$_1$	1,270
1200	0,289	0,435	318,$_1$	1,31$_0$	0,461$_5$	0,723	515,$_0$	0,615	0,840	629,$_5$	1,266
1300	0,291	0,454	347,$_0$	1,30$_9$	0,467	0,754	561,$_7$	0,628	0,881	691,$_3$	1,261
1400	0,293	0,472	376,$_3$	1,30$_5$	0,473	0,782	609,$_1$	0,639	0,920	755,$_4$	1,257
1500	0,295	0,488	405,$_8$	1,30$_4$	0,478	0,807	656,$_1$	0,650	0,958	819,$_3$	1,253
1750	0,299	0,525	480,$_3$	1,29$_6$	0,490	0,868	816,$_8$	0,673	0,985$_6$	985,$_9$	1,244
2000	0,303	0,560	555,$_2$	1,29$_2$	0,499	0,925$_5$	901,$_8$	0,691	1,12$_5$	115$_5$	1,236
2250	0,306	0,593	632,$_2$	1,29$_0$	0,507	0,979	1028	0,706	1,19$_8$	133$_1$	1,229
2500	0,308	0,622	708,$_2$	1,28$_6$	0,514	1,027	1155	0,719	1,26$_5$	150$_8$	1,223
2750	0,309$_5$	0,649	785,$_6$	1,28$_4$	0,520$_5$	1,072	1283	0,727	1,32$_8$	168$_9$	1,219
3000	0,311	0,673	863,$_2$	1,28$_2$	0,527	1,112	1414	0,734	1,38$_6$	187	1,215

ϑ °C	δc_p	δs_p	δi	$\delta \varkappa$				δc_p	δs_p	δi	$\delta \varkappa$
—194	0,022	$-0{,}0_{2}73$	—0,85	0,066				—	—	—	—
—150	$0{,}0_{2}58$	$-0{,}0_{2}19$	—0,34	0,018				—	—	—	—
—100	$0{,}0_{2}21$	$-0{,}0_{3}70$	—0,16	$0{,}0_{2}82$				—	—	—	—
— 50	$0{,}0_{3}98$	$-0{,}0_{3}32$	—0,092	$0{,}0_{2}38$				—	—	—	—
0	$0{,}0_{3}54$	$-0{,}0_{3}18$	—0,056	$0{,}0_{2}23$				(0,021)**	$(-0{,}0_{2}69)$	(—2,82)	$(0{,}0_{2}65)$
25	$0{,}0_{3}41$	$-0{,}0_{3}14$	—0,044	$0{,}0_{2}16$				(0,016)	$(-0{,}0_{2}53)$	(—2,36)	$(0{,}0_{2}40)$
100	$0{,}0_{3}21$	$-0{,}0_{4}70$	—0,022	$0{,}0_{3}81$				$0{,}0_{2}82$	$-0{,}0_{2}27_{2}$	—1,50	$0{,}0_{2}25$
200	$0{,}0_{3}10$	$-0{,}0_{4}34$	$-0{,}0_{2}71$	$0{,}0_{3}39$				$0{,}0_{2}40$	$-0{,}0_{2}13_{3}$	—0,93	$0{,}0_{2}12$
300	$0{,}0_{4}58$	$-0{,}0_{4}19$	$-0{,}0_{3}76$	$0{,}0_{3}21$				$0{,}0_{2}23$	$-0{,}0_{3}74$	—0,63	$0{,}0_{3}62$
400	$0{,}0_{4}36$	$-0{,}0_{4}12$	$+0{,}0_{2}52$	$0{,}0_{3}13$				$0{,}0_{2}13_{5}$	$-0{,}0_{3}46$	—0,45	$0{,}0_{3}35$
500	$0{,}0_{4}24$	$-0{,}0_{5}79$	$+0{,}0_{2}81$	$0{,}0_{4}82$				$0{,}0_{3}92$	$-0{,}0_{3}31$	$-0{,}33_{5}$	$0{,}0_{3}24$

* Realkorrekturen δ berechnet nach der modifizierten Berthelot- Gleichung von W. Fritz u. B. Koch: Wärme- u. Kälte-Techn. **24**, 85 (Gl. 4a) (1940).

** Die eingeklammerten δ-Werte sind auch auf 1 Atm bezogen und müssen mit dem jeweiligen Teildruck multipliziert werden, der hier stets < 1 Atm ist (Sättigungsbereich).

3622 (Fortsetzung).

Gas / M, ϱ_N, ϑ_s / ϑ °C	H_2S				SO_2				NH_3			
	M = 34,068; ϱ_N = 0,0015392; ϑ_s = —60,4°C				M = 64,06; ϱ_N = 0,0029263; ϑ_s = —10,0°C				M = 17,031; ϱ_N = 0,0007714; ϑ_s = —33,4°C			
ϑ °C	c_{p_0}	$\Delta s^{id}_{p=1}$	Δi_0	$\varkappa_0$	c_{p_0}	$\Delta s^{id}_{p=1}$	Δi_0	$\varkappa_0$	c_{p_0}	$\Delta s^{id}_{p=1}$	Δi_0	$\varkappa_0$
—60,4	0,234	—0,0580	—14,2$_5$	1,33$_1$	—	—	—	—	—	—	—	—
—50	0,235	—0,0468	—11,8	1,33$_0$	—	—	—	—	—	—	—	—
—25	0,236	—0,0219	— 5,93	1,32$_8$	0,142	—0,0139	—3,15	1,28$_0$	—	—	—	—
0	0,238	0,0000	0,0	1,32$_5$	0,145	0,0000	0,0	1,27$_1$	0,491	0,000	0,000	1,31$_2$
25	0,240	0,0215	5,97	1,32$_1$	0,149	0,0215	3,68	1,26$_3$	0,500$_5$	0,042$_8$	0,0124	1,30$_3$
100	0,247	0,0752	24,2	1,30$_9$	0,159	0,0752	15,2	1,24$_3$	0,527	0,158	0,0509	1,28$_4$
200	0,258	0,135	49,5	1,29$_3$	0,171	0,135	31,7	1,22$_2$	0,570$_5$	0,287$_5$	0,106	1,25$_7$
300	0,269	0,185$_5$	75,8	1,27$_6$	0,180	0,185$_5$	49,3	1,20$_8$	0,615	0,401	0,167	1,23$_4$
400	0,282	0,230	103	1,26$_1$	0,188	0,230	67,7	1,20$_2$	0,654	0,504	0,231	1,21$_5$
500	0,294	0,270	132	1,24$_7$	0,193	0,270	86,7$_5$	1,19$_1$	0,700$_5$	0,598	0,299	1,20$_0$
600	0,305	0,306	162	1,23$_6$	0,198	0,306	106,$_9$	1,18$_6$	0,740	0,686	0,370	1,18$_7$
700	0,316	0,340	193	1,22$_6$	0,201	0,340	126,$_2$	1,18$_3$	0,778	0,768	0,446	1,17$_6$
800	0,326	0,371	225	1,21$_8$	0,203	0,371	146,$_4$	1,18$_0$	0,812	0,843	0,526	1,16$_7$
900	0,334	0,401	258	1,21$_1$	0,205	0,401	166,$_9$	1,17$_8$	0,844	0,920	0,608$_5$	1,16$_2$
1000	0,342	0,428	292	1,20$_6$	0,207	0,428	187,$_5$	1,17$_6$	0,873	0,990	0,697	1,15$_4$
1100	0,349	0,454$_5$	327	1,20$_1$	0,208	0,454$_5$	208,$_2$	1,17$_5$	0,899	1,05$_7$	0,788	1,14$_9$
1200	0,354	0,479	362	1,19$_7$	0,209	0,479	229,$_2$	1,17$_4$	0,922	1,11$_8$	0,882	1,14$_5$
1300	0,359	0,502$_5$	397,$_5$	1,19$_3$	0,210	0,502$_5$	250,$_2$	1,17$_3$	0,943	1,18$_2$	0,977	1,14$_1$
1400	0,363	0,525	433	1,19$_1$	0,211	0,525	271,$_1$	1,17$_2$	0,962	1,24$_0$	1,07$_4$	1,13$_8$
1500	0,368	0,546	470	1,18$_8$	0,211$_6$	0,546	292,$_2$	1,17$_1$	0,979	1,29$_7$	1,17$_2$	1,13$_5$
1750	0,376	0,612$_5$	563	1,18$_4$	0,213	0,612$_5$	345,$_3$	1,17$_0$	1,01$_3$	1,42$_9$	1,27$_2$	1,13$_1$
2000	0,381	0,639	658	1,18$_0$	0,213$_6$	0,639	398,$_7$	1,17$_0$	1,04$_0$	1,54$_7$	1,37$_5$	1,12$_6$
ϑ °C	δc_p	δs_p	δi	$\delta \varkappa$	δc_p	δs_p	δi	$\delta \varkappa$	δc_p	δs	δi	$\delta \varkappa$
—60,4	0,0$_2$90	0,0$_2$30	—0,94	0,034	—	—	—	—	—	—	—	—
—50	0,0$_2$78	0,0$_2$26	—0,85	0,029	—	—	—	—	0,144	—	—	—
—25	0,0$_2$56	0,0$_2$19	—0,68	0,024	0,0$_2$97	—0,0$_3$84	—0,86	0,033	0,104	—	—	—
0	0,0$_2$42	0,0$_2$14	—0,56	0,016	0,0$_2$66	—0,0$_3$59	—0,66	0,023	0,028	—	—	—
25	0,0$_2$33	0,0$_2$11	—0,47	0,012	0,0$_2$47	—0,0$_3$42	—0,53	0,017	0,010	—	—	—
100	0,0$_2$17	0,0$_3$55	—0,29	0,059	0,0$_2$20	—0,0$_3$19	—0,30	0,0$_2$74	0,0$_2$34	—	—	—
200	0,0$_3$82	0,0$_3$27	—0,18	0,025	0,0$_3$82	—0,0$_4$84	—0,17	0,0$_2$33	0,0$_2$16	—	—	—
300	0,0$_3$46	0,0$_3$15	—0,06	0,014	0,0$_3$43	—0,0$_4$45	—0,11	0,0$_2$17	—	—	—	—
400	0,0$_3$28	0,0$_4$9	—0,05	0,08	0,0$_3$27	—0,0$_4$28	—0,08	0,0$_2$11	—	—	—	—
500	0,0$_3$19	0,0$_4$6	—0,04	0,05	0,0$_3$17	—0,0$_4$17	—0,06	0,0$_3$7	—	—	—	—

Gas / M, ϱ_N, ϑ_s / ϑ °C	NO				N_2O				CO			
	M=30,008; ϱ_N = 0,0013402; ϑ_s = —152°C				M = 44,008; ϱ_N = 0,0019780; ϑ_s = —88,7°C				M = 28,00; ϱ_N = 0,0012500; ϑ_s = —191,5°C			
	c_{p_0}	$\Delta s^{id}_{p=1}$	Δi_0	$\varkappa_0$	c_{p_0}	$\Delta s^{id}_{p=1}$	Δi_0	$\varkappa_0$	c_{p_0}	$\Delta s^{id}_{p=1}$	Δi_0	$\varkappa_0$
—191,$_5$	—	—	—	—	—	—	—	—	0,248$_3$	—0,297	— 47,5$_5$	1,40$_0$
—150	—	—	—	—	—	—	—	—	0,248$_3$	—0,198	— 37,2$_5$	1,40$_0$
—100	—	—	—	—	—	—	—	—	0,248$_3$	—0,114	— 24,8	1,40$_0$
— 50	—	—	—	—	—	—	—	—	0,248$_4$	—0,050$_3$	— 12,4	1,40$_0$
0	0,238$_6$	0,000	0,00	1,38$_3$	0,203	0,000	0,0	1,28$_5$	0,248$_5$	0,000	0,00	1,39$_9$
25	0,238	0,021$_7$	5,97	1,38$_7$	0,210	0,041	5,18	1,27$_4$	0,249	0,021	6,20	1,39$_9$
100	0,238$_3$	0,077	23,8	1,38$_5$	0,238	0,088	22,2	1,24$_6$	0,250	0,077	24,9	1,39$_7$
200	0,242	0,133	47,8	1,37$_7$	0,245	0,146	46,0	1,22$_6$	0,253	0,134$_6$	50,0	1,39$_0$
300	0,247	0,180	72,2	1,36$_5$	0,259	0,194	71,2	1,21$_1$	0,258	0,184	75,6	1,37$_7$
400	0,254	0,220	97,3	1,35$_3$	0,270	0,236$_5$	97,6	1,20$_0$	0,264	0,227	101,$_7$	1,36$_8$
500	0,260	0,250	123,$_0$	1,34$_2$	0,281	0,274	125,$_2$	1,19$_1$	0,270	0,264	128,$_4$	1,35$_7$
600	0,265	0,285	149,$_2$	1,33$_3$	0,289	0,310	153,$_2$	1,18$_5$	0,277	0,298	155,$_8$	1,34$_5$
700	0,270	0,318	176,$_0$	1,32$_5$	0,297	0,341	182,$_9$	1,17$_9$	0,282	0,327$_5$	183,$_6$	1,33$_7$
800	0,274	0,341	203,$_2$	1,31$_9$	0,302	0,370	212,$_8$	1,17$_6$	0,287	0,355	212,$_1$	1,32$_9$
90C	0,277	0,365	230,$_8$	1,31$_3$	0,306	0,397$_5$	243,$_5$	1,17$_3$	0,291	0,381	241,$_0$	1,32$_2$
1000	0,280	0,389	258,$_7$	1,30$_9$	0,310	0,422	274,$_2$	1,17$_0$	0,294$_5$	0,405	270,$_4$	1,31$_7$
1100	0,283	0,411	286,$_9$	1,30$_6$	0,313	0,446	305,$_1$	1,16$_8$	0,297$_5$	0,429	300,$_0$	1,31$_4$
1200	0,285	0,431	315,$_4$	1,30$_3$	0,316	0,468	336,$_7$	1,16$_6$	0,300	0,448	330,$_1$	1,31$_0$
1300	0,287	0,455$_5$	343,$_9$	1,30$_0$	0,318$_5$	0,489	368,$_6$	1,16$_5$	0,302$_5$	0,470	360,$_4$	1,30$_6$
1400	0,288$_4$	0,466$_5$	372,$_5$	1,29$_8$	0,320$_6$	0,509	400,$_8$	1,16$_4$	0,304$_5$	0,488	390,$_4$	1,30$_4$
1500	0,290	0,482$_5$	401,$_5$	1,29$_6$	0,322	0,528	432,$_5$	1,16$_3$	0,306	0,506	420,$_7$	1,30$_0$
1750	0,293	0,521	474,$_5$	1,29$_2$	0,325$_6$	0,570$_5$	513,$_5$	1,16$_1$	0,310	0,546	497,$_6$	1,29$_7$
2000	0,295	0,556	547,$_8$	1,28$_9$	0,328	0,608$_5$	594,$_8$	1,16$_0$	0,312$_6$	0,581	575,$_4$	1,29$_4$
2250	0,296$_6$	0,588	622,$_1$	1,28$_7$	0,330	0,642	677,$_1$	1,15$_9$	0,315	0,614	653,$_9$	1,29$_1$
2500	0,298	0,619	696,$_4$	1,28$_5$	0,331$_5$	0,675$_5$	760,$_0$	1,15$_8$	0,317$_6$	0,644	733,$_2$	1,28$_9$
2750	0,299	0,647	770,$_6$	1,28$_4$	0,332	0,714	839,$_7$	1,15$_7$	0,318	0,671	812,$_5$	1,28$_8$
3000	0,300$_5$	0,674$_5$	844,$_4$	1,28$_3$	0,333	0,729	926,$_3$	1,15$_7$	0,319	0,695	891,$_4$	1,28$_7$

ϑ °C	δc_p	δs_p		$\delta\varkappa$	δc_p	δs_p		$\delta\varkappa$	δc_p	δs_p	δi	$\delta\varkappa$
—150	—	—	—	—	—	—	—	—	0,0$_2$70	—0,0$_2$80	—1,12	0,092
—100	—	—	—	—	—	—	—	—	0,0$_2$30	—0,0$_2$23	—0,39	0,026
— 50	—	—	—	—	—	—	—	—	0,0$_2$12	—0,0$_2$10	—0,19	0,0$_2$90
— 0	0,0$_3$66	—0,0$_3$2$_2$	—	0,0$_2$20	0,0$_2$26	—0,0$_3$87	—	0,01$_1$	0,0$_3$61	—0,0$_3$40	—0,10$_5$	0,0$_2$45
25	0,0$_3$51	—0,0$_3$1$_7$	—	0,0$_2$1$_5$	0,0$_2$21	—0,07$_0$	—	0,0$_2$8$_4$	0,0$_3$47	—0,0$_3$20	—0,06$_4$	0,0$_2$23
100	0,0$_3$27	—0,0$_4$8$_6$	—	0,0$_3$6$_9$	0,0$_3$94	—0,03$_1$	—	0,0$_2$3$_4$	0,0$_3$24	—0,0$_3$16	—0,05$_1$	0,0$_2$18
200	0,0$_3$14	—0,0$_4$4$_8$	—	0,0$_3$2$_8$	0,0$_3$43	—0,01$_4$	—	0,0$_2$1$_4$	0,0$_3$12	—0,0$_4$76	—0,02$_6$	0,0$_3$89
300	0,0$_4$90	—0,0$_4$3$_0$	—	0,0$_3$1$_9$	0,0$_3$39	—0,08$_1$	—	0,0$_3$7$_6$	0,0$_4$7	—0,0$_4$37	—0,0$_2$9	0,0$_3$34

3622 (Fortsetzung).

Gas	CO$_2$				CH$_4$				C$_2$H$_4$				C$_2$H$_2$				C$_2$H$_6$			
M, ϱ_N, ϑ_s	M = 44,00; ϱ_N = 0,0019768; ϑ_{subl} = −78,48° C				M = 16,03; ϱ_N = 0,0007168; ϑ_s = −116,7°C				M = 28,03; ϱ_N = 0,0012605; ϑ_s = −103,5° C				M = 26,02; ϱ_N = 0,0011709; ϑ_s = −83,6°C				M = 30,07; ϱ_N = 0,001356; ϑ_s = −88,6°C			
ϑ °C	c_{p_0}	$\Delta s^{id}_{p=1}$	Δi_0	$\varkappa_0$	c_{p_0}	$\Delta s^{id}_{p=1}$	Δi_0	$\varkappa_0$	c_{p_0}	$\Delta s^{id}_{p=1}$	Δi_0	$\varkappa_0$	c_{p_0}	$\Delta s^{id}_{p=1}$	Δi_0	$\varkappa_0$	c_{p_0}	$\Delta s^{id}_{p=1}$	Δi_0	$\varkappa_0$
−50	0,182	−0,0384	−9,43	1,33$_0$	−0,509	−0,0448	−25,5	1,32$_7$	0,316	−0,0671	−16,7	1,28$_8$	0,349	−0,036$_6$	−18,4	1,28$_0$	0,353	−0,061$_4$	−18,6	1,23$_0$
0	0,196	0,0000	0,0	1,29$_9$	0,519	0,0000	0,0	1,31$_3$	0,352	0,000	0,0	1,25$_1$	0,389	0,000	0,0	1,24$_4$	0,393	0,000	0,0	1,20$_2$
25	0,202	0,0168	4,98	1,28$_7$	0,532	0,0456	13,1	1,30$_8$	0,373	0,0324	9,0$_8$	1,23$_4$	0,407	0,034$_9$	9,9$_5$	1,23$_1$	0,416$_5$	0,032$_5$	10,1	1,18$_8$
100	0,220	0,0657	20,8	1,25$_8$	0,584	0,171	54,9	1,29$_1$	0,439	0,122	39,5$_5$	1,19$_2$	0,452	0,131	42,3	1,20$_3$	0,490$_5$	0,126$_5$	44,1	1,15$_6$
200	0,238	0,119	43,9	1,23$_9$	0,670	0,319	117	1,26$_7$	0,523	0,237	87,8	1,15$_7$	0,494	0,244	89,7	1,18$_2$	0,590	0,265	98,2	1,12$_6$
300	0,255	0,171	68,6	1,21$_5$	0,758	0,457	189	1,24$_5$	0,594	0,345	144	1,13$_5$	0,526	0,341	141	1,16$_9$	0,681	0,387	161,$_7$	1,10$_7$
400	0,268	0,209	94,5	1,20$_3$	0,842	0,584	269	1,22$_6$	0,656	0,448	206,$_8$	1,12$_1$	0,553	0,427	195	1,16$_0$	0,762	0,503	235,$_4$	1,09$_6$
500	0,278	0,247	122,$_2$	1,19$_4$	0,919	0,707	357	1,21$_0$	0,709	0,538	275	1,11$_1$	0,576	0,506	251	1,15$_3$	0,833$_5$	0,609	313,$_8$	1,08$_6$
600	0,287	0,281	150,$_4$	1,18$_6$	0,990	0,823	453	1,19$_6$	0,756	0,629	348	1,10$_3$	0,597	0,578	310	1,14$_6$	—	—	—	—
700	0,294	0,313	179,$_5$	1,18$_1$	1,054	0,933	555	1,18$_5$	0,796	0,713	425	1,09$_8$	0,616	0,644	370	1,14$_1$	—	—	—	—
800	0,300	0,342	209,$_0$	1,17$_7$	1,110	1,039	663	1,17$_6$	0,832	0,793	507	1,09$_3$	0,633	0,705	433	1,13$_7$	—	—	—	—
900	0,305	0,369	239,$_3$	1,17$_5$	1,161	1,140	776	1,16$_8$	0,876	0,864	592	1,08$_8$	0,649	0,761	497	1,13$_3$	—	—	—	—
1000	0,309	0,394	269,$_3$	1,17$_1$	1,205	1,237	895	1,16$_1$	0,903	0,940	678	1,08$_5$	0,663	0,843	563	1,13$_0$	—	—	—	—
1250	0,316	0,449	348	1,16$_7$	1,295	1,462	1208	1,14$_7$	—	—	—	—	0,692	0,936	732	1,12$_4$	—	—	—	—
1500	0,322	0,498	428	1,16$_3$	1,361	1,663	1541	1,13$_7$	—	—	—	—	0,713	1,04$_4$	908	1,12$_0$	—	—	—	—
1750	0,325	0,540	509	1,16$_1$	1,409	1,846	1887	1,13$_0$	—	—	—	—	0,729	1,14$_0$	1088	1,11$_7$	—	—	—	—
2000	0,328	0,579	591	1,16$_0$	1,445	2,013	2224	1,12$_4$	—	—	—	—	0,742	1,22$_5$	1272	1,11$_5$	—	—	—	—

ϑ °C	δc_p	δs_p	δi	$\delta \varkappa$	δc_p	δs_p	δi	$\delta \varkappa$	δc_p	δs_p	δi	$\delta \varkappa$	δc_p	δs_p	δi	$\delta \varkappa$	δc_p	δs_p	δi	$\delta \varkappa$
−50	0,0$_2$59	−0,0$_2$17	−0,52	0,01$_7$	0,0$_2$42	−0,0$_2$14	−0,43	0,0$_2$74	0,0$_2$71	−0,0$_2$2$_4$	−0,77	0,19	0,0$_2$83	−0,0$_2$2$_8$	−0,90	0,02$_0$	0,013	−0,0$_2$3$_7$	−1,17	0,02$_3$
0	0,0$_2$27	−0,0$_3$80	−0,31	0,0$_2$8	0,0$_2$23	−0,0$_3$77	−0,28	0,0$_2$39	0,0$_2$42	−0,0$_2$1$_4$	−0,50	0,0$_2$9$_8$	0,0$_2$45	−0,0$_2$1$_5$	−0,59	0,0$_2$9$_6$	0,0$_2$62	−0,0$_2$1$_8$	−0,71	0,0$_2$9
25	0,0$_2$20	−0,0$_3$59	−0,25	0,0$_2$6	0,0$_2$18	−0,0$_3$59	−0,23	0,0$_2$29	0,0$_2$30	−0,0$_2$10	−0,42	0,0$_2$6$_8$	0,0$_2$35	−0,0$_2$1$_2$	−0,49	0,0$_2$70	0,0$_2$45	−0,0$_2$1$_4$	−0,57	0,0$_2$7
100	0,0$_3$90	−0,0$_3$30	−0,15	0,0$_2$3	0,0$_3$90	−0,0$_3$30	−0,13	0,0$_2$13	0,0$_2$15	−0,0$_3$5$_1$	−0,26	0,0$_2$2$_7$	0,0$_2$18	−0,0$_3$5$_9$	−0,30	0,0$_2$3$_2$	0,0$_2$20	−0,0$_3$6$_6$	−0,35	0,0$_2$3
200	0,0$_3$42	−0,0$_3$15	−0,09	0,0$_2$1	0,0$_3$44	−0,0$_3$15	−0,068	0,0$_3$54	0,0$_3$75	−0,0$_3$2$_5$	−0,15	0,0$_2$1$_1$	0,0$_3$87	−0,0$_3$2$_9$	−0,18	0,0$_2$1$_4$	0,0$_3$93	−0,0$_3$3$_3$	−0,21	0,0$_2$1
300	0,0$_2$24	−0,0$_4$86	−0,06	0,0$_2$7	0,0$_3$25	−0,0$_4$83	−0,035	0,0$_3$26	0,0$_3$42	−0,0$_3$1$_4$	−0,09	0,0$_3$5$_3$	0,0$_3$49	−0,0$_3$1$_6$	−0,11	0,0$_3$7$_4$	0,0$_3$53	−0,0$_3$1$_9$	−0,14	0,0$_3$6

3622 (Fortsetzung).

Gas	CH_2Cl_2				$CFCl_3$ („Freon 11“)				CF_2Cl_2 („Freon 12“)			
M, ϱ_N, ϑ_s	M = 84,94; $\varrho_{t=20^0,\ p=0{,}47\ \text{ata}}$ = 0,001335; ϑ_s = —40°				M = 137,4; $\varrho_{t=25^0,\ p=1{,}09\ \text{ata}}$ = 0,001472; ϑ_s = 23,65°				M = 120,92; ϱ_N = 0,005510; ϑ_s = —29,8°			
ϑ °C	c_{p_0}	Δs_p	Δi_0	$\varkappa_0$	c_{p_0}	$\Delta s^{id}_{p=1}$	Δi_0	$\varkappa_0$	c_{p_0}	$\Delta s^{id}_{p=1}$	Δi_0	$\varkappa_0$
—100	—	—	—	—	—	—	—	—	0,085$_3$	—0,0452	11,6$_7$	1,19$_3$
— 75	—	—	—	—	—	—	—	—	0,093$_2$	—0,0392	9,03	1,17$_6$
— 50	0,127	—0,0270	— 6,69	1,22$_5$	0,119	—0,0253	— 6,27	1,13$_8$	0,101$_3$	—0,0217	6,19	1,16$_4$
— 25	0,134	—0,0132	— 3,43	1,21$_1$	0,125	—0,0123	— 3,21	1,13$_0$	0,108$_2$	—0,0106	3,18	1,15$_3$
0	0,140	0,0000	0,00	1,20$_0$	0,131	0,0000	0,00	1,12$_4$	0,114	0,0000	0,00	1,14$_3$
25	0,147	0,0126	3,59	1,18$_8$	0,136	0,0117	3,40	1,11$_9$	0,120	0,0103	3,34	1,13$_7$
50	0,153$_5$	0,0247	7,35	1,18$_0$	0,141	0,0229	6,81	1,11$_4$	0,126	0,0202	6,84	1,13$_0$
75	0,160	0,0364	11,2$_7$	1,17$_2$	0,145	0,0335	10,39	1,11$_1$	0,132	0,0298	10,4$_7$	1,12$_4$
100	0,166	0,0477	15,3$_5$	1,16$_3$	0,149	0,0437	14,06	1,10$_8$	0,137	0,0391	14,2$_4$	1,12$_0$
125	0,182	0,0586	19,5$_7$	1,14$_7$	0,152	0,0534	17,82	1,10$_5$	0,141	0,0481	18,1$_2$	1,11$_6$
150	0,187$_5$	0,0692	23,9$_2$	1,14$_2$	—	—	—	—	0,145	0,0568	22,1$_1$	1,11$_3$
175	—	—	—	—	—	—	—	—	0,149	0,0653	26,2$_0$	1,11$_0$
200	—	—	—	—	—	—	—	—	0,152	0,0734	30,3$_8$	1,10$_8$

ϑ °C	δc_p	δs_p	δi	$\delta \varkappa$	δc_p	δs_p	δi	$\delta \varkappa$	δc_{p_0}	δs_p	δi	$\delta \varkappa$
50	0,011	—0,0$_2$3$_8$	—1,2$_6$	0,06$_2$	0,0$_2$8$_8$	—0,0$_2$2$_9$	—0,07$_0$	0,05$_1$	0,0$_2$54	—0,0$_2$18	—0,59	0,03$_2$
25	0,0$_2$8$_3$	—0,0$_2$2$_8$	—1,0$_1$	0,04$_4$	0,0$_2$5$_8$	—0,0$_2$1$_9$	—0,06$_0$	0,03$_2$	0,0$_2$41	—0,0$_2$14	—0,50	0,02$_6$
0	0,0$_2$6$_8$	—0,0$_2$2$_1$	—0,8$_4$	0,03$_2$	0,0$_2$4$_2$	—0,0$_2$1$_4$	0,04$_7$	0,02$_2$	0,0$_2$39	—0,0$_2$13	—0,47	0,02$_2$
25	0,0$_2$4$_8$	—0,0$_2$1$_6$	—0,7$_0$	0,02$_4$	0,0$_2$3$_3$	—0,0$_2$1$_1$	—0,03$_8$	0,01$_7$	0,0$_2$29	—0,0$_2$10	—0,39	0,01$_6$
50	0,0$_2$3$_7$	—0,0$_2$1$_2$	—0,5$_9$	0,01$_9$	0,0$_2$2$_6$	—0,0$_3$9	—0,03$_1$	0,01$_3$	0,0$_2$22	—0,0$_3$7$_5$	—0,32	0,01$_1$
75	0,0$_2$3$_0$	—0,0$_2$1$_0$	—0,5$_1$	0,01$_6$	0,0$_2$2$_1$	—0,0$_3$7	—0,02$_5$	0,01$_0$	0,0$_2$18	—0,0$_3$6	—0,27	0,0$_2$9
100	0,0$_2$2$_4$	—0,0$_3$8	—0,4$_4$	0,01$_4$	0,0$_2$1$_7$	—0,0$_3$6	—0,02$_0$	0,0$_2$8	0,0$_2$14	—0,0$_3$5	—0,23	0,0$_2$7
125	0,0$_2$2$_0$	—0,0$_3$7	—0,3$_4$	0,0$_2$8	0,0$_2$1$_4$	—0,0$_3$5	—0,017	0,0$_2$6	0,0$_2$11	—0,0$_3$4	—0,20	0,0$_2$6
150	0,0$_2$1$_7$	—0,0$_3$6	—0,3$_0$	0,0$_2$6	—	—	—	—	—	—	—	—

3623 Wärmetechnische Daten von Wasser und Kältemitteln.

Von **Wilhelm Prüger,** Berlin.

In den Tabellen wurden nur die derzeit sichersten Werte berücksichtigt. Aufgenommen wurden Dampftafeln für den Sättigungszustand, die thermische Zustandsgleichung für den überhitzten bzw. trocken gesättigten Dampf und, soweit vorhanden, Angaben über die spezifische Wärme im dampfförmigen und flüssigen Zustand. (Spezifische Wärmen in Abhängigkeit von ϑ für den dampfförmigen Zustand sind auch für einige der Stoffe in 3622 angegeben.) Für Wasser ist in 3613, für Ammoniak in 361713 und Kohlendioxyd in 361714 die spezifische Wärme des Dampfes in Abhängigkeit von Temperatur und Druck gegeben. Nur die derzeit in Deutschland wichtigsten Kältemittel fanden Berücksichtigung, und zwar SO_2, NH_3, CO_2, C_2H_6, CH_3Cl, CH_2Cl_2, CF_3Cl, CF_2Cl_2, $CFCl_3$. Auf ausführlichere Tafeln und Diagramme wird hingewiesen.

Die kalorischen Größen beziehen sich auf int. Dampftafel kcal $= \frac{1}{860}$ kWh_{int}. Die Druckangaben sind in at (kg/cm^2) gemacht.

Weitere Daten wie Molekulargewicht, Siede- und Schmelztemperatur und die kritischen Größen der behandelten Stoffe finden sich in 3231.

Es bedeuten:

a) Im Sättigungszustand (Dampftafeln):

p	= Sättigungsdruck in [at]
v', ϱ'	= spezifisches Volumen in $[l \cdot kg^{-1}]$ bzw. Dichte in $[kg \cdot l^{-1}]$ der Flüssigkeit
v'', ϱ''	= spezifisches Volumen in $[m^3 \cdot kg^{-1}]$ bzw. Dichte in $[kg \cdot m^{-3}]$ des gesättigten Dampfes
i'	= Enthalpie (Wärmeinhalt) der Flüssigkeit bezogen auf i' für 0 °C = 0 bez. 100 } in $[kcal \cdot kg^{-1}]$
i''	= Enthalpie (Wärmeinhalt) des gesättigten Dampfes } in $[kcal \cdot kg^{-1}]$
$r = i'' - i'$	= Verdampfungswärme
s'	= Entropie der Flüssigkeit bezogen auf s' für 0 °C = 0 bez. 1 } in $[kcal \cdot kg^{-1} \cdot grad^{-1}]$
s''	= Entropie des gesättigten Dampfes } in $[kcal \cdot kg^{-1} \cdot grad^{-1}]$
c'	= spezifische Wärme der Flüssigkeit längs der unteren Grenzkurve in $[kcal \cdot kg^{-1} \cdot grad^{-1}]$.

Für alle Kältemittel wurde im Sättigungszustand der Flüssigkeit bei 0° C die Enthalpie i'_0 gleich 100, die Entropie s'_0 gleich 1 gesetzt, für Wasser wurde $i'_0 = 0$, $s'_0 = 0$ gesetzt.

Am Schluß jeder Dampftafel wurden die kritischen Größen hinzugefügt, soweit sie nicht schon in den Originaltafeln angeführt waren.

b) Im Gebiet des überhitzten Dampfes (Zustandsgleichung):

T, ϑ	= Temperatur in [°K] bzw. [°C]
v	= spezifisches Volumen in $[m^3/kg]$
P	= Druck in $[kg/m^2 = 10^{-4} \cdot at]$
c_v, c_p (c_{v_0}, c_{p_0})	= spezifische Wärme bei konstantem Volumen bzw. Druck [bei unendlicher Verdünnung ($p = 0$)] in $kcal \cdot kg^{-1} \cdot grad^{-1}$.

Ausführlichere Dampftafeln und Diagramme für Sättigungs- und Überhitzungsgebiet finden sich in der angegebenen Literatur, sowie besonders in den VDI-Kältemaschinenregeln[1]. — Über die spezifischen Wärmen, Enthalpien und Entropien im Gaszustand Näheres bei E. Justi[2].

[1] Berlin: VDI-Verlag 1940. — [2] Justi, E.: Spezifische Wärme, Enthalpie, Entropie und Dissoziation technischer Gase. Berlin 1938.

36231 Wasser H_2O†.

ϑ °C	p at	v′ $l \cdot kg^{-1}$	v″ $m^3 \cdot kg^{-1}$	ϱ′ $kg \cdot l^{-1}$	ϱ″ $kg \cdot m^{-3}$	i′ $kcal \cdot kg^{-1}$	i″ $kcal \cdot kg^{-1}$	r=i″−i′ $kcal \cdot kg^{-1}$	s′ $kcal \cdot kg^{-1} \cdot grad^{-1}$	s″ $kcal \cdot kg^{-1} \cdot grad^{-1}$
0	0,00623	1,0002	206,3	0,9998	0,004846	0	597,2	597,2	0	2,1863
5	0,00889	1,0000	147,2	1,0000	0,006795	5,03	599,4	594,4	0,0182	2,1551
10	0,01251	1,0004	106,4	0,9996	0,009396	10,04	601,6	591,6	0,0361	2,1253
15	0,01738	1,0010	77,99	0,9990	0,01282	15,04	603,8	588,8	0,0536	2,0970
20	0,02383	1,0018	57,84	0,9982	0,01729	20,03	606,0	586,0	0,0708	2,0697
25	0,0323	1,0030	43,41	0,9970	0,02304	25,02	608,2	583,2	0,0876	2,0436
30	0,0433	1,0044	32,93	0,9956	0,03036	30,00	610,4	580,4	0,1042	2,0187
35	0,0573	1,0061	25,25	0,9939	0,03960	34,99	612,5	577,5	0,1205	1,9947
40	0,0752	1,0079	19,55	0,9922	0,05114	39,98	614,7	574,7	0,1366	1,9718
45	0,0977	1,0099	15,28	0,9902	0,06544	44,96	616,8	571,8	0,1524	1,9498
50	0,1258	1,0121	12,05	0,9881	0,08298	49,95	619,0	569,0	0,1679	1,9287
55	0,1605	1,0145	9,584	0,9857	0,1043	54,94	621,0	566,1	0,1833	1,9085
60	0,2031	1,0171	7,682	0,9832	0,1302	59,94	623,2	563,3	0,1984	1,8891
65	0,2550	0,0199	6,206	0,9806	0,1611	64,94	625,2	560,3	0,2133	1,8702
70	0,3177	1,0288	5,049	0,9720	0,1981	69,93	627,3	557,4	0,2280	1,8522
75	0,3931	1,0258	4,136	0,9749	0,2418	74,94	629,3	554,4	0,2425	1,8349
80	0,4829	1,0290	3,410	0,9718	0,2933	79,95	631,3	551,3	0,2567	1,8178
85	0,5894	1,0323	2,830	0,9687	0,3534	84,96	633,2	548,2	0,2708	1,8015
90	0,7149	1,0359	2,361	0,9654	0,4235	89,98	635,1	545,1	0,2848	1,7858
95	0,8619	1,0396	1,981	0,9619	0,5045	95,01	637,0	542,0	0,2985	1,7708
100	1,0332	1,0435	1,673	0,9583	0,5977	100,04	638,9	538,9	0,3121	1,7561
105	1,2318	1,0474	1,419	0,9548	0,7045	105,08	640,7	535,6	0,3255	1,7419
110	1,4609	1,0515	1,210	0,9510	0,8265	110,12	642,5	532,4	0,3387	1,7282
115	1,7239	1,0558	1,036	0,9472	0,9650	115,18	644,3	529,1	0,3519	1,7150
120	2,0245	1,0603	0,8914	0,9431	1,122	120,3	646,0	525,7	0,3647	1,7018
125	2,367	1,0650	0,7701	0,9390	1,299	125,3	647,7	522,4	0,3775	1,6895
130	2,754	1,0697	0,6680	0,9349	1,496	130,4	649,3	518,9	0,3901	1,6772
135	3,192	1,0746	0,5817	0,9307	1,719	135,5	650,8	515,3	0,4026	1,6652
140	3,685	1,0798	0,5084	0,9261	1,967	140,6	652,5	511,9	0,4150	1,6539
145	4,237	1,0850	0,4459	0,9217	2,243	145,8	654,0	508,2	0,4272	1,6428
150	4,854	1,0906	0,3924	0,9169	2,548	150,9	655,5	504,6	0,4395	1,6320
155	5,540	1,0963	0,3464	0,9122	2,887	156,1	656,9	500,8	0,4516	1,6214
160	6,302	1,1021	0,3068	0,9074	3,260	161,3	658,3	497,0	0,4637	1,6112
165	7,146	1,1082	0,2724	0,9024	3,671	166,5	659,6	493,1	0,4756	1,6012
170	8,076	1,1144	0,2426	0,8974	4,122	171,7	660,9	489,2	0,4874	1,5914
175	9,101	1,1210	0,2166	0,8921	4,617	176,9	662,1	485,2	0,4991	1,5818
180	10,225	1,1275	0,1939	0,8869	5,157	182,2	663,2	481,0	0,5107	1,5721
185	11,456	1,1345	0,1739	0,8815	5,749	187,5	664,3	476,8	0,5222	1,5629
190	12,800	1,1415	0,1564	0,8761	6,392	192,8	665,3	472,5	0,5336	1,5538
195	14,265	1,1490	0,1410	0,8703	7,094	198,1	666,2	468,1	0,5449	1,5448
200	15,857	1,1565	0,1273	0,8647	7,857	203,5	667,0	463,5	0,5562	1,5358
205	17,585	1,1645	0,1151	0,8587	8,687	208,9	667,7	458,8	0,5675	1,5270
210	19,456	1,1726	0,1043	0,8528	9,585	214,3	668,3	454,0	0,5788	1,5184
215	21,477	1,1812	0,09472	0,8466	10,56	219,8	668,8	449,0	0,5899	1,5099
220	23,659	1,1900	0,08614	0,8403	11,61	225,3	669,2	443,9	0,6010	1,5012

† Nach We. Koch: VDI-Wasserdampftafeln. München u. Berlin 1937. (Die Berechnung dieser Tafeln erfolgte im technisch wichtigen Bereich mit Hilfe der angegebenen Zustandsgleichung, die die Zustandsgrößen des Wasserdampfes innerhalb der Toleranzen der internationalen „Rahmentafeln“ wiedergibt und sämtliche deutschen, englischen, tschechischen und amerikanischen Präzisionsmessungen berücksichtigt.) Dampfdruck siehe auch 331121 a.

36231 (Fortsetzung).

ϑ °C	p at	v' $l \cdot kg^{-1}$	v'' $m^3 \cdot kg^{-1}$	ϱ' $kg \cdot l^{-1}$	ϱ'' $kg \cdot m^{-3}$	i' $kcal \cdot kg^{-1}$	i'' $kcal \cdot kg^{-1}$	r=i''—i' $kcal \cdot kg^{-1}$	s' $kcal \cdot kg^{-1} \cdot grad^{-1}$	s'' $kcal \cdot kg^{-1} \cdot grad^{-1}$
225	26,01	1,1991	0,07845	0,8340	12,75	230,8	669,5	438,7	0,6120	1,4926
230	28,53	1,2088	0,07153	0,8273	13,98	236,4	669,7	433,3	0,6229	1,4840
235	31,24	1,2186	0,06530	0,8206	15,31	242,1	669,7	427,6	0,6339	1,4755
240	34,14	1,2291	0,05970	0,8136	16,75	247,7	669,6	421,9	0,6448	1,4669
245	37,24	1,2400	0,05465	0,8065	18,30	253,5	669,4	415,9	0,6558	1,4584
250	40,56	1,2512	0,05006	0,7992	19,98	259,2	669,0	409,8	0,6667	1,4499
255	44,10	1,2629	0,04591	0,7918	21,78	265,0	668,4	403,4	0,6776	1,4413
260	47,87	1,2755	0,04213	0,7840	23,74	271,0	667,8	396,8	0,6886	1,4327
265	51,88	1,2888	0,03870	0,7759	25,84	277,0	666,9	389,9	0,6994	1,4240
270	56,14	1,3023	0,03557	0,7679	28,11	283,0	665,9	382,9	0,7103	1,4153
275	60,66	1,3169	0,03272	0,7594	30,57	289,2	664,8	375,6	0,7212	1,4066
280	65,46	1,3321	0,03010	0,7507	33,22	295,3	663,5	368,2	0,7321	1,3978
285	70,54	1,3484	0,02771	0,7416	36,09	301,6	661,9	360,3	0,7431	1,3888
290	75,92	1,3655	0,02552	0,7323	39,18	308,0	660,2	352,2	0,7542	1,3797
295	81,60	1,3837	0,02350	0,7227	42,56	314,4	658,3	343,9	0,7653	1,3706
300	87,61	1,4036	0,02163	0,7125	46,24	321,0	656,1	335,1	0,7767	1,3613
305	93,95	1,425	0,01991	0,7018	50,22	327,7	653,6	325,9	0,7880	1,3516
310	100,64	1,448	0,01830	0,6906	54,64	334,6	650,8	316,2	0,7994	1,3415
315	107,69	1,472	0,01682	0,6794	59,46	341,7	647,8	306,1	0,8110	1,3312
320	115,13	1,499	0,01544	0,6671	64,79	349,0	644,2	295,2	0,8229	1,3206
325	122,95	1,529	0,01415	0,6540	70,68	356,5	640,4	283,9	0,8351	1,3097
330	131,18	1,562	0,01295	0,6402	77,20	364,2	636,0	271,8	0,8476	1,2982
335	139,85	1,598	0,01183	0,6258	84,55	372,3	631,1	258,8	0,8604	1,2860
340	148,96	1,641	0,01076	0,6094	92,90	380,7	625,6	244,9	0,8734	1,2728
345	158,54	1,692	0,00976	0,5910	102,4	389,6	619,3	229,7	0,8871	1,2586
350	168,63	1,747	0,00880	0,5724	113,6	398,9	611,9	213,0	0,9015	1,2433
355	179,24	1,814	0,00788	0,5513	127,0	409,5	603,2	193,7	0,9173	1,2263
360	190,42	1,907	0,00696	0,5244	143,6	420,9	592,8	171,9	0,9353	1,2072
365	202,21	2,03	0,00606	0,493	165,0	434,2	579,6	145,4	0,9553	1,1833
370	214,68	2,23	0,00500	0,448	200,0	452,3	559,3	107,0	0,9842	1,1506
371	217,3	2,30	0,00476	0,435	210	457	554	96,6	0,9917	1,1417
372	219,9	2,38	0,00450	0,420	222	463	547	84,2	1,0007	1,1312
373	222,5	2,50	0,00418	0,400	239	471	539	67,9	1,0125	1,1176
374	225,2	2,79	0,00365	0,358	274	488	523	35,3	1,0386	1,0931
374,2 (kr)	225,5	3,066	0,003066	0,3262	326,2	—	—	0	—	—

Thermische Zustandsgleichung des überhitzten und trocken gesättigten Dampfes gültig bei 300° bis zum Sättigungsdruck, bei 400° bis 150 at, bei 500° bis 250 at):

$$v = \frac{47{,}06 \cdot T}{p} - \frac{0{,}9172}{\left(\frac{T}{100}\right)^{2{,}82}} - p^2 \cdot \left(\frac{1{,}3088 \cdot 10^{-4}}{\left(\frac{T}{100}\right)^{14}} + \frac{4{,}379 \cdot 10^{7}}{\left(\frac{T}{100}\right)^{31{,}6}} \right) \qquad (T = t + 273{,}16).$$

36232 Kältemittel.

362321 Schwefeldioxyd SO_2†.

ϑ °C	p at	v′ $l \cdot kg^{-1}$	v″ $m^3 \cdot kg^{-1}$	ϱ' $kg \cdot l^{-1}$	ϱ'' $kg \cdot m^{-3}$	i′ kcal · kg^{-1}	i″ kcal · kg^{-1}	r = i″—i′ kcal · kg^{-1}	s′ kcal · kg^{-1} · $grad^{-1}$	s″ kcal · kg^{-1} · $grad^{-1}$
− 50	0,118	0,642	2,491	1,557	0,401	83,7	184,9	101,2	0,9341	1,3877
− 45	0,163	0,647	1,844	1,545	0,542	85,3	185,5	100,2	0,9412	1,3808
− 40	0,220	0,652	1,387	1,534	0,721	87,0	186,2	99,2	0,9485	1,3740
− 35	0,294	0,658	1,059	1,520	0,944	88,6	186,8	98,2	0,9556	1,3680
− 30	0,388	0,663	0,818	1,508	1,223	90,3	187,5	97,2	0,9624	1,3621
− 25	0,504	0,668	0,641	1,497	1,560	91,9	188,1	96,2	0,9691	1,3567
− 20	0,648	0,674	0,507	1,484	1,972	93,5	188,7	95,2	0,9755	1,3514
− 15	0,823	0,680	0,406	1,470	2,46	95,2	189,3	94,1	0,9819	1,3466
− 10	1,034	0,686	0,328	1,458	3,05	96,8	189,9	93,1	0,9879	1,3418
− 5	1,286	0,692	0,268	1,445	3,73	98,4	190,5	92,1	0,9942	1,3575
0	1,585	0,697	0,2200	1,435	4,55	100,0	191,0	91,0	1,0000	1,3332
+ 5	1,936	0,704	0,1824	1,420	5,48	101,6	191,6	90,0	1,0060	1,3293
+ 10	2,347	0,710	0,1523	1,408	6,57	103,2	192,1	88,9	1,0115	1,3253
+ 15	2,823	0,716	0,1280	1,397	7,81	104,8	192,6	87,8	1,0173	1,3218
+ 20	3,370	0,723	0,1084	1,383	9,23	106,4	193,1	86,7	1,0227	1,3183
+ 25	3,997	0,730	0,0923	1,370	10,84	108,0	193,5	85,5	1,0282	1,3150
+ 30	4,710	0,738	0,0790	1,355	12,66	109,6	194,0	84,4	1,0333	1,3117
+ 35	5,518	0,745	0,0680	1,342	14,71	111,3	194,5	83,2	1,0386	1,3087
+ 40	6,427	0,754	0,0588	1,326	17,01	112,8	194,9	82,1	1,0434	1,3057
+ 45	7,447	0,763	0,0511	1,311	19,57	114,4	195,3	80,9	1,0486	1,3029
+ 50	8,583	0,772	0,0446	1,295	22,4	116,0	195,7	79,7	1,0534	1,3001
+ 157,3 (kr)	80,4	1,640	0,00164	0,524	524	—	—	0	—	—

Thermische Zustandsgleichung des Dampfes (in Sättigungsnähe von −50...+50° C)

$$v = \frac{13{,}236\,T}{p} - \frac{0{,}1235}{\left(\frac{T}{100}\right)^{2,7}} \qquad (T = \vartheta + 273{,}16).$$

Spezifische Wärmen:

Dampf (p = 0): $c_{p_0} = 0{,}1453 + 0{,}00014135\,\vartheta - 705 \cdot 10^{-10}\,\vartheta^2$
(im gesamten Temperaturbereich obiger Tafel).

Flüssigkeit (Sättigungszustand):

$c' = 0{,}325$ (unabhängig von T) (zwischen −40 und 0° C).

† Nach A. Seger u. H. Cramer: Z. ges. Kälteind. **46**, 183 (1939).

362322 Ammoniak NH_3†.

ϑ °C	p at	v' $l \cdot kg^{-1}$	v'' $m^3 \cdot kg^{-1}$	ϱ' $kg \cdot l^{-1}$	ϱ'' $kg \cdot m^{-3}$	i' $kcal \cdot kg^{-1}$	i'' $kcal \cdot kg^{-1}$	$r = i''-i'$ $kcal \cdot kg^{-1}$	s' $kcal \cdot kg^{-1} \cdot grad^{-1}$	s'' $kcal \cdot kg^{-1} \cdot grad^{-1}$
− 75	0,0763	1,368	12,85	0,731	0,0778	20,9	373,5	352,6	0,6633	2,4431
− 70	0,1114	1,379	9,01	0,725	0,1110	25,9	375,7	349,8	0,6878	2,4101
− 65	0,1592	1,390	6,45	0,719	0,1550	31,0	377,9	346,9	0,7123	2,3794
− 60	0,2233	1,401	4,70	0,714	0,213	36,1	380,0	343,9	0,7366	2,3504
− 55	0,3075	1,413	3,48	0,708	0,287	41,2	382,1	340,9	0,7601	2,3233
− 50	0,417	1,425	2,62	0,702	0,381	46,2	384,1	337,9	0,7832	2,2978
− 45	0,556	1,437	2,003	0,696	0,500	51,5	386,1	334,6	0,8065	2,2738
− 40	0,732	1,449	1,550	0,690	0,645	56,8	388,1	331,3	0,8295	2,2510
− 35	0,950	1,462	1,215	0,684	0,823	62,1	390,0	327,9	0,8520	2,2294
− 30	1,219	1,476	0,963	0,678	1,038	67,4	391,9	324,5	0,8742	2,2090
− 25	1,546	1,490	0,771	0,671	1,297	72,7	393,7	321,0	0,8960	2,1896
− 20	1,940	1,504	0,624	0,665	1,604	78,2	395,5	317,3	0,9174	2,1710
− 15	2,410	1,519	0,509	0,659	1,97	83,6	397,1	313,5	0,9385	2,1532
− 10	2,966	1,534	0,418	0,652	2,39	89,0	398,7	309,7	0,9593	2,1362
− 5	3,619	1,550	0,347	0,645	2,88	94,5	400,1	305,6	0,9798	2,1199
0	4,379	1,566	0,290	0,639	3,45	100,0	401,5	301,5	1,0000	2,1041
+ 5	5,259	1,583	0,244	0,632	4,11	105,5	402,8	297,3	1,0200	2,0889
+ 10	6,271	1,601	0,206	0,625	4,86	111,1	403,9	292,8	1,0397	2,0741
+ 15	7,427	1,619	0,175	0,618	5,72	116,7	405,0	288,3	1,0592	2,0598
+ 20	8,741	1,639	0,1494	0,610	6,69	122,4	405,9	283,5	1,0785	2,0459
+ 25	10,225	1,659	0,1283	0,603	7,80	128,1	406,8	278,7	1,0976	2,0324
+ 30	11,895	1,680	0,1107	0,595	9,03	133,8	407,4	273,6	1,1165	2,0191
+ 35	13,765	1,702	0,0959	0,588	10,43	139,7	408,0	268,3	1,1352	2,0061
+ 40	15,850	1,726	0,0833	0,580	12,00	145,5	408,4	262,9	1,1538	1,9933
+ 45	18,165	1,750	0,0726	0,571	13,77	151,4	408,6	257,2	1,1722	1,9807
+ 50	20,727	1,777	0,0635	0,563	15,76	157,4	408,7	251,3	1,1904	1,9681
+ 132,4 (kr)	119,0	4,25	0,00425	0,235	235	—	—	0	—	—

Thermische Zustandsgleichung des überhitzten und trocken gesättigten Dampfes:

a) Im gesamten kältetechnischen Bereich:

$$v = \frac{RT}{P} - \frac{A}{\left(\frac{T}{100}\right)^3} - \frac{B + CP}{\left(\frac{T}{100}\right)^{11}} - \frac{D \cdot P^5}{\left(\frac{T}{100}\right)^{19}} - E + T \cdot f(P) \qquad (T = \vartheta + 273{,}1);$$

$$R = 49{,}788, \quad A = 0{,}340645, \quad B = 36{,}934,$$
$$C = 31{,}765 \cdot 10^{-4}, \quad D = 0{,}60435 \cdot 10^{-20}, \quad E = 0{,}002600,$$
$$f(P) = (5955{,}66 - 511{,}455 \cdot 10^{-4}\, P + 23{,}033 \cdot 10^{-8}\, P^2 - 0{,}32075 \cdot 10^{-12}\, P^3)\, 10^{-9}.$$

b) In Sättigungsnähe von −76...0° C (sowie im entsprechenden Überhitzungsgebiet:

$$v = \frac{49{,}789\, T}{P} - 0{,}003 - \frac{0{,}34}{\left(\frac{T}{100}\right)^3} - \frac{60}{\left(\frac{T}{100}\right)^{11}}.$$

Spezifische Wärme der Flüssigkeit (Sättigungszustand) (von +45...−70° C):

$$c' = 0{,}7491 - 0{,}000136\,\vartheta + \frac{4{,}0225}{\sqrt{133 - \vartheta}}.$$

† Nach J. Kuprianoff: Z. ges. Kälteind. **37**, 1 (1930). (Erweiterung der nach Messungen des Bureau of Standards, Washington, aufgestellten Tafeln bis −76° C.)

362323 Kohlendioxyd CO_2†.

ϑ °C	p at	v' $l \cdot kg^{-1}$	v'' $m^3 \cdot kg^{-1}$	ϱ' $kg \cdot l^{-1}$	ϱ'' $kg \cdot m^{-3}$	i' kcal · kg^{-1}	i'' kcal · kg^{-1}	r = i''−i' kcal · kg^{-1}	s' kcal · kg^{-1} · $grad^{-1}$	s'' kcal · kg^{-1} · $grad^{-1}$
					fest-dampfförmig					
− 100	0,142	0,627	2,336	1,595	0,428	10,9	150,7	139,8	0,5996	1,4070
− 95	0,236	0,629	1,442	1,589	0,693	12,2	151,4	139,2	0,6074	1,3889
− 90	0,379	0,632	0,920	1,582	1,087	13,6	152,2	138,6	0,6150	1,3718
− 85	0,596	0,635	0,598	1,575	1,672	15,0	152,9	137,9	0,6224	1,3554
− 80	0,914	0,639	0,398	1,566	2,51	16,4	153,5	137,1	0,6299	1,3398
− 75	1,37	0,643	0,269	1,557	3,71	17,9	154,1	136,1	0,6376	1,3248
− 70	2,02	0,647	0,1854	1,546	5,39	19,6	154,5	134,9	0,6459	1,3103
− 65	2,93	0,652	0,1293	1,535	7,74	21,5	154,9	133,4	0,6551	1,2960
− 60	4,18	0,657	0,0912	1,522	10,97	23,7	155,1	131,4	0,6655	1,2819
− 56,6	5,28	0,661	0,0722	1,512	13,84	25,2	155,1	129,9	0,6725	1,2724
					flüssig-dampfförmig					
− 56,6	5,28	0,849	0,0722	1,178	13,85	72,0	155,1	83,1	0,8885	1,2724
− 55	5,66	0,853	0,0676	1,172	14,79	72,7	155,2	82,5	0,8917	1,2700
− 50	6,97	0,867	0,0554	1,154	18,05	75,0	155,6	80,6	0,9020	1,2631
− 45	8,49	0,881	0,0458	1,135	21,8	77,3	155,9	78,6	0,9120	1,2565
− 40	10,25	0,897	0,0382	1,115	26,2	79,6	156,2	76,6	0,9218	1,2503
− 35	12,26	0,913	0,0320	1,095	31,2	81,9	156,4	74,5	0,9314	1,2443
− 30	14,55	0,931	0,0270	1,074	37,0	84,2	156,6	72,4	0,9408	1,2385
− 25	17,14	0,950	0,0229	1,053	43,8	86,5	156,7	70,1	0,9501	1,2328
− 20	20,06	0,971	0,0195	1,030	51,4	88,9	156,7	67,8	0,9594	1,2272
− 15	23,34	0,994	0,0166	1,006	60,2	91,4	156,7	65,3	0,9690	1,2218
− 10	26,99	1,019	0,01419	0,981	70,5	94,1	156,6	62,5	0,9787	1,2163
− 5	31,05	1,048	0,01214	0,954	82,4	96,9	156,4	59,5	0,9890	1,2109
0	35,54	1,081	0,01038	0,925	96,3	100,0	156,1	56,1	1,0000	1,2055
+ 5	40,50	1,120	0,00885	0,893	113,0	103,1	155,5	52,4	1,0103	1,1985
+ 10	45,95	1,166	0,00752	0,858	133,0	106,5	154,6	48,1	1,0218	1,1917
+ 15	51,93	1,223	0,00632	0,818	158,0	110,1	153,2	43,1	1,0340	1,1835
+ 20	58,46	1,298	0,00526	0,771	190,2	114,0	151,1	37,1	1,0468	1,1734
+ 25	65,59	1,417	0,00417	0,706	240	118,8	147,3	28,5	1,0628	1,1585
+ 30	73,34	1,677	0,00299	0,596	334	125,9	141,0	15,1	1,0854	1,1351
+ 31 (kr)	74,96	2,156	0,002156	0,464	464	133,5	133,5	0	1,1098	1,1098

Thermische Zustandsgleichung des trocken gesättigten und überhitzten Dampfes (gültig bis 35 at):

$$v = \frac{19{,}273\,T}{P} - \frac{0{,}0825 + 1{,}225 \cdot 10^{-7} \cdot P}{\left(\frac{T}{100}\right)^{10/3}} \qquad (T = \vartheta + 273{,}1).$$

Spezifische Wärme des Dampfes (p = 0) (−100... +150° C):

$$c_{p_0} = 0{,}1965 + 0{,}00023\,\vartheta.$$

† Nach R. Plank u. J. Kuprianoff: Z. ges. Kälteind. **36**, 41 (1929).

362324 Äthan C_2H_6†.

ϑ °C	p at	v' $l \cdot kg^{-1}$	v'' $m^3 \cdot kg^{-1}$	ϱ' $kg \cdot l^{-1}$	ϱ'' $kg \cdot m^{-3}$	i' $kcal \cdot kg^{-1}$	i'' $kcal \cdot kg^{-1}$	r = i''—i' $kcal \cdot kg^{-1}$	s' $kcal \cdot kg^{-1} \cdot grad^{-1}$	s'' $kcal \cdot kg^{-1} \cdot grad^{-1}$
− 100	0,535	1,789	0,889	0,559	1,125	35,5	155,1	119,6	0,7145	1,4049
− 95	0,723	1,808	0,673	0,553	1,486	38,4	156,4	118,0	0,7310	1,3932
− 90	0,960	1,825	0,518	0,548	1,932	41,4	157,7	116,3	0,7472	1,3823
− 85	1,251	1,844	0,405	0,542	2,47	44,3	159,0	114,7	0,7632	1,3724
− 80	1,606	1,863	0,321	0,537	3,12	47,2	160,2	112,9	0,7785	1,3632
− 75	2,037	1,884	0,257	0,531	3,89	50,2	161,4	111,2	0,7934	1,3545
− 70	2,549	1,905	0,208	0,525	4,80	53,2	162,6	109,4	0,8081	1,3466
− 65	3,154	1,927	0,171	0,519	5,86	56,1	163,7	107,6	0,8223	1,3390
− 60	3,861	1,951	0,1409	0,513	7,10	59,1	164,8	105,7	0,8364	1,3320
− 55	4,682	1,976	0,1173	0,506	8,53	62,1	165,8	103,7	0,8500	1,3253
− 50	5,626	2,003	0,0983	0,499	10,17	65,1	166,8	101,7	0,8634	1,3190
− 45	6,704	2,032	0,0830	0,492	12,05	68,2	167,7	99,5	0,8767	1,3130
− 40	7,929	2,062	0,0705	0,485	14,19	71,3	168,5	97,2	0,8901	1,3072
− 35	9,309	2,093	0,0601	0,478	16,63	74,5	169,3	94,8	0,9037	1,3016
− 30	10,86	2,128	0,0515	0,470	19,41	77,9	170,0	92,1	0,9173	1,2962
− 25	12,58	2,167	0,0444	0,462	22,5	81,3	170,7	89,4	0,9313	1,2914
− 20	14,51	2,209	0,0383	0,453	26,1	84,9	171,2	86,3	0,9446	1,2857
− 15	16,63	2,255	0,0332	0,444	30,2	88,6	171,7	83,1	0,9586	1,2805
− 10	18,96	2,305	0,0288	0,434	34,7	92,3	172,1	79,8	0,9723	1,2755
− 5	21,52	2,364	0,0250	0,423	40,0	96,1	172,3	76,2	0,9861	1,2704
0	24,32	2,429	0,0218	0,412	46,0	100,0	172,4	72,4	1,0000	1,2652
+ 5	27,39	2,503	0,0188	0,400	53,2	104,1	172,2	68,1	1,0142	1,2590
+ 10	30,75	2,587	0,0161	0,387	62,0	108,5	171,6	63,1	1,0290	1,2519
+ 15	34,43	2,706	0,0137	0,370	73,2	113,1	170,2	57,1	1,0445	1,2426
+ 20	38,49	2,856	0,01143	0,350	87,5	118,2	168,4	50,2	1,0610	1,2323
+ 25	42,98	3,07	0,00937	0,326	106,7	123,8	165,6	41,8	1,0791	1,2193
+ 30	48,0	3,49	0,00706	0,286	142	132,1	159,1	27,0	1,1052	1,1943
+ 31	49,1	3,69	0,00643	0,271	156	135,0	156,4	21,4	1,1145	1,1848
+ 32,1 (kr)	50,3	4,70	0,00470	0,213	213	145,8	145,8	0	1,1494	1,1494

Thermische Zustandsgleichung des Dampfes (gültig in Sättigungsnähe von $-100 \ldots +5^0$ C, im überhitzten Gebiet bei 25^0 C bis 35 at, bei 100^0 C bis 50 at, bei 150^0 C bis 60 at):

$$v = \frac{RT}{P} - \frac{0{,}0890}{\left(\frac{T}{100}\right)^{2{,}4}} + \frac{0{,}0279 \cdot 10^{-8}\, P^2}{\left(\frac{T}{100}\right)^{9}}.$$

Spezifische Wärmen:

Dampf (p = 0): $c_{p_0} = 0{,}39525 + 8{,}292 \cdot 10^{-4}\,\vartheta + 39{,}93 \cdot 10^{-8}\,\vartheta^2$
(gültig von $-100 \ldots +150^0$ C).

Flüssigkeit (Sättigungszustand):

ϑ °C	−100	−80	−60	−40	−20	0	+20
c' $\frac{kcal}{kg \cdot grad}$	$0{,}57_4$	$0{,}58_8$	$0{,}60_5$	$0{,}64_2$	$0{,}69_2$	$0{,}78_0$	1,02

† Nach R. Plank u. J. Kambeitz: Z. ges. Kälteind. **43**, 209, 233 (1936).

362325 Methylchlorid CH_3Cl.

ϑ °C	p at	v' $l \cdot kg^{-1}$	v'' $m^3 \cdot kg^{-1}$	ϱ' $kg \cdot l^{-1}$	ϱ'' $kg \cdot m^{-3}$	i' $kcal \cdot kg^{-1}$	i'' $kcal \cdot kg^{-1}$	r = i''−i' $kcal \cdot kg^{-1}$	s' $kcal \cdot kg^{-1} \cdot grad^{-1}$	s'' $kcal \cdot kg^{-1} \cdot grad^{-1}$
− 60	0,159	0,936	2,26	1,068	0,442	78,5	188,5	110,0	0,9110	1,4271
− 55	0,216	0,944	1,715	1,059	0,583	80,2	189,2	109,0	0,9191	1,4189
− 50	0,286	0,953	1,297	1,050	0,771	81,9	189,9	108,0	0,9270	1,4111
− 45	0,375	0,961	1,008	1,041	0,992	83,7	190,7	107,0	0,9349	1,4037
− 40	0,484	0,970	0,794	1,031	1,259	85,4	191,4	106,0	0,9425	1,3969
− 35	0,619	0,978	0,632	1,023	1,583	87,2	192,1	104,9	0,9500	1,3904
− 30	0,783	0,986	0,508	1,014	1,97	89,0	192,8	103,8	0,9575	1,3843
− 25	0,979	0,995	0,412	1,005	2,43	90,8	193,5	102,7	0,9648	1,3786
− 20	1,212	1,003	0,338	0,997	2,96	92,6	194,2	101,6	0,9720	1,3732
− 15	1,487	1,013	0,279	0,988	3,58	94,5	194,9	100,4	0,9792	1,3682
− 10	1,808	1,022	0,233	0,979	4,30	96,3	195,5	99,2	0,9862	1,3633
− 5	2,180	1,032	0,195	0,970	5,13	98,1	196,1	98,0	0,9931	1,3586
0	2,609	1,042	0,1648	0,960	6,07	100,0	196,8	96,8	1,0000	1,3542
+ 5	3,099	1,053	0,1402	0,950	7,13	101,9	197,3	95,4	1,0068	1,3499
+ 10	3,655	1,064	0,1198	0,940	8,34	103,8	197,9	94,1	1,0135	1,3459
+ 15	4,284	1,075	0,1031	0,930	9,70	105,6	198,4	92,8	1,0201	1,3420
+ 20	4,993	1,086	0,0891	0,921	11,22	107,5	198,9	91,4	1,0267	1,3383
+ 25	5,783	1,098	0,0774	0,911	12,93	109,5	199,4	89,9	1,0331	1,3347
+ 30	6,658	1,110	0,0675	0,901	14,82	111,4	199,8	88,4	1,0395	1,3312
+ 35	7,625	1,123	0,0591	0,891	16,92	113,3	200,2	86,9	1,0459	1,3278
+ 40	8,690	1,135	0,0520	0,881	19,2	115,2	200,6	85,4	1,0521	1,3247
+ 45	9,86	1,149	0,0460	0,870	21,8	117,2	201,0	83,8	1,0583	1,3215
+ 50	11,14	1,164	0,0408	0,859	24,5	119,2	201,3	82,1	1,0645	1,3187
+ 143,0 (kr)	68,1	2,7	0,0027	0,37	370	—	—	0	—	—

Thermische Zustandsgleichung mit 16 Konstanten (gültig im gesamten Bereich obiger Tafel in der Arbeit von Tanner, Benning und Mathewson[1]).

Spezifische Wärmen:

Dampf (p = 0): $c_{p_0} = 0{,}185_0 + 0{,}000340\,\vartheta\ (-50\ldots+200^0\ C)$.

Flüssigkeit (Sättigungszustand) (von $-30\ldots+30^0$ C):

$$c' = 0{,}249_5 + 0{,}04499 \cdot 10^{-2}\ T \qquad (T = \vartheta + 273{,}1).$$

[1] Nach einer neuen amerikanischen Dampftafel von H. G. Tanner, A. F. Benning und W. F. Mathewson [Industr. Engng. Chem. 31, 878 (1939)] von der I.G. Farbenindustrie AG., Ludwigshafen, in metrische Einheiten umgerechnet.

362326 Methylenchlorid CH_2Cl_2†.

ϑ °C	p at	v″ m³·kg⁻¹	ϱ″ kg·m⁻³	i′ kcal·kg⁻¹	i″ kcal·kg⁻¹	r=i″−i′ kcal·kg⁻¹	s′ kcal·kg⁻¹·grad⁻¹	s″ kcal·kg⁻¹·grad⁻¹
− 30	0,0355	6,81	0,1469	91,9	179,4	87,5	0,9687	1,3286
− 25	0,0485	5,08	0,1969	93,3	180,3	87,0	0,9742	1,3251
− 20	0,0653	3,85	0,260	94,6	181,2	86,6	0,9795	1,3217
− 15	0,0867	2,95	0,339	95,9	182,0	86,1	0,9848	1,3184
− 10	0,114	2,28	0,439	97,3	182,9	85,6	0,9900	1,3153
− 5	0,148	1,79	0,559	98,7	183,7	85,0	0,9951	1,3123
0	0,190	1,416	0,706	100,0	184,5	84,5	1,0000	1,3094
+ 5	0,241	1,131	0,884	101,3	185,2	83,9	1,0049	1,3066
+ 10	0,304	0,912	1,096	102,7	186,0	83,3	1,0096	1,3039
+ 15	0,380	0,741	1,349	104,0	186,6	82,6	1,0144	1,3012
+ 20	0,470	0,608	1,645	105,4	187,3	81,9	1,0190	1,2987
+ 25	0,577	0,502	1,99	106,7	187,9	81,2	1,0236	1,2961
+ 30	0,703	0,417	2,40	108,1	188,6	80,5	1,0280	1,2937
+ 35	0,850	0,349	2,86	109,4	189,1	79,7	1,0324	1,2913
+ 40	1,020	0,295	3,39	110,8	189,7	78,9	1,0368	1,2889
+ 239 (kr)	64,8	—	—	—	—	0	—	—

Bei +20° C: $v' = 0{,}749$ l/kg, $\gamma' = 1{,}335$ kg/l.

Spezifische Wärme der Flüssigkeit (Sättigungszustand) (von −50...+50° C):

$$c' = 0{,}276 + 0{,}012 \cdot 10^{-2}\,\vartheta + 0{,}03 \cdot 10^{-4}\,\vartheta^2.$$

362327 Trifluormonochlormethan (Freon-13) CF_3Cl††.

ϑ °C	p at	v′ l·kg⁻¹	v″ m³·kg⁻¹	ϱ′ kg·l⁻¹	ϱ″ kg·m⁻³	r kcal·kg⁻¹
− 140	0,0087	0,576	12,380	1,760	0,0808	41,4
− 130	0,0271	0,587	4,270	1,704	0,258	40,6
− 120	0,0714	0,599	1,733	1,699	0,577	39,8
− 110	0,1643	0,612	0,798	1,634	1,253	38,8
− 100	0,339	0,626	0,407	1,596	2,45	37,8
− 90	0,640	0,642	0,226	1,558	4,43	36,8
− 80	1,120	0,658	0,1342	1,519	7,45	35,6
− 70	1,841	0,675	0,0844	1,480	11,85	34,4
− 60	2,873	0,695	0,0555	1,438	18,0	33,1
− 50	4,287	0,717	0,0379	1,394	26,4	31,7
− 40	6,16	0,741	0,02645	1,348	37,8	30,0
− 30	8,59	0,769	0,01890	1,300	53,0	28,2
− 20	11,66	0,802	0,01374	1,246	72,7	26,2
− 10	15,45	0,842	0,01010	1,187	99	23,9
0	20,09	0,894	0,00749	1,118	146	21,5
+ 10	25,70	0,962	0,00547	1,040	182	18,4
+ 20	32,41	1,079	0,00383	0,927	261	13,8
+ 25	36,24	1,193	0,00302	0,838	335	10,2
+ 28,8 (kr)	39,36	1,721	0,00172	0,581	581	0

† Nach Angaben der Firma Brown, Boveri & Co., Baden (Schweiz), vgl. VDI-Kältemaschinenregeln 1940 (vorläufige Dampftafel). — Andere thermische und kalorische Daten bei Churchill: Refr. Engng. **26**, 85 (1933).

†† Nach L. Riedel: Z. ges. Kälteind. **48**, 9, Nr 1 (1941).

Thermische Zustandsgleichung des Dampfes im überhitzten Gebiet:

a) Gültig bis etwa 4 at:

$$v = \frac{8{,}116 \cdot T}{P} - \frac{0{,}0231}{\left(\frac{T}{100}\right)^{2{,}1}} \qquad (T = \vartheta + 273{,}16).$$

b) An der Sättigungsgrenze (bis kritischen Punkt) gültig:

$$P = \frac{8{,}116 \cdot T}{\mathfrak{v}} - \frac{0{,}01}{\left(\frac{T}{100}\right)^{0{,}75} \cdot \mathfrak{v}^2} \times$$

$$\times \left[1399 - \frac{1{,}744}{\mathfrak{v}} + \frac{1{,}086 \cdot 10^{-3}}{\mathfrak{v}^2} - \frac{0{,}271 \cdot 10^{-6}}{\mathfrak{v}^3} + \frac{(\mathfrak{v} - \mathfrak{v}_k)^3}{0{,}01 \cdot (\mathfrak{v} - \mathfrak{v}_k)^3 + 3{,}5 \cdot 10^{-9}}\right],$$

wobei $\mathfrak{v} = v - 0{,}000475 \left[\frac{m^3}{kg}\right]$, $\mathfrak{v}_k = 0{,}001246 \left[\frac{m^3}{kg}\right]$.

362328 Difluordichlormethan (Frigen, Freon-12) CF_2Cl_2†.

ϑ °C	p at	v′ $l \cdot kg^{-1}$	v″ $m^3 \cdot kg^{-1}$	ϱ′ $kg \cdot l^{-1}$	ϱ″ $kg \cdot m^{-3}$	i′ kcal · kg^{-1}	i″ kcal · kg^{-1}	r = i″—i′ kcal · kg^{-1}	s′ kcal · kg^{-1} · $grad^{-1}$	s″ kcal · kg^{-1} · $grad^{-1}$
− 80	0,0635	0,6150	2,124	1,626	0,471	83,4	127,6	44,2	0,9286	1,1574
− 75	0,0902	0,6202	1,531	1,612	0,653	84,4	128,2	43,8	0,9337	1,1547
− 70	0,125	0,6255	1,125	1,598	0,888	85,4	128,8	43,4	0,9387	1,1522
− 65	0,172	0,6309	0,841	1,585	1,188	86,4	129,4	43,0	0,9436	1,1500
− 60	0,231	0,6364	0,639	1,571	1,564	87,5	130,0	42,5	0,9484	1,1480
− 55	0,306	0,6421	0,493	1,557	2,028	88,5	130,6	42,1	0,9531	1,1463
− 50	0,399	0,6479	0,385	1,543	2,60	89,5	131,2	41,7	0,9577	1,1447
− 45	0,515	0,6538	0,305	1,529	3,28	90,5	131,8	41,3	0,9623	1,1432
− 40	0,655	0,6600	0,244	1,515	4,10	91,6	132,4	40,8	0,9668	1,1419
− 35	0,824	0,6662	0,1972	1,501	5,07	92,6	133,0	40,4	0,9710	1,1408
− 30	1,025	0,6728	0,1633	1,486	6,20	93,6	133,6	40,0	0,9752	1,1397
− 25	1,262	0,6794	0,1331	1,472	7,52	94,6	134,2	39,5	0,9794	1,1388
− 20	1,540	0,6864	0,1106	1,457	9,04	95,7	134,7	39,1	0,9836	1,1380
− 15	1,863	0,6936	0,0927	1,442	10,79	96,7	135,3	38,6	0,9878	1,1373
− 10	2,236	0,7011	0,0781	1,426	12,80	97,8	135,9	38,1	0,9919	1,1366
− 5	2,663	0,7091	0,0663	1,410	15,09	98,9	136,5	37,6	0,9960	1,1361
0	3,149	0,7174	0,0566	1,394	17,66	100,0	137,0	37,0	1,0000	1,1355
+ 5	3,699	0,7259	0,0486	1,378	20,56	101,1	137,6	36,4	1,0040	1,1351
+ 10	4,318	0,7348	0,0420	1,361	23,8	102,3	138,1	35,8	1,0080	1,1346
+ 15	5,012	0,7439	0,0365	1,344	27,4	103,4	138,6	35,2	1,0120	1,1342
+ 20	5,785	0,7534	0,0317	1,327	31,5	104,6	139,1	34,6	1,0160	1,1339
+ 25	6,644	0,7637	0,0277	1,310	36,1	105,7	139,6	33,9	1,0199	1,1335
+ 30	7,592	0,7742	0,0243	1,292	41,2	107,0	140,1	33,1	1,0239	1,1332
+ 35	8,637	0,7855	0,0214	1,273	46,8	108,2	140,5	32,4	1,0278	1,1328
+ 40	9,784	0,7976	0,0188	1,254	53,1	109,4	141,0	31,6	1,0317	1,1325
+ 45	11,04	0,8104	0,0166	1,234	60,4	110,7	141,4	30,7	1,0356	1,1321
+ 50	12,41	0,8244	0,0146	1,213	68,7	111,9	141,7	29,8	1,0394	1,1316
+ 111,5 (kr)	40,87	1,802	0,00180	0,555	555	—	—	0	—	—

† Nach R. Plank: Z. ges. Kälteind. **39**, 133, 154 (1932); R. Plank u. G. Seger: Z. ges. Kälteind. **46**, 41 (1939).

Thermische Zustandsgleichung des Dampfes:

a) Im Überhitzungsgebiet und in Sättigungsnähe von $-40\ldots+50^\circ$ C:

$$P = \frac{RT}{v^2}\cdot(v+B) - \frac{A}{v^2},$$

mit $A = 16{,}75\left(1 - \frac{0{,}00252}{v}\right)$, $B = 0{,}00487\left(1 - \frac{0{,}00514}{v}\right)$, $R = 7{,}0113$

$$(T = \vartheta + 273{,}1).$$

b) Im Überhitzungsgebiet und in Sättigungsnähe von $-80\ldots-40^\circ$ C:

$$v = 7{,}0113\,\frac{T}{P} - \frac{2{,}389}{T} + 0{,}00487.$$

Spezifische Wärme der Flüssigkeit (Sättigungszustand) (von $-80\ldots+20^\circ$ C):

$$c' = 0{,}2232 + 3{,}5\cdot 10^{-4}\,\vartheta + 0{,}013\cdot 10^{-4}\,\vartheta^2.$$

362329 Monofluortrichlormethan (Freon-11) ($CFCl_3$)†.

ϑ °C	p at	v' $l\cdot kg^{-1}$	v'' $m^3\cdot kg^{-1}$	ϱ' $kg\cdot l^{-1}$	ϱ'' $kg\cdot m^{-3}$	i' kcal · kg^{-1}	i'' kcal · kg^{-1}	r = i''−i' kcal · kg^{-1}	s' kcal · kg^{-1} · $grad^{-1}$	s'' kcal · kg^{-1} · $grad^{-1}$
− 30	0,098	0,623	1,530	1,604	0,653	94,0	140,3	46,3	0,9767	1,1672
− 25	0,128	0,628	1,196	1,592	0,836	95,0	141,1	46,1	0,9807	1,1667
− 20	0,165	0,633	0,944	1,580	1,059	96,0	142,0	46,0	0,9846	1,1664
− 15	0,210	0,638	0,753	1,568	1,328	97,0	142,8	45,8	0,9885	1,1661
− 10	0,266	0,643	0,606	1,556	1,651	98,0	143,6	45,6	0,9924	1,1658
− 5	0,333	0,648	0,492	1,544	2,03	99,0	144,4	45,4	0,9962	1,1656
0	0,414	0,653	0,402	1,532	2,49	100,0	145,2	45,2	1,0000	1,1655
+ 5	0,510	0,658	0,332	1,520	3,02	101,0	146,0	45,0	1,0038	1,1655
+ 10	0,623	0,663	0,275	1,508	3,63	102,1	146,8	44,7	1,0075	1,1654
+ 15	0,756	0,668	0,230	1,496	4,34	103,1	147,5	44,4	1,0112	1,1654
+ 20	0,911	0,674	0,194	1,484	5,17	104,2	148,3	44,1	1,0148	1,1653
+ 25	1,09	0,679	0,164	1,472	6,11	105,3	149,1	43,8	1,0184	1,1653
+ 30	1,30	0,685	0,139	1,460	7,18	106,3	149,7	43,4	1,0220	1,1653
+ 35	1,53	0,691	0,119	1,448	8,40	107,4	150,4	43,0	1,0256	1,1652
+ 40	1,80	0,696	0,102	1,436	9,77	108,5	151,1	42,6	1,0291	1,1652
+ 45	2,10	0,702	0,088	1,424	11,3	109,6	151,8	42,2	1,0326	1,1652
+ 50	2,45	0,708	0,077	1,412	13,1	110,7	152,4	41,7	1,0361	1,1651
+ 196 (kr)	43,8	—	—	—	—	—	—	0	—	—

Thermische Zustandsgleichung des Dampfes[1] (für Drucke von 3,5…21 at, 40…100° C über Sättigungstemperatur):

$$P = \frac{RT(v+B)}{v^2} - \frac{A}{v^2},$$

mit $R = 6{,}1721$, $A = 18{,}04\left(1 - \frac{0{,}00141}{v}\right)$, $B = 0{,}00416\left(1 - \frac{0{,}00216}{v}\right)$

$$(T = \vartheta + 273{,}1).$$

Spezifische Wärme der Flüssigkeit (Sättigungszustand) (von $-20\ldots+80^\circ$ C):

$$c' = 0{,}210 + 0{,}00015\,\vartheta.$$

† Vorläufige Dampftafel nach R. Plank: Amerikanische Kältetechnik, zweiter Ber., S. 14 Berlin: VDI-Verlag 1938.

[1] Vgl. Industr. Engng. Chem. 32, 698—701, Nr 5 (1940).

3624 Differentialer Joule-Thomson-Effekt in °C · Atm⁻¹ in Abhängigkeit von Druck und Temperatur.

Bei einer adiabatischen Expansion eines realen Gases tritt eine Temperaturänderung auf; der Wert $\frac{d\vartheta}{dp} = \mu$ wird Joule-Thomson-Effekt genannt. (Positives Vorzeichen, wenn bei Entspannung eine Abkühlung eintritt.)

Name	Temperatur in °C	Druck in Atm								
		1	20	40	60	80	100	140	180	220
		μ in °C · Atm⁻¹								
Argon	−170	3,01	—	—	—	—	—	—	—	—
	−160	2,31	—	—	—	—	—	—	—	—
	−150	1,75	—	—	−0,004	—	−0,024	−0,039	−0,054	−0,055
	−137,5	1,29	1,29	—	0,018	—	0,000	−0,020	−0,032	−0,033
	−125	1,08	1,02	—	0,13	—	0,043	0,008	−0,006	−0,011
	−100	0,83	0,78	—	0,68	—	0,30	0,12	0,059	0,042
	− 75	0,68	0,64	—	0,58	—	0,43	0,25	0,16	0,13
	− 50	0,58	0,54	—	0,49	—	0,39	0,29	0,21	0,19
	− 25	0,49	0,46	—	0,41	—	0,35	0,28	0,22	0,20
	0	0,42	0,34	—	0,35	—	0,30	0,25	0,20	0,19
	25	0,36	0,34	—	0,30	—	0,26	0,22	0,19	0,17
	50	0,31	0,29	—	0,26	—	0,23	0,19	0,17	0,16
	75	0,27	0,25	—	0,22	—	0,20	0,17	0,15	0,14
	100	0,23	0,22	—	0,19	—	0,17	0,15	0,13	0,13
	200	0,133	0,124	—	0,108	—	0,093	0,080	0,071	0,068
	300	0,062	0,058	—	0,052	—	0,044	0,038	0,032	0,028
Luft	−150	1,100	1,200	0,052	0,040	0,034	0,021	0,000	−0,022	−0,042
	−140	0,936	0,967	0,245	0,106	0,067	0,043	0,017	−0,008	−0,028
	−130	0,807	0,819	0,776	0,362	0,141	0,087	0,038	0,008	−0,015
	−120	0,710	0,710	0,577	0,527	0,299	0,158	0,069	0,028	−0,002
	−110	0,637	0,627	0,598	0,541	0,367	0,242	0,108	0,052	0,014
	−100	0,576	0,562	0,534	0,472	0,386	0,284	0,142	0,075	0,031
	− 75	0,462	0,442	0,417	0,378	0,335	0,288	0,192	0,116	0,069
	− 50	0,378	0,358	0,336	0,309	0,275	0,248	0,172	0,130	0,091
	− 25	0,317	0,297	0,276	0,255	0,232	0,211	0,164	0,125	0,093
	0	0,266	0,249	—	0,214	—	0,178	0,145	0,113	0,081
	50	0,189	0,178	—	0,153	—	0,128	0,105	0,083	0,063
	100	0,133	0,124	—	0,106	—	0,089	0,072	0,058	0,045
	200	0,063	0,056	—	0,045	—	0,035	0,026	0,019	0,013
	280	0,030	0,025	—	0,016	—	0,008	0,001	−0,005	−0,011

Name	Temperatur in °C	Druck in Atm					
		0	7	14	21	28	35
		μ in °C · Atm⁻¹					
Wasserdampf	167	3,12	3,36	—	—	—	—
	196	2,37	2,45	2,52	—	—	—
	225	1,89	1,93	1,97	1,97	—	—
	260	1,50	1,54	1,54	1,54	1,54	1,50
	267	1,18	1,18	1,18	1,18	1,18	1,18
	347	0,95	0,95	0,95	0,95	0,95	0,91

3624 (Fortsetzung).

Name	Temperatur in °C	Druck in Atm: 0	1	10	20	40	60	72,9	80	100
		μ in °C · Atm⁻¹								
Kohlendioxyd	−53	2,286	2,304	−0,029	−0,030	−0,032	−0,034	−0,035	−0,036	−0,038
	−33	1,860	1,870	1,974	−0,007	−0,007	−0,008	−0,008	−0,008	−0,008
	−13	1,538	1,541	1,574	1,638	0,011	0,010	0,010	0,010	0,009
	− 3	1,405	1,406	1,416	1,456	0,027	0,025	0,032	0,022	0,020
	+ 7	1,290	1,290	1,285	1,292	1,347	0,052	0,045	0,043	0,036
	17	1,192	1,190	1,175	1,164	1,153	0,116	0,100	0,082	0,062
	27	1,107	1,105	1,084	1,060	1,018	0,968	0,215	0,165	0,101
	30,9	1,078	1,074	1,051	1,024	0,974	0,910	0,605	0,242	0,122
	37	1,036	1,032	1,006	0,977	0,916	0,844	0,755	0,610	0,159
	47	0,971	0,967	0,938	0,905	0,836	0,757	0,690	0,638	0,357
	57	0,914	0,910	0,880	0,845	0,772	0,693	0,633	0,595	0,449
	67	0,864	0,860	0,829	0,795	0,721	0,543	0,587	0,555	0,450
	77	0,820	0,815	0,785	0,750	0,678	0,602	0,550	0,521	0,434
	97	0,742	0,734	0,710	0,678	0,616	0,541	0,492	0,471	0,400
	127	0,648	0,644	0,621	0,595	0,538	0,479	0,441	0,423	0,364

3625 Bildungsenthalpie.

36251 Bildungsenthalpie ΔI in kcal · mol⁻¹ intermetallischer Verbindungen.

ΔI ist angegeben für die Bildung von 1 Mol der festen Verbindung der angegebenen Zusammensetzung aus dem Normalzustand (außer Hg alle Metalle fest, Hg flüssig) bei Zimmertemperatur. Abweichende Temperaturen sind besonders vermerkt. Für Definitionen vgl. 3114.

Verbindung	ΔI in kcal · mol⁻¹	Verbindung	ΔI in kcal · mol⁻¹	Verbindung	ΔI in kcal · mol⁻¹
K_3Na fl	− 1,16	$AuZn_3$ (90°)	− 22,5	Hg_2Na_3	− 20,7
K_2Na fl	− 1,94	CuAl	− 32,4	$HgNa_3$	− 9,3
KNa fl	+ 0,14	$CuAl_2$	− 23,3	Hg_9K	− 33
KNa_2 fl	+ 2,93	$CuAl_3$	+ 13,3	Hg_2K	− 20
Ca_3Mg_4	− 43	Zn_2Mg	− 12,6	Hg_4Ce	− 23,2
Al_3Mg_4	− 49	$Zn_{10}Ca$	− 48	Tl_2Hg_5	− 2,5
Al_3Ca	− 51	Zn_4Ca	− 29,5	Sn_2Na	− 20
LaMg	− 5,7	Zn_3Ca_2	− 40	SnNa	−16
$LaMg_3$	− 12,9	$ZnCa_4$	− 32	Sn_3Na_4	− 56
$LaAl_2$	− 36,1	Zn_2Cu	− 10,4	$SnNa_2$	− 21
$LaAl_4$	− 42,2	Zn_3Cu_2	− 16	$SnNa_4$	− 34
CeMg	− 13	Cd_2Na	− 8,5	$SnMg_2$	− 59
$CeMg_3$	− 17	Cd_5Na	− 12,4	Sn_3Ca	− 52
Ce_3Al	− 22	CdMg	− 9,2	Sn_2Au (90°)	− 5,5
$CeAl_4$	− 39	Cd_3Ca	− 30	SnAu (90°)	− 8,2
$PrAl_4$	− 52,1	$CdAl_3$	− 51	$SnCu_3$	− 8
$FeAl_3$	− 25	Cd_3Cu_2	− 3	Sb_2Au (90°)	− 3,5
CoAl	− 32	Hg_4Na	− 22,4	$SbCu_3$	− 2,5
Co_2Al_5	− 86	Hg_2Na	− 18,7	SbCd	− 3
Au_3Zn (90°)	− 24	Hg_8Na_7	− 84,4	Sb_2Cd_3	− 4
AuZn (90°)	− 11	HgNa	− 11,3		

36252 Bildungsenthalpie von Anlagerungsverbindungen.

362521 Hydratationsenthalpie ΔI in kcal · mol^{-1} von anorganischen Stoffen.

ΔI ist die Differenz zwischen dem Wärmeinhalt des festen Salzes mit n Molen Kristallwasser und der Summe des Wärmeinhaltes der Verbindung (falls nicht fest, ist der Zustand angegeben) und des Wärmeinhaltes der n Mole flüssigen Wassers.

Verbindung	n	ΔI in kcal · mol^{-1}	°C
Cl (Gas)	5	—14,3	—
HCl (Gas)	2	—14,1	—
$HClO_4$ (flüssig)	1	—12,6	—
HBr (Gas)	2	—16,9	—
J_2O_5	1	— 3,72	—
SO_3 (flüssig)	1	—24,0	18
H_2SO_4 (fest)	1	— 8,6	18
N_2O (Gas)	6	—14,83	18
N_2O_5	1	— 3,4	—
As_2O_5	3	— 6,80	—
CO_2 (Gas)	6	—14,9	18
B_2O_3	3	—16,8	—
Li_2O	1	—22,6	—
LiOH	1	— 3,88	18
LiCl	1	— 3,81	18
LiBr	1	— 6,22	17
LiBr	2	— 9,44	17
LiJ	1	— 7,98	17
LiJ	2	—11,47	17
LiJ	3	—15,06	17
$LiClO_4$	3	—14,21	18
Li_2SO_4	1	— 2,9	18
Li_2Se	9	—22,07	18
Na_2O	1	—36,12	18
NaOH	1	— 3,01	18
NaCl + gesätt. Lsg.	2	— 3,02	— 2
NaBr	2	— 3,99	18
NaJ	2	— 5,46	18
$NaClO_4$	1	— 2,02	18
NaHS	2	— 6,11	18
Na_2SO_3	7	—13,91	18
Na_2SO_4	10	—19,02	18
$Na_2S_2O_7$	1	—19,7	25
$Na_2S_2O_3$	5	—13,3	18
$Na_2S_2O_6$	2	— 6,06	18
NaH_2PO_3	$2^1/_2$	— 6,20	18
Na_2HPO_3	5	—15,47	18
$Na_2HPO_4 \cdot 2H_2O$	5	—11,22	18
$Na_2HPO_4 \cdot 7H_2O$	5	—11,14	18
$Na_4P_2O_7$	10	—23,6	18
Na_2HAsO_4	7	—19,93	ca. 23,5
Na_2CO_3	1	— 3,38	18
Na_2CO_3	7	—16,38	18
Na_2CO_3	10	—21,80	18
NaCN	2	— 4,04	18
K_2O	1	—42,1	—
KOH	1	— 9,43	18
KOH	2	—12,05	18
KF	2	— 5,81	18
K_2S *	2	— 6,2	—
K_2S *	5	—15,2	—
K_2SO_3	1	— 0,3	18
$K_2S_2O_3$	1	— 1,2	—
K_2CO_3	$1^1/_2$	— 7,02	18
$K_2CO_3 \cdot CoCO_3$	4	—11,41	18
$(NH_4)_3PO_4$	3	— 6,0	15
$(NH_4)_3AsO_4$	3	—15,12	15
$N_2H_4 \cdot 2HBr$	2	— 6,25	25
$BeSO_4$	2	—10,16	18
$BeSO_4$	4	—16,92	18
MgO	1	— 5,4	—
$MgCl_2$	6	—33,11	18
$Mg(ClO_4)_2$	6	—38,37	18
$Mg(ClO_4)_2 \cdot 2H_2O$	4	—19,20	—
$Mg(ClO_4)_2 \cdot 4H_2O$	2	— 7,98	—
$MgSO_4$	1	— 7,08	18
$MgSO_4$	4	—16,17	18
$MgSO_4$	7	—24,26	18
$MgSO_4 \cdot 6H_2O$	1	— 3,73	18
$Mg(NO_3)_2$	2	—11,22	25
$Mg(NO_3)_2$	4	—14,66	25
CaO	1	—15,5	—
$CaCl_2$	6	—22,63	18
$CaBr_2$	6	—25,76	18
$Ca(ClO_4)_2$	4	—15,49	18
$CaSO_4$	$^1/_2$	— 0,7	18
$CaSO_4$	2	— 5,02	18
$Ca(NO_3)_2$	2	— 7,31	18
$Ca(NO_3)_2$	3	— 8,28	18
$Ca(NO_3)_2$	4	—12,09	18
$Ca(H_2PO_4)_2$	1	— 4,95	Z.T.
$CaHPO_4$	2	— 3,83	Z.T.
SrO	1	—17,7	—
$Sr(OH)_2$	8	—19,6	18
$Sr(OH)_2 \cdot H_2O$	7	—19,81	18
SrO_2	9	—20,57	18
$SrCl_2$	1	— 5,16	18
$SrCl_2$	2	— 8,59	18
$SrCl_2$	6	—18,61	18
$SrCl_2 \cdot 2H_2O$	4	—10,02	18
$SrBr_2$	1	— 7,13	18
$SrBr_2$	6	— 2,48	18
SrJ_2	1	— 8,03	18
SrJ_2	2	—10,26	18
SrJ_2	6	—25,18	18
$Sr(ClO_4)_2$	2	— 9,50	18
$Sr(ClO_4)_2$	4	—13,20	18
SrS_2O_3	5	— 9,72	17
$Sr(NO_3)_2$	4	— 7,62	18
BaO	1	—24,53	18
$Ba(OH)_2$	1	— 4,33	18
$Ba(OH)_2$	8	—26,04	18
$Ba(OH)_2 \cdot H_2O$	7	—21,71	18
BaO_2	1	— 2,63	18
BaO_2	10	—19,0	18
$BaCl_2$	2	— 6,98	18
$BaBr_2$	2	— 9,16	18
BaJ_2	7	—17,11	18
$Ba(ClO_3)_2$	1	— 3,83	18
$Ba(ClO_4)_2$	3	— 7,69	18
$Ba(NO_2)_2$	1	— 2,9	—
$Al_2O_3 \cdot 2SiO_2$	2	—34,8	20
$CrCl_2$	4	—15,62	18
Na_2CrO_4	4	—10,02	18
Na_2CrO_4	10	—18,5	18
$MnCl_2$	4	—14,52	18
$MnSO_4$	1	— 1,93	18
$MnSO_4$	4	—11,50	—
$MnSO_4$	7	—15,51	18
$MnSO_4 \cdot 5H_2O$	2	— 3,2	9

* Werte nach Sabatier.

362521 (Fortsetzung).

Verbindung	n	ΔI in kcal · mol⁻¹	°C	Verbindung	n	ΔI in kcal · mol⁻¹	°C
$Zr(SO_4)_2$	1	—12,18	—	$CuSO_4 \cdot 3H_2O$	2	— 6,50	18
$Zr(SO_4)_2$	4	—22,38	—	$CuCO_3 \cdot Na_2CO_3$	3	— 9,30	18
$Th(SO_4)_2$	8	—43,44	18	AgF	2	— 5,81	18
$Th(SO_4)_2 \cdot 4H_2O$	4	—12,52	18	$AuCl_3$	2	— 6,14	18
$FeCl_2$	4	—15,15	18	ZnO	1	— 2,23	18
$FeCl_3$	6	—26,68	18	$ZnSO_4$	1	— 8,53	18
$FeSO_4 \cdot 4H_2O$	3	— 5,79	18	$ZnSO_4$	6	—19,38	18
$FeSO_4 \cdot 6H_2O$	1	— 2,37	17,5	$ZnSO_4$	7	—22,81	18
$K_4Fe(CN)_6$	3	— 3,29	18	$ZnSO_4 \cdot H_2O$	5	—10,85	18
$CoCl_2$	6	—21,38	18	$ZnSO_4 \cdot 5H_2O$	1	— 2,59	17,5
$NiCl_2$	6	—20,33	18	$ZnSO_4 \cdot 6H_2O$	1	— 3,43	18
$NiSO_4 \cdot 6H_2O$ blau	1	— 1,48	31,5	$CdCl_2$	2	— 5,6	18
$NiSO_4 \cdot 6H_2O$ grün	1	— 1,97	17,5	$CdCl_2$	$2^1/_2$	— 5,39	18
$PtCl_4$	5	—21,25	18	$CdBr_2$	4	— 7,72	25
$CuCl_2$	2	— 6,87	18	$CdSO_4$	1	— 4,64	18
$CuBr_2$	4	— 9,7	18	$CdSO_4$	$^8/_3$	— 8,18	18
$CuSO_4$	1	— 6,63	18	Tl_2O	1	— 3,2	—
$CuSO_4$	5	—18,79	18				

362522 Hydratationsenthalpie ΔI in kcal · mol⁻¹ von organischen Verbindungen bei Anlagerung von n Molen flüssigen Wassers.

Der Ausgangszustand der Verbindung und der Endzustand des Hydrates sind, falls flüssig oder gasförmig, vermerkt, ohne Angabe fest. Die Angaben sind meist auf 1 Dezimale abgerundet. ΔI bezieht sich, soweit nicht anders vermerkt, auf Zimmertemperatur. (Säureanhydride stehen unter 362523.)

Verbindung	n H_2O	Hydrat	ΔI in kcal · mol⁻¹	ϑ in °C
Äthylen (Gas)	6	$C_2H_4 \cdot 6H_2O$ (fest)	—15,4	—
Acetylen (Gas)	6	$C_2H_2 \cdot 6H_2O$ (fest)	—15,4	—
Chloroform (flüssig)	18	$CHCl_3 \cdot 18H_2O$ (flüssig)	—22,9	—
Ameisensäure Sr	2	$Sr(CHO_2)_2 \cdot 2H_2O$	— 6,1	—
Mn	2	$Mn(CHO_2)_2 \cdot 2H_2O$	— 7,2	—
Cu	4	$Cu(CHO_2)_2 \cdot 4H_2O$	— 8,3	—
Zn	2	$Zn(CHO_2)_2 \cdot 2H_2O$	— 6,9	—
Essigsäure Na	3	$NaC_2H_3O_2 \cdot 3H_2O$	— 8,7	—
Ca	1	$Ca(C_2H_3O_2)_2 \cdot H_2O$	— 1,6	—
Sr	$^1/_2$	$Sr(C_2H_3O_2)_2 \cdot {}^1/_2 H_2O$	— 0,3	—
Ba	3	$Ba(C_2H_3O_2)_2 \cdot 3H_2O$	— 6,0	—
Mn	4	$Mn(C_2H_3O_2)_2 \cdot 4H_2O$	—10,7	—
Cu	1	$Cu(C_2H_3O_2)_2 \cdot H_2O$	— 1,6	—
Zn	2	$Zn(C_2H_3O_2)_2 \cdot 2H_2O$	— 5,6	—
Pb	3	$Pb(C_2H_3O_2)_2 \cdot 3H_2O$	— 6,9	—
Glykolsäure Na	2	$Na_2C_2H_2O_3 \cdot 2H_2O$	— 9,6	—
Mg	2	$Mg(C_2H_2O_3)_2 \cdot 2H_2O$	— 5,9	—
Ca	5	$Ca(C_2H_2O_3)_2 \cdot 5H_2O$	— 6,2	—
Zn	2	$Zn(C_2H_2O_3)_2 \cdot 2H_2O$	— 3,4	—
Oxalsäure	2	$C_2H_2O_4 \cdot 2H_2O$	— 6,6	20
Na (saures)	1	$NaC_2HO_4 \cdot H_2O$	— 3,9	—
K	1	$K_2C_2O_4 \cdot H_2O$	— 3,0	—
NH_4	1	$(NH_4)_2C_2O_4 \cdot H_2O$	— 3,5	—
Mn	2	$MnC_2O_4 \cdot 2H_2O$	— 6,25	16—19
Mn	3	$MnC_2O_4 \cdot 3H_2O$	— 7,8	16—19

362522 (Fortsetzung).

Verbindung	n H_2O	Hydrat	ΔI in kcal · mol⁻¹	ϑ in °C
Malonsäure Na	1	$Na_2C_3H_2O_4 \cdot H_2O$	− 4,5	—
K	1	$K_2C_3H_2O_4 \cdot H_2O$	− 8,5	—
K (saures)	1/2	$KC_3H_3O_4 \cdot 1/2\ H_2O$	− 5,2	—
Ca	4	$CaC_3H_2O_4 \cdot 4\ H_2O$	−15,9	—
Ba	2	$BaC_3H_2O_4 \cdot 2\ H_2O$	− 7,3	—
Buttersäure Na	3	$NaC_4H_7O_2 \cdot 3\ H_2O$	− 0,8	—
Bernsteinsäure Na	6	$Na_2C_4H_4O_4 \cdot 6\ H_2O$	−13,4	—
K	1	$K_2C_4H_4O_4 \cdot H_2O$	− 3,6	—
K (saures)	1	$KC_4H_5O_4 \cdot H_2O$	− 2,25	—
Äpfelsäure Na	1	$NaC_4H_5O_5 \cdot H_2O$	− 1,0	—
K	1	$KC_4H_5O_5 \cdot H_2O$	− 0,8	—
Weinsäure Na	2	$Na_2C_4H_4O_6 \cdot 2\ H_2O$	− 4,8	—
Na (saures)	1	$NaC_4H_5O_6 \cdot H_2O$	− 2,9	—
K	1/2	$K_2C_4H_4O_6 \cdot 1/2\ H_2O$	− 2,0	—
K, Na	4	$KNaC_4H_4O_6 \cdot 4\ H_2O$	− 7,3	—
SbO, K	1/2	$K(SbO)C_4H_4O_6 \cdot 1/2\ H_2O$	− 0,2	—
SbO, Ba	1	$Ba[(SbO)C_4H_4O_6]_2 \cdot H_2O$	− 3,6	—
Traubensäure	1	$C_4H_6O_6 \cdot H_2O$	− 1,5	—
Valeriansäure Na	1 1/2	$NaC_5H_9O_2 \cdot 3/2\ H_2O$	− 1,0	—
Äthylacetat Na	1	$NaC_6H_9O_3 \cdot H_2O$	− 4,2	—
Phloroglucin	1	$C_6H_6O_3 \cdot H_2O$	− 5,1	—
Rhamnose	1	$C_6H_{12}O_5 \cdot H_2O$	− 6,7	—
Glucose α	1	$C_6H_{12}O_6 \cdot H_2O$	− 2,8	—
,, β	1	$C_6H_{12}O_6 \cdot H_2O$	− 3,9	—
,, γ	1	$C_6H_{12}O_6 \cdot H_2O$	− 3,6	—
d-Glucose	1	$C_6H_{12}O_6 \cdot H_2O$	− 2,38	25,1°
Tricarballylsäure K	1	$K_3C_6H_5O_6 \cdot H_2O$	− 2,3	—
K (saures)	2	$KC_6H_7O_6 \cdot 2\ H_2O$	− 5,5	—
Citronensäure	1	$C_6H_8O_7 \cdot H_2O$	− 2,6	—
p-Oxybenzoesäure	1	$C_7H_6O_3 \cdot H_2O$	− 1,9	—
Phenylglyoxal	1	$C_8H_6O_2 \cdot H_2O$	−13,7	—
Terpinhydrat	1	$C_{10}H_{28}O_2 \cdot H_2O$	− 5,25	—
Milchzucker	1	$C_{12}H_{22}O_{11} \cdot H_2O$	− 6,2	—
Raffinose	5	$C_{18}H_{32}O_{16} \cdot 5\ H_2O$	−17,7	—
Chloral	1	$C_2HCl_3O \cdot H_2O$ (flüssig)	−12,15	—
Äthylsulfat Na	1	$NaC_2H_5SO_4 \cdot H_2O$	− 2,2	—
Ba	2	$Ba(C_2H_5SO_4)_2 \cdot 2\ H_2O$	− 5,0	—
Phenylsulfat Na	2	$NaC_6H_5SO_3 \cdot 2\ H_2O$	− 2,9	—
p-Phenylendiamin	2	$C_6H_8N_2 \cdot 2\ H_2O$	− 3,6	—
Phenylhydrazin	1	$(C_6H_8N_2)_2 \cdot H_2O$	− 3,1	—
Cyanursäure	2	$C_3H_3O_3N_3 \cdot 2\ H_2O$	− 3,74	—
Na	1	$NaC_3H_2O_3N_3 \cdot H_2O$	− 4,0	—
K	1	$KC_3H_2O_3N_3 \cdot H_2O$	− 2,1	—
Asparagin	1	$C_4H_8O_3N_2 \cdot H_2O$	− 2,25	25°
Barbitursäure	2	$C_4H_4O_3N_2 \cdot 2\ H_2O$	− 4,0	—
Kreatin	1	$C_4H_9O_2N_3 \cdot H_2O$	− 3,5	—
m-Nitrophenol Na	2	$NaC_6H_4O_3N \cdot 2\ H_2O$	−10,7	—
p- ,, Na	2	$NaC_6H_4O_3N \cdot 2\ H_2O$	−10,2	—

362522 (Fortsetzung).

Verbindung	n H_2O	Hydrat	Δ I in kcal · mol^{-1}	ϑ in °C
Pikrinsäure Mg	8	$Mg(C_6H_2O_7N_3)_2 \cdot 8\ H_2O$	−30,6	—
Ca	6	$Ca(C_6H_2O_7N_3)_2 \cdot 6\ H_2O$	−17,1	—
Sr	6	$Sr(C_6H_2O_7N_3)_2 \cdot 6\ H_2O$	−15,2	—
Ba	6	$Ba(C_6H_2O_7N_3)_2 \cdot 6\ H_2O$	−10,0	—
Cu	8	$Cu(C_6H_2O_7N_3)_2 \cdot 8\ H_2O$	−20,9	—
Zn	8	$Zn(C_6H_2O_7N_3)_2 \cdot 8\ H_2O$	−27,4	—
Hg	4	$Hg(C_6H_2O_7N_3)_2 \cdot 4\ H_2O$	− 7,7	—
Pb	2	$Pb(C_6H_2O_7N_3)_2 \cdot 2\ H_2O$	− 6,1	—
Kaffein	1	$C_8H_{10}O_2N_4 \cdot H_2O$	− 1,7	—
Nitrocampher	1	$C_{10}H_{15}O_3N \cdot H_2O$	− 1,0	—
Cinchonin, hydrochlorid	2	$C_{19}H_{22}ON_2 \cdot HCl \cdot 2\ H_2O$	− 1,5	—
Chinin	3	$C_{20}H_{24}O_3N_2 \cdot 3\ H_2O$	− 3,7	—
Chinin, hydrochlorid	2	$Ch \cdot HCl \cdot 2\ H_2O$	− 3,4	—
sulfat	2	$CH_2 \cdot H_2SO_4 \cdot 2\ H_2O$	− 9,8	—
acetat	3	$Ch \cdot C_2H_4O_2 \cdot 3\ H_2O$	− 5,2	—
oxalat	6	$Ch_2 \cdot C_2H_2O_4 \cdot 6\ H_2O$	−14,4	—

362523 Hydratationsenthalpie Δ I in kcal · mol^{-1} von organischen Säureanhydriden.

Wenn nicht anders vermerkt, für die festen Stoffe und bei Zimmertemperatur.

Säureanhydrid		Säure	Δ I	ϑ in °C
Name	Formel			
Essigsäure-anhydrid	$C_4H_6O_3$ fl	$2\ C_2H_4O_2$ fl	− 13,1	—
„ „	$C_4H_6O_3$ (Dampf + H_2O Dampf)	$2C_2H_4O_2$ (Dampf)	− 42	400...560
Propionsäure-anhydrid	$C_6H_{10}O_3$ fl	$2\ CH_3H_6O_2$ fl	− 12,3	—
Bernsteinsäure-anhydrid	$C_4H_4O_3$	$C_4H_6O_4$	− 12,5	—
Maleinsäure-anhydrid	$C_4H_2O_3$	$C_4H_4O_4$	− 10,1	—
Glutarsäure-anhydrid	$C_5H_6O_3$	$C_5H_8O_4$	− 13,4	—
Monomethylbernsteinsäure-anhydrid	$C_5H_6O_3$	$C_5H_8O_4$	− 12,5	—
as.-Dimethylbernsteinsäure-anhydrid	$C_6H_8O_3$	$C_6H_{10}O_4$	− 12,0	—
Trimethylbernsteinsäure-anhydrid	$C_7H_{10}O_3$	$C_7H_{12}O_4$	− 12,1	—
o-Phthalsäure-anhydrid	$C_8H_4O_3$	$C_8H_6O_4$	− 12,4	—
Naphthalsäure-anhydrid	$C_{12}H_6O_3$	$C_{12}H_8O_4$	− 12,4	—
Benzoesäure-anhydrid	$C_{14}H_{10}O_3$	$2\ C_7H_6O_2$	− 12,8	—
Glykolid	$C_4H_4O_4$	$C_4H_6O_3$	− 2,2	—
Phthalid	$C_8H_6O_2$	$C_8H_8O_3$	− 3,1	—
d-Gluconsäure, γ-Lakton	$C_6H_{10}O_6$	$C_6H_{12}O_7$ (d-Gluconsäure)	− 3,4	—
d-Gluconsäure, ϑ-Lakton	$C_6H_{10}O_6$	$C_6H_{12}O_7$	− 2,8	—

362524 Bildungsenthalpie ΔI in kcal · mol⁻¹ von Ammoniakaten.

ΔI ist die Differenz zwischen dem Wärmeinhalt eines Moles des mit n Molen Ammoniak versehenen Anlagerungsstoffes und der Summe der Wärmeinhalte eines Moles des Ausgangsstoffes und der n Mole Ammoniak (alle Stoffe im normalen Zustand bei Zimmertemperatur). ΔI ist, falls nicht anders vermerkt, für Zimmertemperatur angegeben. In der letzten Spalte findet man noch die Zusammensetzung weiterer Ammoniakate usw., deren Bildungsenthalpien zwar gemessen, in der Tabelle aber nicht aufgenommen wurden.

Ausgangsstoff	ΔI in kcal · mol⁻¹ bei					n	ΔI kcal · mol⁻¹	ϑ in °C	Außerdem gemessen n
	n = 1	n = 2	n = 4	n = 6	n = 8				
$BeCl_2$	—	−62	−98	−114	—	12	−156	—	—
$BeBr_2$	—	—	−108	−126	—	10	−160	—	—
BeJ_2	—	—	−116	−132	—	13	−188,5	—	—
$MgCl_2$	−20,8	−38,6	—	—	—	—	—	—	—
$MgBr_2$ . . .	−21,7	−41,8	—	—	—	—	—	—	—
MgJ_2	—	−45,4	—	—	—	—	—	—	—
$CaCl_2$	−16,5	−31,6	−51,6	—	−90,4	—	—	—	—
$CaBr_2$	−18,6	−35,8	—	−82,6	−102,4	—	—	—	—
CaJ_2	−19,5	−38,4	—	−94,8	−112	—	—	—	—
$SrCl_2$	−11,5	—	—	—	−80,8	—	—	—	—
$SrBr_2$	−16,8	−29,6	—	—	−95,2	—	—	—	—
SrJ_2	−18,3	−33,8	—	−84,6	−106,4	—	—	—	—
$BaCl_2$	—	—	—	—	−72,0	—	—	—	—
$BaBr_2$ . . .	−11,8	−22,4	—	−64,2	−82,4	—	—	—	—
BaJ_2	—	−26,8	−49,6	−71,4	−92,8	10	−111	—	9
$AlCl_3$	−32,1	—	—	−122,4	—	14	−187,6	0	3, 5, 7
$AlBr_3$	−39,3	—	—	−143,4	—	14	−210,0	0	3, 5
AlJ_3	−31,7	—	—	−163,8	—	20	−278,0	0	3, 5
$MnCl_2$	—	37,0	—	−82,2	—	10	−111,5	—	—
$MnBr_2$	—	−38,4	—	−89,4	—	10	−118	—	—
$FeCl_2$	—	−39,0	—	−88,2	—	10	−117	—	—
$FeBr_2$	—	−40,6	—	−94,2	—	—	—	—	—
K_2FeCl_5 . . .	—	—	—	−70,5	—	11	−97,1	—	5
$CoCl_2$	—	−39,8	—	−93,6	—	10	−120	—	—
$CoBr_2$	—	−41,2	—	−97,2	—	—	—	—	—
Cs_2CoCl_4 . .	—	−33,9	—	—	—	5	−71,0	—	—
$NiCl_2$	—	−40,6	—	−97,8	—	—	—	—	—
$NiBr_2$	—	−41,2	—	−102,6	—	—	—	—	—
$CsNiCl_3$ . . .	−15,4	—	—	—	—	—	—	—	—
$CuCl_2$	—	−42,0	—	−90	—	10	−120	—	—
$CuBr_2$ . . .	—	−40	—	−90	—	10	−120	—	—
Cs_2CuCl_4 . .	—	−35,9	—	−69,6	—	10	−84	—	3
$Cs_3Cu_2Cl_7$ . .	—	—	—	—	—	10	−109,5	—	13
$CuCrO_4$	—	−23,7	—	—	—	—	—	—	—
$Cu(CNS)_2$ . .	—	−38,2	−63	—	—	9	−104,6	—	5
$Cu(HCOO)_2$.	—	−28,1	−53	−73	—	9	−96,3	—	—
$Cu(CH_3COO)_2$	—	−33	−45,8	—	—	5	−66	—	—
$KAuCl_4$ . . .	—	−35	—	—	—	10	−87,1	—	3
$RbAuCl_4$ . .	—	—	−67,3	—	—	12	−110,4	—	5, 13
$CsAuCl_4$ . . .	—	—	−75,2	—	—	11	−103,4	—	5

362524 (Fortsetzung).

Ausgangsstoff	ΔI in kcal mol⁻¹ n = 1	n = 2	n = 4	n = 6	n = 8	n	ΔI kcal · mol⁻¹	ϑ in °C	Außerdem gemessen
$ZnCl_2$	−25	−44,2	−68,0	−89,4	—	10	−117,5	—	—
$ZnBr_2$	−24	−39,8	−71,2	−93	—	—	—	—	—
ZnJ_2	−22	−38,8	−72	−94,2	—	—	—	—	—
$(NH_4)_2ZnCl_4$	—	—	−58,7	—	—	10	−93,5	—	5, 11
$CdCl_2$	−18,1	−34,6	−56,0	−76,2	—	10	−106	—	—
$CdBr_2$	−18,1	−35,0	—	−78,0	—	12	−123,6	—	—
CdJ_2	—	−33,2	—	−79,8	—	—	—	—	—
$HgCl_2$	—	−34	—	—	−82	9,5	−93	—	—
$HgBr_2$	—	−32,4	—	—	−79	—	—	—	$1^1/_3$
HgJ_2	—	−26,0	—	−73,4	—	—	—	—	—
$GaCl_3$	−32,9	—	—	−113,4	—	14	−176,4	0	3, 5, 7, 9, 13
$GaBr_3$	−30,3	—	—	−118,2	—	14	−184	0	5, 7, 9
GaJ_3	−26,9	—	—	−117,0	—	20	−228	0	5, 7, 9, 13
$InCl_3$	−22,2	−42,6	—	—	—	15	−165	—	3, 5, 7
$InBr_3$	—	(3)−60,3	—	—	—	15	−171	—	—
InJ_3	—	−37,8	—	—	—	21	−216	—	5, 7, 9, 13

362525 Bildungsenthalpie ΔI in kcal · mol⁻¹ von verschiedenen Anlagerungsverbindungen.

ΔI ist die Differenz zwischen dem Wärmeinhalt der Anlagerungsverbindungen mit n Mol der angelagerten Molekülgattung und der Summe der Wärmeinhalte der Ausgangsverbindung und der n Mole der angelagerten Verbindung (alle Stoffe in dem bei Zimmertemperatur normalen Zustand). ΔI ist, falls nicht anders vermerkt, für Zimmertemperatur angegeben.

Ausgangs-verbindung	Angelagerte Molekülgattung	n	ΔI kcal · mol⁻¹	n	ΔI kcal · mol⁻¹	n	ΔI kcal · mol⁻¹	ϑ in °C	Außerdem gemessen n
a) Anorganische Anlagerungsverbindungen.									
$BeBr_2$	H_2S	—	—	2	−17,7	—	—	0	—
BeJ_2	„	—	—	2	−12,3	—	—	0	—
$AlBr_3$	„	1	−9,7	—	—	—	—	0	—
AlJ_3	„	—	—	2	−18,3	4	−30,9	0	—
$TiCl_4$	„	1	−8,9	2	−15	—	—	0	—
$TiBr_4$	H_2O	1	−8,6	2	−14,4	—	—	0	—
$SnCl_4$	H_2S	—	—	2	−14	4	−26,4	0	—
3 NaJ	SO_2	8	−86,6	12	−125,2	—	—	−2,5, −9,3	—
KJ	„	4	−39,2	—	—	—	—	−9,1	—
RbJ	„	3	−31,5	—	—	—	—	−1,0	—
CsJ	„	3	−30,7	—	—	—	—	0	—
NH_4J	„	3	−28,0	—	—	—	—	−15	—
NaCNS	„	2	−21	—	—	—	—	−5	—
KCNS	„	$^1/_2$	−5,6	2	−19,5	—	—	+12, +3	—
NH_4CNS	„	1	−9,1	—	—	—	—	−10	—

362525 (Fortsetzung).

Ausgangs-verbindung	Angelagerte Molekülgattung	n	ΔI kcal·mol⁻¹	n	ΔI kcal·mol⁻¹	n	ΔI kcal·mol⁻¹	ϑ in °C	Außerdem gemessen n
$ZnCl_2$ . .	$NH_2 \cdot NH_2$ (fl)	—	—	2	−39,4	—	—	—	—
$ZnBr_2$ . .		—	—	2	−41,0	—	—	—	—
ZnJ_2 . .		—	—	2	−37,25	—	—	—	—
$CoCl_2$ . .	$NH_2 \cdot NH_2$(fest)	—	—	2	−38,6	—	—	—	—
$CoBr_2$.		—	—	2	−40,7	—	—	—	—
	b) Anlagerungsverbindungen mit organischen Stoffen.								
$CoBr_2$ . .	Methylalkohol	2	−13,5	—	—	—	—	0	—
$CoCl_2$ . .	Äthylalkohol	2	−11,0	—	—	—	—	0	—
$CoBr_2$ . .		2	−11,3	—	—	—	—	0	—
$CoCl_2$ . .	Glykol	2	−17,8	—	—	—	—	10	—
$CoBr_2$ . .		2	−17,1	3	−19,8	—	—	0	—
LiCl . . .	Methylamin	1	−12,4	2	−24,1	4	−44,4	—	3
	Dimethylamin	1	−12,2	2	−23,0	3	−33,3	—	—
	Trimethylamin	1	−10,7	2	−20,2	—	—	—	—
	Äthylamin	1	−11,3	—	—	3	−30,9	—	—
	Propylamin	1	−13,1	2	−25,4	4	−46,6	—	—
LiBr . .	Methylamin	1	−14,6	2	−27,9	3	−51,1	—	3,5
	Propylamin	1	−15,1	2	−29,0	4	−53,0	—	—
LiJ . . .	Methylamin	1	−18,5	2	−32,7	4	−44,4	—	—
	Propylamin	1	−17,8	2	−34,1	4	−61,3	—	3
$FeCl_2$ . .	Äthylendiamin (fest)	—	—	—	—	3	−39,7	0	—
$FeBr_2$.	,,	—	—	—	—	3	−47,2	0	—
FeJ_2 . .	,,	—	—	—	—	3	−65	20	—
$CoCl_2$ . .	,,	1	−27,8	—	—	3	−49,2	0	—
$CoBr_2$ . .	,,	1,5	−37,5	—	—	3	−57,0	0	—
CoJ_2 . .	,,	—	—	—	—	3	−59,6	0	—
$ZnCl_2$ . .	Äthylendiamin (fl)	1	−30,8	—	—	3	−56,4	—	—
$ZnBr_2$.	,,	1	−31,8	—	—	3	−60,4	—	—
ZnJ_2 . .	,,	1	−29,8	—	—	3	−61,4	—	—
$CoCl_2$ . .	Anilin (fl)	—	—	2	−18,4	—	—	0	—
$CoBr_2$.	,,	—	—	2	−19,6	—	—	0	—
CoJ_2 . .	,,	—	—	2	−21,7	—	—	0	—
$ZnCl_2$ . .	,,	—	—	2	−23,3	—	—	—	—
$CoCl_2$ . .	o-Phenylendiamin (fest)	1	−10,6	4	−21,05	4	—	0	—
$CoBr_2$ . .	,,	—	—	4	−24,1	4	—	0	—
CoJ_2 . .	,,	—	—	4	−26,1	6	−19,3	0	—
$ZnCl_2$ . .	,,	1	−12,6	—	—	6	−15,0	—	—
$FeCl_2$ . .	Pyridin (fl)	2	−24,7	4	−36	—	—	0	—
$FeBr_2$ . .	,,	2	−26,3	4	−38,7	6	−46,0	0	—
FeJ_2 . .	,,	2	−27,35	4	−39,8	6	−52,2	20	—
$CoCl_2$ . .	,,	1	−15,4	2	−24,9	4	−35,1	0	—
$CoBr_2$ . .	,,	—	—	2	−25,8	4	−37	0	—
CoJ_2 . .	,,	—	—	2	−26,8	4	−51,3	0	—
$ZnCl_2$ . .	,,	—	—	2	−25,9	—	—	—	—

3626 Lösungsenthalpie.

36261 Lösungs- bzw. Mischungs-Enthalpie ΔI in kcal (g-Atom)$^{-1}$ von Metallen in Metallen bei der Temperatur ϑ.

ΔI = Differenz zwischen dem Wärmeinhalt der Menge der Schmelze die 1 g Atom des 1. genannten Metalls (oder des 2. genannten Metalls, wenn dieses mit * versehen ist) enthält, und der Summe der Wärmeinhalte der Ausgangsstoffe. Die Molzahl des 2. Metalls ergibt sich aus der Angabe der Atom-% des 1. Metalls. Hauptordnung nach dem 2. Metall.

Wenn ausnahmsweise ein Metall im festen Zustand vorlag, ist dies besonders vermerkt.

Metall	Atom-%	in Metall	ϑ in °C	ΔI kcal/g-Atom
Na	28,3	K	110	+ 0,026
	42,8		110	+ 0,044
	60,8		110	+ 0,034
Mg	50	Al*	800	− 1,0
Al	38	Cu*	1200	− 5,0
Mg	50	Ag*	1050	− 3,0
Al	30	Ag*	1050	− 1,0
Ag	50	Cu*	1200	+ 1,0
Mg	40	Zn	800	− 1,5
Al	50	Zn	800	+ 1,2
Mg	16,2	Cd	700	+ 1,05
	47,8		700	+ 2,03
	78,0		700	+ 1,47
Zn	17,3	Cd	450	+ 0,211
	50,6		450	+ 0,502
	81,1		450	+ 0,294
Na	4,2	Hg	110	− 0,98
	14,0		110	− 2,84
	27,9		110	− 5,79
	43,1		110	− 6,86
	66,2		110	− 4,44
	84,2		110	− 1,84
K	6,9	Hg	110	− 0,98
	10,0		110	− 1,42
	17,4		110	− 4,00
	43,4		110	− 6,58
	63,8		110	− 4,45
	79,2		110	− 1,57
	86,0		110	− 0,60
Mg (fest)	2,41	Hg	Z.T.	− 17,3
Cd (fest)	5,65	Hg	Z.T.	− 0,505
Cd-Amalgam				
75 Atom-% Cd	Z.T.	Hg	25	+ 0,24
50 „ „	Z.T.	Hg	25	+ 1,46
25 „ „	Z.T.	Hg	25	+ 3,44
21,6 „ „	Z.T.	Hg	25	+ 3,49
16,7 „ „	Z.T.	Hg	25	+ 2,39
5,0 „ „	Z.T.	Hg	25	~ 0

Metall	Atom-%	in Metall	ϑ in °C	ΔI kcal/g-Atom
Mg	62	Sn	800	− 3,4
Al	60	Sn	800	+ 1,6
Cu	70	Sn	1200	− 1,1
Ag	65	Sn	1050	− 1,1
Zn	18,8	Sn	450	+ 0,456
	48,6		450	+ 0,872
	82,0		450	+ 0,366
Cd	15,8	Sn	350	+ 0,183
	47,3		350	+ 0,371
	81,8		350	+ 0,207
Hg	18,1	Sn*	250	+ 0,082
	58,8		250	+ 0,235
Hg	86,0	Sn*	250	+ 0,161
	91,2		250	+ 0,101
Hg	99,18	Sn* (fest)	—	+ 2,541
Mg	62	Pb	800	− 2,4
Cu	54	Pb	1200	+ 1,9
Ag	60	Pb	1050	+ 1,7
Zn	7,0	Pb	450	+ 0.128
	20,2		450	+ 0,251
	69,5		450	+ 0,137
	80,8		450	+ 0,004
Cd	19,8	Pb*	350	+ 0,292
	59,3		—	+ 0,564
	88,3		—	+ 0,249
Hg	98,98	Pb* fest	Z.T.	+ 1,658
Sn	11,0	Pb*	350	+ 0,112
	23,3		350	+ 0,205
	44,0		350	+ 0,318
	76,1		350	+ 0,180
	87,7		350	+ 0,098
Mg	60	Bi	800	− 3,0
Cu	56	Bi	1200	+ 1,4
Ag	56	Bi	1050	+ 1,1

36261 (Fortsetzung).

Metall	Atom-%	in Metall	ϑ in °C	Δ I kcal/g-Atom	Metall	Atom-%	in Metall	ϑ in °C	Δ I kcal/g-Atom
Zn	16,7	Bi	450	+ 0,451	Cu	60	Sb	1200	− 0,9
	40,4		450	+ 0,784	Ag	65	Sb	1050	− 1,1
	71,4		450	+ 0,420	Zn	19,7	Sb*	700	− 0,256
	80,5		450	+ 0,221		53,3		700	− 0,681
Cd	37,6	Bi	350	− 0,004		82,2		700	− 0,380
	52,7		350	− 0,008		91,8		700	− 0,198
	73,6		350	− 0,004	Cd	45	Sb*	800	− 0,8
Sn	13,9	Bi*	150	− 0,093	Sn	36	Sb*	800	− 0,11
	31,9		150	− 0,148	Pb	56	Sb*	800	− 0,1
	48,2		150	− 0,162	Bi	52	Sb*	800	+ 0,3
	84,1		150	− 0,079					
Pb	40	Bi	350	− 0,22					
	14,6		850	− 0,165					
	38,2		850	− 0,459					
	69,6		850	− 0,373					
	82,0		850	− 0,224					

36262 Lösungsenthalpie fester Stoffe in Wasser.

Mit Δ I ist die Differenz zwischen dem Wärmeinhalt der Lösung und der Summe der Wärmeinhalte des festen Stoffes und der n Mole reinen Lösungsmittel bezeichnet.

In den Tabellen sind, abgesehen vom Vorzeichen, sogenannte integrale Lösungswärmen [1], die beim Auflösen eines Moles des Stoffes in n Molen des reinen Lösungsmittels, wo n groß gegen 1 ist, bei der angegebenen Temperatur entstehen, angegeben.

Die Lösungsenthalpie ist konzentrationsabhängig.

---

[1] Man unterscheidet bei Lösungswärmen die differentialen und integralen.

Bei den differentialen 1. die erste Lösungswärme. Sie ist die Lösungswärme beim Lösen von dn_2 Molen des festen Stoffes in n_1 Molen reinen Lösungsmittel. $n_1 \gg dn_2$. 2. Die letzte Lösungswärme. Sie ist die Lösungswärme beim Zusatz von dn_2 Molen des festen Stoffes zu einer Lösung, deren Konzentration durch diesen Zusatz auf Sättigungskonzentration steigt.

Bei der integralen noch die *ganze* oder *totale* Lösungswärme. Sie ist Wärmetönung beim Auflösen eines Moles des Stoffes in so viel Lösungsmittel, daß eine gesättigte Lösung entsteht.

362621 Lösungsenthalpie ΔI in kcal · mol^{-1} für anorganische Stoffe in Wasser bei der Temperatur ϑ.

n = Zahl der Mole Wasser auf 1 Mol Stoff; fehlt bei n eine Angabe, so handelt es sich um eine stark verdünnte Lösung, deren Konzentration unbekannt ist.

Stoff	ϑ in °C	n	ΔI in kcal · mol^{-1}
HCl	21,5	299	−17,56
H_2SO_4	25	199	−17,76
SO_2	25	229	−7,48
Li_2O	18	200	−31,5
LiOH	18	200	−4,55
LiCl	18	200	−8,49
LiBr	18	200	−11,39
LiJ	18	200	−14,83
$LiClO_4$	18	223	−6,240
Li_2SO_4	25	400	−6,785
$LiNO_3$	18	200	−0,333
Li_2SiF_6	18	800	−2,0
Na_2O	18	200	−56,3
NaOH	18	200	−10,10
NaF	19,7	5245	0,455
NaCl	25,3	161	0,959
NaBr	18	200	0,60
NaJ	18	200	−1,55
$NaClO_3$	18	ca. 200	5,320
$NaClO_4$	18	400	3,33
Na_2S	18	400	−15,2
NaHS	18	400	−4,59
Na_2SO_3	18	800	−2,7
Na_2SO_4 (geschmolzen)	18	400	−0,46
$NaHSO_4$	18	200	−1,25
$Na_2S_2O_3$	18	440	−2,0
$Na_2S_2O_5$	10	630	5,2
$Na_2S_2O_6$	18	400	5,8
Na_2Se	18	1000	−18,8
$NaNO_2$	~18	738	3,55
$NaNO_3$	18	200	4,97
NaH_2PO_3	18	550	−0,90
Na_2HPO_3	13,5	555	−9,15
$Na_3PO_4 \cdot 12\,H_2O$	18	660	14,26
Na_2HPO_4	18	400	−5,64
$Na_4P_2O_7$	18	800	−11,85
Na_2CO_3	25	1000	−5,671
$NaHCO_3$	18	300	4,1
NaCN	18	100	0,37
NaCNO	12,8	—	4,8
$(NaCNO)_3$	—	1665	−1,47
NaCNS	25	200	1,648
$Na_2B_4O_7$	18	900	−10,0
K_2O	—	—	−75,0
KOH	18	200	−12,78

Stoff	ϑ in °C	n	ΔI in kcal · mol^{-1}
KF	18	200	−3,85
KCl	20	200	4,376
KBr	18	200	5,10
KJ	25	200	4,91
$KClO_3$	18	200	10,17
$KBrO_3$	18	200	10,0
KJO_3	18	400	6,7
$KJO_3 \cdot HJO_3$	18	1600	11,33
$KClO_4$	25	1800	12,28
KHS	18	400	−0,80
K_2SO_3	18	350	−1,8
K_2SO_4	18	400	6,42
$KHSO_4$	18	200	3,75
$K_2S_2O_3$	18	1000	4,5
$K_2S_2O_5$	18	500	11
$K_2S_2O_8$	18	3300	13,7
$K_2S_3O_6$	18	500	12,46
KNO_3	18	200	8,4
KH_2PO_4	23	200	4,61
K_2CO_3	18	400	−6,63
$KHCO_3$	18	2000	5,13
KCN	18	175	3,01
KCNO	18	400	5,24
KCNS	18	200	6,00
Rb_2O	18	3000	−80,0
RbOH	18	200	−14,4
RbF	18	110	−5,91
RbCl	18	200	4,50
RbBr	18	110	5,86
RbJ	18	200	6,5
Rb_2S	18	∞	−24,6
Rb_2SO_4	18	200	6,43
$RbHSO_4$	18	200	3,58
$RbNO_3$	18	400	8,91
Rb_2CO_3	18	220	−9,13
RbCNS	18	—	14
Cs_2O	18	3400	−83,2
CsOH	18	110	−16,56
CsF	18	110	−8,51
CsCl	18	200	4,54
CsBr	18	110	6,60
CsJ	18	110	8,12
$CsSO_4$	18	200	4,70
$CsHSO_4$	18	200	3,55
$CsNO_3$	18	400	9,74
Cs_2CO_3	18	220	−12,06
$CsHCO_3$	18	220	4,17

362621 (Fortsetzung).

Stoff	ϑ in °C	n	ΔI in kcal·mol⁻¹	Stoff	ϑ in °C	n	ΔI in kcal·mol⁻¹
NH_3	19,9	91,32	−8,34	SrS	18	—	−7,2
NH_4F	18	—	1,5	$Sr(NO_3)_2$	18	400	4,92
NH_4Cl	18	110...	3,84	$Sr(CN)_2\cdot$			
		120		$4\ H_2O$	8	100	4,15
NH_4Br	18	200	4,45	**BaO**	15	666	−35,64
NH_4J	18	200	3,56	$Ba(OH)_2$	18	660	−11,60
NH_4SH	18	890	3,3	BaF_2	18	∞	3,14
$(NH_4)_2SO_3$	8	220	1,54	$BaCl_2$	18	400	−2,07
$(NH_4)_2SO_4$	20	200	2,029	$BaBr_2$	18	400	−4,98
NH_4HSO_4	18	200	0,02	BaJ_2	16	∞	−10,3
$(NH_4)_2S_2O_5$	10	660	6,34	$BaCl_2\cdot 2H_2O$	18	400	4,92
$(NH_4)_2S_2O_8$	16	1000	9,2	$BaJ_2\cdot 7\,H_2O$	18	500	6,85
NH_4SeH	18	1140...	5,0	$Ba(ClO_3)_2$	10	600	6,7
		1800		$Ba(ClO_4)_2$	18	877	1,46
NH_4NO_2	13	400	4,75	BaS	18	∞	−7,16
NH_4NO_3				BaN_6	19,8	700	7,8
(rhomb.)	19,6	1079	6,325	$Ba(NO_3)_2$	18	400	9,47
$(NH_4)_3PO_4$	15	660	8,50	$Ba(H_2PO_2)_2\cdot$			
$NH_4H_2PO_4$	23	100	3,865	H_2O	18	800	−0,29
$(NH_4)_2HPO_4$	23	200	2,983	$Ba(CN)_2$	9	—	−1,8
NH_4NaHPO_4	18	800	10,75				
NH_4HCO_3	18	1200	6,8	**$AlCl_3$**	20	2500...	−78,09
NH_4CN	18	400	4,4			4700	
NH_4CNO	18	—	6,23	$AlBr_3$	20	2760	−88,50
NH_4CNS	18	—	5,7	AlJ_3	9	2200	−89,0
$(NH_4)_2SiF_6$	7	2400	8,4	$Al_2(SO_4)_3\cdot$			
				$6\ H_2O$	18	—	−56,0
$BeCl_2$	20	1367	−51,1	$Al_2(SO_4)_3\cdot$			
$Mg(OH)_2$	18	∞	2,2	$18\ H_2O$	17	388	−6,80
$MgCl_2$	18	800	−35,92	**$Y_2(SO_4)_3\cdot$**			
$MgBr_2$	18	∞	−43,3	$8\ H_2O$	18	1200	−10,7
MgJ_2	18	∞	−49,8	**$NdCl_3$**	18	2000	−35,5
$MgClO_4$	18	496	−36,91	NdJ_3	19	2000	−48,9
$MgSO_4$	18	400	−20,30	$Nd_2(SO_4)_3$	18	500	−36,5
$Mg(NO_3)_2\cdot$				**$ThCl_4$**	15	—	−56,7
$6\ H_2O$	18	460	4,22	$ThBr_4$	18	—	−70,2
CaO	18	2500	−18,33				
$Ca(OH)_2$	18	2500	−2,79	**CrO_3**	19,5	56	−2,28
CaF_2	18	∞	−4,26	Na_2CrO_4	18	500	−2,50
$CaCl_2$	18	200	−18,0	K_2CrO_4	18	540	5,25
$CaBr_2$	18	400	−24,51	$K_2Cr_2O_7$	18	400	16,7
CaJ_2	18	400	−27,70	$(NH_4)_2CrO_4\cdot$			
$Ca(ClO_4)_2$	18	633	−14,20	H_2O	18	840	5,8
CaS	18	—	−6,4	NH_4KCrO_4	17	384	5,3
$CaSO_4$	18	∞	−4,8	$(NH_4)_2Cr_2O_7$	16	540	12,90
$Ca(NO_3)_2$	25	200	−4,277	$CrCl_2$	18	—	−18,6
SrO	15	1111	−29,76	CrO_2Cl_2	18	283...	−17,86
$Sr(OH)_2$	18	1100	−10,5			584	
SrF_2	—	—	2,1	$CrO_3\cdot KCl$	18	490	4,65
$SrCl_2$	18	400	−11,15	$UO_2Cl_2\cdot H_2O$	18	1000	−6,0
$SrBr_2$	18	400	−16,11	$UO_2SO_4\cdot$			
SrJ_2	12	—	−20,5	$3\ H_2O$	18	1000	−5,1
$Sr(ClO_4)_2$	18	840	−9,145	$UO_2(NO_3)_2$	12	220	−19,0

362621 (Fortsetzung).

Stoff	ϑ in °C	n	ΔI in kcal · mol^{-1}
$UO_2CrO_4 \cdot 5^1/_2\,H_2O$	18	1000	6,3
$KMnO_4$	19,1	658	10,46
$MnCl_2$	18	350	−16,01
MnJ_2	18	—	−26,2
$MnSO_4$	18	400	−13,80
$Mn(NO_3)_2$	14	280	−12,93
$KReO_4$	16,8	3600	13,88
$FeCl_2$	18	350	−17,85
$FeCl_3$	Z.T.	2000…2500	−31,61
$H_4Fe(CN)_6$	10	200	−0,4
$K_3Fe(CN)_6$	12	400	14,4
$K_4Fe(CN)_6$	12	820	12,0
$(NH_4)_4Fe(CN)_6 \cdot 3\,H_2O$	14	—	6,8
$Ca_2Fe(CN)_6 \cdot 12\,H_2O$	10	—	−4,6
$CoCl_2$	18	400	−18,34
$CoBr_2$	18	—	−18,4
$CoSO_4 \cdot 7\,H_2O$	18	800	3,57
$Co(NO_3)_2$	8	280	−11,82
$NiCl_2$	18	400	−19,17
$NiBr_2$	18	—	−18,9
$NiSO_4 \cdot 7\,H_2O$	17	162,94	4,30
$Ni(NO_3)_2$	18	280	−11,88
K_2PdCl_4	19,8	800	13,64
K_2PdCl_6	18	—	15,00
Na_3RhCl_6	19	6200	−7,70
K_2IrCl_6	16	5400	13,12
$PtCl_4$	18	—	−19,4
$PtBr_4$	18	1000	−9,8
K_2PtCl_4	18	600	12,22
K_2PtBr_4	18	800	10,63
$(NH_4)_2PtCl_4$	18	660	8,48
Na_2PtCl_6	18	860	−8,49
Na_2PtBr_6	18	600	−9,99
K_2PtCl_6	12	6750	12,15
K_2PtBr_6	18	2000	12,26
$BaPtCl_6$	20	5550	−9,05
$CuCl_2$	18	600	−11,08
$CuBr_2$	18	400	−8,25
$CuSO_4$	18	800	−15,9
$CuSO_4 \cdot K_2SO_4$	18	800	−9,40
$CuNO_3$	8	280	−10,47
AgF	18	400	−4,3
$AgClO_3$	18	600	7,52
Ag_2SO_4	18	1400	4,48
$AgNO_2$	18	—	8,8
$AgNO_3$	18	200	5,46
$AgCN \cdot KCN$	11	440	8,55
$AuCl_3$	18	900	−4,45
$AuBr_3$	18	2000	3,7
$HAuCl_4 \cdot 4\,H_2O$	18	400	5,83
$ZnCl_2$	17,9	302	−15,71
$ZnBr_2$	18	400	−15,03
ZnJ_2	18	400	−11,31
$ZnSO_4$	18	400	−18,54
$CdCl_2$	18	400	−3,01
$CdBr_2$	18	400	−0,44
CdJ_2	18,2	400	0,976
$CdSO_4$	18	400	−10,69
$Cd(NO_3)_2 \cdot H_2O$	18	400	−4,18
$HgCl_2$	18	350	3,52
$HgBr_2$	18	∞	2,4
$HgCl_2 \cdot KCl$	14	770	9,5
$HgCl_2 \cdot 2\,KCl$	14	930	15,0
$HgBr_2 \cdot 2\,KBr$	18	600	9,75
$HgJ_2 \cdot 2\,KJ$	18	800	9,81
$Hg(CN)_2$	15	1010	3,0
$GaCl_3$	20	6300…∞	−45,1
$InCl_3$	20	4600…∞	−23,25
Tl_2O	18	570	3,08
$TlOH$	18	235	3,15
$TlCl$	20	15000	10,3
Tl_2SO_4	20	3200	8,18
$TlNO_3$	18	300	9,97
$SnCl_2$	18	300	−0,35
$SnBr_2$	—	1080	1,6
$SnCl_4$	10,5	720	−28,5
$SnBr_4$	10,5	970	−16,6
K_2SnCl_6	18	800	3,38
$PbCl_2$	20	1854	6,56
$PbBr_2$	18	400	7,6

362622 Lösungsenthalpie ΔI in kcal · mol⁻¹ beim Lösen organischer Stoffe in Wasser (n Zahl der Mole H_2O, in der 1 Mol des Stoffes gelöst wird).

Stoff	Temp. °C	n	ΔI in kcal · mol^{-1}
Acetamid, f.	17	200	—2,05
Aceton siehe S. 1088	—	—	—
Äthylalkohol siehe S. 1088	—	—	—
Äthylpropyläther	15	190	—4,95
Ameisensäure, f.	15	100	2,35
Ameisens. Ba	15	200	2,4
„ Ca	15	200	—0,6
„ K	15	200	0,9
„ Na	15	200	0,5
„ NH_4	15	200	2,9
Amidoessigsäure	15	100	3,58
Anilin	15	200	0,1
Anilin, salzsaures	15	200	2,7
Anilin, salpetersaures	15	200	6,7
Benzoesäure	15	100	6,5
Benzoes. Ca	15	200	4,6
„ K	15	200	1,5
„ Na	15	200	—0,8
„ NH_4	15	200	2,7
Bernsteinsäure	11	100	6,4
Chinon, f.	Z.T.[1]	1830	4,69
Chloralhydrat	Z.T.	ca. 450	7,77
Citronensäure · H_2O	15	100	6,4
Dextrose	15	100	2,250
Dioxyaceton, f.	24	ca. 500	3,98
Dulcit	15	100	5,9
Essigsäure, f.	15	100	2,13
„ fl.	15	100	—0,24
Essigsaures Ag	10	120	4,3
„ Ba	10,8	600	—5,2
„ Ba · $3H_2O$	10,8	600	0,8
„ Ca	15,5	440	—7,0
„ Ca · H_2O	17	600	—5,4
„ Cu	10	320	—2,8
„ Cu · H_2O	10	400	—0,8
„ Hg	13,7	222	3,8
„ K	Z.T.	200	—3,34
„ Na	Z.T.	200	—3,87
„ Na · $3H_2O$	21	200	4,6
„ NH_4	24	200	—0,25
„ Pb	15	200	—1,4
„ Pb · $3H_2O$	15	200	5,5
„ Sr	11,5	300	—5,6
„ Sr · $^1/_2 H_2O$	12	440	—5,3
„ Zn	22,5	720	—9,8
„ Zn · H_2O	22,5	800	—7,0
„ Zn · $2H_2O$	10,2	500	—4,2
Glycerin, fl.	20	140	—1,406
„	20	200	—1,414
Harnstoff	10,5	660	3,69
Hydrochinon	ca. 16	282	4,446
o-Kresol	15	350	3,126
Lactose	15	100	1,830
Mannit	15	100	4,6
Methylalkohol siehe S. 1088	—	—	—
Methylamin, γ	25...30	344	—10,635
Methylbutyläther	15	370	—6,8
Methyl-isobutyläther	15	290	—6,05
Methyl-sek. butyläther	15	220	—4,35
Methyl-tert. butyläther	15	67	—3,70
Monochloressigsäure	15	100	2,331
Oxalsäure	15	100	2,29
Oxalsäure · $2H_2O$	15	100	8,49
Oxals. K	15	200	24,7
„ K · H_2O	15	200	7,7
Saures oxals. K	15	200	9,6
Oxals. Na	15	200	4,3
Saures oxals. Na	15	200	5,6
„ „ Na · H_2O	15	200	9,5
Oxals. NH_4	15	200	8,0
„ NH_4 · H_2O	15	200	11,5
Phenol, f.	16	424	2,76
Pikrinsäure	15	100	7,6
Pikrins. K	15	100	10,0
„ Na	15	100	6,4
„ NH_4	15	100	8,7
Propylalkohol siehe S. 1088	—	—	—
Pyrrogallol, f.	ca. 17	472	3,911
Resorcin, f.	16	229	3,636
Rohrzucker	15	200	0,91
Salicylsäure	15	100	8,5
Tetraäthylammoniumjodid	ca. 18	800	6,352
Tetramethylammoniumjodid	20,5	250	10,108
Tetrapropylammoniumjodid	18	800...1600	2,011
Traubensäure	9,7	100	5,420
Trichloressigsäure	15	100	—2,894
d-Weinsäure	9,7	100	3,275
l- „	9,7	100	3,270
Inakt. Weinsäure	9,7	100	5,240
Weins. K	15	100	3,6
„ K · $^1/_2 H_2O$	15	100	5,6
„ Na	15	100	1,1
„ Na · $2H_2O$	15	100	5,9
Saures weins. Na	15	100	5,7
„ „ Na · H_2O	15	100	8,5
Weins. Na, K	15	100	1,9
„ Na, K · $4H_2O$	15	100	12,3
d-Weinsäurediäthylester, fl.	25	1400	—3,115

[1] Z.T. = Zimmertemperatur.

362623 Mischungsenthalpie ΔI in cal · g⁻¹ bei der Vereinigung organischer Flüssigkeiten miteinander oder mit Wasser zu einem Gemisch mit n Gewichtsprozenten des Stoffes A.

Stoff A	Stoff B	°C	Gewichtsprozente des Stoffes A								
			10	20	30	40	50	60	70	80	90
Wasser	Aceton	17	—	—	—	—5,05	—6,35	—7,16	—7,35	—6,125	—
„	Äthylalkohol	17,3	—1,39	—2,50	—3,83	—5,40	—7,06	—8,50	—9,39	—8,64	—5,22
„	Methylalkohol	19,7	—3,13	—5,26	—6,93	—8,31	—9,38	—10,07	—9,96	—8,31	—5,02
„	Propylalkohol	21	0,75	0,65	0,00	—0,92	—1,93	—3,04	—4,15	—4,92	—3,68
Äthylalkohol	Benzin	14,9	—1,2942	—1,6024	—1,7535	—1,8054	—	—1,6408	—1,4496	—1,094	—0,6351
„	Methylalkohol	16	—0,024	—0,044	—0,064	—0,075	—0,086	—0,095	—0,094	—0,082	—0,050
„	Schwefelkohlenstoff	15,1	—	—2,0688	—2,2757	—2,514	—2,502	—2,2212	—1,9215	—1,4088	—0,7715
Benzol	Essigsäure	16	0,57	0,94	1,21	1,36	1,43	1,32	1,15	0,88	0,57
„	Essigs. Äthyl	17	0,163	0,265	0,317	0,354	0,362	0,365	0,350	0,313	0,210
„	Essigs. Methyl	17	0,51	0,87	1,15	1,36	1,51	1,52	1,40	1,08	0,57
„	Methylalkohol	15	0,41	0,80	1,19	1,59	1,98	2,27	2,43	2,28	2,23
„	Propylalkohol	15	0,66	1,32	1,98	2,65	2,93	3,16	3,24	3,02	2,46
„	Schwefelkohlenstoff	18	0,70	1,23	1,63	1,87	1,90	1,84	1,62	1,16	0,62
„	Tetrachlorkohlenstoff	18	0,108	0,167	0,218	0,246	0,246	0,230	0,195	0,143	0,072
„	Toluol	16	0,08	0,144	0,198	0,219	0,223	0,220	0,186	0,124	0,063
Chloroform	Aceton	14	—1,14	—2,35	—3,42	—4,63	—5,56	—6,10	—5,99	—5,15	—3,24
„	Benzol	18	—0,27	—0,48	—0,63	—0,74	—0,79	—0,79	—0,76	—0,69	—0,49
„	Diäthyläther	14	—1,79	—3,32	—4,47	—5,61	—6,34	—6,21	—5,68	—4,50	—2,44
„	Schwefelkohlenstoff	—	0,53	0,93	1,26	1,50	1,59	1,53	1,35	1,06	0,61
Essigsäureäthylester	Diäthyläther	14	0,27	0,45	0,58	0,66	0,71	0,66	0,56	0,42	0,26
„	Essigs. Amyl	15	0,16	0,24	0,37	0,44	0,45	0,42	0,35	0,27	0,16
„	Essigs. Methyl	16	0,070	0,122	0,162	0,188	0,207	0,203	0,181	0,142	0,078
Methylalkohol	Propylalkohol	14	0,18	0,35	0,49	0,56	0,55	0,49	0,41	0,30	0,17
Schwefelkohlenstoff	Aceton	16	1,38	2,82	3,93	4,76	5,00	4,97	4,21	3,86	2,58
„	Benzin	14,7	—0,4995	—0,9096	—1,2250	—1,4598	—1,5455	—	—1,4145	—1,1426	—0,7110
„	Toluol	18	0,33	0,63	0,84	1,06	1,13	1,10	0,96	0,72	0,41
Toluol	Tetrachlorkohlenstoff	—	—0,041	—0,066	—0,078	—0,080	—0,076	—0,062	—0,047	—0,033	—0,016

3627 Verdünnungsenthalpie ΔI in kcal für wässerige Lösungen bei 18° C.

ΔI = Differenz zwischen dem Wärmeinhalt der Lösung eines Moles des angegebenen Stoffes in n + m Molen Wasser und dem der Lösung eines Moles in n Molen Wasser.

Stoff	n	n + m								
		2	5	10	20	50	100	200	400	800
LiOH . . .	25	—	—	—	—	—0,133	—0,223	—0,288	—0,338	—
NaOH . . .	3	—	—2,131	—	—3,283	—3,113	—3,000	—2,940	—	—
NaCl	10	—	—	0	—	0,528	0,655	0,705	—	—
Na_2SO_4 . . .	50	—	—	—	—	0	0,665	1,132	1,383	1,483
$NaHSO_4$ . .	10	—	—	0	—0,436	—0,520	—0,558	—0,702	—0,972	—1,193
$NaNO_3$ . . .	6	—	—	—	—	1,644	1,930	2,096	—	—
Na_2CO_3 . . .	30	—	—	—	—	0,556	1,190	1,601	—	—
KOH . . .	3	—	—1,5	—	—2,68	—2,74	—2,75	—2,75	—	—
$KHSO_4$ . . .	20	—	—	—	0	0,064	0,030	—0,108	—0,382	—0,766
K_2CO_3 . . .	10	—	—	0	—	0,122	0,408	0,598	0,749	—
NH_4Cl . . .	10	—	—	0	—	0,121	0,129	0,129	—	—
$(NH_4)_2SO_4$.	10	—	—	0	—	0,437	0,632	0,750	—	—
NH_4HSO_4 .	10	—	—	0	—0,370	—0,486	—0,594	—0,788	—1,048	—1,366
NH_4NO_3 . .	$2^1/_2$	—	0,641	1,259	1,786	2,292	2,509	2,614	—	—
NH_4HCO_3 .	40	—	—	—	—	—	0,176	0,288	0,384	—
$MgCl_2$ . . .	10	—	—	0	—2,322	—3,222	—3,526	—3,731	—3,84	—3,93
$MgSO_4$ . . .	20	—	—	—	0	—0,279	—0,324	—0,393	—0,46	—0,46
$Mg(NO_3)_2$ . .	12	—	—	—	—0,412	—0,404	—0,364	—0,370	—0,421	—
$CaCl_2$	10	—	—	0	—1,639	—2,225	—2,335	—2,515	—	—
$Sr(NO_3)_2$ . .	20	—	—	—	0	1,263	1,944	2,366	2,515	—
$BaCl_2$ * . . .	50	—	—	—	—	0	0,035	0,017	—0,034	—0,098
$MnSO_4$ . . .	20	—	—	—	0	—0,532	—0,714	—0,792	—	—
$Mn(NO_3)_2$ . .	10	—	—	0	—1,294	—1,528	—1,541	—1,573	—1,648	—
$NiCl_2$	20	—	—	—	0	—1,068	—1,380	—1,584	—1,697	—
$CuCl_2$ . . .	10	—	—	0	—1,630	—3,336	—4,052	—4,510	—	—
$CuSO_4$ . . .	60	—	—	—	—	—	—0,041	—0,116	—	—
$Cu(NO_3)_2$ . .	10	—	—	0	—0,940	—0,904	—0,776	—0,729	—	—
$ZnCl_2$ . . .	5	—	0	—1,849	—3,152	—5,317	—6,809	—7,632	—8,020	—
$ZnSO_4$ . . .	20	—	—	—	0	—0,318	—0,367	—0,385	—	—
$Zn(NO_3)_2$ . .	10	—	—	0	—1,148	—1,203	—1,111	—1,071	—	—
$Pb(NO_3)_2$ . .	40	—	—	—	—	—	1,227	1,98	2,50	—
HCOOH . .	0	—0,167	—	—	—	—0,126	—0,148	—0,149	—	—
CH_3COOH .	25	—	—	—	—	—0,0756	—0,1177	—0,1389	—0,1493	—0,1523
CH_3COONa .	10	—	—	0	—	—0,416	—0,468	—	—	—
CH_3COOK .	5	—	0	—0,790	—	—1,393	—1,499	—1,571	—	—
CH_3COONH_4	2	0	—0,544	—0,900	—	—1,494	—1,625	—1,717	—	—
$(CH_3COO)_2Zn$	50	—	—	—	—	0	—1,189	—2,248	—3,134	—
Citronen-säure ** .	25	—	—	—	—	0,111	0,956	0,257	0,306	0,353
Weinsäure .	—	—	—	—	3,307	3,452	3,516	3,566	—	—
,, .	20	—	—	—	0	0,142	0,209	0,259	—	—
,, .	50	—	—	—	—	0	0,067	0,117	—	—
,, .	100	—	—	—	—	—	0	0,050	—	—
Weins. NH_4 .	21	—	—	-	-	0,648	1,014	1,242	1,358	—

* 15°. ** 20°.

3628 Neutralisationsenthalpie.

Bei der Neutralisation einer Base mit einer Säure ist bei Verwendung einer starken Base und einer starken Säure, die also vollkommen dissoziiert sind, der Vorgang der gleiche, es bildet sich gemäß der Reaktionsgleichung, wie am Beispiel $K^+ + OH^- + Cl^- + H^+ \rightarrow K^+ + Cl^- + H_2O$ gezeigt sei, aus $OH^- + H^+ = H_2O$ bis auf einen kleinen Rest, der dem Dissoziationsgrad des Wassers (vgl. 324121) entspricht. Deshalb hat die Neutralisationsenthalpie ΔI (Differenz zwischen dem Wärmeinhalt der neutralisierten Lösung und der Summe der Wärmeinhalte der Ausgangslösungen) für diese Reaktionen den gleichen Wert: ΔI für 18° ist $-13{,}800$ kcal · mol^{-1} ($\Delta I_\vartheta = -(14{,}70 - 0{,}05\,\vartheta)$ kcal · mol^{-1} also gleich der Bildungswärme des Wassers aus seinen Ionen.

Neutralisation einer schwachen Base (Säure) mit schwachen Säuren (Basen) oder mit starken Säuren (Basen) liefert andere ΔI, da hier nicht alle Moleküle dissoziiert sind und infolgedessen noch Ionisationsvorgänge bei der Neutralisation auftreten. Man kann bei schwachen Elektrolyten aus der Abweichung von dem obigen Wert die Dissoziationswärme (Ionisationswärme) berechnen.

36281 Neutralisationsenthalpie ΔI in kcal je äquivalenter Anzahl von Molen der Base und Säure bei Zimmertemperatur.

Die der Base vorgesetzte Zahl gibt an, wieviel Mole Base auf 1 Mol Säure genommen worden sind. Die Konzentration der Basen und Säuren ist je 0,2...0,5 n, ein * bedeutet, daß das Umsetzungsprodukt ausfällt.

	HF ΔI	HCl ΔI	H_2S ΔI	H_2SO_3 ΔI	H_2SO_4 ΔI	HNO_3 ΔI
LiOH	—16,4*	—13,85	—	—	—	—
1 NaOH	—16,27	—13,75	—8,2 [1]	—16,6	—15,89	—13,68
2 NaOH	—	—	—8,4 [1]	—29,0	—31,38	—
1 KOH	—16,1	—13,75	—	—16,6	—14,7	—13,77
2 KOH	—	—	—	—31,8	—31,4	—
1 NH_4OH	—15,2	—12,27	—	—14,8	—13,6	—12,32
2 NH_4OH	—	—	—	—25,4	—29,05	—
					$^1/_2$ H_2SO_4	
$^1/_2$ $Ca(OH)_2$	—18,6*	—13,95	—	—	—15,6	—13,9
$^1/_2$ $Sr(OH)_2$	—17,9*	—13,92	—	—	—15,36*	—13,9
$^1/_2$ $Ba(OH)_2$	—16,2	—13,89	—	—	—18,4*	—14,1
TlOH	—16,44	—13,76	—	—	—	—13,69

	H_3PO_4 ΔI	H_3AsO_4 ΔI	H_2CO_3 ΔI	HCN ΔI	CH_3COOH ΔI	H_2CrO_4 ΔI
LiOH	—	—	—	—2,93	—	—
1 NaOH	—14,83	—15,0	—11,11	—2,85	—13,23	—13,13
2 NaOH	—27,08	—27,6	—20,18	—	—	—24,72
3 NaOH	—34,03	—35,9	—	—	—	—
1 KOH	—	—	—11,0	—2,85	—	—13,4
2 KOH	—	—	—20,2	—	—	—25,4
1 NH_4OH	—13,5	—13,7	— 9,73	—1,3	—	—
2 NH_4OH	—26,3	—24,3	—10,7	—	—	—22,2
3 NH_4OH	—33,2	—25,1	—	—	—	—
			$^1/_2$ H_2CO_3			
$^1/_2$ $Ca(OH)_2$	—14,8	—	— 9,15*	—3,2	—	—
1 $Ca(OH)_2$	—24,5*	—	—	—	—	—
$^1/_2$ $Sr(OH)_2$	—15,05	—	—10,3*	—3,2	—	—
$^1/_2$ $Ba(OH)_2$	15,0	—	—10,9*	—3,15	—	—

[1] Etwa 0,1 n.

36282 Neutralisationsenthalpie ΔI in kcal · val⁻¹ fester Oxyde und Hydroxyde.

Die Konzentration der Säuren ist etwa 0,15...0,25 n, * bedeutet, daß das Umsetzungsprodukt ausfällt.

	HF	HCl	$^1/_2$ H_2SO_4	HNO_3	$^1/_2$ H_2CO_3	HCN
$^1/_2$ $Be(OH)_2$	−9,85	−6,8	−8,25	—	—	—
$^1/_2$ $Mg(OH)_2$	−15,1*	−13,8	−15,6	—	—	—
$^1/_3$ $Al(OH)_3$	−11,7	−9,3	−10,5	—	—	—
$^1/_3$ $Cr(OH)_3$	−8,4	−6,9	−8,2	—	—	—
$^1/_2$ $Mn(OH)_2$	−13,5	−11,5	−13,2	−11,5	−6,6	—
$^1/_2$ $Fe(OH)_2$	−13,3	−10,7	−12,45	−10,7	−5,0	—
$^1/_3$ $Fe(OH)_3$	−7,9	−5,55	−5,7	−5,9	—	—
$^1/_2$ $Co(OH)_2$	−13,25	−10,6	−12,35	−10,55	—	—
$^1/_2$ $Ni(OH)_2$	−13,85	−11,3	−13,05	−11,25	—	—
$^1/_2$ CuO	—	−7,6	−9,4	−7,6	−2,4	—
$^1/_2$ $Cu(OH)_2$	−10,1	−7,45	−9,2	−7,45	—	—
$^1/_2$ Ag_2O	−7,9	−21,2*	−7,25	−5,44	−7,1*	−21,15*
$^1/_2$ $Zn(OH)_2$	−12,55	−9,9	−11,7	−9,9	−8,1*	−5,5*
$^1/_2$ $Cd(OH)_2$	−12,8	−10,15	−11,9	−10,15	−6,5	−6,85
$^1/_2$ Hg_2O	—	−15,05*	−5,9*	−2,9	—	—
$^1/_2$ HgO	—	−9,5	−1,3*	−3,1	—	−15,4
$^1/_2$ PbO	−11,1*	−7,7	−11,7*	−8,9	−8,3*	—

36283 Neutralisationsenthalpie ΔI in kcal · val⁻¹ bei 20° Verdünnung der Base und Säure n = 100.

	HCl	HBr	HJ	HNO_3
LiOH.	−13,993	−14,009	−13,925	−13,863
NaOH	−13,895	−13,843	−13,780	−13,837
KOH	−14,014	−13,988	−13,915	−14,086

36284 Neutralisationsenthalpie ΔI in kcal · val⁻¹ in Abhängigkeit von der Konzentration.

Die Konzentrationen sind angegeben in n Mole Wasser je Mol Base bzw. Säure, beide sind jeweils gleich.

Base	Säure	ϑ in °C	n 25	n 50	n 100	n 200	n 400	n 800	∞
NaOH	HCl	20	−14,26	−14,02	−13,92	−13,85	−13,79	—	−13,64
	HNO_3	20	−14,03	−13,90	−13,85	−13,80	−13,77	—	−13,64
	CH_3COOH	20	—	−13,33	−13,46	−13,51	−13,54	−13,56	—
	Citronensäure CiH_3	20	—	−12,88	−12,74	−12,66	−12,63	−12,62	—
	CiH_2Na	20	—	−12,65	−12,70	−12,75	−12,78	−12,83	—
	$CiHNa_2$	20	—	−12,76	−13,07	−13,32	−13,49	−13,55	—

36285 Neutralisationsenthalpie ΔI in kcal · val^{-1} in Abhängigkeit von der Temperatur.

Die Konzentrationen sind angegeben in Normalitäten, sie sind für Base und Säure jeweils gleich.

		n \ ϑ	0°	6°	18°	32°
NaOH . .	HCl	0,25 n	−14,580	−14,352	−13,714	−12,974
KOH . .	HCl	0,25 n	−14,707	−14,473	−13,937	−13,155
NaOH . .	HNO_3	0,25 n	—	−14,399	−13,708	−12,928
KOH . .	HNO_3	0,25 n	—	−14,472	−13,912	−13,103

36286 Neutralisationsenthalpie ΔI in kcal · val^{-1} organischer Säuren 0,02...0,05 μ bei 15° mit Natronlauge.

Säure	ΔI kcal/mol	Säure	ΔI kcal/mol
Essigsäure	− 13,4	o-Aminobenzolsulfonsäure .	− 9,5
Benzoesäure	− 13,8	m- ,, .	− 8,9
o-Aminobenzoesäure . . .	− 10,7	p- ,, .	− 12,0
m- ,, . . .	− 9,2	Pyridin-α-carbonsäure . . .	− 11,1
p- ,, . . .	− 12,0	Pyridin-β-carbonsäure . . .	− 10,8

36287 Neutralisationsenthalpie ΔI in kcal · val^{-1} fester organischer Säuren.

	NaOH Mole	NaOH Konz.	Molare Endkonz.	ΔI je Mol Säure kcal	ϑ in °C
Oxalsäure $C_2O_4H_2 \cdot 2\,H_2O$ . .	2	0,105 n	0,047	−19,67	20
Maleinsäure $C_4H_4O_4$.	2	0,196 n	0,014...0,043	−22,37	18,5
	1	0,196 n	0,03 ...0,09	−8,43	18,8
Fumarsäure $C_4H_4O_4$.	2	0,196 n	0,014...0,043	−18,84	18,5
	1	0,196 n	0,03 ...0,08	−5,91	18,9
Traubensäure	1	0,196 n	0,03 ...0,08	−7,09	18,4
d-Weinsäure	2	0,196 n	0,014...0,034	−21,05	18,45
	1	0,196 n	0,03 ...0,086	−9,73	18,7
meso-Weinsäure . . .	2	0,196 n	0,013...0,032	−20,84	18,3
	1	0,196 n	0,03 ...0,086	−9,73	18,7

36288 Neutralisationsenthalpie ΔI in kcal · val^{-1} reiner organischer Basen (flüssig) bei 16°.

Base	HCl 2 n	H_2SO_4 2 n	rein, flüssig HCOOH	rein, flüssig CH_3COOH	rein, flüssig C_2H_5COOH
Anilin	−7,59	−7,62	− 13,19	−6,97	−9,20
o-Toluidin	−7,72	−7,92	− 12,94	−6,50	−7,59
Dimethylanilin . . .	−7,31	−6,57	− 12,87	−5,12	−6,61
Pyridin	−7,91	−8,10	− 14,48	−6,86	−7,77
Piperidin	−19,69	−18,61	− 21,72	−17,20	−16,84
Chinolin	−7,24	−6,90	− 12,96	−5,28	−5,95

37 Dynamische Konstanten.

371 Zähigkeit.

Nach dem Newtonschen Gesetz ist $\tau = \eta \frac{\partial v}{\partial y}$,

d. h. die zwischen zwei benachbarten strömenden Schichten auftretende Schubspannung τ ist proportional dem Geschwindigkeitsgradient senkrecht zur Strömungsrichtung. Der Proportionalitätsfaktor η heißt die *dynamische Zähigkeit* der betreffenden Flüssigkeit. Er hat die Dimension [$ml^{-1} t^{-1}$]; die Einheit ist dyn · s · cm^{-2} = g · $cm^{-1} s^{-1}$ = 1 Poise (P) = 100 Zentipoise (cP) = 1 000 000 Mikropoise (μP). $1/\eta$ heißt Fluidität oder Beweglichkeit.

Der für Strömungsvorgänge häufig als kennzeichnender Stoffwert auftretende Quotient aus dynamischer Zähigkeit und Dichte heißt die *kinematische Zähigkeit* ν (Dimension [$l^2 t^{-1}$]; die Einheit im CGS-System ist das Stok (St); 1 St = 100 Zentistok (cSt) = 1000 Millistok (mSt). Im technischen Maßsystem wird die kinematische Zähigkeit in $m^2 s^{-1}$ gemessen (Umrechnungen in 1227).

Die Zähigkeit ist stark temperaturabhängig (s. die folgenden Tabellen). Für Gase wird die Abhängigkeit durch verschiedene Formeln wiedergegeben. Die von Sutherland aufgestellte lautet:

$$\eta_T = \eta_{T_0} \sqrt{\frac{T}{T_0}} \cdot \frac{1 + \frac{C}{T_0}}{1 + \frac{C}{T}}.$$

Die Konstante C (Sutherlandsche Konstante) ist mit dem Temperaturbereich, in dem sie gültig ist, in der Tabelle 37151 angegeben (vgl. auch 291).

Die Zähigkeit der Gase ist, wie auch aus der kinetischen Gastheorie folgt, unabhängig vom Druck, so lange die Abweichungen von den Gasgesetzen gering sind. Also etwa von 1—760 Torr. Für hohe Drucke steigt die Zähigkeit, wie Tabelle 37123 zeigt, an.

In der Technik werden oft relative Werte für die Zähigkeit benutzt, z. B. Engler-Grade, Redwood- und Sayboldt-Sekunden. Einzelheiten und Umrechnung der verschiedenen Skalen sind in Tabelle 618 angegeben.

3711 Zähigkeit flüssiger und geschmolzener Elemente.

37111 Zähigkeit in Zentipoise von Quecksilber beim Druck von 1 Atm. in Abhängigkeit von der Temperatur.

Temperatur in °C	—20°	—10°	0°	10°	20°	30°	40°	50°	60°	70°	80°	90°	100°
η in cP	1,855	1,764	1,685	1,615	1,554	1,499	1,450	1,407	1,367	1,331	1,298	1,268	1,240

37112 folgt auf S. 1094.

37113 Zähigkeit in Zentipoise von Brom und geschmolzenem Schwefel in Abhängigkeit von der Temperatur.

Brom		Schwefel[1]					
°C	η in cP	°C	η in cP	°C	η in cP	°C	η in cP
0	1,24	123	10,94	160,3	77,32	200	21 500
4,9	1,16	135	8,66	165	500	210	20 500
12,6	1,07	149,5	7,09	171	4 500	217	19 100
19,5	0,995	158,2	7,59	184	16000	220	18 600
28,9	0,911	159,5	14,45	190,5	19 700	—	—
32,0	0,888	160,0	22,83	197,5	21 300	—	—

[1] Die Werte bis zu 160,3° sind an gereinigtem aber nicht gasfreiem Schwefel, die weiteren an gasfreiem bestimmt.

37112 Zähigkeiten der Schmelzen der Metalle Bi, Cd, Cu, Fe (Gußeisen mit 3,6% C), K, Na, Pb, Sb, Sn und Zn.

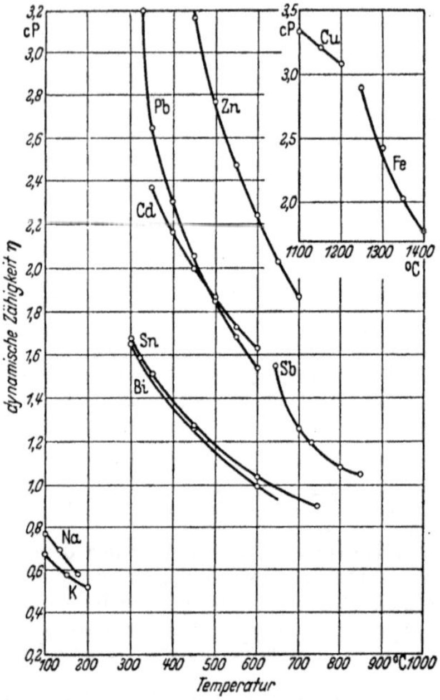

3712 Zähigkeit von flüssigen Verbindungen.

37121 Dynamische Zähigkeit (η) in Zentipoise und kinematische Zähigkeit (ν) in Zentistok von Wasser in Abhängigkeit von der Temperatur.

ϑ in °C	η in cP	ν in cSt	ϑ in °C	η in cP	ν in cSt	ϑ in °C	η in cP	ν in cSt
0	1,7887	1,7890	35	0,7205	0,7248	70	0,4062	0,4154
5	1,5155	1,5156	40	0,6533	0,6584	75	0,3794	0,3892
10	1,3061	1,3065	45	0,5958	0,6017	80	0,3556	0,3659
15	1,1406	1,1416	50	0,5497	0,5564	85	0,3341	0,3451
20	1,0046	1,0064	55	0,5072	0,5146	90	0,3146	0,3259
25	0,8941	0,8968	60	0,4701	0,4781	95	0,2981	0,3099
30	0,8019	0,8054	65	0,4359	0,4445	100	0,2821	0,2944

37122 folgt auf S. 1095.

37122a Zähigkeit in cP. (Ergänzung von Tabelle 37122.)

Stoff	—100° C	—80° C	—60° C	—50° C
Organische Verbindungen				
Aceton	—	1,51	0,96	0,79
Äthylalkohol	47	18,1	8,7	6,4
Butylalkohol	—	—	—	34,7
Diäthyläther	1,71	0,97	0,65	0,55
Methylalkohol	16	5,7	2,98	2,26
Propylalkohol	—	—	31,6	20,2
Propylalkohol	—	—	66,1	37,6

37122 Zähigkeit in Zentipoise von organischen Stoffen in Abhängigkeit von der Temperatur. (Ergänzung für tiefe Temperatur in 37122a.)

Stoff	—40° C	—30° C	—20° C	—10° C	0° C	10° C	15° C	20° C	30° C	40° C	50° C	60° C	80° C	100° C	120° C	140° C	160° C	180° C
Organische Verbindungen																		
Acetaldehyd	—	—	—	—	0,267	0,244	—	0,222	—	—	—	—	—	—	—	—	—	—
Aceton	0,66	0,57	0,50	0,442	0,395	0,356	—	0,322	0,293	0,268	0,246	—	—	—	—	—	—	—
Acetophenon	—	—	—	—	—	—	—	—	—	—	1,246	—	0,734	—	—	—	—	—
Acetylaceton	—	—	—	—	1,09	—	—	—	—	—	—	—	—	—	—	—	—	—
Äthylalkohol, s. a. 37133	4,79	3,65	2,38	2,23	1,78	1,46	—	1,19	1,00	0,825	0,701	0,591	0,435	0,326	0,248	0,190	—	—
Äthylanilin	—	—	—	—	—	2,98	—	2,25	—	1,43	—	1,01	0,76	0,60	—	—	—	—
Äthylbenzol	—	—	—	—	0,874	0,760	—	0,666	0,590	0,527	0,475	0,432	0,360	0,305	0,262	—	—	—
Äthylchlorid	—	—	0,392	0,354	0,320	0,291	—	0,266	0,244	0,224	—	—	—	—	—	—	—	—
Äthylendichlorid	—	—	—	—	1,077	—	—	0,8	—	—	0,565	—	—	—	—	—	—	—
Ameisensäure	—	—	—	—	—	2,25	—	1,78	1,46	1,22	1,03	0,89	0,68	0,54	—	—	—	—
Ameisensäureäthylester	—	—	—	—	—	—	0,419	0,402	0,358	—	—	—	—	—	—	—	—	—
Ameisensäuremethylester	—	—	—	—	0,43	0,38	—	0,345	0,315	—	—	—	—	—	—	—	—	—
Amylalkohol	—	—	—	—	—	—	4,65	—	2,99	—	—	—	—	—	—	—	—	—
i-Amylalkohol	—	—	—	—	8,6	6,1	—	4,36	3,20	2,41	1,85	1,45	0,93	0,63	0,45	—	—	—
Anilin	—	—	—	—	10,2	6,5	—	4,40	3,12	2,30	1,80	1,50	1,10	0,80	0,59	—	—	—
Anisol	—	—	—	—	1,78	1,51	—	1,32	1,21	1,12	1,04	0,97	—	—	—	—	—	—
Benzol	—	—	—	—	0,91	0,76	—	0,65	0,56	0,492	0,436	0,390	0,316	0,261	0,219	0,185	0,156	0,132
Brombenzol	—	—	—	—	1,52	1,31	—	1,13	1,00	0,89	0,79	0,72	0,60	0,52	—	—	—	—
o-Bromtoluol	—	—	—	—	2,21	1,81	—	1,51	1,29	1,12	—	0,87	0,71	0,59	—	—	—	—
m-Bromtoluol	—	—	—	—	1,73	1,45	—	1,25	1,08	0,96	—	0,76	0,63	0,53	—	—	—	—
Buttersäure	—	—	—	—	0,284	—	—	1,538	—	1,117	—	0,853	0,678	0,545	—	—	—	—
Buttersäureäthylester	—	—	—	—	—	—	0,711	—	0,595	—	—	—	—	—	—	—	—	—
Buttersäureamylester	—	—	—	—	1,77	1,45	—	1,21	1,03	0,89	—	0,69	0,55	0,45	—	—	—	—
Butylalkohol	22,4	14,6	10,3	7,4	5,19	3,87	—	2,95	2,28	1,78	1,41	1,14	0,76	0,54	—	—	—	—
i-Butylalkohol	51,3	29,9	18,4	12,3	8,3	5,65	—	3,95	2,85	2,12	1,61	1,24	0,78	0,52	—	—	—	—
Chlorbenzol	—	—	—	—	1,06	0,91	—	0,80	0,71	0,64	0,57	0,52	0,435	0,370	0,320	0,275	0,240	0,210
Chloroform	—	—	—	—	0,70	0,63	—	0,57	0,51	0,466	0,426	0,390	—	—	—	—	—	—
Cyclohexan	—	—	—	—	—	—	—	0,97	0,82	0,71	0,61	0,54	—	—	—	—	—	—
Cyclohexanol	—	—	—	—	—	—	—	68,0	36,1	20,3	12,1	7,8	3,5	—	—	—	—	—
Dekalin	—	—	—	—	—	—	—	2,40	—	—	1,58	—	—	—	—	—	—	—
Diäthylanilin	—	—	—	—	—	2,85	—	2,18	1,75	1,42	1,2	1,02	0,777	—	—	—	—	—

37122 (Fortsetzung).

Stoff	—40° C	—30° C	—20° C	—10° C	0° C	10° C	15° C	20° C	30° C	40° C	50° C	60° C	80° C	100° C	120° C	140° C	160° C	180° C
Diäthyläther	0,47	0,41	0,364	0,328	0,296	0,268	—	0,243	0,220	0,199	—	0,166	0,140	0,118	—	—	—	—
Dimethylanilin	—	—	—	—	—	1,69	—	1,41	1,18	1,02	—	0,79	0,64	—	—	—	—	—
Dioxan	—	—	—	—	—	—	—	1,26	1,06	0,917	0,778	0,685	0,539	—	—	—	—	—
Diphenyl	—	—	—	—	—	—	—	—	—	—	—	—	1,24	0,97	—	—	—	—
Essigsäure, s. a. 37133	—	—	—	—	—	—	—	1,22	1,04	0,90	0,79	0,70	0,56	0,46	—	—	—	—
Essigsäureanhydrid	—	—	—	—	1,24	1,05	—	0,90	0,79	0,69	0,62	0,55	0,453	0,377	0,320	—	—	—
Essigsäureäthylester	—	—	—	—	0,578	0,507	0,473	0,449	0,400	0,360	0,326	0,297	0,248	0,210	0,178	0,152	0,129	0,109
Essigsäurebutylester	—	—	—	—	1,004	0,851	—	0,732	0,637	0,563	—	0,448	0,366	0,304	—	—	—	—
Essigsäuremethylester	—	—	—	—	—	—	—	0,381	0,344	0,312	0,284	0,258	0,217	0,182	0,154	0,130	—	—
Essigsäurepropylester	—	—	—	—	0,77	0,67	—	0,58	0,51	0,46	0,41	0,368	0,304	0,250	—	—	—	—
Formamid	—	—	—	—	7,3	5,0	—	3,75	2,94	2,43	2,04	1,71	1,17	0,83	0,63	—	—	—
Glycerin, s. a. 37134	—	—	—	—	12100	3950	—	14,99	6,24	—	—	—	—	—	—	—	—	—
Heptan	—	—	—	—	0,517	0,458	—	0,409	0,367	0,332	0,301	0,275	0,231	—	—	—	—	—
Hexan	—	—	—	—	0,397	0,355	—	0,320	0,290	0,264	0,241	0,221	—	—	—	—	—	—
Isopren	—	—	—	—	0,260	0,236	—	0,216	0,198	—	—	—	—	—	—	—	—	—
Jodbenzol	—	—	—	—	—	1,97	—	1,49	1,45	1,265	1,12	0,995	0,815	0,69	0,585	0,51	—	—
o-Kresol	—	—	—	—	—	—	—	9,8	6,1	4,3	3,2	2,3	—	—	—	—	—	—
m-Kresol	—	—	—	—	95	44	—	21	10	6,2	4,4	3,2	2,1	1,6	—	—	—	—
p-Kresol	—	—	—	—	—	—	—	20,2	10,3	6,7	4,7	3,5	—	—	—	—	—	—
Laurinsäure	—	—	—	—	—	—	—	—	—	—	6,88	5,37	3,51	2,46	1,79	1,35	—	—
Malonsäurediäthylester	—	—	—	—	—	—	2,38	—	1,75	—	—	—	—	—	—	—	—	—
Methylalkohol, s. a. 37133	1,75	1,39	1,16	0,970	0,817	0,68	—	0,584	—	0,450	0,396	0,351	—	—	—	—	—	—
Methylchlorid	—	—	—	—	—	0,202	0,183	—	0,166	0,152	0,140	0,129	0,108	0,089	0,072	—	—	—
Methylenchlorid	—	—	0,68	0,602	0,537	0,481	—	0,435	0,396	0,363	—	—	—	—	—	—	—	—
Naphthalin	—	—	—	—	—	—	—	—	—	—	—	—	0,967	0,776	—	—	—	—
Nitrobenzol	—	—	—	—	3,09	2,46	—	2,01	1,69	1,44	1,24	1,09	0,87	0,70	—	—	—	—
Nitromethan	—	—	—	—	0,844	0,742	—	0,657	0,587	0,528	0,478	0,433	0,357	—	—	—	—	—
o-Nitrotoluol	—	—	—	—	3,83	2,96	2,62	2,37	1,91	1,63	—	1,21	0,94	0,76	—	—	—	—
m-Nitrotoluol	—	—	—	—	—	—	—	2,33	1,91	1,60	—	1,18	0,92	0,75	—	—	—	—
p-Nitrotoluol	—	—	—	—	—	—	—	—	—	—	—	1,20	0,94	0,76	—	—	—	—
Nonan	—	—	—	—	0,97	0,83	—	0,71	0,62	0,55	—	0,44	0,36	0,30	—	—	—	—
Octan	—	—	—	—	0,70	0,61	—	0,54	0,479	0,428	0,386	0,350	0,291	0,245	0,208	—	—	—

Önanthsäure	—	—	—	—	—	5,02	—	4,34	3,40	2,74	—	1,69	1,38	1,06	0,82	—	—	—
Pentan	—	—	—	—	0,283	0,254	—	0,229	0,208	—	—	—	—	—	—	—	—	—
i-Pentan	—	—	—	—	0,272	0,246	—	0,223	0,202	—	—	—	—	—	—	—	—	—
Phenol	—	—	—	—	—	—	—	11,6	7,0	4,77	3,43	2,56	1,59	1,05	0,78	0,69	—	—
Phenylcyanid	—	—	—	—	—	1,62	—	1,33	1,13	0,984	0,864	0,767	0,623	0,515	—	—	—	—
Phenylpropylketon	—	—	—	—	4,07	3,03	—	2,36	1,89	1,56	—	1,13	0,87	0,69	—	—	—	—
Propionsäure	—	—	—	—	1,52	1,29	—	1,10	0,96	0,84	0,75	0,67	0,545	0,452	0,380	0,322	—	—
Propionsäureanhydrid	—	—	—	—	1,61	1,33	—	1,12	0,96	0,83	0,73	0,65	0,52	0,430	0,360	0,306	0,246	—
Propionsäureäthylester	—	—	—	—	—	—	0,564	—	0,473	—	—	—	—	—	—	—	—	—
Propylalkohol, s. a. 37133	13,5	9,5	6,9	5,1	3,85	2,89	—	2,20	1,72	1,38	—	0,92	0,63	—	—	—	—	—
i-Propylalkohol	23,2	14,9	10,1	6,8	4,60	3,26	—	2,39	1,76	1,33	—	0,80	0,52	—	—	—	—	—
Propylbromid	—	—	—	—	0,465	0,575	—	0,517	0,467	0,425	0,388	0,356	—	—	—	—	—	—
i-Propylbromid	—	—	—	—	0,605	0,538	—	0,482	0,435	0,394	0,359	—	—	—	—	—	—	—
Propylchlorid	—	—	—	—	0,436	0,390	—	0,352	0,319	0,291	—	—	—	—	—	—	—	—
i-Propylchlorid	—	—	—	—	0,402	0,358	—	0,322	0,292	—	—	—	—	—	—	—	—	—
Pyridin	—	—	—	—	1,33	1,12	—	0,95	0,83	0,73	—	0,58	0,482	—	—	—	—	—
Schwefelkohlenstoff	—	—	—	—	0,433	0,396	—	0,366	0,341	0,319	—	—	—	—	—	—	—	—
Tetrachloräthan	—	—	—	—	2,66	2,13	—	1,75	1,48	1,28	1,11	0,97	0,75	—	—	—	—	—
Tetrachloräthylen	—	—	—	—	1,14	1,00	—	0,88	0,80	0,72	0,66	0,60	0,51	0,441	0,383	—	—	—
Tetrachlorkohlenstoff	—	—	—	1,68	1,35	1,13	—	0,97	0,84	0,74	0,65	0,59	0,472	0,387	0,323	0,276	0,234	0,201
Tetralin	—	—	—	—	—	—	—	2,02	—	—	1,3	—	—	—	—	—	—	—
Thiophen	—	—	—	—	0,87	0,75	—	0,66	0,58	0,52	0,468	0,424	0,350	—	—	—	—	—
o-Toluidin	—	—	—	—	10,2	6,4	—	4,35	3,20	2,44	1,94	1,57	1,11	0,83	—	—	—	—
m-Toluidin	—	—	—	—	8,7	5,5	—	3,81	2,79	2,14	—	1,40	1,00	0,77	—	—	—	—
p-Toluidin	—	—	—	—	—	—	—	—	—	—	1,75	1,45	1,00	0,75	0,58	0,50	—	—
Toluol	—	—	—	—	0,768	0,667	—	0,586	0,522	0,466	0,420	0,381	0,319	0,271	0,231	0,199	0,150	—
Trichloräthylen	—	—	—	0,79	0,71	0,64	—	0,58	0,53	0,48	0,45	0,41	—	—	—	—	—	—
Valeriansäure	—	—	—	—	—	—	—	2,236	—	—	1,25	—	—	—	—	—	—	—
o-Xylol	—	—	—	—	1,10	0,93	—	0,81	0,71	0,62	0,56	0,50	0,411	0,346	0,294	0,254	—	—
m-Xylol	—	—	—	—	0,80	0,70	—	0,61	0,55	0,490	0,443	0,403	0,339	0,289	0,250	—	—	—
p-Xylol	—	—	—	—	—	0,74	—	0,64	0,57	0,51	0,456	0,414	0,345	0,292	0,251	—	—	—
Weitere organische Stoffe																		
Olivenöl	—	—	—	—	—	—	—	80,8	55,7	37,2	25,3	19,2	11,6	—	—	—	—	—
Paraffinum liquid.	—	—	—	—	—	—	—	12,8	—	—	—	—	—	—	—	—	—	—
Pech	—	—	—	—	—	—	—	$3 \cdot 10^{10}$	$7 \cdot 10^{8}$	$6 \cdot 10^{7}$	$5 \cdot 10^{6}$	10^{6}	930	119	—	—	—	—
Ricinusöl	—	—	—	—	—	—	—	950	451	230	—	—	—	—	—	—	—	—
Terpentinöl	—	—	—	—	—	—	—	1,46	—	1,09	—	0,863	0,716	—	—	—	—	—

37123 Zähigkeit in 10^{-6} kg · s · m^{-2}* von Kältemitteln in Abhängigkeit von Druck und Temperatur.

Ammoniak.

ϑ in °C / p in at	− 20	− 10	0	10	20	45	80
1	0,88	0,92	0,95	0,99	1,02	1,12	1,24
2	25,78	0,98	0,98	1,01	1,04	1,12	1,24
6	27,04	26,16	24,98	1,20	1,16	1,15	1,26
10	27,89	27,10	26,07	24,64	22,81	1,23	1,31
14	28,45	27,75	26,77	25,43	23,72	1,39	1,41
18	28,85	28,18	27,24	25,93	24,28	—	1,60
22	29,16	28,52	27,57	26,30	24,66	—	1,89
26	29,40	28,76	27,82	26,57	24,97	—	—

Kohlendioxyd.

ϑ in °C / p in at	− 15	− 10	0	10	20	30	40
5	1,38	1,40	1,42	1,45	1,49	1,52	1,60
10	1,43	1,45	1,45	1,47	1,51	1,54	1,62
20	1,58	1,56	1,53	1,51	1,55	1,58	1,67
30	12,04	11,44	1,63	1,59	1,61	1,65	1,72
40	12,33	11,85	10,56	1,71	1,70	1,73	1,80
50	12,60	12,16	11,06	9,14	1,82	1,82	1,90
60	12,82	12,43	11,47	9,73	7,27	1,96	2,01
70	13,04	12,66	11,83	10,22	8,01	2,24	2,18
80	13,23	12,90	12,16	10,66	8,60	5,61	2,47
90	13,44	13,12	12,43	11,06	9,10	6,51	3,32
100	13,62	13,33	12,67	11,41	9,54	7,21	4,70
110	13,81	13,53	12,90	11,72	9,93	7,82	5,72
120	13,97	13,72	13,11	12,01	10,28	8,35	6,44

Schwefeldioxyd.

ϑ in °C / p in at	− 20	− 10	0	10	20	30	40
0,5	1,07	1,11	1,15	1,21	1,26	1,32	1,39
1,0	50,00	1,14	1,19	1,24	1,28	1,33	1,40
2,0	51,20	45,85	40,00	1,33	1,36	1,36	1,43
3,0	52,00	46,80	41,05	34,48	1,48	1,42	1,47
4,0	52,55	47,55	41,83	35,35	28,40	1,55	1,54
5,0	53,02	48,15	42,43	36,00	29,24	—	1,65
6,0	53,35	48,65	42,92	36,50	29,88	—	1,80
7,0	53,62	49,05	43,32	36,90	30,37	—	—
8,0	53,85	49,44	43,65	37,25	30,80	—	—

Methylchlorid.

ϑ in °C / p in at	− 20	− 10	0	10	20	30	40
0,5	0,89	0,96	0,99	1,04	1,09	1,13	—
1,0	0,95	0,99	1,02	1,05	1,10	1,13	—
2,0	32,15	30,91	1,09	1,08	1,11	1,14	—
3,0	32,74	31,55	30,15	1,15	1,15	1,16	—
4,0	33,18	32,03	30,65	28,90	1,22	1,21	—
5,0	33,53	32,40	31,05	29,36	27,53	1,29	—
6,0	33,77	32,67	31,32	29,70	27,87	1,43	—
7,0	33,90	32,84	31,50	29,90	28,06	25,90	—

* $1 \frac{kg_{(Gewicht)} \cdot s}{m^2} = 98{,}1$ Poise. Bei den durch einen Strich gekennzeichneten Werten befindet sich der Stoff im flüssigen Zustand.

3713 Zähigkeit von Lösungen.

37131 Zähigkeit (η) in Zentipoise wässeriger Lösungen anorganischer Stoffe in Abhängigkeit von Temperatur und Konzentration.

Gelöster Stoff	Gew.-% des gel. Stoffes	°C −30	−20	−10	0	+10	+20	+30	+40	+50	+60	+70	+80
(Wasser)					1,789	1,306	1,005	0,802	0,653	0,550	0,470	0,406	0,356
Salzsäure	5				1,84	1,38	1,08						
	10				1,89	1,45	1,16						
	15						1,24						
	20						1,36						
	30						1,70						
Schwefel-säure	10				2,16	1,56	1,23	0,98	0,79	0,66	0,56	0,49	0,45
	20			3,82	2,71	2,01	1,55	1,23	0,99	0,83	0,71	0,64	0,58
	40	16,0	9,9	6,60	4,70	3,48	2,70	2,16	1,80	1,53	1,31	1,15	1,03
	60				10,0	7,5	5,7	4,58	3,71	3,20	2,80	2,48	2,21
	70				20,0	14,0	10,2	7,7	6,1	5,1	4,4	3,7	3,9
	80				43	31	22	15,4	10,9	8,1	6,2	5,1	4,5
	90					39	24	16	13	9	7	6	5
	100					39	27	19	14	10,5	8	6,5	5,5
Salpeter-säure	20					1,32	1,05	0,86	0,71				
	40					1,60	1,30	1,08	0,91				
	60					2,62	2,00	1,63	1,36				
	80					2,37	1,88	1,54	1,26				
	100					1,04	0,89	0,77	0,68				
Natrium-hydroxyd	5						1,30	1,05	0,85				
	10						1,86	1,45	1,16				
	15						2,78	2,10	1,65				
	20						4,48	3,30	2,48				
	25						7,42	5,25	3,86				
Natrium-chlorid	5				1,86	1,39	1,07	0,87	0,71	0,60	0,51	0,45	0,40
	10				2,01	1,51	1,19	0,95	0,78	0,67	0,57	0,51	0,45
	15			3,37	2,27	1,69	1,34	1,07	0,89	0,75	0,64	0,56	0,50
	20			4,08	2,67	1,99	1,56	1,24	1,03	0,87	0,74	0,64	0,57
	25			5,19	3,31	2,38	1,86						
Natrium-sulfat	5						1,17						
	10						1,29						
	15						1,43						
	20						1,85						
Natrium-nitrat	10					1,38	1,07	0,88	0,72	0,63	0,54		
	15					1,46	1,12	0,94	0,78	0,67	0,58		
	20					1,59	1,18	1,03	0,86	0,72	0,62		
	25					1,78	1,25	1,14	0,95	0,80	0,69		
	30					2,05	1,33	1,30	1,07	0,91	0,79		
Natrium-carbonat	5						1,29	1,03	0,82				
	10						1,74	1,38	1,10				
	15						2,55	1,97	1,54				
	20						4,02	2,91	2,25				
	25							4,77	3,45				
	30							8,35	5,60				

37131 (Fortsetzung).

Gelöster Stoff	Gew.-% des gel. Stoffes	°C											
		—30	—20	—10	0	+10	+20	+30	+40	+50	+60	+70	+80
Kalium-hydroxyd	5						1,10	0,89	0,74				
	10						1,23	1,00	0,83				
	15						1,40	1,15	0,96				
	20						1,63	1,33	1,11				
	25						1,94	1,59	1,31				
	30						2,36	1,93	1,57				
Kalium-chlorid	5				1,70	1,27	0,99	0,80	0,66	0,56	0,48	0,42	0,38
	10				1,63	1,25	0,99	0,81	0,67	0,57	0,49	0,44	0,40
	15				1,58	1,24	1,00	0,83	0,69	0,59	0,52	0,46	0,42
	20					1,25	1,02	0,85	0,72	0,62	0,54	0,49	0,44
	25											0,52	0,47
Kalium-nitrat	5				1,68	1,25	0,98	0,80	0,66	0,56	0,49		
	10				1,61	1,22	0,97	0,80	0,67	0,58	0,50		
	15					1,21	0,98	0,80	0,69	0,59	0,51		
	20					1,25	1,01	0,81	0,70	0,60	0,53		
	30							0,89					
Ammonium-nitrat	5				1,67	1,24	0,97	0,79	0,66	0,56	0,48		
	10				1,58	1,20	0,96	0,79	0,66	0,57	0,50		
	20				1,49	1,16	0,97	0,79	0,68	0,60	0,53		
	30				1,51	1,20	1,00	0,84	0,73	0,64	0,57		
	40					1,32	1,10	0,94	0,81	0,72	0,64		
	50					1,58	1,33	1,14	0,99	0,88	0,77		
Magnesium-chlorid	10				2,8	2,0	1,5						
	15			5,4	3,8	2,7	2,0						
	20		11,7	8,0	5,3	3,8	2,7						
	25		21,2	13,2	8,4	5,6	4,1						
	30			22,3	13,2	8,8	6,4						
	35				19,3	13,1	10,1						
Magnesium-sulfat	5						1,28						
	10						1,67						
	15						2,24						
	20						3,04						
	25						4,25						
	30						6,01						
Calcium-chlorid	5				1,93	1,41	1,10						
	10				2,17	1,58	1,27						
	15			4,1	2,58	1,87	1,52						
	20			4,9	3,14	2,32	1,89						
	25		10,1	6,3	4,03	3,05	2,54						
	30	22,0	14,7	9,1	5,8	4,4	3,6						
	35			14,2	8,9	6,6	5,1						

37132 Relative Zähigkeit von wässerigen Lösungen in Abhängigkeit von der Konzentration.

Es ist der Quotient aus der Zähigkeit der Lösung und der des Wassers, beide für 25° C, angegeben.

Gelöster Stoff	Konzentration				Gelöster Stoff	Konzentration			
	1 n	0,5 n	0,25 n	0,125 n		1 n	0,5 n	0,25 n	0,125 n
HCl	1,0671	1,0338	1,0166	1,0095	$BaCl_2$	1,1228	1,0572	1,0263	1,0128
HBr	1,0320	1,0164	1,0095	1,0068	$Ba(NO_3)_2$	1,0893	1,0437	1,0214	1,0084
$HClO_3$	1,0520	1,0255	1,0145	1,0059					
$HClO_4$	1,0118	1,0032	0,9998	0,9992	$Al_2(SO_4)_3$	1,4064	1,1782	1,0825	1,0381
H_2SO_4	1,0898	1,0433	1,0216	1,0082	K_2CrO_4	1,1133	1,0528	1,0224	1,0116
HNO_3	1,0266	1,0115	1,0052	1,0027	$K_2Cr_2O_7$	—	1,0061	1,0034	0,9999
H_3PO_4	1,2871	1,1331	1,0656	1,0312	$MnCl_2$	1,2089	1,0982	1,0481	1,0230
H_3AsO_4	1,2707	1,1291	1,0595	1,0309	$MnSO_4$	1,3640	1,1690	1,0761	1,0366
$HCOOH$	1,0312	1,0169	1,0092	1,0049	$Mn(NO_3)_2$	1,1831	1,0867	1,0426	1,0235
$NaOH$	1,2355	1,1087	1,0560	1,0302	$FeCl_3$	1,2816	1,1334	1,0602	1,0302
$NaCl$	1,0973	1,0471	1,0239	1,0126	$K_3Fe(CN)_6$	1,0610	1,0211	1,0108	1,0082
Na_2SO_4	1,2291	1,1058	1,0522	1,0235	$K_4Fe(CN)_6$	1,1124	1,0516	1,0228	1,0116
$NaNO_3$	1,0655	1,0259	1,0122	1,0069	$CoCl_2$	1,2041	1,0975	1,0482	1,0232
Na_2CO_3	1,2847	1,1367	1,0610	1,0310	$CoSO_4$	1,3543	1,1598	1,0766	1,0402
KOH	1,1294	1,0637	1,0313	1,0130	$Co(NO_3)_2$	1,1657	1,0754	1,0318	0,0180
KCl	0,9872	0,9874	0,9903	0,9928	$NiCl_2$	1,2055	1,0968	1,0443	1,0210
K_2SO_4	1,1051	1,0486	1,0206	1,0078	$NiSO_4$	1,3615	1,1615	1,0751	1,0323
KNO_3	0,9753	0,9822	0,9870	0,9921	$Ni(NO_3)_2$	1,1800	1,0840	1,0422	1,0195
K_2CO_3	1,1667	1,0784	1,0391	1,0192					
NH_4OH	1,0245	1,0105	1,0058	1,0030	$CuCl_2$	1,2050	1,0977	1,0470	1,0268
NH_4Cl	0,9884	0,9976	0,9990	0,9999	$CuSO_4$	1,3580	1,1603	1,0802	1,0384
$(NH_4)_2SO_4$	1,1114	1,0552	1,0302	1,0148	$Cu(NO_3)_2$	1,1792	1,0802	1,0400	1,0179
NH_4NO_3	0,9722	0,9862	0 9908	0,9958	$AgNO_3$	1,1150	1,0491	1,0240	1,0114
					$ZnCl_2$	1,1890	1,0959	1,0526	1,0238
$MgCl_2$	1,2015	1,0940	1,0445	1,0206	$ZnSO_4$	1,3671	1,1726	1,0824	1,0358
$MgSO_4$	1,3672	1,1639	1,0784	1,0320	$Zn(NO_3)_2$	1,1642	1,0875	1,0390	1,0186
$Mg(NO_3)_2$	1,1706	1,0824	1,0396	1,0198	$CdCl_2$	1,1342	1,0631	1,0310	1,0202
$CaCl_2$	1,1563	1,0764	1,0362	1,0172	$CdSO_4$	1,3476	1,1574	1,0780	1,0335
$Ca(NO_3)_2$	1,1172	1,0553	1,0218	1,0076	$Cd(NO_3)_2$	1,1648	1,0742	1,0385	1,0177
$SrCl_2$	1,1411	1,0674	1,0338	1,0141	$HgCl_2$	1,0460	—	1,0116	1,0042
$Sr(NO_3)_2$	1,1150	1,0491	1,0240	1,0114	$Pb(NO_3)_2$	1,1010	1,0418	1,0174	1,0066

37133 Zähigkeit in Zentipoise von wässerigen Lösungen organischer Stoffe in Abhängigkeit von Temperatur und Konzentration.

Stoff	Gew.-%	°C 0	10	20	30	40	50	60	70	80	90	100
CH_4O Methylalkohol	10	2,59	1,78	1,32	1,03	—	—	—	—	—	—	—
	20	3,23	2,17	1,58	1,21	—	—	—	—	—	—	—
	30	3,61	2,46	1,76	1,32	—	—	—	—	—	—	—
	40	3,65	2,54	1,84	1,37	—	—	—	—	—	—	—
	50	3,35	2,89	1,76	1,34	—	—	—	—	—	—	—
	60	2,89	2,11	1,60	1,24	—	—	—	—	—	—	—
	70	2,37	1,79	1,39	1,09	—	—	—	—	—	—	—
	80	1,76	1,42	1,14	0,92	—	—	—	—	—	—	—
	90	1,19	1,00	0,86	0,72	—	—	—	—	—	—	—
	100	0,82	0,68	0,58	0,51	0,45	0,40	0,35	—	—	—	—
C_2H_6O Äthylalkohol	10	3,31	2,18	1,54	1,16	0,91	0,73	0,61	0,51	0,43	—	—
	20	5,32	3,17	2,18	1,55	1,16	0,91	0,74	0,61	0,51	—	—
	30	6,94	4,05	2,71	1,87	1,37	1,05	0,83	0,68	0,57	—	—
	40	7,14	4,39	2,91	2,02	1,48	1,13	0,89	0,73	0,60	—	—
	50	6,58	4,18	2,87	2,02	1,50	1,16	0,91	0,74	0,61	—	—
	60	5,75	3,77	2,67	1,93	1,45	1,13	0,90	0,73	0,60	—	—
	70	4,76	3,27	2,37	1,77	1,34	1,06	0,86	0,70	0,59	—	—
	80	3,69	2,71	2,01	1,53	1,20	0,97	0,79	0,65	0,57	—	—
	90	2,73	2,10	1,61	1,28	1,04	0,85	0,70	0,59	0,50	—	—
	100	1,78	1,46	1,19	1,00	0,825	0,701	0,59	0,505	0,435	—	—
$C_2H_4O_2$ Essigsäure	10	2,21	1,60	1,22	0,97	0,78	0,65	0,56	0,47	0,41	0,36	0,32
	20	2,70	1,93	1,45	1,15	0,92	0,76	0,64	0,54	0,47	0,41	0,36
	30	3,24	2,28	1,70	1,33	1,05	0,87	0,73	0,61	0,52	0,46	0,40
	40	3,83	2,68	1,96	1,52	1,20	0,99	0,82	0,68	0,59	0,51	0,45
	50	4,35	3,03	2,21	1,70	1,35	1,11	0,92	0,76	0,65	0,57	0,50
	60	4,76	3,33	2,43	1,89	1,48	1,23	1,03	0,84	0,73	0,63	0,54
	70	5,13	3,57	2,66	2,05	1,63	1,33	1,10	0,91	0,78	0,67	0,58
	80	5,26	3,70	2,75	2,09	1,69	1,35	1,12	0,94	0,81	0,69	0,59
	90	4,35	3,23	2,43	1,87	1,49	1,22	1,04	0,89	0,77	0,65	0,57
	95	3,45	2,48	1,89	1,52	1,26	1,07	0,92	0,78	0,69	0,59	0,52
	100	—	—	1,22	1,04	0,90	0,79	0,70	0,63	0,56	0,51	0,46
C_3H_8O Propylalkohol	10	—	—	1,59	1,17	—	—	—	—	—	—	—
	20	—	—	2,14	1,54	—	—	—	—	—	—	—
	30	—	—	2,62	1,85	—	—	—	—	—	—	—
	60	—	—	3,14	2,30	—	—	—	—	—	—	—
	70	—	—	3,00	2,21	—	—	—	—	—	—	—
	80	—	—	2,79	2,09	—	—	—	—	—	—	—
	90	—	—	2,53	1,93	—	—	—	—	—	—	—
	100	—	—	2,20	1,72	—	—	—	—	—	—	—
$C_{12}H_{22}O_{11}$ Rohrzucker	10	2,49	1,77	1,38	1,06	0,85	0,71	0,60	0,51	0,45	0,39	0,35
	20	3,80	2,65	1,96	1,50	1,19	0,97	0,81	0,69	0,59	0,51	0,46
	30	6,60	4,50	3,17	2,35	1,84	1,48	1,20	1,00	0,85	0,73	0,36
	40	14,8	9,80	6,20	4,38	3,25	2,50	1,98	1,61	1,33	1,12	0,96
	50	45	26	15,5	10,0	7,3	5,1	3,93	3,05	2,50	2,01	1,68
	60	238	110	56,9	33,5	21,0	13,9	9,6	7,1	5,5	4,2	3,3
	70	—	—	460	214	111	63,1	38,8	24,8	16,7	—	—
	80	—	—	—	—	2160	830	394	204	115	83	—

37134 Zähigkeit in Zentipoise von Glycerin-Wasser-Mischungen.

Dichte ϱ bei 25° g · cm⁻³	Gew.-% Glycerin	η in cP bei ϑ 20° C	25° C	30° C	Dichte ϱ bei 25° g · cm⁻³	Gew.-% Glycerin	η in cP bei ϑ 20° C	25° C	30° C
0,997047	0,00	1,005	0,893	0,800	1,134789	54,00	7,562	6,230	5,210
0,99939	1,00	1,029	0,912	0,817	1,137531	55,00	7,997	6,582	5,494
1,001782	2,00	1,055	0,935	0,836	1,140273	56,00	8,482	6,963	5,816
1,004126	3,00	1,083	0,959	0,856	1,143015	57,00	9,018	7,394	6,148
1,006519	4,00	1,112	0,984	0,877	1,145756	58,00	9,586	7,830	6,495
1,008862	5,00	1,143	1,010	0,900	1,148449	59,00	10,25	8,312	6,870
1,011255	6,00	1,175	1,037	0,924	1,151190	60,00	10,96	8,823	7,312
1,013598	7,00	1,207	1,064	0,948	1,153932	61,00	11,71	9,428	7,740
1,015991	8,00	1,239	1,092	0,972	1,156674	62,00	12,52	10,11	8,260
1,018334	9,00	1,274	1,121	0,997	1,159416	63,00	13,43	10,83	8,812
1,020677	10,00	1,311	1,153	1,024	1,162158	64,00	14,42	11,57	9,386
1,023169	11,00	1,350	1,186	1,052	1,164899	65,00	15,54	12,36	10,02
1,025612	12,00	1,390	1,221	1,082	1,167642	66,00	16,73	13,22	10,68
1,028055	13,00	1,431	1,256	1,112	1,170384	67,00	17,96	14,18	11,45
1,030548	14,00	1,473	1,292	1,143	1,173126	68,00	19,40	15,33	12,33
1,032991	15,00	1,517	1,331	1,174	1,175867	69,00	21,07	16,62	13,27
1,035433	16,00	1,565	1,370	1,207	1,178609	70,00	22,94	17,96	14,32
1,037926	17,00	1,614	1,411	1,244	1,181301	71,00	25,17	19,53	15,56
1,040369	18,00	1,664	1,453	1,281	1,184043	72,00	27,56	21,29	16,88
1,042811	19,00	1,715	1,495	1,320	1,186735	73,00	30,21	23,28	18,34
1,045304	20,00	1,769	1,542	1,360	1,189427	74,00	33,04	25,46	19,93
1,047847	21,00	1,829	1,592	1,403	1,192119	75,00	36,46	27,73	21,68
1,050389	22,00	1,892	1,644	1,447	1,194861	76,00	40,19	30,56	23,60
1,052931	23,00	1,957	1,699	1,494	1,197553	77,00	44,53	33,58	25,90
1,055474	24,00	2,025	1,754	1,541	1,200245	78,00	49,57	37,18	28,68
1,058016	25,00	2,095	1,810	1,590	1,202987	79,00	55,47	41,16	31,62
1,060559	26,00	2,167	1,870	1,641	1,205679	80,00	62,0	45,86	34,92
1,063101	27,00	2,242	1,934	1,695	1,208321	81,00	69,3	51,02	38,56
1,065644	28,00	2,324	2,008	1,752	1,210963	82,00	77,9	56,90	42,92
1,068186	29,00	2,410	2,082	1,812	1,213606	83,00	87,9	64,2	47,90
1,070779	30,00	2,501	2,157	1,876	1,216298	84,00	99,6	72,2	53,63
1,073421	31,00	2,597	2,235	1,942	1,218939	85,00	112,9	81,5	60,05
1,076063	32,00	2,700	2,318	2,012	1,221582	86,00	129,6	92,6	68,1
1,078705	33,00	2,809	2,407	2,088	1,224274	87,00	150,4	106,1	77,5
1,081347	34,00	2,921	2,502	2,167	1,226916	38,00	174,5	122,6	88,8
1,083939	35,00	3,040	2,600	2,249	1,229558	89,00	201,4	141,8	101,1
1,086582	36,00	3,169	2,706	2,335	1,232201	90,00	234,6	163,6	115,3
1,089224	37,00	3,300	2,817	2,427	1,234843	91,00	278,4	189,3	134,4
1,091868	38,00	3,440	2,932	2,523	1,237485	92,00	328,4	221,8	156,5
1,094508	39,00	3,593	3,052	2,624	1,240127	93,00	287,7	262,9	182,8
1,097151	40,00	3,750	3,181	2,731	1,241453	93,50	421,3	285,7	196,2
1,099843	41,00	3,917	3,319	2,845	1,242769	94,00	457,7	308,7	212,0
1,102485	42,00	4,106	3,466	2,966	1,244095	94,50	498,5	335,6	229,0
1,105177	43,00	4,307	3,624	3,094	1,245411	95,00	545	366,0	248,8
1,107869	44,00	4,509	3,787	3,231	1,246688	95,50	601	397,8	271,4
1,110511	45,00	4,715	3,967	3,380	1,247954	96,00	661	435,0	296,7
1,113203	46,00	4,952	4,165	3,540	1,249250	96,50	731	476,8	324,3
1,115845	47,00	5,206	4,367	3,706	1,250546	97,00	805	522,9	354,0
1,118537	48,00	5,465	4,571	3,873	1,251842	97,50	885	571	387,4
1,121179	49,00	5,730	4,787	4,051	1,253139	98,00	974	629	424,0
1,123871	50,00	6,050	5,041	4,247	1,254435	98,50	1080	698	465,3
1,126613	51,00	6,396	5,319	4,467	1,255731	99,00	1197	775	511,0
1,129305	52,00	6,764	5,597	4,709	1,257007	99,50	1337	856	564
1,132047	53,00	7,158	5,910	4,957	1,258283	100,00	1499	945	624

3714 Zähigkeit geschmolzener Verbindungen und Mischungen.

37141 Zähigkeit in Poise von geschmolzenen Salzen.

Stoff	ϑ in °C	η in Poise	Stoff	ϑ in °C	η in Poise
Lithiumnitrat	259	0,0559	Kaliumhydroxyd	400	0,023
$LiNO_3$	284	0,0450	KOH	450	0,017
	344	0,0294		500	0,013
Natriumhydroxyd	350	0,040		550	0,010
NaOH	400	0,028		600	0,008
	450	0,022	Kaliumnitrat	333	0,0297
	500	0,018	KNO_3	373	0,0244
	550	0,015		413	0,0200
Natriumchlorid	841	0,0130	Kaliumbichromat	397	0,1339
NaCl	850	0,0120	$K_2Cr_2O_7$	417	0,1178
	896	0,0101		437	0,1059
	924	0,0097		457	0,0938
Natriumbromid	762	0,0142		487	0,0768
NaBr	766	0,0135		507	0,0664
	780	0,0128	Silberchlorid	603	0,0161
Natriumnitrat	308	0,0292	AgCl	669	0,0137
$NaNO_3$	328	0,0266		734	0,0180
	348	0,0244	Silberbromid	609	0,01863
	368	0,0224	AgBr	649	0,0166
	388	0,0206		688	0,0149
	418	0,0183		770	0,0122
Borax	615	16820		803	0,0119
$Na_2B_4O_7$	621	10400	Silberjodid	605	0,0303
	648	2550	AgJ	730	0,0212
	653	2080		827	0,0156
	683	474	Silbernitrat	244	0,0377
	688	406	$AgNO_3$	275	0,0305
	714	157		342	0,0230
	718	138			
	752	49			
	805	15			
	842	8			
	888	5			

37142 Zähigkeit in Poise von geschmolzenen Gläsern, Mineralen und Schlacken in Abhängigkeit von der Temperatur.

Name	Zusammensetzung in %						Zähigkeit in Poise bei				
	SiO_2	Na_2O	CaO	Fe_2O_3	Al_2O_3	MgO	600° C	700° C	800° C	900° C	1000° C
Gläser	74,96	14,88	9,36	0,16	0,42	0,28	$2,08 \cdot 10^{11}$	$7,41 \cdot 10^{8}$	$2,91 \cdot 10^{6}$	$9 \cdot 10^{4}$	$1,03 \cdot 10^{4}$
	75,00	22,12		0,26		2,49	$2,5 \cdot 10^{9}$	$3,6 \cdot 10^{7}$	$4,7 \cdot 10^{5}$	$4,3 \cdot 10^{4}$	$1 \cdot 10^{4}$

Name	CaO	MgO	Al_2O_3	SiO_2	1600° C	1550° C	1500° C	1450° C	1400° C	1350° C	1300° C
Minerale											
Akermanit	41,14	14,79		44,07	1,40	1,77	2,30	3,18	4,53	6,82	28,00
Gehlenit	40,91		37,18	21,91	—	—	—	—	—	—	—
Anorthit	20,16		36,65	43,19	25,00	38,00	60,50	111,00	—	—	—
Monticellit	35,84	25,77		38,39	1,13	1,20	1,74	—	—	—	—
Diopsid	25,90	18,62		55,48	1,20	1,40	1,85	3,80	26,00	—	—
Calciumbisilicat	48,28			51,72	2,40	2,73	—	—	—	—	—
Schlacken von											
Bessemerroheisen	32,03	5,17	15,88	36,37	1,95	2,40	3,19	4,30	6,35	9,75	16,50
Hämatitroheisen	41,05	8,87	14,87	35,21	2,15	2,60	3,35	4,40	6,15	9,55	15,75
Gießereieisen	38,80	7,39	12,50	41,51	3,80	4,68	6,02	8,40	12,71	19,15	30,20
Gießereieisen	24,75	14,90	7,33	53,02	1,85	2,28	3,03	4,40	6,90	12,00	24,00
Gießereieisen	29,98	2,96	21,99	45,07	6,30	10,00	16,35	24,40	41,00	78,25	140,00
Puddeleisen	41,08	10,94	9,67	38,31	1,06	1,52	2,15	2,26	4,05	5,85	16,00
Thomaseisen	32,75	8,87	14,66	43,72	3,70	4,70	6,35	9,05	13,95	21,20	35,25
Spiegeleisen	42,52	8,87	7,44	41,18	1,54	2,00	2,77	3,80	5,30	7,83	32,00

37143 Zähigkeiten in Poise und Schmelztemperaturen in °C verschiedener Oxydmischungen[1].
Die Zusammenstellung bezieht sich auf niedrigschmelzende Mischungen einiger für die Verschlackung feuerfester Steine wichtiger Metalloxyde.

Chemische Zusammensetzung nach Analyse			$\frac{CaO}{SiO_2 + Al_2O_3}$	Viscosität in Poise					Schmelztemperatur °C	Bemerkungen
CaO	SiO_2	Al_2O_3		1550°	1500°	1450°	1400°	1350° C		
44,2	—	55,8	0,79	4	5,87	8,7	12	fest	1460	„5 CaO · 3 Al_2O_3“
47,3	7,1	45,6	0,9	3,2	5,4	8,1	fest	—	1410	
49,2	7,8	43	0,97	3,1	4,6	7	10,5	10,5	1360	
40,4	10,6	49	0,68	8,1	14	fest	—	—	1500	„5 CaO · 3 Al_2O_3“ + 10,5 SiO_2
31,2	30,8	38	0,45	11,2	16,1	28,2	42	fest	1410	„5 CaO · 3 Al_2O_3“ + 30,8 SiO_2
28,25	32,75	39,1	0,4	21	29,3	52,7	96	144 (1375°)	1390	
26,6	40,4	33	0,36	24,3	37,8	fest	—	—	1510	„5 CaO · 3 Al_2O_3“ + 40,4 SiO_2
44,2	45,2	10,6	0,79	7,8	9,1	10,5	16,8	28,3	1410	
35,6	45,2	19,2	0,55	10,5	15	22,5	37,5	71,5	1290	
22,2	50,6	27,2	0,29	59,2	94,2	fest	—	—	1490	„5 CaO · 3 Al_2O_3“ + 50,6 SiO_2
37,6	54,8	7,6	0,60	12,6	16,8	21,6	nicht gemessen		1450	
30,5	53,7	15,8	0,44	32,8	51	79,2	126	nicht gemessen	1300	
18	60,6	21,4	0,22	250	440	fest	—	—	1455	„5 CaO · 3 Al_2O_3“ + 60,6 SiO_2
14,1	58,8	27,2	0,16	545	~ 1000	fest	—	—	1450	
31,8	62,9	5,3	0,45	22,6	32,8	54	nicht gemessen		1400	
22	62,9	15,1	0,28	103	168	325	600	fest	1220	
10,7	68	21,3	0,12	~ 4000	~ 6000	fest	—	—	1400	
MgO	SiO_2	Al_2O_3	$\frac{MgO}{SiO_2 + Al_2O_3}$							
26,1	51,1	22,8	0,35	21	29,3	51	82,8	112 (1370°)	1370	
12,9	51,5	35,6	0,15	100	fest	—	—	—	1520	
25,2	54,1	20,7	0,33	29	43	63,6	100	140 (1365°)	1365	
23,6	57,2	20,2	0,31	—	97,5	162	340	440 (1375°)	1380	

CaO	FeO	Fe_2O_3	SiO_2							
13,5	10,7	73,9	0,2	0,15	0,17	0,2	0,23	0,27		1,2% Verunreinigung [2]
24,8	1,7	72,9	0,1	0,17	0,2	0,23	0,26	0,31		0,9% Verunreinigung [2]
34,6	2,7	61,6	0,3	0,2	0,22	0,25	0,29	fest	unter	0,7% Verunreinigung [2]
21,4	5,5	61,7	10,3	0,23	0,26	0,28	0,32	0,38	1400	0,7% Verunreinigung [2]
35,1	36,5		28,4	0,7	0,75	0,8	0,9	1,1		„3 CaO · Fe_2O_3 · 2 SiO_2“
17,8	9,9	41,9	29	0,33	0,37	0,46	0,7	10		0,2% Verunreinigung [2]
12	13,7	42,8	31,5	—	0,9	—	1	5,6	1120	
27,9	4,9	33,6	33,6	0,6	0,8	—	2	2,2	1220	
16,1	13,8	32,6	37,5	0,8	0,95	1	1,2	1,6	1100	
33,8	26,1		40,1	1,1	1,2	1,5	2	3,3	< 1200	4 CaO · Fe_2O_3 · 4 SiO_2 Ferro-Akermanit
14,9	14,2	31	39,1	0,8	1,05	1,3	1,75	rd. 9?	< 1400	0,4% Verunreinigung [2]
11,6	14,1	31,9	41,8	1,4	2,5	4,8	fest	—	1420	
22,6	2,9	26,3	48,2	—	5	5,6	6,5	9	1100	2 CaO · Fe_2O_3 · 4 SiO_2 Hedenbergit
CaO	MgO	SiO_2								
46,5	6,8	46,7		2,2	2,95	3,8	5,9	7,2 (1375°)	1420	
28,6	20,2	51,2		2,7	3,7	5	7	8,5 (1365°)	1370	
29,6	8,3	62,1		13,3	19,5	30,5	43	114	1350	
CaO	MgO	Al_2O_3								
43,4	6,7	49,8		5,6	6	7,4	11,5	22,1	1360	
39,4	7,1	53,5		7,7	9,1	11,2	15,4	27,7	1410	
CaO	FeO	Fe_2O_3	Al_2O_3							
26,5	2,3	56,3	14,9	0,7	0,73	0,75	0,8	0,8	1220	
39,7	0,5	17,6	42,2	1,7	2	2,8	4,15	fest	1360	
43,6	0,5	10,7	45,2	2	2,4	3,4	5	7,8	1340	

[1] Nach K. Endell und G. Brinkmann: Ber. dtsch. keram. Ges. **20**, 493/507 (1939).
[2] Die Werte entstammen der Arbeit K. Endell, G. Heidtkamp und L. Hax: Arch. Eisenhütte **10**, 85/90 (1936/37).

3715 Zähigkeit von Gasen und Dämpfen bei 1 Atm.

37151 Zähigkeit in Mikropoise in Abhängigkeit von der Temperatur und Sutherlandsche Konstante C[1].

Stoff	0° C	20° C	50° C	100° C	150° C	200° C	250° C	300° C	400° C	600° C	800° C	C	Temperaturgrenzen °C
Anorganische Stoffe													
Helium	186	196	208	229	—	270	—	307	342	407	465	0	21...100
Neon	298	310	—	365	—	425	453	—	—	—	—	56	20...100
Argon	212	222	242	271	—	321	344	367	410	487	554	142	20...827
Krypton	233	246	—	306	—	—	—	—	—	—	—	188	—
Xenon	211	226	—	287	—	—	—	—	—	—	—	252	—
Wasserstoff	84	88	94	103	113	121	130	139	154	183	210	71,7	20...100
Sauerstoff	192	203	218	244	—	290	—	—	369	435	493	125	20...280
Chlor	123	132	145	168	189	210	230	250	—	—	—	350	100...250
Brom	146	153	—	—	—	—	—	—	—	—	—	533	> 460
Jod	123	—	—	179	—	—	—	—	—	—	—	568	—
Überhitzter Wasserdampf	—	—	—	128	147	166	184	201	235	—	—	650	—
Chlorwasserstoff	131	143	—	183	—	230	253	—	—	—	—	360	—
Bromwasserstoff	170	—	—	234	—	—	—	—	—	—	—	357	—
Jodwasserstoff	173	186	202	—	263	293	323	—	—	—	—	355	100...200
Schwefelwasserstoff	117	124	—	159	—	—	—	—	—	—	—	331	—
Schwefeldioxyd	116	126	140	163	186	207	227	246	—	—	—	306	300...825
Stickstoff	166	175	188	208	229	246	263	—	311	366	413	104	25...280
Ammoniak	93	100	111	128	146	165	181	—	—	—	—	503	20...300
Stickoxyd	179	188	204	227	247	268	287	—	—	—	—	128	20...250
Stickoxydul	137	146	160	183	204	225	246	265	—	—	—	260	25...280
Phosphorwasserstoff	107	—	—	145	—	—	—	—	—	—	—	—	—
Kohlenoxyd	166	177	189	210	229	247	264	279	—	—	—	100	bis ~130
Kohlendioxyd	138	147	162	185	205	229	249	268	—	—	—	273	—
Schwefelkohlenstoff	89	—	—	—	143	—	—	—	—	—	—	499,5	—
Cyan	93	—	—	127	—	—	—	—	—	—	—	330	—

[1] Daneben ist die Temperaturgrenze, die in der C gültig ist, angegeben. Werte von C auch in 2913.

37151 (Fortsetzung).

Stoff	Formel	0° C	20° C	50° C	100° C	120° C	150° C	160° C	200° C	219° C	250° C	300° C	C	Temperaturgrenzen °C
Organische Verbindungen														
Methan	CH_4	102	108	118	133	—	147	—	161	—	174	186	164	20...250
Äthan	C_2H_6	86	92	101	115	—	128	—	142	—	154	—	252	20...250
Äthylen	C_2H_4	94	101	110	126	—	140	—	154	—	166	—	225	20...250
Acetylen	C_2H_2	96	102	111	126	132	—	—	—	—	—	—	215	—
Propan	C_3H_8	75	80	88	101	—	113	—	125	—	136	144	278	20...250
Propylen	C_3H_6	78	84	96	107	112	—	—	—	—	—	—	362	—
Butan	C_4H_{10}	69	74	—	95	100	—	—	—	—	—	—	358	—
i-Butan	C_4H_{10}	69	74	—	95	100	—	—	—	—	—	—	330	—
Pentan	C_5H_{12}	62	—	—	—	91	—	100	—	113	119	—	383	—
Benzol	C_6H_6	68	74	92	—	—	108	111	121	—	134	147	448	130...313
Hexan	C_6H_{14}	59	—	—	—	87	—	96	—	—	114	—	436	—
Methylchlorid	CH_3Cl	98	106	111	136	—	—	—	—	177	—	—	454	—
Methylbromid	CH_3Br	23	133	146	—	180	—	—	—	—	—	—	402	—
Methylenchlorid	CH_2Cl_2	91	99	—	127	—	—	—	—	167	—	—	395	—
Chloroform	$CHCl_3$	93	100	—	127	—	—	149	—	—	178	—	373	—
Tetrachlorkohlenstoff	CCl_4	90	—	108	120	—	137	—	152	—	170	—	365	—
Äthylchlorid	C_2H_5Cl	94	—	—	—	—	—	—	—	—	—	—	411	—
Methylalkohol	CH_4O	87	—	—	—	—	141	—	—	—	173	—	487	—
Äthylalkohol	C_2H_6O	75	—	—	109	—	120	—	136	—	152	—	407	130...309
Dimethyläther	C_2H_6O	85	91	—	117	123	—	—	—	—	—	—	426	—
Propylalkohol	C_3H_8O	68	—	—	—	103	110	—	—	—	—	—	516	—
i-Propylalkohol	C_3H_8O	70	—	—	—	103	111	—	125	—	138	—	460	—
Aceton	C_3H_6O	66	—	—	—	99	—	110	—	—	133	—	541	—
Diäthyläther	$C_4H_{10}O$	68	—	—	96	—	—	108	—	122	130	—	404	122...309

37152 Dynamische Zähigkeit (η) in Mikropoise und kinematische Zähigkeit (ν) in Stok von Luft in Abhängigkeit von der Temperatur[1].

ϑ in °C	η in μP	ν in St	ϑ in °C	η in μP	ν in St
0	171,0	0,1322	60	199,8	0,1885
10	176,0	0,1410	70	204,4	0,1986
20	180,9	0,1501	80	208,9	0,2089
30	185,7	0,1594	90	213,3	0,2194
40	190,4	0,1689	100	217,6	0,2300
50	195,1	0,1786			

37153 Zähigkeit (η) in Mikropoise von Gasgemischen[2].

	Temp. in °C	η bei Vol.-% des erstgenannten Gases							
		η bei 0 Vol.-%	Vol.-%	η	Vol.-%	η	Vol.-%	η	η bei 100 Vol.-%
He-Ne	20	309,2	26,59	297,1	56,24	270,2	76,21	242,9	197,3
He-A	20	221,1	34,05	227,8	38,20	229,1	49,06	229,6	197,3
Ne-A	20	221,1	25,80	240,1	39,09	250,4	73,20	280,8	309,2
H_2-He	20	197,3	55,20	131,7	60,69	125,2	69,18	116,6	87,5
H_2-Ne	20	309,2	25,20	278,2	46,09	242,7	77,15	168,4	87,5
H_2-A	20	221,1	29,42	214,0	44,57	205,6	62,62	189,5	87,5
H_2-O_2	26,9	205,7	39,45	192,5	60,30	178,4	86,33	131,4	88,9
H_2-NH_3	20	98,2	29,13	104,7	48,23	108,0	77,61	107,2	87,5
H_2-CO_2	26,9	149,3	19,03	150,1	59,46	147,8	88,88	123,2	87,5
N_2-O_2.	26,9	205,7	24,08	199,5	59,20	189,3	78,22	184,3	178,1
N_2-NH_3	20	98,2	11,17	109,2	43,62	138,3	88,89	169,0	177,6
CO-N_2	20	178,1	22,89	178,1	65,68	177,5	83,71	177,4	177,6
CO_2-HCl	18,0	142,6	20	145,3	50	148,0	80	148,1	146,4
CO_2-SO_2	15,8	145,8	20	142,8	50	136,7	80	129,9	124,3
H_2-CH_4	20	108,7	28,08	109,9	48,55	109,8	60,22	108,6	87,6
NH_3-CH_4	14,5	107,7	20	109,1	50	107,7	80	102,5	96,6
CH_4-C_3H_8	20	80,1	16,59	83,1	36,17	87,8	63,16	94,8	108,7
C_2H_6-C_3H_8. . . .	20	80,1	15,26	81,5	25,63	82,8	43,27	84,1	90,9

	Temp. in °C	η bei Vol.-% Luft										
		0	10	20	30	40	50	60	70	80	90	100
Luft-HCl	16,5	140,7	147	153,5	157	162	165,6	169	173	175,5	177	179,4
Luft-H_2S	17,2	124,3	131	138,5	145	152	158,2	163	169	173,2	177	180,2
Luft-NH_3	15,5	97,5	109	118,8	129	138	147,3	156	160	169,1	174	178,7
Luft-CO_2	17,0	146,5	149	152,3	156	159	163,5	166	170	173,0	176	179,7

[1] Abhängigkeit vom Druck siehe 2911 und 2912.
[2] Die Werte für die reinen Gase stimmen nicht mit denen der Tabelle 37141 überein, sie entstammen anderen Meßreihen.

372 Diffusion.

Die Diffusionskonstante D ergibt sich aus den beiden folgenden Fickschen Gleichungen, die nur für die Diffusion in einer Richtung Gültigkeit haben.

$$\frac{dS}{dt} = -q\,D\,\frac{dc}{dx}\,, \qquad (1)$$

d. h. die in der Zeit dt durch den Querschnitt q an dem Orte x wandernde Substanzmenge dS ist dem Konzentrationsgefälle $-\frac{dc}{dx}$ multipliziert mit der Diffusionskonstante D gleich.

$$\frac{\partial c}{\partial t} = D\,\frac{\partial^2 c}{\partial x^2}\,. \qquad (2)$$

Der zeitliche Verlauf der Konzentration an einer bestimmten Stelle x ist gleich der Änderung der Konzentration längs des Diffusionsweges multipliziert mit der Diffusionskonstante D. Vorausgesetzt ist, daß die Diffusion in nur einer Richtung stattfindet und die Diffusionskonstante von der Konzentration unabhängig ist. Die Dimension von D ist $[l^2\,t^{-1}]$. Als Einheit wird entweder $cm^2\,s^{-1}$ oder $cm^2\,d^{-1}$ benutzt. Umrechnung $1\,cm^2\,s^{-1} = 86400\,cm^2\,d^{-1}$.

Bei Gasen wird für die Konzentration c der Partialdruck p eingesetzt.

Die Abhängigkeit der Diffusionskonstante D von der Temperatur läßt sich darstellen durch die Gleichung

$$D = D_0 \cdot e^{-\frac{Q}{RT}}\,. \qquad (3)$$

Die Energie Q wird vielfach als Aktivierungs-, Ablöse- oder Auflockerungsenergie bezeichnet; R ist die Gaskonstante.

3721 Diffusion von Metallen in Metalle.

37211 Diffusionskoeffizient D in $cm^2 \cdot d^{-1}$ von Metallen ineinander.

Diffundierender Stoff	Diffusionsmedium	Temp. in °C	D in $cm^2 \cdot d^{-1}$	Diffundierender Stoff	Diffusionsmedium	Temp. in °C	D in $cm^2 \cdot d^{-1}$
Ag	Al	462	$1,7 \cdot 10^{-5}$	Au	Pb	165	$4,4 \cdot 10^{-3}$
Ag	Pb	250	$2,6 \cdot 10^{-3}$			200	$7,5 \cdot 10^{-3}$
		285	$7,9 \cdot 10^{-3}$			251	$2,8 \cdot 10^{-2}$
Ag	Sn	500	4,14			500	3,2
Al	Cu	500	$15 \cdot 10^{-7}$	Au	Pd	900	$2,9 \cdot 10^{-5}$
		650	$3,0 \cdot 10^{-6}$	Au	Pt	900	$7,5 \cdot 10^{-6}$
		850	$1,9 \cdot 10^{-4}$	Au	Sn	500	4,6
Au	Ag	491	$2,2 \ldots 5,7 \cdot 10^{-12}$				
		624	$0,6 \ldots 1,2 \cdot 10^{-9}$	Ba[1]	Hg	7,8	0,52
		717	$2,5 \ldots 5,4 \cdot 10^{-8}$	Bi	Pb	250	$3,2 \cdot 10^{-5}$
		861	$9,4 \cdot 10^{-7}$	Ca[1]	Hg	10,2	0,54
		1040	$2,8 \cdot 10^{-5}$	Cd	Ag	650	$2,2 \cdot 10^{-5}$
		1120	$5,5 \cdot 10^{-4}$	(Leg. Ag +		760	$8,2 \cdot 10^{-5}$
Au	Bi	500	4,5	2 At.-% Cd)		800	$1,2 \cdot 10^{-4}$
Au	Cu	400	$3,7 \ldots 6,2 \cdot 10^{-8}$			850	$4,1 \cdot 10^{-4}$
		510	$2,5 \cdot 10^{-7}$			895	$1,1 \cdot 10^{-3}$
		650	$2,2 \cdot 10^{-6}$	Cd[1]	Hg	8,7	1,45
		700	$4,2 \cdot 10^{-6}$			15,0	1,56
		850	$2,5 \cdot 10^{-5}$			99,1	2,96
		970	$1,2 \cdot 10^{-4}$	Cd	Hg	20	$1,52 \cdot 10^{-5}$
Au	Hg	11	0,72	Cd	Pb	167	$4,0 \cdot 10^{-6}$
Au	Ni	900	$7,5 \cdot 10^{-5}$			200	$1,2 \cdot 10^{-5}$
Au	Pb	100	$1,7 \cdot 10^{-5}$			252	$7,5 \cdot 10^{-5}$
		150	$4 \cdot 10^{-3}$	Cs[1]	Hg	7,3	0,45

[1] Aus 1%igem Amalgam.

37211 (Fortsetzung).

Diffundierender Stoff	Diffusionsmedium	Temp. in °C	D in $cm^2 \cdot d^{-1}$
Cu (Leg. Ag + 2 At.-% Cu)	Ag	650	$7,6 \cdot 10^{-6}$
		760	$3,1 \cdot 10^{-5}$
		800	$5,1 \cdot 10^{-5}$
		895	$8,1 \cdot 10^{-5}$
Cu	Al	462	$8,5 \cdot 10^{-6}$
Cu	Au	301	$1,3 \cdot 10^{-8}$
		444	$3,5 \ldots 4,6 \cdot 10^{-7}$
		560	$8,1 \cdot 10^{-6}$
		604	$1,2 \cdot 10^{-5}$
		616	$1,9 \cdot 10^{-5}$
Hg	Cd	156	$2,5 \cdot 10^{-5}$
		176	$6,1 \cdot 10^{-5}$
		202	$2,2 \cdot 10^{-4}$
Hg	Pb	177	$2,0 \cdot 10^{-6}$
		197	$5,0 \cdot 10^{-6}$
In (Leg. Ag + 2 At.-% In)	Ag	650	$2,5 \cdot 10^{-5}$
		760	$1,0 \cdot 10^{-4}$
		800	$1,6 \cdot 10^{-4}$
		840	$4,1 \cdot 10^{-4}$
		895	$1,1 \cdot 10^{-3}$
K[1]	Hg	10,5	0,53
Li[1]	Hg	8,2	0,66
Mg	Al	420	$6,6 \cdot 10^{-6}$
		462	$3,6 \cdot 10^{-5}$
Mn	Cu	400	$1,7 \cdot 10^{-8}$
		650	$3,2 \cdot 10^{-6}$
		850	$1,1 \cdot 10^{-5}$
		950	$5,6 \cdot 10^{-5}$
Mn	Ni	970	$8 \cdot 10^{-6}$
Na[1]	Hg	9,6	0,64
Ni	Cu	550	$6,1 \cdot 10^{-8}$
		650	$3,7 \cdot 10^{-7}$
		700	$1,2 \cdot 10^{-6}$
		890	$1,9 \cdot 10^{-5}$
		950	$1,8 \cdot 10^{-5}$
Ni	Pb	252	$3 \cdot 10^{-6}$
		258	$2 \cdot 10^{-5}$
		320	$3 \cdot 10^{-5}$
Ni	Mn	970	$4,5 \cdot 10^{-6}$
		1000	$5 \cdot 10^{-6}$
Pb[1]	Hg	15,6	1,37
		99,2	1,92
Pb	Pb	250	$1,3 \cdot 10^{-6}$
		285	$7,0 \cdot 10^{-6}$
Pb	Pb Folie	324	$1,4 \cdot 10^{-4}$
Pb	Sn	500	3,18
Pd	Cu	490	$7,8 \cdot 10^{-8}$
		580	$2,7 \cdot 10^{-7}$
		700	$1,1 \cdot 10^{-6}$
		866	$1,1 \cdot 10^{-5}$
Pd	Cu	950	$2,2 \ldots 2,5 \cdot 10^{-5}$
Po	Au	470	$1 \cdot 10^{-9}$
Pt	Cu	490	$5,0 \cdot 10^{-8}$
		700	$1,1 \cdot 10^{-6}$
		850	$3,0 \cdot 10^{-6}$
		960	$9,5 \ldots 20 \cdot 10^{-6}$
Pt	Pb	490	1,69
Ra (B + C)	Ag	470	$3,8 \cdot 10^{-7}$
Ra (B + C)	Au	470	$3,4 \cdot 10^{-7}$
Ra (B + C)	Pt	470	$8,2 \cdot 10^{-7}$
Rb[1]	Hg	7,3	0,46
Rh	Pb	500	3,04
Sb (Leg. Ag + 2 At.-% Sb)	Ag	650	$3,3 \cdot 10^{-5}$
		760	$1,3 \cdot 10^{-4}$
		800	$1,7 \cdot 10^{-4}$
		895	$3,7 \cdot 10^{-4}$
Si	Al	462	$3,1 \cdot 10^{-5}$
Sn (Leg. Ag + 2 At.-% Sn)	Ag	650	$5,4 \cdot 10^{-5}$
		760	$2,0 \cdot 10^{-4}$
		800	$3,0 \cdot 10^{-4}$
		895	$6,3 \cdot 10^{-4}$
Sn	Cu	400	$4,1 \cdot 10^{-8}$
		500	$5,8 \cdot 10^{-7}$
		650	$6,0 \cdot 10^{-6}$
		760	$1,2 \cdot 10^{-4}$
		850	$3,4 \cdot 10^{-4}$
Sn[1]	Hg	10,7	1,53
Sn	Rb	250	$4,4 \cdot 10^{-6}$
Sn	Pb	245	$2,7 \cdot 10^{-6}$
		265	$6,0 \cdot 10^{-6}$
		285	$1,4 \cdot 10^{-5}$
Sr[1]	Hg	9,4	0,47
ThB	Pb Einkryst.	324	$2 \cdot 10^{-8}$
ThB	Pb	165	$\sim 6 \cdot 10^{-11}$
		260	$6 \cdot 10^{-7}$
		324	$1,4 \cdot 10^{-4}$
ThB	Tl	285	$2 \cdot 10^{-5}$
Tl[1]	Hg	11,5	0,87
Tl	Pb	250	$1,9 \cdot 10^{-5}$
		285	$2,7 \cdot 10^{-5}$
Tl	Tl	285	$2 \cdot 10^{-5}$
Zn	Al	462	$5,4 \cdot 10^{-5}$
Zn	Cu	360	$8,3 \cdot 10^{-8}$
		500	$6,8 \cdot 10^{-7}$
		650	$4,9 \cdot 10^{-6}$
		880	$4,8 \cdot 10^{-5}$
Zn[1]	Hg	11,5	2,18
		99,2	2,90
Zn	Pb	285	$1,4 \cdot 10^{-5}$

[1] Aus 1%igem Amalgam.

37212 Diffusionskonstante verschiedener Metalle in Kupfer bei 800° C in Abhängigkeit von der Konzentration dieser Metalle im Kupfer nach Rhines und Mehl.

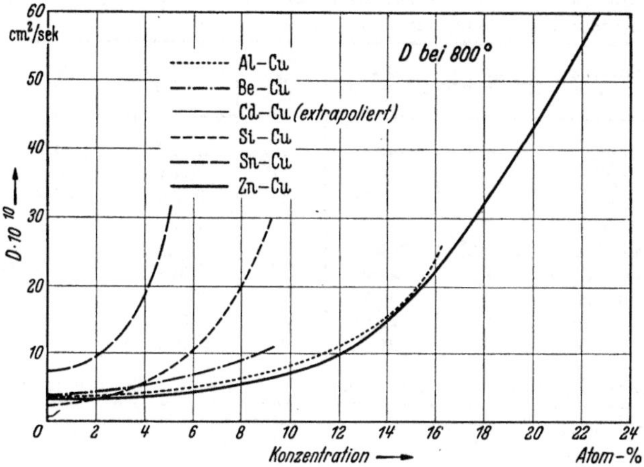

37213 Konstanten der Diffusionsgleichung (3) $D = D_0 \cdot e^{-\frac{Q}{RT}}$

R Gaskonstante, T Temperatur in °K.

Diffundierender Stoff	Diffusionsmedium	D_0 in $cm^2 \cdot d^{-1}$	Q in cal · Grammatom^{-1}	Diffundierender Stoff	Diffusionsmedium	D_0 in $cm^2 \cdot d^{-1}$	Q in cal · Grammatom^{-1}
Ag	Pb	$6{,}5 \cdot 10^{3}$	15200	P	Fe	—	46100
Al	Cu	$6{,}20 \cdot 10^{2}$	39200	Pb	Pb	$5{,}8 \cdot 10^{5}$	28000
Al	Fe	—	44000	Pd	Ag	0,55	20200
Au	Ag	46	29800	Pd	Au	96	37400
Au	Au	$7{,}94 \cdot 10^{5}$	62900	Pd	Cu	0,138	21900
Au	Cu	0,59	22500	Pd [2]	Cu	1,58	27400
Au	Pb	$3{,}0 \cdot 10^{4}$	14000	Pt	Au	$1{,}07 \cdot 10^{2}$	39000
Be	Cu	3,9	27900	Pt	Cu	$8{,}7 \cdot 10^{-2}$	21900
Bi	Pb	$1{,}6 \cdot 10^{3}$	18400	S	Fe	—	26700
C	Fe	$4{,}2 \cdot 10^{4}$	36600	Sb	Ag	4,58	21700
Cd	Ag	4,18	22350	Si	Cu	$4{,}5 \cdot 10^{3}$	39950
Cd	Cu	$3 \cdot 10^{-4}$	8200	Sn	Ag	6,75	21400
Cd	Pb	$1{,}6 \cdot 10^{2}$	15400	Sn	Cu	$3{,}55 \cdot 10^{2}$	31200
Ce	W	$8{,}6 \cdot 10^{4}$	83000	Sn [2]	Cu	$2{,}14 \cdot 10^{3}$	40000
Cr	Fe	—	13500	Sn	Fe	—	46000
Cu	Au	50	27400	Sn	Pb	$3{,}5 \cdot 10^{5}$	26200
Cu	Ni	90	35500	Th	W [3]	$6{,}5 \cdot 10^{4}$	94000
Hg	Pb	$3{,}0 \cdot 10^{4}$	19000	Th	W [4]	$3{,}5 \cdot 10^{2}$	94400
In	Ag	6,3	24400	Tl	Pb	$2{,}2 \cdot 10^{3}$	19400
Mn	Cu	0,62	23200	U	W	$8{,}6 \cdot 10^{4}$	100000
Mo [1]	W	54	80500	Yt	W	$4 \cdot 10^{4}$	68000
N	Fe	—	31000	Zn	Cu	0,26	19700
Ni	Cu	5,62	29800	Zr	W	$8{,}6 \cdot 10^{4}$	78000

[1] Einkrystall. [2] Getempert. [3] Kleinkrystallin. [4] Grobkrystallin.

3722 Diffusion in Salze.

37221 Diffusion von Ionen in Salze.

Konstanten der Diffusionsgleichung (3) $D = D_0 \cdot e^{-\frac{Q}{RT}}$.
R Gaskonstante, T Temperatur in ° K.

Diffundierendes Ion	Diffusionsmedium	D_0 in $cm^2 \cdot d^{-1}$	Q in $cal \cdot g\text{-}Ion^{-1}$	Diffundierendes Ion	Diffusionsmedium	D_0 in $cm^2 \cdot d^{-1}$	Q in $cal \cdot g\text{-}Ion^{-1}$
$Ag^{\cdot}$	AgCl	—	23000	$Li^{\cdot}$	α AgJ	$5 \cdot 10^2$	4570
	AgBr	—	19000	$Na^{\cdot}$	NaCl	—	11800
	α AgJ	—	2260	$Pb^{\cdot\cdot}$	$PbCl_2$	$6{,}6 \cdot 10^5$	35800
	α Cu_2S	28	4570		PbJ_2	$(4{,}2\ldots9) \cdot 10^5$	30000
	α Cu_2Te	$2{,}1 \cdot 10^5$	20860				
$Cu^{\cdot}$	α AgJ	14	2260	Cl′	NaCl	—	47200
	α Ag_2S	40	3180		$PbCl_2$	—	11000
	α Ag_2Se	13	2940	J′	PbJ_2	—	9300
	α Ag_2Te	3,3	2660	Se″	α Ag_2S	58	20040

37222 Diffusionskoeffizient D in $cm^2 \cdot d^{-1}$ von festen Salzen ineinander.

Diffundierender Stoff	Diffusionsmedium	°C	D in $cm^2 \cdot d^{-1}$	Diffundierender Stoff	Diffusionsmedium	°C	D in $cm^2 \cdot d^{-1}$
$AgNO_3$	Na-Glas	354	$2{,}18 \cdot 10^{-5}$	$MgWO_4$	$MgMoO_4$	800	$1{,}2 \cdot 10^{-6}$
$AgNO_3$	Na-Permutit	354	$1{,}28 \cdot 10^{-5}$	$PbCl_2$ (radioakt. Isotop)	$RbCl_2$	166	$1{,}47 \cdot 10^{-12}$
					$RbCl_2$	225	$1{,}7 \cdot 10^{-10}$
Ag_3Sb	Cu_3Sb	450	0,012		$RbCl_2$	470	$2{,}9 \cdot 10^{-2}$
Ag_4Sn	Cu_4Sn	450	$2 \cdot 10^{-4}$	PbJ_2 (radioakt. Pb-Isotop)	PbJ_2	114	$6{,}31 \cdot 10^{-12}$
Ag_2Te	Cu_2Te	330	0,031		PbJ_2	147	$1{,}17 \cdot 10^{-10}$
Ag_2Te	Cu_2Te	476	0,171		PbJ_2	165	$6{,}35 \cdot 10^{-10}$
Ag_2Te	Cu_2Te	521	0,403	$SrMoO_4$	$SrWO_4$	950	$7{,}9 \cdot 10^{-6}$
$BaMoO_4$	$BaWO_4$	950	$8{,}3 \cdot 10^{-6}$	$SrWO_4$	$SrMoO_4$	950	$2{,}6 \cdot 10^{-6}$
$BaWO_4$	$BaMoO_4$	950	$3{,}0 \cdot 10^{-6}$	$ZnMoO_4$	$ZnWO_4$	800	$3{,}4 \cdot 10^{-6}$
Cu_3Sb	Ag_3Sb	450	0,010	$ZnMoO_4$	$ZnWO_4$	850	$5{,}5 \cdot 10^{-6}$
CuJ	AgJ	480	3,19...3,55	$ZnWO_4$	$ZnMoO_4$	800	$1{,}3 \cdot 10^{-6}$
$MgMoO_4$	$MgWO_4$	800	$2{,}0 \cdot 10^{-6}$	$ZnWO_4$	$ZnMoO_4$	850	$2{,}5 \cdot 10^{-6}$

37223 Diffusionskoeffizient D in $cm^2 \cdot d^{-1}$ geschmolzener Salze ineinander.

Diffundierender Stoff	Diffusionsmedium	Temp. °C	D in $cm^2 \cdot d^{-1}$	Diffundierender Stoff	Diffusionsmedium	Temp. °C	D in $cm^2 \cdot d^{-1}$
AgBr	KBr	780	4,25	$PbCl_2$	KCl, LiCl	530	1,75
AgCl	KCl, LiCl	480	3,98	$PbCl_2$	KCl, LiCl	720	3,80
AgCl	KCl, LiCl	520	4,00	$Sr(NO_3)_2$	KNO_3	360	2,43
AgCl	KCl, LiCl	600	4,58	$Sr(NO_3)_2$	KNO_3	370	2,64
AgCl	KCl, LiCl	740	5,73	$Sr(NO_3)_2$	$NaNO_3$	345	3,60
AgJ	KJ	720	4,0	$Sr(NO_3)_2$	$NaNO_3$	360	3,80
AgJ	KJ	780	4,4	TlBr	KBr	770	3,70
$AgNO_3$	KNO_3	360	3,95	TlCl	KCl, LiCl	520	2,68
$AgNO_3$	KNO_3	390	4,20	TlCl	KCl, LiCl	580	3,00
$AgNO_3$	$NaNO_3$	330	3,95	TlJ	KJ	720	2,71
$AgNO_3$	$NaNO_3$	360	4,37	TlJ	KJ	780	2,85
$Ba(NO_3)_2$	KNO_3	370	1,78	$TlNO_3$	KNO_3	345	2,74
$Ba(NO_3)_2$	$NaNO_3$	360	3,21	$TlNO_3$	KNO_3	380	2,90
KBr	KNO_3	360	2,60	$TlNO_3$	$NaNO_3$	320	3,40
KJ	KNO_3	360	2,56	$TlNO_3$	$NaNO_3$	360	3,72

3723 Diffusion von Flüssigkeiten in Flüssigkeiten.

37231 Diffusion in Wasser.

Diffusionskoeffizient D in $cm^2 \cdot d^{-1}$ von wässerigen Lösungen fester und flüssiger Stoffe in reines Wasser oder zweier nahezu gleich konzentrierter Lösungen ineinander.

Der Faktor 10^{-3} bei D trägt der Einheit der Konzentration Val im Liter anstatt Val im cm^3 Rechnung.

Anorganische Stoffe.

Stoff	Konzentration in $val \cdot l^{-1}$	Temp. in °C	$D \cdot 10^{-3}$ in $cm^2 \cdot d^{-1}$	Stoff	Konzentration in $val \cdot l^{-1}$	Temp. in °C	$D \cdot 10^{-3}$ in $cm^2 \cdot d^{-1}$
Br_2	0,1	12	0,8	KJ	5,5	18	1,549
$CaCl_2$	0,29	9	0,68	KNO_3	0,05	18	1,25
	0,37	9	0,94		0,20	18	1,20
	1,5	9	0,72		0,40	18	1,16
$CdSO_4$	0	16,8	0,304		0,80	18	1,10
	(extrap.)				1,0	18	1,07
	0,5	16,8	0,292		2,00	18	0,99
	1,0	16,8	0,282		2,50	18	1,01
	1,5	16,8	0,376	KOH	0,1	13,5	1,72
	2,0	16,8	0,374		0,9	13,5	1,86
	3,0	16,8	0,383		3,9	13,3	2,43
	3,5	16,8	0,292	K_2SO_4	0,02	19,6	1,01
	4,5	16,8	0,314		0,05	19,6	0,97
	5,5	16,8	0,346		0,28	19,6	0,86
	6,5	16,8	0,386		0,95	19,6	0,79
	7,0	16,8	0,410	LiBr	2,3	10	0,80
Cl_2	0,1	12	1,22		4,4	10	0,90
	0,1	16,3	1,10	LiCl	0,01	9	0,757
$CoCl_2$	0,0062	18	0,600		0,01	18	1,000
	0,0127	18	0,669		1,0	9	0,697
$CuCl_2$	1,5	10	0,43		1,0	18	0,920
$CuSO_4$	0,10	17	0,39		4,2	9	0,724
	0,50	17	0,29		4,2	18	0,956
	1,95	17	0,23	LiJ	1,3	10	0,80
HCl	0,43	0	1,39	$MgSO_4$	0,5	15,5	0,461
	2,0	0	1,52		1,0	15,5	0,453
	2,0	11	2,12		3,0	15,5	0,509
	5,0	0	1,86		4,5	15,5	0,627
	6,5	11	2,67	NH_3	0,686	4	1,06
	8,0	0	2,31		3,55	4,5	1,06
	9,0	11,5	2,93	NaBr	2,9	10	0,86
HNO_3	0,84	5,5	1,50	Na_2CO_3	2,4	10	0,39
	3,0	6	1,54	NaCl	0,05	18	1,09
	3,0	7	2,08		0,40	18	1,03
	20	9	1,94		1,00	18	1,06
H_2O_2	0,011	20	0,7635		2,00	18	1,11
	0,099	20	0,9039		3,00	18	1,17
	0,103	20	0,8542		4,00	18	1,23
mit 0,1%	0,099	20	0,9653		5,00	18	1,28
CH_3CONH_2 als	0,107	20	0,8425	NaJ	1,0	10	0,80
Stabilisator	4,78	20	1,123		2,0	10	0,90
H_2SO_4	0,005	18	1,30	$NaNO_3$	0,6	13	0,90
	0,35	18	1,32		3,0	10,5	0,76
	0,85	18	1,34		5,0	10,5	0,83
	2,85	18	1,60		6,0	13	0,77
	4,85	18	1,90	NaOH	0,02	12	1,12
	9,85	18	2,36		0,10	12	1,11
KBr	1,0	10	1,13		0,90	12	1,045
K_2CO_3	3,0	10	0,60		3,9	12	0,985
KCl	0,02	25	1,685	Na_2SO_4	1,4	10	0,66
	0,1	25	1,631	$Ni(NO_3)_2$	0,0088	18	0,577
	0,5	25	1,573		0,0226	18	0,711
KJ	0,01	10	1,117		0,068	18	0,802
	0,01	18	1,460	$Pb(NO_3)_2$	0,22	12	0,71
	0,10	10	1,064		0,82	12	0,66
	0,10	18	1,391	$ZnSO_4$	0,025	19,5	0,50
	1,0	10	1,045		0,050	19,5	0,47
	1,0	18	1,366		0,55	19,5	0,36
	5,5	10	1,185		2,95	19,5	0,33

Organische Stoffe.

Stoff	Konzentration in val · l⁻¹	Temp. in °C	D · 10⁻³ in cm² · d⁻¹	Stoff	Konzentration in Vol.-%	Temp. in °C	D · 10⁻³ in cm² · d⁻¹
Ameisensäure	1,0	12	0,97	Propylalkohol	4,160	20	0,660
Essigsäure . .	0,2	13,5	0,77		8,764	20	0,671
	1,0	12	0,74		13,450	20	0,544
	2,0	12	0,69	Glycerin . . .	6,25	18	0,962
	3,0	12	0,68		15,0	18	0,762
	4,0	12	0,66		25,0	18	0,744
Na-Acetat . .	0,2	12	0,67	Traubenzucker	2,5	18	0,478
Zn-Acetat . .	2,0	0,04	0,120		6,0	18	0,419
	2,0	18,05	0,210		12,0	18	0,296
	Vol.-%			Harnstoff . .	2,0	18	1,437
Methylalkohol	2,901	20	1,414		5,0	18	1,205
	11,032	20	1,240		10,0	18	1,178
	16,102	20	1,170	Formamid . .	9,2	18	1,808
Äthylalkohol .	3,448	20	0,873		18,4	18	1,706
	11,908	20	0,881		27,6	18	1,214
	17,113	20	0,905				

37232 Diffusionskoeffizient D in cm² · d⁻¹ von organischen Stoffen in organische Lösungsmittel.

372321 Diffusion meist gegen das reine Lösungsmittel.

Diffundierender Stoff	Lösungsmittel	Temp. in °C	D · 10⁻³ in cm² · d⁻¹
Brombenzol	Benzol	7,3	1,22
Jodbenzol	Benzol	7,3	1,17
o-Dichlorbenzol	Benzol	7,6	1,40
m-Dichlorbenzol	Benzol	7,6	1,36
p-Dichlorbenzol	Benzol	7,6	1,23
1, 2, 4-Trichlorbenzol	Benzol	7,6	1,16
1, 2, 4, 5-Tetrachlorbenzol	Benzol	7,6	1,07
Hexachlorbenzol	Benzol	7,6	0,883
Naphthalin	Benzol	7,6	1,03
Phenantren	Benzol	7,6	0,82
Benzol	Brombenzol	7,5	0,885
Brombenzol	Toluol	7,0	1,37
Brombenzol	Äthylbenzol	7,3	1,24
Brombenzol	m-Xylol	7,3	1,31
Brombenzol	Cyclohexan	7,3	0,989
α-Bromnaphthalin	Dekalin	7,3	0,293
Brombenzol	Dekalin	7,3	0,407
α-Bromnaphthalin	Tetralin	7,3	0,310
Brombenzol	Tetralin	7,3	0,416
Brombenzol	Hexan	7,3	2,240
Nitrobenzol	Äthyläther	7,6	2,80
Brombenzol	Äthyläther	7,3	3,02
α-Bromnaphthalin	Dibenzyläther	7,3	0,129

372322 Diffusion von Glycerin aus Glycerin-Äthylalkohollösungen verschiedener Konzentration bei 20° C.

Konzentration Glycerin in Äthylalkohol in Mol/l	$D \cdot 10^{-8}$ in $cm^2 \cdot d^{-1}$
0,0	0,460
0,25	0,431
0,50	0,422
1,00	0,353
2,00	0,304
4,00	0,234

3724 Diffusion von Gas durch Metall.

(Nach Smithells: Gases and Metals, London 1937.)

Mit D ist die in der Sekunde durch eine Metallschicht von 1 mm Dicke auf 1 cm Fläche diffundierende Gasmenge in Ncm^3 bezeichnet.

37241 Konstante D_0 und E_0 der Diffusionsgleichung $D = D_0 \frac{1}{d} \cdot p^{1/2} \cdot e^{-E_0/(2RT)}$

D in $Ncm^3 \cdot mm \cdot cm^{-2} \cdot s^{-1}$. d Dicke der Metallschicht in mm, p Gasdruck in Torr, E_0 in kcal/Grammolekül.

System	E_0	D_0	Beobachter
H_2—Ni	30,840	$2,3 \cdot 10^{-2}$	Lombard
	27,720	$0,85 \cdot 10^{-2}$	Deming und Hendricks
	27,600	$1,4 \cdot 10^{-2}$	Borelius und Lindblom
	26,800	$1,05 \cdot 10^{-2}$	Ham
	26,520	$1,44 \cdot 10^{-2}$	Smithells und Ransley
H_2—Pt	39,200	$1,41 \cdot 10^{-2}$	Richardson
	36,000	$1,18 \cdot 10^{-2}$	Ham
H_2—Mo	40,400	$0,93 \cdot 10^{-2}$	Smithells und Ransley
H_2—Pd	8,400	$4,1 \cdot 10^{-2}$	Lombard und Eichner
	8,900	—	Melville und Rideal
H_2—Cu	33,200	$2,3 \cdot 10^{-3}$	Smithells und Ransley
	39,400	$1,5 \cdot 10^{-3}$	Braaten und Clark
H_2—Fe	19,200	$1,63 \cdot 10^{-3}$	Smithells und Ransley
	18,800	$1,60 \cdot 10^{-3}$	Borelius und Lindblom
	22,000	$2,40 \cdot 10^{-3}$	Ryder
H_2—Al	61,600	0,42...3,3	Smithells und Ransley
O_2—Ag	45,200	$3,75 \cdot 10^{-2}$	Spencer
	45,200	$2,06 \cdot 10^{-2}$	Johnstone und Larose
N_2—Mo	90,000	$8,3 \cdot 10^{-2}$	Smithells und Ransley
N_2—Fe	47,600	$4,5 \cdot 10^{-3}$	Ryder
CO—Fe	37,200	$1,3 \cdot 10^{-3}$	Ryder

37242 Typische Diffusionsisobaren von Wasserstoff durch Metalle.

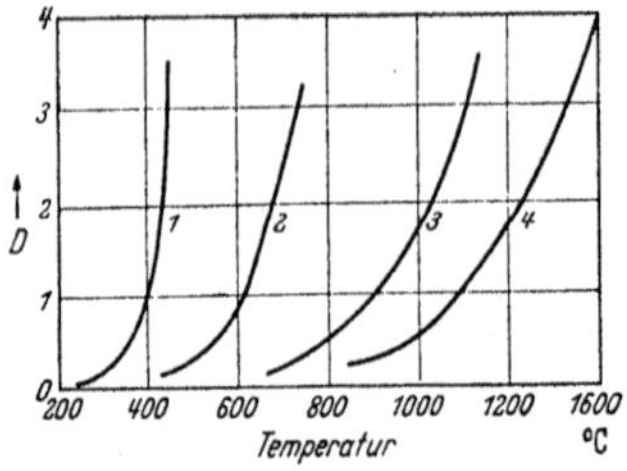

1 H_2 durch Cu bei 129 Torr D in 10^{-7} $Ncm^3 \cdot mm \cdot cm^{-2} \cdot s^{-1}$;
2 H_2 durch Ni bei 760 Torr D in 10^{-4} $Ncm^3 \cdot mm \cdot cm^{-2} \cdot s^{-1}$;
3 H_2 durch Pt bei 70 Torr D in 10^{4} $Ncm^3 \cdot mm \cdot cm^{-2} \cdot s^{-1}$;
4 H_2 durch Mo bei 4,7 Torr D in 10^{-5} $Ncm^3 \cdot mm \cdot cm^{-2} \cdot s^{-1}$.

37243 Diffusionsisothermen von H_2 durch Ni.

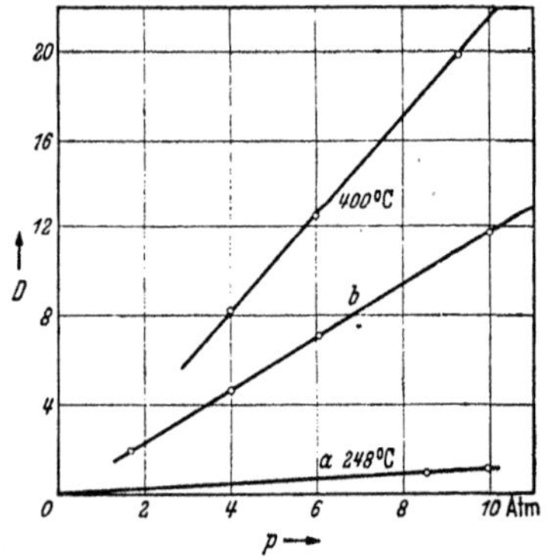

D in 10^{-5} $Ncm^3 \cdot mm \cdot cm^{-2} \cdot s^{-1}$. Bei Kurve *b*, die für 248° C gilt, ist D in 10^{-6} $Ncm^3 \cdot mm \cdot cm^{-2} \cdot s^{-1}$ angegeben.

37244 Diffusionsisothermen D in $Ncm^3 \cdot mm \cdot cm^{-2} \cdot s^{-1}$ von Wasserstoff durch Eisen.

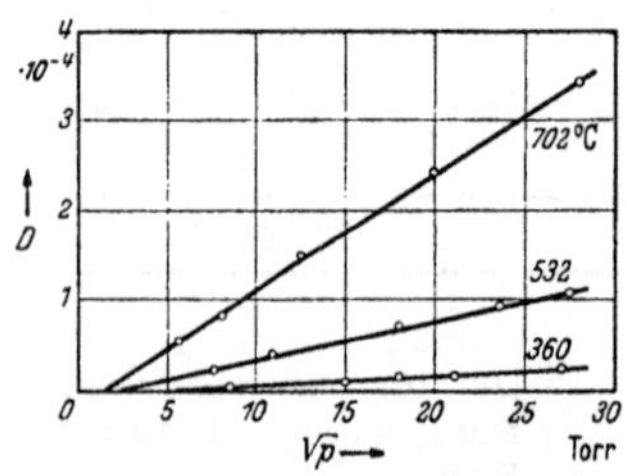

37245 Diffusionsisothermen (D in $Ncm^3 \cdot mm \cdot cm^{-2} \cdot s^{-1}$) von H_2.

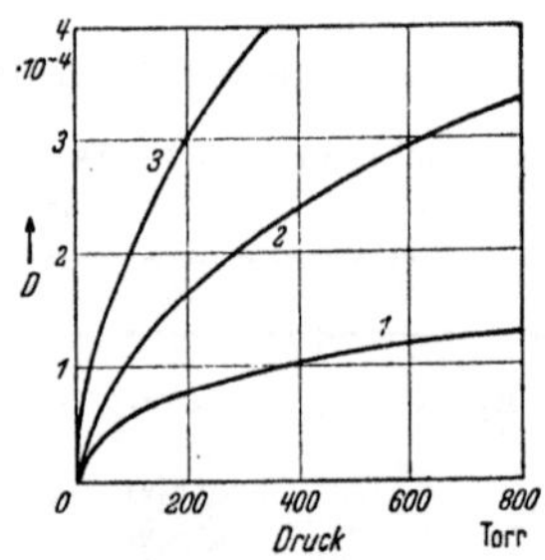

1 Nickel bei 587° C; *2* Eisen bei 702° C; *3* Molybdän bei 1400° C.

3725 Wasserdampfdurchlässigkeit von organischen Werkstoffen[1].

Die Wasserdampfdurchlässigkeit ist gekennzeichnet durch die Diffusionskonstante D, die angibt wieviel Gramm Wasser in 1 Stunde bei einem Dampfdruckunterschied von 1 Torr durch eine 1 cm dicke Schicht mit einer Oberfläche von 1 cm^2 hindurch gelassen werden.

Voraussetzung für die Angaben war die Gültigkeit des Fickschen Gesetzes:

$$N = \frac{D A t}{x} (p_1 - p_2)$$

(N = Menge des Wassers in g, die in der Zeit t durch einen Querschnitt von A cm^2 in senkrechter Richtung durch eine Schichtdicke von x cm diffundiert, wenn p_1 der Wasserdampfdruck vor, p_2 der hinter der Schicht ist.)

[1] Nach P. C. Blokker: Z. angew. Chem. **52**, 648 (1939).

3725 (Fortsetzung).

Werkstoff	Temperatur in °C	Dicke des Materials in cm	Dampfdruck in Torr p_1	p_2	Diffusionskonstante in $g \cdot h^{-1} cm^{-1} Torr^{-1}$
Paraffin	21,1	0,05	18,8	0	$0{,}05 \cdot 10^{-8}$
Thiokol	21,1	0,08	18,8	0	$0{,}22 \cdot 10^{-8}$
Igelit PCU	25,0	—	23,8	0	$0{,}8 \cdot 10^{-8}$
Igelit PC	25,0	—	23,8	0	$1{,}1 \cdot 10^{-8}$
Bitumen-Vergußmassen	25,0	0,08	23,8	0	$1{,}15 \cdot 10^{-8}$
Bitumen	25,0	—	23,8	0	$1{,}4 \cdot 10^{-8}$
Cellophan „wetterfest“	25,0	—	23,8	0	$1{,}5 \cdot 10^{-8}$
Guttapercha	25,0	0,03	23,8	0	$1{,}48 \cdot 10^{-8}$
Guttapercha	25,0	—	23,8	0	$1{,}5 \cdot 10^{-8}$
Ebonit	25,0	—	23,8	0	$1{,}5 \cdot 10^{-8}$
Ebonit	25,0	0,05	23,8	0	$1{,}51 \cdot 10^{-8}$
Balata	25,0	0,04	23,8	0	$1{,}80 \cdot 10^{-8}$
Paragutta	25,0	0,05	23,8	0	$1{,}89 \cdot 10^{-8}$
Styroflex	25,0	—	23,8	0	$2{,}7 \cdot 10^{-8}$
Polystrol	25,0	—	23,8	0	$2{,}7 \cdot 10^{-8}$
Polystrol	21,1	0,1	18,8	0	$3{,}9 \cdot 10^{-8}$
Bakelit, gegossen	25,0	0,05	23,8	0	$4{,}7 \cdot 10^{-8}$
Phenolfiber	25,0	0,08	23,8	0	$5{,}0 \cdot 10^{-8}$
Kautschuk, vulkanisiert, ohne Füllstoffe	25,0	—	23,8	0	$8 \cdot 10^{-8}$
Benzylcellulose	25,0	—	23,8	0	$8 \cdot 10^{-8}$
Perduren, je nach Mischung	25,0	—	23,8	0	$2 \cdot 11^{-8}$
Buna S, vulkanisiert, ohne Füllstoffe	25,0	—	23,8	0	$11 \cdot 11^{-8}$
Stabol (Polyacrylsäureester)	25,0	—	23,8	0	$16 \cdot 11^{-8}$
Igelit PCU mit Weichmacher	25,0	—	23,8	0	$20 \cdot 11^{-8}$
Igelit MP mit Weichmacher	25,0	—	23,8	0	
Cellulosetriacetat	25,0	—	23,8	0	$84 \cdot 11^{-8}$
Celluloseacetat	25,0	—	23,8	0	$160 \cdot 11^{-8}$
Cellophan	25,0	—	23,8	0	$200 \cdot 11^{-8}$
Cellulosetriacetat mit Weichmacher	25,0	—	23,8	0	$326 \cdot 11^{-8}$

3726 Diffusion von Gas in Gas.

Diffusionskoeffizient D in $cm^2 \cdot s^{-1}$ von Gasen und Dämpfen bei einem Gesamtdruck von 760 Torr[1] und der angegebenen Temperatur.

D ist definiert nach dem 2. Fickschen Gesetz $\frac{\partial p}{\partial t} = D \frac{\partial^2 p}{\partial x^2}$.

Anorganische Gase und Dämpfe.

Diffundierender Stoff	Diffusionsmedium	p Torr	°C	D in $cm^2 \cdot s^{-1}$	Diffundierender Stoff	Diffusionsmedium	p Torr	°C	D in $cm^2 \cdot s^{-1}$
Argon	Helium	751	15	0,703	Jod	Luft	760	20	0,081
Ammoniak	Luft	760	0	0,198	Jod	Stickstoff	10	19,4	5,70
Brom	Argon	760	0	0,0861	Kohlendioxyd	Wasserstoff	749	18	0,606
Brom	Chlorwasserst.	760	0	0,0869	Quecksilber	Stickstoff	3	19,4	32,3
Brom	Kohlendioxyd	760	0	0,0863	Sauerstoff	Stickstoff	756	12,5	0,203
Brom	Methan	760	0	0,156	Wasser	Luft	760	16,1	0,282
Brom	Wasserstoff	760	0	0,563	Wasserstoff	Sauerstoff	753	14	0,778
					Wasserstoff	Stickstoff	755	12,5	0,739
					p-Wasserstoff	Wasserstoff	—	0	1,285

[1] Soweit nicht andere Werte angegeben sind.

3726 (Fortsetzung).

Organische Gase und Dämpfe.

Diffundierender Stoff	°C	D in H_2	D in Luft	D in CO_2	Diffundierender Stoff	°C	D in H_2	D in Luft	D in CO_2
Äthylalkohol	0	0,378	0,1016	0,0685	i-Buttersäure-	0	0,2237	0,0552	0,0400
	66,9	0,543	0,1475	0,1026	äthylester	96,1	0,4267	0,1121	0,0784
Ameisensäure	0	0,5131	0,1315	0,0879	i-Buttersäure-	0	0,1694	0,0423	0,0308
	84,9	0,8830	0,2244	0,1519	amylester	97,7	0,3182	0,0786	0,0564
Ameisensäure-	0	0,3357	0,0852	0,0572	i-Buttersäure-	0	0,1850	0,0474	0,0332
äthylester	46,2	0,4383	0,1108	0,0751	butylester	97,9	0,3415	0,0876	0,0612
Ameisensäure-	0	0,2811	0,0714	0,0490	i-Buttersäure-	0	0,2568	0,0642	0,0450
propylester	66,8	0,4234	0,1065	0,0738	methylester	66,65	0,3913	0,0991	0,0696
Benzol	0	0,294	0,0751	0,0527	i-Buttersäure-	0	0,2120	0,0549	0,0388
	45	0,3993	0,1011	0,0715	propylester	97,1	0,3897	0,0991	0,0714
Buttersäure	0	0,2325	0,0605	0,0424	i-Valeriansäure	0	0,2118	0,0555	0,0375
	98,6	0,4905	0,1263	0,0884		98,05	0,3934	0,1031	0,0696
Buttersäure-	0	0,2239	0,0574	0,0407	Methylalkohol	0	0,5001	0,1325	0,0880
äthylester	96,5	0,4112	0,1064	0,0756		49,6	0,6738	0,1809	0,1234
Buttersäure-	0	0,1850	0,0474	0,0332	Propionsäure	0	0,3333	0,0847	0,0595
isobutylester	97,9	0,3415	0,0876	0,0612		98,85	0,6182	0,1570	0,1104
Buttersäure-	0	0,2422	0,0641	0,0439	Propionsäure-	0	0,2373	0,0631	0,0450
methylester	92,1	0,4308	0,1139	0,0809	äthylester	90,3	0,4019	0,1092	0,0806
Buttersäure-	0	0,2059	0,0523	0,0364	Propionsäure-	0	0,1891	0,0466	0,0341
propylester	97,9	0,3801	0,0965	0,0673	amylester				
Butylalkohol	0	0,2716	0,0681	0,0476	Propionsäure-	0	0,2029	0,0529	0,0366
	99,05	0,5045	0,1265	0,0848	isobutylester				
Diäthyläther	0	0,296	0,0775	0,0552	Propionsäure-	0	0,2949	0,0745	0,0529
	19,9	0,341	0,0893	0,0636	methylester	66,8	0,4564	0,1146	0,0820
Essigsäure	0	0,4040	0,1061	0,0713	Propionsäure-	0	0,2121	0,0554	0,0396
	98,5	0,7481	0,1965	0,1321	propylester	96,5	0,3864	0,1010	0,0721
Essigsäure-	0	0,2727	0,0709	0,0487	Propylalkohol	0	0,3153	0,0803	0,0577
äthylester	46,1	0,3729	0,0970	0,0666		83,5	0,5434	0,1379	0,0976
Essigsäure-	0	0,2312	0,0592	0,0419	Valeriansäure-	0	0,2050	0,0505	0,0366
isobutylester	97,9	0,4155	0,1055	0,0745	äthylester	97,6	0,3784	0,0932	0,0676
Essigsäure-	0	0,3277	0,0840	0,0557	Valeriansäure-	0	0,1724	0,0426	0,0305
methylester	46,2	0,4531	0,1126	0,0760	isobutylester	97,8	0,3177	0,0782	0,0568
Hexylalkohol	0	0,1998	0,0499	0,0351	Valeriansäure-	0	0,1891	0,0466	0,0341
	99,0	0,3712	0,0927	0,0651	propylester	97,6	0,3490	0,0859	0,0629

373 Reaktionsgeschwindigkeit.

Die Gleichungen für die zeitlichen Veränderungen der Konzentration der Stoffe bei Reaktionen, die einseitig verlaufen, sind für die einfachen Fälle durch die folgenden Gleichungen gegeben:

Reaktion *erster* Ordnung (monomolekular)	$\frac{dx}{dt} = K_1(a-x)$	$K_1 = \frac{1}{t} \ln \frac{a}{a-x}$	$\tau_1 = \frac{1}{K} \cdot \ln 2$
Reaktion *zweiter* Ordnung (bimolekular)	$\frac{dx}{dt} = K_2(a-x)^2$	$K_2 = \frac{1}{t} \cdot \frac{x}{a(a-x)}$	$\tau_2 = \frac{1}{K \cdot a}$
bei ungleichen Anfangskonzentrationen	$\frac{dx}{dt} = K_2(a-x)(b-x)$	$K_2 = \frac{1}{t(a-b)} \ln \frac{b(a-x)}{a(b-x)}$	
Reaktion *dritter* Ordnung (trimolekular)	$\frac{dx}{dt} = K_3(a-x)^3$	$K_3 = \frac{1}{t} \cdot \frac{2ax - x^2}{2a^2(a-x)^2}$	$\tau_3 = \frac{3}{2K \cdot a^2}$

a (und b) = Anfangskonzentration der reagierenden Molekülgattungen; x = bis zur Zeit t umgewandelten Mengen; K_1, K_2, K_3 = Geschwindigkeitskonstanten der Reaktionen; τ_1, τ_2, τ_3 = Halbwertzeiten.

3731 Veresterungsgeschwindigkeit

verschiedener Alkohole in wasserhaltiger Essigsäure bei 25° C und Ameisensäure bei 15° mit und ohne HCl als Katalysator.

Werte nach Kailan und Mitarbeiter berechnet aus der Gefrierpunktserniedrigung nach der Formel

$$k = \frac{1}{t_1} \log \frac{\Delta_\infty - \Delta_0}{\Delta_\infty - \Delta_1}; \quad \Delta_0,\ \Delta_1 \text{ und } \Delta_\infty$$

die zur Zeit t = 0, die nach t_1 Stunden und nach verhältnismäßig sehr langer Zeit beobachtete Gefrierpunktserniedrigung. Zeitmaß: Stunde. (log = Briggsche Logarithmen.) Konzentrationsangabe n in Normalität.

Alkohol	Veresterungsgeschwindigkeit in Essigsäure					Veresterungsgeschwindigkeit in Ameisensäure				
	ohne HCl		mit HCl			ohne HCl		mit HCl		
	H_2O n	100 k	HCl n	H_2O n	100 k	H_2O n	k	HCl n	H_2O n	k
Allylalkohol	0,175	0,046	0,0141	1,120	4,98	0,209	3,41	—	—	—
	1,145	0,033	0,0740	1,130	25,0	1,281	2,21	—	—	—
Amylalkohol (-1)	0,172	0,111	0,0157	0,159	6,25	—	—	—	—	—
	1,190	0,122	0,0302	1,203	14,5	—	—	—	—	—
Amylalkohol (-2)	0,170	0,024	0,0720	0,161	1,99	0,177	1,53	—	—	—
	1,171	0,017	0,0713	1,171	3,57	1,094	1,12	0,0107	1,107	2,98
Äthylalkohol	0,275	0,084	0,0037	0,268	1,74	0,219	6,46	—	—	—
	1,418	0,085	0,0237	1,204	9,31	1,120	4,57	—	—	—
Äthylphenylcarbinol	—	—	—	—	—	0,198	2,32	0,0082	1,256	2,47
	—	—	—	—	—	1,255	1,06	0,0144	1,229	3,86
Benzylalkohol	0,184	0,046	0,0141	1,146	4,15	0,211	3,16	—	—	—
	1,130	0,047	0,0740	1,150	20,6	1,266	2,02	—	—	—
Butylalkohol (1)	0,173	0,110	0,0157	0,169	5,90	0,210	6,24	—	—	—
	1,191	0,101	0,0830	0,183	35,9	1,139	3,90	—	—	—
Butylalkohol (2)	0,171	0,023	0,0157	0,179	0,56	0,190	1,57	0,0070	0,212	7,00
	1,173	0,009	0,0720	0,166	2,15	1,119	1,14	0,0072	1,118	2,81
	—	—	0,0236	1,202	1,02	—	—	—	—	—
	—	—	0,0830	1,195	4,07	—	—	—	—	—
Methylalkohol	0,327	0,124	0,0037	0,275	3,91	—	—	—	—	—
	1,031	0,121	0,0037	1,213	3,76	—	—	—	—	—
	—	—	0,0237	0,223	29,3	—	—	—	—	—
	—	—	0,0237	1,194	29,7	—	—	—	—	—
2-Methylbutylalkohol (-2)	—	—	—	—	—	0,190	1,44	0,0070	0,196	3,85
	—	—	—	—	—	1,114	0,70	0,0107	1,122	1,58
2-Methylbutylalkohol (-4)	0,174	0,103	0,0720	0,178	22,9	0,212	5,67	—	—	—
	1,177	0,106	0,0179	1,180	9,50	1,122	4,00	—	—	—
	—	—	0,0713	1,191	35,9	—	—	—	—	—
Methylphenylcarbinol	—	—	—	—	—	0,212	3,25	0,0082	0,271	3.09
	—	—	—	—	—	1,270	1,41	0,0144	1,300	4,61
Methylpropylalkohol (1)	0,179	0,095	0,0157	0,171	4,86	—	—	—	—	—
	1,208	0,079	0,0720	0,173	20,6	—	—	—	—	—
o-Nitrobenzylalkohol	0,155	0,017	0,0116	0,187	0,83	0,197	0,94	0,0024	0,198	1,85
	1,079	0,018	0,0428	0,177	2,70	1,248	0,48	0,0047	0,196	2,95
m-Nitrobenzylalkohol	0,172	0,036	0,0116	0,187	1,41	0,187	1,24	0,0024	0,195	2.46
	1,115	0,031	0,0428	0,181	5,16	1,247	0,73	0,0047	0,208	3,89
p-Nitrobenzylalkohol	0,179	0,023	—	—	—	0,190	1,13	0,0024	0,200	2,29
	1,093	0,028	—	—	—	1,252	0,60	0,0047	0,213	3,83
Oktylalkohol (1)	0,183	0,104	0,0157	0,170	5,90	0,177	4,9	—	—	—
	1,182	0,089	0,0302	1.219	15,2	1,085	4,2	—	—	—
Oktylalkohol (-2)	0,163	0,022	0,0720	0,174	2,20	0,181	1,35	0,0068	0,193	5,94
	1,164	0,016	0,0179	1,180	0,79	1,095	1,35	0,0107	1,104	3,73
β-Phenyläthylalkohol	0,197	0,058	0,0127	0,200	2,72	0,206	3,73	—	—	—
	1,137	0,061	0,0428	0,196	12,3	1,270	2,39	—	—	—
	—	—	0,0141	1,134	3,82	—	—	—	—	—
	—	—	0,0740	1,148	23.6	—	—	—	—	—
γ-Phenylpropylalkohol	0,196	0,053	0,0127	0,196	2,15	0,198	3,69	—	—	—
	1,139	0,062	0,0428	0,189	10,4	1,258	2,64	—	—	—
	—	—	0,0134	1,134	3,44	—	—	—	—	—
	—	—	0,0764	1,131	19,8	—	—	—	—	—
n-Propylalkohol	0,183	0,090	0,0235	0,180	9,15	0.206	6,00	—	—	—
	1,200	0,084	0,0867	0,191	33,6	1,121	4,31	—	—	—
	—	—	0,0179	1,155	8,50	—	—	—	—	—
	—	—	0,0565	1,192	28,4	—	—	—	—	—
Propylalkohol (2)	0,178	0,020	0,0235	0,190	1,00	0,196	1,79	0,0070	0,223	7,66
	1,175	0,019	0,0867	0,167	4,30	1,137	1,38	0,0072	1,137	2,85
	—	—	0,0179	1,194	1,21	—	—	—	—	—
	—	—	0,0566	1,183	3,73	—	—	—	—	—
Propylphenylcarbinol	—	—	—	—	—	0,214	2,82	0,0082	1,299	2,96
	—	—	—	—	—	1,266	1,08	0,0144	1,286	4,3

H_2O n = mittlere Wasserkonzentration, HCl n = Salzsäurekonzentration.

3732 Verseifungsgeschwindigkeit.

37321 Relative Verseifungsgeschwindigkeit verschiedener Ester, im Vergleich zu Essigester bei 20° C in alkalischer wässeriger Lösung.

(Reaktionen 2. Ordnung.)

Ester	Vers.-Geschw. K_2 für $CH_3COOC_2H_5$ = 100
Essigsäureäthylester	100,00
Acetessigsäureäthylester	436
Acrylsäureäthylester	94,3
Ameisensäureäthylester	21300
γ-Äthoxybuttersäuremethylester	163,2
Äthoxyessigsäureäthylester	985
α-Äthoxypropionsäureäthylester	141,2
β-Äthoxypropionsäureäthylester	76,3
Benzoesäureäthylester	25,9
Bernsteinsäurediäthylester	252
Bernsteinsäuremonoäthylest.	22,9
Brenztraubensäureäthylester	$1,7 \cdot 10^6$
n-Buttersäureäthylester	52,5
Capronsäureäthylester	51,9*
Caprylsäureäthylester	51,5*
Crotonsäureäthylester	13,7
Essigsäure-β-äthoxyäthylest.	216
Essigsäure-äthoxymethylest.	486
„ -γ-äthoxypropylester	123,5
„ -äthylester	100,00
„ -allylester	178,7
„ -tert. amylester	0,732
„ -benzylester	194,9
„ -butylester	77,4
„ -tert. butylester	1,59
„ -isoamylester	71,1
„ -isobutylester	69,7
„ -isopropylester	24,8
„ -β-methoxyäthylester	230
„ -methoxymethylester	577
„ -γ-methoxypropylester	130,2
„ -methylester	154,6
„ -γ-oxyäthylester	266
„ -γ-oxypropylester	154,7
„ -phenylester	1250
„ -β-propoxyäthylester	205
„ -n-propoxymethylester	412
Essigsäure-propylester	83,3
„ -vinylester	9600
Fumarsäurediäthylester	6310
Fumarsäuremonoäthylester	290
Glycerinsäureäthylester	871
Heptylsäureäthylester	51,5*
Hydrozimtsäureäthylester	106,2
iso-Buttersäureäthylester	49,2
iso-Valeriansäureäthylester	25,3
Kohlensäurediäthylester	24,3
Lävulinsäure-äthylester	117,4
Maleïnsäure-diäthylester	732
Maleïnsäure-monoäthylester	11,0
Malonsäure-diäthylester	2070
Malonsäure-monoäthylester	22,9
γ-Methoxybuttersäure-methylester	171,0
Methoxyessigsäure-äthylester	1945
α-Methoxypropionsäure-äthylester	623
δ-Methoxyvaleriansäure-methylester	142,8
Oxalsäure-diäthylester	$5,8 \cdot 10^6$
Oxalsäure-monoäthylester	1130
Oxyessigsäure-äthylester	992
Oxyphenylessigsäure-äthylester	1015
β-Oxy-β-phenylpropionsäureäthylester	75,4
α-Oxy-α-phenylpropionsäureäthylester	617
α-Oxypropionsäure-äthylester	968
β-Oxypropionsäure-äthylester	155
Phenylessigsäure-äthylester	191
Propionsäure-äthylester	89,6
n-Propoxyessigsäure-äthylest.	792
n-Valeriansäure-äthylester	50,0*
Weinsäure-dimethylester	5900
Weinsäure-monomethylester	421

37322 folgt auf S. 1123.

37323 Verseifungsgeschwindigkeit $k \cdot 10^4$ von 0,1 n Essigsäureäthylester in 0,202 m Dichloressigsäure-Salz-Lösungen bei 25° C.

(Reaktion 1. Ordnung, Briggscher Log., Zeitmaß: Minuten.)

Salz	Konzentration des Salzes in Mol pro 1000 g H_2O										
	0,00	0,25	0,50	0,75	1,00	1,50	2,00	3,00	3,50	4,00	5,00
NaCl	2,35	2,74	2,88	—	3,05	—	—	3,71	3,80	3,87	3,75
NaBr	2,35	2,66	2,80	—	2,87	2,96	3,01	2,97	—	2,87	2,70
Na_2SO_4	2,35	1,37	1,16	1,06	1,04	1,01	—	—	—	—	—
$NaNO_3$	2,35	2,65	2,71	2,74	2,77	—	2,71	2,60	—	2,55	2,51
KCl	2,35	2,66	2,70	—	2,85	2,86	2,87	3,00	2,99	—	—
KBr	2,35	—	2,56	—	2,70	2,73	2,68	2,61	—	2,55	—
K_2SO_4	2,35	1,28	1,02	—	—	—	—	—	—	—	—
KNO_3	2,35	2,37	2,36	2,40	2,38	2,57	2,43	2,13	—	—	—
$MgSO_4$	2,35	1,49	1,39	1,41	1,44	—	2,00	—	—	—	—

* Ester gelöst in Mischung aus äquimolaren Mengen Wasser + Äthylalkohol.

37322 Verseifungsgeschwindigkeit k einiger Ester durch 0,1 n KOH in Wasser und in verschiedenen Alkoholen bei 25° C.

Konzentration der Ester knapp 0,1 n, Methyl- und Äthylalkohol 90 Gew.-%, Isoamylalkohol $\varrho_{15}^{20} = 0,8188$. Zeitmaß: Minuten.

Ester	in H_2O	in CH_3OH	in C_2H_5OH	in $C_5H_{11}OH$
	k · 10³			
Ameisensäure-äthylester	145	—	—	—
Ameisensäure-methylester	115	—	—	—
Benzoesäure-äthylester	—	0,066	0,32	0,17
Benzoesäure-methylester	—	0,066	0,36	1,6
Buttersäure-äthylester	—	0,17	0,84	2,3
Essigsäure-äthylester	63,9	0,447	3,02	6,9
Essigsäure-benzylester	—	0,45	3,05	6,9
Essigsäure-isoamylester	—	0,44	2,97	6,9
Essigsäure-isobutylester	—	0,45	2,72	8,2
Essigsäure-methylester	114	0,442	3,15	6,5
Essigsäure-phenylester	—	0,049	0,040	0,042
Essigsäure-propylester	43,5	0,45	2,98	7,2
Propionsäure-äthylester	—	0,285	1,55	4,0
Salicylsäure-methylester	—	—	—	0,012

37324 Temperaturkoeffizient der Verseifungsgeschwindigkeit von Estern in äquivalenten $Ba(OH)_2$- oder NaOH-Lösungen.

(Reaktion 2. Ordnung.) Setzt man die Reaktionsgeschwindigkeit bei der Anfangstemperatur des angegebenen Temperaturintervalles = 1, dann ist bei der Endtemperatur die Reaktionsgeschwindigkeit um den angegebenen Faktor beschleunigt.

Ester	Konzentration der Lösung	0…10° C	10…20° C	20…30° C	30…40° C	40…50° C	50…60° C
Buttersäure-äthylester	0,010 n	1,70	2;02	1,88	1,74	1,41	1,33
Essigsäure-äthylester	0,010 n	1,96	2,04	1,90	1,75	1,60	1,45
Essigsäure-äthylester	0,016 n	1,98	2,17	1,80	1,76	1,75	1,76
Essigsäure-äthylester	0,020 n	1,98	2,22	1,85	1,81	1,85	1,88
Essigsäure-äthylester in NaOH	0,020 n	2,03	2,18	1,70	1,71	1,75	1,86
Essigsäure-äthylester	0,100 n	1,70	1,76	1,52	1,71	2,09	—
Essigsäure-amylester	0,010 n	1,41	1,75	1,61	1,53	1,45	1,40
Essigsäure-butylester	0,010 n	1,51	1,86	1,69	1,61	1,50	1,41
Essigsäure-methylester	0,010 n	1,85	2,26	1,88	1,82	1,75	—
Essigsäure-propylester	0,010 n	1,63	2,00	1,81	1,70	1,55	1,43
Propionsäure-äthylester	0,010 n	1,72	2,02	1,91	1,74	1,49	1,38
Valeriansäure-äthylester	0,010 n	1,68	1,89	1,64	1,53	1,40	1,25

37325 Verseifungsgeschwindigkeit k von 0,01 n Essigsäureäthylester durch 0,01 n NaOH bei 2,4° C in Abhängigkeit vom Druck.

(Reaktion 2. Ordnung, Zeitmaß: Minuten.)

p Atm.	k	p Atm.	k	p Atm.	k	p Atm.	k
1	1,22	500	1,35	1000	1,52	1500	1,67
250	1,26	750	1,44	1250	1,59		

3733 Explosionsgrenze und Entflammungspunkt anorganischer und organischer Stoffe[1].

In der Spalte Löschmittel bedeutet 1 Wasser, 2 Schaumlöschmittel, 3 Kohlendioxyd, 4 Trockenlöschmittel.

Stoff	Explosionsgrenzen, % in der Mischung mit Luft		Entflammungstemperatur in °C bei		Selbstentzündungstemperatur in °C	Geeignete Löschmittel
	untere	obere	geschlossenen Gefäßen	offenen Gefäßen		
1. Anorganische:						
Wasserstoff	4,1	74,2	—	—	580	—
Schwefelwasserstoff	4,3	45,3	—	—	—	—
Ammoniak	16	27,0	—	—	780	3, 4
Kohlenmonoxyd	12,5	74,2	—	—	651	1, 3, 4
Schwefelkohlenstoff	1,0	50	−30	—	124	1, 3, 4
Kohlenoxysulfid	11,9	28,5	—	—	—	—
Cyanwasserstoffsäure	5,6	40	—	—	538	—
2. Kohlenwasserstoffe:						
Methan	5,3	13,9	—	—	537	—
Äthan	3,12	15,0	—	—	510	—
Acetylen	2,5	80	—	—	335	—
Propan	2,37	9,5	—	—	466	—
Propylen	2,0	11,1	—	—	—	—
Butan	1,6	85	−60	—	430	—
Pentan	1,4	8,0	<−40	—	309	2, 3, 4
n-Hexan	1,25	6,90	−22	—	247	3, 4
Cyclohexan	1,31	8,35	−18	—	—	—
Benzol	1,4	8	−11	—	580	2, 3, 4
Heptan	1	6	4	—	233	2, 3, 4
Toluol	1,27	7,0	4	7	519	2, 3, 4
Xylol	1,0	—	17	24	496	2, 3, 4
n-Dekan	0,67	2,6	46	—	>260	2, 3, 4
3. Gas-, Flüssigkeitsgemische:						
Naturgas	4,8	13,5	—	—	—	—
Leuchtgas	5,3	31	—	—	590	—
Gasolin	1,3	6	−46	—	257	2, 3, 4
Ölgas	6,0	13,5	—	—	356	—
Wassergas	9	55,0	—	—	—	—
Benzin	1,2	6,0	−6...+8	—	232...260	2, 3, 4
Petroläther	1,4	5,9	−46	—	246	3, 4
4. Halogenkohlenwasserstoffe:						
Methylchlorid	8,2	19,7	—	—	—	—
Äthylchlorid	3,6	14,8	−50	−43	538	3, 4
Äthylbromid	6,75	11,25	—	—	511	1, 3, 4
1,2-Dichloräthan	6,2	15,9	13	18	413	3, 4
1,2-Dichloräthylen	9,7	12,8	6	—	—	1, 2, 3, 4
1,1-Dichloräthylen	5,6	13	14	—	458	1, 2, 3, 4
1,2-Dichlorpropan	3,4	14,5	15	18	558	2, 3, 4
5. Sauerstoff- und stickstoffhaltige Verbindungen:						
Methylalkohol	6,0	36,5	12	16	400	3, 4
Äthylalkohol	3,28	19	13	—	426	1, 3, 4
Acetaldehyd	4,0	57,0	−27	—	156	1, 3, 4
Essigsäure	4,0	—	40	43	568	1, 3, 4
Ameisensäure-Methylester	5,0	22,7	−19	—	449	3, 4
n-Propylalkohol	2,5	—	15	29	433	3, 4
i-Propylalkohol	2,5	—	12	16	455	3, 4
Aceton	2,15	13,0	−18	9	604	1, 3, 4
Methyläthyläther	2	10,1	−37	—	190	3, 4
Ameisensäure-Äthylester	3,5	16,5	−20	−12	—	3, 4
Essigsäure-Methylester	4,1	13,9	−9	−7	502	3, 4
Diäthyläther	1,7	48	−29	—	186	3, 4
Methyläthylketon	1,81	11,5	−1	—	—	3, 4
Divinyläther	1,7	27,0	−30	—	360	3, 4
Essigsäure-Äthylester	2,18	11,5	−4	−1	486	3, 4
1,4-Dioxan	1,97	22,2	18	—	—	3, 4
Butylalkohol	1,68	—	28	—	441	3, 4
Amylalkohol	1,2	—	33	49	327	3, 4
n-Essigsäure-Butylester	1,7	15	22	32	426	3, 4
Essigsäure-Octylester	0,84	3,2	13	—	232	3, 4
Pyridin	1,8	12,4	20	—	573	3, 4

[1] Auszug aus Industr. Engng. Chem. **22**, 881 (1940). Zünd-Temperatur und -Grenzen auch in 5817.

374 Wärmeleitzahl.

Bezeichnet man mit q den Wärmestrom $[l^2\,mt^{-3}]$, der im Stoff senkrecht durch die Fläche F fließt, und das Temperaturgefälle in dieser Richtung mit $\frac{d\vartheta}{dl}$, so ist $q = F\lambda\frac{d\vartheta}{dl}$. λ wird die Wärmeleitzahl (Wärmeleitvermögen) $[mlt^{-3}\,grad^{-1}]$ des Stoffes genannt. Wird q in cal/s gemessen, F in cm^2, l in cm und ϑ in °C, so wird λ in $cal \cdot cm^{-1} \cdot s^{-1} \cdot grad^{-1}$ ausgedrückt. Die technische Einheit für λ ist $kcal \cdot m^{-1} \cdot h^{-1} \cdot grad^{-1}$.

Umrechnung: $1\ cal \cdot cm^{-1} \cdot s^{-1} \cdot grad^{-1} = 3{,}6 \cdot 10^2\ kcal \cdot m^{-1} \cdot h^{-1} \cdot grad^{-1}$
$= 4{,}168\ W \cdot cm^{-1} \cdot grad^{-1}$.

Die *Temperaturleitzahl* a ist das Verhältnis von Wärmeleitzahl zu dem Produkt aus spezifischer Wärme und Dichte des Stoffes, sie hat die Dimension $[l^2\,t^{-1}]$.

λ ist für reine Metalle groß und nimmt mit sinkender Temperatur zu. Für Gase ist λ klein.

Der Quotient aus λ und $\varkappa$, dem elektrischen Leitvermögen, soll nach dem Wiedemann-Franzschen Gesetz für alle Metalle gleich sein. Dies trifft jedoch nur annähernd bei Zimmertemperatur zu. Bessere Konstanz zeigt für viele Metalle die Lorenzsche Zahl $\frac{\lambda}{\varkappa \cdot T}$ (s. Tabelle 374112).

3741 Feste Stoffe.

37411 Metalle.

374111 Wärmeleitzahl λ in $cal \cdot cm^{-1} \cdot s^{-1} \cdot grad^{-1}$ von reinen Metallen.

Metalle	Temperatur in °C									
	−190	−100	0	20	100	200	300	500	800	1000
Lithium	0,21	0,19	0,16	0,15	0,17	—	—	—	—	—
Natrium	0,37	(0,37)	0,33	(0,30)	0,20	(0,19)	0,18	—	—	—
Kalium	—	—	0,23	0,23	0,36	—	—	—	—	—
Beryllium (99,5%)	0,23	0,30	0,38	0,43	0,45	0,51	—	—	—	—
Magnesium	0,45	0,43	0,41	—	0,40	0,39	—	—	—	—
Aluminium (99,75%)	0,61	—	0,55	—	0,54	0,55	0,53	0,50	0,30	—
(99%)	—	0,50	0,50	0,50	0,52	0,54	0,53	—	—	—
Tantal	—	—	0,13	0,13	0,18	—	—	—	—	0,15
Molybdän (99,84%)	0,45	0,35	0,34	0,33	0,33	—	—	—	—	0,236
Wolfram	0,52	(0,45)	0,40	(0,39)	0,37	(0,35)	0,33	—	0,28	0,29
Mangan	—	—	0,12	—	—	—	—	—	—	—
Eisen, Armco (99,92%)	0,4	—	0,21	0,17	0,16	0,15	0,13	0,10	—	—
Kobalt	—	—	—	0,17	—	—	—	—	—	—
Nickel (99,94%)	0,30	0,23	0,21	—	0,20	0,18	0,15	0,14	0,11	—
(97...99%)	—	0,13	0,14	—	0,14	0,13	—	—	—	—
Rhodium (rein)	0,51	—	0,21	0,20	0,19	—	—	—	—	—
Palladium (sehr rein)	0,18	—	0,16	0,14	0,14	—	—	—	—	—
Iridium	—	—	0,14	0,14	0,14	—	—	—	—	—
Platin (sehr rein)	0,19	0,17	0,17	0,17	0,17	—	0,18	0,19	0,21	0,21
Kupfer (elektrolyt.)	1,3	1,1	0,94	0,94	0,94	—	0,91	0,90	0,88	—
(99,9%)	—	0,97	0,92	—	0,91	0,89	—	0,86	—	—
Handelskupfer	—	—	—	0,89	—	—	—	—	—	—
Silber (sehr rein)	1,1	1,0	1,0	1,0	1,0	—	0,97	—	—	—
(99,98%)	1,0	—	1,0	1,0	0,99	—	—	—	—	—
(99,9%)	0,99	1,0	0,95	0,96	0,93	—	0,87	0,87	—	—
Gold (99,999%)	0,80	0,76	0,75	0,74	0,74	0,74	0,73	—	—	—

374111 (Fortsetzung).

Metalle	Temperatur in °C									
	—190	—100	0	20	100	200	300	500	800	1000
Zink (rein)	0,32	0,30	0,30	0,29	0,25	—	0,24	—	—	—
Cadmium	0,26	0,24	0,23	—	0,22	0,22	0,21	—	—	—
Quecksilber (rein)	0,08	0,07	0,02	0,02	0,02	0,03	—	—	—	—
Thallium (rein)	0,15	0,13	0,12	—	0,10	—	—	—	—	—
Zinn (rein)	0,20	0,18	0,16	0,16	0,15	0,14	0,08	0,08	—	—
Blei (sehr rein)	0,09	0,09	0,08	0,08	0,08	—	0,08	0,04	—	—
Wismut (reinstes)	0,06	0,03	0,02	—	0,02	0,02	—	—	—	—
Antimon	0,11	0,63	0,55	0,52	0,52	—	0,51	0,44	—	—

374112 Wiedemann-Franzsches Gesetz, Lorenzsche Zahl $\frac{\lambda}{\varkappa \cdot T}$.

λ in $W \cdot cm^{-1} \cdot grad^{-1}$; $\varkappa$ in $Ohm^{-1} \cdot cm^{-1}$; T in °K.

Metall	Zustand	Temperatur in °K	$10^8 \cdot \frac{\lambda}{\varkappa \cdot T}$	Metall	Zustand	Temperatur in °K	$10^8 \cdot \frac{\lambda}{\varkappa \cdot T}$
Al	polykr.	21,2	1,77	Cu	getempert	21,2	0,77
	polykr.	373,2	2,23			83,2	1,57
Mo	polykr.	90,2	1,76	Ag	polykr.	291,2	2,36
		273,2	2,61			273,2	2,31
W	Einkryst. aus	21,2	0,95			90,2	1,62
	Gasphase	83,2	1,90	Au	polykr.	21,2	1,85
	abgeschieden					83,2	2,05
W	polykr.	273,2	3,06		polykr. Guß	273,2	2,35
		90,2	2,00	Zn	polykr. Guß	291,2	2,31
Fe	polykr.	273,2	2,47	Cd	polykr. Guß	291,2	2,42
		90,2	1,60	Sn	polykr. Guß	291,2	2,52
Rh	polykr.	21,2	1,84	Pb	polykr.	21,8	1,48
		83,2	1,54		polykr. Guß	291,2	2,45
Ir	polykr.	291,2	2,49	Sb	Feinkr.	273	2,60
		373,2	2,49	Bi	Feinkr.	90	4,14
Pt	polykr.	20,7	1,09			273	2,69
		273,2	2,51				

374113 Druckabhängigkeit der Wärmeleitzahl λ und der Lorenzschen Zahl L.

Es sind die Mittelwerte der Druckkoeffizienten in at^{-1} von λ und L für die Druckänderung von 1 $kg \cdot cm^{-2}$ im Druckbereich 1...12000 $kg \cdot cm^{-2}$ für die Temperatur 30° C nach Bridgman angegeben.

Metall	Druckkoeffizient von λ	Druckkoeffizient von L
Antimon	−0,000021	−0,000010
Blei	+0,0000175	+0,000006
Cadmium	+0,0000122	−0,0000017
Eisen	−0,0000075	−0,0000026
Kupfer	−0,0000075	−0,0000093
Nickel	−0,000012	−0,000013
Platin	−0,0000016	−0,0000035
Silber	−0,0000037	−0,000007
Wismut	−0,000031	−0,000010
Zink	−0,0000003	−0,0000025
Zinn	+0,0000122	+0,000003

374114 Wärmeleitzahl in $cal \cdot cm^{-1} \cdot s^{-1} \cdot grad^{-1}$ von Legierungen[1].

Metall	Zusammensetzung in %	Wärmeleitzahl in $cal \cdot cm^{-1} \cdot s^{-1} \cdot grad^{-1}$ bei Temperaturen in °C					
		−100	0	20	100	200	400
Magnesium-Aluminium	2½ Al, Rest Mg	—	—	0,212	—	—	—
	4,2 Al, Rest Mg	—	—	0,165	—	—	—
	6,2 Al, Rest Mg	—	—	0,133	—	—	—
	8,2 Al, Rest Mg	—	—	0,122	—	—	—
	10,3 Al, Rest Mg	—	—	0,108	—	—	—
	12,2 Al, Rest Mg	—	—	0,092	—	—	—
Elektron	93,5 Mg, 0,5 Cu, 4 Zn, 2% Al	—	—	0,278	—	—	—
Magnesium-Mangan	2 Mn	—	0,281	—	—	—	—
Magnesium-Kupfer	93,7 Mg, 6,3 Cu	—	—	0,314	—	—	—
	92 Mg, 8 Cu	0,256	0,297	0,3	0,31	0,316	—
Magnesium-Aluminium-Silicium	6 Al, 2 Si, Rest Mg	—	0,164	—	0,188	—	—
	8 Al, 2 Si, Rest Mg	—	0,145	—	0,172	—	—
	10 Al, 2 Si, Rest Mg	0,097	0,133	0,139	0,164	0,18	—
	12 Al, 2 Si, Rest Mg	—	0,128	—	0,158	—	—
Aluminiumlegierungen	96 Al, 1,8 Cu, 0,9 Fe, 0,9 Cr, 0,4 Si	—	—	0,25	—	—	—
Aluminium-Magnesium	92 Al, 8 Mg	0,119	0,139	0,147	0,167	0,189	—
Amerikanische Legierung	92 Al, 8 Cu	0,261	0,305	0,313	0,34	0,363	—
Duralumin	3...5 Cu, 94...96 Al, 0,5 Mg	0,30	0,38	0,393	0,432	0,462	—
Kolbenlegierung, gegossen	91,5 Al, 1,5 Mg, 4,6 Cu, 1,8 Ni	—	0,342	0,344	0,36	0,378	—
	84 Al, 12 Si, 1,2 Cu, 1 Ni	—	0,322	0,322	0,327	0,342	—
Deutsche Legierung	88 Al, 10 Zn, 2 Cu	—	0,34	0,347	0,369	—	—
Silumin	86...89 Al, 11...14 Si	—	0,38	0,385	0,407	—	—
Aluminium-Silicium, Alusil	80 Al, 20 Si	0,338	0,378	0,383	0,402	0,417	—
Lautal	95 Al, 4,5...5,5 Cu, 0,3 Si	—	—	0,33	—	—	—
Al-Si Kolbenlegierung	11...14 Si, 4 Cu, 2 Ni, 1,5 Mg	—	0,388	0,065	0,409	—	—
	86...89 Al, 11...14 Si	—	0,379	0,385	0,407	—	—
Schmiedeeisen		—	0,14	—	0,14	—	—
Stahl	99,2 Fe, 0,2 C	—	—	—	0,11	—	—
Bessemerstahl	0,52 C, 0,34 Si, Rest Fe	—	—	0,096	—	—	—
Gußeisen	35 C, 1,0 Si, 1 Ni, Rest Fe	—	—	—	—	0,11	—
Chromstahl	0,8 Cr, 0,2 C, Rest Fe	—	—	—	0,094	0,089	0,075
Chromstahl, nichtrostend	14 Cr, 0,3 C, Rest Fe	—	—	0,058	0,0595	0,061	0,061
	15 Cr, 0,1 C, Rest Fe	—	—	0,061	0,061	0,061	0,061
	16 Cr, 0,9 C, Rest Fe	—	—	—	0,057	0,055	0,055
hochhitzebeständig	26 Cr, 0,1 C, Rest Fe	—	—	0,047	0,05	0,053	0,055
Chromstahl	5 Cr, 0,5 Mn, 0,1 C, Rest Fe	—	—	0,089	0,087	0,086	0,086
Chromaluminiumstahl	17,11 Cr, 1,55 Al, 1,10 C, 0,47 Si, 0,35 Ni, 0,30 Mn, Rest Fe	—	—	—	0,0423	—	—
Manganstahl	1,6 Mn, 0,5 C, Rest Fe	—	—	0,097	0,097	0,093	0,086
	1,65 Mn, 0,51 C, 0,24 Si, 0,1 Ni, Rest Fe	—	—	—	0,096	—	—
	2 Mn, Rest Fe	—	—	0,078	—	—	—
	5 Mn, Rest Fe	—	—	0,044	—	—	—
Kobaltstahl	5...10 Co, Rest Fe	—	—	0,097	—	—	—
Wolframstahl	1 W, 0,6 Cr, 0,3 C, Rest Fe	—	—	0,094	0,091	0,0886	0,083
Chrom-Nickel	90 Ni, 10 Cr	—	0,0407	0,0416	0,0452	0,0498	0,0587
	80 Ni, 20 Cr	—	0,0291	0,0299	0,0330	0,0372	0,0452
Nickel-Eisen	80 Ni, 20 Fe	—	—	0,0776	—	—	—
Kruppscher Nickelstahl	36 Ni, 0,8 Mn	—	—	0,029	—	—	—
Invar	35 Ni, 65 Fe	—	—	0,0263	—	—	—
Nickel-Eisen	95 Fe, 5 Ni	—	—	0,083	—	—	—
Nickel-Chrom-Eisen	70 Ni, 12 Fe, 18 Cr	—	—	0,0272	—	—	—
Nickel-Chrom-Eisen (Cekas)	61 Ni, 23 Fe, 16 Cr	—	0,0283	0,0288	0,0316	0,0350	0,0416
Nickel-Chrom-Eisen	61 Ni, 20 Fe, 15 Cr, 4 Mn	—	—	0,0277	0,0283	0,0291	0,03
Chromnickelstahl, hitzebeständig	13 Ni, 15 Cr, 2 W, 0,5 C, Rest Fe	—	—	0,0277	0,0277	0,0277	0,0298
Chromnickelstahl 18/8, nichtrostend	8 Ni, 17...19 Cr, 0,1...0,2 C Rest Fe	—	—	0,0346	0,0375	0,0402	0,0472
Chrom-Nickelstahl	3,5 Ni, 0,8 Cr, 0,4 C, Rest Fe	—	—	0,0831	0,086	0,0886	0,0886
Nickelstahl	1,4 Ni, 0,5 Cr, 0,3 C, Rest Fe	—	—	0,108	0,1055	0,101	0,093

[1] Vgl. auch 51211 u. 32123.

374114 (Fortsetzung).

Metall	Zusammensetzung in %	Wärmeleitzahl in $cal \cdot cm^{-1} \cdot s^{-1} \cdot grad^{-1}$ bei Temperaturen in °C					
		−100	0	20	100	200	400
Chromel 502	56 Fe, 34 Ni, 10 Cr	—	—	—	0,0320	—	—
Chromel C	60 Ni, 23 Fe, 16 Cr	—	—	—	0,0316	—	—
Chromel P	90 Ni, 10 Cr	—	—	—	0,045	—	—
V 1 M-Stahl (Krupp)[1]		—	—	0,050	—	—	—
V 2 M-Stahl (Krupp)[1]		—	—	0,0361	—	—	—
Nickelstahl	30 Ni, 1 Mn, 0,25 C, Rest Fe	—	—	0,0289	0,0324	—	—
Mangan-Nickel-Stahl	3 Ni, 12 Mn, 0,75 C, Rest Fe	—	—	0,0333	0,0353	0,0389	0,0443
Chromnickelstahl, hitzebeständig	27 Ni, 15 Cr, 3 W, 0,5 C, Rest Fe	—	—	0,0269	0,0305	0,0333	0,0402
Platin-Rhodium	90 Pt, 10 Rh	—	0,0722	—	0,0723	—	—
Platin-Iridium	90 Pt, 10 Ir	—	0,0738	—	0,075	—	—
Aluminiumbronze	95 Cu, 5 Al	—	—	0,197	—	—	—
Kupfer-Mangan	70 Cu, 30 Mn	—	—	0,0305	—	—	—
Kupfer-Nickel	90 Cu, 10 Ni	—	—	0,139	0,18	—	—
	80 Cu, 20 Ni	—	—	0,084	0,097	—	—
Konstantan	60 Cu, 40 Ni	0,0498	0,053	0,054	0,061	—	—
Kupfer-Nickel	40 Cu, 60 Ni	—	—	0,0527	0,061	—	—
	18 Cu, 82 Ni	—	—	0,061	0,061	—	—
Monel	29 Cu, 67 Ni, 2 Fe	—	—	0,0527	0,0582	0,0656	0,0803
Manganin	84 Cu, 4 Ni, 12 Mn	0,039	0,050	0,0522	0,063	—	—
Gold-Kupfer	88 Au, 12 Cu	—	0,133	—	0,161	—	—
	27 Au, 73 Cu	—	0,216	—	0,272	—	—
Messing	38,5 Zn, 61,5 Cu	—	—	0,189	0,211	—	—
	33 Zn, 67 Cu	—	—	0,261	0,3	—	—
	30 Zn, 70 Cu	0,211	—	0,261	0,35	0,342	0,353
Neusilber (Platinoid)	22 Zn, 62 Cu, 15 Ni	0,0457	—	0,0595	0,0748	0,0915	0,116
Bronze	25 Sn, 75 Cu	—	—	0,061	—	—	—
	10 Sn, 90 Cu	—	—	0,10	—	—	—
Phosphorbronze	12,4 Sn, 87,2 Cu, 0,4 P	—	—	0,086	—	—	—
	8 Sn, 91,7 Cu, 0,3 P	—	—	0,108	0,125	0,147	—
Bronze	10 Sn, 2 Zn, 88 Cu	—	—	0,114	—	—	—
Rotguß	6,4 Sn, 7 Zn, 86 Cu	—	—	0,144	0,169	—	—
Phosphorbronze	10 Sn, 2 Zn, 87,8 Cu, 0,2 P	—	—	0,10	—	—	—
	8 Sn, 91,7 Cu, 0,3 P	—	—	0,108	0,125	0,147	—
	5 Sn, 2 Zn, 92,8 Gu, 0,15 P	—	—	0,189	—	—	—
Kupferlegierung	87,8 Cu, 11,3 Sn, 0,4 Pb, 0,2 Fe	—	—	—	0,135	0,145	—
Bronze	6 Sn, 9 Zn, 84 Cu, 1 Pb	—	—	0,14	—	—	—
Roses Legierung	50 Bi, 25 Pb, 25 Sn	—	—	0,0388	—	—	—
Woods Legierung	48 Bi, 26 Pb, 13 Sn, 13 Cd	—	—	0,0305	—	—	—

37412 Nichtmetalle.

374121 folgt auf S. 1129.

374122 Wärmeleitzahl λ in $cal \cdot cm^{-1} \cdot s^{-1} \cdot grad^{-1}$ von anorganischen Verbindungen bei Temperaturen zwischen 0 und 1100° C.

Substanz	Chemische Formel	0° C	100° C	200° C	500° C	700° C	1100° C
Carborundum	SiC	0,170	0,139	—	0,062	0,062	0,044
Graphit[2]	C	—	0,371[2]	—	0,225	—	—
Acheson-Graphit	C	—	—	—	0,217	0,178	—
Mullit	$3\,Al_2O_3 \cdot 2\,SiO_2$	0,0145	0,0118	—	0,0073	0,0063	0,0049
Periklas	MgO	0,083	0,070	—	0,032	0,023	0,014
Quarz (geschmolz.)	SiO_2	0,0028	0,0032	—	—	—	—
Quarzglas	SiO_2	—	0,0033	0,0035	0,0046	0,0062	—

[1] Vergütet. — [2] Bei 79° C.

374121 Wärmeleitzahl λ in $cal \cdot cm^{-1} \cdot s^{-1} \cdot grad^{-1}$ von Krystallen bei Temperaturen zwischen —78...100° C (geklammerte Werte unsicher).

Chemische Formel	Name	Zustand	Temperatur in °C			
			—78	0	25	100
H_2O	Eis	aus destilliert. Wasser hergest.	0,0075	0,0053	—	—
S......	Schwefel	rhombisch-krystallinisch	0,00103	0,00070	—	—
		plastisch	0,000433	0,000470	—	—
C......	Acheson-Graphit	krystallinisch	(0,42)	(0,42)	(0,41)	(0,40)
CO_2	Kohlendioxyd	rein, Krystall	0,00074	—	—	—
C_6H_6	Benzol	rein, Krystall	0,00107	0,00067	—	—
$C_{10}H_8$	Naphthalin	krystallinisch	0,00122	0,00090	0,0082	—
$C_2H_2O_4$ ...	Oxalsäure	wasserfrei, krystallinisch	0,00298	0,00217	—	—
$C_4H_6O_6$ ...	Weinsäure	Kryst. aus Lösg.	—	0,0055	—	—
$C_{12}H_{22}O_{11}$ ..	Rohrzucker	Krystall	0,00188	0,00139	—	—
CH_4ON_2 ...	Harnstoff	krystallinisch	—	—	0,191	—
SiO_2	Quarz	Einkryst. ∥ z. A.	0,0467	0,0325	0,030	—
SiC.....	Carborundum	krystallisiert	0,203	0,170	0,161	0,139
NaF	Natriumfluorid	Preßling	—	0,0252	0,022	—
NaCl	Natriumchlorid	Kryst. a. Lösg.	0,033	0,0228	(0,0205)	(0,016)
NaBr	Natriumbromid	rein, Preßling	—	0,0057	—	—
KF.....	Kaliumfluorid	rein, Preßling	—	0,0169	—	—
KCl.....	Kaliumchlorid	Kryst. aus Schm.	0,0342	0,0227	(0,020)	(0,0156)
KBr	Kaliumbromid		—	0,0087	—	—
KJ.....	Kaliumjodid	Preßling	(0,0110)	0,00731	(0,0065)	(0,0050)
KNO_3....	Kaliumnitrat	Preßling	—	0,00499	—	—
RbCl	Rubidiumchlorid	Preßling	—	0,00473	—	—
RbBr	Rubidiumbromid	Preßling	—	0,0090	—	—
RbJ	Rubidiumjodid	Preßling	—	0,00774	—	—
NH_4Cl ...	Ammoniumchl.	Preßling	—	0,00582	—	—
NH_4Br ...	Ammoniumbr.	Preßling	—	0,00567	—	—
MgO	Periklas	krystallinisch	0,093	0,083	0,080	0,070
$MgSO_4 \cdot 7\,H_2O$	Bittersalz	Kryst. a. Lösg.	—	0,00576	—	—
CaF_2	Calciumfluorid	Kryst. (Sprünge)	0,0360	0,0246	0,0232	0,0191
$CaSO_4$ ...	Anhydrit (Jura)		—	0,0123	—	—
$CaCO_3$....	Kalkspat	Kryst. ⊥ z. A.	0,0137	0,0102	0,0098	0,0085
Al_2SiO_5 ...	Andalusit	Mineral	—	0,0262	—	—
$AlKSi_3O_8$ ..	Kalifeldspat	Mineral	—	0,00995	(0,0103)	—
$Al_3KH_2Si_3O_{12}$(?)	„Glimmer"	Mineral	—	—	0,001	—
$Al_3KH_2Si_3O_{12}$	Muskovit	Mineral	—	—	—	0,001
$Al_2Be_3(SiO_3)_6$	Beryll.	Mineral	—	0,0200	(0,020)	—
$Cr_2O_7K_2$ ...	Kaliumbichromat	Kryst. ⊥ z. A.	—	0,0049	(0,0050)	—
$CrK(SO_4)_2 \cdot 12\,H_2O$	Kalium-chromalaun	Kryst. a. Lösg.	—	0,0044	(0,0046)	—
FeS_2	Pyrit		—	0,0906	(0,086)	—
$CuSO_4 \cdot 5\,H_2O$	Kupfersulfat	Kryst. a. Lösg.	—	0,00539	(0,0052)	—
AgCl	Silberchlorid	Einkrystall ?	—	0,0026	—	—
AgBr	Silberbromid	Einkrystall ?	—	0,0029	—	—
ZnS	Zinkblende	Mineral	0,083	0,0634	(0,059)	(0,049)
$HgCl_2$....	Sublimat	Preßling	—	0,0025	(0,0023)	—
TlCl	Thalliumchlorid	Einkrystall ?	—	0,0023	—	—
TlBr	Thalliumbromid	Einkrystall ?	—	0,0019	—	—

374123 Wärmeleitzahl λ in $kcal \cdot m^{-1} \cdot h^{-1} \cdot grad^{-1}$ von Werkstoffen bei Zimmertemperatur[1].

ϱ' Raumgewicht bzw. Dichte des Stoffes. F Feuchtigkeitsgehalt des Stoffes in %.

Stoffbezeichnung	ϱ' g/cm³	λ kcal/m · h · grad
Asbeste		
Asbestpapier	0,5	0,06
	1,0	0,13
Asbestplatten	2,0	0,6
Asbestschiefer (hoher Asbestgeh.)	1,8	0,15...0,30
Asbestschiefer, 10...50% Asbest, trock.	1,8	0,55...0,45
	2,1	0,65...0,54
Asbestschiefer, F 30% Asbest, F 10%	2,2	0,70...0,65
Faserstoffe (30° C)		
Baumwolle, lose	0,081	0,051
gestrickt	0,245	0,066
gewebt	0,330	0,060
Verbandwatte	0,010	0,035
	0,040	0,031
Flachs, kurze Fasern, regellos	0,019	0,044
	0,038	0,033
	0,079	0,035
Hanf, trocken	0,045	0,042
Jute (zerzauste Fasern)	0,056	0,031
	0,200	0,036
Kapok, Fasern, fein	0,032	0,032
	0,096	0,038
Leinen, gewebt	0,590	0,060
Roßhaar	0,172	0,045
Seide, rein, unverspon.	0,120	0,027
Kleiderseide, rein	0,300	0,036
Gewebe	—	0,04
Spinnereiabfälle	0,100	0,046
Seide, wollig	0,058	0,032
Kunstseide	0,170	0,042
Wolle, rein, lose	0,090	0,031
leicht gestrickt	0,176	0,034
Stoff, gewoben	0,380	0,043
Gläser		
Bleiglas, 10% PbO	2,60	0,784
20% PbO	2,86	0,756
Flintgläser	3,58...4,73	0,67
Krongläser (65...75 SiO_2)	2,3...2,7	0,915
Jenaer Borkron BK 7	2,53	0,86
Pyrexglas	2,24	0,91
Quarzglas	2,21	1,15
Spiegelglas	2,55	0,688
Thermometerglas, Jena 16^{III}	2,58	0,86
Glaspulver, 1% F	1,16	0,14
10% F	—	0,34
Gesteine (natürl.)		
Basalt	2,92	1,44
	2,66	1,24
Feldspat	—	2,1
Gabbro	—	2,2
Granit, versch. Herk.	2,6...2,9	2,5
Kalksandstein, grobk.	2,0	0,8
Kalkstein ($CaCO_3$)	2,65...2,7	1,9
Marmor, versch. Herk.	2,5...2,7	2,4
Muschelkalk	2,68	2,1
Quarzit	2,6...3,0	5,2
Sandstein, natürl.	2,15...2,3	1,4...1,8
Schiefer, ⊥-Schichtg.	2,78	1,83
Speckstein	2,85	2,8
Gummi		
Gummi, weich, mit 40% Kautschuk	—	0,204
80% Kautschuk	—	0,135
100% Kautschuk	—	0,11
Gummischwamm	0,224	0,047
Hartgummi, normal	1,2	0,136
Hölzer (20...30° C)[2]		
Ahorn, F 0...10%	0,72	⊥ 0,152
Birke, F 0%	0,68	⊥ 0,12
Eiche, F 0...10%	0,6...0,8	⊥ 0,15...0,18
Esche, F 0%	0,64	⊥ 0,12...0,14
Fichte, F 20%	0,42	⊥ 0,12
Kiefer, F 40%	0,55	⊥ 0,12
Lärche, F 13%	0,62	⊥ 0,12
Nußbaum	0,68	⊥ 0,117
Pappel	0,45	⊥ 0,155
Pitchpine	0,67	⊥ 0,125
Rüster	0,68	⊥ 0,124
Tanne, F 0%	0,42	⊥ 0,10
Keramische Erzeugnisse		
Steinzeug	2100...2400	0,9...1,4
Porzellan	—	0,7...1,6
Ziegelstein, trocken	1600...1800	0,33...0,45
Korkplatten	0,1	0,036
	0,2	0,045
	0,3	0,054
Kohle und Graphite		
Acheson-Graphit	—	134
Graphit, fest (Elektr.)	—	10...150
Amorphe Kohle	—	1,7
Koksstaub	1,0	0,13
Steinkohle, nat. fest	1,2	0,21...0,23

[1] Weitere Angaben für Baustoffe in 52212 und 5262, für Bau- und Dämmstoffe in 534, für Keramik in 531505 und 5310, für Kunststoffe in 561, für Holz in 545. Umrechnung auf $cal \cdot cm^{-1} \cdot s^{-1} \cdot grad$ durch Division mit 360.

[2] Richtung ⊥ zur Faser.

374123 (Fortsetzung).

Stoffbezeichnung	ϱ' g/cm³	λ kcal/m · h · grad
Kunststoffe		
Bakelit	—	0,200
Ebonit	1,20	0,135... 0,15
Fiber (Vulkan)	—	0,2...0,3
Linoleum	1,18	0,13...0,16
Preßmasse-Harnstoff-Zellstoff[3]	1,49	0,30...0,32
Preßmasse-Phenol[1] Asbestfaser[1]	1,7...1,9	0,5...0,8
Trolitul	—	0,136
Trolit	—	0,190
Celluloid	1,4	0,185
Öle und Fette		
Glycerin	—	0,23
Olivenöl	—	0,14
Paraffin	0,87...0,93	0,22
Petroleum	—	0,13
Ricinusöl	—	0,15
Terpentin	—	0,12
Vaselin	—	0,16
Papier		
Papier, gewöhnl.	—	0,12
Hartpapier, hell	1,30	0,179
dunkel	1,28	0,287
Pappe	—	0,12...0,30
Sande und Böden		
Flußsand, 0% F	1,52	0,28
11% F	1,64	0,97
Kalksand, 0% F	1,65	0,27
5% F	1,75	0,65
10% F	—	0,82
20% F	—	1,05

Stoffbezeichnung	ϱ' g/cm³	λ kcal/m · h · grad
Carborundpulver, 0% F	1,54	0,16
0% F	1,84	0,23
0% F	1,83	0,21
Kies (Schotter), 0% F	1,85	0,32
Marmorsand, 3% F	1,37	0,55
10% F	—	0,75
Quarzsand, 0% F	1,65	0,23
Quarzitsand, 0% F	1,27	0,19
0% F	1,30	0,18
5% F	—	0,71
10% F	—	0,92
0% F	1,50	0,24
Seesand, 0% F	1,55	0,24
	1,65	—
Erdreich (grobk.), ≃10% F	2,04	0,45
Moorwiese, 90% F	1,60	0,77
Sandboden (Quarz), 7,5% F	1,60	0,92
Sandboden (Wald), 7% F	1,45	0,67
Sandiger Ton, 15% F	1,78	0,79
Ton, wenig Sand, 49% F	1,45	1,10
Torf		
Torfmull (lufttrocken)	0,16	0,05...0,07
Torfsoden	0,20	0,04
Torfplatten	0,20...0,40	0,04...0,08
Torf, gepreßt (trocken)	—	0,03...0,06
Torfmoos, lose (0...10% F.)	0,158	0,036
Verschiedenes		
Glimmer	2,6...3,2	0,4...0,5
Leder	—	0,12...0,14
Schwefel, fest	2,07	0,228

37413 Temperaturleitzahl a in cm² · s⁻¹ von festen Stoffen.

Reine Metalle.

Metalle	Temperatur in °C 18 (a in cm² · s⁻¹)	Temperatur in °C 100 (a in cm² · s⁻¹)	Metalle	Temperatur in °C 18 (a in cm² · s⁻¹)	Temperatur in °C 100 (a in cm² · s⁻¹)
Aluminium	0,826	0,819	Platin	0,243	0,245
Blei	0,237	0,230	Silber	1,74	1,67
Gold	1,174	1,177	Wismut	0,0679	0,0546
Kupfer	1,13	1,09	Zink	0,405	0,390
Nickel	0,1516	0,1360	Zinn	0,381	0,332
Palladium	0,240	0,242			

[1] Bei 40 °C.

37413 (Fortsetzung).

Legierungen.

Name	Zusammensetzung in Gew.-%	Dichte ϱ in $g \cdot cm^{-3}$	a in $cm^2 \cdot s^{-1}$ bei	
			18° C	100° C
Schmiedeeisen[1] . .	0,1 C, 0,1 Mn, 0,2 Si	—	0,1735	0,153
	0,1 C	—	0,187	0,167
	0,105 C, 0,06 Mn, 0,015 Si, 0,05 Cu, 0,03 P, 0,015 S	7,87	0,2034	—
Stahl[1]	0,57 C, 0,12 Mn, 0,21 Si, 0,03 Cu, 0,012 P, 0,042 S	7,83	0,1429	—
	0,99 C, 0,12 Mn, 0,06 Si, 0,035 Cu, 0,005 P, 0,025 S	7,84	0,1429	—
Puddelstahl[1] . . .	0,25 C, 0,08 Si	—	0,1694[2]	—
	0,13 C, 0,08 Si	—	0,1637[2]	—
Konstantan . . .	60 Cu, 40 Ni	—	0,0619	0,0708
	54 Cu, 46 Ni	8,89	0,0569	—
Manganin	—	—	0,0633	0,0748
Neusilber	—	—	—	0,129[3]
Rotguß	—	—	0,186	0,217

Weitere Stoffe.

Stoff	Dichte, Raumgewicht	Temperatur °C	a in $cm^2 \cdot s^{-1}$
Basalt	2,659	etwa 50	0,00677
Chromit	4,128	—	0,0098
Chromstein I	3,028	etwa 50	0,0074
Chromstein II	3,200	70	0,0082
Dolomit	2,671	etwa 50	0,00847
Gneis I	2,496	etwa 50	0,0130
Gneis II	2,520	etwa 50	0,0079
Granit, 6 Sorten	2,53...2,65	etwa 50	0,006...0,014
Kalkstein, 8 Sorten	2,11...2,68	etwa 50	0,005...0,012
Magnesitstein I	2,370	etwa 50	0,0133
Magnesitstein II	2,006	etwa 45	0,0148
Marmor	—	etwa 50	0,0107
Porzellan, braun	2,216	etwa 50	0,0083
Porzellan, weiß	2,357	etwa 50	0,0099
Sandstein	2,547	etwa 50	0,0144
Schalstein	1,417	etwa 50	0,00348
Schamottestein I	1,565	etwa 50	0,00473
Schamottestein II	1,784	etwa 50	0,00492
Schamottestein III	1,916	etwa 60	0,00648
Schnee	0,54	—	0,0041
Ton I	1,547	etwa 50	0,00343
Ton II	1,932	etwa 50	0,00487
Ton III	1,865	etwa 50	0,00622
Ton IV	1,848	etwa 50	0,00598
Ton VI	2,075	etwa 50	0,0072
Zement	2,245	etwa 50	0,0073
Ziegelstein I	1,788	etwa 50	0,00502

[1] % Fe sind in Spalte 2 nicht angegeben. [2] Bei 15°. [3] Bei 80°.

3742 Flüssigkeiten.

37421 Reine Flüssigkeiten.

374211 Wärmeleitzahl λ in $cal \cdot cm^{-1} \cdot s^{-1} \cdot grad^{-1}$ reiner anorganischer Flüssigkeiten in Abhängigkeit von der Temperatur.

Hg siehe Tabelle 374111.

Flüssigkeit		Druck in at	Temperatur in °C			
Name	Formel		0	12	30	75
Wasser	H_2O	—	0,0013	0,0014	0,0015	0,0016
Schwefeldioxyd .	SO_2	5,25	—	0,00049	0,00046	—
Kohlendioxyd . .	CO_2	$p_{12,1°} = 78,5$	—	0,00024	—	—
		$p_{30,6°} = 81,4$	—	—	0,00020	—
Schwefelkohlenstoff	CS_2	—	—	0,00039	0,00038	—

374212 Wärmeleitzahl λ in $cal \cdot cm^{-1} \cdot s^{-1} \cdot grad^{-1}$ organischer Flüssigkeiten.

Stoff	Formel	Temperatur in °C, λ in cal/(cm · s · grad)					
		0	12	20	50	75	100
Pentan	C_5H_{12}	0,00033	—	0,00032	—	—	—
Hexan	C_6H_{14}	0,00034	—	0,00033	—	—	—
Benzol	C_6H_6	—	—	0,00037	—	0,00035	—
Heptan	C_7H_{16}	0,00034	—	0,00033	—	0,00032	—
Toluol	C_7H_8	0,00036	—	0,00036	0,00035	0,00032	—
Octan	C_8H_{18}	0,00035	—	0,00035	—	0,00033	0,00033
o-Xylol	C_8H_{10}	0,00034	—	—	—	0,00033	0,00033
m-Xylol	C_8H_{10}	0,00034	—	—	—	—	—
Decan	$C_{10}H_{22}$	0,00036	—	—	—	0,00034	0,00033
Dodecan	$C_{12}H_{26}$	0,00036	—	—	—	0,00034	0,00034
Methylenchlorid . .	CH_2Cl_2	0,00038	—	—	—	—	—
Chloroform	$CHCl_3$	—	0,00029	—	—	—	—
Tetrachlorkohlenstoff	CCl_4	0,00028	—	—	—	0,00022	—
Äthylbromid	C_2H_5Br	0,00030	—	0,00029	—	—	—
Äthyljodid	C_2H_5J	0,00027	—	0,00027	0,00026	0,00026	0,00026
Propylchlorid . . .	C_3H_7Cl	—	0,00028	—	—	—	—
Propylbromid . . .	C_3H_7Br	—	0,00026	—	—	—	—
Amylchlorid	$C_5H_{11}Cl$	—	0,00028	—	—	—	—
Amylbromid	$C_5H_{11}Br$	—	0,00024	—	—	—	—
Chlorbenzol	C_6H_5Cl	0,00036	0,00030	—	—	0,00033	—
Brombenzol	C_6H_5Br	0,00031	0,00026	—	—	0,00030	—
Methylalkohol . . .	CH_4O	0,00051	—	0,00051	—	0,00049	—
Ameisensäure . . .	CH_2O_2	—	0,00065	—	—	—	—
Äthylalkohol	C_2H_6O	0,00045	—	0,00043	0,00043	0,00042	—
Glykol	$C_2H_6O_2$	0,00061	—	0,00062	0,00062	—	0,00064
Essigsäure	$C_2H_4O_2$	—	0,00047	—	—	—	—
Propylalkohol . . .	C_3H_8O	0,00041	—	0,00041	—	0,00038	—
i-Propylalkohol . . .	C_3H_8O	0,00037	—	0,00037	—	0,00036	—
Aceton	C_3H_6O	0,00044	—	0,00043	—	—	—
Propionsäure	$C_3H_6O_2$	—	0,00039	—	—	—	—
Ameisensäureäthylester	$C_3H_6O_2$	—	0,00038	—	—	—	

374212 (Fortsetzung).

Stoff	Formel	Temperatur in °C, λ in cal/(cm · s · grad)					
		0	12	20	50	75	100
Glycerin	$C_3H_8O_3$	0,00068	—	0,00068	0,00068	0,00068	0,00068
Butylalkohol	$C_4H_{10}O$	0,00041	—	0,00040	—	0,00039	—
i-Butylalkohol	$C_4H_{10}O$	0,00037	0,00034	—	—	—	—
Diäthyläther	$C_4H_{10}O$	0,00034	—	0,00033	—	—	—
Buttersäure	$C_4H_8O_2$	—	0,00036	—	—	—	—
i-Buttersäure	$C_4H_8O_2$	—	0,00034	—	—	—	—
Diäthylenglykol	$C_4H_{10}O_4$	0,00048	—	0,00049	—	—	0,00051
Amylalkohol	$C_5H_{12}O$	0,00040	—	0,00039	0,00038	0,00038	0,00037
i-Amylalkohol	$C_5H_{12}O$	0,00036	—	0,00036	0,00036	0,00035	0,00035
Valeriansäure	$C_5H_{10}O_2$	—	0,00033	—	—	—	—
Buttersäuremethylester	$C_5H_{10}O_2$	—	0,00034	—	—	—	—
Hexylalkohol	$C_6H_{14}O$	0,00039	—	0,00039	0,00038	0,00037	0,00037
Buttersäureäthylester	$C_6H_{12}O_2$	—	0,00032	—	—	—	—
Valeriansäuremethylester	$C_6H_{12}O_2$	—	0,00032	—	—	—	—
Heptylalkohol	$C_7H_{16}O$	0,00040	—	0,00039	0,00038	0,00038	0,00037
Valeriansäureäthylester	$C_7H_{14}O_2$	—	0,00031	—	—	—	—
Octylalkohol	$C_8H_{18}O$	0,00041	—	0,00040	—	0,00039	0,00038
Nonylalkohol	$C_9H_{20}O$	0,00040	—	0,00040	—	0,00039	0,00038
Äthylsulfid	$C_4H_{10}S$	—	0,00033	—	—	—	—
Anilin	C_6H_7N	0,00041	—	0,00041	0,00041	0,00040	—
Nitrobenzol	$C_6H_5O_2N$	—	0,00038	—	—	0,00037	—

37422 Wässerige Lösungen.

374221 Wärmeleitzahl λ in cal · cm⁻¹ · s⁻¹ · grad⁻¹ von wässerigen Lösungen anorganischer Stoffe bei 32° C in Abhängigkeit von der Konzentration.

(Gew.-% auf die angegebenen Formeln bezogen.)

Verbindung	Gew.-%	λ bei 32°	Verbindung	Gew.-%	λ bei 32°
HCl	38	0,0011	$NaNO_3$	22	0,0014
HCl	25	0,0012	$NaNO_3$	20	0,0014
HCl	12,5	0,0013	Na_2CO_3	10	0,0014
H_2SO_4	90	0,0009	$MgCl_2$	29	0,0013
H_2SO_4	60	0,0011	$MgCl_2$	22	0,0013
H_2SO_4	30	0,0013	$MgCl_2$	14,5	0,0013
NaCl	25	0,0012	$MgCl_2$	11	0,0014
NaCl	12,5	0,0014	$MgSO_4$	22	0,0014
NaCl + KCl	10 + 10	0,0014	$CaCl_2$	30	0,0013
NaBr	40	0,0013	$CaCl_2$	15	0,0014
NaBr	20	0,0014	$SrCl_2$	25	0,0014
$NaNO_3$	44	0,0013	$Sr(NO_3)_2$	40	0,0014
$NaNO_3$	40	0,0014	$BaCl_2$	21	0,0014

374222 Wärmeleitzahl λ in $cal \cdot cm^{-1} \cdot s^{-1} \cdot grad^{-1}$ von wässerigen Lösungen organischer Stoffe.

Methylalkohol-Wasser.

Gehalt an Methylalkohol in Gew.-%	Temperatur in °C						
	10	20	30	40	50	60	70
0	0,00138	0,00141	0,00145	0,00149	0,00152	0,00156	0,00160
5	0,00132	0,00135	0,00139	0,00142	0,00146	0,00149	0,00151
10	0,00126	0,00129	0,00132	0,00135	0,00139	0,00142	0,00145
20	0,00115	0,00117	0,00120	0,00122	0,00125	0,00127	0,00129
30	0,00105	0,00107	0,00108	0,00110	0,00112	0,00113	0,00115
40	0,00096	0,00096	0,00097	0,00098	0,00099	0,00100	—
50	0,00088	0,00088	0,00088	0,00088	0,00088	0,00088	—
60	0,00079	0,00079	0,00078	0,00078	0,00077	0,00077	—
70	0,00072	0,00071	0,00070	0,00069	0,00068	0,00067	—
80	0,00065	0,00064	0,00062	0,00061	0,00060	—	—
90	0,00059	0,00057	0,00056	0,00054	0,00053	—	—
100	0,00053	0,00051	0,00050	0,00048	0,00047	—	—

Äthylalkohol-Wasser.

Gehalt an Äthylalkohol in Gew.-%	Temperatur in °C					
	10	20	30	40	50	60
0	0,00138	0,00141	0,00145	0,00149	0,00152	0,00156
5	0,00131	0,00135	0,00139	0,00142	0,00145	0,00149
10	0,00125	0,00128	0,00132	0,00135	0,00138	0,00141
20	0,00113	0,00116	0,00119	0,00121	0,00123	0,00126
30	0,00102	0,00104	0,00106	0,00107	0,00109	0,00110
40	0,00092	0,00093	0,00093	0,00094	0,00095	0,00096
50	0,00082	0,00082	0,00083	0,00083	0,00083	0,00083
60	0,00073	0,00073	0,00072	0,00072	0,00072	0,00071
70	0,00065	0,00064	0,00063	0,00062	0,00061	0,00060
80	0,00058	0,00057	0,00055	0,00054	0,00052	0,00051
90	0,00052	0,00050	0,00048	0,00046	0,00044	0,00042
100	0,00046	0,00043	0,00041	0,00038	0,00036	0,00033

Glycerin-Wasser.

Gehalt an Glycerin in Gew.-%	Temperatur in °C				
	10	20	30	50	70
0	0,00139	0,00144	0,00148	0,00155	0,00159
10	0,001301	0,001343	0,00138	0,00145	0,001495
20	0,001215	0,001253	0,001289	0,00136	0,00140
30	0,001132	0,001170	0,00120	0,001270	0,00131
40	0,001057	0,001087	0,001119	0,001182	0,001216
50	0,000975	0,00101	0,001035	0,001095	0,00112
60	0,000910	0,000928	0,000948	0,000994	0,00103
70	0,000842	0,000866	0,000870	0,000904	0,000925
80	0,000778	0,000784	0,000794	0,000815	0,000831
90	0,000715	0,000717	0,000722	0,000728	0,000734
100	0,000675	0,000678	0,000679	0,000681	0,000687

3743 Gase.

37431 Anorganische Gase.

374311 Wärmeleitzahl λ in 10^{-4} $cal \cdot cm^{-1} \cdot s^{-1} \cdot grad^{-1}$ von reinen anorganischen Gasen bei Atmosphärendruck in Abhängigkeit von der Temperatur.

Gase	Temperatur in °C									
	−180	−150	−100	−50	0	20	50	100	200	300
Helium	1,63	1,95	2,46	2,96	3,43	3,61	3,83	4,08	—	—
Neon	0,49	—	0,82	—	1,09	—	—	1,33	—	—
Argon	0,14	0,19	0,26	0,32	0,39	0,42	0,45	0,52	—	—
Krypton	—	—	—	—	0,21	—	—	—	—	—
Xenon	—	—	—	—	0,12	—	—	0,16	—	—
Wasserstoff	—	2,20	2,78	3,50	4,19	4,45	—	5,47	6,34	7,39
Deuterium	—	—	—	—	3,06	—	—	3,77	—	—
Chlor	—	—	—	—	0,19	—	—	—	—	—
Sauerstoff	0,20	0,28	0,39	0,49	0,58	0,62	0,68	0,76	—	—
Stickstoff[1]	0,21	0,29	0,39	0,49	0,57	0,61	0,66	0,73	0,85	0,95
Luft[2] (trocken)	0,21	0,37	0,39	0,49	0,576	0,61	0,64	0,74	0,88	—
Quecksilberdampf	—	—	—	—	—	—	—	—	0,18	—
Wasserdampf	—	—	—	—	—	—	—	0,60	0,78	1,03
Schwefelwasserstoff	—	—	—	—	0,30	—	—	—	—	—
Schwefeldioxyd	—	—	—	—	0,20	—	—	—	—	—
Schwefelkohlenstoff	—	—	—	—	0,16	—	—	—	—	—
Ammoniak	—	—	—	0,41	0,52	—	—	—	—	—
Stickoxydul	—	—	—	0,30	0,36	—	—	0,50	—	—
Stickoxyd	—	—	—	0,47	0,56	—	0,54	—	—	—
Kohlenmonoxyd	0,19	0,26	0,36	0,46	0,53	—	—	—	—	—
Kohlendioxyd[3]	—	—	—	—	0,34	0,38	—	0,50	0,68	0,84

374312 Wärmeleitzahl λ in $cal \cdot cm^{-1} \cdot s^{-1} \cdot grad^{-1}$ anorganischer Gasgemische bei 0° C in Abhängigkeit von der Konzentration[4].

Mischkomponenten		Konzentration von A in Volumprozenten						
A	B	0	10	30	50	70	90	100
Argon	Helium	0,000343	0,000261	0,000171	0,000117	0,000078	0,000050	0,000039
Argon	Wasserstoff	0,000404	0,000317	0,000224	0,000154	0,000101	0,000056	0.000039
Argon	Stickstoff	0,000055	0,000053	0,000050	0,000046	0,000043	0,000040	0,000039
Sauerstoff	Wasserstoff	0,000445[5]	0,000345[5]	0,000254[5]	0,000183[5]	0,000124[5]	0,000076[5]	0,000062[5]
Stickstoff	Wasserstoff	0,000419	0,000320	0,000210	0,000153	0,000108	0,000070	0,000055
Stickoxydul	Wasserstoff	0,000419	0,000328	0,000211	0,000138	0,000088	0,000051	0,000038
Kohlenoxyd	Wasserstoff	0,000419	0,000330	0,000228	0,000160	0,000109	0,000068	0,000053
Kohlendioxyd	Wasserstoff	0,000419	0,000314	0,000204	0,000135	0,000088	0,000051	0,000036

[1] Bei 500°: 1,12. — [2] Bei 420°: 1,122; bei 531°: 1,595. — [3] Bei 496°: 1,18; bei 546°: 1,420.
[4] Wärmeleitzahl bei 22° C.
[5] Abweichungen der λ-Werte gegenüber 374311 sind durch Verwendung der Zahlen verschiedener Forscher zu erklären.

374313 Wärmeleitzahl in Gasen errechnet unter Berücksichtigung der Dissoziation.

[Nach K. H. Riewe und R. Rompe: Z. Phys. **105** (1937) S. 478.]

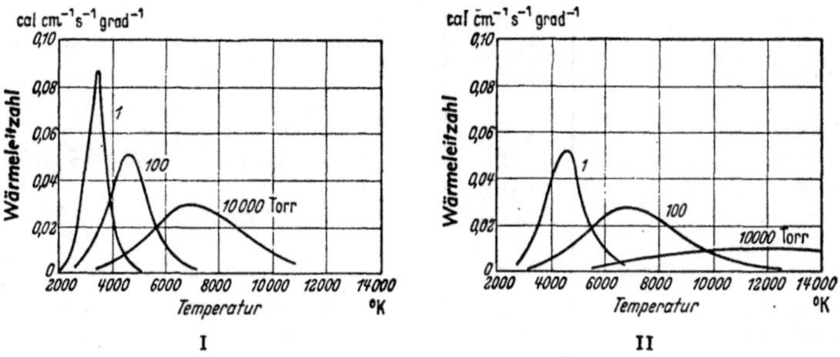

Wärmeleitzahl des Wasserstoffes, bei Dissoziation $H_2 \rightarrow 2H$ bei Drucken von 1, 100 und 10000 Torr, unter Annahme eines rotierenden Hantelmoleküls I ohne, II mit voll angeregter Kernschwingung.

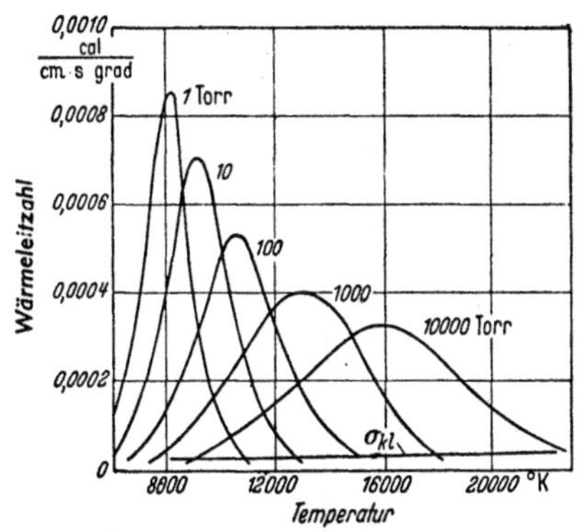

Wärmeleitzahl des Quecksilbers bei Ionisation $Hg \rightarrow Hg^+ + e^-$ bei Drucken von 1, 10. 100, 1000 und 10000 Torr. σ_{kl} klass. Wärmeleitzahl.

37432 Wärmeleitzahl λ in 10^{-4} cal · cm^{-1} · s^{-1} · $grad^{-1}$ von reinen organischen Gasen (Dämpfen) bei Atmosphärendruck in Abhängigkeit von der Temperatur

Gas oder Dampf	Formel	Temperatur in °C						
		−50	0	6,5	20	50	100	200
Methan	CH_4	0,58	0,73	—	0,79	—	—	—
Äthan	C_2H_6	0,32	0,43	—	0,49	0,60	0,77	—
Äthylen	C_2H_4	0,31	0,40	—	—	—	0,64	—
Acetylen	C_2H_2	—	0,44	—	—	—	—	—
Propan	C_3H_8	—	0,36	—	0,41	—	—	—
n-Butan	C_4H_{10}	—	0,32	—	0,37	—	—	—
i-Butan	C_4H_{10}	—	0,33	—	—	—	—	—
n-Pentan	C_5H_{12}	—	0,31	0,32	0,34	—	—	—
i-Pentan	C_5H_{12}	—	0,30	0,31	0,34	0,40	0,52	0,82
n-Hexan	C_6H_{14}	—	0,30	—	—	—	—	—
Hexylen	C_6H_{12}	—	0,24	0,26	0,29	—	0,44	—
Cyclohexan	C_6H_{12}	—	—	—	—	—	0,42	—
Benzol	C_6H_6	—	0,21	0,22	0,25	0,30	0,41	0,68
Methylchlorid	CH_3Cl	—	0,22	0,23	0,25	0,30	0,38	0,57
Methylbromid	CH_3Br	—	0,15	0,15	0,17	0,20	0,25	—
Methyljodid	CH_3J	—	0,11	0,12	0,12	0,15	0,18	—
Methylenchlorid	CH_2Cl_2	—	0,16	0,16	0,17	0,20	0,25	0,37
Chloroform	$CHCl_3$	—	0,15	0,16	0,17	0,19	0,24	0,32
Tetrachlorkohlenstoff	CCl_4	—	0,14	0,15	0,15	0,17	0,21	0,27
Äthylchlorid	C_2H_5Cl	—	0,22	0,24	0,26	0,31	0,39	0,59
Äthylbromid	C_2H_5Br	—	0,17	—	—	—	—	—
Äthyljodid	C_2H_5J	—	0,14	0,15	—	—	—	—
Methylalkohol	CH_4O	—	0,34	0,35	—	—	0,52	—
Äthylalkohol	C_2H_6O	—	0,33	—	0,36	0,42	0,50	—
Aceton	C_3H_6O	—	0,23	0,24	0,26	0,31	0,40	0,65
Essigsäuremethylester	$C_3H_6O_2$	—	0,24	0,25	0,28	—	—	—
Diäthyläther	$C_4H_{10}O$	—	0,31	0,33	0,35	0,42	0,54	0,82
Essigsäureäthylester	$C_4H_8O_2$	—	0,22	—	0,25	0,29	0,39	0,58
Methylamin	CH_5N	—	—	0,38	—	—	—	—
Äthylamin	C_2H_7N	—	—	0,34	—	—	—	—
Dimethylamin	C_2H_7N	—	—	0,35	—	—	—	—
Propylamin	C_3H_9N	—	—	0,30	—	—	—	—
Trimethylamin	C_3H_9N	—	—	0,33	—	—	—	—
Butylamin	$C_4H_{11}N$	—	—	0,30	—	—	—	—
Diäthylamin	$C_4H_{11}N$	—	—	0,30	—	—	—	—
Amylamin	$C_5H_{13}N$	—	—	0,28	—	—	—	—
Dipropylamin	$C_6H_{15}N$	—	—	0,26	—	—	—	—
Triäthylamin	$C_6H_{15}N$	—	—	0,27	—	—	—	—

38 Wärmestrahlung.

381 Die Gesetzmäßigkeiten der Hohlraumstrahlung.

A. Strahlungsgesetze.

Alle Körper senden eine Wärmestrahlung aus, deren Intensität und spektrale Zusammensetzung von der Temperatur abhängig ist. Die Emission S'_λ ist dem Absorptionsvermögen a_λ für dieselbe Wellenlänge proportional $\frac{S'_\lambda}{a_\lambda} = S_\lambda$ (Kirchhoffsches Gesetz).

S_λ ist die Strahlung des sog. „schwarzen Körpers“, der alle auffallende Strahlung absorbiert, also das Absorptionsvermögen 1 hat.

. Die Strahlung des idealen schwarzen Körpers kann man durch die Strahlung einer kleinen Öffnung eines Hohlraumes verwirklichen. Für die Hohlraumstrahlung sind die gesetzmäßigen Verknüpfungen zwischen Strahlungsintensität, Temperatur und Wellenlänge im folgenden aufgeführt. Die Gesetze gelten strenggenommen nur im luftleeren Raum, jedoch mit genügender Genauigkeit auch in Luft.

1. Stefan-Boltzmannsches Gesetz: Die Gesamtstrahlung S ist der 4. Potenz der absoluten Temperatur proportional $S = A\,T^4$. Betrachtet man die spezifische Gesamtstrahlung, d. h. die von der Flächeneinheit (cm^2) in den Halbraum pro Sekunde ausgesandte Strahlung, so ist $A = \sigma = 5{,}77 \cdot 10^{-5}\,\mathrm{erg} \cdot \mathrm{cm}^{-2} \cdot \mathrm{s}^{-1} \cdot \mathrm{grad}^{-4}$, σ ist die sogenannte Stefan-Boltzmannsche Strahlungskonstante. Der Betrag der Strahlung, die pro Sekunde senkrecht zur Fläche von der Flächeneinheit in die Raumwinkeleinheit ausgesandt wird, ist $S_\perp = \frac{1}{\pi}\,\sigma T^4$.

2. Plancksches Strahlungsgesetz: Die Strahlung in dem Wellenlängengebiet zwischen λ und $\lambda + d\lambda$, die pro Sekunde von der Flächeneinheit in die Raumwinkeleinheit senkrecht zur Fläche ausgesandt wird, ist $S_{\perp(\lambda T)} = \frac{2hc^2}{\lambda^5} \frac{1}{e^{\frac{hc}{\lambda k T}} - 1}$.

hc^2 wird meist mit c_1, $\frac{h \cdot c}{k}$ mit c_2 bezeichnet, $c_1 = 5{,}955 \cdot 10^{-6}\,\mathrm{erg} \cdot \mathrm{cm}^2 \cdot \mathrm{s}^{-1}$, $c_2 = 1{,}432\,\mathrm{cm} \cdot \mathrm{grad}$. Führt man anstatt λ die Schwingungszahl ν ein, so ist die im Gebiet $\nu \ldots \nu + d\nu$ ausgesandte Strahlung gegeben durch

$$S_{\perp(\nu T)} = \frac{2h\nu^3}{c^2} \frac{1}{e^{\frac{h\nu}{kT}} - 1}$$

Betrachtet man die spektrale Strahlung, die von der Flächeneinheit in den Halbraum in der Sekunde ausgesandt wird, so muß man die Planckschen Gleichungen mit π multiplizieren. Im Folgenden sind diese Größen als $S_{\lambda T}$ bzw. $S_{\nu T}$ bezeichnet.

3. Das Wiensche Verschiebungsgesetz: Aus dem Planckschen Gesetz ergibt ich zwischen der Temperatur und der Wellenlänge λ_m, bei der die Strahlung S_{λ_m} den maximalen Wert hat, die Beziehung $\lambda_m \cdot T = \frac{1{,}43}{4{,}965} = 0{,}288\,\mathrm{cm} \cdot \mathrm{grad}$, das sogenannte Wiensche Verschiebungsgesetz. Für ν lautet die entsprechende Gleichung $\frac{\nu_m}{T} = 5{,}906 \cdot 10^{10}\,\mathrm{s}^{-1}\,\mathrm{grad}^{-1}$. Der Wert von $S_{\lambda_m T}$ folgt daraus zu $S_{\lambda_m T} = 1{,}309 \cdot 10^{-4}\,T^5 \cdot \mathrm{erg} \cdot \mathrm{s}^{-1}\,\mathrm{cm}^{-3}$.

4. Reduziertes Plancksches Gesetz: Wird die Strahlungsintensität $S_{\lambda T}$ als Bruchteil der Strahlung $S_{\lambda_m T}$ dargestellt, so erhält man $\frac{S_{\lambda T}}{S_{\lambda_m T}}$ als Funktion entweder von $(\lambda \cdot T)$ oder $\frac{\lambda_m}{\lambda}$. Diese Gleichungen sind in der Zusammenstellung mit aufgeführt.

5. Strahlungsausbeute: Der Nutzeffekt der Strahlung bei einer Wellenlänge (d. h. das Verhältnis der Strahlung dieses Gebietes zu der Gesamtstrahlung) ist gegeben durch die Gleichung

$$\frac{S_{\lambda T}}{S_T} = \frac{2\pi c_1}{\sigma \lambda^5 T^4} \frac{1}{e^{\frac{c_2}{\lambda T}} - 1}.$$

Die Temperatur T_m, bei der der Nutzeffekt für eine bestimmte Wellenlänge λ sein Maximum erreicht, ist gegeben durch die Gleichung $\lambda T_m = 0{,}3652\,\mathrm{cm} \cdot \mathrm{grad}$.

Gesetze der Strahlung und Lichtquantenemission für den idealen schwarzen Körper.

Name des Gesetzes	Strahlung		Lichtquantenemission	
	Formel	Werte der Zahlenfaktoren	Formel	Werte der Zahlenfaktoren
Stefan-Boltzmannsches Gesetz	$S = \sigma T^4$	$\sigma = \frac{2\pi^5 k^4}{15 c^2 h^3} =$ $5{,}77^{*} \cdot 10^{-5}\ \mathrm{erg \cdot cm^{-2} \cdot s^{-1} \cdot {}^0K^{-4}}$	$N = \sigma' T^3$	$\sigma' = \frac{1{,}2021 \cdot 4\pi k^3}{c^2 h^3} =$ $1{,}542 \cdot 10^{11}\ \mathrm{cm^{-2} \cdot s^{-1} \cdot {}^0K^{-3}}$
Plancksches Strahlungsgesetz	$S_\lambda = \frac{2\pi c_1}{\lambda^5} \frac{1}{e^{\frac{c_2}{\lambda T}} - 1}$ $S_\nu = \frac{2\pi h \nu^3}{c^2} \frac{1}{e^{\frac{h\nu}{kT}} - 1}$	$2\pi c_1 = 2\pi h c^2 =$ $3{,}714 \cdot 10^{-5}\ \mathrm{erg \cdot cm^2 \cdot s^{-1}}$ $c_2 = \frac{hc}{k} = 1{,}432\ \mathrm{cm \cdot {}^0K}$ $\frac{2\pi h}{c^2} =$ $4{,}598 \cdot 10^{-47}\ \mathrm{erg \cdot s^3 \cdot cm^{-2}}$	$N_\lambda = \frac{2\pi c}{\lambda^4} \frac{1}{e^{\frac{c_2}{\lambda T}} - 1}$ $N_\nu = \frac{2\pi \nu^2}{c^2} \frac{1}{e^{\frac{h\nu}{kT}} - 1}$	$2\pi c = 1{,}8836 \cdot 10^{11}\ \mathrm{cm \cdot s^{-1}}$ $\frac{2\pi}{c^2} = 6{,}9917 \cdot 10^{-21}\ \mathrm{s^2 \cdot cm^{-2}}$
Wiensches Verschiebungsgesetz (λ_m bzw. ν_m Wellenlänge bzw. Schwingungszahl des Strahlungsmaximums)	$\lambda_m T = \frac{hc}{k \cdot 4{,}965}$ $\frac{\nu_m}{T} = \frac{2{,}8214\,k}{h}$ $S_{\lambda_m} = b \cdot T^5$	$\frac{hc}{k \cdot 4{,}965} = 0{,}2884\ \mathrm{cm \cdot {}^0K}$ $\frac{2{,}8214\,k}{h} =$ $5{,}906 \cdot 10^{10}\ \mathrm{s^{-1} \cdot {}^0K^{-1}}$ $b = 1{,}309 \cdot 10^{-4}$ $\mathrm{erg \cdot s^{-1} \cdot cm^{-3} \cdot {}^0K^{-5}}$	$\lambda'_m T = \frac{hc}{3{,}9207\,k}$ $\frac{\nu'_m}{T} = \frac{1{,}5936\,k}{h}$ $N_{\lambda'_m} = b' T^4$	$\frac{hc}{3{,}9207\,k} = 0{,}3652\ \mathrm{cm \cdot {}^0K}$ $\frac{1{,}5936\,k}{h} =$ $3{,}300 \cdot 10^{10}\ \mathrm{s^{-1} \cdot {}^0K^{-1}}$ $b' = 2{,}1419 \cdot 10^{11}$ $\mathrm{cm^{-3} \cdot s^{-1} \cdot {}^0K^{-4}}$
Reduziertes Plancksches Gesetz $f\left(\frac{\lambda}{m}\right)$ $f(\lambda T)$	$\frac{S_\lambda}{S_{\lambda_m}} = \left(\frac{\lambda_m}{\lambda}\right)^5 \frac{e^{\frac{c_2}{0{,}288}} - 1}{e^{\frac{c_2}{0{,}288} \cdot \frac{\lambda_m}{\lambda}} - 1}$ $\frac{S_\lambda}{S_{\lambda_m}} = \frac{2\pi c_1}{b(\lambda T)^5} \frac{1}{e^{\frac{c_2}{(\lambda T)}} - 1}$		$\frac{N_\lambda}{N_{\lambda'_m}} = \left(\frac{\lambda'_m}{\lambda}\right)^4 \frac{e^{\frac{c_2}{0{,}3652}} - 1}{e^{\frac{c_2}{0{,}3652} \cdot \frac{\lambda'_m}{\lambda}} - 1}$ $\frac{N_\lambda}{N_{\lambda'_m}} = \frac{2\pi \cdot c}{b' \cdot (\lambda T)^4} \frac{1}{e^{\frac{c_2}{\lambda T}} - 1}$	
Temperatur T_m der größten Strahlungsausbeute für die Wellenlänge λ_e	$\lambda_e T_m = \frac{hc}{3{,}9207\,k}$	$\frac{h \cdot c}{3{,}9207\,k} = 0{,}3652\ \mathrm{cm \cdot {}^0K}$	$\lambda_e T'_m = \frac{h \cdot c}{3{,}9207\,k}$	$\frac{h \cdot c}{3{,}9207\,k} = 0{,}3652\ \mathrm{cm \cdot {}^0K}$

* Exp. Wert vgl. 20.

B. Gesetze für die Lichtquantenemission.

Aus dem Planckschen Strahlungsgesetz kann man die Zahl der Lichtquanten, $h\nu$, die bei einer bestimmten Temperatur vom schwarzen Körper ausgesandt werden, errechnen. Es ergeben sich dabei Beziehungen, die den aufgeführten Strahlungsgesetzen äquivalent sind. In der Übersicht sind sie aufgeführt. Auswertung der Gleichungen bringen 3811...3813.

C. Werte der Konstanten der Strahlungsgleichungen.

In den folgenden Tabellen sind die für c_1 und c_2 benutzten Werte nicht einheitlich (c_2 ist in Deutschland festgesetzt zu 1,432 cm · grad). Bei c_1 wird durch Multiplikation mit $\frac{c_1''}{c_1'}$ umgerechnet. Die für T′ mit c_2' berechneten Werte gelten für ein davon abweichendes c_2'' bei einer Temperatur T″, die sich genügend genau aus der Gleichung

$$c_2'\left(\frac{1}{T'}-\frac{1}{T_{Au}}\right)=c_2''\left(\frac{1}{T''}-\frac{1}{T_{Au}}\right)^{1}$$

berechnen läßt; z. B. entsprechen die Strahlungswerte für $c_2 = 1{,}432$ bei 2000° K denen von 1997° K für $c_2 = 1{,}436$.

3811 Gesamtstrahlung des schwarzen Körpers in Abhängigkeit von der Temperatur nach dem Stefan-Boltzmannschen Gesetz $s = \sigma T^4$.

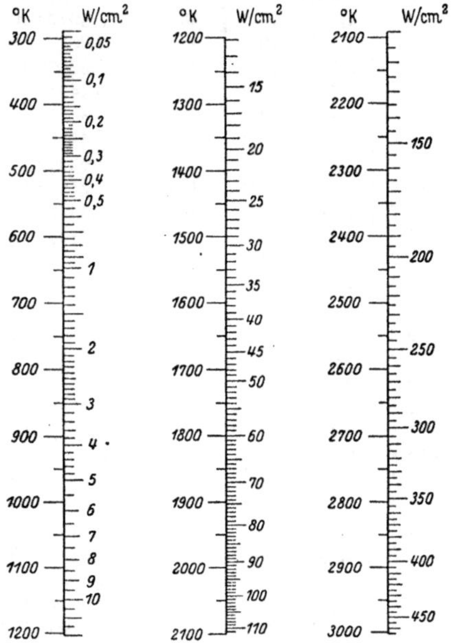

[1] $T_{Au} = 1336°$ K ist der Bezugswert bei Strahlungsmessungen.

3812 Anteilige Strahlung.

38121 Strahlungs- und Lichtquantenanteil $\frac{S_{0\ldots\lambda}}{S_{0\ldots\infty}}$ und $\frac{N_{0\ldots\lambda}}{N_{0\ldots\infty}}$.

Verhältnis der Werte der Strahlungsintensität $S_{0\ldots\lambda}$ und der Lichtquantenemission $N_{0\ldots\lambda}$ im Wellenlängengebiete von $0\ldots\lambda$ zu der Gesamtstrahlung $S_{0\ldots\infty}$ bzw. der Gesamtlichtquantenemission $N_{0\ldots\infty}$ für Werte des Produktes aus Wellenlänge und absoluter Temperatur ($\lambda \cdot T$) von 0,05…1,2 cm · °K.

Für $c_2 = 1{,}436$ cm · grad, $2\pi c_1 = 3{,}732 \cdot 10^{-5}$ erg cm² s⁻¹.

[Nach A. N. Lowan u. G. Blanck: Journ. Opt. Soc. Amer. **30**, 70 (1940).]

λT in cm · °K	$\frac{S_{0\ldots\lambda}}{S_{0\ldots\infty}}$	$\frac{N_{0\ldots\lambda}}{N_{0\ldots\infty}}$	λT in cm · °K	$\frac{S_{0\ldots\lambda}}{S_{0\ldots\infty}}$	$\frac{N_{0\ldots\lambda}}{N_{0\ldots\infty}}$
0,050	1,3652 · 10^{-9}	1,2379 · 10^{-10}	0,290	2,5183 · 10^{-1}	1,0744 · 10^{-1}
0,052	3,6788 · 10^{-9}	3,4638 · 10^{-10}	0,300	2,7454 · 10^{-1}	1,2004 · 10^{-1}
0,054	9,1749 · 10^{-9}	8,9571 · 10^{-10}	0,310	2,9712 · 10^{-1}	1,3299 · 10^{-1}
0,056	2,1358 · 10^{-8}	2,1590 · 10^{-9}	0,320	3,1947 · 10^{-1}	1,4623 · 10^{-1}
0,058	4,6745 · 10^{-8}	4,8865 · 10^{-9}	0,330	3,4150 · 10^{-1}	1,5970 · 10^{-1}
0,060	9,6798 · 10^{-8}	1,0451 · 10^{-8}	0,340	3,6314 · 10^{-1}	1,7333 · 10^{-1}
0,062	1,9069 · 10^{-7}	2,1242 · 10^{-8}	0,350	3,8432 · 10^{-1}	1,8708 · 10^{-1}
0,064	3,5907 · 10^{-7}	4,1225 · 10^{-8}	0,360	4,0502 · 10^{-1}	2,0090 · 10^{-}
0,066	6,4902 · 10^{-7}	7,6722 · 10^{-8}	0,370	4,2518 · 10^{-1}	2,1474 · 10^{-1}
0,068	1,1302 · 10^{-6}	1,3744 · 10^{-7}	0,380	4,4479 · 10^{-1}	2,2857 · 10^{-1}
0,070	1,9025 · 10^{-6}	2,3778 · 10^{-7}	0,390	4,6382 · 10^{-1}	2,4236 · 10^{-1}
0,072	3,1045 · 10^{-6}	3,9847 · 10^{-7}	0,400	4,8227 · 10^{-1}	2,5606 · 10^{-1}
0,074	4,9236 · 10^{-6}	6,4848 · 10^{-7}	0,420	5,1738 · 10^{-1}	2,8313 · 10^{-1}
0,076	7,6070 · 10^{-6}	1,0274 · 10^{-6}	0,440	5,5012 · 10^{-1}	3,0961 · 10^{-1}
0,078	1,1473 · 10^{-5}	1,5877 · 10^{-6}	0,460	5,8057 · 10^{-1}	3,3537 · 10^{-1}
0,080	1,6923 · 10^{-5}	2,3981 · 10^{-6}	0,480	6,0880 · 10^{-1}	3,6032 · 10^{-1}
0,082	2,4453 · 10^{-5}	3,5462 · 10^{-6}	0,500	6,3494 · 10^{-1}	3,8441 · 10^{-1}
6,084	3,4668 · 10^{-5}	5,1418 · 10^{-6}	0,520	6,5912 · 10^{-1}	4,0759 10^{-1}
0,086	4,8287 · 10^{-5}	7,3204 · 10^{-6}	0,540	6,8146 · 10^{-1}	4,2986 · 10^{-1}
0,088	6,6159 · 10^{-5}	1,0247 · 10^{-5}	0,560	7,0209 · 10^{-1}	4,5120 · 10^{-1}
0,090	8,9269 · 10^{-5}	1,4117 · 10^{-5}	0,580	7,2116 · 10^{-1}	4,7164 · 10^{-1}
0,092	1,1874 · 10^{-4}	1,9165 · 10^{-5}	0,600	7,3877 · 10^{-1}	4,9118 · 10^{-1}
0,094	1,5586 · 10^{-4}	2,5660 · 10^{-5}	0,620	7,5505 · 10^{-1}	5,0985 · 10^{-1}
0,096	2,0204 · 10^{-4}	3,3914 · 10^{-5}	0,660	7,8402 · 10^{-1}	5,4470 · 10^{-1}
0,098	2,5885 · 10^{-4}	4,4284 · 10^{-5}	0,700	8,0885 · 10^{-1}	5,7644 · 10^{-1}
0,100	3,2804 · 10^{-4}	5,7171 · 10^{-5}	0,740	8,3020 · 10^{-1}	6,0533 · 10^{-1}
0,110	9,2957 · 10^{-4}	1,7674 · 10^{-4}	0,780	8,4861 · 10^{-1}	6,3164 · 10^{-1}
0,120	2,1727 · 10^{-3}	4,4689 · 10^{-4}	0,820	8,6455 · 10^{-1}	6,5561 · 10^{-1}
0,130	4,3866 · 10^{-3}	9,6923 · 10^{-4}	0,860	8,7840 · 10^{-1}	6,7748 · 10^{-1}
0,140	7,9053 · 10^{-3}	1,8650 · 10^{-3}	0,900	8,9048 · 10^{-1}	6,9746 · 10^{-1}
0,150	1,3023 · 10^{-2}	3,2635 · 10^{-3}	0,940	9,0105 · 10^{-1}	7,1574 · 10^{-1}
0,160	1,9962 · 10^{-2}	5,2897 · 10^{-3}	0,980	9,1033 · 10^{-1}	7,3250 · 10^{-1}
0,170	2,8858 · 10^{-2}	8,0536 · 10^{-3}	1,00	9,1455 · 10^{-1}	7,4035 · 10^{-1}
0,180	3,9754 · 10^{-2}	1,1643 · 10^{-2}	1,10	9,3217 · 10^{-1}	7,7506 · 10^{-1}
0,190	5,2613 · 10^{-2}	1,6121 · 10^{-2}	1,20	9,4532 · 10^{-1}	8,0345 · 10^{-1}
0,200	6,7331 · 10^{-2}	2,1522 · 10^{-2}	1,30	9,5531 · 10^{-1}	8,2691 · 10^{-1}
0,210	8,3750 · 10^{-2}	2,7856 · 10^{-2}	1,40	9,6304 · 10^{-1}	8,4649 · 10^{-1}
0,220	1,0168 · 10^{-1}	3,5109 · 10^{-2}	1,50	9,6909 · 10^{-1}	8,6298 · 10^{-1}
0,230	1,2091 · 10^{-1}	4,3249 · 10^{-2}	1,60	9,7390 · 10^{-1}	8,7698 · 10^{-1}
0,240	1,4122 · 10^{-1}	5,2228 · 10^{-2}	1,70	9,7777 · 10^{-1}	8,8897 · 10^{-1}
0,250	1,6239 · 10^{-1}	6,1988 · 10^{-2}	1,80	9,8091 · 10^{-1}	8,9931 · 10^{-1}
0,260	1,8423 · 10^{-1}	7,2462 · 10^{-2}	1,90	9,8349 · 10^{-1}	9,0828 · 10^{-1}
0,270	2,0653 · 10^{-1}	8,3577 · 10^{-2}	2,00	9,8563 · 10^{-1}	9,1612 · 10^{-1}
0,280	2,2911 · 10^{-1}	9,5261 · 10^{-2}			

38122 Anteil der auf das Wellenlängenbereich von $0 \dots \lambda$ entfallenden Strahlung des „Schwarzen Körpers“ in Abhängigkeit von der Temperatur.

Beispiel: Bei 600° K (°abs) liegt 27,5% der Strahlung zwischen $\lambda = 0 \dots 5 \cdot 10^{-4}$ cm.

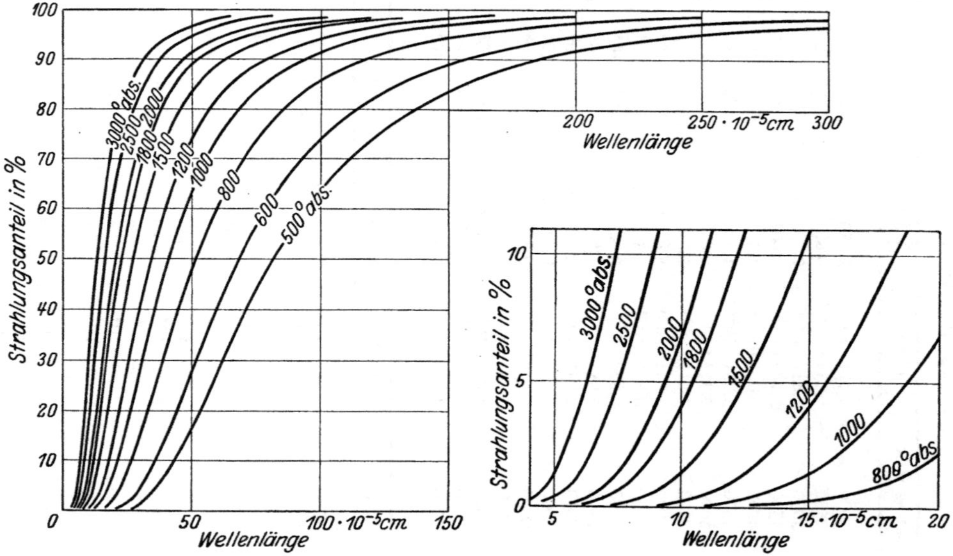

3813 Spektrale Strahlung und Lichtquantenemission.

38131 Spektrale Strahlung des schwarzen Körpers;

Werte der Gleichung $S_{\lambda T} = \frac{2\pi c_1}{\lambda^5} \frac{1}{e^{\frac{c_2}{\lambda T}} - 1}$ Watt · cm^{-3}

$c_1 = 5{,}88 \cdot 10^{-13}$ W · cm^2, $c_2 = 1{,}432$ cm · grad.

Wellenlänge in Å	1000° K	1500° K	2000° K	2500° K
2000	$9{,}274 \cdot 10^{-20}$	$2{,}150 \cdot 10^{-9}$	$3{,}274 \cdot 10^{-4}$	$4{,}213 \cdot 10^{-1}$
2500	$5{,}033 \cdot 10^{-14}$	$9{,}861 \cdot 10^{-6}$	$1{,}380 \cdot 10^{-1}$	$4{,}241 \cdot 10^{1}$
3000	$2{,}831 \cdot 10^{-10}$	$2{,}302 \cdot 10^{-3}$	6,563	$7{,}766 \cdot 10^{2}$
3500	$1{,}199 \cdot 10^{-7}$	$1{,}004 \cdot 10^{-1}$	$9{,}186 \cdot 10^{1}$	$5{,}495 \cdot 10^{3}$
4000	$1{,}023 \cdot 10^{-5}$	1,558	$6{,}076 \cdot 10^{2}$	$2{,}178 \cdot 10^{4}$
4500	$3{,}031 \cdot 10^{-4}$	$1{,}226 \cdot 10^{1}$	$2{,}464 \cdot 10^{3}$	$5{,}938 \cdot 10^{4}$
5000	$4{,}313 \cdot 10^{-3}$	$6{,}038 \cdot 10^{1}$	$7{,}144 \cdot 10^{3}$	$1{,}253 \cdot 10^{5}$
5500	$3{,}619 \cdot 10^{-2}$	$2{,}127 \cdot 10^{2}$	$1{,}630 \cdot 10^{4}$	$2{,}204 \cdot 10^{5}$
6000	$2{,}051 \cdot 10^{-1}$	$5{,}847 \cdot 10^{2}$	$3{,}123 \cdot 10^{4}$	$3{,}396 \cdot 10^{5}$
6500	$8{,}621 \cdot 10^{-1}$	$1{,}333 \cdot 10^{3}$	$5{,}240 \cdot 10^{4}$	$4{,}744 \cdot 10^{5}$
7000	2,870	$2{,}627 \cdot 10^{3}$	$7{,}948 \cdot 10^{4}$	$6{,}148 \cdot 10^{5}$
7500	7,951	$4{,}618 \cdot 10^{3}$	$1{,}113 \cdot 10^{5}$	$7{,}515 \cdot 10^{5}$
10000	$2{,}232 \cdot 10^{2}$	$2{,}641 \cdot 10^{4}$	$2{,}875 \cdot 10^{5}$	$1{,}207 \cdot 10^{6}$
15000	$3{,}478 \cdot 10^{3}$	$8{,}397 \cdot 10^{4}$	$4{,}150 \cdot 10^{5}$	$1{,}093 \cdot 10^{6}$
20000	$8{,}985 \cdot 10^{3}$	$9{,}849 \cdot 10^{4}$	$3{,}314 \cdot 10^{5}$	$6{,}990 \cdot 10^{5}$
30000	$1{,}297 \cdot 10^{4}$	$6{,}588 \cdot 10^{4}$	$1{,}540 \cdot 10^{5}$	$2{,}647 \cdot 10^{5}$
40000	$1{,}035 \cdot 10^{4}$	$3{,}657 \cdot 10^{4}$	$7{,}235 \cdot 10^{4}$	$1{,}133 \cdot 10^{5}$
50000	$7{,}157 \cdot 10^{3}$	$2{,}058 \cdot 10^{4}$	$3{,}713 \cdot 10^{4}$	$5{,}517 \cdot 10^{4}$
100000	$1{,}160 \cdot 10^{3}$	$2{,}314 \cdot 10^{3}$	$3{,}534 \cdot 10^{3}$	$4{,}781 \cdot 10^{3}$

Wellenlänge in Å	3000° K	3500° K	4000° K	6000° K
2000	$4{,}983 \cdot 10^{1}$	$1{,}508 \cdot 10^{3}$	$1{,}945 \cdot 10^{4}$	7.587
2500	$1{,}932 \cdot 10^{3}$	$2{,}956 \cdot 10^{4}$	$2{,}286 \cdot 10^{5}$	$2{,}705 \cdot 10^{7}$
3000	$1{,}871 \cdot 10^{4}$	$1{,}817 \cdot 10^{5}$	$9{,}993 \cdot 10^{5}$	$5{,}338 \cdot 10^{7}$
3500	$8{,}407 \cdot 10^{4}$	$5{,}900 \cdot 10^{5}$	$2{,}543 \cdot 10^{6}$	$7{,}700 \cdot 10^{7}$
4000	$2{,}371 \cdot 10^{5}$	$1{,}304 \cdot 10^{6}$	$4{,}684 \cdot 10^{6}$	$9{,}277 \cdot 10^{7}$
4500	$4{,}954 \cdot 10^{5}$	$2{,}255 \cdot 10^{6}$	$7{,}028 \cdot 10^{6}$	$1{,}002 \cdot 10^{8}$
5000	$8{,}454 \cdot 10^{5}$	$3{,}308 \cdot 10^{6}$	$9{,}202 \cdot 10^{6}$	$1{,}008 \cdot 10^{8}$
5500	$1{,}250 \cdot 10^{6}$	$4{,}323 \cdot 10^{6}$	$1{,}096 \cdot 10^{7}$	$9{,}711 \cdot 10^{7}$
6000	$1{,}668 \cdot 10^{6}$	$5{,}202 \cdot 10^{6}$	$1{,}222 \cdot 10^{7}$	$9{,}073 \cdot 10^{7}$
6500	$2{,}062 \cdot 10^{6}$	$5{,}894 \cdot 10^{6}$	$1{,}297 \cdot 10^{7}$	$8{,}316 \cdot 10^{7}$
7000	$2{,}406 \cdot 10^{6}$	$6{,}387 \cdot 10^{6}$	$1{,}330 \cdot 10^{7}$	$7{,}521 \cdot 10^{7}$
7500	$2{,}687 \cdot 10^{6}$	$6{,}688 \cdot 10^{6}$	$1{,}328 \cdot 10^{7}$	$6{,}745 \cdot 10^{7}$
10000	$3{,}151 \cdot 10^{6}$	$6{,}286 \cdot 10^{6}$	$1{,}060 \cdot 10^{7}$	$3{,}738 \cdot 10^{7}$
15000	$2{,}108 \cdot 10^{6}$	$3{,}405 \cdot 10^{6}$	$4{,}929 \cdot 10^{6}$	$1{,}243 \cdot 10^{7}$
20000	$1{,}170 \cdot 10^{6}$	$1{,}716 \cdot 10^{6}$	$2{,}316 \cdot 10^{6}$	$5{,}027 \cdot 10^{6}$
30000	$3{,}892 \cdot 10^{5}$	$5{,}223 \cdot 10^{5}$	$6{,}619 \cdot 10^{5}$	$1{,}252 \cdot 10^{6}$
40000	$1{,}571 \cdot 10^{5}$	$2{,}027 \cdot 10^{5}$	$2{,}495 \cdot 10^{5}$	$4{,}423 \cdot 10^{5}$
50000	$7{,}405 \cdot 10^{4}$	$9{,}340 \cdot 10^{4}$	$1{,}103 \cdot 10^{5}$	$1{,}934 \cdot 10^{5}$
100000	$6{,}044 \cdot 10^{3}$	$7{,}314 \cdot 10^{3}$	$8{,}589 \cdot 10^{4}$	$1{,}372 \cdot 10^{4}$

38132 Spektrale Lichtquantenemission des schwarzen Körpers[1].

Werte der Gleichung:

$$N_{\lambda \cdot T} = \frac{2\pi c}{\lambda^4} \cdot \frac{1}{e^{\frac{c_2}{\lambda T}} - 1} \; ; \; c = 2{,}99776 \text{ cm} \cdot \text{s}^{-1}, \; c_2 = 1{,}436 \text{ cm} \cdot \text{grad.}$$

λ in Å	T = 1000° K	T = 1500° K	T = 2000° K	T = 2500° K	T = 3000° K	T = 3500° K	T = 6000° K
2500	$5{,}462 \cdot 10^{-4}$	$1{,}129 \cdot 10^{13}$	$1{,}623 \cdot 10^{17}$	$5{,}068 \cdot 10^{19}$	$2{,}333 \cdot 10^{21}$	$3{,}596 \cdot 10^{23}$	$3{,}354 \cdot 10^{25}$
3000	$3{,}787 \cdot 10^{8}$	$3{,}219 \cdot 10^{15}$	$9{,}384 \cdot 10^{18}$	$1{,}125 \cdot 10^{21}$	$2{,}736 \cdot 10^{22}$	$2{,}673 \cdot 10^{24}$	$7{,}979 \cdot 10^{25}$
3500	$1{,}906 \cdot 10^{11}$	$1{,}659 \cdot 10^{17}$	$1{,}547 \cdot 10^{20}$	$9{,}361 \cdot 10^{21}$	$1{,}443 \cdot 10^{23}$	$1{,}018 \cdot 10^{24}$	$1{,}347 \cdot 10^{26}$
4000	$1{,}886 \cdot 10^{13}$	$2{,}969 \cdot 10^{18}$	$1{,}178 \cdot 10^{21}$	$4{,}268 \cdot 10^{22}$	$4{,}674 \cdot 10^{23}$	$2{,}583 \cdot 10^{24}$	$1{,}859 \cdot 10^{26}$
4500	$6{,}358 \cdot 10^{14}$	$2{,}648 \cdot 10^{19}$	$5{,}404 \cdot 10^{21}$	$1{,}314 \cdot 10^{23}$	$1{,}103 \cdot 10^{24}$	$5{,}041 \cdot 10^{24}$	$2{,}262 \cdot 10^{26}$
5000	$1{,}014 \cdot 10^{16}$	$1{,}458 \cdot 10^{20}$	$1{,}748 \cdot 10^{22}$	$3{,}090 \cdot 10^{23}$	$2{,}096 \cdot 10^{24}$	$8{,}232 \cdot 10^{24}$	$2{,}535 \cdot 10^{26}$
5500	$9{,}430 \cdot 10^{16}$	$5{,}678 \cdot 10^{20}$	$4{,}406 \cdot 10^{22}$	$5{,}997 \cdot 10^{23}$	$3{,}419 \cdot 10^{24}$	$1{,}186 \cdot 10^{25}$	$2{,}687 \cdot 10^{26}$
6000	$5{,}865 \cdot 10^{17}$	$1{,}710 \cdot 10^{21}$	$9{,}233 \cdot 10^{22}$	$1{,}011 \cdot 10^{24}$	$4{,}987 \cdot 10^{24}$	$1{,}551 \cdot 10^{25}$	$2{,}742 \cdot 10^{26}$
6500	$2{,}684 \cdot 10^{18}$	$4{,}236 \cdot 10^{21}$	$1{,}683 \cdot 10^{23}$	$1{,}533 \cdot 10^{24}$	$6{,}690 \cdot 10^{24}$	$1{,}918 \cdot 10^{25}$	$2{,}725 \cdot 10^{26}$
7000	$9{,}668 \cdot 10^{18}$	$9{,}018 \cdot 10^{21}$	$2{,}754 \cdot 10^{23}$	$2{,}143 \cdot 10^{24}$	$8{,}420 \cdot 10^{24}$	$2{,}240 \cdot 10^{25}$	$2{,}656 \cdot 10^{26}$
7500	$2{,}880 \cdot 10^{19}$	$1{,}703 \cdot 10^{22}$	$4{,}141 \cdot 10^{24}$	$2{,}811 \cdot 10^{24}$	$1{,}009 \cdot 10^{25}$	$2{,}516 \cdot 10^{25}$	$2{,}553 \cdot 10^{26}$
10000	$1{,}093 \cdot 10^{21}$	$1{,}310 \cdot 10^{23}$	$1{,}436 \cdot 10^{24}$	$6{,}050 \cdot 10^{24}$	$1{,}584 \cdot 10^{25}$	$3{,}165 \cdot 10^{25}$	$1{,}893 \cdot 10^{26}$
15000	$2{,}588 \cdot 10^{22}$	$6{,}304 \cdot 10^{23}$	$3{,}129 \cdot 10^{24}$	$8{,}262 \cdot 10^{24}$	$1{,}596 \cdot 10^{25}$	$2{,}581 \cdot 10^{25}$	$9{,}465 \cdot 10^{25}$
20000	$8{,}973 \cdot 10^{22}$	$9{,}901 \cdot 10^{23}$	$3{,}341 \cdot 10^{24}$	$7{,}061 \cdot 10^{24}$	$1{,}183 \cdot 10^{25}$	$1{,}737 \cdot 10^{25}$	$5{,}098 \cdot 10^{25}$
30000	$1{,}956 \cdot 10^{23}$	$9{,}974 \cdot 10^{23}$	$2{,}337 \cdot 10^{24}$	$4{,}020 \cdot 10^{24}$	$5{,}915 \cdot 10^{24}$	$7{,}947 \cdot 10^{24}$	$1{,}905 \cdot 10^{25}$
40000	$2{,}088 \cdot 10^{23}$	$7{,}395 \cdot 10^{23}$	$1{,}466 \cdot 10^{24}$	$2{,}297 \cdot 10^{24}$	$3{,}186 \cdot 10^{24}$	$4{,}113 \cdot 10^{24}$	$8{,}983 \cdot 10^{25}$
50000	$1{,}808 \cdot 10^{23}$	$5{,}210 \cdot 10^{23}$	$9{,}406 \cdot 10^{24}$	$1{,}399 \cdot 10^{24}$	$1{,}878 \cdot 10^{24}$	$2{,}370 \cdot 10^{24}$	$4{,}909 \cdot 10^{24}$
100000	$5{,}879 \cdot 10^{22}$	$1{,}174 \cdot 10^{23}$	$1{,}793 \cdot 10^{24}$	$2{,}427 \cdot 10^{23}$	$3{,}068 \cdot 10^{23}$	$3{,}713 \cdot 10^{23}$	$6{,}966 \cdot 10^{24}$

38133 Verhältnis der Strahlungsintensität $S_{\lambda T}$ zu $S_{\lambda_m T}$ und der Lichtquantenemission $N_{\lambda T}$ zu $N_{\lambda'_m T}$ in Abhängigkeit von $\frac{\lambda}{\lambda_m}$ bzw. $\frac{\lambda}{\lambda'_m}$.

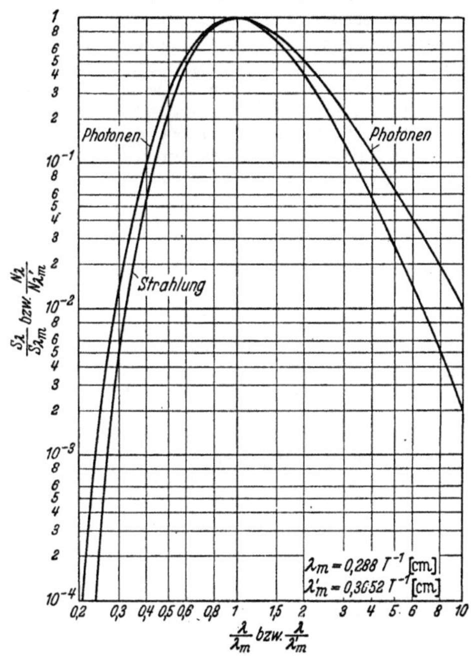

[1] Nach A. N. Lowan u. G. Blanck: J. opt. Soc. Amer. 30, 70 (1940).

382 Strahlung fester Stoffe.

Die Oberflächenstrahlung fester Stoffe wird meist gekennzeichnet durch das Emissionsvermögen, das ist das Verhältnis der Strahlung der Oberflächeneinheit des betrachteten Stoffes zur Strahlung der des idealen schwarzen Körpers. Man vergleicht entweder die Gesamtstrahlung : Gesamtemissionsvermögen (e_g) oder die Strahlung in ausgesuchten engen Spektralbereichen: spektrale Emissionsvermögen e_λ. Bei den meisten Stoffen ist der Wert des spektralen Emissionsvermögens in den einzelnen Wellenlängenbereichen verschieden groß. Die Körper strahlen selektiv.

Das Emissionsvermögen der Metalle [1] ist im mittleren und weiten Ultrarot geringer als im Sichtbaren, dagegen haben Gläser, die im sichtbaren Gebiet sehr gering strahlen, und keramische Massen hohe Emissionsvermögen bei Wellenlängen größer als $\sim 5\ \mu$. Im sichtbaren Gebiet nimmt bei den meisten Metallen das spektrale Emissionsvermögen nur wenig nach kurzer Wellenlänge hin zu, so daß die Farbtemperatur [2] fast gleich oder nur wenig höher als die wahre Temperatur ist. Die Änderung des spektralen Emissionsvermögen mit der Temperatur ist für einige Strahler für $\lambda \sim 6{,}6 \cdot 10^{-5}$ cm in 3824 angegeben.

Das Gesamtemissionsvermögen ändert sich bei allen Selektivstrahlen stark mit der Temperatur.

Im allgemeinen ist die Strahlung von ebenen Oberflächen vom Emissionswinkel (Winkel zwischen Beobachtungsrichtung und Flächennormale) abhängig, das Lambertsche Cosinusgesetz gilt also nicht. Infolgedessen ist der Wert des Emissionsvermögens, den man bei elektrisch leitenden Körpern, z. B. Metalldrähten, aus der Leistungsaufnahme bei einer bestimmten Temperatur errechnet, anders als derjenige, der sich aus der Messung der Strahlungsintensität in Richtung senkrecht zu einer strahlenden Fläche desselben Stoffes ergibt. In 3821 und 3822 sind die Werte des Emissionsvermögens, die sich auf allseitige Ausstrahlung mit $e_{\frown}$, und die, die sich auf senkrechter Strahlung beziehen, mit $e_\perp$ bezeichnet; vgl. auch 3855. Eine andere Art der Kennzeichnung des spektralen Emissionsvermögens, die im sichtbaren Gebiet verwendet wird, ist die Angabe der sog. schwarzen Temperatur bei der betreffenden Wellenlänge. Man stellt durch spektralen Leuchtdichtevergleich fest, bei welcher Temperatur in dem betrachteten Spektralgebiet Leuchtdichtegleichheit zwischen der Strahlung des schwarzen Körpers und der Strahlung der Oberfläche des Körpers besteht. Die dabei für den schwarzen Körper gemessenen Temperaturen T_s ordnet man der untersuchten Strahlung als schwarze Temperatur zu.

3821 Gesamtemissionsvermögen $e_{g\perp}$ einiger Werkstoffe bei Zimmertemperatur.

Stoffe	$e_{g\perp}$	Stoffe	$e_{g\perp}$
Metalle und Metalloxyde		Eisen, mit Walzhaut . .	0,7 ...0,8
Aluminium,		Eisen, rot verrostet . .	$\sim$0,7
blank poliert	0,04...0,06	Kupfer, geschabt	0,1
roh	0,07...0,08	Kupfer, schwarz oxydiert	0,8
oxydiert	0,1 ...0,2	Messing, matt	0,07
Aluminiumbronze-		Messing, brüniert	0,4
anstrich	0,34...0,45	Nickel, oxydiert	0,31
Blei, grau oxydiert . . .	0,28	Platinmohr	0,93

[1] Für Metalle kann man den Verlauf bei Zimmertemperatur den Kurven 391112 entnehmen. In diesen ist das Reflexionsvermögen R_λ angegeben, da das Emissionsvermögen zahlenmäßig dem Absorptionsvermögen a_λ gleich ist, und die Metalle undurchlässig für Strahlung sind, ist $1 - R_\lambda = a_\lambda = e_\lambda$.

[2] Siehe 3857.

3821 (Fortsetzung).

Stoffe	$e_{g\perp}$	Stoffe	$e_{g\perp}$
Weitere Stoffe			
Asbestschiefer	0,97	(Rußwasserglas)	0,96
Dachpappe	0,93	Mauerwerk	~0,94
Emaillack, weiß	0,9	Ölfarben	0,89...0,97
Gips	0,8 ...0,9	Papier	0,8 ...0,9
Glas, glatt	0,94	Porzellan	0,92
Graphit	0,42	Quarz	0,89
Hartgummi	0,92	Schamotte	0,85
Holz	0,8 ...0,9	Spiritusschwarzlack	0,83
Lampenruß	0,95	Ziegel, roh	0,9

3822 Gesamtemissionsvermögen einiger Werkstoffe bei höheren Temperaturen.

Metalle	Temperatur in °K											
	500	600	800	900	1000	1200	1300	1500	1600	1800	2000	2500
Aluminium $_\perp$	0,04	—	—	0,06	—	—	—	—	—	—	—	—
Blei $_\perp$	0,075	—	—	—	—	—	—	—	—	—	—	—
Chrom $_\perp$	0,17	—	—	—	0,36	—	—	—	—	—	—	—
Eisen ⌓	0,2	—	0,33	—	0,39	—	—	—	—	—	—	—
Stahl $_\perp$	0,10	—	0,14	—	0,23	—	—	—	—	—	—	—
Gold $_\perp$	0,018	—	—	0,035	—	—	—	—	—	—	—	—
Graphit	0,49	—	0,54	—	0,64	—	—	—	—	—	—	0,73
Kohle $_\perp$	0,8	—	—	0,79	—	—	—	—	—	—	—	—
Kupfer ⌓	0,3	—	—	—	—	—	—	—	—	—	—	—
Magnesium	0,13	0,18	—	—	—	—	—	—	—	—	—	—
Molybdän ⌓	—	—	—	—	0,096	0,121	—	0,156	0,168	0,189	0,21	0,257
Nickel ⌓	0,075	0,117	—	—	—	—	0,183	—	—	—	—	—
Platin $_\perp$	0,054	—	—	0,098	—	—	0,138	—	—	0,176	—	—
Platin ⌓	0,066	—	—	0,117	—	—	0,161	—	0,188	—	—	—
Silber $_\perp$	0,02	—	—	0,032	—	—	—	—	—	—	—	—
Tantal ⌓	—	—	—	—	—	—	—	—	0,194	0,213	0,232	0,278
Wolfram ⌓	—	—	—	—	0,114	0,143	—	—	0,207	0,236	0,260	0,303

Oxyde	Korngröße in μ	Temperatur in °K						
		800	1100	1300	1500	1600	1800	2000
Al_2O_3	1...2	—	—	—	0,23	—	—	0,34
	2...4	—	—	—	0,29	—	—	0,40
CeO_2	1...3	—	—	0,28	0,58	0,85	—	—
Cr_2O_3	0,5...1,5	—	0,73	—	—	0,73	—	—
	1,5...6	—	0,87	0,91	—	0,97	—	—
Eisenoxyd	—	0,80	—	0,85	—	—	—	—
CaO	3...5	—	0,27	0,27	—	0,27	—	—
MgO	0,5...1,5	—	—	0,16	0,17	—	0,19	0,20
Nickeloxyd	—	0,52	0,66	0,75	0,86	—	—	—
Quarz, gepulv.	3...12	—	0,38	0,38	—	0,43	—	—
ThO_2	2...3	—	—	0,26	0,32	—	0,44	0,55
U_3O_8	—	—	—	0,79	—	0,78	—	—
	Schichtdicke							
BaO + SrO auf Nickel	80 μ	—	0,35	—	—	—	—	—
	100 μ	—	0,3	—	—	—	—	—
	200 μ	—	0,22	—	—	—	—	—
	300 μ	—	0,19	—	—	—	—	—

3823 Gesamtstrahlung einiger Metalle.

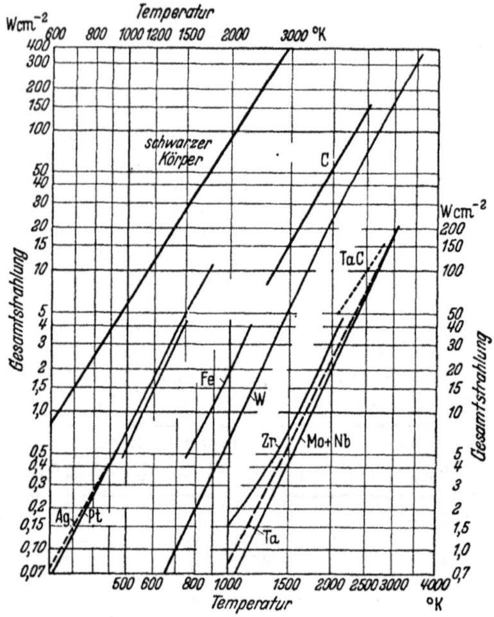

3824 Spektrales Emissionsvermögen ($\lambda \sim 6{,}6 \cdot 10^{-5}$ cm) verschiedener Strahler in Abhängigkeit von der Temperatur

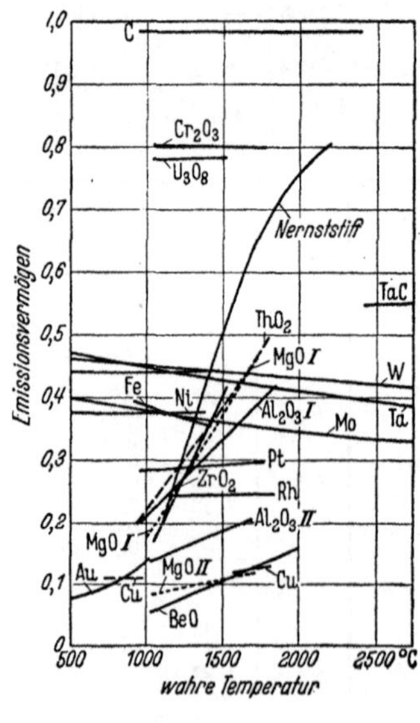

383 Strahlung von Gasen nach A. Schack[1].

3831 Kohlendioxyd.

Es sind die Werte für d e Gesamtstrahlung des Kohlendioxyds q_{CO_2} in $kcal \cdot m^{-2} \cdot h^{-1}$ nach den Messung n von Eckert q_E und von Hottel und Mangelsdorff q_H und die gemäß der C eichung

$$q_{CO_2} = 3{,}5 \sqrt{p \cdot s} \left(\frac{T}{100}\right)^{3,5} kcal \cdot m^{-2} \cdot h^{-1}$$

berechneten Werte q_F angegeben (p = Partialdruck des Kohlendioxyds, s = Schichtdicke).

Temperatur in °C	Wirksame Schichtdicke p · s in at · m	q_H in $kcal \cdot m^{-2} \cdot h^{-1}$	q_E in $kcal \cdot m^{-2} \cdot h^{-1}$	q_F in $kcal \cdot m^{-2} \cdot h^{-1}$
425	0,0061	488	472	576
425	0,012	610	602	722
425	0,024	786	711	910
425	0,061	1030	1005	1210
425	0,122	1248	1180	1560
425	0,305	1600	1430	2120
645	0,0061	1490	1460	1495
645	0,0183	2440	2150	2155
645	0,0457	3250	2820	2920
645	0,0914	3850	3380	3680
645	0,183	4830	4020	4640
645	0,305	5360	4410	5500
980	0,0061	4350	4840	4450
980	0,0183	6840	7250	6410
980	0,0457	9620	9600	8740
980	0,0914	12200	11350	10980
980	0,183	15450	13420	13820
980	0,305	17610	14900	16400
1315	0,0061	7860	8820	10200
1315	0,018	13300	15440	14600
1315	0,0457	19000	22700	19980
1315	0,0914	24400	28250	25100
1315	0,183	32500	33400	31600
1315	0,305	37950	37800	37500

[1] Schack, A.: Arch. Eisenhüttenw. 13, 241/248 (1939).

3832 Wasserdampf

Es sind die Werte für die Gesamtstrahlung des Wasserdampfes q_{H_2O} in $kcal \cdot m^{-2} \cdot h^{-1}$ nach den Messungen von Eckert q_E und von Hottel und Mangelsdorff q_H und die gemäß der Gleichung

$$q_{H_2O} = 35\, p^{0,8} \cdot s^{0,6} \left(\frac{T}{100}\right)^3 kcal \cdot m^{-2} \cdot h^{-1}$$

berechneten Werte q_F angegeben (p = Partialdruck des Wasserdampfes, s = Schichtdicke).

Temperatur in °C	Wirksame Schichtdicke p·s in at·m	Partialdruck p in at	q_H in $kcal \cdot m^{-2} \cdot h^{-1}$	q_E in $kcal \cdot m^{-2} \cdot h^{-1}$	q_F in $kcal \cdot m^{-2} \cdot h^{-1}$
480	0,0061	0,0119	285	213	290
480	0,0183	0,0357	800	644	680
480	0,0457	0,0894	1625	1310	1440
480	0,0914	0,178	2660	2350	2500
480	0,183	0,357	3900	3480	4330
480	0,305	0,595	5360	4840	6560
758	0,0061	0,0119	731	622	775
758	0,0183	0,0357	2090	1490	1790
758	0,0457	0,0895	4360	3280	3730
758	0,0914	0,178	7450	6320	6470
758	0,183	0,357	11400	10000	11200
758	0,305	0,595	16000	15600	17500
1000	0,10	0,195	14400	12700	12900
1035	0,00914	0,0178	2120	1520	2090
1035	0,0183	0,0357	4060	2920	3550
1035	0,0457	0,0895	8800	6680	7520
1035	0,0914	0,178	14900	13150	13080
1035	0,183	0,357	24400	22600	22600
1035	0,305	0,595	33600	32900	34300
1315	0,00914	0,0178	3310	2335	3760
1315	0,0183	0,0357	6780	5140	6480
1315	0,0457	0,0895	14900	12600	13520
1315	0,0914	0,178	26200	22600	23500
1315	0,183	0,357	43900	42900	40600
1315	0,305	0,595	63600	63100	61600

384 Die Luminescenz fester Körper[1].

Von **Michael Schön**, Berlin.

Definitionen:

Luminescenz. Jede Art von Leuchten, das keine reine Wärmestrahlung ist. Durch Vorsätze wird die Art der Anregung angegeben, *Photo-* (Anregung durch Lichteinstrahlung), *Kathodo-* (Anr. durch Elektronenstrahlen), *Thermo-* (ausgelöst durch Erwärmung), *Tribo-* (beim Reiben oder Zerbrechen von Krystallen auftretende L.), *Chemi-* (bei chemischen Reaktionen auftretende L.), *Krystallo-Luminescenz* (beim Auskrystallisieren auftretende L.).

Fluorescenz. Die Luminescenz, die nach einem Exponentialgesetz mit temperaturunabhängigen Exponenten abklingt (Leuchtvorgang vollzieht sich innerhalb eines Atoms oder Moleküls, monomolekularer Leuchtmechanismus). Die Abklingdauer ist meist sehr kurz, aber nicht immer, z. B. nicht bei den rotverschobenen Tieftemperaturbanden der Adsorbate von Farbstoffmolekülen.

Spontanes Nachleuchten. Nicht einfrierbares Nachleuchten, dem ein mehrmolekularer Leuchtmechanismus zugrunde liegt. Auch bei stärkster Anregung tritt keine Sättigung ein. (Es umfaßt auch das Momentanleuchten und den Ultraviolettprozeß der Lenardschen Ausdrucksweise.)

Phosphorescenz. Einfrierbares Nachleuchten. Mit zunehmender Anregung tritt eine Sättigung ein. (Es umfaßt auch das d-Leuchten der Lenardschen Ausdrucksweise.)

Über die Bezeichnungsweise der leuchtfähigen Festkörper besteht noch keine Einheitlichkeit. Es sei daher lediglich darauf hingewiesen, daß im folgenden unter Krystallphosphoren (im engeren Sinne) fremd- oder selbstaktivierte Krystalle verstanden sind, bei denen das Grundgitter des Krystalls am Leuchtvorgang maßgeblich beteiligt ist.

Luminescenz tritt bei zahlreichen anorganischen und organischen Festkörpern auf. Da die letzteren bereits in 261 behandelt sind, wird hier nur auf die Luminescenz der anorganischen Festkörper eingegangen.

Die wichtigsten luminescierenden anorganischen Festkörper sind:

1. *Die Zink- und Zinkcadmiumsulfide,* die sowohl durch stöchiometrischen Zinküberschuß, wie durch Cu, Ag und Mn zu aktivieren sind. Die mit Mn aktivierten zeigen in vieler Beziehung ein besonderes physikalisches Verhalten. Die Sulfidphosphore sind technisch sehr wichtig (Lichttechnik, Röntgentechnik, Fernsehen, Braunsche Röhren). Spektren in 3845.

2. *Die Silicate,* und zwar die Zink-, Zink-Beryllium-, Cadmium-, Zink-Magnesium-, Mangan-, Germaniumsilicate, sowie die Silicate der vierten Gruppe (Titan bis Thor), wobei fast ausschließlich Mangan, gelegentlich auch seltene Erden als Aktivatoren verwendet werden. Sie sind lichttechnisch von großer Bedeutung. Spektren in 3846.

3. *Die Wolframate und Molybdate* der Erdalkalien, sowie des Zinks und des Cadmiums. Die Notwendigkeit eines Aktivators konnte bisher nicht nachgewiesen werden, doch sprechen Gründe dafür, daß sie durch Störung des stöchiometrischen Gleichgewichts oder des Gitteraufbaus leuchtfähig werden. Sie sind lichttechnisch und röntgentechnisch wichtig.

4. *Die Erdalkalisulfide und -oxyde* sind die am längsten bekannten und von Lenard am eingehendsten untersuchten Leuchtstoffe. Wegen ihrer Instabilität haben sie nur geringe technische, und wegen ihres infolge der Herstellungsbedingungen schwer zu übersehenden Aufbaus (sie enthalten noch Sulfid und Sulfat sowie den

---

[1] Zusammenfassende Darstellungen. Tomaschek, R.: Phys. i. regelm. Ber. **2**, 33—46 (1934); **8**, 49—79 (1940). — Riehl, N.: Physik und technische Anwendungen der Luminescenz. Berlin 1941 (dort auch weitere Literatur). — Birus, K.: Krystallphosphore. Ergebn. exakt. Naturwiss. **20**, 183 (1942).

Schmelzzusatz), neuerdings nur untergeordnete wissenschaftliche Bedeutung. (Die Abb. 3844 wird mit einem gewissen Vorbehalt gebracht, da man mit der Möglichkeit rechnen muß, daß die Ergebnisse bei verbesserten Herstellungsbedingungen modifiziert werden.) Als Aktivator wirken Cr, Mn, Fe, Ni, Cu, Zn, Ag, Sn, Sb, Pb, Bi und die seltenen Erden.

5. *Die Halogenide der Alkalien und der Erdalkalien*, von denen der mit seltenen Erden, Schwermetallen oder bituminösen Verunreinigungen aktivierte Flußspat (CaF_2) am bekanntesten ist. Von besonderer wissenschaftlicher Bedeutung sind insbesondere die durch Thallium, Blei und Zinn aktivierten Alkalihalogenide, die sich durch einfachen Aufbau und durch die leichte Darstellbarkeit in großen Einkrystallen auszeichnen. Spektren in 3842 und 3843.

6. *Die Nitride*, und zwar der durch Kohlenstoff aktivierte Borstickstoff und das durch Kohlenstoff, Silicium und Aluminium aktivierte Berylliumnitrid.

7. *Die fluorescierenden Gläser*, von denen das Uranglas am bekanntesten ist und dessen Fluorescenzspektrum mit dem der Uranylsalze (siehe 26121) übereinstimmt. Träger des Leuchtens ist demnach das UO_2-Ion. Als Aktivatoren in Gläsern wirken ferner außer den seltenen Erden Kupfer, Mangan und andere Schwermetalle. Die fluorescierenden Gläser haben in neuerer Zeit lichttechnische Bedeutung gewonnen.

8. *Zahlreiche Metalloxyde*, insbesondere das mit Cr aktivierte Aluminiumoxyd (Rubin), in dessen Spektrum Linien des Cr^{+++}-Ions beobachtet werden.

9. Bei tiefen Temperaturen werden zahlreiche Salze, darunter vorwiegend Mangansalze, leuchtfähig. Diese Leuchterscheinungen sind wahrscheinlich nicht durch Aktivatoren verursacht, jedoch müssen zur endgültigen Klärung dieser Frage noch weitere Versuche abgewartet werden.

10. *Die Salze vieler seltener Erden*, und zwar besonders die der mittleren Gruppe der seltenen Erden.

Über den Leuchtmechanismus lassen sich in einigen einfacheren Fällen nähere Angaben machen:

1. Bei den Salzen der seltenen Erden und bei den mit seltenen Erden aktivierten Festkörpern sind die beobachteten Linien des Emissionsspektrums identisch mit Linien der dreiwertigen Ionen der seltenen Erden, die sich in starken elektrischen Feldern gewisser Symmetrie befinden, die den inneren Krystallfeldern entsprechen. Es handelt sich dabei um Übergänge innerhalb der 4f-Schale, die im Innern der Elektronenhülle liegt und deshalb gegen äußere Einwirkungen weitgehend geschützt ist. Die innerhalb der 4f-Schale angeregten Ionen können daher, wie auch der linienhafte Charakter der Emission zeigt, fast ungestört ausstrahlen, so daß die linienhafte Luminescenz der Salze der seltenen Erden und der mit seltenen Erden aktivierten Festkörper als inneratomarer Leuchtvorgang aufgefaßt werden kann, soweit sie in der ebenfalls linienhaften Absorption der seltenen Erden angeregt wird. Sofern sie jedoch z. B. durch Lichtabsorption im Grundgitter angeregt wird, treten noch Energieübertragungsvorgänge auf, die von Fall zu Fall verschieden sein können.

2. Bei den Alkalihalogeniden liegt ein ähnlicher Mechanismus vor. Bei der Aktivierung treten außer der normalen Absorption der Krystalle noch weitere Absorptionsbanden auf, die mit den Absorptionsbanden von Halogenkomplexen der Aktivatoren in Lösung identisch sind. Man kann annehmen, daß diese Komplexe Träger des Leuchtens sind, der Leuchtvorgang sich also bei Anregung in diesen Absorptionsbanden innerhalb eines Molekülkomplexes abspielt. Auch hier treten bei der allerdings nicht sehr intensiven Anregung durch Absorption im Grundgitter Energieübertragungsprozesse auf, über die noch keine näheren Angaben gemacht werden können.

3. Für den Leuchtmechanismus eines einfachen Falles von Krystallphosphoren im engeren Sinne, nämlich der Zink- und Zinkcadmiumsulfide mit Ausnahme der managanaktivierten, läßt sich nach Schön und Riehl ein Modell angeben, das fast sämtliche an diesen Substanzen beobachtete Erscheinungen zwanglos verstehen läßt.

Es sei im folgenden kurz skizziert (vgl. 3841). In Krystallen gehen die oberen besetzten und die unbesetzten Terme der einzelnen Atome bzw. Ionen über in breite Energiezustände, die nicht mehr den Atomen bzw. Ionen, sondern dem gesamten Krystall angehören, und die man daher als Energiebänder bezeichnet. Jedes dieser aus einem Term entstandenen Bänder kann 2 N Elektronen aufnehmen, wenn N die Zahl der entsprechenden Atome oder Ionen im Krystall ist. In der Abb. 3841 bezeichnet G das oberste Elektronen enthaltende Energieband des Grundgitters, das, da es sich um Isolatoren handelt, mit 2 N Elektronen voll besetzt ist. L bezeichnet das im unangeregten Zustand leere nächst höhere Band. Die mit A bezeichneten Anlagerungsstellen sind im unangeregten Zustand unbesetzt und verdanken ihre Entstehung wahrscheinlich Störungen des Grundgitters. Die mit S bezeichneten Störterme sind im unangeregten Zustand von je einem Elektron besetzt. Es sind Terme des Aktivators. Der Leuchtmechanismus ist nun der folgende: *a) Anregung.* Es sind drei Anregungsarten möglich, Absorption im Grundgitter (1), Absorption von G nach A (2) und Absorption von S nach L (3). Im Absorptionspektrum bewirken (2) und (3)

3841 Termschema zur Darstellung der Luminescenz der Sulfidphosphore mit Ausnahme der mit Mangan aktivierten). (Nach Schön und Riehl.)

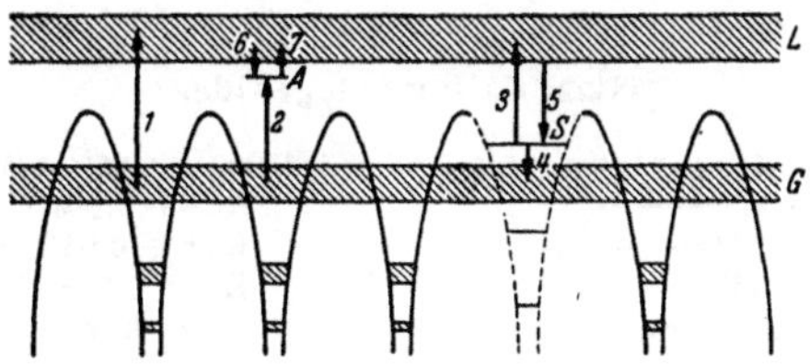

G vollbesetztes Elektronenband, *L* Leitfähigkeitsband (im unangeregten Zustand leer), *S* Störterm des Aktivators (im unangeregten Zustand besetzt), *A* Anlagerungsterm (im unangeregten Zustand leer).

den langwelligen Ausläufer der Grundgitterabsorption (1). Unmittelbar nach den Vorgängen (1) oder (2) geht das Elektron von S in die in G entstandene Lücke über (4), so daß G wieder aufgefüllt ist, während das Elektron in L nach den Prozessen (1) und (3) sehr schnell an den unteren Rand von L diffundiert. *b) Emission.* Der leuchtende Übergang ist der Sprung eines Elektrons von L nach S (5). Man sieht, daß durch die Absorption (1) bzw. (3) das Momentanleuchten erregt wird. Wenn ein Elektron durch die Anregung (2) oder durch den Übergang (6) in eine Anlagerungsstelle A gelangt, muß es aus dieser, bevor es leuchtfähig wird, befreit werden (7). Dies kann entweder durch die Wärmebewegung des Gitters oder durch Einstrahlung langwelliger Lichtquanten erfolgen. Da bei tiefer Temperatur die Wärmebewegung des Gitters nachläßt, lassen sich die Elektronen in A einfrieren. A ist also für die Phosphorescenz verantwortlich, die durch (2) unmittelbar angeregt wird. Bei hoher Temperatur und für Elektronen, die sich sehr hoch in L befinden, treten überwiegend strahlungslose Übergänge (Möglich und Rompe) auf, durch die sich die Abhängigkeit der Helligkeit des Leuchtens von der Temperatur und der Wellenlänge sowie die Erscheinung der Tilgung deuten läßt.

Durch dieses Modell werden sämtliche Erscheinungen an den genannten Sulfidphosphoren erklärt mit Ausnahme einiger Beobachtungen, die mit der Konzentration der Aktivatoren zusammenhängen. Hierzu müßte über die Wechselwirkung der Störstellen S bei zunehmender Konzentration Näheres bekannt sein. Für andere Krystallphosphore muß das Modell in noch nicht bekannter Weise modifiziert werden.

3842 Alkalihalogenide mit Tallium aktiviert.

38421 Natriumhalogenide.

384211 Absorptionsspektrum von
NaCl + 0,02% Tl ———,
NaBr + 0,04% Tl —·—·—.
(Nach v. Meyeren.)

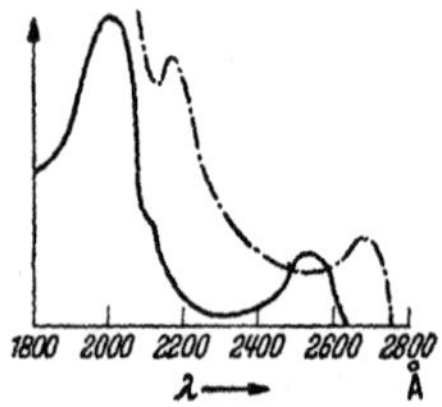

384212 Emissionsspektrum von
NaCl + 0,02% Tl ———,
NaBr + 0,04% Tl - - - - -.
(Nach v. Meyeren.)

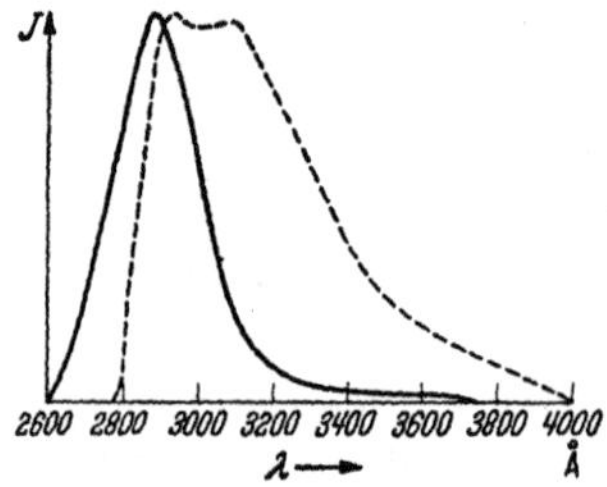

38422 Kaliumhalogenide.

384221 Absorptionsspektrum von
KCl + 0,5% Tl ———,
KBr + 0,03% Tl —·—·—,
KJ + 0,03% Tl - - - - -.
(Nach v. Meyeren.)

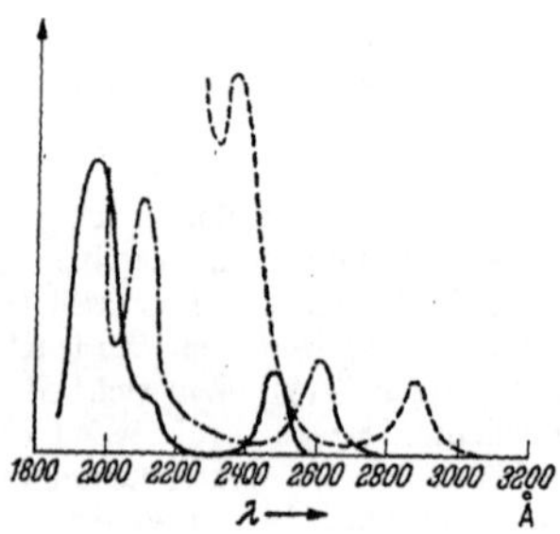

384222 Emissionsspektrum von
KCl + 0,5% Tl —·—·—,
KBr + 0,03% Tl ———,
KJ + 0,03% Tl - - - - -.
(Nach v. Meyeren.)

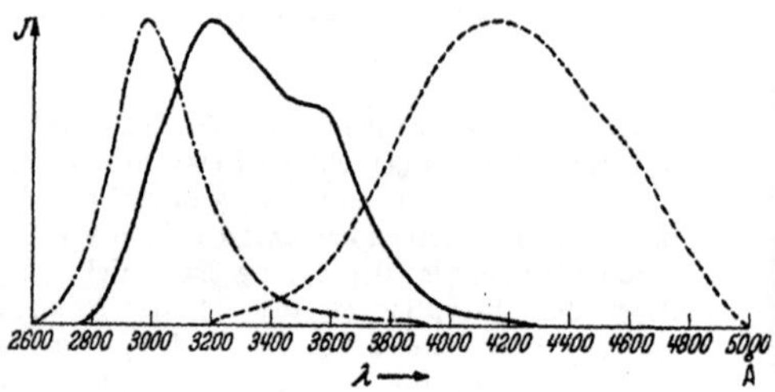

38423 Rubidiumhalogenide.

384231 Absorptionsspektrum von
RbCl + 0,03% Tl.
(Nach v. Meyeren.)

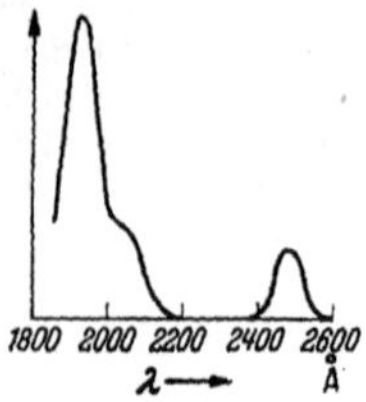

384232 Emissionsspektrum von
RbCl + 0,03 + Tl.
(Nach v. Meyeren.)

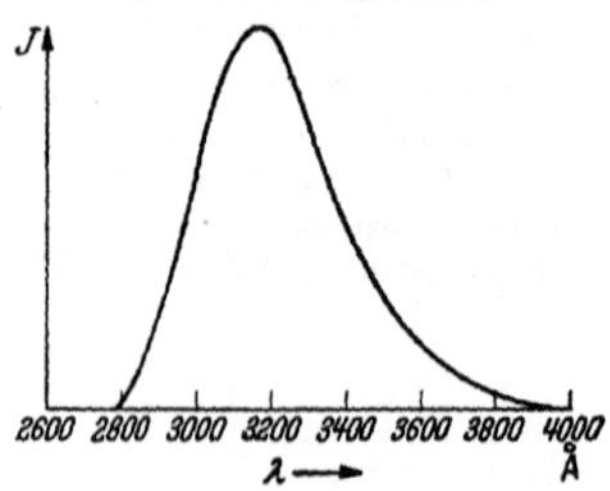

3843 Halogenide mit Zinn aktiviert.

38431 Spektrale Erregungsverteilung von Halogenidphosphoren, die mit Sn aktiviert sind. (Nach Rudolph.)

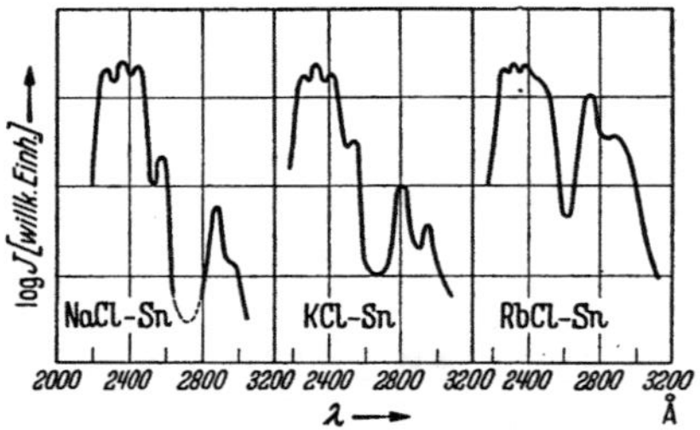

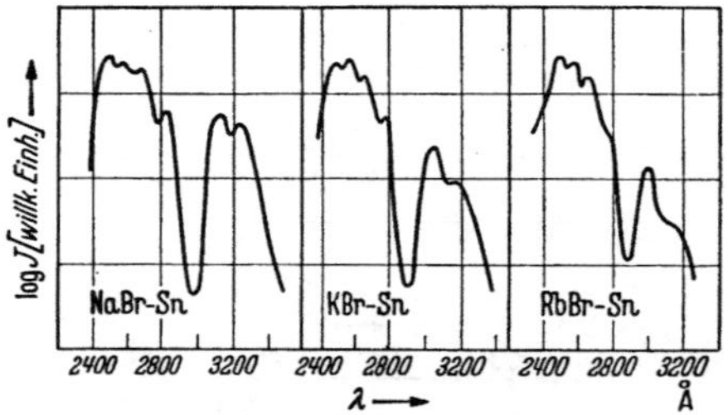

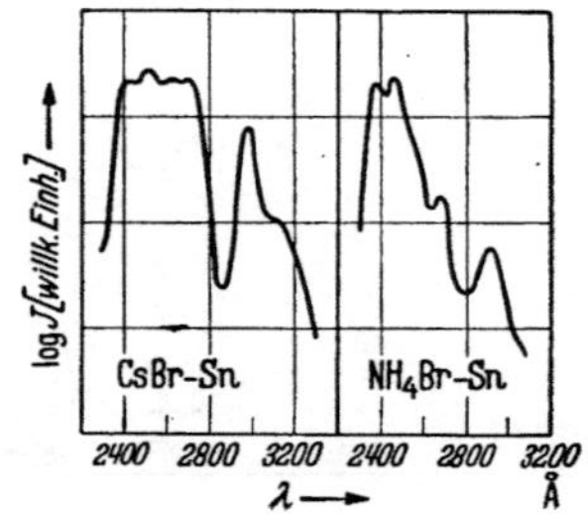

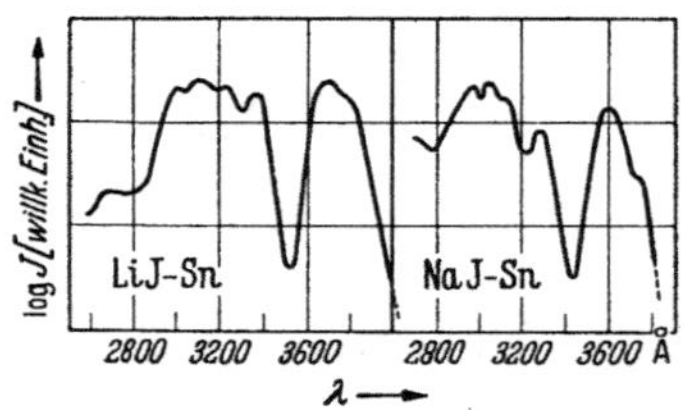

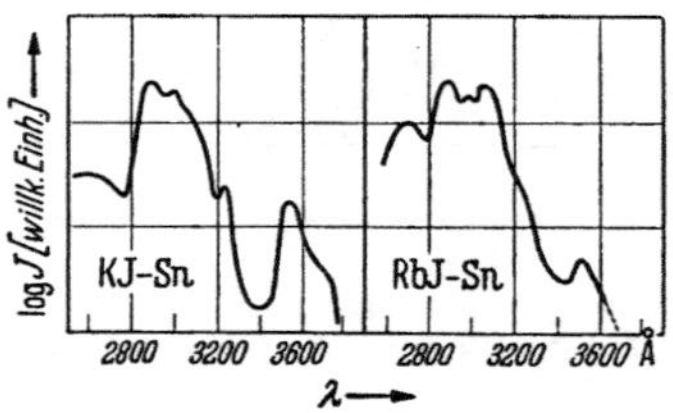

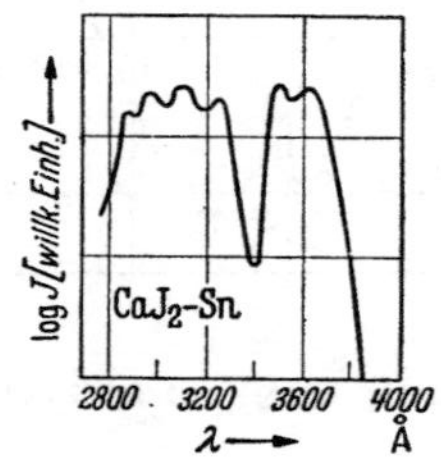

38432 Emissionsspektren von Halogenidphosphoren, die mit Sn aktiviert sind. (Nach Rudolph.)

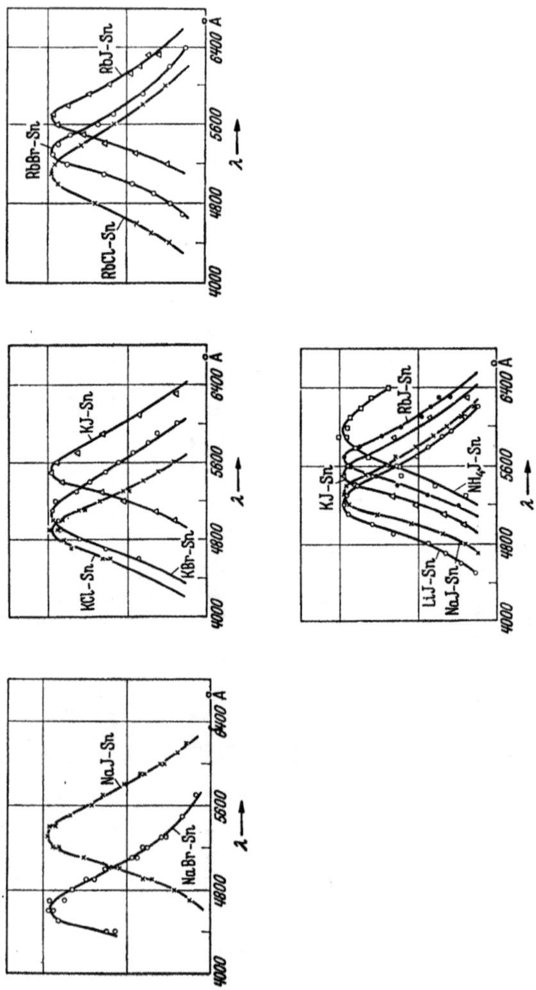

3844 Spektrale Erregungs- und Emissionsverteilung der Erdalkalisulfidphosphore. (Nach Lenard.)

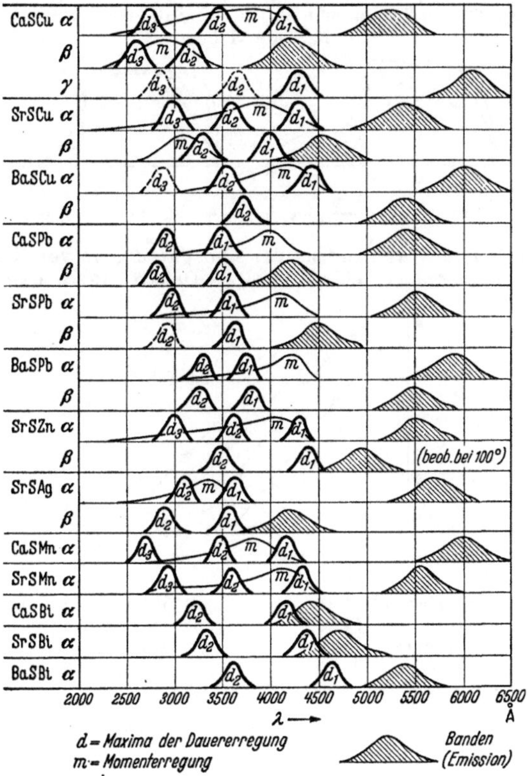

3845 Sulfidphosphore.

38451 Spektrale Emissionsverteilung von ZnSCu. (Nach Birus und Schön.)

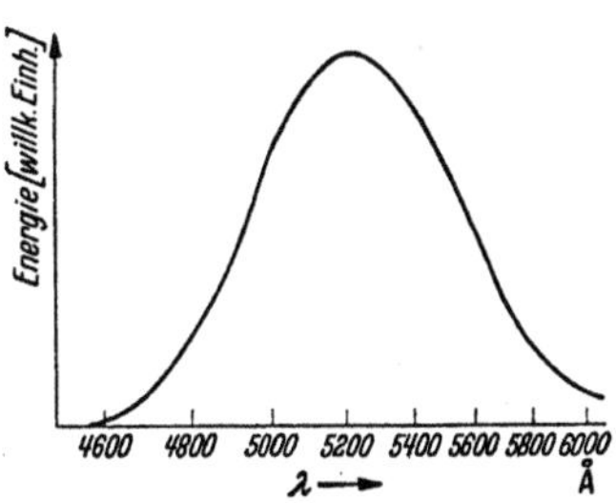

38452 Spektraler Verlauf der Absorption von ZnS (schematisch). (Nach Gisolf.)

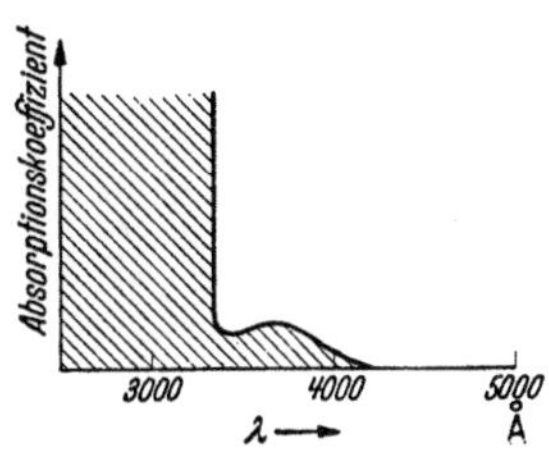

38453 Der zeitliche Verlauf des spontanen Leuchtens eines ZnSCu-Phosphors im langwelligen Ausläufer der Absorption (a) und im Bereich der Grundgitterabsorption (b) bei verschiedenen anregenden Intensitäten (die Ordinaten sind auf gleiche Sättigungsintensität angeglichen). (Nach de Groot.)

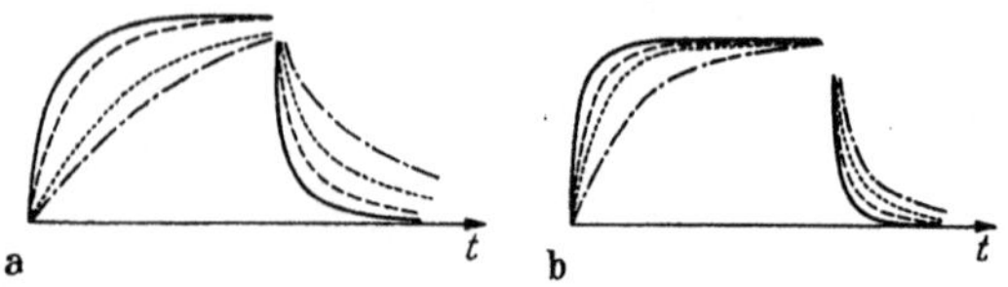

Anregungsintensität 1: ———, $^1/_5$: – – – – –, $^1/_{25}$: ············, $^1/_{125}$: —·—·—.

38454 Verlauf des Abklingens der Phosphorescenz von ZnS-CdS-Cu-Phosphoren bei verschiedenem CdS-Gehalt. (Nach Lewschin.)

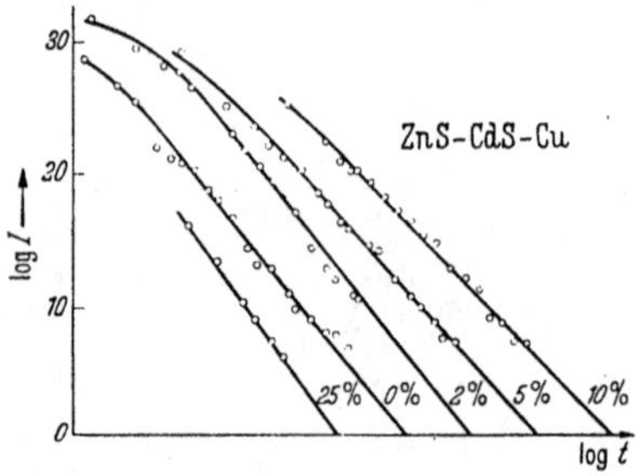

38455 Spektraler Verlauf der Absorption von CdS: ——— bei Zimmertemperatur, – – – – – bei −180° C. (Nach Kröger.)

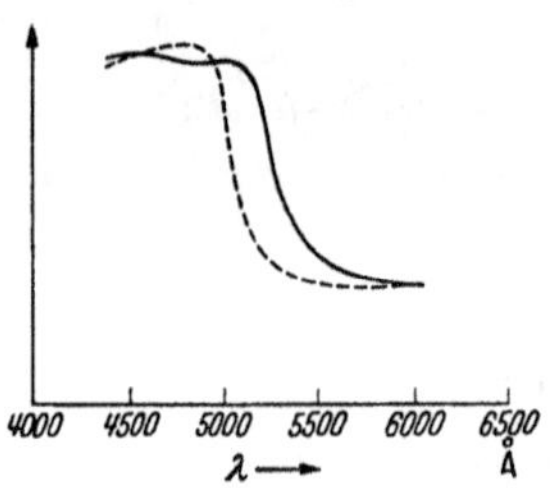

38456 Lage der langwelligen Grenze der Grundgitterabsorption von ZnS—CdS-Mischkrystallen. (Nach Kröger.)

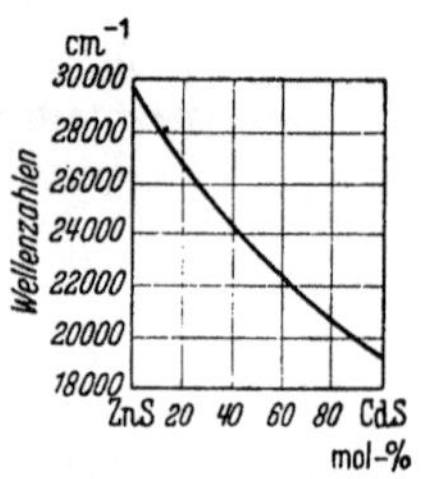

38457 Diagramm zur Ermittlung der langwelligen Grenzen der Grundgitterabsorption von ZnS—CdS—MnS-Phosphoren. ZnS—CdS besitzt eine gemeinsame Grenze (———), MnS eine eigene (– – – – –). (Nach Kröger.)

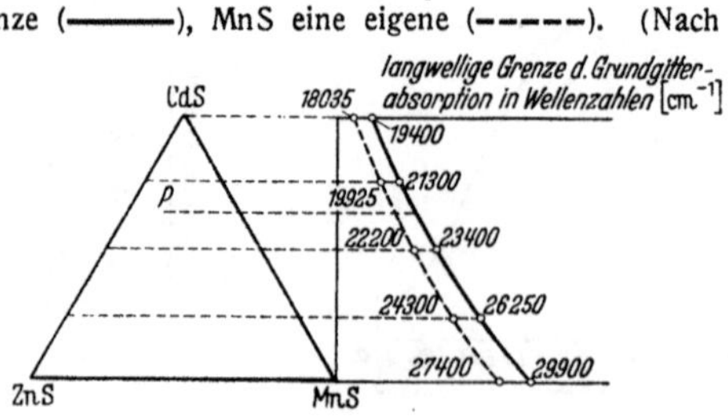

38458 Spektrale Erregungsverteilung von
ZnS + 2% MnS ———, ZnS—CdS—MnS (88—10—2%) ··········,
ZnS—CdS—MnS (93—5—2%) – – – – –, ZnS—CdS—MnS (83—15—2%) —·—·—
(Nach Kröger.)

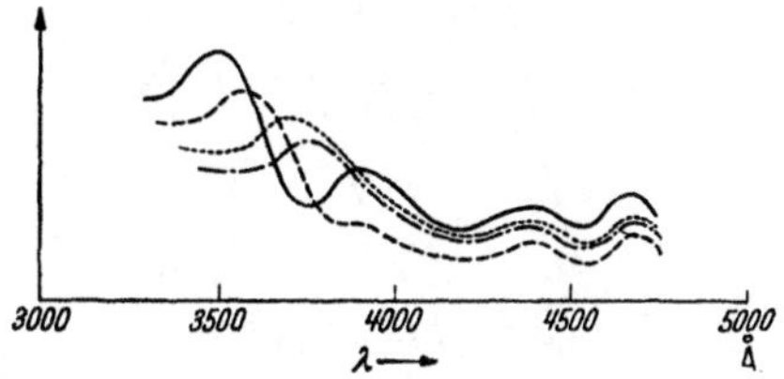

38459 Maxima der Emissionsbanden von Zink-Cadmiumsulfidphosphoren.

Zusammensetzung in Gew.-%		Maximum der Emissionsbande in mμ		
		mit Aktivator		ohne Aktivator
ZnS	CdS	Cu	Ag	
100	0	523	460	466
90	10	544	474	—
80	20	579	492	—
70	30	—	514	520
60	40	—	541	—
50	50	—	563	600
40	60	—	600	—
30	70	—	630	—
25	75	—	655	—

3846 Silicatphosphore.

38461 Absorptionsspektrum von Zinksilicat mit 2% Mangansilicat ——— und spektrale Erregungsverteilung von Zinksilicat mit 5% Mangansilicat – – – – –, sowie Absorptionsspektrum —·—·— und spektrale Erregungsverteilung ·········· von Cadmiumsilicat mit 1% Mangansilicat. (Nach Kröger.)

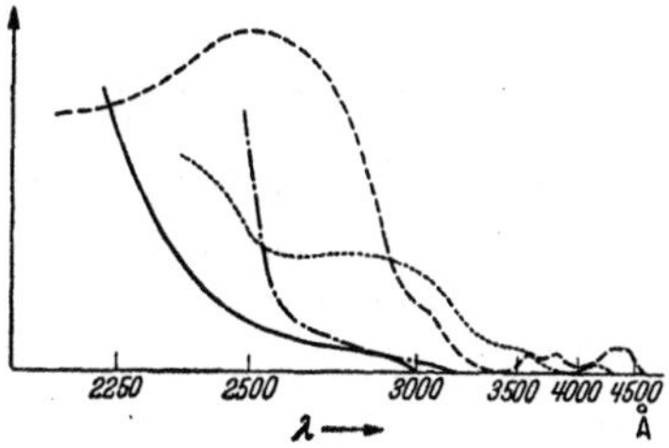

38462 Spektrale Emissionsverteilung von Zinksilicat (hoch geglüht) ———, von Zinksilicat (niedrig geglüht) – – – – und von Cadmiumsilicat —·—·—. (Nach Birus und Schön.)

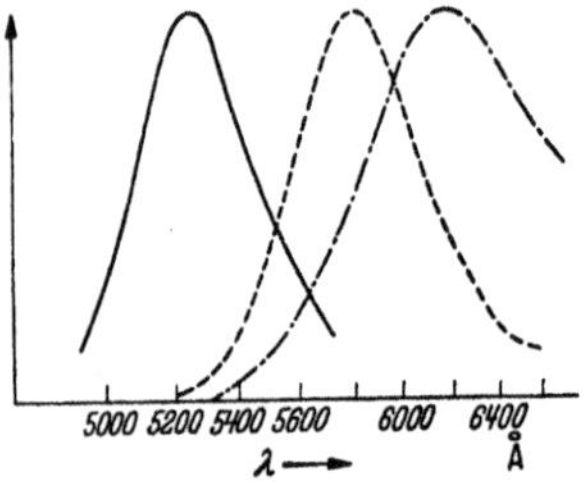

38463 Spektrale Erregungsverteilung von Zink-Beryllium-Mangansilicat. (Nach Kröger.)

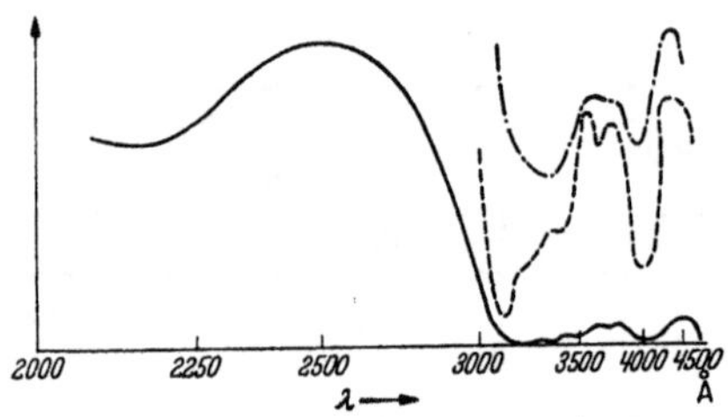

Verhältnis der Komponenten: 85—10—5% ———
„ „ „ 85—10—5% – – – – – (überhöhte Koordinaten)
„ „ „ 93— 5—2% —·—·— „ „

38464 Spektrale Emissionsverteilung von Zink-Berylliumsilicaten 50—50%) mit verschiedenem Mangangehalt. (Nach Birus und Schön.)

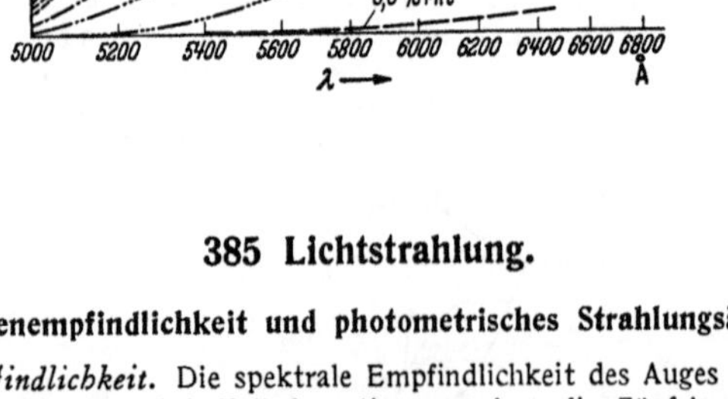

385 Lichtstrahlung.

3851 Augenempfindlichkeit und photometrisches Strahlungsäquivalent.

Augenempfindlichkeit. Die spektrale Empfindlichkeit des Auges hängt von der Beleuchtungsstärke ab. Bei Helladaptation sprechen die Zäpfchen, bei Dunkeladaptation die Stäbchen auf die Strahlung an, die spektrale Empfindlichkeit der beiden ist verschieden. Oberhalb einer Beleuchtungsstärke von 10 Lux ist das Auge vollständig helladaptiert. Relative Werte für die Hell-Empfindlichkeit V_λ des

Auges, d. h. für die durch monochromatische Strahlung gleicher Intensität hervorgerufene Größe der Lichtempfindung sind in Abhängigkeit von der Wellenlänge in 38511 und in 38512 gegeben. Unterhalb von 0,1 Lux wird die Strahlung entsprechend der Dämmerungsempfindlichkeit (Dunkelempfindlichkeit) bewertet. Relative Werte für diese in Abhängigkeit von der Wellenlänge sind in 38512 angegeben. In dem Gebiete zwischen den Beleuchtungsstärken von 0,1 ... 10 Lux geht die Empfindlichkeit allmählich von der Hell- zu der Dunkelempfindlichkeit über.

Mechanisches Lichtäquivalent. Die zur Erzeugung eines monochromatischen Lichtstromes von 1 Hlm im Maximum der Hellempfindlichkeit (5550 Å) bei helladaptiertem Auge nötige Strahlungsleistung beträgt 0,00144 W/Hlm. Man nennt diese Größe das mechanische Lichtäquivalent (M). Photometrische Strahlungsäquivalente für das helladaptierte Auge, d. h. das Verhältnis von monochromatischem Lichtstrom zu verbrauchter Strahlungsleistung (V_λ/M) sind für Wellenlängen des sichtbaren Gebietes in 38511 angegeben.

Schwellenwert des Auges. Bei vollständiger Dunkeladaptation kann eine punktförmige weiße Lichtquelle, die auf dem Auge eine Beleuchtungsstärke von $\sim 10^{-9}$ Lux bewirkt, noch wahrgenommen werden. Das Auge empfängt dann einen Lichtstrom von etwa 10^{-14} Lumen. Die niedrigste Leuchtdichte, die das Auge wahrnehmen kann, ist etwa $3 \cdot 10^{-10}$ Stilb $= \sim 10^{-6}$ asb[1].

38511 Relative Werte für die spektrale Hellempfindlichkeit des Auges[2] und Werte der photometrischen Strahlungsäquivalente[3].

Wellenlänge in Å	Relative spektrale Hellempfindlichkeit	Photometrisches Strahlungsäquivalent in Hlm/W	Wellenlänge in Å	Relative spektrale Hellempfindlichkeit	Photometrisches Strahlungsäquivalent in Hlm/W
4000	0,0004	0,278	6000	0,631	438
4100	0,0012	0,833	6100	0,503	349
4200	0,0040	2,78	6200	0,381	265
4300	0,0116	8,06	6300	0,265	292
4400	0,023	16,0	6400	0,175	122
4500	0,038	26,4	6500	0,107	74,3
4600	0,060	41,7	6600	0,061	42,4
4700	0,091	63,2	6700	0,032	22,2
4800	0,139	96,5	6800	0,017	11,8
4900	0,208	144	6900	0,0082	5,69
5000	0,323	224	7000	0,0041	2,85
5100	0,503	349	7100	0,0021	1,46
5200	0,710	493	7200	0,00105	0,729
5300	0,862	599	7300	0,00052	0,361
5400	0,954	663	7400	0,00025	0,174
5500	0,995	691	7500	0,00012	0,0833
5550	1,000	694	7600	0,00006	0,0417
5600	0,995	691			
5700	0,952	661			
5800	0,870	604			
5900	0,757	526			

[1] Beispiele für die Beleuchtungsstärken: bei Vollmond $\sim 0,2$ Lux, bei sternenklarer mondloser Nacht $3 \cdot 10^{-4}$ Lux.
[2] International festgelegt.
[3] Berechnet aus dem für die maximale Hellempfindlichkeit ($\lambda = 5550$ Å) gemessenem Werte 694 Hlm/W.

38512 Relative spektrale Augenempfindlichkeit.

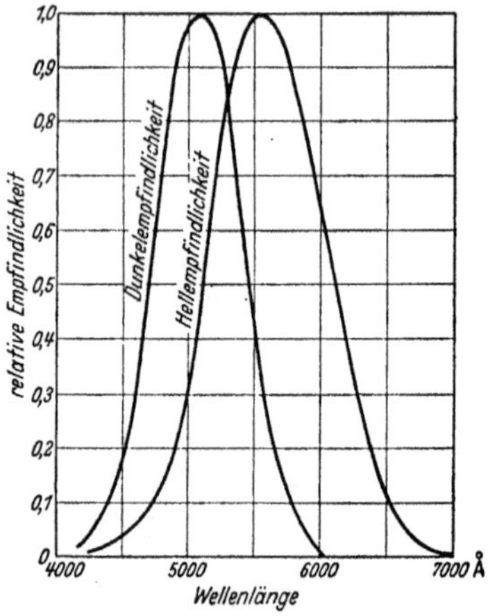

3852 Farbreizempfindlichkeit des Auges.

Nach der Young-Helmholtz-Theorie, die an die Tatsache anknüpft, daß jede Mischfarbe aus 3 verschiedenen Grundfarben mischbar ist, sind in der Netzhaut 3 Arten von Farbempfängern vorhanden. Jeder spricht nur auf eine Grundfarbe an. Man bezeichnet die in den Farbempfängern durch die Spektralfarben hervorgerufenen

38521 Farbdreieck.

Die Farborte der Strahlungen des schwarzen Körpers bei verschiedenen Temperaturen (in ° K) sind angegeben.

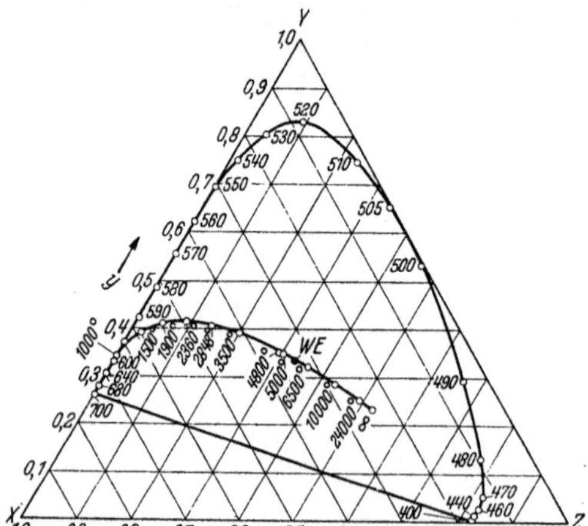

WE = Weißpunkt = Ort des energiegleichen Spektrums.

Reizwerte als die Grundempfindungskurven bzw. Reizkurven. Diese Kurven hängen von der Festsetzung der Grundfarben ab. Die Grundfarben X, Y und Z des von der internationalen beleuchtungstechnischen Kommission (I.B.K.) angenommenen Systems, sind durch das Verhältnis der Eichreize für 3 Spektralfarben, wie folgt, festgelegt.

$$7000\,Å = 0{,}73467\,X + 0{,}26533\,Y + 0{,}00000\,Z$$
$$5461\,Å = 0{,}27376\,X + 0{,}71741\,Y + 0{,}00883\,Z$$
$$4358\,Å = 0{,}16658\,X + 0{,}00883\,Y + 0{,}82456\,Z$$

Außerdem ist das Verhältnis der Eichreize für die Normallichtquelle B[1] die auf die Farbe der Strahlung des schwarzen Körpers bei $\sim 4800^0$ K abgestimmt ist, durch folgende Gleichung gegeben: $B = 0{,}34842\,X + 0{,}35161\,Y + 0{,}29997\,Z$.

Das Verhältnis der Größen der Eichreize eines Lichteindruckes ist am anschaulichsten aus der Lage des Farbpunktes in dem Farbdreieck, dessen Eckpunkte die 3 Grundfarben sind, zu entnehmen. Das Farbdreieck der I.B.K. ist in 38521 gegeben. In ihm ist die Lage der Spektralfarben eingezeichnet, außerdem sind die Farborte der Strahlung des schwarzen Körpers bei verschiedenen Temperaturen angegeben. Die anteiligen Werte der Eichreize der Spektralfarben sind in Tabelle 38522 gegeben.

38522 Normalreizanteile für die Spektralfarben.

λ in Å	Normalreizanteile			λ in Å	Normalreizanteile		
	X	Y	Z		X	Y	Z
3800	0,1741	0,0050	0,8209	5800	0,5125	0,4866	0,0009
3850	0,1740	0,0050	0,8210	5850	0,5448	0,4544	0,0008
3900	0,1738	0,0049	0,8213	5900	0,5752	0,4242	0,0006
3950	0,1736	0,0049	0,8215	5950	0,6029	0,3965	0,0006
4000	0,1733	0,0048	0,8219	6000	0,6270	0,3725	0,0005
4050	0,1730	0,0048	0,8222	6050	0,6482	0,3514	0,0004
4100	0,1726	0,0048	0,8226	6100	0,6658	0,3340	0,0002
4150	0,1721	0,0048	0,8231	6150	0,6801	0,3197	0,0002
4200	0,1714	0,0051	0,8235	6200	0,6915	0,3083	0,0002
4250	0,1703	0,0058	0,8239	6250	0,7006	0,2993	0,0001
4300	0,1689	0,0069	0,8242	6300	0,7079	0,2920	0,0001
4350	0,1669	0,0086	0,8245	6350	0,7140	0,2859	0,0001
4400	0,1644	0,0109	0,8247	6400	0,7190	0,2809	0,0001
4450	0,1611	0,0138	0,8251	6450	0,7230	0,2770	0,0000
4500	0,1566	0,0177	0,8257	6500	0,7260	0,2740	0,0000
4550	0,1510	0,0227	0,8263	6550	0,7283	0,2717	0,0000
4600	0,1440	0,0297	0,8263	6600	0,7300	0,2700	0,0000
4650	0,1355	0,0399	0,8246	6650	0,7311	0,2689	0,0000
4700	0,1241	0,0578	0,8181	6700	0,7320	0,2680	0,0000
4750	0,1096	0,0868	0,8036	6750	0,7327	0,2673	0,0000
4800	0,0913	0,1327	0,7760	6800	0,7334	0,2666	0,0000
4850	0,0687	0,2007	0,7306	6850	0,7340	0,2660	0,0000
4900	0,0454	0,2950	0,6596	6900	0,7344	0,2656	0,0000
4950	0,0235	0,4127	0,5638	6950	0,7346	0,2654	0,0000
5000	0,0082	0,5384	0,4534	7000	0,7347	0,2653	0,0000
5050	0,0039	0,6548	0,3413	7050	0,7347	0,2653	0,0000
5100	0,0139	0,7502	0,2359	7100	0,7347	0,2653	0,0000
5150	0,0389	0,8120	0,1491	7150	0,7347	0,2653	0,0000
5200	0,0743	0,8338	0,0919	7200	0,7347	0,2653	0,0000
5250	0,1142	0,8262	0,0596	7250	0,7347	0,2653	0,0000
5300	0,1547	0,8059	0,0394	7300	0,7347	0,2653	0,0000
5350	0,1929	0,7816	0,0255	7350	0,7347	0,2653	0,0000
5400	0,2296	0,7543	0,0161	7400	0,7347	0,2653	0,0000
5450	0,2658	0,7243	0,0099	7450	0,7347	0,2653	0,0000
5500	0,3016	0,6923	0,0061	7500	0,7347	0,2653	0,0000
5550	0,3373	0,6589	0,0038	7550	0,7347	0,2653	0,0000
5600	0,3731	0,6245	0,0024	7600	0,7347	0,2653	0,0000
5650	0,4087	0,5896	0,0017	7650	0,7347	0,2653	0,0000
5700	0,4441	0,5547	0,0012	7700	0,7347	0,2653	0,0000
5750	0,4788	0,5202	0,0010				

[1] Vgl. 6421.

3853 Lichttechnische Grundgrößen.

Der *Lichtstrom* Φ ist die photometrisch bewertete Strahlungsleistung. Die Grundlage zur Bewertung sind die für das helladaptierte Auge festgelegte spektrale Hellempfindlichkeit V_λ des Auges und das mechanische Lichtäquivalent (M). Die Einheit des Lichtstroms ist das Lumen (lm).

Die *Lichtmenge* ist das Produkt aus Lichtstrom und Zeit, die Einheit ist die Lumenstunde (lm · h).

Die *Lichtstärke* in einer bestimmten Ausstrahlungsrichtung ist das Verhältnis des in diese Richtung gestrahlten Lichtstroms zu der Größe des Raumwinkels, also der Lichtstrom in der Raumwinkeleinheit. Die Einheit ist die Kerze. Ein Strahler, der in jeder Richtung die Lichtstärke 1 K hat, gibt einen Lichtstrom von 4π lm.

Die *Leuchtdichte* B in einer bestimmten Richtung ist das Verhältnis der in dieser Richtung vorhandenen Lichtstärke zu der Größe der senkrechten Projektion der strahlenden Fläche in dieser Richtung. Einheit ist das Stilb (sb) = 1 K/cm². Für kleine Leuchtdichten wird in Deutschland[1] als Einheit das Apostilb benutzt, definiert durch $sb = \pi \cdot 10^4$ asb.

Die *spezifische Lichtausstrahlung* einer Fläche ist das Verhältnis des abgestrahlten Lichtstroms zu der Größe der Fläche. Die Einheit ist das Phot = $lm \cdot cm^{-2}$.

Die *Beleuchtungsstärke* E ist das Verhältnis des auf eine Fläche F auffallenden Lichtstroms zu der Größe der Fläche, $E = \frac{\Phi}{F}$, entspricht also der spezifischen Lichtausstrahlung nur auf die auffallende Strahlung bezogen. Die Einheit der Beleuchtungsstärke 1 Lux (lx) ist vorhanden, wenn ein lm auf ein m² Fläche gleichmäßig verteilt ist.

Die *Belichtungs*einheit ist die Lux-Sekunde, lx · s.

Lichtausbeute. Werden n_1 lm durch einen Leistungsaufwand von n_2 Watt erzielt, so ist n_1/n_2 die Lichtausbeute in lm/W.

Eine weitere neu eingeführte Leuchtdichteneinheit, die im Gegensatz zu den übrigen bisher aufgeführten lichttechnischen Einheiten auf das Dunkelsehen (Stäbchensehen) bezogen wird, ist die Dunkelleuchtdichte, deren Einheit Skot (sk) genannt wird. Der Umrechnungsfaktor zwischen Hell- und Dunkelleuchtdichte ist von der Zusammensetzung der Strahlung abhängig. Festgesetzt ist er für die Strahlung fester Körper bei einer Farbtemperatur 2360° K, hier ist $1\,sk = 10^{-3}$ asb. Verwendung findet die Einheit nur bis zu 10 sk.

Entsprechend ist eine Einheit für die Dunkelbeleuchtungsstärke festgelegt 1 Nox (nx). Für diese ist die Umrechnung bei der Farbtemperatur von 2360° K $1\,nx = 10^{-3}$ lx.

Lichteinheit. In Deutschland war bislang die Hefnerkerze die Lichteinheit. Zwischen der Hefnerkerze und der sogenannten internationalen Kerze ist der Umrechnungsfaktor nicht konstant, bei der Farbtemperatur der Kohlefadenlampe ist 1 HK = 0,9 int. K, bei der Farbtemperatur 2600° K (gasgefüllte Wolframlampe) ist 1 HK = 0,855 int. K.

Seit dem 1. 1. 41 ist eine neue internationale Lichteinheit, die Neue-Kerze, eingeführt, der die Lichtstrahlung des schwarzen Körpers beim Platinschmelzpunkt (2047° K) zugrunde liegt. Die Leuchtdichte bei dieser Temperatur ist gleich 60 Stilb (Neustilb) gesetzt. Der Umrechnungsfaktor für die Hefnerkerze bei dieser Temperatur ist: 1 HK = 0,92 NK.

---

[1] In Amerika wird außerdem nach der Leuchtdichteeinheit Lambert gerechnet, π Lambert = 1 sb, 1 Millilambert = 10 asb. Außerdem wird das footlambert benutzt, 1 footlambert = 1,076 Millilambert.

Definitionsgleichungen und Einheiten der lichttechnischen Grundgrößen.

Es bedeutet:

M (Mechanisches Lichtäquivalent), M′ analoge Größe für Dämmerungssehen.
λ Wellenlänge der Strahlung.
$S_{\varepsilon\lambda}$ abgestrahlte Leistung im Wellenlängenbereich $\lambda \ldots \lambda + d\lambda$ pro Flächeneinheit unter dem Winkel ε zur Flächennormale.
V_λ relative spektrale Hellempfindlichkeit des helladaptierten menschlichen Auges.
V'_λ spektrale Dämmerungsempfindlichkeit des Auges.
$d\omega$ durchstrahltes Raumwinkelelement der Ausstrahlung.
$d\Omega$ durchstrahltes Raumwinkelelement der Einstrahlung.
t Strahlungszeit.
r Abstand der beleuchteten Meßebene von der Lichtquelle.
df leuchtendes Flächenelement.
dF beleuchtetes Flächenelement.
ε Ausstrahlungswinkel, gegen die Flächennormale gerechnet.
i Einstrahlungswinkel, gegen die Flächennormale gerechnet.
W aufgenommene Leistung einer Lichtquelle.

Bezeichnung	Definitionsgleichung	Einheit	Abkürzung
Lichtstrom	$\Phi = \frac{1}{M}\iiint S_{\varepsilon\lambda}\cdot V_\lambda\cdot\cos\varepsilon\cdot d\lambda\cdot df\cdot d\omega$	Lumen	lm
Lichtmenge (Lichtarbeit)	$Q = \int \Phi \cdot dt$	Lumenstunde	lm · h
Lichtstärke	$I = \lim_{r=\infty}\left(\frac{d\Phi}{d\omega}\right)$ $\left(\text{vereinf. } I = \frac{\Phi}{\omega}\right)$	Hefnerkerze Neue-Kerze	HK NK
Leuchtdichte	$B = \frac{d^2\Phi}{df\cdot\cos\varepsilon\cdot d\omega}$ $= \frac{1}{M}\cdot\int S_{\varepsilon\lambda}\cdot V_\lambda\cdot d\lambda$	Stilb = HK/cm^2 bez. NK/cm^2	sb
Dunkelleuchtdichte	$B' = \frac{1}{M'}\cdot\int S_{\varepsilon\lambda}\cdot V'_\lambda\cdot d\lambda$	Skot = 10^{-3} asb für eine Strahlung bei der Farbtemperatur 2360° K	sk
Spezifische Lichtausstrahlung	$R = \frac{1}{M}\iint S_{\varepsilon\lambda}\cdot V_\lambda\cdot\cos\varepsilon\cdot d\lambda\cdot d\omega$ $= \int B_\varepsilon\cdot\cos\varepsilon\cdot d\omega$	Phot = lm/cm^2	ph
Beleuchtungsstärke	$E = \frac{d\Phi}{dF} = \int B_\varepsilon\cdot\cos i\cdot d\Omega$	Lux = lm/m^2	lx
Dunkelbeleuchtungsstärke	$E' = \int B'_\varepsilon\cdot\cos i\cdot d\Omega$	Nox = 10^{-3} lx für eine Strahlung bei der Farbtemperatur 2360° K	nx
Belichtung	$L = \int E\cdot dt$ (vereinf. $L = E\cdot t$)	Luxsekunde	lx · s
Lichtausbeute	$\frac{\Phi}{\text{Watt}}$	$\frac{\text{Lumen}}{\text{Watt}}$	$\frac{\text{lm}}{\text{W}}$

3854 Leuchtdichte[1] in (HK)sb und (NK)sb des „schwarzen Körpers" in Abhängigkeit von der Temperatur.

T in °K	Leuchtdichte in		T in °K	Leuchtdichte in	
	(HK) sb	(NK) sb		(HK) sb	(NK) sb
1556	1,41	1,30	2200	152	139,6
1600	2,31	2,12	2239[4]	185	170
1650	3,66	3,36	2250	196	179
1700	5,66	5,19	2300	249	228
1750	8,52	7,82	2350	313	287
1800	12,6	11,5	2400	390	358
1828[2]	15,6	14,3	2450	483	443
1850	18,2	16,7	2500	593	544
1900	25,8	23,7	2550	720	661
1950	36,0	33,0	2600	870	798
2000	49,5	45,4	2650	1044	957
2046,6[3]	65,4	60,00[6]	2700	1244	1142
2050	66,7	61,2	2727[5]	1362	1249
2100	88,9	81,6	2728	1366	1253
2150	117	107,3			

3855 Leuchtdichte in (HK)sb und spez. Lichtausstrahlung in (Hlm)ph von W, Ta, Mo.

Die Leuchtdichte von ebenen Flächen ist meist von dem Winkel zwischen Beobachtungsrichtung und der Flächennormale (Emissionswinkel) abhängig, die Strahlung folgt also nicht dem Lambertschen Cosinusgesetz. Die größte Leuchtdichte ist bei den Metallen W, Mo, Ta und Pt bei Emissionswinkeln von 75, 78, 73 bzw. 80° vorhanden, die Leuchtdichte in dieser Richtung um 15, 23, 14 bzw. 12,5% größer als in Richtung senkrecht zur Fläche.

Dieses Verhalten bewirkt, daß die Werte der spezifischen Lichtausstrahlung mehr als das π-fache der Leuchtdichte $sb_\perp$ betragen.

Temperatur T °K	Wolfram		Tantal	Molybdän		Nernststift
	(HK) $sb_\perp$	(Hlm) ph	(Hlm) ph	(HK) $sb_\perp$	(Hlm) ph	(HK) $sb_\perp$
1400	0,122	0,382	—	0,099	0,328	—
1600	1,021	3,45	3,6	0,849	2,8	—
1800	5,61	18,3	18,5	4,58	15,3	—
2000	22,2	73,2	71,0	17,7	58,6	—
2200	68,1	225,8	219	53,8	180	—
2400	174,4	580,0	542	136,5	454	385
2600	385	1281	1180	300	1003	—
2800	770	2562	2280	600	2002	—
3000	1395	4630	7800	—	—	—
3200	2340	7800	—	—	—	—
3400	3740	12480	—	—	—	—

[1] Nach H. T. Wenzel, W. F. Roesner, L. E. Barbrow u. F. R. Caldwell: J. Bur. Stand. 13, 161 (1924); umgerechnet mit 1 Int. sb = 1,11 (HK)sb.
[2]...[5] Schmelzpunkte: [2] Pd, [3] Pt, [4] Rh, [5] Ir.
[6] Die neue Lichteinheit NK (neue Kerze) ist definiert durch die Angabe, daß beim Schmelzpunkt des Pt die Leuchtdichte des schwarzen Körpers 60 NK stilb ist.

3856 Leuchtdichte von Gasstrahlungen.

Bei Gasentladungen sind die Leuchtdichte und die spektrale Verteilung der Strahlung vom Dampfdrucke des leuchtenden Gases, den Entladungsbedingungen und der Dicke der leuchtenden Schicht abhängig.

Bei Flammen ist die Zusammensetzung des brennenden Gemisches neben der Brennerform maßgebend.

Als Beispiel für die Abhängigkeit der Leuchtdichte von Druck und Stromstärke sind die Verhältnisse für die Quecksilberhöchstdruckentladung in 38561 gebracht. Die Tabelle 38562 bringt Angaben über Leuchtdichten von Gasstrahlungen (vgl. auch in 6424).

38561 Abhängigkeit der Leuchtdichte einer Quecksilberentladung von der Stromstärke bei Quecksilberdampfdrucken von 10...100 Atm. (Nach Rompe und Thouret.)

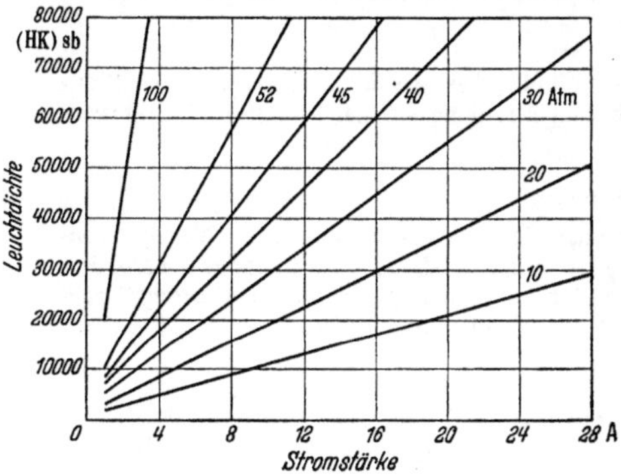

38562 Leuchtdichte von Gasstrahlungen.

Lichtquelle	Leuchtdichte in (HK) sb
Petroleumlampe	0,65...1,5
Acetylenflamme	~ 6,0
Negatives Glimmlicht . .	0,02...0,03
Natriumlampe	14
Hg-Niederdruckentladung	1...2
Positiver Krater der Kohlebogenlampe	18000
Beckbogen	126000
Hg-Hochdruckentladung .	bis zu 60000

3857 Farbtemperatur.

Ist der Farbeindruck einer Lichtstrahlung gleich dem der Strahlung des schwarzen Körpers bei der Temperatur T_f, so ordnet man T_f als Farbtemperatur der farbgleichen Lichtstrahlung zu.

Über die Zusammensetzung der Strahlung sagt die Farbtemperatur nichts aus, da ja bekanntlich jeder Farbeindruck mit Ausnahme der der gesättigten Spektralfarben durch Strahlung sehr verschiedenartiger Zusammensetzung erzeugt werden kann. Es muß nur die Bedingung erfüllt sein, daß das Verhältnis der Normalreizanteile X:Y:Z gleich ist (vgl. 38522).

Farbtemperaturen des Tageslichtes siehe 416.

Farbtemperatur von W, Ta, Mo.

Wahre Temperatur in °K	Farbtemperatur in °K			Wahre Temperatur in °K	Farbtemperatur in °K		
	Wolfram	Tantal	Molybdän		Wolfram	Tantal	Molybdän
1200	1210	—	1207	2200	2242	2288	2244
1400	1414	—	1411	2400	2452	2497	2456
1600	1619	1642	1616	2600	2663	2705	2672
1800	1825	1859	1823	2800	2878	2911	2891
2000	2033	2075	2032	3000	3094	—	—

386 Biologische Wirkungen der Strahlung.

I. Erythembildung.

Durch ultraviolette Strahlung im Bereich $\lambda = 2300 \ldots 3200$ Å wird eine Rötung der Haut infolge aktiver Hyperämie nach einer Latentzeit von 1...6 h ausgelöst. Relative Werte der Empfindlichkeit der Haut gegenüber monochromatischer Strahlung gleicher Intensität sind aus der Kurve zu entnehmen. Wie die Empfindlichkeit unterhalb 2500 Å verläuft, ist nicht mit genügender Sicherheit bestimmt. Nach Abklingen der Rötung bleibt ein Pigment zurück.

II. Direkte Pigmentierung.

Eine Pigmentbildung (Bräunung) ohne vorhergehende Hautrötung kann durch Strahlung oberhalb 3200 Å hervorgerufen werden; wirksam ist Strahlung bis herauf zu etwa 4200 Å. Die Haut ist für diese direkte Pigmentierung viel weniger empfindlich (bei 3600 Å ist etwa eine 500mal größere Strahlungsmenge nötig als bei 2900 Å).

III. Conjunctivitis.

Relative Werte der Entzündungsempfindlichkeit der Bindehaut der Augen (Conjunctivitis) gegenüber monochromatischer Strahlung gleicher Intensität sind kurvenmäßig wiedergegeben.

IV. Bactericide Wirkung der Strahlung.

Zur Abtötung von Bakterien können Strahlungen verschiedener Wellenlängenbereiche benutzt werden, im Ultraviolett ist der Bereich von 2500...2600 Å besonders wirksam. Es sind die relativen Werte für die Abtötungswirkung monochromatischer Strahlung gleicher Intensität auf den Bact. coli wiedergegeben.

V. Vitamin D-Bildung.

Ein antirachitisch wirkendes Vitamin D_2 entsteht aus Ergosterin durch Absorption von Strahlung. Relative Werte der Absorptionskurve von unbestrahltem Ergosterin sind wiedergegeben.

Relative Werte der biologischen Wirkungen monochromatischer Strahlung gleicher Intensität im Bereich 2000...3200 Å.

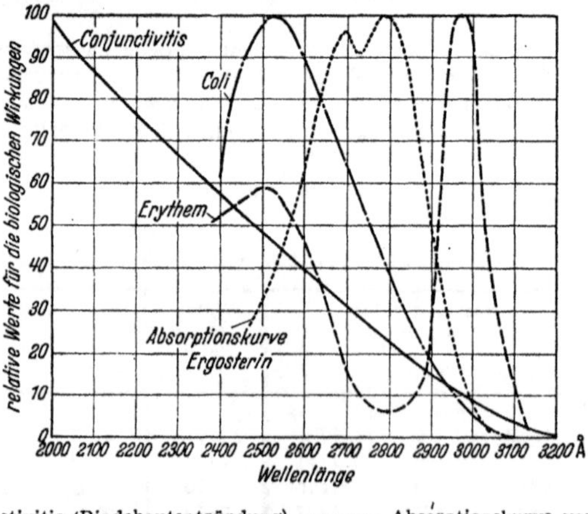

——— Conjunctivitis (Bindehautentzündung), -------- Absorptionskurve von unbestrahltem Ergosterin, — — — Erythemerzeugung, —·—·— Bakterientötung (Bact. coli).

387 Einheiten für medizinische Röntgenbestrahlung.

Die Dosierung der Röntgenstrahlung geht von der Hauteinheitsdosis (H.E.D.) aus. Diese Einheitsdosis ist sowohl von der Zeit der Bestrahlung und von der Härte der Strahlung, als auch von der Größe des bestrahlten Feldes abhängig. Es ist die biologische Maximaldosis, die der Haut in einer Bestrahlung ohne Schädigung verabfolgt werden darf.

Die physikalische deutsche Einheit, ein Röntgen (R), wird durch die Röntgenstrahlungsmenge dargestellt, die bei Ausnützung aller Sekundärelektronen in 1 cm^3 Luft von 18° C bei 760 Torr eine solche Leitfähigkeit bewirkt, daß eine elektrostatische Einheit bei Sättigungsstrom gemessen wird (0,334 n A). Neben der deutschen Einheit gibt es eine internationale Einheit (r), 1 R = 1,066 r. Die Umrechnung zwischen der Hauteinheitsdosis und Röntgen ist bei ungefilterter weicher Strahlung 1 H.E.D. = 400...450 r, bei mittelharter Strahlung 525...600 r, bei harter Strahlung 600...700 r.

388 Einheiten der radioaktiven Behandlung.

Die Einheit der medizinischen Radiumbestrahlung ist die Milligramm-Elementstunde. Dies ist die Strahlung, die 1 mg Ra in der Stunde aussendet. Die Stärke der Radium- oder Mesothorpräparate wird in n mg Radiumelement angegeben, diese Zahl bedeutet, daß die γ-Strahlung des Präparates äquivalent ist der γ-Strahlung von n mg Radiumelement (früher war es auch üblich, auf Radiumbromid als Einheit zu beziehen). Bestimmt wird die Stärke der Präparate durch Vergleich mit einem Radiumstandard.

Eine zweite Dosierungsmethode ist die nach Hauterythemeinheitsdosen (H.E.D.).

Für die Angabe der Menge an Radon (Radiumemanation) gibt es ein deutsches und ein internationales System. Das deutsche System bemißt die Menge des Radons in der Einheit Stat (St). Ein Stat ist diejenige Menge des Radons, welche beim Zerfall in Luft durch Ionisation in einer Sekunde eine absolute elektrostatische Einheit der Elektrizität erzeugt. Die Konzentration des Radons in Luft oder in Lösungen wird in Mache-Einheiten (ME) gemessen. Die Konzentrationsangabe 1 Mache-Einheit besagt, daß im Liter Luft oder Lösung ein Millistat gelöst ist.

Nach dem internationalen System ist die Einheitsmenge Radon diejenige, die sich in einem abgeschlossenen Raum mit 1 g Radiumelement im radioaktiven Gleichgewichte befindet. Diese Radonmenge wird 1 Curie (C)[1] genannt (1 St = $3{,}64 \cdot 10^{-7}$ C). 1 Curie hat ein Normalvolumen von 0,66 mm^3. Bei voller Ausnutzung der α-Strahlen kann 1 C durch Ionisation der Luft einen Sättigungsstrom von $2{,}75 \cdot 10^6$ e st E (0,95 m A) erzeugen. Die Konzentration des Radons in Luft oder Lösungen wird in Eman (Em) gemessen. Die Konzentration 1 Eman besagt, daß 10^{-10} Curie in der Lösung je Liter Wasser oder Luft vorhanden sind (1 ME = 3,64 Em).

[1] 1 Curie Po ist die Menge Polonium, die im radioaktiven Gleichgewicht mit 1 g Ra steht, es sind $2{,}24 \cdot 10^{-4}$ g Po.

39 Optische und elektrische Eigenschaften.

391 Optische Eigenschaften.

3911 Brechung, Reflexion, Absorption und Durchlässigkeit.

Brechung. Die *Brechungszahl* (-exponent, -index, -koeffizient, -verhältnis, -vermögen, Refraktionsindex) eines Stoffes ist das Verhältnis der Lichtgeschwindigkeit im Vakuum zu der in diesem Stoffe $N = \frac{v_0}{v}$; $v_0 = 2{,}9977 \cdot 10^{10}\,\mathrm{cm \cdot s^{-1}}$. Die Brechungszahl ist von der Schwingungszahl bzw. Wellenlänge der Strahlung abhängig.

Für einen homogenen Lichtstrahl der Wellenlänge λ_1, der aus dem Stoff 1 in den Stoff 2 eintritt, ist die Brechungszahl gemäß dem Gesetz von Snellius gleich dem Quotienten aus dem Sinus des Einfallwinkels α und dem des Brechungswinkels β:

$$n_{\lambda(1,2)} = \frac{\sin\alpha}{\sin\beta} = \frac{v_1}{v_2} = \frac{\lambda_1}{\lambda_2}.$$

Die Brechungszahl fester und flüssiger Stoffe wird im allgemeinen gegen Luft bestimmt und im Gegensatz zur absoluten Brechungszahl N (gegen Vakuum) mit n bezeichnet. Da N aus n durch Multiplikation mit der absoluten Brechungszahl der Luft (s. 391131) hervorgeht und sich daher nur wenig von n unterscheidet, bezeichnet man n schlechthin als Brechungszahl. Für Gase wird stets die absolute Brechungszahl angegeben.

Das spezifische Brechungs- (Refraktions-) Vermögen ist nach der Lorentz-Lorenzschen Formel:

$$r = \frac{n^2 - 1}{\varrho\,(n^2 + 2)} \qquad (\varrho = \text{Dichte des Stoffes}).$$

Das spezifische Brechungsvermögen ist nur wenig von der Temperatur, dem Druck und dem Aggregatzustand des Stoffes abhängig.

Als Atom- bzw. Molrefraktion R wird das Produkt von r mit dem Atom- bzw. Molekulargewicht des betreffenden Stoffes bezeichnet. Werte der Molekularrefraktion für die D-Linie von einer Anzahl organischer Stoffe sind in 3125 gegeben.

Über den Zusammenhang zwischen Molrefraktion und Polarisierbarkeit siehe 2531. Die Molrefraktionen von Gemischen von Flüssigkeiten, Lösungen oder Gasen, deren Bestandteile nicht in Wechselwirkung miteinander stehen, setzen sich additiv aus den Molrefraktionen der einzelnen Stoffe zusammen.

Um eine Berechnung der Molrefraktion von Verbindungen zu ermöglichen, hat man versucht, Werte für die Atomrefraktionen festzulegen. Da sich jedoch bei der Verbindungsbildung die Elektronenverteilung der Einzelatome und deren Polarisierbarkeit ändert, gelten diese Werte stets nur für eine bestimmte Klasse von Verbindungen, z. B. entweder für polare oder für unpolare. Bei polaren Verbindungen bezeichnet man diesen auch nur nahezu konstanten Wert als Ionenrefraktion. Bei unpolaren organischen Verbindungen ist der Wert der Atomrefraktion vom Bindungstyp abhängig (s. 39114). Anstatt mit verschiedenen Werten für die einzelnen Bindungsarten zu rechnen, kann man sog. Bindungsinkremente als Korrekturen benutzen, das geschieht vorzugsweise für die verschiedenen Bindungsarten des Kohlenstoffatomes (39114).

Bei Gasgemischen setzt sich, wie schon erwähnt, die Brechungszahl additiv aus den Brechungszahlen der Komponenten zusammen. Da mit Interferometern noch Unterschiede des Brechungsindex von etwa 3 Einheiten der 8. Dezimale bestimmt werden können, ist die Brechungszahlmessung eine empfindliche Methode der Gasanalyse.

Dispersion. Die Brechungszahl hängt, wie schon erwähnt, von der Wellenlänge ab; in Gebieten normaler Dispersion wächst sie mit abnehmender Wellenlänge. Der

Unterschied $n_F - n_C$ (F = Wasserstofflinie bei 4861,372 Å; C = Wasserstofflinie bei 6562,785 Å) wird „mittlere Dispersion" genannt. Als „relative Dispersion" bezeichnet man das Verhältnis $\frac{n_F - n_C}{n_D - 1}$ (D = Natriumlinie bei 5893 Å). In Gebieten normaler Dispersion kann man mit Hilfe der Hartmannschen Dispersionsformel $n = n_0 + \frac{C}{(\lambda - \lambda_0)^\alpha}$ beliebige Zwischenwerte des Brechungsvermögens interpolieren; C und α sind Stoffkonstanten. Als „spezifische Dispersion" $\frac{n_F - n_C}{\varrho}$ wird vielfach der Quotient aus der mittleren Dispersion und der Dichte ϱ (für dieselbe Temperatur) des Stoffes bezeichnet.

Über anomale Dispersion siehe weiter hinten.

Die Abhängigkeit der Brechungszahl von Temperatur, Druck und Luftfeuchtigkeit. Eine Temperaturänderung von 1° bewirkt bei festen Stoffen Änderungen der Brechungszahl von 1...4 Einheiten in der 5. Dezimale.

Für Flüssigkeiten sind Änderungen bereits in der 4. Dezimale zu erwarten. Zur Berechnung der Änderung des absoluten Brechungsindex N ist die Änderung des Brechungsindex der Luft N_L zu berücksichtigen. Formel:

$$\frac{dN}{d\vartheta} = \frac{dn}{d\vartheta} + n\frac{dN_L}{d\vartheta}.$$

Die absolute Brechungszahl N für feste Körper und Flüssigkeiten ist nur wenig vom *Druck* abhängig. Bei Druckvermehrung um eine Atmosphäre tritt eine Änderung der Brechungszahl bis zu 7 Einheiten in der 5. Dezimale auf.

Die Brechungszahl n wird dagegen von der Änderung der Brechungszahl der Luft N_L mit dem Druck und dem Feuchtigkeitsgehalt (vgl. Formel weiter unten) stärker beeinflußt.

Die Abhängigkeit der Brechungszahl N der Gase und Dämpfe von Druck und Temperatur wird innerhalb weiter Grenzen durch die Formel

$$N_{(\vartheta, p)} - 1 = \frac{N_{(0^\circ, 760)} - 1}{1 + \alpha\vartheta} \cdot \frac{p}{760}$$

wiedergegeben. Bei Einführung der Dichte ϱ des Gases ergibt sich

$$N_{(\vartheta, p)} - 1 = \frac{N_{(0^\circ, 760)} - 1}{\varrho_{(0^\circ, 760)}} \cdot \varrho_{(\vartheta, p)}.$$

Aus dieser Gleichung folgt, daß $\frac{N_{(\vartheta, p)} - 1}{\varrho_{(\vartheta, p)}}$ von ϑ und p unabhängig ist.

Für Luft kann man die Abhängigkeit der Brechungszahl N_L von Druck, Temperatur und Feuchtigkeit e gut durch die Formel

$$N_L = 1 + \frac{N_{(0^\circ, 760)} - 1}{1 + \alpha\vartheta} \cdot \frac{p}{760} - \frac{0{,}000000055\, e}{1 + \alpha\vartheta}$$

ausdrücken (α = Ausdehnungskoeffizient = 0,00367, e = Feuchtigkeit in Torr).

Werte von N_L für trockne Luft bei 760 Torr und 15° C sind in der Tabelle 391131 gegeben.

Reflexion. Das Intensitätsverhältnis zwischen einfallender und reflektierter Strahlung (bei senkrechter Incidenz) bezeichnet man als das Reflexionsvermögen: $R = \frac{I_r}{I_0}$ (I_r reflektierte Strahlung, I_0 einfallende Strahlung). Wenn nicht anders angegeben, bezieht sich R auf die Reflexion an möglichst vollkommen polierten Flächen. Bei rauhen, diffus reflektierenden Oberflächen definiert man als diffuses Reflexionsvermögen das Verhältnis der in den Halbraum reflektierten zu der senkrecht einfallenden Strahlung. Bei durchsichtigen Körpern hat das Reflexionsvermögen den Wert $R = \frac{(n-1)^2}{(n+1)^2}$.

Für Metalle, die durch ein sehr hohes Absorptionsvermögen gekennzeichnet sind, ist der Zusammenhang zwischen Reflexionsvermögen, Brechungszahl (n) und Extinktionsindex ($\varkappa$) (s. weiter unten) für senkrechten Einfall gegeben durch

$$\frac{(n-1)^2 + n^2\varkappa^2}{(n+1)^2 + n^2\varkappa^2} = R.$$

Absorption[1]**.** Das Absorptions- oder Extinktionsvermögen A wird durch verschiedene Größen gekennzeichnet.

Vielfach wird vom Extinktionsindex $\varkappa$ und Extinktionskoeffizienten k gesprochen, wenn man die Verminderung der Amplitude B der Welle im absorbierenden Medium betrachtet, vom Absorptionsindex $\varkappa$ und Absorptionskoeffizienten k dagegen in bezug auf die Strahlungsintensität I. Bezeichnet man mit B_0 die Amplitude der einfallenden Welle, mit I_0 die Intensität der einfallenden Strahlung, mit B bzw. I die Werte dieser Größen nach Durchgang durch eine Schicht der in Richtung der Wellennormale gemessenen Dicke d, mit λ die Wellenlänge im Vakuum, mit λ_1 die Wellenlänge in dem betracheten Medium, so sind $\varkappa$ und k durch die folgenden Gleichungen definiert:

$$I = I_0 e^{-\frac{4\pi\varkappa d}{\lambda_1}}, \qquad B = B_0 e^{-\frac{2\pi\varkappa d}{\lambda_1}}$$

$$I = I_0 e^{-\frac{4\pi k d}{\lambda}}, \qquad B = B_0 e^{-\frac{2\pi k d}{\lambda}}$$

Da $\frac{\lambda}{\lambda_1} = n$ (Brechungszahl) ist, wird $n\varkappa = k$.

Als Absorptionskonstante h bezeichnet man die Größe $h = \frac{4\pi k}{\lambda}$; $(I = I_0 e^{-hd})$.

Die Bunsensche oder dekadische Absorptionskonstante α ist definiert durch $I = I_0 \cdot 10^{-\alpha d}$; es ist demnach $\alpha = 5{,}4576\, k/\lambda$.

Nach DIN 1349 wird als dekadische Extinktion oder schlechthin Extinktion: $E_\lambda = \log\left(\frac{\Phi_0}{\Phi}\right)_\lambda$, als natürliche Extinktion: $E_{n\lambda} = \ln\left(\frac{\Phi_0}{\Phi}\right)_\lambda$ bezeichnet (Φ_0 eintretender, Φ austretender Lichtstrom der Wellenlänge λ). Bei Gültigkeit des Lambertschen Absorptionsgesetzes ist dann für die Schichtdicke 1 der Extinktionsmodul: $m_\lambda = \frac{E_\lambda}{d}$, der natürliche Extinktionsmodul: $m_{n\lambda} = \frac{E_{n\lambda}}{d}$ (d = Schichtdicke, die Dimension von m ist l^{-1}). Der dekadische Extinktionsmodul entspricht also der Bunsenschen Absorptionskonstante.

Spezielle Extinktionskoeffizienten sind (Konzentration $c = \text{mol} \cdot l^{-1}$; $c' = g \cdot l^{-1}$):

ε_λ (molarer Extinktionskoeffizient) $= \frac{m_\lambda}{c} = \frac{E_\lambda}{c \cdot d}$ $(l \cdot \text{mol}^{-1} \cdot \text{cm}^{-1})$;

$\varepsilon_{n\lambda}$ (molarer natürlicher Extinktionskoeffizient) $= \frac{m_{n\lambda}}{c} = \frac{E_{n\lambda}}{c\,d}$ $(l \cdot \text{mol}^{-1} \cdot \text{cm}^{-1})$;

ε'_λ (spezieller Extinktionskoeffizient) $= \frac{m_\lambda}{c'} = \frac{E_\lambda}{c'}$ $(l \cdot g^{-1} \cdot \text{cm}^{-1})$;

$\varepsilon'_{n\lambda}$ (spezieller natürlicher Extinktionskoeffizient) $= \frac{m_{n\lambda}}{c'} = \frac{E_{n\lambda}}{c' \cdot d}$ $(l \cdot g^{-1} \cdot \text{cm}^{-1})$.

Als Durchlässigkeit (Durchsichtigkeitsgrad: ϑ_λ) wird das Verhältnis der durchgelassenen zur eintretenden (d. h. der einfallenden abzüglich des Reflexionsanteiles) Strahlung bezeichnet, $\vartheta_\lambda = \left(\frac{\Phi}{\Phi_0}\right)_\lambda$.

Durchlässigkeitskoeffizient (Durchsichtigkeitsmodul δ_λ) nennt man das Verhältnis der von der Schichtdicke 1 des betreffenden Stoffes durchgelassenen Strahlung zu der eintretenden.

Wenn kein Reflexionsverlust stattfindet, kann man direkt auf die einfallende Strahlung beziehen. Wie man aus der Formel für die Reflexion berechnen kann, wird $n \sim 1{,}6$ (Gläser) je Fläche $\sim 5\%$ der auffallenden Strahlung reflektiert.

---

[1] Die Absorptionsspektren von Flüssigkeiten und Lösungen sind aus technischen Gründen erst unter 722 gebracht.

Wenn die Flächen parallel zueinander und so nahe benachbart sind, daß die an verschiedenen Flächen reflektierten Strahlen miteinander zur Interferenz gelangen, wird diese Formel ungültig, und es tritt statt dessen, je nach der optischen Dicke der zwischenliegenden Schicht, vollkommene Durchlässigkeit oder Undurchlässigkeit (Auslöschung) ein. Wenn man daher eine Fläche mit einer Schicht aus einem Stoff mit geeigneter Brechungszahl der optischen Dicke $\lambda/4$ bedeckt, gelingt es, den Reflexionsverlust an dieser Fläche für das Licht der Wellenlänge λ vollkommen zu vermeiden. Außerdem wird infolge der vollständigen Vermeidung des Streulichtes bei optischem System der Bildkontrast stark erhöht. Als Reflexion vermindernde Belege haben sich monomolekulare Filme von stearinsaurem Barium und arachinsaurem Cadmium und Schichten von Alkalifluoriden bewährt, man kann durch erstere die Reflexion auf etwa 0,8%, durch die Fluoride sogar auf 0,4% für das sichtbare Gebiet herabsetzen[1].

391101 Verlauf der Brechungszahl (stark schematisiert).

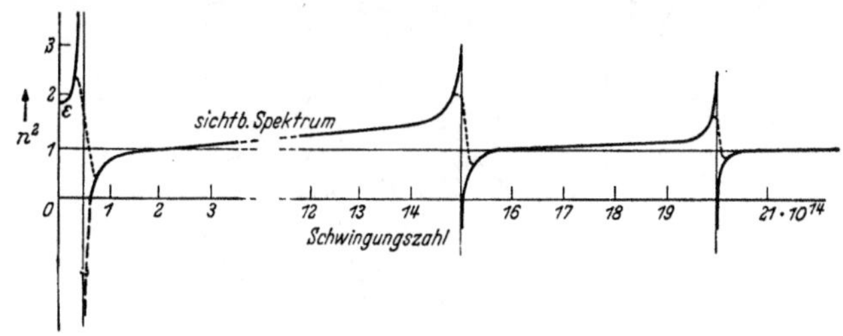

Stark absorbierende Stoffe, wie Metalle, sind schon bei geringer Schichtdicke undurchsichtig, sie absorbieren die gesamte nichtreflektierte Strahlung. Das Absorptionsvermögen $A = \frac{I_A}{I_0}$ (I_A absorbierte Strahlung, I_0 einfallende Strahlung) wird dann

$$A = 1 - R.$$

Anomale optische Eigenschaften in der Umgebung der Eigenfrequenz. Bei der bisherigen Beschreibung der optischen Eigenschaften ist noch nicht das Verhalten in Frequenzgebieten (Wellenlängengebieten), in denen Eigenfrequenzen des betrachteten Gebildes liegen, d. h. entweder des Einzelatoms, des Ions oder des Moleküls, bzw. des Krystallgitters, berücksichtigt. Hier tritt die sog. anomale Dispersion auf. Die Brechungszahl nimmt nicht mehr wie in normalen Gebieten mit abnehmender Wellenlänge langsam und monoton zu, sondern sehr rasch, um dann nach Überschreiten der Eigenfrequenzstelle von einem sehr kleinen Wert wieder ebenso rasch nahezu bis zu der früheren normalen Höhe anzusteigen. An der Eigenfrequenzstelle selbst tritt bei Gasen eine Unstetigkeit auf. Bei stark gedämpften Systemen, z. B. Flüssigkeiten und festen Körpern beobachtet man statt dessen eine sehr steile Abnahme der Brechungszahl mit zunehmender Frequenz, die zu der Bezeichnung der Erscheinung als anomale Dispersion Anlaß gegeben hat (vgl. 391101).

An der Eigenfrequenzstelle erreicht die Absorption (bzw. $n \cdot \varkappa$) ein Maximum und die Durchlässigkeit ein Minimum.

Da das Reflexionsvermögen mit n und $\varkappa$ durch die Gleichung

$$R = \frac{(n-1)^2 + \varkappa^2 n^2}{(n+1)^2 + \varkappa^2 n^2}$$

zusammenhängt, wird in der Nähe der Absorptionsstelle auch ein Maximum der Reflexion beobachtet, das jedoch etwas in Richtung kleinerer Wellenlängen

[1] Vgl. A. Smakula: Über die Reflexionsverminderung an Glasflächen. Glastechn. Ber. **19**, 377 (1941). — H. Schröder: Reflexverminderung und Konstitution des Glases. Glastechn. Ber. **20**, 161 (1942).

verschoben ist. Diese Erscheinungen sind für einen NaCl-Krystall in 391102 gezeigt. Außer der Eigenfrequenz bei 61 μ ist noch eine schwache Eigenfrequenz da, die bei ungefähr 40 μ zu erkennen ist. Die Eigenfrequenzen und Reflexionsmaxima einiger

391102 Brechungsindex n, Absorptionskoeffizienten $n \cdot \varkappa$, Durchlässigkeit D und Reflexionsvermögen R in Abhängigkeit von der Wellenlänge von 30...80 μ für einen NaCl-Krystall: Charakteristische Frequenz 61 μ (gestrichelte Kurventeile extrapoliert).

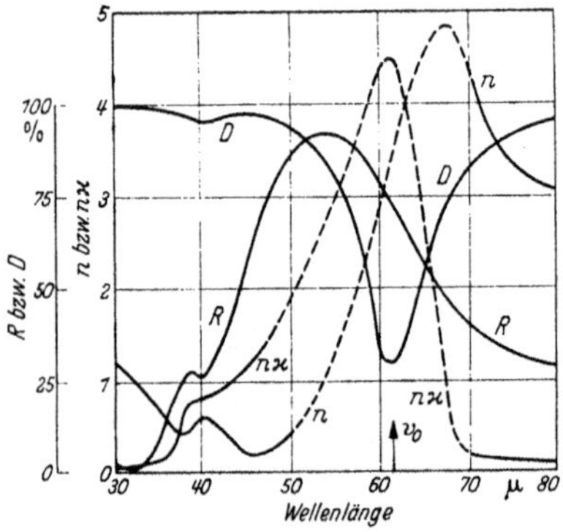

391103 Abhängigkeit der Wellenlänge der charakteristischen Frequenz (———) und des Reflexionsmaximums (Reststrahlen) (– – – –) vom Atomgewicht für einige Halogenide.
[Nach R. B. Barnes: J. opt. Soc. Amer. **28**, 140 (1938).]

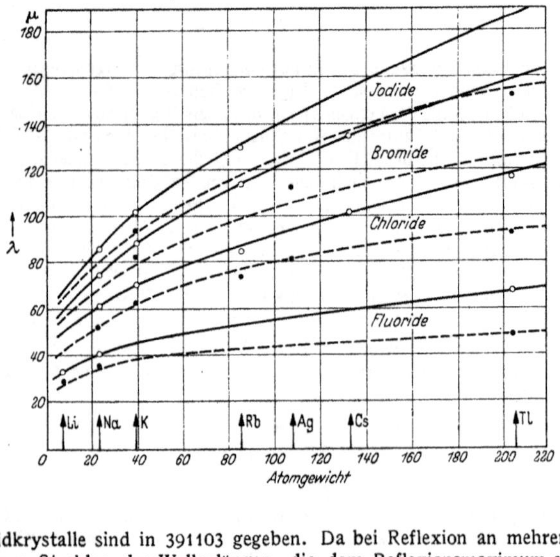

Halogenidkrystalle sind in 391103 gegeben. Da bei Reflexion an mehreren Flächen zuletzt nur Strahlen der Wellenlängen, die dem Reflexionsmaximum entsprechen, übrig bleiben, so kann man durch diese mehrfache Reflexion die Strahlung des Reflexionsmaximums isolieren, man bezeichnet sie als Reststrahlen.

39111 Feste Stoffe.

391111 Absorptionskoeffizient k, Brechungszahl n, Reflexionsvermögen R von Metallen.

k ist definiert durch die Gleichung $I = I_0 e^{-\frac{4\pi k d}{\lambda}}$; I_0 Intensität der senkrecht einfallenden Strahlung, I Intensität der Strahlung nach Durchgang durch die Schicht, deren in Richtung der Wellennormale gemessene Dicke d beträgt, λ Wellenlänge der Strahlung im Vakuum bzw. Luft. R ist in % der einfallenden Strahlung angegeben.

A. Reine Metalle.

Kalium, fest.

λ in Å	k	n	R	Bem.	λ in Å	k	n	R	Bem.
4720	1,00	0,070	86,9	1	5893	1,50	0,068	92,0	1
5030	1,22	0,061	—	3	6270	1,67	0,052	—	3
5461	1,29	0,060	91,4	2	6650	1,77	0,066	93,8	1
5520	1,53	0,049	—	3	6670	1,92	0,071	—	3
5890	1,88	0,048	—	3					

[1] Duncan, R. W. and R. C.: Physic. Rev. (2) 1, 306 (1913).
[2] Morgan, R.: Physic. Rev. (2) 20, 208 (1922).
[3] Meese, B.: Nachr. Ges. Wiss. Göttingen, Math.-physik. Kl. 1913, 530.

Natrium, fest.

λ in Å	k	n	R	Bem.	λ in Å	k	n	R	Bem.
4350	1,84	0,058	94,8	1	5461	2,22	0,047	96,9	2
4720	1,9	0,057	95,2	1	5893	2,42	0,044	97,1	1
5030	1,20	0,064	—	3	6650	2,80	0,051	97,7	1
5460	2,21	0,052	96,5	1					

[1] Duncan, R. W. and R. C.: Physic. Rev. (2) 1, 306 (1913).
[2] Morgan, R.: Physic. Rev. (2) 20, 208 (1922).
[3] Meese, B.: Nachr. Ges. Wiss. Göttingen, Math.-physik. Kl. 1913, 530.

Caesium, hinter Glas destilliert.

λ in Å	k	n	R	Bem.	λ in Å	k	n	R	Bem.
4550	0,86	0,362	44,2	1	5890	1,2	0,321	59,4	1
4890	0,92	0,339	48,5	1	6410	1,3	0,326	62,5	1
5400	1,1	0,326	56,5	1	6800	1,5	0,350	66,1	1

[1] Nathanson, I. B.: Physic. Rev. (2) 25, 75 (1925).

Magnesium*, massiv.

λ in Å	k	n	R	Bem.
5893	4,42	0,37	92,9	1
6300	4,60	0,40	93,5	1

[1] Drude, P.: Wied. Ann. 39, 481 (1890).

* Für Reflexionsvermögen vgl. 391112.

391111 (Fortsetzung).

Aluminium*, massiv.

λ in Å	k	n	R	Bem.	λ in Å	k	n	R	Bem.
4310	2,85	0,78	72,3	2	5890	5,23	1,44	82,7	1
4860	3,15	0,93	72,8	2	6300	5,44	1,62	82,4	1
5270	3,39	1,10	72,4	2	6560	3,92	1,48	72,6	2
5890	3,66	1,28	72,5	2					

[1] Drude, P.: Wied. Ann. **39**, 481 (1890).
[2] Quincke, G.: Pogg. Ann., Jubelbd. **1874**, 336.

Vanadium*, massiv.

λ in Å	k	n	R	Bem.	λ in Å	k	n	R	Bem.
4970	3,08	2,55	—	1	5890	3,13	2,90	—	1
5440	3,12	2,78	—	1	6380	3,21	3,06	—	1
5790	3,51	3,03	57,5	2	7070	3,23	3,14	—	1
5790	3,17	2,90	—	1					

[1] Fabiani, St.: Krak. Anz. (A) **1917**, 194—204.
[2] Wartenberg, H. v.: Verh. dtsch. physik. Ges. **12**, 105 (1910).

Tantal*, massiv.

λ in Å	k	n	R	Bem.	λ in Å	k	n	R	Bem.
4730	2,18	2,10	—	1	5790	2,14	2,17	—	1
4970	2,16	2,15	—	1	5890	2,16	2,18	—	1
5440	2,16	2,19	—	1	6380	2,23	2,10	—	1
5790	2,31	2,05	43,8	2	7070	2,40	1,95	—	1

[1] Fabiani, St.: Krak. Anz. (A) **1917**, 194.
[2] Wartenberg, H. v.: Verh. dtsch. physik. Ges. **12**, 105 (1910).

Chrom*, massiv.

λ in Å	k	n	R	Bem.	λ in Å	k	n	R	Bem.
2570	3,692	1,641	69,8	1	4440	4,443	2,363	71,8	1
2750	3,100	1,268	65,6	1	4680	4,626	2,466	70,4	1
2980	2,682	1,205	60,0	1	4800	4,745	2,654	71,0	1
3250	2,913	1,259	62,9	1	5020	4,553	2,928	67,6	1
3400	2,956	1,259	63,6	1	5080	4,699	3,063	68,2	1
3470	3,008	1,422	61,8	1	5330	4,850	3,452	68,0	1
3610	3,211	1,530	63,4	1	5790	4,85	2,97	69,7	2
3980	3,659	1,720	66,9	1	5880	4,520	3,591	65,5	1
4150	4,038	1,895	69,4	1	6680	4,302	3,281	64,4	1

[1] Fréedericksz, V.: Ann. Physik **34**, 784, 792 (1911).
[2] Wartenberg, H. v.: Verh. dtsch. physik. Ges. **12**, 105 (1910).

Wolfram*, massiv.

λ in Å	k	n	R	Bem.
5790	2,71	2,76	48,6	1
5893	3,25	3,46	54,5	2
6650	3,05	3,82	—	3

[1] Wartenberg, H. v.: Verh. dtsch. physik. Ges. **12**, 105 (1910).
[2] Littleton jr., I. T.: Physic. Rev. **35**, 306 (1912).
[3] Worthing, A. G.: Physic. Rev. (2) **25**, 588 (1925).

* Reflexionsvermögen vgl. 391112.

391111 (Fortsetzung).

Mangan*, massiv.

λ in Å	k	n	R	Bem.	λ in Å	k	n	R	Bem.
2570	1,186	0,661	36,5	1	4680	2,833	1,653	56,1	1
2740	1,270	0,762	35,3	1	4790	2,947	1,685	57,6	1
2970	1,588	1,005	37,1	1	5070	3,268	1,835	60,4	1
3250	1,758	1,026	42,9	1	5320	3,267	1,846	60,4	1
3400	1,794	1,023	44,0	1	5790	3,89	2,49	63,5	3
3470	1,934	1,102	45,8	1	5880	3,753	2,246	63,5	1
3600	2,078	1,159	48,3	1	5893	3,88	2,41	64,0	2
3970	2,362	1,293	52,3	1	6250	3,878	2,225	64,0	1
4140	2,495	1,390	53,4	1	6680	4,050	2,619	64,5	1
4390	2,749	1,535	56,1	1					

[1] Fréedericksz, P.: Ann. Physik. **34**, 784 (1911). — [2] Littleton jr., I. T.: Physic. Rev. **33**, 453 (1911). — [3] Wartenberg, H. v.: Verh. dtsch. physik. Ges. **12**, 105 (1910).

Eisen*, galvanisch zerstäubt.

λ in Å	k	n	R	Bem.	λ in Å	k	n	R	Bem.
2573	0,88	1,01	16,2	1	4413	1,37	1,28	27,7	1
2749	0,80	0,95	14,4	1	4678	1,45	1,34	29,2	1
2981	0,83	0,92	16,0	1	508	1,50	1,38	30,2	1
3255	0,91	0,99	17,4	1	5893	1,63	1,51	32,6	1
3611	1,10	1,04	22,4	1	668	1,84	1,70	36,2	1
3982	1,29	1,17	26,7	1					

[1] Meier, W.: Ann. Physik (4) **31**, 1017 (1910).

Kobalt*, massiv.

λ in Å	k	n	R	Bem.	λ in Å	k	n	R	Bem.
2313	1,43	1,10	31,8	1	5893	4,04	2,12	67,5	1
2573	1,81	1,25	39,7	1	7500	4,85	2,71	71,0	2
2749	2,14	1,41	45,7	1	8700	5,37	3,18	72,5	2
2981	2,33	1,50	48,7	1	10000	5,73	3,63	73,3	2
3467	2,47	1,54	51,1	1	12500	6,30	4,50	74,3	2
3950	2,91	1,63	57,7	1	15000	6,73	5,22	75,1	2
4500	3,42	1,79	63,3	1	17500	6,81	5,53	75,1	2
5000	3,71	1,93	65,5	1	20000	6,95	5,65	75,7	2
5500	3,90	2,05	66,6	1	22500	7,18	5,65	76,5	2

[1] Minor, R. S.: Ann. Physik (4) **10**, 581 (1903).
[2] Ingersoll, L. R.: Astrophysic. J. **32**, 282 (1910).

Nickel*, massiv (m) und niedergeschlagen (n).

λ in Å	k	n	R	Bem.	λ in Å	k	n	R	Bem.
2573	1,24	0,87	30,7	2 n	6500	3,93	1,91	67,8	1 m
2749	1,64	1,12	37,6	2 n	6680	3,80	1,74	68,3	2 n
2981	1,82	1,31	39,4	2 n	7500	4,36	2,19	69,6	1 m
3255	1,87	1,32	40,4	2 n	8700	4,80	2,45	71,7	1 m
3611	1,87	1,28	41,2	2 n	10000	5,26	2,63	74,1	1 m
3982	2,34	1,37	50,6	2 n	12500	6,15	2,92	78,0	1 m
4410	2,69	1,46	56,1	2 n	15000	7,00	3,21	80,6	1 m
4678	2,88	1,44	59,6	2 n	17500	7,76	3,45	82,7	1 m
5080	3,10	1,50	62,1	2 n	20000	8,54	3,70	84,4	1 m
5893	3,42	1,58	65,5	2 n	22500	9,20	3,95	85,3	1 m

[1] Ingersoll, L. R.: Astrophysic. J. **32**, 282 (1910).
[2] Meier, W.: Ann. Physik (4) **31**, 1017 (1910).

* Reflexionsvermögen vgl. 391112.

391111 (Fortsetzung).

Rhodium *, massiv.

λ in Å	k	n	R	Bem.
5790	4,67	1,54	78,3	[1]
6600	5,31	1,81	79,7	[1]

[1] Wartenberg, H. v.: Verh. dtsch. physik. Ges. **12**, 105 (1910).

Iridium *, massiv (m) und niedergeschlagen (n).

λ in Å	k	n	R	Bem.	λ in Å	k	n	R	Bem.
5790	4,87	2,13	74,6	[2] m	27700	9,36	6,55	82,0	[1] n
6600	5,05	2,40	74,1	[2] m	33600	11,28	8,80	83,5	[1] n
8600	5,35	3,28	71,5	[1] n	46000	14,61	12,28	87,5	[1] n
11600	6,86	4,26	77,5	[1] n					

[1] Försterling, K. u. V. Fréedericksz: Ann. Physik **40**, 201 (1913).
[2] Wartenberg, H. v.: Verh. dtsch. physik. Ges. **12**, 105 (1910).

Platin *, niedergeschlagen.

λ in Å	k	n	R	Bem.	λ in Å	k	n	R	Bem.
2749	1,96	1,29	43,1	[1]	5893	3,54	2,63	59,0	[1]
2981	2,14	1,28	47,6	[1]	6680	3,66	2,91	59,4	[1]
3255	2,19	1,28	48,9	[1]	10000	6,3	3,42	77	[2]
3611	2,43	1,38	52,4	[1]	15200	8,3	4,71	81	[2]
3982	2,97	1,74	57,5	[1]	19700	9,8	5,92	83	[2]
4413	3,16	1,94	58,4	[1]	32900	12,2	7,50	86	[2]
4678	3,29	2,09	58,9	[1]	46500	15,5	10,9	89	[2]
5080	3,39	2,29	58,9	[1]					

[1] Meier, W.: Ann. Physik (4) **31**, 1017 (1910).
[2] Försterling, K. u. V. Fréedericksz: Ann. Physik. **40**, 201 (1913).

Kupfer *, massiv (m) und niedergeschlagen (n).

λ in Å	k	n	R	Bem.	λ in Å	k	n	R	Bem.
2313	1,46	1,39	29,0	[2] m	5893	2,63	0,62	74,1	[2] m
2536	0,80	1,96	25	[1] n	6300	3,01	0,56	80,5	[2] m
2573	1,42	1,40	27,9	[2] n	6500	3,26	0,44	86,2	[4] m
2967	0,83	1,80	28	[1] n	8100	4,2	0,43	92	[3] n
2981	1,32	1,26	26,4	[2] m	8700	3,85	0,35	91,5	[4] m
3025	0,87	1,75	29	[1] n	10300	5,6	0,43	94,5	[3] n
3129	0,91	1,71	30	[1] n	12500	7,28	0,56	95,8	[4] m
3467	1,47	1,19	31,5	[2] m	12700	7,1	0,37	95,5	[3] n
3656	1,17	1,58	37	[1] n	15300	8,0	0,53	95,6	[3] n
3950	1,76	1,17	40,1	[2] m	17500	9,46	0,83	96,4	[4] m
4047	1,66	1,09	43	[1] n	17700	9,5	0,73	97,0	[3] n
4349	1,87	1,20	51	[1] n	22500	11,7	1,03	97,1	[4] m
4500	2,15	1,13	50,5	[2] m	22800	11,4	0,68	97,8	[3] n
5000	2,34	1,10	55,5	[2] m	30500	14,6	0,90	98,0	[3] n
5350	2,28	1,00	56,2	[2] m	32500	16,4	1,08	98,2	[3] n
5461	3,19	0,74	65	[1] n	35900	18,9	1,39	98,7	[3] n
5500	2,23	0,89	58,4	[2] m	42000	22,8	1,92	98,7	[3] n
5750	2,43	0,65	70,2	[2] m					

[1] Malsch, I.: Ann. Physik (5) **7**, 360 (1930). — [2] Minor, R. S.: Ann. Physik (4) **10**, 581 (1903). — [3] Försterling, K. u. V. Fréedericksz: Ann. Physik **40**, 202 (1913). — [4] Ingersoll, L. R.: Astrophysic. J. **32**, 282 (1910).

* Reflexionsvermögen vgl. 391112.

391111 (Fortsetzung).

Silber*, massiv (m) und niedergeschlagen (n).

λ in Å	k	n	R	Bem.	λ in Å	k	n	R	Bem.
2263	1,11	1,41	18,4	[1] m	3460	1,10	0,22	67,5	[1] m
2313	1,11	1,43	19,9	[1] m	3610	1,45	0,20	77,4	[1] m
2500	1,32	1,49	25,0	[1] m	3950	1,91	0,16	87,1	[1] m
2573	1,29	1,53	24,1	[1] m	4500	2,39	0,16	91,7	[1] m
2749	1,28	1,49	24,0	[1] m	5000	2,94	0,17	93,2	[1] m
2930	0,97	1,57	16,7	[1] m	5500	3,31	0,18	94,2	[1] m
2981	0,91	1,56	15,4	[1] m	5893	3,64	0,18	95,0	[1] m
3030	0,77	1,54	12,6	[1] m	6500	4,34	0,154	96,9	[2] n
3060	0,70	1,53	11,1	[1] m	6500	3,42	0,19	94	[3] n
3090	0,60	1,49	9,1	[1] m	7500	5,16	0,168	97,4	[2] n
3110	0,52	1,44	7,6	[1] m	7500	4,57	0,16	98	[3] n
3140	0,44	1,26	4,9	[1] m	8700	6,07	0,203	97,8	[2] n
3160	0,43	1,13	4,2	[1] m	11500	7,18	0,23	98	[3] n
3180	0,43	1,02	4,4	[1] m	12500	8,88	0,37	98,2	[2] n
3200	0,42	0,91	4,7	[1] m	14700	8,85	0,36	98	[3] n
3220	0,40	0,83	5,4	[1] m	20000	13,7	0,68	98,5	[2] n
3240	0,42	0,76	7,0	[1] m	21000	14,3	1,00	98	[3] n
3260	0,42	0,69	9,1	[1] m	22500	15,4	0,77	98,6	[2] n
3280	0,45	0,61	12,7	[1] m	28900	19,0	1,39	98,5	[3] n
3290	0,56	0,52	16,8	[1] m	33800	22,9	2,06	98,5	[2] n
3320	0,65	0,40	32,5	[1] m	40400	28,8	2,98	99,5	[3] n
3360	0,82	0,26	54,6	[1] m					

[1] Minor, R. S.: Ann. Physik (4) **10**, 581 (1903).
[2] Ingersoll, L. R.: Astroph. J. **32**, 282 (1910).
[3] Försterling, K. u. V. Fréedericksz: Ann. Physik **40**, 201 (1913).

Gold*, niedergeschlagen.

λ in Å	k	n	R	Bem.	λ in Å	k	n	R	Bem.
2540	1,44	1,47	28,3	2	5460	3,60	0,59	84,7	2
2573	1,14	0,92	27,6	1	5780	2,99	0,46	83,5	2
2749	1,27	1,06	27,5	1	5893	2,83	0,47	81,5	1
2810	1,56	1,62	30,3	2	6000	3,239	—	79,2	1
2981	1,37	1,10	30,4	1	6300	3,31	0,31	90,3	3
3130	1,53	1,82	29,4	2	6700	5,1	0,28	95,5	4
3255	1,63	1,26	35,1	1	8700	5,4	0,21	97,0	4
3611	1,75	1,30	37,7	1	10700	7,1	0,25	98,0	4
3660	1,24	1,45	23,0	2	14100	9,4	0,36	98,6	4
3982	1,81	1,29	39,4	1	16900	11,4	0,40	98,6	4
4060	1,54	1,20	33,5	2	21100	14,3	0,50	99,0	4
4360	1,69	1,01	41,5	2	28700	16,5	0,73	99,0	4
4413	1,85	1,18	42,3	1	31400	18,9	0,80	99,2	4
4678	1,83	1,10	43,2	1	41300	28,8	1,60	99,2	4
5080	2,08	0,91	57,4	1	48300	33,0	1,83	99,3	4

[1] Meier, W.: Ann. Physik (4) **31**, 1017 (1910); Diss. Göttingen 1910.
[2] Pfestorf, G.: Ann. Physik (4) **81**, 906 (1926).
[3] Laue, M. v. u. F. F. Martens: Verh. dtsch. physik. Ges. **9**, 522 (1907). — Physik. Z. **8**, 853 (1907).
[4] Försterling, K. u. V. Fréedericksz: Ann. Physik **40**, 201 (1913).

* Reflexionsvermögen vgl. 391112.

391111 (Fortsetzung).

Zink*, massiv.

λ in Å	k	n	R	Bem.	λ in Å	k	n	R	Bem.
2573	0,61	0,55	20,5	1	4678	4,49	1,05	74,3	1
2749	1,17	0,46	47,6	1	4860	3,90	0,91	80,7	2
2981	1,60	0,47	60,2	1	5080	4,10	1,41	75,1	1
3255	2,23	0,60	68,2	1	5270	4,28	1,16	79,8	2
3611	2,61	0,72	70,5	1	5893	4,81	1,72	77,5	2
3982	2,92	0,85	71,6	1	5893	4,66	1,93	74,5	1
4310	3,30	0,67	80,5	2	6560	5,55	2,46	77,1	2
4413	3,18	0,93	73,2	1	6680	5,08	2,62	73,1	1

[1] Meier, W.: Ann. Physik (4) **31**, 1017 (1910).
[2] Quincke, G.: Pogg. Ann., Jubelbd. **1874**, 336.

Cadmium*, massiv.

λ in Å	k	n	R	Bem.
5890	5,01	1,13	84,7	1
6300	5,31	1,31	84,5	1

[1] Drude, P.: Wied. Ann. **39**, 481 (1890).

Quecksilber, flüssig.

λ in Å	k	n	R	Bem.	λ in Å	k	n	R	Bem.
2570	1,789	0,608	57,9	1	4413	3,424	1,011	74,2	2
2750	1,875	0,619	59,6	1	4678	3,684	1,149	74,7	2
2980	2,006	0,647	61,7	1	5080	3,916	1,312	74,6	2
3022	2,25	0,55	69,7	3	5892	5,05	1,57	79,6	4
3130	2,53	0,44	78,9	3	5893	4,406	1,624	75,3	2
3255	2,257	0,676	65,7	2	5893	4,96	1,73	78,4	5
3611	2,717	0,774	70,6	2	6300	5,20	1,87	78,9	5
3650	2,97	0,64	77,7	3	6300	4,697	1,719	76,7	2
3982	3,166	0,921	73,1	2	6370	5,399	2,076	76,7	6
4047	3,40	0,79	78,5	3	6690	5,614	2,248	76,7	6
4358	3,47	0,88	77,1	3					

[1] Erochin, P.: Ann. Physik **39**, 213 (1912). — [2] Meier, W.: Ann. Physik (4) **31**, 1017 (1910).
[3] O'Brien, Brian: Physic. Rev. (2) **27**, 93 (1926). — [4] Wheeler, L. P.: Sill. J. **35**, 491 (1913).
[5] Drude, P.: Wied. Ann. **39**, 481 (1890). — [6] Reeser, C. A.: Physica **2**, 135 (1922).

Zinn*, massiv.

λ in Å	k	n	R	Bem.	λ in Å	k	n	R	Bem.
2570	3,333	1,117	71,4	1	4800	3,318	0,709	79,6	1
2750	3,308	1,119	71,0	1	4860	2,77	0,97	66,5	2
2980	2,762	1,037	64,8	1	5020	3,575	0,780	80,4	1
3250	2,396	0,980	59,4	1	5270	2,92	1,04	67,8	2
3470	2,227	1,012	55,2	1	5330	3,922	0,889	81,2	1
3610	1,931	0,905	50,8	1	5880	4,512	1,121	82,0	1
3980	1,906	0,676	57,8	1	5893	3,47	1,28	70,3	2
4250	2,487	0,701	69,2	1	6200	4,789	1,249	82,1	1
4310	2,05	0,96	52,3	2	6560	3,93	1,58	71,4	2
4470	2,911	0,722	74,8	1	6680	5,007	1,418	81,7	1
4680	3,124	0,703	77,7	1					

[1] Erochin, P.: Ann. Physik **39**, 213 (1912).
[2] Quincke, G.: Pogg. Ann., Jubelbd. **1874**, 336

* Reflexionsvermögen vgl. 391112

391111 (Fortsetzung)

Blei*, massiv.

λ in Å	k	n	R	Bem.
5890	3,48	2,01	62,1	1
6300	3,43	1,97	62,2	1

[1] Drude, P.: Wied. Ann. **39**, 481 (1890).

Antimon*, massiv.

λ in Å	k	n	R	Bem.	λ in Å	k	n	R	Bem.
4310	3,13	1,16	66	2	5890	4,94	3,04	70	1
4860	3,84	1,47	72	2	6300	4,94	3,17	70	1
5270	4,17	1,87	70,8	2	6560	4,44	3,08	66,2	2
5890	4,51	2,43	70,4	2					

[1] Drude, P.: Wied. Ann. **39**, 481 (1890).
[2] Quincke, G.: Pogg. Ann., Jubelbd. **1870**, 336.

Wismut*, massiv.

λ in Å	k	n	R	Bem.	λ in Å	k	n	R	Bem
2573	1,00	0,99	20,1	2	4860	2,72	1,14	62,0	3
2749	1,14	0,99	24,8	2	5080	2,54	1,55	52,2	2
2981	1,33	0,97	31,2	2	5270	2,96	1,21	64,6	3
3255	1,49	0,98	36,0	2	5893	3,66	1,90	65,2	1
3611	1,79	1,09	42,5	2	5893	2,80	1,73	54,3	2
3982	2,09	1,26	46,7	2	6300	3,93	2,07	66,9	1
4310	2,41	1,03	58,5	3	6560	3,88	1,59	70,8	3
4413	2,26	1,38	48,9	2	6680	3,09	1,96	57,2	2
4678	2,42	1,47	50,8	2					

[1] Drude, P.: Wied. Ann. **39**, 481 (1890).
[2] Meier, W.: Ann. Physik (4) **31**, 1017 (1910).
[3] Quincke, G.: Pogg. Ann., Jubelbd. **1874**, 336.

B. Legierungen.

Reflexionsvermögen[1] R von Al-Mg.

λ in Å	Al	95% Al 5% Mg	80% Al 20% Mg	Al_3Mg_2	Al_2Mg_3	30% Al 70% Mg	Mg
2350	41,3	42,0	43,3	52,0	64,2	28,6	23,2
2537	48,2	49,7	52,1	64,6	72,3	41,3	32,8
2650	52,3	53,2	54,7	72,4	74,0	44,4	35,0
2970	66,2	66,8	68,6	76,7	80,4	48,0	38,6
3125	67,9	68,9	72,7	78,1	82,0	52,5	40,1
3340	72,2	72,7	74,3	81,8	80,5	55,3	43,2
3660	71,2	72,5	74,0	81,0	86,6	63,5	52,1
4355	75,9	75,4	77,6	84,3	85,0	69,9	64,3
5460	78,0	78,8	82,7	84,4	85,1	74,0	72,5
5780	78,1	78,9	82,5	84,5	85,1	76,6	72,6

[1] Wulff, I.: J. opt. Soc. Amer. **24**, 223 (1934).

---

* Reflexionsvermögen vgl. 391112.

391111 (Fortsetzung).

Reflexionsvermögen R von Magnalium.

λ	R	Bemerkung	λ	R	Bemerkung
2540	43,6	1	3650	67,2	1
2650	47,3	1	3740	70,2	1
2970	54,5	1	3820	67,8	1
3120	58,2	1	3900	72,0	1
3240	60,8	1	3980	70,0	1
3340	64,5	1	4060	72,2	1
3440	61,5	1	4350	75,4	1
3550	65,1	1	5460	85,1	1

[1] Fragstein, K. v.: Ann. Physik (5) **17**, I (1933).

Absorptionskoeffizient k, Brechungszahl n und Reflexionsvermögen R von Aluminium-Kupfer.

Vol-% Al	λ in Å	k	n	R	Bem.
19	5893	2,94	0,795	72,3	1
36,4	5893	3,38	1,32	68,5	1
51,36	5893	3,19	1,97	55,1	1
57,8	5893	3,55	2,24	60,8	1
76	5893	3,95	1,68	70,5	1

[1] Littleton jr., I. T.: Physic. Rev. **33**, 453—466 (1911).

Reflexionsvermögen[1] R von Al-Ag.

λ in Å	Al	94% Al 6% Ag	90% Al 10% Ag	72% Al 28% Ag	32% Al 68% Ag	$AlAg_2$	Ag
2350	41,3	49,2	49,8	53,0	41,8	25,9	20,0
2537	48,2	62,7	65,4	68,2	48,2	30,1	27,9
2650	52,3	65,0	68,3	71,9	52,1	33,8	26,2
2970	66,2	68,1	72,0	78,6	54,9	32,7	11,9
3125	67,9	72,8	80,3	82,1	57,8	36,2	6,1
3340	72,2	79,2	76,0	85,0	60,1	50,1	32,5
3660	74,0	80,1	87,1	86,9	68,0	64,8	76,0
4060	71,2	82,3	87,0	87,8	70,2	69,2	81,9
4355	75,9	84,2	87,3	88,0	74,0	71,1	83,0
5460	78,0	84,0	88,0	88,2	75,9	72,0	88,7
5780	78,1	83,2	87,5	88,0	76,0	71,9	89,0

[1] Wulff, I.: J. opt. Soc. Amer. **24**, 223 (1934).

Reflexionsvermögen[1] R von Al-Si.

λ in Å	Al	98% Al 2% Si	94% Al 6% Si	88% Al 12% Si	80% Al 20% Si	Si
2350	41,3	48,2	54,1	56,2	56,8	62,3
2537	48,2	52,4	56,0	56,1	58,4	60,1
2650	52,3	58,6	59,8	60,0	58,9	64,2
2930	66,2	66,5	66,2	64,3	58,7	64,0
3125	67,9	70,0	66,0	64,5	59,6	58,7
3340	72,2	72,7	69,3	64,7	62,3	52,8
3660	74,0	72,3	70,2	68,2	60,1	45,6
4060	71,2	72,4	70,3	70,1	60,5	32,2
4355	75,9	76,7	73,8	72,0	59,0	30,1
5460	78,0	78,0	78,0	73,0	60,2	28,3
5780	78,1	77,9	77,8	73,4	64,4	29,4

[1] Wulff, I.: J. opt. Soc. Amer. **24**, 223 (1934).

391111 (Fortsetzung).

Reflexionsvermögen R der Hochheimschen Legierung.

λ in Å	R	Bem.	λ in Å	R	Bem.	λ in Å	R	Bem.
1860	58	1	2650	66,9	1	3590	92,2	3
1900	64	1	2650	80,0	3	3650	90,5	2
1970	57	1	2730	74	1	3650	93,9	3
2030	52	1	2800	67,3	1	3900	94,5	3
2100	51	1	2880	58,2	1	4060	87,7	2
2160	58	1	3120	93,2	2	4060	95,3	3
2240	67	1	3120	89,5	3	4100	94,5	3
2350	72,7	3	3130	77,8	1	4350	88,6	2
2400	69,5	1	3220	88,7	3	4350	94,3	3
2540	73,5	1	3360	91,6	3	5460	88,3	2
2540	93,2	2	3420	91,8	3	5460	98,7	3
2540	76,3	3	3500	91,6	3			

[1] Hluika, F.: Z. Physik **96**, 230 (1935).
[2] Fragstein, K. v.: Ann. Physik (5) **17**, 1 (1933). — Frischer Spiegel I.
[3] Fragstein, K. v.: Ann. Physik (5) **17**, 1 (1933). — Frischer Spiegel II.

Absorptionskoeffizient k, Brechungszahl n und Reflexionsvermögen R von Stahl.

λ in Å	k	n	R	Bem.	λ in Å	k	n	R	Bem.
2540	2,03	1,47	42,5	1	3660	2,85	1,74	57,0	1
2670	2,13	1,49	44,4	1	4060	3,23	1,81	60,6	1
2810	2,24	1,43	47,7	1	4360	3,51	1,96	63,0	1
3130	2,48	1,47	52,1	1	5460	4,16	2,42	66,6	1
3350	2,67	1,61	53,8	1	5780	4,27	2,70	66,1	1

[1] Pfestorf, G.: Ann. Physik (4) **81**, 906 (1926).

Absorptionskoeffizient k, Brechungszahl n und Reflexionsvermögen R von Eisen-Nickel.

Vol-% Fe	λ in Å	k	n	R	Bem.
27,0	5893	3,50	2,01	62,0	1
55,8	5893	3,52	2,16	60,9	1
67,0	5893	3,35	2,23	60,1	1
74,2	5893	3,42	2,25	59,4	1
77,2	5893	3,41	2,30	58,8	1
80,02	5893	3,40	2,31	58,8	1
93,77	5893	3,34	2,38	58,3	1
98,30	5893	3,44	2,44	58,8	

[1] Littleton jr., I. T.: Physic. Rev. **33**, 453—466 (1911).

Reflexionsvermögen R von KWDV-Chromnickelstahl, vergütet.
0,23% C; 0,23% Si; 0,50% Mn; 0,01% P; 0,028% S; 2,75% Ni; 0,78% Cr.

λ in Å	R	Bem.	λ in Å	R	Bem.	λ in Å	R	Bem.
2350	35,2	2	3650	50,5	2	4600	57,1	2
2540	37,8	2	3740	52,7	2	5000	56,7	2
2650	40,6	2	3820	51,0	2	5400	56,1	2
2970	44,2	2	3900	50,6	2	5460	59,0	1
3120	46,5	2	3980	52,5	2	5770	58,6	1
3240	47,7	2	4060	54,5	2	5800	55,8	2
3340	46,9	2	4200	57,1	2	6200	56,6	2
3440	47,9	2	4350	56,8	2	6600	58,1	2
3550	50,7	2	4350	57,5	1	7000	57,6	2

[1] Dlugosch, G.: Angegeben auf S. 2 der Arbeit von Fragstein (Anm. 2).
[2] Fragstein, K. v.: Ann. Physik (5) **17**, I (1933).

391111 (Fortsetzung).

Reflexionsvermögen R von MCC-rostbeständigem Spiegelstahl, gewalzt.

0,55% C; 0,49% Si; 0,27% Mn; 0,015% P; 0,007% S; 0,26% Ni; 13,44% Cr

λ in Å	R	Bem.	λ in Å	R	Bem.	λ in Å	R	Bem.
4200	59,2	2	5400	59,8	2	6200	60,0	
4350	62,1	1	5460	61,9	1	6600	60,7	2
4600	60,4	2	5790	61,9	1	7000	59,7	2
5000	59,6	2	5800	60,0	2			

[1] Dlugosch, G.: Angegeben auf S. 2 der Arbeit von Fragstein (Anm. 2).
[2] Fragstein, K. v.: Ann. Physik (5) **7**, I (1933).

Reflexionsvermögen R von Chromnickeleinsatzstahl, gewalzt.

0,09% C; 0,24% Si; 0,53% Mn; 0,017% P; 0,025% S; 2,36% Ni; 0,53% Cr.

λ in Å	R	Bem.	λ in Å	R	Bem.	λ in Å	R	Bem.
4200	54,2	2	5400	54,4	2	6200	55,2	2
4350	58,2	1	5460	58,2	1	6600	56,4	2
4600	54,3	2	5790	58,6	1	7000	56,0	2
5000	54,0	2	5800	55,0	2			

[1] Dlugosch, G.: Angegeben auf S. 2 der Arbeit von Fragstein (Anm. 2).
[2] Fragstein, K. v.: Ann. Physik (5) **17**, I (1933).

Absorptionskoeffizient k, Brechungszahl n und Reflexionsvermögen R von Kupfer-Nickel.

% Ni	λ in Å	k	n	R	Bem.
25	5893	3,32	1,55	64,0	1
25	5893	3,46	1,61	66,6	2
40	5893	3,08	2,09	56,2	2
50	5893	3,61	2,33	61,0	2
60	5893	3,29	2,12	58,7	2
75	5893	3,15	2,01	57,7	2

[1] (Gew.-%) Drude, P.: Wied. Ann. **39**, 481—554 (1890).
[2] (Vol.-%) Littleton jr., I. T.: Physic. Rev. **33**, 453—466 (1911).

391112 Übersicht über das Reflexionsvermögen von Metallen

in Abhängigkeit von der Wellenlänge (λ in μ) (in Prozenten der senkrecht einfallenden Strahlung ausgedrückt).

Anordnung: Be, Mg, Al;
Ti, Zr, Mn;
V, Ta, Cr, Mo, W, C (Graphit);
Fe, Co, Ni;
Rh, Pd, Ir, Pt, Cu, Ag, Au;
Zn, Cd, Sn, Pb;
Se, Te, Sb, Bi.

Werte im UV meist von Georg B. Sabine: Physic. Rev. **55**, 1064 (1939).
Werte im UR meist nach Arbeiten von W. W. Coblentz: Landolt-Börnstein, Tabelle 165.

391.12 Reflexionsvermögen.

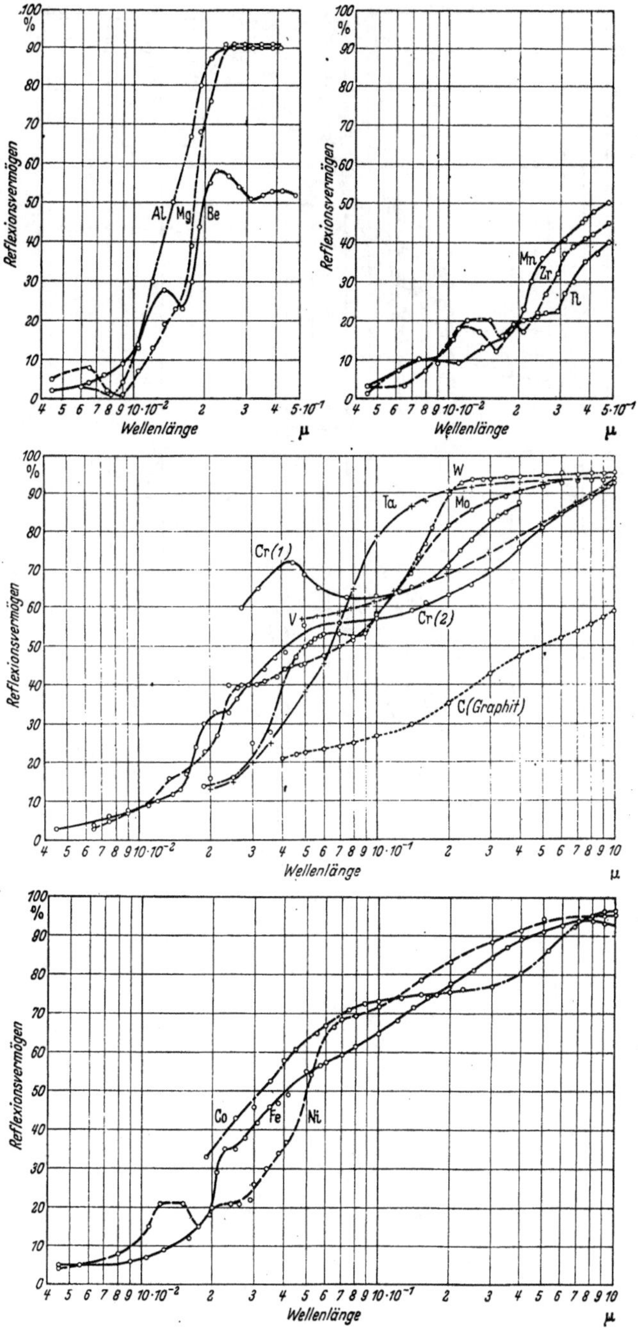

391112 Reflexionsvermögen.

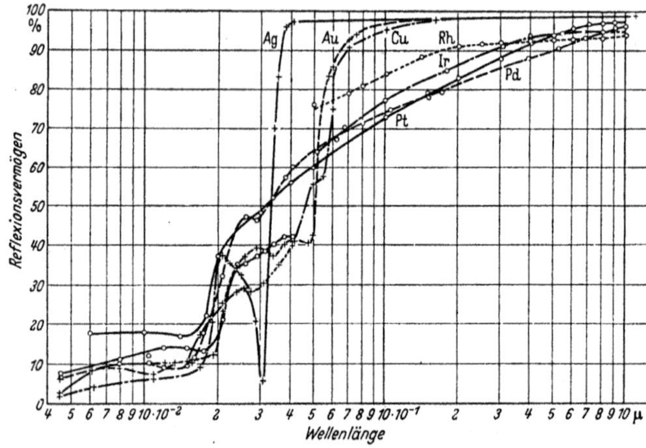

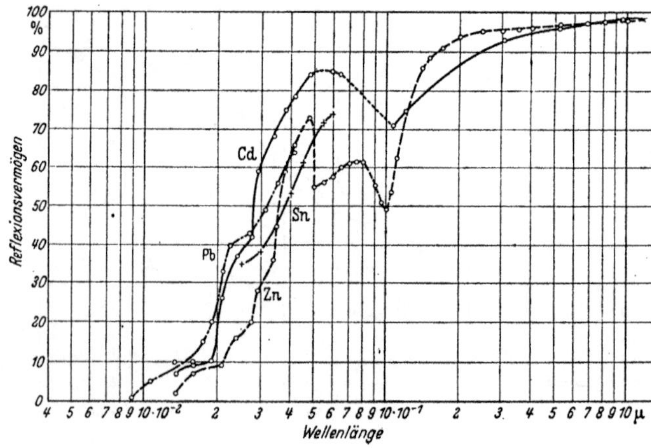

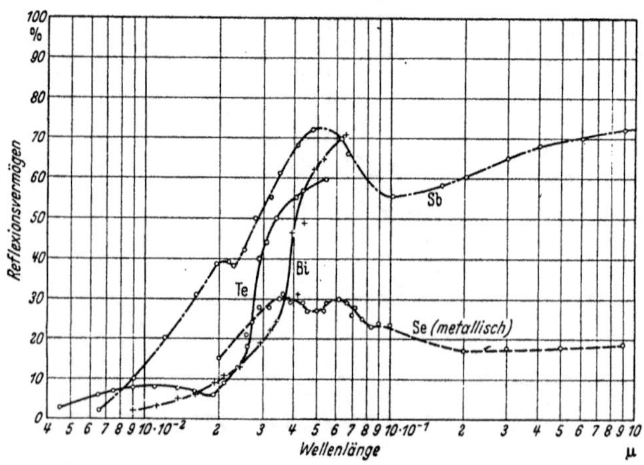

391113 Brechungszahl (n) von optischen Werkstoffen gegen Luft bei 20° C für verschiedene Wellenlängen.

Brechungszahlen von Krystallen s. 3112, von Mineralien s. 3113, von Glas s. 531351.

λ in μ	Quarz ord. Strahl ⊥ Achse	Flußspat	Steinsalz[1]	Sylvin	Kalkspat ord. Strahl	Kalkspat a.ord. Str.
0,19	1,66632	1,50500	1,85343	1,78373	—	—
0,20	1,64932	1,49531	1,79073	1,71904	1,9028	1,5765
0,22	1,62441	1,48119	1,71591	1,64593	1,8260	1,5537
0,24	1,60740	1,47133	1,67197	1,60474	1,7870	1,5392
0,26	1,59473	1,46397	1,64294	1,57812	1,7588	1,5288
0,28	1,58522	1,45841	1,62239	1,55953	1,7370	1,5207
0,30	1,57793	1,45400	1,60714	1,54585	1,7210	1,5140
0,35	1,56544	1,44658	1,58232	1,52378	1,6960	1,5039
0,40	1,557715	1,441857	1,56769	1,51086	1,6820	1,4973
0,50	1,548741	1,436491	1,55175	1,49680	1,6662	1,4898
0,589	1,5442202	1,4338303	1,544258	1,490288	1,65835	1,4864
0,70	1,540635	1,431789	1,53881	1,48551	1,6518	1,4836
0,80	1,538376	1,430563	1,53575	1,48285	1,6480	1,4822
0,90	1,536583	1,429651	1,53366	1,48103	1,6454	1,4810
1,00	1,535050	1,428923	1,53216	1,47973	1,6430	1,4802
1,20	1,532340	1,427760	1,53016	1,47802	1,6390	1,4787
1,40	1,529742	1,426772	1,52888	1,47696	1,6358	1,4777
1,60	1,527047	1,425833	1,52798	1,47622	1,6318	1,4770
1,80	1,524145	1,424885	1,52728	1,47567	—	1,4761
2,00	1,520972	1,423895	1,52670	1,47523	—	1,4753
2,30	1,515610	1,422294	1,52594	1,47469	—	1,4747
2,60	1,50986	1,420525	1,52525	1,47421	—	1,4745
3,00	1,49953	1,41793	1,52434	1,47363	—	1,4742
3,50	1,48451	1,41412	1,52317	1,47291		
4,00	1,46617	1,40971	1,52190	1,47215		
4,50	—	1,40469	1,52051	1,47133		
5,00	—	1,39901	1,51899	1,47044		
6,00	—	1,38562	1,51548	1,46843		
7,00	—	1,36932	1,51135	1,46606		
8,00	—	1,34988	1,50655	1,46331		
9,00	—	1,32685	1,50105	1,46018		
10,00	—	—	1,49482	1,45664		
11,00	—	—	1,48783	1,45266		
12,00	—	—	1,48004	1,44824		
13,00	—	—	1,47141	1,44335		
14,00	—	—	1,46189	1,43796		
15,00	—	—	1,45145	1,43204		
16,00	—	—	1,44001	1,42555		
17,00	—	—	1,42753	1,41847		
18,00	—	—	1,41393	1,41075		
19,00	—	—	1,39914	1,4026		
20,00	—	—	1,38307	1,3938		
21,00	—	—	1,36563	1,3844		
22,00	—	—	—	1,3742		
23,00	—	—	—	1,3632		

λ in μ	Lithium-fluorid
0,20	1,4403
0,22	1,4295
0,24	1,4202
0,26	1,4155
0,28	1,4119
0,30	1,4087
0,35	1,4025
0,40	1,3987
0,50	1,3941
0,589	1,3915

[1] Siehe auch 391114.

Mittlerer Temperaturkoeffizient der Brechungszahl.

Es ist $\frac{n_{\vartheta_2} - n_{\vartheta_1}}{\vartheta_2 - \vartheta_1} \cdot 10^5$ für D = 0,589 μ für die Mitteltemperatur $\vartheta_m = \frac{\vartheta_1 + \vartheta_2}{2}$ von ~61° C angegeben.

Wellenlänge in μ \ Stoff	Quarz	Flußspat	Steinsalz	Kalkspat (ω)	Kalkspat (ε
0,589	−0,539	−1,089	−3,622	+ 0,240	+ 1,213

391114 Brechungszahl n von Steinsalz.

λ in μ	n	λ in μ	n	λ in μ	n
70	4,2	85	2,95	160	2,58
72	3,8	90	2,85	180	2,55
74	3,52	100	2,73	200	2,52
76	3,35	110	2,6	220	2,51
78	3,2	120	2,5	240	2,5
80	3,1	150	2,6	—	—

391115 Dispersionskurven des festen Cyanins und Fuchsins.

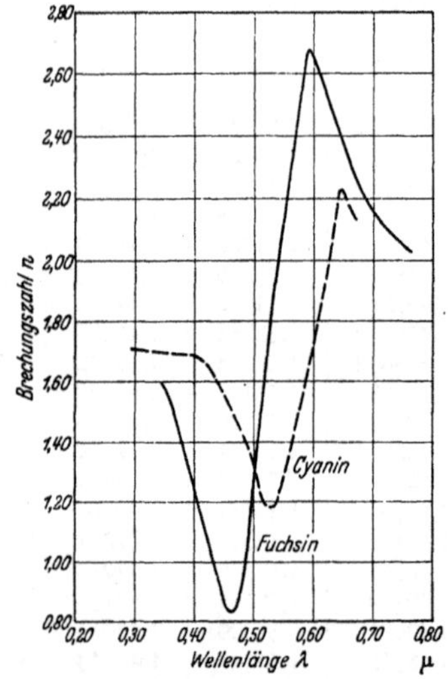

391116 Brechungszahl N für Röntgenstrahlen
gegen Vakuum in Abhängigkeit von der Wellenlänge.

Es ist angegeben $1 - N = \mu$; N = Brechungszahl.

Stoff	Strahlung	λ in X	$\mu \cdot 10^6$	Stoff	Strahlung	λ in X	$\mu \cdot 10^6$
Gips . . .	$CuK\alpha_4$	1537,395	7,66	Kronglas .	$WL\beta_1$	—	4,2
	$FeK\alpha_1$	1932,066	12,44	Pyrit . . .	$MoK\beta_1$	631,02	2,87
Glas . . .	$MoK\alpha_1$	707,717	1,67		$MoK\alpha_1$	707,717	3,35
Glimmer .	$CuK\alpha_1$	1537,395	8,94		$CuK\beta_1$	1389,15	13,2
	$VK\alpha_1$	2498,80	24,6		$CuK\alpha_1$	1537,2	17,6
	$SnL\beta_1$	3378,58	46,4	Quarz . .	$CuK\beta_1$	1389,3	6,96
	$KK\beta_1$	3447,40	49,1		$VK\alpha$	2500,0	22,89
	$MoL\beta_1$	5166	103		$KK\alpha$	3735	51,77
	$LiK\alpha$	7109	142		$SK\alpha$	5362	104,1
	$AlK\alpha$	8319	262		$SiK\alpha$	7111	169,9
Kalkspat .	$MoK\alpha_1$	707,717	2,03		$MgK\alpha$	9868	346,0
	$CuK\alpha_1$	1537,395	8,80	Silber . . .	$WL\beta_1$	—	21,5
	$FeK\alpha_1$	1932,066	13,89	Spiegel-			
	$TiK\beta_1$	2508,98	23,26	metall	$MoK\alpha_1$	—	4,96
	$TeL\beta_4$	3040,0	28,67	Glas . . .	Molyb-	—	1,711
	$CaK\beta_1$	3083,48	32,02	Selen . . .	dän-	—	2,67
	$SuL\beta_1$	3378,58	39,57	Silber . . .	anti-	—	4,59
	$KK\alpha_1$	3733,74	49,19	Zink . . .	kathode	—	5,78
				Zinn . . .		—	3,97

39112 Brechungszahl von Flüssigkeiten.

391121 Brechungszahl von reinem Wasser für verschiedene Wellenlängen und Temperaturen.

Wellenlänge in Å[1] \ Temperatur in °C	10	15	18	20	22
7065,2	1,3307040	1,3304095	1,3301862	1,3300195	1,3298392
6678,1	315666	312692	310441	308761	306945
6562,8	318434	315452	313196	311512	309692
5892,6	336905	333872	331584	329877	328034
5875,6	337438	334404	332114	330408	328564
5769,6	340850	337808	335513	333803	331956
5460,7	351757	348692	346382	344661	342803
5015,7	370700	367601	365268	363531	361656
4861,3	378420	375309	372969	371226	369346
4713,1	386528	383406	381057	379309	377423
4471,5	401494	398352	395991	394234	392338
4358,3	409377	406226	403858	402096	400196
4046,6	434758	431582	429196	427422	425508

Wellenlänge in Å	n bei 25° C	Wellenlänge in Å	n bei 25° C	Wellenlänge in Å	n bei 25° C
6678,15	1,330399$_8$	3888,65	1,34377$_8$	2802,00	1,36406$_7$
6562,8	30675$_7$	3739,95	4542$_9$	2756,48	6566$_1$
5875,62	32550$_1$	3683,47	4611$_6$	2663,17	6910$_7$
5769,60	32891$_2$	3572,74	4754$_5$	2506,63	7631$_4$
5460,73	33978$_9$	3447,59	4937$_4$	2437,81	8011$_3$
5015,68	35861$_0$	3382,89	5042$_5$	2369,89	8437$_8$
4861,33	36631$_2$	3280,67	5221$_0$	2247	9369$_9$
4713,14	37434$_1$	3203,14	5368$_1$	2126,03	40600$_8$
4471,48	38920$_2$	2961,17	5932$_0$	2120,45	40663$_7$
4026,19	4243$_1$	2873,32	6181$_9$		

Wellenlänge in Å \ Temperatur in °C	29,25	39,51	52,04	62,42	75,95
5790	1,332365	1,330876	1,328866	1,326990	1,324067
5770	32429	30932	28927	27057	24145
5461	33513	32021	29996	28122	25221
4360	39232	37743	35678	33771	30766

Wellenlänge in Å \ Temperatur in °C	92,25	93,53
5790	1,320257	1,319862
5770	20324	19955
5461	21362	—
4360	26831	26496

[1] Tilton, L. W. u. J. K. Taylor: J. Res. Bur. Stand. **20**, 420 (1938) (enthält Werte von $\vartheta = 0\ldots60^\circ$ C).

391122 Brechungszahl (n) von Äthylalkohol und von Schwefelkohlenstoff für $\lambda = 5893$ Å in Abhängigkeit von der Temperatur.

Temperatur °C	C_2H_5OH	CS_2	Temperatur °C	C_2H_5OH	CS_2
15	—	1,62935	46	1,34969	—
16	1,36210	1,62858	48	1,34885	—
18	1,36129	1,62704	50	1,34800	—
20	1,36048	1,62546	52	1,34715	—
22	1,35967	1,62387	54	1,34629	—
24	1,35885	1,62226	56	1,34543	—
26	1,35803	1,62064	58	1,34456	—
28	1,35721	1,61902	60	1,34368	—
30	1,35639	1,61740	62	1,34279	—
32	1,35557	1,61577	64	1,34189	—
34	1,35474	1,61413	66	1,34096	—
36	1,35390	1,61247	68	1,34004	—
38	1,35306	1,61080	70	1,33912	—
40	1,35222	1,60914	72	1,33820	—
42	1,35138	1,60748	74	1,33728	—
44	1,35054	1,60582	76	1,33626	—

391123 folgt auf S. 1191.

391124 Temperaturkoeffizient der Brechungszahl n_D (D = 5893 Å) für organische Verbindungen (Angabe von n_D in 3125.)

Abnahme der Brechungszahl Δn für Temperaturänderungen von 1° C.

Stoff	Temperatur-bereich	Δn_D für 1° C	Stoff	Temperatur-bereich	Δn_D für 1° C
Aceton	0...45	0,000530	Di-iso-amyl	13,1...79,6	0,000462
Acetylaceton	25,5...73,6	0,000540	Dimethylanilin	18,4...73,4	0,000499
Äthylbromid	6...30	0,000630	Heptadecan	73,7...79	0,000409
Äthylenbromid	0...35	0,000571	Heptylalkohol	18,7...79,9	0,000395
Äthylenchlorid	0...35	0,000554	Jodbenzol	8...88	0,000555
Äthyljodid	10...20	0,000691	Laurinsäureäthyl-ester	18,9...79,5	0,000407
i-Amyljodid	17,5...37	0,000487	Menthon	30...43	0,000370
Benzaldehyd	17,3...71,6	0,000423	Monomethylanilin	16,6...71,9	0,000489
Benzylalkohol	21,5...73,2	0,000425	Nicotin	18...32	0,000290
Benzylcyanid	16,9...70,4	0,000423	Nitrobenzol	25...38	0,000508
Brombenzol	4,2...89,2	0,000537	Propionsäure	0...45	0,000419
Buttersäure	20,3...72,1	0,000395	Propylalkohol	0...45	0,000386
Buttersäureäthylester	18,0...73,7	0,000482	Thiophen	16,4...26,3	0,000641
Chlorbenzol	9,6...89,2	0,000548	Valeriansäure	21,7...79,0	0,000435
p-Cymol	8...29	0,000557			

391125 Einfluß des Druckes auf die Brechungszahl von Flüssigkeiten.

Angegeben ist die Änderung (Zunahme) der Brechungszahl für $\lambda = 5893$ Å bei einer Druckerhöhung von 1 Atmosphäre.

Temperatur in °C	H_2O	CS_2	C_6H_6
0	$1{,}685 \cdot 10^{-5}$	—	—
5	1,625	$6{,}025 \cdot 10^{-5}$	$4{,}592 \cdot 10^{-5}$
10	1,580	6,208	4,747
15	1,543	6,392	4,904
20	1,514	6,583	5,060
25	1,489	6,778	5,226
27,5	—	6,878	5,312

391123 Brechungszahl einiger organischer Flüssigkeiten in Abhängigkeit von der Wellenlänge bei 20° C.

Weitere Zahlenwerte in Tabelle 3125.

Wellenlänge in Å	Schwefelkohlenstoff	Benzaldehyd	Nitrobenzol	Acetophenon	Anilin	Chinolin
2867,5				1,692(1)		
2893,7	1,9006					
2967,6	1,8607	1,7574				
2980,8	1,8539			1,686(6)		
3021,7	1,8336	1,7301		1,6726		
3035,9				1,6678		
3092,9	1,8066	1,70122		1,6564	1,776	
3125,8	1,7959	1,69349		1,6476		
3131,7	1,7943	1,69090		1,6464		
3252,6			1,6974	1,6285	1,7227	1,835
3261,2			1,6947	1,6275	1,7198	1,829
3282,4	1,7875	1,65735	1,6900	1,6249	1,7137	1,815
3302,8		1,65446	1,6853	1,6226	1,7100	
3345,4		1,64898				
3403,7	1,7758	1,64018	1,6651	1,6123	1,6916	1,7720
3467,0	1,7644	1,63313	1,6562	1,6069	1,6822	1,7583
3611,5	1,7395	1,61965	1,6388	1,5960	1,6658	1,7316
3655,2		1,61596	1,6342	1,5921		
3663,5	1,7325		1,6338	1,5919	1,6608	1,7248
3888,8	1,70609	1,59897		1,57836	1,64333	
3908,4		1,59799		1,57749		
3944,2			1,6103	1,5759		
3961,7			1,6088	1,5749		
3964,9	1,69960	1,59456		1,57474		
3984,1		1,59346		1,57390		
3988,8				1,5728		
4026,1	1,69478			1,57207		
4046,8	1,69327	1,59017	1,6031	1,57101	1,63395	1,68714
4078,0	1,69105	1,58864	1,6017		1,63224	1,68492
4121,1	1,68799	1,58664		1,56825		
4339,5	1,67484	1,57760		1,56080		
4347,7	1,67436	1,57732		1,56055		
4358,4		1,57691	1,58748	1,56026	1,61974	1,66831
4388,1	1,67219	1,57590				
4389,1				1,55935		
4413,2		1,57489	1,58510	1,55862	1,61761	1,66553
4471,5	1,66805	1,57385	1,58289	1,55700	1,61559	1,66294
4678,2		1,56696	1,57586		1,60912	1,65454
4713,3	1,65771	1,56604	1,57478	1,55114	1,60808	1,65326
4800,1		1,56385	1,5723	1,54936	1,60577	1,65030
4921,9	1,65028	1,56103	1,56915	1,54691	1,60270	1,64647
5015,7	1,64742	1,55911	1,56692	1,54525	1,60060	1,64376
5085,8		1,55770	1,56539	1,54412	1,59912	1,64188
5338,1		1,55322	1,56045	1,54033	1,59432	1,63585
5379,1		1,55258	1,55973		1,59359	
5460,8	1,63610	1,55135	1,55836	1,53868	1,59224	1,63328
5769,5	1,62997	1,54716	1,55384	1,53513	1,58774	1,62772
5790,6	1,62961	1,54692		1,53490	1,58749	1,62737
5875,7	1,62801	1,54593	1,55246	1,53406	1,58635	1,62605
6678,2	1,61686	1,53850	1,54458	1,52767	1,57400	1,61625
7065,2		1,53588	1,54181		1,56552	1,61284

391126 Brechungszahl n_D wässeriger Lösungen für die Natriumlinie D = 5893 Å in Abhängigkeit von Temperatur und Konzentration.

Die Angabe der Konzentration (Gewichtsprozent) bezieht sich auf die angegebene Formel.

Stoff	15° C	20° C	25° C	17,5° C						
	1%			1%	2%	4%	10%	15%	20%	30%
HCl	—	—	—	1,33551	1,33779	1,34227	1,35528	1,36565	—	—
H_2SO_4	—	—	—	33449	33572	33801	34465	34999	1,35513	1,36475
HNO_3	—	—	—	33447	33572	33816	34538	35144	35732	—
H_3PO_4	—	—	—	33418	33509	33688	34203	34616	35032	35846
H_3BO_3	—	—	—	33396	33464	33600	—	—	—	—
NaOH	—	—	—	—	33866	34388	35755	36773	—	—
NaCl	1,33521	1,33478	1,33427	33495	33667	34002	34963	35721	36446	—
NaBr	—	—	—	33455	33596	33870	34672	35324	35958	—
NaJ	—	—	—	33462	33609	33897	34758	35469	36174	—
Na_2SO_4	33501	33462	33412	—	—	—	—	—	—	—
$Na_2S_2O_3$	33551	33513	33458	—	—	—	—	—	—	—
$NaNO_3$	—	—	—	33431	33541	33760	34393	34882	35353	36243
Na_2CO_3	33571	33528	33482	—	33762	34172	35312	36159	—	—
KOH	—	—	—	—	33719	34101	35151	35921	36658	—
KCl	33478	33439	33385	33455	33589	33848	34598	35199	35778	—
KBr	33462	33420	33370	33439	33558	33793	34480	35039	35586	36658
KJ	33474	33435	33385	33449	33579	33839	34612	35248	35877	—
$KClO_3$	33424	33381	33335	—	—	—	—	—	—	—
KJO_3	33462	33424	33374	—	—	—	—	—	—	—
$KClO_4$	33401	33362	33308	—	—	—	—	—	—	—
K_2SO_4	33466	33424	33374	—	33571	33807	34266	—	—	—
KNO_3	—	—	—	33414	33508	33693	34212	34624	35029	—
K_2CO_3	33509	33466	33416	—	33664	33991	34907	35605	36262	—
NH_3	—	—	—	—	33416	33519	33865	34182	34531	—
NH_4Cl	—	—	—	33515	33709	34088	35181	36060	—	—
NH_4Br	—	—	—	33470	33620	33913	34774	35477	36162	—
$(NH_4)_2SO_4$	33513	33470	33434	33488	33650	33967	34860	35548	36204	—
NH_4CNS	—	—	—	—	33793	34244	35685	36868	—	—
$MgCl_2$	—	—	—	33582	33832	34316	35703	36789	—	—
$MgSO_4$	—	—	—	33523	33720	34099	35164	35989	36738	—
$CaCl_2$	—	—	—	33556	33788	34251	35589	36652	—	—
$SrCl_2$	—	—	—	33502	33681	34029	35051	35858	36661	—
$BaCl_2 \cdot 2H_2O$	—	—	—	33448	33571	33826	34553	35159	35731	—
$Ba(NO_3)_2$	33455	33416	33370	—	—	—	—	—	—	—
$AlK(SO_4)_2$	33528	33486	33439	—	—	—	—	—	—	—
CrO_3	—	—	—	—	33840	34343	35861	—	—	—
CrO_4K_2	33555	33513	33462	—	—	—	—	—	—	—
$Cr_2O_7K_2$	33524	33482	33435	—	33678	34034	35085	—	—	—
$MnSO_4$	33536	33498	33451	33502	33680	34018	34989	35755	36494	—
$FeSO_4$	33528	33490	33443	33511	33696	34048	35064	35871	36649	—
$NiSO_4$	33540	33497	33451	33517	33709	34086	35162	35989	—	—
$CuSO_4$	33532	33494	33443	33504	33683	34039	35052	35856	36633	—
$AgNO_3$	33451	33408	33362	33426	33534	33743	34362	34871	35374	36361
$HAuCl_4 \cdot 4H_2O$	—	—	—	33427	33534	33747	34383	34911	35440	36484
$ZnSO_4$	—	—	—	—	33671	34009	34984	35755	36480	—
$CdSO_4$	33482	33443	33393	—	—	—	—	—	—	—
$HgCl_2$	33427	33389	33339	—	—	—	—	—	—	—
$PbCl_2$	33466	33443	33408	—	—	—	—	—	—	—

391127 Brechungszahl von Äthylalkohol-Wassermischungen für λ = 5893 Å in Abhängigkeit von Konzentration und Temperatur.

Gew.-%	n_D^{15}	n_D^{30}	n_D^{40}	Gew.-%	n_D^{15}	n_D^{30}	n_D^{40}
0	1,33345	1,3318	1,3306	65	1,36586	—	—
10	1,34020	1,3384	1,3368	70	1,36645	1,3608	1,3570
20	1,34778	1,3450	1,3429	75	1,36676	—	—
30	1,35470	1,3510	1,3481	80	1,36690	1,3611	1,3569
40	1,35948	1,3550	1,3518	85	1,36678	—	—
50	1,36290	1,3578	1,3543	90	1,36626	1,3603	1,3561
55	1,36405	—	—	95	1,36518	—	—
60	1,36505	1,3597	1,3560	100	1,36332	1,3573	1,3531

39113 Brechungszahl von Gasen.

391131 Brechungszahl N der trockenen Luft bei 15° C und 760 Torr und Wellenlängenumrechnung von Luft in Vakuum nach Critical Tables.

Die Abhängigkeit des Brechungsvermögens von der Wellenlänge ist berechnet nach der Gleichung $(N-1)\cdot 10^6 = 272{,}643 + 1{,}2288\,\lambda_\mu^{-2} + 0{,}03555\,\lambda_\mu^{-4}$. Der Index μ bedeutet, daß λ in μ einzusetzen ist. Die Formel für die Änderung des Brechungsvermögens mit Temperatur, Druck und Wasserdampfgehalt findet sich in der allgemeinen Einleitung zu 3911. In der Tabelle ist außerdem der Unterschied ($d\lambda$) der in Vakuum (λ_V) und in Luft (λ_L) gemessenen Wellenlänge unter den oben angeführten Bedingungen angegeben. Da $\lambda_V = \lambda_L \cdot N$ ist, ist $d\lambda = \lambda_L (N-1)$.

λ in Å	(N−1) 10⁶	d λ in Å	λ in Å	(N−1) 10⁶	d λ in Å	λ in Å	(N−1) 10⁶	d λ in Å
2000	325,582	0,6512	4250	280,536	1,1923	6500	275,751	1,7924
2050	322,012	0,6601	4300	280,329	1,2054	6550	275,700	1,8058
2100	318,786	0,6695	4350	280,130	1,2186	6600	275,651	1,8193
2150	315,863	0,6791	4400	279,939	1,2317	6650	275,604	1,8328
2200	313,207	0,6891	4450	279,755	1,2449	6700	275,557	1,8462
2250	310,787	0,6993	4500	279,578	1,2581	6750	275,511	1,8597
2300	308,575	0,7097	4550	279,408	1,2713	6800	275,467	1,8732
2350	306,550	0,7204	4600	279,244	1,2845	6850	275,423	1,8866
2400	304,691	0,7313	4650	279,086	1,2978	6900	275,381	1,9001
2450	302,981	0,7423	4700	278,934	1,3110	6950	275,339	1,9136
2500	301,405	0,7535	4750	278,788	1,3242	7000	275,299	1,9271
2550	299,948	0,7649	4800	278,646	1,3375	7050	275,259	1,9406
2600	298,600	0,7764	4850	278,509	1,3508	7100	275,221	1,9541
2650	297,350	0,7880	4900	278,378	1,3640	7150	275,183	1,9676
2700	296,188	0,7997	4950	278,250	1,3773	7200	275,146	1,9811
2750	295,108	0,8115	5000	278,127	1,3906	7250	275,110	1,9945
2800	294,100	0,8235	5050	278,008	1,4039	7300	275,074	2,0080
2850	293,160	0,8355	5100	277,893	1,4173	7350	275,039	2,0215
2900	292,280	0,8476	5150	277,781	1,4306	7400	275,006	2,0350
2950	291,457	0,8598	5200	277,674	1,4439	7450	274,972	2,0485
3000	290,685	0,8721	5250	277,569	1,4572	7500	274,940	2,0620
3050	289,960	0,8844	5300	277,468	1,4706	7550	274,908	2,0756
3100	289,279	0,8968	5350	277,370	1,4839	7600	274,877	2,0891
3150	288,638	0,9092	5400	277,275	1,4973	7650	274,846	2,1026
3200	288,033	0,9217	5450	277,183	1,5106	7700	274,817	2,1161
3250	287,463	0,9343	5500	277,094	1,5240	7750	274,788	2,1296
3300	286,924	0,9469	5550	277,007	1,5374	7800	274,759	2,1431
3350	286,415	0,9595	5600	276,923	1,5508	7850	274,731	2,1566
3400	285,933	0,9722	5650	276,841	1,5642	7900	274,703	2,1702
3450	285,476	0,9849	5700	276,762	1,5775	7950	274,676	2,1837
3500	285,043	0,9977	5750	276,685	1,5909	8000	274,650	2,1972
3550	284,632	1,0104	5800	276,610	1,6043	8050	274,624	2,2107
3600	284,241	1,0233	5850	276,537	1,6177	8100	274,599	2,2243
3650	283,869	1,0361	5900	276,466	1,6311	8150	274,574	2,2378
3700	283,516	1,0490	5950	276,398	1,6446	8200	274,549	2,2513
3750	283,179	1,0619	6000	276,331	1,6580	8250	274,525	2,2648
3800	282,858	1,0749	6050	276,265	1,6714	8300	274,502	2,2784
3850	282,551	1,0878	6100	276,202	1,6848	8350	274,478	2,2919
3900	282,259	1,1008	6150	276,140	1,6983	8400	274,456	2,3054
3950	281,979	1,1138	6200	276,080	1,7117	8450	274,434	2,3190
4000	281,712	1,1268	6250	276,022	1,7251	8500	274,412	2,3325
4050	281,456	1,1399	6300	275,965	1,7386	8550	274,390	2,3460
4100	281,211	1,1530	6350	275,909	1,7520	8600	274,369	2,3596
4150	280,976	1,1661	6400	275,855	1,7655	8650	274,349	2,3731
4200	280,751	1,1792	6450	275,802	1,7789	8700	274,328	2,3867

391131 (Fortsetzung).

λ in Å	(N − 1) 10^6	d λ in Å	λ in Å	(N − 1) 10^6	d λ in Å	λ in Å	(N − 1) 10^6	d λ in Å
8750	274,309	2,4002	9200	274,144	2,5221	9650	274,004	2,6441
8800	274,289	2,4137	9250	274,128	2,5357	9700	273,989	2,6577
8850	274,270	2,4273	9300	274,111	2,5492	9750	273,975	2,6713
8900	274,251	2,4408	9350	274,095	2,5628	9800	273,961	2,6848
8950	274,232	2,4544	9400	274,079	2,5763	9850	273,947	2,6984
9000	274,214	2,4679	9450	274,064	2,5899	9900	273,934	2,7119
9050	274,196	2,4815	9500	274,048	2,6035	9950	273,920	2,7255
9100	274,179	2,4950	9550	274,033	2,6170	10000	273,907	2,7391
9150	274,161	2,5086	9600	274,018	2,6306			

391132 Brechungszahl N bei 0° C (N_0) und Molekularrefraktion R von Wasserstoff (H_2) und Deuterium (D_2).

λ in Å	Gas	N_0	R	$R_{H_2}-R_{D_2}$
4046,6	H_2	1,00014232	2,127	0,026
	D_2	14062	2,101	
4358,3	H_2	14157	2,115	0,026
	D_2	13981	2,089	
4916,0	H_2	14025	2,096	0,025
	D_2	13861	2,071	
5460,8	H_2	13937	2,083	0,027
	D_2	13758	2,056	
5893,0	H_2	13882	2,074	0,025
	D_2	13714	2,049	
6562,9	H_2	13854	2,070	0,030
	D_2	13655	2,040	

Differenz ΔN_0 der Brechungszahlen $N_{0H_2}-N_{0D_2}$ bzw. $N_{0H_2S}-N_{0D_2S}$ für verschiedene Wellenlängen.

	$\Delta N_0 \cdot 10^6$						
λ =	7000 Å	6500 Å	6000 Å	5500 Å	5000 Å	4500 Å	4200 Å
H_2-D_2 . .	1,691	1,709	1,709	1,719	1,739	1,767	1,790
H_2S-D_2S .	2,875	2,874	2,901	2,958	2,990	3,083	3,171

391133 Brechungszahl N von Gasen und Dämpfen meist bei 0° C und 760 Torr.

Anorganische Gase und Dämpfe.

Chem. Formel	(N − 1) · 10^6 bei				Chem. Formel	(N − 1) · 10^6 bei			
	4358 Å	5461 Å	5890 Å	6708 Å		4358 Å	5461 Å	5890 Å	6708 Å
He	35,05	34,89	34,9	—	HCl	—	448 [1]	—	444[1]
Ne	67,54	67,25	67,07[1]	67,01[1]	Br_2	—	1174[1]	1172[1]	1152[1]
A	286,11	282,27	281,5[1]	281,0[1]	HBr	—	615[1]	613[1]	608[1]
Kr	—	430,80	—	425,3	J_2	—	2160[1]	2150[1]	2100[1]
X	—	706,58	701,6[1]	697	HJ	—	926[1]	924[1]	911[1]
H_2	141,88	140,18	139,2	138,0	H_2S	—	652,6[1]	623,3[1]	—
D_2	—	—	137[1]	—	SO_2	690	679,6	661	656
O_2	276,27[1]	272,23	270,59	268,8	SO_3	—	—	737[1]	—
O_3	—	520	517[1]	508	N_2	302,26	299,14	296,9	295,1
H_2O	—	255[1]	257,6[1]	250[1]	NH_3	—	—	379,3	—
F_2	—	—	195[1]	—	NO	—	295,8	294[1]	293[1]
Cl_2	—	784[1]	—	776[1]	NO_2	—	—	—	509[1]

[1] Werte ohne Angabe des Druckes.

391133 (Fortsetzung).

Chem. Formel	(N − 1) · 10⁶ bei				Chem. Formel	(N − 1) · 10⁶ bei			
	4358 Å	5461 Å	5890 Å	6708 Å		4358 Å	5461 Å	5890 Å	6708 Å
N_2O	—	507,9	—	505	$(CN)_2$	871[1]	854[1]	—	843[1]
N_2O_4	—	—	—	1123[1]	HCN	—	—	438[1]	—
PCl_3	—	—	1740	—	SiF_4	—	569,2	—	—
CO	342[1]	—	335[1]	333[1]	BF_3	—	407,9	—	—
CO_2	—	450,11	448,1	—	GeF_4	—	695,4	—	—
CS_2	—	—	1478[1]	1457[1]					

Organische Gase und Dämpfe.

Name	Formel	(N − 1) · 10⁶			
		4358 Å	5461 Å	5890 Å	6708 Å
Methan	CH_4	450,4	443,3	441,9[2]	—
Äthan[1]	C_2H_6	782	769	—	763
Äthylen	C_2H_4	746	729	725[2]	—
Acetylen	C_2H_2	613,9	600,9	598[2]	560
Trimethylen[1]	C_3H_6	—	—	977[2]	—
Propylen	C_3H_6	1099	1074	1068[2]	—
Allylen[1]	C_3H_4	—	—	1188	—
Pentan[1]	C_5H_{12}	—	—	1711	—
Amylen[1]	C_5H_{10}	—	—	1693	—
Hexan	C_6H_{14}	—	—	2032	—
Benzol[1]	C_6H_6	—	—	1700	1686
Methylchlorid[1]	CH_3Cl	—	—	870	—
Methylbromid[1]	CH_3Br	—	—	964	—
Methyljodid[1]	CH_3J	—	—	1265	1253
Chloroform	$CHCl_3$	—	141,2	—	139,8
Tetrafluorkohlenstoff	CF_4	—	487,5	486,5[2]	—
Tetrachlorkohlenstoff	ClC_4	—	1799	—	1774
Äthylchlorid[1]	C_2H_5Cl	—	—	1179	—
Äthylbromid[1]	C_2H_5Br	—	—	1223	—
Äthyljodid[1]	C_2H_5J	—	—	1640	1626
Dichloräthylen	$C_2H_2Cl_2$	—	—	1473	—
Trichloräthylen	C_2HCl_3	—	—	1784	—
Tetrachloräthan	$C_2H_2Cl_4$	—	—	1602	—
Pentachloräthan	C_2HCl_5	—	—	1929	—
Propyljodid[1]	C_3H_7J	—	—	1782	1768
Allylchlorid[1]	C_3H_5Cl	—	—	1444	—
Methylalkohol	CH_4O	—	—	549	546
Äthylalkohol	C_2H_6O	—	—	871	866
Dimethyläther	C_2H_6O	—	888	—	—
Acetaldehyd[1]	C_2H_4O	—	—	811	—
Aceton[1]	C_3H_6O	—	—	1079	1073
Essigsäuremethylester[1]	$C_3H_6O_2$	—	—	1189	1183
Ameisensäureäthylester[1]	$C_3H_6O_2$	—	—	1199	1193
Diäthyläther[1]	$C_4H_{10}O$	—	—	1523	1514
Propionsäuremethylester[1]	$C_4H_8O_2$	—	—	1473	1465
Essigsäureäthylester[1]	$C_4H_8O_2$	—	—	1582	1574
Methylcyanid[1]	C_2H_3N	—	—	776	—
Äthylnitrit	$C_2H_5NO_2$	—	1254	—	—

[1] Werte ohne Angabe des Druckes. — [2] Werte für 5880 Å.

39114 Atomrefraktion und Bindungsinkrement.

In der Tabelle sind nach der Lorentz-Lorenzschen Formel berechnete Atomrefraktionen R_D für die Natriumlinie D (5893 Å) und die Atomdispersionen R_F-R_C, für die Wasserstofflinie F (4861 Å) und C (6563 Å) für die verschiedenen Bindungsfälle in organischen Verbindungen und außerdem einige Bindungsinkremente angegeben.

Stoff	Symbol	R_D	R_F-R_C	Stoff	Symbol	R_D	R_F-R_C
Wasserstoff . . .	—H	1,100	0,023	N in Carbimidoverbindungen .	C—N=C	4,10	0,16
Cl, an Alkyl gebunden . . .	—Cl	5,967	0,107	N in Hydrazonen	N—N=C	3,46	0,19
Cl, an Carbonyl gebunden . . .	—Cl	6,336	0,131	Kohlenstoff . . .	>C<	2,418	0,025
Brom	—Br	8,865	0,211	Methylengruppe .	$-CH_2-$	4,711	0,072
Jod	—J	13,900	0,482	Cyangruppe . . .	—CN	5,415	0,083
Hydroxylsauerstoff	—O—(H)	1,525	0,006	Isonitrilgruppe .	—NC	6,136	0,129
Äthersauerstoff .	>O	1,643	0,012	Inkrement für Äthylenbdg. . .	⊨	1,733	0,138
Carbonylsauerstoff	=O	2,211	0,057	Inkrement für Acetylenbdg. .	⊫	2,336	0,114
Peroxydsauerstoff in Äther . . .	$-O_2-$	4,035	0,052	Inkrement für 5-Ring		+0,04	—
Schwefel, 2wertig	$C-S^{II}-C$	7,80	0,22	Inkrement für 7-Ring		—0,10	—
Schwefel, 4wertig	$C-S^{IV}-C$	6,98	0,14	Inkrement für 8-Ring		—0,47	—
Schwefel, 6wertig	$C-S^{VI}-C$	5,34	—0,02	Inkrement für 15-Ring		—0,62	—
N in Oximidoverbindungen . .	O—N=C	3,901	0,167				

Benzol und Homologe sind mit der entsprechenden Zahl der Doppelbindung zu berechnen.

Beispiele.

1. Äthylalkohol:

$$\begin{aligned} 2\,C &= 2\cdot 2{,}418 = 4{,}836 \\ 6\,H &= 6\cdot 1{,}100 = 6{,}6 \\ 1\,O &= 1\cdot 1{,}525 = \underline{1{,}525} \\ & \qquad\qquad 12{,}961 \end{aligned}$$

2. Benzol:

$$\begin{aligned} 6\,C &= 14{,}508 \\ 6\,H &= 6{,}6 \\ 3\ \text{Doppelbind.} &= \underline{5{,}199} \\ & \quad 26{,}317 \end{aligned}$$

3912 Drehung der Polarisationsebene.

1. Optisch aktiv nennt man Stoffe, die beim Durchgang von linear polarisiertem Lichte, die Polarisationsebene des Lichtes drehen. Das Drehungsvermögen $[\alpha]$ kennzeichnet man durch Angabe des Winkels in Bogengraden, um den die Polarisationsebene des austretenden Lichtes gegenüber der des einfallenden Lichtes nach Durchgang durch eine festgelegte Schichtdicke des Stoffes gedreht ist. Die Drehung wird rechts oder positiv genannt, wenn sie dem empfangenden Auge im Sinne des Uhrzeigers, links oder negativ, wenn sie im umgekehrten Sinne erscheint; (die Bezeichnungen Rechts- und Links- [d- und l-] Drehung bei manchen aktiven organischen Verbindungen beziehen sich nicht auf den Drehsinn der optischen Aktivität, sondern geben die Zugehörigkeit zu einer Muttersubstanz an, die den gekennzeichneten Drehungssinn hat).

Bei festen Stoffen (Krystallen) bezeichnet man als *Drehungsvermögen* den Drehungswinkel in Kreisgraden nach Durchlaufen einer Schicht von 1 mm Dicke.

Bei Flüssigkeiten und Lösungen aktiver Stoffe in inaktiven Lösungsmitteln bezeichnet man als *spezifische Drehung* $[\alpha]$, den Drehungswinkel, der sich beim Durchgang des Lichtes durch eine 10 cm lange Schicht, der reinen Flüssigkeit bzw. einer Lösung, die 1 g Substanz in 1 cm^3 Lösung enthält, ergibt. Sind z. B. in 100 cm^3 Lösung q Gramm aktiver Substanz enthalten, und wird für Licht der Wellenlänge λ und der Temperatur ϑ nach Durchlaufen einer Strecke von l Dezimeter ein Drehungswinkel α gemessen, so ist:

$$[\alpha]_{\vartheta}^{\lambda} = \frac{100\,\alpha}{l\,q}.$$

Ist andererseits der Prozentgehalt einer Lösung p mit der Dichte ϱ angegeben (p Gramm aktiver Substanz in 100 g der Lösung), so ist:

$$[\alpha]_{\vartheta}^{\lambda} = \frac{100\,\alpha}{l\cdot\varrho\cdot p}$$

($\varrho p = q$). Für reine Flüssigkeiten ist $p = 100$; $q = 100\,\varrho$.

Ist schließlich die molare Konzentration c gegeben, d. h. sind c g-Mol einer Substanz mit dem Molekulargewicht M im Liter Lösung vorhanden, so ist:

$$[\alpha]_\vartheta^\lambda = \frac{1000\,\alpha}{l \cdot c \cdot M}.$$

Die *molekulare Drehung* $[m]_\vartheta^\lambda$ ist definiert durch $[m]_\vartheta^\lambda = [\alpha]_\vartheta^\lambda \cdot \frac{M}{100}$. Die Drehung hängt ab

1. von der Wellenlänge des Lichtes (mit abnehmender Wellenlänge nimmt sie meist zu, etwa proportional $1/\lambda^2$) (Rotationsdispersion);
2. von der Temperatur;

Bei Lösungen außerdem von der Konzentration und vom Lösungsmittel.

In 39121 sind Werte des Drehvermögens von Krystallen, in 39122 und 39123 die der spezifischen Drehung von aktiven organischen Stoffen angegeben.

39121 Drehung der Polarisationsebene in Krystallen.

$[\alpha]_\vartheta^\lambda$ bedeutet den Drehungswinkel in Kreisgraden für die Krystalldicke 1 mm bei der angegebenen Temperatur ϑ.

Name des Stoffes	Chemische Formel	Temperatur ϑ in °C	$[\alpha]_\vartheta^{4358\,Å}$	$[\alpha]_\vartheta^{5461\,Å}$	$[\alpha]_\vartheta^{5790\,Å}$	$[\alpha]_\vartheta^{5893\,Å}$	$[\alpha]_\vartheta^{6708\,Å}$
Jodsäure	HJO_3	Z.T.	74,5	58,7	50,5	—	—
Hydrazinsulfat	$N_2H_4 \cdot H_2SO_4$	Z.T.	4,00	3,05	2,80	—	—
d Quarz	SiO_2	20	41,553	25,539	—	21,701	16,535
β-Quarz (oberhalb 570° C)	SiO_2	600	—	—	—	24,30	—
Na-chlorat	$NaClO_3$	20	—	3,69	—	3,16	—
Na-bromat	$NaBrO_3$	20	—	2,62	—	2,13	—
Na-perjodat	$NaJO_4 \cdot 3H_2O$	Z.T.	—	—	—	23,3	—
Na-phosphat	$NaH_2PO_4 \cdot 2H_2O$	Z.T.	—	—	—	4,5	—
K-dithionat	$K_2S_2O_6$	20	—	9,67	—	8,20	—
K-Li-sulfat	$KLiSO_4$	Z.T.	—	—	—	3,5	—
Mg-sulfat	$MgSO_4 \cdot 7H_2O$	Z.T.	3,18	2,30	1,98	—	—
Ca-dithionat	$CaS_2O_6 . 4H_2O$	20	—	2,74	—	2,10	—
Sr-dithionat	$SrS_2O_6 \cdot 4H_2O$	20	—	3,27	—	2,78	—
K-Li-chromat-sulfat	$K_2SO_4 \cdot Li_2CrO_4$	Z.T.	—	—	—	1,9	—
Mg-chromat	$MgCrO_4 \cdot 7H_2O$	Z.T.	8,13	6,74	5,59	—	—
K-Silico-molybdat	$K_4Mo_{12}SiO_{40} \cdot 18H_2O$	Z.T.	—	—	—	17,2	—
K-Silico-wolframat	$K_4W_{12}SiO_{40} \cdot 18H_2O$	Z.T.	—	—	—	14,4	—
Ni-sulfat	$NiSO_4 \cdot 7H_2O$	Z.T.	—	6,30	6,10	—	—
Zn-sulfat	$ZnSO_4 \cdot 7H_2O$	Z.T.	4,05	2,72	2,41	—	—
Zinnober	HgS	19	—	—	—	±455,	—
Pb-dithionat	$PbS_2O_6 \cdot 4H_2O$	20	—	6,57	—	5,46	—
Ameisensäure							
Sr-formiat	$(HCOO)_2Sr$	Z.T.	2,0	1,0	0,75	—	—
Pb-formiat	$(HCOO)_2Pb$	Z.T.	39,4	18,0	15,6	—	—
Essigsäure							
Na-uranylacetat	$(C_2H_3O_2)_3NaNO_2$	Z.T.	—	—	—	1,48	—
Oxalsäure							
NH_4-oxalat	$(COONH_4)_2 \cdot H_2O$	Z.T.	20,0	13,7	12,0	—	—
K-Ir-trioxalat	$(C_2O_4)_3K_3Ir \cdot H_2O$	Z.T.	—	—	12,0	—	—
Äpfelsäure							
Zn-malat	$(C_4H_5O_5)_2Zn$	Z.T.	—	—	—	3,0	—
NH_4-molybdomalat	$C_4H_6O_5(NH_4)_2(MoO_4)_2 \cdot 2H_2O$	20	72,87	37,2	32,3	30,8	—
Ba-molybdomalat	$C_4H_6O_5Ba(MoO_4)_2 \cdot 2H_2O$	Z.T.	78,3	41,5	33,96	31,68	—
Weinsäure	$C_4H_6O_6$	20	24,0	13,0	11,2	10,7	—
K-Na-tartrat	$C_4H_4O_6K$-Na	Z.T.	—	—	—	1,35	—
Rb-tartrat	$C_4H_4O_6Rb_2$	Z.T.	—	—	—	10,4	—
Cs-tartrat	$C_4H_4O_6Cs_2$	Z.T.	—	—	—	17	—
NH_4-tartrat	$C_4H_4O_6(NH_4)_2$	Z.T.	16,0	14,0	8,9	8,8	—
NH_4-Na-tartrat	$C_4H_4O_6NH_4Na \cdot 4H_2O$	Z.T.	—	—	—	1,55	—
Quercitol (nach Achsenrichtung)	$C_6H_{12}O_5$	Z.T.	—	4,5	—	3,7...4,6	—
d-Methyl-α-Glucosid	$C_7H_{14}O_6$	Z.T.	—	—	—	4,4	—
Campher							
d-	$C_{10}H_{16}O$	20	1,755	0,826	0,689	0,65	—
Matico-	$C_{12}H_{20}O$	Z.T.	—	—	—	1,98	1,68
Rohrzucker	$C_{12}H_{22}O_{11}$	20	—	—	—	1,672... 5,343	—

39121 (Fortsetzung).

Name des Stoffes	Chemische Formel	Temperatur ϑ in °C	$[\alpha]_\vartheta^{4358\,Å}$	$[\alpha]_\vartheta^{5461\,Å}$	$[\alpha]_\vartheta^{5790\,Å}$	$[\alpha]_\vartheta^{5893\,Å}$	$[\alpha]_\vartheta^{6708\,Å}$
Benzil	$C_{14}H_{10}O_2$	Z.T.	—	—	—	25,0	—
Campher							
Patchouli-	$C_{15}H_{26}O$	Z.T.	—	—	—	1,33	—
Benzyliden-	$C_{17}H_{20}O$	Z.T.	20,2	10,0	8,6	8,18	—
Anisal-	$C_{18}H_{22}O_2$	Z.T.	82,0	44,0	38,0	36,2	—
Diacetylphenolphthalein .	$C_{24}H_{18}O_6$	Z.T.	—	—	—	19,8	17,1
Guanidincarbonat	$(CH_5N_3)_2 \cdot H_2CO_3$	Z.T.	—	—	—	14,6	12,6
Äthylendiaminsulfat . . .	$C_2H_4(NH_2)_2 \cdot H_2SO_4$	Z.T.	—	—	—	15,5	—
Asparagin	$C_4H_8N_2O_3 \cdot H_2O$	Z.T.	9,7	7,2	6,2	5,9	—
Hydrocinchoninsulfat . .	$(C_{19}H_{24}N_2O)_2 \cdot H_2SO_4 \cdot 11\,H_2O$	Z.T.	—	—	—	12,8	—
Cindroninantimonyltartrat	$(C_{19}H_{24}N_2O)_2(SbO)_2 \cdot C_4H_4O_6 \cdot 5\,H_2O$	Z.T.	—	—	—	9,8	—
Apocinchoninsuccinat . .	$(C_{19}H_{22}N_2O)_2C_4H_6O_4 \cdot 6\,H_2O$	Z.T.	—	—	—	3,5	—
Corydin	$C_{20}H_{23}NO_4$	Z.T.	—	—	—	13,2	10,5
Strychninsulfat	$C_{21}H_{22}N_2O_2 \cdot H_2SO_4 \cdot 6\,H_2O$	Z.T.	—	—	—	12,08	—

39122 Spezifische Drehung α in Kreisgraden aktiver organischer Flüssigkeiten.

Formel	Name	Temperatur ϑ in °C	$[\alpha]_\vartheta$ bei λ in Å				
			4358	5461	5780	5893	6708
	1. Kohlenwasserstoffe.						
$C_{10}H_{18}$	Menthen	26,9	239,7	137,2	119,2[1]	—	85,84
$C_{10}H_{16}$	Limonen	21	232,5[2]	135,7	—	115,9	85,1
$C_{10}H_{16}$	l-Terpentinöl	0	−71,01[3]	−55,00[4]	−46,29[5]	−36,61	−28,49[6]
$C_{10}H_{14}$	d-sek.-Butylbenzol	20	60,0	33,15	28,66[1]	27,31	20,42
	2. Sauerstoffhaltige Verbindungen.						
	a) Ester der Milch-, Äpfel- und Weinsäure.						
$C_5H_{10}O_3$	d-Milchsäure-äthylester	19	—	—	—	−11,26	--
$C_6H_{10}O_5$	Äpfelsäure-dimethylester	19	−7,51	−6,04	−5,55	—	—
$C_8H_{14}O_5$	„ -äthylester	11	—	—	—	−11	—
$C_7H_{14}O_3$	l-Milchsäure-n-butylester	20	22,4	15,50	—	13,45	10,41
$C_7H_{14}O_3$	l- „ -i- „	20	25,97	17,55	—	15,18	11,72
$C_7H_{14}O_3$	l- „ -d-sek.- „	20	35,37	23,91	—	20,67	16,02
$C_7H_{14}O_3$	d- „ -d-sek.- „	20	+0,75	−1,83	—	−1,83	−1,53
$C_7H_{14}O_3$	l- „ -dl-sek.- „	20	14,80	10,74	—	0,44	7,50
$C_7H_{14}O_3$	l- „ -tert.- „	20	15,90	10,93	—	9,45	7,76
$C_6H_{10}O_6$	d-Weinsäure-dimethylester	20	−13,07[7]	−0,35[8]	—	+2,14	+2,79
$C_8H_{14}O_6$	d-Weinsäure-diäthylester	21	2,6	—	7,9	—	—
$C_{12}H_{22}O_6$	d-Weinsäure-dibutylester	20	—	—	—	10,3	—
$C_{12}H_{22}O_6$	d-Weinsäure-diisobutylester	73	29,687	22,769	20,50[1]	—	15,863[9]
$C_{10}H_{18}O_6$	d-Weinsäure-di-n-propylester	20	—	—	—	12,44	—
$C_{12}H_{18}O_8$	d-Weinsäure-diessigsäure-diäthylester	20	—	—	—	5,0	—
$C_{12}H_{18}O_8$	d-Weinsäure-dipropionsäure-dimethylester	20	—	—	—	−10,7	—
$C_{14}H_{22}O_8$	d-Weinsäure-diessigsäure-n-dipropylester	20	—	—	—	13,4	—
$C_{14}H_{22}O_8$	d-Weinsäure-dipropionsäure-diäthylester	20	—	—	—	0,4	—
$C_{16}H_{26}O_8$	d-Weinsäure-diessigsäure-n-dibutylester	20	—	—	—	8,0	—
$C_{16}H_{26}O_8$	d-Weinsäure-diessigsäure-diiso-butylester	20	—	—	—	17,0	—
$C_{16}H_{26}O_8$	d-Weinsäure-diessigsäure-diiso-dibutylest.	0	23,855	18,948	17,336[1]	—	13,53[10]

[1] 5790,7 Å. — [2] 4539 Å. — [3] 4308 Å. — [4] 4861 Å. — [5] 5270 Å. — [6] 6563 Å. — [7] 1182 Å.
[8] 5086 Å. — [9] 6716,3 Å. — [10] 6742 Å.

39122 (Fortsetzung).

Formel	Name	Temperatur ϑ in °C	$[\alpha]_\vartheta$ bei λ in Å 4358	5461	5780	5893	6708
$C_{16}H_{26}O_8$	d-Weinsäure-dipropionsäure-dipropylester	20	—	—	—	5,6	—
$C_{16}H_{26}O_8$	d-Weinsäure-diisovaleriansäure-dimethylest.	20	—	—	—	−13,9	—
$C_{18}H_{30}O_8$	d-Weinsäure-dipropionsäure-diisobutylester	20	—	—	—	11,4	—
$C_{18}H_{30}O_8$	d-Weinsäure-dibuttersäure-dipropylester	20	—	—	—	5,2	—
$C_{18}H_{30}O_8$	d-Weinsäure-dicapronsäure-dimethylester	20	—	—	—	−15,9	—
$C_{20}H_{34}O_8$	d-Weinsäure-divaleriansäure-dipropylester	20	—	—	—	3,3	—
$C_{20}H_{34}O_8$	d-Weinsäure-dicapronsäure-diäthylester	20	—	—	—	−3,1	—
$C_{22}H_{38}O_8$	d-Weinsäure-dicapronsäure-dipropylester	20	—	—	—	2,2	—

b) Weitere Stoffe.

Formel	Name	Temperatur ϑ in °C	4358	5461	5780	5893	6708
$C_8H_{18}O$	Sek. Octylalkohol	20	—	11,61	—	9,84	7,46
$C_9H_{20}O$	Amyl-isobutyläther	20	—	—	—	1,3	—
$C_{10}H_{20}O$	d-neo-Menthol	46	—	—	—	19,6	—
$C_{10}H_{20}O$	l-Menthol	46	94,947	57,528	−50,91	−49,9	—
$C_{10}H_{18}O$	d-iso-Menthon	25	—	—	—	91,7	—
$C_{10}H_{18}O$	l-Menthon	25	—	—	—	−28,46	—
$C_{10}H_{16}O$	d-Campher	179	193,70	84,31	70,85	—	—
$C_{10}H_{14}O$	d-Carvon	18	128,66	73,66	64,33	62,93	49,17[1]
$C_{18}H_{34}O_4$	Oxalsäure-di-l-octylester	20	—	−26,34	−23,43	−22,60	−17,39
$C_{12}H_{20}O$	Maticocampher (geschmolzen)	108	—	—	—	−28,45	—
$C_{12}H_{20}O_2$	d-Bornylacetat	30	87,24	51,71	45,57	43,66	32,92
$C_{13}H_{20}O$	Äthyl-Methylen-Camph.	20	342,52[2]	266,92[3]	—	147,81	111,08[1]
$C_{15}H_{24}O$	Butyl-Methylen-Camph.	20	312,17[2]	243,32[3]	—	134,89	101,29[1]
$C_{15}H_{22}O$	Butyliden-Methylen-Campher	20	351,92[2]	273,14[3]	—	150,36	112,80[1]
$C_{15}H_{26}O_2$	Patchoulicampher (geschmolzen)	59	—	—	—	−118	—
$C_{16}H_{26}O$	n-Amyl-Methylen-Campher	20	328,01[2]	255,68[3]	—	141,66	106,42[1]
$C_{16}H_{26}O$	i-Amyl-Methylen-Campher	20	323,67[2]	253,52[3]	—	141,19	106,16[1]
$C_{18}H_{24}O_2$	d-Anisylcamhper	19	—	143,25	120,76	—	—

3. Stickstoffhaltige Verbindungen.

Formel	Name	Temperatur ϑ in °C	4358	5461	5780	5893	6708
$C_4H_{11}N$	d-sek.-Butylamin	15	—	—	—	7,80	—
$C_6H_{15}N$	d-n-Monoäthyl-sek.-butylamin	15	—	—	—	18,0	—
$C_6H_{13}N$	d-α-Pipecolin	15	—	—	—	36,0	—
$C_7H_{15}N$	d-n-Methyl-α-pipecolin	15	—	—	—	68,8	—
$C_8H_{19}N$	d-n-Diäthyl-sek.-butylamin	15	—	—	—	89,3	—
$C_8H_{17}N$	d-n-Äthyl-α-pipecolin	15	—	—	—	101,9	—
$C_8H_{17}N$	d-Coniin	19	—	—	—	15,7	—
$C_8H_{17}N$	d-Copellidin	20	—	—	—	36,93	—
$C_8H_{17}N$	l-Copellidin	20	—	—	—	−16,26	—
$C_{10}H_{21}N$	d-iso-Menthylamin	15	—	—	—	28,8	—
$C_{10}H_{21}N$	d-neo-Menthylamin	15	—	—	—	15,1	—
$C_{10}H_{21}N$	d-iso-neo-Menthylamin	15	—	—	—	0,28	—
$C_{10}H_{21}N$	l-Menthylamin	15	—	—	—	−43,2	—
$C_{10}H_{19}N$	l-Fenchylamin	9,5	—	—	—	−24,89	—
$C_{10}H_{15}N$	d-p-Amino-sek.-butyl-benzol	20	76,6	40,98	35,42[4]	33,86	24,75
$C_{10}H_{14}N_2$	l-Nicotin	20	−371,7	−203,1	−176,3	−168,6	−123,9
$C_{17}H_{19}N$	l-n-1-Benzyl-2-methyl-1,2,3,4-tetrahydro-isochinolin	17	—	—	—	−29,4	—
$C_{11}H_{15}ON$	d-Cyancampher	134	137,42	69,87	60,50	—	—
$C_{29}H_{32}O_3N_2$	Benzoylcinchonicin	25	—	—	—	39,1	—

[1] 6563 Å. — [2] 4539 Å. — [3] 4861 Å. — [4] 5790,7 Å.

39123 Spezifische Drehung in Kreisgraden optisch aktiver organischer Stoffe in Lösungen.

Der Gehalt der Lösung an dem aktiven Stoff ist entweder als Anzahl Gramm Substanz in 100 cm³ Lösung, Bezeichnung c; Anzahl Gramm Substanz in 100 g Lösung, Bezeichnung c* bzw. durch ein * in der Kolonne c gekennzeichnet, oder Anzahl Gramm Lösungsmittel in 100 g Lösung, Bezeichnung q = 100 — c*.

Gelöster Stoff	Lösungsmittel	Konzentration	Formel für α	Konz. c	ϑ in °C	λ in Å	$\alpha_{\vartheta}^{\lambda}$
Äpfelsäure . .	H_2O	q = 29...92	$\alpha_{20}^{D} = 5{,}891 - 0{,}08959\,q$	—	—	—	—
Äpfelsäure . .	Lsg. v. $CuCl_2 \cdot 2H_2O$ in H_2O (36,4% Salz)	—	—	28,1	22	5461	20,1
Äpfelsäure, Na .	H_2O	q = 34...95	$\alpha_{20}^{D} = 15{,}202 - 0{,}3322\,q + 0{,}0008184\,q^2$	—	—	—	—
l-Arabinose . .	H_2O	—	—	—	20	5893	−105,0
l-Ascorbinsäure	H_2O	—	—	3,0	19	5893	24
l-Ascorbins. Ca.	H_2O	—	—	0,3	19	5893	91
l-Ascorbins. Na	H_2O	—	—	—	18	5780	116
l-Ascorbins. Na	NaOH, 2n	—	—	—	18	5780	161
l-Asparagin . .	HCl, $^7/_{10}$ n	—	—	7,8	25	5893	26,1
l-Asparaginsäure	HCl, 1,91%ig	—	—	1	25	5893	22,6
d-Borneol . . .	Benzol	c* = 22,855	$\alpha_{20}^{\lambda} = \frac{9{,}7866}{\lambda^2 - 0{,}07442} - \frac{3{,}2862}{\lambda^2}$ (für λ = 0,43...0,671 μ)	—	—	—	—
d-Borneol . . .	Äthylalkohol	—	—	2,736*	25	5893	25,8
d-Borneol . . .	Äthylalkohol	—	—	35,07*	25	5893	26,4
d-Bornylen . .	Äthylalkohol	—	—	5,01	24	5461	25,75
d-Bornylen . .	Äthylalkohol	—	—	5,01	24	6716	15,11
Bromcamphersulfonsäure K	H_2O	—	—	—	—	5893	72,1
Brucin	Äthylalkohol	—	—	5,4*	—	5893	−85
d-Campher . .	Äthylalkohol	q = 45...91	$\alpha_{20}^{D} = 54{,}38 - 0{,}1614\,q + 0{,}0003690\,q^2$	—	—	—	—
d-Campher . .	Cyclohexan	—	—	1,836	20	5780	57,2
Patchouli-Campher . .	Äthylalkohol, 95%ig	—	$\alpha_{20}^{D} = -124{,}5 + 0{,}21\,q$	—	—	—	—
Campherchinon	Benzol	c* = 15,069	$\alpha_{20}^{\lambda} = \frac{-13{,}170}{\lambda^2 - 0{,}22352}$ (für λ = 0,546...0,671 μ)	—	—	—	—
Campher-p-sulfonsäure . .	H_2O	—	—	0,05...11,8	20	5893	23,9
Campher-p-sulfonsäure Na .	H_2O	—	—	2	20	5461	94,9
Chinidin . . .	Alkohol	—	—	1	—	5893	233,6
Chinin	H_2O, p_H = 4,6...6,5	—	—	0,25...3	20	4358	−426
		—	—	0,25...3	20	5461	−212
		—	—	0,25...3	20	5780	−180
d-Chlorbernsteinsäure . .	H_2O	—	—	6,66	20	5893	20,27
Chlorcamphersulfonsäure .	H_2O	—	—	—	—	5893	49,6
Cholesterin . .	Äther	—	—	7,94	20	5893	−31,59
Cinchonidin . .	Äthylalkohol, 97 Vol.-%	c = 1...5	$\alpha_{15}^{D} = -107{,}5 + 0{,}297\,c$	1*	—	5893	−111,0
Cinchonin . . .	Chloroform	—	—	0,6*	—	5893	209,6
l-Cocain . . .	Chloroform	q = 74...91	$\alpha_{20}^{D} = -15{,}83 - 0{,}005848\,q$	—	—	—	—
l-Cocain . . .	Äthylalkohol, 50%ig	—	—	—	—	5893	−35,4

Die in der 3. Spalte angegebenen Konzentrationen geben die Gültigkeitsgrenzen der Formel in Spalte 4; die in der 5. Spalte angegebenen beziehen sich auf die in der letzten Spalte angegebenen Werte $\alpha_{\vartheta}^{\lambda}$; D = Natriumlinie 5893 Å.

39123 (Fortsetzung).

Gelöster Stoff	Lösungsmittel	Konzentration	Formel für α	Konz. c	ϑ in °C	λ in Å	α_ϑ^λ
Cocainchlorhydrat . . .	Äthylalkohol, $\varrho^{20} = 0{,}9353$	$c = 6 \ldots 25$	$\alpha_{20}^{D} = -67{,}98 + 0{,}1583\,c$	—	—	—	—
Codein	Äthylalkohol	—	—	5*	—	5893	−135,8
Codeinsulfons. .	H_2O	—	—	3*	—	5893	−190,1
Conchinin . . .	Äthylalkohol, 97 Vol.-%	$c = 1 \ldots 3$	$\alpha_{15}^{D} = 269{,}6 - 3{,}903\,c$	—	—	—	—
Conchininchlorhydrat · H_2O	Äthylalkohol, 97 Vol.-%	$c = 2 \ldots 5$	$\alpha_{15}^{D} = 212 - 2{,}562\,c$	—	—	—	—
Coniin	Chloroform	—	—	4*	—	5893	8,0
Dimethylascorbinsäure . .	H_2O	—	—	1,5	18	5780	27
l-Fructose . .	H_2O	$c^* = 2 \ldots 31$	$\alpha_{20}^{D} = -91{,}90 - 0{,}111\,p$	—	—	—	—
-Fructose . .	H_2O (0...40° C)	$c = 4 \ldots 40$	$\alpha_{\vartheta}^{D} = -100{,}3 - 0{,}108\,c + 0{,}56\,\vartheta$	—	—	—	—
d-Galactose . .	H_2O (10...30° C)	$c^* = 4 \ldots 36$	$\alpha_{\vartheta}^{D} = 83{,}88 + 0{,}0785\,p - 0{,}209\,\vartheta$	—	—	—	—
Glucose (Dextrose, Traub.-zucker) . . .	H_2O	$c^* = 1 \ldots 18$	$\alpha_{20}^{D} = 52{,}50 + 0{,}01880\,p + 0{,}0005168\,p^2$	—	—	—	—
Hydrastin . . .	Äthylalkohol, 50%ig	—	—	0,2*	—	5893	115
Invertzucker .	H_2O	$c = 9 \ldots 35$	$\alpha_{20}^{D} = -19{,}7 - 0{,}36\,c$	9...35	20	5461	−21,5
Lactose	H_2O	—	—	5	20	5893	52,4
Lävulose . . .	H_2O	—	—	—	25	5461	−105,30
Maltose	H_2O (15...35° C)	$c^* = 4 \ldots 35$	$\alpha_{\vartheta}^{D} = 140{,}4 - 0{,}01837\,p - 0{,}095\,\vartheta$	9,804	25	5461	153,75
				—	30	5893	137
Mandelsäure . .	H_2O	$q = 91 \ldots 98$	$\alpha_{20}^{D} = -212{,}5 + 0{,}5777\,q$	2,01*	—	5893	155,5
Mannose . . .	HCl, 2,5%ig; Enddrehungen	—	—	1,270	10	5893	3,7
Mannose . . .	HCl, 2,5%ig; Enddrehungen	—	—	1,154	10	5893	54,6
Menthen . . .	Äthylalkohol	—	—	5	24	5461	142,5
Menthen . . .	Äthylalkohol	—	—	5	24	5780	125,6
Menthen . . .	Äthylalkohol	—	—	5	24	6716	91,28
Menthen . . .	Chinolin	—	—	5	24	5461	126,5
Menthen . . .	Chinolin	—	—	5	24	5780	109,7
Menthen . . .	Chinolin	—	—	5	24	6716	81,00
Menthol . . .	Äthylalkohol	—	—	9,6*	—	5893	−50,6
Menthylamin .	Äthylalkohol	—	—	11,3*	—	5893	−31,9
Methylencampher . .	Äthylalkohol	—	—	—	—	5893	127
α-Methylglucos.	H_2O	—	—	16,104	20	5893	158,2
Milchsäure . .	H_2O	—	—	10,5*	—	5893	3,8
Morphinchlorhydrat · $3\,H_2O$	H_2O	$c = 1 \ldots 4$	$\alpha_{15}^{D} = -100{,}67 + 1{,}14\,c$	—	—	—	—
Morphinsulfat · $5\,H_2O$	H_2O	$c = 1 \ldots 4$	$\alpha_{15}^{D} = -100{,}47 + 0{,}96\,c$	—	—	—	—
Narcotin . . .	Chloroform	—	—	2,6*	—	5893	±200,0
Nicotin	Äthylalkohol	—	—	21,2	20	5893	−30,0
Nicotinacetat .	H_2O	$q = 36 \ldots 96$	$\alpha_{20}^{D} = 49{,}68 - 0{,}6189\,q + 0{,}002542\,q^2$	—	—	—	—
l-Phenylbernsteinsäure . .	Aceton	—	—	0,6...4	20	4358	370,5
l-Phenylbernsteinsäure . .	Aceton	—	—	0,6...4	20	5461	205,9
l-Phenylbernsteinsäure . .	Aceton	—	—	0,6...4	20	5780	179,8
l-Phenylbernsteinsäure . .	Äthylalkohol	—	—	0,2...4	20	4358	312,9
l-Phenylbernsteinsäure . .	Äthylalkohol	—	—	0,2...4	20	5461	174,5
l-Phenylbernsteinsäure . .	Äthylalkohol	—	—	0,2...4	02	5780	152,9

39123 (Fortsetzung).

Gelöster Stoff	Lösungsmittel	Konzentration	Formel für α	Konz. c	ϑ in °C	λ in Å	$\alpha_{\vartheta}^{\lambda}$
d-Phenylbernsteinsäuredimethylester .	Cyclohexan	—	—	2,2...8,4	19	4358	345,6
				2,2...8,4	19	5461	193,4
d-Phenylbernsteinsäuredimethylester .	Cyclohexan	—	—	2,2...8,4	19	5780	167,9
β-Phenylglucos.	H_2O	—	—	2,5	16	5461	1,50
β-Phenylglucos.	H_2O	—	—	2,5	16	5893	1,26
α-Pinen (1 Vol.)	Äthylalkohol (11 Vol.)	—	—	1:11 Vol.	17	4358	−1,087
α-Pinen (1 Vol.)	Äthylalkohol (11 Vol.)	—	—	1:11 Vol.	17	5461	−0,645
α-Pinen (1 Vol.)	Äthylalkohol (11 Vol.)	—	—	1:11 Vol.	17	5893	−0,543
Raffinose . . .	H_2O	—	—	10,014	20	5461	144,95
Raffinose . . .	H_2O	—	—	10,014	20	5893	123,23
Rhamnose (Enddrehungen) .	H_2O	—	—	3,737	13	5893	8,8
Rhamnose (Enddrehungen) .	HCl, 31,3%ig	—	—	2,190	9	5893	20,0
Rhamnose (Enddrehungen) .	HCl, 39,45%ig	—	—	1,318	9	5893	0,0
Rhamnose (Enddrehungen) .	HCl, 40%ig	—	—	2,325	9	5893	−6,5
Rhamnose (Enddrehungen) .	HCl, 42%ig	—	—	2,324	9	5893	−31,1
Rohrzucker . .	H_2O	c = 10...26	$\alpha_{20}^{\lambda} = \frac{21,648}{\lambda^2 - 0,0213}$ (für λ = 0,302...0,547 μ)	26	20	4358	128,49
Rohrzucker . .	H_2O	—	—	26	20	5461	78,16
Rohrzucker . .	H_2O	—	—	26	20	5893	66,45
Rohrzucker . .	H_2O	—	—	26	20	6716	50,51
Santonin . . .	Äthylalkohol	—	—	1,78	20	5893	−161,0
Strychnin . . .	Äthylalkohol	—	—	0,9*	—	5893	−128
d-Weinsäure . .	H_2O	c* = 0,2...1,1	$\alpha_{20}^{D} = 17,20 - 1,735\ p$	28,286	15	4358	10,6
d-Weinsäure . .	H_2O	c* = 1,2...4,7	$\alpha_{20}^{D} = 15,61 - 0,315\ p$	28,286	15	5780	12,1
d-Weinsäure . .	H_2O	c* = 4,7...18	$\alpha_{20}^{D} = 14,83 - 0,149\ p$	28,286	15	5893	11,7
d-Weinsaures K	H_2O	c* = 0,6...9	$\alpha_{20}^{D} = 27,03 + 0,1453\ p$	—	—	—	—
d-Weinsaures K	H_2O	c* = 9...55	$\alpha_{20}^{D} = 27,62 + 0,1064\ p - 0,00108\ p^2$	—	—	—	—
d-Weins. Na . .	H_2O	c* = 6,8...19	$\alpha_{20}^{D} = 31,42 - 0,06766\ p$	—	—	—	—
Saures weins. Na	H_2O	—	—	—	Z.T.	4358	37,5
Saures weins. Na	H_2O	—	—	—	20	5780	22,5
Weinsaures K, Na	H_2O	—	$\alpha_{20}^{D} = 29,75 - 0,0078\ c$	—	—	—	—
Weinsäurediäthylester .	geschm. $CaCl_2 \cdot 6H_2O$	—	—	2,31	20	4358	−63,49
Weinsäurediäthylester .	geschm. $CaCl_2 \cdot 6H_2O$	—	—	2,31	20	5780	−31,20
Weinsäurediäthylester .	Äthylendibromid	c = 25	$\alpha_{20}^{\lambda} = \frac{18,08}{\lambda^2 - 0,030} - \frac{19,335}{\lambda^2 - 0,061}$ (für λ = 0,41...0,68 μ)	—	—	—	—
Weinsäuredimethylester	Aceton	c = 25	$\alpha_{20}^{\lambda} = \frac{27,425}{\lambda^2 - 0,030} - \frac{24,000}{\lambda^2 - 0,054}$ (für λ = 0,41...0,68 μ)	—	—	—	—
Xylose (Enddrehungen) .	H_2O	—	—	4,083	13	5893	17,6
	HCl, 25%ig	—	—	0,986	9	5893	27,4
	HCl, 42%ig	—	—	0,991	9	5893	96,6

3913 Doppelbrechung durch elektrische und magnetische Felder.

39131 Kerrsche Konstante (elektrische Doppelbrechung).

Homogene isotrope Körper werden im elektrischen Feld doppelbrechend wie optisch einachsige Krystalle (Achse parallel zur Feldrichtung). Ein senkrecht auffallender polarisierter monochromatischer Lichtstrahl zerfällt also in zwei Komponenten, deren Fortpflanzungsgeschwindigkeit verschieden groß ist, und von denen die eine parallel (x), die andere senkrecht (y) zur Feldrichtung schwingt.

Der Unterschied der Größe der Brechungszahlen ist dem Quadrat der Feldstärke proportional.

Der Unterschied der Brechungszahlen dividiert durch die Wellenlänge (in cm), der sich bei Beobachtung in Richtung senkrecht zum elektrischen Feld bei einer Feldstärke von 1 elektrost. Einheit und der Schichtdicke $l = 1$ cm ergibt, wird Kerrsche (oder elektrooptische) Konstante K_λ genannt: $l\frac{n_x - n_y}{\lambda} = K_\lambda l \mathfrak{E}^2$.

Die Abhängigkeit der Kerrschen Konstante von der Wellenlänge (Dispersion) läßt sich für viele Stoffe im sichtbaren Spektralbereich durch die sog. Havelocksche Formel:

$$K = h \cdot \frac{(n^2-1)^2}{n\lambda}$$

darstellen. h = Havelocksche Konstante und n = Brechungsindex des Stoffes außerhalb des elektrischen Feldes) für die Wellenlänge λ.

Das Vorzeichen von K wird positiv gesetzt, wenn die Brechungszahl des parallel zum elektrischen Feld polarisierten Lichtstrahles größer ist als die des senkrecht (polarisierten.

Gase und Dämpfe	Formel	ϑ in °C	λ in Å	p in Torr	$K \cdot 10^{10}$
		Anorganische.			
Sauerstoff	O_2	0	6500	760	0,0694 ± 0,0030
Stickstoff	N_2	0	6500	760	0,0464 ± 0,0010
Ammoniak	NH_3	0	6500	760	0,623 ± 0,018
Schwefeldioxyd	SO_2	16,3	5380	1483	−3,56
		18,0	5893	760	−1,64
Kohlendioxyd	CO_2	17,5	5893	760	0,24
		18	6104	760	0,078
		18	—	38000	5,96
Schwefelkohlenstoff	CS_2	56,7	5893	760	3,59
		106,7	5893	760	2,60
		Organische.			
Benzol	C_6H_6	105,1	5893	1355	1,8
		105,1	5893	760	0,98
Heptan	C_7H_{16}	142	5893	1708	1,06
		142	5893	760	0,46
Toluol	C_7H_8	137,7	5893	1589	3,26
		137,7	5893	760	1,52
o-Xylol	C_8H_{10}	185,8	5893	1250	3,04
		185,8	5893	760	1,82
m-Xylol	C_8H_{10}	177	5893	1383	2,89
		177	5893	760	1,56
p-Xylol	C_8H_{10}	179	5893	1322	2,37
		179	5893	760	1,34
Methylchlorid	CH_3Cl	20,5	5380	1302	11,5
		18,0	5893	760	6,28

39131 (Fortsetzung).

Gase und Dämpfe	Formel	ϑ in °C	λ in Å	p in Torr	$K \cdot 10^{10}$
Chloroform	$CHCl_3$	89,5	5893	1497	−2,57
		89,5	5893	760	−1,29
Tetrachlorkohlenstoff	CCl_4	99,4	5893	1015	$< \pm 0{,}65$
		99,4	5893	760	$< \pm 0{,}035$
Äthylchlorid	C_2H_5Cl	18	5893	760	9,16
		55,7	5893	760	6,46
		104,0	5893	760	$4{,}19 \pm 0{,}04$
cis-Dichloräthylen . .	$C_2H_2Cl_2$	82	5893	1329	1,0
		82	5893	760	0,56
trans-Dichloräthylen	$C_2H_2Cl_2$	72,5	5893	1335	2,55
		72,5	5893	760	1,42
Chlorbenzol	C_6H_5Cl	153,7	5893	1242	10,45
		153,7	5893	760	6,30
Methylalkohol . . .	CH_4O	98,8	5893	1350	$< \pm 0{,}13$
		98,8	5893	760	$< \pm 0{,}07$
Äthylalkohol	C_2H_6O	102,0	5893	1258	$< \pm 0{,}14$
		102,0	5893	760	$< \pm 0{,}08$
Dimethyläther . . .	C_2H_6O	19,3	5380	1568	−2,01
		18,0	5893	760	−0,89
Aceton	C_3H_6O	83,1	5893	1356	9,60
		83,1	5893	760	5,38
Diäthyläther	$C_4H_{10}O$	62,7	5893	1427	−1,24
		62,7	5893	760	−0,66
Pyridin	C_5H_5N	146,3	5893	1431	8,38
		146,3	5893	760	4,36
Nitrobenzol	$C_6H_5O_2N$	235,5	5893	1305	43,5
		235,5	5893	760	24,8

Optisch nicht aktive Flüssigkeiten	Formel	ϑ in °C	λ in Å	$K \cdot 10^7$
		Anorganische.		
Sauerstoff	O_2	−209,15	5461	0,3732
		−183,05	5461	0,2238
Stickstoff	N_2	−209,91	5461	0,1092
		−195,80	5461	0,0809
Schwefelkohlenstoff .	CS_2	17,0	5780	3,3580
		18,54	5780	3,3305
		22,5	4400	4,82
		22,5	5400	3,51
		22,5	6600	2,64
		Organische.		
Hexan . . . . (h nicht konstant)	C_6H_{14}	20	5461	0,060
Benzol . . . . ($h = 0{,}329 \cdot 10^{-11}$)	C_6H_6	15	5461	0,407
		71,7	5461	0,354
		23,7	4400	0,845
		23,7	5400	0,640
		23,7	6600	0,510

39131 (Fortsetzung).

Optisch nicht aktive Flüssigkeiten	Formel	ϑ in °C	λ in Å	K · 10^7
Heptan	C_7H_{16}	15,3	5461	0,0664
		69,2	5461	0,0606
Toluol	C_7H_8	20	4880	0,936
(h nicht konstant)		—	5600	0,792
		—	6450	0,688
m-Xylol	C_8H_{10}	20	4880	1,098
(h nicht konstant)		—	5600	0,906
		—	6450	0,780
Chloroform	$CHCl_3$	20	5860	−2,95
(h = —2,3 · 10^{-11})		23	4400	−4,32
		23	5800	−3,41
		23	6600	−2,91
Tetrachlorkohlenstoff	CCl_4	18,82	5460	0,0842
(h nicht konstant)		66,43	5460	0,076
Chlorbenzol	C_6H_5Cl	24,0	4400	13,3
(h = 4,7 · 10^{-11})		24,0	5400	9,9
		24,0	6600	8,3
Brombenzol	C_6H_5Br	24,9	4400	14,6
(h = 4,1 · 10^{-11})		24,9	5600	9,9
		24,9	6600	8,1
α-Monobromnaphthalin	$C_{10}H_7Br$	21,5	4400	13,2
(h = 2,8 · 10^{-11})		21,5	5400	9,85
		21,5	6600	7,3
Diäthyläther	$C_4H_{10}O$	20,0	4880	−0,722
(h nicht konstant)		20,0	5600	−0,642
		20,0	6450	−0,543
Dimethylanilin . . .	$C_8H_{11}N$	25,0	4400	15,4
(h = 4,3 · 10^{-11})		—	5400	10,5
		—	6600	8,1
Diäthylanilin	$C_{10}H_{15}N$	25,2	4400	12,0
(h = 4,8 · 10^{-11})		—	5400	8,7
		—	6600	6,7
Nitrobenzol[1]	$C_6H_5O_2N$	6,0	5461	348
(h = 141,3 · 10^{-11})		—	6290	289
Temperaturabhängigkeit bei 20° und		13,6	5461	313
λ = 5780 Å (h =		—	6290	259
128,1 · 10^{-11})		24,0	5461	264
$\frac{dK}{d\vartheta}$ = —0,015 K		—	6290	222
(h = 111,1 · 10^{-11})				
o-Nitrotoluol	$C_7H_7O_2N$	24,0	4400	161
(h = 53,7 · 10^{-11})		—	5400	127
		—	6600	99
m-Nitrotoluol	$C_7H_7O_2N$	18,0	5461	198

[1] Bei 20° an sehr reinen Nitrobenzol nach Hehlgans K für 5461 386 · 10^{-7}.

39132 Cotton-Mouton-Konstante (magnetische Doppelbrechung).

Ein in einem Magnetfeld befindlicher Körper verhält sich für Lichtstrahlen, die nicht parallel zur Magnetisierung verlaufen, wie ein doppelbrechender Krystall. In Richtung senkrecht zum magnetischen Feld ist die Doppelbrechung am größten. Ist in dieser Richtung die Brechungszahl der parallel zu den Kraftlinien polarisierter Welle größer als die der senkrecht polarisierten, so nennt man die magnetische Doppelbrechung positiv. Sind n_x und n_y die Brechungszahlen der Schicht für die parallel bzw. senkrecht polarisierte Komponente, so ist $(n_x - n_y) \cdot l/\lambda = C_\lambda \cdot l \cdot \mathfrak{H}^2$, $\mathfrak{H}$ = Feldstärke in Oe., C = Cotton-Mouton-Konstante. Sie hat eine analoge Bedeutung wie die Kerrsche Konstante. Die Abhängigkeit von der Wellenlänge ist ebenfalls mit der Havelockschen Formel (s. 3913) berechenbar.

Die Konzentrationsangabe der anorganischen wässerigen Lösungen ist g-Substanz der angegebenen Formel in 100 cm³ Lösung.

Flüssigkeiten	Formel und Konzentration	ϑ	λ in Å	$C \cdot 10^{13}$
	Anorganische Elemente.			
Sauerstoff	O_2	−183,4	5460	−53,3
Stickstoff	N_2	−194,5	5460	−1,2
Wasser	H_2O	Z.T.	5460	−0,014
Schwefelkohlenstoff	CS_2	28,0	4400	−6,5
		—	5400	−4,3
		—	6600	−3,5
	Wässerige Lösungen anorganischer Salze.			
Natriumnitrit	$NaNO_2$ (55,8)	—	weiß	0,69
Natrimnitrat	$NaNO_3$ (42,0)	17,1	5460	0,13
Kaliumnitrit	KNO_2 (88,2)	—	weiß	1,35
Cernitrat	$Ce(NO_3)_3$ (7,2)	8,0	5460	−1,27
	(7,2)	44,5	5460	−0,83
	(43,1)	8,0	5460	−2,83
	(43,1)	45,8	5460	−1,14
	(86,2)	8,0	5460	−14,7
	(86,2)	44,5	5460	−7,8
Praseodymnitrat[1]	$Pr(NO_3)_3$ (42,5)	18	5460	−4,21
Samariumnitrat[1]	$Sm(NO_3)_3$ (83)	ca. 17,8	5460	−1,04
Terbiumnitrat[1]	$Tb(NO_3)_3$ (3,6)	16,8	5460	−12,36
Holmiumnitrat[1]	$Ho(NO_3)_3$ (8,6)	16	5460	7,48
Ytterbiumnitrat[1]	$Yb(NO_3)_3$ (4,6)	17	5460	14,05
	Organische Stoffe.			
Pentan	C_5H_{12}	—	weiß	−0,18
Isopren[2]	C_5H_8	16,3	5780	0,68
Benzol	C_6H_6	26,5	4400	10,0
		—	5400	7,8
		—	6600	6,7
Heptan	C_7H_{16}	—	weiß	−0,25
Toluol	C_7H_8	19,4	4860	8,47
		—	6560	5,92

[1] Originalwerte sind relativ zu Nitrobenzol angegeben, sie wurden umgerechnet aus den Werten für Nitrobenzol (aus der Temperaturabhängigkeit der Cotton-Monton-Konstante für λ = 546 mμ) von König.

[2] Berechnet aus dem bei 16,3° C und λ = 578 mμ angegebenen Wert $C_{Nitrobenzol} = 25,3 \cdot 10^{-13}$.

39132 (Fortsetzung).

Flüssigkeiten	Formel	ϑ	λ in Å	$C \cdot 10^{13}$
Octan	C_8H_{18}	—	weiß	−0,3
m-Xylol	C_8H_{10}	20,2	4860	8,06
		—	5890	6,33
		—	6560	5,50
p-Xylol	C_8H_{10}	19,7	4860	8,18
		—	5890	6,53
		—	6560	5,76
Naphthalin	$C_{10}H_8$	88,5	5780	19,26
		169	5780	15,23
Phenanthren	$C_{14}H_{10}$	100	5780	40,7
		150	5780	33,6
		116,5	4360	56,8
		116,5	5460	41,3
		116,5	5780	38,4
Chloroform	$CHCl_3$	20,0	5460	−0,77
Tetrachlorkohlenstoff	CCl_4	20,0	5460	$< \pm 0,03$
Acetylentetrachlorid[2]	$C_2H_2Cl_4$	16,0	5780	ca. 0,31
Chlorbenzol	C_6H_5Cl	25,0	4400	13,0
		—	5400	10,2
		—	6600	8,4
Äthylalkohol[1]	C_2H_6O	15,0	5460	−0,11
Essigsäure	$C_2H_4O_2$	—	weiß	0,27
Propylalkohol	C_3H_8O	—	weiß	−0,11
Propionsäure	$C_3H_6O_2$	—	weiß	0,27
Glycerin	$C_3H_8O_3$	—	weiß	−0,51
Butylalkohol	$C_4H_{10}O$	—	weiß	−0,22
Äthyläther	$C_4H_{10}O$	—	weiß	−0,22
Acetylaceton[2]	$C_5H_8O_2$	16,3	5780	0,987
Phenol	C_6H_6O	47	5780	5,78
		118,0	5780	4,13
Pyrrol[2]	C_4H_5N	16,0	5780	ca. 1,77
Anilin	C_6H_7N	25,0	4600	6,7
		—	5600	5,3
		—	6600	4,6
Dimethylanilin	$C_8H_{11}N$	26,0	4400	10,8
		—	5400	8,4
		—	6300	6,9
Tetrahydrochinolin[2]	$C_9H_{11}N$	16,8	5780	ca. 9,23
Diäthylanilin	$C_{10}H_{15}N$	25,0	4400	8,0
		—	5400	6,1
		—	6600	4,5
Nitrobenzol	$C_6H_5O_2N$	16,3	5780	25,3
		19,5	5890	24,1
		5,7	5460	29,8
		10,1	5460	28,3
		15	5460	27,1
		20	5460	26,4

3914 Verdetsche Konstante.

Jeder Körper, der in ein magnetisches Feld gebracht wird, wird optisch aktiv. Der Drehungswinkel α eines homogenen Lichtstrahles ergibt sich zu

$$\alpha = \omega \cdot l \cdot \mathfrak{H},$$

wobei l = Länge der durchstrahlten Schichte in cm, $\mathfrak{H}$ = Komponente des magnetischen Feldes in Richtung des Lichtstrahles in Oersted; ω = Verdetsche Konstante in $[\mathrm{cm}^{-1/2}\,\mathrm{g}^{-1/2}\,\mathrm{s}]$ des Stoffes ist. Diese ist also gleich dem Drehungswinkel für 1 cm Schichtdicke und die Feldstärke 1 Oersted in Richtung des Lichtstrahles.

Vorzeichen: positiv, wenn die Drehung in der Richtung des Stromes erfolgt, welcher das magnetische Feld beim Umkreisen hervorrufen würde.

Die Temperaturabhängigkeit von ω ist beträchtlich. Für einige zu Eichzwecken geeignete Stoffe sind dafür Formeln aufgestellt, z. B. für die Natriumlinien im Temperaturbereich ϑ:

Quarz (Lichteinfall || zur Achse) für ϑ von 20...96° C;

$$\omega_{(\mathrm{SiO}_2)\vartheta} = 0{,}01660'\,(1 + 0{,}00011\,\vartheta);$$

Wasser für ϑ von 3...98° C; $\omega_{(\mathrm{H_2O})\vartheta} = 0{,}01311'\,(1 - 0{,}0000305\,\vartheta - 0{,}00000305\,\vartheta^2)$;
Schwefelkohlenstoff für ϑ von 0...42° C; $\omega_{(\mathrm{CS_2})\vartheta} = 0{,}04347'\,(1 - 0{,}001696\,\vartheta)$.

39141 Verdetsche Konstante ω_λ^ϑ in Winkelminuten von festen Stoffen.

Stoffe	ϑ	λ in Å	ω_λ^ϑ	λ in Å	ω_λ^ϑ	λ in Å	ω_λ^ϑ	λ in Å	ω_λ^ϑ	λ in Å	ω_λ^ϑ	λ in Å	ω_λ^ϑ
SiO_2	20	—	—	5780	0,01714	—	—	—	—	—	—	—	—
SiO_2, Glas	20	—	—	5780	0,01479	5461	0,01671	4359	0,02602	—	—	—	—
NaCl	16	6438	0,0312	—	—	5378	0,0446	4800	0,0568	4046	0,0833	2599	0,2918
CaF_2	16	—	—	—	—	—	—	4358	0,01751	4047	0,02039	2534	0,0611
$KAl(SO_4)_2 \cdot 12\,H_2O$	26	6400	0,0105	5800	0,0129	5300	0,0156	4900	0,0183	—	—	—	—
$NH_4Al(SO_4)_2 \cdot 12\,H_2O$	26	6400	0,0108	5800	0,0133	5400	0,0154	—	—	—	—	—	—
$KCr(SO_4)_2 \cdot 12\,H_2O$	26	6400	0,0081	5800	0,0103	5400	0,0120	—	—	—	—	—	—
$NH_4Cr(SO_4)_2 \cdot 12\,H_2O$	26	6400	0,0085	5800	0,0106	5400	0,0122	—	—	—	—	—	—
$NH_4F(SO_4)_2 \cdot 12\,H_2O$	26	6400	−0,0001	5800	−0,0007	5400	−0,0016	4800	−0,0043	—	—	—	—

39142 Verdetsche Konstante von Flüssigkeiten.

391421 Verdetsche Konstante ω_λ^ϑ in Winkelminuten von reinen Flüssigkeiten.

Name des Stoffes	Formel	ϑ	λ in Å	$\omega_\lambda^\vartheta \cdot 10^5$	λ in Å	$\omega_\lambda^\vartheta \cdot 10^5$	λ in Å	$\omega_\lambda^\vartheta \cdot 10^5$	λ in Å	$\omega_\lambda^\vartheta \cdot 10^5$	λ in Å	$\omega_\lambda^\vartheta \cdot 10^5$
					Anorganische Stoffe.							
Wasser	H_2O	20	5893	1303	5461	1550	—	—	3023	6110	3034	6057
Stickstoff	N_2	−195,5	5890	415	5460	487	4360	572	—	—	—	—
Stickoxydul . .	N_2O	−92	5890	554	—	—	—	—	—	—	—	—
Stickstoffdioxyd .	NO_2	0	5780	750	5461	870	—	—	—	—	—	—
Schwefelkohlenst.	CS_2	21,6	5890	4200	5460	5130	4360	8720	—	—	—	—
Titanchlorid . .	$TiCl_4$	17,9	5780	−1618	5460	−2023	4358	−5633	—	—	—	—
Nickeltetracarbonyl	$Ni(CO)_4$	17	5780	7350	5050	10900	4670	13990	4290	18970	—	—
					Organische Stoffe.							
i-Pentan	C_5H_{12}	17,2	5780	1194	—	—	—	—	—	—	—	—
Hexan	C_6H_{14}	20	5893	1210	5461	1410	4359	2320	4047	2750	3023	5510
Benzol	C_6H_6	20	5893	3018	—	—	4359	5880	4046	7635	3100	17710
Heptan	C_7H_{16}	17	5893	1240	5461	1440	—	—	4054	2796	3023	5616
m-Xylol	C_8H_{10}	20	5893	2479	4958	3726	4529	4644	4046	6253	3631	8498
Limonen	$C_{10}H_{16}$	20	5890	3390	—	—	4360	5930	—	—	—	—

391421 (Fortsetzung).

Name des Stoffes	Formel	ϑ	λ in Å	$\omega_\lambda^\vartheta \cdot 10^5$	λ in Å	$\omega_\lambda^\vartheta \cdot 10^5$	λ in Å	$\omega_\lambda^\vartheta \cdot 10^5$	λ in Å	$\omega_\lambda^\vartheta \cdot 10^5$	λ in Å	$\omega_\lambda^\vartheta \cdot 10^5$
Naphthalin	$C_{10}H_8$	83,5	5780	4696	5460	5401	4360	10143	—	—	—	—
α-Methylnaphthal.	$C_{11}H_{10}$	150	5780	4190	—	—	—	—	—	—	—	—
β-Methylnaphthal.	$C_{11}H_{10}$	49	5780	4453	5460	5121	4360	9618	—	—	—	—
Phenanthren	$C_{14}H_{10}$	110	5780	5666	—	—	—	—	—	—	—	—
Triphenylmethan	$C_{19}H_{16}$	100	5780	3665	—	—	—	—	—	—	—	—
Methyljodid	CH_3J	18,0	5780	3530	—	—	—	—	—	—	—	—
Chloroform	$CHCl_3$	18,0	5780	1670	—	—	—	—	—	—	—	—
Tetrachlorkohlenstoff	CCl_4	20	5780	1680	—	—	—	—	—	—	—	—
Äthylchlorid	C_2H_5Cl	1,5	5780	1397	—	—	—	—	—	—	—	—
Äthylbromid	C_2H_5Br	19,0	5780	1920	—	—	—	—	—	—	—	—
Äthyljodid	C_2H_5J	23,5	5890	3000	5460	3500	4360	5510	—	—	—	—
Propylchlorid	C_3H_7Cl	19,5	5780	1376	—	—	—	—	—	—	—	—
α-Monobromnaphthalin	$C_{10}H_7Br$	20	5893	8192	4958	13140	4529	17250	4046	25560	3735	36230
Methylalkohol	CH_4O	ca. 8,5	—	—	—	—	4380	1819	4055	2173	2980	4558
Äthylalkohol	C_2H_6O	16	—	—	—	—	4529	1950	4046	2500	2563	7770
Propylalkohol	C_3H_8O	17	—	—	—	—	4390	2277	4295	2400	2960	5940
i-Propylalkohol	C_3H_8O	ca. 15,5	—	—	—	—	4400	2380	—	—	3318	4620
Allylalkohol	C_3H_6O	ca. 11	—	—	—	—	4460	3118	4145	3711	2998	8923
Propionsäure	$C_3H_6O_2$	ca. 13	—	—	—	—	4560	1922	4037	2281	3391	3784
Essigsäuremethylester	$C_3H_6O_2$	11,7	—	—	—	—	4386	2000	4238	2161	3170	4282
Ameisensäureäthylester	$C_3H_6O_2$	ca. 15	—	—	—	—	4491	1921	4258	2162	3318	3842
Butylalkohol	$C_4H_{10}O$	ca. 13	—	—	—	—	4545	2166	4162	2647	3808	3249
i-Butylalkohol	$C_4H_{10}O$	ca. 13	—	—	—	—	4610	2166	4220	2648	3804	3372
Furan	C_4H_4O	20	5893	1780	—	—	4359	3770	—	—	—	—
Buttersäure	$C_4H_8O_2$	ca. 13	—	—	—	—	4593	1987	3960	2764	3393	3968
Essigsäureäthylester	$C_4H_8O_2$	11,6	—	—	—	—	4406	2072	3995	2589	3206	4395
Essigsäureanhydr.	$C_4H_6O_3$	ca. 16	—	—	—	—	4429	1980	3975	2520	3274	3961
l-i-Amylalkohol	$C_5H_{12}O$	15	—	—	—	—	4677	2135	4166	2782	3612	3895
Acetessigsäureäthylester	$C_6H_{10}O_3$	10,4	—	—	—	—	4607	2099	4003	2873	3758	3316
Oxalsäurediäthylester	$C_6H_{10}O_4$	9,5	—	—	—	—	4416	2208	4000	2761	3600	3537
Zimtaldehyd	C_9H_8O	20	5893	3400	—	—	—	—	—	—	—	—
l-Menthol	$C_{10}H_{20}O$	50	5780	1437	5460	1624	4360	2678	—	—	—	—
d-Campher	$C_{10}H_{16}O$	180	5780	1219	5460	1385	4360	2225	—	—	—	—
d-Carvon	$C_{10}H_{14}O$	18	5780	1915	5460	2187	4360	3639	—	—	—	—
Thiophen	C_4H_4S	20	5893	2800	—	—	4359	5580	—	—	—	—
Pyrrol	C_4H_5N	20	5893	2440	—	—	4359	4880	—	—	—	—
Nitrobenzol	$C_6H_5NO_2$	22,0	5890	2160	5460	2570	4360	3990	—	—	—	—

391422 Verdetsche Konstante ω_λ^ϑ in Winkelminuten von wässerigen Lösungen anorganischer Stoffe.

(ϑ in °C, λ in Å, Konzentration in Gewichtsprozent der angegebenen Formel.)

Stoff	Konzentration	ω_{5460}^0	Stoff	Konzentration	ω_{5460}^0	Stoff	Konzentration	ω_{5460}^0
H_2O_2	15,67	0,0154	NaJ	34,88	0,0305	KCNO	3,905	0,0156
HCl	16,22	0,0201	$NaClO_3$	23,91	0,0164	KCNS	25,99	0,0201
HBr	20,60	0,0216	$NaBrO_3$	19,86	0,0175	RbCl	21,24	0,0190
H_2S	0,2303	0,0156	Na_2SO_3	8,565	0,0170	RbBr	30,94	0,0208
H_2SO_4	3,870	0,0156	KOH	14,78	0,0175	CsCl	14,06	0,0168
$SOCl_2$	100	0,0339	KF	21,46	0,0159	NH_4OH	10,25	0,0160
SO_2Cl_2	100	0,0209	KCl	15,34	0,0181	NH_4Cl	19,54	0,0200
LiCl	13,05	0,0189	KBr	24,30	0,0206	NH_4Br	20,05	0,0206
LiBr	23,70	0,0224	KJ	39,75	0,0307	NH_4J	35,13	0,0302
$LiJO_3$	28,03	0,0203	K_2S	19,23	0,0226	$(NH_4)_2SO_4$	5,146	0,0158
NaOH	12,98	0,0182	K_2CO_3	47,79	0,0173	$(NH_4)_2S_2O_3$	5,875	0,0163
NaCl	12,80	0,0184	$KHCO_3$	17,22	0,0158	NH_4CNS	21,32	0,0202
NaBr	25,58	0,0222	KCN	18,66	0,0170			

391423 Verdetsche Konstante ω_λ^ϑ in Winkelminuten von Flüssigkeitsmischungen. (ϑ in °C, λ in Å.)

Mischkomponente A	Mischkomponente B	Konzentration von A in Vol.-%	ϑ	ω_{5983}^ϑ	ω_{5461}^ϑ	ω_{4360}^ϑ
Äthylalkohol	Wasser	0	16	0,01309	—	—
C_2H_6O	H_2O	29,81	16	0,01294	—	—
		59,57	16	0,01251	—	—
		99,21	16	0,01139	—	—
Aceton	Wasser	0	16	0,01309	0,01549	0,02508
C_3H_6O	H_2O	28,16	16	0,01296	0,01534	0,02498
		55,17	16	0,01260	0,01490	0,02439
		77,73	16	0,01202	0,01424	0,02336
Äthylalkohol	Benzol	0	16	0,02981	—	—
C_2H_6O	C_6H_6	30	16	0,02402	—	—
		60	16	0,01854	—	—
		90	16	0,01314	—	—
i-Butylalkohol	Schwefelkohlenstoff	0	16	0,04235	0,05070	0,09063
$C_4H_{10}O$	CS_2	22,79	16	0,03399	0,04050	0,07078
		82,78	16	0,01694	0,01996	0,03356
Nitrobenzol	Benzol	0	20	0,02949	—	—
$C_6H_5O_2N$	C_6H_6	35,01	20	0,02677	—	—
		65,13	20	0,02423	—	—
		90,03	20	0,02231	—	—
Nitrobenzol	Äthylalkohol	0	20	0,01148	—	—
$C_6H_5O_2N$	C_2H_6O	29,79	20	0,01439	—	—
		60,35	20	0,01753	—	—
		89,98	20	0,02055	—	—

39143 Verdetsche Konstante ω_λ^ϑ in Winkelminuten von Gasen bei $\vartheta = 0°$ C und p = 760 Torr.

Gase	Formel	ω bei $\lambda = 5780$ Å	ω bei $\lambda = 5461$ Å	ω bei $\lambda = 4358$ Å
		Anorganische Gase.		
Neon	Ne	—	0,0000011	—
Argon	A	0,0000092	0,0000102	0,0000165
Wasserstoff	H_2	0,0000061	0,0000068	—
Chlor	Cl_2	0,0000320	—	—
Salzsäure	HCl	0,0000215	—	—
Schwefelwasserstoff	H_2S	0,0000415	0,0000465	0,0000789
Schwefeldioxyd	SO_2	0,0000305	0,0000346	0,0000569
Ammoniak	NH_3	0,0000195	—	—
Stickoxydul	N_2O	0,0000078	0,0000087	—
Kohlenoxyd	CO	0,0000110	0,0000120	0,0000210
Kohlendioxyd	CO_2	0,0000094	0,0000107	0,0000166
Schwefelkohlenstoff	CS_2	0,0000845	0,0000989	0,0001690
Cyan	$(CN)_2$	0,0000225	0,0000252	0,0000420
		Organische Gase.		
Methan	CH_4	0,0000145	0,00001595	0,0000268
Äthan	C_2H_6	0,0000235	—	—
Äthylen	C_2H_4	0,0000315	0,0000356	0,00005985
Acetylen	C_2H_2	0,000033	0,0000429	0,0000627
Propan	C_3H_8	0,000034	0,0000374	0,0000629
Butan	C_4H_{10}	0,000044	0,0000484	0,0000814
i-Pentan	C_5H_{12}	0,000053	—	—
n-Hexan	C_6H_{14}	0,000062	—	—
Benzol	C_6H_6	0,0000965	—	—
Methylchlorid	CH_3Cl	0,000027	0,0000302	0,0000499
Methylbromid	CH_3Br	0,000040	0,0000452	0,000076
Methyljodid	CH_3J	0,0000725	0,0000819	0,000139
Äthylchlorid	C_2H_5Cl	0,000037	—	0,0000685
Äthylbromid	C_2H_5Br	0,0000535	0,0000605	0,0001032
Äthyljodid	C_2H_5J	0,000086	0,0000972	0,000166
n-Propylchlorid	C_3H_7Cl	0,000048	0,0000537	—
i-Propylchlorid	C_3H_7Cl	0,000050	—	—
Propylbromid	C_3H_7Br	0,0000625	0,0000706	—

392 Elektrische Eigenschaften.

3921 Elektrischer Widerstand bzw. Leitfähigkeit.

39211 Feste Stoffe.

392111 Widerstandsverhältnis reiner Metalle.

392111a Verhältnis des Widerstandes R_ϑ bei der Temperatur ϑ zu R_0 bei 0° C und spezifischer Widerstand ϱ_0 bei 0° C von reinen Metallen.

Es sei darauf hingewiesen, daß die Angaben für den spezifischen Widerstand anderen Arbeiten als die Angaben R_ϑ/R_0 entstammen. — Die spezifischen Widerstände der reinen Metalle bei 0° C und ihre Temperaturkoeffizienten sind auch in Tabelle 3111 angegeben.

Metall	ϱ_0 in 10^{-6} Ω cm	R_ϑ/R_0 bei							
		−253	−192	−78	+100	+200	+300	+400	+500
Li	8,55	0,007	—	—	—	—	—	—	—
Na	4,34	0,007	—	—	—	—	—	—	—
K	6,38	0,027	—	—	—	—	—	—	—
Rb	11,0	0,081	—	—	—	—	—	—	—
Cs	19,0	0,067	—	—	—	—	—	—	—
Be	6,6	0,308	—	—	—	—	—	—	—
Mg	4,18	0,034	0,285	0,707	1,37	1,76	2,21	2,76	—
Ca	4,3	0,354	—	—	—	—	—	—	—
Sr	30,7	0,116	—	—	—	—	—	—	—
Ba	—	0,067	0,284	—	—	—	—	—	—
Al	2,41	0,008	0,144	0,646	1,45	1,89	—	—	—
Ce	78	0,749	—	—	—	—	—	—	—
Ti	43,5	—	0,215	—	1,47	—	—	—	—
Zr	~41	0,044	—	—	1,44	—	—	—	—
Hf	30	0,100	0,263	—	—	—	—	—	—
Th	12,0	0,031	0,245	—	1,24	—	—	—	—
V	19	0,954	0,967	—	—	—	—	—	—
Nb	13	0,338	0,499	—	—	—	—	—	—
Ta	12,4	0,014	0,296	0,730	1,347	1,661	—	—	—
Cr	~15,0[1]	0,053	—	—	—	—	—	—	—
Mo	5,03	0,045	0,137	0,667	1,435	1,885	2,349	2,825	—
W	4,91	0,001	0,156	0,652	1,465	1,957	2,479	3,026	—
U	30,6	0,597	0,684	—	—	—	—	—	—
Mn	—	1,002	0,981	—	—	—	—	—	—
Re	19,8	0,110	0,162	0,659	1,443	1,903	2,382	2,888	3,414
Fe	8,7	0,011	0,085	0,579	1,648	—	3,474	—	—
Co	5,06	0,046	0,151	—	1,658	2,478	3,527	4,564	5,605
Ni	6,05	0,086	0,178	0,615	1,672	2,532	3,660	4,914	—
Ru	7,64	0,083	0,176	—	—	—	—	—	—
Rh	4,3	0,004	0,007	0,685	1,377	1,728	2,058	2,368	—
Pd	10,88	0,010	0,173	—	—	—	—	—	—
Ir	4,58	0,054	0,225	0,694	1,393	1,795	2,197	2,631	3,070
Pt	9,8	0,001	0,206	0,686	1,392	1,772	2,141	2,498	2,844
Cu	1,55	0,006	0,148	0,649	1,433	1,866	2,308	—	—
Ag	1,49	0,009	0,207	0,684	1,410	1,829	2,263	2,710	3,168
Au	2,04	0,007	0,238	0,696	1,398	1,809	2,232	2,680	3,144
Zn	4,8	0,009	0,211	0,686	1,415	1,856	2,341	—	—
Cd	6,3	0,021	0,253	0,693	1,424	1,886	—	—	—
Hg	94,07	0,064	0,282	—	—	—	—	—	—
In	8,2	0,026	0,218	—	—	—	—	—	—
Tl	~15,0	0,030	0,245	—	—	—	—	—	—
Ge	$\sim 89 \cdot 10^3$	1,30	1,35	—	—	—	—	—	—
Sn	9,3	0,011	0,23	0,665	—	—	—	—	—
Pb	18,8	0,031	0,263	0,691	1,422	1,877	2,379	—	—
Sb	38,6	0,032	0,204	—	—	—	—	—	—
Bi	101	0,223	0,395	0,715	1,446	2,071	—	—	—

[1] Elektrolyt. reines Chrom.

392111b Widerstandsverhältnis $\frac{R_\vartheta}{R_0}$ von Metallen bei sehr tiefen Temperaturen.

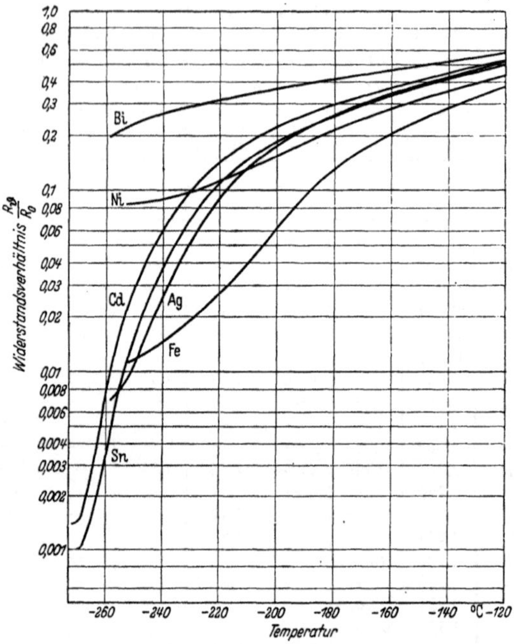

392112 Supraleitfähigkeit von Metallen.

In der Nähe des absoluten Nullpunktes tritt bei einzelnen Metallen und Legierungen beim Unterschreiten einer charakteristischen Temperatur, der Sprungtemperatur, eine sprunghafte Änderung des Widerstandes auf, dieser sinkt gegen 0 ab. Die Stoffe werden supraleitend.

392112a Stellung der supraleitenden Elemente im periodischen System und Werte ihrer Sprungtemperaturen in °K.

		II	III a	III b	IV a	IV b	V a	V b
3			13 Al 1,1°K					
4	a				22 Ti 1,1°K		23 V 4,2°K	
	b	30 Zn 0,7°K		31 Ga 1,07°K				
5	a				40 Zr 0,7°K		41 Nb 9,2°K	
	b	48 Cd 0,6°K		49 In 3,4°K		50 Sn 3,6°K		
6	a				72 Hf 0,3°K		73 Ta 4,33°K	
	b	80 Hg 4,1°K		81 Tl 2,4°K		82 Pb 7,2°K		
7	a				90 Th 1,3°K			

392112b Sprungtemperatur von supraleitenden Legierungen und Verbindungen (Eu = Eutektikum).

Komponenten	Formel oder Zusammensetzung in %	Sprungtemperatur in °K	Komponenten	Formel oder Zusammensetzung in %	Sprungtemperatur in °K
	Legierungen aus zwei Komponenten.				
Mo-C	bis zu 15,8 C	1,2...8,9	Uranblei	—	4,2
Au-Bi	Au_2Bi	1,8	Hg-Cd	19,35 Cd Mischkrystall	2,16...2,18
Tl-Tb	$TbTl_2$	4,05			
Tl-Ag	98,7 Tl Eu.	2,67	Hg-Cd	27,2 Cd Mischkrystall	1,89...1,93
Tl-Au	93,5 Tl Eu.	1,92			
Tl-Cd	83 Tl Eu.	2,54	Hg-Cd	36 Cd Mischkrystall	1,70...1,72
Tl-Hg	Hg_5Tl_2	3,82			
Tl-Sn	43,5 Tl	2,4...4,2	Pb-Cu	10 Pb	5,7...8,0
Tl-Sb	Sb_2Tl_7	5,2	Pb-Cu	40 Pb	7,7...8,0
Tl-Bi	Bi_5Tl_3	6,4	Pb-Ag	97,5 Pb Eu.	7,2
Sn-Ag	30 Sn	1,5...3,7	Pb-Au	85 Pb Eu.	7,0
Sn-Ag	50 Sn	3,6...3,7	Pb-Hg	bis zu 34,3 Hg Mischkrystalle	4,1...7,3
Sn-Ag	75 Sn	3,6...3,7			
Sn-Au	55 Sn	2,5...2,8	Pb-In	0...100 Pb Mischkrystalle	3,4...7,3
Sn-Au	75 Sn	3,6...3,7			
Sn-Zn	91 Sn Eu.	3,65	Pb-Tl	$PbTl_2$	4,05
Sn-Cd	71 Sn Eu.	3,61	Pb-Sb	87 Pb Eu.	6,6
Sn-As	65 Sn Eu.	4,1	Pb-As	97 Pb Eu.	8,4
Sn-Sb	Sb_2Sn_3	3,8	Pb-Bi	56,5 Pb Eu.	8,8
Sn-Bi	42 Sn Eu.	3,8			
	Legierungen aus mehreren Komponenten.				
Rose-Metall	Bi_2SnPb	8,5	Woods Metall	50 Bi, 12,5 Sn, 25 Pb 12,5 Cd	8,2
Newton-Metall	50 Bi, 19 Sn, 31 Pb	8,5			

Verbindungen.

Formel	Zustand	Sprungtemperatur in °K	Formel	Zustand	Sprungtemperatur in °K
TiN	kubisch, flächenzentriert	1,1	TaC	kubisch, flächenzentriert	9,2
TiC	desgl.	1,1 ?	TaSi		4,25...4,38
ZrN	desgl.	3,2	MoC		7,7
ZrB		2,8...3,8	Mo_2C		2,4
VN	desgl.	1,3	WC	hexagonal, Kugelpackung	2,8
NbH	—	~15			
NbN	—	~20,4	CuS	kubisch, flächenzentriert	1,5
NbC	kubisch, flächenzentriert	10,1			
			PbS		4,1

392113 Änderung des Widerstandes der Alkalimetalle mit dem Druck nach Bridgman.

Es ist der Quotient des Widerstandes der Alkalimetalle bei 0° C bei dem Druck p (ϱ_p) zu dem Widerstand bei dem Druck p = 1 at (ϱ_1) angegeben.

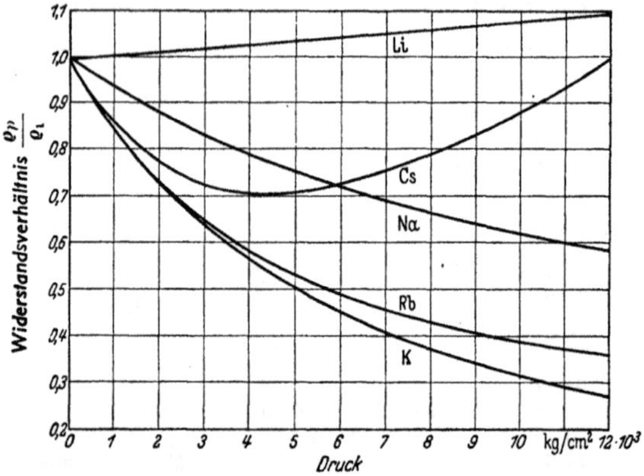

392114 Einfluß eines Magnetfeldes auf den Widerstand der Metalle.

R = Widerstand bei der Meßtemperatur.
ΔR = Widerstandsänderung durch das Magnetfeld bei der Meßtemperatur.

392114a Magnetfeld senkrecht zur Stromrichtung.

Metall	Reinheitsgrad in %	Meßtemperatur in °C	Magnetfeld in Oersted	$\frac{\Delta R}{R}$	Metall	Reinheitsgrad in %	Meßtemperatur in °C	Magnetfeld in Oersted	$\frac{\Delta R}{R}$
Li	>99,9	etwa —195	100000	0,02	Th	>99,9	etwa —78	300000	etwa 0,03
			300000	0,15			etwa —193	100000	0,02
Na		etwa —193	300000	0,07				300000	0,16
Be	99,8	etwa 18	100000	0,10	V		etwa 18	300000	<0,01
			300000	0,66			etwa —193	300000	etwa 0,04
		etwa —193	100000	0,40					
			300000	2,28	Cr		etwa 18	300000	0,3
							etwa —195	100000	1,06
Mg	Spuren Ca	etwa 18	100000	0,02				300000	4,36
			300000	0,17					
		etwa —193	100000	0,5	Mo		etwa —78	300000	0,10
			300000	2,8			etwa —195	100000	0,16
Al		etwa —78	300000	0,09				300000	0,92
	99,95	etwa —193	100000	0,13	W		etwa —195	100000	0,17
			300000	0,64				300000	0,94
Ti	(Einkrystall)	etwa —259	23600	0,0002	Fe		etwa —193	100000	0,021
								300000	0,053
Zr	(Einkrystall)	etwa —259	23600	0,0021	Ni		etwa 18	100000	—0,027
		etwa —196	23600	0,0005				300000	—0,046
	>99,9	etwa —78	300000	<0,01			etwa —193	100000	—0,024
		etwa —193	300000	0,05				300000	—0,029

392114 a (Fortsetzung).

Metall	Reinheitsgrad in %	Meßtemperatur in °C	Magnetfeld in Oersted	$\frac{\Delta R}{R}$
Pd	>99,99	etwa —195	100000	0,02
			300000	0,10
Pt	>99,99	etwa —195	100000	0,01
			300000	0,07
Cu		—259	23600	0,205
		—196	23600	0,0115
		etwa —195	100000	$0{,}09_8$
			300000	$0{,}46_9$
Ag		etwa —195	100000	$0{,}09_0$
			300000	$0{,}37_6$
Au		etwa —195	100000	$0{,}06_0$
			300000	$0{,}27_9$
	(Einkrystall)	—194,5	1000	$0{,}253 \cdot 10^{4}$
			6000	$7{,}42 \cdot 10^{-4}$
			13000	$34{,}2 \cdot 10^{-4}$
	(Einkrystall)	—269	50	0,0091
			300	0,179
			600	0,55
Zn		—259	23600	3,1
		—196	23600	0,0178
	99,9996	etwa 18	300000	0,06
		etwa —195	100000	0,18
			300000	0,93
Cd		—259	23600	1,19
		—196	23600	0,0378
		etwa 18	300000	0,08
		etwa —195	100000	0,24
			300000	0,93
Hg		etwa — 78	300000	0,02
		etwa —193	100000	0,006
			300000	0,050
Ga	(Einkrystall)	—263,3	22300	45...129
		—223,4	22300	14... 18
		—195,8	22300	12... 14
		—118,2	22300	5,4...6,8
	99,73	etwa —78,2	100000	0,03
			300000	0,17
		etwa —193,2	100000	0,28
			300000	0,87

Metall	Reinheitsgrad in %	Meßtemperatur in °C	Magnetfeld in Oersted	$\frac{\Delta R}{R}$
In		etwa —108	300000	0,03
		etwa —193	100000	0,02
			300000	0,14
Tl		etwa —193	100000	0,03
			300000	0,16
C	(Acheson-Graphit)	etwa 18	100000	1,10
			300000	4,10
		etwa —193	100000	1,30
			300000	2,77
Ge	>99,99	etwa 18	100000	0,12
			300000	0,50
		etwa —195	100000	0,19
			300000	0,93
Sn	>99,99	etwa 18	300000	0,02
		etwa —193	100000	0,04
			300000	0,23
Pb	99,999	etwa 18	300000	<0,01
		etwa —193	300000	0,05
As		etwa 18	100000	0,17
			300000	1,1
		etwa —193	100000	4,7
			300000	29,2
Sb		etwa 18	100000	0,81
			300000	3,5
		etwa —193	100000	7,0
			300000	40,0
Bi		18	5000	0,20
			20000	1,13
			38900	2,334
			300000	37
		0	2000	0,046
			6000	0,24
			12000	0,59
		— 78	300000	196
		—193	300000	1360
Te	99,9	etwa 18	100000	0,12
			300000	0,36
		etwa —193	100000	0,25
			300000	0,33

392114b Magnetfeld parallel der Stromrichtung.

Metall	Meßtemperatur in °C	Magnetfeld in Gauß	$\frac{\Delta R}{R}$	Metall	Meßtemperatur in °C	Magnetfeld in Gauß	$\frac{\Delta R}{R}$
Al	etwa —195	100000	$0,07_8$	Cd	etwa —195	100000	$0,16_1$
		300000	$0,35_8$			300000	$0,70_5$
Mo	etwa —195	300000	$0,22_5$	Ga	etwa —195	100000	$0,30_0$
Cu	etwa —195	100000	0,03			300000	$0,96_0$
		300000	0,23				

392114c Änderung des Widerstandes von Wismut-Einkrystallen im Magnetfeld.

R = Widerstand bei der Meßtemperatur ϑ ohne Magnetfeld.
ΔR = Widerstandsänderung bei ϑ durch das Magnetfeld.

Temperatur in °C	Magnetfeld in Oersted	Richtung des Stromes = Richtung der Stabachse	Richtung des Magnetfeldes ℌ	$\frac{\Delta R}{R}$
20	4400	⊥ ℌ ⊥ hex. ⊥ bin. Achse	90° geg. hex. Achse	0,14
20	10050	desgl.	desgl.	0,44
20	20100	desgl.	desgl.	0,89
20	3770	⊥ ℌ ⊥ hex. ‖ bin. Achse	⊥ bin. Achse 150° geg. hex. Achse	0,09
20	14100	desgl.	desgl.	0,50
20	20100	desgl.	desgl.	0,72
20	7670	⊥ ℌ ‖ hex. Achse	⊥ hex. Achse 30° geg. bin. Achse	0,33
20	14100	desgl.	desgl.	0,74
20	20100	desgl.	desgl.	1,14
20	2510	‖ ℌ	43° geg. hex., 47° geg. bin. Achse	0,034
20	5030	desgl.	desgl.	0,102
20	7540	desgl.	desgl.	0,167
20	2510	‖ ℌ	⊥ hex. Achse ⊥ bin. Achse	0,047
20	5030	desgl.	desgl.	0,150
20	7540	desgl.	desgl.	0,264
—208,91	3975	⊥ ℌ ‖ hex. Achse	⊥ bin. Achse	13
—208,91	20325	desgl.	desgl.	352
—208,91	35550	desgl.	desgl.	758
—259,01	3970	⊥ ℌ ‖ hex. Achse	0° geg. Richtung ⊥ bin. Achse	260
—259,01	15130	desgl.	desgl.	3544
—259,01	30140	desgl.	desgl.	11403
—261,86	3975	⊥ ℌ ‖ hex. Achse	0° geg. Richtung, ⊥ bin. Achse	339
	17300	desgl.	desgl.	5707
	30825	desgl.	desgl.	14574

392115 Spezifischer Widerstand in $\Omega \cdot mm^2 \cdot m^{-1}$ von Heizleitern[1]. (Vgl. auch 51212.)

Widerstands-werkstoff	Chemische Zusammensetzung und · Bemerkungen	Höchste Gebrauchs-temperatur °C	Widerstand in $\Omega \cdot mm^2 \cdot m^{-1}$														
			20°	100°	200°	300°	400°	500°	600°	700°	800°	900°	1000°	1100°	1200°	1300°	1500°
Wolfram	Schutzgas[2]	2000	0,055	0,074	0,098	0,125	0,153	0,182	0,211	0,241	0,271	0,301	0,332	0,362	0,394	0,425	0,49
Molybdän	Schutzgas[2]	1500	0,055	0,075	—	—	—	—	—	0,23	0,265	0,288	0,315	0,345	0,374	0,403	0,462
Platin		1500	0,10	0,137	0,174	0,21	0,245	0,28	—	—	—	—	—	—	—	—	—
Megapyr	65% Fe, 30% Cr, 5% Al	1300	1,40	1,40	1,41	1,41	1,42	1,42	1,42	1,42	1,43	1,43	1,43	1,43	1,43	1,43	—
Kanthal	60% Fe, Cr, Al, Co	1300	1,45	—	—	—	—	—	—	—	—	—	—	—	—	—	—
Cr-Al-Stahl	65% Fe, 30% Cr, 5% Al	1300	1,5	—	—	—	—	—	—	—	—	—	—	—	—	—	—
Chromnickel	20% Cr, 80% Ni	1150	1,10	1,12	1,14	1,17	1,17	1,17	1,17	1,16	1,16	1,16	1,17	1,18	—	—	—
15/65 Fe-Cr-Ni-Leg.		1100	1,13	1,15	1,16	1,18	1,19	1,20	1,20	1,20	1,21	1,23	1,24	1,25	—	—	—
Cr-Ni-Stahl P 265		1000	1,05	1,09	1,13	1,17	1,20	1,23	1,25	1,27	1,29	1,31	1,33	—	—	—	—
Chromnickel	62% Ni, 18% Fe, 17% Cr, 3% Mn	1000	1,13	—	—	—	—	—	—	—	—	—	—	—	—	—	—
Cr-Stahl W 18		1000	1,05	1,08	1,11	1,14	1,17	1,21	1,26	1,29	1,31	1,32	1,33	—	—	—	—
Niresist	C, Ni, Cu, Cr, F	700	1,18	1,26	1,34	1,40	1,46	1,51	1,56	1,62	—	—	—	—	—	—	—
Unleg. Gußeisen	3,08% C, 1,79% Si[3]	600	0,70	0,80	0,88	0,99	1,11	1,22	1,33	—	—	—	—	—	—	—	—
Al-Bronze	93% Cu, 7% Al	450	0,142	—	—	—	—	—	—	—	—	—	—	—	—	—	—
Isabellin	Al-haltiges MnCu	400	0,50	0,498	0,496	0,495	0,496	—	—	—	—	—	—	—	—	—	—
Konstantan	54% Cu, 46% Ni	400	0,50	0,504	0,505	0,506	0,506	—	—	—	—	—	—	—	—	—	—
Nickel		400	0,09	0,16	0,22	0,30	0,37	—	—	—	—	—	—	—	—	—	—
Manganin	86% Cu, 12% Mn, 2% Ni	300	0,43	0,429	0,428	0,426	—	—	—	—	—	—	—	—	—	—	—
Neusilber	60% Cu, 20% Ni, 20% Zn	300	0,55	0,562	0,579	0,589	—	—	—	—	—	—	—	—	—	—	—
Nickelin	67% Cu, 30...31% Ni, 2...3% Mn	300	0,40	0,408	0,415	0,422	—	—	—	—	—	—	—	—	—	—	—
							—	—	—								
Siliciumstahl	4% Si[3]	200	0,50	0,55	0,59	—				—	—	—	—	—	—	—	—

[1] Es sind Durchschnittswerte angegeben. — [2] Für W: H_2 oder Gemisch aus $H_2 + N_2$, für Mo desgleichen oder Methylalkohol. — [3] Rest Fe.

392116 Spezifischer Widerstand, ϱ in $\Omega \cdot$ cm von festen Halbleitern und Isolierstoffen[1].

Stoff	°C	ϱ in $\Omega \cdot$ cm	Stoff	°C	ϱ in $\Omega \cdot$ cm
Jod	110	$0{,}769 \cdot 10^{11}$	CuO	12	$2{,}1 \cdot 10^{6}$
Schwefel, rhomb[2]	20	$1{,}9 \cdot 10^{17}$		265	$3{,}6 \cdot 10^{3}$
monokl.[2]	112	$7{,}4 \cdot 10^{12}$		463	$1{,}7 \cdot 10^{2}$
flüssig	115	$1 \cdot 10^{12}$		750	2,1
flüssig	130	$2 \cdot 10^{10}$		1000	$3{,}2 \cdot 10^{-1}$
flüssig	440	$8{,}33 \cdot 10^{7}$		1038	$9{,}6 \cdot 10^{-2}$
Selen, glasig[2]	Z.T.	$8{,}0 \cdot 10^{6}$		1120	$1{,}5 \cdot 10^{-1}$
flüssig[2]	390	$7{,}7 \cdot 10^{4}$	ZnO	160	$9{,}3 \cdot 10^{3}$
flüssig[2]	540	$2{,}2 \cdot 10^{3}$		605	$5{,}9 \cdot 10^{1}$
flüssig[2]	690	$8{,}8 \cdot 10$		1000	2,6
Phosphor	25	$2{,}5 \cdot 10^{6}$		1320	1,7
Diamant	15	$3 \cdot 10^{13} \ldots$	SnO_2	785	$6{,}6 \cdot 10^{3}$
		$5 \cdot 10^{14}$	SnAs	25	$5{,}0 \cdot 10^{-5}$
	1352	$1 \cdot 10^{6}$	Sn_2As_3	25	$3{,}7 \cdot 10^{-5}$
Graphit	0	$8 \cdot 10^{2}$	PbO	384	$2{,}6 \cdot 10^{7}$
	500	$8{,}3 \cdot 10^{2}$	Bi_2O_3	225	$2{,}34 \cdot 10^{8}$
	1000	$8{,}7 \cdot 10^{2}$	Auer-Mischung:	745	$2{,}2 \cdot 10^{4}$
	2000	$1 \cdot 10^{3}$	(1 % CeO_2 in ThO_2)	890	$7{,}9 \cdot 10^{3}$
	2500	$1{,}1 \cdot 10^{3}$		1068	$2{,}0 \cdot 10^{3}$
Kohlenstoff	0	$3{,}5 \cdot 10^{3}$		1211	$6{,}4 \cdot 10^{2}$
	500	$2{,}7 \cdot 10^{3}$	Nernst-Mischung:	230	$2{,}7 \cdot 10^{6}$
	1000	$2{,}1 \cdot 10^{3}$	(Zr-, Y-Oxyde;	303	$1{,}9 \cdot 10^{5}$
	2000	$1{,}1 \cdot 10^{3}$	Fp = 3040)	400	$1{,}0 \cdot 10^{4}$
	2500	$0{,}9 \cdot 10^{3}$		571	$4{,}0 \cdot 10^{2}$
NaCl	20	$1 \cdot 10^{17}$		922	$1{,}3 \cdot 10$
	150	$4 \cdot 10^{14}$		1252	3,5
MgO	471	$2{,}7 \cdot 10^{8}$	Bernstein	20	$> 10^{18}$
	933	$2{,}4 \cdot 10^{5}$	Celluloid		10^{10}
	1341	$2{,}3 \cdot 10^{6}$	Elfenbein	22	$2 \cdot 10^{8}$
CaO	763	$7{,}3 \cdot 10^{8}$	Glas, gewöhnlich	20	$10^{11} \ldots 10^{15}$
	1011	$2{,}1 \cdot 10^{7}$	Widerstandsgläser		$10^{14} \ldots 10^{16}$
	1466	$9{,}6 \cdot 10^{2}$	(Bleiglas)	Z.T.	
CaF_2	20	∞	Glimmer	20	$9 \cdot 10^{15}$
	100	$4 \cdot 10^{13}$	Hartgummi	20	$2 \cdot 10^{15}$
	150	$7 \cdot 10^{11}$		100	$3 \cdot 10^{14}$
BaO	307	$1 \cdot 10^{6}$	Holz, trocken	Z.T.	$10^{10} \ldots 10^{16}$
	355	$1{,}7 \cdot 10^{4}$	Kolophonium	22	$5 \cdot 10^{16}$
	497	$2{,}2 \cdot 10$	Marmor	22	$10^{9} \ldots 10^{11}$
TiO_2	915	$1{,}2 \cdot 10^{4}$	Paraffin	22	$1 \cdot 10^{18}$
	1000	$7{,}5 \cdot 10^{3}$	Porzellan	300	$2{,}4 \cdot 10^{8}$
	1320	$4{,}4 \cdot 10^{2}$		500	$4{,}2 \cdot 10^{6}$
Cr_2O_3	345	$1{,}3 \cdot 10^{3}$		800	$1{,}2 \cdot 10^{6}$
	750	$7{,}8 \cdot 10$	Quarzglas	22	$> 5 \cdot 10^{18}$
	1215	$2{,}1 \cdot 10$		300	$1{,}8 \cdot 10^{10}$
Mn_3O_4	560	$2{,}0 \cdot 10^{3}$		500	$1{,}3 \cdot 10^{8}$
	1000	$1{,}4 \cdot 10$		800	$1{,}8 \cdot 10^{7}$
	1280	$7{,}2 \cdot 10^{-1}$	Schellack	22	$1 \cdot 10^{16}$
Fe_2O_3	570	$6{,}2 \cdot 10^{3}$	Siegellack	19	$1 \cdot 10^{15}$
	700	$1{,}0 \cdot 10^{3}$	Sinterkorund	300	$1{,}2 \cdot 10^{13}$
	1000	$8{,}2 \cdot 10$		500	$1{,}3 \cdot 10^{11}$
Fe_3O_4	125	$4{,}7 \cdot 10^{3}$		800	$3{,}5 \cdot 10^{8}$
	1000	2,17	Wachs, gelb	20	$8 \cdot 10^{14}$
	1320	$7{,}7 \cdot 10^{-1}$	weiß	22	$5 \cdot 10^{14}$
NiO	590	$6{,}7 \cdot 10^{3}$			
	1000	$1{,}4 \cdot 10^{2}$			
	1245	$2{,}4 \cdot 10$			

[1] Siehe auch Tabellen 561 (Kunststoffe), 533 (Isolierstoffe), 562 (Kautschuk).
[2] Ohne Belichtung.

392117 Spezifische Leitfähigkeit $\varkappa$ in $\Omega^{-1} \cdot cm^{-1}$ von festen und geschmolzenen Salzen.

Die Zahl unter der Formel gibt den Schmelzpunkt F_p in °C an.

Stoff u. F_p	Temperatur in °C	$\varkappa$ in $\Omega^{-1} \cdot cm^{-1}$
LiCl	620	5,87
614°	681	6,14
	746	6,40
	786	6,53
	801	6,59
$LiNO_3$	250	0,79
260°	300	1,07
	320	1,18
	350	1,32
	400	1,60
	440	1,80
NaCl	590	$8,7 \cdot 10^{-6}$
800°	650	$30,5 \cdot 10^{-6}$
	700	$87,2 \cdot 10^{-6}$
	750	$246 \cdot 10^{-6}$
	790	$570 \cdot 10^{-6}$
	850	3,66
	900	3,77
	950	3,88
NaBr	420	$0,6 \cdot 10^{-6}$
747°	500	$3,1 \cdot 10^{-6}$
	540	$7,41 \cdot 10^{-6}$
	600	$31,5 \cdot 10^{-6}$
	640	$69,1 \cdot 10^{-6}$
	700	$174 \cdot 10^{-6}$
	740	$276 \cdot 10^{-6}$
NaJ	700	2,56
662°	750	2,63
	850	2,76
	950	2,90
Na_2SO_4	900	2,23
884°	950	2,37
	1000	2,50
	1050	2,64
	1100	2,77
$NaNO_3$	240	$0,76 \cdot 10^{-6}$
312°	260	$1,65 \cdot 10^{-6}$
	275	$3,2 \cdot 10^{-6}$
	290	$5,8 \cdot 10^{-6}$
	305	$11,5 \cdot 10^{-6}$
	320	1,027
	350	1,173
	380	1,305
	400	1,384
$NaPO_3$	700	0,55
619°	800	0,80
	900	1,05
	1000	1,30
	1100	1,54

Stoff u. F_p	Temperatur in °C	$\varkappa$ in $\Omega^{-1} \cdot cm^{-1}$
Na_2CO_3	850	2,92
850°	900	3,10
KF	863,0	2,95
857°	881,1	3,11
	903,4	3,29
	916,3	3,42
	971,6	3,92
KCl	440	$0,44 \cdot 10^{-6}$
770°	540	$1,91 \cdot 10^{-6}$
	640	$10,1 \cdot 10^{-6}$
	740	$98,0 \cdot 10^{-6}$
	800	2,19
	850	2,30
	900	2,40
	930	2,46
KBr	760	1,66
742°	810	1,77
	860	1,86
KJ	691,5	1,23
682°	742,9	1,32
	779,8	1,38
	813,0	1,48
K_2SO_4	1100	1,84
1096°	1150	1,94
KNO_3	410	0,85
308°	450	0,97
	500	1,11
K_2CO_3	900	1,93
897°	950	2,12
	1000	2,26
RbCl	733	1,49
717°	780	1,62
	873	1,81
	915	1,87
$RbNO_3$	318,8	0,44
305°	377,7	0,57
	435,9	0,69
	493	0,80
CsCl	660	1,14
642°	711	1,26
	775	1,39
	831	1,48
$CsNO_3$	446,6	0,59
407°	494,1	0,66
	556,3	0,74

Stoff u. F_p	Temperatur in °C	$\varkappa$ in $\Omega^{-1} \cdot cm^{-1}$
$BeCl_2$	451	0,00319
405°	460	0,00572
	472	0,00868
$MgCl_2$	729	1,05
712°	774	1,13
	909	1,39
	1013	1,58
$CaCl_2$	795	1,99
765°	851	2,21
	888	2,34
	966	2,59
$SrCl_2$	900	1,98
872°	1000	2,29
	1050	2,43
	1100	2,56
$BaCl_2$	900	1,71
960°	1000	2,05
	1050	2,19
	1100	2,31
$AlCl_3$	189	$\sim 4 \cdot 10^{-6}$
192,5°	200	$0,56 \cdot 10^{-6}$
	227	$0,86 \cdot 10^{-6}$
	245	$1,1 \cdot 10^{-6}$
$AlBr_3$	201	$1,0 \cdot 10^{-6}$
97,5°	243	$1,8 \cdot 10^{-6}$
	270	$2,6 \cdot 10^{-6}$
AlJ_3	209	$2,6 \cdot 10^{-6}$
191°	246	$5,2 \cdot 10^{-6}$
	270	$7,4 \cdot 10^{-6}$
$ScCl_3$	959	0,56
940°	991	0,65
YCl_3	714	0,40
721°	793	0,53
	875	0,73
$LaCl_3$	872	1,14
872°	895	1,23
	1005	1,55
$PrCl_3$	824	0,90
~780°	902	1,2
	965	1,4
$NdCl_3$	775	0,69
761°	827	0,84
	873	0,97
	900	1,04

392117 (Fortsetzung).

Stoff u. F_p	Temperatur in °C	$\varkappa$ in $\Omega^{-1} \cdot cm^{-1}$
$ThCl_4$ 770°	843	0,74
	889	0,84
	922	0,86
$MoCl_5$ 194°	216	$1{,}8 \cdot 10^{-6}$
	234	$4{,}1 \cdot 10^{-6}$
	258	$7{,}5 \cdot 10^{-6}$
MoO_4Na_2 687°	843	1,41
	924,5	1,571
	1026	1,78
	1122,5	1,94
	1217	2,09
	1306	2,23
	1408	2,40
WCl_5 248°	250	$0{,}67 \cdot 10^{-6}$
	270	$1{,}22 \cdot 10^{-6}$
	290	$1{,}70 \cdot 10^{-6}$
	300	$1{,}84 \cdot 10^{-6}$
WCl_6 275°	280	$1{,}98 \cdot 10^{-6}$
	300	$2{,}60 \cdot 10^{-6}$
	320	$4{,}05 \cdot 10^{-6}$
	330	$6{,}94 \cdot 10^{-6}$
WO_4Na_2 698°	752,5	1,09
	958	1,52
	1066	1,72
	1362	2,25
	1501	2,45
UCl_4 567°	570	0,34
	598	0,42
	620	0,48
CuCl 432°	45	$0{,}53 \cdot 10^{-7}$
	213	$0{,}15 \cdot 10^{-3}$
	366	0,0615
	404	0,237
	450	3,3
	550	3,6
γ-CuBr 491°	137	$0{,}33 \cdot 10^{-5}$
	358	0,075
β-CuBr	400	1,48
	450	2,00
α-CuBr	480	3,54
CuBr geschm.	500	2,52
	550	2,67
AgCl 455°	250	0,0003
	450	0,11
	456	3,76
	550	4,05
	660	4,58
	720	4,69
	800	4,81
AgBr 430°	200	0,00052
	350	0,08
	425	2,76
	550	3,00
	800	3,63
AgJ 557°	150	1,33
	300	1,97
	500	2,52
	600	2,43
	800	2,30
$AgNO_3$ 209°	230	0,74
	260	0,88
	300	1,05
	350	1,25
$ZnCl_2$ 313°	319	$3 \cdot 10^{-4}$
	340	$2{,}8 \cdot 10^{-3}$
	460	0,0509
	581	0,21
	650	0,31
$CdCl_2$ 568°	576	1,93
	668	2,12
	755	2,30
	801	2,37
$CdBr_2$ 567°	571	1,06
	597	1,12
	617	1,15
CdJ_2 387°	388	0,19
	418,6	0,25
	442,9	0,30
	466,4	0,35
HgCl 302°	529	1,00
	544	1,03
$HgCl_2$ 277°	294	$0{,}82 \cdot 10^{-4}$
	311	$1{,}00 \cdot 10^{-4}$
	341	$1{,}12 \cdot 10^{-4}$
$HgBr_2$	128	$76 \cdot 10^{-8}$
	132	$15 \cdot 10^{-6}$
HgJ_2 252°	92	$1 \cdot 10^{-8}$
	167	$1 \cdot 10^{-7}$
	220	$0{,}8 \cdot 10^{-6}$
	260	0,0085
	320	0,0066
InCl 225°	242	0,97
	272	1,14
	310	1,38
	351	1,66
$InCl_2$	356	0,47
	392	0,54
	466	0,67
	507	0,72
$InCl_3$ 586°	594	0,42
	625	0,39
	673	0,35
	694	0,33
$InBr_3$	445	0,17
	480	0,17
	533	0,16
InJ_3	221	0,05
	251	0,066
	319	0,085
	372	0,096
TlCl 427°	250	$0{,}5 \cdot 10^{-4}$
	421	0,0061
	431	1,09
	500	1,33
	600	1,70
TlBr 457°	250	$0{,}4 \cdot 10^{-4}$
	447	0,0047
	460	0,81
	550	1,02
	600	1,13
TlJ 438°	250	$1 \cdot 10^{-5}$
	429	0,0048
	439	0,53
	550	0,75
	600	0,84
$SnCl_2$ 241°	263	0,89
	314	1,18
	353	1,42
	411	1,72
$PbCl_2$ 498°	94	$2{,}50 \cdot 10^{-6}$
	193	$4{,}57 \cdot 10^{-5}$
	289	$4{,}23 \cdot 10^{-4}$
	390	$1{,}61 \cdot 10^{-3}$
	484	$0{,}92 \cdot 10^{-3}$
PbJ_2 412°	155	$1{,}82 \cdot 10^{-8}$
	307	$1 \cdot 10^{-6}$
	370	$1{,}1 \cdot 10^{-5}$
$BiCl_3$ 224°	266	0,44
	315	0,51
	350	0,56

392118 Überführungszahlen* n_{Kation} und n_{Anion} in festem Salz in Abhängigkeit von der Temperatur.

Stoff	Temp. in °C	n_{Kation}	n_{Anion}	Stoff	Temp. in °C	n_{Kation}	n_{Anion}
NaF	500	1,00	—	CuJ	400...500	1,00	—
NaCl . . .	500	0,983	0,017	Cu_2S . . .	220	1,00	—
(gepreßte	550	0,937	0,063	AgCl . . .	350...20	1,00	—
Pastillen)	580	0,919	0,081	AgBr . . .	300...20	1,00	—
	620	0,883	0,117	AgJ	400...20	1,00	—
KCl	435	0,956	0,044				nicht
	500	0,941	0,059	α-Ag_2S . .	200	10^{-3}...	Ionen-
	600	0,884	0,116	α-Ag_2Se . .	200	10^{-24}	sondern
KBr	605	0,5	0,5	α-Ag_2Te . .	200		Elektro-
	660	0,4	0,6				nenleiter
KJ	610	0,9	0,1	PbF_2 . . .	200	—	1,00
BaF_2 . . .	500	—	1,00	$PbCl_2$ . . .	90	10^{-10}	—
$BaCl_2$ . . .	400...700	—	1,00		270	10^{-5}	—
$BaBr_2$ . . .	350...450	—	1,00		484	10^{-3}	—
Cu_2O . . .	1000	—	$\sim 4 \cdot 10^{-4}$	$PbBr_2$ . . .	250...365	—	1,00
CuCl** . .	366	1,00	—	PbJ_2 . . .	376	0,93... 1,00	0,07...0
		Kation	Elektron		338	0,79... 0,85	0,21...0,15
	315	1,00	—				
	254	0,90	0,10		290	0,67	0,33
	218	0,29	0,71		255	0,39	0,61
	178	0,05	0,95		194	0,03	0,97
	40	0,02	0,98		155	0,004	0,996
	18	—	1,00				
γ-CuBr** . .	390	1,00	0,00	Gläser:			
(Uwp 391°)	308	0,92	0,08	Natronglas			
	272	0,39	0,61	30% Na_2,			
	223	0,14	0,86	0,70% SiO_2	400...500	1,00	—
	181	0,036	0,964	Thüringer-			
	52	0,005	0,995	glas . . .	500...560	1,00 (Na)	—
	27	—	1,00				

39212 Reine Flüssigkeiten.

392121 Spezifische Leitfähigkeit ϰ in $\Omega^{-1} \cdot cm^{-1}$ von anorganischen Flüssigkeiten.

Reinstes Wasser nach F. Kohlrausch und A. Heydweiller.

Temperatur in °C	−2	0	2	4	10	18	26	34	50
ϰ in $10^{-8} \cdot \Omega^{-1} \cdot cm^{-1}$ . . .	1,47	1,58	1,80	2,12	2,85	4,41	6,70	9,62	18,9

Stoff	Temperatur in °C	ϰ in Ω^{-1} cm^{-1}
Leitfähigkeitswasser . . .	Z.T.	$1 \cdot 10^{-6}$
Chlor	−70	$< 1 \cdot 10^{-16}$
Brom.	17,2	$13 \cdot 10^{-14}$
Schwefelsäure	Z.T.	$1 \cdot 10^{-2}$
Ammoniak	„	$1 \cdot 10^{-7}$
Salpetersäure	„	$1{,}5 \cdot 10^{-2}$

* Vgl. Text in 39213.

** CuCl und γ-CuBr verwandeln sich aus Ionenleitern in Elektronenleiter; auch im Gebiet der gemischten Leitung wird die Ionenleitung ausschließlich vom Kation übernommen.

392122 Spezifische Leitfähigkeit $\varkappa$ in $\Omega^{-1} \cdot cm^{-1}$ von organischen Flüssigkeiten.

Formel	Name	°C	$\varkappa$ in $\Omega^{-1} \cdot cm^{-1}$
C_5H_{12}	Pentan	19,5	$< 2 \cdot 10^{-10}$
C_6H_6	Benzol		$< 1 \cdot 10^{-18}$
C_7H_{16}	Heptan		$< 1 \cdot 10^{-13}$
C_7H_8	Toluol		$< 1 \cdot 10^{-14}$
C_8H_{10}	Xylol		$< 1 \cdot 10^{-15}$
C_9H_{20}	Nonan	25	$< 17 \cdot 10^{-9}$
$C_{10}H_{16}$	Pinen	23	$< 2 \cdot 10^{-10}$
$C_{10}H_{16}$	Terpinen	25	$< 17 \cdot 10^{-9}$
$C_{10}H_8$	Naphthalin	82	$4 \cdot 10^{-10}$
$C_{14}H_{10}$	Anthracen	230	$3 \cdot 10^{-10}$
CH_3J	Methyljodid	25	$< 2 \cdot 10^{-8}$
$CHCl_3$	Chloroform	25	$< 2 \cdot 10^{-8}$
$CHBr_3$	Bromoform	25	$< 2 \cdot 10^{-8}$
CCl_4	Tetrachlorkohlenstoff	18	$4 \cdot 10^{-18}$
C_2H_5Br	Äthylbromid	25	$< 2 \cdot 10^{-8}$
C_2H_5J	Äthyljodid	25	$< 2 \cdot 10^{-8}$
$C_2H_4Cl_2$	Äthylenchlorid	25	$3 \cdot 10^{-8}$
$C_2H_4Br_2$	Äthylenbromid	19	$< 2 \cdot 10^{-10}$
$C_2H_4Cl_2$	1,1-Dichloräthan	25	$< 17 \cdot 10^{-9}$
C_6H_5Br	Brombenzol	25	$< 2 \cdot 10^{-11}$
CH_4O	Methylalkohol	18	$44 \cdot 10^{-8}$
		20	$58 \cdot 10^{-7}$
		25	$22 \cdot 10^{-8}$
CH_2O_2	Ameisensäure	18	$56 \cdot 10^{-6}$
		25	$64 \cdot 10^{-6}$
C_2H_6O	Äthylalkohol	0	15[1] $\cdot 10^{-8}$
		18	64[1] $\cdot 10^{-9}$
		25	$135 \cdot 10^{-11}$
C_2H_4O	Acetaldehyd	0	$14 \cdot 10^{-7}$
		15	$17 \cdot 10^{-7}$
		20,5	$55 \cdot 10^{-7}$
$C_2H_6O_2$	Glykol	0	$24 \cdot 10^{-8}$
		25	$3 \cdot 10^{-7}$
$C_2H_4O_2$	Essigsäure	0	$5 \cdot 10^{-9}$
		25	$112 \cdot 10^{-9}$
		30	$8 \cdot 10^{-9}$
		40	14[1] $\cdot 10^{-8}$
C_3H_8O	Propylalkohol	18	$5 \cdot 10^{-8}$
		25	$2 \cdot 10^{-8}$
		25	$9 \cdot 10^{-9}$
C_3H_6O	Allylalkohol	25	$7 \cdot 10^{-6}$
C_3H_6O	Propionaldehyd	0	$7 \cdot 10^{-7}$
		25	$85 \cdot 10^{-8}$
C_3H_6O	Aceton	−15	$11 \cdot 10^{-10}$
		0	$6 \cdot 10^{-8}$
		18	$2 \cdot 10^{-8}$
		20	12[1] $\cdot 10^{-8}$
		25	$6 \cdot 10^{-8}$
$C_3H_6O_2$	Propionsäure	25	$< 1 \cdot 10^{-9}$
$C_3H_6O_2$	Essigsäuremethylester	25	$34 \cdot 10^{-7}$
$C_3H_8O_3$	Glycerin	25	$64 \cdot 10^{-9}$
$C_4H_{10}O$	i-Butylalkohol	18	< 1[1] $\cdot 10^{-7}$
		25	$8 \cdot 10^{-8}$
		25	$95 \cdot 10^{-10}$
$C_4H_{10}O$	Diäthyläther	25	$< 4 \cdot 10^{-13}$
C_4H_8O	Methyläthylketon	25	10^{-7}
$C_4H_8O_2$	Essigsäureäthylester	25	[illegible] $\cdot 10^{-9}$
$C_5H_{12}O$	i-Amylalkohol	18	5[1] $\cdot 10^{-8}$
		20	4[1] $\cdot 10^{-6}$
		25	$15 \cdot 10^{-9}$
$C_5H_{10}O_2$	i-Valeriansäure	80	$< 4 \cdot 10^{-13}$

Formel	Name	°C	$\varkappa$ in $\Omega^{-1} \cdot cm^{-1}$
$C_5H_8O_2$	Acetylaceton	0	$2 \cdot 10^{-7}$
		25	$3 \cdot 10^{-7}$
C_6H_6O	Phenol	25	$< 17 \cdot 10^{-9}$
$C_6H_{10}O_3$	Acetessigester	25	$4 \cdot 10^{-8}$
$C_6H_{10}O_4$	Oxalsäurediäthylester	25	$76 \cdot 10^{-8}$
C_7H_8O	Benzylalkohol	25	$18 \cdot 10^{-7}$
C_7H_8O	m-Kresol	25	$< 17 \cdot 10^{-9}$
C_7H_6O	Benzaldehyd	18	$17 \cdot 10^{-8}$
		20	$4 \cdot 10^{-7}$
		25	$15 \cdot 10^{-8}$
$C_7H_6O_2$	Benzoesäure	125	$3 \cdot 10^{-9}$
C_8H_8O	Acetophenon	16,5	$21 \cdot 10^{-8}$
		25	$6 \cdot 10^{-9}$
$C_9H_{10}O_2$	Benzoesäureäthylester	19	$< 2 \cdot 10^{-10}$
		25	$< 1 \cdot 10^{-9}$
$C_{14}H_{12}O_2$	Benzoesäurebenzylester	25	$< 1 \cdot 10^{-9}$
CCl_2O	Phosgen	25	$7 \cdot 10^{-9}$
C_2HBr_3O	Bromal	25	$8 \cdot 10^{-8}$
$C_2H_3ClO_2$	Chloressigsäure	60	$14 \cdot 10^{-7}$
$C_2H_2Cl_2O_2$	Dichloressigsäure	0	$4 \cdot 10^{-8}$
		25	$7 \cdot 10^{-8}$
$C_2HCl_3O_2$	Trichloressigsäure	25	$3 \cdot 10^{-9}$
		60	$62 \cdot 10^{-10}$
$C_2H_6O_4S$	Dimethylsulfat	0	$16 \cdot 10^{-8}$
		25	$3 \cdot 10^{-7}$
CHN	Cyanwasserstoff	0	$33 \cdot 10^{-7}$
CH_5N	Methylamin	—	etwa $7 \cdot 10^{-7}$
C_2H_7N	Äthylamin	−33,5	$46 \cdot 10^{-9}$
		0	$4 \cdot 10^{-7}$
C_2H_3N	Acetonitril	0	$1 \cdot 10^{-6}$
		20	$7 \cdot 10^{-6}$
		25	$19 \cdot 10^{-8}$
$(CN)_2$	Cyan	—	$< 7 \cdot 10^{-9}$
C_3H_9N	Trimethylamin	−33,5	$22 \cdot 10^{-11}$
$C_4H_{11}N$	Diäthylamin	−33,5	$22 \cdot 10^{-10}$
C_5H_5N	Pyridin	18	$53 \cdot 10^{-9}$
		25	$68 \cdot 10^{-9}$
C_6H_7N	Picolin	25	$55 \cdot 10^{-8}$
C_6H_7N	Anilin	25	$24 \cdot 10^{-9}$
		35	$82 \cdot 10^{-9}$
C_7H_5N	Benzonitril	25	$5 \cdot 10^{-8}$
C_8H_7N	Benzylcyanid	0	$1 \cdot 10^{-7}$
C_9H_7N	Chinolin	0	$16 \cdot 10^{-9}$
		25	$22 \cdot 10^{-9}$
		50	$74 \cdot 10^{-9}$
$CBrN$	Cyanbromid	55	etwa $2 \cdot 10^{-}$
CH_3ON	Formamid	25	$4 \cdot 10^{-6}$
CH_3O_2N	Nitromethan	0	$44 \cdot 10^{-8}$
		25	$54 \cdot 10^{-8}$
$C_2H_5O_3N$	Äthylnitrat	25	$53 \cdot 10^{-6}$
$C_4H_9O_3N$	i-Butylnitrat	25	$< 2 \cdot 10^{-8}$
$C_5H_{11}O_2N$	Amylnitrit	25	$19 \cdot 10^{-8}$
$C_5H_{11}O_3N$	Amylnitrat	25	$28 \cdot 10^{-8}$
$C_6H_5O_2N$	Nitrobenzol	0	$5 \cdot 10^{-9}$
		20	$< 2 \cdot 10^{-10}$
C_2H_3ClO	Acetylchlorid	0	$35 \cdot 10^{-8}$
		25	$4 \cdot 10^{-7}$
C_2H_3BrO	Acetylbromid	0	$2 \cdot 10^{-6}$

[1] Wahrscheinlichster Wert.

39213 Lösungen.

Die *elektrolytische Leitfähigkeit* von Lösungen ist bedingt durch die Spaltung der gelösten Stoffe in *Ionen*. Es sind gleich viel positive und negative Ladungen vorhanden, die an die Ionen gebunden sind. Die Lösungen sind elektrisch neutral. Die Anzahl Ionen, die ein Molekül bildet, hängt von seinem Spaltungszustand ab.

Binäre Elektrolyten wie NaCl spalten zu einem gewissen Bruchteil in ein einwertiges positiv geladenes Ion ($Na^{\cdot}$), das *Kation*, das beim Stromdurchgang zur Kathode wandert und ein negativ geladenes Ion (Cl'), das *Anion*, das zur Anode wandert, auf.

Ternäre Elektrolyte wie Na_2SO_4 oder $CaCl_2$ können in 3 Ladungsträger (wie z. B. Na_2SO_4 in $2\,Na^{\cdot} + SO_4''$) oder in ein doppelt positiv geladenes Teilchen und 2 einfach negativ geladene Teilchen wie $CaCl_2$ in $Ca^{\cdot\cdot} + 2\,Cl'^{-}$ aufspalten.

Quarternäre Elektrolyte wie z. B. $AlCl_3$ oder Na_3PO_4 können entsprechend in 4 Teile aufspalten.

Mit dem Elektrizitätsdurchgang wandern die Anionen mit negativer Ladung an die Anode, die Kationen mit positiver Ladung an die Kathode; es findet also mit dem Elektrizitätsdurchgang ein Materialtransport statt.

Die elektrolytische Leitfähigkeit einer Lösung hängt ab:

1. von der Konzentration der Lösung an Ionen,
2. von ihrer Beweglichkeit,
3. von der Temperatur, der Dielektrizitätskonstanten und Zähigkeit der Lösung.

Die Ionenkonzentration ist abhängig von der Konzentration an gelöstem Stoff und vom *Dissoziationsgrad* α. Der Dissoziationsgrad α ist das Verhältnis der Zahl der gespaltenen zur Zahl der insgesamt gelösten Moleküle. Er wächst mit der Verdünnung. *Starke* Elektrolyte haben auch bei mittleren bis großen Konzentrationen $\alpha > 0{,}5$, *schwache* Elektrolyte haben auch bei kleinen Konzentrationen $\alpha < 0{,}1$. Elektrolyte mit dazwischenliegenden α-Werten sind *mittelstark*.

Zum Vergleich der elektrolytischen Leitfähigkeit ist es zweckmäßig, die Konzentrationen nicht in g Mol im cm^3 Lösung, sondern in elektrochemischen Äquivalenten (val) im $cm^3 = \eta$ anzugeben (η = molare Konzentrationen mal elektrochemische Wertigkeit). Die spezifische Leitfähigkeit $\varkappa$ wird ausgedrückt in reziproken Ohm für eine Flüssigkeitssäule von 1 cm Länge und 1 cm^2 Querschnitt $\Omega^{-1} \cdot cm^{-1}$).

Die *Äquivalentleitfähigkeit* ist: $\Lambda = \varkappa/\eta$. Bei mehrwertigen Elektrolyten wird manchmal auch das *molekulare Leitvermögen* angegeben, d. h. der Quotient aus $\varkappa$ und der Zahl der im cm^3 gelösten Grammole, $\Lambda_m = \Lambda \cdot e$ (e = Wertigkeit). Für eineinwertige Elektrolyte sind beide Werte gleich.

Das Äquivalentleitvermögen Λ_c bei einer Äquivalentkonzentration c ist wesentlich von α_c abhängig ($\Lambda_c \sim \alpha_c$), es erreicht daher den höchsten Wert bei unendlicher Verdünnung, bei der man $\alpha_\infty = 1$ annimmt; daraus folgt:

$$\frac{\Lambda_c}{\Lambda_\infty} = \frac{\alpha_c}{\alpha_\infty} = \alpha_c .$$

Der Grenzwert der Äquivalentleitfähigkeit Λ_∞ wird aus dem Verlauf der Λ-Werte mit der Konzentration extrapoliert. Zur Extrapolation kann man bei wässerigen Lösungen starker Elektrolyte nach F. Kohlrausch die Formeln

$$\Lambda = \Lambda_\infty - a\sqrt[3]{\eta}, \qquad \Lambda = \Lambda_\infty - b\sqrt{\eta} \qquad \text{(a, b sind Konstanten)}$$

benutzen. Für schwache Elektrolyte gilt das Ostwaldsche Verdünnungsgesetz

$$\eta \frac{\Lambda^2}{\Lambda_\infty(\Lambda_\infty - \Lambda)} = \text{konst.}$$

Diese Gesetze gelten streng im Bereich starker Verdünnung. Um den Gesetzen auch bei höheren Konzentrationen Gültigkeit zu verschaffen, führt man einen Korrektionsfaktor, den sog. Aktivitätskoeffizienten f ein. Mit f hat man dann die Werte für eine Äquivalentkonzentration η zu multiplizieren.

Werte von α und f sind in den Tabellen 324 vorhanden.

Die Äquivalentleitfähigkeit kann man sich zusammengesetzt denken aus den Äquivalentleitfähigkeiten bzw. *Beweglichkeiten* (l) der beiden Ionen (Λ_A und Λ_K bzw. l_A und l_K)

$$\Lambda = \Lambda_A + \Lambda_K = (l_A + l_K.)$$

Aus der Definition von Λ folgt, daß Λ die Dimension einer spezifischen Leitfähigkeit durch die im cm^3 vorhandene elektrische Ladung hat.

$$\frac{(\text{Widerstand} \cdot \text{cm})^{-1}}{\text{A} \cdot \text{s/cm}^3} = \frac{\text{Widerstand}^{-1}\,\text{cm}^{-1}}{\frac{\text{V}}{\text{Widerstand}} \cdot \text{s} \cdot \text{cm}^{-3}} = \frac{\text{cm} \cdot \text{s}^{-1}}{\text{V/cm}}.$$

Dies ist die Dimension der Ionenbeweglichkeit (Geschwindigkeit des Ions bei einem Potentialgefälle 1 $V \cdot cm^{-1}$).

Als *Überführungszahl* n des Anions bzw. Kations wird der Quotient aus der Beweglichkeit des Anions bzw. Kations und der Summe der Beweglichkeiten der Ionen bezeichnet.

$$n_A = \frac{\Lambda_A}{\Lambda_A + \Lambda_K} = \frac{l_A}{l_A + l_K}.$$

392131 Elektrische Leitfähigkeit in $\Omega^{-1} \cdot cm^{-1}$ von Flüssigkeiten, die zur Eichung der Widerstandskapazität von Gefäßen geeignet sind.

1. 30% Schwefelsäure, Dichte bei 18° C 1,223 (Auffüllen von 378 g 97% Säure mit Wasser zu 1 l Flüssigkeit).
2. 17,4% Magnesiumsulfatlösung, Dichte bei 18° C 1,190 (Lösen von 552 g $MgSO_4 + 7\,H_2O$ in Wasser zu 1 l Lösung).
3. Gesättigte Natriumchloridlösung, Dichte bei 18° C 1,2018.
4. Normale Kaliumchloridlösung, Dichte bei 18° C 1,0449 (Lösen von 74,555 g KCl, gewogen in Luft, in Wasser zu 1 l Lösung. Die 0,1, 0,02, 0,01 n-KCl-Lösungen werden durch Verdünnen der 1 n-Lösung hergestellt.
5. Gesättigte Gipslösung, je nach Herkunft können die Werte sich um bis zu 1% gegen die aufgeführten erhöhen.

Temp. in °C	30%ige H_2SO_4	17,4%iges $MgSO_4$	Ges. NaCl	n KCl	1/10 n KCl	1/50 n KCl	1/100 n KCl	Ges. Gipslös.
0	0,5184	0,02877	0,1345	0,06541	0,00715	—	0,000776	—
5	0,5792	0,03402	0,1555	0,07414	0,00822	—	0,000896	—
10	0,6408	0,03963	0,1779	0,08319	0,00933	—	0,001020	—
15	0,7028	0,04555	0,2014	0,09254	0,01048	0,002243	0,001147	0,001734
16	0,7151	0,04676	0,2062	0,09443	0,01072	0,002294	0,001173	0,001782
17	0,7275	0,04799	0,2112	0,09633	0,01095	0,002345	0,001199	0,001831
18	0,7398	0,04922	0,2161	0,09824	0,01119	0,002397	0,001225	0,001880
19	0,7522	0,05046	0,2210	0,10016	0,01143	0,002449	0,001251	0,001928
20	0,7645	0,05171	0,2260	0,10209	0,01167	0,002501	0,001278	0,001976
21	0,7768	0,05297	0,2310	0,10402	0,01191	0,002553	0,001305	0,002024
22	0,7890	0,05424	0,2360	0,10594	0,01215	0,002606	0,001332	—
23	0,8013	0,05551	0,2411	0,10789	0,01239	0,002659	0,001359	—
24	0,8135	0,05679	0,2462	0,10984	0,01264	0,002712	0,001386	—
25	0,8257	0,05808	0,2513	0,11180	0,01288	0,002765	0,001413	—
26	0,8378	0,05937	0,2565	0,11377	0,01313	0,002819	0,001441	—
27	0,8499	0,06067	0,2617	0,11574	0,01337	0,002873	0,001468	—
28	0,8620	0,06197	0,2669	—	0,01362	0,002927	0,001496	—
29	0,8740	0,06328	0,2721	—	0,01387	0,002981	0,001524	—
30	0,8860	0,06459	0,2774	—	0,01412	0,003036	0,001552	—

[1] Näheres siehe Forster: Elektrochemie wässeriger Lösungen, Bd. I des Handbuches der angewandten physikalischen Chemie. Leipzig. — Walden: Das Leitvermögen der Lösungen, Bd. IV von Ostwald-Drucker. Handbuch der allgemeinen Chemie. Leipzig 1924.

392132 Wässerige Lösungen.

392132a Spezifische Leitfähigkeit $\varkappa$ in $\Omega^{-1}\cdot cm^{-1}$ und Äquivalentleitfähigkeit $\Lambda = \frac{\varkappa}{\eta}$ in $cm^2\,\Omega^{-1}\,val^{-1}$ von wässerigen Lösungen (Konzentrationen von etwa 0,5 g-Äquivalent* aufwärts) bei 18° C (wenn nicht anders vermerkt) und Temperaturkoeffizient**.

Stoff	Konzentration in		$\varkappa \cdot 10^4$	$\Lambda = \frac{\varkappa}{\eta}$	$\frac{1}{\varkappa_{18}}\left(\frac{d\varkappa}{d\vartheta}\right)_{22} \cdot 10^4$
	Gew.-%	g-Äquivalent im Liter 1000 η			
		Anorganische Stoffe.			
HF	1,50	0,77	198	26,2	720
	4,80	2,438	593	24,3	666
	24,5	13,34	2832	21,3	583
HCl***	5	1,405	3948	281,0	158
	10	2,877	6302	219,1	156
	20	6,034	7615	126,2	154
	30	9,482	6620	69,8	152
	40	13,182	5152	39,1	—
HBr (15° C) . .	5	0,637	1908	299,5	152
	10	1,318	3549	269,3	152
	15	2,046	4940	241,5	150
HJ	5	0,405	1332	328,9	157
H_2SO_4*** . . .	5	1,053	2085	198,0	121
	10	2,176	3915	179,9	128
	20	4,655	6527	140,2	145
	40	10,649	6800	63,8	178
	50	14,258	5405	37,9	193
	60	18,375	3726	20,27	213
	80	28,25	1105	3,91	349
	100,14	—	187	—	30
HNO_3*** . . .	6,2	1,017	3123	307,1	147
	12,4	2,108	5418	257,0	142
	31,0	5,873	7819	133,1	139
	49,6	10,376	6341	61,1	157
	62,0	13,640	4964	36,4	157
H_3PO_4 (15° C) .	10	3,228	566	17,54	104
	20	6,824	1129	16,56	114
	40	15,337	2070	13,11	150
	45	17,792	2087	11,73	161
	50	20,39	2073	10,17	174
H_3BO_3	0,776	0,377	0,022	58,35	231**
	1,92	0,936	0,11	11,752	143
	2,88	1,409	0,21	14,904	119
	3,612	1,771	0,31	17,504	75

* Bei sauren Salzen ist die Konzentration in g-Molekülen angegeben.

** Der Temperaturkoeffizient $\frac{d\varkappa}{d\vartheta}$ ist aus der Änderung der Leitfähigkeit zwischen 18° C und 26° C berechnet (Ausnahmen: K_2S, Na_2S, KHS, H_3BO_3 zwischen 10° C und 26° C).

*** Siehe auch 392132b.

392132a (Fortsetzung).

Stoff	Konzentration in		$\varkappa \cdot 10^4$	$\Lambda = \frac{\varkappa}{\eta}$	$\frac{1}{\varkappa_{18}} \left(\frac{d\varkappa}{d\vartheta}\right)_{22} \cdot 10^4$
	Gew.-%	g-Äquivalent im Liter 1000 η			
LiOH	1,25	0,527	781	148,2	191
	2,5	1,069	1416	132,5	196
	5	2,194	2396	109,2	203
	7,5	3,371	2999	89,0	221
LiJ	5	0,387	296	76,5	218
	10	0,803	573	71,4	215
	20	1,739	1094	62,9	206
	25	2,266	1346	59,4	202
Li_2SO_4 (15° C) .	5	0,947	400	42,2	236
	10	1,975	610	30,9	239
NaOH (15° C)* .	5	1,319	1969	149,3	201
	10	2,779	3124	112,4	217
	15	4,381	3463	79,0	249
	20	6,122	3270	53,4	299
	30	10,015	2022	20,18	450
	40	14,400	1164	8,08	648
NaCl	5	0,884	672	76,0	217
	10	1,830	1211	66,2	214
	15	2,843	1642	57,8	212
	20	3,924	1957	49,9	216
	25	5,085	2135	42,0	227
NaJ	5	0,346	298	86,1	221
	10	0,721	581	81,6	215
	20	1,566	1144	73,1	203
	40	3,778	2111	55,9	197
Na_2S	2,02	0,529	612	115,7	206**
	5,03	1,359	1321	97,2	213
	9,64	2,736	2017	73,7	226
	14,02	4,163	2359	56,7	247
	16,12	4,873	2243	46,0	268
	18,15	5,647	2184	38,7	295
Na_2SO_4	5	0,735	409	55,6	236
	10	1,536	687	44,7	249
	15	2,411	886	36,7	256
$NaNO_3$	5	0,607	436	71,8	221
	10	1,255	782	62,3	217
	20	2,688	1303	48,5	215
	30	4,329	1606	73,1	220
Na_2CO_3	5	0,991	451	45,5	252
	10	2,082	705	33,9	271
	15	3,277	836	25,51	294
KOH (15° C)*	4,2	0,777	1464	188,4	187
	8,4	1,612	2723	168,9	186
	16,8	3,467	4558	131,5	193

* Siehe auch 392132b. — ** Siehe Fußnote **, S. 1225.

392132a (Fortsetzung).

Stoff	Konzentration in Gew.-%	Konzentration in g-Äquivalent im Liter 1000 η	$\varkappa \cdot 10^4$	$\Lambda = \frac{\varkappa}{\eta}$	$\frac{1}{\varkappa_{18}} \left(\frac{d\varkappa}{d\vartheta}\right)_{22} \cdot 10^4$
KOH (15° C)	25,2	5,583	5403	96,8	209
	29,4	6,744	5434	80,6	221
	33,6	7,978	5221	65,4	236
	42,0	10,695	4212	39,4	283
KF*	5	0,894	652	72,9	213
	10	1,862	1209	64,9	216
	20	4,040	2080	51,5	218
	30	6,554	2561	39,1	227
	40	9,468	2522	26,6	250
KCl*	5	0,691	690	99,9	201
	10	1,427	1359	95,2	188
	15	2,208	2020	91,5	179
	20	3,039	2677	88,9	168
	21	3,213	2810	87,5	166
$KClO_3$ (15° C) .	5	0,421	367	87,2	211
KBr (15° C) . .	5	0,435	465	106,9	206
	10	0,902	928	102,9	194
	20	1,945	1907	98,1	177
	30	3,162	2923	92,4	164
	36	3,990	3507	87,9	154
KJ	5	0,312	338	108,3	205
	10	0,648	680	104,9	200
	20	1,407	1455	103,4	184
	30	2,301	2303	100,1	166
	40	3,366	3168	94,1	151
	55	5,401	4226	78,2	140
K_2S	3,18	0,605	845	139,7	193***
	4,98	0,941	1284	136,5	191
	9,93	1,948	2343	120,3	189
	15,06	3,081	3334	108,2	189
	24,64	5,444	4401	80,8	201
	29,97	6,889	4563	66,2	204
	38,08	9,319	4106	44,1	236
	47,26	12,504	2579	20,63	324
KHS	4,09	0,579**	535	92,40	219***
	7,86	1,138	1039	91,30	207
	15,08	2,274	1928	84,78	191
	33,43	5,780	3749	64,86	178
	51,22	9,381	4003	42,67	189
K_2SO_4	5	0,596	458	76,8	216
	10	1,240	860	69,4	203
$KHSO_4$	5	0,380**	821	21,61	85
	10	0,787	1528	19,41	86
	20	1,691	2769	16,37	88
	27	2,400	3419	14,24	93

Siehe auch 392132b. — ** Siehe Fußnote *, S. 1225. — *** Siehe Fußnote **, S. 1225.

392132a (Fortsetzung).

Stoff	Konzentration in Gew.-%	Konzentration in g-Äquivalent im Liter 1000 η	$\varkappa \cdot 10^4$	$\Lambda = \frac{\varkappa}{\eta}$	$\frac{1}{\varkappa_{18}} \left(\frac{d\varkappa}{d\vartheta}\right)_{22} \cdot 10^4$
KNO_3	5	0,509	454	89,2	208
	10	1,051	839	79,8	205
	15	1,626	1186	72,9	202
	20	2,240	1505	67,2	197
	22	2,496	1625	65,1	194
KH_2PO_4	5	0,380*	238	62,63	220
	10	0,785	400	50,95	222
	15	1,222	584	26,30	227
K_2CO_3 (15° C)**	5	0,736	561	74,2	221
	10	1,579	1038	65,7	212
	20	3,448	1806	52,4	210
	30	5,641	2222	39,4	219
	40	8,198	2168	26,45	246
	50	11,157	1469	13,16	318
$KHCO_3$ (15° C) .	5	0,516*	371	71,90	205
	10	1,066	688	64,54	197
KCN (15° C) . .	3,25	0,506	527	104,2	207
	6,5	1,029	1026	99,7	193
NH_3 (15° C) . .	0,10	0,059	2,51	4,25	246
	1,60	0,933	8,67	0,929	238
	4,01	2,307	10,95	0,475	250
	8,03	4,55	10,38	0,228	262
	16,15	8,87	6,32	0,0713	301
	30,5	16,01	1,93	0,0121	—
NH_4Cl	5	0,948	918	96,8	198
	10	1,923	1776	92,4	186
	15	2,924	2586	88,4	171
	20	3,952	3365	85,0	161
	25	5,003	4025	80,5	154
NH_4J	10	0,735	772	105,1	201
	20	1,573	1599	101,7	192
	50	4,973	4200	84,5	153
$(NH_4)_2SO_4$ (15°C)	5	0,778	552	71,0	215
	10	1,601	1010	63,1	203
	20	3,377	1779	52,7	193
	30	5,322	2292	43,1	191
NH_4NO_3 (15° C)	5	0,637	590	92,6	203
	10	1,301	1117	85,9	194
	30	4,233	2841	67,1	168
	50	7,664	3633	47,4	156
$MgCl_2$*** . . .	5	1,094	683	62,4	222
	10	2,281	1128	49,5	220
	20	4,942	1402	28,37	237
	30	8,052	1061	13,18	283
	34	9,434	768	8,14	318

* Siehe Fußnote *, S. 1225. — ** Siehe auch 392132b. — *** Siehe auch 392132c.

392132a (Fortsetzung).

Stoff	Konzentration in Gew.-%	Konzentration in g-Äquivalent im Liter 1000 η	$\varkappa \cdot 10^4$	$\Lambda = \frac{\varkappa}{\eta}$	$\frac{1}{\varkappa_{18}} \left(\frac{d\varkappa}{d\vartheta}\right)_{22} \cdot 10^4$
$MgSO_4$ (15° C)* .	5	0,873	263	30,1	226
	10	1,836	414	22,55	241
	15	2,891	480	16,60	252
	20	4,054	476	11,74	269
	25	5,342	415	7,77	288
$Mg(NO_3)_2$ . . .	5	0,699	438	62,7	216
	10	1,451	770	53,1	212
	17	2,605	1102	42,3	208
$CaCl_2$**	5	0,938	643	68,6	213
	10	1,957	1141	58,3	206
	20	4,253	1728	40,6	200
	25	5,545	1781	32,12	204
	30	6,945	1658	23,87	216
	35	8,468	1366	16,13	236
$Ca(NO_3)_2$	6,25	0,799	491	61,5	218
	12,5	1,678	804	47,9	217
	25	3,716	1048	28,2	218
	37,5	6,190	876	14,15	253
	50	9,202	469	5,10	335
$SrCl_2$	5	0,659	483	73,3	214
	10	1,379	886	64,3	208
	15	2,168	1231	56,8	—
	22	3,403	1583	46,5	—
$Sr(NO_3)_2$ (15°C) .	5	0,492	309	62,8	225
	10	1,026	527	51,4	225
	15	1,604	690	43,0	227
	20	2,233	802	35,9	228
	25	2,920	866	29,66	226
	35	4,478	861	19,23	241
$Ba(OH)_2$	1,25	0,148	250	169,4	187
	2,5	0,299	497	160,2	185
$BaCl_2$	5	0,501	389	77,7	214
	10	1,050	733	69,8	206
	24	2,894	1534	53,0	192
$Ba(NO_3)_2$	4,2	0,332	209	63,0	235
	8,4	0,688	352	51,2	245
$AlCl_3$	2,180	0,5	325,0	65,0	—
	4,280	1,0	562	56,2	—
	8,267	2,0	884	44,2	—
	12,001	3,0	1041	34,7	—
	15,512	4,0	1086,4	27,16	—
$ThCl_4$	4,147	0,5	305	61,0	—
	7,964	1,0	540	54,0	—
	14,770	2,0	886	44,3	—
	20,677	3,0	1089	36,3	—
	27,516	4,0	1192	29,8	—

* Siehe auch 392132b. — ** Siehe auch 392132c.

392132a (Fortsetzung).

Stoff	Konzentration in Gew.-%	Konzentration in g-Äquivalent im Liter 1000 η	$\varkappa \cdot 10^4$	$\Lambda = \frac{\varkappa}{\eta}$	$\frac{1}{\varkappa_{18}}\left(\frac{d\varkappa}{d\vartheta}\right)_{22} \cdot 10^4$
$MnCl_2$ (15° C)*	5	0,831	526	63,3	210
	10	1,731	844	48,8	206
	15	2,712	1055	38,9	202
	20	3,784	1134	30,0	206
	25	4,954	1090	22,0	203
$MnSO_4$	4,978	0,689	190	27,6	221
	10,443	2,034	372	18,29	216
	25,21	4,257	425	9,98	242
	35,35	6,639	300	4,52	294
$FeCl_3$	2,644	0,5	332	66,5	—
	5,176	1,0	529	52,9	—
	9,949	2,0	752	37,6	—
	14,366	3,0	1405	28,1	—
	18,502	4,0	820	20,5	—
	22,362	5,0	795	15,9	—
	25,984	6,0	744	12,4	—
$FeSO_4$	3,67	0,5	154	30,8	218
	7,10	1	258	25,8	218
	13,36	2	390	19,5	223
	18,97	3	461	15,37	231
$CoCl_2$	2	0,43	233	54,3	—
	10	2,32	890	38,7	—
	15,2	3,71	1179	31,8	—
	24,2	6,61	1258	19,0	—
$NiSO_4$	3,73	0,5	153	30,6	231
	7,20	1	254	25,4	227
	13,46	2	385	19,25	241
	19,01	3	452	15,07	250
$CuCl_2$*.	1,35	0,20	187	93,6	—
	9	1,45	716	49,3	—
	18,2	3,25	924	31,6	—
	28,75	5,76	897	15,5	—
	35,2	7,62	699	9,2	—
$CuSO_4$** . . .	2,5	0,321	109	34,0	213
	5	0,658	189	28,7	216
	10	1,387	320	23,1	218
	15	2,194	421	19,19	231
$Cu(NO_3)_2$ (15°C)*	5	0,556	365	65,6	221
	10	1,161	635	54,7	215
	15	1,820	858	47,1	206
	20	2,543	1018	40,0	205
	25	3,325	1089	32,8	216
	35	5,136	1062	20,7	237

* Siehe auch 392132c. — ** Siehe auch 392132b.

392132a (Fortsetzung).

Stoff	Konzentration in Gew.-%	Konzentration in g-Äquivalent im Liter 1000 η	$\varkappa \cdot 10^4$	$\Lambda = \frac{\varkappa}{\eta}$	$\frac{1}{\varkappa_{18}}\left(\frac{d\varkappa}{d\vartheta}\right)_{22} \cdot 10^4$
$AgNO_3$*	5	0,307	256	83,4	218
	10	0,641	476	74,3	217
	20	1,407	872	62,0	212
	40	3,477	1565	45,0	205
	60	6,764	2101	31,1	209
$ZnCl_2$	2,5	0,375	276	73,6	213
	5	0,769	483	62,8	192
	10	1,606	727	45,3	165
	20	3,493	912	26,1	156
	30	5,720	926	16,19	172
	40	8,353	845	10,12	198
	60	15,37	369	2,40	307
$ZnSO_4$	5	0,651	191	29,3	225
	10	1,371	321	23,42	223
	15	2,169	415	19,13	228
	25	4,040	480	11,88	258
	30	5,124	444	8,66	273
$CdCl_2$	1	0,110	55,1	50,1	222
	5	0,571	167	29,2	218
	10	1,194	241	20,2	217
	20	2,626	299	11,39	228
	25	3,450	298	8,64	239
	30	4,365	282	6,47	252
	40	6,508	221	3,40	290
	50	9,185	137	1,49	353
$CdBr_2$	1	0,074	35,7	48,2	232
	5	0,384	109	28,4	226
	10	0,802	164	20,4	232
	20	1,764	236	14,3	239
	30	2,934	273	9,30	258
	35	3,617	277	7,66	270
	40	4,388	271	6,18	281
	43	4,892	261	5,34	288
CdJ_2	1	0,055	21,2	38,5	286
	5	0,285	60,9	21,4	260
	10	0,595	103,9	17,5	248
	20	1,306	186	14,2	240
	30	2,170	254	11,7	244
	40	3,241	303	9,35	253
	45	3,874	314	8,11	259
$CdSO_4$	1	0,097	41,6	42,9	210
	5	0,504	146	29,0	206
	10	1,060	247	23,3	206
	25	3,112	430	13,82	223
	30	3,958	436	11,02	236
	35	4,902	424	8,65	251
	36	5,102	421	8,25	255

* Siehe auch 392132b.

392132 a (Fortsetzung).

Stoff	Konzentration in Gew.-%	Konzentration in g-Äquivalent im Liter 1000 η	$\varkappa \cdot 10^4$	$\Lambda = \frac{\varkappa}{\eta}$	$\frac{1}{\varkappa_{18}} \left(\frac{d\varkappa}{d\vartheta}\right)_{22} \cdot 10^4$
$Cd(NO_3)_2$* . . .	1	0,085	69,4	81,6	226
	5	0,441	289	65,5	221
	10	0,921	513	55,7	215
	20	2,017	827	41,0	212
	25	2,647	919	34,7	213
	30	3,336	956	28,7	214
	35	4,092	948	23,17	220
	40	4,922	903	18,35	228
	48	6,497	755	11,62	252
$HgCl_2$	0,229	0,017	0,44	2,59	440
	1,013	0,0754	1,14	1,51	372
	5,08	0,392	4,21	1,07	249
$HgBr_2$	0,223	0,0124	0,16	1,29	380
	0,422	0,0236	0,26	1,10	320
$SnCl_4$	3,176	0,5	1084	216,8	—
	6,202	1,0	1217	121,7	—
	11,865	2,0	1338	66,9	—
	17,067	3,0	1437	47,9	—
	21,874	4,0	1308	32,7	—
$Pb(NO_3)_2$	5	0,316	191	60,4	238
	10	0,661	322	48,7	251
	15	1,039	429	41,4	251
	20	1,455	521	35,8	250
	25	1,916	600	31,3	252
	30	2,422	668	27,6	257
CH_2O_2 (Ameisensäure)	4,94	1,094	55,0	5,03	—
	9,55	2,131	75,6	3,55	—
	20,34	4,650	98,4	2,12	—
	29,83	6,961	103,8	1,491	—
	39,95	9,528	98,4	1,033	—
	50,02	12,189	86,4	0,709	—
	70,06	17,75	52,3	0,294	—
	89,02	23,28	18,7	0,0803	—
	100	26,59	2,8	0,0105	—
$C_2H_4O_2$ (Essigsäure)*	0,3	0,050	3,18	6,36	—
	1	0,167	5,84	3,50	—
	5	0,838	12,25	1,464	163
	10	1,688	15,26	0,904	169
	15	2,457	16,19	0,636	174
	20	3,417	16,05	0,470	179
	30	5,194	14,01	0,2698	186
	40	6,994	10,81	0,1546	196
	50	8,829	7,40	0,0838	194
	60	10,66	4,56	0,0428	206
	75	13,36	1,46	0,0109	210
	99,7	17,41	0,0004	$2,3 \cdot 10^{-6}$	—

* Siehe auch 392132b.

392132 a (Fortsetzung).

Stoff	Konzentration in Gew.-%	Konzentration in g-Äquivalent im Liter $1000\,\eta$	$\varkappa \cdot 10^4$	$\Lambda = \frac{\varkappa}{\eta}$	$\frac{1}{\varkappa_{18}} \left(\frac{d\varkappa}{d\vartheta}\right)_{18} \cdot 10^4$
$Na \cdot CH_3COO$ (Essigsaures Natrium)	5	0,624	295	47,3	251
	10	1,281	481	37,5	259
	20	2,690	651	24,20	293
	30	4,237	600	14,16	350
	32	4,562	569	12,47	371
$K \cdot CH_3COO$ (Essigsaures Kalium)	4,67	0,486	347	71,4	223
	9,33	0,995	625	62,8	219
	28	3,276	1256	38,3	231
	37,33	4,575	1262	27,6	250
	46,67	5,985	1122	18,75	275
	65,33	9,128	479	5,25	409
$C_2H_2O_4$ (Oxalsäure)	3,5	0,790	508	64,3	141
	7,0	1,606	783	48,8	143
$C_3H_6O_2$ (Propionsäure)	1,00	0,135	4,79	3,549	—
	5,01	0,678	9,25	1,364	
	10,08	1,375	11,13	0,809	—
	15,05	2,062	10,99	0,533	—
	20,02	2,751	10,42	0,379	—
	30,03	4,152	8,18	0,1970	—
	50,09	6,962	3,77	0,0541	—
	69,99	9,71	0,85	0,0088	—
	90,48	12,39	0,02	$1,6 \cdot 10^{-5}$	—
	100	13,48	0,0007	$5,2 \cdot 10^{-6}$	—
$C_4H_8O_2$ (Buttersäure)	1,00	0,114	4,55	3,99	—
	5,02	0,572	8,63	1,51	—
	10,07	1,150	9,86	0,857	—
	15,03	1,720	9,55	0,555	—
	20,01	2,290	8,88	0,388	—
	30,04	3,436	6,94	0,202	—
	50,04	5,70	2,96	0,0519	—
	70,01	7,92	0,56	0,0071	—
	89,97	10,02	0,015	0,00015	—
	100	10,96	0,0006	$5,5 \cdot 10^{-6}$	—
$C_4H_6O_6$ (Weinsäure) (15° C)	5	0,681	59,9	8,80	185
	10	1,393	81,3	5,84	189
	20	2,919	99,5	3,41	186
	25,0	3,736	100,0	2,677	—
	30	4,592	96,4	2,099	199
	40	6,432	78,5	1,221	222
	50	8,445	53,2	0,630	264
$C_2H_3ClO_2$ (Monochloressigsäure) (25° C)	1,017	0,1084	46,51	42,90	—
	5,148	0,5566	106,6	19,15	—
	10,23	1,127	141,0	12,51	—
	16,26	1,830	164,7	9,00	—
	19,7	2,223	168,4	7,58	—
	21,09	2,415	167,9	6,95	—
	35,03	4,215	142,0	3,37	—
	52,68	6,761	79,5	1,18	—
	64,48	8,64	40,2	0,465	—
	73,84	10,23	18,1	1,177	—
	85,94	12,45	4,06	0,033	—

392132a (Fortsetzung).

Stoff	Konzentration in Gew.-%	Konzentration in g-Äquivalent im Liter 1000 η	$\varkappa \cdot 10^4$	$\Lambda = \frac{\varkappa}{\eta}$	$\frac{1}{\varkappa_{18}} \left(\frac{d\varkappa}{d\vartheta}\right)_{22} \cdot 10^4$
$C_2H_2Cl_2O_2$ (Dichloressigsäure) (25° C)	1,299	0,1016	210,9	207,5	—
	5,381	0,4287	537,3	125,3	—
	10,38	0,8454	751,2	88,85	—
	16,01	1,3345	875,1	65,58	—
	23,33	2,007	894,3	44,56	—
	38,22	3,512	739,0	21,04	—
	55,77	5,545	391,0	7,051	
	70,22	7,465	133,1	1,783	—
	86,42	9,918	10,94	1,103	—
	95,15	11,35	0,47	0,00414	—
	97,07	11,68	0,096	0,00082	—
$C_2HCl_3O_2$ (Trichloressigsäure) (25° C)	1,922	0,1190	375,1	315,2	—
	5,64	0,3561	1035	290,6	—
	10,05	0,648	1650	254,6	—
	20,32	1,380	2450	177,5	—
	26,87	1,887	2497	132,3	—
	27,80	1,962	2500	127,4	—
	31,99	2,303	2490	108,1	—
	35,96	2,640	2445	92,6	—
	52,22	4,154	1609	38,73	—
	66,45	5,690	734	13,04	—
	81,91	7,617	104,0	1,36	—
	90,18	8,754	8,22	0,0939	—
	94,34	9,357	0,60	0,00641	—

392132b Spezifische Leitfähigkeit wässeriger Lösungen in Abhängigkeit von der Konzentration ($\vartheta = 18°$C).

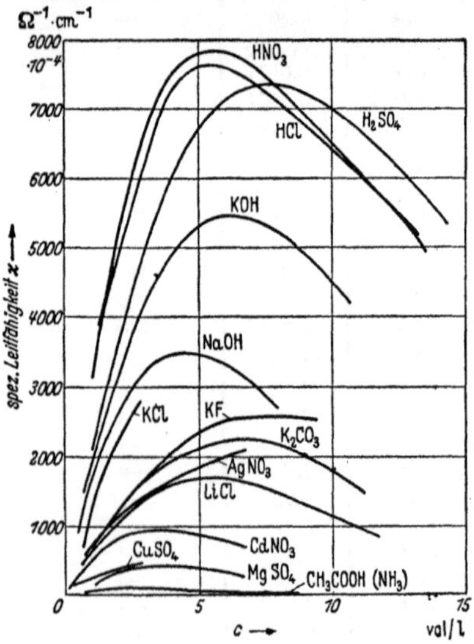

392132c Spezifische Leitfähigkeit $\varkappa$ in wässerigen Lösungen in Abhängigkeit von der Konzentration.

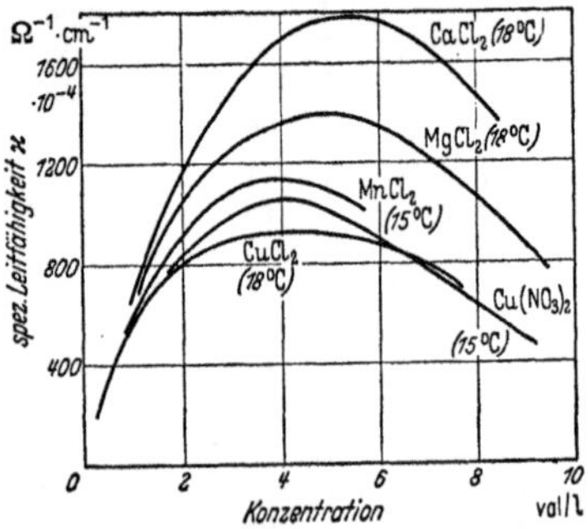

392132d Äquivalentleitvermögen Λ in $cm^2 \cdot V^{-1} \cdot s^{-1}$ wässeriger Lösungen bei hohen Verdünnungen[1].

Stoff	Temp. in °C	Konzentration in Grammäquivalent im Liter											
		0,0005	0,001	0,0039	0,005	0,01	0,0172	0,05	0,0625	0,1	0,25	0,5	1
Anorganische Verbindungen:													
HF	25			105			55,7		37,1		30,1		
HCl	25			403			399		386		366		
$HClO_3$	25		402	402			391		381		364		
$HClO_4$	25		407	407			404		390		372		
HBr	25		405	405			402		391		377		
HJ	25		404	406			402		391		376		
HJO_3	25		377	371			349		301		229		
HJO_4	25		387	348			270		179		108		
$HSCN$	25			391			386		375		359		
$^1/_2\,H_2SiF_6$	25			207,5			179		162		141,5		
$LiCl$	18	97,2	96,5		93,9	92,1		86,1		82,4		70,7	63,4
$^1/_2\,Li_2SO_4$	18	97,9	96,4		—	86,9		74,7		68,2		50,5	41,4
$LiNO_3$	25					103,1		94,8		90,6			
$NaCl$	0		67,2		63,3	61,7		58,2		56,3		50,8	47,4
	18	107,2	106,5		103,8	102,0		95,7		92,0		80,9	74,3
$^1/_2\,Na_2SO_4$	0		65,3		61	58,7		51,2		47,0			
	18	108,3	106,7		100,8	96,8		83,9		78,4		59,7	50,8
$NaNO_3$	0	65,1	64,6		61,9	60,4		55,9		53,4		48,0	46,5
	18	103,5	102,9		100,1	98,2		91,4		87,2		74,1	65,9
$^1/_2\,Na_2CO_3$	18		(112)		102,5	96,2		80,3		72,9		54,5	45,5
$^1/_2\,Na_2SiO_3$	18		144		139	136		124		116		88	72
KCl	0	80,9	80,4		78,6	77,4		73,7		71,7		67,2	65,6
	18	128,1	127,3		124,4	122,4		115,8		112		102,4	98,3
$KClO_3$	18	117,7	116,9		113,6	111,6		103,7		99,2		85,3	
KJ	18	129,0	128,2		125,3	123,4		117,3		114,0		106,2	103,6
$^1/_2\,K_2SO_4$	18	128,5	126,9		120,3	115,8		101,9		94,9		78,5	71,6
KNO_3	0	77,8	77,1		74,6	73,1		68,0		65,1		56,5	52,1
	18	124,4	123,6		120,5	118,2		109,9		104,8		89,2	80,5
$^1/_2\,K_2CO_3$	18		(133)		121,6	115,5		100,7		94,1		77,8	70,7
NH_4OH	25		39,4	19,0			9,29		4,55		2,24		
NH_4Cl	18	128,1	127,3		124,2	122,1		115,2		110,7		101,4	97,0
$^1/_2\,(NH_4)_2SO_4$	25			138			127,5		112,5		95,7		
NH_4NO_3	25		143,3										
$^1/_2\,MgCl_2$	18	107,7	106,4		101,3	98,1		88,5		83,4		69,6	61,5
	25		127,4	121,6			113,5						
$^1/_2\,MgSO_4$	18	104,2	99,8		84,5	76,2		56,9		49,7		35,4	28,9
	25		116,9	101,8			83,0						
$^1/_2\,Mg(NO_3)_2$	18		102,6		97,7	94,7		85,3		80,5			
	25		125,6	119,0			111,0						
$^1/_2\,Ca(OH)_2$	25			227,5			234,5						
$^1/_2\,CaCl_2$	18	113,3	112,0		106,7	103,4		93,3		88,2		74,9	67,5
$^1/_2\,CaSO_4$	18	109,3	104,3		86,3	77,4							
$^1/_2\,Ca(NO_3)_2$	18	109,9	108,5		103,0	99,5		88,4		82,5		65,7	55,9
	25		129,5	121			113		100		83,8		
$^1/_2\,SrCl_2$	18	116,0	114,5		108,9	105,4		94,4		90,2		75,7	68,5
$^1/_2\,Ba(OH)_2$	25			232,5			224		205		186		
$^1/_2\,BaCl_2$	18	117,0	115,6			106,7		96,0		90,8		77,3	70,1
$^1/_2\,Ba(NO_3)_2$	0		70		66	63,2		53,9		48,6			
	18	133,3	111,7		105,3	101,0		86,8		78,9		56,6	
$^1/_3\,AlCl_3$	25		138,0	123,8			106,9						
$^1/_6\,Al_2(SO_4)_3$	25		107,2	83,1			60,6						
$^1/_3\,YCl_3$	25		123,4	115,3			104,6						
$^1/_3\,LaCl_3$	25		131,5	123,4			112,1						
$^1/_2\,H_2CrO_4$	25			191,5			193,5		189,5				
$HMnO_4$	25		401	403			392		377		354		
$^1/_2\,MnCl_2$	25						108		96,8		83,5		
$^1/_2\,CoCl_2$	25			118			110,5		99,5		86,0		
$^1/_2\,NiCl_2$	25			121			113		101,5		87,8		
$^1/_2\,NiSO_4$	18	101	96,3		79,5	70,8		51,0		43,8		30,4	25,1

[1] Die Werte für höhere Konzentrationen stimmen nicht genau mit denen der Tabelle 392131 überein, da sie anderen Meßreihen entnommen sind.

392132d (Fortsetzung).

Stoff	Temp. in °C	Konzentration in Grammäquivalent im Liter 0,0005	0,001	0,0039	0,005	0,01	0,0172	0,05	0,0625	0,1	0,25	0,5	1
$^1/_2\,CuCl_2$	25			119,5			112		100,5		84,4		
$^1/_2\,CuSO_4$	18	103,5	98,5		81,0	71,7		51,2		43,9		30,8	25,8
$^1/_2\,Cu(NO_3)_2$	25		122,5	119,2			111,2						
$^1/_2\,Ag_2SO_4$	—		116,3		108,4	102,9							
$AgNO_3$	0	70,7	70,2		68,4	67,1		61,8		57,6		47,9	44,5
	18	113,9	113,2		110,0	107,8		99,5		94,3		77,8	67,8
$^1/_2\,ZnCl_2$	18	108	107		101	98		87		82		65	55
$^1/_2\,ZnSO_4$	18	103,5	98,4		82,1	73,2		53,0		45,6		32,3	26,6
$^1/_2\,CdJ_2$	18				76,7	65,6		40,1		31,0		18,3	15,4
$^1/_2\,CdSO_4$	18		97,7		79,7	70,3		19,6		42,2		28,7	23,6
$^1/_2\,Cd(NO_3)_2$	18				100	96		86,4		80,8		63,9	54,3
TlOH	25			248			238		217		182		
$^1/_2\,Pb(NO_3)_2$	25		135,5	130,3			116,7						
Organische Verbindungen:													
CH_3COONa	18	(75,8)	(75,2)		(72,4)	70,2		64,2		61,1		49,4	41,2
CH_3COOK	18	98,9	98,3		95,7	94,0		87,7		83,8		71,6	63,4
$^1/_2(CH_3COO)_2Ca$	18	80,7	79,6		75,0	71,9		60,3		54,0		36,3	26,3
$^1/_2(CH_3COO)_2Ba$	18	86,1	85,0		80,4	77,1		65,7		60,2		43,8	34,3
$^1/_2(COOK)_2$	18	123,8	122,4		116,7	112,8		100,8		94,9		80,4	73,6

392133 Ionenbeweglichkeit.

392133a Ionenbeweglichkeit (Äquivalentleitfähigkeit der Ionen) in $cm^2 \cdot V^{-1} \cdot s^{-1}$ in wässerigen Lösungen bei 18° C. Konzentrationsangabe in Grammäquivalent im Liter.

Angegeben ist außerdem der Temperaturkoeffizient $(\alpha_{18})_\infty = \left(\frac{1}{l} \cdot \frac{dl}{dt}\right)_{18}$.

Ion	$(\alpha_{18})_\infty$	Verdg. ∞	0,0001	0,0002	0,0005	0,001	0,002	0,005	0,01	0,02	0,05	0,1
			Grammäquivalent im Liter									
$H^{\cdot}$	0,0154	315	315	314	312	311	310	309	307	304	301	294
$Li^{\cdot}$	0,0265	33,4	33,2	33,0	32,8	32,5	32,1	31,5	30,8	30,0	28,8	27,5
$Na^{\cdot}$	0,0244	43,5	43,2	43,0	42,8	42,4	42,0	41,3	40,5	39,5	37,9	36,4
$K^{\cdot}$	0,0217	64,6	64,1	64,0	63,7	63,3	62,8	61,8	60,7	59,5	57,2	55,1
$Rb^{\cdot}$	0,0214	64,3	—	—	—	—	—	—	—	—	—	—
$Cs^{\cdot}$	0,0212	68	67,4	67,2	66,9	66,6	66,0	64,9	63,7	62	60	58
$^1/_2\,Mg^{\cdot\cdot}$	0,0256	45	44,5	44	43	42	41	39	37	34	31	28
$^1/_2\,Ca^{\cdot\cdot}$	0,0247	51	50,4	49,9	49,0	48,0	46,6	44,2	41,9	39,2	35,2	32,0
$^1/_2\,Sr^{\cdot\cdot}$	0,0247	51	50,4	49,4	49,0	47,9	46,5	43,9	41	39	—	—
$^1/_2\,Ba^{\cdot\cdot}$	0,0239	55	54,0	53,5	52,6	51,4	49,7	46,6	44	41	—	—
$Ag^{\cdot}$	0,0229	54,4	53,7	53,4	53,1	52,8	52,2	51,3	50,2	49	46	44
$Tl^{\cdot}$	0,0215	66,0	65,3	65,2	64,8	64,2	63,4	61,7	60	58	54	50
OH'	0,0180	174	172	172	171	171	170	168	167	165	161	157
F'	0,0238	46,6	46,2	46,1	45,8	45,5	45,0	44,2	43,2	42	40	38
Cl'	0,0216	65,5	64,9	64,8	64,4	64,0	63,5	62,5	61,5	60,2	57,9	55,8
ClO_3'	0,0215	55,0	54,5	54,3	54,0	53,6	53,1	52,0	50,9	49,3	46,5	44,0
Br'	0,0215	67,6	67,0	66,8	66,5	66,1	65,5	64,4	63,7	62,4	60,6	59,1
J'	0,0213	66,5	65,6	65,5	65,3	64,9	64,4	63,5	62,7	61,6	60,1	58,8
JO_3'	0,0234	33,9	33,5	33,4	33,1	32,8	32,3	31,4	30,4	29,1	26,6	24,2
$^1/_2\,SO_4''$	0,0227	68,3	66,6	66,0	65,0	63,8	—	58,7	55,5	51,5	45	40
SCN'	0,0221	56,6	56,1	56,0	55,7	55,4	54,9	54,0	53,2	52,1	50,5	49,1
NO_3'	0,0205	61,7	61,3	61,1	60,8	60,4	59,8	58,8	57,6	56,1	53,3	50,8
$^1/_2\,CO_3''$	0,0270	—	—	—	—	60	60	60	55	50	43	38

392133b Grenzwert der Kationbeweglichkeit (Kationäquivalentleitfähigkeit) in $cm^2 \cdot V^{-1} \cdot s^{-1}$ (bei unendlicher Verdünnung).

Ion	0° C	18° C	25° C	100° C	Ion	0° C	18° C	25° C	100° C
$H^{\cdot}(H_2O)$	225	315	349,7	637	$^1/_3Ce^{\cdot\cdot\cdot}$	—	—	67	—
$Li^{\cdot}$	19,1	33,4	38,68	120	$^1/_3Pr^{\cdot\cdot\cdot}$	—	—	65,4	—
$Na^{\cdot}$	25,85	43,5	50,10	150	$^1/_3Nd^{\cdot\cdot\cdot}$	—	—	64,3	—
$K^{\cdot}$	40,3	64,6	73,50	200	$^1/_3Sm^{\cdot\cdot\cdot}$	—	—	65,8	—
$Rb^{\cdot}$	43,5	64,3	76,4	—	$^1/_3Cr^{\cdot\cdot\cdot}$	—	—	67	—
$Cs^{\cdot}$	44	68	76,8	200	$^1/_2Mn^{\cdot\cdot}$	27	44,5	53,5	—
$NH_4^{\cdot}$	40,3	64	73,7	184,3	$^1/_2Fe^{\cdot\cdot}$	28	44,5	53,5	—
$^1/_2Be^{\cdot\cdot}$	—	—	45	—	$^1/_3Fe^{\cdot\cdot\cdot}$	—	—	68	—
$^1/_2Mg^{\cdot\cdot}$	28,5	45	53,06	170	$^1/_2Co^{\cdot\cdot}$	28	45	54	—
$^1/_2Ca^{\cdot\cdot}$	30,8	51	59,50	187	$^1/_2Ni^{\cdot\cdot}$	28	45	54	—
$^1/_2Sr^{\cdot\cdot}$	31	51	59,50	—	$^1/_2Cu$	28	45,3	56	—
$^1/_2Ba^{\cdot\cdot}$	33,6	55	63,7	200	$Ag^{\cdot}$	33	54,36	61,9	180
$^1/_2Ra^{\cdot\cdot}$	33	56,5	66,8	—	$^1/_2Zn^{\cdot\cdot}$	28	45,0	53,5	—
$^1/_3Al^{\cdot\cdot\cdot}$	29	—	63	—	$^1/_2Cd^{\cdot\cdot}$	28	45,1	54	—
$^1/_3Sc^{\cdot\cdot\cdot}$	—	—	64,7	—	$Tl^{\cdot}$	43,3	66	74,9	—
$^1/_3La^{\cdot\cdot\cdot}$	35,0	59,2	69,7	220	$^1/_2Pb^{\cdot\cdot}$	37,5	60,5	70	—

392133c Grenzwert der Anionbeweglichkeit (Anionäquivalentleitfähigkeit) in $cm^2 \cdot V^{-1} \cdot s^{-1}$ (bei unendlicher Verdünnung).

Ion	0 °C	18 °C	25 °C	100 °C	Ion	0 °C	18 °C	25 °C	100 °C
OH'	105	174	200	446	N_3'	—	—	69,5	—
F'	—	46,6	55,4	—	NO_2'	44	59	72	—
Cl'	41,4	65,5	76,32	207	NO_3'	40,2	61,7	71,42	189
ClO_2'	—	—	52	—	NCO'	—	54,8	64,6	—
ClO_3'	36	55,0	64	172	PO_4H_2'	—	28	36	—
ClO_4'	37,3	59,1	68	179	$^1/_2PO_4H''$	—	—	57	—
Br'	43,1	67,6	78,4	—	AsO_4H_2'	—	—	34	—
BrO_3'	31	49,0	56	155	SbO_4H_2'	—	—	31	—
J'	42,0	66,5	76,9	—	CO_3H'	—	—	44,5	—
JO_3'	21	33,9	41,0	127	$^1/_2CO_3''$	36	60,5	72	—
JO_4'	—	49	55,6	—	CN'	—	—	78	—
SH'	40	57	65	—	$^1/_2CrO_4''$	42	72	85	—
SO_3H'	27	—	50	—	$^1/_2MoO_4''$	—	—	74,5	—
$^1/_2SO_3''$	—	—	72	—	$^1/_2WO_4''$	35	59	69,4	—
$^1/_2SO_4''$	41	68,3	79,8	256	MnO_4'	36	53	62,8	—
$^1/_2S_2O_3''$	—	—	85	—	ReO_4'	—	46,5	—	—
$^1/_2S_2O_4''$	34	—	66,5	—					
$^1/_2S_2O_6''$	—	—	93	—	$HCOO'$	—	47	—	—
$^1/_2S_2O_8''$	—	—	86	—	CH_3COO'	20	34	41	130
SCN'	41,7	56,6	66,5	—	$^1/_2(C_2O_4)''$	—	63	—	—
$^1/_2SeO_4''$	—	65	75,7	—	$^1/_2(C_4H_4O_6)''$	—	55	—	—

392134 Überführungszahl der Anionen bei 18°.

(Die mit einem * versehenen Zahlen sind bei 25° gemessen.)

Stoff	Konzentration : Grammäquivalent im Liter							
	0,005	0,01	0,02	0,05	0,1	0,2	0,5	1,0
NaOH	—	—	—	0,81	0,82	0,82	0,82	—
KOH	—	—	—	—	0,735	0,736	0,738	—
HCl	0,168	0,167	0,166	0,165	0,164	0,163	0,155	0,155
LiCl	0,670	0,670	0,672	0,680	0,687	0,696	0,73	0,74
NaCl	0,603	0,604	0,604	0,605	0,607	0,610	0,623	0,637
KCl	0,504	0,504	0,504	0,505	0,506	0,506	0,510	0,515
RbCl	—	—	0,503	—	0,506	—	—	—
CsCl	—	—	0,496	—	0,506	—	—	—
NH_4Cl	0,507	0,507	0,508	0,508	0,509	—	—	—
$MgCl_2$	—	—	—	0,632	0,648	—	—	—
$CaCl_2$	0,562	0,565	0,578	0,589	0,60	0,60	—	0,69
$BaCl_2$	0,554	0,554	0,554	0,560	0,580	0,592	0,611	0,64
NaBr	0,605	0,605	0,606	0,606	—	—	—	—
KBr	—	0,5167*	0,5168*	0,5169*	0,5167*	0,5159*	—	—
RbBr	—	—	0,505	—	0,508	—	—	—
CsBr	—	—	0,503	—	0,507	—	—	—
NH_4Br	—	—	0,517	—	0,519	—	—	—
$MgBr_2$	—	—	0,615	0,632	0,650	—	—	—
$CaBr_2$	—	—	0,591	—	0,604	—	—	—
$BaBr_2$	—	—	0,578	—	0,592	—	—	—
NaJ	—	—	—	0,619	0,624	—	—	—
KJ	—	0,5116*	0,5117*	0,5118*	0,5117*	0,5113*	—	—
RbJ	—	—	0,502	—	0,503	—	—	—
CsJ	—	—	0,503	—	0,503	—	—	—
NH_4J	—	—	0,511	—	0,516	—	—	—
MgJ_2	—	—	0,612	—	0,650	—	—	—
CaJ_2	—	—	0,584	—	0,600	—	—	—
BaJ_2	—	—	0,574	—	0,585	—	—	—
$KClO_3$	—	—	0,466	—	0,464	—	—	—
$KBrO_3$	—	—	0,433	—	0,430	—	—	—
$KClO_4$	—	—	—	—	0,477	—	—	—
Na_2SO_4	—	0,608	0,610	0,617	—	0,63	—	—
K_2SO_4	0,505	0,506	0,508	0,510	—	0,515	—	—
$MgSO_4$	0,612	0,615	0,619	0,627	0,64	—	—	—
$CuSO_4$	—	—	0,625	0,625	0,627	0,640	0,667	—
HNO_3	0,166	0,165	0,165	0,16	—	—	—	—
KNO_3	—	0,4916*	0,4913*	0,4907*	0,4897*	0,4880*	—	—
$Ba(NO_3)_2$	—	—	—	0,544	—	0,545	—	—
$AgNO_3$	0,526	0,526	0,526	0,526	0,526	0,522	0,51	0,500

392135 Molekulare Leitfähigkeit Λ_m in $\Omega^{-1}\cdot cm^{-1}\cdot mol^{-1}$ anorganischer Stoffe in anorganischen Lösungsmitteln.

Die spezifische Leitfähigkeit $\varkappa_\vartheta$ des Lösungsmittel ist in der Zeile unter seiner Formel angegeben.

Unter „Verdünnung" ist die Anzahl Liter der Lösung angegeben, in denen 1 Mol des Stoffes gelöst ist.

Gelöster Stoff	ϑ in °C	Verdünnung	Molekulare Leitfähigkeit in $\Omega^{-1}\cdot cm^{-1}$
In HF $\varkappa_{-15^0} = 5\cdot10^{-4}\ \Omega^{-1}\cdot cm^{-1}$			
KF	−15	2,0…79	172…255
	−15	∞	260
KNO_3 . . .	−15	2…79	360…622
AgF	−15	0,38…79	116…255
$AgNO_3$ . .	−15	2…4,2	390…470
In HCl $\varkappa_{100^0} = 0,2\cdot10^{-6}\ \Omega^{-1}\cdot cm^{-1}$			
HCN . . .	−100	2	5,4
	−100	20	0,9
In SO_2 $\varkappa_{0^0} = 1\cdot10^{-6}\ \Omega^{-1}\cdot cm^{-1}$			
Br	0	12,2	0,20
	0	626,2	2,72
J	0	39	0,0058
	0	148	0,0108
PBr_3	0	24,0	0,15
	0	259,0	0,80
$SbCl_5$ . . .	0	11,3	0,21
	0	224,0	27,29
NaJ	0	16	29,9
	0	64	35,7
KBr	0	16	30,8
	0	64	34,4
KJ	0	8	35,6
	0	64	48,3
KCNS . . .	0	16	17,5
	0	64	22,0
NH_4J . . .	0	16	35,8
	0	64	44,3
NH_4CNS . .	0	8	9,2
	0	64	10,0
$SnCl_4$ . . .	0	5,0	0,008
	0	139,0	0,262
$SrBr_4$ . . .	0	7,9	0,16
	0	1125	6,85
In $SeOCl_2$ $\varkappa_{25^0} = 2\cdot10^{-5}\ \Omega^{-1}\cdot cm^{-1}$			
NaCl. . . .	25	5,835	12,20
	25	373,44	18,10
KCl	25	2,428	10,03
	25	1243,136	23,07
NH_4Cl . . .	25	2,062	9,84
	25	1055,744	24,50

Gelöster Stoff	ϑ in °C	Verdünnung	Molekulare Leitfähigkeit in $\Omega^{-1}\cdot cm^{-1}$
$BaCl_2$ . . .	25	3,256	4,15
	25	1667,072	30,78
$HgCl_2$ . . .	25	30	0,182
	25	960	0,154
$FeCl_3$ . . .	25	1,574	3,61
	25	805,888	11,38
In NH_3 $\varkappa_{33^0} = \sim 1\cdot10^{-7}\ldots4\cdot10^{-7}\ \Omega^{-1}\cdot cm^{-1}$			
$LiNO_3$ . . .	−40	6,354	93,0
	−40	∞	290
$NaNH_2$ . .	−33	72,5	10,24
	−33	∞	315
$NaNO_3$. . .	−40	7,256	94,7
	−40	∞	300
KJ	−33,5	0,78	124,1
	−33,5	407,0	258,0
KNH_2 . . .	−33	17,6	19,00
	−33	∞	343
KNO_3 . .	−40	17,98	91,3
	−40	∞	338
NH_4NO_3 . .	−33,5	0,12	15,1
	−33,5	13110,0	298,8
AgJ	−33,5	0,33	6,1
	−33,5	80,97	47,9
AgCN . . .	−33,5	0,55	15,1
	−33,5	576,0	13,7
C_2H_2 . . .	0	2,05	0,00564
	0	18,69	0,01540
In $H_2N\cdot NH_2$ $\varkappa_{25^0} = 0,009049\ \Omega^{-1}\cdot cm^{-1}$			
NaJ	25	250	105,65
	25	∞	114,5
KCl	25	250	121,13
	25	∞	130,3
KBr	25	250	124,90
	25	∞	134,9
KJ	25	250	123,85
	25	∞	132,7
In HNO_3 $\varkappa_{0^0} = 136\cdot10^{-4}\ \Omega^{-1}\cdot cm^{-1}$			
KNO_3 . . .	0	5	61,9
	0	50	68,5
$RbNO_3$ . .	0	5	62,8
	0	50	72,8

392136 Molekulare Leitfähigkeit Λ_m in $\Omega^{-1} \cdot cm^{-1} \cdot mol^{-1}$ von NaJ in organischen Lösungsmitteln.

Lösungsmittel	Temp. in °C	Λ_∞	Konzentration in Grammäquivalent im Liter						
			0,00002	0,00005	0,0001	0,0002	0,0005	0,001	0,002
Methylalkohol	18	94,3	—	94,3	94,2	93,4	91,6	89,7	87,4
Äthylalkohol	18	41,2	—	—	40,8	40,3	38,7	37,2	35,5
Propylalkohol	18	20,1	—	—	20,1	19,8	18,7	17,2	15,6
Aceton	18	165,0	165,0	164,2	161,6	158,0	148,1	139,0	128,2
i-Butylalkohol	25	13,4	—	13,2	12,7	11,8	10,3	9,0	7,6
Methyläthylketon	25	137,4	136,8	135,3	132,5	128,0	117,3	106,5	94,3
Acetophenon	25	36,6	36,1	35,6	35,0	33,9	31,7	29,5	27,6
Acetonitril	18	161	—	—	157,0	153,3	147,0	144,7	140,5
Benzonitril	25	49,8	—	48,7	48,0	46,5	44,6	42,4	39,2
Pyridin	18	61,5	60,7	59,3	58,1	55,3	50,0	44,9	40,0

392137 Molekulare Leitfähigkeit Λ_m in $\Omega^{-1} \cdot cm^{-1} \cdot mol^{-1}$ in organischen Lösungsmitteln bei 25° C.

v = Verdünnung = Anzahl Liter, in denen 1 Mol Stoff gelöst ist.

Gelöster Stoff	v =						
	10	20	40	80	160	320	∞
			Λ_m in Methylalkohol [1].				
HCl	116,7	130,1	142,3	153,4	163,4	171,4	204,3
HBr	124,6	136,8	147,4	158	167	175	206,6
HJ	131,5	143,8	154,2	164,3	172,5	180,4	212,2
NaCl	—	61,6	68,8	75,2	80,7	85,4	104,1
NaBr	58,3	66,0	73,0	79,0	84,2	88,9	106,7
NaJ	65,0	72,6	79,4	85,2	90,4	94,7	111,8
Salicylsäure	0,0727	0,1013	0,1430	0,2000	—	—	198,4
Salicylsaures Na	—	51,4	59,3	66,7	72,7	77,8	98,4
Dichloressigsäure	0,4399	0,6157	0,8641	1,227	1,720	—	200
Trichloressigsäure	2,413	3,350	4,661	6,475	9,043	12,606	196,2
Trichloressigsaures Na	—	53,1	60,3	66,9	72,6	81,4	96,2
Trichlorbuttersäure	0,6266	0,8804	1,241	1,7525	—	—	195
Trichlorbuttersaures Na	42,8	50,9	58,5	64,6	70,3	75,4	95,1
Pikrinsäure	9,323	12,81	17,48	23,85	32,12	43,25	201,1
Pikrinsaures Na	—	54,5	62,6	69,5	75,3	80,4	101,3
			Λ_m in Äthylalkohol.				
LiCl	14,5	17,7	21,0	24,3	27,2	29,8	39,4
NH_4Cl	—	18,73	22,16	25,90	29,65	33,18	47,7
Ameisensaures Na	—	—	15,68	19,48	23,44	27,60	49
Benzoesaures Na	—	9,44	12,20	15,52	19,28	23,42	43,9
Salicylsäure	0,0126	0,0204	—	—	—	—	86
Salicylsaures Na	9,57	12,21	15,27	18,78	22,67	26,58	44,5
Dichloressigsaures Na	9,85	12,64	15,86	19,53	23,54	27,52	~52
Trichloressigsäure	0,347	0,479	0,664	—	—	—	88
Trichloressigsaures Na	11,07	13,95	17,30	20,98	25,03	28,94	46,0
α, α, β-Trichlorbuttersäure	0,084	0,120	0,186	—	—	—	—
Trichlorbuttersaures Na	—	—	15,14	18,73	22,63	26,27	45,0
Pikrinsäure	3,81	5,09	6,84	9,19	12,38	16,46	93
Pikrinsaures Na	—	—	18,09	22,19	26,34	30,63	51
Pikrinsaures NH_4	—	—	23,04	26,81	30,52	33,98	48,4
o-Nitrobenzoesaures Na	—	9,73	12,47	15,69	19,31	23,33	43,3
m-Nitrobenzoesaures Na	—	11,25	14,32	17,83	21,65	25,47	44,3
p-Nitrobenzoesaures Na	—	12,20	15,35	18,93	22,78	26,53	44,1

[1] Spezifische Leitfähigkeit für $CH_3OH = 3 \cdot 10^{-7}$.

392138 Grenzwerte von Ionenbeweglichkeiten in $cm^2 \cdot V^{-1} \cdot s^{-1}$ in organischen Lösungsmitteln bei 25° C.

Ion	In Methylalkohol	In Äthylalkohol	In Aceton	In Methyläthylketon	In Nitrobenzol	Ion	In Methylalkohol	In Äthylalkohol	In Aceton	In Methyläthylketon	In Nitrobenzol
$H^{\cdot}$	143	59,5	88	—	23	$^1/_2 Cd^{\cdot\cdot}$ . .	57,4	—	—	84	—
$Li^{\cdot}$	39,7	14,9	75	50,3	—	$Tl^{\cdot}$	60,6	—	—	—	—
$Na^{\cdot}$ . . .	45,8	18,7	80	56	17,2						
$K^{\cdot}$	53,7	22,0	82	65	19,2	OH' . . .	53	22,5	—	—	—
$Rb^{\cdot}$ . . .	57,4	23,6	86	—	—	F'	40,2	—	102	—	—
$Cs^{\cdot}$	62,3	25,5	88	—	—	Cl'	51,3	24,3	111	65,4	17,3
$NH_4^{\cdot}$ . . .	57,9	19,3	98	—	—	Br'	55,5	25,8	113	76,4	19,6
$^1/_2 Mg^{\cdot\cdot}$ . .	57,6	—	—	—	—	J'	61,0	28,7	110	82,3	20,0
$^1/_2 Ca^{\cdot\cdot}$ . .	60,0	—	—	—	—	ClO_3' . . .	61,4	29,3	—	—	—
$^1/_2 Sr^{\cdot\cdot}$ . .	59,0	—	—	—	—	ClO_4' . . .	70,9	33,8	117	86,5	19,9
$^1/_2 Ba^{\cdot\cdot}$ . .	60,0	—	85	—	—	NO_2' . . .	55,0	25,9	—	—	—
$Ag^{\cdot}$	50,3	17,5	88	66	18,5	NO_3' . . .	60,8	27,9	120	83,7	—
$^1/_2 Zn^{\cdot\cdot}$ . .	59,6	—	—	—	—	SCN' . . .	61,0	29,2	123	—	—
$N(CH_3)_4^{\cdot}$.	70,0	28,3	102,5	79,1	—	$N(C_5H_{11})_4^{\cdot}$.	—	—	62,8	50,2	11,9
$N(C_2H_5)_4^{\cdot}$.	62,0	28,4	93,0	75,3	17,2	Pikrat-Ion'	49	27	84,5	67,9	15
$N(C_3H_7)_4^{\cdot}$.	—	—	73,7	60,3	14,8						
$N(C_4H_9)_4^{\cdot}$.	—	—	70,2	54,5	—						

392139 Solvatation der Ionen in verdünnten Lösungen.

Die Zahlen werden je nach den jeweils zugrunde gelegten Eigenschaften der Lösungen verschieden angegeben.

Lösungsmittel	Anzahl der von einem Ion gebundenen Moleküle											
	$H^{\cdot}$	$Li^{\cdot}$	$Na^{\cdot}$	$K^{\cdot}$	$NH_4^{\cdot}$	$Mg^{\cdot\cdot}$	$Ca^{\cdot\cdot}$	$Sr^{\cdot\cdot}$	$Ba^{\cdot\cdot}$	Cl'	Br'	J'
Wasser	1	12	8	4	4,4	14	10...12	8	4	3	2	3...4
Methylalkohol . . .	—	$7^1/_2$	$5^1/_2$	4	—	—	—	—	—	4	$2^1/_2$	1
Äthylalkohol	—	6	4	$3^1/_2$	—	—	—	—	—	4	4	2

39214 Gase.

392141 Ionenbeweglichkeit in $(cm \cdot s^{-1}) (V \cdot cm^{-1})^{-1}$ des einfach geladenen positiven ($b^{\cdot}$) oder negativen (b') Gasions im neutralen Gas bei 1 Torr und 760 Torr.

Gas	$b^{\cdot}$ in $cm^2 \cdot s^{-1} \cdot V^{-1}$		b' in $cm^2 \cdot s^{-1} \cdot V^{-1}$	
	0° C; 1 Torr	0° C; 760 Torr	0° C; 1 Torr	0° C; 760 Torr
He	$1,5 \cdot 10^3$	17	$1,7 \cdot 10^7$	~500
Ne	$7,5 \cdot 10^3$	6,3	—	—
Ar	$1,0 \cdot 10^3$	1,3	$4,8 \cdot 10^7$	—
H_2	$4,5 \cdot 10^3$	5,9	$5,9 \cdot 10^3$	8,2
O_2	$1,0 \cdot 10^3$	2,18	$1,4 \cdot 10^3$	1,58

392141 (Fortsetzung).

Gas	b· in $cm^2 \cdot s^{-1} \cdot V^{-1}$		b′ in $cm^2 \cdot s^{-1} \cdot V^{-1}$	
	0° C; 1 Torr	9° C; 760 Torr	0° C; 1 Torr	0° C; 760 Torr
N_2	—	1,28	—	1,8
Wasserdampf	—	0,62*	—	0,56*
Cl_2	$0{,}56 \cdot 10^3$	0,65*	$0{,}56 \cdot 10^3$	0,51*
HCl	$0{,}40 \cdot 10^3$	0,65	$0{,}47 \cdot 10^3$	0,56
H_2S	$0{,}54 \cdot 10^3$	0,708	$0{,}54 \cdot 10^3$	0,68
SO_2	$0{,}31 \cdot 10^3$	0,48	$0{,}31 \cdot 10^3$	0,43
N_2	$0{,}97 \cdot 10^3$	—	$1{,}1 \cdot 10^5$	—
Luft	$1{,}4 \cdot 10^3$	1,6	$1{,}9 \cdot 10^3$	2,2
NH_3	$0{,}43 \cdot 10^3$	0,75	$0{,}50 \cdot 10^3$	0,8
N_2O	$0{,}63 \cdot 10^3$	—	$0{,}69 \cdot 10^3$	—
CO	$0{,}84 \cdot 10^3$	1,1	$0{,}87 \cdot 10^3$	1,14
CO_2	$0{,}61 \cdot 10^3$	—	$0{,}70 \cdot 10^3$	1,1
C_2H_2	$0{,}60 \cdot 10^3$	0,78	$0{,}64 \cdot 10^3$	0,85
CCl_4	$0{,}23 \cdot 10^3$	0,30	$0{,}24 \cdot 10^3$	0,32
C_2H_5OH	$0{,}27 \cdot 10^3$	0,36	$0{,}28 \cdot 10^3$	0,37
C_2H_5Cl	$0{,}27 \cdot 10^3$	0,36	$0{,}28 \cdot 10^3$	0,37

392142 Verteilung von Ladungsträgern in atmosphärischer Luft.

Sichtweite[1] in km	Gesamtzahl der geladenen Teilchen im cm^3	Anzahl der		
		leichten Teilchen $b > 1 \cdot \frac{cm/s}{V/cm}$	mittleren Teilchen $b > 0{,}02 \cdot \frac{cm/s}{V/cm}$	schweren Teilchen $b < 0{,}02 \cdot \frac{cm/s}{V/cm}$
0...10	$13{,}8 \cdot 10^3$	1,9	5,8	92,3
11...20	$11{,}3 \cdot 10^3$	2,5	7,6	89,9
21...30	$11{,}9 \cdot 10^3$	2,6	10,2	87,2
31...40	$12{,}8 \cdot 10^3$	2,5	12,7	84,8
> 40	$10{,}8 \cdot 10^3$	4,8	13,6	81,6

Nach R. **Strigel**: Elektrische Stoßfestigkeit, S. 2. Berlin 1939.

392143 Wiedervereinigungskoeffizient α der Ionen in Gasen.

Berechnet aus der Gleichung $\frac{dn}{dt} = -\alpha \cdot n^{-2}$, worin n die Konzentration der Ionen bedeutet. α hat die Dimension $cm^3 \cdot s^{-1}$.

Gas	α	Gas	α
Argon	$1{,}06 \cdot 10^{-6}$	Stickstoff	$1{,}06 \cdot 10^{-6}$
Wasserstoff	$0{,}28 \cdot 10^{-6}$	Kohlenoxyd	$0{,}87 \cdot 10^{-6}$
Sauerstoff	$1{,}32 \cdot 10^{-6}$	Kohlendioxyd	$1{,}67 \cdot 10^{-6}$
Schwefeldioxyd	$1{,}31 \cdot 10^{-6}$	Luft	$1{,}23 \cdot 10^{-6}$

* Bei 20° C. — [1] Maß für die Reinheit der Luft.

392144 Überschlagsspannung in Luft.

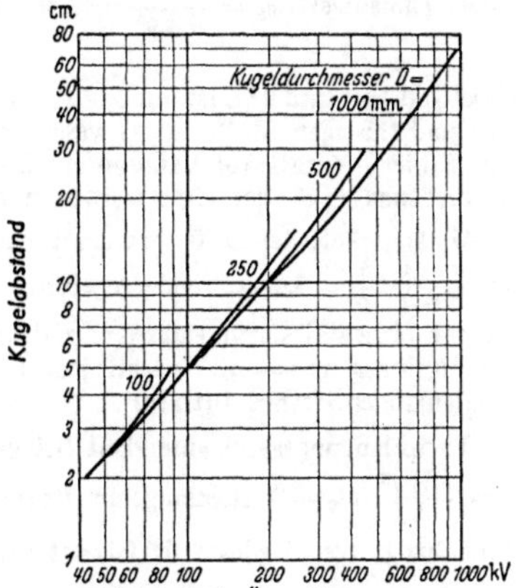

Effektivwerte der Überschlagsspannungen bei 20°C und 760 mm Hg nach VDE, beide Kugeln isoliert

392145 Funkenspannung in Luft, NO, CO_2, SO_2 und H_2 für ebene Elektroden, in Abhängigkeit von dem Produkt aus Druck p und Elektrodenabstand s (Schlagweite).

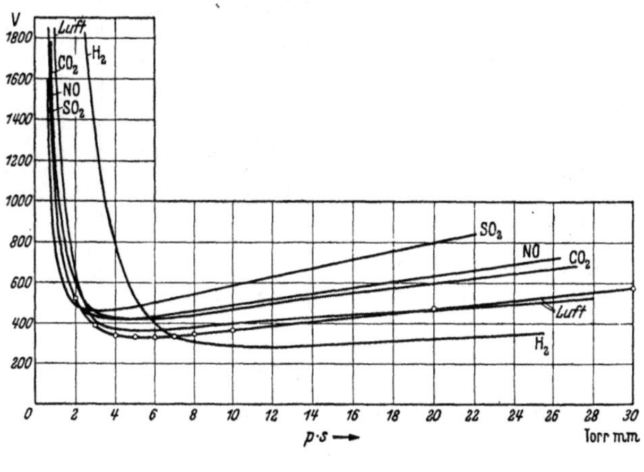

3922 Dielektrizitätskonstante.

Die Kapazität eines Kondensators ist von der Natur des zwischen den Elektroden befindlichen „Dielektrikums" abhängig. Die Zahl, die das Verhältnis der Kapazität eines Kondensators mit dem Dielektrikum zu der im Vakuum (ohne Dielektrikum) gemessenen angibt, heißt die Dielektrizitätskonstante (D.K.), Verschiebungskonstante, Influenzkonstante, spezifisches Induktionsvermögen des Dielektrikums.

Im elektrostatischen Maßsystem ist die D.K. des Vakuums $\varepsilon_0 = 1$.

Im praktischen elektromagnetischen Maßsystem (Volt-Ampère-Meter-Sekunden ergibt sich für ε_0 der Zahlenwert $\varepsilon_0 = \frac{10^{11}}{4\pi c^2} = 8{,}86 \cdot 10^{-12}\ \mathrm{A \cdot s \cdot V^{-1}\, m^{-1}} = 8{,}86 \cdot 10^{-6}\ \mu\mathrm{F \cdot m^{-1}}$.

Die D.K. von Luft bei 760 Torr und 0° C ist nur 0,06% größer als die des Vakuums. Da die D.K. von festen und flüssigen Stoffen stets wesentlich größer ist als 1, kann sie — ohne merklichen Fehler — statt auf Vakuum auf Luft bezogen werden. Die nur wenig von 1 verschiedenen D.K. der Gase werden stets auf Vakuum bezogen.

Für Gase wird die Abhängigkeit der D.K. von der Dichte durch das Clausius-Mossottische Gesetz $\frac{\varepsilon - 1}{\varepsilon + 2}\,\frac{1}{\varrho} = \text{konst.}$ wiedergegeben.

Die D.K. ist nach der Maxwellschen elektromagnetischen Lichttheorie gleich dem Quadrat des Brechungsindex n: $\varepsilon = n^2$. Das gilt jedoch nur für niedrige Schwingungszahlen (große Wellenlängen, fernes Ultrarot).

Demgemäß ist die Fortpflanzungsgeschwindigkeit bei genügend großer Wellenlänge gleich $\frac{c}{\sqrt{\varepsilon}}$, $\varepsilon = \left(\frac{\lambda_0}{\lambda}\right)^2$ (λ_0 = Wellenlänge im Vakuum, λ im Dielektrikum).

Über den Zusammenhang von Dielektrizitätskonstante und Polarisierbarkeit vgl. 2531.

39221 Dielektrizitätskonstante fester Stoffe für Wellenlängen $> 10^4$ cm bei Zimmertemperatur.

Stoff	ε	Stoff	ε
Ammoniumchlorid	6,8	Rubin, synthetisch ⊥	13,4
Anatas ∥	48	∥	11,0
Aragonit ∥a	9,14	Rutil ⊥	89
∥c	7,0	∥	173
Bariumsulfat	11,4	Saphir, natürlich ⊥	13,7
Beryll ⊥	7,02	∥	11,4
∥	6,07	Saphir, synthetisch ⊥	12,8
Blei-(2)-chlorid	32,2	∥	11,0
Bleinitrat	16,8	Schwefel	2...4
Blei-(2)-sulfat	16,1	∥a	3,81
Diamant	16,5	∥b	3,97
Eis, −20° C, $\lambda = 10^5$ m	16	∥c	4,77
Flußspat	6,92	Seignettesalz ∥a	6,70
Kalium-Alaun	6,67	∥b	6,92
Kalkspat ⊥	8,49	∥c	8,89
∥	7,56	Selen	6,6
Kalomel ⊥	14,0	Silberbromid	12,17
Kupfer-(1)-chlorid	10,0	Silberchlorid	11,2...12,3
Magnesiumcarbonat	8,1	Steinsalz	5,8...6,29
Magnesiumoxyd	8,2	Sylvin (KCl)	4,94
Natriumfluorid	6,9	Thallium-(1)-chlorid	31,1
Natronsalpeter ⊥	6,5	Thorium-(4)-oxyd	10,6
∥	17,8	Turmalin ⊥	7,13
Phosphor, gelb	4,1	∥	6,54
Quarz ⊥	4,69	Zinkblende	7,9...8,3
∥	5,06	Zinkspat ⊥	9,3
Rubin, natürlich ⊥	13,2	∥	9,4
∥	11,2		

Die Bezeichnungen ⊥ und ∥ geben an, daß die Kraftlinien des Feldes ⊥ und ∥ der Krystallachse verlaufen; die Indices a, b und c bedeuten Brachy-, Makro- und Vertikalachse.

39222 Dielektrizitätskonstante von festen und flüssigen Werkstoffen für sehr lange Wellen.

Stoff	ε	Stoff	ε
Asphalt	2,7	Öle:	
Bernstein	2,8	Baumwollsamenöl	3,1
Bienenwachs	4,8	Ceresin	2,1
Canadabalsam	2,7	Citronenöl (ϱ = 0,85)	2,3
Cellulose	6,7	Leinöl	2,2
Ceresin	2,1	Olivenöl	3,0
Ebonit	2,6	Paraffinöl	2,1
Elfenbein	6,9	Petroläther	1,9
Gläser[1]:		Petroleum	2,1
Borsilicatkron	6,20	Ricinusöl	4,6
Silicatflint	8,3	Rüböl	2,9
Kalk-Baryt	6,7...7,0	Terpentinöl	2,3
Kalk-Blei	6,7	Papier für Telefonkabel	2,0...2,5
Glimmer	7,1...7,7	Paraffin:	
Gummi	2,7	Smp. 44...46°	2,10
Hartporzellan[1]	5,7	54...56°	2,14
Holz, trocken		74...76°	2,16
Rotbuche, ∥ Faser	2,5	Pertinax	4
Rotbuche, ⊥ Faser	3;6	Porzellan[1]	4,3
Eiche, ∥ Faser	4,2	Quarz, geschm.	3,8
Eiche, ⊥ Faser	6,8	Quarzglas	3,5
Kautschuk, vulkan.[2]	2,7	Schellack	3,1
Kolophonium	2,5	Schiefer	—
Marmor	8,3	Siegellack	~5

39223 Dielektrizitätskonstante anorganischer Flüssigkeiten.

Stoff	°C	λ in cm	ε	Stoff	°C	λ in cm	ε
He	−270,8	$5 \cdot 10^4$	1,058	SO_2	15	$>3 \cdot 10^6$	13,8
H_2	−253,1	$5 \cdot 10^4$	1,22	SO_3	21	—	3,6
O_2	−183	$>3 \cdot 10^6$	1,464	H_2SO_4 (konz.)	20	73	>84
H_2O	0	75	88	SO_2Cl_2	21	—	10
	18	$>10^4$	81,1	NH_3	24	1	14,9
	40	—	73,4	N_2H_4	25	—	58,5
	50	—	70,5	P	45	80	3,85
	—	2% kleiner als		PH_3	−50	$>3 \cdot 10^6$	2,6
		Werte für H_2O		PCl_3	18	80	3,72
H_2O_2 (10%)	0	—	101	PBr_3	18	80	3,9
(37%)	0	—	119	$SbCl_3$	75	—	33,2
(100%)	0	—	93,7	$SbCl_5$	21,5	84	3,78
Cl_2	0	$>3 \cdot 10^6$	1,97	CO_2	−5	$>3 \cdot 10^6$	1,6
HCl	27	—	4,6	CS_2	20	$>10^4$	2,61
Br_2	23	84	3,2	HCN	21	84	~95
HBr	24	100	3,82	$SiCl_4$	16	—	2,4
J_2	118	—	11,1	$Fe(CO)_5$	—	—	2,6
S	118	—	3,52	$Ni(CO)_4$	—	—	2,2
H_2S	10	—	5,75	$SnCl_4$	22	84	3,2

[1] Siehe auch Tabelle 533.

39224 Dielektrizitätskonstante ε von organischen Flüssigkeiten

(Falls nicht anders angegeben für Wellenlängen $\lambda > 10^4$ cm sind bei Zimmertemperatur Wellenlängenangaben in cm, Temperatur in °C.)

Stoff	ε	Stoff	ε
Acetal	3,45	Decan	1,96
Acetaldehyd	14,8	Dekalin	2,13
Acetamid (77°)	59	Diamylen	2,42
Acetanhydrid	20,5	Diäthylamin	3,6
Aceton	21,5	Diäthyläther	4,4
Acetonitril	38,8	Diäthylsulfid	15,6
Acetophenon	18	Dimethylsulfid	6,2
Acetylaceton	23	Dichloressigsäure	8,2
Acetylchlorid	15,9	Dioxan	3,0
Äthylalkohol	25,8	Essigsäure	6,29
Äthylamin	6,2	Essigs. Äthylester	6,11
Äthylbenzol	2,42	Essigs. Amylester	4,81
Äthylbromid	9,5	Essigs. Butylester	5,01
Äthylchlorid (170°)	6,29	Essigs. Methylester	7,08
Äthylenchlorid	10,13	Essigs. Phenylester	5,23
Äthylenoxyd	14	Essigs. Propylester	5,73
Äthylidenchlorid	10,9	Formamid	>84
Äthyljodid ($\lambda = 73$)	7,42	Furfurol	41,7
Äthylmercaptan	8	Glycerin	56,2
Allylalkohol	21,6	Glykol	41,2
Allylsulfid	4,9	Heptan	1,97
Ameisensäure	58,5	Hexan	1,88
Amylalkohol	15,95	Mesitylen	2,3
Amylen	2,2	Mesityloxyd	15
Anilin	7,0	Methylalkohol	31,2
Benzaldehyd	18	Methylamin	10
Benzonitril	26,5	Methyläthylketon	18
Benzophenon (fest)	3	Methylenjodid	5,5
Benzophenon (flüssig)	13,3	Methyljodid	7,1
Benzylalkohol	13	Milchsäure	etwa 23
Benzylamin	4,6	Naphthalin (fest)	2,7
Benzoesäureäthylester	6,0	Nitroäthan	29,5
Benzoesäuremethylester	6,6	Nitrobenzol	36,45
Benzol	2,24	Nitromethan	39,4
Brombenzol	5,39	Nonan	1,97
α-Bromnaphthalin	5,2	Octan	1,96
Bromoform	4,51	Pentan	1,82
Buttersäure	3,0	Phenol (48°, $\lambda = 73$)	9,68
i-Buttersäure	2,6	Piperidin	5,8
Butylalkohol	19,2	Propionsäure ($\lambda = 73$)	3,15
i-Butylalkohol	28,2	Propionitril	27,7
Chinolin	8,8	Propionsäureäthylester	5,6
Chloral	6,7	Propylaldehyd	14,4
Chlorbenzol	5,61	Propylalkohol	22,2
Chloressigsäure	20	i-Propylalkohol	26,0
Chloroform	5,14	Pseudocumol	2,4
Cyanessigsäure	33,4	Pyridin ($\lambda = 84$)	12,4
Cyclohexan	2,06	Resorcin ($\lambda = 72$)	3,2
Cyclohexanol	15,0	Salicylsäureäthylester	8,4
Cyclohexanon	18,2	Tetrachloräthylen	2,5
Cymol	2,25	Tetrachlorkohlenstoff	2,25

39224 (Fortsetzung).

Stoff	ε	Stoff	ε
Tetralin	2,66	Toluol	2,34
Tetranitromethan . . .	2,1	Triäthylamin	3,2
Thioessigsäure	12,8	Trichloressigsäure . . .	4,6
Thiophen	2,76	Trimethylamin	3,0
Toluidin (o)	5,93	Weinsäure	35,9
Toluidin (m)	5,95	Xylol (o)	2,57
Toluidin (p)	~3	Xylol (m)	2,38

39225 Dielektrizitätskonstante von Gasen auf Vakuum bezogen (λ = Wellenlänge in cm, falls nicht anders angegeben $\lambda > 10^4$ cm).

Stoff	°C	ε	Stoff	°C	ε
He	0	1,000074	N_2O	0	1,000995
Ar	0	1,00056	NO	0	1,00592
H_2	0	1,000264	CO	0	1,000695
H_2	20	1,000273	CO_2	0	1,000946
O_2	0	1,000547	CS_2	0	1,00290
Br_2	180	1,0128	CH_4	0	1,000953
Hg	400	1,0074 ($\lambda = 100$)	C_2H_4	0	1,001456
H_2O-Dampf .	145	1,00705	Luft, 1 Atm.	18	1,000546
H_2S	23	1,00332		0	1,000576
SO_2	14,7	1,00905	20 Atm.	0	1,01080
N_2	0	1,000606	60 Atm.	0	1,03291
N_2	20	1,000581	100 Atm.	0	1,05404
NH_3	0	1,0072			

3923 Thermokraft von Metallen.

Angegeben ist die Thermokraft in Millivolt (mV), die an den Enden der Drähte vorhanden ist, wenn sich die eine Lötstelle auf der Temperatur ϑ, die andere auf 0° C befindet. Angaben ohne Vorzeichen besagen, daß der Strom in der warmen Lötstelle vom erstgenannten Metall zum zweitgenannten fließt, bei Minuszeichen ist die Richtung umgekehrt.

39231 Thermokraft in mV von Platin gegen das genannte Metall.

Temperatur der warmen Lötstelle 100° C (nach fallenden Werten geordnet).

Metall	mV	Metall	mV	Metall	mV	Metall	mV
Silicium . .	45	Silber . . .	0,7	Blei . . .	0,45	Palladium .	−0,3
Antimon . .	4,7	Zink . . .	0,7	Magnesium	0,4	Kalium . .	−0,9
Eisen . . .	1,8	Rhodium .	0,65	Aluminium	0,4	Nickel . .	−1,5
Molybdän .	1,2	Iridium . .	0,65	Kohle . .	0,3	Kobalt . .	−1,6
Cadmium . .	0,9	Manganin .	0,6	Graphit . .	0,2	Konstantan	−3,4
Wolfram . .	0,8	Tantal . .	0,5	Quecksilber	0	Wismut . .	−7
Kupfer . .	0,75	Caesium .	0,5	Platin . .	0		
Gold . . .	0,7	Zinn . . .	0,45	Natrium. .	−0,2		

39232 Thermokraft in mV gebräuchlicher Thermoelemente.

39232a Zahlentafel.

Temperatur in °C	Konstantan/ Eisen	Konstantan/ Kupfer	Konstantan/ Silber	Konstantan/ Chromnickel	Nickel/ Chromnicke	Chromel/ Alumel	Nickel/Kohle	Pt/ Pt + 10% Rh	Wolfram/ Molybdän
−200	−8,27	−5,54	—	—	—	—	—	—	—
−180	−7,75	−5,20	—	—	—	—	—	—	—
−100	−4,82	−3,35	—	—	—	—	—	—	—
0	0,0	0,0	0,0	0,0	0,0	0,0	0,0	0,0	—
100	5,40	4,28	4,12	5,62	3,85	4,1	1,8	0,64	—
200	10,99	9,29	8,84	11,08	8,02	8,13	4,2	1,42	−0,70
300	16,56	14,86	14,10	19,09	11,97	12,21	6,5	2,29	—
400	22,07	20,87	19,77	26,48	15,26	16,39	8,4	3,21	−1,34
500	27,58	—	25,79	34,18	18,42	20,64	10,3	4,17	—
600	33,27	—	32,15	41,95	21,74	24,90	12,5	5,18	−1,54
700	39,30	—	—	50,02	25,32	29,14	15,3	6,23	—
800	45,72	—	—	57,94	28,86	33,31	18,3	7,31	−1,40
900	52,29	—	—	65,76	32,47	37,36	21,8	8,43	—
1000	58,22	—	—	—	36,04	41,31	25,7	9,56	−1,0
1100	—	—	—	—	39,73	45,14	29,9	10,72	—
1200	—	—	—	—	—	48,85	34,4	11,89	+0,2
1300	—	—	—	—	—	—	—	13,07	+0,3
1400	—	—	—	—	—	—	—	14,26	+0,8
1500	—	—	—	—	—	—	—	15,45	+1,5
1600	—	—	—	—	—	—	—	16,63	+2,1
1700	—	—	—	—	—	—	—	—	+2,86
1800	—	—	—	—	—	—	—	—	+3,0

39232b Die Thermokraft der gebräuchlichen Edelmetallelemente in Abhängigkeit von der Temperatur.

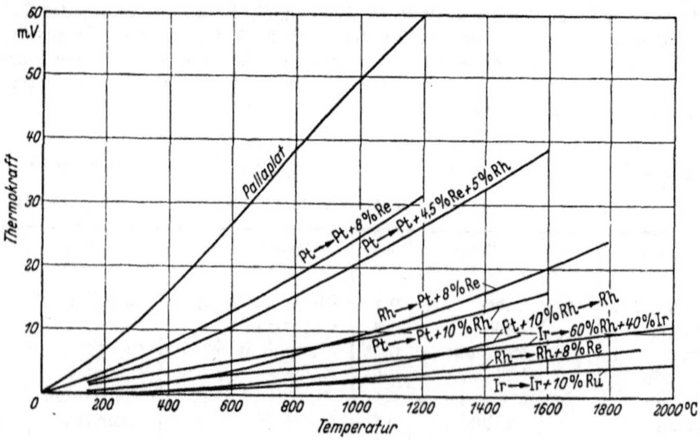

393 Elektromotorische Kraft.

Potentialsprünge treten an allen Grenzflächen auf. An der Berührungsfläche von zwei verschiedenen Metallen ist der Potentialsprung gleich der Differenz ihrer Austrittsarbeiten. Er ist aus den Werten der Tabelle 2811 zu entnehmen. An den Grenzflächen Metall/Lösung oder zweier verschiedener Lösungen ist der Potentialsprung konzentrationsabhängig. Der Potentialsprung an einer Berührungsstelle, an der freiwillig ein chemischer Umsatz oder eine Diffusion einsetzt, kann zum Bau eines stromliefernden galvanischen Elementes benutzt werden. In einem galvanischen Elemente setzt sich die „elektromotorische Kraft" E, die Spannung im stromlosen Zustand, aus den einzelnen Potentialsprüngen zusammen, also z. B. beim Daniell-Element aus den Potentialsprüngen: Cu/Lösung $CuSO_4$: Lösung $CuSO_4$/Lösung $ZnSO_4$ und Zn/Lösung $ZnSO_4$. Die Potentialsprünge Metall/Lösung sind im allgemeinen die größeren.

Beim Umsatz eines Moles eines z-wertigen Ions wird die Elektrizitätsmenge $z \cdot 96490\,C \cdot val^{-1}$ ($C = A \cdot s$) geliefert. 96490 C wird ein Faraday (F) genannt. Die maximale Arbeit (A) ist gleich dem Produkt aus zF und E (V) (E = der Spannung des Elementes im stromlosen Zustand) $A = -zF\,E$ (W · s). [Für das Vorzeichen sei bemerkt, daß, da die Spannung stets positiv und die Arbeit, die vom System abgegeben wird, in den vorliegenden Tabellen negativ gerechnet wird (s. 3114), das Minuszeichen gesetzt werden muß.] Um A in Calorien zu erhalten, ist der Umrechnungsfaktor zwischen W · s und cal (0,239) einzuführen, $A = -z\,23062\,E$ cal. Der Faktor 23062 sei mit F′ bezeichnet.

Die Temperaturabhängigkeit der elektromotorischen Kraft ist gleich der von A (s. 3114) $\frac{\partial A}{\partial T} = -zF' \frac{\partial E}{\partial T} = -\Delta S$ (ΔS Reaktionsentropie). Den Zusammenhang mit der Reaktionsenthalpie erhält man aus der Gleichung $\Delta I_B = A + T\Delta S$ zu: $\Delta I_B = -zF'\left(E - T\frac{\partial E}{\partial T}\right)$.

Zahlenbeispiele dafür sind z. B.

Reaktion	$Pb + 2AgJ = 2Ag + PbJ_2$	$Tl + HgCl = Hg + TlCl$
Galv. Element	Pb | PbJ_2 KJ | KJ AgJ | Ag fest fest	Tl | TlCl TlCl HgCl | Hg fest ges. fest
E bei 25° in Volt	0,2135	0,823
$\frac{\partial E}{\partial T}$ in 10^{-3} Volt	−0,173	+0,32
ΔI_B ber. in kcal	−(9,85 + 2,36) = −12,21	−(18,98 − 2,199) = −16,7
ΔI_B gem. in kcal	−11,9	−17,0

Konzentrationsabhängigkeit der elektromotorischen Kraft. Nach Planck ist die maximale Arbeit, die in idealen Mischungen und verdünnten Lösungen bei Überführung eines Mol einer Molekülart aus der Konzentration x_i' (x = Molenbruch) in die Konzentration x_i'' geleistet wird, $A_i = RT \ln \frac{x_i''}{x_i'}$. Bei sehr starker Verdünnung kann anstatt $\frac{x_i''}{x_i'}$ der Quotient der molaren Konzentration c_i gesetzt werden, folglich $A_i = RT \ln \frac{c_i''}{c_i'}$. Außerhalb des Gültigkeitsbereiches des idealen Gesetzes muß der Quotient der Konzentration durch den Quotienten der Aktivitäten ersetzt werden (vgl. 324). Dieser Abhängigkeit der Verdünnungsarbeit von der Konzentration entspricht die der EMK.

Normalpotential.

Bringt man ein Metall oder ein anderes chemisches Element mit einer Lösung, die das Element als Ion enthält, in Berührung, so existiert jeweils eine Ionenkonzentration c_0, bei der weder Ionen in Lösung gehen, noch diese sich aus der Lösung auf dem Element niederschlagen. Bei jeder anderen Konzentration c_i bildet sich durch den Übergang von Ionen an der Grenzfläche ein Potentialsprung aus. Nimmt man an, daß in einer Grenzschicht am Metall immer infolge der Lösungstension die Konzentration c_0 aufrechterhalten wird, so ergibt sich der Potentialsprung aus der Verdünnungsarbeit. Bei Umsatz eines Moles der z-wertigen Ionen ist $E = -\frac{RT}{zF} \ln \frac{c_0}{c_1}$ (genauer ist mit den Aktivitäten zu rechnen). c_0 ist der Bestimmung schwer zugängig, bei Rechnungen der EMK von galvanischen Elementen genügt, siehe weiter unten, die Kenntnis relativer Werte der Potentiale. Als sog. Normalpotentiale wird die EMK eines galvanischen Elementes, dessen eine Elektrode aus dem betreffenden festen Element gebildet wird, oder mit dem gasförmigen Element bei Atmosphärendruck gesättigt ist, und in eine wässerige Lösung, in der das betreffende Ion in der Aktivität 1 vorhanden ist, taucht, dessen andere Elektrode eine Normalwasserstoffelektrode ist, bezeichnet. Eine Normalwasserstoffelektrode ist mit Wasserstoff bei 1 Atm Druck gesättigt und taucht in eine wässerige Lösung mit einer H^+-Aktivität = 1 [z. B. ist in annähernd zweifach normaler H_2SO_4-Konzentration (Aktivität der H^+-Ionen s. 3931)]. Ordnet man die Werte nach der Größe, so bezeichnet man die Folge als „Spannungsreihe der Elemente". Angaben über die EMK von vielfach benutzten Meßelektroden in 66222. Der absolute Wert der Wasserstoffelektrode liegt zwischen −0,2 und −0,35 V.

Potentiale zwischen 2 Lösungen.

Eine Berechnung der EMK von 2 Lösungen ist nur möglich entweder für zwei verschieden konzentrierte Lösungen des gleichen Elektrolyten oder für zwei verschiedene Elektrolyte bei Lösungen gleicher Konzentration.

Konzentrationsketten mit Überführung. Um die EMK zu berechnen, muß die Konzentrationsänderung der 2 Lösungen bei Abscheidung je eines Moles der z-wertigen positiven und negativen Ionen an den Elektroden betrachtet werden. Die positiven Ionen, Wanderungsgeschwindigkeit u^+, sollen an der Elektrode nachgeliefert werden, die negativen entladen werden. Dann treten an der Grenzfläche beim Durchgang der Elektrizitätsmenge $zF \frac{u^+}{u^+ + u^-}$ der positiven Ionen-Mole aus einer Lösung in die andere, dafür werden an der Elektrode 1 Mol Ionen neu gebildet, die Konzentrationsänderung ist also $1 - \frac{u^+}{u^+ + u^-} = \frac{u^-}{u^+ + u^-}$ Mol. Da die Lösung neutral bleiben muß, ist die Konzentrationsänderung der negativen Ionen die gleiche, es werden also nur $\frac{2u^-}{u^+ + u^-}$ Mol $= 2n^-$ Mol (n^- = Überführungszahl des negativen Ions) von der höheren Konzentration auf die niedrigere gebracht, folglich ist

$$E = \frac{-2n^-}{zF} RT \ln \frac{c_1}{c_2}$$

und entsprechend, wenn die negativen Ionen nachgeliefert werden,

$$E = \frac{-2n^+}{zF} RT \ln \frac{c_1}{c_2}; \qquad \text{ist } u^+ = u^-, \text{ also } n = \frac{1}{2},$$

dann ergibt sich in beiden Fällen

$$E = \frac{-RT}{zF} \ln \frac{c_1}{c_2} \quad \text{(W. Nernst).}$$

Konzentrationsketten ohne Überführung. Man kann die Überführung der Ionen von einer Lösung zur anderen verhindern, indem man 2 Elemente, die aus gleichen Elektroden und gleichen Elektrolyten, jedoch verschiedener Konzentration bestehen, gegeneinander schaltet. Der entstehende Strom fließt dann in dem Sinne, daß eine Verdünnung der konzentrierteren Lösung und eine Konzentrierung der verdünnter Lösung eintritt. Bei Durchgang der Elektrizitätsmenge z F wird ein Mol von beiden Ionenarten aus der höheren Konzentration auf die niedrigere überführt. Die EMK hat den Wert $E = \frac{-2RT}{zF} \ln \frac{c_1}{c_2}$ (W. Nernst).

Für die EMK an den Grenzflächen von Elektrolyten verschiedener Zusammensetzung aber gleicher Konzentration ergibt sich: $E = \frac{-RT}{zF} \ln \frac{u_1^+ + u_2^-}{u^- + u_2^+}$.

Als Beispiel sind die EMK einiger Konzentrationsketten in 3933 angegeben.

Elektromotorische Kräfte galvanischer Elemente setzen sich, wie bereits gesagt, aus den einzelnen Potentialsprüngen zusammen. Bezeichnet man als Grund-EMK, E^0, einer Elektrode, die gegen die Ionenkonzentration 1, so hat man für die EMK an den Elektroden bei einem Daniell-Element z. B.

$$E = E^0_{Cu} - E^0_{Zn} + \frac{RT}{zF} \cdot \ln \frac{c_{Cu}}{c_{Zn}}.$$

E^0_{Cu} ist aber gleich dem Normalpotential vermindert um das Potential der Normalwasserstoffelektrode $E^0_{Cu} - E^0_{Zn}$ also gleich der Differenz der Normalpotentiale $E^N_{Cu} - E^N_{Zn}$. Die EMK des Daniell-Elementes ist also, abgesehen von dem Potential zwischen den Lösungen,

$$E = E^N_{Cu} - E^N_{Zn} + \frac{RT}{zF} \ln \frac{c_{Cu}}{c_{Zn}}.$$

3931 Normalpotential in V bei Zimmertemperatur und 760 Torr in wässerigen Lösungen.

Kationenbildung	Potential	Kationenbildung	Potential	Kationenbildung	Potential
$H_2 \rightarrow 2H^+$	0,00	$Fe \rightarrow Fe^{+++}$	−0,045	$Tl \rightarrow Tl^+$	−0,34
$Li \rightarrow Li^+$	−2,96	$Co \rightarrow Co^{++}$	−0,29	$Tl \rightarrow Tl^{+++}$	+0,72
$Na \rightarrow Na^+$	−2,71	$Ni \rightarrow Ni^{++}$	−0,22	$Sn \rightarrow Sn^{++}$	−0,14
$K \rightarrow K^+$	−2,92	$Cu \rightarrow Cu^+$	+0,51	$Sn \rightarrow Sn^{++++}$	+0,05
$Rb \rightarrow Rb^+$	−2,92	$Cu \rightarrow Cu^{++}$	+0,345	$Pb \rightarrow Pb^{++}$	−0,12
$Be \rightarrow Be^{++}$	−1,69	$Ag \rightarrow Ag^+$	+0,799	$Pb \rightarrow Pb^{++++}$	+0,8
$Mg \rightarrow Mg^{++}$	−2,40	$Au \rightarrow Au^+$	+1,5	$As \rightarrow As^{+++}$	+0,3
$Ca \rightarrow Ca^{++}$	−2,87	$Au \rightarrow Au^{+++}$	+1,30	$Sb \rightarrow Sb^{+++}$	+0,2
$Sr \rightarrow Sr^{++}$	−2,9	$Zn \rightarrow Zn^{++}$	−0,76	$Bi \rightarrow Bi^{+++}$	+0,2
$Ba \rightarrow Ba^{++}$	−2,9	$Cd \rightarrow Cd^{++}$	−0,40	$Pt, O_2 \rightarrow OH$	+0,40
$Al \rightarrow Al^{+++}$	−1,7	$Hg \rightarrow Hg^{++}$	+0,854	$Pt, F^- \rightarrow F_2$	+1,90
$Cr \rightarrow Cr^{++}$	−0,56	$2Hg \rightarrow Hg_2^{++}$	+0,799	$Pt, Cl^- \rightarrow Cl_2$	+1,36
$Cr \rightarrow Cr^{+++}$	−1,0	$Ga \rightarrow Ga^{+++}$	−0,52	$Pt, Br^- \rightarrow Br_2$	+1,07
$Mn \rightarrow Mn^{++}$	−1,10	$In \rightarrow In^{+++}$	−0,336	$Pt, J^- \rightarrow J_2$	+0,56
$Fe \rightarrow Fe^{++}$	−0,44				

3932 Redox-Potential in V.

Kationenbildung	Potential	Kationenbildung	Potential	Kationenbildung	Potential
$Ce^{+++} \rightarrow Ce^{++++}$	+1,44	$Co^{++} \rightarrow Co^{+++}$	+1,79	$Pb^{++} \rightarrow Pb^{++++}$	+1,8
$Ti^{++} \rightarrow Ti^{+++}$	+0,36	$Cu^+ \rightarrow Cu^{++}$	+0,17	$Fe(II)(CN)_6^{----} \rightarrow$	
$Ti^{+++} \rightarrow Ti^{++++}$	−0,04	$Tl^+ \rightarrow Tl^{+++}$	+1,21	$Fe(III)(CN)_6^{---}$	+0,466
$Fe^{++} \rightarrow Fe^{+++}$	+0,772	$Sn^{++} \rightarrow Sn^{++++}$	+0,154	$Ir(II)Cl_6^{----} \rightarrow$	
				$Ir(IV)Cl_6^{--}$	+1,0

3933 Elektromotorische Kraft von Konzentrationsketten.

Die Konzentrationsangaben sind gemacht entweder in mol/l Lösung (c) oder in mol/l Lösungsmittel (m). + bedeutet positiver Stromfluß in der Kette von rechts nach links.

Konzentrationsketten ohne Überführung.

							E in mV	
Ag	AgCl fest	LiCl $m_1 = 1$	Li_xHg	LiCl $m_2 = 0,1$	AgCl fest	Ag	−116,8	(25°)

Ag	AgCl fest	NaCl	Na_xHg	NaCl	AgCl fest	Ag		
		$m_1 = 0,05$		$m_2 = 0,1$			+32,4	(25°)
		0,2		0,1			−32,5	(25°)
		1,0		0,1			−109,6	(25°)
		2,0		0,1			−146,3	(25°)
		4,0		0,1			−190,4	(25°)

Ag	AgCl fest	KCl	K_xHg	KCl	AgCl fest	Ag		
		$m_1 = 0,01$		$m_2 = 0,1$			+109,1	(25°)
		1,0		0,1			−105,7	(25°)
		1,0		0,1			−95,8	(0°)

Ag	AgCl fest	CsCl	Cs_xHg	CsCl	AgCl fest	Ag		
		$m_1 = 1,0$		$m_2 = 0,1$			−101,3	(25°)

K_xHg	KJ	AgJ fest	Ag	AgJ fest	KJ	K_xHg		
	$m_1 = 0,002$				$m_2 = 0,02$		+111,5	(25°)
	0,005				0,05		+110,8	(25°)
	0,01				0,1		+109,3	(25°)
	0,02				0,2		+108,7	(25°)
	0,05				0,5		+108,2	(25°)

Konzentrationsketten mit Überführung.

K_xHg	KJ	KJ	K_xHg		
	$m_1 = 0,002$	$m_2 = 0,02$		+55,85	(25°)
	0,01	0,1		+55,24	(25°)
	0,02	0,2		+55,12	(25°)
	0,05	0,5		+55,14	(25°)

Ag	AgJ fest	KJ	KJ	AgJ fest	Ag			
		$m_1 = 0,002$	$m_2 = 0,02$			+55,52	(25°)
		0,01	0,1			+54,14	(25°)

Ca_xHg	$CaCl_2$	$CaCl_2$	Ca_xHg		
	$c_1 = 0,01$	$c_2 = 0,005$		+6,15	(30°)
	0,005	0,0025		+6,59	(30°)

Ba_xHg	$BaCl_2$	$BaCl_2$	Ba_xHg		
	$c_1 = 0,01$	$c_2 = 0,005$		+7,00	(30°)
	0,005	0,0025		+7,25	(30°)

Hg	HgCl fest	HCl $c_1 = 0,1$	HCl $c_2 = 0,01$	HgCl fest	Hg	−94,8	(25°)

3934 Galvanische Elemente.

39341 Elektromotorische Kraft und Zusammensetzung gebräuchlicher Elemente.

Name	—-Pol	Elektrolyte und Depolarisatoren	+-Pol	EMK in V
Bunsen, Element	Zn, amalg.	H_2SO_4 $\varrho = 1{,}09$ ‖ HNO_3 rauchend	C	1,94
Bunsen, Element	Zn, amalg.	H_2SO_4 $\varrho = 1{,}09$ ‖ HNO_3 $\varrho = 1{,}38$	C	1,86
Bunsen, Tauchelement . . .	Zn, amalg.	$H_2O : H_2SO_4 : K_2Cr_2O_7 = 100 : 37 : 16$ Gewichtsteile	C	2,3
Chromsäure, Element	Zn, amalg.	H_2SO_4 $\varrho = 1{,}09$ ‖ $H_2O : H_2SO_4 : K_2Cr_2O_7 = 100 : 25 : 12$	C	2
Chromsäure, Element	Zn, amalg.	H_2SO_4 $\varrho = 1{,}09$ ‖ $H_2O : K_2Cr_2O_7 = 100 : 12$	C	2,03
Cupron, Element	Zn	NaOH-Lsg. 15...18%ig	CuO—Cu_2O	0,85
Daniell, Element	Zn, amalg.	H_2SO_4 $\varrho = 1{,}14$ ‖ $CuSO_4$-Lsg. ges.	Cu	1,06
Daniell, Element	Zn, amalg.	$ZnSO_4$-Lsg. 5%ig ‖ $CuSO_4$-Lsg. ges.	Cu	1,08
Daniell, Element	Zn, amalg.	NaCl : $H_2O = 1 : 4$ Vol. ‖ $CuSO_4$-Lsg. ges.	Cu	1,05
Grove, Element	Zn, amalg.	H_2SO_4 $\varrho = 1{,}09$ ‖ HNO_3 rauchend	Pt	1,93
Grove, Element	Zn, amalg.	$ZnSO_4$-Lsg. ‖ HNO_3 $\varrho = 1{,}33$	Pt	1,66
Grove, Element	Zn, amalg.	H_2SO_4 $\varrho = 1{,}136$ ‖ HNO_3 $\varrho = 1{,}33$	Pt	1,79
Grove, Element	Zn, amalg.	H_2SO_4 $\varrho = 1{,}14$ ‖ HNO_3 $\varrho = 1{,}19$	Pt	1,66
Krüger, Element	Zn	$ZnSO_4$-Lsg. ‖ $CuSO_4$-Lsg.	Pb verkupfert	1,008
Lalande-Edison, Element . .	Zn, amalg.	KOH-Lsg. 15...18%ig — CuO + Cu_2O	Cu	0,85
Lalande-Chaperon, Element .	Zn	KOH-Lsg. 30...40%ig	Fe	1,0
Leclanché, Element	Zn, amalg.	NH_4Cl-Lsg. 10...20%ig — MnO_2	C	1,4
Leclanché, Trockenelement . .	Zn	NH_4Cl-Lsg. ges. — MnO_2	C	1,53
Meidinger, Element	Zn, amalg.	$MgSO_4$-Lsg. ‖ $CuSO_4$-Lsg. ges.	Cu	1,07...1,14
Poggendorff, Element	Zn, amalg.	H_2SO_4 1 : 12 H_2O ‖ 12 T $K_2Cr_2O_7$ + 25 T H_2SO_4	C	2,0
Silberchlorid, Element . . .	Zn	NH_4Cl-Lsg. 23%ig — AgCl	Ag	1,02
Volta-Kette	Zn, amalg.	H_2SO_4 1 : 12 H_2O	Cu	1,0
		Akkumulatoren:		
Blei (Planté), Akkumulator .	Pb	H_2SO_4 $\varrho = 1{,}28$	PbO_2	(2,6) 2(1,85)
Edison, Akkumulator	Fe (+ HgO)	KOH-Lsg. 20%ig	Ni_2O_2	1,25
Main, Akkumulator	Zn, amalg.	H_2SO_4 $\varrho \sim 1{,}1$	PbO_2	2,50
Regnier I, Akkumulator . . .	Cu	$CuSO_4 + H_2SO_4$	PbO_2	1,68
Regnier II, Akkumulator . .	Zn, amalg.	$ZnSO_4$-Lsg. ‖ H_2SO_4	PbO_2	2,36

‖ Diaphragma; Lsg. Lösung; ges. gesättigt.

39342 Internationale Normalelemente.

Weston-Normalelement (Cadmium-Normalelement)

CdHg (10...13% Cd) | $CdSO_4 + 8/3\ H_2O$ | Hg_2SO_4 | +Hg.
gesättigt

Elektromotorische Kraft E zwischen 0 und 40° C

$$E = 1{,}01830 - 0{,}0000406\,(\vartheta - 20) - 0{,}00000095\,(\vartheta - 20)^2 + 0{,}00000001\,(\vartheta - 20)^3\ V_{int}.$$

Clark-Element

ZnHg (oder amalg. Zn) | Zn $SO_4 \cdot 7\ H_2O$ | $HgSO_4$ | +Hg.

Elektromotorische Kraft E zwischen 0 und 30° C

$$E = 1{,}4325 - 0{,}00119\,(\vartheta - 15^0) - 0{,}000007\,(\vartheta - 15^0)^2\ V.$$

EMK der beiden Elemente bei verschiedenen Temperaturen

Temperatur	0° C	5° C	10° C	15° C	16° C
Weston-Normalelement . . .	1,0187	1,0187	1,0186	$1{,}0184_8$	$1{,}0184_5$
Clark-Element	1,4487	1,4436	1,4382	1,4324	1,4312
Temperatur	17° C	18° C	19° C	20° C	25° C
Weston-Normalelement . . .	$1{,}0184_1$	$1{,}0183_8$	$1{,}0183_4$	$1{,}0183_0$	1,0180
Clark-Element	1,4300	1,4288	1,4275	1,4263	$1{,}4198_7$

Benutzt wird außerdem noch ein Weston-Element mit bei 4° C gesättigter Kadmiumsulfatlösung, das einen sehr geringen Temperaturkoeffizienten hat, es ist jedoch nicht so genau reproduzierbar wie das Normalelement.

EMK = 1,0187 zwischen $\vartheta = 10...30^0$ C.

394 Magnetismus.

Die magnetische Suszeptibilität $\varkappa$ wird auf die Volumeinheit des Stoffes bezogen und ist definiert durch die Gleichung

$$\varkappa = \frac{\mathfrak{J}}{\mathfrak{H}},$$

wobei $\mathfrak{H}$ die magnetische Feldstärke, $\mathfrak{J}$ die Intensität der Magnetisierung angeben.

Bezeichnet man mit $\mathfrak{B}$ die magnetische Induktion, mit μ die Permeabilität, so gelten die Beziehungen

$$\mathfrak{B} = \mathfrak{H} + 4\pi\mathfrak{J} \quad \text{und} \quad \mu = \frac{\mathfrak{B}}{\mathfrak{H}} = 1 + 4\pi\varkappa.$$

Die spezifische Suszeptibilität χ [$l^3\,m^{-1}$] bezieht sich auf die Masseneinheit und ist definiert durch

$$\chi = \frac{\varkappa}{\varrho} \quad (\varrho \text{ Dichte des Stoffes}).$$

Die Suszeptibilität des Vakuums wird gleich 0 gesetzt; in Luft ausgeführte Messungen werden auf das Vakuum umgerechnet, indem für Luft (18° C) $\varkappa = 0{,}029 \cdot 10^{-6}$ gesetzt wird.

Ist die Suszeptibilität eines Stoffes größer als 1 wie bei Fe, Ni, Co und einigen Legierungen, so nennt man den Stoff ferromagnetisch; ist sie wenig von 0 verschieden und positiv, so wird der Stoff als paramagnetisch, bei negativen $\varkappa$-Werten als diamagnetisch bezeichnet (Größenordnung von χ in diesen Fällen $10^{-3}...10^{-5}$). (Angaben in 3941, 3944 und 3945.) Bei allen nicht ferromagnetischen Körpern ist $\mathfrak{J}$ proportional $\mathfrak{H}$, $\varkappa$ also konstant, solange man nicht zu extrem hohen Feldern übergeht oder bei sehr tiefen Temperaturen mißt.

Für die Temperaturabhängigkeit gelten in vielen Fällen die Curieschen Regeln: Der Paramagnetismus ist umgekehrt proportional der absoluten Temperatur: $C = \chi/T$, (C nennt man die Curie-Konstante); und der Diamagnetismus ist unabhängig von der Temperatur.

Bei ferromagnetischen Körpern nimmt die Magnetisierung bei mittlerer Feldstärke mit steigender Temperatur zuerst langsam, dann schnell ab und verschwindet bei einer bestimmten Temperatur, diese wird als Curie-Punkt oder magnetischer Umwandlungspunkt bezeichnet (vgl. Tabelle 3943).

GPSR Compliance

The European Union's (EU) General Product Safety Regulation (GPSR) is a set of rules that requires consumer products to be safe and our obligations to ensure this.

If you have any concerns about our products, you can contact us on ProductSafety@springernature.com

In case Publisher is established outside the EU, the EU authorized representative is:

Springer Nature Customer Service Center GmbH
Europaplatz 3
69115 Heidelberg, Germany

Batch number: 10682534

Printed by Printforce, the Netherlands

Taschenbuch
für
Chemiker und Physiker

Herausgegeben von

Dr.-Ing. **Jean D'Ans** und Dr. phil. **Ellen Lax**

Professor an der Technischen Universität Berlin-Charlottenburg

Physikerin in Berlin

Mit 350 Abbildungen
und graphischen Darstellungen

Zweite, berichtigte Auflage

Springer-Verlag Berlin Heidelberg GmbH 1949

ISBN 978-3-662-22462-5 ISBN 978-3-662-22461-8 (eBook)

DOI 10.1007/978-3-662-22461-8

Alle Rechte, insbesondere das der Übersetzung
in fremde Sprachen vorbehalten.

Copyright 1943 by Springer-Verlag Berlin Heidelberg

Ursprünglich erschienen bei Springer-Verlag OHG. in Berlin, Göttingen and Heidelberg 194

Softcover reprint of the hardcover 2nd edition 1943

Druckfehlerberichtigungen.

S. 23, Tabelle 1421 lies „isomorpher" statt „isomophormer".

S. 31, Zeile 14 von unten lies „Isotopenkerngewicht" statt „Isotopengewicht".

S. 469, die Formeln 1 und 2 sind wie folgt zu berichtigen:

$CH \cdot CH{:}CH \cdot (CH_2)_3 \cdot CH_3$

$CH \cdot CH{:}CH \cdot (CH_2)_7 \cdot CO_2H$

dementsprechend die MG 278,42 statt 280,43.

S. 507, 7 Methan: Kp —116,7° statt —164°.

In S. 1224 und den folgenden ist in den Formeln und Dimensionsangaben noch ein Faktor F zuzuschreiben. Der numerische Wert dieses Faktors ist $F = 96\,490$.

S. 1224, Zeile 4 von oben $= F\,(l_A + l_K)$ statt $(l_A + l_K)$.

S. 1235, 392132d Zeile 1 in $F \cdot cm^2 \cdot V^{-1} \cdot s^{-1}$ statt in $cm^2 \cdot V^{-1} \cdot s^{-1}$.

S. 1236, 392133a desgleichen.

S. 1237, 392133b desgleichen.
392133c desgleichen.

S. 1241, 392138 desgleichen.

Vorwort.

Die Entwicklung der Wissenschaften berücksichtigend und der gegenseitigen Durchdringung von Chemie und Physik Rechnung tragend, legen Herausgeber und Verlag dieses „Taschenbuch für Chemiker und Physiker" den weiten Kreisen der Benutzer in Forschung und Technik vor.

Dies Taschenbuch ist bestimmt, den bekannten „Chemiker-Kalender", in den letzten Jahren als „Chemiker-Taschenbuch" erschienen, zu ersetzen.

Die Gesamtanordnung ergibt sich aus dem Inhaltsverzeichnis.

Speziell auf dem Gebiete der Chemie sind die bewährten Tabellen des alten „Chemiker-Taschenbuches" als Grundlage benutzt. — Erläuternde Einleitungen haben sich häufig als zweckmäßig erwiesen. Soweit notwendig, wurden Hinweise auf das wichtigste Schrifttum gegeben, im übrigen sei auf die großen Sammelwerke verwiesen.

Im Sachverzeichnis sind die in den Tabellen angeführten Stoffe nicht genannt da die Anordnung ohnehin ein schnelles Auffinden gewährleistet. Dagegen finden sich dort Hinweise auf die Stoffe[1], die in Sondertabellen oder in ganzen Abschnitten behandelt sind. Die aufgeführten physikalischen und chemischen Größen sind sämtlich angegeben.

Gewisse Unzulänglichkeiten der Anordnung und der Einheitlichkeit sind teils unvermeidlich gewesen, teils durch die äußeren Umstände bedingt worden. Vorschläge für Verbesserung und Ergänzung des Inhaltes nehmen Herausgeber und Verlag stets dankbar entgegen.

Wir schulden besonderen Dank den Herren Professor Dr. A. Eucken, Professor Dr. W. A. Roth und Professor Dr.-Ing. Ernst Schmidt für wertvolle Ratschläge und dafür, daß sie es uns ermöglichten, Gliederung und Zahlenmaterial der „Physikalischen, Chemischen und Technischen Zahlenwerte" des Werkes, das bestimmt ist, an Stelle des alten „Landolt-Börnstein" zu treten, zu benutzen.

Wir haben ferner unsern Mitarbeitern sehr zu danken. — Herr Dr. Karl Birus ist im Herbst 1942 an der Ostfront gefallen, wir betrauern seinen Verlust. — An wissenschaftlichen Hilfskräften unterstützten uns bei der Bearbeitung der Tabellen Frau Dr. Gertrud Bräuer, geb. Decker, Fräulein Dr. Eva Grund, Frau Ingeborg Heybey, geb. Hamel, Frau Dagmar Kutzner, geb. Zietlow, und Fräulein Dr. Irmberta Leitner. Wir danken Ihnen für ihre Hilfe.

Berlin, im Mai 1943.

Die Herausgeber.

---

[1] Bei Stoffen, die mit Warenzeichennamen benannt sind, beziehen sich die angegebenen Daten auf die Originalpräparate. — Die Warenzeichennamen sind also nicht als Gattungsbezeichnungen gebraucht.

Inhaltsverzeichnis.

Die spezifische Molekularsuszeptibilität χ_M bzw. die spezifische Atomsuszeptibilität χ_A ist gleich der spezifischen Suszeptibilität multipliziert mit dem Molekulargewicht bzw. Atomgewicht. Berechnungen der Molekularsuszeptibilitäten von Verbindungen aus den Atomsuszeptibilitäten der Elemente sind nicht ohne weiteres möglich. Pascal gibt Werte der Atomsuszeptibilitäten an, aus denen diese Berechnungen möglich sind. Die in Tabelle 3942 angegebenen Atomsuszeptibilitäten sind aus den Pascalschen Werten umgerechnet (vgl. W. Klemm: Magnetochemie, S. 160, Leipzig 1936). Für organische Stoffe sind diese Rechnungen unter Berücksichtigung der Bindungsart noch am zuverlässigsten.

Die spezifische Suszeptibilität einer Lösung von p Gewichtsprozent einer Substanz von der spezifischen Suszeptibilität χ_ϱ in einem Lösungsmittel von der spezifischen Suszeptibilität χ_L ist:

$$\chi = \frac{p}{100}\,\chi_\varrho + \left(1 - \frac{p}{100}\right)\chi_L.$$

Ferromagnetische Stoffe zeigen im Magnetfeld Längen- und Querschnittänderungen. Diesen Effekt bezeichnet man als Magnetostriktion; positiv, wenn Verlängerung in Feldrichtung, negativ, wenn Verkürzung auftritt. Die Größe der Magnetostriktion sinkt im allgemeinen bei steigender Temperatur. Der Längenänderung entspricht nicht ganz die Querschnittsänderung, so daß eine geringe Volumenänderung auftritt (vgl. Abb. 3946).

3941 Spezifische Suszeptibilität χ dia- und paramagnetischer Stoffe.

I. Elemente.

Stoff	Temp. °C	$\chi \cdot 10^6$	Stoff	Temp. °C	$\chi \cdot 10^6$	Stoff	Temp. °C	$\chi \cdot 10^6$
Ag	−259	−0,19	He	−183	−0,48	Pt	+25	+0,9825
	+16	−0,188		+20	−0,477		+350	+0,79
Al	+18	+0,65	Hg	18...250	−0,19	Rb	+20	+0,236
	+1000	+0,5	Ho	21	+417	Re	+20	+0,04
Ar	−183	−4,96		242	+200	Rh	+25	+1,08
	+20	−4,82	In	+18	−0,1		+350	+1,177
As	18...200	−0,30	Ir	+25	+0,133	Ru	+25	+0,425
Au	−259	−0,132		+350	+0,159		+350	+0,477
	+16	−0,139	J	−259	−0,313	S, rhombisch	—	−0,482
B	−183	−0,63		+16	−0,336	monokl.	—	−0,46
	+20	−0,62	K	Z.T.	+0,53	Dampf	+800	+7,30
Ba	+20	+0,147	La	—	+0,81	Sa	18	12,1 4
	+400	+0,415	Li	16	+0,50	Sb	+18	−0,92
Be	+15	+0,79	Mg	−259	+1,13	Se	+18	−0,32
Bi, polykryst.		−1,34		+16	+0,49	Si	+18	−0,124
⊥ Hauptachse	−188	−2,04	γ-Mn	+20	+7,53	Sn, weiß	−253	+0,026
⊥ Hauptachse	+17	−1,49	β-Mn	+810	+6,01		+16	+0,00
∥ Hauptachse	−188	−1,295	α-Mn	+1100	+8,41	Sn, grau	−253	−0,25
∥ Hauptachse	+17	−1,08	Mo	−259	+1,819		+16	−0,24
Br_2	+20	−0,41		+16	+0,949	Sr	+18	+0,33
C, Graph.	−259	−4,7	N_2	+20	−0,43	Ta	+18	+0,9
	+16	−3,0	Na	+18	+0,66		+800	+0,8
⊥ hex. Achse	—	−2,1	Nb	−259	+2,34	Tb	19	+722,4
∥ hex. Achse	—	−18,1		+16	+2,28	Te	20...305	−0,31
Ca	—	+1,10	Nd	+20	+36,21	Th	−183	+0,66
Cd	−259	−0,326	Ne	−183	−0,38		+20	+0,57
	+16	−0,183		+20	−0,38	Ti	−183	+3,02
Ce	—	+15,35	O_2, fest	−259	+54		+20	+3,19
Cl_2	+15	−0,59	α-O	−240	+60	Tl	−259	−0,258
Cr	+18	+3,7	β-O	−240	+118		+16	−0,215
	+1100	+4,2	O_2	−219	+113	U	18	+2,6
Cs, fest	+15	+0,23	flüssig	−219	+310	V	−183	+4,5
flüssig	+28	+0,20		−196	+260		+20	+4,5
Cu	+15	−0,66	gasförmig	+20	+106.2	W	−259	+0,292
Dy	18	+627,7	Os	+25	+0,052		+16	+0,284
Er	18	+266,2	P, weiß	+18	−0,88	Yb	−160	+16,8
Eu	20	+200	rot	+18	−0,23		+20	+5,3
Ga	—	−0,225	Pb	18...330	−0,12	Zn	+18	−0,15
Gd	145	+411		330...600	−0,08		+650	−0,10
Ge	20	−0,114	Pd	+25	+5,15	Zr	−183	+1,30
H_2	−183	−1,99		+350	+3,05		+20	+1,34
	+20	−2,002	Pr	20	+25,20			

3941 (Fortsetzung).

II. Anorganische Verbindungen.

Stoff	Temp. °C	$\chi \cdot 10^6$
$AgBr$	19	−0,33
$AgCl$	17	−0,35
$AgNO_3$	+27	−0,274
$AlCl_3$	19	−0,60
$Al_2(SO_4)_3$	18	−0,48
$AsCl_3$	18	−0,408
$AuCl$	16	−0,288
$AuCl_3$	—	−0,37
BCl_3, flüssig	13	−0,530
$BaBr_2$	9	−0,322
$BaCO_3$	9,5	−0,270
$BaCl_2 \cdot 2H_2O$	11	−0,323
$BeCl_2$	17	−0,60
$BiCl_3$	Z.T.	−0,322
CCl_4, flüssig	18	−0,442
CO_2	20	−0,476
$CaCl_2 \cdot 6H_2O$	15	−0,462
$Ca(OH)_2$	25	−0,288
$CdCl_2 \cdot H_2O$	13	−0,368
CdJ_2	21	−0,308
$CeCl_3$	−259	+149
	+14	+7,79
$CoBr_2$	—	+58
$CoCl_2$	—	+95
$CrCl_2$	16,8	+59,6
$CrCl_3$	15,6	+44,6
CsJ	Z.T.	−0,356
$CuBr_2$	20	+2,82
$CuCl$	23	−0,385
$CuCl_2$	20	+9,25
Cu_2O	20	−0,18
CuO	20	+2,88
Dy_2O_3	16	+229
$Er_2(SO_4)_3$	−259	+1124
	+12	+92
Eu_2O_3	−183	+17,4
	+20	+15,2
$FeBr_2$	—	+63
$FeCl_2$	—	+104
$FeCl_3$	—	+84,9
$GaCl_2$	—	−0,45
GaJ_3	—	−0,33
$GdCl_3$	18	+91
Gd_2O_3	20	+130,1
HBr	27	−0,427
HCl	27	−0,602
HJ	24	−0,418
H_2O	20	−0,7218
D_2O	20	−0,637
Hg_2Cl_2	25	−0,253
$HgCl_2$	25	−0,298
$HoCl_3$	—	+172
Ho_2O_3	—	+243

Stoff	Temp. °C	$\chi \cdot 10^6$
$InBr_3$	—	−0,30
$InCl$	—	−0,20
$InCl_2$	—	−0,30
$InCl_3$	29	−0,380
$IrCl_3$	25	−0,114
IrO_2	25	−0,997
JCl	12	−0,336
JCl_3	15	−0,387
KBr	—	−0,412
KCl	—	−0,524
KF	25	−0,443
KOH	15,5	−0,390
K_2SO_4	16	−0,385
$LaCl_3$	15	+5,6
La_2O_3	—	−0,24
$LiBr$	—	−0,429
$LiCl$	—	−0,6
LiJ	10,2	−0,417
$MgCl_2$	15	−0,620
MgJ_2	—	−0,40
$Mg(OH)_2$	15	0,377
$MnCl_2$	24	107,0
MnO	21	75,9
MnO_2	21	38,4
$MoBr_2$	—	+1,34
$MoBr_3$	—	+12,7
$MoBr_4$	—	+1,62
MoO_2	—	+0,50
MoO_3	—	+0,02
NH_4Br	12	−0,484
NH_4Cl	11	−0,640
NH_4F	25	−0,659
NH_4OH	27	−0,784
$NaBr$	18	−0,47
$NaCl$	9	−0,506
NaF	20	−0,465
$NaOH$	27	−0,395
$Nd(ClO_4)_3$	100	+9,10
Nd_2O_3	25	+31,13
$NiBr_2$	20	+25,4
$NiCl_2$	20	+48,2
NiJ_2	—	+12,2
PCl_3	19	−0,463
PCl_5	25	−0,490
$POCl_3$	13	−0,449
$PbCl_2$	13	−0,264
PbO	—	−0,19
PbO_2	—	−0,09
Pr_2O_3	—	+29,4
$Pr_2(SO_4)_3$	−259	+107,5
	+18	+13,5
$PtCl_2$	25	−0,51
$PtCl_4$	—	< 0

Stoff	Temp. °C	$\chi \cdot 10^6$
$RbBr$	—	−0,34
$RbCl$	—	−0,38
RbJ	—	−0,316
$ReCl_3$	—	−0,13
Re_2O_2	—	+0,2
Re_2O_3	—	+0,16
$RhCl_3$	25	0,0
Rh_2O_3	25	+0,408
$RuCl_3$	25	+7,21
RuO_2	25	+1,21
SCl_2	12	−0,479
$SOCl_2$	14	−0,451
SO_2Cl_2	10	−0,402
SO_3	—	−0,356
$SbCl_3$	11	−0,376
$SbCl_5$	15	−0,386
Sc_2O_3	—	−0,02
$SiCl_4$	19	−0,514
$SnCl_2 \cdot 2H_2O$	11	−0,343
$SnCl_4$	14	−0,438
$SrBr_2$	—	−0,345
$SrCl_2$	—	−0,398
SrJ_2	—	−0,384
$Sr(OH)_2 \cdot 8H_2O$	9	−0,264
TaC	20	+0,9
	450	+0,4
$Te(OH)_6$	20	−0,353
$TiCl_4$	35	−0,287
TiN	20	+0,9
$TlCl$	30	−0,242
UCl_4	−183	+27,8
	+17	+10,9
UO_2	−183	+21,9
	+17	+14,7
V_2O_3	73	+3,68
V_2O_4	61	+4,12
V_2O_5	17	+0,354
WBr_5	—	+0,130
WBr_6	—	+0,03
WO_2	—	+0,11
W_2O_5	—	+0,20
Yb_2O_3	−183	+40
	+20	+16,9
$Yb_2(SO_4)_3 \cdot 8H_2O$	25,5	+21,75
$ZnCl_2$	15	−0,427
$Zn(NO_3)_2$	10	−0,333
$ZnSO_4 \cdot 7H_2O$	19	−0,277
ZrC	—	−0,22
ZrN	—	+0,6
$ZrSiO_4$	19	−0,215

III. Organische Verbindungen.

Stoff	Temp. °C	$\chi \cdot 10^6$	Stoff	Temp. °C	$\chi \cdot 10^6$
Acetaldehyd	Z.T.	−0,502	Ameisensäureäthylester	16	−0,579
Acetamid	Z.T.	−0,577	Ameisensäuremethylester	Z.T.	−0,518
Acetanhydrid	Z.T.	−0,517	n-Amylalkohol	Z.T.	−0,766
Acetessigester	Z.T.	−0,576	i-Amylalkohol	17,3	−0,778
Aceton	11	−0,593	tert. Amylalkohol	Z.T.	−0,804
Acetylen (gasf.)	11	−0,48	i-Amyläther	Z.T.	−0,813
Acridin	Z.T.	−0,688	Anilin	20	−0,686
Ameisensäure	20	−0,426	Anisol	20	−0,685

3941 (Fortsetzung).

Stoff	Temp. °C	$\chi \cdot 10^6$	Stoff	Temp. °C	$\chi \cdot 10^6$
Anthracen	Z.T.	−0,726	Fluorbenzol	Z.T.	−0,608
Anthrachinon	Z.T.	−0,575	Formaldehyd	Z.T.	−0,62
Äthan (gasf.)	20	−0,732	Formamid	Z.T.	−0,486
Äthylalkohol	20	−0,732	Fumarsäure	Z.T.	−0,426
Äthylbenzol	20	−0,750	Furfurol	Z.T.	−0,492
Äthylbromid	Z.T.	−0,489	Glycerin	Z.T.	−0,538
Äthyljodid	Z.T.	−0,679	Glykol	Z.T.	−0,624
Äthylen (gasf.)	Z.T.	−0,43	Harnstoff	Z.T.	−0,560
Äthylenbromid	Z.T.	−0,422	Hexachlorbenzol	Z.T.	−0,518
Äthylenchlorid	Z.T.	−0,602	Hexan	20,8	−0,864
Äthylenjodid	Z.T.	−0,381	Jodbenzol	20	−0,475
Äthylidenchlorid	Z.T.	−0,580	Jodoform	Z.T.	−0,471
Äthyljodid	Z.T.	−0,679	Kakodylsäure	Z.T.	−0,579
Benzol	20	−0,712	o-Kresol	17,7	−0,680
Benzoesäureäthylester	Z.T.	−0,628	m-Kresol	21,9	−0,669
Benzoesäuremethylester	Z.T.	−0,602	p-Kresol	18,0	−0,660
Benzonitril	20	−0,650	Maleinsäure	—	−0,43
Benzophenon	Z.T.	−0,632	Mesitylen	20	−0,682
Benzylalkohol	Z.T.	−0,705	Methan	—	−0,76
Benzylchlorid	20	−0,678	Methylalkohol	19,8	−0,674
Bernsteinsäure	Z.T.	−0,461	Methylamin	Z.T.	−0,870
Brombenzol	20	−0,482	Methyläthylketon	—	−0,651
α-Bromnaphthalin	20	−0,572	Methylbernsteinsäure	—	−0,436
Bromoform	Z.T.	−0,316	Methylbromid	Z.T.	−0,603
m-Bromtoluol	20	−0,546	Methylchlorid	Z.T.	−0,633
n-Butan	—	−0,99	Methylfumarsäure	—	−0,438
n-Buttersäure	Z.T.	−0,632	Methyljodid	Z.T.	−0,403
i-Buttersäure	Z.T.	−0,646	Methylmaleinsäure	—	−0,445
n-Butylalkohol	20	−0,800	Naphthalin	Z.T.	−0,717
i-Butylalkohol	20	−0,810	Naphthol	Z.T.	−0,673
prim. Butylalkohol	20,8	−0,760	Nitroäthan	Z.T.	−0,472
sek. Butylalkohol	20,8	−0,756	Nitrobenzol	20,8	−0,509
tert. Butylalkohol	20,8	−0,764	Nitrosobenzol	Z.T.	−0,514
i-Butylamin	Z.T.	−0,843	o-Nitrotoluol	18,3	−0,524
Campher	Z.T.	−0,68	m-Nitrotoluol	18,5	−0,528
Camphersäure	Z.T.	−0,746	p-Nitrotoluol	61	−0,517
Cetylalkohol	17,5	−0,757	Octan	Z.T.	−0,872
Chinolin	Z.T.	−0,662	Octylalkohol	+20	−0,776
Chinon	Z.T.	−0,382	Ölsäure	Z.T.	−0,742
Chloraceton	Z.T.	−0,550	Paraldehyd	Z.T.	−0,652
Chloral	Z.T.	−0,459	n-Pentan	—	−0,114
Chlorbenzol	20	−0,644	Phenetol	Z.T.	−0,692
Chlorfumarsäure	—	−0,447	Phenol	Z.T.	−0,648
Chlormaleinsäure	—	−0,449	Phenylcyanid	Z.T.	−0,651
Chloroform	—	−0,61	Phthalsäure	Z.T.	−0,446
o-Chlorphenol	—	−0,520	Piperidin	Z.T.	−0,755
p-Chlorphenol	—	−0,510	Propan	—	−0,92
Chrysen	Z.T.	−0,648	Propionsäure	Z.T.	−0,587
Cyan	Z.T.	−0,415	Propylalkohol	20	−0,754
Cyansäure	Z.T.	−0,490	i-Propylalkohol	20	−0,788
Cyclohexan	20	−0,810	Pyridin	20	−0,623
Cyclohexen	Z.T.	−0,711	Resorcin	Z.T.	−0,617
p-Cymol	20	−0,766	Stilben	Z.T.	−0,666
Dekan	Z.T.	−0,876	Terpineol	Z.T.	−0,725
Diäthylamin	Z.T.	−0,835	Tetrabromäthylen	Z.T.	−0,334
Diäthyläther	20	−0,93	Tetrabromkohlenstoff	Z.T.	−0,293
Dimethyläther	Z.T.	−0,716	Tetrachloräthylen	Z.T.	−0,508
Diphenyl	Z.T.	−0,677	Tetrachlorkohlenstoff	Z.T.	−0,429
Diphenylamin	Z.T.	−0,634	o-Toluidin	Z.T.	−0,701
Dodecylalkohol	20,7	−0,785	Toluol	20	−0,730
Elaïdinsäure	—	−0,73	Triäthylphosphin	Z.T.	−0,762
Essigsäure	18,1	−0,535	1-, 3-, 5-Trinitrobenzol	Z.T.	−0,352
Essigsäureäthylester	−6	−0,607	o-Xylol	−10	−0,662
Essigsäuremethylester	Z.T.	−0,590	m-Xylol	Z.T.	−0,743
Eugenol, i-Eugenol	Z.T.	−0,622			

3942 Atomsuszeptibilitäten $\varkappa_A$ nach Pascal.

Die Molekularsuszeptibilitäten lassen sich nach Pascal näherungsweise additiv aus den Atomsuszeptibilitäten und den Atominkrementen $\varkappa_B$, die der Konstitution Rechnung tragen, berechnen, ähnlich den Berechnungen für Parachor und Molrefraktion. Pascal legte seinerzeit den von ihm angegebenen Inkrementen $\varkappa_{H_2O} = -0{,}75 \cdot 10^{-6}$ zugrunde; im folgenden sind die berechneten Werte auf Grund von $\varkappa_{H_2O} = -0{,}72 \cdot 10^{-6}$ angegeben.

Symbol	$\varkappa_A \cdot 10^6$	Symbol	$\varkappa_A \cdot 10^6$	Symbol	$\varkappa_A \cdot 10^6$
H	−2,93	Te	−37	K	−18,5
F	−11,5	N, off. Kette	−5,57	Mg	−10
Cl	−20,1	Ring	−4,61	Ca	−16
Br	−30,6	Monamide	−1,54	Al	−13
J	−45	Diamide, Imide	−2,11	Ag	−31
O′	−4,61	P	−26,3	Zn	−13,5
O″ an 1 C-At. gebunden	+1,73	As	−43	Hg″	−33
O″ Carboxylgruppe	−3,36	Sb^{III}	−74	Tl′	−40
S	−15,0	C	−6,00	Pb″	−46
Se	−23	Li	−4,2	Bi	−192
		Na	−9,2		

Bindungsinkremente $\varkappa_B$ der Atomsuszeptibilitäten.

Symbol	$\varkappa_B \cdot 10^6$	Symbol	$\varkappa_B \cdot 10^6$	Symbol	$\varkappa_B \cdot 10^6$
C_I*	−0,24	Cyclohexadien	+10,6	C−Br (aliph.)	+4,1
C_{II}**	−3,1	tert. C in α-, γ-, δ-, ε-Stellung	−1,29	C−J (aliph.)	
C_{III}***	−4,0	quartern. C in α-, γ-, δ-, ε-Stellung	−1,54	$Cl<^{Cl}_{Cl}$ (aliph.)	+1,4
C=C	+5,5	tert. u. quartern. C in β-Stellung	−0,48	Cl−C−C−Cl (aliph.)	+4,3
C=C−C=C	+10,6	C−Cl (aliphat.)	+3,1	Br−C−C−Br (aliph.)	+6,2
C≡C	+0,8			C=NR	+8,2
CH_2=CH−CH_2−	+4,5			N=O	+1,7
Cyclopropan	+7,2			N=N	+1,8
Cyclobutan	+7,2				
Cyclopentan					
Cyclohexan	+3,0				

3943 Curie-Punkt (magnetischer Umwandlungspunkt).

Stoff	Curie-Temperatur in °C	Stoff	Curie-Temperatur in °C
Dysprosium	−123	Ba-ferrit	435
Eisen	768	Be-ferrit	190
Erbium	−233	Ca-ferrit	170
Europium	−258	Cu-ferrit	~450
Gadolinium	16	Li-ferrit	−70
Kobalt	1075	Na-ferrit	−70
Nickel	360	Mn-ferrit	~450
Terbium	68	Pb-ferrit	~330
Thulium	−263	Sn-ferrit	325
		Sr-ferrit	420

* Aromatisches C-Atom, das gleichzeitig Glied eines Ringes ist.
** Aromatisches C-Atom, das gleichzeitig Glied zweier Ringe ist.
*** Aromatisches C-Atom, das gleichzeitig Glied dreier Ringe ist.

3943 (Fortsetzung).

Stoff	Curie-Temperatur in °C	Stoff	Curie-Temperatur in °C
Zn-ferrit	~75	Mn—Sb (30...50% Sb)	315 für Mn_2Sb
Eisencarbid	215		315 für Mn_3Sb_2
Hämatit	645		330 für MnSb
Magnetit	525		
Pyrrhotin	348	MnSn (20...30% Sn)	150 für Mn_4Sn
			~0 für Mn_2Sn
MnAs (40...50% As)	~130 für MnAs	Heuslersche Legierungen (je nach Zusammensetzung)	60...380
MnBi (50% Bi) . .	~370		
Mn—N (4...10% N)	~500		
Mn—P (30...50% P)	~20 für Mn_5P_2		

3944 Magnetisierungskurven.

39441 Magnetisierungskurven von Fe-Einkrystallen.

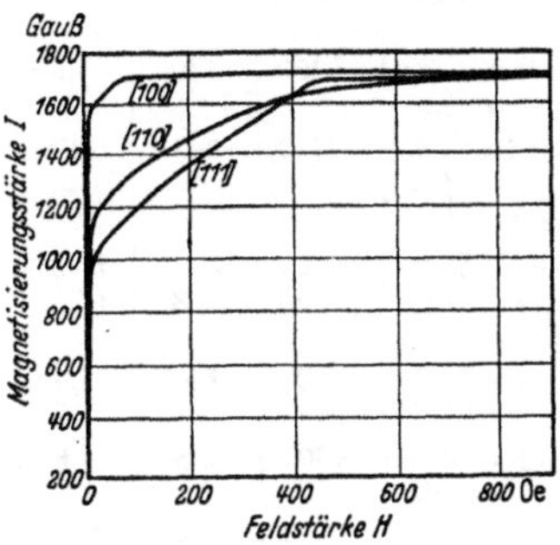

39442 Magnetisierungskurven von Ni-Einkrystallen.

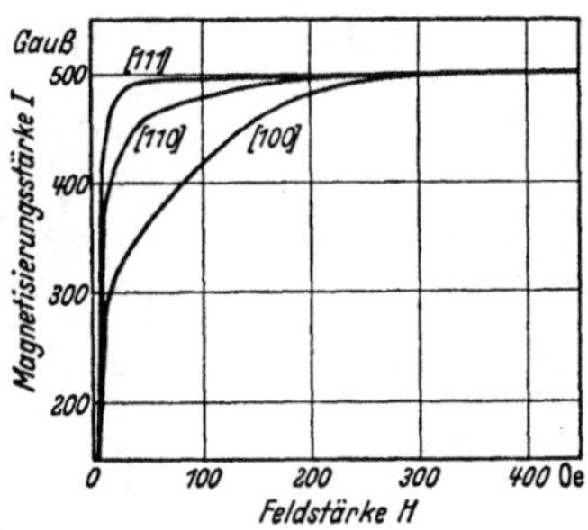

39443 Magnetisierungskurven von Ni-Einkrystallen in Richtung [100] bei verschiedenen Temperaturen.

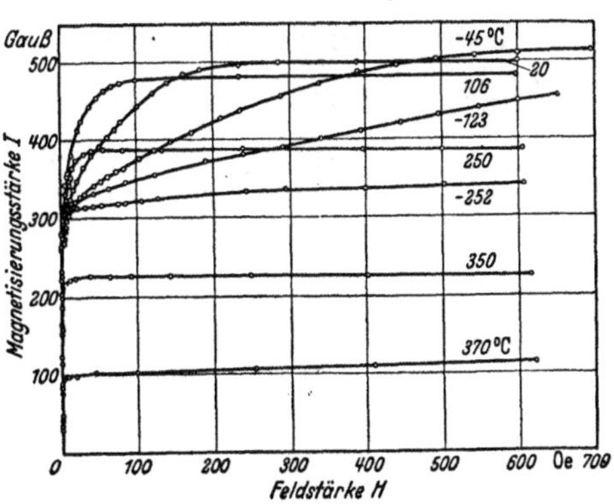

39444 Magnetisierungskurven von Co-Einkrystallen.

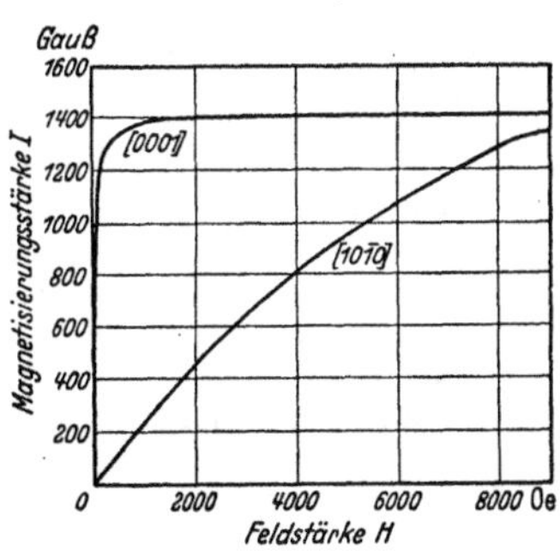

3945 Magnete.

39451 Magnetische Kennziffern für einige Dauermagnetwerkstoffe

$\mathfrak{B}_r$ = Remanenz; ${}_{\mathfrak{B}}\mathfrak{H}_c$ = Koerzitivkraft bei verschwindender Remanenz; $(\mathfrak{B}\cdot\mathfrak{H})_{max}$ größtes Energieprodukt je cm³ ($[\mathfrak{B}\cdot\mathfrak{H}]_{max}\cdot\frac{1}{4\pi}$ ergibt Werte in Erg · cm⁻³)*.

Name	Zusammensetzung in Gew.-%	$\mathfrak{B}_r$ Gauß	${}_{\mathfrak{B}}\mathfrak{H}_c$ Oersted	$(\mathfrak{B}\cdot\mathfrak{H})_{max}$ Gauß · Oersted
Federstahl (federhart; bei 400° angelassen) . . .	Fe und etwa 1% C	13500	21,3	$1,5\cdot 10^5$
Gußeisen (gehärtet) . . .	3,45% C; 2,3% Si; Rest Eisen	3820	44	$5,3\cdot 10^4$
W-Stahl (gehärtet) . . .	5...6,5% W; 0,55... 0,8% C; Rest Fe	10800	68	$3,6\cdot 10^5$
Cr-Stahl	2...6% Cr; 0,5...1,2 C; weniger als 2% W; Rest Fe	10400	64	$3,4\cdot 10^5$
10% Co-Cr-Stahl	10% Co; 8...11% Cr; 1...1,5% Mo	8300	159	$5,6\cdot 10^5$
Co-Cr-Stahl	34% Co; 1,5...5% Cr; 0...4,5% Mo; 0,8... 1,1% C; Rest Fe	9330	243	$10\cdot 10^5$
Fe-Co-Mo-Legierung . . .	15% Mo; 12% Co; 73% Fe	11100	227	$12,5\cdot 10^5$
Oerstit 500	24...28% Ni; 12...16% Al; Rest Fe	6020	448	$11,6\cdot 10^5$
Oerstit 700	24...30% Ni; 9...13% Al; 5...10 Ca; Rest Fe	6100	750	$15,4\cdot 10^5$
Oerstit 900	10...25% Ni; 15...30% Co; 8...25% Ti; Rest Fe	5500	835	$14,5\cdot 10^5$
Neuer Honda-Stahl . . .	27,2% Co; 17,7% Ni; 6,7% Ti; 3,7% Al; Rest Fe	7150	785	$20,3\cdot 10^5$
Co-Ni-Al (im Magnetfeld angelassen)[1]	20% Ni; 15% Co; 9% Al; 4% Ca; Rest Fe	8110	653	$53,00\cdot 10^5$
Co-Ni-Al (im Magnetfeld angelassen)[1]	15% Ni; 25% Co; 9% Al; 3% Cu; Rest Fe	12250	597	$73,2\cdot 10^5$
Pt-Fe	77,8% Pt; 22,2% Fe	5830	1570	$30,7\cdot 10^5$
Pt-Co (von 1200° abgeschreckt)	76,7% Pt; 23,3% Co	4530	2650	$37,7\cdot 10^5$
Co-Ni-Cu	41% Co; 24% Ni; 35% Cu	5300	400	$10\cdot 10^5$

* Vgl. auch 51213.
[1] Magnet mit Vorzugsrichtung.

39452 Die Entmagnetisierungskurven einiger Materialien für Dauermagnete. (Nach R. Becker u. W. Döring: Ferromagnetismus. Berlin 1939.)

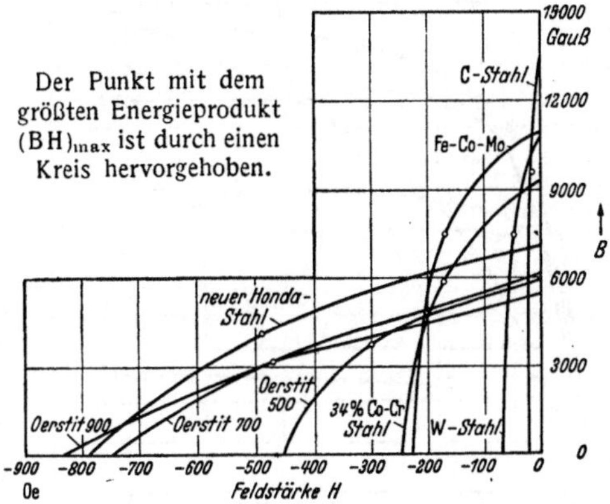

Der Punkt mit dem größten Energieprodukt $(BH)_{max}$ ist durch einen Kreis hervorgehoben.

39454 Die Permeabilität in Abhängigkeit von der Induktion an einigen magnetisch weichen Legierungen. (Nach R. Becker u. W. Döring.)

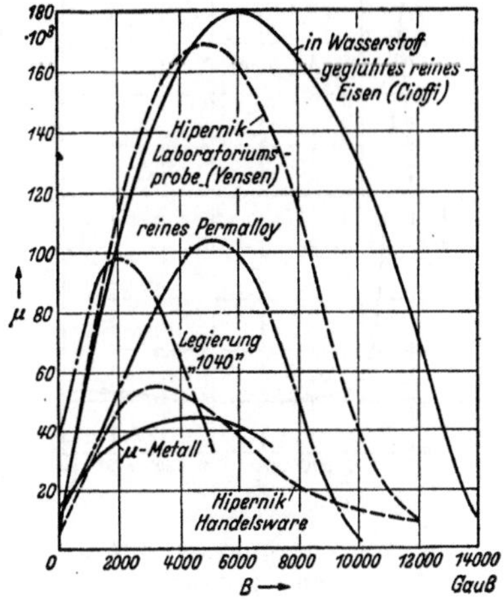

39453 Eigenschaften von magnetisch weichen Legierungen[1].

Werkstoffe mit hoher Permeabilität und geringer Koerzitivkraft.

μ_0 Anfangspermeabilität, μ_{max} Höchstwert der Permeabilität, $\mathfrak{H}_c$ Koerzitivkraft, $\mathfrak{B}_s$ Sättigungsmagnetisierung, ϱ spezifischer Widerstand[2].

Name	Zusammensetzung in Gew.-%	μ_0 in Gauß · Oe^{-1}	μ_{max} in Gauß · Oe^{-1}	$\mathfrak{H}_c$ in Oe	$\mathfrak{B}_s$ in Gauß	ϱ in $\Omega \cdot \frac{mm^2}{m}$
DIN 6400 IV	4 Si, 96 Fe	400	8000	0,3...0,5	—	0,5
Hyperm 20	20 Cr, 5 Al, 75 Fe	650	10000	0,5	—	1,3
Permalloy	78,5 Ni, 21,5 Fe, von 1000...600° langsam gekühlt, dann in Luft abgeschreckt	10000	100000	0,03	900	0,2
Hipernik	50 Ni, 50 Fe; Handelsqualität der IG.	5000	56000	0,037	1280	0,41
Cr-Permalloy	18,5 Ni, 3,8 Cr, 17,7 Fe	12000	62000	0,05	640	0,64
Mo-Permalloy	78,5 Ni, 3,8 Mo, 17,7 Fe	20000	75000	0,05	700	0,57
μ-Metall	76 Ni, 17 Fe, 5 Cu, 2 Cr	12000	45000	0,030	740	0,45
Legierung „1040"	etwa 72 Ni, 11 Fe, 14 Cu, 3 Mo	37000	≈100000	0,015	480	0,56

[1] Vgl. auch 51213.

[2] Die Verlustziffer V_3 bzw. V_{10}, d. h. die Hysteresis- und Wirbelstromverluste bei Wechselstrom von 50 Hz bei sinusförmig verlaufender Induktion mit der Amplitude 3000 bzw. 10000 Gauß beträgt z. B.: V_3 für μ-Metall 0,05 W/kg, für „1040" 0,015 W/kg; V_{10} für DIN 6400 IV, 0,5 W/kg, für Hyperm 20 1,3 W/kg; alle Werte für eine Blechstärke von 0,35 mm.

3946 Magnetostriktion.

39461 Magnetostriktion von Elektrolyteisen.

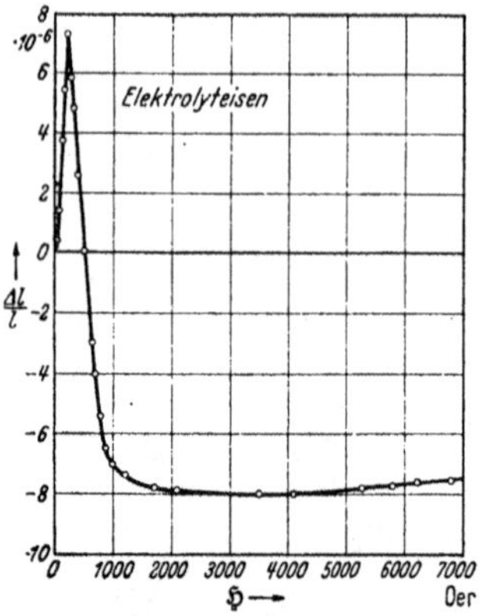

39462 Magnetostriktion von Co und Ni.

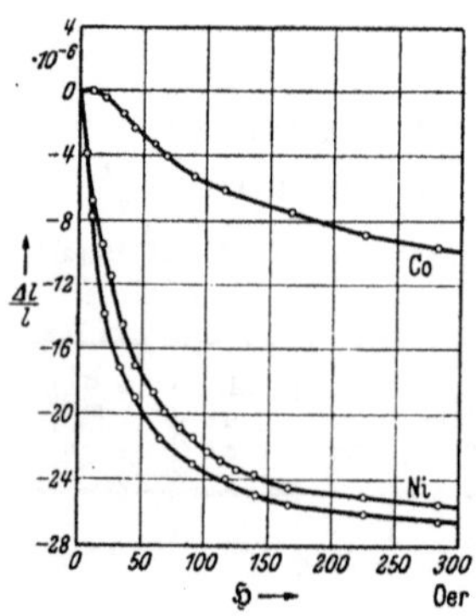

39463 Magnetostriktion von manganhaltigen Eisen-Nickellegierungen.

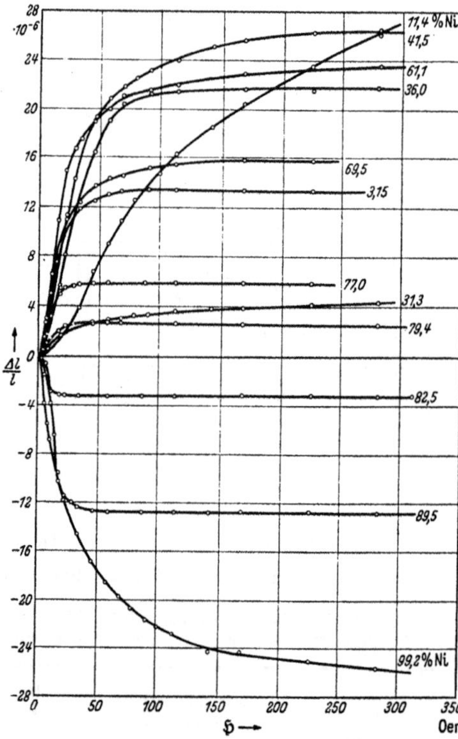

39464 Volumänderung von weichem Fe, Stahl, Ni und Co beim Magnetisieren.

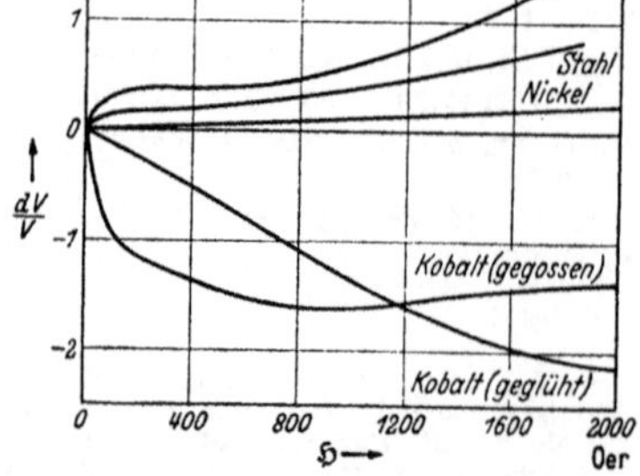

4 Astrophysik, Geophysik, Geochemie.

41 Astrophysik.

411 Dimensionen des Sonnensystems.

Erde.

Äquatorradius a (halbe große Erdachse)	Polarradius b (halbe kleine Erdachse)	Abplattung $\frac{a-b}{a}$	Mittlere Dichte der Erde	Mittlere Dichte der Oberfläche	Volumen der Erde	Masse der Erde
$6{,}3784 \cdot 10^8$ cm	$6{,}3569 \cdot 10^8$ cm	$\frac{1}{297}$	$5{,}515\ \frac{g}{cm^3}$	$2{,}65\ \frac{g}{cm^3}$	$1{,}083 \cdot 10^{27}$ cm³	$5{,}97 \cdot 10^{27}$ g

Sonne.		Mond.		
Mittlere Sonnenparallaxe	Mittlerer Abstand zwischen Erde und Sonne	Mond, mittlerer Abstand von der Erde	Radius des Mondes	Masse des Mondes
8″,790	$1{,}497 \cdot 10^{13}$ cm	60,27 Erdradien $3{,}844 \cdot 10^{10}$ cm	0,135 Erdradien $1{,}735 \cdot 10^8$ cm	$7{,}33 \cdot 10^{25}$ g

Sonnensystem.

Namen	Relativer Äquatorialradius	Relative Masse	Wahre mittlere Dichte $g \cdot cm^{-3}$	Relative Schwerkraft	Zahl der Trabanten	Relative mittlere große Bahnachse	Umlaufzeit (Julian-Jahr)
Sonne . .	109,2	$3{,}334 \cdot 10^5$	1,414	27,61	—	—	—
Merkur . .	0,38	0,056	5,57	0,28	0	0,39	0,24
Venus . .	0,955	0,817	5,16	0,91	0	0,72	0,62
Erde . . .	1,000	1,000	5,52	1,00[1]	1	1,00	1,00
Mars . . .	0,532	0,108	4,96	0,38	2	1,52	1,88
Jupiter . .	11,19	318,36	1,33	2,57	11	5,20	11,86
Saturn . .	9,47	95,22	0,68	1,01	10	9,55	29,46
Uranus . .	3,89	14,58	1,46	0,95	5	19,21	84,02
Neptun . .	4,15	17,27	1,32	0,97	1	30,10	164,78
Pluto . . .	—	0,9	—	—	0	39,51	248,4

412 Elemente, die in der Sonne vorkommen.

Sicher nachgewiesen 64: H He Li Be B C N O F Na Mg Al Si P S K Ca Sc Ti V Cr Mn Fe Co Ni Cu Zn Ga Ge Rb Sr Y Zr Nb Mo Ru Rh Pd Ag Cd In Sn Sb Ba La Ce Pr Nd Sm Eu Gd Tb Dy Er Tm Yb Cp Hf Ta W Os Ir Pt Pb.

Unsicher nachgewiesen: Ne Cs Ho Th U.

Nicht nachgewiesen: Re Tl Bi Ra As Au Hg Te Se J Br Xe Cl Kr A.

Nicht zu erwarten: Po Rn Ac Pa.

---

[1] Gravitationskonstante der Erde $6{,}66 \cdot 10^{-8}$ dyn · cm² · g⁻².

413 Absorptionslinien im Sonnenspektrum und ihre übliche Bezeichnung (Fraunhofersche Linien).

Bezeichnung	Wellenlänge in Å	Element	Bezeichnung	Wellenlänge in Å	Element
s . . .	3047,61	Fe	G . . .	4307,74	Ca
S . . .	3100,33	Fe	G', H_γ .	4340,47	H
	3100,67	Fe	F, H_β .	4861,33	H
R . . .	3179,34	Ca	b_4 . . .	5167,34	Mg
Q . . .	3286,77	Fe	b_3 . . .	5171,60	Fe
P . . .	3361,2	—	b_2 . . .	5172,69	Mg
O . . .	3440,61	Fe	b_1 . . .	5183,61	Mg
N . . .	3581,20	Fe	E . . .	5269,54	Fe
M . . .	3719,94	Fe		5270,36	Fe
	3724,38	Fe	D_2 . .	5889,97	Na
	3734,87	Fe	D_1 . .	5895,93	Na
L . . .	3815,84	Fe	C, H_α .	6562,78	H
	3820,43	Fe	B . . .	6867,2	O
	3821,18	Fe	A . . .	7608,2	O
	3825,89	Fe	Z . . .	8227	—
K, H' .	3933,67	Ca	X_1 . .	8497	—
H . . .	3968,47	Ca	X_2 . .	8542	—
H_ε . .	3970,18	H	X_3 . .	8662	—
h, H_δ .	4101,74	H	X_4 . .	8806	—
g . . .	4226,73	Ca	Y . . .	8989	—

Die Erdatmosphäre gibt Anlaß zum Auftreten von starken Absorptionsbanden im Sonnenspektrum, und zwar im nahen Ultrarot bei etwa 7600, 9200, 11000, 14000, 18000, 26000, 44000 Å (bedingt vor allem durch H_2O und CO_2), im Ultraviolett bei 3400 Å (bedingt durch Ozon). Von 2900 Å an wird die gesamte Sonnenstrahlung absorbiert.

414 Solarkonstante.

Die Wärmemenge, die von der Sonne in ihrer mittleren Entfernung während einer Minute bei senkrechtem Einfall einer Fläche von 1 cm^2 an der Erdoberfläche zugestrahlt würde, wenn die Absorption durch die Atmosphäre fehlte, hat den Wert 1,90 $cal \cdot cm^{-2} \cdot min^{-1}$ bzw. 1,33 $\cdot 10^6$ $erg \cdot cm^{-2} \cdot s^{-1}$.

415 Sonnenspektrum.

4151 folgt auf S. 1265.

4152 Spektrale Intensitätsverteilung der Himmelsstrahlung in 90° Sonnenabstand bei verschiedenen Sonnenhöhen $h_\odot$.

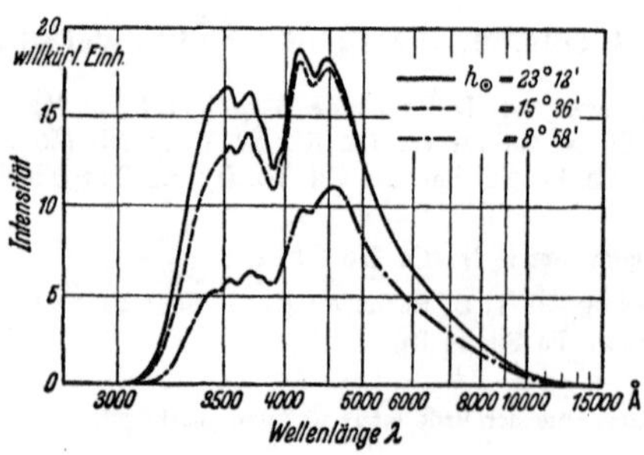

4151 Intensitätsverteilung im Sonnenspektrum.
Aus A. Unsöld: Physik der Sternatmosphären. Berlin 1938.

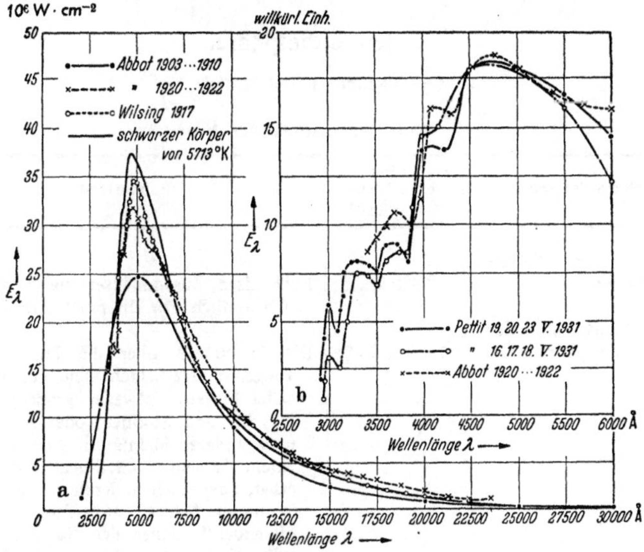

Intensitätsverteilung im Spektrum der Sonnenstrahlen nach Abbot und Wilsing.
a Mittlere Strahlungsintensität an der Sonnenoberfläche in W · cm^{-2} pro Wellenlängenbereich 1 cm. b Relative Intensitätsverteilung im ultravioletten Sonnenspektrum nach Abbot und Pettit. Die Meßreihen sind für $\lambda = 4500$ Å zur Übereinstimmung gebracht.

416 Mittlere Farbtemperatur des Tageslichtes für verschiedene Tages- und Jahreszeiten und für verschiedene Bewölkung (Licht, das auf eine horizontale Ebene fällt)[1].

Zur Kennzeichnung der Farbwirkung einer Strahlung auf das Auge gibt man die Temperatur des Hohlraumstrahlers an, bei der die Farbwirkung mit der der untersuchten Strahlung gleich ist, und ordnet diese Temperatur des Hohlraumstrahlers als Farbtemperatur der Strahlung zu.

	April und Mai °K	Juni und Juli °K	Sept. und Okt. °K	Nov., Dez. und Februar °K
Direktes Sonnenlicht allein, 9...15 h	5800	5800	5450	5500
Direktes Sonnenlicht, vor 9 und nach 15 h	5400	5600	4900	5000
Sonnenlicht und Licht vom klaren Himmel zwischen 9 und 15 h	6500	6500	6100	6200
Vor 9 und nach 15 h	6100	6200	5900	5700
Sonnenlicht und Licht von nebligem oder mit leichten Wolken bedecktem Himmel	5900	5800	5900	5700
Sonnenlicht und Licht vom Himmel, der 25...75% mit Wolken bedeckt ist	6450	6700	6250	—
Vollständig wolkenbedeckter Himmel	6700	6950	6750	—
Licht von nebligem oder rauchigem Himmel	7500	8510	8400	7700
Licht von klarem, blauem Himmel zwischen 9 und 15 h	26000	14000	12000	12000
Vor 9 und nach 15 h	27000	—	—	12000

[1] Aus Taylor: The Colour of Daylight. Trans. Inst. Engr. Shipbuild. Soc. **25**, 156 (1930).

42 Geophysik und Geochemie[1].

420 Lithosphäre.

Von Theodor Ernst, Göttingen.

4201 Der Aufbau der Erde.

Name der Schicht	Radius bzw. Dicke der Schicht	Stoffbestand
Kern oder Siderosphäre	3500 km	Nickeleisen, Zusammensetzung wahrscheinlich ähnlich den Eisenmeteoriten.
Zwischenschicht oder Chalkosphäre . . .	1700 km Dicke	Die Meinungen über die Zusammensetzungen dieser Schicht sind geteilt. Dieselbe besteht entweder großenteils aus Oxyden und Sulfiden, oder sie besteht nach anderen Meinungen großenteils aus einem Gemenge von Silicat und Nickeleisen, aber auch in letzterem Falle sind in dieser Schicht außerdem die „erzbildenden“ (daher der Name „Chalkosphäre“) Sulfide und Oxyde der Schwermetalle, insbesondere des Eisens, stark angereichert.
Oberschicht oder Lithosphäre . . .	1200 km Dicke	
a) Eklogit-Schale .	1100 km Dicke	Schwere Silicate (Mg-Fe-Silicate) = Sima.
b) Obere Silicatkruste		Leichtere Silicate (Al-Alkali-Silicate) = Sial.

4202 Geochemische Einteilung der Elemente.

Siderophil: Elemente mit geringer Affinität zum Schwefel und Sauerstoff, löslich im Eisenschmelzfluß:

Fe, Co, Ni — P, (As), C — Ru, Rh, Pd, Os, Ir, Pt, Au — Ge, Sn — Mo, (W) — (Nb), Ta — (Se), (Te).

Chalkophil: Starke Affinität zum Schwefel, löslich im Eisenmonosulfid:

((O)), S, Se, Te — Fe, Cr, (Ni), (Co) — Cu, Zn, Cd, Pb — Sn, Ge, Mo — As, Sb, Bi — Ag, (Au), Hg — Pd, Ru, (Pt) — Ga, In, Tl — (Cr).

Lithophil: Elemente, die in den Silicatschmelzfluß eintreten:

O, (S), (P), (H) — Si, Ti, Zr, Hf, Th — (Sn) — F, Cl, Br, J — B, Al, (Ga), Sc, Y, Seltene Erden — Li, Na, K, Rb, Cs — Be, Mg, Ca, Sr, Ba — ((Fe)), V, Cr, Mn, ((Ni)), ((Co)), Nb, Ta — W, U, ((C)).

Atmophil: H, N, C, (O) — Cl, Br, J — He, Ne, Ar, Kr, X.

Biophil: C, H, O, N, P, S, Cl, J, (B), (Ca, Mg, K, Na), (V, Mn, Fe, Cu).

---

[1] Literatur siehe S. 1272.

4203 Mittlere Zusammensetzung der äußeren Silicatkruste der Lithosphäre.

Angabe in Prozenten.

Li	0,0065	Cr	0,020	Pd	0,000001	Ho	0,00012
Be	0,0006	Mn	0,100	Ag	0,00001	Er	0,00025
B	0,0003	Fe	5,00	Cd	0,00005	Tu	0,00002
C	0,0320	Co	0,004	In	0,00001	Yb	0,00027
O	46,6	Ni	0,010	Sn	0,004	Cp	0,00008
F	0,030	Cu	0,010	Sb	0,0001	Hf	0,00045
Na	2,83	Zn	0,004	J	0,00003	Ta	0,0015
Mg	2,09	Ga	0,0015	Cs	0,0007	W	0,0069
Al	8,13	Ge	0,0007	Ba	0,025	Re	0,0000001
Si	27,72	As	0,0005	La	0,0018	Ir	0,0000001
P	0,080	Se	0,000009	Ce	0,0046	Pt	0,0000005
S	0,052	Rb	0,031	Pr	0,00055	Au	0,0000005
Cl	0,048	Sr	0,015	Nd	0,00239	Hg	0,00001
K	2,59	Y	0,0028	Sm	0,00065	Tl	0,00003
Ca	3,63	Zr	0,022	Eu	0,00011	Pb	0,0016
Sc	0,0005	Nb	0,002	Gd	0,00064	Bi	0,00002
Ti	0,44	Mo	0,0015	Tb	0,00009	Th	0,00115
V	0,015	Rh	0,0000001	Dy	0,00045	U	0,0004

4204 Zusammensetzung der am Aufbau der Lithosphäre beteiligten Gesteine.

Berechnung der mittleren Zusammensetzung der Eruptivgesteine und der Sedimente nach Clarke und Washington, Durchschnittsberechnungen für die einzelnen Gesteinsarten nach R. A. Daly.

Es nehmen am Aufbau der äußeren Gesteinshülle teil: 1. Eruptivgesteine (schätzungsweise 95% der am Aufbau der obersten Gesteinshülle beteiligten Gesteine). 2. Sedimentgesteine und 3. metamorphe Gesteine.

42041 Eruptivgesteine.

Gestein	SiO_2	TiO_2	Al_2O_3	Fe_2O_3	FeO	MnO	MgO	CaO	Na_2O	K_2O	H_2O	P_2O_5
Mittlere Zusammensetzung	59,12	1,05	15,34	3,08	3,80	0,12	3,49	5,08	3,84	3,13	1,15	0,30
Dunite . . .	40,49	0,02	0,86	2,84	5,54	0,16	46,32	0,70	0,10	0,04	2,88	0,05
Norite . . .	50,39	1,13	16,06	2,43	7,86	0,17	8,37	9,20	2,61	0,79	0,79	0,20
Gabbros . .	48,24	0,97	17,88	3,16	5,95	0,13	7,51	10,99	2,55	0,89	1,45	0,28
Diorite . . .	56,77	0,84	16,67	3,16	4,40	0,13	4,17	6,74	3,39	2,12	1,36	0,25
Quarz-Diorit	61,59	0,66	16,21	2,54	3,77	0,10	2,80	5,38	3,37	2,10	1,22	0,26
Granite . . .	70,18	0,39	14,47	1,57	1,78	0,12	0,88	1,99	3,48	4,11	0,84	0,19
Syenite . . .	60,19	0,67	16,28	2,74	3,28	0,14	2,49	4,30	3,98	4,49	1,16	0,28
Nephelin-Syenite	54,63	0,86	19,89	3,37	2,20	0,35	0,87	2,51	8,26	5,46	1,35	0,25
Pikrite . . .	41,30	0,81	9,43	5,30	8,86	0,29	19,94	8,01	1,20	0,39	4,27	0,20
Basalte . . .	49,06	1,36	15,70	5,38	6,37	0,31	6,17	8,95	3,11	1,52	1,62	0,45
Andesite . .	59,59	0,77	17,31	3,33	3,13	0,18	2,75	5,80	3,58	2,04	1,26	0,26
Dazite . . .	65,68	0,57	16,25	2,38	1,90	0,06	1,41	3,46	3,97	2,67	1,50	0,15
Liparite . . .	72,90	0,48	14,18	1,65	0,31	0,13	0,40	1,13	3,54	3,94	1,33	0,01
Trachyte . .	60,68	0,38	17,74	2,64	2,62	0,06	1,12	3,09	4,43	5,74	1,26	0,24
Phonolithe . .	57,45	0,41	20,60	2,35	1,03	0,13	0,30	1,50	8,84	5,23	2,04	0,12

42042 Sedimentgesteine.

Die Hauptgruppen der mechanischen Sedimentgesteine sind: Sandsteine, Tonschiefer, Kalkstein.

Gestein	SiO_2	TiO_2	Al_2O_3	Fe_2O_3	FeO	MnO	MgO	CaO	Na_2O	K_2O	Li_2O	H_2O
Sandsteine . .	78,66	0,25	4,78	1,08	0,30	Sp	1,17	5,52	0,45	1,32	Sp	1,64
Tonschiefer .	58,38	0,65	15,47	4,03	2,46	Sp	2,45	3,12	1,31	3,25	Sp	5,83
Kalksteine .	5,19	0,06	0,81	0,54	—	0,05	7,90	42,61	0,05	0,33	Sp	0,77

Gestein	P_2O_5	CO_2	S	SO_3	Cl	SrO	BaO	Geschätzte Menge der Sedimentgesteine in %
Sandsteine . .	0,08	5,04	—	0,07	Sp	Sp	0,05	9
Tonschiefer . .	0,17	2,64	—	0,65	—	Sp	0,05	79,6
Kalksteine . .	0,04	41,58	0,03	0,05	0,02	—	—	8,5

42043 Metamorphe oder Umbildungsgesteine.

Sie entstehen aus Eruptiv- und Sedimentgesteinen durch Veränderung des Druckes und der Temperatur, eventuell unter Stoffzufuhr

a) durch hauptsächliche Veränderung der Temperatur: Kontaktmetamorphe Gesteine;

b) durch Veränderung des Druckes und der Temperatur: Dynamometamorphe Gesteine oder krystalline Schiefer.

42044 Krystallisationsreihe der Elemente.

Elemente der Frühkrystallisation: Mg, Fe, Co, Ni, Cr, Pt-Metalle, (P, S, Cu).

Elemente der Hauptkrystallisation: Na, Mg, Al, K, Ca, (Sc), Ti, V, Ga, (Sr), Ba.

Der Einbau von seltenen Elementen in häufige Krystallarten erfolgt wegen gleicher Ionengröße (bei gleicher oder verschiedener Valenz). Wird ein höherwetiges Element eingebaut, spricht man von Abfangen.

Mg 0,78 Å	Sr 1,27 Å	Al 0,57 Å	Si 0,39 Å	Zr 0,87 Å
Ni 0,78 Å	Pb 1,32 Å	Ga 0,63 Å	Ge 0,44 Å	Hf 0,86 Å

Na 0,98 Å	K 1,33 Å	$Fe^{··}$ 0,83 Å	Ca 1,06 Å	Sc 0,83 Å	Ti 0,64 Å
Ca 1,06 Å	Ba 1,43 Å	Sc 0,83 Å	Y 1,06 Å	Zr 0,87 Å	Nb 0,64 Å

42045 Elemente der Restkrystallisation.

Im Endprodukt, der Mutterlauge, findet eine Anreicherung der Atomarten, Moleküle oder Ionen mit abnorm abweichenden Größen statt.

1. In den Pegmatiten: Li, Cs — Be, (Mn) — B — Sc, Y, Seltene Erden — Ti, Zr, Ce, Hf, Th, Nb, Ta, (P) — Mo, (W), U — F, Cl, OH, CO_3 — (S).

2. Mineralbildung aus magmatischen Gasen (pneumatolytisch): Li, Cu, B, Sc, As, Sn, P, (Ta), Mo, W, F, Cl, OH, CO_3, S.

3. Hydrothermal: Ag, Au — Zn, Pb, Cu, Ba, (Sr), Mn — (B), As, Sb, Bi — Mo), U, F, Cl, OH, CO_3, S, Se, Te.

42046 Die Elemente in den Sedimenten.

1. Residuen: z. B. Quarz-Sandstein, Ilmenit-Sande. Anreicherung von Si, Ti, Cr, Zr, Pt-Metallen, Sn, W, Th.

2. Hydrolysate: z. B. Tone, Bauxite. Anreicherung von B, Al, Si, K, Sc, Cu, Ga, As, Rb, Sb, Ba.

3. Oxydate: Sedimentäre Mangan- und oxydische Eisenerze: B, Sc, V, Mn, Fe, As, Se, Mo, Sb.
4. Carbonate: Kalkstein, Dolomit. Anreicherung von Ca, Mg, Fe, Lanthaniden.
5. Evaporate: Steinsalz, Anhydrit, Borate: Anreicherung von Na, Mg, Ca, S, Cl.
6. Phosphorite: Ca, Zn, Cd, P.

421 Das geochemische Verhalten der Elemente.

Von **Theodor Ernst**, Göttingen.

Die Angaben erfolgen in der Reihenfolge: Ordnungszahl, Element, geochemische Einteilung (s = siderophil, ch = chalkophil, l = lithophil, b = biophil, at = atmophil), Durchschnittsgehalt der oberen Silicatkruste, geochemisches Verhalten.

3	Li	l	0,0065% Li = 0,014% Li_2O. Typisches Element der Restkrystallisation. Dunite 0,0004%, Gabbros 0,002%, Granite 0,03% Li_2O. Wegen der Ähnlichkeit der Ionenradien von Mg/Li schon mit geringen Mengen in den Mg/Fe-Mineralen der Hauptkrystallisation. Sedimentär in Tonschiefern mit 0,013% Li_2O.
4	Be	l	0,0006% Be = 0,0015% BeO. Typisches Element der Restkrystallisation (Beryll). Gabbros < 0,001%, Granite 0,001%, Nephelinsyenit bis 0,01% BeO. Glimmerminerale etwa 0,01% BeO. Sedimentär in den Bauxiten bis 0,01% BeO.
5	B	l	0,0003% B = 0,001% B_2O_3. Element der Restkrystallisation (Granite bis 0,001% B_2O_3, Phonolithe bis 0,01%). Vorwiegend aber in der Hydrosphäre und über die Hydrosphäre in marine Sedimente (marine Eisenerze 0,1...0,01% B_2O_3). Leitelement für marine Entstehung.
9	F	l	~ 0,03% F, bevorzugt in der Restkrystallisation (in Pegmatiten), ferner hydrothermal und in vulkanischen Exhalationen.
11	Na	l	2,83% Na = 3,84% Na_2O. In der Hauptkrystallisation vorwiegend in den Feldspäten gebunden (Gehalte s. Tabelle der Gesteinsanalysen), weiterhin in der Hydrosphäre und daraus in die Steinsalzlager.
12	Mg	l	2,09% Mg = 3,47% MgO. Anreicherung in extrem basischen Eruptivgesteinen (s. Gesteinsanalysen), ferner hydrothermal. Über die Hydrosphäre in die Steinsalzlager.
13	Al	l	8,13% Al = 15,36% Al_2O_3. Typisches Element der Hauptkrystallisation (s. Gesteinsanalysen). Sedimentär in den Hydrolysaten (Tonschiefern und Bauxiten).
14	Si	l	27,72% Si = 59,33% SiO_2. Element der Früh-, Haupt- und Restkrystallisation (s. Gesteinsanalysen). Zunehmende „Silifizierung". Pegmatitische Quarzausscheidungen. Anreicherung in den Residualsedimenten.
15	P	s (l, b)	0,08% P = 0,19% P_2O_5. Anreicherung in gasreichen Restmagmen, in der Gabbropneumatolyse (zusammen mit Ti- und Magneteisenerz). Sedimentär in den Oxydaten und in den Phosphoritlagerstätten.
16	S	ch, l, b	0,05% S. Angereichert in den magmatischen Magnetkies-Pentlandit-Kupferkies-Massen, ferner hydrothermal. In vulkanischen Exhalationen. Sedimentär in den Kieslagern, in den sedimentären Schwefellagerstätten und in den Sulfaten der Ausscheidungssedimente.
17	Cl	l	0,048% Cl. In geringen Mengen im Apatit der Eruptivgesteine, besonders in der Gabbropneumatolyse. In den Vulkanexhalationen. In der Hydrosphäre und von dort in die Salzlagerstätten
19	K	l	2,59% K = 3,13% K_2O. In der Haupt- und Restkrystallisation. (s. Gesteinsanalysen), vorwiegend im Biotit und Kalifeldspat. Sedimentär in den tonig-sandigen Sedimenten durch selektive Adsorption angereichert. In Hydrosphäre und Salzlagerstätten

421 (Fortsetzung).

20	Ca	l	3,63% Ca = 5,08% CaO. Geochemisches Verhalten ähnlich wie Mg; in den basischen bis mittelsauren Eruptivgesteinen (s. Gesteinsanalysen). Hydrothermal (Calcit). Sedimentär in Mergeln, Kalksteinen, Anhydrit und Gips.
21	Sc	l	0,0005% Sc. Wegen der Ähnlichkeit des Atomradius von Sc und Mg erfolgt ein „Abfangen" des Sc in den Mg-Mineralen (Pyroxene bis 0,01% Sc_2O_3), besonders in den basischen Gesteinen: Gabbros 0,003%, Granite 0,0002% Sc_2O_3. Ferner in den Graniten und Mineralen der Zinnstein-Wolframit-Pneumatolyse. Sedimentär in Tonen und in den oxydischen Eisenerzen.
22	Ti	l	0,44% Ti = 0,74% TiO_2. Frühmagmatische Abscheidung von Ilmenit mit oxydischen Eisenerzen. Vorwiegend in basischen bis mittelsauren Gesteinen (Gabbros etwa 1% TiO_2) (s. Gesteinsanalysen). In der Gabbropneumatolyse (Rutil). Ferner als Residualsediment (Ilmenit).
23	V	l	0,015% V = 0,022% V_2O_3. Verhalten in den Eruptivgesteinen ähnlich wie Titan. Hydrothermal in den Titankupfererzgängen. Sedimentär bei der Abscheidung der oxydischen Eisenerze. Adsorption in Kohlen und Asphalten.
24	Cr	ch (l)	0,02% Cr = 0,03% Cr_2O_3. Typisches Element der Erstkrystallisation. Im Chromeisenerz und in den Mg-Mineralen. Dunite etwa 0,50% Cr_2O_3, Granite etwa 0,003% Cr_2O_3.
25	Mn	l	0,10% Mn = 0,13% MnO. In geringen Mengen in der Hauptkrystallisation (s. Gesteinsanalysen). Hydrothermal in den Spateisensteingängen. Sedimentäre Anreicherung in den Oxydaten, entweder gleichzeitig oder nach der Abscheidung der Eisenoxydhydrate.
26	Fe	s, ch (l)	5,00% Fe. In der Erstkrystallisation Abscheidung oxydischer Eisenerze (zusammen z. B. mit Ti und Cr). In der Hauptkrystallisation in Mg-Mineralen (s. Gesteinsanalysen), ferner pneumatolytische und hydrothermale Abscheidung. Sedimentär vorwiegend als Oxydat (Brauneisen).
27	Co	s, ch	0,004% Co. Folgt entsprechend dem gleichen Atomradius dem Eisen und dem Magnesium. Dunite 0,03%, Granite 0,001% CoO. Co : Ni für Dunit = 1 : 12, für Granite = 3 : 1. Hydrothermal in den Erzgängen.
28	Ni	s, ch, l	0,01% Ni. Das Nickel folgt geochemisch weitgehend dem Mg. Dunite 0,40% NiO, Granite 0,0003% NiO. Ferner hydrothermale Nickel-Sulfid-Abscheidung. Bei der Verwitterung Abscheidung als Hydrosilicat.
29	Cu	ch (l)	0,01% Cu. Angereichert in den magmatischen Sulfidabscheidungen und in den pneumatolytischen bis hydrothermalen Gängen. Element der Zementationszone. Sedimentär in bituminösen Schiefern (Kupferschiefer).
30	Zn	ch	0,004% Zn. Zink geht wegen des ähnlichen Atomradius etwas in die Silicate des Mg und Fe (II) ein, ferner in die oxydischen Eisenerze. Anreicherung in der Restkrystallisation, vorwiegend aber hydrothermal. In den Sedimenten in Phosphatgesteinen und im Kupferschiefer.
31	Ga	ch (l)	0,0015% Ga. Gabbro 0,001% Ga_2O_3, Granit 0,005% Ga_2O_3. Ga ist in den Mineralen des Aluminiums getarnt, das Mengenverhältnis Al/Ga wechselt allerdings. Ga : Al für Bytownit in basischen Gesteinen = 1 : 120000, für Kieselsinter bis 1 : 13. Sedimentär in den Hydrolysaten (Bauxit 0,003% Ga_2O_3).
32	Ge	s, ch	0,0007% Ge. Granite 0,0005% GeO_2. Angereichert in den Restmagmen und in den Mineralen der Zinnsteinparagenese, getarnt in den Verbindungen des Siliciums. Angereichert in Steinkohlen.

421 (Fortsetzung).

33	As	ch	0,0005% As. Anreicherung in den Restlösungen (pneumatolytisch bis hydrothermal). Sedimentär in den tonig-sandigen Sedimenten, vor allem in den sedimentären Eisenerzen (Entgiftung des Meerwassers). In Steinkohlen.
34	Se	ch	0,000009% Se. Selen wird im Verhältnis zum Schwefel in manchen pneumatolytischen und hochhydrothermalen Sulfiden angereichert, ebenfalls in den sedimentären oxydischen Eisenerzen. Se : S etwa 1 : 6000.
37	Rb	l	0,031% Rb. Granite 0,09% Rb_2O. Noch stärker als K in den Restkrystallisationen angereichert (im Kalifeldspat und in Glimmern), ebenfalls durch selektive Adsorption in den Tonschiefern.
38	Sr	l	0,015% Sr. Gabbro 0,02% SrO, Granit 0,01% SrO, Nephelinsyenit 0,14% SrO. Das Strontium ist getarnt in den Mineralen des Calciums; das Verhältnis Sr : Ca nimmt von der Erstkrystallisation bis zu den Restkrystallisationen zu.
39	Y	l	0,003% Y. Besonders in der Restkrystallisation. Wegen der Ähnlichkeit der Atomradien mit den „Yttererden" vergesellschaftet (Gd bis Cp).
40	Zr	l	0,022% Zr. Vorwiegend in den sauren alkalireichen Eruptivgesteinen (Graniten und Syeniten) als Zirkon. In den Residualsedimenten.
41	Nb	l	0,002% Nb. In den meisten Gesteinen etwa proportional dem Zirkongehalt (Nb : Zr = 1 : 10). Angereichert in den Pegmatiten.
42	Mo	ch	0,0015% Mo. Gabbros 0,0003%. Element der Restkrystallisation. In Graniten und pegmatitähnlichen Quarzgängen. Sedimentär in den oxydischen Mn-Erzen.
45	Rh	s	1 mg/t. } Pt-Begleiter, wie dieses an ultrabasische und basische Gesteine gebunden. Angereichert zu nutzbaren Lagerstätten in Nickel-Magnetkieslagern. Sekundär in „Seifen".
46	Pd	s	10 mg/t. }
47	Ag	ch	100 mg/t. = 0,00001% Ag. Element der Restlösungen: Hydrothermal. Bei der Verwitterung geht Silber in die Zementationszone. Teilweise sedimentiert im Kupferschiefer.
48	Cd	ch	0,00005% Cd. Begleiter des Zinks. Wie dieses hauptsächlich im hydrothermalen Bildungsbereich, ferner ebenfalls in den sedimentären Phosphoritlagerstätten.
49	In	ch	0,00001% In. In den ultrabasischen bis basischen Gesteinen = 0,00005...0,0001%. Besonders in den pyroxenreichen Gesteinen und in den Mineralen der Zinnstein-Wolframit-Pneumatolyse. Sedimentär mit Fe und Mn in sulfidische und oxydische Eisenerze und im Spateisen.
50	Sn	s, ch (l)	0,004% Sn. Gabbros 0,001% SnO_2, Granite 0,01% SnO_2, Greisen 0,1...1% SnO_2. In den sauren Gesteinen, vorwiegend aber in der Zinnstein-Wolframit-Pneumatolyse angereichert. Nach der Verwitterung in den Residualsedimenten (Seifenlagerstätten).
51	Sb	ch	~0,0001% Sb. Hydrothermal. Sedimentär in Eisenerzen und Bauxiten.
52	Te	ch	Te : Se = 1 : 50. Hydrothermal, vergesellschaftet mit Gold.
53	J	b, at, l	300 mg/t. In Ackerböden bis 2 mg/kg, angereichert durch selektive Adsorption. Die stärkste Anreicherung findet in den Salpeterböden Chiles statt.
55	Cs	l	0,0007% Cs. Granite 0,004% Cs_2O. Anreicherung in den magmatischen Mutterlaugen. Durch selektive Adsorption in den Tonschlamm und in die Tonsedimente.

421 (Fortsetzung).

56	Ba	l	0,025% Ba = 0,043% BaO. Gabbro 0,007%, Granit 0,05% BaO. Wegen der Ähnlichkeit des Ionenradius sind die Kaliumminerale im allgemeinen reich an Ba; sedimentär durch selektive Adsorption im Tonschlamm. Starke Anreicherung im hydrothermalen Bildungsbereich.
57 bis 71		l	Seltene Erden. Durchschnittliche Gehalte siehe die Tabelle: Zusammensetzung der oberen Silicatkruste. Eine stärkere Anreicherung findet in den Pegmatiten statt. Es wird zwischen Cer-Erden (La, Ce, Pr, Nd, Sm) und Yttererden (Gd, Tb, Dy, Ho, Er, Tu, Yb, Cp) unterschieden. Das Eu ist teilweise angereichert in den Mineralen des Sr und Pb (bis 0,1% Eu_2O).
72	Hf	l	0,00045% Hf. Das Hafnium ist in den Mineralen des Zirkons getarnt. Zr : Hf = 98 : 2.
73	Ta	l	0,001% Ta. Wie die seltenen Erden vorwiegend in den sauren Eruptivgesteinen und in den Pegmatiten.
74	W	l, s	0,0069% W. Element der Restkrystallisation. Pegmatitische-pneumatolytische Anreicherung (Zinnstein-Wolframit-Pneumatolyse). In den Residualsedimenten.
75	Re	s	1 mg/t. Rhenium folgt dem Molybdän (vorwiegend in den Gesteinen der Restkrystallisation). Sedimentär in bituminösen Schiefern (Kupferschiefer, Molybdänglanz aus dem Kupferschiefer bis 0,01% Re).
77	Ir	s	1 mg/t. Pt-Begleiter.
78	Pt	s	5 mg/t. Element der Erstkrystallisation, geknüpft an Chromeisensteine und Nickel-Magnetkiese, ferner an Dunite und olivinreiche Pyroxenite. Bei der Verwitterung angereichert in den Seifen.
79	Au	s	5 mg/t. Element des hydrothermalen Bildungsbereiches. Anreicherung in der Zementationszone. In Goldseifen.
80	Hg	ch	0,1 g/t. Gabbros 0,08 g/t, Granit 0,06 g/t. Hydrothermal bei niederen Temperaturen.
81	Tl	ch	0,3 g/t. Granite-Liparite 0,5...1 g/t. In der Hauptkrystallisation in den K-Mineralen. Wie Rubidium typisches Element der Restkrystallisation. Angereichert in den Mineralen der Zinnsteinpneumatolyse.
82	Pb	ch	0,0016% Pb. In den Ca-reichen Mineralen der Frühkrystallisation (neben Sr), ferner in den K-Mineralen der Restkrystallisation. Vor allem aber hydrothermal (als Bleiglanz). Sedimentär in bituminösen Schiefern.
3	Bi	ch	0,2 g/t. Angereichert im pneumatolytisch-hydrothermalen Bildungsbereich.
90	Th	l	0,0012% Th. In syenitischen Pegmatiten, sekundär in Seifen.
92	U	l	0,0004% U. Element der Restkrystallisation (in Graniten und Pegmatiten).

Literaturverzeichnis.

Behrend, F. u. G. Berg: Chemische Geologie, 1927. — Berg, G.: Z. prakt. Geol. **1925**, 73. — Cissarz, A. u. H. Moritz: Metallwirtsch. **12**, 131 (1933). — Clarke, F. W.: The Data of Geochemistry, USA. Geol. Survey Bulletin **770** (1924). — Clarke, F. W. u. H. S. Washington: The Composition of the Earths Crust. USA. Geol. Survey, Professional Paper Nr. 127 (1924). — Daly, R. A.: The average composition of igneous rock types. Proc. Amer. Acad. Arts and Sciences **45**, Nr 7, 211 (1910). — Goldschmidt, V. M.: Geochemische Verteilungsgesetze IX, Skrifter Norske Vid. Akad. Oslo, Mat.-Naturw. Kl. **1937**, No 4. Tabelle S. 99–101. In Verteilungsgesetze IX weitere Literaturangaben. — Noddack, I. u. W.: Naturwiss. **18**, 757 (1930). — Z. phys. Chem. Abt. A **154**, 207 (1931). — Svensk. kem. T. **45**, 173 (1934). — Tammann, G.: Zur Analyse des Erdinnern. Z. anorg. allg. Chem. **131**, 96 (1923); **134**, 269 (1924).

422 Altersbestimmung von uranhaltigen Mineralen aus ihrem Bleigehalt.

Die Altersbestimmung von uranhaltigen Mineralien aus ihrem Bleigehalt (Ra G-Gehalt) geht von der Tatsache aus, daß ein Atom Uran von der Massenzahl 238 in 8 Atome Helium von der Massenzahl 4 und ein Atom RaG, d. h. Blei von der Massenzahl 206 zerfällt. Herrscht radioaktives Gleichgewicht, d. h. ist der Vorrat an Uranatomen so groß, daß die Zahl der zerfallenden Atome als konstant angesehen werden kann, so ist:

$$\frac{N_{RaG}}{N_U} = \frac{1-e^{-\lambda t}}{e^{-\lambda t}} = \lambda t\left(1 + \frac{\lambda t}{2} + \ldots\right) \quad \text{oder} \quad \frac{\frac{G_{RaG}}{206}}{\frac{G_U}{238}} = \lambda \cdot t,$$

wenn für (verglichen mit der Lebensdauer des Urans) nicht sehr großes t nur das erste Glied der Reihenentwicklung berücksichtigt wird. G_{RaG} bzw. G_U bedeuten das Gewicht des im Gestein gefundenen Bleis (Ra G) bzw. Urans.

$\lambda = 1{,}54 \cdot 10^{-10}$ pro Jahr ist die Zerfallskonstante des Urans und t die Zeit in Jahren, in der der Zerfall stattgefunden hat.

Die Tabelle gibt das zu einem bestimmten gefundenen Blei (Ra G)-Uranverhältnis ugehörige Alter des Minerals in Millionen Jahren an.

Gefundenes Gewichtsverhältnis $\frac{G_{RaG}}{G_U}$	Alter in 10^6 Jahren	Aus $\frac{G_{RaG}}{G_U}$ berechnetes mittleres Alter geologischer Epochen: Name	Alter in 10^6 Jahren
0,02	150	Mittel-Devon . .	320
0,04	300	Carbon	300
0,06	450	Mittel-Präcambrium .	1100
0,08	600		
0,10	750		
0,12	900		
0,14	1050		
0,16	1200		
0,18	1350		
0,20	1500		

423 Meteore.

Von **Theodor Ernst,** Göttingen.

4231 Zusammensetzung der Eisenmeteoriten.

Nach V. M. Goldschmidt, z. T. nach W. und I. Noddack.

Elemente	%	Elemente	%	Elemente	%
Fe	90,5	C	0,05	Cu	0,03
Ni	8,49	S	0,04	Zn	0,01
Co	0,57	As	0,04	Sn	0,01
P	0,18	Mg . . .	0,04 (N)	Ti	0,01
Ge	0,05	Cr	0,03 (N)	Pt-Metalle	0,005
Ca	0,05	Mn	0,03 (N)		

4232 Zusammensetzung der Steinmeteorite.

Nach F. Heide: Kleine Meteoritenkunde, Berlin 1934[1].

Elemente	%	Elemente	%	Elemente	%
O	42,02	Ca	1,92	Mn	0,21
Si	21,43	Al	1,61	Ti	0,21
Mg	15,90	Na	0,72	Ni	0,20
Fe	12,76	Cr	0,50		
S	2,01	K	0,26		

424 Zusammensetzung der Hydrosphäre.

Von **Theodor Ernst,** Göttingen.

Zu 98% Meerwasser, der Rest sind Binnenseen, Flüsse und Grundwasser, Kontinentaleis.

O . . .	85,89	Sr . . .	0,001	As . . .	0,000002
H . . .	10,80	B . . .	0,001	Cu . . .	0,000001
Cl . . .	1,93	Si . . .	0,0001	Mn . . .	0,0000004
Na . . .	1,07	F . . .	0,0001	Cs . . .	0,0000002
Mg . . .	0,130	Rb . . .	0,00002	Mo . . .	0,00000007
S . . .	0,088	Li . . .	0,000007	V . . .	0,00000003
Ca . . .	0,042	Zn . . .	0,000007	Ag . . .	0,00000003
K . . .	0,037	Fe . . .	0,000006	Ni . . .	0,000000007
Br . . .	0,0066	P . . .	0,000006	Hg . . .	0,000000003
C . . .	0,002	J . . .	0,000005	Au . . .	0,000000001

425 Atmosphäre.

4251 Zusammensetzung der Atmosphäre an der Erdoberfläche.

Von Theodor Ernst, Göttingen.

	Gew.-%	Vol.-%		Gew.-%	Vol.-%
O_2 . . .	23,01	20,93	Ne . .	0,0012	0,0018
N_2 . .	75,51	78,10	He . .	0,00007	0,0005
A . . .	1,286	0,9325	Kr . .	0,0003	0,0001
CO_2 . .	0,04	0,03	X . .	0,00004	0,000009
H_2 . . .	0,001	0,01			

4252 Mittlerer Staubgehalt in der Luft.

Landluft	0,06...0,1 mg/m³
Stadtluft	0,3...2,5 mg/m³
Rußanteil Berlin	0,14 mg/m³
Industrielle Betriebe	1...100,0 mg/m³
Abgase technischer Feuerungen .	1...15 g/m³

[1] Verständliche Wissenschaften, Bd. 23.

4253 Struktur der Atmosphäre.

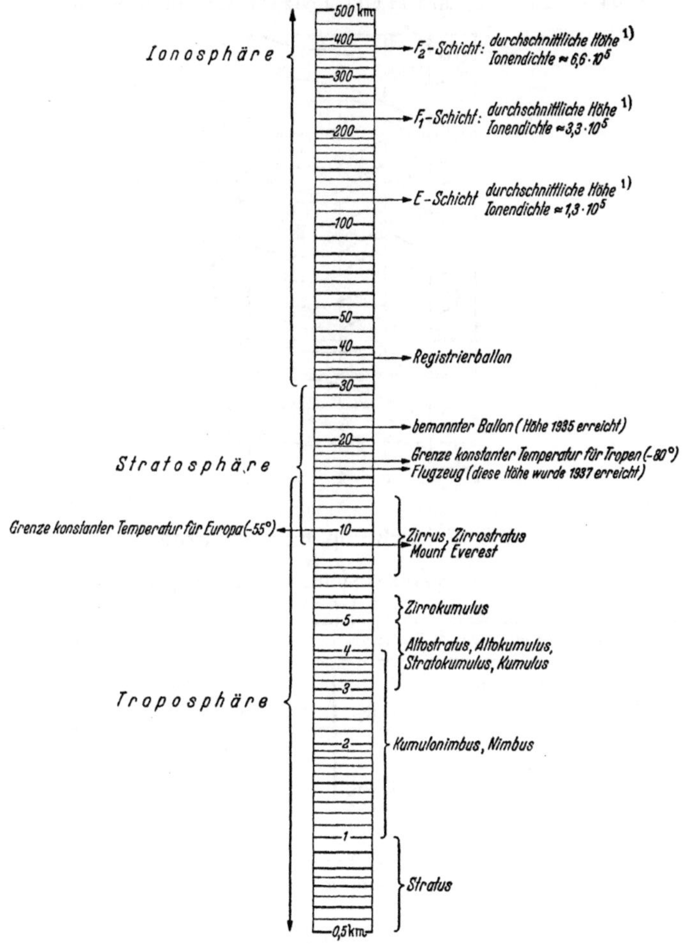

4254 Potentialgefälle.

42541 Potentialgefälle in V/m an Orten verschiedener Meereshöhe.

Meßort	Meereshöhe in m	Mittelwert	Höchstwert	Tiefstwert
Potsdam	80	204	278	151
München	500	168	265	104
Davos	1600	64	101	33
Samoa	2	115	125	105
Antarktis	—	88	120	71

[1] Messungen beziehen sich auf einen typischen Sommertag. Höhe und Ionendichte den F-Schichten unterliegen starken täglichen und jährlichen Schwankungen. Wolkenhöhen weisen starke jährliche und örtliche Schwankungen auf.

42542 Täglicher Gang des Potentialgefälles nach Ortszeit in Potsdam 1904—1923. Abstand zweier horizontaler Linien = 100 V/m.

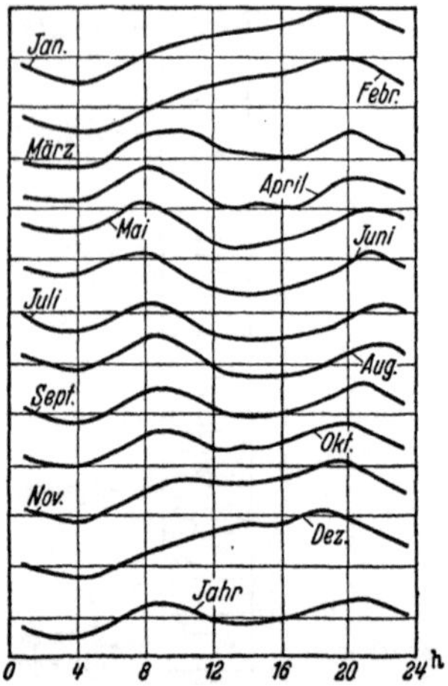

426 Beleuchtung auf der Erde.

4261 Verteilung von Sonnenschein, Dämmerung und Finsternis auf der Erde.

Breite	Sonne	Dämmerung[1]	Finsternis	Breite	Sonne	Dämmerung[1]	Finsternis
Sommersolstitium				Wintersolstitium			
30°	14 h 6 min	3 h 10 min	6 h 44 min	30°	10 h 14 min	2 h 48 min	10 h 58 min
60°	18 h 54 min	5 h 6 min	—	60°	5 h 54 min	5 h 30 min	12 h 36 min
Äquinoktium							
30°	12 h 8 min	2 h 40 min	9 h 12 min				
60°	12 h 14 min	4 h 56 min	6 h 50 min				

4262 Täglicher Verlauf der Horizontalbeleuchtung im Freien für eine Breite von 30° (Monatsmittel).

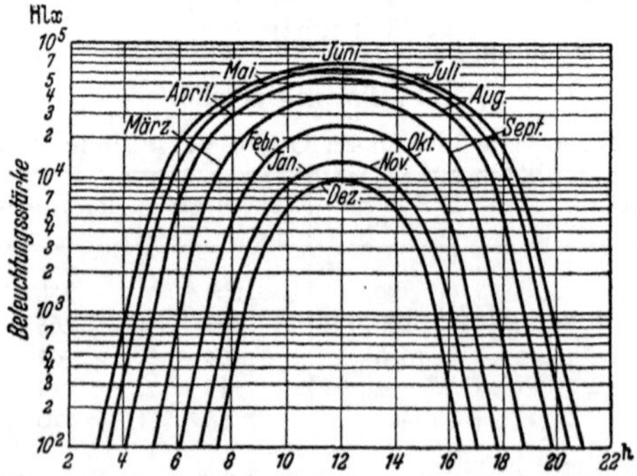

[1] Dämmerung ist astronomisch verstanden, bis die Sonne 18° unter dem Horizont gesunken ist. Aus: Naturwiss. **20**, 23 (1932).

427 Windstärke.

4271 Windstärke und Seegang.

Stärke nach der Beaufort-Skala.

Wind					Seegang		
Stärke[1]	Bezeichnung[1]	Geschwindigkeit v in m · s⁻¹	Staudruck[2] q in kg · m⁻²	Winddruck[3] (stetig) kg · m⁻²	Stärke	Bezeichnung	Wellenhöhe m
0	Windstille od. sehr leichter Zug	0,0 … 0,5	0,0 … 0,02	0,0 … 0,02	0	Vollkommen glatte See	0
1	Leichter Zug	0,6 … 1,7	0,02 … 0,2	0,03 … 0,2	1	Sehr ruhige See . .	< 1
2	Leichte Brise	1,8 … 3,3	0,2 … 0,7	0,3 … 0,9	2	Ruhige See	1…2
3	Schwache Brise . . .	3,4 … 5,2	0,7 … 1,7	1,0 … 2,2	3	Leicht bewegte See	2…3
4	Mäßige Brise	5,3 … 7,4	1,8 … 3,5	2,3 … 4,5	4	Mäßig bewegte See	3…4
5	Frische Brise	7,5 … 9,8	3,6 … 6,1	4,6 … 7,9	5	Ziemlich grobe See	4…5
6	Starker Wind	9,9 … 12,4	6,2 … 9,7	8,1 … 12,6	6	Grobe unruhige See	6…7
7	Steifer Wind	12,5 … 15,2	9,9 … 14,6	12,8 … 19,0	7	Hohe See	8…9
8	Stürm. Wind	15,3 … 18,2	14,8 … 20,9	19,2 … 27,2	8	Sehr hohe See . .	10…12
9	Sturm . . .	18,3 … 21,5	21,2 … 29,2	27,5 … 38,0	9	Heftige Sturmsee gewaltig schwere See	> 12
10	Schwerer Sturm . . .	21,6 … 25,1	29,5 … 39,8	38,3 … 51,8			
11	Orkanartiger Sturm . . .	25,2 … 29,0	40,1 … 53,2	52,2 … 69,1			
12	Orkan . . .	über 29	über 53,2	über 69,1			

4272 Häufigkeit der Windstärken nach Höhenstufen und Jahreszeiten[4].

Mittelwerte aus 5jährigen Beobachtungen des Preuß. Aeronautischen Observatoriums in Lindenberg (bei Beeskow). (Die Zahlen geben die Wahrscheinlichkeit in %.)

Jahreszeit	Seehöhen m	Windgeschwindigkeit in m/s					Mittlere Geschwindigkeit m/s
		0…2	2…5	5…10	10…15	über 15	
Winter (Dezember bis Febr.)	Erdoberfläche[5]	18,8	42,0	35,2	3,7	0,3	4,9
	500	6,1	12,5	33,6	24,1	23,7	11,4
	1000	7,3	11,4	29,0	28,0	24,3	11,3
	1500	8,7	7,6	27,6	30,6	25,5	11,6
	2000	4,6	4,7	25,3	40,5	24,9	12,7
Frühjahr (März bis Mai)	Erdoberfläche	20,1	42,2	32,7	4,5	0,5	4,9
	500	13,9	21,5	38,8	17,3	8,5	7,8
	1000	13,4	20,5	34,0	20,5	11,6	8,5
	1500	15,3	18,9	27,5	26,4	11,9	8,4
	2000	14,6	14,6	27,9	28,6	14,3	9,5

[1] Nach Linke: Meteorologisches Taschenbuch, S. 295. Leipzig: Akad. Verlagsgesellschaft 1931. Die Beaufort-Skala ist international angenommen. — [2] Staudruck $q = v^2 \varrho/2$ (kinetische Energie der Raumeinheit). — [3] Winddruck $r = 1{,}3 \cdot q$.
[4] Aus Hütte I, 386 (1936). — [5] 40…120 m Seehöhe.

4272 (Fortsetzung).

Jahreszeit	Seehöhen m	Windgeschwindigkeit in m/s 0...2	2...5	5...10	10...15	über 15	Mittlere Geschwindigkeit m/s
Sommer (Juni bis August)	Erdoberfläche	23,2	46,2	30,1	0,5	—	4,4
	500	15,9	25,1	38,8	14,4	6,0	7,0
	1000	13,6	23,8	35,5	18,2	8,9	7,7
	1500	13,7	23,7	26,8	26,3	9,5	8,4
	2000	14,6	14,5	25,1	30,9	14,9	10,2
Herbst (Septemb. bis November)	Erdoberfläche	24,2	45,3	28,1	1,8	0,6	4,5
	500	9,7	19,3	36,5	19,7	14,8	9,5
	1000	11,7	17,3	34,5	22,5	14,0	9,4
	1500	11,5	16,4	31,2	26,5	14,4	9,4
	2000	12,0	12,8	27,7	29,5	18,0	10,5
Ganzes Jahr	Erdoberfläche	21,4	44,2	31,6	2,6	0,2	4,7
	500	11,7	19,4	37,0	18,7	13,2	8,9
	1000	11,0	18,3	33,6	22,5	14,6	9,2
	1500	12,6	16,8	28,4	27,4	14,8	9,4
	2000	11,8	12,1	26,5	32,0	17,6	10,5
	2500	11,2	9,4	20,4	34,3	24,6	12,1
	3000	10,4	8,3	18,0	30,9	32,4	13,0
	3500	9,6	7,2	14,1	26,8	42,3	15,1

4273 Durchschnittliche Werte einiger Eigenschaften der Atmosphäre für Zwecke der Luftfahrt aufgestellt.

1. Deutsche Normalatmosphäre.

Bodendruck . . . . $p_0 = 10363$ kg m^{-2}

Bodentemperatur . . . . $\vartheta_0 = 10^\circ$ C

Dichte der Luft am Boden . . . . $\varrho_0 = 1{,}25$ kg m^{-3}

$\frac{\text{Dichte}}{\text{Fallbeschleunigung}}$ der Luft am Boden [1] . . . . $\frac{\varrho_0}{g} = 0{,}127$ kg s^2 m^{-4}

Temperaturgradient (bis ~10 km Höhe brauchbar) . . . -5° pro 1000 m Höhe

Näherungsformeln für Luftdichte (bis 10 km Höhe brauchbar) $\varrho = \varrho_0 \cdot 10^{-0{,}046\,h}$

$\varrho = \varrho_0 \cdot 0{,}9^{\,h}$

2. Internationale Normalatmosphäre [2].

Bodendruck . . . . $p_0 = 10332$ kg m^{-2}

Bodentemperatur . . . . $\vartheta_0 = 15^\circ$ C

Dichte am Boden . . . . $\varrho_0 = 1{,}226$ kg m^{-3}

$\frac{\text{Dichte}}{\text{Fallbeschleunigung}}$ am Boden [1] . . . . $\frac{\varrho_0}{g} = 0{,}125$ kg s^2 m^{-4}

Temperaturgradient . . . . $-6{,}5^\circ$ pro 1000 m Höhe

Von 11000 m Höhe ab . . . . $\vartheta = \text{const} = -56{,}5^\circ$

3. Höhenformel (Luftfeuchtigkeit vernachlässigt) in mittlerer geographischer Breite gültig:

$$h_2 - h_1 = (18{,}4 + 0{,}067\,\vartheta_m) \cdot \log \frac{p_1}{p_2}, \quad h_2 - h_1 \text{ in km},$$

ϑ_m = mittlere Temperatur der Luftsäule.

[1] $g = 9{,}81$ m s^{-2}. [2] Siehe DIN 5450.

428 Fallbeschleunigung.

4281 Fallbeschleunigung g in Abhängigkeit von der geographischen Breite φ im Meeresniveau.

$g_\varphi = 987{,}030\,[1 + 0{,}005302 \sin^2\varphi - 0{,}000007 \sin^2 2\varphi]\ \mathrm{cm \cdot s^{-2}}$.

Mit der Höhe h (in m) ist g um $\Delta g = -0{,}0003086 \cdot h\ \mathrm{cm\,s^{-2}}$ zu ändern (Freiluftkorr.). Ist statt der Luft eine Gesteinsplatte der Dichte ϱ (in $\mathrm{g\,cm^{-3}}$) vorhanden, so erhöht sich g zusätzlich um $\Delta g = +0{,}0000419 \cdot \varrho \cdot h\ \mathrm{cm\,s^{-2}}$.

Für Druckmessungen gilt als Normal-Fallbeschleunigung $g = 980{,}665\ \mathrm{cm \cdot s^{-2}}$.

φ in Grad Breite	0	5	10	15	20	25	30	35	40	45
g_φ in $\mathrm{cm\,s^{-2}}$	978,030	978,069	978,186	978,376	978,634	978,952	979,321	979,730	980,166	980,616
$\left(\frac{g_\varphi}{g_{45}} - 1\right) \cdot 10^3$	−2,637	−2,597	−2,478	−2,284	−2,021	−1,697	−1,321	−0,904	−0,459	± 0,000

φ in Grad Breite	50	55	60	65	70	75	80	85	90
g_φ in $\mathrm{cm\,s^{-2}}$	981,066	981,503	981,914	982,285	982,606	982,866	983,058	983,176	983,216
$\left(\frac{g_\varphi}{g_{45}} - 1\right) \cdot 10^3$	+0,459	+0,905	+1,324	+1,702	+2,029	+2,294	+2,490	+2,611	+2,651

4282 Ortstabelle für die Fallbeschleunigung.

λ geographische Länge östlich von Greenwich, φ geographische Breite, h Meereshöhe, g Fallbeschleunigung.

Ort	λ ° Länge	φ ° Breite	h m	g $\mathrm{cm \cdot s^{-2}}$	Ort	λ ° Länge	φ ° Breite	h m	g $\mathrm{cm \cdot s^{-2}}$
Aachen	6,08	50,78	179	981,09	Kairo	31,28	30,07	33	979,317
Amsterdam	4,91	52,37	0	981,288	Kapstadt	18,5	−33,93	11	979,659
Baltimore	−76,62	39,30	30	980,097	Karlsruhe	8,41	49,01	114	980,957
Basel	7,58	47,56	277	980,778	Kiel	10,15	54,34	41	981,464
Berlin	13,4	52,50	40	981,28	Köln	7,0	50,94	40	981,14
Bern	7,45	46,94	522	980,612	Königsberg	20,49	54,71	22	981,473
Bombay	72,06	38,94	10	978,633	Kopenhagen	12,58	55,69	14	981,559
Bonn	7,10	50,73	62	981,122	Leiden	4,48	52,16	6	981,273
Braunschweig	10,52	52,28	73	981,262	Leipzig	12,39	51,34	115	981,180
Bremen	8,82	53,08	0	981,341	Leningrad	30,30	59,94	6	981,929
Breslau	17,0	51,11	130	981,13	Madrid	−3,69	40,41	656	979,981
Brünn	16,60	49,21	—	980,961	Mailand	9,19	45,47	140	980,562
Brüssel	4,36	50,80	102	981,112	Marburg	8,8	50,81	210	981,08
Budapest	19,06	47,48	108	980,852	Marseille	5,39	43,30	61	980,485
Cambr. Engl.	0,00	52,21	25	981,265	Melbourne	114,96	−37,83	26	979,987
Cambr. Mass.	−71,13	42,38	14	980,398	Moskau	37,57	55,76	139	981,564
Charlottenburg T. H.	13,32	52,52	33	981,288	München	11,61	48,15	525	980,733
Chikago	−87,6	41,79	182	980,283	Münster	7,63	51,97	62	981,233
Danzig	18,67	54,35	3	981,45	New York	−73,96	40,81	38	980,247
Darmstadt	8,7	49,87	140	981,02	Oslo	10,72	59,91	28	981,927
Dorpat	26,72	58,38	68	981,790	Oxford	−1,3	51,76	58	981,207
Dresden	13,73	51,06	121	981,128	Paris	2,34	48,84	61	980,943
Edinburg	−3,16	55,96	104	981,584	Potsdam	13,07	52,38	87	981,274
Erlangen	11,0	49,60	320	980,23	Prag	14,4	50,09	200	981,01
Florenz	11,26	43,76	184	980,491	Quebeck	−71,22	46,8	70	980,758
Frankfurt a. M.	8,7	50,11	90	981,05	Quito	−78,83	−0,002	2825	977,281
Freiberg i. Sa.	13,33	50,92	432	981,050	Rom	12,99	41,90	59	980,348
Freiburg i. Br.	7,85	48,00	272	980,837	Rostock	12,1	54,09	15	981,43
Genf	6,15	46,20	402	980,582	San Francisco	−122,43	37,78	114	979,965
Gießen	8,6	50,59	140	981,08	Seattle	−122,33	47,61	74	980,726
Glasgow	−4,23	55,86	61	981,605	Stockholm	18,06	59,34	45	981,843
Göttingen	9,94	51,53	162	981,176	Straßburg	7,77	48,58	137	980,895
Graz	15,45	47,08	365	980,706	Stuttgart	9,17	48,78	247	980,891
Greenwich	0,00	51,48	48	981,188	Sydney	151,2	−33,86	43	979,683
Greifswald	13,4	54,10	—	981,43	Tokio	139,8	35,71	18	979,801
Halle	11,97	51,48	79	981,221	Tübingen (Lustnau)	9,08	48,53	326	980,845
Hamburg	9,97	53,55	24	981,380	Turin	7,70	45,07	233	980,549
Hannover	9,7	52,38	70	981,26	Utrecht	5,13	52,09	5	981,263
Haverd	−71,12	42,37	14	980,398	Washington	−77,01	38,89	14	980,112
Heidelberg	8,7	49,41	100	980,98	Wellington	174,77	−41,28	127	980,292
Hongkong	114,17	22,3	33	978,771	Wien	16,36	48,21	183	980,860
Innsbruck	11,40	47,27	576	980,570	Würzburg	9,93	49,79	177	981,029
Jena	11,58	50,93	154	981,123	Yall	−72,92	41,32	32	980,274
Johannesburg	28,12	−26,2	1753	978,482	Zürich	8,55	47,38	466	980,665

429 Erdmagnetismus in Mitteleuropa für Mitte 1941.

Von **J. Bartels**, Potsdam.

Horizontalkomponente H. Einheit CGS, Gauß.

Nördliche Breite	Östliche Länge von Greenwich				
	6°	10°	14°	18°	22°
54°	0,174	0,175	0,176	0,177	0,178
52°	181	183	185	185	186
50°	192	192	193	195	196
48°	202	202	202	205	206
46°	211	212	213	215	215

Westliche Deklination D; östliche Werte negativ.

Nördliche Breite	Östliche Länge von Greenwich											
	2°	4°	6°	8°	10°	12°	14°	16°	18°	20°	22°	24°
55°	10,0	8,5	7,4	6,4	5,4	4,6	3,5	2,5	1,7	0,1	−1,2	−1,5
50°	9,1	8,1	7,2	6,2	5,3	4,5	3,3	2,3	1,5	0,8	−0,3	−1,3
45°	8,6	7,6	6,8	5,8	5,1	4,2	3,5	2,7	2,0	1,3	0,4	−0,3

Nördliche Inklination I.

Nördliche Breite	Östliche Länge von Greenwich			
	5°	10°	15°	20°
54°	68,5	68,5	68,3	68,1
52°	67,2	67,0	67,0	66,7
50°	65,4	65,4	65,3	65,0
48°	63,9	63,6	63,6	63,4
46°	62,3	62,2	62,0	61,7

Die gegebenen Werte sind ausgeglichen; örtliche Störungen können beträchtliche Abweichungen hervorrufen. Große zeitliche Störungen (magnetische Stürme) ändern in seltenen Fällen H um 0,02 Gauß, D um 5°, I um 2°. Die langsame einseitige Änderung (Säkularvariation) ist im wesentlichen eine Abnahme von D um 1 bis 2° in 10 Jahren.

Weltkarten für H, D, I, herausgegeben vom Oberkommando der Kriegsmarine im Verlag Dietrich Reimer, Berlin. — Im gleichen Verlag: Fr. Burmeister, Karte der erdmagnetischen Mißweisung[1] für 1940, für Deutschland und angrenzende Gebiete, Maßstab 1 : 1000000.

[1] Deklination.

5 Eigenschaften von Werkstoffen.

51 Mineralische Rohstoffe und Metalle.

511 Mineralische Rohstoffe[1].

Von **Theodor Ernst**, Göttingen.

5111 Elemente, alphabetisch geordnet nach dem deutschen Namen des Elementes.

Element	Mineral	Höchstgehalt theor.[2]	Erz und Gehalt	Hauptförderungsländer und deren Anteil an der Gesamtförderung, Stand 1934	Verwendung des Minerals bzw. Metalls
Al	*Hydrargillit* *Diaspor Boehmit* Alunit (z.T. Japan) Leucit (z.T. Italien) Kaolinit	65,4% Al_2O_3 85,0% Al_2O_3 35 % Al_2O_3 23,4% Al_2O_3 39,6% Al_2O_3	} *Bauxit* 50...70% Al_2O_3 (Ton)	Frankreich (40%), USA. (12%), Südamerika, Italien, Ungarn Balkanstaaten	Verkehrswesen und Luftfahrt, Motorenteile, Elektrotechn., Bauwesen, Chem. Ind.
Sb	*Antimonit* antimonh. Bleierze Jamesonit	71,4% Sb bis mehr. % 50,8% Sb	Antimonit-Pyrit-Gänge, China	China etwa 75%, Mexiko (10%), Bolivien, Frankreich, Slowakei	Lagermetalle, Hartblei, Legierungen (Akkumulatoren, Letternmetall), Farben und Gummiind.
As	Arsenkies Löllingit Speiskobalt	46% As 72,8% As etwa 60% As	} Nebenprodukt bei der Ausbeute, z. B. Golderze von Boliden, Roherz 12,5% As	Schweden (Boliden) 60%, USA. 20%, Mexiko, Frankreich	Schädling bekämpfung (75%), Konservierung von Holz und Beton
Ba	*Schwerspat* Witherit	67,5% BaO 77,7% BaO	Schwerspatgänge Witheritgänge (England)	Deutschland (über 55%), USA. (25%), England	Farbenindustrie, Akkumulatoren-Schwefelsäure, Ba-Salze
Be	Beryll	5% Be	pegmatit. Gänge	USA. und Canada	Legierungen
Pb	*Bleiglanz* Cerussit Anglesit	86,8% Pb 77,5% Pb 68,3% Pb	} hauptsächlich hydrotherm. Gänge bzw. hydrotherm. Verdrängung	USA. (20%), Australien (18%), Mexiko (13%), Canada (12%)	Bleikabel, Legierungen (Akkumulatoren), Bleirohre, Bleiglas, Farben

[1] Weitere Angaben über Minerale in 31131. — [2] Bezogen auf die in 31131 angegebene Formel.

5111 (Fortsetzung).

Element	Mineral	Höchstgehalt theor.	Erz und Gehalt	Hauptförderungsländer und deren Anteil an der Gesamtförderung, Stand 1934	Verwendung des Minerals bzw. Metalls
B	Kernit Borax Colemanit Borkalk Pandermit Sassolin	51% B_2O_3 36,7% B_2O_3 49,7% B_2O_3 22...26% B_2O_3 49% B_2O_3 56,5% B_2O_3	USA., Südamerika, Kleinasien } sedim. Lager Italien: Borsäureexhalation	USA. (70%), Südamerika (15%), Kleinasien (10%)	Glasindustrie, Emaille, Waschmittel, Medizin
Cd	Cd-haltige Zinkbl.	0,1...0,5% Cd durchschn.	gew. durch Zinkelektrolyse und Flugstaub-Verwertung	USA. (55%), Australien, Canada, Frankreich, Polen	Legierungen, Farben, Lagermetall, Rostschutz, Plattieren von Stahl
Ce	Monazit Cerit	} bis 60% Ce	als Abfall der Th.-Gewinnung	Brasilien, Indien, Ceylon	Zündmetall-Leg., Rauchmunition
Cs	Aus Carnallit Pollucit	0,0002% Cs	im Carnallit		
Cr	Chromit	46,7% Cr	magmatische Ausscheidung in Verbindung mit Peridotiten usw.	Türkei (25%), Süd-Rhodesien (Selukwe) (12%), Südafrik. Union (11%), Südslawien (9%), Kuba	Legierungen (Vorw. mit Fe-Ni), Farben, Chromeisenstein in der Industrie feuerfester Stoffe
Fe	*Brauneisen* Magnetit Eisenglanz Spateisen Chamosit Thuringit Pyrit	63% Fe 72,4% Fe 70% Fe 48% Fe bis 33% Fe bis 30% Fe 46% Fe	sedimentär, z. B. Ilsede 30% Fe, Minette 35% magm. Ausscheidung, Kiruna 45...70% Siegerländer Gänge 35%	Frankreich (27%), USA. (21%), Rußland (18%), Großbritannien (9%), Schweden (4%)	
F	*Flußspat* Kryolith		hydrothermale Gänge	USA. (32%), Deutschland (28%), England (4%), Frankreich	Metallindustrie (80%), Chemische Industrie (10%), Glasindustrie (6%)

Au	Gold in Pyrit und Markasit Ged. Gold Goldtelluride		Witwatersrand Konglomerate: 11...12 g/t, Golderzgänge in Kalifornien 15...20 g/t, Seifenlagerstätten	Südafrik. Union, Witwatersrand (40...45%), Rußland (15%), Canada, USA. (Kalifornien)	
K	Carnallit Sylvin	16,9% K_2O 63,0% K_2O	Carnallit-Gestein, durchschnittlich 10...12% K_2O, Sylvinit NaCl + KCl) 12...24% K_2O, Hartsalz (NaCl + KCl + Kieserit) 12...17% K_2O	Deutschland (70%), Frankreich (15%), Rußland (7%) Spanien, Polen, USA.	Düngemittel
Co	*Kobaltglanz* *Speiskobalt* Asbolan	35,4% Co 28,0% Co	mit Cu-Fe-Sulfiden in Katanga, Belgisch-Kongo	Belgisch-Kongo (Katanga-Erz) (38%), Rhodesien (34%), Canada (15%)	Stahllegierungen, Glasuren
Cu	*Kupferglanz* *Kupferkies* (z. T. in Kieslagern) Enargit Buntkupfererz	79,8% Cu 34,5% Cu 48,3% Cu 55...69% Cu	vorwiegend hydrothermal, z. B. Butte, Montana 6...10% Cu, Katanga-Erz 6,9%, Rhodesien 4,1%, Chile 2,1%; daneben sedimentär, z. B. Mansfelder Kupferschiefer, etwa 2%	USA. (16%), Chile (13%), Rhodesien (11%), Belgisch-Kongo (Katanga) (10%)	Elektroindustrie, Legierungen
Li	*Spodumen* Amblygonit Lithionglimmer	3,5% Li_2O 8...9% Li_2O	in Pegmatiten pneumatolytische Spaltenfüll.	USA. (Etta-Grube, Süd-Dakota, Kalifornien), Spanien	Leuchtfeuer, Legierungen (Lagermetall)
Mn	*Pyrolusit* *Psilomelan* Braunit Manganeisenerz Wad	63% Mn (Pyrolusit, Psilomelan) bis 70% Mn 10...12% Mn	sedimentäre oolithische Erze, z. B. Tschiaturi (Potierze) 50...60%	Rußland (Tschiaturi, Nicopol) (über 50%), Goldküste (15%), Brit.-Indien (12%), Brasilien	Stahlveredlungsmetall
Mg	*Carnallit* Kieserit Magnesit Dolomit (Meerwasser)	8,7 % Mg 17,6 % Mg 29,0 % Mg 13,2 % Mg 0,13% Mg	bei der Aufarbeitung der Kalisalze (Carnallit, Kieserit, Magnesit) Dolomit und dolomitischer Kalkstein	Fast nur Deutschland; Magnesitförderung und Verwertung s. weiter unten	Mg-Legierungen (besonders mit Al). Chemische Industrie: Bittersalz u. $MgCl_2$-Herstellung. Steinholz

5111 (Fortsetzung).

Element	Mineral	Höchstgehalt theor.	Erz und Gehalt	Hauptförderungsländer und deren Anteil an der Gesamtförderung, Stand 1934	Verwendung des Minerals bzw. Metalls
Mo	*Molybdänglanz* Wulfenit	60% Mo 26% Mo	pneumatolytische Gänge (Climax) und pegmatitähnl. Quarzgänge	Vereinigte Staaten (Climax, Colorado) (85%), Mexiko (9%), Norwegen (4%)	Edelstahl (mit Ni, Cr und Mn)
Na	Steinsalz	39,3% Na	Steinsalzwerke, Salinen, Meeressalz, Salzseen	USA. (25%), Deutschland (11%), Großbritannien (9%)	70% für Industrie, 30% für Ernährung u. Viehzucht
Ni	*Pentlandit* Hydrosilikate (Garnierit) Rotnickelkies Chloanthit Gersdorffit	15...45% Ni bis 25% Ni 44% Ni etwa 40% Ni 35% Ni	Ni-haltiger Magnetkies 5% z. B. Neukaledonien Ni-Co-Lagerstätte (Rotnickelkies, Chloanthit, Gersdorffit)	Canada (Sudbury-Distr.) (86%), Neukaledonien (8%), Finnland	Edelstahl, Neusilber, Vernickelung, Widerstandsdrähte
P	Apatit	bis 42% P_2O_5	Phosphorite, durchschn. 70% Tricalc.-Phosphat, phosphorr. Eisenerze, pegmatitischer Apatit	Nordafrika (Algier, Tunis, Marokko, Ägypten) (45%), USA. (Florida) (35%), Südseeinseln (9%), Rußland	80% für die Landwirtschaft
Pt	Sperrylith Ged. Platin	56,6% Pt	Ni-Magnetkies, z. B. Sudbury 0,21 g/t (als Nebenprodukt der Ni-Co-Gewinnung), Seifenlagerstätten	Canada (Sudbury-Distr.) (42%), Rußland (Ural) (35%), Kolumbien (20%), Südafrika	Schmuck (50%), Chem. Industrie, Zahntechnik, Elektrotechnik
Hg	*Zinnober* Metacinnabarit Quecksilber-Fahlerz Ged. Quecksilber	86,2% Hg (Zinnober, Metacinnabarit) bis 17% Hg	Gänge, Imprägnationen und Verdrängungen, z. B. Italien, durchschnittl. 0,81%, Rußland 0,2...0,3%	Spanien (33%), Italien (24%), USA. (20%), Rußland (10%)	Pharmaz. Erzeugnisse, Chem. Industrie, Knallquecksilber, Elektrotechnik
Ra	*Uranpecherz* Curit		vorwiegend in Gängen, z. B. Roherz, Katanga; 0,01...0,02 g/t Ra, Canada 0,07...0,13 g/t Ra	Belgisch-Kongo (Katanga) (50%) Canada (25%), Joachimsthal, Böhmen (20%)?	Therapie, Leuchtfarben

Rb	Carnallit	0,02% RbCl	im Carnallit		zum Teil Glühlampenindustrie, Medizin
S	Ged. Schwefel Pyrit (u. a. Sulfide) Steinkohle (Thylox-verf.) Sulfate, Gips usw.	53,4% S	vorwiegend sedimentär	USA. (Texas) (70%), Italien (18%), Japan (5%), Kiese: Spanien (33%), Japan (15%), Norwegen (13%), Italien	Schwerchemikalien, Schwefelsäure, Düngemittel, Schädlingsbekämpfung, Papier- u. Celluloseindustrie, Gummiindustrie
Ag	*Silberglanz* Ged. Silber Rotgültigerze	87,1% Ag bis 65% Ag	Blei-Zink, u. a. sulfidische Lagerstätten (75% der Prod.); Bleiglanz durchschn. 0,01...0,03%, bis 1% Ag	Mexiko (41%), USA. (15%), Canada (9%) (Cobalt City), Südamerika (Bolivien, Peru, Chile), Japan, Brit.-Indien, Deutschland, Balkanstaaten	Industrie (Silberwaren, Photographie) 1/3, Münzwesen 1/3, Horten 1/3
Sr	*Cölestin* Strontianit	56,4% SrO 70% SrO	} in Gängen	England (95%), Deutschland	Zuckerindustrie, Feuerwerkerei, chem. Industrie, Entschweflung von Eisen
Th	*Monazit* Thorit Thorianit	8...10% ThO_2 bis 81,5% ThO_2	Monazitsande, z. B. in Brasilien bis 6% Monazit führend, von Travancore, Vorderindien, Kauzenbrak 10% ThO_2	Brasilien, Indien, Ceylon	Gasglühlichtstrümpfe, Fischer-Tropsches Verfahren
Ti	*Ilmenit* Rutil	31,6% Ti 61,6% Ti	Monazitseifen bis 31% Ti (Indien), Titaneisenerze (Norwegen, USA.), Rutil (Afrika)	Brit.-Indien (60...70%), Norwegen (30%)	Farben, Keramik, Glasuren
U	Uranpecherz	88% U	vorwiegend in Gängen, z. B. Katanga-Roherz 3% U	Katanga (Belgisch-Kongo) 50%, Canada (25%), Joachimsthal	Glasfärbung

5111 (Fortsetzung).

Element	Mineral	Höchstgehalt theor.	Erz und Gehalt	Hauptförderungsländer und deren Anteil an der Gesamtförderung, Stand 1934	Verwendung des Minerals bzw. Metalls
V	Patronit Galmei (Carb. v. Zn, Pb, Ca) Descloizit, Vanadinit Brauneisen Carnotit	 5% V_2O_5	im Asphalt (Peru) in Brokenhill, Rhodes. 1% V, in phosphorr. Eisensedimenten bis 0,1% (Gewinnung aus Schlacken), im Sandstein (Colorado) 1,8% Carnotit	Peru (Minas Ragra), Rhodesien (Brokenhill), Südwestafrika, USA.	Stahlveredlungsmetall
W	*Wolframit* Scheelit	bis 75% WO_3 bis 80% WO_3	Wolframitgänge, etwa $^1/_2$% WO_3 und Wolframitseifen	über $^1/_2$ aus China, Brit.-Indien, Hinterindien, Portugal, Spanien, USA., Bolivien	Stahlveredlungsmetall (97%), Glühlampenindustrie etwa 1 t W
Bi	*Bleiglanz* Wismutglanz Ged. Wismut	81% Bi	aus der Pb-Raffination gewonnen, aus Wismutgängen	Peru (35...40%), USA. (Pb-Gew.) (20%), Canada, Bolivien	Legierungen: Weißmetall (Lagermetall), Medizin
Zn	*Zinkblende* *Wurtzit* Franklinit Rotzinkerz	} 67% Zn { 12...15% Zn 80% Zn	hydrothermale Bildungen, stets mit Eisensulfid (bis 20% Fe)	USA. (30%), Canada (10%), Australien (10%), Mexiko (9%), Deutschland (9%)	Zinkblech, Messing u. a. Legierungen, Verzinken
Sn	*Zinnstein* Zinnkies	bis 78,6% Sn 24...31% Sn	Zinnerzseifen, durchschn. kl. 1% Sn, Zinnstein und Wismutgänge, z. T. mit Holzzinn (Bolivien)	Engl.-Malayen (30%), Bolivien (20%), Niederl.-Indien (Banka und Biliton) (16%), Siam (8%)	Weißblech (50%), Elektroindustrie, Lagermetall, Lötzinn
Zr	*Baddeleyit* Zirkon	 67,3% ZrO_2	Favas Brasiliens, 69...97% ZrO_2 in Monazitseifen	Brasilien; Indien, Florida, Ceylon: Monazitseifen	Hochtemperatur-Ofenmaterial

5112 Minerale, Kohle, Erdöl.

Mineralische Rohstoffe	Vorkommen	Hauptförderungsländer und deren Anteil an der Gesamtförderung	Verwendung
Asbest	vorwiegend auf Klüften im Serpentin	Canada (50%) Rußland (25%) Südafrika (15%)	Wärmeschutz
Glimmer (Muskovit)	pegmatitische Gänge	USA. (40%) Brit.-Indien (28%) Canada (5%) Südafrik. Union Madagaskar	Elektroindustrie, Tapetenindustrie
Graphit	in metamorphen Schiefern pegmatitische Spaltenfüllungen	Korea-Japan Deutschland Ceylon	Hütten- und Metallindustrie, Elektrotechnik. Farben, Schmierstoffe
Magnesit (siehe auch unter Mg)	hauptsächlich durch metasomatische Umwandlung	Deutschland und Österreich Rußland USA. Mandschurei Griechenland	Zement, Leichtbauplatten, Hüttenprozesse, Legierungen
Kohlen	flözartig	USA. (34%) England (20%) Deutschland (14%) Asien (9%) Rußland (6%) Frankreich (4%) Polen (3%)	Brennstoff, Chemische Industrie
Erdöl (Rohöl)		USA. (60%) Rußland (12%) Venezuela (9%) Rumänien (4%) Iran (4%) Niederl.-Ostindien Mexiko Kolumbien	Benzin, Leuchtöl, Gas- und Heizöl, Schmieröl

512 Übersicht über wichtige Metalle und Legierungen.

Von **Wolfgang Fahrenhorst,** Berlin-Wannsee, und **Karl Löhberg,** Frankfurt a. M.

Die Auswahl der folgenden Tabellen geschah nach rein praktischen Gesichtspunkten, ohne jeden Anspruch auf Vollständigkeit erheben zu wollen. Die Tabellen sollen einen Überblick über eine Reihe technisch wichtiger Legierungen von besonderen Eigenschaften vermitteln. Besondere Angaben finden sich in der einschlägigen Literatur.

5121 Zusammenstellung von Legierungen mit besonderen Eigenschaften.

51211 Legierungen mit besonderen thermischen Eigenschaften.

a) Wärmeleitzahl λ in cal · cm^{-1} · s^{-1} · grad^{-1} bei 18°.*

Lfde. Nr.	Name oder Zusammensetzung	Wärmeleitzahl λ	Nr. in 5122
1	Invar	0,025	190
2	Manganhartstahl	0,031	230
3	Contracid	0,03	74
4	Kanthal	0,03	194
5	Cekas	0,03	63
6	Nichrotherm (NCT)	0,03	260
7	Neusilber	0,034...0,075	263
8	Chronin	0,03...0,04	68b
9	Silber	1,006	—
10	Kupfer	0,918	—
11	Gold	0,748	—
12	Aluminium	0,504	—

b) Linearer Ausdehnungskoeffizient β in grad^{-1} bei der angegebenen Temperatur bzw. im angegebenen Temperaturbereich.

Lfde. Nr.	Name oder Zusammensetzung	$\beta \cdot 10^6$	Temperatur °C	Nr. in 5122
1	Invar	0,9	20...100	190
2	Indilatans	0,9	20...100	189
3	Superinvar	ähnlich Invar, aber für größeren Temperaturbereich		361
4	Kovar	3...5	18	203
5	Fernico	5	20...400	123
6	Platinit	5...8	40	305
7	Wolfram	4,3	0	—
8	Iridium	7,0	0	—
9	Platin	8,9	0	—

c) Bimetalle.

Bimetalle sind Kombinationen zweier Metallstreifen mit verschiedenen thermischen Ausdehnungskoeffizienten, die im Apparatebau und in der Elektrotechnik bei Auslösungsvorrichtungen und in Meßinstrumenten benutzt werden. Übliche Kombinationen sind:

Invar/Kupfer — Invar/Mn-Ni-Fe-Legierungen — Invar/Nickel — Invar/Eisen — Invar/25 Ni + 5 Mo + Fe — Invar/25 Ni + 75 Fe — 42 Ni + 58 Fe/Konstantan — Invar/Konstantan — vgl. Abb. 51211 c_1 (Abhängigkeit der Durchbiegung von der Temperatur).

Bei Verwendung in höheren Temperaturbereichen als 120° sind an Stelle von Invar günstiger:

bis 230°: 40 Ni + 60 Fe — bis 340°: 42 Ni + 58 Fe — bis 440°: 46 Ni + 54 Fe.

* Siehe auch 3111 und 374114.

51211 c_1 Durchbiegung verschiedener Bimetalle. (Nach Rohn[1].)

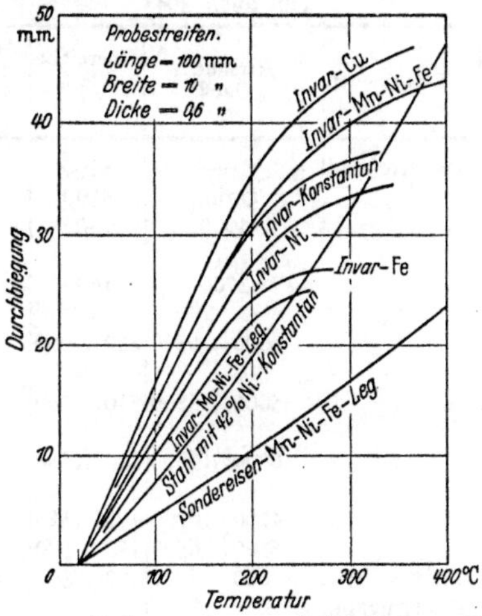

51212 Legierungen mit besonderen elektrischen Eigenschaften.

Elektrische Leitfähigkeit $\varkappa$ in $m \cdot \Omega^{-1} \cdot mm^{-2}$, elektrischer Widerstand ϱ in $\Omega \cdot mm^2 \cdot m^{-1}$ und Temperaturkoeffizient des Widerstandes $\frac{1}{\varrho} \cdot \frac{d\varrho}{dT}$ in $grad^{-1}$ in dem angegebenen Temperaturbereich. Vgl. auch 392115.

Lfde. Nr.	Name oder Zusammensetzung	Leitfähigkeit $\varkappa$	Widerstand ϱ (20°)	Temperatur-koeffizient bei °C	Nr. in 5122
1	Reinsilber	61,0	0,0164	0,0038 (20)	—
2	Reinkupfer	58,1	0,0172	0,0039 (20)	—
3	Leitaluminium	35,6	0,02810	0,0040 (20)	—
4	Reinzink	16,8	0,0595	—	—
5	Zamak Lambda (Z 100)	16,5...17	0,059...0,060	?	422b
6	Giesche ZL 4				151d
7	Kanthal	0,69	1,45	0,00006 (20/100)	194
8	Megapyr	0,71	1,4	0,00004 (20)	238
9	Nichrome	0,9/1,1	1,1/0,9	0,00005/2 (20)	265
10	Cekas	bis 0,7	bis 1,4	—	63
11	Sic(h)romal	bis 0,85	bis 1,17	—	342
12	Ultrasi	0,85	1,17	—	394a
13	Contracid	0,86	1,16	—	74
14	Ferrochronin	0,91	1,10	0,0003 (20)	125a
15	Chromel	0,9/1,4	1,1/0,7	0,0001/5 (0)	67
16	Glowray	0,94	1,06	veränderlich	154
17	30 Mn/70 Cu	1,00	1,00	0,00004 (0)	—
18	Excello	1,09	0,92	0,00016 (20)	119
19	Illium	1,09	0,916	0,00048	187
20	Climax	1,15	0,87	0,0007 (20)	71
21	Kruppin	1,18	0,85	0,0007 (20)	205
22	Rheotan	1,89	0,53	0,0004 (0)	319
23	Resistin	1,96	0,51	0,000008 (20)	317
24	Konstantan	2,04	0,49	0,000002 (25)	201
25	Therlo	2,13	0,47	0,00001 (20)	382
26	Manganin	2,33	0,43	0,000000 (25)	231
27	Patentnickel	2,94	0,34	0,0002 (0)	291
28	Nickelin	2,5/3,0	0,4/0,33	0,0003 (20)	266

[1] W. Rohn: Stahl und Eisen als Werkstoff. Verlag Stahleisen, G. m. b. H., Düsseldorf (entnommen: Nickel-Handbuch, Bd. Eisen-Nickel, Nickel-Informationsbüro Frankfurt-Main).

51213 Legierungen mit besonderen magnetischen Eigenschaften.
Vgl. auch 3945.

Lfde. Nr.	Name oder Zusammensetzung	Kennzeichen	Remanenz Gauß	Koerzitivkraft Oe	Anfangspermeabilität Gauß/Oe	Wattverlust W/kg	Nr. in 5122
1	Fe, Ag	Dauermagnet	—	5000	—	—	—
2	7 Fe, Rest Nd	,,	gering	4300	—	—	—
3	60...90 Pt, Rest Fe	,,	4000	1800	—	—	—
4	23 Fe, 73 Pt, 4 Rh	,,	3700	1400	—	—	—
5	Honda-Legierungen	,,	6000...6500	750...900	—	—	181a
6	Koerzit 700 (Fe Ni Al)	,,	5000...5800	550...700	—	—	198
7	Mishima-Legierungen	,,	6000...6300	500...550	—	—	241a
8	Oerstit 500	,,	4700...6200	400...525	—	—	283
9	Koerzit 500	,,	5300...6500	450...500	—	—	198
10	1 C, 5 Cr, 5 W, 30 Co, 1...1,5 Mo, Rest Fe	Martensitischer Dauermagnet	9000...8000	250...300	—	—	—
11	Koerzite 3 u. ä.	Dauermagnete	7500...9000	80...250	—	—	197
12	1 C, 8 Cr, 1 Mo, 10 Co, Rest Fe	Martensitischer Dauermagnet	9000...8000	140...170	—	—	—
13	0,65 C, 6 W, Rest Fe	desgl.	11500...9500	60...80	—	—	—
14	1 C, 3 Cr, Rest Fe	desgl.	10500...8500	60...80	—	—	—
15	M „1040“	Hohe Anfangspermeabilität	—	—	51000	—	221
16	Mümetall	desgl.	—	0,03	12000	—	251
17	Permalloy C	desgl.	—	0,035	10000	—	298
18	Permalloy A	desgl.	5500	0,05	5850	—	297
19	Megaperm	desgl.	—	0,08	4800	—	237
20	Hipernik	desgl.	} 7300	0,05	3000	—	{ 180
20a	Copernik	desgl.					73
21	Permenorm	desgl.	—	0,20	2700	—	300
22	Rhometall	desgl.	3000	0,09	1000	—	320
23	Silberperminvar	Gleichbleibend. Permeabilität (bis 0,1 Oe)	—	—	900	—	348
24	Permendur	Hohe Anfangspermeabilität	14000	1,0	700	—	299
25	Perminvar	Gleichbleibend. Permeabilität (bis 3 Oe)	—	—	300...630	—	301
26	Isoperm	desgl. (bis 200 Oe)	—	—	100	—	381 192
27	Si-Stahl, 0,9 Si	Dynamoblech	—	—	—	3,0	—
28	Si-Stahl, 4% Si	Transformatorenblech	5000	0,15	440	1,25	391
29	Armco-Eisen	desgl.	8600	0,20	700	—	32

51214 Einige Legierungen hoher Zunder- und Korrosionsfestigkeit.

Lfde. Nr.	Name oder Zusammensetzung	Kennzeichen bzw. Verwendung	Nr. in 5122
1	Acidur	korrosionsfest	1
2	Alcres	Heizwicklungen	7a
3	Alferon	hitzebeständiges Gußeisen	10a
4	Antoxid	Heizwicklungen bis 1100°	29a
5	Cekas	Heizwicklungen bis 1300°	63
6	Chrom-Guß (Ferrotherm)	korrosionsfest	129
7	Chronika	Heizwicklungen bis 1200°	68a
8	Contracid	Heizwicklungen bis 1050°, korrosionsfest	74
9	Cromargan	korrosionsfest — (Haushaltartikel)	76a
10	Everdur	korrosionsfest	121
11	Hawe	Heizwicklungen bis 1200°	171a
12	Illium	korrosionsfest	187
13	Inconel	korrosionsfest	188
14	Kanthal	Heizwicklungen bis 1300°	194
15	Karoni	hitzebeständig bis 800°	194a
16	K-Monel	korrosionsfest	196
17	Manganbronze	korrosionsfest	229
18	Megapyr	Heizwicklungen bis ~1330°	238
19	Monel	korrosionsfest	250
20	Neochrom	Heizwicklungen bis 1300°	261a
21	Neusilber	korrosionsfest	263
22	Nichrom	Heizwicklungen bis 1150°	265
23	Nic(h)rosil	hitzebeständiges Gußeisen	269
24	Nichrotherm (NCT)	hitze- und warmfest bis 1050°	260
25	Nicorros	hochkorrosionsfest	268
26	Nimol	hitzebeständiges Gußeisen	272
27	Niresist	hitzbeständiges Gußeisen (bis 750°)	273
28	Nirosta	korrosionsfest	274
29	Permatherm	Heizwicklungen bis 1300°	298a
30	Pyrochrom	Heizwicklungen bis 1200°	309a
31	Remanit	korrosionsfest	316
32	Sichromal (Sicromal)	hitzebeständig bis 1200°	342
33	Silicium-Guß (Ironac)	korrosionsfest	191
34	Thermax	hitzebeständig bis 1200°	384
35	Thermochrom	Heizwicklungen bis 1100°	385a
36	Ultrasi	Heizwicklungen bis 1200°	394a
37	V2A	korrosionsfest	397
38	V3M	korrosionsfest	401
39	Wipla	Zahntechnik	412

51215 Metalle und Legierungen mit eindeutigem Schmelzpunkt unterhalb 300° C sowie einige niedrigschmelzende Legierungen üblicher Zusammensetzung.

Nr. in 5122	Bezeichnung	Schmelzpunkt °C	Zusammensetzung
—	—	−59	91,5% Hg; 8,5% Tl
—	—	−48	99,65% Hg; 0,35% Na
—	—	−39	100% Hg
—	—	−12,5	77,3% K; 22,7% Na

51215 (Fortsetzung).

Nr. in 5122	Bezeichnung	Schmelzpunkt C	Zusammensetzung
—	—	21,5	60,5% Hg; 39,5% Na
—	—	25	91,5% Rb; 8,5% Hg
—	—	29,8	100% Ga
—	—	39	100% Rb
—	—	46,5	40,95% Bi; 22,10% Pb; 18,10% In; 10,65% Sn; 8,20% Cd
—	—	47	51% Hg; 49% K
413	Woods Metall	60	50% Bi; 25% Pb; 12,5% Sn; 12,5% Cd
—	—	63,5	100% K
215	Lipowitz-Metall	70	50% Bi; 26,7% Pb; 13,3% Sn; 10% Cd
214	Lichtenberg-Metall	92	50% Bi; 30% Pb; 20% Sn
321	Roses Metall	94	50% Bi; 25% Pb; 25% Sn
—	—	96	52% Bi; 32% Pb; 16% Sn
—	—	97,5	100% Na
264	Newtons Metall	103	53% Bi; 26% Sn; 21% Cd
—	—	125	44% Pb; 56% Bi
—	—	136,5	58% Bi; 42% Sn
—	—	144	62% Bi; 38% Cd
—	—	155,4	100% In
—	—	161	95,5% Li; 4,5% Zn
—	—	170	56,5% Sn; 43,5% Tl
—	—	178	67,75% Sn; 32,25% Cd
—	—	183,3	36% Pb; 64% Sn
—	—	195	20% Sb; 80% Tl
—	—	199	9% Zn; 91% Sn
—	—	203,5	17% Cd; 83% Tl
—	—	214	6% Li; 94% Sn
—	—	221	3,5% Ag; 96,5% Sn
—	—	232	100% Sn
—	—	243	86% Bi; 14% Li
—	—	248	82,5% Pb; 17,5% Cd
—	—	254,5	97,3% Bi; 2,7% Zn
—	—	266	17,4% Zn; 82,6% Cd
—	—	271	100% Bi
—	—	280	80% Au; 20% Sn
—	—	291	92,5% Cd; 7,5% Sb
—	—	302	100% Tl

51216 Schneid- und Hartmetalle.

Nr. in 5122	Name oder Zusammensetzung	Brinell-härte	Shore-härte	Härte nach Mohs	Dichte in $g \cdot cm^{-3}$	Zähigkeit
—	*Stellite:*	bis 650	40...50	—	~9	gut
6	Akrit					
57	Caedit					
64	Celsit					
216	Lithinit					
302	Perzit					
377	Original Stellit					

51216 (Fortsetzung).

Nr. in 5122	Name oder Zusammensetzung	Brinellhärte	Shorehärte	Härte nach Mohs	Dichte in $g \cdot cm^{-3}$	Zähigkeit
—	*Gußcarbide:*	1500...2000	—	9...9,8	15...17	gering
30	Arbit					
51	Borium					
116	Elmarid					
240	Miramant					
387	Thoran					
402	Volumit					
—	*Sintercarbide:*	~2000	130...200	9...9,5	7...15	ausreichend bis gut
48	Boehlerit					
388	Titanit					
411	Widia					

51217 Lotlegierungen.

Lfde. Nr.	Bezeichnung	Zusammensetzung	Schmelzpunkt °C	Verwendung für
1	Leicht schmelzendes Lot	13...15 Sn, 27...32 Pb, 50...53 Bi, Rest Cd	70...96	Zinn
2	Weichlot	25...90 Sn, Rest Pb	190...270	Kupfer, Messing, weicher Stahl, Neusilber, Zink, Blei, Zinn
3	Berzelit	siehe 41b in Nr. 5122	~ 250	Zinklegierungen, Blei, Kupfer, Messing, Zinn
4	Zinklot	4...30 Al, 2...20 Cu, 50...94 Zn		Aluminium und Al-Legierungen
5	Aluminium-Hartlot	70 Al, Zusätze von Cu, Ni, Zn, Sn, Cd, Si und seltene Metalle	540	Aluminium und Al-Legierungen
6	Sondermessinglot	48...60 Cu, 1...10 Sn, Rest Zn	810...900	weichen Stahl, Gußeisen, Kupfer, Messing, Nickel
7	Hartlot (Schlaglot)	60...63 Cu, Rest Zn	900...915	weichen Stahl
8	Neusilberlot	35...65 Cu, 8...15 Ni, Rest Zn	870...1000	weichen Stahl, Gußeisen, Kupfer, Nickel
9	Silberlot	Cu, Zn, Ag		weichen Stahl, Kupfer, Bronze
10	Kupferlot	techn. Cu oder Cu/Ni-Legierung	1080...1230	Hartmetallschneiden auf Werkzeugstahl
11	Lote für Edelmetalle	60 Ag, Rest Cu, Zn		Silber
		80 Ag, 16 Cu, 4 Zn	770	Platin
		42,5...62,5 Au, 22,5...32,5 Ag, 15...25 Cu	1000	Gold, Aluminium-Legierungen

5122 **Übersicht über technisch wichtige Legierungen mit Angabe ihrer Zusammensetzung, ihres Verwendungszweckes oder ihrer Eigenschaften, in alphabetischer Reihenfolge ihrer Handelsbezeichnungen.**

Nr.	Name		Erwähnt in
1	Acidur	Si-haltige Eisenlegierung. V: säurebeständig	51214
2	Adamite	1,25...3,5 C; 0,5...2 Si; 0,5...1,5 Cr; 0,25...1 Ni; Rest technisches Fe. V: warm- und verschleißfeste Gußeisenlegierung für z. B. Ziehringe, Seilrollen, Walzdorne	332806
3	Admiralitäts-legierung	s. Marinemessing	—
4	Admos-Bronze	Cu + 16% (Sn, Ni, Zn). V: Kondensatorrohre, Schiffsmaschinenteile	332809
5	Aeterna	Cu + Zn + 5 Al + 5 Fe + 4 Mn. V: Sondermessing	332810
6	Akrit	Fe + 38 Co + 30 Cr + 16 W + 2...3 C + 3 Mo + 9 Ni. V: Höchstleistungs-Schneidmetall, Guß-Hartmetall	51216
6a	Albo I	78,9 Pb; 5,8 Sn; 13,6 Sb; 1,7 Cu. V: Bleilagermetall	—
7	Albondur	Bondur mit 5% Rein-Al plattiert. DIN 1713. AlCuMg. V: Al-Knetlegierung	—
7a	Alcres	12 Cr; 5 Al; 83 Fe. V: Heizleiterlegierung	51214
7b	Alcucil	4 Cu; 3 Al; Rest Zn. V: Zinkspritzgußlegierung	332804
8	Alcuman	4,8...6 Cu; bis 0,2 Si; 0,5...1,5 Mn; Rest Al. DIN 1713. AlCu. V: Al-Knetlegierung	—
9	Aldrey	0,5...0,6 Si; 0,4...0,5 Mg; Rest Al. DIN 1713 AlMgSi. V: Al-Knetlegierung	—
9a	Alesco	11,3 Cu; 0,5 Mn; 0,3 Mg; 0,44 Fe; 0,15 C (Graphit); Rest Al. V: Al-Lagerlegierung	—
10	Alfenide	s. Neusilber	—
10a	Alferon	0,4...0,6 C; 2...3 Si; 18...20 Ni; 18...20 Cr; Rest Fe. V: hitzebeständiges Gußeisen	51214
11	Alkadur 300	3,5...4,5 Cu; 0,2...1 Si; 0,3...1,2 Mn; 0,4...1,4 Mg. DIN 1713 AlCuMg. V: Al-Knetlegierung	332801
12	Alkumag 300	3,5...4,5 Cu; 0,2...1 Si; 0,3...1,2 Mn; 0,4...1,4 Mg; Rest Al. DIN 1713 AlCuMg. V: Knetlegierung	332801
13	Allautal	Wie Lautal, beiderseits mit 5% Rein-Al plattiert. DIN 1713 Al-Cu. V: Al-Knetlegierung	—
14	Alnico	60...63 Fe; 5...5,5 Co; 20...28 Ni; 12...9 Al. V: Dauermagnete $\mathfrak{H}_c$ 460...725, $\mathfrak{B}_r$ 5000...7700	—
15	Alpaka	s. Neusilber	—
16	Alpax	s. Silumin	—
16a	Alsichrom	vgl. Permatherm. V: vgl. Permatherm	—
17	Alsimin	48...50 Al; 33...35 Si; 10...13 Fe; 2...3 Ti; 0,5...1 C. V: Desoxydationsmittel für Stahlschmelzen	—
18	Aludur 533	0,3...1 Si; 0,3...8 Mn; 0,5... 3 Mg; Rest Al. DIN 1713 Al-Mg-Si. . Al-Knetlegierung	—

5122 (Fortsetzung).

Nr.	Name		Erwähnt in
19	Aludur 630/570/580	3,5...5,5 Cu; 0,3...0,6 Si; 0,3...1 Mn; 0,3...0,7 Mg. DIN 1713 AlCuMg. V: Al-Knetlegierung	332801
20	Alufant II	3,7...4,3 Cu; 2 Si; 0,5...0,7 Mn; ~0,2 Mg; 0,1...0,2 Ti; Rest Al. V: Al-Gußlegierung	332801
21	Aluman (AWIS)	1,4...1,6 Mn; Rest Al. DIN 1713 AlMn. V: Al-Knetlegierung	—
22	Alumel	94...98 Ni + 2,5 Mn + 1,5...2 Al + 1 Si + 0,5 Fe. V: Thermoelemente	51212
23	Aluminium-Bronze	80...98 Cu + 2...20 Al. V: fest, seewasserbeständig. Deutsche Münzen	332801
24	Alusil	1...2 Cu; 20...21 Si; <0,7 Fe; <0,7 Ni; Rest Al. V: Kolbenlegierung	332803, 51211
24a	Alva 36	0,2 Si; 3,2 Mn; 0,08 Mg; 1,7 Fe; 3,05 Sb; 1,7 Pb; Rest Al. V: Al-Lagerlegierung	—
25	Amalgam	Verschiedene Metalle mit Hg. V: Zahnfüllungen	—
26	Amerikanische Legierung	8 Cu; Rest Al. DIN 1713 GAlCu. V: Al-Gußlegierung	332801
26a	AN 412 G	3,8...4,3 Al; 0,9...1,3 Cu; 0,02...0,06 Mg; Rest Feinzink (99,99%). DIN 1743. V: Zink-Gußlegierung	332804
27	Anticorodal G	2 Si; 0,6...0,8 Mn; ~0,7 Mg; 0,1...0,2 Ti; Rest Al. DIN 1713 G AlMgSi. V: Al-Gußlegierung	332803
28	Anticorodal K	0,9...1,1 Si; 0,6...0,8 Mn; ~0,7 Mg; Rest Al. DIN 1713 AlMgSi. V: Al-Knetlegierung	—
29	Antimonblei	s. Hartblei	—
29a	Antoxid	~20 Cr; 27...35 Ni; 41...42 Fe; 0,5...1 Si; <0,15 C; 1...2 Mn. V: elektrische Heizdrähte bis ~1100°	51214
30	Arbit	92 W; 4...5 C; 2 Mo; 3 Cr; Rest Fe. V: Schneidmetall	51216
31	Argentan	s. Neusilber	—
32	Armco-Eisen	Besonders C-armes Fe.	51213
32a	Assil 5	4...5 Cu; 2...3 Al; 2...3 Pb; Rest Zink. V: Zink-Lagermetall	—
32b	Aterite	35...44 Ni; 55...36 Cu; 5...20 Fe; 5...0 Zn oder: 10 Ni; 65 Cu; 2 Fe; 23 Zn; oder: 12,6 Ni; 62,4 Cu; 3 Fe; 19 Zn; 2 Pb. V: Korrosionsbeständig für Bestecke, chemische Einrichtungen	332808
33	Auermetall	s. pyrophore Metalle	—
34	Automatenstähle	0,05...0,2 C; 0,07...0,7 S; 0,4...1,5 Mn; <0,15 P; Rest Fe. V: spanabhebende Bearbeitung	—
35	Avional	3,5...5 Cu; 0,2...0,8 Si; 0,4...0,8 Mn; 0,5...0,8 Mg; Rest Al. DIN 1713 AlCuMg. V: Knetlegierung	332801
36	Babbitt-metalle	amerikanische Bezeichnung von Pb- und Sn-Bronzen für Lager	332809
37	Bahnmetall (Bn-Metall)	0,69 Ca; 0,62 Na; 0,04 Li; 0,02 Al; Rest Pb. V: Pb-Lagermetall	—

5122 (Fortsetzung).

Nr.	Name		Erwähnt in
38	Bergal A	3,5...4,5 Cu; 0,2...1 Si; 0,3...1,2 Mn; 0,4...1,4 Mg; Rest Al. DIN 1713 Al-Cu-Mg. V: Al-Knetlegierung	332801
39	Bergal BD	~DIN Al-Cu-Mg. V: Al-Automatenlegierung	—
40	Bergal C	0,9...1,4 Si; 0,9...1,4 Mn; 0,4...1 Mg; Rest Al. DIN 1713 AlMgSi. V: Al-Knetlegierung	—
41	Beryllium-bronze	98...90 Cu + 2...10 Be. V: hohe Dauerfestigkeit; vergütbar	—
41a	Beryllium-Contracid	60 Ni; 15 Cr; 15 Fe; 6,5 Mo; 0,65 Be; 2 Mn. V: rostsicher — kleiner Temperaturkoeffizient des E-Moduls	—
41b	Berzelit	13 oder 17 Cd; 82 oder 86 Pb; 1 Zn. V: Lotlegierung, vorzüglich für Zinklegierungen.	51217
42	Bimetalle	Mechanische Verbindung zweier Legierungen mit verschiedenen thermischen Ausdehnungsbeiwerten. V: Temperaturschalter	51211
43	Blattgold, unechtes	77...85 Cu; 23...15 Zn. V: Schmuckwaren	332810
44	Bleibronze	Cu + 6...30 Pb. V: Lagermetall	—
45	Bleicalcium	Pb + bis 3 Ca. V: Lagermetall	—
46	Blei-Lagermetalle	s. z. B. Bahnmetall	—
47	Blombit	2...7 Ag; Rest Cu. V: Elektroden und Spitzen für Punktschweißung	—
48	Boehlerit	Mischung verschiedener Metallcarbide. V: Schneidmetall (gesintert)	51216
49	Bondur	3,5...5,5 Cu; 0,3...0,5 Si; 0,3...1 Mn; 0,2...0,7 Mg; Rest Al. DIN 1713 AlCuMg. V: Al-Knetlegierung	332801
50	Bondurplat	Wie Bondur, beiderseits 5% mit Cu-freier Al-Legierung plattiert. V: Al-Knetlegierung	—
51	Borium	94 W; 4 C; Rest Fe. V: Schneidmetall	51216
51a	Borotal	10,3 Cu; 0,45 Zn; 0,52 Si; 0,6 Mn; 0,1 Mg; 0,44 Fe; 0,5 C (Graphit); Rest Al. V: Al-Lagerlegierung	—
52	Britannia-metall	70...90 Sn; 9...24 Sb; 0...4 Cu; 0...5 Zn. V: Tafelgeräte	—
53	Bronze	35...98 Cu; 65...2 Sn. V: s. Glocken-, Kunst-, Maschinen-Bronze	332809
54	BSS	0,5 Mn; 3,5...7 Mg; Rest Al. DIN 1713 Al-Mg. V: Al-Knetlegierung	—
55	BS-Seewasser	0,2 Si; 0,2...0,5 Mn; 4,8...10 Mg; Rest Al. DIN 1713 AlMg. V: Al-Knetlegierung	332802
56	BS-Seewasser-Guß	< 0,2 Si; 0,2...0,3 Mn; 8 Mg; Rest Al. DIN 1713 G AlMg. V: Al-Gußlegierung	—
56a	BZ 1 (Z 010)	1,2 Cu; 0,2 Mn; Rest Feinzink (99,99%). V: Tiefziehbleche	—
57	Caedit	3 C; 33 Cr; 15 W; 45 Co; 2 Fe. V: Hartmetall	51216
58	Calite	Ni-Cr-Fe-Al-Legierungen auf Fe-Basis. V: rost- und zunderbeständige Stähle; Ofenbau	—

5122 (Fortsetzung).

Nr.	Name		Erwähnt in
59	Calmalloy	60...65 Ni; 30...35 Cu; 1...2 Fe. V: stark temperaturabhängige Sättigung, magnetische Nebenschlüsse	332808
60	Cameliametall	72 Cu; 14 Pb; 10 Zn; 4 Sn. V: Lagermetall	—
61	Canzler-Draht	Kupferphosphor-Legierung mit Ag. V: Autogenschweißen von Cu-Blechen	—
61a	Careco	15,5...16,5 Sb; 4,5...10 Sn; 1...1,2 Cu; 0...1 Cd; 70,5...77,5 Pb; Rest Ni+As. V: Blei-Lagermetalle	332812, 332814
62	Carboloy	Co-W-Carbid; Ta-Carbid. V: Schneidmetall	—
63	Cekas	27 Fe; 60 Ni; 2 Mn; 11 Cr. V: elektrischer Widerstandsdraht	332806, 51212, 51211
64	Celsit	31 Co; 25 W; 2,8 C; 0,6 V; Rest Fe. V: Schneidmetall	51216
65	Christofle-Metall	s. Neusilber	—
66	Chroman	50...88 Ni; 33...11 Cr; 1 Mn; Rest Fe. V: säurebeständig, hitzbeständig, Heizelemente	332811
67	Chromel	89...91 Ni; 4,7...9,8 Cr; 0,2...1,9 Mn; 0...1,4 Si; 0,9...1,01 Fe; 0...0,1 C. V: Thermoelemente	332811, 51212
68	Chromin	s. Chronin	—
68a	Chronika	15...25 Cr; 20...35 bzw. 60...80 Ni; 0,5...2 Mn; 0,5...2,5 Si; < 0,15 C; Rest Fe. V: zunder- und warmfeste Stähle — elektrische Heizdrähte bis 1200°	51214
68b	Chronin	83...84 Ni; Rest Cr. V: elektrische Heizdrähte, Schutzrohre für Thermoelemente	51211
69	Cimet A	26...28 Cr; Rest Fe. V: korrosionsbeständige Legierung	332805
70	Cimet B	26...28 Cr; 10...12 Ni; Rest Fe. V: korrosionsbeständige Legierung	332811
71	Climax	74 Fe; 25 Ni; 1 Mn. V: für Kompensationszwecke	332807, 51212
72	Comet-Metall	65 Fe; 30 Ni; 5 Cr. V: ungewöhnlich kleine Thermokraft	332807
73	Conpernik	50 Fe; 50 Ni. V: hohe Anfangspermeabilität	332807, 51213
74	Contracid	58...61 Ni; 12...19,5 Fe; 15 Cr; 2 Mn; Mo; W; Co; Be. V: säurebeständig; Zahnheilkunde, chirurgische Instrumente	332807, 51214, 51211, 51212
75	Copernik	s. Conpernik	—
76	Corson-Legierung	Cu + 0,6...9 Si + Ni; Cr; Co; Fe. V: hochfeste Cu-Legierung	—
76a	Cromargan	Cr-haltige Legierung des Fe. V: korrosionsbeständig, insbesondere gegen Speisen	51214, 332805
77	Cuivre poli	70 Cu; 30 Zn. V: Messing für Küchen- und Gebrauchsgegenstände	332810
77a	Cupal	Cu-plattiertes Al. V: Bleche, Rohre	—
78	Cupalloy	Cu-Cr-Legierung. V: Kommutatoren hoher Leitfähigkeit	—
78a	Daraco	15 Sb; 3...10 Sn; Rest Pb. V: Bleilagermetalle	332812, 332814

5122 (Fortsetzung).

Nr.	Name		Erwähnt in
79	Deltal	0,3...1,5 Si; 0,2...1,5 Mn; 0,5...2 Mg; Rest Al. DIN 1713 AlMgSi. V: Al-Knetlegierung	—
80	Deltametall	54...59 Cu; 39...42 Zn; 0,5...2 Pb; 1...1,5 Fe; ~1 Mn; < 0,2 Ni. V: Sondermessing für den Maschinenbau	332810
81	Deltumin	3,5...5,5 Cu; 0,2...1,5 Si; 0,1...1,5 Mn; 0,2...2 Mg. DIN 1713 AlCuMg. V: Al-Knetlegierung	332801
82	Dentalloy	Viel Bi, andere Elemente. V: Zahnabgüsse, nicht schrumpfend	—
82a	Deutro	18...25 Cr; 8...20 Ni; 0,5...2,5 Si; 0,5...1 Mn; 0,1...0,35 C; Rest Fe. V: Behälter für chemische Industrie — zunder- und warmfeste Stähle	—
83	Deutsche Legierung	2 Cu; 10...12 Zn; Rest Al. DIN 1713 G Al-Zn-Cu. V: Al-Gußlegierung	332804
84	Donal	0,3...0,5 Si; 1...2 Mn; Rest Al. DIN 1713 AlMn. V: Al-Knetlegierung	—
85	Doublé	Goldplattierte Bronzewaren. V: Schmuckwaren	—
86	Dowmetall	s. Elektron	—
87	Druckmessing	63 Cu; 37 Zn. DIN 1709, 1774, 1775, 1776, 1778: Ms 63. V: Apparatebau, Rohre	332810
88	Duralplat	Wie Duralumin, mit kupferfreier Al-Legierung plattiert. V: Al-Knetlegierung	—
89	Duralumin	2,5...5,5 Cu; 0,2...1 Si; bis 1,2 Mn; 0,2...2 Mg; Rest Al. DIN 1713 AlCuMg. V: Al-Knetlegierung	332801
90	Duralumin K	0,3...1,5 Si; bis 1,5 Mn; 0,5...2 Mg; Rest Al. DIN 1713 AlMgSi. V: Al-Knetlegierung	—
91	Duralumin W	3,5...4,5 Cu; 1...1,8 Mg; 1,8...2,2 Ni; Rest Al. DIN Al-Cu-Ni. V: Al-Knetlegierung	332801
92	Duranalium	0,3...0,6 Mn; 2,5...9 Mg; Rest Al. DIN G Al-Mg. V: Al-Gußlegierung	—
93	Duranalium 2 S	1...2 Mn; 2...2,5 Mg; Rest Al. DIN 1713 AlMgMn. V: Al-Knetlegierung	—
94	Duranametall	59...65 Cu; 30...40 Zn; 1...2 Sn; 0...1,7 Al; 0,3...1,8 Fe und Pb, Sb. V: Sondermessing für den Maschinenbau	332810
95	Durmes	~DIN 1713 Al-Cu-Mg. V: Al-Automatenlegierung	—
96	Dynamobleche	bis 0,1 C; 0,5...2,3 Si; 0,2...0,35 Mn; bis 0,04 P; bis 0,04 S; Rest Fe. V: für Dynamos, geringe Magnetisierungsverluste	51213
97	EC 30 und ähnliche	0,1...0,18 C; 0,3...0,9 Cr; 0,4...0,6 Mn; < 0,35 Si; Rest Fe. Nach DIN 1663. V: Einsatzstähle für Zahnräder u. ä.	332805
98	EC 124	1 Cu; 13 Si; 1 Mg; 1 Ni; Rest Al. V: Al-Kolbenlegierung	332803, 51211
99	EC Mo 80 und ähnliche	0,12...0,22 C; 0,8...2,2 Cr; 0,2...0,3 Mo; 0,7...1,1 Mn; < 0,35 Si; Rest Fe. Nach DIN 1663. V: Einsatzstähle für hochbeanspruchte Zahnräder u. ä.	332805

5122 (Fortsetzung).

Nr.	Name		Erwähnt in
100	EC N 45 und ähnliche	0,1...0,17 C; 0,55...1,30 Cr; 2,25...4,75 Ni; <0,5 Mn; <0,35 Si; Rest Fe. DIN 1662. V: Einsatzstähle für Zahnräder, Wellen, Kolbenstangen	332805, 332807
101	Einheits-(lager)metall	78 Pb; 15 Sb; 5 Sn; 2 Cu. V: Lagermetall	332812
102	Einheits-Rotguß	84 Cu; 9 Sn; 6 Zn; 0,5 Cu-P. V: Lagerschalen und Lager	332809
103	Elektron	Gemeinsame Bezeichnung für eine Gruppe von Magnesiumlegierungen	
104	Elektron AM 503	0...0,1 Al; 0...0,1 Zn; 1,5...2,2 Mn; 0...0,3 Si; Rest Mg. V: gebräuchliche Walzlegierung	332802
105	Elektron AZF	4 Al; 3 Zn; 0,2...0,5 Mn; Rest Mg. V: Sandgußlegierung	332802
106	Elektron AZG	6 Al; 3 Zn; 0,2...0,5 Mn; Rest Mg. V: Sandgußlegierung	332802
107	Elektron AZM	6,25...6,75 Al; 0,75...1,25 Zn; 0,2...0,35 Mn; 0...0,3 Si; Rest Mg. V: gebräuchliche Walzlegierung	332802
108	Elektron AZ 31	2,75...3,25 Al; 0,75...1,25 Zn; 0,2...0,5 Mn; 0...0,1 Si; Rest Mg. V: gebräuchliche Walzlegierung	332802
109	Elektron AZ 91	9 Al; 1 Zn; 0,2...0,5 Mn; Rest Mg. V: Kokillengußlegierung	332802
110	Elektron AZ 855	7,7...8,0 Al; 0,2...0,5 Zn; 0,1...0,2 Mn; 0...0,1 Si; Rest Mg. V: Preß-, Schmiede-, Knetlegierung	332802
111	Elektron A 9 V	8,5 Al; 0,5 Zn; 0,2...0,5 Mn; Rest Mg. V: Sandgußlegierung, warm vergütet	332802
112	Elektron CMSi	1...1,5 Si; Rest Mg. V: Gußlegierung	332802
113	Elektron V1, V1w, V1h	~10 Al; 0,2...0,5 Mn; Rest Mg. V: Guß-, Preß-, Schmiede-, Knetlegierung	332802
114	Elektron Z1b	~4,5 Zn; Rest Mg. V: gebräuchliche Walzlegierung	—
115	Elinvar	36 Ni; 12 Cr; 0,1 C; 4 W; 1...2 Mn; Rest Fe. V: geringer thermischer Ausdehnungsbeiwert; kleiner Temperaturbeiwert des Elastizitätsmodul	332807
116	Elmarid	5,9 C; 83,0 W; Rest Co, Fe. V: Gußhartmetall	51216
117	EMK	71 Fe; 10 Mo; 19 Co. V: kleiner thermischer Ausdehnungsbeiwert; für Glühlampensockel, Einschmelzdrähte	—
118	Erges 4	0,8...1 Si; 0,6...0,8 Mg; 0,6...0,8 Mn; Rest Al. DIN 1713 AlMgSi. V: Al-Knetlegierung	—
118a	Erka 5	5 Cu; 3 Al; Rest Zn. V: Zink-Lagermetall	332804, 332810
119	Excello	85 Ni; 14 Cr; 0,5 Fe; 0,5 Mn. V: elektrisches Widerstandsmaterial	332811, 51212
120	Eureka	s. Konstantan	—
121	Everdur	95 Cu; 4 Si; 1 Mn. V: säurebeständige Sonderbronze, hohe Festigkeit	—

5122 (Fortsetzung).

Nr.	Name		Erwähnt in
122	Fernichrome	37 Fe; 30 Ni; 25 Co; 8 Cr. V: Einschmelzdrähte; Wärmeausdehnung wie Glas	332807
123	Fernico	54 Fe; 17...18 Co; 28...29 Ni. V: Glühlampensockel, Einschmelzdrähte	332807, 51211
124	Ferran	Al-plattiertes Eisen. V: korrosionsbeständige Bleche	—
125	Ferrochrom	Hoch Cr-haltiges Fe (bis 80 Cr). V: Legierungszusatz zu Stahl	332807
125a	Ferrochronin	Ni + Cr + Fe. V: elektrisches Widerstandsmaterial	51212
126	Ferromangan	Hochmanganhaltiges Eisen (bis 90% Mn). V: Desoxydationsmittel für Stahl	332810
127	Ferromolybdän	Hoch Mo-haltiges Fe (bis 90 Mo). V: Legierungszusatz zu Stahl	—
128	Ferrosilicium	Hochsiliciumhaltiges Eisen (bis 99% Si). Desoxydationsmittel für Stahl	—
129	Ferrotherm	0,15...2 C; 6...30 Cr; Rest Fe. V: hitze- und korrosionsbeständige Gußlegierung	332805, 51214
130	Ferrotitan	Hochtitanhaltiges Eisen (bis 45 Ti). V: Legierungszusatz zu Stahl	—
131	Ferrovanadin	Hochvanadiumhaltiges Eisen (bis 80 V). V: Legierungszusatz zu Stahl	—
132	Ferrowolfram	Hochwolframhaltiges Eisen (bis 80 W). V: Legierungszusatz zu Stahl	—
133	Ferry	s. Konstantan	—
134	Finodal	0,5...1,2 Si; 0,5...1,2 Mn; 0,5...1,3 Mg; Rest Al. DIN 1713 Al-Mg-Si. V: Al-Knetlegierung	—
135	Finodur	3,5...5,5 Al; 0,3...1,0 Si; 0,2...1,5 Mn; 0,3...1,5 Mg; Rest Al. DIN 1713 Al-Cu-Mg. V: Al-Knetlegierung	332801
136	Finoman	1,4...1,6 Mn; Rest Al. DIN 1713 Al-Mn. V: Al-Knetlegierung	—
137	Flußstahl	Bezeichnung für aus dem Schmelzfluß gewonnene Stähle, s. z. B. St 52	332806
138	Foolproof	C; Cr; W; Rest Fe. V: Werkzeugstähle	—
139	Frigidal	35 Ni; wenig Cr; Rest Fe. V: elektrisches Widerstandsmaterial	332807
140	Friktions-Lagermetalle	80...90 Cu; 8...10 Sn; 0,02 P. V: Lagermetalle	332809
141	F und G 1	3...5,5 Cu; 0,3...0,9 Si; 0,3...1 Mn; 0,5...15 Mg; Rest Al. DIN 1713 Al-Cu-Mg. V: Al-Knetlegierung	332801
142	F und G 3	5...6 Cu; 1 Si; 0,5 Mn; Rest Al. DIN 1713 AlCu. V: Al-Knetlegierung	332801
143	F und G 4	0,5...1 Si; 0,8...1,5 Mn; 0,5...1 Mg; Rest Al. DIN 1713 Al-Mg-Si. V: Al-Knetlegierung	—
144	F und G 5	1,5 Mn; 5...9 Mg; Rest Al. DIN 1713 Al-Mg. V: Al-Knetlegierung	—
145	F und G 8	1...2 Mn; Rest Al. DIN 1713 Al-Mn. V: Al-Knetlegierung	—
146	F und G, Bohr- und Drehqualität	~DIN 1713 AlCuMg. V: Al-Automatenlegierung	—

5122 (Fortsetzung).

Nr.	Name		Erwähnt in
147	Gelbguß	55...80 Cu; 45...20 Zn. V: Armaturen- und Beschlagteile	332810
148	Gelbtombak	72 Cu; 28 Zn; DIN 1709, Ms 72. V: Bleche, Profile für Turbinenschaufeln	332810
148a	Germania-Bronze	2...3 Pb; 5...7 Sn; 4...5 Cu; 0,25 Al; Rest Zn. V: Zink-Lagermetall	—
149	German silver	Frühere englische Bezeichnung für Neusilber	—
150	Geschütz-bronze	88 Cu; 11 Sn; 1 Zn. V: Lager; früher für Kanonenrohre	332809
151	GHH-Baustahl	0,12...0,20 C; <0,5 Si; 1,0...1,3 Mn; >0,35 Cu; 0,15...0,25 Mo; Rest Fe. V: hochwertiger Baustahl	332806
151a	Giesche-ZL1 (Z 430)	2,7 Cu; 4 Al; 0,04 Mg; Rest Feinzink (99,99%). DIN 1743 Sg Zn-Al-Cu I. V: Zinkspritzguß	332804
151b	Giesche-ZL2 (Z 410)	1,2 Cu; 4 Al; 0,04 Mg; Rest Feinzink (99,99%). DIN 1743 Sg Zn-Al-Cu II. V: Spritzgußlegierung, Kokillenguß, Sandguß	332804
151c	Giesche-ZL3 (Z 400)	0,5 Cu; 4 Al; 0,02 Mg; Rest Feinzink (99,99%). DIN 1743 Sg Zn-Al. V: Spritzgußlegierung, Profile	332804
151d	Giesche-ZL4	vgl. Zamak Lambda (Z 100).	
151e	Giesche-ZL6 (Z 041)	4 Cu; 0,1 Al; 0,7 Pb; 0,3 Bi+Mn+Tl; Rest Zink. V: Zink-Automatenlegierung	332810
151f	Giesche-ZL7 (Z 040)	4 Cu; 0,2 Al; Rest Feinzink. V: Zink-, Knet- und Walzlegierung	332810
151g	Giesche-ZL10 (Z 1500)	15 Al; 0,01 Mg; Rest Feinzink (99,99%). V: Zink-Knetlegierung — kaltzäh	332804
151h	Giesche-ZL740 (Z 740)	7 Al; 4 Cu; Rest Feinzink (99,99%). V: eutektische Gußlegierung	332804, 332810
152	Gittermetall	73 Pb; 10 Sn; 15 Sb; 1,8 Cu; 0,2 Graphit. V: Lagermetall	332812, 332813
153	Glocken-bronze	75...78 Cu; 25...22 Sn. V: Glockenguß	332809
154	Glowray	65 Ni; 15 Cr; 20 Fe. V: Widerstandsmaterial für elektrische Heizwicklungen	332811, 51212
156	Glykometall (Glycometall)	82 Sn; 10 Sb; 8 Cu. V: Lagermetall	—
156a	Glyco ZD	6...9 Sn; 84...86 Zn; Rest Cu+Pb+Al. V: Zink-Lagermetall	—
157	Goldamalgam	~10 Au; Rest Hg. V: für Feuervergoldung. Zahnfüllungen	—
158	Goldbronze	90,5 Cu; 6,5 Sn; 3 Zn. V: goldgelbe Legierung für zu vergoldenden Schmuck	332809
159	Goldtombak	s. Mittelrottombak	—
160	Graues Gußeisen (Grauguß)	~2...4 C; 0,3...3 Si; 0,3...1,2 Mn; 0,1...0,6 P; <0,12 S; Rest Fe. Nach DIN 1691. V: allgemeiner Maschinenbau	332806
161	Gunmetall	s. Geschützbronze	—
162	Gußeisen	2,9...3,8 C; 0,5...3 Si; 0,3...1 Mn; 0,1...1 P; 0,1 S. Rest Eisen. V: Maschinenbau	332806

5122 (Fortsetzung).

Nr.	Name		Erwähnt in
162a	Halbtombak	67 Cu; 33 Zn. DIN 1709, Ms 67. V: Patronenhülsen, Bleche, Rohre, Federn, Holzschrauben, Profile	332810
163	Hartal	~DIN 1713 Al-Cu-Mg. V: Al-Automatenlegierung	—
164	Hartblei	75...94 Pb; 6...25 Sb. V: Lettern, Akkumulatorengitter	332812
165	Hartguß	s. weißes Gußeisen	—
166	Hartlot	s. Schlaglot	—
167	Hartmessing	58 Cu; 40 Zn; 2 Pb. DIN 1709, 1776; Ms 58. V: Bauteile, Armaturen, Beschläge, Automatenlegierung	332810
168	Hartzink	2...10 Fe; Rest Zn. V: Abfall bei Feuerverzinkung des Fe; Herstellung von Sondermessing	—
169	Hathal A	3...5 Cu; 0,3...0,5 Si; 0,4...1 Mn; 0,3...1 Mg; Rest Al. DIN 1713 Al-Cu-Mg. V: Al-Knetlegierung	332801
170	Hathal B	0,2...1 Si; 0,2...0,6 Mn; 2...8 Mg; Rest Al. DIN 1713 Al-Mg. V: Al-Knetlegierung	—
171	Hathal C	0,5...1 Si; 0,3...1,5 Mn; 0,8...1,5 Mg; Rest Al. DIN 1713 Al-Mg-Si. V: Al-Knetlegierung	—
171a	Hawe	15...21 Cr; 60...79 Ni; <0,5...22 Fe; 0...3 Mn; 0,5...1,5 Si; <0,15 C. V: elektrische Heizdrähte bis 1200°	51214
172	Hecla-Bronze	60,4 Cu; 0,5 Pb; 1 Sn; Rest Fe. V: korrosionsfeste Maschinenbronze	—
173	Heddal	1,5 Mn; Rest Al. DIN 1713 Al-Mn. V: Al-Knetlegierung	—
174	Heddenal 2	1,3...1,5 Mn; 2...2,3 Mg. DIN 1713 Al-Mg-Mn. V: Al-Knetlegierung	—
175	Heddur	3,5...5 Cu; 0,3...0,8 Si; 0,2...1,2 Mn; 0,4...1 Mg; Rest Al. DIN 1713 Al-Cu-Mg. V: Al-Knetlegierung	332801
176	Hellrot-tombak	80 Cu; 20 Zn. DIN 1709, Ms 80. V: Bleche, Kunstgewerbe	332810
177	Heuslersche Legierung	55...68 Cu; 26...28 Mn; 4...19 Al. V: ferromagnetische Mn-Cu-Legierungen	—
178	Hiduminium	s. R R	—
179	Hiluminium	Vernickeltes Eisenband und Blech	—
180	Hipernik	50 Ni; 50 Fe. V: hohe Anfangspermeabilität; Nachrichtentechnik	332807, 51213
181	Hodur	3,5...5,5 Cu; 0,3...1 Si; 0,3...1,2 Mn; 0,4...1,4 Mg; Rest Al. DIN 1713 Al-Cu-Mg. V: Al-Knetlegierung	332801
181a	Honda-Legierungen	10...25 Ni; 15...36 Co; 8...25 Ti; Rest Fe. V: Dauermagnete	51213
182	Howal	0,5...1,5 Si; 0,3...1,3 Mn; 0,5...1,5 Mg; 0,1 Ti; Rest Al. DIN 1713 Al-Mg-Si. V: Al-Knetlegierung	—
183	Ho 3	1...2 Mn; Rest Al. DIN 1713 Al-Mn. V: Al-Knetlegierung	—

5122 (Fortsetzung).

Nr.	Name		Erwähnt in
184	Hydronalium	0,2...1 Si; 0,2...0,5 Mn; 3...12 Mg; Rest Al. DIN 1713 Al-Mg. V: Al-Knetlegierung	332802
185	Hyperm 50	50 Ni; 50 Fe. V: hohe Anfangspermeabilität; Nachrichtentechnik	332807
186	Igedur	3...5 Cu; 0,2...1,2 Si; 0,2...1,2 Mn; 0,3... 1,4 Mg; Rest Al. DIN 1713 Al-Cu-Mg. V: Al-Knetlegierung	332801
187	Illium	60 Ni; 21 Cr; 6 Cu; 5 Mo; 2 W; 1 Mn; 1 Si; 1 Al; 1 Fe; Spuren C, B, Ti. V: Kalorimeterbomben; säurebeständig	51212, 51214
188	Inconel	80 Ni; 14 Cr; 6 Fe. V: korrosionsbeständig; insbesondere gegen Nahrungsmittel	332811, 51214
189	Indilatans	s. Invar	—
190	Invar	35...37 Ni; Rest Fe. V: besonders kleiner thermischer Ausdehnungsbeiwert; z. B. für Uhrpendel, physikalische Apparate	332807, 51211
191	Ironac	13,2 Si; 1,1 C; 0,8 P; 0,8 Mn; 0,05 S; Rest Fe. V: säurebeständige Gußlegierung	51214
192	Isoperm	35...50 Ni; 65...30 Fe; 9...13 Cu; oder 35...50 Ni; 65...50 Fe. V: gleichbleibende Permeabilität; Nachrichtentechnik	332807, 51213
193	Izett-Stahl	Sonderflußeisen hoher Alterungsbeständigkeit. V: Dampfkessel, Rohre, Nieten	332806
194	Kanthal	20 Cr; 5 Al; 1,5...3 Co; Rest Fe. V: Widerstands-, Heizdrähte; bis 1350° verwendbar	51212, 51214, 51211
194a	Karoni	13,5 Cr; 0,5 Ni; 0,5 Mn; 0,3...1 Si; < 0,15 C; Rest Eisen. V: hitzebeständiger Stahl (bis 800° C)	51212, 51214
195	Kayser-Zinn	93 Sn; 5,5 Sb; Rest Cu. V: Hausgeräte	332809
196	K-Monelmetall	63 Ni; 30 Cu; 3,5 Al; 1,5 Fe; < 0,2 C; < 5 Mn, Si u. a. V: korrosionsbeständig; nichtmagnetische Teile	51214
197	Koerzit 3 und ähnliche	≤ 30 Co; Rest Fe + Cr + W + C. V: Dauermagnete	51215, 332807
198	Koerzit 500 und 700	Fe + Ni + Al. V: Dauermagnete	51215
199	Kondensatorrohrmessing	70...72 Cu; 0,7...1,3 Sn; Rest Zn oder 62...65 Cu; Rest Zn. DIN 1785: MsKF 36, MsKF 40, Ms 63, F 36. V: Kondensatorrohre	332810
200	Konel-Metall	70 Ni; 7,4 Fe; 19,5 Co; 2,8 Ti. V: Widerstandsmaterial	332807
201	Konstantan	60 Cu; 40 Ni. V: Thermoelemente, Widerstandsmaterial	332808, 51212, 51211
202	Konofestal	s. Aludur 533	—
203	Kovar	27 Ni; 54 Fe; 19 Co. V: gleicher thermischer Ausdehnungsbeiwert wie Glas oder Platin; für Hartglaseinschmelzungen	332807, 51211
204	Krupp-Baustahl	0,12...0,2 C; 0,3...0,5 Si; 1,2...1,6 Mn; 0,3...0,6 Cu; Rest Fe. V: hochwertiger Baustahl	332806
205	Kruppin	30 Ni; 70 Fe. V: Widerstandsmaterial	332807, 51212
206	KS-Seewasser	0,3...1 Si; 1...2 Mn; 1...2 Mg; < 1 Sb; Rest Al. DIN 1713 Al-Mg-Mn. V: Al-Knetlegierung	—

5122 (Fortsetzung).

Nr.	Name		Erwähnt in
207	KS-Seewasser-Guß	0,3...0,8 Si; 1...2 Mn; 2,3 Mg; 0,2 Sb; Rest Al. DIN 1713 G Al-Mg. V: Al-Gußlegierung	—
208	KS-Kolbenlegierungen	1,5...4,5 Cu; 13...22 Si; 0,0...0,8 Mn; 0,5...1 Mg; 1...1,5 Ni; 0...1,2 Co; Rest Al. V: Spezial-Kolbenlegierung	332801, 51211
209	Kupfer-Silumin	0,7...0,9 Cu; 12...12,5 Si; 0,2...0,3 Mn; Rest Al. DIN 1713 G Al-Si-Cu. V: Al-Gußlegierung	332803
209a	Kuprodur (Ahv)	97...98 Cu; 2...1 Ni; 0,6...0,5 Si; 0,13...0,11 Fe (Ni:Si ≈ 4:1). V: aushärtbare Kupferlegierung, gute Verschleißfestigkeit	—
209b	L 3	0,1 Cu; 0,4 Si; 0,3 Mn; 3,4 Mg; 0,6 Fe; 3...5 C (Graphit); Rest Al. V: Al-Lagerlegierung	—
209c	L 21 (22)	max. 0,4 Pb; 0,01 Li; Rest Zink. V: Tiefzieh- und Stanzbleche	—
210	Lautal	4,4...5,5 Cu; 0,2...0,5 Si; Rest Al. DIN 1713 Al-Cu. V: Al-Knetlegierung	332801
211	Legal BD	~DIN 1713 Al-Mg-Si. V: Al-Automatenlegierung	—
212	Legal I und II	0,4...1,2 Si; 0,6...1 Mn; 0,4...1,2 Mg; 0,2...0,4 Fe; Rest Al. DIN 1713 Al-Mg-Si. V: Al-Knetlegierung	332803
213	Letternmetall	55...80 Pb; 12...26 Sb; 0...22 Sn (eventuell 0...0,3 Cu + 0...0,6 As). V: Lettern, Schriftzeichen	332812
214	Lichtenberg-Metall	50 Bi; 30 Pb; 20 Sn. V: leicht schmelzende Legierung (F. 92°)	51215
215	Lipowitz-Metall	50 Bi; 26,7 Pb; 13,3 Sn; 10 Cd. V: leicht schmelzende Legierung (F. 70°)	51215
216	Lithinit	0,5 Co; 45 Cr; 1 Mn; 17 W; 0,5 Mo; 3 C; Rest Eisen. V: Schneidmetall	51216
217	Lo-Ex	13 Si; 1 Cu; 2,5 Ni; 1 Fe; 1 Mg; Rest Al. V: Al-Kolbenlegierung geringer Wärmeausdehnung (Low expansion)	332803
218	Lötmessing	s. Halbtombak	—
219	Lötzinn	25...90 Sn; 75...10 Pb. DIN 1707. V: Lötmittel für Zink, Messing- und Weißblech, leichtschmelzende Metallgegenstände	332813, 51217
219a	Lurgi-Metall	96,5 Pb; 0,4 Ca; 2,8 Ba; 0,3 Na. V: Blei-Lagermetall	—
220	M 115	1,5 Mn; Rest Al. DIN 1713 Al—Mn. V: Al-Knetlegierung	—
221	M „1040“	72 Ni; 11 Fe; 14 Cu; 3 Mo. V: hohe Anfangspermeabilität; Nachrichtentechnik	332807, 51213
221a	Magnalium	70...98 Al; 30...2 Mg; Zusätze von Sb, Cu, W, Cr und Ni. V: Al-Guß- und Knetlegierung	332802
222	Magnewin 40	4...5 Zn; Rest Mg. V: Knetlegierung; für Beschlagteile	—
223	Magnewin 3501	1,5 Mn; Rest Mg. Nach DIN E 1717. V: Knetlegierung	—

5122 (Fortsetzung).

Nr.	Name		Erwähnt in
224	Magnewin 3510	6 Al; Rest Mg. Nach DIN E 1717. V: Knetlegierung	332802
225	Magnewin 3512	3 Al; 0,5...1 Zn; 0,2...0,5 Mn; Rest Mg. Nach DIN E 1717. V: Knetlegierung	332802
226	Magnewin 3515	9 Al; 0...1,5 Zn; 0...0,5 Mn; Rest Mg. Nach DIN E 1717. V: Knetlegierung	332802
227	Maillechort	Französische Bezeichnung für Neusilber	—
228	Mangal	1,5 Mn; Rest Al. DIN 1713 Al-Mn. V: Al-Knetlegierung	—
229	Mangan-bronze	94...95 Cu; 6...5 Mn (Mn-Bz). V: Stehbolzen, seewasser- und hoch wasserbeständig	51214
230	Mangan-Hartstahl	0,9...1,4 C; 12...15 Mn; Rest Fe. V: austenitischer Stahl; hochverschleißfest, z. B. für Schienen, Brecherbacken	332807, 51211
231	Manganin	84...82 Cu; 12...15 Mn; 2...4 Ni. V: Widerstandslegierung	332807, 51212
232	Marine-messing	62 Cu; 37 Zn; 1 Sn oder 70 Cu; 29 Zn; 1 Sn. V: Schiffbau. Kondensatorrohre	332810
233	Markana	58...60 Cu; 40...38 Zn; Rest Mn + Fe. V: korrosionsbeständige Legierung für Waschanlage	332810
234	Maschinen-bronze	80...90 Cu; 20...2 Sn; $\leq$16 Zn; $\leq$4 Pb. V: Lagerschalen, Armaturen, allgemeiner Maschinenbau	332809
235	Mazak	Ausländische Bezeichnung für die Fein-Zink-Spritzgußlegierungen s. Nr. 417...419	—
236	Mechanite	0,8...3 C; 0,8...1,4 Si; 1...1,4 Mn; 0...1 Cr; Rest Fe. V: korrosions-, hitze- und verschleißfeste Legierung (Steinbrecher)	332806
237	Megaperm 4510	45 Ni; 45 Fe; 10 Mn. V: hohe Anfangspermeabilität; Nachrichtentechnik	332807, 51213
238	Megapyr	65 Fe; 30 Cr; 5 Al (auch 20 Cr; 3 Al; Rest Fe). V: Widerstands-, Heizdraht; bis 1350° verwendbar	332807, 51212, 51214
238a	Mi 38 (39)	max. 0,8 Pb; 0,01 Li; Rest Zink. V: Tiefzieh- und Stanzbleche	—
239	Migraeisen	3,8...4,1 C; 1...3 Si; 0,4...1,5 Mn; Zusätze von Ni, Cr; Rest technisches Eisen. V: Kolben- und Zylinderguß	332806
240	Miramant	55 W; 2 C; 20 Mo; 15 Ta; Rest Fe. V: Schneidmetall	51216
240a	Mirus	5,3 Cu; 1,3 Zn; 1,3 Si; 0,3 Mn; 0,1 Mg; 1,9 Fe; 0,1 Ni; 0,9 Sb; 0,2 Pb; Rest Al. V: Al-Lagerlegierung	—
241	Mischmetall	Legierungen der Ceritmetalle. V: pyrophore Legierung, Feuersteine	—
241a	Mishima-Legierungen	10...40 Ni; 1...20 Al; < 1,5 C; Rest Fe. V: Dauermagnet	51213
242	Mitisguß	Sehr weicher Stahlguß. V: Maschinenbau	332806
243	Mittelrot-tombak	85 Cu; 15 Zn. DIN 1709, Ms 85. V: Bleche, Kunstgewerbe	332810
244	ML 1	3,5...5,5 Cu; 0,3...1 Si; 0,5...1 Mn; 0,5...1,2 Mg; Rest Al. DIN 1713 Al-Cu-Mg. V: Al-Knetlegierung	332801

5122 (Fortsetzung).

Nr.	Name		Erwähnt in
245	ML 3/53	4,8...6 Cu; bis 0,2 Si; 0,5...1,5 Mn; Rest Al. DIN 1713 Al-Cu. V: Al-Knetlegierung	332801
246	ML 4	0,2...1,2 Si; 0,5...2 Mn; 0,5...2,5 Mg; Rest Al. DIN 1713 Al-Mg-Si. V: Al-Knetlegierung	—
247	ML 5	0,2...1 Si; 0,2...0,6 Mn; 2,5...9 Mg; Rest Al. DIN 1713 Al-Mg. V: Al-Knetlegierung	—
248	ML 8/01	1...2,5 Mn; Rest Al. DIN 1713 Al-Mn. V: Al-Knetlegierung	—
249	MN 20	1,5 Mn; Rest Al. DIN 1713 Al-Mn. V: Al-Knetlegierung	—
250	Monelmetall	65...70 Ni; 25...30 Cu; Rest Fe+Mn+Si +C+S+P. V: Kondensatorrohre, Dampfturbinenschaufeln, Hausgeräte	332808, 51214
251	Mümetall	76 Ni; 17 Fe; 5 Cu; 2 Cr. V: hohe Anfangspermeabilität; Nachrichtentechnik	51213, 332807
252	Muntzmetall	60 Cu; 40 Zn (Ms 60). Nach DIN 1709, 1774, 1775, 1776. V: Schiffbau, Beschläge	332810
253	Musivgold	70 Cu; 30 Zn. V: Kunstgegenstände	332810
254	MWU 1	3,5...5 Cu; 0,3...0,9 Si; 0,2...1,4 Mn; 0,6...1,4 Mg; Rest Al. DIN 1713 Al-Cu-Mg. V: Al-Knetlegierung	332801
255	MWU 4	0,3...1,5 Si; 0,3...1,5 Mn; 0,5...2 Mg; Rest Al. DIN 1713 Al-Mg-Si. V: Al-Knetlegierung	—
256	MWU 5	0,3...0,8 Mn; 4,5...5,5 Mg; Rest Al. DIN 1713 Al-Mg. V: Al-Knetlegierung	—
257	MWU 6	0,3...1,5 Mn; 1,5...3 Mg; <0,1 andere; Rest Al. DIN 1713 Al-Mg-Mn. V: Al-Knetlegierung	—
258	MWU 8	0,8...1,3 Mn; Rest Al. DIN 1713 Al-Mn. V: Al-Knetlegierung	—
259	MZB	~DIN 1713 Al-Cu-Mg. V: Al-Automatenlegierung	—
260	NCT-Stähle (Nichrotherm)	0,15 C; 15...60 Ni; 15...25 Cr; Rest Fe. V: hitze- und korrosionsbeständige Gußlegierung (bis 1200° C)	332805, 332807, 51214
261	Nelson-Bohnalite	9...11 Cu; 0,22 Si; 0,3 Mg; Rest Al. V: Kolbenlegierung	332801, 51211
261a	Neochrom	20 Cr; 5 Al; 1,5...3 Co; Rest Fe. V: elektrische Heizdrähte bis 1300°	51214
262	Neonalium	6...14 Cu; Rest Al. DIN 1713 G Al-Cu. V: Al-Gußlegierung	332801
263	Neusilber	46...66 Cu; 19...31 Zn; 13...36 Ni. V: korrosionsfeste Legierung; Eßbestecke, Kunst- und Gebrauchsgegenstände, Münzen	332808, 332810, 51214, 51211
264	Newtons Metall	53 Bi; 26 Sn; 21 Cd. V: leicht schmelzende Legierung (F. 103°)	51215
265	Nichrom	80...90 Ni; 20...10 Cr. V: hitzebeständige Legierungen (bis 1300°)	332811, 51212, 51214
266	Nickelin	55...68 Cu; 19...33 Ni; ≤18 Zn. V: Widerstandsmaterial	332808, 51212
267	nickel silver	Neuere englische Bezeichnung für Neusilber, früher German silver	—
268	Nicorros	67 Ni; Rest Cu. V: hochkorrosionsbeständig; für Schiffbau	332808, 51214

5122 (Fortsetzung).

Nr.	Name		Erwähnt in
269	Nicrosil	Wie Nicrosilal, jedoch mit 5...9 Cu. V: säurebeständige Gußlegierung; chemische Industrie	51214
270	Nicrosilal	2...4 C; bis 18 Ni; bis 6 Si; bis 2 Cr; Rest technisches Fe. V: unmagnetische Gußlegierung; hitzebeständig	51214
270a	Nidabronze	8...9 Sn; P; Rest Cu. V: gute Gleiteigenschaften, Lager	332809
271	Nihard	Etwa 3 C; 0,6 Mn; 1 Si; 4,5 Ni; 1,5 Cr; Rest technisches Fe. V: Hartguß für hochverschleißteste Kalt- und Warmwalzen	—
271a	Nikalloy	49,7 Fe; 49,3 Ni; 0,2 Si; 0,7 Mn. V: Nachrichtentechnik	332807
272	Nimol	s. Niresist	51214
273	Niresist	2...4 C; 13...16 Ni; 6...8 Cu; 2...6 Cr; Rest Fe (technisch). V: säurebeständige, unmagnetische Gußlegierung; z. B. Kompaßgehäuse	51214
274	Nirosta	s. V1M-Stahl.	—
275	Nitensyl-Eisen	2,5...3,15 C; 1,2...2,75 Si; 0,5...0,9 Mn; 1...4 Ni; P und S möglichst niedrig; Rest technisches Eisen. V: hochbeanspruchte Maschinenteile	332806
276	Nivarox W und ähnliche	30 Ni; 58...62 Fe; 0,8 Mn; 1 Be; 9 Cr oder 8 W oder 6 Mo oder 1 Ti. V: temperaturunabhängiger Elastizitätsmodul; z. B. für Uhrenfedern	332807
277	Nomag	2...4 C; 12 Ni; 6 Mn; Rest technisches Fe. V: unmagnetische Gußlegierung	332806
278	Nüral	0,2...1 Si; 0,2...0,5 Mn; 3...12 Mg; Rest Al. DIN 1713 G Al-Mg. V: Al-Gußlegierung	—
279	Nüral 43	4,5...6 Si; Mn-Spuren, Mg-Spuren; 1,2 Fe; Rest Al. DIN 1713 G Al-Mg-Si. V: Al-Gußlegierung	332803
280	Nüral 122	9,5...10,2 Cu; 0,15...0,35 Mg; 0,8...1,5 Fe; Rest Al. V: Kolbenlegierung	332801
281	Nüral 132	0,8...2 Cu; 12,5...14,2 Si; 0,8...1 Mg; 0,5 Fe; 0,8...2,4 Ni; Rest Al. V: Kolbenlegierung	332801
282	Nüral 142	4...4,5 Cu; 1,3...1,8 Mg; 1,8...2,2 Ni; Rest Al. DIN 1713 G Al-Cu-Ni. V: Al-Gußlegierung	332801
283	Oerstit 200 und ähnliche	20...25 Ni; 10...12 Al; Rest Fe. V: Dauermagnete	51213
284	Okadur	~DIN 1713 Al-Cu-Mg. V: Al-Automatenlegierung	—
285	Optimai	~DIN 1713 Al-Cu-Mg. V: Al-Automatenlegierung	—
286	Orionmetall	42 Pb; 42 Bi; 16 Sn. V: für Klischees	—
287	Osmagal	1,8 Mn; Rest Al. DIN 1713 Al-Mn. V: Al-Knetlegierung	—
288	Packfong	s. Neusilber	—
289	Pantal	0,5...1 Si; 0,4...1,4 Mn; 0,8...2 Mg; Rest Al. DIN 1713 Al-Mg-Si. V: Al-Knetlegierung	—

5122 (Fortsetzung).

Nr.	Name		Erwähnt in
290	Pantal 5	5 Si; 0,7 Mn; 0,6...0,7 Mg; Rest Al. DIN 1713 G Al-Mg-Si. V: Al-Gußlegierung	332803
290a	Papenburger Bronze	4...5 Cu; 0,5...1 Sn; 0,1 Sb; Rest Zn. V: Zink-Lagermetall	332804, 332810
291	Patentnickel	75...75,5 Cu; Rest Ni. V: Widerstandsmaterial	332808, 51212
292	Patinastahl	Flußeisen mit etwa 0,2 Cu. V: schwerrostender Stahl für Hoch- und Maschinenbau	332806
293	Patronenmessing	67...72 Cu; Rest Zn. V: Tiefziehmessing	332810
294	Peraluman 2	1,3...1,5 Mn; 2...2,3 Mg; Rest Al. DIN 1713 Al-Mg-Mn. V: Al-Knetlegierung	—
295	Peraluman 7	Mn 0,3...0,5; 7 Mg; Rest Al. DIN 1713 Al-Mg. V: Al-Knetlegierung	—
296	Perlitguß	2,4...3,5 C; 0,5...1,5 Si; Zusätze von Ni und Cr; Rest technisches Eisen. V: Spezialguß für Maschinenbau	332806
297	Permalloy	78,5 Ni; 21,5 Fe. V: besonders hohe Anfangspermeabilität. Krarupkabel, Nachrichtentechnik	332807, 51213
298	Permalloy C	78,5 Ni; 18 Fe; 3 Mo; 0,5 Mn. V: besonders hohe Anfangspermeabilität. Nachrichtentechnik	332807, 51213
298a	Permatherm	20...22 Cr; 3...5 Al; Rest Eisen. V: Heizleiterlegierung bis 1300°	51214
298b	Permax	77,7% Ni; 0,8 Mn; 0,1 Si; 0,04 C; Rest Fe. V: hochpermeable Legierung; Nachrichtentechnik	332807
299	Permendur	50 Fe; 50 Co; oder 49 Fe; 49 Co; 2 V. V: hohe Permeabilität; Nachrichtentechnik	332807
300	Permenorm 4801	48 Ni; 52 Fe. V: hohe Anfangspermeabilität; Nachrichtentechnik	332807, 51213
301	Perminvar	45 Ni; 30 Fe; 25 Co. V: gleichbleibende Permeabilität; Nachrichtentechnik	332807, 51213
302	Perzit	48 Co; 28 Cr; 21 W; 2,5...3 C; Rest Fe. V: Schneidmetall	51216
303	Pewter	81...89 Sn; 1,7...8 Sb; 1,5...7 Cu; Pb oder Bi. V: Tafelgeräte (wie Britanniametall)	—
304	Phosphorbronze	72...95 Cu; 4...12 Sn; $\leq$20 Zn; $<$0,5 P. V: Bronze hoher Festigkeit, allgemeiner Maschinenbau, Lager	332809, 332810
305	Platinit	40...46 Ni; Rest Fe. V: thermischer Ausdehnungsbeiwert gleich dem verschiedener Glassorten und des Platins; Einschmelzdrähte, Glühlampensockel	332807, 51211
306	Platin-Iridium	95...80 Pt; 5...20 Ir. V: geringe Wärmeausdehnung, Thermoelemente, Normalmaßstab	51211, 51212
307	Platin-Rhodium	90 Pt; 10 Rh. V: Thermoelemente	51211, 51212
308	Polital	0,5...1,5 Si; 0,5...1 Mn; 0,2...0,6 Mg; 0,1...0,5 Ni; Rest Al. DIN 1713 G Al-Mg-Si. V: Al-Gußlegierung	—
309	Protal BD	~DIN 1713 Al-Cu-Mg. V: Al-Automatenlegierung	—

5122 (Fortsetzung).

Nr.	Name		Erwähnt in
309a	Pyrochrom	19...21 Cr; 76...79 Ni; < 0,5 Fe; 0...3 Mn; 0,5...1,5 Si; < 0,15 C. V: elektrische Heizdrähte bis 1200°	51214
310	Pyrophore Legierungen	Mischmetall-Legierungen mit Eisenzusatz	—
310a	Pyrotherm	~25 Cr; ~20 Ni; 0,5...1 Mn; 0,5...2,5 Si; < 0,15 C; Rest Fe. V: zunder- und warmfeste Legierung	—
311	Qualität 55	3...5 Cu; 0,3...0,7 Si; 0,3...0 8 Mn; Rest Al. DIN 1713 Al-Cu. V: Al-Knetlegierung	332801
312	Qualität M	0,85 Si; 0,6...0,9 Mn; 0,5...1 Mg; Rest Al. DIN 1713 Al-Mg-Si. V: Al-Knetlegierung	—
313	Quarzal	2...15 Cu; 0,4...0,8 Fe; 0,5...2 Mn; 0,15...5 Ni; 0,4...0,85 Si; ≤ 6 Cr, Co, Mo, W; ≤ 1 Alkali- und Erdalkalimetalle; Rest Al. V: selbstveredelnde Al-Guß- und Knetlegierung für Lager	332801
314	Radiometall	47 Ni; 2,7 Cu; 0,7 Mn; 0,6 Cr; Rest Fe. V: hohe Anfangspermeabilität; Nachrichtentechnik	332807
315	Regelmetall	83 Sn; 11 Sb; 6 Cu. V: Lagermetall	—
316	Remanite	Rostfreie Stahllegierungen, z. B. 15 Cr, 1 Ni; Rest technisches Fe. V: rostfreie Gegenstände	332805, 51214
317	Resistin	85 Cu; 15 Mn. V: elektrischer Widerstandsdraht	51212
318	Rheindur	3,5...5 Cu; 0,5...1 Si; 0,5...1 Mn; 0,5...1,2 Mg; Rest Al. DIN 1713 Al-Cu-Mg. V: Al-Knetlegierung	332801
319	Rheotan	53,2 Cu; 25,2 Ni; 16,7 Zn; 4,5 Fe; 0,4 Mn. V: hoher elektrischer Widerstand; Widerstandsmaterial	332808, 51212
320	Rhometall	40...45 Ni; 51,5...46,5 Fe; 5 Cr; 3 Si; Zusatz von Cu. V: hochpermeable Legierung für Nachrichtentechnik	332807, 51213
321	Roses Metall	50 Bi; 25 Pb; 25 Sn. V: leichtschmelzende Legierung (F. 94°)	51215, 332813
321a	Rotguß	87 Cu; 9 Sn; 4 Zn; 0,5 Pb. V: Sand- und Kokillengußlegierung; Lager	332809
322	Rottombak	90 Cu; 10 Zn. DIN 1709 (Ms 90). V: Bleche, Kunstgewerbe	332810
324	RR 50	1,3 Cu; ~2 Si; ~1 Mg; 1 Fe; 1,2 Ni; 0,1 Ti; Rest Al. V: Al-Gußlegierung	332801
325	RR 53	~2,2 Cu; 1,2 Si; ~1,5 Mg; 1,4 Fe; 1,3 Ni; 0,1 Ti; Rest Al. V: Al-Gußlegierung	332801
326	RR 56	~2 Cu; 0,6 Si; 0,8 Mg; 1,4 Fe; 1,2 Ni; 0,1 Ti; Rest Al. V: Al-Knetlegierung	332801
327	RR 59	2,3 Cu; 0,8 Si; 1,5 Mg; 1,3 Fe; 1,3 Ni; 0,1 Ti; Rest Al. V: Al-Knetlegierung	332801
328	RS-Legierung	0,7...1,2 Si; 0,7...1,2 Mn; 0,8...1,2 Mg; Rest Al. DIN 1713 Al-Mg-Si. V: Al-Knetlegierung	—
329	Rübel-Bronze	z. B. 39 Cu; 34 Fe; 18 Ni; Rest Al; mit veredelnden Zusätzen, z. B. Mn. V: hochwertige Sonderbronze, allgemeiner Maschinen- und Schiffbau	—

5122 (Fortsetzung).

Nr.	Name		Erwähnt in
330	SAE 2315 und ähnliche	Amerikanische Bezeichnung für genormte Stähle; s. z. B. ECN 45	332806
331	Satco	95,9...98,2 Pb; 0,11...0,62 Ca; 0,01...0,15 Mg; 0...0,54 Na; 0...0,06 K; 0...0,06 Li; 1,0...2,56 Sn; 0...0,25 Hg; 0,008...0,05 Al. V: Blei-Lagermetall	—
332	Sg Al-Cu	92...94 Al; 6...8 Cu; bis 2,5 Fe. DIN 1744. V: genormte Leichtmetall-Spritzgußlegierungen	332801
333	Sg Al-Cu-Ni	92...94 Al; 4,5...6 Cu; 1,5...2 Ni; bis 2,5 Fe. DIN 1744. V: genormte Leichtmetall-Spritzgußlegierungen	332801
334	Sg Al-Cu-Si	90...92,5 Al; 6...8 Cu; 1,5...2 Si; bis 2,5 Fe. DIN 1744. V: genormte Leichtmetall-Spritzgußlegierungen	332801
335	Sg Al-Mg	88,5...96 Al; 0...0,8 Cu; 0...1,2 Si; 4...9,5 Mg; bis 1,8 Fe; bis 0,2 Cu. DIN 1744. V: genormte Leichtmetall-Spritzgußlegierung	332802
336	Sg Al-Si	89,3...91,5 Al; 0,5...0,7 Mn; 8...10 Si; bis 1,8 Fe; bis 0,2 Cu. DIN 1744. V: genormte Leichtmetall-Spritzgußlegierungen	332803
337	Sg Al-Si-Cu	90...94 Al; 2,5...4 Cu; 3,5...6 Si; bis 2,5 Fe. DIN 1744. V: genormte Leichtmetall-Spritzgußlegierungen	332801, 332802
338	Sg Mg-Al-Zn	8...10 Al; 0,2...1 Zn; 0,1...0,5 Mn; 88,5...91,7 Mg. DIN 1744. V: genormte Leichtmetall-Spritzgußlegierungen	332802
339	Sg Pb 97 und andere	45...98 Pb; 4...41 Sn; 2...13 Sb; 1,5...3,5 Cu. DIN 1741. V: genormte Blei-Spritzgußlegierungen	332812, 332813
340	Sg-Sn 78 und andere	49...79 Sn; 12...18 Sb; 3,5...5 Cu; 0...34 Pb. DIN 1742. V: genormte Zinn-Spritzgußlegierungen	332813
341	Sg Zn-Al-Cu	91...96,5 Zn; 3,5...5 Al; 0...4 Cu; $<$ 0,1 Mg. DIN 1743. V: genormte Zink-Spritzgußlegierungen	332804
342	Sicromal (auch Sichromal)	$<$ 0,12 C; 6...20 Cr; 0,6...4,0 Al; 0,5...1,0 Si; Rest Fe. V: hitzebeständige Legierung je nach Zusammensetzung bis 1200°	332805, 51214, 51212
343	Silal	1,5...4,4 Cu; 0,3...0,6 Si; 0,6...1 Mn; 0,6...1,2 Mg; $<$ 0,1 Ti; Rest Al. DIN 1713 Al-Cu-Mg. V: Al-Knetlegierung	332801
344	Silal BD	~DIN 1713 Al-Cu-Mg. V: Al-Automatenlegierung	—
345	Silal K	1,5 Mn; bis 0,5 Mg; Rest Al. DIN 1713 Al-Mn. V: Al-Knetlegierung	—
346	Silal V	0,3...0,7 Si; 0,5...1 Mn; 0,8...1,5 Mg; 0,3 Ti; Rest Al. DIN 1713 Al-Mg-Si. V: Al-Knetlegierung	—
347	Silberlot	30...50 Cu; 25...52 Zn; 4...45 Ag. DIN 1710. V: Lötlegierungen für Silber, Gold; Hartlötmittel	332810, 51217
348	Silberperminvar	35...80 Ni; 20...65 Fe; Zusätze von Ag. V: gleichbleibende Permeabilität; Nachrichtentechnik	332807, 51213

5122 (Fortsetzung).

Nr.	Name		Erwähnt in
349	Silberstahl	0,9...1,2 C; 0,6...1 W; Rest technisches Fe. V: Werkzeuge-Handelsbezeichnung eines weit verbreiteten schwach legierten Stahls	—
350	Sil-Fos	15 Ag; 80 Cu; 5 P. V: Lötlegierung; F. 705°	—
351	Silicium-bronze	s. Corson-Legierung	—
352	Silumin	13 Si; Rest Al. DIN 1725 G Al-Si. V: Al-Gußlegierung	332803
353	Silumin	12...13,5 Si; Rest Al. DIN 1725 Al-Si. V: Al-Knetlegierung	332803
354	Silumin Beta (Gamma)	9...12,5 Si; 0,35...0,65 Mn; 0,25...0,35 Mg; Rest Al. DIN 1725 G Al-Si-Mg. V: Al-Gußlegierung	332803
355	Silumin Gamma	ausgehärtetes Silumin Beta	—
356	Simagal 200	0,5...1,5 Si; 0,3...1,3 Mn; 0,5...1,5 Mg; Rest Al. DIN 1713 Al-Mg-Si. V: Al-Knetlegierung	—
357	Skleron	12 Zn; 2 Cu; Mn; Fe; Li; Si; $\geq$83 Al. V: vergütbare Al-Knetlegierung	332804
357a	Sonnit	18...21 Cr; 8...10 Ni; 0,5 Mn; 0,5 Si; 0,1 C; Rest Fe. V: Behälter für chemische Industrie	—
358	Spanal 320	$\sim$DIN 1713 Al-Cu-Mg. V: Al-Automatenlegierung	—
359	Spreemetall	43 Zn; 1,5 Mn; 0,5 Pb; Rest Cu. V: seewasserbeständige Maschinenbaulegierung	332810
360	Sondermessing	55...60 Cu; Mn + Al + Fe + Sn $\leq$ 7,5%; Rest Zn. DIN 1709 So-Ms. V: Kolbenstangen, Warmpreßteile	332810
361	Superinvar	30,5...32,5 Ni; 4...6 Co; Rest Fe. V: besonders kleiner thermischer Ausdehnungsbeiwert	332807, 51211
362	Schaufel-messing	s. Gelbtombak	—
363	Schlaglot	42...54 Cu; 58...46 Zn; MsL 42, MsL 45, MsL 51, MsL 54. DIN 1711. V: Lötlegierungen für Messing	51217, 332810
364	Schmiede-messing	s. Muntzmetall	—
365	Schrauben-messing	s. Hartmessing Ms 58	—
366	Schrot-legierung	bis 2 As; bis 2 Sb; Rest Pb. V: Flintenschrot	—
367	Schweiß-stahl	0,02...1 C; 0...0,2 Si; 0,05...0,4 Mn; 0,05...0,3 P; <0,02 S; 0,15...4 Schlacke; Rest Fe; aus teigigem Zustand gewonnen. V: Preßmuttern	332806
368	St 37.11 und ähnliche	Normbezeichnung für reine Kohlenstoffstähle nach DIN 1611. 0...0,6 C; Rest technisches Fe. V: allgemeiner Maschinenbau; gehärtete Stähle für Werkzeuge	332806
369	St 37.12 und ähnliche	0...0,6 C; Rest technisches Fe. V: nach DIN 1612 und 1613. Baustähle	332806

5122 (Fortsetzung).

Nr.	Name		Erwähnt in
370	St 48	Reiner C-Stahl mit 48 kg/mm² Festigkeit. V: Baustahl	332806
371	St 52	Legierter C-Stahl mit 52 kg/mm² Festigkeit. V: hochwertiger Baustahl	332806
372	St C 10.61 und ähnliche	0,06...0,18 C; <0,35 Si; <0,5 Mn; Rest technisches Eisen nach DIN 1661. V: Maschinenteile	332806
373	Stg 38.81 und ähnliche	Bezeichnung für Stahlguß verschiedener Zusammensetzung und Güte nach DIN 1681. V: Maschinenbau	332806
374	Stg 38.81 D	Bezeichnung für Stahlguß verschiedener Zusammensetzung und besonderen magnetischen Eigenschaften nach DIN 1681. V: Dynamoteile	332806
375	Stg 38.81 S	Bezeichnung für besonders hochwertigen Stahlguß verschiedener Zusammensetzung und Güte nach DIN 1681. V: hochwertige Maschinenteile	332806
376	Stalanium	<0,2 Cu; <0,5 Si; <0,5 Mn; 6...9 Mg; <1 Sb; Rest Al. DIN 1713 G Al-Mg. V: Al-Gußlegierung	—
377	Stellit	40...55 Co; 15...35 Cr; 10...25 W; 1,5...3 C; Rest Eisen. V: Schneidmetall	51216
378	Stereotyp-Metall	s. Letternmetall	—
379	Temperguß	0,2...3 C; 0,6...1,4 Si; 0,07...0,6 Mn; 0,06...0,12 P; 0,03...0,5 S; 0,1...0,2 Cu; Rest Fe. Nach DIN 1692; durch bestimmte Glühverfahren schmiedbar gemachtes Gußeisen. V: kleine Abgüsse; Maschinenteile	332806
380	Tenax	≤5 Cu; ≤5 Al; Rest Zn. V: Zn-Spritzgußlegierung	332804
381	Textur-isoperme	35...50 Ni; 65...50 Fe; als Bänder mit Fasertextur. V: gleichbleibende Permeabilität; Nachrichtentechnik	332807, 51213
382	Therlo	85 Cu; 13 Mn; 2 Al. V: elektrisches Widerstandsmaterial	51212
383	Thermalloy	35...65 Ni; 12...20 Cr; Rest Fe. V: korrosionsbeständige Gußlegierung	332807
384	Thermax	C+Cr+Ni; Rest Fe. V: hitzebeständige Stähle	51214
385	Thermit	68...71 Pb; 22 Sb; 4 Sn; 2 Ni; Rest Cu+As+P+(Cd). V: Lagermetall	332812
385a	Thermochrom	15...18 Cr; 60...65 Ni; 1...2 Mn; 0,5...1,5 Si; <0,15 C; Rest Fe. V: elektrische Heizdrähte bis 1100°	51214
386	Thermoperm	~30 Ni; Rest Fe. V: stark temperaturabhängige Sättigung; magnetische Nebenschlüsse	332807
387	Thoran	92 W; 4 C; 4 Ta; Rest Fe. V: Schneidmetall	51216
388	Titanit	Ti; Ni; Mo; C. V: Schneidmetall (gesintert)	51216
389	Titan-Sonder-Seewasser	0,1...0,8 Si; 3...8 Mg; >0,3 Fe; 0,3 Ti; Rest Al. DIN 1713 G Al-Mg. V: Al-Gußlegierung	—

5122 (Fortsetzung).

Nr.	Name		Erwähnt in
390	Tordal	~DIN 1713 Al-Cu-Mg. V: Al-Automatenlegierung	—
390a	Torpedo 2129	77 Pb; 20 Sb; 0,9 As; 1,8 Ni. V: Blei-Lagermetall	—
391	Transformatorenbleche	bis 0,08 C; 3,8...4,2 Si; 0,1...0,2 Mn; bis 0,025 P; bis 0,025 S; Rest Fe. V: für Transformatorenkerne, geringste Magnetisierungsverluste	332806, 51213
392	Tulasilber	27,2 Ag; 9,3 Cu; 27,2 S; 36,3 NH_4Cl. V: Schmuckgegenstände	—
393	Ulmal	0,3...1,5 Si; 0,2...1,5 Mn; 0,5...2 Mg; Rest Al. DIN 1713 Al-Mg-Si. V: Al-Knetlegierung	—
394	Ulminium	3,5...5,5 Cu; 0,2...1,5 Si; 0,1...1,5 Mn; 0,2...2 Mg; Rest Al. DIN 1713 Al-Cu-Mg. V: Al-Knetlegierung	332801
394a	Ultrasi	18...20 Cr; 3...4 Al; 0,5...1 Si; 0,5 Mn; <0,12 C. V: Behälter für chemische Industrie — elektrische Heizdrähte bis 1200°	51212, 51214
395	Union-Baustahl	0,12...0,2 C; 0,3...0,5 Si; 0,7...1 Mn; 0,6...1 Cu; 0,4...0,6 Cr; Rest Fe. V: hochwertiger Baustahl	332806
396	Union-Lagermetall	Pb + 1,5 Mg + 0,3 Ca. V: Lagermetall	—
396a	Uno-Glyco	74,5 Pb; 10 Sn; 13,5 Sb. V: Blei-Lagermetall	332812, 332813
397	V2A-Stahl	≤0,1 C; 18 Cr; 8 Ni; Rest Fe. V: hochkorrosionsbeständiger Stahl	332805, 332807, 51214
398	VC 135	0,3...0,37 C; 0,9...1,2 Cr; 0,5...0,8 Mn; <0,35 Si; <0,06 S+P; Rest Fe. Nach DIN 1663. V: Vergütungsstähle für Bauteile	332806, 332807
399	VC Mo 125 und ähnliche	0,22...0,45 C; 0,9...1,9 Cr; 0,15...0,4 Mo; 0,3...0,8 Mn; <0,35 Si; teilweise 0,2 V; Rest Fe. Nach DIN 1663. V: hoch- und sehr hoch beanspruchte Bauteile. Vergütungsstähle	332805, 332806
400	VCN 45 und ähnliche	0,25...0,40 C; 0,3...1,5 Cr; 1,25...4,75 Ni; 0,4...0,8 Mn; <0,35 Si; Rest technisches Fe. Nach DIN 1662. V: hochbeanspruchte Bauteile; Vergütungsstähle	332806, 332805, 332807
401	VM-Stähle	0,1...0,5 C; 10...15 Cr; 1...3 Ni; Rest Fe; martensitisch. V: korrosionsbeständiger Stahl für Bestecke, Ventile	332805, 51214
402	Volomit	93 W; 4 C; 2 Mo; Rest Fe. V: Schneidmetall	51216
403	VT-Stahl	~0,9 C; ~0,9 Mn; Rest technisches Eisen. V: rein eutektoider Stahl, hoher Verschleißfestigkeit	332806
404	WA 301	~DIN 1713 Al-Mg-Si. V: Al-Automatenlegierung	—
405	Weißes Gußeisen	2...4 C; 0,3...1,5 Si; 0,15...15 Mn; 0,1...0,9 P; 0,01...0,25 S; Rest Fe. Daneben Ni, Cr, Mo. V: Walzen	332806
406	Weißgold	58...83 Au; 6...14 Ni; 2...21 Cu; 3...10 Zn; 0...2 Mn; 0...2,4 Cd oder 62...76 Au; 0,7...16 Pd; 7...23 Pt; 0...10 Ag+Zn+Cu. V: Schmuckgegenstände	—

5122 (Fortsetzung).

Nr.	Name		Erwähnt in
407	Weißmetall WM 80, WM 70	80 Sn; 11...12 Sb; 6...9 Cu; 0...2 Pb; 70 Sn; 13 Sb; 5 Cu; 12 Pb. V: Lager	332812, 332813
408	Weißmetall WM 5, WM 10	5...10 Sn; 15,5 Sb; 73,5...78,5 Pb; 1 Cu. V: Lager	332812, 332813
409	WI 301	~DIN 1713 Al-Cu-Mg. V: Al-Automatenlegierung	—
410	Wicromal	0,8...2 Mn; 0,2...0,7 Th; Rest Al. DIN 1713 Al-Mn. V: Al-Knetlegierung	—
411	Widia	5,4...8 C; 11...5,5 Co; 0,7 oder 12 Ti; Rest W. V: Schneidmetall (gesintert)	51216
412	Wipla	s. V 2 A-Stahl	—
413	Woods Metall	50 Bi; 25 Pb; 12,5 Sn; 12,5 Cd. V: leicht schmelzende Legierung (F. 60°)	51215, 332813
414	WT 10	s. Elinvar	—
415	Y-Legierung	3,8...4,2 Cu; 1,3...1,6 Mg; 0,3 Fe; 1,8...2,2 Ni; Rest Al. DIN 1713 Al-Cu-Ni. V: Al-Knetlegierung	332801
416	Y-Legierung	Cu 4,5; 1,5 Mg; 2 Ni; Rest Al. DIN 1713 G Al-Cu-Ni. V: Al-Gußlegierung	332801
417	Zamak 2 (Z 430)	2,5...2,9 Cu; 3,9...4,3 Al; 0,02...0,05 Mg; Rest Feinzink (99,99%). DIN 1743 Sg Zn-Al-Cu I. V: Zn-Spritzgußlegierung	332804
418	Zamak 3 (Z 400)	3,9...4,3 Al; 0,03...0,06 Mg; Rest Feinzink (99,99%). DIN 1743 Sg Zn-Al. V: Zn-Spritzgußlegierung	332804
419	Zamak 5 (Z 410)	0,9...1,25 Cu; 3,9...4,3 Al; 0,02...0,05 Mg; Rest Feinzink (99,99%). DIN 1743 Sg Zn-Al-Cu II. V: Zn-Spritzguß-, Sandguß-, Kokillengußlegierung, Lager	332804
419a	Zamak 10 (Z 1010)	9...11 Al; 0,5...1 Cu; 0,02...0,06 Mg; Rest Feinzink (99,99%). V: Zinkgußlegierung, Lager	332804
420	Zamak Alpha (Z 410)	4 Al; 1 Cu; 0,03 Mg; Rest Feinzink (99,99%). V: Zink-Knet- und Walzlegierung, Lager	332804
421	Zamak Beta (Z 1010)	0,5...2 Cu; 10 Al; 0,03 Mg; Rest Feinzink (99,99%). V: Zink-Knetlegierung (härtbar) auch für Automatenbearbeitung, Lager	332804
422	Zamak Eta (H) (Z 1000)	10 Al; 0,3 Cu (0,01 Mg); Rest Feinzink (99,99%). V: Zink-Knetlegierung (Zinkwalzlegierung für Stanzarbeiten)	332804
422a	Zamak Lambda (Z 100)	0,8 Al; 0,4 Cu; Rest Feinzink (99,99%). V: Zink-, Guß-, Walz- und Drahtlegierung	332804
423	Zilloy	~1 Cu; 0,01 Mg; Rest Zn. V: Dachdeckungsbleche	332810
423a	Zinkal M	0,5 Al; 1 Mn; Rest Feinzink (99,99%). V: Tiefziehblech	—
424	Zinkan	Bezeichnung für Al-plattierte Zinkbleche	—
424a	Zincuial	4 Al; 3 Cu; 0,1 Mg; Rest Zn. V: Zink-Lagermetall	332804
425	Zirkonal	2...15 Cu; ≤8 Fe; Mn; Ni; Co; Mo; W; ≤2 Alkali- und Erdalkalimetalle; Rest Al. V: selbstveredelnde Al-Guß- und Knetlegierung	332801

513 Korrosion von Werkstoffen.

Von **Walter Katz**, Berlin.

Das Korrosionsverhalten der wichtigsten metallischen und nichtmetallischen Werkstoffe wurde in den folgenden Tabellen zusammengestellt.

Beständigkeitstabellen (5131...5131).

Die Werkstoffe sind in die folgenden Gruppen unterteilt worden.

A. Metalle.

1. Leichtmetalle.
2. Eisen und Eisenlegierungen.
3. Nichteisenmetalle und Legierungen.
4. Edelmetalle und Legierungen.

B. Nichtmetalle.

1. Kunststoffe und Gummi.
2. Glas und keramische Erzeugnisse.
3. Holz.

Die gleiche Ordnungsfolge ist auch in den Beständigkeitstabellen beibehalten worden. Die Legierungen sind in die Gruppen des jeweiligen Hauptgrundmetalls eingeordnet.

Die Beständigkeitstabelle berücksichtigt die folgenden Korrosionsmittel:

5131 Lösungen von Salzen.
5132 Lösungen von Alkalien.
5133 Lösungen von Säuren.
5134 Gase.
5135 Wasser in der Hitze.
5136 Übersicht über die in den Korrosionstabellen behandelten Werkstoffen nach Namen geordnet. Dem Namen des Werkstoffes folgt, soweit bekannt, die Zusammensetzung. Die diesen Angaben folgenden Zahlen geben an, wo über den Werkstoff in den Beständigkeitstabellen Angaben zu finden sind.

Die Angaben sind aus Originalarbeiten und dem zusammenfassenden Schrifttum entnommen. Bevorzugt wurden Zahlenangaben über die Abtragung. Nebenumstände von Wichtigkeit sind vermerkt.

Die Abtragung A ist in der genormten Einheit $g \cdot m^{-2} \cdot Tag^{-1}$ angegeben.

Für die *Bewertung* der Beständigkeit in der 4. Spalte sind die folgenden Kurzzeichen benutzt worden:

bb = **b**esonders **b**eständig, Abtragungszahlen 0...5 g,
b = **b**eständig, Abtragungszahlen 5...10 g,
ub = **u**n**b**eständig, Abtragungszahlen über 10 g,
ohne Zahlenangaben:
verw = **verw**endbar, öfters mit Angabe der bekannten technischen Verwendung,
empf = **empf**ohlen.

Nach Möglichkeit ist das Verhalten der einzelnen Werkstoffe und nicht das von einer Werkstoffgruppe angegeben worden und auch möglichst das Verhalten bei verschiedenen Konzentrationen der Korrosionsmittel (in Spalte 2 in Gewichts-% angegeben) und die in Frage kommenden Temperaturen des Korrosionsmittels in Spalte 3 vermerkt worden. Nicht aufgenommen sind Untersuchungsergebnisse für niedrigere Konzentrationen oder Temperaturen, die keine bessere Beständigkeitsstufe als die angegebenen aufweisen, und dementsprechend auch keine für höhere

Konzentrationen und Temperaturen als der angegebenen, bei der sich der Werkstoff schon als unbeständig erwiesen hat. In Spalte 5 finden sich kurze Vermerke über Angriffsart, gegebenenfalls Temperatur-, Druck- und Konzentrationsbereiche für die Korrosionsangaben, dann Verwendungszwecke u. a. m. Beim Fehlen zahlenmäßiger Temperaturangaben gilt „*kalt*" für Raumtemperatur und wenig darüber, „*warm*" für etwa 50...120° und „*heiß*" für höhere Temperaturen. *Schmelzen* als Korrosionsmittel sind besonders bezeichnet.

Die zusammengestellten Angaben sind nur eine kleine kritische Auswahl aus dem umfangreichen Schrifttum.

Für eine erste Beurteilung einer Korrosionsfrage oder einer Frage über die Anwendbarkeit eines Werkstoffes geben die Tabellen nur die ersten Hinweise. Für eine genauere Begutachtung dürfen Nebenbestandteile der Lösungen (z. B. Fe II-, Fe III-Salze, gelöste Luft, CO_2 usw.) nicht unberücksichtigt bleiben, da sie das Korrosionsverhalten entscheidend beeinflussen können. Solche Sonderfälle müssen gegebenenfalls durch geeignete Korrosionsversuche geklärt werden.

Zur bequemen Umrechnung der Korrosionsangaben des Schrifttums, die in anderen Einheiten als der genormten ausgedrückt sind, werden beifolgend die am häufigsten benötigten *Umrechnungsfaktoren* angegeben.

Umrechnungsfaktoren F von verschiedenen Abtragungswerten A_x in die Einheit A in $g \cdot m^{-2} \cdot Tag^{-1}$; $A_x \cdot F = A$; und ihre reziproken Werte $A \cdot \frac{1}{F} = A_x$; ($\varrho$ = Dichte des Werkstoffes).

A_x	F	1/F
$mg \cdot dm^{-2} \cdot Tag^{-1}$	0,1	10
$mg \cdot cm^{-2} \cdot Tag^{-1}$	10	0,1
$g \cdot dm^{-2} \cdot (14\ Tage)^{-1}$	7,143	0,14
$g \cdot dm^{-2} \cdot (4\ Wochen)^{-1}$	3,571	0,28
$g \cdot dm^{-2} \cdot (100\ Tage)^{-1}$	1	1
$mm \cdot Jahr^{-1}$	$2{,}740\ \varrho$	$0{,}365\ 1/\varrho$
$Jahre \cdot mm^{-1}$	$0{,}364\ 1/\varrho$	$2{,}747\ \varrho$
$cm \cdot Tag^{-1}$	$10^4 \cdot \varrho$	$10^{-4} \cdot 1/\varrho$
$mm \cdot (100\ Tage)^{-1}$	$10 \cdot \varrho$	$0{,}1 \cdot 1/\varrho$
$inch \cdot year^{-1}$ (ipy)	$70{,}53\ \varrho$	$0{,}01418 \cdot 1/\varrho$

Die Korrosion ist z. B. in den folgenden Werken zusammenfassend behandelt:

Rabald, E.: Werkstoffe und Korrosion. Leipzig 1931.

Rabald, E.: In „Chemie Ingenieur", Bd. III, 2. Teil. Leipzig 1936.

Bauer, Kröhnke u. Masing: Die Korrosion metallischer Werkstoffe. Leipzig 1936.

MacKay, R. S. and R. Worthington: Corrosion. Resistance of Metals and Alloys New York 1937.

Freitag, H.: Die Werkstoffe der chemischen Apparate, 3. Aufl. Berlin 1939.

Ritter, F.: Korrosionstabellen metallischer Werkstoffe. Wien 1937.

Dechema: Werkstofftabelle.

Evans-Pietsch: Korrosion, Passivität und Oberflächenschutz von Metallen. Berlin 1939.

5131. Beständigkeit der Werkstoffe gegen Lösungen und wässerige Lösungen von Salzen.

Werkstoff	Gehalt der Salzlösung in %	ϑ in °C	Bewertung	Bemerkungen
51311 Korrosionsmittel: Alkalisalze.				
513111 Natriumchlorid.				
Reinaluminium	1,3	20	bb	
	>3	20	ub	
KS-Seewasser	—	—	empf	
Magnesium	—	—	ub	
Magnesiumlegierungen	—	—	ub	
Gußeisen	—	—	verw	
Niresist (6 Cr)	3	20	bb	
„ (2 Cr)	3	20	b	
Siliciumgußeisen	—	—	empf	
Thermisilid	—	—	empf	
Chromstahl (15 Cr)	5	30	b	
Chrom-Nickelstahl, 18/8	ges	20...100	b	
Nickel, rein	8	20	bb	
Monel	—	—	verw	Siebe, Bleche, im Salinenbetrieb
Nickel-Kupfer, 67/33	8	20	bb	
Kupfer, rein	8	20	b	
Kupfer-Nickel, 90/10	8	20	bb	
„ „ 90/10	4	20	b	
„ „ 80/20	8	20	bb	
„ „ 75/25	8	20	bb	
Phosphorbronze	—	—	verw	Pumpen, Filter
Corrix	5	90	bb	gegossen und gewalzt
Messing, Ms 70	verd	—	verw	
Zink	3	20	ub	auch mit 1% Na_2SO_4
„	5,8	20	b	
„	3*	20	bb	* +0,5 % $MgCl_2$
Zinkguß, Zn-Al-Cu (2,5 Cu)	3	20	b	
„ Zn-Al-Cu (1 Cu)	3	20	b	
„ Zn-Al	3	—	b	
„ Zamak 10	3	—	b	
diese 4 Legierungen chromatisiert	3	—	bb	
Silber	NaCl-Schmelze	—	ub	
Platin	desgl.	—	bb	
Quarz	„	900	bb	
Glas	Lsg	—	bb	
Steinzeug	Lsg	—	bb	
513112 Seewasser.				
Aluminium	—	—	ub	
KS-Seewasser	—	—	empf	
Gußeisen	—	kalt	bb	

5131 (Fortsetzung).

Werkstoff	Gehalt der Salzlösung in %	ϑ in °C	Bewertung	Bemerkungen
		513112 (Fortsetzung).		
Niresist (6 Cr)	—	20	bb	
Stahl, St 37	—	17	b	
Nickelstahl, 3,7 Ni	—	kalt	bb	
Nickel, rein	—	20	bb	
Nickel-Kupfer 67/33	—	20	bb	
Kupfer, rein	—	20	b	
Kupfer-Nickel, 90/10	—	20	b	
„ „ 80/20	—	20	ub	
„ „ 75/25	—	20	ub	
Admiralitätsmessing	—	—	verw	
Aluminiummessing (76; 22,2)	—	—	verw	
Corrix	—	20	bb	gegossen und gewalzt
Blei	—	kalt	bb	
Antimonblei, 1,6 Sb	—	kalt	bb	
Zink	—	20	bb	
513113 Konzentrierte Alkalichloridlösungen. (Salinenmutterlaugen mit hohem Gehalt an Magnesiumsalzen; s. auch 51313.)				
Aluminium und Legierungen	—	—	ub	starker und örtlicher Angriff
Magnesium und Legierungen	—	—	ub	
Gußeisen	—	90	b	warm verw., Gefäße, Rohrleitungen
Nickelgußeisen, 2 Ni	—	90	b	
Chromgußeisen, 2 Cr	—	90	b	
Remanit, 1530	—	90	bb	
Chromstahlguß; 25...30 Cr (HSB 1; Guronit GS 1; Nirosta)	—	90	bb	Pumpen, Ventile
Chromstahlguß; 25...30 Cr + Mo (HSB 3, Guronit GS 2; Nirosta-Molybdänguß; M 2, M 3, H 4)	—	90	bb	Pumpen, Ventile
Remanit, 2810	—	90	bb	Pumpen, Ventile
Chrom-Nickelstahlguß (Remanit 1218, — 1880 SS; Guronit GS 2-Extra)	—	90	bb	Pumpen, Ventile
Niresist, 2 Cr und —, 4 Cr	—	90	bb	
Nirol, 20 Cr	—	90	bb	
Thermisilid E	—	90	ub	örtlicher Angriff
Stahl, St 37	—	90	verw	aber örtlicher Angriff
„ St 35, St 45, St 55	—	90	verw	
Izettstahl	—	90	b	
Röhrenstahl	—	90	b	
FF 3	—	90	verw	
Ni-freie Chromstähle, 17 Cr	—	90	ub	
„ „ 17 Cr + Mo	—	90	verw	aber unsicher!
Chrom-Nickelstähle, 18/8	—	90	ub	örtlicher Angriff
„ „ 18/8 + Mo	—	90	ub	örtlicher Angriff

5131 (Fortsetzung).

Werkstoff	Gehalt der Salzlösung in %	ϑ in °C	Bewertung	Bemerkungen
		513113 (Fortsetzung).		
Monel	—	90	ub	örtlicher Angriff, kalt verw., Siebe
Kupfer	—	90	b	Heizröhren
Kupfer-Nickel	—	90	ub	
Messing	—	90	ub	Entzinkung!
Al-Messing	—	90	b	
Zinnbronzen	—	90	verw	für Heizrohre unsicher
Aluminiumbronze, AlBz 4	—	90	bb	verw, Heizrohre
Corrix	—	90	bb	
Resistin	—	90	bb	Wellen
Sicudur A	—	90	ub	örtlicher Angriff
Blei	—	kalt	verw	warm, ub
Zink	—	warm	ub	kalt, verw
Silber	—	—	verw	
Haveg	—	warm	ub	Quellung
„	—	kalt	verw	
Mipolam	—	kalt	verw	
„	—	warm	ub	
		513114 Sulfate.		
Aluminium, 99,5	10	80	verw	
Silumin	20	20	bb	
Gußeisen	10	20	bb	
Schmiedeeisen	10	20	bb	
Nickel, rein	8	20	bb	
„	Schmelze	—	verw	
Kupfer, rein	8	20	bb	
Kupfer-Nickel, 90/10, 80/20, 75/25, 67/33	8	20	bb	
Blei, rein	bis 20	8	bb	
Zink, rein	1	20	bb	
Kunststoffe, Gummi	—	—	verw	
		513115 Carbonate.		
Aluminium, 99,5	1	20	bb	
„ 99,5	10	65	bb	mit Silicatzusatz
„ 99,5	10	65	ub	ohne Silicatzusatz
Eisen	—	—	verw	
Chrom-Nickelstahl, 18/8	20	S.P.	b	
„ „ 18/8	Schmelze	—	ub	
„ „ 24/10	25	S.P.	bb	
Nickel, rein	bis 20	100	verw	
„	Schmelze	—	verw	
Blei, rein	1	kalt	bb	
Zinn	1	20	bb	
Zink	5	65	bb	
Platin	Schmelze	—	ub	
Quarz	5	18	bb	
„	10	100	b	
„	Schmelze	—	ub	

5131 (Fortsetzung).

Werkstoff	Gehalt der Salzlösung in %	ϑ in °C	Bewertung	Bemerkungen
513116 Nitrate.				
Aluminium, 99,5	—	warm	verw	
„ 99,5	Schmelze	—	verw	
Izettstahl	—	—	verw	Rohrleitungen, Behälter, Verdampfer
Chrom-Nickelstahl, 18/8	50	100	verw	
„ „ 18/8	Schmelze	—	verw	bis 550°
Nickel, rein	Schmelze	310	verw	
Silber	Schmelze	—	ub	
513117 Trinatriumphosphat.				
Nickel, rein	8	20	bb	
Kupfer, rein	8	20	bb	
Kupfer-Nickel, 90/10, 80/20, 75/25, 67/33	8	20	bb	
Zink	5	65	bb	
51312 Ammoniumsalze.				
513121 Ammoniumchlorid.				
Aluminium, 99,2	—	—	ub	örtlicher Angriff
„ 99,5	5	20	bb	für trockenes Salz verwendet
Duralumin	5	20	bb	
Silumin	10	20	bb	
Gußeisen	5	20	verw	
Niresist, 6 Cr	5	20	bb	
Thermisilid	50	100	verw	
Schmiedeeisen	5	20	verw	
Chrom-Nickelstahl, 18/8	28	100	ub	
Kupfer	—	—	ub	
Aluminiumbronze, 8	5	20	verw	
Zink	10	20	verw	Angriff!
Blei	10	100	verw	
Kunststoffe	—	—	verw	
Hartgummi	—	—	verw	Verdampfer
513122 Ammoniumsulfat.				
Aluminium, 99,2	ges*	—	ub	* +8% H_2SO_4
„ 99,2	—	65	bb	verd. und konz.
Niresist, 6 Cr	10	20	bb	
Monel	—	—	verw	Rohre, Gewebe
Zinnbronze, 4,9 Sn	—	—	verw	Spindeln, Zentrifugenkörbe, Siebe
Corrix	—	—	verw	Sättiger

5131 (Fortsetzung).

Werkstoff	Gehalt der Salzlösung in %	ϑ in °C	Bewertung	Bemerkungen

51313 Erdalkalichloride.

Siehe auch 513113.

Werkstoff	Gehalt der Salzlösung in %	ϑ in °C	Bewertung	Bemerkungen
Aluminium, 99,5; $MgCl_2$, $CaCl_2$	1	20	bb	
„ 99,5 . . . $CaCl_2$	konz	kalt	bb	Kühlsole + Verzögerer. Örtlicher Angriff
Gußeisen . . . . $MgCl_2$	1	20	bb	
Niresist, 6 Cr . . . . $MgCl_2$	10	20	bb	
Schmiedeeeisen . . . . $MgCl_2$	1	20	bb	
Chromstahl, 15 Cr . . $CaCl_2$	20	30	b	
Chrom-Nickelstahl, 18/8; $MgCl_2$	—	—	ub	örtlicher Angriff
Nickel, rein . . . . . $CaCl_2$	20	kalt	bb	
Kupfer, rein . . . . . $CaCl_2$	20	kalt	ub	
„ „ . . . . $MgCl_2$	10	90	b	
„ „ . . . . $MgCl_2$	1	90	bb	
Phosphorbronze, 3,4 Sn; $MgCl_2$	10	20	bb	
Zinn, rein . . . $MgCl_2$, $CaCl_2$	1	20	bb	
Zink, rein . . . . . . $MgCl_2$	0,5	20	bb	
Quarz . . . . $BaCl_2$	Schmelze	1350	b	

5132 Beständigkeit der Werkstoffe gegen Schmelzen und wässerige Lösungen von Alkalien.

51321 Ätznatron, Ätzkali.

Werkstoff	Gehalt der Salzlösung in %	ϑ in °C	Bewertung	Bemerkungen
Aluminium, rein	4	20	ub	
„ „	33	20	ub	
Duralumin	33	20	ub	
Gußeisen	30	80	bb	is 50%
Ni-Gußeisen (3 Ni)	Schmelze	—	verw	
„ (3,5 Ni)	50	—	verw	bis 65% im Vakuum
„ (20...30 Ni) . .	75	20	b	
„ (16,7 Ni)	Schmelze	—	b	
Chrom-Nickelstahl, 24/10 . .	55	S.P.	bb	Schmelze, verw
„ „ 20/7 . .	50	S.P.	b	
„ „ 20/7 . .	Schmelze	315	b	
„ „ 20/7 . .	Schmelze	360	ub	
Niresist (2 Cr)	50	warm	bb	Schmelzkessel
Silicium-Gußeisen	20	100	ub	
Thermisilid	20	100	ub	
Stahl	30	80	bb	bis 50%
Izettstahl	konz	—	verw	Behälter, Seifenind.
Chromstahl (14 Cr)	30	80	ub	bis 50%
Chrom-Nickelstahl, 18/8 . . .	10	77	bb	
„ „ 18/8 . . .	27	S.P.	b	
„ „ 18/8 . . .	70	127	bb	
„ „ 18/8 . . .	Schmelze	—	ub	
Nickel, rein	konz	93	bb	verw, gesinterte Filterkerzen
Monel	30	80	bb	bis 50%
Nickel-Chrom, 80/20	—	100	ub	
Kupfer	30	80	bb	bis 50%

5132 (Fortsetzung).

Werkstoff	Gehalt der Salzlösung in %	ϑ in °C	Bewertung	Bemerkungen
Ni-Messing	30	80	bb	bis 50%
Corrix	20	20	bb	gegossen und gewalzt
„	20	90	b	gegossen und gewalzt
Blei	—	—	ub	
Zink	—	—	ub	
Platin	Schmelze	—	verw	
Gold	Schmelze	—	verw	
Silber	Schmelze	—	ub	
„	75	100	bb	
Buna-Hartgummi	—	—	b	
Haveg-Alciphen	verd	kalt	empf	
Quarz	10	18	bb	
„	8	100	ub	
Glas	—	heiß	ub	

51322 Ammoniak.

Wässerige Lösung.

Aluminium, 99,5	konz	20	bb	NH_3-Kühlsysteme u. Gewinnungsapparate
„ 99,2	konz	20	b	
Silumin	25	20	bb	
Magnesium	verd	20	empf	
Gußeisen	—	—	verw	Behälter, Leitungen
Silicium-Gußeisen	—	—	ub	
Thermisilid	verd	100	ub	
„ E	verd	100	ub	
Stahl	25	20	bb	
„	0,6	—	ub	bei Gegenwart von NH_4Cl; Lochfraß
Remanit, 1710	25	20	bb	
Chrom-Nickelstahl, 18/8	0,1	20	bb	
„ „ 18/8	—	S.P.	b	
Nickel, rein	10	20	bb	ohne und mit Luft
„ „	konz	20	ub	mit Luft
Monel	20	20	b	ohne und mit Luft
„	10	20	ub	Bewegung u. mit Luft
Kupfer, rein	1	20	ub	Bewegung u. mit Luft
Messing	—	—	ub	
Admiralitätsmessing	2	20	ub	ohne und mit Luft
Zinnbronze (5 Sn)	—	—	ub	
Aluminiumbronze (8 Al?)	35	20	ub	
Blei	3,5	20	bb	auch belüftet
Zink	—	—	ub	
Zinn	—	20	verw	
Haveg	—	—	verw	
Hartgummi	—	warm	verw	
Holz	verd	—	verw	

5132 (Fortsetzung).

Werkstoff	Gehalt der Salzlösung in %	ϑ in °C	Bewertung	Bemerkungen
		Gasförmig.		
Aluminium, 99,5	—	bis 700	verw	Synthese
„ 99,5	—	bis 300	verw	mit Luft
Eisen	—	500	ub	Entkohlung
„	—	kalt	verw	
Chromstahl	—	heiß	verw	
Chrom-Nickelstahl, 16 Cr, 15 Ni	—	510	verw	gasundurchlässig
„ „ 18 Cr, 8 Ni	—	900	verw	Synthese
„ „ 25 Cr, 20 Ni	—	600	verw	
Nickel, rein	—	500	ub	
Monel	—	500	ub	
Nickel-Chrom, Fe-haltig	1000 atü	600	verw	Synthese
Zinnbronze	—	—	ub	
Messing	—	—	ub	
Platin	—	heiß	ub	Zersetzung

5133 Beständigkeit der Werkstoffe gegen Säuren und Säurelösungen.

51331 Wässerige Lösung von Flußsäure.

Aluminium	—	—	ub	
Magnesium, rein	—	—	verw	Gefäße
„ „	1	—	ub	
„ „	>5	—	verw	ohne Luft, Behälter
„ -Legierung	—	—	ub	
Gußeisen	—	—	verw	
Silicium-Gußeisen	—	—	ub	
Eisen	—	—	verw	Gefäße nach Passivierung mit 58%iger HF
Flußeisen	konz	—	verw	nach Passivierung mit 58%iger HF
Chrom-Nickelstähle	—	—	ub	
V 2 A	40	20	ub	
V 2 A	—	100	empf	HF-Dämpfe
V 4 A	—	100	empf	HF-Dämpfe
V 6 A	—	100	empf	HF-Dämpfe
Nickel, rein	—	—	verw	nach Passivierung
Monel	60	18	bb	Vorrats- und Ätzbehälter, Pumpen
„	48	80	b	
„	—	18	verw	für Beizpaste
Nickel-Chrom (20 Cr)	40	20	verw	
Kupfer, rein	—	—	ub	wasserfrei, empf
Corrix, gegossen und gewalzt	40	20	bb	
Blei	—	kalt	verw	Gefäße
„	48	80	ub	
Platin	—	—	verw	auch Gemische mit HNO_3
Silber	verd	—	verw	ohne Luft

5133 (Fortsetzung).

Werkstoff	Gehalt der Salzlösung in %	ϑ in °C	Bewertung	Bemerkungen
Phenol-Formaldehyd-Harze	—	—	verw	als Kitt zum Verlegen von Platten
Haveg, 43	—	—	verw	
Trolitul	—	—	verw	
Plexiglas	—	—	verw	
Hartgummi	—	—	verw	
Glas	—	—	ub	
Quarz	—	—	ub	
Email	—	—	ub	
Steinzeug	—	—	ub	

51332 Chlorwasserstoff[1].

Wässerige Lösung.

Aluminium, 99,5	4	20	ub	
Reinstaluminium, 99,99	—	—	b	
Gußeisen	3,5	20	ub	
Chromstahlguß, 25 Cr	10	kalt	b	
„ 25 Cr	10	warm	ub	
Muriatit	20	20	bb	verw., Pumpen
„	10	20	bb	+ Chinoidin-Zus.
„	35	20	ub	
„	3,5	70	ub	
Niresist (2 Cr)	—	—	ub	
„ (6 Cr)	20	20	b	luftfrei
Silicium-Gußeisen, 13...15	25	20	bb	
Thermisilid, extra	37	20	bb	Pumpen
Durichlor	konz	25	bb	
Silicium-Gußeisen + Mo	15	45	b	
Flußstahl	10	20	b	mit Chinoidin-Zus.
„	10	20	ub	
„	0,7	20	ub	
Eisen	bis 10	20	b	Chinoidin-Zus.
V 1 M	10	kalt	b	warm, ub
V 5 M	10	kalt	b	
V 2 A	3,6	20	ub	Chrom-Nickelstähle 18/8 allgemein ub; Remanit 1880, Deutro 18/8, ub
V 2 A	10	warm	ub	
V 16 A	10	20	b	
Nickel, rein	0,7	20	bb	
„	3	warm	bb	
„	5,2	20	ub	lufthaltig
Monel	20	25	b	Beizkörbe
„	—	warm	ub	

[1] Anwesenheit von Chlor, Luft, $FeCl_3$ verstärken den Angriff. Anwesenheit von As, Zucker, Sparbeizen, Chinoidin verringern den Angriff.

5133 (Fortsetzung).

Werkstoff	Gehalt der Salzlösung in %	ϑ in °C	Bewertung	Bemerkungen
Nickel-Chrom (88 Ni, 11 Cr, 1 Mn)	10	20	ub	
Nickel-Chrom (50 Ni, 33 Cr, 16 Fe)	10	20	ub	
Contracid (B 2,5 M, B 4 M, B 7 M, B 6 M, BW 10 M, BWMC)	10	20	bb	
Contracid (sämtliche)	10	100	ub	
Chroman E	10	20	b	
Hastelloy A	37	25	bb	
„ A	2	25	b	unbelüftet
„ A	10	25	ub	belüftet
„ C	konz	—	verw	
Nickel-Molybdän (20 Mo)	konz	20	bb	
Kupfer, rein	20	20	b	luftfrei
„ „	15	100	ub	
„ „	5,2	20	ub	mit Luft
Kupfer-Nickel, 90/10	5,2	20	ub	
„ „ 80/20	5,2	20	ub	
„ „ 75/25	5,2	20	ub	
„ „ 67/33	5,2	20	ub	
Phosphorbronze	15	100	ub	
„	30	100	ub	
Zinnbronze (5 Sn)	3,5	15	b	
„ (3,4 Sn)	3,5	15	b	
AlBz 8	3	15	bb	
Corrix	15	100	ub	
Manganbronze (3,5 Mn)	3,5	15	b	
Blei	0,7	25	ub	auch warm, ub
Hartblei	10	20	bb	
„	10	100	b	
„	35	20	b	Armaturen, Hähne
„	35	100	ub	
Zinn	1	20	b	
Antimon	10	100	bb	
FM	37	75	verw	
FM	37	30	bb	
Chrom, rein	10	100	ub	
Molybdän	10	100	b	
Silicium	10	100	bb	
Zink	—	—	ub	
Platin	15	25	bb	o. Luft } bei höherer Temp. ub; verw., Gelatine-Industr.
Gold	15	25	bb	
Silber	15	25	b	
„	1	110	b	+ 33% $CaCl_2$
„	1	110	bb	+ $CaCl_2$ + AgCl
Haveg	—	warm	verw	
Buna-Hartgummi	jede Konz.	—	bb	
Glas, Quarz, Steinzeug, Steine	—	—	verw	

5133 (Fortsetzung).

Werkstoff	Gehalt der Salzlösung in %	ϑ in °C	Bewertung	Bemerkungen
		Gasförmig.		
Aluminium	—	—	b	trocken
Gußeisen	—	200	verw	trocken
„	—	—	ub	in Gem. mit NH_3
Chrom-Nickelstahl, 18/8	—	—	b	trocken
Monel	—	93	verw	feucht, Beizerei
Tantal	—	150...175	verw	Absorptionskammern, feucht
		Gelöst in Alkohol (%).		
Muriatit (96%)	10	20	ub	
Flußstahl (96%)	10	20	ub	Zus. v. As u. Chinoidin hemmt
„ (100%)	10	20	ub	desgl.
Kupfer (96%)	10	20	ub	desgl.
„ (100%)	10	20	ub	desgl.
		Gelöst in Toluol.		
Gußeisen	—	kalt	verw	
Nickel	—	—	verw	
Blei	—	—	verw	bei Chlorierung

51333 Schwefelsäure.

Aluminium, 99,3	6	20	bb	
„ 99,3	10	20	verw	
„ 99,3	50	20	ub	
Avional D	20	20	b	
Anticorrodal	20	20	bb	
KS-Seewasser	5	20	b	
„	10	20	ub	
Silumin	5	20	ub	
„ $\varrho = 1{,}84$	konz	20	bb	
Gußeisen	verd	20	ub	unter 62%
„	konz	20	bb	über 80%
Stahlguß	80	warm	verw	
Chromstahlguß (25 Cr)	10	kalt	b	heiß ub
Niresist (2 Cr)	—	—	ub	mit Luft
„ (6 Cr)	20	20	bb	ohne Luft
„ (6 Cr)	90	90	verw	Petroleum-Ind
Duriron	95	20	bb	
Thermisilid	konz	S.P.	bb	über 65%
„	verd	kalt	b	über 35%
„ E	konz	S.P.	bb	über 60%
Schmiedeeisen	konz	kalt	verw	Kesselwagen
V 1 M	10	kalt	b	heiß ub
V 5 M	10	kalt	ub	heiß ub

5133 (Fortsetzung).

Werkstoff	Gehalt der Salzlösung in %	ϑ in °C	Bewertung	Bemerkungen
Chrom-Nickelstahl, 18/8	konz	kalt	verw	75...98%
„ „ 18/8	verd	kalt	ub	bis 75%
V 2 A	10	kalt	b	heiß ub
Nickel	4,2	20	ub	
„	50	20	verw	
„	96	60	verw	Fettspaltung und Sulfurierung
Monel	10	kalt	verw	Abzugsrohre, galvan. Anstalten
„	kalt	—	verw	in Ölsulfurierungsanlagen, Fettspaltung, Gerberei
Nickel-Kupfer, 52/48	62	95	b	luftempfindlich
„ 41/59	62	95	ub	
Nickel-Chrom (88 Ni, 11 Cr)	10	20	bb	
Inconel	—	—	verw	Fettspaltung, Ölsulfurierung
Nickel-Chrom (55 Ni, 33 Cr, 16 Fe)	10	20	bb	
Contracid, B 2,5 M	10	kalt	bb	warm b
„ B 7 M	10	kalt	b	warm b
Kupfer	96,5	20	bb	ohne Luft
„	20	50	b	ohne Luft
„	96,5	35	b	ohne Luft
„	verd	20	ub	mit Luft
Kupfer-Nickel, 90/10	4,2	20	ub	
„ „ 80/20	4,2	20	ub	
„ „ 75/25	4,2	20	ub	
„ „ 67/33	4,2	20	ub	
Messing, 60	10	20	ub	
„ 70	10	20	ub	
Zinnbronzen (5 Sn)	10	15	bb	
„ (3,4 Sn)	10	15	bb	
„ (10...12 Sn)	—	—	verw	
AlBz 8	10	15	bb	
„	bis 35	90	verw	
Corrix	33	90	bb	
Manganbronze (3,5 Mn)	10	15	bb	
Blei	50	20	b	ohne Luft
„	80	warm	verw	(75..85%), Kammern
„	20	20	b	mit Luft
„	konz	—	ub	über 85%
Platin	95	200	verw	
„	95	250	ub	
Gold	konz	heiß	verw	
Silber	—	warm	ub	
Haveg	konz	—	ub	
Buna	bis 50	—	verw	
Quarz	100	S.P.	verw	

5133 (Fortsetzung).

Werkstoff	Gehalt der Salzlösung in %	ϑ in °C	Bewertung	Bemerkungen
Mischsäure ($H_2SO_4 + HNO_3$).				
Aluminium	—	—	verw	
Silumin	10	20	bb	
Gußeisen	90	20	b	
„	20	20	verw	ab 15% H_2SO_4
Thermisilid	—	—	verw	
Nirosta, Cr-Guß	—	—	verw	
Blei	—	—	ub	
Silber	—	—	ub	
Kunststoffe	—	—	ub	
Schwefelsäure + NH_3.				
Monel	—	—	verw	Sättiger
Corrix	—	—	verw	Sättiger
51334 Salpetersäure.				
Aluminium, 99,3	10	20	b	
„ 99,3	30	20	ub	
„ 99,3	40	20	b	über 40% verw
„ 99,3	65	20	bb	über 65%; Kesselwag.
„ 99,3	—	—	ub	für HNO_3 aus Salpeter (J' und Cl'!)
Avional D	bis 40	20	ub	
„	56	20	verw	über 56%
„	65	20	b	
Antikorrodal	bis 40	20	ub	
„	50	20	verw	ab 50%
„	65	20	b	
Silumin, Guß	25	20	ub	
„ „	65	20	bb	
„ „	68	90	ub	
„ gewalzt	30	20	ub	
„ „	50	20	b	
Gußeisen	über 90	20	verw	
„	verd	—	ub	bis 90%
Chromstahl (25 Cr)	10	kalt	bb	warm b
Nirosta	—	—	verw	
Wegucit	—	—	verw	
Niresist (2 Cr und 6 Cr)	—	20	ub	
Thermisilid (und — E)	—	—	verw	Pumpen, Kühler
Duriron	70	kalt	bb	bis 70%
Eisen	verd	kalt	ub	
Chromstahl (17 Cr)	10	S.P.	b	
„ (14 Cr)	10	S.P.	ub	
Deutro, D 16	verd	—	verw	HNO_3-Ind., Kühler
V 5 M	10	kalt	bb	warm ub
V 1 M	10	kalt	bb	Spindeln, Pumpen
V 1 M	10	warm	b	
V 17 F	—	—	verw	

5133 (Fortsetzung).

Werkstoff	Gehalt der Salzlösung in %	ϑ in °C	Bewertung	Bemerkungen
Chrommolybdänstahl, 18/2 . .	verd	S.P.	bb	
(Deutro 9, Remanit 1710 S)	konz	S.P.	bb	
Chrommolybdänstahl, 14/2 . .	10	S.P.	b	
VK 17 F	—	—	verw	
Chrom-Nickelstahl, 18/8 . . .	10	warm	bb	
(V 2 A, Deutro 18/8, Remanit 1880)	—	—	bb	verw, Absorptionstürme
V 4 A	—	—	bb	
Chrom-Nickelstahl 18/8 . . .	—	—	ub	bei Gegenwart von Cl′
Nickel, rein	—	—	ub	
Monel	—	—	ub	
Nickel-Chrom, 88/11	10	20	bb	
,, 50 Ni, 33 Cr, 16 Fe	10	20	ub	
Contracid, B 2,5 M	10	kalt	ub	
,, B 7 M	10	kalt	b	
,, B 7 M	10	warm	b	
Hastelloy A und B	—	—	ub	
Kupfer, rein	—	—	ub	
Kupfer-Nickel	—	—	ub	
Zinnbronzen (3,4...5 Sn). . .	—	15	ub	
Aluminiumbronze, 8	6	15	bb	
,, ...	32	15	ub	
Manganbronze (3,5 Mn) . . .	6	15	ub	
Blei, rein	—	20	ub	konz, greift weniger an als verdünnt
Platin	—	—	b	
Gold	—	—	b	
Silber	—	—	ub	
Kunststoffe	—	—	ub	
Buna-Hartgummi	—	—	b	beschränkt anwendbar
Gummi	konz	—	ub	
Hartgummi	20	—	empf	
Glas	—	—	b	
Quarz	—	—	bb	
Steinzeug	—	—	bb	
Basalt	—	—	bb	
Granit	—	—	verw	Absorptionstürme

51335 Phosphorsäure.

Aluminium, 99,3	10	20	bb	bis 10%
,, 99,3	20	20	b	bis 20%
,, 99,3	20	65	b	bis 20%
,, 99,3	konz	—	ub	
Silumin, gewalzt	2,5	20	ub	
Gußeisen	10	65	b	reduzierend
,, ...	20	20	ub	
,, ...	78	60	ub	mit Luft

5133 (Fortsetzung).

Werkstoff	Gehalt der Salzlösung in %	ϑ in °C	Bewertung	Bemerkungen
Chromstahl (25 Cr)	10	warm	bb	
„ (25 Cr), geglüht	10	warm	b	
Niresist (2,5 Cr)	10	65	bb	reduzierend
„ (2,5 Cr)	78	60	b	oxydierend
„ (2,5 Cr)	78	85	ub	oxydierend
„ (4 Cr)	10	65	bb	reduzierend
„ (4 Cr)	78	60	bb	oxydierend
„ (4 Cr)	78	85	ub	oxydierend
„ (4 Cr)	90	85	bb	oxydierend
„ (6 Cr)	50	20	bb	
„ (4 Cr)	84% P_2O_5	60	bb	ohne Luft
„ (4 Cr)	84% P_2O_5	120	b	ohne Luft
„ (4 Cr)	84% P_2O_5	180	ub	ohne Luft
Thermisilid	10	S.P.	bb	
„ E	80	20	bb	
„ E	80	S.P.	ub	
Duriron	50	97	bb	
„	87	—	bb	von 10...87%
„	50	97	ub	roh mit HF und $Fe^{\cdot\cdot\cdot}$
„	90	85	bb	oxydierend
„	10	65	bb	reduzierend
„	84% P_2O_5	60	bb	
„	84% P_2O_5	120	ub	
Durichlor	90	85	bb	oxydierend
„	10	65	bb	reduzierend
Eisen	—	—	ub	
V 1 M	10	kalt	bb	warm b
V 1 M, geglüht	10	kalt	b	warm ub
V 5 M	10	kalt	bb	warm b
V 2 A	10	kalt	bb	warm b
V 2 A, geglüht	10	warm	b	
V 4 A	konz	60	verw	
Durco, KA 2 S	84% P_2O_5	120	bb	ohne Luft
„ KA 2 S	84% P_2O_5	180	ub	ohne Luft
„ KA 2 S + Mo	84% P_2O_5	120	bb	ohne und mit Luft
„ KA 2 S + Mo	84% P_2O_5	180	ub	ohne und mit Luft
Nickel	8,4	20	ub	mit Luft
Nickel-Kupfer, 67/33	8,4	20	ub	mit Luft
Monel	—	—	ub	
Contracid, B 2,5 M	10	warm	bb	geglüht und ungeglüht
„ B 7 M	10	kalt	bb	geglüht und ungeglüht
„ B 7 M	10	warm	ub	geglüht und ungeglüht
Kupfer	84	20	ub	mit Luft
Kupfer-Nickel, 90/10	8,4	20	ub	
„ „ 80/20 und 75/25	8,4	20	ub	
Messing, 85	84% P_2O_5	60	bb	ohne Luft
„ 85	84% P_2O_5	180	b	ohne Luft
„ 85	84% P_2O_5	120	b	mit Luft
Phosphorbronze (3,4 Sn)	50	20	bb	
Zinnbronze (5 Sn)	verd	—	verw	
Corrix	konz	90	bb	

5133 (Fortsetzung).

Werkstoff	Gehalt der Salzlösung in %	ϑ in °C	Bewertung	Bemerkungen
Ambraloy, 928	84% P_2O_5	120	bb	ohne Luft
„ 928	84% P_2O_5	180	b	ohne Luft
„ 928	84% P_2O_5	60	bb	mit Luft
„ 928	84% P_2O_5	120	b	mit Luft
„ 928	84% P_2O_5	180	ub	mit Luft
Everdur	84% P_2O_5	60	bb	mit und ohne Luft
„	84% P_2O_5	180	bb	ohne Luft
„	84% P_2O_5	120	b	mit Luft
„	84% P_2O_5	180	ub	mit Luft
Blei, rein	76	16	ub	reine H_3PO_4
„ „	10	80	ub	reine H_3PO_4
„ „	42	16	bb	unrein, mit HF
„ „	verd u. konz	80	bb	
Antimonblei (4 Sb)	konz	warm	verw	
Platin	konz	20	b	
„	konz	warm	ub	
„	—	—	ub	Glühhitze, reduzier. (P-haltige Aschen!)
„ + Ru + Nb	—	—	b	Glühhitze, P-haltige Aschen!
Gold	konz	warm	verw	
Haveg, 41 und 43	84% P_2O_5	60	bb	
„ 41 und 43	konz	130	verw	
Gummi	verd	—	verw	
Hartgummi	75	110	verw	bis 75%
Quarz	konz	300	ub	
Glas	konz	warm	ub	
Email	konz	warm	ub	
Porzellan	konz	warm	ub	
Steinzeug	konz	warm	ub	

51336 Organische Säuren.

513361 Ameisensäure.

Aluminium, weich und hart	—	—	ub	
Silumin	bis 100	20	bb	
Gußeisen	—	—	ub	
Thermisilid	konz	—	empf	
V 2 A, V 4 A	konz	—	empf	
Nickel, rein	konz	kalt	empf	ohne Luft
Kupfer, rein	konz	warm	empf	ohne Luft
Silber	konz	warm	empf	
Haveg	bis 40	—	empf	
Hartgummi	bis 20	warm	empf	
Gummi, Email, Beton	—	—	ub	

5133 (Fortsetzung).

Werkstoff	Gehalt der Salzlösung in %	ϑ in °C	Bewertung	Bemerkungen.
		513362 Essigsäure.		
Aluminium, 99,5	bis 100	20	bb	auch mit Luft, verw. Lagerbehälter
,, 99,5	bis 50	S.P.	ub	
,, 99,5	bis 85	S.P.	b	
,, 99,5	100	S.P.	bb	
,, 99,5	—	S.P.	ub	*Essigsäure-Anhydrid*
Al-Cu-Mg	konz	—	verw	
Al-Cu-Mg	verd	—	ub	
Duralumin	33	20	bb	
Silumin	5...100	20	bb	
,,	10	118	bb	
Magnesium	—	—	ub	
Gußeisen	—	—	ub	
Chromstahlguß (25 Cr)	10	warm	bb	und kalt
,, geglüht	10	warm	b	
Niresist (6 Cr)	33	20	bb	
Thermisilid	100	20	bb	
,,	100	S.P.	b	
,, E	100	S.P.	bb	und 20°
Eisen, geglüht und ungeglüht	10	kalt	ub	
,, ,, ,, ,,	10	warm	ub	
Chromstahl (17 Cr)	10	S.P.	bb	
,, (17 Cr)	50	S.P.	ub	
,, (14 Cr)	10	S.P.	ub	
V 1 M, V 5 M	10	kalt	bb	warm b
V 5 M, geglüht	10	warm	ub	
Chrommolybdänstahl, 15/2	10	S.P.	ub	
,, 18/2	10	S.P.	bb	
V 2 A	10	warm	bb	
V 2 A, geglüht	10	warm	ub	
V 4 A, V 6 A	konz	warm	verw	
Nickel, rein	1	20	bb	
,, ,,	über 50	20	ub	
Monel	bis 26	20	b	
,,	über 5	20	ub	
Contracid, B 2,5 M	10	kalt	bb	geglüht und ungeglüht
,, B 2,5 M	10	warm	ub	
,, B 7 M	10	kalt	bb	geglüht und ungeglüht
,,	10	warm	b	ungeglüht
,,	10	warm	ub	geglüht
Kupfer	konz	warm	empf	ohne Luft, Destillationsapparate
Phosphorbronze (3,4 Sn)	33	S.P.	bb	auch kalt
Zinnbronze (4,9 Sn)	33	S.P.	bb	auch kalt
Aluminiumbronze (8 Al?)	—	—	verw	auch warm 80°; Rohrleitung, Pumpen
Manganbronze (3,5 Mn)	33	S.P.	bb	
Blei, rein	6	20	ub	oxydierend u. reduz.
,, ,,	100	20	ub	oxydierend u. reduz.

5133 (Fortsetzung).

Werkstoff	Gehalt der Salzlösung in %	ϑ in °C	Bewertung	Bemerkungen
		153362 (Fortsetzung).		
Silber	konz	warm	verw	o. Luft u. Cl'; Destillationsapparate, Genußzwecke
Haveg	80	100	verw	
Hartgummi, Buna-Hartgummi	—	80	b	
Weichgummi, Email, Beton	—	—	ub	
		513363 Milchsäure.		
Aluminium	1	20	bb	
,,	1	72	b	
Magnesium	—	—	ub	
		513364 Weinsäure.		
Aluminium	konz	warm	ub	
Magnesium	—	—	ub	
Eisen	—	—	ub	
Chrom-Nickelstahl, 18/8, V 2 A, V 4 A, Remanit 1880, 1880 S	—	—	empf	
Kupfer	—	—	ub	
Phosphorbronze (3,4 Sn)	5	20	bb	
Silber	—	—	verw	
		513365 Citronensäure.		
Aluminium	5	kalt	bb	
Duraluminium	5	kalt	bb	
Magnesium	—	—	ub	
Gußeisen	5	kalt	ub	
Niresist	5	20	bb	
Remanit, 1710	bis 50	20	bb	
,, 1880, 1880 S; V 2 A, V 4 A	50	20	bb	
Remanit, 1880	10	S.P.	bb	
,, 1880	50	S.P.	ub	
Nickel, rein	5	20	bb	
Monel	konz	20	bb	
Kupfer	50	20	b	verw. f. Rohrleitungen
Zinn	konz	—	empf	Fruchtsäfte, ohne Luft
		513366 Höhere Fettsäuren.		
Aluminium	—	130	bb	Ölsäure und Stearinsäure, — mit Öl
Silicium-Gußeisen	—	—	bb	Ölsäure
Eisen	—	130	bb	Ölsäure und Stearinsäure
Chrom-Nickelstahl, 18/8	—	100...150	verw	Ölsäure und Stearinsäure

5133 (Fortsetzung).

Werkstoff	Gehalt der Salzlösung in %	ϑ in ° C	Bewertung	Bemerkungen
		133566 (Fortsetzung).		
Chrom-Nickelstahl, 18/8	—	130	bb	Ölsäure und Stearinsäure, rein und mit Öl
Nickel, rein	—	—	verw	fette Öle mit H_2SO_4, Fettspaltung
„ „	—	130	bb	Ölsäure und Stearinsäure, rein u. mit Öl
Monel	—	—	verw	Twitchell-Spaltung und Ölsulfurierung (Gefäße, Heizspiralen, Pumpen)
Inconel	—	—	verw	Fettspaltung, Sulfurierung
Kupfer	—	130	bb	Ölsäure und Stearinsäure, — mit Öl

5134 Beständigkeit der Werkstoffe gegen Gase.

51341 Luft und Sauerstoff (in der Hitze) (s. auch Rauchgase).

Aluminium, 99,5	—	bis 500	verw	
Silumin	—	—	verw	
Ferrotherm, 6	—	bis 800	verw	
NCT	—	—	verw	Trägergerüste Email-Industrie, Ofenhauben bei der Ammoniakverbrennung
Guronit, GS 1 und GS 2	—	1100	verw	für Glühöfen
Niresist (6 Cr)	—	bis 815	verw	
„	—	970	ub	oxyd. Ofengase
Eisen	—	bis 500	verw	
Sicromal	—	—	verw	
Chromstahl (6 Cr, 1 Si)	—	bis 800	verw	
„ (6 Cr, 2 Si)	—	bis 900	verw	
„ (6 Cr, 3 Si)	—	bis 1000	verw	
Chrommolybdänstähle	—	—	verw	
Monel	—	bis 550	verw	
Cekas	—	—	verw	Heizdrähte
Nickel-Chrom, Fe-haltig	—	—	verw	
Chroman	—	—	verw	Emaillieröfen
Kupfer	—	heiß	ub	
Messing	—	bis 400	verw	
Aluminiumbronze (8 Al)	—	bis 800	verw	
Platin	—	bis 450	verw	
Gold	—	bis 450	verw	
Silber	—	bis 200	verw	

5134 (Fortsetzung).

Werkstoff	Gehalt der Salzlösung in %	ϑ in °C	Bewertung	Bemerkungen
51342 Rauchgase.				
Ferrotherm 6	—	—	verw	
Chrom-Siliciumstahl (6 Cr, 3 Si)	—	bis 1000	verw	
Monel	—	—	verw	Schornsteinaufsatz
Nickel-Chrom (80/20)	—	bis 1050	verw	
„ „ (65 Ni, 15 Cr, 20 Fe)	—	bis 1050	verw	
Inconel	—	—	verw	Schornsteinaufsatz
51343 Wasserstoff (in der Hitze).				
Aluminium	—	—	verw	
Ferrotherm, 6	—	—	verw	
Flußstahl	—	bis 500	verw	50 Atm, darüber Entkohlung
„	—	bis 400	—	100 Atm, darüber Entkohlung
„	—	bis 300	—	600 Atm, darüber Entkohlung
„	—	bis 280	—	850 Atm, darüber Entkohlung
Nickelstahl (3 Ni)	—	bis 600	verw	300 Atm
Chromstahl (6 Cr + Ti)	—	—	verw	
„ (6 Cr + V)	—	—	verw	
„ (6 Cr, 0,5 Mo)	—	600	verw	Hydrierung, Ölspaltg.
Sicromal	—	bis 1000	verw	Wassergasgenerator., Hydrierung
Chromstahl (12 Cr)	—	600	verw	Hydrierung
„ hochlegiert	—	600	verw	
Chrom-Nickelstahl, 18/8	—	750	verw	NH_3-Hochdrucksynthese
„ „ 18/8	—	bis 500	bb	Braunkohlenteer-Hydrieranlagen
„ „ 18/8	—	400	bb	10 Atm, Krackanlag.
Nickel-Chrom, Fe-haltig	—	—	verw	Hydrierung
Kupfer	—	heiß	ub	brüchig
51344 Schwefelwasserstoff (gasförmig).				
Aluminium, 99,5	—	über 100	verw	Petroleum-Ind.
Ferrotherm, 6	—	—	verw	
Niresist (6 Cr)	95	—	b	
Stahl	—	20	verw	trocken
„	—	—	verw	trotz Angriff, Reaktionskammern, Krackanlagen
Chromstahl (6 Cr)	—	400	bb	19 Atm, Erdöl- und Krackanlagen
„ + Ti (6 Cr, Ti)	—	—	ub	
„ + V (6 Cr, V)	—	—	ub	

5134 (Fortsetzung).

Werkstoff	Gehalt der Salzlösung in %	ϑ in °C	Bewertung	Bemerkungen
Chrom-Siliciumstahl (6 Cr, 3 Si, Mo)	—	400	verw	1 Atm, Erdöl- und Krackanlagen
Sicromal	—	600	b	
Chromstahl mit mehr als 12 Cr	—	—	b	
Chrom-Nickelstahl, 18/8	—	500	b	Krackgas
Nickel, rein	—	20	ub	Dampf mit H_2S
Monel	—	20	empf	
Kupfer	—	—	ub	
Aluminiumsilber	—	—	ub	anlaufend
,,	—	—	verw	Oberflächenbehandlung: Oxydation
Blei	—	20	empf	trocken
Chrom	—	—	verw	feucht, Überzüge
Zink	—	20	empf	trocken
Platin	—	heiß	ub	Glühhitze
Gold	—	heiß	verw	
Silber	—	—	ub	anlaufend
,,	—	—	verw	Oberflächenbehandlung: Berylliumoxyd; Bestecke
Haveg	—	—	verw	auch für Lösungen
Gummi	—	—	verw	feucht

51345 Halogene.

Fluor.

Werkstoff	Gehalt der Salzlösung in %	ϑ in °C	Bewertung	Bemerkungen
Aluminium	—	—	ub	
Magnesium	—	—	verw	
Elektron	—	—	empf	
Eisen	—	—	ub	
Kupfer	—	kalt	verw	
,,	—	warm	ub	
Platin	—	bis 500	empf	trocken
Gold	—	warm	empf	
Silber	—	warm	empf	
Blei	—	—	verw	
Haveg, 43	—	—	empf	
Gummi	—	—	ub	

Chlor (gasförmig).

Werkstoff	Gehalt der Salzlösung in %	ϑ in °C	Bewertung	Bemerkungen
Aluminium	—	20	ub	trocken, verw
Eisen	—	20	verw	flüssig, wasserfrei, Kompressoren, Behälter
Eisen	—	—	verw	trocken
Thermisilid E	—	20	verw	
Chrom-Nickelstahl, 18/8	—	kalt	verw	trocken
,, ,, + Mo	—	kalt	verw	trocken

5134 (Fortsetzung).

Werkstoff	Gehalt der Salzlösung in %	ϑ in °C	Bewertung	Bemerkungen
Nickel	—	20	ub	
,,	—	warm	verw	Chlorierungen bei höherer Temperatur, ohne Wasser!
Kupfer	—	20	ub	
Blei	—	20	empf	flüssig!
,,	—	warm	verw	Chlorierung v. Toluol
Platin	—	warm	verw	trocken!, feucht ub
Gold	—	warm	verw	trocken!, feucht ub
Silber	—	warm	verw	trocken!, feucht ub
Haveg	—	—	verw	auch feucht
Buna-Hartgummi	—	—	verw	beschränkt
Gummi	—	kalt	ub	
Steinzeug	—	warm	verw	
Brom.				
Aluminium	—	—	ub	
Eisen	—	—	ub	feucht
Thermisilid	—	20	verw	
Rotoxit	—	—	empf	?
Platin	—	20	ub	
Gold	—	20	ub	
Silber (Plattierung)	—	kalt	verw	Transportgefäße
Kunststoffe, Gummi	—	—	ub	
Quarz, Glas, Steinzeug	—	warm	verw	

5135 Beständigkeit der Werkstoffe gegen Wasser (in der Hitze).

D = Dampf; K = Kesselwasser.

Aluminium	D	—	ub	überhitzt
Eisen	D	500	verw	
Izettstahl	K	—	verw	Kesselbau
Chromstahl (12...14 Cr)	D	500	verw	ohne Cl′!
,, (16...20, 2 Ni)	—	—	verw	Cl′-haltig
Chrom-Nickelstahl, 18/8	D	—	b	überhitzt, verw. Turbinenbau
,, ,, 18/8	K	—	verw	sulfithaltig
V 5 M	K u. D	—	verw	sulfit- und H_2S-haltig. K.; Laufräder, Turbinen
Nickel, rein	D	400	verw	bei H_2S ub! Turbinenlabyrinth
,, ,,	K	—	ub	sulfithaltig
Monel	D	450	verw	Turbinen
Kupfer	D	—	ub	überhitzt
Zinnbronze (5 Sn)	D	300	verw	Ventilsitze
Gummi	D	—	ub	

5136 Übersicht über die in den Korrosionstabellen behandelten Werkstoffe.

5136 (Fortsetzung).

5136 (Fortsetzung).

5136 (Fortsetzung).

52 Technisch wichtige Eigenschaften anorganischer, nichtmetallischer Baustoffe.

Von **Kurt Walz**, Stuttgart.

521 Natursteine.

5211 Technische Einteilung.

Bruchgestein (Mauerquader, Platten, Pflaster; zerkleinert als Steinmehl, Brechsand, Splitt und Schotter[1]).

Natürliches Gekörn (Sande, Kiessande und Schotter, meist aufbereitet geliefert[1]).

5212 Bruchgestein.

a) Eigenschaften[2] bei der Prüfung nach DIN DVM 2102 bis 2108, vgl. Tabelle.

b) Witterungsbeständigkeit[3] (Feststellungen nach DIN DVM 2106). Beurteilung an Hand alter Bauwerke, nach dem mineralischen Aufbau, dem Porengefüge, der Wasseraufnahme (Sättigungskoeffizient) und nach dem Gefrier- und nach dem Krystallisationsversuch (vgl. DIN 52104 bzw. DIN 52111).

	Gesteinsgruppe	Raumgewicht (Rohwichte γ)	Porosität Raum-%	Wasseraufnahme Raum-%	Druckfestigkeit (trocken) kg/cm²	Biegezugfestigkeit kg/cm²	Abnutzung durch Schleifen cm
Erstarrungsgesteine	Granit, Syenit	2,60—2,80	0,4—1,5	0,4—1,4	1600—2400	100—200	0,10—0,16
	Diorit, Gabbro	2,80—3,00	0,5—1,2	0,5—1,2	1700—3000	100—220	
	Quarzporphyr, Porphyrit	2,55—2,80	0,4—1,8	0,4—1,8	1800—3000	150—200	
	Basalt, Melaphyr	2,95—3,00	0,2—0,9	0,2—0,8	2500—4000	150—250	0,10—0,17
	Diabas	2,80—2,90	0,3—1,1	0,3—1,1	1800—2500	150—250	0,10—0,10
Schichtgesteine	Kieselige Gesteine	2,60—2,65	0,4—2,0	0,4—1,3	1500—3000	130—250	0,14—0,16
	Quarzsandsteine	2,00—2,65	0,5—25	0,5—24	300—1800	30—150	0,20—0,28
	Dichte Kalke u. Dolomite	2,65—2,85	0,5—2,0	0,4—1,8	800—1800	60—150	0,30—0,80
	Sonstige Kalksteine	1,70—2,60	0,5—30	0,5—25	200— 900	50— 80	—
morphe Gesteine	Gneise, Granulit	2,65—3,00	0,4—2,0	0,3—1,8	1600—2800	—	0,08—0,20
	Serpentin	2,60—2,75	0,3—2,0	0,3—1,8	1400—2500	—	0,16—0,36
	Dachschiefer	2,70—2,80	1,6—2,5	1,4—1,8	—	500—800	—

c) Elastizität. Der E-Modul (Druck) der Gesteine liegt, auch innerhalb gleicher Gesteinsart, in weiten Grenzen (abhängig vom Gefüge, von der Feuchtigkeit, von der Spannung, vom Prüfvorgang usw.)[4].

[1] Einteilung von Sand, Kies und zerkleinerten Stoffen nach Körnungen, vgl. DIN 1179.

[2] Vgl. DIN DVM 2100. — Richtlinien für die Probenahme, vgl. DIN 52101.

[3] Vgl. Hirschwald: Handbuch der bautechnischen Gesteinsprüfung, 1912. — Kieslinger: Zerstörungen an Steinbauten, ihre Ursachen und ihre Abwehr, 1932 (mit Literaturangaben). — Bierhalter, Krüger, Ohse, Skopnik, Stöcke: Wie prüft man Straßenbaustoffe?, S. 9f. Berlin 1932.

[4] Graf: Bautechn. **4**, 492 (1926). — Beton u. Eisen **25**, 399 (1926). — Schriftenreihe der Forschungsgesellschaft für das Straßenwesen, Heft 10. 1937. — Saenger u. Stöcke: Straßenbau **22**, 311 (1931).

Gestein	E in kg/cm²	Gestein	E in kg/cm²
Basalt	500—1000 · 10³	Porphyr	570—680 · 10³
Diabas.	700— 800 · 10³	Kalkstein.	250—700 · 10³
Quarzit	650— 800 · 10³	Sandstein.	40—400 · 10³
Granit.	150— 700 · 10³	Gneis	130—360 · 10³

d) Schwinden und Quellen. Die zwischen Austrocknen und Durchfeuchten sich ergebenden Längenänderungen hängen vom mineralischen Aufbau, von der Dauer und vom Grad der Einwirkung, vom Gefüge, von der Körpergröße usw. ab.

Für kleine Proben wurde hierfür gefunden:

Gesteinsart	Schwinden in mm/m			Quellen in mm/m		
	von	bis	Mittel	von	bis	Mittel
5 Sandsteine[1]. . . .	0,18	1,78	0,65	0,06	2,06	0,65
4 Sandsteine[2] . . .	0,17	0,48	0,32	0,11	0,53	0,30
3 Sandsteine[3] . . .	—	—	—	0,26	0,37	0,32
4 Kalksteine[1] . . .	0,08	0,26	0,13	0,04	0,26	0,12
2 Kalksteine[2]. . . .	0,40	0,45	0,42	0,13	0,19	0,16
6 Kalksteine[3]. . . .	—	—	—	0,06	0,13	0,09
4 Basalte[1]	0,27	0,50	0,38	0,23	0,48	0,34
1 Granit[1]	—	—	0,15	—	—	0,06
1 Granit[2]	—	—	0,18	—	—	0,12

5213 Gekörn.

a) Kornzusammensetzung. Ermittlung durch den Siebversuch mit Sieben nach DIN 1170 (Rundlochsiebe) und DIN 1171 (Maschensiebe)[4].

b) Raumgewicht (Rohwichte): Das Raumgewicht gemischtkörniger Stoffe hängt von der Gesteinswichte, von der Kornzusammensetzung, vom Schüttvorgang, von der Oberflächenfeuchtigkeit u. a. ab. Es wird nach DIN DVM 2110 ermittelt.

Raumgewichte für lose Schüttung[5] (vergl. auch 523).

	kg/dm³		kg/dm³
Kiessand (feinkörnig, feucht) . .	1,4	(grobkörnig, feucht) . . .	1,7
Kiessand (feinkörnig, sehr naß) .	1,8	(grobkörnig, sehr naß) . .	1,9
Kiessand (feinkörnig, trocken). .	1,8	(grobkörnig, trocken) . .	1,9
Bims 0 bis 1 mm (trocken) . . .	0,9	(grobkörnig, trocken) . .	0,45
Lavaschlacke (gleichkörnig). . .	0,85	(gemischtkörnig)	1,25

c) Die *Kornform* (Verhältniswerte der Hauptachsen) wird nach DIN DVM 1991 bestimmt.

d) Die *Widerstandsfähigkeit* von Schotter gegen *Schlag und Druck* wird nach DIN DVM 2109 geprüft.

[1] Schumann: Protokoll der 4. Generalversammlung des Vereins deutscher Zementfabrikanten, 1881.
[2] Hirschwald: Handbuch der bautechnischen Gesteinsprüfung, S. 272f. 1912.
[3] Schaffer: Building Research, Spec. Report Nr 18. S. 47. London 1932.
[4] Vgl. Walz in Handbuch der Werkstoffprüfung. III. Bd., 1941, Abschnitt „Prüfung von Sand, Kies, Splitt und Schotter" S. 176. Vgl. auch DIN 4226 über Betonzuschlagstoffe.
[5] Umfassende Werte für Kiessand und gebrochenes Gestein verschiedener Korngruppen auch der Stoffbedarf für 1 m³ Beton, vgl. Walz: Beton u. Eisen **36**, 189f. (1937). — Vgl. auch Hummel: Zement **21**, 8f. (1932). — Andere gekörnte Stoffe vgl. DIN 1055, Blatt 1. — Grün: Der Beton, 2. Aufl., S. 20. 1937.

522 Künstliche Steine[1].

Begriffsbestimmungen. *a) Mauerziegel nach DIN 105:* Aus Lehm, Ton oder tonigen Massen gebrannt, zum Teil mit Magerungsmitteln. *Normalform* 25 · 12 · 6,5 cm³ (Schornsteinziegel, vgl. DIN 1057). *b) Kalksandstein nach DIN 106.* Aus Quarzsand und Kalk gepreßt und unter Dampfdruck erhärtet. Abmessungen wie bei a). *c) Hüttensteine nach DIN 398.* Aus gekörnter Hochofenschlacke und Kalk, Schlackenmehl oder Zement. Abmessungen wie bei a). *d) Hüttenschwemmsteine nach DIN 399.* Leichte hochporige Mauersteine aus geschäumter Hochofenschlacke, sonst wie Hüttensteine. Abmessungen 25 · 12 cm²; Höhe 6,5 cm, 9,5 cm und 14 cm. *e) Schlackensteine nach DIN 400.* Leichte, porige Mauersteine aus Verbrennungsrückständen von Steinkohlen und Koks mit hydraulischen Bindemitteln (die Verbrennungsrückstände dürfen keinen reinen, ungelöschten oder dolomitischen Kalk, höchstens 15% unverbrannte Bestandteile, bis 1 Gew.-% SO_3 und bis 0,2 Gew.-% Sulfidschwefel enthalten). *f) Zementschwemmsteine aus Bimskies nach DIN 1059.* Leichte, hochporige Mauersteine aus rheinischem, gekörntem Bims mit hydraulischen Bindemitteln. Abmessungen wie d).

5221 Gütewerte.

52211 Mauerziegel und Hüttensteine.

Steinart	Prüfung nach	Druckfestigkeit (Mittelwert) kg/cm²	Wasseraufnahme Gew.-%
Mauerklinker	DIN 105	≥ 350	≤ 6
Hartbrandziegel	DIN 105	≥ 250	≤ 12
Vormauerziegel VMz 150	DIN 105	≥ 150	≥ 8
Mauerziegel, Mz 150	DIN 105	≥ 150	≥ 8
Mauerziegel, Mz 100	DIN 105	≥ 100	≥ 8
Kalksandsteine	DIN 106	≥ 150	≥ 10
Hüttenhartsteine HHS	DIN 398	≥ 250	≥ 5
Hüttensteine HS 150	DIN 398	≥ 150	≥ 10
Hüttensteine HS 100	DIN 398	≥ 100	≥ 10
Hüttensteine HS 50	DIN 398	≥ 50	≥ 10

52212 Leichtbausteine.

Steinart	Prüfung nach	Druckfestigkeit (Mittelwert) kg/cm²	Raumgewicht[2] (Rohwichte) kg/dm³	Wärmeleitzahl[2, 3] bei 20° C kcal·m⁻¹·h⁻¹·°C⁻¹
Sonder-Schwemmsteine	DIN 399	≥ 30	≤ 1,2	≤ 0,25
Hüttenschwemmsteine	DIN 399	≥ 20	≤ 1,0	≤ 0,20
Sonder-Schlackensteine	DIN 400	≥ 50	≤ 1,4	≤ 0,28
Schlackensteine	DIN 400	≥ 30	≤ 1,2	≤ 0,25
Sonder-Schwemmsteine	DIN 1059	≥ 30	≤ 0,85	≤ 0,15
Schwemmsteine	DIN 1059	≥ 20	≤ 0,80	≤ 0,15

52213 Frostbeständigkeit.

Prüfung ähnlich DIN 52104 (25maliges Gefrieren und Auftauen). Steine nach 52211 müssen mit Ausnahme der Mz 150, Mz 100, HS 50 beständig sein.

---

[1] Vgl. auch Siedler: Die Lehre vom neuen Bauen, 1932.

[2] Bei 110° C getrocknete Steine. Bei Mauerwerk haben die Feuchtigkeit und die Mörtelfugen noch einen Einfluß, vgl. auch 5262.

[3] Nach der früheren Fassung.

5222 Steinholz.

Aus gemahlener kaustischer Magnesia (Magnesit), Magnesiumchloridlauge, organischen und anorganischen Füllstoffen.

Prüfung nach DIN 272 (Steinholzproben, im Alter von 28 Tagen): *Zugfestigkeit* 30 kg/cm², *Biegezugfestigkeit* 60 kg/cm²; *Quellen* $\leq$ 0,15%; *Schwinden* $\leq$ 0,25%. Angaben über die Mischung und chemische Untersuchung fertiger Beläge.

Vorschriften für die Lieferung und Prüfung der Magnesia und des Magnesiumchlorids vgl. DIN 273.

5223 Asbestzement.

Plattenförmige Körper aus Asbestfasern und Zement (auch kieselsäurehaltige Zusätze).

Eigenschaften bei Feststellungen nach DIN 274 für lufttrockene Proben.

Platten	Raumgewicht kg/dm³	Wasseraufnahme	Biegefestigkeit kg/cm² senkrecht zur Faser	Biegefestigkeit kg/cm² gleichlaufend zur Faser
Gepreßt	1,8—2,2	$\leq$ 20 Gew.-%	280—380	200—290
Ungepreßt	1,5—2,0	$\leq$ 27 Gew.-%	170—200	130—150

Die *Frostbeständigkeit* (vgl. unter 52213) und die *Hitzebeständigkeit* (25mal auf 110° C erhitzt und in Wasser von rd. 20° C abgeschreckt) müssen erfüllt sein.

5224 Steine aus Gasbeton.

Leichtbeton[1] aus feinsandigem, weich oder flüssig angemachtem Gemisch mit Zement und Treibmitteln, zum Teil dampfgehärtet.

Raumgewichte häufig zwischen 0,5 und 0,9 kg/dm³, Druckfestigkeit 20...50 kg/cm⁻².

5225 Schaumbeton

ähnlich beschaffener Stoff wie 5224, Porenstruktur durch Zugabe von Schaum erreicht.

5226 Leichtbauplatten.

Aus organischen Faserstoffen und mineralischen oder organischen Bindemitteln (Zement, Gips, Magnesit, Wasserglas usw., bzw. Bitumen, Leim u. a.[2]).

Leichtbauplatten aus Holzwolle mit mineralischen Bindemitteln nach DIN 1101:
Raumgewicht zwischen 0,36 und 0,57 kg/dm³,
Biegefestigkeit 4 bzw. bis 17 kg/cm²,
Wärmeleitzahl bei 20° C und einem Raumgewicht $\leq$ 0,46 kg/dm³ höchstens 0,08 kcal/m · h · °C.

5227 Schwerbeton-Formsteine.

Hierfür gilt sinngemäß das unter 5244 Gesagte.

5228 Betonrohre.

Über die Einteilung, Eigenschaften und Prüfung von Betonrohren und Stahlbetonrohren vgl. DIN 4032 bzw. 4035 bis 4037.

5229 Konstruktionsteile.

Über die Prüfung der Konstruktionsteile (Wände, Decken usw.) aus künstlichen Steinen, sowie die vorgeschriebenen Eigenschaften bei Einwirkung von *Feuer*, *Gas*, *Wärme*, *Schall* usw., vgl. DIN 4110.

Brandversuche vgl. DIN 4102.

---

[1] Fortschr. u. Forsch. Bauw. 13, H. 2, 5 u. 8. Hummel: Das Beton-ABC, 5./6. Aufl. S. 237. Siedler: Die Lehre vom neuen Bauen, 1932.

[2] Eigenschaften zahlreicher Fabrikate vgl. Siedler: Lehre vom neuen Bauen, S. 300f. 1932. — Ferner Bauwelt **22**, 1266 (1931); **25**, 229 (1934); **26**, 570 (1935).

523 Gekörnte künstliche Steine

(vgl. 5213).

Schüttgewichte für trockene Stoffe[1].

Porige Hochofenschlacke	0,70 und 0,60 kg/dm³,
Thermosit (Hochofenschlacke)	0,87 und 0,40 kg/dm³,
Kesselschlacke (leicht)	0,90 und 0,55 kg/dm³,
Poriger, gebrannter Ton	1,00 und 0,80 kg/dm³,
Müllschlacke	1,05 und 0,95 kg/dm³,
Synthoporit (Phosphorschlacke)	1,15 und 0,60 kg/dm³,
Kesselschlacke (schwer)	1,20 und 1,15 kg/dm³.

524 Bindemittel für Mörtel und Beton.

5241 Baukalke.

Einteilung der Kalke nach dem Anteil und dem Gesamtgehalt der artbestimmenden Bestandteile (Erdalkalien: CaO, MgO und lösliche saure Bestandteile: SiO_2, Al_2O_3 und Fe_2O_3) und nach den Normenfestigkeiten[2].

Bei der chemischen Analyse sind außer den artbestimmenden Bestandteilen auch die unwirksamen Bestandteile (Feuchtigkeit, Hydratwasser, Kohlensäure) und die Nebenbestandteile (unlösliche Kieselsäure) zu bestimmen[3]. Einzelheiten über die chemische Zusammensetzung, sowie über die Prüfung wichtiger Eigenschaften (Kornfeinheit, Ergiebigkeit, Raumbeständigkeit und Festigkeit) finden sich in DIN 1060.

5242 Gipse.

Abhängig vom Gestein, dem Brennverfahren und den mechanischen Eigenschaften (Mahlfeinheit, Erhärtung usw.) entstehen Alabastergips, Baugips, Estrichgips und Formgips (Modellgips)[4].

5243 Zemente.

a) Naturzemente. Durch Brennen des unaufbereiteten Gesteins gewonnenes hydraulisches Bindemittel. Die Eigenschaften des Naturzements sind nicht festgelegt.

b) Normenzemente. Portlandzement (PZ), Eisenportlandzement (EPZ) und Hochofenzement (HOZ) sind normalbindende, hydraulische Zemente, die den jeweils gültigen, vom Reichsverkehrsminister anerkannten Normen entsprechen[5].

c) Tonerdezement. Normalbindender hydraulischer Zement, mit hoher Anfangsfestigkeit, durch Verschmelzen von Bauxit und Kalk gewonnen (Beurteilung und Prüfung wie unter b) Normenzemente).

d) Traßzement. Hydraulisches Bindemittel durch fabrikmäßige Vermahlung von Portlandzementklinkern (PZ) und Normentraß (Tr) hergestellt (30% Tr + 70% PZ oder 40% Tr + 60% PZ)[6]. Der Traßgehalt wird bei der chemischen Analyse aus dem gefundenen Kalkgehalt und dem im PZ und Tr zu 65% bzw. 3% angenommenen Kalkgehalt errechnet.

e) Mischbinder. Aus hydraulischen Stoffen und Anregern; vgl. DIN 4207.

f) Prüfung der Zemente. Die Prüfung wichtiger Eigenschaften und die Gütewerte sind in DIN 1164 niedergelegt. Untersucht werden: Mahlfeinheit, Erstarrungsbeginn, Raumbeständigkeit, Schwinden und Festigkeit. Die chemische Analyse wird nach anerkannten Verfahren durchgeführt[7].

---

[1] Vgl. Grün: Der Beton, 2. Aufl., S. 20. 1937. — Hart: Das Betonwerk **20**, 13 (1932) — DIN 1055. — Hummel: Das Beton-ABC, 5./6. Aufl., S. 218.

[2] Vgl. DIN 1060.

[3] Die chemische Zusammensetzung soll nach dem Analysengang für Baukalk, Ergänzungsblatt zu DIN 1060, Blatt 1, ermittelt werden.

[4] Begriffsbestimmungen für Gips, auch Güte- und Prüfvorschriften, werden vorbereitet; vorläufig vgl. Önorm B 3321 und Voellmy im Handbuch der Werkstoffprüfung, III. Bd. S. 592. 1941.

[5] DIN 1164.

[6] Normblatt für Traßzement, DIN 1167.

[7] Analysengang, vgl. Zement **20**, 258, 987 (1931).

g) Hydraulische Zusatzstoffe. Traß, Puzzolane, Ziegelmehl, wassergranulierte Hochofenschlacke und ähnliche Stoffe[1].

Die Eigenschaften des Trasses und dessen Prüfung sind in DIN DVM 1043 festgelegt, seine chemische Untersuchung in DIN DVM 1044.

5244 Zementmörtel und -beton.

52441 Eigenschaften.

Größtkorn des Zuschlags für Mörtel bis 7 mm, für Beton bis 30 mm oder mehr. Die Eigenschaften des mit Normenzementen hergestellten Betons hängen in erster Linie ab: vom Zementgehalt, von der Kornzusammensetzung (Sieblinien vgl. DIN 1045) und vom Wassergehalt des Frischbetons (weitere Einflüsse: Kornform und Eigenschaften des Zuschlags, Feuchtigkeit der Luft und Temperatur bei der Erhärtung, Probenform, Alter, Art der Verarbeitung usw.)[2].

a) Druckfestigkeit. Gemittelte Verhältnisse aus Betonmischungen mit Kiessand bzw. mit nur gebrochenem Gestein, hergestellt und geprüft nach DIN 1045 und 1048 (Eignungsprüfung)[3]:

Würfeldruckfestigkeit in kg/cm^2 für 28 Tage alten Beton.

Zementgehalt kg/m^3	Gemischtkörniger Zuschlag[4] (bis 30 mm, stetig abgestuft)		
	grobkörnig	mittelkörnig	feinkörnig
	Stampfbeton, etwas nässer als erdfeucht.		
180	210	160	110
240	310 (6%)	260 (8%)	190 (10%)
300	420	380	260
	Weicher Beton.		
180	140	120	90
240	210 (8%)	190 (11%)	150 (13%)
300	290	270	220
	Flüssiger Beton.		
180	120	100	80
240	170 (10%)	160 (13%)	130 (15%)
300	230	210	190

b) Raumgewicht[5]. Gewöhnlicher Beton: vorwiegend 2,2 bis 2,5 kg/dm^3; Leichtbeton mit Bims und ähnlichen Stoffen $\leq$ 1,8 kg/dm^3.

c) E-Modul (Druck). Gewöhnlicher Beton: rd. 100000 bis 500000 kg/cm^2, Leichtbeton: bis rd. 10000 kg/cm^2 und kleiner.

d) Schwinden beim Austrocknen[6]. Kleinere Körper im trockenen Raum zwischen 0,2 und 0,8 mm/m. Größere Betonkörper im Freien unter 0,2 mm/m. Putzmörtel bis 0,8 mm/m und mehr[7].

---

[1] Vgl. Grün: Der Beton, 2. Aufl., S. 96f. 1937.

[2] Vgl. Graf: Der Aufbau des Mörtels und des Betons, 3. Aufl. Berlin 1930. — Vgl. auch Walz, in den entsprechenden Abschnitten im Handbuch der Werkstoffprüfung, III. Bd. 1941; ferner in „Einflüsse auf Beton", 4. Aufl. 1940.

[3] Vgl. Walz: Beton u. Eisen **36**, 189f. (1937).

[4] Die Klammerwerte geben mit grober Annäherung den Wassergehalt im frischen Beton in Gew.-% der trockenen Stoffe an; näheres vgl. Walz: Deutscher Ausschuß für Eisenbeton, Heft 91, Berlin 1938; sowie Beton u. Eisen **36**, 189 (1937).

[5] Vgl. Fußbemerkung 4; auch Siedler: Bauforschungen, Bd. 1. 1933.

[6] Literatur vgl. Walz in Einflüsse auf Beton, 4. Aufl., 1940, Abschnitt „Schwinden und Quellen".

[7] Vgl. auch Siedler: Bauforschungen, Bd. 1. 1933.

e) Abnutzwiderstand (Prüfung nach DIN DVM 2108). Bei trockenem Abschleifen rd. 0,15 bis 0,40 cm. Bei nassem Abschleifen rd. 0,2 bis 0,7 cm [1].

f) Korrosion [2]. Maßnahmen: Gut gekörnte (vgl. DIN 1045), zementreiche (Zementgehalt ≥ 350 kg/m³) und gut verdichtbare Mischungen. Der Einfluß der Zementsorte (PZ, EPZ, HOZ usw.) tritt demgegenüber zurück [3]. Stärkere aggressive Einwirkung erfordert Isolierung [4].

g) Witterungseinflüsse und Wasserdurchlässigkeit. Gut zusammengesetzter Beton (vgl. DIN 1045) ist nach den bisherigen Erfahrungen unbegrenzt haltbar und gegen hohen *Wasserdruck* (bis 12 at und mehr) auch bei verhältnismäßig geringer Dicke (z. B. rd. 12 cm) undurchlässig [5].

h) Wasseraufnahme durch Capillarwirkung zwischen rd. 2 und 12 Raum-%.

52442 Zusammensetzung des Betons [6].

Nachträgliche Feststellungen am abgebundenen Beton sind nur unter bestimmten Voraussetzungen möglich (Behandlung mit HCl vgl. DIN DVM 2170). Über die Feststellungen am frischen Gemisch vgl. DIN 52171.

525 Mauerwerk.

Druckfestigkeit und *Elastizität* des Mauerwerks hängen ab von der Gesteinsfestigkeit, dem Mauermörtel [7], dem Verband, der Körperform [8] usw.

Mauerwerk aus	Druckfestigkeit [9] kg/cm²	E-Modul [9] kg/cm²	Raumgewicht [8] kg/dm³
Schwemmsteinen . . .	17	16000	1,0
Hartbrandziegeln . . .	80	50000	1,9
Betonformsteinen . . .	150	27000—150000	2,2
Sandstein	440	80000	2,3
Kalkstein	320	225000	2,5
Granit	560	325000	2,5

526 Zusammenstellung von Werten für die Wärmedehnung, Wärmeleitzahl und spez. Wärme.

2561 Lineare Wärmedehnung β_ϑ in (grad C)$^{-1}$.

Zunahme in der Regel mit steigender Temperatur [10]. Wegen der bei hohen Temperaturen auftretenden Unstetigkeiten sind für besondere Fälle die Temperatur-Dehnungslinien zu benützen [10].

---

[1] Vgl. Graf: Schriftenreihe der Forschungsgesellschaft für das Straßenwesen, Heft 10, 1937.

[2] Eingehende Ausführungen und Schutzmaßnahmen vgl. „Einflüsse auf Beton", 4. Aufl., 1940. — Grün: Der Beton, 2. Aufl. 1937.

[3] Vgl. Graf u. Walz: Zement **23**, 376 (1934).

[4] Vgl. Graf u. Goebel: Schutz der Bauwerke, 1930.

[5] Vgl. Walz: Die heutigen Erkenntnisse über die Wasserdurchlässigkeit des Mörtels und des Betons, 1931. — Ferner Beton u. Eisen **36**, 189 (1937).
Prüfung auf Wasserdurchlässigkeit nach DIN 4029.

[6] Über die Untersuchungsverfahren vgl. Handbuch der Werkstoffprüfung, III. Bd. 1941.

[7] Zusammensetzung geeigneter Mauermörtel vgl. DIN 1053, II, § 2. Weitere Eigenschaften vgl. Graf: Sammlung Göschen, Bd. 984.

[8] Vgl. DIN 1055.

[9] Vgl. Graf: Bautechn. **14**, 229 (1926). — Sammlung Göschen, Bd. 984, S. 93 f. — Gaber: Straße **2**, 810 (1935); vgl. auch DIN 1053 über die zulässigen Beanspruchungen.

[10] Temperatur-Dehnungslinien für Natursteine und daraus hergestellte Zementmörtel vgl. Endell: Deutscher Ausschuß für Eisenbeton, Heft 60. 1929.

Die Werte für β_ϑ streuen bei Gebrauchstemperaturen entsprechend der Uneinheitlichkeit der Gesteinsbeschaffenheit, innerhalb gleicher Art in weiten Grenzen. Vergleichsweise seien folgende Werte angeführt[1]:

Stoff	β_ϑ für 1° C	Stoff	β_ϑ für 1° C
Basalt	$9 \cdot 10^{-6}$	Mörtel	8 bis $11 \cdot 10^{-6}$
Granit	$8 \cdot 10^{-6}$	Zementstein	11 bis $18 \cdot 10^{-6}$
Kalkstein	$7 \cdot 10^{-6}$	Beton[2] mit	
Sandstein	$12 \cdot 10^{-6}$	Granit	$9 \cdot 10^{-6}$
Quarzit	$13 \cdot 10^{-6}$	Basalt	$9 \cdot 10^{-6}$
Ziegelstein	$5 \cdot 10^{-6}$	Kalkstein	$9 \cdot 10^{-6}$
Steinholz	$17 \cdot 10^{-6}$	Quarzgestein	$12 \cdot 10^{-6}$
		Hochofenschlacke	7 bis $10 \cdot 10^{-6}$
Schaumbeton	$11 \cdot 10^{-6}$	Kies	9 bis $12 \cdot 10^{-6}$

Bei Temperaturen um 1000° C weisen besonders Ziegelbruch, dann Hochofenstückschlacke und Basalt geringe Wärmedehnung auf.

5262 Wärmeleitzahl λ (kcal · m^{-1} · h^{-1} · grad C^{-1}) und spezifische Wärme c (kcal · kg^{-1} · grad C^{-1}).

Die Werte λ sind weitgehend von der Feuchtigkeit abhängig, ferner von der Struktur, dem Porenraum, der Porengröße, dem Grundstoff usw.

Stoff[3]	Raumgewicht kg/dm³	λ	c
Dichte Natursteine	2,8	2,50	0,21
Feinporige Natursteine	2,6	1,50	0,22
Sandschüttung, trocken	1,6	0,50	—
Sandschüttung, naß	2,1	2,00	—
Zementstein	2,0	0,80	—
Kiesbeton	2,2	1,10	0,21
Bimsbeton	1,1	0,40[4]	0,24
Ziegelmauerwerk	1,8	0,75	0,22
Gipsdielen	0,8	0,30	0,2
Steinholz	1,5	0,15	—
Faserstoffplatten	0,35	0,05	—

Allgemein wurden für anorganische *lufttrockene* Baustoffe in Abhängigkeit vom Raumgewicht r folgende Werte angegeben[5]:

r in kg/m³	200	400	600	800	1000	1200	1400	1600	1800	2000	2200	2400
	0,057	0,070	0,10	0,14	0,19	0,24	0,30	0,37	0,46	0,60	0,82	1,12

[1] Vgl. u. a. Gonnerman: Proc. Amer. Concr. Inst. **27**, 500 (1931). — Busch: Feuereinwirkung auf nicht brennbare Baustoffe und Baukonstruktionen, 1938. — Eberle: Über Temperatur und Spannung bei Balken und Fahrbahndeckenplatten aus Beton. Zement **27**, H. 6 bis 16. (1938) — Siedler: Bauforschungen, Bd. 1. 1933 (für Mauermörtel). — Guttmann u. Seidel: Beton u. Eisen **35**, 401 (1936) (für Straßenbeton). — Mörsch: Der Eisenbetonbau, Bd. 1, 1. Hälfte, 6. Aufl., S. 141.

[2] Im allgemeinen wird bei Beton mit $10 \cdot 10^{-6}$ gerechnet.

[3] Vgl. Siedler: Die Lehre vom neuen Bauen, S. 240, 251. 1932. — Weitere Werte über dämmende Steine und Mauerwerk vgl. Bauwelt **26**, 570 (1935); über weitere Stoffe vgl. Henning: Wärmetechnische Richtwerte, S. 58. Berlin: VDI-Verlag 1938.

[4] Günstigere Werte, auch Werte für porige Hochofenschlacke, vgl. Hart: Betonwerk **20**, 15 (1932).

[5] Cammerer: Wärme- u. Kältetechn. **41**, 126f. (1939).

53 Glas, Keramik, feuerfeste Stoffe und Email.

531 Silicatchemie.

Von **Adolf Dietzel**, Berlin-Dahlem.

5311 Schmelz- und Umwandlungstemperaturen.

53111 Einstoffsysteme α) B_2O_3. Schmelzpunkt 450° C.

β) SiO_2.

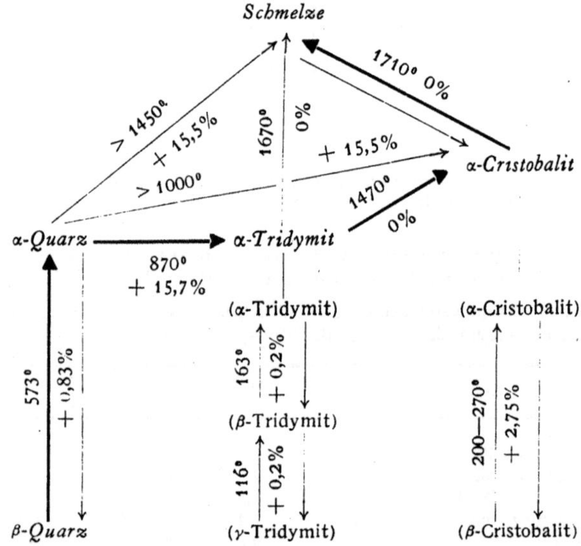

Die instabilen Phasen sind in ( ). Die Prozentzahlen geben die Volumzunahme bei der Umwandlung an.

53112 Zweistoffsysteme[1].

	Molverhältnis		°C
$Na_2O—B_2O_3$	1:4	SP	810
	1:3	SP	720
	1:2	SP	735
$PbO—B_2O_3$	1:2	SP	768
	5:4	Zers. in $PbO \cdot 2\,B_2O_3 + S$	548
	2:1	Zers. in $5\,PbO \cdot 4\,B_2O_3 + S$	491
	4:1	SP	565
$Li_2O—SiO_2$	1:2	Zers. in 1:1 + S	1033
	1:1	SP	1201
	2:1	Zers. in Li_2O + S	1255
$Na_2O—SiO_2$	1:2	SP	874
	1:1	SP	1089
	3:2	SP	1122
	2:1	U β ⇄ α (?)	960
		Zers. in Na_2O + S	1118
$K_2O—SiO_2$	1:4	SP	765
	1:2	SP	1045
	1:1	SP	976
$MgO—SiO_2$	1:1	Zers. in 2:1 + S	1557
	2:1	SP	1890

[1] S = Schmelze; SP = Schmelzpunkt; U = Umwandlung; E = Eutektikum.

53112 (Fortsetzung).

	Molverhältnis		°C
$CaO—SiO_2$	1:1	U $\beta \rightarrow \alpha$	1150
		SP α	1540
	3:2	Zers. in 2:1 + S	1475
	2:1	U $\beta \rightarrow \alpha$	1420
		U $\beta \rightleftharpoons \gamma$	675
		SP α	2130
$BaO—SiO_2$	1:2	Zers. in 2:3 + S	1420
	2:3	SP	1450
	1:1	SP	1604
	2:1	SP	>1750
$PbO—SiO_2$	1:1	SP	766
	2:1	SP	746
	4:1	Zers. in PbO + S	725
$Al_2O_3—SiO_2$	1:1	Zers. in 3:2 + E	~1400
	3:2	Zers. in Al_2O_3 + S	1810
		(E mit 6% Al_2O_3.	1545)
$ZrO_2—SiO_2$	1:1	SP	2550

53113 Dreistoffsysteme.

$Na_2O—CaO—SiO_2$ . . .	1:3:6	Zers. in β-$CaSiO_3$ + S	1047
	1:2:3	SP	1284
	2:1:3	Zers. in 1:2:3 + S	1141
	1:1:1	?	?
$K_2O—CaO—SiO_2$	1:2:9	Zers. in β-$CaSiO_3$ + S	1050
	1:3:6	U $\beta \rightarrow \alpha$	1020
		Zers. in β-$CaSiO_3$ + S	1115
	2:1:6	SP	959
	4:1:10	SP	946
	2:1:3	Zers. in 1:1:1 + S	1005
	1:1:1	SP	1630
$Na_2O—Al_2O_3—SiO_2$ . . .	1:1:6	SP	1100
	1:1:2	U Nephelin → α Carnegieit	1248
		U $\alpha \rightarrow \beta$-Carnegieit	692
		SP	1526
	2:1:2		?
$K_2O—Al_2O_3—SiO_2$ . . .	1:1:6	Zers. in 1:1:4 + S	1170
	1:1:4	U $\beta \rightleftharpoons \alpha$	603
		SP α	1686
	1:1:2	U $\beta \rightleftharpoons \alpha$	1550
		SP α	1755
$Na_2O—Fe_2O_3—SiO_2$ . . .	5:1:8	SP	838
	6:4:5	Zers.	?
	1:1:4	Zers. in Fe_2O_3 + S	990
	2:1:1		
$Na_2O—ZrO_2—SiO_2$ . . .	1:1:2		?
	1:1:1	Zers. in ZrO_2 + S	1477
	2:2:3		?
	1:1:0	Zers. in ZrO_2 + S	~1500
$CaO—MgO—SiO_2$	1:1:2	SP	1391
	5:2:6	Zers. in 2:1:2 + α $CaSiO_2$ + S	1365
	2:1:2	SP	1548
	1:1:1		?
$MgO—Al_2O_3—SiO_2$ . . .	1:1:3		?
	2:2:5	Zers. in 0:3:2 + S	?
$CaO—Al_2O_3—SiO_2$ . . .	1:1:2	SP	1550
	2:1:1	SP	1590
	3:1:1	Zers. in β-$2CaO \cdot SiO_2$ + $CaO \cdot Al_2O_3$	1335

5312 Tabelle zur Berechnung von Versätzen.

Rohstoff	1 Gew.-Teil Rohstoff gibt	für 1 Gew.-Teil Oxyd braucht man vom Rohstoff
Soda	0,585 Gew.-T. Na_2O	1,710 Gew.-T.
Natriumsulfat	0,436 „ Na_2O	2,291 „
Pottasche kalz.	0,682 „ K_2O	1,467 „
Hydratpottasche	0,541 „ K_2O	1,849 „
Kalisalpeter	0,466 „ K_2O	2,147 „
Natronsalpeter	0,365 „ Na_2O	2,742 „
Calciumcarbonat	0,560 „ CaO	1,785 „
Bariumcarbonat	0,777 „ BaO	1,287 „
Mennige	0,977 „ PbO	1,024 „
Borsäure kryst.	0,563 „ B_2O_3	1,776 „
Borax kalz.	0,692 „ B_2O_3	1,445 Gew.-T. (für 1 Teil
	0,308 „ Na_2O	B_2O_3, dazu 0,445 Na_2O)
Borax kryst.	0,365 „ B_2O_3	2,738 Gew.-T. (für 1 Teil
	0,163 „ Na_2O	B_2O_3, dazu 0,445 Na_2O)
Tonerdehydrat	0,654 „ Al_2O_3	1,530 Gew.-T.

5313 Glas.

53131 Chemische Eigenschaften.

531311 Auslaugbarkeit durch Wasser. *Oberflächenverfahren:* Auslaugung von Glaskörpern mit meßbarer Oberfläche 3 Stunden bei 100°. Titration des gelösten Alkalis mit n/100-HCl (DIN DENOG 62).

Klasseneinteilung:

I.	wasserbeständige Gläser	0... 50 γ	$Na_2O/100\ cm^2$
II.	resistente Gläser	50... 150 γ	$Na_2O/100\ cm^2$
III.	härtere Apparategläser	150... 400 γ	$Na_2O/100\ cm^2$
IV.	weichere Apparategläser	400...1600 γ	$Na_2O/100\ cm^2$
V.	mangelhafte Apparategläser	über 1600 γ	$Na_2O/100\ cm^2$

$1\ \gamma = 0{,}001$ mg.

Natron-Kalk-Kieselsäure-Gläser (siehe 531311 a).

531311a Auslaugziffer der Natron-Kalk-Kieselsäure-Gläser in γ $Na_2O/100\ cm^2$.

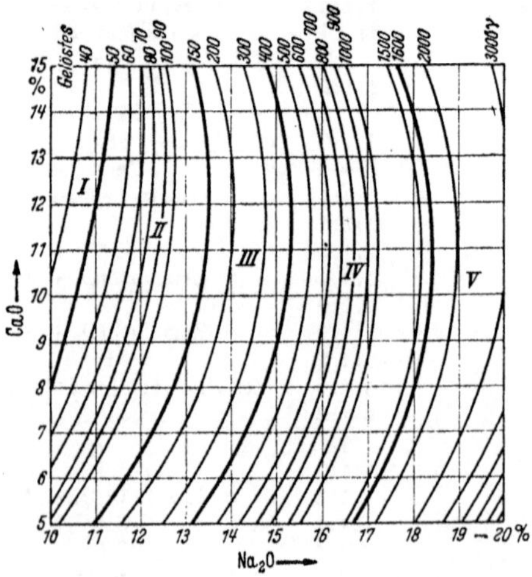

Flaschengläser	80...190 γ	Na_2O/100 cm²
Flachgläser	120...500 γ	Na_2O/100 cm²
Hochwertige Gerätegläser . .	20... 40 γ	Na_2O/100 cm²

Standard-Grießprobe: 4 cm³ Glasgrieß (zwischen Sieb DIN 1171 Nr. 12 und 20) 5 Stunden mit 100 cm³ Wasser im bei 108° siedenden Salzbad erhitzt. Lösung wird eingedampft und Gelöstes gewogen.

Klasseneinteilung (wie oben):	I. 0...10 mg	Rückstand
	II. 10...15 mg	,,
	III. 15...25 mg	,,
	IV. 25...50 mg	,,
	V. über 50 mg	,,

Grießmethode Keppeler: 20 g Glasgrieß (zwischen Sieb DIN 1171 Nr. 30 und 50) mit 100 cm³ Wasser 5 Stunden im siedenden Wasserbad. Gelöstes wird gewogen.

Natron-Kalk-Kieselsäure-Gläser (siehe 531311 b).
Kali-Bleioxyd-Kieselsäure-Gläser (siehe 531311 c).

531311b Auslaugziffer der Natron-Kalk-Kieselsäure-Gläser.
Grießverfahren nach Keppeler.

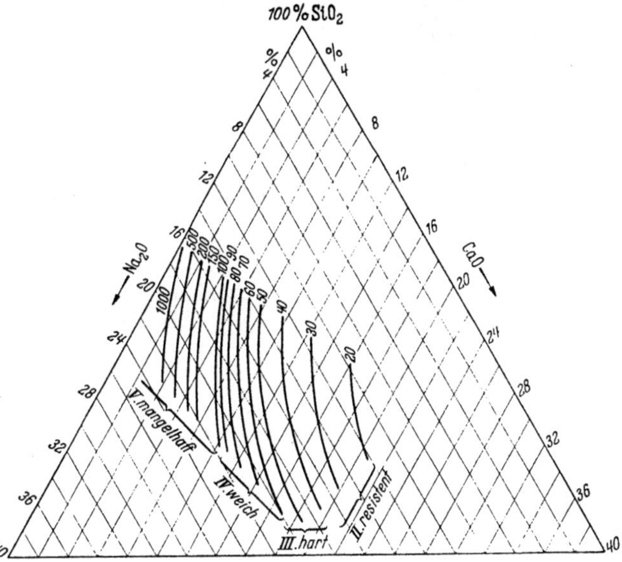

Bleilässigkeit nach Keppeler (siehe 531311 d): 1 cm³ Grieß (DIN 1171 Nr. 20 und 40) mit 20 cm³ 0,5%iger Essigsäure 1 Stunde auf siedendem Wasserbad. Blei als Bleichromat gefällt und als PbO berechnet.

Zeitabhängigkeit des Wasserangriffs: $x^2 = ct$ oder $x = a \cdot \ln\left(\frac{t}{c} + 1\right)$, wobei x gelöste Menge, t Zeit, a und c Konstanten sind (s. auch unter „Email").

531312 Auslaugbarkeit durch Säure. Auslaugung von Glasplatten mit 15%iger siedender HCl 5 Stunden lang.

I. Säurefeste Gläser	0 ...1,3 mg	Gewichtsverlust/100 cm²
II. Mäßig säurelösliche	1,3...2,6 mg	Gewichtsverlust/100 cm²
III. Stark lösliche.	über 2,6 mg	Gewichtsverlust/100 cm²

531311c Auslaugziffer von Kali-Blei-Gläsern. Grießverfahren nach Keppeler.

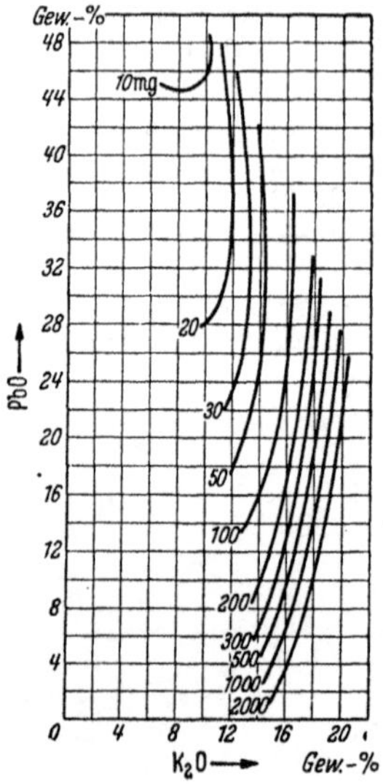

531311d Bleiabgabe der Kali-Blei-Silicat-Gläser. Verfahren nach Keppeler.

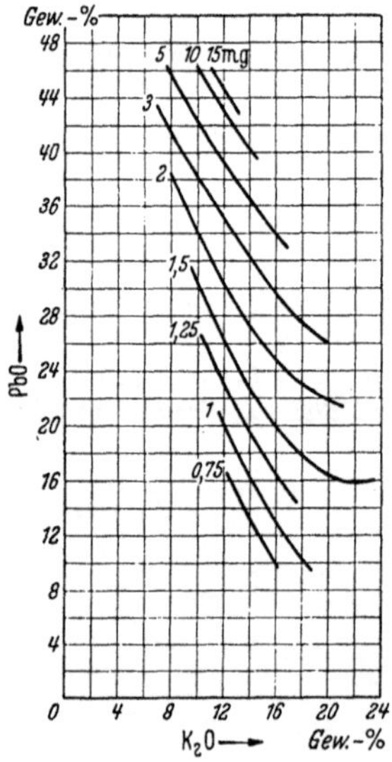

531313 Auslaugbarkeit durch Laugen. Auslaugung von Glasplatten durch Mischung von n-NaOH (4%ig) und n-Na_2CO_3 (5,3%ig) zu gleichen Teilen 1 Stunde lang bei 100°.

I.	Schwach laugenlösliche Gläser	0...24 mg Gewichtsverlust/100 cm²
II.	Mäßig laugenlösliche Gläser	24...48 mg Gewichtsverlust/100 cm²
III.	Stark laugenlösliche Gläser	über 48 mg Gewichtsverlust/100 cm²

Auslaugeversuche an Apparategläsern.

SiO_2	72%	64,5%	64,5%	65,5%	66,5%
Al_2O_3	1%	6%	9%	6%	7%
B_2O_3	—	10%	2%	7%	4,5%
$(NaK)_2O$	18,5%	7,5%	17,5%	12%	14%
CaO	8,5%	—	7,5%	0,5%	4%
ZnO	—	12%	—	9%	3,5%

Wasserdampfprobe	4,0	0,30	0,30	0,28	0,25	mg Gewichtsverlust
Autoklavenprobe	3470	40	35	39	41	mg ,,
Schwefelsäureprobe	2,8	1,0	1,1	0,7	0,8	mg ,,
Salzsäureprobe	5,0	9,6	5,2	2,6	2,1	mg ,,
NaOH-Probe	154	111	73	94	74	mg ,,
Sodaprobe	182	31	32	30	30	mg ,,

Alle Untersuchungen wurden mit 500-cm³-Kolben vorgenommen.

Wasserdampfprobe: 3 Stunden ausgedämpft.
Autoklavenprobe: 250 cm³ Wasser eingefüllt. 3 Stunden bei 183° im Autoklav.
Schwefelsäureprobe: 150 cm³ 2n-H_2SO_4 am Rückflußkühler 6 Stunden bei 100°.
Salzsäureprobe: 250 cm³ 20%ige HCl in 2 Stunden auf 100 cm³ eingedampft.
NaOH-Probe: 150 cm³ 2n-NaOH am Rückflußkühler 3 Stunden bei 100°.
Sodaprobe: Wie NaOH, jedoch 2n-Na_2CO_3.

531314 Übersicht über Eisengehalte von Rohstoffen und Gläsern.

Glasschmelzsand von Dörentrup/Lippe oder Hohenbocka/N.L.	0,01% Fe_2O_3
Sande für gewöhnliches Weißhohlglas	bis 0,05% Fe_2O_3
Kalk, Dolomit	von 0,1% Fe_2O_3 ab
Soda, Pottasche, Mennige usw.	< 0,005%
Krystallglas	0,02...0,04%
Gewöhnliches Hohlglas	0,04...0,08%
„Halbweißes" Glas (Fenster-, Spiegelglas)	0,1 ...0,2%
Grünes Glas (Flaschen)	1,5 ...2%

53132 Mechanische Eigenschaften.

531321 Festigkeiten.

	Quarzglas	gewöhnliche technische Gläser
Zerreißfestigkeit in kg/mm^2	9	7...9 (Bleigläser 4...6)
	bei Fäden unter 10 μ ∅ 20...50	
Druckfestigkeit in kg/mm^2	200	80...100
Dehnungsmodul in kg/mm^2	6000...7000	
Härte nach Mohs	7	6...7 (Bleigläser 5...6)
Ritzhärte (1/Ritzbreite in Millimeter bei 20 g Belastung des Diamanten) . .	~250	180...220 (Bleigläser 150)

531322 Zulässige Spannung. In Handelsgläsern soll die Doppelbrechung (als Maß für die Spannung) nicht größer als 200 mμ/cm sein.

531323 Dichte. Annähernd zu berechnen aus der Glaszusammensetzung nach

$$\frac{100}{\varrho} = \frac{p_1}{K_1} + \frac{p_2}{K_2} + \text{usw.}$$ (p Oxydprozentgehalt; K Koeffizient).

	K		K
SiO_2	2,20	PbO	10,3
Al_2O_3	2,75	K_2O	3,2
CaO	5,0	Na_2O	3,3
MgO	3,4	B_2O_3	2,9
BaO	7,7	As_2O_3	3,4
ZnO	5,9	Sb_2O_3	3,0

		Dichte in $g \cdot cm^{-3}$
Quarzglas		2,20
Fensterglas		2,48
Mittleres Bleiglas (25% PbO)		2,89
Glühlampenkolbenglas	bei 20°	2,46
	400°	2,43
	800°	2,36
	1200°	2,28
	1400°	2,25
Resistenzglas	bei 20°	2,34
	400°	2,33
	800°	2,28
	1200°	2,22
	1400°	2,18
Boraxglas	bei 1000°	2,04

531324 Zähigkeit (Transformationspunkt, Erweichung). Beim Transformationspunkt („Einfrierpunkt" bzw. -bereich) ist die Zähigkeit $\eta =$ rund 10^{13} Poisen. Als „Erweichungspunkt" ist neuerdings die Temperatur für $\eta = 10^{7,6}$ Poise vorgeschlagen worden. Zähigkeitskurven siehe 531324.

Transformationspunkte (TP) und Erweichungspunkte (EP) einiger Glassorten. (Diese EP entsprechen nicht $\eta = 10^{7,5}$ Poise, sondern den Temperaturen, bei denen die betreffenden Gläser z. B. bei der Ausdehnungsmessung beginnen, in sich zusammensinken.)

	TP	EP
Kieselglas	1050°	1145°
Spiegelglas	550°	600°
Preßgläser	500...550°	540...580°
Gewöhnliche Röhrengläser	500...550°	550...600°
Bleigläser	450...470°	490...520°
Gerätegläser	550...650°	600...700°

Zu 531324 Zähigkeitsverlauf bei einigen Glastypen.

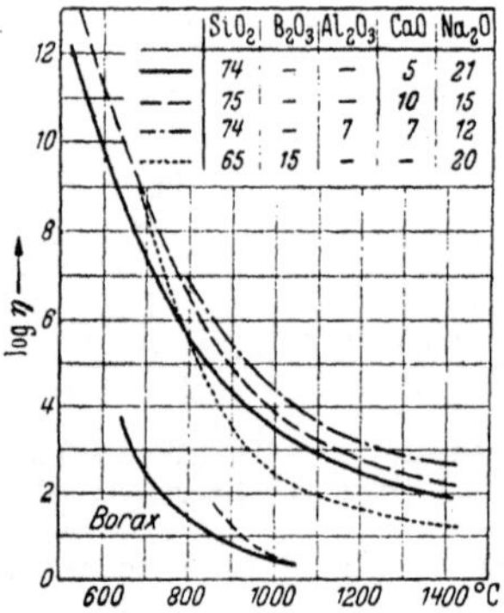

531325 Oberflächenspannung geschmolzener Gläser. Bleigläser 200...250, gewöhnliche Alkali-Kalkgläser 280...340 Dyn/cm.

53133 Elektrische Eigenschaften[1].

531331 Dielektrizitätskonstante. Quarzglas 3,5...4, gewöhnliche Gläser 5...7, Sondergläser 8...12.

531332 Verlustfaktor, dielektrischer. tg δ in weiten Grenzen veränderlich; niedrigste Werte um $10 \cdot 10^{-4}$, hohe Werte über $100 \cdot 10^{-4}$.

531333 Spezifische Elektrizitätsleitfähigkeit eines mittleren Natron-Kalkglases:

20°	10^{-11} bis 10^{-15} $\Omega^{-1} \cdot cm^{-1}$
400°	$10^{-5,5}$
600°	10^{-4}
800°	10^{-2}
1100°	10^{-1}

Mittleres Kali-Bleiglas: 20° 10^{-14} $\Omega^{-1} \cdot cm^{-1}$.

53134 Thermische Eigenschaften.

	Quarzglas	gewöhnl. Glas
531341 Spezifische Wärme 0...100°	0,18 cal/(g °C)	0,17...0,20 cal/(g °C)
531342 Wärmeleitzahl in kcal/(mh °C) von kompaktem Glas	1,26	0,7
von Glaswolle (Stopfdichte 50...150 kg/m³)	0,03...0,06	

[1] Weitere Daten s. 5331.

531343 Ausdehnungskoeffizient (linear β).

	°C	$\beta \cdot 10^7$ in (°C)$^{-1}$
Quarz-Krystall	0...200	70 ∥-Achse; 160 ⊥-Achse
Quarzglas	200	5,18
B_2O_3-Glas	100	144
Schottsche Gläser:		
3058 III (Supremax)	20...100	33
59 III (Thermometer)	0...100	58,9
16 III	10...100	79,3
Thermisch resistente Gläser	0...100	25...60
Gewöhnliche technische Gläser (Flachglas, Hohlglas usw.)	0...100	70...100
Glühlampenkolbenglas	0...500	100
	500...1400	240...260
Resistenzglas	0...500	35
	500...1400	230...250

Koeffizienten zur überschläglichen Berechnung des kubischen Ausdehnungskoeffizienten 0—100° aus der oxydischen Zusammensetzung nach $3\beta \cdot 10^7 = p_1 \cdot K_1 + p_2 K_2 +$ usw. (p = Prozengehalt):

	K		K
SiO_2	0,15	CaO	4,9
Al_2O_3	0,52	MgO	1,4
B_2O_3	—2,0	BaO	5,2
Na_2O	13,0	ZnO	0,2
K_2O	11,7	PbO	3,2

531344 Abschreckfestigkeit. *Stäbe* von 6 mm Durchmesser werden stufenweise (10°) erhitzt und in Wasser von 20° geworfen, bis zum Sprung. Temperaturdifferenz zu 20° ($\Delta\vartheta$) hängt innig mit den Ausdehnungskoeffizienten zusammen (s. folgende Tabelle).

Kubischer Ausdehnungskoeffizient	300	200	$100 \cdot 10^{-7}$
$\Delta\vartheta$ Stäbe	90°	130°	200°
$\Delta\vartheta$ Bechergläser	100°	150°	290°

Bechergläser, mit Paraffin gefüllt, werden stufenweise (5°) erhitzt und in Wasser von 20° geworfen. Die Differenz $\Delta\vartheta$ zwischen Abschrecktemperatur und Wassertemperatur läßt sich annähernd berechnen nach

$$\Delta\vartheta = \frac{0{,}85 \cdot P}{\beta \cdot E}$$

Als Koeffizienten für die Konstanten P (Spannung bei bestimmter Dicke), β (linearer Ausdehnungskoeffizient) und E (Elastizitätsmodul) sind für je 1% zu setzen:

	$P \cdot 10^{-8}$	$E \cdot 10^{-8}$	$\beta \cdot 10^7$
SiO_2	0,09	70	0,05
Al_2O_3	0,05	150	0,38
B_2O_3	0,065	60	0,54
Na_2O	0,02	100	4,32
K_2O	0,01	70	3,42
CaO	0,20	70	1,63
MgO	0,01	40	0,45
BaO	0,5	70	1,17
ZnO	0,15	100	0,98
Sb_2O_3	0,03	40	0,70

531345 Entglasung. Die Krystallisation beginnt bei

Quarzglas oberhalb 900° C bei längerem Verweilen (beim Abkühlen entstehen Risse wegen $\alpha \rightarrow \beta$-Cristobalit-Umwandlung, s. oben):

gewöhnlichen technischen Gläsern unterhalb 1050°...900°; Entglasungsgebiet bis herab zu 600°...700°.

Trübwerden von Laborgläsern beim Erhitzen am Gebläse ist keine Krystallisation, sondern beruht auf Schrumpfung der hydrolytisch zersetzten Oberflächenschicht.

53135 Optische Eigenschaften.

531351 Brechungszahl. Annähernd zu berechnen aus den Koeffizienten (für je 1% Oxyd):

SiO_2	0,0147	CaO	0,0177
Al_2O_3	0,0150	MgO	0,0159
B_2O_3	0,0146	BaO	0,0169
Na_2O	0,0159	ZnO	0,0168
K_2O	0,0155	PbO	0,0179
		TiO_2	0,020

n_D für Fensterglas 1,52, mittleres Bleiglas (25% PbO) 1,55, Quarzglas 1,4585.

531352 Lichtdurchlässigkeit. *Glas* 75% SiO_2, 10% CaO, 15% Na_2O, Grenze der UV-Durchlässigkeit (D = 1%) bei d = 2 mm in Abhängigkeit vom Eisenoxydgehalt:

0,005	0,011	0,017	0,029	0,09	0,12	0,4	1,0% Fe_2O_3
2600	2690	2750	2830	2940	3000	3200	3240 Å

Durchlässigkeit bei	1860	1930	1990	2070	2110	2180 Å
Quarzglas (1 cm)	16	18	20	30	40	67%

Durchlässigkeit (2 mm)	2600	2700	2790	2890	3020	3100	3200	3400 Å
Gewöhnliche Fenstergläser	—	—	—	—	3	10	35	70%
Sog. UV-durchlässige Fenstergläser	0,5	5	20	40...45	60...70	70...85	70...90	90%

Stark UV-durchlässige Gläser aus B_2O_3, CaF_2, Al_2O_3 (Grenze herunter bis 1850 Å).

UR-Durchlässigkeit: Quarzglas Absorptionsbande bei 2,75 μ, Zunahme der Absorption oberhalb 4,5 μ, starke Absorption bei 9 μ. B_2O_3 im Glas (>15%) bedingt verstärkte Absorption >2,5 μ.

5314 Farbstoffe und Trübungsmittel für Gläser, Glasuren und Emails.

	echt gelöst	kolloid
rot	Se (rosa)	Au, Cu, CdS · CdSe, Sb_2S_3
orangerot	Polysulfide	CdS · CdSe
gelb	Fe_2O_3, CrO_3, $Ce_2O_3 + TiO_2$	CdS, Ag
braun	Polysulfide, Sulfoferrite, Polyselenide, TiO_2 + FeO, NiO, MnO + Fe_2O_3 (flaschenbraun)	
gelbgrün	UO_3, V_2O_5	
grün	Cr_2O_3, Pr_2O_3, Fe_2O_3 + FeO	
blau	CoO, CuO, FeO, Ti_2O_3, S (in Boratglas)	
violett	Mn_2O_3, Nd_2O_3	
weiß	Fluoride, $Ca_3(PO_4)_2$, SnO_2, ZrO_2, CeO_2, Sb_2O_5, TiO_2, Bleiarsenat	
grau bis schwarz	Fe_3O_4, FeS, Pt, Ir. Mischung von NiO, UO_3, Mn_2O_3, CuO, Fe_2O_3.	

Hinzu kommen für Glasuren und Emails sog. „Farbkörper", die in der Schmelze suspendiert sind (z. B. Chromrot, Fe_2O_3-rot usw.).

5315 Keramik.

531501 Mineralische Bestandteile von Tonen.

	Zusammensetzung	Erhitzungsverhalten
„Tonsubstanz" (Kaolinit)	$Al_2O_3 \cdot 2SiO_2 \cdot 2H_2O$ (46,6% SiO_2; 39,5% Al_2O_3; 13,9% H_2O)	Zersetzung bei 450° unter Wasserabgabe
Montmorillonit	wasserhaltiges Aluminiumsilicat ($Al_2O_3 : SiO_2 \sim 1:4$)	Stetige Wasserabgabe bis etwa 400°
Halloysit	$Al_2O_3 \cdot 2SiO_2 \cdot 4H_2O$	2 Mol H_2O entw. bei 50° Rest oberh. 400°
Quarz	SiO_2	Umw. 570°
Feldspäte, z. B. Kali-Feldspat (Orthoklas)	$K_2O \cdot Al_2O_3 \cdot 6SiO_2$ (64,8% SiO_2; 18,3% Al_2O_3; 16,9% K_2O)	inkongr. Schmelze 1170°
Glimmer	wasserhaltiges Kalium-Aluminiumsilicat (Begleiter: Fe, Mg, Li, F)	

Organische Substanz, Kalk und andere Bestandteile bei unreinen Tonen.

531502 Chemische Zusammensetzung von feuerfesten Tonen und Kaolinen.

Beispiele.

	Zettlitzer Kaolin	Wildsteiner Blauton	Klingenberg Ton	Großalmeroder Ton
Rationelle Analyse				
Tonsubstanz	97	83	65	44
Quarz	1	10	25	49
Feldspat	0,6	1	1	2
Glimmer	1	5	9	4
Chemische Analyse				
SiO_2	47,9	37,4	49,5	72,8
Al_2O_3	38,4	38,2	32,8	18,5
TiO_2	0,4	0,4	0,7	1,2
Fe_2O_3	0,3	1,9	1,5	0,7
CaO, MgO	0,3	0,8	0,9	0,3
NaKO	0,8	0,2	1,0	0,4
Glühverlust	12,8	11,8	8,4	5,5
„Schmelzpunkt" bei Segerkegel	35/36	34	30	27
Gesamtschwindung bis 1350°	8%	13	11	3
Wasseraufnahme nach Brennen auf 1350°	8,3%	gesintert	gesintert	17

531503 Rationelle Zusammensetzungen von keramischen Massen.

	Tonsubstanz	Quarz	Feldspat	Vor- brenntemperatur	Fertig- brenntemperatur
Porzellan	55	22,5	22,5	900°	1400...1450°
Steinzeug	45...55	25	20...30	—	1200...1300°
Kalk-Steingut	40...55	30...40	20...5 Kalk + Feldspat	1100...1180°	950...1150°
Feldspat-Steingut	50...35	40...55	3...10	1200...1300°	900...1150°

(Außerdem werden meist noch gemahlene Scherben zugesetzt.)

Schamottemassen bestehen im allgemeinen aus 35...50% rohem, feuerfestem Ton und 65...50% Schamotte, d. i. gebrannter, gemahlener, feuerfester Ton (20...46% Al_2O_3, Rest im wesentlichen SiO_2).

Silikasteine (für Ofengewölbe) 95...98% SiO_2, 2% CaO; Rest Al_2O_3, Fe_2O_3.

531505 Eigenschaften

		Sinter-tonerde	Marquardt-Masse	Hart-porzellan	Steinzeug	Hart-steingut
1	Porosität in Gew.-% (Wasseraufnahme)	0	—	0	0—5	0...10
2	Raumgewicht g/cm³	3,8	—	2,2...2,4	2,1...2,3	1,9
3	Dichte g/cm³	3,8	—	2,4...2,5	2,5...2,6	2,6
4	Druckfestigkeit kg/cm² . . .	bis 20000	—	5...7000	4000	—
5	Zerreißfestigkeit kg/cm² . . .	120	—	2... 300	70...100	80...100
6	Biegefestigkeit kg/cm² . . .	1100	—	6...7000	250...350	—
7	Dehnungsmodul kg/cm² . . .	$4 \cdot 10^6$	—	7...8000	4...6000	—
8	Lin. Ausdehnungskoeffizient $\beta \cdot 10^{+7}$	70	52	30...40	40...45	50...70
9	Spez. Wärme 20° cal/g · grad	0,20	0,23	0,22	0,19	—
10	Wärmeleitzahl cal/(cm s grad) bei 300°	0,042	0,0048	0,0025...0,004	0,003	—
11	Temperaturleitzahl cm²/sec .	—	—	0,008 0,01		
12	Schmelzpunkt in Seger-Kegelnummern	42	37	30	20...27	31
13	Maßhaltigkeit (Mitteltoleranz)	—	—	±2% (bei kleinen Stücken < etwa 10...20 mm ±5%)		

531506 Druckerweichungskurven nach DIN 1064.

Druck-Feuerbeständigkeit, gemessen an einem Zylinder von 50 mm Höhe und 50 mm Durchmesser unter einer Belastung von 2 kg/cm². Heizgeschwindigkeit oberhalb 1000° 8° je Minute.

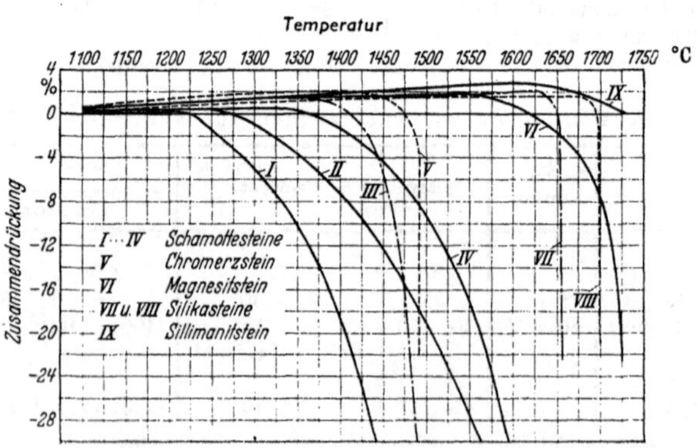

531504 Gefügebestandteile in gebrannten Tonen und Tonmassen.

Reste von *Quarz*; *Cristobalit*, Tridymit. — *Mullit* 3 $Al_2O_3 \cdot 2\,SiO_2$ (mit 71,8% Al_2O_3). — SiO_2-reiches Glas.

Bei tonerdereichen Massen neben Mullit noch Korund (Al_2O_3).

keramischer Stoffe (s. 531506...531511).

Klinker[1]	Ziegel[1]	Schamotte	Silikastein	Asbestplatte	Isolierstein	
5	8...15	5...15	10...15	—	—	
1,8...2,1	1,4...1,9	1,7...2,0	1,7...2,0	0,9	0,38	0,90
—	—	2,5...2,6	2,3...2,4	2,1...2,8	—	
über 350	über 150	100...300	100	—	3...5	60...100
—	—	90	—	—	—	
—	—	—	—	—	—	
—	—	—	—	—	—	
—	—	20...50	...250° 300 > 250° 100	—	—	
—	0,20...0,26	0,23	0,22...0,26	—	—	
—	0,001	0,001 ... 0,004	0,001...0,003	0,0004	200°: 0,00024 600°: 0,0004	0,00045 0,0005
—	0,005	0,003 ... 0,01	—	—	—	
—	—	30...36	33...35	—	Anwendbar bis: ...1040°	1150°
—	—	± 1...2%	—	—	—	

531507 Wärmeausdehnung feuerfester Baustoffe.

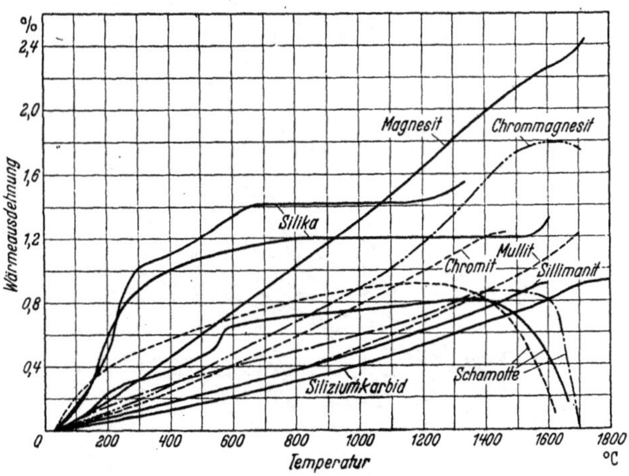

[1] Siehe auch Baustoffe 522.

531508 Wärmeleitzahl feuerfester Steine.

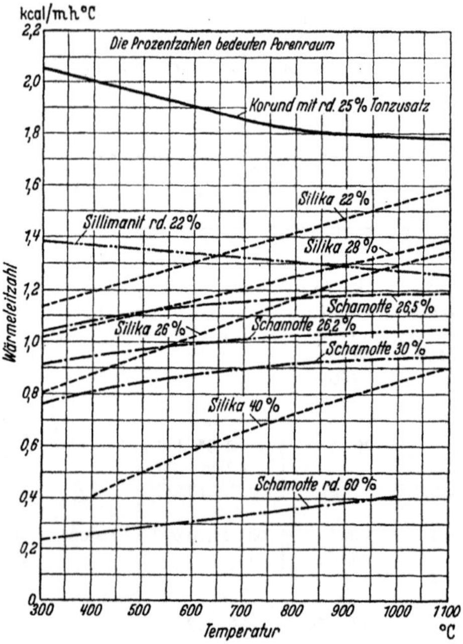

531509 Wärmeleitzahl von Isolierstoffen.

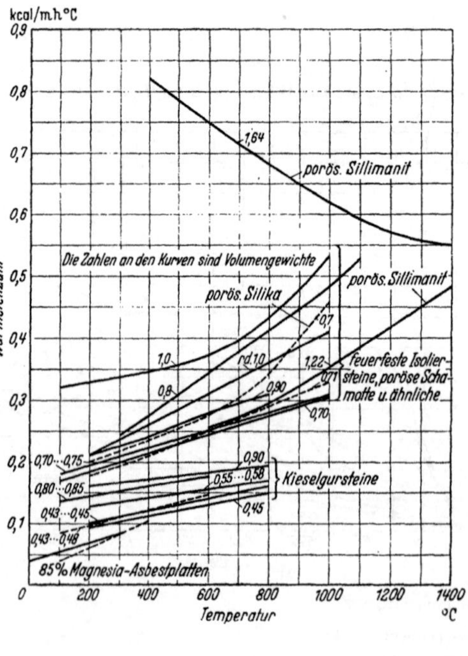

531510 Wärmeleitzahl feuerfester Sondermassen.

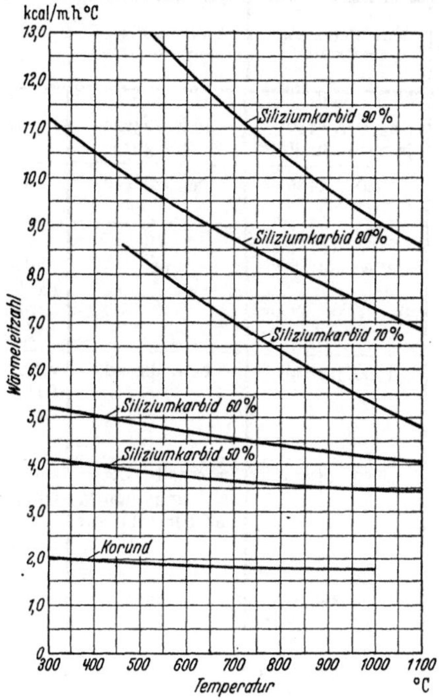

531511 Wärmeleitzahl von Magnesitsteinen.

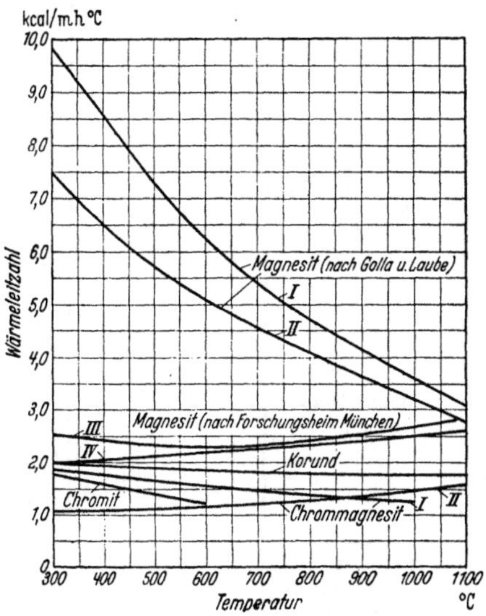

5316 Verhalten

Erzeugnis	Max. Gebrauchstemperatur	Widerstand gegen Temperaturwechsel	Widerstand
			Basische Flüsse
Schamotte . . .	1350...1450° je nach Qualität	befriedigend bis gut	wird angegriffen
Quarzschamotte .	1350...1400°	befriedigend	wird angegriffen
Sillimanit bzw. Mullit	1600...1800°	gut	widersteht befriedig. alkalischen Schmelzen, besonders gut alkalischen Dämpfen
Korund	1500...1950°	befriedigend	wird bei steigender Basizität stärker angegriffen
Silika	1650...1720°	unterhalb Rotglut sehr empfindlich, darüber sehr gut	stark angegriffen von alkalisch. Schmelzen widerstandsfähig geg. alkalische Dämpfe
Magnesit	je nach Reinheitsgrad 1700...1800°, Erzeugnisse aus geschmolzener Magnesia über 2000°	gering	widersteht sehr gut
Chrommagnesit .	1700...1750°	gut	widersteht sehr gut
Chromerz	1400...1500°	gering	widersteht gut
Siliciumcarbid .	1500...1600° je nach Ofenatmosphäre und Qualität	sehr gut	wird stark angegriffen, FeO u. NiO reagieren bei 1300°, MnO bei 1360°, CaO und MgO bei 1000°
Graphit-Kohlenstoff	über 2000° (in reduzierender Atmosphäre)	sehr gut	widersteht im ganzen gut, wird bei hohen Temperaturen angegriffen von geschmolzenen Oxyden u. Flußmitteln, die gebund. Sauerstoff enthalten
Zirkonoxyd . . .	je nach Herstellungstemperaturen und Brand bis oberhalb 2000°	gut	widersteht sehr gut

feuerfester Erzeugnisse.

gegen chemische Einflüsse			
Saure Flüsse	Oxyd. Atmosphäre	Reduzierende Atmosphäre	Geschmolzene oxydfreie Metalle
wird schwach angegriffen	wird nicht angegriffen	widersteht gut unterhalb 1350°	oberhalb 1300° nicht zu empfehlen
wird schwach angegriffen	wird nicht angegriffen	widersteht gut unterhalb 1400°	oberhalb 1300° nicht zu empfehlen
widersteht gut	wird nicht angegriffen	widersteht gut	widersteht gut
wird wenig angegriffen	wird nicht angegriffen	gut, Carbidbildg. oberhalb 1800° in Berührung mit Kohlenstoff	widersteht gut
widersteht gut, außer gegen Fluorverbindungen	wird nicht angegriffen	widersteht gut, Carbidbildung in Berührung mit Kohlenstoff oberhalb 1600°	widersteht Zn, Cd und Sn gut
wird angegriffen, reagiert mit feuerfesten Ton und Silikasteinen bei etwa 1600°	wird nicht angegriffen	widersteht bis etwa 1500°, wird bei hohen Temperaturen zu Metall reduziert	widersteht gut, wird durch Carbide von Fe, Ni, Cr angegriffen
wird etwas angegriffen	wird nicht angegriffen	widersteht befriedigend	widersteht gut, bes. gegen Fe, Cu, Sn, Ni, Sb, Bi, As und Pb
widersteht befriedigend, geschmolzene Kieselsäure wirkt als Flußmittel	wird nicht angegriffen	reduziert zu Ferrochrom bei hohen Temperaturen	widersteht gut
reagiert bei 1200°, widersteht gut flüssigen und gasförmigen Säuren	wird zerstört oberhalb 1000°, Ausbildung einer Schutzschicht verhindert die weitere Oxydation bis etwa 1500°	widersteht gut	wird durch Metalldämpfe allmählich zerstört, nicht angegriffen von Zn und Cu
widersteht befriedigend	wird stark zerstört	widersteht gut	wird nicht angegriffen von geschmolzenem Cu, Zn, Al, Au, Sb, Sn, Ag, Pb bildet Carbide mit geschmolzenem Pt, Fe, Ni, Co, Cr, Si
widersteht gut wird von Fluorverbindungen zerstört	wird nicht angegriffen	Carbidbildung bei sehr hohen Temperaturen	widersteht gut

5317 Keramische Sondermassen für die Elektrotechnik.

	Glimmer	Quarzglas	Hochsp.-Porzellan	Steatit (Mg-Silicat)	Rutilmassen	Ton-Speckstein-massen	Poröse Ton- (teils auch Mg-Silicat)-massen
Verwendung . .			Hoch- u. Nieder-spannungsisolatoren	ferner Hochfrequenz	Kondensatoren, Hochfrequenz	Funken-, Lichtbogenschutz	Elektrowärmegeräte
Raumgewicht	2,65	2,2	2,3...2,5	2,6...2,8	3,6...3,9	2,2	1,6...2,5
Druckfestigkeit kg/cm²	—	1600...2000	4000...5000	9000	3000...12000	3000...5000	500...2000
Zerreißfestigkeit kg/cm²	3700	900	250...500	600...900	3...800	250...350	90...160
Biegefestigkeit kg/cm²	—	700	400...1000	121...600	1000...1500	500...800	150...400
Dehnungsmodul .	1,6...2,1	0,62...0,72	$0,8 \cdot 10^6$	$1 \cdot 10^6$	$1...1,3 \cdot 10^6$	$0,9 \cdot 10^6$	—
Ausdehnungskoeff. $10^7 \cdot \beta$ (0...100)	30	5,5	30...45	60...90	60...80	10...15	20...50
Erweichungstemperatur um	600°	1050°	1500°	1400°	1500°	1400°	1400...1500
Wärmeleitzahl 20...100° kcal/h m °C . .	—	—	1,3...1,4	1,9...2,2	2,5...3,2	1,6...2,2	0,7...1,7
Temperaturleitzahl 20...100°, m²/h	—	—	0,0021...0,0029	0,004	0,004...0,005	0,004	0,0024...0,0038

5318 Email.

Wichtigste Emailbestandteile. SiO_2, Al_2O_3, (Fe_2O_3), B_2O_3; TiO_2; MgO, CaO, BaO, ZnO, MnO; Na_2O, K_2O; Fluoride, Sulfide; Sb_2O_5, CeO_2, ZrO_2 (SnO_2); Haftoxyde CoO, NiO.

Aufbrenntemperaturen (Ofentemperatur).

Blechgrundemail	800...950°
Guß-Frittegrund	800...850°
Guß-Schmelzgrund	750...850°
Naß-Deckemail	720...850°
Trocken- Puderemail	900...950°

Chemische Widerstandsfähigkeit.

Kochgeschirremails. Gewichtsverlust nach

a) 1stündiger Auskochung mit 4%iger Essigsäure 30...100 mg/100 cm², 5%iger Citronensäure 100...300 mg/100 cm²;

b) ½stündiger Auslaugung mit 5%iger Milchsäure bei 60°: 0...20 mg/100 cm² bei sehr widerstandsfähigen Emails, 20...100 mg/100 cm² bei mittelwiderstandsfähigen Emails, 100...300 mg/100 cm² bei wenig widerstandsfähigen Emails.

Säurefeste Emails. Zeitgesetz des Angriffs von verdünnten Säuren nach G. Schmidt: $x = a \cdot \ln(1 + ct)$, wobei x Gewichtsverlust in mg/cm² bei Angriff kochender Säure; a, c Konstante, t Zeit in Stunden. Ist $a < 0,4$, so ist das Email gegen die gewählte Säure **beständig**, im Falle von 20% HCl „*hochsäurebeständig*".

[1] Elektrische Eigenschaften s. S. 5333.

Physikalische Eigenschaften.

Dichte. Bleifreie Emails 2,4...2,6 g · cm^{-3}, bleihaltige Emails bis zu 5,0 g · cm^{-3}. Die scheinbare Dichte ist infolge Blasengehalts zum Teil wesentlich erniedrigt.

Härte (s. auch „Glas"). Vickershärte 460...660 kg/mm^2.

Schlagfestigkeit. Stahlkugel mit bestimmtem Durchmesser fällt auf die Probe, die auf Sand gebettet ist.

	Kugelgewicht g	Kugeldurchmesser mm	Schlagarbeit bis zum Auftreten der ersten Beschädigungen mkg
Blechemails			
< 1 mm Blechstärke	10	13,5	0,2
1...1,5 mm „ Flächen glatt und konkav	25	18	0,25
„ konvex	10	13,5	0,2
> 1,5 mm „ „ glatt und konkav	50	23	0,5
„ konvex	25	18	0,25
Gußemails			
< 3 mm Gußstärke, Flächen glatt und konkav	100	29	0,5...1
„ konvex	50	23	0,2...0,5
> 3 mm „ „ glatt und konkav	200	36	1...2
„ konvex	100	29	0,5...1

Ausdehnung. Kubischer Ausdehnungskoeffizient $3\beta \cdot 10^7$.

	Vor dem Aufbrennen 0...100°	Vor dem Aufbrennen 0...Erweichungstemperatur	Nach dem Aufbrennen 0...E.T.
Deckemail	320	350	350
Grundemail	270	320	360—390
Eisen	340	410	410

Zähigkeit von Emails bei der Aufbrenntemperatur $10^{3,0}...10^{3,5}$ Poisen.

Oberflächenspannung von Emails bei 900° 250...320 Dyn/cm.

Wärmeleitzahl. Bei 40°: 0,0023...0,0028 cal/cm · °C (0,83...1,05 kcal/m · h °C). Bläschen im Email ändern die Wärmeleitfähigkeit mehr als die Zusammensetzung.

Glanz. Setzt man den „Glanz" (gerichtetes Reflexionsvermögen für 45° Einfallwinkel) für eine beiderseits polierte Spiegelglasscheibe (d = 5 mm) = 100%, so liegt der Glanz technischer Emails bei 40...70%.

Trübung. Brechnungsindices der wichtigsten Trübungsmittel:

Gasblasen (Gastrübung)	1,00	CeO_2	2,33
NaF	1,33	ZrO_2	2,40
CaF_2	1,43	TiO_2	2,5...2,7
SnO_2	2,04	Sb_2O_5	2,60

Weißgehalt. Lichteinfall 45°, Messung senkrecht zur Probe. Vergleich mit MgO = 100%.

	Durchschnittswerte
Email nur mit Fluortrübung	60...75%
Email mit SnO_2, Sb_2O_5, CeO_2, ZrO_2, Gastrübung	75...85%
Zifferblattemails mit Bleiarsenat	90...95%

Zusammensetzung von Emailliereisenblech. C < 0,1%, Si < 0,1%, Mn < 0,5%, P < 0,1%, S < 0,05% Rest Fe. Zugfestigkeit 30...35 kg/cm^2. Dehnung 32...34%.

Zusammensetzung von Emailliergußeisen. C 3,2...3,7%, Si 2,2...2,8%, P 0,6...1,3%, Mn 0,4...0,8%, S < 0,1%, Rest Fe.

5319 Physikalische Eigenschaften einiger feuerfester Massen[1].

Reine Stoffe	Formel	Zusammensetzung in %	Mittlere Dichte ϱ_{20} g · cm^{-3}	Mittlerer linearer Ausdehnungskoeffizient: bei ϑ in °C	β in grad^{-1}	Mittlere spezifische Wärme: Temperaturintervall °C	kcal · kg^{-1} · grad^{-1}	Schmelz- oder Erweichungstemperatur in °C	Wärmeleitzahl[2]) in kcal · m^{-1} · h^{-1} · grad^{-1} bei °C: 500	900	1300
Aluminiumoxyd	Al_2O_3	100 Al_2O_3	4,0	20…1000	$8,5 \cdot 10^{-6}$	20…1000	0,304	2050	1,85	1,75	—
Andalusit	$Al_2O_3 \cdot SiO_2$	62,85 Al_2O_3; 37,15 SiO_2	3,2	20…1000	$6,2 \cdot 10^{-6}$	20…1000	0,168	1810	—	—	—
Chromit	$FeOCr_2O_3$	68 Cr_2O_3; 32 FeO	4,5	20…1000	$8 \cdot 10^{-6}$	20…1000	0,22	2180	1,24	—	—
Graphit	C	100 C	2,25	20…1000	$2,2 \cdot 10^{-6}$	20…1000	0,29	subl. b. 3900	—	—	—
Magnesia	MgO	100 MgO	3,65	20…1000	$13,5 \cdot 10^{-6}$	20…1000	0,285	2800	2,41	1,92	1,61
Magnesiaspinell	$MgOAl_2O_3$	28,2 MgO; 71,8 Al_2O_3	3,6	20…1000	$8,5 \cdot 10^{-6}$	20…1000	0,257	2100	1,51	—	—
Quarz	SiO_2	100 SiO_2	2,65	300…1135	$4,6 \cdot 10^{-6}$	20…1000	0,263	1400	1,09	1,33	1,65
Siliciumcarbid	SiC	70 Si; 30 C	3,2	20…1000	$5,2 \cdot 10^{-6}$	20…1000	0,19	2250	17,6	13,6	9,92
Thoroxyd	ThO_2	100 ThO_2	10,2	—	—	—	—	3000	—	—	—
Zirkon	ZrO_2SiO_2	67,1 ZrO_2; 32,9 SiO_2	4,7	20…1000	$4,5 \cdot 10^{-6}$	20…50	0,132	2500	—	—	—
Zirkonoxyd	ZrO_2	73,9 Zr; 26,1 O_2	5,5	20…1000	$6,6 \cdot 10^{-6}$	20…1000	0,16	2680	1,49	—	—

	Zusammensetzung in %: Al_2O_3	SiO	Fe_2O_3	CrO	MgO	Andere Bestandteile	Alkali und Flußmittel %	Mittlere Dichte g · cm^{-3}	Mittlere spezifische Wärme: Temperaturintervall °C	kcal · kg^{-1} grad^{-1}	Schmelz- oder Erweichungstemperatur in °C	Wärmeleitzahl[2] in kcal · m^{-1} · h^{-1} · grad^{-1} bei °C: 300	500	700	900	1100
Feuerfeste Steine:																
Hochtonerdehalt. Steine	63,0	34,9	1,3	0,1	0,3	—	0,5	2,12	—	—	—	1,13	1,19	1,23	1,27	1,29
	61,1	36,4	2,0	—	—	—	0,2	2,31	—	—	—	1,38	1,34	1,31	1,30	1,29
	69,8	29,2	0,6	—	0,2	—	0,8	1,91	—	—	—	0,95	0,93	0,90	0,89	0,88
Korundstein	81,5	15,4	1,8	0,3	1,0	1,2 TiO_2	3,1	2,72	—	—	2050	2,03	1,91	1,84	1,80	1,79
Magnesit	1,8	2,4	4,8	2,3	88,9	—	—	2,98	20…600	0,26	1400…1450	7,4	5,7	4,6	3,7	2,9
	1,6	2,9	5,3	2,0	88,3	—	—	2,85	—	—	—	9,8	3,1	5,3	4,0	3,1
Chromerzsteine	—	—	—	—	—	—	—	3,95	—	—	1990	—	—	—	—	—
Chrom-Magnesitsteine	—	—	—	—	—	—	—	3,85	—	—	—	—	—	—	—	—
Schamotte	31,1	65,8	1,2	0,4	1,2	—	2,8	1,84	40…600	0,245	1300…1600	0,90	0,96	1,01	1,03	1,04
	42,0	53,8	2,4	—	1,8	—	4,2	1,84	—	—	—	0,81	0,86	0,89	0,92	0,93
Silika	10,4	96,1	0,6	2,0	—	—	—	1,83	40…600	0,245	—	1,13	1,26	1,38	1,48	1,58
	2,9	92,9	1,0	3,1	0,01	—	7,0	1,69	—	—	—	1,01	1,11	1,21	1,30	1,38
Siliciumcarbid	3,1	6,7	0,1	—	0,4	89,7 SiC	—	2,32	—	—	2250	4,1	13,1	11,2	9,7	8,6
	19,5	25,6	0,4	—	—	49,4 SiC	5,0	2,19	20…1000	0,19	—	—	3,9	3,7	3,6	3,4
Sillimanitsteine	—	—	—	—	—	—	—	3,0…3,25	—	—	1820	—	—	—	—	—
Zirkonsteine	6,3	24,3	2,7	—	1,8	63,9 ZrO_2	—	4,0…4,7	—	—	2430	2,50	2,15	1,92	1,76	1,64

[1] Für den Ausdehnungskoeffizient vgl. auch 531507, für die Wärmeleitzahl 531508…11. [2] Siehe auch S. 1362/63.

532 Eigenschaften von organischen glasigen Stoffen und anorganischen Gläsern (nach H. Moore[1]).

	Dichte $g \cdot cm^{-3}$	Erweichungstemperatur °C	Spezifische Wärme $cal \cdot g^{-1} \cdot grad^{-1}$	Wärmeleitzahl $\lambda \cdot 10^{-4}$ in $cal \cdot cm \cdot s^{-1} \cdot {}^{0}C^{-1}$	Linearer Ausdehnungskoeffizient ${}^{0}C^{-1}$	Brechungszahl für $\lambda = 5893$ Å n_D	Spezifischer Widerstand $\Omega \cdot cm$	Dielektrizitätskonstante	Dielektrischer Verlustfaktor ($tg\,\delta$) für 10^6 Hz	Dehnungsmodul $E \cdot 10^{-4}$ in $kg \cdot cm^{-2}$	Zerreißfestigkeit $kg \cdot mm^{-2}$	Brinell-Härte
Polyvinylchloridacetat	1,34...1,36	55...72	0,24	4,0	$6{,}9 \cdot 10^{-5}$	1,53	$>10^{14}$	4,0	0,018	2,4...2,9	5,6...7	15...25
Polymethyl-Methacrylat .	1,18	77...113	0,45	4,3...6,8	$7 \ldots 9 \cdot 10^{-5}$	1,50...1,52	10^{15}	2,8	0,02	4,2	2,8...4,2	18...20
Polystyrol . .	1,05...1,07	104...116	0,324	1,9	$6{,}5 \ldots 7{,}5 \cdot 10^{-5}$	1,60...1,67	$10^{17} \ldots 10^{18}$	2,6	< 0,0002	2,8...4,2	3,5...3,9	20...30
Cellulosenitrat .	1,35...1,60	71...91	0,34...0,38	3,1...5,1	$12 \ldots 16 \cdot 10^{-5}$	1,50	$(2 \ldots 30) \cdot 10^{10}$	6,15	0,07...0,10	1,4...2,8	3,5...7	8...11
Celluloseacetat .	1,27...1,37	60...71	0,31...0,39	4,5...7,6	$14 \ldots 16 \cdot 10^{-5}$	1,47...1,50	$(4{,}2 \ldots 6{,}2) \cdot 10^{12}$	4,0...5,0	0,035...0,06	1,4...2,5	2,9...6	8,6...12,2
Äthylcellulose .	1,14	90...130	0,25...0,40	5,6	$10 \ldots 14 \cdot 10^{-5}$	1,47	10^{15}	2,0...3,0	0,007...0,03	1,4...2,8	4,9...6,3	10
Gepreßte durchsichtige Phenolformaldehyde	1,28	—	—	—	—	—	$7{,}5 \cdot 10^{8}$	4,5	0,019	4,2...7,0	4,2...6	—
Gegossene durchsichtige Phenolformaldehyde	1,27...1,32	—	0,3...0,4	3...5	$2{,}8 \cdot 10^{-5}$	1,5...1,7	$10^{9} \ldots 10^{14}$	5...7	0,01...0,045	3,5... 10,5	3,5...8,4	30...45
Harnstoffformaldehydkondensationsprodukte (Pollopas) .	1,48	—	—	7,1	$1{,}5 \cdot 10^{-5}$	0,01...0,03	$(2 \ldots 2{,}8) \cdot 10^{13}$	6,0	0,01...0,03	11,2	2,8...4,2	48...54
Pyrex-Glas (Borosilicatglas) .	2,25	600	0,20	—	$0{,}32 \cdot 10^{-5}$	1,47	10^{14}	4,48	0,0028	70	2,8	—
Weiches Natronglas	2,45	570	—	—	$1{,}2 \cdot 10^{-5}$	1,48	$5 \cdot 10^{11}$	—	—	57	4...6	—

[1] Moore, H.: J. Soc. Glass Technol. **23**, 371 (1939).

533 Gläser, Quarzglas und keramische Massen als Isolierstoffe für die Elektrotechnik.

Von **Gerhard Pfestorf**, Berlin.

5331 Elektrische Eigenschaften der Gläser.

53311 Durchschlagsfestigkeit, Dielektrizitätskonstante und dielektrischer Verlustfaktor Jenaer Gläser.

	Maßeinheiten	W-Einschm. Glas 1646^{III}	Mo-Einschm. Glas 1639^{III}	Pt-Einschm. Glas 2962^{III}	Jenaer Mol. Glas 1447^{III}	Jenaer Glas 2954^{III}	Jenaer Norm. Glas 16^{III}	Jenaer Geräteglas 20	Jenaer Duranglas	Jenaer Einschm. Bleiglas	Jenaer Minosglas	Jenaer Suprem. Glas
Durchschlagsfestigkeit gemessen bei 50 Hz und etwa 1 mm Wandstärke an der Durchschlagsstelle	kV/cm	—	—	—	370	400	370	380	420	—	450	—
Dielektrizitätskonstante bei 500 Hz	—	—	—	—	6,5	7,8	8,1	6,1	4,9	—	8,4	6,0
Dielektr. Verlustfaktor bei $10^6 \ldots 10^7$ Hz	$\mathrm{tg}\,\delta \cdot 10^3$	2,6	4,0	4,2	6,6	11,0	7,9	7,5	4,6	1,1	0,59	1,8

53312 Dielektrischer Verlustfaktor einiger Gläser.

Glassorte	Dielektrischer Verlustfaktor tg δ bei 50 Hz
Pyrexglas	0,0052 . . . 0,0018
Bleiglas	0,0022 . . . 0,0132
Borosilicatglas	0,0008 . . . 0,0082
Spiegelglas	0,01 . . . 0,03

53313 Dielektrischer Verlustfaktor und Dielektrizitätskonstante in Abhängigkeit von der Temperatur.

Der dielektrische Verlustfaktor nimmt mit steigender Temperatur zu, und zwar je nach der Glassorte im Bereich von 20 . . . 60° um 0,001 . . . 0,03 · 10^{-3} je °C; die Dielektrizitätskonstantenzunahme beträgt etwa 0,001 . . . 0,02% je °C.

53314 Spezifischer Isolationswiderstand (Ω cm) in Abhängigkeit von der Temperatur.

Glassorte	ϱ bei einer Temperatur von					ϱ bei einer Temperatur von			
	100° C	125° C	150° C	175° C	200° C	250° C	400° C	500° C	600° C
	$\times 10^{12}$	$\times 10^{12}$	$\times 10^{12}$	$\times 10^{12}$	$\times 10^{12}$				
Borosilicat Kronglas	83	14	3	0,63	0,15	77 500	2450	7700	200
Silicat Flintglas	435	110	26	8,6	2,6	4 000 000	110 000	29 000	8500

Die Leitfähigkeit der Gläser beruht bei höheren Temperaturen auf einer reinen Ionenleitung. Einwanderung von Fremdionen (Metallionen) aus den Elektroden ist leicht möglich und führt zu weiterer Herabsetzung des Isolationswiderstandes bei erhöhter Temperatur.

53315 Spezifischer Isolationswiderstand (Ω cm) in Abhängigkeit von der Zusammensetzung des Glases.

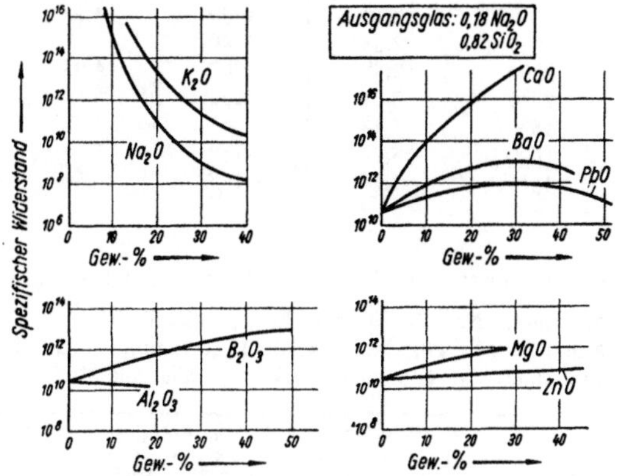

Wirkung des Ersatzes von SiO_2 durch verschiedene Oxyde auf den spezifischen Widerstand von Glas. (Nach E. Fulda.)

53316 Oberflächenwiderstand.

Manche Glassorten neigen zur Hydrolyse und Bildung von Wasserhäuten an der Oberfläche. Durch Änderung der Zusammensetzung kann eine Verbesserung erreicht werden, siehe die Abb. 53316a.

53316a Einfluß des Ersatzes von SiO_2 durch verschiedene Oxyde auf den Oberflächenwiderstand (relative Messungen). (Nach E. Fulda.)

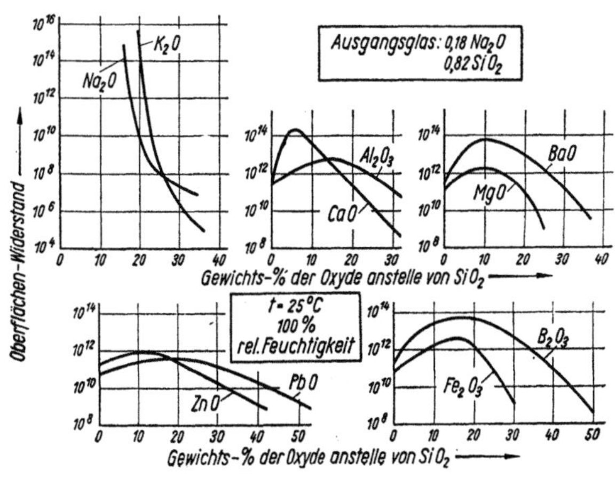

53317 Abhängigkeit des dielektrischen Verlustfaktors eines Glases von der Frequenz bei Raumtemperatur.

Glassorte SiO_2 72%, CaO 8,5%, MgO 4,5%, Na_2O 15% (Dielektrizitätskonstante 5,33; Brechungsexponent $n_D = 1,51$).

Frequenz kHz	$tg\,\delta \cdot 10^3$	Frequenz kHz	$tg\,\delta \cdot 10^3$
6200	2,13	1350	4,54
4050	2,55	1320	9
3300	2,88	980	4,93
2080	3,61	655	5,10
1830	4,45	465	4,87
1600	5,02	250	5,41
1510	4,74	118	6,54

53318 Elektrische Eigenschaften von Glasfäden.

Glaswollegarn (metr. Nr. 7,5, Fadenstärke 7 μ) alkalihaltig.
Glaswollegarn (metr. Nr. 20, Garndicke 0,10...0,12 mm) alkalifrei.
Glasfadenband (metr. Nr. 2,9, Fadenstärke 7 μ) abs. alkalifrei.

Vorbehandlung	Glaswollegarn metr. Numerierung 7,5, Fadenstärke 7 μ (alkalihaltig)	Glaswollegarn metr. Numerierung 20, Garndicke 0,10...0,12 mm (alkalifrei)	Glasfadenband metr. Numerierung 2,9, Fadenstärke 7 μ (abs. alkalifrei)
	Spez. Isolationswiderstand in $\Omega \cdot cm$		
Im Anlief.-Zust. . . .	—	—	$2,7 \cdot 10^{11}$
Nach 24stünd. Erwärmung auf 50° . . .	$2 \cdot 10^{11}$	$1,4 \cdot 10^{13}$	$2,0 \cdot 10^{13}$
,, 100° . . .	$3,5 \cdot 10^{11}$	$3,4 \cdot 10^{12}$	$5,5 \cdot 10^{13}$
,, 150° . . .	$4 \cdot 10^{9}$	$1,5 \cdot 10^{12}$	$2,7 \cdot 10^{13}$
,, 200° . . .	$5 \cdot 10^{9}$	$6 \cdot 10^{11}$	$9,5 \cdot 10^{13}$
,, 250° . . .	—	$4 \cdot 10^{11}$	$5,6 \cdot 10^{12}$
,, 300° . . .	—	$3 \cdot 10^{11}$	$2,4 \cdot 10^{11}$
Nach Feuchtluftbehandlung bei 80% rel. Luftfeuchtigkeit			
nach 1 Tag . . .	$6 \cdot 10^{6}$	$2 \cdot 10^{8}$	$4,2 \cdot 10^{8}$
,, 4 Tagen . .	$5 \cdot 10^{6}$	$1,3 \cdot 10^{8}$	$6,6 \cdot 10^{8}$
,, 14 Tagen . .	—	$1,3 \cdot 10^{8}$	$6,1 \cdot 10^{8}$
	Dielektrischer Verlustfaktor $tg\,\delta$		
Nach 24stünd. Erwärmung auf 50° . . .	0,16	0,1	0,04
,, 100° . . .	—	0,16	0,06
,, 150° . . .	—	0,32	0,02
,, 200° . . .	—	—	0,01
,, 250° . . .	—	—	0,09
,, 300° . . .	—	—	≈0,3
(Asbestisolation bei 150° $tg\,\delta$ etwa 0,4)			
	Durchschlagsfestigkeit in kV/cm		
Im Anlief.-Zust. . . .	—	25	20

5332 Elektrische Eigenschaften von Quarzglas (klar durchsichtig).

53321 Durchschlagsfestigkeit, Dielektrizitätskonstante und dielektrischer Verlustfaktor bei 50 Hz und Hochfrequenz.

Durchschlagsfestigkeit 100...150 kV/cm, ermittelt an Platten von 4 mm Stärke.

Dielektrizitätskonstante bei 50 Hz 3,5...4,2 je nach Reinheitsgrad, bei 800 Hz 4,2, bei 100000 Hz 4,4.

Dielektrischer Verlustfaktor tg δ bei 50 Hz $< 0{,}5 \cdot 10^{-3}$, bei 300000 Hz $0{,}18 \cdot 10^{-3}$.

53322 Spezifischer Isolationswiderstand (Ω cm) in Abhängigkeit von der Temperatur.

Temperatur °C	Ω cm	Temperatur °C	Ω cm
100	$>10^{14}$	600	$1 \cdot 10^{8}$
200	$3 \cdot 10^{13}$	700	$3 \cdot 10^{7}$
300	$5 \cdot 10^{11}$	800	$2 \cdot 10^{6}$
400	$1 \cdot 10^{10}$	1800	$2 \cdot 10^{3}$
500	$5 \cdot 10^{8}$	1950	$2 \cdot 10^{2}$

5333 Elektrische Eigenschaften keramischer Isolierstoffe.

53331 Keramische Isolierstoffe für die Elektrotechnik, Gruppeneinteilung und Eigenschaften.

Tabelle folgt auf S. 1374/75.

Anmerkungen zu 53331 auf S. 1375:

[1] Als Durchschlagsfestigkeit gilt der Quotient aus der gemessenen Durchschlagsspannung und der Plattendicke, gemessen an der Durchschlagsstelle in einem homogenen Feld. Durchschlagsfestigkeiten, die an verschiedenen Meßstellen des gleichen Werkstoffes ermittelt werden, sind nur vergleichbar, wenn die äußeren Versuchsbedingungen bekannt und genau die gleichen sind. Obwohl die Durchschlagsspannung im allgemeinen nicht linear mit der Dicke des Isolierstoffes ansteigt und eine genaue theoretische Berechnung der Feldverteilung im Dielektrikum wegen der unbekannten Ionenverteilung nicht möglich ist, wird als Durchschlagsfestigkeit im allgemeinen die Festigkeit für 1 cm, und zwar in kV/cm berechnet. Die Messungen wurden an keramischen Platten mit eingearbeiteten kugelförmigen Elektroden bei einem mittleren Elektrodenabstand von 1,5 mm ± 10% durchgeführt. Die angegebenen Zahlenwerte können nicht ohne weiteres für die Errechnung der Durchschlagsspannung zwischen beliebigen Elektroden und bei beliebiger Dicke des Isolierstoffes benutzt werden.

[2] Die Werte für die Dielektrizitätskonstante schwanken bei Werten unter 10 bei den verschiedenen Proben etwa um eine Einheit. Sie sind ermittelt an unvorbehandelten Prüfkörpern. Bei Verlustfaktoren größer als 0,1 ist die Dielektrizitätskonstante nicht mehr definiert, sondern von Voraussetzungen über das Ersatzschaltbild des verlustbehafteten Kondensators abhängig. Bei keramischen Erzeugnissen, die einen hohen dielektrischen Verlustfaktor aufweisen (tg δ > 0,1) wird für die Errechnung der Dielektrizitätskonstanten als Ersatzschaltung ein verlustfreier Kondensator mit einem parallel geschalteten Widerstand zugrunde gelegt.

[3] Der dielektrische Verlustfaktor wächst im allgemeinen mit der Temperatur. Bei Verlustfaktoren größer als 1 — das bedeutet eine Phasenverschiebung zwischen Strom und Spannung von 45° — wird der elektrische Scheinwiderstand (vgl. 53333) ermittelt: dies ist bei einigen Gruppen von etwa 200° an möglich.

[4] Stark frequenzabhängig.

53331

	Hauptgruppe	Untergruppen	Anwendungsgebiete	Kennzeichnende Eigenschaften	
I.	Dichte Erzeugnisse aus vorwiegend tonsubstanzhaltigen Massen	Hochbrandporzellan (Hartporzellan)	Hoch- und Niederspannungsisolatoren u. Isolierteile	ausgeglichene mittlere Eigenschaften	
		steinzeugartige Massen, auch dunkler Färbung	Niederspannungsisolatoren und Isolierteile		
II.	Dichte Erzeugnisse aus vorwiegend magnesiumsilicathaltigen Massen	niedrig gebrannte Massen	Niederspannungsisolierteile	gut maßhaltig, mechanisch fest	
		normales Steatit	Hoch- und Niederspannungsisolatoren u. -isolierteile, besonders auch für Hochfrequenz	kleiner Verlustfaktor gut maßhaltig, mechanisch fest	
		Sondermassen			
III.	Dichte Erzeugnisse aus Massen mit hohem Gehalt an Titanverbindungen	vorwiegend rutilhaltige Massen	Kondensatoren, insbesondere für Hochfrequenz	ε groß tg δ klein	$\varepsilon > 50$
		magnesiumtitanathaltige Massen			$\varepsilon < 50$
			Isolatoren hoher Temperaturwechselbeständigkeit	tg δ sehr klein, ε temperaturunabhängig	
IV.	Erzeugnisse aus tonsubstanz-magnesiumsilicathaltigen Massen	dichte Massen	Heizleiterträger für Elektrowärmegeräte	kleine Wärmedehnzahl, große Temperaturwechselbeständigkeit	
		nicht vollkommen dichte Massen			
V.	Poröse Erzeugnisse aus tonsubstanzhaltigen zum Teil auch magnesiumsilicathaltigen Massen mit verschiedenen Zusätzen	poröse Massen	Heizleiterträger für Elektrowärmegeräte	große Hitze- und Temperaturwechselbeständigkeit	

Kriechstromfestigkeit: Dichte keramische Isolierstoffe, Gruppen I ... III, sind

Lichtbogenfestigkeit nach VDE: Auf keramischen Platten der Gruppen I ... III

ausziehen. Die Versuchskörper zerspringen durch die thermische Beanspruchung. Auf

über seine normale Länge von 20 mm ausziehen. Die Proben halten der Temperatur-

(Fortsetzung).

Firmenbezeichnungen u. a.	Spezifischer Widerstand bei Gleichspannung Ω cm	Durchschlagsfestigkeit bei 50 Hz [1] kV/cm	Dielektrizitätskonstante ε bei etwa [2]		Temperaturkoeffizient der Dielektrizitätskonstanten je Grad zwischen 20 und 60°	Dielektrischer Verlustfaktor tg δ × 10³ bei [3]			Oberflächenwiderstand nach VDE-Vorschrift, Vergleichszahl
			50 Hz	10^7 Hz		50 Hz	800 Hz	10^6 Hz	
Hartporzellan	$>10^{13}$	340—380	5,0	6,5	$+550$ bis $+600\cdot10^{-6}$	17 bis 25	—	7 bis 12	>10
		—	—	—	—	—	—	—	>10
		—	—	—		—	—	—	>10
Steatit	$>10^{13}$	30—40	—	—	—	—	—	—	>10
		200—300	5,5	6,5	$+500$ bis $+600\cdot10^{-6}$	2,5 bis 3,0	—	1,5 bis 2,0	>10
Frequenta, Calit, Calan, Ultracalan		350—450	5,6	6,5	$+120$ bis $+160\cdot10^{-6}$	1,0 bis 1,5	0,9	0,3 bis 0,5	>10
Kerafar R, U u. S, Kondensa C und F	$>10^{13}$	150—200	60	80	-650 bis $-750\cdot10^{-6}$ *	—	0,5 bis 1,0	0,3 bis 0,5	>10
Kondensa N		150—200	40	45	-250 bis $-500\cdot10^{-6}$ *	—	0,5 bis 1,0	0,3 bis 0,5	>10
Tempa S, Diakond		200	14	16	$+30$ bis $+50\cdot10^{-6}$ *	—	1,0	0,07 bis 0,08	>10
Sipa H, Ardostan	$>10^{13}$	200	5,0	5,5	$+500$ bis $+600\cdot10^{-6}$	20	—	4—7	>10
Sipa 11 und 14		—	—	—	—	—	—	—	8—10
Sipalox, Ergan	$>10^{13}$	—	—	—	—	—	—	—	8—10

kriechstromfest.

läßt sich der Lichtbogen bei 220 V z. T. nicht über seine normale Länge von 20 mm keramischen Platten der Gruppen 4 und 5 läßt sich der Lichtbogen bei 220 V nicht beanspruchung stand.

53332 Spezifischer Widerstand (Durchgangswiderstand) in Abhängigkeit von der Temperatur bei Gleichspannung (Ω cm).

Bei tiefen Temperaturen sind keramische Werkstoffe ausgezeichnete Isolierstoffe, bei höheren und höchsten Temperaturen gehen sie vorwiegend infolge Ionenleitung in Leiter zweiter Klasse über. Dementsprechend nimmt der Durchgangswiderstand mit steigender Temperatur ab.

Bei Gleichspannung tritt eine elektrolytische Beanspruchung der alkalihaltigen Bestandteile keramischer Massen auf, daher Unterschiede bei steigender und fallender Temperatur um mehrere Größenordnungen (elektrolytische Reinigung). Bei Konstanz der Ladungsträger durch Verwendung von Silberelektroden (Einwandern von Silberionen) bleibt die jungfräuliche Kurve bei steigender und fallender Temperatur erhalten, siehe die Abb. 53332a.

53332a Spezifischer Isolationswiderstand (Ω cm) keramischer Werkstoffe der Gruppe I, in Abhängigkeit von der Temperatur (bei *Gleichspannung*) und verschiedenen Elektroden, vgl. 53333.

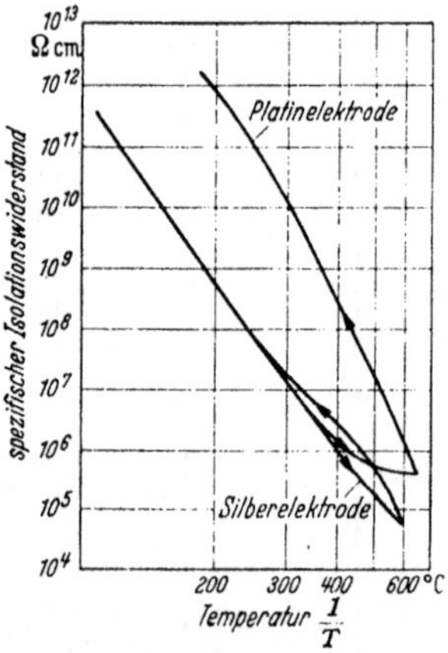

53333 Spezifischer Widerstand (Durchgangswiderstand) in Abhängigkeit von der Temperatur bei 100 V *Wechselspannung* und 50 Hz (Ω cm).

Werkstoffgruppe	Firmenbezeichnung	200°	300°	400°	500°	600°
I	Hartporzellan Hersteller A	$7{,}2 \cdot 10^{8}$	$2{,}0 \cdot 10^{7}$	$1{,}6 \cdot 10^{6}$	$2{,}4 \cdot 10^{5}$	$5{,}6 \cdot 10^{4}$
	Hartporzellan Hersteller B	$5{,}7 \cdot 10^{8}$	$1{,}5 \cdot 10^{7}$	$1{,}1 \cdot 10^{6}$	$1{,}8 \cdot 10^{5}$	$4{,}2 \cdot 10^{4}$
II	Steatit . . .	$3{,}0 \cdot 10^{11}$	$2{,}0 \cdot 10^{10}$	$7{,}6 \cdot 10^{9}$	$1{,}9 \cdot 10^{9}$	$2{,}8 \cdot 10^{8}$
	Calit	$1{,}0 \cdot 10^{12}$	$5{,}8 \cdot 10^{10}$	$6{,}3 \cdot 10^{9}$	$9{,}4 \cdot 10^{8}$	$1{,}1 \cdot 10^{8}$
III	Condensa F. .	$1{,}7 \cdot 10^{9}$	$2{,}5 \cdot 10^{8}$	$2{,}5 \cdot 10^{7}$	$2{,}5 \cdot 10^{6}$	$3{,}1 \cdot 10^{5}$
	Condensa N. .	$9{,}0 \cdot 10^{8}$	$6{,}7 \cdot 10^{7}$	$7{,}3 \cdot 10^{6}$	$1{,}2 \cdot 10^{6}$	$2{,}5 \cdot 10^{5}$
	Condensa C. .	$7{,}1 \cdot 10^{8}$	$1{,}9 \cdot 10^{8}$	$1{,}1 \cdot 10^{7}$	$1{,}1 \cdot 10^{6}$	$1{,}9 \cdot 10^{5}$
IV	Tempa S . . .	$2{,}0 \cdot 10^{10}$	$2{,}8 \cdot 10^{10}$	$4{,}8 \cdot 10^{9}$	$3{,}8 \cdot 10^{8}$	$2{,}1 \cdot 10^{7}$
	Ardostan . .	$6{,}9 \cdot 10^{8}$	$2{,}5 \cdot 10^{7}$	$2{,}3 \cdot 10^{6}$	$4{,}0 \cdot 10^{5}$	$1{,}0 \cdot 10^{5}$

Bei Temperaturen über etwa 200° ist der Wirkwiderstand von keramischen Proben praktisch gleich dem Scheinwiderstand. Die Werte bei 200° entsprechen dem spezifischen Wechselstrom-Wirkwiderstand, der unter Zugrundelegung des Ersatzschaltbildes einer Parallelschaltung von Kapazität und Widerstand für den Prüfling aus Dielektrizitätskonstante und dielektrischem Verlustfaktor errechnet wird nach $\varrho = \frac{1{,}8 \cdot 10^{12}}{f \cdot \varepsilon \cdot \mathrm{tg}\,\delta}$ (f = Frequenz in Hz).

53334 Abhängigkeit des dielektrischen Verlustfaktors von der Temperatur bei 50 Hz für Hartporzellan und einige Sondermassen.

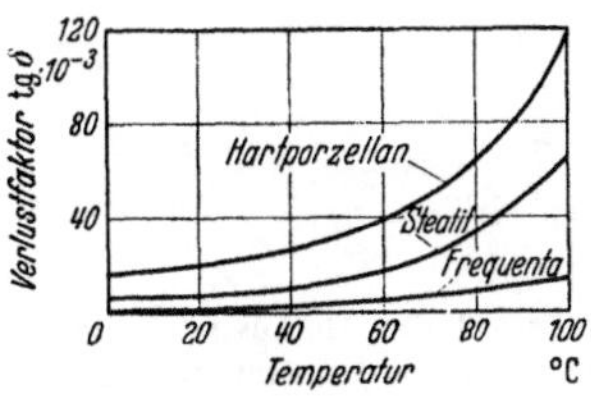

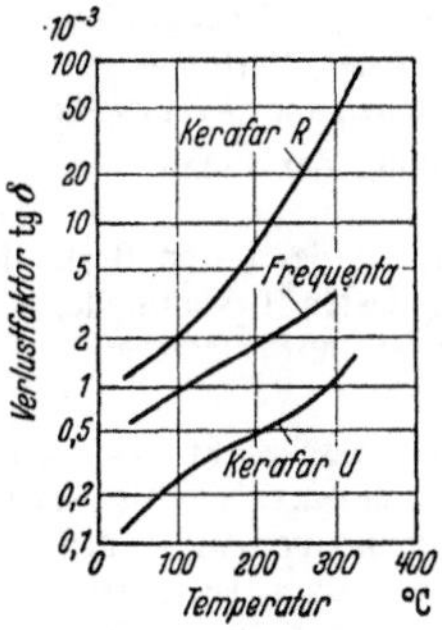

Sondermassen, Abhängigkeit des dielektrischen Verlustfaktors bei 50 Hz.

53335 Abhängigkeit des dielektrischen Verlustfaktors von der Frequenz.

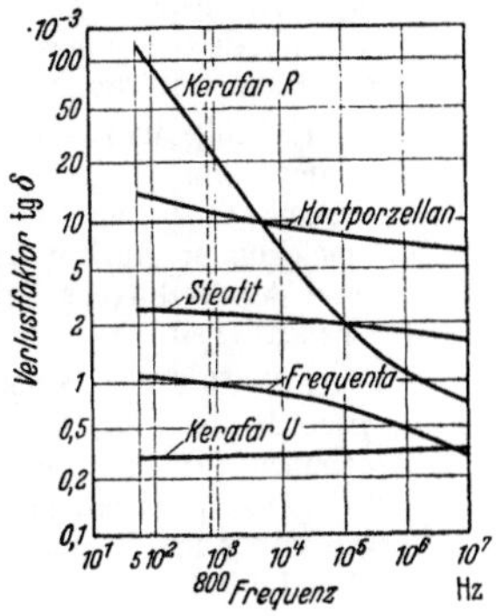

53336 Abhängigkeit des dielektrischen Verlustfaktors von der Temperatur und der Frequenz.

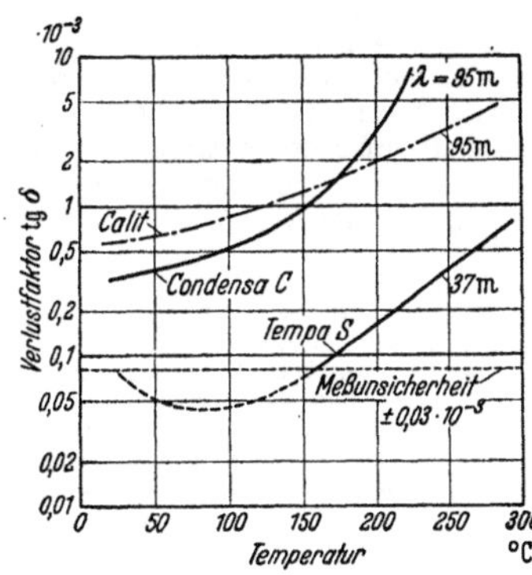

53337 Abhängigkeit des Oberflächenwiderstandes und des dielektrischen Verlustfaktors von der relativen Luftfeuchtigkeit, gemessen an zwei lackierten Röhrchenkondensatoren aus Magnesiumtitanat.

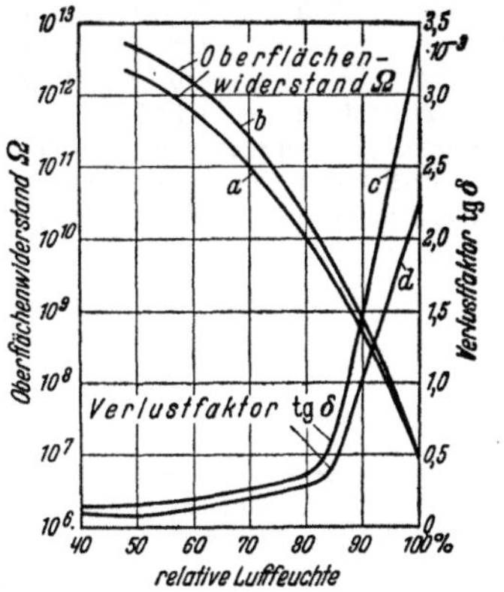

Schrifttum.

Wissenschaftliche Abhandlungen und Tätigkeitsberichte der Physikalisch-Technischen Reichsanstalt. — R. Vieweg: Elektrotechnische Isolierstoffe. Berlin 1937. — E. Albers-Schönberg: Hochfrequenz-Keramik. Dresden und Leipzig 1939. — W. Weicker: Entwürfe zu erweiterten Übersichts- und Eigenschaftstafeln keramischer Werkstoffe. Ber. Dtsch. keram. Ges. **25**, 174 (1944). — Fortschritte der Hochspannungstechnik. Leipzig 1944. — Archiv für technisches Messen. — Eigenschaftstafeln der führenden Firmen. — Nitsche-Pfestorf: Prüfung und Bewertung elektrotechnischer Isolierstoffe. Berlin 1940. — H. Thieme: Glas. Jena 1939. — Keramische Isolierstoffe für die Elektrotechnik. DIN 40685.

534 Wärmeleitzahlen von technischen Dämm- und Baustoffen[1].

Von **Joseph S. Cammerer,** Tutzing.

Grundsätzliches.

Alle Bau- und Dämmstoffe, mit Ausnahme sehr dichter Gesteine, stellen poröse Körper dar, deren Wärmeleitfähigkeit ein gewisser Mittelwert zwischen dem Wärmeleitvermögen der eingeschlossenen Luft und jenem der festen Bestandteile ist. Die sechs Haupteinflüsse, von denen die Wärmeleitzahl poröser Körper abhängt, sind:

Art, Größe und Anordnung der Poren,
Temperatur,
chemische Zusammensetzung der festen Bestandteile,
molekularer Aufbau der festen Bestandteile,
Art der Verkittung der festen Bestandteile,
Feuchtigkeit.

Der Einfluß der Porosität beschränkt sich nicht nur auf die Abhängigkeit der Wärmeleitzahl vom Porenvolumen, als dessen ungefähres Maß das Raumgewicht genommen werden kann und das deshalb in den nachstehenden Tabellen zur möglichst genauen Schätzung der Wärmeleitzahl in einem bestimmten Fall zugrunde gelegt ist. Auch die Porengröße ist von erheblicher Wichtigkeit.

Der Einfluß der Temperatur ist bei normalen Bau- und Dämmstoffen stets positiv (die Wärmeleitzahl wird größer) und um so größer, je größer das Porenvolumen und die mittlere Porengröße ist.

Die chemische Zusammensetzung spielt bei allgemeinen Betrachtungen nur eine geringe Rolle. Wichtiger ist der krystalline oder amorphe Aufbau der festen Bestandteile.

Über den Einfluß der Art der Verkittung des Kornes liegen genauere Untersuchungen nicht vor.

Der Einfluß der Feuchtigkeit ist im Kälteschutz- und Bauwesen von großer Bedeutung, da die einschlägigen Stoffe stets einen gewissen Wassergehalt haben. Die Wärmeleitzahl von Baustoffen in der Praxis muß daher stets unter Berücksichtigung des unvermeidlichen Feuchtigkeitsgehaltes bestimmt werden, wenn schwere Fehlschläge vermieden werden sollen. Man muß auf Grund des Raumgewichtes die Wärmeleitzahl in trockenem Zustand schätzen, zu der dann der entsprechende Zuschlag für die in Frage kommende Feuchtigkeit hinzugefügt werden muß.

53401 Wärmeleitzahlen von Dämmstoffen bei 100° C für niedrige und mittlere Temperaturen.

Material	Raumgewicht in $kg \cdot m^{-3}$	Wärmeleitzahl in $kcal \cdot m^{-1} \cdot h^{-1} \cdot grad^{-1}$	Änderung der Wärmeleitzahl in % pro 1° C
Magnesia-Wärmeschutzmassen und Kieselgurleichtmassen ohne Ton	200	0,047	0,22
	300	0,054	0,16
	400	0,063	0,12
	500	0,075	0,08
Kieselgur-Wärmeschutzmassen mit Tonzusatz	500	0,075	0,085
	600	0,091	0,06
	700	0,111	0,045
	800	0,135	0,04
	1000	0,190	0,03

[1] Eingehende Darstellungen über den Wärme- und Kälteschutz in den Büchern von J. S. Cammerer: „Der Wärme- und Kälteschutz in der Industrie", 2. Aufl., Berlin 1938 und „Die konstruktiven Grundlagen des Wärme- und Kälteschutzes im Wohn- und Industriebau" Berlin 1936.

53401 (Fortsetzung).

Material	Raumgewicht in kg · m⁻³	Wärmeleitzahl in kcal · m⁻¹ · h⁻¹ · grad⁻¹	Änderung der Wärmeleitzahl in % pro 1° C
Wärmeschutzmassen aus Gichtstaub, Si-Stoff usw.	400	0,057	0,12
	500	0,062	0,10
	600	0,069	0,85
	700	0,078	0,07
	800	0,090	0,06
	900	0,107	0,05
	1000	0,127	0,045
Gebranntes Isoliermaterial	200	0,071	0,20
	300	0,078	0,18
	400	0,086	0,16
	500	0,096	0,145
	600	0,111	0,13 bzw. 0,085[1]
	700	0,129	0,07
	800	0,150	0,06
Gebranntes Isoliermaterial für hohe Temperaturen (bis 1350° C) wie Superdia, Cil-o-cel usw.	650—750	0,190	etwa 0,060[2] (bei 0...400°) etwa 0,10[2] (bei 400...600°) etwa 0,16[2] (bei 600...1000°)
Magnesia-Asbest-, Kieselgur-Asbest-, Leichtgips-Formstücke	200	0,056	0,15
	300	0,066	0,11
	400	0,078	0,08
Zellenbeton, Porengips, Aerokret	300	0,070	0,22
	400	0,080	0,18
	600	0,110	0,13
	800	0,160	0,09
Schlacken- und Glaswolle	100	0,051	0,35
	200	0,045	0,35
	300	0,050	0,28
	400	0,060	0,20
Pulverförmige Stoffe (Kieselgur, Magnesia, Gichtstaub, Kalkstaub usw.)	100	0,043	0,29
	200	0,050	0,21
	300	0,057	0,165
	400	0,065	0,14
	500	0,073	0,12
	600	0,083	0,10
	800	0,106	0,075
	1000	0,133	0,055
	1200	0,163	0,05
	1400	0,195	0,045
Asbest, lose	300	0,060	0,23
	400	0,090	0,12
	500	0,128	0,06
	600	0,175	0,05
Alfol, glatte Folien	je nach	0,042	0,26
Alfol, geknitterte Folien	Schutzmantel	0,060	0,23

[1] Oberhalb dieses Raumgewichts im Durchschnitt kleinere Porengröße.
[2] Die Temperaturänderung ist auf die Wärmeleitzahl bei 100° C bezogen.

53402 Mögliche Streuung der tatsächlichen Werte gegenüber den Mittelwerten der Tabelle 53401 in %.

Im allgemeinen addiert sich die Unsicherheit der Wärmeleitzahl bei der Grund temperatur der 53401 (100° C) nicht zu der Unsicherheit des Temperaturzuschlages, sondern es findet ein Ausgleich statt, so daß man fast stets auf eine Annäherung der Schätzung im Betrage der Unsicherheit der Grundwerte allein rechnen kann.

Material	Streuung der Wärmeleitzahl bei der Bezugstemperatur in %	Streuung der Temperaturabhängigkeit in %
Magnesia-Wärmeschutzmasse und Kieselgurleichtmasse	±15	±33
Kieselgur-Wärmeschutzmasse mit Tonzusatz	25	50
Wärmeschutzmasse aus Gichtstaub usw.	15	50
Gebranntes Isoliermaterial und Zellenbeton bis $\lambda = 0,11$	15	40
Gebranntes Isoliermaterial über $\lambda = 0,11$	15	25
Magnesia-Asbest-, Kieselgur-Asbest-, Leichtgips-Formstücke	10	25
Pulverförmige Stoffe bis $\lambda = 0,075$	12	33
Pulverförmige Stoffe über $\lambda = 0,075$	10	33
Schlacken- und Glaswolle	20	33
Asbest, lose	20	33

53403 Wärmeleitzahlen von Dämmstoffen bei tiefen Temperaturen. (Nach H. Gröber bzw. E. Raisch und W. Weyh[1].)

Material	Raumgewicht in $kg \cdot m^{-3}$	Wärmeleitzahl in $kcal \cdot m^{-1} \cdot h^{-1} \cdot grad^{-1}$ bei einer Mitteltemperatur von °C				
		—200	—100	—50	±0	+50
Korkschrot, expandiert, Korngröße etwa 3 mm	37	0,008	0,0175	0,022	0,028	0,034
Kieselsäure, pulverförmig	54	0,0105	0,019	0,0245	0,030	0,036
Kohlens. Magnesia, pulverförmig	131	0,018	0,025	0,029	0,033	0,038
Seide, wollig	58	0,011	0,019	0,024	0,029	0,035
Seide	100	0,022	0,032	0,037	0,043	0,048
Baumwolle	81	0,028	0,038	0,043	0,048	0,054
Schlackenwolle	95	0,009	0,017	0,022	0,027	0,033
Schlackenwolle	119	0,010	0,018	0,023	0,028	0,034
Asbest, faserförmig	470	0,072	0,117	0,127	0,132	0,137
Asbest, faserförmig	702	0,134	0,190	0,195	0,201	0,207
Kork[2]	107	—	—	0,024	0,032	0,040
Kork[2]	160	—	—	0,026	0,035	0,044
Quellgummi[2]	86	—	—	0,020	0,028	0,036
Balsaholz[2]	101	—	—	0,023	0,034	0,045

[1] E. Raisch und W. Weyh: „Die Wärmeleitfähigkeit von Isolierstoffen bei tiefen Temperaturen." Z. ges. Kälteind. **1932**, 123.

[2] Nach E. Griffiths and J. Awbery: Ice Cold Stor. **1935**, 77 (The thermal conductivity of materials used for solid carbon dioxide containers).

53404 Wärmeleitzahlen von Schlackenwolle in Abhängigkeit von der Stopfungsdichte.

Die zweckmäßige Dichte der Stopfung, um ein Nachsacken des Füllmaterials zu vermeiden, liegt, wie die praktischen Erfahrungen zeigen, je nach der Qualität bei einem Raumgewicht von 180—250 kg · m^{-3}.

Mitteltemperatur	Wärmeleitzahl in kcal · m^{-1} · h^{-1} · $grad^{-1}$ bei einem Raumgewicht in kg · m^{-3} von			
°C	125	150	200	250
50	0,034	0,035	0,038	0,043
100	0,040	0,040	0,043	0,048
150	0,046	0,046	0,049	0,054
200	0,053	0,053	0,056	0,060
250	0,061	0,060	0,062	0,066
300	0,070	0,068	0,069	0,072

53405 Wärmeleitzahlen von organischen Bau- und Dämmstoffen im laboratoriumstrockenen Zustand bei 0° C.

Die beobachtete Streuung von Einzelwerten gegenüber nachstehenden Durchschnittswerten der Wärmeleitzahl beträgt:

bei Korkplatten etwa ± 15%,
bei den übrigen Werkstoffen ± 25%.

Bei Holzwollplatten ist vor allem die Dicke der Holzwolle (Größe der Zwischenräume) sowie die Lage der Faser zum Wärmestrom (regellos oder senkrecht) von Bedeutung.

Bei Anwendung dieser Tabelle auf bestimmte Erzeugnisse muß das in Frage kommende Raumgewicht bekannt sein. Zum Beispiel kommen für Korkplatten geringere Raumgewichte in Betracht als für Torfplatten.

Der Temperatureinfluß kann durch folgende Erhöhung berücksichtigt werden:

bei Kork- oder Torfplatten	0,0014 kcal · m^{-1} · h^{-1} · $grad^{-1}$	für 10° C
bei Holzwolleplatten	0,005 —0,011 kcal · m^{-1} · h^{-1} · $grad^{-1}$	für 10° C
bei Verkleidungsplatten	0,001 —0,003 kcal · m^{-1} · h^{-1} · $grad^{-1}$	für 10° C
bei Matten	0,002 —0,004 kcal · m^{-1} · h^{-1} · $grad^{-1}$	für 10° C

Bei anderen Temperaturen als 0° C können sich also die nachstehenden Wärmeleitzahlen von Baustoffen merklich gegeneinander verschieben.

Raumgewicht	Wärmeleitzahl in kcal · m^{-1} · h^{-1} · $grad^{-1}$				
kg/m³	Platten aus Kork oder Torf	Platten aus mineralisierter Holzwolle	Verkleidungsplatten aus organischen Fasern	Matten aus organischen Fasern	Faserstoffe, lose
20	—	—	—	—	0,030
50	0,029	—	—	0,030	0,032
100	0,032	—	—	0,030	0,033
200	0,040	0,050	0,038	0,038	0,041
300	0,048	0,056	0,040	—	—
400	0,055	0,067	0,044	—	—
500	0,062	0,083	0,050	—	—
600	—	0,106	0,060	—	—

53406 Wärmeleitzahlen von anorganischen Baustoffen im laboratoriumstrockenen Zustand zwischen 0 und 20° C.

Von den nachstehenden Durchschnittswerten der Wärmeleitzahlen können Abweichungen bis etwa ± 20% vorkommen. Noch stärkere Abweichungen, ausschließlich nach oben, können bei Gips, Kalksandsteinen (krystalliner Einfluß), blasigen Leichtbetonen unter 600 kg · m^{-3} (grobe Porosität) und bei Beton mit starker Kiesbeimischung (porenlose Einschlüsse) auftreten.

Bei losen Füllstoffen (Bims, Schlacke, Sand) beträgt die Streuung etwa ± 25%.

Raumgewicht kg · m^{-3}	Wärmeleitzahl in kcal · m^{-1} · h^{-1} · $grad^{-1}$ feste Baustoffe aller Art	lose Füllstoffe, nicht pulverförmig (Sand, Schlacke)	lose Füllstoffe, pulverförmig (Kieselgur, Steinmehl)
200	0,057	0,08	0,040
400	0,070	0,10	0,057
600	0,10	0,12	0,075
800	0,14	0,14	0,10
1000	0,19	0,16	0,13
1200	0,24	0,18	0,16
1400	0,30	0,21	0,19
1600	0,37	0,25	—
1800	0,46	0,31	—
2000	0,60	0,37	—
2200	0,82	0,45	—
2400	1,12	—	—

53407 Die Wärmeleitzahl von trockenen Hölzern nach F. B. Rowley bei 20° C senkrecht zur Faser.

Es finden sich bei allen Raumgewichten Abweichungen bis ± 0,014 kcal · m^{-1} · h^{-1} $Grad^{-1}$ von nachstehenden Durchschnittszahlen.

Die Wärmeleitzahl von Holz im völlig trockenen bzw. lufttrockenen Zustand ist in der Weise zu entnehmen, daß das jeweils für den betreffenden Zustand zutreffende Raumgewicht angesetzt wird.

Raumgewicht kg · m^{-3}	Wärmeleitzahl völlig trocken bzw. lufttrocken kcal · m^{-1} · h^{-1} · $grad^{-1}$	Raumgewicht kg · m^{-3}	Wärmeleitzahl völlig trocken bzw. lufttrocken kcal · m^{-1} · h^{-1} · $grad^{-1}$
200	0,048	700	0,127
300	0,064	800	0,143
400	0,079	900	0,159
500	0,095	1000	0,173
600	0,111		

53408 Die Wärmeleitzahl von Kesselstein.

534081 Amorphe Kesselsteine. (Nach Eberle und Holzhauer[1].)

Chemische Zusammensetzung . . .	siliciumreich (60...70%)	kalkreich (70...90%)	gipsreich (50...80%)
Ungefähres Raumgewicht in kg · m^{-3}	340...1200	1200...2400	2000...2600

Raumgewicht in kg · m^{-3}	500	1000	1500	2000	2500	2800
Wärmeleitzahl[2] in kcal · m^{-1} · h^{-1} · $grad^{-1}$ . . .	0,08	0,15	0,37	0,84	1,57	2,10

[1] Die Wärmeleitfähigkeit von Kesselsteinen. Arch. f. Wärmew. **1928**.
[2] Für starke Beimischungen von Metalloxyden nicht gültig.

534082 Krystalline Kesselsteine.

(Nach P. Zarnitz[1].)

Hier besteht kein Zusammenhang zwischen Raumgewicht und Wärmeleitzahl. Die Wärmeleitzahl λ wächst mit der Dicke der Krystallnadeln, diese mit der Menge des im Wasser gelösten $Ca(OH)_2$. Wichtig sind die Lösungsgenossen, schon geringfügige Änderungen in den Härtegraden machen sich stark bemerkbar. Nachstehend einige charakteristische Werte:

Raumgewicht $kg \cdot m^{-3}$	Stoffgewicht $kg \cdot m^{-3}$	Zusammensetzung des Wassers			Chem. Anal. der Steine in %			λ in $kcal \cdot m^{-1} \cdot h^{-1} \cdot grad^{-1}$ bei 200°
		Alkalität	$CaSO_4$ = Härte	Mg + $CaSO_4$ = Härte	Ca SO_4	An H_2O + CO_2 gebundenes Ca	H_2O + CO_2	
2450	2860	12	46	—	91,8	0,6	6,4	1,35
2560	2820	12	—	58	92,0	7,7	0	1,35
2500	2830	3	—	62	89,9	1,4	8,1	1,9
1900	2400	34	—	65	64,2	28,4	6,7	2,7
2170	2750	60	—	58	86,6	5,0	7,4	3,3
1790	2300	60	—	65	56,9	30,0	12,7	6,3
1790	2300	68	70	—	44,8	38,8	16	7,7

53409 Wärmeleitzahl und Raumgewicht von trockenen Füllstoffen.

(Vgl. auch die Durchschnittswerte pulverförmiger und körniger Stoffe in Tabelle 53401 und Tabelle 53406.)

Material	Raumgewicht $kg \cdot m^{-3}$	Wärmeleitzahl in $kcal \cdot m^{-1} \cdot h^{-1} \cdot grad^{-1}$ bei		
		0° C	50° C	200° C
Bimskies, gewöhnlicher . . .	600	0,15	0,17	
Rhein. Isolierbims.	300	0,075	0,085	
Hochofenschaumschlacke,				
Korngröße 2...5 mm . . .	360	0,09	0,10	
„ 30 mm	360	0,12	0,15	
Synthoporit,				
Korngröße 0...30 mm . .	etwa 700	0,14	0,16	0,21
„ 1...10 mm . .	etwa 700	0,14	0,15	0,20
„ 10...30 mm . .	etwa 700	0,12	0,15	0,23
Kesselschlacke	700	0,12	0,15	
Kesselschlacke	750	0,13	0,16	
Koksgrus bis 15 mm	1000	0,12	0,15	
Korkschrot	etwa 35	0,028	0,033	
Korkschrot	etwa 55	0,029	0,035	
Sand	1500	0,26	0,29	
Sand	1740	0,28	0,30	
Elektrokorund	2030	0,28	—	
Kies	1850	0,29	0,36	
Sägemehl (lufttrocken). . . .	190...215	0,050...0,060	—	
Hobelspäne (lufttrocken) . . .	95...140	0,050...0,055	—	
Strohfaser	140	0,039	0,049	

[1] Wärmeleitfähigkeit von krystallinen Kesselsteinen. Wärme **1931**, 756.

53410 Wärmeleitzahl und Raumgewicht von Hilfsbaustoffen und Gesteinen.

Material	Raumgewicht $kg \cdot m^{-3}$	Wärmeleitzahl in $kcal \cdot m^{-1} \cdot h^{-1} \cdot grad^{-1}$ bei 0° C	20° C
Asbestschiefer	1900	0,30	0,315
Asphalt	2100	0,52	0,60
Bitumen	1050		0,144
Dachpappe, Pappe	1000—1200	0,12—0,20	
Erdreich, feucht, reiner Sand	1500	0,9	
reiner Sand	2000	1,5	
tonig	1500	1,3	
tonig	2000	2,2	
Glas	2400—3200	0,5—0,9	
Hartpappe	790	0,119	0,133
Holzfilz	etwa 350	0,045—0,07	
Korkmentlinoleum	535	0,069	0,070
Linoleum	1180	0,15	0,16
Schilfbretter	—	0,35—0,40	
Weltonbauplatte	—	0,12—0,15	
Zementholz	715		0,12
Gesteine bei 0—20° C			
Gneis	2400—2700	2,9—3,4	
Granit	2500—3050	2,7—3,5	
Kalkstein (amorph)	2550	1,05	
Marmor	2500—2850	1,8—3,0	
Nagelfluh	—	2,0	
Sandstein	2200—2500	1,1—1,6	
Schiefer ⊥-Schichtung	2650—2700	1,3—1,7	
Schiefer ‖-Schichtung	—	2,0—2,9	

53411 Die äquivalente Wärmeleitzahl von Luftschichten zwischen normalen Baustoffen.

Die Wärmeübertragung in Luftschichten und Hohlräumen findet nicht nur wie bei festen Stoffen durch reine Wärmeleitung, sondern auch durch Luftkonvektion und Strahlung zwischen den Begrenzungswänden statt. Sie wird in die rechnerische Größe der „äquivalenten Wärmeleitzahl" zusammengefaßt. Die Wärmeschutzwirkung nimmt nicht proportional der Schichtstärke zu. Der mögliche Höchstwert wird bei Luftschichten zwischen normalen, nichtmetallischen Baustoffen in senkrechter Anordnung vielmehr bei 5 cm Stärke erreicht. Höhere Wirkungen sind nur durch Anordnung mehrerer, unterteilter Schichten zu erreichen (s. auch 6322).

Lage der Luftschicht	Äquivalente Wärmeleitzahl in $kcal \cdot m^{-1} \cdot h^{-1} \cdot grad^{-1}$ bei einer Luftschichtstärke in cm von 1	2	4	6	8	10	15	20
Senkrecht	0,056	0,099	0,190	0,286	0,385	0,485	0,740	1,00
Horizontal, wärmere Seite unten	0,057	0,113	0,217	0,319	0,423	0,530	0,785	1,04
Horizontal, wärmere Seite oben	0,055	0,091	0,161	0,231	0,301	0,370	0,543	0,72

53412 Durchschnittlicher Feuchtigkeitsgehalt anorganischer Baustoffe und von Erdreich.
(Nach J. S. Cammerer.)

Stoff	Feuchtigkeitsgehalt in Vol.-%			
	Günstige Bauverhältnisse	Durchschnittliche Bauverhältnisse	Ungünstige Bauverhältnisse	Extrem ungünstige Werte
Ziegelsteine beliebiger Konstruktion[1]	0,5	1	3	15
Beton jeder Art und Porosität, Gips	3	7	10	17
Lehm	3	7	10	15
Erdreich, sandig	4	8	14	—
Erdreich, tonig, Humus	23	28	28	—

53413 Durchschnittlicher Feuchtigkeitsgehalt organischer Bau- und Dämmstoffe.
(Nach J. S. Cammerer.)

Stoff	Feuchtigkeitsgehalt in Gew.-%			
	laboratoriumstrocken	günstige Bauverhältnisse	durchschnittliche Bauverhältnisse	ungünstige Bauverhältnisse
Korkplatten	1,3	2,5	4	8
Leichtbauplatten aus mineralisierter Holzwolle	11	15	20	33
Torfplatten	15	22	30	50
Verkleidungsplatten aus organischen Fasern	11	15	20	33
Hölzer[2]	11	13	15	20

53414 Der Einfluß eines Feuchtigkeitsgehaltes auf die Wärmeleitzahl von Baustoffen. (Nach J. S. Cammerer.)

Auf Grund des in Tabelle 53412 und 53413 angegebenen mittleren Feuchtigkeitsgehaltes in der Praxis und der nachstehenden Werte läßt sich errechnen, daß auf Laboratoriumswärmeleitzahlen, die nicht unter besonderer Einstellung des praktischen Feuchtigkeitsgehaltes, sondern im lufttrockenen Zustand ermittelt wurden, folgende, durchschnittliche Zuschläge zur Berücksichtigung der wirklichen Verhältnisse gemacht werden müssen:

Ziegelmauerwerk	etwa 30%
Kies- und Leichtbeton	90%
Korkplatten	3%
Holzwoll-Leichtbauplatten	6%
Verkleidungsplatten im Rauminnern	2%

[1] Die Werte gelten für die Steine allein. Für Mauerwerk sind etwa 20% zuzuschlagen, da Mörtel und Verputz stets feuchter als die Wand sind.

[2] Bei normaler Verwendung im Bau, also freiliegend, nicht unter Putz wie Holzwoll-Leichtbauplatten.

534141 Anorganische Baustoffe.

Ausgangspunkt der Zuschläge sind die Zahlenwerte der Tabelle 53406 für den lufttrockenen Zustand b.w. entsprechende Versuchswerte.

Stoffgruppe	Zunahme der Wärmeleitzahl in % je 1 Vol.-% Wasser bei einem Feuchtigkeitsgehalt in Vol.-% von			
	1	5	10	20
Gebrannte Stoffe wie Ziegel . .	32	15,4	10,4	6,7
Ungebrannte Stoffe wie Kalksandsteine, Betonleichtsteine, Beton usw.	24	12,7	9,8	7,3

534142 Organische Baustoffe.

Wird die Feuchtigkeit in Gew.-% gemessen, so beträgt der Zuschlag auf die Wärmeleitzahl der Tabellen 53405 und 53407 in % je 1 Gew.-% Wassergehalt bei allen Raumgewichten 1,25%.

Raumgewicht völlig trocken in kg · m^{-3}	Zuschlag auf die Wärmeleitzahl in % je 1 Vol.-% Feuchtigkeit	Raumgewicht völlig trocken in kg · m^{-3}	Zuschlag auf die Wärmeleitzahl in % je 1 Vol.-% Feuchtigkeit
100	12,5	600	2,1
200	6,3	700	1,8
300	4,2	800	1,6
400	3,1	1000	1,25
500	2,5		

54 Holz.

Von **Fritz Schulz,** Eberswalde.

541 Chemie des Holzes.

Chemische Zusammensetzung des Holzes: Durchschnittlich für alle Holzarten 50% Kohlenstoff, 6,1% Wasserstoff, etwas über 43% Sauerstoff, der Rest Stickstoff und mineralische Bestandteile. *Feinaufbau. Cellulose* 40...50% des Holzkörpers. Das Cellulosemolekül besteht aus aneinandergereihten Glucosemolekülen. Das Glucosemolekül ist etwa 7,5 Å breit und 5,2 Å lang. Die Cellulosemoleküle weisen je nach der Herkunft Polimerisationsgrade von 10...3000 auf, der des Cellulosemoleküls vo n 07,8 beträgt etwa 1500, die Länge des Cellulosemoleküls ist also etwa 7800 Å = Hoμzl

5411 Übersicht über die Polimerisationsgrade verschiedener Cellulosemoleküle (nach Staudinger).

Baumwolle	3000
Holz	1500
Edelzellstoff	900...1300
Papierzellstoff	800...1000
Stark gebleichte Zellstoffe	500... 600
Kupferzellwolle	400... 500
Viscose	300... 500
Viscosefolien wie Cellophan	250... 300
Altägyptische Mumienbänder	200
β- und γ-Cellulose (keine Faserbildung) . . .	10... 100

Die Cellulosefadenmoleküle sind zu Bündeln parallel gelagert und bilden die *Micelle* oder *Krystallite.* Durchmesser der Micelle: 40...80 Å.

Lignin. Füllstoff, der in die Micellzwischenräume des Cellulosegerüstes eingelagert ist. Im Gegensatz zur Cellulose sind die Ligninmoleküle nicht regelmäßig gebaut Die Zusammensetzung ändert sich mit dem Alter des Holzes.

Cellulosebegleiter oder Hemicellulosen haben geringere Widerstandsfähigkeit gegen Säuren, Laugen und Enzyme als Cellulose und Lignin, Polimerisationsgrad unter 200; auch Holzpolyosen genannt (Staudinger 1938). Die Zucker der Hemicellulosen haben 6 (Hexosane) oder 5 (Pentosane) Kohlenstoffatome.

Hexosane. Glucan, Mannan, Galaktan (Mannan nur in Nadelhölzern).

Pentosane. Xylan (Holzgummi) und Araban.

Vorkommen der Holzpolyosen. Bis 30% des Holzkörpers.

Weitere Bestandteile des Holzes. Harze, Fette, stickstoffhaltige Stoffe, Gerbstoffe, Farbstoffe, mineralische Stoffe (Asche).

5412 Stickstoffgehalt in der Sihlwaldbuche (nach Gäumann).

Zweige 0,8...0,9%, Rinde 0,9%, Splint 0,13...0,17%, Kern 0,11...0,14%.

Stickstoffgehalt der andern Holzarten etwa 0,1...0,2%. Fichtenholz nur etwa 0,01% (Gäumann).

5413 Gerbstoffe

bewirken bei manchen Holzarten die eigentümliche Färbung des Kerns (Akazie)

5414 Farbstoffe.

Morin im Gelbholz; Brasilin im Rotholz, im Fernambuk oder Sappanholz; Hämatoxylin im Blauholz.

5415 Harz- und Fettgehalt verschiedener Nadelhölzer.
(Nach H. Mayr, 1894; s. a. Kollmann: Technologie des Holzes, S. 262. Berlin 1936.)

Holzart	Gehalt der absolut trockenen Holzmasse an festem Harz in Gew.-%			
	Splint	Kern	Ganzer Baum	Astloser Schaft
Pitchpine	—	—	—	8,28
Weymuthskiefer (Bayern)	3,57	6,70	5,66	4,88
Kiefer, alte (Bayern)	3,95	5,24	4,81	4,24
Lärche, alte (Bayern)	2,47	4,59	4,19	3,20
Fichte (Bayern)	1,95	1,49	1,69	1,60
Tanne (Bayern)	0,58	1,21	1,00	0,83

5416 Übersicht über mineralische Bestandteile im Holz nach Daube[1]

Holzart	Asche	‰							
	%	K_2O	P_2O_5	CaO	MgO	Fe_2O_3	SO_3	SiO_2	Na_2O
Lärche:									
Splint	0,22	5,32	1,28	6,84	3,33	1,10	1,27	1,08	0,90
Kern	0,12	2,97	0,15	4,03	1,94	0,93	0,55	0,25	0,59
Kiefer:									
Splint	0,19	5,40	1,37	5,35	2,09	1,19	0,98	0,39	0,87
Kern	0,15	2,30	0,13	6,28	2,41	0,83	0,68	0,52	0,47
Fichte:									
Splint	0,26	9,80	2,87	5,54	1,46	1,54	1,11	0,92	0,38
Kern	0,20	5,93	0,20	7,36	1,96	1,71	0,86	0,20	0,65
Eiche:									
Splint	0,42	19,56	5,22	6,93	2,63	1,46	2,90	0,56	1,13
Kern	0,16	6,71	0,43	4,08	0,44	0,51	1,98	0,88	0,24
Buche:									
Splint	0,47	19,24	2,15	12,56	6,77	1,65	1,93	0,59	0,53
Kern	0,40	15,47	0,60	13,33	5,11	0,82	1,55	0,82	0,17

[1] Hägglund: Holzchemie, 2. Aufl., S. 241. Leipzig 1939.

5417 Analysen verschiedener

54171 Amerikanische Hölzer (nach G. J. Ritter und L. C. Fleck,

Bestandteile (Prozent der wasserfreien Substanz)	Laub-				
	Balsa (Ochroma lagopus)	Ahorn (Acer saccharum)	Birke (Betula lutea)	Eucalyptus (Eucalyptus globulus)	Eiche (Quercus densiflora)
Wasser	6,47	—	—	6,58	3,66
Asche	2,12	0,44	0,52	0,24	0,83
Harz, Fett (Ätherauszug)	1,23	0,25	0,60	0,56	0,80
Methoxyl	5,68	7,25	6,07	6,73	6,09
Essigsäure (nach Schorger)	5,80	4,46	4,30	1,85	5,13
Pentosan	17,65	21,71	24,63	20,09	19,22
Methylpentosan	0,86	2,39	2,69	2,33	—
Cellulose	54,12	60,78	61,31	57,62	58,95
Lignin	26,50	—	—	25,07	24,86
In der Cellulose: Pentosan	19,99	24,48	28,30	20,96	22,32
In der Cellulose: Methylpentosan	1,95	0,96	1,16	2,46	—
In der Cellulose: α-Cellulose	75,64	—	—	68,86	57,82
β- + γ-Cellulose	24,35	—	—	31,80	42,48

54172 Deutsche Hölzer (nach C. G. Schwalbe und E. Becker).

Bestandteile (Prozent der wasserfreien Substanz)	Fichte (Picea excelsa)	Kiefer (Pinus silvestris	Buche (Fagus silvatica)	Birke (Betula verrucosa)	Pappel (Populus tremula)
Asche	0,77	0,39	1,17	0,39	0,32
Harz, Wachs und Fett (Ätherauszug + Alkoholauszug)	2,30	3,45	1,78	1,80	3,16
Methylzahl (CH_3)	2,36	2,20	2,96	2,77	2,57
Methylalkohol nach Fellenberg	0,122	0,111	0,175	0,161	0,182
Pektin daraus nach Fellenberg	1,22	1,11	1,75	1,61	1,82
Essigsäure (saure Hydrolyse nach Schorger)	1,44	1,40	2,34	4,65	4,17
Stickstoff	0,11	0,13	0,17	0.12	0,10
Protein (N · 6,25)	0,69	0,80	1,05	0,74	0,63
Pentosan	11,30	11,02	24,86	27,07	23,75
Methylpentosan	3,00	2,23	1,02	0,84	0,72
Cellulose	63,95	60,54	67,09	64,16	62,89
Pentosanfreie Cellulose	57,84	54,25	53,46	45,30	47,11
Lignin	28,29	26,35	22,46	19,56	18,24

542 Raumgewicht in Abhängigkeit von der Holzfeuchtigkeit.

Der Zusammenhang zwischen dem Raumgewicht (Rohwichte) r_u bei einem bestimmten Feuchtigkeitsgehalt u und dem Darr-Raumgewicht r_0 kann durch folgende Gleichung im Bereich u $\leq$ 25% dargestellt werden[1]:

$$r_u = r_0 \frac{1 + u}{1 + 0,84\, r_0\, u} .$$

Als Normalfeuchtigkeit gilt nach DVMC 3003 15% Wassergehalt (r_{15}), auf diesen Wert sind die Festigkeitseigenschaften bezogen.

[1] Ein Rechenblatt zur Ermittlung des Raumgewichtes für verschiedene Feuchtigkeitsgehalte u. aus dem Darrgewicht ist in Kollmann: Technologie des Holzes, S. 42, Berlin 1936, gegeben.

amerikanischer und deutscher Hölzer.

S. A. Mahood und D. E. Cabler, A. W. Schorger).

hölzer		Nadelhölzer					
Hickory (Hicoria ovata)	Linde (Tilia glabra)	Fichte (Picea canadensis)	Douglasie (Pseudotsuga taxifolia)	Redwood (Sequoia sempervirens)	Longleaf-pine (Pinus palustris)	Western Yellow pine (Pinus ponderosa)	Lärche (Larix occidentalis)
8,49	—	—	—	9,68	—	6,42	—
0,69	0,86	0,31	0,38	0,21	0,37	0,46	0,23
0,63	1,96	1,36	1,02	1,07	6,32	8,52	0,81
5,63	6,00	5,30	4,95	5,21	5,05	4,49	5,03
2,51	5,79	1,59	1,04	1,08	0,76	1,09	0,71
18,82	19,93	10,39	6,02	7,80	7,46	7,35	10,80
0,80	3,73	3,55	4,41	2,75	3,60	1,62	2,81
56,22	61,24	61,85	61,47	48,45	48,48	57,41	57,80
23,44	—	—	—	34,21	—	26,65	—
21,89	24,28	9,63	5,34	7,40	7,71	6,82	8,94
1,41	1,54	0,72	1,20	2,09	1,16	1,98	1,19
76,32	—	—	—	78,81	—	62,10	—
23,17	—	—	—	21,19	—	40,69	—

543 Wärmeausdehnungszahlen einiger Hölzer[1] $\alpha_W = \left(\frac{1}{l}\frac{d\,l}{d\,\vartheta}\right)$.

Holzart	Wärmeausdehnungszahl		$\frac{\alpha_{W\perp}}{\alpha_{W\parallel}}$
	$\parallel$ Faser $\alpha_{W\parallel}$	$\perp$ Faser $\alpha_{W\perp}$	
Ahorn	$6{,}38 \cdot 10^{-6}$	$48{,}4 \cdot 10^{-6}$	7,6
Birke (Betula lutea)	1,98	rad. 26,3	—
		tg. 32,2	16,2
Eiche	4,92	54,4	11,1
Esche	9,51	—	—
Kastanie	6,49	32,5	5,0
Linde, amerikanische ($r = 0{,}38$)	5,46	44,4	8,1
Nußbaum	6,55	48,4	7,4
Pappel	3,85	36,5	9,5
Weißbuche	6,04	—	—
Fichte	5,41	34,1	6,3
Tanne	3,71	58,4	15,8
Weymouthskiefer ($u = 0$)	3,65	63,6	17,4

Wärmeleitzahl λ. Für die Wärmeleitzahlen parallel und senkrecht zur Faserrichtung gelten mit hinreichender Genauigkeit die folgenden empirischen Formeln:

$$\lambda_{\parallel} = 0{,}45\left(\frac{R}{1000}\right)^{1,5} + 0{,}04 \qquad \lambda_{\perp} = 0{,}15\left(\frac{R}{1000}\right)^{1,5} + 0{,}04$$

Raumgewicht in [kg/m³], λ in [kcal/(m h grad)].

[1] Siehe Kollmann: Technologie des Holzes, S. 112.

544 Die mechanische Technologie des Holzes.

Die Prüfvorschriften. Da Holz in seinem Gefüge anisotrop und auch in seinen verschiedenen Festigkeitseigenschaften mehr oder weniger starken Streuungen unterworfen ist, gestaltet sich die Materialprüfung bei Holz besonders mannigfach. Die bisher festgesetzten Prüfvorschriften nach den Dinormen sind im folgenden zusammengestellt[1]:

DIN VDM 2181	Allgemeine Grundsätze der Prüfung von Holz,
DIN VDM 2182	Bestimmung des Raumgewichts,
DIN VDM 2183	Bestimmung des Feuchtigkeitsgehaltes,
DIN VDM 2184	Druckfestigkeitsprüfung,
DIN VDM 2185	Biegeversuch,
DIN VDM 2186	Scherversuch,
DIN VDM 2187	Zugversuch,
DIN VDM 2188	Schlagbiegeversuch,
DIN VDM 2190	Schwind- und Quellversuche,
DIN VDM E 2192	Drehversuch (Normenentwurf),
DIN VDM Entwurf 1 2180	Bestimmung der Wuchseigenschaften.

Zulässige Spannungen bei Holzbauwerken (nach Kollmann: Technologie, S. 220).

Nach DIN 1052 und DIN 1074 sind bei Holzbauwerken Spannungswerte zulässig, die aus folgender Tabelle zu entnehmen sind:

5441 Zulässige Spannungen.

Art der Beanspruchung	Holzart: Nadelholz [kg/cm²]	Holzart: Eiche und Buche [kg/cm²]	Bemerkungen
1. Druck in der Faserrichtung . . .	80	100	—
2. a) Druck rechtwinklig zur Faserrichtung	20	40	Die unter a) und b) angegebenen Spannungen sind um $^1/_5$ zu ermäßigen, wenn der Überstand der Schwellen über die Druckfläche in der Faserrichtung beiderseits mindestens gleich der $1^1/_2$fachen Schwellenhöhe ist.
b) Druck rechtwinklig zur Faserrichtung bei Bauteilen, bei denen geringfügige Eindrükkungen unbedenklich sind, oder als Lochleibungsdruck von Verbindungsmitteln, die nur einen Bruchteil des Holzquerschnitts nach Höhe und Breite beanspruchen.			
4. Zug in der Faserrichtung	90	105	
3. Biegung	100	110	Für übliches Bauholz im Wohnungsbau 90 kg/cm²
5. Abscheren in der Faserrichtung .	12	20	—

Der Dehnungsmodul parallel zur Faser ist bei Nadelholz mit 100000 kg/cm² bei Eiche und Buche mit 125000 kg/cm² einzusetzen.

Die zulässigen Knickspannungen sind nach dem ω-Verfahren zu rechnen [DIN 1052 und DIN 1074].

[1] Eine ausführliche Zusammenstellung befindet sich in „Holz- als Roh- und Werkstoff“ Bd. 1 (1938) S. 99.

Ist S die Stabkraft, s_k die freie Knicklänge, i der Trägheitsradius des Querschnittes $= \sqrt{\frac{I}{F}}$, wo I das kleinste Trägheitsmoment und F der Querschnitt ist, $\lambda = \frac{s_k}{i}$ der sog. Schlankheitsgrad, dann gilt

$$\frac{\omega \cdot S}{F} \leqq \sigma_{zul}.$$

Hierin bedeutet ω die sog. Knickzahl, die aus der folgenden Tabelle für einen bestimmten Schlankheitsgrad λ abzulesen ist. $\sigma_{zul} = 80$ kg/cm² für Nadelholz 100 kg/cm² für Eiche und Buche.

5442 Knickspannungen σ_k und Knickzahlen ω.

Schlankheitsgrad $\lambda = \frac{\sigma_k}{i}$	Knickspannung s_k Nadelholz $\lambda \leqq 100$ $\sigma_k = 300 - 2\lambda$ $\lambda > 100$ $\sigma_k = \frac{1\,000\,000}{\lambda^2}$	Eiche und Buche $\lambda \leqq 100$ $\sigma_k = 375 - 2{,}5\,\lambda$ $\lambda > 100$ $\sigma_k = \frac{1\,250\,000}{\lambda^2}$	Knickzahl $\omega = \frac{\sigma_{k\,zul}}{\sigma_{d\,zul}}$
0	300	375	1,00
10	280	350	1,09
20	260	325	1,20
30	240	300	1,33
40	220	275	1,47
50	200	250	1,65
60	180	225	1,87
70	160	200	2,14
80	140	175	2,49
90	120	150	2,95
100	100	125	3,60
110	83	103	4,43
120	69	87	5,36
130	59	74	6,39
140	51	64	7,53
150	44	56	8,78
160	39	49	10,14
170	35	43	11,62
180	31	39	13,22
190	28	35	14,95
200	25	31	16,80

545 Die wichtigsten physikalischen und technologischen Eigenschaften des Holzes.

Die spezifische Wärme von trockenem Holz ist nach Dunlop

$$c_{\vartheta} = (0{,}266 + 0{,}00116\,\vartheta)\ \text{cal} \cdot \text{g}^{-1} \cdot \text{grad}^{-1}.$$

Für feuchtes Holz läßt sich die mittlere spezifische Wärme zwischen 0 und 100° C mittels der Formel $\bar{c}_u = \frac{u + 0{,}324}{u + 1}$ ermitteln. Mit u ist wie auch in der folgenden Tabelle der Feuchtigkeitsgehalt bezeichnet.

Literatur.

1. Kollmann, F.: Technologie des Holzes. Berlin 1936.
2. Trendelenburg, R.: Das Holz als Rohstoff. München-Berlin 1939.
3. Hägglund, E.: Holzchemie, 2. Aufl. Leipzig 1939.
4. Holz als Roh- und Werkstoff. Zeitschrift, herausgegeg. von Prof. Dr. F. Kollmann, Eberswalde, Berlin.

545 Die wichtigsten physikalischen und
(Nach dem umfangreichen Tafelmaterial

Holzname deutsch und botanisch	Raumgewicht (Rohwichte) [g/cm³]		Schwindmaße vom grünen bis zum Darrzustand (bezogen auf die Grünabmessungen)				Wärme-
	darrtrocken r_0	lufttrocken r_{15}	α_l [%]	α_r [%]	α_t [%]	α_v [%]	$\lambda\perp$ kcal · m⁻¹ · h⁻¹ grad⁻¹
Fichte (Picea excelsa)	0,30-0,64 **0,43**	0,33-0,68 **0,47**	**0,3**	**3,6**	**7,8**	**12,0**	0,066-0,077 0,076-0,090
Kiefer, gemeine (Pinus silvestris)	0,30-0,86 **0,49**	0,33-0,89 **0,52**	0,1-0,6 **0,4**	2,6-5,1 **4,0**	6,1-9,8 **7,7**	11,0-15,0 **12,4**	(‖ 0,30) 0,12
Weymouthskiefer (Pinus strobus)	0,31-0,46 **0,37**	0,34-0,50 **0,40**	**0,2**	**2,3**	**6,0**	**9,6**	
Lärche, europäische (Larix europaea)	0,40-0,82 **0,55**	0,44-0,85 **0,59**	**0,3**	**3,3**	**7,8**	**11,8**	
Tanne (Weißtanne) (Abies pectinata)	0,32-0,71 **0,41**	0,35-0,75 **0,45**	**0,1**	**3,8**	**7,6**	**11,7**	‖ 0,22 0,092-0,112
Ahorn (Bergahorn) (Acer pseudoplatanus)	0,48-0,75 **0,59**	0,53-0,79 **0,63**	**0,5**	**3,0**	**8,0**	**11,8**	‖ 0,37 0,137-0,156
Balsa (Ochroma lagopus)	0,05-0,17 **0,10**	0,07-0,20 **0,13**	**0,6**	**3,0**	**3,5**	**7,2**	0,042-0,066
Birke, Weißbirke, Moorbirke (Betula verrucosa)	0,46-0,80 **0,61**	0,51-0,83 **0,65**	**0,6**	**5,3**	**7,8**	**14,2**	
Birnbaum (Pirus communis)	**0,70**	**0,74**	**0,4**	**4,6**	**9,1**	**14,7**	
Buche, Rotbuche (Fagus silvatica)	0,49-0,88 **0,69**	0,54-0,91 **0,73**	**0,3**	**5,8**	**11,8**	**17,6**	
Eiche, Traubeneiche (Quercus sessiliflora)	0,39-0,93 **0,65**	0,43-0,96 **0,69**	**0,4**	**4,0**	**7,8**	**12,6**	‖ 0,21-0,30 0,11-0,17
Erle, Schwarz- (Alnus glutinosa)	0,38-0,60 **0,49**	0,42-0,64 **0,53**	**0,5**	**4,4**	**7,3**	**12,6**	
Esche (Fraxinus excelsior)	0,44-0,91 **0,68**	0,48-0,94 **0,72**	**0,2**	**5,0**	**8,0**	**13,6**	
Gabun, Okumé (Auconmea, Klaineana)	0,22-0,49 **0,31**	0,25-0,53 **0,34**					
Hickory, Filzige (Hicoria alba)	**0,77**	**0,81**	**0,6**	**7,8**	**11,0**	**20,4**	
Linde, Winterlinde (Tilia parvifolia)	0,32-0,56 **0,49**	0,35-0,60 **0,53**	**0,3**	**5,5**	**9,1**	**15,5**	
Mahagoni (Swietenia mahagoni)	**0,55**	**0,60**	**0,3**	**3,2**	**5,1**	**8,9**	0,12
Nuß, Walnuß (Juglans regia)	**0,64**	**0,68**	**0,5**	**5,4**	**7,5**	**13,9**	‖ 0,238 0,091
Schwarzpappel (Populus nigra)	0,37-0,52 **0,41**	0,41-0,56 **0,45**	**0,3**	**5,2**	**8,3**	**14,3**	0,147-0,162
Pockholz, Guajakholz (Guaiacum officinale)	0,95-1,31 **1,23**	0,97-1,30 **1,23**					
Robinie (Robinia pseudoacacia)	0,54-0,87 **0,73**	0,58-0,90 **0,77**		**4,4**	**6,9**		
Teakholz (Tectona grandis)	0,44-0,82 **0,63**	0,48-0,86 **0,67**	**0,6**	**3,0**	**5,8**	**9,7**	‖ 0,33 0,14-0,17
Ulme, Feldulme (Ulmus campestris)	0,44-0,82 **0,64**	0,48-0,86 **0,68**	**0,3**	**4,6**	**8,3**	**13,8**	
Weide, Silberweide (Salix alba)	0,33-0,59 **0,52**	0,36-0,63 **0,56**	**0,5**	**3,9**	**6,8**	**11,5**	

Die Mittelwerte sind in den Spalten 2—7 1 Zeile tiefer. α_l = longitudinale, α_r = radiale,

technologischen Eigenschaften einiger Hölzer.
von F. Kollmann, Technologie des Holzes.)

leitzahl bei Feuchtigkeit u	Dehnungsmodul aus Biegeversuchen u = 0,11-0,15-0,19 (u > 0,30) $E_{\|\|}$ kg/cm²	Druckfestigkeit u = 0,11 -0,15-0,19 (u > 0,30) σ_{dB} kg/cm²	Zerreißfestigkeit zur ⊥ Faser u = 0,11 -0,15-0,19 (u > 0,30) $\sigma_{zB\perp}$ kg/cm²	Biegefestigkeit u = 0,11 -0,15-0,19 (u > 0,30) σ_{bB} kg/cm²	Scherfestigkeit u ≈ 0,15 (u > 0,30) τ_s
0 0,12	73000-**110000**-210000 (52000-**86000**-150000)	300-**430**-670 **(230)**	15-**27**-40 **(16)**	420-**660**-1163 (250-**400**-705)	54-**67**-120 (23-**52**-103)
0,15	69000-**120000**-201000 **(106000)**	300-**470**-800 (160-**250**-390)	10-**30**-44 (24)	350-**870**-2059 **(460)**	61-**100**-146 (33-**60**-88)
	85000 (72000)	**280** (180)	**20** **(17)**	**540** **(350)**	**55** **(46)**
	63000-**120000**-200000 (97000)	350-**530**-690 (190-**250**-460)	**23**	540-**840**-1323	45-**90**-100
~ 0,12 ~ 0,12	66000-**110000**-172000	260-**400**-500	**23**	400-**620**-1000	37-**51**-63
~ 0,15 ~ 0,15	64000-**94000**-152000	290-**490**-720		500-**950**-1400	**90**
0,10-0,15	**26000**				
	165000 **(130000)**	325-**430**-850 **(230)**	**70** **(40)**	650-**1250**-1400 **(600)**	**120** **(70)**
		350-**460**-510			
	100000-**160000**-180000	350-**530**-840	**70**	630-**1050**-1800	65-**80**-190
0,10-0,15	92000-**130000**-135000 (68000-**102000**-113000)	410-**550**-590 (240-**380**-440)	26-**40**-96	660-**940**-1000 **(680)**	60-**110**-130 (40-**75**-100)
	77000	300-**400**-510	**20**	**850**	30-**45**-55
	50000-**120000**-178000	250-**480**-630	**70**	490-**1020**-1776 **(750)**	
	30000	120-**160**-200		**240**	
	140000 **(110000)**	**520** **(320)**	**97** **(70)**	**1190** **(720)**	**110** **(90)**
	58000-**74000**-172000	220-**440**-660		390-**900**-1250	40-**45**-60
0,10-0,15	**135000**	200-**490**-730	30-**70**-144	**1110**	
0,10 0	**125000**	375-**580**-715	**35**	800-**1190**-1450	
~ 0,15	40000-**88000**-117000	220-**300**-480 **(150)**		400-**550**-800	40-**50**-60
		1050			
	136000 **(130000)**	**590** **(480)**	**43**	**1200** (970)	**160** **(120)**
0,10-0,15	105000-**130000**-156000	540-**630**-810		940-**1190**-1550	
	59000-**110000**-160000	300-**410**-590 **(290)**	**39**	450-**720**-1600	**70**
	44000-**72000**-101000	200-**280**-440		270-**640**-1000	**70**

α_t = tangentiale, α_v = räumliche Schwindung.

55 Lösungs- und

551 Organische

Physikalisch-chemische

Verdunstungszeit: 0,5 cm³ der Flüssigkeit werden aus einer Pipette auf Filtrierpapier (Nr. 598 der Firma Schleicher und Schüll) aufgeträufelt. Man mißt die Zeit bis zum restlosen Verdunsten der Flüssigkeit, die des Äthyläthers wird = 1 gesetzt.

Die Temperatur, auf die sich die Dichteangabe bezieht, ist hinter der Zahl vermerkt, Fehlen einer Angabe bedeutet Zimmertemperatur. Ebenso ist hinter der Brechungszahl die Temperatur vermerkt, wenn diese von der Normtemperatur 20° abweicht. n_D für $\lambda = 5893$ Å, n_F für $\lambda = 4861$ Å.

Synonima: Andronolacetat = Hexalinacetat, Anon = Cyclohexanon, Butoxyl = Methoxybutylacetat, Cyclohexanolacetat = Hexalinacetat, Cyclohexanol = Hexalin, Diäthylcarbonat = Kohlensäurediäthylester, Diatol = Diäthylcarbonat, Ensolvan =

Name	Formel	Mol.-Gew.	Dichte $g \cdot cm^{-3}$	Brechungszahl $n_D^{20°}$
				I. Kohlen-
Pentan	C_5H_{12}	72	0,62 15°	1,3640 15°
Hexan	C_6H_{14}	86	0,66 15°	1,3754
Benzin (s. unten)				
Benzol (s. a. unten)	C_6H_6	78	0,87 15°	1,5014
Heptan	C_7H_{16}	100	0,68 23°	1,3867 23°
Toluol (s. a. unten)	C_7H_8	92	0,864 15°	1,4992 15°
Xylol	C_8H_{10}	106	0,86 15°	1,4985...1,5082 15°
Dekalin (Dekahydronaphthalin)	$C_{10}H_{18}$	138	0,887...0,890 20°	1,479 18°
Pinen	$C_{10}H_{16}$	136	0,86 15°	—
Paracymol	$C_{10}H_{14}$	134	0,869 15°	1,4830 24°
Tetralin (Tetrahydronaphthalin)	$C_{10}H_{12}$	132	0,97 15°	1,548 15°
Leichtbenzin	—	—	0,68...0,72 20°	1,38...1,40
Schwerbenzin	—	—	0,70...0,75 20°	1,40
Lack- (Test-) Benzin	—	—	0,76...0,81 20°	1,42...1,44
Neunziger Benzol	—	—	0,88...0,883 15°	1,50
Fünfziger Benzol	—	—	0,875...0,877 20°	1,50
Nuller Benzol	—	—	0,87...0,872 20°	1,50
Lösungsbenzol I	—	—	0,87...0,88 15°	1,495...1,50
Lösungsbenzol II	—	—	—	—
Toluol, techn. ger.	—	—	—	—
Pernaphthan	—	—	0,845...0,850	—
Balsamterpentinöl	—	—	0,855...0,872	1,467...1,472
Holzterpentinöl	—	—	—	—
Dipentene	—	—	0,85...0,86	—
Pine Oil	—	—	0,935	1,481

Weichmachungsmittel.

Lösungsmittel.

Konstanten.

Milchsäureäthylester, Heptalin = Methylhexalin, Hexahydrophenol = Hexalin, Laktonal = Milchsäureäthylester, Lösungsmittel GC = Glykolacetat, Lösungsmittel „Verein“ = Lösungsmittel „Hiag“ A, Methylanone = Methylcyclohexanone, Methylcyclohexanole = Methylhexalin, Perchloräthylen = Tetrachloräthylen, Pyranton A = Diacetonalkohol, Solactol = Milchsäureäthylester, Tomasol J = Essigsäureisobutylester.

Lit.: Gnamm, H.: Die Lösungsmittel und Weichhaltungsmittel. Stuttgart 1941. — Jordan, O.: Chemische Technologie der Lösungsmittel. Berlin 1932. — Leonhardt, H. u. G. Hamann: In D'Ans: Chemisch-technische Untersuchungsmethoden, Ergänzungswerk, III. Teil, S. 720ff. Berlin 1940. — Meßner, J. u. F. Stadlmayr: In Berl-Lunge: Chemisch-technische Untersuchungsmethoden, Bd. III, S. 905ff. Berlin 1932.

Dampfdruck in Torr bei 20°	Dampfdruck in Torr bei 40°	Dampfdruck in Torr bei 80°	Siedepunkt K.P. °C	Flammpunkt °C	Spez. Wärme cal · g⁻¹ · grad⁻¹	Verdampf. Wärme bei Z.T. cal g⁻¹	Verdunstungszeit	Mischbarkeit mit Wasser	Bemerkungen
wasserstoffe.									
420	873	2735	37°	unter —10°	0,51 0°	85	—	nicht	
120	277	1062	71°	unter —10°	0,504	79	—	nicht	
75	182	760	80°	—8°	0,42	93	3	nicht	
35	92	426	98°	unter —10°	0,487	74	—	nicht	
22	—	—	110°	+ 7°	0,42	86	6,1	nicht	
10	—	—	140°	+ 23°	—	82	13,5	nicht	
< 0,3	—	—	183...193°	+ 60°	—	—	94	—	
2	—	—	150...170°	+ 31°	—	—	—	—	
—	—	—	176°	+ 100°	—	—	—	—	
< 0,1	—	—	205...207°	+ 78°	—	—	190	—	
—	—	—	gr. t. über 100°	unter —10°	0,5	92	3,5	nicht	
—	—	—	gr. t. 100...150°	unter 0°...+ 15°	0,42... 0,45	60	3,5	nicht	
—	—	—	höchst. 5% unt. 135°, mind. 90% über 200°, 97% bis 220°	mind. + 21°	—	—	—	nicht	
—	—	—	90% bis 100° Rest bis 120°	—6...—8°	—	—	—	nicht	
—	—	—	50% bis 100°, mind. 90% bis 120°	—	—	—	—	nicht	
—	—	—	0% unter 100°, mind. 90% bis 120°	—	—	—	—	nicht	
—	—	—	0% unter 120°, mind. 90% bis 160°	22...28°	—	—	3	nicht	
—	—	—	—	—	—	—	—	nicht	
—	—	—	90% zwischen 100...120°	< 5°	—	—	—	nicht	
—	—	—	125...205°	—	—	—	—	—	Gemisch mit Tetralin
—	—	—	mind. 75% 152...162°	—	—	—	—	—	
—	—	—	Rest bis 175°	30...35°	0,5	68	—	—	Bromzahl über 210 g Br_2/100 cm^3
—	—	—	165...180°	—	—	—	—	—	
—	—	—	200...220°	—	—	—	—	—	Bromzahl ~90

Name	Formel	Mol.-Gew.	Dichte $g \cdot cm^{-3}$	Brechungszahl $n_D^{20^\circ}$
				II. Chlorkohlen-
Methylenchlorid	CH_2Cl_2	85	1,328 20°	1,431
Chloroform	$CHCl_3$	119,4	1,502 15° 1,485...1,489	1,4466 15°
Tetrachlorkohlenstoff	CCl_4	153,8	1,599 15°	1,4607
Äthylenchlorid	$CH_2Cl \cdot CH_2Cl$	98	1,256 20°	1,444
Dichloräthylen	$CHCl:CHCl$	96,9	1,25 15°	1,473
Trichloräthylen	$CHCl:CCl_2$	131,4	1,47 15°	1,481
Acetylentetrachlorid	$CHCl_2 \cdot CHCl_2$	167,8	1,602 15°	n_F 1,5015
Tetrachloräthylen	$CCl_2:CCl_2$	165,8	1,624 15°	1,5055
Pentachloräthan	C_2HCl_5	202,3	1,70 15°	1,5025
Chlorbenzol	C_6H_5Cl	112,4	1,112 15°	1,5268
				III. Alkohole,
Methylalkohol	$CH_3 \cdot OH$	32	0,798 15°	1,3295
Äthylalkohol	$C_2H_5 \cdot OH$	46	0,797 15°	1,3623
Äthylalkohol (Spiritus 96% mit Toluol)	—	—	0,806	—
Diäthyläther	$C_2H_5 \cdot O \cdot C_2H_5$	74	0,720...0,722 15°	1,3566 15°
Propylalkohol	$C_3H_7 \cdot OH$	60	0,819 15°	1,3858
iso-Propylalkohol	$(CH_3)_2:CH \cdot OH$	60	0,790 15°	1,3813
Butylalkohol	$C_4H_9 \cdot OH$	74	0,814...0,817 15°	1,3990
iso-Butylalkohol	$(CH_3)_2:CH \cdot CH_2 \cdot OH$	74	0,815 15°	1,3959
iso-Amylalkohol	$(CH_3)_2:CH \cdot CH_2 \cdot CH_2 \cdot OH$	88	0,814...0,816 15°	1,4078
Amylalkohol, techn.	—	—	0,80...0,83 20°	1,40...1,42
Glykol	$CH_2OH \cdot CH_2OH$	62	1,111 20°	—
Methylglykol	$CH_2OH \cdot CH_2 \cdot O \cdot CH_3$	76	0,971 15°	—
Äthylglykol	$CH_2OH \cdot CH_2 \cdot O \cdot C_2H_5$	90	0,932 20°	—
Butylglykol	$CH_2OH \cdot CH_2 \cdot O \cdot C_4H_9$	118	0,907 20°	—
Benzylalkohol	$C_6H_5CH_2OH$	108	1,045 20°	—
Cyclohexanol	$C_6H_{11} \cdot OH$	100	0,949 20°	1,468
Methylcyclohexanol	$C_6H_{10} \cdot CH_3 \cdot OH$	114	0,927 15°	1,4635
Intrasolvan E	—	—	0,801...0,805 20°	—
Äthylenchlorhydrin	$CH_2Cl \cdot CH_2OH$	80,5	1,20 20°	1,445
				IV. Aldehyde,
Aceton	$CH_3 \cdot CO \cdot CH_3$	58	0,798 15°	1,3620 15°
Acetonöl, leichtes	—	—	0,82...0,83 15°	—
Acetonöl, schweres	—	—	0,88...0,89 15°	—
Äthylmethylketon	$CH_3 \cdot CO \cdot C_2H_5$	70	0,81 20°	1,380
Diacetonalkohol	$CH_3COCH_2C{OH \atop (CH_3)_2}$	—	0,930 20°	1,430
Cyclohexanon	$C_6H_{10}:O$	98	0,947 20°	1,449 25°
Methylcyclohexanon	$C_6H_9{:CH_3 \atop :O}$	112	0,919 20°	—
Δ_2-Cyclohexen—1—on	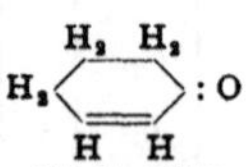	96	0,985 15°	—
Furfurol	$CH:C \cdot COH$ / $> O$ / $CH:CH$	96	1,159 20°	—

(Fortsetzung).

Dampfdruck in Torr bei 20°	40°	80°	Siedepunkt K.P. °C	Flammpunkt °C	Spez. Wärme cal · g⁻¹ · grad⁻¹	Verdampf. Wärme bei Z.T. cal · g⁻¹	Verdunstungszeit	Mischbarkeit mit Wasser	Bemerkungen
wasserstoffe.									
348,9	—	—	40...42°	nicht brennbar	0,27...0,3	41	1,8	1,6%	
160	—	—	61...62°	nicht brennbar	0,23	58,5	2,5	—	mit 0,6...1% Alkohol
91	215	843	76°	nicht brennbar	0,20	45,1	3	—	
61	—	—	83...87°	13...14°	0,30	78,3	4,1	nicht	
205	—	—	55°	kaum brennbar	0,27	41	—	nicht	
56	—	—	87°	nicht brennbar	0,23	56,5	3,8	nicht	
11	—	—	147°	nicht brennbar	0,23	53	33	nicht	
17	—	—	121°	nicht brennbar	0,21	50	—	nicht	
7	—	—	159°	nicht brennbar	0,21	45	—	nicht	
9	26	145	132°	28,5°	—	—	12,5	—	
Äther.									
96	260	1340	65...66°	6,5°	0,62	267	6,3	mischb.	
44	134	812	78°	12°	0,61	205	—	mischb.	
—	—	—	78°	18°	—	—	8,3	mischb.	
438	914	3010	34...35°	−40°	0,54	90	1,0	7%	
15	54	390	97°	25°	0,66	165	11,1	mischb.	
—	...	—	82°	18°	0,53	160	21	mischb.	
4	—	—	114...117°	22°	0,65	120	33	1:12	
9	32	252	108°	30°	0,65	120	24	—	
2	10	96	130...132°	44°	—	120	62	—	
—	—	—	100...140°	40...45°	0,60	—	62	—	
—	—	—	191...200°	117°	—	—	2625	mischb.	
8	—	—	115...130°	36°	—	—	34,5	mischb.	
4,5	—	—	126...138°	40°	—	—	43	mischb.	
0,9	—	—	164...182°	60°	—	—	163	1:1	
—	—	—	204...208°	—	—	—	1767	—	
0,1	1,5	—	160° (155...165°)	68°	—	108	403	—	
—	—	—	160...180°	68°	—	—	807	—	
25	—	—	100...140°	25°	—	—	—	—	Gemisch aliphatischer Alkoh., frei von Äthylalkohol
—	—	—	127°	55°	0,33	74	—	mischb.	
Ketone.									
180	420	1611	55...56°	unter −10°	—	125	2,1	mischb.	
—	—	—	75...130°	—	—	—	—	teilw. mischb.	
—	—	—	130...250°	—	—	—	—	teilw. mischb.	
—	—	—	75...85°	−14°	—	103	6,3	—	
10	—	—	150...165°	45°	—	—	147	mischb.	
2	—	—	150...156°	44°	—	—	40,4	nicht	
2,6	—	—	165...171°	48°	—	—	47...53	nicht	
—	—	—	155...165°	34°	—	—	—	—	
...	—	—	160°	--	—	—	—	0...1%	

Name	Formel	Mol.-Gew.	Dichte $g \cdot cm^{-3}$	Brechungszahl $n_D^{20°}$
V. Säuren.				
Ameisensäure	HCO_2H	46	1,225 15°	n_F 1,3764
Essigsäure, 96%ig . . .	CH_3CO_2H	60	1,005...1,064 15°	n_F 1,3764
Essigsäure, 99%ig . . .	—	—	1,005...1,058 15°	—
Essigsäureanhydrid . .	$(CH_3CO)_2:O$	102	1,085 15°	1,3907
VI. Ester.				
Ameisensäure-methylester	$HCO \cdot OCH_3$	60	0,979 15°	1,3444 10°
Ameisensäure-äthylester	$HCO \cdot OC_2H_5$	74	0,918 15°	1,3598
Essigsäure-methylester .	$CH_3CO \cdot OCH_3$	74	0,941 15°	1,361
Essigsäure-äthylester .	$CH_3CO \cdot OC_2H_5$	88	0,907 15°	1,3726
Essigsäure-propylester .	$CH_3CO \cdot OC_3H_7$	102	0,90 15°	1,387
Essigsäure-i-propylester	—	—	0,87 20°	1,376
Essigsäure-n-butylester .	$CH_3CO \cdot OC_4H_9$	116	0,879 20°	1,3925
Essigsäure-n-butylester, 85%ig	—	—	0,871 20°	1,396
Essigsäure-i-butylester .	$CH_3CO \cdot OC_4H_9$	116	0,868 15°	1,3917
Essigsäure-i-amylester .	$CH_3CO \cdot OC_5H_{11}$	130	0,869 15°	1,4038
Essigsäure-i-amylester, techn.	—	—	0,86...0,87 20°	1,365...1,400
Propionsäure-äthylester	$C_2H_5CO \cdot OC_2H_5$	102	0,88 20°	1,390
Propionsäure-n-propylester	$C_2H_5CO \cdot OC_3H_7$	116	0,88 15°	1,395
Propionsäure-n-butylester	$C_2H_5CO \cdot OC_4H_9$	130	0,88 15°	1,415
Buttersäure-äthylester .	$C_3H_7CO \cdot OC_2H_5$	116	0,90 20°	1,405
Buttersäure-propylester	$C_3H_7CO \cdot OC_3H_7$	130	0,88 15°	1,41
Buttersäure-butylester .	$C_3H_7CO \cdot OC_4H_9$	144	0,87...0,88 15°	1,42
Methoxybutylacetat . .	$C_7H_{14}O_3$	146	0,954...0,958 20°	1,410
Milchsäure-äthylester .	$C_2H_4OH \cdot CO \cdot OC_2H_5$	118	1,037 20°	1,40...1,41
Glykol-acetat	$HO \cdot C_2H_4O \cdot COCH_3$	104	1,109 20°	—
Methylglykol-acetat . .	$CH_3OC_2H_4O \cdot COCH_3$	118	1,001 20°	—
Äthylglykol-acetat . . .	$C_2H_5OC_2H_4O \cdot COCH_3$	132	0,971 20°	1,415
Äthylpolyglykol	—	—	1,006...1,010 20°	—
Hexalin-acetat	$C_6H_{11} \cdot O \cdot COCH_3$	142	0,966 20°	1,438 25°
Methylhexalinacetat . .	$C_6H_{11}\begin{matrix}\cdot CH_3 \\ \cdot O \cdot COCH_3\end{matrix}$	156	0,941 15°	1,425
Kohlensäure-diäthylester	$CO(OC_2H_5)_2$	118	0,976 15°	1,49
Oxalsäure-dimethylester	$C_2O_2(OCH_3)_2$	118	1,157 20°	1,385
Oxalsäure-diäthylester .	$C_2O_2(OC_2H_5)_2$	146	1,082 20°	1,415
E 13	—	—	0,885 20°	—
E 14	—	—	0,873 20°	—
Ester P	—	—	0,895 15°	—
Ester PP	—	—	0,896 15°	—
Polysolvan E	—	—	0,865...0,871 20°	—
Polysolvan HS	—	—	0,863...0,869 20°	—
Polysolvan O	—	—	0,980...0,990 20°	—
Solvalin	—	—	0,865...0,871 20°	—

(Fortsetzung).

Dampfdruck in Torr bei 20°	40°	80°	Siedepunkt K.P. °C	Flammpunkt °C	Spez. Wärme cal · g⁻¹ · grad⁻¹	Verdampf. Wärme bei Z.T. cal · g⁻¹	Verdunstungszeit	Mischbarkeit mit Wasser	Bemerkungen
—	—	—	100°	—	—	—	—	mischb.	
—	—	—	110...118°	—	—	—	—	mischb.	
—	—	—	115...118°	—	—	—	—	mischb.	
—	—	—	137°	—	—	—	—	wird hydratisiert	
476	1029	3497	31...32°	−20°	0,52	116	—	—	Esterzahl 935
192	447	1710	54...55°	−20°	0,51	100	—	10%	Esterzahl 758
170	400	1589	57°	−13°	—	—	2,2	3,2%	Esterzahl 758
73	186	833	77°	−5°	—	—	2,9	7,8:100	Esterzahl 637
25	—	—	97...102°	+12°	—	—	6,1	1,9%	
—	—	—	85...92°	0°	—	—	4,2	—	
12	—	—	121...127°	24...25°	—	—	11,8	15%	Esterzahl 483
—	—	—	110...132°	—	—	—	12,5	nicht	
14	—	—	106...117°	18°	—	—	7,7	—	Esterzahl 483
6	—	—	138°	50°	—	—	13,0	7,5%	Esterzahl 431
—	—	—	100...150°	—	—	—	18	—	
28	—	—	100°	15°	—	—	5,5	2,5%	
10	—	—	118...125°	40°	—	—	—	0,6%	
8	—	—	130...143°	32°	—	—	—	0,2%	
15	—	—	120°	—	—	—	11	0,5%	
5	—	—	140...145°	50°	—	—	—	0,3%	
3	—	—	145...165°	51°	—	—	—	0,46%	
18,5	—	—	167...171°	60°	—	—	—	10%	
3	—	—	145...155°	>50°	—	—	80	—	Esterzahl 475
—	—	—	178...195°	102°	—	—	606	mischb.	
7,2	—	—	138...152°	44°	—	—	35	mischb.	Esterzahl 474
1,25	—	—	150...160°	47°	—	—	52	22%	Esterzahl 424
0,1	—	—	190...200°	93°	—	—	—	—	
2	—	—	170...177°	58°	—	—	77	nicht	Esterzahl 394
—	—	—	175...190°	65°	—	—	—	—	Esterzahl 359 Gemisch der 3 Isomeren
30	—	—	120...130°	25°	—	—	14	10%	Esterzahl 949
—	—	—	163°	—	—	—	—	—	
—	—	—	185°	—	—	—	—	—	
—	—	—	56...63°	−10°	—	—	2,5	teilw.	Gemisch von Essigsäure-meth.- u. -äthylester
—	—	—	52...62°	< +10°	—	—	2,4	mischb.	Gemisch
32	—	—	95...110°	7,9°	—	—	—	2%	Gemisch von Propions.- und Butters.-äthylester
37	—	—	96...98°	9,5°	—	—	—	1...2%	
32	—	—	108...134°	19°	—	—	—	unl.	Essigs.-ester ein. Gem. aliph. Alkohole ohne Äthylalkohol
31	—	—	160...170°	50°	—	—	—	unl.	desgl.
24	—	—	150...200°	55°	—	—	—	unl.	desgl.
35	—	—	112...168°	22,5°	—	—	—	unl.	desgl.

VII. Verschiedene

Name	Formel	Mol.-Gew.	Dichte $g \cdot cm^{-3}$	Brechungszahl $n_D^{20°}$
Dioxan	$O:(CH_2)_4:O$	88	1,030 20°	1,425
Schwefelkohlenstoff . .	CS_2	76	1,270...1,272 15°	1,6204
Dissolvan CA	—	—	0,850 20°	—
Dissolvan DN	—	—	0,855 20°	—
Depanol N IV	—	—	0,887...0,891 20°	—
Lösungsmittel E 3 . .	—	—	0,894...0,898 20°	—
Lösungsm. (Hiag) MC 50	—	—	0,90 15°	—
Lösungsm. (Hiag) MC 75	—	—	0,902 15°	—
Lösungsm. RS 200 . . .	—	—	1,10 15°	—
Lösungsm. L 30	—	—	0,869...0,871 20°	—
Speziallösungsm. Hiag .	—	—	0,86...0,90 15°	—
Speziallösungsm. Hiag E	—	—	0,90 15°	—
Speziallösungsm. Hiag EF	—	—	0,88...0,90 15°	—
Speziallösungsm. Hiag A	—	—	0,893 20°	—
„ Wacker EMA	—	—	0,87 20°	—
„ Wacker C . .	—	—	0,87...0,89 20°	—
„ Wacker EF .	—	—	—	—

(Fortsetzung).

Dampfdruck in Torr bei 20°	40°	80°	Siedepunkt K.P. °C	Flammpunkt °C	Spez. Wärme cal · g⁻¹ · grad⁻¹	Verdampf. Wärme bei Z.T. cal · g⁻¹	Verdunstungszeit	Mischbarkeit mit Wasser	Bemerkungen
Stoffe.									
26	—	—	94...110°	+5°	—	—	7,3	mischb.	
298	617	2033	46...47°	unter −10°	0,24	84	1,8	0,2%	
—	—	—	60...80°	unter 0°	—	—	5,8	—	
—	—	—	60...80°	unter 0°	—	—	4,8	—	
—	—	—	50...110° bei 10 mm	50°	—	—	—	unl.	Enthält viel Terpenalkohole
173	—	—	52...60°	−10°	—	—	—	—	Aceton, Essigs.-methylester, Methylalkohol
197	—	—	56...75°	−8,5°	—	—	—	15:100	Enthält Essigs.-äthylester
163	—	—	61...75°	−7°	—	—	—	12...16:100	desgl.
< 1	—	—	197...200°	+94°	—	—	—	mischb.	Hauptbestandteile γ-Butyro- u.-Valerolacton
—	—	—	160...200°	+38°	—	—	—	nicht mischb.	
253	—	—	53...64°	−16°	—	—	2,4	mischb.	Methylalkohol u. Essigs.-methylester
229	—	—	52...62°	−14°	—	—	2,6	40...50:100	Methylalk., Essigs.-methylester, Essigest.
216	—	—	55...63°	−10°	—	—	—	30...40:100	desgl.
239	—	—	53...64°	−18°	—	—	2,2	28%	Methylalk., Aceton u. Essigs.-methylester
—	—	—	60...75°	−12°	—	—	2,3	tw.	
—	—	—	60...75°	−10°	—	—	2,5	—	
—	—	—	55...63°	−10°	—	—	3,6	—	

552 Löslichkeit von Harzen, Harzderivaten, Fetten und Ölen, Cellulosederivaten und Kunstharzen und anderen Polymerisaten in verschiedenen Lösungsmitteln.

Nach H. Gnamm: Die Lösungsmittel und Weichhaltungsmittel. Stuttgart 1941. — D. Jordan: Chemische Technologie der Lösungsmittel. Berlin 1932.

Abkürzungen: l = löslich, tw = teilweise löslich, ul = unlöslich, wl = wenig löslich, Lm = Lösungsmittel für .....

	Benzin	Benzol	Toluol	Xylol	Terpentinöl	Chloroform	Äthylenchlorid	Methylalkohol	Äthylalkohol	Äther	Amylalkohol	Methylglykol	Benzylalkohol	Aceton	Cyclohexanon (Anon)	Essigsäureäthylester	Essigsäurebutylester	Glykolmonoacetat	Methylglykolacetat	Äthylglykolacetat	Acetylglykolsäureäthylester	Cyclohexylacetat (Andronolacetat)	Fette und Öle	Dioxan	Schwefelkohlenstoff	Natronlauge	Soda
Accaroïdharz[1]	ul	ul	ul	ul	wl... ul	—	ul	tw	l	ul	l	l	l	tw	l	l	l	l	l	l	l	l	—	l	wl	—	—
Ammoniakgummi	tw	—	—	—	—	l	—	—	tw	tw	l	—	—	—	—	—	—	—	—	—	—	—	—	—	tw	l	—
Asa foetida	—	—	—	—	tw	tw	—	—	tw	tw	tw	—	—	tw	—	—	—	—	—	—	—	—	—	—	tw	tw	—
Bdellium	—	—	—	—	—	—	—	—	tw	tw	—	—	—	—	—	—	—	—	—	—	—	—	—	—	tw	—	—
Benzoe[2]	tw... ul	tw	ul	ul	ul	tw	tw	l	l	l	tw	l	l	l	l	l	l	l	l	l	l	l	ul	l	—	tw	tw
Bernstein	ul	tw	—	—	wl	wl	—	—	wl	wl	wl	—	—	wl	—	—	—	—	—	—	—	—	ul	—	ul	—	—
Bernstein, geschmolz.	l	l	—	—	l	l	—	—	l	l	l	—	—	wl	—	—	—	—	—	—	—	—	l	—	l	—	—
Bitumen	tw	l	l	l	l	·	l	tw	tw	w	wl	—	—	wl	—	wl	—	—	—	—	—	—	l	tw	l	ul	—
Canadabalsam	wl	—	—	—	l	l	—	—	l	l	l	—	—	l	—	—	—	—	—	—	—	—	—	—	—	—	—
Copaivabalsam	l	—	—	—	—	l	—	—	l	l	l	—	—	—	—	—	—	—	—	—	—	—	l	—	l	tw	—
Dammar	tw... l	tw... l	tw	l	l	l	tw	tw	tw	l	l	ul	l	ul... tw	tw	ul	tw	ul	ul	ul	ul	l	l	ul	l	—	—
Drachenblut	tw	tw	—	—	l	l	—	—	l	l	l	—	—	—	—	—	—	—	—	—	—	—	tw	—	tw	l	tw
Elemi[3]	l... tw	l	l	l	l	l	tw	tw	l	l	l	ul	l	tw	l	ul	l	ul	ul	l	ul	l	tw	l	l	ul	—
Galbanum	—	—	—	—	—	tw	—	—	tw	tw	—	—	—	—	—	—	—	—	—	—	—	—	—	—	—	—	—
Galipot	l... tw	l	l	l	l	l	l	l	l	l	l	l	l	l	l	l	l	ul	l	l	ul	l	l	l	—	l	l
Guajac	tw	—	—	—	tw	l	—	—	l	l	—	—	—	l	—	—	—	—	—	—	—	—	tw	—	—	l	—
Gummigutt	—	—	—	—	—	—	—	—	l	l	—	—	—	—	—	—	—	—	—	—	—	—	—	—	l	l	—
Gummilack[4]	ul	ul	ul	ul	ul	tw	ul	tw	l	tw... ul	l	l	l	tw	tw	ul	ul	l	ul	ul	ul	ul	wl	l	ul	tw	tw

Kauri	ul	ul	ul	ul	—	—	ul	ul	—	ul	—	l	l	tw	l	l	l	ul	l	l	ul	l	—	l	—	—	—
Kolophonium	tw... l	l	l	l	l	l	l	l	l	l	l	l	l	l	l	l	l	l	l	l	l	l	—	l	l	l	l
Kolophoniumester	l	l	l	l	—	—	l	ul	—	l	—	ul	l	l	l	l	l	ul	l	l	ul	l	l	l	l	—	—
Kongo	ul	ul	ul	ul	—	—	ul	ul	—	ul	—	ul	l	ul	l	ul	ul	ul	ul	ul	ul	tw	—	l	—	—	—
Kopale	tw	tw	—	—	tw	tw	—	tw	tw	tw	l	ul	—	tw	l	l	—	—	—	—	—	—	—	l	—	—	—
Manila, hart[5]	tw	ul	ul	ul	tw	—	ul	ul	tw	tw	l	tw	l	l	l	tw	l	ul	tw	tw	ul	l	—	l	—	—	—
Manila, weich	tw	tw	tw	tw	tw	—	tw	l	l	l	l	l	l	l	l	l	l	ul	l	l	ul	l	—	l	—	—	—
Mastix	ul... tw	l	l	l	tw	l	l	tw	l	l	l	ul	l	l	l	tw	l	tw	tw	tw	ul	l	ul	l	wl	ul	ul
Myrrha	—	—	—	—	—	l	—	—	tw	l	tw	—	—	—	—	—	—	—	—	—	—	—	—	—	tw	tw	wl
Olibanum	—	—	—	—	—	tw	—	—	l	l	l	—	—	—	—	—	—	—	—	—	—	—	—	—	—	ul	wl
Perubalsam	tw	—	—	ul	tw	l	—	—	l	tw	l	—	—	—	—	—	—	—	—	—	—	—	tw	—	—	tw	—
Pontianak	ul	ul	ul	—	l	—	ul	ul	—	ul	—	tw	l	l	tw	l	tw	ul	l	tw	ul	l	—	l	—	—	—
Sandarak	ul	tw	ul	ul	l	tw	tw	l	l	l	l	l	l	l	l	l	l	l	l	l	ul	l	—	l	wl	ul	—
Schellack s. Gummilack																											
Terpentine	tw	—	—	—	l	l	—	—	l	l	l	—	—	l	—	—	—	—	—	—	—	—	—	—	tw	tw	—
Tolubalsam	—	—	—	—	l	l	—	—	l	tw	l	—	—	—	—	—	—	—	—	—	—	—	l	—	ul	l	tw
Xanthorhoeharz, rot	tw	—	—	—	tw	tw	—	—	l	tw	l	—	—	l	—	—	—	—	—	—	—	—	ul	—	tw	l	tw
Kautschuk	l	l	l	l	—	—	l	ul	—	tw	—	ul	ul	ul	l	ul	ul	ul	ul	ul	ul	l	—	tw	—	—	—
Fette und Öle	Lm	Lm	—	Lm	—	—	Lm	—	—	Lm	—	—	—	Lm	Lm	Lm	(Lm)	(Lm)	—	—	Lm	Lm	—	Lm	—	—	—
Collodiumwolle	—	—	Lm	Lm	—	—	—	Lm	—	Lm	—	Lm	—	Lm	Lm	Lm	Lm	Lm	Lm	Lm	Lm	Lm	—	Lm	—	—	—
Celluloid	—	—	—	—	—	—	—	Lm	—	—	—	Lm	—	Lm	Lm	Lm	Lm	—	Lm	Lm	—	Lm	—	Lm	—	—	—
Acetylcellulose	—	—	—	—	—	—	—	—	—	—	—	Lm	—	Lm	Lm	l[7]	—	Lm	Lm	—	Lm	—	—	Lm	—	—	—
Celluloseäther	—	—	Lm	Lm	—	—	—	—	—	—	—	—	—	—	Lm	—	Lm	—	—	Lm	—	Lm	—	Lm	—	—	—

[1] l Cyclohexanol, Diacetonalkohol.
[2] l Cyclohexanol, Diacetonalkohol.
[3] l Cyclohexanol, ul Diacetonalkohol.
[4] Schellack, ul Cyclohexanol, l Diacetonalkohol.
[5] l Cyclohexanol, Diacetonalkohol.
[6] l Cyclohexanol, Diacetonalkohol
[7] in der Wärme.

552 (Fortsetzung).

	Schmelzpunkt in °C bzw. Zustand	Säurezahl	Benzine	Benzol-KW-Stoffe	Benzol	Terpentinöl	Cl-KW-Stoffe	Benzol-Alkohol	Alkohole	Äthylalkohol	Äther	Glykoläther	Methylglykolacetat	Ketone	Aceton	Ester	Essigsäureäthylester	Fette, Öle	Dioxan	
A. Kumaronharze	fl...150°	1...20	wl	l	—	l	l	l	—	wl	l	ul	ul	—	l	l	—	—	l	
B. Aldehydharze:																				
Wacker-Schellack ECW, — EW, — B, — KR, — Kunstharz P	90...105°	8...20	ul	—	ul	l	l	—	l	—	—	—	—	l	l	l	l	—	—	
Kunstharz FX	60...70°	12	—	tw	—	—	—	—	l	—	—	l	—	l	—	l	—	—	—	
C. Phenolaldehydharze:																				
a) Novolacke:																				
Albertol-Schellack	95...105°	< 20	—	—	—	—	—	—	—	—	—	—	—	—	—	—	—	—	—	Wie Naturschellack, Alkalien peptisieren nicht
Alnovol 35 K, — 159 K	85...105°	< 20	ul	—	ul	—	—	—	—	—	—	—	—	l	l	l	—	—	—	
— 231 K	—	—	—	—	—	—	—	—	—	l	—	—	—	—	—	—	—	—	—	
Bakeliteharz NL, — 700	60...100°	—	—	—	—	—	—	l	l	—	—	—	—	—	l	—	l	—	—	
Laccain	80...90°	< 20	—	—	—	—	—	—	l	—	—	—	—	—	—	—	—	—	—	
b) Resole:																				
Bakelite A i/St 00, — A 00, — A i/St, — A fl	—	—	—	—	—	—	—	l	l	—	—	—	—	—	l	—	l	—	—	l Natronlauge
Lösung 500, — 1704	Lösung	—	—	—	—	—	—	—	—	—	—	—	—	—	—	—	—	—	—	In Alkohol, verdünnbar
Condensite 00	—	—	—	—	—	—	—	l	l	—	—	—	—	—	l	—	l	—	—	Mit Wasser verdünnbar, l Natronlauge
Resinit II, — II spez.	—	p_H 8...9	—	—	—	—	—	l	l	—	—	—	—	—	l	—	l	—	—	
Durophen 70 U, — 71 V, — 77 B, — 127 B, — 168 U, — 263 U	fl...fest	—	ul	ul	—	—	—	l	l	—	—	—	—	—	l	l	l	—	—	l Natronlauge
Diphen B 60, — ofentrocknend	Lösung	—	—	—	—	—	—	—	l	—	—	—	—	l	—	l	—	—	—	
— 3811	60...70°	—	l	l	—	l	—	—	l	—	—	—	—	—	—	l	—	l	—	
Superbeckacite 2000	60...70°	1...2	l	l	—	l	—	—	—	l	—	—	—	l	—	l	—	l	—	
c) Hochelastische Phenolharze:																				
Luphen AW, — AT, — AM	Lösungen	—	—	l	—	—	—	—	l	—	—	l	—	—	—	l	—	—	—	ln Sprit-Äthylglykol
Durophen 218 V, — 195 V, — 308 V, — 374 V	zähfl.	—	ul	l	l	—	—	—	l[1]	—	—	—	—	l	l	l	l	—	—	[1] höhere Alkohole
Duroftal 293 E	zähfl.	—	—	l	—	—	—	—	l[1]	—	—	—	—	l	—	l	—	—	—	

d) Lackharze:																				
Bakeliteharz R, — 467	—	—	—	—	—	—	—	—	1[1]	1	—	—	—	—	1	—	—	—	—	Benzylalkohol, Hexalin
— 254	80…100°	7	—	1	—	—	—	—	—	—	—	—	—	1	—	1	—	1	—	
— 811	dickfl.	—	—	1	—	—	—	—	—	—	—	—	—	—	—	—	—	—	—	Und Mischungen von Lm
D. Alkylphenolharze:																				
Superbeckacite 1001, 1004	50…60°	7…60	1	1	1	—	—	—	—	—	—	—	—	—	1	1	—	1[2]	—	[2] Trocknenden Ölen
Alresen 237 R, — 142 R	65…80°	20	1	1	1	—	—	—	—	—	—	—	—	1	1	1	—	1[2]	—	
— 191 R	50…60°	0	sl	1	—	—	—	—	—	sl	—	—	—	—	—	—	—	—	—	
— 260 R, — 348 R	60…70°	0	—	1	—	—	—	—	—	—	—	—	—	—	—	—	—	1[2]	—	
Alkyphen	70…80°	30…35	1	1	—	—	—	—	—	—	—	—	—	—	—	—	—	1[2]	—	
E. Modifizierte Phenolharze:																				
1. Hochphenolhaltige:																				
Albertol 326 R	55…65°	75…85	ul	1	—	—	—	—	1	—	—	—	—	—	—	—	—	—	—	
2. Synthetische Kopale:																				
Albertol 111 L, — 116 L, — 82 G	95…105°	15…20	1	1	—	1	—	—	—	ul	1	1	ul	1	1	1	1	1	—	
— 209 L	120…130°	15…20	1	1	—	1[3]	—	—	—	ul	—	—	—	—	—	—	—	1[3]	—	[3] In der Hitze
— 118 S, — 88 N	95…130°	15…55	1	1	—	1	—	—	—	ul	—	—	—	1	—	1	—	1	—	
— 61 L	93…103°	150	1	1	—	1	—	—	—	1	—	—	—	1	—	1	—	1	—	
— 93 S	70…80°	0	1	1	—	1	—	—	—	ul	—	—	—	1	—	1	—	1	—	
— 259 Q	95…105°	< 20	sl	1	—	—	—	—	—	—	—	sl	—	—	sl	—	—	—	—	
Beckacite 100, — 130, — 110 G, — 120	105…135°	< 20	1	1	—	1	—	—	—	—	—	—	—	1	—	1	—	1	—	
F. Aminoplaste:																				
Plastopal H	—	0	ul	ul	tw	—	—	—	1	1	ul	1	1	tw	tw	tw	tw	—	1	
— W	—	—	tw	—	tw	—	—	—	1	1	ul	1	1	tw	tw	tw	tw	—	1	
— CB, — AW, — AT	Lösung	—	—	1	—	—	—	—	1	—	—	1	—	—	—	1	—	—	—	In Butanol
Resamin 227 F	—	0	—	—	—	1	—	—	1	1	—	1	—	—	—	—	—	—	—	Tetralin, Cyclohexanol
— 204 F, — 316 F	—	—	—	—	—	—	—	1[5]	—	—	—	—	—	—	—	—	—	—	—	[5] Toluol, Xylol mit Butanol
G. Vinylesterharze:																				
Mowilith NN, — N, — H, — HH	—	0	ul	1	1	—	1	—	1	tw	ul	1	1	1	1	1	1	ul	1	
Vinoflex N, — S	—	0	ul	—	tw	—	—	—	—	ul	—	—	1	—	1	—	1	—	1	In Gemischen Ketonen, Ester, Benzol-, Cl-KW-Stoffen
— MP 400	—	0	—	1	—	—	—	—	—	—	—	—	—	1	1	1	—	—	—	
Vinnapas B, — U	—	0	ul	1	1	—	—	—	1, ul[6]	1	ul	1	1	1	1	1	1	ul	1	[6] In höheren Alkoholen

552 (Fortsetzung).

	Schmelzpunkt in °C bzw. Zustand	Säurezahl	Benzine	Benzol-KW-Stoffe	Benzol	Terpentinöl	Cl-KW-Stoffe	Benzol-Alkohol	Alkohole	Äthylalkohol	Äther	Glykoläther	Methylglykolacetat	Ketone	Aceton	Ester	Essigsäureäthylester	Fette, Öle	Dioxan	
H. Acrylsäureharze:																				
Acronal I	—	0	ul	ul	l	—	l	—	ul	ul	ul	ul	—	l	l	l	l	—	l	
— II	—	0	—	l	—	—	l	—	—	—	—	l	—	l	—	l	—	—	—	
— IV	—	0	l	l	—	—	l	—	—	—	—	—	—	l	—	l	—	—	—	
Plexigum D, — B, — A, — P, — N, — M	—	0	—	l	—	—	l	—	—	—	—	—	—	l	l	l	l	—	—	Nach steigender Härte geordnet
I. Kombinierte Harzester (mod. Kolophoniumharze):																				
KM-Harz	110...125°	20...25	l	l	l	l	—	—	sl	ul	l	sl	—	—	l	l	—	l	l	
— spritl. neu	75...85°	100...110	—	—	—	—	l	—	l	l	l	l	—	—	l	l	—	—	l	
Alresat 177 C, — 201 C, — 313 C	88...118°	< 15	l	l	l	l	—	—	—	ul	ul	ul	—	—	l	—	l	l	l	
— 357 C	—	< 20	tw	l	—	—	—	—	—	—	—	—	—	—	—	l	—	—	—	
Beckacite K 80 Z, — K 105	80...105°	15...25	l	l	—	l	—	—	sl	—	—	sl	—	—	—	l	—	l	—	
— K 125	110...120°	15...25	l	l	—	l	—	—	sl	—	—	sl	—	—	—	l	—	l[7]	—	[7] Verschmolzen
Makopal	110...120°	15...25	l	l	—	l	—	—	—	—	—	—	—	—	—	l	—	l	—	
K. Phthalsäure-Glycerin-Kondensationsprodukte (Alkydharze):																				
Alkydal ST, — T, — L, — Lextra	zähfl.	10...20	l	l	l	l	—	—	ul	ul	l	l	l	l	l	l	l	—	l	
— NT	zähfl.	40...60	ul	l	l	—	—	—	ul	—	l	l	—	l	l	l	l	—	l	
— W	zähfl.	10...20	ul	l	l	—	—	—	tw	—	l	l	—	l	l	l	—	—	l	
— RD 10, — RD 18, — RD 25	zähfl.	10...24	—	l	—	—	—	—	—	—	—	l	—	l	—	l	—	—	—	
— TT, — T extra, — TT spez.	zähfl.	20...70	tw	l	l	tw	—	—	ul	—	l	l	l	—	l	l	—	—	l	
Aftalat 222 A, — 245 A	zähfl.	< 25	ul	l	—	—	—	—	ul	—	—	—	—	l	—	l	—	—	—	
— 246 B, — 248 B, — 248 D, — 249 E	zähfl.	< 25	l	l	—	l	—	—	—	ul	—	—	—	l	l	l	—	—	—	
— 247 B	zähfl.	< 25	tw	l	—	tw	—	—	—	ul	—	—	—	l	—	l	—	—	—	
— 251 G	zähfl.	< 20	l	l	—	—	—	—	—	ul	—	l	—	—	—	—	—	—	—	

— 312 B	zähfl.	< 20	l	l	—	l	—	—	tw	—	—	—	—	l	—	l	—	—	—
— 250 F, — 251 G	zähfl.	< 25	ul	l	—	—	—	—	tw	—	—	—	—	—	—	l	—	—	—
Duxalkyd 1, — 2, — A II, Superduxalkyd 2	zähfl.	23...27	l	l	l	l	—	—	—	ul	—	l	l	l	l	l	l	—	l
— 3, — A III, Superduxalkyd 3	zähfl.	18...29	tw	l	—	l	—	—	—	—	—	l	—	l	—	l	—	—	—
— 4	zähfl.	26...30	ul	l	—	tw	—	—	ul	—	—	l	—	l	—	l	—	—	—
Resenoplast I, — extra	zähfl.	10...16	ul	l	l	ul	—	—	ul	—	ul	l	l	l	l	l	l	—	l
— III, — IV	zähfl.	35...45	ul	l	—	ul	—	—	ul	—	—	l	—	l	—	l	—	—	—
Poliplast	zähfl.	10...15	—	l	—	—	—	—	l	—	—	—	—	l	—	l	—	—	—
Beckosol 1, — 5	zähfl.	20...30	l	l	—	l	—	—	ul, l[8]	—	—	—	—	l	—	l	—	tw	—
— 3	zähfl.	20...25	ul	l	—	—	—	—	ul	—	—	—	—	—	—	—	—	ul	—
— 4	zähfl.	25...30	ul	l	—	ul	—	—	—	—	—	—	—	l	—	l	—	tw	—
— 7	zähfl.	10...20	ul	l	—	ul	—	—	—	—	—	l	—	l	—	l	—	ul	—
— 14, — 15, — 450, — ET	zähfl.	10...20	l	l	—	l	—	—	ul	—	—	l	—	l	—	l	—	—	—
— 31	zähfl.	20...30	ul	l	—	ul	—	—	ul	—	ul	l	l	l	l	l	—	ul	l
Beckolin D	zähfl.	10...20	l	l	—	l	—	—	—	—	—	—	—	—	—	—	—	—	—
L. Cyclohexanonharze:																			
AW-2-Harz	80...86°	0...1	l	l	l	l	—	—	l	ul	l	—	—	l	l	l	—	l	l
Kunstharz 26 m	70...80°	—	ul	ul	—	—	—	—	l	—	l	—	—	l	—		—	—	—

[8] In Butanol

553 Physikalische und chemische Konstanten von Weichmachungsmitteln[1].

Präparat	Schmelzpunkt in °C	Siedebereich in °C	Dichte in $g \cdot cm^{-3}$	Flammpunkt in °C	Anmerkung
Acetanilid	115°	295°	1,20 bei 20°/4°	165°	Auch Mittel ADF genannt
Acetophenon	20°	200°	1,031 bei 15°	105°	Auch als Mittel AHN bezeichnet
Adipinsäure-Cyclohexylester	38°	315…325°	—	196°	
Albanol	—	nicht destillierbar	1,23 (20°/4°)	170°	Esterartiges Kondensationsprodukt
Butylstearat	—	221…238° bei 20 mm Druck	0,859 bei 20°/4°	145°	
Campher	etwa 160°	204…209° bei 760 mm	0,963 bei 20°/4°	etwa 70°	
Camphol	245°	320°	—	—	Ist Oxanilid
Camphrosal, Neu-	136°	—	—	—	Ist Para-Toluolsulfamid
Casterol	—	Zers.	0,977 (15°)	300°	
Cetamoll Q	—	210…220° (20 mm)	1,425…1,429 (20°/4°)	praktisch unbrennbar	Aliphatischer, chlorhaltiger Phosphorsäureester
Clophen A 60	—	200…250° (12 mm)	1,6 (20°/4°)	etwa 240°	Chlorhaltig, neutral, unverseifbar
Desavin	Erst-Pkt. 16…18	190…200° (0,7 mm)	1,128 (20°/4°)	202°	
Dikresylin	—	der Hauptmenge 250…280°	1,123 bei 25°	—	
Diphenylmethan	25°	260°	1,060 bei 25°	130°	
Diphenyloxyd	28°	260°	1,073 bei 25°	115°	
Erganol	—	298…300°	1,035 bei 15°	135°	Ist Dibenzyläther
Ergol	—	345°	1,121 bei 15°	148°	Ist Benzoesäure-Benzylester
Hydropalat B	—	185…190° (10 mm)	1,005 (15°)	152°	Hydrophthalsäuredibutylester
Isobutylphosphat, techn.	—	150…160° (20 mm)	0,975 (20°/4°)	135° nach Marcussen	
Mannol	52°	250°, 138° bei 20 mm	1,087 bei 19°, 1,106 bei 20°/4°	124°	Ist Äthylacetanilid
Mittel AEP	31°	—	1,173 bei 32°	158°	Ist Paratoluolsulfosäureäthylester
Mittel B 6	—	der Hauptmenge 265°	1,199 bei 25°	—	
Mittel KP	—	der Hauptmenge 185…195°	1,207 bei 15°	184°	Ist Paratoluolsulfosäurekresylester
Mittel P I	103°	—	—	—	Ist Paratoluolfonanilid
Mittel P II	242°	—	—	—	Ist 2,3-Oxynaphthoesäureanilid
Mittel Po	93°	—	—	—	Ist Paratoluolsulfosäurephenylester
Mollit I	72°	325…330°, 198° bei 20 mm°	1,12 bei 20°/4°	165°	Ist sym. Diäthyldiphenylharnstoff
Mollit A	—	170…240° (10 mm)	1,185…1,195 (15°)	170°	
Mollit AP	137°	Zers.	1,09 (15°)	—	
Mollit B	etwa 20°	Zers.	1,23 (20°)	etwa 185°	
Mollit BR (extra)	—	siedet nicht unzersetzt	1,10…1,12 bei 20°/4°	—	Ist keine einheitliche Substanz
Palatinol A	—	298…300°, 174…179°	1,118 bei 20°/4°	140°	Ist Phthalsäurediäthylester
Palatinol BB	—	200…288° (20 mm)	1,093…1,097 (20°/4°)	185°	Benzylbutylphthalat

Palatinol C	—	310...320°, 200...216°	1,054 bei 15°, 1,046 bei 20°/4°	160°	Ist Phthalsäuredibutylester, wird auch Elaol genannt
Palatinol HS	—	233...238° (20 mm)	0,998...1,002 (20°/4°)	187°	Phthalsäureester, aliph. Alkohole, frei von Äthylalkohol
Palatinol IC	—	305...315°, 191...200°	1,049 bei 15°	161°	Ist Phthalsäurediisobutylester
Palatinol L	—	200...215° (20 mm)	1,038...1,042 (20°/4°)	165°	Phthalsäureester, aliph. Alkohole, frei von Äthylalkohol
Palatinol M	—	280...283°, 158...169°	1,190 bei 20°/4°	132°	Ist Dimethylphthalat
Palatinol O	—	209...261° bei 20 mm	1,17 bei 20°/4°	174°	Dimethylglykolphthalat
Pandol A	—	290...295°	1,056	130°	
Placidol A	—	345°	1,018 (25°)	165°	Diamylphthalat
Plastoform I	—	205°	1,050 bei 15°	100°	Ist Benzylalkohol, Acetylierungszahl: 373
Plastoform II	—	220°	1,024 bei 15°	102°	Ist Phenyläthylalkohol, Acetylierungszahl: 341
Plastol C II	etwa 100°	225...230° bei 20 mm	1,320 bei 20°/4°	—	
Plastol M	etwa 45°	210...215° bei 20 mm	1,286 bei 20°/4°	—	
Plastol Va	41°	200...220° bei 7 mm	0,822 (25°)	—	
Plastol Vb	35°	195...210° bei 7 mm	0,874 (25°)	—	Monoäthyltoluolsulfamid
Plastolin I	—	215°	1,061 bei 15°	102°	Ist Benzylacetat
Plastolin II	—	280°	1,057 bei 15°	132°	Salicylsäure-Amylester
Plastomoll P	—	195...225° bei 20 mm	1,178 bei 20°/4°	165°	
Plastomoll SW (100%)[2]	—	siedet nicht unzersetzt	1,013 (20°/4°)	—	Unverseifbares Polymerisationsprod.
Plastomoll SW (70%) (in Methylacetat)	—	siedet nicht unzersetzt	1,02 (20°/4°)	unter 0°	
Sipalin AOM	—	226...232° bei 12 mm	1,011 bei 15°	189°	Adipinsäure-Methyl-Cyclohexylester
Sipalin MOA	—	230...245° (20 mm)	1,007 (15°)	—	Methyladipinsäureäthylester
Sipalin MOM	—	216...224° bei 12 mm	1,009 bei 15°	195°	Methyladipinsäure-Methyl-Cyclohexylester
Stabilisal	—	siedet nicht unzersetzt	1,183...1,188 (20°/4°)	95°	
Stabisal A	—	siedet nicht unzersetzt	1,188	91°	
T-Öl	—	175...220° (7 mm)	1,2 (20°/4°)	—	
Triacetin	—	258°, 152° bei 20 mm	1,165 bei 20°/4°	140°	Verseifungszahl: 690...710
Tributylphosphat	—	180° bei 20 mm	0,979 bei 20°/4°	160°	
Trikresylphosphat C II	—	430°, 275...280° bei 20 mm	1,179 bei 20°/4°	230°	
Triphenylphosphat	49°	260° bei 20 mm	1,185 geschmolzene erstarrte Ware	—	
Vulcano B	—	190...320° bei 1 mm	190...193°	—	
Weichhaltungsmittel PA	33°	233...235° bei 23 mm	1,123 bei 21°	173°	Phthalsäureester des Äthylglykols
Weichhaltungsmittel PM	—	230° bei 10 mm	1,171 bei 15°	187°	Phthalsäureester des Methylglykols
Weichmachungsmittel q	—	nicht unzersetzt destillierbar	1,17 (20°/4°)	über 200°	
Weichmachungsmittel q	—	nicht unzersetzt destillierbar	1,136...1,146 (20°/4°)	über 100°	

[1] Aus Berl-Lunge: 3. Bd., S. 915, 1932; Erg.-Bd. 3. Bd., S. 720, 1940. [2]) jetzt Igevin M 40.

56 Kunststoffe und Kautschuk.

561 Eigenschaften von Kunststoffen[1].

Von **Friedrich Gottwald**, Darmstadt.

5611 Kurze Angaben über Prüfmethoden für Kunststoffe.

Probenform. Für die meisten mechanischen und thermischen Prüfungen werden sog. Normalstäbe von der Größe 10 × 15 × 120 mm verwendet. Sonst nimmt man im allgemeinen plattenförmige Proben.

I. Mechanische Prüfungen.

1. *Biegefestigkeit.* Der Normstab wird auf zwei 100 mm voneinander entfernte Auflagen gelegt und in der Mitte belastet. Die Belastung ist mit gleichmäßiger Geschwindigkeit, und zwar um 250 kg/cm² in 1 min, bis zum Bruch zu steigern.

2. *Schlagzähigkeit.* Der Normstab, der vor 76 mm weit entfernten Auflagern ruht, wird mit einem Pendel von bestimmtem Arbeitsinhalt zerschlagen. Die Schlagzähigkeit ist die für das Durchschlagen des Stabes verbrauchte Arbeit, umgerechnet auf den Stabquerschnitt.

3. *Kerbschlagzähigkeit.* Für die Kerbschlagzähigkeit wird der Normalstab mit einem ungefähr 2 mm breiten und 3,3 mm tiefen ⊔-Kerb versehen, und dann derselbe Versuch wie bei der Schlagzähigkeit durchgeführt.

4. *Kugeldruckhärte.* Eine Stahlkugel mit dem Durchmesser D = 0,5 cm wird mit einem konstanten Druck P = 50 kg in die Probe stoßfrei eingedrückt. Gemessen wird die Eindrucktiefe h nach 10 und 60 s unter der Last. Der Härtegrad H berechnet sich dann aus der Formel:

$$H = \frac{P}{\pi \cdot h \cdot D}\,.$$

5. *Wichte.* Über die Bestimmung der Wichte bestehen keine Vorschriften. Sie läßt sich leicht durch die Auftriebsmethode in Wasser bestimmen.

II. Thermische Prüfungen.

1. *Formbeständigkeit nach* Martens. Der senkrecht stehende, am unteren Ende festgelegte Normstab wird durch einen am anderen Ende angebrachten Gewichtshebel mit der Biegespannung von 50 kg/cm² belastet und je um 50° in einer Stunde erwärmt. Ermittelt wird als „Martensgrad" die Temperatur, bei der das Ende des 240 mm langen Hebels um 6 mm absinkt oder die Probe bricht.

2. *Ausdehnungskoeffizient.* Die Messung kann mit jedem Dilatometer, das keinen merklichen Meßdruck auf die Probe ausübt, ausgeführt werden. Proben von solchen Kunststoffen, welche eine Nachschwindung — Maßverringerung beim Lagern und bei Hitzeeinwirkung — erfahren, müssen vorher bis zur Beendigung der Nachschwindung bei höherer Temperatur gelagert werden.

Lit.: Gast, Th. u. H. Klingelhöffer: Kunststoffe **28**, 9 (1938).

3. *Wärmeleitzahl.* Für die Ermittlung der Wärmeleitzahl gibt es verschiedene Verfahren, die im stationären oder nichtstationären (kurze Meßzeiten) Zustand arbeiten.

Lit.: Batsch, A. u. A. Meißner: Z. techn. Phys. **17**, 283 (1936). — Erk, S.: Phys. Z. **38**, 394 (1937). — Gottwald, F.: Kunststoffe **29**, 248 (1939).

4. *Spezifische Wärme.* Die angegebenen Werte wurden im Dampfcalorimeter nach Bunsen bestimmt, das sich hierfür als sehr einfach und zweckmäßig erwies.

Lit.: Bunsen, R. W.: Wied. Ann. **35**, 9 (1887).

[1] Zusammenfassende Literatur siehe S. 1411.

III. Elektrische Prüfungen.

1. *Widerstand im Innern.* Zwei schwach konische Stöpsel von 5 mm Durchmesser werden in zwei entsprechende im Abstand von 15 mm in die Probeplatte gebohrte Löcher eingesetzt. Es wird der Widerstand zwischen den beiden Stöpseln bei 1000 V durch Strommessung mit dem Galvanometer bestimmt.

2. *Durchschlagsfestigkeit.* Die Probeplatte wird zwischen zwei Metallelektroden mit stetig steigender Wechselspannung (< 1 kV/s) beansprucht. Die Durchschlagsspannung dividiert durch die Plattendicke ergibt die Durchschlagsfestigkeit.

3. *Durchgangswiderstand.* Die Probeplatte wird auf beiden Seiten mit einem leitenden Belag versehen, wovon der eine mit Schutzring auszustatten ist. Der galvanometrisch oder elektrometrisch bestimmte Widerstand wird auf den 1 cm Würfel bezogen.

Lit.: Klingelhöffer, H. u. N. Jasper: Kunststoffe **39**, 223 (1939).

4. *Dielektrizitätskonstante und dielektrische Verluste.* Diese beiden Größen werden an gleichen Proben wie der Durchgangswiderstand in einer Kapazitätenbrücke gemessen. Sehr verbreitet ist die Schering-Brücke.

Zusammenfassende Literatur.

Vorschriftenbuch des Verbandes Deutscher Elektrotechniker, 22. Aufl. Berlin: VDE 1939 (VDE 0302 und 0303). — Nitsche, R. u. G. Pfestorf: Prüfung und Bewertung elektrotechnischer Isolierstoffe. Berlin 1940. — Pabst, F. u. R. Vieweg: Kunststoffe. Berlin 1938.

5612 Eigenschaften von Preßstoffen aus Kondensationskunstharzen und Naturharzen.

Preßstofftypbezeichnung bisher	Preßstofftypbezeichnung neu	Zusammensetzung	Biegefestigkeit[2] kg/cm^2	Schlagzähigkeit[2] $cmkg/cm^2$	Kerbschlagzähigkeit[2] $cmkg/cm^2$	Kugeldruckhärte[2] kg/cm^2	Formbeständigkeit (Martens) °C	Ausdehnungskoeffizient[2] $10^{-6}/°C$	Wärmeleitzahl kcal/h·m·grad	Spezifische Wärme 20...100° kcal/kg·grad	Wichte $g_{gew.}/cm^3$	Wasseraufnahme[3] mg/100 cm^2
11	11	Phenolharz mit anorganischem Füllstoff	500[1]	3,5[1]	1,0[1]							
12	12		500[1]	3,5[1]	2,0[1]	1500	150[1]	20...30	0,5...0,8	0,28...0,30	1,8...2,0	45...60
M	16		700[1]	15,0[1]	15,0[1]							
O	30	Phenolharz mit Holzmehl	600[1]	5,0[1]	1,5[1]	1300	100[1]	40...60	0,25...0,30	0,35...0,38	1,3...1,4	160...300
S	31		700[1]	6,0[1]	1,5[1]	1300	125[1]	40...60				
T 1	71	Phenolharz mit Textilien aus organischen Fasern	600[1]	6,0[1]	6,0[1]							
T 2	74		600[1]	12,0[1]	12,0[1]	1300	125[1]	15...30	0,30...0,32	—	1,4...1,5	400...500
T 3	77		800[1]	25,0[1]	18,0[1]							
Z 1	51	Phenolharz mit Zellstoff als Füllstoff	600[1]	5,0[1]	3,5[1]							
Z 2	54		800[1]	8,0[1]	5,5[1]	1300	125[1]	10...30	0,25...0,27	0,37	1,3...1,4	600
Z 3	57		1200[1]	15,0[1]	10,0[1]							

5612 (Fortsetzung).

Preßstoffbezeichnung bisher	Preßstoffbezeichnung neu	Zusammensetzung	Biegefestigkeit[2] kg/cm²	Schlagzähigkeit[2] cmkg/cm²	Kerbschlagzähigkeit[2] cmkg/cm²	Kugeldruckhärte[2] kg/cm²	Formbeständigkeit (Martens) °C	Ausdehnungskoeffizient[3] 10^{-6}/°C	Wärmeleitzahl kcal/h·m·grad	Spezifische Wärme 20…100° kcal/kg·grad	Wichte $g_{gew.}$/cm³	Wasseraufnahme[3] mg/100 cm²
K	131	Harnstoffharz mit organ. Füllstoff	600[1]	5,0[1]	1,2[1]	1700	100[1]	40…50	0,30	—	1,5	140
—	—	Hartpapierplatten	1500	25,0	—	1300	—	10…25	0,24…0,26	0,37	1,4	1500
—	—	Hartgewebeplatten	1300	30,0	—	1300	100	10…25	0,28…0,30	—	1,4	—
—	—	Edelkunstharz	1200	25,0	—	1200	55	—	—	—	1,25	50…100
—	—	Phenolpreßharz	1000	11,0	—	2400	125	—	0,20…0,25	0,35	1,3	40
—	—	Anilinharz	1000…1200	15…20	—	—	110	45	0,26	0,33	1,2	23
—	—	Caseinharz	1000…1800	20…40,0	—	1300	50…60	—	0,14	—	1,3…1,4	6000
2	212	Kunstharz mit anorgan. Füllstoff (Kaltpreßmasse)	350[1]	2,0[1]	1,5[1]	—	150[1]	—	—	—	1,8…2,2	
3	213		200[1]	1,7[1]	1,2[1]	—	150[1]	—	—	—	1,8…2,2	
4	914	Bitumen mit anorgan. Füllstoff (Kaltpreßmasse)	150[1]	1,2[1]	1,0[1]	—	150[1]	—	—	—	1,8…2,2	
6	916	Bitumen mit anorganischem Füllstoff	350[1]	3,5[1]	3,5[1]	—	65[1]	—	—	—		
7	917		250[1]	1,5[1]	1,5[1]	—	65[1]	—	—	—		
8	918		180[1]	1,2[1]	1,2[1]	—	50[1]	—	—	—		

Anmerkungen siehe S. 1414.

5612 Eigenschaften von Preßstoffen aus Kondensationskunstharzen und Naturharzen (Fortsetzung).

Kunststoff	Widerstand im Innern[2]		Durchschlagsfestigkeit[2] kV/cm	Dielektrizitätskonstante bei 800 Hz	Dielektr. Verluste tg δ bei 800 Hz
	abgelagert MΩ	nach 4 Tagen bei 80% Luftfeuchtigkeit MΩ			
Typ 11 (11) . . .					
Typ 12 (12) . . .	600	400	50...100	>10	0,5
Typ M (16) . . .					
Typ O (30) . . .	bis 10^6	bis 10^5	150...200	4,5...7	0,05...0,15
Typ S (31) . . .	1000...5000	300...1500	150...200	4,5...7	0,1
Typ T1 (71) . .					
Typ T2 (74) . .	1000	400	150...170	6	0,1
Typ T3 (77) . .					
Typ Z1 (51 .					
Typ Z2 (54) .	1000	300	150...200	6	0,1
Typ Z3 (57) . .					
Typ K (131) . .	200000	100000	170	5	0,05
Hartpapierplatten	10^6	30000...50000	200...350	5...6	0,02...0,1
Hartgewebeplatten	1000	—	200	5...6	0,1...0,2
Edelkunstharz . .	200000	100...1000	300	7...8	0,04...0,2
Phenolpreßharz .	—	—	100	4...5	0,04...0,2
Anilinharz . . .	$>3 \cdot 10^6$	$>1,5 \cdot 10^6$	100	3...4	0,002...0,01
Caseinharz . . .	10000	50	50	7,5	0,14
Typ 2 (212) . . .	—	—	40	>10	>0,1
Typ 3 (213) . . .	—	—	40	>10	>0,1
Typ 4 (914) . . .	—	—	90	~5	>0,1
Typ 6 (916) . . .	—	—	—	—	—
Typ 7 (917) . . .	—	—	—	—	—
Typ 8 (918) . . .	—	—	—	—	—

3613 Eigenschaften gummiartiger Stoffe.

Kunststoff	Zugfestigkeit kg/cm²	Bruchdehnung %	Dielektrizitätskonstante	Dielektr. Verluste tg δ	Durchgangswiderstand Ω cm
Naturkautschuk .	—	—	2,7 (...7)[4]	0,001 (...0,01)[4]	$10^{14}...10^{15}$
Perbunan	300	600	15...20	—	$10^6...10^7$
Buna S.	250	650	2,9 (...7)[4]	0,001 (...0,03)[4]	$10^{14}...10^{15}$
Zahlenbuna . . .	—	—	2,9 (...7)[4]	0,001 (...0,03)[4]	$10^{14}...10^{15}$
Oppanol B . . .	—	—	2,3...2,7	0,0004	10^{16}
Isoliermasse[5] . .	100	300	3	0,035	—
Mantelmasse[5] . .	70	300	—	—	—
Polyakrylat, gef.	50...60	250...300	—	0,005...0,02	—

Anmerkungen siehe S. 1414.

5614 Eigenschaften von Polymerisationskunstharzen und Celluloseabkömmlingen.

Handelsname des Kunststoffes	Chemische Grundlage	Biegefestigkeit[2] kg/cm²	Schlagzähigkeit[2] cmkg/cm²	Kugeldruckhärte[2] kg/cm²	Formbeständigkeit (Martens)[2] °C	Ausdehnungskoeffizient[2] 10^{-6}/°C	Wärmeleitzahl kcal/h m · grad	Spezifische Wärme 20...100° C kcal/kg · grad	Wichte $g_{gew.}$/cm³	Wasseraufnahme[3] mg/100cm²
Trolitul	Polystyrol	1100	20	1100	60...70	80...100	0,13	0,30...0,32	1,05	0
Hartmipolan MP	Mischpolymerisat	1000	bis 400	1000	60...70	65...80	0,18	—	1,35	20...30
Hartmipolan PCU	Polyvinylchlorid	1000	>150	1000	60...70	ca. 80	0,14...0,18	0,28	1,40	20
Plexiglas	Polymethakrylat	700...1000	15...20	1700	60...80	80...130	—	—	1,2	125
Luvikan	Polyvinylcarbazol	800...1000	6...10	1200	100...150	40...60	—	0,28...0,29	1,2	—
Vulkanfiber	Hydratcellulose	800...1300	120...190	800...1400	70...90	25	0,18...0,29	—	1,1...1,45	(14000)
Cellon	Celluloseacetat	550	100...200	500	35	110	0,18...0,22	—	1,3...1,4	600
Trolit W	Celluloseacetat	300[1]	15[1]	600	40[1]	130	—	—	1,3...1,4	1000
Celluloid	Nitrocellulose	600	100...200	600	40	100	0,32	—	1,4	700
Trolit F	Nitrocellulose	500	6	800	40	—	—	—	1,4	—
Trolit BC	Bencylcellulose	700	75	700	55	60...100	—	0,35...0,37	1,2...1,3	32

Anmerkungen zu den Zahlentafeln:

[1] Die Zahlen stellen in der Typentafel für Preßstoffe, Ausgabe 1942, festgelegte Mindestwerte dar, die oft bedeutend überschritten werden.
[2] Die Prüfverfahren sind in dem Vorschriftenbuch des Verbandes Deutscher Elektrotechniker (22. Aufl., Berlin: VDE 1939) und in dem DIN-Blatt 7701 (vom Januar 1939) beschrieben.
[3] Wasseraufnahme nach 7 Tagen Wasserlagerung, bezogen auf 100 cm² Oberfläche.
[4] Die eingeklammerten Werte beziehen sich auf die gefüllten Stoffe.
[5] Diese Stoffe bestehen aus Igelit PCU mit Weichmacher.

5614 Eigenschaften von Polymerisationskunstharzen und Celluloseabkömmlingen (Fortsetzung).

Kunststoff	Widerstand im Innern[2] abgelagert MΩ	Widerstand im Innern[2] nach 4 Tagen bei 80% Luftfeuchtigkeit MΩ	Durchschlagsfestigkeit[2] kV/cm	Dielektrizitätskonstante bei 800 Hz	Dielektr. Verluste tg δ bei 800 Hz
Trolitul	$>3\cdot10^6$	$>3\cdot10^6$	500	2,3...2,5	0,0002
Hartmipolan MP	$>3\cdot10^6$	$>3\cdot10^6$	500	3,0...3,5	0,015...0,02
Hartmipolan PCU	$>3\cdot10^6$	—	500	3,0...3,5	0,02
Plexiglas	$>10^6$	$>10^6$	400...450	3...3,6	0,02...0,06
Luvikan	$>3\cdot10^6$	$>3\cdot10^6$	500	3,0	0,0007
Vulkanfiber	>1000	—	10...30	—	—
Cellon	850000	4000	300	7	0,05...0,12
Trolit W	500000	50000	450	6...7	0,03...0,04
Celluloid	25000	2000	300	6	0,03...0,05
Trolit F	$3\cdot10^6$	$1\cdot10^6$	450	6	0,03...0,04
Trolit BC	$>3\cdot10^6$	800000	400	3...3,5	0,005

5615 Beispiele für die Temperaturabhängigkeit elektrischer Eigenschaften*.

Kunststoff	Temperatur °C	Dielektrizitätskonstante bei 50 Hz; 1500 V	Dielektrische Verluste tg δ bei 50 Hz	Spezifische Leitfähigkeit 1/Ω cm
Typ S (31)	20	6,8	0,22	$2\cdot10^{-12}$
	40	9,8	0,50	$2\cdot10^{-11}$
	70	22	0,90	$1\cdot10^{-10}$
Typ K (131)	20	7,1	0,03	$1\cdot10^{-14}$ (30° C)
	40	7,6	0,07	$2\cdot10^{-14}$
	70	9,5	0,26	$7\cdot10^{-13}$
Hartpapier	20	5,7	0,03	—
	40	6,1	0,07	—
	70	8,2	0,25	—
Phenolgießharz	20	9,6	0,05	$4\cdot10^{-13}$ (30° C)
	40	12	0,17	$1\cdot10^{-12}$
	70	91	1,3	$4\cdot10^{-10}$
Luvikan M 150	20	3,1	<0,01	—
	40	3,1	<0,01	—
	60	3,1	<0,01	—
Igelit PCU	20	3,5	0,023	—
	40	3,6	0,022	—
	50	3,7	0,021	—

* Diese Werte stammen von Einzelmessungen und stellen keine Mittelwerte für die Stoffgruppen dar. Der Einfluß der Zeit (Trocknung usw.) blieb unberücksichtigt.

562 Kautschuk, Guttapercha und Balata.

Von **Paul Kluckow,** Berlin.

5621 Latex.

56211 Dichte ϱ in $g \cdot cm^{-3}$.

	ϱ
Unverdünnter Latex, Durchschnitt . . .	0,97 ...0,98
Serum von normalem Latex	1,016...1,025
Kautschukteilchen im Latex	0,914

56212 Dichte ϱ in $g \cdot cm^{-3}$ von unverdünntem Latex mit verschiedenem Kautschukgehalt[1].

g Kautschuk/100 cm^3 .	50	45	40	35	30
ϱ in $g \cdot cm^{-3}$	0,9620	0,9678	0,9736	0,9794	0,9852
g Kautschuk/100 cm^3 .	25	20	17	15	10
ϱ in $g \cdot cm^{-3}$	0,9910	0,9968	1,0003	1,0026	1,0084

56213 Temperaturkoeffizient der Dichte von Latex[2].

Dichte ϱ in $g \cdot cm^{-3}$.	0,9950	0,9900	0,9850	0,9800	0,9750
Korrektur für 1° . . .	0,00030	0,00034	0,00038	0,00042	0,00046

56214 Viscosität von Originallatex mit und ohne Ammoniakzusatz[3].

%-Gehalt Kautschuk	35	30	25	20	15
Ohne Ammoniak	12...15	8	5...6	4	—
Mit Ammoniak	—	4...5½	3...4	2,5	2

Die Viscosität nimmt beim Aufbewahren des Latex ab.

56215 Einfluß der Verdünnung auf die Viscosität von mit NH_3 konserviertem Latex bei 20° C[4].

Verhältnis		% feste Anteile	ϱ_4^{20}	200 cm^3 im Engler-Viscosimeter	
Latex	Wasser			s[5]	Englergrade
5	0	48,5	0,963	110	2,1
4	1	37,5	0,972	75	1,42
2,5	2,5	24,25	0,981	65	1,23
2	3	18,7	0,983	60	1,15
1	4	9,4	0,992	50	1,0

56216 Relative Oberflächenspannung.

(a) Wasser, 31; (b) Latex mit gleichen Teilen Wasser verdünnt, 37...40; (c) mit 2% NH_3, 37...38; (d) c nach 2 Monaten 49...50.

56217 p_H-Werte.

Frischer Latex, p_H: 5,8...6,4.

[1] De Vries: Arch. Rubbercultur Nederl.-Indië 10, 1 (1926).
[2] Hatjens: Arch. Rubbercultur Nederl.-Indië 2, 261 (1918).
[3] De Vries: Arch. Rubbercultur Nederl.-Indië 7, 168 (1923).
[4] Kirchhof: Kolloid-Z. H. 35, 367 (1924).
[5] Ausflußgeschwindigkeit in Sekunde.

5622 Rohkautschuk.

56221 Chemische Zusammensetzung von Rohkautschuk
(Bestandteile des Hevea-Kautschuks.)

	% H_2O		% Asche		% Aceton lösliches		% Eiweißstoffe (N · 6,25)		Wasserextrakt
	Mittelwerte	Grenzwerte	Mittelwerte	Grenzwerte	Mittelwerte	Grenzwerte	Mittelwerte	Grenzwerte	
Latex crepe	0,61	0,30...1,08	0,30	0,15...0,87	2,88	2,26...3,54	2,82	2,17...2,76	—
Sheets, geräuchert	0,42	0,18...0,90	0,38	0,25...0,85	2,89	1,52...3,50	2,82	2,18...3,50	—
Sheets, ungeräuchert	0,58	0,32...1,30[1]	0,23	0,15...0,31	2,88	2,30...3,47	2,31	2,04...2,68	—
Fine hard Para . .	—	—	0,3	—	3	—	2,3	—	0,5
Sprüh-Kautschuk . .	—	—	1,10	—	4,25	—	4,2	—	6,50
	—	—	1,5	—	4,7	—	4,2	—	7,1
	1,2	—	1,5	—	5,1	—	4,3	—	7,7
Kerbosch-Kautschuk	—	2,5...4,5	—	—	2,2	—	5,0	—	1,5
	4,2	—	1,9	—	2,5	—	4,5	—	4,1

[1] % Waschverlust.

56222 Feuchtigkeitsgehalt von Rohkautschuk.

	Feuchtigkeitsgehalt in % im Mittel (in den Tropen)	Feuchtigkeitsgehalt in % Grenzwerte (in den Tropen)		Feuchtigkeitsgehalt in % im Mittel (in den Tropen)	Feuchtigkeitsgehalt in % Grenzwerte (in den Tropen)
Latex crepe	0,67	0,34...1,01	Gewaschene Crepe	0,55	0,27...0,78
Sheets, geräuchert . .	0,76	0,43...1,16	Scrap crepe . . .	1,16	0,68...1,64
Lump crepe	1,05	0,65...1,80	Dark crepe . . .	1,07	0,90...1,33
Skimming crepe . . .	0,43	0,35...0,53	Erd crepe	0,70	0,60...0,81

56223 Harzgehalt verschiedener Kautschukarten.

Hevea	Siehe die folgende Tabelle.
Castilloa	16,7%, 18,9%, Von 17 Proben: 5,4...52%
Ceara (Manicoba)	3,4%, 6,8%, 2,0%.
Congo	2,0%, 4,4%, 5,2%.
Roter Kassai	3,8%.
Schwarzer Kassai . . .	4,0%.
Jelutong	76...81% (3 Proben)

56224 Stickstoffgehalt.

Durchschnittlicher N-Gehalt in:

Crepe und Sheets	0,45%
Slabs	0,21...0,30%

N-Gehalt im Acetonextrakt von:

Crepe	0,04%
Sheets	0,014%
Fine hard Para	0,053%
Manicoba	0,069%
Manihot	0,041%
Castilloa	0,027%
Hard Congo	0,013%
Soft Congo	0,15%

56225 Acetonlösliche Säuren.

(Säurezahl = mg KOH, benötigt zur Neutralisation der Säure im Aceton- oder Alkoholextrakt von 100 g Kautschuk.)

Kautschuksorte	Säurezahl			Kautschuksorte	Säurezahl		
	Mittel	Max.	Min.		Mittel	Max.	Min.
Hevea smoked sheets	275	314	234	Slabs			
Hevea latex crepe .	282	296	272	Innenschicht . .	459	—	—
Fine hard Para . .	218	384	100	gewaschen . . .	237,5	240	235
Hevea brown crepe .	151	223	92	Palembang			
Sprühlatex.	453	534	273	(Plain sheet) . .	—	366	336
Slabs,				Caucho	57	—	—
nicht gewaschen .	851	896	818	Kassai	75	—	—
Außenschicht . .	256	—	—	Massai	182	182	166

56226 Harzgehalt und unverseifbare Anteile.

Kautschukart	% Harz	Unverseifbares im Kautschuk	Unverseifbares im Harz	Kautschukart	% Harz	Unverseifbares im Kautschuk	Unverseifbares im Harz
Fine hard Para	3,0	0,8	25,4	Congo	4,4	3,0	68,3
Hevea sheets .	1,8	0,9	48,3	Jelutong . . .	38,1	31,7	83,2
Hevea crepe .	3,2	0,7	22,0	Jelutong crepe.	7,2	5,6	77,8
Castilloa . . .	18,9	14,0	73,7				

56227 Optische Aktivität der Harze verschiedener Kautschukarten.

Herkunft	$[\alpha]_D^{20^0}$	Herkunft	$[\alpha]_D^{20^0}$
Upper Congo .	12...13°	Padang. . .	28...30°
Manaos. . . .	16...18°	Guayule . .	11...15°
Peru	29...31°	Kassai . . .	29...30°
Jelutong . . .	49...50°		

65228 Säuregehalt von Sheets und Crepe.

Wasserlösliche Säuren nach 24stündiger Extraktion mit kaltem Wasser, ausgedrückt in Prozent Essigsäure.)

Anzahl der Proben	Sheets Mittel	Sheets Maximum	Sheets Minimum	Anzahl der Proben	Crepe Mittel	Crepe Maximum	Crepe Minimum
35	0,03	0,078	0,006	102	0,006	0,024	0,006

Bei Extraktion mit siedendem Wasser: Pale crepe 0...0,1%; smoked sheets 0,055—0,25%.

56229 Mangangehalt im Rohkautschuk.

	Anzahl der Proben	g/Mn in 100 kg Mittel	g/Mn in 100 kg Grenzwerte
Gute Sorten (Fine hard Para, sheets, crepe, slab)	11	0,16	0,125...0,625
Sehr unsaubere Sorten (sheets, crepe) . . .	5	20,0	—

5623 Vulkanisierte Kautschukmischungen.

56231 Festigkeitseigenschaften.

562311 Einfluß der Breite stabförmiger Prüfkörper.

Probe	Decke		Schlauch		Schlauch		Decke		Schlauch	
Breite (mm)	6,35	12,7	6,35	12,7	6,35	12,7	6,35	12,7	6,35	12,7
Zugfestigkeit kg/cm^2 . . .	110	102	151	137	72	67	51,5	48,5	175	144
Bruchdehnung in % . . .	525	515	580	570	350	340	335	350	615	575

562312 Einfluß der Breite ringförmiger Prüfkörper.

Durchmesser 44,6 mm, Dicke 4 mm.

	Hochwertige Qualität				Geringwertige Qualität			
Probe Nr	1		2		3		4	
Breite mm	F	D	F	D	F	D	F	D
2	158,9	808	105,8	611	18,9	182	25,2	187
4	117,7	806	97,1	624	18,8	193	27,3	203
6	97,4	809	87,5	628	17,2	183	26,0	199

562313 Einfluß der Streck- bzw. Dehnungsgeschwindigkeit.

Stabförmige Prüfkörper.

Weg in cm pro min	12,5	60	115	12,5	60	115
	Hochwertige Kautschukqualitäten					
Zugfestigkeit, kg/cm^2.	175	188,5	190,5	133	136	138
Bruchdehnung in %	605	635	635	465	500	490
	Geringwertige Kautschukqualitäten					
Zugfestigkeit, kg/cm^2.	26,3	30,1	32,5	23,8	27,3	30,1
Bruchdehnung in %	340	360	375	105	115	120

562314 Einfluß der Form der Probekörper und ihrer Achsenrichtung, bezogen auf den Kalandereffekt.

F = Zerreißfestigkeit in kg/cm^2; D = Bruchdehnung in % ursprünglicher Länge.

	F	D	F	D	F	D
Probe Nr.	1		2		3	
Ringe	151	635	119	675	74^5	525
Stabform:						
Längsrichtung . .	192	630	146	640	84^5	480
Querrichtung . .	181	640	143^5	670	88^5	555

	F	D	F	D	F	D
Probe Nr.	4		5		6	
Ringe	107	435	36	285	51^5	320
Stabform:						
Längsrichtung . .	130	410	48^5	320	62	315
Querrichtung . .	120	460	36	280	48^5	315

56232 Eindringungsvermögen von Gasen und Dämpfen.

Dieses ist proportional dem Partialdruck des Gases und der Dicke des Kautschuks.

Spezifisches Eindringungsvermögen.

Einheit: cm^3 (Gas) · cm^{-1} (Dicke) · min^{-1} · cm^{-2} (Fläche).

H_2: 20,4 · 10^{-6} bei 25° (vulkanisierter Gummi, Ballonstoffqualität)[1]; (5,520 + 0,876 ϑ) · 10^{-6}, Meßbereich 12,8...30,7° (vulkanisierter Kautschuk, Schichtdicke 0.25 mm, Dichte 0,9455 bei 18...20°)[2].

CO_2: (— 5,084 + 2,928 ϑ) · 10^{-6}, Meßbereich: 9...33° (vulkanisierter Kautschuk, Schichtdicke 0,25 mm, Dichte 0,9455 bei 18...20°)[2].

56233 Elektrische Eigenschaften.

Art	Dielektrizitätskonstante bei 1000 Hz	Leistungsfaktor %	Widerstand (10^8 MΩ·cm)
Fine Para	2,43	0,14	35
Pale crepe	2,43	0,16	50
Pale crepe[3]	2,36	0,29	40
Smoked sheet	2,53	0,19	3
Smoked sheet	2,38	0,16	10
Smoked sheet[3]	2,35	0,29	60
Cameta	2,56	0,28	10
Guayule	2,69	0,51	60

Elektrische Eigenschaften von Guttapercha und Balata.

	Anteile im trocknen Ausgangsmaterial in %			% H_2O	Dielektrizitätskonstante bei 1000 Hz	Leistungsfaktor bei 1000 Hz	Widerstand (10 MΩ · cm)
	Gutta	Harz	Mechanische Verunreinigungen				
1. Guttapercha nach Extraktion mit Aceton	99,0	—	1,0	0	2,56	0,09	370
2. Guttapercha (Tjipetir)	89,2	9,3	1,5	>0	2,60	1,1	65
3. Nr. 2 nach dem Trocknen	89,2	9,3	1,5	0	2,61	0,23	45
4. Guttapercha, gereinigt	79,9	19,3	0,8	—	2,78	0,35	60
5. Guttapercha, Handelsware	57,3	39,2	3,5	2,5	4,13	3,1	—
6. Nr. 5 nach dem Trocknen	57,3	39,2	3,5	0	3,01	1,8	25
7. Harz aus Guttapercha	0,0	100,0	—	—	3,27	—	25
8. Balata (Blätter), Handelsware	44,8	39,8	15,4	—	3,48	2,3	—

[1] Edwards u. Pickering: Bur. Stand., Sci. papers Nr. 387, **1920**.
[2] Kayser: Ann. Phys., Lpz. **43**, 544 (1891).
[3] Nach sorgfältigem Waschen und Trocknen.

5624 Die physikalischen Konstanten von Kautschuk (1 Atm., 25° C)[1]

Eigenschaften	Gereinigter	Roh-	Weich-	Hart-
	Kautschuk		Gummi	
Elementarkörper in Å . .	$a = 8{,}54 \pm 0{,}05$; $b = 8{,}20 \pm 0{,}05$; $c = 12{,}65 \pm 0{,}05$; $\beta = 83°20'$		(Faserachse)	
Dichte ϱ in $g \cdot cm^{-3}$ . . .	0,9060	0,911	0,923	1,173
Temperaturkoeffizient der Dichte $\frac{d\varrho}{d\vartheta}$ $g \cdot cm^{-3} \cdot grad^{-1}$	$-595 \cdot 10^{-6}$	$-620 \cdot 10^{-6}$	$-611 \cdot 10^{-6}$	$-241 \cdot 10^{-6}$
Kubischer Ausdehnungskoeffizient $\frac{1}{V}\frac{dV}{d\vartheta}$ in $grad^{-1}$	$670 \cdot 10^{-6}$	$670 \cdot 10^{-6}$	$661 \cdot 10^{-6}$	$194 \cdot 10^{-6}$
$\frac{d}{d\vartheta}\left(\frac{1}{V} \cdot \frac{dV}{d\vartheta}\right)$ in $grad^{-2}$	$700 \cdot 10^{-9}$	$700 \cdot 10^{-9}$	—	$500 \cdot 10^{-9}$
Wärmeleitzahl in $cal \cdot s^{-1} \cdot cm^{-1} \cdot grad^{-1}$	—	$320 \cdot 10^{-6}$	$342 \cdot 10^{-6}$	$388 \cdot 10^{-6}$
Spezifische Wärme c_p in $cal \cdot g^{-1} \cdot grad^{-1}$ . .	0,449	—	0,510	0,341
$\frac{dc_p}{d\vartheta}$ in $cal \cdot g^{-1} \cdot grad^{-2}$	$1{,}2 \cdot 10^{-3}$	—	—	—
Schmelzwärme bei 11° C in $cal \cdot g^{-1}$	3,99	—	—	—
Verbrennungswärme in $cal \cdot g^{-1}$	$10{,}82 \cdot 10^{3}$	—	$10{,}63 \cdot 10^{3}$	$7{,}92 \cdot 10^{3}$
Kompressibilität $\frac{1}{V}\frac{dV}{dp}$ in Bar^{-1}	$53{,}7 \cdot 10^{-6}$	—	$51{,}0 \cdot 10^{-6}$	$24{,}3 \cdot 10^{-6}$
$\frac{d}{d\vartheta}\left(\frac{1}{V}\frac{dV}{dp}\right)$ in $Bar^{-1} \cdot grad^{-1}$ . . .	$260 \cdot 10^{-9}$	—	$262 \cdot 10^{-9}$	$110 \cdot 10^{-9}$
Poissonsche Zahl (Dehnung < 300%) . .	—	—	0,500	0,2
Schallgeschwindigkeit v in $m \cdot s^{-1}$	—	—	37	1560
$\frac{dv}{d\vartheta}$ in $m \cdot s^{-1} \cdot grad^{-1}$.	—	—	0,244	—

[1] Nach den von L. H. Wood in „Values of the Physical Constants of Rubber" (Vortrag London 1938, Rubber Technology Conference) zusammengestellten Werten. Vgl. auch Kautschuk **16**, 47 (1940).

5624 (Fortsetzung).

Eigenschaften	Gereinigter Kautschuk	Roh- Kautschuk	Weich- Gummi	Hart- Gummi
Brechungszahl n_D	1,5190	1,5190	1,5264	1,6
$\frac{dn_D}{d\vartheta}$ in grad^{-1}	$350 \cdot 10^{-6}$	$350 \cdot 10^{-6}$	$350 \cdot 10^{-6}$	—
Dispersion $n_{4861} \ldots n_{6563}$.	0,0330	—	—	—
Dehnungsoptischer Koeffizient (Brewster). . .	—	—	2100	106
Dielektrizitätskonstante bei 1000 Hz.	2,37	2,45	2,68	2,82
Leistungsfaktor bei 1000 Hz	$1,6 \cdot 10^{-3}$	$1,8 \cdot 10^{-3}$	$1,8 \cdot 10^{-3}$	$5,1 \cdot 10^{-3}$
Leitfähigkeit gemessen 1 min nach Anlegen der Spannung in $\Omega^{-1} \cdot cm^{-1}$	$23 \cdot 10^{-18}$	$420 \cdot 10^{-18}$	$13 \cdot 10^{-18}$	$15 \cdot 10^{-18}$

563 Kunststoffe[1]: Handelsnamen und nähere Kennzeichnung (Herstellfirmen 1941).

Von **Erwin Motzkus**, Berlin.

Erklärung der Zeichen und Kürzungen.

** Handelsnamen, die durch zwei Sterne gekennzeichnet sind, werden nicht mehr geführt.

*** Handelsnamen für Preßstoffe, die durch drei Sterne gekennzeichnet sind, werden im Rahmen der amtlichen Überwachung (s. nächsten Absatz) nicht mehr geführt. In der amtlichen Bekanntmachung über typisierte und überwachte Preßstoffe[2] sind diese Namen daher nicht angegeben; an ihre Stelle sind die durch die Typisierung geschaffenen, allgemeinen Bezeichnungen getreten, z. B. Preßstoff Typ S, Preßstoff Typ K usw.

Die Überwachung erfolgt durch das Staatliche Materialprüfungsamt Berlin-Dahlem und erstreckt sich auf typisierte Preßmassen und Preßstoffe, die durch das amtliche Überwachungszeichen nach Normblatt DIN 7702[3] gekennzeichnet sind. Die Benutzung dieses Zeichens ist nur den Mitgliedsfirmen der Technischen Vereinigung der Hersteller typisierter Preßmassen und Preßstoffe gestattet, sowie denjenigen Firmen, die unmittelbar mit dem genannten Amt einen Überwachungsvertrag abgeschlossen haben. Das Überwachungszeichen ist als amtliches Werkstoff-Gütezeichen zu betrachten, denn es darf nur auf denjenigen Preß assen und Preßstoffen geführt werden, die der Überwachung unterliegen und den in der Typisierung festgelegten Anforderungen genügen. Auf Grund der Typisierung sind eine Reihe von Preßmassen und die daraus hergestellten Preßstoffe in „Typen" eingeteilt. Jeder Typ ist durch eine bestimmte Bezeichnung und seine grundlegende Zusammensetzung gekennzeichnet; für jeden Preßstofftyp sind bestimmte Mindestwerte in einigen mechanischen, thermischen und elektrischen Eigenschaften festgelegt (s. S. 1411 u. 1412, sowie Anmerkung 1 zu diesen Seiten).

**** Durch vier Sterne sind die Handelsnamen für diejenigen Kunststoffe kenntlich gemacht, über welche von seiten der Hersteller keine vollständigen Angaben vorlagen.

---

[1] Nicht aufgeführt sind Lackrohstoffe, Wachse, Fußbodenbelagstoffe, Bauplatten ohne Kunstharz als Bindemittel, Silikatgläser und Porzellan.

[2] Kunststoff-Technik **1942**, H. 4/5, S. 103.

[3] Siehe auch Motzkus: Normblatt DIN 7702, Überwachungszeichen für typisierte Preßmassen und Preßstoffe. Kunstharze und andere plastische Massen **9**, 21 (1939).

ähnl. Kautsch. = ähnlich Kautschuk, d. h. in der Regel gelangen die gleichen oder einige der Füllstoffe bzw. Zusätze zur Anwendung, die auch dem Naturkautschuk einverleibt werden (bei vulkanisierbaren Produkten auch Vulkanisationsbeschleuniger) und die Verarbeitung erfolgt auf sämtlichen oder bestimmten, in der Gummiindustrie gebräuchlichen Maschinen; durch besondere Verarbeitungsmaßnahmen, z. B. Einhaltung bestimmter Temperaturen, muß den Eigenarten des jeweiligen Stoffes Rechnung getragen werden.

Alpo. = Alkylpolysulfid
Anilinh. = Anilinharz
anorg. = anorganisch
App. = Apparate
B. = Bahnen
Bd. = Bänder
Beh. = Behälter
Bencell. = Benzylcellulose
Bg. = Bogen
Bl. = Blöcke
Br. = Brocken
Bst. = Borsten
Cas. = Casein
Cell. = Cellulose
Cellac. = Celluloseacetat
Cellhyd. = Cellulosehydrat
Celltriac. = Cellulosetriacetat
celluloidähnl. = celluloidähnlicher
dickfl. = dickflüssig
Disp. = Dispersion
Drt. = Draht
Edelkunsth. = Edelkunstharz
Einbettm. = Einbettmasse
elektr. = elektrische
entspr. = entsprechend
Farbst. = Farbstoff
Fd. = Fäden
Fl. = Flocken
Fol. = Folien
Formald. = Formaldehyd
Formst. = Formstücke
Füllst. = Füllstoff
Gewebeb. = Gewebebahnen
ggbf. = gegebenenfalls
Gießh. = Gießharz
Gießl. = Gießlinge
Gummiaust. = Gummiaustauschstoff
H. = auf Harnstoffharzbasis
Harnstoffh. = Harnstoffharz
Ind. = Industrie
Kautsch. = Kautschuk
Kopo. = Kombinationspolymerisat
Kord. = Kordel
Kr. = körniges Material
Kunstkautsch. = Kunstkautschuk
künstl. = künstlich
Kunstst. = Kunststoff
Lederaust. = Lederaustauschstoff
Lsg. = Lösung
Lsgsm. = Lösungsmittel
Lst. = Leisten
mineral. = mineralisch
Mipo. = Mischpolymerisat
Naturh. = Naturharz
Naturkautsch. = Naturkautschuk
natürl. = natürlich
Nic. = auf Nitrocellulosebasis
Nicell. = Nitrocellulose
org. = organisch
Papierb. = Papierbahnen
Papierschn. = Papierschnitzel
Ph. = auf Phenolharzbasis
Phenolh. = Phenolharz
Pl. = Platten
plast. = plastisch
Plv. = Pulver
Poak. = Polyakrylsäureester
Pobuta. = Polybutadien
Pobutyl. = Polybutylenverbindung
Polykon. = Polykondensationsprodukt
Pomak. = Polymethakrylsäureester
Posty. = Polystyrol
Povial. = Polyvinylalkohol
Poviac. = Polyvinylacetat
Povichlor. = Polyvinylchlorid
Povicar. = Polyvinylcarbazol
Povimal. = Polyvinylmaleinsäureester
Preßb. = Preßbahnen
Preßh. = Preßharz
Preßm. = Preßmasse; für Preßmassen, welche überwacht[1] werden, ist in der zweiten Spalte der Tafel der betreffende Typ angegeben
Preßst. = Preßstoff; für solche Preßstoffe, welche zur Zeit überwacht[1] werden, d. h. mit dem amtlichen Überwachungszeichen in den Handel kommen, ist der Typ angegeben[2]: eingeklammerte Typen wurden früher überwacht. Häufig liefert die betreffende Firma unter dem Handelsnamen auch nicht aufgeführte Preßstofftypen — allerdings ohne Überwachungszeichen — oder auch Preßstoffe, welche in Zusammensetzung und Eigenschaften keinem „Typ" entsprechen
Prof. = Profilstücke
R. = Rohre
Rl = Rollen
Schl. = Schläuche
Schn. = Schnitzel
spang. = spangebend
Spritzg. = Spritzguß
Spritzm. = Spritzgußmasse
Spritzst. = Spritzgußstoff
St. = Stäbe
Stck. = Stücke
Stg. = Stränge
Str. = Streifen
Vulf. = Vulkanfiber
vulk. = vulkanisiert
wäßr. = wäßrig
Weichm. = Weichmachungsmittel oder Gelatinier- bzw. Quellmittel
Zellst. = Zellstoff

[1] Siehe unter ***, zweiten Absatz.

[2] Die Typangaben beziehen sich auf den Stand der amtlichen Überwachung im Mai 1942 Daher sind auch nur die damals üblichen Typzeichen angegeben, d. h. die im Januar 1943 eingeführten Typzeichen nicht berücksichtigt. Vgl. die Typenbezeichnungen S. 1411 und 1412.

563 (Fortsetzung).

Handelsbezeichnung	Chemische und allgemeine Kennzeichnung	Handelsform	Verarbeitung bzw. Bearbeitung und Verwendung	Herstellfirma
Acetylcelloid-Ecarit	wie Cellon, s. dort			Celluloidfabrik Speyer, Kirrmeier & Scherer, Speyer a. Rh.
Acidur				Kabelfabrik AG., Preßburg
Acronal	Polyak. ohne Füllst.	zäh-harte bis sehr weiche Produkte; auch in Lsg. u. als Disp.	u. a. für Kunstleder, Wachstuche, Regenmantelstoffe, Gewebedoublierungen, Klebstoffe usw.	I. C. Farbenindustrie AG., Frankfurt a. M.
Acrysol	Poak.	Filme	ähnl. wie Leder	Röhm & Haas, G.m.b.H., Darmstadt
Adit (z. Zt. nicht lieferbar)	Preßst.	Formst.		Gebrüder Adt, AG., Wächtersbach H.-N.
Adulor**				Kalle & Co. AG., Wiesbaden-Biebrich
Aflammit				I. G. Farbenindustrie AG., Frankfurt a. M.
Agalit	Preßst. Typ 3	Formst.		Agalitwerk Milspe, Kattwinkel & Co., Milspe i. W.
Agfa-Pelloro	Cellac.	Fol.		I. G. Farbenindustrie AG., Frankfurt a. M.
Agfenit S Agfenit K	Preßst. Typ S Preßst. Typ K	Formst.		Gebrüder Reiher, KG., vormals AG. für Elektrotechnik, Braunschweig-Lehndorf
Ago****	Kunststoff Nic.			Atlas Ago, Chemische Fabrik, AG., Mölkau b. Leipzig
A-K	Phenolh. mit Asbest; Preßm.	Plv.	pressen	Chem. Werke Albert, Mainz-Amöneburg, Post Wiesbaden-Biebrich
Akalit	Cas., gehärtet; Kunsthorn	Pl., R., St. usw.	spang., biegen, stanzen	„Akalit"-Kunsthorn-Werke AG., Wien-Brunn am Gebirge
Alberit-Preßbahnen Typ Z3	Preßb. Typ Z3	B.	pressen	Chemische Werke Albert, Mainz-Amöneburg, Post Wiesbaden-Biebrich
Alberit-Preßflocken Typ Z1 u. Z2	Preßm. Typ Z1 u. Z2	Fl.	pressen	Chemische Werke Albert, Mainz-Amöneburg, Post Wiesbaden-Biebrich
Alberit-Preßharz	Phenolh.; Preßh.	Plv.	pressen	Chemische Werke Albert, Mainz-Amöneburg, Post Wiesbaden-Biebrich
Alberit-Preßmasse Typ 11, 12, T1	Preßm. Typ 11, 12, T1	Plv.	pressen pressen pressen	Chemische Werke Albert, Mainz-Amöneburg, Post Wiesbaden-Biebrich
Alberit-Preßschnitzel Typ T2	Preßm. Typ T2	Schn.	pressen	Chemische Werke Albert, Mainz-Amöneburg, Post Wiesbaden-Biebrich
Alberit-Schnellpreßmasse Typ S	Preßm. Typ S	Plv.	pressen	Chemische Werke Albert, Mainz-Amöneburg, Post Wiesbaden-Biebrich
Alberit-Schnellpreßmasse Typ S*	Preßm. Typ S*	Plv.	pressen	Chemische Werke Albert, Mainz-Amöneburg, Post Wiesbaden-Biebrich
Albert-Preßbahnen usw.	s. Alberit-Preßbahn. usw.			Chemische Werke Albert, Mainz-Amöneburg, Post Wiesbaden-Biebrich
Albolith	Phenolh. ohne Füllst., gehärtet; Edelkunstharz	Bl., R., St., Prof., Formst., Gießl.	spang.; stanzen, biegen	Matthias Oechsler & Sohn, Ansbach (Bay.)
Alciphen	Phenolh. mit Asbestfaser, gehärtet; säure- u. alkalibeständ.	App., Formst., Beh., R.	ggbf. spang.	Säureschutz-Gesellschaft m.b.H., Berlin-Alt-Glienicke
Alino**	Kunststoff Nic.			—
Alkor****	Kunstleder aus imprägnierten Zellstofflagen, kautschukhaltig, mit Farb-u. Lackschicht		wie Leder, für Bucheinbände u. Kartonagen	Alkor-Werk Karl Lißmann, Solln b. München
Alusil 12 Alusil S	Preßst. Typ 12 Preßst. Typ S	Formst. Formst.		Alusil-Preßstoffwerk Eugen Gassmann, Probstzella i. Thür.

563 (Fortsetzung).

Handelsbezeichnung	Chemische und allgemeine Kennzeichnung	Handelsform	Verarbeitung bzw. Bearbeitung und Verwendung	Herstellfirma
Ambrasit**	Kunststoff Ph.			—
Ambroin 6	Preßst. Typ 6	Formst.		Vereinigte Isolatorenwerke AG., Berlin-Pankow
Ambroin 7	Preßst. Typ 7	Formst.		
Ambroin 8	Preßst. Typ 8	Formst.		
Ambroin 12	Preßst. Typ 12	Formst.		
Amenit	Posty. mit Quarzmehl	Formst.	Verwdg. in der Hochfrequenz-Technik	J. K. Görler, Berlin-Reinickendorf-Ost 1
Anilit****				Herbert Kurth, Schifferstadt
Arcasol**				Kalle & Co. AG., Wiesbaden-Biebrich
Artiled	Textilvlies aus Fasern mit Gummi oder Kunststoffmasse, mit Farb- oder Kunststoffaufstrich; Textilvlieskunstleder	Rl.	ähnlich wie Leder	Franz Kalff & Co. KG., Stotzheim b. Euskirchen (Rhld.)
Asplitt	Phenolh. mit Füllst., selbsthärtend	Kitt	wie Kitt	I. G. Farbenindustrie AG.
Astralon	Povichlor. oder Mipo. mit Povichlor.	Fol., Pl., R., St.; celluloidähnl.	spang., ziehen, blasen, stanzen, schweißen, kleben	Dynamit-Aktien-Gesellsch., Werk Troisdorf (Bez. Köln); Verkauf durch Venditor Verkaufsges. Troisd. Deutsche Celluloidfabrik, Eilenburg
Athrombit****				F. & M. Lautenschläger, G.m.b.H., München
Atlastik****	Kunststoff Nic.			Atlas Ago, Chemische Fabrik AG., Mölkau b. Lpzg.
Australit R	Preßst. Typ 3	Formst.		Gebrüder Adt AG., Wächtersbach H.-N.
Australit F (z. Zt. nicht lieferbar)	Preßst. Typ 3	Formst.		
Backitt***	Preßst., Ph. oder H., u. a. Typ 12, S, K	Formst.		Otto Backhaus, Bollwerk i. W.
Backopreß***	Preßst., Ph., u. a. Typ S	Formst.		Gebr. Broghammer, Schramberg (Schwarzw.)
Bakelite-Harnstoff-Schnellpreßmass. Typ K u. K*	Preßm. Typ K u. K*	Plv.	pressen	Bakelite-Gesellschaft m. b.H., Erkner b. Berlin
Bakelite-Harze (fest, flüssig, gelöst), Bakelite-Kitte und Bakelite-Klebstoff	Phenolh. (55...100% Festbestandteile) oder Phenolh.-Lsg. (30...80% Festbestandteile) oder Phenolh. m. mineral. Füllst. oder Phenolh. m. Gummi oder Phenolh. m. Naturh. u. mineral. Füllst.	Stck., Plv., dünn- bis zähflüssige Flüssigkeiten, dünn bis zähflüssige Pasten	zur Herstlg. von Hartpapier, Hartgewebe, Kunstharzpreßholz usw., Kalt- u. Heißpreßmassen, Kaltstampfmassen, Sockelkitt; als Bindemittel für Schleifscheiben; als Gießharz; als Pinsel-, Bürsten- u. Sockelkitt; zum Tauchen von Drähten; zum Tränken von Elektrospulen u. Ankern; zum Verleimen, Verkleben u. Verfugen von Preßstoff u. anderen Werkstoffen, sowie zum Einkitten	

563 (Fortsetzung).

Handels-bezeichnung	Chemische und allgemeine Kennzeichnung	Handels-form	Verarbeitung bzw. Bearbeitung und Verwendung	Herstellfirma
Bakelite-Preßharz	Phenolh., Preßh.	Plv.	pressen	Bakelite-Gesellschaft m. b.H., Erkner b. Berlin
Bakelite-Preßm. Typ 0 u. 0*	Preßm. Typ 0 u. 0*	Plv.	pressen	
Bakelite-Schnellpreßmasse Typ 11, 11*, 12, M, S, S*, T1, T2, Z1, Z2	Preßm. Typ 11, 11*, 12, M, S, S*, T1, T2, Z1, Z2	Plv., Kord. Fl., Schn.	pressen	
Baleit***	Preßst., Ph., u. a. Typ S	Formst.		Bachmann & Leichsenring, Berlin-Neukölln
Ballit	Nicell. mit Holzmehl u. Lsgsm.; plast. Holz	knetbare Paste	wie Kitt	I. G. Farbenindustrie AG., Krefeld-Uerdingen
Bebrit 11	Preßst. Typ 11	Formst.		Bebrit-Preßstoffwerke, G.m.b.H., Bebra (H.-N.)
Bebrit S	Preßst. Typ S	Formst.		
Beinhorn	Vulf., s. dort			Vulkanfiberfabrik Martin Schmid, Berlin
Bellaphan**				Kalle & Co. AG., Wiesbaden-Biebrich
Bernit***	Preßst., Ph. oder H., u. a. Typ 12, M, S, T2, K	Formst.		Porzellanfabrik Bernhardshütte, G.m.b.H., Blechhammer b. Sonneberg i. Thür.
Beroliet	Cas. ohne Füllst., mit Farbstoffen, mit Formald. gehärtet; Kunsthorn	Pl., R., St., Prof.	spang.; stanzen	Emmericher Kunsthornfabrik, Elsepaß über Emmerich a. Rh.
Bewerit***	Preßst., Ph., u. a. Typ 0, 12, S, S*	Formst.		Bezet-Werk Hermann Buchholz, Motzen (Krs. Teltow)
Bezeg 12	Preßst. Typ 12	Formst.		Bayerische Elektrozubehör G.m.b.H., Lauf b. Nürnberg
Bezeg K	Preßst. Typ K	Formst.		
Bezeg S	Preßst. Typ S	Formst.		
Bezeg T1, T2	Preßst. Typ T1, T2	Formst.		
Bezeg Z1, Z2	Preßst. Typ Z1, Z2	Formst.		
Bezelit	Harnstoffh. mit Füllst., gehärtet; Preßstoff	Formst.		Bezet-Werk Hermann Buchholz, Motzen (Krs. Teltow)
Bicella-Glas	Weitmaschig. Gewebe aus Draht oder Textilfäden mit durchsichtiger Schicht aus Celluloseestern	Pl.	an Stelle von Silicat-Glasscheiben	Kalle & Co. AG., Wiesbaden-Biebrich
Bigelit***	Preßst., Ph., u. a. Typ S	Formst.		Bamberger Industrie-Ges., Bamberg i. Bay.
Bika	Cellhyd.	Schrumpfkapseln	als Flaschenverschluß	Kalle & Co. AG., Wiesbaden-Biebrich
Bilit***	Preßst., Ph. oder H., u. a. Typ 12, S, T 2, K	Formst.		Busch-Jaeger, Lüdenscheider Metallwerke AG., Lüdenscheid i. W.
Biopal	Einbettm.			I. G. Farbenindustrie AG., Frankfurt a. M.
Biralit	Preßm. Typ S	Plv.	pressen	Bisterfeld & Stolting, Inhaber: Ernst Bisterfeld. Radevormwald (Rhld.)
Biralit**	Phenolh. oder Harnstoffh. mit anorg. oder org. Füllst., gehärtet; Preßst.	Formst.		
BJB***	Preßst., Ph., u. a. Typ S	Formst.		Brökelmann, Jaeger & Busse, Neheim i. W.
Blucolit***	Preßst., Ph., u. a. Typ T2	Formst.		Blumberg & Co., Lintorf (Bez. Düsseldorf)
Boltalith	Posty.; Spritzst.	Formst.		Bolta-Werk, G.m.b.H., Nürnberg-O
Bonalit	Preßst. Typ S	Formst.		Ludwig Schröder, Schalksmühle i. W.
Borron	Poak. mit Füllst.	Felle, Walzhäute	ähnl. Kautsch., für Kabelummantelung	Röhm & Haas, G.m.b.H., Darmstadt
Boschbakelit	Phenolh. mit anorg. oder org. Füllst., gehärtet; Preßst.	Formst.		Robert Bosch, G.m.b.H., Stuttgart-Feuerbach

563 (Fortsetzung).

Handelsbezeichnung	Chemische und allgemeine Kennzeichnung	Handelsform	Verarbeitung bzw. Bearbeitung und Verwendung	Herstellfirma
Bracolit**	Preßst., Ph., u. a. Typ S	Formst.		—
Brolonkapseln	regenerierte Cellulose	Schrumpfkapseln	für Verschlüsse	Chemische Fabrik von Heyden AG., Radebeul b. Dresden
Bucholith	Cas. ohne Füllst., mit Formald., gehärtet; Kunsthorn	Formst.		Joh. Buchsteiner, Gingen-Fils
Buna	Pobuta oder Pobuta-Mipo.; Kunstkautschuk	Felle, grobkrümlige Massen, Dispersion.	wie Kautsch. bzw. ähnlich Kautsch.	I. G. Farbenindustrie AG., Frankfurt a. M.
verschiedene Sorten, z. B.:				
Buna N	s. Perbunan			
Buna S	Mipo. von Butadien u. Styrol; durch Emulsionspolymerisation erhalten		für Autoreifen u. viele technische Gummiwaren, als Isoliermaterial, für Gegenstände, d. durch höhere Temperatur beansprucht werden, für Hartgummiwaren	
Buna 85	Pobuta., durch Natrium-Polymerisation erhalten		als Isoliermaterial, für Gegenstände, die durch höhere Temperatur beansprucht werden, für Hartgummiwaren	
Burgwaldharz***	Preßst., Ph., u. a. Typ S	Formst.		Wilh. Burgbacher KG., Neukirch i. Baden (Stat. Furtwangen)
BZ-Cellulose	Bencell. ohne Füllst.	Plv.	vgl. Trolit BC	I. G. Farbenindustrie AG., Frankfurt a. M.
Cambric**** Canvass****	Preßst., Ph., geschichtet, Hartgewebe			Elektro-Isolier-Industrie, Wahn b. Köln
Capama-Stoff	Textilvlies aus Fasern mit Gummi od. Kunststoffmasse, ohne Lack- oder Kunststoffaufstrich; Textilvlieskunstleder	Rl., B.	ähnlich wie Leder	Franz Kalff & Co. KG., Stotzheim b. Euskirchen (Rhld.)
Carlit***	Preßst., Ph., u. a. Typ S	Formst.		Elektrotechnische Fabrik J. Carl, G.m.b.H., Oberweimar i. Thür.
Carta	Papierb. mit Phenolharz, gehärtet; Hartpapier	Pl., R.	spang.	Isola-Werke AG., Birkesdorf-Düren (Rhld.)
Carta-Asbest	Asbestb. mit Phenolharz, geschichtet, gehärtet	Pl., R.	spang. für Elektroöfen	Isola-Werke AG., Birkesdorf-Düren (Rhld.)
Carta-Coton	Aufbau wie Carta, aber hoch feuchtigkeitsbeständig	Pl., R.	spang.	Isola-Werke AG., Birkesdorf-Düren (Rhld.)
Carta-Textil Cartax**	Gewebeb. mit Phenolharz, gehärtet; Hartgewebe	Pl., R.	spang.	Isola-Werke AG., Birkesdorf-Düren (Rhld.)
Cawit***	Preßst., Ph. oder H., u. a. Typ S, K	Formst.		Caspar Arnold Winkhaus, Carthausen i. W.
Cedra-Glas	org. Glas unter Mitverwendung einer Cellonart hergest., ohne Füllst.	B.	schneiden, nageln	Carl Haver & Ed. Boecker, Oelde i. W.

563 (Fortsetzung).

Handelsbezeichnung	Chemische und allgemeine Kennzeichnung	Handelsform	Verarbeitung bzw. Bearbeitung und Verwendung	Herstellfirma
Cellit	Cellac.	Plv.	mit Weichm. für Spritzg.; Herstellung von Cellon	I. G. Farbenindustrie AG., Frankfurt a. M.
Cellitfilm CA	Cellac.	Fol.		
Cello-Metall	Metallfolie kaschiert mit Cellhyd.-Folie	Fol.	für Verpackgs.-zwecke	Kalle & Co., AG., Wiesbaden-Biebrich
Cellon	Cellac. ohne Füllst.	Fol., Pl., R., St.	wie Celluloid	Dynamit-Actien-Gesellschaft, Troisdorf (Bez. Köln); Verkauf durch Venditor, Verkaufsges. Troisdorf
Cellon-Drahtglas	Drahtgewebe mit Cellac.	B., Rl.	ähnl. wie Glas	Cellon-Werke, G. m. b. H., Berlin-Charlottenburg
Cellon-Klebefolie	Kombination aus Celluloseäther oder Celluloseester mit Naturh. oder Kunsth.; nicht härtbar	Fol.	pressen; als Klebefolie für Holz usw.	
Cellophan	Cellhyd.	Fol.	für Verpackgs.-zwecke	Kalle & Co. AG., Wiesbaden-Biebrich
Cellosilber****	Metallfolie mit Nicell.-Schicht	Fol.		R. Kiefer, Dresden
Celluin****	Cellac.			Paul Rie & Sohn, Prag
Celluloid	Nicell. mit Campher, mit u. ohne Füllst.; Zellhorn	Fol., Pl., R., St., Prof.	spang.; ziehen, blasen, stanzen, biegen, prägen, pressen, kleben	Celluloidfabrik Speyer, Kirrmeier & Scherer, Speyer a. Rh. Celluloid Verkaufs-Gesellschaft, Berlin Dermatoidwerke, Leipzig Deutsche Celluloidfabrik, Eilenburg Dynamit-Actien-Gesellschaft, Troisdorf; Verkauf durch Venditor, Verkaufsges. Troisdorf (Bez. Köln) Rheinische Gummi- und Celluloid-Fabrik, Mannheim-Neckarau Wasag, Westfälisch-Anhalt. Sprengstoff-AG., Berlin W 9 Wedig & Reuß, Eilenburg Westdeutsche Celluloidwerke, Lank a. Rh.
Celtid**** (wird z. Zt. nicht gelief.)				Rheinische Gummi- und Celluloidfabrik, Mannheim-Neckarau
Celusa	weitmaschig. Gewebe aus Eisendraht mit Cellac.-Schicht	B., Rl.	schneiden, biegen, falzen, nageln; an Stelle von Silicatglas	Westfälische Union AG. für Eisen- u. Drahtindustrie, Hamm i. W.
Cewe***	Preßst., Ph., u. a. Typ T2	Formst.		Carl Walther, Waffenfabr., Zella-Mehlis i. Thür.
C. F. Viledon	langfaseriges Faservlies, getränkt mit Polymerisaten, wie Mischpolymerisaten auf Basis von Vinyl- bzw. Akrylverbindungen	lederartige Pl.	ähnlich wie Leder; für Täschnerwaren, Behälter usw.	Carl Freudenberg, Weinheim (Baden)
Christolit	Phenolh., Harnstoffh., Anilinh. oder Resorcinh. mit anorg. oder org. Füllst. bzw. Harzträger, gehärtet; Preßst.	Formst.		Westfälische Metallwaren-Fabrik Christophery, G. m. b. H., Iserlohn
Ciron**				—

563 (Fortsetzung).

Handelsbezeichnung	Chemische und allgemeine Kennzeichnung	Handelsform	Verarbeitung bzw. Bearbeitung und Verwendung	Herstellfirma
Cohaerit M		zähflüssig, klebrig	als Bindemittel für Herstellung von Dichtung., Korkpreßmassen usw.	I. G. Farbenindustrie AG., Frankfurt a. M.
Cohaerit P		zähfest, klebrig, wird durch Warmbehandlung fest		
Cohesan	Lsg. mit Nicell. als Bindemittel	viscose Lsg.	aufstreichen; als Klebstoff für Schuh-, Treibriemen-, Holz- u. Papierindustrie, sowie Haushalt	I. G. Farbenindustrie AG., Krefeld-Uerdingen
Columbus Typ Z1, Z2, Z3	Preßst. Typ Z1, Z2, Z3	Formst., Lager u. Buchsen	spang.	New York-Hamburger Gummi-Waaren-Compagnie, Hamburg
Condensite	Phenolh. (mit 65... 90% Festbestandteilen)	dünn- bis dickflüssig	zur Herstlg. von Schleifscheiben	Bakelite-Gesellschaft m. b. H., Erkner b. Berlin
Constante	Preßst.	Formst.		Heinr. Kopp, Inh.: Theodor Simoneit, Sonneberg i. Th.
Copalit, flüssig	Phenolh.	zähflüssig;	aufstreichen; als Dichtungsmittel	Johannes Jeserich AG., Hamburg-Eidelstedt
Copalit-Kitt	Phenolh. mit anorg. Füllst.	Paste		
Cosal	Lsg. mit Vinylpolymerisat als Bindemittel	viscose Lsg.	aufstreichen; als Klebstoff für Leder-, Papierindustrie usw.	I. G. Farbenindustrie AG., Krefeld-Uerdingen
Cottonid	Vulf., s. dort			Dynamit AG., Troisdorf (Bez. Köln) Vulkanfiberfabrik Martin Schmid, Berlin
Covulsan	Lsg. mit Vinylpolymerisat als Bindemittel	viscose Lsg.	aufstreichen; als Klebstoff für Gummi- u. Folienindustrie	I. G. Farbenindustrie AG., Krefeld-Uerdingen
Cuprophan	Cellhyd.	Fol., Bg., Rl., Bd., Fd.	für Verpackgs.-zwecke; in der Textil- u. Hutindustrie; für Umspinnung u. Umbänderung von Kabeln	I. P. Bemberg AG., Wuppertal-Oberbarmen
Decelith	Povichlor. mit oder ohne Weichm., mit oder ohne Füllst.; Gummi-, Leder- u. Metallaust.	hart, lederartig, gummiartig; Felle, Fol., Pl., R., St., Prof., Formst.	biegen, ziehen, stanzen, kleben, schweißen, spang., pressen; Verformung z. T. ähnlich wie Kautschuk u. Leder; für Apparatebau in der chem. Industr., Elektroindustr. (Akkumulator.)	Deutsche Celluloidfabrik AG., Eilenburg
Decelith O	Pobutyl. ohne Weichm. mit oder ohne Füllst.	weichgummiartig; Fol., Pl., Stg.	schneiden, stanzen, kleben, schweißen; spritzen; für Abdichtung, Behälterauskleidung, Kabelisolierung u. -Korrosionsschutz, Stoffplattierg.	Deutsche Celluloidfabrik AG., Eilenburg

563 (Fortsetzung).

Handelsbezeichnung	Chemische und allgemeine Kennzeichnung	Handelsform	Verarbeitung bzw. Bearbeitung und Verwendung	Herstellfirma
Decelith AM	Polykon. mit oder ohne Weichm., mit oder ohne Füllst.	hart, lederartig; Fol., Pl., R.. St., Schl., Formst.	biegen, ziehen, stanzen, kleben, spang.; pressen; Verformung, z. T. ähnlich wie Leder; für treibstoffeste Bauteile, an Stelle von Leder, als Oberflächenschutz	Deutsche Celluloidfabrik AG., Eilenburg
Dekorit	Phenolh. ohne Füllst., gehärt.; Edelkunstharz	Bl., Pl., R., St., Prof.	spang.	Dr. F. Raschig, G.m.b. H., Ludwigshafen a. Rh.
Dekorit F	Edelkunstharz, Sonderqualität; sehr beständig gegen viele Säuren, formenbeständig, schrumpfungsfrei		als Zubehörteile von Spinnereimaschinen	
Dekorit L	Edelkunstharz, Sonderqualität		für Billardbälle	
Dekorit V	Edelkunstharz			
Deligna S, S*	Preßm. Typ S, S*	Plv.	pressen	Vereinigte Chemische Fabriken, Wien-Floridsdorf, Wien XXI
Dermacell	Spezial-Celluloid	Pl.	prägen; für Druckstöcke	Dermatoid-Werke Paul Meißner, Eilenburg
Dermakappa	Gewebe mit Nicell.	Pl.	wie Leder; als Versteifungsstoff	
Dermaplast	s. Dermakappa			
Dermatoid	Gewebe mit Nicell.	Rl.	wie Kaliko oder Leder; als Kunstleder	
Dermatoid-Celluloid	Celluloid	Pl., R., St.	wie Celluloid	
Dermatoid-Graviermaterial	Celluloid	Mehrschichten-Pl.	spang.; gravieren; für Schild.	
Dermatoid-Papier	Papier mit Nicell.	Bg., Rl.	wie Lederpapier; für Käst., Etuis	
Dessavia	Gewebebahnen mit Phenolh., geschichtet, gehärtet; Hartgewebe	Pl., R., St.	spang.	Neolitwerk Dessau AG., Trebbichau b. Aken (Elbe)
Deurohlit Z1	1. Preßm. Typ Z1 2. Preßst. Typ Z1	Fl. Formst.	pressen	H. Römmler AG., Spremberg (Nd.-Lausitz)
Deurohlit Z2	1. Preßm. Typ Z2 2. Preßst. Typ Z2	Schn. Formst.	pressen	
Deurohlit Z3	1. Preßb. Typ Z3 2. Preßst. Typ Z3	B. Formst.	pressen	
Deverr (wird z. Zt. nicht hergest.)	Harnstoffh. mit org. Füllst.; Preßm.	Plv.	pressen	Vereinigte Chemische Fabriken Wien-Floridsdorf, Wien XXI
Dietemann-Led	Polymerisat mit org. Fasern als Füllst.	Pl.; lederartig	ähnlich wie Leder; für Täschner u. Polsterwaren	Holzapfel & Co., Frieda b. Eschwege (Hessen)
Diphen W	Phenolh. ohne Zusätze	zähflüssig	für Preßmassen	Louis Blumer, Zwickau i. Sa.
Diplama****	Gummiaust.			Alfred Franke, Berlin
Diwa-Kunstleder***	Gewebe mit einer Aufstrichmasse Nic.	B.	ähnlich wie Leder; für Polsterung, Täschnerwaren, Einbände, Schuhe, Verdunklungsvorhänge	Deutsche Kunstleder-Werke Wolfgang, G.m. b.H., Wolfgang (Krs. Hanau)

563 (Fortsetzung).

Handelsbezeichnung	Chemische und allgemeine Kennzeichnung	Handelsform	Verarbeitung bzw. Bearbeitung und Verwendung	Herstellfirma
Dowal***	Preßst., Ph., u. a. Typ S	Formst.		Wacker & Doerr, Niederramstadt b. Darmstadt
Drawinella	Zellwolle auf der Basis von Cellac.	Zellwolle	verspinnen; als Ersatz für Wolle	
Drawirit	Povial. ohne oder mit Weichm.; Lederaust. bei Feuchtigkeitsabwesenheit	Pl., Felle; z. T. vulkanfiberoder lederähnlich; auch in Lsg.	ähnlich wie Leder; als Austauschstoff für Rohhaut u. Leder	Dr. Alex. Wacker, G.m.b.H., München
Drawolose (z. Zt. nicht in Gebrauch)****				
Duralit***	Preßst., Ph., u. a. Typ 12, S	Formst.		Schulze & Schneider, G.m.b.H., Draht u. Kabelwerk, Schönow, Post Bernau b. Berlin
Duranit***	Preßst., Ph., u. a. Typ S			Otto Langmann, Kunsth.-Preßw., Wolfisheim (Elsaß)
Durax Typ 0, 11, 12, M, S, T1, T2, Z1, Z2 u. Z3	Preßst. Typ 0, 11, 12, M, S, T1, T2, Z1, Z2 u. Z3	Formst.		Isola Werke AG., Birkesdorf-Düren (Rhld.)
Durcoton	Gewebeb. mit Phenolh., geschichtet, gehärtet; Hartgew.	Pl., R., St.	spang.; für Lager, Zahnräder u. Elektroappar.	Dielektra (früh. Meirowsky & Co.), Porz a. Rh.
Durofol	Holz-Fol. m. Phenolharz getränkt, geschichtet, gehärtet	Formst.; Pl., R., St.	spang.	Durofol K.G., J. Brangs & Co., Solingen
Duro-Kerit**	Preßst., Ph.	Formst.		Plastica (jetzt: Plastica-Tropas), G.m.b.H., Berlin
Durophen-Schnellpreßmasse Typ S	s. Alberit-Schnellpreßmasse Typ S			
Dynagen	Oppanol B mit Füllst.; Gummiaust.	Fol., B.; weichgummiartig	schneiden, stanzen, schweißen, kleben; zum Auskleiden von Bauten u. Behältern	
Dynal Typ Z2**	Preßm. Typ Z2 Preßst. Typ Z2	Fl. Formst.	pressen	Dynamit-Actien-Gesellschaft, vormals Alfred Nobel & Co., Troisdorf (Bez. Köln)
Dynal Typ Z3**	Preßm. Typ Z3 Preßst. Typ Z3	B. Formst.	pressen	
Dynal	Zellst. mit Phenolh., geschichtet, gehärt.	Pl., R., St., Prof.	spang.	
Dynoid	Vulf.; Sonderqualität			
Dynos	Vulf.; s. dort			
Dytron	Papier, Pappe oder Gewebe mit Phenolh., gehärtet	Bl., R., Formst.	spang.; für Maschinenbau (Lager)	
Dytron, Qualität Tax****	Cellulosebahnen mit Kunstharz		für trockne Gleitflächen	
Dytron, Qualität Taxit****	Papier mit Phenolh., in Matrizen gepreßt	Formst.	spang.;	
Dytron, Qualität Tex****	Gewebebahnen mit Phenolh., geschichtet u. gehärtet; Hartgewebe	Pl., R., St.	für Lager spang.	
Dytron, Qualität Texit****	Gewebe m. Phenolh., in Matrizen gepreßt	Formst.		Gustav Schwartz o.H., Düsseldorf-Rheinhof
Dytron, Qualität Tox	Kunstharzpreßholz		spang.; z. B. für Lagerteile, Führungsrollen	
Dytron, Zahnräder-Material, Qualität Lignofol****	wie Lignofol, s. dort			

563 (Fortsetzung).

Handelsbezeichnung	Chemische und allgemeine Kennzeichnung	Handelsform	Verarbeitung bzw. Bearbeitung und Verwendung	Herstellfirma
Ecarit	s. Acetylcelloid-Ecarit			Celluloidfabrik Speyer, Kirrmeier & Scherer, Speyer a. Rh.
Ecaron	Cellac. u. Weichm. ohne u. mit Füllst.; Spritzm.	Plv.	spritzen	
Efkalit S u. Z2	Preßst. Typ S u. Z2	Formst.		Frankl & Kirchner, Elektrizitätsgesellschaft, Mannheim-Neckarau
Ejsopan***	Preßst., Ph. oder H., u. a. Typ S u. K	Formst.		Ernst Jäger & Co., Schalksmühle i. W.
Elastolith**	Phenolh.			Herold AG., Hamburg
Elastophan****	Preßst., Ph.			Hamburger Laboratorium für plastische Massen, Hamburg
Elbelit**				L. Brüggemann, Heilbronn
Elbenit**				
Elbolit**				
Elerit***	Preßst., Ph., u. a. Typ 12, S	Formst.		Erich Jaeger KG., Bad Homburg v. d. Höhe
Elgesit 0	Preßst. Typ 0	Formst.		Ellinger & Geißler, Dorfhein (Bez. Dresden)
Elgesit K	Preßst. Typ K	Formst.		
Elgesit M	Preßst. Typ M	Formst.		
Elgesit S, S*	Preßst. Typ S, S*	Formst.		
Elgesit T2	Preßst. Typ T2	Formst.		
Elgesit Z2	Preßst. Typ Z2	Formst.		
Eliasit	Phenolh. mit Füllst., Preßm.	Plv.	pressen	J. Eliáš, Prag VII
Emadolit***	Preßst., Ph., u. a. Typ S	Formst.		Emil Adolff, Reutlingen i. Württ.
Emplex	Povichlor. mit Weichm., ggbf. mit Farbst.	Isolier-Schl.	für Isolierung von Leitern	Dielektra (früh. Meirowsky & Co.) AG., Porz a. Rh.
Emür****	Kunststoff Nic.			Eberhard Müller, Remscheid
Ergelit***	Preßst., Ph. oder H., u. a. Typ S, K	Formst.		Richard Giersiepen, Bergisch-Born (Rhein-Wupper-Kreis)
Ergolith	Cas. ohne Füllst., gehärtet; Kunsthorn; ungehärtet	Pl., St., R., Formst.	spang.	Chemische Fabrik Ergolding AG., Ergolding (N.-Bay.)
Esbrilith	Cas. gehärtet; Kunsthorn	Pl., St., R.	spang.	Rheinische Kunsthorn- und Leimfabrik „Esbrilith", G.m.b.H., Gernsheim a. Rh.
Escolith S, S*, ***	Preßst. Typ S, S*	Formst.		Apparatebauanst. Schneider & Co., Breslau-Gr. Ohlewiesen
Eshalit Typ 0 u. 0*	Preßst. Typ 0 u. 0*	Formst.		Siemens-Schuckertwerke AG., Berlin-Siemensst. (Gartenfeld)
Eshalit Typ 2	Preßst. Typ 2	Formst.		
Eshalit Typ 4	Preßst. Typ 4	Formst.		
Eshalit Typ 7	Preßst. Typ 7	Formst.		
Eshalit Typ 11	Preßst. Typ 11	Formst.		
Eshalit Typ 12	Preßst. Typ 12	Formst.		
Eshalit Typ A	Preßst. Typ A; Spritzst.	Formst.		
Eshalit Typ K	Preßst. Typ K	Formst.		
Eshalit Typ M	Preßst. Typ M	Formst.		
Eshalit Typ S u. S*	Preßst. Typ S u. S*	Formst.		
Eshalit Typ T1, T2 u. T3	Preßst. Typ T1, T2 u. T3	Formst.		
Eshalit Typ Z1, Z2 u Z3	Preßst. Typ Z1, Z2 u. Z3	Formst.		
Eshalit Typ X	Preßst. Typ X	Formst.		
Esjopan***	Preßst., Ph., u. a. Typ S	Formst.		

563 (Fortsetzung).

Handelsbezeichnung	Chemische und allgemeine Kennzeichnung	Handelsform	Verarbeitung bzw. Bearbeitung und Verwendung	Herstellfirma
Eßlinger Zellglas	Viscose-Folien (Rohstoff: Cellulose)	Rl.; Einmachhäute, Beutel	für Verpackgs.-zwecke	Langheck & Co., G.m.b.H., Eßlingen
Estelit***	Preßst., Ph., u. a. Typ 12, S	Formst.		Storch & Stehmann, G.m.b.H., Ruhla i. Thür.
Fano**				Kalle & Co. AG., Wiesbaden-Biebrich
Fantasit**	Cas. mit Formald. gehärtet; Kunsthorn			Dynamit-Actien-Gesellschaft, Troisdorf (Bez. Köln)
Faturan-Asbestfasermasse Typ 12	Preßm. Typ 12	Plv.	pressen	New York-Hamburger Gummi-Waaren-Compagnie, Hamburg
Faturan-Fasermasse Typ Z1	Preßm. Typ Z1	Fl.	pressen	New York-Hamburger Gummi-Waaren-Compagnie, Hamburg
Faturan-Gesteinsmehlmasse Typ 11	Preßm. Typ 11	Plv.	pressen	New York-Hamburger Gummi-Waaren-Compagnie, Hamburg
Faturan-Gewebepreßbahnen Typ T3	Preßb. Typ T3	B.	pressen	New York-Hamburger Gummi-Waaren-Compagnie, Hamburg
Faturan-Schnellpreßmasse Typ S u. S*	Preßm. Typ S u. S*	Plv.	pressen	New York-Hamburger Gummi-Waaren-Compagnie, Hamburg
Faturan-Schnitzelmasse Typ Z2	Preßm. Typ Z2	Fl.	pressen	New York-Hamburger Gummi-Waaren-Compagnie, Hamburg
Faturan-SF-Masse	Preßm. Typ Z1	Fl.	pressen	New York-Hamburger Gummi-Waaren-Compagnie, Hamburg
Faturan-Textilfasermasse Typ T1	Preßm. Typ T1	Fl.	pressen	New York-Hamburger Gummi-Waaren-Compagnie, Hamburg
Faturan-Textilschnitzelmasse Typ T2	Preßm. Typ T2	Schn.	pressen	New York-Hamburger Gummi-Waaren-Compagnie, Hamburg
Faturan-Zellstoff-Preßbahnen Typ Z3	Preßb. Typ Z3	B.	pressen	New York-Hamburger Gummi-Waaren-Compagnie, Hamburg
Faturan-ZF-Masse	Preßm. Typ Z1	Fl.	pressen	New York-Hamburger Gummi-Waaren-Compagnie, Hamburg
Febalan***	Preßst., Ph. oder Cellac., u. a. Typ S, T2, A	Formst.		„Feba" Stückrath KG., Berlin-Köpenick
Febalit***	Preßst.	Formst.		„Feba" Stückrath KG., Berlin-Köpenick
Fermit Typ 2	Preßst. Typ 2	Formst.		Isola-Werke AG., Birkesdorf-Düren (Rhld.)
Fermit Typ X	Preßst. Typ X	Formst.		Isola-Werke AG., Birkesdorf-Düren (Rhld.)
Ferrisol	Posty. mit Metall-Plv.			I. G. Farbenindustrie AG., Frankfurt a. M.
Ferrocart	Spezialeisen-Plv. mit Zusatz von Kunstharzlack oder Erdölbitumen, spanlos geformt	Formst.	besonders als Hochfrequenzeisenkern	Vogt & Co., Berlin-Neukölln
Ferropal	Posty. mit Metall-Plv.			I. G. Farbenindustrie AG., Frankfurt a. M.
Ferrozell	Gewebeb. mit Phenolh., gehärtet; Hartgewebe	Pl., R., St., Prof., Formst.	spang., für Zahnräder, Lager usw.	Ferrozell-Ges. Ecke & Co., Augsburg
Festellan**	Preßst., Ph.	Geschirrteile		Dynamit-Actien-Gesellschaft, Troisdorf (Bez. Köln)
Festopas	Preßst. H. oder Melaminharz	Formst., Geräte u. Geschirre		Dr. Georg Lay, Wuppertal-Barmen
F. H.***	Preßst., Ph., u. a. Typ S	Formst.		Fritz Heublein, Neustadt b. Coburg
Fibresinol Typ T2 (wird z. Zt. nicht hergestellt)	Preßm. Typ T2	Schn.		Dr. F. Raschig, G.m.b.H., Chemische Fabrik, Ludwigshafen a. Rh.
Fibropas	Vulf. mit Harnstoffh. imprägniert			Dynamit-Actien-Gesellschaft, Troisdorf; Verkauf durch Venditor, Verkaufsges. m.b.H., Troisdorf (Bez. Köln)

563 (Fortsetzung).

Handelsbezeichnung	Chemische und allgemeine Kennzeichnung	Handelsform	Verarbeitung bzw. Bearbeitung und Verwendung	Herstellfirma
Flaka	Cellac.	Kapseln	für Flaschenverschluß	Kalle & Co. AG., Wiesbaden-Biebrich
Fliro	Cellhyd.	Textilfaser aus feingeschnittener Fol.		(Kalle & Co. AG., Wiesbaden-Biebrich)
Formolit Typ S u. S*	Preßst. Typ S u. S*	Formst.		New York-Hamburger Gummi-Waaren-Compagnie, Hamburg
Framalite**	Kunststoff, Ph.			—
Frankit***	Preßst., Ph., u. a. Typ S	Formst.		Kronacher Porzellanfabrik Stockhardt & Schmidt-Eckert, Kronach i. Bay.
Friwocit S	Preßst. Typ S	Formst.		Friemann & Wolf, G.m. b.H., Zwickau i. Sa.
Futuran	Phenolh. mit anorg. oder org. Füllst., gehärtet; Preßst.	Formst.		Futurit-Werk AG., Wien
Futurit G	Preßst., Typ S, T2	Formst.		Kabelfabrik AG., Preßburg
Galalith	Cas. ohne Füllst., mit Formald. gehärtet; Kunsthorn	Pl., St., R., Formst.	spang., stanzen	Internationale Galalith-Gesellschaft Hoff & Co., Hamburg-Harburg 1
Galvatoid	Spezial-Celluloid	Pl.	prägen; für Klischeegalvanos	Dermatoid-Werke Paul Meißner, Eilenburg
Geaphan	Celltriac.	Fol., Fd.	für elektr. Isolierungen	Allgemeine Elektricitäts-Gesellschaft, Berlin Schering AG., Berlin Hiag-Verein, Mainz-Mornbach
Gecolit***	Preßst., Ph. oder H., u. a. Typ 0, S, T2, Z1, Z2	Formst.		Gerdes & Co., Schwelm i. W.
Geigerit***	Preßst., Ph., u. a. Typ S	Formst.		Wilhelm Geiger, G.m.b.H., Lüdenscheid i. W.
Gekalit	Gewebe mit einer Masse aus Povichlor., Farb- u. Füllst.	Rl.	ähnlich Leder	Göppinger Kaliko- u. Kunstleder-Werke, vorm. Netter & Eisig, G.m.b. H., Göppingen (Württ.)
Germalith S	Preßst. Typ S	Formst.		Germer & Willems, Berlin NW
Germalith T2	Preßst. Typ T2	Formst.		(Germer & Willems, Berlin NW)
Gerohlex F Gerohlex G	Gewebeb. mit Phenolh., geschichtet, gehärtet; Hartgew.	Pl.	spang.	H. Römmler AG., Spremberg (Nd.-Lausitz)
Gerohlex FR Gerohlex GR	Gewebeb. mit Phenolh., gewickelt, gehärtet; Hartgewebe	St., R.	spang.	(H. Römmler AG., Spremberg (Nd.-Lausitz))
Gerohlit Gerohlit St	Phenolh. mit Gewebe-Schn., gehärtet; Preßst.	Formst. für Lager, z. B. Buchsen	spang.	(H. Römmler AG., Spremberg (Nd.-Lausitz))
Gesanit***	Preßst., Ph., u. a. Typ 0, 12, S, T2	Formst.		Gebr. Spindler, Betr.-Kom.-Ges., Köppelsdorf i. Thür.
Glorit** Glorit****	Cas. mit Formald. gehärtet; Kunsthorn			—
Graconit	Preßst. Typ S	Formst.		Graewe & Co., Menden i. W.
Granitol-Kunstleder	Gewebe mit ein- oder doppelseitiger Schicht aus Nicell. mit Weichm. u. Farbstoffen; Lederaust.	B.	wie Leder	Kötitzer Ledertuch- u. Wachstuch-Werke AG., Coswig (Bez. Dresden)
Griesolan	Phenolh. mit Füllst., gehärtet; Preßst.	Formst. (Baubeschläge)		Grieshammer-Werke AG., Elsterwerda
Griffolit-Stangen	Metall mit in der Hitze gehärtetem Phenolh. ummantelt	R., St.	als Einsteig- u. Haltestangen bei Fahrzeugen	Hermann Frenkel, Mölkau b. Leipzig
Gummon****	Preßst. mit Asphalt	Formst.		Isolatoren-Werke, München

563 (Fortsetzung).

Handelsbezeichnung	Chemische und allgemeine Kennzeichnung	Handelsform	Verarbeitung bzw. Bearbeitung und Verwendung	Herstellfirma
Haberit***	Preßst., Ph., u. a. Typ S	Formst.		Bender & Wirth, Kierspe-Bahnhof i. W.
Hacolit***	Preßst., Ph., u. a. Typ S	Formst.		Westdeutsche Metallindustrie Wilhelm Kötter, Unna i. W.
Haftax	Chlorierungsprodukt des Naphthalins ohne Füllst.	wachsartig	imprägnieren bzw. vergießen aus dem Schmelzfluß; für elektr. Isolation	Chem. Fabr. von Heyden AG., Radebeul b. Dresden
Hakalit***	Preßst., Ph. oder H., u. a. Typ S, T2, K	Formst.		Hugo Krieger & Faudt, Berlin
Hares F1	1. Preßm. Typ 11 2. Preßst. Typ 11	Plv. Formst.	pressen	
Hares F2	1. Preßm. Typ 12 2. Preßst. Typ 12	Plv. Formst.	pressen	
Hares L1	1. Preßm. Typ T1 2. Preßst. Typ T1	Fl. Formst.	pressen	
Hares L2	1. Preßm. Typ T2 2. Preßst. Typ T2	Schn. Formst.	pressen	
Hares L3	1. Preßb. Typ T3 2. Preßst. Typ T3	B. Formst.	pressen	
Hares S u. S*	1. Preßm. Typ S u. S* 2. Preßst. Typ S u. S*	Plv. Formst.	pressen	H. Römmler AG., Spremberg (Nd.-Lausitz)
Hares-Hartpapier	Papierb. mit Phenolharz, gehärtet; Hartpapier	Pl., R., St., Prof.	spang.	
Harex-Asbestgewebe	Asbestgewebe mit Phenolh., gehärtet	Pl., R.		
Harex-Hartgewebe	Gewebeb. mit Phenolh., gehärtet; Hartgewebe	Pl., R., St., Prof.	spang.	
Hastra****	Cas. gehärtet; Kunsthorn			Hastra Kunstharz-Preßwerk, Wien
Haveg	Phenolh. mit Asbestfaser, gehärtet; säurebeständig	App., Formst., Beh., R.	ggbf. spang.	
Haveg IGH	anorg. Gewebe mit Phenolh., gehärtet; säurebeständig	R., Formst.	spang.	
Havegit	Phenolh. mit anorg. pulverförmigem Füllst., nicht gehärtet; kalthärtend	Kitt	zum Verlegen u. Verfugen von Steinen; als säurebeständig. Kitt	Säureschutzgesellschaft m. b. H., Berlin-Alt-Glienicke
Havegit FA	Phenolh. mit anorg. Faser, nicht gehärtet; kalthärtend	Spachtelmasse	spachteln; für säurebeständige Auskleidung von Behältern	
Havegit KE	Phenolh. mit anorg. pulverförmigem Füllst., nicht gehärtet; kalthärtend	Anstrichmasse	streichen; für säurebeständige Anstriche	
Heimelit	Preßst., Ph.	Formst.; Haushaltgegenständ.		Bezet-Werk Herm. Buchholz, Motzen (Krs. Teltow)
Hekodent	Mipo. auf Povichlor.-Basis mit Kiesel-Füllst.	Plv.	pressen; als zahntechnisches Kronen- u. Brückenmaterial	Heko-Werke, Berlin-Tempelhof
Hekolith	Celluloid-Art	Gaumenbasisplatt.	pressen zu zahntechnischen Protesen	Heko-Werke, Berlin-Tempelhof
Heleco**				—

563 (Fortsetzung).

Handelsbezeichnung	Chemische und allgemeine Kennzeichnung	Handelsform	Verarbeitung bzw. Bearbeitung und Verwendung	Herstellfirma
Heliosit	Preßst. Typ 8	Formst.		H. Römmler AG., Spremberg (Nd.-Lausitz)
Heliosit, spezial	Preßst. Typ 7	Formst.		H. Römmler AG., Spremberg (Nd.-Lausitz)
Helit***	Preßst., Ph., u. a. Typ S	Formst.		Kabelfabrik AG., Preßburg
Heliowatt 2	Preßst. Typ 2	Formst.		Heliowatt-Werke, Berlin-Charlottenburg
Heliowatt 7	Preßst. Typ 7	Formst.		Heliowatt-Werke, Berlin-Charlottenburg
Heliowatt 8	Preßst. Typ 8	Formst.		Heliowatt-Werke, Berlin-Charlottenburg
Heliowatt S	Preßst. Typ S	Formst.		Heliowatt-Werke, Berlin-Charlottenburg
Heliowatt T2	Preßst. Typ T2	Formst.		Heliowatt-Werke, Berlin-Charlottenburg
Heliowatt Z2	Preßst. Typ Z2	Formst.		Heliowatt-Werke, Berlin-Charlottenburg
Heliozell	Zellglas aus regenerierter Cellulose	B.	schneiden, stanzen, kleben; für Verpackungsmaterial	Feldmühle Papier- u. Zellstoff-Werke AG., Stettin
Heliozell, wetterfest	Zellglas aus regenerierter Cellulose, mit Speziallack behandelt	B.	schneiden, stanzen, kleben; für feuchtigkeitsdichtes Verpackungsmater.	Feldmühle Papier- u. Zellstoff-Werke AG., Stettin
Heliozith	Preßst., Ph., Edelkunstharz	Formst.		Chem. Laboratorien Herbert Kurth, Schifferstadt (Pfalz)
Hellaridin**				Kalle & Co., AG., Wiesbaden-Biebrich
Hensel****	Preßst.			Gustav Hensel, Radevormwald
Heralit***	Preßst., Ph., u. a. Typ S	Formst.		Preßstoffwerk Nürnberg, Gebrüder Klein, Nürnbg.
Herbolit***	Preßst., Ph., u. a. Typ S	Formst.		H. Bodenmüller, Stuttgart-Zuffenhausen
Hercules Typ T1, T2, T3	Preßst. Typ T1, T2, T3	Formst.; Lager u. Buchsen	spang.	New York-Hamburger Gummi-Waaren Compagnie, Hamburg
Herolith**	Phenolgießharz, gehärtet			Dynamit-Actien-Gesellschaft, Troisdorf (Bez. Köln)
Hochvolt-Hartpapier	Papierb. mit Phenolharz, geschichtet, gehärtet; Hartpap.	Pl., R., St., Lst., Formst., fertige Teile	spang.; stanzen	Hochvoltisolation Fr. Uhlmann & Co., Dresden A 39
Hocolit***	Preßst., Ph. oder H., u. a. Typ 12, S, K	Formst.		Paul Hochköpper & Co., Lüdenscheid i. W.
Homelit	entspr. Heimelit, s. dort	Formst.		Bezet-Werk Herm. Buchholz, Motzen (Krs. Teltow)
Hornit	Cas. ohne Füllst., gehärtet; Kunsthorn	R., St., Prof.	spang.	„Wehalith" H. Wenigmann, Haan (Rhld.)
Hostalit	= Haveg IGH			
Hyli**				—
Idealith****	Cas. ohne Füllst., mit Formald. gehärtet; Kunsthorn			Idealith-Werk Jos. H. Bolkart, Nürnberg-W
Idonit (jetzige Bezeichnung: „flüssiges Bakelite 143")	Phenolh. ohne Füllst. (Festbestandteile mind. 70%)	mittelflüssig	als Gießharz; als Bindemittel bei Herstlg. von Bremsmaterial	Bakelite-Gesellschaft m. b. H., Erkner b. Berlin
Igamid	s. Lupamid			I. G. Farbenindustrie AG., Frankfurt a. M.
Iganil	Anilin-Formald.-Kondensat ohne Füllst.; nicht härtbares Preßharz; Zellstoff-Bahn. mit Harz	Plv. B.	pressen; als Isolierstoff u. Austauschstoff für Hartgummi pressen	I. G. Farbenindustrie AG., Frankfurt a. M.

563 (Fortsetzung).

Handelsbezeichnung	Chemische und allgemeine Kennzeichnung	Handelsform	Verarbeitung bzw. Bearbeitung und Verwendung	Herstellfirma
Igelit MP	Mipo. auf Vinylchloridbasis	Plv.	ähnl. Igelit PCU; Sondermassen dienen als Preßm. od. Spritzm.	I. G. Farbenindustrie AG., Frankfurt a. M.
Igelit PC	Povichlor., l. lösl.	Plv.	gießen zu Fol.	I. G. Farbenindustrie AG., Frankfurt a. M.
Igelit PCU	Povichlor	Plv.	mit Weichm. ähnl. Kautsch., für chemikalienfeste Isolier- u. Mantelstoffe; mit Weichm. u. Füllst. an Stelle von Weichgummi; ohn. Weichmittel f. Formst. u. Fol.	I. G. Farbenindustrie AG., Frankfurt a. M.
Igelit PCU-Paste	Dispersion von Igelit PCU in Weichm.; Paste F enthält etwas Füllst.	zähflüssig bis teigig; wird durch Wärmebehandlung weichgummiähnlich bis lederartig	auf Gewebe auftragen oder in Formen gießen, dann auf 160° C erhitzen; für Kunstleder, Wachstuche, Dublierungen usw.; für Stempelplatten, Druckstöcke usw.	I. G. Farbenindustrie AG., Frankfurt a. M.
Igevin	Vinylpolymerisate verschiedener Konstitution (unterschieden durch Buchstabenkennzeichnung) in verschiedenem Polymerisationsgrad	je nach Polymerisationsgrad zähflüssig oder weichharzähnlich oder als harte Harzbrocken, auch als Lösungen	als Roh- bzw. Hilfsstoff für die Klebstoffherstellung, Hilfsstoff für Papierimprägnierungen u. -kaschierungen usw.	I. G. Farbenindustrie AG., Frankfurt a. M.
Imperit***	Preßst., Ph., u. a. Typ S	Formst.		Kaiser & Spelsberg, Schalksmühle i. W.
Iporit	Harnstoffh. gehärtet	schaumartig, porös	als Wärme- u. Schallisolierung	I. G. Farbenindustrie AG., Frankfurt a. M.
Iporka				I. G. Farbenindustrie AG., Frankfurt a. M.
Isena	nach der Sperrholztechnik verklebtes Leder mit Pobuta. u. Mipo. (früher Latex u. Poak.) als Bindemittel; Lederstückwerkstoff nach RAL 069c	Pl.	wie Leder; als Brandsohle, Futter- u. Oberleder	Cornelius Heyl AG., Worms
Isolierpanzer Typ K, S, T1, T2, Z1 u. Z2	Preßst. Typ K, S, T1, T2, Z1 u. Z2	Formst.		Gebr. Berker, Schalksmühle i. W.
Isolierpreßstoff K	Preßst. Typ K	Formst.		Phenoplast Bischoff & Co. KG., Eberswalde
Isolierstahl***, heute „Isolierpreßstoff"	Preßst., Ph. oder H., u. a. Typ M, S, T2, K	Formst.		Dr. Deisting & Co., G. m. b. H., Kierspe i. W.
Isolierstoff***	Phenolh. oder Harnstoffh. mit Füllst., gehärtet; Preßst., u. a. Typ S, K	Formst.		Ernst Backhaus & Co., Kierspe-Bahnhof i. W.

563 (Fortsetzung).

Handelsbezeichnung	Chemische und allgemeine Kennzeichnung	Handelsform	Verarbeitung bzw. Bearbeitung und Verwendung	Herstellfirma
Isophan	Zelluloseäther mit u. ohne Füllst.	Fol.	kleben, aufpressen; für Umhüllungen, Schutzschicht., Isolierungen	Cellon-Werke, G.m.b.H., Berlin-Charlottenburg
Isowar***	Preßst., Ph. oder H., u. a. Typ S, K	Formst.		M. Hildebrand & E. Hammerschmidt, Brand-Erbisdorf i. Sa.
Isyntha	Polymerisationsprodukt in Verbindung mit Bencell. u. teils auch Cellit	Isolier-Schl., Schaltdrähte, Litzen		Hermann Klasing KG., Berlin-Adlershof
Ivorax**	Phenolh.			Herold AG., Hamburg
Jarax	Papierb. mit Phenolharz, gehärtet; Hartpapier mit hohem Harzgehalt	Pl.	spang.	
Jaroplast 0	Preßst. Typ 0	Formst.		
Jaroplast 11	Preßst. Typ 11	Formst.		
Jaroplast 12	Preßst. Typ 12	Formst.		Elektro, Glimmer- u. Preßwerke Scherb & Schwer KG., vorm. Jaroslaw, Berlin-Weißensee
Jaroplast M	Preßst. Typ M	Formst.		
Jaroplast S	Preßst. Typ S	Formst.		
Jaroplast T1, T2, T3	Preßst. Typ T1, T2, T3	Formst.		
Jaroplast Z1, Z3	Preßst. Typ Z1, Z3	Formst.		
Jaroplast	Povichlor. mit Weichm., ggbf. mit anorg. Füllst.	weichgummi- bis lederartig, Isolierschläuche, umpreßte Isolierungen	für elektr. Isolierungen	
Jubar-Organ-Glas****				Lorch & Hamm, Zweibrücken
Juralit****	Preßst. Ph.			J. Schreiber & Co., Lipnik
Kabelisolierstoff „Schering“	Celltriac.; Triacetat-Kunstseide	Fd.	als Elektroisolierstoff	Schering AG., Berlin-N
Katro**				Kalle & Co. AG., Wiesbaden-Biebrich
Kaurit	Harnstoffh.			I. G. Farbenindustrie AG Frankfurt a. M.
Kaurit-Leim	Harnstoffh. mit Füllstoff		auftragen, z. B. auf Furniere u. dann aufeinanderpressen bei normaler oder höherer Temperatur; zum Verleimen von Holz, Pappe, Papier, Vulf. usw.	
Kaurit-Schaum	Harnstoffh.			
KB***	Preßst., Ph. oder H.	Formst.		Karl Buchrucker, München 8
Kawelit***	Preßst., Ph., u. a. Typ S	Formst.		Karl Wegner, Berlin
Kerit-Schnellpreßmasse Typ S	Preßm. Typ S	Plv.	pressen	Internationale Galalith-Ges. Hoff & Co., Hamburg-Harburg
Kerit S, T1 u. T2	Preßst. Typ S, T1 u. T2	Formst.		
Kerit	Preßst., Ph.	Formst.		Plastica-Tropas, G.m.b.H., Berlin
Kiwitan***	Preßst., Ph. oder H., u. a. Typ 11, 12, M, S, T2, Z1, K	Formst.		Wolff & Co., Walsrode
Kleinit***	Preßst., Ph., u. a. Typ S	Formst.		Julius Klein Nachf. Dr. Sadler (jetzt: Oskar Gaudlitz), Coburg

563 (Fortsetzung).

Handelsbezeichnung	Chemische und allgemeine Kennzeichnung	Handelsform	Verarbeitung bzw. Bearbeitung und Verwendung	Herstellfirma
Kombinationsmaterial A	Asbeststein u. Papier oder Gewebe mit Phenolh., geschichtet, gehärtet	Pl.	spang.	H. Römmler AG., Spremberg (Nd.-Lausitz)
Kombinationsmaterial R	Asbeststein u. Papier mit Harnstoffh., geschichtet, gehärtet	Pl.	spang.	H. Römmler AG., Spremberg (Nd.-Lausitz)
Kondensite	s. Condensite			Bakelite-Gesellschaft m.b.H., Erkner b. Berlin
Kopan**	Phenolh.			—
Koraton****	Phenolh. ohne Füllst., gehärtet; Edelkunstharz			Wedig & Reuß, Eilenburg
Kosalith (wird z. Zt. nicht hergestellt)	Kopal mit Mikroasbest u. Farbst.; Spritzst.	Formst., z. B. Lichtantennen		Ingenieur Pessl, Astra-Spritzgießerei, Wien 62/VII
KP***	Preßst., Ph., u. a. Typ S, Z3	Formst.		Karl Potthoff, Solingen-Ohligs
Kunsthorn-Rondelle****	Cas. ohne Füllst. mit Formald. gehärtet			Hannoversche Kunsthorn-Gesellschaft m.b.H., Hannover-Hainholz
KW 66/S***	Preßst. Typ S	Formst.		Preßwerk Krauß & Steidel (jetzt Kurt Steidel), Berlin-N
KW 66/VII***	Preßst. Typ 7	Formst.		
Laccain N	Phenolh. ohne Zusätze	harzartige Brocken	für Kitte	Louis Blumer, Zwickau i. Sa.
Leatheroid	Vulf.; sogen. Rollenfiber	Rl.		Dynamit-Actien-Gesellschaft, Troisdorf (Bez. Köln)
Ledax (wird z. Zt. nicht hergestellt)	Baumwollvlies mit Gummi imprägniert, mit Nicell.-Masse gestrichen, genarbt	Rl.	ähnlich Leder; für Koffer- u. Täschnerwaren	Göppinger Kaliko- u. Kunstleder-Werke, vorm. Netter & Eisig, G.m.b.H. Göppingen (Württ.)
Lederett	zerfaserte Lederabfälle mit synthetischen Bindemitt.; Lederaust.	Pl., B.	wie Leder; stanzen, pressen, kleben; hauptsächlich für Schuhe	Kötitzer Ledertuch- u. Wachstuchwerke AG., Coswig (Bez. Dresden)
Lederstein	Vulf.			Martin Schmid, Werder, Berlin
Legrit A	Preßst. Typ A; Spritzst.	Formst.		Deutsche Legrit-Ges. m.b.H. Berlin O 17
Leukorit**	entspr. Dekorit L; s. dort			Dr. F. Raschig, G.m.b.H., Ludwigshafen
Leyconit***	Preßst., Ph., u. a. Typ S	Formst.		Sursum, Elektrizitäts-Ges., Leyhausen & Co., Nürnberg-N
Licolit S	Preßst. Typ S	Formst.		Lindner & Co., Jecha-Sondershausen i. Thür.
Licolit K	Preßst. Typ K	Formst.		Lindner & Co., Jecha-Sondershausen i. Thür.
Lignofol	Holzfolien mit Phenolh., geschichtet, gehärtet; Preßlagenholz	Pl., Bl.	spang.; u. a. für Zahnräder, Lager	Dynamit-Actien-Gesellschaft, Troisdorf (Bez. Köln)
Lignostone	1. Holz mit Phenolh. getränkt, gehärtet; Preßvollholz 2. Holzfolien mit Phenolh., geschichtet, gehärtet; Preßlagenholz	Fertigerzeugnisse für den Maschinenbau, Bl., Kt., Pl., St., Formst.	spang.; verleimen	Eisenwerk Wanheim, G.m.b.H., Duisburg-Wanheim Holzveredelung G.m.b.H., Haren-Ems
Likanit	Posty. mit oder ohne Füllst.	Formst.		Bezet-Werk Herm. Buchholz, Motzen (Krs. Teltow)
Linax	Gewebeb. mit Phenolharz, geschichtet, gehärtet; Hartgew.	Pl., R., St.	spang.; speziell für Zahnräder, Lager, ferner für Apparate- u. Gerätebau	Siemens-Schuckertwerke AG., Berlin-Siemensstadt

563 (Fortsetzung).

Handelsbezeichnung	Chemische und allgemeine Kennzeichnung	Handelsform	Verarbeitung bzw. Bearbeitung und Verwendung	Herstellfirma
Linölit***	Preßst., Ph., u. a. Typ S	Formst.		Linden & Co. KG., Lüdenscheid i. W.
Lithocorn	Cas. ohne u. mit Füllst., mit Formald. gehärtet; Kunsthorn	glatte u. profilierte Pl., R., St., Formst.	spang.; biegen, stanzen	Aug. Elhardt Söhne, Chem. Fabr., Durach b. Kempten (Allg.)
Locron	Harnstoffh.			I. G. Farbenindustrie AG. Frankfurt a. M.
Lonarit	Cellac. mit u. ohne Füllst.	Plv.	spritzen, pressen	Cellon-Werke, G.m.b.H., Berlin-Charlottenburg
Lonzatub	Cellac. mit u. ohne Füllst., ohne Weichm.	R.	als Trinkhalme, Kiele, Hülsen	Lonza-Werke, G.m.b.H., Weil am Rhein (Baden)
Lupamid (= Igamid)	Superpolyamide, hornähnlich hart bis lederähnlich weich	Stck. oder grobkörnig. Plv., ggbf. in Lsg.		
Lupamid A u. B			spritzen	
Lupamid 6A			spritzen, pressen, walzen; für Formst., Fol., als Lederaust.; in Lsg. für Imprägnierungen.	
Lupamid 5A			Für Klebstoffe, Imprägnierung.	I. G. Farbenindustrie AG., Frankfurt a. M.
Lupamid 85B			Spritzen, pressen, strangpressen, schneckenpressen, walzen, recken; als Lederaust., für biegsame Rohre, Kabelummantelung usw.	
Lupinit****	Cas. gehärtet; Kunsthorn			Lupinit, G.m.b.H., Mannheim
Lupolen N	hochpolymerer gesättigter Kohlenwasserstoff	wachsähnlich	mit and. Kunststoffen (z. B. Oppanol B) für Isolierzwecke	
Lupolen H	hochpolymerer gesättigter Kohlenwasserstoff	paraffinähnlich, ab. elastisch	allein oder mit Oppanol B als Isolierung, chemikalienfeste Auskleidung u. Verpackung	
Luresin	Kunstharzprodukt			
Luresin F		Flüssigkeit	zur Harzstrekkung bei Papierleimung	
Luresin PT		Plv.	wie Luresin F	I. G. Farbenindustrie AG., Frankfurt a. M.
Luvican	Polyvinylcarbazol mit u. ohne Füllst.; Spritzm., Preßm. (Zahlen geben einen Hinweis auf Formbeständigkeit nach Martens)	Plv., feines Fasermaterial	spritzen, pressen; insbesondere für Formst. in der Elektrotechnik (Hochfrequenz)	
Luvitherm-Fol.	Povichlor. ohne Weichm.	Fol.	für Elektro- u. Verpackungsindustrie	
Lyafol	Superpolyamid mit oder ohne Weichm.	Fol.	für wasserdicht. Bekleidung, Verpackung usw.	I. G. Farbenindustrie AG., „Agfa", Wolfen (Krs. Bitterfeld)
Marbolith**	Phenolh.			Herold AG., Hamburg
Margolit 2	Preßst. Typ 2			Vereinigte Isolatorenwerke AG., Berlin-Pankow

563 (Fortsetzung).

Handelsbezeichnung	Chemische und allgemeine Kennzeichnung	Handelsform	Verarbeitung bzw. Bearbeitung und Verwendung	Herstellfirma
Matit***	Preßst., Ph. oder H., u. a. Typ S, K	Formst.		Elektrot. Fabr. Ernst Maté (jetzt Richard Brünner), Wien
Megohmit	Spaltglimmer mit Naturh. (Schellack)	Pl.	schleifen, schneiden; Kollektorlamellen-Isolation	Dielektra AG., Porz a. Rh.
Mellit***	Preßst., Ph., u. a. Typ S, T2	Formst.		Josef Mellert, Bretten i. Baden
Mendelith 12, S, S*, T2, T3, Z1, Z2 u. Z3	Preßst. Typ 12, S, S*, T2, T3, Z1, Z2 u. Z3	Formst.		Radio H. Mende & Co., Dresden-N.
Merit***	Preßst., Ph. oder H., u. a. Typ 11, 12, S, S*, T1, Z2, K	Formst.		Gebr. Merten, Gummersbach (Rhld.)
Mikanit (Gattungsbegriff)	Spaltglimmerfabrikate mit Natur- oder Kunstharzbindung (s. VDE 0332)	Pl., R., Formst.	spang., stanzen, schneiden, wickeln; für elektr. Isolierungen (Kollektoren, Heizapparate, Schaltgeräte usw.	Allgemeine Elektricitäts-Ges., Berlin Isola-Werke AG., Birkesdorf b. Düren (Rhld.) Dielektra AG., Porz a. Rh. Scherb & Schwer KG., vorm. Jaroslaw, Berlin-Weißensee
Mipolam	Povichlor. oder Mipo. mit Povichlor.			
Mipolam-Hart	ohne Weichm.; Preßm., Spritzm.	Plv.,	pressen, spritz.,	
	ohne Weichm.; u. a. Metallaustauschstoff	Fol., Pl., R., St., Prof.	spang., ziehen, blasen, stanzen, schweißen, kleben, spritzen	Dynamit-Actien-Gesellschaft, Troisdorf (Bez. Köln)
Mipolam-Weich	mit Weichm.; Spritzmasse		spritzen	
	mit Weichm.; Kabelmasse, Lederaust.	Fell., Fol., Pl., St., Schl., Prof.	schneiden, stanzen, schweißen, kleben	
Mixit 0, A, K, M, S, S*, T1, T2, T3, Z2 u. Z3	Preßst. Typ 0, A, K, M, S, S*, T1, T2, T3, Z2 u. Z3	Formst.		Mix & Genest AG., Berlin-Schöneberg
Modelith****	Cas. ohne Füllst. mit Formald. gehärtet; Kunsthorn			Celler Preßwerke, G.m.b.H., Celle b. Hannover
Monit	Vulf., ungeschichtet	St.	spang.; pressen, prägen, stanz. biegen; Schwachstromind.	Monit-Werke G.m.b.H., Heidenau b. Dresden
Mowicoll	Poviac.			
Mowicoll-Dispersion	neuer Name für MV-Emulsion			
Mowilith	Poviac.	fest, in Lsg. u. als Disp.	ähnl. Acronal	
Mowital Preßm. I	Polyvinylacetal mit Weichm.	Plv., Stg.	pressen, spritz.; für Schl., Dichtungen, Manschetten, Überzüge auf Metall.	
Mowital P I in Lsg.	Polyvinylacetal mit Weichm. in Lsg.	Lsg.	Für Filme; Streichen u. Doubrieren von Gewebe, Kleben von Mowital-Formst.	I. G. Farbenindustrie AG., Frankfurt a. M.
MV-Emulsionen	Poviac. mit oder ohne Weichm. in wässeriger Disp.	dickflüssig., mit Wasser verdünnbare Pasten	Zur Herstellung von Faservliesen; als Bindemittel für Streich- u. Anstrichstoffen	

563 (Fortsetzung).

Handelsbezeichnung	Chemische und allgemeine Kennzeichnung	Handelsform	Verarbeitung bzw. Bearbeitung und Verwendung	Herstellfirma
Mycalex	Glimmer mit Bleiborat, geschichtet, heiß verpreßt	Pl.	spang.	Allgemeine Elektricitäts-Gesellschaft, Berlin
Mycalex Typ Y	Preßst. Typ Y	Formst.		
Nacolit-Faserstoff	Phenolh. mit Füllst., gehärtet; Preßst.	Handräder u. Griffe	spang.	Nacolit-Preßwerk, Dresden-A. 28
Nacrolaque	Cellon mit Perlmuttereffekt			Dynamit-Actien-Gesellschaft, Troisdorf (Bez. Köln)
Nalo	Cellhyd.	Kunstdarm		Kalle & Co. AG., Wiesbaden-Biebrich
Neocamid	Harnstoffh. mit Holzmehl; Preßm. Typ K	Plv.		Aug. Nowack AG., Bautzen
Necosit***	Preßst., Ph., u. a. Typ 0, 0*	Formst.		Otto Nettelbeck, Berlin O 17
Neodur	Povichlor.	weichgummiartig		Pahlsche Gummi- u. Asbest-Ges., PAGUAG, Düsseldorf-Rath
Neohekolith	Mipo. auf Povichlor.-Basis	Gaumenbasisplatt., Plv.	pressen zu zahntechnisch. Prothesen	Heko-Werke AG., Berlin-Tempelhof
Neolit	Papierb. mit Phenolharz, geschichtet, gehärtet; Hartpapier	Pl., R., St., Formst.	spang.	Neolitwerk Dessau AG., Trebbichau b. Aken (Elbe)
Neolith****	Kunsthorn			Deutsche Kunsthorn-Ges.
Neophan	Cellac. mit u. ohne Füllst.	Fol.	kleben u. aufpressen, für Umhüllung u. Isolierung	Cellon-Werke, G.m.b.H., Berlin-Charlottenburg
Neoresit-Asbestschnurpreßmasse Typ M	Preßm. Typ M	Kord.	pressen	Aug. Nowack AG., Bautzen
Neoresit-Papierfädenpreßmasse Typ Z2	Preßm. Typ Z2	Fl.	pressen	
Neoresit-Preßmasse Typ 0, 0*, 11, 11*, 12, S, S*	Preßm. Typ 0, 0*, 11, 11*, 12, S u. S*	Plv.	pressen	
Neoresit-Preßmasse Typ Z1	Preßm. Typ Z1	Fl.	pressen	
Neoresit-Textilpreßmasse Typ T1	Preßm. Typ T1	Fl.	pressen	
Neoresit-Textilpreßmasse Typ T2	Preßm. Typ T2	Schn.	pressen	
Neoresit-Cellulosepreßmasse Typ Z2	Preßm. Typ Z2	Schn.	pressen	
Neozell	Cellac. mit Weichm., ohne Füllst.; Cellonart	nahtlose Hohlkörper z. B. Tablettenröhrchen, Zahnbürstenköcher		Lozalit AG., Höhr-Grenzhausen
Norit 2, 7, 8, K, S, T2, Z1 u. Z2	Preßst. Typ 2, 7, 8, K, S, T2, Z1 u. Z2	Formst.		Christian Geyer, Nürnberg-S.
Novopreß	Phenolh. m. Hartgewebeabfällen, gehärtet	Formst.		Allgemeine Elektricitäts-Ges., Berlin
Novotext	Gewebeb. mit Phenolh., geschichtet, gehärtet; Hartgewebe	Pl., R., St.	spang.	Allgemeine Elektricitäts-Ges., Berlin

563 (Fortsetzung).

Handelsbezeichnung	Chemische und allgemeine Kennzeichnung	Handelsform	Verarbeitung bzw. Bearbeitung und Verwendung	Herstellfirma
Novozell	Phenolh. m. Hartpapierabfällen, gehärtet	Formst.		Allgemeine Elektricitäts-Ges., Berlin
Nyhalam	Mipo. mit Weichm.	Pl., Schl., Str.;	als Kunstleder u. Dichtungen	
Nyhalit	Povichlor.	Fol., Pl., St., R., Formst.	spang., biegen, ziehen, stanzen; für säure- u. laugenfeste Metallüberzüge, Rohrleitungen, u. korrosionsfeste Teile	
Nyhanol	Pobutyl. mit mineral. Füllst.	Fol.; lederartig	schneiden; für säure- u. laugenfeste Schutzbekleidung von Metall, Holz, Mauerwerk usw.	
Nyhapren	Kopo. aus Vinyl- u. Butadienpolymeren m. Weichm., mit u. ohne Füllst.	Pl., R., St., Prof., Formst.	spang., biegen, stanzen; als Elektroisoliermaterial, als korrosionsfestes Material in der chem. Industrie für säure- u. laugenfeste Auskleidung; für Wassermesser, chirurgische Zwecke, Kammpressungen, Accubau	New York Hamburger Gummi-Waaren-Compagnie, Hamburg
Nyhatex	Gewebeb. mit Phenolh., geschichtet, gehärtet; Hartgewebe	Pl., R., St., Prof.	spang.	
Nyhatul	Posty.; Spritzst.	Formst.		
Nyhax	Papierb. mit Phenolharz, geschichtet, gehärtet; Hartpapier	R., St., Prof.	spang.	
Odinit***	Preßst., Ph., u. a. Typ S	Formst.		Heinr. Knöll, Groß-Bieberau i. Odenwald
Olison***	Preßst., Ph. (Typ S)	Formst.		Otto Liebold, Hasenthal i. Thür.
Oppanol B	Pobutyl., z. B. Polyisobutylen			
versch. Sorten, z. B.:				
Oppanol B15		zähflüssig	als Zusatz zu Natur- und Kunstharzen, Polymerisaten, Asphalt, Wachsen als Weichmachungsmitt.; als Bindemittel für Klebemassen, z. B. für Isolierbänder, Heftpflaster	I. G. Farbenindustrie AG., Frankfurt a. M.

563 (Fortsetzung).

Handelsbezeichnung	Chemische und allgemeine Kennzeichnung	Handelsform	Verarbeitung bzw. Bearbeitung und Verwendung	Herstellfirma
Oppanol B 50		zähe, plastische, klebrige Masse	als Klebemasse wie B 15	I. G. Farbenindustrie AG., Frankfurt a. M.
Oppanol B 100		hochdehnbar; unregelmäßige Stck. oder als Fell	ähnl. Kautsch.; als Zusatz zu Kautsch., Buna S, Perduren; in Lösung für Streichstoffe u. als Bindemittel für hochgefüllte Massen (It-Pl., Kunstleder, Kunstkork, Kunstholz); zum Kaschieren (gefüllt) für Kunstleder	I. G. Farbenindustrie AG., Frankfurt a. M.
Oppanol B-Emulsion I	Emulsion von Oppanol	ammoniakalische Flüssigkeit	für Herstellung von Klebstoffen; für Gewebekaschierungen	I. G. Farbenindustrie AG., Frankfurt a. M.
Oppanol C		Fell; weich, biegsam u. federnd wie Naturkautschuk	ähnl. Kautsch., auch in Misch. mit Kautsch.; ohne, besser mit Füllstoff z. Kaschieren u. Dublieren von Papier, Textilien in Gummi-, Wachstuch- u. Kunstlederindustrie; als Klebstoff oder Zusatz zu Klebstoff; in Lösung zur Herstellung von Fol.	I. G. Farbenindustrie AG., Frankfurt a. M.
Oppanol O, O G, O K, O RG	Kunststoffe auf Basis von Oppanol B	Fol.	für chemikalienfeste Auskleidungen bzw. Dichtungen	I. G. Farbenindustrie AG., Frankfurt a. M.
Ornalith**	Phenolh.			Herold AG., Hamburg
Osalith	Cas. ohne Füllst., mit Formald. gehärtet; Kunsthorn	Pl., R., St., Prof., Formst.	spang.; stanzen, biegen	M. Oechsler & Sohn, Ansbach (Bay.)
Osit***	Preßst., Ph., u. a. Typ S	Formst.		Kunstharzpresserei Schwaben, Ing. Otto Single, Plochingen i. Württ.
Pagol	Alpo. vulk.	weichgummiartig		Pahlsche Gummi- und Asbest-G.m.b.H., PAGUAG, Düsseldorf-Rath
Pagol N 45, N 65 u. N 85	Pobuta. vulk.	weichgummiartig bis lederhart		Pahlsche Gummi- und Asbest-G.m.b.H., PAGUAG, Düsseldorf-Rath
Pantolith	Phenolh. ohne Füllst., gehärtet; Edelkunstharz	Bl., R., St., Formst., Gießl.	spang., stanzen, biegen	Matthias Oechsler & Sohn, Ansbach (Bay.)
PCU	Povichlor.	Bst., Drt.	entspr. den Naturborsten, auch für Siebgewebe	I. G. Farbenindustrie AG., „Agfa", Wolfen (Krs. Bitterfeld)

563 (Fortsetzung).

Handelsbezeichnung	Chemische und allgemeine Kennzeichnung	Handelsform	Verarbeitung bzw. Bearbeitung und Verwendung	Herstellfirma
Pehalit 11	Preßst. Typ 11	Formst.		Preßwerk Winkel, Schulte & Conze, Herscheid i. W.
Pehalit 12	Preßst. Typ 12	Formst.		
Pehalit K	Preßst. Typ K	Formst.		
Pehalit S	Preßst. Typ S	Formst.		
Pehalit T2	Preßst. Typ T2	Formst.		
Pehalit Z1, Z2	Preßst. Typ Z1, Z2			
Pejatit***	Preßst., Ph., u. a. Typ S, T2	Formst.		Paul Jatow, Dodendorf (Bez. Magdeburg)
Pelite	Preßst., Ph. (Typ 0)	Formst.		W. G. Petersen & Co., Wandsbeck
Pelloro	Cellac. mit Farbpigmenten	Fol.	schneiden, sägen, falzen	I. G. Farbenindustrie AG., „Agfa", Berlin
Perbunan	Mipo. von Butadien m. Acrylsäurenitril, durch Emulsionspolymerisation erhalten	Fell	für Gegenstände, die durch höhere Temperatur, Benzin, Öl beansprucht werden; für Hartgummiwaren; nicht als Elektroisoliermaterial	I. G. Farbenindustrie AG., Frankfurt a. M.
Perbunan SP	Perbunan in wässeriger Dispersion (Latex)	Flüssigkeit	ähnl. Naturlatex; u. a. zum Imprägnieren u. Gummieren; als Bindemittel für Fasermaterialien u. körnige Stoffe zur Herstellung von Kunstleder, Dichtungsplatten, Bremsbeläge	
Perduren	Kondensat aus org. Dihalogenverbindungen mit Alpo.		ähnl. Kautsch.	
Perloid	Celluloid mit Perlmuttereffekt	Pl., R., St.		Dynamit-AG., Troisdorf (Bez. Köln)
Perloid-Perlopal	Perloid m. Maserung	R.		Celluloid Verkaufsgesellschaft m.b.H., Berlin
Perlon	Superpolyamide	Bst., Drt.	entspr. den Naturborsten	I. G. Farbenindustrie AG., „Agfa", Wolfen (Krs. Bitterfeld)
Perlopalon	Cellon mit Perlmuttereffekt	R.		Celluloid Verkaufsgesellschaft m.b.H., Berlin
Permanit***	Preßst., Ph., u. a. Typ S	Formst.		Erich Wippermann, Halver i. W.
Pete**	Preßst.			Peter Temming AG., Glückstadt
Pertinax	Papierb. mit Phenolharz, geschichtet, gehärtet; Hartpapier	Pl., R., St., Lst.	spang.; für Elektromaschinen- u. Apparatebau, Möbel- u. Waggonbau	Dielektra AG., Porz a. Rh.
Pertinit 12	Preßst. Typ 12	Formst.		
Pertinit S u. S*	Preßst. Typ S u. S*	Formst.		
Pertinit T2	Preßst. Typ T2	Formst.		
Pertinit Z2	Preßst. Typ Z2	Formst.		
Phenoplast S	Preßst. Typ S	Formst.		Phenoplast Bischoff & Co. KG., Eberswalde
Phenoplast T1, T2	Preßst. Typ T1, T2	Formst.		
Phenoplast Z1, Z2	Preßst. Typ Z1, Z2	Formst.		
Philitax				N. V. Philips' Gloelampen-Fabriken, Eindhoven-Holland
Philit 12	Preßst. Typ 12	Formst.		
Philit S u. S*	Preßst. Typ S u. S*	Formst.		

563 (Fortsetzung).

Handelsbezeichnung	Chemische und allgemeine Kennzeichnung	Handelsform	Verarbeitung bzw. Bearbeitung und Verwendung	Herstellfirma
Pioloform	Polyvinylazetal	Stck., Plv. Lsg.	pressen, spritzen; streichen, spritzen; zum Imprägnieren von Gewebe usw., als Lack.	Dr. A. Wacker, G.m.b.H., München
Plastopal	Harnstoff-Formald.-Kondensationsproprodukt	Lsg.	Im Imprägnier- u. Streichverfahren für Ölhäute, Regenmantelstoffe, Kunstleder, Wachstuche usw.	I. G. Farbenindustrie AG., Frankfurt a. M.
Plexiglas	Pomak.	Pl., R., St., Bl.	spang.; biegen, ziehen; für Verglasungen	Röhm & Haas, G.m.b.H., Darmstadt
Plexigum	Poak.- u. Pomak.	weichgummiartig bis hart, Plv., Kr., Br., Felle, Filme, Preßmasse, Spritzm., Disp., Lsg.	walzen, pressen, spritzen, ähnl. Kautsch., streichen, tauchen; für Formst., Kunstleder, Appretur, Weichm. für Buna	
Plextol	s. Plexigum	s. Plexigum	für Textilindustrie	
Pliorit	Phenolh.; Edelkunstharz		spang.	Chem. Werke Albert, Mainz-Amöneburg
Poldit***	Preßst., Ph. oder H., u. a. Typ 12, S, K	Formst.		Leopold Kostal, Lüdenscheid i. W.
Pollopas-Normal	Preßm. Typ K, K* Preßst. Typ K, K*	Plv. Formst.	pressen	Dynamit-Actien-Gesellschaft, Troisdorf; Verkauf durch Venditor, Verkaufsges. m.b.H., Troisdorf (Bez. Köln)
Pollopas-Spezial	Preßm. Typ K, K* Preßst. Typ K, K*	Plv. Formst.	pressen	
Pollopas-Universal	Preßm. Typ K Preßst. Typ K	Plv. Formst.	pressen	
Pollopas-Sonderfarben	Preßm. Typ K, K*	Plv.	pressen	
Pollopas-Profil	Preßst., H.	Pl., R., St., Lst., Prof.	spang.	Dynamit-AG., Troisdorf (Bez. Köln)
Pollopas-Hartpapier	Papierb. mit Harnstoffh., gehärtet; Hartpapier	Pl.	spang.	
Polyfil (z. Zt. nicht in Gebrauch)****				Chem. Forschungsgesellschaft m.b.H., München
Polymon	Povichlor. oder Mipo. auf Povichlor.-Basis mit Weichm.	Pl., Prof. Formst.	als Dichtungen	Rüger & Mallon KG., Berlin-N
Polystyrol III, IV u. EF	Polystyrole mit steigendem Polymerisationsgrad; Spritzm.	stückig bis grobkörnig	spritzen (IV auch pressen)	I. G. Farbenindustrie AG., Frankfurt a. M.
Polystyrol EN u. EH	Mipo. auf Styrolbasis	Plv.	verdichten und spritzen; s. Trolitul	
Polyviol	Vinylpolymerisat ohne Füllst.		f. lösungsmittel- u. treibstoff-fester Schl., Dichtungen, Membranen; für Imprägnier- u. Klebezwecke; als Stabilisator u. Emulgator	Dr. Alexander Wacker G.m.b.H., München
Polyzell****	Cellac.			Polyzellwerk Hannover
Preolit***	Preßst., Ph., u. a. Typ S	Formst.		J. Preh. jun. (jetzt Preh), Elektrofeinmech. Werke, Bad Neustadt (Saale)
Preotext***	Preßst., Ph.	Formst.		

563 (Fortsetzung).

Handelsbezeichnung	Chemische und allgemeine Kennzeichnung	Handelsform	Verarbeitung bzw. Bearbeitung und Verwendung	Herstellfirma
Preßcoton	Phenolh. mit Gewebeschn., gehärtet; Preßst.	Pl., R.; Formst.	spang.; für Lager	Dielektra AG., Porz a. Rh.
Preßmate.·	Phenolh.			Robert Anke, Ölsnitz i. Vogtl.
Preßpanzer***	Preßst., Ph. oder H., u. a. Typ S, K	Formst.		Paul Jordan, Elektrotechn. Fabr., Berlin-Steglitz
Preßst. P1***	Preßst. Typ S	Formst.		Kurt Postel, Köln-Höhenberg
Preßturbax	Phenolh. mit Gewebeschn., gehärtet; Preßst.	Formst.		Scherb & Schwer KG., vorm. Jaroslaw, Berlin-Weißensee
Preßturbonit	Phenolh. mit Papierschn., gehärtet; Preßst.	Formst., St.	spang.	Scherb & Schwer KG., vorm. Jaroslaw, Berlin-Weißensee
Preßzell	Phenolh. mit Papierschn., gehärtet; Preßst.	Formst., St.		Allgemeine Elektricitäts-Gesellschaft, Berlin
Protodur	Povi. mit oder ohne Füllst.	Isolierung u. Kabelummantelg.		Siemens-Schuckertwerke AG., Berlin-Siemensstadt
Protolit**, jetzt Eshalit	Preßst., Ph. oder H., u. a. Typ S, K	Formst.		Österreichische Siemens-Schuckert-Werke (jetzt Siemens-Schuckert-Werke AG., Wiener Maschinen- u. Apparate-Werke), Wien
Rakynol**	Kunststoff, Ph.			—
Rakyt**	Kunststoff, Ph.			—
Ralotext	1. Preßm. Typ M 2. Preßst. Typ M	Kord. Formst.	pressen	H. Römmler AG., Spremberg (Nd.-Lausitz)
„R.D.T."-Silber	Povichlor. oder Mipo. auf Povichlor.-Basis, mit Weichm.	Pl., Prof., Formst.	als Dichtungen	Rüger & Mallon KG., Berlin-N
Reicolit***	Preßst., Ph., u. a. Typ S	Formst.		Reicolit-Preßwerk, Cuno Heinzelmann-Hasberg, Berlin-C
Reno	Povial. bzw. Poviac. u. Poak. mit faserförmigem Füllst.; Lederfaserwerkstoff nach RAL 069c	Pl.	ähnlich wie Leder; für Lauf-, Brand-, Zwischensohlen u. technische Zwecke	Cornelius Heyl AG., Worms
Repelit	Papierb. mit Phenolharz, geschichtet, gehärtet; Hartpapier	Pl., R., St.	spang.; für Apparate u. Gerätebau, als Isoliermaterial	Siemens-Schuckertwerke AG., Berlin
Resart-Schnellpreßmasse	Preßm. Typ S	Plv.	pressen	Resart-Ges., Mainz
Resiform 0	Preßst. Typ 0	Formst.		Robert Bosch, G.m.b.H., Stuttgart-Feuerbach
Resiform S	Preßst. Typ S	Formst.		Robert Bosch, G.m.b.H., Stuttgart-Feuerbach
Resiform T1, T2	Preßst. Typ T1, T2	Formst.		Robert Bosch, G.m.b.H., Stuttgart-Feuerbach
Resiform Z1	Preßst. Typ Z1	Formst.		Robert Bosch, G.m.b.H., Stuttgart-Feuerbach
Resinit-Kitt	Phenolh. mit mineral. Füllst.	mittelflüssige Paste	als Pinselkitt; zum Zusammenkitten von Preßstoff und anderen Werkstoffen	Bakelite-Gesellschaft m. b. H., Erkner b. Berlin
Resinofil	Asbestschnur mit Phenolh.; Preßm.	Kord.	pressen	Dr. F. Raschig, G.m.b.H., Ludwigshafen
Resinol B38	Phenolh., nicht gehärtet	Br.	tränken von Papier, Asbestgewebe usw. oder vermischen mit Füllst. u. dann unter Formgebung härten; Herstellung von Hartpapier u. Hartgewebe	Dr. F. Raschig, G.m.b.H., Ludwigshafen

563 (Fortsetzung).

Handelsbezeichnung	Chemische und allgemeine Kennzeichnung	Handelsform	Verarbeitung bzw. Bearbeitung und Verwendung	Herstellfirma
Resinol BX	Xylenol-Phenolh.	Br.	wie Resinol B38	Dr. F. Raschig. G. m. b. H., Ludwigshafen
Resinol G2, Sorte C	Phenolh.	Br.	vermischen mit Füllst. u. unter Formgebung oder als Kitt härten; als Sockelkitt	
Resinol CW1 u. CW2	Phenolh. in wässeriger Lösung	flüssig	wie Resinol B38; Herstellung von Bremsbelagen, Preßkork	
Resinol K2	Phenolh.	zähflüssig	wie Resinol G2, Sorte C; für Schleifkörper, als Kitt für Preßst., Ph.	
Resinol K2-H	Phenolh.	zähflüssig	als Kitt härten; als Kitt für Preßst., Ph.	
Resinol Typ 11 u. 11*	Preßm. Typ 11 u. 11*	Plv.	pressen	
Resinol Typ S u.S*	Preßm. Typ S u. S*	Plv.	pressen	
Resinol Typ Z2	Preßm. Typ Z2	Schn.	pressen	
Resistan	Preßst. Typ 2	Formst.		H. Römmler AG., Spremberg (Nd.-Lausitz)
Resistan E	Preßst. Typ X	Formst.		
Resitex	Gewebeb. mit Phenolh., geschichtet, gehärtet; Hartgewebe	St., R., Pl.	spang.	Robert Bosch, G.m.b.H., Stuttgart-Feuerbach
Resopal	Preßst. Typ K	Formst.		H. Römmler AG., Spremberg (Nd.-Lausitz)
Resopal-Asbeststein, Kombinationsmaterial R	Asbeststein u. Papierbahnen mit Harnstoffh., geschichtet, gehärtet	Pl.	spang.	
Resopalplatten	Papierb. mit Harnstoffh., geschichtet, gehärtet; Hartpap.	Pl., R.	spang.	
Ricolit Typ 12, M, S, T2***	Preßst. Typ 12, M, S, T2	Formst.		Süddeutsche Isolatoren-Werke, G.m.b.H., Freiburg i. Breisg.
Ricolit Typ 2	Preßst. Typ 2	Formst.		
Ricolit Typ 7	Preßst. Typ 7	Formst.		
Ricolit Typ 8	Preßst. Typ 8	Formst.		
Roalit	Cas. ohne Füllst., mit Formald. gehärtet; Kunsthorn	St., R.	spang.	Kunsthornwerk Karl Schwab, Nürnberg-O
Rohagit	hochmolekulare Polykarbonsäure	Plv.	in wässeriger Lösung (Auflösg. in Alkalien) als Verdickungsmittel, Quellmittel; Anwendung ähnl. Tragant, Pflanzenschleim usw.	Röhm & Haas, G.m.b.H. Darmstadt
Roka-Preßstoff***	Preßst., Ph., u. a. Typ S	Formst.		Robert Karst, Berlin
Rö 12	Preßst. Typ 12	Formst.		Hermann Römmler & Schumann KG., Berlin-Friedenau
Rö S	Preßst. Typ S	Formst.		
Rö T2	Preßst. Typ T2	Formst.		
Rö Z1, Z2	Preßst. Typ Z1, Z2	Formst.		
Rosit***	Preßst., Ph., u. a. Typ S	Formst.		Hermann Ros, Coburg
Rulit 2***	Preßst. Typ 2	Formst.		C. & F. Schlothauer, G.m.b.H., Ruhla i. Thür.
Runerit****	Preßst., Ph., geschichtet			Elektro-Isolier-Industrie, G.m.b.H., Wahn

563 (Fortsetzung).

Handelsbezeichnung	Chemische und allgemeine Kennzeichnung	Handelsform	Verarbeitung bzw. Bearbeitung und Verwendung	Herstellfirma
Schulit 11	Preßst. Typ 11	Formst.		Max Schulze, Meißen i. Sa.
Schulit S, S*	Preßst. Typ S, S*	Formst.		Max Schulze, Meißen i. Sa.
Sekolit***	Preßst., Ph., u. a. Typ S	Formst.		Seckelmann & Co., Lüdenscheid i. W.
Silasit	Phenolh. mit anorg. pulverförmigem Füllst., gehärtet; säurebeständig	Überzüge		Säureschutz-Gesellschaft m.b.H., Berlin-Alt-Glienicke
Sinterit	Spezialeisen-Plv. mit Zusatz von Kunstharzlack oder Erdölbitumen spanlos geformt	Bd.	als Muffendichtung	Vogt & Co., Berlin-Neukölln
Solith**	Kunststoff Ph.			—
Stabol 503	Poak. mit Füllst., nicht härtbar	Kabelummantelung	spritzen	Allgemeine Elektricitäts-Gesellschaft, Berlin
Stabol 512	Poak. mit Perbunan u. Füllst., vulkanisierbar	Kabelummantelung	spritzen	Allgemeine Elektricitäts-Gesellschaft, Berlin
Sterofil (z. Zt. nicht in Gebrauch)****				Chemische Forschungsgesellschaft m.b.H., München
Stratofil****	wasserfestes Kunststroh	Hohlgebilde u. Bd.	als Geflechtmaterial für die Hutindustrie	Lonza-Werke, G.m.b.H. Weil a. Rh. (Baden)
Stratoid****	wasserfestes Kunststroh	Hohlgebilde u. Bd.	als Geflechtmaterial für die Hutindustrie	Lonza-Werke, G.m.b.H. Weil a. Rh. (Baden)
Styroflex	Posty. ohne Füllst.	Fol., Fd.	schneiden (wie Papier), wickeln; als Isolierstoff für Hochfrequenzkabel u. Kondensatoren	Norddeutsche Seekabelwerke AG., Nordenham in Oldenburg
Styroseta	Posty.			I. G. Farbenindustrie AG., Frankfurt a. M.
Suprakor****	Kunstleder			Alkar-Werk Karl Lißmann, Solln b. München
Supra-Mikanit** (jetzt Mikanit)	Glimmer mit Alkydharz	s. Mikanit	s. Mikanit	Allgemeine Elektricitäts-Ges., Berlin
Supralit***	Preßst., Ph., u. a. Typ 12, S	Formst.		Isolierpreß- u. Porzellanfabrik, G.m.b.H. (jetzt Friedr. Dörscheln), Lüdenscheid i. W.
Synthofil (z. Zt. nicht in Gebrauch)****				Chemische Forschungsgesellsch. m.b.H., München
Syrolit****	Cas. mit Formald. gehärtet, ohne Füllstoff; Kunsthorn		spang.	—
Taumalit K	Preßst. Typ K	Formst.		Isopreß-Werk, G.m.b.H., Berlin-Oberschönweide
Taumalit S	Preßst. Typ S	Formst.		Isopreß-Werk, G.m.b.H., Berlin-Oberschönweide
Taumalit T1, T2	Preßst. Typ T1, T2	Formst.		Isopreß-Werk, G.m.b.H., Berlin-Oberschönweide
Taumalit Z1, Z2	Preßst. Typ Z1, Z2	Formst.		Isopreß-Werk, G.m.b.H., Berlin-Oberschönweide
Teasit S, S*	Preßst. Typ S, S*	Formst.		Paul Teich, Berlin-O
Teasit T1, T2	Preßst. Typ T1, T2	Formst.		Paul Teich, Berlin-O
Tego-Leimfilm	Phenolh., nicht gehärtet	R.	unter Druck u. Hitze zum Verleimen von Holz	Theodor Goldschmidt AG., Essen
Teka-Preßstoff Typ S	Preßst. Typ S	Formst.		Theodor Krägeloh &Co., Dahlerbrück i. W.
Teka-Preßstoff Typ T2	Preßst. Typ T2	Formst.		Theodor Krägeloh &Co., Dahlerbrück i. W.
Teka-Preßstoff Typ K	Preßst. Typ K	Formst.		Theodor Krägeloh &Co., Dahlerbrück i. W.

563 (Fortsetzung).

Handelsbezeichnung	Chemische und allgemeine Kennzeichnung	Handelsform	Verarbeitung bzw Bearbeitung und Verwendung	Herstellfirma
Tenacit Typ 0	Preßst. Typ 0	Formst.		Allgemeine Elektricitäts-Ges., Berlin
Tenacit Typ 2	Preßst. Typ 2	Formst.		
Tenacit Typ 3	Preßst. Typ 3	Formst.		
Tenacit Typ 4	Preßst. Typ 4	Formst.		
Tenacit Typ 7	Preßst. Typ 7	Formst.		
Tenacit Typ 8	Preßst. Typ 8	Formst.		
Tenacit Typ 11	Preßst. Typ 11	Formst.		
Tenacit Typ 12	Preßst. Typ 12	Formst.		
Tenacit Typ A u. A*	Preßst. Typ A u. A*	Formst.		
Tenacit Typ K	Preßst. Typ K	Formst.		
Tenacit Typ M	Preßst. Typ M	Formst.		
Tenacit Typ S u. S*	Preßst. Typ S u. S*	Formst.		
Tenacit Typ T1, T2, T3	Preßst. Typ T1, T2, T3	Formst.		
Tenacit Typ Z1, Z2, Z3	Preßst. Typ Z1, Z2, Z3	Formst.		
Tenacit Typ X	Preßst. Typ X	Formst.		
Tenax***	Preßst., Ph. oder H., u. a. Typ S, Z1, K	Formst.		Fr. Möller, Brackwede
Teolit****	Phenolh. mit Füllst., gehärtet; Preßst.	Formst.		E. Hedfeld, Kierspe
Tetrolith**	Cas. gehärtet; Kunsthorn			—
Tewe-Kunstleder	Gewebe mit einer Aufstrichmasse auf Ni-cell.-Basis	B.	ähnlich wie Leder; für Bucheinbände, Koffer, Täschnerwaren, Polsterg.	Textilgesellschaft Weißbach, Weißbach (Württ.)
Tewenol	Povichlor. mit u. ohne Füllst., m. Weichm.	Pl.; weichgummi- u. lederartig	schneiden, stanzen, ziehen; für Bekleidung	
Texokor****	Kunstleder	B., Rl.		Alkar-Werk Karl Lißmann, Solln b. München
Textal**				Aluminium-Walzwerke Singen, G.m.b.H., Singen-Hohentwiel
Texton	Gewebeb. mit Phenolh.; Hartgewebe nach DIN 7701	Pl., R., St., Formst.	spang.	Metallwerke Gebr. Seppelfricke AG., Gelsenkirchen
Theasit Textil	Phenolh. mit Gewebeschn., gehärtet; Preßst.	Formst.		Preßwerk AG., Essen
Thegranit***	Preßst. Typ S	Formst.		Thega-Kontakt, G.m.b.H., Berlin-SW
Thepolit 12, S, S* u. K	Preßst. Typ 12, S, S* u. K	Formst.		Porzellanfabrik Schatzlar, Theodor Pohl, Schatzlar i. Riesengeb.
Thesit Nr. 1**	s. Thesit 12	Formst.		Preßwerk AG., Essen
Thesit 11	Preßst. Typ 11	Formst.		
Thesit 12	Preßst. Typ 12	Formst.		
Thesit K	Preßst. Typ K	Formst.		
Thesit M	Preßst. Typ M	Formst.		
Thesit S u. S*	Preßst. Typ S u. S*	Formst.		
Thesit-Supra**	s. Thesit S	Formst.		
Thesit T**	s. Thesit T2	Formst.		
Thesit T1, T2 u. T3	Preßst. Typ T1, T2 u. T3	Formst.		
Thesit Textil**	Phenolh. mit Gewebeschn., gehärtet; Preßst.	Formst		
Thesit Z1, Z2, Z3	Preßst. Typ Z1, Z2, Z3	Formst.		

563 (Fortsetzung).

Handelsbezeichnung	Chemische und allgemeine Kennzeichnung	Handelsform	Verarbeitung bzw. Bearbeitung und Verwendung	Herstellfirma
Thiokol A	Alpo., vulkanisierbar	Felle	ähnlich wie Kautsch. für hochlösungsmittelbeständige Weichgummiwaren sowie wasser- u. ozonfeste Kabelisolierung	Thiokol-Gesellschaft m. b. H., Saarau (Krs. Schweidnitz)
Thiokol-Latex	Alpo. in wässeriger Suspension, vulkanisierbar	Suspension	für Schutzanstriche, Auskleidungen, Isolierungen, Faserleder, Klebemittel	
Thormalan S	Preßst. Typ S	Formst.		—
Tokolit**				—
Toledoit***	Preßst., Ph., u. a. Typ S	Formst.		Ernst Bremicker, Ing., Kierspe-Bahnhof i. W.
Trans-Kerit	Preßst., Ph.	Formst.		Plastica-Tropas, G. m. b. H., Berlin
Transparit	Cellhyd.	B.	wie Papier	Wolff & Co., Walsrode
Transphan**	s. Cuprophan			J. P. Bemberg AG., Wuppertal-Oberbarmen
Triacetatfolie „Schering"	Celltriac.	Fol.	als Elektroisolierstoff	Schering AG., Berlin-N
Triafol	Celltriac. mit oder ohne Weichm.	Rl., Bd.	für Kabelisolierung	I. G. Farbenindustrie AG., „Agfa", Wolfen (Krs. Bitterfeld)
Triphanfolie	Celltriac. ohne Füllst.	Fol.	für elektr. Isolation u. Verpackungszwecke	Hiag-Verein, Mainz-Mombach
Trolit B	Cellac. mit Weichm. ohne u. mit Füllst.	St., R., Lst., Prof.	spang., biegen, kleben	Dynamit-Actien-Gesellschaft, Troisdorf; Verk. durch Venditor Verkaufsges. m. b. H., Troisdorf (Bez. Köln)
Trolit BC	Bencell. ohne u. mit Füllst.;			
	Spritzm.	Plv.	spritzen	
	Spritzst.	Formst.		
Trolit F	Nicell. mit Weichm. u. anorg. Füllst.	Pl., St., Lst., Prof.	spang., biegen, kleben	
Trolit W	Cellac. u. Weichm., ohne u. mit Füllst.;			
	Spritzm. u. a. Typ A u. A*	Plv.	spritzen	
	Spritzst. u. a. Typ A u. A*	Formst.		
Trolitan I	Preßm. Typ 12	Plv.	pressen	
Trolitan I/37	1. Preßm. Typ 11	Plv.	pressen	
	2. Preßst. Typ 11	Formst.		
Trolitan AF	1. Preßm. Typ 12	Plv.	pressen	
	2. Preßst. Typ 12	Formst.		
Trolitan AW	1. Preßm. Typ M	Kord.	pressen	
	2. Preßst. Typ M	Formst.		
Trolitan C	1. Preßm. Typ Z1	Fl.	pressen	
	2. Preßst. Typ Z1	Formst.		
Trolitan CL	1. Preßm. Typ T1	Fl., Schn.	pressen	
	2. Preßst. Typ T1	Formst.		
Trolitan CT	1. Preßm. Typ Z2	Fl.	pressen	
	2. Preßst. Typ Z2	Formst.		
Trolitan FT	1. Preßb. Typ Z3	B.	pressen	
	2. Preßst. Typ Z3	Formst.		
Trolitan H**	s. Pollopas			
Trolitan L	1. Preßm. Typ T1	Fl., Schn.	pressen	
	2. Preßst. Typ T1	Formst.		
Trolitan LT	1. Preßm. Typ T2	Schn.	pressen	
	2. Preßst. Typ T2	Formst.		

563 (Fortsetzung).

Handelsbezeichnung	Chemische und allgemeine Kennzeichnung	Handelsform	Verarbeitung bzw. Bearbeitung und Verwendung	Herstellfirma
Trolitan-Preßbahnen Typ T3	Preßb. Typ T3	B.	pressen	Dynamit-Actien-Gesellschaft, Troisdorf; Verk. durch Venditor Verkaufsges. m.b.H., Troisdorf (Bez. Köln)
Trolitan-Profil	Phenolh. mit Holzmehl, gehärtet; Preßst.	Pl., R., St., L., Prof.	spang.	
Trolitan S, SP u. SPK-R	Preßm. Typ S	Plv.	pressen	
Trolitan S, SD, SP u. SPK	Preßst. Typ S	Formst.		
Trolitan SD, Typ S*	Preßm. Typ S*	Plv.	pressen	
Trolitan SD*	Preßst. Typ S*	Formst.		
Trolitan T3	Preßst. Typ T3	Formst.		
Trolitan Z**				
Trolitax	Gewebeb. oder Papierb. mit Phenolh., geschichtet, gehärtet; Hartgewebe u. Hartpapier	Pl., Bl.	spang.	
Trolitul	Polystyrol ohne u. mit Füllst.; Spritzm.	Plv.	spritzen	
Trolitul Lu	Povicar.; Preßm., Spritzm. Spritzst.	Plv. Formst.	pressen, spritz.	
Trolon	Phenolh. ohne Füllst. 1. gehärtet; Edelkunsth. 2. nicht gehärtet; Gießh.	Pl., St., R., Bl., Gießl.	spang. warm gießen u. im Ofen härten	
Troluloid**	entspr. dem heutigen Astralon			
Tromalit	Magnetstahl-Plv. mit Phenolh., gehärtet	Formst.	für Magnete	
Tromi-Paste	Oppanol B mit Füllst. u. Lsgsm.	zähflüssig, gummiartig		
Tropas-Glas	Spritzst.	Formst.		Plastica-Tropas, G.m.b.H., Berlin
Trosbestos	Asbestzement-Phenolh., gehärtet	Pl.	spang.	Dynamit-Actien-Gesellschaft, Troisdorf; Verkauf durch Venditor, Verkaufsges. m.b.H., Troisdorf (Bez. Köln)
Tundes 12	Preßst. Typ 12	Formst.		Thiel & Schuchardt, G.m.b.H., Ruhla i. Thür.
Tundes S	Preßst. Typ S	Formst.		
Tundes T1	Preßst. Typ T1	Formst.		
Turbax	Gewebeb. mit Phenolh., geschichtet, gehärtet; Hartgewebe	Pl., St., R., Prof.	spang.	Scherb & Schwer KG., vorm. Jaroslaw, Berlin-Weißensee
Turbomica	Glimmer mit Kunsth. geschichtet; Sonderqualität von Mikanit	Pl.	stanzen, schneiden	
Turbonax	Papierb. geschichtet mit Gewebeb.-Deckschicht, mit Phenolh., gehärtet	Pl.	spang.	
Turbonit	Papierb. mit Phenolharz, geschichtet, gehärtet; Hartpapier	Pl., R., Prof.	spang., stanzen	
U-Cellon	Cellon mit unbrennbar machendem Weichm.			Dynamit-Actien-Gesellschaft, Troisdorf (Bez. Köln)
Ultrapas	Melaminh. mit Zellst. 1. nicht gehärtet 2. gehärtet; Preßst.	Plv. Formst.	pressen	

563 (Fortsetzung).

Handelsbezeichnung	Chemische und allgemeine Kennzeichnung	Handelsform	Verarbeitung bzw. Bearbeitung und Verwendung	Herstellfirma
Ultraphan	Cellac. mit Weichm.	Fol., R., Bg.	schneiden, stanzen, biegen, prägen; für Verpackungszwecke, als Druckträger, als Umdruck-, Zeichen-, Sonnenschutz-, Klebefolie	Lonza-Werke, G.m.b.H., Weil a. Rh. (Baden); z. Zt. Säckingen (Hochrhein)
Ultrasit**	Kunststoff Ph.		—	—
Unitex-Hartgewebe	Gewebeb. mit Phenolh., gehärtet; Hartgewebe	Pl., R., St., Lst., Formst.; fertige Teile	spang., stanzen, für Lager u. Zahnräder	Hochvoltisolation Fr. Uhlmann & Co., Dresden-A 39
Vauwe***	Preßst., Ph., u. a. Typ 0, S	Formst.		Vossloh-Werke, G.m.b.H., Werdohl i. W.
Viaconit	Schellack mit Füllst., Preßst.	Formst.		Vereinigte Isolatoren AG., Berlin-Pankow
Vigopas	Phenolh. ohne Füllst.; Preßh.	Plv.	pressen	Dr. F. Raschig, G.m.b.H., Ludwigshafen a. Rh.
Vigorit**	entspr. Dekorit V; s. dort			Dr. F. Raschig, G.m.b.H., Ludwigshafen a. Rh.
Vinarol	Povial.			I. G. Farbenindustrie AG., Frankfurt a. M.
Vinidur	Povichlor. ohne Füllstoff.	Fol., Pl., R., St., Prof.	spang., biegen, ziehen, stanzen, schweißen, kleben; für chem. Apparate u. Verpackung	Deutsche Celluloid-Fabrik, Eilenburg Dynamit-AG., Troisdorf (Bez. Köln) I. G. Farbenindustrie AG., Bitterfeld
Vinifol	Povichlor. ohne Füllstoff, ohne Weichm.	Rl., Bd.	für Kabelisolierung	I. G. Farbenindustrie AG., „Agfa", Wolfen (Krs. Bitterfeld)
Vinnapas	Poviac.	Stck., Kr., Lsg.	in Form von Lösungen streichen u. spritzen, den festen Stoff im Schmelzfluß vergießen, pressen, spritzen; für Klebe- u. Imprägniermittel, Dichtungsmassen, Kunstleder, Lacke, Preßartikel	Dr. Alexander Wacker, G.m.b.H., München
Vinnol HH	Povichlor.; Gummiaust.	Plv.; weichgemachte Halb- u. Fertigfabrikate	pressen, spritz.; für Schl., Dichtungen, Schnüre, Riemen	Dr. Alexander Wacker, G.m.b.H., München
Vinnol h/40	Mipo.	Plv., Lsg.	pressen; in Form von Lösungen u. Pasten; für Gummiaustauschwaren, Kunstleder, Lacke	Dr. Alexander Wacker, G.m.b.H., München
Volcolit***	Preßst., Ph. oder H., u. a. Typ S, K	Formst.		Volkenrath & Co., Schwenke i. W.
Vollmerit S	Preßst. Typ S	Formst.		Gebr. Vollmerhaus, Kierspe-Bahnhof i. W.
Vollmerit K	Preßst. Typ K	Formst.		Gebr. Vollmerhaus, Kierspe-Bahnhof i. W.
Vollmerit Z1	Preßst. Typ Z1	Formst		Gebr. Vollmerhaus, Kierspe-Bahnhof i. W.

563 (Fortsetzung).

Handelsbezeichnung	Chemische und allgemeine Kennzeichnung	Handelsform	Verarbeitung bzw. Bearbeitung und Verwendung	Herstellfirma
Vulkanfiber	Hydrat-Cellulose	Pl., St., R., Rl.	spang.; biegen, ziehen, pressen, nieten, schneiden, stanzen, verleimen	Dynamit-AG., Troisdorf (Bez. Köln) Vulkanfiber-Fabrik Martin Schmid, Berlin-W
Wahnerit****	Papierb. mit Phenolharz, geschichtet, gehärtet; Hartpapier			Elektro-Isolier-Industrie m.b.H., Wahn
Walonerit****				Elektro-Isolier-Industrie m.b.H., Wahn
Waloplast***	Preßst. Typ K	Formst.		Wolff & Co., Walsrode
Wecolit Typ S	Preßst. Typ S	Formst.		Wester, Ebbinghaus & Co., Hanau a. M.
Wecolit Typ K	Preßst. Typ K	Formst.		Wester, Ebbinghaus & Co., Hanau a. M.
Wecranit***	Preßst., Ph., u. a. Typ 12 u. S	Formst.		Elektrot. Fabr. Weber & Co. KG., Kranichfeld i. Thür.
Weculit 0	Preßst. Typ 0	Formst.		Wilhelm Quante, Inhaber: Herm. Quante, Wuppertal-Elberfeld
Weculit S, S*	Preßst. Typ S, S*	Formst.		
Weculit T2	Preßst. Typ T2	Formst.		
Wehalith	Cas. ohne Füllst., gehärtet; Kunsthorn	R., St., Prof.	spang.	„Wehalith" H. Wenigmann, Haan (Rhld.)
Weipalit***	Preßst. Typ S	Formst.		Weisse & Co., Gräfenthal i. Thür.
Werkstoff Typ 0	Preßst. Typ 0	Formst.		Bisterfeld & Stolting, Hauptverwaltung Leipzig
Werkstoff Typ 7	Preßst. Typ 7	Formst.		Bisterfeld & Stolting, Hauptverwaltung Leipzig
Werkstoff Typ 8	Preßst. Typ 8	Formst.		Bisterfeld & Stolting, Hauptverwaltung Leipzig
Werkstoff Typ 11 u. 12	Preßst. Typ 11 u. 12	Formst.		Bisterfeld & Stolting, Hauptverwaltung Leipzig
Werkstoff Typ K	Preßst. Typ K	Formst.		Bisterfeld & Stolting, Hauptverwaltung Leipzig
Werkstoff Typ M	Preßst. Typ M	Formst.		Bisterfeld & Stolting, Hauptverwaltung Leipzig
Werkstoff Typ S u. S*	Preßst. Typ S u. S*	Formst.		Bisterfeld & Stolting, Hauptverwaltung Leipzig
Werkstoff Typ T1 u. T2	Preßst. Typ T1 u. T2	Formst.		Bisterfeld & Stolting, Hauptverwaltung Leipzig
Werkstoff Typ Z1 u. Z2	Preßst. Typ Z1 u. Z2	Formst.		Bisterfeld & Stolting, Hauptverwaltung Leipzig
Werkstoff Wolfgang	Poak. auf Gewebe	B.	wie Leder, s. unter Diwa	Deutsche Kunstleder-Werke Wolfgang, G.m.b.H., Wolfgang (Krs. Hanau)
Weschulin	Mipo. auf Povichlor.-Basis mit Weichm.; Gummi- u. Lederaust.	B., Pl., Dichtung., Manschett.	für Bekleidung; für Dichtungszwecke	Weber & Schulz, Hamburg-Bahrenfeld
	Mipo.-Masse mit Weichm. u. Füllst. auf Gewebe bzw. Papier; Lederaust.	Rl.	ähnlich wie Leder; für Gürtel u. Täschnerwaren	
Wiemeta	Phenolh. mit Metall-Plv., gehärtet	Formst. mit metallischem Aussehen		Bezet-Werk Herm. Buchholz, Motzen (Krs. Teltow)
Wisi***	Preßst., Ph., u. a. Typ S	Formst.		Wilhelm Sihn jr., Niefern i. Baden
Wiska***	Preßst., Ph., u. a. Typ S	Formst.		Hoppmann & Mulsow, Hamburg
Wistal	Phenolh. mit Füllst., gehärtet, Preßst.	Formst.		Preßwerk AG., Essen
Wisulit S u. T2	Preßst. Typ S u. T2	Formst.		W. Sure, Nieder-Seßmar
Wohralit (z. Zt. nicht in Gebrauch)****				Kons. für Elektrochem. Industrie, München
Wolfgang	s. Werkstoff Wolfgang			—
Wyglas	Mipo. auf der Basis von Povichlor.	Walzhäut., Stg., Schl.	Verwendung für Bekleidung, Besatz u. techn. Zwecke	Hans Redlhammer, Berlin W 35

563 (Fortsetzung).

Handelsbezeichnung	Chemische und allgemeine Kennzeichnung	Handelsform	Verarbeitung bzw. Bearbeitung und Verwendung	Herstellfirma
Zellhorn	s. Celluloid			
Zeterit E	Preßst. Typ 8	Formst.		Siemens-Schuckertwerke AG., Abtlg. SK 4, Berlin-Siemensstadt (Gartenfeld)
Zeton K	Preßst. Typ K	Formst.		Alois Zettler, G.m.b.H., München
Zeton S	Preßst. Typ S	Formst.		
Zeton T2	Preßst. Typ T2	Formst.		
Zeton Z2	Preßst. Typ Z2	Formst.		
Zeynit***	Preßst., Ph., u. a. Typ S	Formst.		Franz Stauch, Preßwerk, Unterrodach i. Ofr.
Zuckerith	Kondensat aus Zucker u. Formald., mit u. ohne Füllst., gehärtet			Chem. Laboratorien Herbert Kurth, Schifferstadt (Pfalz)
Zyl (z. Zt. nicht in Gebrauch)****				Kons. für Elektrochem. Industrie, München

57 Eigenschaften von Sprengstoffen.

Von **Phokion Naoúm**, Leverkusen-Schlebusch.

Erläuterungen zu den Spaltenköpfen der Sprengstoff-Tabellen.

Spalte 1. Name und Zusammensetzung.

Spalte 2. Fp. gleich Schmelzpunkt (in Tabelle 573 nicht vorhanden).

Spalte 3. Gibt für flüssige Explosivstoffe die *Dichte*, für feste Explosivstoffe oder Sprengmittel die praktisch *angewendete* oder *anwendbare Dichte*, sei es in *loser, pulveriger* oder *plastisch-gelatinöser* Form, oder als *Guß-* oder *Preßkörper*.

Spalte 4. Unter „*Sauerstoffbilanz*“ eines Explosivstoffes oder Sprengmittels versteht man den Betrag von Sauerstoff in Hunderteilen der Substanz, der bei der Umsetzung bzw. inneren Verbrennung von Kohlenstoff und Wasserstoff zu Kohlensäure und Wasser übrig bleibt, bzw. in der Substanz fehlt, um allen vorhandenen Kohlenstoff und Wasserstoff zu CO_2 und H_2O zu verbrennen. Im ersteren Falle ist die Bilanz positiv, im zweiten Falle negativ.

Spalte 5. Explosionswärme[1] ist die bei der explosiven Umsetzung von 1 kg des Sprengstoffes freiwerdende Wärmemenge in Kilokalorien. Sie ist gleich der Summe der Bildungswärmen der Explosionsprodukte vermindert um die Bildungswärme der Ausgangssubstanz oder die Summe der Bildungswärmen der Bestandteile der Sprengstoffmischung.

Spalte 6. Explosionstemperatur ist die theoretische Höchsttemperatur, die bei der explosiven Umsetzung entstehen kann. Sie ist wegen des kurzen Augenblickes ihres Bestehens nicht praktisch meßbar, sondern wird aus der Explosionswärme, der Menge und Zusammensetzung der Gase und deren spezifischer Wärme errechnet.

Spalte 7. Das *spezifische Gasvolumen* ist die Summe der von 1 kg Sprengstoff bei der explosiven Umsetzung gebildeten Gase, einschließlich des Wasserdampfes in l, reduziert auf 0° und 760 Torr.

Spalte 8. Die *spezifische Energie* ist der von den Gasen von 1 kg Sprengstoff bei der vollständigen Umsetzung in der Raumeinheit (also in 1 l Raum) bei der Explosionstemperatur ausgeübte theoretische Höchstdruck. Bei der gewöhnlichen schematischen Berechnung wird hierbei meist das Covolum nicht berücksichtigt, so daß es sich bei der Berechnung nicht um einen unter irgendwelchen Bedingungen wirklich

[1] In den übrigen Tabellen, in denen Wärmetönungen angegeben sind, ist das Vorzeichen umgekehrt gewählt, siehe S. 310.

auftretenden Druck handelt, sondern um eine reine Arbeitsgröße bzw. um einen in schematisch vergleichbarer Weise angegebenen verfügbaren Energiebetrag.

Spalte 9. Unter *Detonationsgeschwindigkeit* versteht man praktisch immer die der Messung zugängliche *Fortpflanzungsgeschwindigkeit der Detonation* des Sprengstoffes innerhalb der Ladesäule. Sie wird meist unter Einschluß in einem Stahlrohr direkt mit dem Chronographen oder indirekt nach Dautriche mit einer Meßzündschnur bekannter Geschwindigkeit gemessen.

Spalte 10. Die *Bleiblockausbauchung nach* Trauzl ist die von 10 g Sprengstoff in der Bohrung eines zylindrischen Bleiklotzes von 200 mm Durchmesser und 200 mm Höhe durch Zündung mit einer Sprengkapsel Nr. 8 bewirkte Ausweitung in cm^3 nach Abzug des Betrages der ursprünglichen zentralen, zylindrischen Bohrung. Sie ist ein praktisches Maß der sog. spezifischen Energie und bei den meisten praktischen Explosivstoffen und Sprengmitteln dieser proportional, da die neben der spez. Energie für die brisante Wirkung des Sprengstoffes maßgebenden Faktoren, wie Dichte und Detonationsgeschwindigkeit bei dieser Probe nur sehr wenig zum Ausdruck kommen. Die Bleiblockausbauchung ist also keine „Sprengwirkung", sondern nur der Ausdruck einer potentiellen Arbeitsfähigkeit und wird auch „Minenwirkung" genannt.

Eigenschaften von Sprengstoffen.

Chemische, physikalische und sprengtechnische Daten der wichtigsten Explosivstoffe und Sprengmittel.

571 Salpetersäureester.

1	2	3	4	5	6	7	8	9	10
Bezeichnung	Fp. in °C	Dichte oder anwendbare Dichte	Sauerstoffbilanz in %	Explosionswärme in $kcal \cdot kg^{-1}$	Explosionstemperatur in °C	Spezifisches Gasvolumen in $l \cdot kg^{-1}$	Spezifische Energie in $kg \cdot cm^{-2}$	Detonationsgeschwindigkeit in $m \cdot s^{-1}$	Bleiblockausbauchung nach Trauzl in cm^3
Nitroglycerin[1] (Glycerintrinitrat)	+ 13,5	1,60	+ 3,5	1485	4590	715	13160	7600	550
Nitroglykol[2] (Äthylenglykoldinitrat)	− 22	1,50	± 0,0	1575	4685	737	13820	7300	600
Nitropentaerythrit[3] (Pentaerythrittetranitrat)	+ 141	1,70	− 10,1	1415	3300	780	10550	>8000 gepreßt	510
Nitromannit[4] (Mannithexanitrat)	+ 112	1,60	+ 7,1	1376	3440	693	9740	etwa 8000 gepreßt	500
Nitrocellulose[5] (Cellulosenitrat) (Schießbaumwolle m. 13,47% N)	—	max. D 1,30	− 28,7	1025	3100	765	9765	6300 gepreßt	375

[1] Nobels Sprengöl, Grundsubstanz der Dynamite, wesentlicher Bestandteil rauchschwacher Pulver.

[2] Schwergefrierbares Sprengöl, liefert in Mischung mit Nitroglycerin schwergefrierbare Dynamite und mit Collodiumwolle gelatiniert mit aromatischen Nitrokörpern ungefrierbare, gelatinöse und handhabungssichere Ammonsalpetersprengstoffe.

[3] Krystallinischer, hochwirksamer Sprengstoff.

[4] Krystallinischer, sehr detonationsempfindlicher Sprengstoff, dient Sonderzwecken, z. B. als Sprengkapselfüllung.

[5] Nitrocellulose, in Alkoholäther löslich, Collodiumwolle genannt, dient zur Gelatinierung der Sprengöle bei der Fabrikation der Dynamite, in Mischung mit der schwerlöslichen Schießbaumwolle zur Herstellung der rauchschwachen Pulver.

572 Nitrokörper.

1	2	3	4	5	6	7	8	9	10
Bezeichnung	Fp. in °C	Dichte oder anwendbare Dichte	Sauerstoffbilanz in %	Explosionswärme in kcal · kg^{-1}	Explosionstemperatur in °C	Spezifisches Gasvolumen in l · kg^{-1}	Spezifische Energie in kg · cm^{-2}	Detonationsgeschwindigkeit in m · s^{-1}	Bleiblockausbauchung nach Trauzl in cm^3
Dinitrobenzol[1]	91	1,50	−95,3	870	2500	670	7035	6100	260
2.4.6-Trinitrotoluol[2] . .	81	1,60	−74	950	2820	690	8080	6900	305
Pikrinsäure[3]	122	1,69	−45,4	1000	3230	675	8950	7300	315
Hexanitrodiphenylamin[4]	zers. bei 250	1,64	−53	1035	3450	675	9545	7200	325
Tetranitromethylanilin[5] (Trinitrophenylmethylnitramin) . .	131	1,63	−47,4	1090	3370	710	9790	7200	375

573 Gewerbliche Sprengmittel.

1	3	4	5	6	7	8	9	10
Name und Zusammensetzung	Dichte g · cm^{-3}	Sauerstoffbilanz in %	Explosionswärme in kcal · kg^{-1}	Explosionstemperatur in °C	Spezifisches Gasvolumen in l · kg^{-1}	Spezifische Energie in kg · cm^{-2}	Detonationsgeschwindigkeit in m · s^{-1}	Bleiblockausbauchung nach Trauzl in cm^3
Sprenggelatine . . . . . Nitroglycerin 93% Collodiumwolle 7%	1,55	+0,6	1545	4710	712	13420	7700	585
Gelatine-Dynamit[7] . . . . Nitroglycerin, gelatin. 65% Natronsalpeter 27% Holzmehl 8%	1,53	+3,0	1281	3940	603	9616	6500	390
Gelatine-Donarit[8] . . . . Nitroglykol, gelatin. 23% Arom. Nitrokörper 11% Holzmehl 1% Ammonsalpeter 55% Natronsalpeter 10%	1,50	+3,7	1029	3050	806	10130	6150	380

[1] Dient in Mischung mit anderen Komponenten zur Füllung von Geschossen.

[2] In gegossener und gepreßter Form wichtigster Füllstoff für alle Arten von Hohlgeschossen, auch für Seeminen und Torpedos, in gepreßter Form Pioniermunition. Dient auch als wirksame Komponente bei der Herstellung pulverförmiger gewerblicher Sprengmittel, z. B. der Ammonsalpetersprengstoffe.

[3] Ältester, brisanter, militärischer Sprengstoff zur Füllung von Hohlgeschossen, heute zu diesem Zweck meist von Trinitrotoluol verdrängt.

[4] Dient in Mischung mit Trinitrotoluol zur Füllung von Hohlgeschossen.

[5] Hochbrisanter Nitrokörper, dient zur Füllung von Sprengkapseln und für Zündladungen.

[6] Energiereichstes und brisantestes Sprengmittel, dient zum Sprengen des härtesten Gesteins.

[7] Nach der Sprenggelatine stärkstes Sprengmittel, dient in verschiedenen Kraftabstufungen zum Sprengen harter Gesteine.

[8] Handhabungssicheres, stückgutfähiges, ungefrierbares Sprengmittel von dynamitähnlicher Wirkung.

573 (Fortsetzung).

1 Name und Zusammensetzung	3 Dichte g · cm⁻³	4 Sauerstoffbilanz in %	5 Explosionswärme in kcal · kg⁻¹	6 Explosions-temperatur in °C	7 Spezifisches Gas-volumen in l · kg⁻¹	8 Spezifische Energie in kg · cm⁻²	9 Detonations-geschwindigkeit in m · s⁻¹	10 Bleiblock-ausbauchung nach Trauzl in cm³
Ammonit[1] (Donarit 1, Westfalit)	1,07	+ 3,2	918	2710	898	10135	4850	385
Ammonsalpeter 80%								
Trinitrotoluol 14%								
Holzmehl 2%								
Nitroglycerin 4%								
Donarit 3[2]	1,04	+ 1,2	1193	3345	832	11390	4600	435
Ammonsalpeter 80%								
Arom. Nitrokörper 7%								
Aluminiumpulver 6%								
Holzmehl 3%								
Nitroglycerin 4%								
Calcinit[3]	1,06	+ 4,2	986	3020	658	8205	3750	325
Ammonsalpeter 36%								
Kalksalpeter, wasserfrei 38%								
Arom. Nitrokörper 12%								
Holzmehl 8%								
Nitroglycerin 6%								
Chloratit 3[4]	1,30	+ 2,7	1006	4065	322	5281	3350	225
Kaliumchlorat 88,5%								
Holzmehl 3,0%								
Petroleum oder Spindelöl 8,5%								
Wetter-Nobelit B[5]	1,65	+ 6,15	568	2080	500	4452	5650	190
Nitroglycerin, gelatin. 30%								
Holzmehl 0,5%								
Gesättigte Kalksalpeterlösung 3,0%								
Ammonsalpeter 26,5%								
Kochsalz 40,0%								
Wetter-Detonit A[6]	1,05	+ 10,4	516	1730	772	5553	3000	220
Ammonsalpeter 72%								
Kochsalz 18%								
Holzmehl 2%								
Trinitrotoluol 2%								
Nitroglycerin 6%								

[1] und [2] Pulverförmige, handhabungssichere Ammonsalpetersprengstoffe für Gesteinssprengungen.

[3] Handhabungssicherer, pulverförmiger Gesteinssprengstoff mittlerer Brisanz, vorwiegend im Salz- und Kalibergbau [illegible].

[4] Wohlfeiler Chloratsprengstoff von begrenzter Leistung, wird nur im Salzbergbau benutzt.

[5] Gelatinöser Wettersprengstoff (sicher gegen schlagende Wetter und entzündlichen Kohlenstaub), dient dem Kohlenbergbau, besonders auch als sog. ummantelter Sprengstoff mit einem 3...4 mm dicken Mantel von sog. Bicarbit umgeben (Mischung aus Natriumbicarbonat, Kochsalz und wenig Nitroglycerin).

[6] Pulverförmiger Wettersprengstoff, dient zum Sprengen in der Kohle und im Nebengestein.

573 (Fortsetzung).

1	3	4	5	6	7	8	9	10
Name und Zusammensetzung	Dichte $g \cdot cm^{-3}$	Sauerstoffbilanz in %	Explosionswärme in $kcal \cdot kg^{-1}$	Explosionstemperatur in °C	Spezifisches Gasvolumen in $l \cdot kg^{-1}$	Spezifische Energie in $kg \cdot cm^{-2}$	Detonationsgeschwindigkeit in $m \cdot s^{-1}$	Bleiblockausbauchung nach Trauzl in cm^3
Schwarzpulver[1] . . . . Kalisalpeter 75% Schwefel 10% Kohle 15%	Korndichte 1,50...1,56 Ladedichte 1,1...1,2	etwa −15,0	665	2380	280	2810	300...500	nicht meßbar

58 Brennstoffe und Bitumen.

581 Brennstoffe.

Von **Horst Brückner**, Karlsruhe.

5811 Zusammensetzung und Einteilung der Brennstoffe.

58111 Zusammensetzung und Einteilung fester Brennstoffe.

581111 Durchschnittliche Zusammensetzung der festen Brennstoffe (bezogen auf asche- und wasserfreie Substanz).

Brennstoff	C %	H %	O %	N %	S %	Flüchtige Bestandteile %	Heizwert kcal/kg
Holz	48...52	5,8...6,2	43...45	0,05...0,1	—	70...78	4500...4800
Torf							
Fasertorf . .	49...52	5...6	40...45	1	0,1...1	55...60	5000...5400
Modertorf . .	52...58	6...7	32...40	2...3	0,1...1	50...55	5200...5600
Lebertorf . .	57...60	6...8	28...35	3...4	0,1...1	45...50	5500...5800
Braunkohle							
Erdige Braunkohle	65...70	5...8	18...30	0,5...1,5	0,5...3	45...60	6200...6400
Lignit . . .	65...70	5...6	25...30	0,5...1,5	0,5...3	35...50	6200...6700
Pechkohle . .	73...76	5,5...7	12...18	1...2	0,5...3	40...45	7000...7600
Steinkohle							
Flammkohle .	75...8	4,5...5,8	15...20	1...1,5	0,5...1,5	40...55	7600...7800
Gasflammkohle . . .	80...85	5,0...5,8	10...15	1...1,5	0,5...1,5	35...45	7800...8300
Gaskohle . .	82...8[illegible]	5...5,5	8...12	1...1,5	0,5...1,5	3[illegible]...38	8300...8600
Kokskohle .	85...88	4,5...5,5	6...10	1...1,5	0,5...1,5	18...32	8600...8700
Eßkohle . .	87...90	3,5...5,0	4...6	1...1,5	0,5...1,5	12...18	8600...8700
Magerkohle .	90...94	3...4,5	3...4	1	0,5...1	8...12	8700
Anthrazit . .	94...97	1...2,5	1...2	0,5...1	0,5	1...5	8700...8750

[1] Ältestes Schießmittel und Sprengmittel, dient in gekörnter Form auch heute noch in der Artillerie als Zündungsüberträger, sowie in der Pyrotechnik und im Steinbruchbetrieb in gepreßter Form (Kunkeln) oder gekörnter Form (Sprengpulver) zur Gewinnung von stückigem Material.

581112 Gehalt von festen Brennstoffen an Asche, Wasser und flüchtigen Bestandteilen.

	Asche %	Wasser %	Flüchtige Bestandteile (ohne Wasser) %
Holz, frisch	0,3	40...50	38...45
Holz, lufttrocken	0,5	10...15	72...76
Holz, Stubben	0,5	10...12	80
Holzkohle	2...3	3...6	12...18
Torf, frisch	0,2...0,5	84...90	5...8
Torf, abgepreßt	0,2...0,5	75...80	10...12
Torf, lufttrocken	1...5	18...25	45...55
Torfkoks	3...6	4...7	7...10
Braunkohle, frisch	3...10	45...55	25...28
Braunkohle, lufttrocken	5...10	15...25	42...48
Braunkohlenbriketts	5...10	12...18	45...50
Braunkohlenstaub	5...10	10...12	45...50
Böhmische Braunkohle, frisch	3...5	25...30	35...40
Grudekoks	15...25	5...10	12...15
Steinkohle	5...15	2...6	} s. S. 1459
Steinkohle, gewaschene Feinkohle	3...6	8...12	} s. S. 1459
Steinkohlenkoks	6...10	0...5	0,5...3

581113 Petrographische Einteilung der Steinkohlen.

Bezeichnung		Kennzeichen	Verkokungsverhalten
Glanzkohle	Vitrit	ebener, kantiger oder muscheliger Bruch, geringe Härte	zumeist gut verkokungsfähig
Mattkohle	Clarit	mattes Aussehen, derber, unregelmäßiger Bruch	wenig verkokungsfähig
	Durit		
Übergangsstufen	Halbfusit	mikroskopisch als Einschlüsse und Einlagerungen erkennbar	wenig verkokungsfähig
	Opakmasse		
	Harzeinschlüsse		gut verkokungsfähig
	Sporen		
Faserkohle	Fusit	holzkohleähnliche, weiche Beschaffenheit	bleibt in seiner Beschaffenheit unverändert
Mineralbestandteile	Brandschiefer	> 20% Mineralbestandteile	—
	Berge	Gestein	

581114 Einteilung der Steinkohlen gemäß dem Verkokungsverhalten.

Bezeichnung der Kohlen gemäß dem Verkokungsverhalten	Bezeichnung der Kohlen im Handel	Koksbeschaffenheit
Backkohle	Kokskohle, Gaskohle	geschmolzen, gebläht, fest
Backende Sinterkohle	Eßkohle, Gasflammkohle	geschmolzen bis gesintert, zuweilen etwas gebläht, weich
Sinterkohle	Gasflammkohle	gesintert, nicht gebläht, sehr weich
Gesinterte Sandkohle	Magerkohle, Flammkohle	schwach gesintert, pulverig
Sandkohle	Flammkohle, Anthrazit	pulverig

581115 Einteilung und durchschnittliche Zusammensetzung von Koksen. (Auf wasserfreien Zustand bezogen.)

Art des Kokses	C %	H %	O + N %	S %	Aschegehalt %
Kammerofenkoks	86...90	0,3...0,4	1,4...1,9	0,5...0,8	6...10
Retortenkoks	84...88	0,3...0,4	1,4...1,9	0,5...0,8	6...10
Hochofenkoks	86...90	0,3...0,4	1,4...1,9	0,5...0,8	6...10
Gießereikoks	88...91	0,25...0,35	0,8...1,6	0,5...0,8	6...10
Torfkoks	88...91	2,0...2,3	6,5...7,2	0,2...0,3	3...6
Holzkohle, weich	68...72	4,5...5	22...26	—	2...3
Holzkohle, hart	80...82	3,5...4	14...16	—	2...3
Meilerkohle	86...90	2,7...3	7...10	—	2...3
Braunkohlenschwelkoks	70...76	3 ...3,5	8...12	0,5...1,5	10...25
Steinkohlenschwelkoks	80...85	2,5...3	5...6	0,5...1,0	6...10
Mitteltemperaturkoks	82...88	1...2	2...3	0,5...1,0	6...10

58112 Flüssige Brennstoffe.

581121.

Brennstoff	Dichteverhältnis	Zusammensetzung		Heizwert	
		C %	H %	H_o kcal/kg	H_u kcal/kg
Kraftsprit	0,80...0,81	52	13	7140	6440
Flugbenzin	0,70...0,74	84,5...85,5	14,5...15,0	11200...11500	10000...10300
Motorenbenzin	0,72...0,75	84,5...85,5	14,5...15,0	10800...11500	9800...10500
Motorenbenzin mit 10% Alkoholzusatz	0,74...0,76	81...82	14,5...15	10800...11000	10000...10200
Motorenbenzol	0,86...0,88	90...92	8,2...8,4	10000...10200	9550... 9750
Petroleum	0,80...0,82	85...86.	14...15	10000...10500	9500...10000
Gasöl	0,84...0,86	86...87	13...14	10600...10900	10100...10400
Dieselöl	0,85...0,88	86...88	12...13	10600...10800	9800...10100
Braunkohlenteeröl f. Dieselmotoren	0,86...0,90	86...88	8...10	10400 0600	9700... 9900
Steinkohlenteeröl f. Dieselmotoren	0,95...0,97	86...88	9...10	9200... 9500	8700... 9200
Steinkohlenteer-Heizöl	1,04...1,08	88...90	7...8	9300... 9500	9000... 9300

58113 Gasförmige Brennstoffe[1].

581131.

Gruppe	Gewinnung	Art	Unterarten	Heizwert kcal/Nm³	Sonstiges
Erdgase	Entstehung ohne technische Einwirkung	—	Trockenes Erdgas	7000—9000	Enthält an Kohlenwasserstoffen im wesentlichen nur Methan.
			Nasses Erdgas	7000—10500	Enthält neben Methan erhebliche Mengen Äthan, Propan, Butan (Flüssiggas) und höhere Kohlenwasserstoffe (Gasolin).
Gase aus festen Brennstoffen	Entgasung	Schwelgase	Holz-, Torf-, Braunkohlen-, Steinkohlen-, Ölschieferschwelgas	3000—10000	Werden aus festen Brennstoffen durch Erhitzen unter Luftabschluß unterhalb Rotglut (500 bis 600°) erhalten.
		Destillationsgase	Torf-, Braunkohlen-, Steinkohlengas (Kokereigas)	3500—5500	Entstehen aus festen Brennstoffen oberhalb Rotglut.
	Vergasung	mit Luft (Schwachgase)	Gichtgas	700—900	Entweicht aus der Gicht des Hochofens und besteht aus Kohlensäure, Kohlenoxyd und Stickstoff.
			Mondgas	800—1500	Wurde früher durch Vergasung jüngerer Kohlen mit Luft in Gegenwart von überschüssigem überhitztem Wasserdampf bei möglichst niedriger Temperatur zwecks erhöhter Ammoniakgewinnung erzeugt.
			Generatorgas	800—1500	Entsteht bei der Vergasung fester Brennstoffe mit Luft, zumeist bei gleichzeitiger Dampfzugabe.

		mit Wasserdampf (Wassergase)	Kokswassergas	2500—2900	Wird erzeugt durch Einblasen von Dampf in hocherhitzten Koks. Das Aufheizen des Brennstoffs erfolgt zumeist regenerativ (Blasen), in neuester Zeit auch rekuperativ.
			Karburiertes Wassergas	3000—4500	Entsteht entweder durch Vergasung von Stein- oder Braunkohle mit Wasserdampf (Kohlenwassergas), so daß ein Gemisch von Schwelgas und Wassergas gebildet wird oder durch das Vermischen von Wassergas mit den Krackgasen von Ölen oder Teeren, die entweder mit dem Wasserdampf zusammen oder nach der Wassergasbildung in einem Karburator eingespritzt und in diesem zersetzt werden.
	Vergasung mit Sauerstoff	Kohlenoxyd	—	3000—4500	Durch Vergasen von Koks mit Sauerstoff wird technisch reines (98%iges) Kohlenoxyd, von Kohle mit Sauerstoff-Wasserdampf-Gemisch Synthesegas (Kohlenoxyd-Wasserstoff-Gemisch) oder unter Druck (Lurgi-Verfahren) ein stadtgasähnliches Gas erhalten.
Sonstige Gase	—	Destillations- und Krackgase	Destillationsgase	12000—18000	Werden bei der Destillation von Teeren und Ölen abgespalten.
			Krackgase	15000—20000	Krackgase entstehen als Nebenerzeugnis bei der thermischen Zersetzung von höhermolekularen Kohlenwasserstoffen (Krackung) zu Benzin.
		Spaltgase	Ölgas	8000—11000	Wird erzeugt durch Zersetzung von Gasöl oder Urteer im Regenerativ- oder Rekuperativverfahren bei etwa 700—800°.

[1] Erweiterte Fassung des Normblattes DIN 1340.

581131 (Fortsetzung).

Gruppe	Gewinnung	Art	Unterarten	Heizwert kcal/Nm³	Sonstiges
Flüssiggase	Aus nassem Erdgas, aus Destillations- und Krackgasen, aus Koksofengas, oder Nebenerzeugnis bei Synthesen flüssiger Brennstoffe	—	Gasol	13000...18000	Besteht je etwa zur Hälfte aus gesättigten und ungesättigten Kohlenwasserstoffen, die bei nur mäßig erhöhtem Druck verflüssigt und in Leichtmetallflaschen aufbewahrt werden.
			Propan und Butan	22000...28000	Werden bei nur wenig erhöhtem Druck verflüssigt und dienen als Heizgas oder zum Betrieb von Kraftfahrzeugen.
Gase aus flüssigen Brennstoffen	Durch Verdampfung	Kaltluftgase	Benzin-Luftgas, Benzol-Luftgas	2000...3500	Werden erhalten durch Beladen von Luft mit Benzin oder Benzoldämpfen bis oberhalb der oberen Explosionsgrenze.
Sonstige Gase	Verschiedene Verfahren	Methan	Methan rein	9500	Fällt bei der Tiefkühlung von Steinkohlengas an.
			Klärgas	3000...7000	Bei der biologischen Abwasserklärung wird Methan gebildet, das zunächst durch Schwefelwasserstoff und Kohlendioxyd verunreinigt ist.
		Acetylen	—	14000	Wird gebildet durch Zersetzung von Calciumcarbid mit Wasser oder durch kurzzeitiges Erhitzen von Kohlenwasserstoffen (Methan).
		Wasserstoff	—	3000	Wird erhalten durch Tiefkühlung von Steinkohlengas, durch Konvertierung des Kohlenoxyds in Kohlenoxyd-Wasserstoffgemischen mit Wasserdampf, durch thermische Zersetzung von Kohlenwasserstoffen (Methan) unter Kohlenstoffausscheidung, durch Behandeln von reduziertem Eisen bei Rotglut mit überhitztem Wasserdampf (als Regenerativverfahren) und durch Elektrolyse.

581132 Mittlere Zusammensetzung und Heizwert gasförmiger Brennstoffe.

Gasart	Zusammensetzung CO_2 %	sKW %	CO %	H_2 %	CH_4 %	N_2 %	Dichteverhältnis (Luft = 1)	Oberer Heizwert kcal/Nm³	Unterer Heizwert kcal/Nm³
Steinkohlengas	2...3	3...4	7...10	48...52	27...30	2...5	0,40...0,42	5400...5600	4800...5000
Kokereigas	2...3	2...2,5	6...8	52...57	24...27	8...12	0,40...0,44	4600...4800	4100...4300
Steinkohlenschwelgas	7...10	7...10	6...9	8...12	55...60	2...4	0,7 ...0,9	7000...8000	6000...7000
Braunkohlenschwelgas	35...45	4...6	4...7	30...35	18...25	2...4	0,8 ...1,0	3000...3600	2600...3200
Normengas vor 1914	2,5...3	3...3,5	15...18	50...52	25...27	3...5	0,43...0,45	5000...5100	4500...4600
Stadtgas (Normengas)	3...4	2...3	8...20	50...57	16...25	3...5	0,45...0,50	4200...4600	3700...4100
Generatorgas	4...7	—	26...30	10...12	0...0,3	52...56	0,85...0,90	1200...1300	1150...1250
Gichtgas	7...8	—	18...25	2...3	—	60...62	0,95...1,0	950...1000	9400...9800
Braunkohlengeneratorgas	6...8	1...2	25...27	12...16	1...3	45...50	0,75...0,85	1400...1600	1300...1500
Wassergas	4...7	—	36...40	46...50	0...0,5	4...7	0,52...0,58	2600...2800	2350...2550
Steinkohlenwassergas	4...6	0,2...0,5	32...35	45...48	5...8	5...8	0,52...0,56	3000...3400	2700...3000
Ölkarburiertes-Wassergas	4...6	3...6	30...35	42...48	5...10	3...6	0,55...0,60	3500...4500	3300...4000

581133 Mittlere Zusammensetzung von Stadtgas nach Volumen und Gewicht[1].

Gasanteil	Vol.-%	Gew.-%	1 Nm³ Gas enthält g
CO_2	4,0	13,5	79,1
sKW	2,0	6,5	38,3
CO	20,0	42,6	250,0
H_2	53,0	8,1	47,6
CH_4	17,0	20,8	121,9
N_2	4,0	8,5	50,0
	100,0	100,0	586,9

5812 Heizwert der festen, flüssigen und gasförmigen Brennstoffe[2].

58121 Feste Brennstoffe.

Der obere Heizwert (H_o) (Verbrennungswärme) eines Stoffes ist die Wärmemenge, die bei der vollkommenen Verbrennung einer Einheit (kmol, kg oder Nm³) des Stoffes frei wird, wenn die Verbrennungsprodukte auf die Ausgangstemperatur zurückgekühlt werden und das gebildete Wasser sich in flüssigem Zustand befindet.

Der untere Heizwert (H_u), oft einfach als Heizwert bezeichnet, ist gegenüber dem oberen Heizwert um die Verdampfungswärme des gebildeten Wassers niedriger (Verdampfungswärme bei 0°C 597, bei 20° 585 und bei 100° 539 kcal/kg).

Ein Unterschied zwischen oberem und unterem Heizwert besteht daher nur bei Wasserstoff enthaltenden Stoffen; er beträgt bei technischen Gasen im allgemeinen 5—15% des oberen Heizwertes.

Der obere bzw. untere Heizwert von Gasgemischen setzt sich additiv aus den Heizwerten der Einzelgase zusammen.

Bei wärmetechnischen Rechnungen ist je nach der Art des Verlaufs der Verbrennung (Abkühlung der Abgase) der obere

[1] H_o = 4300 kcal/Nm³, H_u = 3840 kcal/nm³, Dichteverhältnis 0,45.

[2] Heizwerte von festen Brennstoffen s. S. 1459.

oder der untere Heizwert einzusetzen. Zumeist befindet sich in den Verbrennungsgasen das Wasser im dampfförmigen Zustand, so daß nur der untere Heizwert ausgenützt wird.

Für die Umrechnung der in den Tabellen angegebenen Heizwerte bei konstantem Druck (H_p) auf Heizwerte bei konstantem Volumen (H_v) gilt je Mol die Beziehung:

$$H_v - H_p = n \cdot R \cdot T = 1{,}986 \cdot n \cdot T,$$

darin bedeuten T die absolute Temperatur und n die Zahl, wieviel Mole nach Ablauf der Verbrennung mehr vorhanden sind als vor der Verbrennung.

581211 Heizwerte verschiedener Kohlenstoffarten.

Kohlenstoffart	Dichte	Heizwert kcal/kg
Diamant[1]	3,514	7873
α-Graphit[1]	2,258 ± 0,002	7832
β-Graphit[1]	2,220 ± 0,002	7856
Glanzkohle[1]	2,07	8051
Glanzkohle[1]	2,00	8071
Glanzkohle[1]	1,86	8148
Kokskohlenstoff	—	8080
Hochtemperaturkoks (auf asche- und wasserfreie Substanz ber.)	—	7950

58122 Heizwerte flüssiger Brennstoffe.

581221.

Stoff	Heizwert H_o kcal/kg	Heizwert H_u kcal/kg	Stoff	Heizwert H_o kcal/kg	Heizwert H_u kcal/kg
Äthylalkohol	7140	6440	Masut	10400...10700	9900...10200
95%ig	6710	5985	Motorenbenzol	~ 10500	10100
Benzin	10500...11500	9980...10700	Methanol	5365	4665
Benzol	10025	9615	Naphthalin	9600	9260
Braunkohlenteeröl	~ 10000	~ 9500	Paraffinöl	10400...11000	9800...10500
Erdöl	10000...10500	9500...10000	Petroleum	10000...11000	9500...10500
Gasöl	10600...10900	10100...10400	Solaröl	~ 10600	~ 10000
Gelböl	9950...10250	9450...9750	Steinkohlenteer	8100...8800	7800...8400
Heizöl	10100...10400	9600...9900	Steinkohlenteeröl	9300...9600	9000...9300
Hexan	11550	10670			
Kreosotöl	~ 9000	~ 8600			

[1] Nach Roth: Z. angew. Chem. 41, 277 (1928).

581222 Heizwerte von Brenngasen (DIN 1872).

Gas	Molekulargewicht M	Molvolumen bei 0° und 760 Torr Nm³/kmol	Heizwerte					
			H_o kcal/kmol	H_u kcal/kmol	H_o kcal/kg	H_u kcal/kg	H_o kcal/Nm³	H_u kcal/Nm³
Wasserstoff .	2,0156	22,43	68350	57590	33910	28570	3050	2570
Methan . . .	16,03	22,36	212800	191290	13280	11930	9520	8550
Äthan . . .	30,05	22,15	372800	340530	12410	11330	16820	15370
Äthylen . .	28,03	22,24	340000	318490	12130	11360	15290	14320
Acetylen . .	26,02	22,22	313000	302240	12030	11620	14090	13600
Propan . . .	44,06	21,82	530600	487580	12040	11070	24320	22350
Propylen . .	42,05	21,96	495000	462730	11770	11000	22540	21070
Butan . . .	58,08	21,49	687900	634120	11840	10920	32010	29510
Isobutan . .	58,08	21,77	686300	632520	11820	10890	31530	29050
Butylen. . .	56,06	(22,4)	652000	608980	11630	10860	(29110)	(27190)
Benzoldampf	78,05	(22,4)	791000	758730	10130	9720	(35310)	(33870)
Methylchlorid . .	50,48	21,88	170000	153870	3370	3050	7770	703[illegible]
Kohlenoxyd	28,00	22,40	67700	67700	2420	2420	3020	3020
Ammoniak .	17,031	22,08	91000	74870	5340	4400	4120	3390
Schwefelwasserstoff bei Verbrennung zu SO_2 . . .	34,08	22,14	136000	125240	3990	3680	6140	5660
Bei Verbrennung zu SO_3 . . .	34,08	22,14	159500	148740	4680	4360	7200	6720

5813 Luftbedarf und Verbrennungsprodukte.

Die Berechnungen des Luftbedarfs, des Abgasvolumens und der Zusammensetzung der Abgase bilden die Grundlagen der wärmetechnischen Erfassung von Verbrennungsvorgängen. Jeder Brennstoff erfordert für seine vollständige Verbrennung einen bestimmten Luftbedarf, der sich aus der Brennstoffzusammensetzung berechnen läßt; daraus ergibt sich ferner das Abgasvolumen und die Abgaszusammensetzung.

Der theoretische Luftbedarf L_0 für die vollständige Verbrennung und das hierbei entstehende Rauchgasvolumen V_0 können aus dem unteren Heizwert gemäß den folgenden Formeln angenähert berechnet werden.

	V_0 Nm³/kg	L_0 Nm³/kg
Feste Brennstoffe	$\frac{1{,}01}{1000} \cdot H_u + 0{,}5$	$\frac{0{,}89}{1000} \cdot H_u + 1{,}65$
Öle.	$\frac{0{,}88}{1000} \cdot H_u + 2{,}5$	$\frac{1{,}11}{1000} \cdot H_u$
Brenngase:		
Reichgase, $H_u > 3800$ kcal/Nm³ .	$\frac{1{,}09}{1000} \cdot H_u + 0{,}25$	$\frac{1{,}14}{1000} \cdot H_u + 0{,}25$
Armgase, $H_u < 3800$ kcal/Nm³ . .	$\frac{0{,}875}{1000} \cdot H_u$	$\frac{0{,}725}{1000} \cdot H_u + 1{,}0$

Für feste und flüssige Brennstoffe wird deren Luftbedarf aus ihrer Elementarzusammensetzung wie folgt berechnet:

1 kmol Kohlenstoff (C) = 12,00 kg erfordert zu seiner vollständigen Verbrennung 1 kmol Sauerstoff (= 22,4 Nm^3), wobei 1 kmol Kohlendioxyd (= 22,4 Nm^3) gebildet wird. 1 kg Kohlenstoff benötigt somit 1,867 Nm^3 O_2 und bildet 1,867 Nm^3 CO_2.

Für den im Brennstoff enthaltenen Sauerstoff wird angenommen, daß dieser mit dem Wasserstoffgehalt des Brennstoffes sich zu Wasser zusammenlagert. Dies ist in jedem Fall möglich, da selbst der Wasserstoffgehalt eines jungen, sehr sauerstoffreichen Brennstoffes (Braunkohle, Torf) hierfür ausreichend ist.

Von der Gesamtmenge des Wasserstoffes wird zunächst der zur Wasserbildung mit dem Sauerstoffgehalt des Brennstoffes benötigte Anteil, der sog. „nichtdisponible" Wasserstoff abgezogen. Für den restlichen sog. „disponiblen" Wasserstoff wird für die Verbrennung $H_2 + {}^1/_2 O_2 = H_2O$ je Kilogramm ($^1/_2$ kmol) Wasserstoff $^1/_4$ kmol = 5,6 Nm^3 Sauerstoff benötigt, wodurch 11,2 Nm^3 ($^1/_2$ kmol) Wasserdampf gebildet werden.

Der Stickstoff des Brennstoffes geht gasförmig in das Abgas, je 28 kg Stickstoff geben 22,4 Nm^3, das sind je Kilogramm N_2 0,80 Nm^3.

Der verbrennliche Schwefel geht in Schwefeldioxyd über, und zwar sind für je 1 kg Schwefel 0,698 Nm^3 Sauerstoff erforderlich, die 0,698 Nm^3 SO_2 bilden.

Bei technischen Brenngasen wird der Luftbedarf zweckmäßigerweise für jeden einzelnen Gasbestandteil gesondert berechnet.

58131 Berechnung des Luftbedarfs und der Verbrennungsprodukte bei der Verbrennung, z. B. von Braunkohle. (Berechnet auf 100 kg Kohle.)

Zusammensetzung der Kohle %	Sauerstoffbedarf für die Verbrennung Nm^3	Verbrennungserzeugnisse		
		CO_2 Nm^3	H_2O (Dampf) Nm^3	N_2 Nm^3
Asche . . . 6,5	—	—	—	—
Wasser . . . 18,6	—	—	$18{,}6 \cdot \frac{22{,}4}{18} = 23{,}1$	—
Kohlenstoff . 50,6	$50{,}6 \cdot 1{,}867 = 94{,}4$	$50{,}6 \cdot 1{,}867 = 94{,}4$	—	—
Wasserstoff . 6,2[1]	$4{,}3 \cdot 5{,}6 = 24{,}1$	—	$6{,}2 \cdot 11{,}2 = 69{,}4$	—
Sauerstoff . 15,5	—	—	—	$119{,}5 \cdot \frac{79{,}1}{20{,}9} = 452{,}3$
Verbr. Schwefel 1,4	$1{,}4 \cdot 0{,}7 = 1{,}0$	$1{,}4 \cdot 0{,}7 = 1{,}0$	—	—
Stickstoff . 1,2	—	—	—	$1{,}2 \cdot 0{,}8 = 1{,}0$
100,0	119,5	95,4	92,5	453,3

Luftbedarf: 119,5 Nm^3 O_2
452,2 Nm^3 N_2
571,7 Nm^3 Luft/100 kg Brennstoff

Abgasvolumen: 95,4 Nm^3 CO_2
92,5 Nm^3 H_2O (Dampf)
453,3 Nm^3 N_2
641,2 Nm^3 Abgasvolumen/100 kg Brennstoff

Abgaszusammensetzung: feucht: 14,9% CO_2
14,4% H_2O (Dampf)
70,7% N_2
100,0%

trocken: 17,4% CO_2
82,6% N_2
100,0%

[1] Disponibler Wasserstoff: $6{,}2 - \frac{15{,}5}{8} = 4{,}3\%$.

58132 Beispiel für die Berechnung des Luftbedarfs und der Verbrennungsprodukte bei der Verbrennung von Stadtgas.
(Berechnet auf 1 Nm^3 Gas.)

Zusammensetzung des Gases		Sauerstoffbedarf je Nm^3 Nm^3	Es werden gebildet		
			Nm^3 CO_2	Nm^3 H_2O (Dampf)	Nm^3 N_2
CO_2	4,0%	—	0,040	—	—
sKW	2,0%	0,1075	0,215	—	3,009
CO	21,5%	0,2575	—	0,515	(dem Sauerstoff
H_2	51,5%	0,3400	0,170	0,340	entsprechender
CH_4	17,0%	0,0900	0,060	0,060	Luftstickstoff)
N_2	4,0%	—	—	—	0,04
	100,0%	0,7950	0,485	0,915	3,049

Luftbedarf: 0,795 Nm^3 O_2
3,009 Nm^3 N_2
3,804 Nm^3 Luft/Nm^3 Gas

Abgasvolumen: 0,485 Nm^3 CO_2
0,915 Nm^3 H_2O (Dampf)
3,049 Nm^3 N_2
4,449 Nm^3 Abgasvolumen/Nm^3 Gas

Abgaszusammensetzung: feucht: 10,9% CO_2
20,6% H_2O (Dampf)
68,5% N_2
100,0%

trocken: 13,7% CO
86,3% N_2
100,0%

5814 Luftüberschuß.

Um eine vollständige Verbrennung zu erreichen, muß mit Luftüberschuß gearbeitet werden.

Wenn der Luftüberschuß mit

$$\lambda = \frac{L}{L_0} = \frac{\text{wirklicher Luftverbrauch}}{\text{theoretischer Luftbedarf}}$$

bezeichnet wird, so ergibt sich

$$V_f = V_0 + (\lambda - 1) \cdot L_0 \qquad \text{oder} \qquad V_f = V_0 + (L - L_0)\ \text{Nm}^3.$$

Darin bedeuten V_0 das theoretische Abgasvolumen (einschließlich des Wasserdampfgehaltes) und V_f das gesamte Abgasvolumen. Dessen wahres Volumen $V_{f'}$ bei der Abgastemperatur t_A und 1 Atm. berechnet sich zu

$$V_{f'} = V_f \cdot \frac{273 + t_A}{273}\ \text{m}^3.$$

Aus dem Kohlendioxydgehalt k_1 des trockenen Abgases, durch Gasanalyse ermittelt, läßt sich auch die Luftüberschußzahl λ berechnen unter Zugrundelegung des theoretischen trockenen Abgasvolumens $V_{0\,tr}$ und seines CO_2-Gehaltes k

$$\lambda = 1 + \left(\frac{k_0}{k_1} - 1\right) \frac{V_{0\,tr}}{L_0}.$$

In erster Annäherung gilt allgemein bei festen und flüssigen Brennstoffen sowie bei stickstoffarmen Gasen

$$s = \frac{k_0}{k}, \qquad \text{für Steinkohlengas: } s \sim \frac{1}{k_1}.$$

58141 Kohlendioxydgehalt und mittlere trockene Rauchgasmenge bei der Verbrennung von festen Brennstoffen in Abhängigkeit von der Luftüberschußzahl[1].
(Bezogen auf Reinkohle.)

		Luftüberschußzahl										
		1,0	1,2	1,4	1,6	1,8	2,0	2,2	2,4	2,6	2,8	3,0
Koks	CO_2 %	20,7	17,2	14,8	12,9	11,5	10,4	9,4	8,6	8,0	7,4	6,9
	V Nm^3/kg	8,73	10,48	12,23	13,98	15,73	17,48	19,23	20,98	22,72	24,47	26,22
Gasflammkohle	CO_2 %	18,5	15,4	13,2	11,5	10,2	9,2	8,4	7,7	7,1	6,6	6,1
	V Nm^3/kg	8,39	10,12	11,80	13,57	15,30	17,03	18,76	20,49	22,21	23,94	25,67
Kokskohle	CO_2 %	18,6	15,5	13,3	11,7	10,4	9,3	8,5	7,8	7,2	6,7	6,2
	V Nm^3/kg	8,71	10,50	12,29	14,08	15,87	17,66	19,45	21,24	23,03	24,82	26,61
Eßkohle	CO_2 %	18,8	15,7	13,4	11,7	10,4	9,4	8,6	7,9	7,3	6,7	6,3
	V Nm^3/kg	8,84	10,60	12,46	14,27	16,09	17,90	19,71	21,52	23,34	25,15	26,96
Anthrazit	CO_2 %	19,1	15,9	13,6	11,9	10,6	9,6	8,7	8,0	7,4	6,8	6,4
	V Nm^3/kg	8,89	10,70	12,52	14,33	16,14	17,96	19,77	21,58	23,40	25,21	27,02

5815 Taupunkttemperatur der Abgase.

Für die Ermittlung der Taupunkttemperatur wird zunächst aus den Vol.-% des Wasserdampfes der Partialdruck in Torr berechnet. Aus der Tabelle 331121 über den Sättigungsdruck des Wasserdampfes wird die Taupunkttemperatur entnommen.

Beispiel: Wasserdampf im feuchten Abgas 14,4 Vol.-%, dies entspricht

$$\frac{14,4}{100} \cdot 760 = 109,4 \text{ Torr.}$$

Beträgt der Luftdruck nicht 760 Torr, so ist sein Wert einzusetzen. Unter Normbedingungen entsprechen 109,4 Torr einer Sättigungstemperatur von 53,4° C.

5816 Verbrennungstemperaturen.

Die Verbrennungstemperatur ist die theoretische Grenztemperatur, die bei der Verbrennung eines Brennstoffes erreicht werden kann, wenn die Verbrennung ohne jede Wärmeabgabe an die Umgebung (adiabatisch) verläuft. Die Verbrennungstemperatur läßt sich aus dem Heizwert (H_u) des Brennstoffes und den spezifischen Wärmen der Abgabe berechnen. Formeln geben z. B. an H. Brückner und W. Bender[2].

58161 Beobachtete höchste Flammentemperaturen verschiedener Gase bei Verbrennung mit Luft.

Brenngas	% Gas im Gemisch mit Luft	Flammentemperatur °C	Brenngas	% Gas im Gemisch mit Luft	Flammentemperatur °C
Wasserstoff	31,6	2045	Äthylen	7,0	1975
Kohlenoxyd	20	1650	Propylen	4,5	1935
	25	1930	Butylen	3,4	1930
	32	2100	Acetylen	9,0	2325
	45	1850	Ammoniak	21	1700
Methan	10	1875	Steinkohlengas	17,6	1918
Äthan	5,8	1895			
Propan	4,15	1925			

[1] Die Umrechnung von Reinkohle und trockenem Abgas auf Rohkohle und feuchtes Abgas erfolgt nach der Beziehung

$$V_{\text{Rohkohle}} = V \frac{100 - (A + W)}{100} + \frac{9\,H + W}{100} \cdot 1,244 .$$

Darin bedeuten A, W und H den Asche-, Wasser- und Wasserstoffgehalt der Rohkohle.

[2] H. Brückner und W. Bender: Gas- u. Wasserfach 79, 701 (1936).

58162 Beobachtete höchste Flammentemperaturen verschiedener Gase bei Verbrennung mit Sauerstoff

Brenngas	% Gas im Gemisch mit O_2	Flammentemperatur °C	Brenngas	% Gas im Gemisch mit O_2	Flammentemperatur °C
Wasserstoff . .	73	2525	Acetylen . . .	33	3005
	78	2660		44	3135
	82	2425		50	2925
Kohlenoxyd . .	60	2905	Stadtgas . . .	65	2730
	70	2925	Erdgas	45	2930
	80	2805			

5817 Zündtemperaturen und Zündgrenzen[1].

Zündtemperaturen brennbarer Gase und Dämpfe. Die Zündtemperatur (Zündpunkt) eines Gasluftgemisches ist die unterste Temperatur, bei der die Verbrennungsgeschwindigkeit eben so groß wird, daß die entwickelte Wärme die Wärmeabgabe nach der Umgebung übersteigt und die Verbrennung ohne Wärmezuführung von selbst fortschreitet.

Die Höhe der Zündtemperatur wird von der Art des Brenngases, der Brenngaskonzentration im Gemisch mit der Atmosphäre und vom Druck bestimmt. Daneben hängt sie von äußeren Bedingungen, wie der Wärmekapazität des Reaktionsgefäßes, den Zündbedingungen und katalytischen Wandeinflüssen ab. Von Bedeutung ist schließlich der Wasserdampfgehalt des Gasgemisches als Reaktionsvermittler.

58171 Niedrigste Zündtemperaturen einiger Gase mit Luft und Sauerstoff bei 1 Atm.
(Mischungsverhältnis zum Teil unsicher.)

Gas	Niedrigste Zündtemperatur mit Luft °C	Niedrigste Zündtemperatur mit Sauerstoff °C	Gas	Niedrigste Zündtemperatur mit Luft °C	Niedrigste Zündtemperatur mit Sauerstoff °C
Wasserstoff	510	450	Butan.	490	460
Methan	645	645	Butylen	445	400
Äthan	530	500	Leuchtgas	560	450
Äthylen	540	485	Kohlenoxyd	610	590
Acetylen	335	300	Cyan	850	800
Propan	510	490	Schwefelwasserstoff . .	290	220
Propylen	455	420	Chlorknallgas	240	

58172 Niedrigste Zündtemperaturen von Dämpfen in Mischung mit Luft bei 1 at.
(Die Werte weisen infolge der Verschiedenartigkeit der Bestimmungsmethoden größere Streuungen auf; es sind Mittelwerte angeführt.)

Stoff	Zündtemperatur °C	Stoff	Zündtemperatur °C
Acetaldehyd	400	Benzol	700
Aceton	500	Cyclohexan	550
Anilin	700	Diäthyläther	180
Äthylalkohol	450	Dioxan.	450
Äthylnitrit	200	Glycerin	520
Benzaldehyd	180	Heptan.	520
Benzoesäureäthylester .	670	Hexan	540

[1] Siehe auch Zusammenstellung in 3733.

58172 (Fortsetzung).

Stoff	Zündtemperatur °C	Stoff	Zündtemperatur C
Methanol	500	Toluol	620
Methylformiat	500	Xylol	580
Naphthalin	700	*Technische Stoffe:*	
Nitrobenzol	520	Benzin	480...550
Pentan	550	Erdöl, roh	400...450
Phenol	700	Gasöl	330...350
Pyridin	680	Paraffin	400
Schwefelkohlenstoff	105	Schmieröl	380...420
Tetralin	520	Steinkohlenteeröl	600...700

58173 Zündtemperaturen fester Brennstoffe (bei Luftüberschuß).

Stoff	Zündtemperatur °C	Stoff	Zündtemperatur °C
Braunkohle (Staub)[1]	150...170	Hüttenkoks	600...750
Steinkohle (Staub)[1]	150...220	Pechkoks	500...600
Braunkohlenschwelkoks	300...400	Graphit	700...850
Steinkohlenschwelkoks	350...400	Holzkohle, weich	250...300
Gaskoks	450...600	Holzkohle, hart	300...450
Zechenkoks	550...650	Zuckerkohle	300...350

Zündgrenzen von Gasen und Dämpfen. Die Zündgrenzen sind die untere und die obere Grenzkonzentration eines brennbaren Gases oder Dampfes in Mischung mit Luft oder einer anderen Sauerstoff enthaltenden Atmosphäre, innerhalb deren das Gemisch durch Wärmezufuhr, elektrische oder Sprengstoff-Zündung zur Verbrennung gebracht werden kann.

Bei Brenngasgemischen mit Luft kann die untere bzw. obere Zündgrenze L mit genügender Genauigkeit nach der Gleichung von Le Chatelier berechnet werden:

$$L = \frac{100}{p_1/N_1 + p_2/N_2 + p_3/N_3 + \cdots},$$

darin bedeuten p_1, p_2, p_3 usw. den Prozentgehalt der einzelnen Gase bzw. Dämpfe im Brenngasgemisch ($p_1 + p_2 + p_3 + \cdots = 100$) und N_1, N_2, N_3 usw. die untere bzw. obere Zündgrenze der einzelnen Gase bzw. Dämpfe bei Mischung mit Luft.

58174 Zündgrenzen einiger Gase im Gemisch mit Luft. (Vol.-% des brennbaren Gases.)

Gas	Zündgrenze untere obere	Gas	Zündgrenze untere obere
Wasserstoff	4,1...75	Cyanwasserstoff	5,6...40
Methan	5,0...15	Schwefelwasserstoff	4,3...45,5
Äthan	3,0...14	Ammoniak	15,5...27,0
Äthylen	3,0...33,5	*Technische Gase:*	
Acetylen	2,3...82	Erdgas	4,5...13,5
Propan	2,1... 9,5	Generatorgas	35 ...75
Propylen	2,2...11,1	Gichtgas	40 ...65
Butan	1,5... 8,5	Karb. Wassergas	6 ...38
Butylen	1,7... 9,0	Ölgas	3,4... 7,8
Kohlenoxyd	12,5...75	Stadtgas	6 ...35
Kohlenoxysulfid	11,9...28,5	Steinkohlengas	5 ...30
Cyan	6,6...42,6	Wassergas	6 ...70

[1] Gemessen in Sauerstoffatmosphäre.

58175 Zündgrenzen reiner Gase im Gemisch mit Sauerstoff.
(Vol.-% des brennbaren Gases.)

Gas	Zündgrenze untere obere	Gas	Zündgrenze untere obere
Wasserstoff	4,5...95	Propylen	2,1...53
Methan	5 ...60	Diäthyläther	2,1...82
Äthan	3,9...50,5	Kohlenoxyd	15,5...94
Äthylen	3,0...80	Ammoniak	13,5...79
Acetylen	2,8...93		

58176 Zündgrenzen von Dämpfen im Gemisch mit Luft.
(Vol.-% des brennbaren Gases.)

Stoff	Zündgrenze untere obere	Stoff	Zündgrenze untere obere
Acetaldehyd	4 ...57	Essigsäure	4,0...
Aceton	2 ...13	Furfurol	2,1...
Amylen	1,3...	Heptan	1,1...
Äthylacetat	2,2...11,5	Hexan	1,1...
Äthylalkohol	3,5...20	Methanol	7 ...37
Äthyläther	1,7...40	Methylacetat	4 ...14
Äthylbromid	6,7...11,2	Methyläthylketon	2 ...12
Äthylchlorid	4 ...15	Methylbromid	13,5...14,5
Äthylendichlorid	6,2...16	Methylchlorid	8 ...19
Äthylenoxyd	3 ...80	Methylformiat	5 ...28
Äthylformiat	3,5...16,5	Nonan	0,8...
Äthylnitrit	3,0...50	Octan	1,0...
Benzol	1,4...9,5	Pentan	1,3...
Bleitetramethyl	1,8...	Propylalkohol	2,5...
Butylalkohol	1,7...	Pyridin	1,8...12,4
Cyclohexan	1,3...8,5	Schwefelkohlenstoff	1,2...50
Diäthylselenid	2,5...	Toluol	1,3...7
Dichloräthylen	6,2...16	Zinntetramethyl	1,9...
Dioxan	2 ...22,5	Benzin	1,2...7
Divinyläther	1,7...28	Gasolin	1,4...8

58177 Höchstzulässige Sauerstoffkonzentration in Gemischen brennbarer Gase mit Luft und Stickstoff bzw. Kohlendioxyd, unterhalb der keine Zündung und Verbrennung möglich ist.

Brennbares Gas	Höchstzulässige Sauerstoffkonzentration im Gas-Luft-Gemisch bei Verdünnung mit		Brennbares Gas	Höchstzulässige Sauerstoffkonzentration im Gas-Luft-Gemisch bei Verdünnung mit	
	Kohlendioxyd	Stickstoff		Kohlendioxyd	Stickstoff
Wasserstoff	5,9	5,0	Butan	14,5	12,1
Methan	14,6	12,1	Hexan	14,5	11,9
Äthan	13,4	11,0	Kohlenoxyd	5,9	5,6
Äthylen	11,7	10,0	Propylen	14,1	11,9
Propan	14,3	11,4			

5818 Zündgeschwindigkeit der Brenngase.

Die Zündgeschwindigkeit der Gase ist die Verbrennungsgeschwindigkeit des laminar strömenden Gas-Luft- bzw. Gas-Sauerstoff-Gemisches.

Die Zündgeschwindigkeit eines Gases erstreckt sich über deren gesamten Zündbereich, sie erreicht dabei einen Höchstwert (vgl. Abb. 58181 und 58182).

58181.

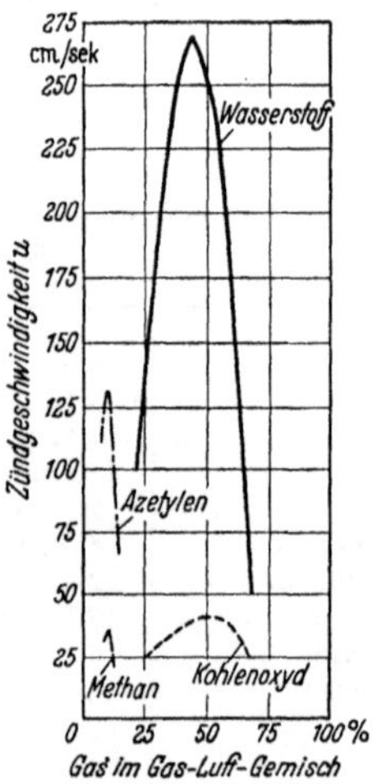

58182.

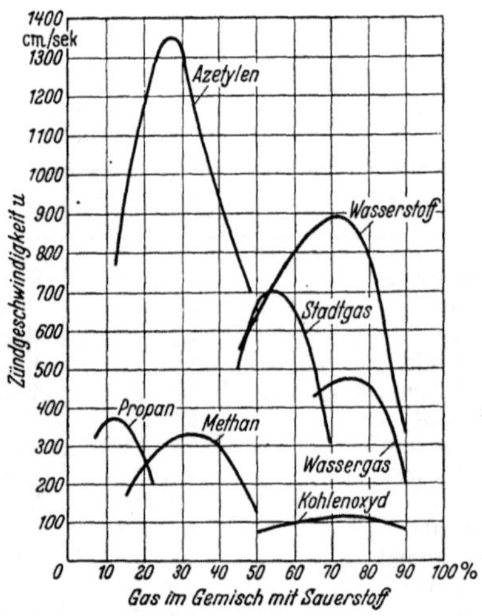

58183 Höchste Zündgeschwindigkeit verschiedener Gase bei Verbrennung mit Luft und mit Sauerstoff.

Brenngas	Höchste Zündgeschwindigkeit mit Luft cm/s	Höchste Zündgeschwindigkeit mit Sauerstoff cm/s	Brenngas	Höchste Zündgeschwindigkeit mit Luft cm/s	Höchste Zündgeschwindigkeit mit Sauerstoff cm/s
Wasserstoff . .	267	890	Propan	32	370
Kohlenoxyd . .	33	110	Wassergas . . .	160	470
Methan	35	330	Stadtgas. . . .	64	705
Acetylen. . . .	131	1350			

Die Zündgeschwindigkeit von Gasgemischen wird durch die der darin enthaltenen Einzelgase bestimmt. Infolge einer gegenseitigen Reaktionsbeeinflussung ist sie nicht das arithmetische Mittel der der Einzelgase. Sie kann jedoch mit genügender Genauigkeit graphischen Diagrammen entnommen werden (Abb. 58184)[1].

[1] Vgl. K. Bunte und W. Litterscheidt: Gas- u. Wasserfach **73**, 837 (1930). — Schuster, F.: Gas- u. Wasserfach **77**, 805 (1934).

58184.

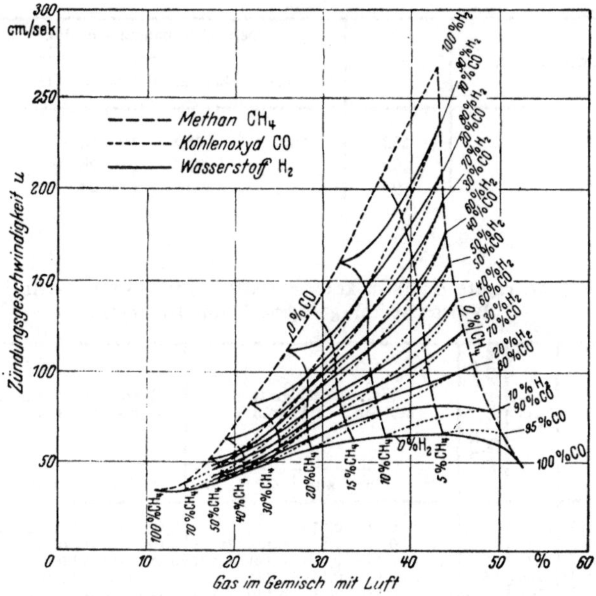

582 Physikalische Konstanten von Asphalt-Bitumen.

(Nach R. N. J. Saal, W. Heukelom und P. S. Blokker[1].)

Bitumen I stammt aus Mexiko.

Bitumen II stammt aus Venezuela.

Die zur Kennzeichnung benutzte Einsinktiefe gibt Verhältniszahlen für das Eindringen bei 100 g Belastung in 5 s bei 25° C.

Wasserdampfdurchlässigkeit von Bitumen sind in 3726 angegeben.

5821 Dichte ϱ_{25} in $g \cdot cm^{-3}$ und mittlerer kubischer Ausdehnungskoeffizient $\bar{\alpha}$ in $grad^{-1}$ im Temperaturbereich von 15...200° C von Bitumen.

Einsinktiefe bei 25° (Maß für die Viscosität)	Erweichungspunkt für die Anwendung von Ring und Kugel (etwa °C)	Dichte[2] bei 25° C	Mittlerer kubischer Ausdehnungskoeffizient (15... 200° C)
300	34	1,01 ± 0,02	—
200	39	1,02 ± 0,02	—
196	39	—	0,00060
100	46	1,02 ± 0,02	—
65	51	—	0,00061
50	53	1,03 ± 0,02	0,00061
45	55	—	0,00061
25	63	1,04 ± 0,02	—
23	63	—	0,00062
15	72	1,04 ± 0,02	—
10	80	1,05 ± 0,02	—
5	100	1,07 ± 0,03	—

[1] Saal, R. N. J., W. Heukelom and P. S. Blokker: J. Inst. Petrol. **26**, 29 (1940.) Vgl. auch Z. angew. Chem. **52**, 643 (1939).

[2] Bitumen, die künstlich durch Krackung von Rückständen hergestellt werden, haben Dichten von 1,13...1,16.

5822 Oberflächenspannung in dyn · cm⁻¹.

Bitumenherkunft	Einsinktiefe	Oberflächenspannung in dyn · cm^{-1} bei 150° C	bei 120° C	bei 100° C	extrapol. für 25° C
Indien	250	26,9	28,8	30,0	34,4
Venezuela	200	26,0	27,7	28,8	33,0
Mexiko	190	25,5	—	28,7	33,5

5823 Wärmeleitzahl in kcal · m^{-1} · h^{-1} · $grad^{-1}$ und spezifische Wärme in cal · g^{-1} · $grad^{-1}$ von Bitumen.

Bitumen	25°	Erweichungspunkt R. und K. etwa	Wärmeleitfähigkeit kcal · m^{-1} · h^{-1} · $grad^{-1}$					Spezifische Wärme in cal · g^{-1} · $grad^{-1}$				Änderung der spezifischen Wärme pro 1° (α)
			0°	20°	40°	60°	70°	0°	100°	200°	300°	
Dest. Bitumen I	177	39½	0,136	0,133	0,130	—	—	0,425	0,472	0,520	0,567	0,00047
Dest. Bitumen I	23	62½	0,141	0,137	0,133	0,129	0,125	0,409	0,463	0,518	0,572	0,00054
Dest. Bitumen I	7	96½	0,144	0,137	0,130	0,124	0,121	0,382	0,455	0,527	0,600	0,00073
Dest. Bitumen II	22½	65	0,137	0,135	0,133	0,131	—	0,429	0,464	0,499	0,534	0,00035
Gebl. Bitumen II	39	84½	0,141	0,139	0,138	0,136	0,134	0,430	0,462	0,494	0,526	0,00032
Gebl. Bitumen II	25	86½	0,150	0,146	0,143	0,140	0,136	0,402	0,458	0,514	0,570	0,00056
Bitumen aus gekracktem Rückstand	2	73	—	0,129	0,126	0,124	0,121	0,419	0,459	0,499	0,538	0,00040
Hellfarbiges Bitumen	25	53	0,120	0,117	0,115	—	—	0,378	0,456	0,534	0,612	0,00078

5824 Durchschlagsspannung in $kV_{eff.}$ und Dielektrizitätskonstante von Bitumen.

Bitumen	Einsinktiefe bei 25°	Erweichungspunkt (Ring und Kugel) in °C	Durchschlagsfeldstärke in $kV_{eff.}$/mm Plattenelektroden		Kugelförmige Elektroden		Dielektrizitätskonstante bei Temperatur in ° C							
			20°	50°	20°	60°	5°	20°	35°	50°	65°	80°	90°	100°
Dest. Bitumen I	180	39½	10	<10	—	—	—	—	—	—	—	—	—	—
Dest. Bitumen I	43½	54	30	10	(53)	(22)	—	—	—	—	—	—	—	—
Dest. Bitumen I	23	61	30	10	67	—	2,63	2,69	2,76	2,81	2,85	2,88	2,90	—
Dest. Bitumen I	11	83	>60	15	—	—	2,62	2,69	2,76	2,82	2,86	2,87	2,88	2,89
Dest. Bitumen II	25	63	35	10	>60	(22)	2,66	2,78	2,86	2,90	2,92	2,94	—	—
Gebl. Bitumen I	39	86½	25	15	60	—	—	—	—	—	—	—	—	—
Gebl. Bitumen II	35	88½	30	20	60	—	—	—	—	—	—	—	—	—
Gebl. Bitumen II	26	86	30	15	—	—	—	—	—	—	—	—	—	—
Gebl. Bitumen II	11	129	35	15	>60	—	—	2,45	2,49	2,52	—	—	—	—
Bitumen aus gekrackt. Rückstand	16	52	30	14	—	—	—	—	—	—	—	—	—	—
Bitumen aus gekrackt. Rückstand	1½	74	>60	20	—	—	—	3,01	3,09	3,20	—	—	—	—
Hellfarbiges Bitumen	15	55	30	14	—	—	2,60	2,64	2,75	2,90	2,91	2,87	2,84	—

5825 Verlustfaktor und spezifische Leitfähigkeit von Bitumen bei verschiedenen Temperaturen.

Bitumen	Eindringtiefe bei 25°	Erweichungspunkt R. und K. in °C	tg φ (Hysteresisverlust + Leistungsverlust) × 100						tg φ (nur für Verlust durch dielektrische Hysteresis) × 100						Spezifische Leitfähigkeit × $10^{-13}\,\Omega^{-1}\cdot cm^{-1}$				
			5°	20°	35°	50°	80°	90°	5°	20°	35°	50°	80°	90°	35°	50°	65°	80°	90°
Dest. Bitumen I	175	39 1/2	2,0	2,1	2,0	2,9	—	—	2,0	2,1	1,9	2,0	—	—	1,1	7	50	—	—
Dest. Bitumen I	23	64	1,4	1,9	2,0	1,9	3,7	7,8	1,4	1,9	2,0	1,9	2,0	3,1	<0,1	0,4	2,6	14	38
Dest. Bitumen I	11	86	0,7	1,4	1,8	1,7	1,7	2,5	0,7	1,4	1,8	1,7	1,5	1,8	«0,1	<0,1	0,3	1,9	5,8
Dest. Bitumen II	25	65	1,2	1,8	1,8	1,7	4,6	—	1,2	1,8	1,8	1,6	2,5	—	<0,1	0,5	2,9	17	50
Dest. Bitumen II	19 1/2	67 1/2	1,4	2,0	2,3	2,3	4,1	7,2	1,4	2,0	2,3	2,2	2,8	3,2	<0,1	0,5	2,4	11	34
Gebl. Bitumen II	38	80	1,7	1,3	1,2	1,5	5,1	8,3	1,7	1,3	1,2	1,4	3,1	4,0	0,12	0,7	3,6	16	35
Gebl. Bitumen II	22 1/2	77	1,7	1,9	1,8	1,7	2,9	4,5	1,7	1,9	1,8	1,7	2,3	3,0	<0,1	0,11	0,7	5,0	13
Gebl. Bitumen II	11	129	—	1,4	1,4	1,3	—	—	—	1,4	1,4	1,3	—	—	«0,1	<0,1	—	—	—
Bitumen aus gekrackt. Rückst.	19	58	1,2	2,3	2,6	2,2	9,9	—	1,2	2,3	2,6	2,1	2,3	—	«0,1	0,7	11	70	—
Bitumen aus gekrackt. Rückst.	1 1/2	74	—	1,0	1,8	2,1	—	—	—	1,0	1,8	2,1	—	—	«0,1	<0,1	—	—	—
Hellfarbiges Bitumen	15	55	0,2	1,5	3,3	2,5	2,4	5,6	0,2	1,5	3,3	2,5	0,2	0,4	<0,1	0,4	2,9	18	41

59 Raum- (Schütt-) Gewichte und Böschungswinkel von Massengütern[1].

Stoff	Raumgewicht kg/m³		Schüttwinkel °	
	Bereich	Normwert	Bereich	Normwert
Braunkohle, stückig, lufttrocken	650...800	700	32...40	35
„ Briketts	—	800	—	30
„ „ kleine Form . . .	800...850	—	—	—
„ „ längliche Form . .	700...750	—	—	—
„ „ geschichtet	1000...1050	—	—	—
Steinkohle, grobstückig	—	1100	35...45	45
„ feinstückig	—	1100	—	30
„ Nußkohle	690...730	—	35...40	—
„ Staubkohle	—	800	—	25
„ in Schwemmsümpfen	—	1400	—	0
„ Koks	350...650	500	35...50	45
„ Koksgrus	900...1000	—	—	—
Torf, feucht	550...650	—	—	—
„ lufttrocken	320...400	—	—	—
„ Torfmull, ungepreßt	180...200	—	—	—
„ Torfsteine	800...850	—	—	—
Holzkohle von Hartholz	200...220	—	—	—
„ von weichem Holz	140...160	—	—	—
Holz, in Scheiten, Buche	400	} 400	—	45
„ Eiche	420			
„ Nadelholz	320...340			
„ in Schnitzeln	—	200	—	45
„ Sägemehl, lose	—	150	—	45
„ „ eingerüttelt	—	250	—	45

[1] Normwert nach DIN 1055.

59 (Fortsetzung).

Stoff	Raumgewicht kg/m³		Schüttwinkel °	
	Bereich	Normwert	Bereich	Normwert
Asche	900	—	—	—
„ Koksasche	—	700	—	25
Beton mit Ziegelbrocken	1800	—	—	—
„ mit Kalksteinbrocken	2000	—	—	—
„ mit Granitbrocken	2200	—	—	—
Bimssteinsand	—	700	—	35
Erde, Gartenerde, Mutterboden, erdfeucht	—	1700	27...37	25
„ humos	—	—	—	<25
Erze	—	—	30...50	—
Flugasche s. Schlacken				
Gips, Bau- und Formgips	—	1250	—	25
„ Estrichgips	—	1600	—	25
Kalk, in Stücken	—	1000	—	45
„ in Pulverform	500...1000	1000	25...50	25
Kalksteine, Bruchsteine	2000	—	30...45	—
Kies s. Sand				
Koksasche s. Asche				
Lehm s. Ton				
Mörtel	1700...1800	—	—	—
Sand und Kies, erdfeucht	1600...1800	1800	25...45	30
„ „ „ naß	—	2000	27	27
„ Formsand	1200...1600	—	—	—
Schlacken, Hochofen- —, Korngröße 30...70 mm	—	1500	—	40
„ „ Schlackensand	—	1100	—	25
„ „ Schaumschlacke	—	700	—	35
„ Kessel- —, und Flugasche	—	1100	—	45
Steine s. Kalksteine				
Steinschotter, scharfkantig	—	1800	35...45	40
„ abgerundet	—	1900	—	30
Ton und Lehm, erdfeucht	—	1600	30...45	30
„ „ „ stark durchfeuchtet	—	2100	—	20[1]
Zement in Klinkern	—	1500	—	30
„ in Pulverform	1200...1400	1200	—	25
Carbid	—	900	—	30
Salz, Siedesalz, grob	745	—	—	—
„ „ fein	785	—	—	—
„ Steinsalz, gemahlen	1015	1200	—	40
Kunstdünger	—	1200	—	40
„ Thomasmehl	—	2200	—	40
Schnee, frisch gefallen	80...190	—	—	—
„ feucht	200...800	—	—	—
Getreide, Hülsenfrüchte	—	750	—	30
Rüben	—	750	30...45	30
„ Trockenschnitzel	—	300	—	40
Zucker	—	750	—	35

[1] Und weniger.

6 Meßtechnische Daten.

61 Mechanik.

611 Reduktion einer Wägung in Luft auf den luftleeren Raum.

Ein in Luft mit Hilfe der üblichen Gewichtstücke gewogener Körper verliert durch Auftrieb so viel an Gewicht, wie die von ihm verdrängte Luftmenge wiegt; ebenso erleiden die Gewichtstücke einen entsprechenden Gewichtsverlust. Das Gewicht G_V des Körpers im luftleeren Raum ergibt sich also durch eine Korrektur, welche die Dichte der abzuwägenden Substanz, die Dichte des Materials der Gewichtstücke und die Dichte der Luft während der Wägung berücksichtigt (die Korrektur ergibt sich aus der Differenz der Auftriebe). Die Dichte der Luft ist abhängig von Temperatur, Barometerstand und Luftfeuchtigkeit; in den meisten Fällen ergibt aber der Wert 0,0012 für die Dichte bei 20° C und 760 Torr völlig ausreichende Genauigkeit[1]. Die Tabelle liefert die Korrekturgrößen R für Körper, deren Dichte ϱ zwischen 0,70 und 22 liegt und die bei Wägung entweder mit Platin-, Messing- oder mit Quarzgewichten in Luft das Gewicht G_L g hatten. — Die Korrektionsfaktoren für Quarzgewichte gelten wegen der nahezu gleichen Dichte von Quarz und Al auch für Aluminiumgewichte; sind die Bruchgramme auf das Messinggewicht bezogen, so gilt auch für diese die Vakuumkorrektur des Messings. — Es ist zu setzen:

$$G_V = G_L \left(1 + \frac{R}{1000}\right).$$

Reduktion einer Wägung auf den luftleeren Raum.

ϱ	R Pt-Ir-Gewichte	R Messing-Gewichte	R Quarz- oder Al-Gewichte	ϱ	R Pt-Ir-Gewichte	R Messing-Gewichte	R Quarz- oder Al-Gewichte	ϱ	R Pt-Ir-Gewichte	R Messing-Gewichte	R Quarz- oder Al-Gewichte
0,70	1,66	1,57	1,26	1,06	1,08	0,99	0,68	2,8	0,37	0,29	−0,02
0,72	1,61	1,52	1,21	1,08	1,06	0,97	0,66	3,0	0,34	0,26	−0,05
0,74	1,57	1,48	1,17	1,10	1,04	0,95	0,64	3,5	0,29	0,20	−0,11
0,76	1,52	1,44	1,13	1,15	0,99	0,90	0,59	4	0,24	0,16	−0,15
0,78	1,48	1,40	1,09	1,20	0,94	0,86	0,55	5	0,18	0,10	−0,21
0,80	1,44	1,36	1,05	1,25	0,90	0,82	0,51	6	0,14	0,06	−0,25
0,82	1,41	1,32	1,01	1,30	0,87	0,78	0,47	7	0,12	0,03	−0,28
0,84	1,37	1,29	0,98	1,35	0,83	0,75	0,44	8	0,09	0,01	−0,30
0,86	1,34	1,25	0,94	1,4	0,80	0,71	0,40	9	0,08	−0,01	−0,32
0,88	1,31	1,22	0,91	1,5	0,74	0,66	0,35	10	0,06	−0,02	−0,33
0,90	1,28	1,19	0,88	1,6	0,69	0,61	0,30	12	0,04	−0,04	−0,35
0,92	1,25	1,16	0,85	1,7	0,65	0,56	0,25	14	0,03	−0,06	−0,37
0,94	1,22	1,13	0,82	1,8	0,61	0,52	0,21	16	0,02	−0,07	−0,38
0,96	1,19	1,11	0,80	1,9	0,58	0,49	0,18	18	0,01	−0,08	−0,39
0,98	1,17	1,08	0,77	2,0	0,54	0,46	0,15	20	0,004	−0,08	−0,39
1,00	1,14	1,06	0,75	2,2	0,49	0,40	0,09	22	−0,001	−0,09	−0,40
1,02	1,12	1,03	0,72	2,4	0,44	0,36	0,05				
1,04	1,10	1,01	0,70	2,6	0,41	0,32	0,01				

612 Druck.

6121 Korrekturen für Ablesungen am Quecksilberbarometer.

Bei Ablesungen am Quecksilberbarometer sind folgende Korrekturen anzubringen.

61211 Reduktion der Barometerablesung auf 0° C.

Die unterschiedliche Größe der Ausdehnungskoeffizienten des Barometergefäßes, des Quecksilbers und des Materials des Maßstabes bedingen einen Fehler der Ablesung

[1] Werte der Dichte der trockenen Luft in Abhängigkeit von Druck und Temperatur sind in 3232 gegeben.

bei von 0° abweichenden Temperaturen bei einem bei 0° C geeichten Barometer. Wird bei einer Temperatur ϑ ein Barometerstand p abgelesen, so ist dieser für einen Messingmaßstab gemäß der Formel[1]

$$p_0 = p - (0{,}000182 - 0{,}000019)\, p\, \vartheta = p - 0{,}000163\, p \cdot \vartheta$$

zu korrigieren. Die Werte 0,000163 $p\vartheta$ sind für p = 680...780 Torr und ϑ = 1...35° C in 61211 gebracht. Für einen Glasmaßstab lautet die Korrektionsformel[1]

$$p_0 = p - (0{,}000182 - 0{,}000008)\, p\, \vartheta = p - 0{,}000174\, p \cdot \vartheta.$$

Die Werte 0,000174 $p \cdot \vartheta$ für p = 750...770 Torr und ϑ = 1...35° C bringt ebenfalls die nachstehende Tabelle.

t °C	Abgelesener Barometerstand in mm													
	Messingskala											Glasskala		
	680	690	700	710	720	730	740	750	760	770	780	750	760	770
1	0,11	0,11	0,11	0,12	0,12	0,12	0,12	0,12	0,12	0,13	0,13	0,13	0,13	0,13
2	0,22	0,23	0,23	0,23	0,23	0,24	0,24	0,24	0,25	0,25	0,25	0,26	0,26	0,27
3	0,33	0,34	0,34	0,35	0,35	0,36	0,36	0,37	0,37	0,38	0,38	0,39	0,40	0,40
4	0,44	0,45	0,46	0,46	0,47	0,48	0,48	0,49	0,50	0,50	0,51	0,52	0,53	0,53
5	0,55	0,56	0,57	0,58	0,59	0,59	0,60	0,61	0,62	0,63	0,64	0,65	0,66	0,67
6	0,66	0,67	0,68	0,69	0,70	0,71	0,72	0,73	0,74	0,75	0,76	0,78	0,79	0,80
7	0,78	0,79	0,80	0,81	0,82	0,83	0,84	0,86	0,87	0,88	0,89	0,91	0,92	0,93
8	0,89	0,90	0,91	0,93	0,94	0,95	0,96	0,98	0,99	1,00	1,02	1,04	1,05	1,07
9	1,00	1,01	1,03	1,04	1,06	1,07	1,08	1,10	1,11	1,13	1,14	1,17	1,18	1,20
10	1,11	1,12	1,14	1,16	1,17	1,19	1,21	1,22	1,24	1,25	1,27	1,30	1,32	1,33
11	1,22	1,24	1,25	1,27	1,29	1,31	1,33	1,34	1,36	1,38	1,40	1,43	1,45	1,47
12	1,33	1,35	1,37	1,39	1,41	1,43	1,45	1,47	1,48	1,50	1,52	1,56	1,58	1,60
13	1,44	1,46	1,48	1,50	1,52	1,54	1,57	1,59	1,61	1,63	1,65	1,69	1,71	1,73
14	1,55	1,57	1,59	1,62	1,64	1,66	1,69	1,71	1,73	1,75	1,78	1,82	1,84	1,87
15	1,66	1,68	1,71	1,73	1,76	1,78	1,81	1,83	1,85	1,88	1,90	1,95	1,97	2,00
16	1,77	1,80	1,82	1,85	1,87	1,90	1,93	1,95	1,98	2,00	2,03	2,08	2,10	2,13
17	1,88	1,91	1,94	1,96	1,99	2,02	2,05	2,07	2,10	2,13	2,16	2,21	2,23	2,26
18	1,99	2,02	2,05	2,08	2,11	2,14	2,17	2,20	2,22	2,25	2,28	2,33	2,37	2,40
19	2,10	2,13	2,16	2,19	2,22	2,25	2,29	2,32	2,35	2,38	2,41	2,46	2,50	2,53
20	2,21	2,24	2,28	2,31	2,34	2,37	2,41	2,44	2,47	2,50	2,54	2,59	2,63	2,66
21	2,32	2,35	2,39	2,42	2,46	2,49	2,53	2,56	2,59	2,63	2,66	2,72	2,76	2,79
22	2,43	2,47	2,50	2,54	2,57	2,61	2,65	2,68	2,72	2,75	2,79	2,85	2,89	2,93
23	2,54	2,58	2,62	2,65	2,69	2,73	2,77	2,80	2,84	2,88	2,91	2,98	3,02	3,06
24	2,65	2,69	2,73	2,77	2,81	2,85	2,88	2,92	2,96	3,00	3,04	3,11	3,15	3,19
25	2,76	2,80	2,84	2,88	2,92	2,96	3,00	3,05	3,09	3,13	3,17	3,24	3,28	3,32
26	2,87	2,91	2,96	3,00	3,04	3,08	3,12	3,17	3,21	3,25	3,29	3,37	3,41	3,46
27	2,98	3,02	3,07	3,11	3,16	3,20	3,24	3,29	3,33	3,38	3,42	3,50	3,54	3,59
28	3,09	3,14	3,18	3,23	3,27	3,32	3,36	3,41	3,45	3,50	3,54	3,63	3,67	3,72
29	3,20	3,25	3,29	3,34	3,39	3,44	3,48	3,53	3,58	3,62	3,67	3,75	3,80	3,85
30	3,31	3,36	3,41	3,46	3,50	3,55	3,60	3,65	3,70	3,75	3,80	3,88	3,93	3,99
31	3,42	3,47	3,52	3,57	3,62	3,67	3,72	3,77	3,82	3,87	3,92	4,01	4,06	4,12
32	3,53	3,58	3,63	3,68	3,74	3,79	3,84	3,89	3,94	4,00	4,05	4,14	4,20	4,25
33	3,64	3,69	3,75	3,80	3,85	3,91	3,96	4,01	4,07	4,12	4,17	4,27	4,33	4,38
34	3,75	3,80	3,86	3,91	3,97	4,02	4,08	4,13	4,19	4,24	4,30	4,40	4,46	4,51
35	3,86	3,91	3,97	4,03	4,09	4,14	4,20	4,26	4,31	4,37	4,43	4,53	4,59	4,65

[1] 0,000182 = kubischer Ausdehnungskoeffizient des Hg, 0,00019 = linearer Ausdehnungskoeffizient des Messing, 0,00008 = linearer Ausdehnungskoeffizient des Glases.

61212 Capillardepression des Quecksilbers in Torr.

Infolge der Adhäsionsspannung zwischen Quecksilber und Glas ist eine Korrektion an der Barometerstandablesung anzubringen, die von der Rohrweite und von der Reinheit der Oberfläche abhängt. Mit der Beschaffenheit der Oberfläche ändert sich die Kuppenhöhe. Es sind die dem abgelesenen Barometerstand hinzuzuzählenden Größen in Torr in Abhängigkeit von Rohrweite und Kuppenhöhe angegeben.

Die Werte für 7...10 mm Rohrdurchmesser nach Süring[1] sind graphisch angeglichen an die für 10...19 mm Rohrdurchmesser geltenden von Cawood und Patterson[2].

Rohrdurchmesser in mm	Kuppenhöhe in mm								
	0,2	0,4	0,6	0,8	1,0	1,2	1,4	1,6	1,8
7	0,17	0,34	0,49	0,62	0,74	0,85	0,95	1,04	1,12
8	0,13	0,27	0,39	0,49	0,59	0,68	0,76	0,82	0,87
9	0,10	0,21	0,30	0,39	0,47	0,54	0,60	0,65	0,70
10	0,08	0,16	0,23	0,30	0,36	0,42	0,48	0,52	0,57
11	0,06	0,11	0,17	0,22	0,27	0,32	0,37	0,41	0,45
12	0,04	0,08	0,12	0,15	0,19	0,23	0,27	0,31	0,34
13	0,03	0,06	0,09	0,11	0,14	0,17	0,20	0,22	0,25
14	0,02	0,05	0,07	0,09	0,11	0,14	0,16	0,18	0,21
15	0,02	0,04	0,06	0,08	0,09	0,11	0,13	0,15	0,17
16	0,02	0,03	0,05	0,06	0,07	0,09	0,10	0,12	0,14
17	0,01	0,02	0,03	0,04	0,05	0,06	0,07	0,08	0,09
18	0,01	0,01	0,02	0,03	0,04	0,04	0,05	0,06	0,07
19	0,01	0,01	0,02	0,02	0,03	0,03	0,04	0,04	0,05

6122 Reduktion eines Gasvolumens auf Normzustand (Normalbedingungen).

1. Volumenreduktion für ein ideales Gas auf 0° C und 760 Torr. Laut Erklärung zu 32312: Normkubikmetergewicht ist zur Reduktion des Volumens eines idealen Gases auf 0° und 760 Torr das bei der Temperatur ϑ gemessene Gasvolumen v_ϑ gemäß der Gleichung

$$v_{0^\circ,\ 760\ \mathrm{Torr}} = \frac{v_{\vartheta,\,p} \cdot p}{(1 + 0{,}00367\,\vartheta)\,760}$$

zu korrigieren. Der Faktor $\frac{p}{(1 + 0{,}00367\,\vartheta)\,760}$ ist in Abhängigkeit von ϑ und p in der folgenden Tabelle angegeben.

2. Reduktion für reale Gase, s. 32312.

3. Berücksichtigung des Wasserdampfgehaltes. Bei Gasen, die Wasserdampf enthalten, ist der Druck des Wasserdampfes von dem gemessenen Druck abzuziehen. Der Sättigungsdruck des Wasserdampfes in Abhängigkeit von der Temperatur ist am Anfang der Tabelle angegeben.

[1] Süring: Veröff. preuß. Meteor.-Inst. **1917**, Nr 292.
[2] Cawood and Patterson: Trans. Faraday Soc. **29**, 514 (1933).

6122 Volumenreduktion eines idealen Gases auf den Normzustand.

Druck des gesättigten Wasserdampfes °C	Druck des gesättigten Wasserdampfes Druck in Torr	°C	Druck in Torr 700	701	702	703	704	705	706	707	708	709	710	711	712	713	714
2	5,291	2	0,9143	0,9156	0,9170	0,9183	0,9196	0,9209	0,9222	0,9235	0,9248	0,9261	0,9274	0,9287	0,9300	0,9313	0,9326
4	6,097	4	0,9077	0,9090	0,9103	0,9116	0,9129	0,9142	0,9155	0,9168	0,9181	0,9194	0,9207	0,9220	0,9233	0,9246	0,9259
6	7,010	6	0,9013	0,9025	0,9038	0,9051	0,9064	0,9076	0,9089	0,9102	0,9115	0,9128	0,9141	0,9154	0,9166	0,9180	0,9193
8	8,041	8	0,8948	0,8961	0,8973	0,8986	0,8999	0,9011	0,9024	0,9037	0,9050	0,9063	0,9075	0,9088	0,9100	0,9114	0,9127
10	9,204	10	0,8885	0,8898	0,8910	0,8923	0,8935	0,8948	0,8961	0,8974	0,8986	0,8999	0,9012	0,9025	0,9037	0,9050	0,9063
11	9,839	11	0,8853	0,8866	0,8878	0,8891	0,8903	0,8916	0,8929	0,8942	0,8955	0,8967	0,8980	0,8993	0,9005	0,9018	0,9031
12	10,51	12	0,8823	0,8835	0,8848	0,8860	0,8873	0,8886	0,8898	0,8911	0,8923	0,8936	0,8949	0,8961	0,8974	0,8986	0,8999
13	11,22	13	0,8792	0,8804	0,8817	0,8829	0,8841	0,8854	0,8867	0,8880	0,8892	0,8905	0,8917	0,8930	0,8942	0,8955	0,8967
14	11,98	14	0,8761	0,8773	0,8785	0,8798	0,8810	0,8824	0,8836	0,8849	0,8861	0,8874	0,8886	0,8899	0,8911	0,8924	0,8936
15	12,78	15	0,8731	0,8743	0,8756	0,8768	0,8780	0,8793	0,8805	0,8818	0,8830	0,8843	0,8855	0,8868	0,8880	0,8893	0,8905
16	13,63	16	0,8700	0,8713	0,8725	0,8737	0,8749	0,8762	0,8775	0,8787	0,8800	0,8812	0,8825	0,8837	0,8849	0,8862	0,8874
17	14,52	17	0,8670	0,8682	0,8695	0,8707	0,8719	0,8732	0,8745	0,8757	0,8769	0,8782	0,8794	0,8807	0,8819	0,8831	0,8844
18	15,47	18	0,8640	0,8652	0,8664	0,8677	0,8689	0,8702	0,8715	0,8727	0,8739	0,8752	0,8764	0,8776	0,8789	0,8801	0,8813
19	16,47	19	0,8611	0,8623	0,8635	0,8647	0,8659	0,8672	0,8685	0,8697	0,8709	0,8722	0,8734	0,8746	0,8759	0,8771	0,8783
20	17,53	20	0,8581	0,8593	0,8605	0,8618	0,8630	0,8643	0,8655	0,8667	0,8680	0,8692	0,8704	0,8716	0,8729	0,8741	0,8753
21	18,64	21	0,8552	0,8564	0,8576	0,8588	0,8600	0,8613	0,8626	0,8638	0,8650	0,8662	0,8674	0,8687	0,8699	0,8711	0,8723
22	19,82	22	0,8523	0,8535	0,8547	0,8559	0,8571	0,8584	0,8596	0,8609	0,8621	0,8633	0,8645	0,8657	0,8669	0,8682	0,8694
23	21,07	23	0,8494	0,8506	0,8518	0,8530	0,8542	0,8555	0,8567	0,8579	0,8592	0,8604	0,8616	0,8628	0,8640	0,8652	0,8664
24	22,37	24	0,8465	0,8477	0,8489	0,8501	0,8513	0,8526	0,8538	0,8551	0,8563	0,8575	0,8587	0,8599	0,8611	0,8623	0,8635
25	23,75	25	0,8437	0,8449	0,8461	0,8473	0,8485	0,8498	0,8510	0,8522	0,8534	0,8546	0,8558	0,8570	0,8582	0,8594	0,8606
26	25,20	26	0,8409	0,8421	0,8433	0,8444	0,8456	0,8469	0,8481	0,8493	0,8505	0,8517	0,8529	0,8541	0,8553	0,8565	0,8577
27	26,73	27	0,8380	0,8392	0,8404	0,8416	0,8428	0,8441	0,8453	0,8465	0,8477	0,8489	0,8501	0,8513	0,8525	0,8537	0,8549
28	28,34	28	0,8352	0,8364	0,8376	0,8388	0,8400	0,8413	0,8425	0,8437	0,8449	0,8461	0,8473	0,8485	0,8497	0,8508	0,8520
29	30,03	29	0,8325	0,8337	0,8349	0,8361	0,8373	0,8385	0,8397	0,8409	0,8421	0,8433	0,8445	0,8456	0,8468	0,8480	0,8492
30	31,81	30	0,8298	0,8309	0,8321	0,8333	0,8345	0,8357	0,8369	0,8381	0,8393	0,8405	0,8417	0,8429	0,8440	0,8452	0,8464
31	33,69	31	0,8270	0,8281	0,8293	0,8305	0,8317	0,8329	0,8341	0,8352	0,8364	0,8376	0,8388	0,8400	0,8411	0,8423	0,8435
32	35,65	32	0,8243	0,8254	0,8266	0,8278	0,8290	0,8301	0,8313	0,8325	0,8337	0,8348	0,8360	0,8372	0,8384	0,8396	0,8407
33	37,72	33	0,8216	0,8227	0,8239	0,8251	0,8262	0,8274	0,8286	0,8298	0,8309	0,8321	0,8333	0,8345	0,8356	0,8368	0,8380
34	39,89	34	0,8189	0,8200	0,8212	0,8224	0,8236	0,8247	0,8259	0,8271	0,8282	0,8294	0,8306	0,8317	0,8329	0,8341	0,8353
35	42,17	35	0,8162	0,8174	0,8185	0,8197	0,8209	0,8220	0,8232	0,8244	0,8255	0,8267	0,8279	0,8290	0,8302	0,8314	0,8325

6122 (Fortsetzung).

°C	715	716	717	718	719	720	721	722	723	724	725	726	727	728	729	730	731
2	0,9340	0,9353	0,9366	0,9379	0,9392	0,9405	0,9418	0,9431	0,9444	0,9457	0,9470	0,9483	0,9496	0,9509	0,9522	0,9535	0,9548
4	0,9272	0,9285	0,9297	0,9310	0,9323	0,9336	0,9349	0,9362	0,9375	0,9388	0,9401	0,9414	0,9427	0,9440	0,9453	0,9466	0,9479
6	0,9205	0,9218	0,9231	0,9244	0,9257	0,9270	0,9283	0,9295	0,9308	0,9321	0,9334	0,9347	0,9360	0,9373	0,9386	0,9398	0,9411
8	0,9139	0,9152	0,9165	0,9177	0,9190	0,9203	0,9216	0,9229	0,9241	0,9254	0,9267	0,9280	0,9293	0,9305	0,9318	0,9331	0,9343
10	0,9075	0,9088	0,9101	0,9113	0,9126	0,9139	0,9151	0,9164	0,9177	0,9190	0,9202	0,9215	0,9228	0,9240	0,9253	0,9266	0,9278
11	0,9043	0,9056	0,9069	0,9081	0,9094	0,9107	0,9119	0,9132	0,9144	0,9157	0,9170	0,9182	0,9195	0,9208	0,9220	0,9233	0,9246
12	0,9012	0,9024	0,9037	0,9049	0,9062	0,9075	0,9087	0,9100	0,9112	0,9125	0,9138	0,9150	0,9163	0,9175	0,9188	0,9201	0,9213
13	0,8980	0,8993	0,9005	0,9018	0,9030	0,9043	0,9055	0,9068	0,9081	0,9093	0,9106	0,9118	0,9131	0,9143	0,9156	0,9168	0,9181
14	0,8949	0,8961	0,8974	0,8986	0,8999	0,9011	0,9024	0,9036	0,9049	0,9061	0,9074	0,9086	0,9099	0,9111	0,9124	0,9136	0,9149
15	0,8918	0,8930	0,8943	0,8955	0,8968	0,8980	0,8992	0,9005	0,9017	0,9030	0,9042	0,9055	0,9067	0,9080	0,9092	0,9105	0,9117
16	0,8887	0,8899	0,8912	0,8924	0,8936	0,8949	0,8961	0,8974	0,8986	0,8999	0,9011	0,9023	0,9036	0,9048	0,9061	0,9073	0,9086
17	0,8856	0,8869	0,8881	0,8893	0,8906	0,8918	0,8930	0,8943	0,8955	0,8968	0,8980	0,8992	0,9005	0,9017	0,9030	0,9042	0,9054
18	0,8826	0,8838	0,8850	0,8863	0,8875	0,8887	0,8900	0,8912	0,8924	0,8937	0,8949	0,8961	0,8974	0,8986	0,8998	0,9011	0,9023
19	0,8795	0,8808	0,8820	0,8832	0,8845	0,8857	0,8869	0,8882	0,8894	0,8906	0,8918	0,8931	0,8943	0,8955	0,8968	0,8980	0,8992
20	0,8765	0,8778	0,8790	0,8802	0,8814	0,8827	0,8839	0,8851	0,8863	0,8876	0,8888	0,8900	0,8913	0,8925	0,8937	0,8949	0,8962
21	0,8736	0,8748	0,8760	0,8772	0,8784	0,8797	0,8809	0,8821	0,8833	0,8846	0,8858	0,8870	0,8882	0,8894	0,8907	0,8919	0,8931
22	0,8706	0,8718	0,8730	0,8742	0,8755	0,8767	0,8779	0,8791	0,8803	0,8816	0,8828	0,8840	0,8852	0,8864	0,8876	0,8889	0,8901
23	0,8677	0,8689	0,8701	0,8713	0,8725	0,8737	0,8749	0,8761	0,8774	0,8786	0,8798	0,8810	0,8822	0,8834	0,8846	0,8859	0,8871
24	0,8647	0,8659	0,8671	0,8684	0,8696	0,8708	0,8720	0,8732	0,8744	0,8756	0,8768	0,8780	0,8792	0,8805	0,8817	0,8829	0,8841
25	0,8618	0,8630	0,8642	0,8654	0,8666	0,8679	0,8691	0,8703	0,8715	0,8727	0,8739	0,8751	0,8763	0,8775	0,8787	0,8799	0,8811
26	0,8589	0,8601	0,8613	0,8625	0,8637	0,8649	0,8661	0,8674	0,8686	0,8698	0,8710	0,8722	0,8734	0,8746	0,8758	0,8770	0,8782
27	0,8561	0,8573	0,8585	0,8597	0,8609	0,8621	0,8633	0,8645	0,8657	0,8669	0,8680	0,8692	0,8704	0,8716	0,8728	0,8740	0,8752
28	0,8532	0,8544	0,8556	0,8568	0,8580	0,8592	0,8604	0,8616	0,8628	0,8640	0,8652	0,8664	0,8676	0,8687	0,8699	0,8711	0,8723
29	0,8504	0,8516	0,8528	0,8540	0,8552	0,8564	0,8575	0,8587	0,8599	0,8611	0,8623	0,8635	0,8647	0,8659	0,8671	0,8682	0,8694
30	0,8476	0,8488	0,8500	0,8512	0,8523	0,8535	0,8547	0,8559	0,8571	0,8583	0,8595	0,8606	0,8618	0,8630	0,8642	0,8654	0,8666
31	0,8448	0,8460	0,8472	0,8484	0,8495	0,8507	0,8519	0,8531	0,8543	0,8554	0,8566	0,8578	0,8590	0,8602	0,8613	0,8625	0,8637
32	0,8420	0,8432	0,8444	0,8456	0,8467	0,8479	0,8491	0,8503	0,8515	0,8526	0,8538	0,8550	0,8562	0,8573	0,8585	0,8597	0,8609
33	0,8393	0,8405	0,8416	0,8428	0,8440	0,8452	0,8463	0,8475	0,8487	0,8498	0,8510	0,8522	0,8534	0,8545	0,8557	0,8569	0,8581
34	0,8365	0,8377	0,8389	0,8401	0,8412	0,8424	0,8436	0,8447	0,8459	0,8471	0,8482	0,8494	0,8506	0,8518	0,8529	0,8541	0,8553
35	0,8338	0,8350	0,8362	0,8373	0,8385	0,8397	0,8408	0,8420	0,8432	0,8443	0,8455	0,8467	0,8478	0,8490	0,8502	0,8513	0,8525

6122 (Fortsetzung).

°C	732	733	734	735	736	737	738	739	740	741	742	743	744	745	746	747	748
2	0,9562	0,9575	0,9588	0,9601	0,9614	0,9627	0,9641	0,9654	0,9667	0,9680	0,9693	0,9706	0,9719	0,9732	0,9745	0,9758	0,9771
4	0,9492	0,9505	0,9518	0,9531	0,9544	0,9557	0,9570	0,9583	0,9596	0,9609	0,9622	0,9634	0,9647	0,9661	0,9674	0,9687	0,9699
6	0,9424	0,9437	0,9450	0,9463	0,9476	0,9489	0,9502	0,9515	0,9527	0,9540	0,9553	0,9566	0,9579	0,9592	0,9605	0,9617	0,9630
8	0,9357	0,9370	0,9382	0,9395	0,9407	0,9420	0,9434	0,9446	0,9459	0,9472	0,9484	0,9497	0,9509	0,9523	0,9536	0,9548	0,9561
10	0,9191	0,9304	0,9316	0,9329	0,9342	0,9355	0,9367	0,9380	0,9393	0,9405	0,9418	0,9431	0,9443	0,9456	0,9469	0,9481	0,9494
11	0,9258	0,9271	0,9284	0,9296	0,9309	0,9322	0,9334	0,9347	0,9360	0,9372	0,9385	0,9397	0,9410	0,9423	0,9435	0,9448	0,9461
12	0,9226	0,9238	0,9251	0,9264	0,9276	0,9289	0,9301	0,9314	0,9327	0,9339	0,9352	0,9364	0,9377	0,9390	0,9402	0,9415	0,9427
13	0,9194	0,9206	0,9219	0,9231	0,9244	0,9256	0,9269	0,9281	0,9294	0,9307	0,9319	0,9332	0,9344	0,9357	0,9369	0,9382	0,9395
14	0,9162	0,9174	0,9187	0,9199	0,9212	0,9224	0,9237	0,9249	0,9262	0,9274	0,9287	0,9299	0,9312	0,9324	0,9337	0,9349	0,9362
15	0,9130	0,9142	0,9155	0,9167	0,9180	0,9192	0,9205	0,9217	0,9229	0,9242	0,9254	0,9267	0,9279	0,9292	0,9304	0,9317	0,9329
16	0,9098	0,9110	0,9123	0,9135	0,9148	0,9160	0,9173	0,9185	0,9197	0,9210	0,9222	0,9235	0,9247	0,9260	0,9272	0,9285	0,9297
17	0,9067	0,9079	0,9091	0,9104	0,9116	0,9129	0,9141	0,9153	0,9165	0,9178	0,9191	0,9203	0,9215	0,9228	0,9240	0,9252	0,9265
18	0,9036	0,9048	0,9060	0,9073	0,9085	0,9097	0,9110	0,9122	0,9134	0,9147	0,9159	0,9171	0,9184	0,9196	0,9208	0,9221	0,9233
19	0,9005	0,9017	0,9029	0,9041	0,9054	0,9066	0,9078	0,9091	0,9103	0,9115	0,9128	0,9140	0,9152	0,9164	0,9177	0,9189	0,9201
20	0,8974	0,8986	0,8998	0,9011	0,9023	0,9035	0,9047	0,9060	0,9072	0,9084	0,9096	0,9109	0,9121	0,9133	0,9145	0,9158	0,9170
21	0,8943	0,8955	0,8968	0,8980	0,8992	0,9004	0,9017	0,9029	0,9041	0,9053	0,9065	0,9078	0,9090	0,9102	0,9114	0,9127	0,9139
22	0,8913	0,8925	0,8937	0,8949	0,8962	0,8974	0,8986	0,8998	0,9010	0,9023	0,9035	0,9047	0,9059	0,9071	0,9083	0,9096	0,9108
23	0,8883	0,8895	0,8907	0,8919	0,8931	0,8943	0,8956	0,8968	0,8980	0,8992	0,9004	0,9016	0,9028	0,9041	0,9053	0,9065	0,9077
24	0,8853	0,8865	0,8877	0,8889	0,8901	0,8913	0,8925	0,8938	0,8950	0,8962	0,8974	0,8986	0,8998	0,9010	0,9022	0,9034	0,9046
25	0,8823	0,8835	0,8847	0,8859	0,8871	0,8883	0,8895	0,8908	0,8920	0,8932	0,8944	0,8956	0,8968	0,8980	0,8992	0,9004	0,9016
26	0,8794	0,8806	0,8818	0,8830	0,8842	0,8854	0,8866	0,8878	0,8890	0,8902	0,8914	0,8926	0,8938	0,8950	0,8962	0,8974	0,8986
27	0,8764	0,8776	0,8788	0,8800	0,8812	0,8824	0,8836	0,8848	0,8860	0,8872	0,8884	0,8896	0,8908	0,8920	0,8932	0,8944	0,8956
28	0,8735	0,8747	0,8759	0,8771	0,8783	0,8795	0,8807	0,8819	0,8831	0,8843	0,8855	0,8866	0,8878	0,8890	0,8902	0,8914	0,8926
29	0,8706	0,8718	0,8730	0,8742	0,8754	0,8766	0,8778	0,8789	0,8801	0,8813	0,8825	0,8837	0,8849	0,8861	0,8873	0,8885	0,8897
30	0,8677	0,8689	0,8701	0,8713	0,8725	0,8737	0,8749	0,8760	0,8772	0,8784	0,8796	0,8808	0,8820	0,8832	0,8843	0,8855	0,8867
31	0,8649	0,8661	0,8673	0,8684	0,8696	0,8708	0,8720	0,8732	0,8743	0,8755	0,8767	0,8779	0,8791	0,8803	0,8814	0,8826	0,8838
32	0,8621	0,8632	0,8644	0,8656	0,8668	0,8679	0,8691	0,8703	0,8715	0,8727	0,8738	0,8750	0,8762	0,8774	0,8785	0,8797	0,8809
33	0,8592	0,8604	0,8616	0,8628	0,8639	0,8651	0,8663	0,8675	0,8686	0,8698	0,8710	0,8721	0,8733	0,8745	0,8757	0,8768	0,8780
34	0,8564	0,8576	0,8588	0,8599	0,8611	0,8623	0,8635	0,8646	0,8658	0,8670	0,8681	0,8693	0,8705	0,8716	0,8728	0,8740	0,8752
35	0,8537	0,8548	0,8560	0,8572	0,8583	0,8595	0,8607	0,8618	0,8630	0,8642	0,8653	0,8665	0,8676	0,8688	0,8700	0,8711	0,8723

6122 (Fortsetzung).

°C	749	750	751	752	753	754	755	756	757	758	759	760	761	762	763	764
2	0,9784	0,9797	0,9810	0,9823	0,9836	0,9849	0,9862	0,9875	0,9888	0,9901	0,9914	0,9927	0,9940	0,9953	0,9966	0,9980
4	0,9712	0,9725	0,9738	0,9751	0,9764	0,9777	0,9790	0,9803	0,9816	0,9829	0,9842	0,9855	0,9868	0,9881	0,9894	0,9907
6	0,9643	0,9656	0,9669	0,9682	0,9695	0,9707	0,9720	0,9733	0,9746	0,9759	0,9772	0,9785	0,9797	0,9810	0,9823	0,9837
8	0,9574	0,9587	0,9660	0,9612	0,9625	0,9638	0,9650	0,9663	0,9677	0,9689	0,9702	0,9714	0,9727	0,9740	0,9753	0,9766
10	0,9507	0,9520	0,9532	0,9545	0,9558	0,9570	0,9583	0,9596	0,9608	0,9621	0,9634	0,9646	0,9659	0,9672	0,9685	0,9697
11	0,9473	0,9486	0,9499	0,9511	0,9524	0,9537	0,9549	0,9562	0,9575	0,9587	0,9600	0,9612	0,9625	0,9638	0,9650	0,9663
12	0,9440	0,9453	0,9465	0,9478	0,9491	0,9503	0,9516	0,9528	0,9541	0,9554	0,9566	0,9579	0,9591	0,9604	0,9617	0,9629
13	0,9407	0,9420	0,9432	0,9445	0,9457	0,9470	0,9482	0,9495	0,9508	0,9520	0,9533	0,9545	0,9558	0,9570	0,9583	0,9595
14	0,9374	0,9387	0,9399	0,9412	0,9424	0,9437	0,9449	0,9462	0,9474	0,9487	0,9499	0,9512	0,9524	0,9537	0,9549	0,9562
15	0,9342	0,9354	0,9367	0,9379	0,9392	0,9404	0,9417	0,9429	0,9441	0,9454	0,9466	0,9479	0,9491	0,9504	0,9516	0,9529
16	0,9309	0,9322	0,9334	0,9347	0,9359	0,9372	0,9384	0,9396	0,9409	0,9421	0,9434	0,9446	0,9459	0,9471	0,9483	0,9496
17	0,9277	0,9290	0,9302	0,9314	0,9327	0,9339	0,9352	0,9364	0,9376	0,9389	0,9401	0,9413	0,9426	0,9438	0,9451	0,9463
18	0,9245	0,9258	0,9270	0,9282	0,9295	0,9307	0,9319	0,9332	0,9344	0,9356	0,9369	0,9381	0,9393	0,9406	0,9418	0,9431
19	0,9214	0,9226	0,9238	0,9251	0,9263	0,9275	0,9287	0,9300	0,9312	0,9324	0,9337	0,9349	0,9361	0,9374	0,9386	0,9398
20	0,9182	0,9194	0,9207	0,9219	0,9231	0,9244	0,9256	0,9268	0,9280	0,9293	0,9305	0,9317	0,9329	0,9342	0,9354	0,9366
21	0,9151	0,9163	0,9175	0,9188	0,9200	0,9212	0,9224	0,9236	0,9249	0,9261	0,9273	0,9285	0,9298	0,9310	0,9322	0,9334
22	0,9120	0,9132	0,9144	0,9156	0,9168	0,9181	0,9193	0,9205	0,9217	0,9230	0,9242	0,9254	0,9266	0,9278	0,9290	0,9303
23	0,9089	0,9101	0,9113	0,9126	0,9138	0,9150	0,9162	0,9174	0,9186	0,9198	0,9210	0,9223	0,9235	0,9247	0,9259	0,9271
24	0,9058	0,9071	0,9083	0,9095	0,9107	0,9119	0,9131	0,9143	0,9155	0,9167	0,9179	0,9192	0,9204	0,9216	0,9228	0,9240
25	0,9028	0,9040	0,9052	0,9064	0,9076	0,9088	0,9100	0,9112	0,9124	0,9137	0,9149	0,9161	0,9173	0,9185	0,9197	0,9209
26	0,8998	0,9010	0,9022	0,9034	0,9046	0,9058	0,9070	0,9082	0,9094	0,9106	0,9118	0,9130	0,9142	0,9154	0,9166	0,9178
27	0,8968	0,8980	0,8992	0,9004	0,9016	0,9028	0,9040	0,9052	0,9064	0,9076	0,9088	0,9100	0,9112	0,9123	0,9135	0,9147
28	0,8938	0,8950	0,8962	0,8974	0,8986	0,8998	0,9010	0,9022	0,9034	0,9045	0,9057	0,9069	0,9081	0,9093	0,9105	0,9117
29	0,8908	0,8920	0,8932	0,8944	0,8956	0,8968	0,8980	0,8992	0,9004	0,9015	0,9027	0,9039	0,9051	0,9063	0,9075	0,9087
30	0,8879	0,8891	0,8903	0,8915	0,8926	0,8938	0,8950	0,8962	0,8974	0,8986	0,8998	0,9009	0,9021	0,9033	0,9045	0,9057
31	0,8850	0,8862	0,8873	0,8885	0,8897	0,8909	0,8921	0,8933	0,8944	0,8956	0,8968	0,8980	0,8992	0,9003	0,9015	0,9027
32	0,8821	0,8833	0,8844	0,8856	0,8868	0,8880	0,8891	0,8903	0,8915	0,8927	0,8939	0,8950	0,8962	0,8974	0,8986	0,8997
33	0,8792	0,8804	0,8815	0,8827	0,8839	0,8851	0,8862	0,8874	0,8886	0,8898	0,8909	0,8921	0,8933	0,8945	0,8956	0,8968
34	0,8763	0,8775	0,8787	0,8798	0,8810	0,8822	0,8833	0,8845	0,8857	0,8869	0,8880	0,8892	0,8904	0,8915	0,8927	0,8939
35	0,8735	0,8746	0,8758	0,8770	0,8781	0,8793	0,8805	0,8816	0,8828	0,8840	0,8851	0,8863	0,8875	0,8886	0,8898	0,8910

6122 (Fortsetzung).

°C	765	766	767	768	769	770	771	772	773	774	775	776	777	778	779	780
2	0,9993	1,0006	1,0019	1,0032	1,0045	1,0058	1,0071	1,0084	1,0097	1,0110	1,0123	1,0137	1,0150	1,0163	1,0176	1,0189
4	0,9920	0,9933	0,9946	0,9959	0,9972	0,9985	0,9998	1,0011	1,0024	1,0037	1,0050	1,0063	1,0076	1,0089	1,0101	1,0114
6	0,9849	0,9862	0,9875	0,9887	0,9900	0,9913	0,9926	0,9939	0,9952	0,9965	0,9978	0,9991	1,0004	1,0017	1,0029	1,0042
8	0,9779	0,9791	0,9804	0,9816	0,9829	0,9842	0,9855	0,9868	0,9881	0,9893	0,9906	0,9919	0,9932	0,9945	0,9957	0,9970
10	0,9710	0,9723	0,9735	0,9748	0,9761	0,9773	0,9786	0,9799	0,9811	0,9824	0,9837	0,9850	0,9862	0,9875	0,9888	0,9900
11	0,9676	0,9688	0,9701	0,9714	0,9726	0,9739	0,9752	0,9764	0,9777	0,9790	0,9802	0,9815	0,9827	0,9840	0,9853	0,9865
12	0,9642	0,9654	0,9667	0,9680	0,9692	0,9705	0,9717	0,9730	0,9743	0,9755	0,9768	0,9780	0,9793	0,9806	0,9818	0,9831
13	0,9608	0,9621	0,9633	0,9646	0,9658	0,9671	0,9683	0,9696	0,9708	0,9721	0,9734	0,9746	0,9759	0,9771	0,9784	0,9796
14	0,9575	0,9587	0,9600	0,9612	0,9525	0,9637	0,9650	0,9662	0,9675	0,9687	0,9700	0,9712	0,9725	0,9737	0,9750	0,9762
15	0,9541	0,9554	0,9566	0,9579	0,9591	0,9604	0,9616	0,9629	0,9641	0,9654	0,9666	0,9678	0,9691	0,9703	0,9716	0,9728
16	0,9508	0,9521	0,9533	0,9546	0,9558	0,9570	0,9583	0,9595	0,9608	0,9620	0,9633	0,9645	0,9657	0,9670	0,9682	0,9695
17	0,9475	0,9488	0,9500	0,9513	0,9525	0,9537	0,9550	0,9562	0,9575	0,9587	0,9599	0,9612	0,9624	0,9636	0,9649	0,9661
18	0,9443	0,9455	0,9468	0,9480	0,9492	0,9505	0,9517	0,9529	0,9542	0,9554	0,9566	0,9578	0,9591	0,9603	0,9616	0,9628
19	0,9410	0,9423	0,9435	0,9447	0,9460	0,9472	0,9484	0,9497	0,9509	0,9521	0,9534	0,9546	0,9558	0,9570	0,9583	0,9595
20	0,9378	0,9391	0,9403	0,9415	0,9427	0,9440	0,9452	0,9464	0,9476	0,9489	0,9501	0,9513	0,9525	0,9538	0,9550	0,9562
21	0,9346	0,9359	0,9371	0,9383	0,9395	0,9408	0,9420	0,9432	0,9444	0,9456	0,9469	0,9481	0,9493	0,9505	0,9517	0,9530
22	0,9315	0,9327	0,9339	0,9351	0,9363	0,9376	0,9388	0,9400	0,9412	0,9424	0,9437	0,9449	0,9461	0,9473	0,9485	0,9497
23	0,9283	0,9295	0,9308	0,9320	0,9332	0,9344	0,9356	0,9368	0,9380	0,9392	0,9405	0,9417	0,9429	0,9441	0,9453	0,9465
24	0,9252	0,9264	0,9276	0,9288	0,9300	0,9312	0,9325	0,9337	0,9349	0,9361	0,9373	0,9385	0,9397	0,9409	0,9421	0,9433
25	0,9221	0,9233	0,9245	0,9257	0,9269	0,9281	0,9293	0,9305	0,9317	0,9329	0,9341	0,9354	0,9366	0,9378	0,9390	0,9402
26	0,9190	0,9202	0,9214	0,9226	0,9238	0,9250	0,9262	0,9274	0,9286	0,9298	0,9310	0,9322	0,9334	0,9346	0,9358	0,9370
27	0,9159	0,9171	0,9183	0,9195	0,9207	0,9219	0,9231	0,9243	0,9255	0,9267	0,9279	0,9291	0,9303	0,9315	0,9327	0,9339
28	0,9129	0,9141	0,9153	0,9165	0,9177	0,9189	0,9201	0,9213	0,9224	0,9236	0,9248	0,9260	0,9272	0,9284	0,9296	0,9308
29	0,9099	0,9111	0,9123	0,9134	0,9146	0,9158	0,9170	0,9182	0,9194	0,9206	0,9218	0,9230	0,9242	0,9253	0,9265	0,9277
30	0,9069	0,9081	0,9092	0,9104	0,9116	0,9128	0,9140	0,9152	0,9164	0,9175	0,9187	0,9199	0,9211	0,9223	0,9235	0,9247
31	0,9039	0,9051	0,9062	0,9074	0,9086	0,9098	0,9110	0,9122	0,9133	0,9145	0,9157	0,9169	0,9181	0,9192	0,9204	0,9216
32	0,9009	0,9021	0,9033	0,9045	0,9056	0,9068	0,9080	0,9092	0,9103	0,9115	0,9127	0,9139	0,9151	0,9162	0,9174	0,9186
33	0,8980	0,8991	0,9003	0,9015	0,9027	0,9038	0,9050	0,9062	0,9074	0,9085	0,9097	0,9109	0,9121	0,9132	0,9144	0,9156
34	0,8950	0,8962	0,8974	0,8986	0,8997	0,9009	0,9021	0,9032	0,9044	0,9056	0,9067	0,9079	0,9091	0,9103	0,9114	0,9126
35	0,8921	0,8933	0,8945	0,8956	0,8968	0,8980	0,8991	0,9003	0,9015	0,9026	0,9038	0,9050	0,9061	0,9073	0,9085	0,9096

613 Korrektur bei Volumenbestimmungen von Glasgefäßen durch Auswägungen mit H_2O oder Hg.

In den Tabellen sind die Volumen für 18° C in cm^3 angegeben, die 1 g H_2O- bzw. Hg-Inhalt der Gefäße entsprechen, wenn die Füllung der Gefäße bei ϑ^0 und die Wägung mit Messinggewichten in Luft der Dichte 0,0012 g · cm^{-3} erfolgt. Der kubische Ausdehnungskoeffizient des Glases ist gleich 0,000025 gesetzt.

ϑ °C	Volumen H_2O	Volumen Hg	ϑ °C	Volumen H_2O	Volumen Hg	ϑ °C	Volumen H_2O	Volumen Hg
0	1,001670	0,073583	11	1,001629	0,073710	21	1,002997	0,073826
1	1,001586	0,073595	12	1,001712	0,073722	22	1,003195	0,073838
2	1,001519	0,073607	13	1,001808	0,073733	23	1,003404	0,073849
3	1,001470	0,073618	14	1,001906	0,073745	24	1,003622	0,073861
4	1,001437	0,073629	15	1,002036	0,073757	25	1,003850	0,073872
5	1,001421	0,073641	16	1,002169	0,073768	26	1,004088	0,073884
6	1,001419	0,073653	17	1,002312	0,073780	27	1,004335	0,073895
7	1,001433	0,073669	18	1,002467	0,073791	28	1,004592	0,073907
8	1,001462	0,073681	19	1,002634	0,073803	29	1,004858	0,073918
9	1,001503	0,073693	20	1,002810	0,073815	30	1,005134	0,073930
10	1,001560	0,073704						

614 Umrechnung von Aräometerskalen.

6141 Umrechnungsgleichungen der Dichtegrade (n) verschiedener Aräometerskalen in Dichte (ϱ) bei der angegebenen Normaltemperatur ϑ_0 der Aräometerskala, falls nicht anders vermerkt.

Name	ϑ_0 (°C)	$\varrho > 1$	$\varrho < 1$
Twaddle[1] (englisch)	15,56	$\varrho = 1 + \frac{n}{200}$	
Balling	17,5	$\varrho = \frac{200}{200 - n}$	$\varrho = \frac{200}{200 + n}$
Beck	12,5	$\varrho = \frac{170}{170 - n}$	$\varrho = \frac{170}{170 + n}$
Brix	15,625	$\varrho = \frac{400}{400 - n}$	$\varrho = \frac{400}{400 + n}$
Cartier	12,5	$\varrho = \frac{136,8}{126,1 - n}$	$\varrho = \frac{136,8}{126,1 + n}$
Stoppani	15,625	$\varrho = \frac{166}{166 - n}$	$\varrho = \frac{166}{166 + n}$
Baumé[1] (rationell)	15	$\varrho = \frac{144,30}{144,30 - n}$	$\varrho = \frac{144,30}{144,30 + n}$
Baumé (ältere Skala)	17,5	$\varrho = \frac{146,78}{146,78 - n}$	$\varrho = \frac{146,78}{146,78 + n}$
Baumé (holländisch)	12,5	$\varrho = \frac{144}{144 - n}$	$\varrho = \frac{144}{144 + n}$
Baumé (amerikanisch)	15	$\varrho = \frac{145}{145 - n}$	$\varrho = \frac{140}{130 + n}$

[1] Die Umrechnung gibt Dichte des Wassers bei 4° C.

6142 Aräometerumrechnungsskala.

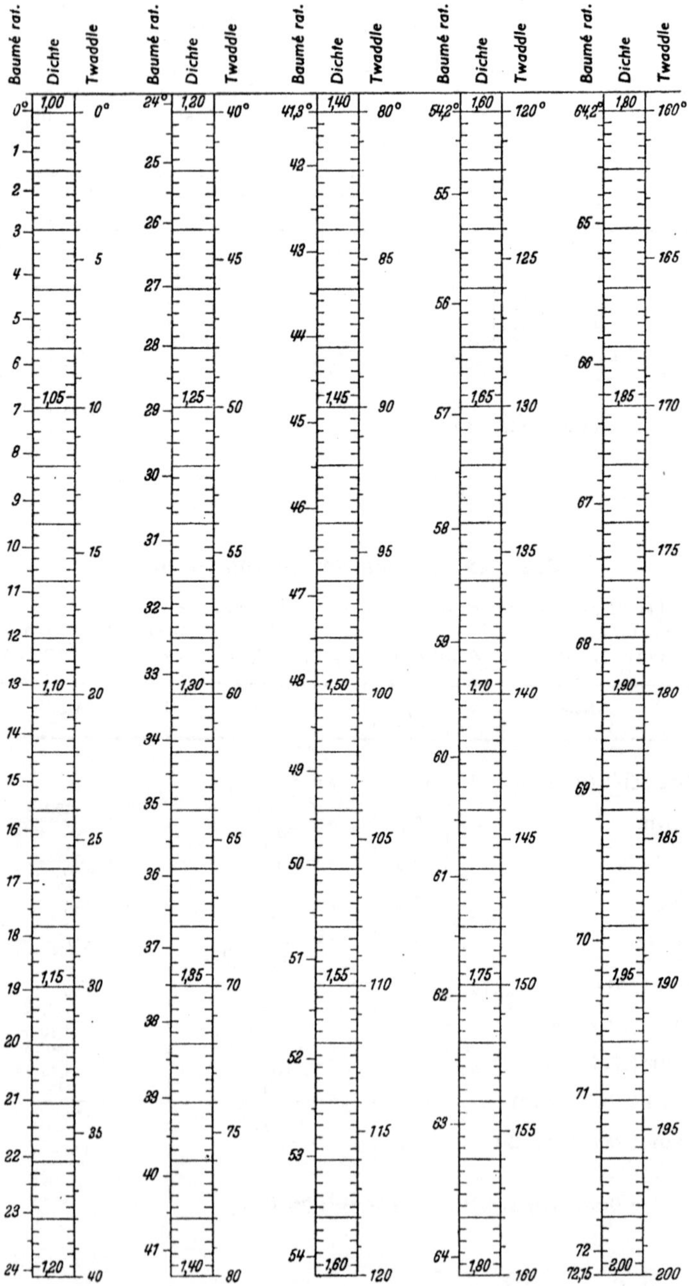

615 Psychrometrische Tabellen zur Bestimmung der Luftfeuchtigkeit.

Zur Feststellung der Luftfeuchtigkeit benutzt man 1. die Taupunktmethode. Dazu kühlt man ein Thermometer langsam ab, bis seine Temperatur so weit gesunken ist, daß sich der in der Luft vorhandene Wasserdampf auf ihm niederschlägt. Die Temperatur, bei der sich der Niederschlag bildet, ist die Taupunkttemperatur ϑ_T, d. h. bei dieser würde die Luft mit dem vorhandenen Wasserdampf gesättigt sein. Für jede Temperatur zwischen -10^0 C und $+30^0$ C ist der zugehörige Sättigungsdruck des Wasserdampfes aus der Tabelle, Spalte 2, zu entnehmen.

2. Die psychrometrische Methode. Dabei bestimmt man die Differenz zwischen den Temperaturangaben zweier Thermometer, des „trockenen" und des „feuchten" Thermometers. Das Gefäß des feuchten Thermometers ist mit einem dauernd feuchtgehaltenen Lappen umgeben, der durch einen Luftstrom angeblasen wird. Je höher der Wasserdampfgehalt der Luft ist, um so weniger Wasserdampf verdampft aus der feuchten Hülle und um so geringer ist infolgedessen der Wärmeentzug. Die Temperaturdifferenz zwischen dem feuchten und dem trockenen Thermometer ist folglich ein Maß für den Feuchtigkeitsgehalt der Luft.

In der Tabelle ist zunächst neben der Lufttemperatur ϑ der Druck des gesättigten Wasserdampfes (a) angegeben. In den weiteren Spalten sind für die Temperaturdifferenzen 1^0, 3^0, 4^0, 5^0, 6^0, 7^0, 8^0, 9^0, 10^0 C die zugehörige relative Feuchtigkeit (r), d. h. die prozentuale Sättigung mit Wasserdampf, und die Taupunkttemperatur angegeben. Um den absoluten Wasserdampfdruck zu erhalten, multipliziert man r mit dem Wert a der gleichen Zeile der 2. Spalte und dividiert durch 100. Die absolute Feuchtigkeit, d. h. das Gewicht der in 1 m^3 Luft enthaltenen Wasserdampfmenge, läßt sich aus Spalte 3 errechnen (Sättigungsdruck des Wasserdampfes s. auch Tabelle 331121).

Lufttemperatur °C	Sättigungsdruck a in Torr	Dichte in $g \cdot m^{-3}$	Differenz zwischen der Temperatur des trockenen und des feuchten Thermometers																	
			1°C		3°C		4°C		5°C		6°C		7°C		8°C		9°C		10°C	
			r %	ϑ_T	r %	ϑ_T	r %	ϑ_T	r %	ϑ_T	r %	ϑ_T	r %	ϑ_T	r %	ϑ_T	r %	ϑ_T	r %	ϑ_T
−10	1,95	2,14	66	−14,6	—	—	—	—	—	—	—	—	—	—	—	—	—	—	—	—
−9	2,13	2,33	68	−13.3	—	—	—	—	—	—	—	—	—	—	—	—	—	—	—	—
−8	2,32	2,54	70	−12,0	—	—	—	—	—	—	—	—	—	—	—	—	—	—	—	—
−7	2,53	2,76	72	−10,7	18	−25,5	—	—	—	—	—	—	—	—	—	—	—	—	—	—
−6	2,76	2,99	74	−9,5	23	−22,1	—	—	—	—	—	—	—	—	—	—	—	—	—	—
−5	3,01	3,24	75	−8,3	27	−19,4	—	—	—	—	—	—	—	—	—	—	—	—	—	—
−4	3,28	3,51	77	−7,1	32	−16,9	10	−28,7	—	—	—	—	—	—	—	—	—	—	—	—
−3	3,57	3,81	78	−5,9	35	−14,8	15	−23,8	—	—	—	—	—	—	—	—	—	—	—	—
−2	3,88	4,13	79	−4,8	39	−12,8	20	−20,2	—	—	—	—	—	—	—	—	—	—	—	—
−1	4,22	4,47	80	−3,6	42	−11,0	24	−17,2	—	—	—	—	—	—	—	—	—	—	—	—
0	4,58	4,84	81	−2,5	45	−9,3	28	−14,6	11	−24,2	—	—	—	—	—	—	—	—	—	—
+1	4,9	5,2	83	−1,4	48	−7,7	32	−12,4	16	−19,9	—	—	—	—	—	—	—	—	—	—
2	5,3	5,6	84	−0,4	51	−6,2	35	−10,4	20	−16,6	—	—	—	—	—	—	—	—	—	—
3	5,7	6,0	84	0,6	54	−4,7	39	−8,5	24	−13,8	10	−23,0	—	—	—	—	—	—	—	—
4	6,1	6,4	85	1,7	56	−3,5	42	−6,8	28	−11,4	14	−18,6	—	—	—	—	—	—	—	—
5	6,5	6,8	86	2,8	58	−2,3	45	−5,3	32	−9,3	19	−15,2	6	−27,1	—	—	—	—	—	—
6	7,0	7,3	86	3,9	60	−1,1	47	−3,9	35	−7,5	23	−12,3	10	−20,8	—	—	—	—	—	—
7	7,5	7,8	87	4,9	61	0,1	49	−2,6	37	−5,9	26	−10,1	14	−16,5	—	—	—	—	—	—
8	8,0	8,3	87	6,0	63	1,3	51	−1,3	40	−4,3	29	−8,1	18	−13,5	7	−22,9	—	—	—	—
9	8,6	8,8	88	7,1	64	2,6	53	−0,1	42	−2,9	31	−6,3	21	−11,0	11	−18,1	—	—	—	—
10	9.2	9,4	88	8,1	65	3,8	54	1,2	44	−1,5	34	−4,6	24	−8,7	14	−14,5	5	−26,0	—	—
11	9,8	10,0	88	9,2	66	5,0	56	2,6	46	−0,2	36	−3,1	26	−6,7	17	−11,6	8	−19,7	—	—
12	10,5	10,7	89	10,2	68	6,2	57	3,9	48	1,2	38	−1,6	29	−4,9	20	−9,1	11	−15,5	—	—
13	11,2	11,4	89	11,3	69	7,4	59	5,1	49	2,7	40	−0,2	31	−3,2	23	−7,0	14	−12,2	6	−21,2
14	12,0	12,1	89	12,3	70	8,5	60	6,4	51	4,0	42	1,3	34	−1,6	25	−5,0	17	−9,5	9	−16,3
15	12,8	12,8	90	13,4	71	9,7	61	7,6	52	5,4	44	2,8	36	−0,1	27	−3,2	20	−7,1	12	−12,6
16	13,6	13,6	90	14,4	71	10,8	62	8,8	54	6,7	46	4,3	37	1,5	30	−1,5	22	−5,0	15	−9,6
17	14,5	14,5	90	15,4	72	12,0	64	10,0	55	8,0	47	5,6	39	3,1	32	0,1	24	−3,1	17	−7,1
18	15,5	15,4	91	16,5	73	13,1	65	11,2	56	9,2	49	7,0	41	4,6	34	1,8	27	−1,3	20	−4,9
19	16,5	16,3	91	17,5	74	14,2	65	12,4	58	10,5	50	8,3	43	6,0	35	3,4	29	0,4	22	−2,9
20	17,5	17,3	91	18,5	74	15,3	66	13,5	59	11,7	51	9,6	44	7,4	37	5,0	30	2,1	24	−1,0
21	18,7	18,3	91	19,5	75	16,4	67	14,7	60	12,9	52	10,9	46	8,8	39	6,4	32	3,8	26	0,8
22	19,8	19,4	92	20,6	76	17,5	68	15,8	61	14,1	54	12,2	47	10,1	40	7,9	34	5,4	28	2,6
23	21,1	20,6	92	21,6	76	18,6	69	16,9	61	15,2	55	13,4	48	11,4	42	9,3	36	6,9	30	4,3
24	22,4	21,8	92	22,6	77	19,6	69	18,1	62	16,4	56	14,6	49	12,7	43	10,7	37	8,4	31	5,9
25	23,8	23,0	92	23,6	77	20,7	70	19,2	63	17,5	57	15,8	50	14,0	44	12,0	38	9,9	33	7,5
26	25,2	24,4	92	24,6	78	21,8	71	20,3	64	18,7	58	17,0	51	15,2	46	13,3	40	11,3	34	9,0
27	26,7	25,8	92	25,7	78	22,8	71	21,4	65	19,8	59	18,2	52	16,5	47	14,6	41	12,7	36	10,5
28	28,3	27,2	93	26,7	78	23,9	72	22,4	65	20,9	59	19,3	53	17,7	48	15,9	42	14,0	37	11,9
29	30,0	28,7	93	27,7	79	25,0	72	23,5	66	22,0	60	20,5	54	18,9	49	17,1	44	15,3	38	13,3
30	31,8	30,3	93	28,7	79	26,0	73	24,6	67	23,2	61	21,6	55	20,0	50	18,4	44	16,6	39	14,7

616 Härteprüfung.

1. Ritzhärte. In der Mineralogie ist für Härteprüfungen das Ritzverfahren üblich. Die von Mohs und Breithaupt aufgestellten Skalen, in denen das folgende Mineral das vorhergehende ritzt, sind in 6161 angegeben. Diese Skalen sind nicht eindeutig und die Stufen willkürlich. Bei der Ritzhärteprüfung nach Martens wird das Prüfstück mit einem kegelförmigen Diamanten von 90°, neuerdings von 120° Öffnungswinkel geritzt, die Belastung des Diamanten in g, bei der eine Ritzbreite von 0,1 mm erzeugt wird, wird als Ritzhärte des Stoffes bezeichnet.

2. Absolute Härte. Nach Hertz und Auerbach wird die Härte durch den Druck gemessen, der im Mittelpunkt einer kugelsegmentförmigen Druckfläche herrschen muß, um die Elastizitätsgrenze des Körpers eben zu überschreiten. Der Druck p_z im Zentrum ist nach der Theorie $^3/_2$mal so groß wie der mittlere Druck p_m auf der Druckfläche.

3. Technische Prüfungen. Da die Elastizitätsgrenze der Stoffe schwer bestimmbar ist, werden in der Technik Verfahren benutzt, bei denen deutliche bleibende Veränderungen entstehen.

Die „Statischen Verfahren" sind:

a) Die Brinellhärteprüfung. Es werden Stahlkugeln durch statischen Druck in das zu prüfende Material eingedrückt und die Härte angegeben durch das Verhältnis der Last P in kg zur Fläche der Eindruckskalotte in mm²

$$H_B = \frac{2P}{\pi D\,(D - \sqrt{D^2 - d^2})} \text{ kg/mm}^2$$

D = Durchmesser der Stahlkugel, d = Durchmesser der Kalotte (Normung der Kugeln in DIN 1605).

Abb. 6162 zeigt die Abhängigkeit der Härteangaben von der Belastung. Es sind außer der Brinellhärte, die nach E. Meyer berechnete Härte angegeben, bei der anstatt der Kalottenfläche die projizierte Eindruckfläche $\left(\frac{d^2\pi}{4}\right)$ eingesetzt wird.

b) Rockwell-Härteprüfung. Es wird mit Vorlast gearbeitet (Härtebestimmung aus der Differenz zweier Eindruckmessungen bei P_1 und P_2). Für harte Werkstoffe wird als Druckkörper ein abgerundeter Diamantkegel mit 120° Öffnungswinkel C-Skala) für weiche Werkstoffe Stahlkugeln (B-Skala) benutzt.

„Dynamische Verfahren".

Zu diesen gehören die Fallhärteprüfung, Schlaghärteprüfung und Rücksprunghärteprüfung.

Beschreibung der Verfahren z. B. in W. Hengemühle: Härteprüfung in E. Siebel: Handbuch der Werkstoffprüfung, Bd. II. Berlin 1939.

6161 Mineralogische Härteskala.

Mineral	Härte nach Mohs	Härte nach Breithaupt	Absolute Härte nach Auerbach etwa
Talk	1	1	14
Gips oder Steinsalz	2	2	20
Glimmer	—	3	—
Kalkspat	3	4	92
Flußspat	4	5	110
Apatit	5	6	237
Hornblende	—	7	—
Feldspat (Orthoklas)	6	8	253
Quarz	7	9	308
Topas	8	10	525
Korund	9	11	1150
Diamant	10	12	—

6162 Meyer- bzw. Brinellhärte in Abhängigkeit von der Belastung.

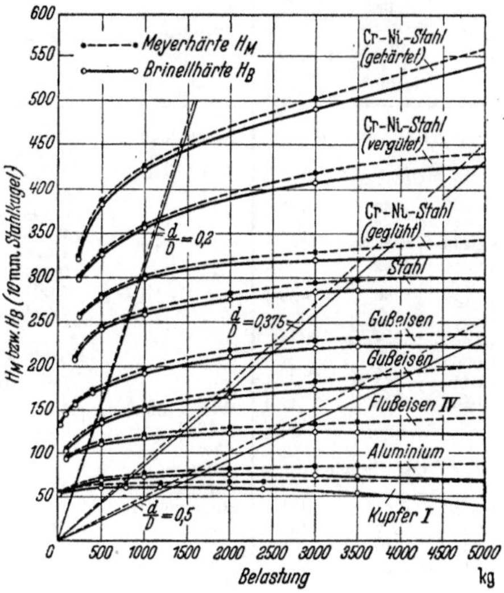

617 Angaben über Filter, Siebe und Drähte.

6171 Mittlerer Porendurchmesser von Filtern.

Filtergruppe	Filterdicke in cm	Hohlraumvolumen des Filters je cm³	Mittlerer Porendurchmesser in μ
Papierfilter			
Schleicher & Schüll			
Temmingpappe	0,116	0,75	12,4
1117	0,0328	0,82	12
1450	0,0297	0,73	8
589, Schwarzband	0,0208	0,75	7,4
589, Weißband	0,0199	0,73	6,8
598	0,0340	0,71	5,8
604	0,0188	0,72	4,6
595	0,0186	0,75	4,4
590	0,0150	0,73	3,6
597	0,0160	0,67	3,4
602, hart	0,0182	0,72	2,4
589, Blauband	0,0175	0,70	2,2
566	0,0243	0,65	1,8
575	0,0111	0,52	1,5
507	0,0121	0,60	1,5
602, extra hart	0,0159	0,67	1,0

Filtergruppe	Filterdicke in cm	Hohlraumvolumen des Filters je cm³	Mittlerer Porendurchmesser in μ
Schottsche gesinterte Glasfritten			
00	—	—	200...500
0	—	—	150...200
1	—	—	90...150
2	—	—	40...90
3	—	—	15...40
4	—	—	5...15
5	—	—	1...1,5
Filtersteine			
Filterwerk Meißen			
Siokorn GG	1,0099	0,56	132
G	0,9939 0,987	0,59	~121
M	1,0136	0,51	102
F	1,0199 1,0207	0,49	~75
FF	1,0125	0,49	76
Ultra	1,0079 1,0113	0,52	~42
Ultra D	1,0065 1,0073	0,42	~23

6171 (Fortsetzung).

Filtergruppe	Filterdicke in cm	Hohlraumvolumen des Filters je cm³	Mittlerer Porendurchmesser in μ
Filtersteine			
Filterwerk Meißen			
Diatom GG	1,0088	0,57	128
G	1,0135	0,58	~114
	1,0138		
M	1,0264	0,52	70
F	1,0222	0,50	~59
	1,0195		
FF	1,0217	0,50	~47
	1,0062		
Ultra	1,0062	0,51	~30
	1,0169		
Ultra D	0,9809	0,38	17,4
Schumachersche Fabrik Bietigheim			
Silexit GG	1,0452	0,43	128
G	1,0371	0,46	132
M	1,0311	0,50	126
F	1,0177	0,43	~115
	1,0209		
FF	0,9226	0,50	~60
	0,9501		
Ultra	1,041	0,49	~35
	1,024		

Filtergruppe	Filterdicke in cm	Hohlraumvolumen des Filters je cm³	Mittlerer Porendurchmesser in μ
Acrolith GG	1,0187	0,53	124
G	0,0443	0,53	142
M	0,9804	0,50	~106
	1,0326		
F	0,9958	0,45	~90
	1,0152		
FF	1,0288	0,49	~67
	0,9743		
Ultra	1,0044	0,54	~26
	1,0246		
Seidensiebe[1]			% leere Filterfläche
Bemberg			
Waschkunstseid.	0,0108	0,495	2,78
1849	0,0101	0,536	3,23
Phönix	0,011	0,51	3,48
2119	0,011	0,605	4,523
1829	0,0121	0,485	5,58
Hemdenstoff			
2207	0,0118	0,52	6,89
1775	0,0119	0,595	10,97
1786	0,0117	0,6	11,96
Bemberg, Adler, matt	0,011	0,475	13,76
Adler, Sonnengold	0,0136	0,635	14,57
Wäschestoff 2137	0,0133	0,685	25,55

6172 Siebnummerbezeichnung.

Bisher galt allgemein als Siebnummer die Anzahl der Maschen, die bei einer bestimmten Drahtdicke auf 1 Zoll (engl.) linear entfällt. Die deutsche Siebnummerbezeichnung gibt die Anzahl der Maschen an, die auf 1 cm Länge gezählt werden; jetzt wird nach DIN 1171 als Nr. die lichte Maschenweite angegeben.

Nummern und Maschenzahl der deutschen Metallgewebe.

Gewebe-Nr. oder Maschen auf 1″ engl.	Maschen je cm²	Gewebe-Nr. oder Maschen auf 1″ engl.	Maschen je cm²	Gewebe-Nr. oder Maschen auf 1″ engl.	Maschen je cm²
4	2½	22	71	85	1050
5	3½	25	91	90	1180
6	5¼	28	115	100	1460
7	7¼	30	130	110	1760
8	9	32	150	120	2100
9	12	35	180	130	2470
10	14	40	235	140	1860
11	17	45	300	150	3280
12	21	50	365	160	3780
13	25	55	440	180	4900
14	28	60	525	200	5840
15	33	65	600	220	7070
16	37	70	715	240	8400
18	47	75	815	250	9150
20	58	80	900	—	—

[1] Bei Seidenfiltern geben die Zahlen der 4. Spalte an: Leere Filterfläche in %, mikroskopisch ausgemessen.

6172 (Fortsetzung).

Genormte Drahtgewebe für Prüfsiebe (DIN 1171).

A = bisher übliche deutsche Bezeichnung (Maschen je cm Länge), B = DIN-Siebbezeichnung = lichte Weite der Maschen in mm, C = Drahtdurchmesser in mm.

A	B	C	A	B	C	A	B	C
100	0,060	0,040	20	0,3	0,20	4	1,5	1,0
80	0,075	0,050	16	0,4	0,24	—	2,0	1,0
70	0,090	0,055	(14)	(0,43)	(0,28)	—	2,5	1,0
60	0,100	0,065	12	0,5	0,34	—	3,0	1,2
50	0,12	0,08	10	0,6	0,4	—	4,0	1,6
40	0,15	0,10	8	0,75	0,5	—	5,0	2,0
30	0,20	0,13	6	1,0	0,65	—	6,0	2,5
24	0,25	0,17	5	1,2	0,8	—	—	—

6173 Drahtquerschnitt in 10^{-6} cm² und Gewicht in g von je 1 m Draht in Abhängigkeit vom Durchmesser.

Durchmesser in cm	Querschnitt in 10^{-6} cm²	Gewicht je m Draht in g des Metalles[1]							
		Aluminium 2,67	Eisen 7,8	Kupfer 8,9	Messing 8,56	Molybdän 10,2	Nickel 8,8	Wolfram 19	Zink 7,1
0,010	78,54	0,02097	0,06126	0,06990	0,06723	0,08011	0,069115	0,1492	0,05576
0,011	95,03	0,02537	0,07412	0,08458	0,08135	0,09693	0,08363	0,1806	0,06747
0,012	113,10	0,03020	0,08822	0,10066	0,09681	0,1154	0,09953	0,2149	0,08030
0,013	132,73	0,03544	0,10353	0,11813	0,11362	0,1354	0,1168	0,2522	0,09424
0,014	153,94	0,04110	0,12007	0,13701	0,13177	0,1570	0,1355	0,2925	0,1093
0,015	176,71	0,04718	0,1378	0,1573	0,1513	0,1802	0,1555	0,3357	0,1255
0,016	201,06	0,05368	0,1568	0,1789	0,1721	0,2051	0,1769	0,3820	0,1478
0,017	226,98	0,06060	0,1770	0,2020	0,1943	0,2315	0,1997	0,4313	0,1616
0,018	254,47	0,06794	0,1985	0,2265	0,2178	0,2596	0,2239	0,4835	0,1807
0,019	283,53	0,07570	0,2212	0,2523	0,2427	0,2892	0,2495	0,5387	0,2013
0,020	314,16	0,08388	0,2450	0,2796	0,2689	0,3204	0,2765	0,5969	0,2231
0,021	346,36	0,09248	0,2702	0,3083	0,2965	0,3533	0,3048	0,6381	0,2459
0,022	380,13	0,10149	0,2965	0,3383	0,3254	0,3877	0,3345	0,7222	0,2699
0,023	415,48	0,11093	0,3241	0,3698	0,3556	0,4238	0,3656	0,7894	0,2950
0,024	452,39	0,12079	0,3529	0,4026	0,3872	0,4614	0,3981	0,8595	0,3212
0,025	490,87	0,1311	0,3829	0,4369	0,4202	0,5007	0,4320	0,9327	0,3485
0,026	530,93	0,1418	0,4141	0,4725	0,4545	0,5415	0,4672	1,009	0,3770
0,027	572,56	0,1529	0,4466	0,5096	0,4901	0,5840	0,5039	1,088	0,4065
0,028	615,75	0,1644	0,4803	0,5480	0,5271	0,6281	0,5419	1,170	0,4372
0,029	660,52	0,1764	0,5152	0,5879	0,5654	0,6737	0,5813	1,255	0,4690
0,030	706,86	0,1887	0,5513	0,6291	0,6051	0,7210	0,6220	1,343	0,5019
0,031	754,77	0,2015	0,5887	0,6717	0,6461	0,7699	0,6642	1,434	0,5359
0,032	804,25	0,2147	0,6273	0,7158	0,6884	0,8203	0,7077	1,528	0,5710
0,033	855,30	0,2284	0,6671	0,7612	0,7321	0,8724	0,7527	1,625	0,6073
0,034	907,92	0,2424	0,7082	0,8080	0,7772	0,9261	0,7990	1,725	0,6446
0,035	962,11	0,2569	0,7504	0,8563	0,8236	0,9814	0,8467	1,820	0,6831
0,036	1017,88	0,2718	0,7939	0,906	0,8713	1,038	0,8957	1,934	0,7227
0,037	1075,21	0,2871	0,8387	0,957	0,9204	1,097	0,9462	2,043	0,7634
0,038	1134,11	0,3028	0,8846	1,009	0,9708	1,157	0,9980	2,155	0,8052
0,039	1194,59	0,3190	0,9318	1,063	1,0226	1,218	1,051	2,270	0,8482
0,040	1256,64	0,3355	0,980	1,118	1,076	1,282	1,106	2,388	0,8922
0,041	1320,25	0,3525	1,030	1,175	1,130	1,347	1,162	2,508	0,9374
0,042	1385,44	0,3699	1,081	1,233	1,186	1,413	1,219	2,632	0,9837
0,043	1452,20	0,3877	1,133	1,292	1,243	1,481	1,278	2,759	1,031
0,044	1520,53	0,4060	1,186	1,353	1,302	1,551	1,338	2,889	1,080

[1] Die Zahlen unter dem Namen des Metalles geben seine Dichte in $g \cdot cm^{-3}$ an.

6173 (Fortsetzung).

Durchmesser in cm	Querschnitt in 10^{-6} cm²	Gewicht je m Draht in g des Metalles [1]							
		Aluminium 2,67	Eisen 7,8	Kupfer 8,9	Messing 8,56	Molybdän 10,2	Nickel 8,8	Wolfram 19	Zink 7,1
0,045	1590,43	0,4246	1,241	1,415	1,361	1 622	1,400	3,022	1,129
0,046	1661,90	0,4437	1,296	1,479	1,423	1,695	1,462	3,158	1,180
0,047	1734,94	0,4632	1,353	1,544	1,485	1,770	1,527	3,296	1,322
0,048	1809,56	0,4832	1,411	1,611	1,549	1,846	1,592	3,438	1,285
0,049	1885,74	0,5035	1,471	1,678	1,614	1,923	1,659	3,593	1,339
0,050	1963,50	0,5243	1,532	1,748	1,681	2,003	1,728	3,731	1,394
0,051	2042,82	0,5454	1,593	1,818	1,748	2,084	1,798	3,881	1,450
0,052	2123,72	0,5670	1,657	1,890	1,818	2,166	1,869	4,035	1,508
0,053	2206,18	0,5891	1,721	1,964	1,888	2,250	1,941	4,192	1,566
0,054	2290,22	0,6115	1,786	2,038	1,960	2,336	2,015	4,351	1,626
0,055	2375,83	0,6343	1,853	2,114	2,034	2,423	2,091	4,514	1,687
0,056	2463,01	0,6576	1,921	2,192	2,108	2,512	2,167	4,680	1,749
0,057	2551,76	0,6813	1,990	2,271	2,184	2,603	2,246	4,848	1,812
0,058	2642,08	0,7054	2,061	2,351	2,262	2,695	2,325	5,020	1,876
0,059	2733,97	0,7300	2,132	2,433	2,340	2,789	2,406	5,195	1,941
0,060	2827,43	0,7549	2,205	2,516	2,420	2,884	2,488	5,372	2,007
0,061	2922,47	0,7803	2,280	2,601	2,502	2,981	2,572	5,553	2,075
0,062	3019,07	0,8061	2,355	2,687	2,584	3,079	2,657	5,736	2,144
0,063	3117,25	0,8323	2,431	2,774	2,668	3,180	2,743	5,923	2,213
0,064	3216,99	0,8589	2,509	2,863	2,754	3,281	2,831	6,112	2,284
0,065	3318,31	0,8860	2,588	2,953	2,840	3,385	2,920	6,305	2,356
0,066	3421,19	0,9135	2,669	3,045	2,929	3,490	3,011	6,500	2,429
0,067	3525,65	0,9413	2,750	3,138	3,018	3,596	3,103	6,699	2,503
0,068	3631,68	0,9697	2,833	3,232	3,109	3,704	3,196	6,900	2,578
0,069	3739,28	0,9984	2,917	3,328	3,201	3,814	3,291	7,105	2,655
0,070	3848,45	1,028	3,002	3,425	3,294	3,925	3,387	7,312	2,732
0,071	3959,19	1,057	3,088	3,524	3,389	4,038	4,484	7,522	2,811
0,072	4071,50	1,087	3,176	3,624	3,485	4,153	3,583	7,736	2,891
0,073	4185,39	1,117	3,265	3,725	3,583	4,269	3,683	7,952	2,972
0,074	4300,84	1,148	3,355	3,828	3,682	4,387	3,785	8,172	3,054
0,075	4417,86	1,180	3,446	3,932	3,782	4,506	3,888	8,394	3,137
0,076	4536,46	1,211	3,538	4,037	3,883	4,627	3,992	8,619	3,221
0,077	4656,63	1,243	3,632	4,144	3,986	4,750	4,098	8,848	3,306
0,078	4778,36	1,276	3,727	4,253	4,090	4,874	4,205	9,079	3,393
0,079	4901,67	1,309	3,823	4,362	4,196	5,000	4,313	9,313	3,480
0,080	5026,55	1,342	3,921	4,474	4,303	5,127	4,423	9,550	3,569
0,081	5153,00	1,376	4,019	4,586	4,411	5,256	4,535	9,791	3,659
0,082	5281,02	1,410	4,119	4,700	4,521	5,387	4,647	10,03	3,750
0,083	5410,61	1,445	4,220	4,815	4,631	5,519	4,761	10,28	3,842
0,084	5541,77	1,480	4,323	4,932	4,744	5,653	4,877	10,53	3,935
0,085	5674,50	1,515	4,426	5,050	4,857	5,788	4,994	10,78	4,029
0,086	5808,80	1,551	4,531	5,170	4,972	5,925	5,112	11,04	4,124
0,087	5944,68	1,587	4,637	5,291	5,089	6,064	5,231	11,29	4,221
0,088	6082,12	1,624	4,744	5,413	5,206	6,204	5,352	11,56	4,318
0,089	6221,14	1,661	4,852	5,537	5,325	6,346	5,475	11,82	4,417
0,090	6361,73	1,699	4,962	5,662	5,446	6,489	5,598	12,09	4,517
0,091	6503,88	1,737	5,073	5,788	5,567	6,634	5,723	12,36	4,618
0,092	6647,61	1,775	5,185	5,916	5,690	6,781	5,850	12,63	4,720
0,093	6792,91	1,814	5,298	6,046	5,815	6,929	5,978	12,91	1,823
0,094	6939,78	1,853	5,413	6,176	5,940	7,079	6,107	13,19	4,927
0,095	7088,22	1,893	5,529	6,309	6,068	7,230	6,238	13,47	5,033
0,096	7238,23	1,933	5,646	6,442	6,196	7,383	6,370	13,75	5,139
0,097	7389,81	1,973	5,764	6,577	6,326	7,538	6,503	14,04	5,247
0,098	7542,96	2,014	5,884	6,713	6,457	7,694	6,638	14,33	5,356
0,099	7697,69	2,055	6,004	6,851	6,589	7,852	6,774	14,63	5,465
0,100	7853,98	2,097	6,126	6,990	6,723	8,011	6,912	14,92	5,576

[1] Die Zahlen hinter dem Namen des Metalles geben seine Dichte in $g \cdot cm^{-3}$ an.

6174 Durchmesser in cm von Drähten nach amerikanischen und englischen Lehrennummern (Gauge-Nr.).

Lehren-nummer	Brown & Sharpe	Birming-ham or Stub's	Wash-burn & Moen	Imperial or Brit. Std.	Stub's steel	U. S. Std plate	Music wire
00000000	—	—	—	—	—	—	0,0211
0000000	—	—	1,245	1,27	—	1,27	0,0221
000000	—	—	1,172	1,18	—	1,191	0,0241
00000	—	—	1,093	1,10	—	1,111	0,0254
0000	1,168	1,15	1,000	1,02	—	1,032	0,0279
000	1,040	1,08	0,9208	0,945	—	0,9525	0,0305
00	0,9266	0,965	0,8407	0,884	—	0,8731	0,0338
0	0,8252	0,864	0,7785	0,823	—	0,7938	0,0366
1	0,7348	0,762	0,7188	0,762	0,577	0,7144	0,0396
2	0,6543	0,721	0,6668	0,701	0,556	0,6747	0,0422
3	0,5827	0,658	0,6190	0,640	0,538	0,6350	0,0452
4	0,5189	0,605	0,5723	0,589	0,526	0,5953	0,0478
5	0,4620	0,559	0,5258	0,538	0,518	0,5556	0,0513
6	0,4115	0,516	0,4877	0,488	0,511	0,5159	0,0546
7	0,3665	0,457	0,4496	0,447	0,505	0,4763	0,0584
8	0,3264	0,419	0,4115	0,406	0,500	0,4366	0,0617
9	0,2906	0,376	0,3767	0,366	0,493	0,3969	0,0650
10	0,2588	0,340	0,3429	0,325	0,485	0,3572	0,0686
11	0,2305	0,305	0,3061	0,295	0,478	0,3175	0,0721
12	0,2053	0,277	0,2680	0,264	0,470	0,2778	0,0752
13	0,1828	0,241	0,232	0,234	0,462	0,2381	0,0798
14	0,1628	0,211	0,203	0,203	0,457	0,1984	0,0828
15	0,1450	0,183	0,183	0,183	0,452	0,1786	0,0876
16	0,1291	0,165	0,159	0,163	0,445	0,1588	0,0914
17	0,1150	0,147	0,137	0,142	0,437	0,1429	0,0958
18	0,1024	0,124	0,121	0,122	0,427	0,1270	0,100
19	0,09116	0,107	0,104	0,102	0,417	0,1111	0,105
20	0,08118	0,089	0,0884	0,0914	0,409	0,09525	0,110
21	0,07229	0,081	0,0808	0,0813	0,399	0,08731	0,117
22	0,06439	0,071	0,0726	0,0711	0,394	0,07938	0,123
23	0,05733	0,064	0,0655	0,0610	0,389	0,07144	0,131
24	0,05105	0,056	0,0584	0,0559	0,384	0,06350	0,140
25	0,04547	0,051	0,0518	0,0508	0,376	0,05556	0,149
26	0,04049	0,046	0,0460	0,0457	0,371	0,04763	0,159
27	0,03604	0,041	0,0439	0,0417	0,363	0,04366	0,167
28	0,03211	0,036	0,0411	0,0378	0,353	0,03969	0,183
29	0,02860	0,033	0,0381	0,0345	0,340	0,03572	0,193
30	0,02548	0,030	0,0356	0,0315	0,323	0,03175	0,203
31	0,02268	0,025	0,0335	0,0295	0,305	0,02778	0,208
32	0,02019	0,023	0,0325	0,0274	0,292	0,02580	0,218
33	0,01798	0,020	0,0300	0,0254	0,284	0,02381	0,229
34	0,01601	0,018	0,0264	0,0234	0,279	0,02183	0,241
35	0,01426	0,013	0,024	0,0213	0,274	0,01984	—
36	0,01270	0,010	0,023	0,0193	0,269	0,01786	—
37	0,01131	—	0,022	0,0173	0,262	0,01687	—
38	0,01007	—	0,020	0,0152	0,257	0,01588	—
39	0,008969	—	0,019	0,0132	0,251	—	—
40	0,007988	—	0,018	0,0122	0,246	—	—
41	—	—	0,017	0,0112	0,241	—	—
42	—	—	0,016	0,0102	0,234	—	—
43	—	—	0,015	0,0091	0,224	—	—
44	—	—	0,015	0,0081	0,216	—	—
45	—	—	0,014	0,0071	0,206	—	—
46	—	—	0,013	0,0061	0,201	—	—
47	—	—	0,013	0,0051	0,196	—	—
48	—	—	0,012	0,0041	0,191	—	—
49	—	—	0,012	0,0030	0,183	—	—
50	—	—	0,011	0,0025	0,175	—	—

618 Umrechnungstabelle für Zähigkeitsmeßwerte[1].

Statt der absoluten Maße (s. 371) werden vielfach gewisse praktische Einheiten der Zähigkeit, die mit konventionellen Apparaten bestimmt werden, benutzt (Engler-Grade, Redwood- bzw. Sayboldt-Sekunden). Mit dem Englerschen Viskosimeter wird die „relative Zähigkeit" in Engler-Graden gemessen. Die Engler-Grade sind das Verhältnis der Auslaufzeit einer bestimmten Flüssigkeitsmenge aus einer Capillare zu der Auslaufzeit des Wassers, Temperatur 20° C. Die hauptsächlich in England und Amerika benutzten Viskosimeter von Redwood und Sayboldt geben nur die Auslaufzeit aus bestimmten genormten Viskosimetergefäßen. Für Flüssigkeiten mit größerer Zähigkeit (Öle, Pech) werden zweckmäßig nicht Ausflußviskosimeter benutzt, sondern solche, in denen der Widerstand der Flüssigkeit gegen eine in ihr stattfindende Bewegung gemessen wird[2]. Die Übereinstimmung zwischen den konventionellen und den absoluten Zähigkeitsmaßen ist nicht sehr gut; vor allem besteht kein systematischer Gang der Proportionalität. Die Umrechnung von Engler-Graden, Redwood- und Sayboldt-Sekunden in kinematische Zähigkeit sind nachstehend nach Ubbelohde wiedergegeben.

Umrechnung von Engler-Graden E, Sayboldt-Sekunden S und Redwood-Sekunden R in kinematische Zähigkeit ν in Zentistok.

Die Werte der dynamischen Zähigkeit η in Zentipoise errechnen sich aus der kinematischen durch Multiplikation mit der Dichte: $\eta = \nu \cdot \varrho$.

E	S		R	ν	E	S		R	ν	E	S		R	ν
	38° C	99° C		cSt		38° C	99° C		cSt		38° C	99° C		cSt
1,000	—	—	—	1,00	1,687	53,3	53,8	47,0	8,40	5,21	181,3	183,3	159	39,0
1,027	32,1	—	—	1,20	1,704	53,9	54,4	47,6	8,60	5,33	185,9	187,8	163	40,0
1,052	32.6	—	—	1,40	1,722	54,6	55,1	48,1	8,80	5,46	190,4	192,4	167	41,0
1,075	33,1	—	—	1,60	1,740	55,3	55,8	48,7	9,00	5,59	195,0	197,0	171	42,0
1,098	33,6	—	—	1,80	1,758	56,0	56,5	49,3	9,20	5,72	199,5	201,6	175	43,0
1,119	34,1	—	—	2.00	1,776	56,7	57,2	49,9	9,40	5,85	204,0	206,2	179	44,0
1,140	34,6	—	—	2,20	1,794	57,4	57,8	50,5	9,60	5,98	208,6	210,8	183	45,0
1,160	35,2	—	—	2,40	1,813	58,1	58,5	51,2	9,80	6,11	213,1	215,4	187	46,0
1,179	35,7	—	—	2,60	1,831	58,8	59,2	51,8	10,0	6,23	217,6	219,9	191	47,0
1,198	36,2	—	—	2,80	1,924	62,3	62,8	54,9	11,0	6,37	222,2	224,5	195	48,0
1,217	35,9	36,2	—	3,00	2,02	65,9	66,5	58,0	12,0	6,50	226,7	229,1	199	49,0
1,235	36,7	37,0	—	3,20	2,12	69,7	70,3	61,2	13,0	6,62	231,2	233,8	203	50,0
1,253	37,3	37,7	—	3,40	2,22	73,5	74,2	64,5	14,0	6,88	240,2	243,2	211	52,0
1,271	37,9	38,3	34,1	3,60	2,32	77,3	78,0	67,8	15,0	7,14	249,4	252,3	220	54,0
1,289	38,5	38,9	34,5	3,80	2,43	81,2	82,0	71,2	16,0	7,41	258,8	261,6	228	56,0
1,307	39,0	39,4	35,0	4,00	2,53	85,2	86,1	74,6	17,0	7,67	267,8	270,8	236	58,0
1,324	39,6	40,0	35,5	4,20	2,64	89,3	90,2	78,1	18,0	7,93	277,0	280,0	244	60,0
1,341	40,3	40,7	36,0	4,40	2,75	93,4	94,4	81,5	19,0	8,19	286,2	289,3	252	62,0
1,359	40,9	41,3	36,5	4,60	2,87	97,6	98,6	85,0	20,0	8,45	295,2	299,2	260	64,0
1,376	41,6	42,0	37,0	4,80	2,98	101,8	102,9	88,5	21,0	8,71	304,6	308,4	268	66,0
1,393	42,2	42,6	37,6	5,00	3,10	106,1	107,2	92,1	22,0	8,97	313,6	317,7	276	68,0
1,410	42,8	43,2	38,1	5,20	3,22	110,4	111,4	95,7	23,0	9,23	322,7	327,0	284	70,0
1,427	43,5	43,9	38,6	5,40	3,34	114,7	115,8	99,2	24,0	9,50	331,9	335,2	292	72,0
1,444	44,1	44,5	39,1	5,60	3,46	119,1	120,2	103,2	25,0	9,76	341,0	344,8	300	74,0
1,461	44,8	45,2	39,7	5,80	3,58	123,4	124,5	107,2	26,0	10,02	350,3	354,0	308	76,0
1,479	45,4	45,8	40,2	6,00	3,70	127,8	129,0	111,1	27,0	10,28	359,6	363,3	316	78,0
1,496	46,0	46,5	40,7	6,20	3,82	132.2	133,5	115,7	28,0	10,54	368,6	372,4	325	80,0
1,513	46,7	47,1	41,3	6,40	3,94	136,5	137,9	119,1	29,0	10,81	377,8	382,0	333	82,0
1,530	47,3	47,8	41,8	6,60	4,07	141,0	142,4	123	30,0	11,07	387,0	391,2	341	84.0
1,547	48,0	48,4	42,4	6,80	4,19	145,4	146,9	127	31,0	11,33	396,2	400,3	349	86,0
1,564	48,6	49,1	43,0	7,00	4,32	149,8	151,5	131	32,0	11,59	405,3	409,6	357	88,0
1,582	49,3	49,8	43,5	7,20	4,44	154,4	156,0	135	33,0	11,86	414,5	419,0	365	90,0
1,599	49,9	50,4	44,1	7,40	4,57	158,8	160,5	139	34,0	12,12	423,5	428,2	373	92,0
1,616	50,6	51,1	44,6	7,60	4,70	163,3	165,1	143	35,0	12,38	432,6	437,6	381	94,0
1,634	51,2	51,7	45,2	7,80	4,82	167,7	169,6	147	36,0	12,64	442,0	447,0	389	96,0
1,651	51,9	52,4	45,8	8,00	4 95	172,3	174,2	151	37,0	12,91	451,1	456,2	397	98,0
1,669	52,6	53,1	46,4	8,20	5,08	176,8	178,8	155	38,0	13,17	460,4	465,6	405	100

[1] Nach L. Ubbelohde: Zur Viskosimetrie. Leipzig 1936.
[2] Fallende Kugel. Höppler: Z. techn. Phys. **14**, 165 (1933).

618 (Fortsetzung).

E	S 38° C	S 99° C	R	ν cSt	E	S 38° C	S 99° C	R	ν cSt	E	S 38° C	S 99° C	R	ν cSt
13,83	483,3	488,9	426	105	28,9	1012,5	1024,5	891	220	48,7	1704,0	1722,5	1498	370
14,48	506,5	512,0	446	110	29,6	1035,3	1047,0	911	225	50,0	1750,0	1768,5	1539	380
15,14	529,5	535,2	466	115	30,3	1059,0	1070,5	931	230	52,6	1841,0	1861,5	1620	400
15,80	552,4	558,7	486	120	31,0	1082,0	1093,8	952	235	55,3	1935,0	1955,0	1701	420
16,45	575,4	581,8	506	125	31,6	1105,0	1117,0	972	240	57,9	2026	2048	1781	440
17,11	598,4	605,0	527	130	32,3	1127,8	1140,5	992	245	60,5	2118	2141	1862	460
17,77	621,4	628,2	547	135	32,9	1151,5	1163,5	1012	250	63,2	2209	2234	1943	480
18,43	644,4	651,7	567	140	33,6	1174,3	1187,3	1033	255	65,8	2301	2328	2024	500
19,08	667,4	674,9	587	145	34,2	1197,0	1210,0	1053	260	72,4	2531	2560	2227	550
19,74	690,4	698,0	608	150	34,9	1220,5	1233,3	1073	265	78,9	2761	2792	2429	600
20,40	713,4	721,4	628	155	35,5	1243,0	1256,5	1093	270	85,5	2992	3025	2632	650
21,06	736,4	744,6	648	160	36,2	1266,8	1280,3	1114	275	92,1	3222	3259	2834	700
21,71	759,4	768,2	668	165	36,8	1284,0	1304,0	1134	280	98,7	3452	3491	3037	750
22,37	782,5	791,7	689	170	37,5	1312,0	1326,8	1154	285	105,3	3682	3723	3239	800
23,03	805,3	814,8	709	175	38,2	1335,0	1350,0	1174	290	111,8	3912	3956	3441	850
23,69	828,6	838,0	729	180	38,8	1358,5	1373,5	1195	295	118,4	4142	4189	3644	900
24,35	851,6	861,2	749	185	39,4	1381,5	1396,5	1215	300	125,0	4372	4421	3846	950
25,00	874,6	884,4	769	190	40,8	1427,5	1443,0	1255	310	131,6	4604	4656	4049	1000
25,66	897,4	908,0	790	195	42,1	1473,5	1489,5	1296	320	144,7	5064	5120	4453	1100
26,3	920,8	931,0	810	200	43,4	1519,5	1536,0	1336	330	157,9	5524	5584	4858	1200
27,0	943,5	954,4	830	205	44,7	1565,5	1582,5	1377	340	171,1	5986	6050	5263	1300
27,6	966,8	977,2	850	210	46,1	1611,5	1629,0	1417	350	184,2	6446	6514	5668	1400
28,3	989,5	1000,8	871	215	47,4	1657,5	1676,0	1458	360	197,4	6908	6992	6073	1500

619 Strömung von Flüssigkeiten und Gasen in geraden Rohren mit kreisförmigem Querschnitt.

Bezeichnet man mit V das geförderte Volumen, mit $\overline{w}$ die mittlere Geschwindigkeit, mit r den Radius, mit d den Durchmesser eines kreisförmigen Rohres, mit t die Zeit des Durchflusses, so ist

$$V = \pi r^2 \overline{w}\, t.$$

Die Strömung innerhalb des Rohres kann schlicht (laminar) oder wirblich (turbulent) sein. Der Übergang von der laminaren zur turbulenten Strömung erfolgt, sobald die Geschwindigkeit einen kritischen Wert $\overline{w}_k$ überschreitet. Dieser Wert liegt zwischen (2300...2400) ν/d (ν kinematische Zähigkeit). Ist also für eine Strömung die Reynoldssche Zahl: $Re = \frac{\overline{w}\, d}{\nu} > 2300...2400$, dann tritt Turbulenz auf.

Für laminare Strömungen gibt das Poiseuille-Gesetz den Zusammenhang zwischen Durchflußmenge V, Druckabfall $p_1 - p_2$, Länge l und Radius r des Rohres, dynamischer Zähigkeit η und mittlerer Strömungsgeschwindigkeit $\overline{w}$ (Gasvolumen gemessen beim Druck $\frac{p_1 + p_2}{2}$). Es ist

$$V = \pi r^2 \overline{w}\, t = \frac{p_1 - p_2}{8 l \eta} \pi r^4 t;$$

$$\overline{w} = \frac{p_1 - p_2}{8 l \eta} r^2.$$

Diese Gesetzmäßigkeit ist in 6191 für $\frac{p_1 - p_2}{l} = \frac{1 \text{ kg m}^{-2}}{1 \text{ m}}$ dargestellt.

Die Geschwindigkeitsverteilung über dem Querschnitt ist gegeben durch

$$w_y = \frac{p_1 - p_2}{4 \eta l} (r^2 - y^2)$$

(y Abstand von der Rohrachse).

6191 Mittlere Durchflußgeschwindigkeit $\overline{w}$ in $m \cdot s^{-1}$ und Durchflußmenge V in $m^3 \cdot s^{-1}$ für laminare Strömung in Abhängigkeit von dem Rohrdurchmesser d in cm und der dynamischen Zähigkeit in Poise für einen Druckabfall p_1 von 1 $kg \cdot m^{-2}$ auf 1 m. Für anderen Druckabfall p sind die Werte mit dem Verhältnis $\frac{p}{p_1}$ zu multiplizieren.

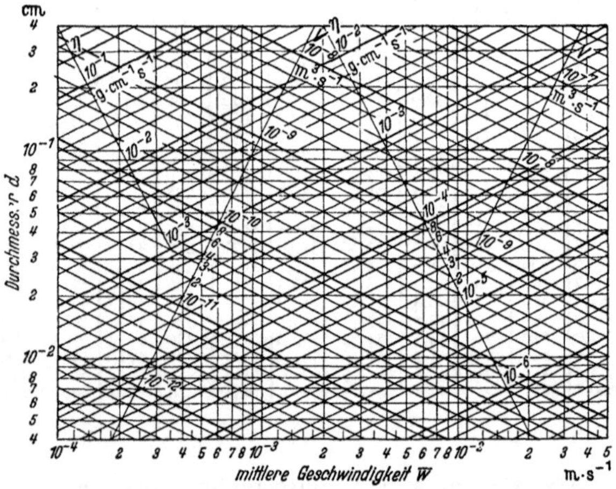

Die Maximalgeschwindigkeit w_A ist in der Rohrachse vorhanden

$$w_A = \frac{p_1 - p_2}{4 \eta l} r^2; \qquad \overline{w} = \frac{w_A}{2}.$$

Die Geschwindigkeitsverteilung bei turbulenter Strömung ist von der Größe der Reynoldsschen Zahl abhängig. Je höher diese, um so kleiner ist das Verhältnis w_A/w_R (w_R Geschwindigkeit an der Rohrwand). Nach Hopf ist die beste Näherungsgleichung zur Berechnung der Geschwindigkeitsverteilung

$$w_y = \frac{w_A}{n^{1/7}} \left[1 - \left(\frac{r-y}{r}\right)^n\right]^{1/7}.$$

n = 1,7, gibt die Verteilung für einen größeren Bereich von Re wieder. Die mittlere Geschwindigkeit wäre danach $\overline{w} = 0{,}885\, w_A$. Das Verhältnis $\overline{w}/w_A$ ist jedoch auch von Re abhängig, es steigt von 0,5 bei laminarer Strömung beim Übergang zu turbulenter Strömung auf etwa 0,75 und wächst dann langsam weiter an.

Der Druckabfall in glatten Rohren wird nach der Gleichung

$$\frac{\Delta p}{l} = W \frac{\varrho}{d} \frac{\overline{w}^2}{2}$$

berechnet, W ist die Widerstandsziffer. Bei laminarer Strömung ist $W = \frac{64}{Re}$. Für turbulente Strömung ist nach Blasius bei glatten Rohren $W = \frac{0{,}3164}{(Re)^{0{,}25}}$. Bei rauhen Rohren ist die Widerstandsziffer größer. Nach Hopf und Fromm unterscheidet man 2 Arten Wandbeschaffenheit, Wandrauhigkeit (rauh 1. Art) und Wandwelligkeit (rauh 2. Art). Bei Wandwelligkeit ist die Widerstandsziffer ebenso wie bei glatten Rohren eine Funktion von Re, jedoch um einen für jedes Rohrmaterial verschiedenen Faktor größer. Diese Art der Rauhigkeit findet sich z. B.

bei Holzrohren und asphaltierten Eisenrohren. Der Faktor ist für erstere 1,5...2, für letztere 1,2...1,5. Bei Vorhandensein von Wandrauhigkeit ist W nicht durch ein reines Potenzgesetz darstellbar, sondern erreicht bei steigenden Reynoldsschen Zahlen sehr bald einen Grenzwert und ist dann von Re unabhängig. Der Grenzwert selbst ist bestimmt durch die relative Rauhigkeit, d. h. das Verhältnis der Rauhigkeitszahl Z zum Durchmesser. Es ist

$$W = 10^{-2}\left(\frac{Z}{d}\right)^{0,314}$$

Z hat z. B. für neues, ziemlich glattes Metallrohr den Wert ~1,5, für gußeisernes Rohr ~2,5, für angerostetes Eisenrohr ~5.

Der Verlauf der Widerstandsziffer für die 3 Arten der Wandbeschaffenheit und für laminare Strömung ist in 6192 angegeben.

Für nicht kreisförmige Rohrleitungen sind zur Ermittlung von W reduzierte Radien einzusetzen („hydraulische" Radien).

6192 Widerstandziffer W für verschiedene rauhe Rohre in Abhängigkeit von der Reynoldsschen Zahl.

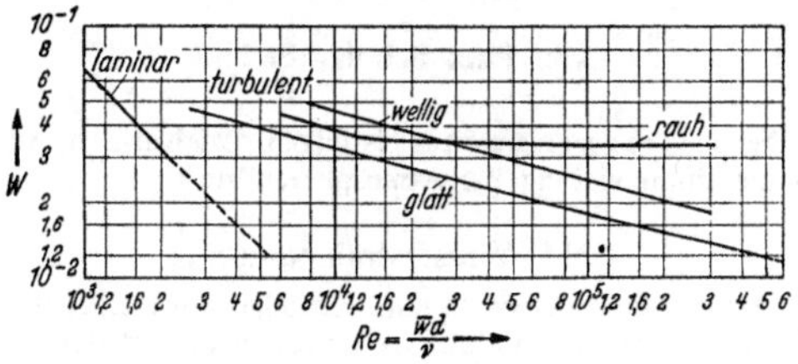

Strömung von Gasen in hochverdünntem Zustand.

Strömt ein verdünntes Gas durch eine Leitung, so gilt das Poiseuillesche Gesetz nur oberhalb eines bestimmten Druckes, dessen Größe von den Abmessungen der Leitungen abhängt. Die Gesetze der „Molekularen Strömung" gelten in dem Gebiete, in dem die freie Weglänge (L) der Gase größer als der Durchmesser (d) der Leitung ist (etwa von $d/L < 0,4$ an). Wird mit ϱ_1 die Gasdichte bei 1 dyn cm^{-2} und der gegebenen Temperatur bezeichnet, mit p_1 und p_2 der am Anfang bzw. am Ende der Leitung herrschende Druck, mit l die Länge und mit r der Durchmesser des Rohres, so ist die Strömungsgeschwindigkeit

$$\overline{w} = \frac{1}{\sqrt{\varrho_1}} \cdot \frac{4}{3}\,\frac{r}{l}\sqrt{\frac{8}{\pi}} \cdot \frac{p_1 - p_2}{p_1 + p_2}$$

und die geförderte Gasmenge (nach Knudsen)

$$\frac{p_1 + p_2}{2} \cdot V = (p_1 - p_2)\,\frac{4}{3}\,\frac{\sqrt{2\pi}}{\sqrt{\varrho_1}}\,\frac{r^3}{l} = B$$

(p_1 und p_2 in dyn cm^{-2}, V Volumen in cm^3).

Für das Zwischengebiet setzt Knudsen an

$$\frac{p_1 + p_2}{2} \cdot V = a\,\frac{(p_1 + p_2)}{2}\,(p_1 - p_2) + B\,\frac{1 + \frac{\sqrt{\varrho_1}}{\eta} \cdot r\,(p_1 + p_2)}{1 + \frac{\sqrt{\varrho_1}}{\eta}\,1,24\,r\,(p_1 + p_2)}$$

$$a = \frac{\pi r^4}{8\,\eta\,l}$$

Zur Berechnung der Durchflußmenge in Vakuumleitungen kann man einen Strömungswiderstand W nach Knudsen definieren durch

$$\left(\frac{p_1 + p_2}{2}\right) \cdot V = \frac{p_1 - p_2}{W\sqrt{\varrho_1}};$$

damit ergibt sich für die Molekularströmung:

$$W = \frac{3}{4\sqrt{2\pi}} \cdot \frac{1}{r^3}.$$

Für kreisförmige Öffnungen mit dem Radius r ergibt sich ein Strömungswiderstand

$$W' = \frac{\sqrt{2\pi}}{\pi r^2} = \sqrt{\frac{2}{\pi}}\,\frac{1}{r^2}.$$

62 Druck und Vakuumtechnik.

621 Pumpen.

Von **Paul Schulz**, Berlin.

Die in der Übersicht angegebene Saugleistungen beziehen sich, wenn nicht anders angegeben, auf die Pumpleistung bei Atmosphärendruck.

6211 Wasserstrahlpumpen.

Erreichbares Endvakuum: etwa 12 mm. Saugleistung: 0,5...2 m³/h.

Ausführungsform in Glas oder Metall. Sauggeschwindigkeit steigt mit dem Wasserdruck an. Das erreichbare Endvakuum ist durch den Sättigungsdruck des Wassers bei der Leitungswassertemperatur begrenzt.

6212 Rotierende Ölluftpumpen.

Sehr viel verschiedene Typen je nach Anforderungen an Sauggeschwindigkeit und Endvakuum. Vorvakuum wird nicht benötigt. Einige Beispiele:

	Erreichbares Endvakuum mm	Saugleistung m³/h
Chemiker-Pumpe (E. Leybolds Nachf., Köln-Bayenthal)	10^{-1}	1,8
Zylinder-Ölluftpumpen (A. Pfeiffer, Wetzlar)	10^{-1}	6...100
Wälzpumpe (E. Leybolds Nachf., Köln-Bayenthal)	10^{-2}	10...150
Kammer-Ölluftpumpe (A. Pfeiffer, Wetzlar)	10^{-2}	4...300
Hochvakuumpumpe (Siemens-Schuckert-Werke, Berlin)	$5 \cdot 10^{-3}$	10
Simplex-Pumpe (E. Leybolds Nachf., Köln-B.)	$2 \cdot 10^{-3}$	2...5
Duplex-Kapsel-Ölluftpumpe (A. Pfeiffer, Wetzlar): 2 Kapsel-Ölluftpumpen in einem Gehäuse entweder nebeneinander oder hintereinander angeordnet	10^{-3}	10
Duplex-Pumpe (E. Leybolds Nachf., Köln-B.)	10^{-5}	2...5
Röntgen-Ölluftpumpe (A. Pfeiffer, Wetzlar)	10^{-3} (einstufig) 10^{-5} (zweistuf.)	2,5...5
Doppelt wirkende Flügelradpumpe (M. Kohl, Chemnitz)	10^{-5}	2...4

6213 Diffusionspumpen.

Diese Pumpen benötigen stets ein Vorvakuum, zu dessen Herstellung zweckmäßig rotierende Ölluftpumpen benutzt werden.

Quecksilber- und Öl-Diffusionspumpen.

Zur Erreichung eines Endvakuums besser als etwa 10^{-8} Ausfriergefäße mit flüssiger Luft oder Kohlensäureschnee nötig. Ausführung der Pumpen in Glas, Quarz (E. Leybolds Nachf., Köln-Bayenthal; Hanff und Buest, Berlin) oder Metall (E. Leybolds Nachf., Köln-Bayenthal).

	Erreichbares Endvakuum mm	Saugleistung m³/h	Benötigtes Vorvakuum mm
Einstufige Quecksilberdiffusionspumpe	10^{-6}	1...10 (bei 10^{-3} mm Druck)	0,1
Zweistufige Quecksilberdiffusionspumpe	10^{-6}	1...15 (bei 10^{-3} mm Druck)	15
Dreistufige (und mehrstufige) Quecksilberdiffusionspumpe	10^{-6}	1...65 (bei 10^{-3} mm Druck)	20...40
Öldiffusionspumpen (ein- und mehrstufige) (E. Leybolds Nachf., Köln-Bayenthal) Durch Verwendung eines Spezialöles mit niedrigem Sättigungsdruck bei Zimmertemperatur ist das Endvakuum ohne Ausfrieren zu erreichen. Weiterer Vorteil: stoßfreies Sieden.	...$5 \cdot 10^{-8}$	15...450 (bei 10^{-6} mm Druck	0,05... 0,11

6214 Siedepunkt organischer Pumpöle und erreichbares Vakuum.

	Siedepunkt bei 10^{-2} Torr °C	Erreichbares Vakuum[1] Torr
Phthalsäure-Butylester	85	10^{-4}
Phthalsäure-n-Amylester (Amoil)	100	$2{,}5 \cdot 10^{-5}$
Sebacinsäure-n-Amylester (Amoil S) . . .	110	$3{,}1 \cdot 10^{-6}$
Phthalsäure-Diäthylhexylester (Octoil) . .	122,5	$2{,}5 \cdot 10^{-7}$
Sebacinsäure-Diäthylhexylester (Octoil S) .	143,5	$5 \cdot 10^{-8}$

6215 Ausfriertasche.

Gefäß mit aktiver Kohle in flüssiger Luft oder Kohlensäureschnee zur Beseitigung von Gasresten. Sehr hohes Endvakuum (besser als 10^{-6} mm) erreichbar. Vorsicht beim Arbeiten mit flüssiger Luft, da Explosion auftreten kann, wenn aktive Kohle mit flüssiger Luft in Berührung kommt. Deshalb besser flüssiger Stickstoff oder an Stelle von aktiver Kohle Kieselsäuregel anwenden.

[1] Die Endvakuumswerte in Metalldiffusionspumpen sind nach R. Jaeckel [Z. techn. Phys. **23**, 177 (1942)] für Apiezonöl B $1{,}2 \cdot 10^{-5}$, für Diamylphthalat $8 \cdot 10^{-6}$, für Trikresylphosphat $2 \cdot 10^{-4}$, für Octoil $4 \cdot 10^{-5}$, für Maschinenöl etwa 10^{-4}.

622 Druckmessung.

Von **Paul Schulz,** Berlin.

Manometerart	Meßbereich mm	Eichung	Abhängig von der Gasart	Für Registrierung geeignet	
Deformationsmanometer	$>10^{-1}$	empirisch	nein	ja	Unter einseitiger Druckwirkung Verformung eines spiraligen Rohres (Bourdonsche Spirale, Röhrenfeder) oder Durchbiegung einer Membrane. Übertragung der Verformung auf Zeiger oder auf Lichtzeiger und Spiegel. Mit Zeigerablesung hauptsächlich angewandt für Drucke >1 at. Verwendbar bis zu sehr hohen Drucken (einige 1000 at). Ausführung in Metall. Für Gase und Dämpfe, die Metall angreifen, Glas- oder Quarzfadenmanometer.
Flüssigkeitsmanometer	>1	a) absolut	nein	nein	Druckbestimmung aus Höhe der Flüssigkeitssäule. Manometerflüssigkeit meistens Quecksilber, ferner Wasser, Olivenöl, Xylol. Empfindlichkeit umgekehrt proportional der Dichte. Nachteil anderer Flüssigkeiten gegenüber Quecksilber: größerer Dampfdruck, Benetzbarkeit. Erhöhung der Empfindlichkeit durch Schrägstellen der Schenkel.
		b) empirisch	nein	ja	Durch Schwimmer Übertragung auf Zeiger und Registrieren möglich (Schwimmermanometer). Im Ringwaagenmanometer Übertragung der Flüssigkeitsbewegung in Drehbewegung.
Kompressionsmanometer (MacLeod-Manometer)	$1 \ldots 10^{-5}$	absolut	nein vgl. aber Spalte 6	nein	Durch Kompression einer bestimmten Gasmenge auf kleines Volum Erhöhung des Druckes, so daß direkt ablesbar. Nicht geeignet für Gase und Dämpfe, die bei der Kompression kondensieren.
Glimmentladungsmanometer	$30 \ldots 10^{-3}$	empirisch	ja	nein	Aus dem Aussehen einer Gasentladung zwischen 2 Elektroden läßt sich qualitativ auf Druck schließen. Bei 10^{-3} mm Erlöschen der Entladung.
Philip-Vakuummeter	$10^{-3} \ldots 10^{-5}$	empirisch	ja	nein	Durch Magnetfeld wird erreicht, daß Glimmentladung noch bei Drucken $<10^{-3}$ mm zustande kommt (vgl. Glimmentladungsmanometer). Druckablesung aus dem Grade der Bedeckung der Kathode mit Glimmlicht.
Wärmeableitungsmanometer	$10^{-1} \ldots 10^{-4}$	empirisch	ja	ja	Druckmessung aus der Wärmeableitung eines erhitzten Körpers. Erwärmung des Körpers durch elektrischen Strom bestimmter Stärke. Temperatur von der Wärmeableitung und damit vom Druck abhängig. Temperaturänderung aus Widerstandsänderung bestimmt.
Molekulardruckmanometer	$10 \ldots 10^{-7}$	empirisch	ja	nein	Druckmessung aus der Rückstoßwirkung von Gasmolekülen, die auf erhitzte Fläche auftreffen (thermischer Molekulardruck).
Ionisationsmanometer	$10^{-3} \ldots 10^{-10}$	empirisch	ja	ja	In einer an den Gasraum angeschlossenen Dreielektrodenröhre ist der Strom zum negativ geladenen Gitter (bzw. zur Anode, wenn diese negatives Potential hat) proportional dem Gasdruck.

623 Dampfdruck von Vakuumdichtungsmitteln und Pumpölen.

Von **Paul Schulz**, Berlin.

Material		Dampfdruck in Torr. 20° C	Dampfdruck in Torr. 90° C	Lieferfirma
Hahn- und Schliff-Fette	Ramsay-Fett	$10^{-4} \ldots 10^{-5}$		Leyboldt
	Apiezonfett N	unmeßbar		
	Apiezonfett Mf, frisch	10^{-5}		
	Apiezonfett M, entgast	unmeßbar	$6 \cdot 10^{-8}$	
	Apiezonfett L, frisch	$5 \cdot 10^{-6}$		
	Apiezonfett L, entgast	unmeßbar	10^{-7}	
Kittdichtungen	Apiezon, weiches Wachs	10^{-4}		
	Apiezon, Wachs Q	10^{-4}		
	Picein 80	$3 \ldots 4 \cdot 10^{-4}$		N. Y.-Hamb. Gummi-Waar. Comp.
	Weißer Siegellack	10^{-5} ?		J. G. R. Lilliendahl, Neudietendorf
Öle für rotierende Pumpen	gebrauchtes	$5 \cdot 10^{-1}$		Leyboldt
	gutes	$5 \cdot 10^{-2}$		
Öle für Öldiffusionspumpen	Apiezonöl A	10^{-5}		
	Apiezonöl B	10^{-7}		

624 Trockenmittel.

Wasserrückstand in mg je Liter Gas nach Trocknung bei 25° C.

Trockenmittel	H_2O/l Gas	Trockenmittel	H_2O/l Gas
P_2O_5	$2 \cdot 10^{-5}$	H_2SO_4	$3 \cdot 10^{-3}$
$Mg(ClO_4)_2$	$5 \cdot 10^{-4}$	CaO	$2 \cdot 10^{-1}$
KOH (geschmolzen) .	$2 \cdot 10^{-3}$	$CaCl_2$	$1{,}4 \ldots 2{,}5 \cdot 10^{-1}$
Al_2O_3	$3 \cdot 10^{-3}$		

625 Metall-Glaseinschmelzungen.

In der Tabelle über Gläser ist neben den mittleren Ausdehnungskoeffizienten der sog. Transformationspunkt, der das Entspannungsbereich des Glases nach niedrigen Temperaturen zu abgrenzt, und die beiden festgelegten Entspannungstemperaturen, die untere, bei der das Glas nach einer Erhitzungsdauer von 15 h, und die obere, bei der es nach 15 min entspannt ist, angeben. Bei der Temperatur, die für die Verarbeitung an der Gebläseflamme geeignet ist, beträgt die Zähigkeit etwa $10^{8,6}$ Poise. Beim Transformationspunkt ist die Zähigkeit etwa 10^{13} Poise. Die Verarbeitungstemperatur liegt bei weichen (langen) Gläsern etwa 200°, bei harten (kurzen) Gläsern etwa 100° über dem Transformationspunkt. Von den Metallen ist der Ausdehnungskoeffizient und die zur Einschmelzung benutzte Form angegeben. Weiteres siehe W. Espe u. M. Knoll: Werkstoffkunde der Hochvakuumtechnik. Berlin 1936. — W. Espe u. J. Böhme: Glas als Werkstoff der Vakuumtechnik. Feinmech. u. Präz. **45**, 76, 101 (1937). Für vakuumdichte Keramik-Metallverbindungen siehe H. Vatter: Feinmech. u. Präz. **50**, 165 (1942) und Th. Haase: Die Verfahren zum Verschmelzen von Keramik mit Glas und Metall. Keram. Rdsch. **50**, 182 (1942).

6251 Einschmelzgläser.

Glas	Hersteller	Mittl. linearer Ausdehnungskoeffizient $\beta \cdot 10^7$ im Bereich 25…~100° C	Mittl. linearer Ausdehnungskoeffizient $\beta \cdot 10^7$ im Bereich 25…~325° C	Transformationspunkt	Entspannungspunkt für 15 h	Entspannungspunkt für 15 min
Harte Gläser.						
Quarz		—	~5,9	~1050		
Pyrex (774)	C	—	33	~500	517	561
Nonex G 702 P	C	—	33	~480	486	521
Duran	S	37	~37	534		
Supremax	S	33	~37	720		
Wolframglas V 362a	O	39	~43	520		
Wolframglas 1646 III . . .	S	41	45	580		
Clear-sealing-Glas	C	—	43	450	461	496
Geräte-Glas G 20	S	48	—	570		
Molybdänglas V 637h . . .	O	47	51	550		
Molybdänglas 1639 III . . .	S	49	—	503		
Molybdänglas 1447 III . . .	S	50	54	515		
Z 54	O	49	54	530		
Resisto	O	49	~55	504		
V 195c (Wickelglas) . . .	O	51	~57	533		
V 612i (natriumfest) . . .	O	55	—	515		
Z 70	O	~65	70	~530		

6251 (Fortsetzung).

Glas	Hersteller	Mittl. linearer Ausdehnungskoeffizient $\beta \cdot 10^7$ im Bereich		Transformationspunkt	Entspannungspunkt für	
		25...~100° C	25...~325° C		15 h	15 min
Weiche Gläser.						
Jenaer Normalglas 16 III	S	80	87	530		
GGF-Glas	F	82	~89	430		
Platin-Glas	G	87...90	~94	—		
Jenaer Platin-Glas 2962 III	S	90	~94	504		
T 3872 (natriumfest)	S	87	—	—		
M-Glas (31% PbO)	O	86	—	418		
V 301 b (Platin-Glas)	O	89	95	445		
N-Glas	M	87	95	420		
Platin-Glas	F	93	95	530		
Platin-Uviolglas T 3805	S	91	—	—		
Opal-Glas	O	92	~97	496		
Magnesia-Glas	O	92	99	495		
	M	92	99	~500		
T-Glas	O	101	~105	493		

C = Corning G. W., Corning V. St. A. F = Glaswerk Gustav Fischer, Ilmenau (Thür.). G = Emil Gundelach, Gehlberg (Thür.). M = Moosbrunner Glasfabrik A. G., Wien. O = Osram M.G.-Werk, Berlin-Siemensstadt. S = Jenaer Glaswerk, Schott u. Gen., Jena. Transformationspunkt bei den Jenaer Gläsern statisch gemessen.

6252 Metallzuleitungen.

Metall	Linearer Ausdehnungskoeffizient		Ein- oder angeschmolzen als
	$\beta \cdot 10^7$	Temperaturbereich in °C	
Platin	90,7	25...100	Draht oder zugeschärfter Ring
Nickeleisen (47,5% Ni, 50% Fe, 1% Cr, 1% Mn)	80		Draht.
Cu-Manteldraht (Kern 42% Ni, 58% Fe; Kupfermantel 20...30% des Gewichtes)	radial 80...100 axial 61...65		Draht.
Chromeisen (25...30% Cr)	95...100	20...100	Draht und Ring (zugeschärft).
Wonico (80% W, ~13% Ni, ~5% Co)	~55		Draht.
Wolfram	47	20...325	Draht.
Molybdän	55	20...325	Draht, Netz.
Kovar, Fenico (28...29% Ni, 17...18% Co, ~0,2% Mn, 0,1% > C, Rest Fe)	40	25...325	Draht und zugeschärfter Ring.
	51	25...470	
Kupfer	165	0...100	Stark zugeschärfter Ring.
Chromnickel (21% Cr, 76,5% Ni, 2,3% Fe)	145		Stark zugeschärfter Ring.

63 Wärmetechnik.

631 Temperaturmessung.

6311 Temperaturskala.

In Deutschland gilt seit dem 7. August 1924 ein Gesetz über die Temperaturskala, dessen erster Paragraph folgenden Wortlaut hat:

„Die gesetzliche Temperaturskala ist die thermodynamische Skala mit der Maßgabe, daß die normale Schmelztemperatur des Eises mit 0° und die normale Siedetemperatur des Wassers mit 100° bezeichnet wird[1]. — Die Physikalisch-Technische Reichsanstalt hat diese Temperaturskala festzulegen und bekanntzumachen.“

Diese Bekanntmachung ist im Anschluß an die frühere Skala der Reichsanstalt und unter Berücksichtigung der neuesten Messungen 1924 erfolgt. Ergänzt ist sie nach den internationalen Vereinbarungen 1928.

[1] Zählung nach Celsius.

Die Temperaturskala beruht auf Festsetzung einer Anzahl Gleichgewichtstemperaturwerten und auf Angaben von Interpolationsinstrumenten (z. B. Pt-Widerstandsthermometer), die nach bestimmten Vorschriften bei den Festpunkten geeicht werden.

Die gesetzlich festgelegten Gleichgewichtstemperaturen sind

– 182,97° zwischen flüssigem und dampfförmigem Sauerstoff (Sauerstoffpunkt);
$\vartheta_p = \vartheta_{760} + 0{,}0126\,(p-760) - 0{,}0000065\,(p-760)^2$.

0,000° zwischen Eis und luftgesättigtem Wasser (Eispunkt).

100,000° zwischen Wasser und seinem Dampf (Dampfpunkt);
$\vartheta_p = \vartheta_{760} + 0{,}0367\,(p-760) - 0{,}000023\,(p-760)^2$.

444,60° zwischen flüssigem Schwefel und seinem Dampf (Schwefelpunkt);
$\vartheta_p = \vartheta_{760} + 0{,}0909\,(p-760) - 0{,}000048\,(p-760)^2$.

960,5° zwischen festem und flüssigem Silber.

1063° zwischen festem und flüssigem Gold.

Eine Reihe weiterer Gleichgewichtstemperaturen, deren Werte jedoch nicht gesetzlich festgelegt sind, ist in 63111 angegeben.

Außer von dem gesetzlich festgelegten Nullpunkt aus, zählt man häufig vom absoluten Nullpunkt (–273,16° C) aus. Man bezeichnet die Angaben in dieser Zählung mit °K (Kelvin). In den englisch sprechenden Ländern werden noch Angaben in °F (Fahrenheit) und °Rank (Rankine) gemacht. Auch für diese sind die Festpunkte die Gleichgewichtstemperaturen zwischen Eis–Wasser und Wasser–Dampf. Das Intervall wird jedoch in 180 Teile geteilt. Der Eispunkt wird mit 32° F bezeichnet, der normale Siedepunkt des Wassers liegt folglich bei 212° F. Zur Umrechnung gilt die Formel:

$$x^\circ C = (32 + \tfrac{9}{5} \cdot x)^\circ F.$$

(Umrechnungsskala s. 1223, Umrechnungsschema s. 12107.)

Mit °Rankine wird die Zählung in °F vom absoluten Nullpunkt, der bei –459,69° F liegt, bezeichnet.

63111 Thermometrische Festpunkte in °C.

E Erstarrungspunkt, Sm Schmelzpunkt, Sd Siedepunkt bei 1 Atm, Sb Sublimationspunkt bei 1 Atm, U Umwandlungspunkt, Tr Tripelpunkt.

Stoff	Gleichgewicht	Temperatur in °C	Stoff	Gleichgewicht	Temperatur in °C
Helium He	Sd	–268,94	Wasser H_2O	Sd	100,000[1]
Wasserstoff H_2	Tr	–259,20	Naphthalin $C_{10}H_8$	Sd	217,90 ± 0,05
Wasserstoff H_2	Sd	–252,78	Zinn Sn	E	231,9 ± 0,1
Neon Ne	Tr	–248,60	Benzophenon $C_{13}H_{10}O$	Sd	305,9 ± 0,1
Neon Ne	Sd	–246,09	Cadmium Cd	E	320,9 ± 0,1
Sauerstoff O_2; $\beta \to \alpha$	U	–229,40	Zink Zn	E	419,4 ± 0,1
Sauerstoff O_2	Tr	–218,83	Schwefel S	Sd	444,60[1]
Stickstoff N_2	Tr	–210,02	Antimon Sb	E	630,5 ± 0,1
Stickstoff N_2	Sd	–195,81	Silber Ag	E	960,5[1]
Kohlenoxyd CO	Sd	–191,48	Gold Au	E	1063[1]
Sauerstoff O_2	Sd	–182,97[1]	Nickel Ni	Sm	1454,8
Kohlendioxyd CO_2	Sb	–78,52	Cobalt Co	Sm	1489,7
Chloroform CCl_4	E	–63,5	Palladium Pd	E	1555 + 2
Chlorbenzol C_6H_5Cl	E	–45,5	Platin Pt	E	1773 ± 1
Quecksilber Hg	E	–38,87	Iridium Ir	E	2454 ± 3
Wasser H_2O	E	± 0,000[1]	Molybdän Mo	Sm	2600 ± 20
Wasser H_2O	Tr	+ 0,0098	Wolfram W	Sm	3380 ± 20
Natriumsulfat $Na_2SO_4 + 10H_2O$	U	+ 32,38			

6312 Temperaturmeßinstrumente.

Für die praktische Thermometrie werden solche Eigenschaften der Körper verwendet, die sich in meßbarer und reproduzierbarer Weise mit der Temperatur verändern. Eine Zusammenstellung der gebräuchlichsten Temperaturmeßverfahren gibt 63121.

[1] Durch internationale Vereinbarung und Ausführungsbestimmungen zum deutschen Reichsgesetz festgelegt.

63121 Temperaturmeßverfahren.

Temperaturmeßmethode	Art des Thermometers oder der zur Messung verwendeten Stoffe	Temperaturbereich in °C	Weiteres Zubehör nötig	Einfache automatische Aufzeichnung und Fernübertragung möglich	Bemerkungen
A Thermometrische Meßmethode mit Wärmekontakt.					
I. Bestimmung einzelner Temperaturpunkte:					
a) Mit Hilfe von Schmelz-, Erstarrungs-, Umwandlungs- und Tripelpunkten. Eichung von Thermometern.	Siehe 63111	—268...1200°	—	—	Benutzt zur Eichung von Temperaturmeßgeräten: Aufnahme der Erhitzungs- bzw. Abkühlungskurve in dem Bereich, in dem der Fixpunkt liegt, mit dem zu eichenden Instrument.
b) Beobachten des Schmelzens von Probekörpern, die mit dem Gegenstand in Wärmekontakt stehen. Anbringung der Proben in Form 1. dünner Drähte (beobachten des Abschmelzens), 2. von Körnern (Zerfließen), 3. von Kegeln (Umsacken) oder von Pulvern, die in Vertiefungen eingebracht werden, und auf denen ein Stift steht, der beim Schmelzen einsinkt.	1. Reine Metalle und Legierung.	100...2000°	nein	nein	
	2. Reine Salze oder Salzgemische. Beim Schmelzen eventuell unter Zumengung von Farbstoffen, die sich in der Schmelze lösen und diese färben.	50...1500°			
	Schmelzkörper „Merck"	40...125° (10° Abstufung) 135...180° (5° Abstufung)			
	3. Segerkegel siehe 63122	600...2000°	nein	nein	Der Erweichungspunkt ist vom zeitlichen Verlauf des Temperaturanstieges abhängig.
c) Beobachten von Farbumschlagspunkten von Salzen oder Farben, deren Farbumschlag beim Erkalten zurückgeht.	Z. B. Kupferjodür, Quecksilberjodid	65° 120...400°	nein	nein	Dienen vor allem als Warnfarben, (Anzeigen zu hoher Temperatur). Weiter Feststellung der Temperaturverteilung an Maschinen. Farbänderungstemperatur in vielen Fällen von der Erhitzungsdauer abhängig [Penzig: Z. VDI **83**, 69—73 (1939)].
d) Feststellen des Farbumschlages von Metallsalzen, deren Farbumschlag nicht beim Erkalten zurückgeht. Die Salze sind zu aufstreichbaren Farben oder Stiften verarbeitet. Die Temperaturmessung erfolgt durch Farbvergleich mit einer Farbumschlagstafel.	Thermocolorfarben und Thermochrom-Temperaturmeßstifte	120, 150, 200, 300, 350, 450, 510 und 600°			

II. Fortlaufende Temperaturmessungen. 1. Gas- und Dampfdruckmessung: a) Laboratoriumsthermometer für tiefe Temperaturen.	Gas- und Dampfspannungsthermometer aus Glas mit Füllung von He, H_2, Ne, N_2, O_2, CH_4, C_2H_4, HCl, CO_2, CO_2, NH_3, SO_2 oder CS_2; siehe 63123	Überdecken Bereich −272...+20°	Anzeigegeräte; Druckmesser		Genaue Angaben der Dampfspannung in 63123.
b) Laboratoriumsthermometer für höhere Temperaturen.	Gasthermometer m. konstantem Volumen oder mit konstantem Druck. Füllung mit N_2 oder He, Gefäße aus Glas, „ aus glasiertem Porzellan, „ aus Iridium, „ aus Platin, „ aus Quarzglas (nur N_2)	 ...500° ...1100° ...1100° ...1600° ...2000°			Bei dem Thermometer mit konstantem Volumen bleibt die Empfindlichkeit im Meßbereich gleich groß. Bei dem Thermometer mit konstantem Druck nimmt sie proportional mit T^2 ab.
c) Technische Thermometer, bei denen mittels einer Capillare ein Druckmesser angeschlossen ist. Zur Messung wird die Formänderung einer Bourdonfeder benutzt (Federthermometer).	Stahlrohrthermometer, Füllung mit Quecksilber mit Alkohol	 −0...etwa 530° −100...etwa 200°	nein	nein	Teilung regelmäßig.
	Füllungen mit Äthyläther, Schwefeldioxyd, Alkohol, Benzol, Anilin, Hexan, Toluol, Xylol	−10...400°			Teilung ungleichmäßig. — Möglichkeit die Capillare zu verlängern und so die Ablesungsstelle zu verlegen.
2. Ausdehnungsmessung: a) Ausdehnungsdifferenz von zwei festen Körpern: α) Änderung der Krümmung von Federn aus aufeinandergeschweißten Bändern aus verschiedenen Metallen.	Bimetallthermometer. Bänder aus Messing, Monel, Eisen, Invar, Nickel-Eisenlegierungen	...etwa 320°	nein	nein	Große thermische Trägheit: zu α) Benutzung an Meßgeräten zur Temperaturberichtigung; zu α) und β) Benutzung zu Temperaturreglern.
β) Längenänderung: Rohr aus einem Metall oder Kohle mit innenliegenden, an dem einen Ende festverbundenen Stab aus anderem Metall.	Stabförmiger Metallthermometer oder Metallstab im Kohlerohr	...600°	nein	—	
b) Ausdehnung einer Flüssigkeit, die sich in einem Gefäß mit angesetzter Capillare befindet. Bestimmung des Standes der Flüssigkeitssäule in der Capillare.	Quecksilberthermometer aus Glas: α) die Capillare ist luftleer, β) Capillare mit N_2, A oder CO_2 gefüllt Quecksilberthermometer aus Quarzglas mit Gasfüllung Alkoholthermometer Pentanthermometer Toluolthermometer Galliumthermometer aus Quarzglas	 −30...300° ...600° ...800° −100...50° −190...20° −70...100° 20...800°	nein nein	nein nein	Über Korrektion des herausragenden Fadens; vgl. 63124. Für die Messung kleiner Temperaturdifferenzen benutzt man das Beckmann-Thermometer, das bei 25 cm Ablesellänge nur einen Meßbereich von 6° hat (Teilung in $^1/_{100}$°). Vermittels eines Vorratsgefäßes ist die Menge des Quecksilbers in dem Thermometer einstellbar, so daß es möglich ist, jeweils bei der gewünschten Temperatur 6° sehr genau zu messen.

63121 (Fortsetzung).

Temperaturmeßmethode	Art des Thermometers oder der zur Messung verwendeten Stoffe	Temperaturbereich in °C	Weiteres Zubehör nötig	Einfache automatische Aufzeichnung und Fernübertragung möglich	Bemerkungen
3. Messung der Änderung des elektrischen Widerstandes: a) von Metallen, α) in Draht- oder Bandform, β) dünner Folien, b) von Heißleitern (z. B. Kupferoxyd)	Widerstandsthermometer mit Platin	−200…500°	Stromquelle und elektrische Anzeigeinstrumente	ja	Man verwendet, um die thermische Trägheit zu vermindern, für schnell verlaufende Vorgänge dünne Folien mit Dicken von 0,01…0,05 mm oder dünne Pt.-Drähte von Ø 0,1 mm. Der Temperaturabhängigkeitskoeffizient des Widerstandes α zwischen 0 und 100° C $\alpha = \frac{R_{100} - R_0}{100 \cdot R_0}$ ist für Pt 0,0039, Ni 0,0067, Fe 0,0066, Au 0,0040. Angaben über Heißleiter in 653.
	Nickel	−70…150°			
	Eisen	−0…100°			
	Gold-Silberlegierung	−30…150°			
	Gold	−252°			
	Blei	−270°			
	Cu	−100…200°			
4. Messung der Thermokraft. Wird in einem aus 2 Leitern gebildeten Kreis die eine Lötstelle erwärmt oder abgekühlt, während die Temperatur der anderen unverändert bleibt, so entsteht eine elektromotorische Kraft, deren Größe von der Differenz der Temperaturen der Lötstellen und dem Metallpaar abhängt.	Thermoelement aus Edelmetallen Pt/(90% Pt + 10% Rh),	300…1600°	Millivoltmeter als Anzeigeinstrument. In Kompensationsschaltung evt. weitere Instrumente u. Widerstände	ja	Angaben über Thermokräfte in 3923; über Schutzrohre 63125.
	Pallaplat 32/40 (Heraeus),	1200°			
	Platinrhenium H_2 (Siebert)	1200°			
	Ag/Au	−255…190°			
	Thermoelement aus unedlen Metallen Konstantan/Cu	−250…600°			
	Konstantan/Fe	200…900°			
	Konstantan/Ag	200…650°			
	Nickel/Eisen	… 900°			
	Konstantan/Ni, Cr, Fe	… 900°			
	Nickel/Kohle	…1200°			
	W/Mo	…2500°			
	C/SiC	…1900°			

B. Temperaturmessung ohne Wärmekontakt: Messung der Intensität der Strahlung.					
I. Messung der Intensität der ungefilterten Strahlung.					
a) Die Strahlung wird auf die blättchenförmig ausgebildete Lötstelle hochempfindlicher Thermoelemente konzentriert.	a) Gesamtstrahlungspyrometer, wie Ardometer Pyro, Pyrovot usw. Pyradio	von 700° an von 100° an bis zur beliebig hohen Temperatur	Millivoltmeter	ja	
b) Es wird ein Bild des Körpers auf ultrarotempfindlichen Platten aufgenommen (Temperaturbildmessung), man erhält die Temperaturverteilung auf dem Körper.	Photographische Platte	bis herab zu 350°		nein	Erfaßbarer Temperaturbereich 60...120°.
II. Messung der Intensität der Strahlung in einem engen, meist durch Rotfilter (Schwerpunkt bei 650 mμ) ausgesonderter Bereich. a) Durch subjektiven Helligkeitsvergleich.	1. Teilstrahlungspyrometer (optische Pyrometer), Holborn-Kurlbaum-Pyrometer, auch als Mikropyrometer. Die leuchtende Fläche wird auf den Faden einer Glühlampe abgebildet und entweder durch Stromänderung der Lampe oder durch Schwächung der zu messenden Strahlung die Helligkeiten abgeglichen.	von 700° an aufwärts	Strommeßgerät u. Stromquelle	nein	Angabe hängt von dem Emissionsvermögen ab. Man mißt die sog. schwarze Temperatur, die auf die wahre umgerechnet wird. Dazu dient 63126.
	2. Wanner-Pyrometer. Der Helligkeitsvergleich wird zwischen dem Bild und einer angeleuchteten Fläche vorgenommen.		Strommeßgerät u. Stromquelle		
b) Durch Messung der Teilstrahlung mit Photozelle.			Strommeßgerät	ja	Messung der schwarzen Temperatur.
III. Farbmessung.	Farbpyrometer	von 800...2000°	—	nein	Messung der Farbtemperatur, die meist wenig von wahrer Temperatur verschieden ist.

63122 Erweichungspunkte der Segerkegel in °C.

SK Nr.	Temperatur in °C	SK Nr.	Temperatur in °C	SK Nr.	Temperatur in °C	SK Nr.	Temperatur in °C
022	600	07a	960	9	1280	29	1650
021	650	06a	980	10	1300	30	1670
020	670	05a	1000	11	1320	31	1690
019	690	04a	1020	12	1350	32	1710
018	710	03a	1040	13	1380	33	1730
017	730	02a	1060	14	1410	34	1750
016	750	01a	1080	15	1435	35	1770
015a	790	1a	1100	16	1460	36	1790
014a	815	2a	1120	17	1480	37	1825
013a	835	3a	1140	18	1500	38	1850
012a	855	4a	1160	19	1520	39	1880
011a	880	5a	1180	20	1530	40	1920
010a	900	6a	1200	26	1580	41	1960
09a	920	7	1230	27	1610	42	2000
08a	940	8	1250	28	1630		

63123 Dampfdruck von Gasen, die in Dampfdruckthermometern verwendet werden[1].

K_p = Siedepunkt bei 760 Torr.

Temperatur	Druck in Torr
He	
$K_p = 4{,}219°$ K	
s. Tabelle 331113	
H_2	
$K_p = 20{,}38°$ K	
13,96[2]	54,08
14	55,4
15	95,4
16	154,3
17	236,9
18	348,2
19	493,7
20	678,4
21	907,8
Ne	
$K_p = 27{,}07°$ K	
fest	
22	95,4
23	158,9
24	254,0
24,56[2]	324,7
flüssig	
25	382,9
26	542,5
27	743,7
28	989,5
N_2	
$K_p = 77{,}35°$ K	
63,14[2]	94,58
64	110,4
65	131,5
66	155,7
67	183,4
68	214,8
69	250,4
70° K	290,4
71	335,4
72	385,5
73	441,4
74	503,2
75	571,6
76	646,7
77	729,2
78	819,3
O_2	
$K_p = -182{,}97°$ C	
−207°C	22,61
−206	27,63
−205	33,55
−204	40,50
−203	48,60
−202	58,02
−201	68,91
−200	81,41
−199	95,72
−198	112,04
−197	130,6
−196	151,5
−195	175,0
−194	201,4
−193	231,1
−192	263,9
−191	300,5
−190	340,9
−189	385,6
−188	434,7
−187	488,6
−186	547,4
−185	611,7
−184	681,7
−183	757,6
−182	839,9
CH_4	
$K_p = -161{,}35°$ C	
−184	71,0
−183	81,1
−182	92,3
−181	104,7
−180	118,5
−179	134,0
−178	150,6
−177	169,1
−176	189,4
−175	211,5
−174	235,5
−173	261,3
−172	289,2
−171	319,6
−170	352,3
−169	387,9
−168	426,2
−167	467,2
−166	511,1
−165	558,2
−164	608,3
−163	662,4
−162	721,1
−161	781,5
−160	846,0
C_2H_4	
$K_p = -103{,}70°$ C	
−139	50,3
−138	55,6
−137	61,4
−136	67,6
−135	74,3
−134	81,6
−133	89,5
−132	98,0
−131	107,2
−130	117,0
−129	127,6
−128	138,9
−127	151,0
−126	163,0
−125	177,0
−124	192,2
−123	207,7
−122	224,2
−121	241,7
−120	260,3
−119	280,1
−118	301,1
−117	323,2
−116	346,7
−115	371,6
−114	397,9
−113	425,7
−112	455,0
−111	485,9
−110	518,4
−109	552,4
−108	588,0
−107	625,2
−106	664,1
−105	704,7
−104	747,0
−103	791,5
HCl	
$K_p = -85{,}02°$ C	
−111	133,8
−110	144,6
−109	156,1
−108	168,4
−107	181,6
−106	195,5
−105	210,2

[1] Nach F. Henning: Wärmetechnische Richtwerte. Berlin 1938.
[2] Umwandlungs- oder Schmelzpunkt.

63123 (Fortsetzung).

Temperatur in °C	Druck in Torr
−104	226,0
−103	242,8
−102	260,6
−101	279,3
−100	299,1
−99	320,1
−98	342,3
−97	365,8
−96	390,5
−95	416,5
−94	443,9
−93	472,7
−92	503,1
−91	534,9
−90	568,2
−89	603,3
−88	640,0
−87	678,4
−86	718,7
−85	760,9
−84	805,1

CO_2

$K_p = -78{,}47°$ C

Temperatur in °C	Druck in Torr
−104	68,3
−103	76,2
−102	48,9
−101	94,4
−100	104,8
−99	116,2
−98	128,7
−97	142,4
−96	157,3
−95	173,6
−94	191,2
−93	210,5
−92	231,5
−91	254,3
−90	279,2
−89	306,3
−88	355,5
−87	366,7
−86	400,6
−85	437,4
−84	477,0
−83	519,8
−82	566,2
−81	616,1
−80	669,7
−79	727,3
−78	790,3
−77	859,2

NH_3

$K_p = -33{,}36°$ C

Temperatur in °C	Druck in Torr
−77	48,0
−76	52,0
−75	56,2
−74	60,7
−73	65,6
−72	70,8
−71	76,3
−70	82,2
−69	88,4
−68	95,0
−67	102,0
−66	109,5
−65	117,5
−64	125,9
−63	134,8
−62	144,2
−61	154,2
−60	164,7
−59	175,8
−58	187,5
−57	199,9
−56	213,0
−55	226,8
−54	241,3
−53	256,5
−52	272,5
−51	289,4
−50	307,1
−49	325,7
−48	345,2
−47	365,7
−46	387,2
−45	409,7
−44	433,2
−43	457,7
−42	483,5
−41	510,5
−40	538,7
−39	568,2
−38	589,9
−37	631,0
−36	664,6
−35	699,6
−34	736,6
−33	773,7

SO_2

$K_p = -9{,}99°$ C

Temperatur in °C	Druck in Torr
−47	105,4
−46	112,3
−45	119,6
−44	127,3
−43	135,4
−42	143,9
−41	152,9
−40	162,3
−39	172,2
−38	182,6
−37	193,6
−36	205,1
−35	217,1
−34	229,7
−33	242,8
−32	256,5
−31	270,8
−30	285,8
−29	301,4
−28	317,7
−27	334,7
−26	352,6
−25	371,3
−24	390,9
−23	411,2
−22	432,1
−21	453,9
−20	476,7
−19	500,6
−18	525,3
−17	551,0
−16	577,7
−15	605,3
−14	633,9
−13	663,7
−12	694,6
−11	726,6
−10	759,8
−9	794,1
−8	829,5

CS_2

$K_p = -46{,}25°$ C

Temperatur in °C	Druck in Torr
−9	82,8
−8	87,0
−7	91,4
−6	95,9
−5	100,7
−4	105,6
−3	110,7
−2	116,0
−1	121,6
0	127,3
+1	133,3
+2	139,5
+3	145,9
+4	152,6
+5	159,5
+6	166,7
+7	174,1
+8	181,8
+9	189,8
+10	198,1
+11	206,6
+12	215,4
+13	224,5
+14	234,0
+15	243,8
+16	254,0
+17	264,3
+18	275,0
+19	286,1
+20	297,5

Weitere Bemerkungen zu den Temperaturmeßgeräten.

Flüssigkeitsthermometer werden ausgeführt als Einschluß- oder Stabthermometer. Bei der Ablesung ist sorgfältig auf Vermeidung der Parallaxe zu achten.

Bei der Eichung von Flüssigkeitsthermometern befindet sich das ganze Thermometer auf der Meßtemperatur (nur bei Betriebsthermometern wird die Eichung auch mit herausragendem Faden vorgenommen, dann befindet sich auf der Rückseite des Thermometers eine Angabe über die Länge des herausragenden Fadens und die Temperatur desselben während der Eichung). Befindet sich ein ohne herausragenden Faden geprüftes Thermometer bei der Messung nicht ganz in dem Raume, dessen Temperatur bestimmt werden soll, sondern ragt der Faden um n° heraus, und beträgt die mittlere Temperatur des herausragenden Fadens ϑ_f^0, dann ist eine Korrektion γ, die der Differenz des Ausdehnungskoeffizienten der Flüssigkeit und des Glases Rechnung trägt (scheinbarer Ausdehnungskoeffizient), anzubringen. Ist die abgelesene Temperatur ϑ_a^0, dann ist die wahre Temperatur $\vartheta_w^0 = \vartheta_a^0 + n\,\gamma\,(\vartheta_a^0 - \vartheta_f^0)$.

Für Quecksilber im Jenaer Thermometer-Glas ist $\gamma = {}^1/_{6080} = 0{,}00016$.
In 63124 sind die Korrektionswerte für diesen Fall in ° C angegeben.

Für Pentan, Alkohol und Toluol in Glas ist $\gamma = {}^1/_{800} = 0{,}00125$; für Quecksilber in Quarz ist $\gamma = 0{,}00018$.

63124 Korrektionswerte für Ablesungen eines Thermometers bei um n° herausragendem Faden. Hg in Jenaer Thermometerglas.

ϑ_a abgelesene Temperatur, ϑ_f mittlere Temperatur des herausragenden Fadens.

$\vartheta_a - \vartheta_f$ \ n	10°	20°	40°	50°	60°	80°	100°	120°
10	0,02	0,03	0,06	0,08	0,10	0,13	0,16	0,19
20	0,03	0,06	0,13	0,16	0,19	0,26	0,32	0,37
40	0,06	0,12	0,26	0,32	0,38	0,51	0,64	0,77
60	0,10	0,19	0,38	0,48	0,58	0,76	0,96	1,15
80	0,13	0,26	0,51	0,64	0,77	1,02	1,28	1,54
100	0,16	0,32	0,64	0,80	0,96	1,28	1,60	1,92
120	0,19	0,38	0,77	0,96	1,15	1,54	1,92	2,30
140	0,22	0,45	0,90	1,12	1,34	1,79	2,24	2,69
160	0,26	0,51	1,02	1,28	1,54	2,05	2,56	3,07
180	0,29	0,58	1,15	1,44	1,73	2,30	2,88	3,46
200	0,32	0,64	1,28	1,60	1,92	2,56	3,20	3,84

Die Flüssigkeitsthermometer sind thermisch träge, meist ist die Einstelldauer $>$ 1 min.

Widerstandsthermometer. Der Widerstandsdraht ist bei den technischen Thermometern auf ein Isoliermaterial (Quarz, Glas oder keramische Masse) gewickelt und in ein Schutzrohr eingebracht. Meist wird der Draht so dimensioniert, daß der Widerstand bei 0° C 100 Ω beträgt. Man kann durch geeignete Schaltung eine sehr große Genauigkeit bei der Temperaturmessung erreichen. Gemessen wird der Widerstand entweder in Kompensations- (Null-) Schaltung durch eine Brückenanordnung oder in Ausschlagschaltungen. Als Instrumente sind empfindliche Galvanometer zu benutzen. Bei der Ausschlagschaltung muß die Spannung der Stromquelle konstant gehalten werden, oder man muß eine Quotientenschaltung verwenden, verwirklicht mittels des sog. Kreuzspulgerätes.

Die Stromstärke des Meßstromes muß, um die Eigenerwärmung gering zu halten, bei den 100 Ω-Thermometern unterhalb 12 mA liegen. Die Zuleitungen müssen einen sehr kleinen Widerstand haben, damit die Änderung desselben bei Temperaturschwankungen sehr klein bleibt und die Messung nicht beeinflußt.

Thermoelemente. Befinden sich Verbindungsstellen von 2 Drähten aus verschiedenen Metallen nicht auf der gleichen Temperatur, so entsteht eine elektromotorische Kraft, deren Höhe als Maß für den Temperaturunterschied benutzt wird. Angaben über die Thermokräfte gebräuchlicher Thermoelemente sind in 3923 vorhanden.

Die Temperatur der einen (2.) Lötstelle muß bekannt sein und bei Benutzung des Thermoelementes stets auf den der Eichung zugrunde gelegten Wert eingestellt werden. Da die Spannungstemperaturkurve bei den meisten Elementen nicht durch eine Gerade darstellbar ist, muß man bei einer von der Eichung abweichenden Temperatur der 2. Lötstelle die Temperaturdifferenz, die der gemessenen elektromotorischen Kraft zuzuordnen ist, mit Hilfe der Spannungstemperaturkurve ermitteln. Vielfach werden Thermoelemente, die mit Zuleitung und Instrument geeicht sind, geliefert. Am Instrument ist dann die Temperatur direkt ablesbar. Bei diesen Instrumenten ist eine Einrichtung zur Kompensation für eine abweichende Temperatur der 2. Lötstelle angebracht, die jeweils betätigt werden muß. Damit kleine Änderungen des Widerstandes der Zuleitungen oder der Drähte des Elementes keinen

Einfluß auf die Messung haben, werden als Meßinstrumente bei direkter Ablesung Millivoltmeter mit einem hohen Widerstand benutzt. Für sehr genaue Temperaturmessungen verwendet man Kompensationsverfahren. Zur Messung sehr geringer Temperaturunterschiede zwischen den beiden Meßstellen bringt man die Lötstellen mehrerer Thermoelemente an den Meßstellen an und schaltet die Thermoelemente hintereinander.

Zur Isolierung der Drähte kann bis 50° C Guttapercha, bis 120° Baumwoll- oder Seidenbespinnung, bis 200° Emaillierung (Lackierung), bis 1400° Röhren aus Quarz, Hartporzellan, Magnesia und anderen keramischen Massen, über 1400° noch Sinterkorund verwandt werden. Im allgemeinen nimmt man dünne Drähte, jedoch nicht mit kleinerem Durchmesser als 0,5 mm. Technische Thermoelemente sind in Schutzrohre eingebracht (Bewehrung). Was für Rohre angewandt werden, richtet sich nach der Atmosphäre bzw. nach der Schmelze, in die das Element gebracht wird (Angaben über Rohre in 63125). Es gibt eine große Reihe von Ausführungen von Thermoelementen für besondere Zwecke, z. B. für Messung der Temperatur von Oberflächen flache Formen oder für die Messung in Gasen Durchflußpyrometer.

63125 Schutzrohre für Thermoelemente.

Schutzrohr	Brauchbar in	Bis zu einer Temperatur von °C
Gußeisen	Blei-, Zink-, Zinn-, Alkalischmelzen, Abgasen	600
Flußeisen	Blei-, Zink-, Zinn-, Alkalischmelzen, Abgasen	600
V2A-Stahl	Härteöfen, Schmelzen von Zinn, Blei, Kupfer und Legierungen, Rauchgasen	1000
Chromnickel	Metallschmelzen, Salzbädern, Rauchgasen	1100
Quarzglas	Oxydierender und reduzierender Atmosphäre (Laboratoriumsöfen, Brennöfen, Temperöfen usw.)	1200
Hartporzellan	Oxydierender und reduzierender Atmosphäre (Laboratoriumsöfen, Brennöfen, Temperöfen usw.)	1200
Pythagorasmasse	Oxydierender und reduzierender Atmosphäre (Laboratoriumsöfen, Brennöfen, Temperöfen usw.)	1400
Marquartmasse	Oxydierender und reduzierender Atmosphäre (Laboratoriumsöfen, Brennöfen, Temperöfen usw.)	1400
Schamotte	Oxydierender und reduzierender Atmosphäre (Laboratoriumsöfen, Brennöfen, Temperöfen usw.)	1500
Korund	Öfen und Metallschmelzen	1600

Strahlungspyrometer werden meist am schwarzen Körper (vgl. 381) geeicht. Da das Emissionsvermögen der Stoffe (vgl. 382) jedoch stets kleiner als das des schwarzen Körpers ist, sind Korrekturen nötig.

Bei den *Teilstrahlungspyrometern* wird durch spektralen Helligkeitsvergleich die sog. schwarze Temperatur des Körpers ermittelt (vgl. 382). Meist wird der Vergleich im roten Teil des Spektrums ausgeführt, die Durchlässigkeitskurven der verwandten Filter ergeben eine wirksame Wellenlänge, die bei etwa 6500 Å liegt. Ist das Emissionsvermögen für diese Wellenlänge bekannt, so kann aus 63126 der Unterschied zwischen schwarzer und wahrer Temperatur ermittelt werden.

Die 2 Hauptarten dieser Pyrometer sind das Glühfadenpyrometer nach Holborn-Kurlbaum und das Halbschattenpyrometer nach Wanner.

Bei den *Farbpyrometer* wird die Farbtemperatur des Körpers (vgl. 3857) gemessen. — Diese liegt bei nicht stark selektiv strahlenden Körpern meist nahe der wahren Temperatur. — Dazu wird aus der Strahlung des Körpers mittels eines bichromatischen Filterkeils die Strahlung bis auf einen Teil des roten und einen Teil des grünen Lichtes herausgeblendet, dieser Rest ergibt ein Mischlicht. Durch Verschieben des Filterkeiles, der mit zunehmender Dicke das grüne Licht stärker absorbiert, wird die Farbe des Mischlichtes auf die des Mischlichtes einer Vergleichslampe abgestimmt. Aus der Stellung des Keiles ergibt sich dann die Temperatur.

Bei einer einfacheren Form des Farbpyrometers: des Farbschiebers von Naeser, bei dem die Genauigkeit wesentlich kleiner ist, wird ohne Vergleich gearbeitet, es wird die Mischfarbe auf die Umschlagsfarbe weißlich gegen rotweiß und grünweiß eingestellt.

63126 Unterschied zwischen der „wahren" (ϑ_w) und der „schwarzen" (ϑ_s) Temperatur in Abhängigkeit vom Absorptionsvermögen bei Messungen der Temperatur durch Helligkeitsvergleich mit einem Rotfilter mit der wirksamen Wellenlänge von 6500 Å.

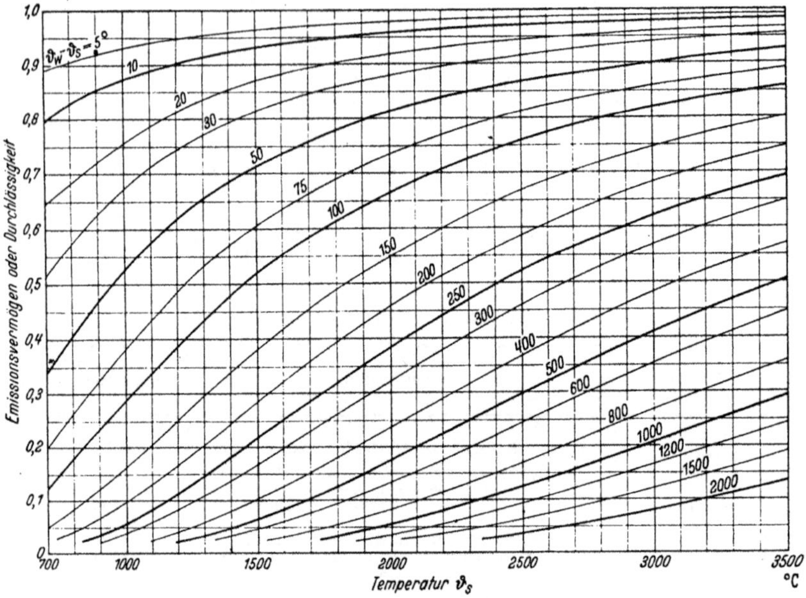

632 Wärmeübertragung in Flüssigkeiten und Gasen.

Neben der Wärmeleitung (Fortleitung der Wärme von Molekül zu Molekül in einem Körper, Wärmeleitzahlen in 374) geht die Wärmeübertragung in Gasen und Flüssigkeiten durch Konvektion (Mitführung der Wärme durch Strömung zu einer anderen Stelle) vor sich. Außerdem findet ein Wärmeübergang durch Strahlung statt.

Die Wärmeübergangszahl α, durch die der Wärmeaustausch zwischen Flüssigkeiten oder Gasen und den festen Begrenzungsflächen beschrieben wird, ist definiert durch die Gleichung

$$Q = \alpha F (\vartheta_1 - \vartheta_2) t.$$

Q übergehende Wärmemenge, F Größe der Fläche, ϑ_1 und ϑ_2 Temperatur der Wand und der Flüssigkeit bzw. des Gases in °C, t Zeit. α ist also die pro Flächeneinheit in der Zeiteinheit pro Grad übergehende Wärmemenge (Dimension im physikalischen Maßsystem [$m\,t^{-3}\,grad^{-1}$], im technischen Maßsystem [$K l^{-1}\,t^{-1}\,grad^{-1}$]). Zahlenwerte sind im folgenden im technischen Maßsystem, also in kcal $m^{-2}\,h^{-1}\,grad^{-1}$ angegeben[1].

Die Vorgänge der Wärmeleitung und Konvektion werden gemeinsam durch die Wärmeübergangszahl α_l erfaßt, der Vorgang der Wärmestrahlung durch die Wärmeübergangszahl α_s. Es ist also $\alpha = \alpha_l + \alpha_s$.

Die Wärmeübergangszahl α_l ist nicht eine für jeden Stoff bestimmte Zahl, sondern eine Funktion mehrerer Stoffeigenschaften der Flüssigkeit oder des Gases,

[1] Die Dimension von α ist also eine andere als die der Wärmeleitzahl. Für Umrechnungen vgl. 12124 und 12125.

ferner der Form und Beschaffenheit der begrenzenden Flächen und der Strömungsgeschwindigkeit. Die für den Wärmeübergang wichtigen Stoffeigenschaften sind wie folgt bezeichnet:

w Geschwindigkeit der Strömung,
$\overline{w}$ mittlere Geschwindigkeit,
3β räumlicher Ausdehnungskoeffizient,
λ Wärmeleitzahl,
a Temperaturleitzahl,
η dynamische Zähigkeit,
ν kinematische Zähigkeit,
ϱ Dichte,
g Fallbeschleunigung,
d Durchmesser eines Rohres,
r Radius eines Rohres,
l Länge eines Rohres,
L allgemeine charakteristische Abmessung, z. B. einer Wand, Durchmesser eines Rohres usw.,
ϑ Temperatur in °C,
T Temperatur in °K.

Durch Anwendung von Ähnlichkeitsgesetzen auf das Problem des Wärmeübergangs lassen sich allgemeine Lösungen für die Vorgänge angeben. Die bei dieser Betrachtung vorkommenden dimensionslosen Kenngrößen werden wie folgt benannt und abgekürzt:

$$\frac{wL}{\nu} = \frac{wL\varrho}{\eta} = \text{Reynolds} = \text{Re}$$

$$\frac{wL}{a} = \text{Péclet} = \text{Pe}$$

$$\frac{\nu}{a} = \text{Prandtl} = \text{Pr}$$

$$\frac{a}{\nu} = \text{Stanton} = \text{St}$$

$$\frac{gL^3\, 3\beta(\vartheta_1 - \vartheta_2)}{\nu^2} = \text{Graßhof} = \text{Gr}$$

$$\frac{\alpha L}{\lambda} = \text{Nusselt} = \text{Nu}$$

6321 Wärmeübergang durch Leitung und Konvektion innerhalb von Rohren und Behältern.

Beim Wärmeübergang zwischen der Wand eines Flüssigkeits- oder Gasbehälters und dem Inneren, ebenso wie zwischen einer Rohrwandung und den darin fortgeleiteten Flüssigkeiten oder Gasen, ist für niedrige Temperaturen α_s vernachlässigbar klein, so daß der gesamte Wärmeaustausch durch α_l erfaßt wird.

In Rohren ist die Strömung erst nach einer Anlaufstrecke normal ausgebildet, erst dann ist der Wärmeaustausch durch ein gleichbleibendes α_l zu erfassen. Man gibt entweder diesen Endwert an oder einen Mittelwert, der um einen vom Formfaktor d/l abhängigen Betrag vom Endwert abweicht.

63211 Wärmeübergangszahl α_l für Wasser bei verschieden mittleren Temperaturen ϑ_m in Abhängigkeit von der mittleren Strömungsgeschwindigkeit $\overline{w}$ für einen Rohrdurchmesser von 5 cm.

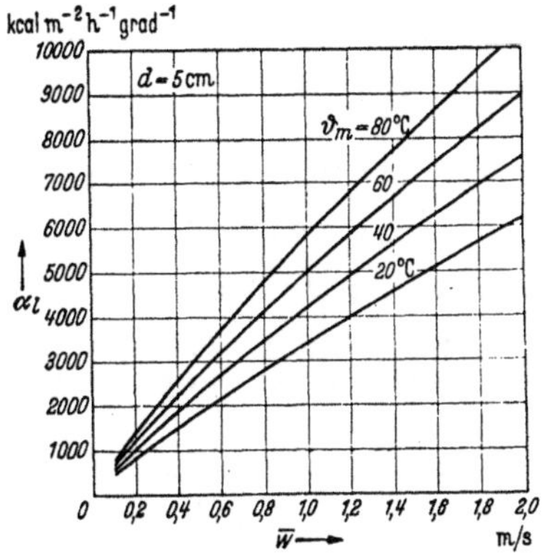

Bei aufgezwungener Strömung ist für *laminare Strömung* in Rohren [Strömungsgeschwindigkeit $\overline{w} < (2300\ldots2400)\cdot\frac{\nu}{d}$ (d Durchmesser des kreisförmigen Rohres bzw. bei anderen Querschnitten des äquivalenten Kreisrohrdurchmessers)] der Endwert von α_l, der nach der Theorie bei langen Leitungen gleich 3,65 λ/d[1].

Bei *turbulenter Strömung* ist α_l für Flüssigkeiten in kreisförmigen Rohren nach Nusselt aus der Formel

$$\frac{\alpha_l\, d}{\lambda} = 0{,}0855\ (Re)^{0{,}764}\cdot(Pr)^{0{,}355}\left(\frac{d}{l}\right)^{0{,}0522} \tag{1}$$

zu berechnen.

Eine Näherungsformel für Wasser in geraden Rohrleitungen ist

$$\alpha_w = 1755\,(1 + 0{,}015\,\vartheta_m)\,w^{0{,}87}\cdot d^{-0{,}13}\quad \text{kcal/(m}^2\,\text{h grad)} \tag{2}$$

wobei $\vartheta_m = 0{,}9\,\vartheta_F + 0{,}1\,\vartheta_R$ (ϑ_F Temperatur des Wassers, ϑ_R Temperatur des Rohres) ist, d in m. Aus 63211 sind die Werte für d = 5 cm zu ersehen.

Für andere Flüssigkeiten lassen sich bei Zimmertemperatur Wärmeübergangszahlen näherungsweise aus denen des Wassers durch Multiplikation mit folgenden Zahlen errechnen.

63212 Näherungswerte α/α_w bei Zimmertemperatur[2].

Flüssigkeit	α/α_w	Kältelösung	Dichte in $g\cdot cm^{-3}$	α/α_w
Alkohol . . .	0,31	NaCl	1,1	0,9
Benzol . . .	0,31		1,25	0,72
Petroleum . .	0,23	$CaCl_2$	1,1	0,85
Glycerin . . .	0,03		1,25	0,64
Olivenöl . . .	0,05	$MgCl_2$	1,1	0,76
Quecksilber .	7,2		1,25	0,4

Für andere Temperaturen treten teilweise erhebliche Abweichungen auf.

Nach Cammerer[3] liegt für Wasser in Behältern und Kesseln die Wärmeübergangszahl innerhalb der in 63213 angegebenen Grenzen.

63213 Wasser in Behältern und Kesseln.

Zustand des Wassers	Wärmeübergangszahl in $kcal\cdot m^{-2}\cdot h^{-1}\cdot grad^{-1}$
Nicht siedend, nicht gerührt	500...3000
Nicht siedend, mit Rührwerk bewegt	2000...4000
Siedend	2000...6000

Für Gase vereinfacht sich die Formel (1) zu

$$\frac{\alpha_m\, d}{\lambda} = 0{,}0362\,(Pe)^{0{,}786}\cdot\left(\frac{d}{l}\right)^{0{,}054},$$

α_m über die Länge des Rohres gemittelter Wert.

Für Luft zeigt 63214 die Auswertung. Für andere Gase erhält man angenäherte Werte durch Multiplikation der für Luft berechneten Werte mit den Zahlen von 63215.

[1] Die an Ölleitungen angestellten Versuche ergaben abweichende Werte.
[2] Nach Hütte, Bd. 1, S. 500. 1936. — Linge, K.: Z. ges. Kälteind. **37**, 195 (1930).
[3] Cammerer, J. S.: Der Wärme- und Kälteschutz in der Industrie. Berlin 1938.

63214 Wärmeübergangszahl α zwischen einem Rohr und darin turbulent strömender Luft nach Nusselt. [Techn. mech. Thermodyn. 1, 277 (1930)].

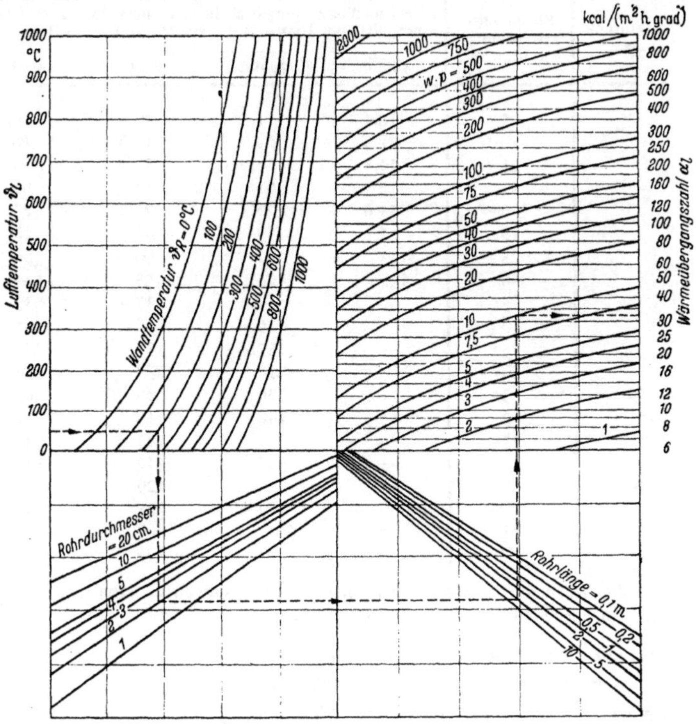

Beispiel: Temperatur der Luft $\vartheta_L = 50°$, Temperatur des Rohres $\vartheta_R = 200°$ C. Rohrdurchmesser 2 cm, Rohrlänge 5 m ist bei einer Geschwindigkeit $\overline{w} = 10\ m \cdot s^{-1}$ und einem Luftdruck p = 1 at, $\alpha_l = 33$ kcal · $m^{-2} \cdot h^{-1} \cdot grad^{-1}$.

63215 Verhältnis der Wärmeübergangszahl des Gases α zu der von Luft α_L für aufgezwungene turbulente Strömung.

Gas	α/α_L	Gas	α/α_L
Ammoniak	1,25	Sauerstoff	1,00
Chlormethyl	1,04	Schwefeldioxyd	1,00
Helium	1,10	Stickstoff	1,00
Kohlendioxyd	1,12	Wasserdampf	1,20
Kohlenoxyd	0,99	Wasserstoff	1,50
Rauchgase	1,02		

Voraussetzung für die Benutzung der für Dämpfe angegebenen Werte ist, daß die Wandtemperatur über der Sättigungstemperatur des Dampfes liegt.

Für überhitzten Wasserdampf sind die von Cammerer[1] berechneten Werte in 63216 gegeben.

[1] Nach J. S. Cammerer: Der Wärme- und Kälteschutz in der Industrie, S. 47. Berlin 1938.

63216 Wärmeübergangszahl α_l in kcal · m^{-2} · h^{-1} · $grad^{-1}$ von überhitztem Wasserdampf für eine Rohrlänge und einen Rohrdurchmesser von 1 m[1].

Dampfdruck in at	Strömungsgeschwindigkeit in m · s^{-1}	Wärmeübergangszahl α_l in kcal · m^{-2} · h^{-1} · $grad^{-1}$ bei einer mittleren Temperatur zwischen Wand und Dampf[2] von			
		150° C	200° C	300° C	400° C
1	5	12,4	11,5	10,4	9,8
	10	21,5	19,9	18,0	16,9
	25	44,3	41,0	37,0	34,9
	50	76	61	64	60
3	5	31,6	28,3	25,2	23,5
	10	55	49	43,5	40,6
	25	113	101	90	84
	50	194	174	155	144
5	5	—	43,9	37,9	35,5
	10	—	76	66	61
	25	—	157	135	126
	50	—	270	234	218
10	5	—	86	69	62
	10	—	148	119	108
	25	—	303	245	222
	50	—	528	442	384
20	5	—	—	129	110
	10	—	—	223	191
	25	—	—	460	394
	50	—	—	795	680

Um die Wärmeübergangszahl bei anderen Abmessungen zu erhalten, muß man mit den angegebenen Faktoren multiplizieren.

Multiplikationsfaktor zur Berücksichtigung der Rohrlänge.

Rohrlänge:	1	3	8	25	90 m
Multiplikationsfaktor:	1,0	0,95	0,9	0,85	0,8

Multiplikationsfaktor zur Berücksichtigung des Rohrdurchmessers.

Rohrdurchmesser:	0,025	0,04	0,05	0,07	0,10	0,15	0,20	0,30	0,40 m
Multiplikationsfaktor:	1,81	1,67	1,62	1,53	1,45	1,36	1,29	1,22	1.16

6322 Wämeübergang bei freier Konvektion.

Die Wärmeübergangszahl α_l von *Luftschichten* ist in 63221 angegeben; die Wärmeübergangszahl α, die sog. äquivalente Wärmeleitzahl für ebene Luftschichten in 63222.

Die von *Rohren* oder *Drähten* durch Wärmeleitung, Konvektion und Strahlung an ruhende Gase oder Flüssigkeiten abgegebene Wärmemenge ist vielfach gemessen worden. Die Versuchergebnisse an horizontalen Rohren lassen sich darstellen durch allgemeine Gleichungen der Form Nu = F (Gr), Nu = F (Gr · Pr) oder durch Nu = F (Gr · Pr^2). Die Auswertung (nach Nusselt) in der Form Nu = F (Gr) zeigt Kurve 63223. Oberhalb von Gr = 1000 ist die Kurve durch die Gleichung $Nu = 0{,}468 \sqrt[4]{Gr}$, also $\alpha = 0{,}468 \sqrt[4]{Gr} \cdot \frac{\lambda}{d}$ darstellbar. Zahlenwerte für α bei einer Strahlungszahl $s = 4{,}6$ kcal · m^{-2} · h^{-1} · $grad^{-4}$ sind für Rohre mit verschiedenen Durchmessern nach Cammerer[3] in 63224 wiedergegeben.

[1] Nach J. S. Cammerer: Der Wärme- und Kälteschutz in der Industrie, S. 47. Berlin 1938.
[2] Bei gedämmten Rohren kann die Temperatur des Dampfes genommen werden.
[3] Cammerer, J. S.: Der Wärme- und Kälteschutz in der Industrie, S. 50. Berlin 1938. Vgl. auch 53111.

63221 Wärmeübergangszahl α_l in kcal · $m^{-2} \cdot h^{-1} \cdot grad^{-1}$ von ebenen Luftschichten[1].

Waagerechte Luftschichten.

Temperaturdifferenz in °C	α_l in kcal · $m^{-2} \cdot h^{-1} \cdot grad^{-1}$ bei einer Stärke der Luftschicht in cm von				
	1	2,5	5	10	20
	Mitteltemperatur 0° C				
10	0,002	0,032	0,073	0,16	0,32
50	0,020	0,062	0,131	0,28	—
100	0,027	0,079	0,171	0,35	—
	Mitteltemperatur 50° C				
10	0,000	0,028	0,068	0,14	0,30
50	0,015	0,056	0,122	0,26	—
100	0,022	0,072	0,157	0,33	—
	Mitteltemperatur 100° C				
10	0,000	0,023	0,062	0,13	0,27
50	0,009	0,051	0,112	0,24	—
100	0,017	0,066	0,144	0,30	—

Senkrechte Luftschichten.

Temperaturdifferenz in °C	Höhe der Luftschicht in m	α_l in kcal · $m^{-2} \cdot h^{-1} \cdot grad^{-1}$ bei einer Stärke der Luftschicht in cm von			
		2	5	10	20
		Mitteltemperatur 0° C			
10	0,50	0,010	0,045	0,123	0,302
	1,00	0,009	0,043	0,115	0,280
50	0,50	0,022	0,091	0,227	—
	1,00	0,020	0,085	0,204	—
100	0,50	0,033	0,121	—	—
	1,00	0,030	0,113	—	—
		Mitteltemperatur 50° C			
10	0,50	0,007	0,040	0,109	0,270
	1,00	0,006	0,038	0,102	0,249
50	0,50	0,016	0,080	0,203	—
	1,00	0,015	0,075	0,187	—
100	0,50	0,026	0,109	—	—
	1,00	0,024	0,102	—	—
		Mitteltemperatur 100° C			
10	0,50	0,003	0,036	0,096	0,236
	1,00	0,002	0,034	0,090	0,216
50	0,50	0,012	0,070	0,183	—
	1,00	0,011	0,065	0,168	—
100	0,50	0,020	0,101	0,248	—
	1,00	0,018	0,094	0,225	—

[1] Nach J. S. Cammerer: WSW-Tabellarium, Reinhold & Co., Berlin.

63222 Äquivalente Wärmeleitzahl[1] von ebenen Luftschichten für eine Strahlungszahl der Begrenzungswände von 4,6 kcal · m^{-2} · h^{-1} · $grad^{-4}$.

Mittlere Temperatur in der Luftschicht in °C	Wärmeübergangszahl α in kcal · m^{-2} · h^{-1} · $grad^{-1}$ bei einer Schichtstärke in cm					
	0	2	4	6	8	10
0	0,020	0,10	0,19	0,28	0,38	0,49
100	0,026	0,22	0,41	0,61	0,82	1,05
200	0,031	0,41	0,78	1,14	1,53	1,96
300	0,036	0,71	1,33	2,00	2,68	3,40
400	0,041	1,01	2,22	3,30	4,33	5,47
500	0,045	1,31	3,29	4,80	6,43	8,07

63223 Wärmeabgabe von Rohren.

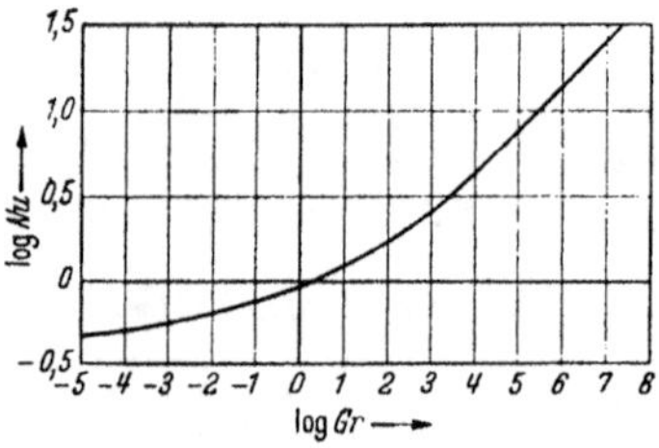

63224 Wärmeübergangszahl α in kcal · m^{-2} · h^{-1} · $grad^{-1}$ für waagerechte Rohre in ruhiger Luft für die Strahlungszahl s = 4,6 kcal · m^{-2} · h^{-1} · $grad^{-4}$ [2].

Übertemperatur des Rohres über Lufttemperatur in °C	Äußerer Durchmesser des Rohres in cm					
	2	5	10	20	30	50
20	5,6	4,9	4,4	4,1	4,0	3,9
40	6,9	5,6	4,9	4,6	4,5	4,4
60	7,4	6,0	5,2	4,8	4,7	4,6
80	7,9	6,3	5,4	5,0	4,9	4,8
100	8,4	6,7	5,6	5,2	5,1	5,0
150	9,3	7,4	6,4	5,8	5,7	5,6
200	10,0	8,0	7,1	6,5	6,4	6,3
250	11,3	8,8	8,0	7,4	7,2	7,1
300	12,5	9,7	8,9	8,3	8,1	7,9
350	13,3	10,6	9,8	9,2	8,9	8,7
400	14,0	11,4	10,6	10,1	9,8	9,6

Die Wärmeübergangszahlen α für senkrechte Rohrleitungen, senkrechte und waagerechte Wände sind in 63425 angegeben.

[1] Nach J. S. Cammerer: WSW-Tabellarium, Reinhold & Co., Berlin.
[2] Nach J. S. Cammerer: Der Wärme- und Kälteschutz in der Industrie. Berlin 1938. Strahlungszahl vgl. 6324.

63225 Wärmeübergangszahl α in $kcal \cdot m^{-2} \cdot h^{-1} \cdot grad^{-1}$ für senkrechte Rohrleitungen, senkrechte Wände, waagerechte Wände bei ruhiger Luft[1].

Übertemperatur über Lufttemperatur in °C	Senkrechte Rohrleitung, senkrechte Wand	Waagerechte Wand	Übertemperatur über Lufttemperatur in °C	Senkrechte Rohrleitung, senkrechte Wand	Waagerechte Wand
5	3,4	4,2	200	8,3	10,5
10	3,9	5,0	250	8,8	11,1
20	4,7	5,9	300	9,2	11,7
40	5,5	7,0	350	9,5	12,1
60	6,1	7,8	400	9,8	12,5
80	6,5	8,4	450	10,1	12,9
100	7,0	8,9	500	10,4	13,2
150	7,7	9,8			

6323 Wärmeabgabe in Luftströmen.

Die Wärmeabgabe von *Rohren* an eine senkrecht zur Achse gerichtete Gasströmung läßt sich durch die Gleichung $\frac{\alpha d}{\lambda} = 0{,}092\ Pe^{0,75}$ wiedergeben. Für Luftströme hat Ulsamer die Formel

$$\frac{\alpha_l\, d}{\lambda_m} = 0{,}536\ \frac{(w\, d\, \varrho_m)^{0,5}}{\eta_m}$$

aufgestellt, die im Bereich $50 < Re < 10000$ gilt. w = Geschwindigkeit des ungestörten Luftstromes.

Der Index m weist darauf hin, daß die Stoffwerte nicht einfach für die Temperatur der strömenden Luft zu nehmen sind, sondern Mittelwerte zu nehmen sind. Diese sind für jede Eigenschaft a aus der folgenden Gleichung zu ermitteln:

$$a_m = \frac{1}{T_R - T_L} \int_{T_L}^{T_R} a \cdot dT$$

(T_R und T_L Temperatur des Rohres bzw. der Wand und der Luft).

63231 gibt die Versuchsergebnisse für $\vartheta_R = 100^0$ und $\vartheta_L = 20^0$ wieder.

Die allgemeine Form der Gleichung Nu = f(Pe) zeigt nach Fishenden und Saunders den in 63232 wiedergegebenen Verlauf.

Die Wärmeabgabe einer ebenen *senkrechten Wand* an einem parallel zu ihr gerichteten Luftstrom der Geschwindigkeit w ist nach Jürges angenähert zu berechnen aus den nachstehend angegebenen Formeln.

Oberflächenbeschaffenheit	α ($kcal \cdot m^{-2} \cdot h^{-1} \cdot grad^{-1}$) bei	
	$w < 5\ m \cdot s^{-1}$	$w > 5\ m \cdot s^{-1}$
Glatt	4,8 + 3,4 w	$6{,}12 \cdot w^{0,78}$
Gewalzt	5,0 + 3,4 w	$6{,}14 \cdot w^{0,78}$
Rauh	5,3 + 3,6 w	$6{,}47 \cdot w^{0,78}$

63233 gibt die Resultate für rauhe (*I*) und glatte (*II*) Wand bei $\vartheta_W = 55^0$ und ϑ_L 20⁰ wieder.

[1] Cammerer, J. S.: Der Wärme- und Kälteschutz in der Industrie, S. 50. Berlin 1938.

63231 Wärmeübergangszahl α für Rohre verschiedener Durchmesser und einer Temperatur von 100° C an einen senkrecht zur Achse gerichteten Luftstrom von 20° C in Abhängigkeit von der Geschwindigkeit des ungestörten Luftstromes. [J. Ulsamer: Forsch.-Ing. Wes. **3**, 94 (1932).]

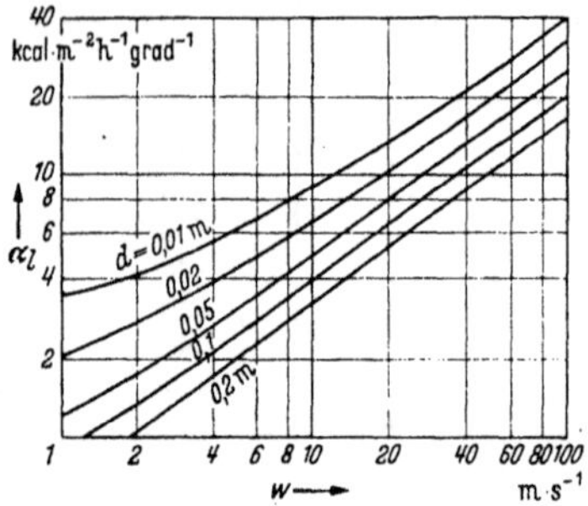

63232 Wärmeabgabe eines Rohres oder Drahtes an einen senkrecht zur Achse gerichteten Luftstrom.
[K. Fishenden u. O. A. Saunders: Engineering **130**, 177 (1930).]

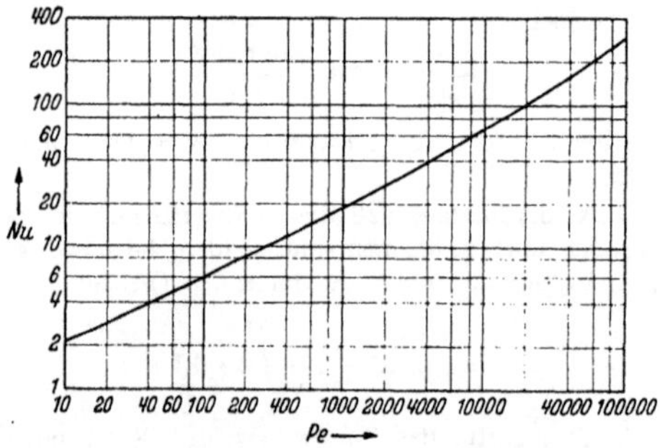

63233 Wärmeübergangszahl α_l bei einer ebenen senkrechten Wand von 55° C an einen ihr parallel gerichteten Luftstrom von 20° C in Abhängigkeit von der Geschwindigkeit des Luftstromes w_L. *I* für rauhe, *II* für glatte Wände.
[W. Jürges: Beih. Gesundh.-Ing. Reihe I, Heft 19 (1924).]

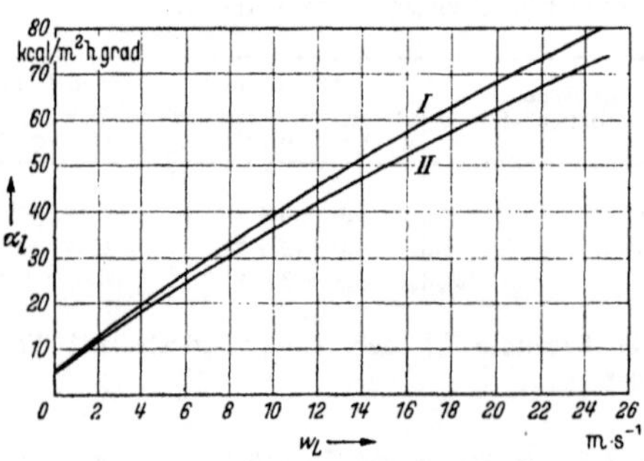

6324 Wärmeübergangszahl durch Strahlung.

In der Wärmetechnik ist es üblich, das Stefan-Boltzmann-Gesetz in der Form $S = s\left(\frac{T}{100}\right)^4$ zu schreiben, s ist folglich 10^8 größer als σ (vgl. 3811). Im technischen Maßsystem ist $s = 4{,}96$ kcal$\cdot$m$^{-2}\cdot$h^{-1} (^{0}K)$^{-4}$ (s = Strahlungszahl des „Schwarzen Körpers", für andere Flächen sind die Strahlungszahlen s_1 aus dem in 382 gegebenen Emissionsvermögen $\varepsilon = s_1/s$ zu errechnen). Die Wärmemenge, die in der Zeiteinheit durch Strahlung zwischen einer heißen Fläche F_1 mit einer Strahlungszahl s_1 und einer Temperatur $T_1 = \vartheta_1 + 273$ und einer kälteren Fläche F_2 mit s_2 und $T_2 = \vartheta_2 + 273$, übertragen wird, ist gegeben durch $Q = F_1 s_{12}\left[\left(\frac{T_1}{100}\right)^4 - \left(\frac{T_2}{100}\right)^4\right]$; s_{12} = wirksame Strahlungszahl.

Die Wärmeübergangszahl α_s ist $\alpha_s = \frac{Q}{F(\vartheta_1 - \vartheta_2)}$

Umgibt F_2 F_1 vollständig, so ist

$$Q = \frac{F_1}{\frac{1}{s_1} + \frac{F_1}{F_2}\left(\frac{1}{s_2} - \frac{1}{s}\right)}\left[\left(\frac{T_1}{100}\right)^4 - \left(\frac{T_2}{100}\right)^4\right],$$

ist $F_1 \ll F_2$, so ist $F_1/F_2 \sim 0$ und $s_{12} = s_1$. Sind F_2 und F_1 parallele Flächen ($F_1 = F_2$), so ist $s_{12} = \frac{1}{\frac{1}{s_1} + \frac{1}{s_2} - \frac{1}{s}}$.

Für diesen Fall gibt 63241 die Werte s_{12}.

63241 Strahlungsübergangszahl s_{12} in kcal$\cdot$m$^{-2}\cdot$h$^{-1}\cdot$(^{0}K)$^{-4}$ bei parallelen Flächen.

s_1	s_2					
	0,25	1,0	2,0	3,0	4,0	4,5
0,25	0,13	0,23	0,24	0,25	0,25	0,25
1,0	0,21	0,56	0,77	0,88	0,95	0,98
2,0	0,23	0,77	1,25	1,58	1,82	1,92
3,0	0,24	0,88	1,58	2,15	2,62	2,82
4,0	0,25	0,95	1,82	2,62	3,34	3,68
4,5	0,25	0,98	1,92	2,82	3,68	4,10

Da die abgestrahlte Wärme der Differenz zwischen den 4. Potenzen der Temperaturen proportional ist, kann durch Anbringen von Zwischenwänden der Wärmeverlust durch Abstrahlung stark vermindert werden. Wird bei gleich großen parallelen Wänden z. B. eine dünne Metallwand angebracht, so wird unter Voraussetzung gleicher Strahlungszahl die abgestrahlte Wärmemenge

$$Q = s_{12} F(T_1^4 - T_z^4) = s_{12} F(T_z^4 - T_2^4), \quad T_z^4 = \tfrac{1}{2}(T_1^4 + T_2^4), \quad Q = \tfrac{1}{2} s_{12} F(T_1^4 - T_2^4),$$

die Abstrahlung sinkt also auf die Hälfte, bei n Zwischenwänden dementsprechend auf den (n + 1)-ten Teil. Ist die Strahlungszahl der Zwischenwand erheblich kleiner als die der parallelen Flächen, so wird die Strahlungsverminderung, wie leicht aus den Strahlungszahlen 63241 zu ersehen ist, noch bedeutend günstiger.

Für die Berechnung der Wärmeübergangszahl durch Strahlung

$$\alpha_s = s_{12}\frac{(T_1/100)^4 - (T_2/100)^4}{\vartheta_1 - \vartheta_2} = A \cdot s_{12}$$

sind die Werte des Faktors A in 63242 gegeben.

Bei verhältnismäßig kleinen Temperaturdifferenzen (50...100°) und kleinen Strahlungszahlen ist die durch Wärmestrahlung übertragene Wärmemenge klein gegenüber der durch Konvektion und Wärmeleitung übertragenen, bei großen Strahlungszahlen erreicht sie aber bereits die durch freie Konvektion übertragene, bei großen Temperaturdifferenzen übertrifft sie diese stark.

63242 Temperaturfaktor $A = \frac{\left(\frac{T_1}{100}\right)^4 - \left(\frac{T_2}{100}\right)^4}{\vartheta_1 - \vartheta_2}$.

ϑ_1 \ ϑ_2	−273°	−200°	−100°	0°	100°	200°	300°	400°	500°	600°	700°	800°	900°	1000°
−273	0	—	—	—	—	—	—	—	—	—	—	—	—	—
−200	0,0039	0,0156	—	—	—	—	—	—	—	—	—	—	—	—
−100	0,0518	0,0867	0,2070	—	—	—	—	—	—	—	—	—	—	—
0	0,2034	0,2764	0,465	0,814	—	—	—	—	—	—	—	—	—	—
100	0,519	0,644	0,923	1,380	2,076	—	—	—	—	—	—	—	—	—
200	1,058	1,251	1,630	2,225	3,070	4,233	—	—	—	—	—	—	—	—
300	1,882	2,155	2,673	3,408	4,422	5,77	7,53	—	—	—	—	—	—	—
400	3,050	3,418	4,08	4,99	6,19	7,75	9,73	12,19	—	—	—	—	—	—
500	4,62	5,10	5,94	7,03	8,44	10,23	12,46	15,19	18,48	—	—	—	—	—
600	6,66	7,24	8,28	9,59	11,30	13,27	15,77	18,70	22,38	26,61	—	—	—	—
700	9,21	9,96	11,19	12,72	14,62	16,92	19,71	23,04	26,96	31,55	36,84	—	—	—
800	12,35	13,26	14,72	16,50	18,66	21,26	24,36	28,01	32,29	37,29	42,93	49,5	—	—
900	16,14	17,21	18,92	20,97	23,42	26,33	29,76	33,76	38,41	43,75	49,85	56,8	64,6	—
1000	20,45	21,88	23,87	26,21	28,96	32,20	35,98	40,35	45,38	51,1	57,6	65,0	73,3	82,6

Von den technisch wichtigen Gasen haben nur Wasserdampf und Kohlendioxyd breitere Absorptionsgebiete, die für die Wärmeübertragung durch Strahlung bei Temperaturen oberhalb von etwa 550° eine Rolle spielen. Die Lage und Breite der wichtigsten Banden sind:

CO_2 (λ in μ)	H_2O (λ in μ)
2,36 ... 3,02	2,24 ... 3,27
4,01 ... 4,80	4,8 ... 8,5
12,5 ... 16,5	12 ... 25

Weiteres über die Strahlung dieser Gase in 383.

633 Verbrennungswärme von Stoffen, die zur Eichung von Verbrennungscalorimetern geeignet sind.

Stoff	$cal \cdot g^{-1}$	Stoff	$cal \cdot g^{-1}$
Benzoesäure	6317,3	Naphthalin	9612,2
Bernsteinsäure	3022,3	Paraffin, flüssig	10000
Campher	9273,6	Rohrzucker	3941
Dodekan	11358	Salicylsäure	5237

634 Temperatur- und Kühlbäder.

6341 Temperaturbäder.

63411 Siedebäder.

Angegeben sind der Temperaturbereich, für das der genannte Stoff in Frage kommt, und der Druckbereich, in dem diese Siedetemperaturen liegen.

Temperaturbereich in °C	Stoff	Druckbereich in Torr	Temperaturbereich in °C	Stoff	Druckbereich in Torr
−252 ... −239	Wasserstoff	62 ... 760	−78 ... −33	Ammoniak	50 ... 760
−216 ... −183	Sauerstoff	3 ... 760	−62 ... −10	Schwefeldioxyd	38 ... 762
−210 ... −195	Stickstoff	94 ... 833	−31 ... +13	Äthylchlorid	100 ... 760
−182 ... −161	Methan	93 ... 783	−10 ... +35	Diäthyläther	114 ... 760
−150 ... −103	Äthylen	15 ... 792	−26 ... 46	Schwefelkohlenstoff	33 ... 760
−109 ... −85	Chlorwasserstoff	159 ... 760			
−110 ... −79	Kohlendioxyd	39 ... 730	8 ... 56	Aceton	100 ... 760

63411 (Fortsetzung).

Temperaturbereich in °C	Stoff	Druckbereich in Torr	Temperaturbereich in °C	Stoff	Druckbreich in Torr
10...61	Chloroform	100...755	151...223	Salicylsäuremethylester	100...760
22...65	Methylalkohol	100...760	210...254	Diphenyl	250...755
40...78	Äthylalkohol	133...760	262	Benzoesäureisoamylester	760
26...80	Benzol	100...760	221...302	Diphenylamin	100...760
52...100	Wasser	100...760	257...305	Benzophenon	250...755
52...110	Toluol	100...760	280...330	Dibenzylketon	245...752
70...130	Chlorbenzol	98...720	270...357	Quecksilber	123...760
142	Essigsäureisoamylester	100...760	342...445	Schwefel	106...760
120...150	Brombenzol	275...651	836...907	Zink	356...760
150...184	Anilin	283...752			
190...217	Naphthalin	385...742			

63412 Kryohydratische Temperaturen.

Stoff	g Stoff auf 100 g Eis (Schnee)	Eutektische Temperatur in °C	Stoff	g Stoff auf 100 g Eis (Schnee)	Eutektische Temperatur in °C
$B(OH)_3$	1,0	−0,7	NH_4Cl	22,9	−15,8
$Na_2SO_4 \cdot 10\,H_2O$	10,2	−1,25	$Ca(NO_3)_2 \cdot 4\,H_2O$	100	−16
K_2SO_4	7,3	−1,52	NH_4NO_3	45	−16,7
$Na_2CO_3 \cdot 10\,H_2O$	19	−2,1	$NaCl \cdot (2\,H_2O)$	30,7	−21,2
KNO_3	12,2	−2,9	$NaBr \cdot (5\,H_2O)$	67	−28
$MgSO_4 \cdot 12\,H_2O$	114	−3,9	$MgCl_2 \cdot 6\,H_2O(12\,H_2O)$	84	−33,6
$MgSO_4 \cdot 7\,H_2O$	64	−5,2	$K_2CO_3 \cdot 1^1/_2\,H_2O$	91	−36,5
$BaCl_2 \cdot 2\,H_2O$	36	−7,8	$CaCl_2 \cdot 6\,H_2O$	143	−55
KCl	24,6	−10,7	$HCl(3\,H_2O)$	33	−86
$Na_2S_2O_3 \cdot 5\,H_2O$	110	−11			

Die eingeklammerten Zahlen von Wassermolekülen geben die Zusammensetzung des beim kryohydratischen Punkt stabilen Hydrates an.

63413 Salzschmelzen.

Salz	Schmelztemperatur in °C	Salz	Schmelztemperatur in °C
Aluminiumchlorid	192	Magnesiumchlorid	712
Eutektium $NaNO_3$–KNO_3 (50 Mol-%)	218	Natriumcarbonat	850
Zinkchlorid	313	Calciumchlorid	765
Natriumnitrat	312	Kaliumchlorid	770
Eisen(III)chlorid	304	Strontiumfluorid	1109
Kaliumnitrat	308	Natriumchlorid	800
Kupfer(I)chlorid	432	Kaliumfluorid	857
Silberchlorid	455	Lithiumfluorid	870
Bleichlorid	498	Bariumchlorid	960
Lithiumchlorid	614	Natriumfluorid	992
Kupfer(II)chlorid	630	Calciumfluorid	1392
Lithiumcarbonat	732	Bariumfluorid	1287

63414 Metallschmelzen, siehe 51215.

6342 Kühlbäder.

63421 Kühlmischungen.

Angegeben ist der Temperaturabfall, der durch Lösen der angegebenen Stoffmengen erzielt werden kann. Ausgangstemperatur ist Raumtemperatur von etwa 10...20°.

Stoffmischung	Temperaturabfall °C
Wasser 100 g, $CH_3CO_2Na \cdot 3\,H_2O$ 90 g	15,4
Wasser 100 g, NH_4Cl 30 g	18,4
Wasser 100 g, $NaNO_3$ 55,2 g	18,5
Wasser 100 g, $Na_2S_2O_3 \cdot 5\,H_2O$ 110 g	18,7
Wasser 100 g, $CaCl_2 \cdot 6\,H_2O$ 250 g	23,2
Wasser 100 g, NH_4NO_3 100 g	25
Wasser 100 g, $NaNO_2$ 60 g	27,2
Wasser 100 g, NH_4CNS 130 g	31,2
Wasser 100 g, KCNS 150 g	37,5
Wasser 100 g, NH_4Cl 31 g, $NaNO_3$ 31 g	22
Wasser 100 g, $Na_2SO_4 \cdot 10\,H_2O$ 38 g, $NaNO_3$ 23,5 g, NH_4Cl 23,5 g	25
HCl 36,69%ig 20,5 g, $Na_2SO_4 \cdot 10\,H_2O$ 79,5 g	39,8
HCl 30,13%ig 17,5 g, $Na_2SO_4 \cdot 10\,H_2O$ 82,5 g	37,1

63422 folgt auf S. 1527.

63423 Kühlsolen und Gefrierschutzmittel (Antifrostmittel).

In der Tabelle ist die Menge des Stoffes angegeben, die dem Wasser zuzusetzen ist, damit ein Gefrieren oberhalb der angegebenen Temperaturen nicht eintritt. Die einfachen Salzlösungen werden als Kühlsolen benutzt.

Stoff \ Gefriertemperatur in °C	g Stoff auf 100 g Wasser								
	−5°	−10°	−15°	−20°	−25°	−30°	−40°	−50°	−60°
NaCl	8,44	16,1	22,9	29,4		—	—	—	—
$MgCl_2$	7,66	13,4	17,7	21,1	—	25,9	—	—	—
$CaCl_2$	9,67	16,6	21,9	26,3	29,9	33,3	38,8	43,8	—
Phosphate s. w. u.									
Natriumlactat $CH_3CHOHCOONa$	10,5	19	27,5	34	42	49,5	64	80	100
Methylalkohol CH_3OH	9,3	17	24	31	39	46	43	85	—
Äthylalkohol C_2H_5OH	11,1	23	34	46	57,5	69,5	104	—	—
Glycerin $C_3H_5(OH)_3$	20,5	42	56	68	80	90,5	113	138	—
(Äthylen-)Glykol $CH_2OH \cdot CH_2OH$	*15*	*23*	*29*	*34*	*39*	*44*	*53*	*Vol.-%*	—
Glysantin	13	28	43	57,5	69,5	82	108	144	—

Zur Hemmung der Korrosion des Eisens setzt man den Salzlösungen kleine Mengen basischer Stoffe wie NaOH, Na_2CO_3, $Mg(OH)_2$, $Ca(OH)_2$, $CaCO_3$ zu, oder etwas Chromat. Auch organische Stoffe und Schutzkolloide sind wirksam.

Reinhartin-Sole ist eine gemischte Lösung von $MgCl_2$ und $CaCl_2$ mit Schutzkolloiden; sie ist bis −52° brauchbar.

Lösungen von Phosphaten:
bis −22,5° 100 g Wasser, 70 g K_2HPO_4, 21 KH_2PO_4;
bis −30° 100 g Wasser, 70 g K_2HPO_4, 21 KH_2PO_4, 7 g K_2CO_3*;
bis −37° 100 g Wasser, 70 g K_2HPO_4, 21 KH_2PO_4, 5 g K_2CO_3, 2 g $Na_4P_2O_7$, 1,5 g $B(OH)_3$, 2,8 g KOH.

* Die Korrosion von Aluminium wird durch einen Zusatz von 0,5 g NaF gehemmt.

Literatur.

Boye, E.: Chemiker-Ztg. **65**, 37—39 (1941).
Ullmann: Enzyklopädie der technischen Chemie, II. Aufl., Bd. V, S. 576. Gefrierschutzmittel. Taschenbuch für Kältetechniker, IX. Aufl., S. 73, 210.

63422 Auftaumittel für Schnee und Eis.

Die Tabelle gibt an wieviel kg Schnee oder Eis bei den angegebenen Temperaturen von 100 kg des Salzes aufgetaut werden können.

Salz	kg Eis (Schnee)						
	−10°	−15°	−20°	−25°	−30°	−40°	−50°
NaCl	530	435	335	—	—	—	—
$MgCl_2 \cdot 6\,H_2O$	290	210	165	140	130	—	—
Carnallit[1]	265	205	160	52	48	—	—
$CaCl_2$ · techn., etwa 72%ig	361	301	247	218	188	157	137

Weitere Auftaumittel: *Nivosal*, ein entwässertes Magnesiumchlorid mit einem Zusatz an Chromat, und Reinhartin-Sole, siehe S. 1526.

635 Werkstoffe für elektrische Öfen.

Heizkörper	Brauchbar in einer Atmosphäre von	Höchste Gebrauchstemperatur in °C	Geeignetes Einbettungsmaterial
Wolfram	Wasserstoff Formiergas[2]	2800	Aluminiumoxyd (1800° C) Zirkonoxyd (2000° C)
Kohle-Graphit	Kohlenoxyd Stickstoff	2500	Zirkonoxyd (1800° C)
Nernstmasse	Luft	2300	
Molybdän	Methylalkohol, Wasserstoff, Formiergas	2100	Porzellan (1450° C)
Silitstäbe	Luft	1500	Silitmaterial (1200° C)
Platin	Luft Wasserstoff	1400	Schamotte (1330° C) Porzellan (1200° C)
Chrom-Aluminiumstahl	Leuchtgas	1000	Kieselgur (980° C)
	Sauerstoff Wasserstoff Wasserdampf	1200	Steatit (1000° C) Porzellan (1200° C) Schamotte (1200° C)
	Schwefelwasserstoff	900	Tonerde (1200° C)
Chrom-Nickelstahl	Wasserstoff Sauerstoff Wasserdampf	1050	wie Cr-Al-Stahl
Eisenfreies Chromnickel	Wasserstoff Sauerstoff	1050	wie Cr-Al-Stahl
	Stickstoff Kohlenwasserstoff Kohlenoxyd, Generatorengas	900	
	Wasserdampf	1100	
	Halogene	300	
Eisen	Wasserstoff	1100	Schamotte
Nickel	Wasserstoff	1000	Porzellan

[1] Natürliches Salzgestein mit etwa 50% $KCl \cdot MgCl_2 \cdot 6\,H_2O$ und 30% NaCl.
[2] Gemisch aus H_2 und N_2.

64 Strahlungsmessungen.

641 Spektrallinien einiger Elemente.

Von **Rudolf Ritschl**, Berlin.

Ordnung der Elemente alphabetisch nach dem Symbol.

Abkürzungen.

Abkürzungen im Tabellenkopf.

λ in Å = Wellenlänge
Int. = Intensität:
B im Bogen
F im Funken
Ion.-Grad = Ionisationsgrad

Bei Ionisationsgrad bedeutet:

I Linie des neutralen Atoms
II Linie des einfach ionisierten Atoms
III Linie des doppelt ionisierten Atoms usw.

Abkürzungen unter Bemerkungen.

R die Linie zeigt leicht Selbstumkehr
u die Linie ist unscharf
su die Linie ist sehr unscharf
d die Linie ist diffus
b die Linie ist breit
r die Linie ist nach Rot verbreitert
v die Linie ist nach Violett verbreitert
LL letzte Linie oder Restlinie, besonders analytisch empfindlich

λ in Å	Int. B	Int. F	Ion.-Grad	Bem.
Ag Silber				
8747,6	—	2	II	
8492,5	—	3	II	
8273,58	2	2	I	
8254,7	—	4	II	
7687,78	2	—	I	
5801,92	1	—	I	u
5667,34	5	3	I	
5637,01	1	—	I	u
5623	—	1		
5593	—	3		
5559,58	1	—	I	u
5545,67	2	—	I	u
5523,7	1	—		
5521,0	—	2		
5489	—	1		
5475,38	4	—	I	
5471,55	8	5	I	
5465,50	10	7	I	
5436,00	2	—	I	u
5333,62	1	—	I	
5329,75	2	—		
5323,7	2	—		
5276,36	1	—	I	u
5238,35	1	—	I	u
5209,08	8	5	I	R
5172,8	3	—	I	
5138,34	2	—	I	u
5129,2	2	—	I	
5123,50	3	—	I	u
4992,89	5	—	I	u
4956,18	1	—	I	
4935,75	4	—	I	
4934,07	2	—	I	
4917,5	4	—	I	su
4888,21	5	—	I	
4874,10	7	2	I	
4847,82	4	—	I	
4822,79	2	—	I	su
4796,2	3	—	I	u
4677,60	4	—	I	u
4668,48	8	4	I	
4615,69	4	1	I	u
4563,8	1	—	I	
4556,0	3	1	I	u
4476,04	7	5	I	
4396,23	3	1	I	
4379,2	2	—		
4354,7	2	—	I	su
4311,07	5	5	I	
4294,27	2	—	I	u
4242,19	2	—	I	u
4228,7	2	—	I	su
4212,82	8	5	I	R
4212,52	2	—	I	
4210,96	10	7	I	R
4196,34	2	—	I	su
4172,0	1	—	I	
4083,43	3	—	I	u
4062,71	2	—	I	u
4062,08	2	—	I	u
4055,48	10	5	I	R
4055,20	2	1	I	
3992,15	4	—	I	u
3981,58	7	2	I	
3979,44	2	—	I	u
3951,28	2	—	I	u
3942,97	4	1	I	u
3940,43	4	1	I	u
3933,6	—	2		
3928,01	3	—	I	u
3847,85	3	—	I	
3840,75	5	2	I	
3811,78	5	—	I	
3810,94	8	2	I	
3784,1	2	—	I	
3768,51	3	—	I	u
3753,14	4	—	I	u
3727,42	2	—	I	u
3709,20	6	3	I	
3682,51	5	3	I	
3654,62	2	—	I	u
3624,68	5	2	I	
3623,49	3	—	I	u
3586,67	3	—	I	u
3557,01	3	—	I	u
3547,16	3	—	I	u
3542,61	5	5	I	
3537,23	2	—	I	
3521,12	4	—	I	
3513,38	3	—	I	u
3508,03	5	2	I	
3505,02	2	—	I	u
3501,92	4	2	I	
3499,67	2	—	I	u
3499,54	2	—	I	u
3487,79	3	—	I	
3469,16	5	2	I	
3457,07	2	—	I	
3410,78	4	2	I	
3403,78	2	—	I	u
3382,89	10	10	I	R LL
3354,63	2	—	I	u
3339,20	2	—	I	u
3331,8	—	3		
3329,7	—	4	II	
3327,70	3	—	I	u
3305,67	3	—	I	u
3301,5	—	2		
3299,5	—	2		
3280,68	10	10	I	R LL
3265,72	2	—	I	
3252,8	—	3		
3244,97	—	4		
3233,18	3	—	I	
3225,15	3	—	I	

641 (Fortsetzung).

λ in Å	Int. B	Int. F	Ion.-Grad	Bem.
3223,47	—	4		
3216,71	—	2		
3215,67	3	1	I	u
3177,33	3	—	I	
3170,58	4	2	I	u
3130,12	5	2	I	
3099,10	4	2	I	
2938,42	6	6	I	
2934,2	—	7	II	
2928,95	2	—	I	u
2929,4	—	6	II	
2926,77	2	—	I	u
2920,0	—	4		
2919,03	2	—	I	u
2902,08	—	5	II	
2896,48	—	6	II	
2873,54	—	5	II	
2824,39	4	4	I	u
2815,6	—	5	II	
2799,7	—	6	II	
2786,5	—	4		
2767,5	—	7	II	
2756,5	—	6	II	
2743,8	—	5	II	
2821,77	5	3	I	
2712,1	—	6	II	
2711,2	—	4		
2688,4	—	3		
2681,4	—	4		
2660,5	—	5	II	
2656,6	—	4	II	
2628,6	—	4		
2625,6	—	5		
2614,5	—	5		
2606,14	—	5		
2595,6	—	2		
2580,8	—	6	II	
2575,5	4	4		
2567,15	—	2		
2564,42	—	3		
2553,41	—	2		
2535,3	—	5	II	
2506,65	1	7	II	
2504,07	—	4		
2485,8	—	3		
2480,42	—	4		
2477,30	—	4		
2473,88	—	6	II	
2469,62	—	2	III	
2462,27	—	4		
2461,27	—	2		
2460,32	—	4		
2453,37	—	5	II	
2447,91	2	7	II	
2446,3	—	2		
2444,20	—	4		
2437,77	4	8	II	R LL
2429,65	—	5		
2420,12	—	4	II	
2413,22	3	6	II	R
2411,38	1	5	II	
2402,75	—	4	II	
2395,69	—	3	III	
2390,57	—	4		
2386,84	—	4	III	
2383,17	—	4	II	u
2375,02	5	5	I	u
2365,7	—	3	II	
2363,99	—	4	II	
2362,19	—	3	II	
2358,85	—	5	II	
2357,92	—	6	II	
2331,35	—	6	II	R
2325,1	2	5	II	
2324,63	4	6	II	R
2321,52	—	3		
2320,24	3	6	II	R
2317,03	2	5	II	R
2312,4	4	2		
2309,56	5	3		R
2279,97	2	6	II	
2277,38	—	3		
2275,24	—	4		
2253,45	—	4	II	
2248,73	3	6	II	R
2246,38	4	7	II	R
2243,4	—	3	II	
2229,51	2	5	II	
2226,12	—	3	II	
2219,70	—	2	II	
2211,18	—	2		
2208,5	—	3		
2205,95	—	4	II	
2202,1	—	4	II	
2113,8	2	3	II	R
2081,04	—	3	III	
2065,9	—	4	II	
2056,99	—	2	III	
2011,49	—	2	III	
2000,7	—	2	II	

Al Aluminium

λ in Å	Int. B	Int. F	Ion.-Grad	Bem.
11255,5	3	—	I	
8773,91	5	—	I	
7836,15	6	—	I	
7835,33	4	—	I	
7471,41	—	5	II	
7362,31	5	—	I	
6698,64	5	—	I	
6695,97	5	—	I	
6243,36	—	10	II	
6231,76	—	8	II	
6183,42	—	10	II	v
5861,53	—	7	II	
5722,65	—	6	III	
5696,47	—	8	III	
5593,23	—	10	II	
5557,59	5	—	I	
5557,07	7	—	I	
5163,9	—	7	III	
5150,8	—	6	III	
4701,6	—	6	III	
4663,05	—	10	II	
4589,75	—	4	II	
4588,19	—	5	II	
4585,82	—	6	II	
4529,18	—	6	III	
4512,83	—	6	III	
4479,8	—	5		d
4226,83	—	6	II	r
3961,53	8	8	I	R LL
3944,02	7	7	I	R LL
3900,68	—	5	II	
3713,10	—	3	III	
3703,22	—	4	II	
3702,09	—	2	III	
3655,00	—	8	II	
3654,98	—	6	II	
3651,09	—	4	II	
3649,22	—	1	II	
3649,18	—	2	II	
3612,35	—	7	III	
3601,62	—	8	III	
3586,55	—	6	II	r
3443,65	3	3	I	
3439,35	2	2	I	
3092,84	6	6	I	R LL
3092,71	10	10	I	R LL
3082,16	8	8	I	R LL
3066,16	4	4	I	
3064,30	4	4	I	
3060,0	1	1	I	
3059,07	2	2	I	
3057,16	6	6	I, II	
3054,69	5	5	I	
3050,07	5	5	II	
2907,05	—	8	III	
2837,95	2	—	I	
2816,19	—	7	II	
2762,8	—	4	III	
2669,17	5	5	II	
2660,39	8	5	I	R
2652,48	7	4	I	R
2631,55	—	5	II	
2575,39	3	2	I	R
2575,09	10	6	I	R
2567,98	8	4	I	R
2545,60	—	2	II	
2519,21	3	3	I	
2513,32	5	5	I	
2378,37	6	4	I	
2373,55	8	6	I	
2373,35	2	1	I	R
2373,12	8	6	I	R
2372,12	10	8	I	
2372,04	3	1	I	
2370,21	4	2	I	
2369,29	5	3	I	
2368,09	3	1	I	
2367,60	3	1	I	
2367,05	8	3	I	R
2321,57	4	1	I	
2321,56	—	5	II	
2319,07	2	1	I	
2317,49	4	4	I, II	
2313,53	3	3	I	
2312,49	2	2	I	
2269,22	4	2	I	R
2269,10	8	4	I	R
2263,73	7	3	I	R
2263,46	5	2	I	R
2258,00	2	—	I	
2210,05	5	3	I	R
2204,66	4	2	I	R
2204,59	3	1	I	R
2199,15	1	—	I	
2174,03	1	—	I	R
2168,81	1	—	I	R
2099,68	—	5	II	
2095,2	—	6	II	
2094,8	—	4	II	
2094,3	—	2	II	
2016,26	—	4	II	

Ba Barium

λ in Å	Int. B	Int. F	Ion.-Grad	Bem.
10471,26	6	—	I	
10274,04	5	—	I	
10233,22	6	—	I	
10188,23	4	—	I	
10032,12	6	—	I, II	
10001,09	3	—	I	

641 (Fortsetzung).

λ in Å	Int. B	Int. F	Ion.-Grad	Bem.
9830,37	7	—	I	
9713,75	2	—	I	
9645,72	4	—	I	
9608,88	10	—	I	
9589,37	5	—	I	
9527,5	10	—		
9455,92	5	—	I	
9370,06	3	—	I	
9324,58	5	—	I	
9308,08	5	—	I	
9219,69	2	—	I	
9189,4	2	—		
8914,99	4	—	I	
8860,98	4	—	I	
8799,76	2	—	I	b
8654,03	4	—		
8582,1	4	—		
8567,6	3	—		
8559,97	10	—	I	
8210,30	10	—	I	
8147,8	2	—		
8120,5	3	—		
7911,31	6	—	I	LL
7905,77	7	—	I	
7839,57	4	—		
7751,73	3	—		
7706,58	3	—		
7672,10	4	—	I	
7642,91	2	—	I	
7636,90	1	—	I	
7610,48	2	—	I	
7488,04	6	—	I	
7459,78	5	—	I	
7417,48	5	—	I	
7392,42	7	—	I	
7359,29	1	—	I	
7280,29	8	—	I	R
7228,84	6	—	I	
7195,22	7	—	I	
7153,64	5	—		
7120,27	8	—	I	
7059,92	9	—	I	R
6867,85	4	—	I	
6865,67	7	—	I	
6693,82	8	2	I	R
6675,26	7	2	I	R
6654,11	4	—		
6595,33	8	3	I	R
6527,31	7	3	I	R
6498,76	6	3	I	R
6496,90	10	10	I, II	R
6482,91	7	3	I	R
6450,85	7	3	I	
6341,68	7	3	I	R
6235,3	3	—		
6141,78	10	10	I, II	R
6110,79	7	5	I	R
6083,46	2	—		
6063,12	6	3	I	R
6019,47	6	3	I	R
5997,09	6	3	I	R
5971,70	6	3	I	
5964,79	3	—		
5907,6	5	2	I	
5853,69	8	5	I, II	R
5826,30	7	4	I	
5818,93	4	—	I	
5805,71	5	2		R
5800,3	6	2	I	
5784,2	3	6	II	
5777,70	9	5	I	R

λ in Å	Int. B	Int. F	Ion.-Grad	Bem.
5680,17	5	1		
5593,28	2	—		
5535,53	10	6	I	R LL
5519,11	5	3	I	
5424,62	4	2	I	
5391,6	—	4	II	
5361,4	—	3	II	
5302,81	1	—		
5013,0	—	4	II	
4957,2	—	4	II	
4947,32	2	—		
4934,10	8	10	II	R LL
4902,88	4	—	I	
4900,0	4	8	II	
4891,8	2	4	II	
4877,65	5	—	I	
4843,5	4	6	II	
4726,45	6	4	I	
4708,9	—	3	II	
4700,45	3	1	I	
4691,63	6	3		R
4673,61	4	1	I	
4628,33	3	1	I	
4619,98	2	1	I	
4599,75	3	2		R
4591,8	2	—	I	
4589,7	2	—	I	
4579,66	6	6		R
4573,88	5	3		R
4554,04	10	10	II	R LL
4525,0	5	7	II	
4523,25	5	2		
4505,94	5	3		
4493,64	4	1	I	
4488,97	4	1	I	
4467,14	2	—		
4431,91	6	4		
4413,69	2	—		
4406,86	3	—		
4402,55	5	3		
4359,56	2	—		
4350,38	6	4		
4332,9	2	1	I	
4325,18	1	—		
4323,0	3	1	I	
4309,3	4	4	II	
4304,9	2	—		
4291,17	5	—		
4283,12	6	6	I	
4268,0	4	4	II	
4264,4	2	—		
4239,6	4	—	I	
4224,0	3	—		
4166,02	5	10	II	
4132,44	6	3		
4130,68	8	10	II	R
3995,66	4	4	I	
3993,40	6	6	I	
3937,88	3	3	I	
3935,72	5	5	I	
3909,92	4	4	I	
3892,65	1	—		
3891,78	3	6	II	R
3889,32	5	1		
3794,75	4	4	II	
3688,5	3	2	I	
3662,54	2	1		
3640,40	1	1		
3536,9	2	1		
3630,65	3	2		
3611,0	2	1		

λ in Å	Int. B	Int. F	Ion.-Grad	Bem.
3599,42	3	2	I	
3588,15	2	1		
3568,52	2	1		
3579,7	5	5	I	
3577,62	1	1		
3576,04	1	—		
3566,68	2	—		
3561,98	2	—		
3547,7	3	3	I	
3544,7	5	5	I	
3525,0	4	4	I	
3501,11	6	6	I	R LL
3421,48	4	2	I	
3421,01	4	—	I	
3420,32	5	—	I	
3377,39	4	2	I	
3376,98	4	—	I	
3356,9	4	1	I	
3320,8	3	—		
3281,75	3	—	I	b
3262,24	2	—	I	b
3071,60	6	6	I	R
2785,26	7	—	I	
2771,41	5	7	II	
2739,26	5	—		
2702,65	6	—	I	
2647,28	5	5	II	
2646,5	6	—		
2641,4	4	4	II	
2634,80	6	6	II	
2596,68	10	—	I	
2543,2	6	—		
2528,51	5	5	II	
2347,58	6	6	II	
2336,25	8	10	II	R
2304,22	7	8	II	

Ca Calcium

λ in Å	Int. B	Int. F	Ion.-Grad	Bem.
10343,84	8	—	I	LL
9694,5	2	—		
9688,6	2	—	I	
9250,8	3	—	I	
8662,16	—	10	II	
8542,11	—	12	II	
8498,03	—	3	II	
7610,0	1	—		
7326,11	4	—	I	
7202,17	5	—	I	
7148,15	6	—	I	
6717,75	5	—	I	
6572,76	3	—	I	LL
6499,65	4	3	I	
6493,78	5	4	I	
6471,66	4	4	I	
6462,57	6	6	I	
6455,57	2	1	I	
6449,81	4	3	I	
6439,07	5	3	I	
6169,55	4	2	I	
6169,05	2	1	I	
6166,49	1	1	I	
6163,80	1	1	I	
6162,17	5	3	I	R
6161,32	2	1	I	
6122,22	4	4	I	R
6102,72	3	3	I	R
5857,45	4	4	I	
5602,84	1	1	I	
5601,28	1	1	I	
5598,26	2	1	I	

641 (Fortsetzung).

λ in Å	Int. B	Int. F	Ion.-Grad	Bem.
5594,46	3	2	I	
5590,11	4	2	I	
5588,75	3	3	I	
5581,97	1	1	I	
5512,98	2	1	I	
5349,47	4	2	I	
5270,27	5	5	I	
5265,56	4	4	I	
5264,14	2	2	I	
5261,70	2	2	I	
5260,39	1	1	I	
5188,84	2	2	I	
5041,61	4	3	I	
4878,13	5	4	I	
4685,26	3	1	I	
4585,96	2	—	I	
4585,87	4	6	I	
4581,47	4	4	I	
4578,55	2	2	I	
4526,94	4	3	I	
4515,3	1	4	II	
4456,61	2	1	I	
4455,88	8	6	I	
4454,77	10	8	I	R
4435,67	8	6	I	R
4434,95	10	8	I	R
4425,43	9	7	I	R
4355,10	6	2	I	
4318,65	5	5	I	R
4307,74	5	5	I	R
4302,52	6	6	I	R
4298,99	5	5	I	R
4289,38	5	5	I	R
4283,01	5	5	I	R
4240,46	2	1	I	
4226,73	10	10	I	R LL
4108,55	1	—	I	
4098,57	1	1	I	
4098,53	3	1	I	
4094,96	1	—	I	
4094,93	2	1	I	
4092,63	2	1	I	
4081,74	—	2	III	
3973,7	4	2	I	
3968,47	10	10	I	R LL
3957,07	3	1	I	
3948,91	2	1	I	
3933,67	10	10	I	R LL
3875,78	1	—	I	
3736,90	5	10	II	R
3706,02	3	8	II	R
3644,76	2	2	I	
3644,40	4	4	I	
3630,96	1	1	I	
3630,75	3	3	I	
3624,11	3	3	I	
3487,61	3	3	I	
3474,78	2	—	I	
3468,48	2	—	I	
3361,91	6	3	I	
3350,19	4	2	I	
3344,49	2	1	I	
3286,08	3	1	I	
3225,8	4	2	I	
3215,13	2	1	I	
3209,9	1	1	I	
3181,28	2	4	II	
3179,34	4	10	II	R
3158,88	3	8	II	R
3119,66	—	2	III	
3009,21	3	2	I	
3006,86	5	3	I	
3000,87	3	2	I	
2999,65	3	2	I	
2997,31	4	3	I	
2994,95	3	2	I	
2988,61	—	2	III	
2924,33	—	2	III	
2899,78	—	3	III	
2721,65	2	—		
2398,58	4	1	I	R
2275,5	2	1	I	R
2208,61	3	3	II	
2197,79	3	3	II	
2112,77	2	3	II	
2103,24	2	3	II	
2040,3	4	—		
2035,1	4	—		

Cd Cadmium

λ in Å	Int. B	Int. F	Ion.-Grad	Bem.
8495,64	3	—		
8200,1	1	—	I	
7396,7	1	—	I	
7385,3	2	—	I	
7382,3	2	—	I	
7346,0	1	—	I	
6777,7	2	—	I	
6725,83	—	4	II	
6464,98	—	3	II	
6438,47	10	10	I	R
6359,93	—	3	II	
6329,94	5	—	I	
6325,1	5	1	I	
6128,6	2	—	I	
6116,12	3	1	I	
6111,5	5	—	I	
6099,2	5	—	I	
6031,4	4	—	I	
5688,0	—	4		
5637,3	5	—		
5604,7	2	—	I	
5598,8	3	—	I	
5490,0	3	—		
5381,82	—	5	II	
5378,12	—	5	II	
5338,5	—	5	II	
5337,4	—	3	II	
5297,7	3	—	I	
5085,82	10	10	I	R
4882,04	—	5	II	
4799,92	10	10	I	R
4678,16	10	10	I	
4662,35	5	—	I	
4614,2	2	—	I	
4415,66	5	6	II	
4414,63	—	4	II	
4413,04	2	—	I	
4412,31	—	5	II	
4245,1	—	4	III	
4216,9	—	4		
4101,6	—	3		
4139,7	—	5	III	
4137,3	—	4	III	
4134,78	—	5	II	
4127,0	—	2		
4116,4	—	4	IV	
4094,5	—	5	IV	
4057,5	—	3		
4049,4	—	3	III	
4029,08	—	5	II	
3993,8	—	3	IV	
3991,7	—	3	IV	
3990,8	—	4	IV	
3988,0	—	4	IV	
3981,8	1	—	I	
3977,8	—	4	III	
3976,4	—	4	IV	
3958,5	—	5	III	
3957,40	—	4	II	
3939,8	—	3	III	
3852,1	—	2		
3729,06	3	—	I	R
3614,4	4	2	I	LL
3612,88	6	6	I	R LL
3610,51	8	8	I	R LL
3535,71	—	5	II	
3499,99	4	—	I	
3495,33	—	4	II	
3467,66	6	6	I	R
3466,18	7	7	I	R
3464,4	—	2	II	
3417,40	—	4	II	
3412,48	—	2		
3403,60	7	7	I	R
3298,97	2	2		
3261,05	7	7	I	R LL
3252,53	6	6	I	
3250,11	—	5	II	
3221,6	—	3	III	
3217,8	—	4	III	
3210,1	—	3	III	
3185,53	—	3	III	
3161,8	—	2	III	
3157,07	—	4		
3141,6	—	3	III	
3133,17	5	5	I	
3129,23	—	2	III	
3121,8	—	2	III	
3118,9	—	2	III	
3095,50	—	3	III	
3084,92	—	2	III	
3080,83	4	4	I	
3077,2	—	3	III	
2981,34	4	4	I	R
2980,62	6	6	I	R
2961,43	2	—	I	
2929,3	—	3	II	
2914,7	—	3	II	
2910,8	—	3	III	
2881,2	4	4	I	R
2880,78	6	6	I	R
2868,3	4	4	I	
2862,2	2	—	I	
2836,9	5	5	I	R
2834,19	—	3	III	
2805,6	—	2	III	
2775,0	4	4	I	
2767,2	—	2	III	
2764,1	3	3	I	R
2763,9	5	5	I	R
2748,67	—	10	II	
2733,9	4	2	I	
2726,9	—	2	III	
2712,6	5	3	I	
2707,14	—	3	II	
2677,6	6	6	I	
2660,4	5	3	I	
2639,50	5	4	I	R
2619,0	—	3	III	
2573,04	2	8	II	
2553,6	3	—	I	
2552,17	—	2	II	

641 (Fortsetzung).

λ in Å	Int. B	Int. F	Ion.-Grad	Bem.
2469,84	—	4	II	
2329,27	4	4	I	R LL
2321,15	—	6	II	
2312,8	2	8	II	R
2306,63	4	4	I	R LL
2294,70	—	2	II	
2288,02	10	10	I	R LL
2267,47	3	3	I	R
2265,02	6	10	II	R LL
2239,86	4	4	I	R
2194,62	—	6	II	
2144,38	4	6	II	R LL
2091,5	—	4		
2062,0	—	3		
2055,3	—	1		
2028,5	—	2		
2004,0	—	3	III	

Co Kobalt

λ in Å	Int. B	Int. F	Ion.-Grad	Bem.
9746,02	1	—	I	
9597,90	2	—	I	
9544,52	3	—	I	
9356,98	2	—	I	
9095,36	6	—		
9037,92	8	—		
8926,24	8	—		
8904,65	8	—		
8870,79	4	—		
8850,74	10	—		
8835,22	8	—		
8819,10	10	—	I	
8575,33	5	—		
8378,42	7	—	I	
8372,85	8	—	I	
8299,02	5	—		
8269,39	8	—		
8208,67	7	—	I	
8193,06	8	—	I	
8153,03	6	—		
8116,43	7	—		
8094,40	8	—	I	
8066,50	7	—		
8056,07	8	—	I	
8043,34	8	—		
8029,29	7	—		
8022,15	7	—		
8007,31	8	—	I	
7987,36	9	—	I	
7926,57	9	—	I	
7908,74	9	—	I	
7871,43	6	—		
7869,92	6	—		
7855,88	7	—	I	
7840,05	7	—		
7838,16	8	—	I	
7734,25	8	—	I	
7712,71	9	—	I	
7610,31	6	—	I	
7590,65	6	—	I	
7554,01	8	—	I	
7457,43	8	—	I	
7417,39	8	—	I	
7388,66	7	—		
7354,67	8	—		
7354,57	3	—		
7285,29	7	—		
7234,33	4	—		
7193,60	4	—		
7159,76	4	—		
7154,71	4	—	I	
7134,33	4	—		
7084,97	10	—	I	
7054,05	4	—		
7052,85	10	—	I	
7027,82	6	—		
7016,60	8	—	I	
7004,82	3	—	I	
6937,83	4	—		
6872,38	8	2	I	
6814,94	9	2	I	
6771,03	8	2	I	
6767,40	3	—		
6678,81	5	—	I	
6632,44	6	2		
6617,30	5	1		
6595,88	6	3	I	
6563,40	7	3	I	
6494,75	3	—		
6490,32	4	1		
6477,89	5	—		
6455,03	8	4	I	
6450,24	10	6	I	
6430,34	4	—	I	
6429,89	5	—		
6417,80	6	1		
6395,19	4	1		
6347,72	7	1	I	
6320,33	6	1		
6282,65	8	4	I	
6271,40	4	—		
6257,59	5	2		
6249,50	6	—	I	
6231,02	7	3	I	
6211,13	4	—		
6188,99	8	3	I	
6122,24	6	2	I	
6116,98	7	—		
6107,93	4	1		
6093,12	8	2	I	
6086,65	5	2		
6082,46	8	4	I	
6049,06	5	2		
6007,63	4	2		
6006,30	5	2		
6000,71	6	2		
5991,89	8	4	I	
5984,19	7	2	I	
5946,51	5	1		
5935,37	6	—	I	
5915,53	7	2		
5890,48	5	1		
5830,06	4	—		
5647,22	9	2		
5590,73	5	1	I	
5530,77	5	1	I	
5523,29	5	—		
5483,34	7	2	I	
5454,55	5	1	I	
5444,55	5	1	I	
5369,58	4	1	I	
5362,76	5	1		
5353,48	4	1		
5352,05	5	2	I	
5343,38	4	1	I	
5342,68	6	2	I	
5331,45	4	—	I	
5301,04	4	—	I	
5280,63	5	1	I	
5266,49	6	1	I	
5264,22	4	—	I	
5237,91	4	—	I	
5230,20	5	1	I	
5212,70	5	1	I	
5176,07	6	—		
5133,45	5	1		
5122,76	4	1	I	
4971,95	4	—	I	
4867,88	7	5	I	
4840,28	7	5	I	
4813,49	7	7	I	
4792,87	6	4	I	
4780,00	6	2	I	
4749,69	6	3	I	
4693,20	5	1	I	
4682,36	6	2	I	
4663,41	6	2	I	
4629,38	7	3	I	
4596,90	4	1	I	
4594,62	4	1		
4581,62	7	5	I	
4565,61	6	6		
4549,66	6	4		
4530,97	8	8	I	
4469,57	7	4	I	
4339,64	4	1		
4285,78	6	2	I	
4252,30	6	2		
4190,71	7	4	I	R
4160,7	2	7		
4121,33	10	10	I	R LL
4118,78	10	10	I	R
4110,54	9	9	I	
4092,40	9	8	I	R
4086,32	8	8	I	
4066,39	7	5	I	R
4045,40	8	5	I	R
4020,90	7	5	I	R
3997,91	8	8	I	R
3995,31	10	10	I	R LL
3991,84	—	4		
3978,66	5	2	I	
3974,73	5	2	I	R
3957,94	6	4	I	R
3952,92	8	2	I	
3952,33	4	1	I	
3941,74	6	3	I	R
3935,97	7	7	I	R
3906,30	4	—	I	
3894,98	6	—	I	R
3894,09	6	6	I	R
3881,88	6	2	I	R
3876,84	5	2	I	R
3873,96	7	3	I	R
3873,18	4	1	I	R
3861,17	5	4	I	R
3845,47	10	10	I	R
3842,06	8	6	I	R
3755,45	5	3	I	R
3745,50	5	3	I	R
3732,40	5	—	I	
3730,48	5	—	I	
3683,05	6	6	I	
3676,56	5	3		
3639,44	7	2		
3627,81	5	2	I	R
3621,22	—	8	II	
3602,08	5	4	I	R
3594,87	5	2	I	R
3587,19	8	8	I	R
3585,16	3	5	I	R
3575,36	7	5	I	R
3574,96	5	3	I	R
3569,38	7	7	I	R

641 (Fortsetzung).

λ in Å	Int. B	Int. F	Ion.-Grad	Bem.	λ in Å	Int. B	Int. F	Ion.-Grad	Bem.	λ in Å	Int. B	Int. F	Ion.-Grad	Bem.
3564,95	5	3	I	R	3044,01	7	5	I	R	Cu Kupfer				
3560,90	3	2	I	R	2989,59	7	5	I	R					
3550,60	3	2	I	R	2987,17	6	4	I	R	10172,00	2	—	I	
3543,27	4	2	I		2954,7	—	5	II		10146,78	5	—	I	
3533,36	6	4	I	R	2886,45	5	2			8092,63	5	—	I	
3529,81	7	5	I	R	2815,55	4	2			7933,13	7	—	I	
3529,04	5	3	I	R	2803,78	6	2	I		7570,1	6	—	I	
3526,86	8	5	I	R	2766,22	6	3			6920,2	4	—		
3523,44	4	4	I	R	2764,18	6	3			6905,94	5	—	I	
3521,57	5	5	I	R	2761,37	4	1			6890,9	3	—		
3520,09	4	3	I	R	2745,10	5	2			6741,42	5	—	I	
3518,35	4	2	I	R	2731,11	6	3			6672,23	4	—	I	
3513,48	5	4	I	R	2695,85	6	2			6621,63	3	—	I	
3512,64	6	4	I	R	2694,68	4	7			6268,3	4	—	I	
3510,42	4	3	I	R	2685,34	6	3			6163,3	3	—		
3509,84	5	4	I	R	2675,99	5	2			6148,6	4	—	I	
3506,32	6	5	I	R	2663,53	5	8			5782,13	8	6	I	R
3502,63	4	2	I		2653,7	—	5			5732,34	4	—	I	
3502,28	8	6	I	R	2650,27	4	1	I		5700,24	7	4	I	R
3501,7	—	4	II		2648,65	6	5	I		5554,94	2	—		
3495,69	6	4	I	R	2646,42	5	1	I		5535,79	3	—		
3489,41	7	5	I	R	2632,4	—	7	II		5292,52	4	4	I	
3485,35	5	3			2622,43	5	—	I		5220,07	5	4	I	
3474,02	8	7	I	R	2622,06	5	—	I		5218,20	8	8	I	
3465,80	6	4	I	R	2614,13	5	5	I		5153,24	7	7	I	
3462,81	6	4	I	R	2587,23	5	7			5111,91	3	—	I	
3455,24	4	4	I		2582,2	6	6			5105,54	7	6	I	
3453,51	9	8	I	R LL	2580,84	6	—	I		5016,61	4	4	I	
3449,44	7	5	I	R	2580,35	7	7	II		4704,59	5	2	I	
3449,17	7	5	I	R	2574,88	—	4			4674,78	4	3	I	
3446,4	4	4	II		2574,37	6	—			4651,12	6	5	I	
3443,65	7	7	I	R	2573,47	7	—	I		4587,00	5	5	I	
3442,92	4	—	I		2564,04	6	8	II		4539,7	5	—	I	
3433,04	7	7	I	R	2560,1	—	5			4530,79	6	2	I	
3431,58	6	6	I	R	2559,41	5	7	II		4509,37	5	3	I	
3417,16	6	5	I		2553,37	6	—	I		4480,36	6	2	I	
3412,64	7	5	I	R	2553,03	6	—	I		4415,6	4	—	I	
3412,34	7	5	I	R	2541,95	2	6			4378,17	5	5	I	
3409,18	6	4	I	R	2528,97	5	5	I		4275,11	7	7	I	
3405,12	8	7	I	R	2524,98	3	6	II		4259,42	4	—	I	
3395,38	7	6	I	R	2521,36	5	—	I		4248,96	5	3	I	
3388,18	6	5	I	R	2519,8	2	5			4177,70	4	2	I	
3385,20	4	3	I	R	2517,87	5	—			4063,24	5	2	I	
3377,06	6	1		R	2511,01	6	4			4062,64	10	7	I	
3367,11	7	5	I	R	2506,92	5	—			4022,63	7	5	I	
3354,38	7	5	I	R	2506,47	6	7	II		3861,75	3	1	I	
3346,94	5	3			2464,21	2	5			3860,48	1	—	I	
3334,15	6	4	I	R	2447,7	—	6			3771,8	2	1		
3319,48	5	3			2432,5	3	5			3741,25	2	1	I	
3283,45	7	5			2424,94	4	—	I	R	3654,3	4	—	I	
3265,25	6	3		R	2417,66	—	4			3621,25	3	1	I	
3260,81	7	4		R	2415,30	5	2	I	R	3602,03	4	4	I	
3254,20	7	5	I	R	2411,62	4	2	I	R	3599,14	4	4	I	
3249,99	5	2	I	R	2407,26	3	1	I	R	3533,74	2	1		
3247,17	7	5	I	R	2397,4	2	6	II		3530,38	5	2	I	
3243,84	6	5		R	2388,90	5	7	II	R	3527,47	2	1		
3226,99	4	1		R	2383,45	2	5	II		3520,00	2	1		
3159,66	6	3	I	R	2378,62	5	7	II		3512,11	2	2	I	
3158,76	7	4	I	R	2363,8	6	8			3483,75	2	2	I	
3154,78	6	4	I		2353,4	2	6	II		3457,85	2	1		
3154,67	5	3	I		2311,6	5	7	II		3454,72	2	1		
3149,30	6	2	I	R	2307,9	6	8	II	R	3450,34	2	2	I	
3147,06	7	5	I	R	2286,17	6	8	II	R LL	3402,23	1	1		
3139,94	7	5	I	R	2276,6	4	—			3381,43	2	1		
3137,32	8	6	I	R	2245,13	1	5	II		3365,36	3	2	I	
3121,56	7	5	I	R	2213,9	3	—			3337,85	5	4	I	R
3121,41	5	3	I	R	2202,96	1	4	II		3319,66	2	2	I	
3086,77	8	6	I	R	2196,6	5	—			3317,19	2	2	I	
3082,61	6	4	I	R	2165,6	3	2			3307,95	5	5	I	
3072,34	7	5	I	R	2105	4	1			3293,92	3	2		R
3061,82	6	4	I	R	2011,5	—	7			3290,55	3	3	I	

641 (Fortsetzung).

λ in Å	Int. B	Int. F	Ion.-Grad	Bem.
3282,69	4	2	I	
3279,82	6	4	I	R
3273,96	8	7	I	R LL
3247,54	10	10	I	R LL
3243,15	3	3	I	
3235,70	2	2	I	
3231,17	3	1	I	
3208,23	5	2	I	
3194,10	6	4	I	R
3146,82	3	2		
3142,43	3	2	I	
3140,33	3	1		
3128,67	2	1		
3126,11	4	4	I	
3116,33	2	1		
3108,60	4	4	I	
3099,92	3	3	I	
3093,99	5	2	I	R
3073,80	4	2	I	R
3063,41	5	4	I	R
3036,10	5	4	I	R
3010,84	5	4	I	R
2997,36	4	3	I	R
2991,16	6	6	I	R
2882,93	5	4	I	R
2824,37	6	5	I	R
2769,85	2	5	II	
2766,37	6	4	I	R
2719,0	—	3	II	
2713,7	—	3	II	
2701,1	—	3	II	
2689,5	—	3	II	
2618,37	8	5	I	R
2600,4	—	3	II	
2545,0	—	5	II	
2529,5	—	3	II	
2506,4	—	4	II	
2492,15	7	3	I	R
2489,64	—	3	II	
2473,46	—	2	II	
2441,64	6	—	I	R
2406,66	6	3	I	
2403,4	—	3		
2400,10	—	5	II	
2392,63	7	3	I	R
2369,89	5	7	I, II	
2356,63	—	2		
2319,6	5	2	I	
2303,12	6	3	I	
2294,37	3	7	II	
2293,84	7	3	I	R
2276,25	5	5	I	
2263,08	5	3	I	R
2260,48	4	2	I	R
2247,00	5	7	II	
2244,27	3	1	I	R
2242,61	4	6	II	
2238,44	4	—	I	R
2230,08	3	3	I	R
2228,86	—	5	II	
2227,78	3	3	I	R
2225,70	3	—	I	R
2218,10	1	5	II	R
2215,65	2	1	I	R
2214,58	2	1	I	R
2210,26	1	5	II	
2199,75	4	3	I	R
2199,58	5	4	I	R
2192,26	—	5	II	
2181,72	4	—	I	R
2179,40	—	5	II	
2178,94	4	—	I	
2165,09	5	—	I	
2148,97	—	5	II	
2135,98	—	7	II	
2134,36	—	2	II	
2130,76	1	—	I	
2126,03	—	5	II	
2112,09	—	4	II	
2104,78	—	3	II	

Fe Eisen

λ in Å	Int. B	Int. F	Ion.-Grad	Bem.
9889,11	4	—	I	
9861,83	3	—	I	
9800,42	2	—	I	
9763,91	2	—	I	
9763,34	2	—	I	
9753,15	1	—	I	
9738,62	10	—	I	
9653,18	2	—	I	
9626,60	3	—	I	
9569,95	4	—	I	
9414,14	2	—	I	
9350,5	2	—	I	
9259,05	2	—	I	
9258,40	2	—	I	
9210,0	2	—		
9118,87	4	—	I	
9089,40	3	—	I	
9088,33	5	—	I	
9079,6	4	—		
9024,47	2	—	I	
9012,10	3	—	I	
8999,56	10	—	I	
8975,36	2	—	I	
8945,15	2	—	I	
8866,92	10	—	I	
8838,36	3	—	I	
8824,23	3	—	I	
8793,38	10	—	I	
8764,02	10	—	I	
8757,16	5	—	I	
8710,29	2	—	I	
8688,63	2	—	I	
8674,69	6	—	I	
8661,91	6	—	I	
8611,73	6	—	I	
8582,20	5	—	I	
8514,08	8	—	I	
8468,41	4	—	I	
8446,42	7	—		
8387,78	8	—	I	
8331,94	4	—	I	
8327,06	8	—	I	
8220,41	7	—	I	
8085,20	5	—	I	
8046,07	6	—	I	
8028,31	1	—	I	
7998,97	7	—	I	
7945,88	6	—	I	
7937,17	6	—	I	
7832,22	4	—	I	
7807,80	5	—	I	
7780,59	3	—	I	
7771,99	7	—		
7748,28	4	—	I	
7742,71	9	—	I	
7710,40	1	—		
7664,31	3	—		
7620,53	3	—		
7586,04	8	—	I	
7583,80	5	—	I	
7568,93	4	—	I	
7531,18	4	—		
7511,05	8	—	I	
7495,09	4	—	I	
7462,38	—	2	II	
7445,78	9	—	I	
7411,18	6	—	I	
7289,43	6	—	I	
7386,40	3	—		
7376,46	—	2	I	
7320,70	—	4	II	
7307,97	—	5	II	
7293,08	5	—	I	
7288,78	6	—	I	
7239,90	3	—	I	
7207,41	10	—	I	
7187,34	10	—	I	
7181,20	3	—		
7164,47	8	—	I	
7130,96	9	—	I	
7090,38	5	—	I	
7068,42	4	—		
7067,44	—	2	II	
7038,26	3	—	I	
7022,98	2	—	I	
6999,89	3	—	I	
6978,86	7	—	I	
6951,28	3	—		
6945,21	7	—	I	
6916,71	3	—		
6885,77	3	—		
6858,15	2	—		
6855,18	6	—	I	
6843,68	3	—		
6841,36	5	—		
6828,61	3	—		
6810,27	3	—		
6752,72	2	—		
6750,15	4	—	I	
6726,67	2	—		
6677,99	7	—	I	
6663,44	6	—	I	
6633,75	5	—	I	
6609,12	3	—		
6593,83	3	—	I	
6592,91	7	—	I	
6575,03	2	—		
6569,22	4	—	I	
6546,24	6	—	I	
6518,38	2	—		
6516,05	—	3	II	
6496,46	5	—	I	
6494,98	6	3	I	
6475,64	2	—		
6469,22	3	—		
6462,73	4	—	I	
6456,41	—	2	II	
6446,43	—	4	II	
6430,85	5	1	I	
6421,35	4	1	I	
6419,95	3	—	I	
6416,94	—	2	II	
6411,65	5	1	I	
6408,02	4	—	I	
6400,00	6	2	I	
6393,60	5	2	I	
6380,75	3	—		
6358,68	3	—	I	
6355,04	4	—		
6336,82	5	1	I	

641 (Fortsetzung).

λ in Å	Int.		Ion.-Grad	Bem.	λ in Å	Int.		Ion.-Grad	Bem.	λ in Å	Int.		Ion.-Grad	Bem.
	B	F				B	F				B	F		
6335,33	5	1	I		5487,75	4	—			5137,38	2	—	I	
6322,69	3	—	I		5476,57	5	—	I		5133,70	6	2	I	
6318,02	4	1	I		5463,27	5	1	I		5127,36	3	1	I	
6315,32	2	—			5455,61	8	6	I		5125,12	2	—	I	
6302,49	4	—	I		5455,45	2	—	I		5123,72	3	1	I	
6301,50	5	1	I		5446,92	8	6	I		5110,41	5	1	I	
6297,79	4	—	I		5445,04	6	—	I		5107,64	3	1	I	
6290,97	3	—	I		5434,52	7	5	I		5107,45	2	—	I	
6265,13	4	1	I		5429,70	8	6	I		5098,70	5	2	I	
6256,36	4	—	I		5424,07	8	6	I		5097,00	2	—	I	
6254,26	3	—	I		5415,20	7	7	I		5090,78	2	—	I	
6252,56	5	2	I		5410,91	5	—	I		5083,34	3	1	I	
6247,56	—	3	II		5405,78	8	6	I		5079,74	2	1	I	
6246,32	5	1	I		5404,14	6	6			5079,23	4	2	I	
6238,41	—	2	II		5400,50	3	—	I		5074,75	5	—	I	
6232,64	3	—	I		5397,13	8	6	I		5068,77	5	—	I	
6230,72	5	2	I		5393,17	3	—	I		5065,02	3	—	I	
6219,28	3	—	I		5389,48	2	—	I		5051,63	5	2	I	
6213,43	4	1	I		5383,37	7	9			5049,82	6	3	I	
6191,56	6	3	I		5371,49	8	6	I		5041,76	5	2	I	
6173,34	3	1	I		5369,96	5	—			5041,07	4	1	I	
6170,51	3	—	I		5367,47	4	—	I		5028,13	2	—	I	
6157,73	3	1	I		5364,87	3	—			5027,12	2	—	I	
6149,27	—	2	II		5362,87	4	8	II		5022,24	3	—	I	
6147,79	—	4	II		5341,02	4	2	I		5018,44	—	4	II	
6141,73	2	—	I		5339,93	3	—	I		5014,94	4	—	I	
6137,69	4	2	I		5332,90	2	—	I		5012,07	6	3	I	
6137,01	3	—			5328,53	4	2	I		5006,12	8	4	I	
6136,62	5	3	I		5328,04	9	5	I		5005,71	4	—	I	
6103,19	1	—	I		5325,56	—	3	II		5002,79	2	—	I	
6102,18	3	—	I		5324,18	6	5	I		5001,86	5	2	I	
6078,50	1	—	I		5316,65	—	4	II		4994,13	4	1	I	
6065,48	5	2	I		5302,30	5	2	I		4988,95	2	—	I	
6056,00	2	—	I		5283,62	6	2	I		4985,54	3	—	I	
6027,05	3	1	I		5281,79	5	2	I		4985,25	3	—	I	
6024,06	5	2	I		5276,01	—	3	II		4983,85	2	1	I	
6020,17	4	1	I		5273,37	2	—	I		4983,25	2	—	I	
6008,56	3	—	I		5273,16	3	—	I		4982,50	3	—		
6003,01	4	—	I		5270,36	8	4	I		4966,09	5	2	I	
5987,07	3	—	I		5269,54	10	8	I		4957,60	10	8	I	
5984,82	4	—	I		5266,56	7	3	I		4957,31	6	3	I	
5983,69	3	—	I		5263,31	3	—	I		4946,39	2	—	I	
5976,78	2	—	I		5250,65	2	—	I		4939,69	1	—	I	
5952,75	4	1			5242,49	1	1	I		4938,81	6	2	I	
5934,66	5	1	I		5234,63	—	3	II		4923,92	—	5	II	
5930,18	5	—	I		5232,94	8	4	I		4920,50	10	8	I	
5914,16	6	1			5229,85	2	—	I		4918,99	8	4	I	
5883,42	4	—	I		5227,19	8	4	I		4903,31	6	2	I	
5862,36	5	—	I		5226,87	2	—	I		4891,49	9	5	I	
5859,59	5	—	I		5217,39	2	—	I		4890,76	7	4	I	
5775,08	5	—	I		5216,27	5	1	I		4878,21	6	2	I	
5762,99	5	1	I		5215,18	3	—	I		4872,14	7	3	I	
5753,12	4	—	I		5208,59	4	—	I		4871,32	8	4	I	
5731,77	3	—			5202,34	5	1	I		4859,74	6	2	I	
5717,85	3	—			5198,71	3	1	I		4789,65	3	1	I	
5709,38	5	1	I		5197,59	—	3	II		4788,76	2	—	I	
5701,55	4	—	I		5195,47	3	—	I		4786,81	3	1	I	
5662,52	3	—	I		5194,94	4	1	I		4772,82	1	—	I	
5658,82	5	1	I		5192,34	8	2	I		4736,77	6	3	I	
5624,54	5	1	I		5191,45	7	2	I		4733,59	2	1	I	
5615,64	7	4	I		5171,60	7	2	I		4710,28	2	1	I	
5602,94	5	—	I		5169,03	2	5	II		4707,27	4	2	I	
5598,30	3	1	I		5168,90	2	—	I		4704,95	2	—	I	
5586,76	7	4	I		5167,49	8	4	I		4691,41	4	2	I	
5576,09	5	1	I		5166,28	3	1	I		4678,85	4	2	I	
5572,84	7	3	I		5165,41	2	—	I		4673,16	2	—	I	
5569,62	6	2	I		5162,27	4	—	I		4669,17	2	—	I	
5554,88	2	—			5151,91	3	1	I		4668,13	3	—	I	
5506,78	7	2	I		5150,84	4	1	I		4667,45	3	1	I	
5501,47	6	2	I		5139,46	7	3	I		4654,62	3	—	I	
5497,52	7	2	I		5139,25	5	2	I		4654,50	3	—	I	

641 (Fortsetzung).

λ in Å	Int. B	Int. F	Ion.-Grad	Bem.
4647,43	3	1	I	
4638,02	3	1		
4637,52	2	—	I	
4632,92	3	1	I	
4625,06	2	—	I	
4619,30	2	—		
4611,28	3	1	I	
4607,66	3	1	I	
4602,94	4	2	I	
4592,65	3	1	I	
4583,84	—	4	II	
4555,90	—	3	II	
4549,48	—	4	II	
4531,15	4	2	I	
4528,61	8	5	I	
4525,14	2	—	I	
4522,64	—	4	II	
4520,24	—	3	II	
4515,34	—	3	II	
4508,29	—	4	II	
4494,56	5	4	I	
4489,75	2	1	I	
4484,22	2	—	I	
4482,25	3	2	I	
4482,17	2	—	I	
4476,08	3	2	I	
4476,02	6	3	I	
4469,38	4	3	I	
4466,55	6	3	I	
4461,65	4	2	I	
4459,12	5	3	I	
4454,38	3	—	I	
4447,72	5	2	I	
4443,19	3	—	I	
4442,34	5	2	I	
4430,61	4	1	I	
4427,31	5	2	I	
4422,57	4	2	I	
4415,12	8	8	I	
4408,41	4	1	I	
4407,71	3	—	I	
4404,75	8	8	I	
4401,29	3	—	I	
4390,95	2	—	I	
4388,41	2	—	I	
4383,54	10	10	I	1
4375,93	5	2	I	
4369,77	3	2	I	
4367,58	3	—	I	
4352,73	4	2	I	
4351,77	—	3	II	
4337,05	5	2	I	
4325,76	9	9	I	
4315,09	5	3	I	
4308,90	8	8	I	
4299,23	7	4	I	
4296,56	—	3	II	
4294,13	6	4	I	
4291,46	2	—	I	
4282,40	6	3	I	
4271,76	8	8	I	
4271,15	6	6	I	
4267,83	2	—	I	
4260,47	10	10	I	
4250,79	8	6	I	
4250,12	7	4	I	
4247,43	5	2	I	
4245,26	3	—	I	
4238,81	4	2	I	
4238,02	2	—	I	
4235,94	8	4	I	
4233,60	6	3	I	
4233,16	—	4	II	
4227,43	7	4	I	
4225,45	4	1	I	
4224,17	3	—	I	
4222,21	5	2	I	
4220,34	2	—	I	
4219,36	5	2	I	
4217,55	4	—	I	
4216,18	4	1	I	
4213,65	2	—	I	
4210,34	7	3	I	
4207,13	2	—	I	
4203,98	2	—	I	
4202,03	7	6	I	
4199,10	7	5	I	
4198,30	7	3	I	
4196,21	2	—	I	
4195,33	3	—	I	
4191,43	6	3	I	
4187,80	7	4	I	
4187,04	7	4	I	
4184,89	5	2	I	
4181,75	6	4	I	
4178,87	—	3	II	
4177,59	2	—	I	
4176,57	3	—	I	
4175,64	5	2	I	
4174,91	3	—	I	
4173,48	—	3	II	
4170,90	3	—	I	
4158,79	3	—	I	
4157,78	4	—	I	
4156,80	6	2	I	
4154,81	4	2	I	
4154,50	6	—	I	
4153,90	5	—	I	
4152,17	2	—	I	
4150,25	2	—	I	
4149,37	3	—	I	
4147,67	5	2	I	
4143,87	7	5	I	
4143,41	5	3	I	
4137,00	3	—		
4134,68	5	2		
4132,90	4	—	I	
4132,06	7	4	I	
4127,61	4	1	I	
4122,52	2	—	I	
4121,80	3	—	I	
4120,21	2	—		
4119,55	7	4		
4114,45	3	1	I	
4109,80	4	2	I	
4107,49	6	3	I	
4098,18	2	—	I	
4095,97	2	—	I	
4085,30	2	—	I	
4084,49	3	—	I	
4079,84	2	—	I	
4078,35	2	—	I	
4076,63	5	2	I	
4074,79	3	1	I	
4073,76	2	—	I	
4071,74	8	8	I	
4067,98	5	2	I	
4067,27	2	1	I	
4066,97	4	1	I	
4063,59	10	10	I	R
4062,44	5	2	I	
4058,22	2	—	I	
4045,81	10	10	I	R
4024,72	3	—	I	
4021,87	6	2	I	
4017,15	3	—	I	
4014,53	5	2		
4009,71	5	2	I	
4007,27	3	—	I	
4005,24	8	6	I	
4001,66	3	—	I	
3998,05	5	2	I	
3997,39	6	3	I	
3995,98	2	—	I	
3986,17	2	—		
3983,96	5	2	I	
3981,77	3	—	I	
3977,74	5	2	I	
3976,62	2	—		
3971,32	4	1	I	
3969,26	8	5	I	
3967,42	4	2	I	
3966,63	5	2	I	
3966,06	5	2	I	
3963,10	3	—	I	
3956,68	6	3	I	
3956,46	3	2	I	
3953,15	2	—	I	
3952,60	4	1	I	
3951,16	4	2		
3949,96	5	2	I	
3948,78	5	2	I	
3948,10	3	1	I	
3947,53	3	—	I	
3947,00	2	—	I	
3942,44	3	1	I	
3940,88	4	1	I	
3935,81	4	1	I	
3932,63	2	—		
3930,29	7	4	I	R
3927,92	7	4	I	
3922,91	7	4	I	R
3920,26	6	3	I	r
3918,65	4	1		
3917,18	5	2	I	
3916,73	3	—		
3913,63	2	—	I	
3907,93	3	1	I	
3906,48	5	3	I	
3903,90	3	1	I	
3902,95	7	5	I	
3899,71	7	5	I	
3898,01	5	2	I	
3897,90	4	2		
3895,66	7	4	I	r
3893,40	4	2	I	
3891,93	3	1		
3888,51	8	4	I	
3887,05	6	3	I	
3886,28	7	4	I	R
3878,66	3	—		
3878,57	10	5	I	r
3878,02	8	4	I	
3873,76	4	2	I	
3872,50	8	4	I	
3867,22	2	1		
3865,52	7	4	I	
3859,91	10	6	I	R
3859,21	8	5	I	
3856,37	9	5	I	
3852,57	3	—	I	
3850,82	6	4	I	
3849,97	8	4	I	

641 (Fortsetzung).

λ in Å	Int. B	Int. F	Ion.-Grad	Bem.	λ in Å	Int. B	Int. F	Ion.-Grad	Bem.	λ in Å	Int. B	Int. F	Ion.-Grad	Bem.
3846,80	4	—			3651,47	7	3	I		3524,08	3	1		
3845,17	2	—	I		3650,28	2	—			3521,26	6	3	I	
3843,26	5	2			3649,51	6	3	I		3516,40	4	2		
3841,05	9	5	I	r	3647,84	10	6	I	R	3513,82	7	4	I	
3840,44	9	5	I	r	3645,82	4	2			3508,52	3	—	I	
3839,26	4	2			3640,39	6	3	I		3506,50	4	1	I	
3834,22	10	6	I	r	3638,30	6	2	I		3497,84	8	4	I	
3833,31	3	1			3637,86	3	1			3497,11	2	1		
3827,82	7	6	I		3634,70	2	—			3495,29	4	—	I	
3825,88	10	8	I	R	3634,33	4	1	I		3490,57	10	6	I	R
3824,45	8	5	I	R	3633,84	2	—			3489,67	2	1		
3821,18	3	1			3632,04	5	2			3485,34	5	2	I	
3820,43	10	10	I	R	3631,46	10	6	I	R	3483,01	2	1	I	
3815,84	8	8	I	R	3631,10	2	—			3476,70	7	3	I	
3812,96	7	4	I		3625,14	3	1	I		3475,65	3	—		
3807,53	4	2	I		3623,19	5	2	I		3475,45	8	4	I	R
3806,70	5	3			3622,00	6	3	I		3468,85	3	1	I	
3805,34	6	3			3621,46	7	3	I		3465,86	6	4	I	R
3799,55	8	4	I		3618,77	10	6	I	R	3459,92	3	1		
3798,51	7	3	I		3617,79	5	2			3452,27	5	2	I	
3797,51	5	3			3616,58	4	2	I		3451,92	5	2	I	
3795,00	8	5	I		3612,07	4	1	I		3450,33	5	2	I	
3790,09	5	2	I		3610,16	6	2	I		3447,28	4	1	I	
3787,88	8	4	I		3608,86	10	6	I	R	3445,15	6	3	I	
3785,95	4	2	I		3606,68	6	4	I		3443,88	8	4	I	r
3776,45	3	—	I		3605,45	6	3	I		3442,37	2	1		
3774,82	3	—	I		3603,21	5	3	I		3440,99	8	4	I	R
3767,19	9	4	I	r	3594,63	4	—	I		3440,61	10	5	I	R
3765,54	8	4	I		3589,46	3	1	I		3428,19	4	2	I	
3763,79	10	6	I	r	3589,10	4	1	I		3427,12	6	3	I	
3760,53	3	—			3586,99	8	4	I		3426,64	4	1		
3760,05	4	2			3586,12	4	2	I		3426,39	2	1		d
3758,23	10	7	I	R	3585,71	4	2	I		3425,01	2	—		
3753,61	5	2	I		3585,32	5	3	I		3424,28	5	2	I	
3749,49	10	7	I		3584,96	6	3			3422,66	4	2	I	
3748,27	8	4	I	R	3584,66	4	2	I		3418,51	5	2	I	
3745,90	6	3	I		3582,20	3	1			3417,85	3	2	I	
3745,56	10	8	I	R	3581,19	10	10	I	R	3415,53	2	—	I	
3743,47	4	6			3576,76	2	1			3413,13	7	3	I	
3743,36	7	3	I		3575,38	3	—			3407,46	7	4	I	
3738,31	4	2			3573,90	3	—			3406,81	2	—	I	
3737,13	10	7	I	R	3572,00	5	2	I		3404,36	5	2	I	d
3734,87	6	6	I	R	3570,24	5	—			3402,26	3	1		
3733,32	8	4	I	r	3570,10	10	10	I	R	3401,52	3	—	I	
3732,40	5	1			3568,98	3	1			3399,33	6	2	I	
3727,62	8	5	I	R	3567,04	2	—			3396,97	2	—	I	
3724,38	4	2	I		3565,58	3	—			3394,58	4	1	I	
3722,56	7	4	I	r	3565,38	8	5	I	r	3392,65	6	2	I	
3719,93	10	10	I	R	3558,52	6	4	I		3392,30	4	1	I	
3716,44	6	—	I		3556,88	5	2	I		3387,41	2	—		
3715,91	2	—	I		3554,92	8	4	I		3383,98	4	1	I	
3709,25	8	4	I	r	3554,12	2	—			3383,69	4	1	I	
3707,92	5	4	I		3553,74	4	2			3380,11	5	1	I	
3705,57	10	6	I	r	3545,64	4	1	I		3379,02	3	1	I	
3704,46	5	2	I		3543,68	2	—			3378,68	3	1		
3701,09	7	3	I		3542,08	4	2	I		3370,78	5	2	I	
3697,43	3	—	I		3541,08	7	3	I		3369,55	4	—		
3695,05	4	—			3540,12	2	1			3355,23	4	—		
3694,01	8	3	I		3537,89	2	—			3347,93	4	1	I	
3689,46	6	2	I		3537,73	3	1	I		3341,91	3	1		
3687,66	2	—	I		3536,56	7	3	I		3340,57	3	—	I	
3687,45	7	4	I		3533,20	5	2	I		3337,67	4	1		
3686,00	6	3	I		3533,01	3	1			3328,87	3	1		
3684,11	6	3	I		3530,39	3	1	I		3325,47	2	—		
3683,05	5	2	I		3529,82	3	—			3324,54	2	—		
3679,91	8	4	I		3527,79	2	1	I		3323,74	4	1		
3677,63	6	2			3526,68	4	1	I		3322,47	3	—		
3676,31	4	1	I		3526,47	3	1			3317,13	2	—		
3669,52	6	2	I		3526,38	2	—			3314,74	5	2		
3659,52	5	1	I		3526,17	4	2	I		3307,23	3	—		
3655,47	4	1			3524,24	3	1	I		3306,35	7	3		

641 (Fortsetzung).

λ in Å	Int. B	Int. F	Ion.-Grad	Bem.	λ in Å	Int. B	Int. F	Ion.-Grad	Bem.	λ in Å	Int. B	Int. F	Ion.-Grad	Bem.
3305,97	7	3	I		3171,34	2	2	II		2984,83	4	6	II	
3298,13	4	1	I		3166,44	3	1	I		2983,57	8	2	I	R
3292,59	5	2	I		3161,95	4	1	I		2981,96	2	—		
3292,02	5	2			3160,66	6	2	I		2981,85	3	—		
3290,99	3	1	I		3157,88	4	1	I		2981,45	6	3	I	r
3290,73	2	—			3157,04	5	2	I		2973,24	2	1	I	
3286,75	7	3	I		3156,28	3	—			2973,14	2	1	I	
3284,59	2	—	I		3154,20	2	2			2970,11	8	4	I	R
3282,90	2	1			3153,20	3	—	I		2969,47	5	2	I	
3280,26	5	1			3151,35	6	1			2966,90	8	4	I	R
3271,00	6	2	I		3144,49	2	—			2965,26	7	3	I	
3268,23	3	—	I		3143,99	3	—			2959,99	5	2		
3265,62	6	2	I		3142,89	2	1			2957,37	6	3	I	R
3265,05	4	1	I		3142,45	3	1			2953,94	7	4	I	R
3264,52	3	1			3140,39	2	—			2953,78	2	4	II	
3259,99	3	—	I		3134,11	5	2	I		2950,24	6	1		
3257,59	4	1	I		3129,34	2	—			2948,44	3	1		
3254,36	5	2	I		3126,18	4	1			2947,88	9	5	I	R
3253,61	2	—			3125,65	7	2	I		2947,65	3	5	II	
3252,93	2	—			3120,44	4	1			2944,40	3	5	II	
3251,24	4	1	I		3119,50	4	1			2941,34	6	3	I	r
3248,21	5	3	I		3116,63	5	2	I		2937,81	5	—		
3246,96	3	1	I		3100,67	7	4	I		2936,90	9	5	I	R
3246,01	4	—	I		3100,30	7	4	I		2929,12	2	—		
3244,19	7	2	I		3099,97	3	3	I		2929,01	7	2	I	r
3239,43	7	2	I		3099,90	3	—	I		2926,58	4	6	II	
3236,22	4	1	I		3091,58	6	2	I		2923,85	4	—	I	
3234,61	3	1	I		3083,74	6	2	I		2923,29	4	—		
3233,97	6	—	I		3075,72	8	3	I	r	2920,69	2	—	I	
3233,05	4	2			3068,18	5	2	I		2918,02	5	2		
3230,96	5	2	I		3067,24	8	4	I		2912,16	8	3	I	r
3230,21	2	—			3067,12	3	—			2901,91	3	—		
3229,12	2	—			3060,98	2	—	I		2901,38	2	—	I	
3228,26	2	1			3059,09	10	5	I	R	2899,41	4	1		
3227,80	4	4	I		3057,45	9	5	I	R	2895,03	4	1	I	
3227,75	4	7	II		3055,26	5	—	I		2894,50	5	1		
3225,79	8	3	I		3053,07	2	1			2887,81	3	1		
3222,07	6	3	I		3047,61	10	5	I	R	2880,76	2	4	II	
3219,81	4	—	I		3045,08	4	—			2877,30	5	1	I	
3219,58	5	—	I		3042,67	7	3	I		2875,30	3	—	I	
3217,38	4	1	I		3042,02	6	2	I		2874,17	6	2	I	
3216,94	3	—			3041,75	3	1	I		2872,33	4	2	I	
3215,94	3	1			3040,43	6	3	I		2869,31	6	2	I	
3214,05	6	2	I		3037,39	10	5	I	R	2866,62	3	1	I	
3213,31	3	5	II		3031,64	7	3	I		2863,86	5	2	I	
3211,99	5	2	I		3031,21	5	2	I		2863,43	4	1	I	
3211,70	3	1			3030,15	6	3			2858,90	3	—	I	
3211,49	3	—			3026,46	6	2	I		2851,80	7	3	I	r
3210,83	5	1	I		3025,85	9	4	I	R	2848,71	3	1	I	
3210,23	4	1	I		3025,64	3	1			2845,60	4	2	I	d
3209,30	3	—	I		3024,03	6	2	I	r	2843,98	8	3	I	R
3208,47	2	—	I		3021,07	10	5	I	R	2843,63	5	1	I	
3205,40	7	2	I		3020,64	10	5	I	R	2840,42	3	—	I	
3200,47	6	1	I		3020,50	8	4	I	R	2838,12	6	2	I	
3199,53	7	2	I		3028,98	6	3	I	r	2835,46	4	1	I	
3196,93	8	4	I		3017,63	6	3	I	r	2832,44	6	1	I	R
3196,08	—	3	II		3016,19	5	2	I		2831,56	3	4	II	
3194,42	2	—			3011,48	3	1			2828,81	3	—		
3193,80	—	3	II		3009,57	8	4	I	r	2827,89	3	1	I	
3193,22	2	—			3008,14	8	4	I	R	2825,56	6	2	I	
3192,80	5	2	I		3007,15	2	1			2823,27	7	2	I	
3191,66	4	1	I		3000,95	10	5	I	R	2817,51	3	—	I	
3188,82	4	1	I		3000,45	4	1	I		2813,29	9	4	I	R
3188,57	2	—	I		2999,51	7	3	I	R	2806,99	7	2	I	
3186,74	—	3	II		2999,39	2	—			2804,52	7	1	I	
3184,89	4	1	I		2996,39	2	—			2797,78	6	2	I	
3181,52	3	1	I		2994,43	10	5	I	R	2791,79	3	1	J	
3180,76	4	—	I		2991,63	3	—			2789,80	3	1		
3180,22	8	3	I		2990,39	3	1			2788,11	7	2	I	
3178,01	6	1	I		2987,29	5	2	I		2787,94	3	—		
3175,45	8	2	I		2985,55	2	4	II		2783,69	3	5	II	

641 (Fortsetzung).

λ in Å	Int. B	Int. F	Ion.-Grad	Bem.
2781,84	3	1	I	
2779,30	3	4	II	
2778,84	3	1		
2778,22	7	2	I	
2774,73	4	2	I, II	
2772,11	3	1	I	
2772,08	2	—		
2767,52	7	5	I, II	
2766,91	4	1	I	
2763,11	4	1	I	
2762,03	5	1	I	
2761,81	2	4	II	
2761,78	8	2	I	
2759,81	4	1	I	
2757,32	4	1	I	
2756,33	7	2	I	
2755,74	8	10	II	
2754,03	3	1	I	
2753,69	3	1	I	
2753,29	5	5	II	
2750,87	3	1		
2750,14	7	3	I	
2749,48	2	4	II	
2749,32	7	10	II	
2749,18	2	4	II	
2746,98	7	8	II	
2746,48	7	10	II	
2744,53	5	1	I	
2744,07	7	2	I	
2743,20	4	6	II	
2742,41	6	2	I	r
2742,26	3	1		
2742,02	2	—	I	
2739,55	6	8	II	
2737,31	7	2	I	r
2736,96	3	3	I, II	
2735,48	6	2	I	
2734,27	3	1	I	
2734,00	3	1	I	
2733,58	8	3	I	
2730,73	4	4	II	
2728,02	3	1	I	
2727,54	4	6	II	
2726,05	4	1	I	
2724,95	5	—	I	
2724,89	3	3	II	
2723,58	6	2	I	
2720,90	8	3	I	
2719,03	9	4	I	R
2718,44	4	1	I	
2716,22	2	4	II	
2715,22	3	—	I	
2714,41	3	5	II	
2711,65	3	—	I	
2708,57	3	1		
2706,99	3	—		
2706,58	5	2	I	
2706,01	2	—		
2703,99	3	4	II	
2699,10	4	1	I	
2698,16	2	—		
2696,28	3	—		
2696,00	3	—		
2694,54	3	—		
2692,60	3	4	II	
2689,83	3	1	I	
2689,21	5	2	I	
2684,75	5	5	I, II	
2681,59	3	—		
2679,06	6	2	I	
2669,50	2	—		

λ in Å	Int. B	Int. F	Ion.-Grad	Bem.
2666,81	4	—	I	
2666,40	3	3	I, II	
2664,67	3	4		
2651,71	3	1	I	
2644,00	4	—	I	
2641,65	3	1	I	
2635,81	4	1	I	
2632,24	3	1	I	
2631,33	3	4	II	
2631,05	3	4	II	
2630,08	2	3	II	
2629,58	3	3	I, II	
2629,08	3	—	I	
2628,29	5	6	I, II	
2625,67	4	6	II	
2625,50	3	2		
2623,54	4	1	I	
2621,67	3	4	II	
2620,70	2	3	II	
2620,42	3	4	II	
2619,08	2	3	II	
2618,02	4	1	I	
2617,62	5	5	II	
2614,49	3	—	I	
2613,82	8	8	II	
2612,77	4	—	I	
2611,88	8	10	II	
2611,07	—	3	II	
2607,89	5	7	II	
2607,10	4	6	II	
2606,83	4	—	I	
2605,66	4	—	I	
2599,39	6	10	II	
2598,37	7	8	II	
2593,73	4	4	II	
2592,78	3	3	II	
2591,55	5	5	II	
2588,01	3	2		
2585,89	7	10	I, II	
2584,54	4	1	I	
2582,59	4	4	II	
2582,31	4	—		
2577,92	4	5	II	
2576,92	4	5	II	
2576,69	4	—	I	
2575,74	3	1		
2574,37	3	4	I, II	
2570,86	3	3	II	
2570,54	3	1		
2569,75	3	—	I	
2569,61	4	—	I	
2566,92	3	3	II	
2563,9	—	2		
2563,48	4	4	II	
2562,54	5	5	II	
2560,28	4	4	II	
2551,09	4	—		
2550,68	3	4	II	
2550,03	2	3	II	
2549,62	6	—	I	r
2545,98	6	—	I	r
2544,72	3	—		
2543,93	4	1		
2543,38	4	6	II	
2542,11	4	1		
5241,83	3	4	II	
2540,98	6	—	I	R
2540,66	3	—		
2539,36	4	—	I	
2538,99	3	—		
2538,20	1	3	II	

λ in Å	Int. B	Int. F	Ion.-Grad	Bem.
2537,45	3	1		
2537,18	5	—		
2535,61	6	—	I	r
2534,42	—	7	II	
2533,8	—	4	II	
2533,63	4	—		
2530,70	3	—		
2529,83	4	—	I	
2529,55	—	5	II	
2529,14	5	1	I	r
2527,44	6	2	I	r
2527,16	3	—		
2526,29	—	7	II	
2525,39	—	4		
2524,29	6	2	I	r
2523,66	4	1		
2522,86	8	3	I	R
2519,63	5	2		
2519,04	—	4	II	
2518,11	6	2	I	r
2517,66	4	1	I	
2517,12	4	5	I, II	
2514,38	—	4	II	
2512,37	3	—		
2511,76	—	8	II	
2510,84	7	2	I	R
2507,90	3	1		
2506,09	—	5	II	
2503,87	—	4	II	
2502,39	—	3	II	
2501,14	7	—	I	R
2498,90	—	8	II	
2497,82	—	7	II	
2496,54	3	1		
2493,26	—	5	II	
2491,98	4	—		
2491,16	7	—	I	R
2490,64	8	—	I	R
2489,76	6	—	I	r
2488,15	9	4	I	R
2487,37	3	1		
2487,07	6	2		
2486,69	5	1	I	
2486,38	2	5	II	
2485,99	5	—		
2484,19	7	—	I	R
2483,54	5	—	I	
2483,28	10	4	I	R
2480,16	—	3	II	
2479,78	5	2	I	R
2479,45	3	—	I	
2478,57	—	4	II	
2474,81	5	2		
2473,16	2	—		
2472,91	6	2	I	R
2472,87	4	—	I	
2472,34	5	—		
2470,66	—	5	II	
2468,88	4	1		
2466,68	—	4	II	
2465,15	4	—	I	
2464,00	2	6	II	
2462,65	5	1	I	r
2462,19	4	1	I	
2461,28	3	7	II	
2458,78	4	8	II	
2457,60	5	1	I	
2453,48	3	1		
2447,71	8	3	I	
2446,47	—	6	II	
2445,57	—	8	II	

641 (Fortsetzung).

λ in Å	Int. B	Int. F	Ion.-Grad	Bem.
2443,87	7	2	I	
2442,57	7	2		
2440,11	6	—		
2439,74	7	2		
2439,30	—	8	II	
2438,18	7	—	I	
2436,34	5	—		
2434,95	8	—		
2434,73	7	—		
2432,87	—	7	II	
2431,96	—	7	II	
2431,02	6	—		
2430,08	—	6	II	
2428,36	—	5	II	
2424,14	—	7		
2417,87	—	4	II	
2413,31	3	6	II	LL
2411,06	2	5	II	
2410,52	4	7	II	LL
2406,66	4	6	II	
2404,88	4	7	II	LL
2404,43	4	7	II	
2402,60	1	4	II	
2399,24	3	5	II	
2395,62	4	8	II	
2395,42	3	4	II	
2391,47	2	5	II	
2389,97	7	—	I	
2388,63	3	8	II	
2384,39	3	6	II	
2383,24	2	4	II	
2382,04	6	9	II	LL
2380,76	4	6	II	
2379,28	4	7	II	
2375,19	2	5	II	
2374,52	5	—	I	
2373,74	—	6	II	
2373,62	8	—	I	
2371,43	7	—	I	
2370,50	3	6	II	
2368,59	3	7	II	
2366,59	3	—		
2364,83	3	8	II	
2362,02	2	5	II	
2360,29	4	8	II	
2360,00	3	8	II	
2359,10	5	9	II	
2354,89	3	6	II	
2354,47	3	—		
2351,20	3	—		
2348,30	5	10	II	
2348,12	6	10	II	
2344,28	4	8	II	
2343,96	2	6	II	
2343,49	7	10	II	
2338,01	5	8	II	
2332,80	8	10	II	
2331,31	4	7	II	
2327,39	4	7	II	
2320,36	7	—	I	
2313,10	7	—	I	
2310,01	3	—	I	
2309,00	6	—	I	
2303,58	5	—	I	
2303,42	4	—		
2301,68	6	—	I	
2301,17	3	—		
2300,14	6	—	I	
2299,22	5	—	I	
2298,66	3	—		
2297,79	7	—	I	
2296,93	4	—	I	
2294,41	5	—	I	
2293,85	5	—		
2292,52	6	—	I	
2291,12	6	—		
2290,55	4	—		
2289,03	4	—		
2287,63	6	—		
2287,25	7	—	I	
2284,08	8	—	I	
2284,0	—	2	II	
2283,65	5	—	I	
2283,30	4	—	I	
2283,08	4	—		
2280,22	3	—		
2279,93	2	4	II	
2277,66	5	—		
2277,09	4	—		
2276,02	5	—	I	
2274,09	5	—	I	
2272,82	3	—		
2272,06	7	—	I	
2271,78	8	—		
2270,86	6	—	I	
2269,09	6	—	I	
2267,57	3	5	II	
2267,47	7	—		
2267,08	4	—	I	
2266,90	5	—		
2266,00	2	4	II	
2265,05	6	—	I	
2264,39	9	—		
2260,86	4	6	II	
2260,08	3	5	II	
2259,51	6	—		
2255,86	9	—		R
2253,12	5	7	II	
2251,87	6	6	I, II	R
2250,93	3	5	II	
2250,78	5	—	I	
2250,17	3	4	II	
2249,17	5	7	II	
2248,86	8	—		
2245,65	6	—	I	
2240,6	4	—		
2233,9	2	3	II	
2231,21	7	—	I	
2228,9	3	5	II	
2228,16	5	—	I	
2221,3	3	—		
2220,4	3	4	II	R
2213,6	3	—		
2206,2	2	4	II	
2200,72	6	—	I	
2200,3	4	—		
2198,7	2	4	II	
2196,04	7	—	I	
2191,84	8	—	I	
2191,20	5	—	I	
2187,19	8	—	I	
2186,48	8	—	I	
2178,11	8	—	I	
2178,08	8	8	I, II	
2175,5	2	4	II	
2173,21	4	—	I	
2171,29	8	—	I	
2166,77	10	—	I	
2165,86	4	—		
2163,36	5	—		
2161,9	3	3	II	
2159,9	4	—		
2157,79	4	—	I	
2151,7	4	5	III	
2150,6	3	4	II	R
2144,4	4	—		
2139,7	4	—		
2114,6	3	—		
2107,23	2	4	III	
2103,7	2	4	III	
2097,4	3	4	III	
2093,6	4	—	I	
2090,1	2	4	III	
2084,3	2	4	III	
2082,1	2	4		
2078,1	2	4	III	
2068,2	1	3	III	
2063,7	3	—		
2040,6	3	4	II	
2020,6	3	—		

Mg Magnesium

λ in Å	Int. B	Int. F	Ion.-Grad	Bem.
9257,9	3	—	I	
8929,35	2	—	I	
8806,78	4	—	I	
8736,04	5	—	I	
7896,3	—	4	II	
7877,1	—	3	II	
7656,60	3	—	I	
6347,1	—	3	II	
6318,23	3	—	I	
5711,08	5	—	I	
5528,40	4	—	I	
5183,60	8	8	I	R LL
5172,68	7	7	I	R LL
5167,32	6	6	I	R LL
4851,1	—	3	II	
4739,6	—	3	II	
4730,03	2	—	I	
4702,99	6	3	I	
4571,10	5	2	I	
4481,33	—	10	II	LL
4434,0	—	8	II	
4428,0	—	7	II	
4390,65	—	10	II	
4384,6	—	8	II	
4351,90	5	2	I	
4167,27	4	1	I	
4057,51	3	—	I	
3986,76	2	—	I	
3895,66	3	—	I	
3893,38	1	—	I	
3891,98	1	—	I	
3890,24	1	—	I	
3850,4	—	4	II	
3848,2	—	7	II	
3838,29	8	8	I	R
3832,30	7	7	I	R
3829,36	6	6	I	R
3538,8	—	6	II	
3535,0	—	5	II	
3336,69	5	5	I	
3332,17	4	4	I	
3329,93	3	3	I	
3104,71	—	5	II	d
3096,90	6	6	I	R
3093,00	5	5	I	R
3091,08	4	4	I	R
2941,99	3	—	I	
2938,47	2	—	I	
2936,74	2	—	I	
2936,52	—	8	II	

641 (Fortsetzung).

λ in Å	Int. B	Int. F	Ion.-Grad	Bem.
2928,6	—	7	II	
2925,50	—	3		
2852,12	8	8	I	R LL
2851,65	2	—	I	
2848,42	3	—	I	
2848,34	1	—	I	
2846,71	2	—	I	
2811,07	1	—	I	
2809,79	2	—	I	
2802,71	7	7	II	R
2798,02	3	5	II	
2795,54	6	8	II	R LL
2790,83	2	7	II	R
2782,97	5	5	I	R
2781,42	5	5	I	R
2779,85	7	7	I	R
2778,28	5	5	I	R
2776,70	5	5	I	R
2736,56	4	1	I	
2735,51	2	—	I	
2734,55	4	—		
2733,51	4	1	I	
2732,01	2	—	I	
2698,16	3	—	I	
2695,19	2	—	I	
2693,74	2	—	I	
2672,56	3	—	I	
2669,63	6	—	I	
2668,23	3	—	I	
2660,82	—	5	II	
2660,76	—	5	II	
2025,82	6	6	II	

Mn Mangan

λ in Å	Int. B	Int. F	Ion.-Grad	Bem.
9686,3	2	—	I	
9684,9	2	—	I	
9676,50	4	—	I	
9608,56	10	—	I	
9584,0	1	—	I	
9550,8	2	—	I	
9542,14	4	—	I	
9444,90	4	—	I	
9429,58	3	—	I	
9412,78	1	—	I	
9336,47	4	—	I	
9331,90	2	—	I	
9243,29	10	—	I	
9234,40	1	—	I	
9172,09	10	—	I	
9114,02	5	—	I	
9084,29	3	—	I	
8929,72	6	—	I	
8926,06	2	—	I	
8740,93	10	—	I	
8737,32	10	—	I	
8734,60	3	—	I	
8703,76	5	—	I	
8699,13	10	—	I	
8673,97	10	—	I	
8672,06	10	—	I	
8670,92	10	—	I	
8659,38	1	—	I	
8654,63	4	—	I	
8431,20	2	—	I	
8409,88	2	—	I	
8395,87	1	—	I	
8212,43	4	—	I	
7942,91	3	—	I	
7821,25	2	—	I	
7816,61	3	—	I	
7790,82	2	—	I	
7764,72	5	—	I	
7755,15	2	—	I	
7712,42	5	—	I	
7709,08	4	—	I	
7706,52	1	—	I	
7680,22	10	—	I	
7646,34	3	—		
7326,53	6	—	I	
7302,90	6	—	I	
7283,81	6	—	I	
7247,83	5	—		
7184,29	5	—	I	
7151,33	8	—		
7069,86	4	—	I	
6989,93	4	—		
6942,52	7	—		
6605,57	4	—		
6491,71	7	—		
6443,50	6	—		
6440,98	7	—	I	
6382,19	3	—		
6237,4	3	—		
6204,7	3	—		
6176,7	3	—		
6130,79	—	2	II	
6129,02	—	1	II	
6128,73	—	2	II	
6126,21	—	1	II	
6125,86	—	3	II	
6122,44	—	4	II	
6078,36	5	—		
6021,80	10	1	I	
6016,64	8	1	I	
6013,49	7	1	I	
5848,97	3	—		
5780,17	5	—		
5738,28	4	—	I	
5567,77	4	—	I	
5551,99	5	1		
5537,84	7	2	I	
5516,77	8	2	I	
5505,88	6	1	I	
5481,40	6	1	I	
5470,64	8	2	I	
5432,56	4	1	I	R
5420,37	7	3	I	
5413,70	6	2		
5407,43	7	2	I	
5399,51	8	3		
5394,67	7	2	I	R
5377,63	8	3		
5377,22	3	—		
5341,07	10	5	I	
5302,32	—	3	II	
5299,28	—	3	II	
5296,97	—	2	II	
5295,29	—	2	II	
5294,22	—	1	II	
5255,33	5	2		
5196,60	3	1		
4965,86	5	1		
4823,52	8	4	I	
4783,43	7	3	I	
4766,43	5	3	I	
4765,86	4	2	I	
4762,37	6	3	I	
4761,53	3	1	I	
4751,04	7	6	I	
4739,00	5	2	I	
4727,46	5	2	I	
4709,07	5	2	I	
4626,54	4	2		
4502,22	5	2	I	
4498,90	5	2	I	
4490,09	5	2	I	
4472,80	5	2	I	
4470,14	5	2	I	
4464,68	6	3	I	
4462,03	7	4	I	
4461,09	5	2	I	
4458,27	5	2	I	
4457,55	5	2	I	
4457,04	4	1	I	
4455,82	4	1	I	
4455,32	5	2	I	
4455,02	5	2	I	
4453,01	4	1	I	
4451,58	7	3	I	
4436,36	6	3	I	
4414,89	7	4	I	
4374,94	4	2		
4312,55	4	1	I	
4281,10	6	4	I	
4265,92	6	4	I	
4257,66	5	3	I	
4239,73	5	3	I	
4235,29	8	8	I	
4235,14	8	—	I	
4189,99	4	2		
4176,60	4	2		
4131,12	4	4		
4083,64	7	5	I	
4082,95	7	5	I	
4079,43	7	4	I	
4079,24	7	4	I	
4070,28	5	—		
4063,55	6	6		
4058,94	6	4	I	
4055,55	7	5	I	
4048,76	6	6	I	
4045,20	4	6		
4041,37	7	7	I	R
4035,73	5	5	I	R
4034,49	8	8	I	R
4033,63	3	3		R
4033,07	10	10	I	R LL
4030,76	10	10	I	R LL
4018,11	6	6	I	
3985,21	4	3		
3843,99	5	3	I	
3841,08	6	2	I	
3839,77	4	5	I	
3834,36	6	6	I	R
3833,87	5	3	I	
3823,90	5	4	I	
3823,51	7	5	I	R
3809,60	5	3	I	
3806,87	7	7	I	
3629,74	6	—	I	
3623,79	7	—	I	
3619,40	6	3	I	
3610,30	7	3	I	
3608,48	7	3	I	
3607,53	7	3	I	
3586,54	5	4	I	
3577,88	7	5	I	R
3570,03	4	2	I	R
3569,80	7	4	I	R
3569,50	8	5	I	R
3548,18	8	4	I	R
3548,02	9	4	I	R

641 (Fortsetzung).

λ in Å	Int. B	Int. F	Ion.-Grad	Bem.
3547,79	10	5	I	R
3532,11	5	4	I	R
3531,99	8	5	I	R
3531,83	7	4	I	R
3497,54	—	5	II	
3496,81	—	4	II	
3495,83	5	6	II	
3488,68	4	8	II	
3482,91	4	8	II	
3474,12	3	7	II	
3474,04	4	8	II	
3460,31	4	9	II	
3460,04	2	4	II	
3441,98	5	10	II	
3438,98	1	3	II	
3330,68	4	2	I	
3320,70	4	2	I	
3317,30	4	1	I	R
3256,14	4	2	I	
3248,52	6	3	I	
3243,79	5	3	I	
3237,39	5	2	I	
3236,79	6	3	I	
3228,10	6	3	I	
3212,89	6	2	I	
3178,53	5	2	I	
3148,19	4	1	I	
3110,69	5	1		
3079,63	5	1	I	
3062,13	4	1	I	
3054,38	4	2	I	
3046,27	2	4	II	
3044,57	7	3	I	
3039,55	—	4	II	
3019,04	—	5	II	
2949,21	6	8	II	
2940,39	6	1	I	
2939,31	6	8	II	
2933,06	6	8	II	
2925,59	7	1	I	
2914,61	7	1	I	
2902,90	—	4	II	
2897,07	—	5	II	
2889,52	3	6		
2886,68	—	4		
2879,49	1	5		
2816,33	—	5	II	
2801,08	5	5	I	R LL
2798,27	6	6	I	R LL
2794,82	10	10	I	R LL
2724,46	—	4	II	
2722,10	—	4	II	
2719,74	—	4	II	
2711,63	—	5	II	
2710,34	—	5	II	
2708,45	—	6	II	
2707,55	—	3	II	
2705,73	2	8	II	
2705,56	—	3	II	
2703,97	—	4	II	
2701,70	3	5	II	
2701,17	—	3	II	
2701,04	—	3	II	
2695,36	1	4	II	
2693,19	—	4	II	
2673,38	—	3	II	
2672,59	1	5	II	
2667,03	—	3	II	
2655,93	—	3	II	
2639,86	—	6	II	
2638,18	1	7	II	

λ in Å	Int. B	Int. F	Ion.-Grad	Bem.
2632,36	1	7	II	
2625,61	—	7	II	
2618,14	4	8	II	
2610,21	—	8	II	
2605,70	6	8	I, II	R
2603,73	—	4	II	
2598,91	—	4	II	
2593,73	6	8	I, II	R
2592,95	4	1		
2589,73	—	3	II	
2576,80	6	3	I	R LL
2576,11	—	5	II	
2575,51	5	—		
2565,22	—	6	II	
2563,64	—	5	II	
2559,41	—	3	II	
2558,61	—	7	II	
2557,54	—	4	II	
2556,89	—	3	II	
2556,57	—	4	II	
2548,75	—	4	II	
2543,46	—	4	II	
2453,13	—	4	II	
2452,49	2	8	II	
2437,85	—	4	II	
2437,37	—	7	II	
2373,8	—	5	III	
2360,1	—	5	III	
2221,80	3	—	I	R
2213,80	3	—	I	R
2208,73	2	—	I	R
2181,9	—	4	III	
2174,2	—	4	III	
2169,8	—	5	III	
2003,4	3	—	I	
Mo Molybdän				
9348,01	2	—	I	
8695,53	2	—	I	
8489,28	6	—	I	
8380,28	6	—	I	
8328,43	5	—	I	
8245,06	3	—	I	
7720,74	4	—	I	
7656,74	5	—	I	
7485,73	4	—	I	
7391,36	5	—	I	
7245,87	4	—	I	
7242,54	7	—	I	
7134,09	4	—	I	
7109,87	8	—	I	
7060,23	4	—	I	
6989,01	4	—		
6914,05	5	—	I	
6886,37	4	—		
6838,95	3	—		
6746,26	5	1		
6734,00	7	1	I	
6650,38	7	1		
6619,15	9	8	I	
6519,84	4	3		
6424,37	8	8		
6357,21	5	3		
6030,66	10	10	I	
5928,82	10	10	I	
5926,33	8	6	I	
5888,32	10	10	I	
5858,28	8	8	I	
5851,53	7	—		
5791,84	10	10	I	

λ in Å	Int. B	Int. F	Ion.-Grad	Bem.
5751,42	10	10	I	
5722,77	8	7	I	
5689,15	8	6	I	
5650,13	6	4	I	
5632,47	7	5	I	
5570,46	10	10	I	R
5533,01	10	10	I	R
5506,51	10	10	I	R
5493,85	5	—		
5473,35	5	4		
5465,35	5	5		
5364,2	6	3	I	
5360,59	10	8	I	
5240,94	6	3	I	
5238,20	7	4	I	
5174,15	6	3	I	
5173,15	6	3		
5172,94	4	2		
4979,12	5	2		
4868,03	6	3		
4830,52	8	4		
4819,26	8	4		
4811,07	4	2		
4760,20	9	9		
4731,45	9	7		
4717,92	4	—		
4708,22	4	—		
4707,25	8	4		
4626,45	8	4	I	
4621,35	5	2		
4609,88	7	3	I	
4595,15	5	2	I	
4576,49	6	3	I	
4558,11	4	—	I	
4524,34	5	2	I	
4491,30	5	2		
4484,98	4	—		
4474,60	6	2		
4468,26	5	2		
4457,36	6	2		
4449,74	5	2		
4443,08	3	—		
4442,22	4	—		
4434,96	8	4		
4433,51	1	6	II	
4426,70	4	—		
4423,63	5	2		
4411,71	8	6		
4381,66	10	8		
4377,76	2	8	II	
4363,65	2	8	II	
4350,34	6	2		
4326,75	4	—	I	
4326,14	6	2		
4293,89	7	3	I	
4293,24	8	4	I	
4292,21	8	4	I	
4288,65	9	5	I	
4279,03	2	8	II	
4277,26	10	6	I	
4276,92	7	4	I	
4251,86	7	3	I	R
4250,68	2	8	II	
4244,8	2	6		
4232,61	8	4		
4194,57	5	2		
4188,33	8	4		
4185,82	6	3		
4143,56	8	4		
4122,78	2	5		
4120,12	6	2		

641 (Fortsetzung).

λ in Å	Int. B	Int. F	Ion.-Grad	Bem.	λ in Å	Int. B	Int. F	Ion.-Grad	Bem.	λ in Å	Int. B	Int. F	Ion.-Grad	Bem.
4107,48	6	2	I		2930,50	5	7			7788,99	10	—	I	
4102,16	5	1	I		2924,33	2	4			7748,96	10	—	I	
4084,39	7	3	I		2923,40	5	8	II		7727,67	10	—	I	
4081,47	6	2			2911,91	5	8	II		7715,66	7	—	I	
4069,92	8	6			2909,11	3	6	II		7714,36	8	—	I	
4062,09	7	3	I		2903,07	2	8	II		7619,27	9	—	I	
3986,25	1	4	II		2891,00	5	5			7617,04	10	—	I	
3961,49	3	6			2871,50	5	9	II	LL	7574,12	9	—	I	
3941,50	2	6	II		2863,80	3	7			7555,68	8	—	I	
3902,97	10	8	I	R LL	2853,19	2	8			7525,20	8	—	I	
3869,08	4	1	I		2848,21	5	10	II	LL	7522,85	8	—	I	
3864,12	10	8	I	R LL	2816,15	5	7	II		7481,49	5	—	I	
3833,76	6	3	I		2807,73	3	5			7422,36	8	—	I	
3828,87	4	1	I		2785,00	3	5			7414,59	5	—	I	
3826,70	3	1	I		2780,04	5	7			7409,42	8	—	I	
3798,26	10	8	I	R LL	2775,40	6	9			7393,70	8	—	I	
3786,37	2	5	II		2774,40	2	5			7386,24	5	—	I	
3782,19	2	5			2756,06	3	6			7385,23	4	—	I	
3702,55	3	7	II		2737,8	3	6			7381,93	3	—		
3694,96	5	3			2737,0	2	5			7291,30	5	—	I	
3692,65	2	6	II		2726,97	2	5			7261,93	5	—	I	
3690,60	2	4			2717,34	3	6			7197,01	8	—	I	
3688,32	1	7	II		2701,42	5	8	II		7182,20	9	—	I	
3680,67	5	2			2695,2	2	5			7167,04	6	—	I	
3659,36	6	2			2694,19	2	5	II		7122,22	10	—	I	
3652,30	1	5	II		2687,98	6	9			7110,90	5	—	I	
3651,14	1	6			2684,13	5	8	II		7095,47	4	—		
3635,45	5	—			2683,22	4	7			7063,05	6	—	I	
3635,15	1	9	II		2679,8	5	2			7034,42	3	—		
3624,47	5	2			2672,84	3	8	II		7030,10	5	—	I	
3614,25	7	3			2671,8	2	5			7024,76	5	—	I	
3581,89	5	2			2660,58	3	8	II		7001,55	3	—	I	
3524,65	2	7	II		2655,04	5	2			6965,10	5	—		
3504,42	4	1			2653,34	3	7	II		6955,10	2	—	I	
3456,39	6	2	I		2649,47	6	3			6914,58	8	—	I	
3447,13	8	2			2646,48	3	6	II		6842,04	6	—	I	
3446,10	2	5			2644,33	5	7	II		6772,33	7	—	I	
3445,49	2	6			2638,76	5	8	II		6767,78	10	—	I	
3437,21	4	1			2636,66	5	7	II		6643,64	10	—	I	
3434,06	5	2			2629,85	6	2			6635,14	6	—		
3418,52	4	1	I		2628,74	5	1			6598,54	6	—	I	
3406,93	5	2			2613,10	5	2			6592,48	5	—	I	
3405,93	6	2			2607,38	5	1			6586,33	7	—	I	
3404,35	4	1	I		2602,82	3	6	II		6532,89	4	—	I	
3402,81	1	7			2585,9	1	5			6482,84	7	—	I	
3384,62	6	2	I		2582,17	5	2			6421,47	5	—		
3379,97	4	7	I		2572,34	5	2			6414,63	5	—	I	
3367,96	2	6			2567,06	4	1			6404,64	2	—		
3363,80	4	1			2548,26	5	2			6384,69	6	—	I	
3358,12	7	2			2542,68	2	5			6378,23	7	—	I	
3347,26	4	1			2538,46	5	8			6366,43	6	—	I	
3346,40	2	6			2527,2	2	4			6360,76	5	—	I	
3344,75	6	2			2524,7	1	4			6339,16	8	—	I	
3327,31	5	2	I		2481,2	1	4			6327,60	5	—	I	
3325,68	5	2			2412,8	4	8			6314,67	8	—	I	
3292,32	1	8								6256,37	8	1	I	
3290,32	1	8			**Ni Nickel**					6223,97	5	—	I	
3290,80	5	2								6204,62	5	—	I	
3289,00	6	2			9898,90	4	—	I		6191,20	8	1	I	
3208,88	8	2			9520,06	10	—	I		6186,77	6	—	I	
3193,98	9	3	I	R	9106,40	3	—	I		6176,81	10	2	I	
3170,34	9	3	I	R	8968,20	3	—	I		6175,43	8	1	I	
3158,15	8	2		R	8965,94	5	—	I		6163,36	7	—		
3152,80	2	7			8877,07	1	—	I		6116,16	8	1	I	
3132,60	9	5	I	R	8862,59	10	—	I		6111,01	6	—	I	
3121,99	2	9			8809,47	3	—	I		6108,12	8	1	I	
3116,09	1	6			8637,04	2	—	I		6086,34	8	1	I	
3112,12	7	2			7917,46	7	—	I		6053,70	4	—	I	
3087,61	2	8			7863,70	5	—	I		6012,25	3	—	I	
3077,65	1	6			7861,10	4	—	I		6007,32	4	—	I	
2944,84	2	6			7797,66	7	—	I		5996,78	5	—	I	

641 (Fortsetzung).

λ in Å	Int. B	Int. F	Ion.-Grad	Bem.	λ in Å	Int. B	Int. F	Ion.-Grad	Bem.	λ in Å	Int. B	Int. F	Ion.-Grad	Bem.
5892,88	10	2	I		4401,55	10	8	I		3414,77	10	10	I	R Ll.
5857,76	10	2	I		4359,59	10	8	I		3413,94	3	2	I	R
5831,60	8	—			4331,64	5	—	I		3413,48	5	3	I	R
5805,20	10	—	I		4325,61	7	—	I		3409,58	3	—	I	
5760,84	6	1	I		4259,90	5	—	I		3407,3	4	4	II	
5754,66	7	1	I		4288,05	4	—	I		3392,99	10	8	I	R
5715,09	8	1	I		4288,01	6	—	I		3391,05	7	4	I	R
5711,90	6	—	I		4284,68	6	—	I		3380,89	7	5	I	R
5709,56	10	2	I		4231,04	6	—			3380,58	8	6	I	R
5694,97	7	1			4201,73	6	—			3374,64	5	2	I	
5682,19	8	1	I		4200,45	5	—			3374,23	5	2	I	R
5625,28	7	1			4195,53	6	—			3372,00	6	3	I	R
5614,79	6	1	I		4142,32	7	—			3369,58	8	5	I	R
5593,74	6	1	I		3984,17	8	—	I		3366,81	5	2	I	
5592,25	8	2	I		3974,68	8	—	I		3366,16	6	3	I	R
5587,88	5		I		3973,55	10	—	I		3365,77	5	2	I	R
5578,71	4	—	I		3972,16	8	—	I		3361,56	5	2	I	R
5509,98	6	—	I		3970,49	7	—	I		3322,32	6	3	I	
5476,91	10	10	I		3944,10	7	—	I		3320,26	7	4	I	R
5462,48	5	—			3889,67	8	—	I		3315,67	8	4	I	R
5435,87	6	1	I		3858,28	10	8	I		3312,32	4	—	I	
5424,65	5	—	I		3832,87	5	—	I		3286,95	3	—	I	
5411,20	6	1			3831,69	7	2	I		3250,75	4	—	I	
5371,4	6	—			3807,14	8	8	I		3243,06	8	3	I	R
5220,2	5	—	I		3793,60	5	—	I		3234,66	5	2	I	R
5176,55	6	1			3783,52	8	5	I		3232,95	8	3	I	R
5168,66	8	2	I		3775,56	8	5	I		3225,03	5	2	I	R
5155,76	9	2	I		3749,04	4	—	I		3221,66	4	2	I	R
5146,48	9	2	I		3744,56	3	—	I		3197,12	5	2	I	
5142,77	8	2	I		3739,21	5	—			3145,70	4	—	I	
5137,10	9	1	I		3736,81	6	3	I		3134,11	7	5	I	R
5129,38	7	1	I		3729,23	4	—	I		3129,30	3	—	I	
5125,20	6		I		3722,48	7	1	I		3114,13	5	2	I	
5115,43	9	2	I		3688,41	6	—	I		3105,47	5	2		
5099,98	10	2	I		3674,11	8	3	I		3101,88	9	3	I	R
5099,36	5	1	I		3670,42	6	—			3101,56	8	3	I	R
5084,07	6	1	I		3669,23	5	—	I		3099,12	5	2	I	
5081,12	9	3			3664,09	7	—	I		3097,12	6	3	I	
5080,53	8	3	I		3634,94	5	—	I		3080,76	6	3	I	
5048,82	5	—	I		3624,73	6	—	I		3064,63	6	3	I	R
5042,19	5	—	I		3619,39	10	8	I		3057,65	8	5	I	R
5035,36	10	3	I		3612,73	5	5	I	R	3054,32	7	4	I	R
5018,30	4	—	I		3610,45	7	6	I	R	3050,83	9	6	I	R
5017,61	9	2	I		3609,31	4	1	I		3045,01	4	2	I	
5000,34	6	—	I		3602,28	4	1	I		3037,94	8	6	I	R
4984,12	9	2	I		3597,70	7	5	I	R	3031,87	5	2	I	
4980,17	9	2			3587,93	4	—	I		3019,15	5	3	I	R
4937,28	5	—	I		3571,87	6	4	I	R	3012,01	8	6	I	R
4935,84	5	—	I		3566,37	8	6	I	R	3003,63	7	5	I	R
4904,40	10	3	I		3548,19	5	3	I		3002,49	8	6	I	R
4873,45	5	—	I		3527,99	4	1	I		2994,46	5	3	I	R
4866,28	7	2	I		3524,54	10	8	I	R LL	2992,60	4	2	I	R
4855,42	8	3	I		3519,78	5	2	I	R	2984,13	3	—	I	
4831,19	5	2	I		3515,06	9	7	I	R LL	2981,65	5	3	I	R
4829,04	8	3	I		3513,95	5	2	I		2943,92	6	4	I	
4786,54	10	3	I		3510,34	7	4	I	R	2907,43	5	2		
4756,52	7	2	I		3501,85	4	—	I		2865,51	5	2	I	
4715,76	8	3	I		3500,85	5	3	I	R	2821,30	4	1	I	
4714,42	10	6	I		3492,97	10	8	I	R LL	2805,10	3	1		
4703,80	5	—			3485,90	4	1			2803,15	3	—		
4701,54	6	—			3483,78	6	4	I	R	2802,30	5	—		
4686,22	5	—	I		3472,55	7	5	I	R	2798,66	6	2	I	
4648,66	10	3	I		3469,48	4	1	I		2746,75	8	3	I	
4604,99	9	3	I		3467,51	4	1	I		2743,0	—	4	II	
4600,36	8	1	I		3461,66	10	8	I	R	2696,50	5	2		
4592,53	9	4	I		3458,47	10	8	I	R	2615,2	2	5	II	
4546,94	8	8			3452,89	8	6	I	R	2610,1	2	6	II	
4470,49	9	3	I		3446,26	10	8	I	R	2578,46	6	—		
4462,46	8	3	I		3437,28	7	5	I	R	2561,45	5	—		
4459,05	9	8	I		3433,57	9	6	I	R	2559,77	4	—		
4410,49	5	—			3423,71	8	5	I	R	2545,92	2	4	II	

641 (Fortsetzung).

λ in Å	Int. B	Int. F	Ion.-Grad	Bem.
2532,10	5	—		
2528,05	4	—		
2525,4	—	4	II	
2524,21	5	1		
2510,89	8	8	II	
2473,18	4	4	II	
2472,95	3	—		
2472,23	5	—		
2472,12	1	—		
2441,67	7	2		
2437,88	2	5	II	
2424,07	5	—		
2423,71	5	—		
2423,38	5	—		
2419,31	6	—	I	
2416,14	5	8	II	R
2412,65	7	2	I	
2405,2	5	5	II	
2401,85	5	—	I	
2394,8	—	5	II	
2394,56	2	10	II	R
2392,96	6	2	I	
2392,6	—	4	II	
2386,59	5	—	I	
2375,43	2	7	II	
2367,4	—	5	II, III	
2366,6	—	4	II	
2346,65	5	—	I	
2345,55	6	2	I	R
2345,44	—	5	II	
2345,26	—	5	II	
2343,5	3	5	II	
2341,2	5	7	II	
2337,49	7	2	I	
2337,10	4	1	I	R
2329,97	7	2	I	R
2325,80	7	2	I	R
2321,39	7	2	I	R
2320,03	8	3	I	R
2317,16	6	1	I	R
2316,04	5	7	II	R
2313,98	8	3	I	R
2313,66	6	1	I	R
2312,9	2	5	II	
2312,34	6	2	I	R
2310,96	8	3	I	R
2310,03	4	1	I	R
2309,49	4	1	I	R
2302,97	3	7	II	R
2300,77	4	1	I	
2290,08	6	2	I	R
2287,16	5	1	I	
2287,11	2	5	II	R
2278,81	6	6	II	R
2273,9	4	2		
2270,24	5	5	II	R
2264,45	4	4	II	R
2261,43	4	—	I	
2253,87	3	5	II	R
2253,68	3	—		
2226,3	5	5	II	
2224,9	5	5	II	R
2223,0	6	6	II	R
2220,4	4	4	II	R
2216,5	6	7	II	R
2206,7	4	4	II	R
2201,4	5	5	II	R
2197,38	3	—	I	
2185,5	—	4	II	R
2184,6	—	6	II	R
2174,7	—	7	II	R
2165,6	—	8	II	R
2161,2	—	2	II	
2158,34	5	—	I	
2157,84	2	—	I	
2129,96	2	—	I	
2107,9	—	4	II	R
2059,9	3	—	I	
2055,5	4	—	I	
2047,4	3	—	I	
2035,1	6	—	I	
2034,4	3	—	I	
2029,2	—	6	II	
2026,6	5	—	I	
2025,4	3	—	I	
2021,0	—	6	II	
2019,0	—	6	II	
2014,3	4	—	I	

Rb Rubidium

λ in Å	Int. B	Int. F	Ion.-Grad	Bem.
10888,6	1	—		
10075,71	2	—	I	
10075,28	3	—	I	
10052,2	3	—	I	
8861,5	2	—	I	
7947,60	1	—	I	R
7800,23	2	—	I	R LL
7759,43	2	—	I	
7757,65	1	—	I	
7618,93	3	—	I	
7408,17	6	—	I	
7280,00	7	—	I	
6775,06	—	9	II	
6299,22	8	—	I	
6298,33	10	3	I	
6206,31	8	2	I	
6159,62	6	—	I	
5724,95	5	2	I	
5724,45	8	3	I	
5699,16	—	6		
5653,74	5	—	I	
5648,10	7	—	I	
5635,99	—	6	II	
5578,78	3	—	I	
5522,79	—	6	II	
5431,53	5	—	I	b
5425,43	1	—		
5362,60	2	—	I	
5260,03	1	—	I	
5195,27	1	—	I	
5152,09	—	6	II	
5095,29	1	—		
4885,63	—	5		
4782,87	—	7		
4776,00	—	9	II	
4648,56	—	8	II	
4622,45	—	5		
4571,79	—	10	II	
4530,36	1	6		
4430,7	—	10		
4426,1	—	10		
4401,4	—	10		
4380,7	—	10		
4377,15	—	10		
4371,8	—	10		
4348,3	—	10		
4331,5	—	10		
4293,99	—	10	II	
4288,00	—	10		
4273,18	—	10	II	
4266,62	—	5		
4244,44	—	10	II	
4215,58	7	5	I	R LL
4201,81	8	6	I	R LL
4193,10	—	9	II	
4136,13	—	7		
4104,31	—	8	II	
4083,93	—	6		
4006,29	—	10		
3978,21	—	7		
3940,57	—	10	II	
3801,93	—	5		
3728,66	—	8		
3699,62	—	10		
3664,2	—	10		
3662,78	—	7		
3600,68	1	5		
3591,59	8	6	I	R
3587,07	10	7	I	R
3531,60	—	9	II	
3492,75	—	10	II	
3461,60	—	10	II	
3434,72	—	7	II	
3434,25	—	8	II	
3393,12	—	7	II	
3354,0	—	8		
3350,88	5	5	I	R
3348,73	7	7	I	R
3340,61	—	8	II	
3330,3	—	7		
3321,56	—	8	II	
3271,0	—	7	II	
3229,1	2	—	I	R
3228,0	4	—	I	R
3198,77	—	8	II	
3111,43	—	6	II	
3086,9	—	5		
3023,66	—	5	II	
2956,12	—	6	II	
2807,63	—	6	II	
2631,80	—	5	II	
2561,92	—	4		
2472,3	—	1	II	
2364,3	—	1	II	

Rh Rhodium

λ in Å	Int. B	Int. F	Ion.-Grad	Bem.
8425,51	3	—	I	
8193,63	3	—	I	
8136,20	5	—	I	
8045,40	7	—	I	
8036,11	5	—	I	
8029,91	7	—	I	
7830,05	6	—	I	
7824,91	10	—	I	
7791,61	9	—	I	
7772,90	5	—	I	
7495,24	5	—	I	
7475,74	5	—	I	
7442,39	5	—	I	
7270,82	10	—	I	
7268,18	6	—	I	
7101,64	3	—	I	
6965,67	10	—	I	
6879,94	2	—	I	
6752,35	7	1	I	
6630,16	2	—	I	
6519,70	2	—	I	
6414,72	3	1	I	
6102,72	5	1	I	
5983,60	10	2	I	

641 (Fortsetzung).

λ in Å	Int. B	Int. F	Ion.-Grad	Bem.
5831,58	4	1	I	
5806,91	5	1	I	
5686,38	5	1	I	
5599,42	10	3	I	
5544,89	3	1	I	
5535,04	4	1	I	
5424,07	1	—	I	
5404,73	3	3	I	
5390,44	6	3	I	
5381,48	5	1	I	
5379,10	1	1	I	
5354,40	10	5	I	
5237,16	5	1	I	
5193,14	10	3	I	
5184,19	5	—	I	
5175,97	10	—	I	
5155,54	7	—	I	
5090,63	7	—	I	
4963,71	5	—	I	
4851,62	10	3	I	
4843,99	5	—	I	
4675,03	5	3	I	
4569,01	5	—	I	
4528,73	10	5	I	
4379,92	3	1	I	
4374,80	10	10	I	R
4288,71	10	8	I	R
4211,14	10	10	I	R
4196,50	5	—	I	
4135,27	10	10	I	R
4128,87	10	10	I	R
4121,68	7	—	I	
4119,68	5	—	I	
4097,52	1	1	I	
4082,78	5	3	I	
3958,87	10	10	I	R
3934,23	5	4	I	R
3856,52	3	3	I	R
3833,89	2	2	I	R
3828,48	5	5	I	R
3822,26	5	5	I	R
3799,31	2	2	I	R
3793,22	10	10	I	R
3765,08	5	5	I	R
3748,22	10	10	I	
3713,02	5	—	I	
3700,91	7	7	I	R
3692,36	10	10	I	R LL
3690,70	7	7	I	R
3657,99	10	10	I	R LL
3639,51	7	—	I	
3626,59	7	7	I	R
3612,47	10	—	I	
3597,15	10	10	I	R
3596,19	10	10	I	R
3583,10	10	8	I	R
3570,18	10	10	I	
3549,54	7	—	I	
3543,95	7	—	I	
3538,14	5	—	I	
3528,02	10	10	I	R
3507,32	10	10	I	
3502,52	10	10	I	
3498,70	10	10	I	
3478,91	10	10	I	R
3474,78	10	7	I	R
3472,25	5	—	I	
3470,66	10	8	I	R
3469,62	5	—	I	
3462,01	10	10	I	R
3457,93	6	—	I	

λ in Å	Int. B	Int. F	Ion.-Grad	Bem.
3457,07	5	—	I	
3455,22	10	—	I	
3451,15	1	—	I	
3450,29	5	—	I	
3434,89	10	10	I	R LL
3412,27	10	10	I	
3399,70	10	10	I	
3396,85	10	10	I	R LL
3372,25	10	—	I	
3368,38	10	—	I	
3362,18	5	—	I	
3359,90	5	—	I	
3338,55	10	—	I	
3323,09	10	10	I	R LL
3300,47	5	—	I	
3289,14	7	—	I	
3283,57	7	5	I	R
3280,55	1	1	I	
3271,61	10	5	I	
3263,14	10	3	I	
3191,19	10	5	I	
3189,05	5	—	I	
3185,59	5	—	I	
3155,78	7	3	I	
3137,71	5	—	I	
3123,70	7	3	I	
3121,76	7	3	I	
3114,91	5	—	I	
3083,97	7	—	I	
3013,91	5	—	I	
2986,20	7	—	I	
2977,68	6	—	I	
2968,66	6	1	I	
2929,11	5	—	I	
2924,02	5	—	I	
2907,21	5	—	I	
2880,76	5	—	I	
2862,94	7	—	I	
2826,68	5	—	I	
2796,63	5	—	I	
2791,16	5	—	I	
2783,03	7	—	I	
2779,54	5	—	I	
2778,06	5	—	I	
2771,51	5	—	I	
2767,73	5	—	I	
2736,76	5	—	I	
2728,95	10	5	I	
2718,55	7	—	I	
2717,51	5	—	I	
2714,41	7	—	I	
2715,30	2	10		
2707,23	5	—	I	
2705,62	3	10		
2703,73	7	—	I	
2652,66	5	—	I	
2625,40	2	8		
2555,36	5	—	I	
2520,53	2	10		
2492,30	5	—	I	
2490,76	3	10		
2483,33	5	—	I	
2473,09	3	—	I	
2471,47	3	—	I	
2470,39	3	—	I	
2407,88	3	—	I	
2382,89	2	—	I	
2368,34	3	—	I	
2322,58	3	—	I	
2264,14	3	—	I	

Si Silicium

λ in Å	Int. B	Int. F	Ion.-Grad	Bem.
9867,7	5	—	I	
9755,8	10	—	I	
9739,74	8	—	I	
9413,54	5	—	I	
8752,16	5	—	I	
8742,57	4	—	I	
8729,98	1	—	I	b
8728,36	2	—	I	b
8556,63	4	—	I	
7943,91	8	—	I	
7932,14	6	—	I	
7918,37	5	—	I	
7680,48	4	—	I	b
7423,64	8	—	I	
7416,08	6	—	I	
7409,14	4	—	I	
7405,94	7	—	I	
7275,24	3	—	I	
7003,67	3	—	I	
6371,36	2	8	II	
6370,9	—	3		
6346,69	3	5	II	
6155,32	3	—	I	
5978,97	—	7	II	
5957,61	5	5	I	
5948,58	4	—	I	
5797,91	3	—	I	
5793,13	2	—	I	
5780,45	2	—	I	
5772,26	3	—	I	
5739,76	—	8	III	
5708,44	4	—	I	
5701,14	2	—	I	
5690,47	3	—	I	
5684,52	4	—	I	
5665,60	2	—	I	
5056,34	—	1	II	
5056,00	2	10	II	
5041,04	1	8	II	
4574,76	1	7	II	
4567,84	2	8	III	
4552,62	—	3	III	
4130,88	—	6	II	
4128,05	—	5	II	
4088,86	—	6	III	
3905,53	8	6	I	
3862,59	—	4	II	
3856,02	—	5	II	
3853,66	—	3	II	
3806,56	—	3	III	
3796,11	—	7	III	
3791,41	—	6	III	
3590,46	—	8	III	
3165,72	—	5	IV	
3149,56	—	4	IV	
3093,61	—	3	III	
3093,42	—	6	III	
3086,43	—	3	III	
3086,22	—	6	III	
2987,65	7	5	I	
2881,59	10	10	I	R LL
2631,31	5	5	I	
2559,22	—	7	III	
2541,83	—	8	III	
2528,52	5	5	I	R
2524,12	4	4	I	R
2519,21	4	4	I	R
2516,12	6	6	I	R
2514,33	4	4	I	R

641 (Fortsetzung).

λ in Å	Int. B	Int. F	Ion.-Grad	Bem.
2506,90	5	5	I	R
2443,39	2	2	I	
2435,16	4	4	I	R
2287,08	—	10	II	d
2216,69	5	5	I	
2210,91	3	3	I	
2208,1	2	2	I	
2124,15	6	6	I	R
2072,61	—	10	II	
2071,94	—	8	II	
2058,14	5	5	I	
1988,97	5	5	I	

Sn Zinn

λ in Å	Int. B	Int. F	Ion.-Grad	Bem.
9850,52	5	—	I	
9805,38	3	—	I	
9746,0	6	—		
9616,40	2	—	I	
9415,37	3	—	I	
9023,2	4	—		
8552,60	7	—	I	
8422,72	3	—	I	
8357,04	4	—	I	
8114,09	7	—	I	
7754,97	2	—	I	
6844,1	2	2	II	
6579,2	—	4		
6452,8	3	6	II	
6310,78	4	—	I	
6171,49	4	—		
6154,60	5	—	I	
6149,71	6	—	I	
6073,46	4	—	I	
6069,00	7	—	I	
6054,86	5	—	I	
6037,70	5	—	I	
5970,30	5	—	I	
5799,4	—	8	II	
5731,70	7	3		
5631,71	5	—	I	R
5589,4	—	8	II	
5588,4	—	3		
5562,9	—	8	II	
5333,2	—	8	II	
4585,6	—	7	III	
4585,1	—	3	III	
4524,74	10	10	I	LL
3861,3	—	7	III	
3801,02	10	10	I	R LL
3655,78	5	3	I	R
3352,4	—	6	II	
3330,62	8	5	I	R
3283,5	—	5	II	
3262,34	10	8	I	R
3175,05	10	9	I	R LL
3141,84	4	5	I	
3071,5	—	3	III	
3034,12	8	8	I	R
3032,81	4	4	I	R
3009,14	7	7	I	R
2913,54	5	4	I	R
2887,8	—	3	III	
2863,32	8	8	I	R
2850,62	5	5	I	R
2839,99	10	10	I	R LL
2813,58	5	5	I	R
2812,59	3	3	I	
2785,03	4	4	I	R
2779,81	5	5	I	R
2706,51	8	8	I	R
2661,24	7	5	I	R
2658,61	—	4	III	
2643,6	—	3	III	
2631,87	—	3		
2594,42	6	5	I	R
2571,58	7	5	I	R
2546,55	8	6	I	R
2495,70	6	6	I	R
2483,39	7	6	I	R
2449,8	—	3	II	
2429,49	8	8	I	R
2421,70	7	7	I	R
2408,15	4	4	I	R
2380,72	4	3	I	R
2368,23	—	4	II	
2354,84	6	6	I	R
2334,80	5	5	I	R
2317,23	5	5	I	R
2286,68	3	3	I	R
2268,91	4	4	I	R
2267,19	2	—	I	R
2266,06	—	3		
2246,05	—	2	II	
2246,02	3	3	I	R
2231,73	2	2	I	R
2229,2	—	1	III	
2209,65	3	3	I	
2199,34	2	2	I	R
2194,49	2	2	I	R
2171,32	2	2	I	R
2151,43	2	2	I	R
2148,73	3	—	I	R
2148,46	2	—	I	R
2141,43	2	—	I	R
2140,73	3	—	I	R
2121,27	2	—	I	R
2118,38	1	—	I	
2113,93	3	—	I	R
2100,93	2	—	I	R
2096,39	4	—	I	R
2094,35	1	—	I	
2091,58	2	—	I	R
2084,3	—	3	III	
2080,62	2	—	I	
2073,08	6	—	I	R
2072,89	6	—	I	
2064,00	2	—	I	
2058,31	5	—	I	
2040,91	2	—	I	
2040,66	5	—	I	
2039,5	—	5		
2026,98	3	—	I	
2020,83	1	—	I	
2015,76	3	—	I	
2008,05	2	—	I	

Sr Strontium

λ in Å	Int. B	Int. F	Ion.-Grad	Bem.
10914,8	2	2	II	
10327,3	10	10	II	
10036,6	3	3	II	
7673,06	6	—	I	
7621,50	3	—	I	b
7309,41	4	—	I	
7232,20	1	—	I	
7167,20	2	—	I	
7070,10	6	1	I	
6892,56	4	—	I	LL
6878,32	6	—	I	
6791,0	5	1	I	
6643,53	4	2	I	
6617,26	5	3	I	
6550,22	5	2	I	
6546,77	3	1	I	
6503,99	6	3	I	
6408,48	6	4	I	
6388,27	3	1	I	
6386,53	4	1	I	
6380,74	4	1	I	
6369,98	2	1	I	
6363,95	2	1	I	
5970,2	2	—	I	
5543,29	2	1	I	
5540,04	2	1	I	
5534,80	2	1	I	
5521,75	3	2	I	
5504,17	3	2	I	
5486,13	2	1	I	
5480,84	4	2	I	
5450,83	2	—	I	
5256,90	3	2	I	
5238,54	2	1	I	
5229,28	1	1		
5225,11	1	1	I	
5222,23	1	1		
5156,08	2	1	I	
4967,92	3	1	I	
4962,25	5	2	I	R
4892,01	5	2	I	
4876,31	6	1	I	
4876,07	6	1	I	
4872,48	6	2	I	
4868,74	4	—	I	
4855,07	4	1	I	
4832,07	6	3	I	
4811,86	5	4	I	R
4784,32	4	—	I	
4741,91	5	1	I	
4722,27	5	2	I	
4678,30	4	—	I	
4607,33	10	6	I	R LL
4531,35	4	—		
4480,54	3	—		
4438,04	5	2	I	
4361,71	5	2	I	
4337,70	6	—	I	
4326,45	3	—	I	
4305,46	6	6	II	
4215,52	10	10	II	R LL
4161,81	4	4	II	
4077,71	10	10	II	R LL
4032,39	3	—	I	
4030,39	5	3	I	
3940,80	3	1	I	
3705,9	4	1		
3653,85	3	1		
3653,17	3	1		
3629,00	2	1		
3628,47	2	1		
3547,77	2	1		
3499,25	1	1		
3477,18	1	—		
3474,90	2	5	II	
3464,47	4	8	II	
3380,72	3	6	II	
3366,34	2	2	I	
3351,26	4	4	I	
3330,01	2	2		
3322,23	2	2	I	
3307,54	2	2	I	
3301,74	2	2	I	
2931,86	2	1	I	

641 (Fortsetzung).

λ in Å	Int. B	Int. F	Ion.-Grad	Bem.
2569,50	7	1	I	R
2471,66	2	5		
2428,11	8	1	I	R
2423,63	—	4		b
2354,3	7	1	I	R
2322,43	2	5		
2307,5	6	—		R
2282,10	1	4		b
2275,5	4	—		R
2166,0	—	1	II	R
Ti Titan				
9997,94	2	—	I	
9927,35	2	—	I	
9787,67	5	—	I	
9743,60	5	—	I	
9705,64	7	—	I	
9675,55	8	—	I	
9647,40	4	—	I	
9638,28	8	—	I	
9599,53	4	—	I	
9546,07	4	—	I	
8692,34	6	—	I	
8682,99	7	—	I	
8675,38	8	—	I	
8548,07	5	—	I	
8518,37	5	—	I	
8468,46	5	—	I	
8435,68	9	—	I	
8434,98	9	—	I	
8426,50	8	—	I	
8412,36	7	—	I	
8382,54	5	—	I	
8377,90	5	—	I	
7251,75	6	—	I	
7244,82	4	—	I	
7209,44	8	—	I	
6861,47	5	1	I	
6743,15	5	3	I	
6556,07	6	5	I	
6546,28	3	—	I	
6303,77	6	3	I	
6261,10	8	6	I	
6258,71	10	6	I	
6258,10	8	5	I	
6215,26	5	5	I	
6126,22	6	3	I	
6091,18	5	2	I	
6085,24	6	3	I	
5999,67	5	2	I	
5978,54	5	2	I	
5965,83	6	5	I	
5953,16	7	5	I	
5941,75	4	1	I	
5922,10	4	1	I	
5918,54	3	1	I	
5899,30	7	5	I	
5866,45	8	6	I	
5766,33	5	2	I	
5762,28	5	2	I	
5715,12	5	2	I	
5708,23	4	1	I	
5702,68	5	2	I	
5689,48	6	3	I	
5675,43	5	2	I	
5662,92	7	4	I	
5662,16	7	4	I	
5644,14	5	2	I	
5565,47	5	2	I	
5514,54	7	5	I	

λ in Å	Int. B	Int. F	Ion.-Grad	Bem.
5514,36	6	3	I	
5512,53	6	4	I	
5488,23	4	—	I	
5477,23	5	2	I	
5336,80	—	5	II	
5297,25	4	1	I	
5283,45	4	2	I	
5226,54	2	5	II	
5210,39	7	5	I	
5192,98	6	4	I	
5188,69	4	8	II	
5173,74	6	5	I	R
5129,15	—	6	II	
5064,65	6	4	I	
5039,96	5	2	I	
5038,41	7	4	I	
5036,47	6	3	I	
5035,91	4	4	I	
5025,58	6	4	I	
5024,85	6	5	I	
5022,87	6	4	I	
5020,03	5	2	I	
5016,17	4	1	I	
5014,25	8	6	I	LL
4999,50	8	6	I	LL
4991,07	9	7	I	LL
4981,73	10	8	I	LL
4885,09	6	4	I	
4870,14	5	2	I	
4840,88	7	4	I	
4820,42	5	2	I	
4759,28	6	3	I	
4758,13	5	2	I	
4731,17	5	2	I	R
4698,77	6	3	I	
4691,34	6	3	I	
4681,91	8	5	I	
4667,59	7	4	I	
4656,46	7	4	I	
4639,95	5	4	I	
4639,67	5	4	I	
4639,37	5	4	I	
4623,11	7	4	I	
4571,98	4	7	II	
4563,77	3	6	II	
4555,49	7	4	I	
4552,45	6	3	I	
4549,62	3	7	II	
4548,76	7	4	I	
4544,69	7	4	I	
4536,05	8	4	I	R
4535,92	6	3	I	R
4535,58	7	4	I	R
4534,78	8	5	I	R
4533,97	2	6	II	
4533,24	9	5	I	R LL
4527,31	6	3	I	
4522,80	7	4	I	
4518,02	7	4	I	
4512,73	7	4	I	
4501,28	4	8	II	
4496,15	4	1	I	
4481,27	6	2	I	
4468,50	5	7	II	
4457,42	7	4	I	
4455,33	6	3	I	
4453,71	3	1	I	
4453,32	6	4	I	
4443,81	4	6	II	
4427,10	7	3	I	
4395,04	4	7	II	

λ in Å	Int. B	Int. F	Ion.-Grad	Bem.
4337,92	4	7	II	
4318,65	5	—		
4314,81	7	3	I	
4307,89	—	4	II	
4305,91	9	6	I	
4301,08	8	3	I	
4300,58	—	3	II	
4300,55	8	2	I	
4300,06	6	8	II	
4299,64	6	4	I	
4298,66	7	4	I	
4295,76	6	3	I	
4294,11	5	8	II	
4291,14	5	—		
4290,94	7	2	I	
4290,23	3	7	II	
4289,08	7	3	I	
4287,42	6	3	I	
4286,07	5	2	I	
4282,71	5	2	I	
4274,59	8	4	I	
4256,05	7	2		
4186,12	6	2	I	
4171,92	3	8	II	
4163,66	4	8	II	
4078,48	6	4	I	
4024,58	6	4	I	
4009,66	4	—	I	
4008,93	5	2	I	
3998,64	8	5	R	LL
3989,76	7	4	I	R
3981,76	7	4	I	R
3964,27	5	2	I	
3962,86	6	3	I	
3958,21	6	3	I	
3956,34	5	2	I	
3948,67	6	3	I	
3947,77	5	2	I	
3924,53	5	2	I	
3921,42	4	1	I	
3913,45	4	7	II	
3904,79	6	3		
3900,55	4	7	II	
3882,88	5	2	I	
3882,32	4	—		
3882,15	4	—		
3761,33	5	7	II	
3759,30	5	7	II	
3757,69	—	3	II	
3752,86	7	4	I	
3741,63	6	6	II	
3741,06	6	3	I	
3729,81	7	4	I	R
3706,22	2	5	II	
3685,19	8	10	II	R
3662,24	3	6	II	
3659,75	2	5	II	
3653,50	8	5	I	R LL
3642,68	7	5	I	
3641,34	3	5	II	
3635,46	7	5	I	R
3596,05	3	5	II	
3535,41	3	6	II	
3520,26	2	5	II	
3510,85	3	6	II	
3504,89	3	7	II	
3477,19	3	6	II	
3461,50	3	6	II	
3456,39	3	6	II	
3452,48	1	4	II	
3444,32	2	6	II	

641 (Fortsetzung).

λ in Å	Int. B	Int. F	Ion.-Grad	Bem.
3394,58	5	6	II	
3387,83	5	6	II	
3385,93	6	2	I	
3383,76	6	7	II	
3380,28	4	5	II	
3377,58	6	2	I	
3372,80	6	7	II	
3371,45	6	2	I	R
3370,44	5	1	I	R
3361,22	8	8	II	R
3354,63	7	2	I	
3349,40	6	8	II	R LL
3349,02	6	8	II	R LL
3341,88	7	7	I	R
3335,19	5	6	II	
3332,11	5	7	II	
3329,45	5	5	II	R
3322,94	5	6	II	R
3261,59	4	7	II	
3254,25	2	5	II	
3252,85	2	5	II	
3251,89	2	5	II	
3248,60	4	7	II	
3241,98	6	7	II	R
3239,04	6	7	II	R
3236,57	7	7	II	R
3234,52	7	7	II	R
3229,18	4	5	II	
3224,24	3	5	II	
3222,82	5	6	II	
3217,06	5	5	II	
3202,54	4	5	II	
3199,92	6	2	I	R
3191,99	5	2	I	
3190,88	4	6	II	
3186,45	6	2	I	
3168,52	5	7	II	
3162,57	3	6	II	
3161,78	2	5	II	
3161,21	2	5	II	
3088,03	5	7	II	R
3078,65	5	6	II	
3075,22	5	6	II	
3072,97	4	6	II	
3072,10	3	5	II	
3066,36	5	7	II	
3066,22	5	7	II	
3058,08	4	7	II	
3046,69	3	6		
3029,73	4	7		
3017,18	5	7	II	
2984,8	—	4	III	
2967,22	5	2	I	
2959,98	2	6	II	
2956,13	8	3	I	R
2954,76	2	6	II	
2948,25	7	2	I	
2945,47	2	6	II	
2941,99	8	7	I, II	
2938,7	3	5		
2936,2	3	5		
2912,09	6	3	I	
2884,10	3	6	II	
2877,42	2	5	II	
2862,32	2	5		
2851,10	2	4		
2841,94	3	6	II	
2832,18	2	5		
2828,15	3	6	II	
2817,84	4	7	II	
2810,28	4	7	II	

λ in Å	Int. B	Int. F	Ion.-Grad	Bem.
2805,0	2	6	II	
2802,50	7	2		
2758,07	5	2		
2751,70	—	6	II	
2742,33	5	—		
2698,52	—	6		d
2679,93	5	2		
2669,60	5	2	I	
2661,97	4	—	I	
2646,65	7	5	I	
2646,08	2	5	II	
2644,28	7	2	I	
2641,12	6	2	I	
2619,94	5	1	I	
2611,28	7	2	I	R
2605,15	5	—	I	
2599,91	5	2	I	
2571,04	2	5		
2567,5	—	5	III	
2565,4	—	6	III	
2563,4	—	7	III	
2540,0	—	5	III	
2531,26	—	5	II	
2528,00	2	6	III	
2525,62	2	5	II	
2516,0	—	6	III	
2418,36	4	—		
2414,0	—	7		
2384,43	3	—		
2375,0	—	5		
2346,8	—	6	III	
2269,14	—	4		
2261,23	—	4		
2253,26	—	3		
2250,05	—	3		
2230,91	—	3		
2227,10	—	2		
2074,6	—	3		
2068,3	—	3	III	
2067,5	5	—	I	

W Wolfram

λ in Å	Int. B	Int. F	Ion.-Grad	Bem.
8865,50	2	—		
8746,59	2	—		
8744,64	3	—		
8740,44	2	—		
8641,56	2	—		
8614,49	2	—		
8613,22	3	—		
8594,38	3	—		
8585,07	3	—		
8538,99	2	—		
8516,37	2	—		
8515,36	2	—		
8506,95	2	—		
8486,81	2	—		
8470,92	2	—		
8417,08	2	—		
8338,02	2	—		
8123,78	3	—		
8060,35	2	—		
8055,61	3	—		
8017,17	4	—		
7909,19	2	—		
7905,25	2	—		
7886,45	2	—		
7880,34	2	—		
7867,01	2	—		
7863,45	2	—		
7808,95	2	—		

λ in Å	Int. B	Int. F	Ion.-Grad	Bem.
7784,11	3	—		
7776,67	2	—		
7761,13	2	—		
7700,96	2	—		
7688,93	3	—		
7614,07	3	—		
7612,13	2	—		
7582,85	2	—		
7569,87	3	—		
7537,42	3	—		
7504,07	2	—		
7483,34	3	—		
7451,37	2	—		
7385,08	3	—		
7296,57	3	—		
7285,82	3	—		
7278,21	2	—		
7269,57	3	—		
7226,02	2	—		
7216,31	2	—		
7200,16	2	—		
7162,64	2	—		
7140,51	3	—		
6981,29	4	—		
6964,14	3	—		
6934,28	4	—		
6908,32	3	—		
6820,27	4	—		
6814,93	3	—		
6693,12	5	—		
6678,42	3	—		
6611,63	3	—		
6573,96	3	—		
65[illegible]3,22	3	—		
6538,16	4	—		
6532,41	3	—		
6445,15	4	2		
6404,22	4	2		
6303,25	3	—		
6292,05	4	2		
6285,90	3	—		
6203,52	3	—		
6128,29	3	—		
6012,80	4	3		
5965,88	3	—		
5947,58	4	2		
5804,86	6	4		
5796,52	3	—		
5749,22	3	—		
5735,10	8	8		
5697,83	3	—		
5674,43	4	2		
5660,73	5	2		
5648,39	6	8		
5514,71	10	10		
5503,49	4	4		
5492,34	8	8		
5477,81	3	—		
5435,07	4	2		
5224,68	8	8		
5071,74	5	5		
5069,16	7	6		
5054,62	6	5		
5053,30	8	5		
5015,33	6	4		
5006,17	7	5		
4982,61	6	4		
4886,92	7	5		
4843,03	8	6		
4757,56	5	4		
4680,54	9	6		

641 (Fortsetzung).

λ in Å	Int. B	Int. F	Ion.-Grad	Bem.
4659,87	8	5		
4609,93	3	—		
4599,97	3	—		
4588,73	5	3		
4570,66	5	3		
4551,85	3	—		
4546,49	4	1		
4543,52	4	1		
4484,20	8	4		
4336,91	3	—		
4408,28	3	—		
4364,78	2	—		
4348,12	5	2		
4302,12	8	5		LL
4294,62	9	6	R	LL
4269,40	7	4		
4244,37	6	3		
4241,45	5	2		
4215,38	4	6		
4137,46	3	—		
4102,70	7	3		
4074,37	8	5		
4008,77	9	9		LL
3970,81	3	—		
3881,39	6	4		
3867,99	7	4		
3851,57	3	—		
3847,50	5	3		
3846,20	6	3		
3838,50	7	5		
3817,48	7	5		
3780,77	6	4		
3768,45	6	4		
3617,06	—	5		
3707,93	6	3		
3657,68	2	5		
3647,53	—	4		
3645,60	—	4		
3641,41	2	5		
3617,52	7	4	R	
3613,79	2	5		
3592,42	3	6		
3572,47	3	6		
3570,66	3	—		
3549,05	—	4		
3545,23	6	3		
3508,74	4	3		
3401,87	1	4		
3376,14	2	6		
3358,61	—	4		
3343,40	1	5		
3342,46	—	4		
3311,39	4	—		
3300,83	5	1		
3243,36	—	4		
3215,57	6	5		
3160,02	—	4		
3152,47	—	3		
3151,29	—	3		
3149,85	—	4		
3145,77	—	3		
3077,51	2	6		
3051,30	—	4		
3049,68	5	5	R	
3046,43	4	1		
3043,77	3	1		
3041,86	4	1	R	
3024,50	2	5		
3017,44	5	2	R	
3016,46	3	—		
3009,08	3	—		

λ in Å	Int. B	Int. F	Ion.-Grad	Bem.
2997,79	3	—		
2993,62	4	—		
2979,86	5	1		
2964,53	4	—		
2952,27	—	4		
2947,39	5	1		
2946,99	7	3	R	LL
2944,41	6	4	R	LL
2934,99	5	4	R	
2896,44	6	4		
2896,01	5	3		
2879,40	5	2		
2879,11	5	4		
2866,05	6	4		
2848,05	6	4		
2831,39	6	5	I	
2830,13	—	5		
2822,59	—	3		
2818,07	3	—	R	
2805,93	—	4		
2799,03	—	5		
2792,75	3	—		
2776,51	—	5		
2774,48	3	3		
2774,01	2	—	R	
2764,28	4	7	R	
2740,77	—	4		
2724,34	7	4		
2718,90	6	3		
2703,5	—	3		
2702,1	2	6		
2697,7	2	5		
2681,40	7	3		
2671,47	5	2		
2669,3	—	3		
2664,3	3	6		
2658,02	3	7		
2656,50	6	2		
2633,10	5	1		
2620,25	—	4		
2615,33	—	3		
2613,86	4	—		
2613,07	4	—		
2603,0	—	3		
2598,8	—	3		
2589,14	2	5		
2580,49	6	2		
2579,6	—	5		
2579,3	—	4		
2572,3	—	4		
2571,46	—	5		
2569,26	—	3		
2563,1	—	3		
2555,14	—	4		
2554,89	—	4		
2551,38	5	2		
2547,10	4	1		
2522,01	2	6		
2510,58	2	6		
2496,7	—	3		
2489,23	2	6		
2488,77	2	6		
2481,48	5	—		
2477,81	2	6		
2466,53	1	5		
2446,4	1	6		
2435,9	6	3		
2435,0	—	5		
2427,48	2	5		
2405,64	5	2		
2397,11	2	8		

λ in Å	Int. B	Int. F	Ion.-Grad	Bem.
2390,4	—	3		
2370,03	2	5		
2326,11	—	5		
2323,1	—	3		
2303,9	1	4		
2270,3	—	5		
2249,9	—	5		
Zn Zink				
10979,4	4	—	I	
10970,7	4	—	I	
7799,40	5	—	I	
7732,50	—	5	II	
7698,93	4	—		
7624,77	3	—		
7612,90	—	4	II	
7588,48	—	7	II	
7578,75	3	—		
7578,79	—	10	II	
7264,2	4	—		
6943,20	4	—	I	
6938,32	6	—	I	
6928,33	5	—	I	
6482,98	—	7	II	
6479,16	7	—	I	
6417,07	7	—	I	
6438,27	—	5	II	
6438,01	—	8	II	
6362,35	10	8	I	
6239,20	5	—	I	
6238,00	6	—	I	
6214,58	—	8	II	
6111,55	—	7	II	
6102,53	1	9	II	
6021,25	1	8	II	
5894,37	4	8	II	
5777,0	5	—	I	
5775,2	6	—	I	
5772,2	8	—	I	
5310,90	4	—	I	
5310,18	6	—	I	
5308,57	8	—	I	
5182,00	8	1	I	
4924,0	6	8	II	
4911,6	5	7	II	
4810,53	10	10	I	R
4722,16	8	8	I	R
4680,14	7	7	I	R
4629,81	5	—	I	
4298,4	4	—	I	
4292,9	4	—	I	
4148,57	—	5	II	
4112,2	—	4	II	
3989,23	—	6	II	
3840,6	—	7	II	
3805,9	—	5	II	
3345,93	6	4	I	LL
3345,57	8	5	I	R LL
3345,02	10	6	I	R LL
3306,1	—	5	II	
3302,94	8	8	I	R
3302,59	10	10	I	R
3288,3	4	—	I	
3282,33	7	6	I	R
3172,2	—	4	II	
3075,90	9	6	I	R LL
3072,06	8	6	I	R
3035,78	7	5	I	R
3018,35	6	4	I	
2802,0	3	—	I	R

641 (Fortsetzung).

λ in Å	Int.		Ion.-Grad	Bem.	λ in Å	Int.		Ion.-Grad	Bem.	λ in Å	Int.		Ion.-Grad	Bem.
	B	F				B	F				B	F		
2800,87	9	7	I	R	2567,92	4	—	I		2393,80	4	—		
2800,0	5	—	I	R	2557,96	5	8	II		2393,2	—	3		
2781,31	3	—	I		2527,0	—	4	III		2390,04	—	3	II	
2770,98	6	6	I	R	2522,0	—	4	III		2313,8	—	4	III	
2770,87	8	6	I	R	2515,9	5	5	I		2138,56	10	5	I	R LL
2756,45	6	6	I	R	2509,2	—	4	III		2104,4	4	—	I	
2720,8	—	5	III		2502,0	3	10	II		2102,2	—	2	II	
2712,49	5	5	I		2493,6	3	—	I		2099,9	—	5	II, III	
2684,19	5	5	I		2491,5	6	1	I		2096,9	4	—	I	
2670,57	3	—	I		2486,8	—	5	III		2087,1	4	—	I	
2658,2	—	4	II		2479,78	3	—	I		2079,0	4	—	I	
2618,8	—	4	IV		2467,0	—	5	III		2064,2	—	2	II	
2608,64	4	4	I		2463,5	3	—	I		2062,01	3	5	II	LL
2608,56	6	6	I		2442,0	—	6	III		2056,9	—	5	II	
2593,0	—	4	III		2439,9	3	—	I		2039,3	—	4	II	
2582,5	7	5	I	R	2426,9	—	6	III		2028,5	3	—		R
2575,8	—	5	III		2423,3	—	4	III		2025,49	4	6	II	LL
2570,72	—	2			2418,7	—	5	III		2024,0	—	2	II	
2569,92	6	4	I	R	2408,5	—	4	III		2012,0	—	5	II	

642 Strahlungsquellen.

6421 Strahlungsnormale.

1. Die *Lichteinheit* ist, wie in 3853 angegeben, die Neue Kerze. Sie ist so bemessen, daß die Leuchtdichte des schwarzen Körpers beim Erstarrungspunkt des Platins 60 neue Einheiten je cm^2 strahlender Fläche beträgt[1].

2. *Normalbeleuchtungen für Farbmessungen*[2]. Die 4 Normallichtquellen A, B, C, E werden mittels einer geeichten gasgefüllten Glühlampe, deren Stromstärke so eingestellt ist, daß die Strahlung eine Farbtemperatur[3] von 2848° K hat, hergestellt.

Normallichtquelle A benutzt die ungefilterte Strahlung. Bei der Normallichtquelle B, C und E wird der Lampe ein Davis-Gibson-Filter vorgesetzt, und zwar wird bei B die Zusammensetzung des Filters so gewählt, daß die gefilterte Strahlung eine Farbtemperatur von etwa 4800° K, bei C bzw. E eine solche von etwa 6500° K bzw. etwa 5270° K hat. Die benutzten Filter bestehen aus:

Zwei Küvetten aus optischem Glas für Flüssigkeitsschichten von je 10 mm. Die einzufüllenden Lösungen haben die folgende Zusammensetzung:

1. Lösung	Lichtquelle B	Lichtquelle C	Lichtquelle E
Kupfersulfat ($CuSO_4 \cdot 5\,H_2O$)	2,452 g	3,412 g	2,954 g
Mannit [$C_6H_8(OH)_6$]	2,452 g	3,412 g	2,954 g
Pyridin (C_5H_5N)	30,0 cm^3	30,0 cm^3	30,0 cm^3

mit destilliertem Wasser je auf 1000 cm^3 aufgefüllt.

2. Lösung	Lichtquelle B	Lichtquelle C	Lichtquelle E
Kobaltammoniumsulfat			
[$CuSO_4 \cdot (NH_4)_2SO_4 \cdot 6\,H_2O$]	21,71 g	30,58 g	28,44 g
Kupfersulfat ($CuSO_4 \cdot 5\,H_2O$)	16,11 g	22,52 g	17,84 g
Schwefelsäure, Dichte 1,835	10,0 cm^3	10,0 cm^3	10,0 cm^3

mit destilliertem Wasser je auf 1000 cm^3 aufgefüllt.

Lichtquelle B gibt das sog. Normalweiß, Lichtquelle C Sonnenlicht, Lichtquelle E einen Farbreiz, der im Sinne der IBK. als unbunt zu bezeichnen ist.

[1] Vgl. auch für die früheren Lichteinheiten F. Hoffmann, H. Korte u. H. Willenberg: Der Werdegang der neuen Lichteinheit. Licht 11, 207 (1941).

[2] Genormt von der Internationalen Beleuchtungs-Kommission (IBK.).

[3] Das heißt ein farbtüchtiges Auge ordnet dieser Strahlung die gleiche Farbe wie der Strahlung des schwarzen Körpers bei der Temperatur 2848° K zu.

3. Die *sensitometrische Normallichtquelle* (DIN 4512) ist in 6463 angegeben.

4. *Lichtquellen für viele Farbtemperaturen* lassen sich durch Filterung der Strahlung einer Glühlampe, die mit einer Farbtemperatur von 2848° K bzw. Farbtemperaturen zwischen 2000...3100° K mit Hilfe von Flüssigkeitsfiltern herstellen. Vgl. hierzu R. Davis und K. S. Gibson: Filters for the reproduction of sunlight and daylight and the determination of color temperatur. Misc. Public. Bureau of Standards 114 (1931) und R. Davis: Bur. Stand. J. Res., Wash. **7**, 659 (1931).

5. Das *UV-Normal*[1] ist eine aus Quarzglas hergestellte und in den Abmessungen genau festgelegte Quecksilber-Hochdrucklampe. Die Leistungsaufnahme beträgt 250 Watt, die Brennspannung 130 Volt, der Druck des Hg ist 1,5 at. Der spektrale Strahlungsfluß ist im folgenden angegeben.

Wellenlängebereich in Å	Strahlung in Watt		Gesamt
	Kontinuum	Linien	
2000... 2800	7,3	2,78	10,1
2800... 3500	3,2	10,2	13,5
3500... 4000	0,7	7,59	8,3
4000... 7000	2,2	21,52	23,7
7000...20000	3,5	6,97	10,5

6422 Farbtemperatur und Lichtausbeute von Lichtquellen[2].

Lichtquelle	Spannung, Leistungsaufnahme und Lichtausbeute			Farbtemperatur in °K
Hefner-Kerze		—		1910
Neue Kerze		—		2046
Petroleum-Rundbrenner		—		1850
Acetylen-Standardbrenner		—		2360
Kohlefadenlampe			3,5 W/HK	2088
Nernststift		—		2400
Reinkohlelichtbogen		—		3780
Wolframlampen:				
Langdraht, luftleer		—		2360
Einfachwendel, luftleer	110 V	25 W	10,8 HL/W	2585
	220 V	25 W	9,6 HL/W	2580
Doppelwendel, gasgefüllt	110 V	40 W	14,0 HL/W	2725
		60 W	15,2 HL/W	2750
		75 W	16,1 HL/W	2770
		100 W	17,1 HL/W	2800
	220 V	40 W	12,0 HL/W	2675
		60 W	13,4 HL/W	2700
		75 W	14,1 HL/W	2725
		100 W	15,1 HL/W	2740
Nitralampen	110 V	150 W	17,4 HL/W	2895
		200 W	18,1 HL/W	2935
		300 W	20,0 HL/W	3010
		500 W	21,0 HL/W	3040
	220 V	150 W	15,2 HL/W	2770
		200 W	16,1 HL/W	2780
		300 W	17,5 HL/W	2840
		500 W	19,0 HL/W	2850
Projektionslampen	110 V	1000 W	24 HL/W	3100
		2000 W	27 HL/W	3250
	220 V	1000 W	22,2 HL/W	3020
		2000 W	24 HL/W	3150

[1] Krefft, H., F. Rößler u. A. Rüttenauer: Z. techn. Phys. **18**, 20 (1937). — Rößler, F.: Ann. Phys. Paris **34**, 1 (1939).

[2] Farbtemperatur des Tageslichtes in 416. Der Farbpunkt des Gasglühlichtes liegt im Farbdreieck (38521) nicht auf der Kurve des Schwarzen Körpers.

6422 (Fortsetzung).

Lichtquelle	Spannung, Leistungsaufnahme und Lichtausbeute			Farbtemperatur in °K
Nitraphotlampen	110 V	500 W	28,8 HL/W	3255
Type B, 100 h	220 V	500 W	25,8 HL/W	3220
Type S, 2 h	110 V	250 W	42,0 HL/W	3560
	220 V	250 W	42,0 HL/W	3535

6423 Strahlung von Glühlampen.

64231 Spektrale Verteilung der durch das Glas hindurchgehenden Strahlung von gasgefüllten Wolfram-Glühlampen (115 V)[1].

Leistungsaufnahme in Watt	Lichtausbeute[2] (Int. K) Lm/W	Farbtemperatur in °K	Strahlung in % der Leistungsaufnahme bei Wellenlängen in Å								
			kleiner als 3800	3800...5000	5000...6000	6000...7600	7600...14000	größer als 14000	sichtbares Gebiet 3800...7600	Ultrarot größer als 7600	Gesamtstrahlung 0...∞
40	11,9	2780	0,04	0,62	1,68	5,1	33	28	7,4	61	68
100	15,5	2865	0,07	0,89	2,2	6,5	36	29	9,6	65	74
200	18,4	2940	0,10	1,10	2,6	7,8	39	30	11,6	69	81
500	20,3	2980	0,11	1,21	2,8	8,1	41	31	12,1	72	84
1000	20,7	3005	0,12	1,39	3,1	8,7	41	33	13,2	74	88
1500	21,7	3055	0,11	1,46	3,2	8,8	42	33	13,5	75	88

64232 Veränderungen des Stromes (Amp.), der Temperatur (°K), der Lichtausbeute (Int. K) Lm/W, des Lichtstroms, der Leistungsaufnahme und der Lebensdauer mit der Spannung für gasgefüllte Wolfram-Glühlampen von 40, 100 und 500 W/115 V[3].

Lampe	105 V	110 V	115 V	120 V	125 V
40 Watt					
Strom (Amp.)	0,333	0,341	0,348	0,356	0,364
Temperatur (°K)	2625	2663	2710	2756	2801
(Int. K) Lm/W[2]	8,86	9,24	11,0	12,09	13,21
Prozent W	87,5	93,8	100	106,6	113,7
Prozent Lm	70,8	84,9	100	117,4	136,4
Prozent Lebensdauer	432	201	100	52	28
100 Watt					
Strom (Amp.)	0,830	0,850	0,870	0,890	0,910
Temperatur (°K)	2753	2799	2845	2890	2934
(Int. K) Lm/W[2]	12,80	14,10	15,40	16,72	18,05
Prozent W	87,1	93,5	100	106,8	113,07
Prozent Lm	72,5	85,6	100	115,8	133,4
Prozent Lebensdauer	373	189	100	55	31,4
500 Watt					
Strom (Amp.)	4,135	4,145	4,345	4,450	4,550
Temperatur (°K)	2839	2891	2940	2989	3037
(Int. K) Lm/W[2]	16,71	18,16	19,60	21,04	22,43
Prozent W	86,9	93,4	100	106,8	113,8
Prozent Lm	74,1	86,5	100	114,6	130
Prozent Lebensdauer	328	178	100	58	35

[1] Mazda-Lampen der G.E.C. Nach B. T. Barnes, Dr. W. E. Forsythe u. W. J. Karash: Gen. Electr. Rev. **42**, 541 (1939).
[2] Der Faktor zur Umrechnung auf HLm ist ~1,14.
[3] Mazda-Lampen der G.E.C. Nach W. E. Forsythe u. E. Q. Adams: Effect of Voltage on the Light Output of Tungsten-filament Incandescent Lamps. Gen. Electr. Rev. **39**, 498 (1936).

6424 Elektrische und lichttechnische Daten der wichtigsten Metalldampflampen.

Von Wolfgang Thouret, Berlin.

Hersteller und Typenbezeichnung: Osram	Philips	General Electric Co., England	General Electric Co., USA.	Aufgenommene elektr. Leistung (ohne Vorschaltgerät) in W	Betriebsstrom der Lampe in A	Primärstrom des Streufeldtransformators bei 220 V-Netz	Brennspannung in V	Zündspannung in V	Erforderliches Zusatzgerät bei 220 V Netzspannung	Stromart	Dampfdruck im Betriebszustand in Atm	Lichtstrom in HLm	Mittlere Leuchtdichte in (HK) Stilb	Lichtausbeute der Lampe in HLm/W	Lichtausbeute mit Vorschaltgerät in HLm/W	Breite bzw. Durchmesser der Entladung in mm	Länge der Entladung in mm	Werkstoff des Entladungsrohrs[10]	Mittlere Lebensdauer in h
Natriumdampflampen																			
Na 400	SO 400	—	—	60	0,6	1,5	110	380	Streutrafo	≈	$\sim 10^{-5}$	4400	10	73	50	2×14	190	Glas	3000
Na 650	SO 650	—	—	85	0,6	1,4	165	440	Streutrafo	≈	$\sim 10^{-5}$	7200	10	84	62	2×14	305	Glas	3000
Na 300U	—	—	—	53	0,9	—	65	180	Drossel	≈	$\sim 10^{-5}$	3300	10…12	62	47	44	115	Glas	3000
Na 500U	—	—	—	80	1,2	—	70	180	Drossel	≈	$\sim 10^{-5}$	5500	10…12	69	53	52	175	Glas	3000
Na 1000	SO 1000	—	—	140	0,9	2,3	165	410	Streutrafo	≈	$\sim 10^{-5}$	11000	10…12	79	61	37	400	Glas	3000
Quecksilberhochdrucklampen																			
HgQ 300[1]	HP 300	80 HP[3]	H 3[3]	75	0,7	—	125	180	Drossel	≈	~8	3300	650[7]	44	40	2,5	24	Quarz	2000
HgQ 500[1]	HP 500	125 HP[3]	H 4[3]	120	1,1	—	125	180	Drossel	≈	~5	5500	650[7]	46	42	2,5	30	Quarz	2000
HgH 1000[1,2]	HO 1000	250 H[3]	H 2 u. H 5[3]	265	2,2	—	130	180	Drossel	≈	~1	11000	200	42	36	6	100	Glas	2000
HgH 2000	HO 2000	400 H[3]	H 1[3]	450	3,7	—	130	180	Drossel	≈	~1	22000	230	49	42	8	140	Glas	2000
HgH 5000[2]	—	—	—	1000	8	—	130	180	Drossel	≈	~1	55000	300	55	47	12	176	Glas	2000
Quecksilberhochdrucklampen mit Leuchtstoffen																			
HgL 300	HPL 300	—	—	75	0,7	—	125	180	Drossel	≈	~8	3300	—	44	40	—	—	Quarz	2000
HgL 500	HPL 500	—	—	120	1,1	—	125	180	Drossel	≈	~5	5500	—	46	42	—	—	Quarz	2000

Quecksilberhöchstdrucklampen Kugelform, ohne Kühlung																			
HBO 500	—	—	—	550	7,5…8,5	—	70…80	200	Drossel	≈	~35	27500	25000	50	—	~2	4,5	Quarz*	300
HBO 501	—	—	—	500	7…8	—	70…80	—	Widerstand u. Zündgerät	=	~35	25000	25000	50	—	~2	4,5	Quarz*	300
HBO 1005	—	—	—	1000[5]	14…16	—	65…75	—	Widerstand u. Zündgerät	=	~30	50000	25000	50	—	~4	4,5	Quarz*	200
—	—	500 W	—	500	6,7…8,3	—	60…75	200	Drossel	≈	~15	~22500	20000[8]	45…50	—	~2,5	5	Quarz	500
Kapillarform, mit Wasserkühlung																			
HBF 700	—	—	—	700	1,3	—	730	—	Streutrafo u. Kühlgerät	≈	~100	5500[6]	30000[8]	7,5[9]	—	~1	21,5	Quarz	—[11]
HBF 2200	—	—	—	2200	1,3	—	2200	—	Streutrafo u. Kühlgerät	≈	~100	17000[6]	30000[8]	7,5[9]	—	~1	65	Quarz	—[11]
—	SP 500	—	—	500	1,4	4,4	420	600	Streutrafo u. Kühlgerät	≈	75	30000	33000[8]	60	—	~1	12,5	Quarz	200
—	SP 2000	—	—	2000	1,4	17	1700	2400	Streutrafo u. Kühlgerät	≈	75	120000	33000[8]	60	—	~1	50	Quarz	150
—	—	—	A—H 6[4]	1000	1,4	~6	840	1225	Streutrafo u. Kühlgerät	≈	80	65000	30000[8]	65	54	~1	25	Quarz	50

[1] Diese Type wird auch als HQV 300 (bzw. HQV 500, HQV 1000) mit Schwarzglaskolben für Fluorescenzanregung und ähnliche Zwecke hergestellt.
[2] Diese Type wird auch als HgHS 1000 (bzw. HgHS 5000) mit ultraviolettdurchlässigem Kolben für photographische Zwecke, Lichtpauserei u. dgl. hergestellt.
[3] Die Daten dieser englischen und amerikanischen Lampen stimmen nur ungefähr mit den in dieser Tabelle enthaltenen überein.
[4] Auch in England wird eine ähnliche wassergekühlte Kapillarlampe, jedoch mit 2000 W Leistung, hergestellt.
[5] Diese Lampe enthält zwei Entladungen der Type HBO 501 in einem Kolben.
[6] Lichtstärke in HK.
[7] Bei Lampen in Klarglaskolben.
[8] Maximale Leuchtdichte (in der Achse der Entladung).
[9] HK/Watt.
[10] Sämtliche Lampen außer den in dieser Zeile mit * bezeichneten sind in ein Glasgefäß eingebaut (vgl. Fußnote 1 und 2).
[11] Keine Angabe vorhanden.

6425 Spektrallampen[1].

Füllung	Betriebsstrom in A	Brennspannung in V	Leistungsaufnahme der Lampe in W	Erforderliches Zusatzgerät	Stromart	Dampfdruck im Betriebszustand in Atm	Leuchtfläche Höhe mm	Leuchtfläche Breite mm	Lichtstärke in HK	Mittlere Leuchtdichte in (HK)Stilb
Natrium .	1,3	20	25	Widerstand oder Drossel	= od. ≈	$\sim 10^{-6}$	15	11	20	12,1
Kalium . .	2	10	18	Drossel	≈	$\sim 10^{-5}$	25	10	0,1	0,04
Rubidium .	2	8	15	,,	≈	$\sim 10^{-5}$	25	10	0,4	0,16
Cäsium . .	2	7	13	,,	≈	$\sim 10^{-5}$	25	10	0,7	0,28
Zink . . .	1,5	12	16	,,	≈	$\sim 10^{-3}$	15	7	1	0,95
Cadmium .	1,5	10	14	,,	≈	$\sim 10^{-3}$	15	7	1,6	1,52
Quecksilb.	1,15	55	50	,,	≈	~ 3	22	2,5	110	200
Thallium .	1	13	11	,,	≈	$\sim 10^{-3}$	9	2,5	1	4,45
Neon . . .	1,5	30	40	,,	≈	$\sim 10^{-2}$	25	10	2,4	0,96

643 Strahlungsfilter.

Von **Michael Schön**, Berlin.

6431 Filter zur Aussonderung von Spektrallinien.

Wellenlänge in Å		Filter	Spektraldurchlässigkeit für die betr. Linie	Durchlässigkeit für weitere Linien: Linie λ	Durchlässigkeit in %
2537	Hg	Schott UG 5 (2 mm) + 20 cm Cl_2 (von 1 at Druck)	0,25	2652	0,003
3076	Zn	Schott UG 5 (2 mm) + Pikrinsäure 40 mm	0,1	3282	0,01
				3303	<0,01
				3345	<0,01
3126–32	Hg	Schott UG 5 (2 mm) + Kaliumchromat (40 mm)	0,3	2967	0,02
				3022	0,04
				3341	0,02
3261	Cd	Schott UG 5 (2 mm) + Kaliumchromat	~0,3	3403	0,02
				4366/68	0,01
3519–29	Tl	Schott UG 1 (2 mm) + Nickel-Kobaltsulfat	0,08	—	—
3650–63	Hg	Wratten 18 A	0,43	3341	0,1
				3126/32	0,01
3650	Hg	Schott UG 1 (2 mm) + Schott BG 12 (4 mm)	0,22	3341	0,01
				4047/78	0,003
		Corning violett ultra (8 mm)	0,08	3341	0,04

[1] Hersteller: Osram, Berlin. Hauptdaten nach der Osram-Liste Nr. 46.

6431 (Fortsetzung).

Wellenlänge in Å		Filter	Spektra-durchlässigkeit für die betr. Linie	Durchlässigkeit für weitere Linien: Linie λ	Durchlässigkeit in %
3776	Tl	Schott UG 5 + Schott GG 2	0,45	—	--
4047–78	Hg	Schott UG 3 (9 mm) + Schott GG 4 (1,5 mm)	0,07	3650/63	< 1
				4358	3
4347–58	Hg	Zeiß C	0,33	5769/90	$\sim 6 \cdot 10^{-5}$
				5461	$\sim 5 \cdot 10^{-6}$
				4047/77	$\sim 18 \cdot 10^{-5}$
		Wratten 50	0,06	4047/77	~0,001
		Schott BG 12 (4 mm) + Schott GG 3 (4 mm)	0,2	3650/63	~0,001
				4047/77	0,001
4555–93	Cs niedrige Strom-belastg.	Schott GG 2 (2 mm) + Schott BG 12 (2 mm)	0,4	bei 4200 (schwach)	83
4678–800	Cd	Agfa 43	0,1	5086	< 0,001
4680–722–811	Zn	Schott GG 5 (1 mm) + Schott BG 12 (2 mm)	0,3	3282/303/45	0,001
5086	Cd	Wratten 61	0,3	alle Linien	< 0,001
		Agfa 544	0,27	alle Linien	< 0,001
5167–83	Mg	ohne Filter	—	—	—
5350	Tl	Agfa 544 + 73	0,25	alle stärk. Lin.	< 0,001
		(auch Wratten 62)	(0,15)	—	—
5461	Hg	Zeiß B	0,80	5770/90	< 0,001
				4359	$< 3 \cdot 10^{-}$
				4077/47	< 0,001
		Wratten 77 A	0,55	5770/90	< 0,001
		Wratten 77	0,72	5770/90	< 0,001
		Schott BG 11 (20 mm) + Schott BG 18 (3 mm) + Schott OG 1 (1 mm)	0,42	alle Linien	< 0,001
5769–90	Hg	Zeiß A	0,55	4047/77	< 0,001
				4359	$< 3 \cdot 10^{-}$
				5461	$\sim 5 \cdot 10^{-}$
		Wratten 22	0,65	alle sichtb. Linien	< 0,001
		Schott BG 18 (1 mm) + Schott VG 3 (1 mm) + Schott OG 2 (2 mm)	0,4	alle Linien	< 0,001
5876	He	Zeiß A	0,4	6678	< 0,003
				7066	0,8
				übr. sichtb. Linien	< 0,001
5890–96	Na	Agfa 1031	0,16	5683/8	~0,01
				6154/61	~0,01
		Agfa 36	0,1	5683/8	0,8
				6154/61	~0,5
		Wratten 23	0,66	5683/88	~0,1
				6154/61	0,75

6431 (Fortsetzung).

Wellenlänge in Å		Filter	Spektra-durchlässigkeit für die betr. Linie	Durchlässigkeit für weitere Linien: Linie λ	Durchlässigkeit für weitere Linien: Durchlässigkeit in %
6362	Zn	Schott RG 1 (2 mm) od. Agfa 8 oder Agfa 9 od. Schott OG 3	0,9	4680 4722 4811	< 0,001 < 0,001 < 0,001
6438	Cd	Schott RG 1	0,96	4678	< 0,001
		Schott RG 2	0,92	4800	< 0,001
		Wratten 29	0,65	5086	< 0,001
		Wratten 27	0,77		
7065	He	Zeiß A + B	0,65	5876 6678 übr. sichtb. Linien 7281	< 3 · 10⁻⁴ < 0,002 < 0,001 ?
		Schott RG 5 (2 mm)	0,92	5876 6678 7281	< 0,001 ~ 0,1 ~ 0,95
		Schott RG 8 (2 mm)	0,7	5876 6678 7281	< 0,001 < 0,001 ~ 0,95
7670—700	K	Schott BG 19 (2 mm) + Schott RG 9 (2 mm)	0,2	bei 5900 bei 5350	< 0,001 ≪ 0,001
7800—950	Rb	Schott BG 19 (2 mm) + Schott RG 9 (2 mm)	0,25	ab 6800	≪ 0,001
7940—8940	Cs	Schott BG 19 (2 mm) + Schott RG 9 (2 mm)	0,1	—	—
8520—894	Cs	Schott BG 19 + Schott RG 7 (2 mm)	0,01	—	—

Zusammensetzung der Flüssigkeitsfilter.

Bezeichnung	Menge je Liter H_2O	Schichtdicke (lichte Weite der Küvette)
Nickel-Kobaltsulfat $NiSO_4 \cdot 7\,H_2O$	303 g	20
+ $CoSO_4 \cdot 7\,H_2O$	86,5 g	
Pikrinsäure	31,6 mg	20
Kaliumchromat K_2CrO_4	150 mg	20
Salpetersäure HNO_3	12,6 g (n/5)	20
Kupfersulfat $CuSO_4 \cdot 5\,H_2O$	28,5 g	20

6432 Durchlässigkeit der Schottschen (Jenaer) Farb- und Filtergläser[1].

64321 Angabe der Durchlässigkeit in % der eintretenden Strahlung.

Glasart	Dicke in mm	Wellen in mμ																											
		281	302	312	334	366	405	436	480	509	546	578	644	700	775	850	950	1050	1150	1300	1450	1600	1800	2000	2200	2400	2600	2800	3000
UG 1	1,0	—	17	37	69	85	8	—	—	—	—	—	—	1	34	22	11	7	5	4	4	3	4	4	6	11	15	19	17
UG 2	1,0	1	27	50	80	84	2	—	—	—	—	—	—	12	30	19	12	9	7	6	6	6	6	6	8	11	17	22	19
UG 3	1,0	—	—	4	55	91	85	50	17	12	15	21	35	46	64	79	93	97	98	99	99	99	99	99	99	98	96	92	86
UG 6	1,0	—	—	—	—	—	—	—	—	—	—	—	—	—	—	10	50	77	89	96	98	99	99	99	99	99	98	95	70
UG 7	1,0	—	—	—	—	—	—	—	—	—	—	—	1	5	25	54	80	91	95	98	99	99	99	99	99	99	97	92	65
BG 1	1,0	4	40	64	93	97	97	86	44	14	4	5	1	51	94	97	93	86	76	58	45	40	44	50	59	69	74	75	55
BG 5	1,0	—	—	—	—	9	33	47	39	19	6	4	1	13	13	10	12	15	19	24	29	34	42	49	59	68	69	55	37
BG 7	1,0	—	—	—	2	26	51	70	79	73	50	26	3	—	—	1	2	4	8	15	24	35	48	58	66	74	77	73	56
BG 9	1,0	—	—	1	21	67	90	94	96	96	95	93	86	74	56	46	38	34	33	36	42	49	56	59	62	64	65	51	50
BG 10	1,0	—	—	—	12	60	78	84	88	88	87	86	74	63	42	31	25	24	26	31	39	47	53	55	56	58	55	47	46
BG 12	1,0	—	—	2	39	75	86	85	48	12	2	1	—	4	8	8	12	18	18	16	19	22	27	53	68	79	81	71	55
BG 13	1,0	—	—	—	—	35	77	87	87	85	77	64	35	21	14	14	19	24	30	43	52	61	73	81	87	88	84	76	59
BG 14	1,0	—	—	13	71	92	98	98	98	96	90	75	46	30	24	27	35	15	55	69	78	84	90	93	94	94	94	87	63
BG 15	1,0	—	—	3	33	73	86	89	90	90	90	89	80	65	47	36	28	24	24	30	41	45	49	54	59	61	64	59	51
BG 16	1,0	—	—	—	4	57	80	84	86	86	84	81	68	54	36	25	20	18	17	21	28	38	44	44	49	55	56	52	44
BG 17	1,0	—	3	11	46	89	97	98	98	98	98	98	97	93	78	61	42	32	30	33	36	43	46	42	38	39	38	34	27
BG 18	1,0	—	—	—	3	21	50	70	87	90	87	68	25	12	8	7	9	13	20	32	45	59	72	80	81	80	74	62	32
BG 19	1,0	4	38	60	87	95	96	97	96	95	94	92	83	67	43	21	8	4	2	2	4	6	9	10	8	9	11	13	5
BG 21	1,0	1	26	46	75	93	97	98	99	99	99	98	93	85	65	48	29	19	16	15	18	23	29	30	28	29	31	30	12
BG 22	1,0	—	—	3	42	83	92	94	94	94	94	93	83	73	58	49	44	44	45	51	59	66	71	71	73	75	75	72	43
BG 23	1,0	—	—	1	33	81	93	94	94	91	76	50	19	10	5	6	10	17	26	40	53	65	77	84	89	92	92	91	72
BG 24	1,0	92	96	97	99	99	97	89	35	19	11	4	24	91	95	92	88	84	81	75	73	72	71	70	65	58	50	39	21
VG 4	1,0	—	—	—	—	—	—	6	39	69	85	77	47	48	55	59	63	67	71	78	83	87	91	94	95	96	96	95	85
VG 5	1,0	—	—	—	—	—	—	3	55	83	87	79	50	46	48	52	59	66	72	80	87	91	94	95	96	96	96	94	79
VG 6	1,0	—	—	—	—	—	7	32	69	80	77	60	23	17	15	15	21	30	39	54	65	74	83	87	90	91	92	90	66
VG 7	1,0	—	—	—	—	—	2	15	50	75	84	78	58	61	67	70	75	79	83	87	90	92	94	95	95	95	94	87	63
VG 8	1,0	—	—	—	—	—	3	16	55	73	71	48	13	8	8	9	14	21	31	45	57	65	75	82	88	92	93	91	75
VG 9	1,0	—	—	—	—	—	—	3	47	69	64	44	10	7	6	6	9	16	25	39	54	65	76	82	87	90	91	89	65
GG 1	1,0	—	2	13	47	86	98	99	100	100	100	100	100	100	100	100	100	100	100	100	100	100	100	100	99	96	91	70	50
GG 2	1,0	—	—	—	—	72	98	99	100	100	100	100	100	100	100	100	100	100	100	100	100	100	100	99	99	98	94	84	70
GG 3	1,0	—	3	5	9	16	21	85	99	100	100	100	100	100	99	98	98	97	97	97	98	98	98	98	97	96	92	81	62
GG 4	1,0	—	—	—	3	1	40	67	92	95	97	96	94	96	99	99	99	99	99	99	99	99	99	99	99	98	94	85	64
GG 5	1,0	—	1	2	3	9	14	40	99	100	100	100	100	100	99	99	98	98	98	97	97	98	98	98	98	97	93	80	62
GG 6	1,0	—	2	5	11	14	21	36	73	98	100	100	100	99	98	97	96	95	95	95	96	96	97	97	95	94	91	82	62
GG 7	1,0	—	—	1	4	5	12	16	65	99	99	100	100	100	99	99	98	98	97	96	96	97	98	98	97	95	93	81	65
GG 8	1,0	—	—	—	—	—	5	26	75	88	99	99	92	92	98	98	99	100	100	100	100	100	99	99	99	96	92	81	68
GG 9	1,0	—	1	1	—	—	1	14	78	88	93	92	89	91	95	98	99	99	99	99	99	99	99	99	98	97	93	83	69

[1]Die Werte sind veraltet, für die neuen Gläser vgl. Katalog 7222.

6432 (Fortsetzung).

Glasart	Dicke in mm	Wellen in mμ																											
		281	302	312	334	366	405	436	480	509	546	578	644	700	775	850	950	1050	1150	1300	1450	1600	1800	2000	2200	2400	2600	2800	3000
GG 10	1,0	—	—	—	—	—	—	9	59	85	97	95	83	86	96	99	99	99	100	100	99	99	99	99	97	94	87	67	44
GG 11	1,0	—	—	—	—	—	—	1	24	97	99	99	99	99	98	97	96	96	96	96	96	96	97	97	97	95	91	82	66
GG 12	1,0	—	—	—	3	74	53	71	90	96	99	100	100	100	100	100	100	100	100	100	100	99	99	99	99	98	95	80	67
GG 13	1,0	—	—	—	—	20	92	98	99	99	99	99	99	99	99	99	99	99	99	99	99	99	99	99	99	98	95	89	68
GG 14	1,0	—	—	—	—	—	—	—	—	95	99	99	99	99	99	99	99	99	99	99	99	99	99	99	99	98	96	92	68
GG 15	1,0	1	5	8	15	26	46	94	99	99	99	99	99	99	99	99	99	99	99	99	99	99	99	99	98	97	96	94	74
OG 1	1,0	—	—	—	—	—	—	—	—	1	91	99	99	99	99	99	99	99	99	99	99	99	98	98	98	97	93	80	62
OG 2	1,0	—	—	—	—	—	—	—	—	—	14	94	99	99	99	99	99	99	99	99	99	99	99	99	99	97	92	78	60
OG 3	1,0	—	—	—	—	—	—	—	—	—	—	48	100	100	99	99	98	98	98	98	98	98	98	99	99	97	93	80	63
OG 4	1,0	—	—	—	—	—	—	—	2	64	97	99	99	99	99	99	99	99	99	99	99	99	99	99	99	99	98	94	72
OG 5	1,0	—	—	—	—	—	—	—	—	—	92	99	99	99	99	99	99	99	99	99	99	99	99	99	99	98	96	92	65
RG 1	1,0	—	—	—	—	—	—	—	—	—	—	—	96	98	98	98	98	98	98	98	98	98	98	98	98	96	92	81	65
RG 2	1,0	—	—	—	—	—	—	—	—	—	—	—	92	98	98	98	98	98	98	98	98	98	98	98	97	95	92	81	65
RG 3	1,0	—	—	—	—	—	—	—	—	—	—	—	54	70	81	88	92	94	95	97	97	98	98	98	97	94	87	73	56
RG 4	1,0	—	—	—	—	—	—	—	—	2	5	10	55	73	82	87	91	93	94	96	97	98	98	99	99	97	94	82	67
RG 5	1,0	—	—	—	—	—	—	—	—	—	—	—	2	96	98	98	98	98	99	99	99	99	99	99	98	97	92	79	58
RG 6	1,0	—	12	20	34	44	49	50	44	31	18	40	93	98	99	99	99	99	99	99	99	99	99	99	98	96	92	84	63
RG 7	1,0	—	—	—	—	—	—	—	—	—	—	—	—	2	18	41	74	91	96	97	98	99	99	99	99	99	98	92	85
RG 8	1,0	—	—	—	—	—	—	—	—	—	—	—	1	71	99	99	99	99	99	99	99	99	99	99	98	97	92	79	58
RG 9	1,0	—	—	—	—	—	—	—	—	—	—	—	—	23	94	95	83	65	42	25	22	23	28	37	49	61	67	64	45
RG 10	1,0	—	—	—	—	—	—	—	—	—	—	—	9	20	75	92	94	96	98	99	99	99	99	99	99	99	97	92	69
NG 1	0,1	—	—	—	—	21	29	32	36	36	36	36	37	45	50	49	48	50	54	59	63	67	71	73	76	78	78	76	72
NG 2	0,1	5	30	36	46	47	45	46	50	52	56	58	62	77	80	80	81	85	85	86	88	89	90	91	92	93	93	89	87
NG 3	1,0	—	—	—	—	2	8	12	15	17	17	17	17	16	12	8	7	7	6	9	15	20	22	26	32	34	38	31	20
NG 4	1,0	—	—	—	—	7	18	23	29	30	31	31	30	28	21	17	14	14	16	21	26	30	34	37	40	39	34	26	19
NG 5	1,0	—	—	—	2	22	37	43	46	46	46	46	46	43	34	27	21	19	19	22	26	31	38	43	47	48	44	35	21
NG 6	1,0	—	—	—	7	53	89	92	89	89	89	89	87	86	85	86	87	89	91	93	95	96	96	97	97	96	93	85	72
NG 9	1,0	—	—	—	—	—	2	4	4	4	4	4	4	8	9	6	4	3	4	7	12	16	18	20	26	30	32	27	13
WG 1	1,0	—	—	—	—	46	98	100	100	100	100	100	100	100	100	100	100	100	100	100	100	100	100	100	100	100	99	97	84
WG 2	1,0	—	—	—	3	86	99	100	100	100	100	100	100	100	100	100	100	100	100	100	100	100	100	100	100	99	98	96	81
WG 3	1,0	—	—	—	60	97	100	100	100	100	100	100	100	100	100	100	100	100	100	100	100	100	100	100	100	100	98	97	82
WG 4	1,0	—	—	24	88	99	100	100	100	100	100	100	100	100	100	100	100	100	100	100	100	100	100	99	99	98	98	96	79
WG 5	1,0	—	23	68	96	100	100	100	100	100	100	100	100	100	100	100	100	100	100	100	100	100	100	99	99	98	97	95	77
WG 6	1,0	25	73	87	97	100	100	100	100	100	100	100	100	100	100	100	100	100	100	100	100	100	100	99	98	97	94	89	57
WG 7	1,0	60	89	94	99	100	100	100	100	100	100	100	100	100	100	100	100	100	100	100	100	100	99	99	98	97	96	92	66
WG 8	1,0	96	98	99	100	100	100	100	100	100	100	100	100	100	100	100	100	100	100	100	99	98	96	92	86	79	71	62	51

64322 Durchlässigkeitskurven der Schottfilter BG 20, VG 3, NG 7 und NG 8.

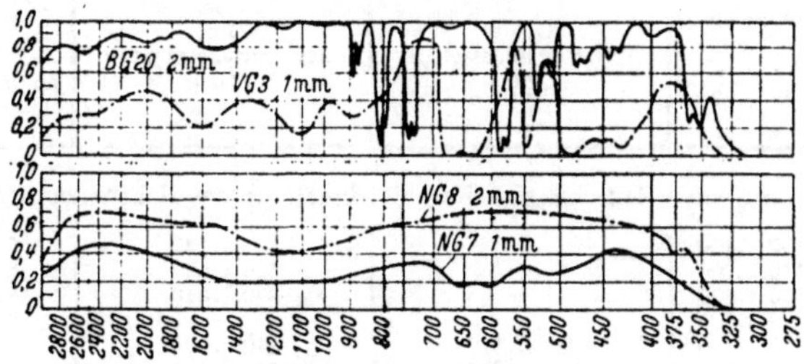

64323 Durchlässigkeitskurven der Schottfilter UG 4, UG 5, BG 2, BG 3 und BG 11.

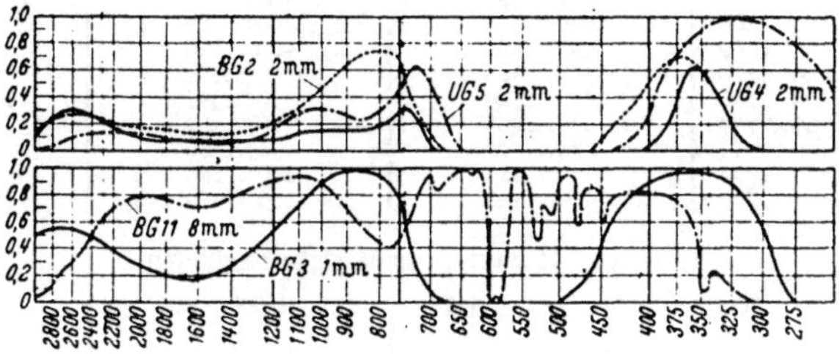

6433 Durchlässigkeit von Agfa-Filtern.

Nr.	Untersuchter Wellenlängenbereich	Gebiet der Durchlässigkeit ≧ 0,1	Gebiet der Durchlässigkeit ≧ 0,01	Maximum der Durchlässigkeit: Wellenlänge	Maximum der Durchlässigkeit: Durchlässigkeit
	1. Filter, die das langwellige Gebiet abschneiden.				
89	700...1000	>930	>910	1000	0,5
85	700...940	>840	>820	>880	0,5
87	700...1000	>835	>825	>870	0,7
84	700...870	>745	>720	>795	0,8
36	400...700	>685	>680	>615	~0,8
82	400...700	>650	>630	>700	0,8
45	400...700	>620	>610	>650	1,0
57	400...700	>620	>595	>620	0,1
42	400...700	>610	>600	>630	0,8
51	400...700	>585	>575	>615	1,0
80	400...700	>580	>575	>600	0,7
9	400...700	>575	>565	>610	0,9
8	400...700	>570	>560	>590	0,8
112	400...700	>530	>520	>560	0,9
5	400...700	>510	>495	>520	0,7
4	400...700	>495	>485	>525	0,8
3	400...700	>480	>465	>525	0,8
2	400...700	>470	>430	>500	0,7
29 B	200...500	>370	>340	>420	1,0
	2. Filter, die das kurzwellige Gebiet abschneiden.				
59	400...700	<440	<465	<400	0,3
552	400...700	<480	<500	<440	0,55
562	400...700	<495	<520	<440	0,6
79	400...700	<545	<570	<500	0,9

6433 (Fortsetzung).

Nr.	Untersuchter Wellenlängenbereich	Gebiet der Durchlässigkeit $\geqq 0{,}1$	Gebiet der Durchlässigkeit $\geqq 0{,}1$	Maximum der Durchlässigkeit Wellenlänge	Maximum der Durchlässigkeit Durchlässigkeit
3. Filter mit einem Durchlässigkeitsgebiet innerhalb des sichtbaren Spektrums.					
104	400...700	—	595...620	605	0,02
56	400...700	—	560...630	585	0,1
114	400...700	—	570...610	580	0,04
117	400...700	—	—	580	0,007
55	400...700	560...570	540...600	565	0,14
116	400...700	530...580	520...585	545	0,4
54	400...700	520...555	540...580	535	0,25
115	400...700	—	520...565	540	0,1
544	400...700	510...565	490...580	530	0,45
41	400...700	500...570	485...590	530	0,35
54 R	400...700	500...575	480...605	520	0,6
73	400...700	480...560	460...580	520	0,35
574	400...700	490...565	480...580	520	0,5
76	400...700	435...565	< 585	510	0,6
53	400...700	470...520	440...545	490	0,25
46	400...700	430...505	420...520	450	0,9
43	400...700	435...470	430...480	450	0,2
40	400...700	445...485	430...500	465	0,3
55 R	400...700	470...520	430...650	555	1,0
4. Filter mit zwei Durchlässigkeitsgebieten.					
50	400...700	460...580, >665	435...600, >650	520	0,8
				700	1,0
58 R	400...700	>620	>600, 495...520	510	0,03
49	400...700	450...485, >680	435...505, >670	470	0,3
60	400...700	< 500, >620	< 520, >605	660	0,9
		< 495	< 515	420	0,7
48	400...700	>590	>485	600	0,9
59 R	400...700	< 485	< 495	410	1,00
				660	0,003
68	400...700	>665, < 480	>655, < 490	700	0,9
				420	0,9
67	420...700	>600, < 480	>600, < 495	450	0,6
				630	0,9
70	400...700	475...605	460...645	520	0,50
471	400...700	—	515...540, 580...630,	530	0,01
			>680	600	0,02
57	400...700	>585	>580, < 485	465	0,05

5 Graufilter, Nr. 91: Durchl. 0,5; Nr. 93: Durchl. 0,2; Nr. 95: Durchl. 0,1; Nr. 97: Durchl. 0,05.

6434 Neutralgraufilter.

Als Neutralfilter werden vor allem Zeiß-Platin-Stufenfilter, Agfa-Stufenfilter Goldberg-Graukeile und durch Kathodenzerstäubung von Metallen hergestellte Filter verwendet. Diese sind streng neutral nur in begrenzten Wellenlängenbereichen und nicht im gesamten Spektralbereich gleichmäßig durchlässig, sie zeigen vor allem im UV- und UR-Gebiet Änderungen der Durchlässigkeit. Nach H. Theissing und M. Goebert [Graufilter von Ultrarot bis Ultraviolett; Z. techn. Phys. **21**, 305 (1940)] lassen sich streng neutrale Filter für 0,3...2,3 mμ durch Zusammensetzen mehrerer Metallschichtfilter oder Metallschicht- + Rußfilter herstellen. Die einzelnen Filter werden so ausgewählt, daß ihre Abweichungen sich kompensieren. Nähere Angaben in der Arbeit, in der auch Literaturangaben für die weiteren obengenannten Filter zu finden sind.

644 Spektralapparate.

Von **Paul Schulz,** Berlin.

Dispersion und Auflösung charakterisieren wesentlich die Güte eines Spektralapparates.

Die *Dispersion* ist der Quotient aus dem Winkel, den zwei vor Eintritt in den Spektralapparat zusammenfallende Strahlen verschiedener Wellenlängen nach dem Verlassen des Apparates miteinander bilden und der Differenz der Wellenlängen. Erfahren die beiden Strahlen der Wellenlängen λ_1 und λ_2 im Spektralapparat die Ablenkungen α_1 bzw. α_2, so ist

$$D = \frac{\alpha_1 - \alpha_2}{\lambda_1 - \lambda_2} = \frac{\Delta\alpha}{\Delta\lambda}$$

die mittlere Winkeldispersion im Spektralbereich von λ_1 bis λ_2. Oft wird für Spektralapparate die Dispersion durch die Wellenlängendifferenz der Strahlen, die am Beobachtungsort 1 mm voneinander erscheinen, d. h. in Å/mm $\left(\frac{\Delta\lambda}{\Delta s}\right)$, angegeben. Ist die Brennweite des abbildenden Systems f, so ist

$$\frac{\Delta\lambda}{\Delta s} = \frac{f}{D}.$$

Die *Auflösung* gibt die Wellenlängendifferenz $\Delta\lambda$ zweier scharfer Spektrallinien, die im Spektralapparat gerade noch getrennt wahrnehmbar sind. Das Auflösungsvermögen für den Bereich um die Wellenlänge λ wird durch die Größe

$$A = \frac{\lambda}{\Delta\lambda}$$

definiert. Es ist um so größer, je kleiner die gerade noch aufgelöste Wellenlängendifferenz $\Delta\lambda$ ist.

Schließlich ist für einen Spektralapparat noch die Öffnung von Wichtigkeit, durch die die Lichtstärke bestimmt wird.

6441 Prismenapparate.

Strahlengang. Die Lichtquelle I wird auf den Spalt Sp des Apparates abgebildet (64411). Die vom Spalt ausgehenden Strahlen werden durch die Linse L_1 (Kollimatorlinse) parallel gemacht und durch das Prisma P nach ihren Wellenlängen

64411 Strahlengang im Prismenspektrographen.

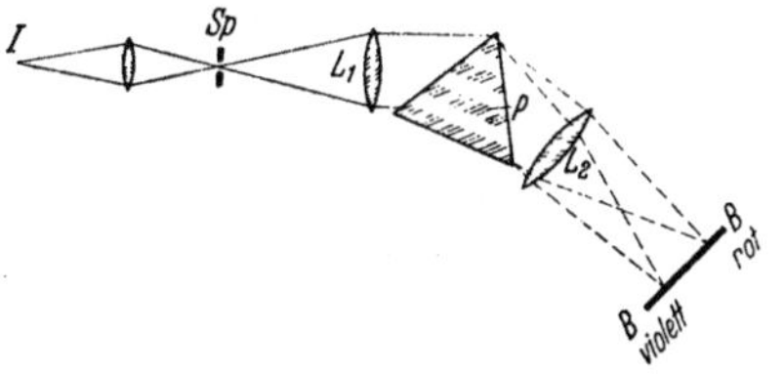

getrennt. Die Linse L_2 (Fernrohrlinse) bildet den Spalt für jede Wellenlänge gesondert in BB ab.

Wird an Stelle des gewöhnlichen 60°-Prismas ein 30°-Prisma, das an der hinteren Fläche versilbert ist, verwandt, so kann die Fernrohrlinse in Fortfall kommen (Autokollimation). Das vom Spalt Sp ausgehende Licht wird hier (64412) durch das kleine Reflexionsprisma R auf die Linse L geworfen, geht parallel durch das Prisma, wird an der hinteren Fläche reflektiert und durch dieselbe Linse L in BB konzentriert.

Prismen. Größere Dispersion erreicht man mit zusammengesetzten Prismen, z. B. dem Rutherford-Prisma (64413). Das Rutherford-Prisma gibt ungefähr die doppelte Dispersion wie ein 60°-Prisma aus schwerem Flintglas. Große Dispersion geben auch Flüssigkeitsprismen.

Geeignete Flüssigkeiten für das sichtbare Gebiet sind Schwefelkohlenstoff und Zimtäthyläther, für das U.V. Wasser (im Quarztrog!). (Nachteil der Flüssigkeitsprismen große Temperaturempfindlichkeit.)

Durch Zusammensetzung von Prismen verschiedener Glasarten kann erreicht werden, daß ein Strahl bestimmter Farbe das Prisma gradlinig durchsetzt, während

64412 Strahlengang bei Autokollimation.

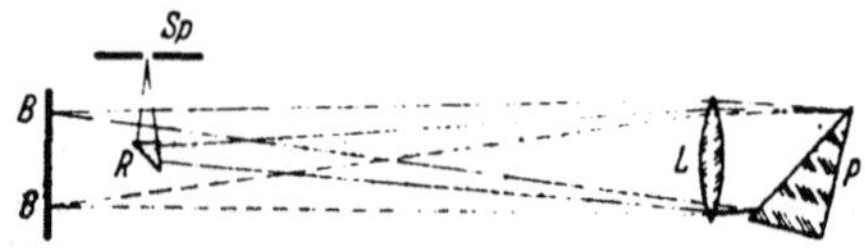

die anderen Farben entsprechend der Dispersion etwas abgelenkt werden (Amici- oder geradsichtige Prismen).

Aus der Abbildung 6448 ist zu ersehen, in welchen Bereichen Prismen aus verschiedenen Materialien verwendbar sind. Die Optik muß aus gleichdurchlässigem Material bestehen.

Im Ultraroten werden an Stelle der Linsen konkave Metallspiegel als Optik verwandt, da das Reflexionsvermögen der Metalle im Ultraroten sehr gut ist.

64413 Rutherford-Prisma.

Dispersion und Auflösung. In der Übersicht über die Spektralapparate (6444) ist, wenn Unterlagen vorhanden waren, die Dispersion für verschiedene Wellenlängen oder die mittlere Dispersion in Wellenlängenbereichen angegeben. Bei der Beurteilung des Auflösungsvermögens ist zu beachten, daß dieses (ideal gutes optisches Material vorausgesetzt) im Gegensatz zur Dispersion von der Prismengröße abhängt; es ist proportional der Basislänge des Prismas. Durch mehrere Prismen hintereinander wird sowohl die Dispersion als auch die Auflösung proportional vergrößert.

6442 Gitterspektralapparate.

Strahlengang am Gitter. Zur spektralen Zerlegung des Lichtes dienen Beugungsgitter als Transmissions- bzw. Reflexionsgitter, meistens als Reflexionsgitter, die besonders bequem in Autokollimation verwandt werden.

Ein Strichgitter mit einem Abstand der Gitterstriche d, auf das unter einem Winkel α ein Bündel paralleler Strahlen fällt, reflektiert die Strahlung je nach der Wellenlänge unter verschiedenen Winkeln β, und zwar ist

$$\sin\alpha \pm \sin\beta = m \cdot \frac{\lambda}{d},$$

wo $m = 0, 1, 2, 3, \ldots$ ist. Es gibt also für jede Wellenlänge m verschiedene Ablenkungswinkel. Man erhält Spektren 0., 1., 2., 3. ... usw. Ordnung.

Dispersion und Auflösung. Die Winkeldispersion eines Gitters beträgt

$$\frac{\Delta\beta}{\Delta\lambda} = \frac{m}{\alpha\cos\beta}.$$

Da in vielen Gitteranordnungen β sehr klein ist, ist im Gegensatz zum Prisma die Dispersion nur wenig von der Wellenlänge abhängig.

Das Auflösungsvermögen beträgt $A = \frac{\lambda}{\Delta \lambda} = m N$, wo N die Anzahl der Striche des Gitters ist; es ist also bei vorgegebenem Gitterstrichabstand proportional der Breite des Gitters und nimmt mit der Ordnungszahl des Spektrums zu.

Konkavgitter. Mit der beugenden Wirkung des Gitters kann eine abbildende Wirkung dadurch verbunden werden, daß die Gitterteilung auf einem Hohlspiegel ausgeführt wird. Beträgt der Krümmungsradius des Gitters R, so erhält man scharfe Abbildungen, wenn Spalt und Kassette auf einem mit der Gitterfläche tangierenden Kreis vom Radius R/2 liegen (Rowlandscher Kreis). Bei diesen Gittern wird jede Optik vermieden.

Ein großer Vorteil des Gitters ist die Verwendbarkeit in allen Spektralbereichen vom fernen Ultrarot bis ins ferne Ultraviolett.

6443 Spektroskope.

Handspektroskope mit geradsichtigem Amici-Prisma. Zur Übersicht für Emissions- und Absorptionsversuche im Sichtbaren. Zweckmäßig mit Vergleichsprisma und Wellenlängeskala versehen. Können im allgemeinen durch Aufschrauben eines Kameraarmes in Kleinspektrographen verwandelt werden.

Spektroskope. Besonders zur qualitativen Spektralanalyse verwandt. Es gibt zwei Klassen: 1. mit festem Kollimator und Prisma, aber beweglichem Fernrohr. Zur Festlegung des Spektrums wird durch ein Skalenrohr eine Wellenlängenskala entworfen; 2. mit festem Kollimator und Fernrohr und drehbarem Prisma. Festlegung einer Spektrallinie durch Fadenkreuz, Wellenlänge an Wellenlängetrommel ablesbar. Meistens durch Anbringen eines Kameraarmes in Kleinspektrographen zu verwandeln.

Lieferfirma. Carl Zeiß, Jena; Franz Schmidt & Haensch, Berlin SW 68; R. Fueß, Berlin-Steglitz; Franz Bergmann und Paul Altmann KG., Berlin NW 7; Dr. C. Leiß, Berlin-Steglitz; B. Halle Nachf., Berlin-Steglitz; C. A. Steinheil Söhne, München 8 u. a. m.

6444…6447 folgen auf S. 1566…1568.

6448 Spektralapparate, Strahlungsempfänger und kontinuierliche Lichtquellen für die verschiedenen Spektralbereiche.

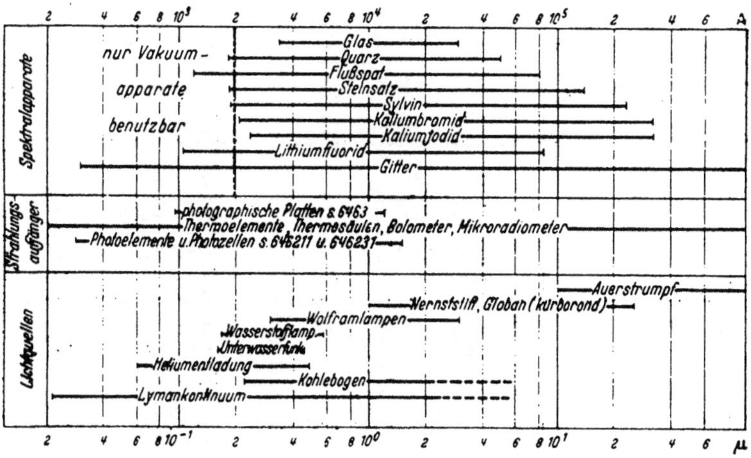

6444 Einige Spektrographen vorzugsweise für das sichtbare Spektralgebiet.

Bezeichnung	Prisma	Optik: Kollimator Brennweite mm	Optik: Kollimator Öffnung mm	Optik: Kamerarohr Brennweite mm	Optik: Kamerarohr Öffnung mm	Plattengröße	Angaben über Dispersion meist in Å/mm (entweder Wert für die angegebene Wellenlänge oder Mittelwert in dem angegebenen Bereich)	Bemerkungen	Lieferfirma
Spektrograph mit Glasoptik 51/123 Mod. A 51/124 Mod. B	Rutherford-Prisma	160 320	40 60	240 480	40 60	6 × 9 6 × 13	6563...4861: 4861...3970: 3970...3730 Å: 100 81 20 Å/mm 50 40 10 Å/mm	Ausreichende Dispersion für Laboratoriumsarbeiten, hohe Lichtstärke	Dr. Carl Leiß, Berlin-Steglitz
Glasspektograph 104 105	Rutherford-Prisma	160 330	40 60	300 600	40 60	6,5 × 9 10 × 15	6563...4861: 4861...4340: 4340...4101 Å: 94 43 30 Å/mm 23 16,5 Å/mm	Noch bei kleinen Wellenlängen bis etwa 3600 Å brauchbar	R. Fueß, Berlin-Steglitz
Lichtstarker Glasspektrograph 51/130 A	60°-Prisma	245	70	245	70	6,5 × 9	Länge des Spektrums von 3650...5769 Å: 38 mm	Sehr lichtstark, geeignet besonders für Raman-Effekt	Dr. Carl Leiß, Berlin-Steglitz
Glasspektrograph „Gl 12“	Rutherford-Prisma	401	24	588	24	9 × 12	3500: 4000: 6000: 8000 Å: 9 18 115 400 Å/mm	Für Emissions- und Absorptionsspektren von 3500...10000 Å	Carl Zeiß, Jena
Zwei-Prismen-Glasspektrograph 513	2 60°-Prismen	320	40	250	40	9 × 12		Mit 1 und 2 Prismen benutzbar. Große Öffnung bei ausreichender Dispersion	C. A. Steinheil Söhne, München 8
Großer Spektrogr. mit Glasoptik Gl 25	2 Rutherford-Prismen	860	60	840	60	6,5 × 25	6563...4861 Å: 17 Å/mm	Große Dispersion	Franz Schmidt & Haensch, Berlin SW 68
Drei-Prismen-Spektrograph	2 60°-Prismen 1 Dispersionsprisma	300	60	120 270 840	60 60 60	6,5 × 9	10000: 8000: 6000: 5000: 4000: 3600 Å: 770 250 195 105 42 24,5 Å/mm 340 195 87 47 18,6 10,9 Å/mm 110 63 28 15 6 3,5 Å/mm	Für Untersuchungen von 3500...25000 Å. Dispersion und Öffnung durch verschiedene Kameraobjektive weitgehend variierbar	Carl Zeiß, Jena
Großer Autokollimations-Glasspektrograph	1 ½-Rutherford-Prismen	160		65		9 × 24		Durchlässigkeit im Langwelligen bis 20000 Å	R. Fueß, Berlin-Steglitz

Weitere Spektrographen für das sichtbare Gebiet siehe Universalspektrographen.

6445 Einige Spektrographen vorzugsweise für das ultraviolette Spektralgebiet.

Kleiner Quarzspektrograph	Quarz-Cornu-Prisma	250	25	250	25	9 × 12	Länge des Spektrums von 2020…6800 Å: 100 mm	Für Übersichtsaufnahmen im U.V.	Franz Schmidt & Haensch, Berlin SW 68
Kleiner lichtstark. Quarzspektrograph 107	Quarz-Cornu-Prisma	150	30	150	30	6,5 × 9	Mittlere Dispersion 3611…2144 Å: 41 Å/mm	Sehr lichtstark	R. Fueß, Berlin-Steglitz
Quarzspektrogr. Mod. II	Quarz-Cornu-Prisma	300	60 40	300	60 40	5 × 15	2100: 2300: 2500: 3000: 4000 Å: 7,5 10,6 14,2 25,6 64 Å/mm	Mod. II mit schwach gekrümmten Platten. Mod. III derart korrigiert, daß keine Plattenkrümmung nötig	Bernhard Halle, Nachf., Berlin-Steglitz
Mod. III	2 Quarz-Cornu-Prismen	450	45	450	45	6,5 × 18	4,2 6,7 9,8 20,2 54 Å/mm		
Quarzspektrogr. Qu 24	Quarz-Cornu-Prisma	540	50	500	50	6 × 24 u. 9 × 24	2000: 2500: 3000: 4000: 5000 Å: 3,9 7,8 13,5 31,5 58 Å/mm	Entwickelt für qualitative und quantitative Spektralanalyse. Optik derart korrigiert, daß zur Erzielung eines gleichmäßig scharfen Spektrums Platten nur schwach gekrümmt zu werden brauchen. Geeignet für 2000…5800 Å	Carl Zeiß, Jena
Quarzspektrogr., Mod. C 51/140 51/141 51/142	Quarz-Cornu-Prisma	600 600 600	60 40 30	600 600 600	60 40 30	5 × 24	Länge des Spektrums von 2100…8000 Å: 200 mm	Zur gleichmäßigen Scharfeinstellung des gesamten Spektrums Platten gekrümmt	Dr. Carl Leiß, Berlin-Steglitz
Quarzspektrogr. OK	2 63°-Prismen (Cornu)	725	60	1600	65	6,5 × 9	5000: 4000: 3000: 2500: 2000 Å: 13,4 7 2,8 1,5 0,7 Å/mm	Besonders zur Untersuchung linienreicher Spektren im U.V.	C. A. Steinheil Söhne, München 8
Großer Quarzspektrograph 110	Quarz-Cornu-Prisma	600	60 50	600	60 50	9 × 24	Mittlere Dispersion von 2144…3610 Å: 11 Å/mm	Mit bildebnender Optik, so daß ungekrümmte Platten verwendbar	R. Fueß, Berlin-Steglitz
Großer Quarzspektrograph	Quarz-Cornu-Prisma	600	60	600	60	15 × 30	Länge des Spektrums von 2020…6830 Å: 252 mm	Mit gekrümmten Platten	Franz Schmidt & Haensch, Berlin SW 68
Fluorit-Vakuumspektrograph	65°-Fluorit-Prisma	120	—	120	—	10,7 × 4,5		Für Untersuchungen im Schuman-Gebiet von 1300…2300 Å	Dr. Carl Leiß, Berlin-Steglitz

Weitere Spektrographen für das ultraviolette Gebiet siehe Universalspektrographen.

6446 Einige Universalspektrographen.

Apparate mit auswechselbaren Prismen (Quarz-Glasprismen, eventuell auch Gitter). Im allgemeinen geeignet von 2000...10000 Å. Durch Verwendung verschiedener Kollimator- und Kameraobjekte weitgehend anpaßbar an den jeweiligen Zweck

Universalspektrographen	Lieferfirma
Universalspektrograph mit Quarz-Cornu- oder schwerem Flintglasprisma	Dr. Carl Leiß, Berlin-Steglitz
Universalspektrograph mit Quarz-Cornuprisma, Gitterkopie oder Rutherford-Prisma	Carl Zeiß, Jena
Spektrograph GH mit Glas- (bis 3 Glasprismen), Quarz- oder Gitteroptik	C. A. Steinheil Söhne, München 8
Universalspektrograph mit 1 oder 2 Flintglasprismen, 1 oder 2 Rutherford-Prismen, 1 oder 2 Quarz-Cornuprismen	Franz Schmidt & Haensch, Berlin SW 68

6447 Einige Spektralapparate für das ultrarote Gebiet und Monochromatoren.

Bezeichnung	Öffnungsverhältnis		Lieferfirma
Großer geradsichtiger Glas-Doppelmonochromator	1 : 5	4200...24000 Å, für kurzwelliges Ultrarot besser geeignet als Quarz-Doppelmonochromator wegen größerer Dispersion	Dr. Carl Leiß, Berlin-Steglitz
Universal-Doppelmonochromator	1 : 5,3 oder 1 : 4 oder 1 : 3	Mit Glasoptik und Prismen für das sichtbare und kurzwellige Ultrarot, mit Quarzoptik für Ultrarot bis Ultraviolett	Dr. Carl Leiß, Berlin-Steglitz
Autokollimations-Spiegel-Doppelmonochromator	1 : 4,5	Mit auswechselbarer Flint- (bis 2800 Å), Quarz- (bis 4000 Å) und Steinsalz- (140000 Å) Optik	Bernhard Halle Nachf., Berlin-Steglitz
Ultrarotspektrograph	1 : 5,3	Mit Spiegeloptik 2 Halbprismen aus Steinsalz im Ultraroten bis etwa 140000 Å zu verwenden	C. A. Steinheil Söhne, München 8

645 Zu Eichzwecken von Spektrographen geeignete Wellenlängen λ in Å.

λ	Element	λ	Element	λ	Element	λ	Element	λ	Element
2373,737	Fe	3865,525	Fe	4547,850	Fe	5763,013	Fe	6945,209	Fe
2413,312	Fe	3888,646	He	4582,746	X	5764,419	Ne	6965,429	Ar
2562,541	Fe	3906,484	Fe	4592,685	Fe	5820,155	Ne	6978,856	Fe
2628,300	Fe	3907,937	Fe	4596,096	A	5852,488	Ne	7024,049	N
2679,064	Fe	3935,814	Fe	4602,946	Fe	5857,759	Fe, Ni	7030,250	A
2714,417	Fe	3948,980	A	4603,028	X	5870,915	Kr	7032,411	Ne
2739,551	Fe	3964,727	He	4624,275	X	5875,623	He	7051,292	Ne
2778,227	Fe	3977,743	Fe	4628,445	A	5881,895	Ne	7059,109	Ne
2813,289	Fe	4021,869	Fe	4647,436	Fe	5892,882	Fe, Ni	7065,197	He
2851,800	Fe	4026,189	He	4671,225	X	5934,675	Fe, Ni	7067,217	A
2874,167	Fe	4044,419	A	4678,851	Fe	5944,834	Ne	7090,407	Fe
2912,160	Fe	4076,638	Fe	4691,414	Fe	5952,739	Fe	7147,042	A
2941,346	Fe	4118,549	Fe	4697,020	X	5975,534	Ne	7173,938	Ne
2945,104	He	4120,812	He	4702,317	Ar	6003,036	Fe	7187,336	Fe
2987,297	Fe	4134,682	Fe	4707,282	Fe	6027,058	Fe	7206,986	A
3030,155	Fe	4143,759	He	4713,147	He	6029,998	Ne	7223,669	Fe
3075,725	Fe	4147,674	Fe	4734,154	X	6032,127	A	7245,165	Ne
3125,664	Fe	4158,591	A	4736,782	Fe	6065,486	Fe	7272,935	A
3175,449	Fe	4164,180	A	4789,652	Fe	6074,337	Ne	7281,349	He
3187,743	He	4181,884	Ar	4807,019	X	6096,163	Ne	7311,102	Fe
3225,791	Fe	4190,714	Ar	4807,065	Kr	6137,696	Fe	7353,316	A
3271,003	Fe	4191,027	Ar	4829,705	X	6143,062	Ne	7372,119	A
3323,741	Fe	4191,436	Fe	4844,333	X	6163,594	Ne	7383,979	A
3369,904	Ne	4198,316	A	4878,219	Fe	6191,561	Fe	7438,899	Ne
3370,787	Fe	4200,676	A	4903,318	Fe	6217,280	Ne	7445,773	Fe
3399,336	Fe	4233,609	Fe	4919,001	Fe	6230,727	Fe	7488,872	Ne
3417,903	Ne	4251,184	A	4921,926	He	6265,139	Fe	7503,867	A
3445,151	Fe	4259,362	A	4923,246	X	6266,495	Ne	7514,651	A
3447,703	Ne	4266,286	A	5001,872	Fe	6304,789	Ne	7535,784	Ne
3454,158	Ne	4272,169	A	5012,071	Fe	6318,021	Fe	7544,050	Ne
3460,526	Ne	4273,969	Kr	5015,678	He	6334,428	Ne	7568,931	Fe
3464,340	Ne	4282,406	Fe	5047,736	He	6335,338	Fe	7587,414	Kr
3466,547	Ne	4282,967	Kr	5049,824	Fe	6382,991	Ne	7601,544	Kr
3466,581	Ne	4300,101	A	5083,342	Fe	6393,603	Fe	7635,106	Ar
3472,573	Ne	4315,087	Fe	5110,414	Fe	6393,606	Fe	7664,306	Fe
3485,341	Fe	4318,552	Kr	5127,365	Fe	6402,246	Ne	7723,758	A
3498,067	Ne	4319,580	Kr	5167,490	Fe	6416,307	A	7724,210	A
3501,218	Ne	4333,561	A	5192,353	Fe	6430,850	Fe	7748,286	Fe
3513,819	Fe	4345,168	A	5232,948	Fe	6456,290	Kr	7943,182	Ne
3515,192	Ne	4352,737	Fe	5266,564	Fe	6494,983	Fe	7948,175	A
3520,470	Ne	4355,478	Kr	5330,779	Ne	6506,528	Ne	8006,156	A
3556,882	Fe	4362,642	Kr	5341,096	Ne	6532,882	Ne	8014,784	A
3593,526	Ne	4375,932	Fe	5371,493	Fe	6546,242	Fe	8046,086	Fe
3593,634	Ne	4376,122	Kr	5400,563	Ne	6546,245	Fe	8103,693	A
3600,170	Ne	4387,928	He	5405,777	Fe	6592,918	Fe	8115,307	A
3606,682	Fe	4399,969	Kr	5434,526	Fe	6598,953	Ne	8136,408	Ne
3613,641	He	4427,311	Fe	5455,613	Fe	6663,445	Fe	8220,413	Fe
3633,664	Ne	4453,917	Kr	5497,518	Fe	6677,282	A	8264,522	A
3640,392	Fe	4463,690	Kr	5506,782	Fe	6677,993	Fe	8300,369	Ne
3676,314	Fe	4466,556	Fe	5535,418	Fe	6678,149	He	8377,606	Ne
3677,630	Fe	4471,480	He	5562,224	Kr	6678,276	Ne	8387,786	Fe
3705,003	He	4494,567	Fe	5569,626	Fe	6717,043	Ne	8408,210	A
3724,378	Fe	4500,978	X	5570,287	Kr	6750,154	Fe	8424,646	A
3753,612	Fe	4502,355	Kr	5586,763	Fe	6752,831	A	8468,425	Fe
3805,344	Fe	4510,733	A	5615,652	Fe	6843,673	Fe	8495,358	Ne
3819,606	He	4522,325	A	5649,562	Kr	6871,290	Ar	8521,443	A
3843,258	Fe	4524,680	X	5658,825	Fe	6929,466	Ne	8688,640	Fe
3850,820	Fe	4531,152	Fe	5709,393	Fe	6937,666	A	8824,238	Fe

646 Strahlungsempfänger.

Von **Paul Schulz**, Berlin.

6461 Bolometer, Thermoelemente, Thermosäulen und Mikroradiometer

sind Strahlungsempfänger, die auf Strahlung aller Wellenlängen gleichmäßig ansprechen. Sie werden zur Messung geringer Strahlungsintensitäten und vor allem im Ultraroten benutzt.

6462 Photoelektrische Methoden.

Alle Empfänger, bei denen photoelektrische Wirkungen ausgenutzt werden, sind selektiv, d. h. die Anzeige ist außer von der Intensität der Strahlung auch von deren Wellenlänge abhängig.

64621 Alkalizellen.

Die Zellen bestehen aus einem Quarz- oder Glasgefäß. Auf einen Teil der Innenseite ist ein Alkalimetall aufgedampft. Der Schicht gegenüber steht ein Gitter. Alkalizellen benötigen eine Hilfsspannung, durch die die durch Belichtung aus der Alkalischicht befreiten Elektronen auf das Gitter gezogen werden. Das Gitter ist Anode

646211 Spektrale Empfindlichkeit der Alkaliphotozellen.

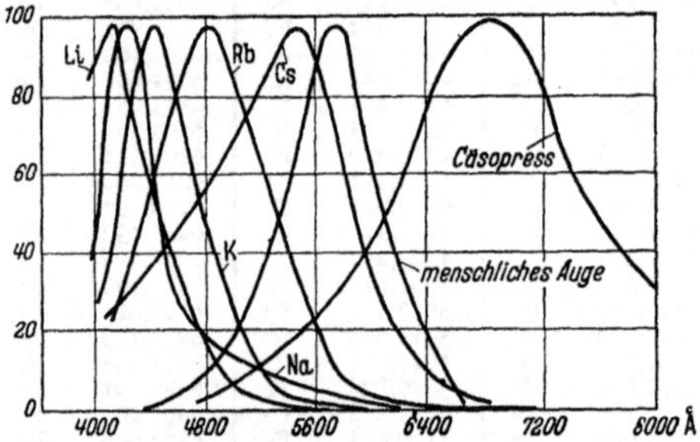

(positiver Pol), die Alkalischicht Kathode (negativer Pol). Alkalivakuumzellen sind trägheitsfrei. Ihre Empfindlichkeit liegt in der Größenordnung 3...60 μA/lm. Die relative spektrale Empfindlichkeit verschiedener Alkalizellen ist in 646211 wiedergegeben. Durch besondere Oberflächenbehandlung, geeignet gewähltes Unterlagemetall und eine Zwischenschicht aus Alkalioxyd kann die Empfindlichkeit verändert werden, vor allem kann sie weiter in das rote Gebiet verschoben werden (Beispiel: die Caesopreßzelle von Preßler). Durch Gasfüllung wird die Empfindlichkeit erhöht ($\sim$150 μA/lm). Die Zelle ist dann aber nicht mehr trägheitsfrei und vermag nur Änderungen bis hinunter zu etwa 10^{-5} s zu folgen.

64622 Widerstandszellen.

Bei der Selenzelle und der Thalofidzelle wird die Änderung der elektrischen Leitfähigkeit bei Strahlungsauffall zur Messung benutzt. Diese Zellen sind nicht trägheitsfrei. Ihre Empfindlichkeit beträgt etwa 100...2000 μA/lm. Die Zellen sind im Ultraroten bis etwa 1,4 μ empfindlich.

64623 Photoelemente.

An einigen Grenzschichten, z. B. Kupfer-Kupferoxydul, Selen-Eisen werden durch Strahlung Elektronen ausgelöst, die die Grenzschicht nur in einer Richtung durchdringen können. Die dadurch entstehende elektrische Spannung ruft in einem Außenkreis einen Strom hervor, der zur Messung der Strahlung benutzt wird. Die Photoelemente benötigen keine Hilfsspannung. Bei Kupfer-Kupferoxydul unterscheidet man je nach Anordnung der lichtempfindlichen Schicht Hinterwand- und Vorderwandzellen. Empfindlichkeitsverteilung siehe 646231. Die Empfindlichkeit liegt in der Größenordnung 300...400 μA/lm.

646231 Spektrale Empfindlichkeit verschiedener Photoelemente. (Nach B. Lange: Die Photoelemente und ihre Anwendung. Leipzig 1936.)

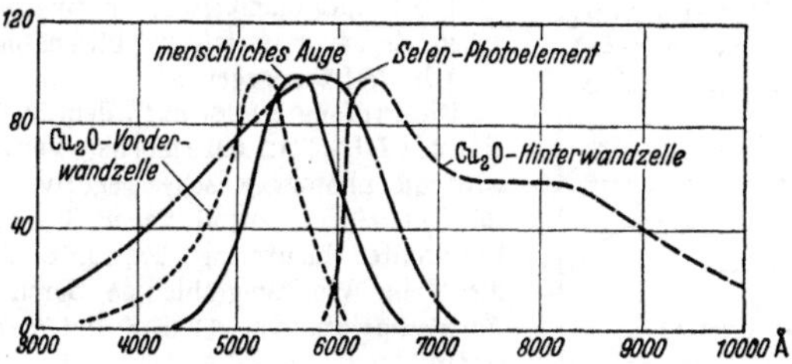

Literatur.

Fleischer, R. u. H. Teichmann: Die lichtelektrische Zelle und ihre Herstellung. Dresden und Leipzig 1932. — Simon, H. u. R. Suhrmann: Lichtelektrische Zellen und ihre Anwendung. Berlin 1932. — Lange, B.: Die Photoelemente und ihre Anwendung. Teil I. Entwicklung und physikalische Eigenschaften. 2. Aufl. Leipzig 1940. Teil II. Technische Anwendung. Leipzig 1940. — H. Thirring u. P. Fuchs: Photowiderstände. Leipzig 1939. — Verleger, H.: Der Photoeffekt und seine Anwendung in den Photozellen. Z. Instrumentenkde **59**, 396 (1939).

Hersteller von Photozellen: z. B. AEG, Berlin. Gundelach & Co., Gehlberg (Thüringen). Günther u. Tegetmeyer, Braunschweig. A. Krüß, Hamburg. Loewe, Radio AG., Berlin. Philips, Eindhoven (Holland). O. Preßler, Leipzig. Rectron G.m.b.H., Berlin. Siemens & Halske, Berlin. Tungsram, Budapest-Ujpest.

Hersteller von Photoelementen: z. B. Elektrocell-Gesellschaft, Berlin-Steglitz. Dr. B. Lange, Berlin. Radiosender AG., Berlin. Siemens & Halske, Berlin. Süddeutsche Telefon-Apparate, Kabel- und Drahtwerke, Nürnberg.

6463 Photographisches Negativmaterial.

Bei Benutzung photographischen Negativmaterials als Strahlungsempfänger wird als Maß für die Strahlungsmenge die Schwärzung der Platten, die bei einer bestimmten reproduzierbaren Entwicklung entsteht, benützt. Da die photographische Schicht ein streuendes Medium darstellt, ist die Schwärzungsmessung von der Apertur des messenden Lichtbündels abhängig. Normalerweise werden die Schwärzungen für Messung im diffusen Lichtangegeben (Messung in Kontakt mit einer Opalglasscheibe). Die Schwärzung S ist das Produkt aus der dekadischen Absorptionskonstante und der Schichtdicke: $S = \log I_0/I$; I_0 die auf die Schicht auffallende, I die durchgelassene Lichtintensität (I_0/I = Opazität, I/I_0 = Transparenz). Es ist also $S = 1$, wenn $^1/_{10}$ des Lichtes durchgelassen wird.

64631 Schematische Schwärzungskurve von photographischen Schichten.

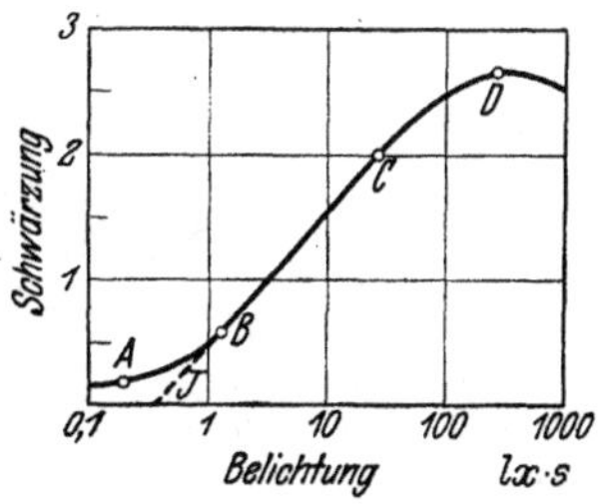

Trägt man S als Funktion der Belichtung (Beleuchtungsstärke · Zeit), die zur Hervorrufung dieser Schwärzung in der Schicht nötig ist, auf, so erhält man die in 64631 schematisch wiedergegebene Gradationskurve.

Die Abszisse der Stelle A, von der ab die Schwärzung meßbar über dem Schleier liegt, ist der sog. Schwellenwert. Von B bis C steigt die Kurve gradlinig an, d. h. eine bestimmte Vervielfachung der Lichtmenge bewirkt jeweils die gleiche Schwärzungszunahme. Dies ist der Teil, in dem man mit dem Negativmaterial arbeitet. Die Neigung dieses Stückes gegen die Abszisse wird Gradation (γ) genannt und ist ein Maß für den „Kontrast", mit dem die Helligkeitsunterschiede abgebildet werden.

Die spektrale Empfindlichkeitsverteilung einiger photographischer Schichten ist in 64632, außerdem sind in 64633 die Empfindlichkeitsgebiete einiger Schichten wiedergegeben. Man unterscheidet im allgemeinen die Emulsionsarten Hart und Rapid, zum Teil auch Extrahart (Agfa-Spektralplatten). Die Emulsionsart Hart hat ein feines Korn. Bei der Emulsionsart Rapid ist das Korn gröber, aber die Empfindlichkeit ist größer.

64632 Spektrale Empfindlichkeitsverteilung von Negativmaterial.

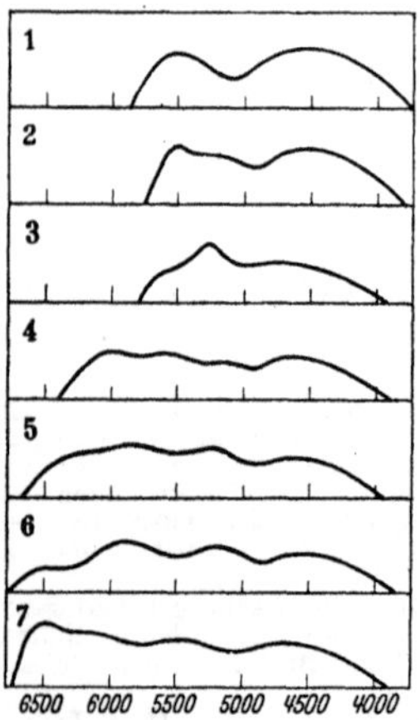

Kurven 1...3 orthochromatische Platten (1 ältere, 2 und 3 neuere Materialien), Kurven 4...7 panchromatische Platten.

Die Empfindlichkeit des normalen photographischen Negativmaterials für bildmäßige Aufnahmen wird in °DIN angegeben.

Die Prüfung erfolgt nach dem in den Deutschen Normen DIN 4512 angegebenen Verfahren[1]. Dabei wird die photographische Negativschicht im Kontakt mit einem neutral grauen Stufenkeil mit einer bestimmten Lichtmenge bestrahlt. Als Lichtquelle dient eine Wolframglühlampe, deren Strahlung die Farbtemperatur von 2360° K hat, und deren Lichtstrom durch ein Filter geht. Das Filter ist eine Doppelküvette mit zwei je 1 cm dicken Flüssigkeitsschichten, die folgende Zusammensetzung haben:

Lösung A: 3,707 g Kupfersulfat $CuSO_4 \cdot 5\,H_2O$,
3,707 g Mannit $C_6H_8(OH)_6$,
30,0 cm³ Pyridin C_5H_5N
mit destilliertem, luftfreiem Wasser auf 1000 cm³ aufgefüllt.

Lösung B: 26,827 g Kobaltammoniumsulfat $CoSO_4(NH_4)_2SO_4 \cdot 6\,H_2O$,
27,180 g Kupfersulfat $CuSO_4 \cdot 5\,H_2O$,
10,0 cm³ Schwefelsäure (Dichte 1,835)
mit destilliertem, luftfreiem Wasser auf 1000 cm³ aufgefüllt.

64633 Spektrale Empfindlichkeitsbereiche von photographischen Platten.

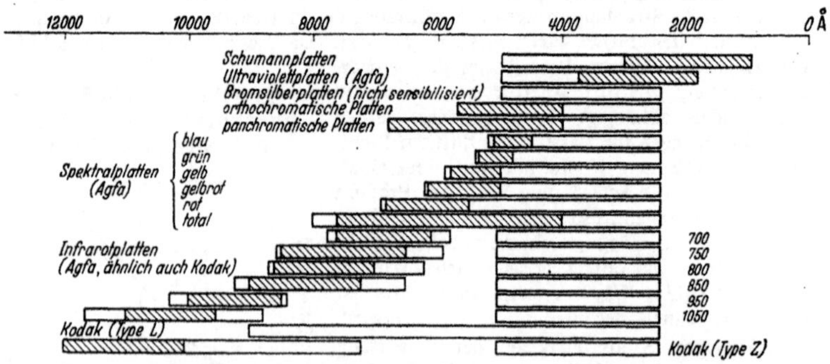

In den umrandeten Gebieten ist die Platte empfindlich; die schraffierten Teile geben die Spektralbereiche an, für die die Platten besonders sensibilisiert sind.

Die einzelnen Stufen des Graukeiles müssen Schwärzungen, die sich jeweils um 0,10 unterscheiden, aufweisen. Nach der vorgeschriebenen Entwicklung wird festgestellt, welcher Keilstufe die Schwärzung 0,1 über dem Schleier entspricht, die Schwärzung dieser Stufe, z. B. 1,4 (das ist die der 14. Stufe) dient zur Kennzeichnung der Empfindlichkeit des Materials, z. B. 1,4° = 14°/10 Din.

[1] Für Einzelheiten siehe Dinblatt 4512.

647 Messung von Brechungszahlen und Berechnung von Molekularrefraktionen.

6471 folgt auf S. 1574.

6472 Hilfstabelle[1] für die Berechnung von Molekularrefraktionen $\left(\frac{M}{\varrho}\,\frac{n^2-1}{n^2+2}\right)$.

Vierzifferige Mantissen der Werte von $\frac{n^2-1}{n^2+2}$ für $n = 1{,}300\ldots1{,}699$.

n	0	1	2	3	4	5	6	7	8	9
1,30	2718	2732	2745	2758	2771	2784	2797	2810	2823	2836
31	2849	2862	2874	2887	2900	2912	2925	2938	2950	2963
32	2975	2987	3000	3012	3024	3036	3048	3061	3073	3085
33	3097	3109	3120	3132	3144	3156	3168	3179	3191	3203
34	3214	3226	3237	3249	3260	3272	3283	3294	3305	3317
35	3328	3339	3350	3361	3372	3383	3394	3405	3416	3427
36	3438	3449	3460	3470	3481	3492	3502	3513	3524	3534
37	3545	3555	3566	3576	3586	3597	3607	3617	3628	3638
38	3648	3658	3668	3679	3689	3699	3709	3719	3729	3739
39	3748	3758	3768	3778	3788	3797	3807	3817	3827	3836
40	3846	3855	3865	3874	3884	3893	3903	3912	3922	3931
41	3940	3950	3959	3968	3977	3987	3996	4005	4014	4023
42	4032	4041	4050	4059	4068	4077	4086	4095	4104	4113
43	4122	4131	4139	4148	4157	4166	4174	4183	4191	4200
44	4209	4217	4226	4234	4243	4251	4260	4268	4277	4285
45	4293	4302	4310	4318	4327	4335	4343	4351	4359	4368
46	4376	4384	4392	4400	4408	4416	4424	4432	4440	4448
47	4456	4464	4472	4480	4488	4496	4503	4511	4519	4527
48	4534	4542	4550	4558	4565	4573	4580	4588	4596	4603
49	4611	4618	4626	4633	4641	4648	4656	4663	4671	4678
50	4685	4693	4700	4707	4715	4722	4729	4736	4744	4751
51	4758	4765	4772	4779	4787	4794	4801	4808	4815	4822
52	4829	4836	4843	4850	4857	4864	4871	4878	4884	4891
53	4898	4905	4912	4919	4925	4932	4939	4946	4953	4959
54	4966	4973	4979	4986	4993	4999	5006	5012	5019	5026
55	5032	5039	5045	5052	5058	5065	5071	5078	5084	5090
56	5097	5103	5110	5116	5122	5129	5135	5141	5147	5154
57	5160	5166	5173	5179	5185	5191	5197	5203	5210	5216
58	5222	5228	5234	5240	5246	5252	5258	5264	5270	5276
59	5282	5288	5294	5300	5306	5312	5318	5324	5330	5336
60	5342	5348	5353	5359	5365	5371	5377	5382	5388	5394
61	5400	5405	5411	5417	5423	5428	5434	5440	5445	5451
62	5456	5462	5468	5473	5479	5484	5490	5495	5501	5507
63	5512	5518	5523	5529	5534	5539	5545	5550	5556	5561
64	5567	5572	5577	5583	5588	5593	5599	5604	5609	5615
65	5620	5625	5630	5636	5641	5646	5651	5657	5662	5667
66	5672	5677	5683	5688	5693	5698	5703	5708	5713	5718
67	5724	5729	5734	5739	5744	5749	5754	5759	5764	5769
68	5774	5779	5784	5789	5794	5799	5804	5808	5813	5818
69	5823	5828	5833	5838	5843	5847	5852	5857	5862	5867

	13	12	11
1	1,3	1,2	1,1
2	2,6	2,4	2,2
3	3,9	3,6	3,3
4	5,2	4,8	4,4
5	6,5	6,0	5,5
6	7,8	7,2	6,6
7	9,1	8,4	7,7
8	10,4	9,6	8,8
9	11,7	10,8	9,9

	10	9	8
1	1,0	0,9	0,8
2	2,0	1,8	1,6
3	3,0	2,7	2,4
4	4,0	3,6	3,2
5	5,0	4,5	4,0
6	6,0	5,4	4,8
7	7,0	6,3	5,6
8	8,0	7,2	6,4
9	9,0	8,1	7,2

	7	6	5
1	0,7	0,6	0,5
2	1,4	1,2	1,0
3	2,1	1,8	1,5
4	2,8	2,4	2,0
5	3,5	3,0	2,5
6	4,2	3,6	3,0
7	4,9	4,2	3,5
8	5,6	4,8	4,0
9	6,3	5,4	4,5

[1] Nach F. W. Küster u. A. Thiel: Logarithmische Rechentafeln. Berlin 1939.

6471 Immersionsflüssigkeiten zur Bestimmung der Brechungszahl von Mineralen nach steigender Brechungszahl geordnet für $\lambda = 5893$ Å und 20° C.

	n		n
Aceton	1,357	o-Nitrotoluol	1,544 (24° C)
Äthylalkohol	1,362	Xylidin	1,557 (24° C)
Äthylbutyrat	1,381	Brombenzol[1]	1,559
Methylbutyrat	1,386	Anisöl (Smp. 21°)[1]	1,560
Äthylvalerat	1,393	o-Toluidin	1,570 (24° C)
Amylalkohol	1,409	Anilin	1,584 (24° C)
Chloroform[1]	1,443	Bromoform	1,598
Trimethylenchlorid	1,446 (24° C)	Zimtöl[1]	1,602
Cineol	1,456 (24° C)	Jodbenzol[1]	1,618
Tetrachlorkohlenstoff[1]	1,461	Chinolin	1,622 (24° C)
Bergamotteöl	1,465	α-Chlornaphthalin	1,633 (24° C)
Decahydronaphthalin	1,477 (24° C)	Phenylsenföl	1,6509
Isoamylphthalat	1,486 (24° C)	α-Bromnaphthalin[1]	1,657
Tetrachloräthan	1,492 (24° C)	Methylenjodid[1]	1,740
Pentachloräthan	1,501 (24° C)	Methylenjodid-Schwefel in gesättigter Lösung	1,778
Benzol[1]	1,502	Schwefel-Selenmischungen	1,998
Trimethylenbromid	1,513 (24° C)	Selen-Arsenselenidmisch.	2,72
Chlorbenzol[1]	1,523		
Äthylenbromid[1]	1,537		

648 Röntgenstrahlung.

6481 Aussonderung von Strahlung bestimmter Wellenlängen im Röntgenstrahlengebiet.

Man benutzt als Antikathode ein Metall, dessen Kα-Linie in dem gewünschten Spektralbereich liegt, und schaltet als Filter eine dünne Folie eines Metalles ein, dessen Absorptionskante zwischen der Kα- und Kβ-Linie der Antikathode liegt. Um möglichst homogene Strahlung zu erhalten, darf die Spannung der Röhre nicht mehr als das 1,5fache der Mindestspannung betragen. (Röntgenlinien der Elemente s. 2412.) Beispiel: Eisenantikathode gefiltert mit Manganfolie von 0,008 mm Dicke. Verhältnis Kα/Kβ steigt von etwa 8 ohne Filterung auf etwa 80, Verlust an Intensität der Kα-Strahlung durch Absorption etwa 35%; (Filtermaterial: Element mit nächst niedrigerer Ordnungszahl).

6482 Röntgenspektroskopie. Gitterkonstante von Krystallen bei 18° C.

Krystall und Ebene	Gitterkonstante		Krystall und Ebene	Gitterkonstante	
	d_1 in Å	d_2 in Å		d_1 in Å	d_2 in Å
Carborund (111)	2,49	—	Rohrzucker (100)	10,572	—
Steinsalz (100)	2,81400	—	Nonylsäure	22,9	4,22
Kalkspat, Spaltebene	3,02904	—	Caprinsäure	23,3	4,14
Quarz, Prismenfläche	4,24602	—	Äthylstearat	25,2	4,14
Flußspat	5,455	—	Margarinsäure	34,7	4,08
Gips, Spaltfläche	7,5847	—	Palmitinsäure	39,2	4,05
Kaliumferrocyanid (100)	8,408	—	Stearinsäure	39,1	—
Glimmer, Spaltebene	9,9427	—			

[1] Schroeder-van-der-Kolk-Flüssigkeiten.

6483 Härtebezeichnung für Röntgenstrahlen.

Die mittlere Härte des in der Röntgenröhre erzeugten Strahlungsgemisches (Ausgangsstrahlung) ist in erster Linie von der Höhe der Röhrenspannung abhängig. Die Härte wird durch Angabe der Halbwertschichtdicke geeigneter Stoffe gekennzeichnet.

Klassenbezeichnung	Scheitelspannung der Röntgenröhre	Härteangabe durch Dicke der Halbwertschicht von
Überweiche Strahlen	5... 20 kV	Cellon, Cellophan, Trolitul
Weiche Strahlen	20... 60 kV	Aluminium
Mittelharte Strahlen	60...120 kV	Aluminium
Harte Strahlen	120...250 kV	Kupfer
Überharte Strahlen	über 250 kV	Zinn, Blei

6484 Erforderliche Bleidicke (in mm) zum Schutz gegen direkte Röntgenstrahlung bei einem Abstand von 2...2,5 m von der Röhre.

Röhrenspannung in kV	Bleidicke bei Stromstärken in mA		
	bis 5	5...10	30
50	0,5 mm	0,6 mm	0,7 mm
70	1,0 mm	1,2 mm	1,4 mm
95	2 mm	2,5 mm	3,0 mm
125	2,5 mm	3 mm	3,5 mm
175	3 mm	3,5 mm	4,0 mm
220	4 mm	5 mm	5,5 mm
250	6 mm	7 mm	8 mm
300	9 mm	10 mm	12 mm
350	12 mm	14 mm	16 mm
400	16 mm	18 mm	21 mm

6485 Strahlenschutzwert verschiedener Werkstoffe.

Stoff	Mittlere Dichte	Blei-äquivalent	Äquivalente Dicke in mm der Stoffe				
			Röhrenspannung in kV				Gamma-strahlen
	g/cm³	mm	150	200	300	400	
Eisen	7,9	1	11	12	12	11	2,5
		2	25	27	20	18	5
		3	37	40	28	23	7
		4	50	55	35	28	8,5
		6	—	—	48	38	12
		8	—	—	60	45	16
		10	—	—	75	55	19
		15	—	—	—	75	27
		20	—	—	—	—	35
		50	—	—	—	—	80
		100	—	—	—	—	150
Ziegelstein	1,9	1	100	100	85	80	11
		2	200	190	140	110	20
		3	280	270	170	140	28
		4	370	350	210	160	37
		6	—	—	280	210	50
		8	—	—	340	260	65
		10	—	—	400	300	80
		15	—	—	—	400	110
		20	—	—	—	—	150

6485 (Fortsetzung).

Stoff	Mittlere Dichte g/cm³	Bleiäquivalent mm	Äquivalente Dicke in mm der Stoffe: Röhrenspannung in kV 150	200	300	400	Gammastrahlen
Kohlenschlacke	1,2	1	140	150	120	110	16
		2	250	270	190	160	30
		3	350	380	240	200	43
		4	—	490	290	230	55
		6	—	—	380	300	75
		8	—	—	460	350	95
		10	—	—	550	400	115
		15	—	—	—	510	165
		20	—	—	—	—	220
Barytstein (Kämpe-Lorey)-Wand	—	3	39	—	—	—	—
		4	—	56	—	—	—
		10	—	—	125	—	—
		18	—	—	—	180	—
Beton	—	4	—	230	—	—	—
		8	—	—	450	—	—
		15	—	—	—	590	—
Bleiglas, hochwertig . .	—	1	—	4	—	—	—
Bleigummi, hochwertig	—	1	—	2,5	—	—	—

65 Elektrische Meßtechnik.

651 Daten von Elektronenröhren.

Von **Heinz Schmellenmeier**, Berlin.

In der folgenden Zusammenstellung sind die Typen von Elektronenröhren zusammengestellt, die allgemein verwendet werden können.

Die allgemeinen Verwendungsgebiete der einzelnen Typen sind in einer besonderen Spalte angegeben. Je nach dem speziellen Verwendungszweck wird man die passendste der angegebenen Röhren auswählen. Nach den in der Literatur vorhandenen Daten läßt sich die Wahl für einen Sender oder Verstärker oder Empfänger vornehmen.

Die komplizierteren Typen, die für den Einbau in bestimmte Geräte dem Sonderfachmann vorbehalten bleiben, für den die angegebenen Daten doch nicht genügen können, sind in die Tabellen nicht aufgenommen worden.

Abkürzungen:

In der Spalte „Verwendungszweck“:

A = Audionröhre,
AR = Abstimmanzeigeröhre,
D = Hochfrequenzgleichrichter,
EP = Endpentode,
ET = Endtriode,
GE = Gegentaktendröhre,
H = Hochfrequenzröhre,
H⁰ = regelbare HF-Röhre,
M = Mischröhre,
M⁰ = regelbare Mischröhre,
N = Niederfrequenzverstärkerröhre (Transformatorkopplung),
O = Oszillatorröhre,
Tr = Treiberröhre,
W = Niederfrequenzverstärkerröhre (Widerstandskopplung).

In der Spalte „Kathode“:

O = Oxydkathode,
W = Wolframkathode,
Th = Thorierte Wolframkathode,
dir = direkt geheizt,
ind = indirekt geheizt.

6511 Rundfunkröhren[1].

Type	Art	Verwendungszweck	Heizung Spannung in V	Heizung Strom in A	Art der Kathodenheizung	Anodenspannung in V	Schirmgitterspannung in V	Steilheit im Arbeitspunkt in mA/V	Durchgriff D im Arbeitspunkt in %	Verstärkungsfaktor g in 1/D	Innenwiderstand im Arbeitspunkt in Ω	Gitter-Anodenkapazität in pF	Maximale Anodenbelastung in W	Bemerkungen
RE-Serie.														
RE 11	Triode	AHN	2,8	0,55	dir	70	—	0,15	12	8,3	50000	—	—	
RE 034	Triode	ANW	4	0,06	dir	200	—	1,2	4	25	21000	3	—	
RE 074	Triode	AN	4	0,06	dir	150	—	0,9	10	10	11000	4	—	
RE 084	Triode	ANW	4	0,08	dir	150	—	1,5	6,5	15	10000	4,5	—	
RE 134	Triode	ET	4	0,15	dir	250	—	2,0	11	9	4600	—	3	
RES 164	Pentode	EP	4	0,15	dir	250	80	1,4	—	—	60000	—	3	
RE 604	Triode	ET	4	0,65	dir	250	—	2,5	29	3,5	1400	—	10	
REN 904	Triode	ANWO	4	1,0	ind	200	—	2,4	3,3	30	12500	2	1,5	
RENS 1264	Schirmgitter R	HWA	4	1,0	ind	200	100	2,0	—	900	450000	0,006	1,0	
RENS 1284	Pentode	HAW	4	1,1	ind	200	100	2,5	—	5000	2 MΩ	0,006	1,0	
RENS 1294	Pentode	H⁰	4	1,1	ind	200	100	2	—	2000	1 MΩ	0,006	1,5	
RENS 1374	Pentode	EP	4	1,1	ind	250	250	2,5	—	—	70000	—	6	
A-Serie.														
AC 2	Triode	ANWO	4	0,65	ind	250	—	2,5	3,3	30	12000	1,7	2,0	
AD 1	Triode	ET	4	0,95	dir	250	—	6	25	—	670	—	15	
AF 3	Regelpentode	H⁰	4	0,65	ind	250	100	1,8	—	2200	1,2 MΩ	0,003	2,0	
AF 7	Pentode	HAW	4	0,65	ind	250	100	2,1	—	4000	2,0 MΩ	0,003	1,0	
AL 4	Pentode	EP	4	1,75	ind	250	250	9,5	—	—	50000	—	9	
AL 5	Pentode	EP	4	2,0	ind	250	275	8,5	—	—	22000	—	18	
AM 2	Abstimmanzeigeröhre	AR + W	4	0,32	ind	250	—	2,0	2,0	—	25000	—	1,5	

[1] Nach Katalogen von Telefunken.

6511 (Fortsetzung).

Type	Art	Verwendungszweck	Heizung: Spannung in V	Heizung: Strom in A	Art der Kathodenheizung	Anodenspannung in V	Schirmgitterspannung in V	Steilheit im Arbeitspunkt in mA/V	Durchgriff D im Arbeitspunkt %	Verstärkungsfaktor g in 1/D	Innenwiderstand im Arbeitspunkt in Ω	Gitter-Anodenkapazität in pF	Maximale Anodenbelastung in W	Bemerkungen
6,3-Volt-Wechselstrom- und Autoröhren. 200-mA-Gleich- und Wechselstromröhren.														
EB 11	Duodiode	D	6,3	0,2	ind	—	—	—	—	—	—	—	—	Röhre mit Stahlkolben
EBC 11	Duodiode-Triode	DNWTr	6,3	0,2	ind	250	—	2,2	4	25	11500	—	1,5	desgl.
EBF 11	Duodiode-Pentode	DH°	6,3	0,2	ind	250	100	1,8	—	—	(> 1,5 MΩ)	0,002	1,5	desgl.
ECH 11	Triodehexode	M° + O	6,3	0,2	ind	250	$Ug_2 = Ug_4 = 100$	(0,65)	—	—	(> 1,5 MΩ)	0,001	1,5	desgl.
EDD 11	Doppeltriode	GE	6,3	0,2	ind	250	100	—	—	—	—	—	2 × 3	desgl.
EF 11	Regelpentode	H°	6,3	0,2	ind	250	100	2,2	—	—	> 1,5 MΩ	0,002	2	desgl.
EF 12	Pentode	HWA	6,3	0,2	ind	250	100	2,1	—	—	> 1,5 MΩ	0,002	1,5	desgl.
EF 13	Regelpentode	H°	6,3	0,2	ind	250	100	2,3	—	—	> 0,5 MΩ	0,005	2	desgl.
EFM 11	NF-R-Pentode/	W° + AR	6,3	0,2	ind	250	250	—	—	—	—	—	2	
	Anzeigeröhre						üb. 350 KΩ	—	—	—				
EL 11	Pentode	EP	6,3	0,9	ind	250	250	9	—	—	50000	0,8	9	
EL 12	Pentode	EP	6,3	1,3	ind	250	250	15	—	—	30000	0,7	18	
Röhren der K-Serie. 2-Volt-Batterieröhren.														
KC 1	Triode	ANW	2,0	0,065	dir	135	—	0,6	4	25	40000	3,5	0,5	
KC 3	Triode	Tr	2,0	0,21	dir	135	—	2,5	3,3	—	12000	—	1,0	
KDD 1	Doppeltriode	GE	2,0	0,22	dir	135	—	—	—	—	—	—	—	
KF 3	Regelpentode	H°	2,0	0,05	dir	135	135	0,65	—	850	1,3 MΩ	0,006	0,7	
KF 4	Pentode	HAW	2,0	0,065	dir	135	135	0,8	—	800	1,0 MΩ	0,006	0,5	
KL 1	Pentode	EP	2,0	0,15	dir	135	100	1,7	—	—	0,1 MΩ	—	1,5	
KL 2	Pentode	EP	2,0	0,265	dir	135	135	2,0	—	—	30000	—	2,5	
KL 4	Pentode	EP	2,0	0,14	dir	135	135	2,1	—	—	0,15 MΩ	—	1,5	

6512 Spezialröhren.

Type	Art	Verwendungszweck	Heizung Spannung in V	Heizung Strom in A	Art der Kathodenheizung	Anodenspannung in V	Schirmgitterspannung in V	Steilheit im Arbeitspunkt in mA/V	Durchgriff D im Arbeitspunkt in %	Verstärkungsfaktor g in 1/D	Innenwiderstand im Arbeitspunkt in Ω	Gitter-Anodenkapazität in pF	Maximale Anodenbelastung in W	Bemerkungen
RV 12 P 2000	Pentode	HAKw EP	12,6	0,070	ind	220	140	1,5	—	2000	1,5 MΩ	0,005	1	
RV 12 P 2001	Regelpentode	H^0 Kw	12,6	0,065	ind	220	220	1,35	—	—	1,0 MΩ	0,006	1	
MC 1	Triode	AHN	1,9	0,19	dir	150	—	1,4	—	15	11000	2,2	1	
RV 2,4 P 700	Pentode	HAKw	2,4	0,060	dir	200	120	0,9	—	850	1,2 MΩ	0,01	1	
RV 2,4 P 701	Regelpentode	H^0 Kw	2,4	0,060	dir	200	150	0,9	—	—	0,8 MΩ	0,01	1	
RV 2,4 P 45	Raumladegitterpentode	HAN	2,4	0,060	dir	100	50 (RG=20V)	0,7	—	45	60000 Ω	0,04	1	
AC 100	Triode	NW	4	0,65	ind	250	—	2,7	—	30	10500	3	2	
AD 100	Triode	KET	4	1,6	ind	300	—	4,5	—	6,5	1400	5	12	
AD 102	Triode	KET	4	1,6	ind	400	—	5,8	—	5	860	5,1	25	
AF 100	Pentode	HNW	4	0,7	ind	250	250	10,5	—	3000	0,3 MΩ	0,035	4	
AH 100	Hexode	H^0 M^0	4	1,1	ind	250	150	1,5		—	0,25 MΩ	0,003	2	
Röhren mit hochisoliert nach außen geführtem Gitter (für Elektrometermessungen).														
T 113	Triode	—	3,0	0,1	—	max. 20	20	0,6	40	—	—	3 cm	—	Nach Angaben der AEG.
T 114	Triode	—	2,0	0,088	—	6	4	55	100	—	—	1,5 cm	—	Nach Angaben der AEG. Gitterstrom bei Ug = −4 V gleich 10^{-14} A

6513 Spezialverstärkerröhren.

Type	Art	Verwendungszweck	Heizung Spannung in V	Heizung Strom in A	Art der Kathodenheizung	Anodenspannung in V	Anodenstrom in A	Steilheit im Arbeitspunkt in mA/V	Durchgriff D im Arbeitspunkt in %	Verstärkungsfaktor g in 1/D	Innenwiderstand im Arbeitspunkt in Ω	Gittervorspannung	Maximale Anodenbelastung in W	Bemerkungen
RV 258	—	—	7,2	1,1	dir Th	800	0,040	2	14	7,1	3500	−80	32	
RV 271	—	—	8	1,5	ind O	1500	0,075	3,4	12	8,3	2500	−160	110	
RV 271A	—	—	8	1,5	ind O	1500	0,075	4,8	12	8,3	2500	−160	150	
RV 25	—	—	13,6	4,4	dir W	1800	0,100	3	15	6,7	2500	−230	180	
RV 230	—	—	21,5	12	dir W	2000	0,12	5	13	7,7	1500	−190	300	

6514 Senderöhren.

Type	Nutzleistung N_a in W	Maximale Anodenverlustleistung Q_a in W	Maximale Anodenspannung U_a in V	Normaler Anodenstrom I_a im Schwingbetrieb in A	Heizung U_h V	Heizung I_H etwa A	Kathode Material	Kathode Heizung	Emission I_e etwa A	Emission bei $U_a = U_g$ V	Durchgriff D in %	Verstärkungsfaktor μ	Maximale Steilheit I mA/V	Innenkapazitäten C_{ga} pF	Innenkapazitäten C_a pF	Innenkapazitäten C_e pF	Grenzwellenlänge etwa m
Strahlungsgekühlte Sendetrioden (vorwiegend für $\lambda > 50$ m).																	
RS 55	12	15	700	0,035	10	3	W	dir	0,09	100	5	20	1	5,5	0,2	7	—
RS 241	15	15	400	0,07	3,8	0,6	O	ind	0,3	110	6	17	3,5	9	5	6,5	—
RS 248	20	15	500	0,075	12,6	0,55	O	ind	0,4	40	7	14,5	>4,8	4,5	4	6	—
RS 31g	65	75	1600	0,07	10	4,8	W	dir	0,2	150	3	33	1,3	5	1	8	—
RS 237	100	100	1000	0,175	10	3,3	Th	dir	0,7	220	8,3	12	4,5	15	7	8,5	—
RS 283 A	400	250	2500	0,3	11	4,2	Th	dir	2	440	4	25	3,5	26	2,5	16	—
RS 214g	440	250	2000	0,33	22	12,5	W	dir	1,2	300	3	33	4	7	1	15	—
RS 284	600	400	2500	0,35	11	5	Th	dir	1,8	440	5,3	19	6	25,5	3,5	13,5	—
RS 285	1000	750	2500	0,75	11	15,5	Th	dir	5	440	5	20	12	40	8	22	—
RS 15g	1500	700	4000	0,52	16,6	17,5	W	dir	1,75	440	2	50	3,5	8	1	13	—
RS 253	2500	800	12000	0,35	16,5	16,5	W	dir	1,2	300	2	50	2,5	6	1,5	13	—

Strahlungsgekühlte Kurz- und Ultrakurzwellen-Sendetrioden.

RS 245	6	10	400	0,035	2	1,7	O	dir	0,12	60	7	14	3	1,9	2,3	1,9	1,5
RS 249	12	13	600	0,040	12,6	0,5	O	ind	0,17	50	5	20	3,5	2,5	1,5	4	1,5
RS 297	25	40	800	0,080	etwa 2	5	Th	dir	>0,35	120	17	6	1,8	1,5	1	1	0,5
RS 277	75	60	1200	0,12	12,6	1,7	Th	dir	0,45	160	4,5	22	2	3,2	1,3	3,7	1,5
RS 377	75	60	1200	0,12	12,6	0,75	O	ind	0,50	100	4,5	22	2,5	4	2,4	5	1,5
RS 282	100	100	1000	0,18	8	1,6	O	ind	0,8	180	8	12,5	5,5	5	4,5	7,5	3
RS 329g	1000	500	3000	0,5	23	13,5	W	dir	1,7	350	3	33	6	9	2	6,5	4
RS 207g	1800	800	5000	0,55	16,5	18	W	dir	1,6	350	2	50	6	8,5	1,5	11	4

Sendepentoden.

Type	Nutzleistung N_a in W	Maximale Anoden-verlustleistung Q_a in W	Maximale Anoden-spannung U_a in V	Normaler Anodenstrom I_a im Schwingbetrieb in A	Heizung		Kathode		Schirmgitter		Schirm-gitter-durch-griff in %	Ver-stär-kungs-faktor	Maxi-male Steil-heit I	Innenkapazitäten			Grenzwellenlänge etwa m
					U_h V	I_H etwa A	Ma-terial	Heizung	Span-nung U_{g_2} V	Verlust-leistung W		μ	mA/V	$C_{g\,a}$ pF	C_a pF	C_e pF	
RS 288	8	10	400	0,035	4	1,8	O	ind	200	2,5	5	500	10	0,1	13	11,5	9
RS 289	12	12	450	0,06	4	2,1	O	ind	200	2,5	23	50	5	1	7	11	9
RS 389	12	12	450	0,06	12,6	0,65	O	ind	200	2,5	23	50	5	1	8	11	9
RS 287[1]	50	30	800	0,10	12,6	0,68	O	ind	200	5	20	100	3	0,04	9,5	13,5	4
RS 337	100	110	1500	0,16	12	2,75	Th	dir	500	25	31	330	2,5	0,04	17	16	4
RS 391	100	110	1500	0,15	12,6	1,4	O	ind	450	20	17	330	4,5	0,03	15	20	4
RS 384	800	450	3000	0,60	12,6	9	Th	dir	600	100	31	330	5	0,05	24	31	6

[1] Identisch mit RL 12 P 35.

652 Gleichrichter.

6521...6527 von **Paul Schulz**, Berlin.
6528 von **Heinz Schmellenmeier**, Berlin.

6521 Glühkathodengleichrichter.

Die eine Elektrode eines Entladungsgefäßes ist als Glühelektrode ausgebildet (6521). Wechselstrom bis zu einer bestimmten Spannung (Sperrspannung) wird nur in der Phase, in der diese Elektrode Kathode ist, durchgelassen.

Ausführungen:

I. Hochvakuumglühkathodengleichrichter. Angaben über diese Röhren in 65281.

II. Glühkathodengleichrichter mit Gasfüllung. Bei diesen ist zur Herabsetzung des Spannungsabfalles eine Füllung Edelgas oder Quecksilber vorhanden. Für Hg-Gleichrichterröhren vgl. 65282.

III. Thyratrongleichrichter. Bei diesen ist ein Elektrodengitter zwischen Kathode und Anode zur Regelung der Zündung eingefügt.

6521 Glühkathodengleichrichter.

A Anode, K Kathode, H Heizbatterie für die Glühkathode.

6522 Quecksilberdampfgleichrichter.

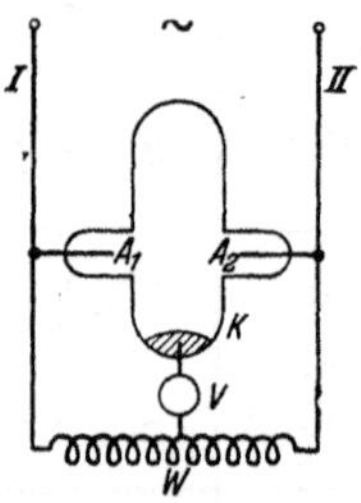

I, II Zuleitungen für den Wechselstrom, A_1, A_2 Eisenanoden, K Quecksilberkathode, V Gleichstromverbraucherkreis, W induktiver Widerstand.

6522 Quecksilberdampfgleichrichter.

In einer Gasentladungsröhre, bei der Quecksilber die eine, festes Metall (z. B. Eisen) die andere Elektrode bildet, kommt im Vakuum ein Strom nur dann zustande, wenn das Quecksilber die Kathode ist (Schaltungen s. 6523). Man unterscheidet Quecksilbergleichrichter in Glas- und Eisengefäßen. Glasgleichrichter werden bis etwa 500 A hergestellt. Mit entsprechend mehr Anodenarmen werden Quecksilbergleichrichter für höherphasigen Drehstrom (bis 24 Phasen) hergestellt.

6523 Trockengleichrichter.

Gewisse Grenzschichten, z. B. Kupfer gegen Kupferoxydul, Selen gegen Eisen, lassen den Strom bis zu einer gewissen Spannung nur in einer Richtung hindurch. Kupfer-, Kupferoxydul- und Selengleichrichter eignen sich für einen Spannungsbereich von 4...80 V.

6524 Glimmgleichrichter.

In einer Gasentladungsröhre, die mit Gas von wenigem Torr Druck gefüllt ist, werden die Elektroden stark unsymmetrisch ausgebildet. Ein merklicher Strom fließt nur, wenn die großflächige Elektrode Kathode ist. Ein Rückstrom in der Sperrphase ist im Verhältnis der Elektrodenflächen kleiner. Glimmgleichrichter können kurzzeitig stark überlastet werden. Beispiel: ein Glimmgleichrichter mit einer Zündspannung: 280 V, mittleren Belastung 10 mA, maximaler Rückstrom 1 mA, kann in Zeiten < 1 s bis 1 A belastet werden.

6525 Andere Methoden.

I. Mechanische Gleichrichter für sehr hohe Spannungen. Auf der Welle eines Synchronmotors ist eine Nadel befestigt, die zwischen zwei bandförmigen Elektroden rotiert und nur in der gewünschten Stromphase den Funkenübergang zuläßt.

II. Elektrolytgleichrichter. In elektrolytischen Zellen, die mit alkalischer Lösung gefüllt sind und eine Elektrode aus Aluminium, Silicium, Wismut, Tantal oder Niob haben (die andere aus Blei oder Platin), wird nur die Stromphase hindurchgelassen, bei der eines der erstgenannten Metalle Kathode ist. Ventilwirkung bei Aluminium bis zu 660 V, bei Tantal und Niob bis etwa 1000 V.

6526 Einige Gleichrichterschaltungen.

Die einfachste Gleichrichterschaltung ist in 65261 wiedergegeben. Ist U die Scheitelspannung des Wechselstromes, so beträgt die Gleichspannung U bei Ausnutzung von nur einer Phase. Beide Phasen werden in der Graetz-Schaltung (65262) ausgenutzt. Die erhaltene Gleichspannung beträgt U. Eine Spannungsverdoppelung erhält man in der Greinacher-Schaltung (65263).

65261 Gleichspannung = Wechselspannung bei Ausnutzung nur einer Phase.

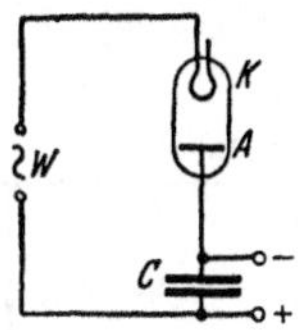

65262 Gleichspannung = Wechselspannung bei Ausnutzung beider Phasen.

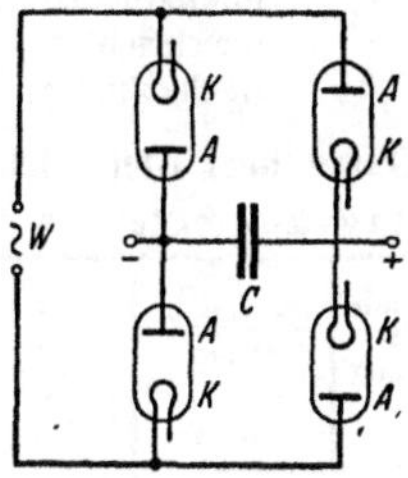

65263 Gleichspannung = zweifache Wechselspannung bei Ausnutzung beider Phasen.

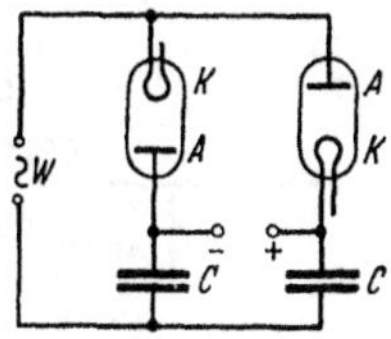

W Wechselspannung, A Anode, K Kathode, C Glättkondensator.

6527 Gleichrichterarten.

Stromstärke A	Spannung V	Spannungsabfall im Gleichrichter V	Gleichrichterart	
			Quecksilberdampfgleichrichter	
5...500	65...500	15...19	a) Glasgefäß	Bis 65 A natürliche Luftkühlung, bis 300 A Ventilator, darüber Ölkühler. Ausführung bis 20 A einphasig, darüber 3...6phasig.
400...6000	1200...3000	22...27	b) Gefäß aus Stahlblech	Kühlung durch Wassermantel. Bis 1000 A 6phasig, bis 6000 A 12-phasig, 6000A und mehr 24phasig.
0,1...20	20...250	—	Niederspanngs.-Oxydkathodenröhre mit Edelgasfüllung	Mit 1 und 2 Anodenarmen. Für Relais- und Kippschwing-Röhren bis 700 V Scheitelspannung und 0,2 A Stromstärke.
0,1...15	4...80	stark von Belastung abhängig	Trockengleichrichter, Kupfer-Kupferoxydul, Selen	Durch Parallel- und Hintereinanderschalten größere Stromstärken und höhere Spannungen möglich. Besonders geeignet für Batterieladung und Elektrolyse.
25...300 Am	250...500	—	Glühkathoden-Hochvakuumgleichrichter	Werden als Ein- und Zweiwegröhren gebaut. Besonders in Radioapparaten verwandt.

6527 (Fortsetzung).

Stromstärke A	Spannung V	Spannungsabfall im Gleichrichter V	Gleichrichterart	
			Hochspannungsgleichrichter	
0,1...50	bis ∼ 30 kV	—	Hochspannungs-Oxydglühkathodenröhren mit Quecksilberdampffüllung	Mit und ohne Steuergitter. Sowohl mit direkt als auch mit indirekt geheizter Kathode.
5...300 mA	bis 300000	—	Glühkathodengleichrichter (Hochvakuum)	Heizstrom bis 20 A bei 4...25 V Heizspannung.

6528 Daten über Gleichrichterröhren.

65281 Hochvakuumgleichrichterröhren.

Type	Maximale Anodenverlustleistung W	Maximale Sperrspannung V	Emissionsstrom etwa A	Heizung U_a V	Heizung I_a etwa A	Kathode		Innenwiderstand Ω
RG 63	2×15	10000	2×0,25	25	4,5	W	dir	2×1000
RG 64	2×50	10000	2×0,5	25	8	W	dir	2×1650
RG 48	50	7500	0,6[1]	5	7	Th	dir	300
RG 46	50	36000	0,3	15	8	W	dir	900
RG 52	75	15000	0,6	16,5	8	W	dir	700
RG 49	110	7500	2,5[1]	5	20	Th	dir	80
RG 45	125	15000	1	13,5	12	W	dir	500
RG 44	250	35000	1,5	16,6	16,5	W	dir	400
RG 221	7000	30000	10	35	59	W	dir	100
RFG 4[2]	50	30000	$5 \cdot 10^{-3}$	4,0	4,0	W	dir	—
RFG 5[2]	30	16000	$2 \cdot 10^{-3}$	6,3	0,2	O	ind	—

65282 Quecksilberdampfgleichrichterröhren.

Type	Maximale Sperrspannung in V	Maximaler Spitzenstrom in A	Heizung U_a V	Heizung I_a A	Kathode		Innerer Spannungsabfall etwa in V	Maximale Gitterspitzenspannung U_{g_s} in V	Maximaler Gitterspitzenstrom in A	Durchgriff D in %	Anheizzeit im stationären Betrieb
					Ohne Gittersteuerung.						
RGQZ 1,4/0,4[3]	1400	0,4	2,5	3,2	O	dir	15	—	—	—	5 s
RGQ 7,5/0,6	7500	0,6	2,5	5	O	dir	15	—	—	—	10 s
RGQ 7,5/2,5	7500	2,5	5	10	O	dir	15	—	—	—	30 s
RGQ 20/5	20000	5	5	20	O	dir	15	—	—	—	1 min
RGQ 20/10	20000	10	5	25	O	dir	15	—	—	—	2 min
					Mit Gittersteuerung.						
RSQ 7,5/0,6	7500	0,6	2,5	5	O	dir	15	320	0,05	0,3	1 min
RSQ 7,5/2,5	7500	2,5	5	10	O	dir	15	320	0,150	0,2	5 min
RSQ 15/5	15000	5	5	20	O	dir	15	600	0,5	0,2	5 min
RSQ 15/10	15000	10	5	20	O	dir	15	600	1	0,2	10 min
RSQ 15/40	15000	40	5	20	O	dir	15	600	1	0,1	10 min

[1] Maximaler Spitzenstrom. — [2] Die Röhren sind auch in Spannungs-Verdopplerschaltungen zu verwenden. — [3] Doppelweggleichrichter.

653 Eigenschaften von Heißleitern.

Nach H. Sachse: Siemens-Z. **19**, 214 (1939).

	Herstellbarer Bereich von Kaltwiderständen in Ω	Temperaturkoeffizient bei 20° in %	Tiefstwert des Warmwiderstandes in % des Kaltwiderstandes	Höchste Betriebstemperatur in °C	Zur Einstellung des tiefsten Warmwiderstandes erforderliche Leistung	Erwärmungsträgheit Größ. ordm. in s	Typenbezeichnung	Anwendungsgebiet
1. Kupferoxyd	0,5... 100000	−2,6	10	220	4 W	1...100	CuO Ls4	Als Verzögerungs- und Anlaßwiderstand
	0,5... 100000	−2,6	10	220	2 W	1...100	CuO Ls2	
	0,5... 100000	−2,6	10	220	1 W	1...100	CuO Ls1	
	0,5... 100000	—	—	—	—	—	CuO Lr	Zur Temperaturmessg., zum Temperaturausgleich
2. Uranoxyd	$5 \cdot 10^3 \ldots 10^5$	−1,5	0,5	600	1 mW ÷ 1 W	$10^{-1} \ldots 10$	HL 2/2 HL 2/0,5 HL 6/2 u. a.	Selbstschalter, Spannungsregler, Verzögerungswiderstand
3. Urdox [1]	$10^3 \ldots 10^5$	−1,3 −2,3	0,2... 2	500	2,5... 9 W	10...600	U 3620 U 4520 EU 6 U 920 usw.	Wie bei 2 und Temperaturmessung

654 Widerstand von Drähten verschiedenen Materials in Abhängigkeit vom Durchmesser.

Elektrischer Widerstand in Ω eines Drahtes von 1 m Länge.

Metall	Spez. Widerstand bei 20° C in μΩ · cm	Durchmesser in mm									
		0,1	0,2	0,3	0,4	0,5	0,6	0,7	0,8	0,9	1,0
Aluminium (Lmt.)	2,8	3,565	0,8913	0,3961	0,2228	0,1426	0,09902	0,07276	0,05570	0,04401	0,03565
Blei	2,2	2,801	0,7003	0,3112	0,1751	0,1104	0,07781	0,05717	0,04377	0,03458	0,02801
Cekas	140	178,3	44,56	19,81	11,14	7,130	4,951	3,638	2,785	2,201	1,783
Chromel	100	127,3	31,83	14,15	7,958	5,093	3,537	2,598	1,989	1,572	1,273
Chromnickel 20/80	110	140,1	35,01	15,56	8,754	5,602	3,890	2,858	2,188	1,729	1,401
Eisen	10	12,73	9,183	1,415	0,7958	0,5093	0,3537	0,2598	0,1989	0,1572	0,1273
Gold	2,4	3,056	0,7639	0,3395	0,191	0,1222	0,08488	0,0628	0,0474	0,0377	0,0305
Gußeisen	70	89,13	22,82	9,903	5,570	3,565	2,476	1,819	1,393	1,100	0,8913
Isabellin	50	63,66	15,92	7,074	3,979	2,546	1,768	1,299	0,9947	0,7859	0,6366
Kanthal	145	184,61	46,15	20,51	11,54	7,385	5,128	3,768	2,885	2,279	1,8461
Konstantan	50	63,66	15,92	7,074	3,979	2,546	1,768	1,299	0,9947	0,7859	0,6366
Kupfer	1,724	2,195	0,5487	0,2439	0,1372	0,0878	0,06097	0,04478	0,0343	0,02710	0,02195
Manganin	43	54,75	13,69	6,083	3,422	2,190	1,521	1,117	0,8555	0,6759	0,5475
Megapyr	140	178,3	44,56	19,81	11,14	7,130	4,951	3,638	2,785	2,201	1,783
Messing	8	10,19	2,546	1,132	0,6366	0,4074	0,2829	0,2079	0,1592	0,1258	0,1019
Molybdän	5,6	7,13	1,783	0,7922	0,4456	0,2852	0,1981	0,1455	0,1114	0,08803	0,0713

[1] Widerstände mit Mg-Ti-Spinell der Osram KG.

654 (Fortsetzung).

Metall	Spez. Widerstand bei 20° C in μΩ · cm	Durchmesser in mm									
		0,1	0,2	0,3	0,4	0,5	0,6	0,7	0,8	0,9	1,0
Neusilber .	55	70,03	17,51	7,781	4,377	2,801	1,945	1,429	1,094	0,8645	0,7003
Nickel . .	7	8,913	2,282	0,9903	0,557	0,3565	0,2476	0,1819	0,1393	0,1100	0,08913
Nickelin. .	33	42,02	10,50	4,668	2,626	1,681	0,1167	0,8575	0,6565	0,5187	0,4202
Niresist . .	118	150,2	37,56	16,69	9,39	6,01	4,173	3,066	2,348	1,855	1,502
Platin . .	10	12,73	3,183	1,415	0,7958	0,5093	0,3537	0,2598	0,1989	0,1572	0,1273
Resistin. .	50	63,66	15,92	7,074	3,979	2,546	1,768	1,299	0,9947	0,7859	0,6366
Silber . .	1,64	2,088	0,522	0,2320	0,1305	0,08352	0,0580	0,04261	0,03263	0,02578	0,02088
Siliciumstahl . .	50	63,66	15,92	7,074	3,979	2,546	1,768	1,299	0,9947	0,7859	0,6366
Tantal . .	13	20,88	4,138	1,839	1,035	0,6621	0,4598	0,3378	0,2586	0,2043	0,2088
Wolfram .	5,5	7,003	1,751	0,7781	0,4377	0,2801	0,1945	0,1429	0,1094	0,08645	0,07003
Zinn . . .	11	14,01	3,501	1,556	0,8754	0,5602	0,389	0,2858	0,2188	0,1729	0,1401
Zink . . .	6	7,639	1,909	0,8488	0,4774	0,3056	0,2122	0,1559	0,1194	0,09431	0,07639

66 Elektrochemie.

661 Äquivalentgewichte.

Faradaysche Gesetze:

I. Die Menge m des beim Durchgang von Elektrizität durch eine Lösung oder Schmelze abgeschiedenen Stoffes ist der Elektrizitätsmenge f proportional. $m = k \cdot f$.

II. Die Mengen verschiedener Stoffe, die von der gleichen Elektrizitätsmenge abgeschieden werden, sind ihren Äquivalentgewichten proportional:

$$f = \frac{m_1}{k_1} = \frac{m_2}{k_2} = \ldots = \frac{m_1}{K \cdot \text{Äquiv.-Gew.}_1} = \frac{m_2}{K \cdot \text{Äquiv.-Gew.}_2} = \ldots$$

Die Elektrizitätsmenge, die 1 Äquivalent irgendeines Stoffes überführt oder abscheidet, ist

$$k\,f = F = 96490\ \text{C} \cdot \text{val}^{-1} = 6{,}0227^{23} \cdot 1{,}602 \cdot 10^{-19}\ \text{C} \cdot \text{val}^{-1}.$$

Dieses Gesetz gilt ganz allgemein für alle elektrochemischen Vorgänge. Gesetzlich ist in Deutschland festgesetzt, daß 1 Coulomb 1,1180 mg Silber abscheidet. Demnach berechnen sich die von einem Coulomb (oder Amperesekunde) abgeschiedenen Mengen eines anderen Elementes aus seinem Äquivalentgewicht zu

$$\text{Äquiv.-Gew.}\ \frac{1{,}1180}{107{,}880}\ \text{mg} = \text{Äquiv.-Gew.}\ 0{,}010363\ \text{mg} \qquad (\log 0{,}010366 = 0{,}01548 - 2)$$

für die Amperestunde ergibt sich

$$\text{Äquiv.-Gew.}\ 0{,}037311\ \text{g} \qquad \log 0{,}037318 = 0{,}57180 - 2$$

oder ein Äquivalentgewicht wird in 26,804 Amperestunden abgeschieden. Die Zeit t in Stunden, die zur Abscheidung eines Metallniederschlages von der Dicke x cm erforderlich ist, berechnet sich zu

$$t = \frac{x \cdot \varrho}{\text{Äquiv.-Gew.}} \cdot \frac{26{,}804}{\text{A/cm}^2} = \frac{x \cdot \varrho}{\text{g/h}} \cdot \frac{1}{\text{A/cm}^2} \qquad \varrho = \text{Dichte},$$

die Zahl g/h ist in der Tabelle angegeben.

Äquivalentgewichte (abgerundet auf zwei Dezimalstellen).

Stoff	Äquivalentgewicht	Valenz	Abgeschiedene Menge		Stoff	Äquivalentgewicht	Valenz	Abgeschiedene Menge	
			$ncm^3 \cdot C^{-1}$	$ndm^3 \cdot (A \cdot h)^{-1}$				$mg \cdot C^{-1}$	$g \cdot (A \cdot h)^{-1}$
H_2	1,008	1	0,1162	0,4184	F	19,00	1	0,1969	0,7088
O_2	8,000	2	0,05301	0,288	Cl	35,46	1	0,3674	1,323
$H_2 + {}^1/_2 O_2$	9,008	—	0,1746	0,6272	Br	79,92	1	0,8282	2,981
			$mg \cdot C^{-1}$	$g \cdot (A \cdot h)^{-1}$	J	126,92	1	1,13154	4,735
H_2	1,008	1	0,01045	0,0376	ClO_3 . . .	83,46	1	0,8650	3,114
O_2	8,00	2	0,08291	0,2985	BrO_3 . . .	127,92	1	1,3258	4,773
OH . . .	17,008	1	0,1763	0,6345	JO_3 . . .	174,92	1	1,813	6,526
H_2O . . .	9,008	—	0,09335	0,3361					

661 (Fortsetzung).

Stoff	Äquivalentgewicht	Valenz	Abgeschiedene Menge		Stoff	Äquivalentgewicht	Valenz	Abgeschiedene Menge	
			$mg \cdot C^{-1}$	$g \cdot (A \cdot h)^{-1}$				$mg \cdot C^{-1}$	$g \cdot (A \cdot h)^{-1}$
S	16,03	2	0,1661	0,5980	Mg	12,19	2	0,1260	0,4537
SO_4	48,03	2	0,4978	1,792	Ca	20,04	2	0,2076	0,7474
					Sr	43,82	2	0,4541	1,6346
Se	39,48	2	0,4048	1,473	Ba	68,68	2	0,7117	2,562
					Al	8,99	3	0,0932	0,3354
NO_3	62,01	1	0,6426	2,314	Cr	17,34	3	0,1797	0,6468
					Mn	27,47	2	0,2846	1,0246
CO_2	22,00	2	0,2281	0,821		18,31	3	0,1897	0,6831
CO_3	30,00	2	0,3109	1,119	Fe	27,92	2	0,2894	1,042
C_2O_4	44,01	2	0,4561	1,642		18,61	3	0,1929	0,6944
CHO_2	45,01	1	0,4665	1,679	Co	29,47	2	0,3054	1,099
$C_2H_3O_2$	59,03	1	0,6117	2,203		19,65	3	0,2036	0,7330
					Ni	29,34	2	0,3040	1,0945
CN	26,01	1	0,2696	0,971		19,56	3	0,2027	0,7298
					Pt	48,81	4	0,5058	1,8209
SiO_2	30,03	2	0,3140	1,130	Cu	63,57	1	0,6588	2,3716
SiO_3	38,03	2	0,3941	1,419		31,78	2	0,3294	1,1858
					Ag	107,88	1	1,1180	4,0246
CrO_4	58,01	2	0,6011	2,165	Au	65,73	3	0,6812	2,452
					Zn	32,69	2	0,3388	1,220
Li	6,94	1	0,0719	0,2589	Cd	56,21	2	0,5825	2,097
Na	22,997	1	0,2383	0,8580	Hg	200,61	1	2,0789	7,484
K	39,096	1	0,4052	1,4586	Tl	204,39	1	2,118	7,625
Rb	85,48	1	0,8858	3,189	Sn	59,35	2	0,6150	2,2142
Cs	132,81	1	1,3763	4,9547		29,68	4	0,3075	1,1071
NH_4	18,04	1	0,1870	0,6730	Pb	103,61	2	1,074	3,865
NH_3	17,03	1	0,1765	0,6353	Sb	40,59	3	0,4206	1,514
Be	9,02	2	0,04674	0,1683	Bi	69,67	3	0,7220	2,599

662 p_H-Messungen.

Die *p_{H^+}-Zahl* (auch *Säurestufe* bezeichnet) ist nach S. P. L. Sörensen (1909) definiert als der negative Logarithmus der Wasserstoffionen-Aktivität (-Konzentration). $p_{H^+} = -\log a_{H^+}$.

Bis zu etwa 0,1 n Lösungen (Gesamtkonzentration an Elektrolyten) kann man Konzentrationen und Aktivitäten praktisch gleichsetzen.

Reinstes Wasser hat bei 22° $a_H = 10^{-7}$ demnach $p_{H^+} = 7$ (s. 324121); da sich die Dissoziationskonstante des Wassers mit der Temperatur ändert, so ändert sich mit ihr die p_{H^+}-Zahl (und damit der Neutralpunkt).

6621 Tabelle zur Umrechnung von p_H in a_H und umgekehrt.

p_H — Zehntel \ Hundertstel	0	1	2	3	4	5	6	7	8	9
n,0	1,00	0,98	0,96	0,93	0,91	0,89	0,87	0,85	0,83	0,81
1	0,79	0,78	0,76	0,74	0,73	0,71	0,69	0,68	0,66	0,65
2	0,63	0,62	0,60	0,59	0,58	0,56	0,55	0,54	0,53	0,51
3	0,50	0,49	0,48	0,47	0,46	0,45	0,44	0,43	0,42	0,41
4	0,40	0,39	0,38	0,37	0,36	0,35	0,35	0,34	0,33	0,32
5	0,32	0,31	0,30	0,30	0,29	0,28	0,28	0,27	0,26	0,26
6	0,25	0,25	0,24	0,23	0,23	0,22	0,22	0,21	0,21	0,20
7	0,20	0,20	0,19	0,19	0,18	0,18	0,17	0,17	0,17	0,16
8	0,16	0,16	0,15	0,15	0,15	0,14	0,14	0,14	0,13	0,13
9	0,13	0,12	0,12	0,12	0,12	0,11	0,11	0,11	0,10	0,10

Beispiel: $p_{H^+} = n{,}32$; $a_{H^+} = 0{,}48 \cdot 10^{-n}$, wobei n die ganzen Einheiten der p_H-Zahl bzw. des Exponenten sind.

Umgekehrt $a_{H^+} = 0{,}29 \cdot 10^{-n}$; $p_{H^+} = n{,}54$.

Die p_{OH}-Werte ergeben sich aus dem Wert der Dissoziationskonstante des Wassers k_w für die betreffende Temperatur (s. 324121) abzüglich dem gemessenen p_H-Wert, z. B. für 22° $p_{OH} = K_w - p_H = 14 - 8{,}45 = 5{,}55$.

6622 Umrechnungen von potentiometrischen Messungen auf p_H-Werte.

66221 Standardgleichungen zur Berechnung von p_H-Werten aus potentiometrischen Messungen.

Bezugselektrode	Messungen mit der Wasserstoffelektrode	Messungen mit der Chinhydronelektrode
0,1 n Kalomelelektrode	$p_H = \frac{E - 0{,}3376 + 0{,}00006\,(t - 25^0)}{0{,}0591 + 0{,}0002\,(t - 25^0)}$	$p_H = \frac{0{,}3665 - 0{,}00068\,(t - 18^0) - E}{0{,}0577 + 0{,}0002\,(t - 18^0)}$
1 n Kalomelelektrode	$p_H = \frac{E - 0{,}2847 + 0{,}00024\,(t - 25^0)}{0{,}0591 + 0{,}0002\,(t - 25^0)}$	$p_H = \frac{0{,}4181 - 0{,}0005\,(t - 18^0) - E}{0{,}0577 + 0{,}0002\,(t - 18^0)}$
Gesätt. Kalomelelektr.	$p_H = \frac{E - 0{,}2522 + 0{,}00039\,(t - 25^0)}{0{,}0591 + 0{,}0002\,(t - 25^0)}$	$p_H = \frac{0{,}4541 - 0{,}00033\,(t - 18^0) - E}{0{,}0577 + 0{,}0002\,(t - 18^0)}$

66222 Potential einiger Meßelektroden
(gemessen gegen die Normalwasserstoffelektrode H_2 $p_H = 0$).

Elektrode	p_H	bei 20° mV	
H_2	0	0	Wasserstoffelektrode mit H_2 feucht von 760 Torr in der angegebenen Säure.
	2,04	−118,5	
	4,62	−268,4	
	7,00	−406,8	
Ch.	2,04	+ 584,2	Chinhydronelektrode, auch für Glaselektrode mit Chinhydronfüllung mit Platinableitung.
	4,62	434,3	
Kal. ges. . .		+ 249,0	Kalomelelektrode in KCl-Lösung der angegebenen Molarität.
3,5 m . .		253,6	
1,0 m . .		285,9	
0,1 m . .		337,9	
Glas	4,62	+ 81	Glaselektrode mit Ag/AgCl in 0,1 n HCl, eingetaucht in Standard-Acetat.
Sb	4,62	−258	Antimonelektrode in Standard-Acetat.
			p_H 0,0 2 n Schwefelsäure, 2,04 Veibelsche Lösung (0,01 n HCl, 0,09 m KCl), 4,62 Standard-Acetat, 0,1 n Essigsäure, 0,1 n Na-Acetat.

Bei Anwendung zweier gegeneinandergeschalteter Meßelektroden ist zur Berechnung der EMK der Kette die Differenz der beiden Millivoltwerte zu bilden.

Das Potential der Elektroden gegen H_2 gleichen p_H ist bei 20°:

Chinhydronelektrode . . . . + 702,7 mV
Glaselektrode (Ag/AgCl in 0,1 n HCl) . . . . + 349 mV
Antimonelektrode . . . . + 10 mV
Das der Kalomelelektrode gegen H_2 von $p_H = 7$: gesättigt . . . . . + 655,8 mV
3,5 m . . . . + 660,4 mV
1 m . . . . + 692,7 mV
0,1 m . . . . + 744,7 mV

66223 p_{H^+}-Tabelle für die Kette
Wasserstoff—gesättigte Kalomelelektrode bei 18, 20 und 25° C.

Millivolt → ↓	°C	0	2	4	6	8
790	25	9,21	9,24	9,28	9,31	9,34
	20	31	35	38	42	45
	18	5	9	42	6	9
780	25	9,04	9,07	9,11	9,14	9,17
	20	14	18	21	25	28
	18	8	21	5	8	32
770	25	8,87	8,90	8,94	8,97	9,01
	20	97	9,01	9,04	9,07	11
	18	9,01	4	8	11	5
760	25	8,70	8,73	8,77	8,80	8,84
	20	80	83	87	90	94
	18	3	7	90	4	7
750	25	8,53	8,57	8,60	8,63	8,67
	20	63	66	70	73	76
	18	6	9	3	6	80
740	25	8,36	8,40	8,43	8,46	8,50
	20	45	9	52	56	9
	18	9	52	6	9	63
730	25	8,19	8,23	8,26	8,29	8,33
	20	29	32	35	39	42
	18	31	5	8	42	5
720	25	8,02	8,06	8,09	8,13	8,16
	20	11	14	18	21	25
	18	4	8	21	4	8
710	25	7,85	7,89	7,92	7,96	7,99
	20	94	97	8,01	8,04	8,08
	18	7	8,00	4	7	11
700	25	7,69	7,72	7,75	7,79	7,82
	20	77	80	83	87	90
	18	9	3	6	90	3
690	25	7,52	7,55	7,58	7,62	7,65
	20	9	63	66	70	73
	18	62	6	9	2	6
680	25	7,35	7,38	7,41	7,45	7,48
	20	42	46	9	52	56
	18	5	8	52	5	9
670	25	7,18	7,21	7,25	7,28	7,31
	20	25	8	32	35	9
	18	7	31	4	8	41
660	25	7,01	7,04	7,08	7,11	7,14
	20	8	11	15	8	22
	18	10	4	7	20	4
650	25	6,84	6,87	6,91	6,94	6,97
	20	91	94	7	7,01	7,04
	18	3	6	7,00	3	7
640	25	6,67	6,70	6,74	6,77	6,81
	20	73	7	80	84	7
	18	5	9	2	6	9
630	25	6,50	6,54	6,57	6,60	6,64
	20	6	60	63	6	70
	18	8	2	5	8	2
620	25	6,33	6,37	6,40	6,43	6,47
	20	8	42	6	9	53
	18	41	4	8	51	5
610	25	6,16	6,20	6,23	6,26	6,30
	20	22	5	8	32	5
	18	3	7	30	4	7
600	25	5,99	6,03	6,06	6,09	6,13
	20	6,04	8	11	15	8
	18	6	10	3	6	20
590	25	5,82	5,86	5,89	5,93	5,96
	20	7	91	94	8	6,01
	18	9	2	6	9	3
580	25	5,65	5,69	5,72	5,76	5,79
	20	70	73	7	80	84
	18	1	5	8	2	5
570	25	5,49	5,52	5,55	5,59	5,62
	20	53	6	60	63	7
	18	4	8	1	4	8
560	25	5,32	5,35	5,38	5,42	5,45
	20	6	9	43	6	9
	18	7	40	4	7	51
550	25	5,15	5,18	5,21	5,25	5,28
	20	8	22	5	9	32
	18	9	3	6	30	3

Millivolt → ↓	°C	0	2	4	6	8
540	25	4,98	5,01	5,05	5,08	5,11
	20	5,01	5	8	12	5
	18	2	6	9	2	6
530	25	4,81	4,84	4,88	4,91	4,94
	20	4	7	91	4	8
	18	5	8	1	5	9
520	25	4,64	4,67	4,71	4,74	4,77
	20	7	70	4	7	81
	18	7	1	4	8	1
510	25	4,47	4,50	4,54	4,57	4,61
	20	50	3	6	60	3
	18	0	4	7	0	4
500	25	4,30	4,34	4,37	4,40	4,44
	20	2	6	9	3	6
	18	3	6	40	3	7
490	25	4,13	4,17	4,20	4,23	4,27
	20	5	9	2	5	8
	18	5	9	2	6	9
480	25	3,96	4,00	4,03	4,06	4,10
	20	8	1	5	8	2
	18	8	2	5	8	2
470	25	3,79	3,83	3,86	3,90	3,93
	20	81	4	8	1	4
	18	1	4	8	1	5
460	25	3,62	3,66	3,69	3,73	3,76
	20	4	7	70	4	7
	18	3	7	0	4	7
450	25	3,46	3,49	3,52	3,56	3,59
	20	6	50	3	7	60
	18	6	0	3	6	0
440	25	3,29	3,32	3,35	3,39	3,42
	20	9	3	6	9	3
	18	9	2	6	9	3
430	25	3,11	3,15	3,18	3,22	3,25
	20	2	5	9	2	6
	18	1	5	8	2	5
420	25	2,95	2,98	3,02	3,05	3,08
	20	5	8	2	5	8
	18	4	8	1	5	8
410	25	2,78	2,81	2,85	2,88	2,91
	20	7	1	4	8	1
	18	7	0	4	7	1
400	25	2,61	2,64	2,68	2,71	2,74
	20	0	3	7	1	4
	18	59	3	6	0	3
390	25	2,44	2,47	2,51	2,54	2,58
	20	3	6	0	3	7
	18	2	6	49	3	6
380	25	2,27	2,30	2,34	2,37	2,41
	20	6	9	3	6	0
	18	5	28	2	5	39
370	25	2,10	2,14	2,17	2,20	2,24
	20	09	2	5	19	2
	18	7	1	4	8	1
360	25	1,93	1,97	2,00	2,03	2,07
	20	1	5	1,98	2	5
	18	0	4	7	1	4
350	25	1,76	1,80	1,83	1,86	1,90
	20	4	78	1	5	88
	18	3	6	0	3	7
340	25	1,59	1,63	1,66	1,69	1,73
	20	7	0	4	7	1
	18	5	59	2	6	69
330	25	1,42	1,46	1,49	1,53	1,56
	20	0	3	7	0	4
	18	38	2	5	49	2
320	25	1,26	1,29	1,32	1,36	1,39
	20	3	6	29	3	6
	18	1	4	8	1	5
310	25	1,09	1,12	1,15	1,19	1,22
	20	5	09	2	6	19
	18	3	7	0	4	7
300	25	0,92	0,95	0,98	1,02	1,03
	20	88	2	5	0,98	2
	18	6	0	3	7	0

66224 p_{H^+}-Tabelle für die Kette Chinhydron — gesättigte Kalomelelektrode bei 18°, 20°, 22° und 25° C[1].

Millivolt → ↓	°C	0	2	4	6	8
330	18	2,15	2,12	2,08	2,05	2,01
	20	3	0	7	3	0
	22	2	8	5	1	—
320	18	2,32	2,29	2,25	2,22	2,19
	20	1	7	4	0	7
	22	29	5	2	8	5
310	18	2,50	2,46	2,43	2,39	2,36
	20	8	5	1	8	4
	22	6	2	39	6	2
300	18	2,67	2,64	2,60	2,57	2,53
	20	5	2	8	5	1
	22	3	0	6	3	49
290	18	2,84	2,81	2,77	2,74	2,71
	20	2	79	6	2	69
	22	0	7	3	0	6
280	18	3,02	2,98	2,95	2,91	2,88
	20	0	6	3	89	6
	22	7	4	0	7	3
270	18	3,19	3,16	3,12	3,09	3,05
	20	7	3	0	7	3
	22	4	1	7	4	1
260	18	3,36	3,33	3,29	3,26	3,23
	20	4	1	7	4	0
	22	1	8	4	1	8
250	18	3,54	3,50	3,47	3,43	3,40
	20	1	8	4	1	8
	22	48	5	2	8	5
240	18	3,71	3,68	3,64	3,61	3,57
	20	68	5	2	8	5
	22	6	2	59	5	2
230	18	3,88	3,85	3,81	3,78	3,75
	20	6	2	79	5	2
	22	3	79	6	2	69
220	18	4,06	4,02	3,99	3,95	3,92
	20	3	3,99	6	3	89
	22	0	6	3	0	6
210	18	4,23	4,20	4,16	4,13	4,09
	20	0	7	3	0	6
	22	7	3	0	7	3
200	18	4,40	4,37	4,33	4,30	4,27
	20	7	4	0	7	4
	22	4	0	7	4	0
190	18	4,58	4,54	4,51	4,47	4,44
	20	5	1	8	4	1
	22	1	8	4	1	7
	25	46	3	0	36	3
180	18	4,75	4,72	4,68	4,65	4,61
	20	2	68	5	1	58
	22	68	5	1	58	4
	25	3	0	57	3	0
170	18	4,92	4,89	4,85	4,82	4,78
	20	89	6	2	79	5
	22	5	2	78	5	1
	25	0	77	3	0	67
160	18	5,10	5,06	5,03	4,99	4,96
	20	6	3	4,99	6	2
	22	2	4,99	5	2	89
	25	4,97	4	0	87	4
150	18	5,27	5,24	5,20	5,17	5,13
	20	3	0	7	3	0
	22	19	6	3	09	6
	25	4	1	07	04	1

Millivolt → ↓	°C	0	2	4	6	8
140	18	5,44	5,41	5,37	5,34	5,30
	20	1	7	4	0	7
	22	6	3	0	6	3
	25	1	28	24	1	17
130	18	5,62	5,58	5,55	5,51	5,48
	20	58	4	1	7	4
	22	4	0	7	3	0
	25	48	45	1	38	34
120	18	5,79	5,76	5,72	5,69	5,65
	20	5	2	68	5	1
	22	1	7	4	0	7
	25	65	1	58	55	1
110	18	5,96	5,93	5,89	5,86	5,82
	20	2	89	5	2	78
	22	88	4	1	77	4
	25	2	78	75	72	68
100	18	6,14	6,10	6,07	6,03	6,00
	20	09	6	3	5,99	6
	22	5	1	5,98	5	1
	25	5,99	5,95	2	88	85
90	18	6,31	6,28	6,24	6,21	6,17
	20	7	3	0	6	3
	22	2	19	5	2	08
	25	16	2	09	05	2
80	18	6,48	6,45	6,41	6,38	6,34
	20	4	0	7	4	0
	22	39	6	2	29	5
	25	2	29	26	2	19
70	18	6,66	6,62	6,59	6,55	6,52
	20	1	58	4	1	47
	22	6	3	49	6	2
	25	49	46	3	39	36
60	18	6,83	6,80	6,76	6,73	6,69
	20	78	5	1	68	4
	22	3	0	6	3	0
	25	66	63	0	56	53
50	18	7,00	6,97	6,93	6,90	6,86
	20	6	2	89	5	2
	22	0	7	3	0	7
	25	83	0	76	73	0
40	18	7,18	7,14	7,11	7,07	7,04
	20	3	09	6	2	6,99
	22	07	4	1	6,97	94
	25	0	6,97	6,93	0	87
30	18	7,35	7,32	7,28	7,25	7,21
	20	0	6	3	0	16
	22	4	1	18	4	11
	25	17	14	0	07	04
20	18	7,52	7,49	7,45	7,42	7,38
	20	47	4	0	7	3
	22	2	38	5	1	28
	25	34	1	27	24	0
10	18	7,70	7,66	7,63	7,59	7,56
	20	4	1	57	4	1
	22	59	5	2	48	5
	25	1	48	44	1	37
0	18	7,87	7,84	7,80	7,77	7,73
	20	2	78	5	1	68
	22	6	2	69	6	2
	25	7,68	7,64	7,61	7,58	7,54

[1] Die hier angegebenen Werte weichen von den aus der Formel 66221 zu errechnende Werten zum Teil bis zu etwa 5‰ ab.

6623 Übersicht über die Meßbereiche und Anwendungsgebiete der Meßelektroden.
[Nach A. Kuntze: Selbsttätige Aufzeichnung und Regelung von p_H-Werten. Gesundh.-Ing. **64**, H. 37, 501 (1941).]

Elektrode	anwendbar im p_H-Bereich	Anwendungsbereich	Fehlanzeigen werden verursacht durch	Erreichbare Genauigkeit in gepufferter Lösung Einzelmessung	Erreichbare Genauigkeit in gepufferter Lösung Dauermessung	Erreichbare Genauigkeit in ungepufferter Lösung Einzelmessung	Erreichbare Genauigkeit in ungepufferter Lösung Dauermessung	Angaben über fortlaufende Messung	Abhängigkeit der elektromotorischen Kraft von p_H V
Wasserstoff	0...14	Versagt in 1. reduzierenden, 2. oxydierenden, 3. CO_2-haltigen, 4. schwermetallhaltigen Lösungen	1. mangelhafte Sättigung mit H_2, 2. O_2 in H_2 3. Kontaktgifte u. Eiweißstoffe	0,01	0,05	0,05	0,15	wird nicht durchgeführt	folgt Nernstschen Gleichung, langsame Potentialeinstellung
Chinhydronelektrode	0...8,5 für gepufferte, 0...6 für ungepufferte Lösungen	Versagt in 1. alkalischen, 2. stark reduzierten, 3. stark oxydierten Lösungen	1. Verunreinigung des Chindrydons, 2. Eiweißstoffe, Kontaktgifte u. hohe Salzkonzentrationen	0,02	0,1	0,1	0,15	mittels ständigem Zusatz und Mischung von zu untersuchender und Chinhydronlösung	folgt Nernstscher Gleichung, schnelle Potentialeinstellung
Antimonelektrode	2...10	Versagt in 1. stark alkalischen, 2. Cl- und H_2S-haltigen Lösungen	1. Oxydationsmittel und viele organische Verbindungen, 2. hohe Salzkonzentrationen	0,05	0,15	0,15	0,25	die Elektrodenoberfläche muß stets den gleichen wirksamen Zustand, und Lösung genügend O_2- und Sb-Verb.-Gehalt aufweisen	weicht von Nernstscher Gleichung ab. Eichung mit Pufferlösungen notwendig
Glaselektrode	0...13	in allen Lösungen anwendbar	in Lösungen, deren Konzentration an Na- und K-Ionen 1 Mol./l übersteigt	0,02	0,1	0,05	0,1	wartungsfrei möglich	im Bereich 1...9 entspricht EMK Nernstscher Formel, von 9...13, Abweichung. Eichung mit Pufferlösungen

6624 Pufferlösungen.

Angegeben sind der Name, die Zusammensetzung der zwei Stammlösungen und die der Mischung und der p_{H^+}-Bereich dieser Mischungen. Die Lösungen sind mit reinsten Substanzen und mit reinstem CO_2-freiem destilliertem Wasser anzusetzen.

66241 Zusammensetzung.

	Name	Stammlösungen		Zusammensetzung der Mischung	p_{H^+}-Bereich
		Lösung A	Lösung B		
1.	Borax-Bernsteinsäure nach Kolthoff	19,1 g Borax auf 1 Liter	5,9 g Bernsteinsäure auf 1 Lit.	A + B = 100 cm³	3,0... 5,8
2.	Borax-Kaliumbiphosphat nach Kolthoff	10,1 g Borax auf 1 Liter	13,62 K-biphosphat auf 1 Liter	A + B = 100 cm³	5,8... 9,2
3.	Borsäure nach Clark und Lubs	6,2 g Borsäure mit 0,1 n-KCl-Lösung auf 1 Liter	0,1 n-NaOH	100 cm³ A + x cm³ B	8,2...10,0
4.	Citratpuffer nach Sörensen	21,008 g Citronensäure ($C_6H_8O_7 \cdot H_2O$) mit 200 cm³ 1 n-NaOH auf 1 Liter	a) 0,1 n-HCl b) 0,1 n-NaOH	A + B = 100 cm³ A + B = 100 cm³	1,08... 4,8 5,0... 6,4
5.	Citronensäure-Phosphat nach Mc Iloaine	0,2 m-Na_2HPO_4	0,1 m-Citronensäure	A + B = 100 cm³	2,2... 8
6.	Glykokoll-Puffer nach Sörensen	7,505 g Glykokoll + 5,85 g NaCl auf auf 1 Liter	a) 0,1 n-HCl b) 0,1 n-NaOH	A + B = 100 cm³ A + B = 100 cm³	1,08... 3,4 9,0...13
7.	Kaliumbiphthalat nach Clark und Lubs	0,1 n-Kaliumbiphthalat (20,418 g auf 1 Lit.)	a) 0,1 n-HCl b) 0,1 n-NaOH	100 cm³ A + x cm³ B auf 200 cm³	2,2... 3,8 4,0... 6,2
8.	Kaliumchlorid-Salzsäure nach Clark und Lubs	0,2 n-KCl	0,2 n-HCl	100 cm³ A + x cm³ B auf 400 cm³	1,2... 2,2
9.	Phosphatpuffer nach Sörensen	9,078 g KH_2PO_4 auf 1 Liter	11,876 g $Na_2HPO_4 \cdot 2H_2O$	A + B = 100 cm³	5,4... 8,0
10.	Veronalpuffer nach Michaelis	0,1 m-Veronalnatrium	0,1 n-HCl	A + B = 100 cm³	6,8... 9,6
11.	Puffer n. Theorell und Stenhagen	Citronensäure- und Phosphorsäurelösungen (etwa 100 cm³), die je 100 cm³ 1 n-NaOH entsprechen, werden m. 3,54 g Borsäure kryst. u. 343 cm³ 1 n-NaOH versetzt u. auf 1 Lit. aufgefüllt	0,1 n-HCl	100 cm³ A + x B auf 500 cm³	2,0...12,0

66242 p_{H+}-Werte der Pufferlösungen bei 18° C[1].

Angegeben sind die cm³ der Lösung B im Gemisch gemäß 66241. Wenn nicht A + B = 100 cm³ ist, haben die Zahlen einen *

p_{H+}	Borax-Bernsteinsäure	Borax-K-biphosphat	Citrat-HCl	Citrat-NaOH	Citronensäure-Phosphat	Glykokoll-HCl	K-biphthalat-HCl	K-biphthalat-NaOH	KCl-HCl	Theorell und Stenhagen
18° C	1	2	4a	4b	5	6a	7a	7b	8	11
1,08	—	—	100,0	—	—	100	—	—	—	—
1,2	—	—	89,0	—	—	85	—	—	129*	—
4	—	—	80,2	—	—	71	—	—	83*	—
6	—	—	75,5	—	—	62	—	—	52,6*	—
8	—	—	71,8	—	—	54	—	—	33,2*	—
2,0	—	—	69,1	—	—	48	—	—	21,2*	366,5*
2	—	—	67,2	—	98,0	42	93,4*	—	13,4*	339,3*
4	—	—	65,2	—	93,8	36	79,2*	—	—	319,3*
6	—	—	63,5	—	89,1	30	65,9*	—	—	304,0*
8	—	—	61,7	—	84,2	24	52,8*	—	—	292,3*
3,0	98,8	—	59,6	—	79,5	18	40,6*	—	—	282,5*
2	96,5	—	57,2	—	75,3	13	29,4*	—	—	274,8*
4	93,6	—	54,2	—	71,5	8,5	19,8*	—	—	268,5*
6	90,5	—	51,6	—	67,8	—	11,9*	—	—	263,3*
8	86,8	—	48,0	—	64,5	—	5,3*	—		257,3*
4,0	82,5	—	44,0	—	61,5	—	—	0,8*		252,5*
2	77,7	—	39,2	—	58,6	—	—	7,4*	Phosphat	247,3*
4	73,5	—	32,0	—	55,9	—	—	15,0*		241,8*
6	70,0	—	24,0	—	51,8	—	—	24,3*		236,3*
8	66,0	—	12,0	—	50,7	—	—	35,4*		231,1*
5,0	62,5	—	—	4,0	48,5	—	—	47,7*	9	225,9*
2	60,0	—	—	15,0	46,4	—		59,9*		220,3*
4	57,5	—	—	23,5	44,3	—		70,9*	3,1	214,7*
6	55,5	—	—	31,0	42,0	—	Veronal	79,7*	5,0	240,0*
8	53,5	92	—	36,0	39,6	—		86,0*	8,0	203,1*
6,0	—	87,7	—	40,5	36,9	—		90,9*	12,0	197,1*
2	—	83,0	—	43,5	33,9	—		94,0*	18,5	190,5*
4	—	78,2		45,6	30,8	—	10	—	26,2	183,7*
6	—	73,5		—	27,3	—		—	36,0	176,8*
8	—	67,5		—	22,8	—	47,8	—	50,0	169,6*
7,0	—	62,5	Borsäure-NaOH	—	17,7	—	46,4	—	61,0	163,3*
2	—	58,0		—	13,1		44,6	—	72,0	157,3*
4	—	55,0		—	9,2		41,9	—	80,8	151,8*
6	—	52,0		—	6,4		38,5	—	87,0	147,2*
8	—	49,0	3	—	4,3	Glykokoll-NaOH	33,8	—	91,5	143,4*
8,0	—	46,5		—	2,8		28,4	—	94,5	140,1*
2	—	43,5	11,0*	—	—		23,1	—	—	137,3*
4	—	38,0	16,0*	—	—		17,7	—	—	134,5*
6	–	32,5	23,0*	—	—	6b	12,9	—	—	130,5*
8	—	26,0	32,0*	—	—		9,2	—	—	124,5*
9,0	—	17,0	42,0*	—	—	11,0	6,4	—	—	118,8*
2	—	4,0	52,0*	—	—	15,0	4,8	—	—	111,9*
4	—	—	64,0*	—	—	20,5	2,6	—	—	105,6*
6	—	—	72,0*	—	—	26,5	1,5	—	—	99,7*
8	—	—	80,0*	—	—	32,0	—	—	—	94,1*
10,0	—	—	87,0*	—	—	37,5	—	—	—	89,6*
2	—	—	—	—	—	41,0	—	—	—	84,9*
4	—	—	—	—	—	44,0	—	—	—	81,8*
6	—	—	—	—	—	46,0	—	—	—	79,8*
8	—	—	—	—	—	47,5	—	–	—	77,0*
11,0	—	—	—	—	—	48,8	—	—	—	72,6*
2	—	—	—	—	—	49,8	—	—	—	66,0*
4	—	—	–	—	—	50,2	—	—	—	56,2*
6	—	—	—	—	—	51,0	—	—	—	42,0*
8	—	—	—	—	—	52,1	—	–	—	23,5*
12,0	—	—	—	—	—	54,0	—	—	—	2,0*
2	—	—	—	—	—	56,0	—	—	—	—
4	—	—	—	—	—	60,3	—	—	–	—
6	—	—	—	—	—	67,5	—	—	—	—
8	—	—	—	—	—	77,5	—	—	—	—
13,0	—	—	—	—	—	92,5	—	—	—	—

[1] Nach Theorell u. Stenhagen: Biochem. Z. **299**, 417 (1939).

6625 Indikatoren.

66251 Indikatoren zur p_H-Messung.

a. L. alkoholische Lösung, w. L. wässerige Lösung.

In der Tabelle sind graphisch die p_{H^+}-Bereiche angegeben, innerhalb deren der angegebene Farbenumschlag erfolgt.

bl blau, br braun, fbl farblos, ge gelb, gr grün, h hell, or orange, p purpur, r rot, rs rosa, v violett.

Stoff, Lösungsmittel und Konzentration	p_H des Umschlagsgebietes und Farbe
Metakresolpurpur (0,04%) a. L. . .	
Thymolblau (0,04%) a. L.	
p-Xylenolblau (0,04%) a. L.	
Metanilgelb (0,1%) w. L.	
Tropaeolin 00 (0,1%) w. L.	
Bromchlorphenolblau (0,04%) a. L.	
Bromphenolblau (0,04%) a. L. . . .	
Kongorot (0,1%) w. L.	
Methylorange (0,1%) w. L.	
α-Naphthylamin (0,01%) a. L. (60%)	
Bromkresolgrün (0,04%) a. L. . . .	
Methylrot (0,02%) a. L. (50%) . . .	
Propylrot (0,02%) a. L. (50%) . . .	
Chlorphenolrot (0,04%) a. L. . . .	
Lackmus (1%) w. L.	
Bromkresolpurpur (0,04%) a. L. . .	
Bromphenolrot (0,04%) a. L. . . .	
p-Nitrophenol (0,1%) w. L.	
Bromthymolblau (0,04%) a. L. . . .	
Neutralrot (0,1%) a. L. (60%) . . .	
Phenolrot (0,02%) a. L.	
Kresolrot (0,04%) a. L.	
α-Naphtholphthalein (0,1%) a. L. (33%)	
Metakresolpurpur (0,04%) a. L. . .	
Thymolblau (0,04%) a. L.	
p-Xylenolblau (0,04%) a. L.	
o-Kresolphthalein (0,02%) a. L. . .	
Phenolphthalein (0,1%) a. L. . . .	
Thymolphthalein (0,1%) a. L. . . .	
p-Xylenolphthalein (0,1%) a. L. . .	
Alizaringelb GG (0,1%) a. L. (50%)	
Alizaringelb R (0,1%) a. L. (50%) . .	
β-Naphtholviolett (0,04%) w. L. . .	
Nitramin (0,02%) a. L.	
Merck Universal-Indikator	

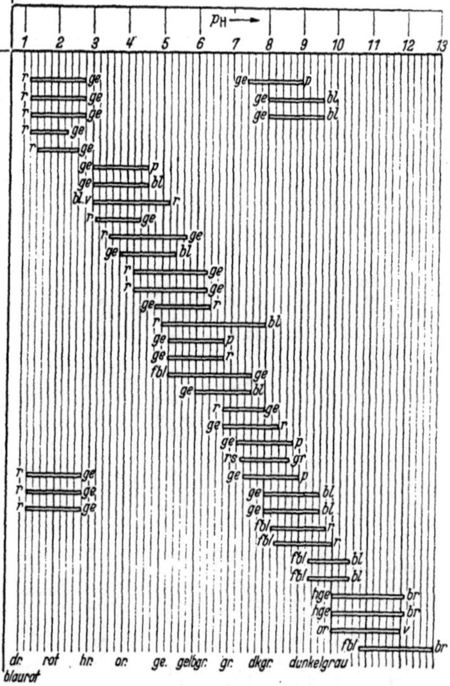

66252 Redoxindikatoren zur r_H-Messung[1].

Indikator	Umschlags-gebiet r_H	Farbumschlag oxyd. ⇌ reduz.	E_0 (50% reduz.) bei p_H 7 und 20°
Neutralrot (0,05%) a. L. 60%	2 ... 4,5	rot-farblos	—0,32 V
Safranin T (0,05%) w. L.	4 ... 7,5	rot-farblos	—0,29 V
Indigodisulfonat (0,05%) w. L. . . .	8,5...10,5	blau-gelblich	—0,11 V
Indigotrisulfonat (0,05%) w. L. . . .	9,5...12	blau-gelblich	—0,07 V
Indigotetrasulfonat (0,05%) w. L. . . .	11,5...13,5	blau-gelblich	—0,03 V
Methylenblau (0,05%) w. L.	13,5...15,5	blau-farblos	+0,01 V
Thionin (0,05%) a. L. 60%	15 ...17	violett-farblos	+0,06 V
Toluylenblau (0,05%) a. L. 60%	16 ...18	blauviolett-farblos	+0,11 V
Thymol-indophenol (0,02%) a. L. 60% .	17,5...20	blau[2]-farblos	+0,18 V
m-Kresol-indophenol (0,02%) a. L. 60%	19 ...21,5	blau[3]-farblos	+0,21 V
2,6-Dichlorphenol-indophenol (0,02%) w. L.	20 ...22,5	blau-farblos	+0,23 V
Diphenylamin-sulfonsäure (0,05%) w. L.	27 ...29	violett-farblos	E_0 in 1 molarer Schwefelsäure +0,83 V.

[1] Nach E. Merck: Die Bestimmung des Redoxpotentials mit Indikatoren. Darmstadt.
[2] Oberhalb p_H 9, sonst rötlich.
[3] Oberhalb p_H 8,5, sonst rötlich.

663 Elektroplattierung von Metallen.

Von **Heinz Schmellenmeier**, Berlin.

Bei den Angaben für die Bäder bedeuten:

V = Spannung am Bade bei einem Elektrodenabstand von etwa 15 cm. Die Änderung der Spannung mit dem Abstand ist nicht groß, kann auch nicht immer angegeben werden, besonders, wenn profilierte Teile plattiert werden.

i/dm² = Stromdichte je dm², wobei die Warenoberfläche (Vorder- und Rückseite) gerechnet ist. Dieser Wert schwankt bei profilierten Teilen auch etwas, da in den Tiefen die Stromdichte kleiner ist als an den herausstehenden Spitzen.

p_H = p_H-Wert der Lösung. Dieser muß möglichst eingehalten werden. Zur Prüfung des p_H-Wertes gibt es im Handel sehr einfach zu handhabende Hilfsmittel (s. C6).

A = Stromausbeute, d. h. der Prozentsatz wirklich abgeschiedenen Metalls berechnet nach der Menge, die sich aus dem Faradayschen Gesetz ergibt.

b = Menge des Metalls, die nach dem Faradayschen Gesetz von 1 A in 1 h abgeschieden werden müßte.

c = Konzentration des Bades in °Bé.

Vorbehandlung. *Entfetten. 1. Von Hand* durch Abreiben mit nassem Wiener Kalk, am besten mit einem Stück Watte. Solange entfetten, bis die Benetzung mit Wasser gleichmäßig wird. Nach dem Entfetten nicht lange liegen lassen.

2. Elektrolytisch. Kathodische Behandlung in einem Bade mit 50 g Kalilauge, 50 g Natronlauge, 5 g Kaliumcyanid, 3 g Ammoniumchlorid auf 1 l Wasser. Spannung 5...10 V, Stromdichte 5...10 A/dm². Anoden aus Nickelblech oder vernickeltem Eisenblech. Nicht länger als 1,5...2 min entfetten, da sich das Blech mit Wasserstoff belädt, der den nachfolgenden Metallniederschlag gefährdet. Elektrodenentfernung größer als 10 cm.

3. Abkochen in 10%iger Natronlauge, eventuell unter Zusatz von 5% Kaliumcyanid. Bei Metallen, die von Natronlauge angegriffen werden, schwächere Lösung.

4. Tauchen in Benzin, Alkohol, Äther, Trichloräthylen od. dgl. (Aluminium besser in Perchloräthylen). Vorsicht, daß keine Lösungsmittelreste mit in die Bäder kommen.

Beizen. Entfernung des Zunders. Chemische Behandlung: 10...15% Schwefelsäure, eventuell unter Zusatz von „Sparbeizen", die im Handel erhältlich sind und den Angriff der Säure auf das blanke Metall verhindern und nur den Zunder angreifen.

Spezialbeizen. Für Zink: Konzentrierte Salpetersäure unter Zusatz von 1...2 g Glanzruß/Liter.

Für Kupfer und Messing: Glanzbrenne: 75 Teile Salpetersäure, 40° Bé; 100 Teile Schwefelsäure, 66° Bé; 1 Teil Kochsalz; 1...2 Teile Glanzruß.

Elektrolytisches Beizen. Vorteilhaft, weil keine Wasserstoffentwicklung, also auch keine Beizsprödigkeit beim Metall. Anodische Behandlung in 10%iger Schwefelsäure. Spannung etwa 4 V, Stromdichte 10...20 A/dm². Elektrodenentfernung größer als 10 cm. Kathoden aus Blei. Nicht im Bade hängen lassen.

Plattierungsverfahren[1]. Die Plattierung eines Werkstückes erfolgt meistens zum Zwecke des Korrosionsschutzes. Es muß also die Auswahl des Deckmetalls nach den Erfordernissen des späteren Gebrauchs erfolgen. Ebenso wird die Stärke des aufzubringenden Metallniederschlages sich nach den späteren Anforderungen richten. Nicht alle Metalle lassen sich auf alle anderen Metalle direkt elektrolytisch abscheiden. Man

---

[1] Die Behandlung von Aluminium und dessen Plattierung mit anderen Metallen ist sehr schwierig. Man führe sie nur aus, wenn keine andere Möglichkeit, es von einem Galvaniseur machen zu lassen, vorhanden.

Vorbereitung: Entfetten wie oben. Danach

1. Tauchen in 30 g Eisenchlorid, 10 g Salzsäure (16° Bé) auf 1 l Wasser, eventuell etwas Weinsäure zugeben.

Danach Vernickeln mit hoher Spannung (5...6 V) im heißen Bad (etwa 50...60° C) oder

2. Tauchen in 30 g Zinksulfat, 50 g Ätznatron auf 1 l Wasser.

Vernickelung wie oben oder

Tauchen in eine der handelsüblichen Zinkatbeizen (Altmannsberger: Chem. Ztg. **32**, 247).

erhält nur dann einen festhaftenden Metallfilm, wenn man ein Metall mit einem elektronegativeren Metall bedeckt. Dabei kommt es nicht nur darauf an, daß das kompakte Metall elektronegativer ist, sondern man kann es auch aus einer Lösung abscheiden, in der es ein negativeres Potential hat, trotzdem das Metall selbst nicht negativer ist. Man verwendet deshalb oft die Vorverkupferung aus dem cyanidhaltigen Kupferbad, wenn man z. B. auf Eisen ein elektropositiveres Metall, z. B. Nickel, auftragen will.

Vorverkupferung mit gleichzeitiger Entfettung. Um einen Arbeitsgang zu sparen, setzt man dem elektrolytischen Entfettungsbad Kupfersalz zu, so daß man neben der starken Wasserstoffentwicklung bei der Entfettung auch gleichzeitig eine dünne Kupferschicht erhalt, die dick genug für eine nachfolgende Plattierung mit anderen Metallen ist.

50 g Ätznatron	$V = 3\ldots4$ V
50 g Natriumbisulfit	$i/dm^2 = 0{,}3\ldots0{,}5\ A \cdot dm^{-2}$
10 g Kaliumkupfercyanid	$A = <10\%$
10 g Kaliumcyanid	$\vartheta = 18\ldots25^\circ$ C
auf 1 l Wasser	$c = 16^\circ$ Bé

Anoden aus Elektrolytkupfer, Anodenfläche ungefähr gleich Warenfläche.

Kupfer. Die Abscheidung des Kupfers aus cyanidhaltiger Lösung wird meist zur Vorverkupferung verwendet, um andere Metalle danach aufzubringen.

80 g Kaliumkupfercyanid	$V = 2{,}5\ldots3$ V
20 g Natriumsulfit	$i/dm^2 = 0{,}2\ldots0{,}3\ A \cdot dm^{-2}$
10 g Kaliumcyanid	$A = 35\ldots50\%$
5 g Natriumcarbonat	$\vartheta = 18\ldots25^\circ$ C
auf 1 l Wasser	$c = 15^\circ$ Bé

Anoden aus Elektrolytkupfer, Anodenfläche möglichst größer als Warenfläche.

Zur Erzeugung stärkerer Kupferschichten Verwendung des schwefelsauren Kupferbades.

250 g Kupfervitriol	$V_2 = 3\ldots4$ V
80...100 g Schwefelsäure, 66° Bé	$i/dm^2 = 2\ldots4\ A \cdot dm^{-2}$
auf 1 l Wasser	$\vartheta = 18\ldots25^\circ$ C
Anoden aus Elektrolytkupfer	$A = 95\%$
Anodenfläche gleich Warenfläche	$p_H < 2$
	$c = 37^\circ$ Bé

Zur Verwendung als Coulomb-Meter:

150 g Kupfervitriol	$V_2 = 2\ldots2{,}5$ V
50 g Schwefelsäure, 66° Bé	$i/dm^2 = $ max. $1\ A \cdot dm^{-2}$
50 g Alkohol, rein	$\vartheta = 18\ldots20^\circ$ C
auf 1 l Wasser	$A = 100\%$
	$C = 1{,}184\ g\ A^{-1}\,h^{-1}$

Anoden aus Elektrolytkupfer, Anodenfläche gleich Kathodenfläche.

Messing.

40 g Kaliumkupfercyanid	$V_2 = 1{,}5\ldots1{,}8$ V
40 g Kaliumzinkcyanid	$i/dm^2 = 0{,}3\ldots0{,}5\ A \cdot dm^{-2}$
2 g Kaliumcyanid	$\vartheta = 18\ldots25^\circ$ C
1 g Natriumcarbonat	$A = 50\ldots70\%$
10 g Natriumsulfat, neutral	$p_H = 10{,}5\ldots11{,}5$
2 g Ammoniumchlorid	$c = 13^\circ$ Bé
auf 1 l Wasser	

Anoden aus Reinmessing, Anodenfläche etwas größer als Warenfläche. Bei geringer Stromdichte wird der Niederschlag mehr kupferfarbig, bei höherer Stromdichte gelb bis grau.

Glanzzusätze zum Messingbad:

1. 0,01 g arsenige Säure/Liter (Vorsicht vor Vergiftung),
2. 2...3 g Ammoniumchlorid oder Ammoniumsulfat/Liter,
3. 0,3...0,45 g Phenol/Liter.

Zink. Zink als stark elektronegatives Metall ist ein guter Korrosionsschutz. Es läßt sich aus cyankalischem oder aus dem sauren Bade gut abscheiden. Das cyankalische Bad muß da verwendet werden, wo man sehr stark profilierte Teile plattieren will, das saure gibt aber eine bessere Ausbeute. Außerdem halten Plattierungen mittels saurer Glanzbäder länger den Glanz ohne anzulaufen. Das saure Bad ist im Betrieb konstanter und braucht nicht so streng überwacht zu werden.

Cyankalisch:	15 g Kaliumzinkcyanid	$V_2 = 2{,}5\ldots3$ V
	15 g Kaliumcyanid	$i/dm^2 = 1\ldots2\ A\cdot dm^{-2}$
	20 g Natriumchlorid	$\vartheta = 18\ldots25^0$ C
	20 g Ätznatron	$A = 50\ldots75\%$
	auf 1 l Wasser	$p_H = 10\ldots11{,}5$
		$c = 14{,}5^0$ Bé

Sauer:	250 g Zinkvitriol	$V_2 = 4\ldots6$ V
	45 g Borsäure	$i/dm^2 = 5\ldots10\ A\cdot dm^{-2}$
	45 g Magnesiumchlorid	$\vartheta = 15\ldots20^0$ C
	auf 1 l Wasser	$A = 95\ldots98\%$
Anoden bei beiden Bädern aus Walzzink.		$p_H = 4{,}5\ldots5$
Anodenfläche gleich der Warenfläche.		$c = 38^0$ Bé

Glanzzusätze für beide Bäder sind im Handel erhältlich. Die Zusammensetzung ist nicht bekannt.

Nickel. Zu beachten ist, daß Nickel elektrochemisch passiv wird, wenn es an Luft liegt. Man kann also nicht Nickel auf Nickel auftragen, da der Niederschlag abplatzt. Eine Kupferschicht muß dazwischen aufgetragen werden, die Plattierung soll möglichst nicht unterbrochen werden.

175 g Nickelsulfat	$V = 2{,}5\ldots3$ V
85 g Nickelchlorid	$i/dm^2 = 2\ldots3\ A\cdot dm^{-2}$
20 g Borsäure	$\vartheta = 30\ldots35^0$ C
2 g Ammoniumpersulfat	$A = 90\ldots95\%$
auf 1 l Wasser	$p_H = 4{,}5$
	$c = 32^0$ Bé

Als Glanzmittel: Leim, Agar, Zucker u. dgl. Andere Glanzmittel werden vom Handel als Geheimmittel als Zusatz zu den Bädern abgegeben.

Anoden aus Reinnickel, Anodenfläche gleich Warenfläche.

Chrom. Die Verchromung ist an sich sehr einfach, die Praxis zeigt durch dauernd notwendige Überwachungen der Bäder Schwierigkeiten.

400 g Chromsäure	$V = 4\ldots6$ V
4...6 g Schwefelsäure, 66° Bé	$i/dm^2 = 5\ldots15\ A\cdot dm^{-2}$
auf 1 l Wasser	$\vartheta = 35\ldots40^0$ C
	$A = 12\ldots25\%$
	$c = 42^0$ Bé

Anoden: Blei, geht nicht in Lösung. Fläche etwa $^2/_3$ der Warenfläche.

Eisen.

150...300 g Eisenvitriol	$V = 2\ldots4$ V
100...140 g Natriumsulfat	$i/dm^2 = 10\ldots15\ A\cdot dm^{-2}$
50 g Schwefelsäure	$\vartheta = 90\ldots100^0$ C
auf 1 l Wasser	$A =$ etwa $60\ldots75\%$
	$c = 34\ldots45^0$ Bé

Anoden: Eisen, möglichst kohlenstoffarm. Eventuell Anoden mit Diaphragmen oder Zeugbeuteln umgeben, um Kohlenstoffschlamm zurückzuhalten.

Cadmium.

100 g	Kaliumcadmiumcyanid	$V = 2\ldots2{,}5$ V
80 g	Kaliumcyanid	$i/dm^2 = 1\ldots2\ A \cdot dm^{-2}$
30 g	Ätznatron	$\vartheta = 18\ldots25^\circ$ C
1 g	Nickelsulfat	$A = 60\ldots75\%$
auf 1 l Wasser		$c = 26^\circ$ Bé
		$p_H = 10{,}5\ldots11$

Als Glanzmittel werden 5...12 g Türkischrotöl zugegeben. Anodenfläche möglichst so groß wie Warenfläche. Anoden aus reinem Cadmium.

Zinn.

55 g	Zinnsulfat	$V = 0{,}5\ldots1$ V
70 g	Schwefelsäure, 66° Bé	$i/dm^2 = 1\ldots2\ A \cdot dm^{-2}$
15...20 g	Leim	$p_H < 2$
auf 1 l Wasser		$\vartheta = 30\ldots40^\circ$ C
Das Bad muß bewegt werden.		$c = 19^\circ$ Bé

Besser ist das Bad von Schlötter:

540 g	Zinnsulfat	$V = 3\ldots3{,}5$ V
150 g	Schwefelsäure, 66° Bé	$i/dm^2 = 4\ldots10\ A \cdot dm^{-2}$
30 g	Metakresolsulfosäure	$\vartheta = 18\ldots25^\circ$ C
2...5 cm³	Gelatinelösung (10%)	$p_H =$ etwa 2
auf 1 l Wasser		$A = 80\ldots90\%$
		$c = 21\ldots23^\circ$ Bé

Anoden aus reinem Bankazinn. Anodenfläche ungefähr gleich Warenfläche. Das Bad ist schwer herstellbar und wird im Handel arbeitsbereit geliefert.

Blei.

80...90 g	Bleisilicofluorid	$V = 0{,}2\ldots0{,}5$ V
10 g	Silicofluorwasserstoffsäure	$i/dm^2 = 1\ldots2\ A \cdot dm^{-2}$
0,5...1 g	Gelatine	$p_H < 1$
auf 1 l Wasser		$\vartheta = 40\ldots50^\circ$ C
		$c = 21^\circ$ Bé
		$A = 95\ldots100\%$

Anoden aus Reinblei. Anodenfläche gleich Warenfläche. Man verdünnt die käufliche 33%ige Kieselfluorwasserstoffsäure auf 20° Bé und setzt in kleinen Mengen Bleicarbonat zu, wobei zuerst die Schwefel- und Flußsäure ausgefällt, dann Blei als kieselfluorwasserstoffsaures Blei gelöst wird. Bei Zusatz von 129...130 g je Liter erhält man einen Elektrolyten, der 100 g Blei im Liter enthält.

Silber. Die meist verkupferten Gegenstände werden vor der Versilberung verquickt, d. h. durch eine Lösung von Kaliumquecksilbercyanid gezogen; es scheidet sich oberflächlich etwas Quecksilber aus und amalgamiert mit dem Kupfer.

Quickbeize: 20...25 g Kaliumquecksilbercyanid,
25 g Kaliumcyanid auf 1 l Wasser.

Silberbad.

46 g	Kaliumsilbercyanid	$V = 0{,}8\ldots1{,}0$ V
110 g	Kaliumcyanid	$i/dm^2 = 0{,}2\ldots0{,}5\ A \cdot dm^{-2}$
40 g	Ätznatron	$c = 25^\circ$ Bé
auf 1 l Wasser		$\vartheta = 18\ldots25^\circ$ C
		$p_H = 11\ldots12$
		$A = 80\ldots90\%$

Glanzzusätze sind im Handel als Geheimmittel erhältlich.

Als Anoden verwendet man Reinsilberanoden. Anodenfläche mindestens gleich der Warenfläche.

Gold.

1 g Feingold (als Chlorid)	V = 1,5...1,8 V
2 g Kaliumcyanid	i/dm^2 = 0,12 A · dm^{-2}
10 g Natriumsulfit	ϑ = 70...75° C
60 g Natriumphosphat	p_H = 10...11
auf 1 l Wasser	A = 60%
	c = 10° Bé

Platin.

4 g Platinchlorid	V = 5...6 V
80 g Natriumphosphat	i/dm^2 = 0,1...0,2 A · dm^{-2}
16 g Ammoniumphosphat	ϑ = 80...90° C
4 g Natriumchlorid	c = 15° Bé
4...5 g Borax	A = 10...20%
auf 1 l Wasser	

Der Niederschlag wird nur gut in dünner Schicht. Will man stärker platinieren, so muß man öfter den Niederschlag, der dunkel und matt wird, mit Wiener Kalk oder Schlämmkreide abreiben, worauf er wieder hell und glänzend wird.

Anode: Platin, geht nicht in Lösung, Größe beliebig.

Kobalt. In der Praxis sehr wenig benutzt.

60 g Kobalt-Ammoniumsulfat	V = 3...3,5 V
30 g Borsäure	i/dm^2 = 0,5...1 A · dm^{-2}
10 g Natriumchlorid	ϑ = 25...30° C
auf 1 l Wasser	c = 14° Bé
	A = 80...95%

Anoden aus Kobalt. Anodenfläche gleich Warenfläche.

Auch andere Metalle lassen sich elektrolytisch abscheiden. Die Zusammensetzung der Elektrolyte ist meist nicht bekannt. Von Spezialfirmen werden Elektrolyte hergestellt.

67 Ätzmittel für Metalle.

Einleitung. In der folgenden Zusammenstellung sind die wichtigsten Ätzmittel für die einzelnen Metalle und Legierungen angegeben (Reihenfolge: Fe, Al, Mg, Ni, Cu, Zn, Sn, Sb, Pb, Ag, Au, Pt-Gruppe). Auf die Vorbereitung der Proben, die Schliffherstellung, die geeigneten Einbettmittel ist nicht eingegangen, die hierzu nötigen Angaben sind den zusammenfassenden Darstellungen, Lehrbüchern bzw. der Originalliteratur zu entnehmen. Im besonderen sei hierbei auf die ausgezeichneten Darstellungen im Ätzheft von A. Schrader (3. Aufl., Berlin 1941) und in Berglund-Meyer, Handbuch der metallographischen Schleif-, Polier- und Ätzverfahren (Berlin 1940) verwiesen, ferner auf das metalltechnische Taschenbuch von W. Guertler, auf die beiden Werkstoffbücher Eisen und Stahl und Nichteisenmetalle und auf Metals Handbook, herausgegeben von der American Society for Metals. Die hervorragendste Lichtbildsammlung für die technische Metallographie ist der Atlas Metallographicus von H. Hanemann und A. Schrader, eine der grundlegenden Veröffentlichungen, die aus dem Institut für Metallkunde an der T. H. Berlin (Vorstand H. Hanemann) hervorgegangen ist.

Es sei noch darauf hingewiesen, daß bei nichtkubischen Metallen Untersuchungen im polarisierten Licht ohne Ätzmittel durchzuführen sind.

Die wichtigste zusammenfassende Literatur ist jeweils zu Beginn einer Tabelle angegeben. Die meisten Veröffentlichungen über technische Metallographie sind in folgenden Zeitschriften erschienen: Z. Metallkde, Arch. Eisenhüttenw., Aluminium, Metallwirtsch., J. Inst. Met. (London) (enthält unter anderem die meisten metallographischen Arbeiten des Nat. Phys. Lab., Teddington), J. Iron Steel Inst. (London), Rev. Métall., Metals & Alloys, Trans. Amer. Inst. min. metallurg. Engrs. (Inst. Met. Div.), Jernkont. Ann.

670 Eisenlegierungen.

6701 Ätzmittel zur makroskopischen Untersuchung.

Literatur.

Oberhoffer, P.: Das technische Eisen, 3. Aufl. Bearbeitet von W. Eilender u. H. Esser. Berlin 1936. — Houdremont, E.: Sonderstahlkunde. Berlin 1935. — Rapatz, F.: Die Edelstähle, 3. Aufl. Berlin 1942. — Piwowarski, E.: Hochwertiges Gußeisen. Berlin 1942.

Ätzmittel	Zusammensetzung	Bemerkungen
	67011 Tiefätzmittel.	
1. Salzsäure	1 T. HCl (1,19) (As-frei) 1 T. H_2O	45 min bei 70° C für Kohlenstoffstähle, für unverdünnte Säure 30 min bei 100° C; auf je 100 cm³ Oberfläche ~2 l Ätzmittel
2. Schwefelsäure	10...20% H_2SO_4 in H_2O	Greift Sulfideinschlüsse in Stahl an
3. Salzsäure-Schwefelsäure	10 T. HCl (1,19) 30 T. H_2SO_4 (1,84) 60 T. H_2O	Temp. fast kochend, Ätzdauer mindestens 1/2 h. Verzögerter, aber gleichmäßigerer Angriff nach Zusatz von Glycerin, besonders bei Cr/Ni-Stählen
4. Chromsäure-Schwefelsäure	800 cm³ H_2O 75 cm³ H_2SO_4 (konz.) 100 g CrO_3 (kryst.)	Mindestens 10 min bei 50...70° C

Auf Einhaltung genauer Konzentration ist bei sämtlichen angeführten Ätzmitteln zu sehen, an den Reinheitsgrad der Säuren werden keine besonderen Ansprüche gestellt, es genügen technisch reine Säuren.

67012 Entwicklung des Übersichtsgefüges und Nachweis von Seigerungen.

Ätzmittel	Zusammensetzung	Bemerkungen
1. Pikrinsäure	a) 3% Pikrinsäure in abs. Äthylalkohol	4...5 h bei Zimmertemperatur; Nachweis von Seigerungen
	b) 0,5% Pikrinsäure in Wasser	Nachweis ungleichmäßiger P-Verteilung
2. Salpetersäure	a) 25% HNO_3 (1,4) in Wasser	Entwicklung des Übersichtsgefüges
	b) 10...15% HNO_3 in Wasser oder Alkohol	Nachweis von Seigerungen
3. Ammoniumpersulfat	10...20% $(NH_4)_2S_2O_8$ in Wasser	Ätzdauer je nach Vorbereitung der Probe zwischen 1 min und ~1/2 h bei 50...60° C; Erkennung von Rekrystallisationserscheinungen, besonders empfohlen für Schweißeisen und Schweißnähte; Wirkung erstreckt sich nur auf Probenoberfläche
4. Neutrales Kupferammonchlorid (nach Heyn)	10 g Kupferammonchlorid 120 cm³ Wasser	Besonders geeignet für weiche Stähle < 0,3% C, anwendbar bis zu 0,7% C; Erkennung von P-Seigerungen, C- und P-reiche Stellen werden stärker angegriffen als Umgebung
5. Saure Kupfersalzlösungen (nach Rosenhain und Haughton, abgeändert von Oberhoffer)	a) 500 cm³ Alkohol 500 cm³ H_2O 50 cm³ HCl (konz.) 30 g $FeCl_3$ 1 g $CuCl_2$ 0,5 g $SnCl_2 \cdot 2\,H_2O$	P-Seigerungen, gleichmäßige Ätzung ohne Tiefenwirkung, dünne Cu-Haut bildet sich nur auf P-haltigem Ferrit und anderen elektrochemisch unedleren Stellen, dagegen nicht auf reinem Ferrit. Sorgfältig geschliffene und polierte Proben notwendig
(nach Le Chatelier)	b) 1000 cm³ Alkohol 100 cm³ H_2O 15...25 cm³ HCl (konz.) 10 g $CuCl_2$ 5 g Pikrinsäure	Nachweis von Seigerungen
(nach Fry)	c) 120 cm³ HCl (konz.) 100 cm³ H_2O 90 g $CuCl_2$	Nachweis der Kraftwirkungsfiguren, d. i. der über die E-Grenze beanspruchten Zonen, auch geeignet für Kornflächenätzung

6701 (Fortsetzung).

Ätzmittel	Zusammensetzung	Anwendung
67013 Schwefelnachweis durch Abdruckverfahren.		
1. Nach Heyn	100 cm³ H_2O 20 cm³ HCl 10 g $HgCl_2$	Mit Lösung getränktes Seidenläppchen wird auf die Probe gelegt, Sulfideinschlüsse werden durch Bildung von schwarzem HgS auf der Seide angezeigt.
2. Nach Baumann		Bromsilberpapier in 5% H_2SO_4 getränkt, wird auf die Schlifffläche gedrückt und nach 1...2 min im schwachen Bad ausfixiert. Nachweis von Sulfiden.

6702 Ätzmittel zur mikroskopischen Untersuchung.

Ätzmittel	Zusammensetzung	Anwendung	Bemerkungen
67021 Kohlenstoffstähle (ungehärtet) und niedrig legierte Stähle.			
1. Salpetersäure	1...5% konz. HNO_3, Rest abs. Äthyl- oder Methylalkohol	Gefügeentwicklung, gebräuchlichstes Ätzmittel für ungehärtete und gehärtete Stähle	Schwächere Lösungen für Perlitgefüge, stärkere für Korngrenzenätzung (bis zu 10% HNO_3); gleichmäßigere, aber langsamere Ätzung durch 4% HNO_3 in Amylalkohol. Unwirksam gegenüber Carbiden
2. Pikrinsäure	Von 4% $OH \cdot C_6H_2 \cdot (NO_2)_3$ in 95% Äthyl- oder Methylalkohol bis zur Sättigung (bei > 10% Feuchtigkeit der Säure abs. Alkohol)	Für alle Gefügezustände, besonders bei sehr feinem Gefüge und zur Entwicklung von Perlit	Raschere Entwicklung bei Zusatz von 1% HNO_3. Für Ferritkorngrenzen weniger geeignet als HNO_3. Statt Äthyl- oder Methylalkohol kann Amylalkohol genommen werden
3. Pikrin-Salzsäure	a) 1 g $OH \cdot C_6H_2 \cdot (NO_2)_3$, 5 cm³ konz. HCl, 95 cm³ Äthylalkohol	a) Nachweis austenitischer Korngröße in gehärteten, nichtangelassenen Stählen; für unlegierte Kohlenstoffstähle mit 0,4...0,95% C, sowie niedrig legierte Cr-, Mo-, Mn-, W- und Ni-Stähle	a) 5...15 s Eintauchätzung bei Zimmertemperatur, beste Ergebnisse nach leichtem Anlassen der martensitischen Proben bei 200...300° C während 15 min
	b) 0,5 g $OH \cdot C_6H_2 \cdot (NO_2)_3$, 3 cm³ HCl (1,19), 97 cm³ Äthylalkohol (nach A. Meyer)		b) Korngrenzenätzung, bei längerer Ätzdauer Krystallflächenabbau
4. Alkal. Natriumpikrat	a) Kalt gesättigte wässerige Pikrinsäurelösung und wässerige Lösung von 50% NaOH, 1 : 1, bzw. b) 2 g Pikrinsäure und 25 g NaOH auf 100 cm³, mit Wasser auffüllen (Le Chatelier)	Nachweis von Zementit durch Dunkelfärbung, Chromcarbid wird nicht gefärbt, dagegen Fe_nW und Fe_4W_2C, und zwar rascher als Zementit	5...10 min bei kochender Lösung, Alkalinität beim Ätzen prüfen; geeigneter ist elektrolytisches Ätzen, 40 s bei 6 V, Raumtemp.
5. Alkal. Kaliumferricyanid (Murakami)	10 g $K_3[Fe(CN)_6]$ 10 g NaOH 100 cm³ H_2O	Zementit wird erst nach 10 min langem Kochen gefärbt, andere Carbide werden rascher und teilweise bei Raumtemperatur gefärbt (Fe_3W_3C, Fe_4W_2C, Fe_3W_2)	Lösung frisch ansetzen; nach Daeves können Cr-Doppelcarbide nachgewiesen werden durch Verdoppelung des Ferricyankaliums (20 g) in der Lösung
6. Alkal. Kaliumkupfercyanid	10%ige $Cu(NO_3)_2$-Lösung + 10% KCN-Lösung bis Auflösung des Niederschlages beifügen und mit gleicher Menge 50% NaOH-Lösung versetzen	Gutes Ätzmittel für Zementit, auch Fe_2W wird gefärbt. Auch feinverteilter sorbitischer Zementit wird gefärbt	Vorsicht bei der Herstellung des Ätzmittels (Entwicklung von HCN). *Sehr giftig!*

6702 (Fortsetzung).

Ätzmittel	Zusammensetzung	Anwendung	Bemerkungen
67022 Gehärtete und vergütete Stähle.			
1. Salpetersäure	Verschiedene Konz. und verschiedene Lösungsmittel, so z. B. Äthylalkohol, Amylalkohol, Glycerin (vgl. auch 67021, 1)	Für gehärtete und ungehärtete Stähle zum Nachweis von Sorbit und Troostit, die bedeutend schneller angegriffen werden als Martensit. Zur Unterscheidung von Austenit und Martensit dient 4% HNO_3 in Glycerin. Für gehärteten und angelassenen Stahl wird HNO_3 in Amylalkohol vorgezogen	Die Gefügebestandteile unterscheiden sich nach der Ätzung durch verschiedene Färbungen. Bei gleichzeitiger Anwesenheit von Martensit sowie Troostit-Sorbit ist HNO_3 in Amylalkohol vorzuziehen (vgl. linke Spalte)
2. Salpetersäure-o-Nitrophenol	1 T. 4% HNO_3 in Äthylalkohol, 3 T. gesättigte alkoholische Lösung von o-Nitrophenol	Zur Unterscheidung der verschiedenen Gefügebestandteile in gehärtetem Stahl	
3. Salzsäure	1% HCl in Äthylalkohol	Für gehärtete, sowie gehärtete und bei niedrigen Temperaturen angelassene Stähle	
4. Salzsäure-Eisessig	A: 1 T. i-Amylalkohol, 1 T. Äthylalkohol, 1 T. Methylalkohol B: 4% HNO_3 in Eisessig, 3 T. A + 1 T. B	Färbung von Sorbit-Troostit und Troostit	Lösungen unmittelbar vor Gebrauch mischen
5. Pikrinsäure	a) 1% Pikrinsäure in Äthylalkohol	Für sorbitisches und troostitisches Gefüge	Zur Troostiterkennung besser geeignet als HNO_3. Vgl. auch 67021, 1
	b) 4% Pikrinsäure in Äthyl- oder Methylalkohol, 5% HNO_3 in i-Amylalkohol	Unterscheidung durch verschiedene Färbungen: Troostit-Sorbit wird braun, Martensit bläulich, Austenit orangegelb	Vorätzung durch Pikrinsäure (2 s), gefolgt von HNO_3-Ätzung (10 s)
6. Schweflige Säure	3...4% H_2SO_3 in Alkohol oder H_2O	Für Stähle, bei denen Austenit gleichzeitig mit Martensit angeätzt werden soll; nur für eutektoide oder übereutektoide ungehärtete bzw. unvollständig gehärtete Stähle anwendbar. MnS wird dunkelblau gefärbt	Ätzlösung unmittelbar vor Gebrauch aus gesättigter wässeriger Vorratslösung herstellen. Ätzdauer 7...60 s für die wässerige Lösung

67023 Hochlegierte Stähle.

670231 Cr- und Cr/Ni-Stähle (rostfreie und hitzebeständige Stähle).

	Einteilung nach Vilella: I. >0,5% C, II. ≤0,5% C, III. Austenitische Stähle niedrigen C-Gehaltes.		
Ätzmittel für I.	a) 3 T. Glycerin, 2 T. HCl, 1 T. HNO_3	Kaltätzung	Bei langsameren Angriff entsprechend verdünnen
	b) 10% HCl	Koch., Ätzdauer 3...10 s	
	c) 10 g $K_3[Fe(CN)_6]$, 10 g KOH, 100 cm³ H_2O	Carbidätzung, Ätzdauer 7...15 s	
	d) 10 g $FeCl_3$, 30 cm³ HCl, 120 cm³ H_2O		

6702 (Fortsetzung).

Ätzmittel	Zusammensetzung	Anwendung	Bemerkungen
	670231 (Fortsetzung).		
Ätzmittel für II.	e) 4 g $CuSO_4$, 20 cm³ HCl, 20 cm³ H_2O f) $FeCl_3$ in HCl (gesättigte Lösung) mit etwas HNO_3 g) 100 cm³ HCl, 100 cm³ H_2O, 7 cm³ HNO_3, außerdem aus Gruppe I noch a), b) und d)		Am geeignetsten für Gruppe II ist Ätzmittel a) (Königswasser-Glycerin)
Ätzmittel für III.	h) 2 T. Glycerin, 2 T. HCl, 1 T. HNO_3	Ätzangriff wird beschleunigt durch Zusatz von HCl, verlangsamt durch 1 T. H_2O_2 (3%), dann besonders geeignet für austenitische Fe/Cr-Stähle mit verschiedenen Zusätzen, wie Ni, Mn	Durch a) langsamer Ätzangriff, d) besonders geeignet für Nachweis interkrystalliner Korrosion (Angriff der Korngrenzen), e) geeignet für Korngrößenbestimmung
	i) 25 T. HCl, 5...50 T. Cr_2O_3 (10%), außerdem a), d) und e)	Korngrenzen und Einschlüsse werden stärker angegriffen als bei h)	
Königswasser	Verschiedene Zusammensetzung, je nach Zweck z. B. 8 cm³ HNO_3 (1,40), 12 cm³ HCl (1,19), 1000 cm³ Alkohol,	Für austenitische Stähle (z. B. V 2 A)	Besonders günstiges Ätzmittel a) der Gruppe I. Säuren nacheinander dem Glycerin zusetzen, immer frisch ansetzen und nach Gebrauch weggießen (*Vorsicht* wegen Bildungsmöglichkeit von explosivem Nitroglycerin)
	oder 15 cm³ HCl, 5 cm³ HNO_3, 100 cm³ Alkohol,	Für Korngrenzenätzung	
	oder 450 cm³ HCl, 45 cm³ HNO_3, 450 cm³ H_2O, 2 cm³ Sparbeize nach Dr. Vogel	Für austenitische Stähle, ferritische Cr-Stähle mit hohem Cr-Gehalt und für andere schwer angreifbare Stähle	
Salzsäure	10% HCl in Äthylalkohol	Korngrenzenentwicklung bei nichtrostendem Stahl	Ätzdauer 15 min bis 2 h
Salzsäure mit verschiedenen Zusätzen	5 g $FeCl_3$, 50 cm³ HCl, 100 cm³ H_2O	Gefügeentwicklung austenitischer Ni-Stähle	1 min Ätzdauer
	100 g $FeCl_3$, 5 cm³ HCl, 250 cm³ Alkohol, 250 cm³ H_2O	Gefügeentwicklung von geglühtem Cr-Stahl und von Magnetstahl mit 6% W	
	5 g $CuCl_2$, 100 cm³ HCl, 100 cm³ Alkohol, 100 cm³ H_2O	Für alle Stähle mit über 5% Cr	HCl- und $CuCl_2$-Gehalt können variiert werden. Austenit kann in kleinsten Spuren nachgewiesen werden
	25 cm³ HCl (konz.), 5...50 cm³ 10%ige Chromsäure	Für wärmebehandelten rostfreien Stahl. Für kaltbearbeitete Stähle höhere Chromsäurekonz. (50%)	Angriffsgeschwindigkeit hängt vom Cr_2O_3-Gehalt ab
Salpetersäure-Flußsäure	7 cm³ HNO_3 konz. chem. rein, 0,5 cm³ HF konz. chem. rein	Für C-haltige austenitische Cr/Ni-Stähle	Kaltätzung 1...2 s, zur besseren Entwicklung der Austenitkörner Warmätzung
Kaliumferricyanid	30 g $K_3[Fe(CN)_6]$, 30 g KOH, 60 cm³ H_2O	Carbidnachweis in nichtrostenden Stählen	Kochend verwenden

6702 (Fortsetzung).

Ätzmittel	Zusammensetzung	Anwendung	Bemerkungen
	670231 (Fortsetzung).		
Kaliumpermanganat	4 g $KMnO_4$, 4 g NaOH, 100 cm³ H_2O	Carbidnachweis in austenitischen und Nachweis von Ferrit in austenitisch-ferritischen Legierungen. Ähnliche Wirkung und Anwendungsbereich wie bei Murakami (S. 1605)	2...4 min Ätzdauer bei kochender Lösung
Perchlorsäure-Kupfersulfat	50 cm³ $HClO_4$ (1,6), 10 g $CuSO_4$, 50 cm³ H_2O	Carbidätzmittel, besonders geeignet für interkrystalline Ausscheidungsvorgänge	Kochend bis zur Entwicklung dichter weißer Dämpfe zu verwenden, etwa 15 min

Ätzmittel	Zusammensetzung	Anwendung	Ätzdauer in s	Klemmenspannung in V	Stromdichte mA/cm²
Elektrolytisches Ätzen (Zusammenstellung nach P. Schafmeister)	Oxalsäure (10%)	Carbid Austenit Ferrit	2...15 15...80 15...60	3,5...5,8	75...300
	Essigsäure (10%)	Carbid[1]	300	9	15
	Essigsäure (10%) + Schwefelsäure (1%)	Carbid	2...15	2,7	55
	Schwefelsäure (5%)	Austenit Carbid Austenit	120 50 60...120	1,5	25
	Schwefelsäure (10%) + Kupfersulfat (10%)	Carbid	2...10	1,5	30...100
	Natriumcyanid (10%)	Ferrit Carbid Austenit	50 90...240 1800	5,2	300...350
	Ammoniumnitrat (10%)	Ferrit Carbid Austenit	120...300 60...180 600	3	50
	Ammoniumpersulfat (10%)	Ferrit Carbid Austenit Ferrit	120...180 10... 30 120...240 60...120	3,6	80...100

670232 Stähle mit hohem Ni-, Mn-, V- oder Si-Gehalt.

Ätzmittel	Zusammensetzung	Anwendung	Bemerkungen
Eisenchlorid-Salzsäure	5 g $FeCl_3$ 50 cm³ HCl 100 cm³ H_2O	Für austenitische Ni-Stähle	Im allgemeinen genügen für Ni-haltige Stähle die für Cr-Stähle wirksamen Ätzmittel
Ammoniumpersulfat	10% $(NH_4)_2S_2O_8$ in H_2O	Für nickelreiche Stähle	
Alkalisches Natriumpikrat	Gleiche Teile kalt gesättigte Lösung von Pikrinsäure in Wasser und 50% NaOH in Wasser	Gefügeentwicklung von Mn-Stahl, heiß geätzt	Für Mn-Stähle werden die für Cr-Stähle wirksamen glycerinhaltigen Ätzmittel empfohlen
Kaliumferricyanid	10 g $K_3[Fe(CN)_6]$, 0,8 g NaOH, 100 cm³ H_2O	Unterscheidung von Vanadincarbid von Zementit in V-Stählen, kochend geätzt	Cr- und W-Carbide, sowie Eisenwolframid werden rascher geschwärzt als Vanadiumcarbid
Glycerin-Salzsäure	2 T. Glycerin, 2 T. HCl (30%), 1 T. HNO_3 (konz.)	Gefügeentwicklung von Si-Stahl	

[1] Austenit bleibt ungeätzt.

6702 (Fortsetzung).

Ätzmittel	Zusammensetzung	Anwendung	Bemerkungen

670232 (Fortsetzung).

Ätzmittel	Zusammensetzung	Anwendung	Bemerkungen
Flußsäure	1 T. HF (konz.), 2 T. Äthylalkohol (95%), 1 T. dest. Wasser	Gefügeentwicklung von Fe-Si-Legierung	Wenn nach 5 min noch kein Angriff, so wird tropfenweise Wasser zugesetzt. Zur Unterscheidung von Chromcarbid und Chromsilicid sind 6 h erforderlich
Königswasser-Eisenchlorid	100 cm³ HNO_3 (1,33), 150 cm³ HCl (1,18). 100 cm³ $FeCl_3$-Lösung (47%) werden auf 50 cm³ des erwärmten Königswassers zugesetzt	Gefügeentwicklung von Fe-Si-Legierung	Wirkung kann durch Zusatz von etwa 50 cm³ H_2O abgeschwächt werden. Niederschlag von SiO_2, der sich während des Ätzens bildet, kann durch warme 10%ige NH_4F-Lösung entfernt werden

670233 Schnellarbeitsstähle und andere W-Stähle

Ätzmittel	Zusammensetzung	Anwendung	Bemerkungen
Salpetersäure	5% HNO_3 in Äthylalkohol	Korngrenzenätzung für gehärteten Schnellstahl	
Natriumhydroxyd	10% NaOH in Wasser	Ätzfolge nach Groesbeck: Raumtemp. / Kochend Eisenwolframid . . . in 1...5 min geschwärzt / in 1 min geschwärzt Eisenwolframcarbid . . in 10 min geschwärzt / in 10 min geschwärzt Wolframcarbid . . . . in 30 min nicht angegriffen / wird nicht angegriffen	
Alkalisches Natriumpikrat	2 g Pikrinsäure und 25 g NaOH auf 100 cm³ H_2O auffüllen	$Fe_{11}W$ und Fe_4W_2C werden rascher gefärbt als Zementit, WC wird nicht angegriffen	5...10 min kochend ätzen. *Vorsicht*: Pikrinsäure (trokken) ist explosiv
Natronlauge und Wasserstoffperoxyd (Yatsevitch)	20 cm³ NaOH (10%), 10 cm³ H_2O_2 (3%)	Eisenwolframid in C-freien Fe-W-Legierungen. In C-haltigen Stählen werden WC und der Sonderbestandteil der Schnellarbeitsstähle geschwärzt	10...12 min Ätzdauer. In Fe-Mo-Stählen wird das Fe-Mo-Doppelcarbid angegriffen
Kaliumferricyanid (Murakami)	10 g $K_3[Fe(CN)_6]$, 10 g KOH, 100 cm³ H_2O	Färbung von Cr-Carbiden und Wolframiden, von ternären Fe-W-Carbiden bei Raumtemperatur in Sekunden, von Fe_3W_2 in Minuten, Gefügeentwicklung von Stellit, Zementit wird kaum angegriffen	Ätzdauer 5...10 min, kalt oder warm verwendbar

67024 Nitrierte Stähle.

Ätzmittel	Zusammensetzung	Anwendung	Bemerkungen
Quecksilberchlorid-Magnesiumchlorid	I. 1 g $HgCl_2$, 20 cm³ HCl, 80 cm³ Alkohol II. 10 g $MgCl_2$, 1 g $CuCl_2$, 40 cm³ HCl (konz.), 100 cm³ Alkohol	Unterscheidung der verschiedenen Zonen der nitrierten Randschichten	Lösung I zum Vorätzen Lösung II zum Nachätzen

6702 (Fortsetzung).

Ätzmittel	Zusammensetzung	Anwendung	Bemerkungen
	67025 Gußeisen.		
Pikrinsäure	78 T. $OH \cdot C_6H_2(NO_2)_3$ (ges. alkohol. Lösung), 2 T. HNO_3, 20 T. H_2O	Gefügeentwicklung von Grauguß (Ferrit, Perlit, Steadit)	4...5 s Ätzdauer
Nickelchlorid-Chromsäure	25 cm^3 HCl, 100 cm^3 H_2O, 5 g $NiCl_2$, 10 g Cr_2O_3	Zur Bestimmung der Graphitteilchen in Gußeisen	Nach kurzer Einwirkung Abspülen mit NH_3-Wasser oder Alkohol
Salpetersäure	HNO_3, 20%	Erkennung des Phosphideutektikums	2 min Ätzdauer, polierte Proben
Natriumpikrat, alkalisch oder neutral	Zusammensetzung und Herstellung von alkalischen Lösungen siehe S. 1605	Zur Unterscheidung von Phosphid und Zementit. Phosphid bleibt hell bei alkalischer Lösung, wird geschwärzt durch neutrale Lösung. Auch zur Entwicklung von Primärgefüge in Gußeisen und Temperguß	Lösung vor Gebrauch frisch ansetzen, kochend ätzen
Kaliumferricyanid (Murakami)	Zusammensetzung siehe S. 1605	Unterscheidung von Zementit und Phosphid	Ätztemperatur 60°

671 Aluminium und Aluminiumlegierungen.

6711 Ätzmittel zur makroskopischen Untersuchung.

Literatur.

Fuß, V.: Metallographie des Aluminiums. Berlin 1934. — Zeerleder, A. v.: Technologie des Aluminiums, 3. Aufl. Leipzig 1938. — Veröffentlichungen der Aluminium-Zentrale, z. B. Aluminium-Taschenbuch.

Ätzmittel	Zusammensetzung	Bemerkungen
1. Flußsäure-Salzsäure	15 cm^3 HCl, 10 cm^3 HF, 90 cm^3 dest. H_2O	Einige Sekunden eintauchen mit folgendem Abspülen in warmem Wasser. Bei Cu-haltigen Legierungen Nachbehandlung mit HNO_3 (1 : 1)
2. Flußsäure-Königswasser	45 cm^3 HCl (konz.), 15 cm^3 HNO_3 (konz.), 15 cm^3 HF (konz.), 25 cm^3 H_2O	Auch für unvorbereitete Oberflächen geeignet, gibt gleichmäßige Ätzungen ohne Lochfraß. Schlifffläche während der Ätzung abreiben, hinterher in warmem Wasser abspülen
3. Schwefelsäure-Flußsäure	10 cm^3 H_2SO_4, 10 cm^3 HF, 80 cm^3 H_2O	Für große Proben von Reinaluminium; für Al-Cu-Mg-Legierung Ersatz von HF durch 15...20 cm^3 HCl bei entsprechend weniger H_2O (auf 100 cm^3)
4. Phosphorsäure-Flußsäure	20 cm^3 H_3PO_4 (1,5), 80 cm^3 H_2O, 0,5 cm^3 HF	Für Al-Cu-Mg-Legierung. Nach 5 min Eintauchen Nachbehandlung mit 50%iger HNO_3
5. Natronlauge	NaOH (10%)	Nach Vorätzen mit der NaOH-Lösung Nachätzen mit HF oder (für Cu-haltige Legierung) mit HNO_3 (10%)
6. Eisenchlorid-Flußsäure	100 cm^3 wässerige $FeCl_3$-Lösung (5%), 5...8 Tropfen HF (konz.)	Für Rein-Al und für Folienätzung
7. Kupferchlorid	150 g $CuCl_2$, 1000 cm^3 H_2O	Für Al-Si-Legierung. Bis zur Gasentwicklung ätzen, Cu-Niederschlag abbürsten und nach Bedarf wiederholen.

671 (Fortsetzung).

Ätzmittel	Zusammensetzung	Anwendung	Bemerkungen
6712 Ätzmittel zur mikroskopischen Untersuchung.			
Natriumhydroxyd	0,1...20% NaOH in H_2O	Für Gefügeentwicklung (5...20%), als Korngrenzätzmittel für Rein-Al (20%, 1 min), zur Unterscheidung intermetallischer Krystallarten. Verdünnte Lösung bei Al-Si-Legierung zum Nachweis von Al_3Fe (0,1...1% NaOH)	Durch Alkoholzusatz verlangsamter Ätzangriff; bei Cu-haltigen Legierungen ist Entfernen des schwarzen Niederschlags durch Abspülen oder kurzes Eintauchen in konz. Chrom- oder Salpetersäure notwendig
Flußsäure-Salpetersäure-Glycerin (nach Villela)	1 T. HF (40%), 1 T. HNO_3 (1,40), 3 T. Glycerin	Für Gefügeentwicklung und zum Nachweis von Sonderbestandteilen	Angriff der Al-reichen Grundmasse
Phosphorsäure	9 g Phosphorsäure, 100 cm H_2O (dest.)	Für Al-Mg-Legierung	Ätzdauer 30 min bei Raumtemperatur

672 Magnesium und Magnesiumlegierungen.

Literatur.

Beck, A.: Magnesium und seine Legierungen. Berlin 1939. — Bulian, W. u. E. Fahrenhorst: Metallographie des Magnesiums. Berlin 1942.

1. Salpetersäure	0,5...2% Alkohol. HNO_3 oder 2% wässerige HNO_3	Für Gußlegierung, entwickelt Krystallseigerungen	Ätzung wird mit Wattebausch vorgenommen (2 min)
2. Oxalsäure	2% wässerige Lösung	Für Korngrenzenätzung	2...5 s mit Wattebausch geätzt
3. Diäthylenglykol Salpetersäure	1 T. HNO_3 75 T. Diäthylenglykol, 24 T. H_2O	Zur Bestimmung der Gefügebestandteile (10...15 s)	Bei längerem Ätzen (30 s) Entwicklung des Korngefüges und der Krystallseigerung bei Gußproben
4. Andere organische Säuren	2...4% wässerige Lösung von Pikrinsäure, Essigsäure, Citronensäure, Apfelsäure oder Weinsäure		
Alkoholische Salz-/Salpetersäure	1000 cm^3 Alkohol, 20 cm^3 HCl, 12 cm^3 HNO_3	Von H.-Y. Jan und W. Hofmann [Z. Metallkde. **33**, 361 (1941)] zum Nachweis der Rekrystallisation einer Mg-Mn- bzw. Mg-Ce-Legierung verwendet. Eisessig zeigte auch bei der Mg-Mn-Legierung gute Ergebnisse	
Alkalischer Eisessig	100 cm^3 Alkohol, 18 cm^3 Eisessig, 1 cm^3 HNO_3		
Königswasser	1000 cm^3 Alkohol, 8 cm^3 HNO_3 (1,40), 12 cm^3 HCl (1,19)	Für Kornflächenätzung von A. Schrader angegeben	

673 Ätzmittel für Nickel und seine Legierungen.

Literatur.

Nickelhandbuch, herausgegeben vom Nickel-Informationsbüro, Frankfurt a. M.

Salpetersäure-Essigsäure	65 cm^3 HNO_3 (1,40), 18 cm^3 Eisessig, 17 cm^3 H_2O oder 50 cm^3 HNO_3 (70%), 50 cm^3 $CH_3 \cdot COOH$ (50%)	Zur Entwicklung des Kleingefüges	Für Legierungen $<25\%$ Ni wird Acetonzusatz zur unteren Lösung empfohlen

673 (Fortsetzung).

Ätzmittel	Zusammensetzung	Anwendung	Bemerkungen
Salzsäure	HCl (1,19)	Für gegossenes und kaltbearbeitetes Ni	Ätzdauer ~1 h
Pikrinsäure-Salzsäure	1 g Pikrinsäure, 25 cm^3 Alkohol, 2 Tropfen HCl (1,12)		
Königswasser-Glycerin	1 T. HNO_3, 3 T. HCl, 2 T. Glycerin	Für Ni sowie Ni-Cr-Legierung empfohlen	Für Cr-Ni-Legierung wird elektrolytisches Ätzen (nach Velguth) sehr empfohlen
Elektrolytisches Ätzen (nach Velguth)	Bad 1: 10% $Na_2S_2O_3$, oder NaOH, Bad 2: 10% HCl	Für Cr-Ni-Legierung, z. B. Widerstandsheizdrähten	Probe zuerst als Kathode 5...10 s bei 0,24 A/cm^2 und 10 V in Bad 1, dann ohne Abspülen als Anode 8...10 s bei 0,1 A/cm^2 in Bad 2

674 Ätzmittel für Kupfer- und Kupferlegierungen.

Literatur.

Schimmel, A.: Metallographie der technischen Kupferlegierungen. Berlin 1930. — Veröffentlichungen des Deutschen Kupferinstituts sowie der Copper and Brass Res. Ass.

Schwefelsäure	a) 1 T. H_2SO_4 (konz.), 10 T. $K_2Cr_2O_7$ (gesätt. Lösung), b) 1 T. H_2SO_4 (konz.), 10 T. $KMnO_4$ (0,4%)	Ätzmittel für Cu, a) besonders geeignet für gegossenes Cu	Ätzdauer: a) 30...60 s, b) 60...90 s
Ammoniak	NH_4OH verd. konz.	Korngrenzenentwicklung für Cu, auch für Messing und Bronze	Ätzpolieren
	5 T. NH_4OH, 5 T. H_2O, 2...5 T. H_2O_2 (3%)	Korngrenzenätzung von Cu, bei höheren H_2O_2-Gehalten auch Kornflächenätzung, ferner für die meisten Cu-Legierungen	Innerhalb 5...15 s Korngrenzenätzung, geeignet für starke Vergrößerungen
	1 T. NH_4OH, 1 T. H_2O, 2 T. $(NH_4)_2S_2O_8$ (2,5% Lösung)	Ätzpolieren von Cu und Legierungen	
Ammoniumpersulfat	10 g $(NH_4)_2S_2O_8$, 100 cm^3 H_2O (dest.)	Kleingefügeentwicklung von Cu, α-Messing, α-Aluminium, Bronze und Neusilberlegierung	Vor Gebrauch frisch ansetzen, Lösung kalt oder kochend verwenden
Kupferammoniumchlorid	10 g $Cu(NH_4)_2Cl_4$, 120 cm^3 H_2O (dest.), und soviel NH_4OH, bis der Niederschlag sich auflöst	Kornflächenätzung von Cu, gebräuchliches Mittel für Kleingefügeentwicklung von α- und β-Ms, Rotguß und Al-Bronze, Sondermessinge, Neusilber, besonders geeignet für β-Bestandteil in α-β-Ms.	Ätzdauer 30...60 s, Ätzmittel nach Bedarf mit H_2O verdünnen
Kupferammoniumchlorid-Eisenchlorid	3 g $Cu(NH_4)_2Cl_4$, 15 g $FeCl_3$, 25 cm^3 H_2O, 50 cm^3 HCl (1,19)	Makroätzmittel für Cu und Cu-Legierung	Zuerst Cu-Salz in H_2O lösen, dann erst $FeCl_3$ und HCl hinzufügen
Salzsäure-Eisenchlorid	30 cm HCl konz., 10 g $FeCl_3$, 120 cm^3 H_2O oder Äthylalkohol	Kornflächenätzung für Cu (schwache Vergrößerung)	Alkoholische Lösung wird vorgezogen
	Wässerige $FeCl_3$/HCl-Lösungen verschiedener Konzentration, eventuell mit Zusätzen von CrO_3 oder $CuCl_2$ und $SnCl_2$	Für Cu und fast alle Cu-Legierungen, der β-Bestandteil in Messing wird dunkel gefärbt	Für Schweißungen wird wird eine Mischung von 10 g $(NH_4)_2S_2O_8$ in 100 cm^3 H_2O und 5 g $FeCl_3$, 30 cm^3 HCl (1,19), 100 cm^3 H_2O empfohlen (1 : 1 oder 1 : 2)

674 (Fortsetzung).

Ätzmittel	Zusammensetzung	Anwendung	Bemerkungen
Kaliumbichromat (vgl. auch oben Schwefelsäure)	100 cm³ H_2O, 2 g $K_2Cr_2O_7$, 4 cm³ NaCl (ges. Lös.), 8 cm³ H_2SO_4 (1,84)	Für Cu, seine Legierungen mit Mn, Be, Si, für Neusilber, Bronze u. a.	Mit verstärkenden Ätzmitteln wie $FeCl_3$ nachzuätzen
Elektrolytisches Ätzen	30 g $FeSO_4$, 4 g NaOH, 100 cm³ H_2SO_4, 1900 cm³ H_2O	Messing, Bronze, Neusilber und andere Cu-Legierungen	0,1 A, 8...10 V
Silbernitrat	2% $AgNO_3$ in H_2O	Für mikroskopische Unter- von Cu und Legierung	Oxyduleinschlüsse werden stark angegriffen
Quecksilbernitrat	a) 1 g $HgNO_3$, 100 cm³ H_2O, b) 1 cm³ HNO_3 (1,40), 100 cm³ H_2O	Zum Nachweis von Spannungen in Messing	a) und b) zu gleichen Teilen gemischt. Die Zeit bis zum Auftreten von Rissen dient als Maß für die innere Spannung
Chromsalpetersäure	40% HNO_3, 25% C_2O_3, 35% H_2O	Nach Hume-Rothery für Cu-Ga-Legierung	

675 Ätzmittel für Zink und seine Legierungen.

Literatur.

Burkhardt, A.: Technologie der Zinklegierungen, 2. Aufl. Berlin 1940. — Zinktaschenbuch, herausgegeben von der Zinkberatungsstelle.

Chromsäure-Natriumsulfat (Palmerton)	200 g Cr_2O_3 (reinst), 15 g Na_2SO_4, 1000 cm³ H_2O	Makroätzmittel für Zink, für Mikroätzung mit doppelter Menge H_2O verdünnen	Für Spritzgußlegierung Zusatz von 2 g NaF. Ätzdauer einige Sekunden
Salzsäure	HCl konz.	Makrogefüge von Reinzink. Für Zn-reiche Legierung 5% alkoholische Lösung	2...3 s Eintauchen
Salpetersäure	0,5...1 cm³ HNO_3 (1,40) in 100 cm³ dest. H_2O	Kleingefügeentwicklung	Ätzdauer 1 h
Ätzmittel nach Schramm	122 g KOH, 75 g KCN, 900 cm³ dest. H_2O, 6,5 g Citronensäure, 60 cm³ $Cu(NO_3)_2$ (kalt gesättigte wässerige Lösung)	Sowohl Makroätzmittel für Zn als auch zur Entwicklung des Kleingefüges für Zn und seine Legierungen. Kleine Mengen Fe und Pb besonders gut zu erkennen	10...20 s Eintauchen, die Zn-reiche Phase wird braunschwarz gefärbt
Cyankali	3 g KCN, 97 cm³ dest. H_2O, einige Tropfen H_2O_2 (3%)	Kleingefüge von n-Cu-Legierung	

Vgl. auch Schramm, J.: Z. Metallkde. **30**, 12 (1938); **32**, 405 (1940).

676 Ätzmittel für Zinn und seine Legierungen.

Literatur.

Veröffentlichungen des International Tin Res. and Development Council.

Ammoniumpersulfat	5% wässerige Lösung oder 10% wässerige Lösung mit Zusatz von wässeriger Weinsäurelösung (30 g je 100 cm³) im Verhältnis 5:2	Für Zinnüberzüge auf Stahl	Dunkelfärbung der Zinnschicht, die folgende Zwischenschicht bleibt hell
Eisenchlorid	2 g $FeCl_3$, 30 cm³ H_2O, 5 cm³ HCl, 60 cm³ abs. Alkohol	Für fast alle Pb-freien Legierungen, sowie für Zinnüberzüge auf Stahl und Kupfer	Die Zwischenschicht bleibt hell

676 (Fortsetzung).

Ätzmittel	Zusammensetzung	Anwendung	Bemerkungen
Essigsäure	50% wässerige Lösung + 1 Tropfen H_2O_2/100 cm^3	Für Pb-haltige Zinnverbindungen, auch für Zinnüberzüge auf Stahl	Zwischenschicht bleibt unangegriffen
Ammonium-polysulfid	Kalte Lösung von $(NH_4)_2S_5$	Makroätzung für Sn-reiche Lagermetalle	20...30 min Ätzzeit
Alkohol. saure Eisen-III-Chloridlösung	2 g $FeCl_3$, 30 cm^3 H_2O, 5 cm^3 HCl, 60 cm^3 abs. Alkohol	Für Sn-Überzüge auf Stahl und Kupfer	

677 Ätzmittel für Antimon.

Natriumsulfat-Chromsäure (nach Czochralski)	50 cm^3 Na_2SO_4-Lösung (16%), 15 cm^3 HCl (1,19), 30 cm^3 H_2O, 3 cm 10%ige CrO_3-Lösung	Kleingefüge und Kornflächenätzung	CrO_3 ist kurz vor Gebrauch dazuzugeben

678 Ätzmittel für Blei und seine Legierungen.

Literatur.

Hofmann, W.: Blei und seine Legierungen. Berlin 1941. — Veröffentlichungen der Bleiforschungsstelle.

Salpetersäure-Eisessig-Glycerin (nach Vilella)	1 T. HNO_3 (1,40) 1 T. Eisessig, 4 T. Glycerin	a) Für makroskopische Kornflächenätzung, b) für Kleingefüge und Korngrenzen	a) Ätzzeit einige Minuten, b) Ätzzeit einige Sekunden
	1 T. HNO_3 (1,40) 1 T. Eisessig, 10...11 T. Glycerin	Für die Entwicklung feinster Gefügeeinzelheiten (H. Hanemann und A. Schrader)	Ätzzeit einige Sekunden
	1 T. HNO_3 (1,40) 2 T. Eisessig, 9...10 T. Glycerin	Kleingefüge von Pb-Sn- und Pb-Cd-Legierung	Ätzzeit einige Sekunden
Ammonium-molybdat	a) 15 g Ammonmolybdat, 100 cm^3 dest. H_2O, b) 58 cm^3 HNO_3 (1,40) 42 cm dest. H_2O	Für makroskopische Ätzung und zur Entfernung dicker Bearbeitungsschichten	a) und b) zu gleichen Teilen mischen, 10 s ätzen bei Badbewegung, sofort in Wasser nachspülen
Salpetersäure	1 T. HNO_3 (1,40) 4 T. dest. H_2O	Für makroskopische Ätzung. Für reines Pb abwechselnd in HNO_3 konz. und fließendes Wasser tauchen	Ätzzeit 10 min. In fließendem Wasser und Alkohol abspülen. Auch alkoholische HNO_3 (5%) wird empfohlen
Eisessig-Wasserstoff-peroxyd	3 T. Eisessig, 1 T. H_2O_2 (30%)	Für die meisten Pb-Legierungen, für Pb-Sb-Legierung wird H_2O_2 (9%) verwendet, desgl. für Weichblei und Pb-Cu	Ätzzeit 6...15 s, bzw. 10...30 min
Überchlorsäure	60 cm^3 Überchlorsäure, 40 cm^3 dest. H_2O	Für elektrolytisches Ätzen, besonders für Pb-Sb-Legierung (42% Sb) und niedrig Sn-haltige Legierung	

679 Ätzmittel für Edelmetalle.

6791 Silber.

Literatur.

Raub, E.: Edelmetalle und ihre Legierungen. Berlin 1940.

Ätzmittel	Zusammensetzung	Bemerkungen
Chrom-Schwefelsäure	0,2% Chromsäure in H_2O, Zusatz von einigen Tropfen H_2SO_4	Besonders geeignet für Ag-Cu-Legierung. Lösungsgeschwindigkeit des Ag steigt durch Kaltverformung
Kaliumbichromat-Chromsäure	I. 2 g $H_2Cr_2O_7$, 100 cm³ HNO_3 (1 : 1), II. 20 g Chromsäureanhydrid, 1,5 g Na_2SO_4, 100 cm³ H_2O	1 T. (I) mit 20 T. H_2O verdünnt und den gleichen Teil (II) zugesetzt
Cyankalium-Ammonpersulfat	1 T. HCN (5%-Lösung), 1 T. $(NH_4)_2S_2O_8$ (5%-Lösung)	Geeignet für reines Silber
Alkoholische Jodlösung	5%-Lösung	Auch für Ag-Pb- und Ag-Sb-S-Legierung geeignet

6792 Gold.

Königswasser	1 T. HNO_3, 5 T. HCl, 6 T. H_2O	Für Gold und alle goldreichen Legierungen
Cyankalium	1 T. KCN (10%), 1 T. $(NH_4)_2S_2O_8$ 10%	Rascher Ätzangriff nach Zusatz von 2...3% KJ
	KCN, wässerige Lösung + einige Tropfen H_2O_2	Für Gold und Goldlegierungen, Lösung zersetzt sich rasch
Jod	50% wässerige Lösung von J und KJ	Für Goldlegierungen

6793 Platinmetalle.

Ätzmittel	Bemerkungen
Königswasser	Für Pt und Pd geeignet; Pt-Legierung mit höheren Gehalten an Rh, Ru, Os und Ir werden auch durch kochendes Königswasser nicht angegriffen. Für Pd und Pd-reiche Legierung kalte Lösung von Königswasser in Alkohol oder Glycerin, ferner auch kochende HNO_3
Salzschmelzen	a) $KHSO_4$: Geeignet für Ir, Rh und Ru, sowie für die Legierungen, die durch Königswasser nicht oder schwer angegriffen werden. Wirkung bei Pt-Ir-Legierung durch Zugabe von NaCl und MnO_2 verstärkt. b) KOH + 10% KNO_3: Wirkung ähnlich a), für Legierungen mit hohem Ir-, Rh- und Ru-Gehalt. c) NaCl: Wie bei b).

68 Photographische Rezepte.

681 Entwickler für normales Material.

Name	Zusammensetzung					Bemerkungen
Adurolentwickler . . .	1000 cm³ Wasser	400 g Natriumsulfit, kryst.	300 g Pottasche	50 g Adurol	2 g Bromkali	Erst Sulfit und Pottasche lösen, dazu Adurol; mit Wasser verd. 1 : 4.
Amidolentwickler . . .	1000 cm³ "	200 g desgl.	—	20 g Amidol	1...2 g Bromkali	Mit Wasser verd. 1 : 3.
Brenzcatechinentwickler, Lsg. I	1000 cm³ dest. "	100 g desgl.	—	20 g Brenzcatechin	—	1 Tl. Lsg. I + 1 Tl. Lsg. II + 3 Tle. Wasser; Rapidentw.
Lsg. II	1000 cm³ " "	—	14 g Ätznatron	—	—	
Eisenoxalatentwickler, Lsg. I	1000 cm³ " "	340 g neutr. Kaliumoxal.	—	—	—	1 Tl. Lsg. II in 3 Tle. Lsg. I gießen; für 100 cm³ je 12 Tropfen Fixiernatronlsg. (1 : 200) und Bromkalilsg. zufügen.
Lsg. II	1000 cm³ " "	16 Tropf. konz. Schwefelsäure	—	340 g Eisenvitriol	—	
Glycinentwickler . . .	1000 cm³ " "	150 g Natriumsulfit, anhydr.	250 g Pottasche	50 g Glycin	—	Mit Wasser verd. 1 : 4.
Hydrochinonentwickler	1000 cm³ " "	200 g Natriumsulfit, kryst.	400 g Pottasche	25 g Hydrochinon	—	Nacheinander Sulfit, Hydroch., Pottasche lösen, mit Wasser verd. 1 : 6.
Metolentwickler, Lsg. I	1000 cm³ " "	110 g desgl.	—	11 g Metol	—	1 Tl. Lsg. I + 1 Tl. Lsg. II; dazu für 100 cm³ Mischung. 10 Tropfen Bromkalilsg. (10%ig).
Lsg. II	1000 cm³ " "	—	110 g Soda, kryst.	—	—	
Metol-Hydrochinonentwickler mit Pottasche	1000 cm³ " "	160 g Natriumsulfit, kryst.	200 g Pottasche	10 g Hydrochinon 5 g Metol	4 g Bromkali	Mit 4...5 Tln. Wasser verd.; s. gut für Porträt- und Momentaufnahmen.
Metol-Hydrochinonentwickler mit Soda . .	1000 cm³ " "	150 g Natriumsulfit, anhydr.	150 g Soda, kryst.	7 g Metol 7 g Hydrochinon	1 g Bromkali	Erst Metol und Hydroch. lösen, mit 1...3 Tln. Wasser verd.; wirkt zarter als vorsteh. Rez.
p-Amidophenolentwickler	1000 cm³ " "	50 g desgl.	50 g Soda, calc.	7,5 g p-Amidophenol-Chlorhydr.	—	Wirkt ähnlich, aber langsamer als Metol-Hydrochinonentw.
Pyrogallolentwickler Lsg. I	1000 cm³ " "	130 g Natriumsulfit, kryst.	17 g Kaliummetabisulfit	17 g Pyrogallol	—	Pyrogallol zuletzt in erkalteter Lsg. lösen; 1 Tl. Lsg. I + 1 Tl. Lsg. II + 1 Tl. Wasser
Lsg. II	1000 cm³ " "	—	200 g Soda, kryst.	—	—	
Rodinalentwickler . . .		Ist eine p-Amidophenol-Entwicklerlösung				
Unalentwickler		Ist ein Rodinalentwickler in fester Form				

682 Feinkorn-Entwickler.

Name	Zusammensetzung					Entwicklungsdauer min	Bemerkungen
Nach Lumiére und Seyewitz	1000 cm³ Wasser	60 g Natriumsulfit, anhydr.	1...3 g Trinatriumphosphat	10 g p-Phenylendiamin	1 g Bromkali	60	Kleine Mengen Trinatriumphosphat erg. feinstes Korn bei langs. Entw.
Metol-Hydrochinonentwickler mit Borax	1000 cm³ „	100 g desgl.	2 g Boraxpulver	2 g Metol 5 g Hydrochinon	—	8...15	Metol in Wasser lösen, dazu Hydrochinon u. Sulfit, nach vollst. Lsg. dazu Borax.
p-Phenylendiamin-Glycinentwickler	1000 cm³ „	90 g desgl.	8 g Glycin	10 g p-Phenylendiamin	—	15...22	
Metolentwickler	1000 cm³ „	85 g desgl.	1 g Soda, calc.	4,5 g Metol	½ g Bromkali	12...20	

683 Entwickler für Papiere.

Name	Zusammensetzung					Bemerkungen
Hydrochinonentwickler	1000 cm³ dest. Wasser	28 g Natriumsulfit, anhydr.	21 g Soda, calc.	1 g Metol 4 g Hydrochinon	40 Tropf. Bromkalilsg. (10%ig)	Für gewöhnliche Kontakt-Druckpapiere.
Metol-Hydrochinonentw.	1000 cm³ dest. Wasser	28,5 g desgl.	57 g desgl.	2,6 g Metol 6 g Hydrochinon	1,3 g Bromkali	Für gewöhnliche Kontakt-Druckpapiere.
Elon-Hydrochinonentw.	1000 cm³ dest. Wasser (50° C)	45 g desgl.	67 g desgl.	3,1 g Elon 12 g Hydrochinon	3,8 g Bromkali	180 cm³ Lsg. mit 3 cm³ Bromkalilsg. (10%ig) und 750 cm³ Wasser versetzen.
Amidolentwickler	1000 cm³ dest. Wasser	16 g desgl.	—	50 g Amidol	—	
Universalentwickler	1000 cm³ Wasser	87 g desgl.	—	18 g Amidol	3,9 g Bromkali	Bei etwa 18° C Entwicklungsdauer 3...5 min.

684 Fixierbäder.

Name	Zusammensetzung					Bemerkungen
Einfaches Fixierbad . .	1000 cm³ Wasser	—	—	250 g Fixiernatron	—	Lsg. wenig haltbar; bei Braunfärbung unbrauchbar.
Saures Fixierbad . . .	1000 cm³ „	40 g Kaliummetabisulf.	—	250 g „	—	Außer für Oxalatentwickler besser als einfaches F".
Saures Fixierbad . . .	1000 cm³ „	10 g Na-Sulfit, anh.	25 g Na-Bisulfat	240 g „	—	Geeignet für Filme, Platten, Papiere, wenn keine Härtung nötig.
Härtefixierbad m. Alaun	1000 cm³ „	5 g Chromalaun	4 g Na-Bisulfat	200 g „	—	Geeignet für heiße Temperatur und für die Tropen.
Härtefixierb. m. Formal.	1000 cm³ „	50 g Na-Sulfit, anh.	125 g Formalin	250 g „		Geeignet für heiße Temperatur und für die Tropen.

685 Verstärker für Negative.

Name	Zusammensetzung				Bemerkungen
Quecksilberverstärker .	100 cm³ Wasser	—	2 g Quecksilberchlorid	2 g Bromkali	Nachfolg. Schwärzung durch üblichen Entwickler oder Natriumsulfit (kryst.). Lsg. 1:10.
Uranverstärker	100 cm³ Urannitratlösung (1%ig)		100 cm³ Kaliumferricyanidlösung (1%ig)	20 cm³ Eisessig	Nach Verstärkung Negative nur kurz wässern.

686 Abschwächer für Negative.

Name	Zusammensetzung					Bemerkungen
Kaliumferricyanid-Abschw.	100 cm³ Fixiernatronlösung (10%ig)		10 cm³ Kaliumferricyanidlösung (10%ig)		—	Geeignet für zu kräftig entw., gleichzeitig überbelichtete od. verschleierte Negative.
Eisenchlorid-Abschw. .	100 cm³ Fixiernatronlösung (10%ig)		10 cm³ Eisenchloridlösung (10%ig)		—	
Ammoniumpersulfat-Abschw.	100 cm³ Wasser	—	3 g Ammoniumpersulfat	5 Tropf. Schwefelsäure (10%ig)		Abgeschw. Negativ sofort für 5 min in 10%ige Natriumsulfitlsg., dann wässern.
Ammoniumpersulfat-Abschw.	100 cm³ dest. Wasser	—	2 g Ammoniumpersulfat	etwa 2 cm³ Kochsalzlösung (1%ig)		Weicher als vorige Lösung.
Eisenalaun-Abschw. . .	100 cm³ desgl.	3 g Natriumsulfit, anh.	2,5 g Eisenalaun, kryst. 7,5 g Kaliumcitrat	20 g Fixiernatron 2 g Citronensäure		F. geringe Abschwächung.

687 Tonfixierbäder.

Für Celloidinpapier (Chlorsilberkollodiumpapier)	1000 cm^3 dest. Wasser	27,5 g Rhodan ammon. 38 cm^3 Goldchloridlsg. (1%ig)	7,5 g Citronens. 10 g Bleiacetat	250 g Fixiernatron 10 g Bleinitrat	7,5 g Alaun	Bad muß vor Gebrauch 24 h stehen.
Für Aristopapier (Chlorsilbergelatinepapier)	1000 cm^3 dest. Wasser	10 cm^3 Natriumbisulfitlösung	2 g Bleiacetat	250 g Fixiernatron	15 g Alaun	
	Nach 24stündigem Stehen dazu 60 cm^3 Goldchloridlösung (1%ig)					

688 Tonbäder für Bromsilber- und Gaslichtpapiere.

Urantonung.						
Brauntonung	100 cm^3 Wasser	6 cm^3 Rhodanammon.-lösung (5%ig)	38,5 cm^3 Urannitratlösung (1%ig)	25 cm^3 Kaliumferricyanid (1%ig)	15 cm^3 Salzs. (10%ig)	Urangetonte Bilder zum Schluß nicht lange wässern. Mit der Zeit laufen die Tiefen der Bilder an. Gegenmittel: Einreiben der Bilder mit Cerat.
Tiefbrauntonung . .	100 cm^3 ,,	12,5 cm^3 Ammoniumoxalatlsg. (ges.)	6 cm^3 Urannitratlösung (10%ig)	2,5 cm^3 Kaliumferricyanidlsg. (10%ig)	1 cm^3 Salzs. (10%ig)	
Rotbrauntonung . .	100 cm^3 ,,	12,5 cm^3 Ammoniumoxalatlsg. (ges.)	6 cm^3 Urannitratlösung (10%ig)	2,5 cm^3 Kaliumferricyanidlsg. (10%ig)	6 cm^3 Weinsäurelösung (10%ig)	
	5 cm^3 Seignettesalzlösung (10%ig)					
Kupfertonung . . . . . (rote bis braune Töne)	100 cm^3 Wasser	88 cm^3 Kaliumcitrat (10%ig)	7,5 cm^3 Kupfersulfat (10%ig)	6,5 cm^3 Kaliumferricyanidlösung (10%ig)	—	Getonte Bilder wässern bis zur Klarheit des Weißen.
Schwefeltonung						
Lsg. I (br.-rote bis br.-schw. Töne)	100 cm^3 Wasser	—	—	4 g Kaliumferricyanid	2 g Bromkali	Die gut entwickelten, fixierten, gewässerten Bilder werden in Lsg. I gebleicht, gut gewässert, in Lsg. II gelegt.
Lsg. II		Schwefelnatriumlösung (1 : 100)				

69 Kennfarben.

691 Kennfarben für Rohrleitungen nach DIN 2403[1].

Kennfarbe	Verwendung für	Kennzeichnung der Rohrleitungen			
rot	Dampf	*rot*	Sattdampf	*rot | grün | rot*	Abdampf
		rot | weiß | rot	Heißdampf		
grün	Wasser	*grün*	Trinkwasser	*grün | orange | grün*	Salzwasser Sole
		grün | weiß | grün	Warmwasser	*grün | schwarz | grün*	Nutzwasser Flußwasser
		grün | gelb | grün	Kondenswasser	*grün | schwz. | grün | schwz. | grün*	Schmutzwasser Abwasser
		grün | rot | grün	Preßwasser (Speisewasser)	*grün* (punktiert)	Spülversatz
blau	Luft	*blau*	Gebläseluft	*blau | rot | blau*	Preßluft
		blau | weiß | blau	Heißluft	*blau | schwarz | blau*	Kohlenstaub
gelb	Gas	*gelb*	Gichtgas (Hochofengas u. and. Schmelzofengase) gereinigt	*gelb | weiß | gelb | weiß | gelb*	Acetylen
		gelb | schwz. | gelb	Gichtgas (Hochofengas u. and. Schmelzofengase) roh	*gelb | schwz. | gelb | schwz. | gelb*	Kohlensäure
		gelb | blau | gelb	Generatorgas	*gelb | blau | gelb | blau | gelb*	Sauerstoff
		gelb | rot | gelb	Stadtgas (Leuchtgas) Koksofengas	*gelb | rot | gelb | rot | gelb*	Wasserstoff
		gelb | grün | gelb	Wassergas	*gelb | grün | gelb | grün | gelb*	Stickstoff
		gelb | braun | gelb	Ölgas	*gelb | lila | gelb | lila | gelb*	Ammoniak
orange	Säure	*orange*	Säure	*orange | rot | orange*	Säure, konzentriert
lila	Lauge	*lila*	Lauge	*lila | rot | lila*	Lauge, konzentriert
braun	Öl	*braun*	Öl	*braun | rot | braun*	Benzin
		braun | gelb | braun	Gasöl	*braun | weiß | braun*	Benzol
		braun | schwz. | braun	Teeröl		
schwarz	Teer	*schwarz*	Teer		
grau	Vakuum	*grau*	Vakuum		

[1] Wiedergegeben mit Genehmigung des Deutschen Normenausschusses. Verbindlich ist die jeweils neueste Ausgabe des Normblattes im Normformat A 4, das beim Beuth-Vertrieb G.m.b.H., Berlin SW 19, erhältlich ist.

692 Geräte für den Atemschutz.

Atemfilter. Nach DIN 3181.

Kennzeichnung.

Kennbuchstabe	Kennfarbe	Hauptanwendungsgebiet
A	braun	Organische Dämpfe, Lösungsmittel
B	grau	Saure Gase (z. B. Halogene und Halogenwasserstoffe, auch nitrose Gase), Brandgase (außer Kohlenoxyd)
Co . . .	3 cm breiter schwarzer Ring	Kohlenoxyd
E	gelb	Schweflige Säure
G	blau	Blausäure
J	blau und braun[1]	Cyklon B
K	grün	Ammoniak
L	gelb und rot[1]	Schwefelwasserstoff
M	gelb und grün[1]	Schwefelwasserstoff, Ammoniak
O	grau und rot[1]	Arsenwasserstoff, Phosphorwasserstoff
R	gelb und braun[1]	Schwefelwasser, in geringem Maße auch organische Dämpfe, Lösungsmittel
S[2, 3] . .	grau	Chemische Kampfstoffe (Lftsch.), wie B + Schwebstoffschutz

7 Analyse.

70 Anorganische Makro- und Mikroanalyse.

Von **Alwin Schleicher,** Aachen.

Inhaltsverzeichnis. Seite

[1] Bei einfarbigen Filtern ist der ganze Mantel, bei zweifarbigen Filtern ist der dem Munde näherliegende Teil mit der zuerst genannten Farbe zu überziehen.
[2] Nur nach Zulassung.
[3] S-Filter mit Sonderleistungen gegen irgendwelche andere schädliche Gase erhalten noch den entsprechenden Zusatzbuchstaben, z. B. SM (S-Filter mit Sonderleistung gegen Schwefelwasserstoff und Ammoniak), und einen entsprechenden farbigen Ring.

701 Qualitative anorganische Analyse.

7011 Die Reagenzien und ihre Prüfung.

Die Reagenzien sind geordnet nach:

Elemente, Wasser, Wasserstoffperoxyd, Säuren, Alkalien, Salze. Innerhalb dieser ist die Ordnung alphabetisch.

Nicht besonders *vermerkt* sind die allgemeinen Verunreinigungen, auf die nach üblichen Methoden geprüft wird:

1. In Wasser unlösliche Rückstände,
2. bei Alkohol löslichen Substanzen — der in Alkohol unlösliche Rückstand,
3. bei flüchtigen Stoffen — der Glührückstand,
4. der Gehalt an Wasser, der nicht Kristallwasser ist,
5. der in Säure unlösliche Rückstand bei nur säurelöslichen Reagenzien,
6. die Neutralität bei Reagenzien, die häufiger *nicht* neutral reagieren,
7. oxydierbare Substanzen, meistens organische Stoffe, deren Nachweis mit Permanganat durchführbar ist.

Lfd. Nr.	Name	Verunreinigungen		Andere Stoffe
		Kationen	Anionen	
		70111 Elemente.		
1	Brom		Cl, J, SO_4	
2	Jod		Cl, Br	
3	Natrium	Fe, Schwermetalle	Cl, SO_4, N	
4	Quecksilber	Fe, Pb u. and. fremde Metalle		
5	Zink	Pb	S, P, As	oxydierbare Stoffe
6	Devardas Legierung 50 Tl. Cu 45 Tl. Al u. 5 Tl. Zn		N	
		70112 Wasser und Wasserstoffperoxyd.		
1	Wasser, dest.	Ca, NH_4, NH_3, Schwermetalle	OH, Cl, SO_4, NO_3, NO_2	Neutralität, organ. Stoffe
2	Wasserstoffperoxyd	Fe (Pb)	F, Cl, SO_4, PO_4, N-Verbindungen	Neutralität, organ. Stoffe

7011 (Fortsetzung).

Lfd. Nr.	Name	Verunreinigungen Kationen	Verunreinigungen Anionen	Andere Stoffe
	70113 Säuren.			
1	Arsentrioxyd		Cl, S	nicht flüchtige Verunreinigungen
2	Borsäure	Mg, Ca, Fe, Pb	Cl, SO_4, PO_4, As	bei Verflüchtigung als Methylester zurückbleibende Verunreinigungen
3	Citronensäure	Ca, Fe, Pb	Cl, SO_4, PO_4	Oxalsäure, Weinsäure
4	Essigsäure	Fe, Pb	Cl, SO_3, SO_4	Äthylalkohol, Aceton, Acetaldehyd, Ameisensäure u. höhere organ. Säuren
5	Flußsäure	Mg, Ca, Fe, Pb	Cl, SO_3, SO_4, SiF_6	oxydierbare Stoffe
6	Kieselflußsäure	Schwermetalle	SO_4	
7	Oxalsäure	Mg, Ca, Fe, Pb	Cl, SO_4, N-Verbindungen	fremde organ. Stoffe
8	Phosphorsäure	Na, K, NH_4, Fe, Pb	Cl, NO_3, As	organ. u. reduzierende Stoffe
9	Salpetersäure	Ca, Fe, Pb	Cl, SO_4, PO_4, As	
10	Salzsäure	Fe, Pb, As	Cl, SO_4	freies Cl, SO_2
11	Schwefelsäure	NH_4, Fe, Pb, As	Cl, NO_3, Se	organ. u. reduzierende Stoffe
12	Überchlorsäure	Na, K, Fe, Ba, Pb	Cl, SO_4, PO_4, N-Verbindungen	abgekürzte Prüfung von nicht flüchtigen oder in Alkohol unlöslichen Verunreinigungen
	70114 Alkalien.			
1	Ammoniumhydroxyd	Ca, Mg, Fe, Pb	SO_4, PO_4, CO_3, S, Pyridin	
2	Bariumhydroxyd	Na, K, Ca, Sr, Fe, Pb	Cl, S, $BaCO_3$	oxydierbare Stoffe
3	Kaliumhydroxyd	Ca, Al, Fe, Schwermetalle	Cl, SO_4, N-Verbindungen, SiO_2	
4	Natriumhydroxyd	wie Kaliumhydroxyd		
	70115 Salze.			
1	Ammoniumacetat	Mg, Ca, Al, Fe, Pb	Cl, SO_4, NO_3, PO_4	oxydierbare Stoffe, s. a. Essigsäure
2	Ammoniumcarbonate	Ca, Fe, Pb	Cl, SO_4, NO_3, PO_4, SCN	Teerbasen
3	Ammoniumchlorid	H, Mg, Ca, Fe, Pb	ClO_3, NO_3, SO_4, PO_4, SCN, J	Anilin, Pyridin, andere Teerbasen
4	Ammoniumchromat	Na, K, Ca	Cl, SO_4	
5	Ammoniumfluorid	H, Fe, Pb	Cl, SO_4, SiF_6	
6	Ammoniummolybdat	Pb	Cl, SO_4, NO_3, PO_4	
7	Ammoniumnitrat	H, Mg, Ca, Fe	Cl, SO_4, NO_2, PO_4, SCN	Teerbasen
8	Ammoniumoxalat	Fe, Pb	Cl, SO_4, PO_4, NO_3	
9	Ammoniumperchlorat	K, Ca, Fe, Pb	Cl, ClO_3, SO_4	Neutralität
10	Ammoniumpersulfat	Fe, Mn, Pb	Cl	
11	Ammoniumphosphate	Na, K, Fe, Pb	Cl, NO_3, SO_4, As	
12	Ammoniumsulfat	H, Mg, Ca, Fe, Pb	Cl, NO_3, PO_4, As, SCN	oxydierbare Stoffe
13	Ammoniumrhodanid (sulfocyanid)	Fe, Pb	Cl, SO_4, S	
14	Bleiacetat	Na, Ca, Al, Fe, Cu	Cl, NO_3	
15	Bleioxyd	Na, Ca, Al, Fe, Cu, Hg, Bi	Cl, NO_2, NO_3	
16	Bleisuperoxyd	Na, Ca, Fe, Mn, $Pb^{\cdot\cdot}$	Cl, SO_4, NO_3, CO_3	Prüfung auf Mangan mit konzentriertem HNO_3
17	Cadmiumacetat	Na, K, Mg, Ca, Zn, Al, Fe, Cu, Pb	Cl, S, SO_4, NO_3	
18	Cadmiumsulfat	Ca, Zn, Al, Fe, Cu, Pb	Cl, NO_3, As	
19	Eisen-II-ammoniumsulfat	Na, K, Mg, Ca, Zn, Fe, Mn, Cu	Cl	
20	Eisen-II-sulfat	H, K, Na, Mg, Ca, Zn, Mn, Cu, $Fe^{\cdot\cdot\cdot}$	Cl, PO_4, N-Verbindungen, As	
21	Eisen-III-chlorid	H, Na, K, Mg, Ca, Zn, $Fe^{\cdot\cdot}$, Mn, Cu	SO_4, PO_4, As	freies Cl_2

70115 (Fortsetzung).

Lfd. Nr.	Name	Verunreinigungen		Andere Stoffe
		Kationen	Anionen	
22	Hydrazinsulfat	Fe, Pb	Cl	
23	Hydroxylaminhydrochlorid	Fe, Pb	SO_4, As	
24	Kaliumbicarbonat	Na, NH_4, Ca, Al, Fe, Pb	Cl, SO_4, NO_3, PO_4, SiO_2	
25	Kaliumbisulfat	Na, NH_4, Mg, Ca, Al, Fe, Pb	Cl, NO_3, PO_4, As	
26	Kaliumbitartrat	Na, NH_4, Ca, Fe, Pb	Cl, SO_4, PO_4	
27	Kaliumbromat	Na, Fe, Pb	Cl, Br, SO_4, N-Verbindungen	Neutralität
28	Kaliumbromid	Na, Mg, Ca, Ba, Al, Fe, Pb	Cl, BrO_3, J, SO_4, PO_4, N-Verbindungen	Neutralität
29	Kaliumcarbonat	Na, Mg, Ca, Al, Fe, Pb	Cl, S, ClO_3, SO_3, SO_4, S_2O_3, N-Verbindungen, PO_4, CN, SiO_2	
30	Kaliumchlorat	Na, Mg, Ca, Al, Fe, Pb	Cl, BrO_3, SO_4, N-Verbindungen, As	Neutralität
31	Kaliumchlorid	Na, Mg, Ca, Ba, Al, Fe, Pb	ClO_3, Br, SO_4, PO_4, N-Verbindungen	Neutralität
32	Kaliumcyanid	Na, Cu, Pb	Cl, S, SO_4, CO_3, SCN, $Fe(CN)_6''''$	
33	Kaliumeisen-III-cyanid	Na, Ca	Cl, SO_4, $Fe(CN)_6''''$	
34	Kaliumeisen-II-cyanid	Na, Ca	Cl, SO_4, CO_3	
35	Kaliumjodat	Na, Fe, Pb	Cl, ClO_3, Br, J, SO_4, N-Verbindungen	Neutralität
36	Kaliumjodid	Na, Mg, Ca, Ba, Al, Fe, Pb	Cl, Br, JO_3, SO_4, S_2O_3, PO_4, N-Verbindungen, CO_3, CN	
37	Kaliumnatriumcarbonat	Mg, Ca, Al, Fe, Pb	Cl, ClO_3, SO_4, N-Verbindungen, PO_4, SiO_2	
38	Kaliumnitrat	Na, NH_4, Mg, Ca, Fe, Pb	Cl, ClO_3, ClO_4, JO_3, SO_4, NO_2, PO_4	Neutralität
39	Kaliumnitrit	Ca, Schwermetalle	Cl, SO_4	
40	Kaliumpermanganat		Cl, SO_4, N-Verbindungen, As	
41	Kaliumpersulfat	Fe, Mn, Pb	Cl	
42	Kaliumsulfocyanid	NH_4, Na, Fe, Pb	Cl, S, SO_4	
43	Kobaltnitrat	Na, K, Mg, Ca, Ba, Zn, Fe, Mn, Cu, Pb	Cl, SO_4	
44	Kupferoxyd	Na, Ca, Al, Fe	Cl, S, SO_4, N-Verbindungen	Kohlenstoff
45	Mangan-Sulfat	Na, K, Mg, Ca, Zn, Fe, Pb	Cl	oxydierbare Stoffe
46	Natriumacetat	Mg, Ca, Al, Fe, Pb	OH, Cl, SO_3, SO_4, NO_3, PO_4, As	oxydierbare Stoffe
47	Natriumborate	Ca, Fe, Pb	Cl, SO_4, PO_4, CO_3, As	
48	Natriumbicarbonat	K, NH_4, Mg, Ca, Fe, Pb	Cl, SO_4, PO_4, SCN, SiO_2	Na_2CO_3, jodverbrauchende Stoffe
49	Natriumcarbonat	K, NH_4, Mg, Ca, Al, Fe, Pb	OH, Cl, S, SO_3, SO_4, S_2O_3, NO_3, PO_4, SiO_3, As	
50	Natriumchlorid	K, Mg, Ca, Ba, Fe, As	Br, SO_4, N-Verbindungen, PO_4	Neutralität, oxydierbare Stoffe
51	Natriumnitrat	H, K, NH_4, Mg, Ca, Fe, Pb	Cl, ClO_3, ClO_4, JO_3, SO_4, NO_2, PO_4	
52	Natriumnitrit	K, Ca, Fe, Pb	Cl, SO_4	
53	Natriumoxalat	H, K, Fe, Pb	Cl, SO_4, N-Verbindungen, PO_4, CO_3	weitere organische Verunreinigungen
54	Natriumphosphate	K, Fe, Pb	Cl, SO_4, N-Verbindungen, CO_3, As	
55	Natriumsulfit	Ca, Fe, Pb	Cl, S_2O_3, As	
56	Natriumsuperoxyd	Al, Fe, Pb	Cl, SO_4, N-Verbindungen, PO_4, SiO_3	
57	Quecksilberchlorid	Na, Ca, Fe, Pb	As	Hg_2Cl_2 u. andere oxydierbare Stoffe
58	Silbernitrat	Schwermetalle	Cl, SO_4	
59	Zinkoxyd	Mg, Ca, Fe, Pb	Cl, SO_4, NO_3, PO_4, As	oxydierbare Stoffe
60	Zinn-II-chlorid	Na, NH_4, Ca, Al, Fe, Pb	SO_4, As	

7012 Die Konzentration der Reagenzien.

1. Konzentrierte Säuren und Alkalien.

Schwefelsäure: ϱ: 1,84, 96% H_2SO_4.
Salzsäure: ϱ: 1,19, 38% HCl.
Salpetersäure: ϱ: 1,386, 62,4% HNO_3.
Ammoniak: ϱ: 0,905, etwa 26% NH_3.

2. Verdünnte Säuren und Alkalien 2 n.

1000 cm³ enthalten in g.

Salzsäure	72,92	Natriumhydroxyd	80,02
Salpetersäure	126,04	Kaliumhydroxyd	112,22
Schwefelsäure	98,09	Ammoniumhydroxyd	70,10
Essigsäure	120,06		

3. Salze 2 n.

Ammoniumcarbonat	96,08	Natriumcarbonat	106,00
Ammoniumchlorid	107,00	Ammoniumsulfid	681 5,

4. Salze 1 n.

Natriumacetat	136,07	Bariumchlorid	122,20
Natriumphosphat (Na_2HPO_4 + 12 aq.)	119,40	Eisen-III-chlorid	54,10
Natriumhypochlorit	37,23	Kaliumeisen-II-cyanid	105,60
Kaliumbichromat	49,03	Kaliumeisen-III-cyanid	109,74
Magnesiumsulfat	123,25	Bleiacetat	189,60
Calciumchlorid	109,55	Quecksilber-I-nitrat	262,10

5. Salze 0,5 n.

Ammoniumoxalat	35,53	Kaliumcyanid	32,55
Quecksilber-II-chlorid	67,73	Kaliumjodid	83,00
Kaliumthiosulfat	124,11	Kaliumrhodanid	48,59
Natriumbromid	51,50		

6. 0,1 n.

Silbernitrat	17,00

7. Gesättigte Lösungen.

1000 g enthalten bei 15°.

Chlorwasser	7,3 g	Cl	etwa 0,2 n
Bromwasser	36,6 g	Br	„ 0,45 n
Schwefelwasserstoffwasser	4,8 g	H_2S	„ 0,25 n
Kalkwasser	1,3 g	CaO	
Barytwasser	59,0 g	$Ba(OH)_2 \cdot 8\,H_2O$	„ 0,37 n
Gipswasser	etwa 2,5 g	$CaSO_4 \cdot 2\,H_2O$	„ 0,03 n

7013 Trockenproben.

70131 Erhitzen im einseitig offenen Rohr.

701311 Für sich.

Anzeige: *Farbänderung*	
Farbe	**Stoff**
heiß gelb, kalt weiß	ZnO
heiß braunrot, kalt gelb	PbO
heiß stahlgrau, kalt rostrot	Fe_2O_3
heiß rot, kalt gelb	CdS
schwarz	Metalloxyde, organische Substanzen

Anzeige: *Gasentwicklung* 1. Farb- und geruchlos	
Reaktion	**Stoff**
ohne	Edelgase
Verbrennung unterstützend	O_2
Kalkwasser trübend	CO_2

2. Farblos, riechend	
Geruch nach	**Stoff**
Ammoniak	Ammonsalze feuerbeständiger Säuren
Schwefelwasserstoff	wasserhaltige Sulfide
Verkohlung	organische Stoffe

Anzeige: *Gasentwicklung* 3. Gefärbte Gase	
Farbe	**Stoff**
braunrot	Nitrate
violett	freies Jod

Anzeige: *Wasserentwicklung*	
Reaktion	**Stoff**
sauer	HCl, HNO_3, H_2SO_4
alkalisch	NH_3

Anzeige: *Sublimatbildung*	
Farbe	**Stoff**
weiß	Ammonsalze, HgCl
weiß, kryst.	$HgCl_2$, As_2O_3, SeO_2
schwarz, Arsenspiegel	Arsen, Metallarsenide
schwarz, beim Reiben rot	HgS
schwarz, tropfenbildend	Hg
schwarz, Rand rötlich	Se
heiß dunkel, braungelb, kalt gelb	S
heiß dunkel, kalt gelbgelbrot	As_2S_3

701312 Im Gemisch mit Kaliumbisulfat oder Pyrosulfat.

Anzeige: *Gasentwicklung*			
Farbe	**Stoff**	**Geruch nach**	**Stoff**
braun, NO_2	Nitrate und Nitrite	geruchlos, CO_2	Carbonate
		H_2S	Sulfide
braun, Br	Bromide	SO_2	Sulfite
violett, J	Jodide	SO_2 und S-Ausscheidung	Thiosulfate, Polythionate
gelbgrün, Cl	Chlorate usw.	SO_2	reduzierende Stoffe
		stechend, Glas ätzend	Fluoride

70132 Erhitzen im beidseitig offenen Rohr (Röstrohr).

Neben den unter 70131 aufgeführten Erscheinungen treten noch folgende auf:

Anzeige	Gas	Rauch	Sublimat		
Farbe	farblos	weiß	leichtflüchtig	schwerflüchtig	Metallkugel
Stoff	S und Metallsulfide	Te	As, Se	Sb, Re	Hg
	Nach Anrösten mit SO_2			blau: Re	

70133 Perlproben.

Oxydationsperle heiß	Oxydationsperle kalt	Reduktionsperle heiß	Reduktionsperle kalt	Element
701331 Boraxperle.				
violett	rotviolett; bei starker Sättigung schwarz	farblos		Mn
violett nur kurze Zeit zu erkennen	rotbraun	farblos oder grau von fein verteiltem Metall		Ni
blau		blau		Co
grün	blaugrün bis hellblau	farblos	siegellackrot	Cu
gelblich	grüngelb	bräunlich	hellgrün	V
dunkelgelb bis rot	grün	grün		Cr
gelbrot	gelblich	grün		
gelbrot	gelblich	bei starker Sättigung schwarzgrün		U
gelblich	farblos	braun	braunschwarz	Mo
gelb bis farblos	farblos	gelb	hellbraungelb	W
gelblich	farblos	gelbbraun		Ti
gelbrot	gelb bis farblos	grünlich		Fe
701332 Phosphorsalzperle.				
violett		farblos		Mn
blau		blau		Co
grün	blaugrün bis hellblau	farblos bis grünlich	siegellackrot (m. etwas met. Zinn)	Cu
gelblich	farblos	braungrün	grün	Mo
rötlich, dann schmutzig grün, zuletzt rein grün		ebenso, nur tiefer gefärbt		Cr
dunkelgelb	gelb	bräunlich	grün	V
gelb	gelbgrün	schmutzig grün	grün	U
gelblich	farblos	gelb	violett, mit $FeSO_4$ geglüht rot	Ti
gelblich	farblos	schmutzig grün	blau, mit $FeSO_4$ blutrot	W
rötlich braun	gelb bis rötlich gelb	rötlich bis gelblich mit $SnCl_2$ grau		Ni
gelbrot, dann gelbgrün, zuletzt bräunlich				Fe
als Skelett in der Perle schwimmend				SiO_2

70134 Flammenfärbungen.

Etwas Substanz mit HCl befeuchtet, am Platindraht oder Magnesiastäbchen im Flammenmantel erhitzt, gibt Flammenfärbungen.

Färbung	Element
gelb	Na
gelbrot-ziegelrot .	Ca
karmesinrot . .	Sr, Li
gelbgrün	Ba, B
reingrün	Tl
blaugrün	Cu als Nitrat
blau	Cu als Chlorid
violett	K, Rb, Cs (bei Gegenwart von Na durch Kobaltglas betrachten!)

70135 Lötrohrproben.

701351 In der Oxydationsflamme.

Anzeige	Stoff
α) Substanz allein.	
Verpuffung	Nitrate, Nitrite, Chlorate, Perchlorate
Geruch:	
nach SO_2	Sulfide
nach Knoblauch	Arsen
nach faulem Rettich	Selen
Beschlag allein:	
gelb bis dunkelgelb	Blei-Wismut
heiß gelb, kalt weiß	Zink
nach Glühen mit $Co(NO_3)_2$ zeisig-grün	Zink
braun, bunt schillernd	Cadmium
dicht an der Probe weiß	Zinn
nicht flüchtig, mit $Co(NO_3)_2$ grün	Zinn
von der Probe entfernt weiß, leicht flüchtig, Knoblauchgeruch	Arsen
grau, Geruch nach faulem Rettich	Selen
weiß, beim Anblasen blau	Molybdän
β) Substanz mit Soda gemischt.	
Beschlag und Korn:	
Beschlag: gelb mit weißem Saum; Korn: silberglänzend, duktil	Blei
Beschlag: braungelb; Korn: silberglänzend, spröde	Wismut
Beschlag: weiß, mit bläulichem Saum; Korn: silberglänzend, spröde	Antimon
Beschlag: weiß, gering, mit $Co(NO_3)_2$ blaugrün; Korn: silberglänzend, duktil, leichtschmelzend	Zinn
Korn allein:	
Korn: gelbglänzend, duktil	Gold
Korn: silberglänzend, duktil	Silber
Korn: rote Masse	Kupfer
Korn: graue, magnetische Flitter	Eisen, Nickel, Kobalt
Korn: graue, unmagnetische Flitter und Blätter .	Platin

701351 (Fortsetzung).

Anzeige	Stoff
γ) Substanz mit $Co(NO_3)_2$-Lösung anreiben.	
Gefärbte Schmelzen:	
blau	Aluminiumoxyd und Silicate
reingrün	Zinkoxyd
blaugrün	Zinnoxyd
gelblichgrün	Titanoxyd
rosa	Magnesia

701352 In der Reduktionsflamme.

Substanz im Gemisch mit Soda (Heparprobe).

Gelbe bis braune Schmelze, mit Wasser auf Silbermünze zerdrückt: schwarzer Fleck	Schwefel

70136 Soda-Salpeterschmelze.

Auf der Magnesiarinne wird etwas Soda mit wenig Salpeter geschmolzen, wenig Substanz zugebracht und stärker geschmolzen.

Anzeige	Stoff
Hellgelbe Schmelze	Chrom
Blaugrüne Schmelze	Mangan

Nach Zerreiben der Schmelze mit Wasser, eventuell filtrieren und Ansäuren mit verdünnter Schwefelsäure, Einlegen eines Stückchens Zink:

Lösung wird braunschwarz, vorher mitunter ultramarinblau	Molybdän
Lösung erst hellblau, später grün	Vanadin
Lösung wird langsam satt himmelblau	Wolfram

7014 Naßproben.

70141 Kationen-Nachweise.

In den folgenden Tabellen sind die sog. Reaktionen der einzelnen Elemente, unterschieden nach Kationen- und Anionen-Reaktionen, aufgeführt.

Soweit möglich sind die entstehenden Stoffe ihrer chemischen Formel gemäß aufgeführt. Ferner ist die Farbe der entstehenden Fällung (Flg) oder Färbung (Fbg) angegeben[1]. Wo zwei Reagenzien in einer Spalte untergebracht sind, werden die auftretenden Stoffe ebenfalls getrennt aufgeführt. Erwähnt wird die Löslichkeit bzw. Unlöslichkeit[2] im Überschuß des Fällungsmittels (l. bzw. unl. i. Ü.). Feinere Unterschiede, die z. B. durch größere oder kleinere Konzentrationen bedingt werden, konnten nicht immer zum Ausdruck kommen. Es ist dann zumeist die bei hoher Konzentration und eventuell nach längerer Dauer, auch bei höherer Temperatur auftretende Erscheinung angeführt.

Bei den spezifischen Reagenzien wurden nur die gebräuchlichen herangezogen, und zwar unter besonderer Berücksichtigung auf den unter 70161 sich anschließenden Analysengang. Es sei aber auch auf die Tabellen der spezifischen und empfindlichen Nachweise besonders verwiesen (7015).

Literatur.

Böttger, W.: Qualitative Analyse. Leipzig 1925. — Treadwell, F. P.: Kurzes Lehrbuch der analytischen Chemie. Leipzig 1930/39.

[1] Bezeichnung der Farben 7015 (s. S. 1639).

[2] Es bedeutet: w.l. = wenig löslich, l.l. = leicht löslich, st = stark, schw. = schwach, k.gef. = kalt gefällt, h.gef. = heiß gefällt, verh. = verhindert.

70141 Kationen-Nachweise.

Element	Fällungs- und Lösungsmittel			
	HCl	H_2S	NH_4OH, NaOH	$(NH_4)_2S_x$, Na_2S_x
Hg^I	Hg_2Cl_2, w. Flg., unl. i. Ü.	HgS, Hg, s. Flg., unl. i. verd. h. HNO_3	$Hg_2ONH_2NO_3$, Hg, s. Flg. Hg_2O, s. Flg. beide unl. i. Ü.	— $(HgS_2)''$
Ag	AgCl, w. Flg., s. wenig l. i. Ü.	Ag_2S, s. Flg., l. i. verd. h. HNO_3	AgOH, w. Flg., l. l. i. Ü. Ag_2O, br. Flg., unl. i. Ü.	Ag_2S, unl. i. Ü.
Pb	$PbCl_2$, w. Flg., wenig l. i. Ü., l. i. heißem H_2O	PbS, s. Flg., l. i. verd. h. HNO_3	$Pb(OH)_2$, unl. i. Ü., w. Flg. $Pb(OH)_2$, w. Flg., l. i. Ü.	PbS, s. Flg., unl. i. Ü.
Tl^I	TlCl, w. Flg., s. wenig l. i. Ü.	Tl_2S, s. Flg., l. l. i. Mineralsäuren	—	Tl_2S, s. Flg.
Tl^{III} s. S. 1630	—	—	—	—
Hg^{II}	—	HgS, s. Flg., unl. i. verd. h. HNO_3	$HgNH_2Cl$, w. Flg. HgO, g. Flg., unl. i. Ü.	HgS, s. Flg., l. i. K_2S

	H_2S	NH_4OH, NaOH	$(NH_4)_2S_x$, Na_2S_x	Na_2CO_3
Cu	CuS, s. Flg., l. i. verd. h. HNO_3	bas. Salz, hellgrüne Flg., l. l. i. Ü., azurblau $Cu(OH)_2$, bl. Flg., w. l. i. Ü.	CuS, s. Flg., w. l. i. Ü. CuS, s. Flg. unl. i. farbl., l. i. gelb. Na_2S	bas. Salz, hellgr. Flg. l. i. Ü., blaue Fbe.
Bi	Bi_2S_3, br. Flg., l. i. verd. h. HNO_3	bas. Salz, w. Flg. $Bi(OH)_3$, w. Flg., beide unl. i. Ü.	Bi_2S_3, br. Flg., w. l. i. Ü.	bas. Salz, w. Flg.
Cd	CdS, gelbe Flg., l. i. verd. h. HNO_3	$Cd(OH)_2$, w. Flg., l. i. Ü. $Cd(OH)_2$, w. Flg., unl. i. Ü.	CdS, gelbe Flg.	bas. Carbonat, w. Flg.

70141 (Fortsetzung).

Element	Fällungs- und Lösungsmittel			Oxydations- und
	H_2S	NH_4OH, NaOH	$(NH_4)_2S$, Na_2S	J
Sn^{II}	SnS, br. Flg., l. l. i. st. HCl	$Sn(OH)_2$, unl. i. Ü., w. Flg. $Sn(OH)_2$ w. Flg., l. l. i. Ü.	SnS, br. Flg., l. i. Polysulf.	J', farbl. Lsg.
Sn^{IV}	SnS_2, g. Flg., l. l. i. st. HCl	$Sn(OH)_4$, w. Flg., w. l. i. Ü. $Sn(OH)_4$, w. Flg., l. i. Ü.	SnS_2, g. Flg., l. i. Ü.	—
Sb^{III}	Sb_2S_3, orange Flg., l. l. i. st. HCl	$Sb(OH)_3$, w. Flg., unl. i. Ü. $Sb(OH)_3$, w. Flg., l. i. Ü. H_2O: bas. Salz, w. Flg.	Sb_2S_3, orange Flg., l. i. Ü.	J', farbl. Lsg.
Sb^V	Sb_2S_5, orange Flg., l. l. i. st. HCl	w. Flg., l. i. HCl u. Alkalil.	Sb_2S_5, orange Flg. l. i. Ü.	—

(Hg^I, Ag, Pb, Tl, Hg^{II}; Cu Bi, Cd.)

Reduktionsmittel		Spezifische Reaktionen
Unedlere Metalle	$SnCl_2$	
Hg	Hg	KJ: Hg_2J_2, grüne Flg., l. i. Ü.: $(HgJ_4)''$ u. Hg KCN: $Hg(CN)_2$ u. Hg K_2CrO_4: Hg_2CrO_4, r. Flg.
Ag	$FeSO_4$: Ag	KJ: AgJ, g. Flg., f. unl. i. NH_4OH, l. i. KCN u. i. Thiosulfat KCN: AgCN, w. Flg., l. l. i. Ü. K_2CrO_4: Ag_2CrO_4, braunrote Flg., l. i. NH_4OH u. i. HNO_3 Na_2HPO_4: Ag_3PO_4, g. Flg., l. i. NH_4OH u. i. HNO_3 Na_2CO_3: Ag_2CO_3, w. Flg., b. Kochen schwarz. Ag_2O
Pb	—	KJ: PbJ_2, g. Flg., wenig l. i. Ü. KCN: $Pb(CN)_2$, unl. i. Ü. K_2CrO_4: $PbCrO_4$, g. Flg., l. i. HNO_3 u. i. KOH H_2SO_4 (Sulfate): $PbSO_4$, l. i. konz. heiß. HCl, l. i. st. Alk., l. l. i. Ammontartrat u. -acetat
—	—	KJ: TlJ, g. Flg. K_2CrO_4: Tl_2CrO_4, g. Flg., unl. i. k. HNO_3 od. H_2SO_4 H_2PtCl_6: Tl_2PtCl_6, hellg. Flg. $Al_2(SO_4)_3$: $TlAl(SO_4)_2$, fbl. glänz. Oktaeder
—	—	$K_3Fe(CN)_6$: $Tl(OH)_3$, br. Flg.
Hg	Hg_2Cl_2, Hg w. u. graue Flg. $FeSO_4$: Hg	KJ: HgJ_2, r. Flg., l. i. Ü. $(HgJ_4)''$, farbl. Lsg.; Zusatz v. KOH: Neßlers Reagens KCN: keine Flg. K_2CrO_4: $HgCrO_4$, g. Flg. K_2CO_3: bas. Carbonat, rotbr. Flg.
KCN	**KCNS**	
CuCN, w. Flg., l. i. Ü.	CuCNS, w. Flg., unl. i. Ü.	KJ: CuJ, J_2, w. Flg., br. Fbg. $K_4Fe(CN)_6$: $Cu_2Fe(CN)_6$, rotbr. Flg./Fbg. Na_2CO_3: bas. Salz, hellgr., wenig l. i. Ü. NaOH u. Weins.: Komplexsalz, bl. Lsg. durch Traubenzucker u. ä.: Cu_2O, r. Flg.
w. Hydroxyd	$(SnO_2)''$: Bi, s. Flg.	KJ: BiJ_3, s. Flg., l. i. Ü.: g. Lsg. Zn: Bi, s. Flg. $K_2Cr_2O_7$: $(BiO)_2Cr_2O_7$, g. Flg., unl. i. Alk., l. i. Ss. NaH_2PO_4: $BiPO_4$, w. Flg., unl. i. verd. HNO_3 Na_2CO_3: w. bas. Salz
$Cd(CN)_2$ w. Flg., l. l. i. Ü.	—	

(Sn^{II}, Sn^{IV}, Sb^{III}, Sb^V.)

Reduktionsmittel			Spezifische Reaktionen
HJ	Zn an Pt	nasc. H	
—	Sn, graue Flg., l. i. HCl	—	$HgCl_2$: Hg_2Cl_2, w. Flg., ev. Hg, grau. Metall $AuCl_3$: Au, Cassiusscher Goldpurpur
—	Sn, graue Flg., l. i. HCl	—	
—	Sb, s. Flg., unl. i. HCl	SbH_3, zerf. l. b. Erhitzen (s. Spiegel)	
J_2, br. Fbg.	Sb, s. Flg., unl. i. HCl	SbH_3, zerf. l. b. Erhitzen (s. Spiegel)	

70141 (Fortsetzung).

Element	Fällungs- und Lösungsmittel			Oxydations- und
	H_2S	NH_4OH, NaOH	$(NH_4)_2S$, Na_2S	J
As^{III}	As_2S_3, g. Flg., unl. i. st. HCl	—	As_2S_3, g. Flg., l. i. Ü.	J′, farbl. Lsg.
As^{V}	As_2S_5, g. Flg., unl. i. st. HCl	—	As_2S_5, g. Flg., l. i. Ü.	J′ farbl. Lsg. bei nied. (H˙)

70141 (Fortsetzung).

Element	Fällungs- und Lösungsmittel				Re-	
	H_2S	NH_4OH NaOH	KCl NH_4Cl	KJ	Unedle Metalle: Zn, Fe, Cd, Al u. a. m.	$SnCl_2$
Au	Au_2S_3, s. Flg.	$Au(NH_2)Cl$, g. Flg., l. i. Ü. (Knallgold) $Au(OH)_3$, rotbr. Flg., l. i. Ü.	—	AuJ_3, graugrüne Flg., l. i. Ü. $(AuJ_2)'$, $(AuJ_4)'$, J_2	Au, braunschwarze Flg.	Au, Cassiusscher Goldpurpur
Pt	PtS_2, braune Flg., wenig l. i. Alkalisulfid	— $Pt(OH)_4$, w. Flg.	K_2PtCl_6, $(NH_4)_2PtCl_6$ g. Flg.	$(PtJl_6)''$ rotbraune Lsg.	Pt, s. Flg.	Pt-Purpur, blutrote Fbg.
Ir	IrS_2, dunkelbr. Flg., unl. i. Polysulfid	— $Ir(OH)_3$ u. $Ir(OH)_4$, tiefbl. Flg. u. Fbg.	K_2IrCl_6, schwarzbraun $(NH_4)_2IrCl_6$, dunkelrote Flg.	—	Ir, s. Flg.	entfärbt
Os	OsS_2, br. Flg., unl. i. $(NH_4)_2S$	— $Os(OH)_4$, s. Flg., l. i. konz. Lauge m. hellroter Fbe.	—	—	Os, s. Flg.	Os-Purpur
Pd	PdS, s. Flg., unl. i. Alk. u. $(NH_4)_2S$	$Pd(NH_3)_2Cl_2$, fleischrote Flg., l. i. Ü. farbl. $Pd(OH)_2$, rotbr. Flg., unl. i. Ü.	K_2PdCl_4, rotbr. Flg., $(NH_4)_2PdCl_6$, gelbbr. Flg.	PdJ_2, s. Flg.	Pd, s. Flg.	Pd-Purpur, braun
Rh	Rh_2S_3, br. Flg., l. i. konz. HCl	$Rh(NH_3)_5Cl_3$, g. Flg. $Rh(OH)_3$, g. Flg., l. l. i. Ü.	—	—	Rh, s. Flg.	Rh-Purpur, rotbr.
Ru	RuS_2(?), s. Flg., unl. i. Polysulf.	— $Ru(OH)_3$ u. $Ru(OH)_4$ unl. i. Ü.	—	—	Ru, s. Flg.	Ru-Purpur, braun

(As^{III}, As^{V}.)

Reduktionsmittel			Spezifische Reaktionen
HJ	Zn an Pt	nasc. H	
—	—	AsH_3, zerf. b. Erhitzen (s. Spiegel)	$AgNO_3$: Ag_3AsO_3, g. Flg., l. i. HNO_3 u. i. NH_4OH $MgCl_2$: keine Flg. $SnCl_2$: As, braunschwarz, st. salzs. Lsg.!
J_2, br. Fbg., b. hoher ($H^{\bullet}$)	—	AsH_3, zerf. b. Erhitzen (s. Spiegel)	$AgNO_3$: Ag_3AsO_4, schokoladenbr. Flg. l. i. HNO_3 u. i. NH_4OH $MgCl_2$ (Magn. mixtur): $MgNH_4AsO_4$, w. Flg. Ammonmolybdat: $(NH_4)_3AsO_4(MoO_3)_{12}$, g. Flg., unl. i. HNO_3

(Au, Pt, Ir, Os, Pd, Rh, Ru.)

duktionsmittel						
$TiCl_3$	SO_2	HCOOH $H_2C_2O_4$	$FeSO_4$ HJ	NH_2OH N_2H_4	NaH_2PO_2	Glycerin, Alkohol, Formaldehyd
Au, grau- schwarze Flg., i. s. Lsg.	Au, br. Flg. i. s. Lsg.	Au, aus s. u. alk. Lsg. Au, br. Flg.	Au, br. Flg., aus s. u. alk. Lsg.	—	Au, b. Kochen i. schw. s. Lsg.	Au, Formald.: gelb-rot- violett kolloid. Lsg.
Pt, aus schw. s. Lsg. desgl. v. $CrSO_4$ entfärbt	$(PtCl_4)''$ br. Fbg., i. d. Hitze	Pt, s. Flg., heiße neutr. Lsg. Oxals. re- duz. nicht CO: r. koll. Pt	Pt, aus soda- alk. Lsg., nicht aus s. Lsg.	— Pt-Spie- gel aus ammoniak. Lsg.	$(PtCl_4)''$ br. Fbg. i. salzs. Lsg.	Pt, s. Flg. Pt, fein vert. Ng aus alk. Lsg.
entfärbt	—	Ir, s. Flg.	—	Ir^{III} gefärbte Lsg.	—	—
Os, fein ver- teilte Flg.	—	—	— grüne Os-Jodide neben J_2	—	—	—
—	Pd, s. Flg.	Pd, s. Flg. CO: Pd, s. Flg. i. schw. HCl- Lsg.	Pd, s. Flg.	—	—	Pd, s. Flg.
Rh, s. Flg., f. vert. h. lösl. i. H_2O_2	—	Rh, s. Flg., gut filtr.	—	—	—	—
Ru, s. Flg. n. lang. Kochen i. s. Lsg.	—	Ru, s. Flg.	—	—	—	—

70141 (Fortsetzung).

Element	Fällungs- und Lösungsmittel				Re-	
	H_2S	NH_4OH $NaOH$	KCl NH_4Cl	KJ	Unedle Metalle: Zn, Fe, Cd, Al u. a. m.	$SnCl_2$
Se^{IV}	Se u. S, zitroneng. Flg., l. l. i. $(NH_4)_2S$	—	—	HJ: Se, r. Flg.	Se, rote Flg. HCl reduz. Se^{VI} zu Se^{IV}	Se, rote Flg.
Te^{IV}	Te u. S, br. Flg., l. l. i. $(NH_4)_2S$	—	—	HJ: rot-br. Fbg.	Te, s. Flg. HCl reduz. Te^{VI} zu Te^{IV}	Te, s. Flg.

70141 (Fortsetzung).

Element	Fällungs- und					
	H_2S	NaOH KOH	NH_4OH $(NH_4)_2S$	Na_2HPO_4	Na_2CO_3 $(NH_4)_2CO_3$	$NaC_2H_3O_2$
Be	—	$Be(OH)_2$, w. Flg., l. l. i. Ü., durch Kochen Hydrolyse	$Be(OH)_2$, w. Flg., kaum l. i. Ü.	—	— $BeCO_3$, l. l. i. Ü., durch Kochen bas. Carbonat	—
Al	—	$Al(OH)_3$, l. i. Ü.	$Al(OH)_3$, unl. i. Ü.	$AlPO_4$, unl. i. Essigs.	$Al(OH)_3$, w. Flg.	bas. Acetat, w. Flg., b. Kochen
Ga	Ga_2S_3, w. Flg.	$Ga(OH)_3$, l. i. Ü.	$Ga(OH)_3$, tlw. l. i. Ü.	—	$Ga(OH)_3$, w. Flg., auch b. Ggw. v. Ammons., tlw. l. i. Ü.	—
In	In_2S_3, g. Flg., l. Alkalisulfid	$In(OH_3)$, l. i. Ü.	$In(OH)_3$	—	—	—
Tl^{III}	—	$Tl(OH)_3$, br. Flg., unl. i. Ü.	$Tl(OH)_3$, br. Flg., unl. i. Ü.	—	—	—
Fe^{II}	FeS, schw. Flg. a. schw. s. Lsg.	$Fe(OH)_2$, grünl.-w. Flg., a. d. Luft: $Fe(OH)_3$	$Fe(OH)_2$, grünl.-w. Flg., unvollstdg., b. Ggw. v. Ammonss. k. Flg.	—	$FeCO_3$, w. Flg., an d. Luft: br. $Fe(OH)_3$	—
Fe^{III}	$Fe^{\cdot\cdot}$ u. S	$Fe(OH)_3$, br. Flg.	$Fe(OH)_3$, br. Flg., Fe_2S_3, schw. Flg.	$FePO_4$, gelbl. w. Flg., unl. i. Essigs.	bas. Carbonat, b. Kochen: $Fe(OH)_3$	br. Fbg., b. Kochen: bas. Acetat
Cr^{III} (Cr^{VI} s. S. 1634)	— —	$Cr(OH)_3$, l. i. Ü. graugrüne Flg.	$Cr(OH)_3$, graugrüne Flg., etwas l. i. Ü.	$CrPO_4$, grüne Flg., unl. i. Essigs.	$Cr(OH)_3$, graugr. Flg.	keine Flg., wohl b. Ggw. v. $Fe^{\cdot\cdot\cdot}$ u. $Al^{\cdot\cdot\cdot}$
Mn^{II} Mn^{VII} (s. Anionen-Reaktionen S. 1638)	—	$Mn(OH)_2$, w. Flg., a. d. Luft braun	$Mn(OH)_2$, w. Flg., unvollstdg. MnS, fleischf. Flg., grüne Flg. b. Abw. v. Ammonss.	$Mn_3(PO_4)_2$, w. Flg., l. i. Essigs.	$MnCO_3$, w. Flg.	—

(Se^{IV}, Te^{IV}).

duktionsmittel						
$TiCl_3$	SO_2	HCOOH $H_2C_2O_4$	$FeSO_4$ HJ	NH_2OH N_2H_4	NaH_2PO_2	Glycerin, Alkohol, Formaldehyd
—	Se, rote Flg.	—	Se, rote Flg.	Se, rote, n. läng. Kochen grau N_2H_4: Se aus Se^{VI}	—	—
—	Te, s. Flg. a. verd. HCl-Lsg.	—	rotbr. Fbg., beim Verd. hellgelb	Te, s. Flg., a. ammoniak. Lsg. Te, s. Flg., a. s. u. ammoniak. Lsg.	—	—

(Be, Al, Ga, In, Tl^{III}, Fe^{II}, Fe^{III}, Cr^{III}, Mn^{II}.)

Lösungsmittel				Spezifische Reaktionen
$Na_2S_2O_3$	KCN	$K_3Fe(CN)_6$ $K_4Fe(CN)_6$	H_2O_2	
—	—	—	—	K_2SO_4: $K_2Be(SO_4)_2$, w. kryst. Flg., l. i. konz. K_2SO_4-Lsg. Äther-Salzs. löst $BeCl_2$ Alkannatinktur: rotviol. Fbg., orangerot fluorsz. Acetylaceton: fbl. monokl. prism. Kryst.
$Al(OH)_3$, w. Flg., b. Kochen	—	—	—	Morin: grüne Fluorescenz
—	—	— $Ga_4(Fe(CN)_6)_3$	—	Alkalibisulfite: $Ca(OH)_3$, flock. Flg. Zink i. neutr. Lsg.: Ga met. schwammige Flg.
—	—	—	—	$Na_2S_2O_4$: b. Kochen $In_2(SO_3)_3 \cdot In_2O_3 \cdot 8\,H_2O$
—	—	—	—	KJ: TlJ und J_2
—	—	$Fe_3(Fe(CN)_6)_2$, bl. Flg. $K_2Fe(Fe(CN)_6)$, w. Flg.	$Fe^{\cdots}$	KCNS: keine Fbg.
violett-rote Fbg., dann farbl. Lsg. ($Fe^{\cdot\cdot}$)	—	$Fe(Fe(CN)_6)$, br. Fbg. $Fe_4(Fe(CN)_6)_3$, bl. Flg.	—	KCNS: rote Fbg. v. $Fe(CNS)_3$, lsl. i. Äther. Organ. Oxyss., Alkaliacetat PO_4''', F' stören; HNO_2 zerstört die Farbe
$Cr(OH)_3$, graugr. Flg. neben S	—	—	CrO_4'' g. Lsg. i. alk. Medium	
—	bräunl. Flg., l. i. Ü. scheidet $K(Mn(CN)_3)$ aus, l. i. gr. Ü.	—	—	PbO_2 u. HNO_3 (konz.), ferner KJO_4 i. s. Lsg., ferner $(NH_4)_2S_2O_8$ u. $AgNO_3$ u. H_2SO_4: MnO_4', rotviolette Fbg. Desgl. $NaBiO_3$ i. verd. Lgs., HCl stört

70141 (Fortsetzung).

Element	Fällungs- und						
	H_2S	NaOH KOH	NH_4OH $(NH_4)_2S$	Na_2HPO_4	Na_2CO_3 $(NH_4)_2CO_3$	$NaC_2H_3O_2$	$Na_2S_2O_3$
Zn	ZnS, w. Flg.	$Zn(OH)_2$, w. Flg., l. i. Ü.	$Zn(OH)_2$, l. i. Ü.	$Zn_3(PO_4)_2$, w. Flg.	bas. Carbonat, w. Flg., dass. l. i. Ü. Ammons. verh. d. Flg.	—	—
Ni	NiS, schw. Flg., a. schw. s. Lsg.	$Ni(OH)_2$, unl. i. Ü., dazu Oxyd. schw. Flg.	bas. Salz, grün, l. i. Ü. NiS, schw. Flg.	$Ni_3(PO_4)_2$, grüne Flg., l. i. Essigs.	$NiCO_3$, apfelgr. Flg., dass. l. i. Ü.	—	—
Co	CoS, schw. Flg., a. schw. s. Lsg.	$Co(OH)_2$, rosenrote Flg., unl. i. Ü., dazu Oxyd. schw. Flg.	bas. Salz, blau, l. i. Ü. CoS, schw. Flg.	—	bas. Salz, rötl. Flg. dass. l. i. Ü.	—	—
Ge	GeS_2, w. Flg. a. st. s. Lsg.	—	—	—	—	—	—
Ti	—	$Ti(OH)_4$, w. Flg., unl. i. Ü., l. i. Ss.	$Ti(OH)_4$, $TiO(OH)_2$, w. Flg.	$TiOHPO_4$, w. Flg. l. i. Ss, unl. i. Essigs.	—	$TiO(OH)_2$, w. Flg. i. d. Siedehitze	$TiO(OH)_2$, w. Flg. i. d. Siedehitze
Zr	—	$Zr(OH)_4$, k. gef. l. l., h. gef. schw. l. i. Ss. w. Flg.	$Zr(OH)_4$, w. Flg., unl. i. Ü.	—	u. NH_4OH: w. Flg., i. d. Hitze	—	Zirkon-Hydrat u. S
Th	—	$Th(OH)_4$, w. Flg. unl. i. Ü. l. i. Ss. Oxyss. verh.	wie KOH	— $Na_2H_2P_2O_6$: ThP_2O_6, amorphe Flg. unl. i. Alk.	u. NH_4OH: lösen gefälltes bas. Carbonat	—	$Th(OH_4)$, w. Flg.
Hf	—	—	—	—	—	—	—

70141 (Fortsetzung).

Element	Fällungs- und Lösungsmittel			Oxydations- und Reduktions-			
	verd. Säuren	H_2S	NH_4OH $(NH_4)_2S$	H_2O_2	Zn, Al, Cd	$SnCl_2$	HJ SO_2
V	—	Vanadylsalz, bl. Fbg.	— Sulfos., r. Fbg., b. Ansäuern: V_2S_5, br. Flg.	rotbr. Fbg., n. ätherl.	V··· u. V··, bl., grüne, viol. Fbg.	—	Vanadyls. bl. Fbg.
Nb	Nb_2O_5, l. i. konz. H_2SO_4 CO_2: Niobs.-Sol	—	Niobs., l. i. H_2F_2	löst fr. gef. Niobs. b. Ggw. v. Ss. od. Bb	bl., br., grü. Fbg.	—	SO_2 fällt i. H_2O_2 gel. Niobs. wieder aus.

(Zn, Ni, Co, Ge, Ti, Zr, Th, Hf.)

Lösungsmittel					Spezifische Reaktionen
KCN	$H_2C_2O_4$ $(NH_4)_2C_2O_4$	H_2F_2	$K_3Fe(CN)_6$ $K_4Fe(CN)_6$	H_2O_2	
$Zn(CN)_2$, w. Flg., l. i. Ü.	—	—	— $Zn_3K_2[Fe(CN)_6]_2$ w. Flg.	—	
$Ni(CN)_2$, hellgr. Flg., l. i. Ü. daraus durch Oxyd.: Oxydhydr. schw. Flg.	—	—	—	—	Dimethylglyoxim: rote Flg. v. Dimethylglyoximnickel Dicyandiamidinsulfat: gelbe Flg. v. Dicyandiamidinnickel
$Co(CN)_2$, rotbr. Flg., l. i. Ü. daraus durch Oxyd. k. Flg.	—	—	—	—	KNO_2: $K_3[Co(NO_2)_6]$, gelbe Flg. $(NH_4)CNS$: $Co(CNS)_4''$, blaue Fbg., insbes. in Amylalk. u. Ae., Fe''' stört, wird durch Ammonacetat-Weins.lsg. beseitigt α-Nitroso-β-Naphthol: purpurrote Flg.
—	—	—	—	—	
—	—	TiO_2 wird nicht verfl.	— br. Flg.	$H_2[TiO_2(SO_4)_2]$, gelbe-rote Flg.	$Na_2S_2O_4$: rotviolette Fbg., Zn (met) i. s. Lsg.: Ti''', violette Fbg.
—	Zirkonoxalat, w. Flg., l. i. Ü.	vol. Flg., l. i. Ü. (ZrF_6'') fbl.	—	$HOOZr(OH)_3$, w. Flg., gibt m. HCl Cl_2	$NaJO_3$: Zirkonjodat, w. Flg., l. i. HCl, K_2SO_4: k. Kaliumzirkonsulfat, h. bas. Zirkonsulfate. Alizarinsulfos.: violettroten, lsl. Farblack. Acetylaceton u. CS_2: rote Fbg. Kurkumapapier: rotbraune Fbg.
—	w. Oxalat, unl. i. Ü. w. Oxalat, l. i. Ü.	$ThF_4 \cdot 4\,H_2O$, unl. i. Ü.	—	$HOOTh(OH)_3$, w. gel. Flg., l. i. Min. ss.	KJO_3: $Th(JO_3)_4$, w. Flg. — K_2SO_4: Kaliumthorsulfate
—	—	—	—		Acetylaceton u. CS_2: rote Fbg — Rufigalluss. wird von Hf schneller und intensiver weinrot gefärbt als von Zr.

(V, Nb.)

mittel	Spezifische Reaktionen						
Alkohol Oxysäuren	$AgNO_3$	$HgNO_3$	$Pb(C_2H_3O_2)_2$	H_3PO_4	$K_4Fe(CN)_6$	konz. Ss.	HKF_2
wie SO_3	—	$HgNO_3$, w. Flg., l. i. HNO_3	$Pb(VO_3)_2$, w. Flg., l. i. HNO_3	—	—	—	—
—	—	—	—	—	graugrüne Flg.	H_2SO_4: löst gefällte Niobs.	keine Flg.

70141 (Fortsetzung).

Element	Fällungs- und Lösungsmittel			Oxydations- und Reduktions-			
	verd. Säuren	H_2S	NH_4OH $(NH_4)_2S$	H_2O_2	Zn, Al, Cd	$SnCl_2$	HJ SO_2
Ta	Ta_2O_5, l. i. konz. H_2SO_4	—	Ta_2O_5, od. s. Ammons., Weins. verh.	wie Nb	keine Fbg.	—	wie Nb.
Cr^{VI}	$H_2Cr_2O_7$, oranger. Lsg.	$Cr^{\cdots}$, grüne Fbg.	— $Cr^{\cdots}$, grüne Flg.	CrO_5, b. Fbg. l. l. i. Ä.	$Cr^{\cdots}$, grüne Lsg.	—	$Cr^{\cdots}$, grüne Lsg. desgl.
Mo	H_2MoO_4, w. Flg.	MoS_2, br. Flg., vorher bl. Fbg.	— löst MoS_2 zu r. $(NH_4)_2MoS_4$, m. Ss. MoS_3, br. Flg.	$HMoO_4$, g. Fbg.	bl., grün, br. Fbg. d. s. Lsg.	wie Zn, Zus. v. KCNS: Mo-rhodan., blutr. Fbg.	— bl. Fbg. d. neutr. od. s. Lsg.
W	$WO_3 \cdot x\,H_2O$ Weins. verh.	keine Flg.	WS_4'', b. Ans. WS_3, br. Flg.	—	W_2O_5, bl. Flg.	g. Flg., Zus. v. HCl: bl.	—
U	—	—	$(NH_4)_2U_2O_7$, g. Flg. l. i. Ammoncarb. UO_2S, br. Flg., l. i. Ss. u. $(NH_4)_2CO_3$	—	$U^{\cdots\cdot}$, grüne Lsg.	—	—
Re^{VII}	KOH: w. Flg. v. $KReO_4$ $Ba(OH)_2$ desgl. v. $Ba(ReO_4)_2$	in HCl: Gelbfbg., dann grauer Ng v. Re_2S_7 (schwarz) u. S	Re_2S_7, schw. Flg.	— Alkal. oxydierendes Schmelzen: gelb-rote Fbg. v. Mesoperrheniums.	Zn + HCl, grüne, blaue, schwarze Fbg., braunschwarze Flg. v. ReO_2	—	Re^{IV}. SO_2, N_2H_4, H_3PO_2: Gelbfbg., verschwindet b. Schütteln m. Luft

70141 (Fortsetzung). (La, Ce^{III}, Ce^{IV}, Y, Er.)

Element	Fällungs- und Lösungsmittel					
	NH_4OH $(NH_4)_2S$	NaOH KOH	$(NH_4)_2CO_3$	HCOOH	K_2SO_4	H_2F_2
La	bas. Salz, w. Flg., Weins. hindert., festes J_2 bläut	$La(OH)_3$, unl. i. Ü., Br bewirkt keine Fbänderung	w. Flg., nicht l. l. i. Ü.	w. kryst. Flg., unl. i. Ü.	$La_2(SO_4)_3 \cdot 3\,K_2SO_4$, w. kryst. Flg., unl. i. konz. K_2SO_4-Lsg.	$LaF_3 \cdot H_2O$, unl. i. Ü. w. gel. Flg.
Ce^{III}	$Ce(OH)_3$, w. Flg., unl. i. Ü., Weins. Citronens. hindern	$Ce(OH)_3$, Weins. hindert, a. d. Luft: $Ce(OH)_4$, gelb	w. Flg., unl. i. Ü.	$Ce_2(C_2O_4)_3$, w. Flg., unl. i. Ü. u. verd. Ss., geglüht: CeO_2 schw. chamoisfbg.	$Ce_2(SO_4)_3$, $3\,K_2SO_4$, w. kryst. Flg. (s. La)	$CeF_3 \cdot 3\,H_2O$, unl. i. Ü. w. gallert. Flg.
Ce^{IV}	bas. Salz, hellgelb	$Ce(OH)_4$, hellgelb, l. i. HCl m. oranger. Fbe.	—	g. kryst. Flg., l. i. großem Ü. m. g. Fbe.	—	—
Y	w. Hydrat, unl. i. Ü., Weins. verzögert	w. Hydrat, unl. i. Ü., Weins.: Y-tartrat	$Y_2(CO_3)_3$, l. l. i. Ü.: $Y_2(CO_3)_3 \cdot 2\,(NH_4)_2CO_3 \cdot 2\,H_2O$	Y-oxalat, unl. i. Ü., l. i. Ammonoxalat	Doppelsalze, l. i. K_2SO_4	YF_3, w. Flg., unl. i. Ü.,
Er	wie Y	wie Y, Weins. hindert	wie Y, ohne Abscheidg. d. Doppels.	hellrote, sandige Flg.	wie Y	rötl. gall. Flg., unl. i. Ü.

(Ta, Cr^{VI}, Mo, W, U, Re^{VII}.)

mittel	Spezifische Reaktionen						
Alkohol Oxysäuren	$AgNO_3$	$HgNO_3$	$Pb(C_2H_3O_2)_2$	H_3PO_4	$K_4Fe(CN)_6$	konz. Ss.	HKF_2
—	—	—	—	—	gelbl. w. Flg., m. NH_3 br.	wie Nb	Oxyfluorid b. Kochen
$Cr^{\cdots}$, grüne Lsg.	Ag_2CrO_4, br. r. Flg., $Ag_2Cr_2O_7$	Hg_2CrO_4, br. Flg.	$PbCrO_4$, g. Flg., unl. i. Essigs.	—	—	CrO_3, r. Flg.	—
—	—	Hg_2MoO_4, w. Flg., l. i. HNO_3	$PbMoO_4$, w. Flg., l. i. HNO_3	$(NH_4)_3$-$PO_4 \cdot$ 12 MoO_3, g. Flg., unl. i. HNO_3	Molybdäneisen-II-cyanid, rotbr. Flg.	$Mo_3O_8 \cdot$ x H_2O, bl. Eindpfrkst. m. H_2SO_4 $MoO_3 \cdot x\,H_2O$ g. Flg. m. HNO_3	—
—	—	Hg_2WO_4, w. Flg.	$PbWO_4$, w. Flg.	$H_3PO_4 \cdot$ 12 WO_3, s. Mo	—	—	—
—	—	—	—	UO_2HPO_4, gelbl. w. Flg., unl. i. Essigs.	UO_2K_2Fe-$(CN)_6$, br. Flg., m. KOH: $K_2U_2O_7$ gelb	—	—
—	—	—	—	—	—	—	—

70141 (Fortsetzung). (Mg, Ca, Sr, Ba, Ra.)

Element	Fällungs- und Lösungsmittel							
	NH_4OH NaOH $Ba(OH)_2$	$(NH_4)_2CO_3$	Na_2HPO_4 NH_4Cl NH_4OH	$(NH_4)_2C_2O_4$	H_2SO_4 $CaSO_4$	K_2CrO_4	H_2SiF_6	Alkohol ev. zus. m. Äther
Mg	$Mg(OH)_2$, w. Flg., vollst. nur i. Abw. v. Ammons.	bas. Salz b. Abw. v. Ammons.	$MgNH_4PO_4$ w. kryst. Flg.	—	—	—	—	löst d. Sulfat
Ca	— — — CO_3'' stört	$CaCO_3$ w. Flg.	$Ca_3(PO_4)_2$, w. Flg., l. i. Essigs.	CaC_2O_4, w. Flg. unl. i. Essigs.	$CaSO_4$, w. Flg., nur aus konz. Lsg.	—	—	fällt $CaSO_4$, löst Nitrat u. Chlorid
Sr	s. Ca	$SrCO_3$, s. Ca	$Sr_3(PO_4)_2$, w. Flg., s. Ca	SrC_2O_4, etwas l. i. Essigs.	$SrSO_4$, w. Flg., auch aus nicht konz. Lsg.	$SrCrO_4$, g. Flg., nur aus konz. Lsg.	keine Flg.	löst Nitrat nicht, Chlorid, wasserfrei kaum
Ba	— — CO_3'' stört	$BaCO_3$, w. Flg.	$Ba_3(PO_4)_2$ w. Flg. s. Ca	BaC_2O_4, w. Flg., l. i. Essigs. b. Kochen	$BaSO_4$, w. Flg., auch aus verd. Lsg.	$BaCrO_4$, g. Flg., unl. i. Essigs.	$BaSiF_6$, w. Flg., wenig l. i. verd. Ss, unl. i. Alkohol	löst weder d. Chlorid, noch d. Nitrat
Ra	Salze meist schwerer löslich als die des Bariums, Trennung von diesem durch fraktionierte Krystallisation der Bromide.							

70141 (Fortsetzung). (Li, Na, K, Rb, Cs, NH_4, NH_2OH, N_2H_4.)

Element	Fällungs- und Erkennungsmittel					
	H_2PtCl_6	Weinsäure	Sonstige			
Li	—	—	$(NH_4)_2CO_3$: Li_2CO_3, w. Flg., viel Alkali- u. Ammonchlorid hindert	Na_2HPO_4: Li_3PO_4, w. Flg.		
Na	—	—	$K_2H_2Sb_2O_7$: w. Flg. v. $Na_2H_2Sb_2O_7$, neutr. Lsg.	$UO_2(C_2H_3O_2)_2$: g. Flg.		
K	K_2PtCl_6, g. Flg.	$KHC_4H_4O_6$, w. Flg., schwer l. i. Essigs.	$HClO_4$: w. kryst. Flg. v. $KClO_4$	H_2SiF_6: w. Flg. v. K_2SiF_6, unl. i. 50%ig. Alkohol	$Na_3Co(NO_2)_6$: g. Flg. v. $K_3Co(NO_2)_6$ neutr. Lsg.	$Na_3Bi(S_2O_3)_3$ g. Flg. v. $K_3Bi(S_2O_3)_3$ unl. i. Alkohol
Rb	Rb_2PtCl_6, g. Flg., schwerer l. als d. K-Salz	$RbHC_4H_4O_6$, w. Flg., nur i. ganz konz. Lsg.	H_2SnCl_6: w. Flg. nur i. sehr konz. Lsg.	Alkohol: Rb_2CO_3 schwer l.		
Cs	Cs_2PtCl_6, g. Flg., schwerer l. als d. Rb.-Salz	$CsHC_4H_4O_6$, w. Flg. leichter, . als d. Rb-Salz	H_2SnCl_6: w. Flg., nur i. konz. Lsg.	Alkohol: Cs_2CO_3, l. l.	Phosphormolybdäns.: $Cs_3PO_4 \cdot 12 MoO_3$, g. Flg.	
$NH_4^{\cdot}$	$(NH_4)_2PtCl_6$, g. Flg., unl. i. Alkohol	$NH_4HC_4H_4O_6$, w. Flg.	Neßlers Reagens: br. Flg.	starke Bb: NH_3-Geruch		
NH_2OH	fällt Cu_2O aus Fehlingscher Lsg., Hg aus alk. $HgCl_2$-Lsg., entfärbt s. $FeCl_3$-Lsg., bläut s. Vanadat-Lsg.					
N_2H_4	fällt Cu_2O aus Fehlingscher Lösung, Hg aus alk. $HgCl_2$-Lsg., Au aus alk. $AuCl_3$-Lsg., Ag aus ammoniakal. Lsg., entfärbt s. $FeCl_3$-Lsg., s. MnO_4'-Lsg. u. J_2-KJ-Lsg., bräunt s. JO_3'-Lsg. u. bläut s. Vanadat-Lsg.					

70142 Anionen-Nachweise.

Die Erkennung und Unterscheidung erfolgt in der Hauptsache durch vier Reagenzien: durch verdünnte und konzentrierte Schwefelsäure, durch Silbernitrat- und Barium- bzw. Calciumchloridlösungen. Die verdünnte Schwefelsäure setzt schwache flüchtige Säuren in Freiheit, die an Farbe und Geruch erkenntlich sind, die konzentrierte setzt starke flüchtige Säuren frei. In anderen Fällen bewirkt sie Zersetzung (auch Eigenzersetzung). Die Anzeigen geben wiederum Farbe und Geruch. Die beiden Metallsalzlösungen geben Fällungen, welche durch ihre Löslichkeit in Wasser oder Säuren (Salpetersäure) unterschieden werden können. Auf die Unterschiede des Verhaltens in der Kälte und der Hitze kann nicht immer eingegangen werden.

In HNO_3 unlösliche Silber- und in Wasser lösliche Bariumsalze.

Säure	Reagenzien				
	H_2SO_4		$AgNO_3$	$BaCl_2$	Spezifische Reaktionen
	verd.	konz.			
HCl	—	HCl	weiße Flg. v. AgCl	—	H_2SO_4 u. $K_2Cr_2O_7$: braune Dämpfe v. CrO_2Cl_2
HClO	HClO	HClO	weiße Flg. v. AgCl.	—	Jodkaliumstärke: blaue Fbg. Hg: braune Flg. v. Hg_2Cl_2O
$HClO_3$	—	—	gelbe Flg. v. $AgClO_3$	—	HJ: J_2
HBr	—	Br	gelbl. Flg. v. AgBr	—	Chlorwasser: Br_2
HJ	—	HJ, J_2, SO_2, H_2S	gelbe Flg. v. AgJ	—	Chlorwasser: J_2, desgl. HNO_2 u. a. Oxydat.-mittel

70142 (Fortsetzung).

Säure	Reagenzien: H_2SO_4 verd.	Reagenzien: H_2SO_4 konz.	Reagenzien: $AgNO_3$	Reagenzien: $BaCl_2$	Reagenzien: Spezifische Reaktionen
HCN	HCN	CO, $NH_4^{\cdot}$	weiße Flg. v. AgCN l. i. Ü., als $KAg(CN)_2$	—	$FeSO_4$ u. $FeCl_3$: blaue Fbg. $(NH_4)_2S$ u. $FeCl_3$: rote Fbg.
$H_4Fe(CN)_6$	—	wie HCN	weiße Flg. v. $Ag_4Fe(CN)_6$	—	s. Fe^{III}, Cu, U
$H_3Fe(CN)_6$	—	wie HCN	orange Flg. v. $Ag_3Fe(CN)_6$	—	s. F^{II}
HCNS	—	zersetzt	weiße Flg. v. AgCNS	—	s. Fe^{III}, Cu
In HNO_3 lösliche Silber- und in Wasser lösliche Bariumsalze.					
HNO_3	zersetzen zu braunen Dämpfen		weiße Flg., l. i. Ü. v. Alkalinitrit, $AgNO_2$	—	$FeSO_4$ u. schwache Säure: braune Fbg., Ring v. $[Fe(NO)]SO_4$, s. K, Co. $KMnO_4$ sowie Indigo werden entfärbt, HJ: J. Diphenylamin: blaue Fbg. Brucin: keine Fbg.
H_2S	H_2S	S u. SO_2	schwarze Flg. v. Ag_2S	—	Nitroprussidnatrium: violette Fbg. Methylenblau u. $FeCl_3$: blaue Fbg.
$HC_2H_3O_2$	$HC_2H_3O_2$	u. Alkohol: Ester	weiße Flg. v. $AgC_2H_3O_2$	—	$FeCl_3$: rotbraune Fbg. bzw. Flg. As_2O_3: Kakodyloxyd
HCNO	HCNO sowie CO_2 u. Ammonsulfat		weiße Flg. v. AgCNO	—	Kobaltacetat: blaue Fbg.
HCO_2H	HCO_2H	CO_2	weiße Flg. v. HCOOAg, b. Erwärmen Ag	—	$Hg_2(NO_3)_2$: weiße, später graue Flg.: $HCOOHg \rightarrow Hg$

Säure	Reagenzien: H_2SO_4 verd.	Reagenzien: H_2SO_4 konz.	Reagenzien: $AgNO_3$	Reagenzien: $BaCl_2$ ($CaCl_2$)	Reagenzien: Spezifische Reaktionen
In HNO_3 lösliche Silber- und lösliche Bariumsalze.					
H_2SO_3	SO_2	SO_2	weiße Flg. v. Ag_2SO_3, l. i. Ü.	weiße Flg. v. $BaSO_3$, l. i. k. verd. HNO_3	Zn u. HCl: H_2S, Jodlsg., $KMnO_4$-Lsg. werden entfärbt. Siehe auch Au
H_2CO_3	CO_2	CO_2	weiße-gelbliche Flg. v. Ag_2CO_3	weiße Flg. v. $BaCO_3$	trübt Barytwasser
H_3BO_3	—	u. Alkohol, grüne Flammenfbg.	weiße Flg. v. $AgBO_2$, l. i. NH_4OH u. HNO_3	weiße Flg. v. $BaBO_2$, l. i. Ü.	Curcuma: rotbraun, m. Alkali: blauschwarz
$H_2C_2O_4$	—	CO u. CO_2	weiße Flg. v. $Ag_2C_2O_4$ l. l. i. NH_4OH u. HNO_3	weiße Flg. v. BaC_2O_4, l. i. Essigs. b. Kochen	s. Ca
$H_2C_4H_4O_6$	—	verkohlt, SO_2	weiße Flg. v. $Ag_2C_4H_4O_6$, l. l. i. NH_4OH u. HNO_3	weiße Flg. v. Ca (!) $C_4H_4O_6$	s. K
$H_3C_6H_5O_7$ Citronens.	—	zersetzt	weiße Flg. v. Ag-citrat, l. i. NH_4OH u. HNO_3	weiße Flg. v. Ca-citrat i. alk. Lsg.	Bleiacetat: Bleicitrat, w. Flg.
H_3PO_3	—	heiß: SO_2	weiße Flg., $Ag_2HPO_3 \rightarrow Ag$	weiße Flg. l. i. Ss. $BaHPO_3$	Zn u. H_2SO_4: PH_3, $PH_3 + Ag^{\cdot} \rightarrow PAg_3$, schw. Flg,

70142 (Fortsetzung).

Säure	Reagenzien H_2SO_4 verd.	H_2SO_4 konz.	$AgNO_3$	$BaCl_2$ ($CaCl_2$)	Spezifische Reaktionen
$(HPO_3)_n$	—	—	weiße Flg. v. Ag-metaphosphat.	weiße Flg. v. Ba-metaphosphat.	nasc. H_2 red. nicht, $MgCl_2$: k. Flg., Molybdat: k. Flg.
$H_2P_4O_7$	—	—	weiße Flg. v. $Ag_4P_2O_7$, l. i. NH_4OH u. HNO_3	weiße Flg., unl. i. Essigs.	Molybdatflg. nach kurzem Erwärmen, Magnesiumsalzflg. n. langem Erwärmen
$H_4P_2O_6$	—	—	weiße Flg. v. $Ag_4P_2O_6$, wird b. Stehen bräunlich	weiße Flg., unl. i. Essigs.	Thornitrat: weiße Flg. s. Th.
HJO_3	—	—	weiße Flg. v. $AgJO_3$, l. l. i. NH_4OH, schwer l. i. verd. HNO_3	weiße Flg. v. $Ba(JO_3)_2$	J' reduz. zu J_2 i. s. Lsg. SO_2 reduziert zu J_2 u. J'

Säure	H_2SO_4 verd.	H_2SO_4 konz.	$AgNO_3$	$BaCl_2$	Spezifische Reaktionen
In HNO_3 lösliche gefärbte Silber- und weiße Bariumsalze.					
H_3PO_4	—	—	gelbe Flg. v. Ag_3PO_4 i. neutr. Lsg., l. i. Ss. u. NH_4OH	weiße Flg. v. $BaHPO_4$, i. ammoniakal. Lsg.: $Ba_3(PO_4)_2$, l. i. Ss. u. Essigs.	Magnesiamixtur: weiße Flg. (s. Mg), l. i. HNO_3, gelbe Molybdatflg. (s. Mo), $FeCl_3$: gelbl. Flg. v. $FePO_4$. Molybdat u. $SnCl_2$: blaue Fbg. $Sn(OH)_4$: weiße Flg.
H_3PO_3	—	wird red. zu SO_2	—	—	red. Edelmetallsalze u. Jodlsg. Zn u. H_2SO_4: PH_3
$H_2S_2O_3$	zersetzen unter S-Abscheidg.		weiße-schwarze Flg. v. $Ag_2S_2O_3$-Ag_2S	weiße Flg. v. BaS_2O_3	Jodlsg. wird entfärbt, CN' bildet CNS'
H_5JO_6	—	—	braune Flg. v. Ag_5JO_6, l. i. HNO_3	weiße Flg., l. i. HNO_3	oxyd. HJ zu J_2 u. JO_3' oxyd. Mn·· zu MnO_4', Oxyd. $H_2C_2O_4$ zu CO_2
Wasserlösliche Silber- und Bariumsalze.					
HNO_3	—	gelbl. bis braunes NO_2 desgl. u. $FeSO_4$: braune Fbg. (Ring) v. [Fe(NO)] SO_4	—	—	Diphenylamin: blaue Fbg. Brucin: rote Fbg. Zn u. Alkali: NH_3
$HClO_3$	u. KJ-Stärke: blau	ClO_2 grüngelb, explosiv	—	—	HCl: Cl_2. Zn u. Fe·· u. SO_2 reduzieren
$HClO_4$	—	—	—	—	s. K. Zn, SO_2, Fe·· reduz. nicht
$H_2S_2O_8$	O_3, O_2	Sulfomonopersäure	schwarzes Ag_2O_2	weißes Sulfat v. Ba	vergl.: H_2O_2 für Mn, Co, Ni, Pb, nicht aber für Ti, Cr, MnO_4'
H_2O_2	—	—	—	—	s. Ti^{IV}, Cr^{VI}, Mn^{VII}, HJ i. s. Lsg.: J_2. $K_3Fe(CN)_6$ u. $FeCl_3$: blau
$HMnO_4$	—	Mn_2O_7, rotbr. ölig, explos.	nur wasserlösl. Salze v. rotviol. Farbe		oxyd. i. s. u. i. alk. Lsgg.
In Wasser lösliche Silber- und in HNO_3 unlösliche Bariumsalze.					
H_2SO_4	—	—	weiße Flg. i. konz. Lsg.	weiße Flg. v. $BaSO_4$, wenig l. i. kochend. HCl	Zn u. HCl reduz. nicht, Pb: weiße Flg.
H_2F_2	—	HF	—	weiße Flg. v. BaF_2, l. i. viel Ammonsalz	SiO_2: SiF_4, H_2SiF_6, s. Zr, La, Th
H_2SiF_6	—	SiF_4 u. HF	—	weiße Flg. v. $BaSiF_6$	s. K. NaOH, Na_2CO_3, NH_4OH: SiO_2

70142 (Fortsetzung).

Feuerbeständige Säuren. bilden lösliche Alkalisalze.

Säuren			$AgNO_3$	$BaCl_2$	Spezifische Reaktionen
Kieselsäuren	SiO_2	SiO_2	—	—	gelbe Molybdatflg. Ammonsalze u. Zinkoxyd-ammoniak: weiße Flg. H_2F_2 u. H_2SO_4: SiF_4

7015 Tabelle über spezifische und empfindliche Nachweise.

Die folgenden Nachweise umfassen solche chemische Reaktionen, die sich in einem Flüssigkeitsraum abspielen, zu deren Durchführung keine besonderen Hilfsmittel, außer des Mikroskops, erforderlich sind. Sie sind eine Auswahl aus den „Tabellen der Reagenzien für anorganische Analyse", die von der „Internationalen Kommission für neue analytische Reaktionen und Reagenzien" zusammengestellt wurden[1]. Diese Auswahl erfolgte so, daß nur solche Reaktionen erwähnt sind, die von der Kommission als empfindlich empfohlen werden. Sie enthalten neben der Angabe über die Empfindlichkeit auch solche über störende andere Bestandteile. Originalliteratur ist in den „Internationalen Tabellen" reichlich zu finden, hier wurde sie nur soweit angeführt, als es notwendig erschien. Die Empfindlichkeit E wird hier als Quotient von Flüssigkeitsvolumen v und Erfassungsgrenze γ, also $E = v/\gamma$, angegeben. Dadurch wird erreicht, daß die höhere Empfindlichkeit auch durch eine größere Zahl zum Ausdruck kommt. Um diese in ihre bisherigen Angaben umzurechnen, braucht nur die unter E angegebene Zahl mit 10^6 multipliziert zu werden, womit der Nenner des Bruches erhalten wird, der seiner Größe nach für die Größe der Empfindlichkeit ausschlaggebend ist[2].

Die folgenden Tabellen enthalten Angaben über 1. das Reagens mit Namen oder Formel und die Acidität und die Wertigkeit der Lösung bzw. des nachzuweisenden Elementes, 2. den Reaktionsraum als Reagensglas, Mikroreagensglas, Tropfen auf Tüpfelplatte oder Papier oder Objektträger, 3. die zu beobachtende Erscheinung als Fällung, Färbung oder Gasentwicklung, 4. das Reaktionsvolumen v, 5. die erfaßbare Menge in γ, 6. die Empfindlichkeit E (s. o.), 7. die störenden Bestandteile und 8. die Verwechslungsmöglichkeiten.

Im einzelnen sind folgende Kürzungen zu beachten:

Kürzungen.

Fbg. = Färbung,	bl. = blau,	s. = schwarz,
Flg. = Fällung,	br. = braun,	v. = violett,
M. = unterm Mikroskop	g. = gelb,	w. = weiß.
Mrg. = Mikroreagensglas,	gr. = grün,	
Rg. = Reagensglas,	or. = orange,	
Tpl. = Tüpfelplatte,	r. = rot,	
Tpp. = Tüpfelpapier,		

Farbmischungen erscheinen durch Querstrich, also grau durch s/w. usw., Farbübergänge erscheinen durch Trennungsstrich, also z. B. der Übergang von rot in braun durch r-br usw.

Für die Aciditäten der Fällungslösungen gelten folgende Kürzungen:

schw.alk.Lsg. = schwach alkalische Lösung,	schw.s.Lsg. = schwach saure Lösung,
st.alk.Lsg. = stark alkalische Lösung,	st.s.Lsg. = stark saure Lösung.

Im besonderen ist:

schw.HCl-Lsg.	schwach salzsaure Lösung,
schw.HAc-Lsg.	schwach essigsaure Lösung,
schw.$NH_4OH + NH_4Cl$-Lsg.	durch Zusatz von Ammoniumchlorid besonders schwach ammoniakalische Lösung.

Die Kationen und Anionen sind nach den allgemein bekannten analytischen Gruppen geordnet.

[1] Leipzig: Akademische Verlagsgesellschaft 1938.
[2] Näheres s. A. Schleicher: Z. analyt. Chem. **121**, 86, 183, 187 (1941).

70151 Kationen-Nachweise. (Ag, Hg, Cu, Pb, Bi.)

Lfd. Nr.	Reagens	Raum	Erscheinung	Volumen v in cm³	Menge in γ	Empfindlichkeit E = v/γ	Störung durch	Verwechslung mit
	1. Silber.							
1	HCl, NaCl, NH_4Cl u. a. m.	Rg.	w. Flg.	5,0	0,6	8,3	$Hg^{\cdot}$, $Fe^{\cdot\cdot}$, keine CrO_4'', PO_4''', AsO_4'''	Pb, Hg, Tl
	Desgl. in st. ammoniak. Lsg.	M.	Einige Minuten warten!	0,01	0,3	0,033	Chloride d. Pb, $Hg^{\cdot\cdot}$, Au, $Sb^{\cdot\cdot\cdot}$, $Pt^{\cdot\cdot\cdot\cdot}$, $Sn^{\cdot\cdot\cdot\cdot}$, $Zn^{\cdot\cdot}$ $(NH_4)_2MoO_4$	
2	$Mn(NO_3)_2$ + NaOH(3 n) od. NH_4OH	Tpp.	s. Flg.	0,03	0,36	0,083	Hg, Pd, oxydier. Stoffe, gefärbte Metallhydroxyde	
3	Dithizon (0,002% in CCl_4) Neutr.-schw. ammoniak. Lsg.	Mrg.	v./br. Flg./Fbg. (-gr. Fbg.)	0,1	0,1	1,0	Pb, Bi, Sb, Zn, Au, Hg, Pt-Mett.	viele Katt.
		Rg.	Schütteln mit $(C_2H_5)_2O$ od. CCl_4.	5,0	5,0	1,0	oxyd. Stoffe	
4	Rhodanin (0,03% in Alkohol od. Aceton) St.-schw. HNO_3-Lsg.	Tpl.	r./v. Fbg. (Flg.)	0,03	0,38	0,08	Hg, Cu, Au, Pd, Pt, Pb, Bi, Te	
5	$(NH_4)_2Ce(NO_3)_6$ + HCl	Tpl.	Entfbg.	0,03	0,03	1,0	?	
	2. Quecksilber.							
1	Diphenylcarbazid (1% in Alkohol) 20°. Schw. s. Lsg. v. $Hg^{\cdot\cdot}$	Tpp.	v./bl. Flg./Fbg.	0,03	0,12	0,25		CrO_4, MoO_4''
2	$SnCl_2$ + Anilin. $Hg^{\cdot}$, $Hg^{\cdot\cdot}$	Tpp.	s. Fbg.	0,03	30,0	0,001		Ag
3	Diphenylcarbazon. Neutral. Lsg. v. $Hg^{\cdot\cdot}$	Mrg.	bl. Fbg.	0,1	0,5	0,2	?	
4	Dithizon (Diphenylthiocarbazon) (0,01 in CCl_4). Schw. s. Lsg. von $Hg^{\cdot}$ und $Hg^{\cdot\cdot}$	Mrg.	or. Fbg.	0,1	0,5	0,2		Sn, Sb, Bi, Cu, Au, Pt
5	Aluminium. $Hg^{\cdot}$ und $Hg^{\cdot\cdot}$ [1]	Oberfl.	w. Flg.	0,03	$6 \cdot 10^{-5}$	500,0	$As^{\cdot\cdot\cdot}$	
	3. Kupfer.							
1	$ZnSO_4$ + $(NH_4)_2Hg(SCN)_4$. Schw. H_2SO_4-Lsg. von $Cu^{\cdot\cdot}$, 20°	Tpl. Tpp. Mrg.	v. Flg./Fbg. v. Flg./Fbg. v. Flg./Fbg.	0,03 0,03 0,1	0,15 0,15 0,05	0,2 0,2 2,0	NaCl, KCl u. a. m., Säureüberschuß, $Fe^{\cdot\cdot\cdot}$	Co, Ni, $Fe^{\cdot\cdot}$
2	Benzoinoxim (Cupron) (gel. in Alkohol), evtl. + NH_4OH. 20° und höher	Tpl.	gr. Flg./Fbg.	0,03	0,54	0,055	selektiv	

3	Rubeanwasserstoffsäure (gel. in Alkohol). Schw. s. Lsg. von $Cu^{\cdot\cdot}$, evtl. + $(CH_3)_2CH \cdot CH_2OH$. Nicht stabil	Tpp. M.	s.-gr. Flg./Fbg. s.-gr. Flg./Fbg.	0,03 0,01	0,03 0,002	1,0 5,0	Ag, Hg	Co, Ni, Hg
4	Salicylaldoxim (gel. in verd. Alkohol). Frisch bereiten! Schw. s. Lsg. von $Cu^{\cdot\cdot}$, 20°	Rg.	g./gr.-w. Flg./Fbg.	5,0	5,0	1,0	Pd, Au	
5	Formaldoxim + ln NaOH, NH_4OH. Frisch bereiten! Schw.-st. alk. Lsg. von $Cu^{\cdot\cdot}$, 20°	Rg.	v. Fbg.	5,0	0,5	10,0		Fe, $Mn^{\cdot\cdot}$, Co, N
6	$Fe(SCN)_3$ + $Na_2S_2O_3$ (1% in H_2O). Frisch bereiten! Neutr. Lsg. von $Cu^{\cdot\cdot}$, 20° [2]	Tpl. Rg.	Entfbg. Entfbg.	0,03 5,0	0,012 0,006	2,5 833,3		

4. Blei.

1	$Cu(C_2H_3O_2)_2$ (2%) + NaAc (4%) + HAc (10%) + KNO_2 (fest). Frisch bereiten! Schw. s. Lsg. 20°	M.	s. Flg.	0,01	0,2	0,05	Bi, $Sn^{\cdot\cdot}$	
2	$SnCl_2$ (evtl. + $Cd(NO_3)_2$) + KJ. Frisch bereiten! St. s. Lsg.	Tpp.	or./r. Flg./Fbg.	0,03	6,0	0,005	Bi	
3	Carminsäure (0,5% in H_2O) + NH_4OH. Schw. alkal. Lsg., 20°	Tpl.	v. Flg./Fbg.	0,03	0,6	0,05	Bi	
4	H_2O_2 (3% in NH_4OH) + Tetramethyldiaminodiphenylmethan. Schw. alk. Lsg. 20°	Tpp.	bl. Fbg.	0,03	0,9	0,033	verschied. oxyd. Stoffe	Bi, Mn, Ce, Tl
5	Dithizon (0,01 in CCl_4). Neutr. Lsg., 20°	Mrg.	r. Fbg.	0,1	0,08	1,25		viele Katt.

5. Wismut.

1	NaJ, KJ + CsCl, RbCl. St. HCl-Lsg., 20°	M.	r. Flg./Fbg.	—	0,13	—		Sn, Sb
2	Cinchonin (verd. HNO_3) + KJ. Schw. s.-neutr. Lsg., 20°	Tpp.	or./g. Flg./Fbg.	0,03	0,10	0,3		Mett. d. H_2S-Gr.
3	2,5-Dimercapto-1, 3, 4-thiodiazol (Wismutiol I) (2% in 0,1 n KOH). St. s. Lsg., 20°	Rg.	r. Flg./Fbg.	5,0	3,0	1,67		viele Katt.
4	Thioharnstoff (fest od. gel. in 25% HNO_3). St.-schw. s. Lsg., 20°	Tpl. Tpp.	g. Fbg.	0,03	6,0	0,005	$Fe^{\cdot\cdot\cdot}$, Os, Ag, $Hg^{\cdot}$, CrO_4'', Sb	
5	$SnCl_2$ (15...20% in 10% KOH) + $Pb(NO_3)_2$. St. alk. Lsg., 20°	Tpl.	s. Flg.	0,03	0,006	5,0	?	?

[1] Feigl, F.: Tüpfelreaktionen, S. 167. 1938.
[2] Oudemans, A. C.: Z. analyt. Chem. 6, 129 (1867).

70151 (Fortsetzung). (Cd, As, Sb, Au, Ru, Rh, Pd.)

Lfd. Nr.	Reagens	Raum	Erscheinung	Volumen v in cm³	Menge n γ	Empfindlichkeit E = v/γ	Störung durch	Verwechslung mit
			6. Cadmium.					
1	$(NH_4)_2Hg(SCN)_4$. Schw. s.-neutr. Lsg., 20°	M.	w. Flg.	—	1,0	—		Cu, Zn, Co
2	Naphthochinolin (1% gel. in 0,2 n H_2SO_4) + KJ, KBr, KSCN (verd. Lsg.). St. s. Lsg., 20°	Rg.	w. Flg.	5,0	4,7	1,06	?	?
3	Dinitrodiphenylcarbazid + HCOH. Frisch bereiten! Schw. alk. Lsg. 20°	Tpl.	br.-gr.-bl. Flg./Fbg.	0,03	0,75	0,04	viele Katt.	
4	Nitrophenolarsinsäure. Schw. s. Lsg., 20°	Mrg.	w.-g./w. Flg./(Fbg.)	0,1	0,5	0,2	Pb, Bi, Hg··	
5	KCN (25% in H_2O) + Na_2Se (1% in H_2O) + 0.5% KCN. Nicht stabil! Schw. alk. Lsg. 100…20°	Rg.	r./br. Flg./Fbg. Schütteln mit Äther	5,0	12,5	0,4	selektiv	
6	Dithizon (0,03% in CCl_4). St. alk. Lsg.	Rg.	v. Fbg. Ausschütteln	5,0	0,01	500,0	viele Katt.	
			7. Arsen.					
1	$SnCl_2$. St. HCl-Lsg. über 20°	Mrg.	br./s. Flg./Fbg. Ausschütteln mit Äther	0,1	2,0	0,05		Hg, nicht Sb
2	Zn + $HgCl_2$ od. $AgNO_3$. Schw. bzw. st. s. Lsg.	Rg. und Tpp.	Hg··, br Ag·, g.-s. Fbg.	5,0 5,0	5,0 100,0	1,0 0,05	selektiv	
3	Zn + $AuCl_3$ (10%). Frisch bereiten! Schw. bzw. st. s. Lsg. 20°	Rg. und Tpp.	r./bl. Fbg.	5,0	0,25	20,0	selektiv	
4	Al + KOH + $AuCl_3$, $HgCl_2$, $AgNO_3$. Schw.-st. KOH-Lsg. von As···, 20°	Rg. und Tpp.	Au v. Hg br. Ag g.-v. Fbg.	— 5,0 —	— 25,0 —	— 0,2 —	spezifisch	nicht Sb
5	$(NH_4)_2MoO_4$ + $SnCl_2$, evtl. + $CuSO_4$ (Spur) st. s. Lsg. von AsO_4'''	Rg.	bl. Fbg. Schütteln mit $C_5H_{11}OH$	5,0	5,0	1,0	P_2O_5, SiO_2, WO_3	selektiv
			8. Antimon.					
1	CsCl, evtl. + KJ. St. HCl-Lsg. von Sb···, 20°	M.	w., + KJ: g. Flg./(Fbg.)	—	0,16	—		Sn, Bi
2	Diäthyl-m-amidophenolphthalein (Rhodamin B) (0,01%) + KNO_2, $NaNO_2$. Neutr. Lsg. v. Sb···, 20°	Rg.	bl./v. Flg./Fbg.	5,0	0,5	10,0	Fe	Hg··, Au···, Tl···, Bi···, MoO_4'', WO_4''

3	Pyridin + H_2SO_3 + KJ + Glycerin + Stärke. St.-schw. s. Lsg. von SbO_4''', 20°	Tpl.	or./g. Flg./Fbg.	—	10,0	—		Bi, Pb
	9. Zinn.							
1	$HgCl_2$ + Anilin (nicht stabil). Schw. alk. Lsg. von Sn··, 20°	Tpp.	s. Flg./Fbg.	0,03	0,36	0,08	?	?
2	Dimethylglyoxim + NH_4OH + Weins., Citronens. usw. fest + $FeCl_3$. Frisch bereiten! St. s. Lsg. von Sn··, 20...100°	Rg.	r. Flg./Fbg.	5,0	0,05	100,0	selektiv	
3	Cacothelin (0,25% in H_2O). St. s. Lsg. von Sn··, 20...100°	Tpp.	r./v. Fbg.	0,03	0,12	0,25	reduz. Stoffe, gefärbte Ionen	
4	4-Chloro-1,2-dimercaptobenzol (0,2% in NaOH), evtl. + Thioglykolsäure. St. s. Lsg. von Sn·· und Sn····, 20°	Rg.	r. Fbg.	5,0	0,05	100,0	Cu, Bi, Ni, Fe, Mn, org. Kolloide	
	10. Gold.							
1	p-Dimethylaminobenzyliden-rhodanin (ges. alkoh. Lsg.). Schw. s.-neutr. Lsg. von Au···	Tpp.	v. Fbg.	0,03	0,06	0,5		Ag, Hg, Pd
	11. Ruthenium.							
1	$Ni(C_2H_3O_2)_2$ (1% in H_2O) + NaH_2PO_2 (-hypophosphit) (ges. Lsg. Schw. s.-neutr. Lsg.	Rg.	s. Flg.	5,0	0,0075	666,7		Pt, Pd, Os
2	Thioharnstoff, Diphenyl-, Allylthioharnstoff. St. s. Lsg. von Ru···	Rg.	bl./(gr.) Fbg.	(Thio-) 5,0 (Diph.) 5,0	15,0 1,5	0,33 3,33		Os
	12. Rhodium.							
1	KNO_2 + CsCl. Schw. s.-alk. Lsg. von Rh···	M.	g. Flg./Fbg.	—	0,9	—		Os^{IV}, Pd, Ir, Pt, Au, Ru
	13. Palladium.							
1	KJ. Lsg. von Pd·· KJ + NH_4OH	M.	s./br. Flg./Fbg. or. Flg.	—	0,1	—	?	?
2	Dimethylglyoxim (fest)	M.	g. Flg.	—	—	—	?	?
3	Dimethylaminobenzylidenrhodanin. Schw. s.-neutr. Lsg. von Pd··	Tpl.	r./v. Flg./Fbg.	0,03	0,0025	12,5		Au, Pt, Ag, Hg·
4	$Ni(C_2H_3O_2)_2$ (1% od. fest) + NaH_2PO_2 (-hypophosphit) (ges. Lsg.). Schw. s.-neutr. Lsg. von Pd··, 100°	Rg.	s. Flg.	5,0 5,0	0,0125 0,000 · 75	400,0 $6,7 \cdot 10^3$		Pt, Os, Ru

70151 (Fortsetzung). (Os, Ir, Pt, Se, Te, Ge, Mo, W, V.)

Lfd. Nr.	Reagens	Raum	Erscheinung	Volumen v in cm³	Menge in γ	Empfindlichkeit $E = v/\gamma$	Störung durch	Verwechslung mit
	14. Osmium.							
1	KOH. Lsg. von Os^{VIII}	M.	s.-v. Flg./Fbg.	—	0,1	—	?	?
2	$Ni(C_2H_3O_2)_2$ (1% in H_2O) + NaH_2PO_2 (ges. Lsg.). Schw. s.-neutr. Lsg. von OsO_4	Rg.	s. Flg.	5,0	2,5	2,0		Pd, Pt, Ru
	15. Iridium.							
1	Tetramethyldiaminotriphenylmethan (Leukomalachitgrün) (1% in HAc) $Ir^{····}$	Rg.	bl./gr. Fbg.	5,0	0,8	6,25		Cl_2, $Au^{··}$, $PdCl_6''$
	16. Platin.							
1	KCl. Lsg. von $Pt^{····}$, RbCl. Lsg. von $Pt^{····}$	M. M.	g. Flg./Fbg. g. Flg./Fbg.	0,01 0,01	0,6 0,2	0,016 0,05	?	?
2	$Ni(C_2H_3O_2)_2$ (1% + NaH_2PO_2. Schw. s. Lsg., 100°	Rg.	s. Flg.	5,0	0,75	0,67	nicht spezif.	Pd, Os, Ru
	17. Selen.							
1	KJ. St.-schw. s. Lsg. von Se^{IV}, 20°	Tpl. Mrg. Rg.	g.-br. Flg./Fbg.	—	—	1,0		oxyd. Stoffe, nicht Te^{IV}
2	Thioharnstoff, fest. Schw. s. Lsg. von Se^{IV}, 20°	Tpp.	r. Flg./Fbg.	—	—	1,0	NO_3', viel $Cu^{··}$	Te
3	Codein (4% in H_2O). St. H_2SO_4-Lsg., Se^{IV}	Rg.	gr.-bl./gr. Fbg.	—	—	1,0 2,0		Fe, viel As · TeO_3 n. einig. Min. r.-bl.
	18. Tellur.							
1	KH_2PO_2 (5 … 10%). St. HCl-Lsg., 90°	Rg.	s. Flg. nach einigen Minuten!	—	—	0,04	H_2SO_4	
2	$SnCl_2$. St. HCl-st. NaOH-Lsg. von Te^{IV}	Rg. Tpl.	br./s. Flg./Fbg.	5,0 0,03	1,0 0,6	5,0 0,05		As
3	Thioharnstoff, fest. 20°, Te^{IV}	Rg.	g. Flg./Fbg. bei Schütteln mit Äther-Ammoniak: s.	5,0	0,05	100,0		Bi, Sb, Se

4	$CuSO_4$ (0,002%) + KOH + $Na_2S_2O_8$, fest, 100°, Te^{VI}	Tpl.	br./r.-g. Fbg.	0,03	0,3	0,1		JO_4
5	$MnSO_4$ + NaBrO + $Cu^{\cdot\cdot}$, Te^{VI}	Tpl.	keine v. Fbg.	0,03	0,12	0,25		JO_4

19. Germanium.

1	NH_4F + NaCl. Schw. H_2SO_4-Lsg. von Ge^{IV}, über 20°	M.	w.-r./w. Flg.	0,01	1,0	0,01		B, Zr, Ti, Si
2	$(NH_4)_2MoO_4$ (5% in H_2O) schw. HNO_3-Lsg. von Ge^{IV}	Rg.	g. Fbg. nach 5 Min.	5,0	5,0	1,0	viel Se, As^V, F, org. Ss, nicht $As^{\cdots}$, Sb, B, Re. Alk. Mett.	
3	$(NH_4)_2MoO_4$, fest + RbCl, fest. St.-schw. HNO_3-Lsg. von Ge^{IV} [1]	M.	w./g. Flg./Fbg.	0,01	0,2	0,05	P, Si, Ti, Zr, Th, As, Sb, Sn, selt. Erdd.	
4	$(NH_4)_2MoO_4$ (15% in 10% HNO_3 + Benzidin (0,1% in HAc). Schw. s.-schw. alk. Lsg. von Ge^{IV} [2]	Tpl. Tpp.	w./bl. Fbg.	0,03	0,3	0,1	As, Se, SiO_2, H_3PO_4	—

20. Molybdän.

1	$TlNO_3$. Schw.-st. alk. Lsg. von MoO_4''	M.	w. Flg.	0,01	0,03	0,33		W
2	KSCN + $SnCl_2$ od. $Na_2 \cdot S_2O_3$ · St. HCl-Lsg. von MoO_4''	Tpp.	r. Fbg.	0,03	1,5	0,02	PO_4'' organ. Ss	
3	Kaliumxanthogenat ($C_3H_5OCS_2K$) fest. Schw. HCl-neutr. Lsg. von MoO''	Tpl. Rg.	r.-v. Fbg.	0,03 5,0	0,024 3,2	1,25 1,56		Cu, Co, Ni, Fe, UO_2

21. Wolfram.

1	$TlNO_3$. Schw. alk. Lsg. von WO_4''	M.	w. Flg.	0,01	0,08	0,125		Mo
2	$SnCl_2$ (25% in conc. HCl). St. s. Lsg. von WO_4''	Tpl.	bl. Flg. od. b. Flg.	0,03	3,0	0,01	?	?

22. Vanadin.

1	H_2O_2 (1%). St. H_2SO_4-Lsg. von V^V, 20°	Tpl.	r. Fbg.	0,03	1,5	0,02	Ce^{IV}, J', MoO_4'', Br', CrO''	
2	Kakothelin (ges. wäßr. Lsg.) + Zn + conc. HCl. St. s. Lsg. von V^V	Tpp. Tpl.	v./r. Fbg.	0,03 0,03	1,2 1,2	0,025 0,025		MoO_4'', WO_4'', $Fe^{\cdot\cdot}$ + PO_4''', $Fe^{\cdot\cdot}$ + F', $Sn^{\cdot\cdot}$
3	Dimethylglyoxim (1% in Alkohol) + $FeCl_3$ (1% in H_2O) + NH_4OH. V^V, 20°	Rg. Tpl.	r.-br. Fbg.	5,0 0,03	12,5 0,6	0,4 0,05	oxyd. Stoffe, viel Co, Ni, Fe, Mn, Cu	

[1] Chamot, E. M. u. H. I. Cole: Mikrochem. 4, 97 (1926). [2] Komarowsky, A. S. u. N. S. Poluektow: Mikrochem. 18, 66 (1935).

70151 (Fortsetzung). (Nb, Ta, Al, Fe, Cr.)

Lfd. Nr.	Reagens	Raum	Erscheinung	Volumen v in cm^3	Menge in γ	Empfindlichkeit $E = v/\gamma$	Störung durch	Verwechslung mit
	23. Niob.							
1	NaOH, evtl. + NaAc. Schw.-st. KOH-Lsg.	M.	w. Flg.	0,01	6,0	0,0016		nicht Ta
2	Gallussäure, Gerbsäure + HCl[1]	Rg.	or. Flg./Fbg.	—	—	—	Min Ss	Ta g. Flg.
3	Digallussäure (Tannin) — $(NH_4)_2C_2O_4$ (ges.). Neutr.-schw. NH_4OH + NH_4Cl-Lsg., 100°[2]	Rg.	or. Flg./Fbg.	5,0	65,0	0,08	nicht Hf, Zr	Ta, Ti
4	KSCN, NH_4SCN + Zn + conc. HCl, $Nb^{\cdots}$	Rg.	K: g.-r., NH_4: gr.-r./br. Fbg.	—	—	—	nicht Ti, Ta	
5	Zn, Sn. St.-schw. s. Lsg., 20...100°	Tpl. Rg.	bl.-s./br.-g. Fbg.	—	—	—	nicht Ta, + H_2O_2: nicht Ti	Ti, V, Mo, Wo
	24. Tantal.							
1	KF + HF. St.-schw. HF-Lsg.	M.	w. Flg.	0,01	60,0	0,00017		nicht Nb
2	Digallussäure (Tannin) + $(NH_4)_2C_2O_4$ (ges. wäßr. Lsg.). Neutr.-schw. NH_4OH + NH_4Cl-Lsg.[3]	Rg.	g. Flg./Fbg.	5,0	200,0	0,025	nicht Hf, Zr	Nb, Ti
	25. Aluminium.							
1	CsCl (+ SO_4'') od. Cs_2SO_4 od. $CsHSO_4$, 20°	M.	w. Flg.	0,01	0,04	0,25		viele Katt., nicht ZrO_3''
2	Alizarin (rot) S (0,1%) + NH_4OH. Schw. s.-neutr. Lsg., 20°	Rg.	r. Fbg./(Flg.), + HAc: g. (Flg.)	5,0	0,5	10,0	?	?
3	NH_4-aurintricarboxylat (Aluminon). Neutr. Lsg.	Rg. Mrg.	r. Flg./Fbg.	5,0 0,1	0,5 1,0	10,0 0,1		$Cr^{\cdots}$, W, $Fe^{\cdots}$, Mo, Erdalk., selt. Erdd.
4	Pentahydroxyflavon (Morin) + NaAc. Schw. s. Lsg.	Tpl. Rg. Rg. Tpp.	g./gr. Fbg.	0,03 5,0 5,0 0,03	0,13 $5 \cdot 10^{-5}$ 3,0 0,003	0,23 10^5 1,7 10,0	?	?
5	Alizarin (gelb) (1% in Alkohol od. ges. Lsg. von HAc) (+ $(NH_4)_2S$ + Isoamylalkohol). Schw. alk. Lsg. (NH_4OH), 20°	Tpp. Rg.	r. Fbg.	0,03 5,0	0,15 100,0	0,2 0,05	?	
6	Alizarinrot PS (0,1% in H_2O) + NH_4OH, verd., 100°	Rg.	r. Fbg. + HAc: r., g. Fluoresc.	5,0	0,5	10,0		Co, Cr, Fe, Cu. g. Fluoresc. spezif.
7	Eriochromcyanin R. (0,1% in H_2O, frisch bereiten!) + NaOH, verd. Neutr. Lsg., 20°	Rg.	r. Fbg., + HAc: v./r.	5,0	2,5	2,0	H_3PO_4, Fe, Mn, Mg	Cu, Ti^{IV}, Zr

26. Eisen.

1	1,8-Dioxynaphthalin-3,6-disulfosäure (5% in H_2O) + NaOH. Neutr. Lsg. von $Fe^{\cdots}$	Tpl. Rg.	gr. Flg./Fbg.	0,03 5,0	1,5 50,0	0,02 0,1		Cr, U, W
2	KSCN, NH_4SCN. Schw. s. Lsg. von $Fe_4^{\cdots}$, 20°	Tpl. Rg.	r. Fbg.	0,03 5,0	0,15 3,0	0,2 1,67		Co bl. in Alkohol, Mc r. m. red. Stoffen
			evtl. Schütteln mit Äther oder Amylalkohol					
3	Salicylsäure, K-Salz. Schw. s. Lsg. von $Fe^{\cdots}$, 20°	Tpl.	v. Fbg.	0,03 — —	0,015 — —	2,0 0,1 2,5		$Cu^{\cdot}$.
		Rg.		5,0	50,0	0,1		
4	α-α'-Dipyridyl (2% in HCl). Schw. s. Lsg. von $Fe^{\cdot\cdot}$, 20°	Rg. Tpl. Tpp.	r. Fbg.	5,0 0,03	0,5 0,02	10,0 1,5	?	?
5	Protocatechusäure. Schw. s. bzw. schw. alk. Lsg. von $Fe^{\cdot\cdot}$ bzw. $Fe^{\cdots}$	Rg. Mrg.	$Fe^{\cdots}$: schw. s. bl./gr. schw. alk. r. $Fe^{\cdot\cdot}$: schw. alk. r. Färbungen			4,2 10,0 ?		U, Ce, Ti
6	Dimethylglyoxim (1% in Alkohol). Lsg. von $Fe^{\cdot\cdot}$, 100°[3]	Tpl. Rg. Rg.	r. Fbg., keine Flg.	0,03 5,0 5,0	0,025 25,0 0,03	1,2 0,2 166,7		Ni: r. Flg. Co
7	1, 2, 5-Sulfosalicylsäure (gel. in H_2O). Schw. s. Lsg. von $Fe^{\cdots}$, 20°	Rg.	v. Fbg.	—	—	—		Ti
8	Diisonitrosoaceton (1% in Alkohol) + NH_4Ac. Neutr. Lsg. von $Fe^{\cdot\cdot}$, 20°	Rg.	bl./v. Fbg.	5,0	0,5	10,0		Ni, Co
9	7-Jod-8-oxychinolin-5-sulfosäure (Ferron) (0,2% in H_2O). Schw. s. Lsg. von $Fe^{\cdots}$, 20°	Rg.	bl./gr. Fbg.	5,0	0,5	10,0		Cu: w. Flg. spezif.
10	Formaldoxim + NaOH, NH_4OH. Neutr. Lsg. von $Fe^{\cdots}$	Rg.	20°: r./v. Fbg. 100°: br. Flg.	5,0	0,5	10,0		$Mn^{\cdot\cdot}$, Ni, Co, $Cu^{\cdot\cdot}$

27. Chrom.

1	$AgNO_3$. Schw. HNO_3-Lsg. von CrO_4'' + Na_2SO_4, 20°	M.	g./r. Flg./Fbg.	0,01	0,021	0,47	?	?
2	Benzidin, o-Toluidin + Na_2O_2. Lsg. von $Cr^{\cdots}$	Tpp. Tpl. Rg. M.		0,03 0,03 5,0 —	0,15 0,06 0,1 0,009	0,2 0,5 50,0 —		Co, Mn, Pb, Ag, Au
3	Chromotropsäure (gel. in H_2O) Lsg. von CrO_4'', 20°	Rg.	r. Flg./Fbg.	5,0	0,4	12,5		Fe, U, W
4	H_2O_2. St.-schw. s. Lsg. von CrO_4'', 20°	Rg. Rg.	bl. Fbg.	5,0 5,0	2,6 250,0	1,92 0,02	spezif.	
			Schütteln mit Äther, Amylalkohol					
5	Diphenylcarbazid (1% in Alkohol). Schw. s. Lsg. von CrO_4'', 20°.	Tpl.	v. Fbg.	0,03	0,15	0,2	$KMnO_4$	$Hg^{\cdot\cdot}$, $Cu^{\cdot\cdot}$, $Fe^{\cdots}$
	$Cr^{\cdots}$-CrO_4'' in alk. Lsg.	Tpl.		0,03	0,6	0,05		
	desgl. in s. Lsg.	Rg.		5,0	10,0	0,5		

[1] Behrens, H.: Z. analyt. Chem. **30**, 161 (1891). [2] Powell, A. R. and W. R. Schoeller: Analyst **50**, 485 (1925) u. a. m. [3] Tschugaeff, R. u. B. Orelkin: Z. anorg. u. allg. Chem. **89**, 401 (1914). — Ekkert: Vgl. C. B. **1931** II, 280.

70151 (Fortsetzung). (U, Ce, La, Ti, Zr, Th, Be, Tl, Ga.)

Lfd. Nr.	Reagens	Raum	Erscheinung	Volumen v in cm^3	Menge in γ	Empfindlichkeit $E = v/\gamma$	Störung durch	Verwechslung mit
	28. Uran. Kein empfohlenes Verfahren.							
	29. Cer.							
1	$H_2O_2 + NH_4OH$ od. Chinin-hydrochlorid. Neutr.-schw. alk. Lsg. von $Ce^{\cdots}$ od. $Ce^{\cdots\cdot}$ [1]	Verschiedene	g. od. g./r. Fbg./Flg.	0,05	0,35	0,143	$Fe^{\cdots}$	
	30. Lanthan.							
1	J in KJ + NH_4OH + NaAc. Lsg. von $La^{\cdots}$, 100°	Rg.	bl. Fbg.	5,0	3300,0	0,0015	spezif.	Stärke
	31. Titan.							
1	H_2O_2 (3% in H_2O) evtl. + NH_4F. St.-schw. HCl od. H_2SO_4-Lsg. von Ti^{IV}	Tpl. Rg.	g.-or. Fbg./(Flg.)	0,03 5,0	1,2 0,01	0,025 500,0	reduz. Stoffe viele Anionen	V, Ce Nb, Ta, Fe, Mo + F′ nicht V
2	H_2O_2 (0,7% in H_2O) + $Na_2S_2O_3$ (1% in H_2O) + $BaCl_2$ (25% in H_2O) + HAc (0,1 n). Neutr. Lsg. von Ti^{IV}	Rg.	w. Flg./Fbg. Einige Minuten warten!	5,0	0,6	8,33		Th, W, Mo, V, Zr
3	H_3AsO_4 (20% in H_2O) + $ZrOCl_2$ (1% in H_2O) 100°, Ti^{IV}	Rg.	w. Flg. + H_2O_2: or. Fbg.	5,0	0,5	10,0	H_3PO_4, nicht Fe, V, Mo, W	
	32. Zirkon.							
1	α-Nitroso-β-naphthol (alkoh. Lsg.) Zr^{IV}	Tpp.	gr./g. Flg./Fbg.	0,03	0,12	0,25	?	?
2	Alizarin (rot) S (0,3% in H_2O). St. s. Lsg. von Zr^{IV}	Rg.	v./r. Fbg.	5,0	100,0	0,05	F′	
3	1,2-Dihydroxyanthrachinon (Alizarin) evtl. alkoh. Lsg. Schw. s. Lsg. von Zr^{IV}, 20° Neutr. Lsg. + verd. HCl	Tpp. Tpl.	Abrauchen mit NH_3: r. Fbg. r.-v. Fbg.	0,03 0,03	0,29 0,3	0,103 0,1	SO_4'' F′, PO_4''', MoO_4'', WO_4'', org. Oxys.	
4	p-Dimethylaminoazophenylarinsäure. St. HCl-Lsg. von Zr^{IV}	Tpp.	br. Fbg.	0,03	0,06	0,5	SO_4'', PO_4'''	MoO_4'', Ti, WO_4'', Sn^{IV}

33. Thorium.

1	$(NH_4)_2CO_3$ + $TlNO_3$ od. Tl_2SO_4. Schw. alk. Lsg. [2]	M.	w. Flg.	0,01	0,5	0,02	nicht Zr, Y, Be	U
2	$(NH_4)_2C_2O_4$ od. $H_2C_2O_4$. St.-schw. HCl od. HNO_3-Lsg., 100°	M.	w. Flg., l. i. Übersch.	0,01	1,0	0,01		La, nicht Zr
3	H_2O_2 (0,7%) + $Na_2S_2O_3$ (1%) — $BaCl_2$ (25%) — 0,1 n HAc). Neutr. Lsg. [3]	Rg.	w. Flg. 5…8 Minuten warten!	4,0	0,5	8,0		Ti, V, Mo, W, Zr

34. Beryllium.

1	Acetylaceton. Schw. HAc-Lsg.	M.	w. Flg.	—	0,0076	—	nicht (Al), Fe, selt. Erdd.	Al
2	Chinalizarin (1, 2, 5, 8-Tetrahydroxyanthrachinon. Schw. NaOH-Lsg. Äthylendiamin ($C_2H_4(NH_2)_2$)	Rg.	bl. Fbg.	5,0	2,5	2,0	Al, Fe, NH_4, nicht Pb, Sb, Al, Zn, P_2O_5	Nd, Pr, Ce, La, Zr, Th, Mg
		Tpl.		0,03	0,085	0,35		
		Mrg.	bl. Fbg.	0,1	0,1	1,0		
3	Morin (Pentahydroxyflavon) (ges. in CH_3OH). Schw. alk. Lsg.	schw.	g./gr. Fluoresc., b. Zus. von 5 n HCl: Entfbg.	0,03	0,6	0,05	nicht viele Katt.	Al
		Tpl.		—	—	1,0		
		Rg.						
4	p-Nitrobenzolazoorcin (0,025%) in NaOH [4]	Tpp.	or./r. Fbg.	0,03	0,15	0,2	viel Mg, nicht Al, La, Pr, Nd, Ce, Zr, Th, Ca, Sr, Ba	Zn

35. Thallium.

1	HCl', Tl·	M.	w. Flg.	0,01	0,16	0,062	?	?
2	KJ', Tl·	M.	g. Flg./Fbg.	0,01	0,03	0,33	?	?
3	Phosphormolybdänsäure + HBr (50%)	Tpp.	bl. Fbg.	0,03	0,19	0,16	reduz. Stoffe	

36. Gallium.

1	$MnCl_2$ (0,5% in 6…7 n HCl) + $K_4Fe(CN)_6$ (1 n) + $KBrO_3$ (0,1 n). Schw. s.-neutr. Lsg.	Rg.	r.-br. Flg./Fbg. 5 Minuten warten	5,0	250,0	0,02	Cu, Mo, Ti, Zn, Mn, Fe, Co, Ni, U, V nicht Al, In	
		Tpl.		0,03	4,0	0,008		
2	Chinalizarin (s. Nr. 34/2) (5% in conc. NH_4OH). Neutr. Lsg. [5]	Rg.	bl.-v.-Flg./Fbg. 6…7 Min. warten	5,0	0,1	50,0		In, Tl, Zn, Al
3	Alizarin (gelb) (gel. in Alkohol). Schw. NH_4OH + NH_4Cl-Lsg.	Rg.	w./r. Flg./Fbg. Schütteln mit Äther	5,0	2,5	2,0		Al, In
4	Pentahydroxyflavon (Morin) (5%). Schw. HAc-neutr. Lsg. [6]	Rg.	gr. Fluoresc.	5,0	0,85	5,9	nicht Al b. Zus. von NaF	Al (In?), viele Katt.
		Rg.	i. UV	5,0	0,015	333,3		viele Katt.

[1] Boisbaudran, L. de: C. Compt. rend. Paris **100**, 605 (1885). — Lukas, J. u. A. Jilek: Z. anal. Chem. **76**, 340 (1929). [2] Behrens, H.: Z. anal. Chem. **30**, 157 (1891). [3] Feigl, F.: Mikrochemie **10**, 302 (1931) u. a. m. [4] Komarowsky, A. S. u. N. S. Poluektow: Mikrochem. **14**, 315 (1933/34). [5] Pietsch, E. u. W. Roman: Z. anorg. u. allg. Chem. **220**, 219 (1934). [6] Beck, G.: Mikrochem. **20**, 194 (1936).

70151 (Fortsetzung). (In, Zn, Mn, Rh, Co.)

Lfd. Nr.	Reagens	Raum	Erscheinung	Volumen v in cm^3	Menge in γ	Empfindlichkeit $E = v/\gamma$	Störung durch	Verwechslung mit
	37. Indium.							
1	CsCl od. Cs_2SO_4, fest. Schw. HCl od. H_2SO_4-Lsg.	M.	w. Flg.	0,01	0,2	0,05	viele Kationen b. Cl′ nicht Al	Tl···, Al, Cr···, Fe···, Ga, Mn···, b. SO_4'', b. Cl′: Ga
	38. Zink.							
1	$(NH_4)_2Hg(SCN)_4 + Cu \cdot SO_4$ (0,1% in H_2O), 20°	Tpl.	v. Flg./Fbg.	0,03	5,0	0,006	Fe···	
		Tpl.		0,03	3,0	0,01		
		Rg.		5,0	25,0	0,2		
2	$(NH_4)_2Hg(SCN)_4$ (8 g $HgCl_2$ + 9 g NH_4SCN in 100 cm^3 H_2O) + $CoCl_2$ (0,02% in 0,5 n HCl). Schw. s.-neutr. Lsg., 20°	Rg.	bl. Flg./Fbg.	5,0	2,0	2,5	Fe···, Mn··	
		Tpl.		0,03	0,2	0,15		
		Tpl.	neutr. Lsg.	0,03	0,12	0,25		
			s. Lsg.	0,03	0,3	0,10		
3	Dithizon (0,002% in CCl_4 od. CS_2). Neutr. Lsg., 20°[1]	Tpl.	r. Fbg.	0,03	0,03	1,0		
4	p-Nitrobenzolazoorcin (0,025% in 1 n NaOH). Neutr. Lsg., 20°	Tpp.	or./r. Fbg.	—	—	—		viele Kationen. Zus. von KOH, KCN, KSCN Be, Mg
	39. Mangan.							
1	$AgNO_3$. Schw. NaOH-Lsg. 20°. Mn··. Ev. + Glycerin	Tpp.	+ NH_4OH: g./br. Flg.	0,03	0,8	0,038	NH_4, Ni, Co	Fe··, Co
		Rg.	+ HAc: s. Flg.	5,0	1,0	5,0		
2	KJO_4, $NaJO_4$. Schw. s.-neutr. Lsg. von Mn··. Tpl. + H_3PO_4, 100° Rg. 20°[2]	Tpl.	v Fbg./(Flg.)	0,03	1,0	0,03		KJO_4-Überschuß: gr. Fbg. Co: br. Fbg.
		Rg.	r./v. Fbg./(Flg.)	—	—	0,16		
3	PbO_2(+ $NaPO_3$). St.-schw. s. Lsg. von Mn··, 100°	Rg.	v. Fbg.	5,0	1,5	3,3		
		Rg.		5,0	25,0	0,2		
4	$KClO_3$, fest. Neutr. Mn··: Schw. HNO_3-Lsg.	Tpl.	v. Fbg.	—	0,1	—	?	?
		Rg.						
		Mrg.						
5	$NaBiO_3$ od. Bi_2O_4. Schw. s. Lsg. von Mn··, 100°	Rg.	v. Fbg.	5,0	25,0	0,2	?	?
6	$K_2S_2O_8$ $(NH_4)_2S_2O_8$ + $AgNO_3$. Schw. HNO_3-Lsg., 60°, 100°, Mn··	Tpl.	v. Fbg.	0,03	0,06	0,5	spezif.	
		Rg.		5,0	10,0	0,5		
7	NaBrO, KBrO, HBrO, HClO+Cu·· Mn··, 20°, 100°	Tpl.	v. Fbg.	0,03	1,2	0,025	?	?
		Rg.		—	5,0	—		
8	KNO_3, fest + Na_2CO_3, fest. Schmelze. Mn··	Rinne	gr. Fbg.	—	0,008	—	spezif.	Cr: g. Fbg.

9	KJO_4-Tetramethyldiaminodiphenylmethan. Schw. HAc-Lsg. von Mn··, 20°	Tpl.	bl. Fbg.	0,03	0,001	30,0	?	?
		Rg.		—	—	20,0		
				5,0	0,0025	$2 \cdot 10^3$		
10	$H_2C_2O_4$ od. K, Na-Salz mit od. ohne oxyd. Stoffen. Schw.-st. alk. Lsg. von Mn··, 20°	Rg.	r. Fbg.	5,0	350,0	0,01	viel Fe u. Co	Cd, Sn, Pb
		M.		—	1,0	—		
11	Benzidin, gel. in HAc. Schw. alk. Lsg. von Mn··, 20°	Tpl.	bl. Fbg.	0,03	0,9	0,03	viel Co	
		Tpp.						
		Tpl.		0,03	0,3	0,1		
		Tpp.		0,03	0,09	0,33		
		Rg.		5,0	10,0	0,5		
12	Formaldoxim, CH_2:NOH + NaOH, NH_4OH. Neutr. Lsg. von Mn··, 20°, 100°	Rg.	or. Fbg.	5,0	0,25	20,0		Ni, Co, Cu, Fe···
13	Benzidin, gel. in HCl. Neutr. Lsg. von MnO_4', 20°	Rg.	bl./gr.-g./gr. Fbg.	5,0	0,5	10,0	?	?

40. Rhenium.

1	KCl, RbCl, CsCl. Lsg. von ReO_4'	M.	w. Flg. K	0,01	7,0	0,001		ClO_4'
			Rb	0,01	3,0	0,003		
			Cs	0,01	2,0	0,005		

41. Kobalt.

1	α-Nitroso-β-naphthol (0,05% in verd. NaOH). Schw. s.-schw. alk. Lsg., 20°	Rg.	r. Flg./Fbg.	5,0	5,0	1,0		Ni, Fe··· usw., + H_2SO_4 nicht
		Tpp.		—	0,006	—		
2	1, 2-Diaminoanthrachinon-3-sulfosäure (0,1% in 21 T. conc. NH_4OH, 71 T. H_2O u. 8 T. 35% NaOH). Neutr. Lsg., 20°	Rg.	bl. Flg./Fbg.	5,0	1,0	5,0		Ni, Cu
3	α-Nitroso-β-naphthol (1% in 50% HAc), desgl. Na-Salz. St. s. Lsg., 20°, 100°	Tpl.	r. Flg./Fbg.	—	—	0,02		
		Rg.		—	—	20,0	nicht Ni, Zn, Mn	nicht Ni, Zn, Mn, Al, Cr
4	β-Nitroso-α-naphthol. Neutr.-schw. alk. Lsg., 20°	Tpl.	r. Flg./Fbg.	—	—	17,0	?	?
		Mrg.						
		Rg.						
5	Rubeanwasserstoffsäure (Dithiooxamid). Neutr. Lsg., 20°	Tpp.	br. Flg./Fbg.	0,03	0,006	5,0		Cu, Ni, nicht Fe, Cd
6	KSCN, NH_4SCN + C_2H_5OH, $(CH_3)_2CO$, Amylalkohol usw. Neutr. Lsg., 20°	Tpl.	bl. Fbg.	0,03	0,3	0,1		Fe: r. Fbg.
		Tpl.		0,03	0,15	0,2		
		Rg.		5,0	7,0	0,71		
7	Formaldoxim(CH_2:NOH)+NaOH, NH_4OH. Neutr. Lsg., 20°	Rg.	br. Fbg.	5,0	1,0	5,0		Mn··, Ni··, Cu··, Fe···

[1] Fischer, H.: Z. angew. Chem. **46**, 442 (1933) u. a. m. [2] Benedikt, S. R.: Amer. chem. J. **34**, 581 (1905) u. a. m.

70151 (Fortsetzung). (Ni, Ca, Sr, Ba, Mg.)

Lfd. Nr.	Reagens	Raum	Erscheinung	Volumen v in cm^3	Menge in γ	Empfindlichkeit $E = v/\gamma$	Störung durch	Verwechslung mit
	42. Nickel.							
1	Dimethylglyoxim (1% in Alkohol). Schw. NH_4OH od. NaAc-alk. Lsg., 20°	Tpl. Tpp.	r. Flg./Fbg.	0,03	0,1	0,3		$Fe^{\cdot\cdot}$, $Co^{\cdot\cdot}$-Farbe
	+ PbO_2			—	—	1,67		
	+ KCN + HCOH	Rg.		5,0	7,0	0,7		
	+ $(NH_4)_2HPO_4$	Tpp.		—	—	—		
		M.		0,03	0,3	0,1		
		M.		—	0,2	—		
2	1, 2-Diaminoanthrachinon-3-sulfosäure. Neutr. Lsg., 20° (0,1% d. Lsg. s. Kobalt 2)	Rg.	bl. Flg./Fbg. Zus. von NH_4OH: r. Fbg.	5,0	25,0	0,2		Co, Cu
3	Diphenylglyoxim (α-Benzildioxim (gel. in Alkohol). Schw. s.-schw. NH_4OH-Lsg., 20° 100°	Rg.	w. Flg./(Fbg.) r.-g. Flg./(Fbg.)	5,0	1,0	5,0		nicht Co
4	α-Furildioxim. Schw. NH_4OH-Lsg	Tpl. Mrg. Rg.	r. Flg./Fbg.	—	—	6,0	selektiv	$Fe^{\cdot\cdot}$, $Co^{\cdot\cdot}$-Farbe
5	Rubeanwasserstoffsäure (Dithiooxamid). Neutr.-st. NH_4OH-Lsg., 20°	Tpp.	bl. Flg./Fbg.	0,03	0,006	5,0	selektiv	Cu, Co, nicht Fe, Cd
		Tpp.		0,05	0,005	10,0		
		Rg.		5,0	2,5	2,0		
6	Formaldoxim (CH_2:NOH)+NaOH, NH_4OH. Neutr. Lsg., 20°	Rg.	gr. Fbg.	5,0	0,5	10,0		$Cu^{\cdot\cdot}$, $Mn^{\cdot\cdot}$, Co, $Fe^{\cdot\cdot\cdot}$
	43. Calcium.							
1	H_2SO_4, Na_2SO_4 + evtl. Alkohol. Schw. HCl-Lsg., 20...100°	M.	w. Flg.	0,01	0,4	0,025	BO_3''', NH_4, Min. Ss	Ag, Hg, Pb, Bi, Tl, Sb
2	$K_4Fe(CN)_6$, NH_4-, Cs-, Rb-Salz + NH_4Cl. (Ges. Lsg., frisch bereiten.) Schw. s.-schw. alk. Lsg. von $Ca^{\cdot\cdot}$, über 20°	Tpl.	w. Flg.	0,03	15,0	0,002	viel Ba, Mg, viele Katt., Min. Ss, oxyd. Stoffe, nicht Sr	
		Rg.		5,0	5,0	1,0		
		M.		0,01	1,0	0,01		
3	$(NH_4)_2C_2O_4$, $H_2C_2O_4$. Schw. s. (NaAc)-Lsg.	Rg.	w. Flg.	5,0	1,6	3,1	Sr, Ba, viele Katt., viel Weins., Citronens. (NaCl, $Na_2B_4O_7$)	
		M.		—	0,06	—		
4	Dioxyweinsäure, Na-Salz, fest. Neutr. Lsg.[1]	Tpl.	g./w. Flg./Fbg.	0,03	0,006	5,0	viele Katt., viel Mg, nicht Alk. NH_4	Sr, Ba

44. Strontium.

1	$CaSO_4$ (ges. Lsg.), 100° + Alkohol[2]	Rg.	w. Flg. 5 Min. warten!	5,0 5,0	3,6 125,0	1,4 0,04	viele Katt.	
2	HNO_3, d = 1,2...1,5 über 20°	M. Mrg.	w. Flg.	—	—	—	Ba, nicht Ca, Mg	
3	K_2CrO_4, Na-, NH_4-Salz, $K_2Cr_2O_7$. Neutr. Lsg. über 20°	M.	g. Flg./Fbg.	0,01	8,0	0,0012	Ba, viel Ca	
4	Natriumrhodizonat (5% in H_2O). Frisch bereiten	Tpp.	br. Flg./Fbg. Zus. von HCl: Entfbg. Zus. von Alkohol	0,03	0,27	0,11	viele Kationen, nicht Ca Mg	Pb, Ba

45. Barium.

1	NHO_3, conc., Nitrate	M.	w. Flg.	0,01	0,6	0,167		$CsAl(SO_4)_2$, (Sr)
				b. Zus. von Alkohol größer				
2	H_2SO_4 (0,5 m), Sulfate, 20°	M. Rg. Rg.	w. Flg.	0,01 5,0 5,0	0,5 3,0 1,1	0,02 1,67 4,5	$FeCl_3$, $AlCl_3$, $CrCl_3$ + HCl, $Na_2S_2O_3$, HCl, HNO_3 conc.	Ag, Pb, Hg, Tl, $Sb^{\cdots}$, $Bi^{\cdots}$
3	H_2SiF_6 $(NH_4)_2$-Salz, fest. Schw. HCl od. HAc-Lsg., 20...100°	M.	w. Flg.	0,01	1,0	0,01	nicht Ca, Sr	Na, K
4	Kaliumantimonyltartrat. Schw. HAc-neutr. Lsg,. über 20°	M.	w. Flg.	0,01	4,5	0,002		Ag, Pb, Tl, Ca, Sr, Na, K, Rb, Cs, NH_4
5	K_2CrO_4, Na- (NH_4)-Salz, $K_2Cr_2O_7$, evtl. + Gelatine. Schw. s. HAc-alk. NaAc-Lsg.	Rg. Rg. M.	g. Flg. b. künstl. Beleuchtung	5,0 5,0 0,01	100,0 1,2 0,8	0,05 4,15 0,01	Min. Ss, nicht Pb, Cd, Tl, Zn, Sr, Ca	Ag, Sr
6	Natriumrhodizonat (5% in H_2O, frisch bereiten). Neutr. Lsg., evtl. + Alkohol	Tpp.	br. Flg./Fbg.	0,03	0,14	0,21	viel Sr	Sr, Pb, Mett. d. H_2S- u. d. $(NH_4)_2S$-Gr.

46. Magnesium.

1	Na_2HPO_4, fest + NH_4Cl + NH_4OH Neutr.-schw. NH_4OH-Lsg., 20...100°	M.	w. Flg.	0,01	0,02	0,5	viele Katt., nicht Ca, Ba, Sr n. Zus. von H_2SO_4 od. $(NH_4)_2CO_3$	viele Katt.
2	KJO, NaJO	Tpl. Rg.	br./r. Flg./Fbg.	0,03 5,0	0,18 20,0	0,17 0,25	NH_4, Al, nicht Erdalk. u. Alk. Mett.	Co, Mn
3	1, 2, 5, 8-Tetraoxyanthrachinon (Chinalizarin) (0,01% in Alkohol). Schw.-st. NaOH-Lsg.	Rg. Mrg. Tpl.	v./bl. Fbg./Flg.	5,0 0,1 0,03	2,5 0,002 0,15	2,0 50,0 0,2	Cr, Fe, Mn, Zn, Co, Ni, Be, NH_4, PO_4''', Cd, La, Al (p_H = 5,5...5,7) Ca, Sr, Ba, nicht Al — viel NaOH, Erdalk.	Pr, Nd, Ce, La, Zr, Th

[1] Gen. Chem. u. Pharm. Co., Ltd., Chem. Age 28, 411 (1933). [2] Seelhorst, P.: Diss. Leipzig 1928. — Böttger, W.: Qualitative Analyse usw. in Lunge-Berl: Chemisch-technische Untersuchungsmethoden, Bd. I, S. 95f. 1931.

70151 (Fortsetzung). (Mg, Li, Na, K, Rb, Cs, NH_4.)

Lfd. Nr.	Reagens	Raum	Erscheinung	Volumen v in cm³	Menge in γ	Empfindlichkeit E = v/γ	Störung durch	Verwechslung mit
	46. Magnesium (Fortsetzung).							
5	Titangelb (0,1% in H_2O) + 4 n NaOH. Schw.-st. NaOH-Lsg.	Rg. Tpl.	r. Fbg./(Flg.)	5,0 0,03	1,0 0,9	5,0 0,03	Sn, Al, Cr, Fe···, Co, Ni, Mn, Zn, nicht Ca, Sr, Ba, Be, La	(Cd)
6	Hexamethylentetramin (Urotropin) + K_3- od. $K_4Fe(CN)_6$	M.	g./br.-w. Flg./Fbg.	K_3 K_4	0,0005 0,002	— —	nicht Ba, Sr, Li, Ca, nicht Li	Ca
7	Tropäolin 00 (0,1%). Neutr. Lsg.	Rg.	Entfbg. 30 Min. warten	5,0	5,0	1,0	SO_4'', PO_4''' nicht Al, Fe, Zn, Erdalk.-, Alk.-, Mett., NH_4	
	47. Lithium.							
1	Na_2HPO_4. Schw. NaOH od. Na_2CO_3 Lsg., 100°, evtl. Zus. von Alkohol	M.	krist. Flg.	0,01	4,0	0,0025	Mg, NH_4, HCitr. nicht Na, K, $(CH_2)_6N_4$ b. Zus. von C_2H_5OH, nicht K, NH_4	H
2	Hexamethylentetramin $[(CH_2)_6N_4]$ + $K_4Fe(CN)_6$ od. $K_3Fe(CN)_6$	M.	g./w. Flg./Fbg.	0,01	0,065	0,154		Mg, Erdalk. Mett.
	48. Natrium.							
1	Kaliumpyroantimonat ($K_2H_2Sb_2O_7$), Frisch bereiten! Neutr.-schw. KOH-Lsg.	M.	w. Flg.	0,01	1,2	0,008	Ca, Mg, NH_4, viel Min. Ss, nicht Rb, Cs	Li, Erdalk. Mett.
2	Kieselfluorwasserstoffsäure, H_2SiF_6 über 20°	Rg.	w. Flg.	5,0	10^3	0,005	K, NH_4, Mett. d. H_2S- u. d. $(NH_4)_2$, S-Gr, nicht Li	Ca
3	Ammoniumsilicofluorid $[(NH_4)_2SiF_6]$. Über 20°	M.	w. Flg.	0,01	1,6	0,006	viel K, Rb, Cs	viele Katt., Ba, Mg, Li
4	Uranylacetat $UO_2(C_2H_3O_2)_2$ (Lsg. in 2 n od. conc. HAc). Schw. HAc-Lsg., 20°	M.	w.-g. Flg./Fbg.	0,01	1,0	0,01	viele Katt.	Ag, Tl, K, Rb, NH_4, Cs
5	Magnesiumuranylacetat $[UO_2(C_2H_3O_2)_2, Mg(C_2H_3O_2)_2]$ Zus. von C_2H_5OH (Kahane)[1]	Rg. M. Rg.	g. Flg./Fbg.	5,0 — 5,0	250,0 0,5 0,025	0,02 — 200,0	Ag, Hg·, Sb, Li, viel K, PO_4''', AsO_4''', C_2O_4'', SiF_6'', $Fe(CN)_6''''$, Min. Ss, nicht Erdalk., K, NH_4	
	49. Kalium.							
1	$Bi(NO_3)_3$ + H_2SO_4 od. $Bi_2(SO_4)_3$. Schw. HNO_3, H_2SO_4-Lsg.	M.	w. Flg.	0,01	0,6	0,0015	Ag, Pb, Ca, Sr, Ba, HCl, nicht Mg, Na	Li, Rb, Cs, NH_4
2	$Na_3Bi(S_2O_3)_3$ (Carnots Reagens). Frisch bereiten! Neutr. Lsg.	Rg.	g. Flg./Fbg., evtl. + Alkohol	5,0	40	0,125	Sr, Ba, nicht Al, Mn, Fe, Ca, Mg, Li, Na, NH_4	Li, Cs, Rb

3	$Na_3[Co(NO_2)_6]$. Schw. HAc-neutr. Lsg., 20°	schw.	g. Flg./Fbg.	0,03	2,4	0,013	viele Katt., Li, Rb, Cs, NH_4, NO_2, nicht Al, Fe, Zn, Na	
		Tpl.						
	+ $AgNO_3$	Tpl.		0,03	0,6	0,05		
	+ C_2H_5OH	Rg.		5,0	10,0	0,5		
		Rg.		—	—	1,0		
		M.		0,01	3,0	0,0033		
4	Platinchlorwasserstoffsäure (H_2PtCl_6) (5...10% in H_2O). Schw. HCl-neutr. Lsg., 20°	Rg.	g. Flg./Fbg.	5,0	8500,0	0,0006	HNO_3, H_2SO_4, J', Amine, Alkaloide, nicht Mg,	NH_4, Rb, Cs, Tl
		M.		0,01	5,0	0,002		
5	Phosphormolybdänsäure. St.-schw. HNO_3-Lsg., 20°	M.	g. Flg./Fbg.	0,01	3,0	0,003	nicht Ca, Mg, Li, Na	Ag, Hg˙, Tl, Li(?), Rb, Cs, NH_4
		Rg.		5,0	500,0	0,01		
6	Dipikrylamin (Hexanitrodiphenylamin) (1% in Na_2CO_3), Na-Salz (2% in H_2O). St.-schw. HCl-Lsg.	Tpp.	r. Flg./Fbg.	0,03	3,0	0,01	viele Katt., nicht Li, Na, Mg	Hg˙˙, Tl, Pb, NH_4, Be, Zr, Rb, Cs
		M.		—	0,01	—		

50. Rubidium.

1	Silicomolybdänsäure, NH_4-Salz. Schw. HNO_3-Lsg.	M.	g. Flg./Fbg.	0,01	7,0	0,0014	NH_4, nicht Ag, Hg˙, Tl, Ca, Ba, Sr, Mg, Li, Na	Cs

51. Caesium.

1	Silicomolybdänsäure, NH_4-Salz. Schw. HNO_3-Lsg.	M.	g. Flg./Fbg.	0,01	2,5	0,004	NH_4, nicht Ag, Hg˙, Tl, Li, Na, K, Ca, Sr, Ba, Mg	Tl, Rb
2	$BiCl_3$ + KJ, ebenso $SnCl_2$	Tpp.	r. Fbg.(/Flg.)	0,03	21,0	0,0014	Pb, Sn, Sb, nicht Rb	Tl
		M.		0,01	2,5	0,004		
3	AgJ, gel. in NaJ	M.	g./w. Flg./Fbg.	0,01	1,3	0,0077	nicht Li, K	Rb(?)
4	$NaMnO_4$	M.	v. Flg./Fbg.	—	0,2	—	Cr, Mn, Co, J', CN', Fe(CN)'''', red. Stoffe, nicht viele Katt.	K, Rb, NH_4

52. Ammonium.

1	$AgNO_3$ (20%) + HCHO (33...40%). Frisch bereiten [2]	Verschiedene	NH_3-Entwicklg., Flg.	0,05	0,05	1,0		Mono-, Di- u. Trimethylamin
2	Hg_2Cl_2 od. $Hg_2(NO_3)_2$	Tpl.	NH_3-Entwicklg., s./w.-s. Flg.	0,03	1,5	0,02		s. 1
		Tpp.						
3	K_2HgJ_4 (Nesslers Reagens)	Rg.	NH_3-Entwicklg., g./r. Flg./Fbg.	5,0	0,25	20,0		Mono- u. Dimethyl- u. äthylamin, Trimethylamin
4	$MnSO_4$ + $AgNO_3$ + Benzidin. Desgl. $Mn(NO_3)_2$	Tpp.	NH_3-Entwicklg., bl. Fbg.	0,03	0,003	10,0		Mono-, Di- u. Trimethylamin
5	p-Nitrobenzoldiazoniumchlorid. Frisch bereiten! Schw. s.-neutr. Lsg.	Tpl.	NH_3-Entwicklg., r. Fbg.	0,03	0,4	0,075	SO_2, Cl_2, Br_2, J_2, $C_6H_5NH_2$, HCHO	
		Tpp.			2,5	—		

[1] Kolthoff, J. M.: Pharmaz. Weekblad **60**, 1251 (1923). — Kahane, E.: Bull. Soc. Chim. (4) **53**, 555 (1933). [2] Feigl, F.: Mikrochem. **13**, 129 (1933).

70152 Anionen-Nachweise.

Lfd. Nr.	Reagens	Raum	Erscheinung	Volumen v in cm^3	Menge in γ	Empfindlichkeit $E = v/\gamma$	Störung durch	Verwechslung mit
	1. Fluorid.							
1	SiO_2, fest + $(NH_4)_2MoO_4$ (3,45% in 9,5% HNO_3) + Benzidin (1% in 10% HAc) + NaAc (ges. Lsg.). St. H_2SO_4 (conc.) Lsg., 100° [1]	Verschiedene	Gasentwicklg. bl. Fbg. 20°	—	1,0	—	CO_3'', S'', Br', J', viel Cl', viel NO_3'	
2	Alizarin (rot) S od. Purpurin od. Chinalizarin + Zirkonnitrat. St. HCl, HAc-Lsg., 20°	Tpp. Rg.	g./r. Fbg.	0,03 5,0	0,6 5,0	0,05 1,0	SO_4'', C_2O_4'', PO_4''', viel HCl, HBr, H_2SO_4, H_3PO_4	
3	Zirkon-p-dimethylaminoazophenylarsinat. Neutr.-schw. alk. Lsg., 20°	Tpp.	r./br. Fbg.	0,03	0,15	0,2	?	?
	2a. Chlor.							
1	o-Toluidin. St. HCl-Lsg., 20°	Rg.	g. Fbg.	5,0	0,005	1000,0	nicht Mn	$Mn^{\cdots}$, oxyd. Stoffe, NO_2' (mehr als 1:10[8])
	2b. Chlorid.							
1	$TlNO_3$, KNO_3, K_2SO_4 $TlNO_3$ + $Pt(SO_4)_2$	M. M.	Flg.	0,01 0,01	0,1 0,001	0,1 10,0		Br', J'
2	$K_2Cr_2O_7$, fest + H_2SO_4 (conc.) + Diphenylcarbazid (1% in Alkohol). Fast neutr.	Mrg.	v. Fbg.	0,1	3,0	0,033	NO_2', F', viel Br' J'	
	2c. Chlorat.							
1	$MnSO_4$ (ges. Lsg.) + H_3PO_4 (conc.) + Diphenylcarbazid (1% in Alkohol). St. H_3PO_4-Lsg., 60°	Tpl.	v. Fbg.	0,03	0,03	1,0		JO_4', S_2O_8''
	2d. Perchlorat.							
1	Methylenblau (0,2% in H_2O), 20°	M.	v. Flg./Fbg.	—	3,0	—	nicht ClO_3', JO_3', JO_4'	S_2O_8'', J', ReO_4'
2	Methylenblau (1,6% in H_2O) + KNO_3 (40% in H_2O). Neutr. Lsg.	Mrg.	r./v. Fbg.	0,1	1,0	0,1	CrO_4'', nicht ClO_3, weniger als 1%	

	3a. Brom.							
1	Fluorescein. St. NH_4OH-Lsg., 20°	Rg.	r. Fbg.	5,0	0,7	7,2	HNO_2, HNO_3	nicht Cl_2
2	Fuchsin (0,01% in 4,5% H_2SO_4). St. H_2SO_4-Lsg., 20°	Rg.	r./v. Fbg.	5,0	5,0	1,0		BrO_3', Cl_2
	3b. Bromid.							
1	Fluorescein + oxyd. Stoffe	—	—	—	—	—	s. 3a 1	nicht Cl′
	3c. Bromat.							
1	$Mn(SO_4)$ (2% in verd. H_2SO_4) + Benzidin (gel. in verd. HAc) + NaAc, fest. St. H_2SO_4-Lsg., 60 ... 20°	Mrg.	bl. Fbg.	0,1	30,0	0,0033	nicht ClO_3', JO_3'	
	4a. Jodid.							
1	$PdCl_2$, 20°	Tpp. M.	br./s. Flg./Fbg.	0,03 —	0,6 0,1	0,05 —		nicht Cl′, Br′
2	Cer-IV-Ammoniumsulfat $[Ce(SO_4)_2 \cdot (NH_4)_2SO_4]$ (gel. in 10%. H_2SO_4) + Na_3AsO_3 (gel. in H_2O). Schw. s.-neutr. Lsg., 20°	Tpl.	Verschwinden d. g. Farbe	0,03	0,03	1,0	nicht Cl′, Br′	Os, Ru
	4b. Jodat.							
1	H_3PO_2 (Unterphosphor. S.) + Stärke. St.-schw. s. Lsg., 20°	Tpl.	bl. Fbg.	0,03	0,6	0,05	nicht ClO_3', BrO_3'	
	4c. Perjodat.							
1	$MnCl_2$ (10% in H_2O) + Tetramethyldiaminodiphenylmethan. St. HAc-Lsg., 20°	Tpl.	bl. Fbg.	0,03	0,3	0,01	nicht ClO_3', BrO_3'	S_2O_8''
	5a. Sulfid.							
1	p-Aminodimethylanilin + $FeCl_3$	Tpl.	bl. Fbg.	0,03	0,6	0,05	?	?
2	NaN_3 (3% in 0,1 n J_2),	Tpl.	N_2-Entwicklg.	0,03	0,074	0,41	SCN, S_2O_3'',	
	desgl. + NaJ	Tpl.		0,03	0,005	6,0	nicht S″, SO_4'', SO_3'', Se, Te, AsO_3''', SbO_3'''	

[1] Feigl, F. u. P. Krumholz: Ber. B **62**, 1138 (1929) u. a. m.

70152 (Fortsetzung).

Lfd. Nr.	Reagens	Raum	Erscheinung	Volumen v in cm³	Menge in γ	Empfindlichkeit E = v/γ	Störung durch	Verwechslung mit
	5b. Sulfit.							
1	Formaldehyd (HCHO) (1% in H_2O) + Phenolphthalein. Neutr. Lsg., 20°	Mrg.	r. Fbg.	0,1	20,0	0,005	nicht S_2O_2''	
2	Malachitgrün (0,0025% in H_2O). Neutr. Lsg.	Tpl.	Verschwinden d. gr. Farbe	0,03	0,75	0,04	nicht S_2O_3''	S'', Sn, OH'
3	$Ni(OH)_2$. Frisch bereiten!	Verschiedene	SO_2-Entwicklg., s. Flg.	0,05	0,4	0,125		S_2O_3''
	5c. Thiosulfat.							
1	$NaN_3 + J_2$, 20° [1]	Tpl. M.	N_2-Entwicklg.	0,03 0,01	0,06 0,0016	0,5 6,2	S'', SCN'	
	5d. Persulfat.							
1	Benzidin (0,5% in Alkohol od. HAc). Neutr. Lsg., 20°	Rg.	br. Zone, bl. Flg.	5,0	18,0	0,28	JO_4', nicht ClO_3', BrO_3', NO_3'	ClO_4', JO_3', BO_3'''
2	2,7-Diaminofluorenhydrochlorid	Rg.	bl. Fbg. Einige Minuten warten!	5,0	5,0	1,0	Zn, Cd, Cu··	Cl_2, Br_2, Blut
	6a. Nitrit.							
1	Chrysean (ges. alk. Lsg.). Schw. s. Lsg., 20°	M.	r./br. Flg. Fbg.	0,01	0,08	0,125	NO_3', Mett. d. H_2S-Gr.	
2	α-Naphthylamin — Sulfanilsäure + H Tartr., 20°	Tpl.	r. Fbg.	0,03	0,006	5,0	?	?
3	α-Naphthylaminhydrochlorid (ges. in H_2O) + β-naphthylamino-6, 8-disulfosäure (G-Säure) (gel. in verd. HAc). Schw. HAc-neutr. Lsg., 80°	Rg.	v./bl. Fbg.	5,0	0,07	71,4	nicht NO_3'	
4	1-8-Naphthalendiamin (0,1% in 10% HAc)	Mrg.	or. Fbg.	0,1	0,2	0,5	SeO_3''	

	6b. Nitrat.							
1	Zn + α-Naphthylamin-Sulfanilsäure. Schw. HAc-Lsg., 20°	Tpl. Rg.	r. Fbg.	—	—	—		NO_2', s. 6 a, 2
	7a. Orthophosphat.							
1	Na_2MoO_4 (gel. in H_2O) + HCl + Strychnin (gel. in H_2SO_4). Schw. H_2SO_4-Lsg.	Rg.	br./g. Flg./Fbg.	5,0	0,25	20,0	nicht SiO_3''	
2	$(NH_4)_2MoO_4$ (4% in verd. HNO_3) + Benzidin (0,05% in 10% HAc) + NaAc (ges. Lsg.), 20°	Tpp.	bl. Fbg.	0,03	0,04	0,75		SiO_3
	7b. Pyrophosphat.							
1	Luteokobaltchlorid $[Co(NH_3)_6Cl_3]$ [2]	—	br. Flg.	—	—	—	MoO_4'', WO_4'', nicht viele Ann.	
	8. Borat.							
1	Mimosatinktur + NH_4OH od. Na_2CO_3. Schw. HCl-Lsg., 20°	Rg. Tpp.	r. Fbg.	5,0 0,03	0,4 30,0	12,5 0,001	PO_4''', org. Ann.	
2	Bromthymolblau + Mannit (50% in H_2O). Schw. alk. Lsg., 20°	Tpl.	Verschwinden d. bl. Farbe	0,03	0,001	30,0	?	?
3	p-Nitrobenzolazochromotropsäure (gel. in H_2SO_4), 20°	Mrg.	bl./v.-gr./bl. Fbg.	0,1	0,2	0,5	F', oxyd. Stoffe	H_2GeO_3
	9. Silicat.							
1	$(NH_4)_2MoO_4$ (4% in 25% HNO_3) + Benzidin (0,05% in 10% HAc) + NaAc, über 20°	Tpp.	bl. Flg./Fbg.	0,03	0,06	0,5	PO_4''', AsO_4'''	
2	$(NH_4)_2MoO_4$ (10% in H_2O) + $SnCl_2$ (10% in NaOH). Frisch bereiten! Neutr.-schw. alk. Lsg., 20°	Rg.	bl. Fbg.	5,0	5,0	1,0	PO_4''', AsO_4'''	
	10a. Cyanid.							
1	CuS (0,05% in verd. NH_4OH). Schw. NH_4OH-Lsg.	Tpl. Tpp.	Verschwinden d. schw. Farbe	0,03 0,03	1,5 0,75	0,02 0,04	nicht Cl', Br', J', $Fe(CN)_6'''$, $Fe(CN)_6''''$	

[1] Feigl, F.: Z. anal. Chem. 74, 369 (1928) u. a. m. [2] Chamot u. Mason: Handbook of chem. Microscopy, Vol. II, p. 315. 1931. — Behrens-Kley: Mikrochemische Analyse, 2. Aufl., S. 139. 1921.

70152 (Fortsetzung.)

Lfd. Nr.	Reagens	Raum	Erscheinung	Volumen v in cm^3	Menge in γ	Empfindlichkeit $E = v/\gamma$	Störung durch	Verwechslung mit
				10b. Cyanat.				
1	$CuSO_4$ (1% in H_2O) + Pyridin. Schütteln mit $CHCl_3$	Rg.	bl. Fbg.	5,0	500,0	0,01	SCN′	
				10c. Rhodanid.				
1	$CuSO_4$ (gel. in H_2O) + Pyridin. Neutr. Lsg., 20°, Schütteln mit $CHCl_3$	Rg.	gr. Fbg.	5,0	50,0	0,1	OCN′	
				10d. Acetat.				
1	$La(NO_3)_3$ (5% in H_2O) + J_2 (0,01 n in Alkohol) + verd. NH_4OH. Schw. NaOH-Lsg.	Tpl.	bl. Fbg.	0,03	15,0	0,002	nicht Cl′, Br′, J′, NO_3'	C_2H_5COO'
2	$CaCO_3$ + o-Nitrobenzaldehyd (ges. in 2 n NaOH). Frisch bereiten! Über 20° [1]	Tpp. Mrg.	bl./gr. Fbg.	—	60,0	—	nicht Min., Ss. u. RCOOH	
				10e. Oxalat.				
1	$MnSO_4$ (gel. in H_2O) + $K_2Cr_2O_7$ od. NaClO. Schw. HAc-Lsg., 20°	Rg.	r. Fbg.	5,0	5000,0	0,001	spezif.	
2	Diphenylamin, fest. Neutr. über 100° + Alkohol [2]	Mrg.	bl. Fbg.	—	5,0	—	nicht viele organ. Ss.	selektiv
				10f. Tartrat.				
1	Gallussäure, über 20°	Rg.	bl./gr. Fbg.	—	2,0	—		nicht H Form. HAc u. a. m.

[1] Feigl, F.: Mikrochem. **17**, 165 (1935). [2] Feigl, F. u. O. Frehden: Mikrochem. **18**, 272 (1935).

7016 Die Analyse auf nassem Wege.

70161 Trennung der Kationen.

701611 Auflösen und Aufschließen.

Die zur Untersuchung gelangende Menge von etwa 0,5 g der Substanz wird einem Auflösungs- bzw. Schmelzvorgang unterzogen. Man bedient sich des Wassers, der starken Mineralsäuren, wie auch der Alkalien, und zwar sowohl in Lösung wie auch in Schmelze, ferner kommen reduzierende wie auch oxydierende Agenzien in Anwendung.

Erleichtert wird der Analysengang, wenn die in 7013 geschilderten Trockenproben und die in 7014 geschilderten Naßproben auf Anionen, insbesondere die Prüfung mit verdünnter und konzentrierter H_2SO_4 701621 vorausgingen (Vorproben).

Einen angenäherten Überblick über die in Wasser schwer und unlöslichen Salze geben die Kationen-Nachweise von 70141. Zu ihnen gehört noch eine Reihe von Stoffen, welche durch ihre Vorgeschichte oder Vorbehandlung wasserunlöslich sind (Erze, Mineralien, Metalle und sonstige technische Produkte).

In Salzsäure oder Salpetersäure sind unlöslich: AgCl, AgBr, AgJ, AgCN, AuCl, $PtCl_2$, $BaSO_4$, $SrSO_4$, $PbSO_4$, HgS, Berlinerblau, CaF_2, SnS_2 (Musivgold), SiO_2, und viele Silicate, geschmolzenes $PbCrO_4$, stark geglühtes Al_2O_3, Cr_2O_3, Fe_2O_3, TiO_2, SnO_2 und Sb_2O_4.

In Königswasser sind unlöslich: AgCl, AgBr, AgJ, AgCN, $BaSO_4$, $SrSO_4$, $PbSO_4$, CaF_2, Al_2O_3, Cr_2O_3, Fe_2O_3, TiO_2, SnO_2, Si, Silicate, Kohle, Carborundum und von den Metallen das zuvor stark geglühte Ir (Rhodium, Ruthenium, Osmium). Unter Umständen läßt sich der eine oder andere dieser Stoffe durch langes Erwärmen mit den genannten Säuren lösen.

Diese Stoffe lassen sich durch die eine oder andere der folgenden Operationen lösen oder zersetzen oder in eine Form bringen, in welcher sie mit einem der oben genannten Lösungsmittel in Lösung gebracht werden können:

1. durch Reduktion mit Zink u. verdünnter Schwefelsäure: die Halogenide des Silbers;
2. durch Abrauchen mit konz. H_2SO_4: die unlöslichen Fluoride;
3. durch Abrauchen mit konz. H_2SO_4 und H_2F_2: die Silicate;
4. durch saure Schmelzen mit $KHSO_4$($NaHSO_4$) bzw. $K_2S_2O_7$: TiO_2, Al_2O_3, Cr_2O_3, Fe_2O_3, Niobate, Tantalate und Ceritmineralien;
5. durch alkalische Schmelzen ($NaKCO_3$): SiO_2 und Silicate, Sulfate von Ba, Sr und Pb, Borate und Zirkonmineralien;
6. durch alkalisch oxydierende Schmelzen (Zusatz von KNO_3 bzw. Na_2O_2): Wolframerze, Molybdänerze, Vanadinerze, Chromit, Eisenlegierungen;
7. durch sulfalkalische Schmelze: Zinnstein;
8. durch Verflüchtigen im Chlorstrom: Ir.

701612 Der systematische Gang.

Die auf die eine oder andere Weise erhaltene Lösung wird dem folgenden *Analysengang* unterzogen.

Allgemeiner Gang[1].

<table>
<tr><td colspan="5">Lsg. + HCl:</td></tr>
<tr><td rowspan="6">Ng: Gr. I:
HgCl, AgCl, $PbCl_2$</td><td colspan="4">Filtr. + H_2S:</td></tr>
<tr><td rowspan="5">Ng: Gr. II:
a) HgS, PbS, Bi_2S_3, CuS, CdS, $As_2S_{3(5)}$, $Sb_2S_{3(5)}$, $SnS_{(2)}$
b) Au_2S_3, PtS_2, MoS_3, Se, Te, S</td><td colspan="3">Filtr. + NH_4OH + $(NH_4)_2S$:
a) H_3PO_4 und $H_2C_2O_4$ abwesend:</td></tr>
<tr><td rowspan="2">Ng: Gr. IIIa:
NiS, CoS, FeS, MnS, ZnS, UO_2S, $Al(OH)_3$, $Cr(OH)_3$, TiO_2</td><td colspan="2">Filtr. + $(NH_4)_2CO_3$:</td></tr>
<tr><td>Ng: Gr. IV:
$CaCO_3$, $SrCO_3$, $BaCO_3$</td><td>Filtr.: Gr. V:
Mg und Alkalien</td></tr>
<tr><td colspan="3">b) H_3PO_4 und $H_2C_2O_4$ anwesend:</td></tr>
<tr><td>Ng: Gr. III, IV, Mg, Li</td><td colspan="2">Filtr.: Alkalien</td></tr>
</table>

[1] Dieser allgemeine Gang dürfte der gebräuchliche sein. Innerhalb der verschiedenen Gruppen sind auch andere Wege üblich, deren Aufführung hier jedoch nicht möglich ist. — In den folgenden Gruppen ist der Trennungsweg soweit dargestellt worden, daß sich die in Kapitel 70141 beschriebenen Nachweise anwenden lassen.

701612 (Fortsetzung).

Gruppe I.

Ng der Gr. I + heißes Wasser:

<table>
<tr><td rowspan="2">Lsg.: $PbCl_2$</td><td colspan="2">Rkst. + NH_4OH:</td></tr>
<tr><td>Lsg.: $Ag(NH_3)_2Cl$</td><td>Rkst.: Hg, $Hg(NH_2)Cl$</td></tr>
</table>

Gruppe IIa.

Gr. IIa + $(NH_4)_2S_x$:

<table>
<tr><td colspan="2">Lsg.: AsS_4''', SbS_4''', SnS_3'' + HCl:</td><td colspan="5">Rkst.: HgS, PbS, Bi_2S_3, CuS, CdS + HNO_3 (1:2):</td></tr>
<tr><td colspan="2">Ng: As_2S_5, Sb_2S_5, SnS_2 + HCl:</td><td rowspan="4">Rkst.: HgS</td><td colspan="4">Lsg.: $Pb^{\cdot\cdot}$, $Bi^{\cdot\cdot\cdot}$, $Cu^{\cdot\cdot}$, $Cd^{\cdot\cdot}$ + H_2SO_4:</td></tr>
<tr><td rowspan="3">Rkst.: As_2S_5</td><td rowspan="3">Lsg.: $SbCl_3$, $SnCl_4$</td><td rowspan="3">Ng: $PbSO_4$</td><td colspan="3">Lsg.: $Bi^{\cdot\cdot\cdot}$, $Cu^{\cdot\cdot}$, $Cd^{\cdot\cdot}$ + NH_4OH:</td></tr>
<tr><td rowspan="2">Ng: $Bi(OH)_3$</td><td colspan="2">Lsg.: + KCN + H_2S:</td></tr>
<tr><td>Ng: CdS</td><td>Lsg.: $Cu(CN)_4'''$</td></tr>
</table>

Gruppe IIb.

Gr. IIb + Alkalisulfid:

<table>
<tr><td colspan="2">Lsg.: AuS_3', PtS_3'' + HCl:</td><td colspan="3">Lsg.: AsS_4''', SbS_4''', SnS_3'', MoS_4'' + HCl:</td></tr>
<tr><td colspan="2">Ng: Au_2S_x, PtS_2 + Königswasser:</td><td colspan="2">Rkst.: As_2S_5, MoS_3 + rauch. HNO_3:</td><td rowspan="3">Lsg.: s. IIa)</td></tr>
<tr><td colspan="2">Lsg.: $AuCl_3$, H_2PtCl_6 + NH_4Cl:</td><td rowspan="2">Rkst.: H_2MoO_4</td><td rowspan="2">Lsg.: H_3AsO_4</td></tr>
<tr><td>Ng: $(NH_4)_2PtCl_6$</td><td>Lsg.: $AuCl_3$</td></tr>
</table>

Gruppe IIIa.

Gr. IIIa + HCl:

<table>
<tr><td rowspan="5">Rkst.: NiS, CoS</td><td colspan="5">Lsg.: $TiCl_4$, $FeCl_2$, $AlCl_3$, $CrCl_3$, $MnCl_2$, $ZnCl_2$, UO_2Cl_2:
H_2S auskochen, $Fe^{\cdot\cdot}$ mit HNO_3 oxydieren:
Lsg.: $FeCl_3$, $AlCl_3$, $CrCl_3$, $TiCl_4$, $MnCl_2$, $ZnCl_2$, UO_2Cl_2 + NaOH + Na_2O_2:</td></tr>
<tr><td colspan="2">Ng: $Fe(OH)_3$, $MnO(OH)_2$, TiO_2: in HCl lösen und mit Na_2SO_3 kochen:</td><td colspan="3">Lsg.: CrO_4'', $Al(OH)_4'$, $Zn(OH)_4''$, UO_6'': mit festem NH_4Cl und $(NH_4)_2CO_3$ kochen:</td></tr>
<tr><td rowspan="3">Ng: TiO_2</td><td rowspan="3">Lsg.: $FeCl_2$, $MnCl_2$</td><td rowspan="3">Ng: $Al(OH)_3$</td><td colspan="2">Lsg.: CrO_4'', $Zn(NH_3)_6^{\cdot\cdot}$, $UO_2^{\cdot\cdot}$: mit $HC_2H_3O_2$ ansäuern und mit $BaCl_2$ versetzen:</td></tr>
<tr><td rowspan="2">Ng: $BaCrO_4$</td><td>Lsg.: $Zn^{\cdot\cdot}$, $UO_2^{\cdot\cdot}$: mit H_2S fällen:</td></tr>
<tr><td>Ng: ZnS
Lsg.: $UO_2^{\cdot\cdot}$</td></tr>
</table>

Gruppe IV.

Gr. IV + $HC_2H_3O_2$ + $NaC_2H_3O_2$ + K_2CrO_4:

<table>
<tr><td rowspan="2">Ng: $BaCrO_4$</td><td colspan="2">Lsg.: $Sr^{\cdot\cdot}$, $Ca^{\cdot\cdot}$ + NH_4OH + $(NH_4)_2CO_3$:
Ng: $SrCO_3$, $CaCO_3$ + HCl + $(NH_4)_2SO_4$:</td></tr>
<tr><td>Ng: $SrSO_4(CaSO_4)$</td><td>Lsg.: $Ca^{\cdot\cdot}$</td></tr>
</table>

Gruppe V.

Ammonsalze abrauchen, kochen mit HgO:

<table>
<tr><td>Ng: $Mg(OH)_2$</td><td>Lsg.: $Li^{\cdot}$, $Na^{\cdot}$, $K^{\cdot}$</td></tr>
</table>

701612 (Fortsetzung).

Gruppe IIIb.

H_3PO_4 und $H_2C_2O_4$ anwesend.

1. Die erste von Gruppe IIIa erhaltene Lösung wird eingedampft und zur Entfernung des Cl' noch zweimal mit HNO_3 (konz.) zur Trockne verdampft und kurz schwach geglüht (Zerstörung der Oxalsäure). Rückstand mit HNO_3 (konz.) aufnehmen und Phosphorsäure mit Zinnfolie, überschüssiges Sn mit H_2S entfernen.

2. Anstatt durch Glühen zu zerstören, kann man auch durch Kochen mit Sodalösung (konz.) aus dem Verdampfungsrückstand der in Gruppe IIIa erst erhaltenen Lösung die Oxalsäure entfernen. Die Lösung enthält die Oxalsäure als Natriumsalz — und eventuell auch Al und Cr, die gemäß Gruppe IIIa dritte Lösung erkannt werden. Der Rückstand enthält die Carbonate und Phosphate der Metalle. Durch Behandeln mit HNO_3 und Zinnfolie wird wie unter 1. die Phosphorsäure entfernt.

Die Filtrate werden gemäß IIIa behandelt.

3. An Stelle der Zinnphosphatfällung kann auch die Eisenphosphatfällung treten. Nach Prüfung auf $Fe^{\cdot\cdot\cdot}$ wird mit NH_4OH neutralisiert, mit Essigsäure angesäuert und mit einer gesättigten Lösung von Ammoniumacetat versetzt. Durch Zusatz von $FeCl_3$-Lösung wird die Phosphorsäure als $FePO_4$ gefällt und der Überschuß an $FeCl_3$ bzw. $Fe^{\cdot\cdot\cdot}$ als basisches Acetat abgeschieden. Das Filtrat ist frei von Phosphorsäure und Eisen.

70162 Trennung der Anionen.

701621 Vorprobentabelle.

Außer durch die Trockenproben (s. 7013) ist eine Unterscheidung gegeben durch die Unterschiede der Säurestärke und eine Erkennung an charakteristischen Merkmalen der flüchtigen, freien Säure bzw. des Säureanhydrids.

Zersetzungsmittel	Anzeige	Stoff
Wasser	Geruch nach NH_3	Erdalkalinitride
	Geruch nach Phosphorwasserstoffen, Selbstentzündung, PH_3	Alkali- und Erdalkaliphosphide
	Geruch nach Kohlenwasserstoffen, Brennbarkeit (*Acetylen*)	Erdalkalicarbide
	Selbstentzündlichkeit (*Silane*), evtl. erst auf Zusatz von wenig Säure	Erdalkalisilicide
Verd. H_2SO_4(2n)	Farbloses, geruchloses, brennbares Gas (H_2)	Unedlere Metalle (Zn, Al, Fe usw.)
	Farbloses Gas, Geruch nach HCN	Cyanide
	Desgleichen beim Kochen	Komplexe Cyanide (des Eisens)
	Farbloses Gas, Geruch nach H_2S (Bleiacetatpapier)	Sulfide (säurelösliche)
	Desgleichen nach Zusatz von Zn	Säureunlösliche Sulfide
	Braune Dämpfe, Geruch nach NO_2	Nitrite
	Farbloses Gas, Geruch nach SO_2	Sulfite
	Desgleichen mit Schwefelausscheidung	Thiosulfate
	Farbloses, geruchloses Gas, Barytwasser wird getrübt (CO_2)	Carbonate oder Cyanate
	Geruch nach *Essigsäure*	Acetate
	Geruch nach *Chlor*, bzw. *unterchloriger Säure*	Hypochlorite
	Farbloses, geruchloses, die Verbrennung erhaltendes Gas (O_2)	Peroxyde der Alkalien und alkalischen Erden

701621 (Fortsetzung).

Zersetzungsmittel	Anzeige	Stoff
Konz. H_2SO_4 (Zusatz erfolgt zweckmäßig, nachdem die Reaktion mit einigen Tropfen verdünnter Säure beendigt ist)	Farblose Gase oder Dämpfe: Nebelbildend, stechend riechende Dämpfe (HCl)	Chloride
	Wie oben aber wassertrübend (SiF_4)	Fluoride, bei Gegenwart von SiO_2
	Farbloses Gas, Geruch nach SO_2 (aus der zugesetzten Säure stammend; Prüfung auf Sulfite s. o.)	Metalle, Schwefel, Sulfide, Kohle oder nicht flüchtige organische Substanzen (Weinsäure, Zuckersäure, Stärke u. a. m.) (Verkohlung)
	Farbloses, geruchloses, mit blauer Flamme brennendes Gas (CO)	Oxalate und andere organische Säuren sowie Cyanide
	Gelbgrünes, erstickendes Gas, bläut KJ-Stärkepapier (Cl_2)	Chloride und oxydierende Stoffe
	Wie oben, beim Erhitzen explosives Gas (ClO_2)	Chlorate
	Gelbbraunes Gas, stechend riechend (HBr, Br_2)	Bromide
	CrO_2Cl_2, braunes Gas	Chloride bei Gegenwart von Chromsäure
	Violettes Gas (J_2)	Jodide
	Violettes Gas, unter Feuererscheinung explodierend (Mn_2O_7)	Permanganate
	Braune, stechend riechende Dämpfe (NO_2)	Nitrate
Konz. HNO_3	Wie oben (NO_2)	Edlere Metalle, außer Au und Pt, organische Stoffe
Konz. HCl	Gelbgrünes Gas (Cl_2)	Aus den höheren Oxydationsstufen von Pb und Mn
Starke NaOH	Farbloses, brennbares Gas (H_2)	Aus Zn, Al-Staub, Devardas Legierung
	Geruch nach NH_3	Aus Ammoniumsalzen

701622 Gruppentabelle für den Anionennachweis.

H_2SO_4+$KMnO_4$: Entfärbung.	HCl + J_2-Lösung + Stärke: Entfärbung	HCl + KJ + Stärke: Blaufärbung	HNO_3+$AgNO_3$: weißer Ng.	HNO_3+$BaCl_2$: weißer Ng.	$HC_2H_3O_2$+$CaCl_2$ weißer Ng.
Br'	S''	ClO'	Cl'	SO_4''	F'
J'	SO_3''	ClO_3'	ClO'	SiF_6''	SO_3''
S''	S_2O_3''	BrO_3'	Br'		SO_4''
SO_3''	AsO_3''' *	JO_3'	J'		PO_4'''
NO_2'	SbO_2'	S_2O_8''	CN'		P_2O_7''''
S_2O_3'	CN'	NO_2'	$Fe(CN)_6'''$		PO_3'
AsO_3'''	$Fe(CN)_6''''$	AsO_4''' *	SCN'		BO_3'''
SbO_2'	SCN'	SbO_4'''			C_2O_4''
C_2O_4''		$Fe(CN)_6'''$			
$C_4H_4O_6''$	NH_2OH		gefärbter Ng.		
$Fe(CN)_6''''$	NH_2NH_2	H_2O_2	S''		
SCN'			S_2O_3''		
			$Fe(CN)_6'''$		
H_2O_2					

Literatur: Riesenfeld, E.: Anorgan. chem. Praktikum, 1936.

* Siehe Kationen-Reaktionen, 70141.

702 Quantitative anorganische Makro- und Mikroanalyse.

Die Tabellen der quantitativen Analyse bringen die Elemente getrennt nach Kationen und Anionen, und zwar in derselben Zusammenstellung wie für die Naßproben-Nachweise. Sie enthalten die Bestimmungsmöglichkeiten derselben gemäß den dafür empfohlenen bzw. praktisch erprobten Verfahren. Eine vollkommene Erfassung ist deswegen nicht möglich, weil einmal eine bis heute reichende kritische Zusammenstellung noch nicht vorliegt, zum anderen verbietet sie sich hier aus Raummangel.

Im einzelnen ist noch folgendes zu sagen. Die Verfahren der *Gravimetrie* (1) und *Titrimetrie* (2) sind am weitesten entwickelt und auch in guten Darstellungen zusammengefaßt worden, während für die immer wichtiger werdenden Methoden der *Colorimetrie* (3) und *Spektrophotometrie* zusammenfassende Darstellungen bis vor kurzem nahezu gefehlt haben.

Für die *spektrochemische Analyse* (die in 721 behandelt ist) wird für feste Stoffe die Bestimmung in der Flamme, im elektrischen Funken oder Bogen benutzt, für die Untersuchung wässeriger Lösungen, um die es sich ja hier vorwiegend handelt, kommt entweder die Flamme (Lundegårdh, Rauterberg und Knippenberg) oder die Verdampfung auf der Kohle (Scheibe und Rivas) in Betracht. Für sie, wie auch für die *volumetrischen*, *sedimetrischen*, *nephelometrischen* und *radiometrischen* Verfahren lassen sich kurze ausreichende Angaben, welche die Einräumung einer besonderen Spalte gerechtfertigt hätten, leider nicht bringen. Es muß daher auf die Literatur verwiesen werden.

Da es der Sinn der folgenden Tabelle ist, auf die Bestimmungsmöglichkeiten hinzuweisen, so sind sie in erster Linie aus solchen Werken geschöpft worden, welche selbst eine solche Zusammenstellung geben.

Neben den Bestimmungsmöglichkeiten geben die Tabellen noch die Bestimmungsformen, die eine engere Auswahl der ersten gestatten. Liegt also in einer Lösung ein Element allein vor, so kann man das Verfahren nach den Gegebenheiten des Laboratoriums auswählen, liegt aber gleichzeitig ein anderes Element oder liegen mehrere andere zugleich mit vor, so gibt die Tabelle einen ersten Anhalt über die Trennungsmöglichkeit, da die einzelnen Elemente möglichst in analytischen Gruppen zusammengefaßt wurden. Liegen zwei oder mehrere Elemente *einer* Gruppe vor, so gibt das Studium der einschlägigen Literatur Aufschluß über den Grad dieser Trennungsmöglichkeit.

Anm. Die in den Tabellen in () gesetzten Bestimmungsformen werden als nicht besonders geeignet bezeichnet.

Literaturverzeichnis.

Über sämtliche Bestimmung- und Trennungsverfahren siehe A. Rüdisüle: Nachweis Bestimmung und Trennung der chemischen Elemente, 1913—1936. — Fresenius, R. u. G. Jander: Handbuch der analytischen Chemie. Berlin 1940; Die Analyse der Metalle, herausgeg. vom Chemikerfachausschuß Metall und Erz, Berlin 1942. — Böttger, W.: Physikalische Methoden der analytischen Chemie. Leipzig 1933—1939. — Wulff, P.: Anwendungen physikalischer Analysenverfahren, 1936.

1. *Gravimetrie.* Treadwell, W. D.: Tabellen zur quantitativen Analyse, 1938. — Hecht, F. u. J. Donau: Anorganische Mikrogewichtsanalyse, 1940.

2. *Titrimetrie.* Kolthoff, J. M.: Die Maßanalyse, Bd. 2. 1928. — Müller, E.: Elektrometrische Maßanalyse, 6. Aufl. 1942. — Jander, G.: Die Leitfähigkeitstitration. In W. Böttger (s. oben).

3. *Colorimetrie.* Lange, B.: Colorimetrische Analyse. Berlin 1941. — Rüdisüle, A.: Siehe oben. 1. Nachtragband, I. Abt. 1936. — Kortüm, G.: Colorimetrie und Spektralphotometrie. Berlin 1942.

4. *Polarographie.* Heyrovsky, J.: Polarographie. Wien 1941. — Derselbe in W. Böttger (s. oben). — Hohn, H.: Chemische Analyse mit dem Polarographen. Berlin 1936.

5. *Spektrochemische Analyse.* Lundegårdh, H.: Spektralanalyse der Elemente, Bd. I, 1929; Bd. II, 1934. — Gerlach, W. u. Mitarb.: Die chemische Emissionsspektralanalyse. Leipzig 1933—1936. — Rauterberg, E. u. E. Knippenberg: Z. Bodenkde u. Pflanzenernährg **20**, 365 (1941). — Seith, W. u. K. Ruthardt: Chemische Spektralanalyse. Berlin 1941 (3. Aufl. im Druck). — Scheibe, G. u. A. Rivas: Angew. Chem. **49**, 443 (1936); **50**, 903 (1937). — Vgl. ferner: Spektrochimica Acta. Berlin: Springer-Verlag.

6. *Radiometrie.* Ehrenberg, E.: Radiometrische Methoden. In W. Böttger (s. oben).

7. *Sonstige physikalische Methoden.* Wulff, P.: Anwendungen physikalischer Analysenverfahren, 1936.

7021 Kationen-

(Hg^{I}, Hg^{II}, Ag, Pb,

Kationen	1 Gravimetrie		2 Titri-		
			a) mit colorimetrischer Anzeige durch		
	a Fällungsform	b Wägeform	α Fällung, Komplexbildung	β Alkalimetrie/ Acidimetrie	γ Reduktion/ Oxydation
Hg^{I} und Hg^{II}	Hg (el), HgS, Hg_2Cl_2, Hg-Anthranilat, weitere Formen s. die Angaben des Literaturverzeichnisses	Hg, HgS, Hg_2Cl_2, Hg-Anthranilat, weitere Formen s. die Angaben des Literaturverzeichnisses	$Hg(CNS)_2$, HgJ_2	HgO, $Hg(CN)_2$ in $HgCl_2$, $Hg(CN)_2 \cdot HgO$ und NH_2HgCl	HgC_2O_4/CO_2, H_2O, HgS/SO_4'', Hg/HgJ_4'', $HgZn(CNS)_4/Hg^{\cdot\cdot}$
Ag	Ag (el), AgCl, Silberrhodanin, $[AgI_2]_2[Cupn_2]$	Ag, AgCl, Silberrhodanin, $[AgI_2]_2[Cupn_2]$	AgCNS, AgCl, AgBr, AgJ (auch nephelometr.)	—	$Ag^{\cdot}/Ag$, Ag-Oxychinolat, oxyd., Ag-Oxalat/CO_2, H_2O
Pb	Pb, PbO_2 (el), $PbCl_2$, PbS, $PbSO_4$, Pb-Anthranilat, $Pb_3(PO_4)_2$, Pb-Pikronolat	Pb, PbO_2, PbO, $PbCl_2$, $PbSO_4$, Pb-Anthranilat, $Pb_3(PO_4)_2$, Pb-Pikronolat	$PbMoO_4$, PbS (argentom.)	Pb-Palmitat	$PbCrO_4/Cr^{\cdots}$, $PbC_2O_4/CO_2, H_2O$, Pb-Oxychinolat, oxyd., PbO_2, $Pb_3O_4/Pb^{\cdot\cdot}$
Bi	Bi (el), bas. Carbonat, bas. Nitrat, $BiPO_4$, Bi-Oxychinolat, Bi_2S_3, Bi-Pyrogallat	Bi, } Bi_2O_3, $BiPO_4$, Bi-Oxychinolat, Bi_2S_3, Bi-Pyrogallat	Bi_2S_3 (argentometr.)	—	Bi-Oxychinolat, oxyd., $Bi^{\cdots}/Bi$, $BiAsO_4/H_3AsO_3$, Bi-Oxalat/ CO_2, H_2O
Cu	Cu (el), CuS, CuJ, CuCNS, Cu-Dibromoxychinolat, Cu-Salicylaldoxim, Cu-Chinaldinat, Cu-Pyridinrhodanid, Cu-Benzoinoxim	Cu, Cu_2S, CuCNS, Cu-Dibromoxychinolat, Cu-Salicylaldoxim, Cu-Chinaldinat, Cu-Pyridinrhodanid, Cu-Benzoinoxim	CuS (argentometr.)	($Cu^{\cdot\cdot}/CuO$)	$Cu^{\cdot\cdot}/Cu^{\cdot}$, $Cu^{\cdot}/Cu^{\cdot\cdot}$, $Cu^{\cdot\cdot}/CuJ$, $Cu^{\cdot\cdot}/CuCNS$ u. CuJ, Cu-Oxalat/ CO_2, H_2O, Cu-Oxychinolat, oxyd.
Cd	Cd (el), CdS, $Cd(NH_4)PO_4$, Cd-Oxychinolat, Cd-Anthranilat, Cd-Pyridinrhodanid	Cd, $CdSO_4$; $Cd(NH_4)PO_4$, Cd-Anthranilat, Cd-Pyridinrhodanid	CdS (argentom.)	—	Cd-Oxalat/ CO_2, H_2O, CdS (m. J), Cd-Oxychinolat, oxyd.

Bestimmungen.
Bi, Cu, Cd.)

metrie				3	4
b) mit elektrometrischer Anzeige durch			c) mit konduktometrischer Anzeige	Colorimetrie	Polarographie
α Fällung, Komplexbildung	β Alkalimetrie/ Acidimetrie	γ Reduktion/ Oxydation			
Hg_2Cl_2, Hg_2Br_2, Hg_2J_2, $HgCl_2$, HgJ_2, $Hg(CN)_2$, $Hg(CNS)_2$, HgS, $Hg(S_2O_3)_2''$, $(Hg_2)_3$-$[Co(CN)_6]_2$	—	$Hg_2^{\cdot\cdot}/Hg^{\cdot\cdot}$, $Hg^{\cdot\cdot}/Hg$	—	Diphenylcarbazid, -carbazon, Dithizon, Strychninsulfat — KJ, HgJ_2, Sulfid, „Reineckat" Hg-Dampf mit Selensulfid, Phosphormolybdänwolframsäure	—
AgJ, AgBr, AgCl, AgCN, AgCNS, Ag_2S, $Ag_4Fe(CN)_6$, $Ag_3Co(CN)_6$, $Ag_2S_2O_3$, Ag_2CrO_4, Ag_3PO_4, $AgJO_3$, Ag_2CO_3 u. a. m.	—	$Ag^{\cdot}/Ag$	AgCl, Nitroprussidsilber	katalyt. Red. v. Hg_2Cl_2 mit Hypophosphit, Sulfid, Sulforhizinat, Chlorid, Hyposulfit, Dithizon	—
(PbJ_2), PbS, $Pb_2Fe(CN_6)$	—	—	PbS, $PbCrO_4$, $PbSO_4$, $Pb_2Fe(CN)_6$	PbS, $PbCrO_4$, Diphenylcarbazid, über Molybdat m. $SnCl_2$-KCNS, m. Dithizon, über PbO_2 m. p-Tetramethyldiamidodiphenylmethan	$Pb^{\cdot\cdot}$
Bi_2S_3	—	$Bi^{\cdot\cdot\cdot}/Bi$ (titanometr.)	Bi_2S_3	Bi_2S_3, BiJ_4', Thioharnstoff, Dithizon, Chinin, Natriumstannit, o-Hydroxychinolin	$Bi^{\cdot\cdot\cdot}$
CuCNS, CuS, $[Cu_2Fe(CN)_6]$, CuS_2O_3	—	$Cu^{\cdot}/Cu^{\cdot\cdot}$ (Bromat), $Cu^{\cdot\cdot}/Cu^{\cdot}$ (m. $CrCl_2$, m. $TiCl_3$)	CuS, $Cu_2Fe(CN)_6$	$Cu_2Fe(CN)_6$, 5,7-Dibromoxychinolin, NH_3-Komplex, nach katalyt. Wirkung auf $Fe^{\cdot\cdot\cdot}$ + $Na_2S_2O_3$, durch Red. v. Molybdäns., m. Dithizon u. a. m.	$Cu^{\cdot\cdot}$
CdS, $Cd_2Fe(CN)_6$	—	—	CdS, Cd-Ferrocyanid	CdS-Sol., Dithizon	$Cd^{\cdot\cdot}$

7021 (Fortsetzung).

Kat-ionen	1 Gravimetrie		2 Titri- a) mit colorimetrischer Anzeige durch		
	a Fällungsform	b Wägeform	α Fällung, Komplex-bildung	β Alkalimetrie/ Acidimetrie	γ Reduktion/ Oxydation
Sn	Sn (el), SnS, $SnO_2 \cdot x\,H_2O$	} Sn, SnO_2	—	—	$Sn^{\cdot\cdot}/Sn^{\cdot\cdot\cdot\cdot}$
Sb	Sb (el), $HSbO_3$, Sb_2S_3 ($SbCl_3$-Dest.), Chromitriën-sulfantimonat	Sb, (Sb_2O_4), Sb_2S_3, Chromitriën-sulfantimonat	—	—	$Sb^{\cdot\cdot\cdot}/Sb^{\cdot\cdot\cdot\cdot\cdot}$, $Sb^{\cdot\cdot\cdot\cdot\cdot}/Sb^{\cdot\cdot\cdot}$
As	Amalgam (el), As_2S_3, As_2S_5, $Mg(NH_4)AsO_4 \cdot 6\,H_2O$ (AsH_3, $AsCl_3$)	As, As_2S_3, As_2S_5, $Mg(NH_4)AsO_4 \cdot 6\,H_2O$ od. $Mg_2As_2O_7$	AsO_4''' (argen-tometr.)	$H_2AsO_4'/HAsO_4''$ (AsO_4'''), AsO_3'''	$As^{\cdot\cdot\cdot}/As^{\cdot\cdot\cdot\cdot\cdot}$ AsO_3'''/AsO_4''', As_2O_5/As_2O_3
Au	Au (el), Au	Au	—	—	$Au^{\cdot\cdot\cdot}/Au$, $Au^{\cdot\cdot\cdot}/Au^{\cdot}$
Pt	Pt (el), Pt, $(NH_4)_2PtCl_6$, PtS_2, K_2PtCl_6	Pt	—	—	—
Ir	Hydroxyd, K_2IrCl_6	Ir	—	—	—
Os	$Os(OH)_4$	Os	—	—	—
Pd	Pd (el), Pd, Pd-Oxychinolat, Pd-Anthranilat, Pd-Dimethyl-glyoxim, Pd-Salicyl-aldoxym	Pd, Pd-Oxychinolat, Pd-Anthranilat, Pd, Pd-Salicyl-aldoxym	—	—	—
Rh	Rh (el), Hydroxyd, $K_3Rh(NO_2)_6$	Rh	—	—	—
Ru	$Ru(OH)_4$, Ru, RuO_4-Dest.	Ru	—	—	—
Se	Se (el), Se	Se	Ag_2Se	—	SeO_3''/SeO_4'', SeO_3''/Se
Te	Te (el), Te	Te	—	—	TeO_4''/TeO_3''

7021 (Fortsetzung).

(Sn, Sb, As.)

metrie				3	4
b) mit elektrometrischer Anzeige durch			c) mit konduktometrischer Anzeige	Colorimetrie	Polarographie
α Fällung, Komplexbildung	β Alkalimetrie/Acidimetrie	γ Reduktion/Oxydation			
—	—	$Sn^{\cdot\cdot}/Sn^{\cdot\cdot\cdot\cdot}$, SnO_2''/ SnO_3'', $Sn^{\cdot\cdot\cdot\cdot}/Sn^{\cdot\cdot}$	—	Sulfid, Ammoniummolybdat, Kakothelin, Dithiol, Dimethylglyoxim	$Sn^{\cdot\cdot}$
Sb_2S_3	—	$Sb^{\cdot\cdot\cdot}/Sb^{\cdot\cdot\cdot\cdot\cdot}$, SbO_3''/ SbO_4'', $Sb^{\cdot\cdot\cdot\cdot\cdot}/Sb^{\cdot\cdot\cdot}$, SbO_4''/SbO_3'	—	über $Sb^{\cdot\cdot\cdot\cdot\cdot}/Sb^{\cdot\cdot\cdot}$ m. HJ, als Sulfid, m. Folins Reagens	$Sb^{\cdot\cdot\cdot}$
As_2S_3	—	AsO_3H/ AsO_4H_3, $HAsO_2$/ H_2AsO_4', AsO_3'''/ AsO_4'''	—	AsH_3 mit: $HgCl_2$, $HgBr_2$, $AgNO_3$; AsH_3-Spaltung, Trisulfid, Molybdänblau, Cocain-Strychnin-Molybdat	$As^{\cdot\cdot\cdot}$

(Au, Pt, Ir, Os, Pd, Rh, Ru, Se, Te.)

—	—	$Au^{\cdot\cdot\cdot}/Au$, $Au^{\cdot\cdot\cdot}/Au^{\cdot}$	—	Gold-Sol, $Au^{\cdot\cdot\cdot}$ m. KJ od. K_2HgJ_4	$Au^{\cdot}$, $Au^{\cdot\cdot\cdot}/Au^{\cdot\cdot}$
—	—	$Pt^{\cdot\cdot\cdot\cdot}/Pt^{\cdot\cdot}$	—	durch K_2PtCl_6 + KJ, Rubeanwasserstoff, als Platin-Purpur	Spurennachweis
—	—	$Ir^{\cdot\cdot\cdot\cdot}$/-	—	als Iridium m. Benzidin, m. konz. Salzsäure	—
—	—	$Os^{\cdot\cdot\cdot\cdot\cdot\cdot\cdot\cdot}/Os^{\cdot\cdot\cdot\cdot}$, $Os^{\cdot\cdot\cdot\cdot}/Os^{\cdot\cdot\cdot}$	—	n. Red. v. OsO_4 m. $SnCl_2$ u. Thioharnstoff	—
—	—	—	—	als Palladium-Purpur, als $K(NH_4)$Pd-rhodanid m. Salpetersäure, m. Kaliumjodid, m. Mercurochlorid	—
—	—	—	—	als Rhodium-Purpur m. $SnCl_2$, m. HCl (konz.)	—
—	—	$Ru^{\cdot\cdot\cdot}/Ru^{\cdot\cdot}$	—	m. Thiocarbamid, m. Rubeanwasserst.	—
$PbSeO_3$, Ag_2SeO_3	—	SeO_3''/ SeO_4'', SeO_3''/Se	$PbSeO_3$, Ag_2SeO_3	—	SeO_3''/Se
—	—	TeO_3''/ TeO_4', TeO_3''/ Te/Te''	—	—	TeO_3''/Te

7021 (Fortsetzung).

Kationen	1 Gravimetrie a Fällungsform	 b Wägeform	2 Titri- a) mit colorimetrischer Anzeige durch α Fällung, Komplexbildung	 β Alkalimetrie/ Acidimetrie	 γ Reduktion/ Oxydation
Be	$Be(OH)_2$, $Be(NH_4)PO_4$, mit Guanidincarbonat, $BeSO_4$	BeO, $Be_2P_2O_4$, $BeSO_4$	—	a. d. komplexen Fluorid	—
Al	$Al(OH)_3$, Al-Oxychinolat, Al-Cupferron	Al_2O_3, Al-Oxychinolat, Al_2O_3	—	$Al^{\cdots}/Al(OH)_3$	Oxychinolat, oxyd.
In	In (el), $In(OH)_3$, In_2S_3	In_2O_3	—	—	—
Ga	Ga (el), $Ga(OH)_3$, Ga_2S_3	— Ga_2O_3	—	—	—
Tl	Tl_2O_3 (el), TlCl, TlJ, Tl_2CrO_4, Tl-Ca-$[Fe^{II}(CN)_6]$	Tl_2O_3, TlCl, TlJ, Tl_2CrO_4, Tl-Ca-$[Fe^{II}(CN)_6]$	TlJ	—	$Tl^{\cdot}/Tl^{\cdots}$
Fe	Fe (el), $Fe(OH)_3$, Fe-Oxychinolat, Fe-Cupferronkomplex	Fe, Fe_2O_3, Fe-Oxychinolat	—	—	$Fe^{\cdot\cdot}/Fe^{\cdots}$, $Fe^{\cdots}/Fe^{\cdot\cdot}$, Oxychinolat, oxyd.
Cr^{III}	$Cr(OH)_3$	Cr_2O_3	—	—	$Cr^{\cdot\cdot}/Cr^{\cdots}$, $Cr^{\cdots}/CrO_4''$, $Cr_2O_7''/Cr^{\cdots}$
Mn	$MnO_2 \cdot x\,H_2O$ (el), MnS, $MnO(OH)_2$, $Mn(NH_4)$-$PO_4 \cdot H_2O$, Mn-Oxychinolat, Mn-Anthranilat	Mn_3O_4, MnS, $MnSO_4$, $Mn(NH_4)$-$PO_4 \cdot H_2O$ od. $Mn_2P_2O_7$ s. 2 a γ, Mn-Anthranilat	—	—	$MnO_2/Mn^{\cdot\cdot}$, $Mn^{\cdot\cdot}/MnO_2$, Mn-Arsenat/ H_3AsO_3, Oxychinolat, oxyd. $MnO_4'/Mn^{\cdot\cdot}$, MnO_4'/MnO_2

7021 (Fortsetzung).

Zn	Zn (el), ZnS, $Zn(NH_4)PO_4$, Zn-Chinaldinat, Zn-Pyridinrhodanid, Zn-Oxychinolat, Zn-Anthranilat	Zn, ZnS, ZnO, $Zn(NH_4)PO_4$ od. $Zn_2P_2O_7$, Zn-Chinaldinat, Zn-Pyridinrhodanid, s. 2 a γ Zn-Anthranilat	ZnS, Zn_3K_2-$[Fe(CN)_6]_2$ *, $ZnHg(CNS)_4$ * Wird auch nephelometr. verwendet	ZnS bzw. $H^{\cdot}$	Oxychinolat, oxyd. Arsenat/Arsenit, Zn-Oxalat/ CO_2, H_2O, ZnS/SO_4''

(Be, Al, In, Ga, Tl, Fe, Cr^{III}, Mn.)

metrie				3	4
b) mit elektrometrischer Anzeige durch			c) mit konduktometrischer Anzeige	Colorimetrie	Polarographie
α Fällung, Komplexbildung	β Alkalimetrie/ Acidimetrie	γ Reduktion/ Oxydation			
—	—	—	—	als Chinalizarinat, m. 1, 2, 5, 8-Tetraoxyanthrachinon	$Be^{\cdot\cdot}$
$Al(OH)_3$, AlO_2', AlF_6'''	—	—	—	Alizarinat, Oxychinolat, Eryochromcyanin, Morin (durch Lumineszenz)	$Al^{\cdot\cdot\cdot}$
$In_4K[Fe(CN)_6]_3$	—	—	—	—	$In^{\cdot\cdot\cdot}$
$Ga_4Fe[(CN)_6]_3$	—	—	—	—	$Ga^{\cdot\cdot\cdot}$
TlJ	—	$Tl^{\cdot}/Tl^{\cdot\cdot\cdot}$, $Tl^{\cdot}/Tl(OH)_3$	Tl_2CrO_4	Phosphormolybdat, über $Tl^{\cdot\cdot\cdot}/Tl$. an J_2	$Tl^{\cdot}$
$Fe^{\cdot\cdot\cdot}/FeF_6'''$, $Fe^{\cdot\cdot\cdot}/Fe(OH)_3$	—	$Fe^{\cdot\cdot\cdot}/Fe^{\cdot\cdot}$, $Fe^{\cdot\cdot}/Fe^{\cdot\cdot\cdot}$	$Fe^{\cdot\cdot}/Fe^{\cdot\cdot\cdot}$, FeS	Rhodanid, Sulfosalicylsäure, Fe^{III}-Fe^{II}-cyanid, α-α'-Tridipyridil, 7 Jod-8-Oxychinolin-5-sulfos.	$Fe^{\cdot\cdot\cdot}/Fe^{\cdot\cdot}$
—	—	$Cr^{\cdot\cdot}/Cr^{\cdot\cdot\cdot}$, $Cr^{\cdot\cdot\cdot}/CrO_4''$	—	als Ag_2CrO_4, Bichromat, Diphenylcarbazid	$Cr^{\cdot\cdot\cdot}/Cr^{\cdot\cdot}$, $Cr^{\cdot\cdot}/Cr$
—	—	$Mn^{\cdot\cdot}/MnO_4'$	—	als MnO_4', als Mn^{II}-Metaphosphat, m. Tetramethyldiaminodiphenylmethan, m. Benzidin	$Mn^{\cdot\cdot}$, kompl. Oxalat
(Zn.)					
$Zn(CN)_2$, $ZnHg(CNS)_4$, ZnS, K_2Zn_3-$[Fe(CN)_6]_2$	—	—	ZnS, $Zn(OH)_2$	als Oxychinolat, als Dithizonat, m. Resorcin, m. Phosphor-molybdänsäure, als Sulfid, Kaliumferrocyanid, m. Urobilin	$Zn^{\cdot\cdot}$

7021 (Fortsetzung).

Kationen	1 Gravimetrie a Fällungsform	1 Gravimetrie b Wägeform	2 Titri- a) mit colorimetrischer Anzeige durch α Fällung, Komplexbildung	β Alkalimetrie/Acidimetrie	γ Reduktion/Oxydation
Ni	Ni (el), NiO · x H_2O, NiS, Ni-Dimethylglyoxim, Ni-Anthranilat, Ni-Pyridinrhodanid, Ni-Oxychinolat s. 2a γ	Ni, NiO, Ni-Dimethylglyoxim, Ni-Anthranilat, Ni-Pyridinrhodanid,	$[Ni(CN)_4]''$	Ni-Dicyandiamidin	Oxalat/CO_2, H_2O, Oxychinolat, oxyd.
Co	Co (el), $Co(OH)_2$, $CoNH_4PO_4$ H_2O, desgl. Co-α-Nitroso-β-naphthol, Co-Pyridinrhodanid, Co-Anthranilat, Co-Oxychinolat	Co, $CoSO_4$, $CoNH_4PO_4$ H_2O, $Co_2P_2O_7$. Co-α-Nitroso-β-naphthol, Co-Pyridinrhodanid, Co-Anthranilat, s. 2a γ	—	—	$Co(OH)_3$, Oxalat/CO_2, H_2O, Oxychinolat, oxyd.
Ti	$TiO(OH)_2$, Ti-Cupferron, Ti-Dibromoxychinolat	TiO_2, Ti-Dibromoxychinolat od. s. 2a γ	—	—	$Ti^{\cdots}/Ti^{\cdots\cdot}$, Oxychinolat, oxyd.
Zr	ZrO_2 · x H_2O, Zr-Cupferron, Zr-Phosphat, Zr-Phenylarsinsäure	ZrO_2, Zr-Phosphat	—	—	—
Ge	GeS_2, $GeCl_4$-Dest.	GeO_2	—	—	—
Th	ThO_2 · x H_2O, Th-Peroxydhydrat, Th-Cupferron	ThO_2 weitere Formen s. bei den Angaben des Literaturverzeichn.	—	—	—
Hf	$HfO(OH)_2$	HfO_2	—	—	—
V	Oxychinolat, Cupferron, Hg^{I}-Vanadat	V_2O_5, V_2O_5, V_2O_5	—	—	$VO_4'''/VO^{\cdot\cdot}$, $VO^{\cdot\cdot}/VO_4'''$, $V^{\cdot\cdot}/VO_4'''$
Nb	Na_3NbO_4, Nb_2O_5 x H_2O, Cupferron	Nb_2O_5, Nb_2O_5, Nb_2O_5	—	—	—
Ta	Ta_2O_5 · x H_2O, Cupferron	Ta_2O_5, Ta_2O_5	—	—	—

7021 (Fortsetzung).

(Ni, Co, Ti, Zr, Ge, Th, Hb.)

metrie				3	4
b) mit elektrometrischer Anzeige durch			c) mit konduktometrischer Anzeige	Colorimetrie	Polarographie
α Fällung, Komplexbildung	β Alkalimetrie/ Acidimetrie	γ Reduktion/ Oxydation			
$[Ni(CN)_4]''$, NiS	—	—	Oxalat, $[Fe(CN)_6]'''$, (NiS)	als K-dithiooxalat, m. Triäthanolamin, als K-sulfocarbonat, m. Dimethylglyoxim	$Ni^{\cdot\cdot}$
$Co(CN)_4''$, $Co(H_2O)(CN)_5'''$, CoS	—	—	CoS, $[Fe(CN_6)]'''$	Dimethylglyoxim u. Toluidin, m. NH_4CNS, als $(CoZn)Hg(CNS)_4$, als Chlorid, m. α-Nitroso-β-Naphthol, als Kobaltammin	$Co^{\cdot\cdot}$ $Co^{\cdot\cdot\cdot}/Co^{\cdot\cdot}$
—	—	$Ti^{\cdot\cdot\cdot}/Ti^{\cdot\cdot\cdot\cdot}$, $Ti^{\cdot\cdot\cdot\cdot}/Ti^{\cdot\cdot\cdot}$	—	als Peroxytitansäure, m. Galluss. m. Salicylsäure	$Ti^{\cdot\cdot\cdot\cdot}/Ti^{\cdot\cdot\cdot}$
—	—	—	—	m. Carminsäure od. Gallocyanin	—
—	—	—	—	—	$Ge^{\cdot\cdot\cdot\cdot}$?
$K_4Fe(CN)_6$	—	—	—	—	—
—	—	—	—	—	—

(V, Nb, Ta.)

—	—	$VO_2^{\cdot\cdot}/VO_4'''$ $VO^{\cdot\cdot}/VO_4'''$ u. v. v. $V^{\cdot\cdot\cdot}/VO^{\cdot\cdot}$ u. v. v. $V^{\cdot\cdot\cdot}/VO_4'''$	—	als Peroxyvanadinsäure, m. Strychnin, Diphenylamin, Ammoniummolybdat, Phosphorwolframsäure, Diphenylcarbazon	Stufen i. s. u. i. alk. Lsgg. $V^{\cdot\cdot\cdot\cdot\cdot}/V^{\cdot\cdot}$
—	—	$Nb^{\cdot\cdot\cdot}/Nb^{\cdot\cdot\cdot\cdot\cdot}$	—	—	Stufe b. Ggwt. v. HNO_3 $Nb^{\cdot\cdot\cdot\cdot\cdot}/Nb^{\cdot\cdot\cdot}$
—	—	—	—	—	—

(7021 Fortsetzung).

Kat-ionen	1 Gravimetrie		2 Titri-		
			a) mit colorimetrischer Anzeige durch		
	a Fällungsform	b Wägeform	α Fällung, Komplex-bildung	β Alkalimetrie/ Acidimetrie	γ Reduktion/ Oxydation
Cr^{VI}	$BaCrO_4$, $PbCrO_4$, Hg_2CrO_4, Ag_2CrO_4	$BaCrO_4$, $PbCrO_4$, Cr_2O_3, Ag_2CrO_4	Ag_2CrO_4	H_2CrO_4/CrO_4''	$Cr_2O_7''/Cr^{\cdots}$, ($BaCrO_4$), ($PbCrO_4$)
Mo	$Mo_2O_3 \cdot x\,H_2O$ (el), Hg_2MoO_4, Mo_2S_3, $PbMoO_4$, Oxychinolat	MoO_3 (für die ersten drei), $PbMoO_4$, Oxychinolat	—	—	Mo_2O_3/MoO_3, Mo_2O_5/MoO_3
W	$WO_3 \cdot x\,H_2O$, Hg_2WO_4, Oxychinolat, Benzidinwolframat	WO_3, Oxychinolat	—	—	WO_2/WO_3, W_2O_5/WO_3
U	$U_3O_8 \cdot x\,H_2O$ (el), $UO_2(OH)_2$, UO_2S, Cupferron, Oxychinolat	U_3O_8 (für die ersten vier), Oxychinolat	—	—	Oxychinolat, oxyd. $U^{\cdots}/UO_2^{\cdot\cdot}$, $U^{\cdots\cdot}/UO_2^{\cdot\cdot}$, $UO_2(NH_4)PO_4$ nach Reduktion
Re *	(Re durch Redukt. in H_2)**, $AgReO_4$, $TlReO_4$, Nitronperrhenat	Re, Nitronperrhenat	—	—	zur Bestimmung der Valenzstufen

7021 (Fortsetzung).

Kat-ionen	a Fällungsform	b Wägeform	α	β	γ
Ce	$Ce(OH)_4$	Ce_2O_3	—	—	$Ce^{\cdots\cdot}/Ce^{\cdots}$, Oxalat/$CO_2$, H_2O
Sc	$Sc(OH)_3$	Sc_2O_3	—	—	—
Y	$Y(OH)_3$, als Oxalat	Y_2O_3	—	—	—
s. E. O. Z. 57—71	Hydroxyde, Oxalate	Oxyde, Oxyde	—	—	—, Oxalate/CO_2, H_2O

7021 (Fortsetzung).

Kat-ionen	a Fällungsform	b Wägeform	α	β	γ
Mg	$MgCO_3 \cdot (NH_4)_2CO_3 \cdot 4\,H_2O$, $Mg(OH)_2$, $Mg(NH_4)PO_4 \cdot 6\,H_2O$, Mg-Oxychinolat $\cdot$ 4 H_2O	MgO, $MgSO_4$, $Mg_2P_2O_7$, $Mg(NH_4)PO_4 \cdot 6\,H_2O$, Mg-Oxychinolat $\cdot$ 2 H_2O	—	$Mg(NH_4)PO_4$, $Mg^{\cdot\cdot}/Mg(OH)_2$	Oxychinolat, oxyd., MgC_2O_4/CO_2, H_2O, $MgNH_4AsO_4/H_3AsO_3$

* Noddack, I. u. W.: Das Rhenium, 1933. — Einecke, E.: Z. anal. Chem. **90**, 214

(Cr^VI, Mo, W, U, Re.)

metrie				3	4
b) mit elektrometrischer Anzeige durch			c) mit konduktometrischer Anzeige	Colorimetrie	Polarographie
α Fällung, Komplexbildung	β Alkalimetrie/ Acidimetrie	γ Reduktion/ Oxydation			
Ag_2CrO_4, Hg_2CrO_4	CrO_4''/ Cr_2O_7'', Cr_2O_7''/ CrO_4''	$HCrO_4'/Cr^{\cdots}$	$Cr_2O_7''/Cr^{\cdots}$, CrO_4''/Cr_2O_7'', $BaCrO_4$, Ag_2CrO_4	als CrO_4'', als Diphenylcarbazid, s. auch Cr^{VI}	durch Reduktion
—	—	$Mo^{\cdots}/MoO_4''$	$PbMoO_4$	durch Red. d. Phosphormolybdäns. m. $SnCl_2$ u. KCNS, als Permolybdat, als Xanthogenat	durch Reduktion
—	Na_2WO_4/ H_2WO_4	—	Pb-Wolframat	n. Red. von Phosphorwolframsäure m. KCNS, m. Hydrochinon, m. Rhodamin B., als kolloides Oxyd	durch Reduktion
UO_2HPO_4, UP_2O_6	—	$U^{\cdots\cdot}/UO_2^{\cdot\cdot}$, $U^{\cdots}/U^{\cdots\cdot}$, $U^{\cdots\cdot}/U^{\cdots\cdots}$, $UO_2^{\cdot\cdot}/U^{\cdots\cdot}$	—	$(UO_2)_2Fe(CN)_6$, als o-oxybenzoes. Uran, m. Tannin, Galluss. od. Resorcyls.	durch Reduktion $U^{:::}/U^{::}$
—	—	—	—	mit Rhodan	ReO_4'/Re

(Ce, Sc, Y, s. E., O. Z. 57—71.)

[Fe(CN)$_6$'''']	—	$Ce^{\cdots\cdot}/Ce^{\cdots}$, $Ce^{\cdots}/Ce^{\cdots\cdot}$	—	als Phosphormolybdat	—
—	—	—	—	—	—
—	—	—	—	—	—
—	—	—	—	—	—

(Mg.)

MgF_3'	$Mg(OH)_2$	—	$Mg(OH)_2$, $MgK_2Fe(CN)_6$	als Oxychinolat, über d. $MgNH_4PO_4$ als Phosphormolybdat m. Chinalizarin, m. Tropäolin, m. Titangelb	—

(1932). ** ( ) bedeutet unsicher.

7021 (Fortsetzung).

Kationen	1 Gravimetrie		2 Titri-		
			a) mit colorimetrischer Anzeige durch		
	a Fällungsform	b Wägeform	α Fällung, Komplexbildung	β Alkalimetrie/Acidimetrie	γ Reduktion/Oxydation
Ca	CaC_2O_4, $CaCO_3$, } · { $CaSO_4$, $CaWO_4$, $Ca(JO_3)_2$, Ca-pikrolonat, $Ca(NH_4)_2$-$Fe(CN)_6$, Ca-Sulforicinat, Ca-Amalgam	$CaC_2O_4\ H_2O$, $CaCO_3$ od. CO_2, CaO, CaF_2, $CaSO_4$, $CaWo_4$, N_2, Ca-pikrolonat, $Ca(NH_4)_2$-$Fe(CN)_6$, (nephelonı.) Ca-Sulforicinat (nephelom.)	CaC_2O_4, Ca-pikrolonat	$CaCO_3/Ca^{\cdot\cdot}$, $CaO/Ca^{\cdot\cdot}$, $Ca(OH)_2/Ca^{\cdot\cdot}$, $Ca^{\cdot\cdot}/Ca(OH)_2$, $Ca(HCO_3)_2/Ca^{\cdot\cdot}$, $Ca_4H(PO_4)_3$, $CaK_2Ni(NO_2)_6/NH_3$, Ca-Amalgam, Ca-saccharat	CaC_2O_4/CO_2, H_2O, $Ca(JO_3)_2/J_2$, $CaNH_4AsO_4/H_3AsO_3$, $CaSO_3/SO_4''$, CaF_2/FeF_3, Ca-Oxychinolat, oxyd. Ca-tartrat/CO_2, H_2O
Sr	$SrSO_4$, SrC_2O_4, $SrCO_3$, $SrCrO_4$, $Sr(JO_3)_2$, Sr-Amalgam	$SrSO_4$, $SrC_2O_4 \cdot H_2O$, SrO od. CO_2, $SrCrO_4$, $Sr(JO_3)_2/N_2$	—	$SrCO_3$, Sr-Amalgam	SrC_2O_4/CO_2, H_2O, $SrNH_4As_2O_7/H_3AsO_3$, SrF_2/FeF_3
Ba	$BaSO_4$, $BaCrO_4$, $BaCO_3$, (BaC_2O_4), $(Ba(JO_3)_2)$, Ba-Amalgam	$BaSO_4$, $BaCrO_4$, $BaCO_3$, (BaC_2O_4), $(Ba(JO_3)_2)/N_2$	$BaSO_4$, $BaCrO_4$, $Ba_2Fe(CN)_6$	$BaSO_4$-Benzidin $BaSO_4$-Rhodizonat, $BaCrO_4$, $BaCO_3$, Ba-Amalgam	$BaCrO_4/Cr^{\cdot\cdot\cdot}$, $BaNH_4AsO_4/H_3AsO_3$, $(BaC_2O_4/CO_2$, $H_2O)$, $Ba_2Fe(CN)_6/Fe(CN)_6'''$
Li	LiCl, durch Anreichern in äther-alkohol. Lösung, Amalgam	Li_2SO_4, Li_2SiF_6	—	Li_2SiF_6, Amalgam	—
Na	$NaMg(UO_2)_3$-$(C_2H_3O_2)_9 \cdot 6H_2C$, Amalgam	$NaMg(UO_2)_3$-$(C_2H_3O_2)_9 \cdot 6H_2O$, Na_2SO_4, $NaCl$, Na_2SiF_6	NaCl	Na_2SiF_6, Amalgam	$NaZn(UO_2)_3$-$(C_2H_3O_2)_9 \cdot 6H_2O$
K (Rb, Cs)	K_2PtCl_6, $KClO_4$, $K_3Co(NO_2)_6$, K_2SiF_6, K_2SO_4, KCl, Amalgam K-Dipikrylaminat	K_2PtCl_6, $KClO_4$, $K_3Co(NO_2)_6$, K_2SiF_6, K_2SO_4, KCl K-Dipikrylaminat	KCl, desgl. n. Red. d. $KClO_4$ u. Zersetzg. d. K_2PtCl_6	K_2SiF_6, $KHC_4H_4O_6$, K-Amalgam	$(KNa)_3Co(NO_2)_6$, $KClO_4$
NH_4	$(NH_4)_2PtCl_6$	$(NH_4)_2PtCl_6$, NH_4Cl, Pt	—	$NH_3/NH_4^{\cdot}$	—
H	—	—	—	$H^{\cdot}/H_2O$	$H^{\cdot}/H_2O$
NH_2OH	—	—	—	—	NH_2OH/N_2O, NH_2OH/HNO_3
N_2H_4	—	—	—	$N_2H_4 \cdot H^{\cdot}/N_2H_4 \cdot H_2O$	N_2H_4/N_2

7021 (Fortsetzung).

(Ca, Sr, Ba.)

metrie				3	4
b) mit elektrometrischer Anzeige durch			c) mit konduktometrischer Anzeige	Colorimetrie	Polarographie
α Fällung, Komplexbildung	β Alkalimetrie/Acidimetrie	γ Reduktion/Oxydation			
—	—	—	CaC_2O_4, ($CaSO_4$)	als CaC_2O_4, über d. $Ca_3(PO_4)_2$ als H_3PO_4 · 12 MoO_3 (n. Redukt.), über d. $CaWO_4$ als Phosphorwolframat, als Ca-Seife, als Ferrocyanid, aus Ca-Nickelnitrit, m. Alizarin, m. Pikrolons.	$Ca^{\cdot\cdot}$
—	—	—	($SrSO_4$), $SrCrO_4$, SrC_2O_4	—	$Sr^{\cdot\cdot}$
$BaSO_4/Pb_2Fe\cdot(CN)_6$	—	—	$BaSO_4$, $BaCrO_4$, Ba_2FeCN_6	—	$Ba^{\cdot\cdot}$ $BaSO_4$ (titrimetr.)

(Li, Na, K, (Rb, Cs), NH_4, H, NH_2OH, N_2H_4.)

—	—	—	—	—	$Li^{\cdot}$
—	—	—	—	über d. $(UO_2)_3$ $ZnNa(C_2H_3O_2)_9 \cdot 9H_2O$ als $UO_2 \cdot K_2Fe(CN)_6$	$Na^{\cdot}$
$CaK_2Fe(CN)_6$	—	—	$KClO_4$, $K_2CaFe(CN)_6$, $K_2Li_2Fe(CN)_6$	über d. $K_3Co(NO_2)_6$ m. Sulfanils., α-Naphthylamin, Tropäolin als Nitrit, über K_2PtCl_6 m. KJ	$K^{\cdot}$, $Rb^{\cdot}$, $Cs^{\cdot}$
—	$NH_3/NH_4^{\cdot}$	—	$NH_3/NH_4^{\cdot}$	m. Neßlers Reagens, m. $AgNO_3$-Tannin	$NH_4^{\cdot}$
—	$H^{\cdot}/H_2O$	—	$H^{\cdot}/H_2O$	durch Farbstoffindicatoren	$H^{\cdot}$
—	—	—	—	—	—
—	$N_2H_4 \cdot H_2O/N_2H_4 \cdot H^{\cdot}$, $N_2H_4 \cdot 2H^{\cdot}/N_2H_4H^{\cdot}/N_2H_4 \cdot H_2O$	N_2H_4/N_2	—	—	—

7022 Anionen-

(Cl', Br', J', CN', CNS',

Anionen	1 Gravimetrie: a Fällungsform	1 Gravimetrie: b Wägeform	2 Titri-: a) mit colorimetrischer Anzeige durch: α Fällung, Komplexbildung	β Alkalimetrie/Acidimetrie	γ Reduktion/Oxydation
Cl'	AgCl (el), AgCl	AgCl	AgCl, $HgCl_2$	—	—
Br'	AgBr (el), AgBr	AgBr	AgBr, $HgBr_2$	—	$Br'/BrCN$, Br'/Br_2
J'	AgJ (el), AgJ, PdJ_2	AgJ, AgJ	AgJ, HgJ_2	—	$2J'/J_2$, $J_2/2J'$, J'/JO_3', $J'/J/JCN$, J'/JCl, J_2/JCl
CN'	AgCN	AgCN	$Ag[Ag(CN)_2]$, $Hg(CN)_2$	CN'/HCN, HCN/HCl über $Hg(CN)_2$	$CN'/CNBr$, CN'/JCN, (CN'/CNO')
CNS'	$Cu_2(CNS)_2$, AgCNS, $BaSO_4$	$Cu_2(CNS)_2$, AgCNS, $BaSO_4$	AgCNS, $Hg(CNS)_2$	—	(HCNS/HCNO), CNS'/JCN
$Fe(CN)_6''''$ $Fe(CN)_6'''$	m. Benzidin —	Fe_2O_3 —	argentometr.	— —	$Fe(CN)_6'''/Fe(CN)_6''''$
ClO' ClO_3'	— —	— —	— —	— —	ClO'/Cl' $HClO/HCl$ ClO_3'/Cl'

7022 (Fortsetzung).

Anionen	a	b	α	β	γ
NO_2'	—	—	—	—	NO_2'/NO_3'
S''	$BaSO_4$	$BaSO_4$	Ag_2S (argentometr.)	— —	S''/SO_4'', S''/S
$C_2H_3O_2'$	Destillation	—	—	$HC_2H_3O_2/C_2H_3O_2'$ $C_2H_3O_2'/HC_2O_2H_3$	—
HCO_2'	Destillation	—	HCO_2H/CO_2 (merkurimetr.)	HCO_2H/HCO_2' (HCO_2'/HCO_2H)	HCO_2H/CO_2, HCO_2H/HCO_3', durch JO_3', J'
CNO'	—	—	CNOAg (argentometr.)	—	—
OH'	—	—	—	OH'/H_2O	—

Bestimmungen.

$Fe(CN)_6''''$, $Fe(CN)_6'''$, ClO', ClO_3'.)

metrie				3	4
b) mit elektrometischer Anzeige durch			c) mit konduktometrischer Anzeige	Colorimetrie	Polarographie
α Fällung, Komplexbildung	β Alkalimetrie/Acidimetrie	γ Reduktion/Oxydation			
AgCl, Hg_2Cl_2, $HgCl_2$	Cl_2/HCl, HClO	Cl_2/Cl', $Cl_2/2\,Cl'$	AgCl	AgCl, Ag_2CrO_4, m. Diphenylamin	$Cl'/HgCl_2$, Cl_2/Cl'
AgBr, Hg_2Br_2	—	Br_2/Br', $Br_2/2\,Br'$, $Br'/BrCN$	AgBr, $HgBr_2$	Phenolrot	Br'/Hg_2Br_2, Br_2/Br'
AgJ, Hg_2J_2, HgJ_2, TlJ, PbJ_2	—	J'/J_2, J'/JO_3', $(JO_3'J'/J_2)$, $(JO_4', /J'/J_2)$, $J_2/2\,J'$	AgJ, J'/JO_3'	n. Oxydat. als Jodstärke, in Chloroform	J'/Hg_2J_2, J_2/J'
$Ag(CN)_2'$, $Hg_2(CN)_2$, $Hg(CN)_2$	—	$CN'/HgCN$	AgCN, $Hg(CN)_2$	—	CN'/komplexe Hg-cyanide
AgCNS, $Hg_2(CNS)_2$, $Hg(CNS)_2$, $Cu_2(CNS)_2$	—	CNS'/CNO'	AgCNS	m. $FeCl_3$	CNS'/Hg-rhodanide
$Ag_4Fe(CN)_6$, $Cu_2Fe(CN)_6$, $Pb_2Fe(CN)_6$, $K_2Zn_3[Fe(CN)_6]_2$, $Cd_2Fe(CN)_6$	— —	$Fe(CN)_6'''/Fe(CN)_6''''$, $Fe(CN)_6''''/Fe(CN)_6'''$	$Ag^{\cdot}$ u. $Zn^{\cdot\cdot}$-ferrocyanid	m. $FeCl_3$, m. $CuSO_4$, m. $FeSO_4$	— —
— —	$ClO'/HClO$	$Cl'O'/Cl'$	— —	— —	— —

(NO_2', S'', $C_2H_3O_2'$, HCO_2', CNO', OH'.)

—	—	NO_2'/NO	—	m-Phenylendiamin, Diphenylbenzidin, Jodzinkstärke	NO_2'/NH_3, s. NO_3'
Ag_2S	—	(m. ClO') Nitroprussidnatrium	—	m. Pb, Cd-, Cu-, Mo-, Hg-, Ag-, Zn- u. Sn Lösung	S''/HgS, Stufe v. Polysulfiden
—	$HC_2H_3O_2/C_2H_3O_2'$	— —	$HC_2H_3O_2/C_2H_3O_2'$	—	—
—	—	—	—	—	—
—	—	—	—	—	—
	OH'/H_2O	–	OH'/H_2O	durch Indicatoren	OH'/HgO

7022 (Fortsetzung). (SO_3'', HSO_3', BO_3''', C_2O_4'', Weinsäure,

Anionen	1 Gravimetrie		2 Titri-		
			a) mit colorimetrischer Anzeige durch		
	a Fällungsform	b Wägeform	α Fällung, Komplexbildung	β Alkalimetrie/Acidimetrie	γ Reduktion/Oxydation
SO_3'' HSO_3'	$BaSO_4$	$BaSO_4$	—	$H_2SO_3/HSO_3'/SO_3''$, als Hg-Komplex	SO_3''/SO_4'' u. S_2O_6'', SO_3''/SO_4''
BO_3'''	Trimethylester	$(B_2O_3 \cdot 3CaO)$	—	als Komplex m. polyvalenten Alkoholen, BO_3'''/H_3BO_3	—
C_2O_4''	$CaC_2O_4 \cdot H_2O$	s. Ca CO_2 (volum.)	$Ag_2C_2O_4$ (argentometr.)	$H_2C_2O_4/C_2O_4''$, $C_2O_4''/H_2C_2O_4$	$H_2C_2O_4/CO_2 \cdot H_2O$ C_2O_4'' durch JO_3'—J'
Weinsäure	K-Bitartrat	K-Bitartrat	—	fr. S./Tartrat, (Tartrat/fr. S.) unter Zusatz von $CaCl_2$	Tartrat/CO_2, H_2O, Jodat-, Jodid-Verfahren d. fr. S.
Citronensäure	Pentabromaceton	Pentabromaceton	—	fr. S./Citrat, s. Weinsäure	Acetondicarbonsäure, Aceton, Citrat/CO_2, H_2O, Jodat-Jodid-Verfahren d. fr. S.
H_2PO_3'	Oxyd. zu H_3PO_4, Red. v. $HgCl_2$ zu Hg_2Cl_2	s. H_3PO_4, Hg_2Cl_2	—	(H_3PO_3/H_2PO_3') H_3PO_3/HPO_3''	H_2PO_3'/PO_4''' H_3PO_3/H_3PO_4
CO_3'' HCO_3'	$BaCO_3$	$BaCO_3$, CO_2 (volum.)	Ag_2CO_3 (argentometr.)	$H_2CO_3/HCO_3'/CO_3''$	—
$(HPO_3)_n$	nach Oxydat.: $Zn(NH_4)PO_4$	$Zn_2P_2P_7$	—	—	—
$H_4P_2O_7$	$Mg_2P_2O_7$, n. Oxydat.: $MgNH_4PO_4$, ThP_2O_7	$Mg_2P_2O_7$	—	$H_4P_2O_7/H_2P_2O_7''$, $H_4P_2O_7/P_2O_7''''$, Pyrophosphat/$H_2P_2O_7''$	—
$H_4P_2O_6$	$Ag_4P_2O_6$, ThP_2O_6	AgCl (oxydimetr.)	—	—	ThP_2O_6/H_3PO_4
JO_3'	n. Redukt. zu J'	AgJ	$AgJO_3$ (argentometr.)	—	JO_3'/J_2

7022 (Fortsetzung).

H_3PO_4	$MgNH_4PO_4 \cdot 6H_2O$, $(NH_4)_3PO_4 \cdot 12MoO_3$	$MgNH_4PO_4 \cdot 6H_2O$ $Mg_2P_2O_7$ $P_2O_5 \cdot 24MoO_3$	Ag_3PO_4 (argentometr.) ($UO_2NH_4 \cdot PO_4$ Tpflg.)	H_3PO_4/H_2PO_4', HPO_4''/PO_4''', $PO_4'''/HPO_4''/H_2PO_4'$	reduz. $(NH_4)_3PO_4 \cdot 12MoO_3$
H_3PO_2	n. Oxydat. zu H_3PO_4 (Hg_2Cl_2)	s. H_3PO_4 (Hg_2Cl_2)	—	H_3PO_2/H_2PO_2'	H_3PO_2/H_3PO_4
S_2O_3''	nach Oxydat. zu H_2SO_4 : $BaSO_4$	$BaSO_4$	—	—	S_2O_3''/SO_4'', S_2O_3''/S_4O_6''
H_5JO_6	nach Redukt. zu J' : AgJ	AgJ	—	—	JO_4'/J_2, JO_4'/JO_3', J_2

Citronensäure, H_3PO_3', CO_3'', HCO_3', $(HPO_3)_n$, $H_4P_2O_7$, $H_4P_2P_6$, JO_3'.)

metrie				3	4
b) mit elektrometischer Anzeige durch			c) mit konduktometrischer Anzeige	Colorimetrie	Polarographie
α Fällung, Komplexbildung	β Alkalimetrie/Acidimetrie	γ Reduktion/Oxydation			
(Ag_2SO_3, argentometr.)	—	SO_3''/SO_4''	SO_3''/HSO_3', H_2SO_3.	—	SO_3''/kompl. Hg-Salze
(Ag-Salz, argentometr.)	B_4O_7''/HBO_2, B_4O_7''/BO_2'	—	H_3BO_3/BO_3'''	m. Curcumin.	—
($Ag_2C_2O_4$, argentometr.)	—	$H_2C_2O_4/CO_2$	—	—	reduzierb.
(Ag-Salz, argentometr.)	fr. S./Tartrat	—	fr. S./Tartrat, Pb-Tartrat	—	—
—	fr. S./Citrat	—	—	—	—
—	—	—	—	—	—
(Ag_2CO_3, argentometr.)	$H_2CO_3/HCO_3'/CO_3''$	—	HCO_3'/CO_3'', H_2CO_3/CO_3'', CO_3''/H_2CO_3	—	—
—	—	—	—	—	—
—	$P_2O_7''''/$ $HP_2O_7'''/$ $H_2P_2O_7''/$ $(H_3P_2O_7')$	—	—	—	—
—	—	—	—	—	—
($AgJO_3$)	—	JO_3'/J_2, JO_3'/J'	—	—	JO_3'/J'

(H_3PO_4, H_2PO_2, S_2O_6'', H_5JO_3.)

HPO_4''/Ag_3PO_4	wie b. d. colorimetr. Anzeige	—	alkalimetr.	als Molybdän-Phosphorsäure nach Reduktion mit den verschiedensten Reagenzien	—
—	—	—	—		—
$Ag_2S_2O_3$, $Hg(S_2O_3)_2$, CuS_2O_3?	—	S_2O_3''/SO_4'', S_2O_3''/S_4O_6''	—	über Ag_2S als PbS	$S_2O_3''/Hg(S_2O_3)_2$
—	—	JO_4'/J_2	—		—

7022 (Fortsetzung).

Anionen	1 Gravimetrie		2 Titri-		
			a) mit colorimetrischer Anzeige durch		
	a Fällungsform	b Wägeform	α Fällung, Komplexbildung	β Alkalimetrie/Acidimetrie	γ Reduktion/Oxydation
NO_3'	Nitronnitrat, α-Dinaphthodimethylaminnitrat, NO (volum.)	Nitronnitrat, α-Dinaphthodimethylaminnitrat, NO (volum.)	—	HNO_3/NO_3', NH_3/NH_4	HNO_3/NO, RNO_2/RNH_2, RNO/RNH_2, $RN{=}NR'/RNH_2$, $R'NH_2$
ClO_3'	nach Red. zu HCl, nach Eind. m. HCl od. Abr. m. NH_4Cl: Alk.-Chlorid	AgCl, Alk.-Chlorid	—	$HClO_3/ClO_3'$	ClO_3'/Cl'
ClO_4'	$KClO_4$, nach Red. zu Cl': AgCl, nach Abr. m. NH_4Cl: Alk.-Chlorid, Nitronperchlorat, α-Dinaphthodimethylamin	$KClO_4$ AgCl Alk.-Chlorid Nitronperchlorat, α-Dinaphthodimethylamin	Methylenblauperchlorat	$HClO_4/ClO_4'$	—
S_2O_8''	—	—	—	H_2SO_4 nach hydrolytischer Spaltung	S_2O_8''/SO_4''
H_2O_2, Peroxyde	—	—	—	—	H_2O_2/H_2O
MnO_4'	—	—	—	—	$MnO_4'/Mn^{\cdot\cdot}$

7022 (Fortsetzung).

SO_4''	$BaSO_4$, Benzidinsulfat	$BaSO_4$	$BaSO_4$-Palmitat, Benzidinsulfat	H_2SO_4/HSO_4'	$BaSO_4/BaCrO_4$
H_2F_2	CaF_2, PbClF, Dest. als SiF_4, Dest. als H_2SiF_6, Anreicherung als LaF_3	CaF_2, PbClF	m. $Th(NO_3)_4$, F'/KUF_5	HF/F'	—
H_2SiF_6	K_2SiF_6	K_2SiF_6	—	(H_2SiF_6/SiF_6'') SiF_6''/F'	—

7022 (Fortsetzung).

SiO_2	SiO_2	SiO_2	—	—	—

(NO_3', ClO_3', ClO_4', S_2O_8'', H_2O_2, MnO_4'.)

metrie				3	4
b) mit elektrometrischer Anzeige durch			c) mit konduktometrischer Anzeige	Colorimetrie	Polarographie
α Fällung, Komplexbildung	β Alkalimetrie/Acidimetrie	γ Reduktion/Oxydation			
—	HNO_3/NO_3'	—	—	m. Brucin, nach Red. zu NO_2' mit Naphthol, m. Sulfanilsäure, m. m-Diaminophenol, m. Diphenylamin, m. Diphenylbenzidin	$NO_3'/NO_2'/NH_3$ Mg, Ca, La, Th-Nitrat
—	$HClO_3/ClO_3'$	ClO_3'/Cl'	—	m. Anilin	—
—	$HClO_4/ClO_4'$	—	—	—	—
—	—	S_2O_8''/SO_4''	—	—	—
—	—	H_2O_2/H_2O, H_2O_2/O_2	—	m. Titansulfat	H_2O_2/H_2O, O_2/H_2O_2
—	—	$MnO_4'/Mn^{\cdot\cdot}$, $MnO_4'/Mn^{\cdot\cdot\cdot}$, MnO_4'/MnO_2	—	als MnO_4'	—

(SO_4'', H_2F_2, H_2SiF_6.)

—	H_2SO_4/HSO_4'	—	H_2SO_4/HSO_4'	als $BaSO_4$ über $BaCrO_4$, als Benzidinsulfat	SO_4'' durch polarograph. Titration
F'/FeF_6''', F'/AlF_6''', F'/MgF_3'	—	—	—	über komplexe Eisenfluoride als $Fe^{\cdot\cdot\cdot}$ (s. d.)	—
	—	—	—	—	—

(SiO_2.)

—	—	—	—	als Silicomolybdänsäure	—

71 Volumetrische Analysenverfahren.

711 Maßanalyse.

Die Genauigkeit maßanalytischer Bestimmungen hängt von den folgenden physikalischen Bedingungen ab: 1. Genauigkeit der Meßgeräte, 2. Einfluß der Temperatur auf das Volumen der Lösungen, 3. Vakuumkorrektur der Einwaagen.

1. Da in der Maßanalyse der Gehalt der Lösungen auf die Einwaage einer Titersubstanz bezogen wird, ist es nicht erforderlich, daß die Volumeinheit der Meßgefäße genau 1 cm^3 sei, es genügt vielmehr, wenn die Meßgefäße untereinander übereinstimmen, d.h., daß z.B. 1 cm^3 der Bürette genau $^1/_{10}$ der 10 cm^3-Pipette oder $^1/_{100}$ des 100 cm^3-Kolbens betrage. Eine Nachprüfung, ob die Meßgefäße diese Übereinstimmung haben, ist sehr einfach durch Auswägen mit Wasser durchzuführen. Hierbei ist eine Vakuumkorrektur der Wägungen nicht erforderlich, auch eine Temperaturkorrektur der scheinbaren Flüssigkeitsvolumina ist entbehrlich, wenn man die Nachprüfung bei gleicher Temperatur durchführt. Nimmt man ein neues Gerät in eine Reihe durchgeprüfter Geräte, so ist jenes auf diese durch eine neue Nachprüfung zu beziehen.

Man hat bei der Nachprüfung die Meßgeräte ebenso zu benutzen wie bei den maßanalytischen Arbeiten, also von Fall zu Fall auf Einguß oder auf Ausfluß.

Die käuflichen normierten Meßgeräte sind auf 20° bezogen und für gewöhnliche maßanalytische Arbeiten genügend zuverlässig.

Die Physikalisch-technische Reichsanstalt eicht Meßgeräte.

Für Lösungen und Flüssigkeiten, deren Zähigkeit wesentlich von der des Wassers abweicht, müssen die Ausfluß-Meßgeräte stets besonders geeicht werden.

Absolute Genauigkeit der Volummessung ist erforderlich, wenn statt einer Wägung gemessen wird, z. B. wenn man den Gehalt an H_2SO_4 in einer abgemessenen Menge titrieren will, oder wenn man die Meßgeräte zur Bestimmung der Dichte, zur Herstellung von Lösungen bestimmter Konzentration, z. B. für Leitfähigkeitsmessungen, benötigt. Dann müssen die Meßgefäße, wie 613 angegeben, geeicht werden.

2. Der Ausdehnungskoeffizient der Lösungen ist nicht sehr groß und die Veränderung des dadurch bedingten Gehaltes der maßanalytischen Lösungen übersteigt die Titrationsfehler nur dann, wenn die Arbeitstemperaturen erheblich von der Temperatur abweichen, bei welcher der Titer der Lösungen bestimmt wurde (diese sollte man daher stets vermerken).

Die folgende Tabelle (nach Schloesser) gibt Korrekturwerte k für einige Lösungen an, wenn die Lösungen bei 20° eingestellt aber bei anderen Temperaturen benutzt werden. Die Korrektur k ist 0,001 Volumen, die zu 1 Volumen zu- oder abzuzählen sind um das auf 20° bezogene Volumen zu erhalten.

Volumkorrekturwerte für maßanalytische Flüssigkeiten in Abhängigkeit von der Temperatur.

ϑ °C	Wasser und Lösungen bis 0,1 n	1 n HCl	1 n H_2SO_4	1 n HNO_3	1 n Oxals.	1 n NaOH	1 n Na_2CO_3
5	+1,36	+2,23	+3,25	+3,32	+2,38	+3,53	+3,33
6	+1,36	+2,15	+3,10	+3,16	+2,30	+3,34	+3,17
7	+1,35	+2,07	+2,94	+3,00	+2,20	+3,15	+2,99
8	+1,32	+1,97	+2,76	+2,82	+2,10	+2,95	+2,80
9	+1,28	+1,85	+2,58	+2,62	+1,99	+2,74	+2,61
10	+1,23	+1,73	+2,39	+2,42	+1,86	+2,52	+2,41
11	+1,16	+1,60	+2,19	+2,22	+1,72	+2,30	+2,20
12	+1,08	+1,45	+1,98	+2,00	+1,57	+2,07	+1,99
13	+0,99	+1,30	+1,78	+1,77	+1,40	+1,84	+1,77
14	+0,88	+1,14	+1,53	+1,54	+1,23	+1,60	+1,54
15	+0,76	+0,97	+1,30	+1,31	+1,05	+1,35	+1,30
16	+0,63	+0,79	+1,06	+1,06	+0,85	+1,09	+1,06

711 (Fortsetzung).

ϑ °C	Wasser und Lösungen bis 0,1 n	1 n HCl	1 n H_2SO_4	1 n HNO_3	1 n Oxals.	1 n NaOH	1 n Na_2CO_3
17	+0,49	+0,61	+0,81	+0,81	+0,65	+0,83	+0,81
18	+0,34	+0,41	+0,55	+0,55	+0,44	+0,56	+0,55
19	+0,17	+0,21	+0,28	+0,28	+0,22	+0,28	+0,28
20	0	0	0	0	0	0	0
21	−0,18	−0,22	−0,28	−0,28	−0,24	−0,28	−0,28
22	−0,37	−0,44	−0,56	−0,57	−0,49	−0,57	−0,56
23	−0,58	−0,67	−0,85	−0,87	−0,75	−0,87	−0,85
24	−0,80	−0,91	−1,15	−1,18	−1,02	−1,18	−1,15
25	−1,03	−1,17	−1,46	−1,49	−1,29	−1,50	−1,46
26	−1,26	−1,43	−1,78	−1,81	−1,57	−1,82	−1,77
27	−1,50	−1,70	−2,11	−2,14	−1,85	−2,15	−2,09
28	−1,70	−1,98	−2,45	−2,47	−2,14	−2,49	−2,41
29	−2,62	−2,26	−2,79	−2,81	−2,45	−2,83	−2,75
30	−2,29	−2,55	−3,14	−3,15	−2,77	−3,18	−3,10

3. Eine Vakuumkorrektur der Einwaagen wird nur dann erforderlich, wenn die Dichten der Titersubstanz und der zu analysierenden Substanz stark voneinander abweichen. Sind die Dichten gleich, so heben sich die Vakuumkorrekturen gegenseitig auf.

Bei der Herstellung von Lösungen, bei denen der absolute Wert der Konzentration genau sein soll (z. B. Leitfähigkeitsmessung), ist die Vakuumkorrektur anzubringen. Beispielsweise beträgt die Vakuumkorrektur beim Einwägen von

	Dichte	Titersubstanz	Dichte	Differenz der Vakuumkorrektur in %
a) Salzsäure . . .	1,1	Na_2CO_3	2,5	+0,05%
b) $CaCO_3$	2,71	Na_2CO_3	2,5	−0,004%
c) Aceton	0,792	$K_2Cr_2O_7$	2,70	+0,11%

Man findet also ohne Anbringung einer angenäherten Vakuumkorrektur in den Fällen a) und c) einen scheinbar zu hohen (+) Gehalt, im Falle b) einen scheinbar zu niederen (−) Gehalt.

Die Unterlage zur Anbringung genauer Vakuumkorrekturen ist 611 angegeben. Es ist falsch, wenn man die Vakuumkorrektur *nur* bei der Einwaage der Titersubstanz anbringt. Durch diese Einseitigkeit vergrößert man den Wägungsfehler.

Indicatoren. Eine Tabelle über die Umschlagsbereiche der p_H-Indicatoren findet sich 66251.

712 Gasanalyse[1].

Für die gasanalytischen Berechnungen sind die folgenden Tabellen des Taschenbuches anzuwenden:

611 Reduktion des Gasvolumens auf die Normalbedingungen 0° und 760 Torr.

331121 und 33221 Dampfdrucke des Wassers und von Auffanglösungen zur Berechnung des Volumens an *trockenem* Gas.

612 Reduktion der Barometerablesungen auf 0°.

3231...33 Dichte der Gase.

332632 Löslichkeiten von Gasen in Wasser und in Auffanglösungen.

[1] Bayer, F.: Gasanalyse. Stuttgart 1941. — Winkler-Brunck: Technische Gasanalyse, 1927. — Lunge-Berl: Chemisch-technische Untersuchungsmethoden, Bd. I, S. 572—731. 1931. — Andreß, K. K. u. K. Wüst: Ergänzungswerk, I. Teil, S. 130—179. 1939. — Treadwell: Quantitative Analyse, 1937.

Eichung und Nachprüfung der Meßgeräte.

Beschränkt sich die Aufgabe auf die Bestimmung des Gehaltes eines Gasgemisches an einem oder mehreren Bestandteilen, so genügt eine Nachprüfung der Meßgeräte auf Richtigkeit der relativen Rauminhalte, wie dies auch zur Nachprüfung der Meßgeräte in der Maßanalyse (s. dort) genügt.

Für absolute Messungen müssen die Meßgeräte mit Wasser, für genauere Bestimmungen mit Quecksilber, ausgewogen werden. Hierzu sind die folgenden Tabellen zu gebrauchen.

611 Reduktion der Wägungen auf luftleeren Raum,
322121 Ausdehnungskoeffizienten des Wassers,
322111 Ausdehnungskoeffizienten des Quecksilbers,
613 Korrekturen bei Volumenbestimmung von Glasgefäßen.

Faktoren zur Berechnung des Gehaltes von Stoffen aus gasvolumetrischen Bestimmuugen.

Die Berechnung des Gewichtes F in mg eines Stoffes, dem 1 cm³ (0°, 760 Torr) des gemessenen Gases entspricht, erfolgt nach der Gleichung

$$F = \text{Äquiv.-Gew. des Stoffes} \cdot \frac{\text{Dichte des Gases}}{\text{Mol.-Gew. des Gases}} = \text{Äquiv.-Gew. des Stoffes} \cdot f;$$

$$f = \frac{\text{Dichte}}{\text{Mol.-Gew.}} \text{ des Gases.}$$

$$\text{Gew.-\%} = \frac{n\,\text{cm}^3 \cdot F \cdot 100}{\text{angew. Substanz in mg}};$$

wie für F ist die angewandte Substanz in mg einzusetzen.

Das in die Gleichung einzusetzende Äquivalentgewicht des Stoffes ergibt sich aus den Umsetzungsgleichungen, z. B.:

$$2\,Al \rightarrow 3\,H_2; \qquad {}^2/_3\,Al \rightarrow 1\,H_2$$

$$2\,KMnO_4 + 5\,H_2O_2 + 6\,H^{\cdot} \rightarrow 2\,K^{\cdot} + 2\,Mn^{\cdot\cdot} + 8\,H_2O + 5\,O_2; \qquad {}^2/_5\,KMnO_4 \rightarrow 1\,O_2.$$

In der folgenden Tabelle sind angegeben in

Spalte 1: Name, Formel, Mol.-Gew. und dessen log des gemessenen Gases;
Spalte 2: Dichte und deren log des gemessenen Gases;
Spalte 3: $f = \frac{\text{Dichte}}{\text{Mol.-Gew.}}$ und log f;
Spalte 4: der Stoff, dessen Gehalt berechnet werden soll;
Spalte 5: F = f · Äquivalentgewicht des Stoffes abgerundet auf 5 Einheiten der vierten Dezimalstelle;
Spalte 6: log F.

Gemessenes Gas	Dichte des Gases 0°, 760 Torr mg · cm⁻³	f	Stoff	F mg · cm³	log F
Wasserstoff			Mg	1,084	0,03508
H_2			Al	0,8015	0,90390−1
2,0160	0,08987	0,04458	Fe	2,489	0,39607
log 0,30449	log 0,95361−2	log 0,64912−2	Zn	2,9145	0,46456
Sauerstoff			H_2O_2*	3,038	0,48256
O_2			H_2O_2**	1,519	0,18153
32,000	1,4289	0,04465	Na_2O_2*	6,965	0,84294
log 1,50515	log 0,15500	log 0,64985−2	$KMnO_4$**	2,8225	0,45064
Stickstoff					
N_2					
28,016	1,2505	0,044635	Harnstoff	2,681	0,42824
log 1,44741	log 0,09708	log 0,64967−2			

* Nach der Umsetzungsgleichung $2\,H_2O_2 \rightarrow O_2 + 2\,H_2O$.
** Nach der Umsetzungsgleichung $5\,H_2O_2 + 2\,MnO_4' + 6\,H^{\cdot} \rightarrow 5\,O_2 + 8\,H_2O + 2\,Mn^{\cdot\cdot}$.

712 (Fortsetzung).

Gemessenes Gas	Dichte des Gases 0°, 760 Torr mg · cm^{-3}	f	Stoff	F mg · cm^3	log F
Stickoxyd			N	0,6256	0,79613
NO			NO_3	2,769	0,44238
30,008	1,3402	0,04466	N_2O_5	2,412	0,38239
log 1,47724	log 0,12717	log 0,64993−2	HNO_3	2,814	0,44938
			$NaNO_3$	3,796	0,57937
			KNO_3	4,516	0,65473
			NH_4NO_3	3,575	0,55328
Kohlendioxyd			CO_3	2,6955	0,43064
CO_2			$CaCO_3$	4,496	0,65281
44,01	1,9768	0,04492	$MgCO_3$	3,788	0,57840
log 1,64355	log 0,29597	log 0,65242−2			
Acetylen			H_2O	0,8102	0,90860
C_2H_2			CaC_2	2,883	0,45981
25,036	1,1709	0,04497			
log 1,41557	log 0,06852	log 0,65295−2			
SiF_4			F	3,4275	0,53498
104,06	4,693	0,04510			
log 2,01728	log 0,67145	log 0,65417−2	CaF_2	7,043	0,84774

713 Härte des Wassers und Chlorgehalt von Chlorkalk.

7131 Härte des Wassers.

Die *Gesamthärte* von Wasser setzt sich zusammen aus dem Gehalt an allen gelösten Ca-, Mg- und anderen Erdalkaliverbindungen, die *Carbonathärte* aus dem Gehalt am gelösten Carbonat jener Elemente.

Gesamthärte — Carbonathärte = Nichtcarbonathärte.

Diese wird also bedingt durch die im Wasser vorhandenen Hydroxyde, Chloride, Sulfate, Nitrate, Silicate, Humate u. o. w. jener Elemente.

Die Einheit der deutschen Härtegrade 1° dH entspricht 10 mg CaO in 1000 cm³ Wasser. Der Gehalt an den übrigen Erdalkalioxyden wird ebenfalls in der äquivalenten Menge CaO ausgedrückt. Demnach $1^\circ\,\mathrm{dH} = 10 \cdot \frac{40{,}32}{56{,}08} = 7{,}14$ mg MgO.

Die ausländischen Härteeinheiten sind:

Frankreich: 1° französische Härte = 10 mg/l $CaCO_3$.
England: 1° englische Härte = 1 grain in einer Gallone = 7 mg/l $CaCO_3$.
Vereinigte Staaten von Amerika: Drücken die Härte direkt in g $CaCO_3$ in 1 Million cm³ aus (p.p.m. = parts per million).

In der beifolgenden Tabelle sind die Umrechnungsfaktoren gegeben.

Deutsche Härte	Franz. Härte	Englische Härte	USA.-Härte	mg/l CaO
1°	1,784°	1,25°	17,9	10
0,56° 0,5603	1,0°	0,7000°	10	5,6
0,800$_1$	1,43° 1,4286	1,0°	14,3	8,004

7132 Chlorgehalt von Chlorkalk in französischen Graden und Gewichtsprozenten.

% an Chlor, die aus Chlorkalk bei der Umsetzung mit Salzsäure erhalten werden.

Franz. Grade	Einzelne Grade, die zu Spalte 1 zu addieren sind									
	0	1	2	3	4	5	6	7	8	9
60	—	—	—	20,28	20,60	20,92	21,25	21,57	21,89	22,21
70	22,53	22,86	23,18	23,50	23,82	24,14	24,47	24,79	25,11	25,43
80	25,75	26,07	26,40	26,72	27,04	27,36	27,68	28,01	28,33	28,65
90	28,97	29,29	29,62	29,94	30,26	30,58	30,90	31,23	31,55	31,87
100	32,19	32,51	32,83	33,16	33,48	33,80	34,12	34,44	34,77	35,09
110	35,41	35,73	36,05	36,38	36,70	37,02	37,34	37,66	37,99	38,31
120	38,63	38,95	39,27	39,59	39,92	40,24	40,56	40,88	41,20	41,53
123	41,85	42,17	42,49							

72 Emissionsspektralanalyse und Absorptionsspektren.

721 Tabellen für die Emissionsspektralanalyse.

Von **Gerhard Limmer** und **Günter Scheibe**, München.

7211 Bemerkungen zur Verwendung der Tabellen.

72111 Qualitative Analyse. Die spektroskopische Analyse bietet die Möglichkeit, metallische Elemente oder auch einige Metalloide, die in metallischen Elektroden, in Lösungen von Salzen oder Mineralien vorliegen, rasch und einwandfrei erkennen zu können. Der Gang der Untersuchung ist folgender: Man läßt zwischen Elektroden aus dem zu untersuchenden Material bzw. zwischen reinen Kohlen, auf die das Material in Salzform oder gelöst aufgebracht ist, eine elektrische Entladung übergehen. (Bogen oder Funken.) Das Licht dieser Entladung wird in der Spektralapparatur zerlegt. Da die Metalle in Dampfform mono-atomar vorliegen, lassen sie sich in dem entstehenden Spektrum an Hand ihrer Spektrallinien eindeutig erkennen. Die Lage der Spektrallinien wird in der praktischen Anwendung meist durch Vergleich mit Normalspektren bestimmt, die durch wechselseitiges Abdecken und Freigeben von Spaltteilen auf dem Spektrogramm unter der zu untersuchenden Substanz aufgenommen werden. Als Vergleichsspektrum eignet sich wegen seines Linienreichtums besonders das reine Eisen [s. 18, 12, 13[1]]. Die genaue Lage der zu untersuchenden Linien wird im Vergleich zu zwei benachbarten Eisenlinien durch Ausmessen mit einem Meßmikroskop oder einem Spektrenmeßprojektor festgelegt und durch geradlinige Interpolation nach folgender Formel berechnet: $(\lambda_2-\lambda_x):(\lambda_2-\lambda_1)=(a_2-a_x):(a_2-a_1)$, wenn für steigende Wellenlängen auch steigende Abstandsmeßwerte genommen werden. Die so ermittelten Wellenlängen werden nunmehr nach Tabelle 7212 entsprechenden Elementen zugeordnet. Um sicher zu gehen, wird man möglichst mehrere Wellenlängen des gesuchten Elementes bestimmen.

72112 Quantitative Analyse. Die quantitative Analyse wird durch Vergleich von Linien-Intensitäten der Grundsubstanz und der Zusatzsubstanz (Me-Linie) oder in besonderen Fällen auch durch die absolute Intensität der Linie eines Elementes gewonnen. Quantitative Analysen werden durchgeführt mit der Lichtanregung durch:

1. die Flamme [s. 6];
2. den elektrischen Lichtbogen zwischen Elektroden des Prüfmaterials oder zwischen reiner Kohle, die mit dem Prüfmaterial versehen wird;

[1] [ ] bedeuten Zahlen des Literaturverzeichnisses am Schluß der Tabellen S. 1702/03.

3. den elektrischen Funken. Der elektrische Funke wird meist in zwei verschiedenen Formen angewandt:

a) Der Resonanzfunke oder Stoßkreisfunke.

b) Der sog. (mechanisch) gesteuerte Funke (Feussner-Funke).

Es werden photographische Aufnahmen hergestellt oder auch die Intensitäten mit photometrischen Anordnungen direkt gemessen. Die vorgeschriebenen Bedingungen sind denen der Tabelle 7213 möglichst entsprechend zu wählen und dann im Laufe der folgenden Untersuchungen streng beizubehalten. Belichtungszeiten sind so zu bemessen, daß die zu untersuchenden Linien eine Minimalschwärzung von etwa 0,5 aufweisen und die Maximalschwärzung nicht größer wird, als daß sie eine einigermaßen genaue photometrische Messung gestattet. Bei der Photometrierung der Platten in einem Mikrophotometer, dessen Proportionalität zu prüfen ist, sind ebenfalls die Arbeitsbedingungen streng einzuhalten. Für die Auswertung der Photometrieergebnisse verwendet man am besten einfach oder doppellogarithmisches Papier, je nach der angewandten Methode. Bei dem Vergleich der Schwärzung von nur zwei Linien müssen auf jede Platte Eichsubstanzen mit aufgenommen werden.

Für die Methoden, die aus der Platte durch Photometrierung von drei Linien (Drei-Linien-Verfahren) oder durch Photometrieren von zwei Linien mit gestufter Schwärzung, die durch einen bei der Aufnahme vorgeschalteten Absorptionsstreifen erzeugt ist (Zwei-Linien-Verfahren), die Neigung der Schwärzungskurve entnehmen, werden Eichkurven nur einmal bestimmt, die dann für gleiche Verhältnisse von Platte zu Platte gültig bleiben.

Bei der Berechnung des Prozentgehaltes ist zu berücksichtigen, daß die Linienintensitäten auf die Linien der Grundsubstanz bezogen werden und somit auch der Prozentgehalt auf den Gehalt an Grundsubstanz bezogen wird. Soll auf die Legierung als Einheit bezogen werden, so ist entsprechend umzurechnen [s. 36].

Abkürzungen.

A	Bogenstromstärke
Ab	Abreißbogen
Ab-Hf	Abreißbogen, hochfrequenzgezündeter
A_p	primäre Stromstärke in A
A_s	sekundäre Stromstärke in A
C	Kapazität des Entladungskreises in cm
C 1/1	volle Kapazität
DW	sekundärer Dämpfungswiderstand in Ω (z. B. DW 2 Dämpfungswiderstand 2 Ω)
KV	sekundäre Transformatorspannung in kV
L 1/1	volle Selbstinduktion
L 1/10	1/10 der Selbstinduktion
L_p	primäre
L_s	sekundäre Selbstinduktion in cm
L_{st}	Streuinduktivität des verwendeten Transformators
T 1—T 4	Transformatorschalterstellung 1—4
V	Bogenspannung (z. B. V 40 = Bogenspannung 40 V)
Vf	Vorfunkzeit in min (meist nicht besonders angegeben)
VW	primär vorgeschalteter Widerstand in Ω
λ	Wellenlänge der Hochfrequenz in m (z. B. λ 310 = Wellenlänge 310 m)
Z	Zwischenabbildung des Funkens
D	Elektrodenabstand in mm (z. B. D 2 = 2 mm Abstand)
E_e	ebene Elektrodenfläche mit gebrochenen Kanten
E_k	halbkugelige Elektrodenoberfläche
E_r	abgerundete Elektrode ohne bestimmte Form
Lö/Ko	Lösung auf Kohle (z. B. 2 · 0,009 cm^3, d. h. 2mal befeuchtet mit der angegebenen Lösungsmenge)
Ox/Ko	chemisch oxydierte Probe auf Kohle
⌀	Durchmesser von Rundstabelektroden in mm (z. B. 5 ⌀ = 5 mm Rundstab)
(—)	Kathode
‖	parallel gespannte Elektrodenoberflächen

7212 Die empfindlichsten Linien der wichtigsten Elemente in Å.

72121 Nach Elementen geordnet.

(Kursiv gesetzte Zahlen geben die stärksten „Letzten Linien“ an, u bedeutet, daß die Linie bei abnehmender Konzentration zuletzt verschwindet.)

Ag	2413,2 2437,8 *3280,7* u *3382,9*	5209,1 *5465,5* u
Al	3082,2 3092,7 *3944,0* *3961,5* u	6231,8 6243,4
As	2288,1 2349,8 2745,0 2780,2 2860,5	
Au	2641,5 *2676,0* 3122,8	4792,6 *5837,4*
B	2066,6 *2496,8* *2497,7* 3451,4	
Ba	2336,3 3891,8	4130,7 *4554,0* 4934,1 *5535,5* u
Be	2650,5 2650,8 3130,4 3131,1 3321,1 3321,4	
Bi	2898,0 2993,3 3024,6 *3067,7*	*4722,5* *5552,2*
C	2296,9 *2478,5*	
Ca	3158,9 3179,3 3706,0 *3933,7* u *3968,5* u	*4226,7* u 5588,8 5590,1 *6162,2*
Cd	*2265,0* 2288,0 3466,2 3467,7 3610,5	4678,2 4799,9 5085,8 6438,5
Ce		4165,6 4186,6 4527,4 4528,5 5512,1
Co	*2388,9* u 2519,8 2694,7 *3405,1* *3453,5* 3873,2	4121,3 4792,9 4813,5 4840,3
Cp	2894,8 2900,3 *2911,4* u 2963,3	
Cr	2835,6 2843,3 3578,7 3593,5 *3605,3*	4254,3 4274,8 4289,7 5204,5 5206,1 5208,4
Cs	2525,6 2630,6	4538,9 4555,4 4593,2
Cu	2369,9 *3247,5* u *3274,0* u	5105,5 5153,2 5218,2 5700,2 5782,1
Er	3499,1 3906,3	4419,6 4675,6
Eu		4129,7 4205,1
Fe	2599,4 2631,0 2739,6 2755,7 3719,9 3734,9	4383,5 4404,8 *5269,5* u *5328,0*
Ga		4033,0 4172,1
Ge	2651,2 2651,6 2691,4 2709,6 *3039,1* u *3269,5* u	4685,8
Hf	2516,9 *2773,4* 3072,9 3134,7 3399,8 3777,6	*4093,2* 4174,3
Hg	*2536,5* u 2967,6 3131,6/8 3650,2 3663,3	4046,8 *5460,7* u 5769,6 5790,7
In	2710,3 *3039,4* *3256,1*	4101,8 4511,4
Ir	2564,2 3220,8 3513,6	*5449,5* u
K	3447,4	4044,1 4047,2 5782,6 5801,7 5812,2 5831,6/9 6911,1 6938,8 7664,9 7699,0
La	2379,4 3171,7 3949,1 3988,5	4899,9 4921,0
Li	3232,6	*4602,9* 4971,9 *6103,6* u *6707,8* u
Mg	*2795,5* u *2802,7* *2852,1* u 2936,5 3832,3 3838,3	5167,3 *5172,7* u *5183,6* u *5528,4* u
Mn	*2576,1/8* u *2593,7* *2605,7* 2933,1 2939,3 2949,2	*4030,8* u *4754,0* u *6016,6* u
Mo	2816,2 2848,2 *3798,3* u *3864,1* *3903,0*	4381,7 *5506,5* u *5533,0* u *5570,5* u *6030,7* u
Na	3302,3 3302,9	*4978,5* *4982,8* *5682,6* u *5688,2* u *5890,0* u *5895,9* u *6154,2*
Nb	3358,4	4058,9 4079,7 4100,9
Nd	3951,2	4156,1 4177,3 4303,6 4446,4 4451,6 4463,0
Ni	*2303,0* *2316,0* *2416,1* 2510,9 3050,8 3054,3 3057,7 *3414,8* u	4714,4 5476,9
Os	2909,1 3018,0 3301,6	4260,9 4420,5 4794,0
P	2534,0 2535,7 2553,3 2554,9	
Pb	2614,2 2663,2 *2833,1* *3572,7* 3639,6 *3683,5* u 3739,9	*4057,8* u *5608,8*
Pd	3242,7 *3404,6* 3421,2 3517,0 *3609,6* *3634,7* 4817,5 5163,8 5295,6 5395,3 5542,8	
Pr		4179,4 4305,8
Pt	2659,4 2998,0 3064,7 3923,0 *3966,4*	*5227,6* *5301,0* *5475,8* *5478,5*
Ra	3814,4	4682,3/4
Rb	*2798,9* 3940,6	*4201,8* u 4215,6 *4571,8* 6298,3 *7800,2* *7947,6*
Re	3451,9 3460,5 3464,7	4257,6 4513,3 *4889,2*
Rh	*3434,9* 3596,2 3658,0 3692,4 3799,3	4374,8 5193,1 *5354,4* 5379,1 *5599,4*
Ru	3436,7 *3499,0* 3593,0 3596,2 3661,4 3726,9 3728,0	4554,5 4584,5
S	*1820,4* u *1826,3* u	4162,6 4815,5
Sb	2311,5 *2528,5* *2598,1* *2769,9* *2877,9* 3232,5 3267,5	

72121 (Fortsetzung).

Sc	*3613,8* u 3642,8 3651,8 3907,5 3911,8	4020,4 4023,7 4246,8
Si	2506,9 *2516,1* *2528,5* *2881,6* 3905,5	6346,7
Sm		4390,9 4421,1 4424,3 4434,3 4467,3
Sn	*2429,5* *2706,5* *2840,0* *2863,3* *3175,0* 3262,3 3330,6 3801,0	4524,7
Sr	3464,5 3474,9	*4077,7* *4215,5* u *4305,5* *4607,3* 4962,3
Ta	3311,2 3318,9	6430,8 6485,4 6516,1
Te	*2383,3* u *2385,8* u 2530,7 2769,7	
Th	*3290,6* 3300,5 3538,8 3601,1	4019,1 *4381,9* *4391,1* 4863,2 4919,8
Ti	2942,0 *3349,0* *3349,4* *3361,2* *3372,8* *3759,3* *3761,3*	4533,2 4981,7
Tl	*2767,9* 3519,2 *3775,7* u	*5350,5* u
U		4241,7 5027,4 5492,9 5527,8 5915,4 6449,2
V	2924,0 3093,1 3102,3 3110,7 3118,4	4379,2 4408,5 4460,3
W	2563,1 2572,3 2831,4 2879,4/1 *3215,6*	*4008,8* u 4294,6 *4302,1* u
Y	2817,0 3216,7 3242,3 3600,7 3710,3 3774,3	4177,5 4374,9 *4883,7* u *4900,1* u 5087,4
Zn	2502,0 2558,0 3282,3 3302,6/9 *3345,0/6/9* u	4680,1 4722,2 *4810,5* u 6362,4
Zr	3387,9 3388,3 3392,0 3410,3 3496,2 3572,5	4687,8 4710,1 4739,5

72122 Nach Wellenlängen geordnet.

U.V.									
2066,6	B	2536,5 u	Hg	2795,5 u	Mg	3050,8	Ni	3290,6	Th
2265,0	Cd	53,3	P	98,9	Rb	54,3	Ni	3300,5	Th
88,0	Cd	54,9	P	2802,7	Mg	57,7	Ni	01,6	Os
88,1	As	58,0	Zn	16,2	Mo	64,7	Pt	02,3	Na
96,9	C	63,1	W	17,0	Y	67,7 u	Bi	02,6	Zn
2303,0	Ni	64,2	Ir	31,4	W	72,9	Hf	02,9	Na
11,5	Sb	72,3	W	33,1	Pb	82,2	Al	02,9	Zn
16,0	Ni	76,1/8	Mn	35,6	Cr	92,7	Al	11,2	Ta
36,3	Ba	93,7	Mn	40,0	Sn	93,1	V	18,9	Ta
49,8	As	98,1	Sb	43,3	Cr	3102,3	V	21,1	Be
69,9	Cu	99,4	Fe	48,2	Mo	10,7	V	21,4	Be
79,4	La	2605,7	Mn	52,1 u	Mg	18,4	V	30,6	Sn
83,3 u	Te	14,2	Pb	60,5	As	22,8	Au	45,0/6/9	Zn
85,8 u	Te	30,6	Cs	63,3	Sn	30,4	Be	49,0	Ti
88,9 u	Co	31,0	Fe	77,9	Sb	31,1	Be	49,4	Ti
2413,2	Ag	41,5	Au	79,1/4	W	31,6/8	Hg	58,4	Nb
16,1	Ni	50,5	Be	81,6	Si	34,7	Hf	61,2	Ti
29,5	Sn	50,8	Be	94,8	Cp	58,9	Ca	72,8	Ti
37,8	Ag	51,2	Ge	98,0	Bi	71,7	La	82,9	Ag
78,5	C	51,6	Ge	2900,3	Cp	75,0	Sn	87,9	Zr
96,8	B	59,4	Pt	09,1	Os	79,3	Ca	88,3	Zr
97,7	B	63,2	Pb	11,4 u	Cp	3215,6	W	92,0	Zr
2502,0	Zn	76,0	Au	24,0	V	16,7	Y	99,8	Hf
06,9	Si	91,4	Ge	33,1	Mn	20,8	Ir	3404,6	Pd
10,9	Ni	94,7	Co	36,5	Mg	32,5	Sb	05,1	Co
16,1	Si	2706,5	Sn	39,3	Mn	32,6	Li	10,3	Zr
16,9	Hf	09,6	Ge	42,0	Ti	42,3	Y	14,8	Ni
19,8	Co	10,3	In	49,2	Mn	42,7	Pd	21,2	Pd
25,6	Cs	39,6	Fe	63,3	Cp	47,5 u	Cu	34,9	Rh
28,5	Si	45,0	As	67,6	Hg	56,1	In	36,7	Ru
28,5	Sb	55,7	Fe	93,3	Bi	62,3	Sn	47,4	K
30,7	Te	67,9	Tl	98,0	Pt	67,5	Sb	51,4	B
34,0	P	69,7	Te	3018,0	Os	69,5 u	Ge	51,9	Re
35,7	P	69,9	Sb	24,6	Bi	74,0 u	Cu	53,5	Co
		73,4	Hf	39,1 u	Ge	80,7 u	Ag	60,5	Re
		80,2	As	39,4	In	82,3	Zn	64,5	Sr

72122 (Fortsetzung).

3464,7	Re	3891,8	Ba	4246,8	Sc	4722,2	Zn	5476,9	Ni
66,2	Cd	3903,0	Mo	54,3	Cr	22,5/8	Bi	78,5	Pt
67,7	Cd	05,5	Si	57,6	Re	39,5	Zr	92,9	U
74,9	Sr	06,3	Er	60,9	Os	54,0 u	Mn	5506,5 u	Mo
96,2	Zr	07,5	Sc	74,8	Cr	92,6	Au	12,1	Ce
99,0	Ru	11,8	Sc	89,7	Cr	92,9	Co	27,8	U
99,1	Er	23,0	Pt	94,6	W	94,0	Os	28,4 u	Mg
3513,6	Ir	33,7 u	Ca	4302,1 u	W	99,9	Cd	33,0 u	Mo
17,0	Pd	40,6	Rb	03,6	Nd	4810,5 u	Zn	35,5 u	Ba
19,2	Tl	44,0	Al	05,5	Sr	13,5	Co	42,8	Pd
38,8	Th	49,1	La	05,8	Pr	15,5	S	52,2	Bi
72,5	Zr	51,2	Nd	74,8	Rh	17,5	Pd	70,5 u	Mo
72,7	Pb	61,5 u	Al	74,9	Y	40,3	Co	88,8	Ca
78,7	Cr	66,4	Pt	79,2	V	63,2	Th	90,1	Ca
93,0	Ru	68,5 u	Ca	81,7	Mo	83,7 u	Y	99,4	Rh
93,5	Cr	88,5	La	81,9	Th	89,2	Re	5608,8	Pb
96,2	Ru			83,5	Fe	99,9	La	82,6 u	Na
96,2	Rh	Sichtbares Gebiet.		90,9	Sm	4900,1 u	Y	88,2 u	Na
3600,7	Y			91,1	Th	19,8	Th	5700,2	Cu
01,1	Th			4404,8	Fe	21,0	La	69,6	Hg
05,3	Cr	4008,8	W	08,5	V	34,1	Ba	82,1	Cu
09,6	Pd	19,1	Th	19,6	Er	62,3	Sr	82,6	K
10,5	Cd	20,4	Sc	20,5	Os	71,9	Li	90,7	Hg
13,8 u	Sc	23,7	Sc	21,1	Sm	78,5	Na	5801,7	K
34,7	Pd	30,8 u	Mn	24,3	Sm	81,7	Ti	12,2	K
39,6	Pb	33,0	Ga	34,3	Sm	82,8	Na	31,6/9	K
42,8	Sc	44,1	K	46,4	Nd	5027,4	U	37,4	Au
50,2	Hg	46,8	Hg	51,6	Nd	85,8	Cd	90,0 u	Na
51,8	Sc	47,2	K	60,3	V	87,4	Y	95,9 u	Na
58,0	Rh	57,8 u	Pb	63,0	Nd	5105,5	Cu	5915,4	U
61,4	Ru	58,9	Nb	67,3	Sm	53,2	Cu	6016,6 u	Mn
63,3	Hg	77,7	Sr	4511,4	In	63,8	Pd	30,7 u	Mo
83,5 u	Pb	79,7	Nb	13,3	Re	67,3	Mg	6103,6 u	Li
92,4	Rh	93,2	Hf	24,7	Sn	72,7 u	Mg	54,2 u	Na
3706,0	Ca	4100,9	Nb	27,4	Ce	83,6 u	Mg	62,2	Ca
10,3	Y	01,8	In	28,5	Ce	93,1	Rh	6231,8	Al
19,9	Fe	21,3	Co	33,2	Ti	5204,5	Cr	43,4	Al
26,9	Ru	29,7	Eu	38,9	Cs	06,1	Cr	98,3	Rb
28,0	Ru	30,7	Ba	54,0	Ba	08,4	Cr	6346,7	Si
34,9	Fe	56,1	Nd	54,5	Ru	09,1	Ag	62,4	Zn
39,9	Pb	62,6	S	55,4	Cs	18,2	Cu	6430,8	Ta
59,3	Ti	65,6	Ce	71,8	Rb	27,6	Pt	38,5	Cd
61,3	Ti	72,1	Ga	84,5	Ru	69,5 u	Fe	49,2	U
74,3	Y	74,3	Hf	93,2	Cs	95,6	Pd	85,4	Ta
75,7 u	Tl	77,3	Nd	4602,9	Li	5301,0	Pt	6516,1	Ta
77,6	Hf	77,5	Y	07,3	Sr	28,0	Fe	6707,8 u	Li
98,3 u	Mo	79,4	Pr	75,6	Er	50,5 u	Tl	6911,1	K
99,3	Rh	86,6	Ce	78,2	Cd	54,4	Rh	38,8	K
3801,0	Sn	4201,8 u	Rb	80,1	Zn	79,1	Rh	7664,9	K
14,4	Ra	05,1	Eu	82,3	Ra	95,3	Pd	99,0	K
32,3	Mg	15,5 u	Sr	85,8	Ge	5449,5 u	Ir	7800,2	Rb
38,3	Mg	15,6	Rb	87,8	Zr	60,7 u	Hg	7947,6	Rb
64,1	Mo	26,7 u	Ca	4710,1	Zr	65,5 u	Ag		
73,2	Co	41,7	U	14,4	Ni	75,8	Pt		

7213 Für quantitative Analysen erprobte Linien in Å.

	Me-Linie	Elektroden	Elektrische Bedingungen	Für %-Gehalte	Schrifttum
72131 Mit Resonanzfunke oder Stoßkreisfunke.					
Im Aluminium[1]					
Al-Linie					
2816,2	Mg: 2852,1	Lö/Ko, 5 ⌀, E_r, D2, 2 · 0,009 cm^3	C 3000, λ 310, DW 0, A_p 1,2, A_s 0,6	0,7...1,2	[44]
2652,5	Mg: 2852,1	5 ⌀, E_k, D 2	C 6500, L_s 3,5... 6 · 10^8 cm, DW 0...6	0,2...1,5 (bei Mn-Freiheit)	[45a]
2660,4	Mn: 2610,2 Mn: 2655,9	desgl.		0,3...2,2	
2660,4	Si: 2516,1	desgl.		0,1...1,0	
Cu-Linie[2]:					
5153,2	Mg: 5183,6	5 ⌀, E_k, D 4	DW 0	0,3...2	
Luft-Linie[2]:					
5179,5	Cu: 5218,2			1...4	
5941,7	Na: 5895,9			0,001...0,01	
6482,1/7	Si: 6346,7			0,1...2	
Al-Linie:					
2816,2	Mg: 2795,5	5 ⌀, E_k, D 4, Z	C 8000, L_s 160000, VW 90, A_p 1,8	0,1...1	[58]
2575,1	Si: 2516,1			1...15	
2568,0	Zn: 2502,0 2558,0	desgl.	C 8000, L_s so gewählt: Al: 2816 = Al 2575	>10 >	[31]
2669,2	Fe: 2755,7	5 ⌀, E_e, D 3, in 80 mm N_2-Druck	KV 22, Boas-Resonanztrafo, C 14800	0,003...0,17	[55]
3082,2	Cu: 3247,5	6 ⌀ E_r + E_e 3 ⌀, D 2,7 Kokillenguß	C 6000, L_s 70000, DW 5, Vf 5′	1,8...5,1	[39]
3050,1	Mg: 2790,8			0,8...1,2	
2816,2	2790,8			0,8...1,2	
2816,2	Mn: 2949,2			0,2...1,8	
2816,2	Fe: 2756,3			0,3...0,4	
3050,1	Si: 2881,6			0,3...1,9	
2652,5	Ag: 3280,7	ohne Angabe	ohne nähere Angabe	0,2...5	[51]
3050,1	Ti: 3361,2 3349,0/4			ohne Angabe	
2669,2	Fe: 2739,6 Mg: 2779,8 2783,0 2790,8 Mn: 2610,2	E_e 10 · 1	C 4500, L_s 250000	< 1	[30]
	Si: 2516,1			< 5	
2660,4	Mg: 2779,8	E_e 5 ⌀ D 3	C 1/1, T 3 ohne Unterbrecher, L 1/1	3...15	[25]
Im Cadmium					
Cd-Linie:					
3261,1	Pb: 3683,5	7 ⌀, E_e gegen Golddraht	C 3200, KV 15, L_s veränderlich	0,2...4	[52]

[1] Bei Aluminiumlegierungen ist durchweg ein Homogenisieren der Proben z. B. durch Schmelzen und Abschrecken (Kokillenguß) zu empfehlen.
[2] Linie eines Hilfsspektrums.

72131 (Fortsetzung).

	Me-Linie	Elektroden	Elektrische Bedingungen	Für %-Gehalte	Schrifttum
			Im Kupfer		
Cu-Linie: 2618,4	Be: 2650,5/8	ohne Angabe, mit Stufenfilter	ohne nähere Angabe	ohne Angabe	[51]
2424,5	Ag: 2413,2	E_e bzw. E_r, D 2,	C 1600, L_s 15000, A_p 0,5	0,6	[57]
2489,6	Ag: 2437,8			1,7	
2356,6	Ag: 2357,9			10	
3021,6	Ni: 3057,7			0,04	
2997,4	Ni: 3050,8			0,3	
3010,8	Ni: 3012,0			1,3	
2882,9	Sn: 2863,3			0,9	
3036,1	Sn: 3034,1			2	
2961,2	Sn: 3034,1			10	
2824,4	Sn: 2863,3			14	
2768,9	As: 2780,2		C 9400, L_s $3 \cdot 10^6$, A_p 1	0,6	
2406,7	As: 2349,8			1	
2882,9	As: 2780,2			3	
3021,6	Sb: 3029,8			0,9	
2882,9	Sb: 2877,9			2,7	
			Im Eisen		
Fe-Linie 2813, 3	Al: 2816,2	5 ∅, Lö/Ko, D 2, E_e, 2 · 0,009 cm³	C 3000, λ 275, A_p 1, A_s 0,6, DW 0	1…5	[44]
2666,8	Cr: 2677,2			0,6…1,2	
2518,1	Si: 2516,1	5 ∅, E_k, D 2	C 6500, L_s (5,2…10,7) $\cdot 10^4$, DW 0…1,5 (für Stahl und Hartguß) C6500, L_s (3,5…5) $\cdot 10^3$, DW 16…20 (Grauguß)	0,06…2,2	[50]
2301,7	C: 2296,9	5 ∅, Ee, D 3	C 22000, L_s 4000, DW 0	0,2…1,5	[33]
2370,5	Co: 2378,6	E_r, D 3	C 6500, L_s 90000, A_p 1,6, DW 0	3…15	[36]
2730,7/31,0	Cr: 2677,2			0,5…9	
2828,8	Mo: 2816,2			0,5…5 (All)	
3009,6	Ni: 3012,0			1…5	
3227,8	V: 3276,1			0,4…9	
2623,5	W: 2571,5			6…30	
5227,2	Cr: 5206,1	E_r, D 3	C 6000, L_s 5000, DW 0	0,1…6	[42]
5324,2	Cr: 5345,8			3…20	
4859,7	Mn: 4823,5			0,2…2	
6065,5	Mo: 6030,7			ohne Angabe	
4404,8	V: 4379,2			0,2…8	
3212,0	Cr: 3026,7	E_r, D 3…4	C 6600, L_s bis 66000, DW 0, oder Boas-Resonanztrafo, C 14800	4,3…25	[56]
3222,1	V: 3276,1			0,3…4,4	
3212,0	V: 3271,1/6				
3030,2	V: 3267,7 3190,7				

72131 (Fortsetzung).

	Me-Linie	Elektroden	Elektrische Bedingungen	Für %-Gehalte	Schrifttum
		Im Magnesium			
Mg-Linie:					
3074,1	Mn: 2610,2	E_r 11 · 3, D 5	KV 25, KVA 1, C 5200, L_s 30000	0,05...1,5	[40]
3074,1	Si: 2516,1			0,1...1,6	
3329,9	Zn: 3302,6/9			2...8	
2915,5	Al: 2568,0	E_r 10 · 1, D	C 4500, L_s 250000	4...10	[30]
2915,5	Cu: 3274,0			< 1	
2915,5	Mn: 2605,7 2610,2			2...5	
2915,5	Zn: 3345,0			< 1	
		Im Blei			
Pb-Linie:					
3220,5 3240,2 3118,9	Cd: 3252,5 Cd: 3403,6	E_r, D 3 eventuell schwingende Elektroden	C 3000, L_s 80000, KV 12, A_p 1,4, DW 0	0,4...5 0,05...0,6	[35]
5201,5	Cd: 5085,8	desgl.	desgl.	0,05...0,8	[42, 43]
3118,9	Bi: 3067,7	ohne Angabe	KV 10 C, L_s veränderlich ohne nähere Angabe	0,01...0,9	[32]
3240,2	Bi: 3067,7			0,01...0,05	
2973,0	Bi: 2989,0			0,02...0,15	
3240,2	Cu: 3274,0			0,002...0,02	
2446,2	Cu: 2882,9			0,02...0,05	
2657,1	Sn: 2840,0			0,001...0,01	
2717	Sn: 2706,5			0,01...0,03	
2411,8	Sn: 2421,7	etwa 10 ∅, D 4?	C 4500, L_s 250000, KV 15	0,1...3	[53]
2628,3	Cd: 2748,7	E_e etwa 10 · 1	C 4500, L_s 125000	< 2	[30]
2628,3	Cu: 2369,9			< 2	
2628,3	Sb: 2598,1			< 1,5	
		Im Zinn			
Sn-Linie:					
2850,6 2813,6 2779,8 2785,0	Pb: 2802,0	E_r, D 3...4	C 3000, L_s 80000, KV 12, A_p 1,4	1,5...15	[7, S. 134]
3223,6	Al: 3082,2	E_e 5 · 2, D 3	C 5400, L_s 190000	0,0035...0,005	[54]
3218,7	Al: 3082,2			0,01	
3218,7	Ag: 3382,9			0,01	
3218,7	Bi: 3067,7			0,05	
3223,6	Cd: 3403,6			0,1	
3218,7	Cu: 3274,0			0,01	
3218,7	Pb: 3639,6			0,1	
2787,9	Pb: 2802,0			0,2	
2523,9	Sb: 2528,5			0,5	
2141	Zn: 2138,6			0,005	
3218,7	Zn: 3302,6/9			0,1...1	

72131 (Fortsetzung).

	Me-Linie	Elektroden	Elektrische Bedingungen	Für %-Gehalte	Schrifttum
			Im Zink		
Zn-Linie:					
3075,9	Al: 3082,2	5 ⌀, E_k, D 4, Z	C 8000, L_s 100000,	2...13	[37]
2138,6	Cd: 2144,4	Kokillenguß	VW 90, DW 0, A_p 1,3	wenig	
2569,9	Cu: 2545,0	Spektrogr.-Spalt		0,3...3	
2393,8	Fe: 2382,0	0,03		< 0,1	
2800,9	Mg: 2798,0			0,01...0,1	
Untergrund neben Linie:	Pb: 2203,5			wenig bis 1	
3075,9	Cu: 3274,0	D 3	C 18000, L_s 1 Windung von 60 ⌀, A_p 2,2, VW 60	0,3...3	
3072,1	Al: 3092,7/8	5 ⌀, E_k, D 4	C 8000, L_s 160000,	1...13	[58]
	Al: 3082,2		KV 12, A_p 1,8, VW 60		
3075,9	Cu: 3274,0			0,1...4	
2800,9	Mg: 2795,5			0,01...0,08	
2684,2	Cd: 3466,2	E_e etwa 10 · 1	C 4500, L_s 250000,	< 5	[30]
2684,2	Pb: 2823,2		KV 15	< 2	
	Pb: 2833,1			< 1	
2684,2	Sn: 2706,5				

72132 Mit sog. mechanisch gesteuertem Funken (Feussner).

Im Aluminium

Al-Linie:					
2652,5	Mg: 2852,1	3 ⌀, E_e, D 2, Z, Lö/Ko für Zn-haltige Legierungen nach 44)	T 3, C 1/1, L 1/10	0,5...3,4	[22]
3050,1	Cu: 3247,5	3 ⌀ E_e, D 2, Z (2800) Spektrogr.-Spalt 0,05	T 4, C 1/1, L 1/10	0,01...0,2	[38]
2816,2	Fe: 2599,4 (für Mn < 0,5%)			0,2...0,7	
2816,2	Mg: 2783,0			0,4...1,5	
2816,2	Mg: 2790,8			1,5...5	
3050,1	Mn: 2949,2			0,2...0,5	
3050,1	Si: 2881,6			0,7...1,5	
2652,5	Ag: 3280,7	E_e, 3 ⌀, D 2, Z	T 4, C 1/1, L 1/10,	In Aluminiumlegierungen	[24]
3082,2	Bi: 3067,7	3-Stufen-Filter	VW 75		
3082,2	Cu: 3247,5				
2816,2	Fe: 2739,6				
3082,2	Mn: 2949,2				
3082,2	Ni: 3433,6				
2816,2	Pb: 2833,1				
3082,2	Sn: 3175,0				
3082,2	Zn: 3345,0/6				

72132 (Fortsetzung).

	Me-Linie	Elektroden	Elektrische Bedingungen	Für %-Gehalte	Schrifttum
2669,2	Fe: 2755,7	5 Ø, E_e, D 3,0, 0,8 at N_2	T 4, C 1/1, L 1/1, VW 50	0,003...0,17	[55]
3082,2	Ti: 3349,4	5 Ø, E_e, D 3, Z (3200)	T 4, C 3000, L_s 80000	0,2	[60]
			Im Kupfer		
Cu-Linie: 2618,4	Be: 2650,6	3 Ø, D 2, E_e, Z	KV 12, C 3000, L_s 800000	1...3	[60]
			Im Eisen		
Fe-Linie 3951,2	Al: 3961,5	Lö/Ko 2 · 0,1 cm^3 E_e, D 3, Vf 0,5	C 17000, L_s 4 · 10^5, KV 15, A_p 4	0,015...0,1	[49a]
2298,2	C: 2296,9	E_e (Platte) gegen Cu-Hilfselektrode 4 Ø keilförmig angespitzt, D 4, H_2-Atmosphäre	C 3000, L_s 0, DW 0	0,2...2	[47]
2699,1	Cr: 2677,2	E_e (Platte) gegen Cu-Hilfselektrode (s. oben) D 4	C 3000, L_s 500000, A_p 1,2	0,2...0,6	
2828,8	Cr: 2830,5			0,6...3,5	
3062,2	Mn: 2933,1			0,1...1	
2828,8	Mo: 2816,2			0,15...1,2	
3205,4	Mo: 3170,3			0,2...0,6	
3399,3	Ni: 3414,8			0,2...1,2	
3083,7	Ni: 3101,6/9			1...5	
2496,5	Si: 2516,1			0,1...0,4	
2872,3	Si: 2881,6			0,4...1,5	
2502,4	Si: 2516,1			1,5...5	
4118,6	Nb: 4058,9	E_e (Platte) gegen Cu-Hilfselektrode 5 Ø angespitzt, D 3	KV 15, C 11000, L_s 400000, L_p 2,4 · 10^9, L_{st} 1,5 · 10^7	0,3...2,1	[49]
2387,5	Ta: 2387,1	Cu-Hilfselektrode 6 Ø	C 6000, L_s 400000, L_p 2,6 · 10^9, L_{st} 10^7	1...5	
3083,7	V: 3110,7	3,5 Ø, E_e, D 2, Z (2900)	T 4, C 3000, L_s 800000	0,1...2	[60]
			Im Magnesium		
Mg-Linie: 2915,5	Al: 3082,2	mit Stufenfilter, sonst keine näheren Angaben			[51]
			Im Blei		
Pb-Linie: 2332,5	Sb: 2311,5	E beliebig, D nach Photozellenstrom eingestellt	T 3, C 2/5, L_s 80000	0,5...1	[21]
2411,8	Sn 2421,7			keine Angabe	
2332,5	Cd: 2288,0	E_e 6 · 1, D 4	C 1200, L_s 80000	0,001...3	[60]

72132 (Fortsetzung).

	Me-Linie	Elektroden	Elektrische Bedingungen	Für %-Gehalte	Schrifttum
			Im Antimon		
Sb-Linie:					
2293,5	As: 2349,8	ohne nähere Angaben		0,02...3	[51]
			Im Zink		
Zn-Linie					
3072,1	Al: 3082,2	3 ∅, D 2, E_e, Z, 3-Stufenfilter	T 3, C 2/5, L 1/10, VW 75		[24]
3072,1	Cu: 3274,0				
2712,5	Mg: 2852,1				
2771,0	Mg: 2852,1				
2771,0	Mg: 2852,1	Lö/Ko, 5 ∅, E_e, D 2	desgl.	0,02...0,2	[23]
3072,1	Al: 3082,2	ohne nähere Angaben		< 2,3 <	[51]
3075,9	Cu: 3274,0			< 0,2 <	
2800,9	Mg: 2795,5			< 0,02 <	

72133 Im elektrischen Lichtbogen.

	Me-Linie	Elektroden	Elektrische Bedingungen	Für %-Gehalte	Schrifttum
			Im Aluminium		
Al-Linie:					
2652,5	Si: 2516,1	E_e gegen Cu-Elektroden, D 5, 5 ∅	Ab-Hf, Vf 1/2′	0,1...0,5	[25]
2660,4	Mg: 2779,8		Vf 2′		
3082,2	Zn: 3345,0	E_r, 3 ∅, D 2, Stufenfilter	Ab-Hf, A 5, V 220	0,03...0,3	[24a]
			Im Kobalt		
Co-Linie:					
3113,5	Al: 3092,7/8	Ox/Ko (—), D 3	A 1	0,3	[28]
4190,7	Ca: 4226,7			0,03	
2803,8	Mg: 2802,7			0,3	
2803,8	Mn: 2801,1			0,3	
2982,3	Ni: 2981,7			0,3	
2872,6	Si: 2881,6			0,3	
3342,7	Zn: 3345,0			0,1	
			Im Kupfer		
Cu-Linie:					
Ag-Linie[1]:					
2437,8	Be: 3131,1	E_e, 5 ∅, D 5 gegen Ag-Elektrode	Ab-Hf, Vf 1,5′		[25]
2437,8	Be: 2348,6				
Cu-Linie:					
5292,5	Ag: 5465,5	Ox/Ko (—), D 3	A 1	0,1...1	[26]
4022,6	Al: 3961,5			0,01...1	
2630,0	Al: 2660,4			0,01...1	
	Al: 2652,5				
2858,7	As: 2860,5			0,1...1	
2441,6	As: 2456,5			1	
2406,7	Au: 2428,0			1	
2492,2	B: 2497,7			0,01...1	
3512,1	Ba: 3501,1			1	

[1] Linie eines Hilfsspektrums.

72133 (Fortsetzung).

	Me-Linie	Elektroden	Elektrische Bedingungen	Für %-Gehalte	Schrift-tum
2961,2	Bi: 3067,7			0,01...1	
2763,7	Bi: 2730,5			1	
2406,7	Ca: 2398,6			1	
3457,9	Cd: 3403,6			1	
2319,6	Cd: 2288,0			0,01	
2630,0	Co: 2544,3			0,1...1	
4249,0	Cr: 4254,3				
2768,9	Fe: 2744,1			0,01...1	
2768,9	Ge: 2754,6			0,1	
3290,6	In: 3256,1			0,1	
2545,0	In: 2560,2			0,1...1	
4022,6	Li: 3915,3	Ox/Ko (—), D 3	A 1	1	[26]
2882,9	Mg: 2852,1				
2768,9 2766,4	} Mn: 2794,8			0,1...1	
2858,7	Na: 2853,0				
3450,3	Ni: 3423,7			0,01...0,1	
2319,6	Ni: 2330,0			0,01...1	
2630,0	P: 2554,9			1	
4022,6	Pb: 4057,8			0,01...1	
2768,9	Pb: 2833,1			0,001...0,1	
2882,9	Sb: 2877,9			0,01...1	
2630,0	Sb: 2727,2			1	
2630,0	Si: 2516,1			0,001...0,1	
3208,2	Sn: 3175,0			0,1	
2406,7	Sn: 2429,5			1	
2479,8	Te: 2530,7			0,1...1	
2406,7	Te: 2385,8			1	
3169,7	Ti: 3199,9			0,01...0,1	
2858,7	Tl: 2918,3			0,1...1	
3208,2	V: 3207,4			1	
3169,7	V: 3205,8			0,1...1	
2768,9	Zn: 2771,0			1	

Im Eisen

Fe-Linie:					
3956,7 4005,2	} Al: 3961,5	Werkstück oder E_e gegen Kohlestab (—)	A 5...6	0,2...10	[46]
3981,8	Co: 3995,3			0,2...1	
4021,9	Co: 3995,3			5	
4005,2	Co: 3995,3			20	
5227,2	Cr: 5206,1			0,1...8	
4643,5	Cr: 4652,2			0,1	
4654,6	Cr: 4652,2			0,1	
4315,1	Cr: 4363,1			20	
5217,4	Cu: 5218,2			0,5	
5227,2	Cu: 5218,2			10	
4494,6	Mo: 4491,3			10...20	
4427,3	Mo: 4411,7			1	
4388,4	Mo: 4311,7			0,1	
4009,7	Mn: 4035,7			2	
4005,2	Mn: 4035,7			20	
4705,0	Ni: 4714,4			1	

72133 (Fortsetzung).

	Me-Linie	Elektroden	Elektrische Bedingungen	Für %-Gehalte	Schrifttum
4736,8	Ni: 4714,4			5...20	
4531,2	Ti: 4533,2			0,2	
4528,6	Ti: 4533,2			2	
4678,9	Ti: 4675,1			20	
4375,9	V: 4379,2			0,1	
4422,6	V: 4419,9			1	
6546,2	V: 6504,2			10	
6495,0	V: 6504,2			20	
4009,7	W: 4008,8			0,1...1	
4654,6	W: 4659,9			1...5	
4528,6	W: 4659,9			20	
2287,6	As: 2288,1	D 3	A 1	0,1...1	[26a]
2366,6	As: 2349,8	Ox/Ko (—), 6 ⌀		1	
2320,4	Ba: 2336,3			0,1...1	
2899,4	Bi: 2898,0				
3286,8	Cu: 3274,0			0,001...3	
2976,1	Cu: 2961,2			0,1...1	
2781,8	Pb: 2802,0			0,1...1	
2530,7	Sb: 2528,5			1	
2832,4	Sn: 2840,0			0,1...1	
5227,2	Cr: 5206,1	E_r gegen Ko (—) Ko abgeblendet	A 2	0,1...8	[42, 43]
Im Magnesium					
Mg-Linie: 2698,2	Ni: 3414,8	Elektrodenhalter wassergekühlt		0,005...0,05	[41]
Ni-Linie[1]: 3749,0	Al: 3961,5	E_e 5 ⌀ von Ni gegen schraubenförmig bewegte Elektrode der Mg-Al-Legierung	Ab-Hf	0,6...2,5	[25]
Im Nickel					
Ni-Linie: 2746,8	Al: 2660,4	etwa 6 ⌀	A 15	1...5	[59]
4401,6	Cr: 4289,7			0,1...2	
Im Blei					
Bleilinie: 5201,5	Ag: 5465,5	E_e 200 mm² ‖	A 1	1	[27]
3220,5	Ag: 3280,7	D 3, untere (—)		0,001...1	
2399,6	Ag: 2413,2	oder Ox/Ko (—)		5	
2980,2	As: 2860,5			1	
2657,1	As: 2780,2			1	
3118,9	Bi: 3067,7			0,0001...0,03	[28]
3220,5	Bi: 3067,7			0,001...1	
2980,2	Bi: 2993,3			0,01...1	
5005,5	Bi:4722,2/5/8			1...2	

[1] Linie eines Hilfsspektrums.

72133 (Fortsetzung).

	Me-Linie	Elektroden	Elektrische Bedingungen	Für %-Gehalte	Schrifttum
3240,2	Cd: 3610,5			0,001...0,1	
5005,5	Cd: 4799,9			0,01...0,1	
3220,5	Cd: 3252,5			1...5	
3220,5	Cu: 3247,5			0,001...1	
2980,2	Cu: 2961,2			0,1...1	
5005,5	In: 4511,4			0,01	
3118,9	In: 2932,6			0,5	
3220,5	Sb: 3267,5			2	
3240,2	Sn: 3175,0			0,03	
3220,5	Sn: 3034,1			0,2	
3118,9	Tl: 3519,2			0,0001...0,01	
5005,5	Tl: 5350,5			0,001...1	
2657,1	Tl: 2580,1			0,1...>1	

Im Samarium

	Me-Linie	Elektroden	Elektrische Bedingungen	Für %-Gehalte	Schrifttum
Sm-Linie:					
4128,1	Eu: 4129,7	Lö/Ko, E_e, D 3 oben (—) $6 \cdot 0{,}1\ cm^2$	A 3,75	0,001...0,1	[34]

Im Zinn

	Me-Linie	Elektroden	Elektrische Bedingungen	Für %-Gehalte	Schrifttum
Sn-Linie:					
2267,2	Cd: 2265,0	E_e 200 mm^2, ‖,	A 1, V 30	0,01...1	[28]
3655,8	Cd: 3610,5	D 3 oder		0,1...>1	
2787,9	Pb: 2833,1	Ox/Ko (—) D 3		0,003...0,3	
2787,9	Pb: 2802,0			0,01...1	
2531,1	Sb: 2528,5			0,01...1	
2282,3	Sb: 2311,5			0,01...>1	

Im Zink

	Me-Linie	Elektroden	Elektrische Bedingungen	Für %-Gehalte	Schrifttum
Zn-Linie:					
4629,8	Ag: 5465,5	Ox/Ko (—), D 3	A 1, V 60	1	[29]
2712,5	As: 2860,5			0,1...1	
3072,1	Bi: 3067,7			0,01...0,1	
3018,4	Cd: 3467,7			1	
3072,1	Cu: 3274,0			0,01...0,1	
3018,4	Cu: 2961,2			0,1...1	
2569,9	Fe: 2488,2			0,01...1	
2712,5	Ge: 2691,4			0,01...0,1	
2712,5	Ge: 2740,4			1	
3018,4	In: 3256,1			0,001...0,1	
2569,9	In: 2560,2			1	
2712,5	Mg: 2852,1			0,01...0,1	
2712,5	Mg: 2783,0				
3018,4	Ni: 3414,8			0,001...0,1	
3018,4	Ni: 3012,0			0,01...1	
2712,5	Pb: 2833,1			0,001...0,1	
3018,4	Pb: 2873,3			0,1...1	
2712,5	Sb: 2598,1			0,01...0,1	
2712,5	Sb: 2877,9			0,1...1	
2712,5	Sn: 2840,0			0,001...0,1	
2756,5	Sn: 2840,0			0,01...1	
3035,8	Sn: 3034,1			0,01...1	
3018,4	Tl: 2918,3			0,1...1	

Literaturverzeichnis.

Zusammenfassende Werke.

1. Gerlach, W. u. Eug. Schweitzer: Die chemische Emissionsspektralanalyse, I. Teil, Leipzig 1930.
2. Gerlach, Wa. u. We. Gerlach: Die chemische Emissionsspektralanalyse, II. Teil, Leipzig 1933.
3. Gmelin, P. u. H. Sauer: Optische Methoden. Im Handbuch der physikalischen Arbeitsmethoden von Eucken-Jakob: Chemieingenieur, Bd. II/4. Leipzig 1933.
4. Henrici, A. u. G. Scheibe: Chemische Spektralanalyse. In „Physikalische Methoden der analytischen Chemie". Leipzig 1939.
5. Löwe, Fr.: Optische Messungen des Chemikers und Mediziners, 2. Aufl. Dresden u. Leipzig 1933.
6. Lundegardh, H.: Die quantitative Spektralanalyse der Elemente, I. Teil. Jena 1929; II. Teil. Jena 1934.
7. Scheibe, G. u. C. F. Linström: Chemische Spektralanalyse. In „Physikalische Methoden der analytischen Chemie". Herausgeg. von Böttger. Leipzig 1933.
8. Seith, W. u. K. Ruthardt: Chemische Spektralanalyse. In „Anleitungen für die chemische Laboratoriumspraxis", Bd. 1. Herausgeg. von E. Zintl. Berlin 1938.
9. Wulff, P.: Anwendung physikalischer Analysenverfahren in der Chemie. München 1936.

Wellenlängentafeln und -tabellen.

10. Eder, J. M. u. E. Valenta: Atlas typischer Spektren. Wien 1924.
11. Gatterer, A. u. J. Junkes: Atlas der Restlinien von 30 chemischen Elementen. Castel Gandolfo 1937.
12. Gatterer, A. u. J. Junkes: Funkenspektrum des Eisens von 4650—2242 Å. Castel Gandolfo 1935.
13. Gatterer, A. and J. Junkes: Arc spektrum of Iron from 8388—2242 Å. Castel Gandolfo 1935.
14. Gerlach, W. u. Else Riedl: Chemische Emissionsspektralanalyse. III. Teil. Leipzig 1936.
15. Kayser, K. u. H. Konen: Handbuch der Spektroskopie. Leipzig.
16. Kayser, H.: Tabelle der Hauptlinien der Linienspektren aller Elemente, 2. Aufl., herausgeg. von R. Ritschl. Berlin: Springer 1939.
17. Löwe, Fr.: Atlas der Analysenlinien der wichtigsten Elemente, 2. Aufl., des Atlas der letzten Linien. Dresden u. Leipzig 1936.
18. Scheibe, G.: Tabellen des Funken- und Bogenspektrums des Eisens, 1. Teil: 3700—2300 Å (Bearbeiter C. F. Linström), 2. Teil: 3620—6680 Å (Bearbeiter G. Limmer), 3. Teil; 6400—9200 Å (Bearbeiter C. D. Coryell). Berlin-Steglitz: R. Fueß 1932 u. 1935.
19. Twyman, F. and D. M. Smith: Wavelength Tables for Spektrum Analysis, 2. Aufl. London: A. Hilger 1931.
20. Williams, A. T.: Tafeln der letzten Linien. An. Soc. Cient. Argentina Entraga II/III, **76**, 131—214 (1938); **75**, 116—138 (1938).

Einzelarbeiten.

21. Badum, E. u. K. Leilich: Beiträge zur quantitativen Spektralanalyse. Z. angew. Chem. **50**, 279—282 (1937).
22. Balz, G.: Zur quantitativen spektrographischen Analyse von Legierungen. Beeinflussung des Intensitätsverhältnisses Al/Mg durch einen dritten Legierungsbestandteil bei der Leichtmetallanalyse. Z. Metallkde **30**, 206—211 (1938).
23. Balz, G.: Emissionsspektralanalyse in Industrielaboratorien. Metallwirtsch. **17**, 1226—1231 (1938).
24. Balz, G.: Ein einfaches Hilfsmittel zur Steigerung des Fassungsvermögens von Photoplatten für Spektren bei der technischen Analyse von Legierungen. Spektrochim. Acta **1**, 227—228 (1939).

24a. Balz, G.: Die spektrographische Bestimmung kleiner Gehalte von Zink in Aluminium und seinen Legierungen. Z. Aluminium **1940** (Juliheft).

25. Beerwald, A. u. W. Seith: Einige Erfahrungen auf dem Gebiet der spektrographischen Metallanalyse mit Hilfe des kondensierten Funkens und des Abreißbogens nach Pfeilsticker. Z. Elektrochem. **44**, 814—823 (1938).
26. Breckpot, M. R. et A. Mevis: Étude d'analyse spectrale quantitative, I—IV. Ann. Soc. roy. Sci. med. et natur. Brux. **53**—**55** (1933—1935).

26a. Breckpot, M. R. et A. Mevis: Sur la persistance de quelques raies d'impur dans la base fer. Ann. Soc. roy. Sci. med. et natur. Brux. B **54**, 290—298 (1934).

27. Breckpot, M. R. et G. Sempels: L'analyse spectrale du plomb. Bull. Soc. Chim. Belg **46**, 619—651 (1937).
28. Breckpot, M. R.: L'analyse spectrale quantitative du plomb, de l'etain et du cobalt Ann. Soc. roy. Sci. med. et natur. Brux. **57**, 129—140 (1937).
29. Breckpot, M. R. et W. Körber: Etudes d'analyse spectrale quantitat. L'analyse spectrale du zinc. Ann. Soc. roy. Sci. med. et natur. Brux. **56**, 384—403 (1936).

30. McClelland, J. K. C. and H. Kenneth Whalley: The quantitative spectrogr. analysis of solder, spelter, Magnesium and Aluminium alloys. Spectrochim. Acta **1**, 21—30 (1939).
31. Clermont, J.: Bestimmung von Zn in Reinaluminium und Aluminiumlegierungen, IV. Mitt. Z. anal. Chem. **90**, 312—330 (1932).
32. Findeisen, O.: Spektralanalytische Metalluntersuchung in der Praxis. Z. Metallkde **25**, 12—16 (1933).
33. Gatterer, A. u. J. Junkes: Zur Kohlenstoffbestimmung in Eisen mit der Linie C III 2296,8 A. Ric. Spettroscopiche **1** (1938).
34. Gatterer, A. u. J. Junkes: Die quantitative Bestimmung kleinster Mengen von Europium in Samarium. Spectrochim. Acta **1**, 31—47 (1939).
35. Limmer, G.: Technische Emissionsspektralanalyse mit Hilfe des Funkenerzeugers. Zeiß-Nachr. **1**, H. 3, 2—6 (1933).
36. Limmer, G.: Beitrag zur Methodik der quantitativen Spektralanalyse hochlegierten Eisens. Z. wiss. Phot. **37**, 41—50 (1938).
37. Lueg, G. u. F. Wolbank: Über die Spektralanalyse von Zinklegierungen. Metallwirtsch. **18** (1939).
38. Mann, K. E.: Die quantitative Spektralanalyse der Hydronaliumlegierungen. Spectrochim. Acta **1**, 108—116 (1939).
39. Moritz, H.: Über einige Erfahrungen bei quantitativen Spektralanalysen von Aluminium und Aluminiumlegierungen. Z. Aluminium **1939** (Aprilheft).
40. Owens, J. S. and T. M. Hess: Quantitative spectrographic analysis of Magnesium alloys for Manganese and Silicon. Symposium on spectrographic analysis. Proc. Amer. Soc. Test. Mater. **35**, 15—24 (1935).
41. Owens, J. S.: Quantitative spectrochemical analysis. Chemical and metallurgical applications. Industr. Engng. Chem. **10**, 64—67 (1938).
42. Scheibe, G. u. G. Limmer: Ein neues Spektrallinienphotometer für das sichtbare Gebiet zur Schnellanalyse von Legierungen. Mitt. Forsch.-Anst. Gutehoffn., Nürnberg **2**, 35—42 (1932).
43. Scheibe, G. u. G. Limmer: Über ein neues Spektrallinienphotometer für das sichtbare Gebiet zur Schnellanalyse von Legierungen. Metallwirtsch. **11**, 107—110 (1932).
44. Scheibe, G. u. A. Rivas: Eine neue Methode der quantitativen Spektralanalyse, verwendbar auch als Mikromethode. Z. angew. Chem. **49**, 443f. (1936).
45. Scheibe, G. u. A. Schöntag: Über den Fehler bei der quantitativen Spektralanalyse des Systems Eisen-Silizium. Arch. Eisenhüttenw. **8**, 533—540 (1934/35).
45a. Scheibe, G. u. A. Schöntag: Quantitative chemische Spektralanalyse von Aluminiumlegierungen. Metallwirtsch. **15**, 139—141 (1936).
46. Schließmann, O.: Zur spektroskopischen Schnellbestimmung von Legierungsbestandteilen in Sonderstählen. Arch. Eisenhüttenw. **8**, 159—164 (1934/35).
47. Schließmann, O. u. K. Zänker: Beiträge zur quantitativen spektralanalytischen Bestimmung von Legierungsbestandteilen. Arch. Eisenhüttenw. **10**, 383—384 (1937).
48. Schließmann, O. u. K. Zänker: Die quantitative spektrographische Bestimmung von Kohlenstoff, Silizium, Mangan, Nickel, Chrom und Molybdän in Eisen und Stahl. Techn. Mitt. Krupp **5**, 76—88 (1937).
49. Schließmann, O.: Zur spektralanalytischen Bestimmung von Niob und Tantal in hochlegierten Eisen- und Stahlproben. Spectrochem. Acta **1**, 239—248 (1939).
49a. Schließmann, O.: Zur Spektralanalyse niedriger Gehalte von metallischem Aluminium und Tonerde in Stahl und Eisen. Techn. Mitt. Krupp, Forschungsber. **3**, 235 bis 242 (1940).
50. Schöntag, A.: Beiträge zur quantitativen Spektralanalyse. Diss. T. H. München 1936.
51. Seith, W.: „Spektralanalyse". Im Handbuch der Werkstoffprüfung von E. Siebel, Bd. 2. Berlin 1939.
52. Seith, W. u. E. Hofer: Beiträge zur quantitativen optischen Spektralanalyse. Z. Elektrochem. **1934**, 313—332.
53. Smith, D. M.: The spectrographic assay of some alloys od Lead. J. Inst. Met. **46**, 114—128 (1931).
54. Smith, D. M.: The spectrographic analysis of Tin. Int. Tin. Res. Develop. Counc. Techn. Publ. Ser. A **46**, 3—26 (1937?).
55. Wilken, J.: Quantitative spektralanalytische Bestimmung kleinster Mengen Eisen im Reinstaluminium. Metallwirtsch. **19**, 121—124 (1940).
56. Wilken, J.: Die quantitative Spektralanalyse, insbesondere die Bestimmung von Vanadin in Stahl. Arch. Eisenhüttenw. **12**, 133—140 (1938/39).
57. Winkler, E. R:. Quantitative spektralanalytische Untersuchungen zur Analyse vorgeschichtlicher Bronzen. Veröff. Landesanst. Volkh.kde **1935**, H. 7.
58. Winter, H.: Zur quantitativen Spektralanalyse: Untersuchungen über den Verdampfungsvorgang an metallischen Elektroden unter der Einwirkung des Hochspannungsfunkens. Z. Metallkde **29**, 341—351 (1937).
59. Wolfe, R. A.: Quantitative analysis of non-ferrous alloys by spectroscopic methodes. Proc. Amer. Soc. Test. Mater. **35**, 41—47 (1935).
60. Zeiß: Meß. 266. Jena 1938.

722 Ausgewählte Absorptionsspektren von Flüssigkeiten und Lösungen.

Von **Günter Scheibe, Adolf Schöntag** und **Wolfgang Wasmer,** München.

Bemerkung zur Anordnung der Tafeln.

Die Kurventafeln wurden möglichst entsprechend dem analogen chemischen Aufbau bzw. der chemischen Verwandtschaft der auf ihnen behandelten Stoffe in Gruppen zusammengefaßt. Dabei konnten Überschreitungen der konventionellen Begriffsgrenzen manchmal nicht vermieden werden. So erscheinen z. B. Harnstoff und Urethan, da sie sich von der Kohlensäure ableiten, in der Gruppe 7221, „Anorganische Verbindungen und deren einfachste organische Abkömmlinge"; die Reihe der Diphenylpolyene in der Gruppe 7222a) „Olefinische Doppelbindung", statt unter 7222c) I. „Isocyclische Verbindungen".

Auch innerhalb der großen Gruppen erscheinen die Kurventafeln, welche chemisch analog gebaute Stoffe behandeln, unmittelbar aufeinanderfolgend, z. B. in Gruppe 7222c) I. die beiden Reihen der Polyphenyle (Tafeln 722218 und 722219), die beiden verschiedenen Dibenzanthracene (Tafeln 722224 und 722225) oder die Cis- und Trans-Tautomeren von Stilben und Azobenzol (Tafeln 722230 und 722231).

In den einzelnen Tafeln sind auf den Kurvenbildern selbst die chemischen Formeln der behandelten Stoffe angegeben, aus den Bildunterschriften gehen die Namen der Stoffe und die verwendeten Lösungsmittel (abgekürzt Lgm.) hervor. Auch die Quellenangabe ist in der Bildunterschrift enthalten. Die hierbei verwendeten Druckabkürzungen sind die vom Ausschuß für Zeitschriftengestaltung festgelegten, wie sie aus „Periodica Chimica", Berlin 1940, zu entnehmen sind.

Die Größe ε stellt den molaren dekadischen Extinktionskoeffizienten dar. Sie ist definiert durch die Einheitskonzentration in Mol/Liter, die Schichtdicke 1 cm und den dekadischen Logarithmus von I_0/I. Aus Gründen der Zweckmäßigkeit wurde fast durchweg in den Tafeln ihr dekadischer Logarithmus angegeben. Nur in zwei Fällen (Tafeln 722201 und 722230) wurde hiervon abgegangen und zum Zwecke besserer Vergleichsmöglichkeit ε selbst, als die eigentliche physikalisch wesentliche Größe, als Ordinate gesetzt.

Um möglichst vielseitige Verwendungsmöglichkeiten für die Tafeln zu schaffen, wurden in der Abszisse sowohl die Wellenzahlen $\tilde{\nu}$ in cm^{-1} (und zwar diese linear) als auch die Wellenlängen in Å-Einheiten angegeben.

Inhaltsverzeichnis.

72211.

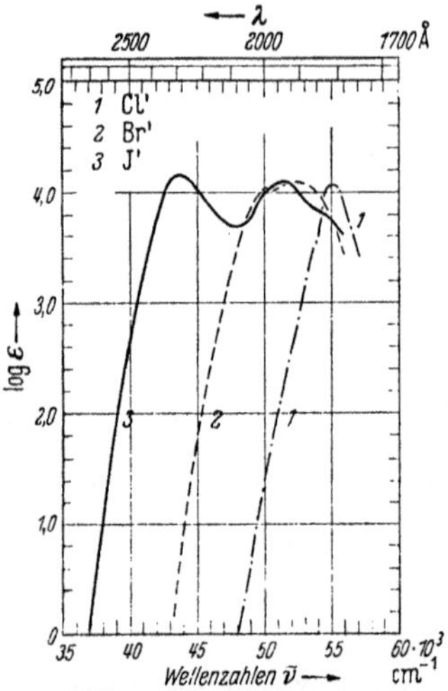

1 Chlorion, 2 Bromion, 3 Jodion (Lgm. durchweg Wasser).

G. Scheibe: Z. physik. Chem., Abt. B 5, 355 1929). — Z. Elektrochem. angew. physik. Chem. 35, 701 (1929). — E. Lederle: Z. physik. Chem., Abt. B 10, 127 (1929).

72212.

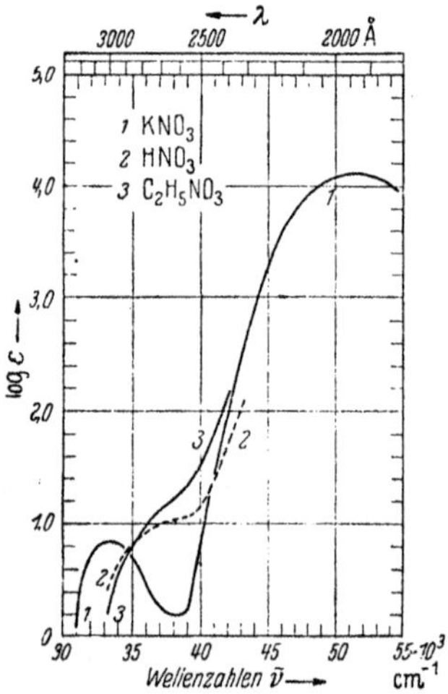

1 Kaliumnitrat (Lgm. Wasser), 2 Salpetersäure (Lgm. Wasser), 3 Äthylnitrat (Lgm. Dioxan)

G. Kortüm: Z. physik. Chem., Abt. B 43, 426 (1939).

72213.

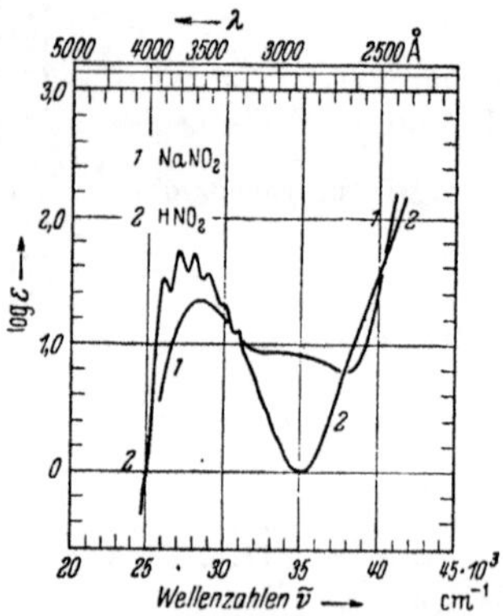

1 Natriumnitrit (Lgm. $5 \cdot 10^{-3}$ n NaOH), 2 Salpetrige Säure (Lgm. $5 \cdot 10^{-2}$ n HCl).

G. Kortüm: Z. physik. Chem., Abt. B 43, 421 (1939).

72214.

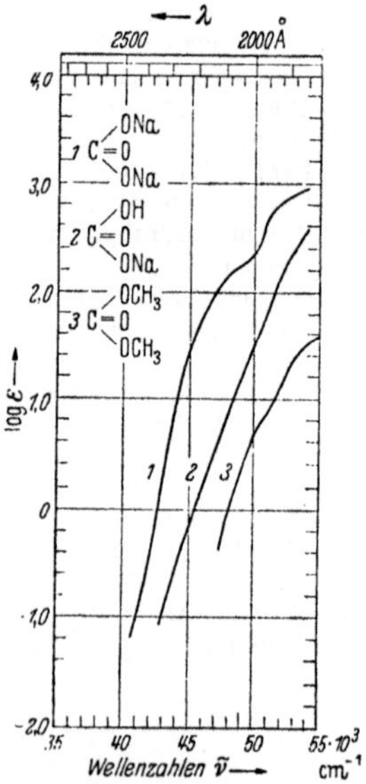

1 Natriumcarbonat (Lgm. Wasser), 2 Natriumbicarbonat (Lgm. Wasser), 3 Kohlensäuredimethylester (homogen).

H. Ley u. B. Arends: Z. physik. Chem., Abt. B 17, 192 (1932).

72215.

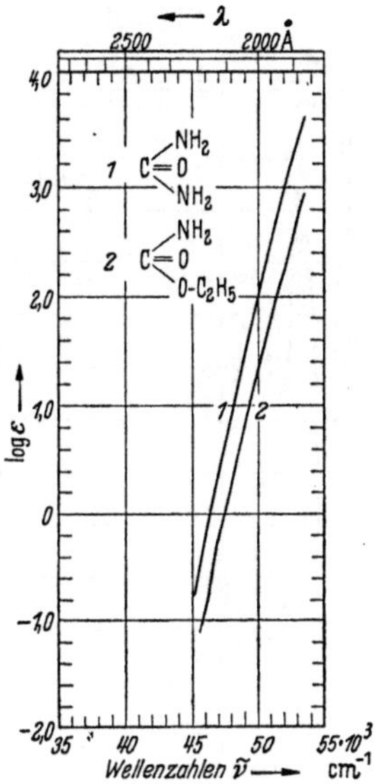

Harnstoff, 2 Äthylurethan (Lgm. durchweg Wasser).

H. Ley u. B. Arends: Z. physik. Chem., Abt. B 17, 192 (1932).

72216.

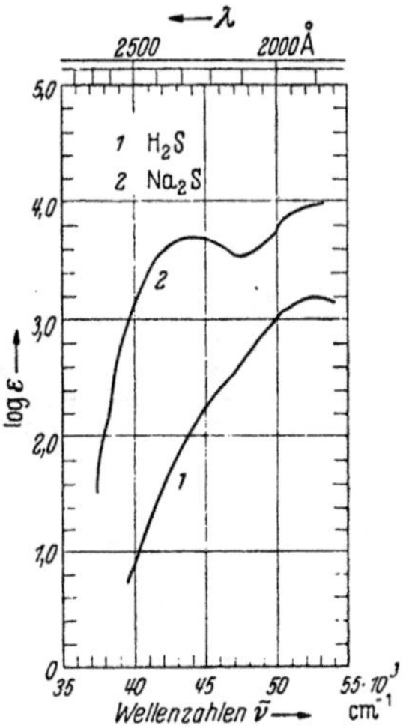

1 Schwefelwasserstoff, 2 Natriumsulfid (Lgm. durchweg Wasser).

H. Ley u. B. Arends: Z. physik. Chem., Abt. B 15, 311 (1931).

72217.

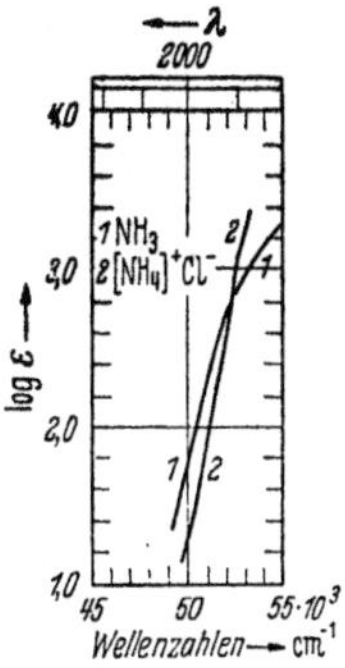

1 Ammoniak, 2 Ammoniumchlorid (Lgm. durchweg Wasser).

H. Ley u. B. Arends: Z. physik. Chem., Abt. B 17, 200 (1932).

72218.

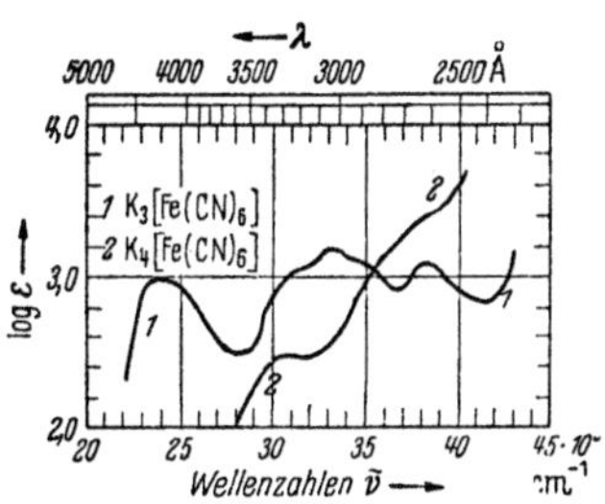

1 Kalium-Eisen-3-cyanid, 2 Kalium-Eisen-2-cyanid (Lgm. durchweg Wasser).

G. Kortüm: Z. physik. Chem., Abt. B 33 243 (1936).

7222 Organische Verbindungen.

a) Olefinische Doppelbindung.

72219.

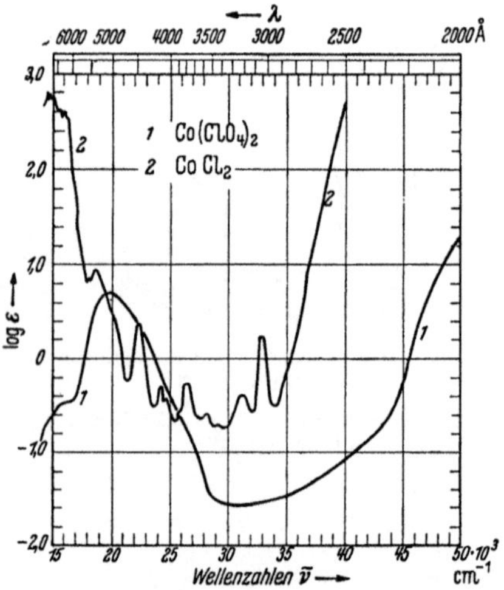

1 Kobalt-2-perchlorat (Lgm. Wasser),
2 Kobalt-2-chlorid (Lgm. 12,5 mol. HCl).

A. v. Kiss u. P. Csokán: Z. physik. Chem., Abt. A 186, 239 (1940).

722201.

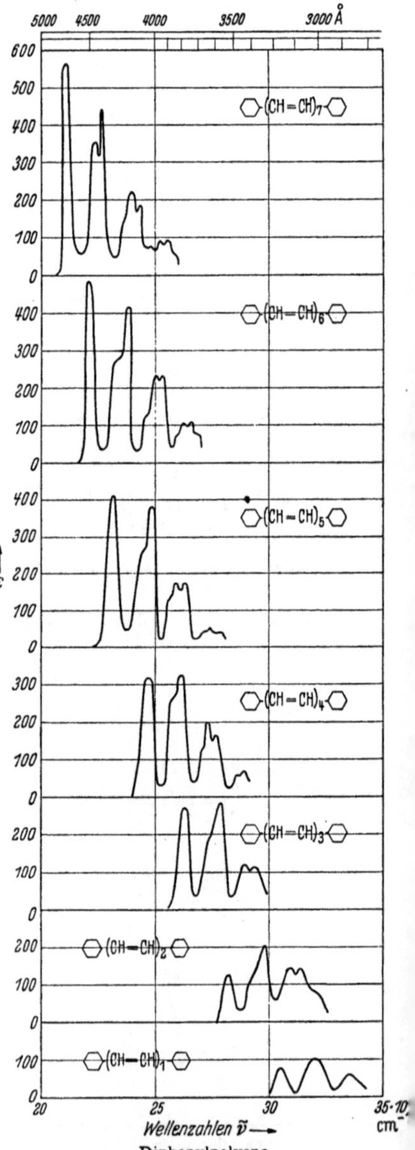

Diphenylpolyene.
(Lgm. Äther-Äthylalkohol 1 : 1, Temperatur —196° C.)

K. W. Hausser, R. Kuhn u. G. Seitz: Z. physik. Chem., Abt. B 29, 397 (1935).

722202.

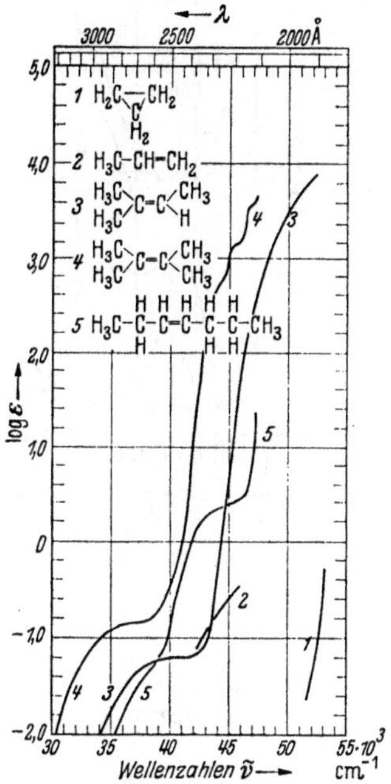

1 Cyclopropan (homogen, flüssig), *2* Propylen (homogen, flüssig), *3* Trimethyläthylen (Lgm. Hexan), *4* Tetramethyläthylen (Lgm. Hexan), *5* Hepten-3 (Lgm. Hexan).

1 und *2*: A. Ashdown, L. Harris u. R. T. Armstrong: J. Amer. Chem. Soc. **58**, 851 (1936). — *3*: A. Lüthy: Z. physik. Chem., Abt. A **107**, 285 (1923). — *4* und *5*: E. P. Carr, M. K. Walker, H. Stücklen: J. chem. Physics **1936**, 751.

722203.

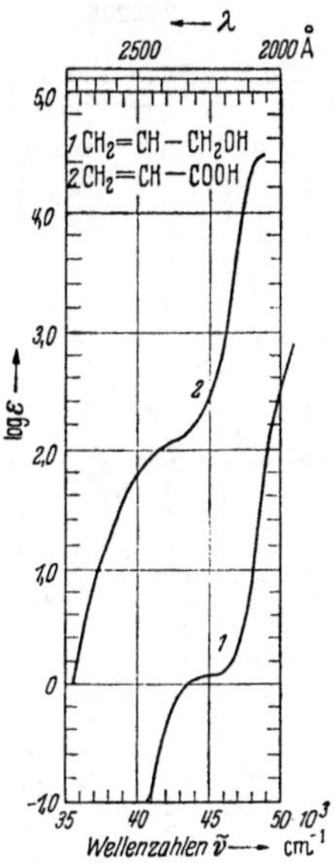

1 Allylalkohol, *2* Acrylsäure (Lgm. durchweg Hexan).

A. Lüthy: Z. physik. Chem., Abt. A **107**, 285 (1923). — F. Riedel: Diss. Erlangen 1927.

722204.

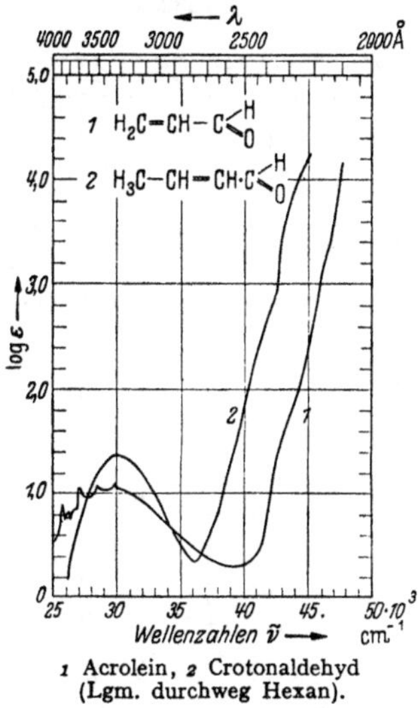

1 Acrolein, *2* Crotonaldehyd (Lgm. durchweg Hexan).

A. Lüthy: Z. physik. Chem., Abt. A **107**, 294 (1923). — F. Riedel: Diss. Erlangen 1927.

b) Aliphatische Verbindungen mit funktionellen Gruppen.

722205.

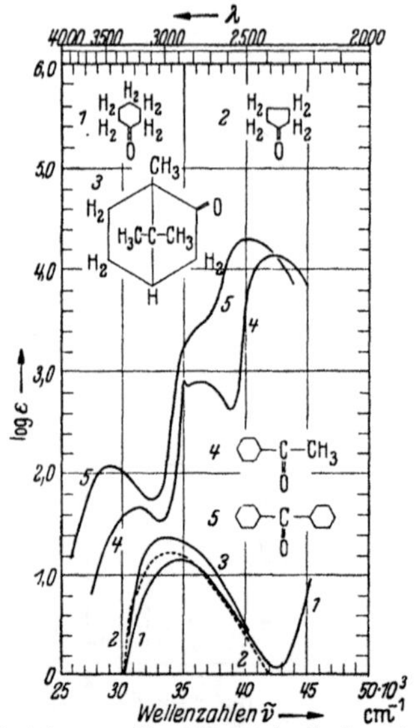

1 Cyclohexanon (Lgm. Heptan), *2* Cyclopentanon (Lgm. Heptan), *3* Campher (Lgm. Heptan), *4* Acetophenon (Lgm. Hexan), *5* Benzophenon (Lgm. Hexan).

1, *2* und *3*: H. L. Donle u. G. Volkert: Z. physik. Chem., Abt. B **8**, 68 (1930). — *4* und *5*: G. Scheibe: Ber. dtsch. chem. Ges. **59**, 2620 (1926).

722206.

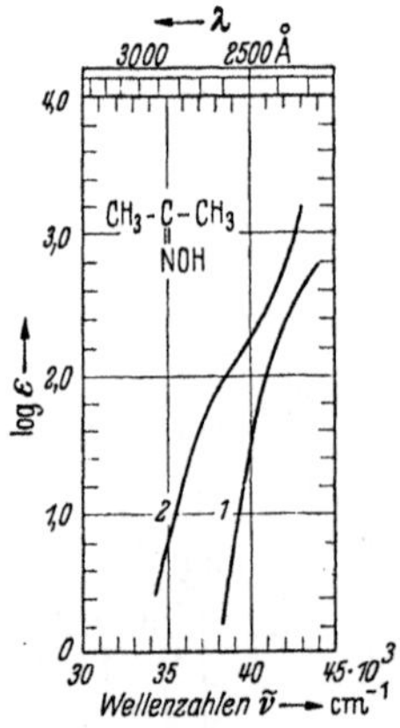

1 Acetoxim (Lgm. Wasser), *2* Acetoxim (Lgm. 0,1 n NaOH).

G. Kortüm: Z. physik. Chem., Abt. B **43** 281 (1939).

722207.

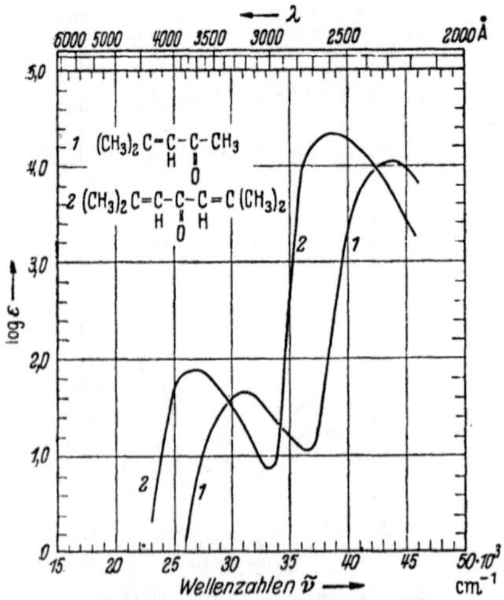

1 Mesityloxyd, *2* Phoron (Lgm. durchweg Hexan).

1: G. Scheibe: Z. Elektrochem. angew. physik. Chem. **34**, 499 (1928). — *2*: G. Scheibe u. W. Frömel: In Eucken-Wolfs Hand- und Jahrbuch der chemischen Physik, Bd. 9/III, IV, S. 177. Leipzig 1936.

722208.

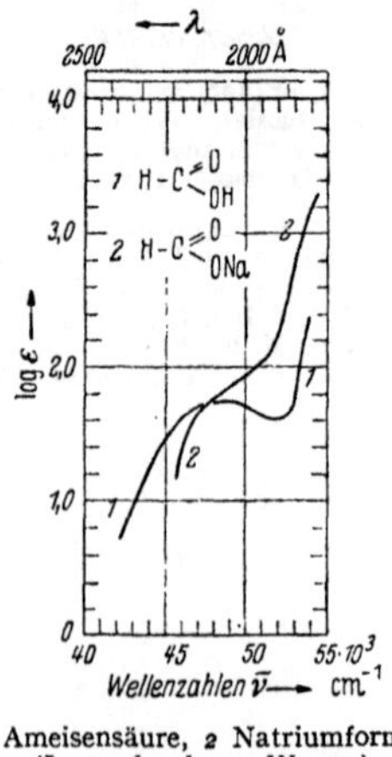

1 Ameisensäure, *2* Natriumformiat (Lgm. durchweg Wasser).

H. Ley u. B. Arends: Z. physik. Chem., Abt. B **17**, 181 (1932).

722209.

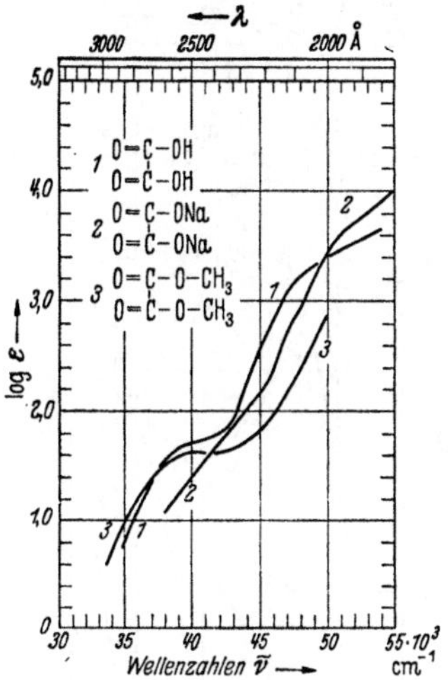

1 Oxalsäure (Lgm. Wasser), 2 Natriumoxalat (Lgm. Wasser), 3 Oxalsäuredimethylester (Lgm. Hexan).

1 und 2: H. Ley u. B. Arends: Z. physik. Chem., Abt. B **17**, 187 (1932). — 3: G. Scheibe: Ber. dtsch. chem. Ges. **59**, 1333 (1926).

722210.

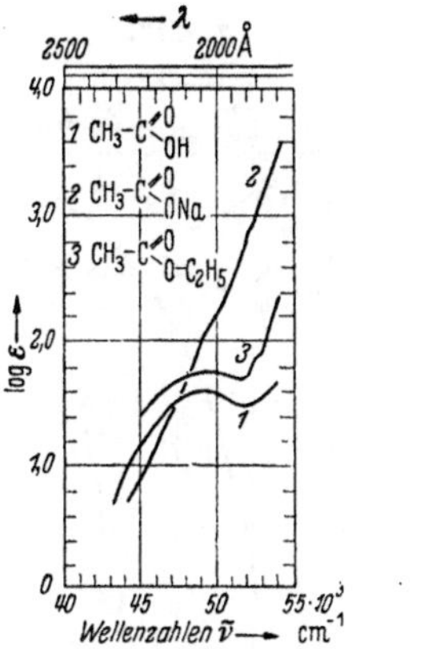

1 Essigsäure, 2 Natriumacetat, 3 Essigsäureäthylester (Lgm. durchweg Wasser).

H. Ley u. B. Arends: Z. physik. Chem., Abt. B **17**, 180—181 (1932).

722211.

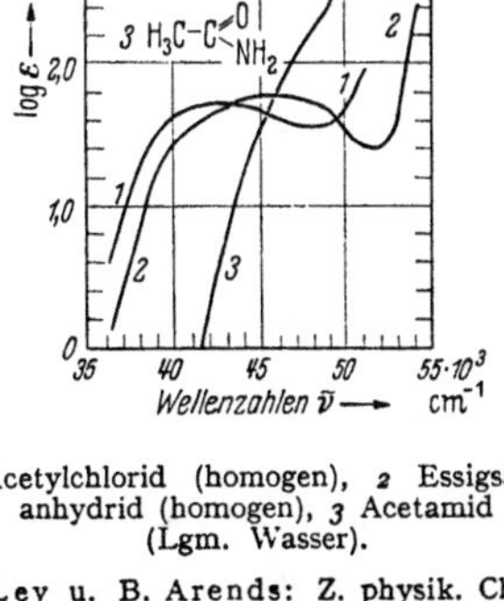

1 Acetylchlorid (homogen), 2 Essigsäureanhydrid (homogen), 3 Acetamid (Lgm. Wasser).

H. Ley u. B. Arends: Z. physik. Chem., Abt. B **17**, 194 u. 200 (1932).

722212.

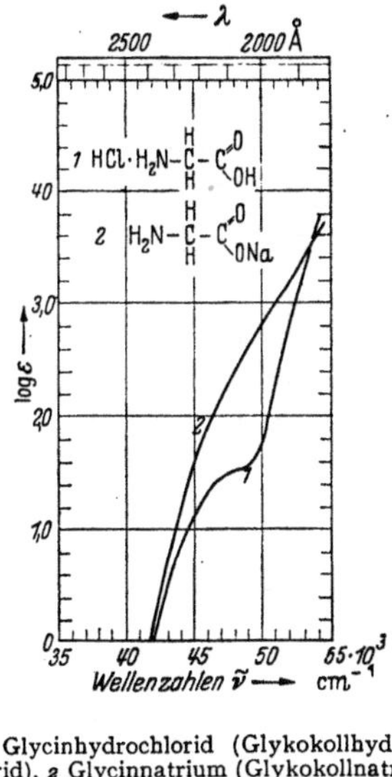

1 Glycinhydrochlorid (Glykokollhydrochlorid), 2 Glycinnatrium (Glykokollnatrium) (Lgm. durchweg Wasser).

H. Ley u. B. Arends: Z. physik. Chem., Abt. B **17**, 204 (1932).

722213.

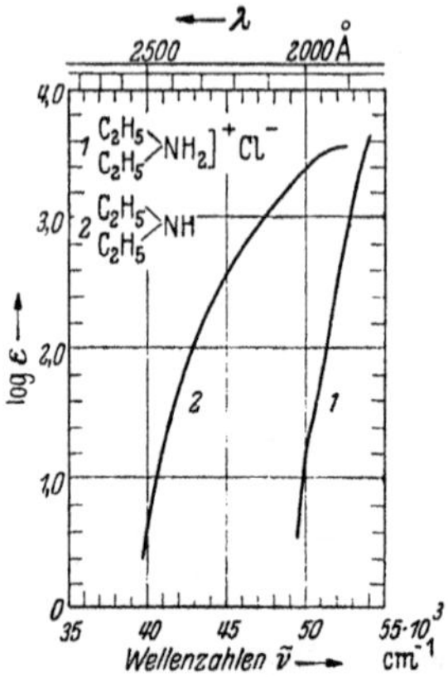

1 Diäthylaminhydrochlorid (Lgm. Wasser), 2 Diäthylamin (Lgm. Hexan).

H. Ley u. B. Arends: Z. physik. Chem., Abt. B **17**, 197 (1932).

722214.

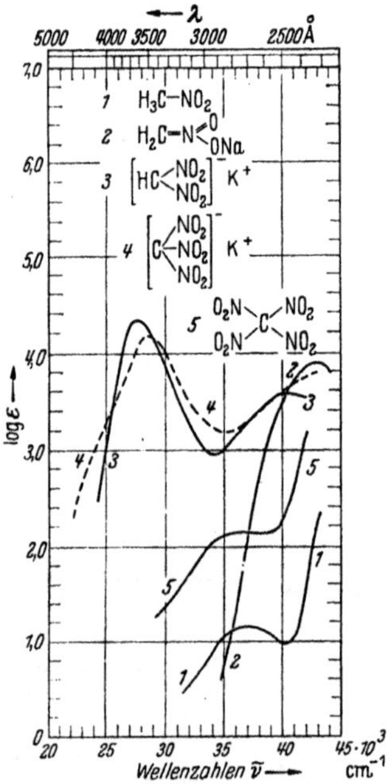

1 Nitromethan (Lgm. 10^{-2} n HCl), 2 Nitromethannatrium („Aciform") (Lgm. 10^{-2} n NaOH), 3 Dinitromethankalium (Lgm. $5 \cdot 10^{-2}$ n NaOH), 4 Nitroformkalium (Lgm. $5 \cdot 10^{-2}$ n NaOH), 5 Tetranitromethan (Lgm. Wasser).

G. Kortüm: Z. physik. Chem., Abt. B **43**, 273 u. 279 (1939).

722215.

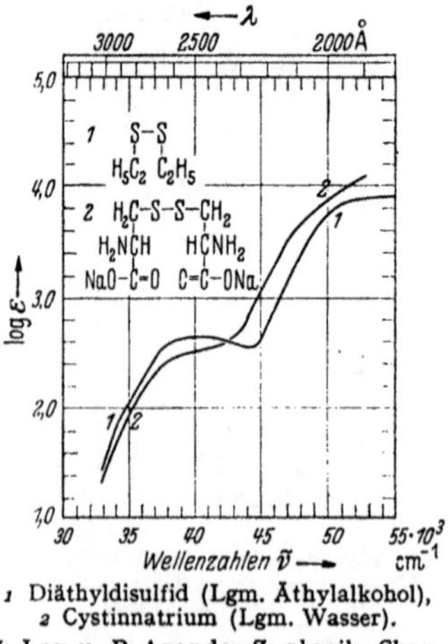

1 Diäthyldisulfid (Lgm. Äthylalkohol), 2 Cystinnatrium (Lgm. Wasser).

H. Ley u. B. Arends: Z. physik. Chem., Abt. B **17**, 213 (1932).

722216.

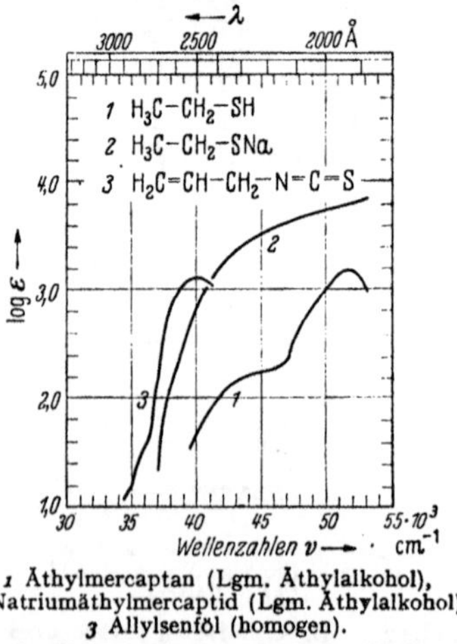

1 Äthylmercaptan (Lgm. Äthylalkohol), 2 Natriumäthylmercaptid (Lgm. Äthylalkohol), 3 Allylsenföl (homogen).

1 und 2: H. Ley u. B. Arends: Z. physik. Chem., Abt. B **15**, 316 (1931). — 3: R. Kremann u. R. Riebl: Z. physik. Chem., Abt. A **165**, 375 (1933).

c) Aromatische Verbindungen.

I. Isocyclische Verbindungen.

722217.

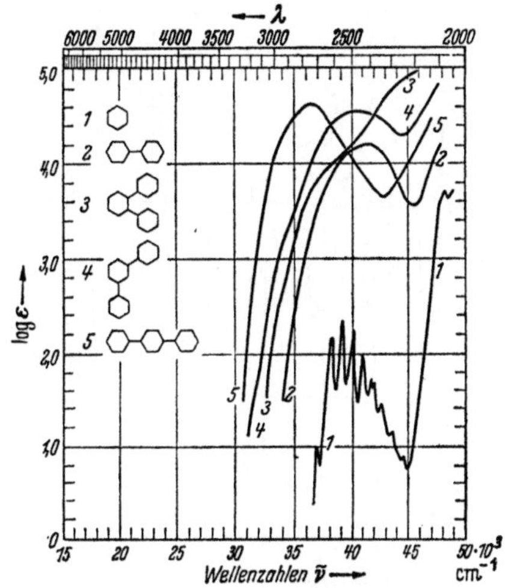

1 Benzol, *2* Diphenyl, *3* o-Diphenylbenzol, *4* m-Diphenylbenzol, *5* p-Diphenylbenzol (Lgm. durchweg Hexan).

1: W. V. Mayneord u. E. M. Roe: Proc. Roy. Soc. (London), Ser. A **152**, 299—324 (1935).
2—*5*: W. Pickett, F. Walter u. H. France: J. Amer. chem. Soc. **58**, 2296 (1936).

722218 Para-polyphenyle.

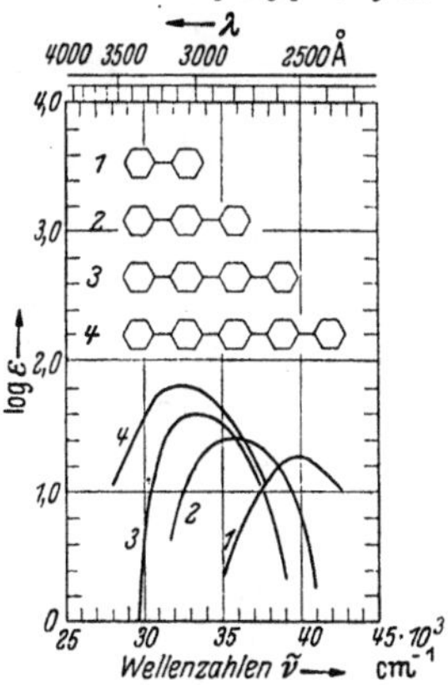

1 Diphenyl, *2* Terphenyl, *3* Quaterphenyl, *4* Quinquiphenyl (Lgm. durchweg Chloroform).

(Berichtigung: In der Ordinate sind die Zahlenwerte für log ε durchweg um 3,0 zu erhöhen, d. h. statt 0 lies 3,0, statt 1,0 lies 4,0 usw.).

A. E. Gilliam u. D. H. Hey: J. chem. Soc. (London) **1939**, 1170—77.

722219 Meta-polyphenyle.

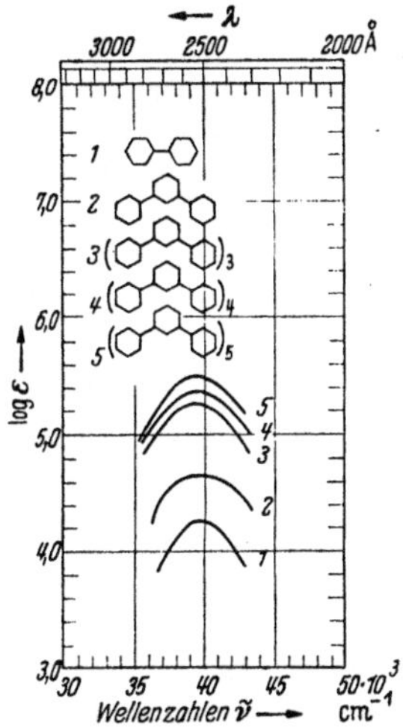

1 Diphenyl, *2* m-Terphenyl (m-Diphenylbenzol), *3* m-Noniphenyl, *4* m-Duodeciphenyl, *5* m-Quindeciphenyl (Lgm. durchweg Chloroform).

A. E. Gilliam u. D. H. Hey: J. chem. Soc. (London) **1939**, 1170—77.

722220.

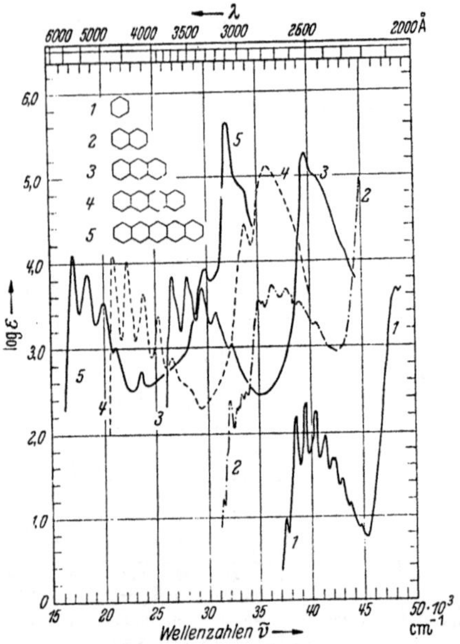

1 Benzol (Lgm. Äthylalkohol), 2 Naphthalin (Lgm. Äthylalkohol), 3 Anthracen (Lgm. Äthylalkohol), 4 Tetracen (2,3-Benzanthracen), (Lgm. Benzol), 5 Pentacen (2,3,6,7-Dibenzanthracen) (Lgm. Benzol).

1—3: W. V. Mayneord u. E. M. Roe: Proc. Roy. Soc. (London) Ser. A **152**, 299—324 (1935). 4: E. Clar: Ber. dtsch. chem. Ges. **65**, 506 (1932). — 5: E. Clar: Ber. dtsch. chem. Ges. **69**, 608 (1936).

722221.

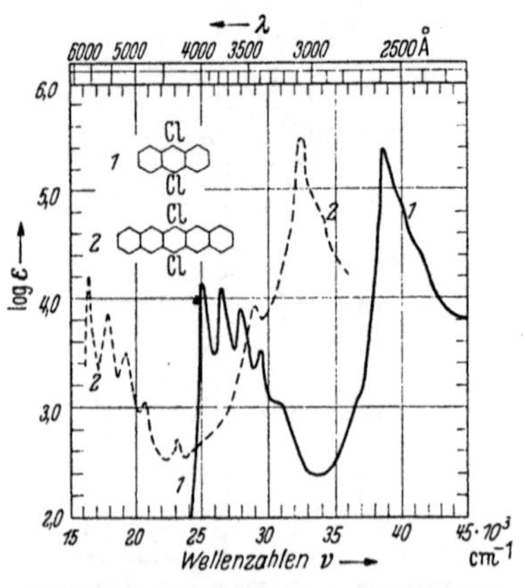

1 Meso-dichloranthracen (Lgm. Äthylalkohol), 2 Meso-dichlorpentacen (Lgm. Benzol).

E. Clar: Unveröffentlichte Messung.

722222.

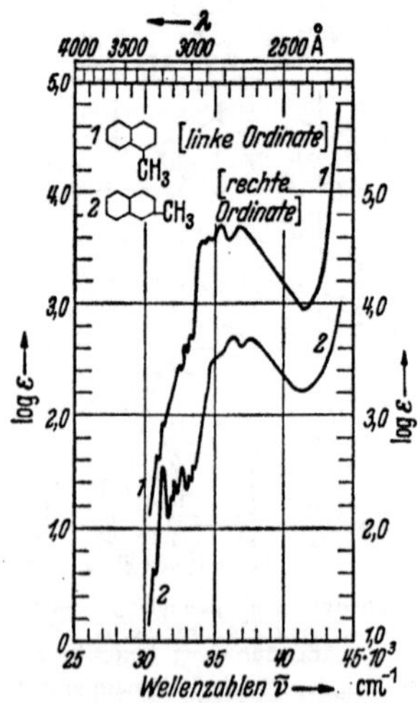

1 α-Methylnaphthalin, 2 β-Methylnaphthalin (Lgm. durchweg Hexan).

Henry G. de Laszlo: Z. physik. Chem., Abt. A **118**, 400 (1925).

722223.

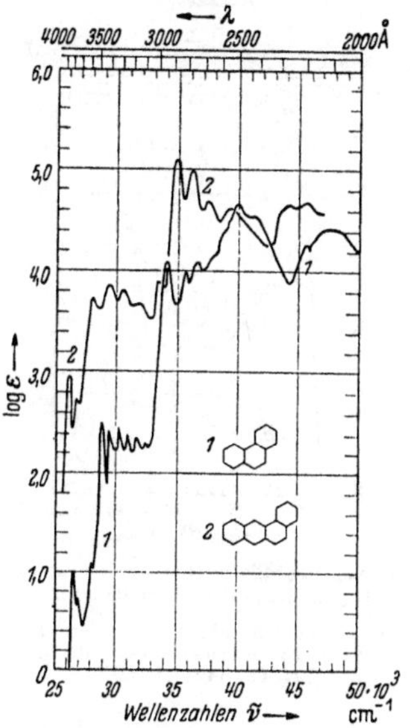

1 Phenanthren, *2* Tetraphen (1, 2-Benzanthracen) (Lgm. durchweg Äthylalkohol).

W. V. Mayneord u. E. M. Roe: Proc. Roy. Soc. (London), Ser. A **152**, 299—324 (1935).

722224.

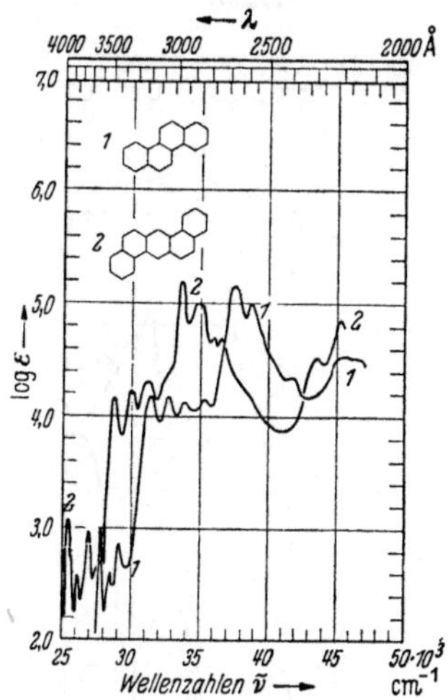

1 Chrysen (Lgm. Äthylalkohol), *2* 1, 2, 5, 6-Dibenzanthracen (Lgm. Methylalkohol).

1: E. Clar u. L. Lombardi: Ber. dtsch. chem. Ges. **65**, 1412 (1932). — *2*: W. V. Mayneord u. E. M. Roe: Proc. Roy. Soc. (London), Ser. A **152**, 299—324 (1935).

722225.

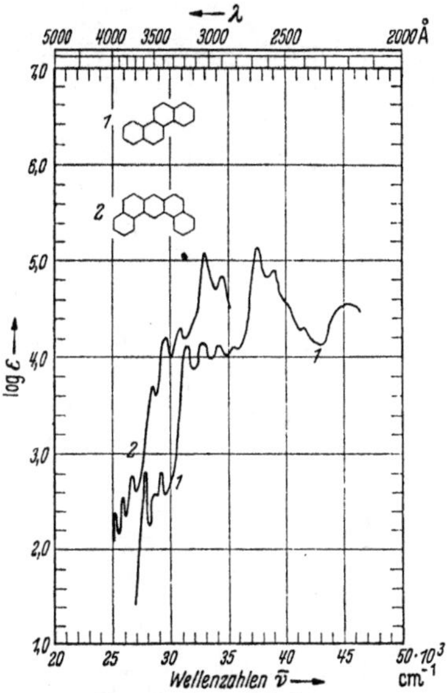

1 Chrysen (Lgm. Äthylalkohol), *2* 1, 2, 7, 8-Dibenzanthracen (Lgm. Benzol).

1: W. V. Mayneord u. E. M. Roe: Proc. Roy. Soc. (London), Ser. A **152**, 299—324 (1935). *2*: E. Clar: Aromatische Kohlenwasserstoffe, Polycyclische Systeme, 147. Berlin 1941.

722226.

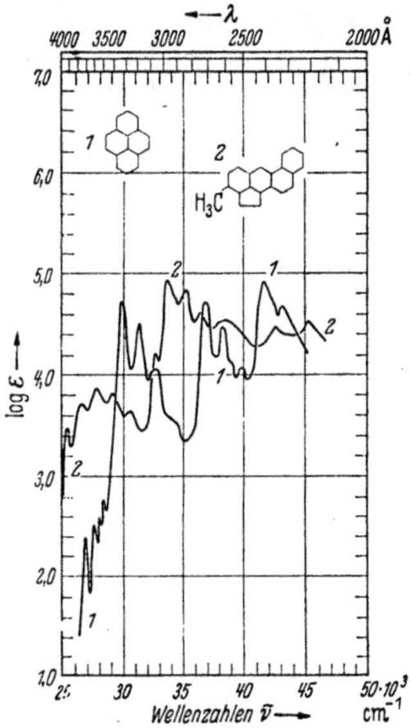

1 Pyren, *2* Methylcholanthren (Lgm. durchweg Äthylalkohol).

W. V. Mayneord u. E. M. Roe: Proc. Roy. Soc. (London), Ser. A **152**, 299—324 (1935).

722227.

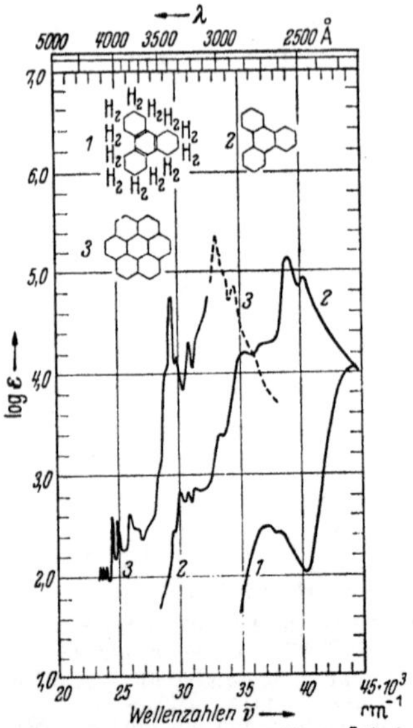

1 Dodekahydrotriphenylen (Lgm. Äthylalkohol), *2* Triphenylen (Lgm. Äthylalkohol), *3* Coronen (—— Lgm. Benzol, ----- Lgm. Äthylalkohol).

1: E. Clar: Unveröffentlichte Messung. *2*: E. Clar u. L. Lombardi: Ber. dtsch. chem. Ges. **65**, 1414 (1932). — *3*: E. Clar u. Neuhoff: Siehe E. Clar: Aromatische Kohlenwasserstoffe, Polycyclische Systeme, 264. Berlin 1941.

722228.

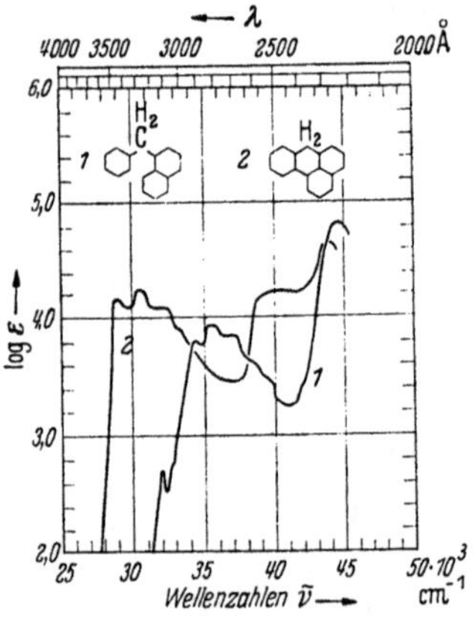

1 Phenyl-α-naphthylmethan, *2* Benzanthren (Lgm. durchweg Äthylalkohol).

1: E. Clar: Unveröffentlichte Messung.
2: E. Clar u. Fr. Furnari: Ber. dtsch. chem. Ges. **65**, 1421 (1932).

722229.

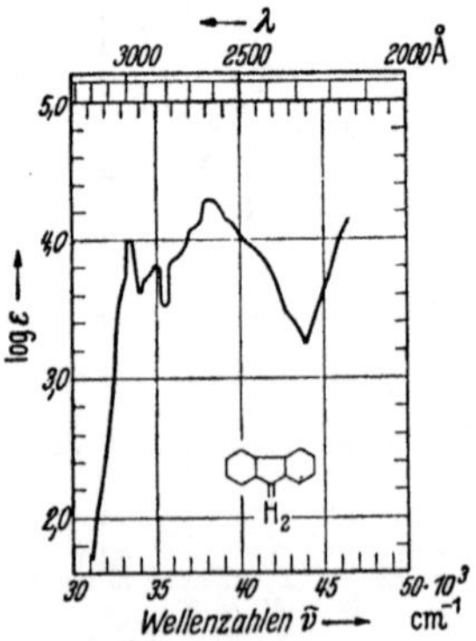

Fluoren (Lgm. Hexan).

H. Mohler u. J. Sorge: Helv. chim. Acta **22**, 229 (1939).

722230.

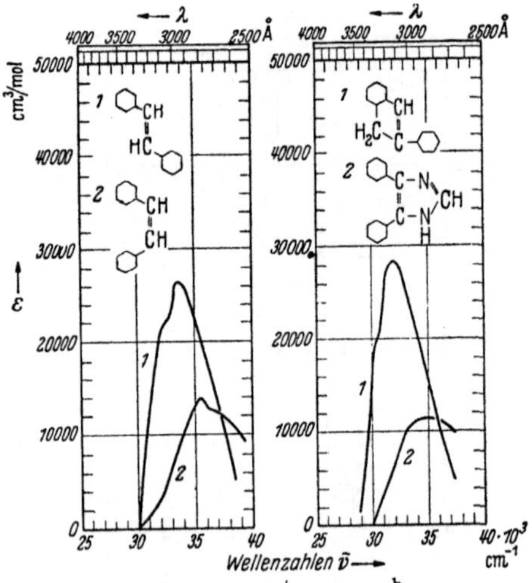

a	b
1 Trans-Stilben, *2* Cis-Stilben; (Lgm. Äthylalkohol)	*1* 2-Phenylinden, *2* 4, 5-Diphenylimidazol (Lgm. Dioxan).

a: A. Smakula u. A. Wassermann: Z. physik. Chem., Abt. A **155**, 353 (1931). — b: Chr. Wiegand u. E. Merkel: Med. u. Chem. **3**, 320 (1936).

722231.

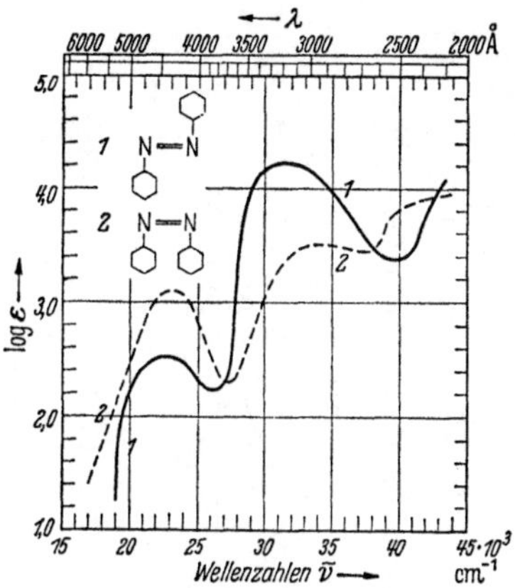

1 Trans-Azobenzol, *2* Cis-Azobenzol (Lgm. durchweg Äthylalkohol).

A. Winkel u. H. Siebert: Ber. dtsch. chem. Ges. **74**, 675 (1941).

722232.

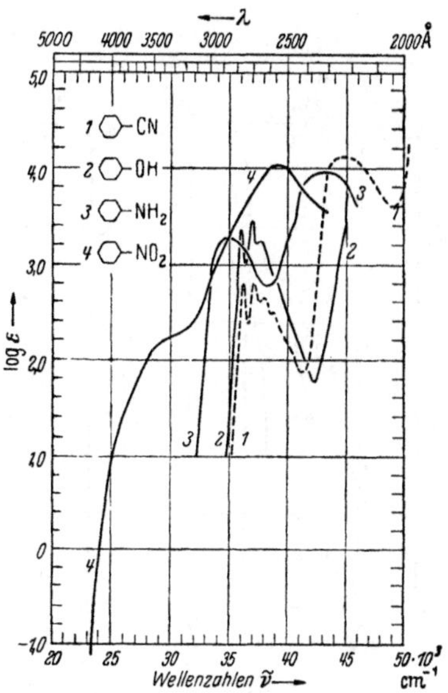

1 Benzonitril (Lgm. Heptan), *2* Phenol (Lgm. Heptan), *3* Anilin (Lgm. Hexan), *4* Nitrobenzol (Lgm. Äther).

1: K. L. Wolf u. O. Strasser: Z. physik. Chem., Abt. B **21**, 405 (1933). — *2*: K. L. Wolf u. O. Strasser: Z. physik. Chem., Abt. B **21**, 400 (1933). — *3*: G. Scheibe: Ber. dtsch. chem. Ges. **59**, 2625 (1926). — *4*: G. Scheibe, F. May u. H. Fischer: Ber. dtsch. chem. Ges. **57**, 1335 (1924).

722233.

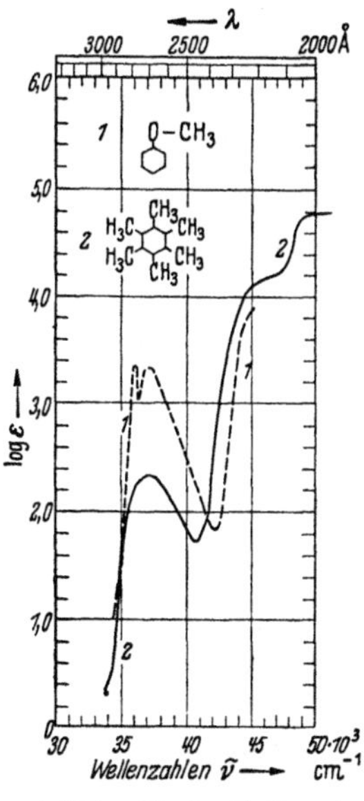

1 Anisol, *2* Hexamethylbenzol (Lgm. durchweg Hexan).

G. Scheibe: Ber. dtsch. chem. Ges. **59**, 2618 u. 2625 (1926).

722234.

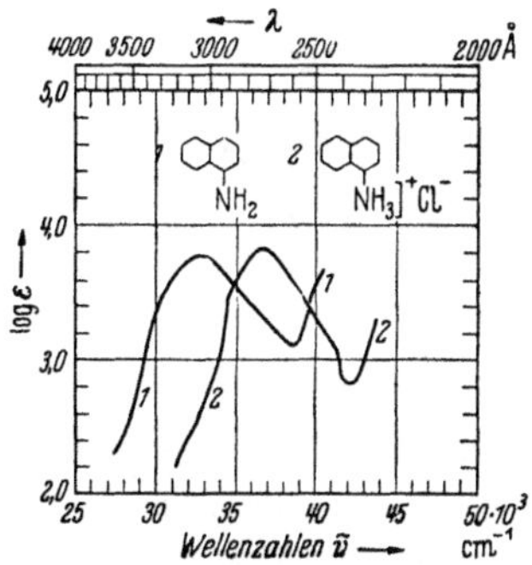

1 α-Naphthylamin (Lgm. 0,1 n NaOH), *2* α-Naphthylaminhydrochlorid (Lgm. 0,1 n HCl).

A. Rollett: S.-B. Akad. Wiss. Wien, Abt. IIb **146**, 425 (1937).

II. Heterocyclische Verbindungen.

722235.

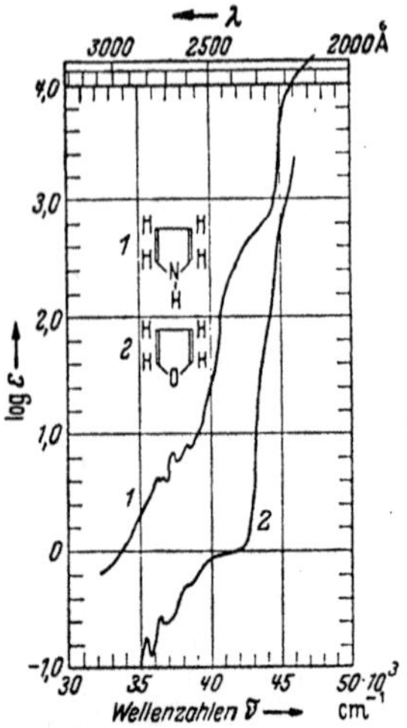

1 Pyrrol, 2 Furan (Lgm. durchweg Hexan).

S. Menczel: Z. physik. Chem., Abt. A **125**, 161 (1927).

722236.

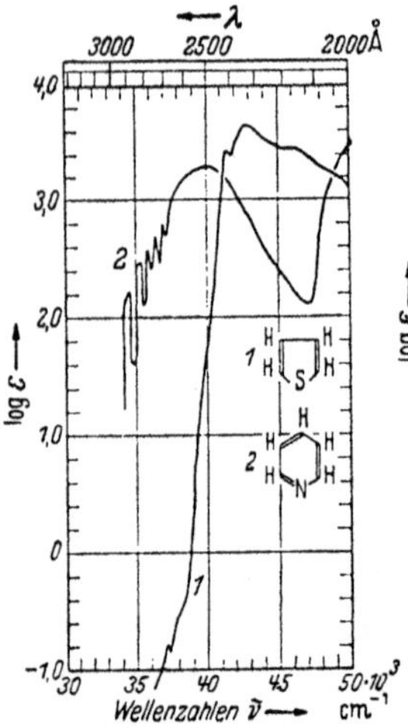

1 Thiophen, 2 Pyridin (Lgm. durchweg Hexan).

S. Menczel: Z. physik. Chem., Abt. A **125**, 161 (1927).

722237.

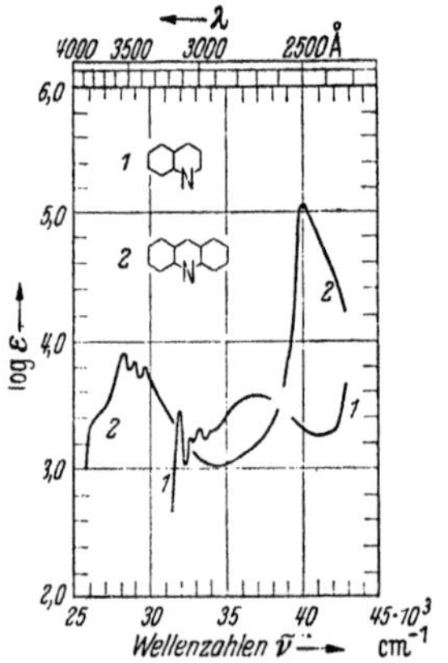

1 Chinolin (Lgm. Heptan), 2 Acridin (Lgm. Äthylalkohol).

1: W. Wasmer: Unveröffentlichte Diss. München 1942. 2: B. Charlampowiczówna u. L. Marchlewski: Bull. Int. Acad. Polon. Sci. Lettres **1930**, 390.

722238.

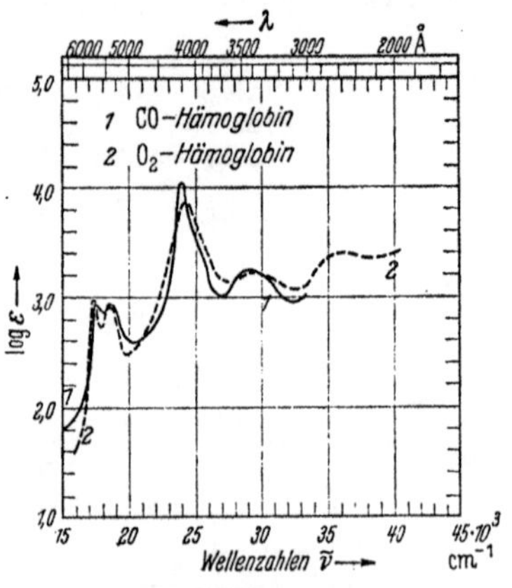

1 CO-Hämoglobin, 2 O_2-Hämoglobin (Lgm. durchweg 0,4%ige Ammoniaklösung).

L. Heilmeyer: Medizinische Spektrophotometrie, S. 63. Jena 1933.

722239.

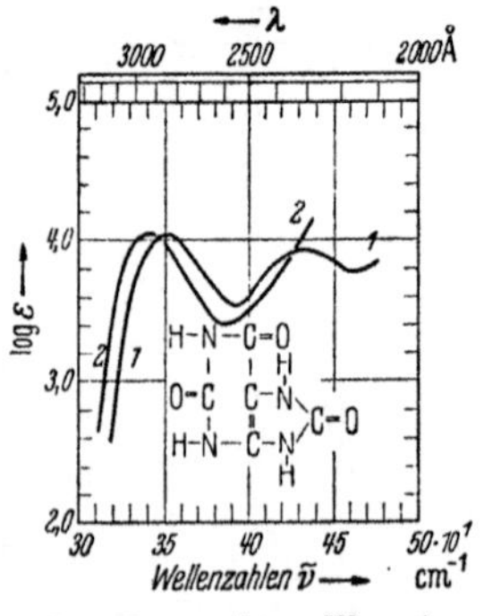

Harnsäure 1 (Lgm. Wasser), 2 (Lgm. 1 n NaOH).

H. Fromherz u. A. Hartmann: Ber. dtsch. chem. Ges. **69**, 2426 (1936).

73 Kurze Übersicht über die Methoden der Elementaranalyse organischer Verbindungen.

Von **Josef Lindner,** Innsbruck.

Anleitungen zur Elementaranalyse:

Makromethoden: Meyer, H.: Analyse und Konstitutionsermittlung organischer Verbindungen, Bd. 1, 6. Aufl. Wien 1938. — Houben, J.: Die Methoden der organischen Chemie, Bd. 1, 3. Aufl. Leipzig 1925. — Gattermann, L.: Die Praxis des organischen Chemikers, 23. und ältere Aufl.

Mikromethoden: Pregl, Fr.: Die quantitative organische Mikroanalyse, 4. Aufl. von H. Roth. Berlin 1935. — Weygand, C.: Quantitative analytische Methoden der organischen Chemie, Leipzig 1931. — Friedrich, A.: Die Praxis der quantitativen organischen Mikroanalyse. Leipzig-Wien 1933. — Lieb, H. und Benedetti-Pichler, Abschnitt „Mikrochemische Analyse“ in Berl-Lunge: Chemisch-technische Untersuchungsmethoden, Bd. I, 8. Aufl. Berlin 1931. Ergänzungswerk I. Teil. Berlin 1939.

Fernere Literaturstellen:

Boetius, M.: Über die Fehlerquellen bei der mikroanalytischen Bestimmung des Kohlen- und Wasserstoffes. Berlin 1931. — Bürger, K.: Chem. Fabrik **13**, 305 (1940). — Gattermann-Wieland: Praxis des organischen Chemikers, 24. u. neuere Aufl. — Grote, W. u. H. Krekeler: Z. angew. Chem. **46**, 106 (1933). — Kirk, P. L. u. A. G. McCalla: Mikrochem. **12**, 87 (1933). — Lindner, J.: Mikromaßanalytische Bestimmung des Kohlenstoffes und Wasserstoffes. Berlin 1935. — ter Meulen, H. u. J. Heslinga: Neue Methoden der organischen Analyse. Leipzig 1927. — Orthner, L. u. L. Reichel: Organisch-Chemisches Praktikum. Berlin 1929. — Reihlen, H.: Mikrochem. **23**, 285 (1938). — Schöberl, A.: Z. angew. Chem. **50**, 334 (1937). — Schütze, M.: Z. anal. Chem. **118**, 245 (1939). — Slotta, K. H.: Chem. Fabrik **7**, 380 (1934).

731 Qualitativer Nachweis.

Kohlenstoff: Oft erkennbar an Verkohlung beim Erhitzen auf dem Platinblech. Verbrennbarkeit der Substanz legt C-Gehalt nahe. — Sicherer Nachweis durch Feststellung von CO_2-Bildung bei der Verbrennung. Schwerflüchtige Substanzen werden mit CuO gemischt in einem Hartglasröhrchen erhitzt, das auftretende Gas durch ein Ableitungsröhrchen in Barytlauge geleitet. Weißer Niederschlag ($BaCO_3$), löslich in Essigsäure, beweist C-Gehalt. Flüchtige Substanzen müssen im Hartglasrohr wie bei einer quantitativen Bestimmung (s. unten) über erhitztes CuO geleitet werden.

Wasserstoff: Beim Erhitzen mit CuO Bildung eines H_2O-Beschlages im kalten Teil des Röhrchens. Der zuverlässige Nachweis, besonders bei geringem Gehalt oder in flüchtigen Substanzen erfordert den Vorgang der quantitativen Analyse (s. unten).

Sauerstoff: Keine charakteristische Erkennungsreaktion gebräuchlich. Ein O-Gehalt wird aus der Gesamtanalyse der Substanz erschlossen oder im Wege der quantitativen Bestimmung nachgewiesen (s. unten).

Stickstoff: Eine kleine Menge Substanz wird mit Stückchen von metallischem Natrium im Glasröhrchen bis zur Zersetzung, dann bis zur Rotglut erhitzt. Bildung von NaCN. Das Röhrchen wird mit dem heißen geschlossenen Ende in wenig Wasser getaucht, damit es zerspringt und das Glühprodukt sich im Wasser löst. Die alkalische Lösung wird filtriert, mit wenig $FeSO_4$ und $FeCl_3$ versetzt, erhitzt (Bildung von $FeCy_6''''$) und mit HCl angesäuert. Blauer Niederschlag zeigt größeren N-Gehalt an, Spuren von N bewirken grünblaue Färbung (Lassaignesche Probe). Der Nachweis versagt bei flüchtigen Substanzen und locker gebundenem Stickstoff (z. B. bei Diazoverbindungen). — Zuverlässigster Nachweis durch Vorgehen nach der Mikro-Dumas-Methode (s. unten).

Schwefel: Erhitzen der Substanz mit metallischem Natrium wie bei Stickstoff, Bildung von Na_2S. Das Glühprodukt, mit Wasser aufgenommen und filtriert, gibt mit einer Lösung von Nitroprussidnatrium violette Färbung. Die Reaktion versagt bei flüchtigen Substanzen. Nachweis in solchen Fällen durch Oxydation mit HNO_3 im Einschlußrohr wie bei der quantitativen Bestimmung (s. unten).

Halogene (Cl, Br, J): Kleine Substanzmengen, auf die Spitze eines ausgeglühten Kupferdrahtes gebracht, bewirken bei neuerlichem Glühen Grünfärbung der entleuchteten Gasflamme (Beilstein-Probe, auf Bildung von Kupferhalogenid beruhend). — Substanz mit gebranntem Kalk mischen und in einem Glasröhrchen erhitzen, bei flüchtigen Substanzen noch mit Kalk überschichten (das Erhitzen beginnt man beim überschichteten Kalk): Bildung von $CaCl_2$, $CaBr_2$, CaJ_2. Lösen des gesamten Rohrinhaltes mit HNO_3, Prüfen mit $AgNO_3$-Lösung. Unterscheidung der Halogene erfolgt nach den Methoden der anorganischen Analyse.

Andere Metalloide: Glühen der Substanz mit Na_2CO_3 und KNO_3 oder Na_2O_2 im Tiegel, Übergang von P, As usw. in Phosphat, Arsenat usw. Bei flüchtigen Substanzen Erhitzen mit HNO_3 im Einschlußrohr wie bei der quantitativen Analyse. Nachweis der gebildeten Säuren, H_3PO_4, H_3AsO_4 usw. nach den Verfahren der anorganischen Analyse.

Metalle (ausgenommen Hg): Glühen der Substanz im Tiegel, der Rückstand enthält Edelmetalle in freier Form, Fe, Al usw. als Oxyde, Alkalien, Erdalkalien als Carbonate, unter Umständen mit einem Gehalt an Halogen, S u. dgl. Erkennung der Metalle im Rückstand nach den Methoden der anorganischen Analyse. Die Erkennung des Metalls in Salzen organischer Säuren ist häufig unmittelbar durch Ionenreaktionen möglich.

Quecksilberverbindungen werden mit HNO_3 im Einschlußrohr erhitzt: Überführung in $Hg(NO_3)_2$, Nachweis wie in der anorganischen Analyse.

732 Quantitative Analyse.

7321 Allgemeines.

„Makroelementaranalyse“ („Dezigrammverfahren“): Menge der Analysensubstanz 0,15...0,20 g und darüber. Verwendet werden „Analysenwaagen“ der überlieferten Art, angegebene Tragkraft meist 200 g.

„Mikroelementaranalyse“ („Milligrammverfahren“): Menge der Analysensubstanz meist 3...5 mg. Die eingebürgerten „mikrochemischen Waagen“ haben eine Tragkraft von etwa 20 g, sie lassen 0,01 mg unmittelbar ablesen und 0,001 mg noch schätzen. Die Wahl des Waagenzimmers, Aufstellung, Wartung und Handhabung der Waagen erfordern die Beachtung zahlreicher Umstände. Nähere Angaben darüber sind den einschlägigen Monographien zu entnehmen. Bei „Halbmikro-Analysen“ („Zentigrammverfahren“) werden 20...30 mg Substanz verwendet.

Zur Einwägung der Substanz dienen im Makroverfahren Schiffchen, für flüchtige Substanzen Glaskügelchen u. dgl., im wesentlichen wie im Mikroverfahren. Letzteres erfordert aber eine besondere sorgfältige Technik. Behälter sind Platin- oder Porzellanschiffchen, die offen oder bei hygroskopischen Substanzen mit einem Wägeröhrchen (Abb. 73211) gewogen werden, mitunter auch einseitig geschlossene Glasröhrchen. Flüchtige Substanzen werden zur Wägung in Mikroglasbehälter (Abb. 73212) eingeschlossen, deren capillare Spitze vor dem Einbringen in den Apparat geöffnet wird. Um Substanz unmittelbar in Reaktions-Kölbchen oder -Röhrchen zu bringen, verwendet man länger oder kürzer gestielte Wägeröhrchen (Abb. 73213, für hygroskopische Substanzen mit Stopfen versehen), die zuerst mit der Substanz gewogen und nach der Entleerung in das Reaktionsgefäß mit den anhaftenden Resten zurückgewogen werden. Zur Trocknung hygroskopischer Substanzen sind Mikro-Exsiccatoren und Trocknungsvorrichtungen verschiedener Art in Verwendung.

73211.

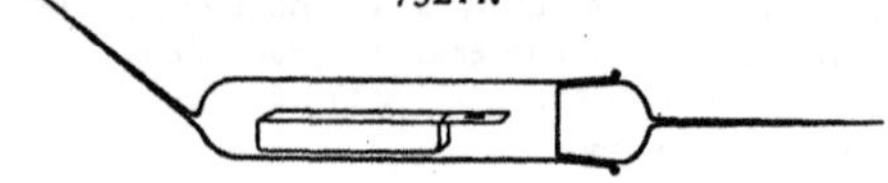

73212.

73213.

7322 Kohlenstoff und Wasserstoff.

Bestimmung durch trockene Verbrennung.

Die Substanz wird in einem „Verbrennungsrohr“ in einem CO_2- und H_2O-freien Luft- oder Sauerstoffstrom verflüchtigt und unter Mitwirkung einer Sauerstoff abgebenden Rohrfüllung oder eines Katalysators verbrannt. C und H werden vollständig in CO_2 und H_2O übergeführt und in Absorptionsapparaten getrennt aufgefangen. Aus der Gewichtszunahme der letzteren berechnet sich der Gehalt an C und H nach Tabelle 781.

Substanzen, die Stickstoff, Halogen, Schwefel enthalten, erfordern besondere Vorkehrungen.

Verbrennung nach Liebig, entwickelt aus der ursprünglichen Einrichtung Liebigs (1831), vorherrschend in Gebrauch bis zur Einführung der Mikromethoden Fr. Pregls (s. unten). Schema der Anordnung siehe Abb. 73221. Der Gasstrom, Luft oder Sauerstoff, tritt aus Gasbehältern (L und O_2 in Abb. 73221) durch → einen Turm mit Natronkalk (NaK) zur Aufnahme von CO_2 → durch einen Trockenturm (T) mit $CaCl_2$ → durch ein Regulierventil (R) mit Hähnen zur Einschaltung des Luft- oder

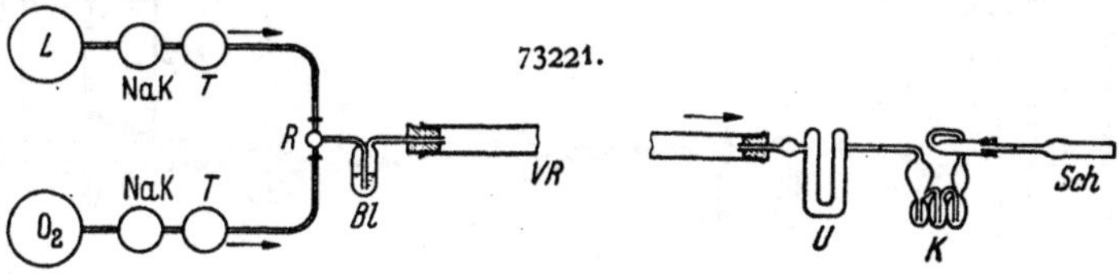

73221.

73222.

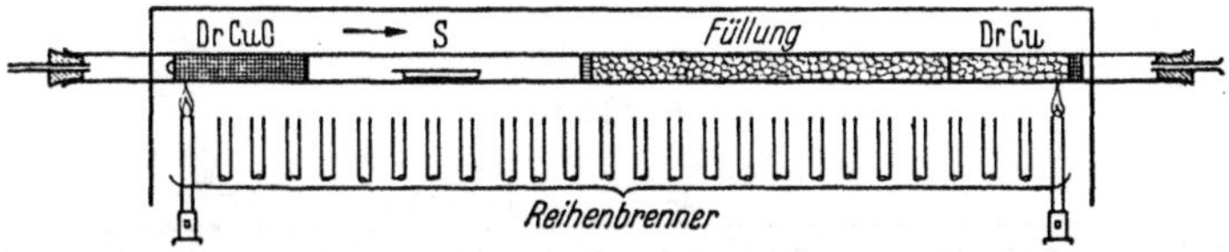

Sauerstoffstromes → durch einen „Blasenzähler“ (Bl), beschickt mit H_2SO_4, zur Erkennung der Stromstärke → in das Verbrennungsrohr (VR), danach → durch ein U-Rohr mit $CaCl_2$ zur Aufnahme des H_2O, → durch den Kaliapparat (K) mit Kalilauge zur Aufnahme des CO_2 (mit einem kleinen Trockenröhrchen) und endlich → durch ein teils mit Natronkalk, teils mit $CaCl_2$ beschicktes Schutzröhrchen (Sch). U-Röhrchen und Kaliapparat werden vor und nach der Analyse gewogen. Zur Verbindung der Apparatteile dienen Schlauchstücke und Gummistopfen.

Das Verbrennungsrohr (Abb. 73222) aus Hartglas, etwa 80 cm lang, 13...14 mm weit, liegt im „Verbrennungsofen“ (in Abb. 73222 durch Linien angedeutet). Vor der Substanz (S) entgegen dem Gasstrom befindet sich eine erhitzte, oberflächlich oxydierte Rolle aus Kupferdrahtnetz (DrCuO), welche die Verbrennung von Substanz, die gegen den Gasstrom diffundieren sollte, bewirkt. Nach der Substanz in Richtung des Gasstromes liegt eine rund 40 cm lange Füllung von körnigem oder stäbchenförmigem CuO, die, auf Rotglut erhitzt, die vollständige Verbrennung zu CO_2 und H_2O vermittelt.

Bei Substanzen, die S, N, Halogen enthalten, würde die Bestimmung von CO_2 und H_2O durch Aufnahme anderer Verbrennungsprodukte in den Absorptionsapparaten gestört werden. Körniges Bleichromat, an Stelle von CuO verwendet, hält S als $PbSO_4$, Halogen als $PbCl_2$ (Br_2, J_2) zurück, ein Bausch von dünnem Silberband am Ende der Rohrfüllung bindet Halogen als AgCl (Br, J). Stickstoffoxyde werden zerstört, indem man an der Stelle DrCu des Verbrennungsrohres eine blanke Rolle von Kupferdrahtnetz unterbringt, die bei Glühhitze die Oxyde in N_2 überführt. Substanzen, die Alkali oder Erdalkali enthalten, werden mit $K_2Cr_2O_7$ gemischt verbrannt, um ein Zurückhalten von Kohlensäure im Rückstand zu verhindern.

Gasometer, Absorptionsvorrichtungen und Verbrennungsöfen werden in sehr verschiedener Ausführung, letztere auch in Form elektrischer Röhrenöfen verwendet. $CaCl_2$ und Kalilauge werden vielfach durch andere Absorptionsmittel ersetzt.

Bei der Methode von Dennstedt (vgl. H. Meyer und J. Houben) wird die Verbrennung in einem Strom von Sauerstoff an einem „Platinkontakt" herbeigeführt. Zur Bindung von S- und N-Oxyden wird PbO_2, zur Bindung von Halogenen „molekulares Silber" in Porzellanschiffchen ins Verbrennungsrohr gebracht. Ter Meulen führt die Verbrennung bei mäßiger Erhitzung mit einer Rohrfüllung von MnO_2 oder MnO_2 und PbO_2 durch.

Mikroverbrennung nach Liebig, Verfahren von Fr. Pregl, in wissenschaftlichen Laboratorien heute überwiegend in Verwendung. Der Hauptvorteil liegt in der Verminderung des Substanzbedarfes von etwa 200 auf 4 mg.

Anordnung und Vorgang der Bestimmung entsprechen in allen wesentlichen Zügen der Makromethode. Die Übertragung auf die geringen Substanzmengen wurde

73223.

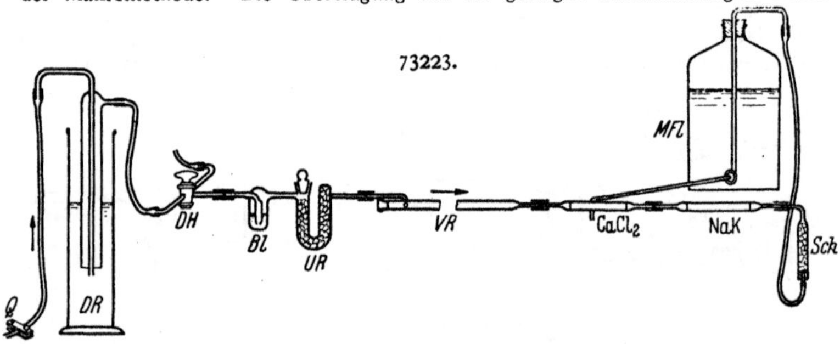

73224.

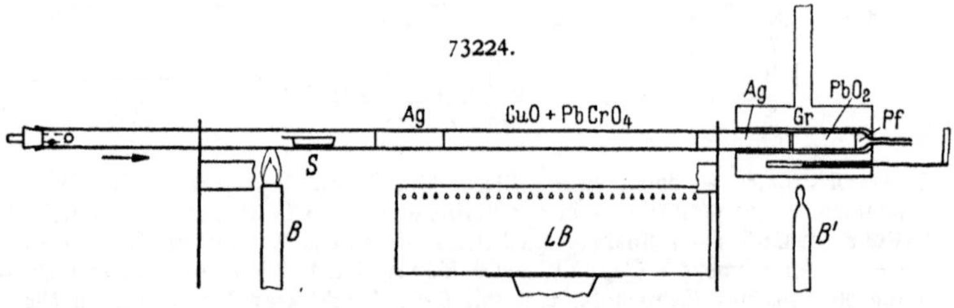

ermöglicht durch Verkleinerung und zweckmäßigere Gestaltung der Apparatteile, sorgfältigere Wahl der Hilfsmaterialien, gleichmäßigere Regelung der Versuchsbedingungen und Vermeidung verschiedener Fehlerquellen.

Die Einrichtung (s. Abb. 73223), im Sinne der Stromrichtung aufgezählt, besteht aus: Zwei Gasometern (nicht gezeichnet) → zwei Druckreglern (DR) zur Einhaltung eines gleichmäßigen Überdruckes → Dreiweghahn (DH) → Blasenzähler (Bl) → U-Röhrchen (UR) mit Natronkalk und $CaCl_2$ → Verbrennungsrohr (VR) → Absorptionsröhrchen mit $CaCl_2$ → Absorptionsröhrchen (NaK) mit Natronkalk und $CaCl_2$ → Schutzröhrchen (Sch) mit $CaCl_2$ → Mariottescher Flasche (MFl) zur Hervorbringung einer Saugwirkung.

Das Verbrennungsrohr (s. Abb. 73224) aus Supremaxglas oder Quarzglas ist 50 cm lang, 10 mm stark, hat meist zur Zuleitung des Gasstromes ein seitliches Ansatzröhrchen, am Austrittsende ist es zu einem „Schnabel" verengt. Das Rohr enthält im Sinne der Stromrichtung einen Stopfen als Verschluß, dann das Schiffchen S oder den Glasbehälter mit der Substanz, die „Universalfüllung" Pregls, bestehend aus Silbertressen (Ag) zur Bindung von Halogenen, $CuO + PbCrO_4$, letzteres als Überzug auf stäbchenförmigem CuO aufgeschmolzen zur Bindung von Schwefel als $PbSO_4$, dann Silbertressen (Ag) zur vollständigen Aufnahme von Halogenen, ferner PbO_2 in Körnern zur Bindung von Stickstoffoxyden und einen „Bremspfropf" (Pf). Letzterer besteht aus zusammengepreßtem Asbest und bezweckt einen Abfall des Innendruckes vor der Verbindungsstelle mit den Absorptionsröhrchen.

Das Verbrennungsrohr liegt auf einem einfachen Eisengestell (in der Abbildung nur angedeutet). Es ist mit einer Drahtnetzhülle versehen und im heißesten Teil von einem Drahtnetz-„Tunnel“ überwölbt. Zur Verflüchtigung der Substanz dient ein Brenner (B), zum Erhitzen des Ag, CuO und $PbCrO_4$ ein „Langbrenner“ (LB), zum Erwärmen des PbO_2 die „Holgranate“ (Gr). Diese ist ein doppelwandiger Behälter mit Steigrohr, in dem eine Flüssigkeit von geeignetem Siedepunkt, z. B. Dekalin (Sdp. ca. 188°) bis zum Sieden erhitzt wird. Vielfach sind auch elektrische Heizvorrichtungen in Verwendung.

Die Absorptionsröhrchen Pregls (s. Abb. 73225), das erste mit $CaCl_2$, das zweite mit feuchtem Natronkalk und am stromwärtigen Ende noch mit $CaCl_2$ gefüllt, ermöglichen vermöge ihrer Vorkammern, verengten Kanäle und ihrer einfachen Form die hinreichend genaue Wägung des aufgenommenen H_2O und CO_2. Als Absorptionsmittel dienen heute häufig Magnesiumperchlorat für H_2O und „Natronasbest“ für CO_2. Die Schlauchstücke zur Verbindung der Apparatteile werden mit Paraffin getränkt.

73225.

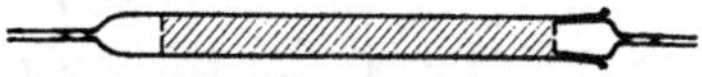

Die Apparatur und besonders die Absorptionsröhrchen sind vielfach abgeändert worden. Wesentliche Neuerungen stellen dar: Die Übertragung der Methoden Dennstedts und ter Meulens in die Mikroanalyse, erstere durch A. Friedrich, letztere durch Kirk und McCalla, sowie die maßanalytische Bestimmung von H_2O und CO_2 von J. Lindner.

Halbmikro-Verbrennungsmethoden sind durch Modifikation teils von älteren Makro-, teils von Mikro-Methoden entstanden. Keines der Verfahren ist bisher zu einer vorherrschenden Geltung gelangt.

Das Verfahren von Berl und Burckhard (vgl. Weygand) ist eigenartig durch die Beschickung des Verbrennungsrohres (hauptsächlich $PbCrO_4$) und durch die gasvolumetrische Bestimmung von CO_2.

Das Verfahren von Sucharda und Bobranski (vgl. Weygand und H. Meyer) hat eine automatisch regulierte Substanzverflüchtigung, das von Reihlen und Weinbrenner eine mechanische Leitung der Verflüchtigung.

Die Verfahren von Lauer und Dobrovolny (vgl. Weygand) und von Fr. Hölscher (vgl. Gattermann-Wieland) sind als Übertragung der Methode Pregls auf Zentigrammanalyse zu betrachten. Eine Halbmikroanalyse nach der Methode Dennstedts wird von Slotta und Müller, nach der Methode ter Meulens von Orthner und Reichel angegeben.

7323 Kohlenstoffbestimmung durch nasse Verbrennung.

Diese Methode beruht auf der Oxydation der Substanz in einem Kolben mit einer erhitzten Lösung von $K_2Cr_2O_7$ in H_2SO_4 unter Zusatz von Silbersalz, z. B. Ag_2CrO_4 als Katalysator. Sie hat Vorteile bei explosiblen Substanzen, bei physiologischem Material oder bei As- und P-Verbindungen, die das Verbrennungsrohr schädigen. Der Kohlenstoff entweicht zum Teil als CO und muß anschließend in einem Hartglasrohr mit erhitztem CuO, $PbCrO_4$, Pt-Kontakt od. dgl. zu CO_2 verbrannt werden. Gesamtanordnung der Apparatur: Gasometer mit O_2 → Natronkalkröhre → Reaktionskolben mit Oxydationsmittel und Substanz → Hartglasrohr mit CuO ($PbCrO_4$, Pt) → Trockenröhrchen mit Calciumchlorid → Absorptionsgefäß zur Bindung des CO_2.

Über mehrere Einrichtungen für Makrobestimmungen vgl. H. Meyer, über die Mikroeinrichtung von Dieterle vgl. Weygand, über ein Mikroverfahren von Lieb und Krainick mit maßanalytischer Bestimmung von CO_2 siehe Pregl-Roth.

7324 Sauerstoff-Bestimmung.

Der Sauerstoffgehalt wird indirekt aus dem Ergebnis sämtlicher übrigen Bestimmungen ermittelt. Verfahren zur unmittelbaren Bestimmung haben sich bisher nicht durchzusetzen vermocht, doch liegen heute maßgebliche Fortschritte auf zwei verschiedenen Wegen vor.

Methode von ter Meulen: In einem Reaktionsrohr werden 0,1...0,2 g Substanz im Wasserstoffstrom verflüchtigt und an einem hoch erhitzten Kontakt aus Nickeldraht unter Bildung von Kohle, leichten Kohlenwasserstoffen, H_2O, CO und CO_2 abgebaut. Die letzteren werden im Wasserstoffstrom an einem Katalysator, feinverteiltem Nickel aktiviert mit ThO_2, zu CH_4 und H_2O hydriert. H_2O und allfällige Reste von CO_2 werden wie bei der Verbrennung aufgefangen, gewogen und auf Sauerstoff umgerechnet. Halogen, N_2 und S erfordern eine besondere Berücksichtigung.

Methode von M. Schütze: Etwa 25 mg Substanz werden in einem Quarzrohr im Stickstoffstrom verflüchtigt und über eine auf mehr als 1000° erhitzte Füllung von körnigem Kohlenstoff geleitet. Der Sauerstoff wird dadurch restlos in CO übergeführt. Der Gasstrom wird zur Entfernung saurer Nebenprodukte über Natronkalk und Natronasbest, dann über ein Oxydationsmittel „auf Jodpentoxydbasis" geleitet. Das nunmehr vorliegende CO_2 wird in einem Absorptionsröhrchen aufgefangen und gewogen. Die Hälfte des im CO_2 enthaltenen Sauerstoffes entstammt der organischen Substanz.

Beide Verfahren haben sich als vervollkommnungsfähig und in der Mikroanalyse anwendbar erwiesen. Näheres siehe bei K. Bürger.

7325 Stickstoff-Bestimmung.

a) Nach Dumas. Die Makrobestimmung ist auf Grundlage der Methode von J. B. Dumas (1831) entstanden. Substanzbedarf, abgestuft nach dem N_2-Gehalt, 0,1...0,5 g, bei der Mikrobestimmung nach Fr. Pregl meist 2...5 mg. Auch in

73251.

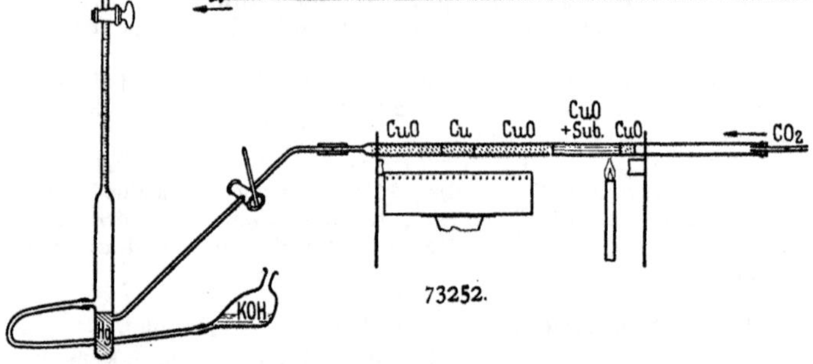

73252.

Halbmikroform (s. Gattermann-Wieland) in Verwendung. Die Substanz wird durch Erhitzen mit CuO in CO_2-Atmosphäre in einem Rohr verbrannt. Der Stickstoff geht größtenteils in freien N_2, zum Teil in Oxyde über, die über heißem Kupfer ebenfalls zu N_2 reduziert werden. Der gesamte Stickstoff wird durch CO_2 in das „Azotometer" geleitet, über Lauge aufgefangen und volumetrisch bestimmt. Die Umrechnung in Gewichtsmengen N_2 erfolgt unter Berücksichtigung der Temperatur, des Druckes sowie des Partialdruckes des Wasserdampfes über der Absperrflüssigkeit, meist an Hand von Tabellen. Die Methode ist allgemein anwendbar, in wissenschaftlichen Laboratorien vorwiegend in Verwendung, heute meist als „Mikro-Dumas".

Makrobestimmung: Die Verbrennung erfolgt meist in einem einseitig geschlossenen Hartglasrohr (s. Abb. 73251), die Art der Beschickung geht aus der Abbildung hervor. Das $MgCO_3$ (auch $MnCO_3$ oder $NaHCO_3$) dient zur Entwicklung von CO_2; die Substanz wird mit pulverigem CuO gemischt in das Rohr gebracht, bei Flüssigkeiten wird der Glasbehälter mit CuO umgeben. Bei Cu befindet sich eine blanke Drahtnetzrolle, das Röhrchen an der Mündung ist mit dem Azotometer verbunden.

Mikroverfahren (s. Abb. 73252): Das CO_2 wird (wie häufig auch im Makroverfahren) aus einem Kippschen Apparat zugefügt. Das blanke Kupfer ist gegen die Mitte des Rohres verlegt. Das Azotometer, in der Abbildung die Mikroform, ist unten

Nit Hg als Sperrflüssigkeit beschickt, der obere Teil läßt sich durch Heben des miveaugefäßes mit 50%iger Kalilauge füllen.

Der Vorgang der Analyse ist: CO_2-Entwicklung (-Zufuhr), Verdrängen der Luft — Erhitzen des substanzfreien CuO und des metallischen Kupfers —, Füllen des Azotometers mit Lauge (Prüfung auf vollständige Absorbierbarkeit der Gasblasen) — allmähliches Erhitzen des substanzhaltigen CuO —, Fortleitung der Gase durch den CO_2-Strom über die glühende Füllung (CuO, Cu) in das Azotometer. Das Stickstoffvolumen wird am Mikroazotometer unmittelbar abgelesen. Beim Makroazotometer ist der obere Teil entsprechend weit und das Gas wird zur Volummessung in ein Meßrohr übergeleitet.

Zum Erhitzen des Makroverbrennungsrohres dient ein „Verbrennungsofen" wie bei der C- und H-Bestimmung. Im Mikroverfahren wird ein Langbrenner und ein Bunsenbrenner verwendet. Zahlreiche Abänderungsvorschläge betreffen hauptsächlich Vorrichtungen zur leichteren oder zuverlässigeren Gewinnung luftfreien Kohlendioxydes.

b) Nach Kjeldahl. Die Methode ist im Makro-, Mikro- und Halbmikroverfahren verwendbar. Der organisch gebundene Stickstoff wird durch Erhitzen der Substanz mit Schwefelsäure und einem Katalysator in NH_3 übergeführt, das nach Zusatz überschüssiger Lauge ausgetrieben und in titrierter Säure aufgefangen wird. Die überschüssige Säure wird zurücktitriert. 1 cm^3 0,1 n Säure entspricht 1,4008 mg N. Das Verfahren ist durch Einfachheit ausgezeichnet, für Serienanalysen geeignet und in Untersuchungslaboratorien bevorzugt, aber nicht allgemein anwendbar. In neuerer Zeit war man mit Erfolg bemüht, solche Verbindungen in vielen Fällen durch Vorbehandlung „kjeldahlisierbar" zu machen.

Die Substanz wird in langhalsigen, birnenförmigen „Kjeldahl-Kolben" mit konzentrierter Schwefelsäure erhitzt und zwar:

Makro: 400 cm^3-Kolben, 20 cm^3 H_2SO_4, 0,2...1 g Substanz und darüber,
Mikro: 15 cm^3-Kolben, 1 cm^3 H_2SO_4, von 3 mg Substanz aufwärts.

Der Flüssigkeit werden zugesetzt: K_2SO_4, öfters H_2O_2, $KMnO_4$, als Katalysatoren ein Tropfen Hg, Quecksilbersalze, Selen und anderes. Es wird erst mäßig, dann bis zum Sieden erhitzt, so lange bis eine klare Lösung entstanden ist.

Die Flüssigkeit wird im Makroverfahren in einen Kolben gespült, mit Lauge, etwas Zn-Pulver als Siedemittel und mit Na_2S zur Fällung des Quecksilbers versetzt und darauf das Ammoniak überdestilliert. Für Mikrobestimmungen sind von Pregl, dann von Parnaß und Wagner Vorrichtungen mit Wasserdampfdestillation konstruiert worden (vgl. Pregl-Roth). Beim Mikroverfahren wird mit 0,01 n Säure und Lauge und mit Methylrot als Indicator titriert.

c) Die Methode von Will und Varrentrapp beruht auf der Überführung des Stickstoffes in NH_3 durch Glühen mit Natronkalk in einem Rohr, Überleiten in titrierte Säure und Zurücktitrieren. Ter Meulen erhitzt die Substanz mit aktivem Nickel im Wasserstoffstrom und führt den Stickstoff auf diese Weise ebenfalls in NH_3 über.

7326 Halogene (Cl, Br, J).

Die verschiedenen Verfahren führen die Halogene entweder unmittelbar in Silberhalogenide oder in solche Halogenide über, die eine gravimetrische Bestimmung oder eine fällungsanalytische Titration mit $AgNO_3$ erlauben. In einigen Fällen wird acidimetrische Titration vorgenommen, beim Jod auch die Überführung in Jodat, das sich nach dem Vorgang $KJO_3 + 5\,KJ + 3\,H_2SO_4 = 3\,K_2SO_4 + 3\,H_2O + 3\,J_2$ jodometrisch bestimmen läßt. Auf 1 cm^3 0,1 n Thiosulfatlösung kommen im letzteren Falle 2,1153 mg J.

a) Nach Carius. Im Makro-, Halbmikro- und Mikroverfahren verwendet. Die Substanz wird im Einschmelzrohr mit rauchender HNO_3 und $AgNO_3$ erhitzt. Die Halogene bilden unmittelbar Halogensilber. Manche Substanzen widerstehen der Oxydation im Carius-Rohr.

Makrorohr (Jenaerglas „Durobax"): 50 cm lang, 17 mm weit, 2 g HNO_3, 0,5 g $AgNO_3$, 0,2g Substanz.

Mikrorohr: 17 cm lang, 12 mm weit, 0,5 g HNO_3, 15 mg $AgNO_3$, 4 mg Substanz.

Die Substanz wird unmittelbar oder in einem Röhrchen zur HNO_3 und zum $AgNO_3$ in das einseitig geschlossene Rohr gebracht, das obere Ende dann zu einer Capillare ausgezogen und zugeschmolzen. Das Rohr wird im Bombenofen, je nach Natur der Substanz zwei oder mehr Stunden bis 300° und darüber erhitzt. Nach Abkühlen wird das Rohr (vorsichtig!) geöffnet, der Inhalt herausgespült und der Niederschlag filtriert, getrocknet und gewogen. In der Mikro- (und Halbmikro-)Analyse wird durch ein Filterröhrchen (Abb. 73261) filtriert, das in einen Absaugkolben eingesetzt ist. Die Flüssigkeit samt Niederschlag wird durch ein 2mal gebogenes Rohr in das Filterröhrchen übergesaugt.

73261.

b) *Im Perlenrohr* nach Pregl. In der Mikroanalyse wird die Halogenbestimmung durch katalytische Verbrennung, die auch in Halbmikro (s. Gattermann-Wieland) übertragen wurde, mit Vorteil angewandt.

Die Substanz, 4...8 mg, wird im Schiffchen oder Glasbehälter in das „Perlenrohr" (Abb. 73262) gebracht, im O_2-Strom verflüchtigt und an zwei Pt-Kontakten (gefaltete Pt-Bleche), die auf Rotglut erhitzt sind, verbrannt. Das Halogen wird mit einer Lösung von Na_2CO_3 und $NaHSO_3$ aufgefangen, die im Rohr selbst auf Glasperlen oder einer Spirale verteilt ist. Die Lösung wird aus dem Rohr gespült, mit H_2O_2 zur Oxydation der Schwefligsäure versetzt, mit HNO_3 angesäuert und mit $AgNO_3$ gefällt. Weitere Behandlung wie bei Mikro-Carius.

Jod wird (nach Leipert) im Perlenrohr mit 5%iger Natronlauge aufgefangen, die dann mit einer Lösung von Brom und Natriumacetat in Eisessig aus dem Rohr gespült wird. Das Jod wird durch das Brom zu HJO_3 oxydiert, überschüssiges Brom mit Ameisensäure zerstört, worauf mit H_2SO_4 und KJ versetzt und das ausgeschiedene Jod (s. oben) titriert wird.

73262.

c) Im Makroverfahren verbrennt Dennstedt die Substanz im Verbrennungsrohr am Pt-Kontakt und fängt das Halogen mit feinverteiltem Silber oder mit PbO_2 auf und entzieht letzterem das Halogen mit Natronlauge. Ter Meulen erhitzt in einem Halbmikroverfahren die Substanz in einem NH_3-hältigen H_2-Strom und führt das Halogen in das Ammoniumhalogenid über, das sich im kalten Teil der (Quarz)-Röhre absetzt und dann titriert werden kann.

d) *Durch Umsetzen mit alkalischen Reagenzien.* Die „Kalkmethode" von Liebig beruht auf Erhitzen der Substanz mit CaO im einseitig geschlossenen Hartglasrohr. Ähnlich kann Natronkalk oder MgO verwendet werden. Nicht zu leicht flüchtige Substanzen können mit $Na_2CO_3 + KNO_3$ im Tiegel bis zum Schmelzen erhitzt oder mit Natriumperoxyd gemischt und durch lokale Erhitzung zur Reaktion gebracht werden. In allen Fällen wird das Halogen nachher aus der salpetersauren Lösung der Reaktionsmassen mit $AgNO_3$ gefällt.

Vielfach läßt sich das Halogen auch auf nassem Wege in ionogene Bindung (NaCl od. dgl.) überführen, so in alkoholischer Lösung mittelst metallischem Natrium, in alkoholischer Lauge mit Hydrazinhydrat und Palladium, durch Hydrieren mit Nickel als Katalysator u. dgl. (vgl. H. Meyer).

e) *Durch nasse Verbrennung.* Makroverfahren von Baubigny und Chavanne, Mikroverfahren unter anderen von Zacherl und Krainick.

0,3...0,4 g (bzw. 4...6 mg) Substanz werden in einem Kolben mit einer Lösung von 40 g konz. H_2SO_4, 1,5 g $AgNO_3$, 6 g $K_2Cr_2O_7$ (bzw. 2 cm³ H_2SO_4 + $^1/_4$ g $K_2Cr_2O_7$ + $^1/_4$ g $AgNO_3$) bei 150...170° verbrannt. Jod bleibt als HJO_3 in Lösung und wird (nach Baubigny und Chavanne) bestimmt, indem mit Na_2SO_3 die Chromsäure zu Chromisalz, HJO_3 zu HJ reduziert wird. Das Jod fällt dadurch als AgJ aus, wird filtriert und gewogen.

Chlor und Brom werden durch einen Luftstrom in einen Absorptionsapparat mit $Na_2SO_3 + NaOH$ übergeführt und gravimetrisch bestimmt. Zacherl und Krainik fangen Chlor und Brom mit titrierter Natronlauge bei Gegenwart von H_2O_2 auf: $2\,NaOH + Cl_2 + H_2O_2 = 2\,NaCl + 2\,H_2O + O_2$. Das Halogen kann so durch einfaches Titrieren des überschüssigen NaOH bestimmt werden.

Trennung der Halogene. Bei Vorhandensein mehrerer Halogene kann J unabhängig von Cl und Br nach Baubigny und Chavanne oder nach Leipert (s. oben) Cl und Br unabhängig von J nach Baubigny-Chavanne sowie nach Zacherl und Krainik bestimmt werden. Im übrigen kommt es meist auf „indirekte" Trennung nach anorganisch-analytischem Vorgang an (vgl. z. B. Treadwell, Analytische Chemie, Bd. 2).

7327 Schwefel.

Alle gebräuchlichen Methoden beruhen auf einer Oxydation der Substanz und Überführung des Schwefels in Schwefelsäure oder Sulfat mit folgender acidimetrischer oder gewichtsanalytischer (als $BaSO_4$) Bestimmung. Auf 1 cm^3 0,1 n-Lauge entfallen 1,603 mg S; Berechnung aus $BaSO_4$ nach 781.

a) Nach Carius. Im Makro-, Halbmikro- und Mikroverfahren wird mit HNO_3 wie bei Halogen oxydiert. Zur Bildung des $BaSO_4$ kann $BaCl_2$ oder $Ba(NO_3)_2$ mit in das Einschlußrohr gegeben werden. Manche Substanzen widerstehen der Einwirkung. Das $BaSO_4$ wird schließlich (im Falle der Mikroanalyse in einem Mikrofiltertiegel) gesammelt und gewogen.

b) *Durch trockene Verbrennung.* Es wird im Dennstedtschen Verbrennungsrohr mit Sauerstoff am Platinkontakt verbrannt. Zur Absorption von SO_2 und SO_3 wird Na_2CO_3 bei 400° oder PbO_2 bei 235° verwendet, beide in Schiffchen, PbO_2 dann, wenn zugleich C und H bestimmt werden sollen. Der Inhalt der Schiffchen wird im ersten Falle gelöst, mit Brom oxydiert und angesäuert. Im zweiten Falle (PbO_2) wird mit Sodalösung ausgekocht, wobei $PbSO_4$ zu Na_2SO_4 umgesetzt wird. Es wird filtriert und dann angesäuert, schließlich mit $BaCl_2$ gefällt. In die Halbmikroform wurde das Verfahren von Slotta und Müller, ferner von Orthner und Reichel übertragen.

c) Grote und Krekeler verwenden besonders für Öle und Teere ein Quarzrohr mit porösen Scheidewänden. In die Mikroform wurde das Verfahren von Schöberl übertragen. Die Substanz wird in einem Strom von Luft und Sauerstoff verflüchtigt, durchdringt eine poröse Wand und verbrennt vor dieser, indem diese Stelle des Rohres durch einen Brenner erhitzt wird. Ein Zurückschlagen der Flamme wird durch die Wand verhindert. Die Verbrennungsprodukte gelangen in eine Vorlage und werden an Glasperlen absorbiert, die mit 5%igem H_2O_2 befeuchtet sind. Die Schwefelsäure wird in der Absorptionsflüssigkeit durch Titration bestimmt.

d) *Im Perlenrohr*, Mikroverfahren nach Pregl, auch auf Halbmikrobestimmung umgearbeitet (s. Gattermann-Wieland). Die Verbrennung erfolgt wie bei der Halogenbestimmung. Zur Absorption sind die Perlen mit H_2O_2-Lösung benetzt, die schließlich aus dem Rohr gespült wird. Die gebildete Schwefelsäure wird titriert oder, falls auch Halogen oder Stickstoff vorhanden war, als $BaSO_4$ bestimmt.

e) *Durch Umsetzung mit festen alkalischen Reagenzien.* Quantitative Bildung von Sulfat kann bei nichtflüchtigen Verbindungen durch Erhitzen bzw. Schmelzen mit KNO_3 und NaOH, mit KNO_3 und Na_2CO_3, mit Na_2CO_3 und Na_2O_2 erreicht werden. Aus der angesäuerten Lösung der Schmelze wird H_2SO_4 als $BaSO_4$ gefällt.

f) *Durch nasse Verbrennung im offenen Kolben* (nicht bei allen Verbindungen durchführbar). Die Substanz wird z. B. mit HNO_3 unter Zusatz von $NaNO_3$, mit alkalischer Permanganatlösung oder auch mit Salzsäure und Chromat erhitzt. Überschüssiges $KMnO_4$ wird durch Kochen mit Salzsäure, überschüssige Chromsäure mit Alkohol zerstört. Aus der angesäuerten Lösung wird $BaSO_4$ gefällt.

Nach Gasparini, von Heller als Mikroverfahren beschrieben (vgl. H. Meyer), wird die oxydierende Wirkung der HNO_3 durch einen elektrolytischen Prozeß gesteigert. Im Reaktionsgefäß befinden sich übereinander zwei Platinelektroden, von HNO_3 überdeckt, mit deren Hilfe ein Gleichstrom durch die Flüssigkeit geleitet wird.

7328 Phosphor.

Durch Oxydation der Substanz wird der Phosphor in Phosphorsäure bzw. Phosphat übergeführt. Die Bestimmung erfolgt meist durch Wägung in Form von $Mg_2P_2O_7$, manchmal auch von Ammonphosphormolybdat. Der letztere Niederschlag kann ferner mit titrierter Natronlauge im Überschuß versetzt und zur Verflüchtigung des Ammoniaks gekocht werden, worauf der Überschuß an Lauge titriert wird. Die Berechnung erfolgt in den beiden ersten Fällen nach 781, im letzten Falle kommen auf 1 cm^3 verbrauchter 0,1 n Lauge 0,1107 mg P.

Die Oxydation wird ähnlich wie bei den Schwefelverbindungen vorgenommen im Einschmelzrohr mit HNO_3, im offenen Kolben mit $H_2SO_4 + HNO_3$, mit $H_2SO_4 + CrO_3$, mit $HNO_3 + KMnO_4$, durch Glühen mit Natronkalk im Sauerstoffstrom. Die Phosphorsäure wird zunächst aus salpetersaurer Lösung mit Ammonmolybdat gefällt. Das Ammonphosphormolybdat kann wie angegeben titriert werden oder der Niederschlag wird mit Ammoniak gelöst und $Mg(NH_4)PO_4$ gefällt. Im Mikroverfahren nach Lieb werden 2...5 mg Substanz mit $H_2SO_4 + HNO_3$ und H_2O_2 oder mit festem $Na_2CO_3 + KNO_3$ im Sauerstoffstrom oxydiert, der P als Ammonphosphormolybdat gefällt und wie oben titriert, oder der Niederschlag wird in einem Filterröhrchen gesammelt, getrocknet und gewogen.

7329 Arsen.

Das Arsen wird durch Oxydation in Arsensäure übergeführt und in Form von $Mg_2As_2O_7$ gewogen oder jodometrisch (s. u.) bestimmt. Auf 1 cm^3 0,1 n Thiosulfatlösung entfallen 3,748 mg As. Die Oxydation der Substanzen wird in verschiedener Art, im wesentlichen wie bei S und P durchgeführt, mit HNO_3 im Einschmelzrohr, durch Schmelzen mit $Na_2CO_3 + Na_2O_2$ od. dgl., im offenen Kolben mit $H_2SO_4 + HNO_3$, $H_2SO_4 + H_2O_2$, $H_2SO_4 + KMnO_4$, auch durch Elektrolyse nach Gasparini wie bei S und P. Überschüssiges Oxydationsmittel wie H_2O_2 neben H_2SO_4 wird durch Eindampfen, $KMnO_4$ mit Oxalsäure zerstört. Aus der ammoniakalisch gemachten Lösung wird mit Magnesialösung $Mg(NH_4)AsO_4$ gefällt, das abfiltriert und durch Glühen in $Mg_2As_2O_7$ übergeführt wird. Der Niederschlag muß im Falle der Mikroanalyse (nach Lieb) im Mikro-Neubauer-Tiegel gesammelt werden. Zur jodometrischen Bestimmung im Mikroverfahren nach Wintersteiner) wird die saure Lösung mit KJ versetzt: $2H_3AsO_4 + 4\,KJ + 2\,H_2SO_4 = 2\,K_2SO_4 + As_2O_3 + 5\,H_2O + 2\,J_2$.

7330 Seltene Metalloide.

Bezüglich der Bestimmung seltener Metalloide sei auf das Werk von H. Meyer verwiesen.

7331 Metalle.

Die meisten Metalle können makro- und mikroanalytisch durch Glühen im Tiegel und Wägen der Glührückstände bestimmt werden. Häufig ist Befeuchten der Rückstände mit HNO_3 und nochmaliges Glühen erforderlich. Als Metalle hinterbleiben: Pt, Pd, Au, Ag, letzteres nur bei halogenfreien Substanzen, als Oxyde: Fe, Cr, Al, Cu, Mg, Bi u. a. Die Alkalien, Erdalkalien und Pb werden als Sulfate durch „Abrauchen“ mit H_2SO_4 bestimmt.

Verbindungen flüchtiger Metalle, besonders von Hg, desgleichen halogenhältige Silberverbindungen werden im Einschlußrohr mit HNO_3 oxydiert, Verbindungen von Hg, Sb u. a. auch im offenen Kolben mit H_2SO_4 unter Zusatz von $KMnO_4$, H_2O_2 u. dgl. Die Metalle werden in der Lösung nach den anorganischen Bestimmungsmethoden ermittelt. Der Gehalt an Quecksilber kann auch im Verbrennungsrohr bestimmt werden, indem man den Metalldampf in eine Vorlage mit Golddraht (Bildung von Amalgam) übertreibt und wägt. Im Mikroverfahren von Meixner und Kröcker wird ein Rohr mit erhitztem Kalk, der Schwefel und Halogen festhält, zur Bestimmung von Hg in Schwefel oder Halogen enthaltenden Substanzen verwendet.

7332 Berechnung der Formel.

Sind die gefundenen Prozentgehalte beispielsweise C-% = 51,31, H-% = 8,70, N-% = 40,00, so verhalten sich die Quotienten 51,31/12,01 = 4,27, 8,70/1,008 = 8,64, 40,00/14,01 = 2,85 zueinander wie die Atomzahlen c, h, n der analysierten Verbindung $C_cH_hN_n$. Um die ganzzahligen Werte c, h, n zu finden, dividiert man die Quotienten durch den kleinsten unter ihnen (2,85) und erhält 1,497 : 3,03 : 1,00 = c : h : n. Man multipliziert dann mit der kleinsten Zahl, die annähernd ganzzahlige Produkte liefert, hier mit 2. Dies ergibt angenähert 3 : 6 : 2 oder $C_3H_6N_2$, was einem Molekulargewicht von 70,09 entspräche. Ergibt eine Molekulargewichtsbestimmung den Wert 140 (etwa Urotropin), so ist damit die wahre Formel $C_6H_{12}N_4$ festgestellt.

74 Bitumen und verwandte Stoffe.

Von **Hans Nüssel, Hamburg.**

741 Benennung.

Nach dem vom *Deutschen Normenausschuß* im Einvernehmen mit dem *DVM* und der *Deutschen Gesellschaft für Mineralölforschung* aufgestellten Entwurf für einheitliche Bezeichnung dieser Stoffe ist zu unterscheiden zwischen *„Bitumen“* (im weiteren Sinn) und *„verwandten Stoffen“* (Teeren und Pechen).

Von der *Fachgruppe für Brennstoff- und Mineralölchemie im Verein Deutscher Chemiker* wurde folgende Definition aufgestellt: „Unter *Bitumen* sind zu verstehen alle natürlich vorkommenden oder durch einfache (nicht destruktive) Destillation aus Naturstoffen hergestellten flüssigen oder festen schmelzbaren oder löslichen Kohlenwasserstoffgemische. Sauerstoffverbindungen können mehr oder weniger darin enthalten sein, mineralische Stoffe dagegen nur in untergeordnetem Maße. *Teere* und *Peche* sind im Gegensatz dazu künstlich durch destruktive Destillation organischer Naturstoffe gewonnene Kohlenwasserstoffe“[1].

742 Einteilung.

7421 Bitumen.

A. Größtenteils löslich in CS_2 und größtenteils verseifbar. Beispiele: Sapropelwachs, Montanwachs, fossile Harze.

B. Größtenteils löslich in CS_2 aber größtenteils unverseifbar:

1. Ozokerit und CS_2-Lösliches der Ozokeritgesteine;
2. Erdöle und Erdöl-Destillationsrückstände;
3. CS_2-Lösliches der a) Asphaltite, b) natürlichen Asphalte, c) Asphaltgesteine.

C. Größtenteils unlöslich in CS_2 und größtenteils unverseifbar, beispielsweise enthalten in Elaterit, Torf, Braunkohle, Steinkohle, Ölschiefer.

7422 Verwandte Stoffe.

74221 Teere und Peche.

Die Destillate der Teere heißen *Teeröle*, die Destillationsrückstände *Teerpeche*. Die Ursprungsbezeichnungen sind hinzuzufügen.

1. Teere: a) Holzteer, b) Torfteer, c) Braunkohlenteer, d) Schieferteer, e) Steinkohlenteer, f) Fetteer, g) Knochenteer.

2. Peche: a) Destillationsrückstände aus den Teeren 1. a)...g), b) Carbol- und Naphtholpech, c) Harzpech, d) Montanwachspech.

[1] Siehe auch Berl-Lunge: Chemisch-technische Untersuchungsmethoden, VIII. Aufl., Bd. IV, S. 984—995. Berlin 1933. Ergänzungswerk Teil II, S. 81—85. Berlin 1939.

74222 Säureharze und Säureharzpeche,

bei der Raffination der unter 7421 A und B und 74221 aufgeführten Stoffe entstanden.

Praktisch wird die Bezeichnung „*Bitumen*“ nur für den Hauptvertreter der Stoffgruppe 7421, und zwar für einen Teil der unter B 2 aufgeführten Erdöl-Destillationsrückstände, und für das CS_2-Lösliche der unter B 3 a)...c) genannten natürlichen Asphalte angewandt (die Ausdrücke „Erdölasphalt“, „Erdölpech“ und „Goudron“ sind veraltet). Man versteht also unter *Bitumen* im allgemeinen nur die halbfesten bis festen zähen Produkte von schwarzem Aussehen, die bei der vorsichtigen Destillation bestimmter Erdöle als Destillationsrückstände gewonnen werden.

Asphalte sind Gemische von Bitumen (im engeren Sinn) mit Mineralstoffen, wie Gußasphalt, Walzasphalt (Sandasphalt, Asphaltbeton, Asphaltmakadam), und natürliche Gemische mit Mineralstoffen wie unter 7421 B 3 a)...c), ohne Rücksicht auf den Gehalt an Bitumen.

Bei *Teeren* und *Pechen* ist die Ursprungsbezeichnung hinzuzufügen. Fehlt diese, so handelt es sich meist um den Hauptvertreter dieser Gruppe, den Steinkohlenteer bzw. das Steinkohlenteerpech.

743 Eigenschaften.

7431 Bitumen (im weiteren Sinne).

Gruppe 7431 A.

Sapropelwachs. Ohne praktische Bedeutung.

Montanwachs. *a) Rohmontanwachs:* dunkelbraun, spröde, muscheliger Bruch, Gemisch von freien Säuren und Estern mit einem Gehalt an Gesamtsäuren von etwa 50...70%. Untersuchung: Löslichkeit in Benzol, Asche, Erweichungspunkt nach Krämer-Sarnow, Flammpunkt (o. T.), Verseifungszahl, Säurezahl und Harzgehalt nach besonderen Methoden (Holde, 7. Aufl., S. 972).

b) Raffiniertes Montanwachs: weiß, krystallin, besteht vorwiegend aus Montansäure. Untersuchung wie bei Rohmontanwachs, ferner Löslichkeit in Äther und Esterzahl.

Fossile Harze. *Bernstein:* rötlich bis gelblich, Härte 2...3, Hauptbestandteil: Succinoresen. Untersuchung auf Säurezahl, Verseifungszahl, Esterzahl.

Kopale: braun bis rötlich, hart. Hauptbestandteil des Sansibar-Kopals: Trachylolsäure. Untersuchung auf Säurezahl, Verseifungszahl, Esterzahl.

Unterscheidung von Sansibar-Kopal und Bernstein:

1. Durch Destillation, wobei Bernstein einige Prozent Bernsteinsäure liefert, Kopal dagegen nicht;

2. durch Löslichkeit in Cajeputöl; Kopal größtenteils löslich, Bernstein größtenteils unlöslich.

Gruppe 7431 B.

a) Ozokerit (Erdwachs).

Roh: braun bis schwarz. Konsistenz: von weich und salbenartig bis hart und spröde. Hauptbestandteil: Isoparaffine. Untersuchung: Tropfpunkt nach Ubbelohde.

Ceresin ist mit konzentrierter Schwefelsäure raffiniertes Ozokerit; weiß, paraffinartig, scheinbar amorph. Untersuchung auf Schmelzpunkt (Capillarmethode, Holde, 7. Aufl., S. 295), Tropfpunkt nach Ubbelohde, Asche und Zusätze. Auf die am häufigsten vorkommenden Zusätze wird folgendermaßen geprüft:

a) Kolophonium: durch Ausziehen mit 70%igem heißen Alkohol oder mit 0,5%iger alkoholischer Lauge;

b) Erdölrückstände: durch Lösen in Normalbenzin, wobei diese einen schwarzen Niederschlag von Asphaltenen verursachen;

c) Fette: werden nach Spitz-Hönig abgeschieden;

d) Mineralöl: das Ceresin wird in Chloroform gelöst und durch Zusatz des gleichen Volumens Alkohol bei -20° C abgeschieden. Das Filtrat enthält Mineralöl;

e) Paraffin: durch Knetprobe (Holde, S. 475) oder durch fraktionierte Chloroform-Alkoholfällung (ebenda);
f) mineralische Verunreinigungen: Löslichkeit in Benzol, Asche.

b) Erdöle und Erdöl-Destillationsrückstände.

Rohöl: braun bis schwarz, dünn- bis dickflüssig, hauptsächlich aliphatische (paraffinische) und alizyklische (naphthenische) Kohlenwasserstoffe; frei von Phenolen und praktisch frei von Säuren. Untersuchung: Viscosität, Flammpunkt, Destillationsprobe.

Destillate: Benzin (s. Brennstoffe), Mineralöle (s. Schmiermittel).

a) Destillationsrückstände aus paraffinbasischen Erdölen.

Vaseline. Roh: gelblich bis dunkelgrün; raffiniert: weiß. Konsistenz: salbenartig. Gemische fester und flüssiger Paraffin-Kohlenwasserstoffe. Prüfung: Tropfpunkt nach Ubbelohde, Viscosität nach Engler.

Paraffin. Roh: graugelb bis schmutzig grün; raffiniert: farb-, geruch- und geschmacklos. Feste Grenzkohlenwasserstoffe von 16 C aufwärts. Untersuchung: Schmelzpunkt nach der Capillarmethode, Erstarrungspunkt nach Shukoff. Unterscheidung von Erdöl- und Schwelparaffin (7421/1): durch Jodzahl der nach Marcusson-Mayerbaum aus den Paraffinen abgeschiedenen öligen Anteile, die bei Erdölparaffin = 0 ist.

b) Destillationsrückstände aus asphaltbasischen und gemischtbasischen Erdölen.

Bitumen (im engeren Sinn, Erdölbitumen): schwarz, hochglänzend, bei Zimmertemperatur halbfest und klebrig bis sprunghart, bei zunehmender Erwärmung weich bis dünnflüssig werdend; im Gegensatz zu Wachsen, Harzen und Pechen durch großen Plastizitätsbereich (Spanne Brechpunkt/Erweichungspunkt) ausgezeichnet; im wesentlichen bestehend aus aliphatischen und Naphthen-Kohlenwasserstoffen; Schwefelgehalt bis 6%; frei von Phenolen; Diazoreaktion negativ; Verseifungszahl unter 15, Säurezahl unter 1; löslich in CS_2 und Benzol über 99%. Je nach der Herstellungsweise wird zwischen destillierten, geblasenen und Hochvakuum-Bitumen unterschieden. Die Vorschriften für die weichen bis mittelharten Bitumen und die wichtigsten Prüfungsmethoden sind in DIN 1995 (U 1...13) festgelegt:

Reinheit: Löslichkeit in CS_2 oder Chloroform (DIN 1995 U 10), Asche (DIN 1995 U 9), Wassergehalt (Xylolmethode, DIN 1995 U 17);

Wichte: Nach DIN 1995 U 2 bei 25° C im Pyknometer, nach deutscher Zollvorschrift bei 15° C Schwimm-Methode im Wasser, bei 100...200° C Moorsche Waage;

Tropfpunkt nach Ubbelohde: DIN 1995 U 3;

Erweichungspunkt: a) Ring und Kugel (DIN 1995 U 4); b) nach Krämer-Sarnow (DIN 1995 U 5);

Brechpunkt nach Fraass: DIN 1995 U 6;

Eindringtiefe (Penetration): bei 25° C (gelegentlich auch bei 15° C), DIN 1995 U 7;

Streckbarkeit (Duktilität): bei 25° C (gelegentlich auch bei 15° C), DIN 1995 U 8;

Gewichtsverlust: 5 h 163° und Erweichungspunkt, Brechpunkt, Penetration und Duktilität *nach* dem Erhitzen, DIN 1995 U 12;

Viscosität: Engler-Viscosimeter mit 5 mm-Düse (relative Viscositäten), Redwood II-Viscosimeter, Höppler-Viscosimeter (absolute Viscositäten);

Flamm- und *Brennpunkt:* o. T.;

Säurezahl: nach besonderer Methode (Marcusson, Die natürlichen und künstlichen Asphalte, 2. Aufl., S. 90);

Verseifungszahl: nach besonderer Methode (Marcusson, s. o.);

Paraffin (sog. DIN-Methode): DIN 1995 U 11;

Schwefel (nach Heßlinga): durch Verbrennen im Quarzrohr und Luftstrom, Aufsaugen der Verbrennungsgase in 3%ige H_2O_2 und Titrieren.

Verschnittbitumen sind Bitumen, deren Viscosität durch Zusatz von Verschnittmitteln erniedrigt ist, *Bitumenemulsionen* feine Verteilungen von Bitumen in Wasser. Untersuchungsverfahren für beide siehe DIN 1995, Untersuchungsverfahren für *Asphalte* siehe DIN 1996.

Liegt Bitumen in Gemischen mit benzolunlöslichen organischen oder anorganischen Substanzen vor, so muß es durch Extraktion isoliert werden. Möglichst Kaltextraktion anwenden, die Lösung zentrifugieren, Lösungsmittel auf dem Dampfbad und unter Anwendung von Vakuum abtreiben, DIN 1996 U 51.

c)

Asphaltite. *Gilsonit*, *Manjak*, *Utait*, *Albertit:* schwarz, sehr hart, spröde, matt bis glänzend. Untersuchung: Erweichungspunkt Ring und Kugel und nach Krämer-Sarnow, Asche, Löslichkeit in CS_2.

Natürliche Asphalte. *Trinidad Epuré*, *Bermudez:* schwarz, hart, matt. Untersuchung wie Asphaltite. *Extrahiertes Reinbitumen:* schwarz, glänzend, von mittlerer Härte.

Asphaltkalkstein *(Vorwohle*, *Val de Travers*, *Ragusa*, *Lobsann*, *Boeton):* hell- bis dunkelbraun. Untersuchung durch Extraktion mit Benzol.

Asphaltsande *(Derna*, *Tartaros*, *Rußland*, *Canada):* braun bis schwarz, felsig oder sandig, Untersuchung durch Extraktion mit Benzol.

Reinbitumen: glänzend, schwarz, ziemlich weich. Nachweis von Naturasphalt in Bitumen: nur angenähert möglich durch Bestimmung der Säurezahl und Verseifungszahl, die bei Naturasphalten höher sind.

7432 Verwandte Stoffe.

74321 Teere und Peche.

a) Holzteer.

Laubholzteer (Buchenteer): braune, ölige Flüssigkeit.

Nadelholzteer (Kienteer): gelb, viscos.

Laubholzteere haben typischen Kreosotgeruch, Nadelholzteere riechen mehr nach Terpenen. Zusammensetzung: Harzsäuren, Phenole, Alkohole, Ketone, Terpene und wenig Aromaten; Schwefel, Paraffin, Naphthalin und Anthracen fehlen; größtenteils löslich in Alkohol und Eisessig; Diazoreaktion positiv; wässeriger Extrakt reagiert sauer; teilweise verseifbar, größtenteils sulfurierbar mit konzentrierter H_2SO_4. Untersuchung: Wichte, Tropfpunkt nach Ubbelohde, Löslichkeit in CS_2.

Holzteerpech. Laubholzteerpech: schwarz, matt, ziemlich hart; bis 50% CS_2-unlösliches Organisches.

Nadelholzteerpech (Kienteerpech): hell- bis dunkelbraun, klebrig, glänzend.

Untersuchung der Holzteerpeche auf: Wichte, Erweichungspunkt nach Krämer-Sarnow.

Nachweis von Holzteer und Holzteerpech in Bitumen: qualitativ: Diazoreaktion, Geruch, Bildung saurer Dämpfe beim Erhitzen, die Lackmus röten; annähernd quantitativ: Sulfurierung mit konzentrierter H_2SO_4. Unterscheidung von Steinkohlenteerpech, das sich bei der Sulfurierung ebenso verhält, durch Löslichkeit in Alkohol und charakteristischen Geruch.

b) Torfteer.

Hellbraun bis schwarz, butterartig fest; chemische Zusammensetzung ähnlich Braunkohlenteer. Untersuchung wie dieser (praktisch ziemlich bedeutungslos).

c) Braunkohlenteer.

Rohteer: braunschwarz bis schwarz, flüssig. Geruch: typisch. Gemisch von gesättigten und ungesättigten, aromatischen und naphthenischen Kohlenwasserstoffen, Basen, Phenolen, Schwefelverbindungen und Paraffin. Diazoreaktion: positiv, mit konzentrierter Schwefelsäure nicht sulfurierbar. Untersuchung: Wichte, Erstarrungspunkt nach der galizischen Methode (Holde, S. 298), Löslichkeit in Benzol, Destillation, Paraffinbestimmung.

Destillate: Benzin, Solaröl, Putzöl, Gelböl, Gasöl, Paraffin (s. Brennstoffe und Schmiermittel).

Braunkohlenteerpech (Generatorpech, Urteerpech, Braunkohlenteerölpech): schwarz, matt bis glänzend, weich bis sprunghart, größtenteils löslich in Benzol. Diazoreaktion: positiv, mit konzentrierter Schwefelsäure nicht sulfurierbar. Nachweis von Braunkohlenteerpech in Bitumen: qualitativ: Diazoreaktion; quantitativ: angenähert durch doppelte Sulfurierung (Marcusson-Lederer, Mitteilungen des Staatlichen Materialprüfungsamtes, Dahlem, 1930).

Nachweis von Braunkohlenteerpech, Steinkohlenteerpech und Bitumen nebeneinander; ebenfalls angenähert durch doppelte Sulfurierung.

d) Schieferteer und Schieferteerpech.

Braunschwarz bis schwarz, typischer Kreosotgeruch; Teere dünnflüssig, Pech von weich bis sprunghart; aromatische, paraffinische, olefinische und naphthenische Kohlenwasserstoffe; steht seiner chemischen Zusammensetzung nach zwischen Steinkohlenteerpech und Bitumen. Untersuchung wie Bitumen.

Nachweis in Bitumen: qualitativ: Geruch, Diazoreaktion positiv, teilweise sulfurierbar mit konzentrierter H_2SO_4.

e) Steinkohlenteer (Gasteer, Kokereiteer).

Schwarz, charakteristischer Kreosotgeruch, vorwiegend aromatische und zyklische Kohlenwasserstoffe, Phenol, Naphthalin, Anthracen; hoher Gehalt an benzolunlöslichem Organischem (hochmolekulare Kohlenwasserstoffe und reiner Kohlenstoff); Diazoreaktion: positiv, mit konzentrierter Schwefelsäure vollständig sulfurierbar.

Rohteer: wasserhaltig, dünnflüssig, enthält alle Fraktionen Benzol, Leichtöl, Mittelöl, Schweröl, Anthracenöl und wechselnde Mengen Pech. Untersuchung: Wichte, unlösliches Organisches, Wassergehalt, Destillation.

Destillierter Teer: schwarz, hochglänzend, dünn- bis dickflüssig, enthält nur Mittelöl bis Anthracenöl und Pech.

Präparierter Teer: gewonnen durch Vermischen von Pech mit Anthracenöl.

Untersuchung für destillierte und präparierte Teere, soweit im Straßenbau gebraucht, nach DIN 1995 U 14...24 auf: Viscosität (Straßenteer-Konsistometer), Phenole, Naphthalin, Anthracen, Destillation, unlösliches Organisches.

Steinkohlenteerpech: weich bis sprunghart, schwarz, mattglänzend bis glänzend, schwacher Kreosotgeruch. Untersuchung: Erweichungspunkt nach Krämer-Sarnow.

Nachweis von Steinkohlenteer und -teerpech in Bitumen: qualitativ: Graefesche Diazoreaktion (DIN 1995), Lucksche Anthrachinonprobe (DIN 1995); quantitativ: Sulfurierung mit konzentrierter Schwefelsäure (DIN 1995 U 23).

Diese Methode beruht darauf, daß Bitumen beim Behandeln mit konzentrierter heißer Schwefelsäure wasserunlösliche Produkte liefert, Steinkohlenteerprodukte dagegen wasserlösliche.

Fehlergrenze bei verschiedenen Mischungsverhältnissen verschieden, leidlich genau bei Bitumengehalten bis etwa 20% (Fehler −2% +5%), ungenau bei hohen Bitumengehalten, da reines Bitumen etwa 108% unlösliche Sulfurierungsprodukte liefert.

f) Fetteere und Fettpeche.

Stearinpech: schwarz, glänzend, weich bis springhart, hochmolekulare Fett- und Oxyfettsäuren und Erdölkohlenwasserstoffe. Untersuchung: Erweichungspunkt nach Krämer-Sarnow und V.-Z.

Nachweis von Stearinpech in Bitumen: fettartiger Geruch, beim Erhitzen erhöhte S.-Z. und V.-Z., Acroleingeruch beim Erhitzen mit Kaliumsulfat.

Nachweis von Bitumen in Stearinpech: durch Quecksilberbromidprobe (Holde, 7. Aufl., S. 422).

Destillationsrückstände von Baumwollsaatöl und Palmöl heißen *Kottonpech* und *Palmölpech.*

Wollfettpech: schwarz, glänzend, weich bis hart, durch hohen Gehalt an Oxysäuren ausgezeichnet. Liebermannsche Reaktion durch Anwesenheit von Cholesterin positiv. Untersuchung: Erweichungspunkt nach Krämer-Sarnow und V.-Z.

Nachweis von Wollfettpech in anderen Pechen und in Bitumen: durch Abscheiden der Oxysäuren in krystalliner Form nach Verseifen mit alkoholischer KOH.

g) Knochenteer und Knochenteerpech.

Tiefschwarz, glänzend, weich bis springhart, unangenehmer Geruch nach Tieröl, Diazoreaktion positiv.

h) Naphtholpech.

Tiefschwarz, matt, spröde, hochmolekulare zyklische Kohlenwasserstoffe, beim Erwärmen Geruch nach Naphthol. Untersuchung: Erweichungspunkt nach Krämer-Sarnow.

i) Harzpech (Kolophoniumpech).

Dunkel- bis schwarzbraun, sprunghart, vorwiegend hochmolekulare Harzsäuren und deren Anhydrite, Diazoreaktion positiv, Harzreaktion nach Storch-Morawski positiv. Untersuchung: Erweichungspunkt nach Krämer-Sarnow.

j) Montanwachspech.

Braunschwarz, spröde, matt, wachsartig. Untersuchung: Erweichungspunkt nach Krämer-Sarnow.

74322 Säureharze und Säureharzpeche.

Säureharze: braunschwarz bis schwarz, dünn- bis zähflüssig, nach SO_2 riechend, stark schwefelsauer. Gemisch von Bitumen und Harzstoffen, Ölen und Sulfoverbindungen und freier Schwefelsäure.

Säureharzpeche: hart, schwarz, matt bis glänzend, durch Auswaschen und Destillieren oder durch Neutralisieren von Säureharz erhalten; typischer Geruch. Untersuchung: Asche, wasserlösliche Anteile, Schwefelsäure und im übrigen wie Bitumen Nachweis in Bitumen: Geruch beim Erwärmen, meist saure Reaktion des Wassers hoher Aschegehalt $CaSO_4$.

744 Grundsätzliches zur Analyse von bituminösen Stoffen.

Der Nachweis verschiedener bituminöser Stoffe nebeneinander gehört zu den schwierigsten analytischen Aufgaben und ist bei komplizierten Gemischen vielfach nicht einwandfrei möglich.

Am besten entwickelt und am genauesten beschrieben sind die chemischen und physikalischen Untersuchungsmethoden für Erdölbitumen und Steinkohlenteer. Es empfiehlt sich daher, bei der Untersuchung bituminöser Substanzen auf die exakte Beschreibung der Untersuchungsmethoden in DIN 1995 zurückzugreifen.

Bei ausführlichen Vergleichsanalysen von bituminösen Stoffen wird außer dem Reinheitsgrad (Löslichkeit, Asche und Verdampfungsverlust) und der Härteeinstellung (Erweichungspunkt, Brechpunkt und Tropfpunkt) vor allem der Plastizitätsbereich studiert durch Festlegung der Spanne Erweichungspunkt/Brechpunkt, der Penetrations- und Duktilitätskurven zwischen 0 und 60° C und der Viscositätskurven zwischen 100 und 200° C.

7441 Bitumen (im weiteren Sinn).

Name	Wichte bei 25° C	Schmelzpunkt °C	Säurezahl	Verseifungszahl	Jodzahl	Löslich in Benzol %
Montanwachs						
roh	1,02...1,03	81...84	28...31	62...69	9...19	über 99
raffiniert . .	1,02...1,03	72...76	45...90	65...95	15...18	über 99
Bernstein . . .	1,05...1,1	250...300	15...35	85...145	50...75	rund 90
Sansibar-Kopal	1,0 ...1,1	250...300	35...85	75...90	105...135	rund 80
Ozokerit, raffin.						
(Ceresin) . .	0,910...0,935	56...87	0	0	0...1	vollständig
Paraffin, raffin.	0,860...0,930	42...75	0	0	0...5	vollständig

7442 Bitumen (im engeren Sinn) und Naturasphalte.

Name	Wichte bei 25° C	Erweichungspunkt Ring und Kugel °C	Erweichungspunkt nach Krämer-Sarnow °C	Säurezahl	Verseifungszahl	Löslich in Benzol %
Bitumen (Erdölbitumen)	1,0...1,1	27...175	16...160	unter 1	3...15	über 99
Gilsonit	1,03...1,10	130...175	115...160	unter 1	5...20	über 98
Trinidad Epuré	1,41	100	80	4...7	20...30	rund 56
Trinidad Epuré extr. Bitumen	1,05...1,07	69	56	6...12	20...30	98...99
Asphaltkalkstein (Vorwohle) .	2,50	—	—	—	—	rund 4
Asphaltkalkstein extr. Bitumen	1,02	32...43	20...30	5...7	10...15	über 99
Boetanasphalt .	rund 2,0	—	—	—	—	40
Boetanasphalt, extr. Bitumen	1,05	67	54	6	16	über 99
Asphaltsand (Derna) . . .	—	—	—	—	—	5...20
Asphaltsand, extr. Bitumen	1,02...1,03	50...78	38...66	5...7	—	über 98

7443 Peche.

Name	Wichte bei 25° C	Erweichungspunkt nach Krämer-Sarnow °C	Säure-Zahl	Verseifungs-Zahl	Löslich in Benzol %	Asche %	Graefesche Diazoreaktion	Lösliche Anteile sulfurierbar mit konz. H_2SO_4 %
Laubholzpech .	1,2...1,3	40...100	10...20	20...50	50...95	bis 1	+	80...95
Nadelholz-(Kien)pech .	1,10...1,20	40...100	etwa 25	30...80	50...95	bis 1	+	60...80
Braunkohlenteerpech . .	1,0...1,2	30...120	unter 4	3...20	80...95	bis 5	+	0
Schieferteerpech (Estl.) .	1,05...1,15	10...85	—	—	85...99	bis 1,5	+	bis 30
Steinkohlenteerpech . .	1,15...1,35	25...120	unter 3	5...10	50...90	bis 2	+	100
Fettpech . . .	0,90...1,10	10...110	2...100	30...200	80...100	bis 5	—	0
Harzpech . .	1,05...1,15	50...90	50...100	100...150	80...98	bis 2	+	90...100
Montanwachspech	1,0...1,1	45...80	2...5	5...15	95...99	bis 3	—	0

75 Physiologische Chemie.

Von **Karl Lohmann** und **Albrecht Kossel**, Berlin.

751 Analytik[1].

7511 Chemische Zusammensetzung des menschlichen Körpers[2].

Im menschlichen Körper sind bisher über 40 Elemente nachgewiesen. C, H, O, N sind die Grundbausteine und ihre Verbindungen die primären Energielieferanten. Die übrigen Elemente stellen Baustoffe, ferner Elektrolyte und Wirkstoffe dar. Ein Teil der aufgefundenen Elemente wird bisher nur als allfällige Durchgangsstoffe gewertet.

75111 Elementare Zusammensetzung des menschlichen Körpers (Erwachsener) (nach Hackh u. a.).

Bauelemente.

O	62%	Ca	1,4 %	S	0,64 %
C	21%	Na	0,26%	P	0,63 %
H	10%	K	0,22%	Cl	0,18 %
N	3%	Mg	0,04%	Fe	0,005%

Spurenelemente.

a		b			c			
Mn		Li	Co	Si	Rb	Ra	Pb	V
Cu	J	B	Ni	F	Cs	(La)	(Au)	Cr
Zn		Al	Sn	Br	Sr	(Ce)	Hg	
		As	Mo		Ba	Se	Ti	

a) Spurenelemente mit bekannter Wirkung.

b) Regelmäßig vorkommende Elemente, deren physiologische Wirkung im einzelnen nicht bekannt ist.

c) Anscheinend nicht lebensnotwendige Elemente (allfällige Durchgangsstoffe; nicht regelmäßig aufgefunden).

Die Bedeutung einzelner Elemente ist bei den verschiedenen Tierarten durchaus unterschiedlich. Cu z. B. ist für den Menschen ein Element von bisher noch nicht genau definierter katalytischer Wirkung [Hämatopoese (Blutbildung)], bei manchen Wirbellosen (Mollusken, Arthropoden) wirkt es als ein Bestandteil des Blutfarbstoffes (Hämocyanin) bei der Übertragung des O_2; oder V, dessen Rolle im menschlichen Organismus völlig offen, ist der metallische Anteil des Atmungsfarbstoffes der Ascidien.

75112 folgt auf S. 1738.

[1] Oppenheimer: Handbuch der Biochemie des Menschen und der Tiere. — Mangold, E.: Handbuch der Ernährung und des Stoffwechsels der landwirtschaftlichen Nutztiere. — Handbuch der Lebensmittelchemie. — Tabulae biologicae. — Ergebnisse der Physiologie. — Rein, H.: Physiologie des Menschen, 3. Aufl. 1940. — Broemser: Physiologie. — Lehnartz: Einführung in die chemische Physiologie, 3. Aufl. 1940. — Koller: Einführung in die Physiologie des Menschen und der Tiere. 1938.

[2] Allgemein benutzte Bezeichnungen.
1. Es bedeuten: mg-%, mg-‰, γ-% die Anzahl mg oder γ in 100 oder 1000 g oder cm^3 Substanz.
2. Die Dichten sind angegeben entweder in g/cm^3 oder in $g/1000\ cm^3$ (Litergewicht).
3. Die Gefrierpunktserniedrigung ist mit Δ^0 bezeichnet.

75113 Mineralgehalt der menschlichen Organe (auf 100 g Frischsubstanz).

Gewebe	% des Körpergewichtes	Na	K	Ca	Mg	Zn	Cu	Al	Mn	Fe	As	Cl	Br	J	F	S	P
		mg	mg	mg	mg	mg	mg	mg	mg	mg	γ	mg	mg	γ	mg	mg	mg
Muskulatur	40	80	320	7	21	4	(+)	—	0,05	15	—	70	0,1	9	—	210	200
Herz . . .	0,5	100	300	17	15	2...4	—	0,2	0,3...0,4	10	10	150	0,15	8	0,16	200	230
Leber . . .	2...3	100	275	7	18	1,5...9	0,3	0,2	0,08...0,3	60	11	150	0,2	6...7	0,2...0,3	170	250
Haut . . .	6	140	100	30	20	0,9	—	(+)	0,14	(+)	10	260	0,4	(+)	1,5	60	60

75114 Stützgewebe (Skelett = 16% des Körpergewichtes).

	In 100 Teilen Frischsubstanz					In 100 Teilen Asche								
	H_2O	Organische Substanz[1]	Fett	N	Anorganische Substanz	Na	K	Ca	Mg	Cl	P	F	Si	CO_2
Knochen: Schädel	14	33	9	—	53									
Femur	20	42	26	—	38	0,5	0,06	38	0,34	0,1	18	0,05	—	5
Rippen	34	26	4	—	40									
Geweih (Hirsch).	—	—	—	—	—	—	—	36	0,7	—	17	—	—	5
Knorpel (Schwein)	40...70	20...30	0,3...5	—	2...10	52	7,4	7,5	1	4	1,7	—	—	—
Sehne (Hund).	63	32	1	—	1	—	—	—	—	—	—	—	—	—
Zähne: Schmelz	4	2	—	0,16	94	0,3	0,05	37	0,4	0,3	17	0,03	0,003	2
Dentin	12	23	—	3,4	75	0,3	0,09	36	1,1	—	18	0,04	—	4

[1] einschließlich Fett.

75112 Einzelne Organe des Menschen (allgemeine Zusammensetzung).

	Wasser	Asche	Fett	N	Glykogen
	auf 100 Teile Frischsubstanz				
Haut (Corium + Epidermis)	60...70		1...2	—	0,1...0,3
Muskulatur	76		7,5	3,2	0,6
Herz	76		8,2	2,5	0,2
Leber	60...70		3,4	2,7	1...3...5
Niere	75...80	1	5,2	2,8	
Lunge	80		2,6	2,5	
Milz	78		2,7	2,7	< 0,1
Pankreas	72		10,5	2,5	
Schilddrüse	75		4,4	2,6	

Das Verhältnis von Wasser, Eiweiß und Asche ist in allen inneren Organen ungefähr gleich, besonders stark schwankt der Gehalt an Fett und auch an Glykogen.

Wassergehalt in verschiedenen Altersstufen:

Menschlicher Embryo (III. Monat)	94%
Neugeborener	66...68%
Erwachsener	58...65%

75115 Zentralnervensystem (Mensch).
(Nervensubstanz 2,7% des Körpergewichts.)

	Wasser	Trockensubstanz	N	Eiweiß	Lipoide	Kephalin	Lecithin	Cholesterin	Asche
	auf 100 Teile Frischsubstanz								
Graue Substanz	83,5	16,5	1,74	7,6	9,9	0,3	1,6	1,15	1,0
Weiße Substanz	70	30	1,70	8,6	22	0,09	0,7	2,5	1,75

Anorganische Bestandteile in mg-% Frischsubstanz.

	Na	K	Ca	Mg	Fe	Cl	P	S
Graue Substanz	95...150	320...410	6...11	8...11	7	132...210	240	56
Weiße Substanz	225	340	14	20	6	151	420	92

7512 Blut.

Blutmenge des Erwachsenen $^1/_{12}$ bis $^1/_{13}$ des Körpergewichtes (am Hämoglobingehalt der Leiche gemessen; die Werte am Lebenden schwanken zwischen $^1/_{10}$ bis $^1/_{20}$ des Körpergewichtes), davon zirkulieren in der Ruhe etwa $^3/_5$. Todesgefahr durch Verbluten droht bei einem Verlust von wenigen Kubikzentimetern bei einem Neugeborenen, von ~ 250 ccm bei einem Kind (einjährig), von $1^1/_2$ bis $2^1/_2$ l (= $^1/_4$ bis $^1/_3$ bis $^1/_2$ des Gesamtblutes) beim Erwachsenen.

751201 Dichte in $g \cdot cm^{-3}$
(nach Handbuch der Physiologie).

Neugeborene	1,056...1,066
Säugling (2...4 Wochen)	1,056...1,059
Kind (2...10 Jahre)	1,050...1,056
Erwachsene	1,053...1,064
„ bei Cholera	1,080
„ bei Dysenterie	1,080
„ bei schweren Verbrennungen	1,070

751202 Blutdruck in Torr
(nach von Buddenbrock).

Mensch	120
Pferd	180
Katze	150
Kaninchen	100
Meerschweinchen	75
Fledermaus	50

751203 Gefrierpunktserniedrigung (Δ^0).

Δ^0 Blutserum (nach Hamburger) °C		Δ^0 Blut von Meerestieren (nach Botazzi) °C		Δ^0 Körpersäfte von Süßwassertieren (nach Höber) °C	
Mensch	0,56 (0,54...0,58)	Hummer, Tintenfisch, Zitterrochen	2,29	Teichmuschel	0,20
Rind	0,585			Flußkrebs	0,80
Pferd	0,564			Blutegel	0,40...0,43
Kaninchen	0,592	Stör	0,76	Libellenlarven	0,61
Schaf	0,619	Meeraal	0,74	Aal	0,58...0,69
Schwein	0,615	Schellfisch	0,77	Barsch	0,51
Hund	0,571	Schildkröte	0,61	Frosch	0,40
Katze	0,638	Delphin	0,74	Salamander	0,48
Huhn	0,605				

Oberflächenspannung:

Serum (Mensch) 57...58 dyn/cm bei 16...18°; 47 dyn/cm bei 37°.
Serum (Mensch) spezifische Leitfähigkeit: $1{,}002 \cdot 10^{-2}\ \Omega^{-1}$ cm.

Osmotischer Druck bei 37° ~ 8 Atmosphären, vorwiegend bedingt durch die krystalloiden Bestandteile; auf die kolloidalen entfällt ein Teildruck entsprechend 25...30 Torr = 0,4%.

Die Reaktion und die Bestandteile des Blutes sind nur annähernd konstant. Arteriell und venös, Hunger und Nahrungsresorption, Bildung der Körperflüssigkeiten (Lymphe und Liquores, der Sekrete und Exkrete), Acidosis und Alkalosis sind die Bedingungen und Zustände, die physiologisch Schwankungen bedingen. Größere Abweichungen bei Krankheiten.

751204 Gleichgewichtsverschiebung zwischen arteriellem und venösem Blut (Henderson).

	Arteriell			Venös			Differenz		
	Serum	Zellen	gesamt	Serum	Zellen	gesamt	Serum	Zellen	gesamt
H_2O cm³ pro Liter Blut	549	260	809	544	265	809	—5	+5	0
Basen in Millimol	84,02	48,32	132,34	84,00	48,34	132,34	0	0	0
Cl in Millimol	59,59	20,41	80,00	58,45	21,55	80,00	—1,13	+1,13	0
An Eiweiß gebundene Basen in Millimol	9,20	22,70	31,90	9,09	20,73	29,82	—0,11	—1,97	—2,08
An Basen gebundenes Bicarbonat in Millimol	15,23	5,21	20,44	16,46	6,06	22,52	+1,23	+0,85	+2,08
H_2CO_3 in Millimol	0,71	0,34	1,05	0,82	0,40	1,22	+0,11	+0,06	+0,17
freier O_2 in Millimol	—	—	0,07	—	—	0,03	—	—	—0,04
gebundener O_2 in Millimol	—	8,5	8,5	—	5,8	5,8	—	—2,7	—2,7
Gesamt-O_2 in Millimol	—	—	8,6	—	—	5,8	—	—	—2,8
CO_2-Spannung, in Torr	—	—	40	—	—	47	—	—	+7
O_2-Spannung, in Torr	—	—	78	—	—	34	—	—	—44
Volumen, cm³ pro Liter Blut	599,7	400,3	1000	595,0	405,0	1000	—4,7	+4,7	0,0
pH	7,450	7,309		7,421	7,300	—	—	—	—
Gesamt-CO_2	15,94	5,55	21,50	17,28	6,46	23,73	+1,34	+0,91	+2,25

Konzentration des Hämoglobins 8,8 Millimol/l Blut.
Konzentration des Serumproteins 51 g/l Blut.
RQ = 0,82.

Das Blut besteht aus Plasma und Formelementen (Erythrocyten, Leuko- und Thrombocyten).

751205 Die Blutzellen.
(Nach H. Rein, Physiologie des Menschen. 1938.)

		Zahl im mm³	Bemerkungen und physiologische Schwankungen
	Erythrocyten[1]	5000000 4500000	beim Manne bei der Frau physiologische Erythrocytosen: bei Aufenthalt in großen Höhen („Höhenhypererythrocytose") bis 8000000, beim Neugeborenen bis zu 6000000
	Weiße Blutkörperchen	5000...6000	
65...75%	Polymorphkernige, neutrophile Leukocyten	3500...3900	Vermehrung, d. h. Leukocytose, bei Neugeborenen bis zu 15000 und mehr; Verdauungsleukocytose
2...4%	Eosinophile Leukocyten	100...200	vermehrt im Blute des Darmes bei Verdauung
~0,5%	Basophile Leukocyten	25...30	—
6...8%	Monocyten	300...450	—
20...25%	Lymphocyten	1000...1400	Lymphocytose bei schwerer Muskelarbeit

Blutkörperchen (45±5% des Blutvolumens).
Dichte 1,090...1,105.
Rote Blutkörperchen (Mensch): Durchmesser . . . 7,5 μ Höhe . . 1,5 μ
Oberfläche . . . . 130 μ² Inhalt . 80 μ³
Elektrische Leitfähigkeit: (—).
Osmotische Resistenz: 0,45% NaCl, Beginn der Hämolyse.
0,24% NaCl, vollständige Hämolyse.

Bei der Gerinnung scheidet sich Fibrin ab: Plasma ohne Fibrinogen = Serum. Normale Gerinnungszeit 4...5 Min. bei 25° (Bildung der ersten Fibrinfäden in einem frischen Blutstropfen unter bestimmten Versuchsbedingungen).

751206 Abhängigkeit der Blutgerinnung von der Temperatur beim Kaninchen (nach Koller).

40°	2 Min.	10°	14 Min.
30°	3 Min.	8°	20 Min.
20°	4...6 Min.	5°	40 Min.
15°	8 Min.		

Normale Blutungszeit 3...4 Min. (aus Stichwunde mit dem Schnepper).

Blutgruppen. In den roten Blutkörperchen der Menschen können zwei isoagglutinable Substanzen vorkommen, die mit A und B bezeichnet werden. Danach unterscheidet man 4 Blutgruppen:

Gruppe 0, die weder A noch B enthält;
Gruppe A, die nur A enthält;
Gruppe B, die nur B enthält und
Gruppe AB, die beide isoagglutinable Substanzen enthält.

In den Seren finden sich die entsprechenden Isoagglutinine Anti-A und Anti-B; Anti-A (bzw. Anti-B) vermag die die isoagglutinable Substanz A (bzw. B) enthaltenden

[1] Nach Ponder: The mammalian red cell (Berlin 1934): beim Manne 5,4 Millionen, bei der Frau 4,7 Millionen im mm³.

Blutkörperchen zu agglutinieren. Im Blut eines Menschen können also die isoagglutinable Substanz und das zugehörige Isoagglutinin niemals gleichzeitig vorhanden sein.

Es kommen vor (Landsteinersche Regel)

im Serum der Blutgruppe 0: Anti-A und Anti-B,
„ „ „ „ A: Anti-B,
„ „ „ „ B: Anti-A,
„ „ „ „ AB: keine Isoagglutinine.

751207.

	Blutgruppe	Isoagglutinine (im Serum)	Blutkörperchen (Spender)			
			0	A	B	AB
Serum (Empfänger)	0	Anti-A Anti-B	—	+	+	+
	A	Anti-B	—	—	+	+
	B	Anti-A	—	+	—	+
	AB	—	—	—	—	—

+ bedeutet Agglutination; — bedeutet keine Veränderung.

Als Blutspender ist serologisch ohne weiteres jeder geeignet, der zur gleichen Blutgruppe wie der Empfänger gehört. Bedingt geeignet (wenn die Menge des Spenderblutes im Verhältnis zu der des Empfängerblutes nicht zu groß ist) sind gruppenfremde Personen, deren Blutkörperchen im Blute des Empfängers keine Antikörper finden

1. wenn der Empfänger zur Gruppe AB gehört („Universalempfänger"),
2. wenn der Spender zur Gruppe 0 gehört („Universalspender").

Außer den isoagglutinablen Substanzen A und B kommen in den roten Blutkörperchen des Menschen noch agglutinable Substanzen vor, die als M, N und P bezeichnet werden und für die (im Gegensatz zu A und B) im Serum keine Isoagglutinine vorgebildet sind. Die Gruppenmerkmale können daher nur mit spezifisch allergisierten Tierseren (Kaninchen) nachgewiesen werden.

751208 Ethnographische Blutgruppenverteilung.
(Aus Handwörterbuch der Naturwissenschaften.)

	0	A	B	AB		0	A	B	AB
Deutsche	40,0	43,0	12,0	5,0	Japaner	30,2	37,9	22,5	9,5
Engländer	46,4	43,4	7,2	3,0	Koreaner	30,5	27,4	34,5	7,6
Franzosen	42,2	42,6	11,2	3,0	Philippinos	41,6	23,0	30,3	4,9
Bulgaren	39,0	40,6	14,2	6,2	Inder	31,3	19,0	41,2	8,5
Italiener	47,2	38,0	11,0	3,8	Zigeuner	34,2	21,1	38,9	5,8
Ungarn	31,0	38,0	18,8	12,2	Australier	55	38...40	5...7	2,0
Polen	32,5	37,6	20,9	9,0	Senegalneger	43,2	22,4	29,2	5,0
Russen	40,7	31,2	21,8	6,3	Indianer	79,1	16,4	3,4	0,9
Chinesen	31,3	38,1	20,7	9,9	Eskimo	100	—	—	—

Das Verhältnis A/B wird auch als biochemischer Rassenindex bezeichnet.

751209 Zusammensetzung des menschlichen Blutes.

	Gesamtblut	Erythrocyten	Plasma (Serum)
Wasser	77...81%	60...67%	90...92%
Feste Stoffe	19...23%	33...40%	8...10%
Hämoglobin	14...16%	28...32%	0
Eiweiß	4... 6%	3... 4%	7... 8%
Serum-Albumin	2... 3%	—	4,5... 5%
Serum-Globulin	~ 1%	—	1... 2%
Fibrinogen	~ 0,2%	—	0,3... 0,6%
Cholesterin	140...170 mg-%	130...170 mg-%	150...190 mg-%
Phosphatide	280...320 mg-%	350...480 mg-%	170...260 mg-%
Fette (als Säuren)	290...420 mg-%	270...450 mg-%	300...470 mg-%
Zucker	50... 90 mg-%	50... 90 mg-%	50... 90 mg-%
Glykogen	7... 12 mg-%	—	3 mg-%
Acetonkörper	—	—	1...2 mg-%
Oxalsäure	0,2...0,4 mg-%	—	—
Ameisensäure	2...5 mg-%	—	—
Citronensäure	—	—	2,4 mg-%
Äthylalkohol	0,0...0,03 mg-%	—	—
Milchsäure	8...15 mg-%	<	>
Rest-N	25 mg-%	30 mg-%	20 mg-%
Harnstoff-N	14 mg-%	12 mg-%	17 mg-%
Harnsäure-N	1...3 mg-%	2 mg-%	2...4 mg-%
Kreatinin	1,5 mg-%	2,5 mg-%	1,2 mg-%
Kreatin	3...7 mg-%	6 mg-%	0,3 mg-%
Aminosäuren-N	6...7 mg-%	8...13 mg-%	4...6 mg-%
NH_3	0,02 mg-%	> mg-%	< mg-%
Indican	0,03...0,08 mg-%	—	0,1 mg-%
Na	180...240 mg-%	40...100 mg-%	320...345 mg-%
K	160...200 mg-%	360...430 mg-%	15... 25 mg-%
Ca	6...7 mg-%	0,5...2 mg-%	9... 11 mg-%
Mg	3 mg-%	4...5 mg-%	2...3 mg-%
Fe	50 mg-%	100 mg-%	0,05...0,2 mg-%
Cu	0,09...0,12 mg-%	—	—
As	0,06 mg-%	—	—
Mn	0,03...0,15 mg-%	—	—
Al	0...0,2 mg-%	—	—
Pb	0,4...0,7 mg-%	—	—
Zn	0,5 mg-%	—	0,34 mg-%
Cl	250...280 mg-%	150—210 mg-%	320...360 mg-%
SO_4	1,5...3,5 mg-%	—	0,9...1,5 mg-%
Ätherschwefelsäuren	1,5 mg-%	—	0,5...1,2 mg-%
P	—	—	—
anorganisch —	3...4 mg-%	3...5 mg-%	2...4 mg-%
Lipoid —	30...45 mg-%	40...75 mg-%	5...12 mg-%
Br (60...80% organisch)	0,2...0,4 mg-%	—	—
J (50% organisch)	0,003...0,01 mg-%	—	0,003...0,007 mg-%
F	0,05...0,1 mg-%	—	—
Rhodan	0,1...0,3 mg-%	—	—
Vitamin A	—	—	0...0,003 mg-%
Vitamin B_1	—	—	0,007...0,015 mg-%
Vitamin C	—	—	0,3...0,45 mg-%
Carotinoide	—	—	0,03 mg-%
Glutathion	35 mg-%	—	—
Ergothionein	3...12 mg-%	—	—
Bilirubin	—	—	0,3...0,7 mg-%

751210 Zusammensetzung verschiedener Blutarten.

Gesamtblut 100 g	Mensch	Pferd	Rind	Schaf	Ziege	Kaninchen	Hund
	g	g	g	g	g	g	g
Wasser	80	75	80	82	80	81	80
Feste Stoffe	20	25	20	18	20	19	20
Hämoglobin	14	13	11	9	11	12	16
Eiweiß	5	7	7	7	7	2,5	4
	mg	mg	mg	mg	mg	mg	mg
Zucker	70...110	60...120	60...100	50...90	40...70	70...120	80...110
Cholesterin	150	35	190	130	130	60	130
Lecithin	300	290	230	220	245	280	200
Na	200	200	360	270	270	200	300
K	180	230	40	34	33	175	20
Ca	6	4	7	5	5	5	6
Mg	3	4	5	2	2,5	3,5	4
Fe	50	58	40	34	38	43	45
Cl	270	280	310	310	290	290	300
Gesamt-P	33	28	18	17	19	48	43
Lipoid-P	10	10	10	9	9	14	15
Säurelösliches P	19	16	3	3	4	30	22
Anorganisches P	2	2	5	5	5	4	3
Nuclein-P	—	0,3	0,2	0,3	0,4	—	0,5
Anorganisches S	—	7	2,5	—	7...11	0,5	2...4
Ätherschwefels.-S	0,5	—	3,3	—	1...5	2	3...5
J	0,003...0,01	—	0,015	—	—	0,008...0,01	—
Glutathion	35	—	39	41	—	54	24
Harnsäure	1,5...3	—	5	3	—	—	7
Milchsäure	8...15	8	11	11	10	9	24

Serum 100 g	Mensch	Pferd	Rind	Schaf	Ziege	Kaninchen	Hund
	g	g	g	g	g	g	g
Wasser	91	90	91	91	90	92	92
Feste Stoffe	9	10	9	9	10	8	8
Hämoglobin	—	—	—	—	—	—	—
Eiweiß	7,5	8,4	7,2	6,8	7,8	5,4	6,1
	mg	mg	mg	mg	mg	mg	mg
Zucker	100	120	100	100	125	165	130
Cholesterin	160	125	140	75	70	40	140
Lecithin	190	170	90	70	60	70	160
Na	320...350	330	330	320	320	355	355
K	20	19	21	20	22	22	21
Ca	10	8	9	8	9	10	10
Mg	2,3	2,8	4	2,5	2,5	2,9	2,3
Fe	0,1	0,14	0,2	—	—	0,1	0,24
Zn	0,33	—	0,37	0,29	—	0,35	0,32
Cu	0,17	0,25	0,4	—	—	0,1	0,14
Cl	340	360	370	370	370	390	400
J	—	—	—	—	—	—	—
Gesamt-P	14	10,5	10,6	10,5	10,3	10,5	10,3
Anorganisches P	3,4	3,1	3,7	3,2	3,0	2,8	3,5
Gesamt-S	141	—	154	—	—	—	—
Rest-N	33	33	31	28	—	—	—

Erythrocyten 100 g (nach Abderhalden)	Mensch	Pferd	Rind	Schaf	Ziege	Kaninchen	Hund
	g	g	g	g	g	g	g
Wasser	63	61	59	60	61	63	63
Feste Stoffe	37	39	41	40	39	37	37
Hämoglobin	30	32	32	30	32	33	33
Eiweiß	4	5,7	6,4	7,8	5,4	1,2	0,5
	mg	mg	mg	mg	mg	mg	mg
Zucker	90	—	—	—	—	—	—
Cholesterin	150	40	340	240	170	70	125
Lecithin	400	400	375	340	385	460	230
Na	80	—	165	160	160	—	210
K	400	410	60	60	60	430	22
Ca	1	—	—	—	—	—	—
Mg	4	4,8	1	1	2,4	4,6	3,9
Fe	100	110	115	110	110	115	110
Cl	180	194	181	165	148	123	136
Gesamt-P	70	60	23	26	22	71	48
Anorganisches P	5	46	11	15	9	55	38

751211 Hämoglobingehalt in 100 cm³ Blut.
(Aus Koller, Physiologie des Menschen und der Tiere.)

Frau	13,3 g	Fische	5,7 g	Rind	10,8 g
Mann	14,6 g	Amphibien	6,3 g	Pferd	12,8 g
Neugeborener	20...21 g	Reptilien	6,9 g	Hund	15,8 g
Regenwurm	3,77 g	Vögel	12,4 g		

751212 Cu im Blut niederer Tiere (nach Dhéré).
(Aus Lintzel in Handbuch der Tierernährung.)

Weinbergschnecke	6,5...12,5 mg-‰ Cu
Octopus	18,0...28,5 mg-‰ Cu
Garnele	3,5...13,5 mg-‰ Cu
Hummer	9,5...10,5 mg-‰ Cu
Flußkrebs	4,0... 8,0 mg-‰ Cu
Taschenkrebs	8,5...10,0 mg-‰ Cu

Im krystallinischen Hämocyanin 0,34...0,38% Cu
Im krystallinischen Hämoglobin 0,336% Fe.

7513 Die Verdauungsflüssigkeiten.

Menge und chemische Zusammensetzung schwanken stark mit der Art des Produktionsreizes.

75131 Mineralstoffe in Verdauungsflüssigkeiten
(nach Rosemann und Herter).
(Aus Lintzel in Handbuch der Tierernährung.)

	H_2O %	Na mg-%	K mg-%	Ca mg-%	Mg mg-%	P mg-%	S mg-%	Cl mg-%
Speichel (Mensch)	99,4	20	56	12	1	5	(+)	75
Speichel (Hund)	99,4	100	59	10	—	2,3	4	94
Speichel (Pferd)	98,9	294	18	13	—	1,5	4	455
Magensaft (Hund)	96,1	25	31	0,2	0,5	0,3	0,5	532
Pankreassaft (Rind)	98,5	330	25	—	—	—	—	180

Speichel (Ohrspeicheldrüse — dünnflüssiges, Submaxillaris und übrige Drüsen — schleimiges Sekret). Dichte 1002...1008; Δ^0 0,2...0,4°; p_H 6...8. Tägliche Produktion (Mensch) 1...1,5 l.

Fermente: Amylase syn. Ptyalin (Lipase, Proteinase, Peptidase stammen aus Leukocyten und Epithelien).

100 Teile Speichel enthalten:

Wasser	99,4	Mucin und Epithelien	0,1
Gelöste Stoffe	0,5	Harnstoff	0,02
davon organisch	0,3	Harnsäure	0,001
davon anorganisch	0,2	Rhodan	0,003...0,008

Magensaft. Dichte 1006...1009; Δ^0 0,47...0,64; p_H 0,9...1,6; $[\alpha]_D$ 20 cm ~ —0,72°. Tägliche Produktion ~$1^1/_2$ l.

100 Teile Magensaft enthalten:

Wasser	99	Gesamt-Cl	0,5
Gelöste Stoffe	1	davon HCl	0,45
davon organisch	0,45	davon freie HCl	0,4
davon anorganisch	0,55	NH_3	0,05
		Eiweiß	~0,4

Fermente: Pepsin, Labferment (Lipase in Spuren).

Darmsaft. Dichte 1010...1011; Δ^0 0,62; p_H 8,3. Tägliche Produktion schätzungsweise 200 cm³. Die aktuelle Reaktion in den einzelnen Darmabschnitten beträgt nach Nahrungsaufnahme:

Duodenum	p_H 5,9...6,6	unteres Jejunum	6,2...7,3
oberes Jejunum	p_H 6,2...6,7	Ileum neutral bis schwach alkalisch.	

Fermente: Erepsin, Enterokinase, Lipase, Amylase, Maltase, Saccharase, Lactase, Nukleasen u. a.

100 Teile Darmsaft enthalten:

Wasser	98	NaCl	0,5
Gelöste Stoffe	2	$NaHCO_3$	0,4
Salze	0,9	Eiweiß	0,8

Pankreassaft. Dichte 1014...1016; Δ^0 0,61...0,62; p_H 8,3. Tägliche Produktion ~1...1½ l.

Fermente: Trypsin, Lipase, Amylase (Maltase).

100 Teile Pankreassaft enthalten:

Wasser	98	Asche	0,6...0,7
Trockensubstanz	2	N	0,01

Er enthält bei rascher Sekretion große Mengen $NaHCO_3$ und wenig Cl. Die Alkalescenz nimmt mit der Dauer der Sekretion zu.

Galle. $\Delta^0 = 0{,}54...0{,}63$; p_H 7,4...7,7; Dichte: Lebergalle 1010...1012, Blasengalle 1026...1032. Tägliche Produktion 800...1100 cm³. Sekretionsdruck 220 bis 270 mm Galle (16...20 Torr).

75132 Zusammensetzung der menschlichen Galle in ‰ (nach Hammarsten).

	Lebergalle	Blasengalle [1]		Lebergalle	Blasengalle [1]
Wasser	965	840	Fettsäuren u. Seifen	1,4	10,6
Trockensubstanz	35	160	Cholesterin	1,6	8,7
Mucin u. Farbstoffe	4,3	44,3	Lecithin	0,6	1,4
Gallensaure Alkalien	18,2	87,2	Fett	0,5	6,0
Taurocholat	2,1	19,3	Lösliche Salze	6,8	3,0
Glykocholat	16,1	67,9	Unlösliche Salze	0,5	2,4

75133 Lymphe und physiologische Transsudate.

	Hungerlymphe	Pericardialflüssigkeit	Liquor cerebrospinalis	Kammerwasser	Synovia vom ruhenden Tier
Wasser	95	96,1	99,0	98,7	97,0
Feste Stoffe	5	3,9	1,0	1,3	3,0
Eiweiß	3,5	2,9	0,02	0,02	1,6
Albumin	2,8	2,2	—	—	—
Globulin	0,65	0,6	—	—	—
Fibrin	0,05	0,08	—	—	—
Asche	0,87	0,86	0,86	0,80	1,1

75134 Anorganische Bestandteile.

mg-%	Na	K	Ca	Mg	Cl	P
Hungerlymphe	240	15	9	2,7...3,5	290	7,2...10,8
Liquor cerebrospinalis (Mensch)	290	12	4...6	3,3	400...460	1,5...2 0
Kammerwasser (Pferd)	340	19	8	1,6	430...440	1,6
Glaskörperflüssigkeit (Pferd)	356	16,6	7,2	1,8	426	0,9

[1] In der Gallenblase findet eine Eindickung der Leberzelle auf das 4...5fache statt.

75135 Liquor cerebrospinalis.

Dichte	1006...1007
Viscosität	1,02 ...1,04
Δ^0	0,52 ...0,56°
p_H	7,4 ...7,6
Trockensubstanz	1,06 ...1,10%
organisch	0,175...0,265%
mineralisch	0,85 ...0,90%
Eiweiß	bis 0,02% (ab 0,03% pathologisch)
Zucker	54...63 mg-%
Zellgehalt	0...5 Zellen in 1 mm³

7514 Harn.

Die Zusammensetzung ist bestimmt durch die Ausscheidung der (wasserlöslichen) Stoffwechselschlacken, Balancierung des Wasser- und Salzhaushalts, Osmoregulation und Einstellung des Säure-Basengleichgewichtes. Dementsprechend schwanken auch die Werte erheblich, vor allem unter außergewöhnlichen und belastenden Bedingungen.

Harnmenge/Tag 400 cm³ bis viele Liter, normal 1200...1500 cm³. Δ^0 0,3...2,2. Dichte 1001...1040; Tagesmischharn Dichte 1015...1020. p_H 5...7; Fleischkost wirkt säurebildend, Pflanzenkost im allgemeinen alkalisierend (Körnerfrüchte säuernd).

Die gelbe Farbe ist bedingt durch den Harnfarbstoff Urochrom, weiter durch Urobilinogen, Urobilin, Bilirubin, Porphyrin, Uroerythrin und Urorosein. Ihre Intensität ist abhängig von der Konzentration des Harnes.

Unter normalen Bedingungen scheidet ein Erwachsener pro Tag mit dem Harn 55...70 g feste Substanz aus, davon anorganisch 25...30 g, organisch 30...40 g. Ein Annäherungswert der festen Substanz läßt sich aus dem Häserschen Quotienten errechnen: die beiden letzten Stellen der Dichte × 2,3 (1 l Harn der Dichte 1020 enthält 46 g feste Substanz).

75141.

24-Stunden-Durchschnittswerte sind:

Na	5,9 g	Cu	0...0,7 mg	Cl	8,9 g
K	2,7 g	Zn	0,25...2 mg	SO_4	2,4 g
Ca	0,5 g	Al	bis 0,05 mg	PO_4	4,1 g
Mg	0,4 g	As	bis 0,5 mg	J	7...30 γ
NH_3	0,7 g	Pb	50 γ	Br	5 mg
		Fe	20 γ		

Harnstoff	25...30 g	Oxalsäure	20...40 mg
Kreatinin	1,3 g	Citronensäure	150...300 mg
Harnsäure	0,5...1,0 g	Porphyrin	18...100 γ
Hippursäure	0,1...2,0 g	Urobilinogen	0...4 mg
Phenacetursäure	+	Glukuronsäuren	+
Purinbasen	0,05 g	Vitamin B_1	100...300 γ
Indican	5...20 mg	Flavin (B_2)	~0,3...1 mg
Phenole	20...60 mg	Vitamin C	(+)

Weiterhin wurden gefunden: Paraoxyphenylessigsäure, Paraoxyphenylbrenztraubensäure, Benzoesäure, Kynurensäure, Ameisensäure, Essigsäure, Propionsäure, Buttersäure, Milchsäure (nach Anstrengungen), Cystin- und Taurinderivate, Chondroitinschwefelsäure und artspezifische Riechstoffe.

7515 Kot.

Der normale Kot enthält die nicht resorbierten und unverdaulichen Nahrungsbestandteile (Cellulose, Pflanzenzellen, Gräten, Haare usw.), ferner die durch Bakterientätigkeit veränderten Gallenbestandteile, Schleim, Fermente, abgestoßene Epithelien des Darmtraktes und Bakterien, weiter Ca, Mg, Fe und Phosphate, die zum Teil durch den Dickdarm vom Körper ausgeschieden werden. Rund 30% der normalen Kottrockensubstanz sind Bakterien, etwa 15% sind abgeschilferte Darmepithelien (daher Kotbildung auch bei völligem Hunger).

Der Wassergehalt liegt normal zwischen 65...85%, er ist stark abhängig von der Art der Nahrung und der Geschwindigkeit der Darmpassage.

Kotmenge (Trockensubstanz) in 24 Stunden bei Fleischkost 15...25 g, bei gemischter Kost 30...40 g, bei Gemüsekost 75 g und mehr.

Farbe: normal braun, vor allem durch Stercobilin, dunkler bei schlackenarmer animalischer, heller bei schlackenreicher vegetabilischer Nahrung. Nachdunkeln durch Oxydation an der Luft (Oxydation des Urobilinogens zu Urobilin). Goldgelb beim mit Muttermilch ernährten Säugling (unverändertes Bilirubin). Grün durch Chlorophyll (Spinat) und durch Biliverdin (veränderter Säuglingsstuhl). Schwarz durch Pflanzensäfte (Heidelbeeren, Bordeaux), durch Kohle, Eisen und Wismut (Eisen- und Wismutsulfid). Pechschwarz bei hohem Hämatingehalt (bluthaltige Nahrung (Blutwurst) oder bei Blutungen im Magen und oberen Darmabschnitten). Tonfarben durch unresorbiertes Fett bei Sperre des Gallenzuflusses (Neutralfett, Kalkseifen). Weiß (Hund) durch Calciumphosphat bei Knochennahrung.

Geruch: Normal nach Fäulnisprodukten wie Skatol, Indol und Schwefelverbindungen (Mercaptan), verstärkt bei gesteigerter Fäulnis (Fäulnisdurchfälle). Scharfer Geruch nach niederen Fettsäuren bei Gärungsdurchfällen. Der normale Milchstuhl eines Säuglings hat einen schwachen, nicht unangenehmen aromatischen Geruch (Fehlen von Fäulnis und Gärung).

7516 Zusammensetzung der Milch.

Die Milch ist deckfarben weiß bis gelblich gefärbt, die Farbe ist bedingt durch die feine Suspension des Fettes, der gelbliche Ton durch Farbstoffe, Carotinoide und Lactoflavin.

Neben den in den Tabellen aufgeführten Bestandteilen enthält Milch Vitamine, Fermente und nur arteigen wirkende Immunkörper. Der Vitamingehalt ist stark von der Ernährung abhängig.

Fermente: Katalase, Oxydasen, Dehydrasen (Proteinase, Diastase, Lipase von Bakterien).

75161 Vergleich einiger Milcharten.
(Nach Zorn, Richter und Wiener: Ernährung, Bd. 3. 1938.)

	Schafmilch	Kuhmilch	Frauenmilch
Säuregrad (S. H.)[1]	9,91	6,8	2,0
p_H (ganz frisch)	6,54	6,60	6,97
Dichte	1,0366	1,0323	1,030
Trockensubstanz	16,9%	12,5%	12,3%
Fettfreie Trockenmasse	11,2%	8,8%	8,3%
Fett	5,6%	3,7%	4,0%
Gesamt-N	0,8%	0,5%	0,2%
bzw. Stickstoffsubstanz (Rohprot.)	5,4%	3,3%	1,4%
Gesamt-Eiweiß (Reinprotein)	5,1%	3,0%	1,2%
Casein	4,2%	2,5%	0,8%
Albumin (+ Globulin)	0,9%	0,5%	0,4%
Rest-N	42,5 mg-%	39,2 mg-%	31,4 mg-%
Milchzucker	4,9%	4,6%	6,5%
Rohasche	0,9%	0,7%	0,3%
CaO	253 mg-%	140 mg-%	38 mg-%
P_2O_5	364 mg-%	170 mg-%	31 mg-%
Cl	95 mg-%	100 mg-%	60 mg-%
Citronensäure	130 mg-%	250 mg-%	150 mg-%
Vitamin C	3,6 mg-%	1...2 mg-%	4...7 mg-%
Rohcalorien je 100 cm^3	94,2 kcal	66,4 kcal	69,6 kcal
Reincalorien je 100 cm^3	91,5 kcal	64,6 kcal	67,9 kcal

[1] S.H. = Säuregrad nach Soxhlet-Henkel. cm^3 0,25 n NaOH auf 100 cm^3 Milch bis zum Umschlag von Phenolphthalein. Kuh normal 6...7.

75162.

	Kuhmilch	Frauenmilch
Cu	0,02...0,05 mg-%	0,05...0,06 mg-%
Gesamt-P	90 mg-%	14,5 mg-%
Fe	1,3 mg-‰	1 mg-‰
Si	1 mg-‰	—
J	16...144 γ-% (30)	—
B_1	24...57 γ-%	+ → 13%
Vitamin A	150...300 i. E. (Sommer)	—
	60...100 i. E. (Winter)	—

75163 Mineralstoffe in der Milch (König, Berg und Lintzel).

	H_2O %	Na mg-%	K mg-%	Ca mg-%	Mg mg-%	P mg-%	S mg-%	Cl mg-%
Frau	87,6	20	80	32	4	30	—	50
Stute	90,6	9	75	78	6,1	50	—	27
Kuh	88	70	150	120	13	90	31	120
Ziege	86,9	8	143	128	13,3	103	37	14
Schaf	83,6	33	188	207	8,3	125	—	71
Büffel	82,2	38	99	203	16,9	125	—	62
Kamel	87,1	19	114	142	21,9	193	—	105

75164 Zusammensetzung der Milch in % (König u. a.).

	spez. Gewicht	Trockensubstanz	Gesamtprotein	Casein	Albumin	Casein/Albumin	Fett	Milchzucker	Asche
Frauenmilch	1028...1034	12,3	1,5	0,7	0,8	< 1	4	7	0,25
Kuhmilch	1031	12,4	3,5	2,7	0,5	> 1	3,4	4	0,7
Ziegenmilch	1030	9,3...14,3	3,76	2,8	1	> 1	4,1	4,4	0,8
Schafmilch	1036	16,8	4,3...6,6	4,5	1	> 1	6,1	5	0,9
Büffelkuhmilch	1032	15,8...18,4	4,0...7,8	5	0,5	> 1	6,9	4,5	0,8
Stutenmilch	1033	9,4...10,4	1,6...2,1	1	0,8	~ 1	0,9	6,5	0,4
Eselinnenmilch	1032	8,0...11,5	1,0...2,4	0,8	1	< 1	1,2	5,5	0,4
Renntiermilch		35,75	10,9	8	1,5	> 1	19,7	2,6	1,4

Die Streuung der Werte kann in extremen Fällen sehr erheblich sein; beim Menschen: Fett 0,76...9,0%, Eiweiß 1,09...1,90%, Milchzucker 2,94...7,20%, Aschen 0,10...0,41%.

752 Stoffwechsel und Ernährung.

Für den lebenden Organismus ist der dauernde Umsatz von Energie eine unbedingte, das Leben definierende Voraussetzung.

Es besteht somit die Forderung auf Lieferung energiereicher Betriebsstoffe und Ergänzung der abgenützten Baustoffe. Ein weiterer zusätzlicher Bedarf an Energiespendern ergibt sich durch die Leistung äußerer und vermehrter innerer Arbeit

75201 Wärmeabgabe eines ruhenden Erwachsenen (nach Abderhalden).

	kcal Tag	% der Wärmeabgabe
Atmung, Verdunstung	35	1,3
Arbeit	51	1,9
Erwärmung der Atemluft	42	1,6
Wasserverdunstung	558	20,7
Erwärmung der umgebenden Luft (Leitung)	833	30,8
Strahlung	1181	43,7
	2700	100,0

75202 Ruhe-O_2-Verbrauch der Warmblüterorgane (nach Lehmann u. a.).

Organ	O_2-Verbrauch in cm^3 pro 100 g u. Min.	% Beteiligung des Organs am Grundumsatz
Skeletmuskel	0,45	24...50
Darm	1,8	7
Speicheldrüse	2,5	0,7
Leber	2,7	12
Herz	3,5	5
Pankreas	4,0	2
Nebenniere	4,4	—
Niere	8,5	5...8

Grundumsatz ist der Calorienverbrauch eines nüchternen ruhenden Menschen (Grundstoffwechsel + Wärmeproduktion zur Erhaltung der Körpertemperatur + Minimum an innerer Arbeit), gemessen bei Zimmertemperatur.

Der Grundumsatz des Menschen ist abhängig von Größe, Gewicht, Alter, Geschlecht. Ein einigermaßen vergleichbarer Wert ist seine Beziehung zur Körperoberfläche. Zur Errechnung der Oberfläche O in m^2 aus leicht meßbaren Größen ist von Du Bois die Formel angegeben:

$$O = 0{,}1672 \sqrt{\text{Gewicht (kg)}} \cdot \sqrt{\text{Länge (m)}}.$$

75203 Grundumsatz in kcal/Stunde je m^2 Oberfläche (nach Du Bois).

Alter	Mann	Frau	Alter	Mann	Frau
18...20	41	38	40...50	38	36
20...30	39,5	37	60...70	36	34

Als Faustregel kann dienen, daß der Grundumsatz des Erwachsenen pro Kilogramm und Stunde rund 1 kcal beträgt.

Anstatt der sehr schwierigen direkten Bestimmung der Wärmeabgabe mißt man den Sauerstoffverbrauch als entsprechende Größe und die gleichzeitige Kohlensäureabgabe. Der respiratorische Quotient $(R.Q.) = \frac{CO_2\,(Vol)}{O_2\,(Vol)}$ berichtet über die Art der verbrannten Nahrungsstoffe.

75204 Calorimeterwerte der Nahrungsstoffe (nach Zuntz).

Umsatz von 1 g	Notwendiger O_2 in cm^3	Gebildete CO_2 in cm^3	R.Q.	Energieentfaltung in kcal	Energiewerte von 1 l verbrauchtem O_2 in kcal
Kohlehydrate	826,8	826,8	1,0	4,2	5,05
Fette	2019,3	1427,3	0,7	9,4	4,65
Eiweiß	963,0	773,9	0,8	4,3	4,48

Multipliziert man die in der Minute verbrauchten cm^3 O_2 mit dem sogenannten Calorienfaktor, so erhält man die in 24 Stunden auftretende Wärmemenge in kcal. Der aus einem Versuch erhaltene 24-Stundenwert wird mit Normaltabellen verglichen (s. Tabelle 75206).

Der Calorienfaktor ist vom R.Q. abhängig, er beträgt im Mittel 7,07 entsprechend einem R.Q. von 0,85.

75205 Abhängigkeit des Calorienfaktors vom R. Q. (aus Kestner-Knipping).

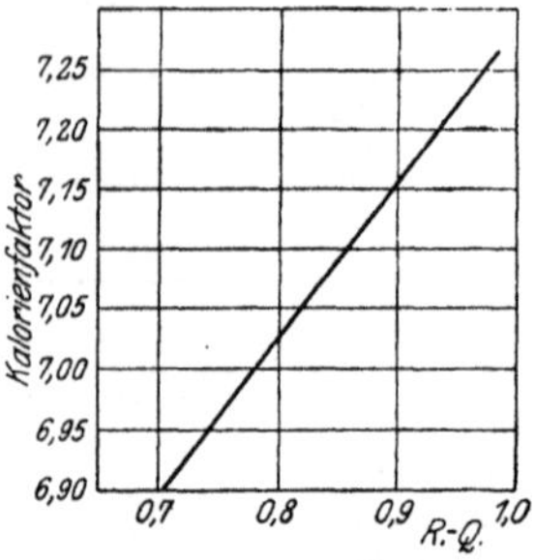

75206 Grundumsatz nach Benedict und Harris (gekürzt).
(Ausführliche Tabelle in Kestner-Knipping, Die Ernährung des Menschen, 1928.)

Beispiel:

Männliche Person von 60 kg, 163 cm und 25 Jahren.

Grundzahl für Gewicht	890 kcal
Zweite Zahl für Alter und Größe	647 kcal
also Grundumsatz	1537 kcal

(Zwischenliegende, nicht angegebene Werte lassen sich leicht errechnen.)

Erste Zahl: Grundzahl für Gewicht.

kg	Personen		kg	Personen		kg	Personen	
	männliche	weibliche		männliche	weibliche		männliche	weibliche
5	130	700	35	550	990	65	960	1280
10	200	750	40	620	1040	70	1040	1330
15	270	800	45	690	1090	75	1100	1370
20	340	850	50	750	1130	80	1160	1420
25	400	900	55	820	1180	85	1235	1470
30	480	940	60	890	1230	90	1280	1520

Zweite Zahl: Für Alter und Größe.

cm	Jahre						
	5	10	15	20	30	50	70
				Männer.			
70	130	—	—	—	—	—	—
100	430	300	—	—	—	—	—
120	—	500	380	—	—	—	—
140	—	700	580	—	—	—	—
150	—	800	680	620	550	420	280
160	—	—	780	660	600	460	330
170	—	—	900	710	640	520	380
180	—	—	980	760	700	560	430
				Frauen.			
70	—70	—	—	—	—	—	—
100	40	30	—	—	—	—	—
120	—	120	80	—	—	—	—
140	—	220	160	140	120	30	—60
150	—	260	200	180	140	50	—40
160	—	—	240	210	160	60	—30
170	—	—	280	240	180	80	—10
180	—	—	320	270	190	100	—10

Der Grundumsatz schwankt also bei erwachsenen ***Männern*** zwischen 1000 kcal (50 kg, 150 cm, 70 Jahre) und 2000 kcal (85 kg, 180 cm, 20 Jahre), um bei 70 kg, 40 Jahren, 170 cm ***1600 kcal*** zu betragen. Bei erwachsenen ***Frauen*** schwankt er zwischen 1000 kcal (45 kg, 140 cm, 70 Jahre) und 1700 kcal (80 kg, 175 cm, 20 Jahre), um bei 40 Jahren, 60 kg, 160 cm ***1400 kcal*** auszumachen.

Im Leistungsstoffwechsel arbeitet der menschliche Körper mit einem Wirkungsgrad (Nutzeffekt) von etwa 20...25%. Der Calorienbedarf für eine zu leistende Arbeit ist also 4...5mal so groß, als dem mechanischen Wärmeäquivalent entspricht.

Der Wirkungsgrad ist stark abhängig von der Art der Arbeit und der Zweckmäßigkeit ihrer Durchführung (Training).

75207 Nutzeffekt einiger Arbeitsarten (nach Abderhalden, ds. nach Atzler, Handbuch der Arbeitsphysiologie).

Gewichtheben	8,4%	Nutzeffekt	Kurbeldrehen	20 %	Nutzeffekt
Feilen	9,4%	„	Radfahren	30 %	„
Waagerechtes Stoßen	14 %	„	Gehen	33,5%	„

75208 Energieumsatz eines Mannes von 70 kg/h (nach Zuntz).

Absolute Bettruhe	70 kcal = Grundumsatz
Strammes Stehen	80 „
Horizontales Gehen (3,6 km/h)	210 „
Horizontales Marschieren (6 km/h)	350 „
Bergsteigen 300 m/3,6 km/h	360 „
Bergsteigen 500 m/3,6 km/h	500 „
Radfahren 15 km/h	380 „
Schwimmen	640 „

Der Energieumsatz eines Menschen ist vor allem von der geleisteten Muskelarbeit abhängig. Der 24-Stundenumsatz beträgt schätzungsweise für einen 70 kg schweren nichtarbeitenden Erwachsenen 2400...2700 kcal, bei leichter Arbeit 2700...3400 kcal, bei schwerer Arbeit 3400...4200 kcal. Diesen Energiebedarf decken Kohlehydrate, Fette und Eiweiß. Bei einem Umsatz von 3000 kcal ist etwa folgende Verteilung der Nahrungsstoffe anzusetzen: Kohlehydrate 480...520 g, Fett 60...70 g, Eiweiß 70...90 g. Der physiologische Brennwert dieser Nahrungsstoffe (im Körper) ist unter Berücksichtigung der nicht vollständigen Auswertung für

1 g Eiweiß 4,1 kcal, 1 g Fett 9,3 kcal, 1 g Kohlehydrate (Stärke) 4,1 kcal.

Die entsprechenden Calorimeterwerte sind für Eiweiß 5,8 kcal, für Fette und Kohlehydrate mit den physiologischen etwa identisch.

Auch für Kohlehydrate, Eiweiß und Fett gilt jedoch das Liebigsche Minimumgesetz; sie können sich also nur zum Teil calorisch gegenseitig vertreten. Darum ist auch die Bewertung einer Kost ausschließlich nach ihrem calorischen Gehalt unzureichend, abgesehen davon, daß neben dem Verbrauch der Energiespender eine beständige Zufuhr von Mineralien, Wasser und Wirkstoffen (Vitaminen) notwendig ist.

Ausreichende, normale tägliche Eiweißaufnahme (zu etwa gleichen Teilen tierisches und pflanzliches Eiweiß) 70...90 g bei 3000 kcal Gesamtzufuhr (Minimum ~40 g). Die Unersetzlichkeit der Eiweißkörper ist bedingt durch ihre Rolle als alleiniger N-Träger und die spezifische Lebenswichtigkeit einiger Aminosäuren, die vom tierischen Körper nicht synthetisiert werden können (biologische Wertigkeit der Eiweiße); die Unersetzlichkeit der Fette durch ihre Vehikelfunktion für die fettlöslichen Vitamine und die katalytische Funktion einiger ungesättigter Fettsäuren, die der Kohlehydrate durch ihre leichte Verbrennlichkeit, die insbesondere auch die vollständige Verbrennung der Fette bewirken. Die Kohlehydrate sind die billigsten Energiespender in unserer Nahrung.

Grundsätzlich zu unterscheiden ist der „Brennwert" der Nahrungsmittel (Calorien) und ihr „Nährwert" (Bekömmlichkeit, Geschmack, Gehalt an Mineralien, Vitaminen, Ballaststoffen usw.). Die Kost soll niemals eine einseitige, sondern stets eine gemischte sein. Volkswirtschaftliche Belange sind zu beachten.

75209 folgt auf S. 1753.

75210 Aminosäuregehalt in % des Proteins (aus Lehnartz, Einführung in die Chemische Physiologie).

	Glykokoll	Alanin	Valin	Leucin / Isoleucin	Glutamin-säure	Asparagin-säure	Serin	Cystin	Methionin	Lysin	Arginin	Phenyl-alanin	Tyrosin	Prolin	Oxyprolin	Trypto-phan	Histidin
Serumalbumin	—	2,7	—	20,5	7,7	3,1	0,6	4,2		13,2	4,9	3,1	2,1	1,0	—	+	3,4
Eieralbumin	—	8,1	2,5	10,7	9,1	2,2	—	0,9		3,8	4,9	5,1	1,8	3,6	—	+	1,7
Milchalbumin	—	2,5	2,5	19,4	10,2	1,0		3,0	2,6	10,3	3,7	2,7	0,9	4,0	—	3,1	2,6
Serumglobulin	3,3	2,2	—	18,7	8,5	2,5	—	0,7		8,9	3,9	3,8	2,5	2,8	—	+	2,8
Fibrin	3,0	3,6	1,0	15,0	10,4	2,0	0,8	1,2	2,4	11,1	4,7	2,5	3,5	3,6	—	—	6,4
Globin	—	4,3		29,9	1,7	4,4	0,6	0,3		4,3	5,4	4,2	1,5	2,3	1,0	+	11,0
Casein	+	0,9	1,0	10,5	11,0	1,2	0,2	0,1	3,5	5,8	4,8	3,5	4,5	3,1	0,3	1,5	2,6
Seidenfibrin	40,5	25,0		2,5			1,8			0,9	1,5	1,5	11,0	1,0			0,8
Gelatine	25,5	8,7	0	7,1	5,8	3,4	0,4	—		5,9	8,2	1,4	0,01	9,5	14,1	0	0,9
Muskel (Ochse)	2,1	3,7	0,8	11,7	15,5	4,5	?			7,6	7,5	3,2	2,2	5,8		+	1,8
(Fisch)	—	?	0,8	10,4	10,1	2,8	?			7,5	6,4	3,1	2,4	3,2		+	2,6
(Huhn)	0,7	2,3	?	11,2	16,5	3,2	?			7,3	6,5	3,6	2,2	4,8		+	2,5
Elastin	25,8	6,6	1,0	21,4	0,8					+	0,3	3,9	0,3	1,7		—	0,3
Keratin (Menschenhaar)	9,1	6,9	+	12,1	8,0			11,4		—		0,6	3,3				
(Pferdehaar)	4,7	1,5	0,9	7,1	3,7	0,3	0,6	8,0		1,1	4,5	0	3,2	3,4	—	—	0,6
Thymushiston	0,5	3,5		11,8	3,7	—				6,9	15,5	2,2	5,2	1,5		1,5	2,2
Clupein	+	+	+ ?	—			+			—	82,6		—	+	+	—	—

	Glykokoll	Alanin	Valin	Leucin	Glutamin-säure	Asparagin-säure	Serin	Cystin	Methionin	Lysin	Arginin	Phenyl-alanin	Tyrosin	Prolin	Oxyprolin	Trypto-phan	Histidin
Weizen Gliadin	0,7	2,7	3,3	6,6	43,7	1,2	0,1	1,2		1,2	3,4	2,6	2,4	13,2		1,0	2,2
Reis Gliadin	0,13	1,33		6,3	33,9	0,3	0,06			0	2,2	2,7	2,2	9,8		+	0,4
Hordin	—	1,4	1,4	7,0	41,3	1,3	0,1	2,5		—	3,2	5,5	4,0	5,9		—	0,5
Zein	—	9,8	1,9	19,6	26,2	1,7	1,0			—	1,6	6,6	3,6	9,0		—	0,8
Edestin	3,8	3,6	+	20,9	18,8	4,5	0,4	0,3		1,0	11,7	3,1	2,1	4,1	2,0	+	1,1
Legumin (Erbse)	0,4	2,1		8,0	17,0	5,3	0,5			5,0	11,7	3,8	1,6	3,2		+	
(weiße Bohne)	1,0	2,8	1,0	8,2	16,3	4,0				5,1	4,6	2,0	2,8	2,3		—	2,4
Legumelin (Bohne)	0,5	0,9	0,7	9,6	13,0	4,1	?			3,0	5,5	4,8	1,6	4,0		+	2,3
Weizen	0,4	0,3		4,1	24,0	0,7				2,2	4,4	1,0	1,9	4,0		+	1,2
Hafer	1,0	2,5	1,0	15,0	18,4	4,0						3,2	1,5	5,4			
Mais	0,3			6,2	12,7	0,7				3,0	7,1	1,8	3,8	5,0		+	3,0
Bence-Jones	1,7	4,5	5,6	5,5	8,0	4,5		0,6		3,7	6,1			2,7		0,8	0,8

75209 Unentbehrliche Aminosäuren (für das Wachstum von Ratten). (Nach W. C. Rose: J. of biol. Chem.)

Unentbehrlich sind	Im Körper können gebildet werden	Unentbehrlich sind	Im Körper können gebildet werden
Methionin	Glykokoll	Phenylalanin	Serin
Histidin	Aminodicarbonsäuren	Threonin	Tyrosin
Lysin	Prolin	(α-amino-β-oxy-	Norleucin
Leucin	Oxyprolin	buttersäure)	Cystein
Isoleucin	Alanin	Arginin	Arginin (ungenügend)
Tryptophan	Valin		

Mineralstoffwechsel und Wasserhaushalt des Körpers sind gegenseitig stark von einander abhängig. Quantitative Aussagen über die Mineralstoffbilanz sind nur als grobe Schätzungen zu werten. Der ungefähre Mineralstoffbedarf eines Erwachsenen wird geschätzt auf: NaCl etwa 5 g (Zufuhr 10...15 g), K 2...3 g, Ca 1...1,5 g, Mg 0,6 g, P 1...2 g, Fe 0,01...0,015 g, J 0,001 g.

75211 Beispiel einer normalen Wasserbilanz (aus Rein: Physiologie des Menschen).

Wasserabgabe in cm^3 (24 Stunden)		Wassereinnahme in cm^3	
Harn	1500	Speisen	1000
Haut	450	Getränke	1300
Lunge	550	Oxydationswasser (aus dem Wasserstoff der verbrannten Nährstoffe)	350
Kot	150		

Die Mineralstoffe werden verwendet als Bausteine, weiter dienen sie zur Aufrechterhaltung des physikalisch-chemischen Reaktionsgleichgewichtes (Isotonie, Isoionie); Verschiebungen dieser Gleichgewichte, wie der der Ionenarten zueinander, gehören mit zu den primitiven Regulationssystemen der Organismen.

Die Notwendigkeit einer zweckmäßigen Mineralzufuhr, vor allem für das wachsende Tier, erhellt aus dem Verhältnis der Milchasche zu der Tierasche in Abhängigkeit von der Wachstumsgeschwindigkeit.

75212 (nach v. Wendt u. a.).

	Verdopplung des Anfangsgewichtes in Tagen	Mineralstoffe in % der Asche					
		Na	K	Ca	Mg	P	Cl
Asche junger Tiere (im Mittel)	—	8,9	13,2	36,6	1,5	27,1	12,7
Asche der Milch:							
Kaninchen	6	7,4	13,5	40,9	1,9	27,8	8,5
Hund	9	5,6	13,1	36,5	1,2	25,4	18,2
Schaf	15	9,3	14,1	30,4	1,5	22,2	22,5
Ziege	22	7,1	20,7	22,4	1,7	23,6	19,5
Rind	47	5,8	27,4	23,4	2,3	21,6	19,5
Pferd	60	3,2	31,0	31,8	2,5	20,6	10,9
Mensch	150	7,6	38,6	13,6	2,3	12,4	25,5

Je schneller das Wachstum vor sich geht, um so enger ist die Zusammensetzung der Milchasche der des wachsenden Tieres angepaßt. Beim langsam wachsenden Menschen ist dieser Zusammenhang nicht mehr zu erkennen.

75213 Allgemeine Nahrungsmitteltabelle.
(Nach Normand, in Taschenbuch der Therapie, 1937.)

100 g Nahrungsmittel enthalten	kcal	Eiweiß	Fett	Kohlehydrate	Cellulose	NaCl	CaO	Fe_2O_3	Purinbasen N	Wasser
Fleisch										
Rindfleisch,										
frisch, mager	120	21	3,5	0,5	0	0,11	0,017	0,007	—	74
frisch, mittelfett	155	20	7,5	0,5	0	0,18	0,016	0,015	} 0,059	71
frisch, fett	290	18	23	0,5	0	—	—	—		55
Kalbfleisch,										
frisch, mager. .	115	20,5	3	0,5	0	—	—	—	—	74
frisch, mittelfett	125	19	5	0,5	0	0,13	0,022	0,003	} 0,038	71
frisch, fett. . .	169	18	10	0,5	0	—	—	—		69
Schweinefleisch,										
frisch, mager. .	135	19	6	0,5	0	0,10	—	—	—	74
frisch, fett. . .	360	14,5	32,5	0	0	—	0,078	0,003	} 0,041	49
frisch, sehr fett.	525	9	52,5	0	0	—	—	—		34,5
Schinken, roh. . .	190	23,5	13,5	0	0	4,15...5,86	—	—	0,024	58
Speck, geräuchert u. gesalzen. . .	675	8,5	69	0	0	1,01...11,61	0,009	0,003	—	10
Kalbhirn	110	9	8	0	0	0,29	—	—	—	81
Kalbmilch (Bries) .	115	27	0,5	0	0	0,2	—	—	0,4	70
Hasenfleisch . . .	100	22	1	0,5	0	0,16	—	—	0,038	74
Gansfleisch.	330	15,5	28,5	0	0	0,20	—	—	—	53
Huhnfleisch, frisch	95	19,5	1,5	0,5	0	0,14	0,015	0,013	—	76
Wurst										
Frankfurter . . .	400	12	36,5	2,5	—	2,2	—	—	—	43
Leberwurst . . .	310	11,5	23	11,5	—	2,9	—	—	0,038	48
Mettwurst	430	18,5	38	0	—	3,15	—	—	—	35
Salamiwurst . . .	535	26,5	45,5	0	—	5,37	—	—	0,023	17
Fische										
Aal	280	12	25	0	0	0,021	0,319	0,017	—	58
Hecht	75	17,5	0,5	0	0	0,092	0,092	Spur	0,048	80
Hering	125	15	7	0	0	0,27	0,056	0,028	—	75
Dorsch	70	15,5	0,5	0	0	0,16	—	—	0,04	82
Karpfen	140	16	8	0	0	0,086	0,047	0,001	0,054	73
Schellfisch	65	16	0	0	0	0,39	0,031	0,008	0,039	82
Ei, Milch										
Hühnerei (51 g) . .	75	5,5	5,15	0,3	0	0,093	0,042	0,001	0	33
Entenei (70 g) . .	110	7,5	6,5	0	—	0,091	—	—	0	43
Frauenmilch . . .	67	1,4	4,0	6,5	0	0,07	0,06	0	—	87
Kuhmilch	65	3,3	3,7	4,6	0	0,19	0,175	0,005	0,0002	88
Magermilch. . . .	40	3,5	1	4,5	0	0,15	0,158	0,006	—	90
Quark	90	16	1	4	0	0,18	0,087	0,094	—	77
Emmentalerkäse, fett.	395	25	30	2,5	0	2,0	2,017	0,019	Spur	34
Magerkäse	190	32	4	4,5	0	—	—	—	—	50
Speisefette und Öle										
Kuhbutter	770	0,5	82	0,5	0	0,02...3	0,051	0,002	—	13
Schweineschmalz .	895	0	96	0	0	—	0	0,005	—	0
Margarine	755	0,5	80,5	0,5	0	2,15	Spur	—	—	12
Olivenöl, Salatöl .	895	0	96	0	0	—	—	—	—	0,5
Lebertran	900	0	97	0	0	0,17	—	—	—	0
Zerealien, Mehle, Brote										
Weizenmehl,										
feinstes	345	8,5	0,5	74,5	—	—	—	—	—	13
gröberes . . .	325	10,5	1	66,5	0,9	0,002...0,008	0,003	0,002	—	13
Roggenmehl . . .	340	6,5	1	74	1,4	—	0,017	0,034	0	13
Reis, geschält . .	345	6,5	0,5	76	0,5	—	0,011	0,004	0,0004	13
Haferflocken . . .	375	12,5	6	65	1,0	0,082	0,099	0,044	0	10
Grünkernmehl . .	335	7,5	2	69,5	1,8	—	0,097	0,059	—	9,5
Makkaroni, Nudeln	340	11	0,5	70,5	0,4	0,067	0,019	0,045	—	12
Kartoffelstärke . .	325	0,5	0	78,5	0,1	—	0,049	0,002	—	18
Weißbrot	260	5,5	0,5	56,5	0,3	0,18...0,70	0,081	0,013	0,008	34

75213 (Fortsetzung).

100 g Nahrungsmittel enthalten	kcal	Eiweiß	Fett	Kohlehydrate	Cellulose	NaCl	CaO	Fe_2O_3	Purinbasen N	Wasser
Wasserwecken . .	240	6	0,5	51	0,7	—	0,055	0,004	—	40
Milchbrötchen, Semmel	270	7	0,5	57	—	—	—	—	—	36
Grahambrot, Vollkornbrot .	210	6	0,5	44	1,0	0,61	0,084	0,016	—	41
Roggenbrot, Schwarzbrot .	220	4,5	0,5	48	—	—	—	—	0,014	40
Kommißbrot . . .	215	4	0	48	0,6	0,21...0,68	0,029	0,004	Spur	39
Weizenzwieback, gew.	350	7,5	2	73	—	0,38	—	—	—	10
Kartoffeln, Leguminosen										
Kartoffeln	90	1,5	0	20,5	1,6	0,016...0,78	0,022	0,005	0,001	75
Erbsen, trocken . .	255	16,5	0,5	45	—	0,058	—	—	0,018	14
Linsen, trocken . .	270	18	0,5	47	—	0,155	—	—	0,054	11
Bohnen	245	18	0,5	40	—	0,09	—	—	0,017	14
Rübenzucker . . .	400	0	0	98	0	0,009	—	—	—	0
Blütenhonig . . .	325	0,5	0	79	—	—	—	—	—	18
Kunsthonig . . .	295	0	0	72	—	—	—	—	—	26
Schokolade	435	3,5	15	68	1,7	—	0,040	0,095	0,47	2
Gemüse										
Grüne Erbsen . .	65	4,5	0,5	10,5	1,9	0,058	0,046	0,002	0,027	78
„ Bohnen . .	30	2	0	5,5	2,1	0,089	0,044	0	Spur	89
Blumenkohl . . .	25	2	0	4	0,9	0,05...0,15	0,138	0,004	0,008	91
Rosenkohl	40	4	0	5,5	1,6	—	0,035	0,008	0	85
Winterkohl	55	3,5	0,5	8,5	—	0,03—0,75	—	—	0,002	80
Karotten	30	0,5	0	7	1,0	—	0,077	0,007	0,002	88
Radieschen	20	1	0	3	0,8	0,075	0,072	0,013	0,005	93
Zwiebel	35	1	0	8	0,7	0,016...0,09	0,042	0,002	0	88
Spargel	10	1	0	1,5	1,2	0,04...0,06	0,018	0,001	—	95
Spinat	10	1,5	0	1,5	0,6	0,17	0,083	0,043	—	93
Kopfsalat	10	1	0	1,5	0,7	0,1	0,150	0,054	0,003	95
Pilze										
Champignon . . .	25	3,5	0	2,5	0,8	0,05	0,004	0,006	0,005	90
Pfifferling	20	1,5	0,5	2,5	1,0	—	0,01	0,029	0,018	91
Steinpilz	40	2,5	1,5	3,5	1,0	0,031	0,037	0,011	0,018	87
Obst										
Äpfel, frisch . . .	50	0,5	0	11	1,2	—	0,008	0	0	80
„ getrocknet	240	1	0,5	57	—	—	—	—	0	31
Birnen, frisch . .	60	0,5	0	13	2,2	—	0,023	0,003	0	80
„ getrocknet	250	2	0,5	57,5	—	—	—	—	—	29
Kirschen, süß . .	65	0,5	0	15	1,1	0,013	0,019	0,002	—	78
Pfirsiche	55	0,5	0	13	0,5	—	0,055	0,006	0	78
Pflaumen	65	0,5	0	15	0,8	0,0046	0,017	0,004	0	77
Zwetschen	65	0,5	0	15	0,8	—	0,027	0,02	—	79
„ getrocknet	220	1,5	0,5	51	—	—	—	—	—	27
Erdbeeren	45	1	0	9,5	3,7	0,02	0,041	0,013	—	85
Heidelbeeren . . .	50	0,5	0	12	14,6	—	0,017	0,001	0	84
Himbeeren	35	1	0	8	1,5	—	0,070	—	—	84
Johannisbeeren . .	45	1	0	9,5	6,1	—	0,012	0	—	84
Stachelbeeren . . .	40	0	0	10	3,5	0,021	0,014	0	—	85
Weintrauben . . .	75	0,5	0	18	2,2	0,024	0,045	0,009	0	79
Apfelsinen	45	0,5	0	9,5	4,0	0,005...0,05	0,116	0,012	0	84
Citronen	60	0,5	0	13,5	3,7	0,0045	0,113	0,115	—	82
Bananen	95	1	0	22,5	0,4	—	0,014	0,017	0	74
Feigen, getrocknet .	255	3	1	58	6,2	—	0,226	0,045	—	26
Haselnüsse	600	12	56,5	6	1,6	—	0,2	0,025	0	3
Walnüsse, lufttrocken . .	580	11,5	52,5	11	1,2	0,019	0,081	0,001	0	7

753 Wirkstoffe[1].

Eine Gruppe organischer Verbindungen, deren Anwesenheit für den normalen Funktionsablauf im Organismus notwendig ist, kann als „Wirkstoffe" zusammengefaßt werden; die äußerst geringe Konzentration dieser Stoffe im Körper, sowie andererseits das Auftreten ausgesprochener Krankheitserscheinungen bei ihrem Fehlen deuten darauf hin, daß sie weder als Energiequelle noch als Bausteine, sondern als Katalysatoren in den Stoffwechsel bestimmend eingreifen.

Die Abgrenzung der Wirkstoffe in Vitamine und Hormone als gesonderte Klassen besteht nicht in voller Schärfe, da sich wesentliche Überschneidungen der einzelnen Gruppen haben aufzeigen lassen. Einige Wirkstoffe sind einmal als Vitamin, in anderen Fällen als Hormon anzusehen. Die Ascorbinsäure z. B. ist nur für Mensch, Affe und Meerschweinchen ein Vitamin. Andere Tiere vermögen diese Verbindung selbst zu synthetisieren (wahrscheinlich in der Leber). Ähnliche Verhältnisse scheinen auch bei manchen Vertreten des Vitamin B-Komplexes vorzuliegen, da sie für die Ratte notwendig sind, nicht dagegen für die Taube und umgekehrt.

Zwischen den Vitaminen und den Fermenten bestehen insofern Beziehungen, als einige Vitamine als Wirkgruppe von Fermenten erkannt wurden; bei ihrem Fehlen fällt die spezifische Wirkung dieser Fermente aus. Auch zwischen Hormonen und Fermenten werden ähnliche Beziehungen vermutet.

7531 Vitamine.

Als Vitamine bezeichnet man diejenigen Wirkstoffe, die der Körper nicht selbst aufbauen kann, die daher mit der Nahrung zugeführt werden müssen. Sie greifen aktiv in den Stoffwechsel ein; die lebensnotwendigen Aminosäuren (vgl. S. 1753), die zum Aufbau des Körpereiweißes dienen, sind daher keine Vitamine. Die Ausfallserscheinungen bei Vitaminmangel ergeben typische Krankheitsbilder, die durch ausreichende Gabe der fehlenden Stoffe verhindert bzw. wieder behoben werden können, so lange nicht irreparable strukturelle Schäden eingetreten sind. Den Zustand ungenügender Zufuhr bezeichnet man als Hypovitaminose, den des völligen Ausfalls als Avitaminose. — Bei den Vitaminen B_1, B_2, dem Pellagraschutzstoff und dem Vitamin A ist ihre Wirkungsweise zum Teil erkannt. In Verbindung mit spezifischen Proteinen wirken sie als Fermente (s. oben).

Zum Teil müssen die Vitamine dem Körper nicht in der letzthin wirksamen Form zugeführt werden, sondern als Provitamine nur in einer Form, die der Organismus unmittelbar oder mittelbar zu der wirksamen Form aufbauen kann. Das Aneurin (B_1) z. B., chemisch ein Pyrimidin-Thiazolderivat, kann aus dem zugehörigen Pyrimidin und Thiazol zum wirksamen Vitamin im Körper synthetisiert werden. Sie beide zusammen, wie auch das Aneurin selbst, sind nur als Provitamin aufzufassen, da erst das Aneurindiphosphat offensichtlich die wirksame Form darstellt, die mit der Wirkgruppe der Carboxylase identifiziert werden konnte.

Nach ihrer Löslichkeit teilt man die Vitamine in zwei Gruppen:

I. Fettlösliche Vitamine.

1. A- und Provitamine.
2. D-Vitamin.
3. E-Vitamin.
4. F_1-Vitamin.
5. K-Vitamin.

II. Wasserlösliche Vitamine.

1. B_1.
2. B_2-Komplex.
3. C.
4. I und P.

---

[1] Lit.: Rudy, H.: Vitamine und Mangelkrankheiten. Berlin 1936. — Stepp, W., Kühnau, J., H. Schröder: Die Vitamine und ihre klinische Anwendung. Stuttgart 1937. — Ammon, R. und W. Dirscherl: Fermente, Hormone, Vitamine. Leipzig 1938.

75311 Fettlösliche Vitamine.

Vitamin A (Axerophthol), „Epithelschutzstoff“, Antixerophthalmisches Vitamin. Provitamin: Carotine.

Chemie. $C_{20}H_{30}O$.

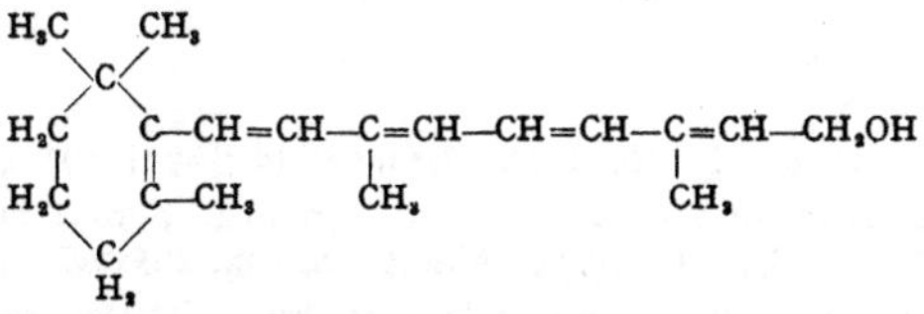

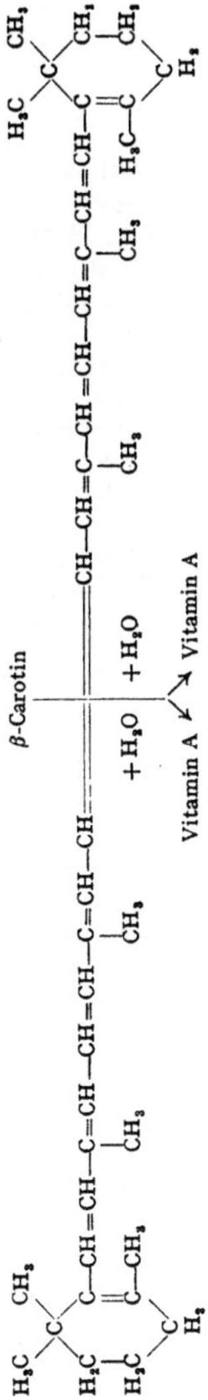

Blaßgelbe Nadeln, F 7,5...8°, fettlöslich (wasserunlöslich); hitze- und sauerstoffempfindlich, optisch inaktiv. Absorption bei 328 mμ.

Nachweis. Biologisch: Wachstumtest [Ratten, Kolpokeratose (♀ Ratten).]

Chemisch: Carr-Pricesche Reaktion. Blaufärbung mit $SbCl_3$ in Chloroform. Auswertung colorimetrisch oder spektro-photometrisch; außerdem läßt sich auch das unveränderte Vitamin spektrophotometrieren.

Einheit. 1 I.E. (Internationale Einheit) (1934) entspricht der Wirkung von 0,6 γ reinem β-Carotin in Cocosnußöl an Ratten = 0,33 γ krist. Vitamin.

Hypovitaminose. Hemeralopie (Nachtblindheit).

Avitaminose. Xerophthalmie (Augendarre) → Panophthalmie. Kolpokeratose (Ratte). Die Wachstumshemmung ist unspezifisch (Ratte, Meerschweinchen).

Hypervitaminose. Abmagerung, Haarausfall, Blutungen (nur experimentell, an Ratten).

Allgemeine Wirkung. Normale Funktion der Haut, der Schleimhäute und ihrer Anhangsgebilde. Sehpurpurbildung.

Vorkommen. Das Vitamin A selbst findet sich vor allem in tierischen Produkten (Lebertran, Leber, Butter, Eigelb), während die Provitamine pflanzlichen Ursprungs sind (Karotten, grüne Gemüse, Beerenfrüchte). A_2 in Fischölen ist ein höheres Homologe von A.

Tagesbedarf. Minimal: 1 mg Carotin. Normal: 3...5 mg Carotin, 0,1...0,3 mg Vitamin A. Der höhere Bedarf an Carotinen beruht auf der schlechteren Resorption dieses Kohlenwasserstoffs.

Provitamine. Die Carotine enthalten das Vitamin vorgebildet. Das β-Carotin (mit 2 β-Iononringen) wird in der Leber fermentativ in 2 Moleküle Vitamin unter Aufnahme von 2 Molekülen Wasser gespalten (siehe nebenstehende Formel). Diese Fähigkeit besitzen im allgemeinen nur Pflanzenfresser, nicht Fleischfresser.

α-, γ-Carotin und Kryptoxanthin vermögen nur je ein Molekül Vitamin A zu bilden, da sie nur einen β-Iononring enthalten. Der α-Iononring bzw. Pseudononring geben keine vitaminwirksame Verbindung.

β-Carotin $C_{40}H_{56}$	F 184°
α-Carotin	F 187°
γ-Carotin	F 178°
Kryptoxanthin	F 169°

Vitamin D (D_2, D_3, D_4). Antirachitisches Vitamin, Calciferol.

Chemie. D_2: $C_{28}H_{43}OH$.

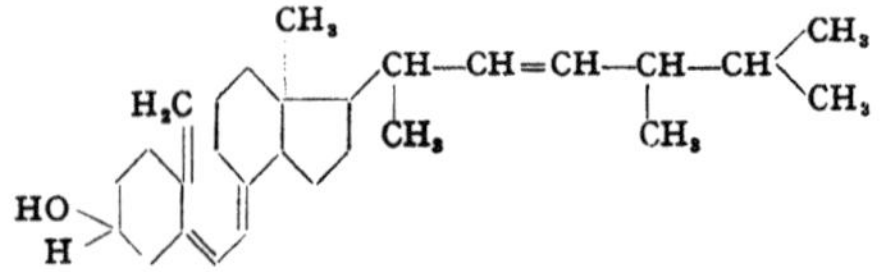

Farblose Nadeln und Prismen, F 116...117°. Drehung: $[\alpha]_D^{21} = +103°$ (0,33% in Alkohol). Absorptionsmaximum: 260...265 mμ. D_3: $C_{27}H_{43}OH$. Kryst.: Farblose Nadeln; F 82...84°. $[\alpha]_D^{20} = +83{,}3°$ (Aceton). Absorptionsmax. 265 mμ.

Nachweis. Biologisch: „line test" (röntgenologische bzw. histologische Kontrolle der Epiphysenlinien, Knorpel- und Knochengrenze des wachsenden Knochens).

Chemisch: Colorimetrisch mit $SbCl_3$, Photometrie der Absorptionslinie Vitamin D + $SbCl_3$ bei 500 mμ.

Einheit. 1 I.E. (1931) ist die Wirkung einer Lösung von 0,1 γ Ergosterin in 1 mg Olivenöl, die unter genau festgelegten Bedingungen bestrahlt ist. 1 I.E. auch gleich 1 M.R.C.(Medical research council)-Einheit = 0,025 γ kryst. Vitamin D_2. Eine biologische Einheit ist die Menge, die bei 14tägiger Verabreichung mit rachitogener Kost ernährte Ratten vor Rachitis schützt. 1 klin. E. = 100 biol. E. = ∼ 100 I.E.

Hypovitaminose und Avitaminose. Rachitis im wachsenden Organismus (Säuglinge!) (wahrscheinlich als Osteomalacie bei Erwachsenen).

Hypervitaminose (exp.). Entkalkung der Knochen und Verkalkung von Gefäßen und Organen.

Allgemeine Wirkung. Steuerung des P—Ca-Stoffwechsels im Sinne einer normalen Verknöcherung des Skelets.

Vorkommen. Milch, Butter, Lebertran.

Tagesbedarf. Säugling: Minimal ∼2 γ, optimal ∼10 γ, therapeutisch ein Mehrfaches (∼5mal) (bzw. eine einmalige Gabe von 15 mg; „Vitaminstoßtherapie").

Provitamine. In der Natur finden sich vor allem die Provitamine. Sie werden durch Bestrahlung mit ultraviolettem Licht in die Vitamine übergeführt. Aus Ergosterin entstehen über Lumisterin und Tachysterin das D_2 und daneben als zum Teil giftige „Überstrahlungsprodukte" Suprasterin I, Toxisterin und Suprasterin II.

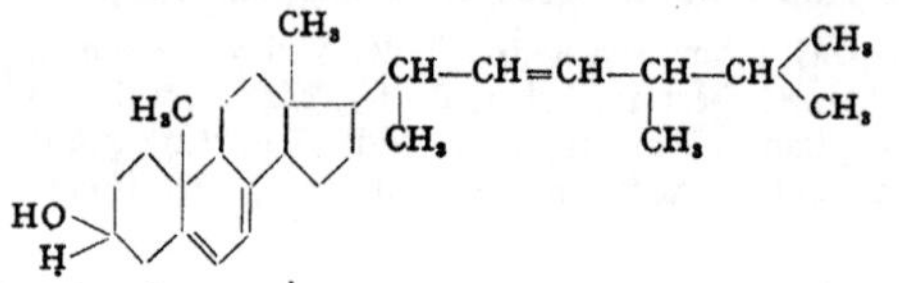

Ergosterin (Provitamin D_2) $C_{28}H_{44}O$. Nadeln F 163°. $[\alpha]_D^{20} = -132°$ (1...2% in Chloroform).

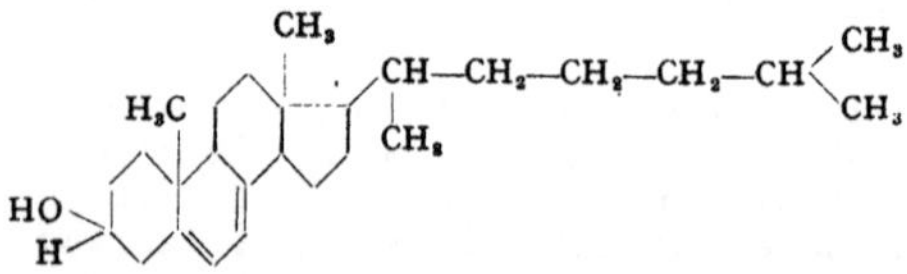

7-Dehydrocholesterin (Provitamin D_3) $C_{27}H_{44}O$. Täfelchen F 142...143,5° $[\alpha]_D^{19} = -113{,}6°$ (2,5% in Chloroform).

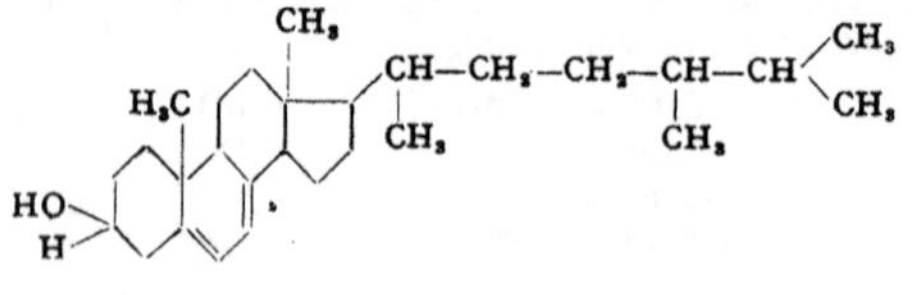

Dihydroergosterin (Provitamin D_4) $C_{28}H_{46}O$. Nadeln F 152...153°. $[\alpha]_D^{18} = -109°$ (1,5% in Chloroform).

Vitamin E. Antisterilitätsvitamin.

Chemie. $C_{29}H_{50}O_2$ α- und β-Tocopherol.

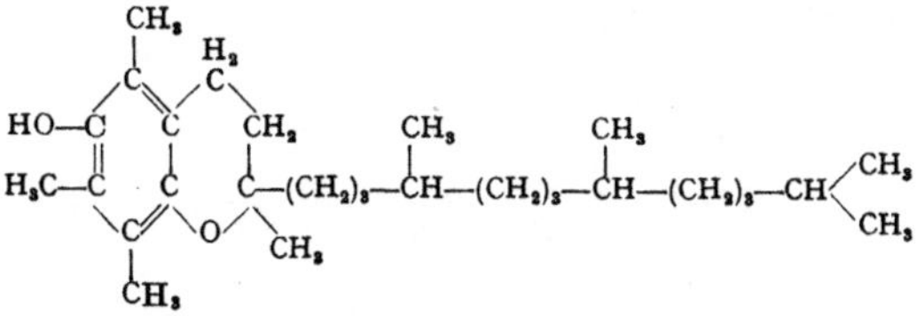

Schwach gelbliches Öl, hitze- (200°) und säurebeständig. Absorption bei ~295 mμ. Krist. als Allophanat. α-Tocopherylallophanat F 159...160°, β-Tocopherylallophanat F 145...147°.

Nachweis. Ermöglichung einer normalen Schwangerschaft nach sicherer Resorptionssterilität (Ratte).

Einheit. Vorläufig nur Angabe der relativen Wirksamkeit. Wirksamkeit von 100 g Substrat = 100/tgl. prophylaktische Dosis.

Avitaminose. ♂ Ratten: Hodendegeneration (Azoospermie, Atrophie der Samenkanälchen). ♀ Ratten: Aufzuchtverweigerung in der ersten avitaminotischen Gravidität, bei weiteren Schwangerschaften Absterben der Früchte und Resorptionssterilität. Beim Menschen Avitaminose nicht sicher bekannt. Heilwirkung von E bei manchen Erkrankungen wird behauptet.

Allgemeine Wirkung. ♂: Erhaltung der Fruchtbarkeit; ♀: normale Austragung und Aufzucht der Jungen.

Vorkommen. Milch, Ei, Gemüse, Fleisch und vor allem Getreidekeimlinge.

Vitamin F_1.

Avitaminose. Ratten: Akrodynie, Dermatitis, Schuppenbildung, Haarwurzelveränderung, Schwanznekrose.

Wirkung. Einfluß auf den Fettsäurestoffwechsel. Therapeutisch angeblich bei Dermatosen.

Tagesbedarf. Ratte: minimal 78 mg.

Chemie. Linolsäure bzw. Linolensäure.

Vitamin K. *Avitaminose.* Verlängerung der Blutgerinnungszeit mit Gewebsblutungen.

Wirkung. Es hält den normalen Prothrombingehalt des Plasmas aufrecht und ermöglicht dadurch eine genügend schnelle Blutgerinnung. Beim Menschen treten Mangelzustände nur dann auf, wenn die Galle, die für die Resorption dieses fettlöslichen Vitamins notwendig ist, im Darm fehlt, also beim Verschlußikterus.

Chemie. 1,4-Naphthochinonderivate. K_1 aus Luzerne als hellgelbes Öl, K_2 aus faulendem Fischmehl als gelbe Krystalle vom F 50,5...52°. Noch wirksamer als diese natürlichen Vitamine ist das synthetisch hergestellte 2-Methyl-1,4-Naphthochinon.

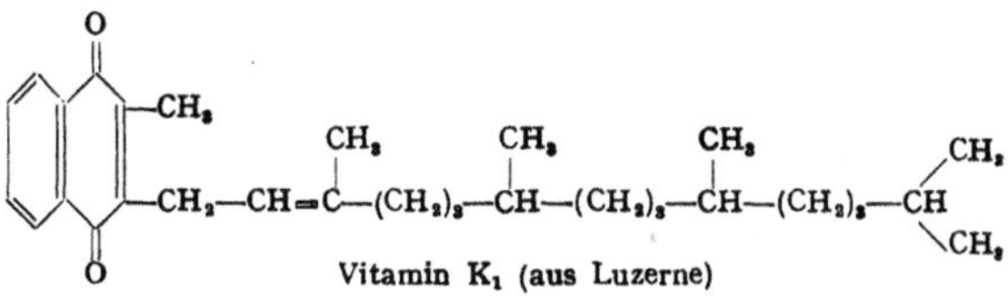

Vitamin K_1 (aus Luzerne)

75312 Wasserlösliche Vitamine.

Vitamin B_1. Antineuritisches Vitamin. *Aneurin* (Thiamin, Torulin, Oryzanin).

Chemie. Aneurinchlorhydrat $C_{12}H_{17}ON_4SCl \cdot HCl$. Kryst.: Farblose Nadeln. F 250°; wird bei 120° in schwach alkalischer Lösung zerstört, leicht wasserlöslich, schwer löslich in absolutem Alkohol, unlöslich in Äther, Aceton. Absorptionsmaximum 245 und 260 mμ (wässerige Lösung).

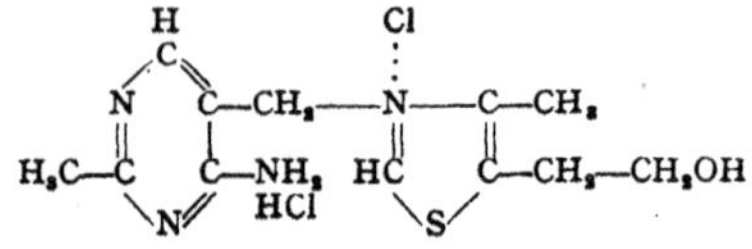

Aneurin

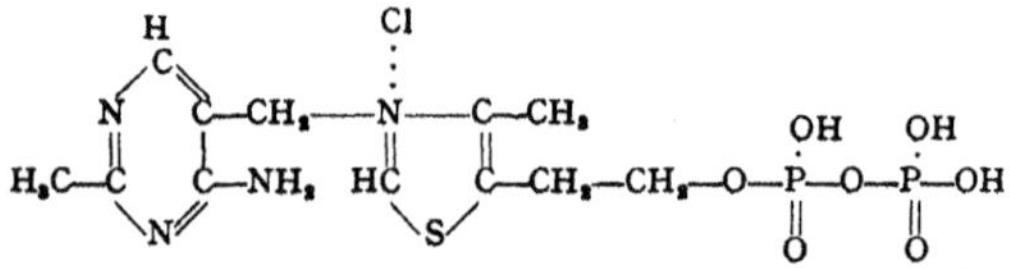

Aneurin-diphosphorsäure (Co-Carboxylase)

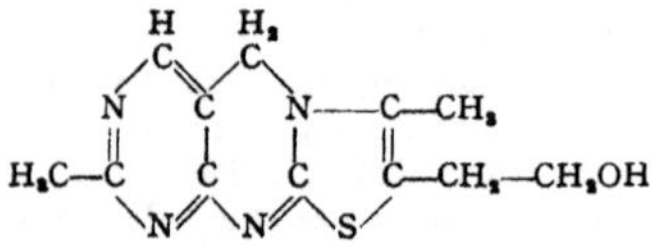

Thiochrom (biologisch unwirksam)

Einheit. 1 I.E. = 3 γ synthet. Aneurin.

Nachweis. Biologisch: Beriberitauben wird das Vitaminpräparat gespritzt. Zugeführte Menge/krampffreie Tage = Taubentagesdosis = 1,96 γ B_1-Hydrochlorid. Bradykardietest (Ratten).

Chemisch: Oxydation zu Thiochrom mit Kaliumferricyanid in alkalischer Lösung. Ausschütteln mit Isobutylalkohol, Vergleichsmessung der leuchtend blauen Fluorescenz im ultravioletten Licht neben einer gleichbehandelten Standardlösung.

Avitaminose. Beriberi (Polyneuritis, Ödeme, Herzinsuffizienz), Drüsenatrophie. Störung des KH-Stoffwechsels und Wasserhaushaltes. Bradykardie.

Wirkung. Regulierende Funktion im Kohlehydratstoffwechsel; genauer bekannt ist die Rolle des B_1-Diphosphates als Co-Ferment der Carboxylase, die die Abspaltung von CO_2 aus Brenztraubensäure bewirkt. Die Bedeutung des Vitamins für das Zentralnervensystem ist im einzelnen noch nicht definiert, offensichtlich scheint eine Beteiligung bei der Nervenerregung.

Vorkommen. Hefe, Getreidekeimlinge, Ei, Leber, Häutchen der Körnerfrüchte (Reis).

Tagesbedarf. Minimum 0,5...1 mg, Optimum 1...3 mg.

Vitamin B_2. Lactoflavin.

Chemie = 6,7 Dimethyl-9-d-riboflavin. $C_{17}H_{20}N_4O_6$.

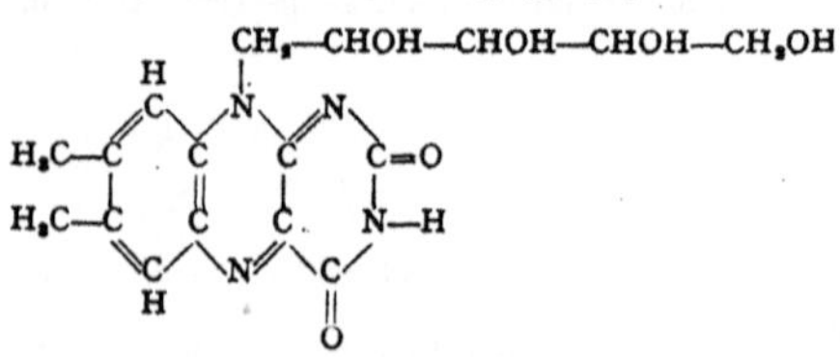

Kryst. in orangegelben Nadelbüscheln. F 285...286°. $[\alpha]_D^{20} = -92,6° \pm 7°$ (0,15% in 0,05 n NaOH), wenig wasserlöslich, lichtempfindlich, fluoresciert grün in Lösung; wenig hitzeempfindlich.

Nachweis. Biologisch: Kurativer Test = kleinste tägliche Dosis, die bei B_2-avitaminotisch ernährten Ratten in 30 Tagen eine Gewichtszunahme von 40 g ermöglicht = 1 Ratteneinheit ~10 γ Lactoflavin.

Chemisch: Überführung in Lumiflavin und colorimetrische Bestimmung im Chloroformextrakt. Photometrie der Fluorescenz.

Avitaminose. Störung des Rattenwachstums.

Wirkung. Lactoflavin-Phosphorsäure = Co-Ferment des gelben Fermentes (einer Dehydrase). Beziehung zum Sehvorgang, Resorption der Fette. Therapeutisch versucht bei Augenerkrankungen, Infektionen und Wachstumsstörungen.

Vorkommen. Als freies Lactoflavin in der Molke. Als gelbes Ferment in Gemüsen, Eiern, Hefe.

Bedarf. Hypo- oder Avitaminose beim Menschen nicht bekannt. Als Bedarf angenommen werden etwa 2...3 mg täglich.

Antipellagrastoff der B_2-Gruppe. Nicotinsäureamid.

Chemie. β-Pyridincarbonsäureamid $C_6H_6ON_2$.

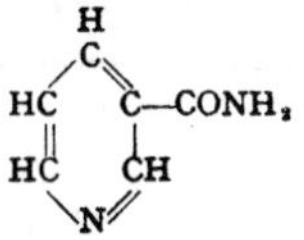

Farblose Nadeln. F 122°. Wasserlöslich.

Nachweis. Colorimetrische Bestimmung der Nicotinsäure.

Avitaminose. Pellagra außer Nervenerscheinungen, black-tongue-disease der Hunde.

Wirkung. Heilung der Pellagra außer den Nervenerscheinungen. Heilung der black tongue. Nicht identisch mit Ratten- und Hühnerdermatitisfaktor. Bestandteil der Codehydrase I und II (Dehydrase im anaeroben und aeroben Kohlehydratabbau).

Vorkommen. Muskulatur, Leber, Hefe, Milch.

Bedarf. Therapeutisch täglich 150 mg.

B_6 Antidermatitisfaktor der Ratte. Adermin.

Avitaminose. Symmetrische Hautentzündungen bei der Ratte.

Vorkommen. In Getreide, Hefe.

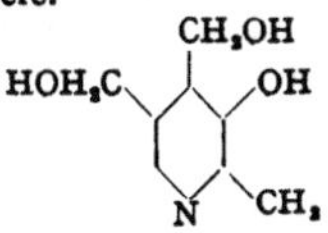

2-Methyl-3-oxy-4,5- bis [oxymethyl]-pyridin

Chemie. Krystallisiert (und synthetisiert) als Chlorhydrat in derben Prismen. Bruttoformel $C_8H_{11}O_3N \cdot HCl$. F 203...204°, optisch inaktiv. Aderminchlorhydrat heilt in 10 γ Ratten-B_6-Dermatitis.

Vitamin C. l-Ascorbinsäure.

Chemie. $C_6H_8O_6$.

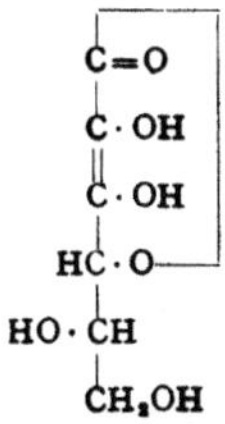

Farblose Krystalle, F 192°. Leicht löslich in Wasser. $[\alpha]_D^{20} = +23°$ in Wasser

Vitamin C ist sehr sauerstoffempfindlich, besonders in Gegenwart von Schwermetallen. Unter Lichteinwirkung beschleunigte Zerstörung, auch ohne O_2. Die verschieden schnelle Zerstörung des Vitamins C in Gemüsen beim Kochen beruht zum Teil mit auf dem verschiedenen Gehalt der Vegetabilien an spezifischen C-Oxydasen (Blumenkohloxydase).

Nachweis. Die chemischen Methoden beruhen auf der starken Reduktionskraft der Ascorbinsäure; sie sind daher unspezifisch.

1. Tillmanns-Reaktion mit 2,6-Dichlorphenol-Indophenol.
2. Methylenblauentfärbung bei Belichtung nach Martini und Bonsignore.

Der biologische Nachweis am Meerschweinchen ist noch immer die spezifische Methode, technisch allerdings häufig wegen der Giftwirkung der nichtgereinigten Konzentrate sehr schwer durchzuführen. Schneidezahntest.

Einheit. 1 I.E. = 0,05 mg l-Ascorbinsäure, ~0,1 cm³ Citronensaft, ~1/10 Meerschweincheneinheit.

75313 Vitamingehalt

+- bzw. —-Bezeichnung nach Scheunert;

	A		B₁	
		mg-%		γ %
Fleisch: Rind (mager)	0—+	0,01	+—++	90...120
Schwein	0		+—++	bis 600
Leber (Rind)	+++	0,2...4	++	400...600
Fische: fettreich			+	
fettarm	0—+		0—+	70...110
Milch: Kuhvollmilch	+++	0,2...6	+—++	40...80
Ziegenvollmilch				
Frauenmilch	+—++	0,4...1	0—+	20...40
Käse: vollfett	++	1,5...3	0—+	50...60
fettarm	+			
Ei: Dotter	+++	4...20	++	200...400
Eiklar	0	0	0	
Butter[1]	+++	2...5	0	
Fett von Schlachttieren	+—++		0—+	
Speck	0—+		0—+	
Dorschlebertran	+++	45...180	0	
Pflanzliche Öle	0—+			
Getreide: Weizenvollkorn	0—+		++	300
Weizenembryo	0—+	0,3	+++	1200...3700
Weizenmehl 94%	0		++	250
Auszugsmehl	0		+	50
Weizenbrot 100%	0		++	200
Weizenbrot 94%	0		+—++	140
Weizenweißbrot	0		+	40
Roggenvollkorn	+		+—++	200
Roggenembryo	+	0,3	+++	600...1400
Roggenmehl 94%	0		+—++	200
Auszugsmehl	0		+	50
Roggenbrot 100%	0		++	140
Andere Zerealien: gelber Mais	0—+	> 0,1	++	200...300
Embryo	0—+		+++	bis 800

[1] Margarine ist praktisch vitaminfrei, soweit sie nicht durch den Zusatz von Vitamin- und 1500...2000 I.E. Vitamin D im g) können aus Abfällen der deutschen Fischerei in großen

Avitaminose. Skorbut, Haut-, Zahnfleisch- und Kapselblutungen.

Hypovitaminose. Infektanfälligkeit, Frühjahrsmüdigkeit.

Wirkung. Redoxkatalysator. Lipaseaktivator (?).

Vorkommen. Vor allem in frischen pflanzlichen Produkten. Apfelsinen, Citronen, besonders reichlich Hagebutten, Paprikaschoten und Gladiolen. Im Körper sowohl in der reduzierten Form (vorwiegend) wie auch in der reversibel oxydierten Form als Dehydroascorbinsäure.

Tagesbedarf. Minimal 30 mg, normal 50 mg.

Vitamine I und P. Die reine l-Ascorbinsäure (Vitamin C) zeigt nicht alle Wirkungen des Citronensaftes. Insbesondere wirkt die Ascorbinsäure nicht so günstig auf Pneumokokkeninfektionen und auf die vasculäre Purpura (erhöhte Eiweißdurchlässigkeit der Capillaren). Als antipneumonischer Faktor wird ein Vitamin I (?), als Permeabilitätsvitamin ein Vitamin P angenommen. Das Vitamin P oder „Citrin" ist ein Gemisch zweier Glykoside, Hesperidin und Eriodiktin, einem Eriodiktyol-Glykosid.

der wichtigsten Nahrungsmittel.

Zahlen nach verschiedenen Literaturangaben.

B_2		C		D		E
	mg-%		mg-%		I.E. je g	
+	0,2...0,3	0—+	0...2	0		+
+		0—+	0...2			+
++	0,9...2,8	++		+	0,1...0,4	++
+	0,2...0,3	+	1	++	100...400	
0		+	1	0—(+)		
++	0,3	+	1...4	0—+	0,02...0,04	+
		+	2...3	0—+	0,01...0,06	+
0—+		+	4...7	0—+	0,03...0,04	0—+
	0,4	0—+	0,1...0,4	+		
		0—+	0...1			
+	0,5...0,6	0		++	4	++
+	0,4...0,5	0		0		
		0—(+)	0,04...0,1	(+)—+	0,4...1	+
0—+		0—(+)	0...0,9	0		0—+
0—+		0—(+)	0...1	0		0
		0		+++	400	0—+
		0		0—+		+
+—++	0,12	0—(+)	0...2	+		+
++	1	0—(+)		0—+		+++
+		0—(+)		0—+		
+	0,04	0—(+)		0—+		
+		0—(+)		0—+		
+		0—(+)		0—+		
+		0—(+)	0...2	0—+		
+	0,15	0—(+)		+		+
++		0—(+)		0—+		+++
+		0—(+)		0—+		
+	0,06	0—(+)		0—+		
+		0—(+)	0...1	0—+		
++	0,3	0—+	0...8	0—+		0—+
++		0—+		0—+		+++

konzentraten vervollständigt wird. Entsprechende Konzentrate (50000...60000 I.E. Vitamin A Mengen gewonnen werden.

75313

	A		B$_1$	
		mg-%		γ%
Gemüse: Spinat	+++	6...24	++	100...150
grüner Salat	++	6...18	++	100...150
Rosenkohl r[1]	+++	6...18	++	100...150
g	+++		++	100...150
k	+++		++	100...150
Rotkohl r	0—+		++	100...150
g	0—+		++	100...160
k	0—+		++	100...150
Sauerkraut r	0		+	100...150
Bohnen r	++	1,5...2,5	+	50...80
k	++			
grüne Erbsen r	++	1...2	++	100
k	++			
Möhren, Karotten	+++	3	++	100
Kohlrabi r	0		+	50
k				
Kartoffeln r	0—+	0,03	+	bis 80
g	0—+			bis 80
k	0—+			bis 80
Gurken	0—+		+	50
Sellerie	+		+	
Spargel	0		+	
Tomaten	++	1,5	+	80...100
Pilze: Steinpilz	0—+		+	
Pfifferling	++		+	
Obst: Erdbeeren	+		(+)	
Brombeeren	+++		+	60
Himbeeren	++		+	75...100
Johannisbeeren, rote	++		+	60
Johannisbeeren, schwarze			+	30...60
Stachelbeeren	++		+	
Äpfel	0—+		+	80
Birnen	0—+		+	70
Weintrauben	· 0		0—+	
Bananen	+—++		+	20...50
Apfelsinen	0—(+)	0,03	+—++	100...200
Citronen	+		+—++	150
Hagebutten			+	
Bier	0		(+)	6
Honig	0		0	
Hefe	0		+++	5000...6000

7532 Fermente.

Fermente sind Katalysatoren biologischer Herkunft, also Katalysatoren, die vom lebenden Organismus gebildet werden. Es sind hochmolekulare, zumeist sehr thermolabile Verbindungen. Die meisten Fermente werden durch Erhitzen in wässeriger Lösung zerstört, doch geht bei einigen Fermenten die Wirksamkeit hierbei nicht völlig verloren, insbesondere dürfen manche Fermente in wasserfreiem Zustand kurz auf 100° und mehr erhitzt werden. Als Katalysatoren verändern sie die *Geschwindigkeit* chemischer Reaktion, ohne im Endprodukt zu erscheinen; sie bestimmen aber auch nach der neueren Definition die *Richtung* chemischer Reaktionen.

Die Fermentreaktionen sind zu einem großen Teil Gleichgewichtsreaktionen, spaltende und synthetisierende Wirkung verlaufen nebeneinander; bei manchen Fermenten liegt das Gleichgewicht bei analysierbaren Konzentrationen der Reaktionsteilnehmer. Danach ergibt sich, daß die Fermente auch endotherme Reaktionen

[1] r = roh, g = gedämpft, k = gekocht.

(Fortsetzung).

B_2		C		D		E
	mg-%		mg-%			
+—++		+++	60...100	0		+
+—++		+	5...15	0		+
+—++		+++	5...100	0		
			20...50	0		
			2...20	0		
+—++		++	30...60	0		
		+—++	20...25			
		+	2...3			
+—++		+	2...10	0		
+—++	0,2...0,3	+—++	10...20	0		
		+	2...6			
+—++	0,25	++	20...40	0		+
		+	6...10			
+—++	0,07...0,12	+	3...4	0		
+—++		+++	50...100	0		
		+	10			
+	0,007	+—++	10...30	0		
		+	8...25			
		+	4...15			
+—++		+	8	0		
+—++		+	6	0		
+—++		+	10...14	0		
+	0,2	++—+++	20...50	0		+
0—+		0		+		
0—+		0		+		
+		++	50	0		
+		++	25	0		
+		++	35	0		
+		++	25	0		
+		+++	100			
+		++	35	0		
+		+	2...15	0		
+		0—+	1...3	0		
+		0—+	0...5	0		
+	0,007	++	8...20	0		+
+		+++	100	0		+
+		+++	100	0		
+	0,007	+++	200...1000	0		
(+)	0,03	0		0		
0	0,1	0		0		
+++	1,8 mg-%	+				+

katalysieren können; bei der Reaktion Dioxyacetonphosphorsäure + Glycerinaldehydphosphorsäure ⇌ Hexosediphosphorsäure ist die thermometrische Messung der negativen Wärmetönung möglich gewesen[1]. Die durch die meisten desmolatischen Fermente katalysierten Reaktionen verlaufen aber gerade im tierischen Stoffwechsel nur nach einer Seite.

Nach Vorstellungen, die besonders von Willstätter und seinen Schülern entwickelt sind, besteht ein Ferment aus einem kolloidalen Träger und einer Wirkgruppe. Der kolloidale Träger ist wohl bei allen Fermenten ein Protein. In einigen Fällen ist die Abtrennung der Wirkgruppe als Co-Ferment von dem Protein gelungen. Nach der jetzt allgemein angenommenen Namengebung wird eine solche Wirkgruppe als *„Co-Ferment"* bezeichnet, das Protein als *„Apo-Ferment"* und die wirksame Verbindung aus den beiden Bestandteilen als *„Holo-Ferment"* oder *„Ferment"*. Fermente sind danach also Proteide. Die Wirkgruppe kann mit dem Protein in verschiedener Weise verbunden sein:

[1] Meyerhof u. Lohmann: Biochem. Z. 273, 73 (1934); 275, 430 (1935).

1. Als leicht dissoziierende Verbindung, in der das Co-Ferment in großem Überschuß über das Protein vorhanden sein muß (z. B. bei einigen Dehydrasen und Phosphorsäure-übertragenden Fermenten).

2. Als Proteide mit abtrennbarer, aber fest in stöchiometrischem Verhältnis gebundener prosthetischer Gruppe (z. B. Lactoflavinphosphorsäure + Protein = gelbes Ferment).

3. Proteide mit fest eingebauter Wirkgruppe, bei denen eine Abtrennung noch nicht gelungen ist, bei denen also die Aufteilung des Ferments in Träger und Wirkgruppe bisher nur eine Hypothese ist. Hierzu gehören die meisten Fermente, von den krystallisiert erhaltenen Pepsin, Trypsin, Papain, Urease. Von größter Bedeutung ist, daß die Wirkung einiger Fermente auf eine definierte stöchiometrische Reaktion des Substrats mit der Wirkgruppe (Co-Ferment) zurückgeführt werden kann. Die Aufspaltung der Kreatinphosphorsäure erfolgt mit Adenylsäure + Protein unter stöchiometrischer Veresterung zu Adenosindiphosphorsäure oder Adenosintriphosphorsäure. Die beiden letzteren werden von einem dephosphorylierenden Ferment wieder zu Adenylsäure dephosphoryliert, so daß eine kleine Menge Adenylsäure in Gegenwart der geeigneten Proteine eine große Menge Kreatinphosphorsäure aufspalten kann (bei der Muskelkontraktion ablaufende Vorgänge). Bei den wasserstoffübertragenden Fermenten (Dehydrasen) wird die Wirkgruppe (Co-Ferment) Co-Cymase in Dihydro-Cymase umgewandelt, die dann den aufgenommenen Wasserstoff wieder auf geeignete Substrate überträgt.

Das Molekulargewicht der in „reinem" Zustand erhaltenen Fermente ist das Gewicht von Proteinen, also das ein- oder mehrfache von etwa 17000 bzw. 34000.

75321 Molekulargewicht einiger Fermente (nach Ammon-Dirscherl).

Enzym	Molekulargewicht
Saccharase (Euler, Josephson, Myrbäck)	19600
Katalase, Rinderleber (Stern)	16300
Rinderblut (Stern)	250300
Pepsin (Northrop)	36000
Gelbes Ferment (Theorell)	73000
CO-Hämoglobin	68600

Einteilung der Fermente. Die Fermente teilt man jetzt allgemein in *Hydrolasen* und *Desmolasen* ein.

I. *Hydrolasen.* Sie zerlegen ganz allgemein ein Substrat unter Aufnahme der Elemente des Wassers, indem sie entweder eine Bindung zwischen Kohlenstoff und Sauerstoff (⋝C—O—) oder Kohlenstoff und Stickstoff (⋝C—N<) spalten.

a) *Esterasen* (oder esterspaltende Fermente) hydrolysieren Ester von der allgemeinen Formel R · COO—R' + H_2O in R · COOH und R'OH. Je nach der Art des Alkohols und der Säure werden unterschieden:

Lipasen: fettspaltende Fermente,
Phosphatasen: phosphorsäureesterspaltende Fermente,
Sulfatasen: schwefelsäureesterspaltende Fermente,
Cholinesterase: acetylcholinspaltendes Ferment, usw.

b) *Carbohydrasen* (oder kohlehydratspaltende Fermente) lösen die Bindung RO—R' + H_2O in ROH und R'OH;

die *Hexosidasen* oder Glykosidasen sind die Fermente der Glykosid- und Disaccharidspaltung: Maltase, Saccharase (Invertin), Lactase, Emulsin usw.;

die *Polyasen* sind die Fermente der Polysaccharidspaltung: Amylase, Cellulase, Inulase usw.

c) *Proteasen* (oder eiweißspaltende Fermente) spalten die Peptidbindung in den Eiweißkörpern und Peptiden auf: —CO—HN— → —COOH + NH_2—;

die *Peptidasen* sind peptidspaltende Fermente: Dipeptidasen, Polypeptidasen, Protaminase (Erepsin) usw.;

die *Proteinasen:* eigentliche eiweißspaltende Fermente: Pepsinasen (Pepsin), Tryptasen (Trypsin), Papainasen (Kathepsin) usw.

d) *Amidasen:* lösen ebenfalls eine —N—C— -Bindung:

Urease spaltet Harnstoff in Kohlensäure und Ammoniak;
Arginase spaltet Arginin in Ornithin und Harnstoff;
Asparaginase spaltet Asparagin in Asparaginsäure und Ammoniak;
Hippurase spaltet Hippursäure in Benzoesäure und Glykokoll;

Purindesaminasen spalten aus den Aminopurinen Ammoniak ab und führen sie in die Oxypurine über, z. B. die Adenindesaminase Adenin in Hypoxanthin und Ammoniak.

II. *Desmolasen.* Der Begriff Desmolasen ist nicht so scharf zu umreißen wie der der Hydrolasen. Im allgemeinen sind alle Fermente, die nicht Hydrolasen sind, Desmolasen. Im Stoffwechsel besorgen sie unter Mitwirkung der Hydrolasen den oxydativen Endabbau. Die Wirkung der Desmolasen kommt in ganz ausgeprägter Weise immer in Fermentgemeinschaften zur Geltung. Man kann unterteilen:

a) ...C—C... Bindungen spaltende Fermente:

Carboxylase (irreversibel) spaltet z. B. Brenztraubensäure in Acetaldehyd und Kohlendioxyd: $CH_3 \cdot CO \cdot COOH = CH_3 \cdot CHO + CO_2$;

Aldolase, spaltet (reversibel) Hexosediphosphorsäure in Dioxyacetonphosphorsäure und Glycerinaldehydphosphorsäure: $C_6H_{10}O_4(PO_3H_2)_2 = 2\,C_3H_5O_2 \cdot PO_3H_2$.

b) *Dehydrasen* (wasserstoffübertragende Fermente):

die Bezeichnung der Fermente richtet sich nach dem Substrat, also z. B. Glucose-Dehydrase, Milchsäure-Dehydrase, Alkohol-Dehydrase, Xanthin-Dehydrase usw.

c) *Oxydasen.* Der von den Dehydrasen aus den Substraten übernommene Wasserstoff wird von den Oxydasen, den sauerstoffübertragenden Fermenten übernommen, die nun mittelbar oder unmittelbar mit atmosphärischem Sauerstoff reagieren. Hierzu gehören unter anderem das gelbe Ferment, die Cytochrome und das Atmungsferment.

d) *Oxydoredukasen* oder Redoxasen vermitteln Oxydations- und Reduktionsvorgänge am gleichen Substratmolekül oder auch an zwei verschiedenen Substraten *ohne* Eintritt von Sauerstoff (Cannizzaro-Reaktionen). Diese Oxydoredukasen wirken z. B. bei der anaeroben Spaltung der Kohlenhydrate in Milchsäure sowie bei der alkoholischen Gärung mit.

e) *Katalasen* zerlegen Wasserstoffsuperoxyd in Wasser und Sauerstoff.

f) *Peroxydasen* sind auf Polyphenole und aromatische Amine eingestellt, auf die der Sauerstoff aus Wasserstoffperoxyd oder seinen Derivaten übertragen wird. Sie reagieren also zum Unterschied zu den reinen Oxydasen nicht mit elementarem Sauerstoff.

g) Die Desmolasen wirken (vgl. oben) insbesondere in Fermentgemeinschaften. Weitere „Hilfsfermente" sind unter anderem die *Hydratasen,* die an die Doppelbindung ungesättigter Verbindungen Wasser anlagern: —CH=CH— + H_2O → —CHOH—CH_2—; die *Ammoniakasen,* die entsprechend Ammoniak anlagern, die *Phosphorylasen,* die Phosphat direkt auf ein anderes Substrat übertragen, ohne daß anorganisches Phosphat auftritt, die *Isomerasen,* die eine Aldose in Ketose und umgekehrt umwandeln usw.

7533 Hormone.

Die Hormone werden von den innersekretorischen Drüsen des Körpers gebildet und direkt oder über den Lymphweg in das Blut abgegeben. Die anscheinend in unspezifischem Gewebe allerortsentstehenden Wirkstoffe werden als Gewebshormone bezeichnet. Chemisch kann man unterscheiden die niedrigmolekularen Hormone und die eiweißartigen oder Proteohormone.

75331 Nebenniere.

l-Adrenalin. Hormon des Nebennierenmarks (Suprarenin, Epinephrin, Paranephrin usw.) 3,4-Dioxyphenyl-äthanol-methylamin. Erregt das sympathische (adrenergische) Nervensystem. $C_9H_{13}O_3N$.

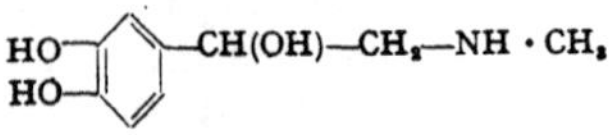

F 212° (unter Zers.); $[\alpha]_D^{20}$ in salzsaurer Lösung = —51,4°. In Säuren leicht löslich, sehr schwer löslich in kaltem Wasser; unlöslich in organischen Lösungsmitteln. Hydrochlorid F 206°. Offizinell in 1,2‰iger Lösung als Hydrochlorid oder konserviert mit 0,4% Acetonchloroform.

Nebennierenrindenhormon. Lebenswichtiges Hormon. *Corticosteron* (Reichstein) $C_{21}H_{30}O_4$; F (korr.) 180...182°; $[\alpha]_D^{15}$ in absolutem Alkohol = +223° ± 3°.

Wahrscheinlichste Formel:

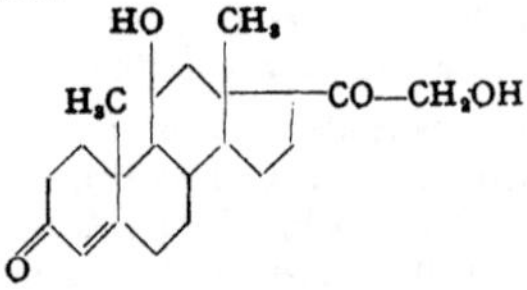

Etwa ebenso wirksam wie das Corticosteron ist das aus Stigmasterin hergestellte Desoxycorticosteron (= 21-Oxyprogesteron); F 141...142° (korr.); $[\alpha]_D^{22}$ = +178° ± 3°.

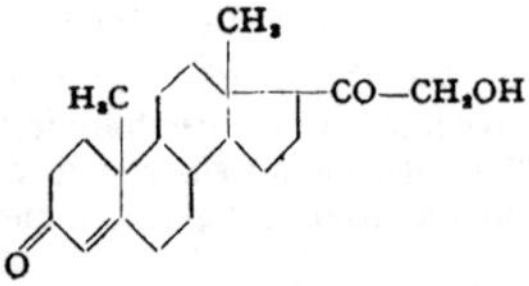

Eine noch höhere Wirksamkeit zeigen die Ester des Desoxycorticosterons.

Die Chemie des Nebennierenrindenhormons ist noch nicht abgeschlossen, da amorphe Fraktionen mit höherer Wirksamkeit als das krystallisierte Corticosteron erhalten zu sein scheinen.

Aus der Nebennierenrinde wurde auch eine Substanz mit der Wirkung eines männlichen Keimdrüsenhormons, das *Adrenosteron*, isoliert.

75332 Bauchspeicheldrüse.

Das Hormon des Pankreas ist das *Insulin* aus dem Inselapparat.

Bei ungenügender Bildung des Insulins wird Traubenzucker nicht als Glykogen abgelagert (Hyperglykämie) und das Kohlehydrat nicht ausreichend verbrannt. Durch parenterale Zufuhr richtiger Dosen Insulin wird der Blutzuckerspiegel auf den normalen Wert gesenkt.

Proteohormon. Krystallisierbar offenbar nur in Gegenwart von Zink oder anderen Metallen. Polymorphe Krystalle; F 233° (unter Zers.). Die Zusammensetzung entspricht der Formel $C_{45}H_{69}O_{14}N_{11}S \cdot 3\,H_2O$. Isoelektrischer Punkt bei p_H 5,30. Molekulargewicht auf der Ultrazentrifuge 35100 bei p_H 4,5...7,0, nach Freudenberg 20000. Als Spaltprodukte wurden erhalten Cystin, Tyrosin, Arginin, Histidin, Leucin, Lysin, Phenylalanin, Glutaminsäure.

Wertbestimmung ausschließlich auf biologischem Wege. 1,0 mg umkrystallisiertes Insulin enthällt 22 I.E.

75333 Schilddrüse.

Überfunktion der Schilddrüse ruft beim Menschen die Erscheinungen des Morbus Basedow (mit erhöhtem Stoffwechsel), die Unterfunktion die des Kretinismus bzw. beim Erwachsenen des Myxödems hervor (mit herabgesetztem Stoffwechsel).

Wirksame krystallisierte Verbindung ist das *Thyroxin.* $C_{15}H_{11}O_4NJ_4$, F 231...233° (unter Zers. und Jodabscheidung). $[\alpha]^{21}_{5461} = -3{,}2^0$ (in alkalischem Alkohol); unlöslich in Säuren; löslich in Alkalien.

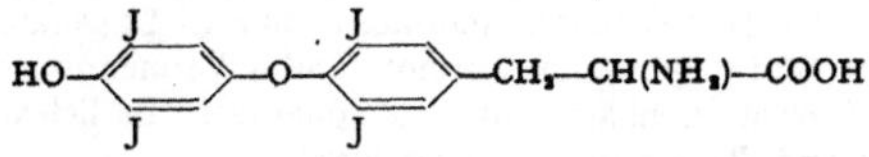

l-Thyroxin ist biologisch etwa 3mal wirksamer als d-Thyroxin. Eine weitere krystallinische Verbindung aus der Schilddrüse ist das 3,5-Dijodtyrosin (= Jodgorgosäure).

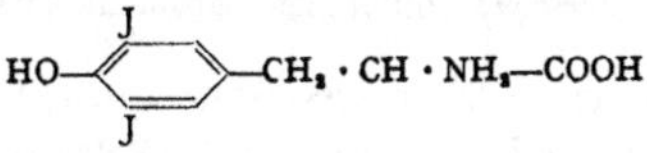

Dijodtyrosin wirkt beim Gesunden qualitativ wie Thyroxin, quantitativ wesentlich schwächer. Bei Hyperthyreosen dämpft es wie andere Jodverbindungen die Wirkung des Thyroxins. Vom Thyroxin und Dijodtyrosin sind auch wirksame eiweißhaltige Verbindungen isoliert.

75334 Nebenschilddrüse.

Parathormon; mit proteinartigem Charakter. Bei der Unterfunktion bzw. beim Fehlen sinkt der Blut-Calciumspiegel mit Tetanie und Krampftod. Oft ersetzbar durch das Präparat AT 10 (Holtz), das durch Bestrahlung von Ergosterin gewonnen wird = Dihydrotachysterin.

75335 Hypophyse.

In der Hypophyse werden eine ganze Anzahl von Hormonen gebildet (beschrieben 19), deren Identität bzw. Verschiedenheit aber noch nicht in allen Fällen feststeht. Vermutlich handelt es sich bei allen um Proteohormone (Peptide und Proteine), die als chemische Individuen noch nicht charakterisiert sind, von denen aber immerhin ein Teil „biologisch rein" (und auch krystallisiert) vorliegt, d. h. nur die eine oder andere Wirkung zeigt.

Die menschliche Hypophyse wiegt etwa 0,6 g; davon entfallen auf den Vorderlappen (HVL.) etwa 70%; auf den Mittellappen 10% und auf den Hinterlappen (HHL.) 20%. Vorderlappen und Mittellappen sind drüsig („Adeno-Hypophyse"), der Hinterlappen zeigt nervöse Elemente („Neuro-Hypophyse").

Die Hypophysenhormone haben zum Teil selbständigen Charakter, zum Teil wirken sie erst über andere innersekretorische Drüsen als „glandotrope Hormone"; z. B. die gonadotropen Hormone über die Keimdrüsenhormone, deren Bildung durch die Hypophyse induziert wird. Andererseits wirken auch die induzierten Drüsen wieder auf die Hypophyse zurück.

Die Regulation durch die Hypophysenhormone erfolgt zusammen mit dem autonomen Nervensystem. Man spricht deshalb auch von dem Hypophysen-Zwischenhirnsystem.

Hormone des Hypophysenvorderlappens.

a) Stoffwechselhormone. *1. Wachstumshormon.* Wachstumsförderung; bei Unterfunktion Zwergwuchs, bei Überfunktion Riesenwuchs oder bei Erwachsenen Akromegalie.

2. Kohlehydratstoffwechselhormone (3?; wohl identisch: diabetogenes Prinzip, kontrainsuläres Prinzip, Kohlehydratstoffwechselhormon); bewirken Blutzuckeranstieg, Verminderung des Leberglykogens, Wirkung zum Teil durch Stimulierung der Adrenalinausschüttung. Das Wachstumshormon und das Kohlehydratstoffwechselhormon sollen nach Bomskov identisch sein.

3. *Fettstoffwechselhormon* (2 oder sogar 3 ?) Senkung des Blutfetts, Erhöhung bzw. Senkung der Ketokörper im Blut.

4. *Lactationshormon* (= Prolactin); Anregung der ersten Milchsekretion.

b) Glandotrope Hormone. 5. *Thyreotropes Hormon;* Aktivierung der Schilddrüse und damit Steigerung des Stoffwechsels.

6. *Gonadotrope Hormone* (2 oder 3 ?); geschlechtsunspezifisch; sie bewirken bei ♀ Reifung der Follikel (Follikelreifungshormon) und ♂ Spermatogenese; ferner ♀ Gelbkörperbildung (= Luteinisierungshormon) und ♂ Vermehrung der Zwischenzellen des Hodens. Im Schwangerenharn finden sich qualitativ ähnlich wirkende Hormone, die als *Prolan A* und *Prolan B* bezeichnet werden.

7. *Adrenotrope Hormone;* das corticotrope Hormon wirkt auf die Nebennierenrinde, das adrenalotrope auf das Mark (vermehrte Adrenalinausschüttung).

8. *Parathyreotropes Hormon;* erhöht den Serumkalkspiegel durch Ausschüttung des Parathormons.

9. *Pankreatropes Hormon.* Blutzuckersenkung durch Insulinausschüttung.

Mittellappen (HML). 10. *Pigmenthormone* (2 ? Melanophorenhormone und Intermedin); beim Menschen Beschleunigung der Dunkeladaptation; beim Frosch Ausbreitung der Melanophoren, bei der Elritze die der Erythrophoren.

Hinterlappen. 11. *Oxytocin* (Pitocin, Orasthin) bewirkt Kontraktion des Uterus (des Darmes und vorwiegend des Dickdarmes).

12. *Vasopressin* (Pitressin, Tonephin); blutdruckwirksamer Anteil der glatten Gefäßmuskulatur (und des Dünndarms).

13. *Adiuretin,* Diurese und Kochsalzausscheidung fördernder Anteil.

Praktisch am wichtigsten sind Hypophysenhinterlappenpräparate zur Auslösung der Wehentätigkeit, der Darmperistaltik usw.

75336 Keimdrüsen.

Die Keimdrüsen wirken über die Keimdrüsenhormone auf den übrigen Körper: Ausbildung der sekundären Geschlechtsmerkmale und Prägung der spezifischen psychischen Reaktionen. Bisher bekannt sind zwei weibliche (das Follikel- und das Gelbkörperhormon) von grundsätzlich qualitativ verschiedener Wirkung und *ein* männliches Keimdrüsenhormon. Vom Follikel- und männlichen Hormon kommen verschiedene chemische Individuen teils natürlich vor, teils sind sie künstlich hergestellt; sie unterscheiden sich im wesentlichen nur in ihrer quantitativen Wirkung.

Die weiblichen Hormone. 1. *Follikelhormon* (Östrongruppe, brunsterzeugende Stoffe). Die natürlichen Follikelhormone leiten sich vom Kohlenwasserstoff Östran ab; es sind ungesättigte Verbindungen mit phenolischen und alkoholischen bzw. Ketogruppen. Vorkommen: in den Follikeln, im Gelbkörper (Corpus luteum) nach dem Follikelsprung, in der Placenta, besonders reichlich im Harn schwangerer Frauen (und trächtiger Stuten), aber auch in den Keimdrüsen und dem Harn männlicher Tiere, am reichlichsten im Stierhoden und Hengstharn. Ferner sind Substanzen mit Brunstwirkung isoliert aus Pflanzen, Bakterien, Bitumen, Teer, Braunkohle, die aber mit den eigentlichen Keimdrüsenhormonen nicht identisch sind.

753361 folgt auf S. 1771.

Wie diese Sterinderivate wirken noch andere Substanzen östrogen, von denen das *Östrostilben* sowohl enteral wie parenteral wirksamer ist als das Östradiol.

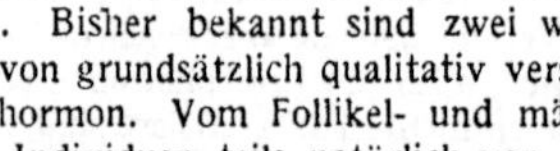

2. *Gelbkörperhormon.* Progesteron. Es leitet sich vom Pregnan ab. Isoliert aus dem Gelbkörper, chemisch hergestellt aus Stigmasterin oder Pregnandiol durch oxydativen Abbau. Ganz spezifische Wirkung im Gegensatz zum Follikelhormon

753361 Eigenschaften der Vertreter der Östrongruppe.
(Schmidt-Thomé: Erg. Physiol. **39**.)

Name	Summenformel	Strukturformel	F	$[\alpha]_D$	Hauptmaximum der Lichtabsorption in $m\mu$	Physiologische Wirksamkeit M. E. pro Gramm etwa
Östron	$C_{18}H_{22}O_2$	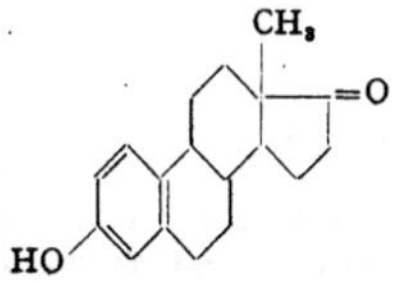	3 polymorphe Formen 254° 256° 259°	+ 156°	280	8 bis 10000000
α-Östradiol	$C_{18}H_{24}O_2$	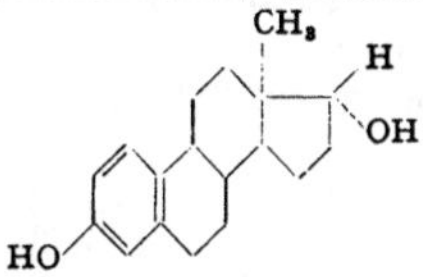	178° (korr.)	+ 78°	280	20000000
β-Östradiol	$C_{18}H_{24}O_2$	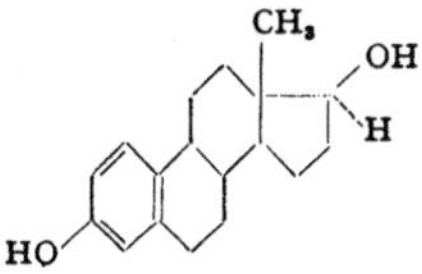	220 bis 223° (korr.)	+ 57°	280	800000
Östriol	$C_{18}H_{24}O_3$	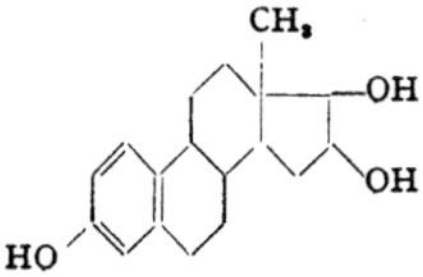	280°	+ 30°	280	75000
Equilin	$C_{18}H_{20}O_2$	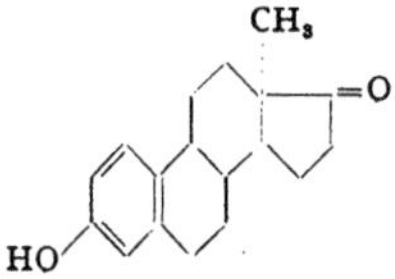	238 bis 240° (korr.)	+ 308°	280	400000 bis 1300000
Hippulin	$C_{18}H_{20}O_2$	Unbekannt	233° (korr.)	+ 128°		~1200000
Equilenin	$C_{18}H_{18}O_2$	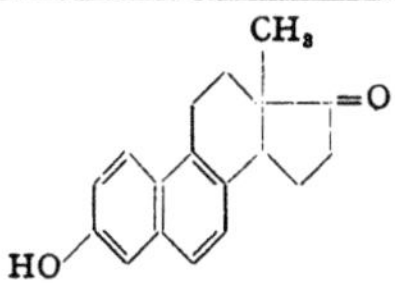	258 bis 259°	+ 87°	282 und weitere Maxima	600000 bis 1200000
Dihydroequilenin 2 epimere Formen	$C_{18}H_{20}O_2$	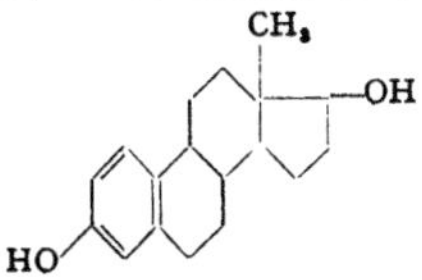	215 bis 217° epimere Form 248°		282 wie Equilenin	

und männlichen Hormon. Die Anwesenheit des Hormons ist bis zum 4. bis 5. Schwangerschaftsmonat unbedingt notwendig. Es wird auch als Schwangerschaftshormon bezeichnet.

Internationale Einheit (1935) Wirkung von 1 mg eines β-Progesteron-Standardpräparates.

$C_{21}H_{30}O_2$

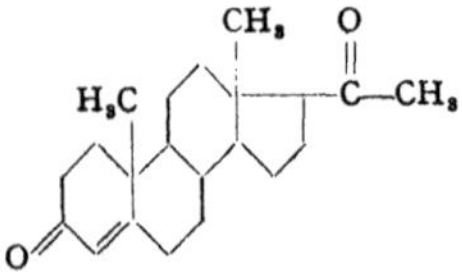

F α-Progesteron 128,5°, β-Progesteron 122°.

Männliche Sexualhormone. Isoliert wurden aus dem Harn *Androsteron* und *Dehydroandrosteron*, aus dem Hoden *Testosteron* und *Androstandion*. Neben diesen gibt es eine große Zahl künstlicher Derivate, die sich nur im Grad der Wirksamkeit von den natürlich gewonnenen Hormonen unterscheiden.

Test. Hahnenkammtest (Kammwachstum eines Kapauns). Vesiculardrüsentest (Drüsenreifung einer infantilen Ratte).

Einheit. 1 K.E. (Kapauneinheit) ist die Stoffmenge, die je einmal an zwei aufeinanderfolgenden Tagen subcutan gegeben, am 3. oder 4. Tag eine Vergrößerung der Fläche eines Kapaunkammes um 20% bewirkt.

1 R.E. (Ratteneinheit) ist die kleinste Menge, die an 8 aufeinanderfolgenden Tagen subcutan injiziert, nach Tötung des infantilen Tieres (4 Wochen alte Ratten) eine mittlere Reifung der Vesiculardrüsen erkennen läßt.

753362.

	Summenformel		F	$[\alpha]_D$		K.E. γ	R.E. γ
Androsteron	$C_{19}H_{30}O_2$	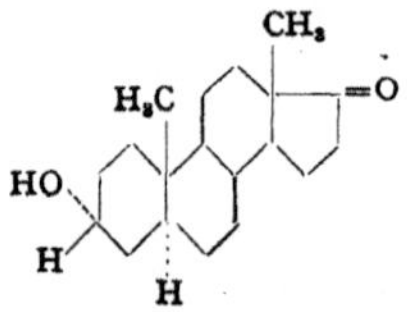	182 bis 183° (korr.)	+ 96°		150 bis 200	1000
Dehydroandrosteron	$C_{19}H_{28}O_2$	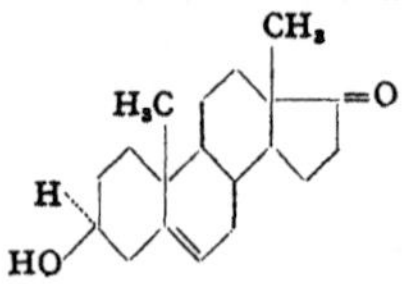	138 bis 139° 146 bis 148°	+ 10°		600	3000
Testosteron	$C_{19}H_{28}O_2$	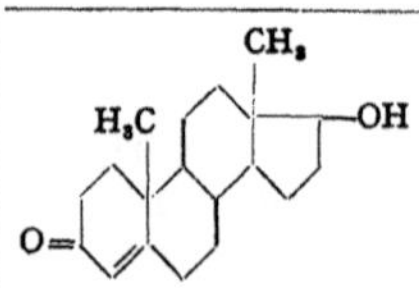	154,5 bis 155 5° (korr.)	+ 109°	238 bis 240 mμ	30	100
Androstandion	$C_{19}H_{28}O_2$	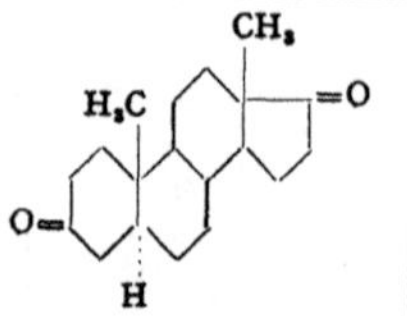	129 bis 130°	+ 104,8 bis 111°		250	750

754 Harnuntersuchung[1].

7541 Zusammensetzung des Harns (vgl. S. 1746).

Für quantitative chemische Bestimmungen sind Durchschnittsproben des innerhalb 24 Stunden gelassenen Harns zu verwenden. Zur Konservierung des Harns dienen pro Liter Harn etwa 5 cm³ Toluol oder 2...3 cm³ Chloroform oder 2 g Thymol. Es ist zu beachten, daß Chloroform die Kupferreduktionsprobe stört. Saure Harne verderben weniger leicht als neutrale oder alkalische Harne. In ammoniakalische Gärung übergegangene Harne können durch die angegebene Konzentration der Antiseptika nicht steril gemacht werden. Harne, deren $[H^{\cdot}]$ genau bestimmt werden soll, sind unmittelbar nach der Entleerung mit flüssigem Paraffin zu überschichten oder in einem vollständig gefüllten und gut verschlossenen Gefäß aufzuheben.

Der normale menschliche Harn ist je nach seiner Konzentration hellgelb bis dunkelgelb gefärbt (Urochrom). Pathologischer Harn ist durch Galle gelb bis gelbbraun, bisweilen grün (Biliverdin) gefärbt, durch Blut fleischwasserfarben bis rot, durch Hämoglobin rot bis braunschwarz (Methämoglobin), durch Hämatoporphyrin gelbrot bis violett, in größeren Schichten weinrot bis schwarz. Urobilin färbt den Harn gelb bis tiefgelb bis braunrot, Melanin schwarz, oft erst nach Stehen an der Luft; bei der Alkaptonurie wird der Harn beim Stehen an der Luft schwarz, besonders bei alkalischer Reaktion.

Im normalen sauer reagierenden Harn setzen sich nach einiger Zeit Trübungen, die Nubekula ab. Bei längerem Stehen fallen Monourate oder auch freie Harnsäure aus. Alkalischer Harn ist zumeist durch ausgefallene Erdalkaliphosphate und -carbonate getrübt, die beim Ansäuern mit Essigsäure klar gelöst werden. Bleibt die Trübung bestehen, so kann die Trübung aus Harnsäure bestehen, die beim Alkalisieren mit Natronlauge in Lösung geht, oder pathologisch durch Beimengungen von Eiter (Leukocyten), Epithelien, Schleim, Fett usw. bedingt sein. Zur Klärung und Entfärbung des Harns sind je nach dem zu untersuchenden Bestandteil verschiedene Methoden anzuwenden.

Die Bestimmung der Dichte erfolgt mit dem Pyknometer, oder mit zumeist ausreichender Genauigkeit mit einem Senkspindel („Urometer“). In eiweißhaltigen Harnen kann die Ausscheidung der harnpflichtigen Substanzen aber nicht auf Grund des spezifischen Gewichts festgestellt werden, sondern am einfachsten durch Bestimmung der Gefrierpunktserniedrigung.

Chlorbestimmung. a) Qualitativ. Einige Kubikzentimeter Harn werden mit verdünnter HNO_3 angesäuert und mit $AgNO_3$ versetzt. In normalem Harn dichte Fällung von weißem Silberchlorid, bei Chlorverarmung nur schwache Trübung.

b) Quantitativ.

1. Nach Volhard: 10 cm³ Harn werden im 100-cm³-Meßkolben mit etwa 3 bis 4 cm³ 30%iger reiner HNO_3 angesäuert, mit 30,0 cm³ 0,1 n-$AgNO_3$ versetzt, auf 100,0 cm³ aufgefüllt und nach gutem Durchschütteln durch ein trockenes Filter filtriert. Zu 50,0 cm³ des klaren Filtrats werden 2...3 cm³ kalt gesättigte Ferriammoniumsulfatlösung gegeben und das überschüssig zugegebene $AgNO_3$ mit 0,1 n-Rhodanammoniumlösung zurücktitriert. Das Ende der Rücktitration wird durch die Bildung von blutrotem Eisenrhodanid angezeigt. — 1,0 cm³ 0,1 n-$AgNO_3$ = 3,546 mg Cl = 5,846 mg NaCl.

2. Nach Mohr: Das Chlor kann im normalen Harn nicht unmittelbar mit $AgNO_3$ titriert werden, da bei annähernd neutraler Reaktion auch andere Substanzen wie Purinkörper usw. mit Silbernitrat reagieren. Zur Entfernung dieser störenden Substanzen werden 20 cm³ Harn mit etwa 1 g aktiver Kohle (z. B. Carbo animalis zur Harnanalyse) 5...10 Min. unter gelegentlichem Umschütteln stehen gelassen, durch ein trockenes Filter filtriert und von dem Filtrat ein aliquoter Teil (5,0 oder 10,0 cm³)

[1] Lit.: Rona, P.: Praktikum der physiologischen Chemie. 1929. — Physiologische Chemie. Chemiker-Kalender, ältere Auflagen. — Hinsberg, K. und K. Lang: Medizinische Chemie. 1938. — Medizinisch-chemische Untersuchungsmethoden, Fa. E. Merck. 1935.

mit 1 Tropfen gesättigter Kaliumchromatlösung als Indicator versetzt und mit n/10-$AgNO_3$ bis zur schwachen, aber bestehenbleibenden Braunrotfärbung (Bildung von Silberchromat) titriert.

Schwefelbestimmung. Der Schwefel wird im Harn in 3 Formen ausgeschieden: 1. der größere Teil (etwa 85%) als Alkalisulfat (präformierte Schwefelsäure, Sulfatschwefelsäure; im Sediment gelegentlich zum Teil als Calciumsulfat); 2. ein kleinerer Teil (etwa 10%) in Form von Estern an Alkohole und Phenole gebunden (gepaarte Schwefelsäure; Ätherschwefelsäure); 3. der Rest als Neutralschwefel (etwa 5%) in unvollkommen oder gar nicht oxydierter Form als unterschweflige Säure, Rhodanwasserstoffsäure, als Abkömmlinge des Cystins und Taurins und vor allem als Oxyproteinsäuren; auch als Chondroitinschwefelsäure.

a) Qualitativ.

1. Nachweis der schwefelsauren Salze. Harn wird mit HCl angesäuert und mit $BaCl_2$ versetzt; weiße Fällung von Bariumsulfat.

2. Nachweis der Ätherschwefelsäuren. Das klare Filtrat von 1. wird stärker salzsauer gemacht und 10...15 Min. gekocht. Die abgespaltene Schwefelsäure fällt nun als Bariumsulfat aus.

3. Nachweis des Neutralschwefels. Etwa 50 cm^3 Harn werden mit HCl angesäuert und mit Zinkpulver versetzt. Die zu H_2S reduzierten Schwefelverbindungen reduzieren einen mit Bleiacetat getränkten Filtrierpapierstreifen über der Gefäßöffnung schwarz.

b) Quantitativ. Die Bestimmung der einzelnen Schwefelfraktionen kann gravimetrisch nach Ausfällung als $BaSO_4$ erfolgen oder titrimetrisch nach Ausfällung als Benzidinsulfat. Benzidin bildet als schwache Base Salze, die weitgehend hydrolytisch gespalten sind und eine scharfe Titration der Säure mit Phenolphthalein als Indicator ermöglichen.

1. Bestimmung der Sulfatschwefelsäure. 25 cm^3 Harn werden in einem Becherglas mit Salzsäure kongosauer gemacht (Blaufärbung von Kongopapier) und langsam mit 100 cm^3 Benzidinlösung unter Umschütteln versetzt. Nach einigen Minuten filtriert man die seidenglänzenden Krystalle ab, wäscht Becherglas und Filter mit benzidingesättigtem Wasser nach und gibt das Filter samt Niederschlag in das Becherglas zurück. Man erhitzt mit 20...30 cm^3 Wasser zum Sieden, gibt Phenolphthalein als Indicator hinzu und titriert mit $^1/_{10}$ oder $^1/_{20}$ n-Natronlauge bis zur Rotfärbung. 1 cm^3 $^1/_{10}$ n-NaOH = 4,9 mg H_2SO_4. — Zur Herstellung der Benzidinlösung werden 4 g analysenreines Benzidin mit etwas Wasser angerührt, mit 500 cm^3 Wasser und 5 cm^3 37%iger HCl in einen 2-l-Meßkolben gespült und nach vollständiger Lösung auf 2000,0 cm^3 aufgefüllt. 150 cm^3 reichen zur vollständigen Fällung von 0,1 g H_2SO_4 aus.

2. Bestimmung der gepaarten Schwefelsäure. Nach Bestimmung der Sulfatschwefelsäure wird eine zweite Probe von 25,0 cm^3 Harn mit 20 cm^3 verdünnter Salzsäure 15...20 Min. gekocht, und nach Abkühlung die Gesamtschwefelsäure wie unter 1. bestimmt. Die Menge der Ätherschwefelsäure ergibt sich als Differenz aus den beiden Bestimmungen von 1. und 2.

3. Bestimmung des Neutralschwefels. 20 cm^3 Harn werden in einem Kjeldahl-Kolben mit 5 cm^3 20%iger Kaliumnitratlösung und 20 cm^3 rauchender HNO_3 (D $\sim$1,52) versetzt und zur Trockne eingeengt. Der weiße Rückstand wird in wenig Wasser gelöst, mit Salzsäure angesäuert und bis zur Vertreibung der nitrosen Gase gekocht. Die gebildete Schwefelsäure wird wie unter 1. bestimmt. Der Gehalt an Neutralschwefel ergibt sich aus der Differenz der Summe von Sulfat- und Ätherschwefelsäure.

Phosphatbestimmung. Der Phosphor wird im Harn praktisch ausschließlich als phosphorsaure Salze und zwar je nach der [H˙] als primäres oder sekundäres Phosphat ausgeschieden.

a) Qualitativ. Harn wird, nach Ausfällung des Calciums als Oxalat bei essigsaurer Reaktion, ammoniakalisch gemacht und mit Magnesiamixtur versetzt. Niederschlag von Ammonium-Magnesiumphosphat.

b) Quantitativ.

1. Uransalze fällen sekundäre Phosphate in der Siedehitze quantitativ aus. Das Ende der Titration wird durch Cochenilletinktur als Indicator angezeigt, die mit dem geringsten Überschuß von Uran einen grünen Farbumschlag gibt. Die richtige $[H^{\cdot}]$ des Harns wird durch essigsäurehaltiges Natriumacetat hergestellt. — Zur Ausführung werden 20...50 cm³ Harn mit 5 cm³ 10%iger Natriumacetatlösung, die 3% Eisessig enthält, und mit 0,5 cm³ Cochenilletinktur („Merck") versetzt. Man erhitzt bis zum beginnenden Sieden und titriert bei dieser Temperatur langsam unter mäßigem Schütteln mit einer eingestellten Uranylacetatlösung bis zur dauernden schwach grünen Färbung. Der Harn muß eiweißfrei und wenig gefärbt sein (Enteiweißung und Entfärbung z. B. mit Aktivkohle). — Zur Herstellung der Uranylacetatlösung werden 29,97 g Uranylacetat (kryst., zur Analyse, natronfrei) auf 1000,0 gelöst. Diese Lösung ist gegen eine Lösung aus reinem KH_2PO_4 (nach Sörensen) (9,578 g KH_2PO_4 auf 1000,0; 1,0 cm³ = 5,0 mg P_2O_5) einzustellen. — 1,0 cm³ der Uranylacetatlösung entspricht 5,0 mg P_2O_5.

2. Eine Mikromethode zur Bestimmung von 0,1...0,4 mg P_2O_5 beruht darauf daß anorganisches Phosphat mit Molybdänsäure Phosphormolybdänsäure bildet, die durch ein im Überschuß zugegebenes Reduktionsmittel zu einer kolloidalen Lösung von Molybdänblau reduziert wird, die colorimetrisch gegen eine bekannte Phosphatstandardlösung verglichen oder absolut im Stufenphotometer gemessen wird. — Zur Ausführung wird 1,0 cm³ 5...10fach verdünnter Harn in einem 25 cm³ Meßkolben mit 10...15 cm³ Wasser verdünnt, mit 5 cm³ des Schwefelsäure-Ammonmolybdat-Reagens und 1 cm³ des Eikonogenreagens versetzt, auf 25,0 aufgefüllt, 7 Min. in einem Wasserbad von 37° erwärmt, dann in Leitungswasser abgekühlt und gegen eine ebenso behandelte Standardlösung mit 0,2 mg P_2O_5 colorimetriert.

Schwefelsäure-Ammonmolybdatreagens: 2,5% Ammonmolybdat in 5 n-H_2SO_4.

Eikonogenreagens: 0,5 g Eikonogen (1,2,4-Aminonaphtholsulfosäure) in 195 cm³ 15%ig. $NaHSO_3$ und 5 cm³ 20%ig. Na_2SO_3 unter schwachem Erwärmen lösen und filtrieren. Das käufliche Präparat kann ohne weitere Reinigung verwendet werden.

Ammoniak. Physiologische Grenzwerte der täglichen NH_3-Ausscheidung sind etwa 0,3...1,2 g. Die Ausscheidung des vorgebildeten Ammoniaks ist abhängig von der Menge ausgeschiedener Säuren, zu deren Neutralisation es zum Teil verwandt wird, und von der Harnstoffbildung in der Leber.

a) Qualitativ. Harn mit Kalkmilch oder Soda alkalisieren, das freigesetzte NH_3 mit angefeuchtetem rotem Lackmuspapier oder Kurkumapapier (Braunfärbung) über der Gefäßöffnung nachweisen.

b) Quantitativ. Frisch gelassenen oder mit Toluol bzw. Chloroform konservierten Harn verwenden. Die Methoden beruhen darauf, das Ammoniak aus alkalischer Lösung abzudestillieren, in verdünnter Säure aufzufangen und in üblicher Weise zu titrieren oder zu neßlerisieren. Es ist zu beachten, daß die Reaktion nicht zu stark alkalisch sein darf, da sonst sehr leicht Harnstoff zersetzt wird. Nach Folin wird aus 25 cm³ Harn das NH_3 nach Zusatz von 10 g NaCl und 1 g Na_2CO_3 bei 20...25° durch einen starken Luftstrom in eine geeignete Vorlage mit 5...10 cm³ n/10 H_2SO_4 ausgetrieben; acidimetrische Bestimmung.

Folin und Bell beschreiben eine colorimetrische Bestimmung des NH_3 mittels Permutitbindung, bei der das Ammoniak zuerst an das Alkali-Aluminiumsilikat „Permutit" gebunden, dann wieder mit NaOH eluiert und nach Neßler gegen eine Standardlösung colorimetriert wird.

Reagenzien: 1. 10%ige NaOH;

2. Permutit (nach Folin, Deutsche Permutitgesellschaft);

3. Neßler-Reagens: 10 g Mercurijodid werden mit etwas Wasser, das einer Menge von 100 cm³ entnommen ist, verrieben, in eine dunkle Flasche gespült und mit dem Rest der 100 cm³ Wasser, in dem 5 g Jodkalium und 20 g Ätznatron gelöst wurden, versetzt. Lösung 24 Stunden stehen lassen. Das verdünnte Reagens alle 2 Wochen frisch herstellen, indem man 20 cm³ der über dem Bodensatz klaren Stammlösung mit 20 cm³ einer 1,0%igen KJ-Lösung, 50 cm³ 1 n-NaOH und 10 cm³ H_2O versetzt und umschüttelt. Zu je 4 cm³ der zu neßlerisierenden neutralen oder ganz schwach

sauren Lösung wird 1 cm³ des Reagens gesetzt. Zwischen 10 und 80 γ NH_3—N entstehen mindestens 30 Min. haltbare Färbungen, die genau dem Beerschen Gesetz folgen.

4. Stammlösung aus reinstem pyridinfreien Ammoniumsulfat mit 1 mg N in 1,0 cm³ (4,7165 g $(NH_4)_2SO_4$ auf 1 l mit 0,2 n-H_2SO_4). Darstellung der Standardlösungen z. B. durch Verdünnen von 1,0 auf 100,0.

Ausführung: 2 g Permutit in einem 200-cm³-Meßkolben 2mal mit NH_3-freiem Wasser, einmal mit 2%iger Essigsäure und zuletzt noch einmal mit NH_3-freiem Wasser waschen, indem man die Waschflüssigkeiten dekantiert. Zum Permutit 10 cm³ Wasser und 1,0...2,0 cm³ Harn, je nach NH_3-Menge, zusetzen, 5 Min. vorsichtig schütteln, das Pulver mit 25...40 cm³ Wasser von den Wandungen abspülen und nach Absetzen die Lösung dekantieren. Waschen und Dekantieren wiederholen. Nach Verdünnen mit Wasser 5...10 cm³ der 10%-igen Natronlauge zusetzen, auf etwa 100 cm³ verdünnen, 10 cm³ Neßler-Reagens zusetzen und bis zur Marke auffüllen. Gut durchschütteln und nach 10 Min. gegen eine gleich behandelte Stammlösung colorimetrieren oder im Stufenphotometer bei der Schichtdicke 5...10 mm und mit dem Filter S 43 messen. Als Vergleichslösung eine entsprechend verdünnte Neßler-Lösung verwenden.

Gesamtstickstoff. 1,0 cm³ Harn mit etwa 10 mg N werden in einem 100 cm³ Kjeldahl-Kolben mit 2 cm³ N-freier konzentrierter H_2SO_4 und etwa 50 mg $CuSO_4$ unter dem Abzug in schräger Lage (zweckmäßig in einem Veraschungsgestell) erhitzt und nach dem Verdampfen des Wassers mit etwa 1 g K_2SO_4 versetzt. Man erhitzt etwa 2...3 Stunden, wobei die Lösung rein grünblau sein muß. Nach dem Abkühlen wird mit etwa 10 cm³ Wasser verdünnt, mit etwas Talkum und Bimsstein versetzt, mit etwa 10...15 cm³ 33%iger NaOH alkalisiert und sofort mit einem mit dem Destillationsrohr in Verbindung stehenden Kugelaufsatz verbunden und das NH_3 in 10...20 cm³ vorgelegte n/10-H_2SO_4 destilliert. Als Indicator für die Rücktitration der überschüssig vorgelegten Salzsäure mit n/10-NaOH wird Methylrot verwendet. Ein sehr geeigneter Destillationsapparat ist von Parnas beschrieben[1].

Kreatinin. a) Qualitativ (nach Jaffé). Der Harn wird mit etwas wässeriger Pikrinsäurelösung versetzt und mit Natronlauge schwach alkalisch gemacht: Rotfärbung.

b) Quantitativ. Prinzip: Colorimetrierung oder Messung im Stufenphotometer der mit Pikrinsäure in alkalischer Lösung erhaltenen Färbung.

Lösungen: 1. Kalt gesättigte Pikrinsäurelösung. 1,2 g Pikrinsäure in 100 cm³ Wasser heiß lösen. 10 cm³ dieser Lösung dürfen nach Zusatz von 1 cm³ 10%iger NaOH und Auffüllen auf 25 cm³ im Bereich des Filters S 53 mindestens durch 15 Min. keine Absorption zeigen.

2. Kreatininstammlösung (bei colorimetrischem Vergleich) aus umkrystallisiertem Kreatinin-Chlorzink. Trommelablesewerte im Stufenphotometer[2].

Harn von störenden pathologischen Bestandteilen (Eiweiß, Aceton, Acetessigsäure, H_2S) befreien und nötigenfalls klar zentrifugieren. *Colorimetrisch:* In 100 cm³ Meßkolben 2,0 cm³ Harn, 3,0 cm³ 1,2%ige Pikrinsäurelösung und 1 cm³ 10%ige NaOH mischen, 5 Min. stehen lassen und dann mit Wasser bis zur Marke auffüllen. Mit einer ebenso hergestellten Kreatininstandardlösung (mit 0,5...1,0 mg Kreatinin in 1,0 cm³) vergleichen oder mit einer $^1/_2$ n-Kaliumbichromatlösung, die genau auf 8 mm eingestellt ist. Beträgt der colorimetrisch gefundene Mittelwert a mm, so enthalten 100 cm³ Harn $\frac{8}{a} \cdot 100$ mg Kreatinin. *Stufenphotometrisch:* 1,0 cm³ Harn (bei sehr kreatininreichen Harnen 0,5 cm³) in 100 cm³-Meßkolben mit 20 cm³ Pikrinsäurelösung und 1,5 cm³ 10%iger NaOH versetzen, umschütteln und 10 Min. stehen lassen. Zur Marke auffüllen und innerhalb 5 Min. mit dem Filter S 53 photometrieren. Als Vergleichsflüssigkeit dient reines Wasser. Die Ablesung soll zwischen den Trommelwerten 20 und 50 liegen, indem man entsprechende Schichtdicken wählt.

---

[1] Parnas: Biochem. Z. **125**, 253 (1921).
[2] Vgl. Lieb u. Zacherl: Z. physiol. Chem. **223**, 169 (1934); dazu die Kritik von Folin: Z. physiol. Chem. **228**, 268 (1934).

Harnsäure. Qualitativer Nachweis mittels der Murexidprobe. Eine stecknadelkopfgroße Menge der Substanz wird in einer Porzellanschale oder auf einem Porzellantiegeldeckel in 3...4 Tropfen verd. HNO_3 (etwa 2 n) unter Erwärmen gelöst, vorsichtig über freier Flamme oder besser auf dem Wasserbad zur Trockne eingeengt. Es entsteht ein roter Rückstand, der mit einem Tropfen Ammoniak purpurrot (Murexid), mit einem Tropfen Natronlauge violett bis blau gefärbt wird.

Quantitative Bestimmung nach Folin. Die Harnsäure gibt mit Phosphorwolframsäure eine blaue Färbung, deren Intensität der vorhandenen Harnsäure proportional ist, so daß sie im Colorimeter mit einer Harnsäurestandardlösung verglichen werden kann. Da die Blaufärbung auf der Reduktion der Phosphorwolframsäure durch die Harnsäure beruht, also unspezifisch ist, empfiehlt es sich, die Harnsäure zunächst als Ag-urat zu isolieren.

Erforderliche Lösungen:

1. Natriumcarbonat 20% ($Na_2CO_3 \cdot 12\ H_2O$).
2. Natriumcyanid 15% in 0,1 n-NaOH (Lösung erst nach 1...2 Wochen verwenden).
3. Silberlactatreagens: 5 g Silberlactat werden in etwa 50 cm³ warmem Wasser gelöst, mit einer Mischung von 5 cm³ konzentrierter Milchsäure und 5 cm³ 10%iger NaOH versetzt und auf 100,0 mit Wasser aufgefüllt.
4. Harnsäurereagens: 100 g Natriumwolframat (zur Analyse) mit 80 cm³ Phosphorsäure (spezifisches Gewicht 1,7) in 700 cm³ Wasser 2 Stunden kochen. Wenn die Lösung sehr dunkel gefärbt ist, entfärbt man mit einigen Tropfen Brom und verkocht den Überschuß. Nach dem Abkühlen mit Wasser auf 1000,0 verdünnen.
5. Harnsäurestandardlösung: 1,000 g reine Harnsäure werden in einem 1 l-Kolben in 150 cm³ Wasser gelöst, in dem durch Erwärmen auf etwa 60° 0,5 g Lithiumcarbonat gelöst sind. Man verdünnt mit 300 cm³ Wasser, versetzt mit 25 cm³ 40%ig. Formalin, säuert mit 3 cm³ Eisessig an, vertreibt die Kohlensäure durch Schwenken und füllt auf 1000,0 mit Wasser auf. Die Lösung ist mehrere Monate haltbar. Als Standardlösung mit 0,1 mg Harnsäure im Kubikzentimeter wird die 10fach verdünnte Stammlösung verwendet.

Ausführung: 2...5 cm³ Harn (je nach Harnsäuregehalt) werden in einem Zentrifugenglas zu 3 cm³ Wasser gegeben, mit 3 cm³ klarer Silberlactatlösung (im Überschuß) gemischt und zentrifugiert. Die klare überstehende Lösung fortgießen, den Rückstand mit 2 cm³ 15%iger Na-Cyanidlösung klar lösen und die Lösung quantitativ unter Nachspülen mit 20 cm³ 20%iger Na-carbonatlösung in einen 100 cm³-Meßkolben überführen. In einen zweiten 100 cm³-Meßkolben bringt man 5 cm³ der Harnsäurestandardlösung (= 0,5 mg Harnsäure), 2 cm³ Na-Cyanidlösung und 20 cm³ Na-carbonatlösung. In jeden Meßkolben werden dann 5 cm³ Harnsäurereagens gegeben, 5 Min. stehen gelassen, umgeschüttelt, mit Wasser bis zur Marke aufgefüllt, nochmals gemischt, die Trübung absitzen gelassen oder abzentrifugiert und die Lösung colorimetriert.

Phenol-Nachweis. 1. Mit Bromwasser entsteht Trübung oder Niederschlag von gelblich weißem Tribromphenol bzw. Tribromkresol.

2. Beim Kochen mit Millons Reagens entsteht Rotfärbung der Flüssigkeit oder ein rötlicher Niederschlag.

3. Ferrichloridlösung (Überschuß vermeiden) gibt mit Phenolen blauviolette Färbung, mit Kresolen blaue Färbung.

Indoxylschwefelsaures Kalium (Harnindican). Nachweis nach Obermeyer: Aus etwa 20 cm³ Harn werden mit etwa 1 cm³ 10%igem Pb-Acetat störende Verunreinigungen gefällt, das Filtrat mit dem gleichen Volumen 37%iger Salzsäure, die 0,2...0,4% $FeCl_3$ enthält, versetzt, gemischt, 2...3 cm³ Chloroform zugegeben und hiermit der gebildete Indigo ausgeschüttelt; Blaufärbung des Chloroforms.

Quantitative Bestimmung im Stufenphotometer[1].

Ausführung: 20 cm³ frischen Harn mit 2 cm³ Bleiessiglösung (600 g neutrales Bleiacetat + 200 g Bleioxyd auf 1000,0 auffüllen) fällen und 10 cm³ Filtrat (oder bei mehr Indican z. B. 5 cm³ Harn + 5 cm³ Wasser) mit 10 cm³ Eisenchlorid-Salz-

[1] Nach Zacherl: Z. physiol. Chem. **220**, 113 (1933).

säure und 5 cm³ Chloroform langsam durchschütteln, die blaugefärbte Chloroformschicht abtrennen und mit frischem Chloroform so lange ausschütteln, bis es farblos bleibt. Die Chloroformextrakte auf ein bestimmtes Volumen (z. B. 25 cm³) auffüllen und mit Filter S 57 bei mindestens 10 mm Schicht messen.

7542 Vorwiegend pathologische Harnbestandteile.

Eiweiß. Nachweis. 1. Kochprobe: Etwa 5 cm³ klarer Harn, der blaues Lackmuspapier eben röten soll, werden zum Sieden (bis zu $^1/_2$ Min.) erhitzt. Bei Gegenwart von Eiweiß entsteht eine Trübung, die auf Zusatz von 2...4 Tropfen 10%iger Essigsäure nicht verschwindet, wie dies bei der nur durch Erdalkaliphosphate bedingten Trübung der Fall ist.

2. Hellersche Probe: Klarer Harn wird in einem Reagensglas vorsichtig (zweckmäßig mit einer feinen Pipette) über konzentrierte HNO_3 geschichtet. In Anwesenheit von Eiweiß tritt an der Berührungsstelle eine weiße Schicht auf, bei geringen Eiweißmengen erst nach 2...3 Min. Harnstoffreiche Harne (Morgenurin) müssen auf das 1...2fache verdünnt werden, da der Ring sonst auch aus salpetersaurem Harnstoff bestehen kann.

3. Sulfosalicylsäureprobe: Etwa 5 cm³ klarer Harn werden mit 6...10 Tropfen 20%iger Sulfosalicylsäure versetzt. Mit Eiweißen und Peptonen entsteht eine Trübung. Nur die Fällung mit den Peptonen ist in der Wärme löslich. — Die Probe ist äußerst empfindlich; sehr geringe Trübungen brauchen daher nicht beachtet zu werden.

Quantitative Bestimmungen. 1. Halbquantitativ nach Esbach. Das Esbachsche Albuminimeter wird bis zur Marke U mit Harn und bis zur Marke R mit dem Esbachschen Reagens (1%ige Pikrinsäure in 2%iger Citronensäure) gefüllt. Man schüttelt vorsichtig um, läßt 24 Stunden stehen und liest an der Zahleneinteilung (g Eiweiß im Liter Harn) die ausgeschiedene Eiweißmenge ab. Harn mit einer Dichte über 1018 und einem Eiweißgehalt über 4‰ muß entsprechend verdünnt werden.

Eine annähernde Schätzung des Eiweißgehaltes ergibt sich bei der gewöhnlichen Kochprobe.

Man stellt die Probe mit 10 cm³ Harn an und läßt dann das Reagensglas 1 Stunde stehen.

Erstarrung der ganzen Säule entspricht	>2...3%
Niederschlag der $^1/_2$ Säule entspricht	1%
Niederschlag der $^1/_3$ Säule entspricht	0,5%
Niederschlag der $^1/_4$ Säule entspricht	0,25%
Niederschlag der $^1/_{10}$ Säule entspricht	0,1%
Niederschlag der Kuppe entspricht	0,05%
Trübung entspricht	<0,01%

2. Gravimetrische Bestimmung: 50,0 cm³ Harn werden mit 10 cm³ eines Acetat-Essigsäurepuffers (118,0 g krystallisiertes Na-Acetat + 56,5 g Eisessig auf 1000 cm³) 30 Min. im siedenden Wasserbade erhitzt, durch ein bis zur Gewichtskonstanz getrocknetes Filter filtriert, mit Wasser, Alkohol und Äther nachgewaschen und bis zur Gewichtskonstanz bei 100...105° getrocknet und gewogen.

Zucker. Eiweißhaltiger Harn muß vor der Zuckerprobe enteiweißt werden, indem man den Harn aufkocht, schwach mit Essigsäure ansäuert (wie bei der Kochprobe auf Eiweiß) und das Eiweiß abfiltriert.

Zur Entfernung anderer reduzierender Substanzen, wie Harnsäure, Kreatinin, Glucuronsäureverbindungen usw. wird empfohlen, diese Substanzen durch Schütteln des Harnes mit aktiver Kohle zweckmäßig in Gegenwart von Alkohol zu entfernen, indem man z. B. 18 cm³ Harn mit 2 cm³ Alkohol und einer breiten Messerspitze Kohle 5...10 Min. stehen läßt und dann filtriert. Durch den Alkohol wird die Adsorption der Glucose an die Kohle verringert.

Traubenzucker. Nachweis. 1. Nach Trommer: Harn mit dem halben bis gleichen Volumen 10%iger Natronlauge versetzen und tropfenweise so viel 5%iges $CuSO_4$ zugeben, bis auch nach Umschütteln der entstehende Niederschlag von $Cu(OH)_2$ eben nicht mehr in Lösung geht. Man erwärmt den oberen Teil der Flüssigkeit, bis sie eben zu sieden beginnt (nicht länger). Zuckerhaltige Harne zeigen an der erwärmten Stelle Abscheidung eines gelben (CuOH) oder roten (Cu_2O) Niederschlages, der sich nach Entfernen des Reagensglases aus der Flamme noch weiter nach unten hin ausdehnt. Normale Harne geben an der erhitzten Stelle allenfalls eine gelblich-rote klare Lösung (keine Trübung durch Niederschlagsbildung) infolge des Gehaltes der Harne an reduzierenden Substanzen wie Harnsäure, Kreatinin, Glucuronsäure usw. Der Zusatz von Kupfersulfat richtet sich nach der vorhandenen Menge Zucker, da 1 Mol. Zucker 5 Moll. $Cu(OH)_2$ in Lösung hält. Bei einem zu geringen Zusatz von $CuSO_4$ kann der beim Erhitzen der alkalischen Zuckerlösung entstehende Caramel das gebildete Kupferoxydul in Lösung halten und so eine negative Reaktion vortäuschen; bei einem zu großen Zusatz von $CuSO_4$ kann das beim Erhitzen aus dem $Cu(OH)_2$ entstehende schwarze CuO das Kupferoxydul verdecken.

2. Nach Fehling. Lösungen: Fehling I: 34,6 g krystallisiertes Kupfersulfat auf 500,0 in destilliertem Wasser lösen. Fehling II: 173 g krystallisiertes K-Na-Tartrat (Seignettesalz) und 53 g NaOH auf 500,0 cm^3 in destilliertem Wasser lösen.

Ausführung: Gleiche Mengen Fehling I und II werden gemischt und erhitzt und zu einem gleichen Volumen Harn gegossen, der in einem zweiten Reagensglas ebenfalls erhitzt ist; die Mischung wird bis zum Sieden gebracht, aber nicht gekocht. Konzentrierte Harne sind bis auf das 3- und 4fache zu verdünnen. Bildung von gelbem CuOH oder rotem Cu_2O zeigt Zucker an.

3. Wismutprobe. Reagens nach Nylander: 10 g Bismutum subnitricum werden mit 20 g Seignettesalz verrieben und in 500 g 10%iger NaOH (spezifisches Gewicht 1,115 bei 19°) unter leichtem Erwärmen gelöst und filtriert. Reagens in dunkler Flasche aufbewahren.

Ausführung: Harn wird mit $^1/_5 ... ^1/_{10}$ Volumen Nylander-Reagens versetzt und bis zu 3 Min. gekocht. Je nach der Zuckerkonzentration tritt eine Gelbbraun- bis Schwarzfärbung auf.

4. Osazonprobe: 50 cm^3 mit Essigsäure schwach angesäuerten Harns werden mit 1...2 g reinem salzsauren Phenylhydrazin und 2...4 g krystallisiertem essigsaurem Natrium $^1/_2$ Stunde auf dem Wasserbade unter gelegentlichem Umschütteln erwärmt. Das beim Erkalten ausfallende d-Phenylglucosazon abtrennen und aus 50%igem Alkohol umkrystallisieren. F 204...205°. Unter dem Mikroskop gelbe büschel- oder garbenförmig vereinigte Nadeln oder Sterne.

5. Gärprobe: Die Vergärung der gärfähigen Hexosen verläuft im wesentlichen nach der Gleichung $C_6H_{12}O_6 = 2\,CO_2 + 2\,C_2H_5OH$. Der zur Untersuchung dienende Harn muß frei von Blut, Eiweiß und Albumosen sein und darf keine Konservierungsmittel enthalten. Der Harn muß sauer reagieren (etwa p_H 5); neutraler oder alkalischer Harn ist mit Weinsäure schwach anzusäuern und zur Vertreibung der Kohlensäure aufzukochen; ebenso sind normale saure Harne zur Abtötung von Keimen zu kochen. — Man verreibt 2,5...3 g frische Bäcker- oder Bierhefe, die gegebenenfalls gewaschen wird, mit 25 cm^3 Harn und füllt mit der Mischung ein Gärröhrchen z. B. nach Art des Einhornschen. Ein zweites Röhrchen mit derselben Menge Hefe, die statt in Harn in mit Weinsäure schwach abgesäuertem Wasser verrührt ist, dient dazu, die Eigengärung der Hefe festzustellen. Ein drittes Röhrchen mit einer weinsauren 0,5...1%igen Zuckerlösung kann angesetzt werden, um die Gärkraft der Hefe sicherzustellen. Die Gärung ist nach etwa 6 Stunden bei 34...36° beendet. Zur quantitativen Bestimmung eignet sich der Lohnsteinsche Apparat.

Quantitative Bestimmung. 1. Durch Polarimetrie: Einfachste und wichtigste Methode zur Bestimmung des Traubenzuckers; für eine exakte Bestimmung ist die polarimetrische Methode durch eine Reduktionsmethode oder durch Vergären zu ergänzen, indem man den Harn vor und nach dem Vergären polarisiert. — Die gepaarten Glucuronsäuren und β-Oxybuttersäure drehen nach links, vergären aber nicht.

Das spezifische Drehungsvermögen des Traubenzuckers beträgt + 52,8°. Für die polarimetrische Zuckerbestimmung sind 18,94 cm lange Polarisationsröhrchen in den Handel gebracht; jeder Winkelgrad der Skala entspricht dann 1% Traubenzucker.

Ausführung: Klare oder nur schwach gefärbte Harne können ohne weiteres polarisiert werden; schwach getrübte Harne sind durch Filtrieren zu klären, dunkle oder stark getrübte Harne durch Bleiacetat, indem man etwa 20 cm³ Harn mit 1 bis 2 Tropfen Eisessig ansäuert und mit 1...2 g normalem Bleiacetat (Bleizucker) schüttelt und filtriert. Eiweißhaltiger Harn wird durch Kochen in essigsaurer Lösung und Filtrieren enteiweißt.

Berechnung bei Apparaten mit Kreisteilung:

$$c = \frac{100 \cdot \alpha}{[\alpha]_D \cdot l} = \frac{1{,}894 \cdot \alpha}{l},$$

wenn $[\alpha]_D$ die spezifische Drehung, α der beobachtete Drehungswinkel, l die Schichtlänge in dm und c die Grammzahl der aktiven Substanz in 100 cm³ bedeuten.

2. Reduktionsmethode: Für die Bestimmung des Zuckers im Harn kann irgendeine der zahlreichen Zuckerreduktionsmethoden verwendet werden. Für *exakte* Bestimmungen (insbesondere bei normalem oder nur wenig erhöhtem Zuckergehalt) ist es nur notwendig, die reduzierenden Substanzen anderer Art (Harnsäure, Kreatinin usw.) quantitativ zu entfernen, z. B. nach West und Petersen[1], indem man den Harn mit $HgSO_4$ fällt und mit $BaCO_3$ neutralisiert. Bestimmt man in einem so vorbereiteten Harn die Reduktionskraft vor und nach der Vergärung, so erhält man den Gehalt an vergärbaren Hexosen (also insbesondere Glucose) und anderen reduzierbaren Substanzen.

Ausführung: Zur Ausführung werden 10,0 cm³ Harn in einem 500 cm³-Kolben mit 45 cm³ Wasser und 15 cm³ $HgSO_4$-Lösung (gesättigtes Quecksilbersulfat in 10%iger Schwefelsäure) versetzt und die Lösung mit insgesamt 30...40 g sehr fein pulverisiertem $BaCO_3$ in kleinen Anteilen neutralisiert, bis blaues Lackmuspapier nicht mehr gerötet wird. Das gemessene Filtrat wird mit 1 cm³ konzentrierter H_2SO_4 angesäuert, kurz mit H_2S behandelt, durchlüftet, filtriert und vom Filtrat aliquote Teile zur Zuckerbestimmung vor und nach Vergärung verwendet. Zur Zuckerbestimmung im normalen Harn (der täglich etwa 140 mg vergärbaren und 400 mg nichtvergärbaren Zucker enthält) werden 5 cm³ des Filtrats verwendet.

Zuckerbestimmung nach Shaffer und Hartmann:

Lösung aus	Natriumcarbonat (wasserfrei)	25,0 g
	Natriumbicarbonat	20,0 g
	Seignettesalz	25,0 g
	Kupfersulfat, kristallisiert	7,5 g
	0,1 n-KJO_3	50,0 cm³
	Kaliumjodid	1,0 g
	destilliertes Wasser . . . . . . auf	1000,0 cm³

Prinzip: In der alkalischen Lösung wird in der Hitze das CuO durch Zucker zu Cu_2O reduziert. In der abgekühlten und angesäuerten Lösung oxydiert das aus $KJO_3 + KJ$ freiwerdende Jod das Cu_2O wieder zu CuO. Durch titrimetrische Bestimmung des überschüssigen Jods wird dann gemessen, wieviel Jod zur Oxydation des Cuprooxyds verbraucht wurde und hieraus die vorhandene Zuckermenge berechnet.

Zur Ausführung werden 5 cm³ der eiweißfreien Zuckerlösung in Hartgläsern (etwa 25 × 200 mm) mit 5,0 cm³ Reagens 15 Min. im kochenden Wasserbad erhitzt. Man kühlt sofort in kaltem Wasser ab, säuert mit 5 cm³ 1 n-H_2SO_4 an, läßt 10 Min. unter gelegentlichem Umschütteln stehen bis alles Cu_2O aufgelöst ist, und titriert das überschüssige Jod mit n/200-Thiosulfat zurück. Als Leerbestimmung wird Wasser untersucht; die Titrationsdifferenz in Kubikzentimetern mal 0,113 ergibt den Gehalt an Glucose in Milligramm.

Nach dieser Methode können auch Filtrate von Zuckerlösungen, die mit Na-Wolframat und Schwefelsäure behandelt waren (Folin-Wu-Filtrate) oder solche nach Fällung mit Molybdänwolframsäure untersucht werden, aber nicht trichloressigsäurehaltige Lösungen.

[1] West u. Petersen: Biochemic. J. 26, 1720 (1932).

Fruchtzucker. Seliwanoffsche Probe: Harn wird mit dem gleichen Volumen 25%iger HCl, die einige Körnchen Resorcin enthält, versetzt und erwärmt. Die Lösung färbt sich tiefrot und scheidet einen roten, in Alkohol löslichen Niederschlag aus. Traubenzucker gibt diese Reaktion sehr viel schwächer und erst nach etwas längerem Kochen.

Lactose (und Galactose). Schleimsäureprobe: 100 cm³ Harn werden mit 20 cm³ konz. HNO_3 in einem Becherglas auf dem Wasserbad auf ein Volumen von 20 cm³ eingeengt. Die Flüssigkeit soll dann klar und hell sein. Bei Harnen mit einer Dichte über 1020 sind 25...35 cm³ HNO_3 zu verwenden. Beim Abkühlen (bei kleinen Mengen erst über Nacht) entsteht eine feine weiße Fällung von Schleimsäure, die abfiltriert, mit Wasser ausgewaschen und getrocknet wird. F 215°. Die Reaktion ist spezifisch für Galactose und Lactose.

Pentosen. Bialsche Probe: 4...5 cm³ Bials Reagens werden zum Sieden erhitzt und außerhalb der Flamme mit 5...10 Tropfen Harn versetzt. Es entsteht ein tiefgrüner Ring. Glucuronsäure reagiert nicht. Für das Bialsche Reagens wird 1 g Orcin in 500 cm³ 30%iger HCl und 25 Tropfen 30%iger Ferrichloridlösung gelöst.

Aceton. Nachweis nach Legal: Man versetzt 5 cm³ Harn mit einer frisch bereiteten Lösung von Nitroprussidnatrium, bis eben eine rötliche Färbung erkennbar ist und macht mit 2 cm³ 2 n-NaOH alkalisch. Blaßt die aufgetretene rote Farbe, die durch Kreatinin verursacht ist, ab, so säuert man mit Eisessig an. Mit Aceton tritt eine karmin- bis purpurrote Färbung ein.

Acetessigsäure. Gerhardtsche Probe: Etwa 5 cm³ Harn werden tropfenweise mit 5—10%iger Eisenchloridlösung versetzt. Es fällt zunächst eine weißliche Fällung von phosphorsaurem Eisen aus, dann tritt in Anwesenheit von Acetessigsäure eine burgunderrote Färbung auf. Zur schärferen Erkennung kann das Eisenphosphat abfiltriert werden. — Es ist frisch gelassener Harn zu verwenden.

Gallenfarbstoffe. Nachweis nach Gmelin: Harn wird mit gewöhnlicher roher Salpetersäure (stickoxydhaltig!) unterschichtet. An der Berührungsstelle treten verschiedene Farbringe auf. Ein grüner Ring ist maßgebend.

Urobilin. Nachweis nach Schlesinger: Man versetzt den Harn mit dem gleichen Volumen des aufgeschüttelten Schlesinger-Reagens (10%ige Zinkacetatsuspension in absolutem Alkohol) und filtriert ab (frühestens nach einigen Minuten). Bei Anwesenheit von Urobilin fluoresziert das Filtrat von nicht zu stark sauren Harnen grün.

Urobilinogen. Nachweis durch die Aldehydreaktion von Ehrlich-Bauer: Etwa 5 cm³ Harn werden mit etwa 3 Tropfen Ehrlich-Reagens (2 g Dimethyl-p-aminobenzaldehyd in 20%iger HCl) versetzt. Bei Anwesenheit pathologisch vermehrter Mengen Urobilinogen tritt schon in der Kälte eine Rotfärbung ein, im normalen Harn erst beim Erhitzen; zeigt sich die Färbung auch nicht beim Erhitzen, dann fehlt Urobilinogen ganz.

Diazoreaktion. Man gibt in ein Reagensglas 2 Tropfen Diazoreagens a (0,5% Natriumnitritlösung), 5 cm³ Diazoreagens b (Lösung von 0,5 g Sulfanilsäure in 5 cm³ 25%iger Salzsäure auf 100,0 mit Wasser verdünnt) und etwa 5 cm³ Harn, schüttelt durch und macht mit 2...3 cm³ Ammoniak alkalisch. Färbt sich beim Schütteln der Schaum rot, so ist die Probe positiv, bei gelblichem Schaum negativ.

Blut- und Blutfarbstoffe. Geformte Blutbestandteile werden am besten mikroskopisch im Sediment festgestellt.

1. Probe nach Heller: Etwa 5 cm³ Harn werden mit 1...2 cm³ 2 n-NaOH aufgekocht. In Gegenwart nicht zu geringer Mengen Blut setzen sich rotbraune Erdalkaliphosphatflocken ab, im normalen Harn weißgraue.

2. Benzidinprobe (Pseudoperoxydase): 2...3 cm³ Eisessig frisch mit Benzidin (Benzidin zum Blutnachweis „Merck" verwenden, nicht chemisch reines) sättigen, mit dem gleichen Volumen 3%ig. Wasserstoffsuperoxyd mischen und tropfenweise zu 3...5 cm³ Harn geben. Bei geringen Blutmengen Grünfärbung, bei größeren Blaufärbung. — Besser ist es, etwa 5 cm³ Harn mit 1 cm³ Eisessig und 5 cm³ Äther auszuschütteln und zu dem ätherischen Extrakt tropfenweise die Benzidin-Eisessig-Wasserstoffsuperoxydlösung zu geben.

7543 Untersuchung von Harn- und Nierensteinen.

Eine Probe des feingepulverten Steines wird auf dem Platinblech erhitzt. Verbrennt die Probe vollständig oder hinterbleibt nur eine sehr geringe Menge Asche, so besteht der Stein aus Harnsäure oder harnsaurem Ammonium, Cystin oder Xanthin; verbrennt die Probe nicht vollständig, so kann in ihr außer Harnsäure oder harnsauren Salzen noch Calciumphosphat und Magnesiumphosphat bzw. Ammoniummagnesiumphosphat oder Calciumoxalat enthalten sein. Der weitere Gang der Analyse gründet sich auf diese Verbrennungsprobe. Es ist zu beachten, daß es sich bei den

75431 Untersuchung der Harnsteine.
(Hammarsten, Lehrbuch der physiologischen Chemie.)

Beim Erhitzen auf dem Platinblech ist das Pulver

Beim Erhitzen	Weitere Behandlung			Befund	Stein
nicht verbrennlich	Das Pulver mit HCl behandelt: braust nicht	Das mäßig verglimmte Pulver mit HCl behandelt: braust nicht	Das Pulver mit wenig KOH befeuchtet	Reichlich Ammoniak. Das Pulver lößt sich in Essigsäure oder HCl. — Die Lösung wird von NH^3 krystallinisch gefällt.	Tripelphosphat, gemengt mit Erdphosphaten
nicht verbrennlich	Das Pulver mit HCl behandelt: braust nicht	Das mäßig verglimmte Pulver mit HCl behandelt: braust nicht	Das Pulver mit wenig KOH befeuchtet	Kein, höchstens Spuren von Ammoniak. Löst sich in Essigsäure oder HCl. Die Lösung wird von NH^3 amorph gefällt.	Phosphorsaures Ca und Mg
nicht verbrennlich	Das Pulver mit HCl behandelt: braust nicht	Das mäßig verglimmte Pulver mit HCl behandelt: braust			Oxalsaurer Kalk
nicht verbrennlich	Das Pulver mit HCl behandelt: braust				Kohlensaurer Kalk
verbrennlich	mit Flamme			Die Flamme gelb, anhaltend. Geruch nach verbrannten Federn. In Äther, Alkohol unlöslich. In KOH in der Hitze löslich. Daraus durch Essigsäure weiß fällbar unter H_2S-Entwicklung.	Fibrin
verbrennlich	mit Flamme			Die Flamme gelb, hell anhaltend. Geruch nach Harz oder Schellack beim Verbrennen. In Alkohol und Äther löslich.	Urostealith
verbrennlich	mit Flamme			Die Flamme bläulich matt, kurz brennend. Geruch eigentümlich, scharf. Löst sich in NH_3, scheidet sich nach Verdunsten als sechsseitige Tafeln aus.	Cystin
verbrennlich	ohne Flamme	Das Pulver gibt die Murexidprobe nicht		Gibt die Murexidprobe nicht. Löst sich in HNO_3 ohne Aufbrausen. Der eingetrocknete gelbe Rückstand wird mit Alkalien orange, beim Erwärmen schön rot.	Xanthin
verbrennlich	ohne Flamme	Das Pulver gibt die Murexidprobe	Das native Pulver gibt kalt mit wenig Kalilauge versetzt	starke Ammoniakreaktion	Harnsaures Ammoniak
verbrennlich	ohne Flamme	Das Pulver gibt die Murexidprobe	Das native Pulver gibt kalt mit wenig Kalilauge versetzt	keine nennenswerte Ammoniakreaktion	Harnsäure

Harn- und Nierensteinen fast niemals um reine Phosphat- oder Urat- usw. Steine handelt, sondern um Gemische, in denen eine Komponente meist nur vorwiegend vertreten ist. Die Untersuchung erfolgt nach dem Schema auf S. 1782.

755 Blut.

Allgemeine Daten vgl. S. 1742ff.

Anorganische Bestandteile.

Natrium. Bestimmung als Natriumuranylacetat (Modifikation nach Weinbach). Zinkuranylacetatlösung: a) 77 g Uranylacetat mit 14 cm^3 Eisessig und Wasser auf 500,0 heiß lösen; b) 231 g krystallisiertes Zinkacetat mit 7 cm^3 Eisessig auf 500,0 lösen. Beide Lösungen heiß mischen, 24 Stunden stehen lassen und filtrieren.

Ausführung: In einem Zentrifugenglas werden 0,1 cm^3 Blut mit 1,5 cm^3 Wasser und 0,4 cm^3 10%iger Trichloressigsäure enteiweißt, zentrifugiert, von der klaren Flüssigkeit 1,0 cm^3 (= 0,05 cm^3 Blut) in einem anderen Zentrifugenglas mit 5 cm^3 Zinkuranylacetat und 0,3 cm^3 Alkohol versetzt. Umrühren, nochmals 0,3 cm^3 Alkohol zusetzen, kurz stehen lassen und so insgesamt 2,1 cm^3 in Portionen von je 0,3 cm^3 Alkohol zusetzen. Dann 30 Min. stehen lassen, zentrifugieren und den Niederschlag einmal mit 10 cm^3 Aceton waschen, der mit Natrium-Zinkuranylacetat gesättigt ist. Man stellt das Reagensglas umgekehrt zum Austrocknen auf Filtrierpapier, spült dann mit Wasser (bis 50 cm^3) in einen Erlenmeyer-Kolben, setzt 0,5 cm^3 1%ige Phenolphthaleinlösung zu und titriert mit n/50-NaOH.

1,0 cm^3 n/50-NaOH = 0,0575 mg Na.

$(UO_3)_3ZnNa(CH_3COO)_9 + 8\ NaOH = 3\,(UO_2)(OH)_2 + Zn(OH)_2 + 9\ CH_3 \cdot COONa$.

Urin wird zur Fällung der Phosphate (die die Ausfällung stören) mit festem Calciumhydroxyd versetzt und vom klaren Zentrifugat ein aliquoter Teil mit 0,1 bis 0,2 mg Na verwendet.

Kalium. Colorimetrische Bestimmung nach Fällung als Kalium-Silber-Kobaltnitrit[1].

Lösungen. 1. Kobaltnitritreagens: 25 g Kobaltnitrat in 50 cm^3 Wasser und 12,0 cm^3 Eisessig lösen und mit 210 cm^3 einer Lösung von 120 g $NaNO_2$ in 180 cm^3 Wasser mischen; Luft durchleiten, bis alle nitrosen Gase entfernt sind. Die Lösung ist im Eisschrank etwa 4 Wochen haltbar.

2. HNO_3, 1:5 mit Wasser verdünnt.

3. 2%ige frisch bereitete alkoholische Lösung von NH_4SCN.

4. 5%iges $AgNO_3$.

5. Kaliumstandardlösung: 222,7 mg Kaliumsulfat auf 100,0 lösen. 1,0 cm^3 = 1,0 mg K. Als Standardlösung 5,0 cm^3 auf 100,0 verdünnen und davon 5,0 cm^3 = 0,25 mg K verwenden.

Ausführung: In einem 25 cm^3-Zentrifugenglas werden 2,0 cm^3 Serum mit 5,0 cm^3 Wasser, 1,0 cm^3 10%igem Natriumwolframat und 1,0 cm^3 $^2/_3$ n-H_2SO_4, enteiweißt und nach Umschütteln mit 1 cm^3 5%igem $AgNO_3$ versetzt. Nach 15 Min. zentrifugieren, 5,0 cm^3 des Zentrifugats in einem graduierten Zentrifugenglas mit 2 cm^3 Kobaltnitritreagens versetzen. Nach zweistündigem Stehen zentrifugieren und den Niederschlag auf der Zentrifuge 3...4mal mit Wasser waschen. Den Niederschlag mit 1 cm^3 der verdünnten Salpetersäure in der Hitze lösen. Beim Waschen des Niederschlags müssen die an der Reagensglaswand haftenden Krystalle mit einem Gummiwischer abgewischt werden. Nach dem Abkühlen füllt man mit der Rhodanidlösung auf 8,0 cm^3 auf und colorimetriert gegen eine gleichbehandelte Kaliumstandardlösung.

Calcium. Das Calcium wird im Serum nach Kramer und Tisdall als Oxalat gefällt und dieses mit Kaliumpermanganat titriert.

Ausführung: In einem konisch zulaufenden Zentrifugenglas von etwa 15 cm^3 Inhalt werden 2,0 cm^3 Serum mit 2 cm^3 destilliertem Wasser, 1 cm^3 4%iger Ammon-

[1] Breh u. Gaebler: J. of biol. Chem. 87, 81 (1930).

oxalatlösung und 2 cm^3 gesättigter Natriumacetatlösung gründlich gemischt und der Niederschlag nach 30 Min. langem Stehen auf der Zentrifuge bei 3000 Umdrehungen 5 Min. lang zentrifugiert. Die überstehende Flüssigkeit wird vorsichtig abgegossen und der Rest entfernt, indem man das Glas umkehrt und auf Filtrierpapier stellt. Dann wird der Niederschlag insgesamt 3mal mit je etwa 3 cm^3 verdünntem Ammoniak (2 cm^3 konz. Ammoniak mit Wasser auf 100,0) gewaschen, indem man die Wände des Zentrifugenglases abspritzt und den Niederschlag aufwirbelt und jedesmal abzentrifugiert. Den Niederschlag mit etwa 2 cm^3 1 n-H_2SO_4 versetzen, im siedenden Wasserbad erwärmen und mit n/100 Kaliumpermanganat titrieren, bis die Rosafärbung mindestens 1 Min. bestehen bleibt. — Die n/100-Permanganatlösung ist täglich aus einer eingestellten n/10-Lösung frisch herzustellen. — 1,0 cm^3 n/100-$KMnO_4$ = 0,20 mg Ca.

Chloride. Silber-Cer-Reagens: 10,0 cm^3 n/10-$AgNO_3$ + 20 g Ceriammonnitrat + 40 cm^3 konz. HNO_3 + 15 cm^3 gesättigtes Eisenammoniakalaun auf 100 cm^3 auffüllen.

Ausführung: In einem geeigneten Reagensglas, in dem titriert werden kann, gibt man zu 1,0 cm^3 Wasser 0,1 cm^3 Blut (oder Serum) und 2 cm^3 Silber-Cer-Reagens. Durch 5...10 Min. langes Einstellen in ein siedendes Wasserbad wird die organische Substanz zerstört und dann das überschüssige Cerisalz durch 0,5 cm^3 50%ig. Glucose innerhalb 2 Min. im Wasserbad reduziert. Nach dem Abkühlen titriert man mit n/100-Rhodanid.

Phosphatbestimmung. Die Bestimmung des anorganischen Phosphats erfolgt colorimetrisch (vgl. S. 1774). Für die Bestimmung im Serum oder Plasma werden 5,0 cm^3 Serum mit 15 cm^3 6%iger Trichloressigsäure enteiweißt und vom Filtrat (nach scharfem Zentrifugieren) ein möglichst großer aliquoter Teil (15,0 cm^3) zur Bestimmung verwendet. Von Blut genügen 1...2 cm^3, die entsprechend zu enteiweißen sind.

Für die Bestimmung des gesamten säurelöslichen Phosphates wird ein aliquoter Teil des Filtrats mit 1 cm^3 eines Gemischs aus 100 cm^3 2 n-H_2SO_4 und 2 cm^3 konz. HNO_3 (spezifisches Gewicht 1,4) in einem Kjeldahl-Kolben bis zum Auftreten weißer Dämpfe verascht, abkühlen gelassen, nochmals erhitzt, dann nach Zusatz von etwa 5 cm^3 Wasser 10 Min. gekocht.

Bei der Veraschung von nicht enteiweißtem Blut oder Serum zur Bestimmung des gesamten P werden 2—3 cm^3 des Säuregemisches verwendet und die Verbrennung der organischen Substanzen am besten durch tropfenweisen Zusatz von 30%ig. H_2O_2 zu Ende geführt.

Reststickstoff. Der Rest-N besteht aus den N-Verbindungen, die durch Trichloressigsäure nicht gefällt werden, wie Harnstoff, Harnsäure, Kreatin, Kreatinin usw. Das Filtrat wird nach Kjeldahl verascht und das NH_3 in üblicher Weise bestimmt.

Ausführung: 2,0 cm^3 Serum werden mit 8,0 cm^3 Wasser und 5,0 cm^3 10%iger Trichloressigsäure enteiweißt, abzentrifugiert, filtriert und von der Lösung aliquote Teile nach Kjeldahl mit Kupfersulfat-Schwefelsäure verascht. Die Destillation erfolgt zweckmäßig im Parnas-Wagnerschen Apparat unter Vorlage von 5,0 cm^3 n/100-HCl und Rücktitration mit n/100-NaOH und Methylrot als Indicator. Als ein geeigneter Mischindicator wird eine Mischung aus 100 cm^3 gesättigter alkoholischer Methylrotlösung mit 4 cm^3 1%igem wässerigem Methylenblau angegeben. Der Umschlag ist von rotviolett nach grün.

Blutzuckerbestimmung nach Hagedorn und Jensen. Ein eiweißfreies Blutfiltrat wird mit sodaalkalischer Kaliumferricyanidlösung im Wasserbad erhitzt, wobei das Ferricyanid durch die reduzierenden Substanzen zu Ferrocyanid reduziert wird. Das überschüssige Ferricyanid wird jodometrisch bestimmt, indem man es mit Kaliumjodid umsetzt nach $2\,H_3Fe(CN)_6 + 2\,HJ = 2\,H_4Fe(CN)_6 + J_2$. Diese Reaktion erfolgt in Gegenwart eines Zinksalzes, um das Ferrocyanid als unlösliches Ferrocyanzink auszufällen, da die Reaktion auch von rechts nach links verläuft.

Lösungen. 1. n/200-Kaliumferricyanidlösung aus 1,65 g Kaliumferricyanid und 10,6 g wasserfreiem Natriumcarbonat mit Wasser auf 1000,0.

2. Kaliumjodid-Zinksulfat-Natriumchloridlösung aus 50 g krystallisiertem Zinksulfat und 250 g Natriumchlorid mit Wasser auf 1 l. Vor Gebrauch setzt man der Lösung auf 100 cm³ etwa 2 g Kaliumjodid zu.

Ausführung: 0,1 cm³ Blut (Capillarblut) wird aus einer auf Einlauf geeichten Capillarpipette zu 1,0 cm³ n/10-NaOH und 5,0 cm³ 0,45%iger Zinksulfatlösung gegeben und die Capillarpipette mit dieser Lösung und schließlich mit Wasser ausgespült. Zum Fällen des Eiweißes wird 3 Min. im siedenden Wasserbad erhitzt, durch ein kleines Filter filtriert und das Filter 2mal mit je 2...3 cm³ Wasser nachgewaschen. Man gibt nun 2,0 cm³ Kaliumferricyanidlösung (zweckmäßig bei größeren Serien aus kontinuierlicher Mikrobürette) zu, erhitzt 15 Min. im siedenden Wasserbad, kühlt ab, versetzt mit 3 cm³ Kaliumjodid-Zinksulfat-Natriumchloridlösung, 2 cm³ 3%iger Essigsäure, 2...3 Tropfen 1%iger Stärkelösung und titriert mit n/200-Thiosulfatlösung. Neben dem Vollversuch ist eimmer ein Leerversuch anzusetzen, da sich der Titer der Kaliumferricyanidlösung ändert. Die Thiosulfatlösung ist täglich aus einer n/10-Lösung frisch herzustellen und gegen eine n/200-Kaliumjodatlösung einzustellen (0,17835 g wasserfreies Kaliumjodat mit Wasser auf 1000,0; die Lösung ist lange haltbar).

Die Berechnung erfolgt nach der Tabelle 7551 in mg-% (mg Glucose in 100 cm³ Blut). Sind z. B. im Versuch mit Blut 1,16 cm³ n/200-Thiosulfat und im Leerversuch 1,67 cm³ verbraucht worden, so sind die dafür aus der Tabelle abgelesenen Werte 148 — 057 = 91 mg-%.

Dieser Glucosewert ist um 10...20 mg-% zu hoch, da in ihm die Reduktionskraft der im Blutfiltrat enthaltenen Harnsäure, des Kreatinins usw. enthalten ist.

7551 Tabelle für Mikrozuckerbestimmung (nach Hagedorn-Jensen).
cm³ n/200-Natriumthiosulfat.

	0	1	2	3	4	5	6	7	8	9
0,0	385	382	379	376	373	370	367	364	361	358
0,1	355	352	350	348	345	343	341	338	336	333
0,2	331	329	327	325	323	321	318	316	314	312
0,3	310	308	306	304	302	300	298	296	294	292
0,4	290	288	286	284	282	280	278	276	274	272
0,5	270	268	266	264	262	260	259	257	255	253
0,6	251	249	247	245	243	241	240	238	236	234
0,7	232	230	228	226	224	222	221	219	217	215
0,8	213	211	209	208	206	204	202	200	199	197
0,9	195	193	191	190	188	186	184	182	181	179
1,0	177	175	173	172	170	168	166	164	163	161
1,1	159	157	155	154	152	150	148	146	145	143
1,2	141	139	138	136	134	132	131	129	127	125
1,3	124	122	120	119	117	115	113	111	110	108
1,4	106	104	102	101	099	097	095	093	092	990
1,5	088	086	084	083	081	079	077	075	074	072
1,6	070	068	066	065	063	061	059	057	056	054
1,7	052	050	048	047	045	043	041	039	038	036
1,8	034	032	031	029	027	025	024	022	020	019
1,9	017	015	014	012	010	008	007	005	003	002

Bilirubin. Man unterscheidet im Serum ein direktes Bilirubin und ein indirektes, das erst nach Enteiweißung des Serums bestimmbar ist.

Stammlösungen: 1. 0,2 g Sulfanilsäure mit 3,0 cm³ konz. HCl (Dichte 1,19) und Wasser auf 200,0 auffüllen:

2. 0,5 g Natriumnitrit mit Wasser auf 100,0.

Reagens: 10 cm^3 der Lösung 1. werden mit 0,3 cm^3 der Lösung 2. versetzt.

Qualitativ. Indirekte Reaktion: 1 Teil Serum wird mit 2 Teilen 96%ig. Alkohol enteiweißt, abzentrifugiert und zur klaren Lösung $^1/_4$ Volumen Reagens zugesetzt. Rosafärbung.

Quantitativ. 1 cm^3 Serum mit 2 cm^3 96%ig. Alkohol versetzen, abzentrifugieren. 1 cm^3 der klaren Lösung bringt man in den Trog eines Colorimeters, gibt dazu 0,25 cm^3 Diazoreagens und 0,5 cm^3 Alkohol, umrühren. Vergleich gegen eine 2,161%ig. wässerige Kobaltsulfatlösung (wasserfrei), deren Farbintensität 0,5 mg-% Bilirubin entspricht. Bei der Berechnung ist die Verdünnung der Versuchslösung zu berücksichtigen.

Die Bestimmung des direkten Bilirubins erfolgt nach demselben Prinzip. Anstatt der 2 Teile Alkohol werden 2 Teile Wasser zugegeben.

756 Milchuntersuchung.

1. Sinnenprüfung auf Aussehen, Farbe, Geschmack, Geruch und Verschmutzung.
2. Bestimmung der Dichte durch Aräometer.
3. Fettbestimmung:

a) Schnellverfahren durch Zentrifugieren: 10 cm^3 technisch reine Schwefelsäure (Dichte 1,820...1,825), 11 cm^3 Milch, 1 cm^3 Amylalkohol werden in einem Butyrometer zentrifugiert und der Fettgehalt nach Erwärmen auf 60...70° abgelesen.

b) Genauere Bestimmung durch Extraktion mit Trichloräthylen.

4. Die Trockensubstanz (t) in Prozent kann berechnet werden nach

$$t = 1{,}2\,f + 2{,}665\,\frac{100\,s - 100}{s}.$$

f = Fettgehalt in Prozent, s = Dichte der Milch.

5. Feststellung eines Wasserzusatzes zur Milch: z. B. durch einen Vergleich mit Standardmindestwerten (Dichte 1,0280, fettfreie Trockensubstanz 8%, Δ^0 0,53). Bestätigung eines Wasserzusatzes gegebenenfalls durch Nitratreaktion mit Diphenylamin-Schwefelsäure nach Tillmans und Splitgerber.

6. Frischhaltungsmittelnachweis durch Proben auf H_2O_2, Borsäure, Benzoesäure, Salicylsäure u. a.

7. Säuregrad nach Soxhlet und Henkel. 50 cm^3 unverdünnte Milch werden mit 2 cm^3 einer 2%ig. alkoholischen Phenolphthaleinlösung versetzt und mit 0,25 n-Natronlauge bis zum Umschlag titriert. Die Anzahl cm^3 0,25 n-Natronlauge, die auf 100 cm^3 Milch verbraucht werden, ergeben den Säuregrad (S. H.); bei frischer Kuhmilch 6...7.

8. Peroxydasereaktion zum Nachweis erhitzter Milch: 100 cm^3 Milch + 6 cm^3 Bleiessig, filtrieren. 10 cm^3 des Serums + einige Tropfen 3%ig. H_2O_2 + ~10 Tropfen Benzidinlösung in Alkohol ergeben bei frischer Milch blaue Färbung, bei erhitzter Milch keine Färbung (Zerstörung des Fermentes).

76 Forensische Analyse.

Von **Franz W. Netter**, Berlin.

Eine genaue Definition der als „Gifte“ zu bezeichnenden Stoffe ist nicht möglich[1]. Wenn z. B. Kochsalz — in größeren Mengen eingenommen oder als gesättigte Lösung gespritzt — zu Todesfällen führte[2], so kann man deshalb NaCl keinesfalls zu einem Giftstoff stempeln. Bei einer großen Anzahl an und für sich harmloser Chemikalien gilt das gleiche.

Jedoch gibt es eine Reihe von anorganischen und organischen Verbindungen, auch von Elementen, die immer wieder zu Mord- und Selbstmordzwecken verwendet werden und bei fahrlässiger Tötung bzw. Vergiftung eine Rolle spielen; ferner eine andere Gruppe von Chemikalien, die gewerbliche Vergiftungen verursacht. Nur solche Stoffe sollen im nachfolgenden besprochen werden.

In Fällen, wo es sich um gewerbliche Vergiftungen handelt, vereinfacht sich der analytisch-chemische Nachweis wesentlich. Anders ist es bei Giftmord usw., wenn besondere Hinweise fehlen. Es ist deshalb dem Gerichts-Chemiker — zur Ausschaltung unnötiger Mehrarbeit und Vergeudung an Untersuchungsmaterial — zu raten, sich in jedem Einzelfall ein genaues Bild über den Vergiftungshergang zu verschaffen (Zuziehung zu den Tatbestandsaufnahmen, Gerichtsakten). In vielen Fällen werden allerdings — mangels jeglichen Anhaltes — Untersuchungen auf alle Gruppen von Giftstoffen nötig sein.

Diese Gruppeneinteilung ist forensisch-chemisch folgende und bedingt damit auch ihre Sonderbehandlung:

I. Wasserlösliche Giftstoffe.
II. Gifte, die durch Wasserdampfdestillation isoliert werden.
III. Metall- und Metallsalzgifte.
IV. Alkaloide und ähnliche stark wirkende organische Stoffe.

Unbedingt nötig ist die Vornahme von qualitativen *Vorproben*, wobei Stoffe erfaßt werden, die im normalen forensischen Analysengang dem Nachweis entgehen können, für andere Gifte wenigstens ein Verdachtsmoment ergeben, das genauer zu überprüfen ist.

Ein besonderes Augenmerk ist auch der Prüfung von mikroskopischen Untersuchungen zu widmen: Pflanzliche Teile im Magen und Darm, Sedimente in Körperflüssigkeiten usw. Geruchsproben nicht außer Auge lassen: HCN, Phosphor.

Die Frage, welches Material *bevorzugt* zu verwenden ist, muß von Fall zu Fall entschieden werden. Das Bild des Vergiftungsvorganges kann hierfür Anhalte geben. Für eine Reihe von Giftstoffen sind Leber, Milz, Niere als Speicherorgane wirksam; Harn, Mageninhalt, Erbrochenes sind bei akuten Fällen unbedingt sicher zu stellen.

Vorproben.

Giftstoffe	Nachweis	Auswertbares Material	Letale Dosis
As-Verbindungen	Probe nach Reinsch mit Cu; auch Gutzeit usw. sind brauchbar ohne Materialzerstörung	Siehe III	Siehe III
CO	Spektroskopisch als rasche Probe[3]. Palladiumchlorürlösung wird zu Pd reduziert; $PdCl_2$-Filterstreifen zur raschen Prüfung besonders in der Luft brauchbar	Blut und Muskelgewebe noch nach 4 Wochen in drastischen Fällen brauchbar	Etwa 0,2% in der Luft; 0,08% schon giftig

[1] C. Jacobj in Fühner-Wieland: Slg. f. Verg. Fälle. Berlin 1931, C 4, S. 1 und spätere Sammelberichte ebenda.

[2] Lubarsch u. Henke: Handbuch der spez.-pathol. Anatomie und Histologie, Bd. 10, S. 109. Berlin 1930.

[3] Andere Prüfungen im Blut siehe J. Gadamer: Lehrbuch der chemischen Toxikologie. Göttingen 1909.

Vorproben (Fortsetzung).

Giftstoffe	Nachweis	Auswertbares Material	Letale Dosis
HCN und Salze	Spektroskopisch. Benzidin-Cu-Acetat-Papier über dem mit H_2SO_4 angesäuerten Material gibt Blaufärbung, leichtes Erwärmen beschleunigt die Reaktion bei Spuren; manchmal direktes Betupfen möglich	Blut; akut auch Mageninhalt usw.	Siehe I
Laugen und Säuren	Indicatorpapier; Universalindicatorpapier Merck gibt p_H an; die Stärke von Lauge oder Säure daraus berechenbar	Siehe I	Abhängig von der betr. Lauge und Säure *und* der Konzentration
Phosphor, gelb	Phosphorescenz im Dunkelraum: Aufstreichen auf Glasplatten. Schwärzung von $AgNO_3$-Papier; Pb-Acetatpapier muß ohne Färbung bleiben (Scherer): H_2S färbt beide Papiere. Verfahren nach Mitscherlich. Bei teilweiser Oxydation von P wird nach Dusart-Blondlot geprüft[1]	Magen, Darm; auch noch Blut und Leber	etwa 0,1 g in Öl beim Hund per os
Quecksilber-Salze	Eintauchen eines Cu-Bleches nach schwachem Ansäuern: grauer Überzug, der nach III weitergeprüft wird	Erbrochenes, Magen, Darm. Siehe auch III	Siehe III
Gase wie CO_2, SO_2, Cl_2, H_2S, Nitrose-Gase	führten zu schweren Vergiftungen in zahlreichen Fällen[2]. Diese Vergiftungen lassen sich hier nicht einbeziehen		

Für den normalen forensischen Analysengang ist zweckmäßig das vorhandene Material in 4 Teilmengen zu bearbeiten:

1. Teil: Prüfung auf die Gifte der Gruppe I.

2. Teil: Untersuchung auf Gifte der Gruppe II. Hier kann der Rückstand bei Materialmangel zum Nachweis für Metallgiftstoffe verwendet werden (III); in manchen Fällen auch für IV brauchbar.

3. Teil: Alkaloide bzw. Gifte von IV. Die Rückstände dieses Arbeitsganges können zum Nachweis von III zum Teil verwertet werden.

4. Teil: Zurückzubehalten für quantitative Bestimmungen und eventuell für gerichtlich verlangte Kontrollversuche.

NB. Oft gibt die besondere Sachlage eine zweckentsprechende Abänderung dieser Unterteilung, auch für die anwendbare Substanz*menge*.

[1] Einzelheiten siehe Gadamer.
[2] Fühner-Wieland: Slg. f. Verg. Fälle von 1930—40.

I. Wasserlösliche Giftstoffe.

Das Untersuchungsmaterial wird mit wenig destilliertem H_2O zu einem dünnen Brei verrührt, gut durchgeschüttelt und filtriert. Ein Digerieren in der Wärme ist möglich, aber abhängig von der Art der Substanz (stärkehaltige Stoffe verkleistern). Meist ist eine Dialyse vorzuziehen, eventuell in rotierenden Dialysatoren (Gutbier entwickelte brauchbare Modelle [Annawerk in Oeslau]. Elektro-Dialysatoren zum Teil verwendbar).

Giftstoff	Nachweis	Besondere Prüfungsmethoden	Auswertbares Material	Letale Dosis [1]	Besondere Angaben
Ba-Salze [2]	Fällung mit H_2SO_4 oder Sulfat, Niederschlag der Hepar-Probe unterziehen. Flammenfärbung: grüngelb. H_2SiF_6 gibt schwerlösliches $BaSiF_6$	Spektroskopische Prüfung. Unterscheidung von Tl und Borsäure, die bei der einfachen Flammenprobe täuschen können	Magen, Darm; Erbrochenes; auch Speichel und Harn	2...5 g $BaCO_3$ oder $BaCl_2$ für den Menschen per os	$BaCO_3$ ist als Rattengift verwendet; Verwechslungen mit $BaSO_4$ führten zu fahrlässigen Vergiftungen
Chlorate	Angesäuert tritt auf KJ-Stärkepapier Blaufärbung ein; mit HCl Chlorentwicklung, die aus KJ Jod abscheidet. Nach Reduktion als AgCl fällbar. Mit konz. H_2SO_4 entsteht explosives ClO_2	Mit $MnSO_4 + H_3PO_4$: Violettfärbung [3]. Anilinsulfat + H_2SO_4: Blaufärbung [3]	Magen, Darm. Rasche Zersetzung im Organismus	1,2 g $NaClO_3$/kg Tier per os beim Hund nach 7 Tagen	$NaClO_3$ findet zur Unkrautvertilgung ausgedehnt Verwendung
Chromate (Bichromate) [2]	Gelb bis orange gefärbte Auszüge [4]. H_2SO_4—sauer mit H_2O_2 Blaufärbung (*äther*lösliche Perchromate). Fällungen mit Pb- oder Ba-Salzen gelb, mit $AgNO_3$ und Hg-Salzen rot	Die Farbe des Auszugs gleicht dem von Pikrinsäure; beide Stoffe sind durch ihr verschiedenes Verhalten bei der Färbung von Wollfäden zu unterscheiden (s. unten)	Magen, Darm, Niere, Leber, Harn; *Erbrochenes*	0,1...0,2 g $K_2Cr_2O_7$/kg Tier subcutan beim Hund	Chromatvergiftungen sind meist gewerblich in der Lederindustrie zu verzeichnen

[1] Teils für Beobachtungen bei Vergiftungen von Menschen angegeben, teils im Tierversuch ermittelt. Peroral, subcutan, intravenös, Einatmung gesondert angeführt. — [2] Lassen sich nochmals in der Gruppe III nachweisen, besonders bei nicht H_2O-löslichen Verbindungen. — [3] Feigl, F.: Qualitative Analyse mit Hilfe von Tüpfelreaktionen, 3. Aufl. Leipzig 1938. — [4] In der Gruppe III als Hydroxyd nochmals zu finden.

I. (Fortsetzung).

Giftstoff	Nachweis	Besondere Prüfungsmethoden	Auswertbares Material	Letale Dosis[1]	Besondere Angaben
Fluor-Verbindungen	*Fluoride:* Ätzproben; mit SiO_2 in H_2SO_4-Lösung als SiF_4 nachweisen; Fällungen mit Ca-Salzen als CaF_2; *Silicofluoride:* schwerlösliches $BaSiF_6$; SiF_4 beim Erhitzen mit konz. H_2SO_4, danebeh Glasätzung	Substanz veraschen mit CaO oder Na_2O_2, dann als H_2SiF_6 überdestillieren und mit Zirconoxychlorid + Alazarinfarbindicatoren titrimetrisch[2] bestimmen	Magen, Darm, Niere, *Hirn*, *Blut*	1...10 g Fluorid per os für den Menschen	In den letzten Jahren besonders H_2SiF_6 und Salze; Verwechslung von Ungeziefermitteln[3]
HCN und Salze	Geruch; mit Guajactinktur + $CuSO_4$ getränktes Filter Bläuung, ebenso bei Benzidin-Cu-Acetat. Weiße Fällung von AgCN mit $AgNO_3$. Berlinerblaureaktion: Erhitzen mit $FeSO_4$ in alkalischer Lösung, nach dem Ansäuern und Zusatz von $FeCl_3$ tritt blaue Färbung, eventuell blaue Fällung ein. Erwärmen mit Schwefelammon führt zu Rhodanid, das mit $FeCl_3$ tiefrotes, ätherlösliches Fe-Rhodanid gibt[4]. Isopurpursäurereaktion mit Pikrinsäure ammoniakalisch	Spektroskopisch im Blut (Cyanblut)	Magen, Darm, Lunge, Gehirn, *Blut*, Herz	HCN 0,06 g per os beim Menschen 4 mg/kg Tier per os/Hund. 120...150 mg/m^3 in etwa 1 h[5]	Blausäure ist immer noch ein beliebtes Gift, bes. als KCN
Jodide	In NH_3 unlösliches AgJ. Nitrit in H_2SO_4-Lösung gibt Jodausscheidung, die von Chloroform, CCl_4, Äther mit den bekannten Färbungen aufgenommen wird; bei Spuren Stärkezusatz. Mit Cl-Wasser oder Chloraminlösung gleiche Reaktion		Magen, Darm, Niere, Harn. Blut (Jodspiegel). Schilddrüse[6]	NaJ 0,8 g/kg Tier intravenös beim Hund in 12...30 h. Joddämpfe 14...18 mg je kg über Lungenödem im Tierversuch	Bei freiem Jod bzw. J-Dampf große Ähnlichkeit mit Cl- und Br-Vergiftung
Nitrite	Beim Ansäuern nitrose Gase; KJ-Stärkepapier; mit KJ in schwefelsaurer Lösung: J-Ausscheidung.	Antipyrin mit Nitrit in H_2SO_4-saurer Lösung gibt Grünfärbung (umgekehrt anwendbar)	Magen- und Darminhalt	0,33 g/kg Tier per os beim Hund	Die rasche Zersetzung fordert sofortiges Untersuchen

Oxalsäure und deren Salze	Niederschlag mit Ca-Salzen in essigsaurer oder ammoniakalischer Lösung. Überprüfen nach Umfällung mit $KMnO_4$, zur Unterscheidung von CaF_2	Kann durch lange Soxhlet-Extraktion mit Äther im stark HCl-sauren Material isoliert und dann wie üblich identifiziert werden. Löslichkeit in Äther 1,4%	Kot, Harn, Blut, *Erbrochenes*	Für Oxalsäure rund 1 g/kg Tier per os beim Hund nach etwa 2 Tagen	Unter der Bezeichnung „Kleesalz" oder „Zuckersäure" nicht selten fahrlässige Verwechslung
Pikrinsäure	Gelbgefärbte Auszüge. Haftfeste Anfärbung an weißen Wollfaden (nicht auf Baumwolle). Isopurpursäurereaktion mit KCN in NH_3-Lösung gibt rote Färbung	Mikrosublimat: hellgelbe Blättchen oder Prismen. F 122,5°	Blut, Harn, Magen, Darm, Leber	0,6 g je Tier per os für Hund nach etwa 2 h	Fast nur gewerbliche Vergiftungen. Mord und Selbstmord selten
Rhodanide	Mit $FeCl_3$ blutrote Färbung, mit Äther ausschüttelbar	Über $K_2[Co(CNS)_4]$ mit Co-Sulfat und Aceton empfindliche Reaktion: Blaufärbung. NB. Umkehrbar für Co-Nachweis[7]	Die üblichen Organteile. Harn, Speichel und Blut haben einen minimalen Eigengehalt	1...2 g erregen beim Hund peroral Erbrechen ohne Exitus	Rhodanide entstehen auch postmortal nach Cyanvergiftungen, s. oben. Deshalb wichtig bei einer länger zurückliegenden Cyanidvergiftung
Laugen und Säuren	Zunächst Verwendung von Indicatoren (Universalindicatorpapier Merck, das über Stärke bzw. Konzentration von Lauge oder Säure Anhalt gibt). Welche Lauge oder Säure vorliegt, erbringen die spezifischen analytischen Prüfungen		Rachen, Speiseröhre, Magen event. Darm. *Erbrochenes*	Für Laugen keine besonderen Literaturangaben. Z. B. für H_2SO_4 beim Menschen 4...5 g peroral; für HNO_3 0,3... 0,4 mg/Liter Luft bei Inhalationen für Katzen nach 2...3 h	Hier geben die vom Arzt festzustellenden Verätzungen Hinweise, Fluorverbindungen hier nicht übersehen. NB. Ameisen- und Essigsäure auch in Gruppe II zu finden.

[1] Siehe Fußnote 1, S. 1789. — [2] Kolthoff u. Stansby: Industr. Engng. Chem. Anal., Ed. 6, 118 (1934). — [3] Hefter: Handbuch der experimentellen Pharmakologie. Berlin 1923—1934. — [4] Das Vorfinden von Rhodanid in Körperorganen läßt auf Blausäurevergiftung *rück*schließen; Gadamer. Siehe auch Hefter: Handbuch der experimentellen Pharmakologie, Bd. 1, S. 724ff. 1923. — [5] Sartori, M.: Die Chemie der Kampfstoffe (aus dem Ital. übersetzt von H. Klumb, Angaben von Flury) 2. Aufl. Braunschweig 1940. — [6] Zunahme des J-Gehaltes: Bestimmung nach dem DAB 6, oder den verbesserten Methoden nach v. Bruchhausen u. a. — [7] Rosenthaler, L. R.: Toxikologische Mikroanalyse. Berlin 1935.

II. Wasserdampfflüchtige Gifte.

Das Untersuchungsmaterial ist als dünner Brei oder zerkleinert, mit H_2O aufgeschwemmt, der Wasserdampfdestillation zu unterwerfen. Eine Unterteilung läßt sich hier erreichen durch Destillation im sauren *oder* alkalischen Medium (z. B. Na-Salicylat nicht flüchtig, Salicylsäure leicht mit H_2O-Dampf übergehend). Zum Ansäuern ist hier — wegen der weiteren Verwendung der Rückstände — Weinsäure ratsam; Mineralsäuren in bestimmten Fällen brauchbar.

Die Destillation muß unter bester Kühlung erfolgen; die Menge des Destillates ist klein zu halten, nur bei quantitativer Erfassung auszudehnen. Für viele Substanzen ist ein Ausäthern des H_2O-Destillates zur Isolierung und zum Nachweis nötig; in manchen Fällen genügt die Verwendung des Destillates zur Prüfung.

Giftstoff	Nachweis	Besondere Prüfungsmethoden	Auswertbares Material	Letale Dosis	Besondere Angaben
Äthanol	Jodoformreaktion: mit Persulfat + KJ in alkalischer Lösung bei 60° (nach Kunz). p-Nitrobenzoylchlorid gibt einen kryst. Ester mit wohl definiertem F von 57...58°	Bestimmung im Blut nach Widmark[1]. 3,5-Dinitrobenzoylchlorid gibt schwer löslichen Ester, der mit α-Naphthylamin zu gefärbten, gut krystallisierten Verbindungen führt	*Blut;* Herz, Lunge, Milz; Magen, Nieren, Harn; Leber, Gallenblase; Gehirn	Keine sichere Angabe möglich	Tödliche Vergiftungen nicht selten. Hauptsächlich aber für die Ursachen von Verkehrsunfällen bedeutungsvoll
Ameisensäure	Reduktion von $HgCl_2$ zu Hg_2Cl_2 (auch quantitativ auswertbar) durch Formiate und Ameisensäure. Mg + HCl reduziert zu Formaldyhyd, das mit Chromotropsäure eine violette Färbung gibt	Trennung von Essigsäure über $K_2Cr_2O_7$, das *nur* Ameisensäure oxydiert	Magen, Darm; Harn[2]	Von Na-Formiat 1 g/kg Tier. 0,07 g freie Säure täglich gilt für den Menschen als unschädlich	In den letzten Jahren spielten Ameisensäure und Formiate keine Rolle. Giftwirkung meist bei Verwechslung von eingenommenen Einreibemitteln. Wichtig als mögliches Zersetzungsprodukt von Methanol, ferner von Formalin im menschlichen Organismus

Benzaldehyd	Ausäthern, Ätherrückstand mit Bichromat-Schwefelsäure zu Benzoesäure oxydieren, diese durch Dampfstrom oder Ausäthern isolieren: F 120...121°	Krystallfällungen mit Hydrazin, Semicarbazid usw. und Bestimmung der Schmelzpunkte[3]	Magen, Darm; Blut, Lungen, Leber	Als unschädlich bezeichnet; spielt jedoch als Spaltprodukt von Benzaldehydcyanhydrin eine wichtige Rolle	Geruch läßt schlecht unterscheiden zwischen Benzaldehyd, Bittermandelwasser (Cyanverbindung von B.) und Nitrobenzol
Chloralhydrat	Mit Neßler ziegelrote Fällung. Isonitrilreaktion mit Anilin + alkoh. KOH wie bei Chloroform	Phenylhydrazine geben Krystallabscheidungen[3]	Bald zersetzt. Magen, Erbrochenes. Im Blut und Harn eventuell noch als Urochloralsäure	Sehr wechselnde Mengen peroral beim Menschen: von 1...5 g Substanz, höhere Dosen bei raschem Zugriff ohne Tod. 10 g bei Gewöhnung noch vertragen	Gewöhnung hier bekannt
Chloroform	Isonitrilreaktion! Bei Zersetzung mit alkohol. KOH neben Chloridreaktion auch Formiat mit $HgCl_2$ nachweisbar. Mit Resorcin in NaOH-Lösung erhitzt gelbrot (Schwarz)	Farbreaktionen mit α-Naphthol in Cyclohexanol[3]	Magen, Lungen, Gehirn und *Blut*. Flüchtigkeit und Zersetzung berücksichtigen	Schwankungen von 1...60 g für den Menschen. Hefter nennt 3,67 als tödliche Konzentration beim Menschen und 1,5...2,0 als narkotisch[4]	Medizinale Vergiftungen selten
Essigsäure	Neutralisieren, eindampfen; Rückstand riecht nach Zusatz von Alkohol und konz. H_2SO_4 nach Essigester. Anderer Teil des Rückstandes mit As_2O_3 erhitzt läßt Kakodyloxyd am Geruch erkennen	Als neutrales Acetat mit Lanthannitrat + einer Spur Jod + wenig NH_3: blaue Farbe[3]	Schlund, Magen, Erbrochenes, Darm	50 g per os beim Menschen; Acetate ohne Giftigkeit	Ähnlich wie bei Ameisensäure rasche Oxydation im Körper. Nachweis also bald nach der Vergiftung nötig

[1] Dieser bekannte Nachweis ist nur für den Fachbearbeiter wertvoll, der die zahlreichen Fehlerquellen kennt. — [2] Siehe hierzu H. Klauer: Dtsch. Z. gerichtl. Med. **30**, 280 (1938). — [3] Rosenthaler, S. 110. — [4] Siehe auch H. Winterstein: Die Narkose. Berlin 1938.

II. (Fortsetzung).

Giftstoff	Nachweis	Besondere Prüfungsmethoden	Auswertbares Material	Letale Dosis	Besondere Angaben
Formalin	Neßlers Reagens gibt gelb bis gelbrote Färbung, beim Erhitzen Schwärzung; durch Morphin-H_2SO_4, mit Thiocol-H_2SO_4: violett gefärbt; siehe auch Methanol. Mit Phloroglucin + Lauge sofort Rotfärbung. Beim Eindunsten mit NH_3 entsteht Hexamethylentetramin	Dimedon gibt Nädelchen von Formaldimethon. F 188°, sublimierbar	Eingeweide, Lunge, Leber, Herz, Milz, Nieren. Im Harn bereits als Ameisensäure. NB. Rasche Zersetzung, da sofort die Schleimhäute angegriffen werden	10 mg im Liter Luft nach 1...2 h Tod	In den letzten Jahren im polymeren Metaldehyd (Meta-Brennstoff) mehrfach Vergiftungsursache
Methanol	Oxydation durch $KMnO_4$ zu Formaldehyd und Prüfung mit Thiocol-H_2SO_4 oder Morphin-H_2SO_4: Violettfärbung. Nach ähnlicher Oxydation durch $KMnO_4$ mit Fuchsin-Schwefliger Säure blau-violette Färbung (Denigés), weniger empfindlich	Bei größeren Mengen neben Äthanol mit dem Eintauchrefraktometer von Zeiß und Berechnung nach Wagners Tabellen quantitativ. Mit p-Brombenzoylchlorid Bildung des Methylesters. F 78°	Magen, Darm, Harn; Blut, Herz, Lunge, Hirn[1]	Bei 8...20 g Erblindung; 120...240 g tödlich[2]	Zahlreiche Verwechslungen führten zu fahrlässigen Tötungen. Siehe: Ameisensäure
Nitrobenzol	Geruch ähnlich wie Bittermandelwasser, auch bei geringen Mengen deutlich. Reduktion mit Zink + HCl zu Anilin[3], das mit Hypochloridlösung violette Färbung gibt	Natriumpentacyanoamminferroat gibt violette Färbungen[4]	Magen, Darm, Blut, Lungen, Leber, Gehirn	Etwa 1,0 g/kg Tier per os beim Hund	In den letzten Jahren häufig Ursache von Vergiftungen

Phenol	Geruch typisch. Färbung mit $FeCl_3$ bei geringen Mengen in neutraler Lösung violett. Br_2-Wasser weiße Fällung		Magen, Darm, Blut, Herz, *Leber*, Nieren, Gehirn, Harn. Veränderungen von Ph. in den Organteilen bald und damit Nachweis erschwert	Etwa 0,5 g/kg Tier per os beim Hund. Beim Menschen keine genauen Angaben möglich: von 8...60 g berichtet	Auch andere Phenole, wie Kresole usw., sind hier wegen ähnlicher Reaktionen und Giftwirkung zu berücksichtigen
Salicylsäure und deren Verbindungen	Mit $FeCl_3$ intensiv violett in neutraler Lösung. Bromwasser erzeugt weißen Niederschlag von Tribromphenolbrom. Ausäthern und bestimmen des F, der 157° ist; bei kleinen Mengen Mikroschmelzpunkt	Krystallform der Mikrosublimate	Magen, Darm, Harn, Galle, Gehirn, Rückenmark; Gelenke als Speicherorgane	Für Na-Salicylat 25 g peroral beim Menschen. Freie Säure beim Kaninchen 1,1...1,6 g. Methylsalicylat für den Hund: 2 g/kg	Salicylsäurepräparate lassen als Spaltprodukt die freie Säure nachweisen, die in diesem Fall nur Hinweis ist: Aspirin usw.
Tetrachlorkohlenstoff, Trichloräthylen, Tetrachloräthan u. a.	Keine spezifischen Reaktionen. Physikalische Konstanten! Cl-Abspaltung mit alkohol. KOH und Fällung als AgCl, daneben differente Zersetzungsprodukte	Farbreaktionen nach A. H. Weber zur Unterscheidung[5]	Atmungsorgane; Magen, Darm usw.	Nach Lewin ist die Vergiftungsenergie von CCl_4 größer als bei $CHCl_3$. 0,24 g im Liter Luft für die Katze tödlich. Für Trichloräthylen ähnliche Verhältnisse[6]	Diese Chlorverbindungen spielen in den letzten Jahren eine gesteigerte Rolle und sind Ursache zu zahlreichen Vergiftungen, nicht nur gewerblicher Art

[1] Siehe hierzu H. Klauer: Dtsch. Z. gerichtl. Med. **30**, 280 (1938). — [2] Diese Dosis muß als hoch bezeichnet werden. — [3] Anilin ist als Gift ebenfalls in dieser Gruppe wichtig, da es als Giftstoff erwähnt wird. — [4] Feigl. Das Reagens ist für verschiedene Nitroverbindungen geeignet. — [5] Chemiker-Ztg. **57**, 836. — [6] Flury, F. u. F. Zernik: Zus. der toxischen und letalen Dosen für die gebräuchlichsten Gifte und Versuchstiere. Lieferung 251 vom Handbuch der biologischen Arbeitsmethoden. Würzburg 1928.

III. Metall- und Metallsalzgifte.

Die Aufbereitung des organischen Materials kann mit $KClO_3 + HCl$ erfolgen; freie $HClO_3$ statt der Chlorate vorzuziehen (Verminderung des Salzgehaltes usw.). Die Mineralisierung durch $HNO_3 + H_2SO_4$ oder $H_2O_2 + H_2SO_4$ ist gut verwertbar. Bei Hg-Verdacht ist diese Zerstörung unbrauchbar, wegen großer Hg-Verluste. Für As-Nachweis jedoch bevorzugt anzuwenden. Bei der Chloratbehandlung verbleibt immer ein schlecht zerstörbarer Rückstand, der durch Veraschen aufgearbeitet werden muß; keinesfalls darf er vernachlässigt werden. Ag, Ba, Pb können z. B. hier als unlösliche Verbindungen verloren gehen, da sie erst im Laufe der Mineralisierung als solche entstanden sein können.

Die resultierenden Lösungen werden nach dem analytischen Arbeitsgang mit H_2S, $(NH_4)_2S_2$ usw. geprüft. Unter allen Umständen ist hier mit den Zerstörungsprodukten des organischen Materials zu rechnen (verzögerte Fällungen usw.).

Giftstoff	Nachweis	Besondere Prüfungsmethoden	Auswertbares Material	Letale Dosis	Besondere Angaben
Arsen und seine Verbindungen	Siehe Vorproben. Mit H in statu nascendi Bildung von AsH_3, der zum Nachweis nach Marsh, Gutzeit, Beck-Merres dient. Forderung für alle derartigen Prüfungen: die fragliche Lösung muß frei von H_2S und HNO_3 bzw. oxydierenden Substanzen sein. Eine vorherige Reduktion von As^{V} zu As^{III} mit $SnCl_2$, KJ, Hydrazinsulfat ist nötig. Blindversuch unerläßlich. Hypophosphit und Bettendorfs Reagens bei nicht zu kleinen Mengen (γ-Mengen) reduzieren in der Lösung zum Element: Braunfärbung, eventuell Ausflockung von schwarzem As	Bei kleinen Mengen: Zusatz von Phosphat und Gesamtfällung als $MgNH_4$-Salze (das isomorphe Arsenat wird mitgerissen). Prüfung wie nebenstehend	Fast alle Organe verwendbar. Speicherung in Haaren, Knochen; Leber, Gehirn	0,1...0,2 g pro Tier per os beim Hund für As_2O_3. Für den Menschen lassen sich keine spezifischen Angaben machen: Gewöhnung (Arsenfresser)	Arsenverbindungen sind als Gifte am häufigsten gebraucht, selbst AsH_3-Vergiftungen in den letzten Jahren genannt

Antimon und seine Verbindungen	Im forensischen Gang wird Sb wie As isoliert. Sb-Spiegel in der Marshschen Röhre unterscheidet sich von As durch Farbe, Unlöslichkeit in NaOCl. Saure Lösungen geben mit Zn auf Platin braun-schwarzen festhaftenden Flecken	Phosphormolybdänsäure und Rhodamin als Reagens (s. Feigl)	Alle Organteile, Lokalisation in Knochen Haaren, Nieren, Muskeln. Gehirn keine Speicherung zum Unterschied von As	0,12 g Sb für den Erwachsenen; für Kinder 0,03 g	Sb-Vergiftungen sind nicht sehr selten; teils medizinal, teils gewerblich
Barium-Salze	Im Analysengang auch hier nachzuweisen (s. Gruppe I). Bei Ba-Verdacht ist der gesamte Rückstand nach dem Veraschen erneut zu überprüfen, da während der Behandlung der Organe unlösliches $BaSO_4$ erst entstanden sein kann				$BaCO_3$ als Rattengift ist häufig Anlaß zu Vergiftungen (s. oben)
Blei-Salze	Mit H_2SO_4 Niederschlag von $PbSO_4$; auch $PbCl_2$ schwer H_2O-löslich; deshalb Zerstörungsrückstand aufarbeiten, veraschen und schwach glühen, Rest mit HNO_3 auskochen. Diesen Auszug nach Abdampfen der HNO_3 mit H_2SO_4, Chromat prüfen; die bräunlichen Färbungen mit H_2S sind colorimetrisch auswertbar bei kleinen Pb-Mengen	Dithizon in CCl_4-Lösung gibt mit Spuren von Pb unter *bestimmten* Bedingungen Rotfärbung[1]	Magen, Darm, Leber, Nieren, Knochen, Harn	5 g Bleiacetat für den Hund	Gewerbliche Pb-Vergiftungen stehen hier an erster Stelle, medizinale nicht selten. Bleitetraäthyl als Treibstoffzusatz führte wegen seiner Giftigkeit zu einem Verwendungsverbot in Deutschland[2]

[1] Fischer, H.: Angew. Chemie **50**, 919 ff. (1937). An dieser Stelle ist ein Arbeitsgang für den Nachweis von Metallen in kleinsten Mengen mit Dithizon mitgeteilt. —
[2] Forschungen, experiment., bei Bleiaufnahme und Bleiausscheidung aus dem Kettering-Laboratorium, deutsch von der Ethyl G. m. b. H. Berlin 1939.

III. (Fortsetzung).

Giftstoff	Nachweis	Besondere Prüfungsmethoden	Auswertbares Material	Letale Dosis	Besondere Angaben
Chrom-Verbindungen, siehe Gruppe I	Chromate können postmortal zu Cr^{III} reduziert sein. Der Schwefelammon-Niederschlag führt durch alkalische Oxydationsschmelze[1] zu Chromat, das wie bei Gruppe I identifiziert wird	Chromat färbt sich mit Diphenylcarbacid in HCl-saurer Lösung rotviolett	Siehe Gruppe I	Siehe Gruppe I	Chromi-Salze bedeutungslos. Cr nur als Chromat Vergiftungsmittel
Kupfer-Salze	Bei NH_3-Überschuß tiefblaue Färbung. Mit $K_4[Fe(CN)_6]$ rotbraune Färbung bzw. Fällung (sehr empfindlich). Elektrolytisch in Pt-Schale mit Pt-Spiralelektrode abscheidbar und so quantitativ zu bestimmen	Salicylaldoxim fällt in essigsaurer Lösung weißlich grünliches Komplexsalz. Über die Identifizierung mit Dithizon siehe Anm. bei Blei	Magen, Darm, *Erbrochenes*, Galle, Milz Nieren, Leber, Stuhl, Harn. Leber ist Speicherorgan, auch Galle wirkt ähnlich	15...20 g bas. Cu-Acetat beim Menschen. 10 g Cu-Sulfat beim Menschen, 2 g Cu-Sulfat pro Hund	Kupfer-Kalkbrühe, Cu-Arsenite zur Schädlingsbekämpfung bieten Anlaß zu Vergiftungsgefahr NB. Der menschliche Organismus enthält normalerweise kleine Cu-Mengen, besonders die Leber (im Durchschnitt 28 mg). Also Vorsicht bei der Beurteilung von kleinen Mengen beim forensischen Nachweis

Quecksilber und seine Verbindungen	Für die Fällung mit H_2S empfiehlt sich ein Zusatz von Cu-Salz. Lösen von HgS am besten in HCl unter Zusatz von Cl_2- oder Br_2-Wasser, dessen Überschuß durch CO_2 entfernt werden muß. Abscheidung auf dünnen Cu-Blechstreifen in schwach saurer Lösung, dann sublimieren von Hg-beschlagenem Cu-Blech in einem zur Capillare ausgezogenen Prüfröhrchen: die Capillare zeigt Abscheidung von mikroskopischen Hg-Tröpfchen, die beim Durchleiten von Jod-Dampf in HgJ_2 übergehen. Durch Elektrolyse läßt sich eine raschere Abscheidung von Hg erreichen	Diphenylcarbazon gibt violette bis blaue Färbungen bei γ-Mengen; ebenso Dithizon verwendbar. Verwendung des Spektrographen für Spuren [2]	Magen, Darm, Leber, Nieren, Galle, Lunge, Blut, Gehirn, Harn; Nieren als Speicherorgan	Für $HgCl_2$ 0,5 g im Mittel; bei $Hg(CN)_2$ 0,6...1,2 g angegeben; HgO etwa 1...1,5 g letal	Auf die Gefahren einer Vergiftung mit Hg-Dampf, Amalgamen ist oft hingewiesen worden [3]
Thallium-Salze und -Präparate [4]	Unter Zusatz von wenig Fe-Salz erfolgt mit Schwefelammon eine quantitative Fällung, die eine Flammenfärbungsprobe zuläßt: intensiv grün. Nach dem vorsichtigen Veraschen läßt sich Tl im H_2O-Auszug auch mit KJ als gelbes TlJ fällen. Die Halogenide vom Tl^{I} sind schwerlöslich, TlJ kann zur quantitativen Bestimmung dienen	Spektroskopisch an der sehr deutlichen grünen Linie bei $\lambda = 5350$ und $\lambda = 3776$ leicht erkennbar [2]	Sämtliche Organe enthalten Tl-Ablagerungen, besonders in den Muskeln, in Leber, Milz und Nieren, in Haaren und Nägeln	0,5...1,0 g lösliches Tl-Salz per os beim Hund und bei der Katze (pro Tier)	Die Tl-haltigen Ungeziefer-Vertilgungsmittel, auch die Tl-haltigen Haarentferner führten in den letzten Jahren zu zahlreichen Vergiftungsfällen. Eine typische Erscheinung ist hier der starke Haarausfall

[1] Empfohlen ein Gemisch von $KClO_4 + Na_2CO_3$. Gadamer: Lehrbuch der chemischen Toxikologie, Anhang. — [2] Arbeiten von Gerlach, die auch für andere Metallgifte gelten. Quantitative Auswertung der Spektrogramme: Referate im Chem. Zbl. **1933**, **1934**. — [3] Forschungen von Stock und Mitarbeitern. — [4] Zelio-Körner, Zelio-Paste. Beide enthalten 2% Thallosulfat.

III. (Fortsetzung).

Giftstoff	Nachweis	Besondere Prüfungsmethoden	Auswertbares Material	Letale Dosis	Besondere Angaben
Wismut-Verbindungen	Bei der Bearbeitung ist die starke Neigung zur Hydrolyse zu beachten; Zerstörungsrückstände deshalb erneut aufarbeiten. In schwach saurer Lösung mit KJ + Cinchonin orangerote Färbung oder Fällung	Stannitlösung reduziert zu elementarem Bi, ein Pb-Salzzusatz wirkt katalytisch rascher[1]	Besonders Darm, Kot, Erbrochenes; daneben Nieren, Harn, Leber, Milz	Angaben für Dosen bei Tierversuchen zahlreich, aber mit sehr varianter Breite der Dosis	In der Hauptsache medizinale Vergiftungen
Zink-Salze	Die Fällungen mit H_2S in essigsaurer Lösung oder mit Schwefelammon in NH_3-Lösung sind sehr empfindlich. Bei quantitativer Isolierung ist ein Zusatz von $HgCl_2$ zu empfehlen. $K_4[Fe(CN)_6]$ fällt weißes Zn-Ferrocyanid, löslich in NaOH und wieder fällbar beim Ansäuern, Pb verhält sich gleich, unterscheidet sich aber durch die Unlöslichkeit in NH_3	Dithizon gibt in CCl_4-Lösung einen Farbumschlag von Grün nach Purpurrot beim Schütteln mit einer neutralen, alkalischen oder essigsauren Zn-Lösung	Fast alle Organe brauchbar zur Prüfung. Muskeln und Knochen sollen Zn deponieren	Bei $ZnCl_2$ etwa 6 g, bei Zn-Sulfat 7...8 g für den Menschen	Geringe Mengen von Zn finden sich in allen Organteilen[2]; etwa in der Größenordnung des Gewebseisen. Gesamtmenge beim Kaninchen schon 44 mg
Ag, Au, Ca, Cd, Mn, Sn, Sr, selbst Co und Ni	sind in ihren Salz- bzw. Verbindungsformen (Spezialitäten) auch in den letzten Jahren Ursache von medizinalen und gewerblichen Vergiftungen gewesen (siehe Slg. f. Verg. Fälle seit 1930)				

[1] **Feigl**, S. 173. — [2] **Hefter-Heubner**: Handbuch der experimentellen Pharmakologie. Berlin 1923/1934.

IV. Alkaloide und ähnliche stark wirkende organische Stoffe mit Giftwirkung.

Die Isolierung dieser Giftstoffe erfordert folgende Vorbereitung des Materials: Eindampfen zur Trockne nach dem Ansäuern mit Weinsäure, Extraktion am Rückflußkühler mit Alkohol; filtrierten Alkoholauszug auf dem Wasserbad eindunsten und den Rückstand[1] mit H_2O aufnehmen. Dieser H_2O-Auszug läßt sich in zwei größere Gruppen trennen:

1. Stoffe, die in *saurer* Lösung mit Äther ausgeschüttelt werden: Acetanilid, Antipyrin, Aspirin; Pikrinsäure, Salicylsäure, Veronal und andere.
2. Die eigentlichen Alkaloidgifte, die nach dem Alkalisieren mit NaOH, NH_3 als freie Basen mit Äther[2] extrahiert werden.

Eine kurze Orientierung, ob der isolierte Giftstoff N, S, Halogene enthält, läßt sich nach Lassaigne mit der Na-Schmelze durchführen. Meyers Reagens ist zur Vorprobe auf Alkaloide unbedingt anzuwenden.

Für die Identifizierung der hier möglichen Gifte sind außerdem Fp, Form der Mikrosublimate, Fluorescenz und verschiedene Farbreaktionen heranzuziehen.

Die brauchbaren Alkaloidreagenzien mit Farbreaktion sind: Erdmanns, Froehdes, Marquis' und Mandelins Reagens. Sie sind jeweils frisch zu bereiten.

Erdmann: 1 Tropfen verd. HNO_3 auf 10 cm³ konz. H_2SO_4.
Froehde: 10 mg Ammonmolybdänat in 10 cm³ konz. H_2SO_4.
Marquis: 5...6 Tropfen Formalin in 5 cm³ konz. H_2SO_4.
Mandelin: 0,1 g Ammonvanadat in 20 cm³ konz. H_2SO_4.

NB. muß auch die Farbreaktion mit H_2SO_4 für sich und mit konz. HNO_3 ausgewertet werden.
Bei Körperflüssigkeiten, z. B. Harn, ist die *Perforation* die beste Extrahierung; auch die Soxhlet-Apparatur ist vielfach brauchbar.
Tierversuche z. B. mit weißen Mäusen geben wertvolle Hinweise.

Giftstoff	Nachweis	Besondere Prüfungsmethoden	Auswertbares Material	Letale Dosis	Besondere Angaben
1. Stoffe aus dem *sauren* Ätherauszug.					
Acetanilid	Indophenolreaktion; Azofarbstoff, durch Kuppeln nach dem Diazotieren; mit $CHCl_3$ und KOH erhitzt tritt Isonitrilgeruch auf	Mikrosublimate sind wohl definiert in der Krystallform F: 114°	Harn bevorzugt. Andere Organteile: Magen, Darm; Erbrochenes brauchbar	Noch bei 30 g bei raschem Zugriff Rettung beim Menschen. 0,5 g/kg Tier peroral für den Hund	Im Körper leichte Abspaltung von Anilin

[1] Bei Leichenteilen ist eine erneute, gleiche Behandlung mit *absolutem* Alkohol nötig. — [2] Auf die Sonderbehandlung morphinverdächtigen Materials ist in zahlreichen Veröffentlichungen immer hingewiesen.

IV. (Fortsetzung).

Giftstoff	Nachweis	Besondere Prüfungsmethoden	Auswertbares Material	Letale Dosis	Besondere Angaben
Antipyrin	Grünfärbung durch Zusatz von Nitrit in H_2SO_4-saurer Lösung. Mit $FeCl_3$ blutrote Farbe	Sublimation gut ausführbar (s. Rosenthaler) F: 112°	Harn bevorzugt. Verteilung rasch in den anderen Organen, die deshalb verwendbar sind	Nicht sicher feststellbar. Schon 1 g gelegentlich tödlich; beim Hund werden 0,5...1 g/kg als letal angegeben.	Pyramidon, Salipyrin usw. gehören in diese Gruppe
Aspirin oder Acetylsalicylsäure	Nach der Spaltung mit Alkali, Prüfung mit $FeCl_3$ auf Salicylsäure in neutraler Lösung	Mikrosublimation und Mikroschmelzpunkt wichtig F: 135...136°	Magen- und Darminhalt; Erbrochenes. Frisches Material erforderlich	24...30 g beim Menschen angegeben? 1,4 g/kg Tier beim Hund peroral	Die Spaltung in Salicylsäure und Essigsäure erfolgt rasch im Organismus, so daß Salicylsäure im Harn diesbezüglich zu beurteilen ist
Barbitale, z. B. Veronal und die große Zahl ähnlicher Verbindungen	Mit Kobaltacetat unter Zusatz von LiOH in Methanol intensive Blauviolettfärbung[1]. Im Harn ist die modifizierte Isolierung nach Itallie Steenhauer von Wert[2]	Durch Mikrosublimation gute Unterscheidung. Trennungsgänge siehe Rosenthaler	Harn; Mageninhalt, Erbrochenes; auch Gehirn	Bei Veronal für den Menschen sehr variante Mengen. Im Tierversuch beim Hund 0,2...0,5 g/kg Tier per os	Die Zahl der Barbitale in ihrer Verwendung hat sehr zugenommen und die Vergiftungen damit sind häufig
2. Alkaloide und andere Stoffe des *alkalischen* Ätherauszuges.					
Aconitin	Leicht zersetzlich. Also unbrauchbar der Rückstand des H_2O-Dampfdestillates. Mit rauchender HNO_3 eingedunstet färbt sich der mit alkalischer KOH übergossene Rückstand rot mit Stich in Violett (Pseudo-Aconitin)	Andere Reaktionen als unsicher abgelehnt (Gadamer)	Speichel und Harn geeignet, auch Blut und bluthaltige Organe; Magen- und Darminhalt; Nieren	Bei einer Selbstvergiftung 4 mg; Pferd nur 3 mg pro Tier	Das Alkaloid wird medizinisch oft verwendet. Aconitum napellus als Zierpflanze führte zu Vergiftungen

Atropin und Verwandte (bes. Hyoscyamin)	Nach Vitali: Lösen in wenigen Tropfen HNO_3, eindampfen und den erkalteten Rückstand mit alkohol. KOH versetzen, ergibt violette Färbung, die bald in kirschrot übergeht. Pupillenerweiterung im Tierversuch (Katze)	Bei Vergiftungen mit Beeren sind die nierenförmigen, graubraunen Samen mit ihren typischen Epidermiszellen wertvoller Hinweis	Harn etwa 33%, Magen und Darm wenig. Leber, Blut und Gehirn zerstört das Alkaloid.	0,05...0,1 g für den Menschen. Für den Hund 0,2...0,4 g/kg subcutan, also wesentlich höher	Tollkirschenvergiftungen nicht selten. Der Gehalt an Atropa-Alkaloiden ist für die Beeren etwa 0,35%, für die getrockneten Blätter 0,5%. 3...4 Beeren oft schon tödlich
Brucin	Konz. HNO_3 färbt blutrot, dann gelb; diese Lösung wird durch $SnCl_2$ violett. $H_2SO_4 + NaNO_3$ blutrote Färbung. Diese Reaktionen empfindlich	Erdmann: rot, Froehde: rot.	Wie bei Strychnin; s. unten	8 mg/kg intravenös beim Hund	Siehe Strychnin
Chinin	Thalleiochinreaktion: zur Lösung wenig Hypochlorit und dann tropfenweise NH_3 gibt Grünfärbung, die beim Neutralisieren in Blau, Violett übergeht	Fluorescenz unverkennbar leuchtend hellblau unter der Quarzlampe, aber nur mit Sauerstoff enthaltenden Säuren; Halogenwasserstoffsäuren hemmen	Harn (bevorzugt, rasche Abscheidung), Darm, Galle, Leber	3...6 g letal; Verträglichkeit ist häufig höher	Die Fluorescenzprobe ist bei Leichenteilen vorsichtig zu beurteilen: die mitisolierten Fettreste können zu Täuschungen führen
Cocain	Das Permanganat und das Perchlorat sind schwerlöslich. Einige Tropfen von konz. $H_2SO_4 + KJO_3$ (oder J_2O_5) geben beim Erwärmen Braun-, Grün-, Blau-, Violettfärbung in Aufeinanderfolge	Trinitroresorcin gibt Krystallrosette von feinen Einzelfäden[3]	Im Organismus leicht zerstört. Gehirn, Harn. Akut im Erbrochenen und Mageninhalt; Ekgonin-Abspaltung!	Hefter[4] betont die große Breite der toxischen und letalen Dosen. Doch kann 0,01 g schon als Gift wirken	Auch die verschiedenen Ersatzpräparate wie Percain[5], Pantocain, Tropacocain usw. sind Gifte *mit differenzierter Wirkung*[6]

[1] Oettel, H.: Arch. Pharmaz. **1936**, S. 1. — [2] Straub: Pharmaz. Zentralhalle Deutschland **1934**, ebenda: Trennung von Luminal und Veronal. — [3] Siehe Rosenthaler, S. 277 u. 286. — [4] Handbuch der experimentellen Pharmakologie, Bd. 2, S. 131. — [5] Källström: Pharmaz. Presse, Aug. **1932**. — [6] Novocain, Stovaine, Orthoform gehören hierher. Spezial-Literatur in Hefter.

IV. (Fortsetzung).

Giftstoff	Nachweis	Besondere Prüfungsmethoden	Auswertbares Material	Letale Dosis	Besondere Angaben
Codein	Konz. H_2SO_4 färbt beim Erwärmen violett; Froehde: über Grün → Blan	Marquis-Reagens: blau-violett. Krystallfällungen nach Rosenthaler[1] bringen gute Unterscheidungen zu anderen Alkaloiden	Magen, Darm; Leber, Blut; Harn und Kot	0,8 g sind ohne Exitus noch ertragen worden. 2 g per os für den Hund letal	Die Reaktionen haben viel Analogien mit Morphin. Die Giftigkeit ist geringer als bei Mo
Coffein (Thein)	Als Extraktionsmittel ist Chloroform zu verwenden. An Farbreaktionen die Amalinsäurereaktion ausführbar, die nach dem Abdampfen mit Cl_2-Wasser und Behandeln mit NH_3 eine rotviolette Farbe erbringt	Mikrosublimation wertvoll, mit Goldchlorid typische Krystallbildung vom Sublimat	Erbrochenes, Mageninhalt; Harn, Blut	Oft bis 3 g vertragen, unter Umständen schon bei 0,2 g Vergiftungserscheinungen	Die bei übermäßigem Kaffee- und Teegenuß auftretenden Beschwerden sind Coffeinvergiftungserscheinungen
Colchicin	Farbreaktion: bei Zusatz von $FeCl_3$ zur HCl-Lösung dunkelgrün nach dem Erhitzen; Chloroform nimmt nach dem Erkalten beim Ausschütteln eine rötliche Farbe an	Fällungen mit Platinrhodanid und Phosphor-Wolframsäure sind empfindlich und krystallographisch auszuwerten	Erbrochenes, Magen- und Darminhalt und Kot; auch Blut, Nieren und Harn	Sehr unterschiedliche Angaben (Gadamer und Anm.[2]). Bei Hunden 0,02 g/Tier	Colchicum (Herbstzeitlose) ist gelegentlich Anlaß zu Vergiftungen. Colchicin ist bei medizinalen Vergiftungen genannt.
Coniin	Keine spezifischen Farbreaktionen. Kaliumwismutjodid und ähnliche Verbindungen von Sb geben Krystallfällungen mit spezifischer Krystallform	Cl_2-Gas färbt erst purpurrot, dann indigoblau	Harn; Magen, Darm, Erbrochenes; Leber, Milz, Nieren, Blut	0,5...1 g für den Menschen. Beim Hund 0,1...0,6 g	Dieser Giftstoff der Schierlingspflanze ist auch heute noch Todesursache. Die Angaben über die

					Giftwirkung müssen n. Lewin als übertrieben bezeichnet werden
Digitoxin Digitalis-präparate	Die Isolierung muß variiert werden (Gadamer)! Nach Kiliani wird die Fe-haltige Eisessiglösung mit Fe-haltiger H_2SO_4 unterschichtet: erst nach mehreren Minuten blauer Ring, später indigoblaue Färbung der Eisessigschicht	Froschherzversuch zur Bestätigung heranzuziehen	Harn bevorzugt; Erbrochenes, Mageninhalt	Keine genaue Dosis erwiesen. Für Digitoxin Bruchteile von mg gefährlich, Digitalin etwas weniger wirksam	Die Zersetzlichkeit der Digitalisalkaloide in den Organen sehr groß, Digitoxin am beständigsten
Hydrastin	H_2SO_4 konz. gibt erst beim Erwärmen Violettfärbung; verd. H_2SO_4-Lösung mit $KMnO_4$ zeigt stark blaue Fluorescenz besonders nach H_2O-Verdünnung[3] Froehde färbt grün, dann braun	Trennung von Berberin über Aceton-Berberin (Gadamer) Berberin ist ebenfalls Hydrastis-Alkaloid.	Die üblichen Organteile	Subcutan 0,5 g/kg beim Hund	Berberideen: enthalten auch Berberin, das gleichfalls giftig ist. Berberis als Zierstrauch eine Gefahr für Kinder. Vergiftungen selten
Morphin	Die Isolierung geschieht am besten nach Zusatz von $NaHCO_3$ durch Extraktion mit Chloroform-Isopropylalkohol. Marquis' Reagens gibt empfindliche blauviolette Färbung, auch Mandelin brauchbar. Rohrzuckerverreibung wird mit H_2SO_4 tief grün	Die Isolierung aus dem Harn verlangt eine Aufspaltung der gebundenen Mo-Körper durch Behandeln mit HCl in der Hitze. Die Schwanzreaktion bei weißen Mäusen pharmakologisch wertvoll	Harn; Magen, Darm, Erbrochenes	0,2...0,5 g per os oder subcutan genügen oft. Gewöhnung läßt ein Mehrfaches ertragen	Bei Opiumrauchern, Morphinisten, wird der Harn zum Nachweis bevorzugt

[1] Siehe Rosenthaler, S. 277 u. 286. — [2] Falck, F. A.: Lehrbuch der praktischen Toxikologie. Stuttgart 1880. — [3] Nach Gadamer der Bildung von Hydrastinin zuzuschreiben.

IV. (Fortsetzung).

Giftstoff	Nachweis	Besondere Prüfungsmethoden	Auswertbares Material	Letale Dosis	Besondere Angaben
Nicotin	Wasserdampfflüchtig (s. Gruppe II). Geruch deutlich nach Tabak. Ätherische J_2-Lösung scheidet rubinrote Krystalle ab (Roussinsche Krystalle). Erhitzen mit Epichlorhydrin führt zu Rotfärbung (0,25 mg nachweisbar)	Prüfung am Frosch für die Identifizierung wertvoll	Blut, Harn, Speichel, Magen, Darm, Leber, Lunge	Sehr variant: 2 g Tabakblätter führten schon zum Tod (Gehalt an Nicotin 0,5...5% im Tabak)	Die zahlreichen Publikationen geben einen Hinweis auf die Häufigkeit dieser Vergiftungen durch Tabakrauchen und sonstige Tabakverwendung
Strychnin	Reaktion nach Vitali bringt violette Farbe, die in gelb übergeht. Lösung in konz. H_2SO_4 mit $K_2Cr_2O_7$: blaue Färbung. Beim Erhitzen mit konz. HCl Rotfärbung	Mandelin: blauviolett; sehr empfindlich und unverkennbar	Leber, Niere, Gehirn, Rückenmark teilweise Speicherer; Magen, Darm, Harn	0,12...0,36 *g* Nitrat beim Menschen 0,75...1,2 *mg*/kg Tier (Hund)	Unterschied zu Brucin chemisch und physiologisch trotz chemischer Verwandtschaft
Veratrin	Riechproben führen zu heftigem Niesreiz. Konz. HCl beim Erhitzen kirschrote Färbung. H_2SO_4 allein: orange bis blutrot; Erdmann: orange bis rot; Froehde: gelb bis kirschrot	1 : 4 mit Zucker vermengt und mit konz. H_2SO_4 angerieben gibt über Gelb → Grasgrün eine starke blaue Färbung	Erbrochenes, Magen- und Darminhalt; Blut; Harn	Schwankt zwischen 5 und 60 mg für den Menschen. Bei Katzen 5...10 mg peroral	Ist in Schnupfpulvern gelegentlich enthalten

Die Veröffentlichungen über kriminelle und gewerbliche Vergiftungsfälle (Slg. f. Vergiftungsfälle) seit 1930 bis heute zeigen, daß die Häufigkeit der Verwendung von *bestimmten* Giftstoffen sich gegen früher nicht geändert hat. In den letzten Jahren traten vermehrt Thalliumverbindungen in Erscheinung, Rotenon, der Inhaltsstoff von Derriswurzel, ist für Europa ein bisher nicht benutzter, stark wirkender Stoff, ferner spielen die Reihe der Cocainersatzpräparate und die neueren Barbitale eine Rolle in der Kriminalistik; auch Apiol und Triorthokresylphosphat als dessen Ersatz werden häufig genannt.

Vielfach sind auch Drogen und frische Pflanzen, wie Canthariden, Colchicum (Herbstzeitlose), Cicuta virosa, Goldregen, Maiglöckchen, Oleander, Papaver somniferum, Sabina, Thuja u. a. Ursache tödlicher Vergiftungen. Todesfälle durch Giftpilze sind häufig, stellen aber ein Kapitel für sich dar.

77 Vergiftungen und Giftgefahren in Laboratorium und Betrieb.

(Allgemeines über Aufnahme, Wirkung, Verhütung und erste Hilfe.)

Von **Hans Engel,** Berlin.

Von den drei Wegen, auf denen Gifte in wirksamer zur Erkrankung führender Menge in den menschlichen Organismus gelangen können: 1. über den Verdauungskanal (durch Verschlucken), 2. durch unmittelbare Resorption von der unverletzten Haut aus (äußere Beschmutzung) und 3. über die Lungen (durch Einatmung), ist der letztgenannte bei den *chronischen* gewerblichen Vergiftungen durch Auftreten der schädlichen Arbeitsstoffe in Gas-, Dampf- oder Staub- (Rauch und Nebel) Form ganz allgemein der häufigste und wichtigste. Auf dem Wege der Einatmung kommen aber ebenso die *akuten* Vergiftungen durch gasförmige und diejenigen flüssigen und festen Stoffe zustande, die in Laboratorium und Betrieb in dampfförmigen Zustand gebracht werden. Sie werden nachfolgend wegen mancher Ähnlichkeiten in der Wirkung und den zu ergreifenden Gegenmaßnahmen in 771, II unter „Giftige Gase und Dämpfe" (nebst einigen gesundheitsschädlichen Schwebestoffen) zusammengefaßt.

Eine verhältnismäßig kleine Gruppe von Giften — gekennzeichnet durch exquisite Lipoidlöslichkeit bei geringerer Flüchtigkeit — ruft akute *und* chronische Laboratoriums- und gewerbliche Vergiftungen außerdem vorwiegend von der Haut aus hervor (aromatische Nitro- und Amidoverbindungen, Bleitetraäthyl). *Akute* Vergiftungen durch Verschlucken sind in Laboratorium und Betrieb wie im täglichen Leben meist die Folge unglücklicher Zufälle (Verwechslungen, Unachtsamkeiten, Verspritzen usw.) oder mißbräuchlicher Verwendung (Selbstmordabsichten usw.). Diese Gifte („Berührungs- und Magengifte") sind in 772 behandelt.

Unter den giftigen Gasen und Dämpfen („Atemgiften") sind der Wirkung nach zu unterscheiden:

Ätz- und Reizgase, die durch örtlichen ausgesprochen chemisch bedingten Angriff auf die Schleimhäute vorwiegend Schädigungen der Atmungsorgane hervorrufen und

Giftgase im eigentlichen Sinn, die resorptiv durch Übertritt aus den Lungen in die Blutbahn von dort aus ihre krankmachenden Wirkungen auf Körperorgane und -funktionen ausüben.

Als eine Sondergruppe der vorwiegend in Dampfform aufgenommenen Gifte lassen sich wegen der im wesentlichen einheitlichen, vorwiegend narkotisch-betäubenden Wirkung die überaus zahlreichen organischen Lösungsmittel zusammenfassen.

Der Gefährdung durch giftige Gase und Dämpfe kann in allen Fällen, in denen ihrer Einatmung (oder schon ihrem Auftreten) nicht durch vorsichtiges Arbeiten (unter Abzug), allgemeine Raumbelüftung usw. wirksam zu begegnen ist, nur durch Benutzung eines zuverlässigen Atemschutzes durch universell verwendbare Frisch- oder Druckluftmasken oder begrenzt wirksame Filtermasken — „Gasschutzmasken" — mit auswechselbaren giftspezifischen Filtereinsätzen (hergestellt z. B. von der Auergesellschaft, Berlin; dem Drägerwerk, Lübeck) vorgebeugt werden.

In jedem Fall ernster oder in ihrem Charakter zweifelhafter akuter Vergiftung ist alsbald die Herbeiholung ärztlicher Hilfe oder die Einlieferung in ein Krankenhaus zu veranlassen; letzteres bei *jedem* Unfall durch spätwirkende Gifte. Diesem sowie jedem etwa die häusliche Behandlung übernehmenden Arzt ist in geeigneter Weise — am besten auch durch Mitgabe eines schriftlichen Berichts — über Ursache und Umstände der Vergiftung Mitteilung zu machen.

Im Rahmen der ersten Hilfe bei Unfällen durch giftige Gase und Dämpfe ist als erstes für Bergung aus der Gefahrenzone und bequeme Lagerung in einem gut gelüfteten Raum (oder im Freien) bei Schutz gegen Abkühlung Sorge zu tragen. Beengende oder mit giftigen Stoffen beschmutzte Kleidungsstücke sind stets zu entfernen und nötigenfalls — namentlich bei Beschmutzung mit hautdurchdringenden Giftstoffen — die Haut (am besten im lauwarmen Bad) sorgfältig zu reinigen.

Bei Atemstörungen (auffallend flache, unregelmäßige oder aussetzende oder umgekehrt heftig gesteigerte Atmung: „Lufthunger") Sauerstoffzufuhr, die bei manchen Giftgasen (Kohlenoxyd) auch die Ausscheidung mit der Atmung erheblich beschleunigt. Künstliche Atmung (von Hand oder mit Geräten) nur bei drohendem Atemstillstand in tiefer Bewußtlosigkeit, nie bei Vergiftungen mit Reiz- und Ätzgasen.

Bei Vergiftungen durch Verschlucken ist der Versuch zu machen, Erbrechen, falls es nicht von selbst erfolgt, durch Kitzeln im Rachen zur Entleerung des Magens hervorzurufen. Zur Verdünnung, Adsorption oder Neutralisation des noch im Magen befindlichen Giftes ist die Zufuhr reichlicher Mengen von Flüssigkeit — Wasser, eventuell mit Zusatz neutralisierender, adsorbierender aber chemisch entgiftender und resorptionsverhindernder Stoffe — angebracht. In Betracht kommen: organische Säuren oder Natriumbicarbonat, Magnesia usta, Tierkohle (mehrere Eßlöffel), Eiweißwasser oder Milch, in manchen Fällen auch die Verabreichung geeigneter, das Gift fällender Stoffe (Gerbsäure usw.). Jedoch dürfen an die früher allgemein übliche und stark überschätzte Anwendung sog. spezifischer Gegengifte („Antidote") keine zu großen Erwartungen geknüpft werden. Jeder Versuch, Flüssigkeiten, Medikamente usw. „einzuflößen", ist aber wegen der Gefahr des „Verschluckens" bei Bewußtlosen zu unterlassen. Diese suche man durch geeignete äußere Reize zu erwecken und wachzuhalten. Jedoch hat selbst länger dauernder Bewußtseinsverlust bei vielen Vergiftungen (durch narkotische Gifte) nichts Beunruhigendes, solange sich keine Atemstörungen bemerkbar machen.

770 Verzeichnis der besprochenen schädlichen Stoffe.

	Abteilung			Abteilung	
	771	772		771	772
Acrolein	1		Bleiverbindungen		10
Äther	1		Brom	2	
Ätzalkalien		3	Brommethyl	26	
Ätzgase	1		Bromwasserstoff	4	
Alkali s. Ätzalkalien			Brucin		21
Alkaloide		21			
Alkohole		15, 16	Calciumhydroxyd		3
Amidoverbindungen		19, 20	Chlor	1	
Ammoniak	8		Chlorate		4
Ammoniakwasser		3	Chlorkohlenwasserstoffe	28	
Amylnitrit		5	Chloroform	27	
Anilin		19, 20	Chlorwasserstoff	3	
Antimon und -verbb.		8	Chromverbindungen		11
Antimonwasserstoff	14		Cocain		21
Arsen und -verbb.		7	Cyanide		6
Arsentrichlorid	12		Cyankalium		6
Arsenwasserstoff	13		Cyannatrium		6
Asbest	32		Cyanwasserstoff	21	
Atropin		21	Dimethylsulfat	1	
Bariumverbindungen		9	Eisencarbonyl	22	
Benzin	24		Ester	29	
Benzol	25				
Blaukreuz	1		Fluorwasserstoff	1	2
Bleitetraäthyl		18	Formaldehyd	1	

770 (Fortsetzung).

	Abteilung 771	Abteilung 772
Gesteinsstaub	31	
Gießfieber	34	
Grünkreuz	A	
Halogene	I	
Halogenwasserstoffe	I	
Halogenkohlenwasserstoffe	28	
Kalk		3
Kaliumchlorat		4
Kaliumcyanid		6
Kaliumnitrit		5
Kampfstoffe	I	
Ketone	29	
Kieselsäurestaub	31	
Kohlendioxyd	19	
Kohlenoxyd	17	
Kohlenwasserstoffe	29	
Kresole		16
Kupferverbindungen		12
Leuchtgas	18	
Lysol		16
Manganverbindungen		13
Methylalkohol		15
Morphin		21
Natriumchlorat		4
Natriumcyanid		5
Natriumnitrit		6
Nickelcarbonyl	23	
Nicotin		21
Nitrite		5
Nitrobenzol		19
Nitrose Gase	10	
Nitroverbindungen		19
Organische Lösungsmittel	29	
Oxalsäure und Oxalate		17
Phenole		16
Phenylendiamine	35	
Phenylhydrazin		19
Phosgen	5	
Phosphor		1
Phosphorchloride	11	
Phosphorwasserstoff	15	
Physostigmin		21
Quarzstaub	31	
Quecksilber und -verbb.		14
Rauche	30	
Reizgase	I	
Säuren		2
Salzsäure	A, 3	2
Schwefelalkalien		3
Schwefeldioxyd	6	
Schwefelkohlenstoff	20	
Schwefeltrioxyd	7	
Schwefelwasserstoff	16	
Siliciumdioxyd	31	
Staube	30	
Stickoxyde	10	
Stickstoffwasserstoffsäure	9	
Strychnin		3
Sublimat		14
Thomasschlackenmehl	33	
Toluidine		20
Ursol	35	
Xylidine		20
Zinkoxyd	34	

771 Giftige Gase

(Aufnahme mit

Stoff	Tödliche bzw. gefährliche Konzentration	Giftwirkung
		I. Ätz- und Reiz-
Ammoniak (8), Halogene [Chlor (1), Brom (2)], Halogenwasserstoffe [Fluor-, Chlor- (3)], Schwefeltrioxyd (7), Brom- (4), Schwefeldioxyd (6) und nitrose Gase (10), Arsen- (13), Phosphorchloride, (12) Phosgen (5), Formaldehyd, Dimethylsulfat, Acrolein, Kampfstoffe der Grün- und Blaukreuzgruppe	—	Ätzende und entzündungserregende Wirkung auf die Schleimhäute, je nach der Wasserlöslichkeit mehr in den oberen oder den tiefen Atemwegen, im letzteren Fall lebensgefährliches entzündliches Lungenödem (Phosgen, nitrose Gase). Starke Reizwirkung oft auch auf Augen- und Nasenschleimhaut
1. Chlor	0,05 mg/l = 0,0018 Vol.-%	Starke (oxydative) Ätzwirkung auf obere und tiefe Atemwege. Siehe Ätz- und Reizgase
2. Brom	0,05 mg/l	
3. Chlorwasserstoff	1,5 mg/l = 0,1 Vol.-%	Ätz- und Reizwirkung namentlich auf die oberen Luftwege. Siehe Ätz- und Reizgase und Säuren, Teil 772, 2
4. Bromwasserstoff, wie Chlorwasserstoff	—	—
5. Phosgen	0,05 mg/l = 0,001 Vol.-%	Lungenverätzung ohne erhebliche Reizwirkung in den oberen Atemwegen. Siehe auch Ätz- und Reizgase
6. Schwefeldioxyd	0,4 mg/l = 0,015 Vol.-%	Reizgas mit Wirkung vornehmlich auf die oberen Atemwege. Siehe Reiz- und Ätzgase
7. Schwefeltrioxyd (Schwefelsäureanhydrid)	—	Wie Schwefelsäure. Siehe Reiz- und Ätzgase
8. Ammoniak	0,5 Vol.-% = 4 mg/l	Siehe Ätzgase und Ätzalkalien. Ätzwirkung vorwiegend auf obere Luftwege
9. Stickstoffwasserstoffsäure	—	Starke Reiz- und Ätzwirkung auf die Schleimhäute, Blutgiftwirkung. Siehe Reiz- und Ätzgase
10. Nitrose Gase (Stickoxyde) (NO_2, N_2O_4)	0,6 mg/l = 0,03 Vol.-%	Wie Phosgen. Siehe auch Ätz- und Reizgase

und Dämpfe.
der Atmung.)

Erscheinungen	Maßnahmen
gase und -dämpfe.	
Meist sofort heftiger Krampfhusten, Erstickungsgefühl (auch Brechreiz), später Atemnot. Stechen auf der Brust, auch blutiger Auswurf. Niesen und Tränenreiz. Bei Ätzgasen mit Wirkung auf die tiefen Atemwege (Phosgen, nitrose Gase, Dimethylsulfat) nach stundenlanger ziemlich beschwerdefreier „Latenz" plötzlich höchste Atemnot, schaumiger, weißlich-gelblicher Auswurf und Erstickungsgefahr durch Lungenödem. Bei Erholung nicht selten Lungenentzündung	Inhalation mit 0,3%iger Natriumbicarbonatlösung oder Mentholspiritus. Absolute Körperruhe; in jedem Fall von Phosgen- usw. Einatmung, auch bei Fehlen erheblicher Beschwerden, schonender Transport ins Krankenhaus. Inzwischen bei auftretender Atemnot Sauerstoffeinatmung. In keinem Fall Anwendung von Beatmungsgeräten (Pulmotor usw.)
—	—
In leichteren Fällen heftige Bronchialkatarrhe mit sehr starkem Hustenreiz, selten Lungenentzündung	Siehe Reiz- und Ätzgase
—	—
Sehr geringe unmittelbare Reizerscheinungen (Husten), denen stundenlanges relatives oder vollkommenes Wohlbefinden folgen kann. Dann erst plötzlich (oft im Schlaf) schwerste Atemnot, Husten mit schaumigem Auswurf, Blausucht. Erstickungsgefühl, Benommenheit durch Kohlensäurestauung, die in schweren Fällen schon nach Stunden zum Tode führt. Bei Erholung nicht selten chronisch-entzündliche Lungenerkrankungen	Wegen der Ungewißheit des weiteren Verlaufs in jedem Fall einer Einatmung von nitrosen Gasen oder Phosgen schonender Transport in ein Krankenhaus, unter strenger Vermeidung jeder körperlichen Anstrengung
—	—
—	—
—	—
—	—
—	—

Stoff	Tödliche bzw. gefährliche Konzentration	Giftwirkung
11. Phosphorchloride: Phosphortrichlorid und Pentachlorid, Phosphoroxychlorid	—	Starke Ätz- und Reizwirkung auf die oberen und unteren Atemwege. Siehe Ätz- und Reizgase
12. Arsentrichlorid	0,0015 Vol.-% = 0,1 mg/l	Ätzgift mit starker Lungenwirkung. Siehe Ätz- und Reizgase

II. Gase und Dämpfe

A. Anorganische

Stoff	Tödliche bzw. gefährliche Konzentration	Giftwirkung
13. Arsenwasserstoff	0,002 Vol.-% = 0,07 mg/l	Zerstörung der roten Blutzellen, Leber- und Nierenschädigungen, zentrale Nervenlähmung
14. Antimonwasserstoff	0,01 Vol.-% = 0,5 mg/l	Sehr ähnlich wie Arsenwasserstoff
15. Phosphorwasserstoff	0,5 mg/l = 0,035 Vol.-%	Allgemeinwirkendes Nerven- und Stoffwechselgift mit ausgesprochener Nachwirkung
16. Schwefelwasserstoff	0,7 mg/l = 0,05 Vol.-%	Reizwirkung auf die Schleimhäute und schwere zum Teil durch primäre Lähmung der Zellatmung bedingte zentrale Nervengiftwirkung
17. Kohlenoxyd	—	Bildung einer schwer dissoziierenden Verbindung mit dem roten Blutfarbstoff (CO-Hämoglobin), unter Verdrängung des locker gebundenen Sauerstoffs. Innere Erstickung der Organe durch Unterbindung des Sauerstofftransports
18. Leuchtgas	—	Wirkung beruht fast ausschließlich auf dem Gehalt an Kohlenoxyd. Siehe dort

(Fortsetzung).

Erscheinungen	Maßnahmen
—	—
—	—
mit Allgemeingiftwirkung.	
Gase und Dämpfe.	
Erscheinungen beginnen erst Stunden nach der Einatmung mit Frösteln, Hinfälligkeit, Schwindel, Kopfschmerz, Erbrechen, später Blässe und Blaugraufärbung von Haut und Schleimhäuten. Schmerzen in Nieren- und Lebergegend, Gelbsucht, Versiegen der Harnbildung, Bluthamen, dann Bewußtseinsverlust bis zum tödlichen Ausgang	In jedem zweifelhaften Fall sofort Transport ins Krankenhaus
—	—
Meist recht unbestimmte Erscheinungen: Mattigkeit, Druck in der Brust und leichte Atemnot, Schwindel und Angstgefühl, nur bei Einatmung höherer Konzentrationen rasche Betäubung, die oft erst nach Tagen zum Tode führt. BeiErholung mitunter länger dauernde katarrhalische und entzündliche Lungenerscheinungen, auch Verwirrungszustände	Sauerstoffatmung
Reizung der Augen und der Atmungsorgane: Augenentzündung, Bronchialkatarrhe und Lungenentzündung. Bei höheren Konzentrationen Krämpfe, schwere Betäubung, Tod durch Atemlähmung. Chronisch: Verdauungs- und Ernährungsstörungen, nervöse Erscheinungen	Sauerstoffatmung
Nach Einatmung hoher Konzentrationen Hinstürzen und rascher Tod unter Krämpfen (Atemlähmung); sonst leichte Verwirrung und Erregung, Schwindel, Muskelschwäche, Bewußtseinsschwund, anfangs erhöhte, dann verminderte, aussetzende Atmung, womit sich drohende, tödliche Atemlähmung ankündigt. Bei rechtzeitiger Bergung nach längerer Vergiftung oft tagelanger Bewußtseinsverlust und nervöse Dauerschäden und Nachkrankheiten	Bei keiner anderen Vergiftung Sauerstoffatmung so wirksam und wichtig wie bei CO-Vergiftung, da sie die Ausscheidung des Kohlenoxyds stark beschleunigt
—	—

Stoff	Tödliche bzw. gefährliche Konzentration	Giftwirkung
19. Kohlendioxyd	140 mg/l = 8 Vol.-%	Reizung, dann Lähmung des Zentralnervensystems, Erstickung (Atemlähmung)
20. Schwefelkohlenstoff	10...12 mg/l = 0,035 Vol.-% Siehe auch organische Lösungsmittel	Außer der reversiblen akut-narkotischen Wirkung chronisch (organisch) schädigende Wirkung auf das zentrale und periphere Nervensystem
21. Cyanwasserstoff	0,12 mg/l	Lähmung des Atemferments und Aufhebung der oxydativen Prozesse der lebenden Zellen und der Gewebsatmung: „innere Erstickung" bei erhaltenem Sauerstofftransport. Atemlähmung. Vergiftung auch durch Aufnahme von der Haut aus möglich!
22. Eisencarbonyl	—	Wie Nickelcarbonyl
23. Nickelcarbonyl	7 mg/l = 0,1 Vol.-%	Eigenartige Ätzwirkung auf die Lungen mit gießfieberartigen Folgeerscheinungen. Fermentgift
		B. Organische Gase
24. Benzin	25...30 mg/l (bei Verschlucken >10 g)	Akut-narkotische (betäubende) Wirkung. Siehe organische Lösungsmittel
25. Benzol (und Homologe)	Akut 10...25 mg/l (bei Verschlucken >20 g; chronisch: 0,3 mg/l)	Desgleichen. Benzol außerdem chronisch schwer schädigende Wirkung auf das Knochenmark und die Blutbildung
26. Brommethyl	1 mg/l = 0,025 Vol.-%	Schweres Nervengift mit mäßiger narkotischer, aber nachhaltiger, am Gehirn angreifender organischer Nachwirkung
27. Chloroform	75 mg/l = 1,5 Vol.-%	Siehe Chlorkohlenwasserstoffe

(Fortsetzung).

Erscheinungen	Maßnahmen
Beschleunigte Atmung bis zu ausgesprochener Atemnot, Unruhe, Kopfdruck und Ohrensausen, Herz- und Schläfenklopfen, Trübung, dann Verlust des Bewußtseins, Krämpfe, Atemstillstand	Erholung erfolgt in frischer Luft von selbst, bei Atemstörungen und Bewußtseinsverlust Sauerstoffinhalation und künstliche Atmung
Akut: Erregung mit nachfolgender Betäubung. Chronisch: Schwere Geistesstörungen und Nervenlähmungen	Große Vorsicht bei ständiger Einatmung der Dämpfe erforderlich
Bei Einatmung höherer Konzentrationen (>0,3 mg/l) sofort Bewußtseinsverlust (Umstürzen unter Aufschrei), Krämpfe und rascher Tod durch Atemlähmung nach einigen schnappenden Atemzügen. Bei leichterer Vergiftung mit erhaltener Atmung meist rasche Erholung nach Wiederkehr des Bewußtseins, oder nur Kopfschmerz, Schwindel, Erbrechen und Herzklopfen. Leichte Atemnot. Keine chronischen Vergiftungsgefahren, aber Nachkrankheiten (ähnlich wie bei Kohlenoxyd) nach länger dauernder akuter Vergiftung	Sauerstoffinhalation (bei Atemstörungen künstliche Atmung). In allen zweifelhaften Fällen Beobachtung und Nachbehandlung im Krankenhaus. Die Anwendung von Gegenmitteln (Natriumthiosulfat, Methylenblau usw.) ist nur bei Einspritzung wirksam und kommt meist zu spät
—	—
Anfangs Atemnot und Schwindel, meist erst nach mehreren (12...24) Stunden schwerere Lungenreizung mit Husten, Schüttelfrost und Fieber und großer Hinfälligkeit, nicht selten mit Ausgang in tödliche Lungenentzündung	Wie bei Reiz- und Ätzgasen; s. dort

und Dämpfe.

—	—
Bei akuter Vergiftung die gleichen typischen narkotischen Lähmungserscheinungen (Bewußtseinsstörung) wie bei anderen organischen Lösungsmitteln. Chronische Vergiftung führt zu einer schweren Blut- und Knochenmarkserkrankung: Blutarmut mit Verminderung der weißen Blutzellen, Neigung zu Haut-, Schleimhaut- und inneren Blutungen. Tod durch septisch-infektiöse Prozesse	Die Gefahr der schweren chronischen Vergiftung erfordert wirksame Schutzmaßnahmen durch Belüftung, Atemschutz usw. bei jeder dauernden Verwendung mit freier Verdunstung
Anfangs nur uncharakteristische narkotische Erscheinungen: Kopfschmerz, Schwindel, leichte Benommenheit. Erst viel später (unter Umständen erst nach Tagen) Krämpfe, Sehstörungen, Tobsuchtsanfälle und Bewußtseinsverlust mit oft tödlichem Ausgang	Jede, auch leichte Vergiftung ist wegen der Möglichkeit schwerster und bedrohlicher Späterscheinungen ärztlich zu beobachten
—	—

Stoff	Tödliche bzw. gefährliche Konzentration	Giftwirkung
28. Chlor- (Halogen-) Kohlenwasserstoffe (s. auch organische Lösungsmittel)	—	Akut narkotische (betäubende) Wirkung, außerdem häufig auch Organentartungen (Leber- und Nierenschädigungen, seltener Herzmuskelschädigungen) als Nachwirkung (s. auch Brommethyl), zum Teil auch lokale Reizwirkung
29. Organische Lösungsmittel, Kohlenwasserstoffe, Halogenkohlenwasserstoffe, Alkohole und Äther. Ketone, Ester	—	Abgesehen von gelegentlichen akuten Vergiftungen durch versehentliches oder mißbräuchliches Verschlucken in größeren Mengen akute und chronische (gewerbliche) Vergiftungsgefahren ausschließlich durch Einatmung in Dampfform. Ausscheidung ebenfalls hauptsächlich mit der Atmung. Allen gemeinsam die akutnarkotische (betäubende) Wirkung; bei vielen Stoffen — namentlich aus den Gruppen der Halogenkohlenwasserstoffe, Alkohole, Benzol usw. —, außerdem vorwiegend chronische Nerven-, Blut- und Organschädigungen
		C. Schwebe-
30. Staube und Rauche, mit spezifisch schädlicher Wirkung auf die Atmungsorgane	—	Nur Teilchen mit < 0,005 mm ø gelangen in die tiefen Atemwege (Lungenbläschen) und in das Lungengewebe, wo sie sich ansammeln und Gewebsschädigungen hervorrufen können. Gröbere Teilchen wirken schädigend auf die Schleimhaut, vorwiegend der oberen Atemwege (Nase, Bronchien)
31. Siliciumdioxyd: Quarzstaub, Gesteinsstaub mit erheblicherem Gehalt an freier Kieselsäure	—	Besonders hohe Gefährdung durch feinsten quarz- und kieselsäurehaltigen Staub in Quarzmühlen, Scheuerpulverfabriken, Sandstrahlbläsereien, Sandsteinhauereien, keramischen Betrieben. Die aus den eingelagerten Staubteilchen in kolloidaler Lösung ins Lungengewebe allmählich übertretende Kieselsäure ruft hier, vermutlich durch einen spezifisch-chemischen Reiz, knötchenförmig sich ausbreitende narbenartige Bindegewebsneubildung und Verhärtung des Lungengewebes hervor (Silicose. „Steinstaublunge").

(Fortsetzung).

Erscheinungen	Maßnahmen
Akute Spätwirkungen und chronische Schädigungen organischer Art (am häufigsten bei Tetrachloräthan, selten bei Chloroform und Tetrachlorkohlenstoff) führen zu Gelbsucht und Leberentartung, Harnverminderung und Versiegen der Harnbildung mit schweren und lang dauernden Bewußtseinsstörungen und oft tödlichem Ausgang	—
Bei akuter Vergiftung rauschartiger Erregungszustand, der rasch in mehr oder weniger tiefe Betäubung und in schweren Fällen tödliche Atem- (oder Herz-) Lähmung übergeht. Andernfalls meist rasche Erholung nach Entfernung aus der lösungsmittelhaltigen Atmosphäre. Nur bei einigen Stoffen (Brommethyl, Tetrachlorkohlenstoff) bisweilen schwere nervöse oder organische Nachwirkungen akuter Vergiftung. Bei vielen anderen (Tetrachloräthan, Schwefelkohlenstoff, Benzol) Organschädigungen durch chronische Vergiftung (hierüber vgl. Chlorkohlenwasserstoffe, Benzol usw.)	Verbringen an frische Luft, Weckversuche durch äußere Reize; nur bei Atemstörungen künstliche Atmung

stoffe.

Schädigungen der Atmungsorgane je nach der spezifischen — physikalisch und chemisch bedingten — Wirkung der verschiedenen Schwebestoffe auf das Lungengewebe. Mechanisch bedingte Reizwirkungen auf die oberen Atemwege allen gröberen Stauben anorganischer und organischer Stoffe gemeinsam	Die betriebliche Staubbekämpfung durch Belüftung, Absaugung, Ummantelung usw. an Kollergängen, Mühlen, Zerkleinerungs- und Schleifmaschinen muß bei der hohen Gefährlichkeit der lungenschädigenden Staube und ihrer feinsten — selbst luftkolloidalen — Anteile mit größter, auch bei Beseitigung sichtbarer Staubentwicklung nicht immer und ausreichend gewährleisteter Sorgfalt durchgeführt werden. Individueller Atemschutz durch wirksame Staub- und Schwebestoff- (Kolloid-) Filtermasken oder Frischluftmasken (mit Zufuhr von Druckluft) ist am sichersten und gegenüber Kieselsäurestaub oft unentbehrlich
Schwere, durch ausgebreitete bindegewebig-narbige Umwandlung des Lungengewebes (mit Aufhebung der Atmungsfunktion) bedingte Lungenerkrankungen, die sich meist erst im Laufe vieler Jahre entwickelt, dann auch ohne weitere Staubeinwirkung unaufhaltsam fortschreitet, und durch hinzutretende Tuberkulose oder schwere Atem- und Kreislaufstörungen tödlich verläuft. Erste Anzeichen: Kurzatmigkeit. Rechtzeitige Erkennung nur durch Röntgenuntersuchung	

Tabelle 771

Stoff	Tödliche bzw. gefährliche Konzentration	Giftwirkung
32. Asbest	—	Asbeststaubgefährdung besteht namentlich bei der Asbestverarbeitung zu feuerfesten Geweben in der Textilindustrie, zu Isoliermaterialien, Bremsbelägen, Baumaterialien. Die leichter lösliche Kieselsäure des Asbests ruft ähnliche, aber nicht knötchenförmige sondern mehr diffuse Bindegewebsneubildung im Lungengewebe hervor (Asbestose).
33. Thomasschlackenmehl	—	Der Thomasschlackenstaub übt starke mechanisch und chemisch (Ätzkalk) zugleich bedingte Reizwirkung auf die Schleimhaut der tieferen Atemwege aus
34. Zinkoxyd	—	Frisch entstandenes, hochdisperses (luftkolloidales) Zinkoxyd (Zinkrauch) in Gelbgießereien oder beim autogenen Schneiden verzinkter Bleche usw. — bisweilen auch in Zinkoxydfabriken — ruft durch Eiweißabbau (?) eigenartige akute Reizzustände der Atemorgane hervor
35. Phenylendiamine	—	Die Einatmung des Staubs von Paraphenylendiamin (Ursol) in der Pelzfärberei und -zurichterei hat häufig asthmaartige Erkrankungen zur Folge

772 Stoffe, die vorwiegend in Berührung mit der Haut oder durch hervorrufen (Berührungs-

A. Anorganische

	Tödliche bzw. gefährliche Dosen	
1. Phosphor (nur gelber, „weißer" Phosphor ist giftig)	0,2...0,4 g	Bei der chronischen (gewerblichen) Vergiftung Aufnahme in Dampfform durch die Atmung wesentlich, sowie zerstörende Wirkung auf das Knochengewebe. Akut schweres Stoffwechselgift vorwiegend auf die Leber wirkend
2. Säuren (konzentrierte); siehe auch unter 771, I	—	Durch Eiweißgerinnung harte trokkene Schorfe (ohne Neigung zum Weiterfressen) bildende Ätzwirkung auf Haut- und Schleimhäute

(Fortsetzung).

Erscheinungen	Maßnahmen
Subjektive Erscheinungen, vor allem Atemnot, wie bei Silicose, aber viel früher und stärker, und ohne deren charakteristischen Röntgenbefund	Siehe Staube und Rauche
Akute und mehr chronische Bronchialkatarrhe und sehr schwere, hochfieberhafte häufig tödlich verlaufende Lungenentzündungen (namentlich in Thomasschlackenmühlen)	
Akute, rasch unter hohem Fieber und grippeartigen Erscheinungen (reißende Muskel- und Kopfschmerzen) einhergehende Erkrankung der Atemorgane, die einige Stunden nach der Einwirkung auftritt und meist innerhalb 24 Stunden zu vollkommener Genesung verläuft: „Gießfieber"	
Anfälle schwerster Atemnot und mühsamer Entleerung schleimigen Bronchialsekrets wie beim echten Asthma	

Verschlucken· örtliche oder allgemeine Schädigungen und Vergiftungen und Magengifte).

Stoffe.

Erbrechen, Leibschmerzen, nach einigen Tagen Leberschwellung, Gelbsucht, Herzschwäche, Haut- und Schleimhautblutungen, Durchfall. Bewußtseinsverlust. Bei chronischer gewerblicher Vergiftung Knochenerweichungen und -vereiterungen, vorzugsweise an den Kiefern	Tierkohle, oxydierende Mittel (Kaliumpermanganat, Kupfersulfat), als Gegenmittel kaum wirksam. Keine Milch!
Starke schmerzhafte Verätzung von Mund, Rachen, Speiseröhre und Magen. Heftiges Erbrechen, Heiserkeit und Atemnot durch Stimmritzenschwellung, Herzschwäche, Ohnmacht	Nach genügender Entleerung des Magens durch spontanes oder provoziertes Erbrechen reichlich Magnesia usta (100...200 g) in Milch, Eiweißwasser oder Haferschleim

772

Stoff	Tödliche bzw. gefährliche Dosen	Giftwirkung
3. Ätzalkalien Kalium- und Natriumhydroxyd, Calciumhydroxyd, Ammoniakwasser (s. auch unter 771, 1 und 8.), Schwefelalkalien	—	Durch Auflösung der Horn- und Eiweißsubstanz der Gewebe bedingte tiefgreifende und weiterfressende Verätzung der Gewebe unter Bildung schmierig-flüssiger, weißgrauer oder durch zersetztes Blut braunverfärbter Beläge
4. Chlorate Kalium-, Natriumchlorat	5,0 g	Veränderung des roten Blutfarbstoffs (Methämoglobinbildung) und Zerstörung der roten Blutzellen
5. Nitrite Kalium-, Natriumnitrit, Amylnitrit	—	Blutgifte (Methämoglobinbildung). Blutdrucksenkung durch Erschlaffung und Erweiterung des Blutgefäßsystems
6. Cyanide Cyankalium, Cyannatrium; siehe auch 771, 21.	0,2...0,3 g	Wie Cyanwasserstoff
7. Arsen arsenige Säure (As_2O_3), Arsensäure (As_2O_5) und deren Salze; siehe auch unter 771, 12 und 13.	0,1...0,5 g	Lokale ätzungsartige Zellvergiftung. Allgemeinwirkung durch Capillar-(Haargefäß-) Lähmung; bei chronischer Vergiftung außerdem als direktes Nervengift wirkend
8. Antimon siehe auch unter 771, 14.	—	Ähnlich wie Arsen, doch viel schwächer wirkend
9. Bariumverbindungen Bariumchlorid, Bariumnitrat		Krampferregende Wirkung auf die Wandmuskulatur der Blutgefäße, des Magendarmkanals und anderer innerer Organe
10. Blei und Bleiverbindungen (nur Bleisulfid ist ungiftig)	—	Aufnahme in Staubform und als Bleirauch verursacht die chronische gewerbliche Vergiftung. Akute Vergiftung durch Verschlucken selten. Stark krampferregende Wirkung auf die Wandmuskulatur der Blutgefäße und inneren Organe. Blut- und Nervengift; selten Leberschädigung

(Fortsetzung).

Erscheinungen	Maßnahmen
Schmerzhafte Verätzung der Lippen-, Mund- und Rachenschleimhaut, Schluckschmerzen, Erbrechen mit Beimischung von Schleimhautfetzen und bräunlich-blutigen Massen. Ebensolche schmerzhafte Durchfälle, große Hinfälligkeit mit Puls- und Herzschwäche. Bei äußerer Einwirkung schmierig belegte Ätzgeschwüre mit Neigung zum Weiterfressen	Erbrechen nur im allerersten Beginn hervorrufen (Gefahr der Magenzerreißung). Vorsichtige Verabreichung neutralisierender Getränke (Essigwasser, Citronensaft usw.) mit Milch oder Haferschleim. Bei Augenverätzung Spülen mit viel Wasser oder Borsäurelösung und schwach sauren Lösungen (Essigwasser usw.)
Graublauverfärbung der Haut und Schleimhäute. Benommenheit, Durchfall, Durst, später Gelbsucht, Harnverhaltung, Bluthamen, Herzschwäche	Zufuhr saurer Getränke vermeiden; im übrigen die allgemeinen Maßnahmen gegen Vergiftungen vom Magen aus
Starke Blausucht. Große Hinfälligkeit infolge Blutdrucksenkung, Ohnmachtsanwandlungen, Benommenheit, Pulsschwäche und -beschleunigung	Magen- und Darmentleerung (Karlsbader Salz), kein Alkohol. Bei schwerer Blausucht Sauerstoffinhalation
Die gleichen Erscheinungen wie bei Einatmung von Cyanwasserstoff in langsamerer Entwicklung (s. Cyanwasserstoff unter 771, 21)	Magenentleerung, sonst wie bei 771, 21
Heftige (choleraartige) Durchfälle mit kollapsartiger Schwäche. Wadenkrämpfen und Versiegen der Harnabscheidung. Benommenheit und Lähmungen. Chronisch: Schmerzhafte Nervenentzündungen mit Bewegungslähmung in den Extremitäten. Haarausfall. Verdickungen und Verfärbungen, Ernährungsstörungen der Haut. Trockene Schleimhautkatarrhe. Verdauungsstörungen.	Magenentleerung. Tierkohle oder Antidotum arsenici: Frisch gefälltes Eisenoxydhydrat oder offiz. Ferrum hydrooxydatum dialysatum mit Magnesia usta in reichlich Milch oder Haferschleim, mehrere Male 2 Eßlöffel in Abständen von 10 min
Kolikartige Magen- und Darmkrämpfe mit Stuhldrang. Blässe, Gefäß- und Herzkrämpfe, die zu Herzstillstand führen können, schmerzhafte Muskelkrämpfe	Magenentleerung, innerlich Tierkohle, Milch, Eiweißwasser, als Gegengift Natriumsulfat 20...25 g in 1 l Wasser
Akute Vergiftung (selten durch Verschlucken): Magen- und Darmkrämpfe, Erbrechen, Koliken, Herzbeklemmungen. Chronische Vergiftung: Sehr mannigfaltige Erscheinungen wie Blutarmut und Blässe. Stuhlverstopfung und heftige äußerst schmerzhafte Koliken. Gliederschmerzen, Nervenlähmungen	Milch, Eiweißwasser, Karlsbader Salz, oder Magnesium- oder Natriumsulfat 50 g in $^1/_2$ l Wasser innerlich. Zur Verhütung der chronischen gewerblichen Vergiftung Maßnahmen gegen Einatmung von Bleistaub und Bleirauch

Stoff	Tödliche bzw. gefährliche Dosen	Giftwirkung
11. Chromverbindungen (Alkalichromate), Chromsäure siehe auch unter 772, A, 2.	—	Metallisches Chrom und Chromoxyde praktisch ungiftig. Alkalichromate — namentlich Bichromate — haben wie die Chromsäure eine sehr tiefgreifende (chronische) Ätzwirkung auf Haut und Schleimhäute. Bei Aufnahme durch Verschlucken schwere Anätzung im Magendarmkanal und Nierenschädigungen
12. Kupfersulfat und andere Kupfersalze	—	Sehr stark erbrechenerregende Wirkung, welche meist resorptive Vergiftungserscheinungen verhindert. In höherer Konzentration die allen Schwermetallsalzen eigentümliche Ätzwirkung
13. Mangandioxyd und andere Manganverbindungen	—	Eigenartige, ausschließlich chronische Gehirngiftwirkungen
14. Quecksilber und Quecksilberverbindungen	—	Außer der starken Ätzwirkung der Schwermetallsalze starke Zellgiftwirkung vor allem an den Nieren angreifend. Chronisches Nervengift
		B. Organische
15. Methylalkohol	>10 g	Neben der allgemein berauschend-narkotischen Wirkung Spätfolgen der einmaligen oder wiederholten akuten Vergiftung in Form schwerer Organ- und Nervenschädigungen
16. Phenol, Kresol usw.	10,0 g	Lokale Ätz- und Abtötungswirkung auf Gewebe. Zentralnervöse Lähmungswirkung
17. Oxalsäure und oxalsaure Salze	>1,0 g	Durch Kalkausfällung in Blut und Geweben schwere Allgemein- und Herzgiftwirkungen
18. Bleitetraäthyl	—	Aufnahme außer durch die Atmung auch sehr leicht durch die unverletzte Haut; schweres Nerven- und Muskelgift. Bei chronischer Einwirkung alle typischen Bleiwirkungen durch Entstehung anorganischer Bleiverbindungen im Organismus

(Fortsetzung).

Erscheinungen	Maßnahmen
Bei Hantieren mit Alkalichromatlaugen schwer heilende Hautgeschwüre (auch Ekzeme). Einatmung von Chromatstaub ruft tiefgreifende, oft die Nasenscheidewand perforierende (ganz schmerzlose) Geschwüre der Nasenschleimhaut hervor, seltener Katarrhe der tieferen Atemwege, und nach jahrelanger Einwirkung bösartige Geschwulstbildungen der Lunge	Zur Vermeidung der Chromatgeschwüre: Benutzung von Gummihandschuhen, Decksalben bei der Arbeit. Arbeitsenthaltung bei Hautverletzungen. Sorgfältige Arbeitsraumbelüftung und Absaugung, Atemschutz durch Staubmasken (s. 771, C) bei Gefährdung durch Chromatstaub und Sprühnebel beim offenen Eindampfen von Chromatlaugen
Anhaltendes, fast unstillbares Erbrechen, später schmerzhafter Durchfall, allgemeine Herzschwäche	Erst nach Entleerung des Magens durch das wiederholte Erbrechen Zufuhr von Milch und Haferschleim
Schwere nervöse Erscheinungen: Lähmungen, Bewegungs-, Schreib-, Sprachstörungen, auch seelische Veränderungen. Außerdem bisweilen Neigung zu schweren akuten Lungenentzündungen.	Zur Verhütung Maßnahmen gegen Staubeinatmung
Akut: Erbrechen, heftige Durchfälle, Entzündung der Mundschleimhaut und Zahnfleischentzündung, schwere Nierenschädigung mit völligem Versagen der Harnbildung. Chronisch: Schwere nervöse Störungen, Zittern, erhöhte Erregbarkeit	—

Stoffe.

Akute Rauschzustände mit schweren Nachwirkungen vorwiegend nervöser Art: Lang dauernde Bewußtlosigkeit, Sehstörungen bis zu dauernder Erblindung. Herzstörungen	Tierkohle, Karlsbader Salz
Verätzung von Mund, Rachen und Magen, Erbrechen; kolikartige Leibschmerzen, große Schwäche und Hinfälligkeit, grünbräunlicher, an der Luft stark nachdunkelnder Karbolharn, Nierenentzündung	Tierkohle, Natriumsulfat 2,5%ige Lösung, mehrere Male 1 Eßlöffel
Krämpfe, Gliederschmerzen, Atemnot und Herzschwäche, Bewußtseinsverlust, Nierenentzündung, mit Blut- und Oxalatgehalt des Harns	Neben Magenentleerung sind Kalkgaben (verdünnte Calciumchlorid- oder -laktatlösung) zu versuchen
Bei der meist tödlichen akuten Vergiftung schwerste Nerven- und Gehirnerscheinungen (oft mit heftiger Erregung und anderen seelischen Störungen); sonst die Erscheinungen der chronischen Bleivergiftung (s. dort)	Vorsicht beim Umgang mit Bleitetraäthyl (auch mit stärker als normal „verbleitem" Motorenbenzin) im Hinblick auf das Hautdurchdringungsvermögen

Stoff	Tödliche bzw. gefährliche Dosen	Giftwirkung
19. Aromatische Amido- und Nitroverbindungen z. B.: Nitrobenzol, Phenylhydrazin; siehe auch Anilin	—	Alle — auch feste — Stoffe dieser Gruppe durchdringen leicht in vergiftender Menge die unverletzte Haut. Alle sind methämoglobinbildende und blutzellenauflösende Blutgifte und Nervengifte; einige Diamine (Phenylen- und Toluylendiamin) und Polynitroverbindungen (Dinitrobenzol, Trinitrotoluol) sind chronische Lebergifte. Viele aromatische Basen (Betanaphthylamin, Anilin und Homologe, Benzidin) rufen gewerbliche Blasenkrebserkrankungen hervor. Akute Vergiftung oft durch Alkoholgenuß ausgelöst
20. Anilin und Homologe Toluidin, Xylidin usw., 25,0g (s. auch aromatische Nitro-u.Amidoverbindung.)	—	Aufnahme ungemein leicht durch die Haut, sonst in Dampfform (auch mit Wasserdämpfen). Blut- und Nervengift
21. Alkaloide 0,01 (Physostigmin), 0,03...0,05 (Nicotin, Strychnin, Morphin), 0,1...0,3 (Atropin, Cocain), 0,3...2,0 (Brucin)	—	Je nach dem speziellen Angriffspunkt ganz verschiedene, vorwiegend lähmende und erregende Wirkung auf das cerebrospinale und vegetative Nervensystem (Gehirn, Rückenmark, Sympathicus und Parasympathicus). Tödliche Wirkung vorwiegend durch Lähmung lebenswichtiger Gehirnzentren (Atemlähmung usw.)

78 Hilfstabellen für stöchiometrische und analytische Berechnungen.

781 Atomgewichte, Molekulargewichte und ihre Multipla, Äquivalentgewichte und Faktoren für stöchiometrische und analytische Rechnungen nebst ihren Logarithmen.

Von **Walther Schuppe**, Halle a. d. S.

Die Tabelle enthält vereinigt das Zahlenmaterial für jede Art von stöchiometrischen Rechnungen.

Spalte 1. Elemente. Anordnung alphabetisch nach Symbol.

Spalte 2...4. Multiplikator (2); Atomgewichte bzw. die durch Multiplikation mit den Zahlen von Spalte 2 erhaltenen Multipla (3); ihre Logarithmen (4).

Spalte 5...8. Formel der Verbindung bzw. häufig gebrauchter Äquivalentgewichte (5); Multiplikator (6); Molekulargewicht dieser bzw. der Multipla (7); ihre Logarithmen (8).

a) Bei den Äquivalentgewichten sind jene bevorzugt worden, die bei allen Arten der Maßanalyse oder in der Elektrochemie benötigt werden.

(Fortsetzung).

Erscheinungen	Maßnahmen
Methämoglobinbildung mit Blausucht (s. Anilin). Benommenheit und Atemnot. In der Erholung, namentlich nach Vergiftung mit Nitroverbindungen, häufig leichte Blutarmut und Gelbsucht. Bei mehr chronischer Vergiftung auch schwere Leberschädigungen und Bluterkrankungen. Spätfolge bei gewerblicher Einwirkung aromatischer Basen Blasengeschwülste. Blasenblutungen auch nach akuten Vergiftungen	Siehe Anilin
Hochgradige dunkelgraublaue Verfärbung von Haut und Schleimhäuten (Lippen, Zunge) infolge Methämoglobinbildung; rauschartige Erregung, Benommenheit, Schwäche. Atemnot, Bewußtlosigkeit. Tod durch Atemlähmung, sonst meist sehr rasche Erholung	Sauerstoffatmung, Karlsbader Salz. Keine alkoholischen Getränke. Bei Vergiftung durch Verschlucken aktive Kohle
Erscheinungen vorwiegend nervöser Art je nach der speziellen Vergiftungsursache sehr vielgestaltig: Erregung und Unruhe, Verwirrung, allgemeine Krämpfe (Strychnin) oder narkotische Lähmung (Morphium) mit mannigfachen Begleiterscheinungen wie Pulsbeschleunigung, Herzklopfen, Gesichtsrötung, Speichelfluß, Pupillenerweiterung oder -verengerung, Sehstörungen usw. (alles das sind Anzeichen ernsterer Vergiftung)	Außer Magenentleerung Adsorption durch aktive Kohle. Fällende Mittel (Tannin) zur Resorptionsverhinderung sehr unzuverlässig. Anwendung atagonistisch wirkender Alkaloide (Atropin-, Physostigmin usw.), bleibt dem Arzt vorbehalten

b) Die Anordnung der Verbindungen ist folgende: Oxyde, Peroxyde, Hydroxyde, dann die übrigen alphabetisch nach dem Anion; Hydrate nach steigendem Wassergehalt.

c) Die Säuren sind beim *Wasserstoff* (als Kation) zu finden.

Spalte 9...12. Die *gewogene* Verbindung (9); die gesuchte Verbindung (10), für analytische und stöchiometrische Berechnungen der Faktor (das Verhältnis der Molekulargewichte 10/9) und der Logarithmus des Faktors.

Die Faktoren sind das Verhältnis der Gewichte: äquivalenter Mengen der „gesuchten" und der „gewogenen" Molekülgattungen.

$$F = \frac{\text{Mol.-Gew. ges.}}{\text{Mol.-Gew. gew.}}, \text{ z. B. } \frac{K}{KCl} = \frac{39{,}096}{74{,}553} = 0{,}5244; \quad \frac{K_2O}{2\,KCl} = 0{,}6317.$$

Weitere Faktoren lassen sich leicht mit Hilfe der in den Tabellen verzeichneten Logarithmen der verschiedenen Atom- und Molekulargewichte berechnen.

Empirisch bedeutet, daß der ausgewogene Niederschlag nicht das genaue stöchiometrische Gewicht besitzt. Das Gewicht ist mit dem angegebenen Faktor zu multiplizieren, um das theoretische Gewicht zu erhalten, z. B.

gefunden $(NH_4)_2PtCl_6$ g Gramm; gesucht das Gewicht an Pt:

$$x = g \cdot 0{,}99875 \cdot 0{,}4402; \quad \log x = \log g + 0{,}99946 - 1 + 0{,}64321 - 1.$$

Logarithmen. Die Logarithmen sind nicht abgerundet, dies ist dagegen öfters bei den Molekulargewichten, Äquivalentgewichten und Faktoren geschehen; darum besteht in diesen Fällen keine völlige Übereinstimmung zwischen Zahl und deren Logarithmus.

781 Atom-, Molekulargewichte und ihre Multipla.

Element	Multiplikator	Atomgewichte	log Atomgewichte	Verbindung	Multiplikator	Molekulargewicht	log Molekulargewicht	Gewogen	Gesucht	Faktor	log Faktor
Ag	1	107,880	2,03294	Ag_2O		231,760	2,36504	Ag	$AgNO_3$	1,5748	0,19722
	2	215,760	2,33397	AgBr		187,796	2,27369	AgCl	Ag	0,7526	0,87658 − 1
	3	323,640	2,51006	AgCN		133,90	2,12678		$AgNO_3$	1,1852	0,07380
				AgCNS		165,96	2,22001	AgJ	Ag	0,4595	0,66224 − 1
				AgCl		143,337	2,15636		$AgNO_3$	0,7236	0,85946 − 1
				AgJ		234,80	2,37070	Ag_2S	Ag	0,8706	0,93983 − 1
				$AgNO_3$		169,888	2,23016		$AgNO_3$	1,3710	0,13705
				Ag_2S		247,82	2,39414				
Al	1	26,97	1,43088	Al_2O_3	1	101,94	2,00834	Al_2O_3	Al	0,5291	0,72357 − 1
	1/3	8,99	0,95376		1/6	16,99	1,23019		$Al_2(SO_4)_3$	3,3564	0,52584
	2	53,94	1,73191		1/2	50,97	1,70731	$AlPO_4$	Al	0,2212	0,34470 − 1
	3	80,91	1,90800		2	203,88	2,30937		Al_2O_3	0,4180	0,62113 − 1
	4	107,88	2,03294		3	305,82	2,48547	H_2O	$Al_2O_3 \cdot 2\,SiO_2 \cdot 2\,H_2O$	7,1630	0,85508
	5	134,85	2,12985	$Al(OH)_3$		77,99	1,89204				
	6	161,82	2,20903	$AlCl_3$		133,34	2,12496				
				$AlCl_3 \cdot 6\,H_2O$		241,44	2,38281				
				AlF_3		83,97	1,92412				
				$AlPO_4$		121,95	2,08618				
				$Al_2(SO_4)_3$		342,12	2,53418				
				$Al_2(SO_4)_3 \cdot 18\,H_2O$		666,41	2,82374				
				$Al_2O_3 \cdot 2\,SiO_2 \cdot 2\,H_2O$		258,09	2,41177				
As	1	74,91	1,87454	As_2O_3	1	197,82	2,29627	As_2S_3	As	0,6090	0,78463 − 1
	1/2	37,455	1,57351		1/4	49,455	1,69421		As_2O_3	0,8041	0,90533 − 1
	2	149,82	2,17557	As_2O_5		229,82	2,36139		As_2O_5	0,9342	0,97045 − 1

	3	224,73	2,35166	AsO_3		122,91	2,08959		AsO_3	0,9993	0,99968—1
				As_2O_7		261,82	2,41800		AsO_4	1,1294	0,05282
				AsO_4		138,91	2,14273	As_2S_5	As	0,4831	0,68404—1
				As_2S_3		246,00	2,39094		As_2O_3	0,6379	0,80474—1
				As_2S_5		310,12	2,49153		As_2O_5	0,7411	0,86986—1
									AsO_3	0,7927	0,89909—1
									AsO_4	0,8958	0,95223—1
									As_2S_3	0,7933	0,89941—1
								$Mg_2As_2O_7$	As	0,4826	0,68357—1
									As_2O_3	0,6372	0,80427—1
									As_2O_5	0,7403	0,86939—1
									AsO_3	0,7918	0,89862—1
									AsO_4	0,8949	0,95176—1
									As_2S_3	0,7924	0,89894—1
Au	1	197,2	2,29491	AuCl		232,66	2,36672	Au	Au	1,0000	0,00000
	2	394,4	2,59594	$AuCl_3$		303,57	2,48226				
B	1	10,82	1,03423	BO_2		42,82	1,63165	B_2O_3	B	0,3107	0,49240—1
	2	21,64	1,33526	BO_3		58,82	1,76953		B_4O_7	1,1149	0,04723
	3	32,46	1,51135	B_2O_3		69,64	1,84286				
	4	43,28	1,63629	B_4O_7		155,28	2,19112				
	5	54,10	1,73320	$B(OH)_3$		61,84	1,79127				
Ba	1	137,36	2,13786	BaO	1	153,36	2,18571	$BaCl_2$	Ba	0,6595	0,81923—1
	1/2	68,68	1,83683		1/2	76,680	1,88468		BaO	0,7365	0,86708—1
	2	274,72	2,43889	BaO_2		169,36	2,22881	$BaCO_3$	Ba	0,6960	0,84258—1
	3	412,08	2,61498	$Ba(OH)_2$		171,38	2,23396		BaO	0,7770	0,89043—1
				$Ba(OH)_2 \cdot 8\,H_2O$	1	315,51	2,49900		$BaCl_2$	1,0552	0,02335
					1/2	157,750	2,19797	$BaCrO_4$	Ba	0,5421	0,73410—1
				$BaCO_3$		197,37	2,29528		BaO	0,6053	0,78195—1
				$BaCl_2$		208,27	2,31863		$BaCl_2$	0,8220	0,91487—1
				$BaCl_2 \cdot 2\,H_2O$		244,31	2,38794	$BaSO_4$	Ba	0,5885	0,76972—1
				$BaCrO_4$		253,37	2,40376		BaO	0,6570	0,81757—1
				BaF_2		175,36	2,24393		$BaCl_2$	0,8923	0,95049—1

781 (Fortsetzung).

Element	Multi-plikator	Atom-gewichte	log Atom-gewichte	Verbindung	Multi-plikator	Molekular-gewicht	log Molekular-gewicht	Gewogen	Gesucht	Faktor	log Faktor
Ba				$Ba(NO_3)_2$		261,38	2,41727				
				BaS		169,42	2,22896				
				$BaSO_4$		233,42	2,36814				
				$BaSiF_6$		279,42	2,44626				
Be	1	9,02	0,95521	BeO		25,02	1,39829				
	2	18,04	1,25624	$Be_2P_2O_7$		192,00	2,28330				
Bi	1	209,00	2,32015	Bi_2O_3	1	466,00	2,66839	Bi_2O_3	Bi	0,8970	0,95279—1
	2	418,00	2,62118		1/6	77,67	1,89025	Bi_2S_3	Bi	0,8130	0,91007—1
				$BiC_6H_3O_3$					Bi_2O_3	0,9063	0,95728—1
				(Pyrogallol)		332,08	2,52124	Bi	Bi_2O_3	1,1149	0,04721
				$Bi(NO_3)_3 \cdot 5\,H_2O$		485,10	2,68583				
				BiOCl		260,46	2,41574				
				$(BiO)_2Cr_2O_7$		666,02	2,82348				
				$Bi(Ox)_3 \cdot H_2O$							
				(Oxin)		659,45	2,81918				
				$BiPO_4$		303,98	2,48284				
				Bi_2S_3		514,18	2,71111				
Br	1	79,92	1,90266	BrH		80,92	1,90808	AgBr	Br	0,4255	0,62894—1
	2	159,84	2,20369	BrO_3	1	127,92	2,10692		HBr	0,4309	0,63439—1
	3	239,76	2,37978		1/6	21,31	1,32877				
C	1	12,010	1,07954	CH_2		14,03	1,14694	CO_2	C	0,2729	0,43599—1
	2	24,020	1,38057	CH_3		15,03	1,17708		CO_3	1,3635	0,13467
	3	36,030	1,55666	CH_4		16,04	1,20527	$CaCO_3$	C	0,1200	0,07915—1
	4	48,040	1,68160	C_2H_2		26,04	1,41558		CO_2	0,4397	0,64316—1

	5	60,050	1,77851	C_2H_5		29,06	1,46332	CaO	C	0,2142	0,33073—1
	6	72,060	1,85769	C_6H_5		77,10	1,88706		CO_2	0,7848	0,89474—1
	7	84,070	1,92464	C_6H_6		78,11	1,89270		CO_3	1,0701	0,02941
	8	96,080	1,98263	$C_{10}H_8$					CO_3	0,5996	0,77783—1
				(Naphthalin)		128,16	2,10772	$BaCO_3$	C	0,06085	0,78426—2
	9	108,090	2,03379	CO		28,01	1,44731		CO_2	0,2230	0,34827—1
	10	120,100	2,07954	CO_2		44,01	1,64355		CO_3	0,3041	0,48294—1
	11	132,110	2,12094		1/2	22,01	1,34252	AgCN	CN	0,1943	0,28849—1
	12	144,120	2,15872		2	88,02	1,94458	Ag	CN	0,2412	0,38233—1
	13	156,130	2,19349	CO_3		60,01	1,77822	AgJ	CH_3O	0,1322	0,12114—1
	14	168,140	2,22567		1/2	30,01	1,47719		C_2H_5O	0,1919	0,28310—1
	15	180,150	2,25563		2	120,02	2,07925				
	16	192,160	2,28366	C_2O_4		88,02	0,94458				
	17	204,170	2,30999	CH_3O		31,03	1,49184				
	18	216,180	2,33482	C_2H_3O		43,04	1,63392				
	19	228,190	2,35830	C_2H_5O		45,06	1,65380				
	20	240,200	2,38057	C_7H_5O		105,11	2,02165				
				$C_2H_3O_2$		59,04	1,77118				
				CN		26,02	1,41527				
				CNS		58,08	1,76401				
				C_5H_5N (Pyridin)		79,10	1,89817				
				$C_{20}H_{16}N_4$ (Nitron)		312,36	2,49466				
				$CO(NH_2)_2$		60,06	1,77857				
				C_9H_6ON (Oxin)		144,15	2,15881				
Ca	1	40,08	1,60293	CaO	1	56,08	1,74881	CaO	Ca	0,7147	0,85412—1
	1/2	20,04	1,30190		1/2	28,04	1,44778		$CaCO_3$	1,7848	0,25158
	2	80,16	1,90396		2	112,16	2,04984	$CaCO_3$	Ca	0,4005	0,60254—1
	3	120,24	2,08005	$Ca(OH)_2$		74,10	1,86982		CaO	0,5603	0,74842—1
	4	160,32	2,20499	CaC_2		64,10	1,80686	$CaSO_4$	Ca	0,2943	0,46894—1
	5	200,40	2,30190	$CaCN_2$		80,11	1,90369		CaO	0,4119	0,61482—1
	6	240,48	2,38108	$CaCO_3$	1	100,09	2,00039		$CaCO_3$	0,7352	0,86640—1
					1/2	50,05	1,69936	CO_2	$CaCO_3$	2,2743	0,35684

781 (Fortsetzung).

Element	Multiplikator	Atomgewichte	log Atomgewichte	Verbindung	Multiplikator	Molekulargewicht	log Molekulargewicht	Gewogen	Gesucht	Faktor	log Faktor
Ca				$Ca(HCO_3)_2$	1	162,12	2,20983	$BaSO_4$	$CaSO_4$	0,5832	0,76585—1
					1/2	81,06	1,90881	$Mg_2P_2O_7$	$Ca_3(PO_4)_2$	1,3935	0,14411
				$CaC_2O_4 \cdot H_2O$		146,12	2,16471				
				$CaCl_2$		110,99	2,04528				
				$CaCl_2 \cdot 6\,H_2O$		219,09	2,34062				
				CaF_2		78,08	1,89254				
				$Ca(NO_3)_2$		164,10	2,21510				
				$Ca_3(PO_4)_2$		310,20	2,49164				
				$CaHPO_4$		136,07	2,13376				
				$CaHPO_4 \cdot 2\,H_2O$		172,10	2,23578				
				$CaH_4(PO_4)_2$		234,07	2,36935				
				$CaH_4(PO_4)_2 \cdot H_2O$		252,09	2,40156				
				CaS		72,14	1,85818				
				$CaSO_4$		136,14	2,13399				
				$CaSO_4 \cdot 2\,H_2O$		172,17	2,23596				
				$CaSiO_3$		116,14	2,06498				
Cd	1	112,41	2,05080	CdO		128,41	2,10860	Cd	CdO	1,1423	0,05780
	1/2	56,21	1,74978	$Cd(Ox)_2$ (Oxin)		400,69	2,60281	CdO	Cd	0,8754	0,94220—1
	2	224,82	2,35183	$Cd_2P_2O_7$		398,78	2,60074	$CdSO_4$	Cd	0,5392	0,73176—1
				CdS		144,47	2,15978		CdO	0,6160	0,78956—1
				$CdSO_4$		208,47	2,31904				
				$CdSO_4 \cdot {}^8/_3\,H_2O$		256,51	2,40910				
Ce	1	140,13	2,14653	Ce_2O_3		328,26	2,51622	Ce_2O_3	Ce	0,8538	0,93134—1
	2	280,26	2,44756	CeO_2		172,13	2,23586	CeO_2	Ce	0,8141	0,91067—1
	3	420,39	2,62365	$CeCl_3$		246,50	2,39182		Ce_2O_3	0,9535	0,97932—1
				$Ce_2(SO_4)_3 \cdot 8\,H_2O$		712,57	2,85283				

Cl	1	35,457	1,54970	ClO		51,457	1,71144	AgCl	Cl	0,2474	0,39340—1
	2	70,914	1,85073	Cl_2O_5		150,914	2,17873		HCl	0,2544	0,40552—1
	3	106,371	2,02682	ClO_3	1	83,457	1,92146		NaCl	0,4078	0,61045—1
	4	141,828	2,15176		1/6	13,911	1,14336		KCl	0,5202	0,71611—1
	5	177,285	2,24867	ClO_4		99,457	1,99764	Ag	Cl	0,3287	0,51676—1
									HCl	0,3380	0,52894—1
Co	1	58,94	1,77041	CoO		74,94	1,87471	Co	CoO	1,271	0,10430
	1/2	29,47	1,46938	Co_3O_4		240,82	2,38169	$Co[C_{10}H_6O(NO)]_3 \cdot$			
	2	117,88	2,07144	$CoAs_2$		208,76	2,31965	$2\,H_2O$ (α-Ni-			
				CoAsS		165,91	2,21988	troso-β-naph-			
				$Co(NO_3)_2 \cdot 6\,H_2O$		291,05	2,46397	thol	CoO	0,1226	0,08835—1
				$Co(Ox)_2 \cdot 2\,H_2O$				$Co(Ox)_2 \cdot 2\,H_2O$			
				(Oxin)		383,25	2,58349	(Oxin)	Co	0,1538	0,18692—1
				$Co_2P_2O_7$		291,84	2,46515	$Co_2P_2O_7$	Co	0,4039	0,60629—1
				$CoSO_4$		155,00	2,19033		CoO	0,5136	0,71059—1
				$CoSO_4 \cdot 7\,H_2O$		281,11	2,44888	$CoSO_4$	Co	0,3803	0,58008—1
									CoO	0,4835	0,68438—1
Cr	1	52,01	1,71609	CrO		68,01	1,83257	Cr_2O_3	Cr	0,6843	0,83522—1
	2	104,02	2,01712	Cr_2O_3	1	152,02	2,18190		CrO_3	1,3157	0,11917
	3	156,03	2,19321		1/2	76,01	1,88087		CrO_4	1,5262	0,18363
				CrO_3		100,01	2,00004	$BaCrO_4$	Cr	0,2053	0,31233—1
				Cr_2O_7		216,02	2,33449		Cr_2O_3	0,3000	0,47711—1
				CrO_4		116,01	2,06450		CrO_3	0,3947	0,59628—1
				$CrPO_4$		146,99	2,16729		CrO_4	0,4578	0,66074—1
								$PbCrO_4$	Cr	0,1609	0,20656—1
									Cr_2O_3	0,2352	0,37137—1
									CrO_3	0,3094	0,49052—1
									CrO_4	0,3589	0,55500—1
Cs	1	132,91	2,12355	Cs_2O		281,82	2,44997	Cs_2SO_4	Cs	0,7346	0,86602—1
	2	265,82	2,42458	Cs_2SO_4		361,88	2,55856				

781 (Fortsetzung).

Element	Multiplikator	Atomgewichte	log Atomgewichte	Verbindung	Multiplikator	Molekulargewicht	log Molekulargewicht	Gewogen	Gesucht	Faktor	log Faktor
Cu	1	63,57	1,80325	Cu_2O		143,14	2,15576	Cu	CuO	1,2517	0,09750
	2	127,14	2,10428	CuO	1	79,57	1,90075		$CuSO_4 \cdot 5\,H_2O$	3,9283	0,59419
	3	190,71	2,28037		1/2	39,785	1,59972		Cu_2O	1,1258	0,05146
				CuCNS		121,65	2,08511	CuO	Cu	0,7989	0,90250—1
				$CuCl_2$		134,48	2,12866		$CuSO_4 \cdot 5\,H_2O$	3,1384	0,49669
				$Cu(Ox)_2$ (Oxin)		351,9	2,54638		Cu_2O	0,8995	0,95398—1
				Cu_2S		159,20	2,20194	Cu_2S	Cu	0,7986	0,90234—1
				CuS		95,63	1,98059		CuO	0,9996	0,99984—1
				$CuSO_4$		159,63	2,20311		$CuSO_4 \cdot 5\,H_2O$	3,1370	0,49653
				$CuSO_4 \cdot 5\,H_2O$		249,71	2,39744		Cu_2O	0,8991	0,95382—1
Er	1	167,2	2,22324	Er_2O_3		382,4	2,58252				
	2	334,4	2,52427								
F	1	19,00	1,27875	FH		20,01	1,30125	CaF_2	F	0,4867	0,68724—1
	2	38,00	1,57978						HF	0,5126	0,70974—1
	3	57,00	1,75587					$BaSiF_6$	F	0,4080	0,61064—1
	4	76,00	1,88081						HF	0,4296	0,63309—1
	5	95,00	1,97772						H_2SiF_6	0,5156	0,71232—1
	6	114,00	2,05690					SiF_4	F	0,7304	0,86353—1
									HF	0,7692	0,88603—1
Fe	1	55,85	1,74702	FeO	1	71,85	1,85643	Fe_2O_3	Fe	0,6994	0,84473—1
	2	111,70	2,04805		2	143,70	2,15746		FeO	0,8998	0,95415—1
	3	167,55	2,22414		3	215,55	2,33355		FeS_2	1,5025	0,17680
	4	223,40	2,34908	Fe_3O_4		231,55	2,36464	$FePO_4$	Fe	0,3703	0,56853—1
	5	279,25	2,44600	Fe_2O_3	1	159,70	2,20330		FeO	0,4764	0,67794—1
	6	335,10	2,52517		1/6	26,617	1,42516		Fe_2O_3	0,5294	0,72378—1
					1/2	79,89	1,90249		FeS_2	0,7954	0,90058—1

				$Fe(OH)_3$		106,87	2,02886	Fe	FeO	1,2865	0,10942
				$Fe(CN)_6$		211,96	2,32625		Fe_2O_3	1,4298	0,15527
				$FeCO_3$		115,86	2,06393	$BaSO_4$	FeS_2	0,2570	0,40990—1
				$FeCl_2$		126,76	2,10298				
				$FeCl_3$		162,22	2,21010				
				$FeCl_3 \cdot 6\,H_2O$		270,32	2,43188				
				$Fe(Ox)_3$ (Oxin)		488,26	2,68865				
				$FePO_4$		150,83	2,17849				
				FeS		87,91	1,94404				
				FeS_2		119,97	2,07907				
				$FeSO_4$		151,91	2,18159				
				$FeSO_4 \cdot 7\,H_2O$		278,02	2,44408				
				$Fe_2(SO_4)_3$		399,88	2,60193				
H	1	1,0080	0,00346	HO		17,0080	1,23065	H_2O	H	0,1119	0,04883—1
	2	2,0160	0,30449	H_2O	1	18,0160	1,25566				
	3	3,0240	0,48058		1/2	9,0080	1,95463				
	4	4,0320	0,60552		2	36,0320	1,55669				
	5	5,0400	0,70243		3	54,0480	1,73278				
	6	6,0480	0,78161		4	72,0640	1,85772				
	7	7,0560	0,84856		5	90,0800	1,95463				
	8	8,0640	0,90655		6	108,0960	1,03381				
	9	9,0720	0,95770	H_2O_2	1	34,0160	1,53168				
	10	10,0800	1,00346		1/2	17,0080	1,23065				
	11	11,0880	1,04485	H_3AsO_4		141,93	2,15209				
	12	12,0960	1,08264	HBO_2		43,83	1,64175				
	13	13,1040	1,11740	H_3BO_3		61,84	1,79130				
	14	14,1120	1,14959	HBr		80,92	1,90808				
	15	15,1200	1,17955	$H \cdot CHO_2$		46,03	1,66301				
	16	16,1280	1,20758	$H \cdot C_2H_3O_2$		60,05	1,77853				
	17	17,1360	1,23391	HCN		27,03	1,43178				
	18	18,1440	1,25873	H_2CN_2		42,04	1,62369				
	19	19,1520	1,28221	HCNS		59,09	1,77149				

781 (Fortsetzung).

Element	Multiplikator	Atomgewichte	log Atomgewichte	Verbindung	Multiplikator	Molekulargewicht	log Molekulargewicht	Gewogen	Gesucht	Faktor	log Faktor
H	20	20,1600	1,30449	HCO_2		45,02	1,65339				
				H_2CO_3		62,03	1,79258				
				$H_2C_2O_4$		90,04	1,95442				
				$H_2C_2O_4 \cdot 2\,H_2O$	1	126,07	2,10061				
					1/2	63,03	1,79958				
				HCl	1	36,465	1,56188				
					2	72,930	1,86291				
					3	109,395	2,03900				
				$HClO_3$		84,465	1,92668				
				$HClO_4$		100,465	2,00201				
				H_2CrO_4		118,03	2,07199				
				$H_2Cr_2O_7$		218,04	2,33854				
				HF		20,01	1,30125				
				HJ		127,93	2,10697				
				HJO_3		175,93	2,24534				
				HNO_2		47,016	1,67224				
				HNO_3	1	63,016	1,79945				
					2	126,032	2,10048				
					3	189,048	2,27657				
				H_3PO_2		66,00	1,81954				
				H_3PO_3		82,00	1,91381				
				HPO_4		95,99	1,98223				
				H_2PO_4		97,00	1,98677				
				H_3PO_4		98,00	1,99123				
				H_2PtCl_6		409,99	2,61277				
				H_2S		34,08	1,53250				
				HSO_3		81,07	1,90886				
				$H_2S_2O_3$		114,14	2,05744				

				H_2SO_3		82,08	1,91424				
				H_2SO_4	1	98,08	1,99158				
					1/2	49,04	1,69055				
					2	196,15	2,29259				
					3	294,23	2,46869				
				$H_2S_2O_8$	1	194,14	2,28812				
					1/2	97,07	1,98709				
				H_2SiF_6		144,08	2,15860				
				H_2SiO_3		78,08	1,89254				
Hg	1	200,61	2,30235	HgO		216,61	2,33568	Hg	HgO	1,0798	0,03333
	2	401,22	2,60338	Hg_2O		417,2	2,62034		Hg_2O	1,0398	0,01696
	3	601,83	2,77947	Hg_2Cl_2		472,13	2,67406		HgS	1,1588	0,06439
	4			$HgCl_2$		271,52	2,43380	HgS	Hg	0,8622	0,93561—1
				$Hg(CN)_2$		252,65	2,40252		HgO	0,9310	0,96894—1
				$Hg(CNS)_2$		316,78	2,50076		Hg_2O	0,8964	0,95257—1
				$HgNO_3$		262,62	2,41932	Hg_2Cl_2	Hg	0,8498	0,92932—1
				$Hg(NO_3)_2$		324,63	2,51139		HgO	0,9174	0,96256—1
				HgS		232,67	2,36674		Hg_2O	0,8837	0,94628—1
				$HgSO_4$		296,67	2,47228		HgS	0,9856	0,99371—1
J	1	126,92	2,10353	J_2O_5		333,84	2,52354	AgJ	J	0,5405	0,73283—1
	2	253,84	2,40456	JO_3		174,92	2,24284		HJ	0,5448	0,73627—1
	3	380,76	2,58065	JBr		206,83	2,59409		JO_3	0,7450	0,87214—1
	4	507,68	2,70559	JCl		162,37	2,21051		JO_4	0,8131	0,91015—1
				JCl_3		233,29	2,36789	PdJ_2	J	0,7041	0,84765—1
									HJ	0,7097	0,85109—1
K	1	39,096	1,59213	K_2O	1	94,192	1,97401	KCl	K	0,5244	0,71966—1
	2	78,192	1,89316		1/2	47,096	1,67298		K_2O	0,6317	0,80051—1
	3	117,288	2,06926	KOH		56,104	1,74899	K_2SO_4	K	0,4487	0,65199—1
	4	156,384	2,19419	$KAl(SO_4)_2$ ·					K_2O	0,5406	0,73284—1
	5	195,480	2,29110	$12\,H_2O$		474,38	2,67612		KCl	0,8557	0,93233—1

781 (Fortsetzung).

Element	Multiplikator	Atomgewichte	log Atomgewichte	Verbindung	Multiplikator	Molekulargewicht	log Molekulargewicht	Gewogen	Gesucht	Faktor	log Faktor
K				$KAlSi_3O_8$		278,25	2,44444	K_2PtCl_6	empirisch	0,9965	0,99847—1
				KH_2AsO_4		180,02	2,25532		K	0,1608	0,20638—1
				KBr		119,012	2,07559		K_2O	0,1937	0,28723—1
				$KBrO_3$	1	167,012	2,22275		KCl	0,3067	0,48672—1
					1/6	27,835	1,44459	$KClO_4$	K	0,2822	0,45052—1
				KCN		65,11	1,81365		K_2O	0,3399	0,53137—1
				KCNS		97,17	1,98753		KCl	0,5381	0,73086—1
				K_2CO_3	1	138,20	2,14051		K_2SO_4	0,9302	0,96856—1
					1/2	69,10	1,83948	CO_2	$KHCO_3$	2,2741	0,35687
				$KHCO_3$		100,11	2,00047		K_2CO_3	3,1402	0,49696
				$KHC_4H_4O_6$		188,18	2,27457	$BaSO_4$	K_2SO_4	0,7465	0,87303—1
				KCl		74,553	1,87247				
				$KClO_3$	1	122,553	2,08832				
					1/6	20,426	1,31019				
				$KClO_4$		138,553	2,14161				
				$K_3Co(NO_2)_6$		452,28	2,65541				
				K_2CrO_4		194,20	2,28825				
				$K_2Cr_2O_7$	1	294,21	2,46866				
					1/2	147,11	2,16764				
					1/6	49,035	1,69051				
				KF		58,10	1,76418				
				$K_3Fe(CN)_6$		329,25	2,51751				
				$K_4Fe(CN)_6$		368,34	2,56624				
				KJ		166,02	2,22016				
				KJO_3	1	214,02	2,33045				
					1/6	35,669	1,55229				
				$KMnO_4$	1	158,03	2,19874				
					1/5	31,605	1,49976				
					2	316,05	2,49976				

				KNO_2		85,104	1,92995				
				KNO_3		101,104	2,00477				
				$KNaC_4H_4O_6 \cdot 4\,H_2O$		282,23	2,45061				
				$K_2O \cdot Al_2O_3 \cdot 6\,SiO_2$		556,49	2,74546				
				K_3PO_4		212,268	2,32688				
				K_2HPO_4		174,180	2,24100				
				KH_2PO_4		136,092	2,13383				
				K_2PtCl_6		486,16	2,68678				
				K_2SO_3		158,25	2,19935				
				$KHSO_3$		120,16	2,07977				
				K_2SO_4		174,25	2,24117				
				$KHSO_4$		136,16	2,13405				
				$K_2S_2O_8$		270,31	2,43187				
				$K(SbO)C_4H_4O_6 \cdot {}^1/_2\,H_2O$		333,94	2,52367				
				K_2SiF_6		220,25	2,34292				
La	1	138,92	2,14276	La_2O_3		325,84	2,51300				
	2	277,84	2,44379								
Li	1	6,94	0,84136	Li_2O		29,88	1,47538	LiCl	Li	0,1637	0,21402—1
	2	13,88	1,14239	Li_2CO_3		73,89	1,86859		Li_2O	0,3524	0,54701—1
				LiCl		42,397	1,62734	Li_2SO_4	Li	0,1263	0,10123—1
				Li_3PO_4		115,80	2,06371		Li_2O	0,2718	0,43422—1
				Li_2SO_4		109,94	2,04116				
Mg	1	24,32	1,38596	MgO	1	40,32	1,60552	$Mg_2P_2O_7$	Mg	0,2185	0,33946—1
	$^1/_2$	12,16	1,08493		$^1/_2$	20,16	1,30449		MgO	0,3624	0,55902—1
	2	48,64	1,68699		2	80,64	1,90655		$MgCO_3$	0,7577	0,87948—1
	3	72,96	1,86308	$Mg(OH)_2$		58,34	1,76597	$MgSO_4$	Mg	0,2020	0,30541—1
				$Mg(AlO_2)_2$		142,26	2,15308		MgO	0,3349	0,52497—1
				$Mg_2As_2O_7$		310,46	2,49200		$MgCO_3$	0,7005	0,84543—1

781 (Fortsetzung).

Element	Multi-plikator	Atom-gewichte	log Atom-gewichte	Verbindung	Multi-plikator	Molekular-gewicht	log Molekular-gewicht	Gewogen	Gesucht	Faktor	log Faktor
Mg				$MgCO_3$		84,33	1,92598	MgO	Mg	0,6032	0,78044 — 1
				$MgCl_2$		95,23	1,97877		$MgCO_3$	2,0915	0,32046
				$MgCl_2 \cdot 6\,H_2O$		203,33	2,30820				
				$MgNH_4PO_4 \cdot 6\,H_2O$		245,44	2,38994				
				$Mg(Ox)_2$ (Oxin)		312,6	2,49499				
				$Mg(Ox)_2 \cdot 2\,H_2O$		348,7	2,54245				
				$Mg_2P_2O_7$		222,60	2,34753				
				$MgSO_4$		120,38	2,08055				
				$MgSO_4 \cdot 7\,H_2O$		246,49	2,39180				
				$MgSiO_3$		116,38	2,06588				
Mn	1	54,93	1,73981	MnO		70,93	1,85083	Mn_3O_4	Mn	0,7203	0,85749 — 1
	1/2	27,465	1,43878	Mn_3O_4		228,79	2,35944		MnO	0,9301	0,96851 — 1
	2	109,86	2,04084	Mn_2O_3		157,86	2,19827		MnO_2	1,1399	0,05685
	3	164,79	2,21693	MnO_2	1	86,93	1,93917		MnO_4	1,5594	0,19297
					1/2	43,465	1,63814	$MnSO_4$	Mn	0,3638	0,56086 — 1
				Mn_2O_7		221,86	2,34608		MnO	0,4698	0,67188 — 1
				MnO_4		118,93	2,07529		MnO_2	0,5757	0,76020 — 1
				$MnCO_3$		114,94	2,06047	MnS	Mn	0,6315	0,80034 — 1
				$MnCl_2 \cdot 4\,H_2O$		197,91	2,29647		MnO	0,8154	0,91136 — 1
				$Mn_2P_2O_7$		283,82	2,45304		MnO_2	0,9993	0,99970 — 1
				MnS		86,99	1,93947		MnO_4	1,3671	0,13582
				$MnSO_4$		150,99	2,17895	$Mn_2P_2O_7$	Mn	0,3871	0,58780 — 1
				$MnSO_4 \cdot 5\,H_2O$		241,07	2,38214		MnO	0,4998	0,69876 — 1
									MnO_2	0,6124	0,78706 — 1

Mo		95,95	1,98204	MoO_3		143,95	2,15821	MoO_3	Mo	0,6665	0,82383—1
				MoO_4		159,95	2,20399	MoS_2	Mo	0,5994	0,77773—1
				MoS_2		160,07	2,20431		MoO_3	0,8993	0,95390—1
N	1	14,008	1,14638	NH		15,016	1,17655	KNO_3	NO_3	0,6133	0,78768—1
	2	28,016	1,44741	NH_2	1	16,024	1,20477		HNO_3	0,6233	0,79468—1
	3	42,024	1,62350		2	32,048	1,50580		N_2O_5	0,5342	0,72769—1
	4	56,032	1,74844		3	48,072	1,68188	NH_4Cl	NH_3	0,3184	0,50294—1
	5	70,040	1,84535	NH_3	1	17,032	1,23127		NH_4	0,3372	0,52792—1
	6	84,048	1,92453		2	34,064	1,53230		NH_4OH	0,6551	0,81633—1
(Ei-					3	51,096	1,70839	$(NH_4)_2PtCl_6$	empirisch	0,9962	0,99835—1
weiß)	6,25	87,55	1,94226		4	68,128	1,83333		N	0,06309	0,79998—2
(Ca-					5	85,160	1,93024		NO_3	0,2792	0,44605—1
sein)	6,4	89,65	1,95256		6	102,192	2,00941		N_2O_5	0,2433	0,38606—1
	7	98,056	1,99147	NH_4	1	18,040	1,25624		NH_2	0,07217	0,85837—2
	8	112,064	2,04947		2	36,080	1,55727		NH_3	0,07642	0,88320—2
	9	126,072	2,10062		3	54,120	1,73336		NH_4	0,08125	0,90984—2
	10	140,080	2,14638	N_2H_4		32,048	1,50580		NH_4OH	0,1579	0,19826—1
	11	154,088	2,18777	N_2O		44,016	1,64361		NH_4Cl	0,24095	0,38193—1
	12	168,096	2,22556	NO		30,008	1,47724	NO	N	0,4668	0,66914—1
	13	182,104	2,26032	N_2O_3		76,016	1,88091		NO_2	1,5332	0,18559
	14	196,112	2,29250	NO_2	1	46,008	1,66283		NO_3	2,0664	0,31521
	15	210,120	2,32247		2	92,016	1,96386		N_2O_5	1,7998	0,25522
	16	224,128	2,35050		3	138,024	2,13995	Pt	empirisch	0,9950	0,99781—1
	17	238,136	2,37683	N_2O_4		92,016	1,96386		N	0,1435	0,15686—1
	18	252,144	2,40165	N_2O_5	1	108,016	2,03349		NO_3	0,6352	0,80293—1
	19	266,152	2,42513		1/2	54,008	1,73245		N_2O_5	0,5533	0,74294—1
	20	280,160	2,44741	NO_3	1	62,008	1,79245		NH_2	0,1642	0,21525—1
					2	124,016	2,09348		NH_3	0,1745	0,24175—1
					3	186,024	2,26957	$C_{20}H_{16}N_4 \cdot HNO_3$	HNO_3	0,1679	0,22499—1
					4	248,032	2,39451		N_2O_5	0,1439	0,15798—1
				NH_2OH		33,031	1,51892	Ag	CN	0,2412	0,38234—1
				NH_4OH		35,047	1,54466	AgCN	CN	0,1943	0,28851—1

781 (Fortsetzung).

Element	Multiplikator	Atomgewichte	log Atomgewichte	Verbindung	Multiplikator	Molekulargewicht	log Molekulargewicht	Gewogen	Gesucht	Faktor	log Faktor
N				NH_4Br		97,956	1,99103				
				NH_4CNS		76,12	1,88150				
				$NH_4C_2H_3O_2$		77,08	1,88689				
				$(NH_4)_2C_2O_4 \cdot H_2O$		142,12	2,15264				
				NH_4Cl		53,497	1,72833				
				NH_4F		37,04	1,56867				
				$NH_4Fe(SO_4)_2 \cdot 12\,H_2O$		482,20	2,68323				
				$(NH_4)_2Fe(SO_4)_2 \cdot 6\,H_2O$		392,15	2,59345				
				NH_4J		144,96	2,16125				
				$(NH_4MgAsO_4)_2 \cdot H_2O$		380,56	2,58042				
				$NH_4MgPO_4 \cdot 6\,H_2O$		245,44	2,38994				
				NH_4NO_3		80,048	1,90335				
				NH_4NO_2		64,048	1,80651				
				$NH_4NaHPO_4 \cdot 4\,H_2O$		209,09	2,32033				
				$NOCl$		65,465	1,81601				
				$(NH_4)_3PO_4$		149,10	2,17348				
				$(NH_4)_2HPO_4$		132,07	2,12080				
				$NH_4H_2PO_4$		115,04	2,06083				
				$(NH_4)_3PO_4 \cdot 12\,MoO_3$		1876,5	3,27335				
				$(NH_4)_2PtCl_6$		444,05	2,64743				

				$(NH_4)_2S$		68,14	1,83340				
				$(NH_4)_2SO_3$		116,14	2,06498				
				$(NH_4)_2SO_4$		132,14	2,12103				
				$(NH_4)_2SiF_6$		178,14	2,25076				
Na	1	22,997	1,36167	Na_2O	1	61,994	1,79235	NaCl	Na	0,3934	0,59486—1
	2	45,994	1,66270		1/2	30,997	1,49132		Na_2O	0,5303	0,72451—1
	3	68,991	1,83879	Na_2O_2		77,994	1,89206	Na_2SO_4	Na	0,3238	0,51026—1
	4	91,988	1,96373	NaOH		40,005	1,60211		Na_2O	0,4364	0,63991—1
	5	114,985	2,06064	Na_3AlF_6		209,96	2,32214		NaCl	0,8230	0,91540—1
	6	137,982	2,13982	$NaAlSi_3O_8$		262,15	2,41855	AgCl	NaCl	0,4078	0,61045—1
				$Na_2Al_2H_4(SiO_4)_3$		380,15	2,57996	CO_2	$NaHCO_3$	1,9089	0,28081
				$NaHAsO_4 \cdot 12\,H_2O$		402,10	2,60433		Na_2CO_3	2,4086	0,38178
				$NaBO_3 \cdot 4\,H_2O$		153,88	2,18718	$BaSO_4$	Na_2SO_4	0,6086	0,78430—1
				$Na_2B_4O_7$	1	201,27	2,30378	$NaMg(UO_2)_3 \cdot$			
					1/2	100,64	2,00277	$(C_2H_3O_2)_9 \cdot$			
				$Na_2B_4O_7 \cdot 10\,H_2O$	1	381,43	2,58141	$6\,H_2O$	Na	0,01536	0,18645—2
					1/2	190,72	2,28040				
				NaBr		102,913	2,01247				
				$NaC_2H_3O_2 \cdot 3\,H_2O$		136,09	2,13383				
				NaCN		49,01	1,69028				
				NaCNS		81,08	1,90891				
				Na_2CO_3	1	106,00	2,02531				
					1/2	53,00	1,72428				
				$Na_2CO_3 \cdot 10\,H_2O$	1	286,16	2,45661				
					1/2	143,082	2,15558				
				$NaHCO_3$		84,02	1,92438				
				NaCl		58,454	1,76681				
				NaClO		74,454	1,87188				
				$NaClO_3$		106,454	2,02716				
				$Na_2Cr_2O_7 \cdot 2\,H_2O$	1	298,05	2,47429				
					1/6	49,674	1,69613				

781 (Fortsetzung).

Element	Multiplikator	Atomgewichte	log Atomgewichte	Verbindung	Multiplikator	Molekulargewicht	log Molekulargewicht	Gewogen	Gesucht	Faktor	log Faktor
Na				NaF		42,00	1,62325				
				NaJ		149,92	2,17586				
				$NaJO_3$		197,92	2,29649				
				$NaMg(UO_2)_3 \cdot (C_2H_3O_2)_9 \cdot 6,5\,H_2O$		1506,027	3,17783				
				$NaNH_4HPO_4 \cdot 4\,H_2O$		209,09	2,32033				
				$NaNO_2$		69,005	1,83888				
				$NaNO_3$		85,005	1,92944				
				$NaPO_3$		101,98	2,00852				
				Na_3PO_4		163,97	2,21476				
				$Na_3PO_4 \cdot 12\,H_2O$		380,16	2,57997				
				Na_2HPO_4		141,98	2,15223				
				$Na_2HPO_4 \cdot 2\,H_2O$		178,01	2,25044				
				$Na_2HPO_4 \cdot 12\,H_2O$		358,17	2,55409				
				NaH_2PO_4		119,99	2,07915				
				$NaH_2PO_4 \cdot 2\,H_2O$		156,03	2,19321				
				$Na_4P_2O_7$		265,95	2,42480				
				$Na_4P_2O_7 \cdot 10\,H_2O$		446,11	2,64944				
				Na_2S		78,05	1,89237				
				$Na_2S \cdot 9\,H_2O$		240,20	2,38057				
				NaHS		56,06	1,74865				
				Na_2SO_3		126,05	2,10054				
				$NaHSO_3$		104,06	2,01728				
				$Na_2SO_3 \cdot 7\,H_2O$		252,17	2,40169				
				$Na_2S_2O_3$		158,11	2.19896				

				$Na_2S_2O_3 \cdot 5\,H_2O$	248,19	2,39478				
				Na_2SO_4	142,05	2,15244				
				$Na_2SO_4 \cdot 10\,H_2O$	322,21	2,50814				
				$NaHSO_4$	120,06	2,07940				
				$Na_2S_2O_4$	174,11	2,24082				
				$Na_3SbS_4 \cdot 9\,H_2O$	481,13	2,68227				
				Na_2SiF_6	188,05	2,27427				
				$Na_2O \cdot 3{,}5\,SiO_2$	272,20	2,43489				
				$Na_2SnO_3 \cdot 3\,H_2O$	266,74	2,42609				
				$NaZn(UO_2)_3 \cdot (C_2H_3O_2)_9 \cdot 6\,H_2O$	1538,07	3,18698				
				$Na_2U_2O_7$	634,13	2,80218				
				$Na_2U_2O_7 \cdot 6\,H_2O$	742,23	2,87054				
Nb	1	92,91	1,96806	Nb_2O_5	265,82	2,42458				
	2	185,82	2,26909							
Nd	1	144,27	2,15918	Nd_2O_3	336,54	2,52704				
	2	288,54	2,46021							
Ni	1	58,69	1,76856	NiO	74,69	1,87326	Ni	NiO	1,2727	0,10470
	2	117,38	2,06959	Ni_2O_3	165,36	2,21843	$NiSO_4$	Ni	0,3793	0,57893—1
				Ni_3O_4	240,07	2,38034		NiO	0,4827	0,68363—1
				$Ni(OH)_2$	92,70	1,96708	NiO	Ni	0,7858	0,89530—1
				$NiBr_2$	218,52	2,33949	$NiC_8H_{14}N_4O_4$	Ni	0,2032	0,30778—1
				$NiCO_3$	118,70	2,07445		NiO	0,2585	0,41250—1
				$NiCl_2$	129,60	2,11261				
				$NiC_8H_{14}N_4O_4$ (-dimethylglyoxim)	288,91	2,46076				
				$Ni(NO_3)_2 \cdot 6\,H_2O$	290,80	2,46359				

781 (Fortsetzung).

Element	Multiplikator	Atomgewichte	log Atomgewichte	Verbindung	Multiplikator	Molekulargewicht	log Molekulargewicht	Gewogen	Gesucht	Faktor	log Faktor
Ni				$Ni(Ox)_2 \cdot 2\,H_2O$ (Oxin)		383,0	2,58320				
				$Ni_2P_2O_7$		291,34	2,46440				
				$NiSO_4$		154,75	2,18963				
				$NiSO_4 \cdot 7\,H_2O$		280,86	2,44849				
O	1	16,0000	1,20412	OH	1	17,0080	1,23065	H_2O	O	0,8881	0,94846—1
	2	32,0000	1,50515		2	34,0160	1,53168	Cl	O	0,2256	0,35339—1
	3	48,0000	1,68124		3	51,0240	1,70777				
	4	64,0000	1,80618		4	68,0320	1,83271				
	5	80,0000	1,90309		5	85,0400	1,92962				
	6	96,0000	1,98227		6	102,0480	2,00880				
P	1	30,98	1,49108	PH_3		34,00	1,53148	$Mg_2P_2O_7$	P	0,2783	0,44458—1
	2	61,96	1,79211	PO_2		62,98	1,79920		PO_4	0,8534	0,93113—1
	3	92,94	1,96820	PO_3		78,98	1,89752		P_2O_5	0,6377	0,80464—1
				P_2O_3		109,96	2,04123	$(NH_4)_3PO_4$			
				P_2O_5	1	141,96	2,15217	$12\,MoO_3$	empirisch	0,9918	0,99643—1
					$^1/_2$	70,98	1,85114		P empirisch	0,01639	0,21458—2
				P_2O_7		173,96	2,24045		PO_4 empirisch	0,05025	0,70113—2
				PO_4	1	94,98	1,97763		P_2O_5 empirisch	0,03755	0,57464—2
					2	189,96	2,27866	$P_2O_5 \cdot 24\,MoO_3$	P	0,01723	0,23619—2
					3	284,94	2,45475		PO_4	0,05281	0,72274—2
				PBr_3		270,73	2,43254		P_2O_5	0,03947	0,59625—2
				PCl_3		137,35	2,13783				
				PCl_5		208,27	2,31863				
				PJ_3		411,74	2,61462				

				$POCl_3$	153,35	2,18568				
				P_4S_3	220,10	2,34262				
				P_4S_7	348,34	2,54200				
				P_4S_{10}	444,52	2,64789				
				$P_2O_5 \cdot 24\,MoO_3$	3596,80	3,55592				
Pb	1	207,21	2,31641	PbO	223,21	2,34871	PbO	Pb	0,9283	0,96770—1
	1/2	103,61	2,01538	Pb_2O_3	462,42	2,66504		PbO_2	1,0717	0,03007
	2	414,42	2,61744	Pb_3O_4	685,63	2,83609		PbS	1,0720	0,03013
	3	621,63	2,79353	PbO_2	239,21	2,37873	PbO_2	Pb	0,8662	0,93763—1
				$Pb(OH)_2$	241,23	2,38243		PbO	0,9331	0,96993—1
				$Pb(C_2H_3O_2)_2$ · $3\,H_2O$	379,35	2,57904		PbS	1,0003	0,00011
				$PbCO_3$	267,22	2,42687	PbS	Pb	0,8660	0,93752—1
				$2\,PbCO_3 \cdot Pb(OH)_2$	775,67	2,88968		PbO	0,9329	0,96982—1
				$PbCl_2$	278,12	2,44423		PbO_2	0,9997	0,99989—1
				$PbClF$	261,67	2,41775	$PbSO_4$	Pb	0,6833	0,83458—1
				$PbCrO_4$	323,22	2,50950		PbO	0,7360	0,86688—1
				$Pb(NO_3)_2$	331,23	2,52013		PbO_2	0,7888	0,89695—1
				PbS	239,27	2,37889		PbS	0,7890	0,89706—1
				$PbSO_4$	303,27	2,48183	$PbCrO_4$ (empir.)	Pb	0,6401	0,80625—1
				$Pb_2V_2O_7$	628,32	2,79818		PbO	0,6906	0,83921—1
								PbO_2	0,7401	0,86928—1
								PbS	0,7403	0,86939—1
Pd	1	106,7	2,02816	$Pd(CN)_2$	158,7	2,20058	$Pd(CN)_2$	Pd	0,6723	0,82758—1
				PdJ_2	360,5	2,55691				
Pr	1	140,92	2,14897	Pr_2O_3	329,84	2,51830	Pr_6O_{11} (empir.)	Pr	0,8277	0,91788—1
	2	281,84	2,45000	$Pr_2(SO_4)_3$	570,02	2,75589	Pr_2O_3	Pr	0,8545	0,93170—1
							$Pr_2(SO_4)_3$	Pr	0,4944	0,69411—1
Pt	1	195,23	2,29055	$PtCl_4$	337,06	2,52771	$(NH_4)_2PtCl_6$	empirisch	0,99875	0,99946—1
	2	390,46	2,59158	$PtCl_6$	407,97	2,61063		Pt	0,4402	0,64312—1
	3	585,69	2,76767	PtS_2	259,35	2,41389	PtS_2	Pt	0,7528	0,87666—1

781 (Fortsetzung).

Element	Multiplikator	Atomgewichte	log Atomgewichte	Verbindung	Multiplikator	Molekulargewicht	log Molekulargewicht	Gewogen	Gesucht	Faktor	log Faktor
Rb	1	85,48	1,93186	RbCl		120,94	2,08257	Rb_2SO_4	Rb	0,6402	0,80630 − 1
	2	170,96	2,23290	Rb_2CO_3		230,97	2,36356				
				Rb_2SO_4		267,02	2,42654				
S	1	32,06	1,50596	S_2Cl_2		135,03	2,13043	$BaSO_4$	S	0,1373	0,13782 − 1
	2	64,12	1,80699	S_2O_3		112,12	2,04968		SO_2	0,2744	0,43845 − 1
	3	96,18	1,98308	SO_2		64,06	1,80659		SO_3	0,3430	0,53528 − 1
	4	128,24	2,10802	SO_3	1	80,06	1,90342		SO_4	0,4115	0,61440 − 1
	5	160,30	2,20493		1/2	40,03	1,60239		H_2SO_4	0,4202	0,62344 − 1
	6	192,36	2,28411	SO_4	1	96,06	1,98254	CuO	S	0,4029	0,60521 − 1
					2	192,12	2,28357				
					3	288,18	2,45966				
				S_2O_8		192,12	2,28357				
Sb	1	121,76	2,08550	SbH_3		124,78	2,09614	Sb_2S_3	Sb	0,7169	0,85543 − 1
	1/2	60,88	1,78447	Sb_2O_3		291,52	2,46467		Sb_2O_3	0,8582	0,93357 − 1
	2	243,52	2,38653	Sb_2O_4		307,52	2,48787		Sb_2O_5	0,9524	0,97880 − 1
	3	365,28	2,56263	Sb_2O_5		323,52	2,50990	Sb_2S_5	Sb	0,6030	0,78034 − 1
				$Sb(OH)_3$		172,78	2,23749		Sb_2O_5	0,8011	0,90371 − 1
				$SbC_6H_5O_4$				Sb_2O_4	Sb	0,7919	0,89866 − 1
				(Pyrogallol)		262,86	2,41973		Sb_2O_3	0,9480	0,97680 − 1
				SbOCl		173,22	2,23860		Sb_2O_5	1,0521	0,02203
				SbO ·					Sb_2S_3	1,1047	0,04323
				$(C_4H_4O_6K)$ ·				Sb	Sb_2O_3	1,1971	0,07814
				$^1/_2\,H_2O$		333,94	2,52367		Sb_2O_5	1,3285	0,12337
				Sb_2S_3		339,70	2,53110		Sb_2S_3	1,3950	0,14457
				Sb_2S_5		403,82	2,60619				
				SbS_3		217,94	2,33834				
				SbS_4		250,00	2,39794				

Sc	1	45,10	1,65418	Sc_2O_3		138,20	2,14051				
	2	90,20	1,95521	$ScCl_3 \cdot 6\,H_2O$		259,57	2,41425				
				$Sc_2(SO_4)_3 \cdot 6\,H_2O$		486,48	2,68707				
Se	1	78,96	1,89741	SeH_2		80,98	1,90838	Se	SeO_2	1,405	0,14775
				SeO_2		110,96	2,04516		SeO_3	1,608	0,20625
				SeO_3		126,96	2,10366				
Si	1	28,06	1,44809	SiH_4		32,09	1,50637	SiO_2	Si	0,4672	0,66950—1
	2	56,12	1,74912	Si_2H_6		62,17	1,79358		SiO_3	1,2664	0,10257
	3	84,18	1,92521	SiO_2	1	60,06	1,77859		SiO_4	1,5328	0,18548
	4	112,24	2,05015		2	120,12	2,07962		Si_2O_7	1,400	0,14600
	5	140,30	2,14706		3	180,18	2,25571				
	6	168,36	2,22624		3,5	210,21	2,32265				
					4	240,24	2,38065				
					5	300,30	2,47756				
					6	360,36	2,55674				
				Si_3O_8		212,18	2,32670				
				SiO_3	1	76,06	1,88116				
					2	152,12	2,18219				
					3	228,18	2,35828				
					4	304,24	2,48322				
					5	380,30	2,58013				
					6	456,36	2,65931				
				Si_2O_7		168,12	2,22562				
				SiO_4	1	92,06	1,96407				
					2	184,12	2,26510				
					3	276,18	1,44119				
					4	368,24	2,56613				
					5	460,30	2,66304				
					6	552,36	2,74222				

781 (Fortsetzung).

Element	Multiplikator	Atomgewichte	log Atomgewichte	Verbindung	Multiplikator	Molekulargewicht	log Molekulargewicht	Gewogen	Gesucht	Faktor	log Faktor
Sm	1	150,43	2,17733	Sm_2O_3		348,86	2,54265				
	2	300,86	2,47836	$SmCl_3$		256,80	2,40960				
				$Sm_2(SO_4)_3 \cdot 8\,H_2O$		733,17	2,86520				
Sn	1	118,70	2,07445	SnO		134,70	2,12937	SnO_2	Sn	0,7877	0,89634—1
	1/2	59,35	1,77342	SnO_2		150,70	2,17811		SnO	0,8938	0,95126—1
	2	237,40	2,37548	$SnCl_2$		189,61	2,27786				
	3	356,10	2,55157	$SnCl_2 \cdot 2\,H_2O$		225,65	2,35344				
				$SnCl_4$		260,53	2,41586				
				SnS		150,77	2,17831				
				SnS_2		182,82	2,26203				
Sr	1	87,63	1,94265	SrO		103,63	2,01549	$SrSO_4$	Sr	0,4770	0,67856—1
	1/2	43,815	1,64162	$Sr(OH)_2 \cdot 8\,H_2O$		265,77	2,42451		SrO	0,5642	0,75140—1
	2	175,26	2,24368	$SrCO_3$		147,64	2,16921	$SrCO_3$	Sr	0,5935	0,77344—1
	3	262,89	2,41977	$SrC_2O_4 \cdot H_2O$		193,67	2,28706		SrO	0,7019	0,84628—1
				$SrCl_2$		158,54	2,20014				
				$Sr(NO_3)_2$		211,65	2,32562				
				SrS		119,69	2,07806				
				$SrSO_4$		183,69	2,26409				
Ta	1	180,88	2,25739	Ta_2O_5		441,76	2,64519				
	2	361,76	2,55842	$TaCl_5$		358,17	2,55408				
Te		127,61	2,10588	TeO_2		159,61	2,20306	Te	TeO_2	1,251	0,09718
				TeO_3		175,61	2,24455		TeO_3	1,376	0,13867

Th		232,12	2,36571	ThO_2	264,12	2,42180	$Th(NO_3)_4 \cdot 4\,H_2O$	Th	0,4203	0,62359−1
				$Th(NO_3)_4$	480,16	2,68138	ThO_2	Th	0,8788	0,94391−1
				$Th(NO_3)_4 \cdot 4\,H_2O$	552,22	2,74212	$Th(Ox)_4$ (Oxin)	Th	0,2870	0,45792−1
				$Th(SO_4)_2$	424,24	2,62761				
				$Th(Ox)_4$ (Oxin)	808,66	2,90777				
	1	47,90	1,68034	TiO_2	79,90	1,90255	TiO_2	Ti	0,5995	0,77779−1
	2	95,80	1,98137	$TiO(Ox)_2$ (Oxin)	352,19	2,54678	$TiO(Ox)_2$	Ti	0,1360	0,13356−1
Ti	3	143,70	2,15746	$TiCl_3$	154,27	2,18828	$Ti_3(PO_4)_4$	Ti	0,2744	0,43844−1
				$TiCl_4$	189,73	2,27814				
				$Ti_3(PO_4)_4$	523,62	2,71902				
Tl		204,39	2,31046	TlJ	331,31	2,52023				
	1	238,07	2,37671	UO_2	270,07	2,43147	U_3O_8	U	0,8482	0,92852−1
	2	476,14	2,67774	U_3O_8	842,21	2,92543		UO_3	1,0190	0,00816
U	3	714,21	2,85383	UO_3	286,07	2,45647		UO_4	1,0760	0,03180
				$(UO_2)_2P_2O_7$	714,10	2,85376	UO_2	U	0,8815	0,94524−1
								UO_4	1,1184	0,04860
							$Na_2U_2O_7$	U	0,7509	0,87556−1
								UO_2	0,8518	0,93032−1
								UO_4	0,9527	0,97896−1
	1	50,95	1,70714	V_2O_3	149,90	2,17580	V_2O_5	V	0,5602	0,74834−1
	2	101,90	2,00817	V_2O_5	181,90	2,25983	$AgVO_3$	V	0,2463	0,39153−1
V				VO_3	98,95	1,99542	Ag_3VO_4	V	0,1162	0,06508−1
				V_2O_7	213,90	2,33021	$Pb_2V_2O_7$	V	0,1622	0,20999−1
				VO_4	114,95	2,06051				
				VCl_2	121,86	2,08586				
W		183,92	2,26463	WO_3	231,92	2,36534	WO_3	W	0,7930	0,89929−1
								WO_4	1,0690	0,02897

781 (Fortsetzung).

Element	Multiplikator	Atomgewichte	log Atomgewichte	Verbindung	Multiplikator	Molekulargewicht	log Molekulargewicht	Gewogen	Gesucht	Faktor	log Faktor
Y	1	88,92	1,94900	Y_2O_3		225,84	2,35380	Y_2O_3	Y	0,7875	0,89623—1
	2	177,84	2,25003								
Yb	1	173,04	2,23815	Yb_2O_3		394,08	2,59559				
	2	346,08	2,53918								
Zn	1	65,38	1,81544	ZnO		81,38	1,91052	Zn	ZnO	1,2447	0,09508
	1/2	32,69	1,51441	$ZnCO_3$		125,38	2,09823		$ZnCO_3$	1,9181	0,28288
	2	130,76	2,11647	$ZnCl_2$		136,29	2,13446	ZnO	Zn	0,8034	0,90492—1
	3	196,14	2,29257	$Zn(NH_4)PO_4$		178,40	2,25139		$ZnCO_3$	1,5409	0,18775
				$Zn_2P_2O_7$		304,72	2,48390	ZnS	Zn	0,6710	0,82670—1
				ZnS		97,44	1,98874		ZnO	0,8352	0,92178—1
				$ZnSO_4$		161,44	2,20801		$ZnCO_3$	1,2868	0,10949
				$ZnSO_4 \cdot 7\,H_2O$		287,55	2,45871	$Zn_2P_2O_7$	Zn	0,4291	0,63257—1
									ZnO	0,5341	0,72765—1
									$ZnCO_3$	0,8229	0,91536—1
								$BaSO_4$	ZnS	0,4174	0,62060—1
Zr		91,22	1,96009	ZrO_2		123,22	2,09068	ZrO_2	Zr	0,7403	0,86941—1

782 Berechnung „indirekter" Analysen.

Zur Ermittlung der Bestandteile eines reinen Gemisches von zwei Verbindungen mit einem gemeinsamen Ion (Rest) genügt neben der Kenntnis des Gewichtes der in Arbeit genommenen Substanzmenge nur noch eine Bestimmung (Auswaage).

Die Zusammensetzung eines solchen Gemisches kann ganz allgemein geschrieben werden:

$x(a+b)+y(a+c)=g$ x Anzahl der Mole der Verbindung a b,
y Anzahl der Mole der Verbindung a c,
a, b, c die Molgewichte der Ionen (Reste) der Verbindungen,
$x(a+b)=$ Gewicht der Verbindung a b,
$y(a+c)=$ Gewicht der Verbindung a c,
$g=$ das eingewogene Gewicht des Salzgemisches.

Man ersieht aus dieser Gleichung, daß nur zwei Unbekannte vorhanden sind, so daß *eine* zusätzliche Bestimmung genügen muß um die Gleichung zu lösen.

In vielen Fällen ist die analytische Bestimmung eines der nicht gemeinsamen Ionen (x b oder y c) einfach:

z. B. in ($x\,Na_2SO_4 + y\,MgSO_4$) die Bestimmung des Mg (= y c) oder in ($x\,NaCl + y\,Na_2SO_4$) die Bestimmung des Cl (= x b) („*halbindirekte Analyse*"). Die Berechnung solcher Fälle ist so einfach, daß sie nicht angegeben zu werden braucht.

In anderen Fällen dagegen ist es einfacher entweder

1. im Gemisch das gemeinsame Ion $(x+y)\,a$ zu bestimmen, oder
2. das Gemisch in eine zweite Verbindung überzuführen (z. B. $x\,NaCl + y\,KCl \rightarrow x/_2\,Na_2SO_4 + y/_2\,K_2SO_4$).

In beiden Fällen liegen „*indirekte Analysen*" im eigentlichen Sinne vor.

1. Das gemeinsame Ion sei als $(x+y)(a+f)=g'$ (z. B. AgCl) ausgewogen worden, dann hat man

$$x(a+b)+y(a+c)=g,$$

$(x+y)(a+f)=g'=(x+y)M'$, wenn M' das Molekulargewicht von $(a+f)$ ist; so ist $\frac{g'}{M'}=m=(x+y)$ die Anzahl der Mole des gemeinsamen Ions a.

Setzt man $y=\frac{g'}{M'}-x$ ein so folgt:

$$x(a+b)-x(a+c)+\frac{g'}{M'}(a+c)=g,$$

$$\underline{x=g\frac{1}{(b-c)}-m\frac{(a+c)}{(b-c)}=g\frac{1}{(b-c)}-\frac{g'}{M'}\frac{(a+c)}{(b-c)}}.$$

1 a. Die Gleichung vereinfacht sich sehr, wenn $(a+c)=(a+f)=M'$ ist, dann wird:

$$m=\frac{g'}{M'}=\frac{g'}{(a+f)};\quad m\frac{(a+c)}{(b-c)}=g'\frac{1}{(b-c)},$$

so daß nach 1.

$$\underline{x=\frac{1}{(b-c)}\cdot(g-g')}$$

wird.

2. In dem Fall 2 hat man zu setzen:

$$x(a+b)+y(a+c)=g \qquad xa+xb+ya+yc=g$$
$$x(f+b)+y(f+c)=g' \qquad -(xf+xb+yf+yc=g')$$
$$x(a-f)+y(a-f)=g-g'$$

$\underline{(x+y)=m=\frac{(g-g')}{(a-f)}}$; das in Gleichung 1. einzusetzen ist.

(Fortsetzung S. 1854.)

Faktoren für Berechnung

Fall	x a b	y a c	g'; M' a f	$\frac{1}{(b-c)}$	log	$\frac{(a+c)}{(b-c)}$	log	$\frac{(a+c)}{(a-f)\cdot(b-c)}$	log
1a	NaBr	NaCl	NaCl	0,02249	0,35204—2	—	—	—	—
1			$^1/_2 Na_2SO_4$	—	—	1,3148	0,11885	—	—
2			(Br + Cl)Ag	—	—	—	—	—0,01549	0,19002—2
1			AgCl	—	—	1,3148	0,11885	—	—
1a	KBr	KCl	KCl	0,02249	0,35204—2	—	—	—	—
1			$^1/_2 K_2SO_4$	—	—	1,6769	0,22451	—	—
2			(Br + Cl)Ag	—	—	—	—	—0,02438	0,38702—2
1			AgCl	—	—	—	—	—	—
1a	KJ	KCl	KCl	0,010934	0,03877—2	—	—	—	—
1			$^1/_2 K_2SO_4$	—	—	0,8152	0,91124—1	—	—
2			(J + Cl)Ag	—	—	—	—	—0,01185	0,07375—2
1			AgCl	—	—	—	—	—	—
1	KJ	KBr	KCl	0,021277	0,32790—2	2,5322	0,40349	—	—
1			$^1/_2 K_2SO_4$	—	—	—	—	—	—
2			(J + Br)Ag	—	—	—	—	—0,03681	0,56600—2
1			AgCl	—	—	—	—	—	—
1	ClK	ClNa	ClAg	0,062116	0,79320—2	3,6308	0,56001	—	—
2			$^1/_2 (K + Na)_2SO_4$	—	—	—	—	0,28878	0,46057—1
1	SO_4K_2	SO_4Na_2	SO_4Ba	0,12424	0,09405—1	17,648	1,24669	—	—
1a	AgBr	AgCl	AgCl	0,02249	0,35204—2	—	—	—	—
1			Ag	—	—	3,2240	0,50840	—	—
1a	AgJ	AgCl	AgCl	0,010934	0,03877—2	1,5672	0,19513	—	—
1			Ag	—	—	—	—	—	—
1	AgJ	AgBr	AgCl	0,021277	0,32790—2	3,9956	0,60159	—	—
1			Ag	—	—	—	—	—	—

indirekter Analysen.

$\frac{(a+c)}{M'(b-c)}$	log	M	$\frac{M}{(b-c)}$	log	$\frac{M}{M'}\frac{(a+c)}{(b-c)}$	log	$\frac{M}{(a-f)}\frac{(a+c)}{(b-c)}$	log
—	—	Br	1,7975	0,25467	—	—	—	—
		NaBr	2,3148	0,36451	—	—	—	—
0,01851	0,26744—2	Br	—	—	1,4793	0,17007	—	—
		NaBr	—	—	1,9051	0,27991	—	—
—	—	Br	—	—	—	—	1,2378	0,09265
		NaBr	—	—	—	—	1,5940	0,20249
0,009171	0,96241—3	Br	—	—	0,36732	0,56504—1	—	—
		NaBr	—	—	0,94380	0,97488—1	—	—
—	—	Br	1,7975	0,25467	—	—	—	—
		KBr	2,6769	0,42763	—	—	—	—
0,01925	0,28437—2	Br	—	—	1,5381	0,18700	—	—
		KBr	—	—	2,0891	0,31996	—	—
—	—	Br	—	—	—	—	1,9483	0,28965
		KBr	—	—	—	—	2,9014	0,46261
0,01170	0,06815—2	Br	—	—	0,93493	0,97078—1	—	—
		KBr	—	—	1,3923	0,14374	—	—
—	—	J	1,3877	0,14230	—	—	—	—
		KJ	1,8152	0,25393	—	—	—	—
0,009356	0,97110—3	J	—	—	1,1875	0,07463	—	—
		KJ	—	—	1,5533	0,19126	—	—
—	—	J	—	—	—	—	1,5041	0,17728
		KJ	—	—	—	—	1,6975	0,29391
0,005687	0,75488—3	J	—	—	0,72178	0,85891—1	—	—
		KJ	—	—	0,94415	0,97507—1	—	—
0,033964	0,53102—2	J	2,7004	0,43143	4,3107	0,63455	—	—
		JK	3,5323	0,54806	5,6387	0,75118	—	—
0,029063	0,46335—2	J	—	—	3,6888	0,56688	—	—
		KJ	—	—	4,8251	0,68351	—	—
—	—	J	—	—	—	—	4,6723	0,66953
		KJ	—	—	—	—	6,1399	0,78816
0,017666	0,24713—2	J	—	—	2,2390	0,35006	—	—
		KJ	—	—	2,9329	0,46729	—	—
0,025330	0,40365—2	K	2,4284	0,38533	0,99033	0,99578—1	—	—
		KCl	4,6310	0,66567	1,8885	0,27612	—	—
—	—	K	—	—	—	—	11,290	1,05270
		KCl	—	—	—	—	21,530	1,33304
0,075605	0,87855—2	K_2	9,7098	0,98721	5,9117	0,77171	—	—
		K_2SO_4	21,638	1,33522	13,174	1,11972	—	—
—	—						—	—
0,029884	0,47546—2	Br	1,7975	0,25467	2,3883	0,37809	—	—
		AgBr	4,2241	0,62573	5,6124	0,74915	—	—
—	—						—	—
0,014527	0,16219—2	J	1,3877	0,14230	1,8438	0,26572	—	—
		AgJ	3,1584	0,49947	3,4111	0,53289	—	—
0,027876	0,44523—2	J	2,7004	0,43143	3,5380	0,54876	—	—
		AgJ	4,9958	0,69860	6,5453	0,81593	—	—
0,037038	0,56865—2	J	—	—	4,7009	0,67218	—	—
		AgJ	—	—	8,6966	0,93935	—	—

Für die praktischen Berechnungen lassen sich diese Gleichungen leicht umformen:

a) Gewichtsanteile x (a + b) oder xa bzw. xb deren Molekulargewichte M sei:

Fall 1 | Fall 1 a | Fall 2

$$\underline{xM} = g\frac{M}{(b-c)} - g'\frac{M}{M'}\frac{(a+c)}{(b-c)} \;\Big|\; = \frac{M}{(b-c)}\cdot(g-g') \;\Big|\; = g\frac{M}{(b-c)} - M(g-g')\cdot\frac{(a+c)}{(a-f)\cdot(b-}$$

b) Mole auf 100 g angewandtes Gemisch:

$$\underline{x\frac{100}{g}} = X = \frac{100}{(b-c)} - 100\frac{g'}{gM'}\frac{(a+c)}{(b-c)} \;\Big|\; = \frac{100}{(b-c)}\cdot\frac{(g-g')}{g} \;\Big|\; = \frac{100}{(b-c)} - \frac{100(g-g')}{g}\cdot\frac{(a+c)}{(a-f)\cdot(b-}$$

c) In Gewichts-Prozenten:

$$\underline{p\% = XM} = \frac{100M}{(b-c)} - 100\frac{g'}{g}\frac{M}{M'}\frac{(a+c)}{(b-c)} \;\Big|\; = \frac{100M}{(b-c)}\cdot\frac{(g-g')}{g} \;\Big|\; = \frac{100M}{(b-c)} - 100M\frac{(g-g')}{g}\cdot\frac{(a+c)}{(a-f)\cdot(b-}$$

In der vorstehenden Tabelle sind für einige häufig gebrauchte Fälle die Werte für

$$\frac{1}{b-c)};\ \frac{(a+c)}{(b-c)};\ \frac{(a+c)}{(a-f)\cdot(b-c)};\ \frac{1}{M'}\frac{(a+c)}{(b-c)};\ \frac{M}{(b-c)};\ \frac{M}{M'}\frac{(a+c)}{(b\ \ c)}\text{ und } M\frac{(a+c)}{(a-f)\cdot(b-c)}$$

und deren Logarithmen zusammengestellt.

Der Wert für y ergibt sich

1. $x + y = \frac{g'}{(a+f)} = \frac{g'}{M'}$; $\quad y = \frac{g'}{M'} - x.$

1 a. $x + y = \frac{g'}{(a+f)} = \frac{g'}{(a+c)}$; $\quad y = \frac{g'}{(a+c)} - x.$

2. $x + y = \frac{(g-g')}{(a-f)}$; $\quad y = \frac{(g-g')}{(a-f)} - x.$

Mittels der angegebenen Zahlen der Tabelle können auch andere vorkommenden Umrechnungen in einfacher Weise direkt durchgeführt werden, z. B. für Fall 1.:

a) Wieviel Mol-% Br sind im Cl-Br-Gemisch vorhanden?

$$\frac{x}{x+y}\,100 = 100\,g\,\frac{M'}{g'}\,\frac{1}{(b-c)} - 100\,\frac{(a+c)}{(b-c)}.$$

b) Zu berechnen ist das Molverhältnis Br : Cl, wenn Br = 1 gesetzt wird

$$y' = \frac{y}{x} = \frac{g'}{M'\cdot x} - 1.$$

8 Mathematische Zahlentafeln.

Von **Alwin Walther** und **Theodor Zech.**

Vorbemerkungen.

Zu 801 und 802. Logarithmen sind Exponenten. So ist der *Zehnerlogarithmus* $\lg x$ der Exponent, mit dem man die Grundzahl 10 potenzieren muß, um die Zahl (den Numerus) x zu erhalten; d. h. es gilt $x = 10^{\lg x}$. Zum Beispiel ist[1] $\lg 2 \approx 0{,}3010$ gleichbedeutend mit $2 \approx 10^{0{,}3010}$.

Das Rechnen mit Logarithmen ist daher nur eine Umschreibung des Rechnens mit Potenzen gleicher Grundzahl, z. B.

$$2 \cdot 3 = 10^{\lg 2} \cdot 10^{\lg 3} = 10^{\lg 2 + \lg 3}, \quad \text{deshalb} \quad \lg(2 \cdot 3) = \lg 2 + \lg 3,$$

$$2 : 3 = 10^{\lg 2} : 10^{\lg 3} = 10^{\lg 2 - \lg 3}, \quad \text{deshalb} \quad \lg(2 : 3) = \lg 2 - \lg 3,$$

$$2^3 = (10^{\lg 2})^3 = 10^{3 \cdot \lg 2}, \quad \text{deshalb} \quad \lg 2^3 = 3 \lg 2,$$

$$\sqrt[3]{2} = (10^{\lg 2})^{\frac{1}{3}} = 10^{\frac{1}{3} \lg 2}, \quad \text{deshalb} \quad \lg \sqrt[3]{2} = \tfrac{1}{3} \lg 2.$$

Eine logarithmische Rechnung zerfällt in 3 Teile: Aufsuchen der Logarithmen in Tafel 801, Rechnen mit ihnen nach den eben angegebenen Regeln, Rückkehr vom Ergebnislogarithmus zum Numerus mit Tafel 802.

Für den Gebrauch von Tafel 801 schreibt man die gegebene Zahl x in der Form: glatte Zehnerpotenz mal einer Zahl zwischen 1 und 10, die nötigenfalls auf vier Ziffern gekürzt wird, z. B.

$$64373 \approx 10^4 \cdot 6{,}437 \quad \text{oder} \quad 0{,}008542 = 10^{-3} \cdot 8{,}542.$$

Dann ist $\lg 64373 \approx 4 + \lg 6{,}437$ oder $\lg 0{,}008542 = -3 + \lg 8{,}542$. Der Exponent der glatten Zehnerpotenz, hier 4 bzw. -3, heißt *Kennziffer* und bildet den ganzzahligen Bestandteil des gewünschten Logarithmus. Die Zahl zwischen 1 und 10 liefert den Bruchbestandteil, die Mantisse. Für diese werden aus Tafel 801 vier Dezimalen entnommen. Die Zeile der ersten beiden Ziffern, im Beispiel 64, und die Spalte der dritten Ziffer, hier 3, schneiden sich in einer vierstelligen Zahl, hier 8082. Zu ihr fügt man den rechts in der Spalte für die vierte Ziffer 7 ersichtlichen Zuschlag 5, Ergebnis 8087. Damit wird $\lg 6{,}437 = 0{,}8087$ und $\lg 64373 \approx 4{,}8087$. Entsprechend bestimmt man $\lg 0{,}008542 = -3 + 0{,}9316$, wofür auch $7{,}9316 - 10$ oder $-2{,}0684$ geschrieben werden kann.

Am Anfang von Tafel 801 sind vierstellige Mantissen für die fünfziffrigen Zahlen zwischen 1 und 1,0999 entnehmbar, z. B. $\lg 1{,}0318 = 0{,}0136$.

Tafel 802 liefert die *Zehner-Exponentialfunktion* (den Antilogarithmus) 10^x, d. h. die Zahl (den Numerus) $\operatorname{num} x$ zu gegebenem Zehnerlogarithmus x. Die ersten beiden Ziffern der Mantisse geben die Zeile, die dritte die Spalte unter 10^x, die vierte die Spalte bei den Zuschlägen. Die an den Schnittstellen von Zeile und Spalten stehenden Zahlen addiert man. Das Dezimalkomma tritt für Kennziffer 0 hinter die erste gefundene Ziffer. Sonst wird es entsprechend Multiplikation mit einer glatten Zehnerpotenz um soviel Stellen nach rechts oder links verschoben, wie die positive oder negative Kennziffer angibt. Zum Beispiel entnimmt man der Tafel zur Mantisse ,8087 die Zahlen 6427 und 10 mit der Summe 6437. Also ist

$$\operatorname{num} 0{,}8087 = 10^{0{,}8087} = 6{,}437 \quad \text{und} \quad \operatorname{num} 4{,}8087 = 64370.$$

Ähnlich

$$\operatorname{num}(0{,}9316 - 3) = 10^{0{,}9816-3} = 0{,}008543.$$

Statt mit Tafel 802 arbeiten viele Praktiker lieber mit Tafel 801, in die sie von den Mantissen her eingehen.

[1] $\approx$ bedeutet „angenähert gleich“.

Zu 803, 804, 8123, 8124. Der *natürliche Logarithmus* $\ln x$ ist der Exponent zur Gewinnung von x für die Grundzahl $e = 2{,}71828\ldots$ Wegen

$$x = e^{\ln x} = (10^{\lg e})^{\ln x} = 10^{\lg e \cdot \ln x} = 10^{\lg x},$$

$$x = 10^{\lg x} = (e^{\ln 10})^{\lg x} = e^{\ln 10 \cdot \lg x} = e^{\ln x}$$

sind natürliche und Zehnerlogarithmen proportional:

$$\lg x = M \ln x \qquad \text{mit } M = \lg e \approx 0{,}4343,$$

umgekehrt

$$\ln x = \frac{1}{M} \lg x \qquad \text{mit } \frac{1}{M} = \ln 10 \approx 2{,}3026.$$

Aus dem nach Tafel 801 bestimmten Zehnerlogarithmus $\lg x$ findet man also den natürlichen Logarithmus $\ln x$ durch Multiplikation mit 2,3026; Erleichterung durch Hilfstafel 8123 gemäß dem dort gedruckten Beispiel. Umgekehrte Umrechnung von $\ln x$ in $\lg x$ mit Hilfstafel 8124.

Unmittelbar gibt Tafel 803 die natürlichen Logarithmen $\ln x$ der Zahlen x zwischen 1,00 und 10,09 mit der Spanne 0,01. Die beiden ersten Ziffern von x kennzeichnen die Zeile, die dritte die Spalte von $\ln x$. Der ganzzahlige Bestandteil ist nur in Spalte 0 gedruckt, und zwar dort, wo er springt. Er wird durch Aufwärtsgehen in Spalte 0 gefunden. Zum Beispiel ist $\ln 8{,}43 = 2{,}1318$, indem man die 2 bei 7,40 abliest. Ausnahme: Ein Stern * weist darauf hin, daß der ganzzahlige Bestandteil der nächstfolgenden Zeile entnommen werden soll, z. B. bei $\ln 2{,}77 = 1{,}0188$ der Zeile 2,8.

Für die Tausendstel 0,001 ist die Tafel linear interpolierbar. Beispiel: $\ln 8{,}436 = 2{,}1325$: man stützt sich auf $\ln 8{,}43 = 2{,}1318$ und bestimmt den Zuschlag zur letzten Stelle so: Tafeldifferenz 12 mal 0,6 gibt 7.

Gerechnet wird mit natürlichen Logarithmen nach den allgemeinen Logarithmengesetzen.

Tafel 804 bringt die *natürliche Exponentialfunktion* e^x, d. h. den Numerus zum natürlichen Logarithmus x. Von $x = 0{,}00$ bis $x = 4{,}00$ schreitet die Tafel nach Hundertsteln fort und ist innerhalb der berücksichtigten Dezimalstellen (drei bis $x = 2{,}30$, dann zwei) linear interpolierbar. Von $x = 4{,}00$ bis $x = 5{,}95$ sind die Werte e^x für die Spanne 0,05 mit zwei Dezimalen oder mit einer ohne lineare Interpolierbarkeit angegeben, von $x = 6$ bis $x = 15$ für die ganzen Zahlen. Mit gleicher Stufung enthält die Tafel die *Abklingfunktion* e^{-x} auf zunächst vier, später fünf und sechs Stellen nach dem Komma und die *Sättigungsfunktion* $1 - e^{-x}$ auf vier Stellen nach dem Komma. Lineare Interpolierbarkeit ist bei e^{-x} bis $x = 4{,}00$, bei $1 - e^{-x}$ durchweg außer von $x = 6$ bis $x = 8$ gewährleistet.

Zu 805, 806, 807. Die fetten Zahlen zeigen einen Wechsel der Spanne an.

Die *Quadrate* x^2 in Tafel 805 sind strenge Werte, aber nicht für alle mitgenommenen Stellen linear interpolierbar. Die *Quadratwurzeln* $\sqrt{x}$ *und* $\sqrt{10x}$ gestatten innerhalb der berücksichtigten drei Stellen nach dem Komma durchweg lineare Interpolation. Beim Quadratwurzelziehen bringt man den Radikanden x durch Multiplikation mit einer glatten Potenz von 100 (Kommaverschiebung um eine gerade Anzahl Stellen) in den Bereich 1...100 und liest dann die Wurzel für den Bereich 1...10 in der Spalte $\sqrt{x}$, für den Bereich 10...100 in der Spalte $\sqrt{10x}$ ab. Beispiel: $\sqrt{158} = \sqrt{100 \cdot 1{,}58} = 10 \cdot 1{,}257 = 12{,}57$; hingegen $\sqrt{15{,}8} = 3{,}975$.

Entsprechend arbeitet man bei den auf drei Stellen nach dem Komma angegebenen, durchweg linear interpolierbaren *Kubikwurzeln* $\sqrt[3]{x}$, $\sqrt[3]{10x}$, $\sqrt[3]{100x}$ in Tafel 807 mit Potenzen von 1000. Beispiel:

$$\sqrt[3]{0{,}188} = \sqrt[3]{1000^{-1} \cdot 188} = 10^{-1} \cdot 5{,}729 = 0{,}5729.$$

Die *dritten, vierten und fünften Potenzen* x^3, x^4 *und* x^5 in Tafel 806 sind abgerundete Werte und nur beschränkt linear interpolierbar.

Zu 808. Tafel für den *Kehrwert* $1/x$; wird wie eine Logarithmentafel benutzt und linear interpoliert.

Zu 809. Die fetten Zahlen deuten wieder auf einen Wechsel der Spanne hin. Der *Kreisumfang* $U = \pi d$ *zum Durchmesser* d ist immer linear interpolierbar, *Kreisfläche* $F = \frac{\pi}{4} d^2$ und *Kugelinhalt* $V = \frac{\pi}{6} d^3$ innerhalb der angegebenen Stellen meist.

Zu 810, 811, 8121, 8122. Die *trigonometrischen Funktionen* (Winkelfunktionen, Kreisfunktionen) $\sin x$ und $\cos x$ in Tafel 810 und 811 sind erklärt als Ordinate bzw. Abzisse zum Winkel x im Einheitskreis; $\operatorname{tg} x$ ist das Verhältnis $\frac{\sin x}{\cos x}$ und $\operatorname{ctg} x$ der Kehrwert $\frac{1}{\operatorname{tg} x} = \frac{\cos x}{\sin x}$. Der Winkel x als Maß einer Drehung liegt für 810 in Gradmaß zugrunde (volle Drehung in 360° eingeteilt), für 811 in Bogenmaß (Winkel festgelegt durch die Maßzahl des zugehörigen Bogens im Einheitskreis). *Umrechnung von Gradmaß in Bogenmaß und umgekehrt* mit den Hilfstafeln 8121 und 8122: dem Gradmaß 360° entspricht 2π, dem Gradmaß 1° also $\pi/180 \approx 0{,}01745$. Daher findet man das Bogenmaß durch Multiplikation von 0,01745 mit dem Gradmaß. Nach Hilfstafel 8121 zieht man die vertafelten Vielfachen von 0,01745 der Reihe nach für die einzelnen Dezimalen des Gradmaßes heran. Umgekehrt gehört zum Bogenmaß 1 das Gradmaß 57,30°, Hilfstafel 8122.

Da $\sin x$, $\cos x$, $\operatorname{tg} x$, $\operatorname{ctg} x$ in den vier Quadranten des Einheitskreises bis auf Vorzeichen und Anordnung wiederkehren, z. B. $\sin(180° - x) = \sin x$, bringt Tafel 810 nur die Funktionswerte für x von 0°...90°, und zwar von Grad zu Grad. Zu Winkeln 0°...45° der linken x-Spalten gehören Funktionswerte gemäß den Überschriften $\sin x$, $\cos x$, $\operatorname{tg} x$, $\operatorname{ctg} x$. Winkeln 45°...90° der rechten x-Spalten sind hingegen Funktionswerte gemäß den Unterschriften $\cos x$, $\sin x$, $\operatorname{ctg} x$, $\operatorname{tg} x$ zugeordnet, entsprechend $\sin x = \cos(90° - x)$ und ähnlichen Formeln. Beispiel: $\sin 66° = 0{,}9135$. Die starke Änderung der beigeschriebenen Differenzen zeigt, daß die Tafel 810 vielfach nicht oder nur mit Vorsicht linear interpoliert werden kann. In verstärktem Maße gilt dies für Tafel 811. Diese dient im wesentlichen nur zu nützlicher Orientierung; beim Bogenmaß ist die Lage des zugehörigen Punktes auf dem Einheitskreis nicht so leicht durchschaubar wie beim Gradmaß.

Zu 813. Das *Gaußsche Fehlerintegral* $\Phi(x)$ regelt die „zufällige" Verteilung von Beobachtungen l um den Durchschnitt (das arithmetische Mittel) $\bar{l}$. Es gibt die Wahrscheinlichkeit dafür, daß eine nach Zufall um den Nullpunkt mit der Streuung σ schwankende Größe im Intervall von 0 bis zur x-fachen Streuung $x\sigma$ liegt. Aus der linear interpolierbaren Tafel 813 entnimmt man z. B.

$$\Phi(0{,}5) = 0{,}1915 \qquad \Phi(0{,}6745) = 0{,}25 \qquad \Phi(1) = 0{,}3413$$

$$\Phi(2) = 0{,}4772 \qquad \Phi(3) = 0{,}4987;$$

d. h. bei Gaußscher Verteilung finden sich theoretisch vor:

im Intervall von	bis	% der Beobachtungen
$\bar{l} - 0{,}5\,\sigma$	$\bar{l} + 0{,}5\,\sigma$	38,3
$\bar{l} - 0{,}6745\,\sigma$	$\bar{l} + 0{,}6745\,\sigma$	50
$\bar{l} - \sigma$	$\bar{l} + \sigma$	68,3
$\bar{l} - 2\,\sigma$	$\bar{l} + 2\,\sigma$	95,5
$\bar{l} - 3\,\sigma$	$\bar{l} + 3\,\sigma$	99,7

Die Wahrscheinlichkeit für Beobachtungen zwischen $x_1\sigma$ und $x_2\sigma$ ist $\Phi(x_2) - \Phi(x_1)$, wobei man nötigenfalls $\Phi(-x) = -\Phi(x)$ beachtet; z. B. liegen 13,6% aller Beobachtungen zwischen $\bar{l} + \sigma$ und $\bar{l} + 2\sigma$. Beobachtungen mit Betrag kleiner als $x\sigma$ haben die Wahrscheinlichkeit $2\Phi(x)$, mit Betrag größer als $x\sigma$ die Wahrscheinlichkeit

$1-2\Phi(x)$; zweite Spalte in Tafel 813, linear interpolierbar bis $x=3$. Zum Beispiel weichen bei 1000 Beobachtungen nur 2,7 vom Durchschnitt um mehr als 3σ ab, weshalb man oft $\pm 3\sigma$ als zulässige Streugrenzen festsetzt.

Die dritte Spalte liefert die *Gaußsche Fehlerfunktion* $\varphi(x)=\frac{1}{\sqrt{2\pi}}\,e^{-\frac{x^2}{2}}$, linear interpolierbar bis $x=3$, dargestellt durch eine zur Ordinatenachse symmetrische Glockenkurve. Diese veranschaulicht die Verteilung der Beobachtungen um den Durchschnitt; positive und negative Abweichungen gleich häufig, kleine Abweichungen häufiger als große. Der Streuung $\pm\sigma$ nach beiden Seiten entsprechen an der Glockenkurve die Wendepunkte und der Wahrscheinlichkeit für eine Abweichung zwischen 0 und $x\sigma$ der Flächeninhalt

$$\Phi(x)=\int_0^x \varphi(t)\,dt=\frac{1}{\sqrt{2\pi}}\int_0^x e^{-\frac{t^2}{2}}\,dt.$$

Hauptanwendung von Tafel 813: Man prüft eine empirische Verteilung darauf, ob sie eine auf Zufall beruhende Gaußsche (normale) Verteilung ist, um andernfalls auf systematische Abweichungen zu schließen und deren Gründen nachzugehen.

So nimmt man bei wiederholter Messung einer Größe l üblicherweise den *Durchschnitt*

$$\bar{l}=\frac{l_1+l_2+\dots+l_n}{n}$$

der Meßwerte $l_1, l_2, \dots, l_n$ als beste Näherung an den unbekannten wahren Wert L. Die Abweichungen $l_1-\bar{l},\ l_2-\bar{l}, \dots, l_n-\bar{l}$ sind die Meßfehler. Aus ihnen berechnet man als Maß für die Gruppierung der Meßwerte um den Durchschnitt die mittlere Abweichung oder *Streuung*[1]

$$\sigma=\sqrt{\frac{(l_1-\bar{l})^2+(l^2-\bar{l})^2+\cdots+(l_n-\bar{l})^2}{n}}.$$

Zur Beurteilung der Genauigkeit von $\bar{l}$ dient der *mittlere Fehler des Durchschnitts:*

$$m=\frac{\sigma}{\sqrt{n}}.$$

Er gibt an, wie stark bei wiederholter Durchführung der Meßreihe die erhaltenen Einzeldurchschnitte um den Gesamtdurchschnitt[2] schwanken, und legt die bei $\bar{l}$ mitzunehmende Stellenzahl fest. Vergrößern der Beobachtungszahl n drückt m wegen des Nenners $\sqrt{n}$ nur ziemlich langsam herab. Das Meßergebnis schreibt man gern in der Form $\bar{l}\pm m$ auf.

Statt Meßwerten einer Meßgröße l können $l_1, l_2, \dots, l_n$ in der *mathematischen Statistik* auch Werte eines Merkmals l bei den verschiedenen Exemplaren einer biologischen Erhebung, einer Fabrikationskontrolle od. dgl. sein[3]. Durch die Angabe $\bar{l}\pm\sigma$ faßt man die Erhebung zusammen oder kennzeichnet den Ausfall der Herstellung. Ein geeignetes Vielfaches von σ, oft 3σ, trennt als Toleranz die brauchbaren Stücke vom Ausschuß.

Die empirisch bestimmten Größen $\bar{l}$ und σ genügen, um nach Tafel 813 eine zugeordnete Gaußsche Verteilung theoretischer Häufigkeiten zum Vergleich mit den empirischen Häufigkeiten aufzubauen.

---

[1] Dividiert man durch $n-1$ statt n, so entsteht der von σ wenig verschiedene *mittlere Fehler μ der Einzelbeobachtung*. Er trägt der Tatsache Rechnung, daß die Meßfehler eigentlich auf L statt auf $\bar{l}$ bezogen werden müssen, und ist der wahrscheinlichste Wert für die mittlere Abweichung in bezug auf L. Es gilt $\mu=\sigma\sqrt{\frac{n}{n-1}}\approx\sigma\left(1+\frac{1}{2n}\right)$.

[2] Genauer: um den wahren Wert; dann rechnet man $m=\mu/\sqrt{n}$.

[3] Dann ist es meist sinnlos, von einem wahren Wert L zu sprechen.

Zur praktischen Berechnung von $\bar{l}$ und σ schätzt man einen runden Näherungswert a für $\bar{l}$, bildet in Einheiten der letzten Stelle die Abweichungen $l-a$, ihre Summe s_1 und ihren Durchschnitt $d_1 = s_1/n$. Mit d_1 wird a gemäß

$$\bar{l} = a + d_1$$

zum Durchschnitt $\bar{l}$ verbessert. Dann bildet man die Quadrate $(l-a)^2$, ihre Summe und ihren Durchschnitt $d_2 = s_2/n$. Aus d_2 geht das Streuungsquadrat σ^2 hervo indem man das Quadrat von d_1 abzieht:

$$\sigma^2 = d_2 - d_1^2.$$

Hiernach ist der Durchschnitt l dadurch gekennzeichnet, daß für ihn als Bezugswert die mittlere Abweichung den kleinsten überhaupt möglichen Wert annimmt; Name „Methode der kleinsten Quadrate" für die auf Durchschnitt und Streuung gestützte Art der Bearbeitung von Beobachtungen. Beispiel:

Beobachtung l	Abweichung $l-a$	Abweichungsquadrat $(l-a)^2$
65,2	2	4
65,1	1	1
64,9	−1	1
64,9	−1	1
65,1	1	1
	$s_1 = 0{,}2$	$s_2 = 0{,}08$
	$d_1 = 0{,}04$	$d_2 = 0{,}016$

Anzahl der Beobachtungen $n = 5$; runder Näherungswert $a = 65{,}0$.

Durchschnitt $\bar{l} = 65{,}0 + 0{,}04 = 65{,}04$,

Streuungsquadrat $\sigma^2 = 0{,}016 - 0{,}0016 = 0{,}0144$, Streuung $\sigma = 0{,}12$.

Mittlerer Fehler des Durchschnitts $m = \frac{0{,}12}{\sqrt{5}} \approx 0{,}054$.

Zusammenfassende Angabe:

in der mathematischen Statistik:

65,04 ± 0,12, die einzelnen Exemplare streuen im Mittel um ± 0,12 um den Durchschnitt;

bei Auswertung einer Meßreihe:

65,04 ± 0,05, der Durchschnitt ist auf ± 0,05 genau.

Zu 814, 815, 816, Tafeln häufig vorkommender Größen. Die Binomialkoeffizienten $\binom{n}{k} = \frac{n(n-1)\cdots(n-k+1)}{1\cdot 2\cdot \ldots \cdot k}$ in Tafel 814 treten als Vorzahlen in der Entwicklung der n-ten Potenz eines Binoms auf:

$$(a+b)^n = a^n + \binom{n}{1} a^{n-1} b + \binom{n}{2} a^{n-2} b^2 + \cdots + \binom{n}{k} a^{n-k} b^k + \cdots + b^n$$

und geben die Anzahl der Kombinationen von n Elementen zu je k, d. h. die Anzahl der Möglichkeiten, wie oft man k Elemente aus n vorgelegten ohne Rücksicht auf die Reihenfolge herausgreifen kann. Zum Beispiel ist $\binom{9}{3} = 84$, d. h. aus 9 Dingen lassen sich 3 in beliebiger Anordnung auf 84 Weisen entnehmen. Die Fakultäten $n! = 1\cdot 2\cdot 3 \ldots n$ in Tafel 815 drücken aus, auf wieviel verschiedene Arten man n Elemente linear anordnen kann, z. B. 8 Dinge auf 40320 Arten. Die Fakultät $n!$ wächst mit n außerordentlich rasch an und ist praktisch bald nicht mehr durch bloßes Multiplizieren ausrechenbar. Für solche Fälle, z. B. für große n in der kinetischen Theorie der Materie, wird sie näherungsweise durch die Stirlingsche Formel

$$n! \approx \sqrt{2\pi}\, n^{n+\frac{1}{2}} e^{-n}$$

ausgedrückt, und zwar relativ um so genauer, je größer n ist. Tafel 816 gibt verschiedene für das praktische Rechnen wichtige Konstanten nebst ihren Logarithmen.

801 Zehnerlogarithmus.

Zahl x	lg x										Zuschläge für Zehntel der Spanne								
	0	1	2	3	4	5	6	7	8	9	1	2	3	4	5	6	7	8	9
100	0000	0004	0009	0013	0017	0022	0026	0030	0035	0039	0	1	1	2	2	3	3	3	4
101	0043	0048	0052	0056	0060	0065	0069	0073	0077	0082	0	1	1	2	2	3	3	3	4
102	0086	0090	0095	0099	0103	0107	0111	0116	0120	0124	0	1	1	2	2	3	3	3	4
103	0128	0133	0137	0141	0145	0149	0154	0158	0162	0166	0	1	1	2	2	3	3	3	4
104	0170	0175	0179	0183	0187	0191	0195	0199	0204	0208	0	1	1	2	2	2	3	3	4
105	0212	0216	0220	0224	0228	0233	0237	0241	0245	0249	0	1	1	2	2	2	3	3	4
106	0253	0257	0261	0265	0269	0273	0278	0282	0286	0290	0	1	1	2	2	2	3	3	4
107	0294	0298	0302	0306	0310	0314	0318	0322	0326	0330	0	1	1	2	2	2	3	3	4
108	0334	0338	0342	0346	0350	0354	0358	0362	0366	0370	0	1	1	2	2	2	3	3	4
109	0374	0378	0382	0386	0390	0394	0398	0402	0406	0410	0	1	1	2	2	2	3	3	4
10	0000	0043	0086	0128	0170	0212	0253	0294	0334	0374	4	8	12	17	21	25	29	33	37
11	0414	0453	0492	0531	0569	0607	0645	0682	0719	0755	4	8	11	15	19	23	26	30	34
12	0792	0828	0864	0899	0934	0969	1004	1038	1072	1106	3	7	10	14	17	21	24	28	31
13	1139	1173	1206	1239	1271	1303	1335	1367	1399	1430	3	6	10	13	16	19	23	26	29
14	1461	1492	1523	1553	1584	1614	1644	1673	1703	1732	3	6	9	12	15	18	21	24	27
15	1761	1790	1818	1847	1875	1903	1931	1959	1987	2014	3	6	8	11	14	17	20	22	25
16	2041	2068	2095	2122	2148	2175	2201	2227	2253	2279	3	5	8	11	13	16	18	21	24
17	2304	2330	2355	2380	2405	2430	2455	2480	2504	2529	2	5	7	10	12	15	17	20	22
18	2553	2577	2601	2625	2648	2672	2695	2718	2742	2765	2	5	7	9	12	14	16	19	21
19	2788	2810	2833	2856	2878	2900	2923	2945	2967	2989	2	4	7	9	11	13	16	18	20
20	3010	3032	3054	3075	3096	3118	3139	3160	3181	3201	2	4	6	8	11	13	15	17	19
21	3222	3243	3263	3284	3304	3324	3345	3365	3385	3404	2	4	6	8	10	12	14	16	18
22	3424	3444	3464	3483	3502	3522	3541	3560	3579	3598	2	4	6	8	10	12	14	15	17
23	3617	3636	3655	3674	3692	3711	3729	3747	3766	3784	2	4	6	7	9	11	13	15	17
24	3802	3820	3838	3856	3874	3892	3909	3927	3945	3962	2	4	5	7	9	11	12	14	16
25	3979	3997	4014	4031	4048	4065	4082	4099	4116	4133	2	3	5	7	9	10	12	14	15
26	4150	4166	4183	4200	4216	4232	4249	4265	4281	4298	2	3	5	7	8	10	11	13	15
27	4314	4330	4346	4362	4378	4393	4409	4425	4440	4456	2	3	5	6	8	9	11	13	14
28	4472	4487	4502	4518	4533	4548	4564	4579	4594	4609	2	3	5	6	8	9	11	12	14
29	4624	4639	4654	4669	4683	4698	4713	4728	4742	4757	1	3	4	6	7	9	10	12	13
30	4771	4786	4800	4814	4829	4843	4857	4871	4886	4900	1	3	4	6	7	9	10	11	13
31	4914	4928	4942	4955	4969	4983	4997	5011	5024	5038	1	3	4	6	7	8	10	11	12
32	5051	5065	5079	5092	5105	5119	5132	5145	5159	5172	1	3	4	5	7	8	9	11	12
33	5185	5198	5211	5224	5237	5250	5263	5276	5289	5302	1	3	4	5	6	8	9	10	12
34	5315	5328	5340	5353	5366	5378	5391	5403	5416	5428	1	3	4	5	6	8	9	10	11
35	5441	5453	5465	5478	5490	5502	5514	5527	5539	5551	1	2	4	5	6	7	9	10	11
36	5563	5575	5587	5599	5611	5623	5635	5647	5658	5670	1	2	4	5	6	7	8	10	11
37	5682	5694	5705	5717	5729	5740	5752	5763	5775	5786	1	2	3	5	6	7	8	9	10
38	5798	5809	5821	5832	5843	5855	5866	5877	5888	5899	1	2	3	5	6	7	8	9	10
39	5911	5922	5933	5944	5955	5966	5977	5988	5999	6010	1	2	3	4	5	7	8	9	10
40	6021	6031	6042	6053	6064	6075	6085	6096	6107	6117	1	2	3	4	5	6	8	9	10
41	6128	6138	6149	6160	6170	6180	6191	6201	6212	6222	1	2	3	4	5	6	7	8	9
42	6232	6243	6253	6263	6274	6284	6294	6304	6314	6325	1	2	3	4	5	6	7	8	9
43	6335	6345	6355	6365	6375	6385	6395	6405	6415	6425	1	2	3	4	5	6	7	8	9
44	6435	6444	6454	6464	6474	6484	6493	6503	6513	6522	1	2	3	4	5	6	7	8	9
45	6532	6542	6551	6561	6571	6580	6590	6599	6609	6618	1	2	3	4	5	6	7	8	9
46	6628	6637	6646	6656	6665	6675	6684	6693	6702	6712	1	2	3	4	5	6	7	7	8
47	6721	6730	6739	6749	6758	6767	6776	6785	6794	6803	1	2	3	4	5	5	6	7	8
48	6812	6821	6830	6839	6848	6857	6866	6875	6884	6893	1	2	3	4	4	5	6	7	8
49	6902	6911	6920	6928	6937	6946	6955	6964	6972	6981	1	2	3	4	4	5	6	7	8
x	0	1	2	3	4	5	6	7	8	9	1	2	3	4	5	6	7	8	9

801 Zehnerlogarithmus (Fortsetzung).

Zahl x	lg x										Zuschläge für Zehntel der Spanne								
	0	1	2	3	4	5	6	7	8	9	1	2	3	4	5	6	7	8	9
50	6990	6998	7007	7016	7024	7033	7042	7050	7059	7067	1	2	3	3	4	5	6	7	8
51	7076	7084	7093	7101	7110	7118	7126	7135	7143	7152	1	2	3	3	4	5	6	7	8
52	7160	7168	7177	7185	7193	7202	7210	7218	7226	7235	1	2	2	3	4	5	6	7	7
53	7243	7251	7259	7267	7275	7284	7292	7300	7308	7316	1	2	2	3	4	5	6	6	7
54	7324	7332	7340	7348	7356	7364	7372	7380	7388	7396	1	2	2	3	4	5	6	6	7
55	7404	7412	7419	7427	7435	7443	7451	7459	7466	7474	1	2	2	3	4	5	5	6	7
56	7482	7490	7497	7505	7513	7520	7528	7536	7543	7551	1	2	2	3	4	5	5	6	7
57	7559	7566	7574	7582	7589	7597	7604	7612	7619	7627	1	2	2	3	4	5	5	6	7
58	7634	7642	7649	7657	7664	7672	7679	7686	7694	7701	1	1	2	3	4	4	5	6	7
59	7709	7716	7723	7731	7738	7745	7752	7760	7767	7774	1	1	2	3	4	4	5	6	7
60	7782	7789	7796	7803	7810	7818	7825	7832	7839	7846	1	1	2	3	4	4	5	6	6
61	7853	7860	7868	7875	7882	7889	7896	7903	7910	7917	1	1	2	3	4	4	5	6	6
62	7924	7931	7938	7945	7952	7959	7966	7973	7980	7987	1	1	2	3	3	4	5	6	6
63	7993	8000	8007	8014	8021	8028	8035	8041	8048	8055	1	1	2	3	3	4	5	5	6
64	8062	8069	8075	8082	8089	8096	8102	8109	8116	8122	1	1	2	3	3	4	5	5	6
65	8129	8136	8142	8149	8156	8162	8169	8176	8182	8189	1	1	2	3	3	4	5	5	6
66	8195	8202	8209	8215	8222	8228	8235	8241	8248	8254	1	1	2	3	3	4	5	5	6
67	8261	8267	8274	8280	8287	8293	8299	8306	8312	8319	1	1	2	3	3	4	5	5	6
68	8325	8331	8338	8344	8351	8357	8363	8370	8376	8382	1	1	2	3	3	4	4	5	6
69	8388	8395	8401	8407	8414	8420	8426	8432	8439	8445	1	1	2	2	3	4	4	5	6
70	8451	8457	8463	8470	8476	8482	8488	8494	8500	8506	1	1	2	2	3	4	4	5	6
71	8513	8519	8525	8531	8537	8543	8549	8555	8561	8567	1	1	2	2	3	4	4	5	5
72	8573	8579	8585	8591	8597	8603	8609	8615	8621	8627	1	1	2	2	3	4	4	5	5
73	8633	8639	8645	8651	8657	8663	8669	8675	8681	8686	1	1	2	2	3	4	4	5	5
74	8692	8698	8704	8710	8716	8722	8727	8733	8739	8745	1	1	2	2	3	3	4	5	5
75	8751	8756	8762	8768	8774	8779	8785	8791	8797	8802	1	1	2	2	3	3	4	5	5
76	8808	8814	8820	8825	8831	8837	8842	8848	8854	8859	1	1	2	2	3	3	4	5	5
77	8865	8871	8876	8882	8887	8893	8899	8904	8910	8915	1	1	2	2	3	3	4	4	5
78	8921	8927	8932	8938	8943	8949	8954	8960	8965	8971	1	1	2	2	3	3	4	4	5
79	8976	8982	8987	8993	8998	9004	9009	9015	9020	9025	1	1	2	2	3	3	4	4	5
80	9031	9036	9042	9047	9053	9058	9063	9069	9074	9079	1	1	2	2	3	3	4	4	5
81	9085	9090	9096	9101	9106	9112	9117	9122	9128	9133	1	1	2	2	3	3	4	4	5
82	9138	9143	9149	9154	9159	9165	9170	9175	9180	9186	1	1	2	2	3	3	4	4	5
83	9191	9196	9201	9206	9212	9217	9222	9227	9232	9238	1	1	2	2	3	3	4	4	5
84	9243	9248	9253	9258	9263	9269	9274	9279	9284	9289	1	1	2	2	3	3	4	4	5
85	9294	9299	9304	9309	9315	9320	9325	9330	9335	9340	1	1	2	2	3	3	4	4	5
86	9345	9350	9355	9360	9365	9370	9375	9380	9385	9390	1	1	2	2	3	3	4	4	5
87	9395	9400	9405	9410	9415	9420	9425	9430	9435	9440	0	1	1	2	2	3	3	4	4
88	9445	9450	9455	9460	9465	9469	9474	9479	9484	9489	0	1	1	2	2	3	3	4	4
89	9494	9499	9504	9509	9513	9518	9523	9528	9533	9538	0	1	1	2	2	3	3	4	4
90	9542	9547	9552	9557	9562	9566	9571	9576	9581	9586	0	1	1	2	2	3	3	4	4
91	9590	9595	9600	9605	9609	9614	9619	9624	9628	9633	0	1	1	2	2	3	3	4	4
92	9638	9643	9647	9652	9657	9661	9666	9671	9675	9680	0	1	1	2	2	3	3	4	4
93	9685	9689	9694	9699	9703	9708	9713	9717	9722	9727	0	1	1	2	2	3	3	4	4
94	9731	9736	9741	9745	9750	9754	9759	9763	9768	9773	0	1	1	2	2	3	3	4	4
95	9777	9782	9786	9791	9795	9800	9805	9809	9814	9818	0	1	1	2	2	3	3	4	4
96	9823	9827	9832	9836	9841	9845	9850	9854	9859	9863	0	1	1	2	2	3	3	4	4
97	9868	9872	9877	9881	9886	9890	9894	9899	9903	9908	0	1	1	2	2	3	3	4	4
98	9912	9917	9921	9926	9930	9934	9939	9943	9948	9952	0	1	1	2	2	3	3	4	4
99	9956	9961	9965	9969	9974	9978	9983	9987	9991	9996	0	1	1	2	2	3	3	3	4
x	0	1	2	3	4	5	6	7	8	9	1	2	3	4	5	6	7	8	9

802 Zehner-Exponentialfunktion (Antilogarithmus).

x	10^x										Zuschläge für Zehntel der Spanne								
	0	1	2	3	4	5	6	7	8	9	1	2	3	4	5	6	7	8	9
,00	1000	1002	1005	1007	1009	1012	1014	1016	1019	1021	0	0	1	1	1	1	2	2	2
,01	1023	1026	1028	1030	1033	1035	1038	1040	1042	1045	0	0	1	1	1	1	2	2	2
,02	1047	1050	1052	1054	1057	1059	1062	1064	1067	1069	0	0	1	1	1	1	2	2	2
,03	1072	1074	1076	1079	1081	1084	1086	1089	1091	1094	0	0	1	1	1	1	2	2	2
,04	1096	1099	1102	1104	1107	1109	1112	1114	1117	1119	0	1	1	1	1	2	2	2	2
,05	1122	1125	1127	1130	1132	1135	1138	1140	1143	1146	0	1	1	1	1	2	2	2	2
,06	1148	1151	1153	1156	1159	1161	1164	1167	1169	1172	0	1	1	1	1	2	2	2	2
,07	1175	1178	1180	1183	1186	1189	1191	1194	1197	1199	0	1	1	1	1	2	2	2	2
,08	1202	1205	1208	1211	1213	1216	1219	1222	1225	1227	0	1	1	1	1	2	2	2	3
,09	1230	1233	1236	1239	1242	1245	1247	1250	1253	1256	0	1	1	1	1	2	2	2	3
,10	1259	1262	1265	1268	1271	1274	1276	1279	1282	1285	0	1	1	1	1	2	2	2	3
,11	1288	1291	1294	1297	1300	1303	1306	1309	1312	1315	0	1	1	1	2	2	2	2	3
,12	1318	1321	1324	1327	1330	1334	1337	1340	1343	1346	0	1	1	1	2	2	2	2	3
,13	1349	1352	1355	1358	1361	1365	1368	1371	1374	1377	0	1	1	1	2	2	2	3	3
,14	1380	1384	1387	1390	1393	1396	1400	1403	1406	1409	0	1	1	1	2	2	2	3	3
,15	1413	1416	1419	1422	1426	1429	1432	1435	1439	1442	0	1	1	1	2	2	2	3	3
,16	1445	1449	1452	1455	1459	1462	1466	1469	1472	1476	0	1	1	1	2	2	2	3	3
,17	1479	1483	1486	1489	1493	1496	1500	1503	1507	1510	0	1	1	1	2	2	2	3	3
,18	1514	1517	1521	1524	1528	1531	1535	1538	1542	1545	0	1	1	1	2	2	2	3	3
,19	1549	1552	1556	1560	1563	1567	1570	1574	1578	1581	0	1	1	1	2	2	3	3	3
,20	1585	1589	1592	1596	1600	1603	1607	1611	1614	1618	0	1	1	1	2	2	3	3	3
,21	1622	1626	1629	1633	1637	1641	1644	1648	1652	1656	0	1	1	2	2	2	3	3	3
,22	1660	1663	1667	1671	1675	1679	1683	1687	1690	1694	0	1	1	2	2	2	3	3	3
,23	1698	1702	1706	1710	1714	1718	1722	1726	1730	1734	0	1	1	2	2	2	3	3	4
,24	1738	1742	1746	1750	1754	1758	1762	1766	1770	1774	0	1	1	2	2	2	3	3	4
,25	1778	1782	1786	1791	1795	1799	1803	1807	1811	1816	0	1	1	2	2	2	3	3	4
,26	1820	1824	1828	1832	1837	1841	1845	1849	1854	1858	0	1	1	2	2	3	3	3	4
,27	1862	1866	1871	1875	1879	1884	1888	1892	1897	1901	0	1	1	2	2	3	3	3	4
,28	1905	1910	1914	1919	1923	1928	1932	1936	1941	1945	0	1	1	2	2	3	3	4	4
,29	1950	1954	1959	1963	1968	1972	1977	1982	1986	1991	0	1	1	2	2	3	3	4	4
,30	1995	2000	2004	2009	2014	2018	2023	2028	2032	2037	0	1	1	2	2	3	3	4	4
,31	2042	2046	2051	2056	2061	2065	2070	2075	2080	2084	0	1	1	2	2	3	3	4	4
,32	2089	2094	2099	2104	2109	2113	2118	2123	2128	2133	0	1	1	2	2	3	3	4	4
,33	2138	2143	2148	2153	2158	2163	2168	2173	2178	2183	0	1	1	2	2	3	3	4	4
,34	2188	2193	2198	2203	2208	2213	2218	2223	2228	2234	1	1	2	2	3	3	4	4	5
,35	2239	2244	2249	2254	2259	2265	2270	2275	2280	2286	1	1	2	2	3	3	4	4	5
,36	2291	2296	2301	2307	2312	2317	2323	2328	2333	2339	1	1	2	2	3	3	4	4	5
,37	2344	2350	2355	2360	2366	2371	2377	2382	2388	2393	1	1	2	2	3	3	4	4	5
,38	2399	2404	2410	2415	2421	2427	2432	2438	2443	2449	1	1	2	2	3	3	4	4	5
,39	2455	2460	2466	2472	2477	2483	2489	2495	2500	2506	1	1	2	2	3	3	4	5	5
,40	2512	2518	2523	2529	2535	2541	2547	2553	2559	2564	1	1	2	2	3	4	4	5	5
,41	2570	2576	2582	2588	2594	2600	2606	2612	2618	2624	1	1	2	2	3	4	4	5	5
,42	2630	2636	2642	2649	2655	2661	2667	2673	2679	2685	1	1	2	2	3	4	4	5	6
,43	2692	2698	2704	2710	2716	2723	2729	2735	2742	2748	1	1	2	3	3	4	4	5	6
,44	2754	2761	2767	2773	2780	2786	2793	2799	2805	2812	1	1	2	3	3	4	4	5	6
,45	2818	2825	2831	2838	2844	2851	2858	2864	2871	2877	1	1	2	3	3	4	5	5	6
,46	2884	2891	2897	2904	2911	2917	2924	2931	2938	2944	1	1	2	3	3	4	5	5	6
,47	2951	2958	2965	2972	2979	2985	2992	2999	3006	3013	1	1	2	3	3	4	5	5	
,48	3020	3027	3034	3041	3048	3055	3062	3069	3076	3083	1	1	2	3	4	4	5	6	
,49	3090	3097	3105	3112	3119	3126	3133	3141	3148	3155	1	1	2	3	4	4	5	6	6
x	0	1	2	3	4	5	6	7	8	9	1	2	3	4	5	6	7	8	9

802 Zehner-Exponentialfunktion (Fortsetzung).

x	10^x										Zuschläge für Zehntel der Spanne								
	0	1	2	3	4	5	6	7	8	9	1	2	3	4	5	6	7	8	9
,50	3162	3170	3177	3184	3192	3199	3206	3214	3221	3228	1	1	2	3	4	4	5	6	7
,51	3236	3243	3251	3258	3266	3273	3281	3289	3296	3304	1	2	2	3	4	5	5	6	7
,52	3311	3319	3327	3334	3342	3350	3357	3365	3373	3381	1	2	2	3	4	5	5	6	7
,53	3388	3396	3404	3412	3420	3428	3436	3443	3451	3459	1	2	2	3	4	5	6	6	7
,54	3467	3475	3483	3491	3499	3508	3516	3524	3532	3540	1	2	2	3	4	5	6	6	7
,55	3548	3556	3565	3573	3581	3589	3597	3606	3614	3622	1	2	2	3	4	5	6	7	7
,56	3631	3639	3648	3656	3664	3673	3681	3690	3698	3707	1	2	3	3	4	5	6	7	8
,57	3715	3724	3733	3741	3750	3758	3767	3776	3784	3793	1	2	3	3	4	5	6	7	8
,58	3802	3811	3819	3828	3837	3846	3855	3864	3873	3882	1	2	3	4	4	5	6	7	8
,59	3890	3899	3908	3917	3926	3936	3945	3954	3963	3972	1	2	3	4	5	5	6	7	8
,60	3981	3990	3999	4009	4018	4027	4036	4046	4055	4064	1	2	3	4	5	6	6	7	8
,61	4074	4083	4093	4102	4111	4121	4130	4140	4150	4159	1	2	3	4	5	6	7	8	9
,62	4169	4178	4188	4198	4207	4217	4227	4236	4246	4256	1	2	3	4	5	6	7	8	9
,63	4266	4276	4285	4295	4305	4315	4325	4335	4345	4355	1	2	3	4	5	6	7	8	9
,64	4365	4375	4385	4395	4406	4416	4426	4436	4446	4457	1	2	3	4	5	6	7	8	9
,65	4467	4477	4487	4598	4508	4519	4529	4539	4550	4560	1	2	3	4	5	6	7	8	9
,66	4571	4581	4592	4603	4613	4624	4634	4645	4656	4667	1	2	3	4	5	6	7	9	10
,67	4677	4688	4699	4710	4721	4732	4742	4753	4764	4775	1	2	3	4	5	7	8	9	10
,68	4786	4797	4808	4819	4831	4842	4853	4864	4875	4887	1	2	3	4	6	7	8	9	10
,69	4898	4909	4920	4932	4943	4955	4966	4977	4989	5000	1	2	3	5	6	7	8	9	10
,70	5012	5023	5035	5047	5058	5070	5082	5093	5105	5117	1	2	4	5	6	7	8	9	11
,71	5129	5140	5152	5164	5176	5188	5200	5212	5224	5236	1	2	4	5	6	7	8	10	11
,72	5248	5260	5272	5284	5297	5309	5321	5333	5346	5358	1	2	4	5	6	7	9	10	11
,73	5370	5383	5395	5408	5420	5433	5445	5458	5470	5483	1	3	4	5	6	8	9	10	11
,74	5495	5508	5521	5534	5546	5559	5572	5585	5598	5610	1	3	4	5	6	8	9	10	12
,75	5623	5636	5649	5662	5675	5689	5702	5715	5728	5741	1	3	4	5	7	8	9	10	12
,76	5754	5768	5781	5794	5808	5821	5834	5848	5861	5875	1	3	4	5	7	8	9	11	12
,77	5888	5902	5916	5929	5943	5957	5970	5984	5998	6012	1	3	4	5	7	8	10	11	12
,78	6026	6039	6053	6067	6081	6095	6109	6124	6138	6152	1	3	4	6	7	8	10	11	13
,79	6166	6180	6194	6209	6223	6237	6252	6266	6281	6295	1	3	4	6	7	9	10	11	13
,80	6310	6324	6339	6353	6368	6383	6397	6412	6427	6442	1	3	4	6	7	9	10	12	13
,81	6457	6471	6486	6501	6516	6531	6546	6561	6577	6592	2	3	5	6	8	9	11	12	14
,82	6607	6622	6637	6653	6668	6683	6699	6714	6730	6745	2	3	5	6	8	9	11	13	14
,83	6761	6776	6792	6808	6823	6839	6855	6871	6887	6902	2	3	5	6	8	9	11	13	14
,84	6918	6934	6950	6966	6982	6998	7015	7031	7047	7063	2	3	5	6	8	10	11	13	15
,85	7079	7096	7112	7129	7145	7161	7178	7194	7211	7228	2	3	5	7	8	10	12	13	15
,86	7244	7261	7278	7295	7311	7328	7345	7362	7379	7396	2	3	5	7	8	10	12	13	15
,87	7413	7430	7447	7464	7482	7499	7516	7534	7551	7568	2	3	5	7	9	10	12	14	16
,88	7586	7603	7621	7638	7656	7674	7691	7709	7727	7745	2	4	5	7	9	11	12	14	16
,89	7762	7780	7798	7816	7834	7852	7870	7889	7907	7925	2	4	5	7	9	11	13	14	16
,90	7943	7962	7980	7998	8017	8035	8054	8072	8091	8110	2	4	6	7	9	11	13	15	17
,91	8128	8147	8166	8185	8204	8222	8241	8260	8279	8299	2	4	6	8	9	11	13	15	17
,92	8318	8337	8356	8375	8395	8414	8433	8453	8472	8492	2	4	6	8	10	12	14	15	17
,93	8511	8531	8551	8570	8590	8610	8630	8650	8670	8690	2	4	6	8	10	12	14	16	18
,94	8710	8730	8750	8770	8790	8810	8831	8851	8872	8892	2	4	6	8	10	12	14	16	18
,95	8913	8933	8954	8974	8995	9016	9036	9057	9078	9099	2	4	6	8	10	12	15	17	19
,96	9120	9141	9162	9183	9204	9226	9247	9268	9290	9311	2	4	6	8	11	13	15	17	19
,97	9333	9354	9376	9397	9419	9441	9462	9484	9506	9528	2	4	7	9	11	13	15	17	20
,98	9550	9572	9594	9616	9638	9661	9683	9705	9727	9750	2	4	7	9	11	13	16	18	20
,99	9772	9795	9817	9840	9863	9886	9908	9931	9954	9977	2	5	7	9	11	14	16	18	20
x	0	1	2	3	4	5	6	7	8	9	1	2	3	4	5	6	7	8	9

803 Natürlicher Logarithmus.

Zahl x	ln x									
	0	1	2	3	4	5	6	7	8	9
1,0	0,0000	0100	0198	0296	0392	0488	0583	0677	0770	0862
1,1	0953	1044	1133	1222	1310	1398	1484	1570	1655	1740
1,2	1823	1906	1989	2070	2151	2231	2311	2390	2469	2546
1,3	2624	2700	2776	2852	2927	3001	3075	3148	3221	3293
1,4	3365	3436	3507	3577	3646	3716	3784	3853	3920	3988
1,5	4055	4121	4187	4253	4318	4383	4447	4511	4574	4637
1,6	4700	4762	4824	4886	4947	5008	5068	5128	5188	5247
1,7	5306	5365	5423	5481	5539	5596	5653	5710	5766	5822
1,8	5878	5933	5988	6043	6098	6152	6206	6259	6313	6366
1,9	6419	6471	6523	6575	6627	6678	6729	6780	6831	6881
2,0	6931	6981	7031	7080	7129	7178	7227	7275	7324	7372
2,1	7419	7467	7514	7561	7608	7655	7701	7747	7793	7839
2,2	7885	7930	7975	8020	8065	8109	8154	8198	8242	8286
2,3	8329	8372	8416	8459	8502	8544	8587	8629	8671	8713
2,4	8755	8796	8838	8879	8920	8961	9002	9042	9083	9123
2,5	9163	9203	9243	9282	9322	9361	9400	9439	9478	9517
2,6	9555	9594	9632	9670	9708	9746	9783	9821	9858	9895
2,7	9933	9969	*0006	*0043	*0080	*0116	*0152	*0188	*0225	*0260
2,8	1,0296	0332	0367	0403	0438	0473	0508	0543	0578	0613
2,9	0647	0682	0716	0750	0784	0818	0852	0886	0919	0953
3,0	0986	1019	1053	1086	1119	1151	1184	1217	1249	1282
3,1	1314	1346	1378	1410	1442	1474	1506	1537	1569	1600
3,2	1632	1663	1694	1725	1756	1787	1817	1848	1878	1909
3,3	1939	1969	2000	2030	2060	2090	2119	2149	2179	2208
3,4	2238	2267	2296	2326	2355	2384	2413	2442	2470	2499
3,5	2528	2556	2585	2613	2641	2669	2698	2726	2754	2782
3,6	2809	2837	2865	2892	2920	2947	2975	3002	3029	3056
3,7	3083	3110	3137	3164	3191	3218	3244	3271	3297	3324
3,8	3350	3376	3403	3429	3455	3481	3507	3533	3558	3584
3,9	3610	3635	3661	3686	3712	3737	3762	3788	3813	3838
4,0	3863	3888	3913	3938	3962	3987	4012	4036	4061	4085
4,1	4110	4134	4159	4183	4207	4231	4255	4279	4303	4327
4,2	4351	4375	4398	4422	4446	4469	4493	4516	4540	4563
4,3	4586	4609	4633	4656	4679	4702	4725	4748	4770	4793
4,4	4816	4839	4861	4884	4907	4929	4951	4974	4996	5019
4,5	5041	5063	5085	5107	5129	5151	5173	5195	5217	5239
4,6	5261	5282	5304	5326	5347	5369	5390	5412	5433	5454
4,7	5476	5497	5518	5539	5560	5581	5602	5623	5644	5665
4,8	5686	5707	5728	5748	5769	5790	5810	5831	5851	5872
4,9	5892	5913	5933	5953	5974	5994	6014	6034	6054	6074
5,0	6094	6114	6134	6154	6174	6194	6214	6233	6253	6273
5,1	6292	6312	6332	6351	6371	6390	6409	6429	6448	6467
5,2	6487	6506	6525	6544	6563	6582	6601	6620	6639	6658
5,3	6677	6696	6715	6734	6752	6771	6790	6808	6827	6845
5,4	6864	6882	6901	6919	6938	6956	6974	6993	7011	7029

803 Natürlicher Logarithmus (Fortsetzung).

Zahl x	ln x									
	0	1	2	3	4	5	6	7	8	9
5,5	1,7047	7066	7084	7102	7120	7138	7156	7174	7192	7210
5,6	7228	7246	7263	7281	7299	7317	7334	7352	7370	7387
5,7	7405	7422	7440	7457	7475	7492	7509	7527	7544	7561
5,8	7579	7596	7613	7630	7647	7664	7681	7699	7716	7733
5,9	7750	7766	7783	7800	7817	7834	7851	7867	7884	7901
6,0	7918	7934	7951	7967	7984	8001	8017	8034	8050	8066
6,1	8083	8099	8116	8132	8148	8165	8181	8197	8213	8229
6,2	8245	8262	8278	8294	8310	8326	8342	8358	8374	8390
6,3	8405	8421	8437	8453	8469	8485	8500	8516	8532	8547
6,4	8563	8579	8594	8610	8625	8641	8656	8672	8687	8703
6,5	8718	8733	8749	8764	8779	8795	8810	8825	8840	8856
6,6	8871	8886	8901	8916	8931	8946	8961	8976	8991	9006
6,7	9021	9036	9051	9066	9081	9095	9110	9125	9140	9155
6,8	9169	9184	9199	9213	9228	9242	9257	9272	9286	9301
6,9	9315	9330	9344	9359	9373	9387	9402	9416	9430	9445
7,0	9459	9473	9488	9502	9516	9530	9544	9559	9573	9587
7,1	9601	9615	9629	9643	9657	9671	9685	9699	9713	9727
7,2	9741	9755	9769	9782	9796	9810	9824	9838	9851	9865
7,3	9879	9892	9906	9920	9933	9947	9961	9974	9988	0001
7,4	2,0015	0028	0042	0055	0069	0082	0096	0109	0122	0136
7,5	0149	0162	0176	0189	0202	0215	0229	0242	0255	0268
7,6	0281	0295	0308	0321	0334	0347	0360	0373	0386	0399
7,7	0412	0425	0438	0451	0464	0477	0490	0503	0516	0528
7,8	0541	0554	0567	0580	0592	0605	0618	0631	0643	0656
7,9	0669	0681	0694	0707	0719	0732	0744	0757	0769	0782
8,0	0794	0807	0819	0832	0844	0857	0869	0882	0894	0906
8,1	0919	0931	0943	0956	0968	0980	0992	1005	1017	1029
8,2	1041	1054	1066	1078	1090	1102	1114	1126	1138	1150
8,3	1163	1175	1187	1199	1211	1223	1235	1247	1258	1270
8,4	1282	1294	1306	1318	1330	1342	1353	1365	1377	1389
8,5	1401	1412	1424	1436	1448	1459	1471	1483	1494	1506
8,6	1518	1529	1541	1552	1564	1576	1587	1599	1610	1622
8,7	1633	1645	1656	1668	1679	1691	1702	1713	1725	1736
8,8	1748	1759	1770	1782	1793	1804	1815	1827	1838	1849
8,9	1861	1872	1883	1894	1905	1917	1928	1939	1950	1961
9,0	1972	1983	1994	2006	2017	2028	2039	2050	2061	2072
9,1	2083	2094	2105	2116	2127	2138	2148	2159	2170	2181
9,2	2192	2203	2214	2225	2235	2246	2257	2268	2279	2289
9,3	2300	2311	2322	2332	2343	2354	2364	2375	2386	2396
9,4	2407	2418	2428	2439	2450	2460	2471	2481	2492	2502
9,5	2513	2523	2534	2544	2555	2565	2576	2586	2597	2607
9,6	2618	2628	2638	2649	2659	2670	2680	2690	2701	2711
9,7	2721	2732	2742	2752	2762	2773	2783	2793	2803	2814
9,8	2824	2834	2844	2854	2865	2875	2885	2895	2905	2915
9,9	2925	2935	2946	2956	2966	2976	2986	2996	3006	3016
10,0	3026	3036	3046	3056	3066	3076	3086	3096	3106	3115

804 Natürliche Exponentialfunktion und Verwandtes.

x	e^x	e^{-x}	$1-e^{-x}$	x	e^x	e^{-x}	$1-e^{-x}$	x	e^x	e^{-x}	$1-e^{-x}$
0,00	1,000	1,0000	0,0000	0,50	1,649	0,6065	0,3935	1,00	2,718	0,3679	0,6321
0,01	1,010	0,9900	0,0100	0,51	1,665	0,6005	0,3995	1,01	2,746	0,3642	0,6358
0,02	1,020	0,9802	0,0198	0,52	1,682	0,5945	0,4055	1,02	2,773	0,3606	0,6394
0,03	1,030	0,9704	0,0296	0,53	1,699	0,5886	0,4114	1,03	2,801	0,3570	0,6430
0,04	1,041	0,9608	0,0392	0,54	1,716	0,5827	0,4173	1,04	2,829	0,3535	0,6465
0,05	1,051	0,9512	0,0488	0,55	1,733	0,5769	0,4231	1,05	2,858	0,3499	0,6501
0,06	1,062	0,9418	0,0582	0,56	1,751	0,5712	0,4288	1,06	2,886	0,3465	0,6535
0,07	1,073	0,9324	0,0676	0,57	1,768	0,5655	0,4345	1,07	2,915	0,3430	0,6570
0,08	1,083	0,9231	0,0769	0,58	1,786	0,5599	0,4401	1,08	2,945	0,3396	0,6604
0,09	1,094	0,9139	0,0861	0,59	1,804	0,5543	0,4457	1,09	2,974	0,3362	0,6638
0,10	1,105	0,9048	0,0952	0,60	1,822	0,5488	0,4512	1,10	3,004	0,3329	0,6671
0,11	1,116	0,8958	0,1042	0,61	1,840	0,5434	0,4566	1,11	3,034	0,3296	0,6704
0,12	1,127	0,8869	0,1131	0,62	1,859	0,5379	0,4621	1,12	3,065	0,3263	0,6737
0,13	1,139	0,8781	0,1219	0,63	1,878	0,5326	0,4674	1,13	3,096	0,3230	0,6770
0,14	1,150	0,8694	0,1306	0,64	1,896	0,5273	0,4727	1,14	3,127	0,3198	0,6802
0,15	1,162	0,8607	0,1393	0,65	1,916	0,5220	0,4780	1,15	3,158	0,3166	0,6834
0,16	1,174	0,8521	0,1479	0,66	1,935	0,5169	0,4831	1,16	3,190	0,3135	0,6865
0,17	1,185	0,8437	0,1563	0,67	1,954	0,5117	0,4883	1,17	3,222	0,3104	0,6896
0,18	1,197	0,8353	0,1647	0,68	1,974	0,5066	0,4934	1,18	3,254	0,3073	0,6927
0,19	1,209	0,8270	0,1730	0,69	1,994	0,5016	0,4984	1,19	3,287	0,3042	0,6958
0,20	1,221	0,8187	0,1813	0,70	2,014	0,4966	0,5034	1,20	3,320	0,3012	0,6988
0,21	1,234	0,8106	0,1894	0,71	2,034	0,4916	0,5084	1,21	3,353	0,2982	0,7018
0,22	1,246	0,8025	0,1975	0,72	2,054	0,4868	0,5132	1,22	3,387	0,2952	0,7048
0,23	1,259	0,7945	0,2055	0,73	2,075	0,4819	0,5181	1,23	3,421	0,2923	0,7077
0,24	1,271	0,7866	0,2134	0,74	2,096	0,4771	0,5229	1,24	3,456	0,2894	0,7106
0,25	1,284	0,7788	0,2212	0,75	2,117	0,4724	0,5276	1,25	3,490	0,2865	0,7135
0,26	1,297	0,7711	0,2289	0,76	2,138	0,4677	0,5323	1,26	3,525	0,2837	0,7163
0,27	1,310	0,7634	0,2366	0,77	2,160	0,4630	0,5370	1,27	3,561	0,2808	0,7192
0,28	1,323	0,7558	0,2442	0,78	2,181	0,4584	0,5416	1,28	3,597	0,2780	0,7220
0,29	1,336	0,7483	0,2517	0,79	2,203	0,4538	0,5462	1,29	3,633	0,2753	0,7247
0,30	1,350	0,7408	0,2592	0,80	2,226	0,4493	0,5507	1,30	3,669	0,2725	0,7275
0,31	1,363	0,7334	0,2666	0,81	2,248	0,4449	0,5551	1,31	3,706	0,2698	0,7302
0,32	1,377	0,7261	0,2739	0,82	2,270	0,4404	0,5596	1,32	3,743	0,2671	0,7329
0,33	1,391	0,7189	0,2811	0,83	2,293	0,4360	0,5640	1,33	3,781	0,2645	0,7355
0,34	1,405	0,7118	0,2882	0,84	2,316	0,4317	0,5683	1,34	3,819	0,2618	0,7382
0,35	1,419	0,7047	0,2953	0,85	2,340	0,4274	0,5726	1,35	3,857	0,2592	0,7408
0,36	1,433	0,6977	0,3023	0,86	2,363	0,4232	0,5768	1,36	3,896	0,2567	0,7433
0,37	1,448	0,6907	0,3093	0,87	2,387	0,4190	0,5810	1,37	3,935	0,2541	0,7459
0,38	1,462	0,6839	0,3161	0,88	2,411	0,4148	0,5852	1,38	3,975	0,2516	0,7484
0,39	1,477	0,6771	0,3229	0,89	2,435	0,4107	0,5893	1,39	4,015	0,2491	0,7509
0,40	1,492	0,6703	0,3297	0,90	2,460	0,4066	0,5934	1,40	4,055	0,2466	0,7534
0,41	1,507	0,6637	0,3363	0,91	2,484	0,4025	0,5975	1,41	4,096	0,2441	0,7559
0,42	1,522	0,6570	0,3430	0,92	2,509	0,3985	0,6015	1,42	4,137	0,2417	0,7583
0,43	1,537	0,6505	0,3495	0,93	2,535	0,3946	0,6054	1,43	4,179	0,2393	0,7607
0,44	1,553	0,6440	0,3560	0,94	2,560	0,3906	0,6094	1,44	4,221	0,2369	0,7631
0,45	1,568	0,6376	0,3624	0,95	2,586	0,3867	0,6133	1,45	4,263	0,2346	0,7654
0,46	1,584	0,6313	0,3687	0,96	2,612	0,3829	0,6171	1,46	4,306	0,2322	0,7678
0,47	1,600	0,6250	0,3750	0,97	2,638	0,3791	0,6209	1,47	4,349	0,2299	0,7701
0,48	1,616	0,6188	0,3812	0,98	2,664	0,3753	0,6247	1,48	4,393	0,2276	0,7724
0,49	1,632	0,6126	0,3874	0,99	2,691	0,3716	0,6284	1,49	4,437	0,2254	0,7746

804 Natürliche Exponentialfunktion und Verwandtes (Fortsetzung).

x	e^x	e^{-x}	$1-e^{-x}$	x	e^x	e^{-x}	$1-e^{-x}$	x	e^x	e^{-x}	$1-e^{-x}$
1,50	4,482	0,2231	0,7769	2,00	7,389	0,1353	0,8647	2,50	12,18	0,08208	0,9179
1,51	4,527	0,2209	0,7791	2,01	7,463	0,1340	0,8660	2,51	12,30	0,08127	0,9187
,52	4,572	0,2187	0,7813	2,02	7,538	0,1327	0,8673	2,52	12,43	0,08046	0,9195
1,53	4,618	0,2165	0,7835	2,03	7,614	0,1313	0,8687	2,53	12,55	0,07966	0,9203
1,54	4,665	0,2144	0,7856	2,04	7,691	0,1300	0,8700	2,54	12,68	0,07887	0,9211
1,55	4,711	0,2122	0,7878	2,05	7,768	0,1287	0,8713	2,55	12,81	0,07808	0,9219
1,56	4,759	0,2101	0,7899	2,06	7,846	0,1275	0,8725	2,56	12,94	0,07730	0,9227
1,57	4,807	0,2080	0,7920	2,07	7,925	0,1262	0,8738	2,57	13,07	0,07654	0,9235
1,58	4,855	0,2060	0,7940	2,08	8,004	0,1249	0,8751	2,58	13,20	0,07577	0,9242
1,59	4,904	0,2039	0,7961	2,09	8,085	0,1237	0,8763	2,59	13,33	0,07502	0,9250
1,60	4,953	0,2019	0,7981	2,10	8,166	0,1225	0,8775	2,60	13,46	0,07427	0,9257
1,61	5,003	0,1999	0,8001	2,11	8,248	0,1212	0,8788	2,61	13,60	0,07353	0,9265
1,62	5,053	0,1979	0,8021	2,12	8,331	0,1200	0,8800	2,62	13,74	0,07280	0,9272
1,63	5,104	0,1959	0,8041	2,13	8,415	0,1188	0,8812	2,63	13,87	0,07208	0,9279
1,64	5,155	0,1940	0,8060	2,14	8,499	0,1177	0,8823	2,64	14,01	0,07136	0,9286
1,65	5,207	0,1920	0,8080	2,15	8,585	0,1165	0,8835	2,65	14,15	0,07065	0,9293
1,66	5,259	0,1901	0,8099	2,16	8,671	0,1153	0,8847	2,66	14,30	0,06995	0,9301
1,67	5,312	0,1882	0,8118	2,17	8,758	0,1142	0,8858	2,67	14,44	0,06925	0,9307
1,68	5,366	0,1864	0,8136	2,18	8,846	0,1130	0,8870	2,68	14,59	0,06856	0,9314
1,69	5,419	0,1845	0,8155	2,19	8,935	0,1119	0,8881	2,69	14,73	0,06788	0,9321
1,70	5,474	0,1827	0,8173	2,20	9,025	0,1108	0,8892	2,70	14,88	0,06721	0,9328
1,71	5,529	0,1809	0,8191	2,21	9,116	0,1097	0,8903	2,71	15,03	0,06654	0,9335
1,72	5,585	0,1791	0,8209	2,22	9,207	0,1086	0,8914	2,72	15,18	0,06587	0,9341
1,73	5,641	0,1773	0,8227	2,23	9,300	0,1075	0,8925	2,73	15,33	0,06522	0,9348
1,74	5,697	0,1755	0,8245	2,24	9,393	0,1065	0,8935	2,74	15,49	0,06457	0,9354
1,75	5,755	0,1738	0,8262	2,25	9,488	0,1054	0,8946	2,75	15,64	0,06393	0,9361
1,76	5,812	0,1720	0,8280	2,26	9,583	0,1044	0,8956	2,76	15,80	0,06329	0,9367
1,77	5,871	0,1703	0,8297	2,27	9,679	0,1033	0,8967	2,77	15,96	0,06266	0,9373
1,78	5,930	0,1686	0,8314	2,28	9,777	0,1023	0,8977	2,78	16,12	0,06204	0,9380
1,79	5,989	0,1670	0,8330	2,29	9,875	0,1013	0,8987	2,79	16,28	0,06142	0,9386
1,80	6,050	0,1653	0,8347	2,30	9,974	0,1003	0,8997	2,80	16,44	0,06081	0,9392
1,81	6,110	0,1637	0,8363	2,31	10,07	0,09926	0,9007	2,81	16,61	0,06020	0,9398
1,82	6,172	0,1620	0,8380	2,32	10,18	0,09827	0,9017	2,82	16,78	0,05961	0,9404
1,83	6,234	0,1604	0,8396	2,33	10,28	0,09730	0,9027	2,83	16,95	0,05901	0,9410
1,84	6,297	0,1588	0,8412	2,34	10,38	0,09633	0,9037	2,84	17,12	0,05843	0,9416
1,85	6,360	0,1572	0,8428	2,35	10,49	0,09537	0,9046	2,85	17,29	0,05784	0,9422
1,86	6,424	0,1557	0,8443	2,36	10,59	0,09442	0,9056	2,86	17,46	0,05727	0,9427
1,87	6,488	0,1541	0,8459	2,37	10,70	0,09348	0,9065	2,87	17,64	0,05670	0,9433
1,88	6,554	0,1526	0,8474	2,38	10,80	0,09255	0,9074	2,88	17,81	0,05613	0,9439
1,89	6,619	0,1511	0,8489	2,39	10,91	0,09163	0,9084	2,89	17,99	0,05558	0,9444
1,90	6,686	0,1496	0,8504	2,40	11,02	0,09072	0,9093	2,90	18,17	0,05502	0,9450
1,91	6,753	0,1481	0,8519	2,41	11,13	0,08982	0,9102	2,91	18,36	0,05448	0,9455
1,92	6,821	0,1466	0,8534	2,42	11,25	0,08892	0,9111	2,92	18,54	0,05393	0,9461
1,93	6,890	0,1451	0,8549	2,43	11,36	0,08804	0,9120	2,93	18,73	0,05340	0,9466
1,94	6,959	0,1437	0,8563	2,44	11,47	0,08716	0,9128	2,94	18,92	0,05287	0,9471
1,95	7,029	0,1423	0,8577	2,45	11,59	0,08629	0,9137	2,95	19,11	0,05234	0,9477
1,96	7,099	0,1409	0,8591	2,46	11,70	0,08543	0,9146	2,96	19,30	0,05182	0,9482
1,97	7,171	0,1395	0,8605	2,47	11,82	0,08458	0,9154	2,97	19,49	0,05130	0,9487
1,98	7,243	0,1381	0,8619	2,48	11,94	0,08374	0,9163	2,98	19,69	0,05079	0,9492
1,99	7,316	0,1367	0,8633	2,49	12,06	0,08291	0,9171	2,99	19,89	0,05029	0,9497

804 Natürliche Exponentialfunktion und Verwandtes (Schluß).

x	e^x	e^{-x}	$1-e^{-x}$
3,00	20,09	0,04979	0,9502
3,01	20,29	0,04929	0,9507
3,02	20,49	0,04880	0,9512
3,03	20,70	0,04832	0,9517
3,04	20,91	0,04783	0,9522
3,05	21,12	0,04736	0,9526
3,06	21,33	0,04689	0,9531
3,07	21,54	0,04642	0,9536
3,08	21,76	0,04596	0,9540
3,09	21,98	0,04550	0,9545
3,10	22,20	0,04505	0,9550
3,11	22,42	0,04460	0,9554
3,12	22,65	0,04416	0,9558
3,13	22,87	0,04372	0,9563
3,14	23,10	0,04328	0,9567
3,15	23,34	0,04285	0,9571
3,16	23,57	0,04243	0,9576
3,17	23,81	0,04200	0,9580
3,18	24,05	0,04159	0,9584
3,19	24,29	0,04117	0,9588
3,20	24,53	0,04076	0,9592
3,21	24,78	0,04036	0,9596
3,22	25,03	0,03996	0,9600
3,23	25,28	0,03956	0,9604
3,24	25,53	0,03916	0,9608
3,25	25,79	0,03877	0,9612
3,26	26,05	0,03839	0,9616
3,27	26,31	0,03801	0,9620
3,28	26,58	0,03763	0,9624
3,29	26,84	0,03725	0,9627
3,30	27,11	0,03688	0,9631
3,31	27,39	0,03652	0,9635
3,32	27,66	0,03615	0,9638
3,33	27,94	0,03579	0,9642
3,34	28,22	0,03544	0,9646
3,35	28,50	0,03508	0,9649
3,36	28,79	0,03474	0,9653
3,37	29,08	0,03439	0,9656
3,38	29,37	0,03405	0,9660
3,39	29,67	0,03371	0,9663
3,40	29,96	0,03337	0,9666
3,41	30,27	0,03304	0,9670
3,42	30,57	0,03271	0,9673
3,43	30,88	0,03239	0,9676
3,44	31,19	0,03206	0,9679
3,45	31,50	0,03175	0,9683
3,46	31,82	0,03143	0,9686
3,47	32,14	0,03112	0,9689
3,48	32,46	0,03081	0,9692
3,49	32,79	0,03050	0,9695

x	e^x	e^{-x}	$1-e^{-x}$
3,50	33,12	0,03020	0,9698
3,51	33,45	0,02990	0,9701
3,52	33,78	0,02960	0,9704
3,53	34,12	0,02930	0,9707
3,54	34,47	0,02901	0,9710
3,55	34,81	0,02872	0,9713
3,56	35,16	0,02844	0,9716
3,57	35,52	0,02816	0,9718
3,58	35,87	0,02788	0,9721
3,59	36,23	0,02760	0,9724
3,60	36,60	0,02732	0,9727
3,61	36,97	0,02705	0,9729
3,62	37,34	0,02678	0,9732
3,63	37,71	0,02652	0,9735
3,64	38,09	0,02625	0,9737
3,65	38,47	0,02599	0,9740
3,66	38,86	0,02573	0,9743
3,67	39,25	0,02548	0,9745
3,68	39,65	0,02522	0,9748
3,69	40,04	0,02497	0,9750
3,70	40,45	0,02472	0,9753
3,71	40,85	0,02448	0,9755
3,72	41,26	0,02423	0,9758
3,73	41,68	0,02399	0,9760
3,74	42,10	0,02375	0,9762
3,75	42,52	0,02352	0,9765
3,76	42,95	0,02328	0,9767
3,77	43,38	0,02305	0,9769
3,78	43,82	0,02282	0,9772
3,79	44,26	0,02260	0,9774
3,80	44,70	0,02237	0,9776
3,81	45,15	0,02215	0,9779
3,82	45,60	0,02193	0,9781
3,83	46,06	0,02171	0,9783
3,84	46,53	0,02149	0,9785
3,85	46,99	0,02128	0,9787
3,86	47,47	0,02107	0,9789
3,87	47,94	0,02086	0,9791
3,88	48,42	0,02065	0,9793
3,89	48,91	0,02045	0,9796
3,90	49,40	0,02024	0,9798
3,91	49,90	0,02004	0,9800
3,92	50,40	0,01984	0,9802
3,93	50,91	0,01964	0,9804
3,94	51,42	0,01945	0,9806
3,95	51,94	0,01925	0,9807
3,96	52,46	0,01906	0,9809
3,97	52,98	0,01887	0,9811
3,98	53,52	0,01869	0,9813
3,99	54,05	0,01850	0,9815

x	e^x	e^{-x}	$1-e^{-x}$
4,00	54,60	0,01832	0,9817
4,05	57,40	0,01742	0,9826
4,10	60,34	0,01657	0,9834
4,15	63,43	0,01576	0,9842
4,20	66,69	0,01500	0,9850
4,25	70,11	0,01426	0,9857
4,30	73,70	0,01357	0,9864
4,35	77,48	0,01291	0,9871
4,40	81,45	0,01228	0,9877
4,45	85,63	0,01168	0,9883
4,50	90,02	0,01111	0,9889
4,55	94,63	0,01057	0,9894
4,60	99,48	0,01005	0,9899
4,65	104,6	0,009562	0,9904
4,70	109,9	0,009095	0,9909
4,75	115,6	0,008652	0,9913
4,80	121,5	0,008230	0,9918
4,85	127,7	0,007828	0,9922
4,90	134,3	0,007447	0,9926
4,95	141,2	0,007083	0,9929
5,00	148,4	0,006738	0,9933
5,05	156,0	0,006409	0,9936
5,10	164,0	0,006097	0,9939
5,15	172,4	0,005799	0,9942
5,20	181,3	0,005517	0,9945
5,25	190,6	0,005248	0,9948
5,30	200,3	0,004992	0,9950
5,35	210,6	0,004748	0,9953
5,40	221,4	0,004517	0,9955
5,45	232,8	0,004296	0,9957
5,50	244,7	0,004087	0,9959
5,55	257,2	0,003887	0,9961
5,60	270,4	0,003698	0,9963
5,65	284,3	0,003518	0,9965
5,70	298,9	0,003346	0,9967
5,75	314,2	0,003183	0,9968
5,80	330,3	0,003028	0,9970
5,85	347,2	0,002880	0,9971
5,90	365,0	0,002739	0,9973
5,95	383,8	0,002606	0,9974
6	$4{,}03 \cdot 10^2$	$2{,}48 \cdot 10^{-3}$	0,9975
7	$1{,}10 \cdot 10^3$	$9{,}12 \cdot 10^{-4}$	0,9991
8	$2{,}98 \cdot 10^3$	$3{,}35 \cdot 10^{-4}$	0,9997
9	$8{,}10 \cdot 10^3$	$1{,}23 \cdot 10^{-4}$	0,9999
10	$2{,}20 \cdot 10^4$	$4{,}54 \cdot 10^{-5}$	1,0000
11	$5{,}99 \cdot 10^4$	$1{,}67 \cdot 10^{-5}$	1,0000
12	$1{,}63 \cdot 10^5$	$6{,}14 \cdot 10^{-6}$	1,0000
13	$4{,}42 \cdot 10^5$	$2{,}26 \cdot 10^{-6}$	1,0000
14	$1{,}20 \cdot 10^6$	$8{,}32 \cdot 10^{-7}$	1,0000
15	$3{,}27 \cdot 10^6$	$3{,}06 \cdot 10^{-7}$	1,0000

805 Quadrat und Quadratwurzel.

x	x^2	$\sqrt{x}$	$\sqrt{10x}$
1,00	**1,0000**	**1,000**	**3,162**
1,02	1,0404	1,010	3,194
1,04	1,0816	1,020	3,225
1,06	1,1236	1,030	3,256
1,08	1,1664	1,039	3,286
1,10	1,2100	1,049	3,317
1,12	1,2544	1,058	3,347
1,14	1,2996	1,068	3,376
1,16	1,3456	1,077	3,406
1,18	1,3924	1,086	3,435
1,20	1,4400	1,095	3,464
1,22	1,4884	1,105	3,493
1,24	1,5376	1,114	3,521
1,26	1,5876	1,122	3,550
1,28	1,6384	1,131	3,578
1,30	1,6900	1,140	3,606
1,32	1,7424	1,149	3,633
1,34	1,7956	1,158	3,661
1,36	1,8496	1,166	3,688
1,38	1,9044	1,175	3,715
1,40	1,9600	1,183	3,742
1,42	2,0164	1,192	3,768
1,44	2,0736	1,200	3,795
1,46	2,1316	1,208	3,821
1,48	2,1904	1,217	3,847
1,50	2,2500	1,225	3,873
1,52	2,3104	1,233	3,899
1,54	2,3716	1,241	3,924
1,56	2,4336	1,249	3,950
1,58	2,4964	1,257	3,975
1,60	2,5600	1,265	4,000
1,62	2,6244	1,273	4,025
1,64	2,6896	1,281	4,050
1,66	2,7556	1,288	4,074
1,68	2,8224	1,296	4,099
1,70	2,8900	1,304	4,123
1,72	2,9584	1,311	4,147
1,74	3,0276	1,319	4,171
1,76	3,0976	1,327	4,195
1,78	3,1684	1,334	4,219
1,80	3,2400	1,342	4,243
1,82	3,3124	1,349	4,266
1,84	3,3856	1,356	4,290
1,86	3,4596	1,364	4,313
1,88	3,5344	1,371	4,336
1,90	3,6100	1,378	4,359
1,92	3,6864	1,386	4,382
1,94	3,7636	1,393	4,405
1,96	3,8416	1,400	4,427
1,98	3,9204	1,407	4,450
2,00	**4,0000**	**1,414**	**4,472**

x	x^2	$\sqrt{x}$	$\sqrt{10x}$
2,00	**4,0000**	**1,414**	**4,472**
2,05	4,2025	1,432	4,528
2,10	4,4100	1,449	4,583
2,15	4,6225	1,466	4,637
2,20	4,8400	1,483	4,690
2,25	5,0625	1,500	4,743
2,30	5,2900	1,517	4,796
2,35	5,5225	1,533	4,848
2,40	5,7600	1,549	4,899
2,45	6,0025	1,565	4,950
2,50	6,2500	1,581	5,000
2,55	6,5025	1,597	5,050
2,60	6,7600	1,612	5,099
2,65	7,0225	1,628	5,148
2,70	7,2900	1,643	5,196
2,75	7,5625	1,658	5,244
2,80	7,8400	1,673	5,292
2,85	8,1225	1,688	5,339
2,90	8,4100	1,703	5,385
2,95	8,7025	1,718	5,431
3,00	9,0000	1,732	5,477
3,05	9,3025	1,746	5,523
3,10	9,6100	1,761	5,568
3,15	9,9225	1,775	5,612
3,20	10,2400	1,789	5,657
3,25	10,5625	1,803	5,701
3,30	10,8900	1,817	5,745
3,35	11,2225	1,830	5,788
3,40	11,5600	1,844	5,831
3,45	11,9025	1,857	5,874
3,50	12,2500	1,871	5,916
3,55	12,6025	1,884	5,958
3,60	12,9600	1,897	6,000
3,65	13,3225	1,910	6,042
3,70	13,6900	1,924	6,083
3,75	14,0625	1,936	6,124
3,80	14,4400	1,949	6,164
3,85	14,8225	1,962	6,205
3,90	15,2100	1,975	6,245
3,95	15,6025	1,987	6,285
4,0	**16,00**	**2,000**	**6,325**
4,1	16,81	2,025	6,403
4,2	17,64	2,049	6,481
4,3	18,49	2,074	6,557
4,4	19,36	2,098	6,633
4,5	20,25	2,121	6,708
4,6	21,16	2,145	6,782
4,7	22,09	2,168	6,856
4,8	23,04	2,191	6,928
4,9	24,01	2,214	7,000

x	x^2	$\sqrt{x}$	$\sqrt{10x}$
5,0	25,00	2,236	7,071
5,1	26,01	2,258	7,141
5,2	27,04	2,280	7,211
5,3	28,09	2,302	7,280
5,4	29,16	2,324	7,348
5,5	30,25	2,345	7,416
5,6	31,36	2,366	7,483
5,7	32,49	2,387	7,550
5,8	33,64	2,408	7,616
5,9	34,81	2,429	7,681
6,0	36,00	2,449	7,746
6,1	37,21	2,470	7,810
6,2	38,44	2,490	7,874
6,3	39,69	2,510	7,937
6,4	40,96	2,530	8,000
6,5	42,25	2,550	8,062
6,6	43,56	2,569	8,124
6,7	44,89	2,588	8,185
6,8	46,24	2,608	8,246
6,9	47,61	2,627	8,307
7,0	49,00	2,646	8,367
7,1	50,41	2,665	8,426
7,2	51,84	2,683	8,485
7,3	53,29	2,702	8,544
7,4	54,76	2,720	8,602
7,5	56,25	2,739	8,660
7,6	57,76	2,757	8,718
7,7	59,29	2,775	8,775
7,8	60,84	2,793	8,832
7,9	62,41	2,811	8,888
8,0	64,00	2,828	8,944
8,1	65,61	2,846	9,000
8,2	67,24	2,864	9,055
8,3	68,89	2,881	9,110
8,4	70,56	2,898	9,165
8,5	72,25	2,915	9,220
8,6	73,96	2,933	9,274
8,7	75,69	2,950	9,327
8,8	77,44	2,966	9,381
8,9	79,21	2,983	9,434
9,0	81,00	3,000	9,487
9,1	82,81	3,017	9,539
9,2	84,64	3,033	9,592
9,3	86,49	3,050	9,644
9,4	88,36	3,066	9,695
9,5	90,25	3,082	9,747
9,6	92,16	3,098	9,798
9,7	94,09	3,114	9,849
9,8	96,04	3,130	9,899
9,9	98,01	3,146	9,950
10,0	**100,00**	**3,162**	**10,000**

806 Dritte, vierte und fünfte Potenz.

x	x^3	x^4	x^5
1,00	**1,000**	**1,000**	**1,000**
1,02	1,061	1,082	1,104
1,04	1,125	1,170	1,217
1,06	1,191	1,262	1,338
1,08	1,260	1,360	1,469
1,10	1,331	1,464	1,611
1,12	1,405	1,574	1,762
1,14	1,482	1,689	1,925
1,16	1,561	1,811	2,100
1,18	1,643	1,939	2,288
1,20	1,728	2,074	2,488
1,22	1,816	2,215	2,703
1,24	1,907	2,364	2,932
1,26	2,000	2,520	3,176
1,28	2,097	2,684	3,436
1,30	2,197	2,856	3,713
1,32	2,300	3,036	4,007
1,34	2,406	3,224	4,320
1,36	2,515	3,421	4,653
1,38	2,628	3,627	5,005
1,40	2,744	3,842	5,378
1,42	2,863	4,066	5,774
1,44	2,986	4,300	6,192
1,46	3,112	4,544	6,634
1,48	3,242	4,798	7,101
1,50	3,375	5,063	7,594
1,52	3,512	5,338	8,114
1,54	3,652	5,624	8,662
1,56	3,796	5,922	9,239
1,58	3,944	6,232	9,847
1,60	4,096	6,554	10,49
1,62	4,252	6,887	11,16
1,64	4,411	7,234	11,86
1,66	4,574	7,593	12,60
1,68	4,742	7,966	13,38
1,70	4,913	8,352	14,20
1,72	5,088	8,752	15,05
1,74	5,268	9,166	15,95
1,76	5,452	9,595	16,89
1,78	5,640	10,04	17,87
1,80	5,832	10,50	18,90
1,82	6,029	10,97	19,97
1,84	6,230	11,46	21,09
1,86	6,435	11,97	22,26
1,88	6,645	12,49	23,48
1,90	6,859	13,03	24,76
1,92	7,078	13,59	26,09
1,94	7,301	14,16	27,48
1,96	7,530	14,76	28,93
1,98	7,762	15,37	30,43
2,00	**8,000**	**16,00**	**32,00**

x	x^3	x^4	x^5
2,00	**8,000**	**16,00**	**32,00**
2,05	8,615	17,66	36,21
2,10	9,261	19,45	40,84
2,15	9,938	21,37	45,94
2,20	10,65	23,43	51,54
2,25	11,39	25,63	57,67
2,30	12,17	27,98	64,36
2,35	12,98	30,50	71,67
2,40	13,82	33,18	79,63
2,45	14,71	36,03	88,27
2,50	15,63	39,06	97,66
2,55	16,58	42,28	107,8
2,60	17,58	45,70	118,8
2,65	18,61	49,32	130,7
2,70	19,68	53,14	143,5
2,75	20,80	57,19	157,3
2,80	21,95	61,47	172,1
2,85	23,15	65,98	188,0
2,90	24,39	70,73	205,1
2,95	25,67	75,73	223,4
3,00	27,00	81,00	243,0
3,05	28,37	86,54	263,9
3,10	29,79	92,35	286,3
3,15	31,26	98,46	310,1
3,20	32,77	104,9	335,5
3,25	34,33	111,6	362,6
3,30	35,94	118,6	391,4
3,35	37,60	125,9	421,9
3,40	39,30	133,6	454,4
3,45	41,06	141,7	488,8
3,50	42,88	150,1	525,2
3,55	44,74	158,8	563,8
3,60	46,66	168,0	604,7
3,65	48,63	177,5	647,8
3,70	50,65	187,4	693,4
3,75	52,73	197,8	741,6
3,80	54,87	208,5	792,4
3,85	57,07	219,7	845,9
3,90	59,32	231,3	902,2
3,95	61,63	243,4	961,6
4,0	**64,00**	**256,0**	**1024**
4,1	68,92	282,6	1159
4,2	74,09	311,2	1307
4,3	79,51	341,9	1470
4,4	85,18	374,8	1649
4,5	91,13	410,1	1845
4,6	97,34	447,7	2060
4,7	103,8	488,0	2293
4,8	110,6	530,8	2548
4,9	117,6	576,5	2825

x	x^3	x^4	x^5
5,0	125,0	625,0	$3{,}125 \cdot 10^3$
5,1	132,7	676,5	$3{,}450 \cdot 10^3$
5,2	140,6	731,2	$3{,}802 \cdot 10^3$
5,3	148,9	789,0	$4{,}182 \cdot 10^3$
5,4	157,5	850,3	$4{,}592 \cdot 10^3$
5,5	166,4	915,1	$5{,}033 \cdot 10^3$
5,6	175,6	983,4	$5{,}507 \cdot 10^3$
5,7	185,2	1056	$6{,}017 \cdot 10^3$
5,8	195,1	1132	$6{,}564 \cdot 10^3$
5,9	205,4	1212	$7{,}149 \cdot 10^3$
6,0	216,0	1296	$7{,}776 \cdot 10^3$
6,1	227,0	1385	$8{,}446 \cdot 10^3$
6,2	238,3	1478	$9{,}161 \cdot 10^3$
6,3	250,0	1575	$9{,}924 \cdot 10^3$
6,4	262,1	1678	$1{,}074 \cdot 10^4$
6,5	274,6	1785	$1{,}160 \cdot 10^4$
6,6	287,5	1897	$1{,}252 \cdot 10^4$
6,7	300,8	2015	$1{,}350 \cdot 10^4$
6,8	314,4	2138	$1{,}454 \cdot 10^4$
6,9	328,5	2267	$1{,}564 \cdot 10^4$
7,0	343,0	2401	$1{,}681 . 10^4$
7,1	357,9	2541	$1{,}804 \cdot 10^4$
7,2	373,2	2687	$1{,}935 \cdot 10^4$
7,3	389,0	2840	$2{,}073 \cdot 10^4$
7,4	405,2	2999	$2{,}219 \cdot 10^4$
7,5	421,9	3164	$2{,}373 \cdot 10^4$
7,6	439,0	3336	$2{,}536 \cdot 10^4$
7,7	456,5	3515	$2{,}707 \cdot 10^4$
7,8	474,6	3702	$2{,}887 \cdot 10^4$
7,9	493,0	3895	$3{,}077 \cdot 10^4$
8,0	512,0	4096	$3{,}277 \cdot 10^4$
8,1	531,4	4305	$3{,}487 \cdot 10^4$
8,2	551,4	4521	$3{,}707 \cdot 10^4$
8,3	571,8	4746	$3{,}939 \cdot 10^4$
8,4	592,7	4979	$4{,}182 \cdot 10^4$
8,5	614,1	5220	$4{,}437 \cdot 10^4$
8,6	636,1	5470	$4{,}704 \cdot 10^4$
8,7	658,5	5729	$4{,}984 \cdot 10^4$
8,8	681,5	5997	$5{,}277 \; 10^4$
8,9	705,0	6274	$5{,}584 \cdot 10^4$
9,0	729,0	6561	$5{,}905 \cdot 10^4$
9,1	753,6	6857	$6{,}240 \cdot 10^4$
9,2	778,7	7164	$6{,}591 \cdot 10^4$
9,3	804,4	7481	$6{,}957 \cdot 10^4$
9,4	830,6	7807	$7{,}339 \cdot 10^4$
9,5	857,4	8145	$7{,}738 \cdot 10^4$
9,6	884,7	8493	$8{,}154 \cdot 10^4$
9,7	912,7	8853	$8{,}587 \cdot 10^4$
9,8	941,2	9224	$9{,}039 \cdot 10^4$
9,9	970,3	9606	$9{,}510 \cdot 10^4$
10,0	**1000,0**	**10000**	**$1{,}000 \cdot 10$**

807 Dritte Wurzel.

x	$\sqrt[3]{x}$	$\sqrt{10x}$	$\sqrt[3]{100x}$
1,00	**1,000**	**2,154**	**4,642**
1,02	1,007	2,169	4,672
1,04	1,013	2,183	4,703
1,06	1,020	2,197	4,733
1,08	1,026	2,210	4,762
1,10	1,032	2,224	4,791
1,12	1,038	2,237	4,820
1,14	1,045	2,251	4,849
1,16	1,051	2,264	4,877
1,18	1,057	2,277	4,905
1,20	1,063	2,289	4,932
1,22	1,069	2,302	4,960
1,24	1,074	2,315	4,987
1,26	1,080	2,327	5,013
1,28	1,086	2,339	5,040
1,30	1,091	2,351	5,066
1,32	1,097	2,363	5,092
1,34	1,102	2,375	5,117
1,36	1,108	2,387	5,143
1,38	1,113	2,399	5,168
1,40	1,119	2,410	5,192
1,42	1,124	2,422	5,217
1,44	1,129	2,433	5,241
1,46	1,134	2,444	5,266
1,48	1,140	2,455	5,290
1,50	1,145	2,466	5,313
1,52	1,150	2,477	5,337
1,54	1,155	2,488	5,360
1,56	1,160	2,499	5,383
1,58	1,165	2,509	5,406
1,60	1,170	2,520	5,429
1,62	1,174	2,530	5,451
1,64	1,179	2,541	5,474
1,66	1,184	2,551	5,496
1,68	1,189	2,561	5,518
1,70	1,193	2,571	5,540
1,72	1,198	2,581	5,561
1,74	1,203	2,591	5,583
1,76	1,207	2,601	5,604
1,78	1,212	2,611	5,625
1,80	1,216	2,621	5,646
1,82	1,221	2,630	5,667
1,84	1,225	2,640	5,688
1,86	1,230	2,650	5,708
1,88	1,234	2,659	5,729
1,90	1,239	2,668	5,749
1,92	1,243	2,678	5,769
1,94	1,247	2,687	5,789
1,96	1,251	2,696	5,809
1,98	1,256	2,705	5,828
2,00	**1,260**	**2,714**	**5,848**

x	$\sqrt[3]{x}$	$\sqrt[3]{10x}$	$\sqrt[3]{100x}$
2,00	**1,260**	**2,714**	**5,848**
2,05	1,270	2,737	5,896
2,10	1,281	2,759	5,944
2,15	1,291	2,781	5,991
2,20	1,301	2,802	6,037
2,25	1,310	2,823	6,082
2,30	1,320	2,844	6,127
2,35	1,330	2,864	6,171
2,40	1,339	2,884	6,214
2,45	1,348	2,904	6,257
2,50	1,357	2,924	6,300
2,55	1,366	2,943	6,341
2,60	1,375	2,962	6,383
2,65	1,384	2,981	6,423
2,70	1,392	3,000	6,463
2,75	1,401	3,018	6,503
2,80	1,409	3,037	6,542
2,85	1,418	3,055	6,581
2,90	1,426	3,072	6,619
2,95	1,434	3,090	6,657
3,00	1,442	3,107	6,694
3,05	1,450	3,124	6,731
3,10	1,458	3,141	6,768
3,15	1,466	3,158	6,804
3,20	1,474	3,175	6,840
3,25	1,481	3,191	6,875
3,30	1,489	3,208	6,910
3,35	1,496	3,224	6,945
3,40	1,504	3,240	6,980
3,45	1,511	3,255	7,014
3,50	1,518	3,271	7,047
3,55	1,525	3,287	7,081
3,60	1,533	3,302	7,114
3,65	1,540	3,317	7,147
3,70	1,547	3,332	7,179
3,75	1,554	3,347	7,211
3,80	1,560	3,362	7,243
3,85	1,567	3,377	7,275
3,90	1,574	3,391	7,306
3,95	1,581	3,406	7,337
4,0	**1,587**	**3,420**	**7,368**
4,1	1,601	3,448	7,429
4,2	1,613	3,476	7,489
4,3	1,626	3,503	7,548
4,4	1,639	3,530	7,606
4,5	1,651	3,557	7,663
4,6	1,663	3,583	7,719
4,7	1,675	3,609	7,775
4,8	1,687	3,634	7,830
4,9	1,698	3,659	7,884

x	$\sqrt[3]{x}$	$\sqrt{10x}$	$\sqrt[3]{100x}$
5,0	1,710	3,684	7,937
5,1	1,721	3,708	7,990
5,2	1,732	3,733	8,041
5,3	1,744	3,756	8,093
5,4	1,754	3,780	8,143
5,5	1,765	3,803	8,193
5,6	1,776	3,826	8,243
5,7	1,786	3,849	8,291
5,8	1,797	3,871	8,340
5,9	1,807	3,893	8,387
6,0	1,817	3,915	8,434
6,1	1,827	3,936	8,481
6,2	1,837	3,958	8,527
6,3	1,847	3,979	8,573
6,4	1,857	4,000	8,618
6,5	1,866	4,021	8,662
6,6	1,876	4,041	8,707
6,7	1,885	4,062	8,750
6,8	1,895	4,082	8,794
6,9	1,904	4,102	8,837
7,0	1,913	4,121	8,879
7,1	1,922	4,141	8,921
7,2	1,931	4,160	8,963
7,3	1,940	4,179	9,004
7,4	1,949	4,198	9,045
7,5	1,957	4,217	9,086
7,6	1,966	4,236	9,126
7,7	1,975	4,254	9,166
7,8	1,983	4,273	9,205
7,9	1,992	4,291	9,244
8,0	2,000	4,309	9,283
8,1	2,008	4,327	9,322
8,2	2,017	4,344	9,360
8,3	2,025	4,362	9,398
8,4	2,033	4,380	9,435
8,5	2,041	4,397	9,473
8,6	2,049	4,414	9,510
8,7	2,057	4,431	9,546
8,8	2,065	4,448	9,583
8,9	2,072	4,465	9,619
9,0	2,080	4,481	9,655
9,1	2,088	4,498	9,691
9,2	2,095	4,514	9,726
9,3	2,103	4,531	9,761
9,4	2,110	4,547	9,796
9,5	2,118	4,563	9,830
9,6	2,125	4,579	9,865
9,7	2,133	4,595	9,899
9,8	2,140	4,610	9,933
9,9	2,147	4,626	9,967
10,0	**2,154**	**4,642**	**10,000**

808 Kehrwert.

x	$\frac{1}{x} \cdot 10^4$									
	0	1	2	3	4	5	6	7	8	9
1,0	10000	9901	9804	9709	9615	9524	9434	9346	9259	9174
1,1	9091	9009	8929	8850	8772	8696	8621	8547	8475	8403
1,2	8333	8264	8197	8130	8065	8000	7937	7874	7813	7752
1,3	7692	7634	7576	7519	7463	7407	7353	7299	7246	7194
1,4	7143	7092	7042	6993	6944	6897	6849	6803	6757	6711
1,5	6667	6623	6579	6536	6494	6452	6410	6369	6329	6289
1,6	6250	6211	6173	6135	6098	6061	6024	5988	5952	5917
1,7	5882	5848	5814	5780	5747	5714	5682	5650	5618	5587
1,8	5556	5525	5495	5464	5435	5405	5376	5348	5319	5291
1,9	5263	5236	5208	5181	5155	5128	5102	5076	5051	5025
2,0	5000	4975	4950	4926	4902	4878	4854	4831	4808	4785
2,1	4762	4739	4717	4695	4673	4651	4630	4608	4587	4566
2,2	4545	4525	4505	4484	4464	4444	4425	4405	4386	4367
2,3	4348	4329	4310	4292	4274	4255	4237	4219	4202	4184
2,4	4167	4149	4132	4115	4098	4082	4065	4049	4032	4010
2,5	4000	3984	3968	3953	3937	3922	3906	3891	3876	3861
2,6	3846	3831	3817	3802	3788	3774	3759	3745	3731	3717
2,7	3704	3690	3676	3663	3650	3636	3623	3610	3597	3584
2,8	3571	3559	3546	3534	3521	3509	3497	3484	3472	3460
2,9	3448	3436	3425	3413	3401	3390	3378	3367	3356	3344
3,0	3333	3322	3311	3300	3289	3279	3268	3257	3247	3236
3,1	3226	3215	3205	3195	3185	3175	3165	3155	3145	3135
3,2	3125	3115	3106	3096	3086	3077	3067	3058	3049	3040
3,3	3030	3021	3012	3003	2994	2985	2976	2967	2959	2950
3,4	2941	2933	2924	2915	2907	2899	2890	2882	2874	2865
3,5	2857	2849	2841	2833	2825	2817	2809	2801	2793	2786
3,6	2778	2770	2762	2755	2747	2740	2732	2725	2717	2710
3,7	2703	2695	2688	2681	2674	2667	2660	2653	2646	2639
3,8	2632	2625	2618	2611	2604	2597	2591	2584	2577	2571
3,9	2564	2558	2551	2545	2538	2532	2525	2519	2513	2506
4,0	2500	2494	2488	2481	2475	2469	2463	2457	2451	2445
4,1	2439	2433	2427	2421	2415	2410	2404	2398	2392	2387
4,2	2381	2375	2370	2364	2358	2353	2347	2342	2336	2331
4,3	2326	2320	2315	2309	2304	2299	2294	2288	2283	2278
4,4	2273	2268	2262	2257	2252	2247	2242	2237	2232	2227
4,5	2222	2217	2212	2208	2203	2198	2193	2188	2183	2179
4,6	2174	2169	2165	2160	2155	2151	2146	2141	2137	2132
4,7	2128	2123	2119	2114	2110	2105	2101	2096	2092	2088
4,8	2083	2079	2075	2070	2066	2062	2058	2053	2049	2045
4,9	2041	2037	2033	2028	2024	2020	2016	2012	2008	2004
5,0	2000	1996	1992	1988	1984	1980	1976	1972	1969	1965
5,1	1961	1957	1953	1949	1946	1942	1938	1934	1931	1927
5,2	1923	1919	1916	1912	1908	1905	1901	1898	1894	1890
5,3	1887	1883	1880	1876	1873	1869	1866	1862	1859	1855
5,4	1852	1848	1845	1842	1838	1835	1832	1828	1825	1821
x	0	1	2	3	4	5	6	7	8	9

808 Kehrwert (Fortsetzung).

x	$\frac{1}{x} \cdot 10^4$									
	0	1	2	3	4	5	6	7	8	9
5,5	1818	1815	1812	1808	1805	1802	1799	1795	1792	1789
5,6	1786	1783	1779	1776	1773	1770	1767	1764	1761	1757
5,7	1754	1751	1748	1745	1742	1739	1736	1733	1730	1727
5,8	1724	1721	1718	1715	1712	1709	1706	1704	1701	1698
5,9	1695	1692	1689	1686	1684	1681	1678	1675	1672	1669
6,0	1667	1664	1661	1658	1656	1653	1650	1647	1645	1642
6,1	1639	1637	1634	1631	1629	1626	1623	1621	1618	1616
6,2	1613	1610	1608	1605	1603	1600	1597	1595	1592	1590
6,3	1587	1585	1582	1580	1577	1575	1572	1570	1567	1565
6,4	1563	1560	1558	1555	1553	1550	1548	1546	1543	1541
6,5	1538	1536	1534	1531	1529	1527	1524	1522	1520	1517
6,6	1515	1513	1511	1508	1506	1504	1502	1499	1497	1495
6,7	1493	1490	1488	1486	1484	1481	1479	1477	1475	1473
6,8	1471	1468	1466	1464	1462	1460	1458	1456	1453	1451
6,9	1449	1447	1445	1443	1441	1439	1437	1435	1433	1431
7,0	1429	1427	1425	1422	1420	1418	1416	1414	1412	1410
7,1	1408	1406	1404	1403	1401	1399	1397	1395	1393	1391
7,2	1389	1387	1385	1383	1381	1379	1377	1376	1374	1372
7,3	1370	1368	1366	1364	1362	1361	1359	1357	1355	1353
7,4	1351	1350	1348	1346	1344	1342	1340	1339	1337	1335
7,5	1333	1332	1330	1328	1326	1325	1323	1321	1319	1318
7,6	1316	1314	1312	1311	1309	1307	1305	1304	1302	1300
7,7	1299	1297	1295	1294	1292	1290	1289	1287	1285	1284
7,8	1282	1280	1279	1277	1276	1274	1272	1271	1269	1267
7,9	1266	1264	1263	1261	1259	1258	1256	1255	1253	1252
8,0	1250	1248	1247	1245	1244	1242	1241	1239	1238	1236
8,1	1235	1233	1232	1230	1229	1227	1225	1224	1222	1221
8,2	1220	1218	1217	1215	1214	1212	1211	1209	1208	1206
8,3	1205	1203	1202	1200	1199	1198	1196	1195	1193	1192
8,4	1190	1189	1188	1186	1185	1183	1182	1181	1179	1178
8,5	1176	1175	1174	1172	1171	1170	1168	1167	1166	1164
8,6	1163	1161	1160	1159	1157	1156	1155	1153	1152	1151
8,7	1149	1148	1147	1145	1144	1143	1142	1140	1139	1138
8,8	1136	1135	1134	1133	1131	1130	1129	1127	1126	1125
8,9	1124	1122	1121	1120	1119	1117	1116	1115	1114	1112
9,0	1111	1110	1109	1107	1106	1105	1104	1103	1101	1100
9,1	1099	1098	1096	1095	1094	1093	1092	1091	1089	1088
9,2	1087	1086	1085	1083	1082	1081	1080	1079	1078	1076
9,3	1075	1074	1073	1072	1071	1070	1068	1067	1066	1065
9,4	1064	1063	1062	1060	1059	1058	1057	1056	1055	1054
9,5	1053	1052	1050	1049	1048	1047	1046	1045	1044	1043
9,6	1042	1041	1040	1038	1037	1036	1035	1034	1033	1032
9,7	1031	1030	1029	1028	1027	1026	1025	1024	1022	1021
9,8	1020	1019	1018	1017	1016	1015	1014	1013	1012	1011
9,9	1010	1009	1008	1007	1006	1005	1004	1003	1002	1001
x	0	1	2	3	4	5	6	7	8	9

809 Kreisumfang $U = \pi d$, Kreisfläche $F = \frac{\pi}{4} d^2$, Kugelinhalt $V = \frac{\pi}{6} d^3$ zum Durchmesser d.

d	*U*	*F*	*V*
1,00	**3,142**	**0,7854**	**0,5236**
1,02	3,204	0,8171	0,5556
1,04	3,267	0,8495	0,5890
1,06	3,330	0,8825	0,6236
1,08	3,393	0,9161	0,6596
1,10	3,456	0,9503	0,6969
1,12	3,519	0,9852	0,7356
1,14	3,581	1,021	0,7757
1,16	3,644	1,057	0,8173
1,18	3,707	1,094	0,8603
1,20	3,770	1,131	0,9048
1,22	3,833	1,169	0,9508
1,24	3,896	1,208	0,9983
1,26	3,958	1,247	1,047
1,28	4,021	1,287	1,098
1,30	4,084	1,327	1,150
1,32	4,147	1,368	1,204
1,34	4,210	1,410	1,260
1,36	4,273	1,453	1,317
1,38	4,335	1,496	1,376
1,40	4,398	1,539	1,437
1,42	4,461	1,584	1,499
1,44	4,524	1,629	1,563
1,46	4,587	1,674	1,630
1,48	4,650	1,720	1,697
1,50	4,712	1,767	1,767
1,52	4,775	1,815	1,839
1,54	4,838	1,863	1,912
1,56	4,901	1,911	1,988
1,58	4,964	1,961	2,065
1,60	5,027	2,011	2,145
1,62	5,089	2,061	2,226
1,64	5,152	2,112	2,310
1,66	5,215	2,164	2,395
1,68	5,278	2,217	2,483
1,70	5,341	2,270	2,572
1,72	5,404	2,324	2,664
1,74	5,466	2,378	2,758
1,76	5,529	2,433	2,855
1,78	5,592	2,488	2,953
1,80	5,655	2,545	3,054
1,82	5,718	2,602	3,157
1,84	5,781	2,659	3,262
1,86	5,843	2,717	3,369
1,88	5,906	2,776	3,479
1,90	5,969	2,835	3,591
1,92	6,032	2,895	3,706
1,94	6,095	2,956	3,823
1,96	6,158	3,017	3,942
1,98	6,220	3,079	4,064
2,00	**6,283**	**3,142**	**4,189**

d	*U*	*F*	*V*
2,00	**6,283**	**3,142**	**4,189**
2,05	6,440	3,301	4,511
2,10	6,597	3,464	4,849
2,15	6,754	3,631	5,204
2,20	6,912	3,801	5,575
2,25	7,069	3,976	5,964
2,30	7,226	4,155	6,371
2,35	7,383	4,337	6,795
2,40	7,540	4,524	7,238
2,45	7,697	4,714	7,700
2,50	7,854	4,909	8,181
2,55	8,011	5,107	8,682
2,60	8,168	5,309	9,203
2,65	8,325	5,515	9,744
2,70	8,482	5,726	10,31
2,75	8,639	5,940	10,89
2,80	8,796	6,158	11,49
2,85	8,954	6,379	12,12
2,90	9,111	6,605	12,77
2,95	9,268	6,835	13,44
3,00	9,425	7,069	14,14
3,05	9,582	7,306	14,86
3,10	9,739	7,548	15,60
3,15	9,896	7,793	16,37
3,20	10,05	8,042	17,16
3,25	10,21	8,296	17,97
3,30	10,37	8,553	18,82
3,35	10,52	8,814	19,68
3,40	10,68	9,079	20,58
3,45	10,84	9,348	21,50
3,50	11,00	9,621	22,45
3,55	11,15	9,898	23,43
3,60	11,31	10,18	24,43
3,65	11,47	10,46	25,46
3,70	11,62	10,75	26,52
3,75	11,78	11,04	27,61
3,80	11,94	11,34	28,73
3,85	12,10	11,64	29,88
3,90	12,25	11,95	31,06
3,95	12,41	12,25	32,27
4,0	**12,57**	**12,57**	**33,51**
4,1	12,88	13,20	36,09
4,2	13,19	13,85	38,79
4,3	13,51	14,52	41,63
4,4	13,82	15,21	44,60
4,5	14,14	15,90	47,71
4,6	14,45	16,62	50,97
4,7	14,77	17,35	54,36
4,8	15,08	18,10	57,91
4,9	15,39	18,86	61,60

d	*U*	*F*	*V*
5,0	15,71	19,63	65,45
5,1	16,02	20,43	69,46
5,2	16,34	21,24	73,62
5,3	16,65	22,06	77,95
5,4	16,96	22,90	82,45
5,5	17,28	23,76	87,11
5,6	17,59	24,63	91,95
5,7	17,91	25,52	96,97
5,8	18,22	26,42	102,2
5,9	18,54	27,34	107,5
6,0	18,85	28,27	113,1
6,1	19,16	29,22	118,8
6,2	19,48	30,19	124,8
6,3	19,79	31,17	130,9
6,4	20,11	32,17	137,3
6,5	20,42	33,18	143,8
6,6	20,73	34,21	150,5
6,7	21,05	35,26	157,5
6,8	21,36	36,32	164,6
6,9	21,68	37,39	172,0
7,0	21,99	38,48	179,6
7,1	22,31	39,59	187,4
7,2	22,62	40,72	195,4
7,3	22,93	41,85	203,7
7,4	23,25	43,01	212,2
7,5	23,56	44,18	220,9
7,6	23,88	45,36	229,8
7,7	24,19	46,57	239,0
7,8	24,50	47,78	248,5
7,9	24,82	49,02	258,2
8,0	25,13	50,27	268,1
8,1	25,45	51,53	278,3
8,2	25,76	52,81	288,7
8,3	26,08	54,11	299,4
8,4	26,39	55,42	310,3
8,5	26,70	56,75	321,6
8,6	27,02	58,09	333,0
8,7	27,33	59,45	344,8
8,8	27,65	60,82	356,8
8,9	27,96	62,21	369,1
9,0	28,27	63,62	381,7
9,1	28,59	65,04	394,6
9,2	28,90	66,48	407,7
9,3	29,22	67,93	421,2
9,4	29,53	69,40	434,9
9,5	29,85	70,88	448,9
9,6	30,16	72,38	463,2
9,7	30,47	73,90	477,9
9,8	30,79	75,43	492,8
9,9	31,10	76,98	508,0
10,0	**31,42**	**78,54**	**523,6**

810 Trigonometrische Funktionen für Winkel in Grad.

x in °	sin x	Diff.	cos x	Diff.	
0	0,0000	175	1,0000	2	90
1	0,0175	174	0,9998	4	89
2	0,0349	174	0,9994	8	88
3	0,0523	175	0,9986	10	87
4	0,0698	174	0,9976	14	86
5	0,0872	173	0,9962	17	85
6	0,1045	174	0,9945	20	84
7	0,1219	173	0,9925	22	83
8	0,1392	172	0,9903	26	82
9	0,1564	172	0,9877	29	81
10	0,1736	172	0,9848	32	80
11	0,1908	171	0,9816	35	79
12	0,2079	171	0,9781	37	78
13	0,2250	169	0,9744	41	77
14	0,2419	169	0,9703	44	76
15	0,2588	168	0,9659	46	75
16	0,2756	168	0,9613	50	74
17	0,2924	166	0,9563	52	73
18	0,3090	166	0,9511	56	72
19	0,3256	164	0,9455	58	71
20	0,3420	164	0,9397	61	70
21	0,3584	162	0,9336	64	69
22	0,3746	161	0,9272	67	68
23	0,3907	160	0,9205	70	67
24	0,4067	159	0,9135	72	66
25	0,4226	158	0,9063	75	65
26	0,4384	156	0,8988	78	64
27	0,4540	155	0,8910	81	63
28	0,4695	153	0,8829	83	62
29	0,4848	152	0,8746	86	61
30	0,5000	150	0,8660	88	60
31	0,5150	149	0,8572	92	59
32	0,5299	147	0,8480	93	58
33	0,5446	146	0,8387	97	57
34	0,5592	144	0,8290	98	56
35	0,5736	142	0,8192	102	55
36	0,5878	140	0,8090	104	54
37	0,6018	139	0,7986	106	53
38	0,6157	136	0,7880	109	52
39	0,6293	135	0,7771	111	51
40	0,6428	133	0,7660	113	50
41	0,6561	130	0,7547	116	49
42	0,6691	129	0,7431	117	48
43	0,6820	127	0,7314	121	47
44	0,6947	124	0,7193	122	46
45	0,7071		0,7071		45
	cos x	Diff.	sin x	Diff.	x in °

x in °	tg x	Diff.	ctg x	Diff.	
0	0,0000	175	∞		90
1	0,0175	174	57,29		89
2	0,0349	175	28,64		88
3	0,0524	175	19,08		87
4	0,0699	176	14,30		86
5	0,0875	176	11,43		85
6	0,1051	177	9,514		84
7	0,1228	177	8,144		83
8	0,1405	179	7,115	801	82
9	0,1584	179	6,314	643	81
10	0,1763	181	5,671	526	80
11	0,1944	182	5,145	440	79
12	0,2126	183	4,705	374	78
13	0,2309	184	4,331	320	77
14	0,2493	186	4,011	279	76
15	0,2679	188	3,732	245	75
16	0,2867	190	3,487	216	74
17	0,3057	192	3,271	193	73
18	0,3249	194	3,078	174	72
19	0,3443	197	2,904	157	71
20	0,3640	199	2,747	142	70
21	0,3839	201	2,605	130	69
22	0,4040	205	2,475	119	68
23	0,4245	207	2,356	110	67
24	0,4452	211	2,246	101	66
25	0,4663	214	2,145	95	65
26	0,4877	218	2,050	87	64
27	0,5095	222	1,963	82	63
28	0,5317	226	1,881	77	62
29	0,5543	231	1,804	72	61
30	0,5774	235	1,732	68	60
31	0,6009	240	1,664	64	59
32	0,6249	245	1,600	60	58
33	0,6494	251	1,540	57	57
34	0,6745	257	1,483	55	56
35	0,7002	263	1,428	52	55
36	0,7265	271	1,376	49	54
37	0,7536	277	1,327	47	53
38	0,7813	285	1,280	45	52
39	0,8098	293	1,235	43	51
40	0,8391	302	1,192	42	50
41	0,8693	311	1,150	39	49
42	0,9004	321	1,111	39	48
43	0,9325	332	1,072	36	47
44	0,9657	343	1,036	36	46
45	1,0000		1,000		45
	ctg x	Diff.	tg x	Diff.	x in °

811 Trigonometrische Funktionen für Winkel in Bogenmaß.

x	$\sin x$	$\cos x$	$\operatorname{tg} x$	$\operatorname{ctg} x$
0,0	0,0000	+1,0000	0,0000	∞
0,1	+0,0998	0,9950	+0,1003	+9,967
0,2	0,1987	0,9801	0,2027	4,933
0,3	0,2955	0,9553	0,3093	3,233
0,4	0,3894	0,9211	0,4228	2,365
0,5	+0,4794	+0,8776	+0,5463	+1,831
0,6	0,5646	0,8253	0,6841	1,462
0,7	0,6442	0,7648	0,8423	1,187
0,8	0,7174	0,6967	1,030	0,9712
0,9	0,7833	0,6216	1,260	0,7936
1,0	+0,8415	+0,5403	+1,557	+0,6421
1,1	0,8912	0,4536	1,965	0,5090
1,2	0,9320	0,3624	2,572	0,3888
1,3	0,9636	0,2675	3,602	0,2776
1,4	0,9854	0,1700	5,798	0,1725
1,5	+0,9975	+0,0707	+14,10	+0,0709
1,6	0,9996	−0,0292	−34,23	−0,0292
1,7	0,9917	0,1288	7,697	0,1299
1,8	0,9738	0,2272	4,286	0,2333
1,9	0,9463	0,3233	2,927	0,3416
2,0	+0,9093	−0,4161	−2,185	−0,4577
2,1	0,8632	0,5048	1,710	0,5848
2,2	0,8085	0,5885	1,374	0,7279
2,3	0,7457	0,6663	1,119	0,8935
2,4	0,6755	0,7374	0,9160	1,092
2,5	+0,5985	−0,8011	−0,7470	−1,339
2,6	0,5155	0,8569	0,6016	1,662
2,7	0,4274	0,9041	0,4727	2,115
2,8	0,3350	0,9422	0,3555	2,813
2,9	0,2392	0,9710	0,2464	4,058
3,0	+0,1411	−0,9900	−0,1425	−7,015
3,1	+0,0416	0,9991	−0,0416	−24,03
3,2	−0,0584	0,9983	+0,0585	+17,10
3,3	0,1577	0,9875	0,1597	6,260
3,4	0,2555	0,9668	0,2643	3,783
3,5	−0,3508	−0,9365	+0,3746	+2,670
3,6	0,4425	0,8968	0,4935	2,026
3,7	0,5298	0,8481	0,6247	1,601
3,8	0,6119	0,7910	0,7736	1,293
3,9	0,6878	0,7259	0,9474	1,055
4,0	−0,7568	−0,6536	+1,158	+0,8637
4,1	0,8183	0,5748	1,424	0,7025
4,2	0,8716	0,4903	1,778	0,5625
4,3	0,9162	0,4008	2,286	0,4375
4,4	0,9516	0,3073	3,096	0,3230
4,5	−0,9775	−0,2108	+4,637	+0,2156
4,6	0,9937	0,1122	8,860	0,1129
4,7	0,9999	−0,0124	+80,71	+0,0124
4,8	0,9962	+0,0875	−11,38	−0,0878
4,9	−0,9825	+0,1865	−5,267	−0,1898

x	$\sin x$	$\cos x$	$\operatorname{tg} x$	$\operatorname{ctg} x$
5,0	−0,9589	+0,2837	−3,381	−0,2958
5,1	0,9258	0,3780	2,449	0,4083
5,2	0,8835	0,4685	1,886	0,5303
5,3	0,8323	0,5544	1,501	0,6661
5,4	0,7728	0,6347	1,218	0,8213
5,5	−0,7055	+0,7087	−0,9956	−1,004
5,6	0,6313	0,7756	0,8139	1,229
5,7	0,5507	0,8347	0,6597	1,516
5,8	0,4646	0,8855	0,5247	1,906
5,9	0,3739	0,9275	0,4031	2,481
6,0	−0,2794	+0,9602	−0,2910	−3,436
6,1	0,1822	0,9833	0,1853	5,398
6,2	−0,0831	0,9965	−0,0834	−11,99
6,3	+0,0168	0,9999	+0,0168	+59,47
6,4	0,1165	0,9932	0,1173	8,522
6,5	+0,2151	+0,9766	+0,2203	+4,540
6,6	0,3115	0,9502	0,3279	3,050
6,7	0,4048	0,9144	0,4428	2,259
6,8	0,4941	0,8694	0,5683	1,760
6,9	0,5784	0,8157	0,7091	1,410
7,0	+0,6570	+0,7539	+0,8714	+1,148
7,1	0,7290	0,6845	1,065	0,9391
7,2	0,7937	0,6084	1,305	0,7665
7,3	0,8504	0,5261	1,617	0,6186
7,4	0,8987	0,4385	2,049	0,4880
7,5	+0,9380	+0,3466	+2,706	+0,3695
7,6	0,9679	0,2513	3,852	0,2596
7,7	0,9882	0,1534	6,443	0,1552
7,8	0,9985	+0,0540	+18,51	+0,0540
7,9	0,9989	−0,0460	−21,72	−0,0461
8,0	+0,9894	−0,1455	−6,800	−0,1471
8,1	0,9699	0,2435	3,982	0,2511
8,2	0,9407	0,3392	2,774	0,3605
8,3	0,9022	0,4314	2,091	0,4782
8,4	0,8546	0,5193	1,646	0,6076
8,5	+0,7985	−0,6020	−1,326	−0,7539
8,6	0,7344	0,6787	1,082	0,9242
8,7	0,6630	0,7486	0,8856	1,129
8,8	0,5849	0,8111	0,7211	1,387
8,9	0,5010	0,8654	0,5789	1,727
9,0	+0,4121	−0,9111	−0,4523	−2,211
9,1	0,3191	0,9477	0,3367	2,970
9,2	0,2229	0,9748	0,2286	4,374
9,3	0,1245	0,9922	0,1254	7,973
9,4	+0,0248	0,9997	−0,0248	−40,35
9,5	−0,0752	−0,9972	+0,0754	+13,27
9,6	0,1743	0,9847	0,1770	5,649
9,7	0,2718	0,9624	0,2824	3,541
9,8	0,3665	0,9304	0,3939	2,539
9,9	−0,4575	−0,8892	+0,5146	+1,943

812 Umrechnungen.

8121 Gradmaß in Bogenmaß.

Umrechnungsfaktor $\frac{\pi}{180} \approx 0{,}01745$

also

$$x^0 \approx 0{,}01745\, x$$

n	$n\,\frac{\pi}{180}$
1	0,01745
2	0,03491
3	0,05236
4	0,06981
5	0,08727
6	0,10472
7	0,12217
8	0,13963
9	0,15708

Beispiel

271,39°
≈ 3,491
+1,222
+0,017
+0,005
+0,002
≈ 4,737

8122 Bogenmaß in Gradmaß.

Umrechnungsfaktor $\frac{180^0}{\pi} \approx 57{,}30^0$

also

$$x \approx (x \cdot 57{,}30)^0$$

n	$n\,\frac{180}{\pi}$
1	57,30
2	114,59
3	171,89
4	229,18
5	286,48
6	343,77
7	401,07
8	458,37
9	515,66

Beispiel

4,737
≈ 229,18°
+ 40,11°
+ 1,72°
+ 0,40°
≈ 271,41°

8123 Zehnerlogarithmus in natürlichen Logarithmus.

Umrechnungsfaktor $\ln 10 = \frac{1}{M} \approx 2{,}3026$

also

$$\ln x \approx 2{,}3026 \lg x$$

n	$n \ln 10$
1	2,3026
2	4,6052
3	6,9078
4	9,2103
5	11,5129
6	13,8155
7	16,1181
8	18,4207
9	20,7233

Beispiel

lg 30 ≈ 1,4771

ln 30 ≈ 2,3026 lg 30
≈ 2,3026
+0,9210
+0,1612
+0,0161
+0,0002
≈ 3,4011

8124 Natürlicher Logarithmus in Zehnerlogarithmus.

Umrechnungsfaktor $\lg e = M \approx 0{,}4343$

also

$$\lg x \approx 0{,}4343 \ln x$$

n	$n \lg e$
1	0,4343
2	0,8686
3	1,3029
4	1,7372
5	2,1715
6	2,6058
7	3,0401
8	3,4744
9	3,9087

Beispiel

ln 20 ≈ 2,9957

lg 20 ≈ 0,4343 ln 20
≈ 0,8686
+0,3909
+0,0391
+0,0022
+0,0003
≈ 1,3011

813 Gaußsches Fehlerintegral $\Phi(x)$ und Verwandtes.

x	Hundertfaches von			x	Hundertfaches von			x	Hundertfaches von		
	$\Phi(x)$	$1-2\Phi(x)$	$\varphi(x)$		$\Phi(x)$	$1-2\Phi(x)$	$\varphi(x)$		$\Phi(x)$	$1-2\Phi(x)$	$\varphi(x)$
0,00	0	100	39,89	0,50	19,15	61,71	35,21	1,00	34,13	31,73	24,20
0,01	0,40	99,20	39,89	0,51	19,50	61,01	35,03	1,02	34,61	30,77	23,71
0,02	0,80	98,40	39,89	0,52	19,85	60,31	34,85	1,04	35,08	29,83	23,23
0,03	1,20	97,61	39,88	0,53	20,19	59,61	34,67	1,06	35,54	28,91	22,75
0,04	1,60	96,81	39,86	0,54	20,54	58,92	34,48	1,08	35,99	28,01	22,27
0,05	1,99	96,01	39,84	0,55	20,88	58,23	34,29	1,10	36,43	27,13	21,79
0,06	2,39	95,22	39,82	0,56	21,23	57,55	34,11	1,12	36,86	26,27	21,31
0,07	2,79	94,42	39,80	0,57	21,57	56,87	33,91	1,14	37,29	25,43	20,83
0,08	3,19	93,62	39,77	0,58	21,90	56,19	33,72	1,16	37,70	24,60	20,36
0,09	3,59	92,83	39,73	0,59	22,24	55,52	33,52	1,18	38,10	23,80	19,89
0,10	3,98	92,03	39,70	0,60	22,57	54,85	33,32	1,20	38,49	23,01	19,42
0,11	4,38	91,24	39,65	0,61	22,91	54,19	33,12	1,22	38,88	22,25	18,95
0,12	4,78	90,45	39,61	0,62	23,24	53,53	32,92	1,24	39,25	21,50	18,49
0,13	5,17	89,66	39,56	0,63	23,57	52,87	32,71	1,26	39,62	20,77	18,04
0,14	5,57	88,87	39,51	0,64	23,89	52,22	32,51	1,28	39,97	20,05	17,59
0,15	5,96	88,08	39,45	0,65	24,22	51,57	32,30	1,30	40,32	19,36	17,14
0,16	6,36	87,29	39,39	0,66	24,54	50,93	32,09	1,32	40,66	18,68	16,69
0,17	6,75	86,50	39,32	0,67	24,86	50,29	31,87	1,34	40,99	18,02	16,26
0,18	7,14	85,72	39,25	0,68	25,17	49,65	31,66	1,36	41,31	17,38	15,82
0,19	7,53	84,93	39,18	0,69	25,49	49,02	31,44	1,38	41,62	16,76	15,40
0,20	7,93	84,15	39,10	0,70	25,80	48,39	31,23	1,40	41,92	16,15	14,97
0,21	8,32	83,37	39,02	0,71	26,11	47,77	31,01	1,42	42,22	15,56	14,56
0,22	8,71	82,59	38,94	0,72	26,42	47,15	30,79	1,44	42,51	14,99	14,15
0,23	9,10	81,81	38,85	0,73	26,73	46,54	30,56	1,46	42,79	14,43	13,74
0,24	9,48	81,03	38,76	0,74	27,04	45,93	30,34	1,48	43,06	13,89	13,34
0,25	9,87	80,26	38,67	0,75	27,34	45,33	30,11	1,50	43,32	13,36	12,95
0,26	10,26	79,49	38,57	0,76	27,64	44,73	29,89	1,52	43,57	12,85	12,57
0,27	10,64	78,72	38,47	0,77	27,94	44,13	29,66	1,54	43,82	12,36	12,19
0,28	11,03	77,95	38,36	0,78	28,23	43,54	29,43	1,56	44,06	11,88	11,82
0,29	11,41	77,18	38,25	0,79	28,52	42,95	29,20	1,58	44,29	11,41	11,45
0,30	11,79	76,42	38,14	0,80	28,81	42,37	28,97	1,60	44,52	10,96	11,09
0,31	12,17	75,66	38,02	0,81	29,10	41,79	28,74	1,62	44,74	10,52	10,74
0,32	12,55	74,90	37,90	0,82	29,39	41,22	28,50	1,64	44,95	10,10	10,40
0,33	12,93	74,14	37,78	0,83	29,67	40,65	28,27	1,66	45,15	9,69	10,06
0,34	13,31	73,39	37,65	0,84	29,95	40,09	28,03	1,68	45,35	9,30	9,728
0,35	13,68	72,63	37,52	0,85	30,23	39,53	27,80	1,70	45,54	8,91	9,405
0,36	14,06	71,88	37,39	0,86	30,51	38,98	27,56	1,72	45,73	8,54	9,089
0,37	14,43	71,14	37,26	0,87	30,79	38,43	27,32	1,74	45,91	8,19	8,780
0,38	14,80	70,39	37,12	0,88	31,06	37,89	27,09	1,76	46,08	7,84	8,478
0,39	15,17	69,65	36,97	0,89	31,33	37,35	26,85	1,78	46,25	7,51	8,183
0,40	15,54	68,92	36,83	0,90	31,59	36,81	26,61	1,80	46,41	7,19	7,895
0,41	15,91	68,18	36,68	0,91	31,86	36,28	26,37	1,82	46,56	6,88	7,614
0,42	16,28	67,45	36,53	0,92	32,12	35,76	26,13	1,84	46,71	6,58	7,341
0,43	16,64	66,72	36,37	0,93	32,38	35,24	25,89	1,86	46,86	6,29	7,074
0,44	17,00	65,99	36,21	0,94	32,64	34,72	25,65	1,88	46,99	6,01	6,814
0,45	17,36	65,27	36,05	0,95	32,89	34,21	25,41	1,90	47,13	5,74	6,562
0,46	17,72	64,55	35,89	0,96	33,15	33,71	25,16	1,92	47,26	5,49	6,316
0,47	18,08	63,84	35,72	0,97	33,40	33,20	24,92	1,94	47,38	5,24	6,077
0,48	18,44	63,12	35,55	0,98	33,65	32,71	24,68	1,96	47,50	5,00	5,844
0,49	18,79	62,41	35,38	0,99	33,89	32,22	24,44	1,98	47,61	4,77	5,618

813 Gaußsches Fehlerintegral $\Phi(x)$ und Verwandtes (Fortsetzung).

x	Hundertfaches von		
	$\Phi(x)$	$1-2\Phi(x)$	$\varphi(x)$
2,00	47,72	4,55	5,399
2,02	47,83	4,34	5,186
2,04	47,93	4,14	4,980
2,06	48,03	3,94	4,780
2,08	48,12	3,75	4,586
2,10	48,21	3,57	4,398
2,12	48,30	3,40	4,217
2,14	48,38	3,24	4,041
2,16	48,46	3,08	3,871
2,18	48,54	2,93	3,706
2,20	48,61	2,78	3,547
2,22	48,68	2,64	3,394
2,24	48,75	2,51	3,246
2,26	48,81	2,38	3,103
2,28	48,87	2,26	2,965
2,30	48,93	2,14	2,833
2,32	48,98	2,03	2,705
2,34	49,04	1,93	2,582
2,36	49,09	1,83	2,463
2,38	49,13	1,73	2,349
2,40	49,18	1,64	2,239
2,42	49,22	1,55	2,134
2,44	49,27	1,47	2,033
2,46	49,31	1,39	1,936
2,48	49,34	1,31	1,842

x	Hundertfaches von		
	$\Phi(x)$	$1-2\Phi(x)$	$\varphi(x)$
2,50	49,38	1,242	1,753
2,52	49,41	1,174	1,667
2,54	49,45	1,109	1,585
2,56	49,48	1,047	1,506
2,58	49,51	0,988	1,431
2,60	49,53	0,932	1,358
2,62	49,56	0,879	1,289
2,64	49,59	0,829	1,223
2,66	49,61	0,781	1,160
2,68	49,63	0,736	1,100
2,70	49,65	0,693	1,042
2,72	49,67	0,653	0,987
2,74	49,69	0,614	0,935
2,76	49,71	0,578	0,885
2,78	49,73	0,544	0,837
2,80	49,74	0,511	0,792
2,82	49,76	0,480	0,748
2,84	49,77	0,451	0,707
2,86	49,79	0,424	0,668
2,88	49,80	0,398	0,631
2,90	49,81	0,373	0,595
2,92	49,83	0,350	0,562
2,94	49,84	0,328	0,530
2,96	49,85	0,308	0,499
2,98	49,86	0,288	0,471

x	$100\,\Phi(x)$	$1-2\Phi(x)$	$\varphi(x)$
3,0	49,87	$2{,}70 \cdot 10^{-3}$	$4{,}43 \cdot 10^{-3}$
3,1	49,90	$1{,}94 \cdot 10^{-3}$	$3{,}27 \cdot 10^{-3}$
3,2	49,93	$1{,}37 \cdot 10^{-3}$	$2{,}38 \cdot 10^{-3}$
3,3	49,95	$9{,}67 \cdot 10^{-4}$	$1{,}72 \cdot 10^{-3}$
3,4	49,97	$6{,}74 \cdot 10^{-4}$	$1{,}23 \cdot 10^{-3}$
3,5	49,98	$4{,}65 \cdot 10^{-4}$	$8{,}73 \cdot 10^{-4}$
3,6	49,98	$3{,}18 \cdot 10^{-4}$	$6{,}12 \cdot 10^{-4}$
3,7	49,99	$2{,}16 \cdot 10^{-4}$	$4{,}25 \cdot 10^{-4}$
3,8	49,99	$1{,}45 \cdot 10^{-4}$	$2{,}92 \cdot 10^{-4}$
3,9	50,00	$9{,}6 \cdot 10^{-5}$	$1{,}99 \cdot 10^{-4}$
4,0		$6{,}3 \cdot 10^{-5}$	$1{,}34 \cdot 10^{-4}$
4,5		$6{,}8 \cdot 10^{-6}$	$1{,}6 \cdot 10^{-5}$
5,0		$5{,}7 \cdot 10^{-7}$	$1{,}5 \cdot 10^{-6}$
5,5		$3{,}8 \cdot 10^{-8}$	$1{,}1 \cdot 10^{-7}$
6,0		$2{,}0 \cdot 10^{-9}$	$6{,}1 \cdot 10^{-9}$
6,5		$8{,}0 \cdot 10^{-11}$	$2{,}7 \cdot 10^{-10}$
7,0		$2{,}6 \cdot 10^{-12}$	$9{,}1 \cdot 10^{-12}$
7,5		$6{,}4 \cdot 10^{-14}$	$2{,}4 \cdot 10^{-13}$
8		$1{,}2 \cdot 10^{-15}$	$5{,}1 \cdot 10^{-15}$
9		$2{,}3 \cdot 10^{-19}$	$1{,}0 \cdot 10^{-18}$
10		$1{,}5 \cdot 10^{-23}$	$7{,}7 \cdot 10^{-23}$
20		$5{,}5 \cdot 10^{-89}$	$5{,}5 \cdot 10^{-88}$
∞		0	

814 Binomialkoeffizienten.

$$\binom{n}{k} = \frac{n\,(n-1)\,\ldots\,(n-k+1)}{1\cdot 2\cdot\,\ldots\,\cdot k}$$

n	$k = 0$	1	2	3	4	5	6	7	8	9	10
0	1										
1	1	1									
2	1	2	1								
3	1	3	3	1							
4	1	4	6	4	1						
5	1	5	10	10	5	1					
6	1	6	15	20	15	6	1				
7	1	7	21	35	35	21	7	1			
8	1	8	28	56	70	56	28	8	1		
9	1	9	36	84	126	126	84	36	9	1	
10	1	10	45	120	210	252	210	120	45	10	1

815 Fakultäten.

$n! = 1\cdot 2\cdot 3\cdot\,\ldots\,\cdot n$

n	$n!$	$\lg n!$
0	1	0
1	1	0
2	2	0,3010
3	6	0,7782
4	24	1,3802
5	120	2,0792
6	720	2,8573
7	5040	3,7024
8	40320	4,6055
9	362880	5,5598
10	$3{,}6288 \cdot 10^{6}$	6,5598
11	$3{,}9917 \cdot 10^{7}$	7,6012
12	$4{,}7900 \cdot 10^{8}$	8,6803
13	$6{,}2270 \cdot 10^{9}$	9,7943
14	$8{,}7178 \cdot 10^{10}$	10,9404
15	$1{,}3077 \cdot 10^{12}$	12,1165
16	$2{,}0923 \cdot 10^{13}$	13,3206
17	$3{,}5569 \cdot 10^{14}$	14,5511
18	$6{,}4024 \cdot 10^{15}$	15,8063
19	$1{,}2165 \cdot 10^{17}$	17,0851
20	$2{,}4329 \cdot 10^{18}$	18,3861

Stirlingsche Formel für große n:

$$n! \approx \sqrt{2\pi}\, n^{n+\frac{1}{2}}\, e^{-n}$$

816 Konstanten.

Konstante	Zahlenwert	Zehnerlogarithmus
$\sqrt{2}$	1,414214	0,1505
$\sqrt{3}$	1,732051	0,2386
$\sqrt{10}$	3,162278	0,5000
π	3,141593	0,4971
2π	6,283185	0,7982
π^2	9,869604	0,9943
$1/\pi$	0,318310	9,5029—10
$1/2\pi$	0,159155	9,2018—10
$\sqrt{\pi}$	1,772454	0,2486
$\sqrt{2\pi}$	2,506628	0,3991
$1/\sqrt{\pi}$	0,564190	9,7514—10
$1/\sqrt{2\pi}$	0,398942	9,6009—10
e	2,718282	0,4343
1/e	0,367879	9,5657—10
M	0,434294	9,6378—10
1/M	2,302585	0,3622
$180^0/\pi$	$57{,}295780^0$	1,7581
	$\approx 3437{,}75'$	3,5363
	$\approx 206265''$	5,3144
1^0	$1{,}74533 \cdot 10^{-2}$	8,2419—10
$1'$	$2{,}90888 \cdot 10^{-4}$	6,4637—10
$1''$	$4{,}84814 \cdot 10^{-6}$	4,6856—10

Sachverzeichnis.

Druck der Universitätsdruckerei H. Stürtz A.G., Würzburg.

GPSR Compliance

The European Union's (EU) General Product Safety Regulation (GPSR) is a set of rules that requires consumer products to be safe and our obligations to ensure this.

If you have any concerns about our products, you can contact us on ProductSafety@springernature.com

In case Publisher is established outside the EU, the EU authorized representative is:

Springer Nature Customer Service Center GmbH
Europaplatz 3
69115 Heidelberg, Germany

Batch number: 10682534

Printed by Printforce, the Netherlands